英汉机电手册

AN ENGLISH-CHINESE MANUAL OF MECHANICS AND ELECTRICITY

主　编　王汉民
副主编　王　前
编　者　（以姓氏笔画为序）
　　　　王　晋　李　沛　吴燕舞　周荣国

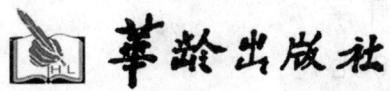

华龄出版社

责任编辑：潘笑竹　秦　岭　李　杨
封面设计：李方奎
责任印制：李未圻

图书在版编目（CIP）数据

英汉机电手册 / 王汉民主编；王前编 . -- 北京：
华龄出版社 , 2012.10
ISBN 978-7-5169-0204-2

Ⅰ.①英… Ⅱ.①王… ②王… Ⅲ.①机电设备—手
册—英、汉 Ⅳ.① TM-62

中国版本图书馆 CIP 数据核字 (2012) 第 237099 号

书　　名：	英汉机电手册
作　　者：	王汉民　主编
出版发行：	华龄出版社
印　　刷：	北京华正印刷有限公司
版　　次：	2013 年 1 月第 1 版　2013 年 1 月第 1 次印刷
开　　本：	889×1194　1/16　印　　张：100
字　　数：	2607 千字
定　　价：	280.00 元

地　　址：	北京西城区鼓楼西大街 41 号	邮编：	100009
电　　话：	84044445（发行部）	传真：	84039173

前　言

为适应我国加入世贸组织以来形势的需要，我们编撰了这本《英汉机电手册》。

本手册着重收集机电设备、装备、装置、器械、仪器、仪表等方面的词汇，同时兼收数学、物理、化学、化工、建筑等相关专业的有关词汇；考虑到阅读和翻译工程技术英语书刊的实际需要，同时兼收部分外贸、金融方面的有关词汇，省去查阅其他词典的时间。本手册共收词组、词条、词目二十二万余条，是一本集机电、自动化、计算机、动力、电子、仪表、化工、冶金等专业性较强的词汇于一书的实用性手册，易查易懂，让使用者在阅读、翻译机电专业方面文章时省去查阅多本词典的时间。适合机械工程、机械制造、机械加工、船舶制造、航天、航空、交通、运输等各行各业的机电专业科研人员、工程技术人员及相关专业院校师生的需要。

本手册在编撰的过程中得到不少朋友的支持和帮助，在此谨表示衷心的谢意。本手册的出版得到企业家李万清先生的鼎力支持，在此特别致谢！

尽管我们在编撰工作中做了很多的努力，但由于资料来源和我们水平有限，对于手册中存在的缺点和错误，希望广大读者在使用的过程中随时提出宝贵意见。

编　者

2012 年 7 月

使用说明

一、全部词目一律按字母顺序编排。在词条或词目中与本专业无关的中文释义均未标出，如 dog "狗"，cock "公鸡"，pig "猪"，monkey "猴子" 等。

二、有连词符的词目与无连词符的词目采用混排。有连词符的词目排在前面，无连词符的词目排在后面，读者在使用中可以进行对照。读者在阅读或翻译实践中可以参照其中条目自行增加或删减连词符。

三、符号

A. 大括号 { }　作为相关学科符号或专业的符号。

如：{ 数 } 即 "数学"，{ 化 } 即 "化学" ……

B. 方括号 [ ]

在阅读或翻译中可以作为省略用。如：[研] 磨 [材] 料，可以去掉方括号作为 "研磨材料" 解释或省略去方括号中的字作为 "磨料" 解释。

C. 圆括号 （ ）

1. 作为序号。如（1），（2）……

2. 单词或词组后面的圆括号，可以作为缩写或同等意义的词义。

3. 圆括号（拉）为 "拉丁语"，（美）为 "美国"，（俚）为 "俚语"，手册中有类似均用圆括号。以下类推。

4. 作为说明。如：abrasive（用压缩空气）喷砂磨光，喷砂研磨；又如：镍铬铁耐热合金（铬 12–18%，镍 38–78%，少量铅及钛，其余铁）。

四、相关不规则动词过去式或过去分词均未列出。读者可参阅其他词典。

五、名词、动词、形容词、副词等均未标明。读者可根据词义进行判别。

六、相关缩略语均在词条或词目后面用圆括号标注。

目　录

A

A-band　A- 波段 (157-187MHz)，A 频段
A-battery(=A)　甲电池 [组]，A 电池组，丝极电池
A-bedplate　A 形底座
A-bomb (=atomic bomb)　原子弹
A-bracket　（双推进器船的）推进器架，人字架
A class goods　正品
A-control　原子能控制
A-derrick　A 型转臂起重机
A-DRV (=atomic drive)　核动力推进
A-eliminator　灯丝电源整流器，代甲电池
A eliminator　灯丝电源整流器
A-end　（液压传动机构的）A 端，主动部分
A-energy　原子能
A-even　A 为偶数的
A-frame　A 形框架，A 形架
A-framed　A 形框架的，A 形架的
A-GEAR (=arresting gear)　制动装置，制动器
A-head　[带] 核弹 [的导弹] 弹头
A-locomotive　原子机车
A-odd　A 为奇数的
A-OK (=ALL OK)　完全可以的，一切正常的，极好的
A-one　(1) 第一级；(2) 第一级的，头等的
A-plane　原子飞机
A-pole　A 形杆
A-power　原子能，核能
A-power supply　丝极电源，甲电源，A 电源
A process (=alkaline process)　碱法
A programming language　程序设计语言，APL 语言
A-proof　防原子的
A-register (=arithmetic register)　运算寄存器
A register　运算寄存器
A-scan　A 型扫描
A-scope　距离显示器，A 型显示器
A-scope presentation　A 型指示器
A-station　甲台，A 台
A-submarine　核潜艇
A-tanker　原子动力油轮，核动力油轮
A to D (=anaiog to digital)　模拟 - 数字转换
A-trace　A 扫迹
A-truss　三角形桁架，A 桁架
A-type Sentron　A 型仙台放电管
A-W wire (=address write wire)　地址写入线
A-waste　放射性废料，放射性废物
A-weapon　原子武器，核武器
A-wire　甲线，(电话) A 线，正线
A wire (=address wire)　地址线
a cluster of　一串
a large assortment of goods　一批花色品种齐全的货物
a suite of racks　一套机架
AB electrode　供电电极，AB 电极
AB rectangular array　（中间）梯度电极系，AB 矩形矩阵
ab　(拉) 自，从
ab extra　从外部，外来
ab initio　从头开始
ab intra　从内部

ab origine　从最初，从起源
ab ovo　从开始
ab-　(词头) (1) 脱离，除去；(2) CGS 电磁制 (单位)
ab-volt　电磁伏特
abac　列线图，诺谟图，坐标网
abaci(单 abacus)　(1) 算盘；(2)（圆柱顶部的）顶板，冠板，柱冠；(3)（陈列杯瓶用的）有孔板；(4) 列线图，曲线图；(5) 淘金盘
aback　(1) 向后，后退；(2) 逆帆
abacus(复 abacuses 或 abaci)　(1) 算盘；(2)（圆柱顶部的）顶板，冠板，柱冠；(3)（陈列杯瓶用的）有孔板；(4) 列线图，曲线图；(5) 淘金盘
abaft　在……之后，在……后面，向……后，在船尾，向船尾
abaft the beam　在正横后的方向
abampere　CGS 电磁单位制安培，绝对安培（等于10 安）
abandon　(1) 放弃，抛弃；(2) 弃钻；(3) 弃离
abandoned(=abd)　(1) 被抛弃的；(2) 报废的
abapertural　离螺口的
abas　列线图，诺谟图
abasable　可降低的，可贬低的
abase　降低，贬低
abat-jour　(1) 消光屏；(2) 天窗，亮窗，斜片百叶窗
abat-sons　使声音向下传播的装置
abat-vent　(1)通气帽，通风帽；(2)挡风斜板；(3)固定百叶窗，金属烟囱；(4) 转向装置，折转板，致偏板
abat-voix　(1) 反射板；(2) 止响板
abate　(1) 减少，减小，减轻，减退，降低，抑制，削弱；(2) 除去，消除，敲落；(3)使……锋刃或尖端卷曲或变钝；(4)砍平；(5)成为无效，作废，废除，中止，撤销
abatement　(1) 减少，减小，减弱，减轻，降低，取消，除却，抑制，削弱，中断；(2) 失效，作废，撤销 (3) 废料，刨花
abating　(1) 减少，减小，减弱，降低；(2) 抑制，削弱；(3) 消除，取消，除去，切除，(4) 作废，撤销
abatvoix　吸声板，吸音板
abaxial(=abaxile)　离开轴心的，轴外的，远轴的，离轴的
abbatre　凹凸花纹
abbè condenser　阿贝聚光镜
abbè refractometer　阿贝折射仪
abbe number　色散系数
abberation (=aberration)　(1) 像差，色差；(2) 光行差；(3) 畸变，失常，反常，变型；(4) 脱离常规，离开轨道，越轨；(5) 偏差，误差；(6) (高炉) 不顺行
abberite　黑沥青
abbe's principle　阿贝原理
abbr　(1) 简化的，简写的；(2) 缩写
abbrev　(1) 简化的，简写的；(2) 缩写
abbreviate　(1) 缩短，省略，简略，节略；(2) 缩写，简写；(3) { 数 } 约分
abbreviated address　短缩地址
abbreviated analysis　简易分析
abbreviated dialing　简化拨号，缩位拨号
abbreviated drawing　简图
abbreviated formula　简写式
abbreviated signal code　传输电码
abbreviated system　短流程工艺
abbreviation (=abv)　(1) 缩短，省略；(2) 简略符号，缩写，简写，节略，简称，大要；(3) { 数 } 约分，简化
abbreviatory　省略的，缩短的

ABC (1) 初步，入门；(2) 基本要素，基础知识；(3) 字母表；(4) 按字母顺序排列的火车时刻表

ABC method 低速带的 ABC 校正法

ABC of natural sciences 自然科学入门

ABC power unitc 热丝、阳极和栅极电源部件，甲、乙、丙电源组

ABC process 污水净化三级处理过程

ABC warfare (=atomic,biological, chemical warfare) 原子、生物、化学战

ABC weapons (=atomic,biological, chemical weapon) 原子、生物、化学武器

abconductor cathode 吸附传导阴极

abcoulombCGS 电磁制库仑，绝 [对] 库 [仑](电磁制电量单位，=10 库 [仑])

abdicate (1) 放弃；(2) 退位，让位，辞职

abdication (1) 放弃，弃权；(2) 辞职，让位

abducce 外展，展

abeam 在与船的龙骨成直角的线上，在与飞机机身成直角的线上，正横，横向

Abel equation 阿贝尔方程

Abel-Pensky bester 阿贝尔 - 潘斯基试验器

Abel tester 阿贝尔闪点测定仪

Abel's close test 阿贝尔氏密封试验 (测定液体燃料和润滑油闪点的方法 之一)

Abel's reagent 阿贝尔试剂

aberrance 离开正道，脱离常规，越轨

aberrant (1) 离开正道的，脱离常规的；(2) 畸变的，畸形的；(3) 异常的

aberrant copy 次品本

aberrant source 异常误差来源

aberration (=aber) (1) 像差，色差；(2) 光行差；(3) 畸变，失常，反常，变型；(4) 脱离常规，离开轨道，越轨；(5) 偏差，误差；(6) (高炉) 不顺行

aberration-free 无像差的

aberration of light 光线的像差，光行差

aberration of needle 磁针偏差

aberration of reconstructed wave 重现波 [的] 像差

aberrational 以偏离常轨为特点的

aberrationless 无像差的

aberrative 偏离常轨的

aberrometer 像差计

abestrine cloth 石棉织物

abeyance (1) 暂缓，搁置；(2) 暂时无效，中止，终止，停止，停顿；(3) {化} 潜态

abfarad CGS 电磁单位制法拉，绝对法拉 (等于 10^9 法拉)

abhenry CGS 电磁单位制亨利，绝对亨利 (等于 10^9 亨利)

abherent 防粘材料，防粘剂

abhesion 脱粘

abidance 遵守，持续

abide (1) 持久，持续，继续，保留；(2) 坚持，遵守，依从；(3) 容忍，忍受，顶住；(4) 等待；(5) 居住

abiding 永久的，持久的，永恒的，不变的

ability (1) 能力，(2) 效能

ability to harden 硬化性能，硬化能力

ability to support load 承载能力

ablate (1) 腐蚀掉，烧蚀，(2) 切开，切除

ablated 蒸发掉的，烧蚀的，剥落的

ablatio (拉) 脱落，剥离

ablation (1) 磨削；(2) 烧蚀；(3) 剥落，脱落；(4) 切开，切除，除去，脱离，剥离；(5) 磨蚀作用

ablation-cooled 烧蚀法冷却的，烧蚀冷却的

ablation meter (=ABM) 烧蚀表

ablation shield 防烧蚀屏蔽，烧蚀防护罩

ablative (=ABL) (1) 烧蚀的，剥落的；(2) 烧蚀材料，烧蚀剂

ablative insulative plastic (=AIP) 烧蚀绝缘塑料

ablativity 烧蚀性能，烧蚀率

ablator 烧蚀材料，烧蚀剂，烧蚀体

ablaze (1) 着火燃烧 [的]；(2) 明亮的，闪耀的

Able (1) 艾布尔 (美地对地，地对水下研究火箭)；(2) 通讯中用以代表字母 a 的词

able (1) 有能力的，有才干的，能干的；(2) 能……的

able-minded 能干的

abluent (1) 洗涤的，清洗的，清洁的；(2) 洗涤剂，清洗剂

ablution 清洗法，清除，吹净，洗净

abmho CGS 电磁单位制电导单位(等于 10^9 姆欧)

abnl (= ABNL = abnormal) (1) 不正常的，不规则的，异常的，反常的；(2) 非正态的，非规则的，畸形的

abnegate 拒绝，放弃，否认

abnegation 拒绝，放弃，否认，克制

Abney level 爱尼式测斜仪，手水准仪

abnormal (=Ab 或 abnl 或 ABNL) (1) 不正常的，不规则的，异常的，反常的；(2) 非正态的，非规则的，畸形的

abnormal contact 非正常接触，异常接触

abnormal current 异常电流

abnormal curve 非正规曲线，反常曲线

abnormal end 异常终止

abnormal glow discharge 异常辉光放电

abnormal load 不规则载荷

abnormal phenomena 反常现象，异常现象

abnormal return 异常返回

abnormal return address 异常返回地址

abnormal statement 异常语句

abnormal voltage 异常电压，反常电压

abnormality (1) 不正常，异常，反常；(2) 非正态，不规则；(3) 异形，畸形；(4) 紊乱，错乱；(5) 破坏，违反

abnormity (1) 异常，反常；(2) 不规则；(3) 紊乱，错乱；(4) 破坏，违反；(5) 异形

aboard (=abd) (1) 在船 (飞机、车) 上；(2) 在旁边

aboardage 两船平行或近于平行相撞

abohm CGS 电磁单位制欧姆，绝对欧姆(等于 10^9 欧)

aboil 沸腾

abolish 废除，废止，取消，撤销，消除

abolishable 可废除的，可取消的

abolishment 废除，消除，取消

abolition 废除，禁止，取消，撤销，消失

aborginal (=abo) (1) 原始的，原来的，原生的；(2) 土著的；(3) 土产

aborginally 从最初，原来，本来

abort (1) 中断，故障，失灵，失败；(2) 紧急停车，中断飞行，空中损坏，停飞，失事；(2) 异常终止，异常结束

abort escape system 紧急逃逸系统

abort from orbit 脱离轨道失事

abort handle 应急把手

abort light 紧急故障信号

abort packet 提前结束包，异常结束包

abort recovery zone 紧急回收区，事故回收区

abort return 事故返回

abort sensing 故障测定

abort sensing and implementation system (=ASIS) [紧急] 故障传感和处理系统

abort sensing and instrumentation system (=ASIS) [紧急] 故障传感和仪表系统

abort sensing control unit (紧急) 故障传感控制装置

abort situation 故障位置

abort statement 终止语句

abort velocity 故障后的速度

aborted 空中毁坏的，出故障的，失败的

abortive 未发生作用的，没结果的，无效的，故障的，应急的

abortive failure 空中故障

abortive launch 未成功的发射，故障发射

abortive rise 一时性回升

about (=ABT 或 abt) (1) 在……范围内，周围，附近，围绕，环绕；(2) 大约，左右；(3) [相] 对于，关于；(4) 从事于；(5) [转到] 相反方向

about and about 大致相同，差不多

about-sledge (1) 锻造用锤，大锤；(2) 强力锻造

aboutship 改变航向

aboutsledge 大铁锤

above (=abv) (1) 在……之上，在……上游，高于；(2) 在……以上，胜过，超过，大于；(3) [在] 上面，以上，上述，上级

above all 最重要的是，首先是，尤其是，第一是

above-board (1) 照直，依实；(2) 光明正大的，公开的，公正的

above-center offset (偏轴齿轮的) 上偏置

above-cited 上面引述的

above-critical 临界以上的，超临界的

above-deck (1) 在甲板上；(2) 光明磊落的，照直

above earth potential 对地电位

above freezing 冰点以上，零上

above grade 高于……等级

above ground　在地面以上
above ground altimeter　相对高度计, 对地高度计
above ground power station　地面电站
above mean sea level (=AMSL)　平均海平面以上
above measure　(1) 上述措施；(2) 非常, 无比, 过度, 极
above-mentioned (=am)　上述的, 前述的
above-named (=an)　上述的, 前述的
above norm　限额以上的
above-normal　正常以上的, 超常的
above price　极贵重的, 无价的
above sea level (=ASL)　(1) 在海平面以上, 超过海平面的；(2) 海拔
above the line　往来账目
above the line payments and receipts　预算中经常收支账目
above the rest　特别, 格外
above-thermal　超热的
above-threshold　超阈值的
above-water　(1) 在水面之上的, 水上部分的；(2) 船吃水线以上的
abradability　(1) 可研磨性；(2) 磨损性, 磨损度；(3) 磨蚀性
abradant　(1) 磨料的；(2) 研磨 [材] 料, 研磨剂, 磨蚀剂, 金刚砂；(3) (试样磨损试验机) 的对磨体；(4) 研磨用的, 摩擦的, 擦除的, 剥落的, 脱落的
abradant material　(1) 磨料, (2) (磨损试验机上的) 对磨件材料
abradant surface　研磨面
abrade　(1) 擦伤, 擦破, 擦去, 擦掉, 磨损, 磨蚀, 磨耗, 磨去, 磨削, 磨掉, 磨光, 研磨；(2) 使表面粗糙；(3) (喷丸、喷砂) 清理, 清除
abraded (=abr)　磨损的
abraded quantity　磨损量, 磨耗量
abradent　磨料
abrader　(1) 磨蚀 [试验] 机, 磨损 [试验] 机, 磨石 [试验] 机, 磨光机, 砂轮磨机 (2) 研磨工具, 研磨机, 研磨器；(3) 磨蚀
abradibility　可研磨性
abrading　研磨
abrase　(1) 擦伤, 擦破, 擦去, 擦掉, 磨损, 磨蚀, 磨耗, 磨去, 磨削, 磨掉, 磨光, 研磨；(2) 使表面粗糙；(3) (喷丸、喷砂) 清理, 清除
abraser　研磨剂, 磨料
abrasio　擦伤, 擦破, 擦掉, 擦落, 磨损, 磨耗, 磨蚀, 损耗
abrasiometer　耐磨试验机, 耐磨试验仪
abrasion　(1) [磨粒] 磨损, 磨耗, 磨蚀；(2) 擦伤, 擦去, 擦掉, 刮去, 刮掉, 磨光, 研磨
abrasion drill　回转钻
abration drilling machine　研磨钻机
abrasion hardness　耐磨硬度, 磨耗硬度, 磨损硬度, 研磨硬度
abrasion loss　磨耗损失
abrasion machine　磨耗试验机
abrasion-proof　耐磨的
abrasion-resistance　抗磨性, 耐磨性, 耐磨度
abrasion resistance (=Ab)　抗磨性, 耐磨性, 耐磨度
abrasion-resistant　耐磨的, 抗磨的
abrasion resistant alloy　耐磨合金
abrasion resistant steel　耐磨钢
abrasion test　磨耗试验, 耐磨试验, 磨损试验
abrasion tester　磨耗试验仪, 耐磨试验仪, 磨损试验机
abrasion testing machine　磨耗试验仪, 耐磨试验仪, 磨损试验机
abrasion-value　磨耗值, 磨损量
abrasion wear　磨耗 [量], 磨损
abrasion wear test machine　磨耗试验机, 耐磨试验机
abrasive (=ABRSV)　(1) 磨蚀的, 研磨的, (2) [研] 磨 [材] 料, 研磨剂, 研磨料, 磨蚀剂；(3) 磨料制成的, 磨料的, 磨损的, 磨蚀的, 磨耗的, 磨光的, 研磨的, 擦去的, 擦掉的；(4) [复] 引起磨损的硬粒
abrasive belt　砂带
abrasive belt grinding　砂带磨削
abrasive belt grinding machines　砂带磨床
abrasive blast cleaning　喷砂清理
abrasive blast equipment　喷砂设备
abrasive brick　研磨砖
abrasive cement　磨料粘结剂
abrasive cloth　砂布, 砂带
abrasive compound　研磨剂
abrasive-containing　含有磨料的
abrasive cutting off machine　磨切机
abrasive dirt　磨损尘粒
abrasive disc　(1) 研磨盘, (2) 砂轮, 磨轮
abrasive disk　(1) 研磨盘, (2) 砂轮
abrasive dresser　砂轮修整器

abrasive dust　磨屑
abrasive erosion　磨粒侵蚀
abrasive grain　磨 [料] 粒 [度]
abrasive hardness　耐磨硬度, 磨耗硬度, 磨损硬度, 研磨硬度
abrasive jet machining (=AJM)　磨料喷射加工
abrasive jet wear testing　喷砂磨损试验
abrasive-laden　含有磨料的
abrasive lapping　磨料研磨
abrasive lapping machine　磨料研磨机
abrasive machining　磨削加工, 强力加工, 强力磨削
abrasive material　[研] 磨 [材] 料, 研磨剂,
abrasive media　磨削介质, 磨料
abrasive paper　砂纸
abrasive particle　磨粒
abrasive powder　研磨粉, 金刚砂 [粉]
abrasive resistance　耐磨性, 抗磨能力, 耐磨强度, 耐磨能力, 抗磨性, 耐磨性
abrasive resistant (=ABRSV RES)　耐磨蚀的
abrasive sawing machine　砂轮切断机
abrasive soap　磨石皂
abrasive stick　油石, 磨条
abrasive substance　研磨材料, 研磨剂
abrasive surface　磨蚀面, 磨耗面, 研磨面
abrasive-type　研磨式 [的]
abrasive tool　研磨工具
abrasive wear　(1) [磨粒] 磨损, 磨料性磨损；(2) 磨耗, 磨蚀, 擦损
abrasive-wear tester　磨损试验机
abrasive wheel　砂轮, 磨轮
abrasive wheel dresser　磨轮整形器
abrasiveness　(1) 磨耗度, 磨蚀度；(2) 耐磨性, 磨耗性；(3) 研磨性
abrasivity　研磨性, 磨蚀性
abrasor　打磨用具, 打磨器械, 擦除器
abrator　(1) 喷丸清理机, 抛丸清理机；(2) 喷丸清理, 喷砂清理
abrator head　抛丸器, 抛 [丸] 头
Abrazine　磨砂
abreuvage　机械粘砂
abridge　(1) 删节, 缩短, 省略, 节略, 摘要, 简化；(2) 剥夺, 夺去
abridged (=abr)　节略的
abridged drawing　略图
abridged division　捷除法, 速除法
abridged edition　缩编本
abridged general view　示意图
abridged multiplication　捷乘法, 速乘法
abridged notation　简记法
abridged spectrophotometer　简易型分光光度计, 滤色光度计
abridgement　(1) 节略, 删节, 缩短；(2) 摘要, 概略；(3) 剥夺
abrogate　取消, 废除
abrogation　取消, 废除
abros　阿布洛斯镍基耐蚀合金 (镍 88%, 铬 10%, 锰 2%)
abrupt　(1) 突然的, 猝然的, 意外的；(2) 突变的, 急转的, 急剧的；(3) 不连续的, 断裂的, 断开的
abrupt change　突变, 剧变, 陡变
abrupt change of cross-section　截面突变
abrupt change of voltage　电压突变
abrupt curve　陡度曲线, 急弯曲线
abrupt discharge　猝然排出 [量]
abrupt junction　突变结, 阶跃结
abrupt junction diode　突变结二极管
abrupt tooth engagement　轮齿急剧啮合
abrupt transformation　突跃变换
abruptio　分裂, 分离, 分开, 剥离
abruption　(1) 断裂, 分裂, 破裂, 拉断, 中断, 隔断；(2) 断路；(3) 离地, 离开
abs-　(词头) (1) 离；(2) 从
abscess　(金属的) 缩孔, 砂眼, 气孔, 夹渣内孔
abscind　切断
absciss layer　离层
abscissa　{ 数 } 横坐标
abscissa axial　横 [坐标] 轴
abscissa axis　横坐标轴, 横轴
abscission (=abscision)　(1) 切掉, 切除；(2) 脱落
abscission joint　脱离节
abscission layer　离层
abscissus　正截

abscopal　界外的, 离位的, 远位的
abscured aperture　遮拦孔径
absence　不存在, 缺少, 缺乏, 缺, 无
absence of noise　无噪声
absence of play　无游隙, 无浮动, 无窜动, 无齿隙
absent　不存在的, 不在场的, 缺少的, 缺乏的
absent order　缺序
Absolac　丙烯腈·丁二烯·乙烯基苯聚合物
absolute (=a 或 abs)　(1) 绝对, 绝对的; (2) 绝对值; (3) 绝对形; (4) 净油
absolute acceleration　绝对加速 [度]
absolute accuracy　绝对精度, 绝对准确度, 绝对精确度
absolute address　具体地址
absolute altimeter　绝对测高计
absolute altitude　绝对高度, 标高, 海拔
absolute ampere (=ABAMP)　绝对安培
absolute amplification　固有放大系数, 绝对放大系数
absolute assembler　绝对 [地址] 汇编程序
absolute atmosphere　绝对大气压
absolute black body　绝对黑体
absolute boiling point (=ABP)　绝对沸点
absolute capacitivity　绝对电容率
absolute capacity　绝对电容
absolute ceiling (=A/C)　绝对升限
absolute code　基本代码, 绝对码
absolute coding　绝对编码, 绝对编码
absolute constant　绝对常数
absolute construction　独立结构
absolute convergence　绝对收敛
absolute counter　绝对计数器
absolute deflection　绝对变位
absolute derivative　绝对导数
absolute deviation　绝对偏差
absolute dielectric constant　绝对介电常数
absolute displacement　绝对位移
absolute electromagnetic unit　绝对电磁单位
absolute electroneter　绝对静电计
absolute electrostatic unit　绝对静电单位
absolute error (=AE 或 ABSE)　绝对误差
absolute essential equipment (=AEE)　绝对必须的装备
absolute ethyl alcohol　无水乙醇
absolute expansion　绝对膨胀
absolute function　绝对函数
absolute galvanometer　绝对检流计
absolute humidity　绝对湿度
absolute index of refraction　绝对折射率
absolute inequality　绝对不等式
absolute intensity　绝对强度
absolute interferometric laser (=AIL)　绝对干涉测量激光器
absolute invariant　绝对不变量
absolute language　计算机语言, 机器语言
absolute level　绝对电平, 绝对级
absolute linear momentum　绝对动量
absolute loader　绝对地址装入程序
absolute machine location　绝对机器单元
absolute magnetometer　绝对磁强计
absolute magnitude　绝对量
absolute maximum rating　绝对最大额定值
absolute measurement　绝对量度
absolute momentum　绝对动量
absolute motion　绝对运动
absolute norm　绝对范数
absolute normal number　绝对范数
absolute order　绝对指令
absolute permeability　绝对磁导率
absolute permittivity　绝对电容率
absolute plotter control　全值绘图机控制器
absolute potential　绝对电位
absolute pressure (=a)　绝对压力, 绝对压强
absolute pressure ga(u)ge　绝对压力计
absolute pressure transducer　绝对压力传感器
absolute pressure vacuum ga(u)ge　绝对压力真空计
absolute probability　绝对概率
absolute program　绝对程序

4

absolute scale　绝对温标
absolute scale of temperature　绝对温 [度] 标
absolute spectral response　绝对光谱响应
absolute stability　绝对稳定性
absolute standard barometer　一级标准气压表
absolute strength　绝对强度
absolute structure　绝对结构
absolute system of electric u nits　绝对电单位制
absolute system of units　绝对单位制
absolute temperature (=A)　绝对温度
absolute temperature scale (=A 或 ATS)　绝对温标
absolute term　绝对项, 常数项
absolute thermometer　绝对温度计
absolute threshold　绝对阈值, 听阈
absolute type encoder　绝对式编码器
absolute unit　绝对单位
absolute value　绝对值
absolute-value computer　全值计算机
absolute value computer　绝对值计算机, 全值计算机
absolute velocity　绝对速度
absolute viscosity (=abs visc)　绝对粘度
absolute volt　绝对伏特
absolute wavemeter　绝对波长计
absolute weapon　绝对武器, 原子武器
absolute worst case (=AWC)　绝对最坏情况
absolute zero　绝对零度
absolutely　(1) 无条件地, 绝对地, 完全地, 确实, 当然; (2) 实际, 真正
absoluteness　绝对, 完全
absolution　解除责任, 免除, 赦免
absolve　解除, 免除, 赦免
Abson　丙烯腈·丁二烯·乙烯基苯聚合物
absonant　不合理的, 不和谐的, 不合拍的
absorb　(1) 吸收, 吸取, 吸附, 吸入, 吸热, 吸液, 吞并; (2) 承受冲击; (3) 减震, 缓冲, (4) 接收而无反响或回声; (5) 承担; (6) 酸中和
absorbability　可吸收状态, 可吸收性, 吸收能力, 吸收本领, 吸收量
absorbable　可吸收的, 被吸收的
absorbance (=a)　(1) 吸收系数, 吸收率, 吸收比, 吸收力; (2) 吸光度, 吸光率; (3) 光密度; (4) 消光值
absorbar　(反应堆中子的) 吸收体
absorbate　被吸收物质, 吸收质
absorbed　被吸收的
absorbed energy　吸收能
absorbed film　吸附膜
absorbed-in-fracture energy　(1) 冲击韧性, 冲击强度; (2) 冲击功, 弹能
absorbed layer　吸附层
absorbed lubricating film　吸附的润滑油膜
absorbefacient　(1) 引起或促进吸收的, 吸收性的, 使吸收的; (2) 吸收促进剂, 助吸剂
absorbency　(1) 吸收性, 吸收率; (2) 被吸收状态, 吸收能力; (3) 光密度, 吸光率
absorbent　(1) 吸收剂, 吸收体; (2) 有吸收能力的
absorbent carbon　活性炭
absorbent charcoal　吸收性炭, 活性炭
absorbent cotton　脱脂棉
absorber　(1) 吸收器; (2) 吸收体; (3) 吸收剂; (4) 减振器, 减振体, 缓冲器, 阻尼器
absorber circuit　吸收器电路
absorber cooler　吸收冷却器
absorber diode　吸收二极管
absorber-type　吸收剂型的
absorber-washer　吸收洗涤器
absorbing　吸附作用
absorbing ability　吸收能力
absorbing agent　吸收剂
absorbing boom　吸油栅
absorbing capacity　吸收能力
absorbing circuit　吸收电路
absorbing power　吸收能力
absorbing resistor　吸收电阻器
absorbing selector　吸收选择器
absorbing well　吸水井, 渗水井, 泻水井
Absorbit　微晶型活性炭
absorbite　活性炭

absorptance　(1) 吸收系数,吸收比,吸收度,吸收率,吸收性；(2) 吸收能力,吸收本领

absorptiometer　(1) 液体吸气计；(2) 透明液体比色计,吸收比色计,吸收光度计,吸收率计；(3) 吸收测定器；(4) (电光比色用) 吸光计

absorptiometric　吸收比色计的,吸气计的,溶气计的

absorptiometry　(1) 吸收测量学；(2) 吸收能力的测量；(3) 吸光测量法

absorption (=a)　(1) 吸收作用,吸取作用,吸附作用,吸液作用,吸水作用,吸水性,粘着,附着；(2) 吸收或被吸收过程；(3) 缓冲,阻尼

absorption band　吸收光谱带,吸收光带,吸收谱带,吸收频带

absorption brake　吸收式测功机

absorption cell　吸收槽,吸收池

absorption circuit　吸收电路

absorption coefficient (=AC)　吸收系数

absorption current　吸收电流

absorption-dispersion pair　吸收波散对

absorption dynamometer　吸收功率计,吸收式测功计,吸收式测功机,阻尼式测功计

absorption edge　吸收带边界,吸收 [界] 限

absorption factor　吸收系数

absorption heat detector　吸附热检测计

absorption meter　(液体) 溶气计,吸气计

absorption of moisture　吸湿,吸潮

absorption of shocks　缓冲,减振

absorption plane　(天线的) 有效面

absorption rate　吸收率

absorption refrigerating machine　吸附式冷冻机

absorption resistance　吸收电阻

absorption-type　吸收式的

absorptive　有吸收力的,吸收 [性] 的,吸水性的

absorptive capacity　吸收能力

absorptive index　吸收指数,吸收系数,吸收率

absorptive-type　吸收型的

absorptivity　(1) 吸收率,吸收性,吸收度,吸引率,吸热率,吸湿性；(2) 吸光系数；(3) 吸收能力,吸取能力,吸引力；(4) 吸收量

absorptivity-emissivity ratio　吸收发射比

absorptivity wavemeter　吸收式波长计

abst (=abstract)　(1) 提取,提炼,提出,萃取,抽出,取出,除去,移去,散开；(2) 使抽象 [化] 摘要,摘录,简介,文摘,概要,小计；(3) 提出物,萃取物,抽出质,浸膏粉,强散剂；(4) 无实际意义的,理论上的,观念上的,抽象的；(5) { 数 } 不名的

abstain　戒除,禁绝,节制,避免,避开,弃权

abstatampere　绝静安培

abstatvolt　绝静伏特

abstention　戒除,禁绝,节制,避免,避开,弃权

abstergent (=detergent)　(1) 有洁净作用的,去垢的,洗涤的,(2) 去垢剂,去污剂,去污粉,洗涤剂；(3) 洗涤器

abstersion　洗净,净化

abstersive　洁净的,去垢的

abstinence　戒除,禁戒,节制

abstract (=A)　(1) 提取,提炼,提出,萃取,抽出,取出,除去,移去,散开；(2) 使抽象 [化] 摘要,摘录,简介,文摘,概要,小计；(3) 提出物,萃取物,抽出质,浸膏粉,强散剂；(4) 无实际意义的,理论上的,观念上的,抽象的；(5) { 数 } 不名的

abstract and book title index card service (=ABTICS)　文摘和书目索引卡服务处

abstract automation　抽象自动机

abstract code　理想 [代] 码,抽象码

abstract heat　散热

abstract machine　抽象 [计算] 机

abstract metal from ore　从矿石中提炼金属

abstract number　不名数,抽象数

abstract studio design　电视演播室布景设计

abstracted　抽出来的,抽象的

abstracter (=abstractor)　(1) 提取器,萃取器；(2) 摘录者；(3) 吸水物

abstraction　(1) 抽象观念,抽象化；(2) 分离,抽出,取出,提取,提炼,萃取,抽除,浸除,除去,移去,引出

abstraction of heat　热的排除,热的散失,热的抽除,除热,散热,排热,减热

abstractly　理论上,观念上,抽象地

abstractness　抽象性

abstractor　(1) 提取器,萃取器；(2) 摘录者；(3) 吸水物

abstractum　强散剂

Abstrene　ABS 塑料

abstruse　深奥的,难懂的

abstruseness　深奥,难懂

absurd　不合理的,荒谬的,愚蠢的,可笑的

absurdity　(1) 不合理,荒谬,谬论；(2) 蠢事

absurdly　荒谬地

absurdness　不合理,荒谬

abterminal　远末端

abundance　(1) 丰富,充裕,充足,富足；(2) 个体密度,丰度；(3) 分布量,大量,数量

abundance sensitivity　(质谱仪) 同位素灵敏度

abundant　丰富的,充裕的,充足的,充分的,大量的,许多的

abundant number　过剩数,剩余数

abundant proof　充分的证据

abundantly　大量地,丰富地,多

abunits CGS　电磁制单位

abusage　乱用,误用

abuse　(1) 机械损伤；(2) 违反操作规程,不合理地使用,滥用,乱用,误用

abuse failure　使用不当的故障

abusive　滥用的,乱用的,误用的

abut　(1) 邻接,连接,毗连,接近,临近；(2) 紧靠在,靠着,支承,支撑,止动,(3) 尽头,端；(4) 止动器,支架,支座,支柱,柱脚,桥台,扶壁；(5) 接合点,止动点,支点；(6) 对头接合,贴合

abutment　(1) [弹簧] 支座,桥台,拱座 (2) 对头接合,邻接,连接,相接,对接,贴合；(3) 支撑面,接合面,接合点,接界；(4) 施加阻力或反应力的固定点

abutment crane　台座起重机

abutment joint　(1) 贴靠接合,对接,端接；(2) 对接接头,对抵接头,端接接头；(3) 对接缝

abutment motor　凸轮转子马达

abutment pump　外啮合凸轮转子泵

abutment ring　定位环

abutment screw　止动螺钉

abutment sleeve　定位套筒

abuttal　(1) 邻接,接界；(2) 桥台,桥墩,承座,支柱；(3) (复) 境界,地界

abutted surface　相接面,贴合面

abutting　(1) 毗连的,邻接的,相邻的；(2) 对抵的,对接的,端接的；(3) 凸出的

abutting joint (= abutment joint)　(1) 贴靠接合,对接,端接；(2) 对接接头,对抵接头,端接接头；(3) 对接缝

abvolt　CGS 电磁单位制伏特,绝对伏特 (等于 10^{-8} 伏)

abwatt　CGS 电磁单位制瓦特,绝对瓦特 (等于 10^{-7} 瓦)

AC (=alternating current)　交流

AC continuous wave (=ACW)　交流等幅波

AC-DC reeceiver　交直流两用接收机

AC demagnetized (=ACD)　交流消磁的

AC-detector with rectifier　有整流器的交流探测器

AC dump (=ACD)　交流电源切断

AC spark plug (=ACSP)　交流火花塞

a-c heated diode　旁热式二极管

academic　(1) 高等院校的,研究院的,学院的,学会的；(2) 单纯理论的,脱离实际的,非实用的,学理上的,学术的,空谈的；(3) 正式的

academician (=AC)　(1) 院士；(2) 学部委员,学会会员

academy (=Acad)　(1) 学院,学会；(2) 科学院；(3) 研究院,研究所

academy of sciences (=AS)　科学院

accede　(1) 同意,答应,允诺,接受；(2) 参加,加入；(3) 就任,即位,继承

accel-decel　加速 - 减速的

accelerant　(1) 催速剂,催化剂,加速剂,促进剂,促凝剂,触媒剂,捕集剂；(2) 加速器

accelerant coatings　速燃层

accelerate (=ACCEL)　(1) 加快速度,加速运动,加速,变速；(2) 使进行加速,增加速度,获得速率；(3) 促进

accelerated ageing　人工时效,人工时化,加速老化,加速时效

accelerated aging　人工时效,人工时化,加速老化,加速时效

accelerated aging test (=AAT)　加速失效试验,加速老化试验

accelerated at a growing rate　不断加速的

accelerated cement　快凝水泥

accelerated charging　(1) 短期填充；(2) 加速充电

accelerated circulation　加速循环,加速环流

accelerated corrosion test　加速腐蚀试验

accelerated development test program (=ADTP)　加速研制试验规划

accelerated failure test　加速损坏试验,加速失效试验

accelerated fatigue test　加速疲劳试验
accelerated freeze drying (=AFD)　加速冷冻干燥
accelerated gum　速成胶质
accelerated life　加速试验寿命, 强化试验寿命
accelerated life test　加速寿命试验
accelerated load test　加速载荷试验
accelerated moment　加速力矩
accelerated motion　加速运动
accelerated particle　被加速粒子, 加速粒子流
accelerated speed　加速速率
accelerated-switching valve　快速开关阀
accelerated test ratio　加速试验的强化倍数
accelerated wear test　加速磨损试验, 强化磨损试验
accelerating agent　催化剂, 催化剂, 促凝剂
accelerating anode　加速阳极
accelerating chain　加速链
accelerating circuit　加速电路
accelerating contactor　加速接触器
accelerating curve　加速度曲线
accelerating electrode　加速电极
accelerating field　加速场
accelerating force　加速力
accelerating grid　加速栅极
accelerating lens　加速 [电子] 透镜
accelerating load　加速载荷
accelerating potential　加速 [电] 势差
accelerating pump　加速泵
accelerating relay　多级式继电器, 加速继电器
accelerating resistance　加速阻力
accelerating section　加速节
accelerating space　加速空间
accelerating torque　加速转矩
accelerating waveguide　加速波导管
acceleration (=a 或 acc)　(1) 加速 [度], 增速, 加快; (2) 加速作用; (3) 加速度矢量; (4) 加速度值; (5) 催促, 促进
acceleration analysis　加速度分析
acceleration-cancelling hydrophone (=ACH)　加速补偿水听器
acceleration cancelling hydrophone　消加速度海洋检波器
acceleration capability　加速能力
acceleration component　加速度分量, 分加速度
acceleration curve　加速度曲线
acceleration damper　冲динамического消振器, 动力消振器
acceleration-deceleration　加速 - 减速
acceleration determination　加速度测定
acceleration diagram　加速图
acceleration factor　加速因子
acceleration force　加速力
acceleration-insensitive　对加速度不敏感
acceleration measurement　加速度测量
acceleration of gravity　重力加速度
acceleration of following　牵引加速度
acceleration of the n-th order　N 级加速度
acceleration performance　加速性能
acceleration potential　加速度势
acceleration process　加速过程
acceleration resistance　加速阻力
acceleration response　加速度反应; 过载反应
acceleration-sensitive　对加速度敏感的
acceleration state　加速状态
acceleration switching valve (=ASV)　加速控制活门, 快速开关阀
acceleration time　(1) 加速时间, 起动时间; (2) 存取时间
acceleration torque　加速转矩
acceleration transducer　加速度传感器
acceleration vector　加速向量
acceleration-versus-time plot　加速度 - 时间 [坐标] 曲线图
acceleration voltage　加速电压
accelerationless　无加速度的, 未加速的
accelerative　加速的, 催化的, 促进的
accelerator (=ACCEL)　(1) 加速踏板, 加速装置, 油门踏板, 加速器; (2) 加速剂, 催化剂, 促凝剂, 催化剂, 促进剂; (3) 加速泵; (4) 加速电极; (5) 反应加速计
accelerator complex　加速器组合
accelerator jet　加速喷嘴
accelerator linkage　加速连杆机构

accelerator mechanism　加速装置
accelerator pedal　加速踏板
accelerator physics　加速器物理学
accelerator pump　加速泵
accelerator response　加速响应
accelerator-type　加速器型的
accelerator wave guide　加速器波导
accelerator with prebunching　预群聚 [粒子] 加速器
acceleroabrasion tester　加速型耐磨试验仪
accelerogram　自记加速图, 加速度图
accelerograph　加速自动记录仪, 加速自动记录器, 加速度测量仪, 加速度测定器, 自动加速仪, 自记加速仪, 加速记录器
accelerometer (=ACCEL)　(1) 加速 [度] 表, 加速度计, 加速度器, 加速度仪; (2) 过载传感器, 过荷传感器, 过载指示器, 过载自记器
accelerometer scale factor input panel (=ASFIP)　加速 [度] 表比例系数输入板
accelerometer tube　加速度测量管
accelerometer type seismometer　加速度地震检波器
accelerometry　加速度测量术
accelo-filter　加速过滤器
accent　(1) 加重, 强调, 重读; (2) 加重音符号; (3) 使特别显著
accent light　[加] 强灯光
accent lighting　重点照明
accent term　重点项
accentuation　(1) 预增频, 预加量; (2) 加重, 加强
accentuation filter　预加重滤波器
accentuator　(1) 选频放大器, (音频) 加重器, 增强器; (2) 振幅校正电路, 频率校正电路, 加重电路, 加强电路; (3) 增强剂
accentuator circuit　加强电路
accept　(1) 验收, 接受, 接收; (2) 答应, 应答, 承认, 认可, 允许, 许可; (3) 承兑
accept for carriage　承运
acceptability　可 [被] 接受性, 合格性
acceptable　(1) 可接受的, 验收的, 合格的, 容许的; (2) 受欢迎的, 满意的
acceptable contrast ratio　可接受的对比度, 较佳对比度
acceptable currency　可接受的货币
acceptable defect level (=ADL)　容许缺陷标准, 合格缺陷标准
acceptable environment　验收环境
acceptable explosives　(1) 准运爆炸品; (2) 合格炸药
acceptable failure rate (=AFR)　容许故障率
acceptable offer　可接受的报价
acceptable indexing　可接受标号
acceptable program　可接受程序
acceptable quality　合格的质量
acceptable quality level (=AQL)　合格质量标准, 验收质量标准, 验收合格标准, 容许品质等级
acceptable performance　可接受的性能, 合格性能
acceptable reliability level (=ARL)　可靠性合格标准, 容许可靠性程序
acceptable system　可接受系统
acceptable test　验收试验, 合格试验
acceptable value　认可的价值
acceptable velocity　容许速度
acceptably　可以接受地, 可以允许地, 合格地, 满意地
acceptance (=acc)　(1) 接受; (2) 接收, 验收; (3) 合格; (4) 承兑
acceptance and transfer (=A&T)　验收与移交
acceptance angle　(电波) 到达角, 接收角
acceptance bank　[票据] 承兑银行
acceptance by intervention　参加承兑
acceptance by other offices　本支店承兑票据
acceptance certificate　验收合格证, 验收证书, 验收单
acceptance charge　承兑费
acceptance check　验收检查, 验收, 核对
acceptance checkout equipment (=ACE)　验收检验设备
acceptance commission　承兑手续费
acceptance condition　(1) 验收条件, 合格条件; (2) 接受条件, 承运条件
acceptance contract　承兑合同
acceptance corporation　英国的债券承兑公司
acceptance credit　承兑信用
acceptance criterion　验收准则, 验收标准
acceptance dealer　承兑票据经纪商
acceptance declaration　申报承兑
acceptance draft　承兑汇票

acceptance for honour 参加承兑拒付汇票

acceptance functional test (=AFT) 验收性能试验

acceptance ga(u)ge 检验规,塞规,验收[量]规

acceptance house 票据承兑行

acceptance inspection 验收检查

acceptance insurrance slip 承保人开的收据

acceptance letter of credit 承兑信用证

acceptance liability 承兑责任

acceptance limit 验收限度

acceptance market 承兑市场

acceptance maturity 承兑到期

acceptance of a consignment 承运一批货物

acceptance of abandonment 接收委托

acceptance of an order at below cost prices 接收低于成本的订货[单]

acceptance of batch 大批承兑

acceptance of bill 承兑票据

acceptance of bill of exchange 票据承付

acceptance of deposits 接收存款

acceptance of goods 承运货物

acceptance of material 材料的验收

acceptance of offer 接收报价

acceptance of work (1)加工验收;(2)工程验收

acceptance phase 验收阶段,验收状态

acceptance qualified as to place 对付款地点有限制的承兑

acceptance quality level (=AQL) 质量验收标准,质量验收等级,验收质量等级

acceptance range 目标截获距离,作用距离

acceptance region 可接收域,可接受域

acceptance report 接收报告

acceptance requirements (=AR) 验收要求,接受规格

acceptance sampling 进料抽样试验

acceptance sampling by attributes 定性抽样试验法

acceptance sampling plan 验收抽样法

acceptance specification 验收规范

acceptance stamp 验收盖印,验收标记

acceptance summary report (=ASR) 验收总结报告

acceptance survey (1)验收;(2)竣工测量

acceptance test (=AT) 验收试验

acceptance test procedure (=ATP) 验收测试程序

acceptance test specification (=ATS) 验收测试技术规格

acceptance tolerance 验收公差

acceptant 采纳的,接受的

accepted (=a) (1)(验收)合格的;(2)经认可的

accepted bill of advice 承兑通知书

accepted product 合格产品

accepted standards 采用标准

accepted tolerance 规定容限,容许公差

accepter (=acceptor) 接受器

accepting bank 承兑行

accepting circuit 串联谐振电路,通波电路,接收电路

accepting station 接收站

acceptor (1)接受程序,接受体,接受器;(2)串联谐振电路,谐振电路,共振电路,带通电路;(3)接收器;(4)受体,受主

acceptor band 受主能带

acceptor circuit 接受器电路,谐振电路,带通电路,分出电路

acceptor level (1)受主能级;(2)接受极;(3)承受水平

acceptor rejector circuit (由带除电路和带通电路组成的)综合滤波器电路

acceptor resonance 电压谐振,串联谐振

acceptor site 接收部位

access (1)存取,访问,取数;(2)到达,接近;(3)进路,通路;(4)调整孔

access arm 取数臂,存取臂,访问臂,定位臂

access board 跳板,踏板

access code 选取码

access cycle 存取周期

access door 检修门,出入门,便门

access duct 进线管道

access eye 检查孔

access floor 活地板

access hatch 检查口,入口

access method 访问方法,存取方法

access mode 存取方式,取数方式

access opening (=AO) 检修孔,人孔

access panel (=AP) 观测台,观察板

access speed (数据)存取速度,选取速度

access stencil 访问形式

access time (=AT) 信息发送时间,存取时间,取数时间,选取时间

access width 存取位数

accessary (= accessory) (1)辅助设备,辅助装置,辅助部件,辅助仪表,辅助用具;(2)零件,备件,附件,配件;(3)从属的,附属的,附带的,附加的,辅助的,补助的,次要的,副的;(4)次要产物,附属物,附属品

accessibility (1)可接近性,易接近性,易维护性,可达性,可及性;(2)(新仪表使用前)检查步骤,检查方法,操作步骤,操作方法

accessible (1)可以接近的,可以到达的,可以使用的,可以进入的,容易接近的,容易到达的,容易使用的,容易进入的;(2)可以理解的;(3)易受影响的

accessible address space 可存取地址空间

accessible compressor 现场用压缩机,半密封压缩机,易卸用压缩机

accessible point 可达点

accession (1)接近,到达;(2)增加,加入;(3)新增资料,新添图书;(4)同意

accession book 登记簿

accessional 附加的

accessorial 附属的

accessorize 配备附件,提供附件

accessory (=ACCRY 或 accy) (1)辅助设备,辅助装置,辅助部件,辅助仪表,辅助用具;(2)零件,备件,附件,配件;(3)从属的,附属的,附带的,附加的,辅助的,补助的,次要的,副的;(4)次要产物,附属物,附属品

accessory appliance 辅助工具,辅助设备

accessory contract (合同附件)从契约,附加合同,附约

accessory drive 辅助传动[装置],附加传动机构

accessory equipment 辅助设备

accessory gearbox 辅助齿轮箱,附加光轮箱

accessory mechanism 辅助机构,附加机构

accessory power supply (=APS) 辅助电源,辅助能源

accessory shaft 附轴

accessory shaft hub 副轴衬套

accessory supply system (=ASS) 附属供给系统

accessory system 辅助系统

accidence 初步,入门

accident (1)[偶然]事故,[偶发]故障,失事,遇险,损伤,破坏;(2)意外事件,偶然事件,突发事件,不测事件,意外;(3)紧急用的,救急用的

accident and indemnity (=A. &.I) 意外事故及损害赔偿

accident brake 救急用的制动器,紧急用的制动器,应急制动闸

accident-cause code 工伤事故原因准则

accident cause factor 事故征候

accident conditions 事故

accident data recording (=ADR) 事故数据记录

accident error 偶然误差

accident insurance 事故保险

accident investigation (=AIG) (飞机)失事调查

accident prevent 事故防止

accident prevention 安全措施,事故防止,事故预防

accident-prone 特别易出事故的

accident proneness 事故征候

accidental (1)偶然的,意外的,临时的;(2)随机的,无规的;(3)不重要的,附属的,附带的;(4)非本质属性,偶然事件,附带事物

accidental air admission 空气偶然进入

accidental-coincidence 偶然符合的

accidental error 偶然误差,随机误差

accidental irradiation 事故性辐照,偶然辐照

accidental load 随机负载,不规则负载

accidental printing 复印效应

accidentally 偶然地,附带地

accidented 凹凸不平的,高低不平的

accidently 偶然地,附带地

acclinal 倾斜的

acclive 有坡度的,倾斜的

acclivitous 向上斜的

acclivity 向上倾斜,上斜

acclivous 向上斜的,倾斜的

Accoloy 镍铬铁耐热合金(铬12-18%,镍38-78%,少量铝及钛,其余铁)

accommodate 调节,适应,接纳,容纳,寄存,供应,供给,提供

accommodation (=a 或 acc) (1)调节,适应,供应,容纳;(2)范围;(3)

（居住）设备，舱内设施，家具，用具，座位；(4) 居住舱室，住舱；(5) 舱室布置；(6) 贷款

accommodation bill 通融票据，汇划票据

accommodation bridge 专用桥，便桥

accommodation coefficient 调节系数，适应系数

accommodation ladder 舷梯，扶梯

accommodation train 普通旅客列车

accommodative 适合的，适应的，调节的

accommodator (1) 调节装置，调节器；(2) 调节者

accommodometer 调节测量计，眼调节计

accommodometry 调节测量 [法]

accompaniment (1) 装饰物；(2) 伴随物，附属物；(3) 跟踪

accompany 与……同时发生，与……同时进行，伴随

accompanying element 伴生元素

accompanying sound trap 伴音陷波器

accompanying table 附表

accomplish 完成，实行，达到

accomplish work 做功

accomplished (=ACCOMP) 已完成的，竣工的，熟练的

accomplishment (1) 完成；(2) 实施，实行，执行；(3) 成就；(4) 技能，本领，才艺

accord (1) 符合，一致，调和，和谐；(2) 给予；(3) (国际)条约，协定

accord with 与……一致，与……符合

accordance (1) 相适应，相协调，一致，调和，匹配；(2) 给予

accordant 一致的，协调的，调和的，匹配的，相合的，整合的，平齐的

accordant connection 匹配连接，整合连接，整合接触

accordant to 与……一致的，与……相调和的，与……相合的

accordant unconformity 平行不整合，平齐不整合

accordant with 与……一致的，与……相调和的，与……相合的

according as 随……而定，取决于

according to(=acc) 与……相应，按照，依照，根据

according to circumstances 根据情况，随机而变

accordingly (1) 因此，于是，所以，从而；(2) 适当地，相应地，照着

accordion (1) (印刷电路的)"Z"形插孔，折式插孔；(2) 可折叠的，折叠式的，折成形的

accordion coil 折叠式线圈

accordion conveyor 伸缩式输送器，可调节输送器

accordion door 折门

accordion fold 折子式折页

accordion hood 折棚横顶罩

accordion plate 折叠式图板

8

account (=A/C 或 a/c 或 Acct) (1) 账；(2) 叙述；(3) 原因，理由；(4) 重要性；(5) 计算

account current (=a/c) 往来账户

account for the repair 修理费用单

account number 账号

account of (=A/O) 某人账内

account receivable (=AR) 应收账

account valuation 估价，估计

accountability (1) 可衡算性，可计量性；(2) [有] 责任

accountable (1) 可解释的，可说明的，(2) 负有责任的

accountably 可证明地，可说明地

accountancy 会计工作

accountant (=acc) 会计 [员]

accounting 会计，计算

accounting book 账簿

accounting device 计算装置，计算机

accounting dollar 计账美元

accounting machine 会计计算机

accounting program 记账程序

accounting report 会计报告，财务报告

accounting routine 费用计算程序

accounting work order (=AWO) 计算工作指令

accouplement 匹配，配合，耦合，连接

accouter (=accoutre) (1) 装备；(2) 提供装备，供给装备

accouterment (=accoutrement) (1) 装备，配备；(2) 装备品，服装；(3) 起识别作用的特征；(4) 典型的方法和步骤

accredit (1) 信任，相信；(2) 委派，任命；(3) 特许，认可，归咎；(4) 鉴定……为合格

accreditation (1) 任命；(2) 鉴定

accreditation of the sample 代表性样品的鉴定

accredited 被普遍采纳的，被认可的

accrete (1)增大，生长，堆积，累积，(2) 附加物的，增积的

accretion (1) 增长，增加，添加，累积，(2) 增长量，增加物，添加物，堆积物；(3) 炉结，炉瘤，底结

accumulate (=ACCUM) (1) 累积，累加，累计，积累，蓄积，积累，积聚，存储，堆积；(2) 蓄能，蓄压，蓄电，储电

accumulated 积累的，累加的

accumulated angle 合成角，总角

accumulated deformation 累积变形

accumulated discrepancy 累积差

accumulated error 累积误差

accumulated error of axial pitch 轴节累积误差

accumulated error test 累积误差试验

accumulated pitch error (齿轮)周节累积误差

accumulated-total punch 累计穿孔机

accumulated-total punch 累计穿孔机

accumulating contact 累积接触

accumulating registor (=acc) 累加寄存器

accumulating reproducer (1)累计复制机；(2)累加复孔机

accumulation (1)累积，累加，积累，蓄积，存储；(2)聚集，积聚，蓄能，蓄压

accumulation curve 累计曲线，累加曲线

accumulation distribution unit 累加分配器

accumulation-mode CCD 积累模式电荷耦合器件

accumulation of electric energy 电能积累，电能存储

accumulation of fatigue damage 累积疲劳损伤

accumulation of pressure 压力的累积，蓄压

accumulation point 聚点

accumulation-quotient register 累加商寄存器

accumulation test 蓄压试验

accumulational 累积的，堆积的，聚集的

accumulative 累积的，累加的，积累的，堆积的，积聚的

accumulative carry 累加进位，复合进位

accumulative crystallization 聚集结晶

accumulative error 累积误差

accumulative estimation 累积估计

accumulative pitch error 周节累积误差，周节累计误差

accumulative process 累积过程

accumulator (=AC 或 acc) (1)蓄电池；(2)储存装置，储存器，存储器；(3)蓄压器，储压器，蓄能器，蓄势器，蓄热器；(4)累加器，累积器，累计器，加法器，收集器，集尘器；(5)储能电路；(6){计}记忆装置；(7)储气筒，蓄压柜，联箱，集管

accumulator capacity 蓄电池容量

accumulator car 蓄电池车

accumulator carriage 累加器托架，累加载运器

accumulator cell (1)蓄电池；(2)存储元件

accumulator charger 蓄电池充电器

accumulator jump instruction 累加器转移指令

accumulator locomotive 蓄电池式电机车

accumulator metal 蓄电池极板合金

accumulator plate 蓄电池极板

accumulator register 累加计数器，累加寄存器

accumulator right shift (=ARS) 累加器右移

accumulator spring 缓冲系统弹簧

accumulator switch (=ACS) 蓄电池转换开关

accumulator tank (1)蓄电池槽；(2)集油罐，储罐

accuracy (1)精 [确] 度，准确 [度]，精密度；(2)准确性

accuracy class 精度级别，准确度级别

accuracy control 精确控制，精度控制

accuracy control character 准确度控制字符

accuracy-control system 精确度控制系统，准确度控制系统，精度控制系统

accuracy in measurement 测量精度

accuracy investigation 精度研究

accuracy of contact (齿轮)啮合精度，接触精度

accuracy of finish 最后加工精度

accuracy of instrument 仪表精度，仪器精度，仪表的精确度

accuracy of manufacture 制造精度

accuracy of manufacturing 制造精度

accuracy of measurement 测量精度

accuracy of mesh 啮合精度

accuracy of motion 运动精度，运动准确度

accuracy of rating (1)精度等级，准确度等级；(2)额定精度，额定准确度

accuracy of reading 读数精度，读数准确度

accuracy of running 旋转精度，运转精度

accuracy rating 精确度

accuracy requirement 精度要求
accuracy to size 尺寸精确度
accuracy tolerance 精确限度
accurate 精确的,准确的,精密的
accurate adjustment 精[密]调[整]
accurate dimension 精确尺寸,准确尺寸
accurate expression 精确表达式
accurate grinding 精磨
accurate machine construction 精密机械结构
accurate measurement 精密测量
accurate measuring instrument 精确测量仪表
accurate pointing 精确定向点测
accurate position finder (=APF) 精确测位雷达
accurate position indicator (=API) 精确位置显示器
accurate thread 精密螺纹
accurate to dimension 符合加工尺寸,精确符合尺寸
accurate to within plus or minus five percent 精确到 ±5% 以内
accurate within 0.0001mm 精度达 0.0001mm
accustom 使……习惯于
accustomed 习惯的,通常的,惯例的
accustomization 适应
accustomize 顺应,适应
accutron 电子计时计,电子手表
ace (1)自动计算机;(2)一级飞行员;(3)专家,能手;(4)一点,少许,毫厘,痕迹,痕量,微量;(5)第一流的,最高的,优秀的
acentric (1)离开中心的,无中心的,非正中的,偏心的;(2)无着丝点的
acetaldehyde (=ACH) 乙醛
acetaldehyde resin 乙醛树脂
acetate film tape (=AFT) 乙酸薄膜带
acetic acid 醋酸,乙酸 $C_2H_4O_2$
acetone (=Ac) 丙酮
acetone drying (=AD) 丙酮干燥
acetonide 丙酮化合物
acetonum 丙酮
acetonyl 丙酮基,乙酰甲基
acetylene (=ACET) 乙炔
acetylene black 乙炔黑
acetylene burner 乙炔灯
acetylene cutter 乙炔切割器
acetylene cylinder 乙炔罐,乙炔瓶
acetylene filled counter 乙炔计数器
acetylene flame carburizing 乙炔焰渗碳
acetylene generator 乙炔发生器
acetylene lamp 乙炔灯
acetylene starter 乙炔起重机
acetylene welder 乙炔焊机,气焊机
acetylene welding 乙炔焊,气焊
acetylene welding torch 乙炔焊接吹管
acetylide 乙炔化物
achievable 可完成的,可达到的,能实现的
achieve 完成,达到,实现,获得,得到
achievement (1)完成,达到;(2)成就,功绩,成绩
achromatic (1)消色[差]的;(2)非彩色的,不着色的,不变色的,单色的,无色的
achromatic doublet 消色差双合透镜
achromatic lens 消色差透镜
achromatic light 消色差光,白光
achromatic locus "白色"光源轨迹,消色差区
achromatize 使成非彩色,使消色差化,使无色
achromic 消色的,无色的
aci- (词头)酸式
aci-compound 酸式化合物
acicular 针[尖]状的,针形的
acicular constituent 针状组织,贝氏体
acicular crystal 针状晶体
acicular iron 贝氏体铸铁,针状铸铁
acicular tempered martensite 针状回火马氏体
aciculate 针状的
acid (=A 或 AC) {化}酸
acid accumulator 酸[性]蓄电池
acid-base 酸-碱的
acid Bessemer converter 酸性转炉
acid Bessemer steel 酸性转炉钢

acid brass 耐酸黄铜
acid brick 酸性砖
acid brittleness 酸蚀脆性
acid bronze 耐酸青铜(铅 2-17%,锡 8-10%,镍 < 1.6%,磷 < 0.2%,锌 1-2%,其余铜)
acid-catalyzed 酸催化的
acid cleaning 酸洗
acid-consuming 耗酸的
acid-containing 含酸的
acid converter process (=ACP) 酸性转炉炼钢法
acid-cooling 酸冷式的
acid corrosion 酸性腐蚀
acid-cured resin 酸凝树脂
acid-deficient 弱酸的,缺酸的
acid dip 酸洗
acid electric steel 酸性电炉钢
acid enamel 耐酸搪瓷
acid equivalent (=ae) 酸当量
acid etch 酸浸蚀,酸刻蚀
acid-etched 酸浸蚀的,酸刻蚀的
acid-fast 抗酸性的,耐酸的
acid-free 无酸的
acid-free oil 无酸油
acid-leach 酸浸[出],酸滤
acid leach 酸浸[出],酸滤
acid lead 耐酸铅
acid metal 耐酸铜合金,耐酸金属(锡 10%,铅 2%,铜 88%)
acid number (=AN) 酸值
acid open-hearth steel 酸性平炉钢
acid open-hearth furnace 酸性平炉
acid pickling 酸洗,酸浸
acid polishing 酸蚀抛光
acid process 酸[性转炉]法
acid proof 耐酸的,抗酸的
acid proof alloy 耐酸合金
acid-proof brick 耐酸砖
acid(-)proof cast iron 耐酸铸铁
acid proof hose 耐酸软管
acid proof material 耐酸材料
acid proof vanish 耐酸清漆
acid radical 酸根,酸基,酰基
acid reaction 酸性反应
acid resistance 耐酸性
acid resistance casting 耐酸铸件
acid resistance paint 耐酸漆
acid-resistant (1)抗酸的,耐酸的;(2)耐酸物,抗酸物
acid resistant (=AR) 耐酸的
acid-resisting 耐酸的,抗酸的
acid resisting (1)抗酸的;(2)抗酸性
acid resisting alloy 耐酸合金
acid resisting material 耐酸材料
acid resisting paint 耐酸涂料
acid-resisting pump 耐酸泵
acid resisting steel 耐酸钢
acid-soluble 可溶于酸的,酸溶的
acid solution 酸溶液
acid-stage oil 酸性油
acid steel 酸性[炉]钢
acid test 酸性试验
acid tolerant species 耐酸品种
acid-treated 酸处理过的,酸化的
acid-treated oil 酸洗油
acid treatment (=at) 酸性处理
acid value 酸值
acid washed 酸洗过的
acid waste (=AW) 酸性废物,废酸
acidate 酸化,酰化
acidbase 酸碱的
acidfree 无酸的
acidification 酸化
acidifier 酸化剂,生酸素
acidimeter 酸[液]比重计,酸定量器,酸度计,pH 计
acidimetry (1)酸量测定法;(2)酸量滴定法
acidism 酸中毒

acidity　(1) 酸性；(2) 酸度；(3) 尖刻性
acidization　酸化作用，酸化过程
acidizer　酸处理剂，酸化剂
acidness　具酸的状态，酸性
acidometer　酸度计
acidproof (=AP)　耐酸
acierage　(1) 表面钢化，镀钢，渗碳；(2) 金属镀钢法
acieral　铝基合金 (铜 3-7%，铁 0.1-1.4%，锰 0-1.6%，镁 0.6-0.9%，硅 0-0.4%，其余铝)
acieration　金属镀铁硬化，钢化，碳化，渗碳 [法]
acisculis　石工小锤
Ackerman principle　阿克曼 [转向] 原理
Ackerman steering (gear)　阿克曼转向机构，梯形转向机构
acknowledge (=ACK)　(1) 承认，确认，肯定，应答；(2) 承认收到，证实；(3) 感谢，函谢，答谢，致谢
acknowledge character (=ACK)　信息收到符号，肯定字符
acknowledge signal　认可信号，承认信号
acknowledgement of receipt (=AR)　收据，回执
acknowledgement signal　认可信号，承认信号
acknowledger　瞭望装置
acknowledging lever　[机车自动信号] 警惕手柄
aclinal　无倾角的，不倾斜的，水平的
aclinic　无倾角的，不倾斜的，水平的
aclinic line　无倾线
acme　最高点，顶点，极点
Acme screw thread　[英制] 爱克米螺纹 [顶角 29°]，梯形螺纹
Acme thread　埃克米螺纹，梯形螺纹
Acme thread gage　埃克米螺纹规，梯形螺纹规
Acme thread tap　埃克米螺纹丝锥，梯形螺纹丝锥
acmic (=acmatic)　顶点的
acnodal　孤点的
acnode　孤立点，顶点，极点
acolite　低熔合金
acorn　(1) {电} 橡实管；(2) 整流罩
Acorn cell　通信机偏压用电池，钒电池
acorn nut　圆顶螺母，盖形螺母，圆顶螺帽
acorn tube　(1) 橡实管；(2) 电子管
acorn valve　电子管
acou-　(词头) 听觉，听
acoubuoy　声监听仪
acoumeter　听力测验器，听力计，测听计，测听器
acoumetry　测听 [技] 术
acouometer　听力测验器，听力计
acouophone　助听器
acousimeter　听力测验器，听力计，测听计，测听器
acoustic (=ACST)　(1) 声学的，有声的，传音的，音响的，声的；(2) 听觉的，传音的；(3) 音质
acoustic absorptivity　吸声系数，吸声率
acoustic admittance　声导纳
acoustic attenuation　声衰减
acoustic baffle　声障板
acoustic bearing　声测向，声定位
acoustic beating　声振
acoustic board　吸声板
acoustic-celotex　纤维隔音板
acoustic-celotex board　纤维隔音板
acoustic-celotextile　纤维隔音板
acoustic conductance　声导
acoustic conductivity　声导率，传声性
acoustic coupler　声频调制 - 解调器，声耦合器
acoustic damping　声阻尼
acoustic delay line　声延迟线
acoustic delayline storage　声延迟线存储器
acoustic density　声能密度
acoustic depth finder　回声测深仪
acoustic depth sounding　回声测深
acoustic design　声学设计，音质设计
acoustic detector　声波探测器
acoustic dipole　声偶极天线，声偶极子
acoustic disturbance　声干扰
acoustic doublet　声偶极天线，声偶极子
acoustic duct　声波导
acoustic-electrical transducer　声电换能器，声电变换器
acoustic energy density　声能密度

acoustic engineering　声学工程
acoustic evoked response (=AER)　音响反应
acoustic feedback suppression　机震抑制
acoustic fidelity　声保真度
acoustic filter　声滤波器
acoustic flaw detector (=AFD)　声探伤仪
acoustic frequency　声频，音频
acoustic frequency generator　声频发生器
acoustic fuse　感声引信
acoustic gas analyzer　声学气体分析器
acoustic generator　声换能器，发声器
acoustic guidance　声学制导
acoustic hologram　声全息照片
acoustic homing head　声自动寻的头，声自导引导头
acoustic homing device　声寻的装置，声自导装置
acoustic homing system　声自导系统
acoustic horn　声喇叭
acoustic image　声像
acoustic image converter　声像转换管
acoustic impedance　声阻抗
acoustic instrument　声学仪器
acoustic inspection　声响检查
acoustic intercept receiver　监听接收机，窃听器
acoustic interception receiver　声学窃听接收机
acoustic ionization　声致电离
acoustic irradiation　扩声
acoustic load　声负荷
acoustic locating device (=ALD)　音响定位仪，声定位仪
acoustic magnetic mine　音响磁性水雷
acoustic material　声学材料，隔声材料
acoustic memory　超声波延迟线存储器，声存储器
acoustic meter　比声计
acoustic mine　声学水雷
acoustic mismatch　声失配
acoustic noise　噪声
acoustic ohm　声欧姆
acoustic oscillation　声振
acoustic oscillograph　示声波器
acoustic phonon　声频声子
acoustic pickup　拾声器，唱头
acoustic positioning system　声定位系统
acoustic power　声功率
acoustic pressure level　声压级
acoustic propagation　声传播
acoustic quartz　传声石英
acoustic radiation pressure　声压
acoustic radiator　声辐射器
acoustic radiometer　声辐射计
acoustic range　声学测距
acoustic ratio　声波比
acoustic reactance　声抗
acoustic refraction　声折射
acoustic research vessel　水声研究船
acoustic resistance　声阻
acoustic resonator　声共鸣器，声共振器
acoustic saturation　声饱和
acoustic scanner　声学扫描器
acoustic sensor　声敏元件
acoustic shielding　声屏蔽
acoustic signal　声频信号
acoustic sounder　回声探测器，回声测深器
acoustic sounding　回声探测法
acoustic source　声源
acoustic speech power　语言声功率
acoustic speed　声速
acoustic stiffness　声劲
acoustic streaming　声流
acoustic telegraphy　声频电报
acoustic transducer　声换能器
acoustic transducer array　声波换能器组
acoustic transformer　声变换器
acoustic treatment　防声措施，声学处理
acoustic tube　传声筒
acoustic type strain gage　声学应变仪

acoustic velocity 声速
acoustic vibration 声学振动
acoustic wave 声波
acoustical damper 消声器
acoustical holography 声学全息术
acoustical holography by mechanical scanning 机械扫描声全息术
acoustical interferometer 声干涉仪
acoustical oscillation 声振
acoustical noise 噪声
acoustical pick-up 拾声器
acoustical telegraphy 声频电极
acoustical tile ceilling (=ATC) 吸声砖吊顶
acoustician 声学工作者, 声学家
acousticon 助听器
acoustimeter 声强 [度] 测量器, 声响测量计, 声强计, 比声计, 声强仪, 噪声仪, 噪声计, 测声仪, 测声计, 测音计
acoustmeter 听力测验器, 听力计, 测听计, 测听器
acousto-dynamic effect 声动电效应
acousto-elasticity 声弹性
acousto-electric 电声 [学] 的
acousto-electric-index 声 - 电系数
acousto-electric pressure ratio 声压 - 电压比
acousto-optic beam deflector 声光速
acousto-optic deflection device 声光束偏转器
acousto-optic deflector 声光偏转器
acousto-optic effect 声光效应
acousto-optic hydrophone 声光水听器
acousto-optic modulation device 声光调制器
acousto-optic modulator 声光调制器
acousto-optic pulse modulator 声光脉冲调制器
acoustochemical 声化学的
acoustochemistry 声化学
acoustodynamic effect 声动力效应
acoustoelectric effect 声电效应
acoustoelectric index 声电变换效率, 声电指数
acoustoelectric material 声电材料
acoustoelectric oscillator 声电振荡器
acoustoelectric power ratio 声电功率比
acoustomagnetoelectric effect 声磁电效应
acoustometer 声强 [度] 测量器, 声响测量计, 声强计, 比声计, 声强仪, 噪声仪, 噪声计, 测声仪, 测声计, 测音计
acoustomotive 声波的
acoustomotive pressure 声压
acoustooptical 声光的
acquaint 使熟悉, 知道, 认识, 通晓, 通知, 告知
acquaint with 熟悉, 通晓, 认识, 知道
acquaintance (1) 熟悉, 了解, 相识, (2) 熟人
acquire (1) 取得, 获得, (2) 学到, (3) 探测, (4) 捕获
acquirement (1) 获得, 取得, 求得, (2) 学识, 技能, 技艺
acquisition (=ACQ) (1) 目标显示, 发现, 探测, 搜索, 接收, (2) 获得, 取得, 获取, 采集, 收集, (3) 获得物, 添加物, 捕获物, (4) 捕获, 拦截, (5) 征收, 征用
acquisition aid 截获辅助装置
acquisition gate 目标信号检测门, 目标显示门, 跟踪门
acquisition of materials 材料采购, 资料采购
acquisition probability 占用概率
acquisition radar (=A/R) 目标指示雷达, 搜索雷达
acquisition system [目标] 探测系统
acquisitive 能够获得的, 可得到的, 可取得的, 可获得的
acquit (1) 赦免, 释放, (2) 尽责任, 尽现职, (3) 偿还, 还清
acquittance (1) 免除, 解除, (2) 还清, (3) 电报收妥通知, 收据
acr- (=acro-, akro-) (1) 开头, 结尾, 尖端, (2) 顶点, 顶, (3) 高
Acrawax 合成脂肪酸酯, 阿克蜡, 阿克罗瓦克斯 (浸渍材料)
acre (=AC) 英亩
acre-foot 英亩 - 英尺
acre-inch 英亩 - 英寸
acritical (1) 无极期的, 无危象的, (2) 非聚变的, 安稳的
acro- (词头) 最高, 顶上
acrodynamic bearing 气体动压轴承
acrojet 特技飞行的喷气飞机
acrometer 油类比重计
Acron 铝基铜硅合金 (铝 95%, 铜 4%, 硅 1%)
across 横过, 横断
across back 背宽

across bulkhead 横向舱壁, 横向隔墙
across corners 对角
across cutting 横向切削
across-flat (六角形) 对边距
across flats 对边
across-the-board tax-out 全面减税
acrostatic bearing 气体静压轴承
acrostolion (1) 船首饰; (2) (船) 破浪材
acrotorque 最大扭矩
Acruf [美] 成形粗刨刀
acryl 丙烯 [醛基]
Acrylafil 玻璃纤维增强聚丙烯酸系塑料
Acrylaglas 玻璃纤维增强聚丙烯酸系塑料
acrylaldehyde 丙烯醛
acrylamide 丙烯酰胺
Acrylasar 玻璃纤维增强聚丙烯酸系塑料
acrylate 丙烯酸盐
acrylate butadiene rubber (=ABR) 丙烯丁二烯橡胶
acrylic rubber (=AR) 丙烯酸酯橡胶
Acrylon 丙烯腈 (熏蒸剂)
acrylonitrile (=AN) 丙烯腈
acrylonitrile-butadiene-styrene (=ABS) 丙烯腈 - 丁二烯 - 苯乙烯三元共聚物
act of God (=acte de dieu) 天灾
act of reception 验收条例
Actanium 镍铬钴低膨胀合金 (钴 40%, 铬 20%, 镍 16.6%, 铁 16%, 钼 7%, 锰 2%, 碳 0.16%, 铍 0.03%, 其余铁)
acting (=act) (1) 动作的; (2) 作用的, 有效的; (3) 代理
acting control 动作控制
acting force 作用力
acting head (1) 有效水头, 作用水头; (2) 代理负责人
acting surface 作用面, 推进面, 压力面
actinic (1) 具有光化学性质, 具有光化学效应; (2) 光化学的, 光化的
actinic absorption 光化吸收
actinic balance 分光测热计, 测辐射热计
actinic glass 光化玻璃, 闪光玻璃
actinic ray 光化射线
actinicity 光化性, 光化度, 光化力
actinides 超铀元素, 锕系元素, 锕类元素, 锕化物, 锕类
actiniform 放射形状的
actinism (1) 光灵敏度, 光化性, 光化度, 光化力, 感光度, 感光性; (2) 射线作用
actinity 光化性, 光化度
actinium {化} 锕 Ac
actinium-uranium 锕铀 AcU (铀同位素 U235)
actino- (词头) 放射
actino-dielectric 光敏介电 [性] 的
actino-electricity 光 [化] 电, 辐照电
actinochemistry 光化学
actinoelectricity 光化电
actinogram (1) 光能曲线图, 日射曲线图; (2) 射线照相
actinograph (1)日光强度自动记录器, 光化线强度记录器, 光化力测定器, 光能测定仪, 光能测定器, 光强测定仪; (2) 自记曝光计, 自记露光仪, 辐射自记仪, 日射仪
actinography 光量测定 [法]
actinoid (1) 辐射线状的; (2) 辐射对称的; (3) 锕系元素
actinology (1) 放射线学, 射线化学, 光化学; (2) 辐射同源
actinometer (1) 感光计, 曝光计, 日照计, 日照仪; (2) 光化强度记录器, 光化线强度计, 光透射量计, 光辐射计, 太阳辐射计, 太阳光能计, 光化线强度计, 光能测定计, 日光热功率计, 光化计, 测量
actinometry (1) 曝光测定, 日照强度测定; (2) 全日射强度测量, 光作用测定术
actinomorphic 放射对称的
actinomorphy 辐射对称
actinoscope 辐射测定器, 光能测定仪, 光能测定器, 光强测定仪
actinoscopy X 线透视检查, 放射检查
action (1) 作用 [量], 动作, 操作, 行动, 反应, 效应, 运算, 运转, (2) 啮合; (3) 机能; (4) 机械装置, 操作机构; (5) 射击, 开火; (6) 作用量, 作用力, 主动力, 行程; (7) (电钮) 开关
action and/or reply (=A/R) (控制系统) 动作与答复, 动作或答复
action center (1) 作用中心, 动作中心; (2) 机械设计万能计算机, 机械设计通用计算机; (3) 万能数字控制机床, 通用数字控制机床
action-current 动作电流, 作用电流
action current 动作电流, 作用电流

11

action cycle　工作周期，动作周期，工作循环
action data automation　资料自动整编系统，数据处理自动系统
action element　执行元件
action limit　啮合下限（齿轮），有效齿廓下限
action line　啮合线，作用线
action of lens material　（透镜）镜体作用
action of points　尖端作用
action of rust　锈蚀作用
action potential　动作电位，动态电势
action pulse　触发脉冲，动作脉冲
action radius　作用半径，有效距离
action roller　活动滚轮，动滚
action spot　作用点
action technical order (=ATO)　动作技术指令
action time (=A/T)　作用时间
action turbine　冲击式水轮机，冲击式涡轮机
action wheel　（1）主动轮；（2）冲击式水轮
actionoscope　光能测定
actions per time interval (=APTI)　单位时间内的动作次数
activable　能被活化的
activate　（1）激活，活化；（2）触发，激发；（3）建成；（4）对……起作用，开动，启动，促动，驱动
activate button　起动按钮
activate key　起动键
activated　放射化了的，激活后的，活化的
activated alumina　活性氧化铝，活性铝[土]
activated carbon　活性炭
activated carburizing　活性渗碳
activated complex　活化复合体，活化络合物
activating agent　激活剂
activating isotope　激活同位素
activating pressure　接合压力
activating signal　起动信号
activation　（1）发光激活，（2）[滑移系统的]开动，起动，驱动，促动，触发，接通，（3）激活作用，活[性]化，激活，激励，敏化
activation analysis　活化分析，激活分析
activation energy　活化能，激活能
activation of block　分程序的活动，分程序动用
activation of filament　灯丝激活，阴极激活
activation of homing　进入自动寻的制导状态，接通自动导的制导系统，自动寻的制导系统接通
activation pointer　激励指示字
activation process　（光电阴极）敏化过程，（阴极）激活过程
activation processor　激励处理机
activation sensitization　激活
activator (=act)　（1）激活剂，活化剂，激化剂，催化剂，致活剂，促动剂，触媒剂；（2）激励器，活化器，抖动器，激振器
activator atom　激活原子，活化原子
activatory　活化的
active (=act)　（1）有效的，（2）活动的，活性的，（3）工作的，主动的，有源的，（4）放射性的，（5）现行的
active aircraft inventory　现役作战飞机总数
active antenna　有源天线，辐射天线，激励天线
active area　（1）有效面积，工作面积，（2）放射性区域，活性区，灵敏区
active balance　等效平衡
active block　有源组件
active bubble generator　有源磁泡产生器
active capacitance　有效电容
active carbon　活性炭
active card　现用卡[片]
active center　（1）有效中心，（2）活性中心
active channel　（1）有源信道，占线信道，（2）工作电路
active circuit　有源电路
active coating　活性涂层，活性敷层
active component　（1）有功部分，有效部分，主动部分，电阻部分，（2）实数部分，（3）有效分量，作用分量，（4）有效元件
active constituent　有效成分，有效分量
active correlator　主动相关器
active counter-measures (=ACM)　主动电子干扰，主动电子对抗
active cross-section　有效断面
active current　有效电流；有功电流
active cutting edge　（刀具）作用切削刃
active cutting edge profile　（刀具）作用切削刃截形
active display　主动式显示[器]，发光型显示[器]

active element　（1）有效元件，有源元件；（2）激活元素，活性元素
active element array (=AEA)　活性元素组
active element group (=AEG)　有源元件组，活性元件组
active emitting material　放射活性材料
active-energy meter　瓦[特小]时计
active extreme pressure lubricant　[耐]特高压润滑剂
active face of the chip breaker　断屑作用面
active facewidth　有效齿宽，工作齿宽
active facewidth of pinion　小齿轮有效齿宽，小齿轮工作齿宽
active failure　自行破坏
active fiber optics element　纤维光学活性元素
active file　（1）常用存储档案，有用资料，常用文件；（2）正在工作的外存储器
active filter　有源滤波器
active flank　有效齿面，实际使用齿面
active flight　主动飞行，动力飞行
active following　主动跟踪
active force　作用力，有效力，主动力
active frequency standard　有源频率标准
active front　活跃锋
active functional device (=AFD)　有源功能器件
active ga(u)ge　电阻应变仪的动作部分
active gas　腐蚀性气体，活性气体
active guidance　主动制导，主动导航，主动导向
active homer　主动式自动引导头
active homing　自动式自动引导，主动引导，主动寻的，主动导航
active ingredient (=a.i.)　有效成分
active instruction　活动指令
active interference filter laser amplifier　有源干涉滤光激光放大器
active leg　（1）[弹道]主动段；（2）有源电气元件，活性元件；（3）有源支路
active light modulation　光源调制
active line　有效线路
active load　有效负载，电阻性负载
active loop　（1）有源环状天线；（2）放射性回路
active loss　有功损耗
active major cutting edge　（刀具）作用主切削刃
active maser oscillator　超高频梁子振荡器
active mass　有效质量
active material　放射性材料，活性材料，活性物质
active medium　激活媒质，工作媒质
active memory　主动式存储器，有源[元件]存储器，快速存储器
active metal　活性金属
active minor cutting edge　（刀具）作用副切削刃
active network　有源[电]网络
active power　有效功率，有功功率
active power meter　有功功率表
active profile　有效齿廓，工作齿廓，作用齿廓
active radar homing　主动式雷达寻的
active RC filter　有源RC滤波器
active reflector　有源反射器
active region　激活区，活性区，作用区，活化区，有源区
active return loss　（1）有源[四端网络]反射损耗，回波损耗；（2）回声衰减
active rigs　工作中钻机，运转中钻机
active rudder　主动舵
active satellite　有源卫星，主动卫星
active sleeve　激活阴极套管，[阴极]活化套
active sonar　有源声纳，主动声纳
active standard　现行标准
active surface　有效面
active time　有效[扫描]时间，扫描时间
active tooth flank　有效齿面，动作齿面
active tooth surface　有效齿面，动作齿面
active transducer　（1）有源换能器；（2）主动变换器
active voltage　有功电压，有效电压
active volume　有效容积
active weapons　编制武器
activity (=ATT)　（1）能动性，作用，（2）活动，活性，活度，（3）功率，效率；（4）激活性，放射性（强度）；（5）占空系数，（6）（复）活动范围，工作，·业务，（7）组织，机构
activity coefficient　（1）活动系数，占空系数，激活系数，（2）功率因数
activity-directed　指向活动的
activity for defocus　散焦灵敏度

12

activity loading　有效装入法
activity number　活性指数
activity of cathode　阴极活动性, 阴极放射性, 阴极活度
activity of cement　水泥的活性
actor　[两极]作用物, 反应物, 原动质
actual (=act)　(1) 实际的, 真实的, 实物的；(2) 有效的；(3) 现行的
actual address　实际地址
actual angle of obliquity　实际齿倾角, 实际螺旋角
actual angle of pressure　实际压力角
actual backlash　(齿轮)实际侧隙
actual base circle　实际基圆
actual cash value (=acv)　实际现金价值
actual center distance　实际中心距
actual circular pitch　实际周节
actual coding　实际编码
actual cost　实际成本, 实际价格
actual cycle　实际循环
actual deflection for unit load　单位载荷实际挠度
actual deviation　实际偏差
actual dimension　实际尺寸
actual displacement　实际位移
actual distance　实际距离
actual facewidth　实际齿宽
actual-formal parameter correspondence　实[际]-形[式]参数对应
actual gain　实际增益, 有效增益
actual gear ratio　实际齿数比
actual gross weight (=AGW)　实际毛重, 实际总重
actual horse-power　实际马力, 有效马力
actual involute　实际渐开线
actual length of roller　滚子实测长度
actual life　实际寿命, 有效寿命
actual loading test　真实负载试验
actual loading testing　实际负载试验, 真载试验
actual measurement　实[际]测[量], 实物测量
actual monitor　输出监视器, 线路监视器
actual net weight　实际净重
actual parameter　实际参数, 实物参数, 实在参数
actual parameter list　实在参数表
actual pitch　实际节距, 实际齿距, 实际螺距
actual power　实际功率, 有效功率
actual pressure　实际压力
actual pressure angle　实际压力角
actual profile　实际齿廓
actual range　射程
actual single width　实侧单一宽度
actual size　实际尺寸
actual slip　实际滑移
actual standards　现行标准
actual state　实际状态, 实际状况
actual strain　真实应变
actual stress　作用应力, 实际应力, 有效应力
actual stress at fracture　实际破坏应力
actual stress concentration factor　实际应力集中系数
actual tare　实际皮重
actual temperature　实际温度
actual test　实际试验, 运转试验
actual thrust　实际推力
actual time　实[际]时[间], 动作时间
actual time of arrival (=ATA)　实际到达时间
actual time of completion (=ATC)　实际完成时间
actual tooth density　有效齿端磁通密度
actual total loss (=ATL)　实际总损耗
actual-use test condition　符合实际使用的试验条件
actual velocity　实际速度
actual weight (=A/W)　实[际]重[量]
actual wheel speed　实际砂轮转速
actual working pressure (=awp)　实际工作压力
actual zero point　绝对零点, 基点
actuality　(1) 现实, 真实, 实在, 实际；(2) (复)实际情况, 事实, 现状
actualization　现实化, 实现, 实行
actualize　现实化, 实现, 实行
actually　实际上, 实际地, 现在, 如今
actually-semicomputable　实际半可计算的
actuate (=act)　(1) 使作机械运动, 促动, 开动, 驱动, 作动, 起动, 致动；

(2) 使动作, 作用, 操纵, 驱使, 激励, 激磁, 励磁
actuated error　动作误差
actuated mine　待发水雷
actuating　致动的, 促动的, 推动的, 驱动的, 作用的
actuating arm　促动臂, 驱动臂
actuating brake cylinder　液力制动器油缸, 液力刹车油缸
actuating cam　制动凸轮, 推动凸轮, 主动凸轮, 致动凸轮
actuating code　执行码
actuating coil　动作线圈
actuating cylinder　动力气缸, 主动油缸, 作动油缸, 致动油缸, 致动筒, 作动筒
actuating device　作动装置, 调节装置, 促动装置, 驱动装置, 起动装置, 传动装置
actuating lever　执行杠杆, 起动杆, 促动杆, 操作杆
actuating mechanism　执行机构, 致动机构, 操作机构, 作动机构
actuating member　作动元件, 制动元件
actuating motor　伺服电动机, 起动电动机, 驱动[用]电动机, 作动电动机
actuating of relay　断电器作动
actuating pressure　作用压力, 工作压力
actuating section　控制设备, 起动部分
actuating signal　动作信号, 起动信号
actuating strut　动作杆
actuating system　作动系统, 致动系统, 传动系统, 执行系统
actuating time　动作时间, 吸动时间
actuating unit　(1) 动力机构, 作动机构, 驱动机组, (2) 动力传动装置, 执行装置, (3) 伺服元件
actuating variable　作用变量
actuation　(1) 致动, 作动, 吸合；(2) 作用, 启动, 起动, 开动, 传动, 驱动；(3) 激励, 接通, (4) 执行, (6) 致动装置；(7) 作用效率
actuation time　(继电器)动作时间, 吸动时间
actuator (=ACTR)　(1) 调速控制器, 致动器, 作动器, 促动器, 调节器；(2) 作动机构, 拖动机构, 促动装置, 传动装置, (3) 执行机构, 执行元件, 执行器；(4) 螺纹管；(5) 舵机；(6) 激励器；(7) 开关
actuator control　(舵机)传动装置
actuator disk　(1) 作动圆盘, 起动圆盘；(2) 理想的螺旋桨
actuator dog　促动爪
actuator force　驱动力, 执行机构的作用力, 作动机构的人
actuator mechanism　作动机构, 致动机构
acuductor　导针器
acuity　(1) 尖锐, 敏锐, 锐利, 锋利, 剧烈；(2) 分辨能力, 鉴别力, 敏锐度
acuity for defocus　散焦灵敏度, 散焦锐度
aculeiform　皮刺状
acultance　锐度
acumeter　听力测验器, 听力计, 听音器
acusector　电针刀
acusimeter　听力测验器, 听力计
acutance　(1) 锐度；(2) 照像的锐度
acute　(1) 尖锐的, 锐利的；(2) 由锐角组成的, 锐角的；(3) 严重的, 急剧的
acute angle　锐角
acute angle bevel gearing　(轴交角为)锐角的锥齿轮装置
acute angle crank　锐角曲柄
acute exposure　短时间强照射
acute irradiation　极性辐照, 强烈辐射
acute triangle　锐角三角形
acutely-swept　大后掠角
acutenaculum　持针器
acyclic　(1) 非周期性的, 非循环的, 非周期的, 非环形的, 非回路的；(2) 单极的；(3) 零调的
acyclic dynamo　单极发电机
acyclic generator　单极发电机
acyclic machine　非周期性电机, 单极电机
acyclic network　非循环网络
aczoiling　(电杆)防腐
aczol　铜锌氨酚防腐剂
ad hoe group (=AHG)　特别小组, 专设小组
ad referendum　(拉)还要斟酌, 尚须考虑
ad referendum contract　暂订合同, 草约
ad valorem (=according to value)　(拉)从价税, 按价计税
ad valorem freight　从价算收的运费
ad valorem import duties　从价进口税
ad-　(词头)向, 在, 与, 至, 近

adalert 补充警报

adaline 适应机,学习机

adamant (1)金刚石,刚玉,硬石;(2)极硬物,釉质;(3)坚硬无比的,坚定不移的

Adamant steel 铬钼特殊耐磨钢

adamantine (1)具有金刚石结构的;(2)由硬物制成的;(3)似钻石的

adamantine drill 金刚合金钻,金刚砂钻头

adamantine luster 金刚光泽

adamantine spar 刚玉

adamantine structure 类金刚石结构

adamas 金刚石

adamite (1)水砷锌矿;(2)人工刚玉;(3)[高碳]镍铬耐磨铸铁

adamson's ring 阿达姆逊联接环

adapertural 侧口的

adapt (1)使适应,适合,配上,配装,配合;(2)修改,改编,改作;(3)采用,采纳

adaptability 适应性,适用性,适合性,可用性,顺应性,灵活性,适应能力

adaptable (1)善于适应环境的,适应性强的,可适应的,可顺应的,适用的,通用的,适合的;(2)可改编的;(3)可配装的

adaptable color television system 顺应式彩色电视制

adaptation 适应,适应性

adaptation kit 成套配合件

adaptation luminance 光线适应,光亮适应

adaptative 适应的,适合的

adapted 适合的,适配的

adapter (1)紧定套;(2)联轴套管,连接装置,联接器,接合器,接续器,连接器,应接管,承接管,管接头,接管,接头;(3)适配器,配用器,衔接器,插座,附件;(4)拾波器,拾音器;(5)转接器,转换器,匹配器,配合件;(6)控制阀

adapter amplifier 匹配放大器

adapter assembly 紧定套组件

adapter-booster 传爆药管

adapter bush(ing) 接头衬套,连接衬套

adapter cable (=AC) 适配电缆

adapter-connector 连接器,接合器

adapter connector 连接器,接头

adapter-converter 附加变频器

adapter coupling 套管转接

adapter glass 玻璃接头,配接玻璃

adapter junction box 分线盒,接线盒,适配箱

adapter kit 成套附件

adapter lens 附加透镜,适配透镜

adapter module 过渡舱,适配舱

adapter ring 接合环,配接环,中间环,过渡环,适配环

adapter sleeve (1)紧定套,紧固套,接头套;(2)接头套筒,连接套管

adapter-type bearing 带紧定套的滚动轴承

adapter union 联结接头

adapterization 拾声,拾音

adapting (数)拟合

adapting device 配合装置,连接装置

adapting piece 配接件,连接件

adapting pipe 承接管

adaption 适应,配合,适配

adaption kit (=AK) 成套配合件

adaption level (=AL) 适应水平

adaption of automated programmed machine tools 程序控制自动机床的适应性

adaptitude 特殊适应性,特殊适合性

adaptive 自适应的,适应的,适合的,适配的,适用的,应用的

adaptive autopilot 自适应自动驾驶仪

adaptive character 自适应字符阅读器

adaptive communication 自动调整通信,自动工作通信,适应式通信

adaptive computer 自适应计算机

adaptive control 适应性控制,自适应[控]制

adaptive control optimization 最优适应控制

adaptive control system 自动调整控制系统,自适应控制系统,自动补偿系统

adaptive controlled machine tools 适应控制机床

adaptive decoding 自适应解码

adaptive element 适应元件

adaptive filter 自调整滤波器

adaptive logic circuit (=ALC) 适配逻辑电路

adaptive metallurgy 物理冶金

adaptive optimization 自适应最优化

adaptive predication 自适应预报

adaptive process 自适应过程

adaptive reception 自适应接收

adaptive servo 自适应伺服机构

adaptive servosystem 自适应伺服系统

adaptive system 自适应系统,应答装置

adaptive telemetry 自适应遥测

adaptive value 适应值

adaptive-weighting scheme 自适应加权电路

adaptometer 黑暗适应性测量计,匹配测量计,适应计

adaptometry 黑暗适应性测量术

adaptor (=ADP) (1)注[料]口衬套;(2)注[料]嘴接头;(3)模头接套,模头连接器;(4)适配器,转接器

adaptor molecule 接合体分子

adatom 被吸附原子

adaxial (1)向轴的,近轴的;(2)腹面的

adaxially grooved 近轴沟槽的

Adcock antenna 爱德考克天线

Adcock direction finder 旋转天线探向器

Adcock system 爱德考克天线系统

adconductor cathode 加导体阴极

add (1)加入,附加,添加,增加,追加;(2)加一次,加法,加算;(3)连接

add circuit 加法电路,求和电路

add-compare unit 加法比较部件

add in 加进,包括,包含

add in place 原位加

add-on 附加物

add-on memory 添加存储器,累加存储器

add-on system 增加系统(一种图像副载波的调制方法)

add one 加一

add one to memory (=AOM) 加一存储

add or substract (=AOS) 加或减

add network 加法网络

add pulse 加法脉冲

add-subtract control 加减控制

add time 加法时间

add to 加到,加入,增加

add to memory (=AM) 加到存储内

add to memory technique 加到存储器技术

add to storage 加完后存储,存储加

add together 求出总和,总计

add up 求出总和,合计

add up to (1)总数为,总数为;(2)总而言之

add-without-carry 无进位加算,不进位加算,按位加算

add-without-carry gate {计}无进位加门,按位加门,"异"门

addaverter (=addavertor) 加法转换器

added circuit 加法电路,相加电路,附加电路

added losses 附加损耗,杂散损耗

added metal 填充金属

added resistance 附加电阻

addend (1)被加数,加数;(2)附加物

addend register 加数寄存器

addenda(单 addendum) (1)附加物,追加物;(2)附录;(3)补遗;(4)齿顶,齿顶高

addenda and corrigenda (=A&C) 补遗与勘误

addendum (=A) (1)附加物,追加物;(2)附录;(3)补遗;(4)齿顶,齿顶高

addendum angle (收缩齿锥齿轮)齿顶角

addendum angle of a bevel gear (收缩齿)锥齿轮齿顶角

addendum angle of a wheel (收缩齿锥)齿轮齿顶角

addendum basic rack 基本齿条齿顶高

addendum bearing 齿顶接触区,齿顶承载区

addendum circle 齿顶圆

addendum circle diameter of workpiece 工件齿顶圆直径

addendum coefficient 齿顶高系数

addendum coefficient of tool basic rack 刀具基准齿形齿顶高系数

addendum cone 顶圆锥

addendum contact ratio 齿顶高重合度

addendum correction 齿顶高修正

addendum diameter 齿顶圆直径

addendum factor (刀具的)齿顶高系数

addendum factor of tool basic rack 刀具基准齿形齿顶高系数

addendum flank　齿顶高齿面，上齿面
addendum line　齿顶线
addendum modification　齿顶高变位 [量]，径向变位量；齿顶高修正
addendum modification coefficient　齿顶高变位系数，径向变位系数
addendum modification coefficient of pinion (-type) cutter (for shaping)　插齿刀的齿顶高变位系数
addendum modification on gears　齿轮的变位
addendum of a bevel gear　锥齿轮的齿顶高
addendum of basic rack　基本齿条的齿顶高
addendum of gear　[大]齿轮齿顶高
addendum of pinion　小齿轮齿顶高
addendum of tool basic rack　刀具基本齿条齿顶高
addendum wheel　[大]齿轮齿顶高
addendum path of contact　齿顶高啮合线，齿顶高啮合轨迹
addendum top circle　[齿]外圆，齿顶圆
addendum size　齿顶高大小
adder　(1) 加法器，相加器，求和器，综合器；(2) 信号合并电路，加法电路；(3) 求和寄存器，求和装置，求和组件，求和部分；(4) 混频器
adder-accumulator　加法累加器
adder amplifier　加法放大器，加算放大器，求和放大器，混合放大器
adder, logical and transfer unit (=ALTU)　加法器，逻辑和转换组件
adder stage　混频级，相加级
adder-subtracter (=adder-subtractor)　加减装置，加减器
adder tube　加算管
adding box　加法器
adding-machine　加法机，加法器
adding machine　加法机，加法器
adding storage　加法存储器
adding-storage register　加法存储寄存器，求和存储寄存器
adding storage register　加法存储寄存器
adding tape　添加卷尺
additament　(1) 附加法；(2) 附加物
addition　(1)附加，添加，加添，补充，补添，掺杂，增长；(2)增加，相加，追加，加入，加添，加法，加成；(3)附加物，增加物，添加剂，杂质；(4)加法指令；(5) 连接；(6) 组合，结合，合成，叠加
addition agent　(1) 添加剂，加入剂，触媒剂，(2) 合金元素
addition by subtraction　采用减法运算的加法
addition compound　加成化合物，加成产物
addition crystal　加成晶体
addition formulas　加法公式
addition of motion　附加运动
addition polymer　加聚物
addition product　加成物，加合物
addition reaction　加成反应
addition record　追加记录，补充记录
addition type operator　加型算符
addition without carry　无进位加 [法]，按位加 [法]
additional　附加的，追加的，外加的，额外的，另外的，补充的，辅助的，更多的
additional attachment　辅助装置，外加附件
additional character　辅助符号，特殊符号，专用字符，条件字符
additional charge　补充充电
additional combining　相加合成
additional device　辅助装置，附加装置
additional feed　附加进给
additional heating　{焊}补偿加热，补充加热
additional information　可加信息
additional item　补充项，增添项
additional load　附加负载，附加载荷，附加荷载，增加荷载
additional mechanism　附加机构，附加机械装置
additional noise　附加噪声，寄生噪声
additional pipe　接长的管子，支管
additional premium　附加保费，额外保费
additional set　附加装置；附加设备；附加机组；附加仪器
additional storage　辅助存储器
additional survey　补充测量
additionally　另外，加之，又
additions and amendment (=A&A)　增补和修订
additivate　给……加添加剂
additivated　加了添加剂的
additive　(1) 添加的；(2) 添加剂；(3) 加法；(4) 相加作用的，加法的，可加的
additive blended oil　添加剂调和油
additive channel　可加信道

additive colour reproduction　加色法彩色重现，补色重现
additive colour system　混 [合彩] 色系统
additive complementary colours　相加合成补色
additive compound　加成 [化合] 物
additive concentration　添加剂浓度
additive effect　累加效应，加性效应
additive factor　累加因素
additive for lubricating grease　润滑脂添加剂
additive function　加性函数
additive functional　加性范函
additive identity　加性单位元素
additive lubricating oil　含添加剂的润滑油
additive method　叠加法
additive mixing　相加混频，单栅混频
additive mixture of colours　加色混合
additive noise　相加噪声
additive oil　含添加剂的机油
additive operation　加法运算
additive-operator　加法运算符
additive operator　加性算子，可加算子
additive package　混合添加剂
additive printer　加色光印片机
additive process　(1) 随机相加过程，微分过程，可加过程；(2) 相加法
additive property　可加性，相加性
additive term　附加项
additive-treated oil　[含] 添加剂油
additive-type oil　含有添加剂的油，添加剂型的油
additive type oil　含添加剂的机油
addivity　(1) 可加性，加成性，相加性，叠加性，附加性；(2) 可加状态，附加状态
additron　加法管，开关管
addometer　加算器
address (=Add 或 ADS)　(1){计}地址，寻址，选址，定址，编址，访问；(2) 住址；(3) 向……提建议，委托
address blank　{计} 空地址
address code　地址码
address constant　地址常数，基数地址
address counter　地址计数器
address enable　地址起动
address field　地址字段，地址部分
address file　地址数据寄存器，地址文件，地址行列
address modification　地址修改，变址
address out of range　地址溢出
address-read wire　地址读出线
address read wire　地址读出线
address stop　地址符合停机，按地址停机
address substitution　地址替换，地址变化，变换地址
address-write　地址写入
address-write wire　地址写入线
addressable　{计} 可寻址的，可选址的，可编址的，可访问的
addressable register　可寻址寄存器，可编址寄存器
addressed bit　访问位
addressed circuit　地址选择电路，寻址电路
addressed location　访问单元
addressed memory　编址存储器
addressee　{计} 被寻地址
addressing　访问，寻址
addressing circuit　定址选择电路
addressing level　寻址级，定址级
addressing-machine　姓名地址印写机
addressing machine　姓名地址印写机
addressless　无地址的
addressless instruction format　无地址指令格式
addressograph　姓名地址印写机
adduce　提出，举出，引证，引用，说明
adducible　可以引用的，可以引证的
adduct　(1)电子施主受主复合体，EDA 复合体；(2)(化)加合物，加成物；(3) 使内收，汇集，聚集
adduction　(1) 内收；(2) 加并 [作用]
adequacy　足够，充分，适当，适合，恰当
adequate　(1)满足要求的，足够的，充分的，适当的，适合的，恰当的；(2) 可以胜任的
adequate distribution　均匀分布
adequate insurance　充分保险

adequate sample　充足样本

adequation　足够,适当,适合,调整,修整

adequation of stress　应力均匀化,应力适当,应力均衡

adfluxion　流集,汇流

adglutinate　凝集物,胶结物

adhaesio　(1)粘连；(2)粘着物

adhere　(1)粘着,附着,固着；(2)坚持,固持,遵守；(3)追随,依附

adhere-o-scope　润滑油粘附性试验装置,润滑油油性试验装置

adhere to assigned limits　[严格]遵守规定的限度,遵守规定的范围

adherence　接触[比]

adherence to specification　遵守技术规范

adherend　(1)粘结面；(2)被粘物,粘结物

adherent　(1)有粘附性能的；(2)与……连结,与……相关

adherent point　接触点

adhering　附着,粘着

adhering sand　粘砂

adherography　胶印法

adherometer　附着力试验仪,粘附计,粘合计,涂粘计

adheroscope　粘附器,粘附计

adhesion　(1)附着,粘结,粘附,粘着,粘连,胶粘,(2)附着力,抗粘滞力,(3)接触物体表面的分子吸引

adhesion agent　粘结剂,粘着剂,黏附剂

adhesion coefficient　粘着系数,黏附系数,胶粘系数

adhesion factor　粘着系数,黏附系数,胶粘系数

adhesion force　粘着力,附着力,黏附力

adhesion strength　粘结强度;胶粘强度;粘着力

adhesion wear　附着磨损,黏粘磨损,黏附磨损

adhesion wheel　摩擦轮

adhesional　粘附的,粘合的

adhesional wetting　粘润作用

adhesive (=ADH)　(1)粘着的,粘结的,黏附的,胶粘的；(2)粘着剂,胶粘剂,粘合剂

adhesive backed　涂满粘合剂的

adhesive capacity　粘着能力,黏附能力

adhesive coating　粘附层

adhesive effect　粘着作用,黏附作用

adhesive film　黏性膜

adhesive force　粘着力,附着力

adhesive power　粘着能力,附者能力,附着力

adhesive strength　粘结强度,胶粘强度;粘着力,黏附力

adhesive stress　附着应力,胶粘应力

adhesive tape　胶布,胶带

adhesive tension　粘附张力;粘着强度

adhesive wax　胶粘蜡,粘着蜡,封蜡

adhesive wear　胶粘磨损,附着磨损

adhesive wear process　胶粘磨损过程

adhesivemeter　粘着力计,胶粘计

adhesiveness　粘附性,粘着性,胶粘性,附着性,粘附度,胶粘度

adhint　粘合接头,胶接接头

adiabat　(1)绝热曲线；(2)绝热线

adiabatic　非热传导的,不传热的,绝热的

adiabatic change　绝热变化

adiabatic compression　绝热压缩

adiabatic coding line　绝热冷却线

adiabatic curve　绝热曲线

adiabatic demagnetization　绝热去磁,绝热退磁

adiabatic efficiency　绝热效率

adiabatic engine　绝热发动机

adiabatic equation　绝热方程

adiabatic equilibrium　绝热平衡

adiabatic expansion　绝热膨胀

adiabatic gradient　绝热递减率

adiabatic heat drop　绝热热降

adiabatic lapse rate　绝热递减率

adiabatic line　绝热曲线

adiabatic process　绝热过程

adiabatic shrinking　绝热收缩

adiabatically　绝热地

adiabaticity　绝热性

adiabatics　绝热[曲]线

adiabator　保温材料,绝热材料

adiaphanous　不透光的,不透明的,混白色的

adiathermal　绝热的

adiathermance 或 adiathermancy　不透红外辐射性,不透红外线性,

不透热性,绝热性

adiathermanous　不透红外线的,绝热的

adiatinic　(1)不容射线透过的,不透光化线的,不透射线的,绝光化辐射的,绝光化性的,绝光化的；(2)不透过光化学上的适应辐射的物质

adicity　原子价,[化合]价

adience　(1)接近,趋向,趋近；(2)趋近性

adient　趋近的

adion　[被]吸附离子

adipoid　类脂

adipose　(1)动物脂肪的；(2)动物脂肪

adit　坑道

adit for draining　排水坑道

adjacency　(1)邻近间距；(2)毗邻物；(3)邻近状态,毗邻状态

adjacent (=adj)　(1)邻近；(2)邻近的,邻接的,相邻的,毗连的

adjacent angle(s)　邻角

adjacent area　邻接区

adjacent arm　相邻臂

adjacent base pitch error　相邻基节误差

adjacent-channel　相邻频道,相邻信道,相邻磁道

adjacent channel　相邻频道,邻近信道

adjacent channel interference　相邻波道干扰

adjacent coil　毗连线圈,连接线圈

adjacent node　相邻节点

adjacent-line signal　邻行信号

adjacent pitch error　(1)相邻周节误差,(2)相邻齿距误差,(3)相邻螺距误差

adjacent points　邻点

adjacent position　邻近位置,相邻位置

adjacent segregation　邻近分离

adjacent side　邻边

adjacent-sound carrier trap　邻道伴音载频陷波器电路

adjacent surface　毗连面

adjacent-to-end carbon　与末位相邻的碳原子

adjacent transverse pitch error　端面相邻齿距误差

adjacent vision carrier　邻信道图像载波

adjection　(1)附加作用；(2)附加物

adjective dyes　间接染料

adjective law　程序法

adjing machine　枕木锛机

adjoin　(1)粘连,依附；(2)紧靠,毗连；(3)邻接

adjoining　邻近的,接近的

adjoining surface　贴合面,邻接面

adjoining function　伴随函数

adjoint　(1){数}伴随矩阵,伴随矩阵,伴随的；(2)相结合的；(3)修正

adjoint function　伴随函数,共轭函数

adjoint matrix　伴矩阵

adjoint operator　伴随运算子,伴随算符

adjourn　(1)[使]延期,推迟,中止；(2)移动,搬动,搬到

adjourned (=adj)　中止的

adjugate determinant　转置伴随行列式

adjugate matrix　转置伴随矩阵

adjunct　(1)附属品,附属物,附加物,添加剂；(2)附件,配件；(3)助手,副手；(4)附属的,附加的

adjunction　(1)添加,附加；(2)邻接

adjunctive　具有接合性质的,附加的,附属的

adjust (=adj)　(1)调整,调节,调准,校正；(2)整顿,整理；(3)修正射击

adjust bar　调整杆

adjust crank　可调曲柄

adjust nut　调整螺母

adjust rod　调整杆

adjust screw　调整螺钉

adjustability　可调节性,可调整性,调整能力

adjustability coefficient　调整性系数

adjustable (=adj)　(1)可调整的,可调节的,可调准的,可调谐的,可校正的,可校准的；(2)活动的,活络的

adjustable adapter　可调接杆

adjustable and fixed-blade propeller hydraulic turbine　可调叶片和固定叶片轴流式水轮机

adjustable angle spanner　弯头活动扳手,弯头活络扳手

adjustable bearing　可调式轴承;可调式支承

adjustable bed press　工作台可调式压力机

adjustable-blade　可调叶片式的,转叶式的

adjustable blade　(1)可调[整]刀片,(2)可调[整]叶片
adjustable-blade propeller pump　可调叶片式轴流泵
adjustable bolt　可调螺栓,调整螺栓
adjustable brake block　可调式闸泵
adjustable bush　可调轴衬
adjustable cam　可调[整]凸轮
adjustable centers multi-spindle bench drilling machines　可调多轴台式钻床
adjustable centers multi-spindle vertical drilling machines　可调多轴立式钻床
adjustable cistern barometer　调槽式气压表
adjustable clamp　可调夹头;活动钳
adjustable clearance　可调间隙
adjustable collar　可调套圈,可调环,调整环
adjustable compound tap　可调节丝锥
adjustable condenser　可调电容器,变容电容器
adjustable counter balancer　可调平衡器
adjustable-crank　可调曲柄
adjustable cutter　可调刀具
adjustable die　可调扳牙,活动扳牙
adjustable dog　可调挡块,可调止动爪,可调式行程限制器
adjustable drawing table　活动制图桌
adjustable drive　可调节传动装置
adjustable eccentric　可调偏心轮
adjustable error　可调节误差
adjustable eye nut wrench　活动换螺母扳手
adjustable ga(u)ge　可调量规,可调卡规
adjustable gib(s)　可调镶条
adjustable guide vane　可调导叶
adjustable head　可调进刀头
adjustable hollow cutter　可调空心铣刀
adjustable indicator　可调节指示器
adjustable inductance　可调电感
adjustable jib　可调镶条
adjustable knee tool　可调膝形刀
adjustable lapping ring　可调精研圈
adjustable leak　可调漏孔
adjustable mechanism　(1)可调机构,(2)无级变速机构
adjustable multiple spindle drill　可调式多轴钻床
adjustable nozzle　可调喷嘴,可调喷管
adjustable overload friction clutch　(调整极限摩擦力矩的)安全摩擦离合器
adjustable pin　定位销,配合销
adjustable pitch　可调螺距,活动距
adjustable pitch airscrew　调螺纹旋桨
adjustable plate　可调块
adjustable-pressure conveyor (=APC)　可调压输送机
adjustable rack stroke stop　齿条行程可调挡块
adjustable reamer　可调[节]铰刀
adjustable resistance　可调电阻,可变电阻
adjustable resistor　可调电阻器
adjustable ring　调整环,可调环,控制环
adjustable roller　可调滚子
adjustable round split die　可调圆板牙,开口圆板牙,开缝环形板牙
adjustable screw　调整螺钉
adjustable shell reamer　可调套式铰刀,可调筒形铰刀
adjustable slit　可调[狭]缝
adjustable snap gauge　可调[节]卡规
adjustable sounder　可调发声器
adjustable spanner　可调扳手,活动扳手,活络扳手
adjustable-speed　速度可调的,可调速的
adjustable speed　可调速度
adjustable-speed belt drive　无级变速皮带传动
adjustable speed drive　无级变速传动[装置]
adjustable speed motor　[可]调[转]速电动机
adjustable spindle milling machine　可调主轴铣床
adjustable spindle unit　可调主轴头
adjustable stem　校正杆,可调基杆
adjustable stop　可调挡块,可调止块,可调限位器
adjustable stopper　可调挡块
adjustable stroke　可调行程
adjustable tap　可调丝锥
adjustable-thrust　推力可调的
adjustable thrust　可调推力

adjustable thrust stop　可调止推挡块
adjustable turning head　可调车削头,可调刀架
adjustable-vane　转叶式的,旋桨式的
adjustable vane　可调叶片,可调导叶
adjustable voltage inverter (=AVI)　可调电压反向变换器
adjustable wrench　活动扳手
adjustable zero, adjustable range (=AZAR)　可调零点,可调量程
adjustage　辅助设备,精整设备
adjusted (=adj)　已校正的
adjusted angle　平差角
adjusted data　(1)修正诸元;(2)订正资料
adjusted mean　校正平均数
adjusted value　校正值,调整值,平差值
adjuster　(1)调整设备,调整装置,调节装置,调准装置,精调装置,安装装置;(2)调整器,调节器,(3)校准器,调准器,(4)装配工,调整工,安装工,调整者
adjuster rod　调节棒
adjusting　(1)调整,调准,调节;(2)调整的,调准的,校正的,调节的
adjusting bevel gear cutter　可调整锥齿轮刀盘,可调[式]锥齿轮铣刀
adjusting bolt　调整螺钉
adjusting device　调整装置
adjusting device for travel　行程调整装置
adjusting drilling machine　调整钻床
adjusting error　可校正误差
adjusting force　调节力
adjusting ga(u)ge　调整量规,校正量规
adjusting gasket　调整垫
adjusting gear　(1)调节齿轮;(2)调整装置,调节机构
adjusting gib　调整镶条
adjusting handwheel　调节手轮
adjusting instrument　加减器
adjusting jib　调整镶条
adjusting key　调整键
adjusting knob　调整旋钮,调节钮,调节捏手
adjusting lever　调整杆
adjusting lever wormgear　调整杆蜗轮
adjusting mechanism　调整机构,调节机构
adjusting motion　调整运动,调节运动
adjusting needle　调准针
adjusting nut　调整螺母,调整螺帽
adjusting pin　定位销,配合销
adjusting ring　调整环,控制环
adjusting rod　调整杆
adjusting screw　调整螺钉,调整螺丝,校正螺丝,调准螺旋
adjusting shim　调整垫隙片
adjusting spacer　调整垫片
adjusting spindle　调整心轴
adjusting spring　调整弹簧
adjusting strip　调整衬条,调整带
adjusting valve　调整阀,调节阀
adjusting washer　调整垫圈
adjusting wedge　调整楔[片]
adjusting work　调整工作
adjusting worm　调整螺杆
adjusting wrench　可调扳手,活动扳手,活络扳手
adjustmatic shock absorber　自动调节减振器
adjustment (=adj)　(1)调整,调节,(2)调整量,齿轮(平稳性)调节量;(3)校正,校准,对准,定心,修正,调准,调定,调配,调谐;(4)调节平衡,零位平衡;(5)(复)调节装置,调整机构,调整器,(6){数}平差;(7)(海损)理算
adjustment brokerage　理算手续费
adjustment brush　调整电刷
adjustment by coordinates　坐标平差
adjustment-calibration (=AC)　调整-校准
adjustment controls　调谐钮,控制钮
adjustment curve　缓和曲线
adjustment device　调整装置
adjustment factor　调整系数,修整系数
adjustment for altitude　(仪器的)高度修正
adjustment for definition　(1)聚焦调节,调焦;(2)清晰度调节,锐度调节
adjustment for wear　补偿磨损调整
adjustment gear　调整机构,调整装置
adjustment in direction　方向修正

adjustment in groups　分组平差
adjustment in one cast　整体平差
adjustment mark　调整标记;调准标记,校正标记
adjustment mechanism　调整机构,调整装置,调准机构
adjustment notch　调整刻痕,调整标记;安装标记
adjustment of figure　图形平差
adjustment of gyro and magnetic compasses　陀螺仪和磁罗经调整
adjustment of highlight　高亮度调整,亮平衡
adjustment of lowlight　低亮度调整,暗平衡
adjustment on the target　对目标的射击修正
adjustment range　调整范围
adjustment strip　调整衬条
adjustment table　校准表
adjustment tool　调整工具
adjustment washer　调整垫圈
adjustor (=adjuster)　(1)调整设备,调整装置,调节装置,调准装置,精调装置,安装装置;(2)调整器,调节器;(3)校准器,调准器;(4)装配工,调整工,安装工,调节者
adjutage (=ajutage)　(1)放水管,喷射管;(2)延伸臂,接长臂;(3)调节管
adjuvant　(1)辅助剂,佐剂;(2)辅助的,协助的;(3)助手
Adler tube　阿德勒管(一种高速射线管)
admeasure　测量,度量,量测,测定,分配,配给
admeasurement　(1)测量,度量,计量,量测,测定;(2)尺度,尺寸,大小;(3)分配
adminicle　(1)辅助[物];(2)补充性证明
adminicular　补助的,补充的,辅助的
adminiculum　(复 adminicula)支座
administer　(1)管理,治理,处理,支配,操纵,控制,照料;(2)执行,实施,给与,供给;(3)辅助,补助;(4)有助于
administrate price　垄断价格
administration　(1)管理;(2)管理机构,管理部门
administration cost　行政管理费
administration FEE　行政管理费
administration of power supply　供电局,供电所
administration of radiation　辐射处理
administrative organ　行政机关,管理机关
administrative support unit　后勤支援单位,器材供应单位
administrator　行政人员,管理人
admiralty brass　耐酸黄铜,海军黄铜(铜70%,锡1%,锌29%)
admiralty bronze　海军青铜(锌2%,其余铜)
admiralty chart　海图
admiralty gunmetal　海军炮铜(铜88%,锡10%,锌2%)
admiralty knot　海里,节
admiralty metal　耐酸黄铜,海军黄铜(铜70%,锡1%,锌29%)
admiralty mile　英制海里
admiralty nickel　铜镍合金,海军镍
admissible　(1)容许;(2)可采纳的,可考虑的,可承认的,可容许的,可允许的;(3)有资格的
admissible clearance　容许间隙
admissible control　容许控制
admissible curve　容许曲线
admissible error　容许误差
admissible estimate　容许估计
admissible function　容许函数
admissible hypothesis　容许假设
admissible load　容许载荷,容许负载
admissible out of round　容许不圆度
admissible parameter　容许参数
admissible solution　容许解
admissible stress　容许应力
admissible variation　容许变差
admission　(1)允许进入;(2)进气;(3)进气点
admission cam　进气凸轮
admission intake　进气口
admission passage　进气道,进路
admission space　(1)装填体积;(2)进气空间
admission stroke　进气冲程
admission valve　进气阀
admissive　容许有的,许入的,容许的
admit　(1)许可进入,可容纳,接纳;(2)容许,承认;(3)导入,进气,进给,供入
admittable　可以容许的,许入的
admittance　(1)导纳;(2)声导纳

admittance area　流导面积,通导截面
admittance bridge　导纳电桥
admittance chart　导纳图
admittance diagram　导纳图
admittance function　导纳函数
admittance wave　入口波
admitted (=adm)　无可否认的,[被]承认的,公认的,明白的,断然的
admitting pipe　进气管
admitting port　进气口
admittor　复导纳
admix　掺杂,掺合,混合,混和
admixer　混合器
admixture　(1)混合;(2)混合状态;(3)掺和物,复合物,掺料
admove　加入,添加,加
Adnic　阿德尼克[系]铜镍合金,海军镍
Adonic　铜镍锡合金
adopt　(1)采纳,采取,采用,接受,接纳,沿用,选用,仿效;(2)正式通过,表决通过
adoptable　可采用的,可沿用的
adopter　(蒸馏用的)接受器,接受管
adoption　(1)采用,沿用,选用,接受;(2)正式通过
adoptive　采用的,接受的
adoptor (=adopter)　(蒸馏用的)接受器,接受管
adorn　装饰,修饰
adornment　(1)装饰;(2)装饰品
adp microphone　压电晶体传声器
adpedance　导[纳阻]抗
adradius　从辐管
ADR alloy　(热膨胀系数极小的)ADR铁镍合金
adrate　附加税
adromia　无传导性
adscript　书写于后的
adscription (=ascription)　归于,归因
adsel　选择寻址系统
adsorb　吸附,吸收,吸取,吸引
adsorbability　(1)吸附性;(2)吸附能力,吸附本领
adsorbable　可吸附的
adsorbate　(1)吸附吸附物;(2)被吸附物,被吸附体
adsorbent　(1)吸附剂;(2)有吸附能力的,有吸附倾向的
adsorber　(1)吸附器,吸附塔;(2)吸附物
Adsorbit　活性炭
adsorption　(1)吸附[作用];(2)表面吸着,表面吸附
adsorption-active　吸附活性的
adsorption type frequency meter　吸收式频率计
adsorptional　吸附的
adsorptive　(1)吸附的;(2)被吸附物,吸附剂
adsorptivity　(1)吸附性,吸附度;(2)吸附本领,吸附能力
adterminal　向末端的,离心的
adulterant　掺混物,混杂物,掺和剂,掺杂剂,伪造品;(2)掺杂用的
adulterate　(1)掺杂,掺假;(2)品质低劣的,掺杂的,掺假的
adulterated　掺杂的,伪造的,低劣的
adulteration　(1)掺杂的过程,掺杂的产品;(2)掺杂,掺假,掺水,改装,伪造,劣货;(3)贬低
adumbrate　(1)画轮廓;(2)预示,暗示;(3)前兆,预兆;(4)遮蔽
adumbration　(1)草图,轮廓,素描,阴影;(2)预示,暗示
adust　烘干的,烤干的
adustion　(1)可燃性,烘焦;(2)烘焦部分
advance (=ADV)　(1)前进,进行;(2)提前[角],超前,移前,预先,提早;(3)进刀,走刀;(4)送进,推进,增进,促进;(5)提高,提升,上升;(6)推距
advance angle　提前角,导程角,超前角,前置角
advance ball　滑动滚珠
advance change notice (=ACN)　[有关]更改的先期通知
advance coefficient　进速系数
advance control　超前控制,步进控制
advance deviation report (=ADR)　[发生]偏差的先期报告
advance drawing change notice (=ADCN)　[有关]图纸更改的先期通知
advance estimate　事前估计值
advance ignition　提前点火
advance in price　涨价
advance item　超前项
advance material request (=AMR)　[有关]器材的先期申请

advance material requirement (=AMR) ［有关］器材的先期要求

advance missile deviation report (=AMDR) 导弹偏差先期报告

advance notice 预先通知,预告

advance payment (=adv pmt) 预付

advance preparation 预先准备,事先准备

advance print 试样

advance pulse 推进脉冲

advance rate (1) 进刀功率；(2) 前进速度

advance report 先期报告

advance signal 前置信号

advance stoppage (=adv st) 提前停止

advance test procedure (=ATP) 先期测试程序

Advance (metal) 阿范斯电阻合金,高比阻铜镍合金 (铜 67%,锰 1.6%,其余镍)

advanced (1) 先进的,前进的,提前的,提早的,推进的,前置的,预先的；(2) 改进性的,先进的,高等的,高级的；(3) 超额的

advanced algebra 高等代数

advanced antenna system (=AAS) 高级天线系统

advanced-class 高能的

advanced control 先行控制

advanced copy 样本

advanced data management system (=ADAM) 高级数字处理系统

advanced deposits 进口押金制

advanced development (=AD) 试验研究,试验研制,试制,研制

advanced document revision notice ［公文］资料订正的报告

advanced failure 初期时效,初期损坏

advanced fatigure spalling 早期疲劳剥落

advanced feed tape 前置导孔纸带

advanced feedhole 前置导孔

advanced-flaking 早期［片状］剥落

advanced freights (=A. F.) 预付运费

advanced gas-cooled reactor (=AGR 或 agr) 高级气冷反应堆,先进气冷反应堆

advanced gear 铰刀机构,进给机构

advanced ignition 提前点火

advanced interpretive modeling system 高级解释模拟系统

advanced linear programming system (=ALPS) 改进型线性程序设计系统

advanced micro-programmable processors (=AMPP) 高级微程序处理机

advanced notice 先期通知

advanced orbiting solar obsevatory (=AOSO) 高级轨道运行太阳观象台

advanced ordering information (=AOI) ［关于］订货的先期通知

advanced payment 预付款

advanced passenger train (=APT) 特高速列车 (时速在 150 英里以上)

advanced potential 超前电位,提早电势

advanced reconnaissance satellite (=ARS) 高级侦察卫星

advanced research 探索性研究,远景研究,预研

advanced research planning document (=ARPD) 远景研究计划文件

advanced research projects agency (=ARPA) 远景研究规划局

advanced science 尖端科学

advanced scientific computer (=ASC) 先进科学计算机

advanced solid logic technology (=ASLT) 先进固体逻辑技术

advanced solid-state logic technology (=ASLT) 先进固态逻辑工艺

advanced solar observatory (=ASO) 高级太阳观测台

advanced space station (=ASS) 先期发射的空间站

advanced stage of cracking 深度裂化阶段

advanced starting valve 预开起动阀

advanced static test recording apparatus (=ASTRA) 先进的静态试验自动记录仪

advanced statistical analysis program (=ASTAP) 高级统计分析程序语言

advanced statistical analysis program language 高级统计分析程序语言

advanced system research (=ASR) 远景系统研究

advanced technology satellite (=ATS) 高级技术卫星

advanced vidcon camera system (=AVCS) 先进光导摄像管摄影系统

advanced way of working 先进工作法

advancement (1) 前进,推进,促进,改进,进步；(2) 提升,提前,前移；(3) 预付

advancer 提前装置,相位超前补偿器

advancing (1) 提前,超前；(2) (价格) 趋涨

advancing side (1) 受拉部分；(2) (皮带的) 张紧侧

advancing side of belt 皮带紧边

advantage (1) 有利条件,优点,优越；(2) 利益,效益,好处,便利；(3) 有利于,有助于,有益于,帮助,促进

advantage factor 最佳照射因子,有利因子

advantaged diode-transistor logic circuit 改进型二极管 - 晶体管逻辑电路

advantageous 有利的,有益的,有助的,便利的

advect 平流输送

advection (1) 移流,对流,平流；(2) 转移,平移

advection heat 对流热

advection of heat 平流热效,加入热,加热,供热

advective cooling 对流冷却,移流冷却

advective duct 对流性液道

adventitious (1) 偶然产生的,非典型的,非正常的,不正常的,偶然的；(2) 附加的,外来的,外加的,不定的,异位的

adventive 偶然的,外来的,不定的

adventure (1) 冒险,惊险,危险；(2) 偶然遭遇,奇事

adverse (1) 相反的,反向的,逆的,(2) 反对的,不利的,有害的,敌对的

adverse current 逆流

adverse effect (1) 有害影响,不利影响；(2) 反向效应,反作用

adverse servo action (制动器) 自动减势

adverse wind 逆风

advert 注意到,论到,谈到,提到,想到

advertence 谈到,提及,注意,留心

advertent 注意的,留心的

advertiser 信号装置,信号器,传播器

advice (=adv) (1) 忠告,劝告,建议,意见；(2) 通知；(3) (复) 报道,消息

advice note (=letter of advice) 通知单

advice of drawing 汇款通知书,汇票通知书

advice sheet 汇兑交易报告书

advise all concerned (=ADCON) 请通知有关各方

advise reason for delay (=ADRDE) 请通知推迟原因

advisory (=adv) (1) 顾问的,咨询的；(2) 报告

advisory board (=AB) 咨询委员会

advisory commission 咨询委员会,顾问委员会

advisory committee on science and technology (=ACST) 科学技术咨询委员会

advisory group (=adgru) 顾问组,咨询组

advisory group on electronic devices (=AGED) 电子设备咨询组

advisory group on electronic parts (=AGEP) 电子零件咨询组

advisory group on reliability of electronic equipment (=AGREE) 电子设备可靠性咨询组

adz (=adze) (1) 横口斧,扁斧；(2) 刮刀；(3) 用斧劈削

adz block 刨刀座

adz-eye hammer 小铁锤

adz plane 刮刨

adzing gauge 轨枕槽规

aeneous (=aeneus) 青铜色 [泽] 的

aenescent 呈铜色的

Aeo tube 辉光放电电子管

aeolight (1) (录音用) 充气冷阴极辉光管,辉光管；(2) 强度可调的辉光放电灯,辉光灯

aeolotropic 各向异性的,有方向性的,非均质的,偏等性的

aeolotropic crystal 各向异性晶体

aeolotropism 各向异性,有方向性,不等方性,偏等性

aeolotropy 各向异性,有方向性

aequilate (=aequilatus) 等宽的

aer- (词头) 空气,空中,气体,大气,航空,飞机,飞船

aerad 航空无线电

aeradio 空中导航用无线电站,空中无线电台

aerarium (复 aeraria) 通风器,供气器

aerate (1) 通气,充气,通风,鼓风,吹风,透风,换气,透气,进气,吹气,掺气,曝气,气化,(2) 松砂,(3) 分解

aerated nitriding 空气搅拌液体渗氮法

aerated concrete 加气混凝土,多孔混凝土

aerated flame 充气焰

aerated plastics 多孔塑料,海绵塑料

aerated solids 充气固体,气溶胶

aerating filter 空气滤清器

aerating system 通气系统

aeration (1) 通气 [性],充气,通风,鼓风,吹风,透风,换气,透气,进气,吹气,掺气,曝气,气化,(2) 松砂；(3) 分解

aeration-cooling 通风降温

aeration drilling 充气泥浆钻井

aeration-drying 通风干燥

aeration pipe 通气管

aeration sprinkler 航空人工降雨机

aeration tank 曝气池

aerator (1) 充气机,鼓风机;(2) 除泥器,去土器;(3) 松砂机;(4) 熏烟器

aerator tank 充气槽

aeratron 自平衡电子交流电位计

aerdentalloy 银铝合金

aereous 青铜色的

aerial (1) 空气构成的,空气的,大气的;(2) 架空的,空中的;(3) 在高架电缆或轨道上操作的,用飞机运送的,空运的

aerial adapter 天线接头

aerial array 多振子天线,天线阵,天线组

aerial attack 空中攻击,空袭

aerial bare line 架空明线,架空裸线

aerial barrage 空中气球阻塞网

aerial bomb 空投炸弹

aerial cable 架空电缆

aerial cable line 架空电缆线

aerial cableway 架空索道,空中索道

aerial camera 航空摄像机,航空照相机

aerial car 高架铁道车

aerial conductor 架空[导]线,明线

aerial contamination 空气污染

aerial construction 架空设备

aerial conveyor (1) 架空式输送机,空中输送器,调运器;(2) 悬空索道,高架轨道

aerial current (=AC) (1) 天线电流;(2) 气流

aerial defense 防空

aerial depth charge 空投深水炸弹

aerial drainage 泄流

aerial dust filter 空气滤尘器

aerial extension 架空线

aerial farming 飞机耕作

aerial fleet 大机群

aerial fog 气雾

aerial funicular 架空缆车

aerial gain 天线增益

aerial guidance 空中制导

aerial image 空间像,虚像

aerial ionization coefficient 气体电离常数

aerial ladder 架空消防梯

aerial lead 天线引入线

aerial lighthouse 航空灯塔

aerial lightning rod 架空避雷针

aerial line (1) 架空线路;(2) 航线

aerial liner 定期民航机,航线客机,班机

aerial map 航测图,航摄图

aerial mapping photography 航测摄影

aerial mine (1) 空投雷;(2) 空投大型地雷

aerial monorail-tramway 架空单轨索道

aerial navigation map 领航图

aerial perspective 空中透视

aerial photograph 航空摄影,航摄照片

aerial photography 航测

aerial pole 架空杆,天线杆

aerial railway 架空铁道,架空铁路

aerial ropeway 架空索道

aerial seeding 飞机播种

aerial sowing 飞机播种

aerial survey 航空摄影测量,航[空]测[量]

aerial surveying 航测

aerial surveying camera 航测摄像机

aerial switch 天线转换开关

aerial topographic map 航测地形图

aerial train 空中列车,飞机

aerial tramway 架空索道

aerial transport 航空运输

aerial tuning 天线调谐

aerial tuning capacitor (=ATC) 天线调谐电容器

aerial tuning inductance (=ATI) 无线调谐电感

aerial turning motor (=ATM) 转动天线的马达

aerial unit 飞行部队

aerial view (1) 鸟瞰图;(2) 空中摄影照片,航摄照片

aerial wire 架空线,天线

aeriator 飞机驾驶员

aeriductus (1) 气门;(2) 腮状管;(3) 尾状管

aeriferous 传送空气的,带空气的,通气的

aerification 充气,气化

aerifier 通气器

aeriform 空气状的,气体的,气式的,无形的

aeriscope 超光电摄像管,超光电摄像管,爱利管

aero (1) 飞机的,航空的;(2) 空气的;(3) 航空学;(4) 飞行[器]的,航空的,飞机的

aero- (词头) (1) 空气,气体;(2) 飞机,飞船;(3) 航空

aero-accelerator 加速曝气池

aero-acoustics 航空声学

aero-amphibious 海陆空的

aero-bearing plate 导航瞄准器方位图

aero camera 空[中]用摄像机,航空照相机

aero casing 飞机轮外胎

aero-gas turbine 航空燃气轮机

Aero Insurance Underwriters (=A.I.U) 空运保险承保公司,空运保险承保人

aero-oil 航空润滑油

aero oil 航空汽油

aero-projector 投影绘图仪

aero-radiator 航空散热器

aeroacoustics 航空声学

aeroasthenia 飞行疲劳

aeroballistic 空气弹道的,航空弹道的

aeroballistic range 飞行弹道试验靶场

aeroballistics 航空弹道学

aerobat (1) 飞行器,航空器;(2) 特技飞行员

aerobatics 特技飞行[术]

aeroboat 船身式水上飞机,飞船,飞艇

aerobomb 航空炸弹

aerobond 环氧树脂

aerobronze (航空发动机用) 铝青铜 (铝,镍,硅,钛,锌,其余铜)

aerobus 公共客机

aerocade 飞行队

aerocamera 航空摄影机,航空照相机

aerocarburetor 航空汽化器

aerocartograph (1) 摄影测量绘图仪,航空测图仪;(2) 航空测量图

aerochronometer 航空精密时计

aeroclimatic 高空气候的

aeroclinoscope 天候信号器

aerocolloid 气凝胶体,气溶胶

aeroconcrete 加气混凝土,多孔混凝土

aerocraft 飞行器,飞机

aerocurve 弯曲支持面,曲翼面

aerocutter 电爆炸切断器

aerocycle 空中自行车

aerocyst 气囊

aerodiesel 狄塞尔航空发动机

aerodiscone antenna 机载盘锥天线

aerodist 航空微波测距仪

aerodome 飞机库

aerodone 滑翔机

aerodonetics 滑翔学

aerodreadnaught 巨型飞机,特大飞行器

aerodrome 飞机场

aerodrome control radio station 机场联络无线电台

aerodromestation 机场电台

aerodromics 滑翔力学,飞行术

aerodromometer 气流速度表,气流速度计,空气流速计,气速表

aeroduct 冲压式空气喷气发动机

aeroduster 飞机喷粉器,航空喷粉器

Aerodyn (=aerodynamic) 空气动力的,气体动力的,气动的

aerodynamic 空气动力的,气体动力的,气动的

aerodynamic balance 气动力补偿;空气动力天平

aerodynamic brake [空] 动力制动装置

aerodynamic braking [空] 气动力制动

aerodynamic balance 空气动力天平

aerodynamic center (=AC) 空气动力中心

aerodynamic criterion 气动力准则
aerodynamic compensation 气动力补偿
aerodynamic control 空气动力制动, 气动控制
aerodynamic damping 气动阻尼
aerodynamic decelerator (=AD) 气动力减速器
aerodynamic derivative 气动力导数
aerodynamic drag 气动阻力
aerodynamic force 气动力
aerodynamic interference 气动力干扰
aerodynamic lift 气动升力
aerodynamic load distribution 气动力载荷分布
aerodynamic lubrication 空气动压润滑, 气体动力润滑
aerodynamic missile 飞航式导弹, 有翼导弹
aerodynamic noise 空气动力噪声
aerodynamic smoothness 气体动力平滑度
aerodynamic tool 气动力方法
aerodynamic turbine 空气动力涡轮机, 气动透平
aerodynamical balance 气动力天平
aerodynamical resistance 气动阻尼
aerodynamicist 空气动力学家
aerodynamics (=aer) 气体动力学, 空气动力学, 气流动力学, 气体力学
aerodynamics moment 空气动力力矩
aerodyne 重航空器, 重飞行器
aeroelastic 气动弹性的
aeroelastic vibration 气动弹性振动
aeroelastician 气动弹性力学家
aeroelasticity 空气动力弹性, 空气弹性力学; 气动弹性学, 气动弹性
aeroelastics 气动弹性力学
aeroelectromagnetic 航空电磁的
aeroengine 航空发动机
aerofilter 喷射过滤器, 空气过滤器, 空气滤床, 加气滤池
Aeroflex roller 埃罗弗莱克斯气胎轧辊
aerofluxus 泄气, 排气
aerofoil (1) 机翼; (2) 翼型, 翼面
aerofoil fan 轴流通风机
aerofoil of infinite 无限翼展
Aeroform method 爆炸成形法
aerogel 气凝胶, 气溶胶
aerogen gas 照明气, 空气与汽油蒸汽的可燃混合气
aerogenerator 风力发电机
aerogenic 产气的
aeroglisseur 气滑艇
aerogradiometer 航空倾斜计, 航空陡度计
aerogram 无线电报
aerograph (1) 气笔修版; (2) 用喷枪喷射的人; (3) 空中气象记录仪; (4) 无线电报; (5) 无线电机; (6) 喷 [气] 染 [色] 器, 气刷
aerographer 海军气象员, 航空气象员
aerography (1) 气象学; (2) 大气状况图表
aerogun 航空机关枪, 航空炮, 高射炮
aerogun-sights 航空炮瞄准具
aerohydrodynamic 空气流体动力学的
aerohydrodynamics 空气流体动力学
aerohydromechanics 空气水力学
aerohydroplane 水上飞机
aerohydrous 含有空气与水的
aerohypsometer 高空测高计
aeroil leg [起落架] 空气油压减振支柱
aerol (=aerological) 航空气象的
aerolinoscope 天候信号器
Arolite 一种铝合金
Aerolog 飞行模拟装置, 飞行记录簿
aerologation 测高术航行, 压力型飞行, 单航向飞行, 最小飞行航程
aerologist 高空气象学家
aerology 高空气象学
aeromagnetic 空中探测地磁的
aeromagnetometer 航空磁强计
aeromancy 天气预测, 天气预报
aeromap 航空地图
aeromarine 海上航空的
aeromechanic 航空机械员
aeromechanics 空气力学, 航空力学
aerometal 航空合金
aerometeorograph 航空气象记录仪
aerometer 气体比重计, 空气比重计

aerometry 量气学
Aeromix (瑞士) 气流混和机, 气流混棉机
aeromobile 气垫汽车
aeromotor 航空发动机
aeron (1) 聚酰胺纤维; (2) 阿隆铁铝合金
aeronautical [航空] 导航 [用] 的, 航空 [学] 的
aeronautical engineering 航空工程
aeronautical fixed radio service 固定无线电导航业务
aeronautical fixed telecommunication network (=AFTN) 航空固定通信网
aeronautical ground radio station 地面导航站
aeronautical materials specification (=AMS) 航空器材技术规格
aeronautical national taper pipe threads (=ANPT) 国家标准航空用锥形管螺纹
aeronautical radio navigation (=ARN) 无线电导航
aeronautical radio navigation land station 导航陆地电台
aeronautical research laboratory (=ARL) 航空研究实验室
aeronautical standards 航空标准
aeronautical utility land station 航运地面站
aeronautics 航天学, 飞行术
aeronaval 海空军的
aeronavigation (1) [空中] 导航; (2) 领航学
aeronavigator 领航员
Aeronca Manufacturing Company 埃朗卡机器制造公司
aeronef 重航空器
Aeronomy and Space Data Center (=ASDC) (美) 高空与宇宙资料中心
aerophare 无线电信标, 航空用信标
aerophone (1) 扩音器; (2) (空中) 无线电话机; (3) [空袭时用的] 探音器
aerophor 风动装置
aerophore [防毒面具] 呼吸器, 通风面具
aerophotogram 航摄照片
aerophotogrammetry 航空 [摄影] 测量 [学]
aerophotograhy 航空摄影
aerophysics 大气物理学, 航空物理学
aeroplane (=Aerp) 飞机
aeroplane and armament experimental establishment (=AAEE) 飞机和军械实验研究中心
aeroplane antenna 飞机天线
aeroplane carrier 航空母舰
aeroplane carrier fighter 航空母舰战斗机
aeroplane fabri 飞机翼布
aeroplane station 飞机电台
aeroplanist 飞行家
aeroplex 航空用安全玻璃
aeropolitics 航空政策
aeroport 飞机场, 航空港, 航空站
aeroprojector 航空投影仪
aeropulse (=pulsejetengine) 脉冲式喷气发动机
aeropulverizer 吹风磨粉机
aeroquay 停机站台
aeroradio 航空无线电
aeroresonator (=aeropulse) 脉冲式喷气发动机
aeroscepsis 测空特异功能
aeroscope 空间观测器, 空气微生物采集器, 空气纯度镜
aeroshed 飞机库
Aerosimplex 简易投影测图仪
aerosol (1) [空] 气溶胶; (2) 烟雾剂; (3) 浮质
aerosolization 雾化作用
aerosoloscope 空气微粒测算器
aerosonator 脉冲式喷气发动机
aerospace (1) 航天空间; (2) 航天学; (3) 航天工业
aerospace computer 航天计算机
aerospace craft 航天器
aerospace ground equipment (=AGE) 航空航天地面设备
aerospace ground-support equipment (=AGE) 航空航天地面辅助设备
Aerospace Industries Association of America (=AIAA) 美国航空航天工业协会
Aerospace Manufacturers Council (=AMC) 航空航天空间制造商协会
aerospace plane (=ASP) 航天飞行器, 航天飞机
aerospace surveillance (=ASS) 航空航天监视
aerospace technical intelligence center (=ATIC) 航空航天技术情报中心

aerospace telemetry　空间遥测
aerospace traffic control center (=ATCC)　航空航天交通控制中心
aerospacecraft　航天飞行器
aerosphere　大气层，气圈
aerosprayer　飞机喷雾器，航空喷雾器
aerostat　轻航空器，浮空器
aerostatic buoyancy　空气浮力
aerostatic lubrication　空气静压润滑，气体静力润滑
aerostatics　气体静力学，空气静力学
aerostation　浮空学
aerostats　气囊
aerostructure　飞机结构学
aerosurvey　航空测量
aerosurveying　航空测量
aerotar　航摄镜头
aerotaxis　趋气性，趋氧性
aerotechnical　航空技术的
aerotex　甲醛
aerothermal　气动热的
aerothermo-dynamic-duct　冲压式空气喷气发动机
aerothermochemist　空气热力化学家
aerothermodynamics　空气热力学
aerothermoelasticity　空气热弹性力学，空气热弹性
aerothermopressor　气动热力压缩机
aerotonometer　气体张力计
aerotow　空中牵引飞机
aerotrack　[简易]飞机场
aerotrain　飞行式无轨列车，单轨气垫火车，气垫列车
aerotransport　(1)空[中]运[输]；(2)运输机
aerotriangulation　航空三角测量
aerotron　三极管
aerotropic　向气性的
aerotropism　向气性
aeroturbine　航空涡轮机，空气涡轮机
aerovan　[运]货[飞]机
aerovane　(1)风向风速仪，风速计，风向计；(2)风车，旋翼；(3)风标翼
aerovelex　小型投影测图仪
aeroview　空[中俯]瞰图，鸟瞰图
Aerp (=aeroplane)　飞机

aeruginose　青铜色的，铜绿色的
aeruginous　铜绿色的
aeruginus　青铜色的，铜绿色的
aerugo　(1)氧化铜，铜绿，铜锈；(2)金属氧化物，腐锈斑，凹坑；(3)铜的氧化
aery　(1)具有大气的，空气的，高空的；(2)航空事业
aether　(1)以太；(2)乙醚，醚
affectless polynominal　无偏差多项式
afferens　向心[的]，入
afferent　输入的，传入的，向心的，同心的
affinage　精炼
affination　精炼法，精制
affine　(1){化}亲合的；(2){数}仿射的，拟似的，远交的；(3)精炼，精制
affine deformation　均匀变形，均质变形
affine strain　均匀应变
affinity　(1)类似，相似；(2)共鸣；(3)吸引；(4){化}亲合力，亲合性，化合力；(5){数}仿射性，相似性
affinity coefficient　亲合力系数
affinor　反对称张量
affirm　肯定，断言，确认，证实，声明，批准
affirmable　可断言的，可确定的
affirmance　断言，确认
affirmation　肯定，断言，主张，确认，证实，批准
affirmative　(1)肯定的，正面的，赞成的；(2)肯定，确认，断言，赞成
affirmative sign　正号
affirmatively　肯定地，断然
affix　(1)附加上，添加；(2)使固定，结牢，贴上，粘上；(3)签署，盖印，签上；(4)附加物，添加剂；(5)附录，附件，附标
affix grammar　缀词文法
affixture　添加，附加，粘上，贴上；(2)加成物
afflatus　吸入，吸气
afflight　(1)近月飞行；(2)月球背面的接近轨线，靠近月球背面的轨道；(3)靠近飞行，并排飞行

affluent　(1)富裕的，富足的，丰富的；(2)流入的，汇流的；(3)支流
afford　(1)负担得起，够得上，抽得出；(2)给予，提供，供给；(3)生产，出产
aficot　起毛工具
afield　(1)在野外，在远处，向远处，远离；(2)在战场上，上战场
afire　着火[的]，燃烧[的]
aflame　(1)着火[的]，燃烧[的]，冒烟[的]；(2)发亮
aflat　平面的，水平的，平的
afloat　(1)漂浮的，浮动的；(2)能航行的；(3)在海上，在船上；(4)传播的，流通的
afloat contact　浮动触点
afloat in transit　路货，在途
afocal　无焦点的，非聚焦的，远焦的，异焦的
afocal lens　无焦透镜
afocal resonator　异焦谐振器
afocal system　非聚焦系统，远焦系统
afore　(1)在……前，在……先，前面；(2)在船首
aforecited　前面所举的，上述的
aforegoing　上述的，前述的
aforehand　(1)事先准备的；(2)预先
aforementioned　前面提到的，上述的，前述的
aforenamed　前面所举的，上面所举的
aforesaid(=AFSD)　前面据说的，上述的，前述的
aforethought　预谋的，故意的
aforetime　从前，早先，往昔
afoul　碰撞，冲突
afoul to　与……相冲突，与……相反
aft　(1)在船尾[的]，近船尾[的]，向船尾[的]；(2)在后部[的]，在尾部[的]，从后部[的]，从尾部[的]
aft deck　后甲板
aft engine　尾发动机，尾机
aft-fan　后风扇
aft-gate　尾水闸门，下游闸门
aft gate　尾水闸门，下游闸门
aft turbine　倒车涡轮机
aftdeck　船尾甲板
after (=AFT)　(1)以后，后来，后面，滞后，跟着，接着，追随，接替，次于；(2)依照，仿照，按照；(3)取名于；(3)在……以后；(4)靠近船尾的，靠近后部的；(5)滞后的，以后的
after-　(词头)后期，后部，后来，二次，第二
after-accelerated　后加速式的，后[段]加速的
after-acceleration　偏转后加速，后[段]加速
after acceleration　(电子束)偏转后加速，后[段]加速
after-action　后作用
after-bake　后[期]烘[烤]，二次焙烧
after baking　后[期]烘[烤]，后[期]焙[烧]，二次焙烧
after-blow　后吹，过吹
after blow　二次吹风，[转炉]后吹
after bottom dead centre (=ABDC)　在下死点后
after burner (=AB)　(1)加力燃烧室，补燃室，后燃室，复燃室；(2)补燃器
after burning　加力燃烧，二次燃烧，补燃，迟燃
after-collector　后加收集器
after-combustion　再次燃烧，补充燃烧，后燃烧，复燃，燃尽，燃完
after-condenser　二次冷凝器，后冷凝器，再冷凝器
after-contraction　后期收缩，残余收缩，附加收缩
after-cooler　二次冷却器，末次冷却器，后冷却器
after cooler　二次冷却器，末次冷却器，后冷却器
after date (=a.d.)　开[汇]票日后
after-deflection　偏转后的
after-depolarization　后去极化
after-discharge　后效现象，后放
after-drawing　后拉伸
after-dripping　喷油后的燃烧
after-drying　再次干燥
after-edge　后沿，后缘
after effect (s)　(1)[滞]后效[应]，后效作用，副作用；(2)余功
after engine room (=AER)　后发动机室
after-etching　残余腐蚀，最后腐蚀
after etching　残余腐蚀，最后腐蚀
after-expansion　后[期]膨胀，残余膨胀，附加膨胀
after-exposure　后照射
after exposure　后期曝光，二次曝光
after-filter　二次过滤器，补充过滤器，后过滤器

after-filtration [最]后[过]滤,二次过滤,补充过滤
after-fire (未燃气体在)消音器内爆炸
after fire (未燃气体在)消音器内爆炸
after-fixing 后固定
after-flaming 完全燃烧,补充燃烧,再次燃烧,停止供油后燃烧,燃尽
after-floating 散流扫尾
after-flow 残余塑性流动,塑性后效,蠕变
after-flush 连续洗井
after-fractionating 第二蒸馏,第二分馏
after-fractionating tower 第二蒸馏塔,第二分馏塔
after-frame 后框,后架,补架
after frame 后框,后架,补架
after-gases 爆炸后的有害气体
after generation {焊}乙炔余气
after glow 余辉
after-hardening 后[期]硬化
after heating 后[加]热
after-hyperpolarization 后超极化
after image 残留影像,残影
after inspection (=Ai 或 a.i.) 检查以后
after-loading 后装载,后负荷,后装料
after-impression (1)残留影像,残留图像,残像;(2)视觉暂留
after-market (汽车)零件市场
after-mast 后桅
after-movement 后继性运动
after payment type 后投币式,后付式
after-perpendicular 船尾垂线
after-poppet 船尾垫架,后支架(下水用)
after-potential 后电势,后电位
after pulse (1)余脉冲;(2)跟随脉冲
after pulsing (跟在主脉冲)后[面的]寄生脉冲
after-purification [最]后净化,补充净化
after-recording 后期录音
after recording 后期录音
after service 售[出]后[的技术]服务(如修理等)
after-shock 余震,后震
after-shrinkage 成形后收缩,后期收缩,残余收缩,后收缩
after sight 见票后
after space 空白行
after-stretch 后拉伸,拉牵伸
after-stretching 后拉伸,拉牵伸
after table 后工作台
after-tack (1)残余粘性,回粘性,返粘性;(2)后软化
after tack (1)回粘性,返粘性;(2)软化
after-teeming (1){铸}补铸,补注,补浇;(2)点冒口
after-the -fact 事后的
after-the-fact appraisal of results 对结果的事后鉴定
after time (1)余辉时间;(2)业余时间
after top center (=ATC) 上死点后
after top dead center (=ATDC) 上死点后
after-tow 后曳
after treatment 后处理
after-working 后效[应]
afterbody (1)物体后部,机体后部,船体后部,机身尾部,弹体尾部,飞船尾部,尾体,机尾;(2)(火箭载体)最后一级;(3)人造卫星伴体
afterbody effect 后体效应
afterburner (=A/B) (1)喷射式燃烧室,加力燃烧室,后燃烧室,后燃室,复燃室;(2)补燃器;(3)(汽车排气)后燃烧装置
afterburner nozzle 加力燃烧室的喷管
afterburning (1)喷射式燃烧,加力燃烧,二次燃烧,后期燃烧,补充燃烧,剩余燃烧,脉动燃烧;(2)后燃,复燃,补燃,迟燃,复烧;(3)燃尽,燃完
afterburnt 燃尽后
afterburst 后期崩坍
aftercarriage 后车体
aftercastle 船尾楼
afterchine 后舷脊
afterclap 意外的变动,意外的结果
aftercooler 最后冷却器,二次冷却器,末次冷却器,附加冷却器,后置冷却器,补充冷却器,后冷却器
aftercooling 压缩后冷却,再[次]冷[却],后[加]冷却
aftercurrent 剩余电流,后效电流
afterdamp (1)灾后有害气体;(2)烧尽;(3)爆炸后气体
afterdeck 后甲板

afterdischarge 后放
afterdrying 再次干燥
aftereffect (1)后效;(2)余功;(3)后遗作用,副作用;(4)次生效应
afterflaming 停止供油后的燃烧,补充燃烧,再次燃烧,完全燃烧
aftergame (1)[事后]补救;(2)改进的计划
afterglow (1)余辉,滞光;(2)(荧光屏的)光滑性
afterglow screen 余辉屏,荧光屏
afterguard (1)后了望哨;(2)后备艇员
afterhatch 后舱
afterheat (1)停堆余热,后热;(2)后加热;(3)余热;(4)余热热容量
afterheater 后热器
afterheating 后[加]热
afterhold 后部船舱,后舱
afterhouse 船尾甲板室
afterimage 残留影像,残留图像,余像,后像,残影
afterlight (1)余辉;(2)结果,结果,恶果;(2)余波
aftermath (1)后果,结果,恶果;(2)余波
aftermost 最后头的,靠近船尾的
afterpart (船)后部
afterpeak 船尾舱,后尖舱,尾尖舱
afterpower 剩余功率
afterproduct (1)二次产物,后产物,副产物;(2)二次产品,后产品,副产品
afterpulse 剩余脉冲。残留脉冲,寄生脉冲,假脉冲
afterpulsing 跟在主脉冲后面的寄生脉冲,残留脉冲,后继脉冲
afterrake (1)船尾体突出部;(2)船尾倾斜度
aftersection 尾部,后部
afterservice 售后的技术服务,保修服务
afterspring 船尾倒缆
afterstain 互补色,对比色
aftertable 后工作台
aftertime (1)余辉时间;(2)业余时间
aftertossing 船尾波动,船尾余波
aftertow (1)后曳;(2)船尾浪
aftertreatment 补充处理,二次处理,后处理,后加工
afterturn [组成一根绳的]股索的搓捻
aftervulcanization 后硫化作用
afterwale 后隆起
afterward 后来,以后,向后
afterwash 后洗流,后水洗
afterwind 余风
afterwinds (1)后风;(2)余波
aftline 船尾部纵剖线
again (=AGN) (1)重新,重复,再,又;(2)恢复原状;(3)再一次,再一倍;(4)仍然,还,也;(4)此外,而且;(5)在另一方面
again and again 一次又一次,再次,屡次
against (1)反对,对抗,逆着,对着,违背,克服,阻止,防备;(2)与……对照,与……对比,相对于
against the ear type earphone 触耳式耳机
agate bearing 玛瑙轴承
agate mortar 玛瑙研钵
age (1)寿命;(2)时代;(3)时期;(4)老化,陈化;(5)时效处理
age coating 老化覆层
age-harden 使变硬,通过老化
age-hardening 时效硬化,经时硬化,时间硬化,扩散硬化,沉淀硬化
age hardening 时效硬化,经时硬化,时间硬化,扩散硬化,沉淀硬化
age hardness 时效硬化
age-inhibiting 防老化的
age limit 寿命时限
age of cathode 阴极工作时间
age resistance 耐久性,抗老化性
aged (1)被冷却的,时效过的,陈化的,老化的,老年的;(2)衰变的,蜕变的,分裂的,分离的,分解的;(3)稳定的,均匀的
aged steel 时效钢
ageing (1)时效,时化;(2)老化;(3)变质
ageing crack 自然裂纹,自然开裂
ageing-hardening 时效硬化
ageing-resistant 防老化剂
ageing stability 老化稳定性,经时稳定性
ageing time 老化时间,老成时间(由完成粘合至达到最高粘合强度的时间)
ageing voltage 老练用电压
ageless 无时间限制的,永久的
agelong 延续很久的,长久的

agency (=agcy) (1) 代理,代办,经销;(2) 代理处,代办处,经理处,办事处,公司,机构;(3) 作用,动作,行为,手段,因素,媒介,介质,工具

agency agreement 代理合同

agency trade 代理贸易

agenda(单 agendum) (1) 议事日程,待办事项,待议事件;(2) 记事本,备忘录

agendum(复 agenda) (1) 执行规程,操作规程;(2) 记事调用卡片

agendum call card 待议事件调用卡

agent (1) 剂 [化],作用剂,附加剂,试剂,媒剂;(2) 作用力,因素,力量,原因,动因;(3) 作用的;(4) 代理商(= Agt.),代理人,代表,经理,代理,代办;(5) 反应物,媒介物,介质,工具

agent-general (=AG) 总代表

ager (1) 老化器,蒸化器,酸化器;(2) 老化检查;(3) 老化处理工;(4) 调色装置

aggiornamento (意) 现代化

agglomerability 可团聚性,可附聚性,可烧结性

agglomerable 可团聚的,可附聚的,可烧结的

agglomerant (1) 粘结剂,凝结剂,附聚剂,凝聚剂,凝集剂;(2) 附聚的,烧结的

agglomerate (1) { 冶 } 结块;(2) 成团的,成堆的,成块的;(3) 掺杂混乱的

agglomerate-foam concrete 烧结矿渣混凝土

agglomerater 团结机,团矿机,烧结机,结块机

agglomerating agent (1) 凝结剂,胶凝剂;(2) 烧结因素

agglomeration (1) 团聚,附聚,堆聚,凝聚,团矿,结块,集块,烧结;(2) 加热粘结

agglomeration experiment 焦结性实验

agglomerator 团结剂

agglutinability 可凝集性,凝集能力

agglutinant 促凝物质,烧结剂,胶着剂,促集剂,凝集素

agglutinate (1) 凝集物;(2) 粘结的,凝集的;(3) 使胶结,粘结,烧结

agglutination (1) 凝集,粘合,粘结,烧结;(2) 附着,粘着,胶着;(3) 成胶状,粘法

aggrandize 增大,加大,扩大,夸大,增加,增高,提高,扩张

aggrandizer 扩大器

aggregate (=AGGR) (1) 组合的,集合的,总的;(2) 使] 聚集,集结,凝结,结合,聚集,集聚,附聚,堆聚,集成;(3) 集合体;(4) 成套设备,成套装置,机组,机件;(5) 集料,骨料;(6) (冶) 团粒;(7) 合计为,共计,计达;(8) { 数 } 集合

aggregate amount 总金额

aggregate angularity 集料棱角性

aggregate averaging 测定集料平均粒径

aggregate batcher 集料配料器,骨料分批计量器

aggregate batcher bin 集料分批箱

aggregate breakage 集料压碎量

aggregate breaking force (=ABF) (钢丝绳)钢丝破断拉力总和

aggregate capacity 机组功率,总功率,全功率,总容量

aggregate-cement ratio 骨料水泥比,骨 - 灰比

aggregate grading 选配集料

aggregate machine-tool 组合机床

aggregate matrix 骨料母材,集料模型

aggregate momentum 总动量

aggregate motion 组合运动

aggregate of atoms 原子的集聚

aggregate parenchyma 聚合薄壁组织

aggregate polarization 集偏极化

aggregate ray 聚合射线

aggregate sample 混合样

aggregate spreader 集料撒布机

aggregate to 总计,合计

aggregated error 累积误差,总误差

aggregated filter 集中滤波器

aggregation 聚集

aggregational 聚集的,集合的

aggregative 聚合的,集合的,总合的,聚集的

aggremeter 集料骨料称量计

aggressive (1) 侵蚀性的,腐蚀性的;(2) 攻击性的,侵略的;(3) 积极的,进取的

aggressive device 主动装置

aggressive tack 干粘性

aggressive water 侵蚀性水,腐蚀性水

aging (=ageing) (1) 时效,时化;(2) 老化;(3) 变质

aging coefficient 老化系数

aging crack 时效裂纹,自然裂纹

aging effect 老化效应

aging-hardening 时效老化

aging hardening 时效硬化,经时硬化

aging properties 老化特性

aging rate 老化率

aging resistance 耐久性,抗老化性

aging-resistant 抗老化剂的

aging treatment 时效处理

agitate (1) 搅动,搅拌,搅匀,拌合,混合;(2) 扰动,振动,扰乱;(3) 激发,激励,励磁;(4) 鼓动,煽动,倡议

agitated conveyor 抖动式输送机

agitated dryer 搅动式干燥器

agitating lorry (混凝土) 拌和车

agitating truck (混凝土) 拌和车

agitation (1) 搅拌,搅动,摇动,振荡,搅拌,拌和,搅匀,混合;(2) 激发,激励,励磁;(3) 扰动,激动,鼓动

agitator 搅拌装置,搅拌机,搅拌器,搅动器,翻动器,振动器,振荡器,拌和器,混合器

agitator bath 搅拌槽

agitator-conveyor 搅拌送料器

agitator feed 搅拌轮式排种施肥器

agitator tank 搅拌箱,搅拌槽

agitator truck 带搅拌工具的汽车

aglow (1) 灼热 [的],发红 [的];(2) 发光彩的,发红光的

agrafe (=agraffe) 搭扣,铁箍,钩子,铁夹子

agraphitic carbon 无定形碳,非结晶碳,非石墨碳,化合碳,结合碳

agravic (1)重力为零的,无重量的,非引力的,失重的;(2)无重力状态,失重

agravity (=zero gravity) 失重 [状态]

agree life 模拟寿命

agreeable to 根据……要求,照……规定

agreed (=agd) 同意的

agreement (1) 一致,同意,符合,吻合,相同;(2) 协定,协议,协约,契约,合同

agreement by price 计件合同,计件契约,计件制

agreement of intent 意向协议书

agreement year 协定年度

agricopter 农业用直升飞机

agricultural 农业的,农用的

agricultural agent 农技师

agricultural aircraft 农用飞机

agricultural automobile 农用汽车,农用机动车

agricultural drain pipe 农用排水管

agricultural engineering 农业工程

agricultural grab 农用挖掘机

agricultural loader 农用装载机

agricultural loan 农业贷款

agricultural machinery 农业机械

agricultural machinery design 农业机械设计

agricultural machinery research institute 农业机械研究所

agricultural machinery station 农机站

agricultural management 农业管理

agricultural method 农业技术措施

agricultural motor 农用动力机

agricultural scientific academy 农业科学院

agricultural statistics 农业统计

agricultural technique 农业技术

agricultural tractor 农业拖拉机

agricultural university 农业大学

agrimotor 农用拖拉机,农用牵引车,家用汽车,农用拖车

agrirobot 自动犁

agro-industrial 农业 - 工业的

agroatomizer 农用喷雾器

agronomic practice 农业措施

agrotechnical level 农业技术水平

aground (1) 在地上,在岸上;(2) 搁浅,触礁

ahead (1) 有盈余;(2) 远弹;(3) 在前 [面],前头,向前,前进,提前,领先

ahead cam 前进凸轮

ahead running 顺车

ahead turbine 推进涡轮,前进涡轮,顺车涡轮

Ahrens prism 阿轮斯偏光棱镜

AI alloy 银铟合金

Aich metal 含铁四六黄铜(铜60%，锌38.2%，铁1.8%)，艾奇合金(铜56%，锌42%，铁1%)

aid (1) 帮助，援助，支持，支援，救护；(2) 助手，助理；(3) 辅助设备，辅助装置，辅助手段，辅助程序，辅助器，辅助品，工具，器具，仪器，器件；(4) 示意信号

aid station 急救站

aid to hearing 助听器

aid-to-navigation (=ATV) 助航

aid to navigation (1)助航标志;(2)导航辅助设备,导航设备,导航工具；(3) 导航系统

aided (1) 辅助的；(2) 半自动的

aided laying (1) 半自动瞄准；(2) 半自动敷设

aided-tracking servo 半自动伺服机构

aided trackometer 半自动跟踪转速计，辅助转速计

aids (1) 导航设备；(2) 助剂

aids to final approach and landing 引导进场和着陆设备

aiguille (1) 尖峰；(2) 石钻头，钻孔器

ailavator 副翼升降舵

aileron 辅助翼，副翼

aim (1) 靶；(2) 瞄准，对准，照准，导航，引导，制导；(3) 目标，目的，宗旨，方针；(4) 感应；(5) 目的是，旨在

aim-off 瞄准提前量

aimable cluster 一串炸弹，弹束

aimant 磁铁石

aimer (1) 瞄准器，瞄准具；(2) 瞄准手，射击员

aiming (1) 瞄准目标，照准，瞄准，对准，引导，导航；(2) 感应

aiming circle (=AC) [炮兵] 测角器，测角罗盘

aiming device 瞄准器

aiming light 标灯

aiming line 瞄准线

aiming mechanism 瞄准装置

aiming-off 瞄准点前置量，瞄准提前量

aiming-point 瞄准点

aiming point (=AP) 瞄准点，觇点

aiming post 瞄准标杆

aiming rule 瞄准尺，表尺

aiming rule sight (表尺的) 瞄准镜

aiming stake 瞄准标杆

aimless (1) 无目的的，无目标的，无瞄准的，无引导的，(2) 无准则的，紊乱的

air (1) 空气，大气，气流，气团，(2) 通风，充气；(3) 空中，天空；(4) 空军，航空兵；(5) 航空，空运；(6) 空中勤务，空中支援

air- (词头) 空气，空中，航空，风

air-abort [因故障] 中断飞行

air accidental 偶然进气

air accumulator 空气蓄压器

air-acetylene 空气乙炔

air-acetylene welding 空气乙炔焊接

air activated gravity conveyor 气动重力式输送机

air-actuated 气力作动的，气动的

air actuated control 气动控制

air admission 进气

air admittance 进气

air-agitated 空气搅拌的

air alert (1) 空中警戒；(2) 防空待命

air annealed 空气退火的

air annealing 空气退火

air-arc 空气电弧的

air-arc furnace 空气电弧炉

air armament 航空武器，军用飞机等所用飞行装备

air-atomic 能通过空间发射核武器的，能将原子武器送入大气的

air-atomized 空气雾化的

air atomizer 空气雾化器

air-atomizing 空气喷雾

air-attack 对……进行空袭

air-backed 背面有气孔的

air-bag (1) 空气囊，气袋；(2) 里胎

air bake 露天烘培

air ballast(ing) 气镇，掺气

air bar 透气辊

air barrage 拦阻轰炸，对空拦阻射击网

air-base (1) 空中基线；(2) 航空基地，空军基地

air base (=AB) (1) 空中基线；(2) 航空基地，空军基地

air-based 在母机上的

air battery 空气电池 [组]

air bath (1) 空气浴；(2) 空气浴设备；(3) 空气干燥器

air-bearing 空气轴承

air bearing 空气轴承，气浮轴承

air-bearing gyroscope 空气轴承陀螺仪

air bell (1) 气泡；(2) 未显影的斑点

air bill (=A/B) 空运提单

air bill of ladding 空运提单

air blast (1) 空气喷净法；鼓风，喷气；(2) 空中爆炸，爆炸气流；(3) 喷气器

air-blast atomizer 气压喷雾器

air-blast circuit-breaker 空气吹弧开关

air-blast circuit breaker (=ABCB) 空气吹弧断路器

air blast circuit breaker (=ABCB) 气吹断路器

air blast connection pipe 风管

air blast cooling 强制空气冷却，强制风冷

air-blast saw gin 气流式锯齿打桩机

air-blast switch 空气吹弧开关

air blast transformer (=ABT) 风冷式变压器，气冷式变压器

air-bleed 抽气，放气

air bleed orifice 放气孔

air bleed piston 放气活塞

air bleed port 放气孔

air-bleed set 抽气机

air-bleeder (1) 放气管，放气阀；(2) 通气小孔

air bleeder 放气阀，放气活门

air bleeder cap 通风罩

air-block 气阻的

air-blower (1) 空气吹风机，鼓风机，吹风机；(2) 增压机

air blower 鼓风机

air-blowing 吹气的

air blowing process 吹风过程

air-blown 吹气的，吹制的

air blown producer 空气鼓风发生器

air-boost compressor 增压式压气机

air-borne (1) 空气传播的，空气支承的，空气载的，空运的；(2) 通过无线电播送的，浮在空中的，空中飞行的，大气中的;(3)空降的，航空的；(4) 飞机上用的，机载的

air borne (=A/B) 飞机上的，空运的，气载的

air-borne beacon 机载信标

air-borne dryer 悬浮空气干燥器

air-borne input 航空感应脉冲瞬变电磁系统，航空脉冲法系统

air-borne instrumentation 机载仪器装置

air-borne radar 航空雷达，机载雷达

air-borne receiver 飞机接收机

air-borne sonar 机载声纳

air-borne sound 空气载声，大气噪声

air-borne vehicle 空中运载工具，飞行器，飞船

air bottle 压缩空气瓶，气罐，气瓶

air-bound 被空气阻塞的，气隔的

air-brake 空气制动器，气闸，风闸

air brake (1) 空气制动；(1) 空气制动器，空气制动装置，气阀，气阀，风闸，减速板；(3) 空气式功率计

air brake dynamometer 空气制动式测功机

air brake system [空] 气制动系统

air-break 空气断开

air-break circuit-breakers 空气断弧断路器

air-break switch 空气开关

air break switch (=ABS) 空气 [断路] 开关

air-breather (1) 通气孔；(2) 通气装置，通风装置；(3) 空气吸潮器；(4) 吸气式飞行器，吸式飞机；(5) 用吸进的大气助燃推动的导弹

air breather (1) 通气孔，通气管；(2) 通气装置

air-breathing (1) 空气喷气的，吸气的；(2) 活塞式的

air breathing jet engine 空气喷气发动机

air breathing laser 气动激光器，吸式激光器

air-breathing missile 吸气式导弹

air brick 空心砖，透气砖

air-bridge 空运线

air brush 气刷

air bubble level 气泡水准仪

air bubble viscometer 气泡粘度机

air buffer 空气缓冲器

air bumper 空气减震器

air burner 喷灯

air burst 空中爆炸
air camera 航空摄影机
air car 气垫汽车
air cargo 空运货物
air carrier (1) 空运机构；(2) 运输飞机
air-casing (1) [空] 气套，气隔层；(2) 通风管围壁
air casing 气隔层
air-cast [用] 无线电广播
air cav (=air cavalry) 空降部队
air cavity 气孔
air cell (1) 空气电池；(2) 空气室；(3) 充气式浮选机
air cell covering 空气室罩
air-chamber 气泡，气腔，气室
air chamber [空] 气室，气包
air chamber pump 气室泵
air channel 通风道，排气道，空气道，风管
air characteristic (铁心) 空气隙安匝 [数]
air check 播音记录
air chest [凿岩机] 配气箱
air chimmy 通风道，通风管
air chipper 风铲
air-choke 空心扼流圈
air choke 空心扼流圈
air chuck 气动卡盘
air-circuit-breaker 空气断路器
air circuit breaker (=ACB) 空气断路器
air circulating 空气循环 [的]
air clamp 气动夹具
air clamper 气动压紧装置
air classifier 空气分粒器
air cleaner 涤气器，滤气器，空气滤清器，空气净化器，空气过滤器
air cleaner oil cup 空气过滤器油杯
air-cleaning 空气净化 [的]
air cleaning facility 空气净化设备
air clearance 气隙
air clutch 气动离合器
air-coach 航空班机
air coach 经济班机
air cock 放气活栓，风门
air-coil 气冷蛇管
air collector 空气收集器
air-compressor 空 [气] 压 [缩] 机，压气机
air compressor (=A/C) 空 [气] 压 [缩] 机，压气机
air-compressor unloader 空气压缩机卸荷器
air-compressor valve 空气压缩机阀门
air condenser (=AC) (1) 空气 [介质] 电容器；(2) 空气冷凝器
air-condition (1) 装以空气调节器，装暖气；(2) 空气调节，调节空气
air-conditioned 装有空气调节设备的，空 [气] 调 [节] 的
air-conditioner 空 [气] 调 [节] 装置，空 [气] 调 [节] 器，空调设备
air conditioner (=AC) 空气调节器
air-conditioning (1) 空 [气] 调 [节]，通风；(2) 空 [气] 调 [节] 的
air conditioning (=A/C) 空 [气] 调 [节]
air conditioning and ventilation 空调与通风
air conditioning equipment (=ACE) 空气调节设备，空气调节装置
air conditioning plant 空调装置
air(-)conditioning system 空 [气] 调 [节] 系统
air conduction 空气传导 [的]
air conduction (=AC) 空气传导
air-conductivity 透气性
air-conductor 空气导体
air conduit 风管，通风管道，空气管道
air contact (冷却设备的) 风接点
air-content 空气含量，含气量
air control (1) 空气控制，空气调节，压气操纵，气动；(2) 对空控制
air control center (=ACC) (1) 空气控制中心；(2) 空中控制中心
air control valve 空气控制阀
air-controlled 空气控制的，空气操纵的
air controlman 空中交通管制员
air conveyer 气动运输机
air conveyor 气动输送机
air-cool 用空气冷却，气冷
air-cooled (=AC) [空] 气冷 [却] 的
air-cooled cascade blade 气冷叶栅
air-cooled cylinder 气冷式气缸

air-cooled heat exchanger 空气冷却热交换器
air-cooled engine 气冷 [式] 发动机，空气冷却发动机
air-cooled ignitron 气冷引燃器
air-cooled mercury rectifier 气冷式水银整流器
air-cooled motor (=am) [空] 气冷 [却] 式电动机
air-cooled rotor 气冷转子
air-cooled steel 气硬钢
air cooled steel 气冷钢
air cooled tube 气冷管
air-cooled turbogenerator 气冷式汽轮发动机
air-cooler 空气冷却器
air cooler 空气冷却器，冷风机
air-cooling [空] 气冷 [却] 的，风冷的，气冷的
air cooling [空] 气冷 [却]，风冷
air-cooling fin 散热片
air-cooling valve 气冷阀
air coordinates 空中坐标
air-core (=air-cored) 空心的
air-core coil 空 [气] 心线圈
air-core reactor 空心扼流圈
air-core transformer 空 [气] 心变压器
air-cored 空 [气铁] 心的
air-cored coil 空心线圈
air-cover 空中掩护
air cover 空中掩护
air-crack 干裂
air-cured (1) 用热空气硫化的，用空气处理的，空气养护的；(2) 晾干的
air-current [空] 气流
air-cushion 气垫，气枕
air cushion (1) 空气缓冲器；(2) 气垫
air cushion car 气垫汽车
air cushion conveyer 起点输送装置
air cushion sea plane 气垫式水上飞机
air cushion shock 气垫减振器
air cushion chock absorber 空气减震器
air cushion sprayer 气垫式喷雾器
air cushion train 气垫列车
air cushion vechicle (=ACV) 气垫运载工具，气垫飞行器，气垫车，气垫船
air cylinder 气缸
air cylinder valve 气筒阀
air cylinder valve bonnet 气筒阀横罩
air cylinder valve gland 气筒阀压盖
air cylinder valve stem 气筒阀杆
air-damped 空气减振的，空气阻尼的
air damper 挡风板，风挡；空气缓冲器，起动阻尼器，气流调节器，空气阻尼器
air-damping 气动阻尼，空气阻尼，空气制动
air damping 气动阻尼，空气阻尼，空气制动
air-data computer 空中数据计算机
air decoy missile (=ADM) 空中诱导导弹
air-defence 防空的
air defense(=AD) 防空
air defense area (=ADA) 防空区域
air defense command (=ADC) 防空司令部
air defense ccntrol center (=ADCC) 防空指挥中心
air defense identification zone (=ADIZ) 防空识别区 [域]
air defense integrated system (=ADIS) 综合防空系统
air-defense missile (=ADM) 防空导弹
air defense missile (=ADM) 防空导弹
air defense missile base (=ADMB) 防空导弹基地
air defense warning (=ADW) 防空警报
air defense warning key point (=ADWKP) 防空警戒枢纽点
air deflection and modulation (=ADAM) 空中偏转和调制
air-depolarized 空气去极化的
air depolarized battery 空气去极化电池 [组]
air depot 飞机维修站
air-detraining 去气 [的]
air-dielectric 空气介质
air discharge 空中放电
air-displacement pump 排空气器
air-distillation 常压蒸馏
air distributor 空气分配器

air-dock　飞机棚

air dolly　气压顶铆器

air dome　(圆形的) 空气室

air door　气帘门, 气门

air drag tachometer　气阻式转速器

air-drain　(1) 排气孔, 气眼, 气门, 气道; (2) 通气管, 通气道

air drain　气门

air-drainage　排气

air draw　气枕压延

air-dried (=AD)　空气干燥的, 风干的

air drier　空气干燥器

air drill　风动钻具, 空气钻, 风钻, 气钻

air drive pump (=ADP)　空气传动泵

air-driven　[压] 气 [驱] 动的, 气力传动, 风动的

air-driven grout pump　气动灌浆泵

air-driven sump pump　风动小型抽水泵

air-dring　风干

air-drome　[飞] 机场, 航空站

air drome　[飞] 机场, 航空站

air-drum　(1) 空气收集器, 储气器; (2) 气筒, 气鼓

air-dry　空气干燥, 风干 [的]

air-dry cell (=AD cell)　空气干电池

air drying　自然干燥, 空气干燥, 风干

air duct　空气管道, [通] 风道, 排气道, 通气道, 风管

air-dump　气动倾卸 [的]

air-dump car　气动倾卸车

air early warning (=AEW)　(雷达) 防空远程警戒

air-earth current　空 - 地电流

air ejection　气力脱模

air ejecto　气力脱模销

air ejector　(1) 空气抽出器, 空气喷射器, 空气喷射泵, 抽气泵; (2) 气动弹射器

air elevator　气动升降机

air engine　空气发动机, 航空发动机

air-entrained　加气的

air-entraining　加气作用的, 加气的

air entraining　加气作用的, 加气的

air-entraining agent　加气剂

air-entrainment　(1) 加气 [处理], 掺气; (2) (混凝土) 加气量; (3) 加气剂

air entrainment　加气 [处理]

air-entrapping　加气的

air environment　空电设备

air-equivalent　空气等价的, 空气当量的, 空气等效的

air escape (=ae)　(1) 放气, 排气, 漏气; (2) 排气口

air-escape valve　放气阀

air escape valve　放气阀, 排气阀

air exhauster　排气机

air explorer　航空勘探员

air express　航空快递, 空运快件

air-extractor　抽气设备, 抽气机

air extractor　抽气器

air-exhaust ventilator　排气通风机

air-fast　不透气的, 不通气的, 密封的

air faucet　气嘴

air-feed　(1) 空气喷雾; (2) 压气供应, 供气, 送气, 进气

air feeder　(1) 进气管, 吸气管; (2) 送风机

air field equation　气隙磁场方程

air-fight　空战

air film　气膜

air-filled　充气的

air-filter　空气过滤器

air filter　空气滤清器, 空气过滤器, 气滤器

air-filtering　空气过滤 [的]

air filtration unit　空气滤清装置

air-fired　空气起动的

air fleet　机群

air float　气囊

air-floated　空气浮动的

air floated　空气浮动的

air-flow mechanics　空气动力学

air-flue　风道, 烟道, 风道

air flue　气道

air force (=AF)　(1) 航空队, 空军; (2) 风力

air force advisory group for aeronautical research and development (=AGARD)　空军航空研究及发展顾问组

air force ballistic missile (=AFBM)　空军弹道导弹

air force ballistic missile installation regulation (=AFBMIR)　空军弹道导弹安装规范

air force base (=AFB)　空军基地

air force electronic data processing center (=AFEDPC)　空军电子数据处理中心

air force intelligence center (=AFIC)　空军情报中心

air force missile test center (=AFMTC)　空军空军导弹试验中心

air force-navy (=AN)　空军 - 海军

air force-navy aeronautical (=AF/NA)　空军 - 海军航空的

air force scientific advisory board (=AFSAB)　空军科技咨询委员会

air force standard (=AFS)　空军标准

air force technical application center (=AFTAC)　空军技术应用中心

air force test bade (=AFTB)　空军试验基地

air force units (=AFU)　空军部队

air force weapon (=AFW)　空军武器

air forging hammer　空气锤

air fork　起动拨叉

air fountain　喷气嘴

air free　无空气的, 抽了气的, 真空的, 空的

air free　无空气的, 抽了气的

air-freezing　空气冻结

air freight bill (=AFB)　空运货单

air freight terminal (=AFT)　空运终点站

air friction　空气摩擦

air-fuel ratio (=AFR)　[空] 气 -[燃] 油比

air funnel　通风斗, 通风筒, 通气筒

air-furnace　自然通风炉, 反射炉

air furnace　有焰 [放射] 炉, 自然通风炉

air-gap　(1) [空] 气 [间] 隙, 空隙; (2) 火花隙

air gap (=AG)　[空] 气 [间] 隙, 空隙, 气隙

air gap flux distribution　空 [气] 隙磁通分布

air-gap ga(u)ge　气隙量规

air gap ga(u)ge　气隙规

air-gap leakage flux　气隙漏磁通

air-gap mmf　气隙磁动势

air-gap permeance　气隙磁导

air-gap torsion meter　气隙扭力计

air gap width (=AGW)　气隙宽度

air gas　发生炉煤气

air gate　(1) 出气孔, 排气口, 通气道, 气门; (2) 气眼; (3) 溢铁水口

air gauge (=AG)　气动测微计, 气动测微仪, 空气压力表, 气动量仪, 气压计, 气压表

air gouging　气刨

air governor　(制动器用) 空气调节器

air grid　通风隔栅

air grinder　(1) 风动磨头; (2) 气动砂轮机

air ground liaison code (=AGLC)　陆空联络密码

air group　飞行大队, 空军大队

air-guide section　[发动机] 导气段

air gun　(1) 气 [喷] 枪; (2) 喷雾器

air hand grinder　风动手提砂轮机

air-handling　空气处理的

air hammer　[空] 气锤, 压汽锤

air harbor　水上机场

air-hardening　[空] 气硬 [化] 的, 自硬的

air hardening　空气硬化, 气冷硬化

air-hardening steel　空气淬硬钢, 气硬钢, 自硬钢

air hardening steel　正火钢

air heading　通风坑

air-heater　热风器, 热风机, 热风炉

air heater　空气加热器, 空气预热器, 热风机

air-heating　空气加热 [法]

air heating　热风供暖

air hoist　(1) 风动提升机, 气动卷扬机, 气动起重机, 气压提升机; (2) 气绞车; (3) 气动吊机, 气动葫芦

air-hole　通气孔, 风眼

air hole　(1) 气孔, 砂眼; (2) 通风联络孔; (3) 空中陷阱, 气潭

air hole grate　气孔炉箅

air horn　(1) 进气喇叭口; (2) 气喇叭

air horse power　空气马力

air horsepower (=Ahp)　流体马力,扇风马力

air-hose　空气软管,压气软管

air hose　通气软管,竖起软管,通风软管

air hunger　空气缺乏,缺氧

air impact wrench　冲击式气动扳手

air-in　(1)空气输入口,空气入口；(2)空气供给,进气,送气

air in screen　进气滤网

air in the core　型心[里的通]气道

air index table　气动分度工作台

air-induction　进气[的]

Air Industries and Transports Association (=AITA)　航空工业与运输协会

air infiltration　空气渗入

air inflation　充气

air injection　空气喷射,喷气

air-injection system　空气喷油系统

air-inlet　进气口

air inlet　空气入口,进气口

air inlet cam　吸气凸轮

air-inlet-grille　空气进口栅

air inlet scoop　进气口

air-inlet valve　进气阀[门]

air inlet valve (=AIV)　进气阀,进气活门

air input　进气量,风量

air inrush　空气侵蚀

air insulation　空气绝缘

air-intake　进气,吸气

air intake　空气进口,进气孔,进风口

air intake flow　进气量

air intake valve　进气活门

air intelligence (=Aint)　空军情报,航空情报

air intercept (=AI)　空中截击

air intercepter centimeters (=AIC)　截击机用厘米波雷达

air-interception　空中截击的

air interception (=AI)　飞机截击,截击飞机

air-isolation　空气隔离

air-jack　气压起重器

air jacket　空气救生衣,气套

air-jacket condenser　空气套冷凝器

air jet　(1)空气喷射；(2)喷气口

air-jet loom　喷气织机

air journal bearing　气体轴承,气浮轴承,空气轴承

air knife　气刀

air knocker　气力抖动器

air-lagged　带气套的

air-lance　(1)用空气清除,喷气清除,用空气吹；(2)空气枪

air lance　空气喷管

air-lane　航空路线

air lane　常规航线,航空路线

air-launch　空中发射

air launch sounding rocket (=ALSOR)　空中发射探测火箭

air launched anti-ballistic missile (=ALABM)　空射弹道导弹截击导弹

air-launched cruise missile (=ALCM)　空中发射巡航导弹

air-launching　空中发射的

air layer　空中压条

air leak　漏气

air leak rate　漏气率

air-leak tachometer　漏气式转速器

air leakage　漏气,泄气

air-leg　气动推杆,风力锤,气动杆

air level　气泡水准仪

air lever　吸阀控制杆

air lift　(1)压缩空气扬水泵,气动提升器,气动升液器；(2)空气升力,气举；(3)空中补给；(4)空运

air lift machine　气动提升机

air-lift pump　空气升液泵,风动抽水泵

air lift pump (=ALP)　气动升液泵,空气升液泵

air-lift type agitation　气升式搅拌器

air lift unloader　气动式升降卸载机

air light　(1)漫射光,散光；(2)航空灯；(3)航空指标

air line　(1)空气管线,进气管；(2)架空线；(3)空气谱线；(4)气泡线；(5)航空公司

air liner　航线客机,班机

air liquefaction　空气液化

---

air load　空气负荷,气动力负荷

air-lock　(1)空气穴,空气窝,气锁,气塞,气闸,气栓；(2)锁风装置；(3)[电子显微镜的]气密进出口；(4)气压过渡轮；(5)密封舱,密封室；(6)用气塞堵住

air lock　(1)气锁,气塞,气闸,气栓；(2)锁风装置；(3)(电子显微镜的)气密进出口；(4)气压过渡轮；(5)密封舱,密封室

air lock feeder　气闸供料器

air lock type head of leak detector　探漏气的蓄压器,截止探头

air lock valve　气闸阀

air-locked　(1)不透气的,密封的,密闭的；(2)因充气而断流的,用气室隔开的,用气堵塞的,被气锁的

air locking　(1)密封材料；(2)密封器件

air log　(1)航空里程计；(2)航空日记

air louver　(1)空气调节孔,放气孔,放气窗；(2)放气器件

air-lubricant bearing　空气润滑轴承

air lubricated free altitude (=ALFA)　空气润滑的自由位置

air-lubricated thrust bearing　空气润滑推力轴承,空气润滑止推轴承

air machine　扇风机,风扇

air-main　风管干线

air man　飞行员

air-map　空中摄影图,航空地图

air map　航测图

air-mapping　空中测绘的

air mass　气团

air-meter　空气流速计,空气流量计,风速计,气量计,量气计,气流表

air meter　[含]气量测计,风速计,量气计,气流计

air micrometer　气动测微仪,测微计

air mile　[航]空英里

air mile　航空英里

air-mileage unit　空气流速测量计

air-minded　爱好航空的

air-mine　空投水雷

air mine　空中火箭炮弹,空投的鱼雷

air-mobile　空中机动的

air monitor　(1)大气污染监测器；(2)(空气)放射性检验器；(3)广播节目监视器

air-monitoring　大气监测[的]

air monitoring instrument　大气监测仪

air monkey　气阀修理工

air mortar　加气砂浆

air-motor　压缩空气发动机,航空发动机

air motor　空气涡轮发动机,压气发动机,航空发动机,气压发动机,风动发动机,气动马达

air motor drill　风动钻机

air-mounted　(安装在)机上的,机载的

air moving target　飞行活动目标,空中活动目标

air natural cooled (=AN)　自然空气冷却

air navigation　(航空)导航,领航

air nozzle　空气喷嘴,喷气嘴

air observation　空中观察

air observation post (=AOP)　空中观察哨

air officer　航空长

air-o-line　气动调节器

air oil cooler (=AOC)　空气机油冷却器

air-oil shock absorber　汽油减震器

air-operated (=AIROP)　压缩空气推动的,空气驱动的,空气制动的,空气操纵的,气动的,风动的

air operated detector　气动探测头

air-operated expanding arbor　气动胀开柄轴

air-operated expanding mandrel　气动胀开心轴

air-operated fixture　气动夹具,气动长具

air-operated flying shears　气动飞剪

air-operated linkage brake　气动拉杆制动器

air-operated plastic valve (=AOPV)　气动塑料阀

air-operated pump　气动泵

air-operated take-up　气动张紧装置

air-operated thermostat　气动恒温器

air-operated valve　气动阀

air-operated vice　气动虎钳

air operation center (=AOC)　空中指挥中心

air-out　(1)空气输出口,空气出口；(2)排气,出气,放气

air outlet valve　排气阀

air-oven　热空气干燥炉

air-over-hydraulic brake　气动液力制动阀

air packing　气密填料
air painter　喷漆器
air-park　小型［飞］机场
air park　私人飞机降落场，小型机场
air-particle　大气粒子［的］
air passage　风道
air patenting　空气淬火，风冷
air pickets　空中警戒哨
air permeability　透气性
air permeability test　透气［性］试验
air photographic charting service (=APCS)　空中照相和制图工作
air-pipe　通风管，通气管，压气管
air pipe (=AP)　［空］气管
air pipe strainer　气管滤器
air pistol　空中手枪
air piston　空气活塞
air-placed　喷注的
air plot　(1) 空情标图，航空标绘；(2) 气象情况测绘板；(3) 对空引导室
air plug　气孔塞
air plug ga(u)ge　气动塞规
air pocket　(1) 气窝，气潭，气阱；(2) 气袋
air port　风口
air-portable　可空运的
air-position　(1) 空中位置；(2) 无风位置
air position indicator (=API)　空中位置显示器
air power　空中力量
air-powered　气压传动的，风动的，气动的
air powered pump　气动液压泵，气力泵
air-powered scribing tool　气动划线工具
air powered servo　气压伺服装置
air precleaner　空气粗滤器
air precooler　空气预冷器
air preheater　空气预热器
air-pressure　(1) 压缩空气的，气压的；(2) 气压
air pressure brake　［空］气压［力式］制动器
air pressure ga(u)ge (=APG)　气压计
air pressure switch (=APS)　空气压力开关
air-pressure test　气压试验
air pressure valve　气压阀
air-producer gas　空气发生器煤气
air proof　气密封的，不透气的，密封的，气封的
air propeller　空气螺旋桨
air pulse ga(u)ge　脉冲式气动量仪
air-pulsed　空气脉冲的
air-pump　空气泵，排气泵，抽气泵
air pump　［空］气泵，排气泵，抽气泵
air pump governor　气泵调节器
air pump lever　气泵杆
air pump valve　气泵阀
air-purge　空气清洗的
air-purification　空气净化
air pyrometer　空气高温计
air-quenching　空气淬火的，气淬的
air quenching　空气淬火，空气冷却淬火
air quenching clinker　气淬熔渣
air radiator　空气散热器
air-raid　空袭
air raid　空袭
air-raid precautions (=ARP)　空袭预防措施，防空措施
air raid shelter　防空洞
air-raider　(1) 空袭飞机；(2) 空袭兵，空袭者
air rammer　(1) 气动夯锤，空气锤；(2) 气动活塞；(3) 风铣子，风镐
air-range　航程
air reactor　空心电抗器，空心扼流圈
air receiver　空心储存器
air recirculation　空气循环
air-refined　空气精炼的，吹气精制的
air-refined steel　富氧底吹转炉钢，空气精炼钢
air refining　精炼，吹炼
air regime　空气状况
air regulator　空气调节器
air refueling hose　空中加油软管
air relay　(1) 气动继电器；(2) 电触式气动测量仪

air-release　放气的
air release　放气
air-release valve　放气阀
air release valve　放气阀，放气活门
air relief valve　减压阀，安全阀，放气阀
air-removal　除气的
air removal　换气，排气，抽气，通风
air research and development (=AR&D)　航空研究与发展
air reservoir　储气器
air resistance　空气阻力
air-retaining substance　加气剂
air rifle　气枪
air-right　领空权，制空权
air ring　气圈
air-roasting　氧化焙烧，空气［中］焙烧
air rock drill　风动凿岩机
air room　空军作战指挥室
air-route　航［空路］线
air route traffic control (=ARTC)　空中交通管理
air route traffic control center (=ARTCC)　空中交通管理中心
air sampler　空气采样器
air-sampling　空气取样的
air sand blower　喷砂机
air-scape　空瞰图，鸟瞰图
air-scattered　空气中散射的，空气中散逸的，分散的，扩散的
air scoop (=AS)　(1) 进气口，导气罩；(2) 空气收集器
air-scout　侦察机
air scout　(1) 侦察机；(2) 对空监视哨；(3) 空中侦察员
air seal　(1) 气封；(2) 防气圈
air search radar (=ASR)　对空搜索雷达，防空雷达
air seasoned (=AS)　风干的
air-seasoning　通风干燥，气干（天然干燥）
air-separating　吹［气分］离的，吹气选分的
air separator　吹气分选机，空气分离器，空气离析器
air service　(1) 空军；(2) 航空运输；(3) 航空勤务；(4) 航空公司；(5) 班机
air-set　空气中凝固的，常温凝固的，自然硬化的
air set　空气中凝固，常温凝固，自然硬化
air set pipe　空气冷凝管
air-setting　自［然］硬［化］的
air-shaft　通风竖井，通风井
air shaft　通气竖管，通气筒，通风井
air-shed　［飞］机库
air shift　气动换档
air shocks　空气减震器
air shower　(1) 大气簇射；(2) 空气吹淋室
air shrinkage　干缩
air silencer　空气消音器
air sinker　风动凿岩机
air-slack　空气热化，潮解，风化
air-slake　空气熟化，潮解，风化
air-sleeve　圆锥形风标
air sleeve　圆锥形风标
air slide　空气活塞
air-slip forming　用气包帮助真空成型，气滑成型
air snap　气动卡规
air sock　圆锥形风标
air solenoid valve (=ASV)　空气螺管［控制］活门，空气电磁阀
air sowing　飞机播种
air space　(1) 大气空间，空域；(2) 气室；(3)［空］气隙，空间；(4)［冷藏车］空气壁
air-space cable　空气绝缘电缆
air space paper core cable (=ASPC)　空气纸芯绝缘电缆
air-space ratio　空气孔隙比
air-spaced coil　大绕距线圈
air spaced coil　大绕距［电感］线圈，非密绕空心线圈
air-spaced condenser　空气［介质］电容器
air speed (=AS)　(1) 风速，空速，气速；(2) 排气速度；(3) 飞行速度
air speed computer　风速计算机
air speed indicator (=ASI)　风速指示器
air speed recorder　风速记录器
air-spot　落弹的空中观测
air spot　空中校射
air-spray　气喷的

air spring　　(1) 空气弹簧；(2) 气垫
air-stack　空中盘旋
air stack　通风管, 风道
air-stage　航空 [驿] 站
air stagnation model (=ASM)　大气静止模型
air-stair　登 [飞] 机梯
air-standard cycle　空气标准循环
air-standard engine　空气标准发动机
air starting valve　空气起动阀
air station (=AS)　(1) 航空站, 机场；(2) 空中摄影站
air-stove　热风炉
air strainer　滤气器
air-strength　自然干燥强度
air-strike　空中袭击
air strike　空中袭击
air-supplied　飞机供应的, 空运的
air-supply　供 [给空] 气的
air support　空中支援
air surface vessel radar　飞机用水面舰艇搜索雷达
air surveillance　空中监视
air surveillance radar (=ASR)　对空监视雷达
air survey　航空测量, 航测
air suspension　空气悬架
air sweetening　空气脱硫
air swept mill　气吹式球磨机
air switch　气动开关
air system　空气致冷系统
air tack cement　封气粘胶
air-take　进气口
air tap　气嘴
air tank　储气罐, 空气罐
air-taxi　出租飞机
air taxi　出租飞机
air technical intelligence center (=ATIC)　空军技术情报中心
air temperature (=AT)　空气温度
air tempering　空气回火, 热风回火
air test　(1) (管材) 漏气试验, 空气试验；(2) 飞行试验
air tested　经过飞行试验的, 飞行试验过的, 飞行试飞的
air tested　飞行试飞的
air thermometer　空气温度计
air thermostat　空气恒温器

air throttle　节气阀
air-tight　(1) 不透气的, 不漏气的, 气密的, 气封的, 密闭的；(2) 无懈可击的, 严密的
air tight　气密
air-tight joint　[紧] 密接 [缝]
air-tight seal　密封, 气密
air tight test　气密试验
air tight test　气密试验
air-tillery　[导弹] 空袭
air time　(1) 发射时间；(2) 广播时间
air-to-air (=ATA)　空对空 [的]
air-to-air identification (=AAI)　空对空识别
air-to-air heat exchange　空气对空气热交换
air-to-air missile (=AAM)　空对空导弹
air-to-close　气关式的
air-to-fuel ratio (=A/F)　空气 - 燃料比
air-to-ground (=ATG)　空对地
air-to-ground-to-air (=AGA)　空地空
air-to-ground missile (=AGM)　空对地导弹
air-to-open　气开式的
air-to-ship　空对舰的
air-to-space　航空对航天的
air-to-subsurface　空对水下的
air-to-surface　空对地面的, 空对海面的
air-to-surface missile (=ASM)　空对地导弹, 空对舰导弹
air-to-surface vessel radar　海上舰只监视雷达
air-to-underwater　空对水下的
air-to-water (=AW)　空对水
air tongs　气压卡钩
air-tool　气动工具的
air tool　气动工具
air traffic control (=ATC)　空中交通指挥
air-traffic-control radar　空中交通指挥雷达

air traffic control radar beacon system (=ATCRBS)　空中交通指挥雷达信标系统
air traffic control signal(ing) system (=ATCSS)　空中交通控制信号系统
air-train　空中列车
air transformer　空 [气] 心变压器
air-transport　(1) 空运；(2) 运输机
air transport　(1) 风力运输, 空运；(2) 运输机；(3) 空运部门
air transport association (=ATA)　航空运输协会
air-transportable　可空运的
air transportable　飞机携带的, 可空运的
air transportable sonar (=ATS)　机载声纳
air-trap　气穴, 气阱, 气潭
air trap　防气阀
air-treating　空气处理的
air-truck　运货飞机
air trumpet　空气吸收角
air-tube　空气管
air-turbine　空气蜗轮, 气轮机
air turbine　空气蜗轮
air turbine alternator (=ATA)　空气涡轮交流发电机
air twist　旋形气隙
air type　气动式
air type servomotor　气动式伺服电动机
air-tyred　充气轮胎的
air union nut　气管接合螺母
air valve　(空) 气阀, 气门
air vane　风轮调速器
air-vehicle　(航空) 飞行器
air vehicle　航空器, 飞行器
air-vent　(1) 通气口, 排气口, 气孔, (2) 通气的, 排气的
air vent (=AV)　(1) 通气管, 通风孔, 气眼；(2) 空气出口
air vent valve　通气阀, 调压阀
air-view　(1) 空瞰图, 鸟瞰图；(2) 空中摄影
air volume　风量
air volume meter　风量计
air-wall　[空] 气壁
air war　空中战争
air washer　空气滤清器, 空气洗涤器
air-washing　空中冲洗
air washing plant　洗尘车间
air waves　无线电广播
air well　通风 [竖] 井
air winch　气动绞车
air wire　(1) 架空 [导] 线, 明线；(2) 天线
air working chamber　沉箱工作室
air zero (=AZ)　原子弹空中爆炸中心
air zoning　分区送风
airadio　航空无线电设备
airarmament　航空武器
airator　冷却松砂机
airbag　(汽车) 保险气袋
airballoon　(1) 气球；(2) 气艇
airblast　(1) 空气冲击流, 空气喷射, 喷气, 鼓风；(2) 空中爆炸；(3) 空气喷净
airblast atomizer　空气喷油嘴
airblast circuit-breakers　空气吹弧断路器
airblast quenching　气流淬火, 风冷淬火
airblasting　空气爆破
airbleed valve　放气活门
airboat　空气推进艇
airbond　(1) 型芯砂结合剂；(2) 气障
airborne (=abn)　浮在空中的, 飞机上的, 空载的, 气载的, 空运的
airborne beacon electronic test set (=ABETS)　飞机信标电子试验装置
airborne beacon processor (=ABP)　机载信标信息处理机
airborne controlled intercept (=ACI)　空中控制拦截
airborne detector　机载探测器
airborne digital computer (=ADC)　机载数字计算机
airborne early warning (=AEW)　机上预警, 机载预警
airborne early warning radar (=AEW)　机载预警雷达
airborne gun laying　空中火炮瞄准
airborne instrument laboratory (=AIL)　机载仪器实验室
airborne integrated display system (=AIDS)　机载综合显示系统
airborne intercept radar　机载截击雷达

airborne interception equipment (=AI) 机载截击雷达设备

airborne laser radar 机载激光雷达

airborne lightweight optical tracking system (=ALOTS) 机载轻型光学跟踪系统

airborne magnetometer 机载磁强计

airborne moving-target indicator (=AMTI) 机载活动目标显示器

airborne radar 机载[激光]雷达

airborne radar attach (=ARA) 机载雷达附件

airborne radiation thermometer (=ART) 机载辐射温度计

airborne radio installation (=ARI) 机上无线电装置

airborne range only (=ARO) 飞机无线电测距器,机上测距仪

airborne search equipment (=ASE) 机载搜索设备

airborne search radar (=ASR) 机载搜索雷达

airborne suppot equipment (=ASE) 机载辅助设备

airborne troops 空降兵

airborne unit 空降部队

airbound 被气体阻隔的,气隔的

airbrasive (用压缩空气)喷砂磨光,喷气研磨

airbrush (1)[喷漆用]喷枪;(2)气笔

airburst 空中爆炸

airbus 空中公共汽车

aircall 空中呼号

aircav 空降部队

airco 氯乙烯聚合物,丙烯

aircomatic welding 惰性气体保护金属极弧焊,合金焊条取代钨电极的氩弧焊,自动调迅氩弧焊

aircospot welding 钨电极惰性气体保护接地点焊

aircraft (=A/C) 飞行器,航空器,飞机,飞艇,飞船

aircraft and rocket design engineers (=ARDE) 飞机与火箭设计工程师

aircraft cable 航空钢丝绳

aircraft carrier 航空母舰

aircraft compass 航空罗盘

aircraft component 飞机构件

aircraft control and warning service (=ACW) 飞机控制和警戒勤务

aircraft-controlled 由飞机控制的

aircraft dispenser and bomb 子目炸弹

aircraft division 飞行小队,航空分队

aircraft electrical society (=AES) 飞机电气协会

aircraft engine 航空发动机

aircraft flying training (=AFT) 飞机飞行训练

aircraft gear 飞机齿轮,航空齿轮

aircraft gearing 飞机齿轮传动[装置]

aircraft general standards (=AGS) 航空通用标准

aircraft handling capacity 飞机运载能力

aircraft industries association (=AIA) 飞机工业协会

Aircraft Industries Association of America (=AIAA) 美国飞机工业协会

aircraft instrument 航空仪表

aircraft power gears 飞机动力齿轮装置

aircraft repair 飞机维修

aircraft observer 合格空勤组成员

aircraft radio laboratory (=ARL) 航空无线电实验室

aircraft radio regulation (=ARR) 飞机无线电规程

aircraft radio sight (=ARS) 飞机无线电瞄准器

aircraft research and testing committee (=ARTC) 飞机研究与试验委员会

aircraft section (双机组)飞行小组

aircraft-shaped 飞机形的

aircraft station 飞机电台

aircraft tail warning (=ATW) 飞机护尾雷达

aircraft tooth(ed) gear 飞机齿轮

aircraft turbine 航空涡轮机

aircraft warning service (=AWS) 空袭警报勤务

aircraft weapons and control system (=AWCS) 机上武器与控制系统

aircraft wire rope 航空钢丝绳

aircraftsman (=aircraftmen) (1)空军机械兵,空军士兵;(2)飞机制造者

aircraftswoman 空军女兵

aircrash 空中碰撞,空中失事

aircrew 空勤组

aircrewman 空勤组成员

aircrush 航空失事

airdent 喷砂磨齿机

airdox 压气爆破筒

airdraulic 油气合用的,气力液压的,气力水力的

airdrome 飞机场,航空站

airdrop 空投

airduct 空气管道,空气通路,通风道

airedale 海军航空地勤人员,海军飞行人员

airer 晾衣架,干衣架

airexperimental station 航空研究所,航空实验站

airfast 不透风的,不透气的

airfield (=afid) 飞机场

airfield control radar (=ACR) 机场指挥雷达

airfield radar 机场用雷达

airfield surface movement indicator (=ASMI) 机场活动目标显示器

airflow [空]气流[量]

airflow drier 气流式干燥机,热风干燥机

airflow fence 导流栅

airflow meter 空气流量计

airflow pipe 空气输送管道

airflow sprayer 气流喷雾机

airfoil (1)空气动力面,翼型,翼面;(2)叶型,叶剖面

airfone 传话筒

airforce (1)空气动力,气动力;(2)空军

airframe (=A/F) (1)飞行器骨架,飞机骨架,机体,机架,结构;(2)导弹弹体

airframe control (火箭)飞行控制,姿态控制

airframe dynamics 构架动力学

airfreight 空中货运

airfreighter (1)货机;(2)空中货运公司

airglow [大]气辉[光]

airglow excitation 大气辐射激励

airgraph 航空通信缩微照片

airground 空对地的,陆空的,空-地的

airhead 空军前进基地,空降场

airheater 空气加热器,热风炉

airhood 空气罩

airhouse 充气屋,充气胀棚

airiator (口)飞行员,航空员

airily 轻轻地,轻快地

airiness 空气流通,通风

airing (1)通风,鼓风,透气,充气,换气;(2)空气干燥法,风干;(3)户外活动;(4)电视播送,广播

airland 机降,空降,空投,空运

airlanding troops 空降部队

airless (1)缺少空气的,无空气的,真空的;(2)空气不流通的,不通风的;(3)无风的,平静的

airless blast cleaner (铸件)真空喷丸清理机,抛丸清理机

airless shot blasting machine (铸件)喷丸清理机

airlift (1)空运,空托量;(2)空中补给线;(3)空运工具;(4)空气升液器,气动提升机,气力升降机,气力起重机;(5)[空]气[提]升,气举

airlift pump 气泡泵

airlight 空气光(悬浮物散射光)

airlike (1)空气等价的,空气当量的;(2)类空气的

airline (=AL) (1)航[空]线;(2)空气管路,空气线路;(3)航空系统,航空公司

airline distance 空间直线距离,航空线距离,直路距离

airline electronic engineering commission (=AEEC) 航空电子技术委员会

airline reservation system 飞机订票系统

airliner 班机,客机

airload 空运装载,空运载重,气动力负荷,空气负荷,气动负载

airlock (=al) 气塞,气锁

airlock hatch 气闸盖

airmade 机群

airmail (1)(向高处)抛,掷;(2)航空邮政,航空邮件

airmail field 航邮机场

airman (1)风障工;(2)航空人员,航空兵,飞行员

airman's guide 飞行指南

airmanship 飞行[技]术,导航技术

airmark 标出航行标志

airmarker 飞行的地面标志

airmat 气翼

airmattress 气垫

airmobile 空中机动的

airnaut 飞行员,航空家

airometer 空气流速计,空气流量计,风速计,气流计
airosol 气溶胶
airout 排出空气,出风
airpass 机上自动[拦]截[攻]击系统
airpatch 机场
airpatrol (1)空中侦察;(2)空中侦查队,空中巡逻队
airphibian 陆空两用机,飞行汽车
airphibious 空运的,伞兵的
airphoto 航空摄影,航摄像片,航空像片
airpillow 气垫,气枕
airplane (=AP) (1)飞机;(2)乘飞机
airplane-altimeter 机载高度计
airplane cloth 飞机蒙布
airplane dial 飞行用刻度盘
airplane fabric 飞机蒙布
airplane generator 飞机用发动机
airplane insulator 航空绝缘物
airplane-lumber 飞机板材
airplane mother carrier 航空母舰
airplane pilot (=AP) 飞机驾驶仪
airplay (电台)播放唱片
airplot (1)空中描绘,空中测位;(2)飞行指挥站
airpocket 气阱,气穴,气袋,气泡,气囊,气孔,气潭
airpoise 空气重量计
airport (=AP) (1)飞机场,航空站;(2)空气孔,风孔,风口;(3)舷窗
airport operation center (=AOC) 飞机场指挥中心
airport surface detection equipment (=ASDE) 机场地面探索设备
airport surface movement equipment (=ASME) 机场地面活动目标显示设备
airport surveillance radar (=ASR) 机场对空监视雷达
airpower (1)制空权;(2)空中威力;(3)空军
airproof (1)不透气的,不漏气的,密封的,气密的;(2)使不漏气,使防空气,使密封
airscape 空中鸟瞰图
airscoop 自然通风吸入口,进气喇叭口,进气口,进气道,空气口,风斗
airscrew [飞机]螺旋桨
airscrew brake 螺旋制动器,螺旋桨闸
airscrew hub 螺桨毂
airscrew-propelled 螺旋桨推进的
airscrew torque 螺旋桨转矩
airsecond (分析扰动时的)时间标度

airsetting (1)气凝;(2)气凝的
airsheet 航空信纸
airship 飞船,飞艇
airshipper 空运公司
airslide 气流式输送机,气流槽
airslide conveyer 压缩气输送器,气流输送机
airslusher 气动刮板卷扬机,气动扒煤机
airspace (1)大气空间,空域,领空;(2)空[气]隙,空气室;(3)广播时间
airspace cable 空气绝缘电缆
airspace reservation 空中禁区
airspeed 空速(飞行器与空气的相对速度)
airspeed head 空速探头
airspeed indicator 空速表
airspeed Mach indicator (=AMI) 空气流速马赫指示计
airspeed meter 空速表
airspeedometer 航速表,风速计
airstair 登机梯
airstart 空中开车,空中起动,空中开动
airstation 航空站
airstop 直升飞机航空站
airstrainer 空气滤清器,空气过滤网
airstream 空气射流,气流
airstrip (1)飞机跑道,简易跑道;(2)小型机场,简易机场
airswinging 空中测罗差
airtight (=at) 不漏气的,气密[的]
airtight cover 密封盖
airtight joint 气密接头,气密接合
airtight test 气密[性]试验
airtightness 不透气性,气密性,密封度,密封性
airtime 广播时间,播送时间
airtow 机场用牵引车,飞机牵引车
airtrain 气垫列车

airvane (1)空气舵;(2)气动翼,方向翼;(3)风标
airview 鸟瞰图
airwave (1)无线电波;(2)空气波;(3)无线电广播
airway (1)导气管,通气孔,通风孔,通气井,通气道,风道,风眼,气眼;(2)频道;(3)航[空]线,航路;(4)航空公司;(5)波长
airway beacon 航路信标
airway bill (=AWB) 航空货运单,空运单
airway bill of ladding (=air bill of ladding) 空运提单
airway delivery note 空运提货单
airway distance 航路距离
airway forecasting 航线预报
airway lighthouse 航空灯塔
airways communication system (=AIRCOM) 航空线通讯系统
airwinch 风动绞车
airwing 空军联队
airworthiness 飞行性能,适航性
airworthiness requirement 航空工作要求,飞行性能要求
airworthy 适于空中作业的,飞行性能良好的,适于航行的
airy (1)空气的,空中的,通风的,轻的;(2)不实际的,空想的
airy-fairy 不实际的,空想的
aitiogenic 产生反应的
Ajax metal 一种轴承合金(镍25-50%,铁70-30%,铜5-20%)
Ajax-Northrup furnace 阿加克斯-诺斯拉普无心高频感应炉
ajutage 放水管,排水筒,承接管,送风管
Al 或 A No.1 (1)头等[的],一级[的],极佳的;(2)经过劳氏船级社船舶检验,表示舰装品为第一级的记号
akrit 阿克利特钴铬钨工具合金,阿克利特钴铬钨硬质合金,钴铬钨系刀具用铸造合金(钴37.5-38%,铬30%,钨16%,镍10%,钼4%,碳2%),特硬耐磨合金(钴30-50%,铬15-35%,钨10-20%,铁0-5%)
aladar 阿莱德硅铝合金,硅铝明(硅10-13%,镁0.2-0.6%,锰0.3-0.7%,其余铝)
alader 硅铝合金(硅12%)
alanate 铝氧化物
Alar 铝硅系合金
alar 具翼的,翼状的,
alarm (1)警报[信号],告警信号,报警,告警;(2)警报装置,报警设备,告警装置,警报器,报警机,信号器,信号机,告警机
alarm bar 警告条
alarm bell 警铃,警钟
alarm box 警报信号器
alarm check valve (=ACV) 报警单向阀
alarm clock 闹钟
alarm gage 锅炉警报器
alarm lamp 信号灯,报警灯
alarm reaction (=AR) 紧急反应,警戒反应
alarm relay [警报]信号继电器
alarm-repeated transmission signal 报警重复传输信号
alarm signal 警报信号,紧急信号,非常信号
alarm unit (=AU) 警报装置
alarm valve 警告阀,紧急阀
alary 翼状的,翼形的,扇形的
alazimuth 地平经纬仪
Alba alloy 钯银系合金
albaloy 电解沉淀用合金,铜锡锌合金
albany grease 润滑脂,黄油,粘油膏
Albatra metal 一种铜合金(锌20%,镍20%,铅1.25%,其余铜)
albedometer 反照率测定表,反照率计,放射计
Albrac 阿尔布赖科铝砷高强度白黄铜,耐腐蚀铜合金(铝2%,硅0.3%,砷0.05%,微量锌,其余铜)
Albronze 铜铝合金,铝青铜
Alcan aluminium 加拿大铝
Alcatron 圆片式场效应晶体管
alchlor 三氯化铝
Alchrome 铁铬铝系电炉丝(铁79.5%,铬15.5%,铝5%)
alclad (=Al-clad) (1)阿尔克莱维包铝,用铝作覆盖层,覆铝层,包铝[的];(2)包纯铝的硬铝合金,铝衣合金;(3)纯铝包皮超硬铝板
Alco gyro cracking process 气相裂化过程
Alco metal 铝基轴承合金(钡1-2%,钙0.5-1%,其余铝)
Alco two-stage distillation process 常减压二段式蒸馏过程
Alcoa 耐腐蚀铝合金
alcogas (=alky gas) 乙醇汽油混合物
alcogel 醇凝胶
alcohol (=A) 酒精,乙醇,醇
alcohol engine 酒精发动机

alcohol gauge 酒精气压计,酒精测压计

alcohol lamp 酒精灯

alcohol-soluble resin 醇溶性树脂

alcohol thermometer 酒精温度计

alcoholimeter 酒精比重计

alcoholimetry 醇定量法

alcoholometer 酒精比重计

alcoholometry 酒精测定[法],醇定量法

alcomax 奥尔柯麦克斯无遗铝镍钴磁铁(铝10%,镍15%,钴20-25%,其余铁,常加少量钛,铌,铜)

Alcor "阿尔柯"相干测量雷达

Alcres 铁铝铬耐蚀耐热合金(铬12%,铝5%,铁83%)

Alcumite 阿尔克麦特金色氧化膜铝合金,铜铝铁镍耐蚀合金,铝青铜(铜88-90%,铝7.5%,铁2.8-3.5%,镍1%)

alcunic 阿尔科尼克铝黄铜

aldary 铜合金

Aldecor 高强度低合金钢(碳<0.15%,硫<0.05%,铜0.25-1.3%,镍0-2%,铬0.5-1.25%,钼0.08-0.20%)

aldehyde 醛,乙醛

aldehyde resin 聚醛树脂

Aldip process 阿尔迪浦热镀铝法,铝喷用法,浸铝法

Aldray 或 Aldrey 奥特莱铝镁合金,无铜硬铝(镁0.3-0.5%,硅0.4-0.7%,铁0.3%,其余铝)

Aldrey wire 高强度铝线

Aldural 奥尔杜拉尔硬铝合金,高强度铝合金

Aldurbra 奥尔杜布拉铝黄铜(铜76%,锌22%,铝2%)

Aldurol 聚脂树脂

aleft 在左边,向左

alembroth 氯化汞铵,万能溶剂

alemite grease fitting 压力油脂润滑器

alerting signal 报警信号

alertor 报警器

Alfenide metal 阿尔芬尼德铜锌镍合金(铜60%,锌30%,镍10%),锌白银,德银,假银

Alfenol 阿尔费诺铝铁高导磁合金(铝合金16-18%,其余铁)

Alfer 阿尔费尔铝铁合金,铁素体合金(磁致伸缩材料,铝13-14%)

Alfere 或 Alfero 阿尔费罗铝铁合金(磁致伸缩材料)

Alferium 阿尔费里姆铝合金

Alfero 阿尔费洛铝铁合金

Alferon 阿尔费隆耐酸合金

Alferric 含有铝氧及铁氧的,含铝铁的

Alfin process 铁心铝铸件的热浸镀铝后铸塑法,合金层嵌铸法

alfoil 铝箔

algebra {数}代数[学]

algebra of classes 类代数

algebra of matrices 矩阵代数

algebra of relations 关系代数

algebraic developable surface 代数可展曲面

algebraic differential equation 代数微分方程

algebraic equation solver 代数方程解算器

algebraic expression 代数式

algebraic function 代数函数

algebraic method 数解法

algebraic oriented language 面向代数的言

algebraic value 代数值

ALGOL -like program 类阿戈源程序

ALGOL -like source language 类阿戈源语言

Algorism 算法

Algorithm 算法

algorithm routine 算法程序

algorithmic language 算法语言

alhidade 照准仪

alias (1)别名,假名;(2)假频;(3)折叠;(4)替换入口

aliased function 假替函数

alidade (1)照准仪,照准器,视准仪,视距仪,对准盘,游标盘,方位盘,测高仪;(2)旋标装置,指方规;(3)照准仪架

aliferous 有翼的

aliform 具翼状的

alight 燃烧的,发光的,发亮的,照亮着,点着的

alighting carriage 起落架

alighting deck 降落甲板

alighting gear 起落架

alighting run 着陆滑行

align (=aline) (1)使成一直线,列成一行,排成线,排成行;(2)使水平,

找平,找齐,找正,对齐,对准,照准,排好,校平,校准,校直,矫正,调正;(3)定中心,定位,对中;(4)调整,调准,调直,调节,整顿,排列,匹配,配比;(5)瞄准目标;(6)均压,补偿;(7)使一致

align boring 镗同心孔,同心镗削,中心镗削

align reamer 长铰刀

align reaming (用组合铰刀)铰同心孔,同心铰削

alignability 可校直性,可调准性,可对准性

alignable 可校直的,可调准的,可对准的,可照准的

aligned 排列好的,校直的,校平的,对准的,均衡的

aligned attribute 列线属性

aligner (=aliner) (1)直线[性]对准器,直线性校准器,直线调整器,对中检查器,调中心工具,找平器;(2)转向轮安装角测定仪,[车]前轴定位器

aligning [直线]对准,矫直

aligning ability 调心性能

aligning capacitor 微调电容器,校正电容器

aligning guide 定位装置

aligning housing ring [轴承]球面外衬圈

aligning pin 定位销,定心销,对准销

aligning plate 调心板

aligning plug 卡口插座

aligning ring [轴承]调心外衬圈,球面外衬圈

aligning seat [轴承]调心座,球面座

aligning seat radius 调心座半径

aligning seat radius center height 调心座[面]中心高

aligning seat washer 调心座圈,球面座圈

aligning type double direction thrust ball bearing 角接触推力球轴承,推力向心球轴承

aligning washer 调心垫圈

aligninum 木纤维敷料

alignment (1)排列成行,直线对准,成直线,准直,对中,找直,找平,找正,校直,校准,校正;(2)校整,调准,调直,调节,微调,对光,补偿,匹配;(3)同轴度;(4)准直精度;(5)对准中心,定中心,定线,定位,定向,定心,对中;(6)准线,线形,线向,方向,取向;(7)直线性,直线度,同轴性,垂直性,平行性;(8)列线;(9)结盟,联合,组合

alignment and test facility for optical system (=ATFOS) 光学系统准直与试验设备

alignment array (1)轴向辐射天线列;(2)直线列

alignment between axes 轴间对准

alignment chart (1)列线图,线解图,准线图,地形图,诺谟图;(2)计算图表,求解图表

alignment coil 微调线圈,校正线圈,校列线圈

alignment countdown set (=A-CS) 校准计时装置

alignment design 定线设计,路线设计

alignment diagram 列线图,算图

alignment error 矫直误差,调准误差,对准误差,准直误差

alignment error factor 校直系数,准直系数

alignment error test 校直误差检验,准直误差检验

alignment mark 对准标记

alignment nomogram 算图

alignment precision 对准精度,准直精度,校正精度,套刻精度

alignment procedure 校直程序,校正过程

alignment scope 调准用示波器

alignment telescope [直线]对准望远镜,调直望远镜

alignment test 轴线找正检查,准直[精度]检验,同轴度检验

alike 以同样方法[的],相似[的],相同[的],同等[的]

alikeness 类同性

aline (=align) (1)使成一直线,列成一行,排成线,排成行;(2)使水平,找平,找齐,找正,对齐,对准,照准,排好,校平,校准,校直,矫正,调正;(3)定中心,定位,对中;(4)调整,调准,调直,调节,整顿,排列,匹配,配比;(5)瞄准目标;(6)均压,补偿;(7)使一致

alinement (=alignment) (1)排列成行,直线对准,成直线,准直,对中,找直,找平,找正,校直,校准,校正;(2)校整,调准,调直,调节,微调,对光,补偿,匹配;(3)同轴度;(4)准直精度;(5)对准中心,定中心,定线,定位,定向,定心,对中;(6)准线,线形,线向,方向,取向;(7)直线性,直线度,同轴性,垂直性,平行性;(8)列线;(9)结盟,联合,组合

aliner (=aligner) (1)直线[性]对准器,直线性校准器,直线调整器,对中检查器,调中心工具,找平器;(2)转向轮安装角测定仪,[车]前轴定位器

alinotum 具翅背板

alio (法)不透水铁壳

aliquant {数}除不尽的

aliquation (1)偏析,熔析,液析;(2)起层,成层,层化

aliquot (1)除得尽的,部分的;(2)除尽的数,整除部分,整除数;(3)

等分试样；(4) 可分量

aliquot part 整除部分，等分部分

aliquot sample 等分试样

alive (1) 活泼的，活动的，活跃的，存在的；(2) 对……敏感，发觉，感觉；(3) 作用着的，运行中的；(4) 处在电压下的，加有电压的，带电的，有电的

alive circuit 有源电路，带电线路，带电电路

alkali {化} 碱

alkali-aggregate reaction (水泥) 碱 - 集料反应，碱骨料反应

alkali blue 碱性蓝

alkali-chloride 碱金属氯化物

alkali flame detector (=AFD) 碱性火焰检测器

alkali metal 碱金属

alkali-reactive 对碱反应的

alkali resistance (=AR) 抗碱性

alkali sulphate 碱金属 [类] 硫酸盐

alkali washing 碱洗

alkaliferous 含碱的

alkalimeter 碳酸定量计，碱量计，碱度计，碱度表

alkalimetric 碱量滴定的

alkalimetry 碱量滴定法

alkaline (1) {化} 碱性，碱度；(2) 碱性的，强碱的，含碱的

alkaline battery 碱性蓄电池

alkaline earth 碱土族

alkaline earth metal 碱土族金属

alkaline fastness 抗碱性

alkaline leach 碱浸出

alkalinity 碱度

alkalinization 碱化 [作用]

alkalinous 碱性的，含碱的

alkarex 聚酯树脂

alkathene 均聚乙烯

alkyd 醇酸树脂

alkyd resin 醇酸树脂

alkydal 醇酸树脂的

All-addendum gear 全齿根高的 [大] 齿轮 (一种节点升啮合齿轮)

All-addendum pinion 全齿顶高的小齿轮 (一种节点外啮合齿轮)

All American Cable and Radio Company (=AAC) 全美电缆无线电公司

all-around 适合于多种用途的，多方面的，综合性的，全向的，全面的，万能的，整周的

all-automatic 全自动的

all axle drive 全轴驱动

all band 全波段，全频段

all-burnt (1) (火箭) 燃料完全烧尽的瞬间；(2) 完全燃料的，烧尽的

all burnt 燃尽点

all busy 全忙

all-carbon brush 全炭电刷

all case furnace 全能表面渗碳炉，全能淬火炉

all-cast 全铸的

all-channel 全通道的，全频道的

all channel decorder 全信道译码器

all-channel tunion 全频道调谐

all-chloride 纯氯化物

all-clear (1) 去路畅通，放行信号，许可；(2) 解除警报

all concentric triode 同心极三极管

all concerned notified (=ACN) 已通知有关各方

all-concrete 全混凝土的

all-control-rod-in 控制棒全插入的

all-cover 全罩式的

all-cover switch 全罩式开关

all-crop drill 万能式条播机

all-cryotron computer 全冷子管计算机

all-diffusion monolithic integrated circuit 全扩散单块集成电路，相容整体集成电路

all-directional 全定向的

all-electric 全 [部] 电气化的

all-electric control 全电动控制

all-electric interlocking 全部电气联锁装置

all-electric receiver 通用电源接收机

all-electric set 通用电源接收机

all-electric signalling 全电信号装置

all-electronic 完全电子化的

all-electrostatic tube 静电聚焦偏转 [射线] 管，全静电射线管

all-epitaxial phototransistor 全外延光电晶体管

all-equiped 全装备车

all-failed test 整机破坏试验

all-fire 全发火

all-gas-turbine 全燃气轮机

all gas turbine 全燃气轮机

all gas turbine propulsion 全燃气轮机推进装置

all-gear(ed) 全齿轮的

all-gear(ed) center lathe 全齿轮顶尖车床

all-gear(ed) clutch 全啮合离合器

all-gear(ed) drive 全齿轮传动 [装置]

all-gear(ed) headstock 全齿轮床头箱，全齿轮主轴箱

all-gear(ed) lathe 全齿轮车床

all-gear(ed) upright drill 全齿轮立式钻床

all-glass 全玻璃的

all-glass kinescope 全玻璃式显象管

all-graphite 全石墨的

all hands 全体船员，全体同事

all-heart 全芯材的

all-hydraulic press 全水压机，水静压机

all-hypersonic 高超音速的，全超音速的

all-important 极其重要的，最重要的，重大的

all-in (1) 包含一切的，全部的，总的；(2) 疲劳已极的；(3) 全插入的

"all-in-one" camera 多用途电视摄像机，万能电视摄像机

"all-in-one" paver 联合铺路机

all-in-one-place 整体式的，成一体的

all-inclusive 包括一切的，全部的，所有的

all indirect transmission 无直接挡变速器

all-inertial (=AI) 全惯性的

all-inertial guidance (=AIG) 全惯性制导

all-inertial guidance system (=AIGS) 全惯性制导系统

all-invar 全镍铁合金的，全殷钢的

all-invar cavity 全殷钢 (镍铁合金) 空腔谐振器，全殷钢谐振腔

all-ion-exchange 全离子交换的

all iron 全铁制的

all-jet 全部喷气 [发动机] 的

all-level sample 全级试样 (从各个水平位置取出的液体试样)

all-ASI minicomputer 全大规模集成小型计算机 (ASI=large scale integration 大规模集成)

all-magnetic 全磁 [性] 的

all-magnetic tube 磁聚焦磁偏转 [电子射线] 管，全磁射线管

all-mains 可调节以适用于各种电源的，可由任何电源供电的，有通用电源的，交直流两用的

all-mains receiver 交直流两用的接收机

all-mains set 可适用各种电压的收音机

all mark 全标记

all-metal 全 [部用] 金属 [制成] 的

all-metalbody 全金属车身

all-metalbrake lining 全金属闸衬片，全金属制动面

all-metal coach 全金属客车

all-metal magnetron 全金属磁控管

all-metal plant 全金属设备

all-metal tube 金属壳电子管

all-metal waveguide 全金属波导

all-metallic structure 全金属结构

all-moving surface 旋转面，移动面

all-notified (=ALNOT) 已全部通知

all one's state "全 1" 状态

all-optical 全光学的

all-optical computer 全光系计算机

all-or-nothing relay 逻辑运算继电器，有或无继电器

all-out (1) 没有保留的，全面的，彻底的；(2) 竭尽全力的，全力以赴的，全提出的，尽快的，尽力的；(3) 全功率，总功率

all over 全部涂漆

all-parallel 全平行的，全并行的

all-pass 全通的

all-pass filter 全通滤波器；移相滤波器

all-pass lattice 全通四端网络

all-pass network 全通网络

all-pass transducer 全通换能器，理想换能器

all-plastic 全塑料的

all-position 全位置的

all-powerful 最强大的，全能的

all print 全印刷电路

all printed circuit 全印刷电路

all-product line [各种]产品管路

all-purpose 适合于各种用途的,多用途的,通用的,万能的

all purpose communication system (=ALPURCOMS) (美国军用能传送电话、电报、传真等的)全能通信系统

all-purpose computer 通用计算机

all purpose electronic computer 通用电子计算机

all-purpose engine oil 通用机油,多用途机油,含多效添加剂的润滑油

all-purpose language 通用语言

all-purpose loader 万能装料机

all-purpose machine 万能工具机

all purpose machine 万能工具机

all-purpose tester 通用测试仪

all-purpose tractor 万能拖拉机

all-radiant furnace (无对流加热部分的)辐射炉

all-relay 全继电器式的

all-right 合格的

all risks (=AR) 一切险

all risks insurance 一切险,全险

all-rocket 全火箭的

all-round (1)适合于各种用途的,综合性的,全面的,全能的;(2)可作360°旋转的,
全向的,环形的,圆周的

all-round absorbent 万能吸附剂

all-round development 综合开发

all-round looking radar 全景雷达,环视雷达

all-rubber 全[用橡]胶[制成]的

all-rush 完成样片

all serial A/D converter 全串行模/数转换器

all service 万能的,通用的

all-sided 全面的

all-sidedness 全面性

all-sky signal 环视信号

all-solid 全固体火箭的

all-steel 全[部用]钢[制成]的

all-subsonic 全亚音速的

all-supersonic 全超音速的

all synchro (1)全部同步的;(2)全自动同步机

all-terrain vehicle (=ATV) 地形车

all talkie 全发声影片

all-terrain vehicle (=ATV) 全地形交通工具

all-time (1)全时工作的;(2)创记录的,空前的;(3)全部时间的

all-transistor 全晶体管的

all transistor 全晶体管

all transistor circuitry 全晶体管电路

all transistor computer 全晶体管计算机

all-transistorised (=all-transistorized) 全部晶体管化的,完全晶体管化的

all-triode 全三极管的

all up (1)完了的,全总重

all-up-weight 最大容许载荷,最大重量,满载重量,发射重量,起飞重量,总重量,总重

all-up weight (=AUW) (火箭)发射重量,(飞机)起飞重量,最大重量,总重量

all-veneer construction 全胶合板构造

all water wall boiler 全水冷壁锅炉

all-watt moter 全功率电动机

all-wave 全波[段]的

all wave 全波

all wave band 全波段

all wave receiver 全波接收机

all-way (1)多跑道的;(2)多路的;(3)从所有方向运动的

all-weather (=AW) 全天候的

all-weld metal 全焊接金属的,整体焊件的,全熔质的

all-welded 全焊的

all wheel drive 全轮驱动

all widths (=AW) (木材的)各种宽度

Allautal 纯铝包皮铝合金板

allaxis 变形,变化

Allcone (method) [锥齿轮]垂直运动[切齿]法

allen key L 形六角扳手

allen screw 六角固定螺钉,六角固定螺丝

allen wrench 六方孔螺钉头用扳手,内六角扳手

allene 丙二烯

allenic 丙二烯[系]的

Allen's metal 铝青铜(铜55%,铅40%,锡5%)

alligation (1)(金属的)熔合,合金,混合,和均;(2)合剂的求值,混合计算法

alligator (1)颚式破碎机,颚式碎石机,颚式压轧机,颚口工具;(2)鳄口形挤渣机,辊式压渣机;(3)自翻式吊车;(4)水陆两用坦克,水陆平底车用车,水陆两用船;(5)皮带卡子,皮带扣,齿键,齿销;(6)使现鳄纹

alligator clip 鳄鱼夹,弹簧夹

alligator crack [轧制表面]龟裂裂痕

alligator cloth 鳄鱼皮[式]漆布

alligator-hide crack 网状裂缝,龟裂

alligator ring 齿环

alligator shears 颚式剪床

alligator skin (轧制金属的)鳄鱼皮状表面,粒状表面

alligator wrench 管扳手,管钳

alligatoring (1)颚嘴裂口,龟裂,鳄纹;(2)漆膜龟裂

alligatoring wrench 鳄鱼扳手

allocability 可分配性

allocate (1)把……划归,调拨,分配,分派,配给,规定,指定,部署;(2)定地址,定位,定置,配置;(3){计}地址分配

allocate band 指配的频段

allocate storage (1)存储区分配;(2)分配存储器

allocated lines 分配行

allocated-use circuit 指定用途电路

allocation (1)配置,分配,分派,分布,指配,部署;(2){计}存储工作单元分配,地址分配,定位,定置,规定

allocation of materials 物质分配

allocation plan 地址分配方案,分配规划,指配规划

allocator (1)连接编辑程序,分配程序;(2)配给器,分配器;(3)分配者

allochromatic 非本色的,别色的

allochromatic photoconductor crystal 掺质光电导晶体

allomeric 异质同晶的

allomerism 异质同晶[现象],异质同形

allomorph (1)形位变体;(2)同质异晶,假象体

allomorphism 同质异晶[现象]

allongement 延伸率{法} = elongation

allotropy 同素异形

allot (1)分配,分摊,分派,分给,调配,配给,拨给,指派;(2)充当;(3)依靠,依赖;(4)规定,派定

allotment (1)分配,调配,配置;(2)分配地段,分配额,份额

allotter 分配器

allotter relay 分配继电器

allow (1)使……能,容许,允许,让;(2)提供,给;(3)清算,计算;(4)承认;(5)考虑到,酌加,酌减,斟量

allow clearance 容许间隙

allow the pressure to fall 使压力降低

allowability 可允许的性质,可允许的状态

allowable 许用的,许可的,容许的,允许的,正当的

allowable approximation 容许近似[值]

allowable bearing 容许支承力

allowable bearing pressure 容许支承压力

allowable bearing stress 容许支承应力

allowable bearing unit stress 容许单位支承应力

allowable bending moment 容许弯曲力矩,许用弯曲力矩

allowable bending stress 容许弯曲应力,许用弯曲应力

allowable bond stress 容许结合应力

allowable buckling stress 容许扭曲应力

allowable compression ratio 容许压缩比

allowable compressive stress 容许压应力

allowable concentration index (=ACI) 允许浓度指数

allowable contact stress 许用接触应力

allowable crushing stress 容许压碎应力

allowable current 容许电流,允许电流

allowable distance between stations 电台间最大距离,电台间容许距离

allowable deviation 容许偏差,许用偏差

allowable error 容许误差,许用误差,公差

allowable flutter 容许颤动

allowable force 许用加载

allowable gross take-off weight (=AGW) 容许起飞重量

allowable gross weight 容许毛重

allowable interference 容许干涉

allowable limit 容许限度

allowable load 容许负载，容许荷载，许用负载，许用载荷，允许载荷，许可负载

allowable pressure 容许压力

allowable rotation speed 容许旋转速度

allowable shearing stress 容许剪应力

allowable space for expansion 容许胀隙

allowable strength 容许强度，许用[弯曲]强度

allowable stress 容许应力，许用应力

allowable stress numbers 许用应力值

allowable switching current 容许合闸电流

allowable temperature 容许温度，许用电流

allowable tensile stress 容许拉应力，许用拉应力

allowable tightness 容许紧密度，容许坚固性

allowable tolerance 容许公差，容许偏差

allowable tooth stress 容许齿轮应力

allowable torsional stress 容许扭应力

allowable transmissible bandwidth 容许传输带宽

allowable twisting stress 容许扭转应力

allowable unit stress 容许单位应力

allowable unit stress for compression 容许单位压应力

allowable value 容许值，许用值

allowable variation 容许偏差，许用偏差

allowable voltage 容许电压

allowable wear 容许磨损，许用磨损

allowable 可容许地，可许可地

allowance (1)允许，容许，容限；(2)允[许误]差，容许极限，容许限度，容许偏差，公差；加工余量，加工余量，裕度；(3)修正量；(4)瞄准点前置量；(5)间隙，空隙

allowance error 容许误差，许用误差，允差

allowance for camber (模型的)预变形曲率，假曲率

allowance for contraction 收缩余量

allowance for damage 货损折价

allowance for depreciation 折旧提成，折旧率

allowance for finish 精加工留量，光制留量

allowance for machining 机械加工留量，机械加工余量

allowance for shrinkage 许可收缩量，收缩留量

allowance on tooth thickness 齿厚加工留量

allowance test 公差配合试验，允差试验，容差试验

allowance unit 公差单位

allowed 容许的，允许的

allowed band 允许范围

allowed frequency 许用频率

allowed transition 容许转变

allowed value 容许值

allowedly 被许可，经许可，肯定地

allowedness 容许，允许，许可

alloy (=ALY) (1)合金，五金，(2)纯度，成色，(3)任何复合物、混合物的联合体，加进合金成分，加进合金元素，熔成合金，合金化，熔合，熔结，合铸，(4)混合物，掺杂物，杂质，(5)规范，规格

alloy addition (1)添加合金；(2)合金添加剂

alloy cast iron 铸铁合金，合金铸铁

Alloy Casting Institute (=ACI) (美)合金铸造学会

alloy constructional steel 合金结构钢

alloy content 合金含量

alloy-diffused transistor 扩散合金型晶体管

alloy diffusion technology 合金扩散工艺

alloy element 合金元素

alloy for die casting 压铸合金

alloy-intermediate 合金中间物

alloy iron 铁合金

alloy 97 97号合金

alloy-junction 合金结

alloy junction (=AJ) 合金结

alloy-junction transistor 合金结晶体管

alloy-steel 合金钢

alloy steel 合金钢，特殊钢，特种钢

alloy steel casting 合金钢铸件

alloy steel protective plating (=ASPP) 合金钢保护电镀

alloy tool steel 合金工具钢

alloy tool steel bit 合金工具钢车刀，合金钢车刀

alloy-treated steel 合金处理钢

alloy-type 合金[型]的

alloyable 可成合金的

alloyage (1)加合金元素，炼制合金；(2)合金化工艺，合金法

alloybath 沉积合金用的电解槽

alloyed diode 合金型二极管

alloyed oil 掺合油(添加植物油或动物油的润滑油)

alloyed tool steel 合金工具钢

alloying (1)加金属元素，炼制合金，合金化，熔合，熔结；(2)合金的

alloying addition 合金添加剂

alloying agent 合金添加剂

alloying component 合金成分，合金组份

alloying constitution 合金成分，合金组份

alloying element 合金元素，掺杂元素，合金成分

alloying for acid 耐酸合金

alloying technology 合金工艺

allude (1)提到，引证；(2)暗示，暗指

allumage 点火

allumen 锌铝合金

allways fuse 起爆信管，起爆雷管，起爆引信

almag (1)铝镁抗酸剂；(2)铝镁合金

Almalec 阿尔马莱克输电铝镁合金

Almar 阿尔马尔铁基合金

Almasilium 铝镁硅合金(镁1%，硅2%，其余铝)

almen gage 喷丸强度测量仪

almightiness 全能

almighty (1)全能的，万能的，非常的，无比的；(2)非常，极

Alminal 铝硅系合金

Almit 铝钎料(铝4-4.3%，铜4.8-5%，杂质<0.06%，其余锌)

almost-linear 准线性的

almost-periodic 准周期[性]的

almucantar (1)地平纬圈，等高圈；(2)高度方位仪

Alneon 锌铜铝合金，铝锌合金(锌7-22%，铜2-3%，铁+硅和其它元素0.5-1%，其余铝)

alni 阿尔尼铝镍磁合金(铁51%，镍32%，铝13%，铜4%)

alni magnet 铝镍磁铁合金，永磁合金

Alni-steel 铝镍钢

Alnic 阿尔尼克镍铝磁[铁]合金(铁60-70%，镍10-20%，铝1-20%)

Alnico 阿尔尼科铝镍钴[永磁]合金

Alniko V magnet 铝镍钴V形磁铁

aloft (1)在高空，在空中，离开地面地；(2)在桅杆或帆缆高处；(3)在顶部

alongside B/L 靠船边提单(B/L =bill of lading 提单)

alongside date 船舶靠岸接受装货日期

Alorex 阿洛热克斯环氧树脂

Alox 氧化铝

aloxite (1)铝砂；(2)(美)人造刚玉磨料

Alpaka 德国银，镍白铜

Alpax 阿派铝合金，硅铝明合金

Alperm 高导磁铁铝合金

Alpert bakable valve 全金属耐烘烤阀

Alpert foil trap 烘烤铜箔阱

Alpha Rockwell hardness 洛氏A级硬度

alphabet 字母表，字母

alphabet laser 多掺激光器

alphabetic 字母的

alphabetic coding 字母代码

alphabetic shift 字母移位

alphabetic sorter 字母分类器

alphabetism 用字母做符号

alphabetization (1)依字母顺序排列；(2)依字母顺序排列的目录

alphanumeric 字母数字的

alphanumeric tube 文字数字管

alphascope 显字器

alphatron α粒子电离压强计，α电离真空规，α射线管

aloxite 铝砂

Alplate method 镀铝法，镀镁法，镀铍法

Alramenting 表面磷化(保护钢铁表面)

Alray 镍铬铁耐热合金

alsex 铝塞克斯合金

alsia 阿尔西阿铝硅合金

Alsifer 阿尔西非铁硅铝磁性合金(铝20%，铁40%，硅40%)

alsi-film 铝硅片(防油防热材料)

Alsimag 阿尔西玛格铝硅镁合金(一种高频绝缘材料)

Alsimin 阿尔西明硅铝铁合金(硅45%铝15%其余铁代替铝作脱氧剂)

Alsiron (日本)三菱牌铝铸铁，耐热耐酸铝铸铁(铝9%，硅1%，其余铁，碳)

Altam 阿尔旦姆钛合金

Altazimuth　地平经纬仪

alter　(1) 交替, 变更, 变化, 变换;(2) 改变, 改造, 改建;(3) 修改

alter polarity　交替极性, 变更极性

alterability　可变性

alterable　可改变的, 可修改的, 可改动的

alterant　(1) 致变质;(2) 变质剂, 变色剂;(3) 改变的, 变质的

alterate material　代用材料

alteration　(1) 变色;(2) 校改;(3) 改变, 改造, 改建, 变更, 变化, 变动, 变换, 更改, 变形, 变质, 蚀变

alteration and improvement (=AI)　变更与改进

alteration switch　变换开关

alterative　(1) 改变的;(2) 变质剂

altered symbol　交变符号

altern　对称交替晶体

alternando　更比定理

alternant　(1) 交错行列式, 交替函数;(2) 交替形式;(3) 交替的, 互换的

alternate　(1)交替, 交错, 交变, 交流, 更迭, 更换, 更替, 选择, 轮流, 相间;(2)区别;(3) 交替的, 交变的, 交错的, 交流的, 交换的, 轮流的, 轮换的, 更迭的, 间隔的, 间歇的, 断续的, 另外的;(3) 可代替的, 备用的, 补充的;(4) 比较方案;(5) 互生的;(6) 代替者, 代理人;(7) {数} 错比例

alternate angle　相反位置角, 交错角, 对角

alternate arm　相邻臂

alternate ball　隔离球

alternate blade cutter　双面 [铣] 刀盘

alternate block　交变部件

alternate channel　备用信道, 替代信道, 交替信道, 更替信道, 相隔通道

alternate-channel interference　相隔信道干扰

alternate channel interference　相间信道干扰

alternate control　交流控制

alternate design　比较设计 [方案]

alternate direction　交流方向, 交替方向

alternate exterior angle　外错角

alternate form　替换式

alternate fuel　石油燃料代用品, 人造液体燃料, 代用燃料

alternate function　交错函数

alternate interior angle　内错角

alternate joint　(1) 错列式接缝, 错缝;(2) 错列式接头

alternate lay　(钢丝绳)混合捻

alternate layout　比较设计 [方案]

alternate-line scanning　隔行扫描

alternate load　交变负载, 交变载荷, 交替载荷, 交替荷载, 交变荷载, 反复荷载

alternate magnet　交置磁铁

alternate material　替换材料, 代用材料

alternate matrix　交错矩阵

alternate method　叠代法, 交错法

alternate molecular orbital method　交替分子轨道法

alternate motion　交替运动, 往复运动, 变速运动

alternate orbital　交替轨道

alternate path retry　交替通路再试 [装置]

alternate proportion　交错比例

alternate routing　更替通道

alternate-row mask　变行掩蔽模

alternate scanning　隔行扫描

alternate strain　交变应变

alternate stress　交变应力

alternate tooth slot　[刀具] 交错齿槽

alternate tooth slot milling cutter　交错齿槽铣刀

alternate track　交替磁道

alternating　(1) 交错的, 交变的, 交替的, 交换的, 变动的, 振荡的, 反复的;(2) 斜对称的, 反对称的;(3) 交流的

alternating axis of symmetry　交错对称轴

alternating bending　反复弯曲

alternating block　交变部件

alternating component (=AC 或 a-c)　交流成分, 交流分量

alternating-current　交流 [电] 的

alternating current (=AC 或 a-c)　(1) 交流电 [流], 交变电流, 交流;(2) 回转流

alternating-current ammeter　交流安培计

alternating-current amplifier　交流放大器

alternating-current analog computer　交流模拟计算机

alternating-current arc　交流电弧

alternating-current arc welding　交流电弧焊

alternating-current arc welding machine　交流弧焊机

alternating-current balancer　交流平衡器

alternating-current bridge　交流电桥

alternating-current bias　交流偏磁

alternating-current circuit　交流电路, 交变电路

alternating-current circuit theory　交流电路理论

alternating-current commutator motor　交流换向器电动机, 交流整流 [式] 电动机

alternating-current computer　交流计算机

alternating current continuous wave (=ACCW)　交流等幅波, 交流连续波

alternating-current coupling　交流耦合

alternating-current dialing (=AC&Dial)　交流拨号

alternating-current electromotive force　交流电动势

alternating-current erase　交流涂擦, 交流擦除

alternating-current erasing head　交流抹音磁头

alternating-current erasure　交流消音

alternating-current exciter　交流激励器

alternating-current generator　交流发电机

alternating current generator (=A)　交流发电机

alternating-current magnet　交流电磁铁

alternating-current magnetic biasing　交流磁偏置

alternating-current motor　交流电动机

alternating-current potentiometer　交流电势计

alternating-current power supply　交流电电源

alternating current receiver　交流接收机

alternating-current relay (=AC&REL)　交流继电器

alternating-current series motor　交流串激电动机, 交流串励电动机

alternating-current signalling system　交流信号系统

alternating current synchronous (=ACS)　交流同步

alternating-current trigger　交流触发器

alternating-current transformer　交流变压器

alternating-current transmission　交流传输

alternating-current tube　交流 [电子] 管

alternating-current two phase servo-motor　交流两相伺服电动机

alternating-current voltage　交流电压

alternating-current winding　交流绕组

alternating-direction implicit method　交错方向隐式法

alternating displacement　交变位移

alternating edge　交错边缘

alternating electromotive force　交变电动势

alternating expression　交错式

alternating field　交变磁场

alternating-field demagnetization　交变场退磁

alternating flashing (=ALTFL)　变色闪光的

alternating flux　交变磁通量, 交变通量

alternating function　交代函数

alternating-gradient　交变梯度的, 交变陡度的

alternating gradient (=AG)　交变梯度

alternating gradient accelerator　强聚焦加速器

alternating gradient focus　交变梯度磁场聚焦

alternating-gradient focusing　交变梯度聚焦, 可变梯度聚焦, 强聚焦

alternating gradient synchrotron (=AGS)　交变磁场梯度同步加速器, 变梯度回旋加速器

alternating-gradient theory　交变梯度理论, 强聚焦理论

alternating impact machine　交变冲击试验机

alternating load　交变负载, 交变载荷, 交替载荷, 交变荷载, 交替荷载, 反复荷载

alternating magnetization　交变磁化

alternating matrix　交错矩阵

alternating motion　往复运动, 变速运动

alternating series　交错级数

alternating servo　交流伺服系统

alternating share　交错部分, 斜对称部分

alternating strength　抗交变强度

alternating stress　交变应力, 交替应力, 反复应力

alternating stress amplitude　交变应力振幅

alternating stress intensity　交变应力强度

alternating stress machine　交变应力试验机

alternating sum　交错和

alternating theorem　择一定理

alternating torque　交变转矩

alternating voltage　交变电压

alternation　(1)交互变化, 反复变化, 反复变换, 交替, 交错, 交变, 变换,

变更, 更替, 更迭, 改变, 轮流, 穿插, 间隔, 循环; (2) 交流; (3) 交流电半周期, 交变量半周期, 交流半波, (4) 交替工作; (5) {数} 错列; (6) {计} "或"; (7) 区别, 种类

alternation gate {计} "或" 门

alternation law 更迭 [定] 律

alternation of cross-section 截面改变

alternation switch (=ASW) 变换开关, 交替开关

alternative (1) 交替的, 交变的, 交错的, 交流的, 交换的, 变更的, 更迭的, 替换的; (2) 二中择一的, 比较的, 备选的, 其它的; (3) 比较方案, 二者择一, 取舍, 选择; (4) 选择对象, 替换物

alternative denial gate {计} "与非" 门

alternative design 比较设计方案

alternative feeder 交替喂纱导纱器

alternative fuel 石油燃料代用品, 人造液体燃料, 代用燃料

alternative form 交错形式

alternative gear ratios (变速器, 末端传动等) 可供选择的不同传动比

alternative hypothesis 备择假设

alternative material 代用材料

alternative method 交替法, 补充法, 变异法

alternative motion 往复运动; 交替运动

alternative project 比较设计方案

alternative slot winding 交叉槽式绕组

alternative ways 可供选择的两种 [以上] 方法

alternatively (1) 二中择一地, 两者择一地, 交替地, 互换地; (2) 用另一种方法, 换句话说, 另一方面, 或者反过来, 要不然

alternatively hot and cool 冷热交替

alternativity 两个行动步骤间任选其一的能力

alternator (1) 交流发电机, 同步发电机; (2) 振荡器; (3) 列威 - 茨威张量密度置换符号, 排列符号, 交替符

alternator-transmitter (1) 高频发电机; (2) [高频] 发电机式发射机

alterni- 交替的, 交错的

alternizer 交错化

although 虽然, 即使, 尽管, 不过

alti- (1) 高的; (2) (飞行) 高度

altichamber (1) 气压检定箱; (2) 气压试验室; (3) 高空 [模拟] 试验室

altielectrograph 高空电位计

altierfen [铁表面的] 渗铝法

altigraph 高度记录仪, 高度自记仪, 高度计, 气压计

altimeter (=A) 高度表, 高度计, 高度仪, 高程计, 测高计, 测高仪

altimetric 测高的

altimetric point 高程点

altimetry 沸点测高法, 测高学

altimolecular 高分子的

alti(peri)scope 对空了望镜, 隔物望远镜, 测高镜

altitude (=A) (1) 地平纬度; (2) 高空, 高度, 高程, 海拔, 标高; (3) 顶垂线, 高线, 极点, 极度; (4) 飞行高度; (5) 垂直距离; (6) 高位, 水位

altitude acquisition technique (=AAT) 高空探测技术

altitude angle 高低角, 仰角

altitude blower 高空增压器

altitude capability 可达高度, 升限

altitude capsule 真空膜盒, 气压计盒

altitude chamber 高空试验室, 模拟试验室, 高度室, 压力室

altitude charging 高空增压

altitude-circle 地平经圈, 等高圈

altitude circle (1) 竖直度盘; (2) 地平经圈

altitude control 高度控制

altitude correction 高度修正

altitude difference 高 [度] 差

altitude ga(u)ge 测高计, 测高仪, 高度计, 高程计

altitude gain 升高

altitude grade gasoline 高空使用级汽油, 高海拔级汽油

altitude level 测高水准仪

altitude-limit indicator 极限高度指示器

altitude-line clutter 垂线杂波

altitude-marking radar 标高雷达

altitude mixture control (燃料空气混合比) 海拔调节, 高度调节

altitude rocket 高空探测火箭

altitude simulation 高空模拟, 高度模拟

altitude-tint 用颜色表示高程的, 着色高程的

altitude-tint legend 高程表

altitude transmitting selsyn 仰角自动同步传送机

altitudinal 海拔高度的, 高度的

altmag 阿特马格铝镁合金

Alto steel 加铝镇静钢

altometer 经纬仪

Alubond method 铝化学防蚀薄膜法

aludip (钢板) 热浸镀铝

aludipping 热浸镀铝 [法]

aludirome 阿鲁特罗姆铁铬铝合金, 铁铬铝系电炉丝

Aludur 硬铝系铝合金, 阿鲁杜合金, 铝镁合金

alufer (1) 耐蚀铝锰合金, 铝合金; (2) 铝合金钢板, 包铝钢板

aluflex (电缆电线用) 锰铝合金

alum 明矾, 白矾

aluma 阿留马铝合金

alumag (1) 铝镁合金; (2) 硅酸镁, 氢氧化铝混合物

Alumal 铝锰合金

Aluman 含锰锻造用铝合金

alumatol 阿鲁马突尔 (硝铵、铝粉炸药)

Alumel 阿鲁梅尔镍基电阻合金, 镍基锰合金, 铝镍合金

alumel-chromel 镍铝 - 镍铬合金

alumel-chromel thermocouple 镍基合金 - 铬基合金温差电偶, 镍铝 - 镍铬热电偶

alumen 矾

alumetized steel 渗铝钢

alumigel 氢氧化铝

alumina (=alumine) 铝土, 氧化铝

alumina cement 高铝水泥

alumina ceramic bit 矾土陶瓷车刀

alumina procelain 矾土陶瓷, 高铝瓷器

aluminate 铝酸盐

aluminaut (美) 铝合金潜艇

Aluminibond method 钢芯铝制品的热浸镀铝后铸着法

aluminiferous 含铝的

aluminithermic 铝热的

aluminithermic weld(ing) 铝热 [剂] 焊

aluminium {化} 铝 Al

aluminium-alloy 铝合金

aluminium alloy 铝合金

aluminium alloy cage 铝合金保持架

aluminium alloy wire 铝合金线

aluminium anode cell 铝阳极电池

aluminium-backed 覆铝的

aluminium-barium chart 铝钡状态图

aluminium base alloy 铝基合金

aluminium(-)base grease 铝基脂, 铝基润滑脂

aluminium bearing 铝基合金轴瓦

aluminium brass 铝黄铜

aluminium-bronze 铝青铜

aluminium bronze 铝青铜

aluminium bronze casting 铝青铜铸件

aluminium cable 铝芯电缆

aluminium cable steel reinforced (=ACSR) 钢芯铝 [绞] 线, 钢芯铝电缆

aluminium casting 铝铸造, 铸铝

aluminium-cell arrester 铝 [管] 避雷器

aluminium clad iron 镀铝铁板, 铝包铁板

aluminium-clad wire 包铝钢丝

aluminium-coated 覆铝的

aluminium coated iron 覆铝铁

aluminium coating (1) 热镀铝法; (2) 包铝钢

Aluminum Company of America (=AA) 美国铝公司

aluminium conductor steel reinforced (=ACSR) 钢芯铝 [绞] 线

aluminium-copper 铝铜合金

aluminium copper alloy 铝铜合金

aluminium-copper-iron 铝铜铁合金

aluminium-deoxidized 用铝脱氧的

aluminium die-casting 压铸铝件

aluminium-foil 铝箔

aluminium-foil scrap 废铝箔

aluminium for wire drawing 铝线锭

aluminium-gate 铝栅

aluminium grease 铝皂润滑脂

aluminium housing 铝制箱体

aluminium impregation 渗铝, 铝化

aluminium-killed steel 铝镇静钢

aluminium killed steel 铝镇静钢

aluminium-leaf 铝箔
aluminium-manganese 铝锰合金
aluminium magnesium 铝镁合金
aluminium magnesium alloy 铝镁合金
aluminium-nickel steel 铝镍钢
aluminium oxide 氧化铝，矿物陶瓷
aluminium oxide cloth 氧化铝砂布
aluminium oxide tool 氧化铝陶瓷刀具
aluminium paint 铝粉涂料，银灰漆，铝漆
aluminium plate 厚铝板
aluminium-plated steel 包铝钢
aluminium plating 镀铝
aluminium powder metallurgy alloys 铝粉末冶金合金
aluminium powder metallurgy product 铝粉末冶金制品
aluminium product 铝制品，铝材
aluminium rectifier 铝[电解]整流器
aluminium sheath 铝护套
aluminium sheathed cable 铝包电缆
aluminium sheet 薄铝板，铝片
aluminium-silicon 铝硅合金
aluminium silicon alloy 铝硅合金
aluminium solder 铝焊剂，铝焊料，铝钎料
aluminium soldering 铝钎焊
aluminium speaker 铝膜扬声器
aluminium steel 渗铝钢
aluminium-steel cable 钢芯铝电缆
aluminium-tin 铝锡合金
aluminium-tin bearing 铝锡合金轴瓦
aluminium wire 铝线
aluminium zinc 铝锌合金
aluminize 铝化处理，用铝浸镀，镀铝，涂铝，敷铝，渗铝
aluminized [浸]镀铝的，渗铝的，敷铝的，铝化的
aluminized phosphor 铝化磷气体
aluminized picture tube 铝背显像管
aluminized screen 铝化荧光屏，涂铝荧光屏
aluminized steel [热浸]镀铝钢，渗铝钢
aluminizer 镀铝膜
aluminizing (1)渗铝[法]；(2)蒸[发]铝，镀铝，涂铝，喷铝，铝化
alumino- (词头)铝
alumino-ferric 铝铁剂
alumino-nickel 铝镍合金
alumino-thermal 铝热的
aluminography 铝版印刷术
aluminon 铝试剂，试铝灵
aluminosilicate 铝硅酸盐，硅酸铝
aluminothermic 铝热的
aluminothermic method 铝热剂焊接法
aluminothermic welding 铝热剂焊接，铸焊
aluminothermics 铝热剂，铝热法
aluminothermy 铝热[法]
aluminotype 铝凸版
aluminous [含有]铝土的，铝的，矾的
aluminous cement 高铝水泥，矾土水泥
aluminous slag 高铝炉渣
aluminum (=aluminium) {化}铝 Al
aluminum alloy 铝合金
aluminum asbestos protective clothing 铝质石棉防护服
aluminum-cell arrester 铝[管]避雷器
aluminum-group 铝族
aluminum oxide (=A) 氧化铝
aluminum oxide cloth 氧化铝砂布
aluminum oxide regular abrisive 氧化铝标准磨料
aluminum sheet 铝板
aluminum silicon (=ALSI) 硅铝合金
aluminum-steel cable 钢芯铝电缆
alumiseal 铝密封
alumite (1)(表面有电解氧化膜的)防蚀铝，防腐铝，耐酸铝，耐热铝，铝氧化膜，氧化铝膜，(2)明矾石
alumite process 氧化铝膜处理法
alumite wire 防蚀铝线，耐酸铝线
alumoberyl 金绿宝石
alums 明矾
alundum 烧结刚玉，人造刚玉，氧化铝
alundum furnace 刚玉管炉

Alusil 硅铝胶
alusil alloy 阿鲁西尔铝硅合金
alutabs 阿路塔布斯(一种光腾氢氧化铝片，解酸剂)
Alvar 阿尔瓦乙烯树脂
alw (=allowance) (1)容差，公差；(2)余量；(3)间隙
Alzak aluminium 铝制金属反射镜
Alzak method
alzen 阿尔琴铝锌合金
AM broadcast transmitter 调幅广播发射机 (AM=amplitude modulation 振幅调制，调幅)
AM-FM converter 调幅调频变换器 (FM=frequency modulation 频率调制，调频)
AM-PM coefficient 调幅 - 调相系统 (PM=phase-modulation 相位调制，调相)
AM noise 调幅噪声
AM receiver 调幅接收机．调幅收音机
AM transmitter 调幅发射机
amagmatic 无磁性的
amain (1)在斜井中矿车脱钩；(2)降下中桅帆
amalgam 汞合金
amalgamation 汞合金化
amalgamator (1)混汞机；(2)操纵混汞机的人
amassette (法)刮刀
amateur 业余者
amateur band 业余波段，业余频段
amateur frequency band 业余频带
amateur portable mobile station 业余者移动电话
amateur radio 业余无线电
amateur radio operator 业余无线电员
amateur radio receiver 业余无线电爱好者接收机
amateur radio service 业余无线电业务
amateur radio station 业余无线电台
amateur station 业余电台
amateur station call letter 业余电台呼号
amateur television 业余电视
amberite 苯酚甲醛离子交换树脂
amberlyst 一种大孔树脂
amberplex 一种离子交换膜
amberwood 酚醛树脂胶合板
ambience (=ambiance) 周围的气氛，环境，周围
ambient (1)环绕空间，环境；(2)周围的大气层；(3)环境的，周围的，外界的；(4)包围着的，环绕的，绕流的
ambient air 周围空气，大气
ambient air temperature 环境[空气]温度
ambient condition 周围条件，环境
ambient light 侧面光，周围光，外来光
ambient light filter 保护滤光器
ambient noise 环境噪声
ambient temperature (=AT) (1)周围温度，环境温度，(2)室温
ambient temperature conditions 周围温度状况
ambiguity (1)不明确，模糊，含糊，分歧，错读；(2)多义性，二义性，歧义性，二重性，双重性，双值性，不定性，非单值性；(3)双原子价，双化合价
ambiguity function 模棱度函数，含糊函数
ambiguous (1)模棱两可的，不明确的，含糊的；(2)双重意义的，二义性的，歧义的，分歧的；(3)双原子价的，二价的
ambiguous clause 含义不明条款
ambiguous symbol 歧义符号
ambiguous tracking 模糊跟踪，多值跟踪
ambilateral (1)在两边的，(2)两方面的
ambiophonic system 立体混响系统
ambiplasma 双极性等离子体
ambipolar 双极性的，二极的
ambipolarity 双极性
ambit 境界，范围，周围，界线，轮廓，外形，回路
ambitus 周边
Ambrac 安布拉克铜镍合金
ambrain 人造琥珀
Ambraloy 安布拉铜合金
ambroid 安伯罗德合成琥珀，人造琥珀
ambroin 安伯罗因绝缘塑料，人造琥珀
ambulance (1)救护飞机，救护车，救护船，救护艇；(2)野战医院，流动医院
ambulator 测距仪，测距计，测距器

ambulet　流动救护车
amendment　(1) 修正 [量]；(2) 修改
amendment advice　修改通知书
amendment commission　修改手续费
amendment file　改正文件
amendment list (=AL)　修正品名表
amendment of contract　修改合同
America (=A)　美国
American (=A)　美国人的，美国的
American Academy of Arts and Sciences (=AAAS)　美国艺术和科学研究院
American Academy of Science (=AAS)　美国科学院
American Armament Corporation (=AAC)　美国军械公司
American Association for the Advancement of Science (=AAAS)　美国科学促进会
American Association of Engineer (=AAE)　美国工程师协会
American Association of Scientific Workers (=AASW)　美国科学工作者协会
American Astronautical Society (=AAS)　美国宇宙航行协会
American Automatic Control Council (=AACC)　美国自动控制委员会
American Automobile Association (=AAA)　美国汽车协会
American Boiler Manufacturers Association and Affiliated Industries (=ABMA)　美国锅炉制造商协会及附属工业
American Bureau of Shipping (=ABS)　美国海运局
American Bureau of Standards (=ABS)　美国标准局
American coarse thread　美国粗牙螺纹
American Electromechanical Society (=AES)　美国机电学会
American Electronical Society (=AES)　美国电子学会
American Electroplater's Society (=AES)　美国电镀工作者协会
American Engineering Standards Committee (=AESC)　美国工程标准委员会
American filter　圆板过滤器
American Foundrymen's Association (=AFA)　美国铸造工作者协会
American gallon (=AG)　美制加仑
American gauge　美国度量规
American gauge design standard (=AGDS)　美国量测仪表设计标准
American Gear Manufacturers Association (=AGMA)　美国齿轮制造商协会
American Institute of Aeronautics and Astronautics (=AIAA)　美国航空与星际航行协会，美国航空与宇宙航行协会
American Institute of Electrical Engineers (=AIEE)　美国电气工程师协会
American Institute of Electronic Engineers (=AIEE)　美国电子工程师协会
American Institute of Industrial Engineers (=AIIE)　美国工业工程师协会
American Institute of Mining and Metallurgy Engineer (=AIMME)　美国采矿和冶金工程师协会
American Institute of Refrigeration (=AIR)　美国制冷学会
American Institute of Steel Construction (=AISC)　美国钢结构学会
American Institute of Weights and Measures (=AIWM)　美国度量衡学会
American Iron and Steel Institute (=AISI)　美国钢铁协会，美国钢铁学会
American Machine-Tool Builder's Association (=AMTBA)　美国机床制造业协会
American Metallurgical Society (=AMS)　美国冶金学会
American National screw thread　美国标准螺纹
American National Standard Thread Form　美国标准螺纹牙型
American National Standards (=ANS)　美国国家标准
American National Standards Institute (=ANSI)　美国国家标准协会，美国国家标准研究所
American Nuclear Society (=ANS)　美国核能学会
American Patent (=AP)　美国专利
American pipe thread　美制管螺纹
American screw thread　美制螺纹
American Society for Metal (=ASM)　美国金属学会
American Society for Quality Control (=ASQC)　美国质量控制协会，美国质量检查学会
American Society for Testing Materials (=ASTM)　美国材料试验学会
American Society of Mechanical Engineers (=ASME)　美国机械工程师协会
American Society of Metal　美国金属协会
American Society of Naval Engineers (=ASNE)　美国造船工程师协会

American Society of Refrigeration Engineers (=ASRE)　美国冷冻工程师学会
American Society of Testing Material (=ASTM)　美国材料试验学会
American Society of Tool and Manufacturing Engineers (=ASTME)　美国工具与制造工程师学会
American Society of Tool Engineers (=ASTE)　美国工具工程师学会
American Standard (=AS)　美国标准
American Standard Coarse Thread　美国标准粗牙螺纹
American Standard Code for Information Interchange (=ASCII)　美国信息交换标准代码
American Standard Fine Thread　美国标准细牙螺纹
American standard internal straight pipe threads　美国标准内直管螺纹
American Standard pipe thread　美国标准管螺纹
American Standard Straight Pipe Thread　美国标准直管螺纹
American standard straight pipe thread for lock-nuts　美国标准锁紧螺母直管螺纹
American standard straight pipe thread for mechanical joints　美国标准机械接头直管螺纹
American standard straight pipe threads for hose couplings and nipples　美国标准软管接头和接嘴直管螺纹
American standard straight pipe threads for pressure-tight joints　美国标准压密接头直管螺纹
American standard straight pipe threads in coupling　美国标准接头直管螺纹
American Standard system of limits　美国标准公差制
American Standard Taper Pipe Thread　美国标准锥 [形] 管螺纹
American standard taper pipe thread for railing fittings　美国标准栏杆用锥形管螺纹
American Standard Thread　美国标准螺纹
American Standards (=Amer Std)　美国标准
American Standards Association (=ASA)　美国标准协会
American Standards Committee (=ASC)　美国标准委员会
American Standards for Testing Material　美国材料试验标准
American Standards test manual (=ASTM)　美国标准试验手册
American Steel and Wire Gage (=AS&WG)　美国线径规 (包括钢丝线及其他金属线)
American Steel Foundrymen's Association (=ASFA)　美国钢铁铸造工作者协会
American system　美 [国] 制 [度]
American Telephone and Telegraph Co. (=ATT)　美国电话电报公司
American Trucking Association (=ATA)　美国汽车运输商协会，美国汽车货运协会
American War Standard (=AWS)　美国战时标准
American Welding Institute (=AWI)　美国焊接协会
American Welding Association (=AWS)　美国焊接学会
American Wire Gauge (=AWG)　美国线规
Americium　{化} 镅 Am
americium alloy　镅合金
americum leather　油布
americyl ion　镅酰离子
ameripol　(1) 人造耐油橡胶；(2) 低压聚乙烯
AMF alloy　AMF 镍铁耐蚀合金 (镍 47-50%，碳 0.1-0.2%，锰 1-2%，其余铁)
amiant　石棉
amilan　聚酰胺树脂，聚酰胺纤维
ammeter (=A)　安培计，电流计，电流表
ammonia　氨 NH_3
ammonia gas nitriding　氨气氮化 [处理]
ammonia gelatin　硝酸氨胶质炸药
ammonia liquor　粗氨水，氨液
ammonia soda　氨法 [制的] 苏打，氨法碳酸钠
ammoniacum　氨 [树] 脂，氨草酸
ammoniate　氨合物
ammoniator　氨熏机，氨化器
ammonification　(1) [分解] 成氨 [作用]；(2) 加氨
ammoniogen　生氨剂
ammoniogenesis　生氨作用
ammoniomagnesium phosphate　磷酸氨镁
ammoniometer　氨量计
ammonium　铵
ammonium bicarbonate　碳酸氢铵
ammonium carbamate　氨基甲酸铵
ammonium hydrogencarbonate　碳酸氢铵

ammonium sulfate　硫酸铵
ammonium sulfide　硫化铵
ammonobase　氨基金属
ammonolysis　氨解[作用]
ammonolyze　氨解
ammonpulver　铵炸药,硝铵发射药
ammunition　(1)弹药,军用爆炸品;(2)投掷物
ammunition identification code (=AIC)　弹药标志略号
ammunition scuttle　输弹口
Amoco　(1)乙烯均聚物;(2)(缩)美国石油公司
Amogel　阿莫格尔炸药
among (=amg)　在……中间
amorphous solid　非晶固体
amort winding　阻尼绕组
amortisseur　阻尼器,消音器
amortisseur winding　阻尼绕组
amortization　减震,阻尼
amortization cost　偿还资金,偿还费
Amos surface gage　爱姆司平面量规
amount　(1)[数]量,[数]值,大小;(2)度;(3)总额(=Amt),总数,合计,总计;(4)物质[总]量,材料用量
amount of addendum modification　径向变位量(齿轮)
amount of agitation　搅拌强度,搅拌量
amount of air　空气量
amount of available memory　可用存储空间
amount-of-change scale　等差尺度
amount of contraction　收缩量
amount of deflection　扰[曲]度值,偏差数值
amount of end relief　齿端修缘量
amount of energy　能量
amount of feed　(1)进给量,(2)进刀量
amount of gas evolved　除气率,脱气量
amount of inclination　(1)倾角;(2)倾斜度
amount of information　信息量
amount of insurance in force　现行保险额
amount of metal　金属量
amount of modulation　调制率,调制度
amount of porosity　孔隙度
amount of protuberance　凸起量
amount of stock left for grinding　磨削留量
amount of tip relief　齿顶修缘量
amount of traffic　运输量
amount of yaw　偏航角值,偏航量
amovability　从特定的位置移动的可能性
ampacity　安载流容量
Ampco　铝铁青铜
Ampcoloy　耐蚀耐热铜合金
amperage　(1)电流量,电流强度;(2)安培数
ampere (=A 或 amp)　{物}安培(电流单位)
ampere-balance　安培秤
ampere balance　安培秤
ampere-capacity　安培容量
ampere-conductors　安培导体
ampere-current　安培电流
ampere density　电流密度
ampere-foot　安培英尺
ampere-hour (=amp hr)　安[培小]时
ampere-hour capacity　安时容量
ampere-hour efficiency　安时效率
ampere-hour meter　安时计
ampere-meter (=am)　安培计,电流表
ampere meter　(1)安培计,电流表;(2)安培米
ampere-minute　安[培]分
ampere-second　安[培]秒,库仑
ampere second (=AS)　安[培]秒
ampere-turn　安[培]匝[数]
ampere turn (=AT)　安[培]匝[数]
ampere turn law　安匝数平衡定律,安匝数相等定律
ampere-turns　安[培]匝[数],安匝
ampere-turns factor　安匝系数
ampere-volt　伏安
ampere-volt ohm meter (=AVO meter)　(安伏欧)万能[电]表
ampere-volt regulator (=AVR)　安培-伏特调整器
ampere's law　安培定律

amperes per square inch (=apsi)　每平方英寸安培数
amperite　限流器,镇流[电阻]器
amperometric　测量电流的
amperometric titration　电流滴定法
amperometry　电流分析法
Ampex　安派克斯磁带录像机
amphenol connector　电缆接头,接线端子
amphibian　(1)两栖的;(2)水陆两用飞机,两栖飞机;(3)水陆两用坦克
amphibious　水陆两用的,两栖的
amphibious aircraft　水陆两用飞机
amphibious mine　浅江河水雷
amphibious tank　水陆坦克
amphibious vehicle　水陆两用汽车
amphicar　水陆两用车,两栖汽车
amphimixis　两性融合
amphimorphic　二重的
amphion　两性离子
amphistomatic　两面气孔的
amphistomatou　两面气孔的
ampholyte　两性电解质,双极性电解物
ampholytoid　两性胶体
amphotere　两性元素
amphoteric　两性的
amphoteric electrolyte　两性电解质
amphoteric element　两性元素
amphotericity　两性性质
amphoterics　两性表面表面活性剂
amphoterism　两性现象,两性性质
amphtrac　水陆履带牵引车
ampiltron　工业用 2856Mc 直线加速器
ample evidence　充分证据
ample power　[强]大功率
ampli-filter　放大-滤波器
ampliate　(1)扩大的,扩张的,膨大的;(2)外缘突出的
ampliation　运动因果错觉
amplidyne　直流功率放大器,[微场]电机放大机,交磁放大机
amplidyne generator　微场扩流发电机,微场电流放大机,放大发电机,电机放大器
amplidyne servomechanism　电机放大伺服机构
amplification (=A 或 amp)　(1)放大系数,放大倍数,放大作用,放大[率];(2)加强,增强,增幅,增益,激励;(3)扩大,扩张,扩充,膨胀;(4)推广,详述
amplification coefficient　放大系数
amplification constant　放大常数
amplification control　增益控制
amplification limit frequency　放大极限频率
amplification ratio　放大率
amplificative　放大的,扩大的
amplified AVC　放大式自动音量控制 (AVC=automatic volume control 自动音量控制)
amplifier (=A 或 amp)　(1)放大[透]镜,放大器,放大机,放大杆;(2)扩大器,扩音器,增音器,增强器,增幅器;(3)增强剂
amplifier channel　放大信道
amplifier factor　放大因数
amplifier-filter-recorder system　放大-滤波-记录系统
amplifier gain　放大器增益
amplifier in　放大器输入端,接放大器端
amplifier input (=AI 或 amp in)　放大器输入
amplifier-inverter　倒相放大器,放大器-倒相器,放大器-换流器
amplifier-inverter stage　放大倒相极
amplifier out　放大器输出端
amplifier output (=AO 或 amp out)　放大器输出
amplifier-rectifier　放大整流器
amplifier-rectifier trolly　放大-整流装置
amplifier section　放大部分
amplifier stage　放大级
amplifier tube　放大管
amplifier valve　放大管
amplify　(1)放大,扩大,扩音,扩张,增强,增幅,加强;(2)充实,推广,详述,引伸发挥,展开;(3)加大尺寸,加大容量;(4)[通过换流器]放大输出功能
amplify of bipolar transistor　双极晶体管放大
amplifying klystron　速调放大管,放大速调管

41

amplifying power　放大能力
amplifying system　扩声系统
amplifying transformer　放大用变压器
amplifying tube　放大[电子]管
amplistat　自反馈式磁放大器,内反馈式磁放大器,自激磁放大器
amplitrans　特高频功率放大器(一种磁放大器)
amplitron　特高频功率放大管,增幅管
amplitude (=A)　(1)幅;(2)振幅,幅度,波幅,摆幅,幅频;(3)射程,
　　距离,范围,作用,半径;(4)广阔,充足,丰富
amplitude adjustment　振幅调整
amplitude attenuation　振幅衰减
amplitude balance　振幅平衡
amplitude characteristic　振幅特性[曲线]
amplitude coefficient　振幅系数
amplitude-comparison monopulse technique　单脉冲比幅技术
amplitude-controlled rectifier　幅控整流器
amplitude discriminator　振幅鉴别器
amplitude-distortion　振幅失真,幅度畸变,波幅畸变
amplitude distortion　振幅失真
amplitude filter　振幅滤波器
amplitude-frequency　振幅频率,幅度频率
amplitude-frequency characteristic　振幅频率特性
amplitude-frequency distribution　振幅频率分布
amplitude frequency response characteristics　放大响应特性
amplitude gate　振幅选通器,双向限幅器
amplitude-gating circuit　振幅选通电路
amplitude hologram　振幅全息图
amplitude-level measurement　振幅电平测试
amplitude light modulator　光调幅器
amplitude limit　振幅限制,限幅
amplitude-limited　限幅的
amplitude limiter　振幅限制器,限幅器
amplitude-modulated　振幅调制的,调幅的
amplitude-modulation　振幅调制,调幅
amplitude modulation (=AM)　振幅调制,调幅
amplitude modulation factor　调幅度系数
amplitude modulation, high frequency (=AMHF)　高频调幅
amplitude modulation measurement　调幅测量
amplitude modulation phase modulation　调幅-调相转换
amplitude modulation system　调幅系统
amplitude modulation transform　调幅变压器
amplitude modulator　调幅器
amplitude noise control gate　噪声电平限幅器,噪声振幅控制门
amplitude of accommodation　调节幅度
amplitude of beat　跳动振幅,拍频振幅,差[拍]幅
amplitude of oscillation　振[荡]幅[度]
amplitude of stress　应力幅度
amplitude of vibration　振[动]幅[度]
amplitude peak　最大幅度,幅峰
amplitude-phase response　幅度相位响应
amplitude-quantized control　幅度量化控制
amplitude quantizing　振幅量化,幅度分层
amplitude-quantizing tube　振幅量化管
amplitude range　振幅范围,幅度范围
amplitude-response curve　振幅特性曲线
amplitude response curve　振幅反应曲线
amplitude selector　振幅选择器
amplitude separation　振幅区分
amplitude shift keying (=ASK)　幅[度漂]移键控
amplitude shifting circuit　振幅推移电路
amplitude stabilizer　稳压器,稳幅器
amplitude step time　阶跃波时间,台阶延迟时间
amplitude-suppression ratio　幅度抑制比
amplitude variation　幅度偏差
amplitude versus frequency characteristic　幅度频率特性曲线
amplitude-versus-frequency curve　[振]幅-频[率]特性曲线
amplitude-vs-frequency distortion　幅度-频率畸变
amply　(1)广大地,广泛地;(2)详细地,充足地,十分
amputation　截除
Amsler tester　阿姆斯勒试验机
Amsler's universal tester　阿姆斯勒万能试验机
AMT prospecting system　声频磁大地电流勘探系统
amtrack　履带式登陆车,水陆两用车辆
an assortment of goods　一批品色俱全的货物

AN connector　标准连接器
an-　(词头)缺,无,非
ana-　(词头)上,后,再,向上,向后,类似,过度,过多,经过,沿着
anacampsis　(1)弯曲;(2)折射
anacamptic　反射的
anacamptics　反射光学
anacamptometer　反射计
anaclasis　(1)光折射;(2)反射作用
anaclastic　屈折的,由折射引起的
anacom (=analog computer)　模拟计算机
anacoustic　隔音的,微音的,弱音的
anaflow　上升气流
anafront　上滑锋
anaglyphoscope　反视镜
anaglyphoscope viewer　立体影片眼镜,补偿色体视镜
anakinesis　高能化物合成
anakinetomere　(1)高能物质;(2)活化分子
anakinetomeric　高能的
analar　高纯度化学剂
analemma　(1)地球正投影仪;(2)8字形分度标
anallatic　(1)光学测远机;(2)测距的
anallatic lens　移准距点透镜,测距透镜
anallatic point　标准距离点,准矩点
anallatic telescope　视距望远镜
Analmatic　自动检查分析装置
analog (=analogue)　(1)模拟;(2)类似,相似,类比,比拟;(3)模拟
　　计算机,模拟系统,模拟设备,模拟装置,模拟信息,模拟量;(4)用
　　连续可变物理量表示数据的;(5)模拟计算机的;(6)结构类似物
analog approach　模拟法求解;相似法解题
analog communication　模拟通信
analog comparator　模拟比较器
analog computation　模拟计算
analog computer (=AC)　模拟计算机
analog correlator　模拟相关函数分析仪;模拟相关器
analog data　模拟数据
analog data recorder and transcriber (=ADRT)　模拟数据记录器与转
　　换器
analog device　模拟装置
analog differential analyzer (=ADA)　模拟微分分析器
analog-digital-analog converter (=ADAC)　模拟-数字-模拟转换器
analog-digital commutator　模[拟]-数[字]转换装置
analog-digital converter (=ADC)　模拟数字转换器
analog digital converter　模拟数字变换器,模拟数字转换器
analog digital integrating translator (=ADIT)　模拟-数字综合转换器
analog divider　模拟除法器
analog electronic computer (=AEC)　模拟电子计算机
analog/hybrid computer programming　模拟与混合计算机程序设计
analog indicator　模拟指示器
analog input　模拟输入
analog input operation　模拟输入操作
analog machine　模拟机,模拟设备
analog manipulation　模拟处理
analog memory　模拟存储器
analog method　模拟方法
analog model　模拟模型
analog multiplexer　模拟转换开关
analog multiplier　模拟乘法器
analog nest units　模拟组合装置
analog network　模拟网络
analog output　模拟输出
analog plotter　模拟绘图器
analog principle　类比原则
analog program tape (=APT)　模拟程序磁带
analog recorder　模拟记录器
analog recording　模拟记录
analog-regenerative connection　模拟再生连接
analog representation　模拟表示法
analog simulation　模拟仿真,类比模拟
analog signal　模拟信号
analog signal converter (=ASC)　模拟信号转换器
analog telemeter　模拟遥测仪,模拟遥测计
analog-to-digital　模拟数字
analog to digital (=A-D)　模拟数字
analog-to-digital converter　模拟[信息]-数字[信息]转换器,物理

量 - 数字转换器

analog to digital converter (=A-D converter)　模拟信息 - 数字信息转换器，模 [拟] 数 [字] 转换器

analog-to-digital programmed control　程控模 - 数转换

analog-to-frequency converter　模拟频率变换器，电压 - 频率变换器

analog to frequency converter　模拟频率变换器

analog translator (=ANATRAN)　模拟变换器

analog-type　模拟式的

analog voltage　模拟电压；连续变化电压

analogic(al)　类似的，相似的，模拟的，比拟的，类推的

analogical reasoning　类比推论

analogism　类比推理，类推 [法]，类比法

analogize　用类推法说明，比喻

analogous　(1) 类似的，相似的，类比的，模拟的；(2) 功能相同但结构不同的，同功的

analogous circuit　模拟电路

analogous element　模拟元素

analogous pole　热正极

analogous transistor　类比晶体管

analogue (= analog)　(1) 模拟；(2) 类似，相似，类比，比拟；(3) 模拟计算机，模拟系统，模拟设备，模拟装置，模拟信息，模拟量；(4) 用连续可变物理量表示数据的；(5) 模拟计算机的；(6) 结构类似物，相似物

analogue accelerator　模拟加速器

analogue circuit　模拟电路，等效电路

analogue computer　模拟计算机

analogue computing system　模拟计算装置，连续计算装置

analogue distributor　模拟量分配器

analogue divider　连续式除法器，模拟除法器

analogue equation solver　方程模拟解算器，方程模拟解算机

analogue filter　模拟 [信息] 滤波器

analogue input　模拟输入，电压输入

analogue line driver　（模拟计算机用）功率驱动器

analogue machine　模拟机

analogue operational unit　模拟运算部件

analogue procedures　模拟法

analogue pulse power　模拟脉冲功率

analogue quantity　模拟过程的物理量

analogue result　模拟 [试验] 结果

analogue scaling　定模拟比例因子

analogue simulation　连续过程的模拟，相似模拟

analogue to time to digital (=ATD)　模拟 - 时间 - 数字

analogue transistor　与三极电子管特性相似的晶体三极管，类比三极管

analogue type　模拟型

analogue voltage　连续变化电压，模拟电压

analogy　(1) 模拟；(2) 类比 [法]；(3) 比拟；(4) 类推；(5) 数学比例，比率；(6) 同功

analysable　可以分析的，可以分解的，可解析的，分解得了的

analysandum　有待于分析或解析的事物

analysans　供分析或解析的事物

analyse (=analyze)　(1) 分析研究，分析；(2) 解析；(3) 分解

analyser (=analyzer)　(1) 试验资料分析仪，数据分析器，试验装置，分析仪，分析机，分析器，测定器，解析机，试验器；(2) 分离器，检偏器，检偏镜，分析镜，分光镜；(3) 万用表；(4) 吸收器；(5) 分析程序，分析算法；(6) 模拟装置

analysis (复 analyses)　(1) 分析，分解；(2) 分解表达式，解析；(3) 化学分析，化学分解，(4) 演绎法；(5) 逻辑分析法；(6) 分析图表定名法；(7) 研究，验定

analysis by titration　滴定 [分析] 法

analysis certificate　化验证明

analysis filter　分光滤色片

analysis method　分析法，解析法

analysis of acceleration　加速度分析

analysis of covariance (=ANCOVA)　协方差分析

analysis of oscillogram　波形图分析

analysis of spare parts change (=ASPC)　备件更换分析

analysis of variance　方差分析，方差分解，离散分析

analysor　分析器，分析体

analyst　(1) 分析工作者，化验员，分析员；(2) 系统分析专家

analyst-programmer　程序分析 [人] 员

analyste　[被] 分析物

analytic (=analytical)　(1) 分析的，分解的；(2) 逻辑分析的；(3) 用分析法的；(4) 分析物，分解物

analytic continuation　解析开拓

analytic function　解析函数

analytic geometry　解析几何 [学]

analytic grammar　解析文法

analytic method　解析法

analytic parameter　解析参数

analytic signal　解析信号

analytic solution　分析解

analytic transformation　解析变换

analytic trouble shooting (=ATS)　分析法故障测查

analytic vector　解析向量

analytical balance　分析天平

analytical chemistry　分析化学

analytical engine　解析机

analytical extrapolation　解析外推法

analytical function　解析函数

analytical function generator　解析函数发生器

analytical kinematics　解析运动学

analytical of point contact　点啮合解析法

analytical reagent (=AR)　分析试剂

analytical study　分析研究

analytical liquid chromatograph (=ALC)　分析液色谱

analytical liquid chromatography (=ALC)　分析液色谱法

analytical spectrometer　频谱分析仪

analytical surface angle　分析曲面角，解析曲面角

analyticity　分析性，解析性

analytics　(1) 分析学；(2) 解析法；(3) 分析机

analyze　(1) 分析研究，分析；(2) 解析；(3) 分解

analyzer　(1) 试验资料分析仪，数据分析器，试验装置，分析仪，分析机，分析器，测定器，解析机，试验器；(2) 分离器，检偏器，检偏镜，分析镜，分光镜；(3) 万用表；(4) 吸收器；(5) 分析程序，分析算法；(6) 模拟装置

analyzer-controller　分析控制器，分析调节器

analyzer electron tube　光电显像管

analyzing crystal　分光晶体，衍射晶

analyzing film　电极分析器，分析膜

analyzing filter　分光滤色片

analyzing spot　扫描光点

anamorphoscope　像畸变校正镜，歪像校正镜

anamorphose　(1) 图像变形，图像畸变；(2) 变形，失真

anamorphoser　(1) 失真仪，失真透镜；(2) 成像变形器

anamorphosis (复 anamorphoses)　(1) 形态渐进；(2) 歪像，失真；

anamorphote lens　像歪曲透镜

anapnograph　呼吸气压描记器

Anaport Tee six　聚四氟乙烯

anastigmat　去像散透镜，消像散透镜

anastomosis　联结，连接

anchor　(1) 锚状物，锚杆，锚链，锚；(2) 锚固装置，固定物，固定器；(3)（车辆）紧急制动器；(4) 锚定，锚固，紧固，加固，固定，拴住，系住，粘连，粘结；(5) 电枢，衔铁；(6) 簧片，动片；(7) 吊 [砂芯] 钩，钩子；(8) 支撑物，支撑 [点]，支座；(9) 稳定

anchor agitator　锚式搅拌机

anchor and mooring equipment　（船舶）锚及系泊设备

anchor bar　坚固杆；制动杆

anchor beam　锚梁

anchor bed　锚座

anchor block　地下横木，锚定块，地锚

anchor bolt (=AB)　地脚螺栓，基础螺栓，系紧螺栓，锚 [定螺] 栓

anchor buoy　系泊浮标

anchor capstan　起锚绞盘

anchor chain　(1) 限位链；(2) 锚链

anchor chain shackle　锚链卸扣

anchor charge　簧片装药

anchor chock　(1) 锚杆补牢木块；(2) 锚楔

anchor clamp　接线夹

anchor core　衔铁心

anchor ear　桩环

anchor escapement　锚形擒纵轮，锚形擒纵机构，锚式擒纵机构

anchor eye　锚孔

anchor gap　火花隙

anchor gear　起锚设备，起锚装置

anchor-ground　锚地

anchor-hold　(1) 锚爪；(2) 抓牢，紧握

anchor insulator　拉杆绝缘子，拉线绝缘子，拉庄绝缘子

anchor lift　抓钩提升器

anchor line 缆绳, 锚链

anchor lining 船首垫板

anchor light (船舶) 锚灯

anchor log 锚桩, 锚定件

anchor mixer 锚式搅拌器, 锚式混合器

anchor nut 地脚螺母

anchor packer 锚定式封隔器

anchor pin 固定销, 连接销, 锚定销

anchor pin cam 锚定螺杆凸轮

anchor pin slot 带动销槽 (镗杆的)

anchor plate 锚定板

anchor point 稳定点

anchor ring (1) 固定环, 锚环; (2) 圆环面

anchor shackle 锚卸扣, 锚钩环, 锚环

anchor shaft 锚杆

anchor-shaped 锚形的

anchor strut 拉线支柱, 拉桩支柱

anchor windlass 起锚机

anchor wire (1) 锚索, 桩线; (2) (灯丝的) 支持线

anchorage (1) 锚具, 锚头, 锚基; (2) [抛] 锚地; (3) 锚定, 锚固, 固定, 拉牢; (4) 固定支座, 死支座

anchorage bar 坚固杆

anchorage bolt 地脚螺栓, 基础螺栓, 系紧螺栓, 锚 [固螺] 栓

anchorage clip 紧固夹

anchorage length 锚固长度

anchorage stress 锚固应力

anchored filament 固定灯丝

anchored piston pin 固定的活塞销

anchored radio sonobuoy (=ARSB) 锚泊无线电声纳浮标

anchored suspension bridge 锚定式悬桥

anchored wrist pin 固定的活塞销

anchoring 拉线装置

anchoring point 固定点, 支承点

anchoring strength 锚定强度, 锚接强度

anchors (俚) 机动车辆的制动器

ancillary (1) 辅助的, 附属的, 次要的, 备用的, 补充的, 副的; (2) 辅助设备, 附 [属] 件, 配件, 零件; (3) 助手

ancillary attachment 附属装置, 附 [属] 件

ancillary electronics 外部电子学, 外围电子学

ancillary equipment 辅助设备, 外部设备, 外围设备

ancillary lens 附加透镜

ancillary linkage mechanism 辅助杆系

ancon 肘状支柱, 悬臂托梁

and (1) 和, 与, 及, 加, 并且, 而且, 又, 兼; (2) 就, 便; (3) 诸如此类, 等等; (4) 于是, 那么, 而且, 并且, 同时, 然则

AND {计} 与 (计算中逻辑运算的一种, 或称逻辑乘法)

AND bridge "与" 型桥接

AND-circuit "与" [门] 电路, 符合电路

AND circuit "与" [门] 电路

AND-connection "与" 连接

AND connection "与" 连接

AND-element "与" 元件, "与" 门

AND element "与" 元件, "与" 门

AND gate "与" 门

AND gate expander "与" 门扩展器

AND logic "与" 逻辑 [电路]

AND-NAND-OR-NOR 与 - 非与 - 或 - 非或

AND node "与" 节点

AND NOT-gate "与, 非" 门

AND-operation "与" 操作

AND-operator "与" 算子

AND-OR "与 / 或"

AND-OR-AND "与或与" 门

AND-OR circuit "与或" 电路

AND-OR expander "与或" 扩展器

AND-OR-INVERT "与 - 或 - 非"

AND-OR-INVERT logic "与 - 或 - 非" 逻辑

AND-OR-NOT gate "与或非" 门

AND/OR tree "与或" 树

AND output "与" 输出

AND-to-AND circuit "与 - 与" 电路

AND-to-OR function "与 - 或" 作用

AND-tube "与" 门管

AND tube "与" 门管

AND unit "与" 元件, "与" 单元, "与" 门

Andre-Venner accumulator 银锌蓄电池

anechoic 无回声的, 无反响的, 消声的, 消音的

anechoic chamber 无回音室, 吸音室, 消声室

anechoic room 无回声室, 吸音室, 消声室

anechoic studio 短混响的播音室

anelasticity 内摩擦力, 滞弹性 [现象]

anelectric (1) 不能摩擦起电的物体, 非电化体; (2) 不可电解的, 不起电的, 无电性的

anelectrode 正电极, 阳电极

anelectrolyte 非电解质

anelectrotonic 阳极 [电] 紧张的

anelectrotonus 阳极 [电] 紧张

anemo- (词头) 风

anemobarometer 风速风压计, 风速风压表

anemobiagraph 或 anemobiograph (1) 风速风压记录器, 压管风速计, 风压计, 风压仪, 风压表, 风速仪; (2) 风速图

anemocinemograph 电动风速 [记录] 器, 电动风速 [记录] 计, 电动风速仪, 风速自记器

anemoclinograph 铅直风速仪, 风速风向仪, 风速风向表

anemoclinometer 铅 [垂] 直风速表, 风速风向仪, 风速风向表, 风斜表,

anemodispersibility 风力分散率

anemogram 风力自记曲线, 风速记录表, 风速记录图

anemograph (1) 风速记录仪, 风力记录仪, 自记风速表, 风速计; (2) 风力自记曲线

anemography 测风学

anemology 风学

anemometer 风速计, 风力计, 风速表, 风速器

anemometric 测定风速和风向的, 测定风力的, 风速表的

anemometrograph 风向风速风压记录仪, 自记风速计, 风力记录仪, 风速计

anemometry 风速和风向测定法, 测风速和风向法, 风速测定法

anemorumbometer 风向风速表

anemoscope 风速风向指示器, 风速仪, 风向仪, 风向计, 测风器

anemostart 风动起动器

anemostat (暖气或通风系统管路中的) 稳流管, 扩散管

anemotachometer 风速转速表

anemovane [接触式] 风向风速仪, 风速风向标

aneroid (1) 真空气压盒, 真空膜盒, 膜盒; (2) 膜盒气压表, 膜盒气压计, 无液气压表, 空盒气压表; (3) 不装水银的, 不用液体的, 膜盒的, 无液的, 不湿的

aneroid-altimeter 无液测高计, 无液高度表, 膜盒高度表

aneroid barometer 膜盒气压计, 无液气压表

aneroid battery 干电池

aneroid capsule 无液压力传感器, 感压盒

aneroid cell 真空膜盒, 气压计盒

aneroid chamber 真空膜盒, 气压计盒

aneroid manometer 无液压力计

aneroid mixture control 燃烧混合物组份自动调节器

aneroid pressure meter 空盒气压计

aneroid senser 膜盒压力

aneroid thermometer 空盒温度计

aneroidogram 空盒气压曲线, 膜盒气压曲线

aneroidograph 无液 [自动] 气压计, 空盒气压计, 膜盒气压计

angel (1) 杂散反射, 干扰反射, 雷达反响, 异常回波; (2) 寄生目标, 假目标

angle (1) 角 [度], 斜角; (2) 角形物, 角钢, 角铁, 角材; (3) 角形的, 倾斜的; (4) 导纱角; (5) 使成角度, 转变角度, 倾斜, 歪曲; (6) 观点, 方面, 情况; (7) 鱼具, 鱼钩, 鱼线, 鱼饵, 钓竿

angle addendum (收缩齿锥齿轮) 齿顶角

angle adjustable spanner 弯头活络扳手

angle at the center 啮合角, 接触角

angle-bar 角铁, 角钢

angle bar (1) [三] 角铁, 角钢; (2) 钢轨用的两块铁板之一; (3) 窗角竖杆

angle beam (1) 对角支撑 [杆], 角钢梁; (2) 角光, 斜束

angle beam probe 斜探头

angle beam searching unit 斜探头

angle bearing 斜轴承

angle belt 三角 [形] 皮带

angle bend 角形弯管, 角形接头

angle-bender 钢筋弯折机

angle bender 钢筋折弯机

angle bending machine 钢筋折弯机

angle between cone rib backface and raceway on the plane containing axis 大挡边与滚道间角度

angle between two spindles 两主轴轴线间夹角

angle blanking [雷达]角坐标照明

angle block (1) 角铁；(2) 弯板

angle block ga(u)ge (1) 角度量规,角度块规,量角规,量角器；(2) 角度计,倾斜计

angle brace (1) 角铁连接；(2) 角[铁]撑

angle bracket 角形托座,角形撑铁,角撑架

angle branch pipe 弯管,肘管

angle-bulb 球缘角钢

angle bulb iron 球头角钢

angle bult weld 斜对焊接

angle capital 角柱柱头

angle centrifuge 斜角离心机

angle check valve 直角形单向阀,直角止回阀

angle cleat 联结角钢

angle clip 角铁系,短角钢

angle cock 角旋塞

angle crane 三角架起重机,斜座起重机

angle-cross-ties 角钢横系杆

angle-cut (接头处的)斜切

angle cutter (1) [斜]角铣刀, (2) 圆锥指形铣刀, (3) 角铁切断机, 角钢切断机

angle cutting tool 倒角铣刀

angle-data 角度数据

angle deviation 角偏差

angle diameter (锥形螺纹)中径,平均直径

angle-dozer 万能推土机

angle dozer 万能推土机

angle dresser 整角机

angle drive (1) 斜交[轴]传动, (2) 转角传动,角度传动

angle eikonal 角特征函数,角程函

angle fillet 三角焊缝

angle fish plate 角钢鱼尾板

angle float 角镘

angle-ga(u)ge 角度块规,量角器,角度计,倾斜计

angle ga(u)ge block (1) 角度量规,角度块规,[量]角规；(2) 角度计, 倾斜计

angle gear 斜交轴锥齿轮,斜交轴伞齿轮

angle grinder 磨角器

angle guide 斜[角]导轨

angle head 弯头

angle head cylindrical grinding machines 端面外圆磨床

angle in radians 弧度角

angle increment 角增量

angle index 角刻度

angle-index potentiometer 示角电位计

angle indicator 角指示器

angle iron (=AI) [三]角铁,角钢

angle iron ring 角铁环

angle jamming 角坐标干扰

angle joint 角接,隅接

angle joint plate 角钢接合板

angle lap 磨角

angle-lapped cross-section 磨角截面

angle lubricator 转角润滑器

angle measuring 角度测量,量角

angle measuring equipment (=AME) 测角装置,量角装置

angle measuring equipment, correlation tracking and ranging system (=AME COTAR) 测角装置,相关跟踪和测距系统

angle-measuring grid 量角格网

angle measuring instrument 角度测量仪

angle meter 测角器,倾斜计

angle method of adjustment 角度调整法

angle milling cutter [斜]角铣刀

angle modulation 调角

angle moulding press 角[式]压机,压角机

angle noise 角度噪声

angle of action 作用角,啮合角

angle of advance (曲拐传动的)提前角,超前角

angle of application 作用力角

angle of approach 齿轮啮入角,渐近角,接近角

angle of arrival 弹道切线角,[电波]到达角,入射角

angle of ascent 上升角

angle of avertence 偏角

angle of backing-off [刀具]后角

angle of bank (=AOB) 倒倾角,斜倾角

angle of boom 动臂回转角

angle of chamfer 倒棱角,斜切角

angle of chord 弦[夹]角

angle of contact 接触角,啮合角

angle of convergence 收敛角

angle of coverage 像场角,视界角

angle of current conduction 电流通角

angle of curvature 曲度角

angle of cutting action 切削作用角

angle of cutting edge 刀具前角

angle of declination (1) 偏转角,偏角；(2) 磁偏角

angle of deflection 偏转角

angle of delay 滞后角

angle of departure 离去角

angle of depression 俯角,射角

angle of deviation 偏差角,偏向角

angle of dip 入射角,磁偏角,倾角

angle of direction 方向角,指向角

angle of displacement 位移角,偏位角

angle of distortion 扭转角,扭曲角,歪角

angle of distribution [载荷]分布角

angle of elevation (=AE) (1) 仰角；(2) 高[度]角

angle of emergence 出射角

angle of engagement 啮合角

angle of flanks of thread 螺旋面角

angle of flow 导通角

angle of force application 作用力角

angle of friction 摩擦角

angle of gradient 坡度角,仰角

angle of harrow 圆盘耙碎土角

angle of heel 倾侧角

angle of helix (1) 螺旋斜角；(2) 齿倾角

angle of horizontal swing 水平偏角

angle of hysteresis advance of phase 磁滞超前相角

angle of impact 冲击角

angle of incidence 入射角

angle of inclination 倾斜角

angle of internal friction 内摩擦角

angle of lag 滞后角,落后角,移后角

angle of lead (1) 导程角；(2) 超前角,提前角,移前角；(3) 前置角

angle of load application 加载角度

angle of misalignment (齿轮)安装误差角

angle of notch 刻口角,刻槽角(用于冲击和疲劳试验)

angle of oblique 斜角

angle of obliquity (1) 倾斜角；(2) (齿轮)压力角

angle of oscillation 摆动角

angle of pitch (1) 齿距角；(2) 螺距角；(3) 俯仰角

angle of pressure 压力角

angle of projection 投射角

angle of rake [刀具]前角

angle of recess 啮出角,渐远角,渐离角

angle of refraction 折射角

angle of relief [刀具]后角,铲背角

angle of repose 静止角,休止角

angle of rest 休止角

angle of roll 倾斜角

angle of rotation 转动角,旋转角

angle of rupture 断裂角,破裂角

angle of shear 剪[切]角,切变角

angle of shearing resistance 抗疲劳角,疲抗角

angle of shock 冲击角

angle of side slip 侧滑角

angle of sides (孔型)侧壁斜角

angle of sight 视线角

angle of site 炮目高低角

angle of skew (补平行不相交轴的)交错角,交叉角,斜交角[度]

angle of slide 滑动角

angle of spiral 螺旋角

angle of stability 稳定角

angle of stall 临界攻角,失速角

angle of thread　螺纹牙形角
angle of tilt　倾[斜]角
angle of tooth action　轮齿作用角
angle of tooth misalignment　轮齿安装误差角
angle of tooth point　齿尖角,楔角
angle of torque　扭转角
angle of torsion　扭转角
angle of train (=AT)　(1)方向角,方位角;(2)传导方位
angle of transmission　啮合角
angle of traverse　射界角
angle of true internal friction　天然内摩擦角
angle of twist　扭转角
angle of view　视线角
angle of vision　视场角
angle of sidening　扩散角,扩张角
angle-off　角提前量,提前角,偏角
angle-offset method　夹角法,差角法
angle-pedestal bearing　斜[托架]轴承
angle pedestal bearing　斜[托架]轴承
angle-phase-digital converter　轴角-相移-数字转换器
angle pipe　弯管,曲管
angle pitch　角距
angle plane　角刨
angle planning　斜面刨削,斜刨法
angle plate　角型板,角板
angle plug　弯曲插头
angle post　角钢支柱
angle press　角[式模]压机
angle protractor　量角器,量角规,斜角规,分角规,分度规
angle pulley　(1)导[向滑]轮,(2)导辊
angle reed　斜齿筘
angle reflector　角形反射天线,角形反射器
angle roll　角度矫正机
angle scale　(1)角度标尺,角度盘;(2)摄像角的标度
angle scraper　(1)带角度刮刀,螺旋形刮刀,弯头刮刀;(2)蜗旋形刮板
angle section　(1)角材;(2)角形断面
angle shears　角钢剪切机,剪角铁机
angle sheave　导轮,方向轮
angle shot　(1)角度照片;(2)换角度镜头,斜角度镜头,角度拍摄
angle splice　(角形)鱼尾板
angle splice bar　制造连接板用的钢材,[角形]鱼尾板
angle square　角尺
angle staff　护角线条
angle steel　角钢
angle straggling　角分散,角离散
angle strut　角铁支柱,角材支柱
angle-table　角撑架,托座,承托,牛腿
angle tee　分路,分支
angle template (=AT)　角样板,角规
angle thermometer　折角温度计
angle tre　角撑
angle-to digit converter　角度-数字转换器
angle tolerance　角度公差
angle-track servo　天线角度控制伺服系统
angle tracking noise　角致轴偏噪声
angle transmission　角传动
angle type axial piston motor　斜轴式轴向活塞马达
angle type axial piston pump　斜轴式轴向柱塞泵
angle value　角度值
angle valve　角阀,角型阀
angle variable　角变量
angle welding　角焊
angle wheel　斜交轴锥齿轮
angle width equal sides　等边角钢
angled　成角度的,角的
angled-anode tube　阳极偏斜的电子束管
angled deck　斜角甲板
angled-iron　角铁,角钢
angled loop antenna　角状环形天线
angled nozzle　定角安装的喷管,倾斜喷管
angled stud　[纺机]梯级高链节,有级链节
angledozer　侧推式推土机,斜角推土机,侧铲推土机,斜铲推土机,万能推土机,铲土机
angledozing　侧铲推土

angles back to back　背靠背组合的角钢
angling gears　钓鱼具
angling hole　斜炮眼,斜孔
anglicize　译成英文,英语化
angstrom　埃(长度单位,等于 10^{-8} 厘米)
angular　(1)(数)角的;(2)有斜角的,有棱角的,有尖角的,有角的,斜角的,斜面的,角形的,角状的,倾斜的,多角的,尖锐的;(3)成角度,棱角;(4)斜度;(5)用角量度的
angular acceleration　角加速度,圆周加速度
angular accelerometer　角加速度计
angular accuracy　角精[确]度,测角精确度
angular adjustment　角度调整
angular advance　角度提前[量],角度超前,角提前
angular aperture　(1)孔径角,开口角,开角,(2)天线角开度,天线张角,(3)方向图宽度
angular altitude　高度角
angular ball bearing　向心推力轴承,径向止推滚柱轴承
angular belting　皮带转角装置,转角皮带运输装置
angular bevel gear　斜交[轴]锥齿轮,斜交伞齿轮
angular bevel gear pair　斜交[轴]锥齿轮副
angular bevel gear unit　斜交[轴]锥齿轮装置
angular bevel gearing　斜交[轴]锥齿轮传动装置
angular bevel gears　斜交[轴]锥齿轮副90°,斜交[轴]锥齿轮装置
angular bevel unit　斜交[轴]锥齿轮装置
angular bisector　角平分线
angular bitstock　弯把手摇钻
angular brackets　尖括号
angular brush　倾斜电刷
angular cam velocity　凸轮角速度
angular clearance　角型间隙
angular conical gear mechanism　斜交[轴]锥齿轮机构
angular conical gear unit　斜交[轴]锥齿轮装置
angular conical gearing　斜交[轴]锥齿轮传动装置
angular conical gears　斜交[轴]锥齿轮副;斜交[轴]锥齿轮装置
angular conical unit　斜交[轴]锥齿轮装置
angular contact　(1)斜[角连]接;(2)角接触
angular contact ball bearing　向心推力球轴承,向心止推球轴承,角接触滚珠轴承
angular contact ball bearing with counter bore　单列向心推力球轴承
angular contact ball bearing with V-type raceway　V型沟道的向心推力球轴承
angular contact bearing　向心推力球轴承,斜座轴承,向心止推滚动轴承
angular contact thrust ball bearing　向心推力球轴承,角接触推力球轴承
angular coordinate　角坐标
angular coordinates　角度坐标
angular correction　角度修正
angular correlation　角关联
angular coverage　(1)扫描扇面区,扇形作用区;(2)覆盖角
angular cutter　(1)[斜]角铣刀,角度刀具;(2)角铁截断机
angular cutter holder　倾斜刀夹
angular data　角坐标
angular deflection　角挠度
angular deformation　角[向]变形,歪斜
angular dependence　角关系
angular deviation　角偏差
angular differentiating accelerometer (=ADA)　角微分加速度计
angular displacement　角位移
angular display unit (=ADU)　角度显示器
angular error　角度[位移]误差
angular face　(锥齿轮在根锥展开界面上)弧齿宽张角
angular field　视场,视野,视界,像角
angular field of view　视角范围,视界角
angular force　角向力,偏向力
angular fracture　斜面断口
angular frequency　角频率
angular gear　斜交[轴]锥齿轮,斜齿轮
angular gear velocity　齿轮角速度
angular grain　有棱角颗粒,尖角颗粒
angular harmonic motion　角谐运动
angular height　高低角
angular helical gear pair　交叉斜齿轮副,螺旋齿轮副
angular impulse　角冲量

angular indexing　(1)角分度；(2)角分度法
angular input velocity　输入角速度
angular instrument　测角仪
angular measurement　角度测量,角度测定
angular milling　斜面铣削,角[度]铣
angular milling cutter　斜角铣刀,角度铣刀
angular misalignment　角度失准,角度误差
angular modulation　角度调制,调角
angular moment　旋转力矩,转动力矩,角矩
angular momentum (=AM)　角[转]动量,动量矩
angular-momentum quantum number　轨道矩量子数,角量子数
angular-motion　角运动
angular motion　(1)角转运动,角[运]动,角位移；(2)圆周运动
angular-motion transducer　角位移传感器
angular mount　斜角架
angular-movement　角位移
angular movement　角运动,角位移
angular oscillation　角振荡,角摆动
angular oscillatory motion　角振荡,角摆动
angular output oscillation　输出角摆动
angular output velocity　输出角速度
angular perspective　斜透视
angular planning　斜面刨削,斜刨法
angular pinion velocity　小齿轮速度
angular pitch　齿距角,角节[距]
angular point　角顶点
angular position digitizer (=APD)　角位置转换器
angular rate　角速率
angular-rate sensor　角速度传感器
angular reamer　斜[角]铰刀
angular rotation　角转动
angular sand　角粒砂
angular section　(1)角度截面,(2)角钢
angular sector　扇形角
angular separation　方向夹角,角间距
angular spacing of element　滚动体[中间]角间距
angular speed　角速度,角速率,转速
angular speed of revolution　公转角速度
angular spiral bevel gear　斜交轴螺旋锥齿轮
angular-spread beam　发散束
angular straight bevel gears　斜交轴直齿锥齿轮装置,斜交轴直齿锥齿轮副
angular straight bevel(tooth) gear　斜交轴直齿锥齿轮
angular straight conical gears　斜交轴直齿锥齿轮装置,斜交轴直齿锥齿轮副
angular strain　角应变,扭应变
angular surface　斜面
angular surface grinding　斜面磨削；斜磨法
angular surveying　角度测量
angular table　(工具机上的)三角桌
angular templet　角度样板
angular test　弯曲试验
angular thread　三角螺纹
angular tilt　刀倾角
angular tooth　斜交齿
angular tooth thickness　角齿厚
angular travel　角位移
angular travel error　角距误差
angular traverse of rotating cam　凸轮转角导线
angular variation　(1)角偏差；(2)角变化
angular velocity　角速度,角频率
angular velocity diagram　角速度图
angular velocity in roll　滚动角速度
angular velocity of gear　[大]齿轮角速度
angular velocity of pinion　[小]齿轮角速度
angular velocity of the driven gear　从动齿轮角速度
angular velocity of the driving gear　主动齿轮角速度
angular vernier　角游标
angular wheel　斜交轴锥齿轮
angular wheel slide　斜置砂轮[滑]座
angular width　角宽
angularity　(1)成……角度；(2)弯曲度,曲线度,翘曲度,倾斜度,曲率；(3)有角性；(4)棱角,尖角
angularity measurement　角因素测量

angularity of connecting rod　连杆斜度,连杆角度
angulate　(1)改变角度,使成角,具棱角；(2)有角的,成角的,角状的
angulation　(1)角度形成；(2)扭曲；(3)角度测量
angulator　(1)角投影仪,角投影器；(2)变角器,变角仪
angulometer　测角器,量角器,量角仪
angulus (复anguli)　角
anharmonic　非谐振的,非调和的,非简谐的
anharmonic force　非谐力
anharmonic oscillator　非简谐波振荡器
anharmonic ratio　非调和比,交比,重比
anharmonic vibration　非谐振动
anharmonicity　非谐性,非简谐
anharmonism　非谐振
anhedral　(1)(机翼的,水平安定面的)正上反角；(2)下反角的
anhydr-　(词头)脱水,去水,无水
anhydrate　去水,脱水
anhydration　不含水,失水,脱水,干化
anhydro　脱水的,失水的
anhydro-　(词头)无水,脱水
anhydrone　无水高氯酸镁
Anhyster　铁镍磁性合金
anhysteresis　无磁滞
anhysteretic　(1)无磁滞磁化；(2)无磁滞的,非滞后的
animal lubircant　动物油润滑剂
animal oil　动物油
animal resin　动物树脂
animate　(1)制作卡通片,制作动画片；(2)绘制或拍照活动卡通或动画片
animation　(1)动画片；(2)动画片制造,卡通片制造
animatograph　早期电影放映机
anime (=anemi, animi)　硬树脂
animi resin　硬树脂
anion　阴离子
anion-absorption　阴离子吸附
anion-containing　含阴离子的
anion defect　阴离子缺陷,阴离子亏损
anion-exchange　阴离子交换
anion exchange　阴离子交换[体]
anion exchange membrane　阴离子交换膜
anion exchange resin (=AER)　阴离子交换树脂
anion-exchanger　阴离子交换剂
anion exchanger　阴离子交换剂
anion vacancy　阴离子空位
anionic　阴离子的,负离子的,阴离子型
anionic polymerization　阴离子[催化]聚合
anionic surfactant　阴离子型表面活性剂
anionics　阴离子[表面活性]剂
anionite　阴离子交换剂
anionoid　(1)类阴离子；(2)类阴离子的
anionoid recombination　阴离子催化聚合
anionoid substitution　类阴离子取代
anionotropy　孤离子交换位置的互变[现象],阴离子移变[现象],向阴离子性
anis-　(词头)不同等,非等同,参差
anisallobar　非增等压线
aniseikon　(侦察物质缺陷、裂缝、变形等的)侦疵光电装置,电子照相仪,电子显微仪,电子显像计,目标移动电子显示器
anisentropic　非等熵的
aniso-　(词头)不同等,非等同,参差
anisobar　不等压的
anisoelastic　非等弹性的
anisoelasticity　非等弹性,非各向弹性
anisomerism　不对称性
anisometric　非等轴的
anisometrical fraise　不对称角铣刀
anisotropic　非均质的,各向异的,异性的
anisotropic crystal　各向异性晶体
anisotropic distribution　各向异性分布
anisotropic fracture　各向异性断裂
anisotropic magnetostriction　各向异性磁致伸缩
anisotropic medium　各向异性媒质
anisotropism　各向异性,非均质性
anisotropy　各向异性
anisotropy field　各向异性[磁]场

anisotropy silicon steel 各向异性硅钢片
ankoleite 钾钡铀云母
annabergite 镍华
anneal (=ANL) (1)烤;(2)使热处理,逐渐冷却,加热缓冷,退火,韧化,煅烧;(3)焖火,煨火
anneal-pickle 退火酸洗的
annealed 经过煅烧的,退过火的,回了火的,韧化的,煨过的
annealed aluminum wire 退过火铝线,韧化铝线,软铝线
annealed cast iron (=ACI) 退火铸铁,韧性铸铁
annealed casting 退火铸件
annealed condition 退火状态
annealed copper 退火[软]铜,韧化铜
annealed copper covered steel (=ACS) 退火铜包钢
annealed copper wire 炼铜丝,软铜线
annealed in box 箱中退火的
annealed in nitrogen (=An) 氮气中退火
annealed in process 中间退火
annealed in vacuum 真空中退火
annealed steel 退火钢,韧钢
annealed steel gear 退火钢齿轮
annealed tensile strength 退火后的拉伸强度
annealer (1)退火炉;(2)退火工
annealing (1)加热缓冷,热处理,退火,韧化;(2)煅烧,焖火
annealing carbon 退火形成的游离碳
annealing crack 退火裂纹
annealing crystallization 退火结晶
annealing-descaling 退火除鳞[作业]的
annealing effect 退火效应
annealing for workability 改善加工性的退火
annealing furnace 退火炉
annealing heat treatment 退火热处理
annealing of lattice disturbance 晶格结构破坏退火,以退火消除晶格扰动
annealing on granular perlite 退火形成粒状珠光体
annealing oven 退火炉
annealing-pickle 退火酸洗的
annealing recrystallization 退火重结晶
annealing temperature 退火温度
annealing twin 退火双晶,退火孪晶
annealing welding wave 退火焊波
annealing welds 退火焊条
annectent 连接的,接合的
annex (=anx) (1)附加,添加,追加,附带,合并,吞并;(2)附加物,附件,附录
annex storage 内容定址存储器,附属存储器,相联存储器
annexa 附器,附件
annexal 附件的
annexation 附加,合并,归并,并吞
annexcd table 附表
annexed triangulation net 附连三角网
annexment 附加物,并吞物
annihilate 消灭,歼灭,毁灭,湮灭,湮没,熄火,消除,摧毁
annihilation (1)消灭,歼灭,消毁;(2)消失,消除,相消,熄火;(3)湮灭[作用],,湮没[作用],质湮[作用]
annihilation of dislocation 位错的相消
annihilation photon 质湮光子,湮没光子
annihilation radiation 质湮辐射,湮没辐射
annihilator (1)吸收器,减弱器,减震器,阻尼器;(2)灭火器,熄火器,消灭器;(3){数}湮没算符,零化子,消去者
annotate 给……作注释,给……作解释
annotated 附有简明注释摘要的,带注释的
annotation 注释,解释
annotator 注释者,解释者
announce 宣布,宣告,通知,通告,发表,广播,通报,预告
announce booth 播音[员]室
announce machine 广播录音机
announce room 广播室
announcer booth 广播室
announciator 报警器,信号器
annoyance 干扰,噪声
annoyance value 干扰值
annoying pulse 扰动脉冲
annual 一年的,年度的;年鉴
annual closing 年终结算

annual cost 年度费用,常年费用
annual expense 年费用
annual load curve 全年负载曲线
annual load factor 全年负载因数
annual output 年产量
annual overhaul 年度检修
annual production 年产量
annual yield 年产量
annular 环状的,环形的,轮状的
annular auger 环孔钻
annular (ball) bearing 向心球轴承,径向[球]轴承,径向滚柱轴承
annular borer (1)环孔镗床;(2)环孔镗刀
annular burner 环形燃烧器,环状喷灯
annular combustion chamber 环形燃烧室
annular contact 接触滑环
annular domain 圆环域
annular drill 环孔钻
annular electric supply 环形供电
annular float 环状浮子
annular gear 内齿轮
annular groove 环沟,环槽
annular jet nozzle 环状喷嘴
annular knurl 滚花
annular ring 环孔
annular roller 空心滚子
annular saw 圆锯
annular seating 环状座
annular tubes 套管
annular valve 环形阀
annular wheel 内齿轮
annulus (1)内齿轮,内齿圈;(2)环形物,环形套管;(3)环状空间,环状裂缝,环状孔道,环状通路,环状面;(4){数}圆[环]域
annulus chamber 环形室
annulus ciliaris 睫状环
annulus gear 内齿轮
annunciator (=ANN) (1)信号装置指示仪器指示装置呼唤器,示号器,表号器,报警器,信号器,信号机;(2)回转号码机,电铃机,电铃箱
annunciator jack 信号机塞孔,示号器塞孔
annunciator relay 信号继电器
anodal (=An) 阳极的,正极的,板极的
anodal closing picture (=ACP) 阳极通电图[像]
anodal closing sound (=ACS) 阳极通电声[音]
anodal closure contraction (=ACC) 阳极通电收缩
anodal opening (=AO) 阳极断电
anode (=A 或 An) (1){物}阳极,正极,氧化极,板极;(2)屏极;(3)阳极板
anode A.C. resistance 阳极交流电阻,阳极交流电导
anode annealing box 阳极退火箱
anode assembly 阳极装置
anode battery 乙电池[组]
anode-bend detection (1)阳极检波;(2)阳极检波器
anode bend rectification 阳极整流(利用屏栅特性弯曲部分检波)
anode block 阳极块
anode bridge 阳极桥
anode brightening 阳极电抛光
anode casting machine 阳极铸造机
anode coating 阳极[氧化]镀层,阳极[氧化]敷层
anode conductance 阳极电导
anode converter 阳极交流器
anode cooling block 阳极散热器
anode corrosion 阳极腐蚀
anode coupled amplifier 阳极耦合放大器
anode dark current 阳极暗电流
anode detection 阳极检波
anode detector 阳极检波器
anode disc 阳极圆盘
anode dissipation power 阳极耗散功率
anode drop 阳极[电]压降,板压降
anode fall 阳极[电]压降,板压降
anode feed resistance 阳极馈电电阻
anode follower 屏极输出器,阳极输出器
anode grid 阳极栅,帘栅极
anode high voltage 阳极高压
anode inductance 阳极电导

anode limiter　阳极限幅器

anode loss　阳极损耗，板 [极损] 耗

anode lug　阳极接线片

anode-modulated　阳极调制的

anode press　阳极压制机

anode protection　阳极保护

anode-ray current　阳极射线电流

anode reactor　阳极电抗器

anode rectification　阳极整流

anode resistance　阳极电阻

anode screen　帘栅极

anode-screen modulation　阳极 - 帘栅极调幅

anode-screening grid　帘栅极

anode slime　阳极淀渣

anode-slime blanket　阳极泥覆盖层

anode strap　阳极均压环

anode tank circuit magnetron　阳极谐振电路型磁控管

anode tap　阳极端

anode tapping point　阳极活接点

anode-voltage-stabilized camera tube　高速电子束摄像管

anodic　阳极的，正极的，板极的

anodic copper aluminum alloy　阳极铜铝合金

anodic oxidation　阳极氧化

anodic passivation　阳极钝态

anodic treatment　阳极化处理

anodicoxidation treatment　阳极氧化处理

anodisation (=anodization)　阳极氧化，阳极氧化电镀，阳极氧化防腐，阳极氧化 [处理]

anodise (=anodize)　阳极氧化，阳极氧化电镀，阳极氧化防腐，阳极氧化 [处理]

anodised (=anodized)　受过阳极化处理的，阳极氧化的

anodising (=anodizing)　(1) 阳极氧化处理，阳极氧化防腐，阳极化处理；(2) 阳极透明氧化被膜法

anodization　阳极氧化，阳极氧化电镀，阳极氧化防腐，阳极氧化 [处理]

anodize (=anod)　阳极氧化，阳极氧化电镀，阳极氧化防腐，阳极氧化 [处理]

anodized　受过阳极化处理的，阳极氧化的

anodized finish　阳极化抛光

anodizing　(1) 阳极氧化处理，阳极氧化防腐，阳极化处理；(2) 阳极透明氧化被膜法

anodoluminescence　在阳极射线作用下发光，阳极射线致发光，阳极发光

anodolyte　阳极电解质

anolyte　电解时阳极附近的液体，阳极电解液

anomalistic(al)　不规则的，变则的，异常的，例外的

anomalous　不规则的，变则的，反常的，异常的，例外的，特殊的

anomalous diffusion　反常扩散

anomalous field　异常磁场，剩余磁场

anomalous propagation (=AP)　不规则传播，反常传播

anomalous propagation in sea water　海上超远距离传播

anomalous viscosity　反常粘度

anomaly　(1) 不按常规，异常结构，不规则，反常，异常；(2) 变异，变态，偏差，破例；(3) 畸形物；(4) 近点距离，近点角

anoptic system　非光学系统

anormal　反常的，异常的

anormaly　反常，异常

another (=AHR)　(1) 别的，另一，又，再；(2) 另一个，别一个；(3) 其它

anotron　冷阴极充气整流管，辉光放电管

anoxia　缺氧

anoxybiotic (=anaerobic)　(1) 厌氧的；(2) 乏氧的；(3) 绝氧，缺氧

anoxycausis　缺氧燃烧

anoxyscope　实示需氧器

Anschauung　直观

anstatic agent　抗静电剂

answer (=A)　(1) 回答，应答，解答，回话，响应，反应，补偿；(2) 与……相符，符合，适合，适应，适用；(3) 令人满意，见效，成功

answer-back　回报，回答，应答，响应

answer back　(1) 应答，回答，响应，回报；(2) 应答返回信号，回答信号

answer-back code　应答电码

answer-back drum　响应鼓

answer back mechanism　自动回答机构

answer back unit　自动应答机构

answer lamp　应答 [信号] 灯

answer next lamp　s 副应答灯

answer print　标准拷贝，校正拷贝

answerable　可回答的，可答复的，可驳斥的

answering equipment　应答设备

answering jack　应答塞孔

answering service　代客接听电话服务

answering time　应答时间

Ant　(英) 防坦克炮

ant- (=anti-)　(1) 对抗，反；(2) 解；(3) 抑制；(4) 取消

antacid (=antiacid)　抗酸剂，解酸剂

antaciron　硅铁合金 (硅 14.5%，其余铁)

antagonism　(1) 对抗；(2) 对抗作用

ante-　(词头) (1) 在先，先，早于；(2) 前面的，前部的

antecede　在……之前，居……之先，先

antecedence　在前，占先，居先，先行，先例

antecedent　(1) { 数 } (比例) 前项；(2) 先行词，前件，前提，前率，前事，前身，先例，前例；(3) (复) 履历，经历；(4) 在……之前，前述的，前提的，前驱的，前期的，前件的，起初的，先前的，先行的，以前的

antedate　(1) 使提前发生；(2) 发生时间在……之前，先于，前于；(3) 预料；(4) 写上比实际日期早的日期，倒填日期

antedisplacement　(1) 向前变位；(2) 前移

antenna (=a)　(1) 天线；(2) 触角

antenna amplifier　天线放大器

antenna aperture amplitude illumination　天线口径幅度分布

antenna aperture phase illumination　天线口径相位分布

antenna array　天线阵

antenna backlobe　天线后瓣

antenna bandwidth　天线频带宽度

antenna-beam　天线波束

antenna beamwidth　天线波束宽度

antenna booster　天线升压器

antenna capacity　天线容量

antenna condenser　天线 [缩短] 电容器

antenna connector　天线馈线连接套管

antenna constant measuring set　天线常数测定器，天线阻抗测试器

antenna coupler　天线耦合器

antenna effect　天线效率

antenna efficiency　天线效率

antenna element　天线振子，天线辐射元件

antenna eliminator　等效天线，假天线

antenna-feed　天线馈电的

antenna feed　天线馈源

antenna feed line　天线馈电线

antenna feeder　天线馈电线

antenna flabellate　扇形触角

antenna form factor　天线方向性系数，天线波形因数

antenna gain　天线增益

antenna impedance match　天线阻抗匹配

antenna indicator　天线指示器

antenna inductance　天线调协电感

antenna input impedance　天线输入阻抗

antenna lead-in　天线引入线

antenna lens　透镜天线

antenna main lobe　天线主瓣

antenna major lobe　天线主瓣

antenna matching　天线匹配

antenna matching unit (=AMU)　天线匹配器

antenna mine　天线控制地雷，触角水雷

antenna panel　天线阵操纵板

antenna phase center　天线相位中心

antenna pick-up　天线电路中 [产生的] 起伏电压，天线噪声

antenna point accuracy　天线指向精度

antenna position data　天线角坐标，天线角数据

antenna-positioning system　天线位置控制系统

antenna reflector　天线放射器

antenna repeat dial　旋转天线位置指示刻度盘

antenna resistance　天线电阻

antenna resonant frequency　天线谐振频率

antenna rotating equipment　天线转动设备

antenna self-impedance　天线自阻抗

antenna servo system　天线伺服系统

antenna side lobe　天线副瓣

antenna sidelobe　天线旁瓣

antenna spatulate　天线勺形触角

antenna spike　鞭状天线，天线杆，天线销

antenna switch 天线交换闸
antenna switching device 天线交换器
antenna splitting device 天线共用器
antenna surge resistance 天线特性电阻
antenna-to-medium coupling loss 天线介质耦合损耗
antenna tower 天线塔
antenna trailer 拖曳天线
antenna-tuning 天线调谐的
antenna-tuning motor 天线转动电机
antenna winch 天线绞车
antenna wire 天[线用]线
antenna with lobe switching 波瓣转换天线
antennafier 天线放大器
antennamitter 天线发射机
antennaverter (1) 变频天线；(2) 天线 - 变频器
anterior (=a) 在……之前的，先于的，以前的，先前的，前面的，前部的
anterior angle 天线前角
anteriority 在前面，原先，原位，先前，先
anteriorly 在以前，在前面
anteroom (1) 前厅；(2) 休息室
anthropogenic factor 人为因素
anthropomorphic robot 人形机器人
anthropomorphic test dummy (=ATD) 拟人试验模型
anti (1) 反，逆，防，抗，耐，非，排；(2) 抵消，中和；(3) 反导弹
anti- (词头) (1) 反，逆，防，抗，非，解，阻，减；(2) 排斥，对抗，抑制，取消
anti-abrasive 耐磨损的
anti-acid (1) 抗酸的，解酸的，耐酸的；(2) 抗酸剂，解酸剂，耐酸剂
anti-acidic 抗酸的，解酸的，耐酸的
anti-acidic paint 耐酸油漆
anti-actinic 隔热的
anti-activator 活化阻止剂，阻活剂
anti-aeration 阻气的
anti-air-pollution system 防止空气污染系统
anti-airplane gun 高射炮
anti-antimissile 反反导弹的导弹
anti-attrition 减摩，抗摩
anti-automorphism 反自同构
anti-backlash 防止齿隙游移[的]，消除齿隙，消隙[的]
anti-backlash device (1) 消齿隙游移装置，消隙装置；(2) 防后冲装置
anti-backlash spring 消隙弹簧，防止齿隙移的弹簧
anti-blooming target 抗"开花"效应靶，抗晕光靶
anti-bouncer 防跳装置
anti-buoyancy 防浮[力]，抗浮[力]
anti-capacity 抗电容，防电容，反电容
anti-carbon 防积碳的，抗积碳的
anti-carburizer 渗碳防止剂，防渗碳剂
anti-carrier 反载体
anti-checking iron 防裂钩，扒钉
anti-climbing 防攀登的
anti-clock circuit 倒钟形电路
anti-clockwise 反时针方向[转]的，逆时针方向[转]的
anti-clockwise motion 反时针方向转动，逆时针方向转动
anti-clockwise movement 反时针方向转动，逆时针方向转动
anti-clockwise rotation 反时针方向旋转，逆时针方向旋转
anti-coaxial magnetron 反同轴磁控
anti-coherer 反检波粉屑粘合装置，防粘合器，散屑器
anti-coincidence 反符合
anti-coincidence technique 反符合技术
anti-collineation 反直射[变换]
anti-collision device 防撞装置
anti-comet-tail 抗慧差电子枪
anti-commutation 反对易
anti-commutator 反换位子，[反换位]对易子，反对易量
anti-condensation 防凝结，抗凝结
anti-configuration 反[式构]型
anti-containing 含锑的
anti-correlation 反射线[变换]，反相关性
anti-corrosion 防腐蚀
anti-corrosion alloy 防腐合金
anti-corrosion insulation 防腐蚀绝缘层
anti-corrosive (=AC) (1) 防腐[蚀][的]；(2) 防腐[蚀]剂
anti-corrosive additive 防蚀剂，防锈剂
anti-corrosive agent 防蚀剂，防锈剂

anti-corrosive composition 防蚀剂，防锈剂
anti-corrosive oil 防蚀油，防锈油
anti-corrosive paint 防锈漆，防腐涂料
anti-corrosive treatment 防腐蚀处理
anti-crack 抗裂的
anti-craft 防空[的]
anti-craft missile 地对空导弹，防空导弹
anti-creeper (1) (钢轨)防爬行装置，防潜动装置，防爬器；(2) 防漏电装置
anti-creeping (1) 防蠕变的，防潜动的；(2) 防漏电的
anti-dazzle 防眩
anti-dazzle lamp 静光灯，防眩灯
anti-dazzle lighting 防眩灯光
anti-dazzling screen 遮阳光器，防眩屏，遮光片
anti-degradation 预防质量降解，抗降解
anti-derailing 防止出轨的
anti-deteriorant 防老剂，防坏剂
anti-detonating property 抗爆性
anti-dirt 防尘的
anti-dislocation 反位错
anti-disturbance 反干扰，反扰动
anti-drag 减阻
anti-ECM technique 反干扰技术
anti-electrode 反电极
anti-electron 反电子
anti-evaporant 防蒸发剂
anti-explosion 防爆[作用]
anti-explosion fuel 防爆燃料
anti-ferroelectric (=AFE) 抗铁电的
anti-fluctuator 缓冲器，稳压器
anti-flutter wire 灭震线
anti-foam additive 抗泡添加剂
anti-form 反[向]式
anti-freeze fluid 防冻液，防冻剂
anti-freezer 防冻剂
anti-freezing compound 防冻剂
anti-freezing fluid 防冻液，防冻剂
anti-freezing lubricant 防冻润滑剂
anti-freezing mixture 混和防冻剂
anti-freezing solution 防冻液，防冻剂
anti-friction 减摩，抗摩，减磨
anti-friction alloy 减摩合金
anti-friction ball bearing 减摩球轴承，减摩滚珠轴承
anti-friction bearing 减摩轴承，滚动轴承
anti-friction bearing centre 减摩轴承中心
anti-friction bearing pillow 减摩轴承垫座
anti-friction box 减摩[轴承]箱
anti-friction grease 润滑脂，减摩油
anti-friction material 润滑剂[油料]
anti-friction metal 减摩[轴承]合金，抗摩金属
anti-friction motion 减摩运动
anti-friction pivot 减摩枢
anti-friction rack 减摩齿条，减摩齿杆
anti-friction ring 减摩环，减摩圈
anti-friction roller 减摩滚柱
anti-friction slide 减摩溜板，减摩滑座
anti-friction thrust bearing 减摩推力轴承，减摩止推轴承
anti-friction type bearing 减摩轴承，滚动轴承
anti-friction wheel 减摩轮
anti-G 反重力
anti-G-suit 重力防护服
anti-G-valve 抗重力阀
anti-gas (=AG) 防毒气
anti-ICBM (=anti-intercontinential ballistic missile) 反洲际弹道导弹
anti-icer 防冰器
anti-icing fluid 防冻液，防冻剂
anti-image-lock device 抗假锁定装置
anti-incrustation 防垢[的]
anti-induction 防感应，消感
anti-intercontinental ballistic missile (=AICBM) 反洲际弹道导弹
anti-interference (1) 防干扰[的]，反干扰[的]，抗干扰[的]；(2) 防无线电干扰设备；(3) 无线电干扰障碍
anti-intermediate range ballistic missile (=AIRBM) 反中程弹道导弹
anti-IRBM 反中程弹道导弹

anti-isomorphism (1) {数} 反同构；(2) 反同型性
anti-jamming 防干扰
anti-jamming blackout (=AJBO) 防止人为干扰的设备
anti-kickback attachment 防反向安全装置
anti-knock agent 抗爆剂
anti-knock compound 抗震油剂
anti-knock fuel 抗爆燃料
anti-magnetic bearing 防磁轴承
anti-magnetized 消磁的
anti-magnetized coil 消磁线圈
anti-missile surface-to-air missile (=AMSAM) 面对空反导弹的导弹
anti-nodal 波腹的
anti-noise circuit 抗噪电路
anti-operation 互余运算
anti-overloading 防过载 [的], 防超载 [的]
anti-overloading performance 抗过负载特性
anti-oxidant 抗氧化剂, 防氧化剂
anti-parallel crank 不平行曲柄
anti-percolator 防渗装置
anti-phase 反相, 逆相
anti-piping compound 缩孔防止剂
anti-pollutant 抗污染剂
anti-pollution 防污染作用
anti-principal point 负主点
anti-projectivity 反射影对应, 反射影变换
anti-rattler 减声器, 消声器, 防振器
anti-reaction coil 防再生线圈, 反再生线圈
anti-reflection coating 抗反射涂层, 抗反射敷层
anti-reflective 抗反射的, 消反射的
anti-reflective coating 抗反射敷层, 增透膜层
anti-reflex 抗反射, 减反射
anti-reflexion 抗反射, 减反射, 增透
anti-reflexive relation 反自反关系, 非自反关系, 逆自反关系
anti-regeneration 防再生, 抗再生
anti-release spring 防松弹簧
anti-repeat relay (=ARR) (1) 防重复继电器；(2) 防重复转播
anti-resonance 电流谐振
anti-roll bar 车体角位移横向平衡杆
anti-roll bar link 侧向稳定连杆连接
anti-roll fence 防滚栅
anti-rolling 防滚动 [的], 防侧滚的, 抗横摇的
anti-Rosi circuit "或" 线路, 分离线路, 分隔电路
anti-rotation rope 抗转绳
anti-rumble (1) 消声器 [的]；(2) 消噪杂, 防闹
anti-rust 防锈
anti-rust coating 防锈涂层
anti-rust grease 防锈油脂
anti-rust property 防锈性能
anti-saturated logic circuit 抗饱和型逻辑电路
anti-scorching 抗焦作用
anti-scoring compound 防粘合损伤剂
anti-scuffing paste 防擦伤润滑剂
anti-seepage 防渗
anti-seize compound 防胶合剂, 防卡剂 (防止运动机件卡住的添加剂)
anti-seize lubricant 防胶合润滑剂, 防卡润滑剂
anti-shoe rattler 制动蹄片减震器, 闸瓦减震器, 闸瓦减声器
anti-shrink 防缩的, 防缩的, 耐缩的
anti-side circuit 消侧音电路
anti-sideband circuit 抗边带电路
anti-sidetone 消侧音的
anti-sine 反正弦
anti-singing device 振鸣抑制装置
anti-skid chain 防滑链
anti-skid device 防滑装置
anti-skid power belt 防滑传动带
anti-skid system 防滑系统
anti-softener 防软剂
anti-squeak 减声器
anti-slip device 防滑装置
anti-stall dashpot [发动机] 防止失速缓冲筒
anti-stall device 防止失速装置
anti-strip(ping) 抗剥落
anti-surface-vessel 防水面舰艇的, 反水面舰艇的
anti-surface-vessel radar 水上舰艇搜索雷达, 水面侦察雷达

anti-system 反火箭防御系统
anti-tactic ballistic missile (=ATBM) 反战术弹道导弹
anti-tailspin 反螺旋, 反尾旋
anti-tarnish paper 防锈纸
anti-thrust 止推的
anti-torpedo 防鱼雷的
anti-torque moment 反转矩
anti-TR box 天线 "收-发" 转换开关, 反 "发- 收" 开关 (TR=transmit-receive 收发)
anti-TR switch 天线 "收 - 发" 转换开关, 反收发开关
anti-TR tube 发射机阻塞放电管, 收发转换管, 反收发管, ATR 管
anti-transmit receive (天线) 收发转换的
anti-trigonometric function 反三角函数
anti-vacuum 反真空, 非真空, 反压力
anti-vibration device 振动阻尼器, 防振器
anti-vibration joint (=AVJ) 防振接头
anti-vibration mounting 抗震装置, 减振机座
anti-vibration pad 防振垫, 缓冲垫
anti-war 反战的, 防战的
anti-warp wire 抗翘线
anti-wear additive 抗磨损添加剂, 耐磨损添加剂
anti-wear treatment 耐磨处理
anti-welding oil film 防胶合油膜
anti-withdrawal fuze 防拆信管
antiabrasive 耐磨损的
antiager 防老化剂, 抗老化剂
antiaging 防老化 [的]
antiair 防空 [的]
antiair warfare (=AAW) 防空线
antiairborne 反空降的
antiaircraft (=AA) (1) 高射兵器；(2) 防空部队；(3) 高射炮弹的飞行和爆炸；(4) 防空的, 高射炮的
antiaircraft artillery (=AAA) 高 [射] 炮
antiaircraft artillery and guided missile center (=AAGMC) 防空高射炮和导弹中心
antiaircraft barrage 防空火炮
antiaircraft car 高射自行火炮
antiaircraft defense (=AAD) 对空防御, 防空
antiaircraft director 高射炮射击指挥仪
antiaircraft fire control (=AAFC) 防空火力控制
antiaircraft fuse 高射炮弹信管
antiaircraft guided missile (=AAGM) 防空导弹
antiaircraft gun 高射炮
antiaircraft installation 高射炮
antiaircraft light (=AAL) 防空探照灯
antiaircraft missile 防空导弹
antiaircraft observation post (=AAOP) 对空观察哨, 防空监视哨
antiaircraft tower 对空观测台
antialias filter 去假频滤波器
antialpha particle 反 α 粒子
antiantimissile missile (=AAMM) 反反导弹的导弹
antiatom 反原子, 防原子
antiattrition 减 [少] 磨 [损]
antiaveraging 去平均 [的], 消平均 [的]
antiballistic 反弹道的
antiballistic missile (=ABM) 反弹道导弹
antibaric 反压的
antibarreling 桶形失真校正, 桶形失真补偿, 反桶形畸变, 抗桶形畸变
antibaryon 反重子
antibonding orbital (1) 非键轨道；(2) 反键轨函数
antibouncer 防跳装置, 减振器
antibound 反束缚的
antibreaker 防碎装置
antibunch 逆聚束
anticadence 音量增加
anticatalysis 反催化, 抑制
anticatalyst 反催化剂, 抗催化剂, 催化毒剂, 缓化剂
anticatalystic 反催化的, 抗催化的
anticatalyzer 反催化剂
anticathode 对阴极, 对负极
anticapacitance switch 抗电容开关
anticaustic (1) 二次腐蚀的, 反腐蚀的, 抗腐蚀的；(2) 反散焦
anticement (1) 防止渗碳；(2) 反白口元素, 防增碳剂
anticenter (1) 反中心；(2) 震中对点；(3) 反银心

51

anticentripedal　离心的
anticer　防冰装置
antichaotropic anion　离液序列低的阴离子
antichill　防白口镶块, 防白口涂料
antichirping　反线性调频
antichlor　(1) 除氯剂, 去氯剂, 脱氯剂；(2) 硫代硫酸钠
antichloration　去氯, 脱氯
anticipate　(1) 预先采取措施以防止, 预先考虑, 预先处理, 预先使用, 预先提出, 预先做出, 预料, 预测, 预期, 预防, 预见；(2) 使提前发生, 提前使用, 提前进行, 超前, 超过
anticipated　预先的, 预期的, 预计的
anticipated adder　先行进位加法器, 预进位加法器
anticipated load　预加载荷, 预期荷载
anticipater　(1) 超前预防器, 预感器, 预测器；(2) 期望者
anticipating control　预调
anticipation　(1) 预处理；(2) 提前出现
anticipation network　(1) 加速电路；(2) 超前网络, 预期网络
anticlastic　互反曲 [面] 的, 互反的
anticlastic surface　{数} 互反曲面, 鞍形面, 抗裂面
anticlockwise (=ACW)　逆时针方向 [的], 反时针方向 [的], 左旋 [的]
anticlogging　防结渣的, 防堵塞的
anticlogging fuel oil compositions　(锅炉燃料油用) 防结渣添加剂
anticlutter　(1) 反干扰, 反扰动；(2) 防干扰线路；(3) 抗地物干扰系统, 抗本地干扰
anticlutter circuit　反杂乱回波电路, 抗地物干扰电路, 抗本地干扰电路
anticlutter gain control　减干扰增益控制
anticlutter radar　防杂乱回波干扰雷达
anticode　反密码
anticódon　反密码子
anticoincidence　反符合, 反重合, 非一致, 反一致
anticoincidence circuit　反符合电路, 非一致电路, "异" 门电路
anticoincidence element　"异" 元件, "异" 门
anticoincidence gate　按位加门, "异" 门
anticoincidence pulse　不重合脉冲, "异" 脉冲
anticoincidence unit　反重合单元, "异" 单元, 按位加, 异或
anticollision　防 [碰] 撞
anticollision device　(1) 防撞装置；(2) (无线电定位) 碰撞警告装置
anticommutation　反对易关系
anticommutator　反换位对易子, 反对易量
anticommute　负对易, 反对易, 反交换
anticontamination　防玷污, 防污染
Anticorodal　铝基硅镁合金, 高强耐蚀铝合金 (铸造用, 硅 4-6%, 镁 0.4-1%, 锰 0.5-1%, 其余铝；锻造用, 硅 0.5-1.5%, 镁 0.5-1%, 锰 0.2-1%, 其余铝)
Anticorrodant　防锈剂, 防蚀剂
anticorrosion　防腐蚀, 防锈, 耐蚀
anticorrosion additive　防腐蚀添加剂
anticorrosion alloy　耐蚀合金
anticorrosion coating　防蚀层
anticorrosion composition　防蚀化合剂, 防蚀油漆, 防锈油漆
anticorrosion insulation　防蚀层
anticorrosive　(1) 防腐的, 防蚀的, 防锈的；(2) 防腐剂, 防蚀剂；(3) (船底) 防锈漆
anticorrosive material　防腐材料
anticorrosive paint　防腐涂料, 防蚀漆, 防锈漆
anticosine　反余弦
anticotangent　反余切
anticous　(1) 在前的；(2) 远轴的
anticoustic　反聚光 [线] 的
anticreep　(1) 防蠕动, 防爬；(2) 防漏电
anticreep baffle　反蠕爬挡板
anticreep barrier　反蠕爬障栅
anticreep device　(1) 防漏电装置；(2) 抑制频率漂移装置
anticreep shield　反蠕爬挡板
anticreepage　防漏电
anticreepar　(1) 防漏电设备；(2) 防潜动装置
anticreeper　防爬器
anticritical　防猝变的
anticrustator　表面沉垢防止剂
anticyclogenesis　反气旋发生, 反气旋生成
anticyclolysis　反气旋消散
anticyclone　反气旋, 反旋风, 反逆风, 高 [气] 压
anticyclonic　反气旋的
anticyclotron　一种行波管

antidamped　反阻尼的, 抗阻尼的
antidamping　反阻尼摆动的, 反阻尼振动的, 抗阻尼摆动的, 抗阻尼振动的
antidecomposition　防分解
antidecuplet　反十重态
antidegradant　抗降解剂, 抗变质剂
antideriative　(1) 反导数, 反微商；(2) 反式衍生物；(3) 不定积分, 反函数
antidetonant　抗爆震剂
antidetonating　抗爆震的
antidetonating fluid　抗爆液, 乙基液
antidetonation　抗爆震, 抗爆燃
antidetonator　抗爆 [震] 剂, 防爆 [震] 剂
antidiagonal　反对角 [的]
antidiastole　鉴别诊断
antidifferential　反微分
antidirection finding　反侧向, 反定位
antidrag　减阻 [力] 的
antidrip　防滴, 防漏
antidrive control　(汽车制动时) 限制点头
antidromic　反正常方向的, 异向的, 逆向的
antidromous　异向旋转的
antidromy　反旋
antidumping　反倾覆的
antidusting　抗尘作用, 抗尘性的
antidynamic　减力的
antielectron　反电子, 阳电子, 正电子
antielement　反元素
antienergic　反作用的
antifading　抗衰落 [的], 防衰落 [的], 抗衰减 [的], 防衰减 [的]
antifatigue　(1) 耐疲劳的；(2) 抗疲劳剂
antiferroelectric　(1) 反铁电的；(2) 反铁电材料
antiferroelectric ceramics　反铁电陶瓷
antiferroelectric crystal　反铁电晶体
antiferroelectric distortion　反铁电畸变
antiferroelectric material　反铁电材料
antiferroelectric state　反铁电态
antiferroelectricity　反铁电现象
antiferromagnet　反铁磁材料, 反铁磁体
antiferromagnetic (=a-ferrom)　反铁磁 [性] 的
antiferromagnetic resonance　反铁磁共振
antiferromagnetic state　反铁磁态
antiferromagnetics　反铁磁质, 反铁磁体, 反铁磁层
antiferromagnetism　反铁磁现象, 反铁磁性
antiferromagnon　反铁磁振子, 反铁磁体自旋波
antifield　反 [物质] 场
antifilter　反滤波
antiflak　反高射炮火
antiflash　防闪的
antiflatulent　排气剂
antiflex cracking　抗折裂, 抗弯裂
antiflocculation　反 [絮] 凝作用, 防 [絮] 凝作用
antiflux　抗焊媒
antifoam　(1) 防沫剂, 消泡剂, 抗泡剂, 抗沫剂；(2) 阻泡的, 防沫的
antifoamer　防沫剂, 消沫剂, 消泡剂
antifoggant　灰雾抑制剂, 防雾剂
antifoulant　防污底漆, 防污剂
antifouling　防污
antifouling coating　(船底) 防污底漆, 防污涂料
antifouling paint　(船底) 防污底漆, 防污涂料
antifreeze　(1) 防冻剂, 防冻液, 不冻剂, 不冻液, 抗冻剂, 阻凝剂, 抗凝剂；(2) 防冻, 不冻, 抗冻, 阻凝, 抗凝；(3) 防冻的
antifreezer　防冻剂, 阻冻剂
antifreezing　防冻 [的], 阻冻 [的], 抗凝 [的]
antifreezing oil　防冻润滑油
antifriction　(1) 防摩擦, 耐摩擦, 抗摩擦, 减摩；(2) 减摩设备；(3) 减摩剂, 润滑剂；(4) 耐磨的, 防磨的, 抗磨的
antifriction alloy　减摩合金
antifriction bearing (=AFB)　减摩轴承
antifriction bearing manufacturers association (=AFBMA)　减摩轴承制造商协会
antifriction material　减摩材料
antifriction metal (=AFM)　减摩合金, 耐磨金属
antifriction roller　减摩滚子

52

antifriction self-lubricating plastics (=ASP) 减摩自润滑塑料
antifrictional 抗摩擦的, 减摩的, 耐磨的
antifrost 防霜的, 防冻的
antifrosting (1) 防霜, 防冻; (2) 减摩合金
antifrother 防起泡添加剂
antigas 防毒气的
antigas defence 毒气防御, 防毒
antigas mask 防毒面具
antiglare 防闪光的, 防眩光的, 遮光的
antigradient 逆梯度, 负梯度
antigravitation 耐重力, 防重力, 抗重力, 反重力
antigravity 耐重力, 防重力, 抗重力, 反重力, 反引力
antigravity device 反过载装置, 耐重力装置
antigravity screen 反重力式筛分机, 抗重筛
antigravity system (1) 抗重系统; (2) 空气运输; (3) 催化剂系统
antiground 消除地面影响的, 防接地的
antigum inhibitor 防胶剂
antihadron 反强子
antihandling fuze 忌动引信
antihum (1) 哼声消除器, 噪声消除器, 噪声抑制器, 静噪器; (2) 交流声消除, 抗哼声, 去哼声; (3) 消除交流声的, 消声的, 静噪的, 去哼的, 抗哼的
antihunt (1) 阻尼器; (2) 防摆动的, 反振荡的, 阻尼的, 防震的, 抗振的, 防振的, 缓冲的, 制动的, 稳定的, 稳态的; (3) 反搜索的
antihunt field 防振绕组, 稳定绕组
antihunt filter 防摆滤波器, 抗振回路
antihunt signal 摆动抑止信号, 阻尼信号, 防振信号
antihunt means (1) 稳定方法; (2) 稳定器, 阻尼器
antihunter (1) 反振荡器, 阻尼器; (2) 反搜索器
antihunting 防摆动阻尼
antihunting device (1) 阻尼装置, 防振装置; (2) 反振荡装置; (3) 反搜索装置
antijam 抗干扰, 防干扰
antijam display (=AJD) 抗干扰显示器
antijamming (=AJ) (1) 消除干扰 [的], 防阻塞 [的], 抗干扰 [的], 反干扰 [的]; (2) 反阻塞干扰
antijamming circuit 抗干扰电路
antikaon 反 K 介子
antikinesis 逆向运动, 反向运动, 对抗运动
antiklystron 反速调管
antiknock (1) 抗爆 [燃] 剂, 抗震剂; (2) 抗爆震 [的], 抗爆 [的], 抗震 [的], 消震 [的]
antiknock compound 高辛烷值组份, 抗震组份
antiknock fluid 抗爆液, 乙基液
antiknock petrol 高辛烷值汽油, 抗爆汽油
antiknock value 抗爆值
antiknocking 抗爆, 抗震
antileptic 诱导的, 辅助的
antilift wire 降落线, 固定索
antilinear (1) 反线性的; (2) 孔径, 口径
antilog (=antilogarithm) 反对数, 真数
antiloga 反性曲线
antilogarithm 反对数
antilogous pole 热负极
antimagnetic (1) 抗磁性的, 防磁性的, 反磁性的; (2) 无磁性; (3) 抗磁钟表, 防磁钟表
antimaterial 反物质的
antimatter 反物质
antimechanized 防机械化部队, 反装甲的
antimeson 反介子
antimercury protective coating 防汞保护层
antimetal 抗金属老化
antimicrophonic 抗噪声的, 反颤噪声的
antimigration shield 防蠕爬挡板
Antimissile Research Advisory Council (=AMRAC) 反导弹研究咨询委员会
Antimoist 防潮湿的
antimon {化} 锑 Sb
antimon cesium 锑铯合金
antimon-cesium alloy surface 锑铯合金面, 锑铯合金屏
antimon point 锑熔点 (630.5℃)
antimonate 锑酸盐
antimonation 锑氧化作用
antimonial lead 锑铅合金, 锑铝, 硬铝

antimonial-lead furnace 锑铅炉, 硬铝炉
antimonium {化} 锑 Sb
antimony {化} 锑 Sb
antimony bronze 锑青铜
antimony-casesium photocathode 锑铯光电阴极
antimony containing alloy 锑集合金
antimony detector 锑检波器
antimony electrode 锑电极
antimony lead 锑铅合金, 含锑铝
antimony-potassium-caesium photocathode 锑 - 钾 - 铯光电阴极
antimony-potassium-sodium photocathode 锑 - 钾 - 钠光电阴极
antineutrino 反中微子
antineutrino spectrum 反中微子能 [量] 谱
antineutron 反中子
antinode 波腹, 腹点
antinoise 防噪声的
antinucleon 反核子
antinucleus 反核
antioxidant (=AO) 抗氧化剂, 防老化剂
antioxidant additive 抗氧化添加剂
antioxidant flux 防氧焊剂
antioxidation 反氧化作用
antioxygen 抗氧化剂, 防老化剂
antiparallel (1) 逆平衡线, 反平行线, 不平行线; (2) 反向平行的, 逆平衡的, 反平行的, 不平行的; (3) 反串联 [的]; (4) 逆流的
antiparallel arrangement 逆平行并置
antiparallel magnetization 逆平衡磁化
antiparalyse pulse 起动脉冲, 激励脉冲
antiparasitic 防寄生振荡的
antiparasitic resistor 寄生振荡抑制电阻
antiparticle 反粒子 [的], 反质子 [的], 反质点 [的]
antipedal curve 反垂足曲线
antiperistalsis 逆蠕动
antiperoxide 抗过氧化物
antiperoxide additive 抗过氧化物添加剂
antipersonnel 反步兵的, 杀伤性的
antipersonnel agent 杀伤型弹药
antiphase (1) 反相位, 逆相位; (2) 反相的, 逆相的
antiphase boundary (=APB) 反相边界
antiphase dipole 反相偶极子
antiphase domain (=APD) 反相畴
antiphone 防音器
antipinking fuel 高辛烷值汽油
antipion 反 π 介子
antipitching (船舶) 减纵摇的
antipitching fin (船舶) 抗纵摇鳍
antiplane 反平面的
antiplasma 反等离子体
antiplastering 阻粘结, 反粘结, 抗粘结
antiplastic 阻止成形的
antipolar 反极的
antipole 相对极, 反极
antipole condition 反极条件
antipole effect 反极点效应, 对称点效应
antipollution 防污染, 抗污染, 去污染, 反污染
antiport 反向移动
antiposition 反位 [置]
antipreignition 防预燃
antipriming pipe 汽水共腾防止管, 多孔管
antiprism 反棱镜
antiprotective 抗防护的
antiproton 反质子, 负质子
antiputrefactive 防腐的
antiquark 反夸克
antirace coding 抢抢先编码
antiracer 防空转装置
antirad 一种防辐射材料
antiradar 防雷达的, 反雷达的
antiradar coating 抗雷达敷层, 反雷达涂层
antiradar device 抗雷达干扰装置, 雷达抗干扰设备
antiradar equipment 防雷达设备
antiradiation 反辐射, 抗辐射
antiratchetting 防 [止] 松 [脱] 的
antirattler 防振器, 减振器

53

antireflecting 抗反射的，减反射的，消反射的
antireflecting coating 抗反射涂层，减反射涂层，消反射涂层，抗反射敷层，减反射敷层，消反射敷层
antireflecting film 抗反射膜，减反射膜，消反射膜
antireflexive relation 非自反关系
antiregular 反正则的
antirepresentation 反表示
antiresonance (1)抗谐振，防谐振，反谐振；(2)并联谐振，电流谐振，电流共振；(3)反共振
antiresonance circuit 并联谐振电路
antirocket 反火箭［的］
antiroll bar 抗侧倾杆
antirolling 防滚动的，防侧滚的，抗横摇的，减横摇的
antirot 防腐的
antirot substance 防腐材料
antirust 防锈蚀的，防锈［的］
antirust coating 防锈面层，防锈涂层
antirust paint 防锈涂料
antirust varnish 防锈清漆
antirusting 防锈的
antirusting agent 防锈剂
antirusting paint 防锈涂料，防锈漆
antisag bar 支垂杆
antisatellite 反卫星［的］
antisaturation 抗饱和，反饱和
antiscale 防垢［剂］
antiscorch(ing) (1)抗焦作用；(2)抗焦剂
antiscratch 抗划道
antiscuffing paste 抛光膏，研磨膏
antiseep 防渗漏的
antiseismic structure 抗震结构
antiseize 防卡塞，防粘
antiseize compound 抗凝添加剂，防粘剂
antiseize lubricant (1)（螺纹接合部等的）防止过热卡死润滑剂；(2)防烧结剂
antisensitization 抗敏化
antisensitizer (=antiamboceptor) 抗介体
antisepsis 防腐［法］，抗菌［法］，消毒［法］
antiseptic (1)防腐剂，抗菌剂，消毒剂；(2)防腐的，抗菌的，消毒的
antiseptic effect 防腐效应
antiseptic treatment 防腐处理
antisepticize 防腐，消毒，杀菌
antisetoff powder 吸墨粉
antishadowing 反隐蔽的
antiship armament （舰艇）主炮
antishunt field 反分流场
antisinging 振鸣抑制的，抑制振鸣的
antisiphonal 背水管的
antiskid 防止轮胎打滑的，防滑的，抗滑的
antiskid tread 防滑轮胎踏面，防滑轮胎纹
antiskidding 防滑的
antiskinning 防结皮的
antislip 防滑
antisludge (1)抗淤积，去垢；(2)抗淤剂
antismog 消烟雾的
antisomorphism 反极同形性
antisotypism 反同型性
antispark 防火花的，消火花的
antispattering agent 防溅剂
antispin 防螺旋，反尾旋，消旋
antispray 防喷溅［的］，防沫［的］
antispray film 隔沫层，隔沫薄膜
antispray guard 防油喷溅护板
antispray plate 防油喷溅护板
antisqueak 消音器，消声器，减声器
antistall 防［止］失速
antistat 抗静电剂
antistate 反物质态
antistatic 抗静电的
antistatic agent 抗静电剂
antistatic antenna 抗静电天线
antistatic rubber 抗静电橡胶
antistatics 抗静电干扰
antisticking agent 抗粘剂

54

antistickoff voltage 反粘电压
antistructure 反结构
antistructure disorder 反结构无序，换位无序
antisubmarine (=AS) 反潜艇［的］，防潜艇［的］
antisubmarine bomb 深水炸弹
antisubmarine rocket (=ASROC) 反潜艇火箭
antisubmarine submarine 反潜潜艇
antisubmarine warfare (=ASW) 反潜战
antisulphuric 防硫的
antisurge （航空）防喘振
antiswirl 反涡流的，反漩涡的
antisymmetric 反对称的，非对称的，逆对称的
antisymmetirc law 反对称律
antisymmetric load 反对称荷载，不对称荷载
antisymmetirc matrix 反对称矩阵
antisymmetircal tensor 反对称张量
antisymmetrization 反对称化
antisymmetizer 反对称化子，反对称算符
antisymmetry 反对称［性］，非对称［性］，斜对称［性］
antisymmetry postulate 反对称假设
antisynchronism (1)异步性；(2)非同步，异步
antisyphonage 反虹吸
antitangent 反正切
antitank (=AT) 反坦克
antitank aircraft rocket (=ATAR) 反坦克航空火箭
antitank missile 反坦克导弹
antitank rocket (=AT rocket) 反坦克火箭
antitechnology 反科技的
antitemplate 反模板
antithesis(复 antitheses) (1)对偶［法］；(2)对立面，正相反，(3)对照；
antithetic variable 对偶变量
antitorpeto (1)防鱼雷装置；(2)防鱼雷的
antitracking 反跟踪，防跟踪
antitracking control (=ATRC) 反跟踪操纵装置
antitransformation 反变换
antitransmit-receive (=ATR) （天线）收发转换
antitransmit-receive tube (=ATRT) 发射机阻塞放电管，收发管
antitransmitting-receiving (=ATR) （天线）收发转换
antitransmitter receiver (=ATR) 能利用一天线发送和接收的微波雷达装置，收发两用雷达
antitransmitter receiver switch (=ATR switch) 天线收发转换开关
antitranspirants 防蒸发剂
antitrope (1)前龙骨；(2)对称体
antitropic 对称的
antitropous 倒向的
antiturbulence 抗干扰
antitype (1)模型所代表的实体；(2)反式
antivacuum 非真空，反真空，反压力
antivibration 防振，抗振，减振，阻尼
antivibration mounting 防振装置，抗振台架，抗振托架
antivibrator 防振器，防震器，阻振器，阻尼器
antiwear 抗磨损的，耐磨损的，抗摩的
antiwelding 抗焊接的
antiwind 防缠绕
anvil (1)［千分尺的］测砧；(2)铁砧，砧台，砧座；(3)基准面；(4)砧形物，基座，基石
anvil bed 砧座
anvil block 砧座
anvil-chisel 砧凿
anvil cinder 锻渣
anvil-dross 锻渣
anvil edge 砧缘
anvil face 砧面
anvil faced rail 耐磨钢轨
anvil pallet 砧面垫片
anvil piece （万能千分尺的）可换测砧
anvil plate 砧面垫片
anvil roll 砧辊
anvil vice 铁砧虎钳
anvil quantity 任意量
anvil with an arm 鸟嘴砧
any (1)任何，任一；(2)什么，一些；(3)什么也不，一点也不，根本不，毫不
any acceptable (=A/A) 任何可接受的

any and all things 随便什么都
any and every 任何, 统统, 全体
any longer 已不再
any more (1) 再也不; (2) 还有, 更
any otherwise than 用……以外的任何方式, 用……以外的任何方法
any quantity (=AQ) 任何数量
any the better for 不因……好一点, 未受……影响
any the worse for 不因……坏一点, 未受……影响
anybody (1) 任何人, 无论谁, 谁都; (2) 重要人物, 名人; (3) (复) 普通人, 常人
anybody else 其他任何人, 别人
anyhow 无论如何, 无论怎样, 随随便便, 马虎, 总之, 反正
anyhow and everyhow 尽一切办法
anymore 不再
anyone 任何人, 无论谁, 谁也, 谁都
anyplace 在任何地方, 无论何处
anything (1) 任何事物, 什么都, 一切; (2) 无论什么, 什么也; (3) 什么
anything but 除……外什么都, 根本不
anything else 其他什么事情
anything like (1) 有点象……的; (2) 完全 [不], 丝毫 [不], 根本 [不]
anything up to 最大到, 最多到, 最高到
anytime 在任何时候
anyway 无论用什么方法, 无论如何, 不管怎样, 横竖, 总要
anywhere (1) 在任何地方, 无论哪里; (2) 根本; (3) 任何地方
anywise 在任何方面, 以任何方式, 无论如何, 决 [不], 总 [不]
apart (1) 相隔, 相距; (2) 离开, 离去, 拆开, 分开, 除去; (3) 区别, 分别, 各别
apartment (1) 房间, 套间; (2) 居住地; (3) 公寓
apartness 隔开状态, 分开状态
aperiodic(al) (1) 非定时发生的, 非周期 [性] 的, 不定期的, 无定期的; (2) 无周期性振动的, 非振荡的, 非调谐的, 强阻尼的
aperiodic antenna 非调谐天线, 非谐振天线
aperiodic circuit 非周期 [振荡] 电路, 无谐振电路
aperiodic compass 定指罗盘针
aperiodic damping 非周期衰减
aperiodic discharge 非周期放电
aperiodic elongation 非周期伸长
aperiodic galvanometer 非周期电流计, 大阻尼电流计, 不摆电流计, 直指电流计
aperiodic mode of motion 非周期运动形式
aperiodic motion 非周期运动
aperiodic state 非周期状态
aperiodic voltmeter 非周期伏特计, 大阻尼伏特计, 不摆伏特计, 直指伏特计
aperiodicity 非周期性, 无周期性, 非调谐性
aperiodograph 非周期性线图
apertometer 物镜口径计, 数值口径计, [数值] 孔径计, [数值] 孔径仪, 开角计
aperture (1) 孔径闸的直径, 孔径, 口径; (2) [开] 口, 开度; (3) 光圈, 照门, 准门, 快门; (4) 窗孔, 壁孔, 小孔, 眼, 洞; (5) 裂缝, 孔隙, 缝隙; (6) 膜片
aperture admittance 孔径透射力
aperture angle (1) 孔径角, 张角; (2) 波束角, 波瓣
aperture antenna 开口天线, 孔径天线
aperture card (1) 穿孔卡, 多孔卡, 隙缝卡, 卡片; (2) (镶有显微胶片的) 窗孔
aperture colour 非物理色, 孔径色
aperture compensation (1) 孔径失真补偿; (2) 孔阑补偿, 畸变补偿
aperture correction factor 孔阻计算系数
aperture diaphragm 有效光阑, 孔径光阑
aperture dimension 孔径
aperture disc 聂泼科夫圆盘分像盘, 有孔圆盘
aperture distortion 孔径失真, 孔阑畸变, 小孔畸变, 光栅畸变
aperture effect 孔径失真, 孔径效应, 孔阑效应
aperture efficiency 开口面积效率, 孔径面积效率, 开口比
aperture gap 孔隙
aperture grille 障栅, 荫栅
aperture illumination (1) 照度分布; (2) 孔径照明
aperture lens 孔径透镜, 针孔透镜, 膜孔透镜, 孔阑透镜, 电子透镜
aperture mask 孔眼掩模, 多孔障板, (彩色显像管的) 荫罩
aperture mask tricolour kinescope 多孔障板式三色显像管, 荫罩 [式] 彩色显像管
aperture of beam 束束的横截面, 射束孔径
aperture of screen 筛孔

aperture of sight 观察孔
aperture of the diaphragm 光阑孔径, 光圈
aperture plate 栅网, 格子
aperture ratio 孔径比
aperture stop 孔径闸
aperture stop number 孔径数
apertured 有缝隙的, 有孔眼的, 有孔的, 多孔的, 带口的
apertured-disc 旋转分像盘, 穿孔圆盘, 有孔圆板
apertured plate for memory 多孔存储板
apertured shadow-mask 多孔影孔板, 多孔障板, 荫罩
aperturing 孔径作用
apex (复 apexes 或 apices) (1) 顶 [点], 顶尖, 顶端, 顶锥; (2) 最大值, 峰值; (3) 尖端
apex angle (1) 顶角; (2) (天线) 孔径角
apex distance 分度锥母线距离, 钻尖偏移距离, 顶距
apex drive [天线] 中点馈电
apex law 脉尖法
apex load 顶端负荷, 顶点负荷
apex match(ing) method 顶点匹配法
apex of pitch cane (锥齿轮) 节锥顶点
apex of trajectory 弹道最高点
apex point (1) 顶点; (2) 钻尖
apex rolling element 顶部滚动体
apex seal (旋转式发动机) 顶端密封片
apex to back (锥齿轮) 顶基距
apex to crown (锥齿轮) 顶冠距
apex to spindle nose 锥顶至配对轴中心线距
apicad 向顶点
apical 顶点的, 顶端的, 顶尖的, 峰顶的, 尖的,
apical angle 顶角
apical plate 顶板
apical system (1) [在] 顶端的; (2) 顶系, 极系
apices (apex) (1) 顶 [点], 顶尖, 顶端, 顶锥; (2) 最大值, 峰值; (3) 尖端
apiece 每个, 每件, 每人, 各
apiciform 尖形的
apiquage 航空器横轴的周转
aplanat lens 消球差透镜, 齐明透镜, 不晕透镜
aplanatic (1) 等光程的; (2) 不晕的; (3) 消球差的
aplanatic surface 等射程面
aplastic 非塑性的
Aplataer process 热镀锌法 (铅锌法热镀锌)
apo- (词头) 远, [分] 离, 来自
apocenter 或 apocentre 远主焦点, 远心点
apocentric 离心的, 离中央的
apogee (=APG) (1) 远地点; (2) (弹道) 最高点, 最远点, 极点
apogee motor 远地点控制电动机
apogee-motor firing (弹道) 最高点点火, 远地点发动机点火
apogee rocket 无地点火箭, 最远点火箭
apomecometer (光学) 测距仪, 测高仪, 测角仪
apophorometer 升华 [物质] 收集测定仪
apparatus (=app) (1) 器具, 器材, 器械, 器件, 设备, 机器, 机件; (2) 仪器, 仪表; (3) 装置; (4) 机构, 组织; (5) 注释, 索引
apparatus centering 用仪器定圆心, 定圆心器
apparatus for air conditioning 空气调节设备
apparatus for suspension 滑车架, 拉力架
apparatus glass 仪表玻璃
apparatus of resistance 测电阻仪
apparatus with several arm wipers 多弧刷旋转选择器
apparel (1) 外表, 外观; (2) 船上用具
apparent (=A) (1) 表面 [上] 的, 肤浅的, 外表的, 外观的, 表观的, 视 [在] 的, 外显的; (2) 明白的, 明显的, 显然的; (3) 近似的; (4) 视
apparent angle of attack 表观迎角, 视迎角
apparent area 表现 [接触] 面积
apparent azimuth angle 视在方位角
apparent bulk density (=abd) 表观松装密度
apparent capacity 视在容量
apparent charge 表观电荷
apparent coefficient 表观系数
apparent colour 表观颜色, 视在颜色
apparent density 表观密度, 视密度
apparent diameter 视直径, 外表直径
apparent distance 视距 [离]
apparent efficiency 视在效率

apparent elevation angle　视在仰角
apparent-energy meter　全功电度表, 伏安时计
apparent error　视误差
apparent expansion　视膨胀
apparent force　表观力, 视在力
apparent height　视在高度, 有效高度, 表观高度
apparent horizon　视地平
apparent impedance　实在阻抗
apparent material　透明材料
apparent output　视在输出
apparent pitch　视[在]螺距, 表观螺距
apparent porosity　显气孔率
apparent power　视在功率, 表观功率
apparent quality factor　外观品质因数
apparent radar center　表观雷达中心
apparent radius　视半径
apparent range　视在距离
apparent remanence　视剩磁
apparent resistance　视在电阻
apparent resolution　可见分辨率, 清晰度
apparent semidiameter　视半径
apparent specific gravity (=ASG)　假比重, 视比重
apparent stress　表观应力, 视应力
apparent time (=AT)　视[太阳]时
apparent to the naked eye　肉眼可见
apparent tooth flux density　视在齿端磁通密度
apparent total porosity (=ATP)　视在总空隙度
apparent viscosity (=AV)　表观粘度; 表观粘滞性, 视粘滞性
apparent volume (=AV)　松装体积, 松装比容, 表观容积, 视容积
apparent weight　视重量, 毛重
apparent wind　相对风, 视风
apparently　表面上, 显然, 俨然
apparentness　显然, 明白, 外观
apparition　(1)出现; (2)变明显
appear　(1)出现, 显现, 到达, 来到, 露面, 问世, 登载, 出版, 发表; (2)显得, 看来, 好像
appearance　(1)外形, 外貌, 外观; (2)显露; (3)出版, 发表
appearance fracture test　断口外观试验
appearance of fracture　断口外观, 断口形状
appearance potential (=AP)　表观电位, 外观电位
appearance surface　外表
appearance test　外观检查
appearing　版面高度
appearing diagram　外观图
append　附加, 附上, 添加, 增补, 贴上, 挂上, 悬挂
append macros　附加宏指令
appendage　(1)备用仪表, 备用仪器, 附属部分; (2)附属物, 附件, 配件, 备件
appendage pump　备用泵, 附属泵
appendant 或 appendent　(1)附加的, 附属的; (2)附属物
appendices (单 appendix)　(1)附录, 附言; (2)补遗, 附加; (3)附属物, 附件; (4)充气管, 输送管
appendix (=APDX 或 appx)　(1)附录, 附言; (2)补遗, 附加; (3)附属物, 附件; (4)充气管, 输送管
Apple tube　线状荧光屏的单电子束彩色显象管, 爱博尔彩色显象管, 苹果彩色显象管
appliance　(1)用具, 器具, 工具, 器械, 设备, 装备, 装置, 附件; (2)仪表, 仪器; (3)办公电器用品; (4)应用, 使用, 适用
appliance circuit　仪表用电路
appliance outlet　设备[电源]插口
appliance tooth(ed) gear　家用设备齿轮
applicability　(1)可应用性, 可选用性, 适用性, 适应性; (2)使用范围, 适用范围; (3)可贴合性
applicable (=appl)　可适合的, 能应用的, 可贴合的, 有利的, 合适的, 适当的
applicable surfaces　可贴[合]曲面, 互展曲线
applicably　可适用地, 适当地
applicant　申请人, 请求者
applicate　紧贴于表面的
application (=appl)　(1)应用, 使用, 利用, 运用, 适用, 用途; (2)施加载荷, 加载作用; (3){数}贴合; (4)申请, 请求; (5)申请书, 申请单, 委托书; (6)作用, 施加, 操作涂装
application and dissemination of CO2 arc welding　二氧化碳气体保护焊的推广和应用

application-defined data structure　定义应用的数据结构
application-dependent configuration　根据应用配制
application factor　使用系数, 应用系数, 运转系数, 系统外动载影响系数; 工况系数
application form　申请书, 申请表
application of brakes　制动, 刹车, 施闸
application of force　(1)施力, 加力; (2)作用力
application of load　[施]加负荷, 施加荷载, 加载
application of surface　曲面的贴合
application software　应用[算题]软件
application software engineering　应用软件工程
application study　应用研究
application technology satellite (=ATS)　应用技术卫星
application to become subscriber　登记作为用户
application to deliver for export (=AD)　出口交货申请
application valve　控制阀
applications library　应用程序库
applicative language　应用式语言
applicator　(1)敷贴器, 敷料器, 涂药器, 涂层器, 涂敷器, 涂板器; (2)撒药机, 洒施机, 注施机, 撒粉机; (3)扣环起子; (4)高频加热电极
applied　(1)使用的, 适用的, 实用的, 应用的, 作用的; (2)外加的, 施加的, 外施的
applied aerodynamics　应用空气动力学
applied chemistry　应用化学
applied elasticity　应用弹性学
applied electromotive　外电动势
applied force　作用力, 外加力, 施加力
applied geophysics　应用地球物理学
applied hydraulics　应用水力学
applied kinematics　应用运动学; 应用力学
applied load　外加荷载, 外加载荷, 施加载荷
applied mathematics　应用数学
applied mechanics　应用力学
applied moment　作用力矩
applied of force　施力, 加力
applied optics　应用光学
applied physics　应用物理学
applied physics laboratory (=APL)　应用物理实验室
applied physics research section (=APRS)　应用物理研究组
applied probability　应用概率论
applied science　应用科学
applied science and technology index (=ASTI)　应用科技索引
applied science laboratory (=ASL)　应用科学实验室
applied statistics　应用统计学
applied stress　外加应力, 作用应力, 外施应力
applied thrust　外加推力, 作用推力
applied voltage　外加电压
applied voltage test　加[电]压试验, 加[电]压实验
applique　(1)贴花, 贴花织物; (2)镶刻; (3)消色差透镜组
apply　(1)应用, 适用, 适合; (2)施加, 作用, 加热, 做功, 涂, 敷, 贴, 撒, 镀, 浇; (3)申请, 接洽
apply force　作用力
apply oil　加润滑油, 上油
apply side　工作齿面, 着力齿面
appoint　(1)指定, 决定, 约定; (2)任命, 指派, 委派, 命令; (3)供给必要的装备, 供给, 装备
appointed (=app)　(1)指定的, 决定的, 约定的; (2)被任命的; (3)设备好的
appointment (=appt)　(1)指定, 约定, 约会; (2)任命, 任用, 委派; (3)职位, 位置; (4)(船上)装备, 设备, 家具; (5)车身内部装饰
apportion　分配, 分摊, 均分
apportioning cost　分配值
appose　(1)并列; (2)置于对面或附近
apposed　并列的
apposite　并列的
appositeness　恰当的性质, 适合的状态
apposition　(1)接合; (2)外积, 外加; (3)并列, 并排
apposition image　联立像
appraisable　可评价的, 可估价的, 可鉴定的
appraisal　(1)鉴定, 检验, 估计, 估价, 评价; (2)证明
appraisal certificate　评价证明书(使用证明书)
appraisal survey　估价调查
appraise　估价, 估计, 评价, 鉴定
appraised price　估价

56

appraiser 评价人，鉴定人

appraiser of customs 海关检验人

appreciable （1）看得出的，感觉到的；（2）值得重视的，相当大的，明显的，可观的；（3）可估价的，可估计的

appreciable error 显著误差

appreciably 相当地，明显地，可观地

appreciate （1）估价，鉴定，鉴别，鉴赏；（2）理解，体会，知道，懂得；（3）珍视，重视；（4）赞赏，欣赏，感激；（5）价格增加，涨价，增值

appreciation （1）估价，估计，鉴定，鉴别，评价；（2）了解，判断，赏识，欣赏；（3）涨价，增值

appreciative 有鉴别力的，有眼力的，欣赏的，赏识的，感激的

appreciatory 有鉴别力的，有眼力的，欣赏的，赏识的，感激的

apprehend （1）理解，了解，明了，领会，认识；（2）忧虑，担心；（3）逮捕，拘押

apprehensibility 可理解性

apprehensible 可理解的，可了解的，可明了的，可想象的

apprehension （1）理解，领会，明了；（2）忧虑，担心，不安；（3）逮捕

apprehensive （1）有理解力的，善于领会的，聪明的；（2）忧虑的，担心的，不安的

appress 紧贴

appressed 紧贴的

appression 有重量，重力感

apprise 通知，告知，报告，报导

apprize 通知，告知，报告，报导

approach （1）近似，接近，趋近，逼近，送近；（2）近似值，近似法，计算法；（3）（齿轮）啮入，渐近；（4）（两滚动体）压缩接近量；（5）与……打交道，探讨，研究，处理，解决；（6）途径，方法，手段；（7）通道，引道，引桥，引槽；（8）进场，临场，进入；（9）入门，入口；（10）（铁路）专用线

approach alignment 桥头引道接线

approach amount 接近量

approach and landing simulator (=ALS) 进场与着陆模拟器

approach angle （1）啮入角，渐近角，（2）接近角，前进角，引进角，航路角

approach beam 临场引导波束

approach block 接近闭塞区段

approach chart 进场图

approach contact 啮入接触，渐近接触（有效啮合线节点前啮合）

approach contact line 啮入［部分］接触线

approach control (=APC) 进场控制

approach control radar (=ACR) 进场控制雷达，临时指挥雷达

approach grade 引线坡度

approach grafting 靠接

approach guidance 末段制导

approach light 降落信号灯，着陆灯，指示灯，进场灯

approach-marker-beacon transmitter 机场信标发送机

approach path （1）啮入轨迹，渐近轨迹，（2）接近轨迹

approach phase 啮入相位，渐近相位

approach point 啮入点，渐近点，接近点

approach portion of line of action 啮入线长度

approach rail 引轨

approach relay 接近继电器

approach receiver 着陆接收机

approach road 引路，引道

approach speed 啮入速度，渐近速度，进场速率

approach switch 接近开关

approach system 导进机场系统

approach table 输入辊道

approach to a question 解决问题的方法，解决问题的途径

approach track 进站轨道

approachability 可接近，易接近

approachable 易接近的，可达到的

approacher 接近的目标

approaching velocity 渐近流速

approbate 对……感到满意，许可，认可，批准

approbation 感到满意，许可，认可，批准

approbatory 许可的，认可的，采纳的

appropriate 恰如其分的，适当的，适应的，合适的，恰当的，相当的，相称的

appropriate for 与……相称，适于，合乎

appropriate to 与……相称，适于，合乎

appropriately 适当地，恰当地，相当地

appropriateness 适合程度，适当性

appropriation （1）拨款，经费，预算，充当，使用，专用；（2）挪用，占用；（2）模仿行为

approvable 可承认的，可批准的，可赞成的

approval 认可，批准，核准，同意，赞成，赞赏

approval of import (=AI) 进口许可

approval sales 试销

approval test （1）合格性试验，检查试验，鉴定试验，验收试验；（2）效能试验，试用

approve （1）批准，验收，认可，审定，通过；（2）证明，证实；（3）承认，同意，赞成，满意

approved (=a) （1）已验收的，经审批的，经批准的，经认可的，许可的，批准的；（2）规定的，有效的，良好的

approved by (=APP) 经……批准，批准人

approved parts and material list (=APL) 已批准的部件与器材清单，验收合格的部件与器材清单

approved parts list (=APL) 已批准的部件清单，验收合格的部件清单

approved vendor list (=AVL) 批准的售主名单

approver 批准者，赞成者

approximability 可接近性，可逼近性

approximable 可接近的，可逼近的

approximal 接近的，邻近的，近似的

approximant 近似结果，近似值，近似式

approximate (=Approx 或 aprx) （1）逼近，接近；（2）近似的，大约的，估计的，约略的

approximate absolute temperature 近似绝对温度

approximate absolute temperature scale (=AA) 近似绝对温标

approximate analysis 近似分析

approximate calculation 近似计算

approximate computation 近似计算

approximate continuity 近似连续

approximate contour 假想构造等值线，近似等高线

approximate diameter 近似直径

approximate equivalent circuit 近似等值电路

approximate error 近似误差

approximate evaluation 近似估价

approximate expansion 近似展开式

approximate expression 近似［表达］式

approximate formula 近似公式

approximate method 近似［方］法

approximate number 近似数

approximate quantity 近似量

approximate solution 近似解

approximate spectrum 近似谱

approximate treatment 近似计算

approximate value 近似值

approximate weight 约计重量

approximated compound mechanism 近似复合机构

approximated crank circle 近似曲轴圆

approximately 近似地，大致，大约，大概

approximating 近似结果

approximating function 可逼近函数

approximation （1）接近，近似，逼近；（2）近似法，逼近法，近似度，近似化；（3）近似值；（4）概算，略计

approximation by least square 用最小二乘方的近似［法］

approximation by power formula 用幂公式的近似［法］

approximation formula 近似公式

approximation in the mean 平均近似，平均逼近

approximation of first degree 一次近似值

approximation of root （1）根的近似值；（2）根的近似求法

approximation integrals 近似积分

approximation method 渐近法

approximation on the average 平均近似

approximative 用近似法求得的，近似的

appurtenance 辅助工具，辅助机组，辅助设备，附属装置，附属机组，附件，配件

apron （1）机床拖板箱，托板箱，溜板箱，滑板箱，拖板箱，闸箱；（2）挡板，垫板，盖板；（3）皮带输送带，运输平板，运输机，（输送机）平板，裙板；（4）船首的护船木；（5）（炮）口罩，［烟囱］顶罩；（6）屋顶形铁丝网面，伪装天幕；（7）台口；（8）窗台，护墙

apron band 输送带

apron belt 输送带，橡胶带

apron board 裙板

apron chain 板条式［输送器］链条

apron conveyer 挡边式输送机链板式输送机板式输送机裙式运输机，皮带输送机，带式输送机，鳞板输送机，平板输送机，翻板输送机

apron fabric 输送带帆布

57

apron feeder　板式给料机,板式进料机,带式进料机
apron lathe　溜板箱车床
apron lining　楼梯装饰中的护墙裙板
apron piece　支承楼梯平台小梁,楼梯斜踏步小梁
apron plate　裙板,挡板,闸门
apron ring　活塞下裙部涨圈,裙圈
apron rolls　运输机皮带滚轴,(运输皮带)托辊
apron track　轻便轨道
apron-type　板式的,裙式的
apron wall　前护墙
apron wheel　履带
apropos　(1)恰当的,适当的,中肯的,切合的,及时的,凑巧的;(2)恰好,顺便
aproposity　恰当,贴切
aprotic　[对]质子[有]惰性的,无施受的
aprotic solvent　非质子溶剂,非酸碱溶剂
aprowl　在活动或运动状态中,巡航
apsacline　倾斜型
apsidal　轨道拱点的,与轨道拱点有关的
apsidal surface　长短径曲面
apsis　拱点
apt　(1)适当的,恰当的,贴切的,合式的;(2)有……倾向,易于……的,可能的;(3)灵敏的,巧的
apteral　两侧无柱式的,无侧柱的
aptitude　(1)适应性,倾向,趋势;(2)特质,性能,能力,才能
aptitude index (=A/I)　适应性指数
aptitude test　适应性试验,性能试验,合格试验,鉴定试验
aptitude to rolling　可轧性
aptly　适当地,合适地,敏捷
apud　在内,在中
apyrous　(1)不易燃的,耐火的,防火的,抗火的;(2)抗火性
aqua　(1)溶液;(2)数量不定的水
aqua pure　纯水
aqua regia　王水
aqua system　水压贮存系统
aquadag　胶体石墨,石墨润滑剂
aqaeductus　导水管
aquagel　水凝胶
aqualung　潜水呼吸器
aquamanile　盛水器皿,水罐
aquamarine　[海]蓝宝石
aquametry　滴定测水法
aquamotrice　匙斗式挖泥船,匙斗式挖泥机
aquanaut　潜水员
aquaphone　听水音机
aquaplane　(1)水上飞机;(2)滑水板
aquaseal　(1)水封剂(电缆绝缘涂敷用);(2)密封的
aquastat　水温自动调节器
aquated　水合的
aqueduct　输水道,导水管,渡槽
aqueous caustic　苛性碱液
aqueous-corrosion　水腐蚀的
aqueous gels　水胶炸药
aqueous solution　含水溶剂,水溶液
aqueous vapour　水[蒸]汽
aquifuge　不透水层,滞水层
aquinite　氯化苦(炸药)
aquo-acid　水系酸
aquo-base　水系碱
aquo-component　含水化合物
aquo-lubricant bearing　水润滑轴承
aquogel　水凝胶
aquolization process　加水裂化过程
aquoluminescence　水合发光
aquolysis　水解[作用]
aquometer　蒸汽吸水机,蒸汽扬水机
aquosity　水性,水态
aquotization　水合作用[过程]
AR alloy　耐酸铜合金(硅3%,锡1%,镉0.1%,其余铜)
AR steel　高温度锰钢(碳0.35-0.5%,锰1.5-2.0%,硅0.15-0.30%),耐摩铜(碳0.9-1.4%,锰10-15%)
Arabic gum　阿拉伯胶
arabic numberals　阿拉伯数字
araldite　合成树脂粘结剂,环氧[类]树脂,阿拉尔第特

arbite　一种安全炸药
arbiter　(1)判优电路,判优器;(2)仲裁人,公断人
arbitrary　任意的,随意的,任选的,随机的
arbitrary constant　任意常数
arbitrary correction　射击诸元校正
arbitrary decision　任意的决定
arbitrary deformation　任意变形
arbitrary function　任意函数
arbitrary number of level　(存储器的)任意级
arbitrary point　任意点
arbitrary proprotions method　经验配合法,习用配合法
arbitrary system of moment　任意力矩系统
arbitrary unit (=AU)　(1)任选的度量单位,(2)(工厂检验时)任意抽取的部件
arbitrary value　任意值
arbitrary zero　任设零点,假设零点
arbitration　判优法
arbitration clause　仲裁条款
arbitration logic　判优逻辑
arbitron　电视节目观看情况报告设备
arbor　(1)主轴,心轴,辊轴,刀轴,柄轴,轴杆,刀杆;(2)边框
arbor adapter　柄轴接头
arbor bearing sleeve　柄轴轴承衬套
arbor chuck　心轴式夹具(车床车外圆用的)
arbor clamp　刀杆夹
arbor flange　(1)柄刀凸缘;(2)[铣刀杆上的]盘式刀架
arbor for drill chuck　钻头卡盘轴
arbor for face milling cutter　平面铣刀柄轴,端面铣刀刀杆
arbor for shell reamer　套筒铰刀轴
arbor holder　刀杆支座,刀杆夹
arbor nut　刀杆螺母
arbor press　手扳压床,心轴压床,矫正机
arbor support　柄轴支架,刀杆支架,心轴支架
arbor taper　刀杆丝锥
arbor thickness　刀杆厚度
arbor-type cutter　套式铣刀
arbor type fraise　心轴型铣刀
arbor-type hob　带孔滚刀
arbor-type milling cutter　套筒铣刀
arbored　用树木装衬的
arborer　首饰旋工
arbour　棚架
arc (=a)　(1)弧线,弧形,弧拱,弓形;(2)拱形物;(3)伏打电弧,电弧,弧光;(4)圆弧,弧度;(5)弧形滑接器,弧形板,弧形物,扇形物;(6)电弧振荡器,弧光灯
arc air cutting　压缩空气电弧气割,电弧气割
arc air gouging　电弧[空]气[气]刨
arc air gouging method　压缩空气电弧气割法,电弧气刨
arc-arrester　火花熄灭器,熄弧器,放电器
arc arrester　电弧避雷器
arc-back　(整流器的)逆弧
arc back　逆弧
arc blow　磁偏吹
arc blow-out　灭弧
arc blow out　电弧吹熄,熄弧,灭弧
arc blowout　消弧
arc booster　(焊接)起弧稳定器
arc-boutant　飞拱
arc brazing　电弧钎焊,电弧钎接
arc cam　弧形凸轮
arc cam profile　弧形凸轮轮廓
arc-cast　电弧熔铸
arc-cast metal　电弧熔铸的金属,弧熔金属锭
arc chamber　放电室,电弧室
arc chute　电弧隔板,消弧栅,熄弧沟,灭弧沟
arc-contact worm　圆弧圆柱蜗杆,弧齿蜗杆
arc-control　电弧控制,消除火花
arc converter　电弧变流器
arc correction　摆幅改正
arc cosecant　反余割
arc-cosine　反余弦
arc cosine　反余弦
arc cotangent　反余切
arc crater　(1)弧坑;(2)电弧陷口

arc cutting　电弧切削,电弧切割
arc-damping　熄弧的
arc description　弧线描述,弧段描述
arc discharge　电弧放电,电光放电
arc-discharge tube　电弧放电管
arc dissociation　电弧断开,电弧分离
arc-dozer　弧形板推土机
arc-drop　[电]弧[压][降]
arc dynamo　(1)电弧发电机;(2)弧光灯用直流发电机
arc element　弧元,元弧
arc end　引弧端
arc extinction　消弧,灭弧
arc extinguish chamber　灭弧室
arc extinguisher　熄弧器
arc-extinguishing　消弧,灭弧
arc extinguishing　消弧,灭弧
arc extinguishing equipment　灭弧装置
arc-flame　弧焰
arc-form sawing　弧形锯削
arc furnace　电弧炉
arc gap　电弧间隙,弧光间隙
arc gearing　弧线啮合[装置]
arc generator　电弧发生器
arc guide　(1)(汞弧整流器内的)水银蒸汽阻隔筒,汞弧导筒;(2)汞弧整流器,电弧导波
arc heating　电弧加热
arc horn　角形避雷器,防闪络角形件
arc-hyperbolic　反双曲的
arc-image furnace　电弧反射[成像]炉
arc interlocking relay　电弧联镇继电器
arc-jet engine　电弧火箭发动机
arc jet engine　电弧喷射引擎
arc lamp　弧光灯
arc leakage power　电弧漏过功率
arc length　弧长
arc light　(1)弧光灯,弧光照明;(2)[电]弧光
arc line　弧线
arc loss　电弧损失
arc measurement　弧度测量
arc-melting　电弧熔炼,电弧熔化
arc noise　电弧噪声
arc of action　啮合弧,作用弧
arc-of-action factor　啮合弧系数,作用弧系数
arc of approach　啮入弧,渐近弧
arc of belt contact　皮带包圈(皮带盘的)圆弧
arc of contact　啮合弧,接触弧,作用弧
arc of fire　(1)火焰弧;(2)射击区域,射击扇面
arc of motion　回转圆弧
arc of oscillation　(1)振动弧,(2)摆动幅度
arc of parallel　纬圈弧
arc of recess　啮出弧,渐远弧
arc of rotation　转动弧
arc of transaction　啮合弧,作用弧
arc-over　(1)电弧放电,击穿,打穿,闪络,飞弧,跳火;(2)火箭动力上升后的改变方向
arc-over voltage　电弧放电电压,飞弧电压,击穿电压,崩溃电压
arc-oxygen　氧[气电]弧的
arc plasma　等离子弧
arc plasma ejector　弧光等离子体喷射器
arc process　电弧法
arc-proof　耐[电]弧的
arc protect circuit　打火保护电路
arc-quenching　电弧猝熄,电弧熄灭
arc regulator　电弧调节器
arc-resistance　(绝缘材料的)抗电弧性,弧阻
arc resistance　(1)电弧电阻;(2)耐电弧性
arc-resistant　耐电弧的,抗电弧的
arc-resisting　耐电弧的,抗电弧的
arc ring　(1)防闪络环,电弧环,分弧环;(2)绝缘子
arc secant　反正割
arc shooting　弧线爆破
arc sine　反正弦
arc source　电弧离子源
arc-spark stand　电极架

arc spectrum　电弧光谱
arc spraying　电弧喷镀
arc stabilizer　稳弧装置
arc starting　电弧接通,起弧
arc-strike　弧光放电,电弧触放,电弧闪击
arc strike　弧光放电,引弧
arc striking mechanism　电弧触发器
arc stud welding　螺柱电弧焊,柱钉电弧焊
arc subtended by a chord　弦之对弧,对弦弧
arc-suppressing　灭弧,消弧
arc suppressing　灭弧,消弧
arc-suppressing coil　灭弧线圈
arc-suppressing transformer　灭弧变压器
arc-suppression　消火花,消弧,灭弧
arc-suppression coil　消弧线圈
arc system　电弧通信系统
arc tangent　反正切
arc thickness　弧线厚度
arc-through　电弧击穿,通弧
arc tight　耐弧的
arc time　弧焊开动时间,弧光发生时间,燃弧时间,拉弧时间,发弧时间
arc timer　燃弧时间测定装置
arc tip　电弧接触点,弧尖
arc tooth thickness　(齿轮)弧齿厚
arc transmitter　电弧式发射机,弧式发送器
arc triangulation　弧三角测量
arc type dividing head　悬臂分度头
arc voltage　弧电压
arc-weld　电弧熔接,电弧焊
arc weld　弧焊焊缝
arc-welding　[电]弧焊的,电焊的
arc welding　电弧焊接,电弧熔接,[电]弧焊
arc welding generator　[电]弧焊[接用]发电机,电焊机
arc welding machine (=AWM)　电[弧]焊机
arc welding set　电焊机
arc welding transformer　电焊变压器
arc without contact　无切弧
arcanist　巧匠
arcarrester　火花熄灭器,放电器
arcatron　冷阴极功率控制管
arcback　逆弧
arcdrop voltage (=ADV)　电弧电压降
Arcer　阿塞尔高功率火花发生器
arch (1)半圆形,拱形,弓形;(2)弓形结构;(3)使弯成拱形,形成拱形;(4)拱形物;(5)反双曲余弦,弓形符;(6)电炉盖,炉顶;(7)最重要的,主要的,头等的,头号的,著名的,极端的,总的,大的
arch action　(1)起拱作用;(2)架拱
arch bend　背斜弯曲,背斜鞍部
arch blocks　木拱楔块
arch brace　拱支撑
arch brick　(1)拱砖,楔形砖;(2)过火砖
arch camber　拱势,拱矢,起拱
arch center　脚手架,拱架
arch cover　拱盖
arch hinged at ends　双铰拱
arch pattern　弓形纹
arch press　拱门式冲床,拱门式压力机
arch raceway　拱形沟道
arch truss　拱形桁架
arch with three articulations　三铰拱
arch-　(1)主要[的],为首[的],最高,第一;(2)卓越的,大[的];(3)在先的,原始的
arched　弓形地
archelogy　基本原理的科学
archetype　原始模型,原型
archi- (=arch-)　(1)初,原始,旧,原;(2)第一,主要
archibald　(1)高射炮;(2)用高射炮打
archicenter　原始中心,原始型,初型
archicentric　原始中心的,初型的
archie　高射炮
archimedean drill　螺旋钻
archimedean pump　螺旋泵
archimedean screw pump　阿基米德螺旋泵,螺旋泵
archimedean spiral　阿基米德螺旋线

59

Archimedes 阿基米德
Archimedes principle 阿基米德原理
Archimedes spiral 阿基米德螺旋线
Archimedes worm 阿基米德涡杆
Archimedes worm gear 阿基米德涡轮
Archimedes worm wheel 阿基米德涡轮
architectonics 建筑学
architectural bronze 铜锌铅合金,建筑青铜(铜57%,锌40%,铅3%)
architectural characteristics 结构特性,体系特性
architectural concrete 装饰混凝土
architectural furniture 与建筑相配的家具
architectural lamp 装饰灯
architectural lighting 建筑照明
architectural structure 总体结构
architecture (1)建筑科学,建筑艺术;(2)建筑;(3)结构格式
architype 原始型
archival 档案的
archival memory {计}数据库存储器,档案库存储器
archivalia 适合保存的材料
archive (1)档案馆,档案室;(2)档案,卷宗
archives 档案库存储器
archivism 归档的过程
arcing (1)击穿;(2)构成逆弧,发弧,起弧
arcing back [发生]逆弧
arcing brush 跳火电刷,生弧电刷
arcing contact 灭弧触点,辅助触点
arcing distance 火花间隙,放电距离
arcing ground 电弧接地
arcing horn 角型避雷器,防闪络角形件
arcing-over 飞弧,闪络
arcing ring (1)环形消弧器;(2)屏蔽环
arcing time 飞弧时间,燃弧时间,闪络时间
arcing voltage 起弧电压,跳火电压,电弧电压
arclamp 弧光灯
arclight (1)弧光照明,弧光灯;(2)电弧光
arco method [美]阿科切齿法(一种加工斜交轴锥齿轮的方法)
arcogen welding 电弧氧乙炔焊
arcograph 圆弧规
arcola 小锅炉
arcolite 阿尔科列特酚醛树脂
arcosarc welding (1)二氧化碳保护电弧焊;(2)管状焊丝,药芯焊丝
arcotron 显光管
Arctic pole 北极
arcuate 弧形的,弓形的
arcuate cut 弧形切削
arcuate gearing 弧线啮合[装置]
arcuate profile 圆弧齿廓,弧形齿廓
arcuate tooth 圆弧齿
arcuate tooth (milling) cutter 弧齿铣刀
arcuation (1)成弧[作用],弯曲形;(2)拱的使用
arcus (1)弓;(2)弧;(3)弓形带
arcwaller 弧形掏槽截煤机
arcwise 弧式[的]
Ardal 阿尔达铝合金(铜2%,铁1.5%,镍0.6%,其余铝)
ardometer 光测高温计,辐射高温计,表面温度计
are 公亩(=100m²)
area (=A) (1)空地;(2)面积;(3)场,场地;(4)区域,范围,领域,方面
area bombing 面积轰炸
area code 电话分区代号
area-coefficient 面积系数
area control 地区管制
area control radar 地区控制雷达
area coordinates 面积坐标
area coverage 区域范围
area curve 断面积曲线
area delimiting line 区域境界线
area expansion ratio 喷嘴膨胀系数
area factor 面积系数,面积因数
area fire 面积射击
area flowmeter 截面流量计
area grating 阴盖
area image sensor [固体]面形摄像管,面图像传感器
area mean pressure 表面平均压力

area measurement 面积测定
area meter 面积计量计
area method 求面积法,分区法
area moment circle 莫尔惯性圆,莫尔面积矩圆
area moment method 弯矩面积法
Area monitor 特定范围放射线检测器
area monitoring 区域监测
area normalization method 面积归一化法
area of a curved surface 曲面面积
area of beam [电子]束截面
area of bearing 支承面[积]
area of contact 接触面积
area of contour 投影面积
area of cross section 横截面积
area of cut 切削面积
area of hysteresis loop 滞后回线面积
area of impression surface 压痕表面面积
area of indentation 印痕面积
area of moment 力矩图面积
area of pressure 受压面积
area of revolution 旋转面积
area of rotation 旋转面积
area of safe operation (=ASO) 安全工作区
area of sections 剖面面积,截面面积
area of structural steel 型钢截面积
area of thrust surface 推力面[面]积
area of the inlet 入口面积
area of the intake 入口面积
area of the port 入口面积
area opaca 暗区
area-oriented 领域面向的
area pellucida 明区
area-preserving 等面积的,保面积的
area ratio 面积比
area research 区域检索
area rule 面积定则,面积律
area search 区域检索,区域搜索
area target 面目标
area triangulation 面积三角测量
area under canopy 覆盖面
area under deformation 表面变形,表面面积变化
area-wise 就地区而言
areal 面积的,表面的,区域的,地域的,地区的,广大的
areal coordinates 重心坐标,面坐标
areal limits 分布范围,传播范围
areal metric 面积度规,面度规
areal pattern 区域井网
areal velocity (1)掠面速度;(2){数}面积速度
arefaction (1)除湿,干燥;(2)
areflexia 反射消失,无反射
areola (复areolae)(1)龟纹,细隙;(2)网孔;
areometer 液体比重计,浮称
areometry 液体比重测定法
areopycanometer 联管[液体]比重计,稠液比重计
areopycnometer 比重瓶比重计
areosaccharimeter 糖液比重计
argent (1)金属银;(2)银币;(3)银制的,似银的
argent- (=argenti-,argento-) 银
argental 银汞膏
argental mercury 银汞膏
argentalium 银铝
argentan 新银,白铜
argenteum 银膜
argentic 含银的,银的
argentine 含银的,似银的,银的;
argento- (=argent-) 银
argentocyanide 银氰化物
argentojarosite 银铁矾
argentol 银粉
argentometer 银盐定量计
argentophilic 喜银的
argentophobic 疏银的
argentous 低价银的,亚银的
argon {化}氩 Ar

argon arc　氩弧

argon cutting　惰性气体电弧切割,氩弧切割

argon-arc welder　氩弧焊机

argon-arc welding　氩弧焊

argon arc welding　氩弧焊

argen-filled　充氩的

argon-filled lamp　氩光灯

argon gas laser (=AGL)　氩气激光器

argon glow lamp (=AGL)　氩辉光灯

argon-ion　氩离子

argon ion laser (=AIL)　氩离子激光器

argon ionization detector　氩电离检测器

argon ionization device (=AID)　氩离子检查器

argon shield　氩气保护,氩气覆盖层

argen stabilit　氩弧稳定性

argen treatment　氩气处理

argon tungsten arc welding　钨极氩弧焊

argonaut welding　自动调整氩弧焊

Argonne ZGS　阿贡零陡度质子同步加速器,阿贡零梯度质子同步加速器(ZGS =zero gradient proton synchrotron 零梯度质子同步加速器)

argument　(1)(复)幅度,幅角,位相;(2){数}独立变量,自变量,自变数,角变数,变元,宗数,宗量;(3)角距;(4)理论,论证,论据,论点,争论,讨论,辩论;(5)内容提要,内容简介,内容说明,主题,概要

argument association　变元结合

argument expression　主目式

argument of latitude　升交角距

argument of perigee　近地点角距

argument of vector　适量幅角

argumentation　论证,论据,议论,辩论

argumentative　辩论性的,议论的,争论的

arguments of the reference generic function　访问广函数的变元素

argyr-　(词头)银

argyro-　(词头)银

aridextor　[产生]侧向力的操纵机构,[产生]横向力的操纵机构

aright　(1)改正,纠正;(2)正确地,不错,对

Ariron　耐酸铸铁

ariscope　移像光电摄像管

arise　(1)发生,产生,出现,呈现;(2)起来,上升,升起

arithlog paper　半对数纸

arithmetic (=arith)　(1)四则器;(2)四则运算,算术,算法,计算,运算;(3)数字;(4)算术的,计算的,运算的

arithmetic and logical unit (=ALU)　运算部件,运算器

arithmetic assignment statement　算术赋值语句

arithmetic average (=AA)　(1)算术平均值;(2)算术平均的

arithmetic build-in function　运算内函数

arithmetic circuit　运算电路

arithmetic complement　余数

arithmetic continuum　算术连续统,实数连续统

arithmetic device　运算装置,运算器

arithmetic element (=AE)　算术元素,运算元素,运算单元

arithmetic enable control　运算气动控制

arithmetic IF statement　算术条件语句

arithmetic invariant　(算术)不变数

arithmetic-logic unit　运算部件,运算器

arithmetic mean (=AM)　算术平均值,算术中项,等差中项

arithmetic mean deviation of profile　轮廓的算术平均误差

arithmetic of quadratic forms　二次形式整数论

arithmetic operation　算术运算

arithmetic point　小数点

arithmetic product　乘积

arithmetic progression (=AP)　算术级数,等差级数

arithmetic register　运算寄存器

arithmetic section　算术部分,运算部件,运算器

arithmetic series　算术级数,等差级数

arithmetic solution　数值解

arithmetic unit　运算部件,运算器

arithmetical　算术的,计算的,运算的

arithmetical unit (=AU)　运算部件,运算器

arithmetically　用算术,算术上

arithmetician　算术家

arithmetico-geometric　算术几何的

arithmetico-geometric series　算术几何级数,等差等比级数

arithmetization　算术化

arithmo-　(词头)数,数字

arithmograph　(1)自记计算器;(2)运算图

arithmometer　四则运算器,四则计算机,计数器

Aritieren　[钢铁表面的]渗铝法

ark　(1)保险箱,柜;(2)大平底船;(3)避难所,庇护所;(4)高处壁厨,壁龛;(5)陶制大缸

arkite　阿克炸药

Arkon　抗热及绝缘的浅色脂环饱和烃树脂

arm　(1)臂,臂部;(2)柄,杆;(3)辐;(4)力臂,摇臂;(5)水湾;(6)支流,分枝,侧枝;(7)扶手;(8)武装,武器,军种;(9)解脱保险

arm bearing　音臂轴承

arm-brace　撑脚

arm brace　撑臂

arm conveyor　支臂提升器

arm crane　悬臂[式]起重机

arm elevator　臂式升降机

arm file　粗齿方锉

arm fulcrum pin　臂支销

arm indicator　方向指示器,转向指示器

arm lock magnet (=ALM)　臂联锁磁铁

arm of couple　力偶臂

arm of force　力臂

arm of lever　杠杆臂

arm of ratchet　棘轮爪臂

arm of wheel　轮辐

arm-plate　腕板

arm regulator　臂调节器

arm rest　(1)拾音器臂;(2)靠手,扶手

arm rest switch　拾音器臂停止开关

arm-shop　兵工厂

arm side cover　(缝纫机)后盖

arm spool pin　(缝纫机)插线钉

arm sprue cut　(铸)冒口切割

arm stirrer　桨叶式搅拌器

arm straight paddle mixter　直臂旋桨拌和机

arm-tie　横臂拉条,连接臂,连接板,交叉撑,斜撑,撑杆

arm tie　横臂拉条,连接臂,交叉撑,斜撑,撑杆

arm-to-arm　(导弹)进入战斗准备

arm travel　摇臂行程

armada　(1)舰队,船队;(2)(飞机)机群

armament (=armt)　(1)武装力量,军队;(2)武器,军备,军械,装备;(3)战斗部,火炮;(4)备战

armament error　兵器误差

armament race　军备竞赛

armamentarium (=armarium)　医疗设备

armarium　医疗设备

armature (=armtr)　(1)电枢,转子,衔铁,引铁,磁舌;(2)附件;(3)电容器板;(5)旋转圆版;(4)骨架,框架;(6)加强材,钢筋;(7)保护壳,护板,铠装,装甲

armature brake　电枢制动器

armature conductor　电枢导线

armature core　衔铁铁芯

armature core disc　电枢铁芯片

armature duct　电枢风道

armature end　衔铁端,磁舌端

armature iron　衔铁,引铁

armature loudspeaker　舌簧扬声器,扬声器

armature reaction of D.C. machine　直流电机电枢反应

armature shaft　电枢轴

armature shunt (=ASH)　电枢分路

armboard　起纹板,搓纹板

armchair　单人沙发,扶手椅

armco　波纹白铁管

armco aluminized steel　表面浸镀铝的钢

armco-iron　(1)工业[用]纯铁;(2)阿姆柯磁性铁

armco magnetic iron　(1)工业[用]纯铁;(2)阿姆柯磁性铁

armco stabilized steelv　阿姆柯不硬化钢

arme blanche　刀,矛

armed　(1)配备武器的,有准备的,武装的,战斗的,军用的;(2)具刺的

armed beam　加强梁

armed forces　武装部队,武装力量

armed interrupt　待处理中断,待命中断

armed nuclear bombardment satellite (=ANBS)　带核弹的卫星

armed position　发火位置

armed service electrostandards 军用电气标准

armed service electron tube 军用电子管

Armed Service Technical Information Agency (=ASTIA) 美国国防部技术情报局(现改为 **Defence documentation Center** 国防文件中心)

armilla 浑天仪

armillary 环[形]的

armillary sphere 浑天仪

arming (1)进入战斗准备,打开保险,解除保险,装药,备炸;(2)(测深锤)加牛油

arming acceleration (导弹弹头的)打开保险加速度

arming mechanism 解脱机构

arming pin 炸弹信管保险针

arming press 旧式烫金机

arming resistance 解除保险阻力

arming sleeve 臂状套筒

arming wire 炸弹信管保险丝

armlak 电枢用亮漆

armless 无武装的,无武器的

armor (=armour) (1)防护服装,潜水衣,护身具,防具;(2)防弹板,装甲板,装甲,护甲,钢甲,铁甲;(3)提供保护;(4)(电缆的)铠装,包层;(5)装甲的,铠装的,防护的,护面的;(6)装甲部队,装甲兵,武装

armor-clad 装甲舰

armor-piercing incendiary 穿甲燃烧弹

armor sabot 次口径超速穿甲弹

armored cable 铠装电缆

armored fabric 防护[用]织物

armored personnel carrier 运输兵员装甲车

armored recovery vehicle (=ARV) 装甲抢救车

armored vehicle 装甲车辆

armoring tape 铠装钢带

armory (1)整套攻防武器,大批武器;(2)资源仓库;(3)军械库;(4)兵工厂

armour (1)防护服装,潜水衣,护身具,防具;(2)防弹板,装甲板,装甲,护甲,钢甲,铁甲;(3)提供保护;(4)(电缆的)铠装,包层;(5)装甲的,铠装的,防护的,护面的;(6)装甲部队,装甲兵,武装

armour coat 保护涂层,护层

armour course 保护层

armour layer 护面层

armour piercer 穿甲弹

armour-piercing 穿甲的

armour-piercing bullet 穿甲弹

armour-piercing shell 穿甲弹

armour-plate 装甲[钢]板,铁板

armour plate 防弹钢板,装甲板,防护板,护铠板,铁板

armour-plated 装甲的

armoured (=armd) 铠装的,装甲的,武装的,包铁[皮]的

armoured cable 装甲电缆,铠装电缆

armoured cable wire 铠装电缆钢丝

armoured car (=AC) 装甲汽车,装甲车

armoured concrete 钢筋混凝土

armoured corps 装甲部队

armoured forces 装甲部队

armoured glass 装甲玻璃

armoured hose 铠装软管

armoured ship 装甲船

armoured thermometer 铠装温度计,带套温度计

armoured troops 装甲部队

armoured vehicle 装甲车辆

armoured wire 铠装电线

armoured wood 包铁木材

armourer 武器制造者,军械士

armourless 无铠装的,无装甲的

armoury (1)军械工厂,兵工厂,军械库;(2)整套武器;(3)美军预备队训练场

armous plate 保护板,盔板

armrack 武器架,枪架

armrest (1)拾音器臂架;(2)靠手,扶手

arms (1)武器,兵器,武力,兵力,军械,军事;(2)兵种;(3)桥臂

arms and ammunition 武器弹药

Arms bronze 特殊铝青铜

arms industry 军需工业

arms plant 兵工厂

arms race 后备竞赛

armshaft 轴臂,上轴

Armstrong circuit 阿姆斯特朗电路,超再生式接收电路,反馈电路,回授电路,反馈回路

Armstrong motor [阿姆斯特朗]活塞液压马达

Armstrong oscillator 阿姆斯特朗振荡器,调屏调栅振荡器

Armstrong process 双金属轧制法

army (=a) (1)集团军,军队,陆军;(2)大群,大队;(3)团体,协会;(4)军事上的,军队的,军用的,军事的

army and navy (=AN) 陆[军和]海军

army-corps 军团,兵团

army depot 集团军仓库

army fieldata code 陆军信息编码

army fieldata system 陆军信息编码系统

army form (=AF) 军用表格

army grade 军用级

army greys 军用衬衫布

army headquarters (=AHQ) 集团军司令部

Army Missile Development Center (=AMDC) 美国陆军导弹研制中心

Army Mobility Research Center (=AMRC) 美国陆军机动性研究中心

army navy aeronautical 陆军-海军航空的

Army-Navy-British Standard (=ANB) 英国陆海军标准

Army Ordnance (=Armyord 或 Army-Ord) (美)陆军军械

army pictored centre 军用电视情报中心

army rifle 步枪

army specifications 军用规范

Army Tank-Automotive Center (=ATAC) 美国陆军坦克和机动车辆试验中心

army training 军事训练

army with navy (=ArNa) 陆军同海军

Armydata (美)陆军信息编码系统

Arno meter 阿尔诺电表

arnold sterilizer 常压蒸汽灭菌器

Arofene 甲醛,间苯二酚聚合物

around (1)整整一圈,环绕着,周围,围绕,绕过;(2)存在着,在附近,靠近,各处;(3)为……为基础,根据;(4)在……前后,大约

around-the-clock 昼夜不停的,全天的

around this principle 以这个原理为基础,根据这个原理

arpent (1)阿尔品(法国土地面积的旧单位);(2)长度单位

arquerite 轻汞膏,银汞齐

arrange (1)安排,排列,整理,布置,配置,装配,安装;(2)调整,置换,处理,改编;(3)商定,商妥,预备,准备,办妥

arrange for 安排,准备

arrange in groups 分组排列

arrange in order 整理,排列

arrangement (=ARR) (1)整理,布置,配置,排列,分布,布局;(2)次序,系统;(3)准备,安排;(4)装置,装备,设备;(5)结合体,组合体,结构,构造;(6)安装,装配;(7)系统布置图,布置图,接线法,电路;(8)改编,计划,方案;(9)解决,调整;(10)议定书,协议

arrangement and construction 布置图和结构图

arrangement and construction of masts (船舶)桅杆布置图和结构图

arrangement diagram 布置图

arrangement in parallel 并列

arrangement of deck auxiliaries and hoisting gear 甲板辅助机械和起吊装置布置图

arrangement of wires 布线

arrangement plan 布置图,配置图

arranger 传动装置

array (1){数}级数,数组,数列;(2)排列,布置,配置;(3)[固体电路]阵列,天线阵,基阵,矩阵,列阵,系统;(4)[排列整齐的]一批,大量;(5){化}族,系,类

array antenna 阵列天线,天线阵

array component 阵列组件

array computer 阵列计算机

array curtain (天线)阵帘

array element 天线阵元

array expression 数组表达式

array factor (天线阵)排列系数,阵因子

array identifier 数组标识符

array list 数组表

array logic 阵列逻辑

array multiplier 阵列乘法器

array of difference 差分格式

array of dislocation 位错行列,位错列阵

array pitch 行距
array printer 阵列打印机
array processor 阵列处理机
array segment 数组段
array sonar 阵列声纳
array station 组合测站
array tester 阵列测试器
arrect 直立的
arrest (=A) [位错的]阻止
arrest point 临界点, 转变点, 相变点
arrest point at which alpha iron becomes non-magnetic on heating 加热时磁性转变点, 居里点[778°C]
arrest point at which austenite begins to form suring heating 加热时奥氏体形成点
arrest point at which austenite begins to transform to ferrite during cooling 冷却时奥氏体-铁素体转变开始点
arrest point at which austenite transform to delta ferrite during heating 加热时奥氏体-δ铁素体转变点
arrest point at which delta ferrite transform to austenite during cooling 冷却时铁素体-奥氏体转变开始点
arrest point at which the transformation of austenite to delta ferrite or to ferrite plus cementite is completed during cooling 冷却时奥氏体-铁素体转变完成点
arrest point at which the transformation of ferrite to austenite is completed during heating 冷却时铁素体-奥氏体转变完成点
arrest point on refroidissement 冷却临界点, 相变点
arrester (=ARR) (1) 止动装置, 制动装置, 制动器, 限动器, 止动器, 制止器, 防止器; (2) 行程限制器, 稳定装置, 镇静装置; (3) 挡板, 挡块; (4) 气体放电管, 过压保险丝, 放电器, 避雷器; (5) 火花放电隙, 火花隙; (6) 停机装置
arrester catch (1) 挡块, (2) 卡子, 制止器
arrester gear 着陆拦阻装置
arrester hook (1) 止动钩, 阻拦钩; (2) 停机钩
arrester switch 避雷器开关
arrester wires 阻拦索
arresting device (1) 行程限制器; (2) 止动装置; (3) 掣子; (4) 制动齿轮, 棘轮
arresting disk 联锁圆盘
arresting gear (1) 稳定装置, 限动器; (2) 行程限制器; (3) 制动装置, 止动装置, 制动器; (4) 停机装置, 拦阻装置
arresting lever 制动杆, 止动杆
arresting nut 止动螺母
arresting pawl 止动棘爪
arresting stop (1) 稳定装置; (2) 锁定装置; (3) 行程限制器, 挡块, 锁链
arresting device 止动装置, 限动装置
arrestment (1) 制止, 阻止, 制动, 刹车; (2) 制动装置
arrestor (=arrester) (1) 止动装置, 制动装置, 制动器, 限动器, 止动器, 制止器, 防止器; (2) 行程限制器, 稳定装置, 镇静装置; (3) 挡板, 挡块; (4) 气体放电管, 过压保险丝, 放电器, 避雷器; (5) 火花放电隙, 火花隙; (6) 停机装置
arrhea 液流停止, 停流
arris 棱角, 边棱
arris edge 斜边
arris fillet 棱角嵌块, 尖角板
arris-gutter V形檐槽
arris of slab 板肋
arris-wise 成对角方向[铺砌]
arrises of joint 接缝圆角
arrish rail 三角栏杆
arrival 到达, 出现
arrival angle (电波)到达角
arrival card 更改地址通知单
arrival current 终端电流, 输入电流, 收信电流, 接收电源
arrival curve 终端电流曲线, 输入电流曲线
arrival draft 货到后提示的汇票
arrival notice (=AN) 到货通知
arrival time 到达时间, 波到时间, 飞到时间
arrival wave 来波
arrondi 曲线形的, 弧形的
arrow (1) 箭[头]; (2) 箭头记号, 指针, 矢; (3) 标以箭头
arrow antenna 箭形天线, 矢形天线
arrow diagram 矢量图, 向量图
arrow-head (1) 楔形符号, 矢向; (2) 箭头

arrow head 箭头
arrow-headed 箭头形的, 楔形的
arrow horn 箭翎
arrow-like 箭形的
arrow line 箭头线
arrow plate 箭铠
arrow rest 箭托
arrow signal 箭头记号
arrowed 箭一样的, 矢的
Arsem furnace 阿尔森高温真空炉, 螺丝状硬质碳精管式电炉, 碳粒发热体电炉
arsenal (1) 兵工厂; (2) 军火库, 军械库, 武[器]库
arsenate 砷酸盐, 砷酸脂
arseniasis 砷中毒
arsenic (1) 砷 As; (2) 含砷的, 砷的
arsenic acid 砷酸
arsenium {化}砷 As
art (1) 技术, 技艺; (2) 技能, 独创性
art deco 装饰艺术
art paper 铜版纸
art weave 艺术花纹
art work (1) 工艺图, 布线图, 原图; (2) 艺术品
art work sheet 工艺图纸
artbond 粘氯乙烯薄膜钢板
artefact (=artifact) 人工制品, 仿制品
artesian 自流[水]的, 喷水的
artesian condition 自流水情况, 承压水情况, 承压状态, 承压条件
artesian head 自流水头
artesian pressure 自流水压力, 自流井水头
artesian well 自流井, 自流泉
artesian well pump 自流井泵
arthoselection 直向选择
article (=art) (1) 物品, 物件, 商品, 制成品; (2) 项目, 条文, 条款 (=Art); (3) 文章, 论文; (4) 关节, 环节; (5) 用条款约束
articulate (1) 铰[链]接[合], 活动连接, [用]活节接合, 联接, 环接; (2) 铰链的, 曲柄的, 接合的; (3) 明白的, 清晰的
articulated 铰接的, 活节的, 关节式[连接]的
articulated apex 抱器端节
articulated arm 关节杆
articulated axle 关节式车轴
articulated blade 铰接桨叶
articulated connecting rod 铰接式连杆, 活节式连杆
articulated conveyor 铰接输送机
articulated coupling (1) 活动联轴节, 铰接接头; (2) 活头车钩
articulated drive 铰接式驱动, 铰接式传动
articulated gear unit 挠性齿轮装置, 万向节齿轮装置, 活动接轴齿轮装置
articulated joint 铰[链]接[合], 活节接合, 关节接合
articulated link 铰接式连杆
articulated link chain 铰接链
articulated loader 铰接装载机
articulated lorry 铰接式货车
articulated mirror 万向转镜
articulated pin 活节销
articulated propulsion 铰接式驱动
articulated quadrilateral 四联杆机构
articulated reduction gear 挠性减速齿轮
articulated rod 铰接杆, 活节杆
articulated rod nuckle pin 副连杆销
articulated roller 铰接式碾压机
articulated shaft 活动关节轴
articulated {spindle 铰接心轴
articulated structure 活节式构筑物
articulated traffic 拖挂车运输
articulated trailer [用铰链连接的]拖车
articulated train 铰接列车
articulated-type 铰接式
articulated wheel-tractormounted shovel 活节轮式拖拉铲土机
articulating pin 关机销
articulation (1) 清晰度; (2) 连接, 接合, 铰接, 联接; (3) 铰节轴; (4) 关节, 转动中心; (5) 铰接式接头, 活接头
articulation block (计)铰块
articulation by ball and socket 球窝接合
articulation index 清晰度指数

63

articulation indicator 铰接摆动指示器
articulation reference equivalent 等效清晰度衰减
articulator (1) 铰接车；(2) 扩音器，联接器
artifact (1) 人工效应物；(2) 石器；(3) 人工制品，人为的；(4) 伪差
artifice 技巧，特技，巧计，妙计
artificier (1) 技工；(2) 发明者，设计者，制造者；(3) 能工，巧匠
artificial (=art) (1) 人工的，人造的，人为的；(2) 模拟的，仿真的，假的
artificial aging (1) 人工老化；(2) 人工时效处理
artificial bitumen 焦油沥青
artificial black signal 黑电平测试信号
artificial brain 计算机，电脑
artificial circuit 模拟电路，仿真电路
artificial cognition 人工识别
artificial constraint 人为限制
artificial crystal 人造晶体
artificial dielectrics 人造介质
artificial draft 人工通风
artificial ear 仿真耳
artificial earth satellite (=AES) 人造地球卫星
artificial earth satellite observation program 人造地球卫星观测计划
artificial echo 人造回波
artificial echo unit 人造回声器，人工混响器
artificial error signal 人为错误信号
artificial fiber 人造纤维
artificial gem 人造宝石
artificial graphite 人造石墨
artificial grit 人造磨石
artificial ground 人为接地
artificial horizon 人工地平仪
artificial illumination 人工照明
artificial intelligence 机器智能，人工智能，智能模拟，仿真信息
artificial ionization (1) 人工电离，人为电离，(2) 人造电离层
artificial light source 人造光源
artificial lightening generator 人造闪电发生器
artificial lighting 人工光照
artificial line 模拟线，仿真线，人工线
artificial load 人工载荷，仿真载荷
artificial loading 人工装载
artificial magnet 人工磁铁
artificial marble 人造大理石
artificial material 人造材料
artificial network 模拟网络，仿真网络
artificial-particle belt 人造微粒反导弹屏带
artificial process 人工法
artificial resin 人造树脂
artificial rubber 人造橡胶，合成橡胶
artificial satellite 人造卫星
artificial satellite time and radio orbit (=ASTRO) 人造卫星时间和无线电轨道
artificial seasoning 人工干燥
artificial white signal 白电平测试信号
artificiality 人工，人造，人为
artificialize 使成为人造，变成人为，使人工化
artillerist 炮兵，炮手
artillery (1) 火炮，大炮；(2) 炮兵；(3) 炮术；(4) 军需品；(5) 发射飞弹的武器；(6) 单兵武器
artillery cleaning staff 炮刷
artillery sled 炮橇
artillery survey 炮兵测地
artillery train 炮兵辎重
artillery wheel 宽幅条车轮，炮轮
artilleryman 炮兵，炮手
artisanal operation 个体操作
artistomia 割口适宜
artmobile 流动艺术展览车
Artois "阿尔泰"（多目标电扫描跟踪雷达）
artwork (1) 印刷电路模型图，布线图，原图，图模，图形；(2) 装饰品；(3) 大批生产的艺术品
as (1) 如同……，例如，正如，像；(2) 同……一样，一般，那么；(3) 以……形式，作为，用作，看成，(4) 在……情况下，随着……，当；(5) 因为，既然，(6) 虽然，尽管
as a consequence 因此，从而
as a general rule 照例，通例，通常

as a general thing 照例，通例，通常
as a matter of course 当然，诚然
as a matter of experiment 根据经验
as a matter of fact 事实上，实际上，其实，实在
as a result 因此，所以
as a result of…… ……的结果
as a rule 一般地，照例，通常
as a whole 整个地，概括地
as above 如上所述
as affected 受作用，受影响
as against 同……比起来，与……相对照，而
as air-colled condition 空新途径状态
as also 还有，以及
as an example 作为一个例子，例如
as an exception 作为例外，除外
as annealed condition 退火状态
as before 如前所述，依旧
as big as possible 尽可能地大
as-brazed 硬钎焊态
as-built drawing 竣工图
as-cast (1) 铸造的，铸态的；(2) 铸后不加工的，铸后不热处理的
as cast 铸出后加工但不进行热处理，铸出后不加工留黑皮
as-cast condition 铸造状态，铸态
as-cast state 铸造状态，铸态
as-cast structure 铸态结构，铸态组织
as circumstance dcmand 按照情况，根据需要
as clear as day 很清楚，极明白
as cold reduced 冷轧的
as cold rolled 冷轧的
as compared to 与……相比
as compared wuth 与……相比，较之
as concerns 就……而论，关于，至于
as consistent with (1) 按照；(2) 和……一致
as contrasted to 与……相对比，与……相反
as contrasted with 与……相对比，与……相反
as distinct from 与……不同，不同于，有别于
as distinguished from 与……不同，不同于，有别于
as drawn 冷拔成的
as drawn condition 拉制状态
as-drawn fibre 初拉伸纤维
as dug condition 原状
as-dug gravel 原状砾石
as early as 早在……就
as ever 依旧
as expected 正如所料，正如预期
as far 到这里为止，至今
as far as (1) 到……为止，尽……，就……来说，直到，远至；(2) 依照，据
as far as we know 据我们所知
as follows (=AF) 如下
as for 就……而论，在……方面，关于，至于
as forged condition 锻造状态，锻成状态，锻后状态
as good as (=AGA) 和……几乎一样
"as-grown" crystal 生成态晶体
as heat treated condition 热处理状态
as high as 10m 高达 10 米
as hot rolled 热轧成的
as if 好像，似乎，仿佛
as indicated in piping drawings 如管路图所示
as-maintained （国家标准局）规定的
as-new condition 在新状况下
as normalized condition 正火状态
as per classification society's requirements 按船级社要求
as per the requirements of rules and regulations 按规范和规则要求
as quenched condition 淬火状态
as received （分析）按来样计算 [法]
as received basis （燃）工作质
as received condition 接收状态
as received material 进厂材料
as required (=A/R) 按照规定，按照要求
As resin 丙烯 - 苯乙烯树脂
as rolled condition 轧制状态，轧成状态，轧后状态
as-welded 焊 [后状] 态的
as-worked 工作 [状态] 时的

64

as-worked penetration of grease 润滑油工作时的渗透性

ASA FORTRAN 美国标准协会 FORTRAN 语言

ASA resin 丙烯酸酯苯乙烯 - 丙烯腈树脂

ASA scale 美国感度标准

Asarco lead 高耐蚀铅合金 (铜 0.06%, 铋 0.02%, 其余铅)

Asarco metal (铜及铜合金的) 连续铸造法

asbest 石棉

asbest- (词头) 石棉

asbest gland packing 石棉压盖填料

asbest insulated wire (=AIW) 石棉绝缘线

asbest paper 石棉纸

asbest sheet 石棉板

asbestic 石棉纱

asbestic tile 石棉瓦

asbestiform 石棉状的

asbestine (=asbestous, asbestic) (1) 与石棉有关的, 具有石棉性质的, 石棉的; (2) 滑石棉

asbeston 防火布

asbestonite 石棉制绝热材料

asbestophalt 石棉地沥青

asbestos (=asbestus) (1) 石棉; (2) 石棉线, 石棉帘; (3) 石棉化; (4) 石棉的

asbestos board 石棉板

asbestos brake lining 制动器石棉摩擦衬片, 石棉铜线刹车带, 石棉闸衬

asbestos cement 石棉水泥

asbestos cement (=AC) 石棉水泥

asbestos cement board (=ACB) 石棉水泥板

asbestos cloth 石棉布

asbestos cord 石棉绳

asbestos covered, heat-resistant cord (=AHC) 石棉编包耐热软线

asbestos covered metal (=ACM) 包石棉金属

asbestos covered wire 石棉被覆线

asbestos filter 石棉滤器

asbestos friction sheet 石棉摩擦片

asbestos gasket 石棉垫片

asbestos lining 石棉衬里, 石棉衬垫

asbestos packing 石棉填料

asbestos plate 石棉板

asbestos rope 石棉绳

asbestos sheet 石棉板

asbestos washer 石棉垫圈

asbolin 烟煤油, 松根油

Ascalloy 铁素体系耐热钢 (铬 12%, 钼 0.4-1%, 钒 0.3-0.4%, 锰 0.6-1%, 少量铌)

ascending branch 上升段

ascending motion 上升运动

ascending node 升交点

ascending power series 升幂级数

ascending series 递升级数

ascensional force 升力

ascensional ventilation 上升通风

ascent (1) 升起; (2) 上升, 升高; (3) 生长, 增长; (4) 角系数, 斜率; (5) 水平上升

ascribing 把……归 [因] 于

Ascu 铜砷铬防腐剂

asdic (1) 超声波水下探测器, 声纳; (2) 声纳站

asdic control room 水声设备控制室

asdic gear 水下探测器

asdic working range 声纳作用距离

asdicdome (英) 声纳站换能器导流罩

aseismatic 抗震的, 缓震的

aseismatic design 抗震设计

aseismic (1) 耐地震的; (2) 抵抗得住地震的破坏力的

asemantic 无信息的

aseptic (1) 防腐剂; (2) 无菌的

ash (1) 灰渣, 灰粉, 灰分, 灰烬, 灰堆, 粉尘; (2) 火山灰

ash bin (1) 垃圾桶; (2) 深水炸弹

ash can (1) 废料箱, 垃圾桶; (2) 灰坑; (3) 深水炸弹

ash crusher 碎渣机

ash curve 灰分 - 比重曲线

ash dump 由炉壁或炉子到底部的通孔

ash ejector 排灰器

ash erosion 炉内结渣

ash furnace 灰窖

ash fusibility 灰溶度

arh gun 排渣器, 吹灰枪

ash handling equipment 除尘装置

ash hoist 起灰机

ash metal 杂黄铜

ash mota 粗硬的黄麻纤维

ash separator 除尘器, 除灰器

ash test 灰分试验, 灰分测定

ash-valve 排灰阀

ashbin 深水炸弹

ashhole (机车的) 灰箱, (炉子的) 灰坑

ashlar 琢石

ashipboard 在船上

ashman 清灰工

ashpan 炉灰盘

Asian dollar 亚洲美元

Askania (1) 望远镜、经纬仪和电影摄影机的组合; (2) 导弹飞行轨迹摄制仪; (3) 液压自动控制装置

Askania auxiliary piston 喷射管滑阀式两级液压放大器 (一种多级液压放大器)

Askania gravimeter 阿斯卡尼亚重力仪

asking for correction (=AFC) 申请更正

Askleptron 瑞士 31MeV 电子感应加速器

aspect (1) 样子, 外表, 面貌; (2) 方位, 方向; (3) 方面; (4) 信号方位, 信号显示; (5) 色灯显示; (6) 平面形状; (7) 缩图; (8) (天) 相互方位

aspect angle 扫描角, 搜索角, 视线角, 视界角

aspect card 标号卡片, 特征卡片, 式样卡片, 状况卡片

aspect effect (目标) 方向影响

aspect of approach 目标投影比, 目标缩影

aspect ratio (1) 长度直径比, 高宽比, 纵横比, 形态比, 形状比, 形数比; (2) 展弦比, 弦径比; (3) 方位比; (4) 形成系数

aspect-stabilized 景况稳定的, 空间定向的

asper (=asperous) 粗糙的

asperate (=asperatus) 粗糙的

asperity (1) 凸凹不平, 不平滑, 粗糙; (2) 粗糙度, 粗糙性, 不平度; (3) 清晰度

asperity contact 粗糙面接触

asperous 粗糙的

aspersion 喷洒 [法]

aspersus 有糙点的, 有粗点的

asperromagnetism 散反铁磁性

asperulate (asperulous) 略粗糙的, 微糙的

asphalt (1) [石油] 沥青; (2) {化} 柏油

asphalt cement (=AC) 地沥青胶泥, 膏体地沥青, 沥青膏

asphalt distributor 沥青喷洒机

asphalt felt 油毛毡, 沥青毡

asphalt flux (1) 沥青软化油, 沥青稀释油; (2) 残渣油沥青

asphalt lamination 沥青层压

asphalt paver 沥青摊铺机

asphalt paving machine 沥青铺面机

asphalt spreader 沥青摊铺机

asphaltene (=asphaltine) 沥青质

asphaltic felt 油毛毡

asphaltogenic 成沥青的

asphaltos 地沥青

asphatum 沥青, 柏油

aspirate (1) 吸气, 吸入, 吸引, 吸出, 抽出; (2) 抽出物, 吸出物

aspirated hygrometer 吸气湿度计

aspirating-pump 抽风泵, 抽吸泵

aspirating screen 振动吸力筛

aspirating stroke 吸气冲程, 进气冲程, 进气行程

aspiration (1) 纹孔闭塞; (2) (泵的) 抽吸, 抽入; (3) 呼吸, 吸气, 吸入; (4) 吸取

aspiration condenser 吸尘凝集器, 吸入冷凝器

aspiration psychrometer 吸气湿度计, 通风湿度度

aspiration pump 吸扬式泵

aspiration ventilation 排气通风 [法]

aspirator (1) 水流抽气管, 水流抽气器, 抽气器, 吸抽器, 吸气器, 吸液器; (2) 吸尘器; (3) 抽吸装置, 气吸管道, 抽风机, 抽风扇, 排气器, 排气管; (4) 防尘呼吸面具

aspirator bottle 吸气瓶

aspirator pump 吸气泵, 抽水泵, 抽气泵

Assab special steel 冷挤压冲模用特殊钢

assanation (=sanitation) 环境卫生

assation 烤,烘,焙,烧

assault 冲击,突击,袭击,攻击,强击

assay (1)鉴定,试金,化验,试验,检验,检定,鉴定,测定;(2)尝味;(3)试验用样品,试金物,试样,试料;(4)检验结果,验定法;(5)可测的数量

assay balance 试金天平

assay bar 试金条

assay furnace 试金炉

assay plan 分析图

assay ton (=AT) 化验吨,验证吨

assay value 试金值

assayable 可化验的,可分析检定的

assayable balance 试金天平

assayer 化验者,分析者,试金者

assemblage (1)装配,组合,组装,安装,(2)(数)集合,族,(3)会合,结合,配合,总合;(4)装配体,装配件,组合件,集合物,装置,总体,(5)(生态)会聚,(6)收集物

assemblage composition 组合

assemblage index 图幅接合表

assemblage of curves 曲线族

assemblage of forces 力系

assemblage zone 组合带

assemble (=ASSEM) (1)组装,安装,装配,总装,配合,总合,(2)汇编,剪辑,(3)集合,集中,收集

assemble and test (=A&T) 装配与测试

assembled 装配[好]的,成套的,组装的,组合的

assembled ball bearing 成套球轴承,组装球轴承

assembled bearing 组装轴承

assembled milling cutter 装配式铣刀,活刃铣刀

assembler (1){计}汇编程序,汇编语言,(2)并线机,(3)装配器;(4)装配工具,装配器;(5)组[装元]件;(6)收集器;(7)装配工,装配者

assembler command 汇编命令,汇编指令

assembler instruction 汇编指令

assembler language 汇编语言

assembling 装配[的],集中[的]

assembling bolt 装配螺栓

assembling department 装配车间

assembling die 合成模

assembling drawing 装配图

assembling fixture 装配夹具

assembling jig 装配[工作]夹具,装配架

assembling line 装配[作业]法

assembling mark 装配记号

assembling plant (1)装配车间,(2)装配厂

assembling shop 装配车间

assembling stand (1)装配台,(2)装配夹具

assembly (=A) (1)装配,组装,总装,集装,(2)装配单元,组合[体],组合件,部件,装置,总成,(3)成套设备,仪表组,机组,(4)系统,(5)汇编,(6)集合,组合,会合,联合,(7)装配图,(8)装配车间

assembly adhesive 装配用粘胶,装配粘合

assembly and checkout (=A&CO) 装配和测试,装配和检验,装配和调整,装配和校正

assembly and recycle (=A&R) 装配与再循环

assembly and repair (=A&R) 装配和修理

assembly angle 填充角

assembly area 装配区

assembly average 汇集平均值

assembly belt 装配输送带

assembly bench 装配工作台

assembly bolt 装配螺母

assembly bushing 装配衬套,装配套筒

assembly control system (=ACS) 装配控制系统

assembly deflection 装配偏差,装配变形

assembly-disassembly (组件)拆装的

assembly drawing 总[装配]图,装配工作图,组装图,总图

assembly drawing, purchased part (=ADP) 装配图(采购部分)

assembly housing 组件盒

assembly identification (=AIN) 装置识别

assembly jig 装配夹具,装配架

assembly language 装配语言,汇编语言

assembly language processor 汇编语言加工程序

assembly layout 平面装配图

assembly-line 流水[作业]线,装配线

assembly line (1)装配线;(2)流水[作业]线,生产线,(3)流水作业法

assembly line method 流水作业法

assembly-line operation 流水作业

assembly line planning system (=ALPS) 装配线计划系统

assembly machine 装配机

assembly mark 装配记号

assembly of load vector 载荷矢量的集合

assembly-output language 汇编语言输出

assembly parts 装配件,组装件,组合[零]件

assembly parts list (=APL) 装配部件清单

assembly plant 装配厂

assembly press 装配用压力机

assembly program 汇编程序

assembly pulley 滑轮组,滑车组

assembly rack 装配架

assembly routine 装配程序

assembly section (上浆机经丝分层后的)合并区

assembly schedule 装配程序表

assembly sequence 装配顺序,装配次序

assembly shop 装配车间,总装车间,装配厂

assembly stand 装配台;装配夹具

assembly-subroutine 汇编子程序

assembly system 装配系统

assembly testing device 装配试验装置

assembly twister 并线初捻机

assembly unit (1)汇编单元;(2)汇编装置

assembly winder 并线[络筒]机

assembly work schedule order (=AWSO) 装配工作计划表顺序

assembly work shop 装配车间

assembly-wound (两步法捻线机的)再捻络筒

assemblyman 装配工

assertion (1)主张,断言,(2){数}断定,命题

assess (1)估计,估价;(2)评定,确定,鉴定,查定,审结;(3)征收

assessable 可估计的,可估价的,可征收的

assessable to tax 应课税的,应征税的

assessed (1)已审估的,(2)估定值

assessment (1)估计,估价,评价,评定,评级,鉴定,确定,查定;(2)估计数;(3)征收,税额

assessment of project 工程评定

assessor (1)鉴定器,鉴定管;(2)鉴定者,估计员;(3)(技术)顾问

assibilant 擦音

assident 伴随的,附属的

assign (1){计}赋值;(2)指定,派定,选定,确定,给定,给予,授予,让与,赋予,转让;(3)分配,分派;(4)把……归因于

assignable 可分配的,可指定的,可指出的,可归因的,可转让的

assignation 分配,指定,选定,委托,转让,归因,赋值

assigned GO TO statement 赋值转向语句

assignee 受托者,代理人

assigner (=assignor) 转让人,转让者,分配者

assignment (1)分配,委派;(2)测定,确定;(3)把……归[因]于;(4)课题;(5)赋值

assignment key 呼叫键

assignment lamp 呼叫灯,联络灯

assignment of call sign 呼号分配

assignment problem (计)分派问题

assignment statement (1)赋值语句;(2)指定陈述

assignment switch 呼叫开关,呼叫分配器

assignment symbol 赋值符号

assignor 转让人,转让者,分配者

assimilability 可同化性

assimilable 可同化的,可吸收的

assimilate 同化物

assimilation (1)光化学同化,同化[作用];(2)吸收

assimilative root 光合根

assist (1)帮助,协助,辅助,援助,促使,参加,参与,出席,列席,(2)辅助装置,加速器,助推器;(3)支援设备

assistance (1)帮助,协助,辅助,(2)辅助设备

assistance traffic 辅助通信

assistant (=ass) (1)辅助的,补助的,助理的,副的;(2)助手,助理;(3)助剂

assistant chief engineer (=ACE) 副总工程师

assistant cylinder 辅助汽缸

assistant director 副经理,副主任,副理事,副社长,副厂长,副校长

assistant engineer (=AE) 副工程师, 助理工程师

assistant general manager (=AGM) 襄理

assistant manager 副经理, 协理, 襄理

assisted access 加速存取

assisted-circulation furnace 强制循环锅炉

assisted control 助力控制机构

assisted draft 人工通风, 辅助通风

assisted takeoff (=ATO) 助推器起飞

assisted takeoff rocket (=ATO rocket) 起飞助推火箭, 辅助起飞

assisted takeoff unit (=ATO unit) 起飞助推器, 起飞发动机

assistor (1) 援助者, 助手, 帮手, (2) 助力机构, 辅助装置; (3) 加力器, 加速器, 助力器, 助推器

assize (1) 法定标准, 法令, 条令, (2) (木) 材积测定

Assmann psychrometer 阿斯曼湿度计

associable (1) 联想得到的, 可以联想的, 易联想的, (2) 可以联合的

associate (1) 使发生联系, 联合, 结合, 缔合; (2) 联想, 结交, 参加, 连带, 伴生

associate contractor (=A/C) 联合承包人

associate fellow (=AF) 副研究员, 准会员

associated (1) 与……有关的, 连带, 毗连的, 相关的, 关联的, 相联的, 联合的, 缔合的, 组合的, 结合的; (2) 辅助的, 副的; (3) 伴随着的, 伴生的, 协同的

Associated British Machine Tool Makers (=ABMTM) 英国机床制造业协会

associated dimensions 相关尺寸

associated dislocation 缔合位错

associated element 伴生元素

associated failure 随从失效, 连带发生损坏

associated form 连带形式

associated function 连带函数

associated integral equation 连带积分方程

associated ion 缔合离子

associated layer 毗连层

associated layers 毗连层次

associated metal 共生金属, 伴生金属

associated particle 伴生粒子

associated system 辅助系统

associated value 结合值

associated wave 缔合波

associated with 伴随着, 与……有关

association (=A) (1) 协会, 学会; (2) 配对, 组合, 结合

association constant 缔合常数

Association for Computing Machinery (=ACM) (美) 计算机协会

association in time 时间关连

Association of American Steel Manufacturers (=AASM) 美国钢铁制造商协会

Association of Industrial Scientists (=AIS) (美) 工业科学工作者协会

Association of Missile and Rocket Industries (=AMRI) (美) 导弹与火箭工业协会

association trail {计} 连接

associational (1) 协会的; (2) 联想的

associative (1) 结合的, 组合的, 联合的, 缔合的; (2) 相关的, 相联的; (3) 协会的

associative data processing (=ADP) 相联数据处理

associative function 结合函数

associative law {数} 结合律, 缔合律

associative memory (=AM) 内容定址存储器, 相联存储器

associative programming language (=APL) 组合程序设计语言

associative storage 内容定址存储器, 相联存储器

associative store 内容定址存储器, 相联存储器

associativity 结合性, 缔合性

associator (1) 连接器, 相联器; (2) 缔合子

assort (1) 分类, 分级, 分等, 分配, 配合, 配集, 相配, 相称, 配备; (2) 调和, 协调

assorted (1) 分类排列的, 分了类的; (2) 相称的, 相配的; (2) 各种各样的, 各色具全的, 混合的, 配合的, 杂色的, 什锦的

assorting table 选料台, 分类台

assorting tolerance 分选公差, 选别公差

assortment (=ass) (1) 分类, 分级, 分选, 分发, 分配; (2) [轴承] 合套 [工序]; (3) 花色品种, 种类

assuage (1) 缓和, 减轻; (2) 镇静

assuagement (1) 缓和, 减轻; (2) 缓和物

assuetude 习惯

assula 夹板

assumable 可假定的, 可设想的, 可采取的

assume (1) 假定, 假设, 设想, 以为; (2) 采取, 呈现, 装作; (3) 承担, 担任, 接受

assumed 假定的, 假设的, 设想的

assumed decimal point 假定小数点

assumed load 假定 [计算] 荷载, 假设荷载, 计算荷载

assumed mean 假定平均值

assumed position 假定方位

assumed value 假定值

assumed working plane (刀具) 假定工作平面

assumption (1) 假定, 假设, 设想, 前提; (2) 承担, 担任; (3) 采取

assumption formula 假定公式

assumptive 假定的, 假设的, 假装的, 设想的

assurable 可保证的

assurance (1) 确信, 把握, 信心; (2) 保证, 保险

assurance coefficient 安全系数, 保险系数

assurance factor 安全系数, 保险系数

assure 使确信, 保证, 保险, 保障, 担保

assured (1) 有把握的, 有保险的, 确信的, 确实的, 安全的; (2) 被保险人

assuredly 自信地, 无疑地, 的确, 一定

assuredness 确信, 确实

assurer 保证者, 保险人, 保险商

assurgent (1) 升起, 浮起; (2) 向上升起的

assuring 使人确信的, 使人放心的

astable 非稳式的, 非稳态的, 不稳定的

astable multivibrator 非稳态谐振器, 无稳态多谐振荡器, 不稳多谐振荡器, 自激多谐振荡器

astable operation 非稳态运动

astarboard 在右舷, 向右舷, 向右

astatic (1) 无定向的, 无定位的, 不定向的, 不定位的, 无静差的; (2) 不稳定的, 不安定的, 非静止的, 非静态的

astatic coil 无方向性线圈, 无定向线圈

astatic control 无静差控制

astatic controller 无定向调节器

astatic galvanometer 无定向电流计

astatic instrument 无定向仪表

astatic magnetometer 无定向磁力仪

astatic microphone 全向传声器

astatic multivabrator 自激多谐振荡器

astatic pair 无定向磁偶

astatic regulator 无定向调整器, 无定向调节器, 无静差调整器

astatical (1) 无定向的, 无定位的, 不定向的, 不定位的, 无静差的; (2) 不稳定的, 不安定的, 非静止的, 非静态的

astatism 无定向性

astatization (1) 使无定向; (2) 地磁场的补偿作用

astern (1) 在船 (或飞机) 的后部; (2) 船尾向前地, 往后; (3) 向后的, 在后的, 倒车的, 后退的

astern bevel gear (船舶) 后退挡 (传动) 锥齿轮

astern cam 倒车凸轮

astern power 倒车功率

astern-turbine 倒车透平

astigma 无气孔的

astigmagraph 散光指记器

astigmat 散光透镜

astigmation 像散性

astigmatism (1) 像散; (2) 散光

astigmatizer (1) 像散镜, 像散计, 像散器; (2) 夜间测距计, 夜间测距仪

astigmatometer 像散测定仪, 散光计, 象散计

astigmator 像散校正装置

astigmatosope 像散镜, 散光镜

astigmatoscopy 散光镜检查

astigmia 散光

astigmometer 散光计, 像散计

ASTM Designation 美国材料试验标准学会标准编号 (ASTM=American Society for Testing Material 美国材料试验学会)

ASTM distillation test method 美国材料试验学会蒸馏法 (测定液体燃料挥发性的一种方法)

ASTM Standards 美国材料试验学会标准, ASTM 标准

astrafoil 透明台纸, 透明箔

astragal plane 圆线刨

astragal tool 半圆刀具

astralite 三硝甲苯炸药, 星字炸药, 硝铵、硝酸甘油

astrasil 一种夹层材料

astrict 束缚，限制，收缩，紧缩，约束，收束，收狭

astriction (1)限制，束缚，约束；(2)收敛[作用]，收缩，紧缩；(3)义务，责任

astrictive 收缩的，收敛的

astridite 铬软玉

astringe 使收缩，收敛，束紧

astringency (1)收敛作用，收敛性；(2)严厉

astringent (1)起收缩作用的，收敛性的；(2)严厉的；(3)收敛剂

astrionics (1)航天电子学，宇航电子学，天文电子学；(2)航天电子设备，天文电子设备

astro- (词头)天文，天体，宇宙，宇航，星[形]

astro-compass 天文罗盘

astroballistic(al) 天体弹道学的

astroballistics 天体弹道学

astrocamera 天体摄影仪

astrocompass 天文罗盘

astrodome (1)(飞机顶部的)天文观测窗，天文航行舱，天文窗罩，天测窗罩；(2)天体

astrodynamics 星际航行动力学，宇宙飞行动力学，航天动力学

astrogate 驾驶宇宙飞船，宇宙航行，太空导航，航天

astrogation 宇宙航行学，太空导航术，航天学

astrogator (1)太空领航员，(2)宇航员，航天员

astrogeodynamics 天文地球动力学

astrogeophysics 天文地球物理学

astrograph (1)天体摄影仪，天体照像仪；(2)天文定位器

astrograph 天体照像学

astrohatch 天文观测窗

astroid (1)星形的，星状的；(2)星形线

astrolabe (1)等高仪；(2)观象[等高]仪

astrolabium 观象仪，星盘

astrolite (1)阿斯特罗利特(美国的一种高性能液体炸药)；(2)航天[耐热]塑料

astrologer 天文学家

astromagnetism 天体磁学

astromechanics 天体力学

astrometeorology 天体气象学

astrometer (1)恒星光度计；(2)天文光度计；(3)天体测量仪

astrometry 天体测量学

Astron 美国热核装置，天体器

astron (1)(天)秒差距；(2)仿星器，仿天器

astronaut 宇航员，航天员，宇宙爱好者

astronaut maneuvering unit (=AMU) 航天员机动设备

astronautics (=ASTRO) (1)航天学，宇航学，宇宙航行学；(2)太空导航术

astronautics test procedure (=ATP) 宇宙航行测试程序

astronautress 女航天员

astronics 天文电子学

astronomer 天文学家

astronomic 天文[学]的，宇航学的，天体的

astronomical 天文[学]的，宇航学的，天体的

astronomical clock 天文钟

astronomical compass 天文罗盘

astronomical electronicas 天文电子学

astronomical figures 巨大的数字，天文数字

astronomical latitude 天文纬度

astronomical observatory 天文台

astronomical pyrometer 天文测温计

astronomical refraction 大气折射，蒙气差

astronomical spectrograph 天体摄谱仪

astronamical telescope 天文望远镜

astronomical time switch (=ATS) 天文时间继电器

astronomical transit 中星仪

astronomical triangle 球面三角形

astronomical unit (=AU) 天文[距离]单位

astronomically (1)天文学方式；(2)天文数字般地

astronomy 天文学

astrophotocamera 天体照相机

astrophotogram 天文底片

astrophotography 天文照相学

astrophotometer 恒星光度计，天体光度计

astrophotometry (1)天体光度学；(2)天体光度测量

astrophysics 天体物理学

astroplate 天体[照相]底片

astrorocket 航天火箭，宙航火箭

astroscope 星宿仪，天文仪

astrospace 宇宙空间

astrospectrograph 天体摄谱仪，恒星摄谱仪

astrospectrometry 天体光谱学，恒星光谱学

astrospectroscope 天体光谱仪

astrospectroscopy 天体光谱学

astrosurveillance 天文探测

astrosurveillance science laboratory (=ASL) 天文探测科学实验室

astrotracker 星象跟踪仪

astrotrainer 航天训练机

astrotug 航天拖船

astrovehicle 宇宙飞行器，航天器

astroweapon 航天武器

aswivel 旋转的，转动的

asymbiotic 非共生的

asymmeter 不对称计

asymmetric 不平衡的，不对称的，非对称的，反对称的，不齐的

asymmetric A.C. trigger switch 不对称交流触发

asymmetric antenna 不对称天线

asymmetric circuit 不对称电路

asymmetric circuit element 单向导电性元件

asymmetric conductivity 不对称导电性

asymmetric four-terminal network 不对称四端网络

asymmetric motion 不对称运动

asymmetric multivibrator 不对称多谐振荡器

asymmetric relation 非对称关系

asymmetric rotation disk 不对称转盘

asymmetric system 三斜晶系

asymmetric thrust 推力偏心率，拉力偏心率

asymmetrical (=ASYM) 不平衡的，不对称的，非对称的，反对称的，不齐的

asymmetrical anastigmat 不对称消像散镜组

asymmetrical relation 非对称关系

asymmetrical roller bearing 非对称球面滚子轴承

asymmetrical stress 不对称应力

asymmetry 不对称[性]，非对称性

asymptote 渐近[曲]线

asymptotic (=asymptotical) 渐近[线]的

asymptotic approximation 渐近逼近

asymptotic approximation method 渐近逼近法

asymptotic bound 渐近限

asymptotic circle 渐近圆

asymptotic cone of a hyperboloid 双曲面的渐近锥面

asymptotic curve 渐近曲线

asymptotic developable 渐近可展曲面

asymptotic distribution 渐近分布

asymptotic errorv 渐近误差

asymptotic expansion 渐近展开

asymptotic expansion solution 渐近展开法，级数展开法

asymptotic formulav 渐近公式

asymptotic method 渐近法

asymptotic solution 渐近解

asymptotic stability 渐近稳定性

asymptotic value 渐近值

asymptotics 渐近

asymptotism 渐近

asymptotology 渐近学

asynchronism (1)异步[性]；(2)时间不一致，时间不同，不同时性，非同时性

asynchronization (1)异步；(2)不同时

asynchronous (1)非同步的，异步的；(2)时间不同的，不同期的，非同期的，不同时的，不协调的

asynchronous balanced mode 异步平衡方式

asynchronous circuit 异步电路

asynchronous communication 异步通信

asynchronous communication interface adapter 异步通信接口适配器

asynchronous computer 异步计算机

asynchronous condenser 异步补偿机，异步调相机

asynchronous device 异步装置

asynchronous directcoupled computer 异步直接耦合计算机

asynchronous dynamo 异步电机

asynchronous excitation 异步激光

asynchronous frequency changer 异步变频器

asynchronous generator 异步发电机

asynchronous input　异步输入

asynchronous logic circuit　异步逻辑电路

asynchronous logic system　异步逻辑系统

asynchronous machine　异步[电]机

asynchronous multiplexor　异步多路转换器

asynchronous operation　异步运行, 异步工作, 异步操作

asynchronous output　异步输出

asynchronous phase modifier　异步整相器

asynchronous quenching　异步遏制

asynchronous response　异步应答方式

asynchronous serial transmission　异步窜行传输

asynchronous shift register　异步移位暂存器

asynchronous signaling　异步信号发送

asynchronous spark gap　异步电花隙

asynchronous speed　异步转速, 异步速率

asynchronous starting　异步起动, 非同步起动

asynchronous system　异步系统

asynchronous terminal　异步终端

asynchronous termination　异步终结

asynchronous time-division multiplexing　异步时分多路方式

asynchronous timer　异步定时器

asynchronous transmission　异步传输

asynchronous working　异步工作, 异步操作

asyndetic　省略连接的, 无连接的

asyndetism　连接省略法

asynovia　滑液缺失, 无滑液

asystematic　非系统性的, 弥漫的

at　(1) 在……之内, 在……附近, 在……方面, 到达, 经由; (2) 对[着], 对[准]; (3) [时间] 在, 于, 当; (4) 以, 按, 依; (5) 在……情况下, 以……方式, 处于……状态, 正在从事……

at a price　以很大价

at any moment　在任何时刻

at any cost　不惜任何代价

at any price　无论花多大代价

at best　充其量, 最好

at cost　照原价

at each revolution　每旋转一周

at first　首先, 最初

at full speed　以全速

at hand　在手边, 在近旁

at least　至少

at most　至多

at no time　从来不

at-once　立刻

at once　立刻

at-once payment　立刻付款

at present　现在, 当今

at random　无定向地, 无目的地, 无目标地, 任意地, 随便地, 紊乱地

at regular intervals　每隔一定时间

at rest　静止的

at retail　零售

at right angles to each other　互成直角

at-symbol　位于符号

at the center　在中心, 在中点

at the ends　在两端

at the instant　在那一瞬间, 当其时

at the market　照市价

at the rate of (=A/R)　以……的速率, 按……比率

at the same time　同时

Atbas metal　镍铬钢(镍22%, 铬8%, 硅1.8%, 铜1%, 锰0.25%, 碳0.25%, 其余铁)

atelene　不完全晶形

aterite　铜镍锌合金

aterrimus　深黑色

athermal　无热的, 非热的, 不温的

athermalize　使绝热

athermancy　不透辐射热性, 不透红外线性质

athermanous　不透辐射热的, 不透红外线的, 不透热的, 不导热的, 绝热的

athermic　不导热的, 不透热的

athermous　不透辐射热的

athodyd　冲压式喷气发动机

athwart　(1) 从一边至另一边, 横穿, 横跨, 横向, 横切, 斜; (2) 相反, 不顺, 逆; (3) 横座板, 横梁

athwartship　垂直于龙骨的, 垂直横轴的

athwartships　与龙骨线直交, 与船中线面直交, 垂直于肋骨面, 垂直于纵轴, 横对船体

atilt　倾斜的

Atkinson repulsion motor　爱金逊推斥电动机(一种单相分激电动机)

atlacide　氯酸钠

Atlantic Missile Test Range (=AMTR)　大西洋导弹试验场

Atlantic Underwater Test and Evaluation Center (=AUTEC)　大西洋水下导弹试验和鉴定中心

Atlas alloy　一种铜合金(铝9%, 铁1%, 其余铜)

Atlas bronze　一种青铜(铝9%, 铅9%, 其余铜)

atm- (=atmo-)　空气, 气

atmid- (=atmido-)　蒸汽

atmidometer　蒸发计, 汽化计

atmidometry　蒸发测定[法]

atmocautery　蒸汽烙器, 蒸汽烙管

atmograph　蒸发器

atmology　大气学, 蒸发学, 蒸汽学

atmolyzer　气体分离指示仪

atmometer　(1) 蒸发计, 蒸发测定器; (2) 汽化计

atmometry　蒸发量测定术

atmos　气压单位, 大气压

Atmos clock　气压钟

atmos valve　大气阀

atmoseal　气封[法]

atmosphere (=at)　(1) 大气压力, (2) 大气压[单位]; (3) 大气介质, 大气层, 大气圈; (4) 环境

atmpsphere absolute (=at a)　绝对大气压

atmosphere and space (=AS)　大气层与宇宙空间

atmosphere-controlling　空气控制的, 气控的

atmosphere equipment　保护气体供应设备

atmosphere gas　保护气体

atmosphere gauge　气压计

atmosphere monitor satellite　大气监测卫星, 空中监测卫星

atmosphere-purifying equipment　保护气体净化设备

atmospheric (=at)　大气的, 空气的; 气动的; 风化的

atmospheric and vacuum distillation unit　常减压蒸馏装置

atmospheric brake　气动制动器

atmospheric-compartment drier　常压间隔干燥室

atmospheric corrosion　大气腐蚀

atmospheric crack　老化裂纹, 风化裂纹

atmospheric devices laboratory (=ADL)　大气设备实验室

atmospheric discharge　大气放电, 天电放电

atmospheric electricity　天电

atmospheric envelope　大气包围层

atmospheric interference　大气干扰, 天电干扰

atmospheric line　大气压力线

atmospheric overvoltage protection　大气过电压保护, 雷达过电压保护

atmospheric peneration　进入稠密大气层飞行

atmospheric pipe　通大气管路, 放空管路

atmospheric polluting material　大气污染物

atmospheric radio waves　空间无线电波

atmospheric pressure (=AP)　大气压[力]

atmospheric riser　压力暗冒口, 大气冒口, 压冒口

atmospheric riser core　冒口通气芯

atmospheric sounding projectile (=ASP)　高层大气探测火箭

atmospheric stamp　汽锤

atmospheric steam　常压蒸汽

atmospheric temperature inversion　气温逆转

atmospheric test　大气试验

atmospheric turbulence　大气紊动干扰, 大气湍流

atmospheric value　空气阀, 放空阀

atmospherical　大气的, 空气的; 气动的; 风化的

atmospherics　(1) 大气干扰; (2) 引起天电干扰的电磁现象, 自然产生的离散电磁波; (3) 天电

atmos-valve　空气阀, 放空阀

atom　(1) {物} 原子; (2) 微粒; (3) 微量

atom-blitz　原子弹闪电战

atom-bomb　(1) 原子弹; (2) 用原子弹轰炸

atom-bomber　原子弹轰炸机

atom-convertible　容许改装原子发动机的

atom fault　电路单元故障

atom-free　无原子武器的

atom line　原子谱线

atom-metre 原子米，埃λ（波长单位=10-10米）
atom per cent 原子百分数
atom-powered 原子动力的，核动力的
atom-probe 原子探针
atom-smasher 核粒子加速器
atom smasher 原子击破器，核粒子加速器
atom smashing 原子击破
atom sorter 原子分类器
atom-stricken 受原子爆炸污染的
atom time (=AT) 原子时
atom-tipped 装有原子弹头的，装有核弹头的
atom unit (=AU) 原子单位
atomarius 具微点的
atomerg 低能微粒子
atomic (=A) (1)由原子组成的，原子武器的，原子能的，原子的；(2)极微的；(3)全力以赴的，强大的
atomic absorption spectrometry (=AAS) 原子吸收光谱法
atomic absorption spectrum 原子吸收光谱
atomic accelerator 原子加速器
atomic age (=AA) 原子时代
atomic aircraft carrier 原子动力航空母舰
atomic apparatus 原子核物理仪器
atomic-armed 原子弹头的
atomic battery 原子[能]电池
atomic-beam 原子束
atomic beam 原子束
atomic-bearing 携带原子弹的
atomic blast 原子爆炸，核爆炸，核试验
atomic boiler 原子锅炉
atomic bomb 原子弹
atomic bond 原子键
atomic-burst 原子爆炸的
atomic clock 原子钟
atomic-cosmic 掌握原子能和空间技术的
atomic defence 原子防护
atomic development authority (=ADA) 原子能开发局
atomic diameter 原子直径
atomic drive (=AD) 核动力推进
atomic-driven 原子动力驱动的，核动力驱动的
atomic emission spectrometry (=AES) 原子发射光谱法
atomic emission spectrum 原子发射光谱
atomic-energy 原子能的，核能的
atomic energy 原子能，核能
atomic energy authority (=AEA) 原子能管理局
atomic energy commission (=AEC) 原子能委员会
atomic energy detection system (=AEDS) 原子能探测系统
atomic energy plant 原子能发电厂
atomic energy project (=AEP) 原子动力装置施工设计，原子动力装置计划
atomic engine 原子发动机
atomic explosion (=at xpl) 核爆炸
atomic-fluorescence 原子荧光的
atomic fluorescence spectrophotometry 原子荧光分光光度法
atomic fluorescence spectrum photometry 原子荧光光谱
atomic fuel 原子燃料，核燃料
atomic gas laser 原子气体激光器
atomic gun 原子枪
atomic H welding 氢原子焊
atomic heat (=at ht) 原子热容量
atomic hydrogen 原子氢
atomic hydrogen weld (=AT/W) 原子氢焊
atomic hydrogen welding 原子氢焊，氢原子焊
atomic linkage 原子键
atomic locomotive 原子机车
atomic mass 原子质量
atomic mass unit (=AMU) 原子质量单位（=$1.66×10^{-24}$）
atomic moisture meter 原子湿度计
atomic number (=AN 或 At No) 原子序数
atomic percent 原子百分数
atomic pile 原子堆
atomic power (=AP) 原子动力
atomic power facility 原子动力设备
atomic power plant 原子能发电站，原子能发电厂
atomic power station (=APS) 原子能发电站，原子能发电站

70

atomic powered 原子动力的，核动力的
atomic powered rocket 原子能火箭
atomic powered ship 原子动力船
atomic-proof 防原子的
atomic reactor 原子能反应堆
atomic rocket engine 原子火箭发动机
atomic scale 原子标度
atomic spectrum 原子光谱
atomic structure 原子结构
atomic submarine 原子潜水艇，核潜艇
atomic-tipped 装有原子弹头的
atomic volume (=AV 或 at vol) [克]原子体积
atomic warfare (=AW) 原子战争
atomic weapons research establishment (=AWRE) 核武器科学研究中心
atomic-weight 原子量的
atomic weight (=AW 或 at wt) 原子量
atomic weight unit (=awu) 原子量单位
atomical (1)由原子组成的，原子武器的，原子能的，原子的；(2)极微的；(3)全力以赴的，强大的
atomicity (1)原子化合价；(2)原子能；(3)原子数；(4)可分性
atomics 原子科学，核工艺学
atomindex 原子能索引
atomisation (=atomization) (1)喷成雾状，雾化作用，雾化过程，雾化[法]，喷射，溅射，洒水，扩散；(2)磨成细粉，粉化[作用]；(3)[使]化成原子，原子化
atomise (=atomize) (1)把……喷成雾状，使雾化，喷雾，散布；(2)使分裂成原子；(3)吹制硅铁珠；(4)把……粉碎，粉化；(5)用原子弹轰炸，彻底摧毁
atomiser (=atomizer) (1)雾化器，喷雾器，喷洒器；(2)喷粉器；(3)喷嘴
atomising concentrate 浓雾剂
atomist (1)原子学家；(2)原子学家的，原子论的
atomistic (1)属于原子的，关于原子的；(2)原子学[派]的；(3)原子式的
atomization (1)喷成雾状，雾化作用，雾化过程，雾化[法]，喷射，溅射，洒水，扩散；(2)磨成细粉，粉化[作用]；(3)[使]化成原子，原子化
atomize (1)把……喷成雾状，使雾化，喷雾，散布；(2)使分裂成原子；(3)吹制硅铁珠；(4)把……粉碎，粉化；(5)用原子弹轰炸，彻底摧毁
atomized 雾化的
atomized lubrication 雾化润滑
atomized oil 雾化油
atomized spray lubrication 喷雾润滑，雾化润滑
atomizer (1)雾化器，喷雾器，喷洒器；(2)喷粉器；(3)喷嘴
atomizer burner 雾化燃烧器，喷射燃烧器，燃烧喷嘴
atomizer mill 细磨机
atomizing 喷雾，雾化
atomizing pump 雾化式泵
atomizing spraying 雾化喷洗，雾化喷涂
atomizing unit 雾化设备
atomless set function 缺原子的集函数
Atomloy treatment 放射性 WC 微粉渗浸处理
atomology 原子论，原子学
atomotron 一种高压发生器
atomsmasher 粒子加速器
atompowered ship 原子动力舰
atomprobe field-ion microscopy 原子探针场离子显微术
atomy 原子，微粒，尘埃
atrament 十分黑的物质
atramental 墨水色的，黑墨色的
atramentous 象墨水一样黑的
atran 自动地图匹配导航系统
atrate 发黑的，变黑的
atratous 发黑的，变黑的
atrip (1)起锚的，扬帆起航的；(2)升起桅桁准备横摆的；(3)解脱桅栓作放倒准备的
atro- 黑
atropurpureus 紫黑色
atrous 暗灰色
atrovelutinus 绒黑色
atrovirens 墨绿色
attach (1)附着，附属，附加，附上；(2)加上，缚上，系上，结上，添上；(3)相连，接近；(4)查留，查封
attachable 可附上的，可接上的，可装上的，可联接的

attached　附着式的,附装的,配属的,悬挂的,连接的

attached chart　附图,附表

attached pump　［主机］设备泵,辅助泵

attached support processor　增援处理机

attaching lug　系耳

attaching nut　配合螺母

attaching plug　（小型）电源插头,电话塞子

attaching task　归属任务

attachment (=ATT)　(1) 铣床上的万能附件,附件,部件；(2) 连接,联结［法］；(3)辅助机构,附属机构,附属设备,附属装置,附属部件,夹具；(4) 附着［现象］,附属,吸附,连接,接合,固位,固定；(5) 焊接

attachment chain　联接链,爪接链,钩头链（每节有联结钩）

attachment clip　紧固夹,卡钉,夹子

attachment driving shaft　辅助传动轴

attachment flange　联结法兰,接合凸缘

attachment frame　联接架

attachment lens　辅助镜头,辅助透镜

attachment link　连接杆

attachment mechanism　附属机构,附属装置

attachment plug　［连接］插头,插塞

attachment point　安装点,固定点

attachment screw　装配螺钉,紧固螺钉,止动螺钉,联结螺钉,连接螺钉

attack　(1) 开始侵袭,攻击,袭击,进攻,侵袭,破坏；(2) 开始损害,伤害；(3) 起破坏作用；(4) 腐蚀,浸蚀,锈蚀；(5) 着手［解决］,开始［工作］,投入

attack airplane　强击机

attack cargo ship　登陆物资运输舰

attack plane　强击机

attack polishing method　腐蚀抛光法

attack time　(1) (信号电平)增高时间,上升时间；(2) 起动时间；(3) 攻击时间

attack transport　登陆人员运输舰

attackable　易受攻击的,易受浸蚀的

attacker　(1) 强击机；(2) 空袭导弹；(3) 攻击者

attain　达到,到达,实现,完成,获得

attainability　可达到,可得到

attainable　可达到的

attainment　达到,到达,成就,收获

Attapalgite　硅酸铝铁载体

attar　挥发油,玫瑰油,精油

attemper　(1) 调节［温度］,控制［温度］,减温；(2) 调和,调匀；(3) 使缓和,使适应；(4) 使［金属］回火

attemperater (=attemperator)　(1) 温度调节器,温度控制器,恒温箱,恒温器；(2) 过热调节器,减热器,减温器；(3) 保温水管；(4) 控制温度用旋管冷却器

attemperation　温度控制,温度调节,调温,减温

attemperator　(1) 温度调节器,温度控制器,恒温箱,恒温器；(2) 过热调节器,减热器,减温器；(3) 保温水管；(4) 控制温度用旋管冷却器

attempt　(1) 试验,实验；(2) 尝试,试图,企图,努力；(3) 攻击

attend　(1) 出席,参加；(2) 伴随,随从；(3) 照顾,照料,维护,看管

attendance　(1) 保养,维修,养护,维护；(2) 出席,参加；(3) 照料,看管

attendant　(1) 维修人员,维护人员,运行人员,值班人员,值班用户,服务员；(2)出席者；(3)附属物,附属品,伴随物；(4)附带的,附属的,伴随的,跟随的,出席的

attendant board　专用中继台,转接台

attendant equipment　辅助设备

attendant phenomenon　伴随现象,伴生现象

attendant's desk　转接台

attended operation　连接操作,值班操作

attended repeater　有人站增音机,有人增音站

attended repeater section　（增音机的）有人段

attended repeater section equilizer　有人段均衡器

attended repeater station　有人增音站

attended time　值班时间

attention (=attn)　(1) 注意,留意,留心,关心,费心；(2) 维护,养护,保养；(3) 看管

attention device　(1) 维护设备；(2) (显示用)注意装置,引注器件

attention display　注目显示

attention key　(终端)联机键,注意键

attentive　注意的,留心的,当心的

attentiveness　注意［力］

attenuance　(1) 衰减率；(2) 稀释

attenuance components　各衰减成分

attenuant　(1) 使变稀释的；(2) 衰减剂,稀释剂

attenuate　(1) 细弱的；(2) 稀释的

attenuated total reflection (=ATR)　衰减全反射

attenuater (=attenuator)　(1) 衰减器,衰耗器,阻尼器,减震器,减压器,吸震器；(2) 消音器,消声器,消光器,增益控制器,增益调整器；(5) 缩小束的装置；(5) 衰减网络；(7) 阻尼电阻；(8) 屏蔽材料

attenuation (=Atten)　(1) 衰减；(2) 变细,变薄,稀释,减少,冲淡；(3) 厚度的缩减,密度的变稀；(4)减弱；(5) 散射,散失,扩散；(5) 稀薄的,稀释的,弱的,细的；(6) 衰减的,减少的,减弱的

attenuation band　减弱频带,阻带

attenuation by absorption　吸收衰减

attenuation constant　衰减常数

attenuation distortion　衰减畸变

attenuation equalizer　衰减补偿器

attenuation factor　衰减因数

attenuation measuring device　衰减测定装置

attenuation network　衰减网络,衰耗网络,衰耗器

attenuation of the first kind　第一种衰减

attenuation of the second kind　第二种衰减

attenuation pad　衰减器垫

attenuator　(1) 衰减器,衰耗器,阻尼器,减震器,减压器,吸震器；(2) 消音器,消声器,消光器；(3) 增益控制器,增益调整器；(4) 缩小束的装置；(5) 衰减网络；(6) 阻尼电阻；(7) 屏蔽材料

attenuator angle　偏位角

attenuator circuit　衰减电路

attest　为……作证,郑重宣布,证明,证实,表明

attestation　证明［书］,证据

attestor　证明者,证人

attic　(1) 屋顶室,阁楼；(2) 钻塔顶层平台

attic base　座盘

attic hand　塔上工人

attitude (=ATTD)　(1) 飞行姿态,姿态；(2) 位置；(3) 空间方位角

attitude control　姿态控制,位置控制

attitude error　姿态误差,角误差

attitude gyro　陀螺地平仪,姿控陀螺

attitude hold limit　角稳定极限

attitude jet　(航)姿态喷射器

attitude of the joint　焊缝特征,焊缝位置

attitude sensor　姿态传感器

attorney　代理人,辩护人,律师

attorney-at-law　律师

attorney-in-fact　代理人

attorney in fact　代理人

attorneyship　代理人的身份,代理权

attosecond　微微秒,毫尘秒,10-18 秒

attract　(1) 吸引,牵引,引起,引诱；(2) 有吸引力

attractability　可吸引性

attractable　可被吸引的

attractance　吸引性

attractant　吸引剂,引诱剂,吸引物

attracting fish lamp　诱鱼灯

attraction　(1) 吸引；(2) 吸引力,引力；(3) 吸引物

attraction force　吸引力,引力

attraction-iron type　吸铁式

attraction of gravitation　地心引力

attraction to the center of the earth　地心引力

attraction type LLM　吸引型直线悬浮电动机 (LLM=linear levitation machine 直线悬浮电动机)

attractive　(1) ［有］吸引［力］的,吸力的；(2) 引起注意的,引起兴趣的

attractive force　［吸］引力

attractive mineral　磁性矿物

attractiveness　吸引［性］

attributable　可归因于……的,易于……的

attribute　(1) 属性,特性,特质,特征；(2) 标志,记号,表征,象征

attribute-base model　属性设计模型

attribute data　特征数据

attribute sampling　按属性抽样

attribution　归属,归因,属性

attribution to　归因,归属

attributive　(1) 属性的；(2) 修饰的

attributive classification　依照属性的分类

attrital coal　杂质煤

attrite　(1) 摩擦,磨碎,磨耗,擦去,消除

attrited　磨损的

attrition　(1)互磨,研磨,磨;(2)摩擦;(3)磨耗,磨损,消耗,损耗;(4)磨耗作用;(5)耗竭;(6)[缩]减[人]员
attrition mill　碾磨机,磨碎机
attrition minesweeping　消耗性扫雷
attrition rate　磨损程度,磨损率,磨耗率,损耗率
attrition resistance　抗磨损能力,抗磨耗性,耐磨性
attrition-resistant　耐磨的
attrition resistant　耐磨的
attrition test　磨损试验
attrition testing machine　磨损试验机
attrition value　磨损值
attrition wear　磨损,磨耗
attritor　超微磨碎机,磨碎机,碾磨机
attritus　杂质煤,暗煤
atypia　非典型性的,不标准的
atypic　非模式的
atypism　无特征性,不一致,各异
auctioneer　(1)发出最大脉冲;(2)拍卖[商]
audibility　(1)可听度,可闻度,可听性,成音度;(2)听力
audibility current　可闻度电流
audibility factor　可闻系数
audibility meter　听度表,听力计,听度计,闻度计
audibility threshold　听阈
audible (=aud)　能听见的,可听的,成声的,音响的
audible alarm　(1)音响报警,声音报警;(2)可闻报警信号;(3)音频报警设备,音响报警设备,音响报警器,声频报警器
audible and visual alarm indicator　声光报警指示器
audible control　音响控制
audible frequency　声频
audible indication　音响指示,可闻信号
audible range　可闻距离,可听离子
audible region　声频频段,声频区,可闻区
audible signal　可听见的信号,声响信号,声频信号,可闻信号
audible spectrum　音频频谱,声谱
audible test　声频检验,声频测试
audible-type　可听型的
audiclave　助听器
audigage　(携带式)超声波探伤仪
audile　听得到的,听觉的,听力的
audimeter　自动式播音记录装置
audio (=aud)　声频[的],音频[的],可听[的],声音[的],听觉[的]
audio-　(词头)(1)听,声,音;(2)声频的,声音的;(3)声学技术设备制造;(4)高保真度;(5)声频信号听力
audio amplifier　声频放大器,音频放大器
audio and video crosstalk　伴音和图像串扰,声频和视频串扰
audio attenuator　声频衰减器
audio-band　声频带
audio band　声频带
audio bandpass filter (=ABF)　音频带通滤波器
audio carrier　声频载波
audio-cassette　声频盒式磁带
audio-circuit　声频电路,音频电路
audio circuit　声频电路,音频电路
audio coder　声频信号编码器,音响信号编码器
audio communication line　音频通信线路
audio cue channel　声频插入通道,声频提示通道,第二伴音通道
audio demodulator　伴音[信号]解调器
audio disc　唱片,声盘
audio equipment (=aud equip)　声频设备
audio fader amplifier　音量渐减器-放大器,音量控制放大器,声频控制放大器
audio-feedback path　低频回授电路
audio-fidelity　声频逼真度,声频保真度,音频保真度
audio-fidelity control　声频保真度控制
audio-follow-video operation　图像、伴音相继预选
audio-frequency　音频,声频
audio frequency (=AF)　成声频率,音频,声频
audio-frequency ampifier (=AFA)　声频放大器,音频放大器
audio frequency apparatus (=AFA)　音频设备
audio-frequency band　声频带
audio frequency change (=AFC)　音频变换
audio-frequency choke (=AFC)　音频扼流圈,低频扼流圈
audio-frequency current　通信电流
audio-frequency noise　声频噪声

audio-frequency overlap circuit　音频叠加电路
audio-frequency peak limiter　音频峰值限制器
audio-frequency signal-to-interference ratio　音频信扰比
audio-frequency transformer (=AFT)　音频变压器,低频变压器
audio generator　声频振荡器,声频发生器
audio head　声频磁头,拾音头
audio image　声频图像
audio interpolation oscillator　音频内插振荡器
audio line (=aud l)　声频线路,实线电路
audio mixer　音频混频器,调声台
audio mixing unit　混声装置,混声部件
audio modulating voltage　调制声压
audio-noise meter　(音频)噪声计
audio noise meter　噪声计
audio oscillator　音频振荡器,声频振荡器
audio output　声频输出
audio output limiter　音频输出限制器
audio patch bay　声频信号接线台
audio peak limiter　音频峰值限制器
audio power　声频功率,音频功率
audio power amplifier　音频功率放大器
audio recorder　录音机
audio recording　录音
audio-reject filter　伴音抑制器
audio reproduction test　还音测试设备
audio response　声音应答
audio response unit (=ARU)　音频响应单元
audio scanner　声频扫描器
audio signal(=aud snl)　可听信号,声频信号
audio-spectrometer　声波仪,声谱仪
audio spectrometer　声频频谱仪
audio spectrum　可闻声谱
audio tape　录音磁带,录像磁带,录音带
audio track　声迹,声道
audio transformer　音频变压器
audio type　录音磁带
audio-typist　听音打字员,录音打字员
audio-visual (=AV)　视[觉]听[觉]的,有声传真的
audio-visual aids　视听辅助[装置],直观教具
audio-visual instruction　直观教学
audio-visual material　视听教材,直观教材
audio-visual recording and presentation　声像录放,视听录放
audio-visual unit　声音-图像单元,视听单元
audioamplifier　声频放大器
audiobility　可闻度,听度
audioforner　声频变压器,成音变压器
audiofrequency　声频,音频
audiofrequency apparatus　音频设备
audiofrequency meter　音频频率计
audiofrequency range　声频范围
audiofrequency spectrometer　音频频谱计
audiogenic　音源性的
audiogram　声波图,听力图
audiograph　闻阈图,听力图,声波图
audiography　测听术
audiohowler　噪声发生器
Audiolloy　铁镍透磁合金
audiolocator　声波定位器
audiologist　听力学家
audiology　听力学
audiomasking　听觉淹没,遮声,淹声
audiometer　(1)声音测量器,听力计,听度计,音波计,测听计;(2)自动式播音记录装置
audiometric　听力测定的,测听的
audiometrist　测听师
audiometry　听力测定法,听觉测定法,测听技术
audiomonitor　监听装置,监听器
audion　再生栅极检波器,检波管,真空管,三极管
audiorange　听度范围,音频范围,音频区
audiospectrograph　声图计
audiotactile　听觉触觉的
audiotape　录音磁带
audiotyping　录音打字
audiotypist　录音打字员

72

audiovision 有声传真

audiovisuals 听音器材

audiphone (=auriphone) 听音器，助听器

audit (=aud) (1)[数据]检查，检查，审查；(2)决算，核算，查账；(3)旁听

audit- (=audito-) 听觉的，听力的

audit-in-depth 分层检查

audit program 检查程序，审查程序

audit trail {计}[数据]检查跟踪，检查跟踪系统

auditary stimulus 声刺激物

auditee 受审核方

audition (1)听；(2)听觉，听力，听感，听闻；(3)专心听；(4)播音试验，音量检查，试听

audition amplifier 声频放大器，试听放大器

auditive 听力的

auditor (=aud) (1)听者，听众；(2)审计员，查账员

auditory 听觉的，听的

auditory acuity 听觉敏锐度，听力

auditory canal 传声管[道]

auditory localization 声源定位

auditory meatus 听道

auditory organ 听觉感受器

auditory perspective 听觉透视，空间感

audtiory placode 听基板

auditory sensation area 听觉范围

auditory sensor 听觉感受器

auditron 语言识别机

auditus 听[力]

audivision 视听传输

Auer metal 奥厄火石合金，奥厄发火合金（稀土金属76%，铁34%）

aufbauprinciple 构造原理

Aufgabe 实验任务

aufs (=absorbance unit full scale) 满刻度吸光度单位

aufwuch （船舶的）附着生物

augen 眼球状体

augen kohle 眼状煤，眼煤

augenbrille 眼片

augend 被加数，加数

auger (1)螺旋钻，麻花钻，地钻，土钻，(2)钻孔机，钻孔器；(3)螺旋加料器，推进加料器；(4)螺旋推运器，螺旋推运机，螺旋输送机，

auger-bit 螺旋钻头，麻花钻[嘴]

auger bit file 钻锉刀

auger boring (1)螺旋钻孔，钻孔；(2)麻花钻钻探，螺钻钻探

auger conveyor 螺旋输送器

auger core 螺旋推运器轴

auger cover 螺旋推运器外壳

auger drill 螺旋钻

auger drilling 螺旋钻孔

auger drive 螺旋推运气传动装置

auger extention 螺旋接柄

auger-hole 钻孔

auger rig 螺旋式钻井机

auger stem 螺旋钻杆，钻[头]柄

auger-type 螺旋式

auger-type grain cleaner 螺旋式清粮机

auger with hydraulic feed 水压进给式钻机，液压进给式钻机

auget 雷管

augetron （高真空）电子倍增器

aught (1)零；(2)任何事物，任何一部分；(3)到任何程序，一点也不

augment 增长，增加，增进，扩大，扩张，扩增，添增

augmentable 可增大的，可扩张的

augmentation (=A 或 AGN) (1)天体视增大，(2)增大，增加，增进，增值，加强，扩张，增广；(3)增加量，增加率，增广

augmentation equipment 回波信号放大器

augmentative 增大[性]的，增加的，扩张的

augmentativity 巨称法，增大法

augmented code 增信码

augmented compiexes 已扩张的复合型

augmented flow 增大流量

augmented jet engine 具有加力燃烧室的喷气发动机，内外函式喷气发动机

augmented launch station 多导弹发射场，加强发射场

augmented matrix {数}增广矩阵

augmented operation code 扩充操作码

augmented operator grammar 扩充算符文法

augmenter (1)增加推力装置,增加动力装置,增加速度装置,真空增大器,加力装置,增压器,增强器,助力器,放大器,扩增器；(2)加力燃烧室；(3)替身机器人；(4)增量；(5)加强剂

augmenter tube 喷气短管

augmenting factor 增音度因子，增大系数

augmentor (1)增加推力装置,增加动力装置,增加速度装置,真空增大器,加力装置,增压器,增强器,助力器,放大器,扩增器；(2)加力燃烧室；(3)替身机器人；(4)增量；(5)加强剂

augmentor-wing 增[加]升[力]的]机翼

aul- (=aulo-) 笛，管

aulopatrol grader 养路用平路机

aulophobia 笛声恐怖

aur- (auri-) (1)耳；(2)耳的

aural (1)有关耳的，耳的；(2)有关听觉的，听觉的，声音的，音响的；(3)伴音，(4)电风的，辉光的；(5)气味的；(6)先兆的，预感的

aural carrier 伴音载波，声频载波

aural detector 声波检波器

aural harmonics 听觉谐音，听觉谐波

aural indication 声响指示，音响指示

aural null 听觉零点，无声，消声

aural null direction finder 零信号无线电定向设备

aural-null presentation 无声显示，消声显示

aural radio beacon 音响无线电信标

aural radio range (1)听觉无线电测距台；(2)可收听无线电距离；(3)声指示无线电信标，无线电导航有声信标，音响式航向信标

aural signal 声音信号，声频信号，音频信号，伴音信号，音响信号，可闻信号

aural transmitter 录音广播发射机，伴音发射机

aural-type receiver 伴音接收机，声影接收机

auratus 金黄色

aureate 镀金的，金色的

aureity 黄金的特殊性能

aurene 金色玻璃

auri- (1)三价金基，金基；(2)耳

auric 与金有关的，金似的，金的

aurichalceous 黄铜色的

aurichalceus 黄铜色的

aurichalcite 绿铜锌矿

auriferous 含金的

aurific 产金的

aurification 金充填，金化

auriform 耳形的

aurify 变成金子

auriscope [检]耳镜

auriterous 含金的

aurora (1)极光，曙光，(2)桔红色，(3)"极光号"卫星

aurora grating 消除极光反射选通

aurora polaris 极光

aus-bay quenching 奥氏体湾淬火法，分级淬火法

Ausaging 奥氏体时效处理

Ausannealing 奥氏体等温淬火

auscultator 听诊器

auscultoscope 电听诊器

ausdrawing 拉伸变形热处理

ausforging (1)奥氏体锻造；(2)锻造形变热处理，锻造淬火

ausform (1)奥氏体形变；(2)奥氏体形变处理，低温形变淬火，形变热处理

ausform-annealing 奥氏体形变退火，形变热处理退火[法]

ausform-hardening 形变淬火，形变硬化[法]

ausform hardening 奥氏体形变淬火

ausformed 形变热处理的，形变淬火

ausformed steel wire 形变热处理钢丝

ausforming 奥氏体形变处理，形变热处理

auspuller 引出电极，吸极

ausrolling (1)奥氏体轧制；(2)奥氏体等温轧制淬火，轧制形变热处理，滚轧形变热处理，贝氏体淬火；(3)恒温回火

ausrolltempering 滚轧等温回火

austemper 奥氏体回火，奥氏体等温淬火

austemper case hardening 等温淬火表面硬化

austemper stress(ing) 等温淬火表面应力

austempering 奥氏体回火，等温淬火

austenaging 奥氏体等温时效，奥氏体时效处理，奥氏体回火，等温淬火，等温调质

austenic steel 奥氏体钢
austenite 奥氏体，碳丙铁
austenite annealing 奥氏体退火，等温淬火
austenite steel 奥氏体钢
austenitic 奥氏体的
austenitic maganese steel 奥氏体锰钢，高锰钢
austenitic stainless steel 奥氏体不锈钢
austenitic steel 奥氏体钢
austenitization 奥氏体化
austenitize (=austenitise) 使成奥氏体，奥氏体化
austenize 奥氏体化
austenizer 奥氏体化元素
austennealing 奥氏体退火，等温淬火
austeno-martensite 奥氏体 - 马氏体
auswittering 铸件自然时效
aut- (=auto-) （词头）(1) 自己，自体；(2) 自发，自动
authalic projection 等积投影
authallotriomorphic 细晶错综状的
authentic (1)权威性的，有根据的，真实的；(2)可靠的，可信的，真正的，正式的
authentic sample 真实试样，可靠试样
authenticate 使生效，证实，证明，鉴定，鉴别，认证
authenticaion (1)证实，证明，鉴定；(2)文电鉴别，辩证
authenticator (1)确定者，认证者；(2)文电鉴别码，密码证明信号，密码证明暗码，辩证信号
authenticity 可靠性，真实性
author (1)写作，编辑，创造，创始；(2)程序设计者；(3)作者，作家；(4)发起人，创始人
authoritarian 权威的
authoritative (1)来源可靠的，可相信的，权威 [性] 的；(2)命令式的，官方的，当局的
authoritative information 官方消息
authority (=auth) (1)管理机构，管理局，当局，上级，官方；(2)权力，权限，权威，职权；(3)根据，凭据；(4)代理权
authority concerned (=the proper authority) 有关方面
authority to pay (=A/P) 支付授权书
authority to purchase (=A/P) 购买授权书，购买委托书
authorizable 可批准的，可认定的，可授权的
authorization (=auth) 授权，委任，核准，审定，公认，认可
authorization data 特许数据
authorize 核准，批准，审定，认可，允许，授权，委任，委托
authorized (=auth) 核准的，特准的，委任的，规定的，指定的，公认的
authorized access 特许存取
authorized agent 指定的代理人
authorized data list (=ADL) 核准数据表
authorized order (=AO) 核准的指示
authorized pressure 允许压力，容许压力，规定压力，极限压力
authorized signature 印鉴
autimorphs 变形分子
autipodal 极对的
autitron 语言识别机
autmonent 自 [相关] 矩
auto (1) 自动的；(2) 自动装置，自动机，汽车；(3) 乘汽车
auto- (=aut-) （词头）(1) 自己，自体；(2) 自发，自动
auto accident （汽车）行车事故
auto-activation 自体促动作用，自动活化
auto-alarm 自动报警器
auto-analyser 自动分析器
auto-answer 自动回答
auto-bias circuit 自 [动] 偏 [压] 电路
auto-biasing method 自动偏置法
auto-bin-indicator 料仓 [储量] 自动指示器
auto-brake 自动制动器
auto-capacity 本身电容，自身电容，固有电容，分布电容
auto-catalutic reator 自动触媒反应器
auto-change turntable 自动换片唱机
auto-clipping apparatus 自动轧糙机
auto coarse pitch 自动增大螺距装置
auto-coding 自动编码
auto coding 自动编码
auto-coherer 自动粉末检波器
auto-collimating theodolite 自动对准经纬仪
auto-collimation 自对准
auto-collimator 自动对准仪，自准直望远镜

auto-colorimeter 自动比色计
auto-compounded current transformer 自复绕式电流互感器
auto-control 自动控制
auto-converter 自动换流机
auto-correlation coefficient 自相关系数
auto-correlation function 自相关函数
auto-cut-out 自动阻断，自动截止，自动断路
auto-cycle diagram 自动循环图
auto-decrement 自动减数，自动递减，自动减一
auto-design 自动设计
auto-distress signal apparatus 自动报警信号接收机，自动呼救信号接收机
auto-dope 自 [动] 掺杂
auto-draft (1) 自动制图；(2) 自偏差
auto-dynamic elevator 自动动力升降舵
auto-electronic emission 自动电子发射
auto-exhaust 汽车排汽
auto-feed 自动进给，自动进刀
auto feed 自动进给，自动进刀
auto-feeder (1) 自动送料器；(2) 自动进给装置
auto-focus 自动聚焦，自动对光
auto-gain control 自动增益控制
auto-guider 自动导星装置
auto heterodyne （电路、收音机的）自差
auto-ignition-temperature (=AIT) 自动着火点
auto-increment 自动加数，自动递增，自动加一
auto-induction 自 [动] 感 [应]
auto-inductive 自 [动] 感 [应] 的
auto-inductive couping 自感耦合
auto industry 汽车工业
auto-inhibition 自动抑制作用，自动阻尼作用
auto-ionization 自体电离，自电离
auto-jigger 自耦变压器
auto-leveling assembly 自动校平装置
auto license 汽车执照
auto lift 汽车升降机
auto-loader 自动装填器
auto loader 自动装入程序
auto-lock 自锁
auto-man (1) 汽车制造商；(2) （开关的）自动 - 手动转换
auto-mechanisim 自动机构
auto micrometer 自动千分尺
auto-oxidizable 自身可被氧化的
auto-pack 自 [动] 填塞
auto-panel 自动控制指示板
auto parts 汽车零件
auto photoelectric effect 自动光电效应
auto-pitch control 仰角自动控制
auto-plant (1) 汽车厂；(2) 自动设备，自动装置
auto-polymerization 自 [动] 聚合 [作用]
auto-preview 自动预观，自动预看
auto-punch 自动冲压硬度试验机，砂型硬度计
auto-purification 自动净化，自净 [作用]
auto-radio 汽车 [用] 收音机
auto-rander 自动跟踪雷达
auto-rander plot 雷达自动测绘板
auto-relay 自动继电器，带电继电器，自动替续器
auto-repeater 自动替续增音器，自动重发器
auto roller 自动卷烟机操作工
auto-room 自动交换机室
auto-setter 自调定形机
auto-sorter 自动分类机
auto-stabilizer 自动稳压器
auto-switch 自动开关
auto-tempering 自身回火
auto-throttle 自动节流活门，自动油门
auto track 自动调谐，自动统调
auto-transformer (=AT) 自耦变压器
auto-tricycle 三轮卡车
auto-trol 自动控制的
auto-valve arrester 自动阀避雷器
auto-vapour 自动汽化，自汽压缩 [法]
auto welting 自动轧 [袜] 口
auto-wrecking 失事汽车的，汽车残骸的，废车的

auto-wrench 自动扳手
auto wrench 汽车扳手
autoabstract 自动摘要,自动抽样,自动抽取
autoacceleration 自[动]加速,自加速度
autoagglutination 自身凝集[作用]
autoalarm 自动报警
autoanalyzer 自动分析器
autoautocollimator (=AAC) 自动自准直仪
autobalance 自动平衡
autobar 棒料自动送进装置
autobarotropy 自动正压状态
autobias 自[动]偏压,自动偏置
autobicycle 机器脚踏车,摩托车
autobike 机器脚踏车,摩托车
autoboat 摩托艇,汽艇
autobody 汽车车身
autobody sheet 汽车车身薄钢板
autobond (1)自动接合,自动链接;(2)自动焊接
autobrake 自动制动器,自动刹车
autobridge-factory 自动化桥梁厂
autobulb 汽车灯泡
autobus 公共汽车
autocade 一长列汽车,汽车队伍
autocap 变容二极管
autocar 机动车,汽车
autocartograph 自动制图仪,自动测图仪
autocatalytic 自催化的
autocatalytic reactor 自催化反应堆
autocatheterism 自[己]插导管
autochangeover (备用系统)自动接通机构
autochanger (1)(电唱机)自动换片器,自动换片机;(2)自动换电器
Autochart 自动画流程图程序
autochemogram 自辐射照相
autochemograph 组织组织化学自显影照片
autochir (美)救护汽车
autochroma circuit 自动色度信号电路
autochromatank 自动色度信号箱
autochrome (1)彩色照相;(2)彩色底片,彩色照片,投影底片,感影片;(3)彩色的
autocinesis 自体动作,随意运动,自动
autocirculation 自动循环
autoclastic 自碎的
autoclavable 耐高压加热的,可加压加热的
autoclave (1)高压消毒蒸锅,蒸汽脱蜡罐,蒸汽脱水罐,高压灭菌器,压力反应罐,蒸压器,高压锅,高压釜,蒸压釜,耐压罐,压热器,压煮器,热压器,密闭器;(2)蒸汽养护室,加压凝固室;(3)用蒸压器消毒,用高压锅蒸,热压处理,蒸汽浸出,蒸汽养护
autoclave leach 高压浸出,压煮器浸出
autoclave molding 高压罐模制[法]
autoclave sterilizer 高压蒸汽灭菌器
autoclave test 蒸压试验,压热试验
autoclave-treated 高压釜处理的,压煮器处理的
autoclaved 热压处理过的,高压釜处理的
autoclaving 高压灭菌法
autoclawing 高压灭菌,高压消毒
autocleaner 自动清洁器
autoclino 自动壳型机
autocoacervation 自动分解脱水凝聚,自动凝聚
autocoagulation 自动凝结,自动凝聚
autocode 自动编码
autocode instructron 自动编码指令
autocoder (1)自动编码器,自动写码器;(2)自动编码语言
autocoherer 自动粉末检波器
autocollimate 自动准直,自动对准,自动视准,自动照准
autocollimatic 自准的
autocollimation 自[动]准直,自动瞄准,自动视准,自动照准
autocollimator (=AC) (1)自动照准仪,自动准直仪,自动瞄准仪;(2)自准直望远镜;(3)自动平衡光管,自动准直管;(4)光学测角仪
autocompensation 自动补偿
autocondensation (1)自体容电法;(2)自冷凝
autoconduction (1)自动传导;(2)自体导电法;(3)自感[应]
autoconnection 按自耦变压器线路接线
autocontrol 自动控制,自动调整,自动调节
autocontrol valve 自动控制阀

autoconvection 自动对流
autoconvective 自动对流的
autoconverter 自偶变压器,自动变换器
Autocopser 奥托科普瑟自卷纬机
autocorrection 自动校正
autocorrection device 自动校正装置
autocorrelater 自相关器
autocorrelation (1)自动交互作用,自相关[作用];(2)自动校正
autocorrelation command receiver 自相关指令接收机
autocorrelation function (=ACF) 自相关函数
autocorrelation receiver 自相关接收机
autocorrelator 自相关器
autocorrelator computer 自相关式计算机
autocorrelogram 自相关图
autocoupling 自动耦合
autocovariance 自协方差,自协变
autocovariance function 自协方差函数,自协变函数
autocrack (焊缝)热裂纹,热裂
autocrane 汽车[式]起重机,汽车吊
autocue (英)自动提示器(美 teleprompter)
autocycle (1)自动循环;(2)摩托车,机器脚踏车
autocytometer 血球自动计数器
autodecomposition 自动分解
autodecrement addressing 自减型编址
autodestruction 自动破坏[作用],自动裂解
autodestructive 自动破坏的,自动裂解的
autodetector (1)自动检波器;(2)自动探测仪
autodial 自动标度盘,自动刻度盘,自动拨号盘
autodiastyly 自接型
autodiffusion 自扩散
AUTODIN 或 autodin (=automatic digital network) 自动数字网[络]
autodrafter 自动绘图仪
autodrainage 自体导液
autodrinker 自动饮水机
autodrome (1)赛车跑道;(2)汽车试车场,汽车竞赛场
autodrum 自动成型机头(鼓式或半鼓式)
autodyne (1)自差[的],自拍[的];(2)自激振荡电路,自差接收电路;(3)自差接收机,自差收音机
autodyne circuit 自差电路,自拍电路
autodyne converter 自差式变频器
autodyne detection 自差检波
autodyne frequency meter 自差式频率计
autodyne method 自差法
autodyne radio 自差接收机,自差收音机
autodyne receiver 自差式接收机
autoechopraxia 自我重复动作
autoelectronic 自动电子发射的,场致电子放射的
autoelectronic current 场致发射电路
autoelectronic emission 自动电子放射
autoemission 自动放射,自动辐射
autoenlarging apparatus 自动放大机,自动放大器
autoette 三轮摩托车
autoexcitation 自激
autoexciting 自激的
autofeed 自动送料,自动进给,自动推进
autofining 自精制
autoflag 旗式道口自动信号机
autoflare 自动拉平
autoflareout 自动拉平
autoflash 自[动]闪光
autofleet 汽车队
autoflow 自动流程图,自动画框图
autofluorescence 自[身]荧光
autofluorogram 自身荧光图
autofluorograph 自身荧光图
autofluoroscope 自身荧光镜
autoflying 自控飞行
autofocal 自动调焦的
autofocus projector 自动对光投影仪
autofocus radar projector (=ARP) 自动聚焦雷达投影仪
autofollow 自动跟踪
autofollowing 自动跟踪
autofollowing laser radar 自动跟踪激光雷达
autoformer 自偶变压器,单圈变压器

autofrettage (1) 挤压硬化内表面的压力容器制造法；(2) [炮筒] 内膛挤压硬化 [法]，冷作预应力 [法]，预应力加工，冷加工

autofretted gun 内膛挤压硬化炮，自紧炮

autog (=autograph) (1) 自动图；(2) 自动绘图仪；(3) 用真迹石版术复制；(4) 亲笔 [签名]

autogardener 手扶园艺拖拉机

autogenor 自动生氧器

autogenous (1) 不用焊料焊接的，自焊的，气焊的，锻接的，自热的；(2) 自动的，自生的，偶生的

autogenous cutting 氧炔熔化，(乙炔) 气割

autogenous fusing (乙炔) 气割

autogenous grinder 自磨机

autogenous hose 气焊用软管

autogenous ignition 自动着火，自燃

autogenous mill 自磨机

autogenous soldering 氧铁软焊，气焊 [法]，熔接 [法]

autogenous welding 乙炔焊，熔融焊，气焊

autogiration 自 [动] 旋 [转]

autogiro (=autogyro) (1) 自转旋翼 [飞] 机，直升飞机，旋翼机；(2) 自动陀螺仪

autogram 压印

autograph (1) 自动图；(2) 自动绘图仪；(3) 用真迹石版术复制；(4) 亲笔 [签名]，署名

autograph document signed (=ADS) 签名的亲笔文件

autograph letter signed (=ALS) 签名的亲笔信，亲笔签名信

autograph reception 记录接收

autographic 用石版术复制的，自动绘图的，自动记录的，自署的，亲笔的

autographic apparatus 自动图示记录仪

autographic record 自动记录

autographic recording apparatus 自动图示记录仪

autographic strain recorder 自记应变记录仪

autographometer 地形自动记录器，自动图示仪

autography (1)自动测图，自动描绘，自动记录；(2)石版复制术，真迹版；(3) 亲笔 [签名]，笔迹

autogravure 照相版雕刻法

autogyro (1) 自转旋翼 [飞] 机，直升飞机，旋翼机；(2) 自动陀螺仪

autohand 机械手，自动手

autohesion 自粘作用，自粘力，自粘性

autoheterodyne (1) 自差线路；(2) 自差接收机；(3) 自差，自拍

autohitch 自动挂钩

autohoist 汽车起重机，汽车吊

autoignite 自动点火，自动着火，自燃

autoigniter 自动点火器

autoigniting propellant 自燃推进剂

autoignition 自动点火，自燃 [点]

autoignition temperature 自动点火温度，自燃温度

autoindex 自动索引，自动编索，自动变址

autoinflation 自动充气，自动膨胀

autointerference 自身干扰

autoionize 自电离

autokey cipher 自动解密码

autokeyer 自动键控器

autokinesis (=autocinesis) (1) 自体动作，随意运动，自运动；(2) 运动灵敏度

autokinetic 自体动作的，随意运动的，自动的

autokinetic system 自动作系统

autoland system 自动着陆系统

autolay (1) 自动开关；(2) 自动敷设；(3) (钢丝绳) 自动扭绞

autolevel 自动调节水准，自动找平

autolift (1) 自动升降机，汽车升降机，汽车起重机，汽车吊；(2) 自动升船机

autoline hauler 自动起钩机

autoload 自动加载，自动装人，自动装填，自动装载，自动送料，自动上料

autoloader 自动装载机，自动装运机，自动装卸机，自动送料机，自动装填器

autologous 自体的，自身的

autoluminescence 自发光

autolysate 自溶产物，自体分解物

autolysis 自溶 [作用]

autolyzate 自溶产物

autolyze 发生自溶，使某物自溶

automa-design 自动设计

automaker (1) 汽车制造厂；(2) 汽车制造商，汽车制造者

automan 汽车制造商

automanual 自动 - 手动的，半自动的

automanual exchange 半自动交换台

automanual telephone exchange 半自动电话局

automanual telephone switchboard 半自动电话交换器

automanual system 半自动式，半自动系统

automat (1) 自动控制器，自动调节器，自动监视器，自动装置，自动机，自动器；(2) 自动食品柜，自动售货机；(3) 自动售票机；(4) 自动电话，自动开关；(5) 自动枪，冲锋枪，机关炮

automat- (词头) (1) 自动的；(2) 自动调节的；(3) 自动化的

automatable 可自动化的

automate (1) 使自动操作；(2) 通过自动使机械化；(3) 使自动化；(4) 改为大量自动的操作

automated 自动操纵的，自动化的

automated data medium 数据自动传输媒体

automated engineering design (=AED) 自动工程设计

automated forged system 自动化锻造装置

automated inspection of data (=AIDA) 数据自动检查

automated logic diagram (=ALD) 自动化逻辑图

automated material handling system (=AMHS) 自动化材料处理系统，自动化材料装卸系统

automated onboard gravimeter (=AOG) 船上自动重力仪

automated press line 压力机自动生产线

automated subway train 自动化地下铁道列车

automath 自动数学程序

automatic (=A 或 aut) (1) 自动的，自记的；(2) 自动机械，自动装置，自动手枪，自动火炮，自动机；(3) 自动操作的，自动作用的，自动机的，自动化的，

automatic abstracting 自动摘要

automatic adjusting 自动调整

automatic advance 自动提前

automatic advanced breaker 自动提前断路器

automatic air-break switch 自动空气开关

automatic air break 自动空气制动器

automatic air circuit breaker 自动空气断路器

automatic air ground communication system 自动空－地通信系统

automatic air vice 自动气压虎钳

automatic aircraft diagnostic system (=AADS) 飞机自动检定系统

automatic aircraft pilot 飞机自动驾驶仪

automatic alarm 自动报警设备，自动报警装置

automatic alignment 自动对准

automatic amplitude control (=AAC) 自动振幅控制，自动幅度控制

automatic amplitude control circuit 自动幅度调整电路

automatic analyzer(=AA) 自动分析器

automatic anchoring device 自动抛锚装置

automatic approach control 自动进场控制

automatic approach coupker 自动进场耦合器

automatic arc welding 自动电弧焊 [接]

automatic arc welding machine 自动电弧焊 [接] 机

automatic assembling machine 自动装配机

automatic assembly 自动装配

automatic assembly equipment 自动装配设备，自动装配装置

automatic assembly technique 自动装配技术

automatic attenuator 自动衰减器

automatic audible and visual warning 自动声光报警

automatic audiometer 自动听度计

automatic back bias (=ABB) 自动反偏压

automatic bag filling and closing machine 自动装配封口机

automatic balance 自动天平

automatic balance instrument 自动平衡仪表

automatic balance manometer 自动平衡压力计

automatic balancing 自动平衡

automatic bar machine 自动棒料加工车床

automatic bar type welder 自动桶状熔接器

automatic barring gear 自动盘车装置

automatic batch mixing (=ABM) 自动配料混合

automatic batcher 自动称量器

automatic bias 自动偏压

automatic biasing 自偏压

automatic binary computer 自动二进制计算机

automatic binary data link (=ABDL) 自动二位数据传输线路

automatic block equipment 自动闭塞装置

automatic block signal 自动闭塞信号机

automatic block system 自动闭塞系统，自动联线装置

automatic-blowdown system 自动快速卸压系统

automatic bobbin cleaner 自动清除筒脚机

automatic book-sowing machine 自动锁线机

automatic boost controller 自动增压调节器

automatic booster 自动升压器

automatic boring machine 自动镗床

automatic box splitter 自动分箱机

automatic brake 自动制动器,自动刹车

automatic brake value 自动制动阀

automatic break 自动断开

automatic brightness contrast control (=ABCC) 自动亮度对比调整,自动亮度反差调整

automatic brightness control 自动亮度调整

automatic brightness control circuit 自动亮度控制电路

automatic brightness limiter 自动亮度限制电路

automatic cable tester (=ACT) 自动电缆测试器

automatic calibration 自动校准

automatic call device 自动报警设备

automatic camera 全自动照相机,自动摄像机

automatic car identification system (=ACI) 车辆自动识别系统

automatic card mounting apparatus 自动包针布机

automatic carriage (1)自动载运机,自动输送车;(2)(电动打字机送纸用的)自动滚轮,自动走纸,自动滑架

automatic carriage stop 自动拖板止动器

automatic carrier 自动跑车

automatic cathodic protector (=ACP) 自动阴极防护器

automatic celestial navigation (=ACN 或 A/CN) 自动天文导航

automatic center punch 自动中心冲床

automatic central office 自动电话局

automatic center punch 自动中心冲床

automatic changeover switch 自动转换开关

automatic charging equipment 自动加料机

automatic check 自动校验,自动检查

automatic check valve (=AUTOCV) 自动止回阀

automatic checker 自动校验器

automatic checking 自动检验

automatic checking and sorting machine 自动检验分送机

automatic checkout and evaluation system (=ACES) 自动检测和估算系统

automatic checkout and recording equipment 自动检测与记录设备

automatic checkout equipment (=ACE 或 ACOE) 自动检验设备,自动检测设备,自动检测装置

automatic checkout test equipment (=ACTE) 自动检查试验装置,自动测试装置

automatic chroma control circuit 自动色饱和度控制电路

automatic chrominance control (=ACC) 自动色品控制

automatic chuck 自动卡盘

automatic chuck lathe 自动卡盘车床

automatic chucking machine 自动卡盘车床

automatic circuit analyzer (=ACA) 自动电路分析器

automatic circuit analyzer and verifier (=ACAV) 自动电路分析器及检验器

automatic circuit breaker (=ACB) 自动断电器,自动断路器

automatic circuit exchange (=ACE) 自动电路交换机

automatic circular knitter 自动图型针织机

automatic circular saw sharpener 圆盘锯自动刃磨机

automatic clamping arrangement 自动夹紧装置

automatic clearing indicator 自动清除指示器

automatic clipper 自动剪板机

automatic closed-loop control 闭环自动控制

automatic closer 自动合箱机

automatic closing gear 自动闭闸装置

automatic closing machine 自动封缄机

automatic clutch 自动离合器

automatic code translator 自动写码程式

automatic code translator (=ACT) 自动译码机

automatic coding 自动编码,自动写码

automatic coding language 自动编码语言

automatic coding machine (=ACOM) 自动编码机

automatic coding system 自动编码系统,自动写码系统

automatic coin changer 自动换币机

automatic colo(u)r control (=ACC) 自动色度控制

automatic colo(u)r control circuit 彩色自动控制电路

automatic colo(u)r killer 自动消色电路

automatic combustion control (=ACC) 自动燃烧控制

automatic compensation 自动补偿

automatic compensator 自动补偿装置

automatic computer (=AC) 自动计算机,电子计算机

automatic computing equipment (=ACE) 自动计算装置,自动计算机

automatic cocentrator 自动集线机

automatic constant ciltage control equipment 自动等压调整器

automatic-control 自动控制,自动调节

automatic control (=AC) 自动控制,自动调节

automatic control altitude 自动飞行高度控制器

automatic control engineering 自动控制工程

automatic control equipment 自[动]控[制]设备

automatic control machine tool 自动控制机床

automatic control system (=ACS) 自动控制系统

automatic control theory 自动控制理论

automatic control valve (=ACV) 自动控制阀

automatic control with feedback 反馈式自动控制

automatic cotroller (=ACR) 自动控制器,自动调节器

automatic coupling 自动联结器

automatic course follower 自动航向跟踪机

automatic crosstell 自动通告

automatic crust breaker 自动打壳机

automatic crystal slicing machine 自动晶体切片机

automatic current recording meter 自动记录电流计,自动电流记录仪

automatic current regulator (=ACR) 自动电流调节器

automatic cut-out (1)自动截止,自动切断,自动阻断;(2)自动断路器,自动开关

automatic cutter grinder 自动工具磨床

automatic cutting machine 自动切削机床

automatic cycle 自动循环

automatic cycling equipment 自动循环加工设备

automatic damping 自动阻尼

automatic data accumulator and transfer (=ADAT) 自动数据贮存与传输装置

automatic data acquisition (=ADA) 自动数据测取装置

automatic data acquisition system (=ADAS) 自动数据测取系统

automatic data acquisition system and computer complex (=ADACC) 自动数据测取系统与计算机联合装置

automatic data digitizing system (=ADDS) 自动数据数字化系统

automatic data editing and switching system (=ADESS) 资料自动编集中继系统

automatic data exchange system (=ADX) 自动数据交换系统

automatic data exchanger (=ADX) 自动数据交换机

automatic data interchange system (=ADIS) 自动数字互换系统

automatic data management information system (=ADMIS) 自动化数据管理情报系统

automatic data processing (=ADP 自动数据处理

automatic data processing center (=ADPC) 自动数据处理中心

automatic data-processing equipment (=ADPE) 自动数据处理设备

automatic data processing machine 自动数据处理机

automatic data processing program 自动数据处理程序

automatic data-processing system (=ADPS) 自动数据处理系统

automatic data processing system 自动数据处理系统

automatic data processor 自动数据处理机

automatic data service center (=ADSC) 自动数据服务中心

automatic data-switching center 自动数据交换中心系统

automatic data translator (=ADT) 自动数据转换器

automatic decode system 自动译码系统

automatic defrosting machine 自动除霜机

automatic degausser 自动去磁器

automatic degaussing (=AUTODEG) 自动去磁

automatic degaussing circuit 自动消磁电路

automatic design 自动设计

automatic detection (=AD) 自动探测,自动检波

automatic developing machine 自动冲洗机

automatic dialing unit (=ADU) 自动拨号机,自动拨号装置

automatic dictionary 自动[翻译]词典,自动检索词典

automatic digital calculator (=ADC) 自动数字计算机

automatic digital computer 自动数字计算机

automatic digital encoding system (=ADES) 自动数字编码系统

automatic digital input-output system (=ADIOS) 自动数字输入-输出系统

automatic digital message switching center (=ADMSC) 自动数字信息转换中心

automatic digital network 自动数字网络

automatic digital on-line instrumentation system (=ADONIS) 自动数字数字联机测试系统

automatic digital recording and control (=ADRAC) 自动数字记录与控制

automatic digital tracking analyzer computer (=ADTAC) 自动跟踪数位分析计算机, 自动数字跟踪分析计算机

automatic direction finder(=ADF) 自动定向仪, 自动定向器, 自动测向仪

automatic direction finder, remote controlled (=ADFR) （遥控）自动测向仪

automatic directional stabilizer 自动航向稳定器

automatic dispenser 自动投饵机

automatic display and plotting system (=ADAPS) 自动显示及绘图系统

automatic display call indicator 自动显示呼叫指示器

automatic dividing head 自动分度头, 自动分度器

automatic dog 自动挡铁

automatic door seal (=ADS) 检修门自动密封, 出入口自动密封, 舱门自动密封

automatic dot keyer 自动点键控制器

automatic down feed 自动向下进给, 自动向下

automatic drafting machine 自动制图机

automatic drag 自动传动

automatic drifting balanced circuit 自动漂移平衡电路

automatic drinking bowl 自动饮水器

automatic drive control (=ADC) 传动自动控制

automatic drive engagement (1) 传动系的自动接合, (2) [汽车] 自动变速

automatic driver 自动传动装置, 自动传动机构

automatic dryer 自动干燥机

automatic dump 自动卸料

automatic electric over 自动电热烘箱

automatic electrical ignition 自动电点火

automatic electrode regulator 自动电极调整器

automatic electronic computer 自动电子计算机

automatic eletropneumatic brake 自动电力气动制动器

automatic element 自动化元件

automatic engine lathe 自动普通车床, 自动机力车床

automatic engineering design 自动化工程设计

automatic equalizer 自动均衡器

automatic equipment (=aut eq) 自动装置, 自动设备

automatic error correcting device 自动校误仪

automatic error correction 误差自动修正

automatic error request equipment (1) 自动误差校正装置; (2) 自动误字检查订正装置

automatic exchange 自动交换机, 自动电话交换机

automatic exciting regulator 自动励磁调节器

automatic expansion 自动膨胀

automatic expansion gear 自动膨胀装置

automatic exposure (=AE) 自动曝光

automatic exposure control (=AEC) 自动辐照控制

automatic factory 全自动工厂, 自动化工厂

automatic fast demagnetization (=AFD) 自动快速消磁

automatic fast return 自动快速返回

automatic fault finding and maintenance (=AFM) 自动故障探测和维护

automatic fault isolation (=AFI) 自动故障隔离

automatic fault signaling 自动事故信号装置

automatic-feed (1) 自动送料; (2) 自动走刀; (3) 自动馈电

automatic feed (1) 自动走刀, 自动进刀; (2) 自动送料, 自动进料; (3) 自动进给 [机构]; (4) 自动送卡; (5) 自动馈电

automatic feed punch 自动馈卡打孔机, 自动送卡穿孔机

automatic feed vacuum filler 真空自动灌装机

automatic feed water control (=AFWC) 自动供水控制

automatic feed water regulator 自动给水调节器

automatic feeding mechanism 自动进刀机构, 自动进给机构

automatic feeding type thresher 自动输送脱粒机

automatic fidelity control (=AFC) 自动逼真度控制

automatic fidelity mapper 自动逼真度测绘器

automatic field analog computer (=AFAC) 自动磁场模拟计算机

automatic field mapper 自动场强测绘器

automatic film camera 自动软片摄影机

automatic filter (=AF) 自动滤清器

automatic filtration 自动过滤

automatic fine tuning (=AFT) 自动微调

automatic fire control (=AFC) 自动火力控制

automatic fire control system (=AFCS) 自动发射控制系统

automatic fisher 自动钓鱼机

automatic flap gate 自动活瓣闸门, 自动舌瓣闸门

automatic flasher 自动闪光器

automatic flight control (=AFC) 自动飞行指挥, 自动飞行控制

automatic flight control equipment (=AFCE) 自动飞行控制设备

automatic flight control system (=AFCS) 自动飞行控制系统

automatic flight data processing 自动飞行数据处理

automatic fluid analyzer 液体成分自动分析仪

automatic focusing (=AF) 自动聚焦

automatic folding and thread-sealing machine 自动折页塑料线烫订机

automatic following (=AF) 自动跟踪

automatic following control (=AFC) 自动跟踪控制

automatic forecasting system 自动预报系统

automatic form cutting machine 自动成形切削机床

automatic fraction collector 自动分选机

automatic frequency analyzer 自动频谱分析器

automatic frequency control (=AFC) 自动频率控制, 自动频率微调

automatic frequency control transformer (=AFC transformer) 自动频率调整变压器

automatic frequency tuner (=AFT) 自动频率调谐器

automatic frequency tuning 自动频率调谐

automatic fuel control (=AFC) 自动燃料控制

automatic fuel cutoff (=AFCO) 自动停止输送燃料

automatic fuel distributor 燃料自动分配器

automatic ga(u)ge 自动计量

automatic ga(u)ge control (=AGC) 自动 [钢板锻压] 厚度控制

automatic ga(u)ge controller (=AGC) 自动测量调整装置

automatic gaging machine 自动测量机

automatic-gain control 自动增益控制

automatic gain control (=AGC) 自动增益控制

automatic gain control amplifier 自动增益控制放大器

automatic gain control circuit 自动增益控制电路

automatic gain control repeater 自动增益控制中断器

automatic gain controller 自动增益调整器

automatic gain selection circuit 自动增益选择电路

automatic gain gas analyzer 自动增益气体分析器

automatic gain stabilization (=AGS) 自动增益稳定

automatic gear 自动装置

automatic gear cutting machine 自动切齿机

automatic gear gage 自动齿轮监测仪

automatic gear hobber 自动滚齿机

automatic gear shifting 自动变速

automatic generating plant 自动发电装置

automatic generator 自动发生器, 自动控制发电机

automatic grab 自动抓岩机

automatic graph plotter 自动绘图仪

automatic grinder 自动磨床

automatic grinding 自动磨削

automatic grinding machine 自动磨床

automatic ground controlled approach (=AGCA) 地面控制自动进场, 自动引导进场

automatic ground controlled landing (=AGCL) 自动引导着陆

automatic ground equipment (=AGE) 自动地面设备

automatic ground-to-air communication system (=AGACS) 地对空自动通信系统

automatic grouter 自动灌浆机

automatic gyropilot 自动陀螺驾驶仪

automatic gun changer 自动装弹机

automatic half-hose machine 自动短袜机

automatic handliner 自动手钓机

automatic handliner-troller 自动手钓曳绳钓机

automatic hardness tester 自动硬度计

automatic head changing modular machine tools 自动换箱组合机床

automatic high speed lathe 自动高速车床

automatic high-voltage safety switch 高压自动保险开关

automatic hobber 自动滚齿机

automatic hobbing machine　自动滚齿机
automatic humidity controller　自动适度调节器
automatic hydroelectric station　自动化水力发电厂
automatic ignition　自动点火，自动着火
automatic ignitor　自动点火器
automatic indexing　(1)自动分度，(2)自动分度法
automatic indexing equipment　自动分度装置
automatic indexing machine　自动分度机
automatic indicator　自动指示器
automatic induction voltage regulator　自动反应电压调整器
automatic information retrieval system (=AIRS)　自动信息恢复系统
automatic information test (=AIT)　自动信息试验
automatic input (=AI)　自动输入
automatic inserting machine　自动零件安装器，自动输入
automatic inspection　自动检查
automatic instrument landing approach system (=AILAS)　自动仪表着陆进场系统
automatic instrument landing system (=AILS)　自动仪表着陆系统
automatic interplanetary station (=AIS)　自动行星际站
automatic interrupter　自动断续机，自动开关
automatic iris control　自动光阑控制
automatic jointer　自动小前犁
automatic jolt draw moulding machine　自动起模震实式造型机
automatic jolt squeeze draw moulding machine　自动起模震压式造型机
automatic knee-and-column type milling machine　自动升降台式铣床
automatic knotter　自动打结机
automatic labeling machine　自动贴商标机
automatic landing　自动着陆，自动降落
automatic landing recorder　自动降落记录仪
automatic landing system (=ALS)　(1)自动着陆装置；(2)自动着陆系统
automatic lapping machine　自动研磨机
automatic lathe　自动车床
automatic level compensation　自动位准补偿
automatic level control (=ALC)　(1)自动位准调整，(2)自动电平控制，(3)自动控制水平装置
automatic level controller　自动位准控制器
automatic level recorder　自动位准记录器
automatic light compensation (=ALC)　自动辉光校正，自动光补偿
automatic light control (=ALC)　自动光亮调整
automatic line　自动线
automatic line finder　自动寻线机
automatic line selection　自动送行
automatic line switching　线路自动转换
automatic listening　自动听话
automatic livestock waterer　家畜自动饮水机
automatic load balancing device (=ALBD)　荷载自动平衡装置
automatic load control (=ALC)　自动负载控制，自动荷载控制
automatic load regulate　自动荷载调节
automatic load regulator (=ALR)　自动负载调节器
automatic load sustaining brake　棘轮制动器
automatic loader　自动上料装置
automatic local frequency control (=ALFC)　自动本机频率控制
automatic lock-on　自动跟踪
automatic logic diagram　[计算机]自动[绘制的]逻辑图
automatic lubrication　自动润滑[法]
automatic lubrication installation　自动润滑装置
automatic lubrication pump　自动润滑泵
automatic lubricator　自动润滑器
automatic machine　(1)自动机床，(2)自动机械，自动机；(3)自动装置
automatic machine control　自动机床操纵
automatic machine tools　自动机床
automatic magazine camera　自动装片摄影机
automatic magazine loader　自动储片进料装置
automatic magnetic clutch　自动电磁离合器
automatic magnetic guidance (=AMG)　自动磁性制导
automatic-manual　自动-手动的，自动-人工的，半自动的
automatic marker light　自动标识灯
automatic master switching　自动主控制开关
automatic mathematical translator　自动数学翻译机
automatic measurer　自动测量器
automatic measuring device　自动检测装置

automatic measurement technology　自动检测技术
automatic message accounting (=AMA)　自动通话[次数]计算
automatic message handling system (=AMHS)　自动处理电报装置
automatic message switching　自动信息交换，自动板文交换
automatic micrometer　自动测微计
automatic miller　自动铣床
automatic milling machine　自动铣床
automatic mixture control (=AMC)　自动混合控制
automatic modulation control　自动调变控制
automatic mold roll-over unit　自动翻箱机
automatic monitoring　自动监控
automatic monitoring system　自动监控系统
automatic mold　自动塑模
automatic moving-target indicator (=AMTI)　活动目标自动显示器
automatic multi-spindle chucking machine　卡盘多轴自动车床
automatic multifrequency ionospheric recorder　自动多频电离层记录器
automatic multiple die press　多工位自动压床
automatic noise canceller　自动消杂电路
automatic noise control　自动杂音控制
automatic noise limiter (=ANL)　自动杂音限制器，自动噪声限制器
automatic noise suppression　自动杂音消除
automatic noise suppressor (=ANS)　自动噪声抑制器
automatic numbering transmitter　自动编号发射机
automatic observer　自动观测仪，自动记录器
automatic oil switch　自动油开关
automatic oil temperature regulator　自动油温调节器
automatic oiling　自动加油法
automatic open-loop control　开环自动控制
automatic operating and scheduling program (=AOSP)　自动操作和调度程序
automatic operating system　自动操作系统
automatic operation　(1)自动操作，(2)自动运算
automatic operation system (=AUTOPSY)　(1)自动操作系统，自动作业系统，(2)自动运算系统
automatic operations panel (=AOP)　自动操作仪表板
automatic output control (=AOC)　自动输出功率控制
automatic overload control (=AOC)　自动超载控制
automatic overload unit　自动超载控制
automatic packaging unit　自动包装机
automatic parabomb　自动开伞空投器
automatic particle counter　自动粒子计数器
automatic particle size analyzer (=APSA)　自动粒度分析器
automatic peak limiter　自动限幅器
automatic phase comparison circuit　自动相位比较电路
automatic phase control (=APC)　自动相位调整
automatic phase control circuit　自动相位控制电路定相法
automatic phase control loop (=APC loop)　自动相位控制回路
automatic phase control system (=APC system)　自动相位控制系统
automatic phase shifter (=APS)　自动移相器
automatic phase synchronization (=APS)　自动相位同步
automatic phasing method　自动定相法，自动相位同步法
automatic photometer　自动光度计
automatic picture display　自动图像显示
automatic picture transmission (=APT)　自动图像传送，自动图像传输
automatic picture transmission subsystem (=APTS)　自动图像传送子系统，自动图像传输子系统
automatic pig feeding plant　自动喂猪装置
automatic pilot　自动驾驶
automatic pipet　自动吸管
automatic pipette　自动吸管
automatic plant　自动工厂
automatic plotting　自动描绘
automatic plug mill process　自动轧管法
automatic position control　自动位置控制
automatic position plotter　自动位置标绘器
automatic positioning　自动定位
automatic positioning equipment　自动定位装置
automatic positioning of telemetering antenna (=APOTA)　遥测天线的自动定位
automatic power measuring machine　自动称粉机
automatic power control (=APC)　(1)自动功率控制，(2)自动功率调整，自动功率调节
automatic power factor regulator　自动功率[因数]调整器

automatic power input control　自动功率输入控制
automatic power-input controller (=APIC)　自动功率输入控制器
automatic power plant　自动[发]电厂
automatic power station　自动发电站
automatic press　自动压力机，自动印刷机
automatic pressure controller　自动压力调节器
automatic pressure reducing valve　自动减压阀
automatic printing machine　自动印刷机
automatic process controller　过程自动控制器
automatic production　自动化生产
automatic production line(s)　自动[化]生产线
automatic production recording system (=APRS)　自动化生产记录系统
automatic program control (=APC)　自动程序控制
automatic program unit (=APU)　自动高速程序设计器
automatic program units high-speed (=APUHS)　自动高速程序设计器
automatic program units low-speed (=APULS)　自动低速程序设计器
automatic programed checkout equipment (=APChE)　自动程序测试设备
automatic programmed check-out equipment　自动程序检查设备
automatic programmed tools (=APT)　刀具控制程序自动编制系统，APT 系统
automatic programmer　自动化程序设计器
automatic programmer & analyser of probabilities　信息概率自动程序设计器和分析器
automatic programming (=AP)　(1)自动化程序设计；(2)程序自动化；(3)自动程序编制
automatic programming and test system (=APATS)　自动程序设计和试验系统
automatic programming information center (=APIC)　自动程序设计情报中心
automatic programming language　自动程序设计语言
automatic programming of lathe　车床的自动程序设计
automatic programming of machine-tools　机床的自动程序设计
automatic programming tool (=APT)　刀具机的控制程序，APT 语言
automatic protection　自动保护
automatic pump　自动水泵
automatic punch　(1)自动穿孔，(2)自动穿孔机
automatic puncher　自动穿孔机，自动化冲床
automatic puncher machine　自动穿孔机
automatic punching machine　自动穿孔机，自动化冲床
automatic purse seine puler　自动围网起网机
automatic push-button control lift　按钮自动控制电梯
automatic radio compass　自动无线电测向仪
automatic radiometeograph　自记无线电气象仪
automatic ram pile driver　自动锤击打桩机
automatic range finder　自动测距仪
automatic range only (=ARO)　自动测距仪
automatic range only radar　自动测距雷达
automatic range selector　自动量程选择器
automatic range tracking (=ART)　自动距离跟踪
automatic range tracking unit (=ARTU)　自动[距离]跟踪装置
automatic range unit (=ARU)　自动跟踪装置，自动测距装置
automatic reading machine　自动读出器
automatic receptor　自动接收机
automatic recloser　自动重接器
automatic reclosing (=AUTO RECL)　(1)自动重合闸；(2)自动再次接通，自动重新闭合
automatic record changer　自动换片器
automatic recorder　自动记录器
automatic recoding　自动记录
automatic recording and telemetrying buoy　自记遥测浮标
automatic recording instrument　自动记录仪
automatic regulating apparatus　自动调整装置
automatic regulating system　自动调节系统
automatic regulation　自动调整
automatic regulator　自动调整器，自动调节器
automatic-relay station　自动中继站
automatic remote control　自动遥控
automatic reperforator　自动复凿机
automatic reporting　数据自动传送
automatic request for repetition　自动要求重复
automatic reset　自动复位
automatic reset contact　自动复置接触

automatic reset relay　自动回复继电器
automatic resolution control circuit　自动清晰度控制电路，自动陷波电路
automatic responser　自动响应器
automatic retoucher　自动修版器
automatic retransmitter　自动转发机
automatic reverse　自动换向
automatic reversing　自动换向
automatic revolving table　自动回转工作台
automatic rifle　自动步枪
automatic rod magazine　自动送料杆
automatic routing　自动路径选择
automatic runback device　自[动]复位装置
automatic safety belt release　安全带自动解脱器
automatic sampler　自动取样器
automatic sampler-counter　自动取样计数器
automatic sampling　自动取样
automatic sampling device　自动取样装置
automatic scaler　自动定标器
automatic scan　自动扫描
automatic scanning receiver　自动扫描接收机
automatic scraper　(1)自动刨面器；(2)自动刮刀
automatic screen printing machine　自动绢网印花机
automatic screw machine　自动螺丝车床，自动螺纹车床，自动切丝机
automatic screwing machine　自动螺纹机床，自动切丝机
automatic segregator　自动分离器
automatic selecting machine　自动拣选机
automatic selection　自动选择
automatic selective overdrive　自动选速传动[系统]
automatic selectivity control (=ASC)　自动选择性控制
automatic self-verification (=ASV)　自动核对
automatic sender (=aut send)　自动发送器
automatic sending (=aut send)　自动发送
automatic sensibility control (=ASC)　自动灵敏度控制
automatic sensitivity adjustment unit　自动灵敏度调整装置
automatic sequence　自动序列
automatic sequence-controlled calculator (=ASCC)　自动程序控制计算机
automatic servo plotter (=ASP)　自动伺服制图机
automatic sextant　自动六分仪
automatic shift　自动换档
automatic ship　自动化船
automatic shut-off circuit　自动闭锁电路
automatic shut-down　自动停止
automatic shuttle valve (=ASV)　自动关闭阀
automatic signal (=aut sign)　自动信号
automatic signalling (=aut sign)　自动信号发送
automatic silk reeling machine　自动卷丝机
automatic siphon　自动虹吸管
automatic size control　尺寸自动控制，尺寸自动检验
automatic sizing　自动[尺寸]测量，自动监控自动测尺寸，自动定尺寸
automatic sizing device　自动定程装置，自动尺寸监控装置，自动测尺寸装货子，自动定尺寸装置
automatic-sizing grinder　自动校准磨床
automatic slack adjuster　自动间隙调整器，自动松紧调整器
automatic snow gage　自动量雪计
automatic sorter　自动分类机
automatic sorting machine　自动分类机
automatic sorting, testing, recording analysis (=ASTRA)　自动分类、试验和记录分析
automatic spacing table　自动定距钻孔台
automatic spark extinguisher　自动灭火花机
automatic spectrometer　自动光谱仪
automatic speed changing　自动变速
automatic speed control　速度自动控制
automatic speed governor　自动调速器
automatic speed regulation　自动调速
automatic sprinkler (=AS)　自动喷灌机，自动洒水器
automatic sprinkler riser (=ASR)　自动洒水器升液管
automatic stabilization equipment (=ASE)　自动稳定装置
automatic standard magnetic observatory (=ASMO)　自动标准地磁观测台
automatic standard magnetic observatory-remote (=ASMOR)　自动标准地磁遥测台

automatic start   自动起动
automatic starter (=ASt)   自动起动器
automatic starting   自动起动
automatic station   自控发电站
automatic steam-temperature control (=ASTC)   自动蒸汽温度控制
automatic steel   易切 [削] 钢, 高速加工钢, 自动机用钢
automatic stellar tracking, recognition and orientation computer (=ASTROC)   天体自动跟踪、辩认和定位计算机
automatic stern trawl winch   自动尾拖起网机
automatic stop   (1) 自动停止, (2) 自动停止装置, 自动限位器
automatic stop and check valve (=AUTOS&CV)   自动截止止回阀
automatic stop arrangement   自停装置
automatic stop valve   自动断流阀, 自动停汽阀, 自动停止阀
automatic stopping   自动停止
automatic stopping device   自动停止装置, 自动止动装置
automatic stroke adjuster   自动冲程调整器, 自动行程调整器
automatic submerged arc welding   自动埋弧焊
automatic substation   自动变电站
automatic switch   (1) 自动开关; (2) 自动转化器
automatic synchronization   自动同步
automatic synchronized discriminator (=ASD)   自动同步鉴别器
automatic synchronizer (=AS)   自动同步器, 自动同步机, 自动同步装置
automatic synchronizing device (=ASD)   自动同步装置
automatic system   自动系统
automatic system for positioning tools (=AUTOSOT)   刀具自动定位系统
automatic tamping   自动压型
automatic tape transmitter   自动穿带机, 自动读带机
automatic tappet adjuster   挺杆自动调整器
automatic tapping   自动攻丝
automatic tapping machine   自动攻丝机
automatic telegraph   自动电报机
automatic telegraph transmitter   自动电报发送器
automatic telephone   自动电话
Automatic Telephone Manufacturing Company (=A.T.M.C)   自动电话制造公司
automatic telephone room   自动 [电话] 室
automatic telephone set (=ATS)   自动电话机
automatic telephone system   自动电话制
automatic telephone trunk network   长途自动电话网
automatic telephony   自动电话 [学]
automatic teleswitch   自动远动开关
automatic TV tracking system   自动电视跟踪系统
automatic temperature control (=ATC)   自动温度控制
automatic temperature controller   自动温度控制器
automatic tension balancer   自动张力调整装置
automatic tension control   自动张力控制
automatic tension winch   自动调缆绞车
automatic terminal information service (=ATIS)   自动终端信息业务
automatic terrain avoidance system (=ATAS)   绝对高度自动控制仪
automatic terrain recognition and navigation (=ATRAN)   自动地图匹配导航
automatic test equipment   自动测试设备
automatic thermostat   自动恒温器
automatic three-axis stabilization (=ATAS)   自动三轴稳定
automatic three dimensional electronic scanned array (=ATHESA)   自动三元电子扫描列阵
automatic three-knife trimmer   自动三面刀切书机
automatic thresher   自动脱粒机
automatic throttle   自动节流阀
automatic tide ga(u)ge   自记潮位计, 自己验潮仪
automatic time element compensator (=AMTEC)   自动延时补偿器
automatic time switch   自动定时开关
automatic timed magneto   自动定时磁电机
automatic timing corrector (=ATC)   自动时间校正器
automatic tire pump   自动气泵
automatic titrator   自动滴定器
automatic toll dialing   长途全自动拨号
automatic tone correction (=ATC)   自动音调整
automatic tool changer (=ATC)   (1) 刀锯自动转位装置, (2) 自动换刀装置
automatic tool changing modular machine   自动换刀组合机床
automatic tool lifter   自动抬刀装置
automatic tool retracting unit   自动退刀装置

automatic-track-following   自动径迹跟踪
automatic track while scanning (=ATWS)   扫描时自动跟踪
automatic tracking   自动跟踪
automatic tracking antenna   自动跟踪天线
automatic tracking radar   自动跟踪雷达
automatic tracking system   自动跟踪系统
automatic tracking telemetry receiving antenna (=ATTRA)   自动跟踪遥测接收天线
automatic traffic computer   自动交通管理计算机
automatic traffic control (=ATC)   自动交通控制
automatic train control system   自动序列控制系统
automatic transfer equipment   自动切换设备
automatic translation   自动翻译
automatic translator   自动翻译机
automatic transmission   (1) 自动变速器, 自动变速装置, (2) 自动换档, (3) 自动输送
automatic transmission control system   自动变速器控制系统
automatic transmission fluid (=ATF)   自动变速箱用油
automatic transmission regulator   自动传输调整器
automatic transmission test and control equipment (=ATTC)   自动传输试验和控制设备
automatic transmitter (=AT 或 aut tr)   自动发报机
automatic traverse computer   自动偏移计算机
automatic trip   自动跳闸
automatic trouble diagnosis   自动故障诊断
automatic trouble-locating arrangement   故障自动探测装置
automatic truck call   自动中继呼叫
automatic tuning   自动调谐
automatic tuning control (=ATC)   自动调谐控制
automatic tuning system (=ATS)   自动调谐系统
automatic turret lathe (=ATL)   自动转塔式六角车床, 自动六角车床
automatic-type belt tensioning device   皮带自动张紧机构
automatic typesetting machine   自动排字机
automatic typewriter   自动打字机
automatic valve   自动阀
automatic voltage control   自动电压控制器
automatic voltage regulation (=AVR)   自动电压调整, 自动稳压
automatic voltage regulator (=AVR)   自动电压调整器, 自动电压调节器
automatic volume control (=AVC)   (1) 自动音量控制; (2) 自动容积控制
automatic volume controller   自动音量控制器
automatic volume expansion (=AVE)   自动音量扩展
automatic washing valve (=AWV)   自动洗涤阀
automatic water-stage recording station   自记水位站
automatic weapons (=AW)   自动武器
automatic weather station   自动气象站
automatic weigher   自动秤
automatic weighing   自动过秤
automatic weighing machine   自动秤
automatic welder   自动电焊机
automatic welding (=AW)   自动焊接, 自动熔接
automatic welding machine   自动焊接机
automatic wheel truer   自动砂轮修整器
automatic wheel-truing device   自动砂轮修整器
automatic window   自动开闭玻璃窗
automatic work cycle   工作自动循环, 自动工作循环
automatic working   自动加工
automatic zero set (=AZS)   自动调零
automatical   自动操作的, 自动作用的, 自动化的
automatically   机械地, 自动地, 自然地, (2) 本身
automatically operated inlet valve (=AOIV)   自动操作进给阀
automatically operated valve (=APV)   自动阀
automatically programmed tools   自动程序规划刀具系统, 刀具控制程序自动编制系统
automatically recording magnetic balance   自动记录磁天平
automaticity   (1) 自动化程序; (2) 自动性; (3) 无意识性; (4) 灵巧度
automatics   (1) 自动化理论, 自动学; (2) 自动机 [械], 自动车床; (3) 自动装置
automation   (1) 自动 [化]; (2) 自动机械, 自动机, 自动器; (3) 自动装置; (4) 自动操作; (5) 自动学
automation center   自动化中心
automation design   自动设计 (在设计上应用电子计算机的方法)
automation line   自动线
automation of blast furnace   高炉自动化

81

automation of rolling　轧钢自动化
automation press line　冲压自动线
automation process　自动化过程
automatism　(1)自动作用；(2)自动性；(3)自动行为；(4)人体机械论；(5)自动症
automatist　(1)自动论者；(2)自动器
automatization　自动化
automatize　使……自动化
automatograph　(1)自动性运动描记器；(2)点火检查示波器；(3)自动记录器
automaton　(1)自动体；(2)自动机，自动装置，自动控制装置；(3)机械动作的人；(4)自动症患者
automatous　自动的
automechanism　自动机械，自动机械装置
autometamorphism　自变质作用
autometer　汽车速度表，汽车速度计
automicro densitometer　自动测微密度计
automicrometer　自动千分尺
automnesia　自动记忆，自发记忆
automobile　(1)机动车，自动车，汽车，(2)发动机，机器，车辆；(3)汽车的，自动的；(4)乘座汽车，驾驶汽车
automobile and tractor compound oil　汽车拖拉机齿轮油
automobile association (=AA)　汽车协会
automobile body sheet　汽车车身薄钢板
automobile chassis　汽车底盘
automobile clutch bearing　汽车离合器轴承
automobile crane　汽车吊
automobile differential　汽车差速器
automobile differential gear　汽车差速齿轮
automobile elevator　汽车升降机
automobile engine　自动车发动机，汽车发动机
automobile leaf-spring　汽车钢板
automobile manufacturers association (=AMA)　汽车制造商协会
automobile oil　车用润滑油
automobile propeller shaft bearing　汽车万向节轴承
automobiliana　汽车品种的汇率
automobilism　(1)开汽车；(2)[各种汽车、机动车辆的]使用
automobilist　使用汽车的人
automobility　(1)汽车的用途；(2)用汽车运输的条件，用汽车运输的能力
automodulation　自调制
automoment　自[相关]矩
automonitor　(1)自动程序监控器，自动监察器，自动监视器；(2)自动监测器；(3)自动监视程序；(4)自动记录器
automonitor routine　(1)自动监察器，(2)自动监督程序
automorphic　自同构的，自守的，自形的
automorphic function　自守函数，有守函数
automorphic granular　自形粒状
automorphism　自同构
automorphous　(晶)自形的，整形的
automotive　(1)机动[车]的，自动[推进]的，自动机的，汽车的，自放的；(2)机动车，自动车(汽车、拖拉机、推土机、挖掘机等)
automotive alternator　机动车交流发电机
automotive bearing　汽车轴承，机动车轴承
automotive brake　汽车制动器
automotive diesel oil (=ADO)　内燃机油
automotive differential　汽车差速器，机动车差速器
automotive-differential straight bevel gear　汽车差速器直齿锥齿轮，机动车差速直齿锥齿轮
automotive drive unit　汽车传动装置，机动车传动装置
automotive effect　自放效应
automotive electric association (=AEA)　汽车电器协会
automotive engine　机动车发电机
automotive engineering　(1)汽车工程，机动车工程，(2)机动车技术
automotive frame　机动车车架，汽车大梁
automotive gearing　汽车齿轮装置，机动车齿轮装置
automotive gears　汽车齿轮[装置]，机动车齿轮[装置]
automotive industry　机动车制造业，汽车制造业，汽车工业
automotive supplies　汽车备件，汽车器械
automotive tooth(ed) gear　汽车齿轮，机动车齿轮
automotive truck　载重汽车，运货汽车，卡车
automotive transmission　(1)汽车变速器，机动车变速器；(2)汽车传动装置，机动车传动装置
automotive type　汽车车型

automotive type steering　汽车式转向机构
automotoneer　[电车]手轮限位装置
automugenicity　自发突变性
autonavigator　(1)自动导航仪，自动领航仪；(2)自动定位器
autonetics　自动导航学
autonomics　自调系统程序控制研究
autonomous　自律式的，自身式的，自备的，自给的，自激的，自主的，自发的
autonomous channel　独立通道，自主通道
autonomous circuit　自激电路
autonomous information handling　自控的信息处理
autonomous sequential circuit　自激时序电路
autonomous working　独立工作，自主工作，孤立工作
autonomously　自主地
autonumelogy　汽车牌收集
autonumerologist　汽车牌收集者
autonymous　自名的
autooscillation　自振荡
autooxidation　自氧化作用，自动氧化，自然氧化，自行氧化
autopatiching　自动插接，自动修补
autopatrol　(1)自动巡逻；(2)汽车巡逻
autopatrol grader　自动巡路平地机
autoped　双轮机动车
autophasing　自动稳相
autophasing accelerator　自动稳相加速器
autophonia　自声强听，自声过强
autophony　自声强听，自声过强
autophotoelectric effect　自生光电效应
autopia　汽车专用区
autopiler　自动编译程序
autopiling　自动传送
autopilot (=A/P)　(1)自动加速仪；(2)自动操舵装置，自动驾驶装置，自动驾驶仪；(3)自动导航装置，自动舵
autopilot capsule (=A/PC)　自动驾驶仪舱
autopilot control unit (=A/P CTL)　自动驾驶仪控制装置
autopilot coupler　自动驾驶耦合器
autopilot gain　自动驾驶仪传动比
autopilot-navigator　自动驾驶领航仪
autopilot positioning indicator (=A/P POI)　自动驾驶仪上的指示器
autopista　高速公路
autoplane　(1)自动[操纵]飞机；(2)有翼汽车
autoplotter　自动绘图机
autoplugger　(1)自动充填器；(2)自动锤
autopneumatolysis　自气化作用
autopolarity　自动极性变换
autopolling　终端设备自动定时询问，自动轮询
autopore　大管[孔]
autoprecipitation　自动沉淀析出，自沉淀[作用]
autopressuregram　加压反应产生的自射线照相[片]
autoprotolysis　质子自迁移作用，质子自递作用，自质子分解
autopsyche　自我意识，自觉
autoptic(al)　以实地检查为依据的，检查的
autopulse　(1)独立驱动的油泵；(2)振动式电压调节器；(3)自动脉冲，自动脉动
autoput　高速公路
autoradar　自动跟踪雷达
autoradar plot　雷达标图板
autoradiogram　(1)收音电唱两用机；(2)自动射线照像，自动射线摄影，放射自显影
autoradiograph　(1)自动无线电报；(2)自动射线照像，自动X光照相，自动射线摄影；(3)射线自显影，放射自显影；(4)放射自显影照片
autoradiographed　自动射线照相过的
autoradiographic　放射性自身照相的，射线自身照相的，放射自显影的，自动射线的
autoradiography　自动X光照像术，射线自显影术
autoradiolysis　自辐射分解
autoradiomicrography　自动放射显影照相术
autorail (=autorailer)　铁路公路两用车，铁路汽车
autoraise　自动升起，自动升高
autoranging　自变换量程
autorecorder　自动记录器
autoreduction　自动还原
autoreduplication　自重复
autorefrigeration　自[动制]冷作用

autoregistration　自动登记，自动读数，自动对准
autoregression　自回归的
autoregressive source　自［回］归信号源
autoregulation　(1)自我调整，自体调节；(2)自动调节
autoreversive　自动倒车的，自动换向的
autorich mixture　自动富化燃料混合物
autorotate　自转，自旋
autorotation　自动转，自转
Autosampler　(1)自动纤维长度试验仪；(2)自动取样机
autoscintigraph　闪烁自显影
autoscintigraph　闪烁自显影法
Autoscooter　坐式［双轮］摩托车
autoscope　(检查发动机点火系统故障用)点火检查示波器，自检器
autoscopy　自体检查
autoscutch　自动开幅机
autoselector　自动选择器，自动选速器
autosensibilization　自敏化
autosensitization　自体致敏［作用］，自动增感，自身敏感
auutoset level　自动安平水准仪
Autosevcom　自动安全音频通信网
autoshaver　自动刨板机
autosizing　(1)自动尺寸监控；(2)自动测尺寸，自动定尺寸，自动测定
　　大小；(3)自动上胶
autoslat　自动前缘缝翼
autosled　(1)一种有四个可伸缩滚轮和轮子的运输车辆；(2)机动撬
autosledage　自卸式拖运器
autoslot　自动缝隙，自动翼缝
autospining　自动旋转
autospotter　着弹自报机
autospray　自喷器
autostability　自［动］稳定性
autostabilization　自动稳定［过程］
autostabilizer　自动稳定装置，自动稳定器
autostabilizer unit　自稳装置
autostairs　自动梯，活动梯
autostarter　(1)自耦变压器式起动器，自动起动器，单卷起动器；(2)
　　自动发射架，自动发射装置
autosteerer　自动转向装置
autostereoscopic screen　自动立体荧光屏
autosterilization　自灭作用
autostop　(1)自动停止器，自动停止装置；(2)自动停机，自动停车
autostopper　(1)轻型气腿风动凿岩机；(2)自［动］停［止］装置，自
　　动停止器，自动止动器，自动制动器
autostrip　(1)自动剥落；(2)自动拆卸
autostylic　自接的，全接的
autostyly　自接型，全接型
autosuggestibility　可自我暗示性
autosuggestion　自我暗示
autoswitch　自动开关
autosyn　(1)自动同步机，自同步器，自动整步器，交流同步器；(2)自
　　动同步的伺服电动机，远距传动器；(3)自整角机；(4)自动同步的
autosyn repeater　自动同步重发器
autosyn system　自动同步系统
autosynchronous　自［动］同步的
autosynchronous motor　自动同步电动机
autosynchronous network　自［动］同步网络
autotelegraph　(1)电写；(2)书画电传机，电传真机
autotest　(1)自动测试；(2)自动检测程序
autothermic　热自动［补偿］的，自供热的
autothermic cracking　热自动补偿的，自供热的
autothermic piston　热自动补偿活塞
autothermoregulator　自动温度调节器
autothreading　自动引带
autothrottle　自动节流活门，自动油门
autotilly　自分
autotimer　自动定时器，自动计时器
autotitrator　自动滴定器
autotrace　电气 - 液压靠模仿形铣床
autotrack　(1)(美)卡车；(2)自动跟踪
autotracker　自动跟踪装置
autotrain　汽车列车
autotransductor　(1)自饱和电抗器；(2)自耦磁［极］放大器
autotransformer　自耦变压器，单卷变压器
autotransmitter　自动传送机，自动发报机

autotrembler　自动断续器，自动振动器
autotrigger　自动触发器
autotruck　运货汽车，卡车
autotune　自动调谐，自动统调
autotype　(1)图模标本；(2)用感光性树脂代替明胶的制版法
autotypy　(1)复制；(2)复现
autovac　(1)真空供油装置；(2)真空箱，真空罐
autovalve　(1)阀式放电器；(2)自动活门，自动阀
autovariance　自方差
autoverify　自动检验，自动核实
autovoltmeter　自动电压表
autovon (=automatic voice network)　自动电话网
autovulcanization　自动硫化
autovulcanize　自动硫化
autowarehouse　自动化仓库
autoweighing　自动计量
autoworker　汽车厂工人
autoxidation (=auto-oxidation)　自动氧化，自身氧化
autoxidator　自动氧化剂
autrometer　自动多元素摄谱仪
autur　燃气轮机燃料
auxilian　辅助人员
auxiliary (=A)　(1)辅助［性］的，补助的，补充的，从属的，附属的，
　　附加的，备用的，次要的，副的；(2)辅助设备，附属设备，精整设备，
　　辅助装置；(3)附件，辅件；(4)辅助性发动机，辅机；(5)辅助性船只，
　　机帆船；(6)辅助人员，附属人员
auxiliary air　补给空气，二次空气，辅助空气
auxiliary air reservoir　辅储气筒
auxiliary angle　辅助角
auxiliary apparatus　辅助设备
auxiliary appliance　(1)辅助用具；(2)辅助装置
auxiliary attachment　附件
auxiliary axis　辅助轴线
auxiliary boards　厂用配电盘
auxiliary boiler　辅助锅炉
auxiliary booster　助推器
auxiliary brake　辅助制动器，副制动器
auxiliary breaker normally open　辅助断路器正常断开
auxiliary bus-bar　备用母线
auxiliary bus bar　辅助母线
auxiliary check point (=ACP)　辅助检测点
auxiliary circle　辅助圆，参考圆
auxiliary circuit　辅助电路
auxiliary condition　附加条件
auxiliary cone　辅助圆锥
auxiliary connecting rod　副连杆
auxiliary console (=AC)　辅助控制台
auxiliary contact　辅助触点
auxiliary control panel (=ACP)　辅助控制仪表板
auxiliary current transformer (=Au CT)　辅助电流互感器，辅助变
　　流器
auxiliary cylinder　辅助油缸
auxiliary data annotation set (=ADAS)　辅助数据解读装置
auxiliary diagram　附图
auxiliary diesel engine　辅助柴油发动机
auxiliary diesel engine driven alternator sets　辅助柴油发动机驱动
　　的交流发电机［机］组
auxiliary drive　辅助传动机构，辅助传动装置
auxiliary electrode　辅助电极，副电极
auxiliary encoder system (=AES)　辅助编码器系统
auxiliary engine (=AE)　辅［助发动］机，备用发动机
auxiliary equipment　(1)辅助设备，附加设备，外部设备，外围设备；(2)
　　辅助装置，附属装置
auxiliary facility　辅助装置，附属装置
auxiliary factor　辅助因数
auxiliary feeder　辅助馈［电］线，副馈［电］线
auxiliary floating dock (=AFD)　辅助浮船坞
auxiliary force　辅助力，附加力
auxiliary gear box　辅助变速器，副变速器
auxiliary generating plant (=AGP)　辅助发电设备
auxiliary generator set　辅助发电机组
auxiliary governor　辅助调速机
auxiliary graph　附图
auxiliary hydraulic power supply (=AHPS)　辅助水力供应

auxiliary jet pod 辅助喷气发动机吊舱
auxiliary lighting 辅助照明
auxiliary line 辅助线
auxiliary machine 备用机器,辅[助]机
auxiliary machinery 辅助机械,辅机
auxiliary measuring instrument 辅助测量器具
auxiliary mechanism 辅助机构,辅助装置
auxiliary messenger wire 辅助挂索
auxiliary milling spindle 铣床副轴
auxiliary motion 辅助运动
auxiliary motor 辅助电动机
auxiliary point 辅助点
auxiliary power breaker (=APB) 辅助电源断路器
auxiliary power station (1)备用发电厂;(2)辅助发电站,备用发电站
auxiliary power supply 自备供电设备
auxiliary power unit (=APU) 辅助动力装置,辅助电源设备
auxiliary projection 辅助视图
auxiliary propulsion 辅助驱动[机构],附加驱动[机构]
auxiliary pump 辅助泵
auxiliary pump drive assembly (=APDA) 辅助泵传动机组
auxiliary rack 辅助横移
auxiliary rack pawl (1)辅助棘爪;(2)(织机)辅助撑板,辅助帮撑
auxiliary reference face 辅助基准定位面
auxiliary rod 辅助杆
auxiliary seal (轴承)副唇
auxiliary service 附属服务设备
auxiliary shaft 副轴
auxiliary slide 辅助滑板
auxiliary sound carrier unit 伴音载波设备
auxiliary stand 辅助支架
auxiliary station 辅助工位
auxiliary stair 便梯
auxiliary storage 辅助存储器,后备存储器
auxiliary submarine 辅助潜艇
auxiliary substation 备用变电所
auxiliary surface 辅助面
auxiliary switch 辅助开关
auxiliary switch normally closed (=ASC) 常闭型辅助开关,辅助开关正常关闭
auxiliary switch normally open (=ASO) 常开型辅助开关,辅助开关正常断开
auxiliary test unit (=ATU) 辅助测试装置
auxiliary transmission 副变速器,副传动装置
auxiliary turbopump assembly (=ATPA) 辅助涡轮泵机组
auxiliary value 修正系数,校正系数
auxiliary valve 辅助阀
auxiliary view 辅助视图
auxiliary voltage controller (=AVC) 辅助电压控制器
auxiliary winding (=AW) (1)辅助绕组;(2)辅助绕法
auxiliometer (1)透镜放大率计,透镜放大计,廓度计;(2)测力计,测功计
auxilium 救护车
auxilytic 促溶解的
auxinotron 辅助加速器,强流电子回旋加速器
auxiometer (1)透镜放大率计,透镜放大计,廓度计;(2)测力计,测功计
auxo- (词头)促进,增加,加速
auxo-action 促进作用,加速作用
auxoflore 助荧光物
auxoflorence 荧光增强
auxoflur 助荧光物
auxograph (1)生长记录器;(20 体积变化记录器)
auxometer 放大率计
avail 有效于,有利于,有助于,有用,有效,帮助
availability (1)有效工作时间,工作效率,可资用性,可利用性,[有效]利用率,利用度,有效性,可用性;(2)可用能,可获量,可达性,存在,具备;(3)有效,有益
availability energy 有效能
availability factor (=AVF) 有效利用系数,效率资用因素,使用效率,利用因素,利用率
availability system 系统利用率,有效工作系统
available (=aval) (1)可利用的,合用的,适用的,适合的;(2)资用的,有用的,有效的;(3)可获得的,可达到的,现存的,存在的,实际的
available accuracy 有效精度

available but not installed (=abni) 可以买到但尚未安装
available capacity 有效功率
available chlorine 有效氯
available draft 可用通风压头
available electron 资用电子
available energy 可利用能,有效能[量],可用能,有用能,资用能
available factor 可利用系数,可用因数,可用因子
available for reassignment (=AVFR) 可供再分配
available head 可用压头,可用落差,有效落差,有效压头
available horse power 有效马力
available H.P 有效马力 (H.P.=horse power 马力)
available life 有效寿命
available line 有效扫描线长度,有效长度
available machine 可以使用的机器
available machine time 机器有效工作时间,可用机器时间,开机时间
available metal 可用金属
available noise power 可用噪声功率
available power 匹配负载功率,可用功率,有用功率,资用功率,有效功率,有效动力
available power efficiency 有效功率[效率],有功效率
available power gain 可用功率增益
available power response 可用功率响应
available signal power 有用信号功率
available storage 有效库容
available supplies 现存备品
available supply rate (=ASR) 有效供给速度
available surface (1)(海的)自由表面;(2)有效表面
available time 可用时间
available work 资用功,可用功
availableness 有效,有利,利用,效用
avalanche (1)电子雪崩[效应];(2)不可抗拒的冲击
avalanche breakdown [电子]雪崩击穿
avalanche diode integrated amplifier 雪崩二极管集成功率放大器
avalanche diode integrated oscillator 雪崩二极管集成功率振荡器
avalanche mode 崩溃模
avalanche photodiode (=APD) 雪崩光电二极管
avalanche transistor 雪崩晶体管
avalanche voltage (电子)雪崩电压
avalanches of dislocation 位错崩
avalanching 磨球崩落
avalanchologist (1)雪崩学;(2)雪崩学家
avale (1)使下降;(2)放低;(3)沉下,流下
avaluative 未能评价的
Avcat 航空用重煤油(航空母舰所载飞机的重油燃料)
aventurization 光点闪亮,闪光,闪烁
average (=av.) (1)平均的,中等的,中间的,中性的,正常的,一般的,普通的;(2)一般水平,平均;(3)平均标准,平均值,平均数;(4)求算术平均值;(5)海损;(6)按海损估计的
average adjuster 海损理算师
average adjustment 平均调整
average agreement 海损分摊协议
average anode current 直流输出电流
average available discharge 平均用电流
average axial stress at a neck 轴向应力颈缩平均
average bore size 平均孔径
average current 平均电流
average cutter diameter (锥齿轮)刀盘平均刀尖直径
average depth (=ad) 平均深度,[齿轮]平均高度
average deviation (=AD) 平均偏差
average diameter 平均直径,铣刀盘名义直径
average distribution clause 海损按比例分担条款
average drift velocity 平均漂移速度
average-edge line 平均边缘线,平均宽度
average efficiency 平均效率
average efficiency index (=AEI) 平均效率指数
average error 平均误差
average fixed cost (=AFC) 平均固定成本
average flow 平均流量
average increasing rate 平均递增率
average index number 平均指数
average integrated demand 平均累计[最大]需量
average integrated demand meter 平均累计[最大]需量计
average grading 平均粒度
average life 平均寿命

average life period   平均使用年限
average life time   平均使用期现,平均寿命
average load   平均载荷,平均负载,平均负荷
average loss of energy   平均能量损失
average maximum demand   平均最大需要量
average melting point (=AMP)   平均熔点
average minimum requirement (=AMR)   平均最小需要量
average noise figure   平均噪声指数
average number   平均数
average outgoing quality (=AOQ)   平均抽检质量
average outgoing quality limit (=AOQL)   平均质量检查界限,平均质量检查最低限,平均质量检查指标,平均抽检质量极限
average output   平均产量
average picture level (=APL)   平均图像电平
average policy   海损保单
average power   平均功率
average power output   平均功率输出
average-power-range   平均功率范围
average power required   平均所需功率
average pressure   平均压力
average probability   平均概率
average probability ratio sequential test (=APRST)   平均概率比序列试验
average product   平均产量
average quality factor   平均质量因数
average quality level (=AQL)   平均质量水平
average quadrantal error   均方误差
average-reading detector   平均值检波器
average reading meter   平均值读数表
average repair   海损修理
average roundness   平均 [不] 圆度
average sample   平均样品
average sample number (=ASN)   平均抽样数
average service life (=ASL)   平均使用寿命
average shearing stress   平均剪应力
average specific heat   平均比热
average speed   平均速度
average statement   海损理算书
average survey record   海损证明
average tare   平均包装重量
average task time (=ATT)   平均 [完成] 任务时间
average temperature   平均温度
average temperature difference (=ATD)   平均温度差
average tempering   中温回火
average-test-car run   平均试验车行程
average time between maintenance (=ATBM)   维修平均间隔时间
average-to-good   中等以上 [质量] 上,中上等的
average total cost (=ATC)   平均总成本
average unit cost (=AUC)   平均单位成本
average unit stress   平均单位应力
average value   平均值
average value indicator   平均值指示器
average velocity   平均速度
average weight (=av wt)   平均重量
average-weighted   加权平均的
average width   平均宽度
average work load (=AWL)   平均工作负载
average working depth   平均加工深度,平均工作深度
average year   平均年
averaged   平均的,中和的
averager   平均器,中和器,均衡器,中和剂
averaging   求平均值,确定平均值,取平均值
averaging AGC   平均值自动增益控制 (AGC=automatic gain control 自动增益控制)
averaging device   平均仪
averaging filter   平均滤波器
averment   断言,主张,表明,证明
averse   离轴的
aversion   转移,移位,移转
avert   (1) 避开,躲避,转移,掉转;(2) 防止,避免
avertence   偏斜,倾斜
averter   避免 [危险] 装置
avgas   活塞式飞机发动机燃料,飞机用汽油,航空汽油
aviate   飞行,航行,驾驶

aviation   (1) 飞行,航空 [学];(2) 军用飞机;(3) 飞机制造、发展和设计
aviation cadet   航校学员
aviation diesel oil (=ADO)   航空柴油机柴油
aviation engineer   场建工程师
aviation gasoline oil (=A-gas)   航空汽油,飞机汽油
aviation radio   航空 [天线] 电台
aviation research and development service (=ARDS)   航空研究发展局
aviator   飞行员
aviatrix (=aviatress)   女飞行员
avicade   飞机队
aviette   小型飞机,轻型飞机
avigation   空中领航
Aviomap   (瑞士) [采用空气轴承的] 立体测图仪
avional   阿维昂铝合金
avionics   (1) 航空电子学;(2) 航空电子技术,航空电子设备
aviotronics   航空电子学
aviphot   航空摄影
avoid   避免,废止
avoidable   可作为无效的,可避免的,可作废的
avoidance   避免,免除,回避,取消,作废,无效
avoirdupois   (英) 常衡
avoirdupois weights   (英) 常衡制
avometer   安伏欧计,万用电表
avtag   航空涡轮用汽油
avtur   航空涡轮用煤油
await   等候,等待
await a decision   急待决定
await orders   待命
awaiting maintenance (=AM)   等待维修
awaiting parts (=AWP)   修理备用件,维修用备件
awaiting-repair time   等待修复时间
award   (1) 授予,颁发;(2) 给予,判给;(2) 决断,决定,仲裁,裁决;(3) 仲裁书,裁决书;(4) 奖品
award a contract   签订合同
award of contract   签订合同
aware   察觉到的,意识到的,知道的,明白的,发觉的
away   (1) 在外的;(2) 离开,远离,去掉,失去
away from   离开
awe   (1) 桨叶;(2) 风车翼
aweigh   (1) 起锚时锚刚离水底的状态;(2) 悬着的;(3) 垂直的;(4) 直立的
awing   在飞行中
awl   锥子
awner   去芒机
awning   (1) 天幕,天蓬;(2) 天幕式遮蔽处
awning cloth   帐蓬布,条纹蓬布
awning curtain   遮阳帷幔
awning deck   遮阳甲板
awning stripe   帐蓬布,条纹蓬布
awning window   蓬式天窗
awnings   帐蓬布,帆布,椅布
ax (=axe)   (1) 斧,斧锤;(2) 用斧子劈,砍
ax- (=axo-)   (1) 轴,轴线;(2) 轴柱
axe-hammer   斧锤
axe hammer   斧锤
axed work   琢石
axes (axis 的复数)   (1) 轴;(2) 中枢
axes disposition   轴的配置
axes of abscissa   横坐标轴
axes of coordinate   坐标轴
axes of ordinate   纵坐标轴
axhammer   两边有刃或单边有刃的斧子
axi-   (1) 轴;(2) 轴心圆柱
axial (=axal)   (1) 在轴上的,轴流 [式] 的,轴向的,沿轴的,绕轴的,轴的;(2) 成轴的,轴状的;(3) 直立的,中轴的
axial acceleration   轴向加速度
axial accelerator   轴向加速器
axial adjustment   轴向调整
axial angle   (1) 晶轴 [间] 角;(2) 轴角;(3) 光轴角
axial assembly   轴向配置
axial backlash   轴向侧隙
axial base pitch   轴向基节
axial bearing   止推轴承,支撑轴承

axial bond　直立键
axial brass　铜[制]轴衬
axial cam　轴向凸轮,圆柱凸轮,凸轮轴
axial carrying capacity　轴向承载能力
axial centrifugal (=AC)　轴向离心式
axial clearance　轴向间隙,轴向余隙,轴端间隙
axial clearance of plain bearing　滑动轴承轴向间隙
axial clutch　轴向离合器
axial component　轴向分量
axial compression　轴向压力
axial-compressor　轴流式压缩机
axial compressor　轴流式压缩机
axial cone　轴锥
axial contact ratio　(齿轮)轴向重迭系数,轴向重合度
axial contact seal with metal ring　带金属环的轴向接触密封装置
axial cross section　轴向截面
axial cutter　轴向刀位
axial diametral pitch　轴向径节
axial diffusion　轴向扩散
axial dimension　轴向尺寸
axial direction　轴[线方]向
axial displacement　轴向位移,轴向移动
axial elements　晶轴要素
axial elongation　轴向伸长[率]
axial engine　轴向式发动机
axial entry impeller　轴向进口叶轮
axial extension　轴向伸张
axial extensometer　轴向引伸计
axial fan　轴流式风扇
axial fatigue machine　轴向疲劳试验机
axial feed　轴向进给,轴向进刀
axial feed method　轴向进给法
axial field distribution　轴向场分布
axial field plasma betatron　轴向场等离子体电子感应加速器
axial float　轴向窜动
axial-flow　轴向流动,轴流式
axial flow (=AF 或 AX FL)　轴[向]流[动]
axial flow air compressor　轴流式空压机
axial flow blading　轴流式叶片
axial-flow blower　轴流鼓风机
axial-flow compressor　轴向式压缩器
axial flow compressor (=AFC)　轴流式压缩器,轴流式压气机
axial flow hydroelectric unit　轴流式水力发电机组
axial flow impulse reaction turbine　轴流式冲动反动汽轮机
axial flow impulse turbine　轴流式冲动气轮机
axial flow jet engine　轴流式喷气发动机
axial flow pump　轴流泵
axial flow steam turbine　轴流式汽轮机
axial flow turbine　轴流式透平,轴流式涡轮机
axial flow turbojet engine　轴流式涡轮喷气发动机
axial-flow type　轴流式的
axial-flow type　轴流式
axial force　轴向力
axial freedom　轴向自由度,轴向游隙
axial glide plane　轴向滑动面
axial head　轴向机头,直机头
axial hobbing　轴向滚齿,轴向滚削
axial hydraulic thrust　液力轴向推力
axial injection beam forward wave amplifier　轴向注入前向波放大器
axial intercept　轴截矩
axial internal clearance　(轴承)轴向游隙
axial labyrinth seal　轴向迷宫式密封,轴向曲路密封
axial-lateral　交会的
axial length　轴[向]长[度]
axial line　轴心线
axial load　轴向载荷,轴向负载
axial-load member　轴向载荷构件,轴向载荷元件
axial loading　轴向加载
axial location　轴向定位
axial mechanical seal　端面式机械密封装置
axial-mechanical seal with U-shaped metal bellow　冲压波纹管机械密封装置
axial-mechanical seal with welded metal bellow　焊接波纹管机械密封装置

axial-mode　轴向波型
axial mode　轴向波型
axial modification　轴向修形
axial module　轴向模数
axial moment of inertia　轴向惯性矩
axial motion　轴向运动
axial movement　轴向运动
axial notch　轴向切口,轴向凹槽
axial orientation　沿轴取向
axial outlet　轴向出口
axial pencil　平面束
axial piston pump　轴向活塞泵
axial pitch　轴向齿距,轴向节距,轴节
axial pitch error　轴向齿距误差,轴向节距误差,轴节误差
axial pitch of worm　蜗杆轴向节距
axial plane　轴平面
axial play　轴向游隙,轴向窜动
axial position　轴向位置;轴向定位
axial preload　轴向预加载荷
axial pressure　轴向压力
axial pressure angle　轴向压力角,轴面啮合角
axial pressure angle of worm　蜗杆轴向压力角
axial profile　轴向齿廓,轴[截]面齿廓
axial profile angle　轴向齿廓角,轴[截]面齿廓角
axial profile contact ratio　轴向齿廓重合度,轴向齿廓重迭系数
axial pump　轴流泵
axial rake　(1)(轴的)偏心角,偏位角,轴倾角;(2)轴向前角
axial rake angle　轴向前角,轴向刀面角
axial rate　轴向速率
axial ray　近轴射线,旁轴[光]线
axial relief angle　轴向后角
axial rigidity　轴向刚度
axial rotation　轴向旋转
axial run-out　轴向跳动,轴向摆动
axial seal　轴向密封
axial section　轴向剖面,轴向截面
axial sensitivity　轴向灵敏度,正灵敏度
axial shaft gear　半轴齿轮,驱动轴齿轮
axial shaving　轴向剃齿法
axial spacewidth　轴向齿间宽,轴向齿槽宽
axial strain　轴向应变
axial strength　轴向强度
axial stress　轴向应力
axial subspace　轴向运动子空间
axial-symmetric accelerator　轴对成加速器
axial symmetry　轴向对称性
axial-tag terminal　轴端
axial tension　(1)轴向拉力,(2)沿轴向拉紧
axial thickness　轴向齿厚
axial thrust　轴向推力
axial thrust balancing apparatus　轴向推力平衡装置
axial thrust bearing　轴向推力轴承,轴向止推轴承
axial thrust component　轴向推力分量
axial thrust load　轴向推力负荷
axial tilt　(锥齿轮)轴面刀倾角
axial tooth-thickness　轴向齿厚
axial tooth thickness on the reference cylinder　分度圆柱面轴向齿厚
axial torque　轴向转矩,旋转力矩
axial travel　轴向移动
axial traverse shaving　纵向剃齿
axial turbine　轴流式涡轮机
axial turbojet engine　轴向式涡轮喷气发动机
axial-vector　轴[向]矢量
axial vector (=A)　轴向向量,轴[向]矢量
axial velocity　轴向速度,轴流速度
axial vibration　轴向振动
axial worm pitch　蜗杆轴向节距
axiality of load　载向轴性
axially　与轴平行地,轴对称地
axially increasing pitch　轴向递增螺距
axially-symmetric　轴对称的
axially symmetric electron-optical system　轴对称电子光学系统
axicon　(1)旋转三棱镜;(2)轴锥体;(3)能量再分配
axicon lens　旋转三棱镜,展像[透]镜

axiferous 具轴的
axifugal 离心的, 远心的
axile 轴上的, 中轴的, 轴的
axile placenta 中轴胎座
axile strand 中轴束
axilemma 轴鞘
axio- (=ax-, axo-) (词头) 轴
axioclusal 轴咬合的
axioincisal 轴切的
axiolite 椭球粒
axiolith 十字晶条
axiolitic 椭球状的
axiom (1) 公理, 原理, 定理, 规律, 原则, 通则; (2) 格言
axiom of alignment 关联公理
axiom of connection 关联公理
axiomatic (1) 理所当然的, 公理 [化] 的, 自明的; (2) 格言的
axiomatic theory 公理论
axiomatical (1) 理所当然的, 公理 [化] 的, 自明的; (2) 格言的
axiomatically 照公理上, 公理上, 自明地
axiomatics (1) 一组公理, 公理系统, 公理体系; (2) 公理学
axiomatization 公理化
axiomatize (1) 制订公理系统; (2) 使公理化
axiotron 阿克西磁控管, 辐式磁控管
axiradial 轴流式的
axis (复数 axes) (1) 轴线, 轴 [心]; (2) 对称轴, 旋转轴, 坐标轴; (3) 车轮的轴; (4) 轴系
axis angle 轴间角
axis bearing 轴承
axis-crossing 交轴
axis cylinder 轴柱, 轴突
axis deviation index 轴向偏差指数
axis notation 轴规的
axis of a weld 焊缝中心线
axis of abscissa 横坐标轴, 横轴
axis of an airfoil 机翼轴线
axis of bending 弯曲轴线
axis of commutation 整流轴
axis of coordinate 坐标轴
axis of coordinates 纵坐标轴
axis of couple 力偶轴线
axis of deflection 偏转轴
axis of external thread 外螺纹轴线
axis-of-freedom 自由度轴
axis of freedom 自由度轴
axis of gear 齿轮轴线
axis of homology 透视轴
axis of inertia 惯性轴线
axis of instant(aneous) rotation 瞬时旋转轴线
axis of large gear 大齿轮轴线
axis of ordinate 纵坐标轴
axis of oscillation 摇摆轴线, 摆动轴线
axis of reference 参考轴, 基准轴, 计算轴
axis of revolution 旋转轴 [线], 转动轴 [线], [回] 转轴
axis of rotation 旋转轴 [线], 转动轴 [线], 回转轴 [线], 转轴
axis of sight 光轴, 视轴
axis of spindle 主轴轴线, 立轴中线
axis of swivel 回转轴 [线], 转轴
axis of symmetry 对称轴; 对称轴线
axis of the couple 力偶轴线
axis of the gimbal 平衡环轴, 常平轴
axis of the pole 极轴
axis of the tilt 倾斜轴线
axis of tooth gear 齿轮轴线
axis of thrust 推力线
axis of twist 扭转轴线
axis pin 轴销
axis symmetric stress distribution 轴对称应力分布
axistyle 轴线
axisymmetric(al) 与轴线对称的
axite 无烟炸药, 阿西炸药
axle (1) 轴, 轮轴, 车轴, 半轴, 轴杆; (2) (汽车的) [前] 桥, [后] 桥; (3) 轴线
axle adjuster 整轴器
axle bar 铁轴棒

axle-base 车轴距, 轴距
axle bearing [车轴] 轴承
axle block 轴座
axle body 轴身
axle bolt 轴螺栓
axle box [铁路] 轴承箱, 轴箱, 轴套, 轴函
axle box body 轴箱体
axle box casing 轴箱壳体, 轴套
axle box cover 轴箱盖
axle box lid 轴箱盖
axle brass 铜轴衬
axle bumper 轴挡
axle bush 轴衬
axle-by-axle split brake 前后桥分开的双管路制动系统
axle cap 轴帽
axle center 轴心
axle centering machine 车轴定心机
axle clamp 轴夹
axle collar 轴环
axle construction 轴结构
axle drive 车 [桥] 轴传动 [装置]
axle drive bevel gear 车 [桥] 轴传动锥齿轮
axle drive pinion carrier 车 [桥] 轴传动小齿轮架
axle-driven generator 车轴发电机
axle elongation 轴伸长
axle end gear 半轴轴端齿轮
axle fairing 车轴减阻装置
axle fracture (1) 轴断 [裂] 面, (2) 轴断裂
axle grease 轴用 [润滑] 脂
axle-grinding machine 磨轴机
axle guard 车轴护罩, 车桥护罩, 车轴护挡
axle guide fitting 导轴配件, 导轴零件
axle head 轴端, 轴头
axle hole 轴孔
axle housing 车轴壳, 桥壳, 车轴箱, 车轴壳体, 车轴外管, 车轴套
axle housing cap 轴套帽
axle input 驱动桥的输入扭矩
axle journal 轴颈, 半轴轴颈
axle journal lathes 轴颈车床
axle key 轴键
axle lathe 车轴车床
axle-load 轴荷载
axle load 车 [桥] 轴载荷, 轴负载
axle-load restriction 轴载荷限制
axle misalignment 轴安装误差
axle-neck (1) 轴颈; (2) 轴头
axle neck (1) 轴颈; (2) 半轴轴颈
axle-neck lathes 轴颈车床
axle nut 车轴螺母
axle of the double source 偶极子轴, 双源轴
axle offset 轴偏置
axle oil 轴油
axle packing 轴孔填密
axle pad [前后桥] 钢板弹簧电块, 轴垫
axle pin (1) 轴销; (2) 转向主销
axle pinion 车 [桥] 轴小齿轮
axle pulley 轴开关滑轮
axle ratio 主传动比, 驱动轴减速比, 驱动桥传动比
axle ring 轴环
axle saddle 轴鞍
axle seat 轴座
axle shaft (1) 后桥半轴, 后轴的内轴, 车后轴, 车 [辆] 轴; (2) 主 [驱] 动轴
axle shaft gear 驱动轴齿轮, 半轴齿轮
axle shaft seal 后桥车轴密封装置
axle shoulder 轴肩, 轴台
axle side shake 车桥横向振摆
axle sleeve (驱动桥) 半轴装置, 车轴外套, 轴套, 轴管
axle spacing (1) 轴距, (2) 轴的布置
axle spindle (转向节上的) 轮毂
axle spur wheel 车桥轴正齿轮, 车桥轴直齿圆柱齿轮
axle stand 车轴修理台, 轮轴支架, 轴架
axle-steel 车轴 [用] 钢
axle steel 车轴 [用] 钢

87

axle stop key　止轴键
axle switch　(1) 独立悬架摆销，(2) 转向节
axle track　轴道
axle tree　轴干，轮轴
axle trunnion　车轴支承轴
axle tube　车轴外管，半轴套管，轴管
axle turning lathe　制轴车床
axle unit　车轴组
axle wad　车轴箱垫
axle windup　绕车桥中心线的角振动
axle wire　中轴线
axle yoke　轴轭
axletree　(1) 轴干，心棒；(2) 炮架轴，车轴，轮轴
axmen　斧工
axode　瞬轴面，轴面
axofugal　离心的，远心的
axograph　图轴描记器
axometer　测轴计，光轴计，调轴计，调轴器
axono-　(词头) 轴
axonometer　测轴计，光轴计
axonometric　三向投影的，不等角投影的，测井斜的
axonometric chart　立体投影图
axonometric drawing　不等角投影图，轴测图
axonometric projection　(1) 三向投影图，不等角投影图；(2) 轴测投影
axonometrical drawing　不等角投影图，轴测图
axonometry　(1) 轴测 [量] 法，晶体轴线测定；(2) 三面正投法，均角投影图；(3) 测晶学
axopetal　求心的，向心的
Ayrton-Mother ring test method　亚尔登模盘环路测试法 (一种藉助惠斯登电桥找寻输电线故障的方法)
azel　方位 - 高度
azel display　(1) 方位 - 高度显示；(2) 方位 - 高度显示器
azel-scope　方位 - 高度镜，方位 - 高度雷达显示器
azimuth (=A)　(1) 方位角，地平经度；(2) 方向角；(3) 偏振角，矢量角；(4) 航线，航向
azimuth angle　方位角
azimuth at future position　将来 [位置的] 方位
azimuth by-pass　左右侧管
azimuth calibration　方位校准
azimuth circle　(1) 地平经圈，(2) 地平经度度盘，方位刻度盘
azimuth compass　方位罗盘，测量罗盘

azimuth dial　方位刻度盘，方位日晷仪，日规
azimuth drive　方位角传动 [装置]
azimuth-drive pinion　方位角传动小齿轮
azimuth-elevation (=AZEL)　方位 - 高度，方位 - 仰角
azimuth error indicator (=AEI)　方位误差指示器
azimuth gear　方位齿轮；方位角传动装置
azimuth indicator (=AI)　方位显示器
azimuth lock　方位角锁定器
azimuth mirror　方位仪，测向仪，定向器
azimuth motor　方位电动机
azimuth plane　方位面
azimuth planetary gear　方位行星齿轮传动装置
azimuth-range　方位 - 距离
azimuth scanning of antenna　天线水平扫描
azimuth search rate　目标搜索方位角旋转速度
azimuth-stablized　方位稳定的
azimuth stabilizer　纵舵机
azimuth synchro-drive gear　方位同步传动装置
azimuth table　方位 [角] 表
azimuth tracking telescope　活动目标观察镜
azimuth versus amplitude　方位角与振幅的关系
azimuthal　(1) 方位 [角] 的；(2) [地] 平经 [度] 的，水平的
azimuthal angle　方位角
azimuthal drift　经向漂移
azimuthal equidistant projection　等距方位投影
azimuthal inhomogeneity ratio (=AIR)　方位不均性比
azimuthal plane　地平经度平面
azimuthal quantum number　角量子数
azimuthal scan rate　角扫描率
azimuthal velocity component　经向分量
azotic　含氮的，氮的，硝的
azotic acid　硝酸
azotification　固氮作用
azotize　使与氮化合，氮化，渗氮
azotizing　(1) 氮化的；(2) 渗氮
azotometer　氮气测定仪，氮 [定] 量器，定氮仪，氮量计，氮素计
azotometry　氮滴定法
Azusa　相位比较 [式] 电子跟踪系统，比相电子跟踪系统
azygos　奇数部 [的]
azygous　不成双的，无对偶的，单一的，奇的

B

B-battery　屏极电池组，板极电池组，乙电池组，B 电池组
B battery　屏极电池组，乙电池组，B 电池组
B-bomb　细菌弹
B bond　B 结合剂（未加氧化铁的硅刚玉磨具结合剂）
B-box　变地址寄存器，变址寄存器
B-circuit　阴极电路，乙电路
B cut-off frequency　B 截止频率
B-digit　{计}B 数字，B 数码
B-display　B 型显示（距离方位显示）
B-eleminator　阳极电源整流器，乙电源整流器，代乙电器
B eleminator　屏极电源整流器
B except A gate　B "与" A 非门，禁止门
B ignore A gate　与 A 无关的 B 门
B implied A gate　A "或" B 非门
B instruction　{计}变址指令
B-key　乙键，B 键
B-line　{计}变址[数]寄存器，B 寄存器，B 线
b-link field　反向连接字段
B-modulation　乙类调制
B-plus　阳极电源正极，乙电正极
B-plus voltage　阳极电压，乙正电压
B plus voltage　阳极电压，乙正电压
B-power　阳极电源，乙电源
B-power supply　阳极电源，屏极电源，板极电源，乙电源
B power supply　阳极电源，乙电源
B-register　{计}变址寄存器，B 寄存器
B register　{计}变址寄存器
B.S.specification　英国标准规范
B-scan　B 型扫描（纵坐标为距离，横坐标为方位角，目标为亮点）
B-scope　距离方位显示器，B 型指示器
B-sour (=B-source)　阳极电源，B 电源，乙电源
B-source　阳极电源，B 电源，乙电源
B-stage　（树脂的）半溶阶段
B-store　{计}变址数存储器
B-strain (=back strain)　后张力，B 张力
B-supply　B 电源，乙电源
B-tube (=index register)　{计}变址[数]寄存器
B-type station　乙站
B unit　{计}变址部件
B-wire　第二线，B 线
Ba-grease　钡基润滑脂
babbit (=babbitt)　(1) 巴比特合金，巴氏合金；(2) 轴承用的巴比合金衬套，巴氏合金轴衬，轴承铅；(3) 镶以巴比合金
babbit bushing　巴氏合金轴衬，浇铅轴衬
babbit metal (=Bb)　巴氏合金，巴比合金，轴衬合金，白合金
babbit the brass　轴瓦上浇巴氏合金
babbit's metal (=BM)　巴氏合金
babbitt　(1) 巴比特合金，巴氏合金；(2) 轴承用的巴比合金衬套，巴氏合金轴承衬，轴承铅；(3) 镶以巴比合金
babbitt bushing　巴氏合金轴衬，浇铅轴衬
babbitt layer　巴氏合金层
babbitt-lined　带巴氏合金层的，巴比合金衬垫的，衬巴氏合金的
babbitt-lined bearing　巴氏合金轴瓦，巴氏合金衬套轴承
babbitt metal　巴氏合金，巴比合金，轴衬合金，白合金
babbitt pack ring　巴氏合金填密圈

babbitter　巴比合金镶嵌工
babbitting　浇铸巴氏合金
babbitting bearing　巴氏合金轴承
babbitting jig　(1) 巴氏合金轴承浇铸夹具；(2) 巴氏合金轴承装配夹具
babble　很多线路的干扰，多路感应的复杂失真，多路通讯系统的串音，混窜音，集扰
babble signal　迷惑信号
Babcock and Wilcox boiler　小组联箱锅炉，巴韦锅炉，B&W 锅炉
Babcock tube　带刻度的细颈瓶
baby　(1) 小电力的，小功率的，微型的，小型的；(2) 小型聚光灯
baby-blabbermouth　无线电信标电码发送机
baby blabbermouth　无线电信标电码发送机
baby blue　淡蓝
baby-car　小型汽车
baby carrier　轻航空母舰
baby cyclotron　超小型加速器
baby flattop　护航航空母舰
baby hauler　小型起吊机
baby light　小型聚光灯
baby omni　小功率无线电信标，小型无定向信标
baby pink　淡粉红色
baby rail　小钢轨
baby spot　小型聚光灯
baby square　小方材
baby tower　小型蒸馏塔
baby truck　坑道运输车，小型运货车
babyline dose ratemeter　一种手枪式剂量率仪
back　(1) 背面，后面，后部，背部；(2) 背面的，后面的，反的，倒的；(3) 机身上部，基座，底座，支座，衬垫，靠板，承托
back-action　后冲
back action　(1) 反作用；(2) 倒转，逆动
back alley　后车弄，后机弄
back ampere-turns　反作用安匝，逆向安匝数
back-and-forth　来回的，往返的
back angle　(1)（锥齿轮）背锥角；(2)（刀具的）后角；(3) 反方位角，后视角，反向角
back-angle counter　逆向散射粒子计数器
back area　炮后风锥形区
back away　退出
back-back porch　水平同步信号后沿，（电视信号的）后肩区
back balance　(1) 平衡器；(2) 平衡量
back band　制动带
back bead　封底焊道
back-bearer　（织机）后梁
back bearing　(1) 后轴承；(2) 反方位
back-bias　反馈偏压
back bias　回授偏压
back bias voltage　反向偏压
back-biased　反馈偏压的，反向偏置的
back-blading　倒刮
back block　衬板
back boiler　家用热水炉
back-boundary cell　后[置]膜[层]光电管
back brace　反斜撑
back brake　倒闸，（冲击钻机）大轴刹车

back bridge relay　反桥接继电器

back bushing　(缝纫机) 上轴衬套

back cargo　归程货物

back center　(1) 尾顶尖；(2) 后心 (防止机曲拐位置)

back centre　尾顶尖

back-check　复核

back clamping　反向箍位

back cloth　帆背布

back coat　底 [面] 涂 [层]

back cock　反向板机

back cone　(锥齿轮) 背锥 [面]

back cone angle　(锥齿轮) 背锥半角

back cone distance　(锥齿轮) 背锥距

back cone plane　(锥齿轮) 背锥 [展开] 平面

back cone tooth profile　(锥齿轮) 背锥 [展开面] 齿廓

back-connected (=BC)　后部连接的

back contact　静合触点

back contact spring　静接点弹簧, 后接点弹簧, 后接触弹簧, 静触簧

back cord　里塞线

back-coupling　反馈耦合, 逆耦合, 回授

back coupling　反馈耦合, 回授

back cross (=BC)　回交

back crossing　里层交错板

back-current　反向电流的

back-deep　后渊

back-diffusion　反行扩散, 反向扩散, 背面扩散, 返扩散, 逆扩散

back diffusion　反行扩散, 返扩散

back digger　反铲挖土机

back discharge　反向放电

back draft　(1) 回火爆炸；(2) 反风流；(3) 反拔模斜度

back draught　(1) 反斜度；(2) 逆通风

back drop　交流声

back eccentric　(1) 反向偏心轮；(2) 回程偏心轮

back echo　后瓣回波

back edge　(1) 刀具后刃面；(2) 后沿, 后缘

back-electrode　背面电极

back electromotive force (=BEMF)　反电动势

back elevation　后视图, 背视图

back EMF　反电动势 (EMF=electromotive force 电动势)

back-emf　反电动势 (emf=electromotive force 电动势)

back-end　(1) 后头；(2) 末尾部分

back end crops　切尾

back ends　尾端

back engagement of cutting edge　(刀具) 背吃刀量

back-extract　反萃取, 逆萃取

back-extractant　反萃取剂

back face　(轴衬) 后端面, 背面

back feed (=BF)　反馈

back feed　(1) 反向进给；(2) 反馈, 回授

back feeding roller　后喂入辊

back-filled　反填充的, 倒填充的, 回填的

back filler　填土机

back filling　再次充气

back fin　轧疤, 裂纹

back fire　逆向火焰, 逆弧反灼, 逆火, 回火

back-flap　百叶窗

back-flap hinge　明铰链

back-flow　(1) 逆流, 回流；(2) 反循环洗井, 反循环冲洗

back focal length (=BFL)　后焦距

back focus　后焦点

back-folding　折合的

back force　(刀具) 背向力

back ga(u)ge　车轮内距

back gear (=BG)　(1) [靠] 背 [齿] 轮；(2) 后行传动齿轮, 齿轮后齿轮, 后退齿轮, 倒挡齿轮, 慢盘齿轮, 减速齿轮；(3) 跨轮

back gear mechanism　[靠] 背齿轮机构

back gear ratio　倒挡传动比, [靠] 背齿轮比

back-geared　带有减速齿轮的, [具有] 后齿轮的

back geared upright drill press　背齿轮立式钻床

back girt　(织机) 后横档

back-gouging　背刨

back guide　后导板

back-guy　后索 (张网用)

back guy　拉索, 拉条, 支撑

back hand welding　后退焊

back haul　(1) 回程运输, 空载传输；(2) 迂回信程

back hearth　炉灰腔

back hoe　后向铲土机

back holes　后爆炮眼组

back hub　后视标杆

back incline　后斜板

back-injection　反注入

back inlet gully　后部进水集水井

back iron　护铁

back-kick　(1) 逆转, 回转, 倒转, 反转；(2) 反面放电

back kick　反向放电

back lash　偏移, 间断, 间隙

back lash phenomena　回差现象, 牵引现象

back-lighted plotting surface　反光绘画图板

back-lighting　背后照明

back lighting　(1) 背面照明, 后照明；(2) 逆弧

back lining　背衬

back link　后杆

back loader　反铲装载机

back matter　正文后的附加资料

back mill table　轧机后辊道

back mirror　望后镜

back motion　(1) 返回, 倒车；(2) 倒转, 倒车

back-mounted　背面安装的

back nut　支承螺母, 后螺母

back observation　后视

back of arch　拱背

back of grip　(转轮、手轮的) 握把后部

back of piston ring　活塞环内表面

back of plywood　胶合板底层, 夹板背层, 板背

back of tool　刀背

back of tooth　齿背

back-off angle　(刀具的) 后让角, 后角

back-off cutter　铲齿铣刀

back-off device　让刀机构

back-off system (=BOS)　补偿系统

back order (=BO)　暂时无法满足的订货

back oscillation　回程振荡

back-out　(1) 退火；(2) 逆序操作；(3) 拧松, 拧出, 旋出；(4) 取消, 放弃, 退回, 返回；(5) 倒转时间读出

back-pedal　倒踏脚踏板, 后踏板

back picker　揿针器

back pitch　(1) 背节距, 后节距；(2) 铆钉背距

back-planing　刨背

back-plate　(1) 背板；(2) 信号板；(3) 后挡板 (炮)

back plate　(1) 紧固板, 靠背板, [后] 挡板, 后板, 背板, 支撑板；(2) 背面

back play　空行程, 游隙

back-porch　后沿

back-pouring　补浇

back pressure (=BP)　(1) 回压, 背压；(2) 反压力；(3) 前级压强, 出口压强

back-pressure control (=BPC)　反压力控制

back pressure valve (=BPV)　回压阀, 反压阀

back-projection slide　背投影幻灯片

back-pull　反拉 [力]

back pull　反拉力, 后张力

back putty　打底油灰

back pump　备用泵

back radiation　反向辐射

back rake　(车刀的) 纵向前角, 后倾角

back rake angle　(刀具的) 纵向角

back range　尾距

back-reaction　逆反应

back reading　左读数

back reed　后筘

back-reflection　背反射, 回射

back-resistance　反向电阻

back rest　(1) 后刀架, 后支架；(2) (织机的) 后梁

back-ripping　二次挑顶

back-roll　(1) 回原地再起动, 重新运行, 再运行, 复动, 重算；(2) 反绕, 倒卷

back roll　支撑辊

back roller　偏转滑轮
back rubber　摩擦施药器
back run　反转,倒车
back running　倒车
back saw　镶边手锯
back scatter　反向散射
back seat　(1)后座椅；(2)后座,底座
back-set bed　逆流层,涡流层
back shaft　(1)副轴；(2)后轴
back shift　倒挡
back-shock　反冲
back shooting　逆向爆炸,回程爆炸
back shop　(1)机车修理车间,修理车间,大修厂,修理厂；(2)辅助车间,工作房
back-shot　消声射击
back-shot　挑顶炮眼
back sight　后视
back sight slide　反侧滑座
back-slagging　炉后出渣[法]
back-slope　缓坡,后坡
back space　(打字机)退格,退位,倒退
back speed　倒挡速度,倒退速度
back-spooling　棱车电缆倒卷
back spring　复位弹簧,回位弹簧
back stay　后拉绳,拉索,背撑
back steady rest　背撑；后撑条,后支条
back-steam　回汽
back stopper　后退定程挡块
back stops　(纺)回复停止装置
back strap　对接贴板
back streaming　逆流,回流,返流
back stress　反向应力
back stroke　(1)返回行程,返回冲程,逆行程,回程；(2)向向冲击
back substitution　倒转代换,回代
back support ring　支撑环,挡环
back swing　回摆,回程,倒转
back tacking　缝端加固
back taper　倒锥
back tension　反向张力,反张力
back test　秤用弹簧加载卸载鉴定试验,弹性复原试验
back thrust　反推力
back-to-back　(1)背对背的；(2)对头拼接,叠置
back-to-back angle　(1)背贴角钢；(2)双角削杆
back to back angles　(1)背贴角钢；(2)角背间距
back-to-back angular contact ball bearing　背靠背角接触球轴承
back-to-back arrangement　背靠背排列
back-to-back circuit　反向连接电路,反向并联电路,背对背电路
back-to-back counter　加倍计数器,加倍计数管
back-to-back coupling (=B-B)　背对背联接,背面耦合
back-to-back directivity separation of antenna　天线背向防卫度
back-to-back duplex ball bearing　成对双联向心推力球轴承(外圈宽端面相对)
back-to-back duplex bearing　成对双联轴承(外圈宽端面相对),背靠背成对安装轴承
back-to-back duplex tapered roller bearing　成对双联圆锥滚子轴承(外圈宽端面相对)
back-to-back method　反馈法
back-to-back mounting　(轴承)背靠背成对安装
back to battery　炮身后座后复进到原来位置
back traverse　闭合导线
back-trough　背槽
back turn　(1)反转；(2)反回音
back twisting　反向加捻
back-up (=BU)　(1)支持,固定；(2)倒挡,倒转；(3)备用设备,备用方案；(4)后备,备用；(5)备用品；(6)辅助的,后援的,备用的,预备的,备份的
back up　背撑
back-up belt　支承皮带
back-up chain tong　链条扳手,固定链钳
back-up gear　(螺旋回转器的)后向进给齿轮
back-up memory　后备存储器
back-up overspeed governor　备用超速保安器
back up protection　后备保护
back-up ring　支承环,支撑环,保护垫圈

back-up roll　支撑辊
back-up strip　衬板,托条
back-up washer　支撑垫圈,保护垫圈
back veneer　(胶合板的)里板
back vent　虹吸排气管
back view　后视图,背视图
back voltage　反电动势,反电压,逆电压
back washer　复洗机
back water pump　回水泵
back-water valve (=BWV)　回水阀
back wave　反向波,反射波,回波
back weld　封底焊
back welding　(1)底焊；(2)退焊法
back-work　辅助工作
backacter　反铲挖土机,反向铲
backacter shovel　反[向机械]铲
backacting shovel　反铲
backactor　(1)反铲挖土机,开挖机；(2)反向铲,倒铲
backbar　支承梁,托梁
backblast　(1)后喷火焰；(2)废气冲击
backblow　(枪)后座,后座力
backblowing　反吹[法]
backboard　后部挡板,底板,后板,背板
backbone　(1)主轴,主轨；(2)主骨架,构架；(3)书脊,书背；(4)天蓬骨梁,天蓬,脊索；(5)脊背
backbone network　中框网络
backbone shape burner　脊形燃烧器
backbreak　超挖,超爆
backbreaker　手摇泵
backcast stripping　倒推剥离
backchain　倒车制舵链
backchipping　背面錾平
backcoupling　反向耦合
backcycling　反向循环
backdigger　反向铲,倒铲
backdraft　倒转
backdraught　(1)反转,倒转；(2)回程；(3)反风流,逆通风；(4)气体爆炸
backdrift　后退偏航
backdrop　交流声,干扰
backed　(1)带靠背的,有背的；(2)有脊的；(3)有支撑的,有支座的,带支架的
backed-off　从背部削去
backed-off cutter　铲齿铣刀
backed-off milling cutter　铲齿铣刀
backed type of mill　有支撑辊的轧机
backed-up-weld　后托焊
backer　(1)衬衬；(2)基料,衬垫,支持物,衬垫物；(3)[系在船桅桁上的]带套绳索；(4)(打字机)垫纸；(5)支持者
backer pump　备用泵,前级泵
backer-up　指示轰炸目标的飞机
backface　[轴承]后背面,背面
backfall　(1)向后倒；(2)斜坡；(3)滑落；(4)[打浆机中的]山形部
backfeed　反馈
backfill　(1)回填,充填；(2)充填料
backfiller　(1)回填机,填土机,充填机,复土机；(2)充填工
backfilling　充填,填塞
backfin　(1)后脊；(2)夹层；(3)[轧件的]舌头,压折,裂缝,轧疤
backfire　(1)反焰,逆火,回火,逆弧,反燃,逆燃；(2)后喷；(3)过早点燃,火焰回闪,发生意外
backfire antenna　背射天线
backfire arrester　回火制止器
backfit　(1)不大的改形,变形不大；(2)修合,磨合
backflap　向内折边或下垂的部分
backflash　(1)逆燃火焰回闪,回燃,回火,逆火,反闪；(2)回流槽
backflow　(1)逆流,回流,返流,反流；(2)反循环冲洗,反循环洗井
backflush　逆流洗涤,反向洗涤,回洗
backfolding　反向折叠的,回折
backform　后模,项模
backgear　慢盘齿轮,减速齿轮,后倒齿轮,后齿轮,背轮
backgear ratio　背齿轮比
background (=bcgd)　(1)背景,后台；(2)底数；(3)基本情况,背景情况,环境；(4)本底,底色,基础,基底；(5)基础工作,基础知识,背景材料,准备,经历；(6)干扰收听电子讯号的外来杂声

background brightness　本底亮度
background current　本底电流
background electrolyte effect　本底电解质效应
background equivalent activity (=BEA)　本底当量放射性
background heater　隐闭式供暖器
background impurity　本底杂质
background job　后备作业
background-limited infrared photo-conductor　背景限红外光电导体
background noise　本底噪声, 背景噪声
background-noise level　本底噪声
background of experience　所累积的经验
background of information　积累的资料
background program　后台程序
background radiation intensity　本底辐射强度
background register　辅助寄存器, 后备寄存器
background return　地面反射信号, 地物干扰
background science　基础科学
background screen　黑底荧光屏
background signal　背景信号
background sound　背景声, 配声, 衬音
backguy　拉线, 拉缆, 拉条, 拉索, 支撑
backhand　(1) 反手 [的], 反向 [的]; (2) 间接的
backhand welding　后退式焊, 反手焊, 右向焊, 逆向焊, 向后焊
backhaul　(1) 铁路空车运输, 载货返航; (2) 回程, 返程, 回运; (3) 后曳
backheating　电子回轰加热, 反加热, 逆热, 回热
backhoe　反 [向] 铲
backhoe front end loader　后挖前卸式装载机
backhoe loader　反铲装载机
backing　(1) 背衬, 衬底材料; (2) 轴衬, 轴瓦, 轴瓦; (3) 反向, 反接, 倒车, 倒转, 逆行, 逆转, 逆向, 后退, 后备, 后援, 后部; (4) 支持, 支撑, 支架, 支承, 支座, 靠背; (5) 底座, 底板, 底层, 底子, 基础, 垫板, 垫片, 垫圈, 垫材, 衬垫, 衬板, 衬底, 衬片, 敷层, 面板
backing belt　倒车皮带
backing block　靠枕, 垫块
backing board　底托板
backing coil　反接线圈, 补偿线圈
backing condenser　前级冷凝器
backing effect　逆转效应
backing groove　{焊} 反面坡口, 焊缝
backing line　前级管道
backing memory　后备存储器, 备用存储器
backing of veneer　胶合板内层
backing of wind　风向逆转
backing-off　(1) 铲; (2) 铲齿; (3) 凿; (4) 清除 [应力]; (5) 退绕; (6) 后凹槽
backing-off attachment　(1) 铲工附件 (在车床上用于铣刀的); (2) 磨工附件 (在磨床上用于铣刀的); (3) 拆卸装置
backing-off cone clutch　(织机上) 退绕离合器, 反转离合器
backing-off lathe　铲齿车床, 铲工车床
backing-out　(1) 列车退行; (2) 脱出, 甩出 (如螺栓等)
backing-out punch　冲床
backing pass　底焊焊道, 封底焊道
backing pin　支销, 挡销
backing plate　(1) 支承板, 支撑板, 背垫板, 垫模板, 底板; (2) 制动器底板
backing pressure　(1) 前级压强; (2) 托持压力, 背压
backing pulley　回程皮带轮, 回行皮带盘
backing pump　初级抽气泵, 前级泵
backing register　后援寄存器
backing ring　(油封的) 防护圈, 垫环
backing run　(1) {焊} 封底焊缝, 底层焊接; (2) 反向旋转
backing sheet　衬板, 衬纸
backing space　前级真空
backing stage　前级
backing storage　后备存储器, 备用存储器
backing store　后备存储器, 备用存储器
backing strip　(1) [条状] 垫板; (2) 背射光
backing system　前级 [真空] 系统
backing turbine　倒车涡轮
backing-up　(1) 封底焊; (2) 里壁砖
backing-up screw　止动螺钉, 防松螺钉
backing-up tank　预真空箱
backing vacuum　前级真空

backing weld　封底焊 [缝]
backlash　(1) 轮齿隙, 间隙, 余隙, 间隙, 松动, 间断; (2) (齿轮) 侧 [向间] 隙, 后移间隙, 齿隙游移; (3) 无效行程, 返回行程, 空程, 空转, 空回, 打滑, 后退, 退回; (4) 反撞, 反冲, 反跳, 反拨; (5) 反冲击力; (6) 反向栅流, 离子反流; (6) 偏移, 距差; (7) 滑脱比; (8) 牵引效应, 系紧, 拉紧
backlash allowance　(齿轮) 侧隙容差
backlash calibration　(齿轮) 侧隙校正
backlash circuit　齿隙式电路, 间断电路
backlash compensator　消除间隙装置
backlash current　间断电流
backlash eliminator　(1) 螺纹间隙消除装置; (2) (齿轮) 侧隙消除装置; (3) 反冲击消除器
backlash error　(齿轮) 侧隙误差
backlash in assembly　装配侧隙
backlash on pitch circle　(齿轮) 节圆侧隙
backlash play　空隙 [无效] 行程
backlash potential　反栅极电位
backlash spring　消除侧隙弹簧, 消除弹簧
backlash tolerance　(齿轮) 侧隙公差
backlash value　侧隙偏差值
backlash variation　侧隙偏差
backleg　逆导磁体
backlight　背面光, 逆光
backlighting　逆光照明, 来自后方的照明
backlimb　背翼
backlining　书背粘衬, 衬板
backlocking　反闭锁
backlog　(1) 储备导弹; (2) 积压; (3) 未交订货
backlog of packet　包积压, 包阻塞
backman　辅助工, 杂工
Backman-Teflon　聚四氟乙烯载体
Backmann differential thermometer (=BDT)　贝克曼差示温度计
backmixing　逆向混合的, 反混的
backoff　(1) 从背部削除, 铲齿, 铲背; (2) 快速退刀; (3) 补偿; (4) 凹进; (5) 倒转后解松
backoff angle　后角
backoff cam　铲齿凸轮
backout　(1) 退火; (2) 返回, 拧松, 旋出; (3) 逆序操作; (4) 倒转时间读出
backpack　可背在背上操作的设备
backpack transmitter　背负式发射机, 便携式发射机
backpass　(1) 尾部烟道; (2) 后部
backpiece　后挡板, 背材
backpitch　(1) 背节距; (2) 反螺旋; (3) 铆接行距
backplan　底视图
backplane　后连线板, 后挡板, 底板, 后板, 护板
backplate　(1) 后挡板, 后插板, 护板; (2) 背 [面] 板, 底板; (3) 信号板
backplate circuit　信号板电路
backpressure　(1) 背压 [力] 回压, 反向压力, 吸入压力, 反压力; (2) 前级压强, 底压强, 回压
backpressure manometer　后压侧压计
backpressure operation　背压操作
backpressure turbine　背压式汽轮机
backpressure valve　反压阀, 背压阀, 止回阀
backproject　背面投射
backrest　(1) 车床跟刀架, 随行刀架; (2) (磨床的) 工件支架; (3) (座位) 靠背; (4) (织机) 后梁
backroom boy　(英) 从事科学研究的人
backrope　斜桁撑杆后支索
backrun　(1) 反转的, 逆 [向] 的; (2) 封底焊 [缝]
backrush　回卷
backsaw　镶边短锯, 脊锯
backsawing　弦锯
backscatter　向后散射, 反向散射, 逆散射, 背反射
backscatterer　反散射器, 后向散射体, 反射体, 反射层
backscattering　反散射, 向后散射
backscratcher　临时管道网, 临时管缆网
backset　(1) 逆流, 涡流, 反流; (2) 后退, 倒退, 逆行, 逆转; (3) 制动装置, 锁挡
backshaft　后轴
backshank　针尾
backshore　顶撑

backshot (1) 排气管内爆音, 消声器内爆音; (2) 消声射击, 反击

backshot wheel 反击式水轮

backshunt 矿车自动折回装置, 反向推车器

backside 后部

backside loop 背面线圈

backside printing 背面印刷

backsight (= rear sight) (1) 后视; (2) (枪的) 表尺; (3) 后视读数

backsiphon 反虹吸, 回吸

backsiphonage 反虹吸 [能力], 回吸, 反吸

backslaper 推土机的推板

backslide 倒退, 退步, 没落

backsloper 推土机的推板, 刮沟刀

backspace (1) [打字机] 退格, 回退, 退位, 倒退; (2) 返回, 退回; (3) 反向移动, 后移; (4) 反绕

backspace character 返回符号, 回车字符, 退格符

backspace control 倒退按键, 速退按键

backspace statement 返回语句, 回退语句

backspacer [打字机的] 逆行键

backspin 回旋, 倒旋

backsplash (=backsplasher) 后防溅板, 后挡板

backspring (1) 反向弹簧, 回动弹簧, 回程弹簧; (2) 后斜缆, 倒缆

backstaff 背测杆

backstage 后台 [的], 幕后 [的], 秘密 [的]

backstage deals 幕后交易

backstand 皮带张力调节架, 支撑结构

backstay (1) 桅杆后支索, 拉索, 牵索; (2) 定位杆, 后撑条; (3) 拉簧; (4) 捞车器

backstay anchor 拉索锚定

backstay cable 后拉索, 后拉缆, 拉索, 牵索, 斜缆

backstep 后退

backstep sequence 分段退焊次序

backstep sequence welding 逐步退焊, 分段退焊, 分段逆焊, 反手焊, 反向焊, 逆向焊

backstop (1) 止回器, 止挡, 棘爪; (2) 托架; (3) 止回器; (4) 后支撑架, 后挡

backstreaming 返流, 回流, 逆流

backstroke (1) 返回行程, 返回冲程; (2) 反击

backswept (1) 后掠; (2) 后掠角; (3) 后掠的

backswing 反冲, 回摆, 回程

backswing voltage 反向电压

backtalk 工作联系电话

backtender 小型拉幅机

backtension 反张力, 反电压

backtrack 反向跟踪, 追踪, 倒行, 重做, 后退, 退回, 折回

backup (1) 支持, 支撑, 支援, 后备; (2) {焊} 挡块, 挡板, 填角, 阻塞; (3) 向后移动, 倒挡; (4) 积滞; (5) 备用保险线路, 后备保险装置, 备用设备, 备用零件, 备用品, 代用品; (6) 代替方案, 备份; (7) 支持性的, 备用的, 备份的, 替代的, 辅助的

backup bearing (1) 支承; (2) 支承辊轴承

backup belt 支承皮带

backup chock 支承辊轴承座

backup copy 副本

backup die bolster [凸焊用] 电极台板

backup heel 切料冲头的突出部

backup interceptor control (=BUIC) 后援截击机控制

backup light 尾灯

backup plate 垫片

backup radar 辅助雷达

backup ring 密封圈的保护垫圈, 保护圈, 支承环, 垫圈

backup roll 支撑轧辊, 支承轧辊

backup washer 密封圈的保护垫圈, 支撑垫圈, 支承垫圈, 保护圈

Backus normal form (=BNF) 巴科斯范式

BNF-like term 类巴科斯范式术语

backwall (1) 水冷壁, 工作间, 后壁; (2) (斜井) 工作面

backwall photovoltaic cell 部分透明电极光电池

backward (1) 反向的, 向后的; (2) 向后, 倒行, 倒退; (3) 回溯, 追溯

backward brush-lead (1) 电刷后引线; (2) 电刷反向超前, 电刷后移

backward busying 反向占线

backward channel (1) 反向信道, 控制信道; (2) 反向通道, 返回通道

backward counter 反向计数器

backward creep {轧} 后滑

backward curved vane 后曲叶片

backward difference 后向差分

backward diode (=BD) 反向二极管

backward-directed 方向向后的

backward extrusion 反向挤压

backward feed (1) 反向进刀, 反向进给; (2) 逆流送料法

backward flow (1) 逆流, 对流, 回流, 反流; (2) 后滑

backward force 反向力

backward-forward counter 正反向计数器

backward gear (1) 倒挡齿轮, 倒退齿轮; (2) 倒退装置

backward impedance 反向阻抗

backward motion 反向运动, 反转

backward power 倒车功率

backward reaction 逆反应

backward reading 反 [向] 读 [出]

backward running 反转

backward spring 复位弹簧, 回位弹簧, 延缓弹簧

backward stroke 返回行程, 返回冲程, 回程

backward turning 反转

backward voltage 反向电压

backward wave 反向波

backward-wave cross-field amplifier 返波正交场放大器

backward-wave oscillation 返波振荡

backward-wave oscillator (=BWO) 回波振荡器

backward wave tube 返波器

backward welding 后退焊

backwash (1) 回冲, 反溅, 反洗; (2) (汽车后的) 尾旋; (3) 回流, 逆流, 倒流, 尾流

backwash extractor 反萃器, 回萃器, 洗提器

backwasher 复洗机, 洗毛机

backwater (1) 回水, 倒流, 壅水; (2) 反溅水; (3) 堵住的水; (4) 筛下水

backweight 平衡重

backweld 背焊缝

backwind (1) (摄影, 电影) 软片倒卷, 倒片; (2) 背后风, 逆风

bacteriological warfare (=BW) 细菌战

bad (1) 不良的, 不好的, 低劣的, 坏的; (2) 不恰当的, 不充足的, 不利的, 有害的; (3) 恶劣的, 厉害的, 严重的

bad-bearing sector 无线电定位的错误方位区

bad cheque 空头支票

bad colour 墨色不均

bad conductor 不良导体

bad earth 接地不良

bad feature 缺点

bad order (=bo) 失调 [待修]

bad timing 不良定时, 定时不准

bad top 不稳固顶板

badge (1) 符号, 表象; (2) 剂量计

badge reader {计} 标记阅读器

badger (1) 排水管清扫器; (2) 獾毛刷子; (3) 榫接边

Baeza method 热压硬质合金法

baffle (1) 防护板, 遮光板, 遮热板, 围栅板, 隔板, 挡板, 障板; (2) 缓冲板, 阻尼板, 阻流体, 节气门; (3) 挡油圈; (4) 导流板, 折流板, 紊流器, 扰流器; (5) 定向屏蔽, 反射体, 反射面, 反射极, 栅极; (6) 偏流消能设备

baffle area 阻隔区

baffle arrangement 折流板排列法

baffle blanket 吸声毡, 吸音毡

baffle-board 反射板, 隔音板, 折流板, 挡板, 障板

baffle board 反射板, 隔音板, 声障板, 挡板

baffle box 消能箱

baffle chamber 挡板室

baffle column 挡板蒸馏塔

baffle-column mixer 挡板混合塔

baffle gate 单向门

baffle painting (船舶) 涂保护色

baffle pan 挡板塔盘, 挡板塔板

baffle-plate (1) 缓冲板, 遮护板; (2) 折流板, 风板, 烟板; (3) 挡板, 障板, 隔板, 阻板, 塞板

baffle plate (1) 缓冲板; (2) 折流板; (3) 阻板, 挡板, 隔板, 护板

baffle separation 折流分离

baffle shield 隔板屏蔽

baffle spray tower 挡板喷雾塔

baffle tower 层板式蒸馏塔, 挡板塔

baffle-type 百叶窗式的, 挡板式的

baffle washer 折流洗涤器

baffled 用隔板分开的, 带有障板的, 阻挡的

baffled evaporator 折流蒸发器

baffled speed [通过] 障板抽速

baffled throughput　通过障板的排气能力，通过障板的排气量

baffler　(1)阻尼器，阻挡器，阻风门，阀；(2)隔音板，隔声板，吸声板，消声器，减音器；(3)操纵油门阀，节流器(泵的加润滑油控制器)，节流阀，折流器，折流板，反射板，导流板；(4)阻隔板，挡板；(5)节制板

baffling　(1)节流阀调节，活门调节，挡板调节，挡板调节，折流，阻碍，阻尼，节流；(2)加隔板

bag (=BG)　(1)外壳，袋，包；(2)袋装物；(3)直立小烟囱；(4)垫形软容器，贮藏器，贮油器

bag and spoon dredger　袋匙式挖泥船

bag conveyer　袋输送器

bag dust filter　滤尘袋

bag filter　袋滤器

bag machine　装袋机

bag molding　气胎施压成型，[膜]袋[模]塑法

bag plug　袋式堵头

bag process　袋室除尘法

bag pump　风箱泵

bag-wall　火桥，火墙

bagful　(1)袋(度量单位)；(2)满袋的

baggage　(1)辎重；(2)行李，随身行李

baggage elevator　运行李电梯

baggager　封袋机

bagged tyre　上套轴胎

bagger　(1)挖泥船，挖土机；(2)装袋器；(3)袋装物；(4)装袋者，包装者

bagging　(1)包装，袋囊；(2)囊布

baghouse　大气污染微尘吸收器，袋滤室

bagpipe　人为干扰发射机

Bahn metal　铅基轴承合金，班氏轴承合金(铅98.64%，铝0.2%，钙0.65-0.73%，钠0.58-0.66%)

bail　(1)(制动器)钩环；(2)提引环，吊环，U形环；(3)钢绳头承窝，绳套；(4)提捞，吊取；(5)排水；(6)吊桶，戽斗；(7)卡钉，吊环，耳；(8)栏栅；(9)排；(10)保证人；(11)保释，委托

bail down　提捞，吊取

bail out　(1)提捞，吊取；(2)跳伞

bail out well dry　将井提捞干

bailee　受委托人

bailer　(1)水瓢，水勺；(2)捞砂筒；(3)钻泥提取管

bailer grab　捞砂筒的捞钩

bailer liner　捞砂绳索

bailor　委托人

baiting machine　装饵机

bainite　贝氏体

bainitic　贝氏体的

bake　烘烤，烘干

bake over　烘炉，烘箱

bakeable　可烘烤的，可焙干的

bakeboard　烘板

baked carbon electrode　炭精电极，炭粒电极，炭极

baked core　干型芯

baked flux　陶质焊剂，烧结焊剂

baked property　干态性能

baked strength　干强度

bakehouse　烘干装置，烘干机

Bakeland　酚醛树脂制品

bakelite　酚醛电木，酚醛塑料，绝缘电木，胶木，电木

bakelite coating　酚醛塑料涂层

bakelite gear　电木齿轮

bakelite plate　胶木板

bakelized paper　电木纸，胶木纸

bakeout　烘烤，烘干，退火

bakeout degassing　烘烤除气

bakeout furnace　烘烤炉，烘箱

bakeout jacket　烘烤箱套

bakeout oven　烘烤炉，烘箱

bakeout temperature　烘烤温度

baker　[线材]烘干机，焙烘机，烘炉，烤箱

Baker　通讯中用以代表字母 b 的词

Baker Deoxo Puridryer　去氧纯净干燥器

Baker-Nann Camera　贝克-南恩摄像机

baking　烘烤

baking finish　烘漆

baking varnish　烘漆

Balac　平衡心轴

balance　(1)秤，天平；(2)平衡，均衡，对称，均势，稳定，比较，补偿；(3)动平衡，静平衡；(4)物体的平衡点，平衡配重，平衡器，平衡棒，平衡体，平衡块，平衡轮，摆轮，平衡；(5)平衡电路；平衡网络；(6)结算差额表，平衡表，对照表，(7)差额；(8)存欠余额；(9)平衡力

balance arc　平衡弧

balance arm　平衡臂

balance attenuation　平衡衰减，对称衰减

balance beam　平衡梁，平衡杆，游梁，摇臂

balance box　平衡箱

balance bridge　平衡桥，开启桥

balance brow　踏板

balance car　平衡车

balance check　平衡校验，对称校验，零位检查

balance check mode　平衡检查状态

balance cock　摆夹板

balance coil　平衡线圈

balance converter　平衡变换器

balance crane　平衡起重机

balance detector　平衡检波器，检零器

balance device　平衡装置

balance disk　平衡盘，平衡轮

balance dynamometer　平衡功率计

balance equation　平衡方程

balance error　对称误差

balance force　平衡力

balance frame　平衡机架

balance gear　(1)平衡装置，均衡器；(2)差动传动装置，差速器

balance handle　平衡手柄

balance hole　平衡孔

balance indicator　平衡指示器

balance mark　平衡标志

balance measurement　重量平衡测定

balance mechanism　平衡机构

balance method　平衡方法，天平法

balance mill　平衡铣

balance of cut and fill　挖填平衡，均衡填挖

balance of power　力量对比，均势

balance of voltage　电压平衡

balance plate　平衡板

balance point detector　平衡点检测器

balance potentiometer　随动系统电位计，伺服系统电位计，平衡电位计，补偿电位计

balance reading glass　天平读镜

balance rheometer　平衡流变仪

balance set　(1)均压机组，平衡机组；(2)平衡器组

balance screw　摆螺钉

balance shaft　平衡轴

balance-sheet　平衡表

balance sheet　平衡表

balance spring　游丝

balance test　平衡试验

balance-to-unbalance transformer　平衡-不平衡变压器

balance to unbalance transformer　平衡-不平衡变压器

balance-type　天平式的

balance valve　平衡阀

balance-weight　平衡锤

balance weight　平衡配重，平衡重，平衡锤，平衡尬，均衡锤，摆锤，配重

balance weight lever　平衡重杠杆

balance wheel　(1)平衡轮，均衡轮，摆轮；(2)[起调节或稳定作用的]平衡物

balance wire　中线

balance zero　天平零点

balanceable　可平衡的，可称的

balanced　被平衡的，变平衡的，有补偿的，已抵偿的，均衡的，卸载的

balanced action　平衡作用

balanced amplifier　平衡放大器

balanced bit　找中钻头

balanced-blast cupola　均衡鼓风化铁炉，等风冲天炉

balanced brake　平衡制动器

balanced bridge　平衡电桥

balanced connecting rod　平衡连杆

balanced control　平衡控制

balanced control surface　平衡控制面

balanced controls　平衡控制机构，平衡控制装置

94

balanced crank　平衡曲柄
balanced crankshaft　平衡曲柄
balanced cutting　平衡切削
balanced deflection　对称偏转
balanced demodulator　平衡调解器
balanced detector　平衡检波器
balanced draft　平衡通风
balanced dynamometer　平衡功率计
balanced-filter　衡消滤波器,平衡滤光片
balanced force　受平衡力
balanced housing　带平衡装置的机架
balanced lever　平衡杠杆
balanced life　(同一部件各零件的)等寿命
balanced load　(1)平衡载荷,随称载荷,均载;(2)配重
balanced load meter　平衡负载电度表
balanced-loop antenna　对称环形天线
balanced method　对称法,平衡法
balanced mixer　平衡混频器
balanced modulation　平衡调制
balanced modulator (=BAL MOD)　平衡调制器
balanced multivibrator　平衡多谐振荡器
balanced network　平衡网络
balanced oscillator　平衡振荡器
balanced output　平衡输出
balanced pair　对称传输线,对称线对,平衡线对
balanced polyphase load　多相平衡载荷
balanced pressure blowpipe　等压式焊炬,非喷射式焊炬
balanced pressure torch　等压式焊炬,非喷射式焊炬
balanced reaction　平衡反应
balanced relay　平衡继电器,差动继电器
balanced solution　平衡溶液
balanced state　平衡状态
balanced steel　半镇定钢,半脱氧钢
balanced surface　平衡面
balanced system　对称系统
balanced three-phase circuit　平衡三相电路
balanced three-phase system　平衡三相制
balanced-to-ground　对地平衡的
balanced-to-unbalanced　平衡 - 不平衡 [转换] 的
balanced transformerless (=BTL)　无平衡变压器
balanced-unbalanced transformer (=balun)　平衡 - 不平衡变压器,
　平衡 - 不平衡转换器,平衡 - 不平衡变换器,对称 - 不对称变换器
balanced voltage (=BV)　平衡电压
balanced weight　平衡重,平衡块,均衡重,均衡锤
balancer　(1)平衡装置,平衡器,平衡机;(2)平衡块,平衡锤,平衡杆,
　配重;(3)平衡台;(4)均压器,稳定器;(5)平衡发电机
balancer-booster　和升压电机配合的平衡器
balancer piston　平衡活塞
balancing　(1)等臂杠杆的摆动;(2){电}调节平衡,零位平衡,对称
　化;(3)平衡 [的],均衡 [的],对称,补偿;(4)平衡法;(5)定零装
　置;(6)平差,配平
balancing adjustment　平衡 [度] 调整
balancing arbor　平衡臂
balancing arm　平衡臂,天平臂,秤杆
balancing attachment for grinding wheel　砂轮平衡器
balancing battery　平衡电池组,补偿电池组,浮充电池组
balancing capacitor　平衡电容器
balancing control　控制平衡装置,校零
balancing device　平衡装置
balancing disk　平衡盘
balancing drum　平衡鼓轮
balancing dynamometer　平衡测力器
balancing effect　平衡响应
balancing equation　配平方程
balancing force　平衡力
balancing gate pit　压力室
balancing gear　平衡机构
balancing illumination　均匀照明
balancing in locomotive　机车平衡
balancing lever　平衡杆
balancing load　平衡载荷,对称载荷
balancing machine　平衡 [试验] 机
balancing mandrel　平衡心轴
balancing mechanism　平衡机构

balancing motor　平衡电动机
balancing network (=BN)　平衡网络
balancing of grades　坡度调整
balancing of loading　平衡载荷
balancing of strength　力的平衡
balancing out　平衡掉,衡消,补偿,中和
balancing plane　[静]平衡面
balancing plate　平衡板
balancing reactor　平衡电抗器
balancing rheostat　平衡变阻箱
balancing rig　平衡试验台
balancing ring　平衡圈
balancing segment　扇形平衡体
balancing shaft　平衡轴
balancing shaft for grinding wheel　砂轮平衡轴
balancing speed　平衡速度,稳定速度,平衡速率
balancing stand　平衡试验台,平衡架
balancing tank　平衡箱
balancing test　平衡试验
balancing torque　平衡转矩
balancing transformer (=bal. tr)　平衡变压器,平衡转电线圈
balancing valve　平衡阀
balancing ventilation　均匀送风
balancing weight　(1)平衡重,配重,平衡块;(2)平衡重量;(3)砝码
balandra　一种小艇
balancrita　一种渔船
Balata belt　巴拉塔胶皮带
bald tire　平轮箍
Baldwin receiver　鲍德温受话器
bale　(1)包,捆;(2)包(重量单位),打包,成捆,(4)铁环;(5)框;(6)
　卡规,卡板
bale breaker　松包机,拆包机
bale buster　解捆机
bale digester　抓包喂给机
bale loader　草捆装运机
bale of wire　线束
bale-out　勺取金属液
bale press　填料压机,包装机,打包机,压捆机
bale sledge　雪橇式集草器
bale ties　打包铁皮带,打包窄钢带,打包钢丝
bale truck　载包车
baler　(1)压捆机,打包机;(2)打包工;(3)水勺,水斗
baling　压捆,堆
baling band　打包铁皮带,打包窄钢带
baling chamber　压捆室
baling press　填料压机,包装机,打包机
baling strip　打包铁皮带,打包窄钢带
balk　(1)(英)天平的平衡梁;(2)阁楼;(3)大木,梁
balk ring　同步阻合环,[变速器]同步器锁环,摩擦环,阻环
ball　(1)球体,钢球,钢珠,滚珠;(2)弹丸,弹;(3)[用轧辊焊接钢
　管的]圆形心轴;(4)磨球;(5)(布氏硬度计)压头;(6)球端;(7)
　耐火土块,泥团
ball adaptor　(1)球形连接器,转接器;(2)电子管适配器
ball-and-biscuit microphone　全向性传声器
ball and cage assembly (thrust type)　无套圈单向推力球轴承,球与
　保持架组件 (推力型)
ball and cage assembly with wire raceway (thrust type)　无套圈钢丝
　滚道单向推力球轴承
ball and inner ring assembly　无外圈轴承,球和内圈组件
ball and line float　悬球浮子,锚索浮标
ball-and-nut-steering gear　球和螺母式衬向机构
ball and outer ring assembly　无内圈轴承,球和外圈组件
ball and ring apparatus　(测定树脂熔点)球环软点测定器
ball-and-ring method　(测定树脂熔点)球环法
ball and roller　滚珠 - 滚柱
ball and roller bearing　滚动轴承,球和滚子轴承,滚珠和滚柱轴承
ball-and-socket　球窝式的
ball and socket base　球窝座
ball and socket bearing　球窝轴承,球铰轴承,耳轴轴承
ball and socket coupling　球窝联结器,球窝联轴节,球形万向接头
ball and socket fitting　球窝结合
ball and socket gear shift　球窝式换档机构,球窝式变速杆
ball and socket head　球窝节头
ball-and-socket joint　球窝接头,万向接头,球窝节

ball and socket joint (=BSJ)　(1) 球窝节, 球关节, (2) 球臼接合, 球窝连结, 球铰接

ball and socket reamer　弧线造斜器, 肘节扩眼器 (弧线钻进用钻具)

ball and socket tensioner　球窝张力器

ball-and-socket type　球窝式

ball-and-spigot　球塞式的, 球销式的

ball-and-sunk　铰链球形接头

ball and sunk　铰链球形接头

ball and trunnion joint　球十字轴式万向节

ball attachment　球形节头

ball-bearing　滚珠轴承, 球轴承

ball bearing (=BB)　滚珠轴承, 球轴承

ball bearing center　球轴承中心

ball bearing crankshaft　球轴承 [支承的] 曲轴

ball bearing felt packing　滚珠轴承承阻油毡, 滚珠轴承填密封

ball bearing fit　滚珠轴承配合

ball bearing grease　球轴承润滑脂

ball bearing head　球轴承装置, 滚珠轴承装置

ball bearing housing　球轴承座

ball bearing inner race　球轴承内圈

ball bearing inner ring　球轴承内圈

ball bearing locating snap ring　球轴承止动环

ball bearing-mounted　装在球轴承上的

ball bearing nut　滚珠轴承螺母

ball bearing oil　球轴承润滑油

ball bearing outer race　球轴承外圈

ball bearing outer ring　球轴承外圈

ball bearing pillow block　枕式球轴承箱组, 滚珠轴承 [轴] 台

ball bearing plumber block　滚珠轴承 [轴] 台

ball bearing race　球轴承套圈

ball bearing raceway　球轴承沟道

ball bearing retainer　球轴承保持架

ball bearing-screw driving　滚珠螺旋传动

ball bearing spacer　球轴承隔离件

ball bearing torque (=BBT)　球轴承转矩, 球轴承扭矩

ball bearing with arch raceway　拱形沟道球轴承

ball bearing with arch raceway outer ring　外圈拱形沟道球轴承

ball bearing with double side shield　带双侧防尘罩的环轴承

ball bearing with clamping sleeve　带紧定套的球轴承

ball bearing with filling slot　有带球缺口的球轴承

ball bearing with flanged outer race　外圈有凸缘的球轴承

ball bearing with locating snap ring groove　外圈有止动环槽的球轴承

ball bearing with seals　带密封圈的球轴承

ball bearing with shields　带防尘盖球轴承

ball bearing with shoulder ring in outer race　外圈有挡环的球轴承

ball bearing with side plate　带单侧防尘圈的球轴承

ball-blank indicator　球式倾斜仪

ball bonding　(1) 球形接头, 球形接合, 铰节; (2) 球焊

ball burnishing　球丸磨光法, 钢球抛光, 钢珠抛光

ball bushing　(轴承) 球滚动导套, 球轴套

ball cage　(轴承) 钢球保持架

ball calipers　球径量规

ball cartridge　实心弹

ball catch　门碰球

ball check　球阀

ball-check valve　球形止回阀

ball check valve (=BCV)　球形止回阀, 止回球阀

ball chuck　球夹

ball circuit screw　循环球螺杆

ball-cock　浮球阀

ball cock　浮球旋塞, 浮球阀, 球旋塞, 球阀

ball collar　球形环, 滚珠环, 球环

ball collar thrust bearing　球环推力轴承, 滚珠止推轴承

ball condenser　球 [形] 冷凝器

ball contact tip　球测头

ball coupling　(1) 球铰连接; (2) 球形节头, 球铰联结器

ball crank　球状曲柄

ball crusher　球磨机

ball cup　(1) 球窝; (2) 球铰碗, 球座; (3) (轴承) 外圈

ball cutter　球形铣刀, 球面刀

ball diameter　球 [直] 径

ball elbow　球面弯接头

ball element contact zone　钢球接触点

ball elecctrolyte tester　色球式电解液检验器

ball end　(1) 球头, 圆头 (2) 球头枢轴

ball end mill　圆头雕刻铣刀, 圆头槽铣刀

ball end needle roller　圆头滚针

ball-ended handle　球状端手柄

ball faced hexagonal nut　球面六角螺母

ball filling table　装球工作台

ball finishing　钢球挤光

ball float　(1) 浮球阀; (2) 浮球状体, 浮球

ball float level controller　浮子式液位控制器

ball forming machine　制球器

ball forming rest　车球刀架

ball ga(u)ge　(1) 球规值, (2) 球形量规

ball-ga(u)ging device　钢球测量装置

ball gate　(内浇口球顶) 补缩包

ball gear-change level　球节变速杆

ball gear-shift lever　球节变速杆

ball governor　旋转球调速器, 飞球式调速器, 离心式调速器

ball grade　(轴承) 球等级

ball grinder　钢球磨床, 磨球机, 球磨机, 球磨床

ball grinding mill　磨球机

ball grinding machine　钢球磨床, 磨球机, 球磨机, 球磨床

ball grip　球状手柄

ball groove　[钢] 球滚道

ball gudgeon　球体耳轴

ball guidance　球导槽

ball guide　滚珠号筒

ball handle　球状手柄, 球形手柄

ball hardness　球印硬度, 布氏 [球测] 硬度

ball hardness number　钢球压印硬度值, 布氏硬度值

ball hardness test　钢球硬度试验, 布氏硬度试验

ball hardness testing machine　布氏硬度计, 布氏硬度试验机

ball head bolt　球头螺栓

ball head hammer　圆头锤

ball head of properller tube　传动轴套管球形铰接端

ball heading machine　钢球镦锻机

ball heater　球形加热器

ball hook　球形吊钩

ball impression　(布氏硬度试验) 钢球压痕

ball impression test　布氏硬度试验, 钢球压痕试验, 球印硬度试验

ball inclinemeter　球形倾斜仪

ball indentation　钢球压痕

ball indentation test　钢球压痕试验, 球印硬度试验

ball indenter　钢球压头

ball insulator　球形绝缘子

ball jet　含球气动测头, 含球气动量规

ball-joint　球窝接合的, 球节的, 球承的

ball joint (=BJ)　(1) 球节; (2) 球窝接合, 球窝接头

ball joint cover　球节盖

ball joint inclination　(转向器) 球节头内倾

ball-joint manipulator　球承式机械手

ball joint oscillating bearing　关节轴承

ball joint preload　球节头预紧

ball joint rocker arm　球接式摇臂

ball joint seal　球节头油封

ball joint steering knuckle　球接头式转向节

ball joint suspension　球节头式悬架

ball-jointed rocker bearing　球轴颈铰链支座

ball-jointed screw　万向球铰螺杆

ball journal bearing　球颈轴承

ball knob　球状捏手

ball lapping machine　钢球研磨机, 研球机

ball lathe　制球车床

ball lightning　球状闪电

ball method　球印 [硬度] 试验法

ball-mill　用球磨机磨碎

ball mill (=BM)　球磨机, 磨球机

ball mill for wet grinding　适湿磨球机

ball mill pulverize r　球磨粉碎机

ball mill refiner　球磨精研机, 球磨精制机

ball mug　(1) 球窝; (2) 球铰碗, 球座; (3) (轴承) 外圈

ball non-return valve　单向球阀

ball nozzle　球形喷嘴

ball nut　(1) 球面螺母, 球形螺母; (2) 转向机构, (汽车) 球螺母

ball packing　球状填充物

ball-pane hammer 球头锤
ball-passing test 通球试验
ball path 球通道
ball(-)peen hammer 球头锤,圆头锤,园顶锤,奶子榔头
ball pen 圆珠笔
ball penetrator [布氏硬度]钢球压头
ball pin 球头销
ball pivot 滚珠支枢,球枢
ball plug 球形塞
ball plug ga(u)ge 球塞规
ball pocket 钢球兜孔
ball point 球状圆心点
ball-point pen 圆珠笔
ball point set screw 球端定位螺钉
ball press 钢球冲压机
ball pressure test (布氏)球印[硬度]试验
ball-proof 避弹的,防弹的
ball pump 球形泵
ball-race 轴承座圈,滚珠座圈,滚球座圈,滚道
ball race 球轴承座圈,滚珠[轴承]座圈,套圈,滚道
ball race mill [钢]球跑轨磨[煤机]
ball reamer 球面铰刀,菊形铰刀,玫瑰铰刀
ball receiver 转播用接收机
ball reception (电视)中继接收系统
ball reciprocating bearing (用于直线运动和旋转运动)球轴承
ball recirculating type 循环球形
ball relief valve 球形安全阀
ball resolver 球坐标分解器,球形解算器
ball rest 制球刀架
ball retainer (1)球护圈,钢球保持架;(2)球阀座
ball return guide 循环球回转导套
ball rod 球铰杆
ball screw pair 滚珠丝杆副
ball sealer 密封球
ball seat (球铰节的)球窝,球座,球阀座
ball shape 球形
ball sleeve 球套
ball socket 球形支座,球座,球窝,球套
ball socketed bearing 球铰轴承,耳轴轴承
ball spline 滚珠花键
ball squeezer 压熟铁块机
ball steel 钢球用钢
ball stud 球头螺柱,球头螺栓
ball stud for centershift 中心移动球头螺栓
ball subgage 球分规值
ball swage 钢球冲模
ball swager 钢球挤光[加工]机
ball tension device 弹子张力器
ball test (1)钢球试验;(2)球压[硬度]试验,布氏硬度试验
ball tester 球压式硬度试验机
ball thrust bearing 滚珠推力轴承,滚珠止推轴承
ball track [钢]球沟道,[轴承]滚道
ball tube 滚珠循环导管
ball-turning rest 车球刀架
ball type cam (减振器的)球凸轮
ball type gear selector mechanism 球铰变速杆式换档机构
ball-type valve 钢珠活门
ball valve (=BV) 浮球阀,球形阀,球闸门,球阀
ball valve oiler 球状阀注油器
balladeur train (1)滑架;(2)滑动齿轮
balladromic (火箭或导弹)飞向目标的,正确航向的
ballas 半金刚石(介于碳与金刚石之间的一种金刚石)
ballast (1)镇流电阻,镇流器;(2)道渣,石渣;(3)道床;(4)镇压荷重,压舱石,压载物,压舱物,重物,压块;(5)控制机构,平稳器,平衡器;(6)(燃料的)惰性质;(7)使稳定,使平衡,使平衡,镇重,气镇
ballast aggregate 道渣,石渣
ballast box 通渣槽
ballast car 道渣车,漏底车
ballast cleaning 清筛道渣
ballast coil 稳定线圈,镇流线圈,负载线圈,平稳线圈
ballast crusher 碎渣机
ballast engine 运渣机车
ballast fin 一种游艇龙骨的起压载作用的鳍状金属附加延伸装置
ballast for cruising 航行压载

ballast for landing 着地压载
ballast hammer 碎石锤
ballast lamp (1)镇流灯;(2)平稳灯
ballast resistance (1)镇流电阻,平稳电阻,吸收电阻,负载电阻;(2)电阻箱
ballast resistor (1)镇流电阻,平稳电阻,吸收电阻,负载电阻;(2)电阻箱
ballast scarifier 扒渣机
ballast-tamper 捣渣机
ballast tamper 捣渣机
ballast tank (1)压载水舱,压载水柜,压载水箱,压载箱;(2)气镇容器,气镇罐
ballast tray 镇气分馏塔盘
ballast truck 石渣车,漏底车
ballast tube 镇流管
ballast water 压舱水
ballasted (1)装了压载物的;(2)铺以砂石的;(3)装以砂囊的
ballasted pumping speed 气镇抽速
ballasting (1)压舱材料,压舱物;(2)道渣材料
ballasting-up 压载调整
balled iron 铁坯
baller 切边卷取机
balleting 颠簸运动
ballhead 飞球头
balling 成球,球化
balling disk 制粒机,制粒盘,造球机,造球盘
balling drum (1)磨球机滚筒;(2)鼓形制球机
balling flank 鼓形齿面
balling furnace 搅炼炉
balling gun 投丸器
balling-iron 成珠铁
balling iron (1)投药器;(2)成珠铁
balling press 压块机
balling-up (1)[切边]卷取,收集,[氧化皮]积聚;(2)起球;(3)成球
ballistic (=B) (1)弹道[学]的,弹道式的;(2)衡量冲击强度的,发射的,抛射的,冲击的,射击的;(3)抛射投影物
ballistic area 弹着面积
ballistic cap (弹)风帽
ballistic curve 弹道
ballistic defense missile (=BDM) 反弹道导弹
ballistic electrometer 冲击静电计
ballistic galvanometer 冲击检流计;冲击[式]电流计
ballistic high correction (=BHC) 弹道高修正量
ballistic kick (仪表指针)急冲,急跳
ballistic link bearing 水银器连杆轴承
ballistic missile (=BM) 弹道导弹
ballistic missile boost intercept (=BAMBI) 弹道导弹助推中止
ballistic missile branch (=BMB) 弹道导弹部门
ballistic missile burning intercept (=BAMBI) 弹道导弹燃烧中止
ballistic missile center (=BMC) 弹道导弹中心
ballistic missile defense system (=BMDS) 防弹道导弹系统
ballistic missile division (=BMD) 弹道导弹部
ballistic missile early warning system (=BMEWS) 弹道导弹的远程警戒系统,反弹道导弹预报系统
ballistic missile office (=BMO) 弹道导弹局
ballistic missile radiation analysis center (=BAMIRAC) 弹道导弹辐射分析中心
ballistic missiles weapon system (=BMWS) 弹道导弹武器系统
ballistic parameter 弹道参数
ballistic pendulum 冲击摆,弹道摆
ballistic pivot bearing 水银器轴承
ballistic round 弹道式导弹
ballistic shell (=BS) 弹道导弹
ballistic test 冲击试验
ballistic test facility (=BTF) 弹道试验设备
ballistic testing machine 冲击式强力试验机
ballistic throw 冲击摆幅,冲击偏转
ballistician 弹道学家
ballistics (1)弹道学,射击学,发射学;(2)发射特性
ballistite 巴里斯太特火药,双固体燃料,无烟火药
ballistocardiograph 心冲击描记器,投影心搏仪
ballmill 用球磨机磨碎,球磨加工,球磨
balloelectric (1)雾电荷的;(2)喷雾状液体的电荷

97

ballometer 雾[粒]电[荷]计
balloon (1)气球;(2)外表,表面;(3)柱冠球
balloon apron 气球阻塞网
balloon barrage 气球拦阻网
balloon foresail 大三角前帆
balloon frame (1)轻捷型构架;(2)轻骨架构造
balloon framing (1)轻捷型构架;(2)轻骨架构造
balloon satellite 气球卫星
balloon-sonde 高空测候气球,探测气球,探空气球
balloon sounding 气球探测
balloon tire 低压[大]轮胎
balloon-type rocket 增压式样火箭
balloon tyre 低压[大]轮胎
ballooning instability 气球上升形不稳定性
ballscrew 滚珠丝杠
ballute 气球降落伞,膨胀伞,气伞
balong 一种渔帆船
balop 反射[式]放映机
balopticon 投影放大器
Baltimore groove (阳极挂耳上的)凹形槽
Baltimore truss 平[行]弦再分析架
balneum vapors (=BV) 蒸汽浴
baluster 栏杆柱
baluster railing 立柱栏杆
balustrade (1)楼梯栏杆扶手,栏杆;(2)低的栅栏
balustrading 组成栏杆的部件
bamboo telegraph 秘密电报,秘密无线电
bamboo wireless 秘密电报,秘密无线电
banana plug 香蕉型插头
banana seat [自行车的]香蕉型车座
banana tube 香蕉管
Banbury mixer (橡胶等)密闭式混炼器
bancorp(oration) 银行公司
band (=BND) (1)带,制动带;(2)(轴承)外罩;(3)频带,波带,波段;(4)区[域],范围
band adjustment 频带调整
band-aid 应急的,临时的
band amplifier 带通放大器
band articulation 频带清晰度
band belt 传送皮带
band brake (1)带式制动器,带闸;(2)带状测功器
band carrier 传送带
band chain 钢卷尺
band chart (1)可变量变化范围;(2)记录带
band clutch 带式离合器
band compensation 频带补偿
band conveyer 皮带运输机,皮带输送机
band conveyor 皮带输送机,带式运输机,带式运输器;输送带
band coupling 带式连接器;皮带传动装置
band creaser 书脊凸棱轧线器
band dryer 带式干燥机
band edge (1)通带边缘;(2)轧制边
band elevator 带式提升机
band elimination (=BE) 带阻
band-elimination filter 带阻滤波器,带除滤波器
band elimination filter 带阻滤波器,带除滤波器
band-eliminator filter 带阻滤波器,带除滤波器
band-exclusion filter 带阻滤波器,带除滤波器
band extruder 带式挤压机;铸带机
band extrusion process 带条挤压法
band filter (1)带式过滤机;(2)带通滤波器
band-gap [能]带隙,禁带
band head 谱带头
band hook 皮带扣,带钩
band impurity 谱带杂质
band iron 扁铁条,带钢,扁钢
band jaw tongs 锻工钳
band level 带强级
band-limited frequency spectrum [有]限带[宽的]频谱
band limiting 频带限制
band loudspeaker 薄带扬声器
band mechanism [皮]带机构
band merit 带宽指标
band meter 波长计

band microphone 带式传声器,带式微音器
band mill (1)带式锯床;(2)带式锯木厂
band model 能带模型
band nippers 书脊凸棱夹钳
band of contact 接触带,带状接触区
band of fire 密集射击
band of frequencies 频带,波段
band of rotation 转动光带
band of rotation-vibration 转振光带
band origin 谱带原线,谱带基线
band oven 带式炉
band pass (=BP) (1)带通;(2)传送带
band-pass filter (=BPF) 带通滤波器
band polishing machine 带式抛光机
band pulley (1)带传动滑车;(2)[皮]轮
band reduction method 点阵带约化法
band-reject filter 带阻滤波器
band-rejection 频带抑制,带阻
band-rejection filter 带阻滤波器,带除滤波器
band resistance 带状电阻,电阻片
band rope 扁钢丝绳
band-saw 带锯
band saw 带锯机,环形锯,带锯
band saw blade tensioner 带锯条张紧装置
band saw sharpener 带锯刃磨机
band saw stretcher 带锯校正机
band saw(ing) machine 带锯床
band scheme 能带图式
band selector 波段开关,波段选择器
band separator 频带分离器
band-shaped 带状的,杆状的
band-shared 频带分割的
band sharing 通带共用制,频带分割
band-shift 带移
band shift 带移
band spectroscopical 带光谱的,分子光谱的
band spectrum 带[光]谱
band spread 频带展宽,频带扩展,波段展开
band spread system 频带展开制
band spring 片状弹簧,板簧,箍簧
band steel 带钢
band-stop 带阻
band-suppression filter 带阻滤波器,带除滤波器
band suspension meter 带悬式仪表,拉丝式仪表
band switch 波段开关,波段选择器
band-switching 频段转换
band switching 波段转换
band tape 卷尺,皮尺
band theory 能带理论
band tolerance 公差带
band tool 带式锯床
band track 带式履带
band tubing 软韧橡皮管
band tyre 载重轮胎,货车轮胎,实心轮胎
band wheel (1)带式制动器轮缘,带锯轮,带轮;(2)(缝纫机的)下带轮
band width 频带宽度,通频宽度,带宽
band width control 带宽调整
band width of video signal 视频信号带宽
band wound coil 叠层线圈
bandag (翻胎)全包硫化囊
bandage 铁箍
banded (1)系起来的;(2)有条纹的,带状的,连结的,结合的
banded column 箍柱
banded shaft 箍柱
banded structure (1)带状偏析组织;(2)条状组织,带状结构,加箍结构
bandelet 扁带
bander (1)打捆机;(2)用绳捆扎者;(3)镶边者
banding (1)带状;(2)层理,岩理;(3)夹层;(4)光谱中出现束;(5)磁头条带效应,磁头痕迹;(6)聚集成带,带状化,条状化
banding ferrite 条状铁素体
banding machine 打锭绳机
banding plane 线脚刨

banding steel 带钢, 箍钢

bandissserite 菱镁矿

bandit 敌机; 敌人

bandlet 扁带

bandolier (= bandelier, bandileer, bandoleer) 工具袋带, 子弹带, 背带

bandong 一种小艇

bandpass crystal filter (=BCF) 带通晶体滤波器

bandspread 调谐范围扩展, 频带扩展, 波段扩展, 频带展宽, 波段展宽

bandspread receiver 带展接收机

bandspread tuning control [频] 带展 [开] 调谐控制

bandspreader 频带扩展微调电容器频带扩展微调电感器频段扩展器, 频段展宽器

bandspreader fine capacitor 频带扩展, 精调电容器

bandstop filter 带阻滤波器

bandswitch 波段转换开关, 波段开关, 换 [波] 带

bandtail 能带尾

bandwidth (=BW) (1) 频带宽度, 能带宽度, 通带宽度, 带宽, (2) 误差范围

bandwidth curve 调谐曲线

bandwidth-limiting amplifier 带宽限制放大器

bandwidth switch 带宽选择开关

bang (1) 突然强烈响声, (2) [超声速飞行器的] 波前冲击, 声击

bang-bang 继电器式控制

bang-bang control 继电器式控制, 开关式控制, 继电控制, 起停控制

bang-bang output 脉冲 [输出] 信号, 脉冲输出

bang-bang servo 继电伺服机构, 开关伺服机构, 双位伺服机构, 双位调节器

bang-bang system (自由陀螺仪的) 继电器式控制系统

bang-off (1) 飞机从舰上起飞, (2) (织机) 碰撞关车

bang-zone 飞机噪音区

banger (1) 破旧老爷车, (2) (内燃机) 气缸数

banging 消音器内爆炸

bangup 顶好的, 上等的

banish 排除, 驱除, 消除

banister (=bannister) (1) 栏杆小柱, (2) 扶手及支柱, 扶手

banjo (1) 短把锹, (2) 砂锡矿用的一种工作设备, 箱, 盒, 匣, (3) 一种定型设计的传动箱, 变速箱

banjo axle 整体式桥壳

banjo fixing 对接接头, 对接组件

banjo frame (1) (曲样) 曲线规, (2) 弓形连杆

banjo lubrication 放射管式润滑, 离心式润滑

banjo oiler (润滑油) 伸长管加油器

banjo signal 圆盘信号

banjo type housing 差速整体壳, 整体式后轴壳, 琵琶式后轴壳

banjo union 鼓形管接头

bank (1) 组, 组合, 组排, (2) 上部或井口的) 车场, (井口附近的) 储煤场, 贮料器, (3) 冷床, 台架, 台阶, 梯段, (4) [飞机] 翻身, 倾斜, 侧滚, 横滚, (5) {计} 存储单元, 存储体, (6) 银行, (7) 堤岸, (8) 数据库, 资料库, 仓库

bank-and-wiper switch 触排及弧刷转接器

bank angle 倾斜角, 横倾角, 横动角, 滚转角, 超高角

bank axis 侧滚轴, 纵轴

bank bars 井壁衬板

bank battery 并联电池组

bank blasting 梯段爆破

bank cable 线弧电缆

bank capacity 组合触排容量, 线弧容量

bank channel 信号处理单元

bank-cleaner (1) 线弧清拭器, (2) 触排清洁器

bank contact 触排接点

bank crane 岸边起重机

bank cubic yard (=bcy) (爆破) 实体立方码

bank deposit 银行存款

bank discount rate 银行贴现率

bank draft 银行汇票

bank engine (英) 尾部补机

bank fire 压火, 封火

bank head 井口上端装卸平台

bank head machinery 井口机械

bank indicator 倾斜指示器

bank light 泛光灯组, 聚光灯, 排灯

bank-loading (1) 台阶装载, (2) 井口装载

bank money 银行票据

bank multiple 触排复接盘

bank multiple cable 线弧复式电缆

bank notes 纸币, 钞票

bank of a cut 剖线边沿

bank of capacitors 电容器组

bank of condensers (1) 电容器组, (2) 冷凝器组

bank of cylinders (=cylinder block) 气缸组, 汽缸排

bank of gears 齿轮组

bank of iron ore 铁矿层

bank of lamps 吊灯架

bank of oil 储油层

bank of ore 储煤层

bank of ovens 炉组 (炼焦)

bank of sieves 一套筛子

bank of staggered pipes 错列管排

bank paper (1) 高级书写纸, (2) 银行承兑票据, 钞票

bank rate (1) 倾斜率, (2) 贴现率

bank rod 触排棒

bank slope 边坡倾斜角

bank the fire 封火, 压火

bank transfer 银行转账

bank tube 栅管

bank up (1) 封炉, (2) 堵截, (3) 堆置

bank winding 交迭多层绕组

bank-winding coil 叠绕线圈, 简单绕组

bank wires 触排导线

banka drill 砂矿钻机, 斑加钻

bankable 银行可承兑的

banked (1) 侧倾的, 倾斜的, (2) 分组的, 集群的, 积累的, (3) 排成一排的, (4) 被压火的

banked battery 并联电池组

banked crown on curves 曲线超高

banked curve 超高曲线

banked fire (1) 盖煤封火的锅炉, (2) 封火, 压火

banked turn 倾斜转弯

banked winding (1) 简单绕组, 重迭绕组, (2) 重迭绕法

banker (1) 捕鳕鱼船, (2) 尾部补机, (3) 人工搅拌台, 造型台, 工作台, (4) 银行家

Banki turbine 班基式水轮机

banking (1) 空行程, (2) 向一边倾斜, (3) (航) 压坡度, (4) 封炉, (5) 井口罐笼装卸工作

banking agreement 银行议定书

banking arrangements 银行议定书

banking curve 横向倾斜曲线, 超高曲线

banking loss 压火损失

banking out 罐笼装卸矿车工作

banking pin 限位钉

banking screw 限位螺钉, 止动螺钉

banking up 压火

banknote 纸币, 钞票

bankroll (1) 资金, (2) 提供资金, 资助

bankroller 提供资金者, 资助者

bankrupt (1) 使破产, (2) 破产的, (3) 破产者

bankruptcy (1) 经营失效, 无偿还能力, 破产, (2) 完全丧失(bankruptcy in, bankruptcy of)

banks 排灯, 灯组

bankskoite 一种瑞典渔船

banner (1) 国旗, 军旗, 旗, (2) 通栏标题, (3) 铁路上灯火信号上的开动部分

bannister [提花机] 棒刀装置

bannister shaft [提花机] 棒刀, 梁子板

bannock (1) 顶部手工掏槽, (2) 褐灰色耐火粘土

bantam (1) 短小精悍的, 小型的, (2) 降落伞降下的携带式无线电信标, 小型设备, (3) 吉普车

bantam car 轻便越野汽车, 侦察汽车

bantam mixer 非倾倒式拌和机

bantam tube 小型 [电子] 管

bar (1) 棒, 杆, 条, (2) 棒料, (3) 棒钢, (4) 铁条, 钢筋, (5) 杆件, 钻杆, 钎杆, (6) (截煤机的) 截盘, (7) 整道辊, 整道杆, (8) 巴 (压力单位)

bar bench 棒材拉拔机, 型钢拉拔机

bar bender 钢筋弯折机, 弯条机

bar burner 加热钢棒取样工

bar capacity 棒条容量

bar capstan 推杆绞盘, 人力绞盘

bar chair 钢筋支座

bar chart　柱状图表, 条线图
bar claw　臼爪
bar code　{计} 条形码
bar-code scanning　条线代码扫描器
bar commutator　铜条整流子
bar console typewriter　(杆式) 控制台打印机
bar cutter　钢筋剪切机, 钢筋切割机, 切条机
bar cutting machine　切条机
bar diagram　直方图, 图表
bar dowel　短钢筋, 叉筋
bar-drawing　棒材拉拔
bar drawing　棒材拉拔
bar drill　横梁架式凿岩机
bar fagoting　梯形开口缝, 小方形开口缝
bar feed lock　(电) 保险器
bar feeder　棒料进给器
bar folder　弯折机
bar gap　棒形放电器
bar gauge　标准棒, 棒规, 量棒
bar generator　(图像直线性调节用) 条状信号发生器
bar graph　柱状图表, 条线图
bar-graph oscilloscope　线条示波器
bar grid　棒式炉栅
bar grizzley　格筛
bar iron　条铁, 铁条, 钢条, 条钢, 型钢
bar joist　轻钢搁架
bar keel　(船舶) 矩形龙骨, 方龙骨, 立龙骨
bar lathe　棒料 [加工] 车床, 两脚车床
bar link　有档链条
bar linkage　连杆机构
bar lock　插销门锁
bar-magnet　磁铁棒
bar magnet　条形磁铁, 磁铁棒
bar-matrix display　(1) 正交电极线寻址矩阵显示器；(2) 交叉条矩阵显示
bar method　(焊缝) 贯通法磁粉探伤
bar-mill　小型轧机, 型钢轧机的
bar mill　小型轧机, 型材轧机, 棒条轧机, 条材轧机, 轧条机
bar movement　杆形机芯
bar of flat　窄厚扁钢, 扁平钢, 板片
bar of rack and pinion jack　齿条进给齿筒
bar oven　条炉
bar pattern　条形图样
bar pointer　夹头锻制机, 压尖机
bar pressure　大气压 [力]
bar printer　杆式打印机
bar reinforcement　粗钢筋
bar relay　多接点继电器
bar rod　钻杆
bar sash lift　车窗提手
bar screen　(1) 条炉格箅；(2) 铁栅筛, 箅子筛
bar section　(1) 型材；(2) 棒形断面
bar shape　型钢
bar shear　剪条机
bar shearing machine　棒材剪切机, 棒料剪床, 剪条机
bar shears　小型钢材剪断机
bar shoe　连尾蹄铁
bar sight　杆状表尺
bar steel　六角型钢, 异型型钢, 矩形型钢, 圆型钢, 方型钢, 扁型钢, 棒钢, 条钢, 型钢
bar stock　棒料, 棒材
bar stock cutting capacity　棒料切割容量
bar straightener　辊式棒材矫直机, 直条机, 调直机
bar strip　薄板坯, 钢带
bar suspension　矩悬置法
bar timbering　顶梁支护法
bar tracery　铁楞窗 [花] 格
bar-type　栅条式的, 棒形的, 棒式的
bar-type current transformer　单匝电流互感器
bar warp machine　狭条经编机
bar winding　条形绕组, 棒形绕组, 棒状绕组, 绕杆
bar-wound　条绕的
barb　(1) 倒钩, 倒刺, 倒齿, 毛刺, 毛边；(2) 去毛刺
barb bolt　地脚螺栓, 基础螺栓, 棘螺栓

barbed　有倒刺的, 具倒钩的
barbed dowel pin　带刺销钉
barbed nail　刺钉
barbed wire　刺钢丝
barbering　手工装饰工序
barberite　铜镍锡硅合金
barbette　舰上炮塔, 固定炮塔, 露天炮塔, 炮架, 炮座
Barbey degree　(=B) (粘度) 巴氏度
barbing　(1) 形成倒刺, 切成倒刺, 开刺；(2) 竿, 棒, 柱
barca　(1) (意) 一种小艇；(2) (西) 一种炮艇
barcaca　巴西帆驳
barcarolle　(意) 一种游览船
barchetta　(意) 一种小艇
barco　一种巴西帆船
bare　(1) 无反射层的, 无屏蔽的, 无掩护的, 无外壳的, 赤裸的, 空虚的, 仅有的；(2) 无设备的, 无装饰的, 空的；(3) 露出, 剥去, 拔出
bare bobbin　空筒管
bare bus　裸母线
bare bus-bar　裸母线
bare cable　裸电缆
bare computer　裸 [计算] 机
bare conductor　裸线
bare copper (=BC)　裸铜 [的]
bare copper clad wire (=BCCW)　裸铜包线
bare copper wire (=BCW)　裸铜线
bare electrode　(1) 无药焊条, 裸焊条, 光焊条；(2) 裸 [电] 极
bare ion　裸离子
bare machine　裸 [计算] 机, 硬件计算机
bare nickel chrome wire (=BNCW)　裸镍铬线
bare phosphor bronze wire (=BPBW)　裸磷青铜线
bare platinum wire (=BPW)　裸铂线
bare pipe　不绝缘管, 光 [滑] 管, 裸管
bare rod　(1) 无药焊条, 裸焊条, 光焊条；(2) 裸 [电] 极
bare source　无屏蔽源, 裸源
bare stainless-steel wire (=BSSW)　不锈钢裸线
bare-turbine　开式涡轮机
bare weight　净重, 空重, 皮重
bare wire (=BW)　架空明线, 裸铜丝, 裸线
bareback　鞍式牵引车
barefoot　无刹车的
baresthesiometer　压觉计, 压力计
bargain　(1) 契约, 合同, 交易；(2) 成交的商品, 廉价品, 便宜货；(3) 谈判, 订约, 磋商, 议价, 成交, 商定；(4) 提出条件, 提出要求
bargainee　买主
bargainor　卖主
barge　(1) 座艇；(2) 驳船；(3) 车辆运输驳, 平底船, 游览船, 练习艇
barge-carrying　载驳的
barge crane　船式起重机, 浮吊
barge derrick　船式起重机, 浮吊
barge-loaded　平底船载的, 驳船装载的
barge-mounted　装在 [平底] 船上的
barge-train　驳船队, 船列
barge tug　拖轮
bargee　(英) 驳船船员
bargeman (bargemen)　(1) 驳船或游览船长；(2) 水手
bargemaster　驳船船长, 驳船管理员
barges-on-board ship　载驳母船
baric　(1) 气压的；(2) 钡的
baric system　气压系统
baricalite　钡解石
barium　{化} 钡 Ba
barium-base grease　钡基脂
barium chlorate　氯酸钡
bark　(1) 树皮, 树皮鞣革；(2) 脱碳薄层；(3) 小型帆船, 三桅帆船；(4) 裂皮
bark-bound　皮封的
bark mill　(1) 剥树皮机；(2) 磨树皮机
bark press　压皮机
bark spud　剥树皮刀
barker　(1) 剥皮机；(2) 剥树皮刀；(3) 啸声管
Barkhausen-Kurtz oscillation (=BO)　厘米波段的三极管正栅负屏振荡, 巴克好森 - 库尔兹振荡, 拒斥场型振荡
Barkhausen-Kurtz vibration (=BK vibration)　厘米波段的三极管正栅负屏振荡

100

barking drum 筒式去皮机, 鼓式剥皮机

barley press 磨麦机

barmagnet 条形磁铁

barman 型材工, 型钢工

barmat 钢筋网

barmatic 棒料自动送进装置

barn 车库

barn door 挡光板

baro- (词头)气压, 压力, 重量

baroceptor 气压敏感元件, 气压传感器, 压力感受器

barochamber 压力舱

barocline 斜压

barocline state 斜压状态

baroclinic 斜压的

baroclinicity 斜压性

barocliny 斜压性

barocyclometer 气压风暴表

barocyclonometer 风暴位置测定仪, 气压风暴计, 气旋测验表

barodynamics 重结构力学, 重型建筑动力学

barogram 气压自记曲线

barograph 气压[自动]记录仪, 气压记录器, 气压描记器, 气压计

barogyroscope 气压回转仪, 气压陀螺仪

barokinesis 压力动态

baroluminescence 气压致发光, 高压发光

barometer (=baro.) 气压计, 气压表

barometer cistern 气压计水银槽

barometer constant 气压测高常数

barometer tube 测压管, 气压管

barometric (=baro.) 测定气压的, 气压[计]的

barometric adjusting pinion 气压计调整小齿轮

barometric altimeter 气压高度计

barometric discharge pipe 大气排泄管

barometric equation 气压方程

barometric leg 气压柱

barometric leveling 气压水准测量, 气压测高

barometric low 低气压

barometric maximum 气压最高值, 高气压

barometric pressure (BP) [大]气压[力], 计示压力

barometric step 单位气压高度差

barometric surface 等压面

barometrical 测定气压的, 气压[计]的

barometrically 用气压计

barometrograph 气压自动记录仪, 气压描记器, 气压计

barometry 气压测定法

baromil [气压]毫巴(测气压的单位)

barong (1)巴隆刀; (2)一种渔船

baroport [取]静压[的]孔

baroreceptor 气压感受器

baroresistor 气压电阻

Baros metal 镍铬合金(镍90%, 铬10%)

baroscope 气压检测器

barosphere 气压层(8公里以上的大气层)

barospirator 变压呼吸器

barostat 气压调节器, 气压补偿器, 恒压器, 气压计

baroswitch (无线电探空仪上用的)气压[转换]开关

barotaxis (复barotaxes)趋压性

barothermograph 气压温度记录仪, [气]压温[度]记录器, [自记]气压温度计

barothermohygrograph 气压温度湿度自动记录仪, [气]压温[度]湿[度]记录器

barothermohygrometer 气压温度湿度表

baroto (非)一种小艇

Barotor machine 巴罗托染色机, 高温高压卷染机

barotropic 正压的

barotropy 质量的正压分布, 正压[性]

barque 三桅帆船

barquentine 只前桅有横帆装置的三桅船

barquet (法)一种小艇

barqueta (葡)一种平底船

barquette (法)一种帆船

barquilla (西)一种帆船

barquinha 一种渔船

barra (澳)一种小艇

barrage (1)[被抑制的]天线电干扰, 阻塞干扰; (2)弹幕[射击],

拦阻射击, 拦阻轰炸, 掩护炮火, 防雷网; (3)阻塞, 拦阻, 遮断

barrage balloon (防空袭用)阻塞气球

barrage cell 阻挡层光电池

barrage jamming 全波段干扰, 阻塞干扰, 抑制干扰

barrage mortar 防空迫击炮

barrage photocell 阻挡层光电池, 阻挡层光电管

barrage power station 堰坝式水电站

barrage receiver 双天线抗干扰接收机, 双天线消噪声接收机

barrage reception 多方向选择接收, 抗干扰接收

barrate 转鼓

barratron 非稳定波型磁控管(用以产生噪声干扰)

barred 被阻塞了的, 有障隔的, 被禁止的, 划[红]线条的, 划了线的

barred speed range 禁用转速范围

barrel (=BAL) (1)圆桶, 木桶; (2)卷绳筒, 绕绳筒, 绞盘筒; (3)滚光筒, 油缸筒, 绞盘筒, 圆柱体, 圆筒, 滚筒, 卷筒, 料筒, 筒体, 辊身, 鼓轮, 锅筒, 泵缸, 泵筒, 套筒, 套管, 条盒; (4)[桶形]燃烧室, 炮筒, 炮管, 枪管; (5)火箭发动机; (6)容积单位(1英桶=36英加仑, 1英桶=31.5美加仑); (7)桶形失真, 桶形畸变; (8)岩心管

barrel antenna 桶形天线

barrel arbor 条盒心轴

barrel assembly (1)枪管; (2)炮身

barrel band 圆形插销

barrel bearing 圆筒轴承

barrel bolt 圆形插销

barrel-bulk 桶(容积单位, 等于0.142立方米)

barrel cam 筒形凸轮, 圆柱凸轮, 凸轮鼓

barrel casing feed pump 筒式给水泵

barrel converter 卧式吹炉

barrel crankcase 隧道式曲轴箱, 筒式曲轴箱

barrel distortion 桶形畸变, 负畸变

barrel-drain 筒形排水渠

barrel elevator 圆筒提升机

barrel finish (1)滚磨, 滚光; (2)滚筒清理

barrel finishing 滚磨

barrel lifter 油桶起重机

barrel-man 前桅瞭望员

barrel nipple 筒形螺纹接套

barrel nut 圆柱螺母

barrel of gun 枪管

barrel of piston 活塞筒

barrel of pump 泵体, 泵筒

barrel of puppethead 随转尾座套筒

barrel of reservoir crude 油层内石油体积

barrel of tail stock 顶针座套筒

barrel oil pump 油桶手摇泵

barrel plating 滚镀, 桶镀

barrel print 鼓式打印

barrel process 转桶提金法

barrel pump 桶式喷雾器

barrel roll 横滚

barrel roller bearing 球面滚子轴承

barrel-shaped 桶形的, 筒形的

barrel shaped distortion 桶形畸变, 桶形失真, 负畸变

barrel shaped roller 鼓形滚子, 筒形滚子

barrel-shaped tooth 鼓形齿

barrel stave type antenna 桶板形天线

barrel surface 鼓形面

barrel switch 筒形开关, 鼓形开关

barrel tension device 圆筒形张力装置

barrel type crankcase 筒形曲柄箱

barrel type engine 筒[形活塞]式发动机

barrel-type shotblasting machine 喷丸滚筒

barrel type spring 鼓形弹簧

barrel type tappet 筒形延杆

barrel-vault 筒形窟窿

barrel-vault roof 筒形穹顶

barrel whip 炮口跳动

barreled (=barrelled) 装有桶的, 桶装的

barrelhead 桶底

barrelling (=barreling) (1)(轴承)滚磨, 研磨; (2)齿面修磨, 齿面修整, 滚磨清理; (3)辊身做出凸度; (4)凸度; (5)转桶清砂法; (6)药筒口部贴膛卡壳; (7)滚筒涂底漆, 转鼓滚涂; (8)装桶

barrette file 扁三角锉

barretter (1)热线检流器, 电流调整器; (2)镇流[电阻]器, 稳流器,

稳流灯，稳流管；(3) 铁氧镇流电阻，镇流电阻，热变电阻，非线性电阻；(4) 辐射热测量器

barricade (=barricado) (1) 障碍物，栅栏，路障，路栏；(2) 防护屏，屏蔽板，屏蔽墙，防御墙，屏蔽，隔板；(3) 阻塞，屏蔽，遮住

barrier (1) 障碍物，障壁，屏障，隔板，挡板，闭塞，(2) 壁垒，势垒，位垒，(3) 绝缘 [套]，阻挡层，[扩散] 膜，(4) 围栅，栅栏；(5) 用栅围住；(6) 障碍；(6) 矿柱

barrier capacitance 空间电荷电容，阻挡层电容，势垒电容
barrier cell 阻挡层光电池
barrier diffusion 膜扩散
barrier field 势垒场
barrier film 保护膜，障碍膜
barrier-film rectifier 阻挡层整流器，阻挡膜整流器
barrier frequency 阻挡频率，封闭频率，闭锁频率，截止频率
barrier grid 障栅
barrier-gird storage tube 网垒式存储器
barrier height 势垒高度，障高
barrier injection and transit time diode 势越二极管
barrier-layer 阻挡层
barrier layer (1) 势垒；(2) 阻挡层，势垒层，障层
barrier-layer capacitor 障层电容器
barrier-layer cell 障层光电管，阻挡层光电池，阻挡层硒电池
barrier layer-puncture 障压击穿
barrier-layer rectifier 阻挡层整流器
barrier light 海岸探照灯
barrier material 防潮材料，隔板
barrier model 障壁模型
barrier penetration 障壁穿透
barrier potential 势垒，位垒
barrier potential difference 障壁电位差
barrier region 势垒层
barrier resistance 障壁电阻
barrier static capacitance 障壁静态电容
barrier voltage 障壁电压
barring (1) 盘车，撬转，起动；(2) 支架；支护；(3) 以横物拦阻；(4) 清炉渣块；(5) 除……外，不包括
barring gear (1) 盘车装置；(2) 曲柄变位传动装置，曲柄移位装置
barrings 清炉渣块
Barronia 高温耐蚀铅锡黄铜(铜 83%，铅 0.5%，锡 4%，锌 12.5%)
barrow (1) 手推车，独轮车，放线车，矿车，(2) 用手推车运料
barrow gear 道夫快慢齿轮
barrow runner 手车跳板
bars (1) 狭钢条；(2) 条信号
bartacker 套结缝纫机
barter (1) 易物交换，作交易，易货，换货；(2) 换算法
barter agreement 易货协定
barycenter (=barycentre) 质 [量中] 心，引力中心，重心
barycentric 质心的，重心的
barye (1) 气压单位巴列(等于 10^{-5} N/cm^2)；(2) 微巴(压强单位，等于 10^{-5} N/cm^2)
barygyroscope 重力控制陀螺仪
baryon 重子
baryt- (=baryto-) 钡，钡氧，氧化钡
baryta 氧化钡
basad 基向
basal (1) 基础的，基本的；(2) 基部的，基底的
basal body temperature 基体温度
basal contact 底部接触
basal crack 底面裂缝
basal glide 基面滑移
basal granule 基粒
basal lamina 基片
basal orientation 基线定向
basal plane 底 [平] 面，基面
basal pole 基极
basal principle 基本原理
basal ration 基本定量
basal temperature 基部温度
basal water 主要含水层
bascule (1) 开合桥扇；(2) 平衡装置，等臂杠杆，摇臂；(3) 活动桁架
bascule bridge 竖升开启桥，竖旋桥
bascule door 吊门
bascule escapement 贝斯科里擒纵机构，锁销式天文钟擒纵机构
bascule leaf 竖旋翅

bascule span 竖旋孔
base (=B) (1) 基，基线 { 数 }，基点，基面，基准；(2) 基础，底，底座，座体，(3) (刀具的) 安装面；(4) 跨距，轴距，轮距；(5) { 化 } 碱；(6) 基地址；(7) 基极
base address 基本地址，基 [准] 地址，地址基数
Base Air Defense Ground Environment (=BADGE) (美国空军) 地域半自动防空警备体系
base amplifier 普通放大器
base angle 底角
base apparatus 基础装置
base assembly parts list (=BAPL) 基地装配零件表
base at a point 在一点处的基
base band 基本频带
base band frequency response 基带频率响应
base-bar 杆状基线尺，基线杆
base bearing 主轴承，底轴承，基 [础] 轴承
base bias 基极偏压
base bias bleeder circuit 基极分压电路
base box 标准箱
base bullion 粗金属锭
base bullion lead 粗铅锭
base-centered (=base-centred) 底心的
base centered lattice 底心点阵
base circle (齿轮的) 基圆
base circle diameter 基圆直径
base circle diameter error 基圆直径误差
base circular thickness 基圆弧齿厚
base coat 底涂层
base complement 基数的补数，补码
base cone (锥齿轮) 基圆锥，底锥
base cone angle (锥齿轮) 基锥角
base configuration 基地布局
base contact 基本接触
base control 基点控制；基极控制
base course (1) 底层，基底，(2) [船的] 主航向
base current 基 [极电] 流
base curve 基准曲线
base cylinder 基圆柱面
base cylinder diameter 基圆直径
base-data 基本数据，基本资料
base diameter 基圆直径
base diffusion isolation (=BDI) 基区扩散隔离
base direction 基线定向，基线方向
base earth 基极接地
base elbow 支座弯头
base electrode 基 [电] 极
base electrolyte 基底电解质
base element 成碱元素
base elements 基础 [元] 件
base-emitter barrier 基 [极]-[发] 射 [极间] 势垒
base-emitter saturation 基极 - 发射极间饱和
base error 基圆误差
base-exchange [阳] 离子交换，碱交换
base exchange 碱离子交换法，[阳] 离子交换，碱交换
base face 基准面
base frame 基础台架，底架，基架
base frequency (=BF) 基 [本] 频 [率]，固有频率
base fuse (=BF) 弹底引信
base helix 基圆螺旋线
base helix angle 基圆螺旋角
base hum 基极交流声 (基极哼声)
base impedance 天线座端阻抗
base-in 基线向内
base insulator 支座绝缘子，托脚绝缘子
base iron 原铁水 (处理前铁水)
base knob 门碰
base lacquer 底漆
base lead angle 基圆螺旋升角，基圆导程角
base-lead resistance 基极引线电阻
base leakage 管座漏泄，管座漏电
base level (1) 基准面；(2) 基数电平
base line (=BL) (1) 基 [准] 线；(2) 时基线，底线；(3) 扫描行
base-line break 基线中断
base link 固定杆，基杆

base-load (1)基底负载,基底负荷,基本负荷,基本荷载,最低负荷;(2)基极负载

base load 基本载荷,基本负载,基底负荷

base-load generator 基底负载发电机

base-load power station 基底负载发电厂

base-loaded antenna 基载天线

base machine 基型机床

base map 工作草图,[基本]底图

base material 基体材料,母材

base measurement 基线测量

base metal (1)非贵重金属,贱金属;(2)基体金属,基底金属,主体金属,基极金属,底层金属;(3)母体金属,母材;(4)基[焊]料;(5)金属底座

base metal fusion zone 母材熔合区

base minus one's complement 反码

base modulation 基极调幅,基极调制

base molding 护墙板

base mortar 基准迫击炮

base mount valve (=BMV) 底座阀

base notation (1)基数记数法,基数表示法,根值表示法,数制;(2)基本符号,基本记号

base network 基线网

base number (1)基数,底数;(2)碱值

base of a logarithm 对数的底

base of a range 列的底

base of a triangle 三角形的底

base of blade 叶片根部

base of corrosion 溶蚀基准

base of crude oil 石油之基类

base of dam 坝基

base of foundation 基底

base of rim 轮辋之鞍边

base of spring 弹簧座

base of the notch 切口底部

base of tool (1)刀具底面;(2)刀具座

base of trajectory 炮身水平面,弹道基线

base of verification 控制基线,校正基线

base oil 基[础]油,粗石油,原油

base-pair 碱基对

base peak 基峰

base period 基本周期

base piece 基准件

base pin 基础销子

base pitch 基圆节距,基圆齿距,基节

base pitch error 基节误差

base plane 基准平面

base-plate 基座,基板

base plate (=BP) (1)基板,底[座平]板,支承板,垫板;(2)底座

base point (=BP) (1)基点,原点,(2)小数点

base point configuration (=BPC) 基点布置

base pressure (1)基准压强,[本]底压[强];(2)(液)底部压力,基础压力

base product 基础产物

base projection 基线投影

base pump station 泵总站

base rack 基本齿条

base rack profile 基本齿条齿廓

base rack profile of tool 刀具的基本齿廓

base radius 基圆半径

base register 基[本地]址寄存器,变址[数]寄存器

base resistance 基区电阻

base ring (1)底座圈,基座环;(2)炮尾环

base saturation 阳离子吸附饱和,盐基吸附饱和

base shield 管座屏蔽

base shoe 钻塔支柱底座

base space width 基圆齿槽宽度

base spacewidth half angle 基圆齿槽半角

base-spreading resistance 基区扩展电阻,基极扩展电阻

base spreading resistance 基极扩展电阻

base square 塔底框

base station (1)基点;(2)基地;(3)基本测站

base stock 基本原料,基本组分,基本汽油,油基

base-strip emulsion 剥离的乳胶,无衬乳胶

base tangent length 公法线长度

base tangent length error 公法线长度误差

base tangent length error out of tolerance 超差的公法线长度误差

base tangent length tolerance 公法线长度公差

base terminal 基极引线

base thickness 基圆齿厚

base-timing sequencing 基站定时程序,时基定序,时分定序

base tooth thickness half angle 基圆齿厚半角

base-tray 基底托盘

base tunnel 导坑

base unit 基本单位

base vector 基向量,基准矢向

base-vented 底面开孔的

base voltage 基极电压

base-wafer assembly 基片装置

base weight 基准重

base-width 基区宽度

base width 基圆齿厚

base winding 基极电路绕组

baseband 基本频带

baseboard 底板,尺寸板

baseburner 底燃火炉

based variable 有基变量

baseless 没有基础的,没有根据的,无管座的

baseless bulb 无基管壳

baseless subminiature vacuum tube 无座超小型真空管,无座指形管

baselevel 基准面

baseleveling 削平

baseline (1)基线,底线,(2)时基线;(3)扫描行;(4)原始资料

baseload 基底负载

basement (1)地下室,底层,(2)基底;(3)基本部分,底座

baseplane 底平面

baseplate (1)试用基板,基板;(2)座底板,底板,座板,垫板,台板;(3)支承板,支座

baseplug 主插座

basher 小型照明灯,泛光灯,散光灯

bashertron 信号仪

bashing 封闭火灾区

basi- (1)基础,基部;(2)在基部的

BASIC (=beginner's all-purpose symbolic instruction code) 一种能进行人机对话的标准化的程序语言,BASIC 语言

basic (=BSC) (1)基准的,基本的,基础的,根本的,主要的;(2){化}碱性的;(3)含少量硅酸的,碱[式]的,盐基的

basic access method 基本取数法,基本存取法

basic ackerman diagram 梯形转向杆系的理论图

basic angle 底角

basic assemble language (=BAL) 基本汇编程序语言

basic assembler program (=BAP) 基本汇编程序

basic assembly language (=BAL) 基本汇编语言

basic average pressure angle (双曲面齿轮的)基本平均压力角

basic Bessemer (1)碱性转炉;(2)碱性转炉钢

basic Bessemer converter 碱性转炉

basic Bessemer steel 碱性转炉钢,碱性贝氏炉钢

basic bore 基孔

basic bottom 碱性炉底

basic brake rigging 基础制动装置

basic capacity (1)基本容量;(2)碱性,碱度

basic catalyst 碱性催化剂

basic circle 基准圆

basic circuit 基本线路,原理电路[图]

basic code 基本代码,绝对代码,机器代码,代真程序,代真码

basic code number 基本代号

basic coding 基本编码

basic color 碱性染料,碱性颜料

basic concept(ion) 基本概念

basic conditions 基本条件

basic contour line 基本轮廓线

basic control frequency (=BCF) 基本控制频率

basic copper chloride 王铜

basic crown 基准冠状齿轮,基准冕状齿轮

basic cycle 基本循环

basic data 基本数据,原始资料

basic depth factor 基准齿高系数,基准齿条的齿高系数

basic design 基本设计,基础设计

basic design scheme 基本设计方案

basic designation 基本代号
basic deviation 基本偏差
basic diagram 基本线图, 原理图
basic dye 碱性染料, 碱性颜料
basic electric furnace steel 碱性电炉钢
basic element 基元素, 基元
basic equation 基本方程, 基底方程
basic equipment list (=BEL) 基本设备表
basic external operation of lathe 车床基本外圆车削
basic ferritic electrode 碱性焊条
basic form (1)基本形式; (2)基本齿廓
basic frequency 基本频率, 主频率
basic function 基本函数
basic gear addendum 基准齿顶高, 基本齿条齿顶高
basic gearing law 基本啮合定律
basic group 碱性原子团, 碱[性]基, 基群
basic helical rack 斜齿基本齿条
basic hole 基[准]孔
basic hole system 基孔制
basic impulse level (=BIL) 基本脉冲电平
basic indexing and retrieval system (=BIRS) 基本索引和检索系统
basic industry 基础工业, 重工业
basic insulation level (=BIL) 绝缘基本冲击耐压水平
basic ion 阳离子, 正离子
basic internal operation of lathe 车床基本内圆车削
basic invariant 基本不变式
basic investigation 基础研究
basic language for implementation of system software (=BLISS) 实现系统软件的基本语言
basic lead white 碱性碳酸铅白, 铅白
basic line 基础[直]线, 基[准]线
basic-lined 碱性炉衬的
basic load 基本载荷
basic machine language (=BML) 基本机器语言
basic material (1)基本材料, 原[材]料, (2)碱性材料
basic materials laboratory (=BML) 基本材料实验室
basic member 基本元件, 基本零件
basic-metal thermocouple 贱金属热电偶
basic military requirement (=BMR) 基本军事要求
basic missile 主级导弹
basic network 基本网络
basic noise 基本噪声, 本底噪声
basic open-hearth 碱性平炉
basic open-hearth steel 碱性平炉钢
basic operating system (=BOS) 基本操作系统
basic operation 基本运算
basic operational weight 基本运行重量, 使用重量
basic order agreement (=BOA) 基本订货协议
basic oxide 碱性氧化物
basic oxygen furnace 氧气顶吹转炉
basic oxygen steel 氧气顶吹转炉钢, 碱性氧吹钢
basic parameter 基本参数
basic parts list (=BPL) 基本零件清单, 基本配件清单
basic pig iron 碱性生铁
basic pitch (齿轮)基节
basic pitch diameter (螺纹的)公称中径, 基本直径
basic plane 基础[平]面
basic point 基础点, 基点
basic power source 基本能源, 主要能源
basic principle 基本原理
basic programming support (=BPS) 基本程序设计后援系统
basic process (1)基本过程; (2)碱性[炼钢]法
basic profile 基本齿廓, 基本轮廓
basic qualification (=BQ) 基本条件
basic rack 基本齿条, 基准齿条, 标准齿条
basic rack profile 基本齿条齿廓
basic rack profile of tool 刀具的基本齿廓
basic rack tooth profile 基准齿条齿廓
basic rack with straight tooth profile 直齿基本齿条齿廓
basic requirement (=BR) 基本要求
basic research (=BR) 基础理论研究, 基本研究
basic scheme 基本方案
basic sediment and water (=BS&W) 底部沉淀物和水
basic sequence 基序列

basic set 基本集合
basic set of solutions 基本解组
basic shaft 基[准]轴, 主轴
basic shaft system 基轴制
basic shape 基本形状
basic size (1)基准尺寸, 基本尺寸, 规定尺寸, 公称尺寸; (2)标准规格; (3)标称直径, 名义直径
basic slag 碱性溶渣
basic slag practice 碱性渣操作法
basic solution 基本解
basic solvent 碱性溶剂
basic space 基础空间
basic specifications 基础参数
basic spiral configuration 基本螺旋机构
basic statement {计}基本语句
basic steel 碱性钢, 盐基钢
basic straight line 基本直线
basic stress 主应力
basic surface 基础面
basic swivel angle 基本刀转面
basic symbol 基本符号
basic system 基础制
basic technical data 基本技术数据
basic technicals 主要技术数据
basic terminology 基础术语
basic tolerance 基本公差
basic tool industries (=BT) 基本工具工业
basic tooth gearing law 基本齿轮啮合定律
basic transmission loss 基本传输损失
basic type 基本型式
basic type of mechanism 机构的基[本]型[式]
basic value 基本值
basic vector 基本向量
basic voltage 基底电压
basic volumetric weight 公定容量
basic working depth 基准工作齿高
basically 基本上, 根本上, 本质上
basicity (1)基性度, 盐基度, 碱度; (2)碱性; (3)容碱量
basiconic 锥形的
basification 碱化
basifier 碱化剂
basifixed 基部附着的, 下部附着的
basifrit bottom (平炉)碱性烧结炉底
basify 使碱化
basil (1)斜刃面; (2)刃角; (3)刀口; (4)磨刃口
basil buff 鲨皮布抛光轮(用于黄铜及镀铬件的抛光)
basilar 基底, 基本, 基部, 基础
basilic(al) 重要的, 显要的
basilisk 抛石机
basilit 氟酚[材料]防腐剂
basin (1)水盆, 盆; (2)水槽; (3)容器, 贮罐, 器皿; (4)垄地; (5)煤田; (6)盘形构造; (7)天平的盘
basin grid 盆式炉栅
basin structured 盆形构造的
basing 固结于基座
basing-in 弹底部的加工
basio- (词头)基底, 底
basipetal 由上向下的, 向基的, 向底的
basis (复 bases) (1)基准, 基线, 基础, 基底, 基本, 基数; (3)基本原理, 根据, 算法; (4)主要成分; (5)军事基地; (6)(期货和现货之间的差价)基本差价
basis heating 主加热
basis of a vector module 矢量模的基底
basis of an argument 论据
basis of integers 整数基, 整数底
basis of issue 装备供给表
basis salt 碱式盐
basis vector 基矢
basis weight (纸张)定量
basiscope 基部下侧的
basket (1)篮, 筐, 篓; (2)岩心管, 打捞管; (3)吊篮, 吊舱; (4)篮形线圈, 笼形线圈; (5)挖泥机, 铲斗
basket centrifuge 篮式离心机
basket coil 篮形线圈, 笼形线圈

basket drier　篮式干燥机
basket of capital　柱头帽体
basket of the balloon　气球吊篮
basket plating　篮式电镀
basket strainer　篮式粗滤器
basket type　提篮式
basket type evaporator　篮式蒸发器
basket weave　{无}编筐绕法
basket winding　篮式绕组
bastard (=BSTD)　(1)有杂质的,不合法的,劣质的,不纯的,异形的,假的;(2)粗糙的,粗纹的,粗齿的;(3)异常尺码的,不合标准的,非标准的,畸形的;(4)假冒品,劣等品
bastard file　粗齿锉,毛锉
bastard machine tool　组合机床,联合机床
bastard material　非标准材料
bastard sawed board　粗锯板
bastard size　等外品
bastard thread　非标准螺纹,粗螺纹
baster　涂油器
bat　(1)耐火砖片,砖坯,半砖;(2)速度,速率;(3)铆钉镦头;(4)导弹
bat bolt　棘螺栓
bat-handle switch　手柄开关
bat rivet　锥头铆钉
batch　(1)[一]批,[一]组;(2)分批作业,分批制作,分批计量,分批类,分批组,分批段,分批选;(3)间歇;(4)配合料,装炉量,批料,配料,炉料;(5)程序组
batch agitator　间歇式搅拌机
batch annealing　室式炉中退火,分批退火
batch bin　[定]量斗,投配器,分批箱,配料箱
batch box　[定]量斗,投配器,分批箱,配料箱
batch-bulk　成批
batch bulk　成批
batch centrifuge　间歇式离心机
batch control sample　成批控制样品
batch counter　选组计数器,盘数计数器
batch desublimer　分批凝华器
batch-fed　分批给料的
batch filter　间歇式过滤器
batch furnace　间隙式操作炉,间歇生产炉,分批处理炉,分层式烘炉
batch leach　分批浸出,间歇浸出
batch method of operation　分批作业法,间歇操作法
batch method of treatment　分批处理法,间歇处理法
batch mill　间隙操作式磨机
batch mixer　分批拌和机,间歇式混合器
batch monitor　批量监督程序
batch number (=batch No.)　(1)批号;(2)炉号
batch oil　(1)铸造用油,翻砂用油;(2)制缆绳用油
batch operation　(1)分批操作,分组操作,间歇操作;(2)分批进行,间歇进行
batch plant　分批投配设备
batch-pot-type　分批罐式的,分批锅式的
batch process　(1)成批处理,批量处理,成批加工,批量加工;(2)批量生产,成批生产法,批量制法,分批法,间歇法;(3)间歇过程,断续过程
batch processing　{计}成批处理
batch production　成批生产,分批生产
batch roller　卷布辊
batch scale　分批称重量
batch solder(ing)　批焊,浸焊
batch-still　分批蒸馏器
batch still　分批蒸馏器
batch total　{计}程序组总计,选组总数,分批总数,分类总数,分批总量
batch-type　分批[拌和]的,分批式的,间歇式的,周期式的
batch type　一次混合式,分批式,间歇式
batch-type drying stove　周期式烘[干]炉
batch-weighed　(1)按重量配合,重量法拌合;(2)按重量配量的,按重量投配的
batch weigher　分批配料设备
batch weighing plant　分批配料设备
batchbox　(1)拌合箱;(2)量斗;(3)投配器
batcher　(1)送料计量器,供料定量器,计量给料器,进料量斗,配料量斗,分批箱,计量箱,定量器,配料器,进料器;(2)剂量计量器;(3)混凝土分批搅拌机

batcher bin　投配器,分批箱,量斗
batcher scale　自动式混料计量器,进料量斗
batching　(1)定量调节,(按批)配料,投配,定量,计量;(2)调制混合物,配料;(3)石油产品的连续输送;(4)分批,分类,分组,分选,分段
batching bin　投配器,分批箱,量斗
batching by volume　按体积配料
batching by weight　按重量配料
batching counter　剂量计数器,选组计数器
batching in products lines　产品分批沿管线输送
batching-off　成束(橡胶)
batchmeter　(1)计量器,定量器,分批计;(2)量斗
batea　(1)淘金盘,淘砂盘;(2)漆盘
bateau　(1)浮桥墩;(2)平底船
bateau bridge　浮桥
batel　一种采捕船
batelao　(非)一种平底船
batellazzo　(意)一种渔船
batelo　(非)一种平底船
bath　(1)浴[器];(2)热处理槽,电镀槽,电解槽;(3)[电]镀[溶]液,熔融金属,电解液
bath analysis　炉前快速分析
bath carburizing　液体渗碳[法]
bath chair　有蓬轮椅
bath component　(1)熔体成分,熔体组成;(2)电解质成分,电解质组成
bath composition　(1)熔体成分,熔体组成;(2)电解液成分,电解液组成
bath filter　浸油式空气滤清器
bath line　熔池液面,电解液面
bath lubrication　油浴润滑
bath metal　电镀槽用金属
bath oiling　油浴[润滑]法
bath process　浴洗过程
bath solution　电解液
bath-splash gear case　油浴飞溅润滑减速器壳体
bath splash lubrication　油浴飞溅润滑
bath surface　溶池液面
bath voltage　浴电压
bathe　(1)冲洗,冲刷,浸,泡;(2)(光线等)笼罩,充满
bathmometry　拐点法
bathoflare　减荧光物
bathometer　测深计
bathroom　浴室
bathtub　(1)浴盆,浴缸;(2)机下浴缸形突出物;(3)机器脚踏车车斗,摩托车的边车
bathtub capacitor　金属壳纸质电容器,浴缸式电容器
bathtub unit　盒形底盘
bathyclinograph　深海垂直流测定计
bathyconductograph (=BC)　深度电导仪,海水电导仪
bathymeter　水深测量器,测深仪,测深计
bathymetric chart　等深线图,水深图
bathymetric line　等深线
bathymetry　测深术,测深法
bathyscaph　深海潜水器,深潜器,深海艇
bathyscope　深海潜望镜
bathythermograph 或 bathythermosphere (=BT)　海水深度温度自动记录仪,海水深度水温测量器,深水温度计
bathythermometer　海洋深水温度计
bathyvessel　深海潜水器,深潜船
batil　(印)一种采珍珠船
baton gun　(胶弹)防暴枪
batsman　降落信号员,[航空母舰上]引导飞机的人员,降落指挥员
batten　(1)头部桁条;(2)箝座;(3)板条,压条,夹条;(4)提花机花筒的摆架;(5)相同位置穿孔,同位穿孔,警戒孔;(6)万能曲线尺,标尺
batten and button　木板接合[法]
Batten check　同位穿孔校验法
batten door　板条门
batten down　封舱
batten plate　缀[合]板
Batten system　同位穿孔检索系统
battening arrangement　压紧装置,紧固装置,封舱装置
batter　(1)磨损,毁损;(2)倾斜度,斜度,坡度,坡面,倾斜,内倾;(3)冲击,敲击,敲碎,打碎,捶薄,打扁;(4)(拉丝模)收孔
batter board　龙门板,定斜板,(放线)槽板

batter brace [桁架]斜撑

batter drainage 斜坡排水,斜水沟

batter gauge 定斜规,斜坡样板

batter leader pile driver 斜桩机

batter level 测斜仪,测斜器

batter pier 斜面[式桥]墩

batter pile 斜桩

batter post 斜柱

batter rule 测斜器

batter templet 定斜规,斜度样板

battering (1)压扁,挤压;(2)磨损

battering charge 最大装[弹]药量

battering ram 冲击夯,撞锤

battering rule 定斜规

battery (=B) (1)电池,电池组;(2)蓄电池;(3)电解槽;(4)组;(5)兵器群,炮组,炮台,炮位,排炮;(6)炮兵[中]队,炮兵连,导弹连;(7)金属,金属物件(8)捣矿机锤组,捣锤箱

battery amalgamation 捣锤混汞法

battery and charger 蓄电池与充电器

battery assay 破碎试样分析

battery capacity 电池[组]容量

battery car 电瓶车

battery cell (1)原电池;(2)蓄电池单位

battery charge-over contactor with stabilizer circuit 蓄电池转换开关接触器,带稳压电路

battery charger 蓄电池充电器

battery-charging 蓄电池充电的

battery charging (=bat chg) 蓄电池充电

battery charging switch 蓄电池充电开关

battery control and monitor (=BCM) 电池控制和监控

battery control data processor (=BCDP) 电池控制数据处理机

battery control radar (=BCR) 电池控制雷达

battery cutoff (=BCO) 电池电路自动断路器

battery cut-out (=BCO) (1)切断电池;(2)自动开关,自动断路器

battery dialing 单线拨号

battery distribution board 蓄电池配电盘

battery-driven 用电池驱动的,电池带动的,电池供电的

battery eliminator (1)等效电池,代电池;(2)整流器

battery gauge (测量蓄电池用的)小型伏特计,小型电流计

battery generator 电池励磁发电机

battery in quantity 并联电池组

battery inverter (=B/I) 蓄电池变流器,蓄电池变压器

battery inverter accessory power supply (=BIAPS) 蓄电池变流器附属动力源

battery jar 电池瓶,蓄电池容器

battery limits 设备区,界区

battery meter 蓄电池充放电安时计

battery of boilers 锅炉组

battery of coke ovens 炼焦炉组

battery of lens 透镜组

battery of pack 电池组

battery of saws 锯组

battery of tests 成套试验

battery-operated 用电池作电源的,电池供电的

battery-operated counter 电池式计数器,直流计数器

battery-operated receiver 电池接收要

battery package (=BP) 蓄电池组装

battery plotting room (=BPR) 炮台测算室

battery-powered 电池供电的

battery radio set 供电式接收机,电池接收机,电池收音机

battery railcar 电瓶机动车

battery-saver 电池保护元件

battery separator 蓄电池隔板

battery solution 蓄电池溶液,电池液

battery supply 电池电源

battery switch 电池转换开关

battery terminal 蓄电池接线端子,蓄电池电极

battery tester 蓄电池实验器

battery timing equipment (=BTE) 电池[供电]定时装置

battery timing group (=BTG) 电池定时组

battery traction 蓄电池牵引

battery truck 电瓶车

battery tube 直流管

battle (1)战役,战斗,作战,交战,斗争,竞争;(2)成功,胜利

battle bill 战斗配置表

battle-cruiser [战斗]巡洋舰

battle cruiser 战斗巡洋舰

battle disposition 战斗部署

battle group 战斗群

battle lantern 管制灯

battle light 管制灯

battle line (1)战线;(2)战斗舰横列

battle-plane 战斗机

battle position 主阵地

battle range 表尺战斗距离,表尺战斗射程

battle-ready 作好战斗准备

battle sight 战斗表尺

battle-sight range 直射距离

battle short 保安短路器

battleground 战场

battler 战斗员

battleship (1)战[列]舰;(2)大型铁路机车;(3)大铲斗

battlewagon (1)主力舰,战舰;(2)重型轰炸机;(3)履带装甲车

batwing 蝙蝠翼战斗机

batwing antenna 蝙蝠翼天线

Baud 波特(信号速率单位,一波特等于每秒一比特)

Baud-base system (多路通报的)波特基准制

Baudot (多路通报用)博多机,博多印字电报机

Baudot telegraph 博多电报

baulk (=balk) (1)大梁;(2)[多臂机的]摆动杆

baulk ring (换挡同步器)同步环

Baumè (=Bè) (1)波美液体比重计;(2)波美[度]

Baumè hydrometer 波美比重计,波美表

Baumè scale (1)波美比重标度;(2)波氏比重计

bay (1)机架,排架;(2)底板,支柱,框,屏,盘,座,台;(3)架间跨度,桥跨;(4)开间,跨度;(5)舰船舱室前部,隔间,隔舱,机舱,分段,室;(6)湾

bay cable 水下电缆

Bayard-Alpert gauge B-A型真空规

Bayard-Alpert ion gauge B-A型电离真空规

baybolt 基础螺栓,地脚螺栓

baylanizing 钢丝连续电镀法

Baymal 丝状氧化铝

bayonet (1)接合销钉,销钉联接;(2)插杆,插接,卡口;(3)刺刀,枪刺;(4)用刺刀刺,插入

bayonet arrangement 回流管布置

bayonet base 插口[式]灯座,卡口灯头,卡口底座,插座

bayonet cap 卡口灯头,卡口灯座,插座

bayonet catch (1)卡口式连接;(2)插座;(3)插销节,插销

bayonet fastener 卡扣

bayonet fixing 卡扣式固定,管脚固定

bayonet gauge (1)插入式测量仪器;(2)机油表

bayonet holder (1)插入式灯座,卡口灯头;(2)卡口座,插销座

bayonet joint (1)承插式连接,插销接合,销形接合;(2)螺扣接头,插销节

bayonet-leg 枪刺形腿

bayonet-leg mount 插入式透镜框架

bayonet-leg stack 卡口式排气管

bayonet lock (1)卡口式连接,插销接合,插销节;(2)卡住,卡销

bayonet point 点测法

bayonet sampler 插入式取样器

bayonet socket 卡口灯座

bayonet-tooth-forceps 枪刺样牙钳

bayonet unit 卡口式连接

bazaar metal 镍银合金(镍8-10%,其余银)

bazooka (1)反坦克火箭炮,飞机火箭炮,火箭筒;(2)[飞机]火箭发射架;(3)活动螺旋运送器;(4)超高频转接变换器;(5)导线平衡转接器;(6)照明灯;(7)平衡-不平衡变换器,平衡交换装置

bazooka balun 平衡-不平衡变换器

bazooka line balance 不平衡-平衡变换装置

bazookaman 火箭筒手

BCH code 可纠错循环码,博斯-齐赫里码

BCY language 编译程序语言,BCY语言

Be-bronze 铍青铜

be in contact 互相啮合,互相接触

be in mesh 互相啮合

beach (1)海滩,沙滩;(2)登陆工具

beach buggy 沙滩汽车
beach gear 上滩船具
beach pipe 水力输泥管
beachcart 沿岸救生艇下水架
beaching gear 有轮子的托架，登陆用轮架
beacon (=BCN) (1) 定向无线电波，无线电指向标，灯塔标志，标向波，标志，标灯，标桩，灯标，灯标，浮标，航标，信标，信号，(2) 信号台，信号所，信号站，信号灯，灯塔，(3) 指南，警告，(4) 设置信号，信标导航
beacon-airborne 机上雷达信标[用]的
beacon course 无线电信标航线，无线电信标航向，标程
beacon delay 信标延迟，回答延迟
beacon flasher 闪光信号装置
beacon point (=BP) 海岸信标
beacon portable packset (=BPP) 便移式信标
beacon receiver 信标接收机
beacon service 导航业务
beacon skipping 指向标失答
beacon stealing 指向标失逸，信标遗失
beacon tracking equipment 雷达应答器
beacon transmitter 无线电指向标发射机
beacon-transponder 信标应答机
beacon trigger generator (=BTG) 信标触发[信号]发生器
beacon turret 灯塔
beaconing 以信标指示航路，航路信标
beaconry 信标术
bead (1) 叠珠焊缝，焊道，焊珠，焊蚕，(2) 撑轮圈，[轮] 胎边，卷边，波纹，磁珠，磁环，(3) 有孔小珠，串珠，小球，水珠，空泡，(4) 凸圆线脚，(5) [枪的]准星，算盘，(6) 突缘，(7) 垫圈
bead-and-batten work 圆线脚板条操作
bead and butt 平圆接合
bead and flush 串珠饰滚边
bead-and-quirk 凹槽圆线脚
bead building machine 撑轮圈机
bead-butt 平圆接合
bead butt and square 平圆方角接
bead catalyst 颗粒催化剂
bead core 叶轮心
bead crack 焊道裂纹
bead cutter 切边机
bead filler 胎边芯
bead-flush 串珠镶边
bead joint 凸圆勾缝
bead loom 编结框架
bead machine 压片机，压锭机
bead-on-plate weld 堆焊焊缝
bead pointing 凸圆勾缝
bead reaction 熔珠反应
bead resistance 珠形热敏电阻
bead roll 波纹轧辊
bead router 刻串珠线脚器
bead saw 镶边手锯
bead sequence 焊道顺序
bead-supported line 绝缘珠支撑传输线，垫圈支撑传输线
bead test 熔珠试验
bead-thermistor 珠状热敏电阻，珠形热敏电阻
bead thermistor 珠状热敏电阻，珠形热敏电阻
bead thermocouple 珠形热电偶，珠形温差电偶
bead tool 卷边工具，圆头曼刀
bead transistor 熔珠晶体管，珠形晶体管，珠状晶体管
bead weld 堆焊
bead welding 堆焊[焊道]
beaded 珠状的，粒状的，带珠的
beaded cable 串珠绝缘电缆
beaded counter 带珠计数器
beaded insulation 串珠绝缘，球珠绝缘，垫圈绝缘
beaded lightning 珠状闪电
beaded pearlite 球状珠光体
beaded screen 粒子状荧光屏
beaded support 珠形支架
beaded-wire counter 串珠式计数管
beader 弯边装置，卷边工具，卷边器
beading (1) 直线焊接，(2) 作成细粒，形成珠状，玻璃熔接，起泡，压出凸缘，轧波纹，撑圈边，波纹片，缩口，收口，弯边，(4) 叠置焊道，焊上焊道

beading die (=bddi) 弯边冲模
beading machine 压边机，卷边机
beading plane 圆缘刨
beading roll 波纹轧辊
beading weld 凸焊
beads 空心小球，空心颗粒
beagle 自动搜索干扰台
beak (1) 鸟嘴饰；(2) 夹弯头
beak molding 鸟嘴线脚
beak of cam 凸轮的凸起部分
beaker (=BKR) (1) [船用] 小水桶，储水容器；(2) 烧杯，大杯，量杯
beaker flask 锥形杯
beaker sampling 杯选试样
beakhead (1) [舰船的] 撞角；(2) [船首楼前的] 沟形厕所
beakhorn stake 鸟嘴形丁字砧
beaking joint 尖口接头，削榫
beakiron (1) 鸟嘴形砧，丁字砧，小角砧；(2) 砧角
Beallon 铍铜合金
Bealloy 铍铜合金的母合金，铜铍中间合金 (铍 4%，硅 0.12-0.18%，铁 0.02-0.05%，铝 0.02-0.05%，其余铜)
beam (=BM) (1) 梁，横梁，横杆；(2) 束，光束，波束，射线，(3) 刨皮板；(4) 机身最大宽度，船宽，(5) [织机的] 织轴，经轴，(6) [天平的] 杠杆；(7) 牵引杆；(8) 定向无线电信号；(9) 波束导航
beam-addressed display 束寻址显示器
beam-addressed memory 电子束管
beam aerial system 定向天线系统
beam alignment assembly 射束校正装置
beam and crank mechanism 横梁曲柄机构
beam angle 束锥角
beam angle of scattering 散射波束圆锥角，散射光束
beam antenna 定向天线
beam aperture 束流孔径
beam approach (=BA) 波束引导进场
beam arm (1) 叉形梁臂；(2) 横梁叉肋材
beam attack 侧向攻击
beam balance 天平
beam barrel 轴筒
beam bender 弯梁机
beam-bending 束流偏转，射束偏转
beam bending fatigue failure 梁的弯曲疲劳损坏
beam bending magnet 电子束偏转磁铁，束流偏转磁铁
beam bending stress 梁弯曲应力
beam blank 轧制工字梁用的异形坯
beam-blocking contact 电子束阻挡接触
beam building 梁式锚杆支护法
beam bunching 聚束
beam cal(l)iper(s) 大卡尺
beam catcher 电子束收集极
beam cathode 集射阴极
beam centering 定束流中心
beam central line 等信号区
beam channel (1) 槽形梁，槽钢，(2) 束流孔道
beam-column 梁柱
beam column 梁[型]柱
beam collimator (=BC) 光束准直仪
beam communication 定向通信
beam compass 横杆圆规
beam compasses 长臂圆规，横杆圆规，长径规
beam conductance 电子注电导，电子束电导
beam-confining 射束限制的，聚束的
beam confining electrode 聚束极，集射屏
beam control (1) 亮度控制，亮度调节，(2) 电子束控制，射束控制，波束控制
beam-coupling 电子束耦合[的]，电子束耦合[的]
beam coupling 电子束耦合；电子注互相作用
beam crossover 电子束相交区的最小截面，注交叉
beam current 射束电流
beam-current-lag 束流残像
beam cutter 平压切断机，冲切机
beam-defining aperture 限束孔径，限束小孔
beam-defining clipper 限束器
beam-deflection (1) 射束偏析，射束偏转；(2) 偏转电子束；(3) 弯曲梁
beam deflection (1) 射束偏转；(2) 弯曲梁
beam deflection tube 射束偏转器

beam density 光束密度
beam drill 摇臂钻床
beam-dump magnet 泄束磁铁
beam-ends 梁端
beam energy 电子束能量
beam engine 横梁发动机, 立式蒸汽机
beam finder 射束探测器, 寻迹器, 寻线器
beam-focus voltage 束聚焦电压
beam-focusing 射束聚焦 [的]
beam focusing 电子束聚焦, 对光
beam-foil 束箔
beam-forming 电子束形成 [的], 射束形成 [的], 聚束 [的], 成束 [的]
beam forming cathode 集焦阴极
beam-guidance 波束制导
beam handing 束流控制
beam hanger 油柱挂
beam head 游梁头
beam holding 电子束存储复原
beam impedance 电子束阻抗
beam index color picture tube 电子注引示彩色显像管
beam-indexing tube 电子束引导管
beam indexing tube 束指引管
beam-injected crossed-field amplifier 注入式正交场放大器
beam knee 梁衬材
beam landing {计} 电子束沉陷, 射束沉陷
beam lead 梁式引线
beam lead integrated circuit 梁式引线集成电路
beam-leaded device {计} 梁式引线器件
beam-leaded structure {计} 梁式引线结构
beam load 电子束负载
beam-loading 射束负载 [的]
beam loading impedance 电子注负载阻抗
beam lobe switching 波瓣转换
beam magnetron 电子束磁控管, 射束磁控管
beam micrometer 可换尺杆千分尺
beam mill 钢梁轧机
beam modulation 射束调制
beam of light 一道光, 一束光, 一柱光, 光线, 光束
beam-of-light-transistor (=BOLT) 光束晶体管
beam of ship 船身最大宽度, 船宽, 船幅
beam of variable cross section 变截面梁
beam-on (1) 用船舷靠; (2) 横驾
beam on alternate frame 间肋梁
beam on elastic foundation 弹性基座梁
beam on every frame 每肋梁 (每根肋骨安装一根梁)
beam pass 梁形孔型
beam pattern (1) 指向性图样, 方向图; (2) 方向特性
beam pencil 锐方向性射束
beam pivot 平衡杆支枢
beam-positioning 射束定向 [的], 射束定位 [的]
beam power tetrode 束射四极管
beam-power tube 电子注功率管, 束射功率管
beam power tube 电子注功率管, 束射功率管
beam primary aerial system 无反射器定向天线系统
beam pump 摇臂泵
beam radio station 无线电导航台
beam reflector aerial system 定向反射天线系统
beam relaxor (1) 锯齿扫描振荡电路; (2) 锯齿波发生器
beam-retrace time 电子束回程时间
beam rider (=BR) 波束导引的导弹, 驾束 [式] 导弹
beam-riding 驾束制导的, 波束制导的, 驾束的
beam rigidity 束流 [磁] 刚度
beam-rolling mill 钢梁轧机
beam scale 杆式磅秤
beam screen-grid tube 电子注四极管, 射束四极管
beam selector circuit 波段选择电路
beam-shaper 波束成形器
beam-shaping CRT 字码管
beam shoe 活动简支座
beam-slab 板 [式] 梁
beam slab 板 [式] 梁
beam soffit 梁拱腹

beam splice 梁的接头
beam splitter (1) 分光镜, 半透镜, 分束镜; (2) 电子束分裂设备, 射束分裂器, 光束分裂器
beam-splitting 射束分裂的, 分光的
beam spot (1) 聚束照明; (2) 聚束光, 聚束点
beam square 角尺
beam stabilization 射束稳定
beam stack 聚束
beam steering 束流控制, 光束控制
beam storage 电子束存储器
beam strength 梁的强度
beam stress factor 梁应力系数
beam-switching 射束转换 [的]
beam switching tube (1) 电子注开关管, 电子注电子管, 射束开关管, 射线开关管; (2) 射束转换器
beam test 抗弯试验
beam-tetrode power amplifier 束射四极管功率放大器
beam texture 梁状结构, 梁式结构
beam to beam weld 梁式引线焊接
beam transmission (1) 定向发射, 定向传输; (2) 束射发送
beam transmitter 波束发射机
beam tube 电子注管, 束射管, 集射管, 束管
beam type maser 分子束微波激射器
beam voltage 电子注加速电压
beam wave 束射波, 横 [向] 波
beam well 游梁抽油机井
beam width 天线方向图宽度, 电子束横截面宽度, 射束宽度, 束宽
beam wind 航行侧风, 横风
beam wireless 定向无线电通信
beam with both ends built in 砌端梁
beam with central prop 三支点梁, 三托梁, 三托架
beam with compression steel 复筋梁, 双筋梁
beam with double reinforcement 复筋梁, 双筋梁
beam with fixed ends 固端梁
beam with overhanging ends 两端悬臂梁
beam with simply supported ends 简支梁
beam with single reinforcement 单筋梁
beam with one over-hanging end 悬臂梁
Beaman 比曼 (测量单位)
beamcast 定向无线电传真
beamer (1) 卷轴机; (2) 卷轴机操作工人; (3) 刮皮工人
beamfilling 梁间墙
beamhouse 准备车间, 浸灰间
beaming (1) 辐射, 照射, 聚束, 集束, 成束; (2) 定向发射; (3) 放光的
beaming effect 射束效应, 集束作用, 聚束作用
beaming machine (1) 刮皮机; (2) 整经机
beaming splitter 分束镜, 分光镜
beamjetter 波束波动, 波束抖动
beams and stringers (=B&S) 横梁与纵梁
beams splitter 分束镜, 分光镜
beamship (船) 自正横
beamsman (=beamsmen) 刮皮工人
beamster 刮皮工人, 制革工人
beamwidth 射束宽度, 波束宽度, 射线角宽度
beamwork [制革] 墩上加工
beamy (1) 船身宽大的, 宽广的; (2) 辐射的, 放光的
bean (1) 豆; (2) 豆煤 (小如豆之煤); (3) 管接头, 短管; (4) 油嘴; (5) 限制油流量的螺纹接口或装置, 阻流器
bean back 减少油井产量 (用阻流管)
bean combine 豆类作物联合收获机
bean grader 筛豆机
bean performance 油嘴处液流波动
bean planter 种豆机
bean up (1) 增加油井产量 (改变阻流器直径实现之); (2) 放大油嘴
beanstalk 火箭应急通讯装置
bear (1) 小型冲孔机, 小型冲床, 打孔器; (2) 负担, 承担, 承受, 支持, 支承, 承载; (3) 负有, 带有, 具有, 含有, 显示; (4) 适宜于, 值得; (5) 提供, 给出, 产生; (6) 推动, 挤, 压, 靠; (7) 开动, 运动, 转向, 指向, 倾向, 趋向; (8) (炉内) 结块, 底结, 炉瘤, 残铁
bear and bull 买空卖空
bear frame 支架
bear in with 驶向
bear off 驶离
bear sale 卖空

bear servo amplifier　方位伺服放大器

bear-trap　(俗)直升飞机甲板降落装置

bearable　承受得住的,经得起的,可支承的

beard　(1)突出的部件,针钩,凹槽;(2)[机器上的]齿,爪,钩;(3)变音辊

bearding　(1)交合线;(2)船舷填角楔

bearding machine　制钩机

bearer　(1)托架;(2)支座;(3)承木;(4)载体;(5)(不记名支票的)持票人

bearer cable　承载钢索,受力绳,吊索

bearer check　见票即付支票,不记名支票

bearer for accumulator　蓄电池架

bearer for the grate bars　炉条托

bearing (=BR)　(1)轴承,轴瓦;(2)支承,承受,承载;(3)(齿轮)接触区,承载区;(4)方位,方向,方位角;(5)轴耳;(6)拉模工作面;(7)无线电探向,定向;(8)船平衡时的吃水线;(9)船舷侧厚板以下的最宽部分

bearing accuracy　(1)定位精度;(2)方位准确度,定向准确度

bearing adjustment　轴承调整

bearing alloy　轴承合金

bearing anchor　轴瓦固定螺钉

bearing angle　方位角

bearing annular seal　轴承环形密封

bearing anti-friction layer　轴承减磨器

bearing application　轴承应用

bearing arrangement　轴承布置,轴承排列

bearing area　(1)轴孔直径与长度之和;(2)(齿轮)接触区面积,承载区面积,支承面积,承压面积

bearing assembly　轴承装配

bearing axial load　轴承轴向负荷

bearing axis　轴承轴线

bearing axle　支承车轴,负载轴

bearing babbit　轴承巴氏合金

bearing backing　轴承衬

bearing ball　轴承钢珠,轴承滚珠

bearing bar　承重杆,承受杆

bearing beam　垫梁

bearing block　(1)支承块,承重块;(2)轴承座

bearing blue　轴承蓝,蓝铅油,蓝油

bearing body　轴承体,轴承闸

bearing bolt　轴承螺栓

bearing bond　轴瓦耐磨层粘结[剂],轴承粘合剂

bearing bore diameter　轴承内径

bearing bore relief　轴瓦削落量

bearing box　轴承外壳,轴承箱

bearing bracket　(1)轴承托架,轴承托座,轴承座;(2)托架,托座,支架

bearing brass　轴承巴氏合金,轴承黄铜,轴承铜衬

bearing bridge　轴承支座

bearing bronze (=BBz)　轴承青铜

bearing burning out　轴承烧熔

bearing bush　轴承衬,轴瓦

bearing cage　[滚动]轴承保持架,轴承罩

bearing cap　轴承盖

bearing cap oil seal remover　轴承盖油封拆卸器

bearing cap snap ring　轴承盖弹簧圈

bearing capacity　(1)轴承负载能力,轴承允许载荷,承载力;(2)承载能力,承重能力,载重能力

bearing carrier　(1)轴承架,轴承座;(2)承重体,承载构件

bearing cartridge　轴承架

bearing casing　轴承箱,轴承外壳

bearing cast iron　轴承铸铁

bearing center　(1)轴承中心;(2)承载中心

bearing center line　轴承连心线

bearing chamfer　轴承倒角

bearing chatter　轴承振颤,轴承跳动

bearing chock　(轧辊)轴承座

bearing circle　(1)方向盘;(2)方位圆

bearing clearance　轴承游隙,轴承间隙

bearing collar　轴承环

bearing compartment　(1)轴承外壳;(2)轴承箱

bearing compass　探向罗盘

bearing cone　锥形[滚子]轴承内圈,轴承锥

bearing cone puller　锥形滚子轴承内圈拔出器

bearing cone replacing tool　锥形滚子轴承内圈更换工具

bearing conformability　轴承与轴面的配合件

bearing constant　轴承常熟

bearing counter pressure　轴承反压力

bearing cover　轴承盖

bearing cup　轴承杯,轴承钢碗(即锥形滚子轴承外圈)

bearing cup inserter　轴承杯压入器

bearing insert set　轴承杯全套压力器

bearing cup puller　轴承杯拔出器,轴承外圈拔出器

bearing current　轴承散杂电流

bearing damage　轴承损坏

bearing-dependent phase　(取决于)方位角的相位,方位角相位角

bearing development　[齿轮]接触面积扩大,承载区扩展

bearing deviation indicator (=BDI)　方位偏差指示器,航向偏差指示器

bearing diagonal　斜支撑

bearing disintegration　轴承面劈裂

bearing disk　[轴承]止推挡圈,止推轴承板

bearing-distance computer　方位距离计算机

bearing distance heading indicator (=BDHI)　航程航向指示器

bearing drag　轴承摩擦组里

bearing driver　滚动轴承装卸器

bearing driver set　装轴承用的全套工具

bearing edge　支承边缘,支承刀口

bearing enclosure　轴承油封,轴承密封

bearing end leakage　轴承端部漏油

bearing end pressure　轴承端部压力,轴承端部油压

bearing extractor　轴承拆卸器

bearing face　(1)轴承支承面;(2)支承面

bearing factor　[齿轮]接触系数,承载系数

bearing failure　轴承损坏,承压损坏

bearing fatigue point　轴承疲劳强度极限

bearing feed pipe　轴承给油管

bearing film　轴承油膜

bearing finder　定向仪,探向器

bearing fit　轴承配合

bearing flaking　轴承剥落

bearing flange　(1)轴承凸缘;(2)支承凸缘

bearing flange units　端盖式外圈单列向心推力球轴承(以轴端盖为外滚道的组合轴承)

bearing for airplane　飞机轴承

bearing for farm machinery　农用轴承

bearing for lifting appliance　起重设备轴承

bearing for ore crusher　矿石破碎机轴承

bearing for ship　船舶轴承

bearing for railway rolling stock　铁路车辆轴承

bearing for spinning machine　纺织机轴承

bearing for tractor　拖拉机轴承

bearing force　支承力,承受力,承压力

bearing form　(齿轮)接触区形状,承载区形状

bearing frame　轴承架

bearing friction　轴承摩擦

bearing friction loss　轴承摩擦损失

bearing gasket　轴承垫

bearing gauge　同心量度规

bearing grease　轴承润滑脂,轴承润滑剂

bearing grinder(s)　轴承磨床

bearing grinding machine(s)　轴承磨床

bearing height　轴承高度

bearing housing　轴承外壳,轴承箱

bearing hub　轴承毂

bearing in engine　发动机轴承

bearing in pump　泵用轴承

bearing in reduction gears　齿轮减速装置轴承

bearing in shell　带外罩轴承

bearing inner race　轴承内圈

bearing inner spacer　轴承内隔圈

bearing insert　轴承衬套

bearing installing　轴承安装

bearing installing tool　轴承安装工具

bearing interference coefficient　轴承过盈系数

bearing internal friction　轴承内摩擦

bearing journal　支承轴颈

bearing kelmet　油膜轴承合金

bearing length　[轴承]接触区长度,承载区长度

bearing lid　轴承盖
bearing liner　(1) 轴瓦,轴套；(2) 轴承 [里] 衬,轴承垫片,轴承瓦
bearing liner backing　轴承衬背
bearing liner-casting machine　轴承衬铸 [造] 机
bearing lining　轴承衬
bearing load　轴承负荷,轴承载荷
bearing load capacity　轴承承载能力
bearing location　轴承定位
bearing lock　轴承罩
bearing lock nut　轴承锁紧螺母
bearing lock sleeve　轴承罩套
bearing lubrication　轴承润滑
bearing material　轴承材料
bearing material layer thickness　轴承减摩层厚度
bearing mean specific load　轴承平均压强
bearing metal　(1) 轴承合金；(2) 轴瓦
bearing module　轴承模数,轴承复数
bearing moment　轴承力矩,支座力矩
bearing mounted clutch (=BMC)　轴承支承离合器
bearing neck　轴颈
bearing nonscoring characteristic　轴承抗擦伤特性
bearing number　轴承代号,轴承编号
bearing of journal　轴颈轴承,径向轴承
bearing of shaft　传动轴轴承
bearing of tangent　切线方向
bearing of the trend　走向
bearing oil　轴承润滑油
bearing oil groove　轴承油槽
bearing oil hole　轴承油孔
bearing oil interface　轴承与润滑油的接触面
bearing oil pipe　轴承润滑油管
bearing oil pressure trip device　轴承低油压脱扣装置
bearing oil seal　轴承油封
bearing outer ring　轴承外圈
bearing outside diameter　轴承外径
bearing over heat protective relay　轴承过热保护继电器
bearing overlap　[曲轴] 主轴轴径与曲柄销削的重迭量
bearing overloading　轴承过载
bearing packing　轴承密封填料
bearing pad　乌金轴瓦,轴承垫
bearing pedestal　轴承座,轴承架
bearing pedestal movement indicator　轴承座位移指示器
bearing performance　轴承性能
bearing pile　(1) 承重桩,支桩,重柱；(2) 宽底盘支座型钢
bearing pin　承载轴承枢轴
bearing plant　轴承厂
bearing plate
　(1) 支承板,承重板,垫板,座板,底垫,(2) (飞机上的) 方位图板
bearing plate bar　(钢轨的) 垫板,轨条
bearing play　轴承游隙,轴承间隙
bearing point　支承点
bearing potentiometer　(1) (仰角) 斜度分压器；(2) 方位角电位计
bearing power　(1) 承载能力,轴承允许载荷；(2) 负载功率
bearing preload　轴承颈紧度
bearing preload indicator　轴承颈紧度指示器
bearing pressure　(1) 轴承压力,(2) 支承压力
bearing projected area　轴承投影面积
bearing puller　轴承拉出器,轴承拆卸器,轴承拆卸工具
bearing pulley　轴承滑轮
bearing race　轴承座圈
bearing race puller　轴承座圈拉出器
bearing race snap　轴承固定环
bearing raceway honing machine　轴承滚道珩磨机
bearing radial load　轴承径向负荷
bearing rate　方位变化率
bearing ratio　承载比,承重比
bearing reaction　轴承反 [作用] 力,支承力
bearing release lever　(离合器) 推力轴承放松杆
bearing remover　轴承拆卸器,轴承拉出器
bearing replacer　轴承换装器
bearing resistance　轴承阻力
bearing resolution　方位分辨力
bearing retainer　[滚动] 轴承保持架,轴承护圈
bearing retainer puller　轴承护圈拉出器

bearing retaining ring　轴承护圈
bearing ring　轴承套圈,轴承环
bearing ring with aligning washer　[轴承] 外球面套圈
bearing ring with filling slot　[轴承] 具有装球缺口的套圈
bearing ring with spherical seat　[轴承] 外球面套圈
bearing rod　支杆
bearing roller　(1) 轴承滚柱,轴承滚子；(2) 托辊；(3) [履带] 托重轮,支重轮
bearing running-in layer　轴承磨合层
bearing saddle bore　轴承座孔
bearing scraper　轴瓦刮刀,柳叶刮刀,轴承刮刀
bearing seal　轴承密封 [圈]
bearing seat　轴承座
bearing segment　(1) 轴衬,轴套；(2) 滑块,滑板
bearing seizure　轴承咬死
bearing series　轴承系列
bearing series number　轴承系列号
bearing series code number　轴承系列代号
bearing shell　(1) 轴瓦；(2) 多层轴瓦钢背；(3) 轴承壳,轴承套
bearing shim　轴承 [调整] 垫片
bearing sleeve　轴衬套 [筒]
bearing sleeve cover　轴承套盖
bearing sleeve gasket　轴承套垫片
bearing sleeve pin bushing　轴承套筒销衬套
bearing sleeve seal　轴承套筒式密封
bearing socket　轴承承窝
bearing spacer　轴承隔圈,轴承隔离圈
bearing spacer ring　轴承隔 [离] 环,轴承隔离圈
bearing spacing　轴承间距
bearing spigot　轴承塞
bearing spool　安装轴承的间距套管
bearing spread　(1) 轴承扩张量；(2) 轴承间距
bearing spring　轴承弹簧,承重板簧,托簧,片簧,承簧
bearing stand　轴承台,轴架,支承架
bearing stop ring　轴承止环
bearing strain　承压应变,承载应变,支承应变,承压变形
bearing strength　(1) 轴承强度；(2) 承压强度,承载强度,支承强度
bearing stress　轴承应力,承载应力,承重应力,支承应力
bearing strip　轴瓦补偿垫片
bearing stud　支承螺柱
bearing support　轴承 [支] 架,轴承座
bearing surface　(1) 轴 [承] 表面；(2) 承受表面,承载表面,支承面,承压面
bearing surface area　支撑面积,承载面积
bearing suspension　轴承吊架
bearing take-up　轴承消除装置
bearing tang　轴承凹口,轴承止口
bearing temperature relay　轴承温度控制继电器,轴承热动继电器
bearing tension indicator　轴承预载指示器
bearing test　承载试验,承重试验
bearing thrust　轴承推力,轴承止推
bearing tooth　承载齿面
bearing torque resistance moment　轴承旋转阻力矩
bearing torque test　轴承摩擦扭矩试验
bearing transmission unit　方向读数传送装置
bearing tube　方位指示管
bearing-type mix　轴承粉料 (制轴承的粉末混合料)
bearing unit　定向装置
bearing up pulley　张紧轮
bearing washer　[推力轴承] 套圈
bearing wheel　支重轮
bearing white metal　轴承白合金
bearing width　轴承宽度
bearing with aligning ring　带球面衬套的轴承
bearing with cross rollers　推力向心交叉段圆柱滚子轴承
bearing with cylindrical bore　圆柱孔轴承
bearing with cylindrical outside surface　外圆柱面轴承
bearing with dust cover　带防尘罩轴承
bearing with extended inner ring　宽内圈轴承
bearing with flanged outer ring　有止动挡边的轴承,端盖式外圈单列向心推力球轴承
bearing with lubrication　润滑轴承
bearing with outside retaining band　带外罩轴承
bearing with segments　多片瓦块轴承

bearing with snap ring　带止动环的轴承
bearing with snap ring groove　有止动环槽轴承
bearing with solid lubrication　固体润滑轴承
bearing with taper bore　锥孔轴承
bearing with tapered adapter sleeve　带紧定套的轴承，装载紧定套上的轴承
bearing with tapered bore　圆锥孔轴承
bearing with thin wall outer ring　薄壁外圈轴承
bearing with wire raceway　钢丝滚道轴承
bearing with withdrawal sleeve　带退卸套轴承
bearing without inner ring　无内圈轴承
bearing without outer ring　无外圈轴承
bearing yield strength　承受屈服强度，承载屈服强度
bearish　(1)卖空；(2)行情看跌，价格看跌
bearizing　[轴承套]的扩孔，轴承支承面密封
beast　(1)(俚)人造卫星，飞行器，导弹；(2)(口)大型火箭
beat　(1)拍，节拍，时间间隔；(2)锤击展薄，锤薄，敲平，敲打，搅打；(3)差拍；(4)搏动，脉动，振动，摆动；(5)偏摆，偏动
beat-beat Dovap　多瓦卜轨[道]偏[差]指示器
beat carrier　差频载波
beat counter　差频式计数器
beat cutter　平压切断机
beat-down method　逐次差拍法
beat-frequency　拍频，差频
beat frequency (=BF)　拍频，差频
beat frequency interference　拍频干扰，差频干扰
beat frequency oscillator (=BFO)　拍频振荡器，差频振荡器
beat frequency oscillator reference signal (=BFO ref. Signal)　拍频振荡器基准信号
beat frequency receiver　外差接收机，拍频接收机
beat interference　拍频干扰，交调干扰
beat into leaf　锻打成扁状
beat of pointer　指针脉动
beat pattern　拍频波形图，跳动图
beat period　拍合周期
beat pins　节拍调整销
beat receiver　外差式接收机，拍频接收机
beat screws　节拍螺钉
beat telephone　调度电话
beat voltage　跳动电压，差拍电压
beatability　打浆性能
beaten aluminium　铝板，铝箔
beaten zone　弹着地区，落弹地带
beater　(1)拍打器；(2)(造纸)打浆机；(3)搅拌器，搅打器；(4)逐镐轮；(5)打棉机，(纺织的)打手；(6)胶乳打泡器；(7)滚刀式切茎器，脱粒滚筒；(8)冲击式破碎机
beater additive　打浆添加剂
beater colloid mill　打浆胶体磨
beater cylinder　打麻滚筒
beater drag　打浆计算器
beater pick　捣固道渣镐
beater pulverizer　锤式粉碎机
beater roll　打浆滚
beater roller　打浆辊，回转器
beater sizing　打浆机上胶
beaterman　(复 beatermen)打浆工
beating　(1)拍打；(2)差拍振动；(3)打浆；(3)避风行驶；(4)脉动，搏动
beating-in　(电子)拍同
beating-in of cable　电缆准备架设
beating machine　打浆机
beating tower　塔式碎解机，打浆塔
Beaumè hydrometer　波美比重计
Beaufort scale　蒲福风级
beautification　装饰
beaver　(1)雷达干扰站；(2)干扰雷达的站台；(3)轻[中]型飞机加燃[料]油装置
beaver board　人造纤维板
beavertail　(1)扇形雷达波束；(2)测高天线；(3)主千斤顶
beavertail beam　(1)刀型方向图；(2)猴尾型射束，扇形射束
becket (=beckett)　(1)绳端眼孔；(2)装车钩；(3)金属环
becket hitch　环索结
beckiron (=beck-iron)　双嘴砧，角砧
become due　(票据)到期，满期

bed　(1)床身；(2)[底]座，基，台；(3)场；(4)垫；(5)滤垫，滤床；(6)层，煤层，矿层，底层
bed bolt　底板螺栓
bed charge　底料，底焦
bed course　垫层
bed die　阴模，底模
bed frame　基架，基座
bed hedgehopping　(1)垫高，(2)垫层厚度
bed-in　卧模(地坑造型)
bed lamp　床头灯
bed-motion　活字盘传送
bed of ballast　道渣床
bed of brick　运砖框
bed of fuel　燃料层
bed of furnace　炉底，炉床
bed of passage　过渡层
bed of precipitation　化学沉积层，溶液沉积层
bed of river　河底，河床
bed of sedimentation　沉积层
bed of slate　石绵底层
bed piece　(1)垫板，底板，座板；(2)床身
bed plate　(1)底座板，底脚板，底板，基板，座板，台板，机座；(2)底刀盘；(3)炉底
bed separation　层状剥落，分层，夹层
bed surface　床面
bed timber　垫木，枕木
bed-type converter　衬底式变换器
bed-type milling machine　床身式铣床
bed type milling machine　床身式铣床
bed way(s)　床身导轨
beda　一种马来西亚帆船
bedded　(1)配好的，调节好的，啮合的；(2)成层的，分层的，层状的；(3)搁置的
bedder　(1)底石(油膜的)；(2)枪管木托配合器
bedder-planter　作垄播种机
bedder planter　作垄播种机
bedding　(1)基础，基座；(2)敷设；(3)试转；(4)枪管和木托的紧配合；(5)底层，层面，层理；(6)衬垫；(7)砂浆油灰
bedding course　垫层
bedding-in　(1)磨合，走合，跑合，研配；(2)研磨，刮研，刮面；(3)卧模
bedding-in period　走合期[间]，跑合期[间]
bedding lamellae　层面壳层
bedding of a furnace　分层铺炉底
bedding of bearing　支承刮削
bedding of brick　砖的大面
bedding of land　土地平整
bedding plant　储料场
bedeni　一种阿拉伯帆船
bedkey　床架板钳
bedment　(矫正)垫板
bedpiece　(1)底座板，底板，台板，座板，底板；(2)底刀板；(3)炉底
bedplate　(1)底座板，底板，底座，基板，台板，座板；(2)底刀板；(3)炉底
bedspring　(1)床弹簧；(2)弹簧床；(3)弹簧床垫式形天线
bedstand　试验装置，试验座架，试验台架，试验台
bedstead　(1)试验台，试验装置；(2)骨架，构架，壳体；(3)床架
bedway　(1)滑板；(2)导轨
bee　(1)蜜蜂；(2)船首斜桁上桅支索眼板
bee-escape　脱蜂器
bee line　最短路径，空中距离，捷径，直线
bee-liner　铁路内燃机车
beechnut　地空通信系统
beeline　(1)直线；(2)空中距离，最短距离，捷径
beep　(1)嘟嘟声；(2)特大吉普车；(3)导弹遥控指令
beep box　(1)遥控装置，遥控部件，遥控台；(2)控制部件
beeper　(1)无人飞机遥控员，导弹遥控员(2)给无人飞机发送信号的装置，雷达遥控装置
beeper-control system　遥控系统
beeswax　黄蜡
beet cleaner loader　甜菜清理装载机
beet digger　甜菜挖掘机
beet harvester　甜菜收获机
beet lifter and collector　甜菜挖掘集运机

beet piler 甜菜堆藏机
beet planter 甜菜栽种机
beet puller 甜菜拔出机
beet pulp press 甜菜压浆机
beet slicer 甜菜切片机
beet topping machine 甜菜切顶机
beetle (1)脲醛塑料；(2)捶布机，布槌；(3)木夯，木槌
beetle calendar 锤打轧光机
beetle-head 送桩锤
beetler 捶布机
befit 适宜于，适合
befitting 适当的，应当的，恰当的，适宜的
befitting matter 以适当的方式
before (1)在……之前，在……以前，在……前面，向；(2)[宁肯]而不，[优]先于
before all 首先
before and after pump 备用泵
before and after study 前后对比研究
before bottom center (=BBC) 下死点前
before long 不久，立刻
before now 以前，从前
before space (印刷数据前的) 空白行
before then 在那时以前
before top dead center (=BTDC) 在上死点前
begin 开始，着手，动手，创建
begin again 再从头开始，重做
begin-block {计}开始[式]分程序
begin block {计}开始分程序
begin column 首列，始列
begin-of-tape marker 磁带上的开始记号
begin on 着手，动手
begin top dead center 上死点前
begin upon 着手，动手
begin with 从……开始，先做
beginning 开头部分，开始，开端，起点，起源，初
beginning of curve (=BC) 曲线起点
beginning of scale 标度起点
beginning of tape (=BOT) 磁带始端
beginning of tape control 磁带起点控制标记
beginning of tape marker 磁带起点控制标记
begohm 千兆欧[姆]
behavior(u)r (1)性能，特性；(2)工况，开动[情况]状态；(3)制度（机器的工作)
behavior(u)r in service 运转特性，使用性能，运转性能，使用情况
behest 紧急指示，命令
behind (1)在……后面，向……后面，落后于，迟于，不如；(2)在后，向后，落后
behind completion date (=bcd) 没有按期完工
Behm Lot 回声测声仪
Beiley layer 拜尔比层(抛光过程形成的非结晶层)
bel 贝尔 B (电平单位)
belan 一种小艇
belaying-pin 系索栓，套索桩，缆耳
bell (1)钟，铃；(2)信号钟声，钟声；(3)船钟；(4)倒置的中空容器，钟形物；(5)钟形柱头承口，喇叭口，漏斗口，钟口；(6)圆锥体形状；(7)起落架舱；(8){冶}炉盖
bell and flange (=B&F) 承口和凸缘
bell and hopper 炉口装料斗和盖，料钟和料斗，钟口漏斗，进料器
bell-and-hopper arrangement [高炉]钟斗装置
bell and hopper arrangement [高炉]钟斗装置
bell and plain end joint (1)套管接头；(2)平接
bell and spigot (=B&S) (1)套筒连接，插承接合，套接，窝接；(2)钟口接头
bell-and-spigot joint (1)管端套筒接合，套筒接合，插承接合；(2)套筒连接，套接，窝接
bell and spigot joint (1)管端套筒接合，套筒接合，插承接合；(2)承插式接头，套筒接头，钟口接头；(3)套接
bell bearing (高炉)炉钟杠杆
bell breaker 铃壳破碎机
bell button 铃的按钮
bell center punch 钟形中心冲头，自动定心冲头
bell character {计}报警符号
bell chuck 钟形卡盘，带螺钉钟壳形夹头
bell clapper 电铃锤

bell cord (=BC) 铃线
bell cot 钟架
bell counter tube 钟罩式计数管
bell crank 钟形曲柄，钟锤杠杆，双臂曲柄，直角[形]曲柄，直角[形]杠杆
bell crank axle 直角[形]杠杆轴，双臂曲柄轴，曲拐轴
bell crank drive 直角[形]杠杆传动，双臂曲柄传动，曲拐传动
bell crank lever 曲拐杆
bell-crowned 钟形冠的
bell dome 铃碗
bell end 承插端
bell end of pipe 承插端
bell glass 钟罩
bell housing 钟形罩，钟形外壳，外壳，离合器壳
bell insulator 碗形绝缘子
bell-jar 钟罩
bell jar 钟罩
bell-jar process 钟罩法
bell manometer 浮钟压力计
bell metal 青铜合金，钟[青]铜
bell-mouth (1)漏斗口，钟形口，承口，喇叭口；(2)膨胀
bell mouth (1)钟形套管，入口套管；(2)锥形孔，喇叭口
bell-mouthed 漏斗口的，[有]钟形口的，[有]承口的
bell-mouthed pipe 承插管
bell-mouthing 按喇叭状扩大开口，喇叭口
bell mouthing 钟形孔
bell of capital 钟形柱头
bell of pipe 管子承[接]口
bell of the steam whistle 汽笛钟
bell push button 电铃按钮
Bell receiver 贝尔受话机，贝尔受话器
bell recorder 浮钟计压器
bell ringing transformer 电铃变压器
bell rope hand pile driver 人工拉索式打桩机，拉绳打桩机
bell-shaped wear 钟形磨损
bell signal 振铃信号
bell socket 承插接口，套接
bell tap 丝锥套接
Bell Telephone Laboratories (=BTL) 贝尔电话[公司]试验室
bell test 电铃式通路试验，电铃式导通试验
bell transformer 电铃变压器
bell type generator 浮筒式[乙炔]发生器
bell type Rzeppa universal joint 薛帕式钟形球槽万向节
bell valve 装料钟
bell-weevil hanger 大套管挂
bell wire (=BW) 电铃线
bellboy 随身电话装置，无线电话机
bellbutton 电铃按钮
bellcrank 直角曲柄，直角形杠杆，角形摇臂，[双臂]曲柄，曲拐
belled 有承口的，钟形口的
belled mouth 喇叭口
bellend 承插端，扩大端
Bellevile spring 贝氏弹簧，碟形弹簧
Bellevile (spring) washer 贝氏弹簧垫圈，碟形弹簧垫圈
bellglass 钟形玻璃制品，玻璃罩
Bellini-Tose antenna 贝立尼 - 托西天线
Bellini-Tose system (=BTS) 贝立尼 - 托西无线电定向发射系统
belling 制造管子的喇叭口，扩管口
belling bucket 钟形钻孔锥，钟形铲斗
belling expander 扩管口器
belling tool 扩管口工具
bellman 信号工，把钩工
Bellman's equation 贝尔曼方程式
bellmouth (1)承口，钟形口，喇叭口；(2)(齿轮)轴孔喇叭口
bellmouthing 喇叭状扩大开口，喇叭口
bellow gage 膜盒式压力计
bellows (=BLWS) (1)手用吹风机，皮老虎，风箱；(2)膜盒组件，感压箱，膜盒；(3)(光)折箱；(4)弹簧皱纹管，伸缩软管，波纹管，真空管；(5)凸面式涨圈；(6)带阀橡皮球
bellows-ga(u)ge 膜盒[式]压力计
bellows ga(u)ge 膜盒[式]压力计
bellows instrument 膜盒式仪表
bellows-operated pilot valve 膜盒控制阀
bellows pressure gauge 波纹管压力表，膜盒压力计

112

bellows seal　伸缩筒式密封,气囊式密封
bellows-type　风箱式的
bellows-type gas flowmeter　膜盒式气体流量计
bellows type gun　风箱型喷射器,风箱嘴油枪
bellows valve　波纹管阀
bellpull　门铃拉索,铃扣
bellum　一种波斯湾小船
belly　(1)腹,空腔;(2)隆腹型;(3)钟腰;(4)炉腰;(5)机身腹部,船肚;(6)帆腹;(7)字腹
belly brace　胸压手摇钻,曲柄钻
belly core　内芯型
belly-gun　短管左轮枪
belly of blast furnace　高炉炉腰
belly plug　膨胀塞,凸出塞
belly tank　(机腹)副油箱
bellybrace　曲柄钻
bellyful　过量,过分
bellyhold　(机腹的)货舱
bellying　鼓出部,凸起部,膨胀
bellytank　(机腹)副油箱
below　(1)在……下面,在……以下,低于,少于;(2)在下面,在下文,在下图,在水下,向下;(3)下列的,下文的,零下的
below-center offset　[偏轴齿轮的]下偏位置
below detection　观察不到
below grade　低于原订等级的,标线以下的,不合格的
below ground level (=bgl)　地平以下,基础以下
below-norm　限额以下的
below proof (=BP)　(1)不合规定,不合格;(2)废品
below specification (=BS)　低于法定标准,不合规格
below the average　平均以下
below the mark　标准以下
below zero　零下
belt　(1)带,皮带,布带,钢带,运输带,传动带;(2)座席皮带,子弹带,带形物,带状物;(3)带形运输机,皮带运输机;(4)条;(5)层;(6)区,区域
belt adjuster　皮带调节器
belt and bucket elevator　带斗式升降机
belt bench　皮带测长台,皮带定长器
belt building machine　粘带机
belt brake　皮带制动器,带式制动器
belt bucket　斗带式提升机
belt clamp　传动带联结卡,皮带联结卡,皮带扣
belt composition　(1)传动皮带润滑剂;(2)皮带成分
belt cone　皮带塔轮
belt contact　皮带接触角
belt conveyer　传动带运输机,[带式]输送机
belt conveyer scale　传送带秤
belt conveyor　传动带运输机,[带式]输送机
belt conveyor take-ups　输送带收紧器,带式运输机收紧器
belt creep　皮带爬行,皮带打滑
belt crimping　皮带卷曲(加工)
belt dressing　(1)皮带装置;(2)皮带油
belt drive　(1)皮带传动;(2)带传动机构
belt-drive double housing planner　皮带传动龙门刨床
belt drive unit　皮带传动装置
belt drive winch　皮带传动绞车
belt-driven　带式传动的,皮带传动的
belt driven blower　皮带传动鼓风机
belt driven lathe　皮带[传动]车床
belt-driven riveting machine　皮带传动铆机
belt-driven tachometer　皮带传动转速计
belt dynamometer　带传动式测力计
belt elevator　带式提升机,倾斜皮带运输机
belt experiment　传动带试验
belt fastener　皮带扣
belt feeder　带式进料器
belt filler　皮带油
belt finish　皮带拖平
belt fork　移带叉,皮带叉
belt friction　带摩擦
belt-furnace　带式炉
belt gear　(1)皮带装置;(2)皮带传动
belt gearing　(1)皮带传动;(2)皮带传动装置
belt generator　丝带静电发电机

belt grinder　砂带磨光机,砂带磨床
belt guard　皮带护挡,皮带罩
belt guidance　皮带导槽
belt guide　导带器
belt guide pulley　皮带导向轮
belt hammer　皮带落锤
belt hook　皮带扣
belt hook clipper　皮带扣钳压器
belt horsepower　皮带功率
belt idler　皮带张紧轮
belt insulated cable　皮带绝缘电缆
belt insulation　皮带绝缘
belt joint　(1)皮带接合;(2)皮带接头
belt lace　皮带接头,皮带扣,皮带卡子
belt lacer　皮带卡子,皮带接头,皮带扣
belt lacing machine　皮带接头机
belt lacings　皮带卡子,皮带接头,皮带扣
belt leakage　(1)带绝缘泄漏;(2)相位区磁漏,相带漏泄,相带漏磁
belt lifting arrangement　皮带起重装置
belt line　(1)环形铁路,环形线;(2)消防绳
belt-line production　流水线生产
belt loader　皮带装载机,皮带输送机
belt-loading　弹带式装弹
belt material　[皮]带衬[料]
belt molding　车窗上部镶条
belt of cementation　胶结节
belt of come pulley　宝塔轮皮带
belt of folded strata　褶皱带
belt of intrusions　侵入带
belt of transition　过渡带
belt-operated　皮带传动的
belt polishing machine　皮带抛光机
belt press　压带机
belt printer　带式打字机
belt production　流水作业
belt propulsion　(1)带传动;(2)带传动装置
belt prover　带运机
belt pulley　皮带轮
belt pulley clutch　皮带离合器
belt pulley crown　皮带轮轮脊
belt pulley crown diameter　皮带轮轮脊直径
belt punch　(1)皮带冲压脊,皮带冲孔器;(2)皮带冲头
belt puncher　皮带冲孔机
belt quarter-turn drive　皮带直角转弯传动
belt reversing　皮带换向
belt reversing device　皮带回动机构
belt reversing drive　皮带回动机构
belt reversing gear　皮带换向装置,皮带回动装置
belt reversing mechanism　皮带换向机构,皮带回动机构
belt roller　皮带托轮,运输带托轮,皮带轮
belt sander　(1)胶合板表面砂磨机;(2)砂带磨床,砂带抛光机
belt-sanding　砂带研磨
belt scale　带秤
belt sheave　皮带轮
belt shifter　皮带移动器
belt shifter cam　皮带移动装置凸轮
belt shifting apparatus　皮带滑动装置,皮带移动机构
belt slip　皮带打滑,皮带滑动;皮带滑差
belt slipper　皮带开关;皮带移动装置
belt sorter　皮带式分级机
belt spanner　皮带拉紧装置
belt speed　皮带转速
belt speeder　皮带变速装置
belt stretcher　皮带伸张器,皮带张紧器
belt stretching machine　皮带展幅机
belt stretching roller　皮带张紧轮
belt striker　移带器
belt tension　皮带张力
belt tension clutch　皮带张紧式离合器
belt tension release lever　皮带松紧杆
belt tensioner　皮带松紧调节器
belt tensioning idler pulley　紧带轮
belt tightener　(1)皮带张紧轮,紧带轮,拉紧轮,带绞轮;(2)皮带张紧装置,皮带张紧器,紧带器

belt tightener wheel 皮带张紧轮
belt tightener pulley 皮带张紧轮, 皮带游轮
belt transect 样带
belt transmission 皮带传动
belt trough elevator 斗带式升运器
belt truck loader 带式装载机
belt type half track 带式半履带
belt-wagon 胶带车
belt wax 皮带蜡
belt weight meter 带秤
belt wheel 带轮
belt work line (=BWL) 传送带工作线
belted 带式传动的, 皮带传动的
belted cable 铠装电缆
belteroporic 晶体状的
belting (1) 皮带装置；(2) 传动带装置；(3) 传动带, 传动带材料；(4)（英）小艇护舷材
belting tightener 皮带张紧装置
beltline railway 环行铁路
beltman 皮带工
beltsaw 带锯
beltscanner 长凿孔带自动发报机
beltstower 抛掷式胶带充填机
beltway 胶带输送机道
beltwork 皮带传动
ben (1) 内室, 内厅；(2) 扩展阶段；(3) 扩展波段雷达发射机, 宽频带雷达发射机
bena 带平衡器小艇
bench (1) 台, 工作台, 钳工台；(2) 光具座, 台架, 座架, 台座；(3) 试验台, 实验台, 陈列台, 光学台；(4) 组；(5) 拉拔机, 拉丝机；(6) 底层平台；(7) 阶段, 台阶
bench anvil 台砧
bench axe 木工斧
bench blasting 阶梯式爆破
bench blower 台式吹芯机
bench board (1) 工作台, 操纵台, 斜面台；(2) 台式配电盘, 控制盘
bench clamp 台钳
bench cut 台阶式掏槽
bench dog 台轧头
bench drill 台式钻床, 台钻
bench drilling 阶地钻探
bench drilling machine 台[式]钻床
bench gang drilling machine 台式排钻床
bench grinder(s) (1) 台式磨床, 仪表磨床；(2) 台式砂轮机
bench insulator 绝缘座
bench lathe 台式车床
bench man 收音机电视机修理工
bench mark (=BM) (1)标准, 基准；(2)基准点, 水准点；(3)基准标记；(4){计}标准检查程序, 测定基准点
bench micrometer 台用千分尺
bench miller 台式铣床
bench milling machine 台式铣床
bench mold 台铸型
bench molder （台上造型用）短风锤
bench of burners 炉组
bench plane 台[式]刨[床]
bench press 台式压床, 台式冲床
bench roller 台辊
bench run (1) 台架试运转, 台架试车, 试验台试验
bench-scale (1) 实验室规模的, 小型的；(2) 台秤
bench scale 台秤
bench-scale dissolver 小型电解溶解器
bench-scale experiment 实验室试验
bench screw 台虎钳丝杆
bench section 横断面, 横剖面
bench shaper 护道整型机
bench shears 台剪机
bench side 焦面
bench stop 木工台挡头
bench tapping machine(s) 台式攻丝机
bench test 试验台试验, 工作台试验, 台架试验
bench to bench 分层开采, 阶段式开采, 台段式开采
bench-type coordinate boring and drilling machine(s) 台式坐标镗钻床

bench-type core blower 台式吹芯机
bench-type drilling machine(s) 台式钻床
bench-type machine 台式机床
bench-type milling and drilling machine 台式铣钻床
bench-type sensitive drill press 台式灵敏钻床
bench vice 台[用虎]钳
bench welding 在夹具上焊接
bench work 钳工工作, 钳工作业
benchboard (=bnchbd) (1) 操纵台, 倾斜操纵台；(2) 开关台
benched (1) 陡块的；(2) 台阶形状的, 阶状的, 梯段的
bencher (1) 台阶落煤工人；(2) 上山车场工人
benching (1) 阶段式开采；(2) 台阶式回采, 梯段式回采, 分层回采；(3) 钳工加工
benching iron 标尺垫
benching up 由下向上分层回采, 由下向上分段式回采
benchman（复benchmen）(1) 安装工, 装配工；(2) 检验工；(3) 修理工
benchmark (1) 基准点, 水准点；(2) 水准, 基准；(3) 标准检查程序, 测定基准点
benchmark program 基准程序
benchmark routine 基准例行程序
benchmark test program 基准[检测]程序,（计算机的）试验程序
benchtest 试验台试验
benchwork 在工作台上完成的工作
bend (1) 弯曲；(2) 弯管, 弯头, 弯曲物；(3) 可曲波导管；(4) 枪托；(5) 河弯
bend alloy 易熔合金, 弯管合金
bend angle 弯曲角
bend bar 弯曲钢筋, 元宝钢, 挠钢
bend cold 冷弯
bend improvement 裁弯取直
bend loss 弯头损失
bend meter 弯管流量计
bend-over 弯曲的, 弯过来的
bend-over test 弯曲试验
bend piece 弯管接头
bend pipe 弯管
bend strength 弯曲强度, 抗弯强度
bend tape 卷尺
bend test(ing) 弯曲试验
bend tester 弯曲试验机
bend wave guide 弯曲波导管
bend wave guide pipe 可曲波导管
bend wheel 改向轮
bendable 可弯曲的, 可挠曲的
bendalloy 弯管合金, 易熔合金
bender (1) 弯曲压力机, 弯钢筋机, 弯曲模膛, 弯曲机, 折弯机, 弯管机, 弯板机, 弯轨机, 挠曲机；(2) 压电曲片式水听器；(3) 泵缸上提环
bender and cutter （钢筋）挠曲折断两用机,（钢筋）弯切两用机
bender impression 弯曲模膛
bending (1) 弯曲度, 挠曲度, 扭弯；(2) 弯头, 弯管；(3) 偏移, 偏差, 折曲, 折射；(4) 无线电波束曲折；(5) 磁头条带效应；(6)（透镜的）配曲调整
bending and straightening press 弯曲矫直两用压力机
bending and unbending test 反复弯曲试验
bending angle 弯曲角度
bending brake 板料弯折机
bending coefficient 弯曲系数, 挠曲系数
bending crack 弯曲裂纹
bending creep 弯曲蠕变
bending deflection (1) 弯曲挠度, 上弯度, 挠曲；(2) 挠偏转
bending die 弯曲模
bending elasticity 弯曲弹性
bending endurance test 耐弯曲试验
bending failure 弯曲失效, 弯曲破坏
bending fatigue 弯曲疲劳
bending flutter 弯曲振颤
bending force 弯曲力
bending form 弯曲成形模
bending furnace 管坯炉
bending iron 弯钢筋扳子, 弯钢筋工具
bending load 弯曲载荷
bending machine 弯曲机, 折弯机
bending moment (=BM) 弯[曲力]矩, 挠矩

bending moment area 弯矩面积

bending moment arm 弯曲力臂

bending moment arm for tooth root stress (in radial direction) 齿根应力的 [径向] 弯曲力臂

bending moment diagram 弯矩图

bending modulus 弯曲模量, 抗弯模量, 弯曲模数, 抗弯模数

bending of a lens 透镜的配曲调整

bending radius 弯曲半径

bending relaxation rigidity 弯曲松弛刚度

bending resistance 抗弯性

bending rigidity 抗弯刚度, 弯曲刚度

bending roll 弯曲辊, 弯曲轧辊

bending rollers 折页三角板夹纸辊

bending rolls 弯曲机

bending rupture load 弯曲破坏载荷, 弯曲断裂载荷

bending schedule 钢筋表

bending slab 弯材平台

bending stiffness 弯曲刚性

bending strain 弯曲应变

bending strength 抗弯强度, 抗挠强度, 弯曲强度

bending stress 弯曲应力

bending stress in the critical section at the root 齿根临界截面弯曲应力

bending table 弯铁台

bending test 弯曲试验

bending torsion 弯曲扭转

bending-torsion stability 弯 [曲] 扭 [转] 稳定性

bending-under-tension test 拉伸弯曲综合试验

bending vibration 弯曲振动

bending wave 弯曲波

bending yield point 抗弯曲屈服点

bending drive 惯性式驱动装置

bending type starter drive 起动机惯性驱动装置

Bendix-weiss joint 双轭钢球万向节

bendlet 细小的中斜线

beneath (1) 在……之下, 在……下方, 在……底下, 低于; (2) 不值得, 不配, 劣于; (3) 在下面, 在下方, 在底下

Benedict metal 镍黄铜合金, 铜镍锌合金 (铜 57%, 锡 2%, 铅 9%, 锌 20%, 镍 12%)

beneficial (1) 有利的, 有益的; (2) 有使用权的

beneficiate (1) (为改善性能而进行的) 处理; (2) 提高矿石品位, 选矿, 精选

benefit (1) 利益, 益处, 好处; (2) 保险赔偿费, 津贴, 年金

benefit-cost ratio 利益与投资之比, 利润率

benefit factor 受益率

benefit ratio 受益比

bengala 三氧化二铁, 氧化铁

benito [连续波] 飞机导航装置

Bennett's mechanism 本内特机构

Benson boiler 直流锅炉

bent (=BT) (1) 弯曲 [的]; (2) 排架; (3) 横向构架; (4) V 形凿; (5) 弯头; (6) 倾向; (7) 曲柄 [的]

bent antenna 曲折天线

bent axle 弯轴, 曲轴

bent bar 挠曲钢筋, 弯筋

bent cap [框梁] 盖梁

bent clamp 弯曲压板, 弓形夹具

bent crystal 弯晶

bent dent 弯形筘齿

bent down 向下弯曲

bent gouge 曲柄弧口凿

bent gun 曲轴电子枪

bent handle single head wrench 弯柄单头扳手

bent lever 直角杠杆, 曲杆

bent nose pliers 歪嘴钳

bent pipe 曲管, 弯管

bent plate 曲板

bent reed 弯曲筘

bent shaft 曲轴, 曲柄轴

bent shank needle 曲柄唱针

bent shank tapper tap 弯柄螺母丝锥

bent socket wrench 弯柄套筒扳手

bent spanner 弯头扳手

bent spar 弯曲翼梁

bent steel 挠曲钢筋, 弯筋

bent stem thermometer 曲管温度表

bent-tail dog 弯尾卡箍

bent tail dog 曲尾轧头, 曲尾夹头

bent tap 弯柄螺母丝锥

bent tile 曲瓦

bent tool 弯头车刀

bent tube 曲管, 弯管

bent-up 弯起的, 上弯的

bent up (=BUP) 弯曲的

bent-up bar 起弯钢筋, 上弯钢筋

bent-up end 弯端

bent wrench 弯头扳手

benthograph 海底摄影机, 海底记录器

benthoscope 深海 [用球形] 潜水器

bentone grease 膨润土润滑脂, 皂土润滑脂

bentonite (1) 膨润土, 皂土, 浆土; (2) 斑脱岩, 膨土岩

bentwing 后掠翼飞机

benutzungsdauer (德) 换算连续负载时间

benzene(e) 汽油, 挥发油

bepo (英) 核子试验反应堆

berkelium {化} 锫 Bk

Berl saddles 马鞍形填料

berlia refractories 氧化铍耐火材料

Berlin black (1) 无光黑漆; (2) 耐热漆

berlin (=berline) (1) 四轮双座马车; (2) 封闭式汽车车厢

berth (车、船、飞机的) 泊位, 停泊处, 锚泊地, 船台, 码头; (2) 停泊, 入港

berthollide 贝陀立合金, 贝陀立化合物

Bertrand lens 伯特兰透镜

berylco alloy 铍铜合金

beryllia 氧化铍 (耐火材料)

beryllia ceramics 氧化铍陶瓷

beryllium{化} 铍 Be

beryllium alloy 铍合金

beryllium bronze 铍青铜

beryllium bronze ball 铍青铜球

beryllium bronze cage 铍青铜保持架

beryllium copper (=BECU) 铜铍合金, 铍铜

beryllium dome tweeter 铍膜球顶形高音扬声器

beryllium doped germanium 锗掺铍

beryllium window 铍窗

besel (1) 监视窗, 监视孔; (2) 遮光屏, 荧光屏

beset (1) 包围, 围住, 围绕; (2) 缠绕; (3) 镶, 嵌

beside (1) 在……旁边, 在……附近; (2) 和……相比, 比起来, 比得上; (3) 同……无关, 离开; (4) 除……之外

besides 除……之外, 在……之外, 除了, 此外, 而且, 加之, 还有, 更, 又

besmoke 烟污, 烟熏

spatter 溅污

bespeak (1) 预约, 预订, 订货; (2) 证明, 表示; (3) 请求

bespot 加上斑点

bespread 扩张, 盖, 覆, 铺

Bessel function 贝塞尔函数

Bessel method 贝塞尔 [图上定位] 法

Bessel's function (=Bes) 贝塞尔函数

Bessemer 酸性转炉钢

Bessemer acid steel 酸性转炉钢

Bessemer blow 酸性转炉吹炼

Bessemer converter 贝塞麦转炉, 酸性转炉

Bessemer copper 转炉铜, 粗铜

Bessemer heat 酸性转炉熔炼, 吹炉熔炼

Bessemer iron 酸性铜, 转炉钢

Bessemer pig 酸性铜, 转炉钢

Bessemer process 酸性转炉法

Bessemer steel (=BS) 贝塞麦钢, 酸性铜, 转炉钢

Bessemerizing 酸性转炉吹炼

best (1) 最佳, 最好, 极力, 尽力, 全力; (2) 最好状态; (3) 优势; (4) 上等的, 最佳的, 最好的, 最优的, 优质的

best approximation 最佳逼近

best beat method 最佳拍法

best bower 右舷船首锚

best cokes (1) 最优薄锡层; (2) 镀锡薄钢板

best estimate of trajectory (=BET) 弹道的最佳估算

115

best estimator 最佳估计量
best-fit 最佳配合，最佳拟合
best fit 最佳配合
best-fit method 最优满足法
best-fitting 最佳配合，最佳拟合
best-known 最著名的
best mechanism 最佳机构
best part of 大部分
best solution 最佳解法
betaray gage β射线厚度计
beta (1) 希腊字母 B，β；(2) 第二位的，β位的；(3)（晶体管的共发
　　射极电路的）电流放大系数
beta-absorption gauge β吸收规
beta-active β放射性的
beta-activity β放射性
beta-backscattering β[粒子]反散射，β反射
beta brass β黄铜
beta circuit 反馈电路，β电路
beta-counted 由β放射性测量的
beta curve 脉冲曲线，β曲线
beta decay β衰变
beta-emitter β发射体
beta factor β系数
beta-function β函数
beta-gamma double bond β-碳原子与γ-碳原子间的双键
beta minus 仅次于第二等
beta particle β粒子，β质子
beta plus 稍高于第二等
beta-radiation β粒子辐射
beta radiation β辐射
beta-radiator β发射体
beta-ray β射线
beta ray β射线，乙射线
beta-ray isotope β放射性同位素
beta-ray spectrograph β射线摄谱仪
beta tester β系数测定器
beta thickness gauge β射线测厚仪
beta-transition β跃迁
betatopic (1) 失电子的，差电子的；(2) 相关
betatopic change 失电子蜕变，电子放射变化
betatron 电子回旋加速器，电子感应加速器，电磁感应加速器
bethanise (=bethanize) 钢丝电解镀锌法（用不溶解阳极）
bethanized wire 电镀锌钢丝
bethanizing process 钢丝电解镀锌法
Bethe cycle 倍兹循环
Bethe-hole directional coupler 公用耦合孔双波导定向耦合器，倍兹
　　孔定向耦合器
bethelizing 木材注油（用杂酚油或煤油灌入木材）
bethell process （木材防腐）填满细胞法
betimes 不久[以后]，即刻，及时，准时
better (1) 较好的，更好的，更多的，大半的；(2) 更好，更多，更加，超过，
　　胜过
betterment (1) 改善，改良，改进，改正；(2) 修缮和扩建；(3) 修缮
　　经费
bettermost 大部分的，最好的
between (1) 在……之间；(2) 当中，中间，(3) 由于……共同作用的结
　　果，为……所共有
between centers (=BC) 中心距；轴间距
between comfort and discomfort (=BCD) 临界照度
between-decks 二层舱，甲板间
between decks (1) 二层舱，甲板间；(2) 二层甲板，货船大舱内的升
　　高甲板
between-group variance 群间方差
between perpendiculars (=BP) 垂直间距，垂线之间
between product 中间产品
between wind and water 船体吃水线附近，在吃水线
betweentimes (=betweenwhiles) 有时，间或
Bev-range 千兆电子伏特[量]级，十亿电子伏特[量]级 (Bev
　　=billion electron voltage 千兆电子伏特)
bevatron (=BEV) 高能质子同步稳相加速器,高能质子同步移相加速器，
　　(高功率) 质子回旋加速器，贝伐加速器
bevatron linear accelerator (=bevalac) 贝伐加速器的直线加速器
bevel (1) 斜的，斜角的；(2) 斜角，斜面，斜截；(3) 锥形倒角，倒棱，(4)
　　量角规，斜角规，(5) 锥齿轮，伞齿轮；(6) 圆锥的

bevel angle (1) 锥角，斜角；(2){焊}坡口角度
bevel arm piece 斜三通管
bevel drive 锥齿轮传动，伞齿轮传动
bevel edge (1) 斜边，斜缘，(2) 斜削边
bevel epicyclic hub reduction 行星锥齿轮轮毂减速器
bevel epicyclic gearing 行星锥齿轮传动，周转锥齿轮传动
bevel epicyclic train 锥齿轮行星轮系，锥齿轮周转轮系
bevel face 斜角面
bevel friction gear 斜摩擦轮，锥摩擦轮
bevel ga(u)ge 曲尺
bevel gear (=BG) (1) 圆锥齿轮，伞形齿轮，锥齿轮，斜齿轮，伞齿轮，
　　(2) 锥形齿轮传动；(3) 斜齿联动机
bevel gear blank 锥齿轮毛坯，锥齿轮坯料
bevel gear blank checker 锥齿轮毛坯检查仪
bevel gear burnishing machine 锥齿轮挤齿机
bevel gear chamfering machine 锥齿轮倒角机
bevel gear combination 锥齿轮组合
bevel gear cutter 锥齿轮铣刀，锥齿轮刀盘
bevel gear cutting machine(s) 锥齿轮加工机床，伞齿轮削切机床
bevel gear differential 锥齿轮差速器，锥齿轮差动器，锥齿轮差动机构
bevel gear drive (1) 锥齿轮传动，伞齿轮传动；(2) 锥齿轮传动装置
bevel gear gate lifting device 斜齿轮闸门启闭机
bevel gear generator 锥齿轮范成加工机床，锥齿轮滚齿机
bevel gear grinder 锥齿轮磨床
bevel gear hobbing attachment 锥齿轮滚齿夹具，锥齿轮滚齿装置
bevel gear housing 锥齿轮箱
bevel gear intermediate drive 锥齿轮中间传动
bevel gear jack 锥齿轮千斤顶
bevel gear lapping machine(s) 锥齿轮研磨机
bevel gear main drive 锥齿轮主传动
bevel gear mechanism 锥齿轮传动机构
bevel gear mesh adjusting-gasket 锥齿轮内核调整垫片
bevel gear pair [圆]锥齿轮副
bevel gear planer [圆]锥齿轮刨床，锥齿轮刨齿机
bevel gear reversing switch 锥齿轮反向[机构]开关
bevel gear roughing machine 锥齿轮粗切机
bevel gear shaft 锥齿轮轴
bevel gear shaft carrier 锥齿轮轴架
bevel gear tester 锥齿轮检查仪
bevel gear testing machine 锥齿轮滚动检查机
bevel gear tooth 锥形齿，锥齿轮轮齿
bevel gear tooth pulser 锥齿轮单齿脉冲试验台
bevel gear train 锥齿轮[传动]系
bevel gear-wheel [圆]锥齿轮
bevel gear with curve teeth 曲线齿锥齿轮，螺旋齿锥齿轮
bevel gearing 锥齿轮[传动]装置
bevel gears 锥齿轮传动装置，锥齿轮副
bevel gears at right angle 正交轴[传动]锥齿轮
bevel grinding 斜磨[削]
bevel lead 斜导程，导锥
bevel milling cutter 斜面铣刀
bevel mortise wheel 锥形嵌齿轮
bevel pinion 小锥齿轮，小伞齿轮
bevel pinion differential gear 差动[传动]小锥齿轮
bevel pinion front bearing 小锥齿轮前轴承
bevel pinion rear bearing 小锥齿轮后轴承
bevel pinion thrust bearing 小锥齿轮推力轴承
bevel piston ring 外倒角活塞环
bevel pitch cone 节圆锥
bevel planet gearing 行星锥齿轮[传动]装置
bevel planetary gear automatic transmission 行星锥齿轮自动变速器，
　　行星锥齿轮自动传动装置
bevel planetary gear automatic transmission control system 行星锥
　　齿轮自动变速器控制系统
bevel planetary gearing 行星锥齿轮[传动]装置
bevel protractor 万能角尺，活动量角器，[斜]量脚规，斜角规
bevel ring 斜环
bevel scale 斜角规
bevel screw 锥蜗杆
bevel seat valve 斜面密封阀，斜座阀，角阀
bevel square 斜角规，量角规，分度规
bevel tool 锥形刀具，伞形刀具
bevel tooth 锥[形]齿
bevel tooth epicyclic gearing 行星锥齿轮传动[装置]，周转锥齿轮传

动 [装置]

bevel tooth gearing　锥齿轮传动 [装置]

bevel tooth planetary gearing　行星锥齿轮传动 [装置]

bevel type differential gear　圆锥式差动齿轮, 伞式差动齿轮

bevel type planetary gearing　圆锥式行星传动 [装置], 伞式行星传动 [装置]

bevel type planetary gear(s)　圆锥式行星齿轮 [装置], 伞式行星齿轮 [装置]

bevel washer　斜垫圈

bevel wheel　(1) [圆] 锥齿轮, 伞齿轮; (2) 斜摩擦轮

bevel wheel change gear　锥齿轮变速装置

bevel wheel drill　锥形锪钻, 角钻

bevel wheel tooth　锥齿轮轮齿

bevel worm　锥蜗杆

beveled　有斜面的, 圆锥体的

bevel claw clutch　带斜牙嵌的离合器

beveled (=bevelled)　有斜面的, 圆锥体的

beveled boards　斜边封底纸板

beveled edge　(1) 倒角边缘; (2) 斜边, 斜缘

beveled extension　[喷管的] 外斜伸长部分

beveled face　锥面, 斜角面

beveled gear jack　锥齿轮起重器

beveled helving　斜对接

beveled joint　斜接

beveled tie　不等厚枕木

beveled washer　锲形螺栓垫圈, 斜垫圈

beveler　倒角机

beveling (=bevelling)　(1) 削斜切, 倒斜角, 倒角; (2) 做成斜边; (3) 斜切, 斜削; (4) 斜面

beveling plane　企口槽刨

beveling post　磨角器

beveling radius　弯曲半径

bevelled halving　斜削接

bevelled washer　斜垫圈

bevelling radius　弯曲半径

bevelment　斜切, 对切, 削平

beveloid　斜面体

beveloid gear　锥形渐开线齿轮, 变厚螺旋齿轮

Beverage antenna　由平行水平长线组成的定向天线, 贝弗来日天线, 行波天线

bewel　预留曲度, 挠曲

Bextrene　聚苯乙烯

beyond　(1) 超过……范围, 在……以上, 超出; (2) 出于……之外, 不能……的; (3) 在……那边, 离……以外, (4) 除……以外, (5) 在那处, 在远处, 向远处, 再往前, 以外, 此外

beyond all else　比什么都

beyond all things　第一, 首先

beyond compare　无以伦比

beyond one's power　是……力所不及的

beyond price　极贵重的, 无价的

beyond-the-horizon propagation　超越地平线传播, 超视距传播

Bezel　遮光板, 聚光圈

bezel (=bezll)　(1) 凿的刃角, 斜刃面; (2) 宝石的斜面, 斜面; (3) 座圈, 带槽框; (4) 仪表前盖, 玻璃框; (5) 聚光圈; (6) 嵌玻璃的沟缘, 企口; (7) 小指示灯, [荧光] 屏, 挡板

B-H curve　磁化曲线, B-H 曲线

B-H loop　磁滞回线, 磁滞环, B-H 回线

Bhabba scattering　巴巴散射

bi-　(词头) 双, 二, 两, 重

bi-cable　双缆索道

bi-cable ropeway　双缆索道

bi-component　双组份的

bi-frequency　双频 [率]

bi-gradient microphone　双压差传声器

bi-grid space-framed steel structure　双向空间钢框架结构

bi-motor　双发动机

bi-parting door　同时开启的双拉门

bi-pass　双通

bi-service　两用的

bi-telephone　双耳受话器, 耳机

biabsorption　双吸收

biacide base　二 [酸] 价碱

bialkali photocathode　双碱光电阴极

bialternant　双交替式

bialuminate　重铝酸盐, 酸性铝酸盐

biamperometry　双安培滴定法

biarsenate　重砷酸盐, 酸性砷酸盐

bias (biases)　(1) 对准线接触; (2) 倾向, 倾斜, 斜痕, 斜线; (3) 接触区倾斜; (4) 偏移, 偏离, 偏置, 偏向; (5) 系统误差, 偏差, 偏值; (6) 偏栅压, 偏压, 偏频, 偏流, 偏磁; (7) 呈圆形, 拉扁; (8) 偏航

bias automatic gain control　延迟自动增益控制

bias bearing　(齿轮) 对角接触区, 对角承载区

bias bell　偏动电铃

bias bleeder　偏压分泄电阻

bias box　偏压器, 偏磁器

bias cell　栅偏压电池组, 偏压电池, 偏流电池

bias change　(齿轮) 对角接触修正

bias check　边缘检验, 偏压校验

bias circuit　[栅] 偏压电路

bias correction　偏压修正值

bias crosstalk　(磁带录音的) 偏磁串扰

bias current　偏压电流, 偏流, 栅流

bias cutter　斜切机

bias distortion　偏压畸变, 偏移畸变, 偏置畸变, 偏离失真, 偏置失真, 偏移失真

bias error　系统误差, 固有误差, 偏值误差

bias field　偏磁场

bias frequency　偏磁频率

bias gear　偏动装置

bias head　偏磁磁头

bias-in bearing　(锥齿轮) 内对角接触区

bias-in contact　(锥齿轮) 内对角接触

bias-in tooth bearing　(锥齿轮) 内对角接触区

bias light　背景光, 衬托光

bias lighting　(1) 基本照明, 背景照明, 衬底照明; (2) 偏置光, 背景光; (3) (照相) 跑光

bias meter　偏畸变计, 偏流表

bias-off　加偏压使截止, 偏置截止

bias oscillator　偏磁振荡器

bias-out bearing　(锥齿轮) 外对角接触区

bias-out contact　(锥齿轮) 外对角接触

bias-out tooth bearing　(锥齿轮) 外对角接触区

bias pulse　偏压脉冲

bias rectifier　偏压整流器

bias resistance　偏压电阻

bias set frequency　偏磁频率

bias temperature (=BT)　偏置温度

bias-temperature treatment　偏压 - 温度处理

bias test　边缘试验, 边缘校验

bias tooth bearing　轮齿对角线接触区, 轮齿对角线承载区

bias torque　偏转力矩

bias trap　偏磁陷波器

bias tube　偏压管

bias voltage　偏压

bias-voltage control　[栅] 偏压调整, 偏压控制

bias winding　辅助磁化线圈, 偏压绕组, 偏压线圈

biased (=biassed)　(1) 附加励磁的, 加偏压的, 偏压的; (2) 偏的, 偏斜的, 移动的, 位移的

biased blocking oscillator　偏压间歇 [式] 振荡器

biased detector　偏压探测器

biased error　偏置误差, 有偏误差

biased estimate　偏置估计

biased exponent　偏置指数

biased flip-flop　不对称触发电路

biased induction　偏磁感应

biased multivibrator　截止多谐振荡器, 偏置多谐振荡器, 闭锁多谐振荡器

biased-rectifier amplifier　偏置整流放大器, 偏压整流放大器

biased relay　带制动的继电器, 极化继电器

biasing (=biassing)　(1) 加偏压, 加偏流, 偏压; (2) 偏置, 位移; (3) 附加激励, 偏磁, 磁化

biasing capacitance　偏压旁路电容

biasing impedance　偏压阻抗

biasing technique　偏磁技术

biasing voltage　偏压

biasing wear　偏磨损

biat　井筒横梁

biatomic　(1) 二原子的, 双原子的；(2) 二酸价的, 双酸的
biatomic acid　二元酸
biax　(1) 双轴 (磁芯)；(2) 双轴的
biax magnetic element　双轴 [磁芯] 元件
biax memory　双轴磁芯存储器
biaxial　二轴的, 双轴的, 双向的
biaxial creep　双向蠕变
biaxial crystal　双轴晶体, 二轴晶体
biaxial fatigue　双向载荷疲劳
biaxial loading　双向加载
biaxial orientation　双轴取向
biaxial tension　双向拉伸
biaxiality　双轴性, 二轴性
bib　弯管旋塞, 龙头, 活塞
bib-valve (=BV)　弯管龙头, 弯嘴旋塞
bibasic　(1) 二元的, 二代的；(2) 二盐基性的, 二碱 [价] 的
bibasic acid　二 [碱] 价酸
Bibby coupling　毕比式联轴器, 蛇形弹簧, 联轴器, 曲簧联轴器
bibcock (=bibbcock)　小水龙头, 螺旋式水龙头, 弯嘴旋塞, 活塞, 阀栓
Bibliobus　流动图书馆
bibliofilm　(1) 缩微胶片；(2) 图书缩微胶片
bibliographica　书目
bibliography　(1) 文献目录, 参考书目；(2) 目录学, 目录学研究
bibliometer　吸水性能测定仪
bibropack　振动子整流器
bibulous　吸附性的, 吸水的
bibulous paper　吸水纸, 吸墨纸, 滤纸
bicalcrate　二距的
bicamera　双镜头摄影机
bicarb　碳酸氢钠
bicarbonate　碳酸氢盐
bicarinate　双龙骨状的
bicathode tube　双阴极管
bicharacteristics　双特性, 双特征
bichromate　重铬酸盐
bichromate cell　重铬酸 [盐] 电池
bicircular　由两个圆周组成的, 象两个圆周的, 二圆的, 重圆的
bicircular quartic　重 [虚] 圆点四次线
bicircular surface　四次圆纹曲线
bicirculating　双重循环的, 偶环流的, 偶极流的
bicirculating motion　偶环流运动, 偶极流运动
bicirculation　偶环流
bick-iron　双嘴砧, 丁字砧, 铁砧
bicolorimeter　双色比色机, 双筒比色计
bicompact　{数} 重紧致, 紧致
bicomplementary　{数} 互余集 [合]
biconcave　双凹面的, 两面凹的, 双凹 [的]
biconcave lens　双凹透镜
biconditional　双重条件的, 双条件的
biconditional gate　{计} 双同 [条件] 门, 异 "或非" 门, "同" 门
biconditional statement　双态语句
bicone　双锥体
biconical　双圆锥的, 双锥形的
biconical antenna　双锥形天线
biconical rotor　双锥形转子
biconical speaker　双锥扬声器
bicontinuous　双连续的
biconvex　两凸面的, 双凸面的, 双凸 [的]
biconvex lens　双凸透镜
bicoudate　双曲的
bicrofarad　毫微法 [拉], 10^{-9} 法 [拉]
bicron　毫微米, 10^{-9} 米, mμ
bicrystal　双晶 [体]
bicubic　双三次的
bicurvature　双曲率
bicurved　双弯曲的, 二曲线式的
bicycle　自行车, 脚踏车
bicycle tube　自行车内胎
bicycle undercarriage　自行车式起落架
bicyclic　两个轮子的, 自行车的, 两圈的, 二环的
bicylinder　(1) 双圆柱；(2) 双柱面透镜
bicylindrical　双圆柱的, 双柱面的
bicylindroconical drum　双圆筒双锥绞筒
bidematron (=beam injection distributed emission magnetron

amplifier)　电子束注入分配放射磁控管放大器, 毕代码管
bident　双齿工具
Bidery metal　白合金 (锌 88.5%, 其余铅和铜)
bidiagonal matrix　两对角线的, 双对角线的
bidirectional　双向 [作用的]
bidirectional bipolar transistor　双向双极晶体管
bidirectional bus　双向总线
bidirectional clutch　双向离合器
bidirectional counter　双向计数器
bidirectional cutter back off amount　斜向让刀量
bidirectional diode thyristor　双向二极硅闸流管
bidirectional drive　双向传动, 往复传动
bidirectional operation　双向操作
bidirectional pulse train　双向脉冲序列
bidirectional relay　双向继电器
bidirectional replication　双向复制
bidirectional switch　双向开关
bidirectional triode thyristor　双向可控硅
biduk　(印尼)　一种帆船
bielectrolysis　双极电解
bielliptic(al)　双椭圆的
biellipticity　双椭圆率
biface　双界面
bifacial　两面一样的, 双面的
bifarious　二重的, 两列的
biferrocenyl　联二茂铁
bifet　双极 - 场化 [混合] 晶体管
bifid　裂成两半的, 二分的, 两叉的, 分叉的, 叉形的, 对裂的, 二裂的
bifilar　双股的, 双线的, 双向的, 双绕的, 双层的, 双 [灯] 丝的
bifilar bridged-T trap circuit　双绕桥 T 型陷波电路
bifilar choke　双绕无感扼流圈, 双绕无感线圈
bifilar electrometer　双线静电计
bifilar helix　双螺旋线
bifilar pendulum　双 [线] 摆
bifilar secondary　双股副线圈
bifilar suspension　双线悬置, 双线悬挂
bifilar transformer　双 [线] 绕变压器
bifilar winding　双线无感绕法, 双线无感绕组, 双线无感线圈, 双股无感线圈
bifilar-wound transformer　双 [线] 绕变压器
biflabellate　双扇形的
biflaker　高速开卷机
biflecnode　{数} 双拐结点
bifocal　双焦点的
bifocals　双筒望远镜玻璃
bifocus　双焦点
biforate　双孔的
biform　把两种不同物体的性质和特征合在一起的, 有两形的, 两体的
bifrequency　双频率的
bifuel system　二元燃料系统, 双燃料系统
bifunctional molecule　二官能分子
bifurcate　(1) 分为二支的, 分叉的, 二叉的, 分枝的, 叉状的；(2) 分路
bifurcated chute　分叉槽
bifurcated contact　双叉触点簧片, 双叉接插件, 双叉触点
bifurcated line　分叉线路
bifurcated rivet　开口铆钉
bifurcated-rivet wire　开口铆钉用钢丝
big　(1) 巨大的, 重大的, 重要的；(2) 大量地, 大大地, 宽广地, 成功的
Big Bird satellite　"大鸟" 卫星 (美国的一种侦察卫星)
big-end　大端
big end　(连杆的) 大端
big end bearing　(连杆) 大端轴承
big-end-down　上小下大的
big-end-up　上大下小的
big gear　大齿轮
big gear wheel　大齿轮
big hole　紧急制动
big hook　救援起重机
big inch　大尺码 (输油管)
big inch line　大直径管线
big inch pipe　大直径管路
big mill　粗轧机
big powerstation　大型发电厂
big screen　大屏幕

big-screen receiver　大屏 [幕] 电视接收机,宽屏 [幕] 电视接收机

bight　(1) 弯曲处,角落,角部;(2) 曲线,回线,环形,线束;(3) 盘索,绳环,索眼

bigit　二进位

bigmill　开坯轧机,粗轧机

bigonal diameter　二倾角点直径

bigrid　(1) 四极管;(2) 双栅极 [的]

bigharmonic　双调和的,双谐 [波] 的

bigharmonic equation　重调方程

bihole　双空穴

bikarbit　比卡必特炸药

bike　(1) 自行车;(2) 二轮机动车辆

bilaminar　二层的,两板的

bilander　双桅小商船

bilanz　(德) 平衡

bilateral　(1) 左右对称的,左右均一的,对向的,对称的;(2) 双作用的;(3) 双向的,双面的,双侧的,两面的;(4) 双边的

bilateral-area track　对边面积调制声道

bilateral agreement　双边协定

bilateral central rates　两国货币的双边中心汇率

bilateral circuit　双向电路,双边电路,对称电路,可逆电路

bilateral diode　双向二极管

bilateral element　双通电路元件,双向作用元件

bilateral impedance　双向阻抗

bilateral network　双向网络

bilateral servo-mechanism　双向 [作用力的] 伺服机构

bilateral spotting　交会观测点

bilateral surface　双侧曲面

bilateral switching　双通开关,双向转换

bilateral system of tolerances　双向公差制

bilateral talks　双边会谈

bilateral tolerance　双向公差

bilateral treaty　双边条约

bilateralism　两侧对称性

bilayer　(1) 双层;(2) 双分子层

bilevel　双电平的

bilge　(1) 船底弯曲部,舭部,底舱;(2) 舱底水;(3) 舱底开口;(4) 船底进水,舱底破漏;(5) 腹部;(6) 腹端差;(7) 弯度,凸度,垂度,拱度,矢高

bilge and ballast piping system　(船舶) 舱底水管系和压载水管系

bilge and ballast pump　(船舶) 舱底水泵和压载水泵

bilge block　舭墩

bilge ejector for chain locker　锚链舱用的舱底水喷射泵

bilge keel　(船舶的) 舭龙骨

bilge keelson　舭内龙骨

bilge-pump　舱底污水泵

bilge water　舱底污水

bilgeboard　舭拔水板,舭盖板

bilgeway　(1) 下水滑道;(2) 舱底舭部污水沟;(3) 舭墩在上面滑动的横木或支柱;(4) 上层滑板

bilging　船底破裂

Bilgram bevel gear shaper　[德] 比尔格拉姆锥齿轮齿轮刨齿机

bilinear　(1) 双线性的;(2) 双线性,双一次性;(3) 双线性方程式的

bilinear transformation　双线性变换

bilinearity　双线性

bilithic filter　双片式滤波器

bill　(1) 单子,清单,帐单,发票;(2) 鹤嘴锄,镰刀,斧;(3) 锚爪尖,桁端;(4) 剪刀片;(5) 编号目录

bill after date　开票后

bill after sight　即期票据

bill at sight　见票即付的汇单

bill at usance　远期汇票

bill-hook　钩镰

bill of credit　(1) 取款凭单;(2) 付款通知书

bill of entry　入港呈报单,入港呈报表,报税通知单

bill of exchange (=BE)　汇票

bill of freight　运单

bill of health　(船只) 检疫证书

bill of lading (=BL 或 B/L)　提货凭单,运货证书,提 [货] 单

bill of lading to a named person　记名提单

bill of lading to bearer　不记名提单

bill of material (=B/M)　材料表,材料 [清] 单

bill of parcels　发票,货单

bill of sight (=BS 或 B/st)　临时起岸报关单

bill receivable (=BR)　应收票据

billboard antenna　横列定向天线

billboard array　平面反射器同相多振子天线,横列定向天线阵

billbook　支票簿

billcollector　收账员

biller　(1) 会计机,票据机;(2) 会计

billet　(1) 有色金属坯,坯料,[方] 钢坯,金属棒;(2) 错齿饰;(3) 金属短条;(4) 短圆木,圆头棍子,木块

billet furnace　坯锭加热炉

billet mark　坯料打印机

billet mill　钢坯轧机

billet necking　钢坯切口

billet unloader　钢坯卸料机

billeteer　(1) 粗加工机床;(2) 钢坯剥皮机

billethead　(1) 卷索柱;(2) 雕刻船首饰

billey　废纺走锭纺纱机

billhead　空白单据

billi　毫微,10^{-9}

Billi capacitor　管状精调电容器,管状微调电容器

billi-condenser　管状精调电容器,管状微调电容器

billiard-ball collision　弹性碰撞

billibit　十亿位,千兆位,109 位 [比特]

billicycle　千兆周,109 周

billing machine　票据计算机,会计机,填表机

billing punch　票证穿孔机

billion (=BIL)　(1) (英、德) 万亿;(2) (美、法) 十亿;(3) 甚大的数

billion electron-volts　千兆电子伏 [特],十亿电子伏 [特]

billisecond　十亿分之一秒,毫微秒,10^{-9} 秒

billon　(1) 低银合金;(2) 金合金,银合金

billy　圆桶形容器

billy gate　头道粗纱机的小车

billyboy　(英) 双桅平底船

bilogical　双逻辑的

bilux bulb　双灯丝灯泡

bimag　带绕磁芯,双磁芯

bimanous　双手的

bimanual　用两手的,双手的,

bimanualness　双手操作

bimatron (=beam injection magnetron)　电子束注入磁控管,毕玛管

bimetal　复合钢材,双金属 [片]

bimetal bearing　双金属轴瓦

bimetal leaf　双金属片

bimetal relay　双金属继电器

bimetal release　双金属开关

bimetal sheet　双金属板,双金属片

bimetal time-delay relay　双金属片延时继电器

bimetallic　双金属的,二金属的

bimetallic compensation strip　双金属补偿片

bimetallic element　双金属元件

bimetallic instrument　双金属式仪表

bimetallic strip　双金属片

bimetallic strip gauge　双金属带规

bimetallic strip relay　双金属片继电器

bimetallic temperature regulator　双金属温度调节器

bimetallic thermometer　双金属温度计

bimetallic thermostat　双金属温度调节器

bimetallic distribution　双缝分布

bimirror　双镜

bimodal　双峰的,双态的,双模的

bimodal curve　二项曲线

bimodal distribution　{ 计 } 双峰分布

bimodule　双模

bimolecular　双分子的

bimoment　(弯曲·扭曲) 复合力矩,双力矩 [的]

bimorph　双压电晶片

bimorph cell　双层晶体元件

bimorph crystal　振荡相互补偿晶体,耦联晶体,耦合晶体,耦联晶片

bimorph memory cell　双态存储元件

bimotored　双发动机式

bin　(1) 储存斗,储存器,贮藏室,谷仓,料仓,仓;(2)料斗,料箱,料盒,料架,料柜;(3) 接收器;(4) 磁带箱,箱;(5) 围壁甲板;(6) 舱

bin card　卡片箱

bin feeder　仓式进料器

bin gate　料仓门

bin hang-ups 料斗阻塞
bin-segregation 料斗内材料分层
binant electrometer 双象限静电计
binariants 双变式
binary (1) 二的，双的；(2) 二元；(3) 双重；(4) 二进制 [的]，二进位的，二分量的，二变量的；(5) 有二自由度的，二部组成的，二成分的，二元素的，二等分的，二均分的，二元的，双态的
binary accumulator 二进制累加器
binary acid 二元酸
binary adder 二进 [制] 的加法器
binary adding circuit 二进制加法电路
binary alloy 二元合金
binary-analog conversion 二进制 - 模拟转换
binary automatic computer (=BINAC 或 binac) 二进制自动计算机
binary automatic data annotation system (=BADAS) 二进制自动数据注释系统
binary bit 二进位
binary Boolean operation 二元布尔运算
binary cell 二种状态的器件，二进制元件，二进位单元
binary channels 二进信道，双波道，双通道
binary circuit 二进位电路，双稳态电路
binary code 二进制 [代] 码
binary-code character 二进制编码字符，二进化字符
binary-coded 二进制编码的
binary coded character 二进制编码字符
binary-coded decimal 编为二进制的十进制，二进制编码的十进制，二 - 十进制编码
binary coded decimal (=BCD) 二进制编码的十进制，二 - 十进制编码
binary coded decimal representation 十进制数的二进制代码表示法
binary coded Hollerith (=BCH) 霍勒斯二进代码
binary-coded octal 二进制编码的八进制，二 - 八进制编码
binary coded octal (=BCO) 二进制编码的八进制，二 - 八进制编码
binary-coded phase-modulated radar transmission 二进码调相雷达传输
binary coder 二进制编码器
binary computer 二进制计算机
binary condition 双值条件
binary counter 二进制计数器
binary-decade counter 二 - 十进制计数器
binary-decimal 二 - 十进制的，双十进制的
binary-decimal conversion 二 - 十进制转换
binary decision 双择判定
binary decision tree 二元判定树
binary deck 二进制穿孔卡片组
binary detection 双择检验
binary digit (=BIT) 二进制数字，二进位数字
binary digits (=BITS) 二进制数字，二进位数字
binary element (1) 两种状态的器件，二进制元件，双态元件；(2) 二进制元素，二进位单元
binary engine 双元 [燃料] 发动机
binary equivalent 等效二进制位数
binary eutectic 二元共晶
binary fission cross-section 二分 [核] 裂变截面
binary flip-flop 二进制触发器
binary form (1) 二元形式，(2) 二元型
binary link 复式连接杆，双联杆
binary loader 二进制装配程序，二进制装入程序
binary logic element 双 [稳] 态逻辑元件，双值逻辑元件
binary logic module 二进逻辑微型组件
binary magnetic core (=BMC) 双成分磁铁芯
binary minus 二目减
binary-multiplier 二进乘法器
binary node 二枝节点
binary notation 二进制记数法
binary number 以二进位制表示的数目，二进制数，二进位数字，二进信息，二进数
binary-number system 二进数制
binary number system (=BNS) 二进 [位] 数制，二进制，二元制
binary-octal 二 - 八进制
binary one 二进制的 "1"
binary operation 二进制运算，二元运算
binary operator 二目算符
binary pair 二进制触发器
binary radio pulsar 脉冲射电双星

binary scale (=BS) 二进制记数法，二进标度
binary scaler (1) 二进制换算电路；(2) 二进制计数器
binary search 二分法检索，对分检索，折半检索，折半查找
binary semaphore 二元信号灯
binary signalling (1) 二进制通信，双态通信，数据通信；(2) 二进制信息传送
binary-state variable 二值变量，双态变数
binary sum 模 2 和
binary symmetric channel (=BSC) 二进对称信道
binary synchronous communication 二进同步通信
binary synchronous protocol 二进制同步协定
binary system (1) 二进 [位] 制；(2) 二元系
binary system piezo-electric 二元系压电陶瓷
binary thermodiffusion factor 双元素热扩散系数
binary-to-analog converter 二进制 - 模拟转换器
binary-to-decimal (=BD) 二进制变换为十进制
binary-to-decimal conversion 二进制 - 十进制变换
binary-to-decimal converter 二 - 十进制转换器
binary-to-Gray converter 二进码 - 格雷码变换器
binary-to-octal conversion 二 - 八进制变换
binary vapor cycle 双汽循环
binary-weighted ramp generation 加权二进制斜坡发生
bind (1) 粘合，结合，粘结；(2) 卡住；(3) 系杆，撑条，连接杆；(4) 捆，绑，扎，束缚，约束；(5) 束缚物，带，索，键联；(6)（英格兰）容量；(7) 硬粘土；(8) 使紧固，粘固，凝固，紧固，坚固
bind clip 接线夹
binder (1) 粘结剂，粘接剂，胶合剂，粘结料；(2) [砂箱] 夹；(3) 夹子，硬书夹，(4) 装订机，装订工；(5) 小梁，系梁，系杆；(6) 割捆机，滚边器，扎结机，
binder clay 胶粘土
binder course 结合层，联结层
binder lever 系杆
binder matrix 结合混合料
binder stud 接合柱螺栓
bindery 装订 [工] 厂
binding (1) 紧束，包带，包上，蒙皮，捆，绑；(2) 粘结，粘接，胶合，结合，耦合，咬合，粘接，连接，装配；(3) 键联，紧固，约束，制约；(4)（平炉的）构架；(5) { 计 } 联编，汇集；(6) 有约束力的，有束缚力的，捆扎的，粘合的
binding admixture 粘结剂
binding agent 粘合剂，结合剂
binding apparatus 滚边器
binding beam 联梁
binding bolt 紧固螺栓，联结螺栓，连接螺栓
binding clip 接线夹，夹箍，线箍
binding course 联系层，粘结层
binding edge 订口
binding energy (=BE) 结合能，束缚能
binding face 贴合面，邻接面
binding force 粘结力，胶合力，结合力
binding head screw 圆顶宽边接头螺钉
binding joist 联搁栅
binding material 粘结材料，粘接材料
binding metal 硬化锌合金，锌基合金，粘结合金
binding nut 夹紧螺母，扣紧螺母
binding-off machine (1) 缝袜头机；(2) 套口机
binding post (1) 接线端子，接线柱；(2) 活页夹心柱
binding power 内聚力
binding process （程序的）联编过程
binding rivet 结合铆钉，紧固铆钉
binding rod 系杆
binding screw 夹紧螺钉，紧固螺钉
binding site 结合部位，结合点
binding strake （船舶）加强列板
binding wire 捆扎用钢丝，扎线
binegative 二阴 [电荷] 的
binenten-electrometer 二象限静电计
bineutron 双中子
bing (1) 贮藏箱；(2) 材料堆，废料堆
bing-bang 双响冲击
binistor 双隐负阻四极 [晶体] 管四层半导体开关器件四层开关二极管，pnpn 开关器件
binit 二进制符号，二进制数位
bink (1) 长凳；(2) 放碟子用的带搁板敞架

binman (复 binmen) 料仓工
binnacle (1) 罗经座, 罗经柜, 罗盘箱; (2) 支流
binocle [双眼] 望远镜
binocs (复) [双筒] 望远镜
binocular (1) 双目望远镜, 双筒望远镜; (2) 用双眼的, 双目视的, 双目的, 双筒的, 双孔的
binocular accommodation 双目调视, 像散调节
binocular coil 双筒线圈
binocular head 双目镜头
binocular microscope 双目显微镜
binocular 3D display 双孔三维显示 (3D=three-dimensional 三维的)
binoculars 双筒望远镜, 双目镜, 双筒镜
binoculus 双眼
binodal (1) 双阳极的; (2) 双结点的, 双节的
binode (1) 双阳极管; (2) 双阳极 [的]; (3) 双结点, 双节点
binode of a surface 二切面重点
binomial (1) 二项式; (2) 二项式的; (3) 双名的, 重名的
binomial array 杨辉三角形
binomial coefficient 二项式系数
binomial differential 二项式微分
binomial distribution 二项式分布
binomial expansion 二项式展开
binomial expression 二项式
binomial formula 二项式公式
binomial shading 二项式束控
binomial theorem 二项式定理
binormal 副法线, 次法线, 仲法线
binormal acceleration 副法向加速度
binormal antenna array 双正交天线阵
binoscope 双眼单视镜, 双目镜
binoxide 二氧化物
binpiler 堆布池甩布器
binsearch 对分检索
binuclear 双核的
binucleate 双核
bio- (词头) 生物, 生活, 生命
bio-instruments 生物仪器
bio-robot 仿生自动机
bio-science 生物科学, 外太空生物学
bioacoustic 生物声学
bioastronautic 生物航天的, 生物宇航的
bioastronautical orbiting space station (=BOSS) 宇宙生物轨道空间站
bioastronautics 生物宇宙航行学, 生物航天学
biobattery 生物电池
biocalc 氢氧化钙
biocatalyst 生物催化剂
biocell 生物电池
bioceramics 生物陶瓷
biochemical 生物化学的
biochemical purification 生化净化
biochemistry 生物化学
bioclimatics 生物气候学
biocomputer 生物计算机
biocosmonautics 生物宇宙航行学
biocurrent 生物电流
biodynamic 生物动力的, 生物动态的
biodynamics 生物动力学, 生物动态学
bioelectric amplifier 生物电放大器
bioelectrical power 生物电源
bioelectricity 生物电 [流]
bioelectrochemistry 生物电化学
bioelectrode 生物电极
bioelectronics 生物电子学
bioengineering 生物工程学
biogalvanic source 生物电源
biogenic 有机体的, 演化的
biograph 生物运动描记器
bioimagery 生物显像术
biological fuel cell 生物染料电池
biological index of water pollution (=BIP) 衡量水污染的生物指数
biological oscillator 生物振荡器
biological radio communication 生物无线电通信
biological satellite (=BIOS) [载有] 生物 [的人造] 卫星
biological space probe 生物宇航试验

biological transducer 生物换能器
biomaterial 生物材料
biomechanics 生物力学
biomedical electronics 生物科学电子学
biometric 计量生物学
biomotor 人工呼吸器
bionic computer 仿生 [学] 计算机
bionics 仿生学, 生体机械学
biophotoelement 生物光电元件
biophotometer 光度适应计
biophysics 生物物理学
biopotential 生物电势
biorobot 仿生自动机
biorthogonal 双正交
biosatellite 载生物 [的人造] 卫星, 生物研究卫星
bioscope (1) 电影放映机; (2) 生死检定器
biosensor 生物传感器, 生物感受器
biosteritron 紫外线辐射仪
biot 毕奥 Bi (CGS 制电流单位, =10A)
biot-savart law 毕奥 - 萨伐尔定律
biotechnology 生物工艺学
biotelescanner 生物遥测扫描器
biotite 黑云母
biotron 互导性提高了的二重灯管, 提高互导的孪生管, 高跨导孪生管
bioxide 二氧化物
bipack (彩色摄影用的) 二重胶片, 双重胶片
biparametric representation 双参数表示
biparted hyperboloid 双叶双曲面
biparting 双扇, 对开的
biparting doors 双扇门, 对开门
bipartite (=BIP) (1) 双向的, 双枝的; (2) 由二部分组成的, 一式二份的, 二分的, 二部的; (3) 除二次的; (4) 两方之间的
bipartite cubic 双支三次曲线
bipartition (1) 分成两部分, 对分, 平分, 二分; (2) 平分线
bipatch 双螺旋 [线] 的, 双节距的, 双头的
bipeltate (1) 泡沫; (2) 泡沫橡胶, 泡沫塑料; (3) 双盾形的
biperforate 有双孔的, 两孔的
biperiod 双周期的
biphase 双相 [的], 二相 [的], 两相 [的]
biphase current 二相电流
biphase-equilibrium 二相平衡
biphase modulation (=BM) 双相调制
biphase rectifier 双相整流器, 全波整流器
biphasic 两阶段的, 双相的
biphone 双耳受话器, 耳机
biphonon 双声子
biphosphate 磷酸氢盐
biphotonic 双光子的
biplanar 双平面的, 二切面的
biplane (1) 双翼 [飞] 机; (2) 双平面
biplane fluoroscope 双面荧光检查仪
biplate 双片
bipod (1) 两脚架, 双脚架; (2) 双腿式起重机; (3) 安装用人字架
bipolar (1) 双极性的, 双极式的, 两极的, 偶极的, 双极的, 双向的; (2) 双极, 双向; (3) 有两种截然相反性质的
bipolar circuit (1) 二端网络; (2) 双极电路
bipolar coordinates 双极坐标
bipolar integrated circuit 双极集成电路
bipolar large scale integration microprocessor 双极大规模微处理器
bipolar magnetic driving unit (1) 两极磁性驱动部件, 双极磁性驱动部件; (2) 两极磁性驱动装置, 双极磁性驱动装置
bipolar mask bus 双极屏蔽总线
bipolar memory 双极存储器
bipolar micro controller 双极微控制器
bipolar microcomputer element 双极微计算机元件
bipolar receiver 双磁极受话器
bipolar shift register 双极移位寄存器
bipolar switch 双极开关
bipolar-transistor 场效应晶体管, 双极晶体管
bipolar transistor and isolated-gate field-effect transistor (=BIG-FET) 双极 [晶体] 管和绝缘栅场效应 [晶体] 管
bipolar winding 双极绕组
bipolarity (1) 双极性, 两极性; (2) 两极同原
bipole 大极距偶极子

bipolymer 二[元共]聚物

bipositive 二正[原子]价的,双正价的

bipotential (1)具双向潜能的,双电位的;(2)双向潜能性

bipotential lens 双电位透镜

bipotentiality 两性潜势,双向潜能,双重潜能,两种潜力

biprism (1)双棱镜,(2)双柱,复柱

biprojective 双射影的,双投影的

bipropellant (1)双组份推进剂,双组元推进剂,二元推进剂,二元燃料,双元燃料,(2)双基火药

bipropellant combustion 二元混合燃料

bipunctate 两点的

bipyramid 双[棱]锥,双角锥

biquadratic (1)四次[方]的,双二次的;(2){数}四次幂;(3)四次方程式

biquartz 双石英片

biquaternion 八元数,复四元数

biquinary 二元五进制的,二元五进位的,二五混合进制的

biquinary-coded 二五混合编码十进制的

biquinary coded decimal number 二五混合码十进制数

biquinary DCU 二-五进制十进计数单元(DCU=decimal counting unit 十进计数单元,十进计数器)

biquinary notation 二五混合进制记数法

biquinary scaler 二五混合制计数器

biquintile 五分之二圆周差

biradical 二价自由基,双基

biradical stylus 椭圆形唱针,双径向唱针

birational {数}双有理的

bird (1)飞行器,飞机,火箭,导弹;(2)(潜艇测量)吊舱;(3)传感器

bird dog 无线电测向器

"bird dog" each target 一枚导弹跟踪一个目标

bird-dogging 摆动

bird-eye view 鸟瞰图,俯视图

bird-head bond 喙形接头

bird nest 炉渣,锅渣

bird rattle 噪声驱鸟器

birdcage 鸟笼[式]

birdcage antenna 圆柱形天线,笼形天线

Birdcall 单边带长途通讯设备

birdeye 无烟煤的一种粒级

birdfarm 航空母舰

birdman (=birdmen) 飞行员

birdmouth 承接口,下口

bird's-eye (1)探照灯;(2)鸟瞰的;(3)芝麻点花纹,油斑

bird's-eye mouth 承接口

bird's-eye-perspective (1)鸟瞰图;(2)大纲

bird's-eye view (1)鸟瞰图;(2)概观

bird's-mouth 凹角接,承接口横跨

bird's-nest 瞭望台

birdsmouth 承接[角]口

birdyback (=birdieback) 装有货物的载重拖车(用飞机输送)

bireactant 双元推进剂,双组份燃料,二元反应物,双反应物

birectificaition 双[重]蒸馏法

birectifier 双重蒸馏器

bireflectance (=bireflection) 双反射,反射多色[现象]

birefracting 双[重]折射[的]

birefractive 双[重]折射,双[重]折光

birefringence 二次光折射,双[光]折射,双[光]折光

birefringent 二次折射的,双折射的

birefringent plate 双折射片

biregular {数}双正则的

bireme 二排桨船

Birfield constant velocity joint 球槽式等速万向节

Birmabrite 耐蚀铝合金(镁3.5-4.0%,锰0.5%,其余铝)

Birmasil 铸造铝合金(硅10-13%,镍2.5-3.5%,铁<0.6%,锰<0.5%,铜、镁、锌、铅各<0.1%,其余铝)

Birmastic 耐热铸造铝合金(硅12%,镍2.5-3.5%,加少量铁、铜、锰,其余铝)

Birmingham gauge (=BG) 伯明翰线规

Birmingham standard wire gauge (=BS 或 BSWG) 伯明翰线径规,BS规

Birmingham wire gauge (=BWG) 伯明翰线径规

biroang (印尼)一种帆船

birotary turbine 双转子燃气轮机

birotation 旋光改变[作用],多重旋光,变异旋光,双[异]旋光

birotational 双向旋转的

birotor 双转子[的]

birotor pump 双转子泵

birr (1)由旋转产生的嗖嗖声,机械转动噪声,机械转动噪声;(2)冲击,冲量,冲力

birth certificate 出生证

bis (1)重,复,又;(2)两个,两次,二

bis- (1)二,两个,两次,双;(2)两次,两倍,加倍的

biscuit (1)外壳铸型;(2)本色陶器,本色瓷器;(3)(瓷)素坯;(4)盘状模制品,录音盒

biscuit cutter 底端削尖6至8英寸的岩心管钻头

biscuit fire 初次焙烧

biscuit firing 初次焙烧

biscuit furnace 坯炉

biscuit kiln 坯窑

biscuit metal 小块金属,金属块

bisecant 二度割线

bisect (1)二等分,平分;(2)剖面图,剖面样条;(3)对开,切开,截开,两断,(4)相交,交叉

bisecting line 二等分线

bisection (1)平分的两部分之一,二分切剖,二等分,平分,等分;(2)平分线,平分点

bisection theorem (1)二等分定理;(2)(四端网络的)电路中分定理

bisector (1)[二]等分线,平分线;(2)平分面;(3)二等分器;(4)等分角线

bisector of an angle 角的平分线,[平]分角线

bisectrix 双轴晶体光轴夹角的二等分线

bisegment 线的平分之一

bisegmentation 完全或部分地分成两部

biseptate 两层隔膜的,分隔为二的,二分隔的

biserial 双列的

biserrate 二重锯齿

bishop (1)手锤;(2)手工夯具

bismanal (=bismanol) 铋锰磁性合金

bismuth {化}铋 Bi

bismuth spiral (螺旋)铋卷线,铋螺旋

bismuthal 含铋的

bismuthic (1)铋的;(2)五价铋

bismuthide 铋化物

bismuthous 三价铋的

bispherical 双球面的

bispin 双旋

bispinor 双旋量

bisque 素瓷

bisquine 一种法国渔帆船

bisquit 小片(录音)

bistability 双稳[定]性

bistable 双稳态,[的],双稳定[的]

bistable circuit 双稳电路

bistable device 双稳态装置

bistable operation 双稳态工作

bistable memory 双稳态记忆

bistable multivibrator (=BMV) 双稳态多谐振荡器,触发器

bistable trigger circuit 双稳态触发电路

bistatic (1)双静止的;(2)双机[分置]的

bistatic cross section 双基地散射截面积

bistatic radar 收-发分设雷达,双基地雷达,双分雷达

bistatic sonar 收发分置声纳

bistellate 双星形的

bistoury 细长刀

bistratal 双层的

bistrine 双春塑料

bisulfide 二硫化物

bisulfite (=bisulphite) 亚硫酸氢盐

biswitch 双向硅对称开关

bisymmetric 双对称的

bisymmetry 双对称[性],两对称[性]

bisync protocol 双同步协议

bit (1)切削刀,车刀,刨刀,刀片,刀头,刀刃;(2)钻头,钎头,钻具,钻锥;(3)存储单元,环节;(4)二进制数码,二进制数位,二进制数字,毕特(二进制数的信息单位);(5)镶装锯齿,(截煤机的)截齿,烙铁的铜头;(6)(复)上下钳口;(7)一种标准化程序;(8)反向扒钉

bit alignment 位同步

bit brace 摇钻柄

bit breaker　钻头装卸器

bit-by-bit memory　打点式存储器

bit-by-bit memory type　逐位存储方式

bit-by-bit optical memory　打点式光存储器，按位光存储器

bit-by-bit transfer　二进制码循序转移

bit cutting angle　(1) 钻冠的尖度，钻头磨角；(2) 钎子头刃角

bit density　(二进制) 位密度，(磁带的) 信息密度

bit drop-in　信息混入

bit drop-out　信息丢失

bit error rate　误码率

bit extension　钻头接柄

bit gauge　钻孔量规

bit grinding　堵钻处理

bit holder　钻套

bit interval　二进制码时间

bit-jetter　毕特跳动

bit key　具有翼形齿的钥匙

bit manipulation　二进制 [数字] 处理，二进制运算

bit of information　(1) 信息量子；(2) 信息量子 [单] 位

bit-oriented　按位存取

bit-oriented memory　按位存取存储器

bit pattern　(1) 毕特排列图形，位组合格式，位的形式，毕特模式，位模式，毕特图；(2) 数元型

bit-per-word counter　每词一位的计数器

bit player　小型显示器

bit puller　卸钻头器

bit rate　毕特速率，码元速率

bit-sense　{ 计 } 位读出线

bit-sense line　{ 计 } 位读出线

bit-sense winding　毕特读数绕组

bit-serial adder　位串行加法器

bit series　位串行

bit sharpener　修钻头机，修钎机

bit-slice access　位片访问

bit-stock　钻柄

bit stock　钻柄

bit stop　钻头定程停止器

bit stream　毕特流，信息流，位流

bit-string　信息串，位串

bit string　信息串，位串

bit-string data　位行型数据

bit sub　钻头柄

bit switch　按位开关

bit taper　钎刃刃角

bit-time　(1) 一位时间；(2) 一拍时间；(3) 二进时间；(4) 毕特时间

bit time　(1) 一位时间；(2) 二进时间

bit timing　毕特同步

bit tool　刀头，刀具

bit traffic　(1) 位传送；(2) 二进制信息通道

bit-type　位型

bit wing　钻头刀

bit-write　数位记录的

bit yield　存储单元

bit zone　标志位

bitangent　(1) 二重切的，双切的；(2) 双切线

bitangent conics　双切二次曲线

bitangential　双切 [线] 的

bitbrace　(1) 手摇钻，(2) 摇柄钻；(3) 钻孔器

bitch　(1) 用来固定位置的机械装置；(2) 打捞母锥；(3) 抓钉

bitch chain　抓链，扣链

bite　(1) 钳口，锯口，(2) 吃刀，切入量；(3) 夹住，咬紧，卡住，夹紧，夹持点，(4) 酸洗，腐蚀

bitelephone　双耳受话器，耳机

biterminal　两端的，双端的

bitermitron　双端管 (M 型非重入返波正交场放大管)

biternary　双三进 [的]

biting　(1) 腐蚀性的，刺激的；(2) 轧辊咬入轧件，咬，啮；(3) 螺旋桨所排出的空气

bitrochanteric　二转子的

bitrope　二点重切面

bitropic　两向性的

Bitruder　双螺杆挤塑机

bits per inch (=BPI)　每英寸位数

bits per second (=BPS)　每秒传送位数，位 / 秒

bitsharpener　(1) 钻头修整机；(2) 截齿修整机；(3) 锻钎机，修钎机

bitstock (=bitstalk)　手摇钻柄，钻柄

bitt　系缆桩，系缆柱，系船柱

bitt pin　缆桩挡销

bitter　绕在系缆上的五圈

bitter end　索端，扣链端

bitthead　系缆桩的柱头端

bitts　(船) 双系柱

bitulith　沥青混凝土

bitumastic　沥青厚浆涂料

bitumen　沥青，地沥青

bitumen of Judea　地沥青

bitumen process　沥青法

bituminic　(油) 沥青质

bituminiferous　沥青质的，含沥青的

bituminization　(1) 进行沥青处理；(2) 沥青化

bituminous coal　烟煤

bituminous dispersion　沥青分散液

bituminous grout　沥青胶泥，沥青浆

bituminous mastic　沥青砂胶

bitumite　烟煤

bitwise　逐位的

bivacancy　(在原子外壳中的) 双空位

bivalence (=bivalency: bivalences, bivalencies)　{ 化 } 二价

bivalent　两价的，二价的

bivalve　双阀

bivane　双向风向标

bivariate　(1) 二变量的，双变量的；(2) 二元变量

bivariate distribution　二维分布，二元分布

bivariate normal distribution　二维正态分布，二元正态分布

bivector　(1) 二重矢量，双矢 [量]；(2) 平面量

bivectorial　双矢的

bivibrator　双稳态多谐振荡器

bivicon　双光导摄像管，双 [枪] 视像管

bivinyl　联乙烯，丁二烯

bivinyl rubber　丁烯橡胶

bizonal　共有二区的

blacar　氯乙烯均聚物

black　(1) 黑的，黑体；(2) 黑色，炭黑，灯黑；(3) 黑色材料，黑颜料，黑染料，黑色物，黑漆；(4) 致黑，变黑

black after white　(电视) 黑的延伸

black and white (=BW)　黑白的

black and white kinescope　黑白显像管

black-and-white system　黑白电视系统

black and white television picture tube　黑白显像管

black annealing　(热轧钢板的) 初退火，黑退火

black area　编码信号面积，黑面积，黑区

black-ash　黑粉末

black backing varnish　(地沥青) 黑底漆

black body　(吸收全部投射辐射的) 黑体

black-body photocell　全吸收光电管，黑体光电管

black body radiation　黑体辐射

black bolt　粗制螺栓

black box　(1) 黑匣子，黑方块，黑盒，黑箱；(2) 快速调换部分，四端网络，测试器

black-bulb　黑球温度表

black cable　黑色信号用电缆

black chromium plating　镀黑铬

black clip　黑色电平限幅

black clipper　黑色电平切割器

black coal　烟煤

black compression　黑区信号压缩

black deflection　强振幅

black discharge　无光放电

black dot　黑斑，麻面

black-face tube　黑底显像管

black flux　黑熔剂

black frequency　黑信号频率

black furnace　不加热炉

black gang　船上司炉，轮机部船员

black glass　中性滤光镜，黑玻璃

black gold　(1) 黑铋金矿；(2) 石油

black heart malleable castings　黑心可锻铸件

black heat　变黑温度

black-hole 黑洞
black iron 黑铁板
black jack (1)（手推车用）黑色润滑脂；(2) 粗黑焦油；(3) 烛煤
black japan 沥青漆
black-lead 石墨粉，黑铅粉
black lead 石墨，黑铅
black lead crucible 石墨坩锅
black-lead lubrication 石墨润滑
black-letter 黑体字 [的]
black letter 黑体字
black-level 黑色 [信号] 电平 [的]
black level 黑色信号电平，黑色电平，暗电平
black-level setting 黑色电平信号调整，黑色电平信号固定
black-lift 黑色上升的
black-light 不可见光的，黑光的
black light 不可见光，黑光
black lighting 不耀眼的照明，黑光照明
black-matrix screen 黑矩阵屏，黑底屏
black negative 黑色为负
black oil 润滑重油
black-on-white writing 白底黑色记录
black-out (1) 熄火，匿影；(2) 闭塞；(3) 灯火管制
black-out-signal 消隐信号，匿影信号
black patches （钢板上）欠酸洗部分，黑斑点
black peak 电视图像最黑点的信号电平，黑色 [信号] 峰值
back pickling 初酸洗，粗酸洗，黑酸洗
black pipe 无镀层管，非镀锌管
black plate 黑钢板，黑铁皮
black-porch blacking level 黑肩消隐电平
black positive 黑色为正
black powder (=BP) 黑色火药
black products 黑色石油产品，石油重油
black print 黑色印样，黑版
black radiation 黑体辐射
black-sample 黑试样
black scratch （薄板）黑色抓痕
black screen 黑底荧光屏，中灰滤光屏
black screen television set 黑底管电视机
black shaded 加黑斑补偿
black sheet 薄钢板，黑钢板，黑铁皮
black-short 黑色裂口
black signal 黑电平信号，黑图像信号
black softened 初退火的，黑退火的
black spot 黑点失真，斑痕，黑点，盲点
black spotter （雷达中的）噪声抑制器，杂波抑制器，静噪器
black stock 重油裂化原料，炭黑混合物
black strap 乳化黑色油，矿车用车轴油
black-surrounded tube 黑底管
black tape (1) 黑色绝缘胶布；(2) 摩擦带，刹车带
black-to-white 黑白的
black-to-white amplitude range 黑白间振幅宽度
black-to-white transition 黑白过渡亮度跃迁
black vacuum 低真空
black wash (1) 黑洗液；(2) 黑色涂料，造型涂料
black-white control (1) 亮度调整，亮度控制；(2) 双稳态控制
black-white-sync level 黑白同步电平
blackband 黑矿层，泥铁矿
blackbase 沥青基层，黑色基层
blackbirder 黑奴船
blackbody 黑体，绝对黑体
blackdamp 窒息性空气，黑烟
blacken 变黑，使黑，致黑，涂黑，黑化
blackening (=blacking) (1)发黑处理，黑化，变黑，致黑；(2)上黑涂料，涂碳粉，黑度
blackheart malleable iron casting 黑心可锻铸铁件
blacking (1)变黑，致黑，涂黑，(2)石墨粉涂料，黑色涂料，造型涂料；(3)黑度
blacking-brush 涂料用的毛刷
blacking brush 涂料用的毛刷
blacking hole （铸件缺陷）石墨窝，气孔
blacking mill 碳质涂料碾磨机
blackjack 粗黑焦油
blacklead 石墨
blackness 黑度

blackout (1)涂去，压制，停止，中断，截止，截割；(2)灯光管制，灯光转暗，光变弱，无光，灯灭；(3)信号消失，衰落；(4)湮没，消隐，匿影
blackout effect (1)（接收机的）关闭效应，闭塞效应，遮蔽效应；(2)（光线或电波的）发射能力瞬息损失，灵敏度瞬时降低，遮蔽效应
blackout level 熄灭电平，淬熄电平
blackout pulse 熄灭脉冲，消隐脉冲
blackout unit 消隐部件
blackout voltage 截止电压
blackshop 石墨车间
blacksmith 铁匠，锻工
blacksmith welding 锻接，锻焊
blacksmithing 锻造
blackspot (1) 黑斑，黑子；(2) 斑痕
blackwall hitch 吊钩结
blackwash (1) 黑色涂料；(2) 造型涂料
blackwork (1) 黑锻件；(2) 锻工物
bladder 水泡，气泡
bladder press 轮胎压床
blade (1) 螺旋桨，桨叶，轮叶，叶片；(2) 刀身，刮刀，刀齿，刀片，刀口，刀刃，锯条，刃；(3) [推进器的] 翼，机翼；(4)（无心磨床的）托板，推土机刮板；(5) 刀形开关，刀闸盒；(6) 锚爪
blade adapter 刀架
blade angle (1) 叶片安装角，桨叶角；(2)（无心磨床的）托板刀口角度
blade arrangement 叶片配置
blade back 桨叶上表面，桨叶背
blade beam 螺距测量器
blade bearing 刀型支承
blade carrier 刀箱，刀室
blade clip 刀形夹头
blade coal plough 刀片式刨煤机
blade connection 刀形接触，线接触
blade contact 刀口式触点，刀口式插头
blade drag 刀片刮土机
blade fin 导向滑板
blade for earth borer 地钻叶片
blade-fork contact 加音叉式触点簧片
blade grader 平路机，平土机
blade grid 叶栅
blade grip 信号臂板夹
blade harrow 刀式耙
blade head 滑动刀架
blade height 叶片高度
blade latch (1) 断路器制动片；(2) 开关保险销；(3) 宽选通脉冲（闸门电路）
blade loss 叶片损失
blade magnetic domain 刀片形磁畴
blade of diaphragm 光阑叶片
blade of grader 平路机铲刀
blade of T-square 丁字尺身
blade paddle mixer 桨叶式搅拌机
blade pitch 叶栅栅距，叶距
blade plate 有刃接骨板
blade point 刀锋，刀刃
blade section 叶剖面
blade twist 叶片扭转，桨叶扭转
blade wheel 叶轮
bladed (1) 有叶片的；(2) 有刀口的；(3) 叶片状的；(4) 去叶的，脱叶的
bladed structure 叶状组织，刃状构造
blademan 平地机手，铲刮工
blader (1) 平路机；(2) 叶片安装工
blades angle 刀片齿形角，刀片齿廓角
blades copying milling machine 叶片仿形铣床
blades edge radius 刀刃圆角半径
blades letter （锥齿轮刀盘的）刀顶宽代号
blades point 刀刃尖；刀顶宽
blades point plane 刀顶面
blades point width 刀顶宽
blades radius 刀尖圆角半径
blades spring 片簧
blades vertical copying milling machine 叶片仿形立式铣床
blades width 刀片顶宽
bladesmith 刀匠

blading (1) 平路；(2) 装置叶片, 叶片装置, 叶栅；(3) 透平机叶轮组

blank (1) 半成品, 毛坯, 坯料, 坯件, 板坯, 坯锭；(2) 未经印刷, 空白表格, 空白片, 空白, 空格；(3) 冲切, 下料, 切料, 落料；(4) 空的间隔, 空地, 空间, 空位；(5) 无价值, 使无效, 无用, 取消, 作废, 断开, 熄灭；(6) 电解用的种板, 录音盒, 录音盘；(7) 熄灭脉冲, 消隐脉冲, (阴极射线管的) 底；(8) 无效果的, 单调的, 完全的, 无限的

blank arch 轻拱, 假拱, 拱形装饰

blank assay 空白检定, 空白试验

blank bar (1) 空白簿, 笔记本；(2) 账簿

blank bill 空白票据

blank bolt 无螺纹栓

blank cap (1) 毛坯盖；(2) 无药雷管

blank carburizing 假渗碳

blank card (1) 空白卡片, 间隔卡片；(2) 空插件

blank cartridge 空炮弹

blank character {计} 间隔符号, 空白符号, 空白字符

blank common {计} 空白公用 [存储] 区

blank common block 无标号公用块, 空白公用块

blank credit 空白式信用汇票 (银行间的通融票)

blank determination 空白测定

blank dimensions 毛坯衬

blank flange (=BF) 无孔凸缘盖, 盖口凸缘管口盖凸缘管口盖板盲板法兰, 盲法兰, 盲凸缘, 盲板

blank form 空白表格, 空白格式

blank groove (录音盘上的) 哑纹, 哑槽, 未调纹, 无声槽

blank holder 坯件夹

blank impossibility 完全不可能的事

blank instruction {计} 空 [操作] 指令, 无操作指令, 空白指令, 转移指令, 间隔指令, 虚指令

blank leader (1) 空白牵引片；(2) 空白片头

blank material [电解] 种板材料

blank medium (1) 空白媒体；(2) 参考介质, 间隔介质

blank nitriding 假渗氮

blank off (射线) 熄灭, 闭塞

blank offset (锥齿轮机床) 垂直轮位

blank-out sign 漏光式标记

blank panel 备用面板, 空面板

blank paper tape coil {计} 空白纸带卷

blank pipe (1) 没有孔的管, 空管；(2) 管内过滤器

blank plate 盲板, 底板

blank position (锥齿轮) 轮位

blank power of attorney 空白委托书, 空白授权书

blank raster 空白扫描光栅, 逆程补偿光栅, 未调制光栅, 未调制光栅

blank reel 空片夹

blank run 空转

blank signal 间隔信号, 空白信号, 空白电码

blank stock 控制备料, 调节备料

blank stripe 未填满的带, 空白带

blank test (1) 空白试验；(2) 空试车

blank titration 空白滴定

blank wall (1) 无窗墙；(2) 难以通过的屏障

blank window 假窗

blanked-off pipe 关闭管

blanked picture signal 消隐图像信号

blanker (1) 下料工, 冲切工, 制坯工；(2) 熄灭装置, 消隐装置；(3) 粗模镗

blanket (1) 表面层, 覆盖层, 敷面层, 防护层；(2) 熄灭装置；(3) 外壳, 包皮, 套, 管；(4) 信号抑制, 覆盖, 掩蔽, 消除, 隐蔽, 掩蔽；(5) 垫板, 坯板；(6) 再生区；(7) 覆以毡, 覆盖层, 附面层, 再生层, 防护层；(8) 毛毡, 毯, 毡

blanket area (1) 敷层面积；(2) 掩蔽区

blanket chest 一种箱式家具

blanket-count station 大面积观测站

blanket cylinder 胶印机上装有橡皮版的滚筒

blanket insurance 总保险

blanket of nitrogen 氮气层

blanket order 总订货单

blanket power 掩盖功率

blanket reprocessing 再生区 [燃料] 处理

blanket rules 适用于各种情况的规则

blanket tool order (=BTO) 工具总订货单

blanketed (1) 包上外壳, 覆盖了的, 封了的, 包上的；(2) (反应堆) 有再生区的

blanketing (1) 强信号噪扰；(2) (阴极射线管的) 电子注阻塞, 闭塞,

闭锁, 熄灭；(3) 准备模制的叠层材料；(4) 毛毡采金法；(5) 铺面；(6) 覆毡, 塞毡；(7) 核燃料的再生；(8) (飞机失速时) 尾流幕遮作用

blanketing frequency 抑制频率

blanking (1) 模压, 冲裁, 下料, 冲割, 冲压, 冲切, 冲割, 切料, 落料；(2) 电子注阻塞, 熄灭, 消隐, 闭塞；(3) 空白, 间隔；(4) (雷达) 照明；(5) 断流；(6) 坯料

blanking amplifier 熄灭脉冲放大器, 消隐脉冲放大器

blanking bar 暗带, 空带

blanking die 冲裁模, 下料模, 切料模, 落料模

blanking disc 屏蔽盘, 遮光盘

blanking gate (1) 消隐脉冲选通电路, 熄灭脉冲选通电路；(2) 消隐门

blanking gate photocell 产生消隐脉冲的光电管, 产生熄灭脉冲的光电管, 猝灭选通脉冲光电管

blanking level 熄灭 [信号] 电平, 消隐 [信号] 电平

blanking line 落料生产线, 冲裁生产线

blanking mixer tube 消隐脉冲混合管, 熄灭脉冲混合管

blanking pedestal (电视) 熄灭脉冲电平, 消隐脉冲电平

blanking press 落料冲床

blanking pulse 熄灭脉冲

blanking-pulse generator 熄灭脉冲发生器

blanking punch 下料冲床

blanking the amplifier (在回扫过程中) 使放大器闭塞

blanking time 消隐信号持续时间, 熄灭信号持续时间

blanking-to-burst tolerance 消隐 [脉冲] 到色同步脉冲之间的 [时间] 容差

blanking tool 下料工具

blanking tube (1) 截止管；(2) 消隐 [脉冲] 管, 匿影管

blanking wave 消隐波, 熄灭波, 匿影波

blankness 空白, 空虚, 茫然, 单调

blankoff (1) 极限压强；(2) 熄灭, 消隐, 消音, 断开, 压低；(3) 抽净；(4) 空白, 不通, 盲

blankoff flange 盲法兰, 盲板

blankoff plate 盲板, 底板

blankoff pressure 极限压强, 低压强

blare (1) 刺耳的声音, 嘟嘟声；(2) 令人目眩的光辉；(3) 填塞船体缝隙的柏油混合泥

blas (1) 放射；(2) 微型栅极干电池

blashed flax 浸渍过度的亚麻

blast (1) 鼓风机, 鼓风装置；(2) 爆破, 爆炸, 放炮；(3) 风, 鼓风, 送风；(4) 喷净装置；(5) 冲击 [波]

blast box 风箱

blast-burner 喷灯

blast burner 喷灯

blast cleaning 喷砂清理, 喷丸清理, 喷吹清理

blast-cold 吹冷

blast cover (燃烧室内的) 火焰反射器

blast cupola 鼓风炉, 高炉

blast fan (1) 鼓风机；(2) 风扇叶轮

blast fence 射流折流栅

blast-furnace 鼓风炉, 高炉

blast furnace 鼓风炉, 高炉

blast-furnace bear 鼓风炉结块, 高炉结块

blast-furnace cast iron 生铁

blast-furnace casting 高炉出铁

blast furnace gas 高炉煤气

blast-furnace gun 高炉泥炮

blast-furnace man 高炉工

blast-furnace method 鼓风炉熔炼法

blast-furnace mixer 混铁炉

blast-furnace plant 炼铁厂

blast-furnace process 炼铁操作

blast furnacing 鼓风炉熔炼作业

blast gate 风阀, 风闸

blast gauge (=BG) 鼓风计, 射流计

blast heater 鼓风加热器, 热风设备

blast heating 预热送风, 鼓热风

blast-heating apparatus 同流换热器

blast-heating cupola 热风冲天炉

blast-hole (=blasthole) (1) 爆裂穿孔, 爆破孔, 炮眼；(2) 进水口, 入水孔

blast hole (1) 钻孔, 钻眼, 炮眼；(2) 风口

blast lamp 喷灯

blast line 空气管, 鼓风管

blast main 空气管, 鼓风管

blast nozzle 鼓风口
blast of wind 风的冲击
blast-off （导弹、火箭）发射
blast pipe 排气管，放气管，[鼓]风管
blast pit 排气井
blast pressure [鼓]风压[力]
blast-produced 吹制的
blast propagation (=BP) 爆炸波传播
blast protection 冲击波防护
blast-proof 防爆的
blast roasting 鼓风焙烧法
blast shield 防爆屏蔽
blast-supply 充气管
blast tube 喷嘴管
blast volume 风量
blast wall 防爆墙
blast wave 冲击波
blastability 可爆性，招爆性
blastard （V-1 型）飞航式导弹，飞弹
blasted 被突然劈开、撕裂或伤害
blaster (1) 爆破工；(2) 爆破机，爆破机，放炮器，点火器，起爆器，导火线，爆裂药 (3) 喷砂机；(4) 爆炸点
blastine 轰炸炸药
blasting (1) 震声，震动声；(2) 蒸汽清扫，鼓风，吹洗，吹制；(3) 爆炸，爆破，放炮，(4){电} 过激励，过调制，过载；(5) 过载失真；(6) 喷丸清理，喷砂清理，喷砂法；(7) 风洞试验；(8) 在空气中运动，气流加速运动；(9) 过载失真，过载畸变，(扬声器的) 震声；(10) 射孔
blasting agent 炸药
blasting cap 起爆筒，雷管
blasting cartridge 爆炸管，弹筒
blasting charge 炸药包
blasting fuse 导爆线，雷管，引信
blasting gear 爆破设备，放炮用具
blasting gelatin 胶质炸药，甘油凝胶，爆胶
blasting machine [电气] 起爆机，电爆机
blasting monitor 爆破监测器
blasting oil 爆炸甘油，硝化甘油
blasting operations 爆破作业
blasting powder 黑色爆破炸药，黑火药
blasting shot 喷的铁丸
blasting unit 电力放炮机
blastower 风力充填机
blatard [V-1 型] 飞航式导弹，飞弹
Blatthaller 布拉特哈勒扬声器，平坦活塞式薄膜扬声器
blattnerphone 磁带录音机，电气录音机，钢丝录音机
blau gas （德）纯净水煤气，液化油气，蓝煤气
blaze (1) 火焰；(2) 燃发；(3) 激发；(4) 树皮刻痕
blaze of flash 发射闪光
blazed grating
blazer (1) 一种荷兰渔船；(2) (俚) 铁路车辆填料燃烧着的过热轴颈；(3) 树上刻痕；(4) 燃烧物，发焰物
blazing 盛燃，灿烂
blazing off （油中弹簧）回火
blazon (1) 描写；(2) 表现
bleach (1) 漂白；(2) 漂白剂；(3) 漂白结果
bleach-out process 漂白法
bleachability 漂率
bleachable absorber 可变色吸收体
bleached 漂白了的，脱色了的
bleacher (1) 漂白器；(2) 漂白剂；(3) 漂白坯布；(4) 漂白工厂，漂白工人
bleachery 漂白工厂，漂白间
bleachfield 漂白场
bleaching (1) 漂白工艺；(2) 油墨或油漆严重褪色，脱色，褪色；(3) 漂白的，变白的
bleaching agent 漂白剂
bleaching clay 漂白土
bleaching effect 消感应吸收剂
bleaching earth 漂白土
bleaching powder 漂白粉
bleb ingot 有泡钢锭
bleed (1) 排水，放水，排泄，放出，泄气，放气降压；(2) 漏出，漏出，渗水，渗液，渗色；(3) 渗出沥青物质

bleed air 放气
bleed gas 放气
bleed hose assembly (=BHA) 放气软管装置
bleed-off (1) (液压系统的) 溢流调节，放出，排出，泄放，漏泄，排水；(2) 除去，取消
bleed-off belt 抽气的环形室
bleed-off circuit 分流油路，旁通油路
bleed-off louver 排世管鱼鳞板
bleed the tyre 减轻轮胎内压力
bleed turbine 放气式汽轮机，抽气式汽轮机
bleed valve (=BV) 放气阀，放泄阀，排出阀
bleeder (1) 输气管水冷凝器的连接管，输气管放水阀，排放装置，放油开关，泄放器，泄放阀，泄放管，(2) 抽吸装置，放水装置，抽水装置；(3) 稳定负载电阻，泄放电阻，漏泄电阻，分泄电阻，旁路电阻，旁漏电阻，降压电阻，附加电阻；(4) (铸) 浇不足；(5) 分压器
bleeder chain 分压器电路，分压电路链，泄放电路
bleeder circuit 泄放电路，泄流电路
bleeder cock (1) 放气活门；(2) 放水旋塞，放水龙头
bleeder condensing turbine 汽冷涡轮机
bleeder current 分压器电流，泄流电流，旁漏电流，泄放电流，泄漏电流
bleeder hole 通风孔
bleeder network 旁漏网络
bleeder resistance 泄放电阻，泄漏电阻
bleeder resistor 旁漏电阻器，分泄电阻器
bleeder turbine 放气式汽轮机，抽气式汽轮机，抽气涡轮机
bleeder type condenser 溢流式大气冷凝器
bleeder valve 泄放阀，放气阀
bleeding (1) 润滑剂离浆，凝胶收缩；(2) EP 流，色料扩散；(3) 渗出，放气；(4) 伤流，泌脂；(5) 分级加热法；(6) 放出；(7) 空心铸造，未浇定的铸件，(冒口成钢锭表面的) 回涨
bleeding gain (=BG) 核燃料剩余再生系数
bleeding of dye 燃料印流
bleeding of lubricant (1) 润滑剂的流动，(2) 润滑剂的凝胶收缩
bleeding-off (1) 选择，选取；(2) 支管，出口
bleeding off 放出，流下，除去，取消
bleeding turbine 抽气式透平，放气透平
blemish (1) 斑点，污点，缺陷，瑕疵；(2) 损伤，损坏，损毁，损害，沾污
blemish surface 缺陷表面
blemisher 损坏者，沾污者
blemishing 玷污，污痕，瘢痕
blend (1) 掺和物，挽合物；(2) 混合物；(3) 掺合，挽合；(4) 合金
blendable 可混合的，可掺合的
blended 混合性的，混合的，掺的，混杂的
blended gasoline 高辛烷值汽油，抗爆汽油，掺混汽油
blended oil 掺合油
blender (1) 混料装置，掺合器，掺合机，掺混机，混料机；(2) 松砂机；(3) 混合器，搅拌器，搅拌机，捣碎器，搅切器，拌和器，拌和机；(4) 混合颜料的工具；(5) 配料；(6) 倒圆
blending (1) 掺合，混合；(2) 融合，融和；(3) 混炼；(4) {轧} 倒圆；(5) (铸) 松砂
blending hopper 搅拌桶
blendor (1) 混料装置，掺合器，掺合机，掺混机，混料机；(2) 松砂机；(3) 混合器，搅拌器，搅拌机，捣碎器，搅切器，拌和器，拌和机；(4) 混合颜料的工具；(5) 配料；(6) 倒圆
blenometer 弹簧弹性测量仪，弹簧弹力测量仪，弹簧弹力仪
blicker (1) 平压裁断机，冲切机；(2) 冲切工
blimp (1) 小型飞机；(2) 小型飞船，软式汽艇；(3) 防声罩，隔音罩，防音
blind (1) 单凭仪表板操纵的，不易识别的，不显露的，无出口的，堵死的，封闭的，闭塞的，不通的，隐蔽的，难解的，尽端的，盲的，暗的；(2) 防护板，螺旋帽，塞子，膜片，挡板，遮帘，百叶窗；(3) 隐蔽处；(4) 不感光的，不裸露的，未磨光的，无光的，(5) 铺填沙石；(6) 使盲，使暗，(7) (光) 光阑；(8) 构架；(9) 断流板
blind angle 遮蔽角，盲角
blind approach （飞机）按仪表进场，盲目进场
blind arch 实心拱，假拱
blind area 无信号区，封闭地块，阴影区，盲区，静区，死区
blind axle 游轴，静轴，侧轴
blind bombing 仪表投弹
blind box 窗帘内箱
blind car 行李车
blind catch basin 盲沟式截留井

blind ceiling　中间层顶板
blind coal　无烟煤
blind corner　碍视交叉口转角
blind crossing　碍视交叉口
blind distance　碍视距离
blind driver　无翼缘主动轮
blind effect　"百叶窗"效应，爬行效应
blind end　封闭端
blind-end car　无通过台车辆
blind flange　管口盖凸缘，堵塞法兰，闷头法兰，盲法兰，法兰盖，盲板，盖板
blind flight　盲目飞行，仪表飞行
blind floor　(冷藏车)车底地板
blind ground joint　磨口堵头，磨口柱塞
blind head　{铸}暗冒口，盲头盖
blind header　暗顶砖
blind hole　未穿的孔，不通孔，盲孔
blind joint　无间隙接头，无缝接头，盲接头
blind landing experiment unit (=BLEU)　盲目降落实验装置
blind lift　升降百叶窗的执手
blind lining　(冷藏车)中间墙板
blind-loop　盲曲
blind main　尽端干管
blind monitoring　监控传声器
blind mortise　凹榫
blind nailing　暗钉
blind navigation　仪表导航
blind nut　盖形螺母，盲孔螺母，螺盖，螺帽
blind off a line　堵塞或关闭管路
blind pack　眼罩
blind pass　空轧
blind patch　堵孔板
blind pit　盲纹孔
blind-punch　非贯穿冲压
blind riser　(铸)暗冒口
blind rivet　埋头铆钉
blind roaster　马弗炉，套炉
blind sector　荧光屏阴影区，扇形阴影
blind sending　盲发送
blind shaft　窗帘卷轴
blind shell　未炸炮弹，不发[炸]弹，失效弹
blind side　弱点，死点，死角
blind siding　尽头线
blind spot　(无线电)静区，死区，盲点
blind stop bar　窗帘止铁
blind stopper　窗帘止卡
blind taper joint　磨口锥塞，锥柱堵头
blind tracery　实心窗格
blind wall　无窗墙
blind window　百叶窗
blind zone　隐蔽区，屏蔽区，静区，死区
blinder　(1)眼罩；(2)侧视目标；(3)游轴
blindfast　百叶窗的固定器
blinding　(1)失光；(2)筛孔堵塞；(3)(铀提取)离子交换树脂的堵塞；(4)不清晰，模糊；(5)堵塞，填塞，盖上
blindly　盲目地
blindness　盲目，盲区，静区
blinds　百叶窗
blindspot　收音机不清楚的地方，盲斑，盲点，静区
blink　(1)微光，闪光；(2)反光；(3)暂短时间
blink comparator　瞬变比较镜，闪视比较镜，闪烁比较镜
blink microscope　闪视显微镜
blinker　(1)移带叉；(2)闪光灯，信号灯；(3)闪光信号，闪光警戒标；(4)护目镜，遮眼罩
blinker light　(1)闪光信号灯；(2)闪[烁]光
blinker tube　闪光管
blinking　闪光信号
blip　(1)(雷达)可视信号，尖峰信号，尖头信号；(2)雷达屏幕图像；(3)理想红外线检测器；(4)标记，记号；(5)放射脉冲，反射脉冲，光波，回波；(6)电视节目中的声音中断
blip detector　标志信号检测器
blip-frame ratio　点 - 帧比
blip-scan radar　反射脉冲扫描雷达
blip-scan ratio　尖头回波 - 扫描比，光点 - 扫描比

blister　(1)泡痕，气泡，油漆浮泡；(2)舰船内不透水的隔舱，(飞机)炮手舱，观察舱，(铁路车辆的)玻璃观察圆顶，流线型外罩，(飞机)固定枪座，(军舰)防雷隔堵截，(船)附加外板，天线屏蔽罩，天线罩，泡形罩；(3)(铸件)局部隆起，砂眼，缩孔，气孔，结疤
blister cake　粗铜块，泡铜块
blister copper　贝[塞麦]氏铜，粗铜，泡铜
blister corrosion　起泡腐蚀
blister furnace　泡铜熔炼炉
blister refining　粗铜熔炼
blister sand　砂疤
blister steel　泡钢，钢疤
blistered casting　多孔铸件
blistery　起泡的，有泡的
blitz　用闪电战攻击，闪电式行动，闪电战，闪击战
blitz tactics　闪电战术
block (=bl.)　(1)滑车[组]，滑轮；(2)气缸体，组合体；(3)卷取机卷筒，拉丝卷筒，轧机，砧板，铁砧；(4)金属块，滑块，试块，垫块；(5)堵塞，闭塞，阻塞物；(6)铸造板坯，毛坯，毛料，粗料，粗坯，部件，单元，装置，设备；(7)部分，成分，区，段，套，组，批；(8)台，座；(9)字组数据块，组合单元，信息组，号码组，程序块，存储块，功能块，数据块，分程序，数组，字组，字块，字区；(10)块体，块料，块材，块形，块锭；(11)闭锁，闭塞，封锁，阻止，屏蔽，中断，截断，停用，停止
block-access　{计}成组存取，字组存取，字区存取
block access　{计}程序块访问，成组存取，字组存取，字区存取，字组取数，字区取数
block accumulator　条形极板蓄电池
block address　{计}程序块地址
block and falls　滑轮组，滑车
block and tackle　滑车组，滑轮组
block antenna　共用天线，集合天线，天线组
block bearing　独立壳体轴承，推力轴承，止推轴承
block body　{计}分程序体
block brake　滑块制动器，踣式制动器，块闸，瓦闸
block bridging　横撑
block brush　电刷块，碳刷
block cancel character　信息组作废符号
block capacitor　(1)级间耦合电容器；(2)隔直流电容器，阻塞电容器
block cast　整铸
block cast cylinder　整体铸造气缸
block casting　块铸
block cathode　方块阴极，闭塞阴极，阻挡阴极
block chain　(1)块环链，平环链；(2)滚链，滑车链，车链
block-circulant matrix　分块循环矩阵
block clutch　[伸缩]闸瓦离合器
block code　信息组代码，分组码，块码
block-coded communication　分组码通信
block-coding　(1)分组编码的；(2)组合码
block coefficient　方形系数，填充系数
block-condenser　级间耦合电容器，隔直流电容器，电解电容器组，阻塞电容器
block condenser　级间耦合电容器，隔直流电容器，电解电容器组，阻隔电容器
block constant　{计}(表征数)字组特性常数
block construction　大型砌块建筑
block control　联锁式控制机构
block curve　连续曲线，实线曲线
block data　{计}数据块
block diagonal matrix　分块对角矩阵
block-diagram (=BLODI)　(1)方框图，方块图；(2)简图，草图
block diagram　(1)示意流程图，方块图，[方]框图；(2)柱式统计图，三维曲面图；(3)立体图，结构图，简图，草图
block effect　体效应
block encoding　分块编码，分组编码
block file　大四方锉
block flow diagram　方块流程图
block for drawing　拉丝卷筒
block furnace　方形炉
block gap　(数据)信息区间隙，块间隔，块间隙
block gauge　量块，块规
block-glass　块玻璃
block grease　润滑脂块，黄油块
block hammer　落锤
block head　{计}分程序首部，程序块首部
block head cylinder　整体气缸

block holder 块规夹持器,块规夹子
block ignore character 信息组作废符号
block-in-course 加强层砌
block indexing 跳齿分度
block indication 区间位置指示信号
block indicator 闭塞指示器
block initial statement 块开始语句,块起始语句
block layer cell 阻隔层光电池
block-layer photocell 阻挡层光电管,阻隔层光电池
block length 信息组长度,分程序长度,分组长度,字组长度,字区长度,块长
block letter 印刷体字母
block level (1)气泡水准仪,平放水准器;(2)箱位信号电平,封锁电平,封闭电平
block linkage 滑块联动装置
block loading 程序块存入
block map 立体图解,块状图,框图,略图
block mark 分程序符号,字组符号,块标志
block meter rate 分段收费制
block-model 船舶模型
block mold 整体模型
block mount 组合安装,组合装配
block mounting 组合安装,组[合]装[配]
block multiplexer channel 成组多路转换通道,字组多路通道
block number 成组传送号,区组数
block of houses 住房区段
block of offices 办公[室]大楼
block of valve 阀锁
block operator 线路所值班员
block-organized storage 块结构存储器
block-oriented associative processor 面向块的相联处理机,分块式相联处理机
block-oriented random access memory 按区随机存取存储器
block out (1)开采采区;(2)开切矿柱;(3)划分区段
block plane 横木纹的刨
block polymer 成块聚合物,整体聚合物
block post 闭塞[信号]控制站
block power station 河床式[水]电站
block-press 模压机
block press 模压机
block print (1)(铸)大型型芯座;(2)木刻版印件
block pulley 滑车
block rake 链状磨痕
block-relaxation 块弛豫
block relaxation 整块松弛
block relay 闭锁继电器,联锁继电器
block schematic diagram 方框图
block screw 螺旋顶高器,千斤顶
block sequence 多层焊叠置次序,分段多层焊
block sequence welding 多层焊叠置次序,分段多层焊
block set 块规
block-ship 沉没的障碍舰船,封锁船
block-signal 阻塞信号,截止信号,分段信号
block signal (1)闭塞信号机;(2)闭塞信号系统;(3)分段信号,闭塞信号
block sleeve 滑车
block sort 信息分块,字组分类,字区分类,块分类,分组
block square 矩形角尺
block standby 备用[数据]块
block station 闭塞站,线路所
block-stone 块石
block stop 挡块
block structure 块状结构
block-structured code 分程序结构码
block-switch technology 分组交换技术
block system 闭塞信号系统
block system relay 闭塞系统继电器,切断继电器
block test [发动机的]台上试验
block tin 锡块,锡锭
block transfer {计}整块转移,字组转移,信息组传送,整块传送,字组传送,成组传送
block-tridiagonal matrix 块三对角阵
block type boring cutter 插入式镗刀
block type reamer 盘形铰刀

block welding 多层焊叠置次序,分段多层焊
blockade (1)禁止贸易,封锁,禁运;(2)堵塞,封闭,阻止,阻断,阻滞,阻塞,阻碍抑制
blockader (1)进行封锁的船舶,封港船,阻塞船;(2)封锁者
blockage (1)堵塞,阻塞,充塞,阻断,阻滞,封闭,封锁,锁定;(2)阻碍物
blockage factor 遮蔽因数,阻挡系数
blockboard 芯块胶合板
blockbuster (1)重磅轻型壳体炸弹,巨型炸弹;(2)巨型轰炸机
blockchain 块环链,车链
blockdata 数据块
blockdiagram (1)块状图,方框图,框图;(2)简图,草图
blocked (1)闭塞的,封锁的,阻碍不通的;(2)用型模成型
blocked byte 分组字节
blocked file 成块文件
blocked fund 冻结资金
blocked-grid keying 栅截止键控,截止栅键控,栅偏键控
blocked grid limiter 栅截止限幅器
blocked heat {冶}中止氧化
blocked impedance 阻挡阻抗,停塞阻抗
blocked job 分块作业
blocked level 封锁电平,闭锁电平,阻挡电平
blocked mark balances 被冻结的马克存款
blocked money 封存账户,冻结账户
blocked off 堵截,堵住
blocked-out 切换
blocked record 成组记录,成块记录,块式记录,块状记录
blocked resistance 闭塞电阻
blocked set 逻辑记录块
blocked state 封锁状态
blocked sterling 被冻结的英镑
blocker (1)粗型锻工具,模锻装置;(2)雏形锻模;(3)拉丝模操作工,模具工,把钩工;(4)阻断器
blocket rotor test 转子台架试验
blockette {计}数据小区组,小程序块,小信息块,小组信息,分程序块,数字组,子字组,次字组,子群,子块
blockfront [槽形镶板的]正面
blockglide 块体滑动
blockholing (1)岩块爆破;(2)分块钻孔
blockholing method 分块钻孔法
blockhouse (1)装甲隐蔽室;(2)钢筋混凝土的半圆形房屋;(3)框架,盒,箱
blocking (1)传导阻滞,闭锁,截断,阻塞,中断,联锁;(2)粗型锻,粗模锻,(3)支承,成形,压制,(4){计}字组化,单元化,模块化;(5)粘连,阻染,封端,阻滞,(6)中止氧化,(平炉)止碳;(7)方块木胶合法;(8)压箔;(9)旁路,分段,分块,合组,成组,成块,并块
blocking bias 截止偏压
blocking capacitor 级间耦合电容器,隔直流电容器,阻塞电容器
blocking circuit 间歇电路
blocking condenser (1)级间耦合电容器,隔直流电容器,阻塞电容器;(2)过渡冷凝器
blocking contact 闭锁接点,阴隔接触
blocking efficiency 整流效率
blockingbfactor 字组因子,块因子
blocking-generator 间歇发生器
blocking high 阻塞高压
blocking junction 阻挡结
blocking layer 阻挡层
blocking-layer rectifier 阻挡层整流器
blocking level (1)阻塞电平;(2)阻挡层
blocking of oscillator 振荡器停振
blocking oscillator (=BO) 间歇振荡器,闭塞振荡器,阻塞振荡器
blocking oscillator driver 间歇振荡器激励器
blocking-oscillator transformer 间歇振荡器变压器
blocking point 烫印温度
blocking press (英)烫金机,压印机
blocking property 粘结性能,粘附性能
blocking ring (变速器的)同步器锁环,同步阻合环
blocking system 联锁系统,互锁系统
blocking test 分块试验
blocking time 截止时间,闭塞时间,阻塞时间
blocking-tube oscillator (=BTO) 电子管间歇振荡器
blocking tube oscillator 电子管间歇振荡器
blocking-up 阻断

blocking voltage 阻塞电压, 截止电压, 闭锁电压, 闭塞电压, 间歇电压

blockman 做板块的工匠, (2) 公路铺砌工

blockout 部分遮光的复制品

blocks 块材, 块料

blockship (1) 封锁用船, 堵江船, 阻塞船, (2) 囮船, 仓库船

blockstolle 赤铁矿

blocky 短而粗的, 块状的, 结实的

blockyard 预制混凝土构件场

blood flow meter 血流量计

blood gas apparatus 血内气体检验器

bloodmobile 流动取血车

bloom (1) 初轧方坯, 大钢坯, 熟铁坯, 大方坯, 钢锭, 钢块, 初坯, 毛坯; (2) 初轧; (3) 钢模具表面的泛蓝; (4) 火花区; (5) 图像发晕, 图像浮散, 光圈, 晕; (6) 模型表面沾污, (铸件表面缺陷) 流痕

bloom-base 支柱座

bloom base plate 支柱座板

bloom-blank 大异形坯

bloom-block 大异形坯

bloom pass 初轧 [机] 孔型

bloom roll 初轧轧辊

bloom shear 大钢坯剪切机

bloom slab 扁钢坯

bloomary 土法熟铁吹炼炉, 熟铁制炼炉

bloomary process 熟铁块熔炼

bloomed 无反射的, 模糊的, 起霜的, 发晕的

bloomed coating 无反射涂层

bloomed lens 减少光反射透镜, 敷霜透镜, 镀膜透镜

bloomer 初轧机, 开坯机

bloomery 土法熟铁吹炼炉, 熟铁制炼炉

bloomery process 熟铁块熔炼

blooming (1) 初轧, 开坯; (2) 表面起膜, 表面加膜; (3) 光学膜; (4) 模糊现象, 图像发晕, 图像散乱; (5) 敷霜

blooming film 光学膜

blooming mill 初轧机, 开坯机

blooming pass 初轧机孔型

blooming stand 初轧机机座

bloomless oil 不起霜润滑

bloomy sound 底部声音

bloop (1) 接头杂音; (2) 消音贴片, 消音孔

blooper (1) 接收机辐射信号; (2) 接收发射信号的接收机

bloops 噪声

blotchy 斑污, 斑渍

blotter (1) 吸墨水器, 吸墨水纸; (2) 缓冲垫; (3) 临时记事本

blotter press 压滤机

blow (1) 吹风, 通气; (2) 气泡; (3) 喷汽, 喷水; (4) 鼓风加热, 喷气; (5) 吹炼, 吹炼时间, 吹炼量; (6) 断开电路

blow-and-blow 吹制 (玻璃生产)

blow-back (1) (枪) 后坐; (2) 后坐力; (3) 后焰, 回爆 (内燃机)

blow-by (1) 不密封, 渗漏, 渗滤, 漏气; (2) 吹去; (3) 瓦斯喷出

blow-by-blow 极为详细的

blow-case 吹气 (扬酸) 箱

blow-charge 风力装药, 气吹装药

blow-cock 放泄旋塞, 排气栓

blow count 锤击计数

blow-down (1) 放水, 放气, 排气, 送风; (2) 加热的, 增热的; (3) 泄放活门; (4) 风倒, 风倒术

blow engine 鼓风机

blow-extrusion process 压出吹塑法

blow-gun 喷粉器, 喷枪

blow head 喷头

blow hole (1) 气泡, 气孔, 气穴, 砂眼; (2) 通气孔

blow-in (1) 鼓风, 吹入, 喷; (2) (鼓风炉) 开炉, 开始送风

blow in (1) 开炉; (2) 自喷; (3) 鼓风, 开风, 吹入; (4) 投产

blow in the furnace 开炉送风, 开炉

blow-job 喷气飞机

Blow-Knox antenna 布洛 - 诺克斯天线

blow lamp 喷灯, 吹管

blow-magnet 熄弧磁铁

blow moulding 吹模法, 吹逆法

blow-moulding process 吹塑成形法

blow-off (1) 喷出, 排放, 喷出物, 排出物; (2) 排放装置; (3) 放气; (4) 吹离, 吹除

blow off (1) 放气, 送风, 吹风, 排出; (2) 吹散, 吹掉, 吹出, 吹除, 喷出

blow-off cock 排气栓

blow-off liquor 自蒸发溶液

blow-off pressure 停吹气压

blow off pressure 停吹气压

blow-off valve (1) 放气活门, 急泄阀; (2) 排污阀

blow off valve 放气阀, 排泄阀

blow-on 开炉

blow on 开炉

blow-out (1) 吹出; (2) 轮胎爆裂; (3) 吹卸器; (4) 自喷, 井喷; (5) 偏炉; (6) 减弧装置, 火花熄灭; (7) 灭弧

blow out (1) 吹熄, 吹出, 吹灭, 吹风; (2) 烧断, 熔断; (3) 停炉

blow-out disc 保护隔膜, 防爆膜

blow-out of an engine 发动机灭火

blow out coil 消火花线圈

blow out current 熔断电流

blow out the furnace 炉子停风, 停炉

blow-over (1) 吹散; (2) (事件等) 淡忘

blow over (1) 环吹, 吹散; (2) 停止; (3) 消灭

blow-period 吹风期

blow-pipe 焊钳

blow pipe (1) 压缩空气输送管, 通风管, 放泄管; (2) 火焰喷灯, 焊枪, 焊炬, 吹管

blow plate 吹芯板, 吹砂板

blow-run 鼓风掺气 [过程]

blow-run gas 鼓风气

blow sand 飞砂

blow squeeze moulding machine 吹压式造型机

blow tank (1) 受料槽, 出料槽, 泄料桶; (2) 疏水箱

blow-test 冲击试验

blow-torch 自动吹管灯

blow torch 焊接灯, 喷灯, 吹管

blow valve 送风阀

blow-up (1) 突起, 爆破, 炸毁; (2) 打气; (3) 放大 [照片]; (4) 混合室

blow up (1) 爆破, 胀破, 炸裂; (2) 打气, 充气, 吹胀, 吹风; (3) 吹炼; (4) 气孔; (5) (保险丝) 熔断, 烧断

blow-up pan 蒸汽搅拌锅

blow ups 隆起

blow valve (=BV) 送风阀, 通风阀, 吹风阀

blow vent 通气孔, 排气孔, 通气口, 排气口

blow wash 压水冲洗, 吹洗

blow well 自喷井, 自流井

blow wild 无控制的自喷, 猛烈喷出, 敞喷

blowability (型砂的) 可吹成性

blowback (1) 气体后泄; (2) 泵回; (3) 回爆; (4) (枪) 后坐; (5) 逆吹, 反吹

blowdown (1) 吹风, 吹除, 吹下, 放气, 换气, 吹净; (2) 泄放阀门; (3) 泄料, 放空, 排污; (4) 扰动, 搅拌

blower (=bl.) (1) 鼓风机, 吹风机, 送风机, 扇风机, 通风机, 风扇, 风箱; (2) 低压空气压缩机, 压气机, 增压器; (3) (增压器) 叶轮, 螺旋桨, 喷嘴; (4) 吹风管; (5) 自喷井; (6) 喷射机, 吹芯机, 吹射机, 吹风机; (7) 秘密通讯系统接收装置, 秘密通讯系统, 通讯系统; (8) 吹制工, 充气工, 吹炼工, 转炉工

blower cooled engine 风冷式发动机

blower fan [离心] 鼓风机, 风扇, 风机

blower gear ratio 增压器传动比

blower motor 鼓风 [用] 电动机

blower pump 增压泵

blower wheel 鼓风机叶轮

blowhole (1) 铸孔, 气孔, 气眼, 气泡, 砂眼; (2) 喷水孔, 喷泥孔, 通风孔

blowing (1) 吹, 吹气, 喷吹, 吹落; (2) 喷出, 自喷, 井喷, 崩出; (3) 漏气; (4) 发火, 着火; (5) 起泡

blowing agent 发泡剂, 起泡剂, 生气剂

blowing back 回流

blowing charge 抛射装药

blowing-current 熔断电流

blowing current (保险丝的) 熔断电流

blowing hole 风穴

blowing-in (鼓风炉) 开炉, 鼓风, 吹入

blowing in wild 敞喷, 无控制自喷, 猛烈喷出

blowing moulding 吹模法

blowing of hole 吹炮眼, 炮眼吹洗

blowing of smoke 吹出炮烟

blowing-out (鼓风炉) 停风, 停炉

blowing picker　气流分线机
blowing piston　[磨损的]漏气活塞
blowing plant　压缩空气装置
blowing process　气流分线工艺
blowing promotor　发泡助剂
blowing rate　风量
blowing roller　蒸尼辊
blowing still　沥青氧化釜，吹炼釜
blowing tracks　打痕
blowing-up furnace　铅锌矿烧结炉
blowlamp　喷灯，焊灯
blowmobile　用飞机螺旋桨驱动的雪橇
blown　(1)吹胀了的，吹制的；(2)被炸毁的；(3)漏气
blown asphalt　吹气[地]沥青
blown-film　吹塑薄膜，多孔膜
blown fuse indicator　熔线熔断指示器
blown joint　喷灯制备的接头，吹接
blown metal　吹炼金属
blown oil　鼓气油，氧化油，吹制油，气吹油
blown-out shot　瞎炮，废炮，空炮
blown out shot　瞎炮，废炮，空炮
blown out tyre　爆裂的轮胎
blown pattern　素乱散布
blown petroleum　吹制石油
blown primer　炸飞雷管
blown-sponge　海绵胶
blown stand oil　氧化聚合油
blowoff (=BO)　火箭飞行器各段分离，吹除，排气
blowoff valve　排污阀
blowout　(1)鼓风，吹风，送风；(2)放气，漏气，爆裂，喷出，喷井；(3)[保险丝]熔断；(4)火花消灭，熄弧，灭弧，熄火，灭火，吹灭，吹熄，停炉，停火
blowout coil　灭弧线圈
blowout current　熔断电流
blowout diaphragm　遮断膜片，快速光闸，快门
blowout disc　保护隔膜，防爆膜
blowout magnet　灭弧磁铁
blowout patch　(1)管接头；(2)补胎胶布，补垫，胎垫
blowout preventer　防喷装置
blowpipe　(1)空气喷嘴；(2)压缩空气输送管，吸管，吹管，[通]风管；(3)喷焊管，喷焊器，焊炬，割炬
blowpipe analysis　吹管分析
blowpit　(1)喷放池；(2)泄料池，放空池
blowrun　鼓风掺气[过程]
blowtest　冲击试验
blowtorch　喷气灯，焊灯
blowup　(1)爆发，爆炸，爆散；(2)放大，鼓起；(3)粗糖溶液槽；(3)沼气爆炸；(4)使空气进入采空区引起自燃
blowup ratio　(1)模膜直径比；(2)吹胀比
blue (=BLU)　(1)蓝，青；(2)发蓝；(3)蓝颜料，蓝[铅]油
blue amplifier　蓝色图像信号放大器
blue annealed wire　发蓝钢丝
blue annealing　发蓝退火处理，软化退火
blue beam　蓝电子束，蓝色射线，蓝光束
blue-beam magnet　蓝电子束[会聚]磁铁
blue brittleness　蓝脆[性]
blue cap　光环，光晕
blue-collar worker　体力劳动者，蓝领工人，产业工人
blue-collarite　蓝领工人
blue-colour　蓝色[的]
blue colour difference axis　蓝色差轴
blue control grid　(显像管)蓝色枪控制栅
blue deflecting generator　蓝电子束扫描发生器
blue drive control　蓝枪激励控制
blue-finished　蓝色回火的，(回火到金属)变蓝色
blue-free filter　去蓝色滤光器
blue gas　水煤气，氰毒气
blue gold　金铁合金，蓝金
blue-green　蓝绿[色]
blue heat　蓝热
blue highs　蓝色高频
blue-iron-earth　蓝铁土
blue lateral convergence　蓝向会聚，蓝位校正
blue lateral magnet　蓝色横向[位置]调整磁铁，蓝位调整磁铁

blue lead　金属铅，蓝铅
blue light　信号火花，蓝光
blue-light source　蓝[色]光源
blue lows　蓝色低频
blue magnetism　南极磁性
blue metal　蓝锌粉，蓝铜硫
blue oil　蓝油
blue-pencil　(1)编纂，删改；(2)校订
blue planished steel　发蓝薄钢板
blue powder　蓝[锌]粉
blue print　蓝图，初步计划
blue print apparatus　晒蓝图器
blue print papers　蓝图图纸
blue printing machine　晒蓝图机
blue-reflecting dichroic　蓝色反射镜
blue response　蓝光响应
blue restorer　蓝电平恢复器
blue-ribbon　第一流的
blue-ribbon connector　矩形插头座
blue-ribbon program　一次通过程序，"蓝带"程序，无错程序
blue ribbon program　一次通过程序，"蓝带"程序，无错程序
blue screen　蓝辉光荧光屏
blue sensitive phototube　蓝敏光电管
blue shortness　蓝脆[性]，热脆性
blue static convergence magnet　蓝静会聚磁铁
blue steel　发蓝退火的薄钢板，蓝钢皮
Blue Steel　(英空对地导弹)蓝剑
Blue Streak　(英地对地导弹)蓝光
blued　(1)染蓝的，(2)蓝化的
blueline print　蓝印图
blueprint (=BP)　(1)蓝图，图纸，设计图；(2)计划，方案；(3)黑白照片
blueprint apparatus　晒图机
blueprint machine　晒图机
blueprint process　蓝图法
blueprinter　(1)蓝印机，晒图机；(2)晒蓝图工人
bluff-racking　空转
bluffing drum　去花纹滚筒
bluffing lever　去花纹杆
bluing　发蓝处理，蓝化，泛蓝，烧蓝
blunger　(1)用水搅拌的装置；(2)圆筒掺合机；(3)粘土拌合器
blunt binder　凸肚式制梭板
blunt-body configuration　钝头体构型
blunt cutting edge　钝切削刀
blunt file　直边锉
blunt-nosed　钝头的
blunt start of screw　螺钉钝头
blunted cone　钝锥
blur　不清晰性，非锐聚集
blurred　模糊的，不清的
blurred edges　(图像)边缘不清晰
blurred picture　模糊图像
blurring　(1)(光)模糊，不清晰；(2)涂抹，模糊；(3)(光)非锐聚集，不清晰性
blush　(1)外观，观点，考虑；(2)玫瑰色红光，微红色，红色
blushing　(1)变红；(2)浑浊膜(油漆)
blymetal　胶合金属板
BNF jet test　金属镀层厚度化学试剂喷镀试验
BNF-like term　类巴科斯范式术语
bo-peep　(低空投弹用)投弹瞄准附加器
board (=B)　(1)板，饭，插件板；(2)交换台；(3)盘，配电盘；(4)仪表盘；(5)台，架；(6)部，局，厅，会
board and batten　板和板条
board and pillar　(1)房柱式采煤法；(2)柱式开采法
board coal　纤维质煤
board drop hammer　木柄摩擦落锤，夹板落锤
board drop stamp　夹板落锤捣碎机
board fade[电视]　图像逐渐消失
board foot (=BF)　木料英尺，板英尺
board guide　插件导轨
board hole　承板槽口
board lift　插件板插拔器
board machine　纸板机
board measure (=BM)　(木材)按板英尺计算

board mill 锯板厂
board-mounted controller 面板式控制器
board of control (=BC) 控制盘,控制板
Board of Trade Unit (=BTU) 英电能单位,电度单位 (=1千瓦·小时)
board paper 纸板,厚板
board plug 插板
board-rule 量木尺
board scraper 板式刮土机
boarder 定形机
boarding (1) 木板,板材,板条,隔板,围板,木板结构;(2) 安装木板;
(3) 上船检验,验船条款;(4) 乘船,乘车,搭乘;(5) 搓纹
boarding card 搭载客货单,剩机证
boarding joist 裸搁栅
boarding nettings 防攻绳网
boardrule 量木尺
boarhound (英)"猎猪狗"装甲车
boart (=boort, bort) 圆粒金刚石,金刚石屑,金刚石砂
boaster 阔凿;(2) 榫槽刨
boat (1) 小船,艇,舟;(2) 舟形器皿;(3) 用小船运输,装入小船;(4)
乘小船
boat boom 舷边吊艇杆,吊艇杆,艇撑杆
boat compass 航海罗盘
boat-davit 吊艇柱
boat deck 救生艇甲板
boat-lashing 艇索
boat nail 方钉
boat plug 艇泄水孔塞
boat rod 曳绳钓船横杆
boat seaplane 飞艇
boat-stretcher (小艇划手的) 蹬脚板
boat train (1) 与班船联运的列车;(2) 船队
boat truck 脚轮推车
boatable 可用小船运输的
boatage (1) 小船运输;(2) 小船运费
boatbuilder 制造船艇的人
boatbuilding 造船业
boater (1) 船员;(2) 船民
boatfall (1) 吊艇滑车组索;(2) 钩头篙
boatheader 船老大
boathook 钩头篙
boating (1) 驾艇;(2) 小艇运输
boatload (1) 满船;(2) 许许多多
boatman (复 boatmen) (1) 桨手;(2) 船员;(3) 船舶出租人
boatmanship 船艺
boatsetter 小艇操舵员
boatsman (复 boatsmen) 船员
boatswain 水手长,缆帆兵
boatswain's chair 高空操作坐板,高处工作台,脚手板
boatswain's store 船具室
boatswork 小艇作业
boattail [炮弹的] 尾锥部
boatwright 造艇技工
boatyard (1) 造艇工厂,造艇场;(2) 小船厂
bob (1) 振子坠,振子球;(2) 擦光毡,抛光细毡,抛光轮,布轮;(3) 撬,
(4) 摆动,振动,浮动,轻打,打击,轻撞,跳动;(5) 探测镜;(6) 配重;
(7) 暗冒口
bob-sled 二撬拖材车
bob-weight 平衡锤,配重
bob weight 平衡重,配重
bobbed 形成束的,形成串的
bobbin (1) 点火线圈,线圈;(2) (线圈) 胎型,绕线架,绕线管,绕线圈,
绕线筒,线圈架;(3) 筒管,大管;(4) 盘纸
bobbin and fly frame (1) 粗纱机;(2) 棉纺机器
bobbin barrel 筒管绕纱部分
bobbin battery 纬管库
bobbin carriage 筒管传动升降架
bobbin case [缝纫机的] 梭壳,梭心罩
bobbin chute 输送筒管的斜槽
bobbin cleaner 筒脚清除机
bobbin clip 纬管夹
bobbin core 带绕磁芯,线圈架心,线圈管芯
bobbin cradle 筒子架
bobbin creel 筒子架
bobbin draft 筒管牵伸

bobbin dyeing 筒染
bobbin feeler 纬管触指,探纬器
bobbin hanger [粗纱] 筒管悬吊器
bobbin hook [缝纫机的] 梭心夹子
bobbin jerking 跳筒管
bobbin lace lever 梭结花边杆
bobbin lift [织机的] 纬管升降机构
bobbin line 卷绳
bobbin loader [织机] 大纬库
bobbin magazine 纬管库
bobbin oil 锭子油
bobbin sorter 筒管分径机
bobbin spool 双边筒管
bobbin spinning machine 筒壁纺丝机
bobbin tape 扁带,圆带
bobbin thread 梭芯线,底线
bobbin winder (1) 络筒机;(2) 绕线器
bobbin winder base 绕线座
bobbin winder bracket 绕线架
bobbiner 粗纱机
bobbing (1) 摆动,摇摆,振动,浮动;(2) 截断;(3) (显示器射线管
屏幕上的) 标记干扰性移动,目标标记移动;(4) 抛光
bobbing target 隐显目标,隐显靶
bobbinite 筒管 (硫铵) 炸药
bobble 连续跳动
bobstay 船首斜桁支索
bobtail (1) 截短,缩短的物体;(2) 短轴距的卡车;(3) 拖车的拖拉机;
(4) 鸭嘴型船尾
bobtail drawbridge 截尾仰开桥
bobweight 平衡锤,平衡重,配重,秤锤
bocca (1) 玻璃熔炉的炉口;(2) 喷火口
bodger (1) 撬杆;(2) 木雕刻工,木车工,椅子车工
bodging 修补不良
bodied oil 聚合油,高粘度油,干性油
bodily-heavy [潜水艇] 艇自重
bodiness (1) 加重,加厚,增稠;(2) 物体;(3) 体积;(4) 重量
bodkin (1) 穿孔锥,钝针;(2) 钻,锥,针;(3) 活字夹
body (1) 床身,车身;(2) 实体,物体,立体;(3) 刀体,(4) 插座体,整体,
机体,本体,机壳,外壳,壳体,弹体;(5) 支柱,支架,基础,底盘;(6)
船体,船身;(7) 浓度,粘度;(8) 机匣,节套;(9) 主要部分,主体,本
文,正文;(10) 基质,底质,实质,质地;(11) 流动性,稠度,密度
body axis 机体轴
body brick 炉体砖
body builder 车身制造者
body capacitance (1) 人体电容;(2) 机体电容
body capacity (1) 人体电容;(2) 机体电容
body capacity effect 人体电容影响
body-centered cubic 体心立方的
body-centered cubic lattice 体心立方晶格
body-centered cubic structure 体心立方结构
body-centered tetragonal lattice (=BCT) 体心四方晶格
body coat 质地涂层,底子漆
body color 不透明色,涂盖色,保护色,体色
body construction 床身结构
body contact 接壳子,碰壳子
body cords [轮胎的] 帘布层
body design 床身设计
body diameter of axle shaft 半轴非花键部分直径
body distortion 本体畸变
body end furring 车端木凳,车端填木
body end plate 顶棚端梁,上端梁
body end rail 端墙内镶条
body-fixed 安装在机体上的,安装在壳体上的,安装在弹体上的,机载的,
弹载的
body frame (1) 主架;(2) 机架
body freedom 物体自由度
body-fuse 侧面信管,弹身信管
body hook (提花机的) 竖钩
body jack 车身千斤顶
body leakage 外壳漏电
body length machine 计件衣坯针织机
body machine 下摆罗纹机
body mike 贴身传声器
body-mounted 装在机上的,装在船上的,装在车上的,装在弹上的

131

body of ballast　道渣床体
body of bolt　螺栓体
body of casting　铸件
body of equipment　设备的壳体
body of lathe　车床床身
body of masonry　圬工主体
body of milling head　铣头体
body of oil　润滑油的底质，油基
body of paint　油漆的稠度
body of pump　泵体
body of railroad　铁路路基
body of roll　辊身，辊体
body of rotation　旋转体
body of screw　螺钉体，螺杆
body of valve　阀体
body of wheel　轮盘
body paint　底彩，底色
body paper　厚纸
body pigment　主颜料
body pivot　翻斗枢轴
body plan　(1) 正面图；(2)（船舶）横剖型线图
body-post　(1) 推进器柱；(2)（船舶）内艉柱
body post　车体主柱
body release　快门按钮
body section　(1) 机床身，外壳；(2) 主要部分
body shop　车身工厂，车身车间
body side bearer　上旁承
body spring　摇枕弹簧
body statement　本体语句
body stock　厚纸
body stress　内应力
body transom　底架横梁
body-type antenna　弹体天线，外壳天线
body unit　单元车体
body varnish　车身涂料
body waste　物质损耗
bodying　稠化
bodying of oil　油引 [发] 聚合，油的聚合
bodywood　主干材
bodywork　(1) 车身；(2) 车身制造，机身制造，船身制造，车身修理
Boeing　波音（飞机）
Boeing Scientific Research Laboratory (=BSRL)　波音科学研究所
Boeman　波音机器人（波音公司研制的仿生机）
boffin　（航空工程）科学技术专家，科学技术人员
Boffle　箱式反射体，助声箱
Bofors gun　博福斯高射炮，双筒自动高射炮
Bofors intercepted screw　博福斯式断隔螺丝
bogey autopilot　标准特性的自动驾驶仪
bogie (=bogey, bogy, bogies, bogeys)　(1) 支重台车，负重货车，小车；(2) 导轮旋转轴架，[四轮] 转向架，行走机构，悬挂装置，平衡装置，移车台，转向车，转向盘，承轮梁；(3) 装有转向架的机车（车厢）；(4) 挖土机车架，多轮转向架，炮架，(5)（六轮卡车的）驱动架；(6) 负重轮，支承轮，(7) 小矿车，矿车；(8) 双后轴轮架；(9) 小车式起落架
bogie arm　地轮臂
bogie bracket　台车架
bogie car　转向车
bogie engine　（英）转向机车
bogie gudgeon　转向架耳轴
bogie hearth furnace　活底炉，车底炉
bogie of car　车辆转向架
bogie roller　[履带] 台车支重轮
bogie skirt　转向架脚板
bogie slide　转向架滑座
bogie truck　转架车
bogie wagon　（英）有转向架的铁路车辆
bogie wheel　(1) [履带] 台车支重轮；(2) 转向架轮；(3) 负重轮
bohler　银亮钢（碳 1-1.25%，锰 0.25-0.45%，硫＜ 0.35%，磷＜ 0.35%）
Bohr　玻尔
Bohr effect　玻尔氏效应
Bohr magneton　玻尔磁子 (=9.27x10-21 尔格 / 高斯)
Bohr magnetron　玻尔磁控管
Bohr model　玻尔模型
Bohr radius　玻尔半径 (约 5.29x10-9cm)

Bohr theory　玻尔原子构造论，玻尔理论
boil　(1) 沸腾状态；(2) 沸腾，煮沸，汽化，冒泡，起泡，蒸发，蒸煮；(3) 沸点；(4)（塑料的）隐匿气孔
boil dry　煮干
boil-off (=B-O)　(1) 汽化损耗；(2) 煮沸精炼，沸溶，汽化，蒸发
boil-off　蒸发，浓缩，汽化
boil out　熬煮
boil-proof　抗煮沸的
boil over　沸溢
boil up　沸腾，膨胀
boiled　煮沸的，熟炼的
boiled oil　熟油，清油
boiled-out water　沸过的蒸馏水
boiled tar　脱水焦油
boiled wood oil　熟桐油
boiler　(1) 锅炉，煮器；(2) 蒸发器，蒸煮器，热水箱；(3) 废弃的飞机，废发动机；(4) 导弹，(5) 沸化物，沸腾物
boiler bedding　锅炉座
boiler casing　锅炉套
boiler composition　锅炉防锈剂
boiler compound　锅炉防垢剂
boiler cradle　锅炉托架
boiler drum　锅炉壳体
boiler efficiency　锅炉效率
boiler feed (=BF)　锅炉给水
boiler feed pump (=BFP)　锅炉给水泵
boiler feed water (=BFW)　锅炉给水
boiler feeder　锅炉给水器
boiler fitting　锅炉装配附件
boiler furnace　锅炉火箱
boiler horsepower (=BHP 或 Bhp)　锅炉马力
boiler house (=BH)　锅炉房
boiler iron　锅炉钢板
boiler lagging　锅炉隔热套层
boiler oil　石油锅炉燃料，残渣油，燃料油
boiler plate　(1) 锅炉钢板；(2) 卫星的金属模型
boiler plug alloys　易熔合金
boiler pressure (=BP)　锅炉气压，锅炉压强，沸腾压强
boiler saddle　锅炉托架
boiler scale　锅炉 [水] 垢
boiler steel　锅炉钢板
boiler suspender　锅炉悬挂器
boiler tube　锅炉管
boiler water　锅炉用水
boiler with large water space　多水锅炉
boilerhouse　锅炉房
boilermaker　锅炉制造工，装配工，修理工
boilermaker plate　(1) 锅炉钢板，平轧钢板；(2) 火箭的模拟体，模拟舱
boilermaker scale　锅炉水垢
boilermaker shell foot　炉筒角座
boilermaker trim　锅炉附件联接管
boilerplate capsule　航天舱模型，模拟舱
boilery　蒸煮处
boiling　(1) 沸腾，煮沸；(2) 沸腾的
boiling bulb　蒸馏锅
boiling fastness　耐煮性
boiling flask　烧瓶
boiling hot　滚热的
boiling-house　沸腾室
boiling-off　汽化，蒸发，沸腾，煮掉，精炼，脱胶
boiling-off liquor　废皂水
boiling period　(1)（转炉）沸腾期；(2) 石灰氧化期
boiling-point　沸点
boiling point (=BP)　沸点
boiling spread　（石油馏分的）沸点范围
boiling steel　沸腾钢
boiling temperature　沸点
boiling water　开水
boiling water reactor (=BWR)　沸水反应堆
boiling water test　耐沸腾水试验
boilproof　耐煮的
bolection moulding　凸式线脚
boll crushers　轧麻荚机，亚麻轧籽机

bollard   系船柱，系缆柱，系缆桩
bollard pull test   (船舶)系缆桩拉力试验
bologram   (1)热辐射测量图；(2)辐射热测量记录器
bolograph   (电阻)辐射热测量记录器，测辐射热器，辐射计
bolometer   (1)(热敏电阻的)辐射热测量计，电阻式测辐射热计，辐射热测量器，辐射热测定器，测辐射热计，辐射热计；(2)心搏计
bolometer bridge   热辐射计电桥
bolometer bridge circuit   辐射热计桥式线路
bolometer method   (电阻)测辐射热法
bolometer resistance   辐射热计电阻
bolometric   [测]辐射热的
bolometric instrument   辐射热计仪表，测辐射热计
bolometric voltage standard   热辐射计电压标准
bolometric wave detector   辐射热检波器
boloscope   金属探测器
bolster (=bols)   (1)长枕，枕垫；(2)垫枕状的支承物，软垫，衬垫；(3)缓冲件，垫块，(4)立柱支承，支撑件，[车架]承梁，[车身]承梁，支承架，轴梁；[冲床]垫板，模板框，套板，套管，[细纱机]锭脚，支承轴；(5)拱支承横档，托木，(6)刀柄金属端，刀身部分
bolster bearing   (1)轴颈；(2)罗拉颈
bolster rail (=bobbin rail)   [粗纱机的]筒管轨，上龙筋
bolt   (1)螺栓，螺杆；(2)插销，锁簧，栓，闩；(3)弩矢；(4)筛，筛分器；(5)栓紧；(6)射出，喷射物；(7)枪机，枪栓；(8)匹，捆，卷，(9)制旋机；(10)用螺栓连接，上螺栓，固定，紧固，栓接，拧紧
bolt action   直动式枪机
bolt and nut (=BN)   螺栓与螺母
bolt and nut making machine   螺栓螺母机
bolt blank   螺栓配件，螺栓毛坯
bolt cam   螺栓闸刀
bolt cathode   螺旋状阴极
bolt circle (=BC)   (1)螺栓[外]圆；(2)螺栓分布圆
bolt circle diameter   螺栓圆直径
bolt clasp   螺栓扣子
bolt clipper   断线钳
bolt coupling   螺栓联轴节
bolt cutter   (1)螺栓机；(2)断线钳
bolt driver   螺丝刀，螺丝起子，改锥
bolt end   螺栓端
bolt eye   螺栓眼
bolt flange   栓接法兰
bolt former   螺栓镦锻机
bolt group   机芯组
bolt handle   机柄
bolt-head   (1)螺栓头，(2)(蒸馏用)长颈瓶；(3)(枪)机头
bolt head   (1)螺栓头，(2)枪栓头
bolt header   螺栓锻造机，螺栓镦锻机，螺栓头锻机
bolt hole   螺栓孔
bolt hook   有螺杆和螺母可作螺栓的钩子
bolt in double shear   双剪螺栓
bolt in single shear   单剪螺栓
bolt-lock   (1)炮栓闭锁机；(2)螺栓保险，联锁盒，栓锁
bolt locking device   螺栓联结的防松装置
bolt-loosening test   螺栓紧固稳定性试验
bolt making machine   螺栓机
bolt neck   螺栓颈
bolt nut   螺母
bolt-nut system   螺杆-螺母系统
bolt-on support   螺栓固定支承，螺栓固定支架
bolt screw cutting machine   螺栓割丝机
bolt screwing machine   螺栓割丝机
bolt shackle   螺栓钩环
bolt shoulder   螺栓肩
bolt spacer   隔套
bolt stay   撑螺栓
bolt thread rolling machine   螺栓滚丝机
bolt threader   螺栓割丝机
bolt tightener   螺栓紧固器，螺栓绞紧器
bolt tooth   针齿
bolt-type clip   用螺栓收紧的夹钳
bolt-upright   直竖的
bolt washer   螺栓垫圈
bolt with countersunk collar   有锥缘的螺栓
bolt with feather   带鼻螺栓
bolted cap   螺栓帽

bolted connection   螺栓联结，螺栓连接，螺柱接合
bolted joint   螺栓连接，螺栓联轴节
bolted plate (=BP)   栓接[钢]板
bolted splice   螺栓铰接
bolter   (1)筛分机，筛选机，筛石机；(2)分离筛，板筛，筛；(3)纵切圆锯机
bolter-up   外板装配工
bolthole   杆柱孔，锚杆孔
bolthole circle   螺栓孔分布图
bolting   (1)螺栓连接；(2)锚杆支护；(3)振动筛分，筛分，筛选
bolting cloth   筛布
bolting cloth loom   筛布织机
bolting down   [机台的]螺栓固定
bolting flange   螺栓连接的法兰
bolting reel   转筒筛
bolting steel   螺栓钢
boltrope   (1)帆边绳；(2)天蓬边绳；(3)优质绳索
bolts   (1)短圆材，短圆柱；(2)毛边
boltway   枪机运动槽
Boltzmann constant   波尔兹曼常数(=1.3709x10^{-16}尔格/绝对温度)
bomb (=BB)   (1)弹，炸弹；(2)轰炸；(3)小型人工喷雾器，弹状储气瓶；(4)放射性物质的容器
bomb aging   弹内[加氧]陈化
bomb bay   炸弹舱
bomb calorimeter   爆炸量热计，弹式量热计
bomb carrier   (1)轰炸机；(2)炸弹架
bomb cell   还原弹内腔，弹腔
bomb charge   钢弹还原装料
bomb cluster   集束燃烧弹，集束炸弹
bomb crucible   还原弹坩埚，还原钢罐
bomb damage survey (=BDS)   轰炸效果检查
bomb-disposal   未爆弹处理
bomb-dropping   投弹
bomb dump   野战炸弹库
bomb-filling machine   还原钢弹装料机
bomb furnace   (1)钢弹还原炉；(2)封管炉
bomb gas   钢瓶气体，瓶装气体
bomb-gear   投弹器
bomb-hatch   炸弹舱门
bomb ketch   炮击帆艇
bomb liner   还原钢弹衬里
bomb-load   载弹量
bomb method   氧弹法(测定石油产品的硫含量)
bomb oxidation   弹内氧气
bomb-proof   防炸的，防弹的
bomb rack   炸弹滑轨，炸弹架
bomb-reduced   金属热还原的，钢弹还原的
bomb reduction process   金属热还原法，钢弹还原法
bomb release gear   投弹装置
bomb-resistant   防御炸弹的
bomb-shell   炸弹
bomb shelter   防空洞
bomb sight (=BS)   轰炸瞄准器，投弹瞄准器
bomb strike camera   轰炸摄像机
bomb tailing fuze (=BTF)   弹尾引信
bomb test   密闭爆发器试验
bomb testing device (=BTD)   炸弹试验装置
bomb-thrower   (1)投弹筒；(2)投弹手
bombard   (1)炮轰，炮击；(2)轰炸，轰击，射击，冲击，攻击，碰撞；(3)粒子辐射，照射
bombard uranium with neutrons   用中子轰击铀
bombarder   轰击器
bombardier   (1)轰炸员，投弹手；(2)炮手
bombarding   (1)轰击，射击，炮击，碰撞；(2)照射，辐照；(3)爆炸的，碰撞的，急袭的，施袭的
bombarding current   电子轰击电流
bombardment (=bomb)   (1)轰击，轰炸，打击，射击，炮击，撞击，碰撞；(2)粒子辐射，照射，辐照
bombardment cleaning   轰击清除，轰击除气
bombardment current   电子轰击电流
bombardment energy   冲击能量
bombardment-induced   轰击感生的，辐照感生的
bombardment projectile (=BBT)   (炮弹、导弹、火箭)轰击，轰炸
bombed-out   空袭时被炸毁的

133

bomber (1) 轰炸机；(2) 投弹手，掷弹手

bomber defense missile (=BDM) 轰炸机自卫导弹

bombfall (1) 投下的炸弹；(2) 投弹散布面

bombing 轰炸，投弹

bombing bug 活动靶

bombing plane 轰炸机

bombing proof 防轰炸

bombing radar 投弹瞄准用雷达

bombing run 轰炸航路

bombing shelter 防空洞，防空掩壕

bombing sight 投弹瞄准具

bombing through overcast 无线电指示轰炸系统，用雷达瞄准器轰炸目标，隔云轰炸，云上轰炸

bomblet 小型炸弹

bombline 轰炸线，爆炸线

bombload 载弹量

bombproof 防空洞

bombsight 轰炸瞄准具

bond (1) 粘结料，粘结剂，接合剂，胶合剂，结合剂；(2) 连接，胶接，焊接，粘结，粘合，胶合，结合，接合，熔合，化合，键合；(3) 障，(4)轨条接线，连接物，接续线；(5)熔合部分，熔透区；(6)耦合；(7)键；(8) 连接器，连结器，接头，(9) 束，捆，(10)（释热元件的）扩散层

bond between concrete and steel 钢筋与混凝土的结合力

bond-breaking （化学键的）断裂，裂开

bond-breaking mechanism 键破裂机构

bond clay （胶结的）粘土

bond coat 粘结涂层

bond course (1) 粘结层；(2) 砌合层

bond creep 粘着徐变

bond dissociation energy 键裂解能

bond distance {化}键长

bond failure 握裹损坏

bond flux （粘合）焊料

bond length {化}键长

bond line 粘合[剂]层，胶层

bond master 环氧树脂类粘合剂

bond metal 烧结金属，多孔金属

bond-meter 胶接检验仪

bond meter 胶接检验仪

bond negative resister 键接负阻

bond open (1) 焊接断开，焊缝裂开；(2) 耦合断开

bond plug [轨道电路的]接续线塞

bond strength (1) 粘结强度，粘合强度，粘着强度，焊接强度，结合强度；(2) 结合力，粘合力，握裹力

bond stress 粘结应力

bond-tester 胶合检验仪，胶接检验仪

bond tester 接头电阻测试器，粘结试验器

bond timber (1) 枕距护木；(2) 墙结合木

bond type diode 键型二极管

bond weld 钢轨接头焊接

bond wheel 接合剂砂轮，结合剂砂轮

bondability （钢筋与混凝土的）握裹力

bondage 约束，束缚

bonded (=B) (1) 化合的，结合的，耦合的，连接的，粘着的；(2) 焊接的；(3) 约束的

bonded abrasive lap 粘结磨料研磨

bonded-barrier 键合阻挡层，键合势垒

bonded case 粘结壳体

bonded case seal 粘盖密封圈

bonded case seal with constant lip and spring 带弹簧的粘盖密封圈

bonded-case seal with straight lip 直唇形粘盖密封圈

bonded concrete 胶结混凝土

bonded double silk (=BDS) 双丝包的

bonded flux 陶质焊料

bonded-in linear (1)（制动器）铸入的衬面；(2)（离合器）粘结片

bonded lining 粘结矢制动器

bonded process 胶接法

bonded NR diode 键合负阻二极管 (NR=negative resister 负阻）

bonded single silk (=BS) 单丝包的

bonded strain gauge 粘贴式应变片

bonded type diode 结合型二极管

bonder (1) 接合器；(2) [电磁铁心的] 装配工，焊接工；(3) 砌墙石

bonder wire （钢筋与混凝土）绑结钢丝

bonderite 磷化处理层，磷酸盐（薄膜防锈处理层）

bonderite process 磷化处理

bonderizing 磷酸盐处理，磷化处理，涂磷[处理]

bonding (1) 粘结，粘合，连接，粘接，胶接，接合，耦合；(2) 支撑；(3) 焊接，焊合，搭接，熔接；(4) 低电阻连接；(5) 电缆铠甲的连接，加固合接地，屏蔽接地；(6) 键合，砌合，(7)束缚；(8) 粘结料，粘结剂；(9) 通信，联系

bonding admixture 粘结剂

bonding agent 粘合剂

bonding board T形测平板

bonding electrons 键电子

bonding fixture 粘合夹具

bonding jumper (1) 金属条；(2) 跨接线；(3) 搭接片

bonding material 粘结材料，粘接材料

bonding pad (1) 焊接点，焊接区，焊盘，焊片；(2) 结合区，结合片，键合片；(3) 联结填料

bonding paste coating 涂膏

bonding point 接[合]点，焊点

bonding power 粘结力

bonding process 粘结法

bonding scheme 键合形式

bonding strength 粘结强度，粘合强度

bonding tool 焊头

bonding wire 接合线，焊线

bondu 一种耐蚀的铝合金（铜 2-4%，锰 0.3-0.6%，镁 0.5-0.9%）

bone (1) 骨；(2) 骨架；(3) 骨架物

bone-conduction microphone 骨传导传声器

bone-dry 十分干的，干透了的，全干的

bone dry 完全无水的，极干燥的，干透的

bone glass 乳白玻璃，乳色玻璃

boning (1) 测水平法；(2) 检验垂直度 [法]

boning board (1) 觇板；(2) T 形测平板，测平杆

boning out 定直线

boning pegs 测平桩

bonnet (1) 烟窗罩，机罩，盖，罩，壳套；(2) 引擎顶盖，保护罩，机罩，阀盖，阀帽，枢帽；(3) 加罩

bonnet body seal 阀帽体密封

bonnet gasket 阀帽体密封垫圈

bonnet of an engine 发动机盖

bonnet valve (=BV) 帽状阀

bont 提升装置

boo-boo (1) 碰伤，擦伤；(2) 故障，错误，误差

boojee pump 压浆泵

book (=bk) (1) 书，书籍；(2) 账簿，账册；(3) 登记，注册，登账；(4) 约定，预约

book back rounding machine 书脊扒圆机

book backbone lining up machine 书脊粘砂布机

book capacitor 书状电容器

book condenser 书形微调电容器

book-fold 往复折叠法

book-keeping machine 簿记机

book match 配对物

book mold 叠箱铸型

book of reference 参考书

book-shelf 书架，书橱

book stamp 烫印封面用的金属压印模

book table 书架桌

book test （厚板 180°）弯折试验

book value 账面价值

bookable 可预订的

bookcase 书柜

booked (=bkd) 已订购的

bookkeeping operation (1) {计} 管理操作，整理操作，辅助操作，簿记操作，内务操作；(2) {计} 程序加工运算

booklift 图书升降机

bookmobile 图书流通车

bookrack 书架

bookrest 阅书架

bookshelf （复 bookshelves）书架

Boolean (1) 布尔的，逻辑的；(2) 布尔符号，布尔型

Boolean add {计} 布尔加，逻辑加，布尔和，"或"门

Boolean algebra 布尔代数，逻辑代数

Boolean complementation 布尔求反，逻辑求反，"非"

Boolean difference 布尔差分

boom (1) 管形杆，构架，叉架，钻架，弦杆，挺杆，桁；(2) 起重臂，起重杆，悬臂，转臂，伸臂，吊杆；(3) 截煤机截盘；(4) 横木，栏木；(5) 轰鸣声，

爆音, 声震

boom antenna (=BM ANT) 桅杆塔式天线

boom cable 流材索

boom cat (1) 悬臂起重机; (2) 挖土机手

boom crutch 吊杆托架

boom cylinder [装载机的] 转臂油缸

boom down 摄像机下移

boom drum 吊架卷筒, 起重杆卷筒

boom hoist (1) 臂式起重机, 臂式吊车; (2) 臂式绞车

boom light 吊杆灯

boom man (1) 装卸手; (2) 吊臂操作人

boom microphone 自由转移传声器, 自由伸缩送话器, 悬挂式传声器, 悬挂式送话器

boom-mounted microphone 吊杆传声器

boom net 栅栏网

boom of arch 拱环

boom-out (起重机的) 臂伸出极限长度, 最大伸距, 最大臂距

boom over 将送话器架向上提

boom sheave 导向滑轮

boom shot 摄像机大半径转动拍摄

boom sprinkler 长臂喷灌机

boom stick 挡木

boom table 吊杆平台

boom tackle (1) 吊杆滑车组, 吊杆滑轮组; (2) 吊杆索具

boom-type sprinkler 悬臂杆式喷灌机

boom up 摄像机升高

boombrace 伸梁支架

boomer (1) 重物束紧器; (2) 轰炸机; (3) 轰炸机驾驶员 (4) 自动水栅

boomerang (1) 可移动的平台; (2) 可移动的架子或臂状物

boomerang order 自动返回转移指令, 带返回的转移指令

boomerang sediment corer 自返式沉积物取芯器

boominess 空腔谐振, 箱谐振

boominess resonance [机] 箱共鸣

booming (1) 倾泻的作用; (2) 轰隆作响的声音

boomkin (1) 船首伸杆; (2) 滑车伸出架

boort 圆粒金刚石

boost (1) 助推发动机; (2) 助推器, 加速器; (3) 低频放大, 放大, 加速, 加强; (4) 升压, 增压; (5) 提升, 升高; (6) 辅助, 帮助

boost capacitor 升压电容器

boost charge 补充充电

boost control 升压控制, 增压调节, 增压控制, 助推控制

boost cylinder 助力缸

boost gauge 增压压力表

boost-glide 火箭助推滑翔

boost-glider 火箭助推滑翔机

boost line (1) 增压线, 助推线, 引导线, 辅助线; (2) 增压管道

boost-phase 主动段, 助推段, 加速段

boost phase 助推段

boost phase intercept 主动段拦截

boost pressure (1) 升压, 增压; (2) 吸入管压力, 增压压力

boost up circuit 增压回路, 升压电路

boosted voltage 增高电压, 增压

booster (=B) (1) 液压助力器, 机动增力机, 助推器, 助力器, 加速器; (2) 起飞发动机, 起动磁电机, 机车辅助机, 附加装置, 辅助装置, 辅助机车, 伺服装置; (3) 助爆装置, 助爆药, 传爆药, 传爆管; (4) 运载火箭; (5) (辅助) 放大器, 增幅器, 放大器, 增压器, 增压机, 升压器, 升压机, 调压机; (6) 升压泵, 辅助泵; (7) 升压线圈, 起动线圈, 升压电阻; (8) 多级火箭的第一级, 运载火箭; (9) 辅助剂, 激发剂; (10) 局部通风机, 扇

booster amplifier 高频前级放大器, 升压放大器, 附加放大器, 辅助放大器, 接力放大器

booster and sustainer (=B&S) 助推器与主发动机

booster battery (=BB) 升压电池组

booster box [还原染料固着] 增效箱

booster brake (1) 真空加力制动; (2) 加力制动器

booster charge (1) 补充充电, 再充电; (2) 传爆装药

booster circuit 升压电路

booster coil 起动点火线圈, (磁电机) 启动线圈, 升压线圈

booster compressor (高压加氢设备) 循环压缩机, 增压压缩机, 升压压缩机, 辅助压缩机

booster cutoff (=BCO) 助推器闭火

booster cutoff backup (=BCOB) 备用助推器闭火系统

booster diffusion pump 增压扩散泵

booster cut-off 助推器闭火

booster diode 升压二极管, 增压二极管, 辅助二极管

booster duration 导弹加速工作时间

booster ejector 接力抽出器

booster engine (=BE) 助推发动机

booster fan 增压鼓风机, 辅助鼓风机, 鼓风机

booster gas generator (=BGG) 助推器燃气发生器

booster ga(u)ge 增压表, 增压计

booster jettison (=BOJ) 加速器的分离, 抛掷加速器, 抛掷助推器

booster light 辅助光

booster magneto 助力永磁发电机, 启动磁电机, 手动磁电机

booster-missile combination 二级火箭

booster phase 加速 [飞行] 段, 主动段, 助推段

booster power lever 助力器动力杆, 助推器动力杆

booster pump 增压泵, 升压泵

booster relay 升压继电器, 升压终端器

booster rocket (1) 火箭加速器; (2) 多级火箭第一级

booster signal (微波) 中继信号, 提升信号

booster station (1) 增压站, 接力站; (2) 辅助 [中继] 电台, 接力电台, 转播电台, 辅助电台, 中继电台

booster telephone circuit 电话增音电路

booster trajectory 主动段弹道

booster transformer 增压变压器, 升压变压器

booster transmitter 辅助发射机

booster tube 增压器

booster-type diffusion pump 增压式扩散泵

boosting (1) 电压升高, 增压, 升压; (2) 局部通分; (3) 助推, 加速; (4) 增加, 增大, 提高, 升高

boosting charge 升压充电, 补充充电, 急充电

boosting flight 主动段飞行

boosting power 推进力

boosting site 升压部位, 增压部位

boosting voltage 升高电压, 辅助电压

boot (1) 起落轮罩, 防尘罩, 保护罩; (2) (小客车的) 行李箱; (3) 水落管槽, 进料斗, 给料斗, 给料室, 接受器, 料仓; (4) 引线帽, 引出罩; (5) 梁托; (6) 胎裂急救套, 胎垫, 靴; (7) 橡皮套, 套管, 管帽

boot clamp 密封套夹

boot-leg program 自引程序

boot magnetron 长阳极磁控管

booth (复 booths) (1) 室, 厢; (2) 舱; (3) 棚子, 司机室; (4) 暗箱

booting [机械手的密封] 软套筒

bootjack 脱靴器

bootleg (1) 瞎炮炮眼, 炮窝; (2) 轨道电路引线盒; (3) 走锭纺纱机的大闭锁杠杆; (4) 未爆炮眼; (5) {轧} 靴筒 (缺陷)

bootless 无益的, 无用的

bootman (复 bootmen) 制作飞机薄板整流装置的工人

bootstrap (1) 自展 (系统程序设计方法), [输入] 引导; (2) 引导指令, 引导程序, 辅助程序; (3) 自举电路, 自持电路, 自益电路; (4) 自持系统; (5) 自举作用; (6) 锯齿波发生器; (7) 人工线 [路], 仿真线 [路], 模拟线路;

bootstrap amplifier 辅助程序放大器, 阴极输出放大器, 自举放大器, 自益放大器, 共益放大器

bootstrap cathode follower 仿真线路阴极输出器

bootstrap circuit (1) 自举电路脉冲形成及放大电路, 短脉冲形成和放大电路, 自举 [放大] 电路, 自益电路; (2) 仿真线放大器组

bootstrap combined programming language (=BCPL) 自展组合的程序语言, BCPL 语言

bootstrap diode 阴极负载二极管, 限幅二极管

bootstrap driver 阴极输出激励器, 仿真线式激励器, 自举激励器

bootstrap dynamics 自举动力学,

bootstrap generator 仿真线路振荡器

bootstrap input program 引导输入程序

bootstrap integrator 自举电路积分器, 仿真线路积分器

bootstrap loader 输入引导子程序, 引导装配程序, 引导装入程序

bootstrap memory 引导存储器

bootstrap model 自举模型

bootstrap sawtooth generator 自举 [电路] 锯齿波振荡器

bootstrapping (1) 自举电路, 引导指令, 仿真; (2) 步步为营法 (利用无错误部分的硬设备诊断未测试部分的设备)

boottopping 水线间船壳, 水线部

boottopping paint 水线漆

borax 硼砂, 丹石

borax-glass 硼砂玻璃

borazon 一氧化硼, 人造亚硝酸硼 (硬度接近金刚石, 研磨材料)

borazone 氮化硼半导体

bord (1) 煤房, 矿房; (2) 煤巷

borda 千克

border (1){数}边缘,边;(2)轮廓;(3)界限,界面,边界;(4)缘饰;(5)椎槽

border customhouse 边境关卡

border effect 边界效应

border light 边界灯,场界灯

border line 轮廓线,圆廓线

border note 圆廓注记

border pen 绘图笔(画轮廓线用的)

border-punched 边[缘穿]孔[的]

bordered matrix {数}加边矩阵

bordered pit 有加细孔,加边细孔,重纹孔

bordered symmetric matrix 加边对称矩阵

bordering (1){数}加边;(2)接界的;(3)建立界碑

borderline (1)轮廓线;(2)边界,边线,边缘

borderlight 顶光

bore (1)孔,洞,深井;(2)钻孔,镗孔,穿孔,扩孔;(3)内孔,内径,孔径,口径,缸径;(4)孔腔,炮眼;(5)炮膛,枪膛;(6)汽缸筒;(7)内腔;(8)钻孔器,扩孔器,穿孔器,镗头,锥

bore-bit 钻头

bore bit 镗孔钻头,钻头,钻钎

bore check 精密小孔测定器

bore chip 镗屑

bore diameter (1)内[孔直]径;(2)镗孔直径;(3)气缸直径

bore diameter code number 内径代号

bore diameter of bearing 轴承内径

bore diameter of hollow shaft 空心轴的孔径

bore diameter of outer ring [轴承]外圈内径

bore diameter tolerance 孔径公差

bore diameter variation 内径变动量,内径变化量

bore face machine 镗孔镗端面加工机床,镗孔削端面机床

bore ga(u)ge 缸径规

bore-hole (1)钻孔,镗孔;(2)炮眼,井眼

bore hole (1)钻孔,镗孔;(2)炮眼,井眼

bore-hole cable 矿井电缆

bore hole camera 钻孔摄影仪

bore hole pump 深井泵,钻井泵

bore hole surveying 钻孔测量

bore-hole televiewer 井下电视

bore-hole television camera 钻孔电视摄影机

bore log 钻孔柱状图,测井记录

bore meal 钻屑,钻粉

bore of field 电机两极之间的空隙,定子膛

bore of pipe 管内径

bore-out-of-round (孔)不圆度

bore plug 钻探土样

bore rod 钻杆

bore size 内孔尺寸,内径,孔径

bore specimen 钻探试样

bore stress (1)内径应力;(2)[轮盘]中心孔应力

bore stoke ratio 缸径-冲程比,内径-行程比

bored pile 螺旋钻孔桩

bored-type bevel pinion 带孔小椎齿轮

bored well 钻井

borehole (1)[勘探]钻孔;(2)炮眼;(3)镗孔

borehole cable 矿井电缆

borehole compensated sonic log (=BHC) 井眼补偿声波测井

borehole deformation ga(u)ge 钻孔变形计

borehole deformer 钻孔变形计

borehole gravimeter 井中重力仪

borehole log 测井曲线,录井

borehole mining 钻井采矿法

borehole pump 深井泵,钻井泵

borehole televiewer (=BHTV) 井下电视

borematic 自动钻床

borer(s) (1)镗床;(2)镗孔刀具,钻头;(3)钻孔器,穿孔器,钻机;(4)镗工,(5)打眼工,穿孔工,凿岩工;(6)风钻,凿岩机;(7)钎子

borescope 管道[内孔探测]镜,光学孔径仪

boresight (1)瞄准线,瞄准点,瞄准轴,视轴;(2)炮膛觇视器,枪筒瞄准,校靶镜;(3)(天线)漏孔;(4)孔径瞄准,枪筒瞄准,平行对奖

boresight alignment 瞄准调整,视孔准直

boresight axis 天线方向图对称轴,瞄准轴

boresight camera 天线电瞄准照相机

boresight error 瞄准误差,视准误差

boresight-motion-picture camera 瞄准式电影摄影机

boresight reticle 孔瞄十字线

boresight shift 准向移位

boresighting (1)膛内瞄准;(2)轴线校准

boresighting test 瞄准线检验

Borg Warner differential 波尔格-瓦尔纳差动器

boric acid 硼酸

boring (1)镗削加工,镗孔,镗削,旋削,扩孔;(2)钻孔,凿岩,打孔,穿孔,(3)钻探,打眼;(4)钻孔试验,镗进,试钻;(5)金属切屑,钻屑,镗屑,钻粉,(6)内部空心;(7)镗孔的,钻孔的

boring and drilling machine 镗钻两用机床

boring and facing 镗孔车端面

boring and facing head 镗孔车端面头

boring and facing machine 镗孔车面车床

boring and facing unit 镗孔车端面头

boring and milling head 镗铣头

boring and milling head travel 镗铣头行程

boring and milling machine with horizontal spindle 卧式镗铣床,卧式铣镗床

boring and mortising machine 榫眼钻床,钻孔机

boring and trepanning association (=BTA) (用高压切削液使切屑从空心钻杆孔内排出的)深孔加工

boring and turning machine 镗车两用机床,镗孔车削机床

boring-and-turning mill 旋转车床,立式车床

boring and turning mill 镗车两用机床

boring apparatus 镗孔刀具

boring bar 镗杆

boring bar support 镗杆支架

boring bit 镗孔钻头,活钻头,活钎头

boring block (1)钻孔台;(2)镗杆刀夹

boring capacity 镗孔容量

boring casing 钻探套管

boring chip 镗屑

boring crown 钻头

boring cutter 镗缸刀,镗刀

boring depth 镗孔深度

boring dust 镗屑

boring finishing turning tool 镗孔光车刀,镗孔精加工刀

boring fixture(s) for thin-walled parts 薄壁件镗夹具

boring for oil 石油钻探

boring frame 钻探架

boring head (1)镗头,镗刀盘,镗削头,镗杆的刀架;(2)镗床主轴箱;(3)金刚石钻头的刀具

boring jig 镗孔夹具

boring lathe 镗床

boring machine (1)镗缸机,镗床;(2)钻孔机,钻探机,木钻床

boring machine column 镗床柱

boring machine for pipe fitting taper hole 管接头锥孔镗床

boring machine pillar 镗床柱

boring micrometer 镗孔千分尺

boring-mill work 镗铣工作

boring mill 镗床

boring of shaft 钻井

boring operation 镗孔操作

boring rig (1)钻车;(2)钻探架;(3)钻孔设备

boring rod 镗杆,镗轴

boring sample 岩心取样

boring spindle 镗杆,镗轴

boring spindle diameter 镗杆直径

boring spindle travel 镗杆行程

boring table 镗床工作台

boring taper 镗孔锥度

boring to predetermined accurate depth 镗止口

boring tool 镗刀,镗孔刀具

boring tool holder 镗孔刀夹

boring tower 钻塔,井架

boring turning tool 镗孔车刀

boring unit (1)镗削部件;(2)镗削动力头

boring winch 钻机绞车

boring with line (1)钢丝绳冲击钻进,绳式钻进;(2)索钻

boring work 镗孔工作

borings 镗屑

borium 硼

boron {化}硼 B

boron alloy　硼合金

boron-coated electrode　涂硼电极

boron lined counter　衬硼计数器

boron oxide　二氧化硼

boron plastic (=BP)　硼化塑料

boron steel　硼钢

boroscope　内孔表面检查仪, 光学孔径检查仪, 光学缺陷探测仪

borosil　硼 - 硅 - 铁 [中间] 合金

borosilicate　硼硅酸盐

borosilicate crown (=BSC)　硼硅酸冕牌玻璃

borosilicate glass　硼硅酸玻璃, 光学玻璃

borosiliconizing　渗硼硅法

bort　圆粒金刚石

bortz　金刚钻粉

bosh　(1) 冷却水槽; (2) 炉腹

bosh breakout　炉腹烧穿

bosh casing　炉腹外壳

bosh cooling box　炉腹冷却器

bosher　冷却工

boshes　炉膛高温带

boshing　浸水使冷, 浸水冷却, 浸水除鳞

boshplate　炉腹冷却板

bosom　(1) 角材内表面; (2) 对缝连接角钢, 连接角材

bosom piece　对缝联接角钢, 角撑

boss　(1) [船尾柱] 轴毂, 轮毂; (2) 凸边, 凸台, 凸起部; (3) 夹持器; (4) 止挡; (5) 轴端法兰, 轴节, 轴衬, 轴套; (6) 轴孔座, 节销孔座

boss bolt　轮毂螺栓

boss dogs　上下双动卡木钩

boss flange　凸法兰

boss hammer　碎石锤

boss plate　轴壳包板

boss ratio　内外径比, 轮毂比

boss ring　毂箍

boss rod　[主] 机轴

boss sides welding　双面焊接

bossing　(1)用粗面轧辊轧制的,(轧辊表面现的)刻痕和焊堆;(2)轴包套, 导流罩

bostle pipe　环风管

botany box　细支毛线梳机

both　二者都, 两个, 两者, 两面, 双方, 双侧

both dates included (=B.D.I)　包括双方日期

both end threaded　两端带螺纹的

both faces (=BF)　两面

both sideband (=BSB)　双边带

both-way　双向的

both-way circuit　双向电路

both-way trunk (BWT)　双向中继线

both ways (=BW)　(1) 双向; (2) 两种方法

bothway tunk line　双向中继线

bott　(化铁炉出铁口) 粘土泥塞, 堵塞

bottle　(1) 瓶, 外壳, 罩, 罐; (2) 外壳, 容器

bottle air　瓶装气体

bottle capper　瓶盖机

bottle-green　深绿色

bottle green　深绿色

bottle jack　瓶式千斤顶

bottle method　比重瓶法

bottle oiler　瓶式注油器

bottle opener　[开瓶] 起子

bottle oxygen　瓶装氧气

bottle silt sampler　汲瓶式尘埃采样器

bottle-trap　瓶式曲管, 瓶式存水弯

bottle up　封锁

bottle washer　洗瓶机

bottle washing machine　洗瓶机

bottled　瓶装的

bottleneck　(1) 瓶颈; (2) { 计 } 关键, 难关; (3) 影响生产流程的因素; (4) 妨碍, 卡住, 阻塞, 梗塞

bottler　(1) 灌注机, 装瓶机; (2) 装瓶工; (3) 装瓶物; (4) 船底; (5) 低频声音; (6) 残渣

bottling　装瓶, 灌注

bottling machine　装瓶机

bottom　(1) 底部, 下面, 下侧, 水底, 底; (2) 船体, 艇, 船; (3) 基础, 根据; (4) 固有的性质, 基本的特性; (5) 犁的主要机械装置(包括犁板,

犁头, 犁架); (6) 使电子管在截止点附近工作, 饱和, [电] 通导

bottom aerial　弹下天线

bottom angle　[刀具] 齿夹角

bottom board　(1) 船底活动垫板; (2) 底板

bottom border　图廓下边

bottom break　底部断裂

bottom bunching　[纬纱管上的] 保险纱管底纱, 打底纱

bottom butt　下针踵

bottom cam box assembly　(1) 下三角座箱; (2) 下三角装置

bottom cam box plate　下三角座底板

bottom case　(1) 底座; (2) 下铸箱, 底箱

bottom casting　底注铸造

bottom centre　(织机曲拐位置) 下心

bottom chock　下轴承座

bottom chord　下弦

bottom chrome method　预媒染法

bottom clearance　(1) (齿) 顶隙, 底隙; (2) 径向间隙

bottom clearance coefficient　顶隙系数

bottom clearer　下绒辊, 下绒板

bottom cradle　下摇架

bottom dead center (=BDC)　(发动机) 下死点, 下止点

bottom dead centre　下死点, 低死点

bottom dead point (=BDP)　(发动机) 下死点

bottom diameter　螺纹内径, 螺纹底径

bottom die　底模

bottom discharge　底部排泄, 下卸料

bottom dosed shed　底线闭合梭口, 开口

bottom document　底层文件

bottom-dump　车底卸载, 底卸式

bottom-dump bucket　活底铲斗

bottom dyeing　底色染色

bottom face (=BF)　底面

bottom flash　底飞边

bottom form　下模, 阴模

bottom formwork　底模

bottom gate　底注, 浇口

bottom gear　低速 [档], 头档, 一档

bottom gear ratio　[变速器] 一档传动比

bottom-grab　(1) [水底] 挖泥抓斗; (2) 底部咬合采泥器

bottom gravimeter　水底重力仪

bottom grid　热绝缘底槽板

bottom half　箱体底部

bottom head　底盖

bottom heading　底导坑

bottom hole temperature (=BHT)　井底温度

bottom house　(转炉) 炉底补房, 高炉下部

bottom land　齿槽底面

bottom land width　齿槽底面宽面

bottom layer (=BL)　底层

bottom line　(1)底线; (2) 基本意思, 概要; (3) 基本的

bottom of formation　矿层底板, 煤层底板

bottom of foundation　基础底面

bottom of hole　钻孔底, 井底

bottom of oil horizon　油层底板

bottom of rail　轨底

bottom of the ballast　渣床底面

bottom of thread　螺纹底部, 丝间

bottom of tooth space　齿槽底面, 槽底

bottom of Vee　V 形槽底,(焊缝)裂口角顶

bottom oil　油, 油脚

bottom panel　底截镶板

bottom plane　搜根刨

bottom plate　(1) 底板; (2) 底梁; (3)(钟) 主夹板

bottom plate of column　分馏塔的底塔盘

bottom pour　底注, 下铸

bottom-poured　底注的, 下铸的

bottom pouring　底注, 下铸

bottom pressure fluctuation (=BPF)　底压起伏

bottom pressure relief　底部减压

bottom price　最低价, 底价

bottom quark　底夸克, b 夸克

bottom rake　后角

bottom-road bridge　下承式公路桥

bottom sampler　水底取土钻, 底部取样器, 底质取样器

bottom-set 底层
bottom setting and water (=BS&W) 底部沉淀物和水
bottom shaft 织机下地轴, 开口踏盘轴
bottom shear blade 下剪刀片
bottom shedding 下开口
bottom shore 底部支柱
bottom side (1) 底, 底部; (2)(齿轮)下侧
bottom slide 底部滑板, 下滑板
bottom slider 下[针筒]导针片
bottom spindle 下[联]接轴
bottom stand 机座, 台柱, 柱脚
bottom surface 底面
bottom swage 下凹锻模, 下陷型模
bottom tap (1) 平底丝锥; (2) 下除渣口
bottom tapping 底部分流
bottom tool (1) 下刀具; (2) 下刀架; (3) 底模
bottom tool slide 下刀架滑板
bottom tooth thickness 齿根截面厚[度]
bottom tooth thickness in the critical section 齿根危险截面齿厚
bottom-up 自底向上, 倒置, 颠倒
bottom-up parse 自底向上[句法]分析
bottom-up recognizer 自底向上识别算法
bottom view 底视图, 仰视图
bottom water sprays 下喷水器
bottom width 底宽
bottom working roll 下工作辊
bottomed region 饱和区, 通导区
bottomer (1) 井底把钩工; (2) 井底车场工人
bottoming (1) 从下面切断信号; (2) 电子管工作状态逼近闭塞点; (3) 闭塞, 闭锁, 截止
bottoming drill 平底钻孔机
bottoming hand tap 手用平底丝锥, 精丝锥(三锥)
bottoming hole 加热孔
bottoming tap 平底丝锥, 盲孔丝锥, 精丝锥, 三锥
bottomless (1) 没有底板的; (2) 深不可测的, 没有根据的, 无限的, 空虚的
bottommost (1) 最基本的; (2) 最下面的, 最深的, 最低的
bottoms 底部沉淀物, 残渣
bottomside sounding (电离层) 低层探测
bottstick 泥塞杆
bouche (1) 枪口, 炮口, 嘴; (2) 钻孔
boucherize 用硫酸铜浸渍, 用蓝矾浸渍
bouchon (1) 轴衬; (2) 手榴弹信管, 点火机
bought (1) 弯曲部, 曲线; (2) 缠绕, 旋转, 盘绕
bought-in components 外购件
bougie (1) 瓷制的多孔滤筒; (2) 栓剂, 杆剂; (3) 探条
boule (1) 人造刚玉, 刚玉; (2) 毛坯
boulton process (木料) 去湿法
bounce (1) 振动, 跳动, 脉动, 摆动, 摇动, 颤动; (2) 弹跳, 回跳, 反跳, 反冲, 弹回, 弹起; (3) 弹力; (4)(无线电)回波; (5) 使反射, 发射; (6) 跨度
bounce-back 反冲, 反射, 后坐
bounce back 回声, 反应
bounce ball 蹦床球
bounce cylinder (自由活塞燃气发生器的)缓冲气缸
bounce plate 反跳板
bounce table 冲击台, 振动台
bouncing (1) 跳动, 振裂, 颤动, 脉动, 冲动; (2) 跳针; (3)(示波器)图像跳动; (4) 失配; (5) 跳跃的, 活泼的, 巨大的, 重的
bouncing motion 图像跳动
bouncing pilotage 跳针
bouncing pin (仪表) 跳针
bouncing pin indicator 跳针式爆震仪
bouncing putty 弹性油灰
bouncy 有弹性的, 活跃的
bound (1) 界线, 限线; (2) 上下限, 界限, 限度, 极限, 范围, 边界, 边缘; (3) 弹跳, 跳起, 跳跃, 跃进; (4)[受] 约束, 限制, 束缚; (5) 联合[的], 接合[的], 粘合[的], 耦合[的]; (6){数}范数
bound energy 结合能, 束缚能
bound layer 固定层
bound pair 界限对, 界限双, 界限偶
bound pile 钢筋混凝土桩
bound seam 滚边缝
bound segment (程序的) 连编段

bound slit 滚边开叉, 滚边开口
bound vector 束缚矢量, 有界矢量
bound water 结合水, 束缚水
boundary (=BDY) (1) 边界的, 临界的; (2) 边界, 分界, 境界, 界限, 界标, 界线, 范围, 边缘, 限度; (3) 边界层, 摩擦层; (4) 相界面, 周界面, 界面; (5) 表面, 上面
boundary approximation 边界逼近
boundary beam 边梁
boundary coding 界编码
boundary condition 边界条件
boundary-contraction method 边界收缩法
boundary contrast (1) 亮度差阈; (2) 边界对比度
boundary dimension (轴承) 主要尺寸, 外形尺寸
boundary effect 边界效应
boundary fault 界断层
boundary film 边界膜, 界线膜
boundary film lubrication 边界油膜润滑
boundary frequency 截止频率, 边界频率
boundary friction 边界摩擦
boundary function 分界功能
boundary integral method 边界积分法
boundary layer 界面层, 边界层, 临界层, 附面层
boundary layer cooling 边界层冷却
boundary layer momentum 边界层动量
boundary light 机场界线灯, 边界指示灯
boundary line 界线
boundary lubrication 边界润滑, 界面润滑, 附面润滑
boundary migration 边界徙动
boundary of grain 晶[粒]界
boundary of property (1) 地界; (2) 采矿用地边界; (3) 矿床边界, 矿区边界
boundary point [边]界点
boundary science (1) 边缘学科; (2) 边缘科学
boundary solution method 边界解法
boundary state of stress 临界应力状态
boundary strip 边界地带
boundary surface 界面
boundary tension 界面张力
boundary value 边界值
boundary value problem 边界值问题
boundary velocity 界面速度
boundary zone of gear tooth 轮齿接触界区
bounded [受]束缚的, 有界的, 有限的, 囿的
bounded above 有上界的, 囿于上
bounded aggregate 有界集
bounded below 有下界的, 囿于下
bounded context 限界上下文
bounded function 有界函数
bounded on the left 左边有界的
bounded on the right 右边有界的
bounded set 有界集
bounded type strain gauge 固定型应变仪
boundedness 局限性, 限度
bounden 必须负担的, 有责任的
bounden duty 应尽的义务, 应尽的责任
bounding dislocation 边界位错
bounding medium 粘合介质
bounding surface 边界曲面
boundness 受约束的性质或状态
boundless 无限的, 无穷的, 无界的
bounds on error 误差界限
boundscript 界标
bourdon 单调低音, 音栓
bourdon tube 弹性金属曲管, 弹簧管
Bourdon gauge 波尔登压力计
Bourdon tube 波尔登管
Bourdon tube gauge 波尔登[管式]压力计
Bourdon tube pressure gauge 波尔登管式压力计, 弹性金属曲管式压力计, 包端管式压力计
bourette silk card 绌丝梳棉机
bourn(e) (1) 边界, 境界, 界限, 范围; (2) 目的地, 终点
bouse 用滑车吊起
bow (1) 弓, 弯曲; (2) 弓形物; (3) 弯成弓形, 使弯曲; (4) 锯弓, 锯框; (5) 船首部, 船头, 艏; (6) 虹; (7) 凸线辊型

bow anchor （船舶）艏锚
bow and arrow 弓箭
bow-breast 船首横向带缆
bow cap 机头罩，艇头罩，毂帽
bow chaser 舰首炮
bow collector 弓形集电器，弓形滑接器，集电弓
bow-compass 小圆规
bow compasses （1）两脚规；（2）外卡钳；（3）小圆规
bow connecting rod 弓形连杆
bow divider 弹簧分规
bow drill 弓[形]钻
bow fast 船首缆
bow-heavy [潜水艇]艇首过载
bow-knot 活结，滑结
bow light 船首灯
bow-line 帆脚索
bow line （船）前体纵剖型线
bow-man 前桨手
bow-pen 两脚规，小圆规
bow pen 两脚规，小圆规
bow pencil 弓形铅笔圆规
bow-piece 船头炮
bow-saw 弓锯
bow saw 弓锯
bow section （船舶）艏部
bow shock （1）冲击波阵面；（2）弓形激波
bow-shot 筒之射程，箭程
bow sight [附装在弓上的]瞄准校正器
bow stiffener 船首加强材
bow strap 缓冲皮带
bow-string 弓弦
bow strip 接触滑条
bow thruster （船舶）艏侧推器
bow thruster compartment （船舶）艏侧推器舱
bow tie 船首
bow-tie antenna 蝴蝶结天线
bow trolley （1）滑动式集电器，集电弓；（2）集电弓式[无轨]电车
bow-type spring 叠板弹簧
bow warping 板材翘曲
bow-wave （1）弹道波，弓形波，冲击波；（2）头部激波，船首波，头波
bow wave （1）弹道波，弓形波，冲击波；（2）船首波
bow weight 弓力
bow window （1）有等高线的地图；（2）弓形窗
bowdrill 三叉钻，弓钻
bowed roller 弧形辊，弯辊
bower 船首锚，船锚，主锚
bower-anchor 船首锚，船锚，主锚
bower-barff process 保尔巴夫氧化铁防腐法
bowgrace 防浮冰船首护舷垫，防冰船首护舷材
bowgun 船头炮，前枪炮
bowing under load 负载弯曲
bowk （1）凿井用吊桶；（2）地层破裂声，瓦斯泄放声
bowl （1）木球；（2）滚转；（3）碗形的，碗状的；（4）碗，杯；（5）筒，浮筒，离心机转筒；（6）辊筒
bowl classifier 分级槽，分类槽
bowl-feed polish 滚筒抛光
bowl metal 粗铸锑（99% 纯的模铸锑）
bowl mill 球磨机
bowl paper 研光辊[用]纸
bowl-shaped magnet 碗形磁钢
bowl-shell wall 离心机篮壁
bowl-type cage 盒形保持架
bowline （1）张帆索，帆脚索；（2）结缆结
bowling-alley test 电球强度试验，滚球强度试验
bowman 前桨手
bowpin 轭销
bowsaw 弓锯
bowser （1）加油泵；（2）加油艇；（3）加油车；（4）水槽车，水柜车
bowshot 箭[之射]程
bowsman （复 bowsmen）船老大
bowsprit 船首斜桁，船首斜桅
bowsprit cap 船首斜桁箍
bowsprit shrouds 船首斜桁侧支索
bowstave 弓材

bowstring （1）弓弦，绞索；（2）弓形的，弧形的
bowstring truss 弓弦桁架
bowthruster （1）船首推力器；（2）船首部转向装置
bowyer 制造弓的人
box (=BX) （1）接线盒，轴承箱，外壳，箱，盒，套，罩；（2）套筒，轴套，轴瓦；（3）部分，组件；（4）电缆套管；（5）电视机
box-and-grid structure 盒栅式结构
box and pin 公母接头，公母扣
box annealed sheet 装箱退火的薄钢板
box annealing （板材）装箱退火
box antenna 箱形天线（一种抛物柱面天线）
box back （1）梭箱背板；（2）背直统式
box baffle 扬声器的助音箱
box base 箱座
box bearing 空转轴承
box beam 箱形梁
box bed 箱形底座
box bolt 门锁插销
box bridge 电阻箱电桥，匣式电桥，箱式电桥
box car （1）箱车，棚车；（2）矩形波串
box chisel 起钉凿
box chuck 箱形卡盘
box column 箱[形]柱
box compass 罗盘仪
box-compound 浇注电缆套管的混合物
box cooler 箱式冷却器
box corer 盒式取样管
box couch 内装储柜的床
box coupling （1）箱形连轴节，套筒连轴节，函形联轴节，轴套；（2）套管连接
box diffusion 箱式扩散
box drain 箱形排水沟，方形沟
box drier 箱式干燥机
box driver 套筒螺丝刀，套筒螺丝起子，套管螺丝起子
box-end wrench 梅花扳手
box flange 轴箱凸缘，箱框
box-frame motor 封闭式电动机，箱框形电动机
box front 梭箱前板，平直前身
box girder 匣形梁
box groove 槽形轧孔
box-grooved （1）起槽的；（2）压有波纹的
box gutter 匣形水槽
box hardening 装箱渗碳硬化，箱渗碳
box-hat 钢锭帽
box header boiler 整联箱式锅炉
box horn 喇叭形天线
box-in 加边框线
box inlet 箱形进水口
box iron 槽钢
box jig 箱式夹具
box key 套筒扳手
box-like 盒状的，箱状的
box lock 包壳锁
box-loom 多梭织机
box loop 环形天线，箱形天线
box magazine 弹匣
box maker's certificate 包装箱制造者的合格证
box marking 装箱标志
box metal 轴承合金，减摩合金
box-note 空盒音
box nut 外套螺母
box of tricks [纺机]差速机构，差动齿轮箱
box out [模板]留孔，留洞
box photometer 盒形光度计
box-pile 箱式桩
box plane 槽刨
box-plate tappet 组合踏盘
box press 钉箱机，钉盒机
box pump 箱形泵
box search scan 搜索矩形扫描
box section 方形截面，箱形截面
box section under frame 箱形底架
box settle 木制有扶手的高背长靠椅
box-shear apparatus 盒式剪切仪，盒式毅力仪

box sounding relay　音响器
box spanner　套筒扳手
box spring　包布床弹簧
box stand　箱形座
box staple　门锁槽
box strike　门锁舌片
box swell　制梭板
box tappet　梭箱踏盘，梭箱凸轮
box truck　箱形筒管推车
box-type　箱式，盒形，匣形
box-type cage　盒形支承架
box type column　方立柱
box-type leg　箱式床脚
box-type piston　箱形活塞
box type vertical drilling machine　方立柱式钻床
box-up　扎住，扎坯
box wagon　敞篷货车
box wheel　[印花机]对花齿轮
box wrench　套筒扳手
boxbarrage　(1)高射炮火网；(2)方形弹幕
boxbill　打捞工具，捞物钩
boxboard　(1)箱板；(2)大型字体
boxcar　(1)有盖货车，铁路棚车，有棚拖车，车箱；(2)矩形函数，(3)转换盒；(4)矩形波串
boxed dimension　(1)总尺寸，全尺寸；(2)最大尺寸，轮廓尺寸
boxed heart　罩壳心材
boxed-off　(1)钉隔板的，钉板的；(2)隔开的
boxed rod　方形连杆
boxer　装箱者，制箱者
boxhead　带边框线的标题
boxing　(1)装箱；(2)包装材料，制箱用料；(3)端部周边焊接，环焊，绕焊
boxing-in　装入壳中(钟表)
boxing shutter　箱形百叶窗板
boxlike　箱形的，匣形的
boxlike casting table　箱式铸铁工作台
boxman　高炉称料工；(2)洗煤工
boxroom　(英)贮藏室
boxwork　(1)箱状构造；(2)蜂窝状网格
boys gun　坦克炮
Boys calorimeter　波伊斯量热器
brace　(1)斜撑，支撑，撑牢，固定，拉紧，连接，系紧，拉紧；(2)曲柄式手摇钻，手摇曲柄钻，钻孔器，曲柄，把；(3)固定器，撑臂，托板，支柱，拉条，拉板，拉杆，拉线，系杆，吊钩；(4)[用]大括号
brace and bit　手摇曲柄钻，曲柄钻孔器，摇钻，弓钻
brace angle　撑杆角度
brace bit　手摇钻，曲柄钻
brace comb　支架窝
brace head　扳头
brace nut　拉条螺母
brace pendant　转桁索滑车短索
brace rod　斜拉杆，[斜]撑条
brace summer　支承梁，双重梁
brace wrench　曲柄扳手
braced　(1)拉牢的；(2)撑牢的，加撑的，联结的，联接的
braced arch　拱形桁架
braced frame　斜撑框架
braced framing　采用斜撑的施工方法
braced girder　联结大梁，桁梁
braced panel　斜撑节段
braced web　斜撑梁腹
bracehead　(冲击钻)钻杆组的转动手把
bracer　(1)加固和捆扎的工人；(2)支持物，索，带
braces　齿架拉手
braching　(1)分叉，分支；(2)分路，支路；(3){核}多支蜕变，多支衰变
brachy-axis　短轴
brachypinacoid　短轴面
brachyprism　短轴柱
brachypyramid　短轴棱锥
brachytelescope　短望远镜
bracing　(1)加强肋，肋材，系杆，拉条，撑条，撑杆，撑臂，支撑，支柱；(2)拉紧，加劲，加固，联结；(3)联[结系]，联系；(4)联
bracing boom　加紧杆

bracing diagonal　连接斜杆，加强斜杆
bracing frame　加固构架
bracing piece　(1)加强杆，加劲杆，支撑杆，斜撑；(2)横梁，斜梁
bracing tube　撑管
bracing wire　拉铁丝，拉线
bracket (=BKT)　(1)牛腿悬臂，丁字支架，轴承架，角撑架，悬架，悬臂，座架，托架，支架，撑架，托座，平台，架，(2)[铸件]加强筋，筋条，(3)[加]括弧；(4)固定夹，夹线板，卡钉，卡扣，夹子，夹叉；(5)煤气灯嘴，电灯座，(6)分类，归类；(7)波段；(8)摇框
bracket arm　单臂线担
bracket baluster　踏步栏杆柱
bracket bearing　托架轴承，撑臂轴承
bracket block　托架垫块
bracket bracing　托座连条
bracket capital　伸臂柱头
bracket clock　壁炉钟，台钟
bracket count　括号计数
bracket crab　悬臂式起重机
bracket crane　悬臂式起重机，悬臂吊车
bracket foot　托架脚
bracket insulator　直螺脚绝缘子，卡口绝缘子
bracket load　托臂荷载
bracket metal　托架轴承合金
bracket mount　托架
bracket of carrier roller　托链轮支架，托带轮支架，随动轮支架
bracket operation　换位运算
bracket panel　[配电盘的]副盘，辅助盘
bracket plate (=bkt)　肘板
bracket scaffold　挑出式脚手架
bracket-step　挑出踏步
bracket support　托臂托座
bracket suspension　横撑悬挂
bracket table　托架工作台，托座工作台
bracketed arithmetic expression　括号算术表达式
bracketed logical expression　括号逻辑表达式
bracketed step　悬臂楼梯
bracketing　(1)托架，托座；(2)撑托
bracketing process　划分法
bracketing theorem　划界定理
brackets　括号
brad　小圆头钉，平头钉，无头钉，曲头钉，角钉
brad punch　压钉器
brad pusher　角锥推送器
brad setter　线脚钉夹钳
bradawl　打眼钻，锥钻
bradenhead　填料函式套管头
Bragg-curve　布拉格曲线
Bragg spectrometer　布拉格光谱仪，晶体分光仪
braid　(1)条带，编带，编织；(2)编织层，编织物
braided hose　有编织物填衬软管
braided packing　编织填料
braided wire　编织线
braided wire armor (=BW)　编[包]线铠装
braided wire rope　编织钢丝绳
braider　编织机，编带机，编结机，打缏机
braiding　(1)编织；(2)(磁芯板的)穿线；(3)电缆的编织套，电线的编织套
braiding machine　编线机，编织机
brail　(1)斜撑杆，斜撑梁；(2)卷帆索；(3)卷起
brain　(1)智能，智力，头脑，脑；(2)自动电子仪，电子计算机，计算装置，计算机，电脑；(3)火箭弹上的引导装置，制导系统
brain drain　人才外流，智能外流
brain drainer　外流[的]人才
brain computer　自动计算机
brain industry　脑力产业
brain machine　自动计算机
brain power　(1)科学工作者；(2)智能，智力
brain unit　自动引导头，计算机
brain work　脑力劳动
brainpower　智能，智囊
brainpower drain　人才外流，智能外流
brainwork　脑力劳动
brainworker　脑力劳动者
braiser (=braizer)　锅，镬

brait 未磨的金刚石, 粗金刚石

braize 煤尘, 煤粉, 焦粉

brake (=bk) (1) 制动装置, 制动器, 刹车, [车] 闸; (2) 闸式测功器, 唧筒手柄; (3) 止退器, 制退器; (4) 制动 [阻滞], 制止, 刹车, 施闸; (5) 阻滞, 减速; (6)(金属板) 压弯成形机; (7) 揉碎机, 碎土机, 重型耙

brake accumulator 刹车蓄压器

brake action 制动作用

brake actuator 制动机构

brake adjuster 制动器调整器, 调闸器

brake adjusting rod 制动器调节杆

brake adjustment screw 制动器间隙调整螺钉

brake anchor 制动锚销, 闸瓦支撑销

brake anchor plate 制动蹄片支承盘

brake anti-roll 制动器防滚动装置

brake apparatus 制动装置, 刹车装置

brake application curve 制动力曲线

brake arm 制动臂

brake assister 制动加力装置, 制动加力器

brake axle 制动轴, 闸轴

brake backing plate 制动器底板

brake balance test 制动平衡试验

brake band 制动 [器] 带, 闸带

brake band clevis 制动带拉紧夹

brake bar 制动杆, 闸杆

brake beam 制动杆, 闸杆

brake beam safety chain eye 制动器杆安全链眼, 闸梁安全链眼

brake beam tension member 闸梁受拉条

brake bleeder 制动器放气器

brake bleeding 油压制动器排气操作

brake-block 制动片, 刹车片, 闸瓦

brake block (1) 制动块座; (2) 制动 [蹄] 片, 刹车片, 制动块, 制动片, 闸瓦

brake-block holder 制动蹄片座

brake booster 制动加力器, 制动加力装置

brake bush 制动衬带, 闸衬 [片]

brake cable 制动器拉索

brake cam 制动凸轮, 闸凸轮

brake cam level 制动凸轮杆

brake cam shaft collar 制动器凸轮轴环

brake camshaft level 制动器凸轮轴臂

brake chain 制动链, 闸链

brake chamber (气制动) 分үх房, 作动室

brake cheek 制动器夹板

brake clevis 制动拉杆叉形头

brake club 制动棒

brake cone 制动锥

brake control 制动控制, 刹车控制

brake control mechanism 刹车操纵机构

brake control valve 制动器控制阀

brake controller 制动器控制装置

brake coupling 制动离合器

brake cross lever 制动器横向联动杆

brake cross shaft 制动器横轴

brake crusher 双衬板颚式破碎机, 简单摆动破碎机

brake cylinder 制动分泵, 制动 [气] 缸

brake deceleration 制动减速率

brake decelerometer 制动减速计

brake depresser 制动踏板下压工具

brake die 制动缸压模

brake disc / disk 制动盘, 制动片, 闸盘

brake drag 制动器抱滞, 制动阻力

brake dressing 制动器润滑脂, 刹车涂料

brake drum 制动鼓 [轮], 制动滚筒, 制动轮, 闸轮

brake drum boring machine 制动鼓镗床

brake drum lathe 制动鼓车床

brake dynamometer 制动测力计, 制动功率计

brake eccentric 制动偏心轮, 刹车偏心轮

brake effectiveness test 制动有效性试验

brake efficiency 制动效能, 制动效率, 刹车效率

brake electromagnet 制动电磁铁, 阻尼磁铁

brake equalizer 制动平衡滑轮, 制动平衡器, 制动平衡臂, 制动平衡杆, 等制器

brake equalizer shaft 制动平衡臂轴

brake equipment 制动装置, 刹车装置

brake facing 制动衬片, 闸衬片

brake fading 制动器性能衰退, 制动逐渐失灵

brake-field triode tube 减速场三极管

brake-field valve 正栅管

brake flange 制动蹄固定盘

brake fluid 制动液, 制动器油, 刹车油

brake flusher 制动器冲洗器

brake foot lever 制动器脚踏杆

brake force 制动力

brake-gear 制动装置, 闸装置

brake gear 制动装置

brake grease baffle 制动器遮油圈, 刹车遮油圈

brake head (1) 镗床主轴箱, 镗刀盘; (2) 闸瓦托

brake head pin 制动蹄片托销, 闸瓦托销

brake hook 制动钩

brake horse-power 制动马力, 制动功率

brake horsepower (=BHP 或 Bhp) 制动马力, 刹车马力

brake horsepower-hour (=Bhp-hr) 制动马力 - 小时

brake hose 制动软管

brake housing 制动箱

brake hub 制动毂

brake incline 轮子坡

brake intermediate shaft 制动中轴

brake key 制动键

brake lag 制动生效时间 (从运用制动器时起至制动生效时止), 制动延时 (踏下制动器至实际开始制动的时间)

brake lag distance 制动延迟距离

brake latch rod 制动掣子拉杆

brake-latch spring 制动掣子弹簧

brake lever 制动手柄, 制动 [杠] 杆, 刹车杆, 闸杆

brake lever coupling bar 制动杠杆连接杆, 闸杆联杆

brake lever guidance 制动杆导板

brake lever guide 闸杠导板

brake-lever latch 制动杆掣子

brake lever pawl 制动杆掣子

brake lever quadrant 制动杆扇型齿板

brake lever sector 制动杆扇型齿板

brake leverage 制动杠杆率

brake line 制动器管路

brake lining 制动 [器] 摩擦 [衬] 片, 制动衬带, 制动衬面, 刹车垫, 刹车面料, 闸衬

brake lining grinder 制动器摩擦衬片磨削装置

brake linkage (1) 机械式制动联动机构, 闸联动装置; (2) 制动连杆; (3) 制动器杆系

brake load 制动负荷

brake lug 制动蹄固定凸台

brake magnet (=BM) 制动磁铁, 阻尼磁铁

brake man 制动司机

brake master cylinder 制动总泵

brake mean effective pressure (=BMEP) 平均有效制动压力, 有效制动均压

brake mean pressure (=bmp) 平均制动压力

brake modulator 制动系压力自动调节器

brake motor 制动电动机

brake oil 制动油, 刹车油

brake paddle 制动踏板, 刹车踏板, 闸踏板

brake pads 制动块

brake parachute 减速伞

brake pawl 制动掣子

brake pedal 制动踏板, 刹车踏板, 闸踏板

brake pedal bushing 制动踏板轴衬

brake pipe 制动器管道, 制动液管

brake power 制动功率

brake-press 压弯机, 闸压床

brake pressure 制动压力, 闸压力

brake pulley 制动轮, 闸轮

brake push rod 制动推杆

brake push-out pressure 制动蹄片接触压力

brake ratchet (1) 制动棘轮机构; (2) 制动爪

brake ratchet wheel 制动棘轮

brake reaction rod 制动反应杆

brake reaction time 制动反应时间

brake relay (=BR) 制动继电器

brake regulator 制动调节器

brake release spring　制动器回位弹簧,制动器放松弹簧
brake reline　(1)制动带铆合机;(2)制动带更换机
brake resistance　制动阻力
brake ribbon　刹车带
brake rigging　制动装置
brake rocker arm　制动器摇臂
brake rod　制动杆
brake rod crevice　制动杆 U 形叉,制动杆叉形铁
brake rod spring　制动杆弹簧
brake rod yoke　制动拉杆端叉
brake service　脚踏闸
brake shaft　制动轴
brake shaft carrier　制动器轴架,闸轴架
brake shaft lever　制动器轴杆
brake shaving　强制剃齿
brake-shoe　制动蹄片,刹车片,闸瓦
brake shoe　制动蹄片,制动块,制动瓦,制动靴,闸瓦
brake shoe adjuster　制动蹄片调整器
brake shoe anchor pin　制动蹄片支销,闸瓦支销
brake shoe carrier　制动蹄片座
brake shoe expander　制动蹄片张开装置
brake shoe grinder　制动蹄片磨削装置,制动蹄片磨光机
brake shoe guidance　制动蹄片导柱,闸瓦导柱
brake shoe head　制动蹄片托,闸瓦托
brake shoe heel　制动蹄片端,制动蹄片根
brake shoe holder　制动蹄片座
brake shoe link pin　制动蹄片联杆销,闸瓦联杆销·
brake shoe pull spring　制动蹄片拉簧,闸瓦拉簧
brake shoe return spring　制动蹄片回位弹簧,闸瓦复位弹簧
brake shoe stop pin　制动蹄片止动销,闸瓦制动销
brake shoe take-up eccentric　制动蹄片调整凸轮,闸瓦调整凸轮
brake shoe toe　制动蹄端,制动蹄趾
brake slack　制动踏板空行程
brake slipper　制动蹄,制动滑块
brake specific fuel consumption (=BSFC)　制动燃料消耗率
brake spindle　制动轴
brake squeak　制动器刺耳尖声
brake step　制动器踏板
brake stopping distance　制动距离
brake strap　制动带,刹车带
brake surface　制动器工作表面
brake switch　制动开关
brake system　制动系统,刹车系统
brake tester　(1)制动试验台;(2)制动试验机
brake-thermal efficiency　闸测热效率
brake thermal efficiency (=BThE)　制动[器]热效率
brake toggle　制动凸轮
brake tooth(ed) gear　齿式制动装置
brake torque　制动转矩,制动扭矩
brake torque collar　制动器扭力环,刹车扭力环
brake treadle　制动踏板
brake truss　制动桁架
brake truss bar　制动桁架杆,构架式闸杆
brake valve　制动阀,闸阀
brake-van　(铁路)施闸车,缓急车
brake wear detector　制动摩擦蹄片磨损指示器
brake wheel　制动轮,刹车盘
brake wheel cylinder　制动分泵,制动轮缸
brake wire　制动[器]拉索
brake with spindle　螺杆制动器
brakeage　(1)制动器的动作;(2)制动力
braked landing　制动降落
brakeload　制动载荷
brakeman　(1)矿车辅助工,制动器检修工,司闸员,制动手;(2)[薄板]弯头闸制工
braker　制动工,辊捏工
brakesman　制动司机
brakestaff　(1)制动器;(2)制动系统
braking　(1)制动,刹车,减速;(2)制动的;(3)制动法
braking absorption　阻尼吸收
braking action (=B/A)　制动作用,刹车作用
braking by grades　分级制动
braking deceleration　制动减速率
braking device　制动装置,刹车装置

braking distance　制动距离
braking effect　制动作用,制动效果,制动力
braking effort　制动[作用]力
braking figures　制动特性数据
braking force coefficient　制动力系数
braking friction　制动摩擦阻力
braking index　(脉冲星)转慢指数
braking length　制动距离
braking lever　制动杆,闸杆
braking liquid　制动液,制动器油,刹车油
braking pad　制动垫
braking path　制动距离
braking mechanism　制动机构
braking moment　制动力矩
braking power　(1)制动力;(2)制动功率
braking radiation　停速辐射
braking surface　制动面
braking system　制动系统,刹车系统
braking torque　制动转矩
braking vane　刹车板
brakpan　无极绳运输用特殊连接装置
brale　圆锥金刚石压头,金刚石锥头
Bramah's press　勃兰姆水压机
bran duster　除糠机,去麸机
brancart　效果照明装置
branch (=Br)　(1)分路,支路,分支,分叉;(2)支线,直流,支管;(3)分科,部门;(4)条件转移(= conditional jump)
branch address (=BRA)　{计}转移地址
branch and bound method　分支界限法
branch box　分线盒,分线箱
branch cable　支路电缆
branch circuit　分流电路,分支电路,支路
branch controller　支线控制器
branch current　分路电流,分支电流
branch drain　排水支管
branch exchange of city telephone　市内电话支局
branch feeding　分路供电
branch indicator　转移指示器
branch instruction　{计}转移指令,分支指令
branch of a network　网络支路
branch of mainspring　击针簧片
branch office (=BO)　(1)分支机构,分公司;(2)分行,分局,支局
branch on condition　条件转移
branch on false　假条件转移
branch on minus (=BM)　负转移
branch on non-zero (=BN)　非零转移
branch-on-switch setting　按预置开关转移
branch on zero (=Bz)　零转移
branch-on-zero instruction　按零转移指令
branch operation　{计}分路动作,分支动作
branch order　{计}转移指令,分支指令
branch pipe　歧管,支管,三通,套管
branch point　分支点,转移点,支化点
branch pole　分枝杆塔
branch sleeve　(1)联结套筒,笼节,(2)筒形联轴器
branch switch　分路开关
branch system　分路电话制
branch tracer　转移跟踪程序
branch type switch board　分立型配电盘
branch-waveguide　分支波导
branched　分支的,枝状的
branched chain　支[传动]链
branched chain compound　支链化合物
branched chain explosion　联锁爆炸
branched-guide coupler　分支波导耦合器,分支耦合器,短截线耦合器
branched hydrocarbon　支链烃
branched line　支线
branched polymer　支化高分子聚合物
branching　(1)分支,分路,分流,分叉,分歧,支线,支管;(2){计}转移;(3)支化[作用];(4)分支放射;(5)叉形接头,插接销,叉子
branching filter　(1)分向滤波器,分支滤波器;(2)分离过滤器
branching jack　分支塞孔
branching junction　分支连接
branching-off　(1)分支,分叉,分出;(2){电}分路,支路

branching operation 转移操作

branching program 线路图

branching switch board 复式交换机

branchpoint (1) 支化点, 分支点; (2){计} 转移点

branchy (1) 多支的, (2) 分支的

brand (1) 钢印, 烙铁, 烙印, 火印; (2) 商标, 标记, 标牌, 标号, 等级, 品种, 品质, 种类; (3) 打上烙印, 铭刻

brand iron 烙铁

brand mark 商标

brand-new 最新出品的, 崭新的, 全新的, 新制的

branded article 商标商名

branded oil 名牌油品

brander (1)(苏格兰) 栅格状开口烤架; (2) 检验员; (3) 封锁船, 纵火船

branding 印号码, 烙印, 标记

branding equipment 打号用具, 烙号器

brandreth 三脚架, 铁架, 井栏

Branley coherer 布冉利金属检波器

branner (1) 抛光机, 清净机; (2)(复)(镀锡钢皮用) 绒布磨光轮, 绒布轮

branning machine 钢板清净机

Brant's metal 一种低熔点合金 (铅 23%, 锡 23%, 铋 48%, 汞 6%)

brasier (=brazier) (1) 黄铜匠; (2) 熔烧炉, 焊炉, 烤炉, 火钵

brasil(e) (1) 黄铁矿; (2) 含黄铁矿的煤

brasque 耐火封口材料, 耐火堵泥, 炉衬, 衬料, 填料

brass (=Br) (1) 黄铜; (2) 黄铜轴瓦, 黄铜轴衬, 黄铜轴承, 空弹筒; (3) 黄铜制品, 黄铜铸造; (4) 黄铜制的, 含黄铜的, 黄铜 [色] 的

brass ball 黄铜球

brass bushing 黄铜套

brass cage (轴承) 黄铜保持架

brass casting 黄铜铸件

brass forging (=BrF) 黄铜锻件

brass jacket (=BJ) 黄铜套

brass jacket casting 黄铜套铸件

brass pipe 黄铜管

brass plummet 铜线锤

brass sheet 黄铜板

brass tacks 铜钉

brass tube 黄铜管

brass turning tool 黄铜车刀

brass washer 黄铜垫圈

brassboard 实验 [性] 的, 试验的, 模型的

brassbound 包黄铜的

brassil (1) 黄铁矿; (2) 含黄铁矿的煤

brassiness 黄铜质, 黄铜色

brassing (1) 黄铜铸件; (2) 黄铜覆盖层, 黄铜镀层

brastil 压铸黄铜

Braun tube 布劳恩管, 电子束管, 阴极射线管

Braun tube oscillograph 阴极射线示波器

braunite (1) 褐锰矿; (2) 珠光体式铁氮共析体, 共析氮化体

braze (1)(用锌合金) 钎接, 铜焊, 钎焊, 硬焊; (2) 用黄铜制造; (3) 饰以黄铜的

braze welding 钎 [接] 焊, 硬焊

brazed 铜焊的, 钎焊的, 硬焊的, 焊接的

brazed joint (1) 硬钎焊接; (2) 黄铜接头

brazer (1) 铜焊工; (2) 接锯机

brazier (1) 黄铜匠; (2) 熔烧炉, 焊炉, 烤炉, 火钵

brazier-head rivet 扁头铆钉

brazier head screw 扁头螺钉

braziery 黄铜细工

brazing (=BRZG) 硬钎焊, 钎接, 铜焊, 硬焊

brazing alloy 钎焊合金

brazing filler metal 钎料

brazing powder 粉状硬钎料

brazing sheet 钎焊板

brazing solders 黄铜钎料, 铜焊料

brazing spelter 黄铜钎料

breach (1) 不履行, 违犯, 违背, 破坏; (2) 裂口, 缺口, 破口; (3) 攻破, 击破, 冲破, 突破

breach of contract 违反合同, 违背合同, 违约

bread board (1) 手提式电子实验线路板, 模拟电路板, 试验板; (2) 控制台

bread board design 模拟设计

bread board experiment 试验板实验, 模拟板实验

bread boarding 模拟板试验

breadboard (1) 手提式电子实验线路板, 试验 [电路] 板, 模拟电路板, 模拟线路, 实验模型, 模拟样板; (2) 控制台; (3) 功能试验; (4) 实验性的, 实验室的, 模型的

breadboard circuit 试验电路

breadboard model 试验板模型, 模型板

breadboarding 试验板实验

breadth (=B) (1) 宽度, 宽大, 幅度, 广度, 阔度, 开度; (2) 横幅, 船幅, 幅面, 幅宽; (3) 外延

breadth depth ratio (=BD ratio) 宽深比

breadth of spectrum line 谱线宽度

breadth of tooth 齿宽

breadthrider 加强肋骨

breadths 幅边

breadthways (=breadthwise) 横 [向]

break (1) 断裂, 破裂, 断开, 折断, 损坏; (2) 脱开; (3) 断电; (4) 断线, 断路; (5) 断路器, 断续器; (6) 落煤, 崩矿, 陷落, 冒落; (7) 跌价

break a contract 违背合同

break angle 错接角

break-back contact 开路接点, 静接点

break back contact 开路接点, 静接点

break barrow 碎土机

break-before-make (=BBM) (接点的) 先开后合, 断 - 合

break-before make contact 先开后合接 [触] 点, 开路接 [触] 点, 静止接 [触] 点

break-bulk 一车货物的分卸

break bulk 开始起货, 开舱

break-bulk berth 杂货泊位

break chock 断电震

break contact 开口接点

break-down crane 拆卸起重机

break-down vehicle 修理车, [英] 救援车

break-even point (=BEP) 盈亏平衡点

break frequency 拐点频率, 截止频率, 折断频率

break hiatus 间断

break impulse 切断脉冲, 断路脉冲, 断开脉冲

break-in (1) 试运转, 试车, 磨合, 走合, 跑合; (2) 插入, 嵌入, 闯入, 插话; (3) 打断, 打坏, 轧碎, 滚动, 碾平

break-in facility (操作系统中) 截断动能

break in grade 坡度变硬点

break in invert 槽底折断

break-in key 插话键

break-in keying 插话式键控

break-in oil 磨合用机油, 跑合用机油

break-in period 磨合期间, 试车时间

break-in relay (=BIR) 插入继电器, 强拆继电器

break in slope 坡折裂点

break-in system 插入通信方式

break iron (1) [刨刀的] 护铁; (2) 终端线担铁件

break jack 断路接点塞孔, 切断塞孔, 切断阻塞

break jaw 断电夹片

break joint 错缝接合, 断缝, 错缝

break line 断裂线, 破裂线

break-make contact 断合接点, 通断接点, 换向接点

break make contact 断合接点, 开合接点

break make system 先断后接式, 断续式

break of forecastle 船楼后端, 首楼后端

break of inspection (=BOI) 检查中断

break of joint 错缝

break of load 一车货物的分卸

break of poop 尾楼前端

break of roof 顶板陷落, 顶板冒落

break-off 破坏, 断开, 断路, 中断

break-out (1) 烧穿炉衬; (2) 金属冲出

break-point 转折点, 转效点, 间歇点, 停止点, 断点, 拐点

break point (1) 转折点, 转效点, 间歇点, 停止点, 断点, 拐点; (2) 混浊液澄清点

break-point instruction 控制转移指令, 断点指令

break-point order (1)(射流) 返回指令; (2){计} 分割点指令, 断点指令

break rolls 对轨辊

break scraper 裂缝探测器

break seal 破坏密封

break sign 分隔记号

break spark　断路火花
break surface　断裂面
break time　切断时间，转效时间
break to make ratio of dial impulses　拨号盘脉冲断续比
break-up　瓦解，分散，消散
break-up of catalyst　催化剂的瓦解
break-up value　资产净值
break-water　(1)防波堤；(2)船头防波栏
breakability　易碎性，脆性
breakable　易脆的，脆的
breakable glass seal　易碎玻璃密封
breakage　(1)损坏处，折断处，折断，断裂，，断开，破裂，破损，破漏，损坏；(2)破裂片，损耗量；(3)击穿，断线，中断；(4)船舱内装货后剩余的空位；(5)失事
breakage allowance　破损折扣
breakage due to excessive wear　过度磨损的断裂
breakage from heavy wear　严重磨损的断裂
breakage load　断裂载荷
breakage strength　抗裂载荷，断开强度
breakage strength calculation　断裂强度计算
breakaway (复 breakaways,breaksaway)　破裂，分裂，剥裂，断开，断电，断流，中断，分离，脱离，摆脱
breakaway corrosion　剧增腐蚀
breakaway coupling　防超载联轴节，断开式联轴节
breakaway force　(1)破坏力；(2)脱开力
breakaway plug　分离插头
breakaway point　断裂点
breakaway release　断开式装置
breakaway type　断开式的，分离式的
breakdown　(1)故障，事故，失事，停炉；(2)破坏，破损，损坏，击穿，崩溃，坍塌，塌陷，折断，熔断，断裂，断辊；(3)减低，下降，开启(闸流管)，启开(闸流管)，导电，(4)抛锚；(5)分类细目；(6)开坯机座，粗轧机座，初轧，(7)分解，分离，离体，离解，溶解
breakdown block　压制楦模
breakdown crane　应急起重机
breakdown current　击穿电流，峰值电流
breakdown diode　击穿二极管，雪崩二极管
breakdown diode-coupled trigger　击穿二极管耦合触发器
breakdown field strength　绝缘强度，耐压强度
breakdown lorry　汽车式起重机，救险起重机
breakdown maintenance (=BM)　故障维修
breakdown mill　(1)开坯轧机；(2)开坯机座，初轧机座
breakdown minimum　最低击穿 [电压]
breakdown of emulsion　乳浊液之破坏
breakdown of gasoline　汽油的破坏
breakdown of greases　润滑油之破坏，润滑脂之分油
breakdown of oil　油之澄清
breakdown of oilfilm　油膜的破坏
breakdown of fuel　染料的分散
breakdown pass　粗轧孔型
breakdown point　破坏点，击穿点，屈服点
breakdown potential　击穿电势，击穿电位
breakdown pressure　破坏压力
breakdown process　击穿过程
breakdown rolling　压缩碾压，首次碾压
breakdown service　(1)事故抢修；(2)[车辆] 抢修站
breakdown signal　故障信号
breakdown spark　断路火花
breakdown speed　损坏临界速度
breakdown stand　初轧机座
breakdown strength　击穿强度，介电强度
breakdown test　耐久力试验，破坏 [性] 试验，断裂试验，击穿试验，折断试验
breakdown through shock wave　激波分离
breakdown time　击穿时间
breakdown train　救援列车
breakdown van　救援车，急救车，抢修车
breakdown voltage (=BV)　击穿电压
breaker (=BKR)　(1)断屑器，断屑槽，断屑台；(2)电流开关，断路器，断电器，遮断器，开关闸，(3)破碎装置，破碎机，破碎器，轧碎机，碎石机，(4)碎矿机，落煤机，崩矿机；(6)打洞机
breaker arm　断路器可动杆，断电臂
breaker bar　[直接制条机] 刀轮
breaker beater　梳解机

breaker block　(1)过负载易损件；(2)碎石机
breaker bolt　安全螺栓，保险螺栓
breaker cam　断电器凸轮
breaker card　头道梳毛机，预梳机
breaker fabric　[轮胎] 缓冲层帘子布
breaker plies　缓冲布层
breaker point　断闭点
breaker roll　轧碎机滚筒
breaker scutcher　(1)粗打麻机；(2)头道清棉机
breaker strip　(1)防断条；(2)护胎带，垫层
breaker timing　断路器定时，断电定时
breaker trip coil　自动断路器线圈
breaker tyre cloth　缓冲帘子布
breakers　辅助钻眼
breakeven　无损失的，无损耗的，无损坏的，无亏损的，无盈亏的
breakeven point　盈亏平衡点，平均转效点
breakeven weight growth　无损耗的重量增长
breakfront　凸肚型橱柜，凸肚型书柜
breakhead　船首破冰壳板，船头破冰装置
breaking　(1)断刀，崩刃；(2)断裂，断开，断路，切断，关掉；(3)轧碎，打碎，崩矿，落矿，(4)开垦地；(5)裂缝，裂层，(6)切断，割断
breaking arrangement　断路装置
breaking capacity　(1)遮断电容；(2)遮断功率；(3)致断容量，破坏能力
breaking cart　长辕二轮马车
breaking current　断路电流，断开电流
breaking-down　(1)落煤，落矿，(2)粗压，粗轧
breaking down　(1)粗轧；(2)出砂
breaking-down hydrocarbons　烃的断裂
breaking-down point　(1)强度极限，(2)断裂点，破坏点
breaking-down process　断裂过程
breaking-down rolls　粗轧轧辊
breaking-down stand　粗轧机座
breaking down strength　抗断强度，断裂强度，破坏强度
breaking-down test　破坏 [性] 试验，击穿试验
breaking down test　破坏 [性] 试验，击穿试验，断裂试验，耐 [电] 压试验
breaking-down tool　锻工凿
breaking elongation　(1)断裂伸长；(2)基线伸长，基线延伸；(3)基线延伸率，致断延伸率，总延伸率
breaking-in　(1)试运转，试车，磨合，跑合，走合；(2)滚动，碾平，(3)开始使用，开始生产；(4)铸件缺肉，带肉
breaking-in period　(1)试运转期间，试车期间；(2)熔解期，开动期
breaking-in running　磨合运转
breaking joint (1)　隔层接合；(2)参差接缝
breaking load (=BL)　断裂载荷，致断载荷，破坏载荷，致断负荷
breaking machine　(1)断裂试验机；(2)切茎机；(3)揉布机
breaking machines　开棉联合机
breaking moment　断裂力矩
breaking of boulders　大块二次破碎
breaking of connectors　联线断开
breaking of contact　断接
breaking of emulsion　乳胶 [体] 分层，脱胶
breaking of grease by water　润滑脂的被水分解
breaking of oil　油的澄清
breaking of soap-thickened gels　皂 - 稠化凝胶之分开
breaking of viscosity　减粘裂化
breaking-off　(1){ 电 }断开；(2)剥落，剥蚀 (螺纹)
breaking-out　(1)跑火；(2)(炉衬)烧穿；(3)喷火；(4)破裂，打箱
breaking piece　安全连接器
breaking pin　剪断 [式]保险销
breaking pin device　剪断保险销装置
breaking point　(1)断裂点，强度极限；(2)转折点
breaking strain　断裂应变
breaking strength (=BS)　抗断强度，断裂强度，极限强度
breaking stress　断裂应力
breaking test　断裂试验，破坏试验
breaking torque　切断扭矩
breaking-up　脱离，分离
breaking velocity　断裂速度
breaking water level　跌落水面
breakneck　危险的
breakout　(1)突破，(2)钻杆起卸法；(3)烧穿炉衬，金属冲出，炉渣穿出，跑火；(4)分开接头；(5)提升钻杆

breakout deuce　卸管手把
breakout force　(1)破坏力;(2)脱开力
breakout friction　静摩擦力
breakout gun　拧管机
breakout man　管钳工
breakout put　断续输出
breakout tongs　大管钳,大吊钳
breakout torque　(安全装置)切断扭矩
breakover　穿通,导通,转折
breahover voltage　击穿电压
breakpoint　(1)转折点,断点,(2)转效点
breakthrough　(1)联络小巷,横贯;(2)烧穿炉衬,金属冲出;(3)突破,穿透,贯穿,击穿;(4)(功率)漏过,渗漏,断缺;(5)临界点,突破点,转折点
breakthrough capacity　漏过能量,贯流能量
breakthrough point　临界点,转折点,突破点,穿透点,漏过点
breakup　(1)分裂,解散,分散,分离,(2)破裂,解体,分开,中断,断开,缺口;(3)分解,溶化,蜕变
breakup altitude　级分离高度
breakup of a nucleus　核蜕变
breakwater (=BKW)　(1)防波堤,(2)防波设备,挡水板,防浪板
breakwind　防风设备,挡风罩
bream　(1)烤炉,(2)扫除船底,烘烧船底
breast　(1)向前突出,凸起部分,前部,胸部;(2)炉胸,罐胸;(3)梁底;(4)工作面;(5)扶手底,(6)出铁口泥塞;(7)风口铁套
breast and pillar　房柱式采煤法
breast beam　(机床)前横梁
breast board　挡土板,(2)船舷板
breast borer　胸压手摇钻
breast card　头道梳棉机
breast-drill　胸压手摇钻,曲柄钻
breast drill　胸压手摇钻,曲柄钻
breast hole　中央渣口,清渣口
breast lining　窗下墙装饰
breast molding　窗盘线脚
breast of window　绷子墙
breast roll　中心辊,机架辊,胸辊
breast-stopping　全面填塞
breast telephone　挂胸电话机
breast transmitter　胸挂式送话器
breast-wheel　腰部进水水轮,中射式水轮
breast wheel　(1)中间轮;(2)中速轮;(3)腰部进水水轮,中射式水轮
breasting　[水轮的]中部冲水法
breath　(1)蒸汽,烟雾,水汽,(2)呼吸,呼气,吸气;(3)微风
breathability　透气性
breathable　适宜于吸入的,可以吸入的
breathalyser　(1)呼吸分析器;(2)测醉试验器
breathe a mould　开模放气,开模排气
breather　(1)(变压器)吸湿气装置,吸潮器,换气器,(2)空气补给装置,呼吸活门,通气设备,通气装置,通气器,通气孔,通气管,通气筒,通气阀,通风器,(3)(电缆用)给油箱
breather pipe　通气管
breather roof　油罐浮顶,呼吸顶
breather valve　通气阀
breathing　(1)(变压器)受潮;(2)进气,排气,通气;(3)切断,隔断;(4)呼吸,供氧
breathing apparatus (=BA)　氧气呼吸器,吸气装置
breathing apparatus-oxygen tank and mask　呼吸装置-氧气瓶和面罩
breathing drier　放气干燥器,放气压榨机
breathing effect　(录音机)喘息效应
breathing film　吸气膜
breathing-hole　通气孔,呼吸孔
breathing hole　通气孔
breathing line　通风线
breathing mask　呼吸面具
breathing of microphone　炭精送话器电阻的轻微周期性变化
breathing of transmitter　送话器电阻的周期性小变化
breathing-pipe　通气管
breathing rate　呼吸频率,呼吸次数
breathing roof　(油罐的)呼吸顶
breathometer　呼吸计
breech　(1)尾栓,(2)炮尾,枪管尾端;(3)滑轮组的末端;(4)(水平)烟道
breech bolt　枪闩

breech interlock　炮尾保险装置
breech plug　(1)闩体;(2)炮尾连接螺塞
breech preponderance　炮尾超重
breech pressures　膛底压力
breech-sight　瞄准器
breechblock　炮栓,炮闩,枪机,闩体
breechblock-stop　枪机阻铁
breeches buoy　裤形救生圈
breeches pipe　叉形管
breeching　(1)烟管,烟道,叉管,(2)[炮的]驻退索;(3)炮尾,装炮
breechloader　后膛炮
breed reactor　增殖反应堆
breeder　增殖反应堆
breeder-converter　再生反应堆
breeder reactor (=BR)　(1)增殖反应堆;(2)核燃料扩大再生产反应堆;(3)再生产大于一的反应堆
breeding　扩大再生产,增殖
breeding-fire　自燃
breeding ratio (=BR)　增殖系数,再生系数
breeze　(1)矿粉;(2)焦末,煤屑;(3)微风
breeze concrete　焦渣混凝土
breezing　不清晰,模糊(图像)
bremsstrahlen (=bremsstrahlung)　(德)韧致辐射
bremsspectrum　韧致辐射
Bren　(英)布朗式装甲运输车
Bren carrier　履带式小型装甲车,小拖车
Bren gun　布朗式轻机枪
brevity code　简码
brick　(1){计}程序块;(2)块料,砖;(3)方油石,磨块
brick condenser　砖制冷凝器
brick cup　{铸}座砖
brick cutter　切砖机
brick grease　砖块状润滑脂,脂砖
brick laying　砌砖机
brick press　制砖机
brick rattle　砖磨损试验机
brick trowel　砌砖镘刀
brick-yard　砖厂
brickfield　制砖场
bricking　砖瓦工程
bricklayer　砌砖工人,泥瓦工
bricklaying　砌砖
brickwork　砖土亏工,砌砖[工作]
brickyard　砖厂
bridge　(1)桥梁,桥式,桥形,桥;(2)跨接线,电桥,桥路,分流,分路;(3)连接梁;(4)跨接,桥接,接通;(5)驾驶台,船桥,桥楼;(6)天车,行车;(7)(反射炉)火桥
bridge abutment　桥台
bridge amplifier　桥式放大器
bridge arm　(1)电桥臂;(2)电桥支路
bridge balance　电桥平衡
bridge-board　楼梯侧板,楼梯梁,短梯基,斜梁
bridge cable　吊桥索
bridge circuit　桥接电路,电桥电路
bridge connection　桥式接法,桥式绕组
bridge construction plate　桥梁[结构]钢板
bridge contact along length wise　(锥齿轮)沿齿长桥形接触
bridge contact in profile　(锥齿轮)沿齿高桥形接触
bridge crane　桥式起重机,桥式吊车,行车
bridge-cut-off　桥式断路,断桥
bridge cut-off　(1)桥梁捷径;(2)断桥
bridge-cut-off relay　断桥继电器,分路继电器
bridge cut-off relay　桥式断路继电器,断桥继电器
bridge cut off relay　桥式断路继电器,断桥继电器
bridge deck　桥面系
bridge die　桥式孔型挤压模,空心件挤压模
bridge doffing　桥式落绞
bridge duplex system　桥接双工系统,桥接双连系统,桥接双工制
bridge falsework　桥梁膺架
bridge ga(u)ge　桥式量规
bridge-house　桥楼甲板室
bridge house　舰桥甲板室,桥楼甲板室
bridge insert　混流板
bridge joint　桥[形联]接,跨接

bridge limiter 桥式限幅器
bridge line 连通铁路
bridge linkage 桥式联接
bridge locking 活动桥锁闭
bridge loop 桥梁套线
bridge megger 桥式高阻表
bridge of boats 舟桥
bridge of receiver （枪）机匣连接部
bridge pad 桥梁支座
bridge parts 架桥器材
bridge piece (1)（车床的）马鞍,过桥; (2) 船尾柱上框
bridge plate 装卸跳板
bridge polar duplex system 桥接双工制
bridge reamer 铆钉孔铰刀,桥工铰刀
bridge rectifier 桥式整流器
bridge set 桥接装置
bridge tie 桥枕
bridge-type 桥式的
bridge type detector 桥式检测器
bridge wall （管式炉的）坝墙
bridge wiper 并接弧刷
bridge wire 测量电桥的标准导线
bridge-work 桥梁工事
bridgeboard 楼梯侧板,楼梯帮
bridged-M trap circuit 桥 M 型陷波电路
bridged monitoring input 跨接监控输入
bridged-T bridge 桥接 T 形电路
bridged-T filter 桥接 T 形滤波器
bridged T net 桥接 T 形网络
bridged-T tap 桥接 T 形抽头
bridged-T trap 桥 T 型陷波器
bridged tap 桥接 [T 形] 抽头
bridged trap 桥接 T 形陷波器
bridgehead 桥头 [堡],桥塔
bridgewall 熔炉隔墙,挡火墙,火墙,坝墙
bridgeward [钥匙的] 主要榫槽
bridgeway (1) 桥上通路; (2) 楼间架空通道
bridgewing 船舶驾驶室翼桥
bridgework (1) 桥梁工程; (2) 桥托
bridging(1) 分路,分流,短路; (2) 跨连,桥接,跨接,搭接; (3)（钢锭收缩孔上架桥,（炉内）搭棚; (4) 未焊透,未焊满; (5) 搁栅撑,联结系,支杆; (6) 桥接的
bridging amplifier (=BA) 桥式放器,并联放大器,分路放大器
bridging beam 横梁
bridging coil 并联线圈
bridging condenser 分接电容器,分路电容器,隔流电容器,跨接电容器
bridging connection 分路连接
bridging effect （对裂缝）遮蔽作用,跨隙效应
bridging jack 桥接塞孔
bridging joist 横搁栅
bridging loss 桥接损耗
bridging multiple switchboard 并联复式交换机
bridging-off command 拆桥命令
bridging-on command 搭桥命令
bridging order { 计 } 连接指令,返回指令
bridging over of stock [鼓风炉中] 炉料
bridging piece 桥形接片,挑 [梁] 板
bridging run 便桥式脚手架
bridging-type filter 桥接式滤波器
bridging wiper 并接弧刷
bridle (1) 系船索,系绳,拖绳; (2) 承梁索,托梁; (3) 辊式张紧装置,拉紧器,限动器,板簧夹; (4) 放大器并联
bridle cable 短索缆
bridle chain 悬挂罐笼的保险链
bridle-hand 左手
bridle joint 啮接
bridle port （船舶）绳索孔,缆索环
bridle ring 桥接线杆吊环,吊线环
bridle rod 辙尖拉杆
bridle wire 绝缘跨接线,跳线
brief (1) 简短的,简洁的,暂时的,短暂的; (2) 提要,简要; (3) 节略
brief acceleration 瞬时加速 [度]
brief task description (=BTD) 任务简述
brief task outline (=BTO) 任务大纲,任务提纲

brig 双桅横帆小帆船
brigantine （英）横帆双桅船
Brigg's logarithm (=Briggean system of logarithm) 布氏对数,常用对数
bright 光亮的,光明的,光泽的,光滑的,明亮的,明白的
bright annealing 光亮退火
bright band 亮带,亮区
bright bolt 光 [制] 螺栓
bright border (1) 亮轮缘; (2)（铸件断口）白圈
bright crystalline fracture [光] 亮晶 [体] 断裂面
bright dip 电解液浸亮,光泽浸渍,光亮浸渍
bright drawing 光亮拉拔,光亮拉丝
bright-drawn 亮冷拔的,精拔的,亮拔的
bright-drawn steel 光拔钢,精拔钢,亮拔钢
bright emitter 高能热离子管,白炽灯
bright eruption 喷焰
bright-field 明视野,亮场
bright field 明视场
bright finish 镜面抛光
bright finished 镜面抛光的,磨光的
bright fracture （可锻铸件珠光体组织）亮口,亮晶断口
bright green 鲜绿的
bright-ground wire 银亮磨光钢丝
bright heat treatment 光亮热处理
bright limb 亮边缘
bright line (1) 闪烁线,明线,亮线; (2) 亮度行
bright lustre sheet 镜面抛光薄板
bright nut 光制螺母
bright-polished 镜面抛光的,磨光的
bright-polished steel 镜面抛光薄板,磨光薄板
bright region 透明区,亮区
bright ring 亮环
bright-signal detector 亮度信号检测器
bright standard 亮度标准
bright steel bare 高级精整表面型钢,光亮型钢
bright-up 亮度控制
bright wire 光亮钢丝
brighten (1) 抛光,擦光,增光,磨亮; (2) 使净化; (3) 使发亮
brighten function 亮度函数
brightener (1) 抛光剂; (2) 光学增亮剂,光亮剂,增艳剂,增白剂
brightening (1) 照明; (2) 亮度控制,增亮
brightening pulse 扫描辉度脉冲,照明脉冲
brightness (=B) (1) 辉度; (2) 亮度; (3) 光泽
brightness contrast 亮度对比
brightness noise 亮度杂波干扰
brightness pulse （扫描）照明脉冲,亮度脉冲
brightness scanning 明暗扫描
brightness signal 亮度信号,黑白信号,单色信号
brightness temperature 亮度温度
Brightray 一种耐热镍铬合金（镍 80%,铬 20%）
brightwork (1) 抛光的金属制品,五金器具; (2) 光亮的木制品
brilliance (=brill) (1) 光泽,灿烂; (2) 亮度,辉度; (3) 高频逼真度; (4) 清脆感
brilliance control 亮度控制
brilliance modulation 亮度调制
brilliancy 亮度
brilliant finder 反转式检像镜,镜式检景器,镜式取景器
brilliant fracture 亮断面
brilliant image 清晰图像
brilliant polishing 镜面抛光,光亮抛光
brilliant white 亮白色,炽白光
Brilliouin electronic efficiency 布里渊电子效率
Brillioum flux density 布里渊磁通密度
Brillioum zone （半导体）布里渊区 [域]
brine 盐水,卤水
brine balance 盐水膨胀箱
brine circuit 盐水回路,盐水通路
brine circulation 盐水环流
brine cooler 盐水冷却器
brine cooling 盐水冷却
brine gauge 盐水比重计,盐浮计
brine leaching （氯化焙烧后）浸滤
brine method 盐分法
brine-pan 蒸盐锅

brine pit 蒸盐锅

Brinell 布里涅尔

Brinell ball test 布氏钢球硬度试验, 布氏球印试验

Brinell figure 布氏硬度值, 布氏硬度数

Brinell hardness (=BH) 布氏硬度

Brinell hardness number (=BHN 或 BHNo) 布氏硬度值, 布氏硬度数

Brinell hardness test 布氏硬度试验

Brinell hardness tester 布氏硬度计, 布氏硬度试验机

Brinell impact hardness tester 锤直式布氏硬度计

Brinell number 布氏硬度值, 布氏硬度数

Brinell on delivery state 交货状态布氏硬度

Brinell Rockwell and Vickers hardness tester 布氏 - 铬氏 - 维氏硬度计

Brinell test 布氏硬度试验

Brinell tester 布氏硬度试验

brinelling (1) (轴承滚道上的) 压痕; (2) 布氏硬度试验; (3) 渗碳, 淬硬, 变硬; (4) 测布氏硬度

brinelling due to contact stress 接触应力产生的压痕

Brinell's machine 布氏硬度试验机

bring (1) 引起, [促] 使, 产生, 招致; (2) 带来, 取来, 传来, 拿来; 产生

bring back 恢复

bring down 浓缩, 收缩, 使下降

bring forth 产生, 呈现, 发表, 宣布

bring forward 提出, 提前, 公开, 显示

bring home to 使认识, 使相信, 使领会, 使明确

bring in 引入, 带进

bring in focus 使聚焦

bring in phase 使同相 [位]

bring in step 使同步

bring into action 使动作, 开动, 实行

bring into effect 实行

bring into line 使排列成行

bring into operation 付诸实现, 使运转, 开动

bring into order 使有秩序, 整顿, 布置

bring into play 发挥

bring into practice 实行

bring into service 使工作, 使运转, 开动

bring into step 使同步

bring into use [开始] 使用

bring off 搬走, 完成, 救出

bring on 瞄准, 引起, 导致, 促成, 带来, 提出, 开始

bring out 引出 [接线], 显示出, 公布, 发表, 阐明, 阐述, 说明, 推论

bring out of contact 脱开啮合, 脱开接触

bring over 使转变, 带来, 传来

bring round 使转向, 使恢复

bring through 使通过, 使克服

bring to 引导, 促使, 说服

bring to an end 完成, 结束

bring to bear on 竭尽全力, 施加压力, 使成功, 完成, 实现

bring to effect 实行

bring to light 揭示, 暴露, 发现, 发掘, 公开, 公布

bring to pass 使实现, 引起, 完成, 实行

bring together (1) 集合, 聚集, 汇集, 联系; (2) 组装, 装配, 组合

bring under 制服, 控制, 纳入, 归纳

bring up (1) 使再注意到, 提到, 增到, 提出; (2) 使停止

bring up to date 使现代化

bring within 把……纳入

bringing 带来, 产生

bringing-back 后退式, 复位式

bringing-back mechanism 复位机构

bringing-down 凿落

bringing of coal 落煤

bringing-up section [管式炉, 裂化炉] 加热 [辐射] 段

brininess 咸

brining 盐浸处理

brinish 盐水的, 咸的

brinishness 含盐度

briquettability 压制性, 压塑性, 成型性

briquette 模制试块, 标准试块, 坯块, 压坯

briquetting 压块, 凝块

briquetting machine 压制机, 压坯机, 制闭机

briquetting press 压片机

briquetting press sheeter 压片机

brisance 炸药震力, 爆炸威力, 破坏效率, 猛度, 爆裂

Bristol alloy 白铜

Bristol board (绘图用) 上等板纸, 细料纸板

Bristol diamond 细砂磨砖, 美晶石英

Bristol glaze 窑釉

Bristol paper (绘图用) 上等板纸, 细料纸板

Bristol stone 细砂磨砖, 美晶石英

Britannia joint 不列颠式焊接, 英式焊接

Britannia metal 不列颠锡锑铜合金

British (=B) (1) 不列颠的, 英联邦的, 英国人的, 英国的; (2) 英国人

British Academy (=BA) 英国研究院

British Association screw gage 英国标准螺纹规

British Association thread 英国标准螺纹, 英国协会螺纹

British Atomic Energy Authority (=BAEA) 英国原子能管理局

British Atomic Energy Research Establishment (=BAERE) 英国原子能科学研究中心

British Cast Iron Research Association (=BCIRA) 英国铸造研究协会

British Central Office of Information (=BCOI) 英国中央情报局

British Computer Society (=BCS) 英国计算机协会

British Engineering Standards Association (=BESA) 英国工程 [技术] 标准协会

British Gear Manufacturers Association (=BGMA) 英国齿轮制造商协会

British horsepower (=BHP 或 Bhp) 英制马力

British horsepower-hour 英制马力·小时

British Hydromechanics Research Association (=BHRA) 英国流体力学研究协会

British Industrial Plastics (=BIP) 英国工业塑料

British Institute of Electrical Engineers 英国电器工程师协会

British Institute of Radio Engineer (=BIRE) 英国无线电工程师协会

British Instrument Industries Exhibition (=BIIE) 英国仪表工业展览会

British Nuclear Energy Society (=BNES) 英国核能学会

British Patent (=BP) 英国专利

British Standard (=BS) 英国 [工业] 标准, 英国 [工业] 规格

British Standard coarse thread 英国标准粗牙螺纹

British Standard fine thread (=ASFT) 英国标准细牙螺纹

British Standard dimension (=ASD) 英国度量标准

British Standard Gauge (=BSG) 英国标准线规

British Standard pipe thread (=BSP) 英国标准管 [用] 螺纹

British Standard specifications (=BSS) 英国标准技术规范, 英国标准技术规格

British Standard thread 英国标准螺纹

British Standard Whiteworth thread (=BSW) 英国标准惠氏螺纹

British Standard Wire Gauge (=BSWG) 英国标准线规

British Standards Institution (=BSI) 英国标准协会, 英国标准学会

British system of units 英 [国单位] 制

British technology Index (=BTI) 英国技术资料索引

British Thermal unit 英国热量单位

British thermal unit (=BthU) 英国热量单位, 英制热单位 (= 252 卡)

British viscosity unit (=B.V.U) 英国粘度单位

brittle 易损坏的, 易折断的, 易碎的, 脆 [性] 的, 脆化的

brittle failure 脆性失效, 脆坏, 脆断

brittle fracture 脆性断裂, 脆性断口

brittle material 脆性材料

brittle metal 脆金属

brittle mode of failure 脆性失效形式

brittle point 脆化温度, 脆化点, 脆折点, 脆裂点

brittle rupture 脆性破裂, 脆性断裂

brittle state 脆性状态

brittle temperature 脆化温度, 脆化点

brittle transition temperature 脆性转化温度

brittle zone 脆性区域

brittleness 易碎性, 脆度, 脆性

brittleness temperature 脆化温度, 脆化点

brittleness test 脆性试验

broach (1) 拉 [削] 刀, 剥刀; (2) 拉削, 推削; (3) 扩孔, 拉孔, 铰孔, 拉削,; (4) 扩孔刀具, 扩孔器, 钻头, 宽凿, 铁叉; (5) 锥形尖头工具, 三角锥, 尖头杆, 尖塔; (6) 钥匙头; (7) 梳齿; (8) 牙钻; (9) (船) 突然横转, 横向, 侧向; (10) 横风, 横波

broach adapter 拉刀夹具, 扩孔器接柄

broach cover 拉刀盖板

broach file 什锦锉

broach fixture (=bhfx) 拉刀夹具

broach for circular hole　圆 [孔] 拉刀
broach for depth hole　深孔拉刀
broach for external broaching　外拉刀
broach-holder　拉刀, 夹头
broach length　拉刀长度, 拉刀总长
broach return speed　拉刀退回速度
broach sharpener　拉刀磨床
broach sharpening machine　拉刀刃磨床
broach-spire　八角尖塔
broach stroke　拉削行程
broach support　拉刀支承架
broacher(s)　(1) 绞孔机, 拉床; (2) 拉床工, 铰孔器操作工
broaching　(1) 拉削, 推削; (2) 铰孔, 扩孔
broaching head　拉刀头, 拉刀盘
broaching machine(s)　拉床
broaching speed　拉削速度
broad　(1) 宽阔部分, 扁平部分; (2) 扩孔刀具; (3) 宽广的, 宽阔的, 广大的, 广泛的, 宽的, 阔的; (4) 主要的, 概括的, 充足的, 完全的, 明白的; (5) 宽频带响应; (6) 灯槽
broad angle　钝角
broad area photodiode　大面积光电二极管
broad axe　宽头斧, 阔斧
broad band　宽 [频] 带, 宽波段
broad-band amplifier　宽带放大器
broad-band antenna　宽波段天线, 宽带天线
broad-band ATR tube　宽频带阻塞放电器
broad-band channel　宽带信道
broad-band filter　宽带滤波器
broad-band klystron　宽频带调速管
broad-band oscilloscope　宽频带示波器
broad-band path　宽频带通路
broad-band TR tube　宽频带保护放电管
broad-band transformer　宽带变压器
broad-band transistor　宽频带晶体管
broad-band transmission　宽带传输
broad-band transmission cable　宽频带 [传输] 电缆
broad-beam aerial　宽波束天线
broad-bottomed　平底的
broad directive　垂射
broad distinction　大致区别
broad flange I beam　宽缘工字钢
broad-ga(u)ge　宽轨距
broad ga(u)ge (=Bg)　(1) 宽轨距; (2) 宽轨铁路
broad hatchet　短柄宽斧
broad heading　大项目, 大类
broad image　不明显图像, 模糊图像
broad light　散射光, 漫射光
broad off　船首尾线斜向
broad on the bow　(船) 前八字方向
broad on the quarter　(船) 后八字方向
broad pulse　帧同步脉冲, 开槽脉冲, 宽脉冲
broad-radiation pattern beam　宽方向图射束
broad-screen　宽屏幕, 宽银幕
broad side　舷侧, 侧边
broad-spectrum noise　宽带噪声
broad spectrum noise　宽带噪声
broad tool　宽凿
broad tunable bandwidth travelling-wave maser　可调带宽行波微波激射器, 可调带宽行波脉泽
broad tuning　宽调谐, 钝调谐, 粗调
broadax (=broadaxe)　宽斧
broadband　宽频带, 宽通带, 宽波段
broadband light pump　宽带光泵
broadband stub　宽带短截线
broadband video detector　宽带视频检波器
broadcast (=BC)　(1) 撒播; (2) 无线电传送, 传播, 广播; (3) 广播节目
broadcast band (=BC)　广播频段, 广播波段
broadcast by television　电视广播
broadcast input　播散输入
broadcast interference (=BCI)　广播干扰
broadcast relaying　转播
broadcast seeder　散播机
broadcast sower　撒播机
broadcast-tower antenna　铁塔广播天线

broadcast transmitting station　广播电台站, 发射台
broadcaster　(1) 广播员, 播音员; (2) 广播电台, 广播装置; (3) 散播机, 撒种器, 播种机
broadcasting　广播
broadcasting center　播控中心
broadcasting frequency　广播频率
broadcasting network　广播网
broadcasting program　广播节目
broadcasting-satellite space station　卫星广播空间站
broadcasting service　无线电广播业务, 无线电广播电台, 广播站
broadcasting service area　广播服务区
broadcasting station　广播电台
broadcasting transmitter　广播发射机
broadcasting wave (=BC)　广播电波
broaden　使扩大, 放宽, 加宽, 变宽, 增宽, 扩展, 扩张
broadening　(1) [谱线] 变宽, 增宽度; (2) [光谱线的] 加宽, 扩宽, 放宽; (3) 扩展, 扩大
broadflanged beam　宽缘工字钢
broadga(u)ge　宽轨距
broadloom　(用于飞机的) 磁控管可调频率干扰发射机, 磁控管波段干扰发射机
broadness　广度, 宽度, 钝度, 广阔, 宽阔, 宽泛
broadsheet　单 - 双面印刷品
broadside　(1) (船舶) 舷侧, 侧边; (2) 单面印刷品; (3) 全部舷炮, 舷侧炮, (4) (电影机等的) 大型泛光灯; (5) 侧视图; (6) 机身侧部; (7) 宽边方向, 宽边, 宽面
broadside antenna　边射天线, 垂射天线, 同相天线
broadside array　宽边 [天线] 阵, 垂直天线阵, 垂射天线阵, 端射天线阵
broadside dipole array　多列同相天线阵
broadside-direction antenna　垂射天线, 边射天线, 同相天线
broadside directional antenna　垂射天线, 边射天线
broadside incidence　垂直入射, 法线入射
broadside on　侧对
broadside technique　(电磁探测) 旁线法
broadsiding　侧移
broadstep　(1) 楼梯平台; (2) 楼梯踏板
broadwall　宽工作面
broadways　沿宽度方向, 纬向, 横向
broadwise　沿宽度方向, 纬向, 横向
brog　(苏格兰) 尖头工具, 曲柄钻, 手摇钻
brogan　(美) 采牡蛎船
brogue hole　气孔
broguer　气孔焊工
broiler　(1) 焙烤器具; (2) (煤气炉、电炉的) 炉膛; (3) 烘烤工
broke　(1) 碎块, 碎片; (2) 损纸, 废纸
broke beater　废物磨粉机
broken　(1) 不连续的, 断开的, 断路的, 折断的; (2) 破坏的, 破碎的, 零碎的; (3) 断, 破, 碎, 缺
broken arch　缺口拱
broken circle　虚线圆
broken circuit　断路, 开路
broken corner　角裂
broken curve　虚线曲线
broken-down　临时出故障的, 损坏的
broken emulsion　分层的乳浊液
broken gauge theory　破缺规范理论
broken hardening　分级淬火
broken-in surface　已磨合表面
broken joint　错列接头
broken line　破裂线, 波浪线, 虚线, 折线
broken-line analysis　折线 [分析] 法, 线段近似法
broken number　分数
broken oil　澄清的油
broken-open view　透视图
broken-out section　破断面, 切面
broken out section　破断面, 切面
broken rag　屈折的光线
broken time　零星时间
broken transit　曲折经纬仪
broken transit instrument　折轴中星仪
broken white　缺白
brokenly　断断续续地, 不规则地
brokenness　(1) 破碎性; (2) 破碎状态

bromine 〔化〕溴 Br

bromine test 溴化试验,测定溴值

bronteum (=bronteon) 雷声器

brontogram 雷雨自记曲线

brontograph 雷雨计,雷暴计

brontometer 雷雨表,雷雨表

bronze (=BRZ 或 Bz) (1)〔冶〕青铜;(2)镀青铜[于];(3)青铜[镀]制品,(4)青铜色

bronze alloy (=BA) 青铜合金

bronze bearing 青铜轴承,青铜轴承,青铜轴瓦

bronze bushing 青铜套

bronze casting (=BC) 青铜铸件

bronze plated (=BP) 镀铜的

bronze powder 金属色粉末

bronze tooth(ed) gear 青铜齿轮

bronzed 青铜色的

bronzer 青铜匠

bronzesheen 青铜色泽

bronzesmith 青铜匠

bronzine 青铜制的,青铜色的

bronzing (1)使具有金属的光泽,着青铜色,青铜化,镀青铜,(2)红褐色,(3)闪铜光

bronzy 青铜一样的,似青铜的,青铜色的

Brookfield viscometer 布氏粘度计

broom (1)自动搜索干扰振荡器;(2)扫帚刷,扫帚

broom drag 刮路刷

broomstick (1)干扰抑制器;(2)扫帚把

broon (俚)自动搜索干扰振荡器

Brotherfood motor 一种活塞液压马达

brotochore 人为分布

brotocrystal 融蚀斑晶,融蚀晶体

brouette 双轮人力车

brougham (1)布劳汉姆式马车;(2)两门式轿车,高级轿车

brougham-landaulet 后座车篷可折叠的四轮马车

brown (1)棕色;(2)棕色的;(3)棕色颜料,棕色染料

Brown and Sharpe Gauge (=BS) 美国线规,布朗沙普线规

Brown and Sharpe taper 布朗沙普锥度

Brown and Sharpe wire gauge (=BSWG) 布朗沙普线规,布朗沙普丝规

Brown antenna 布朗天线

Brown-Sharpe taper 布朗沙普锥度

Brown-Sharpetype dividing head 布朗沙普分度头

Brown taper 布朗锥度

brownie 便携式雷达装置

browning (1)(照射时)变黑,致黑,(2)(钢表面的)青铜色热氧化,(金属)着色;(3)勃朗宁手枪,轻机关枪

brownout (1)降低电压,节电;(2)灯火管制

Brown's test 钢丝绳磨损试验

bruiser 压碎机,压扁机,捣碎机

Brunswick black 一种黑色清漆

brush (1)刷子;(2)[接触]电刷,(3)刷洗,擦洗,擦掉,涂刷;(4)毛刷式键合固定相;(5)读卡刷;(6)灌丛,矮林

brush aeration 转刷曝气

brush angle 电刷倾斜角

brush arc 电刷倾斜角

brush box (1)红胶木;(2)碳刷盒

brush-breaker 灌木清除机

brush broom 扫帚

brush burn 擦伤

brush buster 灌木切除器

brush coating 毛刷涂布

brush collector 集电刷

brush-compare check 电刷穿孔比较检查

brush compare check 电刷穿孔比较检查

brush contact 电刷接触

brush cotton gin 刷式轧花机

brush coupling 刷形联轴节

brush cutoff 刷式阻种机

brush discharge 刷形放电,电晕放电

brush drag 刷路刷

brush feed 刷式排种机

brush finish 粉刷,刷面

brush force filter 平滑滤波器

brush function 刷状函数

brush gin 毛刷式锯齿轧棉机

brush holder 刷握

brush inclination 电刷倾斜

brush-lead 电刷引线,碳刷导线

brush loss 电刷[放电]损耗

brush-lubricated 油刷润滑的

brush plough 牵式除荆机

brush resistance loss 电刷电阻损耗,电刷接触电阻损耗

brush rocker 电刷摇移器,移动刷架

brush rocker ring 移动刷架环

brush-shifting motor 移刷型电动机

brush shredder 灌木切除机

brush station 电刷读孔头

brush treatment 涂刷防腐剂,涂刷处理

brush type stripper 刷式择棉铃机

brush wheel (1)刷轮;(2)磨轮,砂轮

brushability 刷涂性

brusher (1)刷工;(2)采煤工;(3)挑顶工,卧底工

brushgear 电刷装置

brushing (1)刷布,刷绒,刷去,刷光,刷亮,清洁;(2)干扰;(3)刷形放电,电刷跳火;(4)清除工作面,挑顶,卧底,刷帮

brushing compound 刷光涂料

brushing lacquer 刷漆

brushing loss 刷损量

brushing machine 刷光机

brushing property 刷光性,涂刷性

brushing test 刷损试验

brushless (指电机) 无电刷的

brushless motor 无刷电动机

brushless rotary transformer 无刷旋转变压器

brushman 刷子工

brushmark 刷痕

brushout 颜料的试样

brushup (1)擦亮,刷新,提高,改进;(2)重新学习

brushwork 用刷子完成的工作

brusselator 布鲁塞尔机

brute force 强力

brute force filter 倒 L 形滤波器,平滑滤波器

brute force focusing 暴力式聚焦

brute force method 强制法

brutonizing 钢丝[热]镀锌法

bryanizing 钢丝连续电镀法

B&S wire gauge (=Brown and Sharpe Wire gauge) 美国线规

BSF thread (=British standard fine thread) 英国标准细牙螺纹

BSW thread (=British Standard Whitworth Thread) 英国标准惠氏螺纹

BTG alloy 奥氏体不锈钢(铬 10%,镍 60%,钨 2-5%,钼 1%,锰 1-3%)

bubble (1)气泡,(2)气流离体区;(3)磁泡(存储元件);(4)小型汽车;(5)泡罩

bubble bowl 球形玻璃缸

bubble cap 泡罩

bubble cap column 泡罩分馏塔,泡罩塔

bubble-cap plate 泡罩板

bubble car 防弹车

bubble cavitation 空泡气蚀

bubble chamber 气泡室,起泡室,泡沫室,泡沫箱

bubble-domain 〔计〕泡畴,磁泡

bubble-domain shift register 泡畴移位寄存器

bubble formation 气泡形成

bubble ga(u)ge 气泡指示器

bubble inclinometer 气泡测斜仪

bubble level 水准仪,水平尺

bubble machine 气泡式浮选机

bubble memory 磁泡存储器

bubble method leak detection 气泡法探漏

bubble mold cooling 膜泡塑模冷却

bubble plate tower 泡罩层蒸馏塔

bubble point 始沸点

bubble proof 吹泡法,吹验法

bubble sort 泡沫分类法,上推分类法

bubble-top (汽车后部的)透明防弹罩

bubble train 成串气泡

bubble tray 泡罩板

bubble tube 管状水准器

bubble viscometer 泡沫粘度计

bubblement　起泡状态

bubbler　(1) 扩散器；(2) 起泡器，鼓泡器，泡吹器；(3) 喷水式饮水口

bubblet　小气泡

bubbletop　(1) 拱形透明伞；(2) [汽车的] 拱形透明罩

bubbling　(1) 气泡形成，连串起泡，起泡(蓄电池)，冒泡；(2) 飞溅，泼溅；(3) 沸腾

bubbling carburetor　气泡式气化器

bubbling polymerization　气泡聚合

bubbling type of gas mixing　起泡式气体混合法

bubbling voltage　冒气 [泡] 电压

buchner filter　平底漏斗，瓷漏斗

buchner funnel　瓷漏斗

buck　(1) 锯架；(2) 造材，横切；(3) 门边立木；(4) (换向器的) 飞弧闪络；(5) 消除

buck arm　补偿杆

buck mortar　推式研钵

buck-saw　架锯，木锯

buck saw　架锯，木锯

buck scraper　弹板刮土机

buck souring　温酸洗工艺

buckboard　弹簧座椅四轮马车

bucker　(1) 宽头碎矿锤，碎矿工；(2) 破碎机，压碎机，粉碎机，碎矿机，碎木机，碎铁机，碾压机；(3) 桶匠

bucker-up (buckers-up, bucker-ups)　铆钉工

bucket　(1) 盛料桶，存储桶，称料斗，斗，水桶，吊桶，料罐；(2) 吊斗，戽斗，挖斗，铲斗；(3) (往复泵) 活塞，(涡轮) 叶片；(4) (速调管) 桶形电极；(5) {计} 地址散列表元；(6) 底管；(7) 稳定区

bucket boom excavator　多斗臂式挖土机

bucket brigade　斗链式移位寄存器，组桶寄存器

bucket-brigade capacitor storage　斗链电容存储

bucket-brigade device　斗链器件

bucket brigade device (=BBD)　斗链式 [电荷耦合] 器件，戽斗式器件

bucket brigade electronics　斗链电子 [学] 电路

bucket chain　(多斗挖土机的) 铲斗链

bucket chain dredger　链斗式挖泥船

bucket conveyer　斗式输送机

bucket conveyor　链斗式输送机，斗式输送机，斗式提升机

bucket crane　吊斗起重机

bucket dredger　(1) 斗链挖泥机，多斗挖泥机，斗式挖泥船；(2) 桶式采样器

bucket elevator　[链] 斗式提升机，斗式升运机，多斗式提升机

bucket elevator dredger　链斗式挖泥船

bucket excavator　斗式挖泥机，斗式挖土机

bucket excavator for downward scraping　下挖式多斗挖土机

bucket excavator for upward scraping　上挖式多斗挖土机

bucket-ladder excavator　多斗式挖掘机

bucket ladder dredger　多斗 [式] 挖泥船，斗式挖泥船

bucket line　(多斗挖土机的) 铲斗链

bucket lip　铲斗刃口

bucket loader　(1) 铲斗式装载机，斗式装料机，斗式装车机；(2) 斗式拖拉机

bucket of dam　大坝反弧段

bucket pump　(1) 活塞式抽水泵，活塞式汲油泵，带阀活塞泵，斗式唧筒，斗式泵；(2) 手摇喷雾泵

bucket pump gun　(润滑用) 戽斗式加油枪

bucket temperature　表面温度

bucket thermometer　吊杯式温度计，吊环式水温表

bucket-tipping device　(挖土机) 翻斗装置

bucket trap　浮子式疏水器，浮子式阻汽器

bucket trenching machine　多斗挖沟机

bucket valve　活塞阀

bucket wheel　吊斗链轮，杓轮

bucket-wheel blower　斗轮式鼓风机

bucket wheel excavator　斗轮式挖掘机

bucket wheel trencher　斗轮式挖沟机

bucking　(1) 人工二次破碎，人工磨矿；(2) 造材；(3) 抵消电压，电压降；(4) 反作用；(5) 浸渍，浸润

bucking bar　铆钉顶棒，打钉杆

bucking board　磨矿板

bucking coil　反感应线圈，反极性线圈，反 [去] 磁线圈，反接线圈，补偿线圈，补偿绕组

bucking coil loudspeaker　反作用线圈式扬声器

bucking effect　反 [电动势] 效应

bucking electrodes　(测井) 电极

bucking hammer　碎矿锤

bucking iron　碎矿锤

bucking kier　煮炼锅

bucking ladder　梯形造材台

bucking-out system　补偿系统，抵消系统

bucking plate　磨矿板

bucking transformer　对消变压器

bucking voltage　反极性电压，反作用电压，抵消电压

buckle　(1) [搭] 扣，扣环，箍；(2) 拉紧螺套；(3) 纵 [向] 弯曲，变形；(4) 拉杆，紧系，拉紧联结器；(5) 膨胀

buckle plate　压曲板，凹凸板

buckle-up　安全扣带

buckler　(1) 锚孔盖；(2) 炮眼盖

buckling　(1) 屈曲，翘曲，纵向弯曲；(2) 膨胀；(3) 产生皱褶；(4) (铸造的) 粗糙度

buckling deflection　[受压弹簧的] 挠折收缩量

buckling deformation　(杆件纵向受压时) 侧向鼓出变形

buckling effect　压曲效应

buckling load　临界纵向载荷，临界纵向压屈载荷，压弯临界载荷，压曲临界负荷，折断载荷

buckling resistance　抗纵向弯曲力，抗弯阻力，翘曲阻力

buckling strain　弯曲应变

buckling strength　抗纵向弯曲强度，扭曲强度，抗弯强度，翘曲强度

buckling stress　弯曲应力，扭曲应力

buckling test　(杆件等在纵向压力下) 压曲试验

buckplate　(1) 装配板；(2) 磨矿板，凹凸板

buckpot　陶锅

buckrake　(1) 推耙；(2) 集堆机

bucksaw　架子锯

buckshot　(1) 大钻粒，大金属粒，大号铅弹，圆弹；(2) 丸状结构土壤

buckstaves　夹炉板

buckstay　支撑，支柱

buckwagon　(南非) 大车

budget　预算

budget estimate　概算

buff　(1) 抛光布轮，抛光轮，擦光轮；(2) 用抛光轮抛光；(3) 缓冲；(4) 深黄色

buff-muff coupling　刚性联轴器，套筒联轴节

buff stop　缓冲器

buff unit　抛光 [动力] 头

buff wheel　抛光轮

buffability　[皮革的] 可磨面性

buffalo (buffalo, buffaloes, buffalos)　(1) (美) 船首楼甲板前部舷墙；(2) 一种大型装甲两栖军用车辆

buffer (=bfr)　(1) 缓冲器，资料缓冲器，缓冲垫，缓冲装置，阻尼器；(2) 缓冲溶液，缓冲剂，缓冲液，保险杠；(3) 抛光工具，抛光工；(4) 过渡层；(5) 消声器，消震器；(6) 去耦元件；(7) 缓冲记忆装置，缓冲存储器；(8) 隔离装置

buffer action　缓冲作用，减振作用，隔离作用

buffer amplifier　缓冲放大器，隔离放大器

buffer attenuator　缓冲衰减器，去耦衰减器

buffer bar　缓冲杆

buffer beam　缓冲杆

buffer cap　减震垫圈

buffer case　缓冲筒

buffer circuit　缓冲电路，阻尼电路，隔离电路，减震电路

buffer computer　缓冲型计算机

buffer control unit (=BCU)　缓冲控制器

buffer cylinder　缓冲缸

buffer dashpot　减振器

buffer disk　减振盘，缓冲头

buffer flange　缓冲器座，缓冲器套筒

buffer gate　缓冲门，逻辑门，"或" 门

buffer liquid　缓冲液

buffer memory　(超高速) 缓冲存储器

buffer pair　缓冲副

buffer plunger　缓冲柱塞

buffer solution　缓冲液

buffer spring　缓冲弹簧

buffer stage　缓冲级

buffer stop　缓冲停车，减冲停车，缓冲挡板，止冲器，车档

buffer-stop indicator　[缓冲] 停车标志

buffer storage　缓冲存储 [器]，中间存储

buffer stroke　缓冲行程

buffer washer　减震垫圈

buffered computer　有缓冲[存储]器的计算机，中间转换计算机

buffered input/output section　输入输出缓冲器

buffering　(1)中间转换，(2)缓冲记忆装置

buffet　(1)扰流抖振，抖动，振动，震动，颤动，颤振，抖振；(2)餐具柜，
餐具架，柜台；(3)食堂，餐室

buffeting　扰流抖振，振动，抖动，颤振，颤振

buffing　(1)抛光，磨光，擦光，打光，摩擦；(2)布轮抛光；(3)抛光屑；
(4)抖振

buffing compound　磨光剂

buffing head　抛光轮架

buffing machine　抛光机

buffing oil　抛光油

buffing wheel　抛光[砂]轮

bug　(1)错误，误差，缺点，缺陷，瑕疵，损坏；(2)故障，障碍，干扰；(3)
沿管线递信的自动电报，半自动发报键，电键，快键(4)雷达位置测定器，
可移标，动标，(5)防盗报警器，窃听器，(6)闪光信号灯；(7)月球旅
行飞行器，小型月球车，双座小型汽车，(8)清除管子内部表面的刮器；
(9)不完整，裂隙

Bug Battery　细菌电池

bug dust　煤粉，粉尘

bug hole　晶穴

bug juice　螺旋桨防水流体

bug key　快速发报键

bug patches　错误插入码

bugduster　(1)除粉器；(2)清除煤粉工

bugged room　调机机房

bugeye　(1)采蠔船；(2)(美)平底轻帆船

bugeye lens　超广角镜头

buggy　轻便马车，手推车

buggy ladle　台车式浇包，浇包车，钢包车

bugtrap　小型炮舰

buhl　镶嵌工艺品

buhl saw　框架锯

buhr　磨石，磨盘

buhr mill　双盘石磨

buhrstone (=burrstone, burstone, burrh-stone)　细砂质磨石，磨盘

buhrstone mill　硅石磨盘

build　(1)建筑，修建，修造；(2)造型，构造；(3)[砌体的]竖缝，垂
直缝；(4)组合，组成

build-down　降落，降低，衰减，减低

build down　降落

build-in　(1)内装的，内设的，内部的；(2)装上的，固有的；(3)加入，
插入，装入，嵌入，固接，埋设

build-in calibrator　内部校准器

build-in control　内部控制，自动校验

build-in language　{计}固有语言

build-up　(1)建造，建立，建起，装配，安装，拼装，组成，构成，构造；
(2)计算，作图，(3)形成，产生，发生，出现，作用，(4)加厚，接长，
加强，增大，增加，增强，上升，(5)累计作用，聚集，积累，累积，叠加，
复合，合成，结垢，(6)瞬变振荡

build-up and delay distortion　起振与时延失真

build-up curve　增长曲线

build-up effect　聚集效应，积累效应

build-up member　装配部件

build-up of pulses　脉冲起升

build-up sequence　焊道熔敷顺序

build-up welding　堆焊

build-virtual-machine program　虚拟机构造程序

builder　(1)施工人员，建筑人员，建筑者；(2){计}编码程序；(3)
制造厂，制造者；(4){化}组份

builder cam　成形凸轮

builder fabric　轮胎帘子布

builder-upper　建立者

builder's jack　(1)悬挑脚手架；(2)建筑用的千斤顶

builder's level　施工水准仪

builder's name plate　制造厂铭牌

builder's staging　笨重脚手架

building　(1)建筑物，房屋；(2)建筑行为；(3)增效作用

building a picture line by line　图像逐行再现

building berth　造船台

building block　(1)积木式部件，积木式元件，结构单元；(2)预制构件，
标准块

building-block counter　标准部件制成的计数器

building block counter　标准部件制成的计数器

building-block machine　组合机床

building block principle　积木式原理

building block system (=BBS)　(1){计}插入式程序系统；(2)积木式

building board　建筑板材

building code　房屋建筑规范

building dock　造船坞

building iron　造型烙铁

building lot　建筑基地

building machine　轮胎装配床，配套机

building methods　合成法

building motion　成形装置

building of skeleton construction　构架房屋

building of slag　造渣

building-out　附加[的]，补偿[的]

building-out capacitor　附加电容器

building-out circuit　匹配电路，补偿电路，平衡电路，附加电路

building-out condenser　(1)附加电容器；(2)附加冷凝器

building out network　附加[平衡]网络

building-out resistor　匹配电阻器，补偿电阻器，附加电阻器

building out section (=BOS)　(加感线圈用的)附加平衡网络，附加
[匹配]节

building paper　防潮纸，油毛毡

building room　装配间

building sheet　建筑钢板

building slip　[造]船台

building unit　[高分子的]单体

building-up　(1)建立，建造，组成，合成，建成，堆起，叠合；(2)上升，
升高，增长，增加，长成；(3)装配，安装；(4)积累，聚集，堆积，结瘤，
结垢，造渣，底结；(5)堆焊

building-up curve　组合曲线

building-up of image　图像合成

building up of ports　平炉炉头涨块

building-up properties　提升性

building-up time　建立时间，起始时间，增长时间

builds itself up　自激，发电，电压建起

buildup　(1)加厚；(2)建造，组合，发展，增强，提高，鼓励

buildup curve　压力恢复曲线

buildup pressure　恢复压力

built　组合的，组成的，建成的，造成的，拼成的，装成的，堆积的

built detergent　复配洗涤剂

built edge　固定边缘

built end　固定端

built error correction　内部纠错

built fitting　嵌入件

built mast　复接杆

built-in　(1)安装在内部的，内装的，内接的，内插的，埋设的，嵌入的，
镶入的，装入的；(2)固定的，固接的，固有的，内在的，端固的，固端的；
(3)机内的，机体的，；(4)嵌入墙内的家具

built-in antenna　装在内部的天线，机内天线

built-in beam　固端梁

built-in calibrator　机内校准器，机内检定器

built-in cavity　管内空腔共振器，管内空腔谐振器

built-in check　自动校验，内部校验

built-in command　{计}内部指令，内部命令

built-in current　内在电流阈

built-in edge　固定边缘，嵌入边缘，嵌固边缘

built-in end　嵌入端，固定端

built-in fault tolerance　内部容错

built-in field　内建场

built-in fitting　(1)镶入器具，(2)预埋件

built-in flow circuit　内装流路

built-in function　(1)内部操作；(2)内部功能；(3)内部函数

built-in gauge head　内装规管

built-in lamp　墙内灯

built-in lead detecting head　内装探测器探头

built-in oscillation　固定振荡，固定振荡

built-in-place component (=BIPCO)　装在内部的部件

built-in platform scale　地秤

built-in reactivity　剩余反应性，后备反应性

built-in storage　内装存储器

built-in unit　联机设备，线上设备

built joints　钩键

built mast　复接杆

built motor drive 单独电机传动

built oscillation 固有振荡

built platform 堆积台地

built pile 组合桩

built rib 组成肋

built shoe 组成座脚

built system 与主体成整体的装置

built-up (1) 装配,组装,组合,建立;(2) 可拆卸的,组合的,组成的,拼成的,构成的,建成的,合成的,装配的;(3) 铆接的,焊接的,套上的

built-up beam 组合梁

built-up broach 组合拉刀,拼成 [式] 拉力

built-up circuit 转接电路

built-up connection 转接

built-up crank 组合 [式] 曲柄

built-up crank axle 组合曲柄轴

built-up crank shaft 组合式曲轴

built-up crankshaft 组合曲轴

built-up cutter 组合铣刀,镶齿式铣刀

built-up disk rotor 轮盘组合式转子

built-up-edge 切屑瘤,积屑瘤,刀瘤

built-up edge (1) 切屑瘤;(2) 切屑卷边

built-up factor 积累因子

built-up fraction 并排的分数式

built-up ga(u)ge 组合量规

built-up gear 组合齿轮

built-up girder 组合大梁

built-up gun 套筒炮,装箍炮,筒紧炮

built-up jig 组合夹具

built-up mandrel 组合心轴

built-up mast 拼制的桅杆,组合桅杆

built-up member 装配部件

built-up pattern 组合模,空心模

built-up piston 组合活塞

built-up roofing 组合屋面

built-up rotor 组装式转子

built-up section 组合结构

built-up shaft 组合轴

built-up tappet 组合式踏盘

built-up time 建立时间,增长时间

built-up welding 堆焊

built-up wheel 组合车轮

152

bulb (1) 球形零件,球圆状物,球形物,玻璃泡,烧瓶,;(2) 白热灯,灯泡;(3)(温度计)水银球,球管,球头,(4) 真空管,外壳,管壳;(5) 测温仪表,[测] 温包;(6)(照相机)快门

bulb angle (1) 圆头角钢,球头角钢;(2)(显像管)玻壳的偏转角

bulb angle bar 圆头角杆,圆头角料

bulb-angle iron 圆头角钢

bulb-angle steel 圆头角钢

bulb angle steel 圆头角钢

bulb bar 圆头铁条,圆头铁棒

bulb barometer 球管气压计

bulb beam 球头工字钢,球头工字梁

bulb-blowing machine 吹玻壳机,吹管机

bulb face 玻壳面

bulb getter 环形消气剂

bulb holder 灯座

bulb iron 球头角钢

bulb nose tool 圆端刀具,圆头刀,粗车刀,拉荒车刀

bulb of level. 水平泡

bulb of pressure 膨胀压力,压力泡

bulb pile 圆址桩

bulb plate (=BP) 球头扁钢

bulb potential 玻壳电位,管壁电位

bulb rail 球头丁字钢

bulb-rail steel 球头丁字钢

bulb-sealing operation 管子封口过程

bulb steel 球扁钢

bulb temperature 泡壳温度

bulb tubular turbine 灯泡型贯流式水轮机

bulb-tubulating machine 接管机

bulb-type turbogenerator 灯泡型发电机

bulbar 与球有关的,球的

bulbiform 球状的

bulbous bow 球鼻型船首

bulbs of pressure 膨胀压力

bulge (1) 鼓胀,隆起,凸起,凸出,凸度,不平,翘曲,(2) 凸起变形,(3) 凸轮加工,(4) 非耐压壳体,船底破漏,船腹,底边,(5) 暴增,(6) 凸出部,凸出壳;(7) 防雷胴,舰胴,胴

bulge effect 隆起效应

bulge of a curve 曲线凸起,曲线凸起部

bulge test (1) { 焊 } 打压试验;(2) 扩管 [凸出] 试验

bulging (1) 膨胀,凸出,鼓突;(2) 撑压内形法;(3) 突度,(4) 打气,折皱

bulging force 膨胀力

bulging of tyre 轮胎鼓胀

bulging test (1)(杆件等在纵向压力下的)下曲试验;(2) 镦锻试验

bulgy 膨胀的,凸出的

bulhorn 电扩音器

bulk (1) 块术,(2) 体积,容积,容量,大小,尺寸;(3) 基本部分,大部分,大多数,大半,大块,大量,大批,梗概,(4) 船舱载货,船货,载货,货舱,(5) 堆积,涨 [水],胀大,(6) 整体,主体,躯体,(7) 松密度,胀量,(8) 松散材料,松装材料,颗粒材料,散装,(9) 块状的,大块的,笨重的,体积的

bulk additive 填充剂

bulk analysis 整体分析,总分析

bulk article 大量制品,标准产品

bulk boat 石油驳船,散装船

bulk-behavior region 大块性质区,体特征区

bulk-cargo 散 [舱] 货

bulk-cargo carrier 散装船

bulk carrier 散料转运车

bulk cement 散装水泥

bulk charge transfer device 体电荷转移器件

bulk classing (羊毛)大批量分级

bulk core memory 大容量磁心存储器

bulk cubic yard (=bcy) 松散立方码

bulk data transfer 成批数据传送

bulk density (=BD) 毛体积密度,散货密度,体积密度,整体密度,容积密度,体积重量,松密度,堆密度

bulk diode 体效应二极管

bulk effect 体 [负阻] 效应

bulk effect diode 体效应二极管

bulk elasticity 体积弹性

bulk electroluminescence 体电致发光

bulk encoding 集群编码

bulk erase 大容量去磁

bulk eraser 整盘磁带清洗器,整盘磁带消磁器,整体擦除器,整体清除器,整体消磁器,消磁装置,消磁器

bulk factor 体积因数,紧缩比,体积比

bulk fabre 散纤维

bulk fill 松填方

bulk filler 增量剂

bulk film 长米片卷

bulk gallium arsenide device 砷化镓体效应器件

bulk getter 容积消气剂,容积吸气剂,块状吸气剂

bulk-handling machine 散装物输送机

bulk irradiation 总体辐射

bulk items list (=BIL) 散装货物清单

bulk lifetime 体载流子寿命

bulk loader 散粒物料装载机

bulk material 非包装材料,松散材料,疏松材料,统装材料

bulk memory {计} 大容量 [外] 存储器,档案存储,资料存储

bulk meter (1) 膨松度试验仪;(2) 流量计

bulk method 大量生产法,成批生产法

bulk moulding compound (=BMC) 松散的模制化合物

bulk modulus {数} 体积弹性模数,体积弹性模量

bulk modulus of elasticity 体积弹性模量,容积弹性模量

bulk negative conductivity diode 负 [电] 阻变容二极管

bulk noise 电流噪声,体噪声

bulk of (a) building 房屋体积

bulk of reservoir rock 储油层厚度

bulk phase 整体相,凝聚相(液相和固相的总称)

bulk photoconductor 大块光电导体

bulk photocurrent 体内光电流

bulk piling 无垫木堆积,实积

bulk plant 批发油库

bulk polymer 本体聚合物,整体聚合物

bulk polymerization 本体聚合,整体聚合

bulk production　大量生产, 成批生产

bulk properties　[材料的] 整体性质, 内部特性

bulk resistance　体电阻

bulk sample　总试样, 大样

bulk service　大量服务

bulk shielding　整体屏蔽

bulk shielding facility　连续体屏蔽反应堆

bulk shielding reactor (=BSR)　连续式屏蔽反应堆, 整体屏蔽反应堆

bulk solid loader and unloader　散料装卸机

bulk specific gravity　毛体积比重, 容重

bulk station　散装油站, 配油站

bulk storage　(1) 散装存储; (2) 大容量存储器, 后备存储器

bulk-storage-memory　大容量存储

bulk storage-memory　大容量存储

bulk strength　块体强度

bulk stress　体积应力

bulk supply　整体供电

bulk technology　体效应技术

bulk temperature　整体温度, 平均温度

bulk test　总体试验

bulk tester　膨松度测试仪

bulk transport　散装运输

bulk trial　大量生产试验

bulk unloader　散装物卸载器

bulk variability　膨松不均度

bulk viscosity　体积粘度

bulk volume　松散体积, 总体积, 毛体积, 总容积

bulk water　重力水

bulk weight　松物料体积重量, 毛重

bulkage　大体积物质

bulkcargo　散装货

bulked down　实积的

bulker　(1) 舱货容量检查人; (2) 积聚罐

bulkfactor　(1) 粉末成型前后体积之比, 容积因素, 压缩因素; (2) 体积重量

bulkhead (=BHD)　(1) 挡土墙, 防水壁, 堵壁, 堤岸; (2) 叠梁, 闸木; (3) 船舱, 舱壁, 隔框, 隔板; (4) 炉土 [端墙]

bulkhead deck　舱壁甲板

bulkhead gate　平板水闸门, 堵水闸门, 检修闸门

bulkhead line　码头线

bulkhead wall　挡土墙

bulkhead wharf　堤岸码头

bulkiness　(1) 膨松性, 膨松度; (2) 庞大, 笨重

bulking　(1) 体积膨胀, 体积变形, 膨松化, 胀大; (2) 增加, 增量

bulking agent　填充剂

bulking intensity　膨松度

bulking power　膨松性

bulking value　膨松度值

Bulkley pressure viscosimeter　(润滑脂用) 巴尔利压力粘度计

bulkload　散装货物, 堆放物, 粒子状物, 散货

bulkload chassis　散货运输车底盘

bulkmeter　(测量容积的) 流量计

bulky　体积庞大的, 松散的, 笨重的

bull　(1) 庞大物件; (2) 大型 [的]

bull bit　一字形钻头

bull block　(1) 主滑板; (2) 拉丝模, 拉丝机; (3) 大型滑车

bull chain　传送链, 拖运链

bull crack　厚薄不均的破裂

bull ditcher　大型挖沟机

bull donkey　集材绞盘车

bull earing　桅桁耳形边

bull gear　大 [主动] 齿轮, 载重齿轮, 牛轮

bull gear reducer　大齿轮减速器

bull gun　牛枪

bull-head　(初轧辊的) 平面孔型, 平板箱形孔型

bull head　(宽度最大的) 宽展孔型, 双头式

bull head rail　工字钢轨

bull-headed rail　圆头钢轨

bull headed rail　圆头钢轨

bull laddle　起重机式浇包, 大型浇泡, 输送泡, 吊泡

bull nose (=BN)　(1) 外圆角; (2) 外圆角刨

bull-nose bed　(地毯整理机) 地毯托架

bull-nosed step　圆角踏步

bull-point　钢钎

bull press　型钢矫正压力机

bull pump　双头泵

bull ring　研磨环

bull riveter　大型铆机

bull rod　(1) 钻杆; (2) (拉拔用) 盘条

bull rope　三股硬麻绳, 纤维绳, 钢丝绳

bull runner　吊包装铸工

bull screen　碎料筛, 粗筛

bull set　小石锤

bull stick　转杆

bull switch　照明控制开关

bull tongue　窄松土铲

bull trawl　双船拖网, 对拖网

bull trawler　对拖网渔轮, 双拖网渔轮

bull wheel　(1) 载重齿轮, 大齿轮, 牛轮; (2) 大绳滚筒

bull wheel drive　(龙门刨床工作台) 齿轮－齿条传动

bullboat　牛皮浅水船, 皮艇

bullclam　刮斗机

bulldog　(1) 左轮手枪, 手枪; (2) 钻杆或钻套的安全夹子; (3) 打捞工具; (4) 补炉底材料

bulldog paper clamp　(铁皮制) 纸板夹

bulldog wrench　管子扳手

bulldoze　推压, 挤压, 推土, 清除, 挖出, 削平

bulldozer　(1) 推土机, 压路机; (2) (厚板) 矫正压力机, 弯钢机, 压弯机, 冲压机; (3) 粗碎机

bulldozer blade　推土机刮土铲

bullen nail　圆头钉, 阔头钉

bullet　(1) 炮弹, 枪弹, 子弹, 弹头, 弹丸; (2) 弹药筒, 撞针, 插塞; (3) 坠撞器; (4) 弹头灯泡; (5) 喷口整流锥, 锥形体; (6) 刮管器; (7) 半圆球壳; (8) 射孔弹, 取心弹

bullet-and-flange joint　插塞－凸缘连接

bullet bolt　伸缩插销

bullet catch　弹子门扣

bullet connection　插塞式连接

bullet connector　插塞接头

bullet-defying　防弹的

bullet-die　弹丸模具

bullet group　弹着散布

bullet-headed　子弹头的, 圆头的

bullet jacket　弹头壳

bullet latch　弹子门扣

bullet locator　弹片探测器

bullet-nosed　圆头的, 弹头的

bullet-nosed vibrator　球头式振荡器

bullet-proof　防弹的

bullet proof glass　防弹玻璃

bullet train　高速旅客列车

bullet sprash　弹丸溅片

bullet transformer　一种超高频转换器

bulletin (=BULL)　(1) 公报, 通报, 简报, 告示, 报告, 公告, 会刊; (2) 小册子

bullfrog　(1) 平衡重设备; (2) 平衡重, 平衡锤

bullgrader　(1) 大型平土机; (2) 平路机

bullhead Tee　大头三通

bullhorn　(1) 大功率定向扬声器, 手提式扩音器, 鸣音器; (2) 抓钉, 扒钉

bulling chuck　刀夹头

bullion　(1) 整块金属, 条形金属, 粗金属锭, 金锭, 银锭, 粗铅; (2) 金条, 银条, 纯金, 纯银

bullion content　贵金属含量

bullion fall　粗铅提取率

bullion lead　生铅

bullnose　(1) 外圆角; (2) 船首导缆钳

bullnose tool　拉荒车刀, 粗切车刀

bullock block　桅肩滑车

bullpup　(1) 异形枪托, 无托结构; (2) (Bullpup) (美) 小斗牛式导弹

bullring　(1) 活塞垫环; (2) 船首系索环; (3) 研磨圈

bull's-eye　(1) 牛眼环, 灯环, 窗环; (2) 小圆窗, 弦窗, 风窗; (3) 半球透镜, 凸透镜; (4) 目标中心, 靶心

bull's-eye condenser　牛眼形聚光器

bull's-nose　外钝角, 外圆角

bullwheel　起重机的水平转盘, 大齿轮

bulwark　(1) (船舶的) 舷墙; (2) 防波板; (3) 防波堤

bummer　(1) 滑运木料的有轨车, 低轮车; (2) (矿井) 搬运工

bump　(1) 碰撞,冲撞,撞击,冲击; (2) 挡板,凸缘,凸起,耳; (3) 扰动,颠簸; (4) 震动; (5) 低频噪声; (6) 飞机突然发生和垂直加速度,连续起飞降落; (7) 现场校正钢板; (8) (曲线的)拐点,曲折
bump coil　凸起线圈,扰动线圈
bump contact　块形连接
bump-cutter machine　[混凝土路]整平机
bump equalizer　(数据通信)多峰均衡器
bump method　亚声速流中的超声速区模型试验法,隆起物法
bump joint　法兰接头,凸缘接头
bump storage　缓冲存储器,缓撞存储器
bump test　黑白跳变测试
bumped head　凸形的底
bumper　(1) (汽车)保险杠,保险杆; (2) 缓冲器,缓冲垫,减震器,消音器,阻尼器,防冲挡,防冲器,车挡,挡板; (3) 震动造型机,震动台,震实台,捣实机; (4) 脱模机; (5) 订书机,装订工; (6) 撞击机操作工,冲模床工,铆顶工,制砖工,钣金工,校板工,敲打工,镌版工
bumper bar　缓冲梁,减振梁,保险杠
bumper beam　(1) 防撞器,保险杠,缓冲器; (2) 护角,护条; (3) 减震垫
bumper block　弹性垫座
bumper guard　保险杆护挡
bumper magnet　凸起磁铁
bumper post　缓冲柱
bumper to back of cab (=BBC)　保险杠至驾驶室后壁之间的距离
bumpety-pump　(1) 不规则的颠簸; (2) 不规则的重击声; (3) 不规则跳动
bumpiness　(1) 颠簸气流,混动气流; (2) 颠簸性; (3) 碰撞,锤击,撞击
bumping　(1) 碰撞,锤击,撞击; (2) 喷出,射出,崩喷,冲震; (3) 颠簸
bumping bag　缓冲袋
bumping collision　弹性碰撞
bumping conveyor　冲震运输机
bumping moulding machine　{铸}震实式造型机
bumping post　车挡
bumping table　(1) 圆形振动台; (2) [碰撞式]摇床
bumping trough　撞击式溜槽
bumpkin　伸出的张帆杆,船首短牵木
bumpometer (=bump meter)　不平仪
bumpy　气流变换不定的,崎岖不平的,颠簸的
bumpy flow　涡流
bumpy torus　葫芦环
buna　丁[二烯]钠[聚]橡胶
buna-N　丁腈橡胶
buna-S　丁苯橡胶
bunch　(1) 线束,束簇,束群,束串,束捆,束盘,束包; (2) 聚集物,集拢,群聚,聚束,粘合,结合
bunch builder　包头纱成形装置,包脚纱成形装置
bunch discharge　束形放电,电晕放电
bunch knot　大头结,并头结
bunch light　聚束灯光
bunch of ore　小矿体
bunch of particles　粒子束
bunch wire　绞合线,多绞线
bunched beam　群聚束
bunched cables　束状电缆
bunched conductor　成束导线
bunched conductors　导线束
bunched current　聚束电流
bunched frame alignment signal　集中式帧定位信号
bunched pair　(1) 对股线对; (2) 线束对
bunched wire　绞合线,多股线
buncher　(1) 集束器; (2) [速调管的]输入控制电极,[速调管的]调制腔,速度控制电极,输入共振器,调速电极,群聚栅,[电子]聚束器,聚束栅,聚束极; (3) 无级变速器; (4) 接线板; (5) 集材机,归堆机; (6) 搓捻机,合股机
buncher gap　输入共振腔间隙,集聚隙,聚束隙
buncher resonator　(1) 聚束空腔谐振器; (2) 聚束谐振腔
buncher space　聚束栅空间
buncher voltage　聚束电压,群聚电压
bunching　(1) 聚束,聚群,成组,成群,群聚; (2) 改变
bunching admittance　聚束导纳
bunching effect of photons　光子聚束效应
bunching of picture element　像素拥挤,像素群聚
bunching parameter　群聚参数,组参数

bunching press　绞纱打包机
bunching theory　群聚理论
bunching voltage　束群电压
bunchy　成束的,成球的,隆起的
bund boat　一种小帆船
bundle (=Bdl 或 bdl)　(1) 束; (2) 捆,扎,卷,盘; (3) {数} 丛,卷,把,包; (4) 群; (5) 线圈,[线材的]盘,堆; (6) 药包
bundle branch　束支
bundle buster　自动送坯[进加热炉的]装置
bundle cleaning method　换热器管束清扫法
bundle conductor　导线束
bundle finishing　束状纹
bundle of circles　圆把
bundle of coefficients　系数丛
bundle of conics　二次曲线把
bundle of input　输入线束
bundle of lines　直线把
bundle of planes　平面把
bundle of quadrics　二次曲面把
bundle of rays　射线束,光束
bundle of spheres　球把
bundle of wires　导线束
bundle pillar　群柱,集柱
bundled conductor　成束导线,导线束
bundled cutting　成束锯断
bundled program　附随程序
bundler　包扎工,捆包工
bundling　(1) 打小包; (2) 集束
bundling press　小包机
bundling machine　包扎机
bundyweld　双层蜡焊管法
Bundyweld tube　铜钎接双层钢管
bung　(1) 木塞; (2) (反射炉)移动炉盖
bung head　[螺栓、螺钉的]锥形方头
bung starter　松塞锤
bungee　(1) 弹簧筒; (2) 橡皮筋; (3) 过度操纵防止器,炸弹舱启门机,跳簧
bungs　(俚)船上修桶工,修理箱柜的船坞工人
buninoid　圆形的
bunk　(1) (船上的)框架式床铺,固定床铺,座床,床铺; (2) 运木车,运木撬; (3) 饲料槽
bunk apron　上钩铺挡板
bunk bed　双层床
bunk car　运煤车
bunk oil　船用油
bunker　(1) (苏格兰)窗座箱,料仓,[船用]煤舱,油舱,冷藏箱,[机车]煤柜; (2) [地下]掩体
bunker car　仓[运煤]车
bunker coal　燃料煤,船用煤
bunker fuel oil　船用燃料油
bunker oil　船用油
bunker scale　料仓秤,料斗秤
bunkerage　(1) 贮煤设施,贮油设施; (2) 贮存设备
bunkering　燃料的仓储,装燃料
bunkle station　泵送站
Bunsen beaker　平底烧瓶,烧杯
Bunsen burner (= Bunsen lamp)　本生灯
Bunsen cell　本生电池
Bunsen cone　本生焰锥
Bunsen-lamp　本生灯
bunt　(1) 围网底兜,网身,腹网; (2) 帆腹
bunter dog　抓钩
bunter plate　阻弹板
bunting　(美)船旗
bunting iron　挡铁
buntline　拢帆索
buntline cloth　帆加固部
bunton　(1) 横梁; (2) 矩形罐梁; (3) 横撑
buoy　(1) 浮子,浮标,浮体; (2) 救生圈; (3) 设置浮标
bouy-derrick　浮标吊杆
buoy line　浮子网
bouyage　(1) 浮标系列; (2) 系船浮筒使用费
buoyance (=B)　(1) [水的]浮力,[空气的]升力; (2) 恢复力,浮动性,弹性

buoyance force　浮力
buoyance of water　水的浮力
buoyance pump　浮力泵
buoyancy　浮力, 升力
buoyancy level indicator　浮力液面指示器
buoyant　(1) 有浮力的, 易浮的; (2) 有弹性的, 弹性的; (3) 浮料
buoyant ascent　浮力上升法
buoyant probe　浮标探针
bur　(1) 毛刺, 毛边, (2) 去毛刺; (3) 磨石, 油石; (4) (机器运转发出的) 嗡嗡声, 轧辘声; (5) 圈
burble　(1) 起 [气] 泡, 沸涌; (2) 泡流分裂, 涡流, 紊流, 扰流, 旋涡; (3) 失速
burble angle　失速角
burbling　(1) 泡流分裂, 泡流分离, 泡流离体; (2) 流体起旋, 扰流; (3) 层流变湍流
burden　(1) 炉料, 配料; (2) 负荷, 荷载; (3) 负担, 责任; (4) 承载量
burden calculation　配料计算, 炉料计算
burden rates　装载量定额
burden removing　剥离
burdening　(1) 配料; (2) 装载, 装货, 承载
burdizzo pincer　锉切钳
bureau (=BU)　局, 处, 所, 科
Bureau of Aeronautics　航空局
Bureau of Srandards (=BS)　标准局, 美国标准局
Bureau of Technical Inforation (=BTI)　技术情报局
Bureau of Technical Standard　技术标准局
burette (=buret)　滴定管, 量管
Burgers body　伯格斯体 (理想粘弹性)
Burgers vector　伯格斯矢量 (原子间距)
burglar alarm　防窃报警器
burglary resistive　抗盗设备
burial tank　[放射性废物] 贮埋槽
burial　(1) 埋藏; (2) (在缓冷炉中) 冷却
burial trials　土埋试验
buried　(1) 埋入的, 埋藏的, 埋置的, 遮盖的, 掩蔽的; (2) 浸没的, 浸入的, 沉没的,
buried antenna　埋地天线
buried cable　地下电缆
buried channel CCD　掩埋信道的电荷耦合器件, 埋沟电荷耦合器件 (CCD=charge-coupled device 电荷耦合器件)
buried crack　内埋裂纹
buried explosion　地下爆炸
buried flaw　内埋缺陷
buried missile　井内的导弹
buried oil pipe line　地下油管
buried pipe line　地下管道
buried shelter　地下防空洞
buried-stripe double heterostructure laser　隐埋条形双异质结构激光器
buried structure　掩体建筑物
buried tank　地下贮藏
buried wiring　隐蔽布线, 暗线
burke　秘密取消, 秘密禁止, 秘密查讯, 压制, 扣压
burn　(1) 烧, 燃烧, 烧毁, 烧焦; (2) 烧伤, 烧灼; (3) 耗尽, 燃毁; (4) 烧毁区域, [森林] 火烧地
burn away　继续燃烧, 烧完, 烧坏, 烧毁
burn-back　(1) 炉衬烧损, 熔蚀; (2) [焊接] 烧接
burn back　{ 焊 } 烧接
burn-cut　空眼掏槽
burn down　火力减弱, 烧毁, 烧掉, 烧光
burn-in　(1) 老化; (2) 预烧; (3) [荧光屏的] 烧毁; (4) 强化试验
burn in　(1) 烧毁, 预烧, 腐蚀; (2) 烧上, 烙上, 焊上; (3) 老化
burn-in screen　高温度率老化筛选
burn-off　(1) 烧除; (2) 雾消, 云消; (3) 耗散热; (4) { 焊 } 熔化, 熔落, 烧穿, 焊穿, 降碳
burn off　烧去, 烫去
burn-on　(1) { 铸 } 粘砂; (2) 焊上, 焊补
burn on　(1) 焚烧; (2) 焊
burn-out　(1) 燃烧中止, 停止燃烧, 燃烧完, 熄火, 歇火; (2) 烧毁, 烧坏, 烧断, 烧光, 烧透, 烧熔, 熔蚀; (3) { 铸 } 烧掉蜡模
burn out　因燃料缺乏而停烧, 用燃烧的方法形成, 烧光, 烧毁, 烧坏, 烧断
burn-out altitude　燃料燃尽时的高度, 主动段终点高度
burn-out angle　熄火点弹道角

burn-out condition　熄火条件
burn-out indicator　烧毁指示器, 烧断指示器
burn-out life　烧坏寿命
burn-out pipe　通气孔
burn-out point　燃料燃尽时 [弹道] 的瞬时位置
burn-out proof　防烧蚀
burn-out proof cathode　防烧毁阴极, 耐烧阴极
burn-out rate　断线率, 烧毁率
burn-out resistance　烧穿电阻
burn-out resistance cathode　防烧毁阴极, 耐烧阴极
burn-through　烧毁, 烧蚀, 烧穿, 烧透, 烧漏
burn through　(1) 烧穿, 烧透, 烧蚀; (2) (导弹) 发射
burn together　烧焊, 烧合, 焊接, 熔接
burn-up　燃耗, 烧尽
burn up　燃耗, 烧尽, 烧完
burnable　(1) 易燃的; (2) 易燃物
burned gas　已燃气, 废气
burned ingot　过热钢锭
burned sand　焦砂
burned speed　燃料燃尽瞬间的飞行速度, 主动段末速度
burned steel　过烧钢
burner　(1) 燃烧嘴, 喷嘴, 喷枪, 吹管; (2) 煤气头喷烧器, 燃烧器, 燃烧室, 燃烧炉, 烧硫炉, 火口; (3) 喷灯, 灯; (4) 燃烧工, 烧窑工, 烧矿工, 气焊工, 气割工
burner inner liner　燃烧室衬套, 火焰筒
burner jet　燃烧器喷嘴
burner liner　火焰管
burner man　烧火工
burner manifold　喷燃器燃料管
burner orifice　喷灯口, 喷灯嘴
burner tile　耐火瓦, 炉瓦
burner wind box　喷燃器风箱
Burnett effect　巴涅特 [旋转磁化] 效应
burnettize　(木材) 氯化锌防腐法, 氯化锌浸渍
burnettizing　(木材) 氯化锌防腐法, 氯化锌浸渍
burning　(1) 烧伤, 灼伤; (2) 燃烧, 烧光, 烧毁; (3) 加热处理, 过烧, 氧化, 煅烧, 焙烧; (4) 摩擦切割, 磨损; (5) 燃烧的, 焙烧的
burning area　燃烧面积
burning bar of lead　铅焊条
burning behavior　燃烧特性
burning characteristic　燃烧特性
burning gases　燃烧气体
burning-glass　凸镜, 火镜, 阳镜
burning glass　凸透镜, 取火镜
burning-in　(1) 铸焊; (2) 熔焊, 熔接, 烧上, 烙上; (3) 金属渗入型砂, 机械粘砂, 钢包砂
burning in　曲轴连杆紧配跑合
burning-in period　电子管老化时间
burning in process　浸油法
burning lead　铅焊
burning loss　烧损
burning mixture　可燃气体混合物
burning of lead　铅焊
burning of microphone　微音器炭精粒烧结
burning of paper　纸的过干作用
burning of rubber　橡胶的锆焦
burning of tooth surface　齿面烧伤
burning-off　(1) 清除机械粘砂; (2) 烧去, 烫去; (3) 烘烤
burning oil　燃油, 灯油
burning-on　金属熔补, 烧除法, 热补, 焊
burning on　烧涂法
burning-on method　熔接法
burning-out　停止燃烧, 停烧, 烧坏, 烧毁, 烧去
burning out　烧毁, 烧除, 烧断, 烧尽, 烧坏
burning period　(1) 火箭发动机工作时间, 燃烧时间; (2) 主动段飞行时间; (3) 管子老化时间
burning phase　主动飞行阶段
burning point　燃 [烧] 点
burning preventer　防燃器
burning rate　燃烧速度, 燃烧率
burning shrinkage　燃烧收缩
burning-through　烧穿, 烧透, 烧蚀
burning torch　气割炬, 割枪
burning trajectory　主动飞行弹道

burning up　烧尽,烧穿,烧毁,耗尽

burning zone　(1)燃烧带;(2)热带

burnish (=BNH)　(1)挤走,[摩擦]抛光,压光;(2)光泽,光亮;(3)烧蓝

burnish broach　熨光刀

burnish broaching　挤拉内孔

burnish over　挤光,摩擦抛光

burnished gold　亮金黄色

burnisher　(1)摩擦抛光机,挤光器,抛光器,磨光具,磨光器,磨光辊;(2)挤光机;(3)磨光工,打磨者

burnishing　挤出,挤光,磨光,摩擦抛光,擦亮,光泽

burnishing broach　挤光刀,抛光拉刀

burnishing broaching　挤拉内孔

burnishing bruss　磨光辊,抛光辊

burnishing die　挤光模

burnishing gear　挤光齿轮

burnishing-in　(1)挤光,(2)跑合作业(曲轴或连杆轴承紧配跑合的跑合)

burnishing lathe　抛光车床

burnishing machine　挤齿抛,挤光机,抛光机,辊光机

burnishing roll　抛光辊

burnishing stick　抛光条

burnishing wheel　摩擦抛光轮,挤光轮

burnout (=BO)　(1)烧毁,烧断;(2)燃尽,燃耗;(3)停止燃烧,歇火

burnover　欠火砖

burns　烧焦

burnt　(1)烧过的,烧伤的,烧焦的,烧成的;(2)铸件被)烧毁,烧坏,过烧;(3)加热过度

burnt coal　天然焦炭

burnt iron　过烧钢

burnt metal　过烧金属

burnt-on sand　{铸}粘砂

burnt paper sunshine recorder　焦纸日照仪

burnt potash　氧化钾

burnt rivet　热处理铆钉

burnt steel　过烧钢

burnup (=BU)　(1)燃尽,燃耗;(2)烧毁

burr　(1)毛刺,毛边,毛口,焊瘤,焊疤;(2)去毛刺;(3)磨盘,磨石,油石,砺石;(4)(机器急速运转发出的)嗡嗡声,辘辘声;(5)垫圈,轴环,杆环,套环,焊片,衬片;(6)三角凿,三角锉,圆头锉,小圆锯;(7)粗刻边,凿纹,粗纹;(8)铸模合缝,钣金坯件,模缝;(9)小型机动钻,牙钻;(10)防滑铁环,铆钉垫圈,套环,小箍

burr beater　除草刺打手

burr breast　预梳机,粗梳机

burr crusher　除草刺机

burr-drill　(1)圆头锉;(2)钻锥

burr extracting　除草刺工艺

burr guard　除草刺刀

burr wheel　弯纱轮

burr wire　锯齿钢丝,钢刺条

burring　(1)毛口磨光,去毛刺,去毛口,去毛头;(2)内缘翻边;(3)剔除

burring attachment　去毛刺装置

burring cutter　去毛刺工具

burring machine　去翅机

burring reamer　去毛刺[手]铰刀

burrowing share　深耕机犁铧

burrs　过火砖

burrstone　磨石

burst　(1)爆发,爆炸,爆破,爆裂,炸裂;(2)破裂,裂口,裂缝;(3)绽开,打开,冲开,撕开,碰撞,冲击,震动,胀裂,挤破,撞破,炸破;(4)脉冲猝发,突发,突起,闪现;(5)射电爆发,发射,喷出,充满,(6)定向信号,相位信号;(7)无线电信号的突然增加

burst amplifier　(1)闪光信号放大器;(2)彩色同步信号放大器

burst behaviour　(反应堆)瞬发行为,猝发行为

burst blanking　色同步消隐

burst blanking pulse　彩色同步信号消隐脉冲,彩色同步信号熄火脉冲,短促消隐脉冲

burst-can detector　燃料元件破裂检测器

burst cartridge detection (=BCD)　释热元件损伤的探测

burst center　平均炸点

burst controlled oscillator　(电视)短脉冲串控制振荡器,色同步控制振荡器,猝发振荡器

burst data　成组数据

burst-delay multivibrator　延迟色同步脉冲多谐振荡器,

burst disk　爆破隔膜

burst edge　裂边

burst-eliminate pulse　消除色同步脉冲

burst-energy-recovery efficiency　色同步再生效率

burst error　{计}猝发误差,突发差错,区间误差,子帧误差,比特群误差,成组错误,段错误

burst-error-correction　色同步误差校正,猝发误差校正,纠突发错误

burst fire　点射

burst-flag　色同步选通脉冲,色同步标志脉冲

burst frequency　色同步脉冲频率

burst-gain control　色同步脉冲增益控制

burst gate　(1)短促脉冲选通门,色同步门;(2)定相脉冲电路

burst-gate circuit　色同步选通电路

burst-gate pulse　色同步形成脉冲

burst gate pulse　短促选通脉冲,色同步门脉冲

burst gate tube　猝发放大控制管,闪光控制管

burst gating-circuit　脉冲选通电路

burst-gating pulse　色同步选通脉冲,色同步门电路

burst generator　短时脉冲串发生器,色同步脉冲发生器,瞬时脉冲群发生器

burst-key delay control　色同步选通脉冲延迟控制

burst-key generator　色同步键控脉冲发生器,脉冲群键控发生器

burst length　(1)脉冲串长度;(2)脉冲时间

burst-locked oscillator　色同步锁定的[副载波]振荡器

burst mode　(1)脉冲串式;(2)成组方式

burst noise　突发噪声

burst of gun fire　急促射[击]

burst of ultraviolet　紫外激发

burst on impact　落油炸点

burst out　爆炸

burst phase　彩色同步信号的副载波相位

burst-phase control　色同步脉冲相位控制

burst pressure　爆破压强

burst pulse　色同步脉冲,短脉冲

burst range　爆裂距离

burst regeneration　点燃信号还原,短促信号恢复

burst separator　彩色同步信号分离器

burst signal　正弦波群信号,色同步信号

burst slug detection (=BSD)　释热元件损伤探测

burst-slug detector　释热元件损伤探伤器

burst slug detector　释热元件损伤探伤器

burst speed　破裂速度

burst synchronization　短脉冲同步,分帧同步

burst test　耐破度试验

burst transmission　快速传输

burst-trapping code　突发俘获码,突发陷波码

burst-type error　段错误

burst wave　爆破波

burst-width　色同步脉冲群宽度

burster　(1)起爆药,起炸药,引爆包,炸药;(2)爆炸管;(3)爆炸剂;(4)破碎工,爆破者,破碎者

bursting　(1)爆炸;(2)猝发;(3)爆裂,炸裂,碎裂,裂开,断裂

bursting charge　弹体装药

bursting disk　(1)破裂保护圆盘;(2)防爆膜

bursting distention　顶破扩张性

bursting layer　爆破边

bursting point　爆发点,破碎点

bursting pressure　爆破压力,破坏压力

bursting reinforcement　防爆钢筋

bursting rod　[浆纱机]分绞棒

bursting strength　(1)爆破强度;(2)抗断裂强度,脆裂强度;(3)[织物]顶破强力

bursting strength tester　[织物]顶破强力试验机

bursting stress　破坏应力

bursting test　爆破试验

bursting tcst machine　爆破试验机

bursting tube　(变压器)安全管

burstone　磨石

burton　复滑车,辘轳

bus　(1)总线,母线,汇流排,汇流条;(2)公共汽车;(3)运载船

bus allocator　总线分配器

bus-bar　(1)汇流条,汇流排,导电板,汇电板,导[电]条,母线;(2)工艺导线

bus bar　(1)汇流母线,汇流条,汇流排;(2)工艺导线

bus-bar clamp　母线夹
bus-bar wire　汇流排，母线
bus compartment　汇流条隔离室
bus coupler　母线联络开关
bus coupling　母线耦合
bus cycles　{计}总线周期
bus driver　(1){计}总线驱动器；(2) 公共汽车司机
bus duct　母线管道
bus duct work　母线管道工程
bus-in bus　总线输入总线
bus-in signal　总线输入信号
bus insulator　母线绝缘器
bus-interlocked communication　总线互馈通信
bus lane　公共汽车道
bus-line　总线，母线
bus-loading bay　公共汽车停车站
bus master　总线主控
bus mile　[公共汽车]车英里
bus mother board　总线底板，总线木板
bus-only lane　公共汽车专用车道
bus-organization　总线式结构
bus organization　总线式结构
bus-organized structure　总线式结构
bus-oriented backplane　总线用底板
bus-out　总线输出
bus-priority structure　总线优先结构
bus queue barrier　公共汽车排队候车栅栏
bus reactor　母线电抗器
bus regulator　母线电压调节器，母线电压限流器
bus rod　圆条母线
bus room　母线室
bus sectionalizing reactor　母线隔断电抗器，母线分隔电抗器
bus slave　总线受控
bus stop　公共汽车停车站
bus system　母线系统
bus tie (=BT)　母线联络
bus-tie-in　汇电板
bus-to-peripheral interface　总线到外围设备接口
bus transceiver　总线收发器
bus turnout　公共汽车驶出用分支车道
busbar　汇流条，汇流排，汇流线，母线
busbar protection　母线保护
busbar voltage　母线电压
bush　(1)轴承套，衬套，轴套，轴衬，衬管，衬瓦，轴瓦；(2)套筒，套管，承窝；(3)砂轮灌孔层，绝缘管，翼栅；(4)用金属衬里，加衬套，加轴套；(5)不够熟练的，低劣的
bush bearing　衬套轴承，[径向]滑动轴承
bush chain　套筒链，滚子链
bush-hammer　气动凿毛机，凿石锤
bush hammer　气动凿毛机，凿石锤
bush-hook　大镰刀
bush metal　衬套合金
bush neck　主轴衬，轴承座，底衬环
bush of jack　塞孔衬底
bush pilot　无人区飞行员
bush plate　钻模板
bushed track　有衬套的履带
bushel (=bsh)　蒲式耳 (谷类容量单位，约 36 公升，英 36.368 公升，美 35.238 公升)
bushel iron　碎铁
bushelage　蒲式耳数
bushelful　一蒲式耳
bushelled iron　熟铁 (搅炼炉铁)
busher　(1)双壁开沟犁，翻土机；(2)钉头切断机；(3)风镐；(4)无火焰发爆器
bushhammer　凿毛锤，鳞齿锤
bushing (=BUSH)　(1)轴套，轴衬，衬套，套筒，轴瓦，导套，锁套；(2)绝缘套管，高压套管，塞孔套管；(3){电}引线，导线；(4)螺丝端节，连接套管；(5)拉丝坩埚；(6)砂轮灌孔层
bushing bearing　衬套轴承
bushing chain　有挡平环链，柱平环链
bushing current-transformer　套管式变流管
bushing current transformer (=BCT)　套管式电流互感器，环形电流互感器，套管式变流器

bushing driver　衬套冲出器，套筒装卸器
bushing holder　套筒握持器
bushing lock　轴瓦定位舌锁
bushing nut　套筒螺母
bushing plate　钻模板
bushing press　衬套压入机
bushing puller　轴套拉出器，轴套拆卸器
bushing reamer　套筒扩孔器
bushing repalcer　套筒置换设备
bushing ring　衬环
bushing tool　轴套装卸工具，套筒装卸工具
bushing-type condenser　套管式电容器，穿心电容器
bushing type condenser　套管式电容器，穿心电容器
bushing type current transformer　套筒式电流互感器
business　(1)困难的工作，业务，任务，职责，权利，事务，事情，事件；(2)营业所，商店；(3)商业，行业，企业，营业，职业，实业
business clothing　工作服
business building　办公楼
business computer　商用计算机
business data processing　事务数据处理，商业数据处理
business day　营业日
business electronic data processing system technique (=BEST)　商业电子数据处理系统技术
business game　商务对策，商务策略，商业对策
business hours　营业时间
business like　事务式的，有系统的，有条理的，
business-oriented computer　面向商业的计算机
busload　载容量
bussing　高压线与汇流排的连接
buster　(1)打碎者；(2)钢楔子；(3)整坯模
buster slab　防弹墙
busy　(1)占线；(2)计算机在工作；(3)无空闲的，忙碌的
busy back　占线信号，忙回信号
busy-back capacitor　忙回电容器
busy-back jack　占线测试塞孔，忙音塞孔
busy-back tone　占线音，忙音
busy channel　忙线路
busy-flash signal　占线闪光信号
busy-hour crosstalk noise　忙时串杂音
busy indicating circuit　示忙电路
busy lamp (=BL)　占线指示灯，忙线信号灯
busy link　忙音接续片，占线接续片
busy picture　图像动乱
busy report　占线报告
busy signal　占用信号，忙音信号
busy test　(1)占线测试；(2)满载试验
busy tone (=BT)　忙音
busy tone trunk (=BTT)　忙音中继线
busybody　三面镜
but　(1)但是，可是，然而；(2)除非，而不，若不；(3)只是，不过，仅仅，才；(4)除……之外，除去
but for　如果不是由于，如果没有，除……之外，要不是，若非
but just　只不过，仅仅
but little　没有什么，几乎没有
but nevertheless　虽然……但是，然而
but now　刚才
but once　只有一次
but rather　而宁可说是
but that　如果没有，要不是，而没有，若非，而不
but then　但另一面却，但是，然而
butadiene　丁二烯
butadiene-acrylonittrile rubber (=BD/AN)　丁腈橡胶
butadiene rubber (=BR)　聚丁[二烯]橡胶
butaprenes　丁二烯橡胶类
butler finish　(板材表面的)无光重整
butment　(1)对头接合，邻接，连接，相接，接界，贴合；(2)墩式台座，支座，桥台，桥墩，桥架，支柱，墩柱，斜撑；(3)支撑面，接合点
butt　(1)平接[合]，对接，连接，扎接，衔接；(2)粗糙，大头，端[面]，根；(3)(工具)柄，残[电]极，(枪)托；(4)铰链；(5)限位块；(6)铸块，锭块；(7)射击场，靶场，目标，目的；(8)冲撞，碰撞，抵触，冲出
butt and collar joint　套筒接合
butt and lap　横接缝
butt block　对接缝衬垫，对接贴板
butt box　大块氧化皮收集箱

butt buffer 枪手缓冲器
butt-carriage 转材车
butt chain 对接链
butt chisel 平头凿
butt contact 对接触点
butt cracks (1) 接头裂缝; (2) 端面裂纹
butt end (1) 平头部, 平头端, 粗端; (2) 工具柄, 枪托; (3) 残留部分
butt finish 半光泽抛光
butt fusion 熔接
butt ga(u)ge 铰链规
butt hinge [门的] 铰链
butt ingot 钢锭切头
butt-joint (1) 对接, 平接; (2) 碰焊; (3) 对接接头, 对抵接头
butt joint (1) 对头连接, 对头焊, 对接, 平接, (2) 对 [接] 接头, 对抵接头
butt line (=BL) 接缝
butt-muff coupling 刚性联轴器, 套筒联轴器
butt-off {铸} 补捣 [型砂], 补实
butt pin 铰链销
butt plate 底板
butt-prop (1) 立柱的撑杆; (2) 对接焊叉, 对接支柱
butt puller 坏针拔除器, 拔针钳
butt rammer 平头锤
butt resistance welding 电阻对焊
butt riveting 对头铆钉
butt saw 截木锯
butt seal 对 [头封] 接
butt seam 对接缝
butt seam welding 滚对焊
butt-sintering 对接烧结
butt sling 吊桶索套
butt splice 对缝接头
butt strap (焊) 对接搭板, 平接盖板
butt-weld 对头焊接, 对顶焊接, 对缝焊接, 对抵焊接, 平式焊接, 对焊, 碰焊
butt weld (1) 对头焊接, 平式焊接, 对焊 [接]; (2) 对接焊缝
butt-welded 对焊的
butt welded (=BW) 对接焊 [的]
butt-welded drill 对头焊接钻头
butt weld in the downhand position 对接平焊
butt weld in the flat position 对接平焊
butt weld in the gravity position 对接平焊
butt welded pipe 对缝焊管, 焊缝管
butt welded tube 对缝焊管, 焊缝管
butt-welded with chamfered ends 斜头平焊接
butt-welded with square ends 方头平焊接
butt welding 对头焊接, 平式焊接, 对焊
butt welding machine 对焊机
butted 对接的, 联牢的, 粗凿的
butted tube 端部加粗管, 异壁厚管, 粗端管
butter 油, 膏, 糊剂
butter of antimony 三氯化锑 (晶体)
butter of tin 氯化锡
butter of zinc 氯化锌
butterfly (1) 蝶形, 蝶式; (2) 蝶形阀, 蝶形板, 节气门, 节流门
butterfly circuit 活动目标探测电路, 特高频电路, 蝶形电路, 调谐电路, 蝶式回路
butterfly nut 蝶形螺母, 碟形螺帽
butterfly screw 元宝螺钉, 蝶形螺钉
butterfly oscillator 蝶形振荡器
butterfly valve 蝶形活门, 蝶 [形] 阀, 混合气门, 节流阀, 风门
buttering (1) 预堆边焊; (2) [用镘刀] 涂砂浆, 涂盖
buttering trowel 涂灰镘
Butterworth filter 巴特沃兹滤波器, 蝶值滤波器
butting (1) 对接, 平接, 扎接; (2) 撞; (3) 界限
buttinski 装有拨号盘和送受话器的试验器
buttless thread 锯齿螺纹
buttock (1) 船体纵剖线, 纵剖面, 船艉; (2) 工作面端部
buttock face 台阶式工作面
buttock getter 机窝采煤机
buttock lines 船体纵剖线
buttocks 船艉凸面
button (=BTN) (1) 旋钮, 按钮, 电钮; (2) 钮扣电极, 球形捏手; (3) 金属小块, 小球, 粒; (4) 焊缝试样

button breaker 凸钮揉布机, 滚珠揉布机
button breaking machine 凸钮揉布机
button capacitor 纽扣式电容器, 小型电容器, 微型电容器
button condenser 纽扣式电容器, 小型电容器, 微型电容器
button crucible 钮形坩埚
button die 模具镶套
button dies 可调圆扳手
button feeder (缝纫机) 送钮扣装置
button gauge 中心量柱
button-head (1) 圆头的; (2) 圆头螺钉, 圆头螺栓, 圆头铆钉
button head capscrew 圆头螺钉, 半圆头紧固螺钉
button-head rivet 圆头铆钉
button head rivet 圆头铆钉
button-head screw 圆头螺钉
button head screw 圆头螺钉
button plate 凸点钢板
button rivet 圆头铆钉
button safety-cap 按钮保险罩
button set 按钮组
button-spot welding 点焊
button socket 按钮灯口
button stem 微型管芯柱
button switch (=BS) 按钮开关
button test (钢丝的) 自身缠绕试验, 金属粒试验
button-type clutch facing 离合器钮形摩擦衬面
button weights 试金砝码
buttonhead (1) 圆头螺栓; (2) 圆头的
buttonholer 钮孔缝制器
buttoning 圆钮定位法
buttonmold (=buttonmould) 钮模
buttress 支持物, 支柱, 支肋, 支墩
buttress braces 垛间支撑, 加劲梁
buttress bracing struts 垛间支撑, 加劲梁
buttress centres 支墩间距
buttress screw 锯齿 [螺] 纹螺钉
buttress screw thread 锯齿螺直三角螺纹, 倒牙螺纹
buttress shaft 细柱
buttress thread 直三角螺纹倒牙螺纹, 锯齿螺纹
buttressing effect 支撑效应
buttstock 枪托
buttstrap 对接加强板, 对接盖板, 搭板
butyl-rubber 异丁 [烯] 橡胶, 丁基橡胶
butyl rubber 异丁 [烯] 橡胶, 丁基橡胶
butyl stearate (=BS) 硬脂酸丁酯 (增塑剂)
buy (1) 收买, 购买, 交易; (2) 获得, 赢得, 换得; (3) 接受
buy for cash 用现金买
buy in [大批] 买进
buy off 收买
buy on credit 赊买
buy on tally 赊购
buy on trust 赊购
buy out 买下资产, 买下存货
buy over 收买
buy retail 零买
buy up 全部买进, 尽量收购
buy upon 赊购
buyable 可买的
buyer 购买单位, 买主, 买方
buying order 购货单
buying rate 买入价
buzz 蜂音
buzz-bomb 喷射推进式炸弹, V 型飞弹, 飞弹
buzz-box 炮兵射击指挥仪
buzz planer 圆刨床
buzz-saw 圆锯
buzz saw 圆锯
buzz stick 蜂鸣测试棒
buzz track test film 蜂音统调试验片
buzz word 专门用语, 术语
buzzer (=Bz) (1) 电气信号器, 蜂鸣器, 蜂音器, (2) 轻型凿岩机, 磨轮, 砂轮
buzzer oscillator 蜂音发生器
buzzer relay 蜂鸣继电器, 蜂音继电器
buzzer wave-meter 蜂鸣器波长计

158

buzzerphone (1)蜂鸣器,蜂音器;(2)蜂音信号;(3)野战轻便电话机, 野战轻便电报机

buzzing (1)蜂鸣,发蜂音;(2)低飞,俯冲

buzzo (意)渔帆船

buzzy (1)嗡嗡响的;(2)伸缩式凿岩机,伸缩式风钻

bx cable (安装用)软电缆

B-Y signal (彩色电视) B-Y 色差信号

by (1)在旁边,向旁边,从旁边,经旁边,(2)经过,通过,横过,沿;(3)逐个,凭,靠,按,用,由,被,据;(4)搁在一边,在旁,从旁,存放

by agreement 经同意,合意

by and by 不久以后,后来

by and large 从各方面来看,一般说来,总的讲,大体上,基本上,全面地

by any chance 万一

by-chute 通过斜槽,泻物槽

by definition 根据定义

by-effect 附加作用,副作用

by-end 附带目的

by experience 凭经验

by hand 人工地,用手

by itself 自然而然,自行,独自

by-level (1)中间水平;(2)分段

by-line (1)平行干线的铁路支线;(2)副标题字行

by-law (1)附则,细则,规则,法规,章程;(2)地方法;(3)说明书

by-laws 规章,章程,细则,法规

by-level (1)中间水平;(2)分段

by-line (1)平行干线的铁路支线;(2)副业

by-pass (=BP) (1)皮管路,回绕管,旁通管,旁通路,旁通,支路;(2)泄水道,绕流管,侧道;(3)回油活门,(4){电}并联电阻,旁路电阻,分路,旁路;(5)环绕线,并联;(6)溢流渠,分流,支流

by-pass accumulator 浮充蓄电池[组],副电池

by-pass arrester 旁路避雷器

by-pass battery 缓冲电池组,补偿电池组

by-pass block 辅助程序块,辅助字组,旁路字组

by-pass capacitor 旁路电容器,分流电容器

by-pass condenser 旁路电容器,分流电容器

by-pass channel 并联电路,旁路

by-pass engine 内外函式喷气发动机,双路式涡轮发动机

by-pass filter 旁路滤波器

by-pass governing 旁路控制

by-pass mixed highs 旁路混合高频分量

by-pass monochrome (彩色电视)单色图像信号共现

by-pass monochrome image 旁路单色图像,旁路黑白图像

by-pass pipe 旁通管

by-pass plug 旁通塞,放油塞

by-pass ratio 旁路比

by-pass roll (1)传递辊;(2)支辊

by-pass set 旁路接续器

by-pass stop valve 备修旁通阀

by-pass stream 分流

by-pass to ground 旁通接地

by-pass to waste 逸入空气中,放入空气中,放走,排泄

by-pass valve 分流阀,旁路阀,旁通阀,支路阀

by-passed 加分路的,并接的,跨接的

by-passing (1)分路,分流,旁路,(2)分路作用

by-path 支[管]路,旁通,旁路

by-pit 通风井,副井,风井

by-product (=bp) 副产物,副产品

by-product coke 蒸馏焦炭

by-product power 副产电力,副产功率

by-reaction (1)副反应;(2)支反应

by retail 零售

by separate mail 另邮

by the authorit of M (1)得到 M 的许可;(2)以 M 的权力

by the head 船首倾

by the job (1)计件;(2)包做

by the stern 船尾倾

by the way 顺便说,在途中,在路旁

by then 在那时以前,到那时

by-track [铁路的]旁轨,侧线

by-trail 支路

by volume (=bv) 按体积

by-wash 排水道

by-water (1)黄钻石;(2)废河道

by way of 经由

by work (1)非直接生产的工作;(2)修理工作

byat 井筒横梁

byatt 水平木,横木

bye hole 侧孔

bye-pass 支管路

bye-path 支管路

byeman 井下修理工

byeworker 修理工

bypass capacitor 旁路电容器

bypass circuit 旁通油路

bypass condenser 旁路电容器

bypath 旁路

byte (1)二进制数字组,二进位组,信息组;(2)字节,位组,字组

byte-addressable storage 按字节编址存储器

byte computer 字节计算机

byte-interleaved mode 字节交叉方式

byte machine 字节机

byte memory 字节存储器

byte multiplexer channel {计}字节多路通道,字节转换通道

byte-oriented operant [按]字节[的]操作数

byte-serial 字节串

bythium 深度

byway (1)旁路;(2)次要方面

bywork 业余工作,副业,兼职

byworker 修理工

BZ 毕兹(一种有毒气体)

C

C 碳的元素符号

C and N box (=control and navigation box) 控制与导航分配盒

C-band C 波段

C-battery 栅极电池组, 偏压电池组, 丙电池组, C 电池组

C-bias 栅极偏压, 丙偏压, C 偏压

C-bias detector 栅偏压检波器

C-clamp 弓形夹钳, C 形夹具, C 形夹 [子], C 形钳, 螺旋夹

C clamp 弓形夹钳, C 形夹钳

C core C 型铁心

C-display 方位角 - 仰角显示, C 型显示

C-eliminator 栅极电源整流器, 代丙电源器

C-force standard C 形机架

C gas 焦炉煤气

C-hook roll changer {轧}C 形换辊钩

C-index C 指数

C-indicator C 型显示器

C-invariance 电荷共轭不变性, C 不变性

C-odd C 字为奇的

C-parity 电荷共轭字称, C 字称

c-pinacoid C 轴面

C power supply 丙电源

C-scope 方位角 - 仰角显示器, C 型指示器, C 型显示器

C-shaped column C 形柱

C-shaped frame C 形框

C-stage 最终状态

C-type gun C 型点焊钳

C-type spot welding head C 型点焊钳

C-washer C 形垫圈, 开口垫圈, 钩形垫圈

C-wire 丙线, C 线

Ca 钙的元素符号

CA alloy 铜镍硅铝合金

cab (1) 司机室, 驾驶室, 操作室; (2) 公共汽车, 出租汽车; (3) 座舱; (4) 汽化器

cab-beside-engine (=cbe) 边置驾驶室

cab brace 司机室托架

cab door 驾驶室门

cab front window 司机室前窗

cab-forward type vehicle 驾驶室前置式车辆

cab-operation 司机室, 驾驶室

cab over engine (=COE) (驾驶室在机器上方的) 平头型

cab over engine truck 平头式卡车

cab rank 出租汽车停车处

cab roof 司机室顶

cab signal 车内信号

cab-type cable 橡皮绝缘软电缆

cab-type cord 橡皮绝缘软线

cabane (1) 翼间支架, 机翼顶架, 翼柱, 悬挂, 顶架; (2) 锥体形支柱泵

cabane strut 翼支柱

cabbaging press (废钢用) 包装压挤机, 包装压榨机

cabin (1) 中央操纵室, 驾驶室, 司机室, 船长室, 信号室, 工作间, 分隔间, 小室, 室; (2) 船客舱, 座舱, 机舱, 船舱

cabin hook 门窗钩

cabin-liner 定期客轮

cabin-pressure booster 座舱增压器

cabin supercharger 座舱增压器

cabinet (1) 箱, 盒, 柜, 橱, 室; (2) 小操纵室, 座舱; (3) 接收机壳, 金属机壳, 塑料机壳, 外壳, 壳体; (4) 通话室, 小房, 小室, 间; (5) 刀架, 刀座; (6) 精密的, 小巧的

cabinet drawing 斜二轴侧图

cabinet drier 干燥箱, 干燥橱

cabinet gauge control unit 真空计线路箱

cabinet hardware 家具用小五金

cabinet maker 细木工, 家具工

cabinet panel 配电盘

cabinet rack 机箱架, 托座

cabinet resonance [机] 箱共鸣, 箱共振

cabinet speaker 箱式扬声器, 室内扬声器

cabinet-work 细木工

cabinetmaker 细木工匠

cabinetmaking 细木工艺

cable (=c) (1) 控制索, 钢丝绳, 索, 缆; (2) 多芯导线, 海底电线, 海底电缆, 地下电缆, 电缆, 电线; (3) 海底电报; (4) 锚索, 锚链; (5) 用绳或线索固定, 用锚链系住, 捆绑; (6) 用电线通话, 打海底电报; (7) 链 (海上测量距离单位, =1/10 海里=185.32m)

cable address 电报挂号

cable armouring 电缆铠装

cable assembly (=Ca) 电缆组

cable-belt conveyer 缆带输送装置

cable bend 系锚环绳索

cable bent 缆索垂度

cable bond 电缆连接器, 电缆接头

cable box 电缆套 [管], 电缆箱, 分线盒, 接线盒

cable brake 缆式制动器, 张索制动器, 索闸

cable buoy 水底电缆浮标

cable capacitance 电缆电容

cable-car 索车, 缆车

cable car 索车, 缆车

cable carriage 缆车

cable chamber 电缆入孔

cable channel 管孔管道, 电缆管道, 电缆槽, 缆沟

cable charges 电报费

cable clamp 电缆夹 [子], 钢丝绳夹 [子]

cable cleat 电缆夹具, 线夹

cable clip 钢索夹头; 电缆夹头

cable code 水线电码, 水线密码

cable compensation 电缆矫正

cable complement 电缆对群

cable compound 钢缆油, 电缆油

cable conductor 电缆芯线

cable connector 电缆连接器, 电缆 [连] 接头, 钢索接头

cable control unit 缆索控制机, 缆索控制装置

cable conveyer 缆索运输机, 缆车

cable conveyor 缆索输送机, 索道输送机, 缆索运输机

cable cord tyre 帘布胎

cable core 电缆芯线

cable correction 电缆校正

cable count 电报字数计算

cable crane 缆索起重机, 缆式起重机, 索道起重机

cable current transformer 电缆用电流互感器

cable cutter 电缆剪

cable desk [海底] 电报编辑部

cable distribution head (=CDH) 电缆分线箱

cable distribution unit (=CDU)　电缆分线装置
cable drag scraper　缆索拖铲
cable driller　冲击钻司钻
cable drilling　钢丝绳冲击钻，[绳式]顿钻，索钻
cable driver (=CD)　缆索传动器
cable drum　电缆盘
cable drum carriage　电缆放线车
cable drum table　电缆盘转台，电缆支撑架
cable duct (=CD)　电缆管道
cable-dump truck　索式自卸卡车
cable echo　电缆回波
cable-equalizer　电缆均衡器
cable-equalizing amplifier　电缆均衡放大器
cable excavator　塔式缆索挖掘机
cable fault　电缆故障，漏电
cable fault locator　电缆故障探测器
cable fill　电缆占用率，电缆充满率
cable film　通过电缆传送影片
cable forming　成端电缆
cable gas feeding equipment　电缆充气维护设备
cable grip　电缆扣
cable guide　电缆导管
cable hanger　电缆吊架
cable head (=CH)　(1)电缆终端盒，电缆分线盒；(2)电缆[终端]接头
cable hut (=CH)　电缆分线箱，电缆配线房
cable in code　简码电报
cable installation　电缆安装
cable insulation paper　电缆绝缘纸
cable jack　电缆卷轴架
cable joint　电缆接头
cable joint-box　电缆交接箱
cable kilometer　电缆敷设长度(以公里计)，电缆延长
cable-laid　电缆敷设用的
cable laid rope　多花绳
cable lay wire rope　缆式钢丝绳
cable-layer　电缆铺设船
cable layer　电缆敷设机
cable-laying　电缆敷设
cable layout　电缆敷设图
cable length　链(长度单位，一般公认为100英寻或1/10海里)
cable line　电缆线路
cable-linked　电缆连接的
cable lug　电缆连接头，电缆终端
cable mechanism　缆索机构
cable messenger　(1)悬缆索；(2)电报投递员
cable net　大网眼窗纱，薄纱
cable netsonde　电缆网位仪
cable-operated brake　拉索式制动
cable piece　定长度电缆，电缆段
cable pit　电缆沟
cable plough　缆索牵引犁
cable power factor　电缆功率因数
cable pulley　索轮
cable railroad　缆车铁道
cable railway　缆车铁道
cable release　快门线
cable rig　索钻架，索钻机
cable run　电缆铺设
cable ship　海底电缆敷设船，敷缆船
cable silk　电线丝
cable skidder　索道集材机
cable splice　电缆接头
cable stock　绞盘
cable stopper　锚链制动器
cable stripe　绳索条纹
cable-suspended current meter　缆索流速表
cable TV (=CATV)　有线电视
cable television　电缆电视，有线电视
cable terminal　电缆端
cable terminal box　电缆终端箱
cable termination equipment (=CTE)　电缆终端设备
cable test (=CT)　电缆测试
cable tool　绳索顿钻钻具，绳索钻钻具，绳索钻工具

cable tool well　钢丝绳冲击钻井
cable-tramway of single rope　单线索道
cable transmitter　水线电报发报机
cable trench　电缆沟
cable twist　缆捻
cable trough　电缆槽
cable tyre　电缆预紧装置
cable vault　地下电缆检修孔
cable wax　电缆蜡
cable way　(1)[架空]索道；(2)钢绳吊车
cable wheel　锚链轮
cable winch　电缆绞车，钢缆绞车，铰线车
cable work　电缆工程
cable works　电缆厂
cable wrapping machine　绕缆索机
cable yarn　钢索股绳
cablecast　电缆广播
cablegram　有线电极，海底电板，海外电报
cablegram grip　电缆夹，缆掣
cablehead　电缆分线盒
cableless netsonde　无电缆网位仪
cablelifter　起锚机
cabler　(1)并纱机，搓绳机；(2)并纱工
cablese　海底电报略语
cable's length　链(海上测量距离单位，=1/10海里=185.32m)
cablet　细缆
cableway　(1)架空索道，索道，缆道，(2)缆索起重机，架线起重机
cableway transporter　缆道起重运输机
cabling　(1)敷设电缆；(2)卷缆柱；(3)用钢丝绳支护顶板(锚杆支护)；(4)线的胶合；(5)[柱头下的]卷绳状雕饰
cabling diagram　电缆连接图，电缆线路图
cabochon　(1)金刚石磨琢法；(2)顶部磨成圆形的宝石，弧面型
caboose　(1)[列车的]守车；(2)[轮船]舱面厨房
cabot　卡蒲(容量单位，等于1/2蒲式耳)
cabotage　近海航行，沿岸航行
cabrage　俯仰，尾重(航空)
cabre　俯仰的，尾重的(航空)
cabriolet　活顶小桥车，折叠篷式汽车
cabstand　出租汽车停车处
cabtyre　用硬橡皮套的，橡皮绝缘的
cabtyre cable　橡皮绝缘软电缆，橡套电缆，软管电缆
cabtyre cord　橡皮绝缘软线，橡皮绝缘软塞绳
cabtyre sheathed (=CTS)　有硬橡皮套管的
cacciatore　水银地震计
cache　(1)隐藏所，储藏处；(2)隐藏，储藏；(3)储藏物，(4)超高速缓冲存储器；(5)隐含存储器
cache memory　高速缓冲存储器
cacheutaite　硒铜铅矿
cacoxenite　黄磷铁矿
caddy　氯化镉
cade oil　杜松油
cadence　步调信号
cadger　小的油容量
cadion　试镉灵
cadmic　正镉的，二价镉的
cadmiferous　含镉的
cadmium　{化}镉 Cd
cadmium-alloy bearing　镉合金轴承
cadmium bronze　镉青铜
cadmium cell　镉电池
cadmium copper　镉铜
cadmium-copper wire　镉铜线
cadmium covered detector　敷镉探测器
cadmium cut-off　镉吸收界限
cadmium metal　镉合金
cadmium-plated　镀镉的
cadmium plating　镀镉
cadmium ratio　镉比值
cadmium-ratio method　镉比值法
cadmium test　镉棒测试
caesium　{化}铯 Cs
caesium-antimony　铯锑[合金]
caesium-oxygen cell　充气铯光电管

caesium photocell　铯光电管, 铯光电池
cage　(1)(轴承)保持架, 隔离环, 护圈; (2)笼, 盒, 罩; (3)升降机箱, 升降机室, 电梯室, 操纵室, 升降车, 罐笼; (4)骨架构造, 机架, 壳体; (5)(陀螺仪的)锁定; (6)外廓
cage and needle roller assembly　无套圈有保持架滚针轴承
cage and rolling element assembly　无套圈轴承
cage antenna　笼形天线
cage assembly　(1)升降台; (2)拉单晶装置
cage ball pocket　(轴承)保持架球兜孔
cage bar　(轴承)框形保持架立框, 框形保持架过梁
cage circuit　笼形电路, 网格电路
cage compound　笼状化合物
cage construction　骨架构造
cage effect　笼蔽效应
cage for tapered roller bearing　圆锥保持架
cage grid　笼形栅极
cage guiding sleeve　保持架导[向]套
cage-lifter　升降机
cage mill　笼式粉碎机
cage model　笼型
cage pocket clearance　保持架兜孔游隙
cage pocket diameter　保持架兜孔直径
cage reaction　笼闭效应
cage rearrangement　笼状重排
cage reinforcement　钢筋组架
cage retained rollers　带保持架的滚子组
cage riding clearance　(轴承)保持架引导面游隙
cage ring　鼠笼端环, 隔离圈
cage rotor　笼形转子
cage section　尘笼部分
cage shape　笼形的
cage shoe　罐爪
cage shooting　笼中爆炸
cage spider　尘笼轮毂, 尘笼三脚法兰
cage structure　笼形结构
cage switch control　锁定转换控制
cage winding　笼形绕组, 鼠笼式绕组,
cage with bent fingers　[带]弯爪的保持架
cageless　(1)无隔离圈的; (2)(滚动轴承)无夹圈的, 无保持器的
cageless ball bearing　无保持架的球轴承, 无座圈滚珠轴承
cageless bearing　无保持架的滚动轴承, 无座圈[滚柱]轴承
cageless roller bearing　无保持架滚子轴承
cageless rolling bearing　无保持架滚动轴承
cager　(1)装罐机; (2)装罐工, 司罐工, 把钩工; (3)井口信号工
cageway　(1)罐笼间, 罐笼格; (2)罐道
cagework　透孔织物, 透孔制品
caging　(1)装罐; (2)(陀螺仪的)锁定, 停止
caging device　限位装置
caging effect　夹置效应, 锁定效应, 笼蔽效应
caging mechanism　锁定机构
cagle claw　鹰爪式中耕机
caisson　(1)沉箱, 防水箱, 潜水钟; (2)浮动坞门, 闸门; (3)弹药箱, 地雷箱, 炮兵弹药车; (4)蓄气装置, 充气浮筒
caisson-set　(1)沉箱结构; (2)沉箱套
cake　(1)圆块件; (2)结块煤; (3)团块; (4)烧结; (5)硬泥块
cake breaker　油饼碎裂机
cake cutter　油饼切碎机
cake fodder crusher　油饼饲料碾碎机
cake mill　碎饼机
cake of alum　明矾块
cake of gold　海绵金
cake wax　[录音]蜡盘
caking　(1)粘结, 凝结, 结块; (2)烧结, 加热粘结; (3)积炭的形成
caking coal　粘结性煤
cal　黑钨矿
calabash　(1)葫芦容器; (2)葫芦噪音发生器
calal　卡拉尔钙铝合金 (8-26% Ca)
calander　(1)织织、造纸用的)压光机; (2)压延机
calandria　(1)排管[加热器]; (2)排管体
calash　(1)(带弹簧的)四轮车; (2)车篷
calaverite　碲金矿
calcaneum　犁爪片
calcar　熔[玻璃]炉, 熔玻璃窑, 煅烧炉
calcareous　石灰的, 含钙的

calcarious　含钙的
calcarone　炼硫窑
calcia　氧化钙
calcic　石灰的, 钙的
calcification　(土壤的)钙化作用
calcify　钙化, 石灰化
calcimeter　石灰测定器, 碳酸计
calcinate　煅烧, 煅烧产物
calcination　(1)煅烧; (2)煤矿法, 氧化法
calcinations in clumps　对垒煅烧
calcinations in heaps　堆摊煅烧
calcinator　煅烧炉, 煅烧器
calcine　焙解, 煅烧, 煅烧产物
calcined　煅烧过的, 焙烧过的, 烘好的
calciner　煅烧炉, 煅烧窑
calcining furnace　焙烧炉
calcium　{化}钙 Ca, 石膏
calcium base grease　钙基脂
calcium carbonate　碳酸钙
calcium carbide　碳化钙, 电石
calcium hardness (=CaH)　钙的硬度
calcium-larsenite　钙硅铅锌矿
calcium hydroxide　氢氧化钙, 消石灰
calcium-psilomelane　钙硬锰矿
calcium chloride　氯化钙 $CaCl_2$
calcium-pyromorphite　钙磷氯铅矿
calcium resinate　树脂酸钙
calcium soap grease　钙皂脂, 钙基脂
calcium sulphate　{化}硫酸钙 Ca_2SO_4
calculability　可计算性
calculagraph　计时器, 计时仪
calculate　(1)计算, 核算, 推算, 算出, 预测, 推测; (2)计划, 打算; (3)确信, 相信, 认为, 以为, 觉得; (4)期待, 指望, 依靠
calculated　(1)计算的, 设计的, 预测的, 理论的; (2)有计划的, 有意的, 故意的; (3)适合的, 适当的, 可能的
calculated address　合成地址[的], 计算地址, 形成地址, 执行地址
calculated area　计算面积
calculated average life (=CAL)　平均计算寿命
calculated bending stress　计算弯曲应力
calculated capacity　计算容量
calculated contact stress　计算接触应力
calculated curve　计算曲线
calculated error　计算误差
calculated load　计算载荷, 设计载荷, 设计负载
calculated number of teeth　计算齿数
calculated performance　计算性能
calculated tensile stress　计算拉伸应力[齿轮], 计算[弯曲]拉应力
calculated value　计算值
calculating　计算的, 核算的, 推算的
calculating board　计算台
calculating center　计算中心
calculating linkage　计算机联动装置
calculating machine　计算机, 计算器
calculating mechanism　计算机构
calculating punch(er)　(1)计算穿卡机, 穿孔计算机; (2)卡片阅读机, 卡片计算机
calculating rule　计算尺
calculating scale　计算尺
calculating table　计算表
calculation　(1)计算出的结果, 计算, 运算, 算出, 统计; (2)估计, 预测, 预料 (3)仔细分析, 考虑
calculation example　计算实例
calculation of net cost　成本计算
calculation of reserves　储量计算
calculation sheet　计算表
calculation unit　核算单位
calculative　[需要]计算的, 有计算的
calculator　(1)计算机, 计算器; (2)计算装置; (3)计算者, 计算员; (4)计算图表
calculator chip　单片计算器
calculator-oriented　面向计算器的
calculator watch　计算器手表
calculi　(单 calculus)(1)微积分[学](2)计算, 演算, 算出
calculus　(复 calculuses 或 calculi)(1)微积分[学](2)计算, 演算, 算出

calculus of finite difference (1) 差分学；(2) 有限差分运算
calculus of fluxion 微积分
calculus of residues 残数计算，留数计算，留数术
calculus of variations 变分学，变分法
calculus oriented language for relational data (=COLARD) 相关数据微积分专用语言
Caleb (美国)"天狗"发射装置
calefaction (1) 发暖作用；(2) 暖，热，发热，加热
calefactor 发暖机
calendar (1) 日历，历法，历书；(2) 日程表，一览表；(3) 分类和索引，列入表中，加以排列
calendar clock 历钟
calendar progress chart 工作计划进度表
calendar year 日历年度
calender (1) 用砑光机砑光，砑光；(2) 砑光机，压光机，辊光机；(3) 压延机，轮压机
calender bowl 砑光辊筒
calender crease 卷筒纸折痕
calender grain 效应砑光
calender roll (1) 砑光辊，压延辊；(2) 砑光机，压延机
calender run 砑光，压延，压制
calender section [清棉机] 压辊部分
calender train 砑光机
calenderability 压延性能
calenderer 砑光工
calendering (1) 砑光，辊光，压光；(2) 压制，压延
calenderstack 砑光机，压延机
calendry 用砑光机工作的地方，砑光室
calf wheel 升降绳鼓轮
calfdozer 小型推土机
caliber 或 calibre (1) (子弹，炮弹，导弹的) 最大直径，口径倍数，圆柱径，口径，直径，管径，弹径；(2) 轧辊孔型，轧辊型缝，尺寸，大小；(3) 测径规，测径器，测量器，对刀板，样板，卡规，卡钳，量规，线规；(4) 能力，质量
calibrate (1) 校准，校正，检验，检查；(2) 划分度数，定分度，标刻度；(3) 定标，标定，率定；(4) 使标准化，使合标准，测量口径，量尺寸，定口径，测定
calibrate for error 误差校准
calibrated 已校准的，已刻度的，校正的，标定的
calibrated altitude 仪表修正高度，校正高度
calibrated detector 校准的检波器
calibrated dial 分度刻度盘，校准度盘，标准度盘
calibrated engine testing (=CET) 已校正的发动机的测试
calibrated feeder 定量供料器
calibrated scale 分度尺，测度尺，测度标
calibrated speed 修正空速
calibrated step wedge 校准级变楔，刻度级变楔，校准分段楔
calibrater (1) 校准设备，校准器，校正器，定标器，校准台；(2) 校径规，定径机，厚度仪，测厚仪；(3) 定标者
calibrating arm 校准臂
calibrating circuit 校准电路
calibrating gas 标准气体
calibration (1) 校准，校定，校正，检查，检定，定标，标定；(2) 分度，刻度；(3) 测量口径，定口径，量尺寸；(4) 格值；(5) 标准化
calibration and maintenance test procedure (=CMTP) 校准与维护测试程序
calibration battery 标准电池，校准电池
calibration by trace displacement 波迹移位校正法
calibration channel (1) 无线电遥测标准信道；(2) 校正电路
calibration curve 校准曲线，标定曲线
calibration error (=CE) 校准误差
calibration gas 校准 [用] 气体
calibration leak 校准漏孔
calibration marker (1) 校准指示器；(2) 校准标识 [器]
calibration of gravimeter 重力仪格值
calibration requirement list (=CARL) 校准技术要求表
calibration resistor 校准电阻，匹配电阻，平衡电阻
calibration source 校准 [用] 源，刻度源
calibration tails 刻度记录，检验记录，刻度线
calibration voltage 校准电压，调整电压
calibrator (=calibrater) (1) 校准设备，校准器，校正器，定标器，校准台；(2) 校径规，定径机，厚度仪，测厚仪；(3) 定标者
calibre (1) (子弹，炮弹，导弹的) 最大直径，口径倍数，圆柱径，口径，

直径，管径，弹径；(2) 轧辊孔型，轧辊型缝，尺寸，大小；(3) 测径规，测径器，测量器，对刀板，样板，卡规，卡钳，量规，线规；(4) 能力，质量；(5) (钟) 机心编号
calibre gauge 测径规
calibre size 口径尺寸，管径尺寸
calibre square 测径尺
calibred 直径的，口径的
caliduct 暖气管道，热气管
calidus 温的
californium {化} 锎 Cf
calin 卡林合金
caliper 或 calliper (1) 游标测径器，两脚规，外卡规，内卡规，测径规，弯脚规，圆规，卡钳，卡尺，卡规；(2) 卡钳式制动器；(3) 纸 [板的] 厚度；(4) 厚度测定器；(5) 用测径器测量，用卡规测量
caliper compass 测径规，脚规
caliper gauge 千分尺，卡规
caliper log 钻孔直径记录图
caliper scale 轮尺
caliper splint 双脚规形夹，腿托
calipering 直径调查，直径测定
calite 凯莱特合金，铁镍铝合金
calk 尖铁，铁刺
calker 紧缝凿
calking machine 凿密机
calking piece 填密片
calking tool 錾紧工具
call (=C) (1) 打电话，呼叫，呼号，通话，振铃，传呼；(2) {计} 调用，引入，调入；(3) 停靠，访问；(4) 要求，请求，必要，需要，理由
call address {计} 引入地址，调入地址，传呼地址
call-back (1) 回答信号，回叫信号；(2) 复查
call-bell (1) 呼叫铃，信号铃；(2) 电铃，警铃
call bell 呼叫铃，信号铃
call-board 公告板
call-box 公用电话亭，电话室
call box [报警] 电话亭
call by location 位置调用，地址调用
call by reference 引用调用
call by value 代入值，赋值
call-by-value parameter 赋值参数
call-confirmation signal 呼叫证实信号
call-connected signal 呼叫接通信号
call device (=CD) 呼叫设备
call display position 号码指示位置
call finder (=CF) 寻机
call for bid 招标
call for funds 招股，集资
call for tenders 招标
call-in time (=CIT) 调入 [子程序] 时间
call key (=CK) 呼叫键
call lamp 信号灯，呼叫灯
call letter (电台) 呼号
call loan 活期贷款
call minute 通话占用分钟数
call number (1) 呼叫号码；(2) 引入符号，引入数，调用数 [字]，调入数 [字]；(3) 图书的书架号码
call on 访问 (内存储器单元)
call rate 活期贷款利率
call sign 呼号
call signal 呼叫信号
call statement {计} 调入语句，调用语句，呼叫语句
call through test 接通试验
call wire 传号线，联络线，记录线，挂号线
callable in 24 hours 24 小时内通知付款
callatome 显微镜切片器
called number 受话号码
called party 被呼叫用户
called-party release 被叫用户话终断路
called program 被调程序
called subscriber held (=CSH) 被叫用户不挂机信号
called subscriber testing circuit 测被叫电路
caller (1) 主叫用户，打电话者，呼叫者，访问者；(2) 调用程序
calligraph 手抄，手写
callin (1) 外界来电节目；(2) 调入 [子程序]

163

calling (1) 呼叫,呼号,振铃；(2){计}引入,调入；(3) 名称；(4) 职业, 行业

calling argument 调用变元

calling exchange 主叫电话局

calling for tenders 招[商投]标

calling indicator {计}调用指示符,引入指示

calling-magneto 振铃手摇发电机

calling magneto 振铃手摇发电机

calling number 发话号码

calling-on signal 叫通信号

calling order 发送程序,传送程序

calling party 主叫用户,呼叫者

calling-party release 主叫用户话终断路

calling ratio (=CR) 呼叫率

calling sequence {计}引入序列,调用序列

calling-up 电台呼叫,接通

calliper (1) 游标测径器,两脚规,外卡规,内径规,测径规,弯脚规, 圆规,卡钳,卡尺,卡规；(2) 卡钳式制动器；(3) 纸[板的]厚度；(4) 厚度测定器；(5) 用测径器测量,用卡规测量

calliper dipmeter 滑动径规,[大]卡尺

calliper gauge 卡钳校准规,测径规

calliper log 钻孔柱状剖面,孔径钻探剖面,井径测井

calliper logging 井径测量

calliper rule 卡尺

calliper square 游标规

calm (1) 静；(2) 铸型；(3) 地磁平静的

calmalloy 卡耳马洛伊合金铜镍铁产补偿合金铜镍铁合金热磁合金(镍 69%,铜 29%,铁 2%)

Calimet 铬镍铝奥氏体耐热钢(铬 25%,镍 12%)

calmet burner 垂直燃烧器

calmogastrin 氢氧化铝

Calomic 镍铬铁电热丝合金(镍 65%,铬 15%,铁 20%)

calor- (词头)热

caloradiance 热辐射强度

caloreceptor 热能感受器

calorescence 发光热线,热光,灼热,炽热

Calorex 滤热玻璃

calori- (词头)热

caloric (1) 热量的,热力的,热质的,热素的,卡的；(2) 热量,热质

caloric heat unit (=CHU) 卡热单位

caloric power 发热量,热值,卡值

caloric receptivity 热容量

caloric unit 热量单位,卡

caloric value 热能含量,热值,卡值

caloricity 发热能力,发热量,热容量,热值,卡值

Calorie 大卡,千卡

calorie (=C) 卡路里,卡(热量单位)

calorie meter 量热器,热量计,卡计

calorie value 热值

calorific 热量的,生热的,发热的

calorific capacity 热容量,发热量,热值,卡值

calorific effect 热效应

calorific intensity [发]热强度

calorific power (=CP) 发热量,热值,卡值

calorific receptivity 热容量

calorific requirement 需热量

calorific value (=CV 或 cal val) 发热量,热值,卡值

calorification 发热

calorifics 热力工程,热工学

calorifier (1) 热发生器,热风机,热风炉；(2) [流体]加热器,预热器, 煮水器

calorify 加热于,发热

calorigenetic 增加热能的,发生热量的,生热的,产热的

calorigenic 增加热能的,发生热量的,产热的

calorimeter 量热器,量热表,量热计,热量计,热量器,卡计

calorimeter for gaseous and liquid fuels 气体液体染料量热器

calorimeter instrument 量热计式测试仪器

calorimetric 热量测定的,热量计的,量热的,测热的

calorimetric bomb 量热弹,量热器

calorimetric power meter 量热式功率计

calorimetry (1) 量热术,量热学,测热学,测热法；(2) 量热

calorisation (=calorization) 渗铝,铝化

calorisator (=calorizator) 热法浸提器

caloriscope 实示呼吸放热器,量热器

calorise (=calorize) 铝化处理,[表面]渗铝,热镀铝

calorite 卡诺利特镍铬铁合金,耐热合金(65% Ni, 12% Cr, 15% Fe, 8% Mn, 或 65% Ni, 12% Cr, 23% Fe)

calorization (1) 铝化,渗铝,(2) 铝化作用

calorizator (=calorisator) 热法浸提器

calorize 铝化处理,[表面]渗铝,热镀铝

calorized steel 渗铝钢

calorizer 热法浸提器

calorizing 渗铝处理

calorizing steel 铝化钢

calorstat 恒温器,恒温箱

calory (= calorie) 卡路里,卡(热量单位)

calotte (1) 极帽；(2) 回缩盘；(3) 帽状物,圆顶降落伞；(3) 圆顶拱顶

calotype 碘化银纸照相法

calpis 浮浊液

calpis quenching 乳浊液淬火法

calutron (1) 电磁[型]同位素分离器；(2) 加利 尼亚大学回旋加 速器

calvonigrite 黑锰石,硬锰矿

calx (1) 金属灰,金属的烧渣；(2) 矿灰；(3) 生石灰；(4) 玻璃屑

calzirtite 钙锆钛矿

CAM (= central address memory) 中央位置记忆装置

CAM cache 内容定址存储器的超高速缓[冲]存[储器]

CAMA (=centralized automatic message accounting) 集中式自动 通话记账制

CAMAC interface 卡马克接口

cam (1) 凸轮,偏心轮,桃盘,纺机三角；(2) 靠模,仿形板,样板；(3) 锁,鉴

cam action 凸轮作用

cam-actuated 凸轮驱动的,凸轮带动的

cam-actuated brake 凸轮驱动的制动器

cam-actuated clamp 偏心压板

cam-actuated plunger 气门挺杆

cam adapter 凸轮联轴器

cam agitator 凸轮式搅拌器

cam-and-cam shaft grinding machine 凸轮和凸轮轴磨床

cam and counter cam 共轭凸轮,凸轮与反凸轮

cam-and-double-roller steering gear 蜗杆双滚轮式转向机构

cam and follower 凸轮与随动件

cam-and-level mechanism 凸轮杠杆机构

cam-and-level steering gear 蜗杆曲柄销式转向机构,凸轮销钉式转 向器

cam-and-level steering gear with fixed stud 蜗杆曲柄固定销式转 向机构,凸轮曲柄固定销钉式转向器

cam-and-rack unit 凸轮-齿条单元,凸轮-齿条部件,凸轮-齿轮组件

cam-and-ratchet drive 凸轮-棘轮传动装置

cam and ratchet drive 凸轮和棘轮传动装置

cam-and-roller mechanism 凸轮-滚轮机构

cam-and-roller steering gear 蜗杆滚轮式转向机构,凸轮滚轮式转向器

cam-and-roller type free wheel 滚柱式自由轮,滚珠式单向离合器

cam-and-signal-roller steering gear 蜗杆单滚轮式转向机构

cam-and-twin-level steering gear 蜗杆曲柄双销式转向机构

cam-and-twin-roller steering gear 蜗杆双滚轮式转向机构

cam and worm steering 蜗杆曲柄销式转向[机构]

cam angle 凸轮转角,凸轮工作角

cam angle degree 凸轮角度

cam angle indicator 凸轮转角指示器

cam angle recorder 凸轮转角记录仪

cam angle tester 凸轮转角测试仪

cam angular speed 凸轮角速度

cam assembly (织机)三角座,三角装置

cam band brake 凸轮带式制动器

cam base circle 凸轮基圆

cam bit 凸轮片,凸轮块

cam bearing sleeve 凸轮轴承座套

cam block 三角滑块

cam bowl (1) 凸轮滚子；(2) 踏盘转子

cam box 凸轮箱[子]

cam bracket 凸轮托架,凸轮轴支座

cam brake 凸轮制动器

cam carrier (1) 凸轮推杆；(2) 三角座滑架

cam carrying member 凸轮随动件,凸轮推杆

cam case 凸轮箱

164

cam center 凸轮中心
cam chain 凸轮链条, 凸轮链系
cam channel 三角针道
cam chart 三角排列图, 镶条排列图
cam chuck 凸轮卡盘
cam circle 凸轮圆
cam claw 凸轮爪
cam clearance 凸轮间隙
cam contactor 凸轮接触器
cam contour 凸轮轮廓
cam control 凸轮控制[机构]
cam control gear 凸轮控制机构
cam controlled injector 凸轮控制顶出器
cam controller 凸轮控制器, 凸轮操纵器
cam coupler mechanism 凸轮联结机构
cam crank mechanism 曲柄凸轮机构
cam cutter 凸轮机床
cam cutting lathe 凸轮加工车床
cam cylinder (圆柱式凸轮) 偏心圆筒, 开槽式圆筒
cam design 凸轮设计
cam diagram 凸轮图
cam disc 凸轮盘
cam disk 凸轮盘, 偏心盘
cam drawing press 凸轮式拉延压力机
cam drive 凸轮传动
cam driver 凸轮驱动件, 斜楔驱动件
cam driving gear 凸轮传动装置
cam drum 凸轮鼓, 凸轮盘, 鼓形凸轮, 偏心开槽式凸轮
cam dwell 凸轮曲线的同心部分
cam dynamics 凸轮动力学
cam face 凸轮面, 凸轮轮廓
cam feed 凸轮进给
cam feed rolls 凸轮作用滚轮送进装置
cam flank 凸轮型面腹部
cam follower (1) 凸轮转子, 凸轮随动件, 凸轮随行件, 凸轮从动件, 凸轮推杆, 凸轮跟随器; (2) 凸轮滚子轴承, 凸轮滚针轴承; (3) 镶条随动杆; (4) 爪状凸钉, 突指
cam follower ball 凸轮从动球
cam follower guide 凸轮从动导程
cam follower lever 凸轮从动杆
cam follower needle roller bearing 滚轮滚针轴承
cam follower pin 凸轮从动滚轮销
cam follower rocker shaft 凸轮滚轮摇臂轴
cam follower roller 凸轮推杆滚柱
cam for gear tooth chamfering (齿轮倒角机的) 倒角型式凸轮
cam for relieving compression 减压凸轮
cam for threading 车丝凸轮
cam forming and profiling machine 凸轮仿形机床
cam gear (1) 凸轮轴齿轮, 凸轮传动装置, 凸轮装置; (2) 偏心传动机构
cam gear case 凸轮箱
cam gearing 凸轮传动[装置]
cam generating 凸轮加工
cam generating machine 凸轮加工机床
cam governor 凸轮调速器
cam grinder 凸轮磨床
cam grinding 磨成凸轮形, 凸轮磨削
cam grinding machine 凸轮磨床
cam groove 凸轮沟槽
cam-ground 靠模磨削的
cam heel 凸轮背面, 凸轮非工作面
cam housing 凸轮壳体, 凸轮箱
cam index(ing) mechanism 凸轮分度机构
cam jacket [活动] 三角座体
cam journal 止推轴颈
cam lead 凸轮升程
cam lever 凸轮杆, 凸轮臂
cam lever shaft 凸轮杆轴
cam lift 凸轮升程, 凸轮升度
cam lobe 凸轮凸起部, 凸轮工作部分
cam-lobe lift 凸轮升程
cam lock 偏心夹, 偏心闩, 凸轮锁紧
cam lock adapter 凸轮锁紧接头
cam lock chuck 凸轮锁紧卡盘
cam lock holding mechanism 凸轮锁紧机构

cam lock spindle nose 凸轮锁紧轴端
cam lock type taper shank end mill 凸轮锁紧式锥柄[端]铣刀
cam manufacturing machine 凸轮加工机床
cam mechanism 凸轮机构
cam mechanism dynamic 凸轮机械动力学
cam member 凸轮件
cam milling attachment 凸轮铣削装置
cam milling machine 凸轮铣床
cam nose 凸轮尖
cam-o-matic grinder 全自动凸轮磨床
cam of camshaft 凸轮轴凸轮
cam of double lift 双升程凸轮
cam of variable lift 变升程凸轮
cam-operated brake 凸轮驱动的制动器
cam oscillation 凸轮摆动
cam pack 凸轮部件, 凸轮组件
cam pair 凸轮副
cam path (1) 凸轮槽; (2) 凸轮曲线
cam pawl 凸轮爪
cam plate 凸轮盘, 平板形凸轮, (纺机) 三角底板
cam pocket 凸轮凹部
cam point 凸轮尖端
cam press 凸轮压力机
cam pressure angle 凸轮压力角
cam profile 凸轮轮廓
cam puller 凸轮拉出器
cam ratchet 偏心棘轮
cam raceway 三角针道
cam reduction gear 凸轮减速装置
cam return spring 凸轮复位弹簧
cam ring (1) 凸轮环; (2) 三角座圈, 三角圆环; (3) (叶片泵) 定子
cam-ring chuck 三爪卡盘
cam rise 凸轮升度
cam roller (1) 凸轮用厚度外圈轴承, (2) 凸轮滚子, 凸轮滚柱
cam roller pin 凸轮滚轮销轴
cam shaft (= camshaft) 凸轮轴, 偏心[轮]轴, 桃轮轴, 分配轴
cam shaft bearing 凸轮轴轴承
cam shaft bearing plug 凸轮轴轴承盖
cam shaft bush 凸轮轴轴衬, 凸轮轴轴瓦
cam shaft cover 凸轮轴盖
cam shaft gear 凸轮轴齿轮
cam shaft gear wheel 凸轮轴齿轮
cam shaft grinding machine 凸轮轴磨床
cam shaft journal 凸轮轴轴颈
cam shaft journal lathe 凸轮轴轴颈车床
cam shaft nut 凸轮轴螺母
cam shaft sprocket 凸轮轴链轮
cam shaft thrust flange 凸轮轴止推凸缘
cam shaft thrust plate 凸轮轴止推板, 凸轮轴止推板
cam shaft thrust plunger 凸轮轴止推销
cam shaft turning lathe 凸轮轴车床
cam shedding 踏盘开度
cam sleeve (1) 凸轮联轴节, 爪形联轴节, 牙嵌离合器; (2) 三角套筒
cam slide 凸轮滑块
cam slot 凸轮槽
cam spindle 凸轮轴, 偏心轮轴, 桃轮轴
cam spring 凸轮弹簧
cam stroke 凸轮动程
cam surface 凸轮面
cam switch 凸轮开关
cam system 凸轮复位, (纺机) 三角系统
cam template 凸轮样板
cam template for idle stroke 空程凸轮样板
cam throw 凸轮动程
cam track (1) 凸轮槽; (2) 三角针道
cam type brake 凸轮式制动器
cam vibration 凸轮振动
cam wear 凸轮磨损
cam wheel 凸轮
cam with variable lift 变升程凸轮, 斜凸轮
camber (=CAM) (1) 弯度, 曲度, 曲率, 凸度; (2) 曲面; (3) 向上曲, 弯作弧形, 中凸形, 上挠度, 翘起, 翘曲, 弯曲, 眉形; (4) 车轮外倾; (5) 车轮外倾, 外倾角, 侧倾; (6) 反弯度, 弧度; (7) 梁拱, 拱度; (8) {轧} 镰刀弯 (缺陷)

camber angle　(1) 平面夹角，(车轮) 外倾角；(2) 中心线弯曲角

camber beam　拱背梁，弓背梁，曲梁

camber-board　路拱板

camber grinding　曲线磨削，中高度磨削，中凹度磨削

camber grinding machine　曲线磨床

camber jack　压弯机

camber line　倾斜线，弧线

camber of a stylus　刻纹刀弧弯

camber of arch　拱高

camber of paving　路面起拱，桥面起拱

camber of sheet　板材的翘曲

camber of spring　弹簧变形，板簧挠度

camber of tie bar of roof　屋顶弯弓牵铁

camber of truss　(1) 桁架高度；(2) 曲线形钻架

camber of wheels　轮曲面

camber piece　拱材

camber slip　砌拱垫块，砌拱模架

camber test　(板材) 平面弯曲试验，翘曲试验

cambered　(1) 曲面的；(2) 弧形的，弯曲的

cambered axle　(车) 下弯式前桥；弯轴

cambered blade　弯曲叶片

cambered grinding　曲线磨削，中凸度磨削

cambered inwards　(容器底部) 向内凸的，向里弯的

cambered outwards　(容器底部) 向外凸的

cambered roll　图面轧辊

cambered surface　弧面

cambered truss　弓形桁架

cambering　(1) 向上弯曲，翘曲；(2) (机翼) 弧线，弧高；(3) 鼓形加工，(4) {轧} 辊型设计，(轧辊的) 中高度磨削，中凸度磨削

cambering machine　弯面机

cambiform　纺锤形的

cambium layer　形成层

camboge　穿孔混凝土块

cambox　三角座，三角箱

cambric insulation　黄蜡布绝缘

Cambridge　(英) "剑桥" 履带式装甲运输车

came　嵌窗玻璃铅条，带槽铅条

camel　(1) 浮垫，(2) 浮船筒；(3) 浮柜

camel back　(1) 胎面补料胎条；(2) 生橡胶；(3) 翻转箕斗装置 (斜井提升机)

camera (=CAMR)　(1) 摄影机，照相机，[电视] 摄像机；(2) 暗箱，暗房；(3) 室，小室

camera amplifier　视频前置放大器，摄像机放大器

camera angle　摄像机物镜视角，摄影角度

camera aperture　摄像机片门，取景框

camera blanking　电视摄像机在回扫过程中熄灭

camera cable　摄像机电缆，电视电缆

camera chain　摄像机系统

camera chamber　摄影室，摄影箱

camera connector　摄像机插头，摄像机接头

camera control desk　摄像机控制台

camera control unit (=CCU)　摄像机控制器

camera crane　摄像机升降架

camera dolly　移动式摄像机架

camera eye　摄像机取景孔

camera film scanner　电视电影摄像机

camera for single photograph　单镜摄影机，单镜照相机

camera framework　镜箱架

camera gun　空中摄影枪，空中照相枪，照相机镜头，摄影枪

camera hood　摄像机遮光罩，漏光防护罩

camera housing　照像机壳

camera line-up　镜头排列对准

camera linearity test　摄像机图像线性试验

camera-lucida　描像器

camera mixing　电视摄像机信号混合

camera obscura　投像器

camera-plane　摄影飞机

camera pulse　摄像机 [输出] 信号，摄像脉冲

camera remote control unit　摄像机遥控装置

camera sheet　摄像机调整表

camera shifting　摄像机移动，摄像机移位，(摄像管) 镜头迅速移动

camera shot　摄像机拍摄

camera switching　电视摄像机转换，电视摄像机切换

camera taking characteristic　摄像机光谱特性

camera target-plate element　摄像管靶面像素

camera tripod　三角照相架，照相机三角架，摄影机三角架

camera tube　电视摄像管

camera with eyepiece　目镜照相机

camera work　摄影技术，摄影操作

cameraman　(1) 电影放映员；(2) 电视值机员

cameramount　摄像机支撑架，照相机架

camerate　圆顶类

camerated　(1) 隔成小室的，分开的，有隔板的，有隔板格开的；(2) 拱形的

cames　铅条

camgrinder　凸轮磨床

camion　(1) 军用汽车；(2) 栽种汽车，货车，载货卡车

camlet　(1) 驼毛布，羽纱，羽缎；(2) 皱作波形

camlock　(1) 偏心臼；(2) 偏心夹；(3) 凸轮锁紧

camloy　卡姆镍铬铁合金 (25-35% Ni，10-20% Cr，余量 Fe)，镍铬铁耐热合金

cammed　凸轮的

camming　(1) 凸轮系统；(2) 凸轮分配系统

camouflage (=cam)　(1) 伪装，掩饰；(2) 伪装地区或人物；(3) 伪装器材

camouflet　(法) 地下爆炸弹

camoufleur　伪装技术人员

camp　(1) 野营；(2) 设营，设营地

camp-bed　行军床

camp buildings　施工营地

camp car　施工宿营车

camp-chair　轻便折椅

camp chair　轻便折椅

camp equipment　外业设备

camp-on　保留呼叫，预占线

camp sheathing　板桩排

camp sheeting　板桩

camp shop　野外修理车间

campaign　(1) 战役；(2) 会战；(3) 炉期，炉龄，炉季；(4) 运动，参加运动

campaign length　炉期

campana　排钟

campaniform organ　钟形感器

campanile　钟楼，钟塔

campanologist　(1) 铸钟师；(2) 鸣钟师

campanology　(1) 铸钟学；(2) 铸钟术

campanula　(1) 钟形物；(2) 钟形部

campfire　营火

camphor　樟脑，莰酮

camphor-tree　樟树

campstool　轻便折凳

campus　场

campylite　磷砷铅矿

camsellite　硼镁石

camshaft　(1) 凸轮轴，[偏心] 凸轴，桃轮轴；(2) 分配轴；(3) 控制轴

camshaft bearing　凸轮轴轴承

camshaft bearing locating screw　凸轮轴衬套定位螺钉

camshaft bearing plug　凸轮轴轴承塞

camshaft bush(ing)　凸轮轴轴套，凸轮轴衬套

camshaft case　凸轮轴箱，凸轮轴壳体

camshaft chain　凸轮轴传动链

camshaft chain and sprocket drive　凸轮轴链条传动

camshaft chest　凸轮轴室，凸轮轴箱

camshaft cover　凸轮轴盖

camshaft degree　凸轮轴转角

camshaft drive　凸轮轴传动装置，凸轮轴驱动机构

camshaft eccentric　凸轮轴偏心轮

camshaft gear　(1) 凸轮轴齿轮，(2) 凸轮轴机构

camshaft gear drive　凸轮轴齿轮传动，偏心轴齿轮传动，分配轴齿轮传动

camshaft gear thrust plate　凸轮轴齿轮止推板

camshaft gear timing indicator　凸轮轴齿轮正时指示器

camshaft gear wheel　凸轮轴大齿轮

camshaft grease cup　凸轮轴润滑脂杯

camshaft grinding machine　凸轮轴磨头

camshaft hole　凸轮轴孔

camshaft housing　(1) 凸轮轴箱，凸轮轴壳体，凸轮轴室，(2) 分配轴箱

camshaft idle gear　凸轮轴怠转齿轮

camshaft journal 凸轮轴轴颈
camshaft lathe(s) 凸轮轴车床
camshaft oil pump driving gear 凸轮轴上的油泵驱动齿轮
camshaft oil pump gear 凸轮轴油泵齿轮
camshaft packing gland 凸轮轴填密压盖
camshaft sleeve 凸轮轴衬套
camshaft speed 凸轮轴转速
camshaft sprocket 凸轮轴链轮
camshaft textolite gear 凸轮轴胶木正时齿轮
camshaft thrust bearing 凸轮轴止推轴承
camshaft thrust block 凸轮轴止推块
camshaft thrust flange 凸轮轴止推凸缘
camshaft thrust pin 凸轮轴止推销
camshaft thrust plate 凸轮轴止推板
camshaft thrust plunger 凸轮轴止推塞
camshaft thrust spacer 凸轮轴止推片
camshaft timing gear 凸轮轴正时齿轮,凸轮轴定时齿轮
camter 削片刨方机
can (1) 头戴耳机,耳机,听筒;(2) 胶片盒,影片盒;(3) 有盖铁桶,马口铁盒,洋铁盒,汽油桶;(4) 密封外壳,金属管壳,容器;(5) 火焰稳定器,单管燃烧室;(6) 深水炸弹,驱逐舰;(7) 封装,密封,装罐
can base plate 条筒底座
can coiler 圈条器
can drum 脱冰机
can-dry 圆筒烘干
can-feed creel 条筒喂入
can frame 条筒粗纱机
can gill box 条筒针梳机
can half-body 罐头半坯
can-hooks 吊桶钩索
can indexing 条筒转位装置,条筒换位装置
can intersecting gill box 交叉式条筒针梳机
can opener 开罐器,开罐刀
can packer 条筒揿压器
can spinning frame 条筒精纺机
can tender 换筒工
can top 油壶盖
can tramper 并条机条筒揿压器
can transport trolley 条筒运输车
can traverse 条筒横动装置
can-type 罐形的
can-type combustion chamber 管形燃烧室
can with thumb button 带阀油壶
Canada Standards Association (=CSA) 加拿大标准协会
canal (1) 管道;(2) 沟,槽;(3) 通路,通道;(4) 波道,信道(5) 渠道,沟道,运河
canal barge 载重平底船
canal lift 运河升船机
canal-lock 运河闸门,水闸
canal ray 阳极射线,极隧射线
canal surface 管道曲面
canal trimmer 渠道修整机
canalis 管道
canalization (1) 渠化 [工程],(2) 渠道系统,运河系统;(3) 狭管效应
canard 鸭式飞机
canaries 录音系统中原因不明的高频噪声,特高频噪声
cancel (=CAN)(1) (图像或录音)抹去,消除,(2) { 数 }化为零,相消,对消,[相] 约;(3) 消除,消灭,熄灭,取消,注销,删去,作废;(4) 变音开关;(5) 组成网格状,组成格构
cancel circuit 消除电路
cancel character (=CAN) 作废字符
cancel key 符号取消键,清除键,消除键
cancel mark switch 取消符号开关,符号取消开关
cancel message 作废信息,作废信号,撤销信号
cancel-out 消除,消去,消失,取消,抵消
canceled (=cncl) 注销的,删去的
canceler (1) 消除器,(2) 补偿设备,补偿器
cancellated 方眼格子状的,海绵状的,网状的
cancellation (1) 消除,消灭,取消,注消,废除,删去,作废,(2) (图像或录音)抹去;(3) { 数 } 化为零,相消,对消,[相] 约;(4) 斜杆排列,网格组织,格构
cancellation amplifier 补偿放大器,对消放大器,消磁放大器
cancellation clause 撤销条款
cancellation law 相消律

cancellation network (1) 抵消网络;(2) 补偿电路
cancellation of a call 取消通话
cancellation of intensities 振荡强度的抵消,波的相互抵消
cancellation ratio 对消比
cancelled ratio 抵消比
cancelled structure 格 [组] 构 [架]
cancelled video signal 抵消后的视频信号
canceller (1) 消除器,(2) 补偿设备,补偿器
cancelling 消除,消灭,对消
cancelling cam 回零信号
cancelling former order 撤销前期订货
cancelling of terms 消项,并项
cancelling signal 取消信号
cancellous 方格状的,海绵状的,网状的
cand 萤石
candela (=CD 或 cd) 新烛光 (发光强度单位,=0.981 国际烛光)
candelite 长焰煤,烛煤
candescence 白热,炙热,热灼
candescent 白热的,炙热的
candid (1) 正直的,坦白的,(2) 耀眼白色颜料,(3) 耀目白色
candid camera 闪光照相机
candle (=C) (1) 蜡烛;((2) 烛光 (强度单位);(3) 用烛光检查;(4) 烟幕弹筒,毒气筒;(5) 火花塞,电极座,电嘴
candle-bomb (1) 蜡烛球;(2) 照明迫击炮弹
candle bomb 照明弹
candle coal 烛煤
candle-hour 烛光 - 小时
candle hour 烛光小时
candle per unit area 单位面积上的烛光 (亮度单位)
candle power(=CP) 烛光
candlepower (=CP 或 cp) 烛光
cane topper blade 甘蔗茎梢切刀
canfieldite 黑硫银锡矿
canister (=CAN 或 CSTR) (1)防毒面具的滤毒罐,金属容器,金属罐,金属箱,金属筒,滤毒器;(2) 榴霰弹筒,榴霰弹,群子弹;(3) (导弹)装运箱
canister-shot 榴霰弹
canker 矿井水中的铁质沉淀物
canned (1) 录音的;(2) 存储的;(3) 密封的,罐装的
canned data 已存数据
canned heat 罐装燃料
canned motor pump 密封电动泵
canned pump 密封泵
cannel 长焰煤
cannel coal 烛煤
cannelite 烛煤
cannelure (1) 纵向槽;(2) 环形沟槽,弹壳槽线,滚槽 (枪弹)
cannizzarite 辉铅铋矿
cannon (1)机关炮,加农炮,榴弹炮,大炮,火炮,(2)空心轴,粗短管;(3) 加农高速钢 (钨,铬,钒,碳);(4) 规范,(5) 间接碰撞,猛撞,冲突
cannon bracket 炮形架
cannon connector 加农插头与插座
cannon cradle 摇架
cannon pinion (1) 空心轴小齿轮;(2) 分轮管
cannon plug 圆柱形插头,加农插头,有孔栓塞
cannon-proof 防弹的
cannon-shot 炮弹射程
cannon stove 冲天炉
cannon tube shield 筒形屏蔽罩
cannonade 炮击
cannonball 炮弹
cannoneer 炮兵,炮手
cannonite 加隆炸药,加隆非特
cannonproof 防弹的
cannonry (1) 大炮,火炮,(2) 炮击
cannula 套管,套
cannular 管状的,管式的,筒状的
cannular burner 筒环形燃烧室,联管式燃烧室,环管式燃烧室
cannular combustion chamber 筒环形燃烧室
canon (1)标准,原则,规则,法则,准则,规范,典范,法典,定律,(2)一种大号铅字
canonical (1) 正则的,正规的,(2) 典型的,标准的,规范的,典范的
canonical conjugate 典型共轭量
canonical coordinates 典范坐标,正则坐标

canonical form 典型形式,标准形式,正则形式,范式,典式
canonical transformation 典型变换,正则变换
canonically 规范地
canonically variables 典范共轭变数,正则共轭变数,典范共轭变量,正则共轭变量
canopy (1)座舱盖,天篷,顶盖,华盖,天盖;(2)座舱罩,灯罩,盖,罩;(3)伞盖,伞衣,伞翼;(4)天空
canopy door 上悬滑动挑门
canopy stringer 伞绳工
canopy switch (电车)顶盖开关,天棚开关
canopy top 天盖式车顶
canroy machine 卷刷机
cant (1)斜面,倾斜;(2)把棱角切掉,弄斜,角隅;(3)有棱的木材,(船的)斜肋骨架;(4)角落,外角;(5)超高;(6)绳股;(7)横轴附近的微振,横轴振动
cant bay 三边形突肚窗
cant board 天沟侧板
cant body 斜肋骨部
cant column 多角柱
cant file 扁三角锉,细三角锉
cant frame 斜肋骨框架
cant hook 活动铁钩,木杆钩,钩杆
cant of rail 轨道超高
cant of the superelevation 超高度
cant of the track 轨道超高
cant of trunnions 炮耳轴倾斜
cant purchase 转侧滑车
cant spar 小杆材
cant table 条筒底盘
cant timber [船舶]斜肋木
cant window 多角窗
cantalever 或 cantaliver (=cantilever) (1)悬臂梁,悬臂,伸臂,肱梁;(2)交叉支架,角撑架 (3)电缆吊线夹板
canted 有角的,倾斜的
canted nozzle engine 斜喷口发动机
canted tie plate 斜面垫板
cantihook 转杆器
cantilever (=CANTIL) (1)悬臂梁,悬臂,伸臂,肱梁;(2)交叉支架,角撑架 (3)电缆吊线夹板
cantilever arch truss 拱形悬臂桁架
cantilever arm 悬臂,伸出臂,挑出臂
cantilever beam 悬臂梁
cantilever beam impact tester 悬臂梁式冲击试验机
cantilever beam spacimen 悬臂梁试样
cantilever bean with concentrated load 集中载荷悬臂梁
cantilever bridge 悬臂桥
cantilever-construction 悬臂施工法
cantilever crane 悬臂起重机
cantilever for footway 悬臂式人行道,挑出式人行道(桥梁的)
cantilever leg 张臂式支柱
cantilever load 悬臂梁负载
cantilever moment 悬臂力矩
cantilever plate 悬臂板
cantilever plate theory 悬臂板理论
cantilever sheet piling 悬臂式板桩
cantilever-spring (1)悬臂弹簧;(2)(汽车)半悬弹簧,半悬钢板
cantilever spring 悬臂弹簧
cantilever vibration 悬臂振动
cantilevered 悬臂的,肱梁的
cantilevered end 悬臂端
canting (1)使倾斜,倾侧;(2)倒转,逆转,翻转
canting of rail 钢轨内倾[度]
canton crane 轻便落地吊车
cants (1)开合轮的扇形块;(2)轮
cantsaw file 三角锯锉
canvas (1)防水布,帆布,粗布;(2)帆布传送带,帆;(3)帐篷;(4)帆布制的
canvas belt 帆布皮带,帆布带,传送带
canvas conveyer (1)帆布输送带;(2)帆布带式输送机
canvas conveyor (1)帆布输送带;(2)帆布带式输送机
canvas cover 帆布套,帆布罩
canvas duct 粗帆布
canvas filter 帆布过滤器
canvas hose 帆布水带

168

canvas slat conveyor 帆布条板式输送机
canvas top 车篷
canvasman 帐蓬工
canyon-type centrifuge 屏蔽型离心机
canyon wind 下降风,下吹风
canzler 砍兹雷尔铜合金 (1% Ag, 0.05% P, 余量 Cu)
caoutchene 橡胶干馏渣
caoutchoid 橡胶类似物
caoutchone 橡胶酮
caoutchouc (1)印度橡树;(2)生橡胶
cap (1)集材帽,柱帽,桅帽,帽;(2)盖板,顶盖,盖,套,罩;(3)雷管,火帽;(4)插座,管座,管底,管座;(5)接头,(6)输出端,引出线;(7)盘;(8)(支架的)顶梁,棚架顶梁,门窗过梁;(9){数}求交运算,交
cap and body type cage (轴承)端盖和支架式保持架
cap and pin type insulator 帽盖-装脚式绝缘子
cap bar 皮辊架
cap bolt 盖螺栓
cap collar gasket 螺帽垫圈
cap copper 带状黄铜,含锌黄铜
cap end 盖端,盲端
cap flange 螺帽垫圈
cap-flash 层塔防雨板
cap jet 辅助喷射口,伞形喷口,副喷口
cap lamp 头灯,帽灯
cap neb [皮辊]工字架
cap nut 盖形螺母,锁紧螺母,外套螺帽,锁紧螺帽,盖螺母
cap of moon [月面]角
cap of pile 桩帽
cap-piece 柱帽
cap plug 盖塞
cap screw 有帽螺钉,有头螺钉,内六角螺钉
cap scuttle 有盖舱口
cap sleeve 帽套
cap spindle 帽锭
cap spinning frame 帽锭精纺机
cap strip 翼肋缘条
cap uptake 泡罩升气口
capability (1)能力,才能;(2)性能;(3)容量;(4)[额定]功率
capable 有能力的,能……的
capacitance (=C) (1)电容量,电容值,电容;(2)容抗;(3)[机械]容量
capacitance beam switching 电容性射束转换,电容等信号区转换
capacitance between lines 线间电筒
capacitance box 电容箱
capacitance bridge 电容电桥
capacitance connecting three point type oscillator 电容三点式振荡器
capacitance-coupled 电容耦合的
capacitance coupling 电容耦合
capacitance current 电容电流
capacitance diode 变容二极管
capacitance-divider probe 电容分压探针,电容分配探针
capacitance linear air condenser 线性电容式空气电容器
capacitance meter 电容表
capacitance micrometer 电容测微计
capacitance potentiometer 电容电位计,电容分压器
capacitance relay 电容式继电器
capacitance-resistance (=CR) 电容电阻的,阻容
capacitance-resistance filter 阻容滤波器
capacitance tuning 电容调谐
capacitance-type strain ga(u)ge 电容式应变计
capacitance-voltage method 电容电压法
capacitance water-level detector (=CWD) 电容式水位检测器
capacitance wire gauge 电容线规
capacitatively 通过电容的(指耦合方法)
capacitive 电容[性]的,容性的
capacitive commutator 电容换向器
capacitive constant 电容器常数
capacitive coupling 电容耦合
capacitive coupling amplifier 电容耦合放大器
capacitive current 电容性电流
capacitive e.m.f 电容电动势 (e.m.f=electromotive force 电动势)
capacitive feedback 电容反馈
capacitive filter 电容滤波器
capacitive head 电容顶部

capacitive lag　电容惰性
capacitive leakage current　电容漏泄电流
capacitive load　电容 [性] 负载
capacitive micrometer　电容式测微计
capacitive motor　电容电动机
capacitive reactance　[电] 容 [阻] 抗
capacitive-shunting effect　电容分流作用, 电容旁路效应, 电容分路效应
capacitive susceptance　电容性电纳
capacitively loaded antenna　加容天线
capacitivity　电容率, 电容 [量]
capacito-plethysmograph　调频式电容脉波计
capacitor　电容器
capacitor antenna　电容式天线
capacitor bank　电容器组 [合]
capacitor-diode tuner　变容二极管调谐器
capacitor in series and parallel　电容器的串联和并联
capacitor induction motor　电容电动机
capacitor loudspeaker　电容器式扬声器, 静电扬声器, 电容传声器, 电容话筒
capacitor microphone　静电传声器, 电容传声器
capacitor motor　电容起动电动机
capacitor oil　电容器油, 绝缘油
capacitor pick-up　静电拾音器, 电容拾声器
capacitor plate　电容 [器] 极板
capacitor reactance　容抗
capacitor-resistor diode network (=CRD)　电容 - 电阻二极管网络
capacitor split-phase motor　电容分相式电动机
capacitor-start induction motor　电容器起动感应电动机
capacitor start induction motor　电容器起动感应电动机
capacitor start motor　电容起动电动机
capacitor storage　电容存储器
capacitor tachometer　电容式转速计
capacitor trigger　电容触发器
capacitron　(1) 原子击破器；(2) 电容汞弧管
capacity (=c)　(1) 汽缸工作容量, 负载量, 容量, 容积, 装载, (2) (计算机) 计算效率, 生产能力, 生产率, 生产额, 能力, 能量；(3) 额定功率, 最大功率, 额定负载, 最大负载；(4) 电容 [量]；(5) 吸收力；(6) 通过率
capacity coefficient　容量系数
capacity-coupled double-tuned circuit　电容耦合双调谐电路
capacity coupler　电容耦合元件, 电容耦合器
capacity current　[电] 容性电流
capacity earth　电容接地
capacity exceeding number　{ 计 } 超位数(超过存储单元最大长度的数)
capacity factor　(1) 设备利用率, 能力系数, 利用系数；(2) 容量因数, 负载因数, 电容因数；(3) 功率利用率
capacity fall-off　电容量减退, 电容量下降, [电容] 漏电
capacity ground　电容接地; 接地电容
capacity in tons per hour　每小时生产吨数, 生产率 (吨 / 小时)
capacity-input filter　电容输入滤波器
capacity measuring set　电容测试器
capacity meter　电容测试器, 电容计
capacity multiplier　电容倍增器型延迟电路
capacity of body　车体负载, 车体容积 (汽车, 机车)；起重量, 载重量
capacity of boiler　锅炉容量
capacity of carriage　车载量
capacity of condenser　电容器的电容量
capacity of drill　钻机最大钻进深度
capacity of heat　热容
capacity of heat transmission　导热能力, 热传导, 导热性
capacity of precise positioning　精确定位能力
capacity of reservoir　库容
capacity of road　道路容车量, 道路通行能力
capacity of storage battery　蓄电池容量
capacity of track　轨道容量
capacity operation　全容量操作, 满载操作
capacity plan　(船舶) 舱容图
capacity point　容载限点
capacity production　生产能力
capacity rating　(1) 额定承载能力；(2) 额定功率, 额定容量, 生产率定额；(3) 功率测定
capacity ratio　容量比
capacity resistance time constant (=CR time constant)　[电] 阻 [电] 容时间常数
capacity seismometer　电容器式地震检波器

capacity sensitive circuit　电容敏感电路
capacity susceptance　[电] 容性电纳
capacity time lag　电容惯性, 电容时滞
capacity tonnage　载重量
capacity value　电容值, 荷载量, 功率, 容量
capacity volume　容量
capadyne　电致伸缩继电器
capaswtich　双电致伸缩继电器
cape　吊台
cape chisel　扁尖錾, 削凿
Cape cod lighter　油囊式点火器
capel　(1) 套环, 嵌环, 鸡心环；(2) 提升容器和钢丝绳的接头；(3) 钢索眼环头
capillarimeter　毛细检液器, 毛细管测液器
capillarity　(1) 毛细作用；(2) 毛细现象
capillarity of fiber　纤维的毛细作用
capillaroscope　毛细管显微镜
capillaroscopy　毛细管镜检法, 毛细显微术
capillary　(1) 毛细管；(2) 毛细现象的
capillary attraction　毛细管吸力
capillary crack　毛细裂纹, 发 [状裂] 纹, 毛细裂缝, 发状裂缝
capillary conductivity　毛细管传导度
capillary electrolysis　交界面电解, 毛细电解, 渗透电解
capillary electrometer　毛细管静电计
capillary fissure　发状龟裂纹, 毛细龟裂
capillary height　毛细上升高度
capillary hydrodynamics　毛细管流体动力学
capillary jet　毛细管射流
capillary leak　毛细管泄漏, 毛细管漏孔
capillary manometer　毛细管压力计
capillary oiler　毛细加油器, 毛细管注油器
capillary pipe　毛细管
capillary pore　毛细管孔隙
capillary porosity　毛细管孔隙度
capillary potential　毛细管势
capillary potential gradient　毛细管势梯度
capillary pressure　毛细管水压力
capillary rise　毛细上升
capillary suction time (=CST)　毛细管抽吸时间
capillary tension　毛细管张力
capillary tube　毛细管
capillary viscosimeter　毛细管粘度计
capillary waves　表面张力波
capillary wetting method　毛细管湿润法
capillator　毛细管比色计
capillometer　毛细试验仪
capillose　针镍矿
capister　[突变结] 变容二极管
capital　(1) 柱顶, 柱头；(2) 大写字母；(3) 资本；(4) 首位的, 最重要的, 基本的, 主要的
capital construction　基本建设
capital cost　基本投资, 投资费, 资本值
capital equipment　固定设备
capital expenditure　(1) 基本建设费用；(2) 资本支出
capital goods　资本货物 (生产资料)
capital investment　资本投资
capital optimum　资本限额
capital outlay　(1) 资本支出；(2) 基建投资
capital output ratio　资本与产量比
capital payoff　投资回收期
capital repair　大修
capital ship　主力舰
capital stock　基金, 股本
capitalized cost　成本
capitalized total cost　核定投资总额, 核定资本值
capitate　头状的
capitulum　(1) 球端；(2) 小头
caplastometer　毛细管粘度计
capneic　适二氧化碳的
caporais　(法) 一种渔船
capnite　铁菱锌矿
capped　(1) 关闭的；(2) 冠的
capped nut　盖形螺母
capper　封口机

capping　(1) 压顶；(2) 帽, 盖帽, 顶盖；(3) 喷嘴；(4) 顶梁, 横梁；(5) 覆盖 [物]；(6) 炮泥；(7) 装雷管, 安雷管；(8) 圆弧刨

capping plane　扶手刨

CAPRI　"卡普里"靶场测量雷达

Capronium　{化} 镱 Yb

capsize　(1) (船, 车等) 翻身, 颠覆

capstan　(1) 立轴绞车, 卷扬机, 绞盘, 绞车, (2) 六角车架, 刀盘, (3) 起锚机, (4) 录音机磁带滚轮, 主动轮, (5) (录像机) 主导轴, (6) 输带辊

capstan amplifier　(录像机的) 转矩放大器

capstan bar　绞盘棒, 绞盘杆

capstan crab　(1) 垂直绞车, 绞盘, (2) 起锚机绞盘

capstan engine　绞盘机, 卷扬机, 起锚机

capstan handwheel　绞盘手轮

capstan head slide　(车床) 转塔刀架, 六角头滑板, 转塔滑座

capstan-headed screw　绞盘螺钉

capstan lathe(s)　转塔式六角车床, 六角车床, 转塔车床, 滑枕转塔车床

capstan motor　主导电动机

capstan nut　带 [扳手] 孔螺母, 有孔螺母

capstan of lathe　(1) [车床的] 六角刀架, (2) [车床的] 多边刀架

capstan rest　六角刀架转塔, 转塔刀架

capstan roller　主导轴惰轮, (录音带) 输带辊, (无极绳运输) 竖滚柱

capstan screw　(1) 转塔丝杠, 绞盘螺钉, (2) 有孔螺栓, 有孔螺杆

capstan turret　六角刀架转塔, 转塔刀架

capstan winch　绞盘

capsular　(1) 胶囊的；(2) 雷管的

capsular chamber　压力计囊, 气囊, 气室

capsulary　(1) 胶囊的；(2) 雷管的

capsulate(d)　(1) 胶囊包裹的；(2) 装入雷管的

capsulation　封装, 密封

capsule　(1) 囊；(2) 容器, 小碟子 (蒸发的), 小皿；(3) 囊状器, 帽状器；(4) 封瓶锡包, 瓶帽；(5) 膜片, 振动片膜盒, 真空膜盒；(6) 雷管；(7) 气密小座舱；(8) 宇宙飞行容器

capsule ejection　座舱弹射

capsule ga(u)ge　膜盒真空计

capsule metal　铅锡合金

capsule mockup　航天舱模型, 密封舱模型

capsule simulator　座舱模拟器

capsule type vacuum gauge　膜盒真空计

capsulize　(1) 装入小容器内；(2) 以节略形式表达, 压缩

captance　容抗

captation　(1) 收集, 集捕；(2) 集水装置

caption　(1) 翻译字幕；(2) 插图说明

caption adder　字幕叠加器

captive　被吸引住的, 捕获的, 截获的

captive balloon　系留气球

captive bolt　弩枪

captive foundry　铸工车间

captive test (=CT)　工作台试验, 静态试验, 捕获试验, 截获试验

captive test vehicle (=CTV)　静态试验导弹

capture　(1) 俘获, 捕获, 捕捉, (2) 附着现象, 吸收, (3) 抓取, 紧握, 记录, 拍摄, (4) 归零, 找准, 锁位, (5) 遏止噪声

capture area　(1) 天线有效 [截] 面积, 吸收面；(2) 目标截获区

capture area of antenna　天线有效 [截] 面积

capture coefficient　俘获系数

capture cross-section　俘获截面

capture effect　截获效应, 俘获效应, 遮蔽效应

capture-gamma counting　俘获 γ 计数

capture guidance　有线制导

capture process　俘获历程

capture-produced isotope　俘获产生 [的] 同位素

capture range　俘获范围, 同步范围

capture ratio　俘获率

captured current　俘获电流

captured documents　缴获文件

capturing　(1) 俘获, 截获, 捕获, 捕捉；(2) 归零, 找准, 锁位；(3) 收集, 吸收

capturing nucleus　俘获核

car　(1) 车, 车辆, [小] 汽车, 电车, 矿车；(2) 吊舱, 吊篮；(3) 电梯的机箱, 电梯, 车厢, 座舱

car axle　车轴, 车桥

car bit　长螺旋钻

car body　车身

car body coupler　车钩

car bumper　车挡

car-corn auger　玉米穗输送螺旋

car-corn conveyer　玉米穗输送器

car-corn crusher　玉米穗碾碎机

car-corn deflector　玉米穗导向器

car-corn pickup　玉米穗捡拾器

car-corn reducer　玉米穗切碎机

car coupler　车钩

car driver　驾驶员, 汽车司机

car dump　翻车卸载装置

car dumper　汽车倾卸机, 倾倒卸货车, 汽车倾卸机, 翻车机

car ferry　车辆渡船

car float　火车渡船

car-floor contact　电梯底板接触器

car frame　车架

car hearth furnace　活底炉

car hopper　车斗

car-kilometer　车辆公里计程表

car lighting　车灯

car load (=CL)　(1) 装在车上地磅过磅；(2) 车辆载荷

car-loader　装车机

car mileage　车辆英里程

car movement　车辆运行总里程

car number (=car no)　车号

car pincher　推车装车工

car pool　合用汽车

car puller　牵车机

car radio　汽车收音机

car retarder　汽车减速器；汽车减速装置

car sampling　槽车取样

car sidelamp　汽车前小灯

car-snapping unit　玉米摘穗装置

car tipper　自动前端重力翻车机

car track　电车轨道

car tunnel kiln　车辆装运的隧道窑

car type furnace　台车式炉, 抽底式炉

car type mould conveyor　小车式铸型输送机

car unloader　卸车机

car wash　洗车房, 洗车处

car washer　[动力] 洗车机

car wheel　车轮

car wheel boring machine　车轮镗床

car-wheel drilling machine　车式摇臂钻床

car wheel drilling machine　车轮钻床

car wheel lathe　车轮车床

carabine　(1) 卡宾枪, 马枪；(2) 弹簧钩

carabiner　[提花机的] 竖钩

caracol(e)　旋转楼梯, 旋梯

carat (=ct)　(1) 开(黄金成色单位), (2) 克拉(宝石重量单位 = 0.2053 克)

carat-goods　重约一克拉的金刚石块

carat grain　克拉格令 (相当于 1/4 克拉)

carat-metric (=CM)　米制克拉 (=200mg)

caratloss　金刚石消耗

caravan　(1) 大篷车；(2) 美国 C – 76 型运输机

caravel　帆船

carb-(=carbo-)　(词头) 碳, 羰基

carbacidometer　大气碳酸计

Carbaglas　玻璃纤维增强聚碳酸酯

carballoy　卡波硬质合金, 碳化钨硬质合金

carbanion　碳酸基离子, 碳酸根离子, 阴碳离子, 负碳离子

carbene　(1) 碳烯；(2) 碳质沥青；(3) 亚碳, 二价碳

carbide　(1) {化} 碳化物；(2) 硬质合金；(3) 碳化钙, 电石

carbide alloy　硬质合金

carbide annealing　球化退火, 碳化物退火

carbide blade　(1) 硬质合金刀片；(2) (无心磨床的) 硬质合金托板

carbide brick　碳硅砖

carbide carbon　化合碳 [素]

carbide ceramets　碳化物金属陶瓷

carbide chip　硬质合金刀片

carbide-chlorination　碳化物氯化

carbide cutter　硬质合金刀具, 碳化物刀具

carbide cylindrical surface cutter　硬质合金圆柱平面铣刀

carbide die　硬质合金拉模

carbide drill　硬质合金钻头

carbide drum　电石贮罐

carbide end mill　硬质合金立铣刀, 硬质合金端铣刀
carbide furnace　碳精电极炉
carbide helical counterbore　硬质合金螺旋锪钻
carbide hob　硬质合金滚刀
carbide lamellarity　碳化物带状组织
carbide lines　线状碳化物
carbide method　碳化钙测型砂水分法
carbide miner　遥控自动化采煤机
carbide network　网状碳化物
carbide press die　硬质合金冲压模
carbide scraper　硬质合金刮刀
carbide side cutter　硬质合金侧铣刀, 硬质合金三面刃铣刀
carbide slag　碳化物渣, 电石渣
carbide tip　硬质合金刀片
carbide-tipped　硬质合金的
carbide-tipped center　镶硬质合金顶尖, 硬质合金头顶尖
carbide-tipped core drill　硬质合金扩孔钻
carbide-tipped cutter bit　硬质合金刀头, 硬质合金刀刃
carbide-tipped cutting tool　硬质合金刀具
carbide-tipped drill　硬质合金钻头
carbide-tipped lathe tool　硬质合金车刀
carbide-tipped milling cutter　硬质合金 [刃] 铣刀
carbide-tipped Morse taper shank drill　硬质合金莫氏锥柄铣刀
carbide-tipped reamer　硬质合金铰刀
carbide-tipped tool　(1) 硬质合金刀具; (2) 硬质合金工具
carbide to water generator　投入式乙炔发生器
carbide tool　(1) 硬质合金刀具, 碳化物刀具; (2) 硬质合金工具
carbide tool grinder　硬质合金工具磨床
carbine　(1) 卡宾枪, 马枪; (2) 弹簧钩
carbinol　甲醇
carbite　(1) 金刚石; (2) 石墨; (3) 卡拜特炸药
carbium　卡毕阿姆铝铜合金 (4 ～ 5% Cu, 余量 Al)
carbo-　(词头) (1) 碳; (2) 羰 [基]; (3) [焦] 炭
carbo-charger　混气器
carbo-corundum　碳刚玉
carbocoal　半焦
carbocycle　碳环
carbodynamite　含碳硝化甘油炸药
carbogenes　碳合气
carbohydrate　碳水化合物, 糖类
carbolite　(1) 卡包立, (2) 卡包塑料, 磺烃酚 [醛塑] 料
carbolon　(1) 卡包纶 (碳化硅商品名); (2) 碳化硅
carboloy　(用钴作粘结剂的) 碳化钨硬质合金, 钨钴硬质合金
carbometer　空气碳酸计, 二氧化碳计, 定碳仪
carbomite　碳酰胺 (火箭火药稳定剂)
carbon (=C)　(1) {化} 碳 C; (2) 石墨; (3) 碳精电极, 碳精棒, 碳精片, 碳精粉; (4) 黑金刚石; (5) 复写纸; (6) 复写本, 副本
carbon acid　碳素酸
carbon amber glass　有色玻璃, 琥珀玻璃
carbon arc　碳精电弧, 碳极电弧
carbon arc cutting　碳 [素电] 弧切割, 碳极弧割
carbon arc lamp　碳棒灯, 碳弧灯, 弧光灯
carbon arc welding (=CAW)　碳素电弧焊接, 碳极 [电] 弧焊
carbon arrester　炭质避雷器, 炭质放电器
carbon back　[送话器] 碳精座
carbon back transmitter　炭背送话器, 炭合送话器
carbon balance (=CB)　碳平衡
carbon-bearing　含碳的, 带碳的
carbon bit　碳化物刀头
carbon black (=CB)　炭黑
carbon black oil　炭黑油
carbon blow　吹碳期
carbon body　电刷
carbon breaker　碳极断路器
carbon brick　碳素耐火砖
carbon-brush　炭刷, 碳刷
carbon brush　炭刷, 碳刷
carbon case hardening　渗碳硬化
carbon cast steel　碳素铸钢
carbon cell　碳极电池
carbon cement　碳素粘结剂, 碳粘泥, 碳胶
carbon chain polymer　碳链聚合物
carbon chamber　炭粒室
carbon-coated　被碳沉积覆盖的

carbon-coated coaxial attenuator　[涂] 碳层同轴衰减器
carbon composition resistor　炭 [质] 电阻 [器]
carbon compounds　碳化物类
carbon constructional quality steel　优质碳素结构钢
carbon constructional steel round　碳素结构钢
carbon contact　炭质接点
carbon contact pick-up　炭粒拾声器, 炭粒拾音器
carbon-content　含碳量
carbon content　含碳量
carbon-copy　(1) 复写; (2) 复写本
carbon copy (=CC)　(1) 炭复写件; (2) 复写的副本, 复写本, 副本
carbon crucible　石墨坩埚
carbon date　(放射性) 碳素测定年代
carbon-deoxidized　碳脱氧的
carbon deposit　积碳 (带钢热处理缺陷)
carbon diaphragm　碳精振动膜片, 碳膜
carbon dioxide　{化} CO2, 二氧化碳
carbon dioxide laser　二氧化碳激光器
carbon-disk microphone　碳盘传声器
carbon drop　降碳
carbon electrode　碳 [素] 电极, 碳精电极
carbon equivalent (=CE)　碳当量
carbon fibre　碳纤维
carbon-filament lamp　碳丝灯
carbon film　碳膜
carbon-film resistor　碳膜电阻 [器]
carbon film resistor　碳膜电阻器
carbon fin　(1) 散热片; (2) 燃烧舱
carbon-free　无碳的
carbon freezing　用二氧化碳冷冻
carbon gland　碳环压盖
carbon hydrophone　炭质水听计
carbon knock　(汽缸) 积炭敲击声
carbon lamp　碳弧光灯
carbon laydown　碳沉积, 积碳
carbon microphone　碳粒送话器
carbon miles　清除发动机积炭后的行驶英里数
carbon molybdenum　碳钼钢
carbon monoxide　{化} CO, 一氧化碳
carbon monoxide measuring system (=CMMS)　一氧化碳测量系统
carbon-nitrogen cycle　碳氮循环
carbon packing　碳素垫料, 碳素填料
carbon-paper　复写纸
carbon paper　复写纸
carbon paste　电极糊, 碳膏, 碳胶
carbon pickup　渗碳, 增碳, 碳化
carbon-point　[弧光灯] 碳 [极] 棒
carbon-point curve　碳 [锭] 线
carbon pole　碳素电极
carbon process　碳纸印像法
carbon ratio　[定] 碳比
carbon-reduced　用碳还原的
carbon-reduction　碳还原法
carbon residue　残碳
carbon resistance　碳 [质] 电阻
carbon resistance film　碳膜电阻
carbon-resistance furnace　碳阻电炉
carbon resistor rod　碳电极
carbon rheostat　碳质变阻器
carbon rod　碳 [精] 棒
carbon sand　碳素砂
carbon scraper　刮煤机
carbon steel (=CS)　碳 [素] 钢
carbon steel cutting tool　碳素钢刀具
carbon steel drill　碳素钢钻头
carbon stick　炭精棒
carbon-stick microphone　碳棒传声器
carbon switch contact　碳质开关接点
carbon tetrachloride　四氯化碳
carbon tissue　复写纸, 碳素印像纸
carbon tool steel　碳素工具钢
carbon tool steel bit　碳素工具钢车刀
carbon transfer　(1) 碳素印片; (2) 碳 [粒] 转移
carbon transfer recording　碳粒转移记录

carbon transmitter 炭精送话器
carbon tungsten alloy 碳化钨合金
carbon/uranium (=C/U) 石墨铀比
carbon-zinc battery (=CZB) 碳锌电池
carbon zinc battery 碳锌电池
carbonaceous 碳的,含碳的,碳质的
carbonaceous coal 半无烟煤
carbonado 黑金刚石
carbonatation 碳酸盐化,碳酸盐化作用
carbonate (1)碳酸盐,碳酸脂;(2)黑金刚石;(3)碳酸的,碳酸脂的;
　　(4)使与碳酸化合,使化合成碳酸盐,充碳酸气,碳化
carbonate-analysis log 碳酸岩分析测井曲线
carbonate analysis log 碳酸岩分析测井图
carbonate hardness 碳酸盐硬度
carbonate-leach 碳酸盐浸出
carbonate of lime 碳酸钙,石灰石
carbonated 充了碳酸气的
carbonated hardness of water 水的碳酸盐硬度
carbonation (1)碳酸饱和;(2)碳酸盐法;(3)碳化作用
carbonatization 碳酸饱充作用
carbonato 含碳酸盐的
carbonator 碳酸化器,碳酸化装置
carbonic acid 碳酸
carbonide (=carbide) 碳化物(指金属碳化物)
carbonification 碳化作用
carboniogenesis (1)正碳离子源;(2)碳化作用
carbonite (1)碳质炸药,硝酸甘油,硝酸钾,锯屑炸药;(2)天然焦
carbonitride 碳氮化物
carbonitrided cases 渗碳层
carbonitriding 碳氮共渗[法],气体氰化[法]
carbonity 碳化
carbonization (1)碳化作用,完全碳化;(2)[钢的]渗碳,增碳
carbonization of coal 煤之碳化
carbonization of oil 油之积碳生成
carbonize 碳化,焦化
carbonized case depth 渗碳层深度
carbonized gear 渗碳齿轮
carbonized thoriated tungsten cathode 碳化钍钨阴极
carbonizer 碳化工
carbonizing (1)渗碳的,碳化的;(2)碳化,渗碳法
carbonizing furnace 渗碳炉
carbonizing of gas 煤气渗碳
carbonocyanidic acid 碳氰酸
carbonometer 碳酸计
carbonous 碳的,含碳的
carbonsteel 碳钢
carbonyl iron core 羰基铁粉磁芯
carbopack 石墨化碳黑
carboradiant kiln 金刚砂电炉
carboraffin 活性炭
Carboraffin Supra 一种活性炭
carborandum 人造刚玉,金刚砂,碳化硅
carborne 用汽车载运的,乘汽车的
carborne detector 汽车探测仪,车载探测器
Carboround 碳化硅载体
carborundum (1)碳化硅{化},金刚砂;(2)人造金刚砂
carborundum detector 金刚砂检波器,碳化硅检波器,碳硅砂检波器
carborundum grinding wheel 金刚砂[磨]轮
carborundum-paper [金刚]砂纸
carborundum paper [金刚]砂纸
carborundum saw [金刚]砂锯
carborundum wheel 金刚砂轮
carbosand 碳化砂
Carboseal 卡波夕耳(收集灰尘用润滑剂)
carbothermal (=carbothermic) 用碳高温还原的,碳热还原的
carboxyl nitroso rubber (=CNR) 羧基亚硝苯橡胶
carboy (1)坛,酸坛;(2)钢瓶,气筒
carburant 增碳剂,渗碳剂
carburate 渗碳,汽化
carburation (1)渗碳[作用],碳化;(2)[内燃机内之]汽化[作用],
　　混合气体形成
carburator (1)渗碳器;(2)(内燃机)汽化器,化油器
carburet (1)增碳,与碳化合;(2)汽化,使汽油与空气混合;(3)

碳化物
carburetant 增碳剂
carbureted (=carburetted) 碳化物的
carbureter (=carburetter) (1)增碳器;(2)汽化器(内燃机),化油器(商名)
carbureter anti-icer 汽化器的防冷器
carbureter choke 汽化器阻风门
carbureter engine 汽化器式发动机
carbureter jet 汽化器喷嘴
carbureter manifold 汽化器歧管
carbureter mixing chamber 汽化器混合器
carbureter strainer 汽化器滤网
carbureter tickler 汽化器打油泵
carburetion (=carburation) (1)渗碳[作用],碳化;(2)[内燃机内
　　之]汽化[作用],混合气体形成
carburetor (=CARB) (内燃机)汽化器,化油器,增碳器
carburetor air temperature (=CAT) 汽化器空气温度
carburetter (内燃机)汽化器,化油器,增碳器
carburise (=carburize) [使]渗碳,碳化
carburisation (carburization) 渗碳[作用],渗碳处理,渗碳法,增碳,
　　碳化
carburization 渗碳[作用],渗碳处理,渗碳法,增碳,碳化
carburization material 渗碳剂
carburization zone 碳化层
carburization layer 渗碳层
carburize (=CARB) [使]渗碳,碳化
carburized layer 渗碳层
carburizer (1)渗碳剂,碳化剂;(2)渗碳工
carburizing 渗碳[法],碳化,硬化处理
carburizing by molten salts 液体渗碳
carburizing by solid matters 固体渗碳
carburizing characteristics 渗碳特性
carburizing cycle 渗碳期
carburizing furnace 渗碳炉
carburizing steel 渗碳钢,碳[素]钢
carbusintering 渗碳烧结
carcase 或 carcasss (1)外胎身;(2)架子,骨架,构架,支架;(3)帘布层,
　　夹布层,胶布层;(4)[弹]壳;(5)兵团,厂房;(6)电接;(7)带芯钢筋;(8)
　　阀件,管件,配件;(9)机壳;(10)轭;(11)底,定子;(12)绕线架
carcass building 帘布层贴合
carcass-flooring 毛地板
carcass plies [轮胎的]帘布层
carcass-saw 大鸠尾锯
carcassing 骨架制作
carcassing timber 木构架构件
carcinotron 返波管,回波管
card (1)程序单,穿孔卡,卡片;(2)表格,图,表;(3){计}插件,印
　　刷电路板;(4)布纹纸,纹板,花板;(5)钢丝起毛机,钢丝刷,梳理机,
　　粗梳机,走锭机;(6)梳理,梳刷;(7)(罗盘的)方位牌,标度板
card address 插件位置,插入位置
card-based language 以卡片为基础的语言,卡片式语言
card bed 卡片座
card bend 梳棉机曲轨
card-board flange 纸板法兰垫
card capacity 卡片容量
card catalog(ue) 卡片目录
card chain 纹板链条,纹链
card chain tapered 纹板链条踏盘
card collator 卡片校对机,卡片整理机,混卡[片]机
card column 卡片列孔,卡片列
card compass 平板罗盘
card control 纹板控制
card cutter 纹板冲孔工
card deck 一组卡片,一叠卡片,卡片叠,卡片组
card dialer 卡片拨号机
card editor 卡片编辑程序
card face 卡片使用面,卡片正面
card feed (1)卡片传递;(2)卡片馈送装置,卡片馈送部件
card field 凿孔卡片栏,卡片范围,纹板孔位,卡片字段
card file 卡片存储器,卡片文件,卡片柜
card fluff 卡片纸屑
card for record only 只录卡
card guide 卡片引导槽,插件导轨
card hopper (1)卡片传送;(2)送卡箱,储卡箱
card image correction (=CIMCO) 卡片影像修正

card index　卡片［式］索引
card input magazine　卡片输入箱,送卡箱
card jam　卡片堵塞
card lacing　纸板串连带
card leading edge　卡片前沿
card level module　插件级模件
card loader　卡片引导程序
card-o-matic　利用穿孔卡测试继电器组的设备
card of patterns　装有几个模型的型板
card pitch　纹孔间距
card programmed calculator (=CPC)　卡片程序计算器
card programmed computer　（穿孔）卡片程序计算机,卡片分析 ［计算］机
card programmed electronic calculator (=CPC)　卡片程序电子计算机
card puller　拔插件手把,插件板插拔器
card punch　卡片穿孔
card puncher (=CP)　卡片打孔机,卡片冲孔机,卡片穿孔机
card punching　纹板冲孔
card punching printer (=CPP)　卡片穿孔打印机
card punching unit (=CPU)　卡片穿孔装置
card random access memory (=CRAM)　随机取数磁卡片存储器,随机存取卡片存储器
card read punch　卡片阅读穿孔机,卡片输入穿孔机,读卡穿孔机
card-reader　穿孔卡读出器,读卡器
card reader　穿孔卡读出器,卡片读出器,卡片输入机,卡片阅读机,卡片阅读器,读卡机,读卡器
card receiver　接卡器,接卡箱
card reproducer　卡片复制机
card run　卡片运用
card sensing　卡片读出
card sight check　卡片目视检验
card sorting　卡片分类
card sorting machine　卡片分类机
card stacker　(1)叠卡［片］机,叠卡器,接卡箱;(2)输出卡片箱
card stave　梳麻机针板
card stripper　剥棉辊
card sweeps　［梳棉机］车肚落棉
card tack　针布钉
card to tape　卡片到带的转换
card-to-tape conversion　卡片-带转换,卡片到磁带的转换
card track　卡片导轨,卡片道
card translator　卡片译码器
card type indicator　图表式指示器
card web　梳理机纤维网
card wire　针布钢丝
cardan　(1)平衡环;(2)万向接头,万向节头,活节连接器
cardan drive　万向节传动,万向接头传动
cardan joint　(1)万向联轴节,万向接头,万向节;(2)万向接合
cardan link　万向节
cardan motion　万向轴传动
cardan shaft　万向节传动轴,中间轴,万向轴,推进轴
cardan universal joint　万向联轴节,十字架式万向节
cardboard　厚纸板,马粪纸,千层纸,卡纸,卡片
cardcase　卡片盒
carder　(1)刷毛机,梳子机;(2)梳棉者
cardiac　心形轮
cardinal　(1)主要的,基本的;(2)轴节的;(3)基数
cardinal heading　正方位船首向
cardinal line　主线
cardinal number　基数,纯数
cardinal point　基点
cardinal power　基数幂
cardinal principle　基本原理
cardinal sum　基数和
cardinal system　基本方位浮标设置
cardinal theorem　取样定理
cardinality　{数}基数,势
carding　起毛,起线
carding machine　梳毛机,粗毛机
cardiograph　心动描记器
cardioid　心［脏］形曲线
cardioid condenser　心形聚光器
cardioid mechanism　心形机构
cardioid microphone　心形方向性传声器

cardioid pattern　心形辐射图,心形方向图
cardioid receiving　心形方向图接收
cardioid reception　心形方向图接收
cardiometer　心力计
cardiophone　心音听诊器
cardioscope　(1)心脏镜;(2)心电图示波器
cardiotachometer　心率仪
cardiotron　手提式心动描记器
carditioner　卡片调整机
cards per minute (=CPM)　每分钟卡片张数
care and maintenance (=C&M)　保养与维修
care label　使用须知标签
care of (=c/o)　由……转交
careen　(1)倾倒,倾侧检修;(2)倾斜试验
careenage　(1)倾船;(2)船底修理费,倾修费;(3)修船所
career　(1)经历,履历;(2)炉期
caret　"填字"符,"脱字"符,插入记号,加入记号
carga　卡尔格(重量单位,约等于300磅)
cargo　(1)船货,船装货,货物;(2)荷重,负荷
cargo block　吊货滑车
cargo boom　起重臂
cargo capacity　载货容量,载货定额,载货能力,载重量
cargo carrier　运载工具,运输器具,运输机
cargo compartment　货舱
cargo crane　船货起重机
cargo handling　载荷处理
cargo handling equipment　货物装卸设备
cargo handling system　货物装卸系统
cargo hatch　货舱口
cargo hold　货舱
cargo insurance　货物保险
cargo lift　船货升降机
cargo list　装货清单,装船清单
cargo liner　(1)定期货轮;(2)货运班机
cargo lunar excursion module　载重登月舱
cargo mill　装船木场
cargo net　吊货网,装卸网
cargo number (=CN)　货物编号
cargo parachute　载重降落伞
cargo receipt　货运收据
cargo rocket　运载火箭
cargo ship　货船
cargo ship safety construction certificate issued by the Classification Society　船级社签发的货船安全建造证书
cargo ship safety equipment certificate issued by the Classification Society　船级社签发的货船安全设备证书
cargo ship safety radio certificate issued by the Classification Society　船级社签发的货船无线电安全证书
cargo single risk certificate　货物单程保险证书
cargo steamer　货轮
cargo tank　载油轮
cargo truck　载重卡车,货车
cargo vehicle　货运汽车,载重卡车
cargo winch　起货绞车
cargo wire　吊货索
cargojet　喷气式运输机
cargoliner　大型货［运飞］机
cargoplane　运货飞机,货机
carhouse　车房
carina　(1)龙骨突,龙骨瓣;(2)一种聚氯乙烯
carinate　龙骨形的
carlength　车长［度］
carline　(1)［船的］纵梁,船梁;(2)火车支持车顶的横木或铁柱;(3)电车线路
carling　短横梁
carlite　一种(镀于硅钢片上的)绝缘层
carload (=CL 或 cl)　铁道车辆积载量(一辆所载之最小量),整车货
carloading　装载量
carlot　最低装载量
carman　电车司机,汽车司机,车辆检修工,车辆制造工,装卸工,搬运工
carmatron　具有宽广调谐范围的振荡器
carminite　砷铅铁矿
carnallite　(1)光卤石,(2)金卤石

carnotite 钾钒铀矿

Carnot's cycle 卡络循环

caro bronze 磷青铜

carpenter (1) 细木工, 木工, (2) 船匠; (3) 卡喷特镍铬合金钢

carpenter's bench 木工台

carpenter's chisel 木工凿子

carpenter's gimlet 木工手钻

carpenter's flat chisel 木工凿

carpenter's pincers 胡桃钳 (木工用)

carpenter's rule 木工尺

carpenter's square 木工尺, 矩尺, 角尺

carpenter's utensil 木作工具

carpentry (1) 木工业, 木工; (2) 木结构, 木制品, 木器; (3) 木作

carpentry shop 木工厂

carpentry tongue 木工凿

carpet (1) 地毯, 桌毯; (2) 磨损层, 毡层; (3) 地毯式轰炸; (4) 起伏噪声电压调制的航空干扰发射机, (雷达) 电子干扰仪; (5) 包围, 罩

carpet bombing 地毯式轰炸

carpet checker 频率输出测量仪, 频率输出检验器, 频率输出测量器

carpet coat 磨损层, 毡层

carpet method 升力系数与迎角, M 数关系曲线作图法, 列线图

carpet tester 射频脉冲发生器, 射频脉冲发射机试验器

carpet treatment 表面处治, 敷毡层

carpet veneer 表面处治, 毡层

carpeting (1) 毡子, 桌毡; (2) 地毯

carpitron 卡皮管

carr bit 单刀钻冠, 冲击式钻头

carriage (1) (包括车床大小溜板的) 刀架, 滑鞍, 滑架, 滑座, 拖板, (2) 机器滑动部件, 支承部件, 承重装置, 支承框, 承载器, 托架, 支架, 底座, 平台; (3) 炮架, 车架, 车辆, 小车, 容器, 车厢, 底盘; (4) 桥式行车, 天车, 搬运, 运输; (5) 输送, 运输, 运费; (6) 印版床, 字盘, (7) 楼梯搁栅, 梯段; (8) 排水管; (9) 字盘; (10) 轨器

carriage axle 车轴, 车桥

carriage bolt 车身螺栓, 车架螺栓, 方颈螺栓, 埋头螺栓, 螺丝栓

carriage cam (纺机) 走车凸轮

carriage change wheel (织机) 走车变换齿轮, 钢板齿轮

carriage contract 运输合同, 运送契约

carriage control character 托架控制字符

carriage control tape 托架控制带

carriage draw spring (打字机用) 滚轮架拉力弹簧

carriage forward (=carr fwd) 运费由提货人照付

carriage-free 免付运费

carriage free (收货人) 免付运费

carriage freight 运费

carriage gain (织机) 走车牵伸

carriage guide 刀架刀槽, 刀架刀板

carriage guideways 托架导板, 滑车导轨

carriage hand wheel 拖板手轮

carriage house 车房

carriage lock screw 拖板锁紧螺钉

carriage mounting 台车钻架

carriage nut 车架螺母

carriage paid (=carr pd) 运费已付

carriage piece (1) 楼梯斜梁; (2) 车架构件

carriage rail [打字机] 滑动架轨

carriage return (=CR) (1) 字盘返回, 滑架返回, 滑架折回, 托架折回; (2) 回车, 回位, 退归

carriage-return button 复原按钮, 回车按钮

carriage return character (1) 回车字符; (2) 托架折回符号, 滑架折回符号; (3) 反转符

carriage return code 键盘回移电码

carriage rod [打字机滑动架的] 滑行相

carriage rope 牵引索

carriage saddle 刀架座, 滑台座

carriage shed 车棚

carriage space key 托架空推键

carriage spring 车架弹簧, 轴承弹簧

carriage tape 输送纸带

carriage tension spring (打字机用) 滚轮架拉力弹簧

carriage turn table 转车台

carriage way 车行道

carriageway 车道

carrick bend 麻花形粗绳连结, 单花大绳接结

carrick bitts 支承座立柱, 支撑起锚机的系缆柱

carried 被运送的, 悬挂式的

carried communication 载波通信

carried forward (c/f) 转下页

carried over (=c/o) 结转下期

carrier (=carr) (1) 鸡心夹头, 挑子夹头; (2) 架, 托架, 托板, 支座, 承载部件; (3) 输送器, 运载器, 运输器, 运载工具, 运输汽车, 运输船, 运输航空母舰, 运输放射性物质的容器; (4) 主动机构; (5) 运载体, 载体, (6) 载波, 载波电流, (7) {电} 载流子; (8) 传导管; (9) 装弹机; (10) 引水沟, 水管; (11) {数} 承载子, 承载形

carrier accumulation 载流子积累, 载子累积

carrier-actuated 载频起动的, 载波激励的

carrier air group 航空母舰空军大队

carrier amplifier 载频放大器, 载波放大器

carrier amplitude regulation 载波幅度变动率

carrier and sideband (=CSB) 载波和边带

carrier bar (1) 导纱管支轴; (2) 承载梁

carrier-based 以航空母舰为基地的, 航空母舰上的, 舰载的

carrier bearing 差速器箱

carrier beat 载波差拍

carrier bit (1) 单刀钻冠; (2) 冲击式钻头, 一字形钻

carrier booster 运载火箭

carrier-borne 以航空母舰为基地的, 航空母舰上的, 舰载的

carrier-break push-button 载波切断按钮

carrier buffer 载频缓冲器

carrier cable (1) 载波电缆; (2) 承力钢索, 缆车钢索, 载重索

carrier chain 输送链

carrier channel 载波波道, 载波信号

carrier-chrominance signal 载波彩色信号

carrier colour signal 载波彩色信号

carrier compound 负荷体, 载体

carrier computer 载波计算机

carrier-containing [含] 有载体的, 有载流子的

carrier control 载波控制

carrier controlled approach (=CCA) 航空母舰上控制飞机降落的雷达

carrier coupling capacitor 高频耦合电容器

carrier-current 载波 [电流] 的

carrier current channel 载波信道, 载波电路

carrier-current communication 载波通信

carrier current relay 载波电驿器

carrier-current relaying 载频中继

carrier-current telegraphy 载波电报

carrier density 载 [流] 子密度

carrier deviation (1) 中心频率偏移; (2) 载波偏差, 载频偏差

carrier diffusion 载子扩散

carrier drift transistor 载流子漂移型晶体管

carrier drop 载波跌落

carrier envelope 载波包络

carrier equipment (=carr equip) 载波设备

carrier-excited 由载波末推动的

carrier extraction 载流子的拉出

carrier fibre 伴纺纤维, 载体纤维

carrier filter 载波滤波器

carrier frame (1) 托架; (2) (汽车) 底盘框架

carrier-free (=CF) (1) 无载流子的, (2) 无载波的; (3) 不含载体的

carrier-free tracer 脱离载体的示踪原子, 无载体的示踪原子, 无载体指示剂

carrier-frequency 载 [波] 频 [率]

carrier frequency (=carr freq) 载 [波] 频 [率]

carrier-frequency cable 载波电缆

carrier frequency circuit 载频电路

carrier frequency filter coil 载频滤波线圈

carrier frequency generator 载波发生器

carrier frequency hologram 载频全息图

carrier frequency oscillator 载频振荡器

carrier-frequency repeater equipment 载波增音设备

carrier frequency repeater equipment 载波增音设备

carrier frequency terminal equipment 载波终端设备

carrier frequency wire broadcasting 载波频式有线广播

carrier gas (1) {冶} 载气; (2) 运载气体, 运输气体, 控制气体

carrier gear 过桥齿轮

carrier generation 载子产生

carrier housing (车) 后轴壳

carrier injection E.L. 载子注入电发光

carrier isolating choke coil 载波隔离扼流圈
carrier leak 载波漏电
carrier-level 载波电平
carrier level 载波电平
carrier line (=carr line) 载波线路
carrier liquid 载液
carrier-loader 运载车
carrier loader 运载车
carrier loading 载波加感,载波加重
carrier loom 片梭织机
carrier metal 载体金属
carrier mobility 载流子迁移率
carrier multiplex communication 载波多路通信
carrier network 载波网络
carrier noise 载波噪声,载波噪音,载波干扰
carrier-operated 载波驱动的,载波操纵的
carrier operated relay (=COR) 载波作动继电器
carrier oscillator 载波振荡器
carrier-pellet 催化剂载体片
carrier phase (1)载波相位,(2)运载飞行阶段
carrier piggyback 副载波调制
carrier plate 顶板,承载板
carrier power 载波功率
carrier power-output rating 载波额定输出功率
carrier reception 载波独立处理接收法
carrier relay 载波电驿[器]
carrier relaying 载波电驿方法
carrier repeater (=CR) 载波增音器,载波增音机,载波转发器
carrier ring (1)支承环,(2)导环
carrier rocket 运载火箭
carrier rod 顶杆
carrier roller (1)(履带)托链轮,托链轮随动轮,(2)承载滚子,承载辊,导[纱]辊,托辊
carrier roller bracket (履带)托链轮支架
carrier shift 载波偏移,载频漂移,频移
carrier signaling 载波发信
carrier storage effect 载流子存储效应,载流子积聚效应
carrier storage time 载子储存时间
carrier swing 载波频移,载波摆值,载波摆幅,载波漂移
carrier system (1)载波通信系统,(2)载波制
carrier telemeter system 载波遥测制
carrier telephony 载波电话学,载波通话
carrier-to-noise 载波噪声比
carrier-to-noise ratio 载波噪声比
carrier tracking loop 载波跟踪回路
carrier transposition 载波交叉
carrier vehicle (1)运载飞行器,运载火箭,(2)搬运汽车,运输车
carrier vehicle flight 运载飞行器
carrier wave 载波
carrier wave jamming 载波干扰
carrier wave telegraphic system 载波电极制
carrier wave telephony 载波电话学,载波通话
carrier wheel (1)滑移齿轮,移动齿轮,过桥齿轮,(2)托带轮,(3)(纺机)推排齿轮
carrier wire 载波电缆,载波导线
carrion rod [平袜机的]导纱器导轨
carrion wheel 移动齿轮
carrollite 硫铜钴矿
carronade (从前兵舰上)大口径短炮
carrosserie [汽车]车身
carry (=CA) (1)携带,附带,传播,传送,传输,传递,传导,搬运,运载,运载,(2){计}进位,进列,(3)负载,支承,(4)占领,(5)搬运路程,枪弹射程,(6)军旗位置
carry-all tractor 万能拖拉机
carry away 使失去控制,带去,运去
carry away boat 运鱼船
carry back (1)向后进位,(2)拿回
carry chain 进位链
carry circuit {计}进位电路
carry clear signal 进位清除信号
carry-complete 进位完毕的,进位完成的
carry-complete signal 进位完成信号
carry-dependent sum adder 和数与进位有关的加法器
carry digit 移位数字,进位数

carry-down 分离成沉淀物,变成沉淀物
carry failure 进位失败
carry flag 进位标志
carry flip-flop 进位触发器
carry forward (1)推进,(2)转入次页
carry-gating circuit 进位门电路
carry in 输入,运入,装入,载入,带入
carry initiating signal 进位起始信号
carry into effect 实行,执行,施行
carry into execution 实行,执行,施行
carry into practice 实行,实施
carry-log 高轮拖木车
carry lookahead 先行进位
carry lookahead adder 先行进位加法器
carry of spray 喷[雾射]程
carry off 带走,运走,送走,对付,应付,夺去,夺得
carry-on 手提的
carry on 坚持下去,装在……上,继续,进行,从事,处理,开展,经营
carry out 实行,进行,推行,执行,实现,贯彻,落实,完成,了结,求得
carry-over (1)携带,带出,(2)延期至,传送,转入,移行,(3)滞后
carry over (1)转换,转移,转入,归入,{计}进位,带走,带出,(3)(蒸汽净化)机械携带
carry-over-factor 传递系数
carry-over factor 传递系数
carry-over loss 带出损失
carry-over of catalyst fines 催化剂粉末之带出
carry-over rate 转期利率
carry over sound 传[播]声[音]
carry-propagate output 进位传送输出
carry propagation {计}进位传送
carry propagation delay 进行传播延迟
carry pulse 进位脉冲
carry reset 进位复位,进位清除
carry-save adder 保留进位加法器
carry save adder 进位存储加法器,进位保留加法器
carry-scraper 铲运机
carry shift 主动机构位移,悬挂架移动
carry signal 进位信号
carry skip 跳跃进位
carry storage 进位存储装置,进位存储器
carry storage register 进位存储寄存器
carry through 坚持,完成,贯彻
carry-under 水中带汽,夹带
carryall (1)刮除机,刮刀,(2)载客汽车,载货汽车,大型载客汽车,军用大桥车,(3)轮式铲运机,(4)旅行大提包
carryall scraper 轮式铲运机
carryall tractor 万能拖拉机
carrying (1)装载的,运输的,运送的,(2)承载的,(3)含有的
carrying capacity (1)承载能力,支承能力,(2)载重能力,运载能力,载重量,容许负荷量,(3)支承,承重,(4)安全载流量,载流容量
carrying capacity of crane 吊车起重能力
carrying at closing 合闸载流量
carrying charge 维护费
carrying current 容许负载电流,极限电流
carrying ladle 运输桶
carrying load 运送负载
carrying plane 承载面,支承面,承压面,升力面
carrying plate 炉腰环梁
carrying power (1)承载能力,支承能力,(2)载重能力,运载能力,载重量,容许负荷量,(3)支承,承重,(4)安全载流量,载流容量
carrying tongs 运转钳
carrying trade 运输业
carrying traffic 道路承担交通量
carrying vessel 载货船只,运输船
carrying wheel (履带)托带轮,托链轮
carrying wire rope for aerial tramways 架空索道用承载钢丝绳
carryingcost 存储成本,保藏费
carryover (1)携带,夹带,带出,携出,(2)转移,转入,滚进,(3){计}进位,(4)滞销品,(5)汽中夹带水,沸腾延迟,(6)信号延长
carryover bar [冷床的]动齿条
carryover bed 冷床
carryover factor 传递系数,传递因子
carryover moment 传递力矩
carryover table 输送辊道

carstone 含铁的岩石,含铁的砂石
cart 手推车,大车,马车
cart road 货运道路,马车路
cart rope 拖曳绳
cart way 马车路
cartage (1) 货车运货;(2) 货车运费
carte blanche [法语] 全权委托
Carter chart 卡特阻抗圆图
carter's coefficient 卡氏系数
Cartesian (1) 笛卡儿的;(2) 笛卡儿坐标
Cartesian coordinates 笛卡儿坐标,直角坐标
Cartesian geometry 解析几何
Cartesian reference frame 笛卡儿参考系,直角坐标参考系
Cartesian to polar (=C/P) 笛卡儿坐标 - 极坐标变换
Cartesian vector 笛卡儿 [坐标系] 矢量
Cartimat 自动精密坐标展点仪
carting 人力搬运,拖运,运输(从井下运走来掘物)
cartogram 统计图
cartographer 制图员
cartographer drawer 制图员
cartographic test standard (=CTS) 制图测试标准
cartography 制图学,制图法
cartology 地图学,海图学
carton (1) 草图,漫画,动画片;(2) 厚纸,纸板,千层纸;(3) 硬纸盒;
(4) 靶子中心的白点
carton pierre 制型纸
carton pipe 厚纸管
cartoner 装箱者
cartoon (1) 草图,底图;(2) 动画片,卡通
cartoon set 电视卡通设备
cartopper 车顶小艇
cartose 卡尔透斯(碳水化合物混合液)
cartouch (= cartouche) (1) 装饰镜板;(2) 涡形装置;(3) 椭圆形轮廓;
(4) 弹药筒
cartouche gazogene 压力冒口发气弹
cartridge (1) [过滤器] 芯子,滤筒,(2) 套筒,套管,管壳;(3) 保险丝管,
熔丝盒,插件;(4) 弹药筒,炮弹,枪弹,弹夹,筒夹,药筒,药包,药卷,
弹药;(5) 盒式磁盘,匣式磁盘,微型磁带;(6) 夹持圈,夹头,卡盘;(7)
[照相] 软片卷,胶卷,(8) [反应堆的] 释热元件,燃料元件,燃料元
件盒,燃料管,(9) [传声器] 极头,拾音器芯座,心子
cartridge amplifier 盒式放大器,放大器盒
cartridge bag 火药袋
cartridge-belt 子弹带
cartridge belt 子弹带
cartridge-box 子弹盒
cartridge brass 弹壳黄铜
cartridge-case 弹壳,药筒
cartridge case 弹壳
cartridge-chamber 枪膛,弹膛,药室
cartridge chamber 枪膛
cartridge container 尾管
cartridge cook-off 弹载膛内受热自燃
cartridge disc 盒式磁盘
cartridge element 释热元件
cartridge filter 过滤筒
cartridge fuse 保险丝管,熔丝管
cartridge heater 圆筒加热器,筒式加热器,加热筒
cartridge output 拾音头输出
cartridge-paper 厚纸
cartridge stop 卡盘挡
cartridge tape recorder 盒式磁带录音机
cartridge tape unit 盒式磁带机
cartridge-type bench blower 筒形台式吹芯机
cartridge-type pump 芯式泵
cartridge unit 环形轴承箱组
cartridge valve 筒形插装式盒
cartridge VR 卷盘式录像机 (VR=video recorder 录像机)
cartridgeVTR 卡盘式录像机 (VTR=video tape recorder[磁带]
录像机)
cartridging 装药包
cartwheel 车轮
cartwheel satellite 滚轮式卫星
carve (1) 切开;(2) 雕,刻

carve up (1) 压碎;(2) 分割,划分
carvel joint 平接缝
carver (1) 雕刻器;(2) 雕刻师,雕刻工
carving (1) 雕刻术;(2) 雕刻物
carving machine 刻字机
caryclastic (1) 核破裂的;(2) 分裂中止的
caryoclasis 核破裂
caryokinesis 核分裂
cascabel (1) 尾座;(2) 炮的尾钮;(3) 有孔球形铃
cascade (1) 喷流;(2) 瀑布状物,急流,喷流;(3) 格,栅格状物;(4)
型栅,叶栅;(5) 级,级联,串联,串级,串接;(6) 级联簇射,串联布置;(7)
阶式蒸发器;(8) 阶流式布置,阶梯,阶式,梯流;(9) 贮藏所,库
cascade accelerator 级联加速器
cascade amplification 级联放大
cascade amplifier 共射共基放大器,共阴共栅放大器,栅地 - 阴地放大器,射地
- 基地放大器,级联放大器
cascade-amplifier klystron 级联放大调速管
cascade blade 叶栅的叶片
cascade buncher 级联聚束器,级联群聚栅,多级聚束腔
cascade carry 逐位进位
cascade compensation 级联补偿
cascade condenser 级联冷凝器,阶式冷凝器
cascade-connected 级联的,串联的
cascade connection 级联,串联
cascade control 级联控制,逐位控制,级联调节,串联调速
cascade current transformer 级联电流互感器
cascade electroluminescence 级联电致发光
cascade exciter 级联激发器
cascade fluorescent screen 积层荧光屏
cascade generator 串级发电机
cascade klystron 级联调速管
cascade laser 串级光激射器
cascade limiter 级联限制器
cascade lubrication 帘状润滑
cascade method (1) 逐级测量法;(2) 阶梯形多层焊,串级叠置法;(3)
串联法,级联法,阶梯法
cascade network 级联网络
cascade of blade 叶栅
cascade of settlers 级联沉降器
cascade oiling 油环润滑,环给油
cascade phosphor 多层磷光体,叠层磷光体
cascade process 级联过程
cascade protection 分级保护
cascade pulverizer 梯流磨粉机
cascade residual 串级余核
cascade sequence (1) 串列顺序;(2) (多层焊)阶梯形焊接次序,山形焊
接次序
cascade set 串级机组
cascade shower 级联簇射
cascade spacing 栅距
cascade system 级级系统
cascade tank 阶式水箱
cascade transformer 级联变压器,级间变压器
cascade tube 高压 X 光管,级联管
cascade voltage doubler 级联倍压器
cascade welding 阶梯形多层焊,山形多层焊
cascaded carry 逐位进位,按位进位
cascaded decoder 级联译码器
cascaded feedback canceller 级联反馈补偿器,级间反馈补偿器
cascading 级联,串联,串级,分级
cascading effect 级联效应,串级效应,串联效应
cascading of insulators 绝缘子串联效应
cascamite 脲醛树脂与蛋白质混合的粘合剂
casco (1) 蛋白质粘合剂;(2) 菲律宾平底驳船
casco resin 液状脲醛树脂
cascode 共射共基放大器,共阴共栅放大器,栅地 - 阴地放大器,射地 -
基地放大器
cascode amplifier 共射共基放大器,共阴共栅放大器,栅地-阴地放大器,
射地-基地放大器
cascode circuit 栅地 - 阴地放大电路,射地 - 基地放大电路,共射 - 共
基放大电路,渥尔曼放大电路,栅-阴放大器电路,
cascode inverter 栅阴倒相器
cascode pulse 栅阴输入脉冲

cascode tuner　渥尔曼谐振器

cascorez　聚乙酰乙烯酯悬浮体粘合剂

case　(1)箱,柜,(2)框,架;(3)活字盘;(4)情况;(5)事件;(6)装箱,装盒,纳金;(7)本体,机身;(8)盒,壳,罩,管壳;(9)渗碳层,表面硬化;(10)药筒

case bay　框架间距,梁间距

case bay part　椽梁间距部分

case capacitance　机壳屏蔽电容

case carbon　表面含碳量

case-carbonizing　表面渗碳[的]

case carbonizing　表面渗碳[法]

case-chilled　表面冷硬的

case cover　箱盖

case crushing　表面淬裂

case depth　渗碳层厚度,渗碳深度,表面深度

case gun　药筒装填式火炮

case-harden (=CH)　表面渗碳硬化,表面淬火,表面硬化

case harden　表面渗碳硬化,表面淬火

case-hardened　渗碳硬化的,表面淬火的,表面硬化的

case-hardened bevel gear　渗碳硬化锥齿轮,表面淬火锥齿轮

case hardened casting　表面硬化浇铸,冷硬浇铸,冷硬铸法

case hardened glass　表面硬化玻璃

case-hardened steel　渗碳钢,表面硬化钢

case-hardening (=CH)　(1)表面硬化,表面淬火,表皮硬化,外层硬化;(2)表面渗碳硬化;(3)表面硬化的

case hardening　表面硬化

case-hardening agent　渗碳剂

case-hardening compound　渗碳剂

case-hardening furnace　渗碳炉

case-hardening steel (=CHS)　表面硬化钢,渗碳钢

case hardness　渗碳层硬度

case heat treatment　局部热处理

case number　箱号

case of pump　泵壳

case oil　箱装油

case package　管壳封装,外套封装

case pipe　套管

case preparation (=CP)　外壳制备

case primer　药筒底火

case record　档案记录

case shot　散弹

case spring　表盖弹簧

case statement　选择语句

case study　个例研究

caseation　酪化[作用]

cased　装在外壳内的,封闭式的,箱形的

cased beam　箱形梁

cased book　封壳书

cased bore-hole　(1)套管钻孔;(2)下套管的井

cased borehole　下套管钻孔

cased butt coupling　套筒式联轴器

cased column　箱形柱,匣形柱

cased frame　箱式窗架

cased glass　套色玻璃

cased-in pile　带套桩

cased pile　[现浇]钢壳混凝土桩

cased-muff coupling　刚性联轴器,套筒联轴器

cased well　套管[深]井

casemate　(1)避弹窖,避弹室,暗炮台,(2)炮塔(军舰)

casement　(1)玻璃窗扇,竖铰链窗扇;(2)窗帘布;(3)孔型,孔模

casement sections　窗框钢

casement with sliding upper sash　上扇滑动室窗扇

casette　(1)盒式摄影胶带;(2)盒式磁带

cash account　现金账目

cash against bill of lading (=cash B/L)　凭提单付现

cash against documents (C. A. D.)　凭单据付款,见单付款

cash-and-carry　现金自选的

cash and carry　现金交易

cash before delivery (=CBD)　交货前付款

cash deposit as collateral　保证金

cash down　即期付款

cash flow　资金流动

cash in　收到货款,兑现

cash market　付现市场,现金市场

cash on delivery (=C.O.D 或 COD)　交货付款,货到付款

cash on shipping (=COS)　装货付款

cash payment　现金支付,现金付款,付现

cash price　现金付款的最低价格

cash purchase　现购

cash register　现金收入记录机,现金出纳机

cash sales　现金销售,现售

cash with order (=C.W.O 或 cwo)　订货即付

cashcard　自动提款卡

cashier　出纳员

cashomat　(美)自动提款机

casing (=csg)　(1)高压缸,汽缸,套管,筒;(2)挡板,遮板,覆板,盖板,面板;(3)框架;(4)外壳,机架,机壳,箱体,壳体,蒙皮,隔层,箱,鞘,盒,罩;(5)围墙;(6)刷墙灰;(7)加固钻孔,加套管,装箱,包装,纳鞘;(8)外胎,车胎;(9)下套管

casing catcher　钻孔套管防坠器

casing collar locator　套管接箍定位器

casing coupling　套管连箍,套管,缩节

casing dog　捞管器

casing drill-in　套管送下程序

casing glass　镶色玻璃

casing head　螺旋管塞

casing gas　(1)套管头气体;(2)天然气

casing joint　套管接箍

casing leak　外壳泄漏

casing nail　包装钉

casing of column　柱子围板

casing of pile　[打]桩架,填筑桩箍

casing-off　下套管

casing pipe　套管

casing ply　骨架层,帘布层

casing seat　套管承托环

casing shoe　套管底端,套管靴

casing tongs　套筒钳

casing tube　套管

casinghead　[油井]套管头

casinghead plant　油田气处理装置

casinghead tank　套管头储罐

casino　卡西诺高速钢 (0.7% C, 18% W, 4% Cr, 1% V, 余量 Fe)

Casio　卡西欧

cask (=casket)　(1)运输容器,罐,桶;(2)桶的容积;(3)装桶;(4)盎

cask-buoy　桶形浮标

cask flask　[贮存放射性物质的]屏蔽容器,屏蔽罐

casket　[精美的]小盒子

caslox　合成树脂结合剂磁铁

Caspersson method　雨淋式铸钢法

cassation　取消,废除

Cassegrain antenna　卡塞格轮天线

cassette (=casette)　(1)装填式[磁带]盒,盒式录像带,盒式磁带,胶卷暗盒,磁带盒,底片盒,暗盒,盒;(2)炸弹箱,弹夹;(3)珠宝箱,宝匣,箱

cassette-cartridge system　盒式磁带系统

cassette controller　盒式控制器

cassette tape recorder　数字磁带盒式存储器

cassiopeium　{化}镭 Cp (镥 lutecium 的旧名)

cassiterite　二氧化锡

cassette television　卡式电视机

cassette type recorder　盒式磁带录音机,卡式录音机

cassoon　沉箱

cast　(1)铸造,铸型,浇注,浇铸,浇灌,熔炼;(2)炉子一次熔炼的金属量,铸件;(3)电气版;(4)抛出距离;(5)抛掷,投射,射程;(6)映射;(7)思索;(8)褪色;(9)(航行)转向;(10)扭歪,弯曲;(11)计算;(12)性质,形状,(13)塑像;(14)舍去

cast alloy　铸造合金

cast alloy iron　合金铸铁

cast alloy steel　铸造合金钢

cast alloy tool　铸造合金工具

cast aluminium　铸铝

cast blade　铸造叶片

cast brass (=CB)　铸造黄铜

cast brick　铸造砖

cast bronze　铸青铜

cast carbon steel (=CCS)　铸碳钢

cast charge　(1)(固体火箭燃料的)发射剂;(2)火箭发动机的铸装药柱,浇注火药柱

cast coating　可塑涂布法

cast cold　低温浇铸,冷浇铸

cast copper (=CC)　铸铜

cast cylinder　整铸缸体

cast flange　铸成凸缘,固定凸缘

cast form　铸造成形,铸型

cast gate　浇口,铸口,流道

cast gear　铸造齿轮

cast house　铸造浇铸场,[高炉]出铁场

cast hub　铸造轮毂

cast-in　镶铸的,铸入的,浇合的

cast-in bushing　附铸轴套,镶铸套筒

cast-in metal　浇铸轴承合金

cast-in oil lead　附铸油管,镶铸油管

cast-in-pairs　成对浇铸的

cast-in-place　就地灌注

cast in place　就地灌注

cast in site　就地灌注

cast-in-situ　现场浇铸的

cast integral test bar　整体铸造试棒

cast-iron　铸铁[的],生铁[的]

cast iron (=CI)　铸铁,生铁

cast iron alloy　特种铸铁

cast-iron boiler　铸铁锅炉

cast-iron boot　铸铁开沟器

cast-iron change gear　铸铁变速齿轮

cast-iron front　铸铁立面式

cast-iron gear　铸铁齿轮

cast-iron growth　铸铁生长[现象]

cast-iron pipe (=CIP)　铸铁管

cast-iron piston　铸铁活塞

cast-iron retort　铸铁蒸馏器

cast iron scrap　废旧铸件,铸铁屑

cast-iron share　铸铁犁铧

cast joint　浇铸连接,铸焊

cast line　累积曲线

cast metal　铸造金属

cast metal parts (=CMP)　铸造金属部件

cast moulding　铸塑成形

cast nickel　铸镍

cast number (=cast No.)　浇铸号

cast of oil　油之色泽,油之荧光

cast of wire　钢丝的排绕

cast-off　(1)(针织)织完,脱圈;(2)用坏了的,已磨损的;(3)版面设计

cast-off cam　脱圈三角

cast-on　铸造,浇补

cast-over　绕针

cast phenolic resin　铸型酚醛树脂

cast pipe　铸管

cast plastics　铸塑塑料

cast plate　(铝的)整铸双面型板

cast profile　铸制型材

cast resin　铸造用树脂,铸模树脂,铸塑树脂,充填树脂

cast rotor　铸造转子

cast semi-steel (=CSS)　刚性铸铁,铸低碳钢

cast shadow　投射阴影

cast share　铸铁犁铧

cast slab　扁钢锭

cast soldering　浇铸连接,铸焊

cast-solid　整体铸造的

cast speed　浇铸速度

cast-steel　铸钢[的]

cast steel (=CS)　铸钢

cast-steel magnet　铸钢磁铁

cast-steel plate (=CSP)　铸钢板

cast structure　铸造结构,铸态组织

cast tank type radiator　铸箱式散热器

cast teeth standard　铸齿标准

cast temperature　浇铸温度

cast tube　铸管

cast welding　铸焊

castability　(1)可铸性;(2)铸造质量,铸造性能;(3)液态流动性

castanite　褐铁钒

castaway　(1)遭难破船,遇难船;(2)漂流者,被追放的人

castdown　(1)使下降;(2)向下的

castellated (=CTL)　(1)齿形的;(2)有许多缺口的

castellated beam　蝶形梁

castellated bit　槽顶钻头

castellated nut　冠形螺母,槽顶螺母,蝶形螺母,花螺母

castellated shaft　花键轴

castellation　穹形齿

castellite　铝钛片晶石

caster (=castor)　(1)(印刷)铸字机;(2)铸造工人,翻砂工人,铸工;(3)小脚轮,自位轮;(4)(转向主销)后倾角

caster action　主销后倾作用

caster angle　(机动车的)主销后倾角

caster tyre　滑轮胎

caster wedge　(汽车前轮转向节销的)主销后倾角

castering landing gear　自由回转起落架

casting (=CSTG)　(1)铸造,浇铸;(2)铸件;(3)铸造法;(4)投掷;(5)排杆;(6)铸铝弹

casting alloy　铸造合金

casting and blading of material　材料的堆筑与整平

casting area　浇铸面

casting bay　浇铸跨

casting bed　浇铸台,铸床,铸场

casting box　(1)型箱,砂箱;(2)(印刷)平铅版浇铸机

casting brass　铸造黄铜

casting carriage　铸桶车

casting clean-up　铸件清理

casting cleaning machine　铸件清理机

casting cooling system　铸件冷却装置

casting copper　铸铜

casting defect　铸件缺陷

casting department　铸工车间,铸造车间

casting design　铸造设计

casting die　压铸模型,压铸件,压件,压型

casting fin　铸件飞边,铸件披缝

casting finish　铸件修整,铸件清理

casting-forging method　液态锻造法

casting furnace　铸造用炉,熔化炉

casting head　冒口

casting in chill　金属型铸造,冷铸

casting in open　开放型浇铸,敞开式铸造,无箱盖铸造,明浇

casting in rising stream　底铸,下注

casting ladle　浇包

casting lap　铸件皱纹

casting layout machine　铸件设计机

casting machine　(1)铸造机,浇铸机,(2)铸锭机,(3)铸字机

casting mold　铸型

casting mould　铸模

casting nozzle　铸口

casting oil　铸件油

casting-on　补铸,浇补,熔补

casting on flat　水平浇铸

casting-out　舍去

casting out　{数}舍去

casting-out nines check　舍九校验

casting pig　铸造用生铁,[灰]铸铁

casting pit　铸锭坑

casting plaster　铸模石膏

casting plate　模板

casting resin　铸模树脂,铸塑树脂,充填树脂

casting room　铸造车间

casting sand　型砂

casting sealer　铸件修补剂

casting seam　铸缝

casting shovel　铸工铲

casting skin　铸件表面层

casting slip　铸型涂料

casting strain　铸造应变

casting temperature　浇铸温度

casting-up　铸型浇注

casting wheel　圆型铸锭机

casting user 临时用户

casting yield （铸件的）实收率

castle (1) 船楼；(2) 铅制容器

castle circular nut 六角圆顶螺母

castle manipulator 高架式机械手

castle nut 槽顶螺母，槽型螺母，蝶形螺母，冠形螺母，带槽螺母，花螺母

Castner cell 卡斯讷电解槽

castolin 铸铁焊料合金

castomatic method 钎料棒自动铸造法

castor (1) 主销后倾 [角]；(2) 回转尾轮；(3) 小脚轮，自位轮

caststeel wheel centre 铸钢轮体

casual (1) 偶然的，碰巧的，随机的，(2) 非正式的，没有准则的，不规则的，临时的，不定的，无意的；(3) 临时工，短工

casual clearing station (=CCS) 故障台

casual inspection 不定期检查，临时检查

casual ion 偶存离子，临时离子

casual labourer 临时工，短工

casualty (1) 变故，事故，故障，损坏，(2) 作战伤亡，部队损失，伤员，伤亡

casualty effect 杀伤力

casualty insurance 偶然事件保险，意外事故保险

casualty power 应急电源

caswellite 古铜云母

cat (1) 独桅艇，货船，(2) 起锚上锚架的滑车，起锚滑车，吊锚；(3) 把锚起挂锚架上；(4)"奥波"雷达系统地面台，地面"oboe"系统，航向电台；(5) 履带拖拉机；(6) 可控飞靶；(7) 硬耐火土

cat and can 履带式铲运拖拉机

cat-and-mouse 航向与指挥的

cat-and-mouse station 航向和指挥电台，航向和控制电台

cat back 锚钩索

cat-blend 催化裂化残油与直馏残油混合物

cat-block 吊锚滑车

cat block 大型起锚滑车，吊锚滑车

cat chain 吊锚链

cat cracker 催化裂化装置，催化裂化器

cat-davit 起锚柱

cat davit 吊锚柱

cat fall 吊锚索

cat-head 转接开关中的凸轮，系锚短柱，吊锚架，系锚杆，锚栓

cat head 转接开关中的凸轮，系锚短柱，吊锚架，系锚杆，锚栓

cat head chuck 带螺钉套筒夹头

cat ladder 墙上竖梯

cat-mouse station 航向和控制台

cat schooner 双桅大面积帆帆船

cat sloop 可调三角帆单桅中插板帆船

cat walk （俚）航向电台

cata- (1) 向下，在下，下，(2) 依，照；(3) 对抗；(4) 渺位

catabolism 分解代谢，陈谢 [作用]，异化作用

cataclasis 压碎，破碎

cataclasm 碎断

catacline 下倾型

cataclysm (1) 渗出，渗液；(2) 猝变，聚变，灾变，激变，大变动

catacoustics 回声学

catadioptric 反 [射] 折射

catadioptric telescope 折反射望远镜

catadioptrics 反 [射] 折射学

catadrome side 下边

catadromically 向上地

catafactor 冷却温度计因子

catafighter 弹射起飞的战斗机

catafront 下滑锋

catalin 铸塑酚醛塑料

catalina 远程轰炸机

catalizer 催化剂

catalog (1) 目录 [表]，一览表，条目，总目，(2) 种类，样本；(3) 柱状剖面 [图]；(4) 按目录分类，编列目录

catalog data 目录数据，表列数据

catalog price 商品目录价格

catalog of article for sale 待售商品目录

cataloging and indexing system (=CAIN) 编目与索引编制

catalogue (=CAT 或 Catal.) (1) 目录 [表]，一览表，条目，总目，(2) 种类，样本，(3) 柱状剖面 [图]；(4) 按目录分类，编列目录

catalogue data 目录数据，表列数据

catalogue memory 相联存储器

catalogue of articles for sale 待售品目录

catalogue of product 产品目录

catalogue raisonne 附有解释的分类目录

catalogued data set 编目数据集

catalure 脲醛树脂类粘合剂

catalysagen 催化剂原

catalysant 被催化物

catalysate 催化产物

catalysed 催化的

catalyser 催化剂，触媒剂

catalysis 催化作用，触媒作用

catalyst (=CAT) (1) 催化剂，接触剂，触媒剂；(2) 催化转换器

catalyst-accelerator 催化促进剂，催化加速剂，助催化剂

catalyst activity 催化剂活性

catalyst case 催化剂室，反应器

catalyst chamber 触媒室

catalyst-filled 装有催化剂的

catalyst support 催化剂载体

catalytic (=CAT) 起触媒作用的，催化的

catalytic agent 催化剂，触媒剂

catalytic composite 复合催化剂

catalytic cracker 催化裂化器

catalytic cracking 催化裂化

catalytic disproportionation 催化歧化 [作用]

catalytic hydrofinishing 催化加氢精制

catalytic hydrogenation 催化加氢作用

catalytical 起触媒作用的，催化的

catalyzator (= catalyzer) 催化剂，接触剂

catalyze 催化

catalyzed 催化的

catalyzer 催化剂，触媒剂，活化剂，接触剂

catalyzing 催化作用

catamaran (1) 双体船，双连舟；(2) 长方筏，打捞筏，筏

catanator 操纵机构

cataphoresis (1) 反电泳；(2) 负电泳；(3) 阳离子电泳

cataphoretic 阳离子电泳的

cataplane 舰上射出机，弹射起飞飞机

catapleite 钠锆石

catapoint 回声点

catapult (1) 飞机弹射机，弹射器；(2)（导弹）发射架；(3) 用发射机发射飞机起飞；(4) 抛弹机；(5) 弹射

catapult-assisted take-off (=CATO) 弹射起飞

catarinite 镍铁矿

catarometer 导热析气计

catastrophe (1) 失败，毁坏；(2) 大变动

catastrophic error 灾祸性错误

catastrophic failure 灾难性故障，灾祸性故障

catawberite 滑石磁铁岩

catch (1) [门的] 拉手，门扣；(2) 挡，卡子，抓钩，掣子，簧舌；(3) 保险器；(4) 捕捉器，手记器；(5) 点燃；(6) 觉察

catch-all (1) {化} 截液器，截流器，分沫器，总受器；(2) 滤水器；(3)（钻机用）打捞工具，(4) 杂物箱，垃圾箱

catch-as-catch-can 用一切方法的，没有计划的，没有系统的

catch bar (1) 推动杆；(2) [花边机的] 穿纱杆

catch-basin 集水池，截水池，滤污器

catch basin (=CB) 集水池，收集盘，滤污器

catch-bolt 弹簧门锁

catch bolt 止动螺母

catch box 截液箱，集液箱

catch-drain 泄水沟，排水沟

catch drain 集水沟，截水沟

catch-holder 保险丝盒，断路子

catch holder (1) 配电变压器的）保险器，保险器支架；(2) 接受器

catch-hook 掣子爪，回转爪

catch hook 掣子爪，回转爪

catch lever 掣子杆

catch net 保护网

catch of hook 杠杆开关，叉簧

catch of used oil 废油收集器

catch of wheel 轮挡

catch pawl 抓子钩，挡爪

catch per unit effort 单位捕捞强度

catch pin 挡杆，带动销

catch-pit 集水坑，排水井，排泄井，渗井

catch pit 集水池, 收集盘, 滤污器

catch-plate 收集盘, 接受盘

catch plate (1) 挡板; (2) 刹车; (3) 拨盘; (4) 收集盘, 导夹盘

catch point 止闭点, 闭锁点

catch props 警戒木支柱

catch reversing gear 棘轮回转装置

catch spring 挡簧

catch tank 预滤器, 凝汽管

catch the heat coming down 熔炼停止

catch-up 会合, 赶上, 拦截, 捕获, 截获, 对接

catch work 集水工程

catcher (1) (电子) 收注栅, 捕获栅, 捕栅; (2) 制动装置, 稳定装置, 限制器; (3) (镀锡机的) 收板装置; (4) 接受器, 收集器, 吸收器, 捕捉器, 捕集器, 俘获器, 除法器, 集尘器, 抓器, 抓爪; (5) (速调管的) 捕能腔, 捕获腔, 输出谐振腔, 输出电极, 集电极, 收集极; (6) 接钢工, 轧钢工

catcher gap 输出共振腔隙, 捕获隙

catcher grid 集流栅, 捕获栅, 收注栅

catcher groove 集油槽

catcher marks 夹痕

catcher space 收注栅空间, 捕获栅空间

catchiness 吸引性, 断续性

catching (1) 啮合, 联结; (2) 捕获, 捕捉, 捕集, 拦截; (3) 收集, 回收, 吸收; (4) (活套轧机上) 机座间的递钢

catching diode 钳位二极管

catchment (1) 集水处, 集水区, 集水量, 汇水, 排水; (2) 储油范围

catchwater (1) 集水, 截水; (2) (复) 集水沟, 集水管

catchwater-drain 截水沟

catchwork 集水工程

catcracker 催化裂化装置

categorical 绝对的, 无条件的

categorical proposition 分类命题

categoricalness (1) 完备性; (2) 范畴性

categoricalness of axioms 公理的完备性

categorization 编目方法

category (1) 完备; (2) 范畴; (3) 种类, 类别, 类型, 类目, 等级; (4) 部门

category of maintenance 技术保养等级

category of a space {数} 空间的范数

category of sets {数} 集的范畴

catelectrotonus 阴极 [电] 紧张

catena (1) 串链, 连锁, 链条; (2) 土链

catenary 或 catenarian 悬链线, 悬索线, 悬垂线, 垂曲线, 垂直线, 垂链线, 吊线

catenary action 悬链作用

catenary curve 垂曲线, 悬链线

catenary flume 悬链形渡槽

catenary of equal resistance 等阻悬链线, 等阻悬索线

catenary suspension 悬链

catenate (1) 链接, 环接, 耦合; (2) 熟记

catenation (1) 链接, 连接, 耦合, 接合, 结合, 并列, 并置, 连续, 级联; (2) 连接器; (3) 熟记

catenation operator 连接算符

catenoid (1) 悬链回转面, 悬链曲面, 悬索曲面, 悬链面, 垂曲面; (2) 悬链挠度, 悬线垂度; (3) 链状的

catenulate 成链形的

cater-corner(ed) (1) 对角线的; (2) 成对角线

caterpillar (1) 履带车辆, 坦克车, 爬行车, 战车; (2) 履带; (3) 履带行走部分, 履带行走装置, 履带拖拉机; (4) 环状轨道; (5) 履带的

caterpillar band 履带

caterpillar chain 履带链, 履带

caterpillar crane 履带式起重机

caterpillar drive (1) 履带驱动装置, 履带运行设备; (2) 履带驱动

caterpillar excavation machine 履带挖土机

caterpillar elevator 履带提升机

caterpillar gate 履带式闸门, 链轮闸门

caterpillar-mounted excavator 履带式挖土机

caterpillar shovel 履带式电铲

caterpillar track 履带

caterpillar traction 履带牵引

caterpillar-tractor 履带式牵引车, 履带 [式] 拖拉机

caterpillar tractor 履带拖拉机

caterpillar tread 履带

caterpillar wheel (1) 履带支重轮; (2) 履带张紧轮, 履带导向轮

catfall 吊锚索, 吊锚链

Catformer [大西洋炼油公司] 铂重整装置

catforming-process 催化重整过程, 催化重整, 催化转化法

cathampjlifier 电子管推挽放大器, 阴极放大器

catharometer 气体分析仪, 导热析气计, 热导计

catharometry 气体分析法

cathautograph (1) 阴极自动记录仪, 阴极自动记录器; (2) 用阴极射线管的电报

cathead (1) 水雷吊架, 系锚定柱, 吊锚杆, 吊锚架, 系锚杆, 锚栓; (2) 卡盘; (3) 镗刀头; (4) 绞盘; (5) 中心架支套, 套管; (6) 转换开关凸轮

cathedral angle 下反角

cathedral glass 仿古窗玻璃

cathelectrode 阴极, 负极

cathetometer 高差计, 高差表, 测高计, 测高仪

cathetron 外控式三极汞气整流管, 有外栅极的三极管, 汞气整流器

cathetus 中直线

cathochro tube 电子致色屏管

cathode (=C) 阴极, 负极

cathode activity 阴极发射效率

cathode aperture 阴极孔

cathode arrester 阴极放电器

cathode assembly 阴极部件, 组合阴极, 阴极组

cathode back-bombardment 阴极反轰

cathode bar 阴极棒

cathode base 阴极基体, 阴极心

cathode-base amplifier 阴极接地放大器

cathode beam 阴极射线束, 电子束

cathode bias resistor 阴极偏压电阻器

cathode block 阴极碳块

cathode breakage 阴极断裂

cathode breakdown 阴极击穿, 阴极烧坏, 阴极烧毁, 阴极破坏

cathode busbar 阴极导电母线

cathode capacitance 阴极电容

cathode carbonization 阴极碳化

cathode-casting machine 阴极铸造机

cathode cative coefficivent 阴极有效系数

cathode cavity 阴极空腔谐振器

cathode chromatic cathode-ray tube 阴极 [射线] 致色电子束管

cathode-chromic 阴极射线致色的, 电子致色的

cathode circuity 阴极反馈电路

cathode coating 阴极敷层

cathode cold end effect 阴极冷端效应

cathode collector bar 阴极导电棒

cathode compensation 阴极补偿

cathode copper 阴极铜, 电解铜

cathode-coupled 阴极耦合的

cathode-coupled amplifier 阴极耦合放大器

cathode coupled circuit 阴极耦合电路

cathode-couple clipper 阴极耦合限幅器

cathode coupled oscillator 阴极耦合式振荡器

cathode coupled stage 阴极耦合器

cathode coupler 阴极耦合器

cathode-current 阴极电流

cathode current 阴极电流

cathode dark current 阴极暗电流

cathode-degenerated stage 阴极负反馈级

cathode degeneration resistance 阴极负反馈电阻 [器]

cathode disintegration 阴极烧坏

cathode drive 阴极激励

cathode-driven 阴极激励的, 阴极驱动的

cathode drop 阴极电压降

cathode effect 阴极效应

cathode emission 阴极发射

cathode emission current density 阴极发射电流密度

cathode end 阴极引出端, 阴极输出端

cathode fall 阴极电压降

cathode feedback amplifier 阴极反馈放大器

cathode-follower 阴极输出器

cathode follower (=CF) 阴极跟随器, 阴极耦合器, 阴极输出器

cathode follower amplifier 阴极输出放大器

cathode follower detector 阴极输出检波器

cathode-follower mixer (=CFM) 阴极输出混频器

cathode gate 阴极输出器符合线路

cathode glow 阴极辉光

cathode grid　反打拿效应栅,抑制栅,阴极栅

cathode-grid capacitance (=CGC)　阴极 - 栅极电容

cathode-grid voltage　阴极 - 栅极间电压

cathode-heater　阴极加热器

cathode heater　阴极加热器

cathode-heater insulation resistance　阴极 - 丝极绝缘电阻

cathode inductance　阴极回路电感

cathode injection　阴极注频

cathode-input amplifier　阴极输入放大器,栅极接地放大器,阴地放大器,共栅放大器

cathode layer enrichment　阴极区富集法

cathode-lead　阴极引线

cathode lead inductance　阴极引线电感

cathode leg　阴极引出线,阴极臂

cathode lens　第一电子透镜,阴极透镜,会聚透镜

cathode life　阴极寿命

cathode-loaded　阴极输出的,阴极负载的,阴极加载的

cathode luminescence　[阴极]电子激发光,阴极激发光

cathode material　阴极材料

cathode modulation　阴极调幅

cathode parameter　阴极参量

cathode peaking　阴极高频补偿,阴极[高频]峰化

cathode phase inverter　阴极导向器

cathode photocurrent　阴极光电流

cathode potential regulator　阴极电位调节器

cathode potential stabilized tube (=CPS)　阴极电位稳定的光电摄像管,正像管

cathode power connection　阴极电源接头

cathode power lead　阴极电源引线

cathode preheating time　阴极预热时间

cathode product receiver　阴极产物接受器

cathode-pulsed　阴极[脉冲]调制的

cathode-ray　(阴极发射出的)高速电子,电子射线,阴极射线

cathode ray (=CR)　(阴极发射出的)高速电子,电子射线,阴极射线

cathode-ray accelerator　阴极射线加速器

cathode ray beam　阴极射线束,电子束

cathode-ray charge storage tube　阴极射线电荷存储管

cathode-ray curve tracer　阴极射线特性曲线描记器

cathode-ray gun　电子枪

cathode-ray instrument　阴极射线仪器

cathode-ray luminescence　阴极射线发光

cathode-ray oscillograph　阴极射线示波仪,阴极射线记录仪

cathode-ray oscilloscope　阴极射线示波器

cathode ray oscilloscope　阴极射线示波器

cathode-ray polarograph　阴极射线极谱仪

cathode ray scan display　电子束扫描显示器

cathode-ray spectroradiometer　阴极射线光谱辐射计

cathode-ray storage tube　阴极射线存储管

cathode-ray tube (=CRT)　阴极射线管,示波管

cathode ray tube　阴极射线管,示波管

cathode-ray tube circuit (=CRT circuit)　阴极射线管电路

cathode-ray tube display (=CRT display)　阴极射线管显示[器],电子束管显示,电子射线指示器

cathode-ray tube mount (=CRT mount)　阴极射线管支架,电子束管支架,示波管支架

cathode-ray tube spot scanner　阴极射线管光点扫描器

cathode-ray tube storage (=CRT storage)　阴极射线管存储器

cathode-ray tube terminal　阴极射线管终端

cathode-ray tube type powermeter　阴极射线管型功率计

cathode-ray voltmeter　阴极射线伏特计

cathode rays　阴极射线

cathode reduction　阴极还原

cathode resistor　阴极电阻器

cathode-return circuit　阴极反馈电路,阴极回路

cathode run　阴极沉积过程

cathode shield　阴极护罩

cathode sparking　阴极打火

cathode spot　阴极辉点,阴极斑点,阴极炽点

cathode-spray machine　阴极材料喷涂机

cathode sputtering　阴极溅射

cathode trap　阴极陷波电路

cathodegram　阴极射线示波图

cathodeluminescence　阴极射线[致]发光,[阴极]电子激发光,阴极辉光

cathodephone　阴极送话器

cathodic　(1)阴极的,负极的,输出的;(2)远中心性的

cathodic eye　电眼

cathodic protection　阴极保护,阴极防腐,阴极防蚀

cathodic protection parasites　妨碍阴极保护的物质

cathodic sputtering　阴极溅射[作用]

cathodical　(1)阴极的,负极的,输出的;(2)远中心性的

cathodochromic　阴极射线致色的,电子致色的

cathodoelectroluminescence　阴极电致发光

cathodogram　阴极射线示波图,电子衍射示波图

cathodograph　(1)电子衍射照相机,电子衍射摄影机;(2) X 光照相

cathodoluminescence　阴极射线[致]发光,[阴极]电子激发光,阴极辉光

cathodolyte　阳离子,阴向离子

cathodophone　阴极送话器,离子传声器

cathodophosphorescence　阴极[射线]磷光

catholicize　[使]一般化,[使]普遍化

catholyte　阴极电解液

cathook　吊锚的

catination　接合,连接,链接

cation　阳离子,正离子,阴向离子

cation-adsorption　阳离子吸附

cation cell　阳离子交换槽

cation-exchange　阳离子交换

cation exchange　阳离子交换

cation exchange capacity (=CEC)　阳离子交换能力

cation exchange column　阳离子交换[树脂]柱

cation exchange resin (=CER)　阳离子交换树脂

cation-exchanger　阳离子交换剂,阳离子交换器

cation exchanger　阳离子交换剂

cationic　阳离子的,正离子的,阴向离子的

cationic additive　阳离子掺合剂,阳离子添加剂

cationic exchange filter　阳离子交换滤水器

cationics　阳离子表面活性剂

cationite　阳离子交换剂

cationoid　类阳离子试剂,类阳离子

cationoid activity　类阳离子活度

cationoid substitution　类阳离子取代

cationotropic　阳离子移变的

cationotropy　阳离子移变[现象]

catkin tube　阳极接金属外壳的电子管

catoptric　反射光的,反射镜的

catoptric imaging　反射成像

catoptric system　反光系统,反射光组

catoptrics　反射光学

catoptrite　硅铝铁锰矿

cat's ass　缆索纽结

cat's eye　小型反光装置

cat's whisker　(1)(晶体管)触须线,触须,晶须,游丝;(2)螺旋弹簧

Cauchy distribution　柯西分布

Cauchy integral theotem　柯西积分定理

Cauchy-riemann equation　柯西 - 里曼方程

cauf　(1)吊桶;(2)(英)一种小艇

caul　薄板曲压机

cauldron　(1)大釜,锅;(2)烘炉;(3)煮皂锅

caulk　(1)用麻丝填塞,填密,填隙,填缝,填实,嵌塞,压紧;(2)(电缆)堵头;(3)铆接,系固;(4)蒸发,沉淀

caulk a boiler　坩埚炉缝

caulked joint (=CAJ)　嵌缝

caulked seam　嵌紧缝,嵌实缝

caulker　(1)堵塞工具,敛缝锤,精整锤,密缝锤,平锤;(2)捻缝工,冲工;(3)卷边器

caulking　(1)堵缝,嵌缝,敛缝;(2)填密,填隙,填实;(3)填密物,凿密法,填料;(4)(电缆)堵头

caulking bowl　刺条包卷滚刀

caulking box　填隙工具箱,捻缝工具箱

caulking-butt　堵缝对接

caulking chisel　堵缝凿,填隙凿,捻缝凿

caulking compound　填缝料

caulking groove　嵌缝槽

caulking iron　捻缝凿

caulking metal　填隙合金,填隙金属

caulking nut　自锁螺母

caulking punch　铰链轴

181

caulking strip [金属]嵌条,捻缝条
caulking tool 凿密工具,敛缝工具,填隙工具,填隙凿
cauma (1)灼热,灼;(2)灼伤
causal 由某种原因引起的,因果的,因果的
causal Green function 表因格林函数,因果函数
causal relationship 因果关系
causality (1)因果律,因果性;(2)因果关系,原因
causation (1)引起,导致;(2)因果关系,起因
cause (1)原因,起因,理由,动机;(2)事业,目标
cause analysis 原因分析,成因分析
cause and effect 因果
cause of failure (=cof) 故障原因,失败原因
causeless 没有正当理由的,没有原因的,无缘无故的,偶然的
causing 造成,引起,产生
caustic (1)聚光;(2)散焦线,散焦面,焦散点,(3)苛性剂,腐蚀剂;
　(4)硝酸银,(1)焦散的,(6)碱性的,苛性的,腐蚀[性]的
caustic alkali 苛性碱
caustic cracking 苛性裂纹
caustic curve 焦散曲线
caustic embrittlement 苛性脆化
caustic hydride process 苛性氢化法(一种除垢法)
caustic in flakes 片状烧碱
caustic lime 苛性石灰,生石灰
caustic line 散焦线,烧光线,火线
caustic potash 氢氧化钾,苛性钾
caustic quenching 碱液淬火
caustic soda 氢氧化钠,苛性钠
caustic surface 散焦曲面
causticity 腐蚀性,苛性
causticization 苛化作用
causticizer 苛化剂,苛化器
causticizing 苛化
causticoid (1)拟聚光线;(2)拟聚光面
caustics 焦散线,散焦面
causto-phytolith 可燃性植物岩
causto-zoolith 可燃性动物岩
caustobiolith 可燃性生物岩
causul metal 镍铬铜合金铸铁
cauter 烧灼器,烙器
cauterant 烧灼剂
cauterization 烧伤
caution (1)当心,小心,谨慎,注意;(2)警告,告诫;(3)予以警告,
　使小心
caution board 警告牌
caution mark 注意标志
caution sign 警告标志
caution signal 警告信号
cautionary (1)注意的,小心的;(2)警告的,告诫的,保证的
cautioning mood 告诫式
cavaera 气门室
cavalcade (1)行列,车队,船队;(2)发展过程,发展史
Cavalier lA24 (英)骑士 lA24[快速]坦克
cavalier drawing 斜等轴测图
cavalry 高度机动的地面部队,骑兵
cavalry carrier 装甲运输车
cave (1)洞穴,地窖,岩洞;(2)陷落,崩落,冒落;(3)凹痕,麻面,(4)
　空刀,(5)槽沟;(6)内腔;(7)室
cave-in 坍塌,下陷,陷落
caveat emptor (拉)货物出门概不退换
caved-in 凹进去的,塌陷的
cavetto (1)打圆,修圆,削圆角;(2)凹雕
cavil (1)尖锤;(2)缆柱
caving (1)陷落,崩落,冒落;(2)陷落,采煤法,崩落采矿法;(3)凹陷,
　凹处
cavitation (1)空隙现象,空穴现象,涡空,空化;(2)气穴,空穴;(3)
　气蚀,空蚀
cavitation erosion 液流气泡浸蚀,空隙腐蚀,气蚀
cavitation fracture 空洞断裂
cavitation limit 涡凹限度
cavitation scale 空穴缩尺
cavitation tunnel 空泡试验筒
cavity (1)凹处,孔穴,窝,;(2)空腔,空穴,腔;(3)机坑,模槽,模腔,
　型腔,(4)空腔谐振器,空腔共振器;(5)[电机]座;(6)轮舱,小室,
　暗盒

cavity accelerator 空腔加速器
cavity antenna 谐振腔天线,空腔天线
cavity block 空心块体,阴模
cavity cap (显像管上的)高压帽,空腔帽
cavity chain 耦合腔链
cavity circuit 空腔[振荡]电路,空腔谐振[器]电路,谐振腔电路
cavity coupling 空腔耦合
cavity coupling system 谐振腔耦合系统
cavity current 空腔谐振器电流,谐振腔电流
cavity die 型腔模,阴模,凹模
cavity effect 空腔效应,空化效应,凹效应
cavity filter 空腔滤波器
cavity magnetron 谐振腔式磁控管,空腔[谐振]磁控管,
cavity maser 腔体式量子放大器
cavity meter 标准谐振器
cavity oscillation 空腔谐振
cavity piston 凹顶活塞
cavity pocket 空腔,空洞,气泡
cavity resonance 空腔共振,空腔谐振
cavity resonator (1)空腔共振器,空腔谐振器;(2)谐振腔
cavity tuning 空腔调谐
cavity voltage 谐振腔电压
cavity wall 空心墙,双层壁
cavityless 无空腔的
CAZ alloy (铝 3-6%,镍 2-6%,硅 0.6-1.0%,锌 2-10%,其余铜)
cazin alloy 低熔合金,镉锌[焊料]合金,镉锌焊料(锌 17.4%,其余镉,
　熔点 236℃)
cease 停止,中止,间断,中断,停息
cease-fire 停火
cease spark 灭弧罩
cease to exist 不复存在
ceasing 停止,中止,中断,间断
ceasma (1)裂片,断片;(2)裂孔
ceasmic 裂开的,分裂的
cecos tamp 不规则件压纹压印机
Cedit 赛迪特铬镍[刀具]硬质合金
cee C 字形的
cee electrode C 形电极
cee spring C 字形弹簧
ceiling (=clg) (1)天花板,平顶,顶棚,顶蓬;(2)船底垫板,内舷板,(3)
　升限,最大飞行高度;(4)云幕高度,云幕
ceiling and visibility unlimited (=CAVU) 升限及能见度无限制
ceiling block 灯线盒
ceiling button 天棚按钮,顶部按钮
ceiling capacity 上升能力,升限能力,最大能力
ceiling excitation 极限激励
ceiling fan 吊扇,风扇
ceiling fitting 天棚照明设备,天棚灯
ceiling height [上]升限[度]
ceiling height indicator 云幕高度指示器
ceiling joist 平顶搁栅
ceiling lamp 天棚灯,舱顶灯,吊灯
ceiling lamp fixture 天棚照明配件
ceiling light (1)顶蓬灯,舱顶灯,吊灯;(2)天花板照明,平顶照明
ceiling plate 吊线板
ceiling price 最高限价,最高价,限价
ceiling rose 挂线盒
ceiling speed 极限速度
ceiling voltage 最高电压,峰值电压
ceiling without trussing 无梁平顶
ceilometer 云幕仪,云高计
cekas 赛卡司镍铁铬合金(11.2% Cr, 54.1% Ni, 2% Mn, 余量 Fe)
Celastoid 赛拉陀(专用热塑性塑料)
Celcius / Celsius scale 摄氏温度表,摄氏温标
Celcosa (法)塞尔科萨(粘胶薄膜)
Celcure 铜铬[木材]防腐剂
celescope 天体镜
celestial 天空的,天文的,天体的
celestial compass 天文罗盘
celestial horizon 天文水平线,真正地平
celestial-mechanical 天体力学的
celestial mechanics 天体力学
celestial navigation 天文导航[法],天体导航[法]
celestial navigation trainer (=CNT) 天体导航教练机,天体航行教练机

celestial reference 天文定向标准, 天文定向物

celion 石墨碳纤维

celioscope 体腔镜

celite (1) C 盐, 寅式盐; (2) 塞力利塑料, 次乙酰塑料

cell (=C) (1) 自发电池, 蓄电池, 原电池, 电池, 电瓶; (2) 空气囊; (3) {计} 单元, 元件, 地址; (4) 容器, 盒槽, 容器; (5) 网眼格子, 网络, 方格, 筛眼, 网眼, 网目, [微] 孔; (6) 浮选槽, 浮选机; (7) 传感器, 测压器, 测力器, 压力盒; (8) 光电元件, 光电管; (9) 前置燃烧室, 前置炉, 地下室, 小房间, 小室, 舱; (10) 机翼构件; (11) 电解槽; (12) 晶胞, 晶格, 晶粒; (13) 基层组织

cell alternative 单组选择元

cell box 电池箱

cell call 子程序符号, 子程序编码

cell constant (1) 容器常数; (2) 电池常数

cell cover 热室盖板

cell height 堆放高度

cell-holder 吸收池架

cell homogenized 栅元均匀化的

cell interconnection 单元互连

cell line 电解槽系列

cell maintenance 电解槽维护

cell model 电解槽模型

cell mounting (1) 框格式固定; (2) 箱内安装

cell of tile 空心砖孔

cell pit furnace 均热炉

cell quartz 多孔石英

cell-structure 网状组织

cell structure 格栅结构, 胞状组织

cell terminal 电池接线端, 电池接线柱

cell-type 栅元型的

cell type 程控 (运用电脑可任意规定所需要的顺序和时间的作业方式)

cell-type ATR tube 胞式阻塞放电管 (ATR=antitransmit-receive 发射机阻塞)

cell type heater 管式加热炉

cell type TR tube 胞式开关管

cell-type tube 胞式放电管

cell type tube 电池式电子管

cell voltage 电池电压

cellar (1) 地下室, 地窖; (2) 油盒; (3) (运输工具的) 用品箱; (4) 油井口

cellini 塞里尼铬锰钢 (0.8% C, 0.9% Mn, 0.5% Cr, 余量 Fe)

cellophane 纤维素薄膜粘胶薄膜, 赛璐玢, 玻璃纸, 透明纸

cellosolve 溶纤剂, 2-乙氧基乙醇

celloyarn 玻璃纸纤维, 玻璃纸条

cellpacking (1) 电池外壳, 管壳; (2) 元件包装物

cells in hollow tile 空心砖孔

cellspectrometer 细胞分光计

cellular (1) 分格式; (2) 格形的, 网眼的; (3) 细胞的, 细胞状的; (4) {计} 单元的, 元件的; (5) {数} 胞腔式的

cellular beam 格形梁

cellular concrete 加气混凝土

cellular conductor 蜂窝状导体, 网状导体

cellular construction 格形构造, 单元结构

cellular-dendritic 胞状树枝晶的

cellular form 多孔状泡沫体

cellular girder 空心梁, 空腹梁, 格形梁

cellular glass 泡沫玻璃

cellular logic 网格逻辑

cellular mapping 胞腔式映像

cellular method 分格法

cellular neoprene rubber (=CNR) 蜂窝状氯丁橡胶

cellular plastics 泡沫塑料

cellular polyhedron 分格多面体

cellular rubber 泡沫橡胶

cellular segregation 网状偏析

cellular structure 网格结构, 网状组织

cellular switch board 分区开关板

cellular texture 网格结构, 网状组织

cellular-type 分格式的, 蜂窝式的, 孔式的

cellule (1) 翼组; (2) 机翼构架; (3) 池, 槽

celluloid 赛璐珞, 假象牙, 硝纤 [假] 象牙

celluloid lacquer 赛璐珞漆

celluloid paint 透明 [油] 漆

cellulose 纤维素

cellulose-asbestos 石棉纤维的

cellulose nitrate (=CN) 硝酸纤维素

cellulose nitrate-cellulose acetate (=CN-CA) 硝酸纤维素 - 乙酸纤维素

cellulosic 纤维质的

cellulosic plastics 纤维素塑料

cellulosic varnish 纤维素 [质] 涂料

Celon (英) 赛纶 (耐纶 6 纤维)

celotex (= celotex board) 隔音板

Celphos 磷化铝

celsianite 钡长石

celsig 加减信号器

Celsius 摄氏

Celsius degree 摄氏度

Celsius scale (=℃) 摄氏温标

Celsius temperature 摄氏温度

Celsius thermometer 摄氏温度计

Celsius thermometric scale 摄氏温标

Celtium 铪的旧称 (旧用符号 Ct, 现用 Hf, hafnium)

Cemedin(e) 胶合剂, 胶接剂, 接合剂

cement (=ct) (1) 水泥; (2) 粘结剂, 胶合剂, 胶呢; (3) 粘接, 胶固, 胶合; (4) 胶结物, 胶结材料, 粘质

cement-aggregate 水泥 - 骨料的

cement asbestos (=CEMA) 水泥石棉

cement asbestos board (=CEMAB) 水泥石棉板

cement base (=CB) 水泥基础

cement blower 水泥喷枪

cement-bonded sand 水泥砂, 混合料

cement-bound 水泥结合的

cement brand 水泥牌号

cement bunker 水泥库

cement carbon 渗碳

cement carrier 水泥运输船

cement compressor 水泥空气压缩机

cement concrete 混凝土

cement conveyor 水泥输送机

cement-copper 渗碳铜

cement copper (1) 沉积 [置换的] 铜, 泥铜; (2) 渗碳铜

cement factor 水泥系数

cement-grouted 水泥灌浆的

cement grouter 水泥灌浆机

cement-grouting 灌水泥浆

cement gun 水泥喷枪, 水泥浆喷枪, 水泥枪

cement jet 水泥喷枪

cement mark 水泥标号

cement mill (1) 水泥厂; (2) 水泥研磨机

cement mixer 水泥砂浆拌合机

cement-modified 水泥改善的

cement needle 水泥硬固检验计

cement paste 水泥浆

cement plaster (=CPL) 粘结膏, 胶泥

cement pump 水泥泵

cement retarter 水泥缓凝剂

cement rod 胶结杆

cement sampler 水泥取样器

cement-solidified 水泥固化的

cement-stabilized 水泥稳定的, 水泥加固的

cement test machine 水泥试验机

cement-testing 水泥试验用的

cement-treated 水泥处理的

cement water ratio (=C/W) 水灰比

cement weight 水泥秤

cement with iron 用铁置换 (沉淀析出某种金属)

cementation (1) 粘结作用, 粘结性; (2) 表面硬化, 渗碳; (3) 胶结, 粘接; (4) [水泥] 灌浆; (5) 渗透处理, 渗入处理, 渗金属法, 烧结; (6) 置换沉淀

cementation by gases (1) 气体沉淀置换 [法]; (2) 渗碳 [法]

cementation furnace 渗碳炉

cementation index (水泥) 硬化率, 粘结指数, 胶结指数

cementation process (1) 水泥灌浆 [法]; (2) 渗碳 [法]

cementation steel 渗碳钢

cementation zone 渗碳层

cementatory 粘结的, 粘结的, 粘合的, 结合的, 水泥的

cemented (1) 胶接的, 胶合的; (2) 渗碳的, 烧结的

cemented carbide [粘结]硬质合金,烧结碳化物
cemented-carbide milling cutter 粘结硬质合金铣刀
cemented fill 胶结充填
cemented joint 胶接头
cemented metal 渗碳金属,烧结金属
cemented steel 渗碳钢
cementer 刷胶浆器
cementin 粘合剂
cementing (1)胶接,胶结,胶合,溶接,粘结,粘接,粘合,粘牢;(2)表面硬化,渗碳处理,渗碳,烧结;(3)水泥灌浆,涂胶水
cementing agent 粘合剂
cementing furnace 渗碳炉
cementing machine 擦胶机
cementing medium 粘结介质,胶接介质,粘结剂,胶结剂,结合剂
cementing metal 粘结剂金属
cementing plant 渗碳装置
cementing power 粘结能力,胶结能力
cementing process 渗碳硬化法
cementing value 粘结值,胶结值
cementite 渗碳体,碳素体,碳化铁体
cementite network 网状渗碳体,渗碳体网
cementitious 粘结的,胶结的,水泥的
cementitious agent 粘结剂,结合剂
cementitious material 粘结[材]料,胶结[材]料
cementitious sheet 石棉水泥板,石棉水泥毡
cementitiousness 粘结能力,胶结能力,粘结性
cenosite 钙钇铒矿
census (1)调查;(2)统计数字
cent (=c 或 ct) (1)分(反应性单位);(2)(声)音分
cent per cent 百分之百
centage 百分率
cental (=CTL) 百磅[重](=45.36kg)
centare 一平方米
center (=C) (1)中心,圆心;(2)顶尖,顶针;(3)定圆心;(4)中枢
center angle 圆心角,中心角
center-arm steering 带中间转向臂的转向机构
center-arm linkage 带中间转向臂的转向杆系
center base 中间底座
center bearing 中心轴承
center bit 中心钻
center-block type joint 中心滑块式连接
center bolt 中心螺栓,定心螺栓
center bore (1)中心孔;(2)中心孔径
center boss 中心轮毂
center brake 中央制动器
center bridge (划孔线时用)定心孔塞,定心块
center buff 抛光轮轮毂
center calipers 测径规
center convergence 中心会聚
center crank 中心曲柄
center-crank arrangement 中间曲柄装置
center-crank shaft 中心曲轴
center cross 十字轴
center differential 中央差动机构
center distance (=CD) (1)中心距,轴间距;(2)顶尖距
center distance adjustment 中心距调整
center distance at generation (齿轮)加工时的中心距
center distance change 中心距变动量
center distance change coefficient 中心距变动系数
center distance error 中心距偏差
center distance error out of tolerance 中心距误差超差
center distance for doubleflank engagement 双面啮合(量仪)中心距
center distance modification 中心距(变位后)变动量
center distance modification coefficient 中心距(变位后)变动系数
center distance tolerance 中心距公差
center distance variation 中心距偏差
center drill (=cdrill) 中心[孔]钻
center drill tool 中心孔钻具
center drilling 中心[孔]钻削,中心钻孔
center-drilling hole 中心钻孔
center-drilling lathe 中心钻孔车床
center drive 中心主动轮传动,中心传动
center drive lathe 中心传动车床
center-driven antenna 中心馈电天线

center-fed antenna 中馈天线
center-fire 中心发火的
center for computer science and technology (=CCST) 计算机科学技术中心
center frame 中心架
center ga(u)ge 中心规,定心规
center grinder 中心磨床,有心磨床
center guad 中心器绕组
center head (1)顶尖头;(2)求心规
center height 中心高[度]
center height ga(u)ge 中心高度规
center hole 中心孔,顶尖孔
center hole drill 中心孔钻
center hole grinder(s) 中心孔研磨机
center hole lapping machine 中心孔研磨机,顶尖研磨机
center hole machine 中心孔机床
center hole reamer 中心孔铰刀
center key (1)中心钻;(2)折锥套楔
center lathe(s) 普通车床,顶尖车床
center line (=CL) 中心线,轴线
center-line alignment 中心线调准,中心线对准
center-line average (1)算术平均偏差;(2)中线均值;(3)平均高度法
center-line average height 平均高度
center-line height 中[心]线高度,(轴承)半轴套高度
center-line power take-off 中央动力输出轴
center lubrication 集中润滑[法]
center mark 中心记号
center matched (=CM) 中心相配的
center of buoyancy (=CB) 浮力中心
center of circle 圆心
center of conic 圆锥曲线中心,二次曲线中心
center of curvature 曲率中心
center of equilibrium 平衡中心
center of figure 圆心,形心
center of flexure 弯曲中心
center of floatation (=CF) 浮心
center of force 力作用中心,力心
center of gravity (=C of G) 重心
center of gravity path 重心运动轨迹
center of gyration 回转中心
center of impact 冲击中心
center of inertia 惯性中心
center-of-inertia system (=cis) 惯性中心系统,惯心系统
center of location 定位中心
center of mass (=CM) 质[量中]心
center of moment 力矩中心,矩心
center of oscillation 摆动中心
center of percussion 打击中心
center of pitch circle 节圆中心
center of pressure (=CP) 压力中心
center of pressure coefficient 压[力中]心系数
center of projection 投影中心
center of quadric 二次曲面中心
center of resistance 阻力中心
center of roll 滚动中心
center of rotation 转动中心,旋转中心
center of similarity 相似中心
center of spherical curvature 球曲率中心,
center of stress 应力中心
center of surface 曲面中心
center of symmetry 对称中心
center of tension 张力中心
center of thrust 推力中心
center of twist 扭转中心
center operation 顶尖操作
center piece 中心件
center pilot (1)中心导向;(2)中心导杆
center pin 中心销子,中枢销轴,球端心轴
center pin guidance 中枢导承
center pinion 中心小齿轮
center plane 中心平面
center plate (1)中心板;(2)拨盘
center-point 中[心]点
center-point steering 带分开式转向横拉杆的转向机构

center position　中心位置

center punch　中心冲[头],洋铳

center punching　中心冲孔

center reamer　中心孔铰刀

center rest　中心[扶]架,顶尖架,中心台

center rib　(双列圆锥滚子轴承)中[间]挡边

center ring　中心环

center-section　(1)中心剖面,中心截面;(2)中翼;(3)中段

center section (=CS)　(1)中心剖面,中心截面;(2)中段,中部

center shaft　(1)中心[转]轴;(2)顶尖轴

center square　中心角尺

center steering linkage　中间转向联杆

center tap　中心抽头

center-tapped　中心抽头的,中心引线的

center tester　中心指示器

center-to-center　中到中的,中心距

center to center (=c/c)　(1)中对中;(2)中心距,轴间距

center-to-center distance　(1)中心距;(2)顶尖间距

center-to-center spacing　中心间距

center-type cylindrical grinder　中心外圆磨床

center-type cylindrical grinding　中心外圆磨削

center-type cylindrical grinding machine　中心外圆磨床

center valve　中心阀

center vent　中心放气孔,中心通风孔

center washer　(双向推力轴承)中圈,紧圈

center work　顶尖工作

center zero relay　三位辅助继电器

centerboard　中插板

centerboat　有中插板的船

centered　(1)合轴的,共轴的,同轴的,同心的;(2)中心的,中央的

centered axial load　中心轴向负荷

centered inverted slider crank　中心回动滑动曲柄

centered slider crank　中心滑动曲柄

centered time difference　时间中央差

centerfire　中心发火

centering (= centring)　(1)定心,对中心,找正,定圆心;(2)打中心孔,作中心孔

centering adjustment　中心调整,定心调整,对准中心

centering apparatus　定心装置,定[圆]心器

centering chisel　定[中]心凿

centering device　定[中]心装置

centering element　对中元件,定心元件

centering force　中心力

centering hole　定心孔

centering hub　定心毂

centering insert　定心用嵌入件

centering jaw　定心卡爪,定心凸轮

centering machine　中心孔[加工]机床,顶针孔机床,定心机

centering moulding machine　定心造型机

centering ring　定心环

centering screw　定[中]心螺钉

centering spigot　定心凸肩

centering surface　定心面

centering-tapped resistance　有中心轴的电阻

centering tongs　(1)定心卡具,(2)刃磨钻头专用卡具

centering tool　定[中]心工具

centerless　无中心的,无心轴的

centerless bar turning machine　无心棒料切削机床

centerless grinder　无心磨床

centerless grinder for taper rollers　圆锥滚子无心磨床

centerless grinder for taper rollers　圆锥滚子无心磨床

centerless grinding　无心磨床

centerless grinding machine　无心磨床

centerless grinding principle　无心磨削原理

centerless internal grinding　无心内圆磨削

centerless lapping machine　无心研磨机

centerless superfinishing machine　无心超精机

centerless thread grinding　无心螺纹磨削

centerline　旋转轴线,几何轴线,中心线,轴线

centerpiece　十字轴,十字头,十字架

centerscope　定心仪

centershift lock pin control　转盘中心移动锁定销控制器

centertap　中心抽头,中间抽头

centesimal　(1)百分之一,百分制;(2)百分之一的,百分制的,百分法的,百进[位]的

centesimal balance　百分天平

centesimal circle graduation　百分分度

centesimal second　百分之一秒

centesimal system　百分制

centi-(=c)　(词头)百之一,厘,10^{-2}

centi-bar (=cb)　厘巴(气压测量单位)

centi-degree　摄氏度,$^\circ$C

centibar　(1)中心杆;(2)厘巴(气压测量单位)

centibel　百分贝[尔]

centigrade (=C)　(1)百分温标,百分刻度,百分度;(2)百分度的;(3)摄氏度[温度计]的

centigrade degree　百分温度度数,摄氏温度度数

centigrade heat unit (=CHU)　摄氏热单位

centigrade scale　百分温标,摄氏温标,摄氏表

centigrade temperature　摄氏温度

centigrade thermal unit (=CTU)　摄氏热量单位,磅-卡,454卡

centigrade thermometer (=C)　摄氏温度计,百分温度计

centigram(me)　厘克,10^{-2}克

centihg　厘米汞柱

centile interval　百分位距

centiliter　厘升,10^{-2}升

centillion　(英、德)1×10^{600},(美、法)1×10^{303}

centimeter 或 centimetre(=cm)　(1)厘米,公分,10^{-2}米 (2)电感单位(10^{-9}亨),电容单位($1/9\times10^{-11}$微法)

centimeter-gram-second (=CGS)　厘米-克-秒(单位制)

centimeter-gram-second electromagnetic system (=CGSM)　厘米-克-秒电磁制,绝对电磁单位制

centimeter-gram-second electrostatic system (=CGSE)　厘米-克-秒静电制,绝对静电单位制

centimeter-gram-second fundamental unit　厘米-克-秒基本单位

centimeter-gram-second system　厘米-克-秒制

centimeter-gram-second system of units　厘米-克-秒单位制

centimeter height finder (=CMH)　厘米波测高计

centimeter per second (=cmps 或 cm/sec)　每秒厘米,厘米/秒

centimeter per second per second　每秒每秒厘米(加速度单位)

centimeter wave　厘米波,特高频,超短波

centimetre cubic (=cmc)　立方厘米

centimetre-gram(me)-second system　厘米-克-秒制

centimetre wave　超短波,厘米波,特高频

centimetric hight finder (=chf)　厘米波测高计

centimillimeter 或 centimillimetre (=cmm)　忽米,10^{-6}米

centinormal　百分之一当量浓度的,厘规的

centipoise　厘泊,10^{-2}泊(粘度单位)

centisecond　厘秒

centismal　第一百

centistokes　厘池,厘沱(运动粘度单位)

centiunit　百分单位

centival　厘克当量(克当量/100公升)

centner　五十公斤,50千克

centrad　(1)厘弧度,中心度;(2)向中心

centrage　焦轴

central (=c)　(1)中心,中核;(2)中心的,中央的,中枢的;(3){数}中点的,有心的;(4)重要的,集中的

central address memory (=CAM)　中央位址记忆装置

central angle　中心角,圆心角

central anode photocell　中心阳极[式]光电管

central anode phototube　中心阳极[式]光电管

central axis　中心轴线

central axis plane　中心轴面

central battery (=CB)　中央电池,共电电池

central battery alarm signalling (=CBAS)　共电式报警信号设备

central battery apparatus (=CBA)　共电式话机

central battery signalling (=CBS)　共电式振铃设备

central battery signalling unit　共电制电话信号装置

central battery supply (=CBS)　中央电池供电,共电电池供电

central battery switchboard (=CBS)　共电式电话交换机

central-battery system　共[用]电[池组]制

central battery system (=CBS)　共电制

central battery telephone (=CBT)　共电式电话,共电式话机

central battery telephone apparatus (=CBTA)　共电式电话,共电式话机

central battery telephone set (=CBTS)　共电式电话,共电式话机

central broadcasting statioin　中央广播电台

central cathode type phototube　中心阴极[式]光电管

central collision 对头碰撞，直接碰撞，迎面碰撞，正碰撞
central computer 中央计算机
central conductor (magnetizing) method 贯通法磁粉探伤
central control (1) 中心控制，中央控制 [式]，集中控制；(2) 中央射击指挥仪
central control desk 中央控制台
central control mechanism 中央传动机构
central control room 中央控制室
central-controlled 集中控制的
central datd processing computer (=CDPC) 中央数据处理计算机
central data processor (=CDP) 中央数据处理机
central datd recording (=CDR) 中央数据记录
central difference 中心差分
central electric power station 中心发电厂
central-excitation system 中心激励式
central file on-line 主文件联机
central fire control (=CFC) 中央发射控制
central force 中心力，有心力
central gear 中心齿轮，太阳轮
central git 中 [心] 注管
central gravity field 有心重力场
central gyro reference system (=CGRS) 中心旋转参考系
central-heating 集中加热，集中供暖
central heating (=CH) (1) 中心供热系统，暖气设备；(2) 集中采暖法，集中加热法
central impact 对心碰撞
central inertial guidance test facility (=CIGTF) 中央惯性制导试验装置
central input/output multiplexer (=CIO) 中央输入输出多路传输器
Central Institute for Industrial Research (=CIIR) 中央工业研究所
Central Intelligence Agency (=CIA) (美) 中央情报局
central line 中 [心] 线
central lubricating system (1) 集中供油系统；(2) 集中供冷却液体系统
central lubrication 中心润滑
central mix 集中拌和
central-mixing 集中拌和，集中拌制
central-mounted 中间悬挂式的
central movement 有心运动
central office (电话) 总局
central oiling 中心润滑
central orbit 中心轨道，有心轨道
central part of the plasma sheet (=CPS) 等离子体面中心部位，
central pipe 中心缩管
central pivot 中枢
central plane 中间平面，中心平面，中央面，中 [线] 面，腰面
central plane of a wormgear 蜗轮的中心平面
central plant 总厂
central point of a generator 母线的中央点，母线腰点
central pressure regulator 中心压力调节
central processing system (=CPS) 中央处理系统
central processing unit (=CPU) 计算机中央处理装置，中央处理机，(电子计算机) 主机
central processor 中央处理机
central quadric 有心二次曲面
central quadric surface 有心二次曲面
central radio propagation laboratory (=CRPL) 中央无线电波传播实验室
central reducer unit 中央减速器
central repair shop 中心修理厂
central screw 中心螺钉
central screw shaft 中心螺旋轴
central section 中心截面
central shaft 中心轴
central spindle [中] 心轴
central station (1) 总站；(2) 中心发电厂，总厂
central strip 中央分隔带
central-susoended-lighting 中央悬挂式照明
central symmetry 中心对称
central telephone exchange 中央电话局
central tension bolt (通过轴心线的) 中心推力负荷螺栓，中心拉紧螺栓
central toe bearing (齿轮) 中间偏内接触区，中间偏内承载区
central transmission device 中央传动装置
central value 中心值，代表值

central water heating system 水集中加热系统
central wireless station (=CWS) 无线电中心台
centralab 中心实验室
centralise (=centralize) 形成中心，集中，聚集
centralisation (=centralization) 集于中心，集中，聚集
centralite (1) 中定剂；(2) 固体燃料火箭稳定剂
centrality (1) 中心，中央；(2) 中心地位；(3) 中心性，向心性
centralization 集于中心，集中，聚集
centralization lubrication 集中润滑
centralization of control 集中控制
centralization of hydrocarbon 烃中季碳原子形成
centralize 形成中心，集中，聚集
centralized 集中的
centralized control (=CTC) 集中操纵，集中控制，中心控制，中央控制，集中指挥
centralized data processing (=CDP) 集中 [式] 数据处理，数据集中处理
centralized engine room control (=CERC) 机房集中控制，机舱集中控制
centralized installation of welding machine 多站焊机
centralized lubrication 中心润滑，集中润滑
centralized mixing 集中拌制
centralized monitoring system 集中监控系统
centralized parameter type oscilloscope tube 集中参数型示波器
centralized traffic control (=CTC) 交通集中控制，报务集中控制
centralizer (1) 定 [中] 心装置，定心夹具，定中心器；(2){数}中心化子，换位矩阵
centre (=C) (1) 中心，圆心；(2) 顶尖，顶针；(3) 定圆心，定中心，(4) 中部，中枢，核心；(5) 中核；(6) 中心钻；(7) 中心间距，中心设施，中心区，中心点，(8) 焦点，(9) 拱架，假框，(10) 研究中心
centre adjustment 置中
centre angle (=c/a) 圆心角
centre-bit 三叉钻头，转柄钻，打眼锥，绳钻
centre bit 中心钻
centre-block type joint 中心滑块式连接
centre-board 移动船板
centre board 去心板材
centre brake 中央制动器
centre bridge (孔划线时) 定心孔塞，定心块
centre buff 抛光轮轮毂
centre bypass (阀的) 中立旁通，中间卸荷式
centre-casting crane 铸坑起重机
centre casting crane 铸坑起重机
centre column drilling machine 中心床身式钻床
centre column transfer machine 中心床身式连续自动工作机床
centre combustion stove 中心燃烧式热风炉
centre-coupled loop 中心耦合环
centre-cut 中心掏槽的
centre cut 角锥形割槽，中心掏槽
centre cutting 角锥形割槽，中心掏槽
centre differential 中央差动机构
centre distance 中心距，顶尖距，轴间距
centre-drain 中央排水管
centre drill 中心钻
centre drive lathe 中心传动车床
centre drive motor mower 中央驱动动力割草机
centre driving tool 打中心孔工具
centre dump trailer 中部卸载式挂车
centre feed (1) 中心供电，中央供电，中点供电，对称供电；(2) 中心馈电，中央馈电，中点馈电，对称馈电
centre-fed 中心馈电的，对称馈电的，对称供电的
centre form 中模，内模
centre frequency 未调制频率，中心频率
centre gate 中间控制栅
centre gauge 中心规，定心规
centre-gauge hatch [油罐] 中央量油口
centre head 顶尖头，求心规
centre hole 顶尖孔，顶针孔，中心孔，中导孔
centre hole grinder 中心孔磨床
centre-hole machine 中心孔机床
centre-hole reamer 中心孔铰刀
centre-hole lapping machine 中心孔研磨机
centre key 拆规套楔，中心键
centre lathe 顶针车床，普通车床

186

centre line (=CL)　中心线
centre-line-average　算术平均值, 平均高度
centre line average (=CLA)　算术平均, 平均高度
centre-lock　固定在中心位置, 中心锁定
centre lubrication　集中润滑法
centre middle　中点
centre mixing　集中拌和
centre of a bundle　一把的心, 一束的心
centre of a circle　圆心
centre of a lens　透镜中心
centre of a pencil　束的心
centre of a quadric complex　二次线丛的心
centre of action　(大气的) 活动中心, 作用中心
centre of affinity　仿射中心
centre of an involution　对合中心
centre of atomic explosion　原子爆炸心
centre of attraction　引力中心
centre of buoyancy　浮力中心, 浮心
centre of burst　平均炸点
centre of circle　圆心
centre of communication　通信中心
centre of compression　压缩中心
centre of conic　二次曲线的心
centre of curvature　曲率中心
centre of curve　曲线中心
centre of dispersal　弥散中心, 色散中心
centre of dispersion　散布中心, 平均弹着点
centre of displacement　浮心, 排水中心
centre of distribution　配电中心, 配电站
centre of disturbance　扰动中心
centre of equilibrium　平衡中心
centre of figure　图形中心, 形心
centre of flexure　弯曲中心
centre of force　力作用中心, 力心
centre of form　形心
centre of gravity (=Cg 或 C of G)　重心
centre of gravity path　重心运动轨迹
centre of group　群的中核
centre of gyration　回转中心
centre of homology　透射中心
centre of impact　平均弹着点, 命中中心
centre of inertia　惯性中心
centre of inversion　反演中心, 反映中心
centre of isologue　对望中心
centre of local separation　气流局部分离中心
centre of location　定位中心
centre of mass (=C of m)　质量中心, 质心
centre-of-mass coordinates　(坐标原点与质量中心一致的) 质
　[量中] 心系统
centre-of-mass system (=CMS)　质心系统
centre of mean distance　均距心
centre of oscillation　振动中心
centre of percussion　撞击中心
centre of perspectivity　透视中心
centre of pressure　压力中心, 压强中心
centre of projection　射影中心
centre of rotation (=COR)　转动中心, [旋] 转 [中] 心
centre of shear　剪力中心, 剪切中心
centre of similarity (= centre of similitude)　相似中心
centre of sphere　球心
centre of spherical curvature　球曲率中心
centre of stress　应力中心
centre of surface　曲面中心
centre of suspension　悬置中心
centre of symmetry　对称中心
centre of tension　张力中心
centre of the web　钻心中心
centre of thrust　推力中心
centre of twist　扭 [转中] 心
centre of vision　目视中心, 透视中心, 透视主点
centre on　对着中心
centre pin　中心检具, 球端心轴, 中心轴, 中心销, 中枢
centre point　中心点
centre porosity　中心气孔, 中心疏松

centre pressure index (=CPI)　中心压力指数
centre processing unit retry　中央处理机复算, 主机复算
centre quad　(电缆) 中心器绕组
centre rod　中心杆, 连接杆
centre-run mould　中注式铸型, 中注模
centre runner　中注管
centre-section　(1) 中心剖面, 中间截面; (2) 中翼; (3) 中段
centre shaft　顶尖轴, 中轴
centre spinning　离心铸造法
centre square　求心矩尺
centre tap (=CT)　中心引线, 中心抽头, 中接线头
centre tap circuit　中心抽头电路
centre tap reactor　中心抽头电抗器
centre-tapped　中心抽头的, 中心引线的
centre tester　中心试验器
centre-to-centre　中心距, 中到中 [的]
centre to centre (=C to C)　中心距, 轴间距, 中到中
centre-to-centre distance　顶尖间距, 中心距
centre-to-centre method　中心连接法
centre to centre spacing　中心距
centre to end (=C to E)　中心到端面的距离
centre-type cylindrical grinder　中心外圆磨床
centre-type cylindrical grinding　中心外圆磨削
centre weight　中心锤
centre work　顶尖活, 顶针活
centre-zero instrument　中心零位 [式] 仪表
centre zero instrument　刻度盘中心为零的仪表
centre zero scale　双向刻度
centrebit　三叉钻头, 中心钻, 转柄钻, 打眼锥
centreboard　船底中心垂直升降板
centrebody　中心体
centredriven antenna　中点馈电天线
centred　中心的, 中央的, 同轴的, 共轴的, 合轴的
centred conic　有心二次曲线
centred optical system　共轴光学系统, 合轴光学系统
centred rectangular lattice　面心长方点阵
centreing 或 centering　(1) 定心, 对中心, 找正, 定圆心; (2) 打中心孔,
　作中心孔
centreless　没有心轴的, 无 [中] 心的
centreless bar turning machine　无心棒料切削机床
centreless grinder　无心磨床
centreless grinding machine　无心磨床
centreless lapping machine　无心研磨机
centreline　(1) 中心线, 中线; (2) 旋转轴线, 几何轴线; (3) 划出中线
centreline shrinkage　中心线缩孔, 轴线缩孔
centremost　在最中心的
centrepiece　十字轴, 十字头, 十字架
centrepin　中心销
centreplane　中线面
centrepoint　中点
centrepoint galvanometer　中心零位电流计
centreport　中转港
centrepunch　(1) 中心冲头; (2) 定心冲压机
centrescope　定点放大器
centretap　中心抽头, 中间抽头
centri-　(词头) 中心
centri-cleaner　锥形 [离心] 除渣器
centri-matic type internal grinder　托块支承式自动无心内圆磨床
centric　(1) 中心的, 中央的, 中枢的; (2) 向心状
centric load　中心负荷
centricity　归心性, 中心
centricleaner　锥形除渣器
centriclone　锥形除渣器
centrifugal (=c)　(1) 离心 [式] 的, 离中的, 远中的, 远心的; (2) 离心机,
　分离机; (3) 离心力
centrifugal acceleration　离心加速度
centrifugal-advance weight　离心提前器配重
centrifugal analysis　离心分析
centrifugal blender　离心式搅拌机
centrifugal blower　离心式通风器, 离心 [式] 鼓风机
centrifugal brake　离心式制动器, 离心力闸
centrifugal breaker　离心破碎机
centrifugal casting (=CC)　(1) 离心铸造, 离心浇铸; (2) 离心铸件
centrifugal casting machine　离心 [式] 浇铸机, 离心 [式] 铸造机

centrifugal chuck 离心卡盘
centrifugal clarification 离心净化
centrifugal clarifier 离心澄清器
centrifugal clutch 离心 [式] 离合器
centrifugal collector 离心捕集器,离心吸集器
centrifugal compressor 离心式空气压缩机,离心 [式] 压缩机,离心压气机,涡轮压缩机
centrifugal couple 离心力偶
centrifugal deep-well pump 离心式深井泵
centrifugal dehydrator 离心脱水机
centrifugal effect 离心效应,离心作用
centrifugal electrostatic focusing 离心式静电聚焦
centrifugal fan 离心式 [通] 风机
centrifugal filter 离心滤器
centrifugal filtration 离心过滤
centrifugal fly weight 离心飞锤
centrifugal force (=CF) 离心力
centrifugal friction clutch 离心式摩擦离合器
centrifugal governor 离心式调速器,离心式调速机,离心调节器
centrifugal impeller 离心叶轮
centrifugal load 离心载荷
centrifugal lubrication 离心润滑
centrifugal lubricator 离心式润滑器,离心注油器
centrifugal machine 离心机
centrifugal moment 离心力矩
centrifugal moulding 离心式造型
centrifugal muller 离心式混砂机,摆轮混砂机,快速混砂机
centrifugal oil extrator 离心式抽油机
centrifugal oil purifier 离心式滤油器
centrifugal pull 离心力
centrifugal pump 离心泵
centrifugal pump of multistage type 多级离心泵
centrifugal pump of turbine type 水轮机式离心泵
centrifugal pump of vertical axis 立式离心泵
centrifugal purifier 离心净化器
centrifugal refrigerator 离心式制冷机
centrifugal screw pump 离心螺旋泵
centrifugal seal 离心式密封装置
centrifugal separation 离心分离
centrifugal starter 离心式起动器
centrifugal steel 离心浇铸钢
centrifugal stirrer 离心搅动器
centrifugal stop bolt (1) 离心式止动螺栓；(2) 危急保安器的重锤
centrifugal stress 离心应力
centrifugal subsider 沉降式离心机
centrifugal switch 离心断路开关,离心断路器,离心 [式] 开关
centrifugal tachometer 离心式转速计
centrifugal tension 离心张力
centrifugal turbine 离心式透平
centrifugal vane wheel 离心叶轮
centrifugalization 离心分离 [作用],远心沉淀,离心 [法]
centrifugalize 使受离心机的作用,离心分离
centrifugally 离心地
centrifugally casted 离心铸造的
centrifugally spun concrete pipe 离心法旋制混凝土管
centrifugate 离心液
centrifugation 离心分离作用,离心 [分离],离心脱水,远心沉淀
centrifuge (1) 离心分离机,离心过滤机,离心机,离心器；(2) 使离心分离,离心分离 [作用],离心脱水 [作用],离心
centrifuge shield 离心管套
centrifuge stock 离心处理原料
centrifuge steel 离心铸造钢
centrifuged brake drum 离心溶合的制动鼓
centrifuger 离心机
centrifuging 离心分离作用,离心分离,离心法
centring (= centering) (1) 定中心,对中心,定圆心,定心,找正；(2) 打中心孔,作中心孔,中心校正,中心调整,中心调节；(3) 中心调整 (光学和电子－光学仪器零件的),合轴调整,对心调整,对中调整；(4) 对中点,对中心；(5) 合轴,共轴
centring amplifier 中心调节放大器
centring angle 中心角,弧心角
centring circuit 中心调整电路,位置调整电路,定心电路
centring control 中心位置调节,中心调节,居中调节,定心调整,定中调整

centring device 定心装置,定心装置
centring grinding machine 无心磨床
centring of a lens 透镜的合轴
centring of level bubble [水平仪] 气泡置中
centring of origin 震源
centring of vault 拱顶模架
centring pin 定位销
centring potentiometer 定心电位器
centring ring 定心环,准心环,裂口环
centring tongs 刃磨钻头专用夹具,定心卡具
centriole 中央小粒,中心粒
centripetal 应用向心力的,向心的,向中的,趋心的,求心的,求中的
centripetal acceleration 向心加速度
centripetal force (=CF) 向心力
centripetal pump 向心泵
centripetal stress 向心应力
centripetal turbine 向心式涡轮机,内流式涡轮机
centripress drainer 离心压榨脱水机
centro- (词头) 中心,中央,中枢
centro-symmetry 中心对称
centrobaric (1) 物体在非均匀场中的重心；(2) 重心的
centroclinal 向心倾斜的
centroclinal dip 向心倾斜
centrode (1) 瞬心线；(2) 瞬心轨迹
centrode tangent 瞬心切线
centrograph 中心图解法
centroid (1) 面 [积矩] 心,矩心；(2) 质量中心,质心,重心；(3) 形心曲线,心迹线；(4) 面心,体心,形心
centroid axis 质量中心轴线
centroid frequency 形心频率
centroid moment 质心矩
centroid of a plane area 平面质量中心
centroid of area 面积的形心,面积矩心,面的矩心
centroid of asymptotes 渐近线的形心
centroid of length 线的矩心,长度矩心
centroid of volume 体积矩心
centroid track 电视跟踪目标中心位置,电视形心跟踪,电视形体跟踪
centroidal (1) 重心的,质心的；(2) 矩心的,形心的；(3) 穿过重心的
centrolinead 对心尺
centrometer 瞳距仪
centron 原子核
centronema 中心系核线
centronucleus 中心核,中央核,双质核
centroplasm 中心质
centroplast 中心质体
centrosome 中心体,中心球,摄影球
centrosphere 中心球,中心体,地心
centrostigma 集中点
centrosymmetric 中心对称的,点对称的
centrosymmetrical 中心对称的,点对称的
centrosymmetry 中心对称
centrotaxis 趋中性
centrum (1) 中心,中枢,心；(2) 中心体；(3) 震源,震中
centrum of a group 群的中核
cents (=cts) 分
centum (=ct) 一百
centuple (1) 百倍的；(2) 增至一百部,用百乘
centuplicate (1) 百倍的；(2) 增至一百部,用百乘,(3) 印一百份
centurium {化} 钲 Ct
ceraceous 似蜡的,蜡色的,蜡质的
cerafiber 硅酸铝耐火合成纤维
ceramagnet 陶瓷磁体
ceracircuit 瓷 [衬] 底印刷电路
ceralumin 铝铸造合金
ceram 陶瓷,陶器
ceramal 或 ceramel (1) 烧结金属学,粉末冶金学；(2) 金属陶瓷,合金陶瓷,陶瓷合金
ceramal resistance 金属陶瓷电阻,涂釉电阻
ceramet (1) 烧结金属学,粉末冶金学；(2) 金属陶瓷,合金陶瓷,陶瓷合金
cerametallic 金属陶瓷的
ceramic (1) 陶瓷的,陶土的,陶制的,制陶的；(2) 陶瓷制品
ceramic bond 陶瓷结合剂,粘土粘结剂
ceramic capacitor 陶瓷电容器

ceramic coat　难熔金属覆层,陶瓷涂层
ceramic-coated　敷有陶瓷的
ceramic conderser　陶瓷电容器
ceramic cutting tool(s)　陶瓷 [合金] 刀具
ceramic-filter　陶瓷过滤器
ceramic filter IF amplifier circuit　陶瓷滤波器中频放大电路
ceramic-grade　陶瓷级
ceramic-insulated　陶瓷绝缘的
ceramic insultor　陶瓷绝缘子
ceramic-like　像陶瓷的
ceramic-lined　陶瓷衬里的
ceramic-metal　金属陶瓷合金
ceramic metal　金属陶瓷 [合金],陶瓷金属
ceramic-metal combinations　金属陶瓷制品
ceramic-mold　陶瓷铸型
ceramic nozzle　陶瓷喷嘴,耐烧喷嘴
ceramic pickup　钛酸钡陶瓷传感器,压电陶瓷拾音器
ceramic resistor　陶瓷电阻 [器]
ceramic sensor element　陶瓷传感器 [元件]
ceramic spraying　金属陶瓷喷涂
ceramic tile　瓷砖
ceramic tile floor (=CTF)　瓷砖地板
ceramic tip　金属陶瓷刀片
ceramic-to-metal seal　陶瓷金属封接
ceramic tool　(1) 金属陶瓷车刀;(2) 金属陶瓷刀具
ceramicon　陶瓷电容器
ceramicon capacitor　陶瓷电容器
ceramics　(1) 陶瓷;(2) 陶瓷学;(3) 制陶术
ceramics magnet　烧结氧化物磁铁
ceraminator　陶瓷压电元件
ceramist　陶瓷工 [人]
ceramographic　陶瓷相的
ceramography　陶瓷学
ceramoplastic　陶瓷塑料
cerampic　陶瓷成像
cerap　伴音中频陷波元件,陶瓷压电元件
cerated　上蜡的,涂蜡的
ceraun-　(词头) 雷
ceraungram　雷电记录图
ceraungraph　雷电记录仪,雷电计
cerdip　陶瓷浸渍
cere　(1) 蜡;(2) 蜡模
cereal combine　谷物联合收割机
cerecloth　蜡布
cerium　{ 化 } 铈 Ce
cermet　合金陶瓷,金属陶瓷
cermet bit　金属陶瓷车刀
cermet button　(离合器) 金属陶瓷纽扣式摩擦块
cermet coating　金属陶瓷涂层
cermet resistor　金属陶瓷电阻器
cero alloy　钍铈合金 (电子管收气剂,钍 80%,铈 20%)
Cerro　铋基低熔合金
cerrobase　低熔点铅合金
Cerromatrix　易熔合金 (铋 52%,铅 28%,锡 12%,锑 8%)
Cerrosafe　一种低熔点的特种合金
certain　(1) 确实,确凿,可靠,必定,必然,肯定,无疑;(2) 确信的,深信的,确定的
certainly　无疑地,当然地,肯定地,必定地
certainty　(1) 确实事件,可信事件;(2) 必然性,确实性,可靠性
certifiable　可以出具证明的,可证明的,法定的
certificate (=certif)　(1) 证 [明] 书,证件;(2) 执照,证据,证件,证明;(3) 技术合格证,检验合格证,检验证,合格证;(4) 认为合格,发给证书,鉴定,照准
certificate for navigation light and magnetic compass　航行灯和磁罗经证书
certificate for radio operator　无线电操作员工作证
certificate of analysis (=C of A)　化验合格证书,分析合格证
certificate of classification　船舶船级证书
certificate of competency　能力证书,合格证书
certificate of completion (=COC)　完工合格证书
certificate of compliance　合格证 [书]
certificate of conformance (=C of C)　合格证
certificate of conformity　证明商品符合合同中的规格的证书,合格证书
certificate of delivery (=C/D)　交货证明书,运货单

certificate of deposit (=C/D)　存款单,存单
certificate of destruction (=CD)　毁坏证明,破坏证明
certificate of fitness　使用许可证
certificate of identification　身份证
certificate of importation　进口证明书
certificate of incorporation　注册证明书,登记证明书
certificate of inspection　检查证明书,检验证,合格证
certificate of insurance (=C/I)　保险证明书
certificate of intention　意愿证明书
certificate of international tonnage measurement 1969 issured by the registered government or the Classification Society　注册国或船级社签发的 1969 国际吨位丈量证书
certificate of load line　满载吃水证书 (船)
certificate of loss　残损证书
certificate of manufacturer (=C/M)　制造厂证明书,制造商证书
certificate of origin (=c/o)　产地证明书
certificate of qualification　合格证书
certificate of quality　质量证明
certificate of reasonable doubt　合理致疑证书
certificate of recept　收据
certificate of service　(1) 劳务证明书;(2) 工作证
certificate of shipment　出口许可证
certificate of ship's nationality　船舶国籍证书
certificate of soundness　合格证明书
certificate of survey　检验证,合格证
certificate of unserviceability　(1) 不合格证明;(2) 机器报废单
certificated　检验合格的,鉴定合格的
certification　(1) 凭单的发给;(2) 立据;(3) 证明,认证,确认,鉴定;(4) 检验证明书,鉴定书,证明书
certification of fitness　质量合格证,合格证书
certification of proof　检验证书
certified (=C)　[经过] 鉴定的,[鉴定] 合格的
certified pilot　合格驾驶员
certified products list (=CPL)　合格产品单
certified protest　抗辩证书
certified tool list (=CTL)　检定合格的工具清单
certifier　证明人,证明者
certify　(1) 证明,保证;(2) 签证
certitude　(1) 确信,确知;(2) 确实性,必然性
ceruleofibrite　铜氯矾
ceruse　碳酸铅白,铅白
cerussite　白铅矿
cervanitite　黄锑矿
cervicoaxial (=CA)　轴颈的
cervine　深黄褐色的
cervinus　红灰色
cervit　微晶玻璃
cesium　{ 化 } 铯 Cs (音色)
cesium alloy　铯合金
cesium beam atomic clock　铯射束原子钟
cesium time standard (=CTS)　铯 [原子钟] 标准时
cess　多孔排水管
cessation　终止,停止,中止,中断,断绝
cesser　中止,终结
cesspipe　污水管
cesspit　污水坑,污水池,渗井
cesspool　(1) 污水井;(2) 污水塘,污水池
Cetah　一种阳离子型表面活性剂
cetal　赛达铝锌合金 (硫 6.5%,铜 3%,锌 10% Zn,余量铝)
ceteris paribus (=CP)　(拉) 如果其他条件均保持不变,如果其他条件都相同,在其他情况相同条件下,其他数值不变
ceto-getter　(电子管用的) 铈钍收气剂,铈钍吸气剂
ceto getter　(电子管用的) 铈钍收气剂,铈钍吸气剂
CGL dispersion relation　邱-戈德伯格-洛色散关系,CGL 色散关系
chad　(1) 查德 (中子通量单位,=10^{17} 中子 / 米^2·秒);(2) 穿孔碎片,废穿孔带,废片,孔屑
chad tape　有屑穿孔带
chadded　穿孔的,无孔屑的
chadded tape　已全穿孔带,无孔屑纸带
chadless　部分穿孔的,半穿孔的,无屑穿孔的
chadless paper tape　半穿孔纸带,有孔屑纸带
chadless-punched paper tape　部分穿孔纸带,无屑穿孔纸带
chads　孔屑
chafe　(1) 摩擦,擦伤,擦破,发热,磨损,冲洗;(2) 卡住,咬住,滞塞

chafed copy　污损本

chafer　(1) 防擦网, 防擦物; (2) (轮胎) 沿口衬层, 胎圈包布

chaff　(1) 废物, 废料; 渣滓; (2) (对雷达干扰的) 金属箔片, 敷金属纸条, (电磁辐射金属) 箔条; (3) 膜片

chaff cloud　(干扰雷达用的) 涂覆金属的纸带云, 箔条云, 金属屑群

chaff communication system　偶极子反射条通信系统

chaff device　雷达干扰装置, 诱骗装置

chaff dropping　雷达干扰金属带, 散布金属带

chaff element　反射偶极子, 干扰元

chaff seeding　金属丝催化

chaffcutter　切草机

Chaffie　(美)"查非 M24"轻坦克

chaffy　有膜片的

chafing　摩擦腐蚀, 摩擦侵蚀, 磨损

chafing corrosion　摩擦腐蚀

chafing fatigue　表面压应力擦伤疲劳

chafing gear　防摩擦装置

chafing plate　防擦板

chafing sleeve　防绳索擦伤的导套

chain (=ch)　(1) 电路, 链路, 通路, 信道, 波道; (2) 无线电中断电路; (3) 雷达网; (4) 电视系统, 电视网; (5) 链, 链条; (6) 传动链, 链系; (7) 测链; (8) 系列; (9) 连锁; (10) 线性有序集

chain addition program　链式添加程序

chain address　链锁地址

chain adjuster　链条调整器

chain-and-ducking dog mechanism　带自动升降爪的链条机构, 移送机, 拖运机

chain-and-flight conveyor　(1) 刮板链式输送机, (2) 链板式输送带

chain-and-segment linkage　分段传动装置

chain-and-sprocket drive　链和链轮传动

chain-and-sprocket transmission　链和链轮传动

chain angle　链角

chain arm　链臂

chain axle　链轴

chain backbone　链骨架, 主链

chain balance　链码天平

chain barrel　链筒

chain belt　链条传动带, 传动链, 输送链, 链带

chain block　神仙葫芦, 链条滑车, 链滑轮组, 牵不落

chain bolt　带链销

chain brake　链刹车, 链闸

chain-branching　连锁分枝

chain break　连锁中断, 通道中断

chain-breaking　连锁中断

chain bridge　链式悬桥, 链式吊桥

chain broadcasting　联播

chain bucket excavator　链斗式挖土机

chain cable　链索, 锚链

chain-carrier　传链子

chain carrier　(1) 传链子; (2) 链锁载体

chain carry　{计} 链销进位, 链式进位, 链锁进位, 循环进位

chain case　传动链壳体

chain cessation　链终止 [作用]

chain circuit　链电路

chain-circuit system　链 [电] 路系统

chain clamp　链子夹钳

chain clip　链卡子

chain coalcutter　链式截煤机

chain code　{计} 链式 [代] 码, 循环代码

chain combination　链结合

chain component　链条构件

chain compound　链化合物

chain conformation　链构像

chain connection　串级连接, 链联接

chain console typewriter　履带式控制台打字机

chain contact　链动接点

chain conveyer　(1) 链式输送带, 输送链; (2) 链式输送机, 链式运输机

chain-conveyer furnace　链式输送带炉

chain coupling　(1) 链条的 [闭合] 链节; (2) 链形连接; (3) 链形连接器, 链形联结器, 链形联轴节

chain crab　链起重绞车

chain cutter　(1) 链条拆卸器, 拆链器, 拔销器; (2) 链式切碎机

chain data　数据链

chain-deformation　链形变

chain digger　链斗式挖掘机

chain dog　链条扳手

chain dotted line　点划线

chain drag　链式路刮

chain drag bridge　链式升降桥

chain dredger　链斗式挖泥机, 链斗式挖泥船

chain drive　(1) 链条传动, 链式传动, (2) 联锁传动, 连续传动, 齿轮传动

chain-drive lubricant　传动链润滑剂

chain driven　链式传动 [的]

chain drum　链筒

chain economizer　省链器

chain element　链节, 链环

chain elevator　链式提升机, 链式升降机

chain explosion　链锁爆炸

chain filter　链型滤波器, 多节滤波器

chain-flights conveyor　链格式输送机

chain-folded structure　褶迭链结构

chain gear　传动系齿轮, 星形轮, 链 [齿] 轮

chain gearing　链传动装置

chain grate stroker　链式炉篦加煤机

chain guard groove　护链槽

chain guide device　导链装置

chain hoist　链式起重机, 链式升降机, 链式葫芦, 链式滑车, 吊链

chain home beamed (=CHB)　归航雷达

chain home high (=CHH)　高空飞机远程警戒雷达网, 高空搜索雷达网

chain home low (=CHL)　低空飞机远程警戒雷达网, 海岸低空搜索雷达网

chain home radar　海岸警戒雷达

Chain home station　英国雷达站

chain-homotopy　链同伦

chain hook　链钩

chain-in　链通道输入

chain-initiation　连锁开始

chain instrumentation　全套靶场测量设备

chain insulator　绝缘子串

chain interruption　链条断开

chain iron　链环, 链节

chain isomerism　链异构

chain joint　活链节, 链接头

chain length　链长

chain lightning　链状闪电

chain line　点划线, 链线

chain line with double point　双点划线

chain link　链节, 链环

chain lock　链条接口锁片

chain lubrication　链注油

chain-lug eye　链环

chain-mapping　链映像

chain mechanism　链传动机构

chain-mobility　链迁移率

chain molecule　链形分子

chain mortiser　链凿机

chain of bucket　(1) 链斗传送器; (2) 斗链

chain of command　指挥系统

chain of pot　斗链

chain of power plants　梯级电站

chain of radiation decay　辐射衰变系

chain of relays　继电器群

chain of stations　电台群

chain of tracking stations　跟踪网

chain of triangles　(测量) 三角网系, 三角链

chain of variable drive　无级变速传动链

chain oiler　链式润滑器, 链式加油器

chain output　链式通道输出

chain parameter　链接参数, ABCD 参数

chain pendant　[链条] 吊灯

chain pin　(1) 链销; (2) 测针, 测钎

chain pitch　链 [节] 距

chain-plank conveyor　链板式车输送器

chain polymer　链形聚合物

chain printer　链式打印机, 链式印刷机

chain pulley　链 [滑] 轮

chain pump　链泵

chain rack wheel　链条轮

chain racking cam　链条撑动凸轮

chain radar　串列雷达

chain radar beacon　链型雷达信标

chain radar system　雷达网系

chain-raddle conveyor　链板式输送器

chain-react　发生连锁反应

chain-reacting pile　原子反应堆

chain-reaction　连锁反应

chain reaction　连锁反应，链式反应

chain relay　链锁继电器

chain ring　链环

chain rivet　链条铆钉

chain riveting　并列铆[接]，链型铆[接]

chain roller　滚子链滚子

chain rule　{数}连锁法

chain saver　省链器

chain saw　链锯，叠锯

chain scission　断链[作用]

chain-scraper　链板[式]的

chain segment　链段

chain shackle　链环，链节

chain sheave　链滑轮，链卷筒

chain slack　传动链松弛度

chain sling　链钩

chain sprocket　链轮

chain sprocket hob　链轮滚刀

chain stay　链拉条

chain stoker　链式炉箅加煤机，链式加煤机

chain-stopper　止链器

chain stopper　止链剂

chain stopper with turnbuckle　有松紧螺丝扣的掣链器

chain-store　连锁商店，联号

chain store　连锁商店，联号

chain-stretching device　链张紧装置

chain structure　链[式]结构

chain stud　(1) 链条凸头；(2) 链条高节

chain tackle block　链条滑车，神仙葫芦，牵不落，斤不落

chain tape　链尺

chain tensioner
　(1) 拉链器，链条拉紧装置，传动链拉紧装置；(2) 传动链张紧轮

chain tensioner sprocket　链条张紧轮

chain-terminating　完成衰变链的

chain termination　链终止

chain tightener　(1) 链条张紧器，链条张紧装置；(2) 张紧链轮

chain tightening device　链条收紧器，紧链装置

chain timber　木圈梁

chain tong　链式管钳，链扳手

chain tongs　链条钳

chain track　履带

chain-track tractor　履带式拖拉机

chain traction　链索牵引

chain transfer　{化}链转移，链传递，链替续

chain-transformation　链变换

chain transmission　链传动

chain tread　履带

chain vise　链条虎钳

chain washing system with washing nozzle　带冲洗喷头的锚链冲洗系统

chain wear test rig　链条磨损试验台

chain-web conveyor　(1) 链板式输送机，(2) 链板式输送带

chain wheel　链轮，牙盘

chain wheel hob　链轮滚刀

chain wheel spindle　链轮轴

chain winch　链式绞车

chain winding　链型绕组，链型绕法

chain wire　链条钢丝

chain wrench　链条管子钳，链条扳手，链式扳手

chainage　(1) 链测长度，测链数；(2) 桩号

chained　(1) 连锁的，链接的；(2) 用测链测量过的

chained program access method　串行程序的取数法，链式程序的取数法，串行程序的存取法，链式程序的存取法

chained record　链接记录

chained segment buffer　链接分段数据存储区

chainfern guard　护链槽

chaining　(1) 链节，链锁，链接；(2) 丈量；(3) 编链；(4) 钢链测量；(5) 车轮装链，链捆集材

chaining arrow　测针

chaining channel　链式通道

chaining search　循环检索，循环探察，链接检索

chainless　无束缚的，无链的

chainlet　小链，链子

chainman　测链员，测链工人，链手

chainomatic balance　链码天平，链动天平

chainpump　连环水车，链泵

chainriveting　并列铆，链式铆，排钉

chainrule　{数}连锁法

chains　联营公司

chainwales　测深台

chainway　斗链导向装置

chainwork　链条细工，编织品

chair　(1) 1 轨座，坐铁，座板，垫板，托架；(2) 罐座，罐托；(3) 单人靠背椅，椅子；(4) 顶梁和柱子之间的垫板

chair plate　座板，垫板

chair rail　护墙板，靠椅栏

chair web　家具用绷带

chalcoalumite　铜明矾

chalcocite　辉铜矿

chalcocyanite　铜靛石

chalcography　(1) 雕刻铜版术；(2) 矿相学

chalcolite　铜铀云母

chalcomenite　蓝硒铜矿

chalcomiclite　斑铜矿

chalcomorphite　硅铝钙石

chalcopentlandite　铜镍黄铁矿

chalcophanite　黑锌锰矿

chalcophyllite　云母铜矿

chalcopyrite　(1) 黄铜矿；(2) [作检波用的] 黄铜矿晶体

chalcosiderite　磷铜铁矿

chalcosine　辉铜矿

chalcostibite　硫铜锑矿

chalcotrichite　毛赤铜矿

chalk test　垩粉水密试验

challenger　(1) 询问者，质问者，(2) 询问器；(3) (取代旧设备的) 置换设备

challenger I　(英) "挑战者 I" 坦克

chalnicon　硒化镉视像管，硒化镉光导摄像管

chalybite　菱铁矿

chamber　(1) 室，腔；(2) 碳精盒，暗箱，箱；(3) 容器；(4) 燃烧室；(5) 药室，弹膛；(6) [留声机] 螺管；(7) (英) 单人套间，房间，寝室，[船] 舱；(8) 硐室；(9) 铅室；(10) 闸室

chamber acid　铅室酸

chamber blasting　洞室爆破

chamber burette　球滴定管

chamber dock　箱式码头

chamber filter press　箱式压滤器

chamber filling conduit　闸室充水管道

chamber flight　容器中飞行模拟

chamber furnace　箱式炉，分室炉

chamber gate　闸室

chamber kiln　房式窑，环室窑

chamber music speaker　室内乐扬声器

chamber pressure　室内压力

chamber-pressure versus duration curve　容器压强 - 抽气时间曲线

chamber process　(化工) 铅室法

chamber test　压力罩试验，容器试验，静态试验

chambered level tube　气室水准仪

chambering　(1) 内腔加工，扩孔；(2) 上膛；(3) 炮眼扩孔，炮眼掏壶

chambrage　药室直径与火炮口径之比

chameleon　三色调效应

chameleon fibre　光敏性变色纤维

chameleon paint　温度指示漆，示温漆，变色漆

chameleon solution　过锰酸盐溶液，变色液

chamet bronze　锡黄铜 (铜 60%，锡 1%，其余锌)

chamfer (= chamfret)　(1) 坡口加工，修切边缘，斜切，切角，倒角，倒棱，切面，削角；(2) 切角面，斜面；(3) 凹线，沟，槽；(4) 刻槽，刻沟

chamfer angle　倒角，倒棱，倒棱角度

chamfer bit　倒角钻头，削角钻头

chamfer cut　斜切

chamfer cutter　(1) 倒角铣刀；(2) 倒角车刀

chamfer dimension　倒角尺寸，倒角坐标

chamfered　倒角的，倒棱的

chamfered corner　(刀具) 倒角刀尖

chamfered corner length　(刀具) 倒角刀尖长度

chamfered edge　(1) 斜边，斜棱；(2) 倒角，倒棱，削边

chamfered groove　三角形断面槽，角槽

chamfered joint　有坡口的接头，斜削接头，切角接头，

chamfered shoulder　倒棱肩

chamfered step　削边踏步

chamfered washer　倒角垫圈

chamfering　(1) 倒角，倒棱；(2) 斜切，截角

chamfering hob　齿轮倒角滚刀

chamfering machine　倒棱机

chamfering mechanism　倒棱机构

chamfering of gear　齿轮倒角

chamfering tool　倒角刀具，倒棱刀具，倒棱机

chamfering tool rest　倒角刀架

chamfering unit　倒棱清理机床

chamfers　倒棱

chamfret　(1) 坡口加工，修切边缘，斜切，切角，倒角，倒棱，切面，削角；(2) 切角面，斜面；(3) 凹线，沟，槽；(4) 刻槽，刻沟

chamotte　(1) 耐火粘土，熟耐火土，火泥，熟料；(2) 粘土砖

chamotte brick　耐火砖

chamotte ceramics　耐火粘土陶瓷

chanalyst　无线电接收机故障检查仪，故障探寻仪

chance　(1) 概率，几率，或然，率；(2) 可能性；(3) 偶然性，或然性；(4) 机会；(5) 随机的，无规则的

chance coincidence　偶然一致，随机符合

chance event　随机事件，事件

chance example　随机样品

chance rate　机遇率

chance variable　随机变量，随机变数

chance variations　(1) 偶然变化；(2) 随机误差

chanciness　不确定性，危险性

chancy　不确定的，危险的

chandelier　(1) 枝形吊灯架，集灯架；(2) 枝形吊灯，花灯

change (=chg)　(1) 变化，改变，变换，变更，变动，更换，转换；(2) 变量；(3) 转变，相变；(4) 换向，换接，切换；(5) 反向，倒转，倒置，倒位

change acceleration　变加速度

change-contact　转换接触

change control board (=CCB)　变换控制板，变速控制板

change cutting　交变切削法 (轮切法)

change directive (=CD)　更改指令

change down　换入低挡

change drive　变速传动 [装置]

change dump　信息更换，信息转储

change factor　偏差系数

change factor of base tangent length　公法线长度变动系数

change factor of center distance for double-flank engagement　双面啮合中心距变动系数

change factor of dimensions M over balls or pins　跨球 (或跨棒) 测量 M 值的变动系数

change factor of normal base tangent length　法向公法线长度变动系数

change factor of transverse base tangent length　端面公法线长度变动系数

change gear　交换齿轮，变换齿轮，配换齿轮，变速齿轮，换挡，挂轮

change gear box　交换齿轮箱，变速齿轮箱，挂轮箱

change gear bracket　交换齿轮架，变速齿轮架，挂轮架

change gear case　交换齿轮箱，变速齿轮箱，挂轮箱

change gear plate　挂轮架，挂轮板

change-gear quadrant　挂轮架

change gear ratio　交换齿轮速比，变速齿轮速比，传动齿轮速比，挂轮齿数比

change gear set　(1) 交换齿轮组，变速齿轮组，挂轮组；(2) 齿轮变速机装置，齿轮变速机

change gear stud　交换齿轮双端螺栓，变速齿轮双端螺栓

change gear train　交换齿轮系，变速齿轮系，挂轮系

change gear unit　交换齿轮装置

change gear wheel　变速齿轮，挂轮

change gearing　交换齿轮装置

change house　更衣室

change in capacitance　电容变化

change in design　设计改变

change in normalforce coefficient　升力系数增量

change in value　数量变化，数值变化

change item (=CI)　修改项目，更改项目

change lever　变速杆，变速杠杆

change motion gearing　变速齿轮传动

change name to (=CHNTO)　改名为

change notice (=CN)　更改通知

change of air　换气

change of base　基的变化，基的变换

change of contract (=COC)　合同的更改

change of desired value　被调量的变化

change of direction　方向变化

change of form　形状变化

change of gradient　梯度的变化

change of momentum　动量的变化

change of phase　相的变化，相变

change of state　物态的变化，状态变化

change of title　权利人名义改变

change of variable　变数的更换，变元

change of voltage　电压变化

change oil　换油

change on one method　{计} 不归零法

change order (=CO)　(1) 更改指令，更改命令；(2) 更改订 [货] 单

change-over　(1) 转接，转换，变换，改变，转变，跨越；(2) (机床) 调整；(3) 转换开关；(4) 改建；(5) 转接，换向，转向，倒转，调整，改装；(6) 转接设备；(7) (电影) 换机放映

change over (=c/o)　转换，换向

change-over cock　转换开关

change-over contact　转换接点

change-over cue　换片信号

change-over gear　转换装置，逆转装置

change-over switch　换向开关，转换开关，换路开关，双向开关

change-over valve　换向阀

change package (=CP)　改变包装

change package identification (=CPI)　改变包装标记

change point　转 [变] 点

change-pole　变极 [的]

change-pole motor　变极电动机

change poles　换极

change request (=CR)　改变申请

change ring　交换环

change room　更衣室

change schedule chart (=CSC)　进度 [变化] 表

change-speed　变速 [的]

change speed　变速

change-speed box　变速箱

change-speed gear　(1) 变速齿轮；(2) 变速装置

change speed gear　变速 [齿] 轮，挂轮

change speed gear box　变速齿轮箱，挂轮箱

change speed gears　变速齿轮装置，变速齿轮机构

change-speed motor　变速电动机，多速电机

change speed pinion　变速小齿轮，小挂轮

change tape　修改带

change torque　变化扭矩

change up　升速变换，换入高挡

change valve　换向阀

change-wheel　(1) 变速轮，换向轮；(2) 变速装置

change wheel　(1) 换向轮挂轮，变速齿轮，变向齿轮，变速轮，换向轮；(2) 变速装置

change-wheel drive　交换齿轮传动 [装置]

changeability　(1) 变易性，易变化性；(2) 互换性

changeable　不确定的，可换的，更换的，易变的

changeable boring bar　可调整镗杆

changeable optics　可置换光学装置

changeable storage　{计} 可换存储器

changeable unit　可更换的总成

changeant　(1) 闪光效应；(2) 闪光织物

changeful　变化不定的，不确定的，易变的，多变的

changeful-gear　变速齿轮

changement　换向机构，转换设备

changer　(1) 变换装置 (例如变化频率，相位等各种装置)；(2) 变换器，换流器，变流器，换能器；(3) 变量器；(4) 工具变换装置，转换开关，转换装置

changing 变化, 转变, 变换, 转换, 替换

changing bag 换胶片袋, 暗袋

changing box 换片箱

changing down 降低速率, 速率降低, 变慢

changing dynamic load 交变动负荷

changing gear combination 变速齿轮组

changing load 变化载荷, 负荷改变

changing location 变化位置

changing magazine 换片暗盒

changing over 换向, 换接, 切换, 转换, 开关

changing position 变化位置

changing up 增加速率

changing switch 交互转换开关

channel (=ch) (1)流道, 槽道, 水道, 通道, 沟道; (2)沟, 槽; (3)槽钢, 槽铁, 凹形铁; (4)开槽, 开沟; (5)通信电路, 信道, 波道, 频道, 声道; (6)管道, 管路; (7)脉冲计数, 计数道; (8)系统, 部分; (9)桅侧支索牵条眼板; (10)路线, 电路, 通路

channel address word (=CAW) 分路地址代码, 通道地址字

channel amplifier 分路放大器

channel amplitude characteristic 通路振幅特性

channel bank 信道处理单元, 信道排, 话路组

channel bar 槽钢, 槽铁

channel beam 槽形梁, 槽钢

channel black 槽法碳黑

channel block （玻璃池窑的）通路

channel capacity 信道电容

channel carrier and pilot supply bay (=CCaPSbay) 载频和导频供给架

channel carrier frequency 通信电路载频

channel column 槽钢柱, 槽形柱

channel compression (1)波道压缩; (2)电路复用

channel effect 沟道效应, 通道效应

channel electron multiplier 通道电子倍增器

channel for oiling 油路, 油槽

channel guide 导槽

channel idle noise 通道固有噪声

channel iron 槽钢, 槽铁

channel monitor (=ch mon) 通路监视器

channel nut 槽形螺母

channel piloting 水道目标导航

channel point 齿轮转动时油层中形成未充满沟槽之温度, 成沟点

channel pulse 信道脉冲, 通道脉冲

channel rubber 橡皮夹层, 橡皮衬里

channel section (1)槽钢; (2)槽形断面

channel selector 频道转换开关, 波道转换开关, 信道转换开关, 频道选择器, 波道选择器, 信道选择器,

channel separation 声道分隔, 频道分隔, 信道间距, 声道间距

channel-spacing 信道间隔

channel spacing 频道间隔

channel steel 槽钢

channel-subdivider 信道分路器

channel switch 波道开关

channel terminal bay (=ChTB) 电路终端架

channel time 渠道宽度

channel transistor 沟道晶体管

channel trap 信道陷波电路

channel type electron multiplier 渠道式电子倍增器

channel-width variation 信道频宽变化

channel wave 通道波, 弹性波

channel wing 槽形机翼

channeled 有凹缝的, 有槽的, 槽形的

channeled avalanche 槽形雪崩

channeled plate 菱形网纹钢板, 皱纹板, 条纹板

channeled spectrum 沟槽光谱

channeling 或 channelling (1)（润滑油）沟流; (2)构成槽形, 管道形成, 开槽, 铣槽, 掏槽, 滚槽, 凿沟, 挖沟, 开沟; (3)多路传输, 频率复用, 组成多路, 开辟通路, 分路式, 联通; (4)(高炉)气沟, 槽路; (5)波道效应, 沟道效应

channeling cutter 铣槽刀, 槽铣刀

channeling diode 沟道效应二极管

channeling in column 填充塔之形成直通沟槽, 整流他或吸收塔中的沟流

channeling in reactor 反应器中形成槽路, 反应器催化剂床层中形成直通脉路

channeling machine 滚槽机

channeling of reflux 回流液之沟流

channelization (1)管道化; (2)通信波道的选择; (3)导流

channelize 通道化, 导流

channelized transmitter 信道发射机, 分路发射机

channelizing 信道化, 导流

channelizing line 导流线

channelled 或 channeled 有凹缝的, 有槽的, 槽形的

channeller 凿沟机, 开沟机

channelling (1)（润滑油）沟流; (2)构成槽形, 管道形成, 开槽, 铣槽, 掏槽, 滚槽, 凿沟, 挖沟, 开沟; (3)多路传输, 频率复用, 组成多路, 开辟通路, 分路式, 联通; (4)(高炉)气沟, 槽路; (5)波道效应, 沟道效应

channellized time dividing 时分多路通信

channelstopper 沟道截断环

channeltron 渠道倍增器

channelwale 舷侧加强列板

chaotic motion 紊乱运动, 不规则运动

chaotropic anion 离液序列高的阴离子

chap (1)裂缝, 缝隙; (2)分裂, 龟裂, 发裂

chaparral 美国机动防空导弹

chape (1)线头焊片; (2)卡钉, 扒钉, 包梢, 夹子

chapelet (1)链斗式提水机, 斗式提升机, 铲斗传送器, 链斗式水泵, 链斗传泵; (2)(铸造)撑子

chapiter 柱头

chaplet 型心撑, 撑子

chaplet nail 型心撑钉

chapmanite 硅锑铁矿

Chapmanizing (1)电解氨气渗氮法, 盐浴渗氮法, 切普曼氰化法; (2)表面硬化法

chapter (=ch) (1)章, 节, 段; (2)分会, 分社

char (1)炭, 木炭; (2)成炭, 炭化

charactascope 频率特性观测设备

character (=char) (1)行为, 性质, 特征, 特性, 特色; (2)人物, 人格, 性格, 品性, 资格; (3)表象的特征标; (4)数字, 符号, 字符, 号码; (5)电码组合, 脉冲的编码组合; (6)表现特性, 群特性; (7)工作制度

character-at-a-time printer 单字符打印机, 字符式打印机

character boundary {计}字符大小, 字符[边]界

character by character 字符接字符传送, 按字符传送

character check 字符校验

character code 字母码, 符号码, 字符码, 数字码, 记号码, 信息码, 字码

character constant 字符常数

character crowding {计}字符夹杂, 字符拥挤

character deletion character 删去字符

character display (1)信息显示, 字符显示; (2)数字字母显示器

character display tube 显字管, 字码管

character display unit 字符显示器

character emitter 字符扫描发生器, 字符发送器

character figure [逐日]磁变示数

character fill {计}字符充填, 填充符

character font {计}字体[根]

character generator 字符发生器, 字符产生器, 字母发生器, 字形发生器, 记号发生器

character ignore block 忽略字符组

character-like code 类字符码

character of accident 事故性质

character of charge 炉料特性

character of classification 船级标志

character of double refraction (矿)重屈折性

character of operation 操作性质

character of service 工作状态, 工作特性, 工作制

character of surface 表面特征

character outline {计}脱机字符, 可识字符, 字符外形

character per inch (=CPI) 每英寸字符数

character per second (=CPS) 字符／秒

character picture specification {计}字符形象指明表

character printer 字符打印机

character rate {计}字符传输率

character reader 数字字母读出器, 符号读出器, 信息读出器, 字符阅读器

character reading 字母读出, 记号读出

character rounding 反复修正符号

character string 字符串, 字符行

character style 字体

character transfer rate　字节传送速率
character type　字符型
character value　字符值
character-writing tube　字符显示器
characterisation (=characterization)　(1) 说明特性,特性记述,特性描述,特性鉴定,表示特性,性能描写,表征;(2) 品质鉴定
characterise (=characterize)　赋予特性,表示特性,特性化,说明,描写
characteristic　(1) 性能,性质,特性,特征;(2) 动态特性曲线,工作特性曲线,特征曲线;(3) 特性数;(4) 特性的,性能的,特征的,特殊的;(5) 指数,指标;(6) 特性曲线的;(7) [对数的] 首数;(8) {计} 阶码;(9) 相似性参数,相似性判据,无量纲参数,无量纲量;(10) 特征数据,特征值,参数,参量;(11) 特征线,滑移线;(12) 战术技术诸元
characteristic adaptive control　特性自适应控制
characteristic and mantissa of logarithms　对数的首数与尾数
characteristic bit　指令特征位
characteristic class　特性曲线类型
characteristic constant　特征值
characteristic curve　特性曲线,性能曲线
characteristic data　特性数据
characteristic dimension　特性尺寸,基准尺寸
characteristic distortion　特性失真
characteristic element　特性要素,示性要素
characteristic equation　特性方程,特征方程,状态方程
characteristic error　特性误差
characteristic from shock waves junction　由激波焦点导出的特性
characteristic function　特性函数,特征函数,示性函数
characteristic impedance　特性阻抗,波阻抗
characteristic impedance of antenna　天线特性阻抗
characteristic-impedance termination　特性阻抗终端负载
characteristic instant　瞬时特性
characteristic length　换算长度,特性长度
characteristic life　寿命特性 (范氏分布的比例参数)
characteristic line　特性线
characteristic number　特征数,示性数
characteristic of a developable　可展曲面的特征线
characteristic of family of surface　曲面族特征线
characteristic of a field　域的特征数
characteristic of correspondence　对应的特征
characteristic of gas　气体常数
characteristic of logarithm　对数的首数
characteristic overflow　阶码上溢,阶码溢出
characteristic parameter　特征参数
characteristic point　特征点,特点
characteristic quantity　特性量,特征量
characteristic root　特征根
characteristic shape　特征形状
characteristic spectrum　特征光谱,特性光谱,标识光谱
characteristic surface　特性曲面
characteristic test　性能试验
characteristic underflow　阶码下溢
characteristic value　特性值,特征值,本征值
characteristic variable　特征变量
characteristic vector　特征向量
characteristic width　固有宽度
characteristic x-radiation　标识 X- 射线
characteristically　特性上,特质的
characteristics　特性,特征
characterization　(1) 说明特性,特性记述,特性描述,特性鉴定,表示特性,性能描写,表征;(2) 品质鉴定
characterize　赋予特性,表示特性,特性化,说明,描写
characterizing factor　特性因数
characterless　无特征的
characters per second (=CPS 或 cps)　每秒字符数
charactery　记号 [法],征象 [法]
charactron　显示示波管,显示符,字符管,字码管,字标管
charcoal　(1) 木炭,(2) 炭笔
charcoal electrode　炭电极
charcoal filter　(1) 木炭过滤器;(2) [活性] 炭过滤剂
charcoal pig iron　木炭生铁
charcoal tinplate　厚锡层镀锡薄钢板
charcoal wire　低碳钢丝
charge (=C)　(1) 负载,装载,负担;(2) 填充,装药,充水,加水,加油,注油;(3) 起电,带电,充电;(4) 电荷;(5) 加料,装料,填料;(6) 价值;(7) 收费,费用,经费;(8) 嘱托,承办;(9) 炉料;(10) 进击,猛击;

(11) 记账;(12) 张力,应力
charge a battery　给蓄电池充电
charge air　增压空气
charge algebra　荷代数
charge an accumulator　给蓄电池充电
charge and discharge board　充放电配电盘
charge and discharge key　充 [电] 放 [电] 开关,充放电电键
charge book　作业记录簿,装料记录
charge capacity　(1) 装载量;(2) (电池) 蓄电量
charge carrier　载流子,载荷子
charge characteristic　充电特性
charge chute　装料槽
charge cloud　电荷云
charge compensation　电荷补偿
charge-conjugate　电荷共轭的
charge conjugation　电荷共轭
charge conservation　电荷守恒
charge-coupled　电荷耦合的
charge coupled device (=CCD)　电荷耦合器件
charge coupled imaging device　电荷耦合显像管
charge d' affaires ad interim　(法语) 临时代办
charge d' affaires en titre　(法语) 代办
charge density　电荷密度
charge distribution　(1) 电荷分布;(2) 负载分布
charge drive　(高频) 电荷激励,电荷传动
charge equalizing A/D converter　电荷均衡模数转换器
charge exchange　电荷交换
charge-exchange reaction　电荷交换反应
charge factor　录音效率
charge fluctuation　电荷落涨
charge for water　(1) 给水率;(2) 自来水费
charge gas　裂解气,原料气
charge hand　装卸工
charge head　(1) 出口压头,排气压头,供油压头;(2) [压缩机] 压力的高度
charge hoist　加料起重机
charge image　电 [荷图] 像
charge-in　进料
charge-independent　与电荷无关的,电荷独立的,电荷恒定的,电荷不变的
charge indicator　充电指示器,带电指示器
charge injection device　电荷注入器件
charge-liner interface　炉料与衬里的界面
charge migration　电荷徙动
charge-mixing machine　炉料混合机
charge mixture　配料
charge motor　充电 [用] 电动机,过电电动机
charge number　(1) 负载量,载荷量;(2) 电荷数;(3) 炉料号,批号
charge-odd operator　电荷字称为奇的算符
charge of oil　装油
charge of rupture　破坏荷载
charge of surety　安全载荷,容许载荷
charge parity　电荷字称
charge particle　带电粒子
charge pattern　(1) 电荷分布图,电荷起伏图;(2) 充电曲线;(3) 电位起伏,电子像
charge pattern leakage　电荷漏泄平衡
charge potential　电荷电势
charge pressure indicator　充气压力指示器
charge pump　进料泵,供油泵,充液泵
charge radius　电荷半径
charge ratio　满载系数,满载比,装填比
charge renormalization　电荷重正化
charge-resistance furnace　电 [荷电] 阻炉
charge sensitivity　电荷灵敏度
charge sheet　配料单
charge spectrometer　电荷谱仪
charge-storage diode　电荷存储二极管,阶跃二极管
charge storage diode　电荷存储二极管
charge switch　充电开关
charge-symmetric　电荷对称的
charge symmetric meson　电荷对称介子
charge symmetric pseudoscalar field　电荷对称赝标量场
charge symmetry　电荷对称

charge symmetry hypothesis 电荷对称假设
charge temperature (=Ch Temp) (1) 着火温度；(2) 进料温度，料温
charge-to-mass ratio [电] 荷质 [量] 比
charge transfer 电荷传递
charge transfer device (=CTD) 电荷转移器件
charge unit 计费单位
charge valve 充气阀，充液阀，加载阀
charge-volume 电荷容积，体电荷
charge-volume effect 电荷容积效应
chargeability 电荷率
chargeable (1) 应征收的；(2) 应负责的，应负担的；(3) 可质疑的；(4) 可充电的
chargeable duration 通话计费时间
charged (=chgd) (1) 充电的，带电的；(2) 装填的，装药的
charged body 带电体，载流子
charged corpuscle 带电微粒
charged meson 带电介子
charged particle 带电粒子
charged particle activation (=CPA) 带电粒子的激活作用
charged particle detector 带电粒子检测器
charged particle principle of coherent acceleration 带电粒子相干加速原理
charged pressure 充入压力，充气压力
charged wire detector 电荷丝探测器
chargehand (1) (凿井) 抓岩机工，装岩工；(2) 装药工；(3) 队长，班长，组长
chargeman (复 chargemen) (1) 装药工；(2) 队长，组长
charger (1) 装药器；(2) 充电器，充电机，充电装置，充电设备；(3) 加料机，加料机；(4) 加载装置；(5) 弹夹；(6) 装料工，装药工
charger-loaded 弹夹装填
charger-reader (剂量计用的) 电荷读出器
chargiability 光电率
charging (1) 充电，起电，带电；(2) 充气，进气，注油，加液，压入，注入，增压；(3) 进料，装料，装填，加料，送料；(4) 电荷；(5) 装载，负载；(6) 装炉，装药
charging apparatus 装料设备
charging and discharging 充电与放电
charging area 装料场，装料台
charging board 充电盘
charging capacitor 充电电容器
charging capacity (1) 充电容量，蓄电量；(2) 负载能力，装载量
charging circuit 充电电路
charging compressor 充气压气机
charging connector 充气嘴，加油嘴
charging crane 装料吊车，加料机
charging current 充电 [电] 流，电容电流
charging deck 加料台
charging device 装料装置
charging funnel 料装斗
charging generator 充电发电机
charging hole 装料口
charging hopper 装料斗
charging line (1) 供电线路；(2) 充气管道，送料管道，供水管道，加液管道，供料线
charging lorry 装料卡车，装料斗车
charging machine 装料机
charging neutrality 电荷中和
charging period 充电时间
charging pump 充水泵
charging ram 推料杆
charging rate 充电率
charging set 充电机组，充电装置，增压装置
charging sheet 配料单
charging stroke 充气冲程，吸气冲程，进气冲程
charging-tank 供应罐，料装罐
charging tank 供应罐
charging thimble 冰铜出口，出锍口
charging time constant v充电时间常数
charging tube 充电管
charging-turbine 透平增压装置，涡轮增压装置
charging turbine 透平增压装置
charging-up (1) 加漆，加注；(2) 充电过程
charging up (1) 加漆，加注；(2) 充电过程
charging value (1) 充气阀，加料阀，加液阀；(2) 充电管

chargistor 电荷管
charigma 一种独木舟
chariot (1) 弧刷支持器，齿车，[托] 架；(2) 古战车，运输车，战车，兵车；(3) 四轮轻便马车
Charioteer I (英)"战车使者 I"坦克
chark (1) 烧成炭，烧焦，(2) 使成煤，焦炭，(3) 氧化皮
charkas (印) 手纺车
charking (1) 烧炭；(2) 焦化
charley paddock 大锯，粗锯
Charpy impact machine 查皮冲击试验机，摆锤式冲击试验机
Charpy impact test 摆锤式冲击试验，单梁式冲击试验，查皮式冲击试验
Charpy key hole specimen 钥孔形缺口冲击试样
Charpy pendulum 摆式冲击试验机，查皮摆
Charpy tester 摆锤式冲击试验机，单梁式冲击试验机
charred coal 焦煤，焦炭
charring (1) 烧焦，(2) 炭化 [作用]；(3) (电杆) 烧根
charring ablative material 炭化烧蚀材料
charring layer 炭化层
chart (1) 系统度图，曲线图，计算图，示意图，线路图，图表，图纸，算图，略图，卡片，图；(2) [航] 海图，航线图，水路图，地图；(3) 一览表，表格
chart board 图板
chart-comparison unit 雷达测绘板，雷达测量图
chart comparison unit (=CCU) 雷达图像与特制地图相比较的投影器，雷达测绘板
chart constant 制图常数
chart datum (1) 水深基准点，记录图基准点；(2) 海图基准点，海图基准 [面]
chart division 表格刻度
chart drawing pen 鸭嘴直线笔
chart drawing set 绘图仪器
chart drive mechanism 记录纸传动装置
chart for superelevation 超高图表
chart house 海图室
chart magazine 记录纸箱，记录纸盒
chart matching device 图形重合仪
chart of standards 标准图表
chart of symbols 符号表，图例
chart plotter 填图员
chart-projection 地图投影，海图投影
chart quadrat 图解样方
chart rack 图架
chart-recording 图表记录
chart-recoding instrument 图表记录仪
chart room 图表室
chart screen 坐标投影屏，图形投影屏
chart sheet 图幅，图页
chart speed 图移速率
chart table 图表架
chart with contour line 有等高线的地形图
chartaceous 坚纸质的
charted (1) 记入海图；(2) 登入图表
charter (1) (租船、海运)契约，合同；(2) 许可证，执照；(3) 宪章，规章；(4) 特许权，专利权；(5) 租车，租船
charter flight 包租班机
charter-party 租船契约，海运契约
charter party (=C.P.) 租船合同，租船合约
chartered (1) 特许的，受特许的；(2) 租
chartered bank 特许银行
chartered ship 租船
charterer 租船人，租船者
chartering company 租船公司
charting (1) 记录表格，制图表，制图，绘图；(2) 制海图，制地图，制星图
chartless 未绘入地图的，未绘入海图的，图籍未载的
chartlet [海图改正] 贴图，小海图
chartographer 制图者
chartography 制图法
chartometer 量距器，测距器
chartroom (1) 图表室，航图室，海图室；(2) 观察诸元变为射击诸元之计算室
chase (1) 凹沟，凹槽，凹口，沟，槽；(2) 雕镂，錾花，刻划，切，削，嵌，镶；(3) 活板框，排版架，版框；(4) 用梳刀刻螺纹，螺纹牙修理，重整螺

195

丝，切螺纹，车螺丝；(5) 刻度；(6) 暗线槽，管子槽；(7) 活版架，模套，套架；(8) 炮筒前身；(9) 歼击机

chase charley 德国无线电控制飞机式导弹

chase gun 舰炮

chase leaks 检漏，查漏

chase mortise 榫 [眼] 槽

chase port 船首（或船尾）炮门

chased helicoid 法向梯形齿廓螺旋面，延伸渐开线

chaser (1) 螺纹梳刀，梳刀盘，切螺纹，车螺丝，螺旋板，扳牙；(2) 碾砂机，碾压机，揉泥碾，石棉碾；(3) 驱逐舰，驱逐机，猎潜艇，战斗机，追击舰，舰首炮，舰尾炮；(4) 雕镂匠；(5) 催询订单执行通知函；(6) 雕刻，雕镂，嵌；(7) 主动跟踪装置，追踪导弹

chaser device 螺纹梳刀装置

chaser die head 螺纹梳刀盘

chaser mill （装有穿孔底板的）干式辊碾机，碾碎机

chaser orbit 跟踪卫星轨道

chaser radar 卫星跟踪雷达

chaser satellite 歼击卫星

chaser tooth 车 [削] 齿

chasing (1) 切螺纹，车螺丝，(2) 铸件最后抛光；(3) 螺旋板；(4) 金属 [细工] 锤；(5) 刻刀；(6) 雕镂工作，雕镂术，雕刻，雕镂；(7) 铸件最后抛光，铸件最后清理；(8) 追赶，追踪，追击

chasing attachment 切丝自动定程装置，切丝附件

chasing dial 乱扣盘，车螺纹指示盘

chasing lathe 螺纹车床

chasing tool 螺纹梳刀，螺纹刀具，梳刀盘

chasing tooth 车 [削] 齿

chasm (1) 空隙，空白；(2) 中断处

chassepot 蔡斯波特步枪

chassis (=CHAS) (1) 底板，底座，底盘，底 [盘] 架；(2) 机壳，机箱，机架，框架；(3) 车底架，炮底架；(4) （飞机）起落架；(5) [轧染机] 轧液槽，印花浆盘

chassis assembly 底板组合，整底盘，整底板

chassis base 底板

chassis dynamometer 底盘测动器

chassis earth 底盘接地，机壳接地

chassis grease 底盘润滑脂

chassis height 底盘高度

chassis lubricator 底盘注油器

chassis-mount construction 底盘式结构

chassis punch 机壳打孔机，机壳凿孔机

chassis spring 底盘弹簧

chassis with cab 连司机室的底盘

chassis with cowl 连发动机罩的底盘

chat-roller (1) 辊碎机；(2) 熔烧矿石

chateaquay pig iron 一种含钛低磷生铁

chathamite 砷镍铁矿

chats 炼矿碎石

chatter (1) 颤动，震颤，振动，振荡，摇动；(2) 刀震；(3) 发铿锵声

chatter-bumps 震凸变形

chatter-free finish 无颤痕光洁度

chatter mark （刀具振动的）震颤纹，颤痕，跳痕

chattering (1) 间歇电震，颤动，振动，震动，振荡，(2) 震刀；(3) 颤震的；(4) （阀的）自激 [振动]

chattermark 颤动擦痕，震颤纹，颤痕，跳痕

chauffage 温热 [处理]

chauffer 轻便敞口炉

chauffeur (1) 自动车司机，汽车司机；(2) 飞行员

chavega （葡）一种渔船

cheap money policy 低息贷款政策

chebacco （美）近岸小渔船

chebacco boat 纽芬兰窄尾船

Chebyshev filter 切比雪夫滤波器

Chebyshev norm 切比雪夫模

check (=CK) (1) 检查，检验，检测；(2) 校核，校验，校正，校对，验算；(3) 监督，控制；(4) 阻止，抑制，限制，制止；(5) 核算，核对；(6) 细裂缝幅裂，裂纹，裂缝，槽口；(7) 检验设备；(8) 松绳；(9) 支票；(10) 格纹

check analysis 检验分析，验证分析，校核分析，成品分析

check and drop 节制跌水闸

check and read (=CHRE) 校验和读出

check and store (=CHST) 校验和存储

check bar 校验棒

check base line 校对基线

check beam 导航波束，导航射线

check bit 检验位，检验数，校验位，核对位

check-bite 正咬合法

check board loading 交替装载

check bolster 防松承梁

check book (=CBK) 支票簿

check bolt 防松螺栓，制动螺栓

check book 支票簿

check bus 校验总线

check by sight 肉眼检查，视力检查

check calculation 核算，验算

check chain (1) 保安链，限位链；(2) 转向架安全链

check chain clevis 保安链，U 形夹

check colour receiver 彩色电视核对接收机，彩色电视监视接收机，监控彩色电视接收机

check computation 核算

check consistency 一致性检验

check crack (1) 收缩裂纹，收缩断裂，细裂纹，细裂缝，网纹；(2) 检验间隙

check digit 检验位，检验数，校验位，核对位

check experiment 校验 [性] 试验，对照试验

check face 沟深

check feed valve 给水止回阀

check for end play 轴向间隙检查

check for looseness 配合松紧度检查

check formula 验算公式

check ga(u)ge 检验量规，校对测规，校对量规

check gear contact pattern 齿面接触区涂色检验

check in wood 幅裂

check indicator (1) 检查指示器，检验指示器，校验指示器；(2) 检验指示灯

check jump 阻抑水跃，逆止水跃

check key 止动监听按钮，监听电键，校正键

check level 校核水准

check lever 止回杆

check line 校对线

check list (=CL) 检验单，检查表，核对表

check-lock 保险锁

check mark (1) 检验记号，校验标志；(2) 铜线表面拉痕缺陷

check matrix 校验矩阵

check meter 校验仪表，控制仪表

check motion 防冲装置

check nozzle 自动关闭喷嘴

check nut 防松螺母，保险螺帽，保险螺母，锁紧螺母

check of drawing 校图

check-off 检查完毕，查讫

check-out stand 检验台

check-out test 检查试验

check-out valve (=COV) 检查阀

check parity (=CP) 奇偶性检验

check pawl 止回棘爪

check pin 防松销，制动销

check plate (1) 防松板，制动板，止动板，挡板；(2) 碎矿机夹板

check plot 对照区

check plus minus (=CHPM) 正负校验

check plus minus subroutine (=CPMS) 校验加减子程序

check point (=C/P 或 ch pt) (1) 校正点，校验点，校核点，检测点，测试点，检查部，检查站；(2) 抽点检验，检查部位

check point cod 抽点检验电码

check programme 检验程序

check rail 护轨

check receiver 监控接收机

check register 校验寄存器

check reset key 检验复位键

check ring 弹簧挡圈，锁 [紧] 环，止动环，卡环，挡环

check rod 抑止杆，牵条

check room 更衣室，衣帽间

check rope 防松索，制动索

check routine 检验程序

check sample 控制质量试样，检查用试样，校对试样，对照试样

check screw 止动螺钉，定位螺钉，压紧螺钉

check specimen 控制质量用试样，检查用试样，校对试样，对照试样

check spring 止动弹簧，止回弹簧

check statement end subroutine (=CSES) 校验结束语句子程序

check stopper 制滑链
check strap 缓冲皮带；缓冲皮带圈
check surface 表面龟裂
check-sum 检查和
check symbol 校验符号
check table 〔计〕检查表
check template (=CKTP) 检查样板，检验样板
check test 控制试验，校核试验，核对试验，对照试验，鉴定试验，检查试验
check the figures 校验〔计算〕数字
check trunk 校验总线
check-up (1) 校对，校验；(2) 检查；(3) 测试
check-valve (1) 止回阀，防逆阀，单向阀；(2) 检验开关
check valve (=CV 或 CHKV) (1) 单向活门，止回阀，单向阀，防逆阀，节制阀，检验阀；(2) 检验开关
check valve ball 止回阀球
check valves 止逆阀
check washer 防松垫片，防松垫圈，止回垫圈
check wheel 棘轮
check without funds 空头支票
checkback 校验返回
checkboard 挡板
checkbook 支票簿，存折
checked (1) 棋盘格花的，格子花的；(2) 经过检查的，检验过的，已校核的
checked surface 表面龟裂，裂纹面
checker (1) 检验装置，检验设备，试验装置，检查仪，检验器，测试器，检验品；(2) 控制器；(3) 检验员，检查员，校对者；(4) 检验程序；(5) 阻止者；(6) 格子花；(7) 砖格；(8) 交错排列，错列布置
checker flue 砖格烟道，砖格气道
checker plate 〔菱形〕网纹〔钢〕板，花纹〔钢〕板
checker port 蓄热室出口
checker steel plate 网纹钢板
checker work 格式装置
checkerboard (1) 方格盘；(2) 在上面纵横交错分布，排列
checkerboard colour dot screen 彩色嵌镶幕
checkerboard image 黑白格图像，棋盘图形
checkerboard of colour filters 嵌镶式滤色器，嵌镶滤色镜
checkerboard pattern test signal 方格测试信号，棋盘信号
checkered (1) 格子花样的；(2) 交错的
checkered plate 网纹钢板，花钢板
checkered sheet 网纹钢板，花钢板
checkerwork (1) (蓄热器) 砖格子砌体，砌砖格；(2) 格式装置
checkgate 节制闸门，配水闸门，斗门
checking (1) 检查，检验，校核，校正，校对，校验，验证，验算，核算，校算；(2) 起裂纹，龟裂，碎裂，微裂，细裂，发裂；(3) 制动，减速；(4) 抑制，抑止，制止；(5) 枪柄上之刻纹
checking apparatus 校正装置
checking by resubstitution (1) 置换检查；(2) 代入〔原始方程〕检验
checking calculation 验算
checking circle 检查圆
checking circuit 校验电路
checking data 检验数据
checking device 检验仪器，校验仪器
checking diagram 检验图
checking force 制动力
checking program 检验程序，校验程序
checking routine 校验程序
checking tool 测量工具
checkline 靠码头缆
checknut 防松螺母，防松螺帽
checkout (=c/o) (1) 检查，检测，测试，试验，检验，合格；(2) 调整，校正；(3) 验算；(4) 〔计〕检验输出结果，检验程序；(5) 检验完毕；(6) 工时扣除；(7) (对机械操作的) 熟悉过程
checkout and maintenance status console (=CMC) 检查与维护情况控制台
checkout console 测试操纵台
checkout data processor (=CDP) 检测数据处理机
checkout console 检验台，检测板
checkout operations manual (=COM) 检验操作手册
checkout test set (=COTS) 检〔验〕测〔试〕设备
checkpoint (1) 检验点，校验点，检测点，检查点，测试点，校正点，监督点；(2) 试射点；(3) 检查部位，检查站
checkpoint subroutine 抽点检验子程序，检验点子程序

checkrein 控制
checkrow (1) 带形物；(2) 带钢；(3) 版面；(4) 方
checkrower 方形穴播机
checkstand 验货台
checkstrap 车门开度限制皮带
checkstrings 号铃索，牵索
checksum 校验值
checkup (1) 检查，检验，检测，测试，调整，校正；(2) 核对，校对，查对，对照，验算
checkwork (1) 方格式铺砌工作，棋盘形细木工；(2) 直角交叉式，方格花纹
cheddite 谢德炸药
cheek (1) 曲柄臂；(2) 成对部分；(3) 面额状部件，成对部件，额板，侧壁；(4) 滑车的外壳；(5) 中间砂箱，中型箱
cheek board 边模板
cheek clutch 牙嵌式离合器
cheek knee 锚链孔肘板
cheek-plate 桅肩板
cheese (1) 扁柱形筒子；(2) 筒子纱
cheese adapter 筒子纱接合器
cheese antenna 盒形天线
cheese bolt 圆头螺栓
cheese head bolt 圆头螺栓
cheese head screw 圆头螺钉
cheese tube 无边筒管
cheese winder 络筒机
cheesebox 盒形天线，饼形天线
chem-mill 化学蚀刻成形
chem-milling 化学浸蚀加工
chemboard 硬化纤维板
Chemflat 美国 GI 公司微电子学方面的商标，表示抛光的硅片
chemglaze 尿烷橡胶 (或聚合物)
chemi-ionization 化学电离
chemiadsorption 化学吸附〔作用〕
chemic (1) 化学的；(2) 电流强度单位 (等于 0.176 安)
chemic cistern 漂液槽
chemical (1) 化学的；(2) 化学药品
chemical agent 化学试剂
chemical analysis 化学分析
chemical and biological (=CB) 化学及生物的
chemical and biological warfare (=CBW) 化学生物战
chemical attack 化学腐蚀
chemical balance 化学天平
chemical barrier 化学性阻挡层
chemical capacitor 电解质电容器
chemical change 化学变化
chemical cloud 毒气〔团〕
chemical combination 化合
chemical composition 化学成分，化学组成
chemical compound 化合物
chemical condenser (1) 电解质电容器；(2) 化学冷凝器
chemical constant 化学常数，化学恒量
chemical constitution 化学成分，化学组成
chemical conversion coating 化学转化膜
chemical coolant 化学冷却剂
chemical diagnosis 化学诊断法
chemical element 化学元素
chemical energy 化学能
chemical engineer (=CE) 化学工程师
chemical engineering (1) 化学工程学；(2) 化学工程，化工
chemical equation 化学反应式
chemical equilibrium 化学平衡
chemical equivalent 化学当量
chemical examination 化验
chemical filter 滤毒剂
chemical formula 化学式
chemical-ground pulp (=CGP) 化学磨木浆
chemical industry 化学工业，化工
chemical ion generator (=CIG) 化学离子发生器
chemical ionization (=CI) 化学电离
chemical laboratory 化学实验室
chemical lapping 化学研磨，化学抛光
chemical machinery 化工机械
chemical milling 化学铣削，化学铣切，化学加工，化学蚀刻，化学抛光

chemical plant 化工厂
chemical polish (=CP) 化学抛光剂
chemical polishing 化学抛光
chemical precipitation 化学沉淀
chemical propulsion (=CP) 化学推进器
chemical pulp (=CP) 化学纸浆
chemical-pure 化学纯 [的]
chemical pure 化学纯
chemical purification 化学净水
chemical reaction 化学反应
chemical reagent 化学试剂
chemical rectifier 电解整流器
chemical-reprocessing 化学后处理 [的]
chemical resistant coating (=CRC) 耐化学涂层
chemical-separation 化学分离
chemical society (=CS) 化学协会
chemical stability of grease 润滑剂的化学稳定性
chemical symbol 化学符号
chemical tracer 化学指示剂,化学示踪物,示踪原子
chemical treatment 化学处理
chemical vapour deposition (=CVD) 化学汽相淀积
chemical wear 化学 [性] 磨损
chemically (1)[在] 化学 [性质] 上;(2)通过化学作用,用化学方法;
(3) 从化学上分析
chemically capped steel 化学封顶钢
chemically correct fuel-air ratio 理论恰当 [燃料] 混气比
chemically induced dynamic nuclear polarization (=CIDNP) 化学
反应所引起的瞬时核磁极化效应
chemically pure (=CP) 化学纯的
chemicals 化学制品,化学剂
chemichromatography 化学 [反应] 色谱法
chemicking (1) 漂液处理;(2) 漂白
chemico- (=chem-) (词头)化学的
chemico-mechanical welding 化学－机械焊接
chemigraph 化学腐蚀凸板
chemigraphy 化学腐蚀制版法
chemigroundwood pulp 化学磨木浆
chemigum 丁腈橡胶
chemiluminescence 化学发光
chemism 化学亲和力,化学历程,化学机理,化学机制,化学性质,化学
性能
chemisorbed 化学吸附的
chemisorption 化学吸着,化学吸附
chemist 化学家
chemistry (1) 化学;(2) 物质的组成和化学性质;(3) 化学过程和现象
chemitype 化学制版
chemkleen 烃油
Chemlon (捷克)琴纶(聚酰胺纤维)
chemo- (词头)化学
chemocin 水合氧氯化铜
chemode 化学刺激剂
chemofining 石油化学
chemokinesis 化学动态,化学增活现象
chemology 化学(罕用)
chemolysis 化学溶蚀,化学分解
chemomagnetization 化学磁化
chemometrics 化学计量学,化学统计学
chemoprophylaxis 化学预防
chemoplex 一种环氧树脂
chemoresistance 化学抗性,化学抵抗
chemosmosis 化学渗透 [作用]
chemosphere (大气)化学层,光化层,臭氧层
chemostat 恒化器
chemosynthesis 化学合成
chemotec 环氧树脂类粘合剂
chemotron 电化学转换器
chenevixite 绿砷铁铜矿
chernikite 钽钨钛钙矿
cherokine 乳白铅矿
cherry-picker (1)[停靠在待发射的宇宙飞船边的] 巨型升降机;(2)
动臂装卸机
cherry picker 移动升降台
chessylite 蓝铜矿
chest (1) 柜,室,盒,箱;(2) 胸;(3) 金库,公款,资金

chest drying machine 多层干燥机
chest freezer 冰箱
chest microphone 胸挂式传声器
chest mounted duster 胸挂式喷粉机
Chesterfield process 带钢淬火法
Chesterfield's process 带钢淬火法
chestnut (1) 栗树,栗木;(2) 栗色,褐色
chestnut tube 栗形电子管
cheval-vapeur (=CV) 公制马力
cheval vapeur 公制马力
cheval vapeur-hour 公制马力 - 小时
chevillier 抛光工艺
chevkinite 硅钛铈钇矿
chevron 山形符号,V 形符号,人字纹
chevron baffle 人字形障板,迷宫式障板
chevron fin 人字形散热片
chevron gear 人字齿轮
chevron notch 人字形缺口,山形缺口
chevron packing 人字形密封,迷宫式密封
chevron pattern 人字形花纹,V 形花纹
chevron seal 人字形密封,迷宫式密封
chi-square test (1) X 平方检定法;(2) X^2 检测
Chicago grip 芝加哥电线钳
chick 歼击机
chicken wire 铁丝网
chicken-wire cracking 网状裂纹
chief (=CH) (1)主要的,重要的,首席的,为首的;(2) 最有价值部分,
主要部分;(3) 主任,首长,首领;(4) 总,主
chief axis 主轴
chief-composition-series 主合成群列
chief designer 设计总负责人,总设计师
chief engineer (=CE) (1) 总工程师;(2) 轮机长
chief fitter 装配工长
chief mate 大副
chief mechanic 总机械师
chief of party 班长,队长
chief of section 工段长
chief officer 大副
chief operator 话务班长,主任放映员
chief operators desk 值班长台
chief pilot 正驾驶员
chief ray 主射线,主 [光] 线
chief resident engineer 主任工程师,驻段工程师
chief series 主合成群列
chiefly (1)主要地,首要地,首先,第一,尤其,大半,多半;(2) 主要的;
(3) (光或电)主线,主束
childrenite 磷铝铁锰矿
childro-eosphorite 磷铝铁锰矿－曙光石
chileite 智利石,砷钒铅铜矿,针铁矿
Chilenan mill 智利式磨碎机
chilenite 软铋银矿
chili-saltpeter 钠硝石,智利硝石
chill (1) 冷却,冷凝,冷硬,急冷,激冷;(2) 激冷层,白口层;(3) 金
属冷铸模,金属铸型,金属型,冷铸,冷模;(4)激冷铁,冷铁;(5)冷冻,
冷藏,(6) 激冷部分,激冷硬化,激冷深度,冷却物;(7){化 } 失光
chill back 冷冻稀释
chill block 激冷试块,三角试块
chill car 冷藏车
chill cast 冷 [硬] 铸 [法]
chill-cast phosphor bronze 冷铸青铜
chill-casting 冷铸
chill casting (1)激冷铸造;(2)激冷铸件,冷硬铸件
chill coil 激冷圈
chill control 激冷控制,白口控制
chill crack 冷裂纹
chill cracks (热轧钢材表面的)辊裂印痕,热裂,火裂
chill harden [激] 冷硬化
chill-inducer 促白口元素,反石墨化元素,激冷剂
chill mo(u)ld 冷铸模型,激冷铸型,激冷模,金属模
chill-pass roll 冷硬孔型轧辊
chill-pressing 低温压制,冷压
chill point 凝固点,冻结点,冰冻点
chill rod 棒状内冷铁
chill roll 激冷轧辊,冷却辊

198

chill room 冷藏室

chill test 白层深度试验,激冷试验,急冷试验,冷却试验

chill time (1)激冷时间;(2)(接触焊)间隙时间

chill tin bronze 激冷锡青铜

chillagite 锡钼酸铅矿,锡钼铅矿

chilldown 冷却,冷凝

chilled (1)已冷的;(2)冷硬了的;(3)冷冻了的,经过冷藏的

chilled cast iron (=CCI) 冷硬铸铁

chilled casting(s) 冷硬铸造,冷硬铸件

chilled contact 冷凝接触

chilled iron 淬硬生铁,冷硬铁,激冷铁

chilled projectile 破甲弹

chilled roll 冷硬轧辊

chilled shot 激冷铸钢球,冷硬丸粒

chilled steel 冷硬铸钢,淬火钢,淬硬钢,硬化钢,冷淬钢

chilled-water 冷却水[的]

chilled water 冷却水

chilled water return (=CWR) 冷却水回路

chilled water supply (=CWS) 冷却水的供应

chilled wheel 冷铸轮

chiller (1)冷却装置,冷冻装置,冷却器,冷冻器,凝结器,深冷器;(2)冷冻剂,冷却剂;(3)脱蜡冷冻结晶器;(4)冷铁;(5)冷冻工

chilling (1)激冷,致冷,发冷,急冷,速冷,冷淬,冷却,冷凝,冷藏;(2)淬火;(3)白口

chilling chamber 冷藏室

chilling room 冷藏室

chilling unit 致冷设备,致冷装置

chillproof 防止冷冻浑浊

chimney (1)烟道管,通风筒,烟囱,烟筒;(2)[玻璃]灯罩;(3)烟尘;(4)冰川车

chimney action 烟道冷却作用

chimney aspiration 烟囱抽气罩

chimney attenuator 烟囱状衰减器

chimney cap 烟囱帽

chimney corner 炉角,炉边

chimney drain 垂直排水系统

chimney flue 烟道

chimney jack 旋转式烟囱帽

chimney loss 烟囱热耗

chimney pot 烟囱管帽

chimney shaft 烟囱身,烟筒

chimney-stack 总烟囱,高烟囱,丛烟囱

chimney stack 丛烟囱

chimney-stalk 工厂高烟囱,丛烟囱

chimney stalk 工厂高烟囱,丛烟囱

chimneying 高炉的气沟

chin-chin hardening (1)激冷,硬化;(2)冷铁,冷模

China (=Ch) (1)中国;(2)中国产的

China Commodity Inspection Bureau (=CCIB) 中国商品检验局

China made 中国制造的

China National Machinery Impor and Export Corporation (=CMC) 中国机械进出口公司

China National Technical Impor Corporation 中国技术进口总公司

China wood oil 桐油

chinese 能水平旋转的摄像机装载车

Chinese (=Ch) (1)中国人的,中国的;(2)中国人;(3)中文,汉语

Chinese Academy of Science 中国科学院

Chinese binary 中[国]式二进制

Chinese bronze 中国青铜(铜78%,锡22%)

Chinese character 汉字

Chinese character generator 汉字发生器

Chinese character printer (1)中文收报机;(2)汉字印刷机

Chinese character translator 中文译码机

Chinese data processing system 中文数据处理系统

Chinese Export Commodition Fair (=CECF) 中国出口商品交易会

Chinese Industrial Standards (=CIS) 中国工业标准

Chinese information processing system (=CHIPS) 中文信息处理系统

Chinese pump 差动泵

Chinese spring-gorge 中国卡钓

Chinese teleprinter 汉字印刷电报机

Chinese white 氧化锌,锌白

Chinese windlass 差动绞盘,辘轳

Chinese wire gauge (=CWG) 中国线规

chink (1)叮当声(金属,玻璃等);(2)裂缝,裂口;(3)破裂,割裂;(4)塞裂缝

chinking 泥灰,浆泥,腻子,油灰

chinky 有裂口的

chinoite 磷铜矿

chinostrengite 磷铁矿

chip (1)金属屑,切屑,铁屑,碎屑,木屑;(2)碎片,晶片,薄片;(3)刀片;(4)切,削;(5)割裂,碎裂,弄缺,瓦解;(6)筹码;(7)金币;(8)[陶器的]瑕疵;(9)船上的木工(俗称)

chip-axe 剁斧

chip blasting 浅孔爆破

chip bonding (1)芯片接合;(2)小片焊接

chip box 切屑箱

chip breaker (1)(刀具的)断屑前面,断屑槽,分屑槽,断屑台,分屑沟;(2)压碎机,破碎机

chip breaker angle 断屑斜角

chip breaker distance (刀具)断屑台距离

chip breaker distance from corner of tool 断屑前面端距

chip breaker grinder 车刀断屑台磨床

chip breaker groove depth 断屑槽深度

chip breaker groove radius 断屑槽半径

chip breaker height 断屑台高度

chip breaker land width 断屑前面棱带宽度

chip breaker radius 断屑台半径

chip breaker wedge angle 断屑台楔角

chip calculator 单片计算机

chip cap 木刨压板

chip capacitor 片形电容器,片状电容器

chip clearance 切屑余隙,切屑间隙

chip container 切屑箱

chip conveyor 切屑运送器,排屑装置

chip disposal 切屑处理

chip distributor 石屑撒布机,碎石摊铺机

chip dividing groove 分屑槽

chip dumping station 倒屑工位

chip escape 切屑流

chip flow 切屑流

chip flute 容屑槽

chip formation 切屑形成

chip guard 切屑防护器

chip level 小片单位,小片级

chip load 切削负载,切削抗力,切削负荷

chip load per tooth 每齿切削负载

chip-load table 切削负载表

chip log 手操计程仪,拖板计程仪,测程板

chip pan 容屑盘

chip-off 削去,削掉

chip pocket (1)容屑槽;(2)(磨具)气孔

chip positioner 晶片定位器

chip removal 切屑清除,排屑

chip removal eccentric 切屑清除偏心轮

chip resistor 片形电阻器

chip room (刀具的)排屑槽

chip scraper 切屑刮板

chip scratch (磨面上的)屑痕

chip separator 切屑分离器

chip size (集成)电路片的尺寸

chip space 排屑槽,屑槽

chip spreader 石屑撒布机,碎石摊铺机

chip thickness 切屑厚度

chip thickness compression ratio 切屑厚度压缩比

chip transistor 片形晶体管,片状晶体管

chip tray 切屑盘

chip trough 切屑槽

chip weight 屑重

chipboard (1)碎木胶合板,碎纸胶合板,刨花板;(2)废纸制成的纸板,粗纸板

chipless 无削屑的

chipless forming 无屑成形,无屑加工

chipless machining 无屑加工

chipless method 无屑加工法

chipless process 无屑加工法

chipless turning 无屑车削

chipless working 无屑加工

chipped gear tooth 齿面剥落的轮齿

chipped-out 切下，凿下，钻下

chipper (1) 削片机，削木机；(2) 錾，风凿；(3) 拣矿工

chipping (1) 刨削；(2) 铲除表面缺陷，修整表面缺陷，錾凿加工，切割，錾平，凿平，铲修，清理；(3) 碎片；(4) 剥落，脱落

chipping bed （锭、坯缺陷）

chipping chisel 平头凿

chipping hammer (1) 碎石锤，錾平锤，气动锤，尖锤；(2) 铲边枪

chippings spreader 碎石撒布机

chippy (1) 木工；(2) 碎片，碎屑

chiprupter 碎屑器，断屑器

chips 木片，石片，片屑

chireix 异相调制

chirp (1) 线性调频脉冲；(2)（发电报的）啁啾声

chirp signal 啾声信号

chirped (1) 啁啾效应的；(2) 线性调频的

chirping (1) 啁啾作用，啁啾过程；(2) 线性调频

chirps (1) 啁啾声（无线电报信号音调）；(2) 特殊电视干扰

chisel (1) 凿，錾，镗，雕，(2) 錾子，凿刀，凿子，钢凿；(3) 凿式犁；(4) 凿成，雕琢

chisel bit (1) 冲击式钻头，一字形钻头；(2) 单刀钻冠

chisel edge (1) 凿尖（钻头的），横刃；(2) 凿锋

chisel edge angle (1) 横刃斜角，(2) 凿尖角

chisel edge thinning 修磨横刃

chisel for cold metal 冷凿

chisel for warm metal 热凿

chisel jumper 长凿

chisel point ［钻头］横刃部

chisel steel 凿子钢

chisel tool steel 工具钢

chisel tooth saw 凿齿锯

chiseled 或 chiselled 轮廓清楚的，凿过的，凿光的

chiseler 或 chiseller 凿工

chiseling 或 chiselling 凿边，凿缝，凿开，铲平，砍伐，錾

chitonal 奇通铝合金 (1.5% Si，5% Cu，余量 Al)

chiviatite 硫铅铋矿

chloanthite 复砷镍矿

chloralum 氯化铝的不纯水溶液

chlorate (1) 氯酸盐；(2) 氯化

chlorate of potash 氯酸钾

chloration (1) 氯化作用；(2) 加氯作用

chloratit 克罗替炸药

chloric 氯的，含氯的

chloric acid 氯酸

chloridate (1) 用氯化物处理，氯化，涂氯化银；(2) 氯化物

chloride 氯化物

chloride of lime 漂白粉

chloridization 氯化［作用］

chloridometer 氯化物定量器，氯量计

chlorimet 克罗利麦特镍铬钼耐热耐蚀合金（镍 60%，钼 18%，铬 18%，铁 < 3%，碳 < 0.07%）

chlorinate (1) 氯化；(2) 氯化合

chlorinated 氯化了的

chlorinated polyethylene (=CPE) 氯化聚乙烯

chlorinated polyvinyl chloride (=CPVC) 氯化聚氯乙烯

chlorinated rubber 氯化橡胶

chlorination (1) 氯化［作用］；(2) 加氯；(3) 加氯法

chlorinator (1) 氯化炉，氯化器，(2) 充氯机，加氯器，加氯机；(3)（自来水厂用的）加氯杀菌机

chlorine 〔化〕氯〔气〕Cl

chlorine cylinder 氯气〔钢〕瓶

chlorine trifluoride (=CTF) 三氟化氯

chlorine water 氯水

chlorinity 氯含量

chlorinolysis 氯解

chlorion 氯离子

chlorizate (1) 氯化；(2) 氯化产物

chlorization (1) 氯化作用；(2) 加氯作用

chlormanganlkalite 钾锰盐

chloroethylene 氯乙烯

chlorofluorocarbons (=CFC) 氯氟碳化合物

chlorometer 氯量计

chloromethane 氯代甲烷

chloroprene 氯丁二烯

chloroprene rubber (=CR) 氯丁［二烯］橡胶

chlorotrifluoroethylene (=CTFE) 氯三氟乙烯

chloroxiphite 绿铜铅矿

chock (1) 楔形垫块，制动器，止动器，塞块，塞子，(2)（甲板上放小船的）小艇座，定盘，轮挡；(3) 轧辊轴承［座］；(4) 木片楔子，楔子，垫木；(5) 用楔子垫阻，楔住，垫稳，阻塞，堵塞，(6) 角状柱；(7) 导缆沟，导缆器

chock-a-block 塞满的，装塞得紧紧的

chock-full 塞满，充满

chock ga(u)ge 塞规

chocked-flow turbine 阻流式涡轮

chocking effect 阻塞效应

chocking section 堵塞截面

chocking-up 楔住，垫住，塞紧

choice (1) 选择，挑选；(2) 备品，备货；(3) 选择物，精选品，精华；(4) 精选的，上等的，优等的

choice goods 精选品

choke (=CH) (1) 扼止，阻止，抑制，阻塞，堵塞，充塞，填塞，塞满；(2) 节流，扼流，抗流，阻流；(3) 调节闸阀，调节闸阀，阻塞门，阻气门，阻风门；(4) 电抗线圈，扼流［线］圈，扼流器，抗流器；(5) 枪口锥孔套筒，(管）的闭塞部分，(化油器）喉管，缩颈；(6) 长通道内节流，(浇口的）阻流内浇口，阻抗凸包，节流口；(7) 轮挡

choke amplifier circuit 扼流圈负载放大电路

choke button 阻气阀操作按钮

choke-capacitance coupled amplifier 扼流圈电容耦合放大器，感容耦合放大器

choke chamber 阻气室

choke coil (=CC) (1) 扼流［线］圈，节流圈，阻流圈；(2) 节流盘管

choke coil filter (1) 滤波扼流圈；(2) 抗流圈滤波器，低通滤波器

choke-condenser coupling 扼流圈电容耦合

choke-condenser filter 扼流圈电容［式］滤波器，电感电容滤波器，CC 滤波器

choke-coupled amplifier 扼流圈耦合放大器

choke coupling 扼流圈耦合，电感耦合

choke coupling amplifier 扼流圈耦合放大器

choke damp 二氧化碳气，窒息气

choke feeding 过饱进料，滞塞进料，进料阻塞

choke filter 扼流圈滤波器

choke-flange joint （波导管）扼流凸缘连接，阻波凸缘，扼流凸缘

choke flow 节流，扼流

choke for oil delivery pipe 送油管堵

choke-free 非壅塞的，无阻塞的

choke-input 扼流圈输入

choke input filter 扼流圈输入滤波器，电感输入滤波器

choke joint (1)（波导管）扼流凸缘接头；(2) 扼流圈连接

choke lever 吸气挺杆，阻气挺杆

choke material 填塞材料

choke modulation 扼流圈调制

choke-out 闭死，阻塞

choke point 阻塞点

choke plug (1) 阻塞；(2) 堵头，闷头

choke plunger 波道管阻波突缘，波道管扼流突缘，扼流活塞

choke suppress 扼止，抑止

choke-transformer 扼流圈［电源］变压器

choke transformer 扼流变压器

choke tube 阻尼管，阻气管

choke valve 阻流阀，阻气阀，节流阀

choked flange 扼流接头，扼流凸缘，阻波凸缘

choked-flow 阻塞流

choked-flow turbine 超临界压降涡轮机

choked screen 阻塞的筛子

chokepoint 阻塞点

choker (1) 阻风门，节风门，节气门，阻气门，节流门；(2) 抗流线圈，扼流圈，扼流器；(3) 夹具，夹钳，钳子；(4) 填缝料，阻塞物，窒息物；(5) 捆柴排机

choker check valve 阻气单向阀

choking (1) 堵塞，塞住，塞入，阻塞，壅塞，节气；(2) 闭塞的，扼流［圈］的，阻塞的，抑止的，扼流的，节气的，楔住的，固住的；(3) 扼流作用，扼流

choking coil 扼流圈，抗流圈，阻流圈

choking effect 节流作用，扼流作用，扼流效应

choking field 反作用场

choking of vents 通风［口］塞

choking resistance 扼流电阻
choking turn 扼流圈
choking up 阻塞, 堵塞
choking-winding 扼流线圈, 阻尼线圈
choking winding 扼流线圈, 阻尼线圈
chokon 高频隔直流电容器
choky (1) 闭塞的, 扼流的; (2) 窒息性的
choleskey method 乔莱斯基法
choose (1) 选择, 选定, 挑选; (2) 下决心, 决定
chooser 选择器
chop (1) 裂口, 裂缝, 龟裂, 裂开, 开裂, 损坏, 损伤; (2) 切断, 切割, 斩断, 斩碎, 截光, 遮光, 斩波, 砍, 劈; (3) 钳口, 鄂板; (4) 出港许可证, 护照, 商标, 牌子, 公章, 图章; (5) 水道口, 港口, 河口; (6) 货物品质, 交易, 交换; (7) 开路; (8) 速击; (9) 改变方向, 聚变, 突变, 多变; (10) {计}[互] 相间 [隔], 断续, 替续
chopass 高频隔直流电容器
chopped light 斩切光
chopped mode 斩波式
chopped pulse 削顶脉冲, 削波脉冲
chopped radiation 断续辐射, 调制辐射
chopped wave 割截波, 斩波
chopper (1) 断续装置, 断续器, 断路器; (2) 光调制盘, 光调制器; (3) 调制型直流放大器振动式变流器振动变换器振动变流器振动换流器, 交流变换器; (4) 限制器, 分离器, 斩波器, 削波器, 斩光器, 截光器, 遮光器, 切光器; (5) 切碎器, 切碎机, 切布机, 切削机; (6) 机关枪, 机枪手; (7) 中子机械选择器, 转子选择器, 中子选择转子, 中子束断续器; (8) 用直升飞机运输, 乘直升飞机
chopper amplifier 斩波放大器, 振子放大器, 断续放大器
chopper-bar recorder 断弓式记录仪, 点划记录器, 点线记录器
chopper blower 切碎吹送机
chopper disc 斩光盘, 截光盘
chopper frequency 间断频率, 斩光频率, 遮光频率
chopper knife 切碎器刀片
chopper modulation 断续器调制
chopper-stabilized amplifier 削波器漂移补偿放大器, 斩波 [稳定] 放大器
chopper switch 断流开关, 闸刀开关
chopper thresher 切碎脱粒机
chopping (1) 调制; (2) 机械破碎, 切碎, 破碎, 铡碎; (3) (束的) 脉冲化, [束的] 斩断, 斩波, 削波, 断波; (4) 断续, 断路, 中断
chopping bit (1) 冲击钻头; (2) 凿尖
chopping cylinder 切碎滚筒
chopping drum 切碎滚筒
chopping jump 波状水跃
chopping oscillator 断续作用振荡器, 斩波振荡器
chopping phase 斩波相 [位], 调制相
chopping rule 切取规则
chopping speed 断开速率
chopping wheel 切割转盘
choppy (1) 裂缝多的, 缝多的; (2) 油皱纹的, 锯齿形的
choppy grade 锯齿形纵断面
chord (=CD) (1) 弦; (2) 索, 带; (3) (飞机的) 翼弦长; (4) 桁弦, 弦材, 弦杆; (5) (彩色的) 调和
chord at contact 切点弦
chord force 平行基准线的力, 弦向切力, 弦向分力
chord length 弦长
chord member 弦构件
chord modulus 弹性模量, 弦模数
chord of an aerofoil 翼弦
chord of arch 拱弦
chord of curvature 曲率弦
chord pitch (齿轮) 弦齿距
chord splice 桁弦接合板
chord winding 分距绕组, 弦绕组
chordal 弦的, 索的
chordal addendum (齿轮) 固定弦齿 [顶] 高, 测量齿高
chordal height (齿轮) 弦齿高
chordal pitch (齿轮) 分度圆弦齿距, 弦节距
chordal thickness (齿轮) 弦齿厚, 固定弦齿厚
chordal tooth thickness (=CT) (齿轮) 弦齿厚
chordwise 沿翼弦方向, 弦型, 弦向
chordwise force (1) 连系坐标系切向分力, 弹体坐标系切向力; (2) 弦向分力
chorisogram 等值图

chorogram 等值图
chorograph 位置测定器
choropleth 等值线图
chosen point 选择点
Christ-cross 十字形记号
Christmas-tree antenna 雪松形天线, 枞树形天线
Christmas-tree circuit 圣诞树电路, 多分支电路
Christmas-tree installation 分配集管
Christmas-tree pattern 圣诞树图形, 反光图案, 光带
chrochtron 摆线管
chroma 色饱和度, 色饱和级, 色度, 色品
chroma amplifier 彩色信号放大器
chroma amplifier stage 彩色信号放大级, 色度信号放大级
chroma circuit 彩色信号电路, 色度信号电路
chroma-clear raster 白色光栅
chroma coder 色度 [信号] 编码器, 制式转换器
chroma colour 黑底彩色显像管
chroma demodulator 色度 [信号] 解调器
chroma gain 彩色增益
chroma-key 色度键
chroma-key generator 色度键控信号发生器
chroma-luminance 彩色亮度
chroma scale 色饱和度标度, 色标
chroma signal 色饱和度信号, 色纯度信号, 彩色信号
chroma tube 彩色摄像管
chromacoder (1) 信号变化装置, 信号变换装置, 信号转换装置; (2) 彩色 [信号] 编码器
chromacontrol 彩色饱和调整, 色度调整
Chromador 铬锰钢 (碳 < 0.30%, 硅 < 0.20%, 锰 0.7-1.0%, 铜 0.25-0.60%, 铬 0.7-1.0%)
chromagram system 色谱图系统
chromaking 铬化
chromalize 镀铬
chroman 克罗曼镍铬基合金
chromang 克罗曼格不锈钢 (碳 0.10%, 锰 4%, 铬 19%, 镍 9%, 余量铁)
chromanin 克罗马宁电阻合金 (镍 71%, 铬 21%, 铝 3%, 铜 5%)
chromansil 铬锰硅钢, 铬锰合金
chromascan 一种小型飞点式彩色电视系统
chromascope 彩光折射本领, 色质镜
chromat- (词头) 色 [彩]
chromate 铬酸盐
chromated zinc chloride 加铬氯化锌
chromatic 色彩的
chromatic-aberration 色 [像] 差, 色散
chromatic aberration 色差
chromatic curve 色差曲线
chromatic difference 色差
chromatic dipping sheet 浸镀铬薄钢
chromatic dispersion 色散 [现象]
chromatic polarization 色偏振, 色偏光
chromatic printing 套色印刷, 套色版
chromatic rendition 颜色重现, 彩色再现
chromatic sensitivity 感色灵敏度
chromatic subcarrier 彩色副载, 彩色频率
chromaticity 色彩质量, 染色性, 色品, 色度
chromaticity acuity 感色锐度
chromaticity bandwidth 色度信号带宽
chromaticity compensation 色散补偿
chromaticity coordinates 三色系数, 色坐标
chromaticity diagram 色度图
chromaticity modulator 色品信号调制器
chromaticity signal 色度信号, 色品信号
chromaticity subcarrier sideband 彩色副载波边带, 色度副载波边带
chromaticnes 色度差
chromatics 颜色学, 色彩学
chromatism 色 [像] 差
chromatism of foci 焦点色差
chromatism of magnification 放大色 [像] 差
chromato- (词头) 色 [彩]
chromato-disk 色谱圆盘
chromato-pencil 色谱笔
chromatoelectrophoresis 色谱电泳
chromatofuge 离心色谱仪
chromatogram 色层 [分离] 谱

201

chromatograph　(1) 用色层法分离，用色谱法分析，色层[分离]谱，色谱

chromatographic　色层[分离]的，色谱学的，层析的

chromatographic analysis　色层分析，色谱分析

chromatography　(1) 色层[分离]法；(2) 彩印，色刷

chromatography of gases　气体色层分离法，气体色谱法

chromatography of ions　离子色层分离法

chromatolysis　铬盐分解

chromatometer　色觉仪，色度仪，色觉计，色度计

chromaton　改进型栅控彩色显像管

chromatopolarograph　色谱极谱[仪]

chromatopolarography　色谱极谱法，层析极谱法

chromatoscope　(1) 反射望远镜；(2) 彩色折射率计

chromatron　彩色电视显像管，栅控式显像管

chromatype　(1) 铬盐像片，彩色像片；(2) 铬盐片照相法

chromax　克罗马铁镍耐热合金（铁 50%，镍 35%，铬 15%）

chromax bronze　一种黄铜（镍 15.2%，锌 125，铝 3%，铬 3%，其余铜）

chrome　(1) 铬 Cr；(2) 镀铬物，(3) 铬钢，(4) (作颜料的) 铬黄；(5) 镀铬

chrome alum　铬[明]矾

chrome-base　铬基的

chrome board　彩色石印纸板

chrome chromochre　铬土

chrome copper　铬铜合金

chrome-faced　镀铬的

chrome-jadeite　铬硬玉

chrome-kaolinite　铬高岭石

chrome-magnetite　铬磁铁矿

chrome manganese-silicon steel　铬锰硅钢

chrome-manganese steel　铬锰钢

chrome manganese steel　铬锰钢

chrome mask　铬掩模

chrome-mica　铬云母

chrome molybdenum (=CM)　铬 - 钼合金，铬钼钢

chrome molybdenum steel　铬钼钢

chrome-nickel　铬镍合金

chrome-nickel-molybdenum steel　铬镍钼钢

chrome-nickel steel　铬镍钢

chrome paper　铜版纸

chrome-permalloy　铬透磁合金，铬透磁钢

chrome permalloy　铬透磁合金，铬透磁钢

chrome-plated　镀铬的

chrome plated　镀铬的

chrome-plating　镀铬

chrome-silicon　铬硅合金

chrome steel　铬钢

chrome treatment　镀铬

chrome-vanadium　(1) 铬钒钢 CrV；(2) 铬 - 钒的

chrome vanadium steel　铬钒钢

chromed　镀[了]铬的

chromel　铬镍合金

chromel-alumel thermocouple　铬镍 - 铝镍热电偶

chromel-contantan thermocouple　铬镍 - 康铜热电偶

chromel-copel thermocouple　铬镍 - 铜镍热电偶

chromet　铝硅合金（铝 90%，硅 10%）

chromic　(1) [正] 铬的，三价铬的，六价铬的；(2) 铬的

chromic acid　铬酸

chromic alum　铬矾

chromic anhydride　三氧化铬

chromic oxide coating sheet　镀铬薄板，钝化薄板

chromicize　铬处理，加铬

chrominance　(1) 彩色信号；(2) (彩电) 色品，色度，色差，色别

chrominance carrier　色度信号调制载波

chrominance channel　彩色信道，色度通道

chrominance circuit　彩色信号电路，色度信号电路

chrominance defect　彩色误差，色度失常

chrominance-luminance separated detection system　色度 - 亮度分离检波方式

chrominance primary　色度基色，基色信号

chrominance sideband　色度信号边带

chrominance signal　色度信号

chrominance subcarrier　彩色副载波，色度副载波

chrominance video signal　色度视频信号，彩色视频信号，彩色图像信号

chroming　(1) 镀铬；(2) 铬鞣 (制革)

chromising　铬化，渗铬

chromism　着色异常

chromite　(1) 铬铁矿；(2) 亚铬酸盐

chromium　(1) {化} 铬 Cr；(2) 镀铬

chromium alloy　铬合金

chromium copper wire　铬铜线

chromium diffusion treatment　溶铬处理

chromium impregnation　渗铬

chromium molybdenum steel　铬钼钢

chromium-nickel　铬镍合金

chromium plate　镀铬层

chromium-plated　镀铬的

chromium-plating　镀铬

chromium plating　镀铬

chromium-plating bath　镀铬槽

chromium steel　铬钢

chromize　渗铬，镀铬，铬化

chromizing　铬化[处理]，[扩散] 镀铬，渗铬[处理]

chromloeweite　铬钠镁矾

chromo-　(词头) 色

chromo-photograph　彩色照像

chromoaluminizing　铬铝共渗

chromoaluminosiliconizing　铬铝硅共渗

chromodynamic　色动力学

chromoferrite　铬铁矿

chromogenic　显色的，发色的

chromogram　立体彩色图

chromometer　比色计

chromoradiometer　颜色辐射计

chromoscope　(1) 彩色显像管，显色管；(2) 色度镜

chromoscopy　(1) 色觉检查；(2) 染色检查

chromotype　(1) 五彩石印图；(2) 彩色照像；(3) 彩色印件

chromow　铬钼钨钢（碳 0.3%，硅 1%，钨 1.25%，铬 5%，钼 1.35%）

chromowulfenite　铬钼铅矿

chronaxie meter　时值计

chronaximeter　时值计，电子诊断器

chronistor　超小型计时器，长时针

chronite　铬镍特合金

chrono-interferometer　记录干涉仪

chronoamperometric　计时电流测定的

chronoamperometry　计时安培分析法，计时电流分析法

chronoanemoisothermal diagram　时间风向温度图

chronocinematography　电影摄影计时

chronocomparator　时间比较仪

chronoconductometric　计时电导 [测定] 的

chronoconductometry　计时电导分析法

chronocoulometric　计时库仑测定的，计时电量测定的

chronocoulometry　计时库仑分析法，计时电量分析法

chronocyclegraph　操作的活动轨迹 (瓜子仁状点线) 的灯光示迹摄影记录 [法]

chronogeometry　时间几何学

chronogram　记时图，计时图

chronograph　精密记时计，时间记录器，记时仪，记时器，计时器，录时器，微时器

chronographic recorder　校表仪

chronography　时间记录法

chronometer　(1) 精密记时计，精确记时计，精确时计，航海时计，记时仪；(2) 天文钟，表；(3) 经线仪

chronometer correction　时计差

chronometer tachometer　计时式转速计，钟表式转速计

chronometer time (=CT)　准确时间，精确时间

chronometric　(1) (精确) 记时计的，天文钟的；(2) 用精密时计测定的，用天文钟测定的，测定时间的，测时学的，记时式的

chronometric data　精确计时数据

chronometric encoder　记时编码器

chronometric radiosonde　计时无线电探空仪

chronometric tachometer　计时式转速计

chronometry　(1) 计时学；(2) 精确计时法

chronomyometer　时值计

chronon　定时转录子，时间单位 (=10-24s)

chrononomy　测时术

chronopher　[电控] 报时器 (接通自动报时信号)

chronophotography　记录摄影

chronopotentiogram　计时电位 [曲线] 图

chronopotentiometric　计时电势测定的

chronopotentiometry 计时电势分析法, 计时电势滴定法

chronoscope (1)(精密)微时测定器, 计时计, 瞬时计, 记时器; (2) 记时镜, 计时镜; (3) 千分秒表

chronoscopy 计时镜学

chronosphygmograph 记时脉搏描记器

chronotherm 温度时计

chronothermometer 计时温度计

chronotron (1)延时器; (2)交叠脉冲位置和时间间隔测定仪, 脉冲叠加测时仪, 脉冲间隔测定器, 时间间隔测定仪; (3)毫微秒计时器; (4)摆线管

chronotropic 影响于速率的, 变速性的, 变时[性]的

chronotropism 变时现象, 变速性

chrysoberyl 金绿宝石, 金绿玉

Chubb method (应用二极整流管的)交流波峰值测量法

chuck (1)钻夹头; (2)[电磁]吸盘, 夹盘, 卡盘, 花盘, 夹具, 卡头, 夹头; (3)(轧辊的)轴承座, 箱挡, 拉锁; (4)装入卡盘, 装夹, 装卡, 夹紧, 固定; (5)叉柱; (6)投掷, 轻叩, 扔掉, 浪费, 错过, 赶出, 否决

chuck block 吸盘用工具垫块

chuck body 卡片体

chuck bucket elevator 链斗升降机

chuck diameter 卡盘直径

chuck end plate 卡盘端板

chuck flange 卡盘凸缘

chuck handle (1)卡盘扳手; (2)钻夹头钥匙

chuck holder 卡盘架

chuck hydrant 路面消防栓

chuck jaw(s) 卡盘[卡]爪

chuck key 卡盘键

chuck master 卡盘扳子

chuck nut 夹头螺帽

chuck plate 卡盘板

chuck reamer 机用铰刀

chuck spring 卡盘弹簧

chuck throw 卡盘动程

chuck travel 卡盘动程

chuck with holdfast 专用爪卡盘, 爪卡盘

chuck with short cylinder adapter 短圆柱卡盘

chuck with short taper adapter 短圆柱卡盘

chuck work 卡盘工作

chuck wrench 卡盘扳手

chucker 卡盘车床, 六角车床

chucking (1)夹具; (2)夹入卡头中, 装卡, 卡紧, 夹紧, 夹持

chucking copying lathe(s) 卡盘仿形车床

chucking device 夹紧装置, 卡紧装置, 卡具

chucking fixture 夹紧装置, 夹具

chucking grinder 卡盘磨床

chucking lathe 卡盘车床

chucking reamer 机用铰刀

chucking time 装夹时间

chucking work 卡盘工作

chuff (1)(固体火箭发动机内的)间歇性燃烧, 不均匀燃烧, 不稳定燃烧; (2)火箭间歇燃烧所发出的声音, 爆炸声

chuffing (固体火箭发动机内的)不均匀燃烧, 不稳定燃烧

chuffs 裂缝砖

chug (1)(液体火箭发动机内)不均匀燃烧, 低频不稳定燃烧; (2)(发动机燃烧时所发出的)爆炸声, (机器的)卡嗒声; (3)(反应堆的)功率振荡, 功率突变, 流量振荡

chugging (1)(液体火箭发动机内)不均匀燃烧, 低频不稳定燃烧; (2)(发动机燃烧时所发出的)爆炸声, (机器的)卡嗒声; (3)(反应堆的)功率振荡, 功率突变, 流量振荡

chump 木块, 木片

chunk (1)敞口模具; (2)厚块, 大块, 结块; (3)相当大的数量; (4)剥落

churlish (1)粗糙的, (2)难熔的, 耐火的, 高熔点的

churn (1)钢丝绳冲击式钻机, 摇转搅拌机, 摇转搅拌器; (2)乳脂制作器, 搅乳器, 搅乳机; (3)榨油机; (4)搅拌, 搅乳; (5)起泡沫, 发泡

churn drill 吊绳冲击式钻具, 旋钻

churn drilling 冲击钻进, 冲钻孔, 冲钻

churner 手摇式长钻

churning (1)用摇转筒搅拌; (2)搅乳; (3)漩涡度, 涡流度; (4)涡流形成

churning losses 搅动损失

churr (1)(电的)交流声, 蜂音; (2)嘁嚓作响

chutable 可用斜槽运送的

chute (1)路线架, 走线架, 泻物架, 斜槽沟, 流料槽, 斜槽, 斜沟, 斜管, 槽, 沟; (2)滑运道, 滑走槽, 滑道, 滑槽, 流槽; (3)溜道, 溜子, 溜槽, 溜眼; (4)用斜槽进料, 用斜槽装料, 用斜槽运输; (5)漏口; (6)降落伞; (7)瀑流, 奔流; (8)筏路

chute and funnel 槽斗联合装置, 滑槽斗

chute board 滑板

chute boot [降落]伞套

chute-fed 用斜槽进料的, 用斜槽供料的

chute feeder 斜槽进料装置, 斜槽进料器

chute rail 滑[运]轨[道]

chuting (1)滑槽运输, 斜槽运输, 滑道集材; (2)滑运道, 滑槽, 溜槽

chuting plant 斜槽运输设备

chuting system 斜槽装料系统, 溜槽系统

cifax 密码传真

cigar cooler 雪茄式冷却器

cigarette drain 卷烟式引流管

cill (1)窗台, 槛; (2)底木, 基石

cimatium 反曲线盖板

ciment fondu 矾土[速凝]水泥

cincture (1)围绕; (2)(柱的)环带, 柱带

Cindal 铝基合金(铬 0.1-0.5%, 锌 0.1-0.15%, 镁 0.1-0.3%, 其余铝)

cinder (1)氧化皮; (2)煤渣, 煤屑, 渣; (3)炉渣, 铁渣, 矿渣, 煅渣, 熔渣, 轧屑; (4)火山岩烬, 灰烬, 灰

cinder block 煤渣砖

cinder brick 煤渣砖

cinder catcher 集尘器

cinder coal 劣质焦炭

cinder cooler [高炉]渣口水套

cinder fall 渣坑

cinder inclusion 夹渣

cinder ladle 渣包

cinder monkey [高炉]渣口

cinder-notch 渣口

cinder notch [出]渣口

cinder pig 轧屑生铁

cinder pig iron 夹渣生铁

cinder pit 轧屑坑, 渣坑

cinder pocket 沉渣室

cinder spout 流渣槽

cinder valve 卸灰阀

cine 电影

cine- (词头)电影, 运动, 活动

cine camera 电影摄影机

cine-cameragun 照相枪

cine micrography 显微电影摄影术, X 射线摄影术

cine-photomicrography 显微电影(用显微镜拍摄电影)

cine projector 电影放映机

cinecamera 电影摄影机

cinema 电影, 电影院

cinema projector 电影放映机

cinematics 影片制作术, 制片术

cinematograoh (1)电影摄影[放映]机; (2)电影, 影片的放映; (3)制成电影

cinematograph 电影术

cinemicroscopy 电影显微术

cinemobile [流动]电影放映车

cinemograph 摄影记录计

cinepanoramic 全景宽银幕电影

cineradiography 电影射线照像术

cinestrone 频闪闪光装置

cinetheodolite 电影经纬仪

cinometer 运动测验器

cipher (=CIP) (1)电码, 密码, 符号, 记号, 暗号; (2)用密码书写, 译成密码; (3)计算, 运算, 计数, 算; (4)编号; (5)组合文字, 数位, 数字; (6)零号, 零; (7)隐略子, 隐语

cipher code 密码

cipher key (1)密码本; (2)密码索引, 密码注释

cipher machine 密码机

cipher mask 密码掩模

cipher officer 译电员

cipher telegram 密码电报

ciphony 密码电话学

ciplyte 磷硅钙石

circa (=c) 大约

circadian clock [周期近]似昼夜钟

circadian oscillator [周期近]似昼夜振荡器

circarc gear 圆弧齿轮

circarc gearing 圆弧[点啮合]齿轮传动

circinate (1)环形的,环状的;(2)制图;(3)用圆规画圆

circle (1){数}圆,圆周,圆圈,圈;(2)作圆周运动,圆圈运动,绕圈运动,旋转,环行,环绕;(3)编码盘,度盘;(4)环形交叉口,轨道;(5)循环,周期;(6)圆形看台,圆形场,圆形物;(7)范围,领域,界

circle adjusting 成圆调整

circle-arc tooth 圆弧齿

circle at infinity 无穷远圆,虚圆

circle at root of gorge (涡轮)候[底]圆

circle bend (1)环形膨胀接头;(2)圆曲管

circle-chain method 圆链法

circle coordinate 圆坐标

circle diagram 圆图

circle-dot mode 圈点式(存储法)

circle drawbar (平地机)转盘牵引架

circle-in 外光圈打开

circle of confusion 散射圆盘,散光[弥散]圈,模糊圈

circle of contact 切圆

circle of convergence 收敛圆

circle of curvature 曲率圆

circle of declination 赤纬圈

circle of diffusion 漫射圈,散射圈

circle of equal altitude 地平纬圈,等高圈

circle of equal probability (=CEP) 等几率圆,等概率圆

circle of error probability (=CEP) 误差概率的圆

circle of higher order 高阶圆

circle of holes 孔圆

circle of influence 影响圆

circle of intersection 相交圆

circle of inversion 反演圆

circle of latitude 纬度圈,黄纬圈

circle of least confusion 明晰圈,最少模糊圈,最小弥散圈

circle of longitude 黄经圈

circle of perpetual apparition 恒显圈

circle of perpetual occultation 恒隐圈

circle of reference 分度圆,参考圆

circle of rupture 破裂圆

circle of stress(es) 应力圆

circle-out 外光圈关闭

circle reading 度盘读数

circle right 盘右,倒镜

circle ring gear [平地机]转盘齿圈

circle shear 旋转剪床

circle sprinkler 环形喷灌机

circle test 循环试验

circle the earth 沿地球环形轨道运行

circle touching in three points 三点接触圆

circle vector diagram 矢量圆图

Circle 西尔克耐蚀耐热镍铬合金钢

circles 环状

circles of latitude 黄纬圈,线圈

circlet (1)小环,环,圈;(2)锁环

circlewise 成圆形,成环状

circling (1)盘旋,循环,转圈;(2)沿轨道运行,绕转

circling motion 圆周运动

circlip 开口弹簧环圈,弹簧卡圈,[开口]簧环,[弹性]挡圈

circlip for bore 内[弹簧]卡圈

circlip for shaft 外[弹簧]卡圈

circuit (=CCT 或 ct) (1)回路,通路,环路,环形,循行;(2)回流,循环;(3)回转;(4)电路,线路,网路,管路,槽路;(5){电}电流;(6)电路图,线路图,系统图;(7)系统,流程,工序;(8)绕道,回车道;(9)周长,周围,范围

circuit analyzer 电路分析器

circuit arrangement 电路分布

circuit array 电路阵列

circuit block 电路部件,电路块

circuit board 电路板

circuit-breaker (1)电路保护器,电路制动器,断路开关,断路器;(2)(油)开关

circuit breaker (=CB) (1)电路保护器,电路制动器,断路开关,断路器,断电器,开关;(2)断油开关,断流器;(3)断路继电器

circuit capacitance 布线电容

circuit changer (1)(电路)开关;(2)转接器

circuit changing switch 电路转换开关

circuit-closer 电路闭合器,接电器,通路器

circuit closer 闭路器,接电器,开关

circuit closing contact 闭路接点,通路接点

circuit code 闭路码

circuit component 电路组成部分,电路元件,网络元件

circuit connector (电路板的)接头座

circuit design 电路设计

circuit diagram 电路图,线路图

circuit-disturbance test 电路故障试验,电路干扰试验

circuit element 电路元件

circuit for stretching pulses 加宽脉冲电路

circuit interrupting device 断路装置

circuit interrupter (=CI) 断路器

circuit malfunction 电路性能变坏

circuit net loss (=CNL) 电路净损耗

circuit noise 电路噪声

circuit of silicon controlled rectifier 可控硅整流器

circuit opening contact 开路接点,断路接点

circuit parameter 电路参数

circuit pattern (印制电路)电路图形

circuit power factor 电路功率因数

circuit railroad 环行铁路

circuit recloser 电路自动重合闸

circuit reliability 电路可靠度

circuit substrate 电路衬底,电路基片

circuit switching 线路交换,线路交接

circuit switching magnetic tape 切换磁带电路,电路切换磁带

circuit technology 电路工艺

circuit tester 电路试验器,电路测试器,万用[电]表

circuit theory 电路理论,电路原理

circuit with concentrated parameters 集中参数电路

circuit with distributed constant 分布常数电路

circuit with lumped element 集中元电路

circuit worked alternately 双向电路

circuit yield 电路成品率,电路合格率

circuital (1)在电路中的,线路的,电路的,网路的;(2)与电路有关的,与线路相联的,全电流的,循环的

circuitation (1)(矢量)旋转,旋度;(2)闭回线积分,围道积分,周线积分,环量

circuition 绕轴转动

circuitious 绕行的,旁路的,曲折的,间接的

circuitron (1)电路管;(2)双面印刷电路,组合电路;(3)插件

circuitry (1)接线图,线路图,电路图,电路学;(2)设备电路,设备网路;(3)电路系统,电路原理,连接法,布线,架线

circulants {数}循环行列式

circular (=cir) (1)圆形的,环形的,环行的,圆的;(2)循环的,巡回的,迂回的;(3)循环;(4)通令,通告,通知,通讯

circular air grid 圆形通风栅

circular aperture picket fence reticle 圆孔栅调制盘

circular arc 圆弧

circular arc cam 圆弧凸轮

circular arc cam profile 圆弧凸轮轮廓

circular arc camber 圆弧曲面

circular arc gear 圆弧圆柱齿轮,圆弧齿轮

circular-arc gear pair 圆弧齿轮副

circular arc gearing 圆弧[点啮合]齿轮传动

circular arc length 圆弧长度

circular arc milling machine(s) 圆弧铣床

circular arc profile 圆弧齿廓,圆弧叶型

circular area method (=CAM) 圆面积法

circular automatic glove machine 圆型自动手套机

circular bar 圆形截盘

circular bead 圆角,台肩

circular bit (1)圆形车刀;(2)旋转钻孔机

circular bubble 圆水准器

circular cam 偏心轮

circular-casing pump 圆套管泵

circular cavity 圆形空腔谐振器

circular chart 极坐标记录纸,圆形记录卡片,圆形记录纸

circular chaser 圆形螺纹梳刀,圆梳刀

circular clearance between needle rollers 滚针间圆周间隙

circular coil　圆形线圈
circular column　圆柱
circular comber　圆梳机
circular conchoids　圆蚌线，螺旋线
circular cone　圆锥 [体]
circular constant　圆周率
circular counter　度盘式计数器
circular current　环 [电] 流
circular cutter　(1) 圆盘铣刀，(2) 插齿刀
circular cutter hold　回转刀架
circular cutting disk　(1) 圆盘刀；(2) 回转刀盘
circular cylinder　(1) 圆柱 [体]；(2) 圆筒
circular degree　圆周度
circular diagram aerial　全向图天线，无方向天线
circular die　圆板牙
circular dipole　圆弧形偶极子
circular disk crack　圆饼状裂纹
circular disk ground device　圆盘接地器
circular displacement　齿厚变位，切向变位
circular distributor ring　环形整流子，集电环
circular dividing machine　圆刻线机
circular dividing table　圆分度盘，圆分度台
circular division　刻度盘
circular dressing machine　圆形梳棉机
circular electrode　圆盘式电极
circular ended wrench　套筒扳手
circular error average (=CEA)　平均圆形误差
circular error probability (=CEP)　圆形误差概率，圆周误差几率，圆概率误差
circular error probable (=CEP)　圆形概率误差，径向概率误差
circular face mill cutter　端面铣刀盘
circular feed　(1) 回转进给，圆周进给，(2) 回转进刀，圆周走刀
circular feed mechanism　圆周进给机构
circular file　圆锉刀
circular flat　圆形平面 (钢球缺陷)
circular focused dynode system　圆周聚焦式倍增系统
circular form　圆形
circular form tool　圆体成型车刀
circular forming tool　圆盘形成型刀具
circular forming tool holder　圆盘形成车刀杆
circular four pin driven collar nut　四销传动圆缘螺母
circular frequency　(1) 角速度；(2) 四周频率，角频率，周频
circular function　(1) 三角函数；(2) 圆函数
circular galvanometer　圆形电流计
circular gear shaving cutter　圆盘形剃齿刀
circular grinder　外圆磨床
circular grinding　外圆磨削
circular grinding machine　外圆磨床
circular groove　环形槽，环形沟，圆槽
circular-groove-crack test　圆槽抗裂试验
circular guide　(1) 圆形导轨，(2) 圆形波导
circular guideway　圆形导轨，回转导轨
circular hank washing machine　圆型洗绞纱机
circular helix　圆柱螺旋线，普通螺旋线
circular hole　圆孔
circular inch　圆英寸 (面积单位＝ 0.785 平方英寸)
circular index　[圆] 回转分度头，圆分度头
circular jet　圆柱射流
circular joint　圆焊缝
circular knitting machine　圆编织机
circular lance　圆弧切口
circular larcage dynode system　圆形鼠笼式倍增系统
circular latch needle knitting machine　圆形舌针针织机
circular letter (=C/L)　传阅文件，通报
circular loom　圆形织机
circular luminaire　圆形照明器
circular magnetic chuck　圆形吸盘
circular main motion　主回转运动
circular measure　弧度量法，弧度法
circular measurement　圆量测
circular mil (=cir mil 或 cm)　圆密耳 (钢丝截面面积计量单位，＝7.854x10^{-7} 平方英寸)
circular milling　圆周铣削，圆铣，铣圆
circular milling attachment　圆铣附件，铣刀附件

circular milling device　圆铣装置，铣圆装置
circular motion　圆周运动，圆运动
circular nut　圆 [顶] 螺母，环形螺母
circular orbit　圆形轨道，环形轨道
circular order　循环次序
circular pan mixer　圆盘 [式混凝土] 搅拌机
circular-patch　环形镶块的，环形补片的
circular-patch crack test　环形镶块抗裂试验
circular-patch specimen　环形镶块焊接试样
circular path　圆轨迹
circular pendulum　圆摆
circular pitch (=CP)　圆周齿距，圆周齿节，周节
circular pitch error　周节误差
circular plain bearing　圆滑活动轴承
circular plane　曲面刨
circular planning　圆形刨削
circular points at infinity　无穷远点，虚圆点
circular polar diagram paper　极坐标纸
circular polarization (=CP)　圆极化，圆偏振
circular probable error (=CPE)　圆概率误差
circular protractor　圆分度器
circular purl machine　圆形回复机
circular rack　圆齿条
circular ratio beacon　全向无线电信标
circular rays　圆弧射线
circular recess　圆形槽
circular rib machine　圆形螺纹机
circular saw　圆锯
circular saw blade　圆盘锯锯片，圆锯片
circular saw blade holder　圆锯片夹
circular saw blade sharpening machine　圆锯片刃磨机
circular saw sharpener　圆锯片刃磨机
circular sawing　圆锯法
circular sawing machine　圆盘锯床
circular sawing machine for non-ferrous metals　有色金属圆锯床
circular scale　圆形刻度
circular scan　圆形扫描
circular scanning　圆形扫描
circular screen　圆孔筛
circular screwing die　圆板牙
circular seam sealing machine　环形缝焊机
circular seam welding　环缝对接焊
circular-shaped　圆形的
circular shear(s)　圆盘剪切机，圆盘剪床，圆剪机
circular shift　线路漂移，循环移位
circular slot　圆槽
circular softening machine　圆形软麻机
circular spider type joint　十字叉连接
circular spline　(谐波齿轮) 环形花键
circular spring needle machine　圆型钩针纬编机
circular sprinkler　环形喷灌机
circular stretching machine　圆形伸布机
circular sweep　圆弧形扫描，螺旋扫描，圆扫描
circular-sweep phase shifter　环形扫描移相器，圆扫描移相器
circular table　圆 [形] 工作台
circular table surface grinder　带圆 [形] 工作台的平面磨床
circular table type milling machine　圆工作台式铣床
circular terminal orbit (=CTO)　最终的环形轨道
circular thickness　弧线厚度，弧齿厚
circular thickness arc　分度圆弧齿厚
circular thread chaser　圆形螺纹梳刀，圆梳刀
circular threaded tool　圆形螺纹车刀
circular tool　圆车刀
circular tool holder　圆盘刀夹
circular tooth　圆弧齿
circular tooth gear　圆弧齿轮
circular tooth thickness　弧齿厚
circular trace　圆型扫描
circular velocity　[圆] 周速 [度]
circular washer　圆垫圈
circular washing machine　圆水洗机
circular waveguide　圆截面波导，圆形波导
circularity　(1) 圆形，圆状，圈状，圆；(2) 圆形性，成圆率，圆度；(3) [纤维] 充实度

circularization 使成圆形，圆化
circularize (1) 使成圆形，圆化；(2) 发通知给，传阅，推广
circularized tube 圆化管
circularizer 圆化器
circularizing orbit 巡回轨道
circularizing winding 圆形绕组
circularly· 循环地，圆形地
circularly-polarized 圆偏振的，圆极化的
circularly polarized light 圆偏振光
circularly polarized wave 圆[偏]振波
circulate (=circ) (1) 循环，环行；(2) 环流，流通，流传，流行，运行，传播，散布
circulating (1) 循环；(2) 环流，流通
circulating beam 回旋电子注
circulating current 杂散电流，环形电流，循环电流，环流
circulating decimal 循环小数
circulating door 旋转门
circulating gas fan 烟气再循环风机
circulating line 环流管道
circulating lubrication 循环润滑[法]
circulating memory 循环存储器，回转存储器，动态存储器
circulating motion 循环运动
circulating oil lubrication 循环油润滑
circulating oil strainer 循环滤油器
circulating oil system 润滑油循环系统
circulating oiling 循环加油
circulating-power laboratory 闭式传动实验室
circulating pump 循环式泵，循环泵，环流泵
circulating real capital 流通资产，动产
circulating register 循环寄存器
circulating system 循环系统
circulating torque 封闭扭矩
circulating water 循环水，环流水，冷却水，散热水
circulating water pump (=cwp) 循环水泵
circulation (1) 环形移动，循环，流通，流程，运行；(2) 环流量，流通量，环流；(3) (线积分)旋度，闭合线积分；(4) (矢量的)旋转；(5) 通货，货币
circulation about airfoil 翼型环流
circulation around circuit 封闭环流
circulation flow 循环流动
circulation flow lubrication 循环润滑
circulation-free 无环流的
circulation indicator (玻璃制的)机油显示器
circulation integral 圆周积分
circulation lubrication 循环润滑
circulation map 路线图
circulation of free atmosphere 自由大气环流，大气环流
circulation of heat 循环的热量，热循环
circulation of water vapor 水汽循环
circulation on loaded line 升力线环流
circulation pipe 循环管
circulation plan 路线图
circulation round wing 机翼环流
circulation supply system 循环供给系统
circulation system lubrication 环流润滑系统
circulative 促进循环的，有流通性的，循环性的
circulator (1) 旋转多路连接器，强化循环装置，循环系统，循环器，环形器，环流器，回转器，(2)[波导]环行器；(3) 循环泵，循环管；(4) 循环小数；(5) 循环电路；(6) 环流锅炉
circulatory 环流的，循环的，流通的
circulatory motion 圆周运动，环流运动
circulatory oil 循环润滑油
circulize 循环
circulizer 循环器
circulus 环状结构，环，圈
circum- (词头)环绕，围绕
circum-earth orbit (卫星的)环地轨道
circum-Martian orbit 环火星轨道
circum-meridian altitude 近子午圈高度
circumagitate 绕……旋转
circumambiency 环绕，围绕，周围
circumambient 周围的，围绕的
circumambulate 绕行，巡逻
circumaural earphone 头戴护耳式耳机

circumaviate 环绕[地球]飞行
circumaviation 环球飞行
circumcenter 或 circumcentre 外接圆[中]心，外心
circumcenter of a triangle [三角形的]外接圆心
circumcircle 外接圆
circumcirculation 环绕冲洗，冲刷四周
circumdenudantion 环形侵蚀，周围削磨
circumduction 环行[运动]，回转
circumeter 圆周测量器
circumference (=circ 或 circum) (1) 圆周，周围，周边，圈线，周线；(2) 周长；(3) 界界；(4) 范围；(5) 环状面
circumference fraise 圆周刃铣刀
circumference of a circle 圆周
circumference of wheel 轮周
circumference of wire rope 钢丝绳周长
circumference of work 工作周边
circumference slide caliper 圆周滑动卡尺
circumference slide calipers 圆周滑动卡尺
circumferentia 环状面，圆周，周缘，环缘
circumferential (1) 圆周切线方向的，沿圆周的，周围的，四周的，环形的；(2) 弯曲的
circumferential acceleration 圆周加速度
circumferential backlash 圆周侧隙
circumferential bearing (1) 圆环形支承，(2)(机床的)圆环形导架
circumferential clearance (1)(满装滚动体轴承的)滚动体间的圆周总间隙量；(2) 周刃隙角，刀刃后角；(3) 圆周方向间隙
circumferential force 圆周力，切向力，切线力
circumferential friction wheel 圆摩擦轮
circumferential motion 圆周运动
circumferential notch 圆形缺口，圆周槽口
circumferential pitch 圆周齿节，周节
circumferential pressure 圆周压力，切线压力
circumferential speed 圆周速度，圆周速率
circumferential stress 圆[周]应力，周向应力
circumferential velocity 圆周速度
circumferentor (1) 圆周罗盘；(2) 轮胎测量器
circumflex 卷曲的，旋绕的
circumflexion (1) 弯曲；(2) 弯曲度，弯度；(3) 曲率
circumflexus 卷曲的，旋绕的，旋的
circumfluence 周流，环流
circumfluent 环绕的，环流的
circumfluous 环绕的，环流的
circumfuse (1) 周围照射，四面浇灌，(2) 围绕，四散，散布，散播
circumglobal 环球的
circumgyrate 陀螺运动，旋转，回转
circumgyration 陀螺运动，周围回转，回转
circumhorizontal 绕地平的
circumjacent 周围的，邻接的，围绕的，环绕的
circumlocution 曲折，迂回
circumlunar 环月的
circumnavigate 环球飞行，环航
circumnavigation 环球飞行，环行
circumnutation 回旋转头运动
circumplanetary 绕行星行的，环行星旋转的
circumpolar 围绕天极的，环极的
circumradius 外接圆半径
circumrotation 沿轨道运行，转圈，绕转
circumscissile 周裂的
circumscribe (1) 使外接，外切；(2) 确定界线，确定范围，限定，限制，约束；(3) 定义；(4) 在周围划线
circumscribed 外接的，外切的
circumscribed circle 外接圆，外切圆
circumscribed circle diameter (圆柱滚子组)外接圆直径
circumscribed cone 外切圆锥
circumscribed triangle 外切三角形
circumscription (1) 限界，外界，界线；(2) 限制；(3) 外接，外切；(4) 范围，区域，(5) 定义
circumsolar 绕太阳的，环日的，绕日的
circumsphere 外接球
circumstance (1) 情况，情形，环境；(2) 事件，事实，事情，事项；(3) 详情，细节
circumstanced 在……情况下
circumstances 情况
circumstantial (1) 根据情况的，间接的；(2) 不重要的，偶然的；(3)

206

详细的, 详尽的

circumstantial evidence 间接证据, 旁证

circumstantial report 详细报告, 情报

circumstantiality (1)(事件的)详情, 详尽, 情况; (2) 偶然性

circumstantially (1)因情形, 照情况; (2)附随地, 偶然地; (3)详尽

circumstantiate 提供赞扬证明, 详细说明

circumterrestrial 绕地球的, 环球的, 近地的

circumterrestrial satellite 人造地球卫星, 环球卫星

circumvent (1)超过, 胜过, 击败; (2)阻止, 防止; (3)绕过, 围绕, 包围

circumvolute (1)缠绕, 卷; (2)旋转; (3)缠绕的, 搓合的

circumvolution (1)旋绕饰; (2)卷缠, 盘绕, 旋卷; (3)旋转, 周转; (4)涡[形]线

cire-perdue process 失蜡铸造法

cirrolite 黄磷铝钙石

cirscal meter 大转角动圈式电表

cis- (词头)在……这边, 顺位, 顺式

cis-Martian space 地球轨道和火星轨道之间的宇宙空间, 火星轨道内的宇宙空间

cis-orientation 顺向定位

cis-position 顺位

cis-Venusion space 地球轨道和金星轨道之间的空间, 金星轨道内的宇宙空间

cisplanetary 行星轨道间的, 行星间的, 行星内的

cissing 收缩

cistern (1)蓄水池, 储水器, 贮水器, 贮液柜, 贮液杯; (2)容器, 水槽, 水塔, 水箱; (3)油槽车, 罐车; (4)麦酒槽

cisterna 池, 槽

citable 可引用的, 可引证的

citadel (1)(军舰上的)装甲区; (2)密闭区

citation (1)文献资料出处, 引文, 条文; (2)引用, 引证, 引述, 指引, 提到

cite (1)引用, 引证, 引述, 援引; (2)列举, 举例, 举出, 指引; (3)提到, 谈到

cite an example 举例

cite an instance 举例

citizen's ratio band 民用频段

citizens band (=CB) 民用电台频带

citizenship paper 公民证书

city cable 市内电缆

city distribution 城市配电

city lay-out 城市规划

city network 城区电力网, 城区电力系统

city planning 城市规划

city telephone 市内电话

city water 城市给水, 自来水

civil aeroplane 民航机

civil architecture 民用建筑

civil engineer(=CE) 土木工程师

civil engineering (=CE) 土木工程

civil engineering contractor 工程承包人

civil jet 民用喷气式飞机

civilian application 民用

clack (1)瓣状]活门, 铰形阀, 瓣阀, 瓣; (2)噼啪声

clack-box 瓣阀箱

clack seat 阀座

clack-valve 瓣阀

clack valve 瓣阀

clad (1)镀过金属的, 包覆金属的, 镀过的, 镀层的, 覆盖的; (2)包覆金属, 金属包层, 包壳, 包盖, 包层, 覆盖, 镀

clad laminate 敷箔板, 叠压板

clad metal 复合板的覆材, 包层金属板, 包覆的金属, 包层钢板

clad metal sheet 复合金属薄板

clad pipe 复合管

clad plate 包装板, 复合板, 装甲板, 装饰板

clad sheet steel 复合钢板, 覆层钢板

clad steel 包层钢板

cladded material 有覆面的材料

cladding (1)包覆金属, 电镀; (2)金属包层[法], 表面处理, 覆板工艺; (3)包壳, 包覆, 封装, 装甲, 装盖; (4)燃料元件壳; (5)覆面, 覆层, 镀层, 涂层; (6)构架覆盖; (7)外罩

cladding material 外包材料

cladding steel 包层钢板, 包层薄板

clagging 涂料粘附

claim against damage 要求赔偿损失

claim indemnity 索赔

claim reimbursement 索汇

claimable 可要求的, 可索赔的

claimant 提出要求者, 申请人

claimed accuracy 要求的精度, 规定的精度

clairecolle 打底明胶(油漆), 油灰

clam (1)夹钳, 夹具; (2)粘着性的; (3)小型吸铁炸弹

clam bucket 抓斗

clam shell 抓斗

clam-shell brake 钳夹制动器, 钳夹闸

clamminess (1)粘性, 发粘; (2)湿冷

clammy (1)粘的, 粘糊糊的; (2)湿冷的

clamp (1)管子止漏夹板, 弓形夹, 夹具, 夹钳, 夹子, 卡兰, 卡钉, 卡箍, 夹管, 钳; (2)夹紧, 压紧, 固定, 夹; (3)夹紧装置, 夹持器; (4)压紧装置, 压板, 压铁, 夹板, 支架; (5)夹线板, 线夹, 线箍; (6)夹持[动作]; (7)支梁架; (8)箝位电路; (9)电平固定

clamp action 箝位作用

clamp bit [机械]装夹式车刀

clamp bolt 夹紧螺栓, 紧固螺栓

clamp bolt hole 夹紧螺栓孔

clamp bracket 夹紧托架

clamp blip 夹头

clamp bucket 抓斗

clamp clip terminal 接线柱, 夹子, 线夹

clamp collar (1)夹圈; (2)锁紧环; (3)压环

clamp coupling 纵向夹紧联轴器, 纵向扭合联轴节, 对开套筒夹紧联轴节, 壳形联轴节

clamp device 夹紧装置, 紧固装置, 定位装置, 箝位装置

clamp dog 制块

clamp error 夹紧误差

clamp excavator 抓斗挖掘机

clamp failure 失箝

clamp for various heights 可变高度的压板

clamp force 夹紧力

clamp frame 夹钳

clamp-free beam 悬臂梁

clamp handle 紧固手把, 锁紧手把

clamp holder 夹持器, 夹柄

clamp iron 压铁

clamp lapping (齿轮)无齿隙研齿, 无齿隙研磨, 压紧研齿

clamp level 箝位电平

clamp lever 夹紧把手

clamp lock 暖气连结器卡环

clamp loose 压板松开

clamp nut 紧固螺母

clamp-on (1)夹紧, 钳制, 箝位; (2)夹合式

clamp-on-back 箝位在黑电平上

clamp-on tool 夹紧刀具

clamp output voltage 箝位输出电压

clamp pin (千分尺的)锁紧轴柄, 制动把, 锁紧销, 夹销

clamp pinion 夹紧小齿轮

clamp plate 压板, 压铁, 夹板

clamp ring 压紧环, 夹紧环, 锁紧圈

clamp ring cam 锁紧圈凸轮

clamp screw 紧固螺钉, 夹紧螺钉, 制动螺钉

clamp shaft 夹紧轴

clamp-splice [型架]夹块

clamp stand 固定支座

clamp strap 夹紧带

clamp type arbor 夹紧式刀轴

clamp upset 弯压铁

clamped amplifier 箝位放大器

clamped beam 两端固定梁, 固支梁, 夹紧梁

clamped connector 夹紧接头

clamped plate 边缘固定板

clamped terminal 夹子接线端

clamper (1)夹持器, 接线板; (2)箝位电路, 箝位器

clamper amplifier 固定信号电平的放大器, 箝位放大器

clamper circuit 箝位电路

clamper tube 箝位管

clamping (1)夹紧, 夹住, 压紧, 紧固, 接触; (2)电平固定, 电平箝位; (3)箝位电路, 箝压; (4)(计算机)解的固定; (5)截顶

clamping apparatus 夹紧装置, 夹具, 卡具

clamping arrangement 夹紧装置, 夹具
clamping band 卡箍
clamping bar 夹紧杆
clamping bolt 夹紧螺栓, 固紧螺栓, 固定螺栓
clamping chuck 卡盘, 夹盘, 夹头
clamping circuit 脉冲限制电路, 箝位电路
clamping claw 夹钳
clamping collar (1) 夹圈; (2) 锁紧环; (3) 压环
clamping device 夹紧装置, 紧固装置, 卡夹装置, 夹料装置
clamping diode 固定电平用的二极管, 箝位二极管
clamping disk (1) 离合器盘; (2) 卡盘
clamping element 压紧 [元] 件
clamping force 夹紧力, 撑紧力
clamping frame 夹架
clamping handle 夹紧手柄, 制动手柄
clamping head 夹头
clamping holder 夹持柄
clamping jaw 夹爪
clamping lapping 压紧研齿, 无齿隙研齿
clamping lever 夹紧手柄
clamping load 夹紧力, 压紧力
clamping lug 紧固凸耳
clamping means (1) 夹紧装置, 夹具; (2) 夹紧方法
clamping mechanism 夹紧机构, 紧固机构
clamping nut 夹紧螺母, 压紧螺母, 紧固螺母, 花螺母
clamping paste 紧固用油膏, 箝位油膏
clamping piece 夹片
clamping pin 紧固销
clamping pinion 夹紧小齿轮
clamping plate 压板, 压铁, 夹板
clamping ring 夹紧环, 锁固环, 夹环, 夹圈
clamping screw 夹紧螺钉, 固定螺钉
clamping sheet 压板, 夹板
clamping shoe 夹紧瓦
clamping-sleeve (1) (轴承) 紧定套; (2) 夹紧联轴套, 夹紧套筒
clamping slot 紧固螺栓槽, 螺栓连接槽, 夹钳槽
clamping stud 夹紧双端螺拄
clamping surface 夹紧面
clamping table 夹紧工作台
clamping washer 夹紧垫圈
clamping yokes 夹具
clams 夹板
clamshell (1) 蛤壳式抓斗, 抓斗; (2) 蛤壳式抓岩机, 蛤壳式挖泥机, 抓斗式挖土机, 蛤壳状挖泥器
clamshell bucket 抓斗
clamshell bucket dredger 抓斗式挖泥器
clamshell car 自卸吊车
clamshell crane 抓斗式起重机
clamshell dredger 抓斗式挖泥船, 抓斗式挖泥机
clamshell-equipped crane 抓斗吊车
clamshell equipped crane 抓斗吊车
clamshell excavator 抓斗式挖土机, 抓斗挖掘机
clamshell scoop 抓斗
clamshell shovel 抓斗铲土机, 抓斗式挖泥船
clap (1) 拍击, 拍; (2) 振动, 颤动
clap valve 蝶阀, 瓣阀
clapboard (1) 楔形板; (2) 隔板; (3) 桶板
Clapp circuit (1) 克拉普振荡电路, 振荡回路; (2) 不用晶体的稳频振荡器
Clapp oscillator 克拉普振荡器, 电容反馈改进型振荡器
clapper (1) 抬刀装置, 摆动刀架, 拍板; (2) 警钟锤, 铃舌, 铃锤; (3) 枢轴衔铁; (4) 自动活门, 单向阀瓣, 防浪阀, 锁气器; (5) 抓片爪
clapper block (刨床的) 摆动刀架滑块, 抬刀块
clapper box (刨床的) 抬刀装置, 摆动刀架, 抬刀座, 拍板座
clapper pin (刨床的) 摆动刀架轴销
clapper valve 止回阀, 瓣阀
clappers 拍板
clappet valve 止回阀, 单向阀
clarificant 澄清剂, 净化剂
clarificate 澄清, 净化
clarificating agent 澄清剂
clarification (1) 阐明, 说明, 解释; (2) 纯化, 澄清, 清化, 清理
clarificator 澄清器, 沉淀槽
clarifier (1) 澄清剂, 净化剂, 透明剂; (2) 澄清器, 滤清器, 净化器,

澄清槽, 澄清池, 沉淀槽; (3) 干扰清除设备, 减弱干扰装置; (4) 无线电干扰消除器, 无线电干扰清除器; (5) (单边带接收机) 精调
clarifier-tank 澄清池, 净化池
clariflocculator 澄清絮凝器
clarify (=clfy) (1) 使清洁, 使透明, 澄清, 净化, 纯化; (2) 弄清楚, 理解, 明白, 明确, 明晰, 阐明; (3) 明确性
clarifying basin 澄清池, 沉淀池
clarifying tank 澄清池, 沉淀池
clarite (1) 硫砷铜矿; (2) 微亮煤; (3) 克拉莱特 (人工合成的封固剂)
clarity (1) 纯洁度; (2) 澄清度, 清晰度, 透明度, 渗透度
clark beam 木组合梁
Clark casting wheel 克拉克型铸锭机
clash (1) 撞击, 互撞, 相碰; (2) 冲突, 抵触; (3) 不调和, 不一致; (4) 撞击声
clash-berg test 不同温度下塑性扭转刚度试验
clash-free shifting 无冲击换档
clash gear 滑移齿轮
clash gear train 滑移齿轮系
clash gear transmission 滑移齿轮换档变速器
clash gearbox 滑移齿轮 [传动] 箱
clash gearing 滑移齿轮变速传动
clasher 撞击 [试验] 装置
clashless shifting 无冲击换档
clasp (1) 铰链搭扣, 扣紧物, 扣环, 扣钩, 扣子, 钩子, 钩环, 托钩, 卡环, 夹; (2) 扣紧接合法, 扣紧, 夹紧, 铆固, 握住, 握紧; (3) 弹簧的; (4) 握弹簧
clasp brake 夹紧制动器
clasp joint 咬口连接
clasp-knife 折 [叠式小] 刀
clasp nut 对开螺母, 开合螺母
clasper 抱 [握] 器
clasping 镶带工艺
clasping spine 抱 [握] 器
class (=CL) (1) 种类, 类别, 类目; (2) 班, 级, 组, 等; (3) 纲, 门, 族; (4) 分类, 分等, 分级, 等级; (5) 粒度, 晶族; (6) {数} 集 [合], 流形类
class A amplifier 甲类放大器, 甲种放大器, A 类放大器
class A power amplification 甲类功率放大器
class "B" amplification 乙类放大
class "B" push-pull 乙类推挽
class boat 入级船
class clause 分类子句
class code 分类符号, 类别符号
class D power amplification 丁类功率放大
class equation 类方程
class function 类函数
class hypothesis 类假设
class indication 报类标识
class interval 标度分组间隔, 组距
class limits 组限
class notation 分类表示法
class of a curve 曲线的班
class of accuracy 精度等级
class of fit 配合公差等级, 配合级别, 配合类别
class of insulation 绝缘等级
class of permutations 排列班
class of precision 精度等级
class of service 服务类型
class of triangulation 三角测量等级
class symbol 分类符号, 组符号
class with respect to a module 关于一模的类
classable 可分等级的, 可分类的
classer (1) 分级机, 选粒机, 选粉器; (2) 分级员, 鉴定员
classic (1) 经典的, 典型的, 传统的; (2) 经典著作
classical (1) 经典的, 权威的, 传统的; (2) 第一流的, 标准的
classical algebra 经典代数
classical control theory 经典控制理论
classical electrodynamics 经典电动力学
classical field 经典场论
classical geometry 经典几何学
classical mechanics 经典力学
classical relation 非相对论关系, 非量子关系, 经典关系
classical theory 经典理论
classical theory of probability 经典概率论

classical theory of statistics 经典统计学

classifiable 能分等级的,能分类的

classificating (=class) 分级,分类,分组

classification (1)等级,分等,分类,分级,分组;(2)筛分,选分,分粒;(3)分类法,归类(4)(军事文件的)秘密等级,保密级别,密别,密级

classification board 船级社

classification certificate (船舶)入级证书

classification declaration 分类说明

classification of defects (=CD) 故障类别,缺陷类别

classification of fits 配合等级

classification of the qualitative system 定性分类法

classification of the quantitative system 定量分类法

classification of vessel 船级

classification society 船级社

classification society's surveyor 船级社验船师

classification sonar 目标识别声纳

classification test 分类试验

classification with water 湿法分级

classificator 分级器,分类器,精选机

classificatory 分类上的,类别的

classified (=CLFD) (1)分级的,分类的,分等的,分粒的;(2)保密的,机密的

classified information 保密资料,机密资料

classified matter control center (=CMCC) 保密问题控制中心

classifier (=class) (1)分级器,分级机,分类机,筛分机,分粒器;(2)分类符,上升水流洗煤机;(3)分选工,鉴定员,评定员

classify (1)分级,分类,分等,分粒;(2)分选,归类

classifying screen 选分筛

classimat 纱疵分级仪

CLASSMATE (=computer language to aid and stimulate scientific, mathematical, and technical education) 促进科学,数学与技术教育的计算机语言

clast 碎屑

clastic (1)碎屑;(2)分裂的;(3)碎片性的,碎屑状的

clastic ejecta 喷屑

clasto-crystalline 碎屑结晶质

clastogen 断裂剂

clastomorphic 碎屑侵蚀变形

clathrate (1)笼形物;(2)网状的

clathrate complex 笼形络合物

clathration {化}包络分离,包合

clausal 条款的,款项的

clause (1)条项,条目,项目;(2)从句,子句,副句

clause train 子句群

claw (1)卡爪,把手,耳,爪,尖;(2)齿爪,齿;(3)销;(4)凸起部;(5)起钉器;(6)(皮带)接合器

claw bar 爪杆,撬棍

claw belt fastener 爪式皮带扣,皮带连接扣

claw chuck 爪式卡盘,卡爪卡盘

claw clutch (1)爪式离合器,爪形离合器;(2)(等于 positive clutch)正离合器

claw coupling 爪形联结器,爪形离合器,爪形联轴节,爪形联结器

claw disk 爪形盘

claw hammer 羊角头,起钉锤,拔钉锤,爪锤

claw magnet 爪形磁铁

claw shell brake 双蹄式制动器,双瓦闸

claw stop 止爪

claw-type clamp 爪式夹头

claw wrench 钩形扳手

clawer 棘轮撑头

clay (1)粘土;(2)粘粒

clay-cutter dredger 切土式挖泥船,切土式吸泥船

clay digger 挖土铲

clay drainage tile 瓦管

clay gun (高炉出铁口的)泥炮

clay model 泥塑模型

clay pipe 瓦管,陶管

clayey 粘土[多]的,粘土似的,粘土质的

clayish 粘土质的,泥质的

cleading (1)护罩,外壳,包皮;(2)(汽锅的)保热套,隔热板,套板,衬板,覆板

clean (1)清洁的,干净的;(2)新鲜的;(3)无瑕疵的;(4)完全的,不剩的;(5)清除;(6)归零;(7)清样

Clean Air Act (限制大气污染的)空气净化法令

clean annealing 光亮退火

clean ballast pump 净压载泵

clean bench 净化台,清洗台

clean bill of health (1)健康证明书;(2)船内安全报告

clean bill of lading 没有附带麻烦条件的装货证

clean-bore (炮的)清膛

clean break 无火花断路

clean copy 原始副本

clean credit 无条件信用证

clean-cut (1)无氧化皮切削,净切削;(2)干净木板;(3)轮廓分明的,[加工]光洁的;(4)正确的,明确的,确切的,明晰的,清楚的

clean cut 无氧化皮切削,净切削

clean-cut timber 无疵木材

clean deal 光洁木板

clean fire 清炉

clean launch 成功的发射

clean missile 流线型导弹

clean oil 无添加剂油,轻质油,透明油

clean oils 轻质石油产品

clean on board freight prepaid ocean bills of lading 已装船运费预付洁净海运提单

clean out tool 清除工具

clean pattern 无副瓣方向图,无旁瓣方向图

clean proof (校对)清样

clean reactor 未中毒反应堆,净堆,新堆

clean separation 无碰伤的分离,顺利分离

clean ship 没有载货的船

clean start 发射准备完毕

clean steel 纯钢

clean superconduction 纯净超导体

clean supply 无干扰供电

clean tanker 轻油油轮

clean timber 无节疤木料

clean trace 净迹

clean-up (1)硬化(充气管);(2)清除,清洗,清理,洗涤,净化,提纯;(3)精练,精制;(4)(离子的)吸附除气,收气,换气,吸收,吸除

clean-up barrel 清理滚筒

clean-up effect 净化作用,提纯

clean-up of radioactivity 清除放射性污染物

clean-up pump 清除泵,吸收泵

clean-up time 弹性复原时间,再吸动时间,清除时间

cleanability 可清洗性,可弄干净,除尘度

cleanable 可扫除干净的,可弄干净的

cleaner (1)除垢器,清除器,清洁器,清洗器,清理器;(2)吸尘器,除尘器,去尘器;(3)(空气)滤清器;(4)吸砂管;(5)脱脂装置,去油装置,清净机组,清理设备,清扫机,精选机;(6)脱脂溶液,洁净液,清洁物,清洁剂,洗涤剂,去污剂,纯化剂;(7)修型工具,小[砂]钩,提钩;(8)清洁工,洗衣工

cleaner elevator 清理升运机

cleaner-grader 清洗分级机

cleaner-loader 清理装载机

cleaner-separator 清洗分离机

cleaning (1)清洁,清扫,清理,清洗,洗涤,扫除;(2)清洁法;(3)使平滑,使平整,填平,展平;(4)脱脂,去油,净化;(5)清除,修理,修整;(6)选矿;(7)清洁器;(8)清除氧化皮,(电镀前)底金属清洗,(表面)清理干净,(铸件)清砂

cleaning action 阴极雾化作用,清洁作用

cleaning agent 清洗剂,清洁剂,净化剂

cleaning apparatus 清洗机,清洗装置

cleaning compound 清洗剂,净化剂

cleaning department 清理工段

cleaning door (冲天炉)工作门,修炉口,点火孔

cleaning drum 清理滚筒,清洗滚筒,清砂滚筒

cleaning equipment 清洗装置

cleaning liquid 清洗液

cleaning machine 清洗机

cleaning means 清洗工具

cleaning mixture 洗涤液

cleaning off 清理

cleaning powder 去污粉

cleaning screen 清洗筛

cleaning solution 洗涤液

cleaning strainer 过滤器,滤池

cleaning table (铸件)清理转台

cleaning zone 清理工段

cleanliness (1) 清洁度, 净度; (2) (冶金) 纯度

cleanliness of exhaust 排出废气的洁净度

cleanliness of surface (1) 表面光洁度; (2) 表面清洁度

cleanness (1) 改善, 改良; (2) 清洁, 洁白

cleanout 清除口, 清除结焦

cleanout door 出渣门, 清扫门

cleanse 纯化, 净化, 精炼, 提纯

cleanser (1) 清洁剂, 洗涤剂, 去污剂; (2) 清洁器, 清洗器, 清洗机, 刮净器; (3) 滤水器, 滤清器; (4) 清洁工; (5) 刮刀; (6) 擦亮粉; (7) 凿断工, 清铲工

cleanser powder 去污粉

cleansing 纯化, 净化, 精炼, 提纯

cleansing solution 洗涤液

clear (=CLR) (1) [计数器] 归零 (= reset), 消零, 清机, 清除; (2) [电话] 拆线; (3) 排除枪膛故障, 退出子弹, 排除; (4) 中空体内部尺寸, 空间, 空隙, 余隙, 间隙; (5) 无障碍的, 无故障的, 无限制的, 清晰的, 光亮的, 清晰的, 净的; (6) 通过的; (7) 无故障; (8) 明码通讯

clear a port (船舶) 出港

clear area (1) 有效截面 [积]; (2) {计} 清除区, 清零区, 空白区, 无字区; (3) 透明区; (4) 清洁区, 干净区

clear away 清除

clear band {计} 清除段, 清零段, 空白区, 空白段, 无字符区, 清洁区, 消除区, 空带

clear boiled soap 抛光皂

clear bulb 透明玻璃灯泡

clear channel (1) 信道, 开敞信道, 纯信道; (2) 广播声道

clear crystal 无色晶体

clear-cut (1) 轮廓清晰; (2) 轮廓清晰的, 准确无误的, 确定的, 明确的,

clear deck area 甲板净空面积

clear display 清晰显示

clear distance 净距离, 净距, 净空

clear-down signal 话终信号

clear finish 光洁整理, 剪净整理

clear glass 透明玻璃

clear headroom 净高

clear headway 净高, 余高, 净空

clear height 净高 [度], 余高

clear lacquer 清喷漆, 透明漆, 亮漆

clear lamp 透明灯泡

clear launch 正确发射

clear log 锯材原木

clear lumber 上等材

clear off 清除

clear opening 净孔空, 净孔宽

clear operation {计} 清除操作, 清零操作

clear shaper 复位脉冲形成器

clear sight distance 明晰视距

clear spacing 净间隙, 净距

clear span 净跨, 净孔

clear store {计} 清除存储指令

clear-store instruction {计} 清除存储指令

clear tape 透明纸带

clear terminal 触发器的清零端

clear the circuit 切断电路电压, 消除短路

clear text 明码通讯

clear timber 无节疤木料

clear-to-send circuit {计} 清除发送线路

clear varnish 透明清漆

clear view 明晰视界

clear vision distance 明晰视距

clear way valve 全开阀

clear width 净宽, 内径

clear wire glass (=CLWG) 透明嵌金属网玻璃

clear-write time 清除写入时间

clear zone 亮区

clearage 清除, 清理, 出渣

clearance (=c) (1) (齿轮) 径向齿隙, 顶隙; (2) 间隙, 余隙, 空隙, 缝隙, 公隙; (3) (轴承) 游隙; (4) 净空, 余地, 裕度; (5) 空间间隙漏水, 有害空间, 缺口, 露光; (6) 外形尺寸, 外廓, 限界, 间距, 距离, 容积, 清除障碍, 清除率, 清除, 扫除, 解除, 清理; (8) 通过, 许可, 批准; (9) 过关手续, 飞行许可, 出港执照, 出港证, 通行证, 许可证, 结关证, 放行单; (10) 超越角; (11) 机密工作人员的审批

clearance adjuster 间隙调整器

clearance adjustment 间隙调整

clearance air 余隙空气

clearance angle (刀具的) 留隙角, 间隙角, 后角

clearance between cars 矿车间距

clearance between rolls 轧辊开 [口] 度, 轧辊间隙

clearance circle 最小回转圆

clearance certificate 结关证书, 出港证书

clearance coefficient 顶隙系数

clearance compensation 间隙补偿

clearance detector 间隙探测器

clearance diameter (麻花钻的) 留隙直径, 隙径

clearance envelope (零件与部件四周的) 自由空间

clearance factor 余隙系数

clearance fee 出港手续费

clearance fit 间隙配合, 余隙配合, 活动配合, 动座配合

clearance for expansion 膨胀间隙, 胀隙

clearance for the cage 罐笼间隙

clearance ga(u)ge 量隙规, 间隙规, 塞尺

clearance grinding 间隙磨削

clearance groove 空刀槽

clearance group 间隙分级

clearance height 净空高度, 间隙高度, 净高

clearance hole (1) (铸件的) 出砂孔; (2) (板牙的) 排屑孔径

clearance interstice 空隙

clearance limit (1) 间隙限度, 余隙限度; (2) 飞机控制区界限, 净空界限

clearance loss 余隙损失, 净空损失

clearance modification (齿轮) 齿隙修正, 顶隙修正

clearance notice 出港通知

clearance of a bearing after mounting 轴承安装游隙

clearance of a pole line 架空明显离地高度

clearance of expansion 胀隙

clearance of goods 报关

clearance of span 桥下净高, 跨净高

clearance order 断路指令

clearance paper 出港 [许可] 证

clearance permit 出港许可 [证]

clearance pocket 隙囊

clearance ratio 间隙比

clearance space (1) 余隙, 间隙; (2) 留隙空间

clearance volume 余隙容积

clearcole (1) 白铅胶, 油灰; (2) 给……上白铅胶

cleared (1) 清除的; (2) 批准的, 准许的

cleared to land 准许着陆

cleared water 净水

clearer (1) 空隙, 空间; (2) 清洁辊, 绒辊, 绒板; (3) 清除器, 排除器; (4) 清纱器; (5) 澄清剂, 透明剂

clearer guide plate 隙缝式清纱器, 清纱板

clearer spring 绒辊弹簧

clearing (1) 拆线; (2) 清除, 消除, 排除, 扫除; (3) 允许, 许可; (4) 清洗, 清洁, 擦拭, 纯化; (5) 排出, 放出; (6) 清纱, 洗净处理; (7) [从下面] 照明; (8) 释放, 解扣; (9) 集材; (10) 票据交换, 清算

clearing bearing 安全方位

clearing house 技术情报交换所

clearing indicator 话终指示器, 拆线指示器, 话终吊牌

clearing items 交换物件

clearing label 出港证

clearing lamp 话终指示灯, 话终信号灯

clearing of a fault 排除故障

clearing of site 场地话终清除

clearing-out drop 话终表示器, 话终吊牌

clearing out drop 话终表示器, 话终吊牌

clearing plug 清洗孔塞

clearing relay 话终继电器

clearing ringing signal 话终可听信号

clearing sheet 交换清单

clearing signal 话终信号

clearing signalling 发出话终信号

clearing time 通信断开时间

clearinghouse (情报等) 交换中心, 变换站

clearinghouse for scientific and technical information (=CFSTI) 科技情报交换中心

clearly (1) 清楚地, 清晰地, 明白地; (2) 无疑地, 显然

clearness (1) 清晰度; (2) 无障碍, 无疵病; (3) 洁白, 明白, 清楚

clearside roller　净边压路机,净边路碾

cleat　(1)系绳角铁,系缆墩,系缆枕,系绳栓,系索扣,系索耳;(2)栓木,(3)线夹,夹板,夹具;(4)加强角片,加劲条,三角木,固着楔,防滑条,楔子,楔耳,挡木;(5)履带板,抓地齿,抓地板,条板,(6)层理,解理,节理,割理;(7)用楔子固牢,装楔子

cleated claw type cage　轴承爪形保持架

cleavability　(1)受劈性;(2)可劈裂性,可裂性,可劈性;(3)可解理性

cleavable　可劈开的,可裂的

cleavage　(1)解理性,劈裂性;(2)劈开,裂开,断开,分开,解离,劈裂,(3)分裂,裂缝,裂纹;(4)分裂度,解裂度;(5)劈开面

cleavage brittleness　晶间脆裂,解理脆性

cleavage crack　解理裂纹,劈裂

cleavage crystal　解理晶体

cleavage fracture　解理裂纹,解离断裂,碎裂,层裂

cleavage of paraffin　石蜡烃的分裂

cleavage plane　解理面,劈面

cleavage product　分裂产物

cleavage strength　劈裂强度

cleavage saw　大锯

cleave　劈开,裂开,破开,切开,分解

cleave it into two　劈成两半

cleaver　劈刀

cleaving timber　锯材,锯料

cleet(= cleat)　(1)夹;(2)板;(3)楔;(4)梁柱间的楔子

cleft　裂痕,裂口,裂缝

clench　(1)夹钳;(2)敲弯(钉头);(3)打偏,镦粗,铆紧

clencher　(1)紧钳,夹子;(2)铆钉

clerical error　笔误

clerk cycle　二冲程循环

cleveite　钇铀矿

clevis 或 clevice　(1)叉形头,马蹄钩,弹簧钩,U 形夹,U 形钩,U 字钩,(2)[U 形接线] 箍,U 形插塞,U 形夹子,吊环,(3)叉子,叉卡,(4)夹板,夹具

clevis bolt　套环螺栓,插销螺栓,U 形螺栓

clevis joint　脚架接头,拖钩

clevis mounting　(1)用 U 形夹进行安装;(2)U 形夹 [式] 安装座

clevis pin　马蹄钳栓,U 形夹销,叉杆销

clevis rod　U 形夹连杆

click　(1)棘轮机构,棘爪,掣子;(2)定位销,插销,活销;(3)喀嚓声

click-clack　用算盘计算

click filter　(电键)喀呖声 [消除] 滤波器

click method　喀呖声调谐法

click motion　棘轮运动机构

click pulley　棘轮

click stop　锁定光圈

click test　碰响试验

click timber　吸气音色

clicker　(1)冲裁机;(2)排字工

clicket　节气门,阀

clicking　微小静电干扰声

clickspring　棘轮弹簧,闸轮弹簧

clickwork　(1)闸轮机构;(2)闸轮,棘轮

client　(1)顾客,买主,买方;(2)委托人,当事人,交易人;(3)挂号用户

clientage　(1)顾客;(2)委托人;(3)委托关系

clientele　(1)顾客;(2)委托人

climacteric　(1)转折点,危机;(2)重要时期的,关键的

climatic chamber　人工气候室,人工气候箱

climatic conditions　气候条件,环境条件

climatic control　(1)气候控制,气温控制;(2)卡塔式汽化器的自动阻气门

climatic element　气候因素

climatic laboratory　人工气候室,气候实验室

climatic test(ing)　气候试验

climatizer　气候实验室

climatron　大型不分隔的人工气候室

climax　(1)最高峰,顶峰,顶点,极点,(2)高电阻的铁镍合金,高阻镍钢;(3)使达顶点,使达高潮

climax alloy　铁镍高磁导合金,铁镍整磁合金

climb　(1)逐渐上升,上升,爬高,爬升,攀登,攀移,(2)爬高段长度,爬高速度,爬升距离,(3)传动

climb cut　(1)(砂轮与工件)异转向磨削,(沿螺纹)上升磨削;(2)顺铣

climb-cut grinding　同向磨削

climb cut grinding　同向磨削

climb cutting　同向铣削,顺铣

climb hobbling　同向滚削,顺 [向] 滚 [削],螺旋滚削

climb meter　升降速度表

climb milling　同向铣削,向下铣削,顺铣

climb motion　攀移运动

climb-path　(1)爬高航迹;(2)爬高状态

climb path　爬高航迹

climb ratio　上升比

climbable　可攀登的

climbers　(爬电线杆用)爬升器,脚扣

climbing　(1)爬高,上升;(2)上升率;(3)不紧密的

climbing ability　爬升能力

climbing capacity　爬升能力

climbing crane　爬升式起重机

climbing curve　爬升曲线,升速曲线

climbing equipment　爬杆器

climbing-film evaporator　升膜式蒸发器

climbing of dislocation　位错攀移

climbing shuttering　提升模板

climbing tower crane　爬升塔式起重机

climbout　(飞机起飞时急剧陡直上升的)爬升

clinch　(1)铆钉,夹子,打弯(钉头),连接(用钉子);(2)活结圈套,绳结,线结,(3)抓紧,抓牢,紧握,钉住,箍住,钩紧,压紧,铆紧

clinch nail　弯尖钉

clinch of seal　油封咬口

clinched connection　(电缆技术)扎钉式连接

clincher　(1)扒钉,铆钉;(2)敲弯钉头的工具,夹子,紧钳;(3)箍入式轮胎,紧钳式轮胎,楔形胎圈

clincher bead core　钉绊顶心

clincher-built　瓦叠式外壳,鱼鳞式外壳

clincher rim　箍入式轮辋

clincher tyre　箍入式轮胎,紧钳式轮胎

clinching tool　铆接工具

clindrosymmetric　圆柱对称的

cling-test　(1)紧贴性试验;(2)静电吸附试验

clinic　医用直线加速器

clinical thermometer　医用温度计

clinicar　流动医疗车

clinism　倾斜

clink　(1)钢凿,(2)劈楔;(3)(钢锭缺陷)响裂,(铸件)裂纹

clinked ingot　开裂的钢锭

clinker　(1)水泥熟料,水泥烧块,烧结块,熔渣,炉渣,煤渣,熔块,渣块,(2)荷兰砖,熔渣砖,缸砖,(3)(美)"极品"反潜战系统,(4)氧化皮

clinker bed　熔结块层

clinker brick　熔渣砖,缸砖

clinker-built　瓦叠式外壳,鱼鳞式外壳

clinker clew　熔块

clinker cement　熟料水泥

clinker cooler　(硅酸盐)熟料冷却器

clinker hole　熔渣孔

clinker screen　滤烟网

clinkerer　清渣工

clinkering　烧成熟料,炉排结渣,结渣,烧结,

clinkering point　(熟料)熔结点,成熟点

clinkering zone　熔结带

clinking　(1)(铸件)内裂缝,裂纹,(钢锭)响裂;(2)毛缝,发缝

clino-=klino)　(词头)(1)床;(2)卧;(3)鞍

clino-axis　斜轴

clino-unconformation　斜交不整合

clinoaxis　斜轴

clinodiagonal　(1)斜对角线;(2)斜轴;(3)斜径

clinodrome　斜轴坡面

clinograph　(1)孔斜计,测偏仪;(2)(绘图用的)平行板

clinographic　斜影画法的,斜射的,倾斜的

clinohedral　斜面体

clinoid　(1)偏坠线;(2)床形的,鞍形的

clinometer　(1)测角器,测角仪,倾斜计,倾斜仪,测斜仪,量角器;(2)磁倾计

clinopinacoid　斜轴面

clinoplain　倾斜平面

clinoprism　斜轴柱,斜棱锥

clinopyramid　斜轴 [棱] 锥

clip　(1)截去,切断,切去,剪,夹,钳;(2)剪辑;(3)固定,压紧,夹紧,箍紧,箍紧,限制;(4)夹子,夹头,夹箍,卡箍,箍圈,纸夹,夹片,弹

夹,钢夹;(5) 夹线板,接线柱,线夹;(6) 削去,切去,截断,切断;(7) 压模扁铁,压铁,压板;(8) 两脚钉,曲别针,回形针,蚂蟥钉,皮带扣,环,耳

clip band 夹条带
clip block 夹子
clip board 记录板夹,夹纸板
clip bolt 夹箍螺挂,夹紧螺栓
clip brake 夹紧制动器
clip chain 布夹链条,百爬链
clip circuit (1) 削波电路,限幅电路;(2) 限幅器
clip connector 夹子连接器,夹子接线器,夹子接头,(电极) 夹连器
clip cord 夹子软线
clip fastener 封管机
clip hook 双抱钩
clip level 削波电平,限幅电平
clip-on 用夹子夹上
clip ring 开口环,锁紧环,扣环,卡环
clip stenter 布铁拉幅机
clip stretcher 链式展幅机
clip test 敲裂试验
clipboard 有夹紧装置的书写板
cliphook 抱钩,抓钩
clipped (1) 缩写的;(2) 截短的
clipped correction coefficient 极性相关系数
clipped noise 削波噪声,限幅噪声
clipped wave 削平波,限幅波
clipped wire (用冷拔钢丝切碎的) 金属粒
clipped words 省略语
clipper (1) 脉冲削制器,限幅器,削波器,斩波器,削片机,(2) 钳子;(3) 剪取人;(4) 修剪工具,剪板机,剪取器,割草机,剪毛机,剪刀;(5) 吊桶挂钩;(6) 重型运输机,飞剪式飞机,巨型班机,特快客机,(7) 快速帆船,快船,快马
clipper circuit (1) 削波电路,限幅电路;(2) 脉冲振幅限制器,限幅器
clipper joint 钳连接
clipper limiter 双向限幅器
clipper seal 钳压密封
clipper service 快捷报务
clipper ship 快船
clipper tube 削波管,限幅管
clippers 钳子
clipping (1) 信号的限幅,脉冲的斩断,削波,限幅,(2) 切断,剪断,截取,限制,制约
clipping circuit (1) 削波电路,限幅电路;(2) 脉冲振幅限制器,限幅器
clipping machine 切棒机
clipping of noise 噪声消除,噪声限制,干扰限制,杂音限制,静噪
clipping time constant 削波器时间常数
clips 夹头
clipscrews 调置螺旋,对抗螺旋
clisis (1) 摄吸;(2) 倾斜
clival 斜坡的
cliver 钻管吊环,连接钩环,吊钩
clivus 斜坡
clivvy (1) 安全吊钩;(2) 钩环,吊环
cloche 钩编机
clock (1) 计时器,时钟,仪表,钟;(2) 时钟脉冲,钟信号;(3) 时标;(4) 周波拍频,同步信号,同步脉冲,同步电路 [器];(5) 计 [算] 时 [间],记录时间,测时
clock amplifier 同步脉冲放大器,时钟脉冲放大器
clock diagram 矢量圆图
clock-driven 钟激励的
clock frequency (1) 脉冲重复频率,时钟脉冲频率,钟频;(2) 节拍频率
clock gate 时钟脉冲门,同步脉冲门
clock gauge 千分表
clock generator 时钟脉冲发生器
clock glass 表 [面] 玻璃
clock meter 钟表式计数器
clock-phase diagram 直角坐标矢量图
clock pulse (=CP) 同步 [信号] 脉冲,时钟脉冲,时标脉冲,定时脉冲,计时脉冲,节拍脉冲
clock pulse amplifier 同步脉冲放大器
clock-pulse frequency 时钟脉冲频率
clock-pulse generator 时钟脉冲发生器
clock pulse generator 时钟脉冲发生器

clock-pulse width 时钟脉冲宽度
clock radio 自动定时开关的收音机,时钟收音机
clock rate 时钟脉冲重复频率,同步脉冲重复频率,时钟码速率,时标速度,时标速率,时钟频率
clock signal 时钟信号
clock system (1) 时钟脉冲系统,同步脉冲系统,钟信号系统,钟同步系统;(2) 钟面弹着指示法
clock track 时钟脉冲道,时钟磁道,时标 [磁] 道
clock-type dial 圆形刻度盘
clock work 时钟机构,钟表机构,钟表装置
clocked flip-flop 时钟脉冲的触发器,时标触发器,定时触发器
clockface 钟面
clocking (1) 计时,同步;(2) 产生时钟脉冲,产生时钟信号
clocks set 时钟校准
clockwise (=CW 或 CKW) 顺时针方向的,[向] 右转的,右旋的
clockwise direction 顺时针方向的
clockwise motion 顺时针方向运动
clockwise movement 顺时针方向运动
clockwise rotation 顺时针 [方向] 旋转
clockwise sense 顺时针方向
clockwise turn 顺时针防线转动
clockwork (1) 钟表装置,钟表机构,发条装置,时钟设备,时钟机构;(2) 定时装置;(3) 精确的
clockwork driven 发条驱动的
clockwork mechanism 钟表机构
clockwork-triggered 用钟表机构触发的
clod (1) 土壤,土块,泥块;(2) 粘土质岩石;(3) 使成土块
clod breaking roller 碎土镇压机
clod sweeper 土块破碎机
clog (1) 制动器,止轮器;(2) 阻塞,障碍;(3) 止动,制动;(4) 粘住,粘附,陷入;(5) 障碍物,阻塞物
clogged tube 闭塞管
clogging (1) 阻塞,堵塞,障碍;(2) 闭合;(3) 结渣;(4) 障碍物
cloggy 易粘牢的,多块的,妨碍的
close (1) 闭合,关闭,封闭,封盖,堵塞,填塞,合拢,接通;(2) 接近,靠近,靠拢;(3) 紧密的,严密的,细密的,稠密的,致密的,封闭的,密闭的,密集的,官实的,密切的;(4) 秘密的;(5) 精密的,精细的,精确的,详尽的;(6) 有限制的,限定的,狭窄的;(7) 结束,终止,终了;(8) 关闭指令
close analysis 周密分析
close annealing 箱中退火,密闭退火
close-armored 封闭式铠装的
close bend test 对折弯曲试验
close bevel 锐角,斜角
close binder 密级配结合层,密式结合层
close blade pug mill 密闭式叶片搅拌机
close-burning 焦结,熔结,粘结,凝结
close-by (1) 附近的,临近的;(2) 近地 [球] 的
close check 严格控制
close circuit 闭 [合电] 路,通路
close coating 致密镀层,牢固镀层,牢固涂层,牢固覆盖层
close-coiled 紧绕的
close coiled spring 密绕弹簧
close collision 小冲击参数碰撞,近距离碰撞
close-connected 紧密连接的,直接连接的
close continuous mill 多机座连续式轧机
close control (1) 近距离控制,接近引导,近控;(2) 精确检查,仔细测试
close-control radar 近控雷达
close-coupled 紧耦合的,强耦合的
close coupling (1) 刚性连接;(2) 紧联结,紧耦合,强耦合,密耦合,密耦
close cut 近路
close cut distillate 窄馏份馏液
close-cycle 密封循环
close-cycle control 闭路控制,闭环控制
close cylinder 合模汽缸
close down (企业) 倒闭,关闭
close earth 近地的
close echo 近回波
close etching (石英片) 精蚀
close file 关闭文件
close fit 紧 [密] 配合,密配合
close-fitting 密接的

close gear ratio （变速器的）密级速比
close-graded 密级配的
close grain 细晶粒
close-grained (1)细粒致密的，细晶粒的，细粒的；(2)密级配的，密实的；(3)密纹的，细密的
close grained 细粒的
close-grained cast iron 细粒铸铁
close-grained structure 细晶[粒]组织，细晶[粒]结构
close-grained wheel 细砂轮
close headway 紧密的时间间隔，紧密的车间时距
close-in 接近中心的，近距离的，近程的，近处的
close investigation 严密调查，细查
close joint 密缝
close-knit 紧紧结合在一起的，严谨的，密实的
close lid 密合的盖子
close limit 紧密公差，紧公差
close link chain 短环节链
close mapping 详测
close mesh 无侧隙啮合，零侧隙啮合
close-meshed 密网筛的
close miss 近距脱靶
close mould 合箱
close nipple [管]螺纹接口，短内接管
close of business (=COB) 停止营业，歇业
close-packed 密堆积的，密集的，密排的，稠密的
close-packed code 紧充码
close-packed hexagonal (=CPH) 致密六方晶格，致密六方形
close-packed lattice 密堆积点阵，密集点阵，密排点阵
close pass 闭口式轧槽，闭口式孔型
close plating 紧密涂敷
close quarters 近距离
close range (=CR) 近距离
close-ratio gearbox 各挡速度变化小的变速器，各挡速度变化小的齿轮箱
close reading 仔细研读
close reasoning 严密推理
close register 精确配准
close running fit 紧转动配合，紧转配合
close sand 密级配砂，密实砂
close satellite 接近卫星
close scanning 细扫描
close-selector 精密选择器
close-set 紧靠在一起
close-shot 近摄
close sliding fit 特小间隙滑动配合
close-spaced structure 紧限位结构
close statement 关闭语句
close steps （变速器各挡之间）小传动比
close-talking microphone 近讲传声器，近讲话筒
close-target resolution 近目标分解度
close texture 密实结构
close-to-critical 近临界的，超临界的
close-tolerance 紧公差
close tolerance 精密公差，精密容差，紧公差
close-tolerance forging 精密锻造
close-toothed 小齿距齿的，小模数的
close-up (=CU) (1)闭合，关闭，闭路，接通；(2)接近，紧密
close-up crystal unit 压电晶体
close-up of disk 磁盘细部
close-up view (1)近视图；近摄图；(2)特写镜头
close view 特定镜头，近摄
close working fit 紧滑配合
closed (=CL) (1)关闭的，封闭的，紧闭的，闭式的；(2)闭合的，闭路的，接通的；(3)紧密的，密实的；(4)被接入的，连接的；(5)订契约的，预定的；(6)保密的
closed aerial 闭路天线，闭合天线，环形天线
closed angle 锐角，尖角
closed annealing 密闭退火，闷罐退火
closed antenna 闭路天线，闭合天线，环形天线
closed approach 极近似
closed armouring 叠盖铠装
closed array (1)闭合数组，封闭数组；(2)闭合系统，封闭系统；(3)闭合阵列
closed bearing 封闭式轴承

closed-belt conveyor 封闭型带式输送机
closed belt fork 闭式带叉
closed body 轿式车身，闭式车身
closed book 完全不懂的学科
closed bundle 有限维管束
closed butt gas pressure welding 闭式加压气焊
closed butt joint 紧密对接
closed-butt weld 连续对接焊缝
closed cab (1)轿车；(2)轿式车座
closed cabin 密封式座舱，密闭舱
closed car 轿车
closed center 中立关闭（滑阀在中立的位置上，全部通路关闭）
closed center rest 闭式中心架
closed chain (1)闭合链条，闭链；(2)固定链条
closed circle 回合循环
closed-circuit 闭路[式]的
closed circuit (1)闭合电路，闭合回路，闭路电路，通路；(2)闭路循环；(3)闭路式
closed circuit battery 常流电池组
closed circuit cell 常流电池
closed-circuit cooling 闭式环流冷却
closed-circuit grinding （材料在）密闭系统磨细
closed-circuit laser 闭路激光器
closed-circuit lubrication 闭式环流润滑
closed-circuit oiling 闭式环流润滑
closed-circuit television (=CCTV) 闭路[式]电视
closed coat 紧密涂层，密上胶层
closed-coil armature 闭磁电枢
closed coil winding 闭圈绕组
closed conduit (1)（布线）暗管；(2)封闭式管道，暗管，暗沟
closed cooling system 闭式冷却系统
closed core 闭合铁心，闭式铁心
closed core type 闭合铁芯式
closed-coupled pump 紧连动力机的泵
closed coupling (1)固定联轴器；(2)永久接合，死接合
closed-crankcase ventilating 闭式曲轴箱通风装置
closed-cycle [封]闭式循环，闭合循环，闭路循环
closed cycle 闭式循环
closed-cycle cooling maser 闭循环冷却微波激射器
closed cycle geothermal power generation 闭式循环地热发电
closed cycle magnetohydrodynamic generation 闭式循环磁流体发电
closed die forging 闭式模锻
closed dock [湿]船坞
closed-door 秘密的
closed drain 排水暗管
closed-easy-axis 易轴闭合的
closed enclosure 密闭匣
closed end 封闭端
closed end drawn cup （轴承）封口冲压外圈
closed-end drawn up cup needle roller bearing without inner ring （轴承）只有冲压外圈的封口型滚针轴承
closed end housing 非贯通式[轴承]箱体
closed end spanner 闭口扳手
closed end wrench 闭口扳手
closed-ended 封闭端的，有底的
closed element chain 闭式链节链条
closed file 关闭文件
closed flip-flop 时标触发器
closed-flux device 闭磁路装置
closed flux device 闭磁路装置
closed groove 闭口式轧槽，闭口式孔型
closed-hard-axis [计]难轴闭合的
closed joint (1)闭式连接；(2)无间隙接头，密合接头
closed joint chain 闭式连接链
closed level circuit 闭合水准[测量]网
closed link 闭式链节
closed linkage 强偶合
closed-loop 闭合环路
closed loop circuit 闭环电路，闭合回路，封闭回路，闭合回线，闭合环路，闭合圈，闭环，闭路
closed-loop control (1)闭回路控制，闭环控制；(2)反向联系控制系统
closed-loop voltage gain 闭环电压增益
closed magnetic circuit 闭合磁路
closed mix 密级配混合料，密实混合料

closed network　闭环网络, 封锁网络
closed-open (=CO)　关 - 开, 合 - 断, 启 - 闭, 断 - 通
closed oscillation circuit　闭合振荡电路
closed oscillator　闭路振荡器
closed packing　密合装填, 密堆积
closed pair　(链系的) 限定对偶
closed pass　闭口式轧槽, 闭口孔型
closed path　闭合电路
closed pipe　一端密封的管子, 闭管
closed planer　龙门刨床
closed position　空位
closed riser　暗冒口
closed root　无间隙焊根
closed routine　(1) 闭合程序; (2) 闭型例行程序
closed shell　闭壳
closed shop　(1) 封闭式机房; (2) 不开放计算站, 应用程序站
closed spaced triode　极间距极小的三极管
closed specification　详细规范
closed stub　短路短截线
closed subroutine　闭合子程序
closed surface　密闭式表层, 密实面层
closed system　封闭系统, 闭式系统
closed system of cooling　闭式冷却系统
closed tapered bore　闭式锥形孔径
closed tensor field　闭张量场
closed to traffic　禁止车辆通行
closed track　履带
closed track circuit　正常闭合的轨道电路
closed tube　联通管
closed type　密封型
closed under product　对积封闭
closed under set closure　对集合闭包封闭
closed weld　无间隙焊缝
closedown　关闭, 封闭, 停机, 关机
closely　精密地, 严密地, 紧密地, 致密地, 细密地, 秘密地
closely coupled circuit　密耦电路
closely graded　粒度成分均一的
closely packed　密堆积的, 密集的, 密装的
closely spaced　密集的, 密排的, 稠密的, 靠近的
closely spaced array　密置天线阵
closeness　(1) 密封; (2) 密集度, 密接度, 狭窄; (3) 接近; (4) 严密, 精密, 紧密; (5) 周围介质, 环境
closer　(1) 塞头, 塞子, 端盖; (2) 闭合器, 闭塞器, 闭路器; (3) 卡套外圆盘, 阶梯; (4) 铆钉模; (5) 合绳机, 捻绳机
closest point of approach (=CPA)　最接近点
closet　(1) (锌蒸馏用的) 炉室, 研究室, 小室, 室; (2) 套间; (3) 洗室, 厕所; (4) 壁橱; (5) 保密的, 秘密的, 私下的
closing　(1) 关闭, 封闭, 停闭, 紧闭, 闭锁, 闭合; (2) 缔合, 结合, 接近, 接点; (3) 闭合接通, 接通, 闭路; (4) 终了, 结尾; (5) 密接; (6) 结束的, 闭合的, 末了的
closing account　决算
closing capacity　闭路电流容量
closing coil (=CC)　闭合螺管, 闭合线圈, 接通线圈
closing component　锁合
closing cylinder　(压铸机的) 合闭模汽缸
closing date　决算日
closing day　停业日
closing error　闭合误差, 闭塞差
closing machine　(1) 封口机, 压盖机; (2) 合绳机, 捻绳机
closing of circuit　电路闭合
closing piece　密闭件, 锁块
closing pin　合箱定位销
closing plug　合箱柱塞
closing plunger　合箱柱塞
closing relay　合闸继电器
closing screw　螺纹规, 螺纹塞
closing sleeve　夹紧套筒
closing time　(1) 闭合时间, 接通时间; (2) 截止时间; (3) 停业时间
closing valve　隔离阀, 隔断阀
closing velocity　闭合速度, 靠近速度, 接近速度
closure (=Cl)　(1) 闭合, 闭锁, 关闭, 闭路, 锁合, 封闭, 闭, 塞; (2) 闭塞的物, 隔板, 挡板, 盖板, 罩子, 插栓, 搭扣; (3) 闭合度, 闭合差; (4) 结束, 截止, 终结, 末尾; (5) 连接方向, 衔接方向; (6) {数} 闭包;

214

闭合性, 封闭性; (7) 闭合电路, 闭路, 通电; (8) 截流, 合拢
closure discrepancy　闭合差
closure domain　闭合磁畴
closure-finite complexes　边缘有限的复合形
closure of force polygon　力多边形闭合
closure of horizon　水平角全测
closure operation　闭包运算
closure stud　封口螺柱, 封头螺柱
closure work　截流工程
clot　凝结, 烧结
cloth　(1) 布; (2) 织物, 织品, 毛料, 丝绸
cloth breaking machine　柔布机
cloth map　布质地图
cloth press　打布包机, 织物打包机, 压呢机
cloth proofing　布上涂胶
cloth waste　碎布
cloth wheel　退圈圆盘
clothing　布罩, 布套, 蒙皮, 盖
clothoid　回旋曲线
clotting　(1) 凝结; (2) 焙烧矿 [的] 烧结, 结块
cloture　限制抗辩
cloud　(1) 云; (2) (镜等) 朦胧, 云斑
cloud-burst treatment　表面倾淋处理
cloud of electrons　电子云
cloud point　浊点
cloudbuster　破云器
cloudiness　混浊性, [混] 浊度 (油的)
clough　水门, 闸门
clout　(1) 垫圈, 垫片; (2) 蒙皮的补片
clout nail　大帽钉
clover-leaf cam　三星凸轮
cloverleaf cam　三星凸轮
club　(1) 棍棒; (2) 锤节, 棒; (3) 协作, 合作, 联合
club-foot sheep's foot roller　弯脚羊蹄压路机
club link　联锚链环
clubbing　抛锚
clump　(1) 块, 群; (2) 块的组合
clump block　强厚滑车, 粗笨滑车
clump of piles　桩束, 桩群, 集桩
clumping　(1) (核燃料) 块的组合; (2) 群的, 块的, 丛的
clunch　(1) 硬化粘土, 煤底层粘土, 耐火粘土; (2) 细粒泥质岩石
clunise　克鲁尼斯铜镍锌合金 (40% Cu, 32% Ni, 25% Zn, 2.6% Fe)
cluster　(1) 弹束, 线束, 组, 群, 束, 集, 套, 簇; (2) 蓄电池组, 干电池组; (3) 聚类抽样, 套抽样, 分组, 分类, 分群, 组合; (4) {化} 分子团, 簇群, 类, 族, 基, 串; (5) 星状烟火信号弹, 集束炸弹, 弹束; (6) {数} 群; (7) 元件组, 组件, 模组; (8) 火箭发动机簇
cluster adapter　弹束架
cluster angles　波束角度
cluster bomb unit (=CBU)　集束炸弹
cluster burner　聚口灯头
cluster casting　层串铸法, 叠箱铸造
cluster compound　簇形化合物
cluster controller　群控制器
cluster crystal　簇形结晶, 丛晶体
cluster development　分组改进设计
cluster engine　发动机组
cluster ga(u)ge　仪表组
cluster gear　组合齿轮, 多联齿轮, 连身齿轮, 塔式齿轮, 三联齿轮, 齿轮组
cluster hardening　聚合硬化
cluster head　多轴头
cluster integrals　集团积分
cluster joint　束状接头
cluster lamp　多灯照明器, 丛灯
cluster mill　多辊式轧机
cluster of dendrites　树枝状晶体簇
cluster of domains　畴丛
cluster of electric cables　电缆束
cluster of engines　发动机簇
cluster of fender piles　护桩群
cluster of fuel elements　释热组件
cluster of gears　齿轮组
cluster of grains　颗粒团
cluster of gyros　陀螺仪组

cluster of magnetization　磁化线束, 磁通
cluster of needles　针状体簇
cluster of particles　颗粒团
cluster of reflector　反射器组
cluster point　聚点
cluster roll　多辊式轧机
cluster sampling　分组抽样, 分组取样
cluster spring　组合弹簧
cluster switch　组 [合] 开关
cluster-type fuel element　棒束型燃料元件
cluster weld　丛聚焊缝
clustered　成群集了的, 成群了的, 套的
clustered array　簇形阵列
clustered column　集柱, 束柱
clustered deployment　集群部署
clustered file　簇文件
clustered piles　桩束, 桩群, 集桩
clustering　(1) 分组, 分类; (2) 聚集, 成组, 成团, 成群; (3) [线] 束, [线] 群, 簇; (4) 收集
clustering of multispectral image　多谱像
clustering joint　丛接头, 交聚接头
clutch　(1) 离合器, 接合器, 联动器, 联结器; (2) 夹紧装置, 夹子, 钩爪, 扳手; (3) 离合踏板, 离合器杆; (4) 用离合器连接, 咬合, 连接, 抓牢, 抓住; (5) 凸轮, 凸起; (6) (电缆接头) 套管
clutch action　离合作用
clutch adjusting arm　离合器调整臂
clutch-and-brake-actuating mechanism　离合器和制动器作动机构
clutch-and-brake steering　借用离合器和制动器的转向
clutch back plate　离合器后盖板
clutch body　离合器体
clutch box　离合器壳, 离合器箱
clutch bracket　离合器托架
clutch brake　离合器止动装置, 离合器闸
clutch cam　离合器凸轮
clutch capacity　离合器容量
clutch carbon　离合器 [中充填的] 石墨
clutch case　离合器壳, 离合器箱
clutch-clamping load　离合器片压紧力
clutch collar　离合器分离推力环
clutch cone　离合器圆锥
clutch control drum　离合器控制滚筒
clutch control indication panel　离合器控制指示配电板
clutch control lever　离合器控制杆, 离合器操纵杆
clutch controlled gear change　离合器控制齿轮变速, 离合器控制齿轮换挡
clutch cork disk　离合器软木片
clutch coupling　(1) 离合联轴节, 爪形联轴节; (2) 离合器
clutch cushion　离合器缓冲装置, 离合器盘
clutch cushion disk　离合器弹性片
clutch diaphragm spring　离合器膜片式弹簧
clutch disc　(离合器) 盘形摩擦片, 离合器 [摩擦] 片, 离合器盘, 离合圆盘, 连接圆盘
clutch disengaging axle　离合器脱离轴
clutch disk　(离合器) 盘形摩擦片, 离合器 [摩擦] 片, 离合器盘
clutch disk facing　离合器盘衬片, 离合器摩擦衬面
clutch disk hub　离合器 [被动片] 毂
clutch disk lining　离合器摩擦衬片
clutch disk pressure　离合器盘压力
clutch drag　(1) 离合器片拖滞; (2) 离合器片阻力
clutch driven disk　离合器从动盘
clutch driven drum　[转向] 离合器被动毂
clutch driven plate　离合器从动片, 离合器从动盘
clutch driving case　离合器主动盖
clutch driving drum　[转向] 离合器主动毂
clutch driving plate　离合器主动盘
clutch driving shaft flange　离合器传动轴凸缘
clutch end disk　离合器顶片
clutch engagement　离合器接合
clutch facing　离合器面料, 离合器衬片, 离合器衬面
clutch finger　离合器压盘分离杆, 离合器指
clutch foot pedal　离合器踏板
clutch foot plate　离合器踏板
clutch fork　离合 [器] 叉
clutch friction disk　离合器摩擦片

clutch gear　(1) 离合器齿轮; (2) 离合器装置
clutch housing　离合器壳体
clutch in/out operation of fire pumps　消防泵离合器的离合操作
clutch jaw　卡盘爪
clutch knob　离合扭
clutch lever　离合器分离杆, 离合器操纵杆
clutch lining　离合器摩擦片衬片, 离合器衬面
clutch linkage　离合器 [操纵] 杆系, 离合器联动机构
clutch locking　离合器接合
clutch lockpin　离合器锁销
clutch magnet　啮合电磁铁
clutch mechanism　离合器机构
clutch motor　带离合器电动机, 离合式电动机
clutch on-off　离合器离合
clutch operating lever　离合器操纵杆
clutch operating shaft lever　离合器操纵轴杆
clutch pedal　离合器踏板
clutch pedal cam　离合器踏板臂
clutch-pedal connecting link　离合器踏板连接杆
clutch pedal free travel　离合器踏板自由行程
clutch pedal linkage　离合器踏板杆系
clutch pedal release arm　离合器踏板放松臂
clutch pedal rod　离合器踏板杆
clutch pedal rod adjusting yoke　离合器踏板调整叉, 离合器踏板调整联杆
clutch pedal shaft lever　离合器踏板轴杆
clutch pilot bearing　离合器轴前轴承, 离合器导 [向] 轴承
clutch piston return spring　(液压操纵) 离合器, 活塞回位弹簧
clutch plate　(1) 离合器摩擦片, 离合器片, 离合器盘; (2) 拨盘
clutch point　(液力变扭器) 耦合点
clutch pressure lever　离合器压杆
clutch pressure plate　离合器压板, 离合器压盘
clutch pressure plate pin　离合器压板销
clutch pulley　侧面带齿轮皮带轮, 离合皮带轮
clutch release arm rod　离合器放松臂杆
clutch release bearing　离合器分离轴承
clutch release bearing sleeve　离合器分离轴承套筒
clutch release cylinder　离合器分离缸
clutch release fork　离合器分离叉
clutch release lever　离合器分离杆
clutch release lever pin　离合器分离杆销
clutch release mechanism　离合器释放机构
clutch release rod　离合器分离拉杆
clutch release shaft　离合器分离轴
clutch release sleeve　离合器分离套筒
clutch-release yoke　离合器分离叉
clutch ring　离合器环
clutch roller bearing　离合器滚柱轴承
clutch semi-centrifugal release finger　半离心式离合器分离爪
clutch service set　离合器维修成套工具
clutch shaft　离合器轴
clutch shaft and gear　带齿轮的离合器轴
clutch shifter　离合器拨叉, 离合器分离叉
clutch shifter collar　离合器分离推力环
clutch shifter shoe　离合器滑瓦
clutch sleeve　离合器套
clutch sleeve thrust bearing　离合器分离推力轴承, 离合器分离止推轴承
clutch slip　离合器打滑, 离合器滑移
clutch slipper yoke　离合器拨叉
clutch slipping　离合器打滑
clutch solenoid　(车) 接合器电磁线圈
clutch spring　离合器弹簧
clutch spring cap　离合器弹簧罩
clutch sprocket　离合器链轮
clutch sprocket wheel　离合器链轮
clutch stop　离合器踏板行程挡块, 离合器止动凸爪
clutch stop disk　离合器制动盘
clutch tap holder　丝锥铰杠, 丝锥夹头
clutch throw-out bearing　离合器分离轴承
clutch throw-out lever　离合器分离杆
clutch throw-out sleeve　离合器分离套
clutch throw-out yoke　离合器分离叉
clutch thrust bearing　离合器分离推力轴承, 离合器止推轴承

215

clutch thrust ring　离合器推力环

clutch type screwdriver　爪形螺丝刀, 爪形旋轴

clutch wire　离合器操纵钢丝, 离合器拉线

clutch yoke　离合器分离叉, 离合器分离器

clutching surface of flywheel　接触离合器摩擦片的飞轮表面

clutter　(1)(雷达显示器)散射干扰, 局部干扰, 混杂信号, 杂乱回波, 地物回波; (2)混杂

clutter filter　(雷达)防散射干扰滤波器, 反干扰滤波器, 静噪滤波器, 杂波滤波器

clutter noise　杂波噪声

clutter region　乱反射区[域]

clutter rejection　消除本机干扰

clutter suppression　杂波抑制

clutter suppressor　杂波抑制器

cluttering rejection　消除本机干扰

clyburn spanner　活动扳手, 活[络]扳手

clydonogram　脉冲电压记录图, 脉冲电压显示照片

clydonograph　脉冲电压摄测仪, 过电压摄测仪

co-　(词头)(1)相互, 共, 同; (2)并合, 余, 补

co-activator　共活化剂

co-adaptation　相互适应

co-adsorption　共吸附[作用]

co-channel　(1)同波道的, 同信道的, 同频道的; (2)同管道的, 同槽的

co-condensation　共缩[合]

co-content　同容积, 同容量

co-current　平行电流, 直流

co-energy　同能量

co-extrusion　双金属挤压, 复合挤压, 共挤压

Co-filter (= carbon monoxide filter)　一氧化碳滤毒罐

co-flow　同向流动, 协流

co-flyer　副飞行员

co-founder　共同的创立者

co-insurance　联合保险

co-invariant　协不变量, 协不变式

co-linear　共线

co-mo　考莫钴钼高速钢(碳0.7%, 钼9%, 钨1.5%, 铬4%, 钒1%, 钴5%, 余量铁)

co-normal　余法线

co-opt　(1)指派; (2)吸收, 接收, 占有; (3)接合

co-owner　共同所有人

co-oxidation　联合氧化

co-phasal　相位一致的, 同相的

co-pilot　(1)副驾驶员; (2)自动驾驶仪

co-planing　横移经纬仪头

co-plasticizer　辅增塑剂

co-selector　补充选择器

co-tensor　协张量

co-variation　协变异, 共变异

CO2 bottle　二氧化碳瓶

CO2 central bank fire extinguishing system　二氧化碳中央组合灭火系统

CO2 cylinder　二氧化碳瓶

CO2-fire extinguishing system and smoke alarm system　二氧化碳灭火系统和烟雾报警系统

CO2 gas metal arc welding　二氧化碳气体保护焊

CO2 room　二氧化碳舱, 二氧化碳房

coacervate　凝聚层

coacervation　凝聚

coach　(1)长途汽车, 两门小客车, 两门轿车, 汽车, 卧车, 车辆; (2)汽车车身, 车体, 座舱

coach bolt　方头螺栓

coach builder　车身制造厂

coach bus　长途汽车, 长途客车

coach joint　弯边接头

coach screw　六角头螺钉, 方头螺钉

coach spring　弓形弹簧

coach wrench　双开活动扳手, 双开活络扳手

coach yard　客车场

coachbuilding　汽车车身的设计与制造

coachbuilt　(汽车车身)木制的

coachwork　汽车车身的设计、制造和装配, 汽车车身制造工艺, 车体制造

coact　共同行动, 合力工作

coaction　(1)相互作用, 共同作用, 协力; (2)强制力, 强迫

coactivate　共激活, 共活化

coactivation　共激活作用, 共活化作用

coactivator　共激活剂, 共活化剂

coactive　共同作用的, 相互作用的

coactor　共同行动者

coadaptation　互相适应

coadapted　互相适应的

coadjacent　相互连接的, 邻接的, 接近的

coadjutant　(1)合作者, 助理, 助手, 副手; (2)补助的

coadjutor　助手, 助理

coadunate　连接的

coadunation　联合, 并合, 结合

coadunition　联合, 并合, 结合

coagel　凝聚胶

coagulability　凝结能力, 混凝能力

coagulable　可凝结的, 可凝固的

coagulant　混凝剂, 凝结剂

coagulant agent　凝结剂, 絮凝剂

coagulate　合成一体, 混凝, 凝结, 凝固, 凝聚, 胶凝

coagulated sediment　凝结沉淀物

coagulating agent　凝结剂

coagulating power　凝结力

coagulating reagent　凝结剂

coagulation　(1)混凝, 凝固, 凝结; (2)胶凝

coagulative　可凝结的, 促凝固的, 凝固性的

coagulator　(1)凝固剂, 凝结剂, 凝聚剂; (2)凝固器, 凝结器, 凝聚器

coagulatory　凝结的

coagulometer　[血]凝度计

coagulum　(1)混凝的, 凝结的; (2)凝结块, 凝结物, 凝块, 乳凝

coahuilite　陨铁

coak　(1)扣榫, 栓销, 柄接; (2)木柄; (3)铁柄

coal　(1)煤, 烟煤; (2)炭

coal bed　煤层

coal-breaker　碎煤机

coal breaker　碎煤机

coal bucket　煤斗

coal carbonization　焦化

coal carrier　运煤船

coal clay　耐火粘土

coal consumption　耗煤量

coal-cracker　碎煤机

coal cracker　碎煤机

coal crusher　碎煤机

coal cutter　采煤机, 截煤机

coal-drop　卸煤机

coal drop　卸煤机

coal dump　卸煤门

coal feeder　饲煤机

coal gas　煤气

coal industry　煤炭工业

coal meter　煤计量机

coal oil　煤油

coal plane　刨煤机

coal puncher　冲击式截煤机

coal seam　煤层

coal-series　煤系

coal shovel　掘煤电铲

coal tar　煤焦油

coal tar fuel (=CTF)　煤焦油燃料

coal washer　洗煤机

coalburster　水压爆煤筒

coalcutter　截煤机

coalcutter-loader　联合截煤机

coaler　(1)运煤船; (2)运煤铁路

coalesce　(1)接合, 合口; (2)结合, 聚结; (3)合并, 联合, 组合

coalescence　(1)聚结; (2)胶着; (3)结合

coalface　采煤工作面

coalfield　煤田

coalgetting　采煤

coalification　碳化[作用], 煤化作用

coaling　(1)装煤; (2)加煤

coaling base　煤站

coaling ship　运煤船, 供煤船

coalite　寇莱特无烟燃料, 焦炭砖, 半焦炭

coalition　联合, 串通

coalliery(= colliery)　煤矿

coalman　(1) 煤矿工人；(2) 煤矿工作者

coalmine　煤矿

coalwhipper　(1) 卸煤机；(2) 卸煤工人

coamings　(1) 舱口栏板, 舱口围板；(2) 围槛；(3) 凸起天窗

coaptation　接合, 配合

coarse　(1) 粗的；(2) 近似的, 不精确的；(3) 未加工的, 粗糙的；(4) 下等的；(5) 大的, 巨型的

coarse adjustment　粗调节, 粗调

coarse aggregate　粗骨料

coarse clearance fit　松动配合, 松转配合

coarse control　粗调 [节], 粗控

coarse-crystalline　粗结晶的, 粗晶 [状] 的

coarse diameter-pitch　(齿轮) 粗径节 (相当于小模数)

coarse diamond-point knurling roll　粗金刚钻压花滚刀

coarse feed　粗进刀, 粗进给

coarse-fibred　有粗纤维的, 有粗纤维质的

coarse file　粗 [齿] 锉

course fill (=CF)　粗料充填

coarse fit　粗配合

coarse gear cutting hob　粗加工齿轮滚刀

coarse grading　粗级配

coarse grain　(砂轮的) 粗粒 [度], 粗晶粒, 粗晶

coarse-grained　粗晶的

coarse-grained fracture　粗晶断口, 粗晶 [粒] 断面

coarse-grained structure　粗晶 [粒] 组织, 粗晶 [粒] 结构

coarse grating　粗衍射栅, 粗绕射栅

coarse grinding　粗磨

coarse martensite structure　粗晶粒马氏体组织

coarse pitch　大螺距, 大节距

coarse-pitch cutter　大节距齿铣刀

coarse-pitch gear　大节距齿轮

coarse-pitch screw　粗牙螺钉, 大螺距螺钉

coarse-pitch tooth　大节距轮齿

coarse-pitch thread　粗牙螺纹

coarse pored　大孔的, 粗孔的

coarse porosity　粗孔率

coarse regulation　粗调

coarse sand　粗砂

coarse scanning　粗扫描

coarse screw　粗调螺丝

coarse structure　粗晶粒结构

coarse texture　大颗粒结构

coarse thread　粗牙螺纹

coarse thread screw　粗纹螺钉

coarse thread series　粗螺纹系

coarse-tooth cutter　粗齿铣刀

coarse tuning　粗调谐

coarse vacuum　低真空

coarse wheel　粗砂轮

coarse wire rope　粗丝钢丝绳, 硬钢丝绳

coarse worm　大节距蜗杆

coarse worm gears　大节距蜗杆装置

coarse wormgear　大节距蜗轮

coarse wormwheel　大节距蜗轮

coarseness　(1) 粗糙度, 粗度；(2) 粒度

coarsening　晶粒长大, 粗化

coarsening side　(齿轮) 非工作面, 尾随齿面, 背齿面

coast　(1) 沿下降轨道飞行, 惯性滑行, 惯性飞行, 滑翔；(2) 跟踪惯性, 滑下, 漂移, 跟踪；(3) 海岸

coast defense radar for detecting U-boats (=CDU)　海岸搜索潜艇雷达

coast guard　海岸巡逻队, 海岸警卫队

coast period　滑行阶段

coast pilot　沿海航行指南

coast side　(齿轮的) 不工作齿侧

coastal defence radar for detecting U-boats (=CPU)　探测潜艇用海防雷达

coastal motor boat　鱼雷快艇

coastdown　(1) 减退, 下降, 降低；(2) 惯性滑行, 惰行

coasted engine　被车辆惯性带动的发动机

coaster　(1) 惯性运转装置, 飞轮；(2) 自由离合器, 超越离合器；(3) 单向联轴节；(4) 惯性飞行导弹；(5) 滑行机；(6) 沿海航船, 近海航船；(7) 垫子, 盘子

coaster brake　自由行程制动器, 倒轮制动器, 倒轮刹车

coasting　惯性飞行, 惯性滑行

coasting arc　被动弹道弧, 惯性飞行弧

coasting beam　漂移束

coasting body　惯性体

coasting-down　沿下降轨道惯性飞行, 沿下降弹道惯性飞行

coasting grade　滑行坡度

coasting missile　滑翔导弹, 惯性飞行导弹

coasting path　惯性飞行轨迹, 被动段弹道

coasting speed　滑行速度

coasting trajectory　惯性运动轨迹, 惯性运动轨迹, 惯性飞行弹道, 弹道被动段

coasting-up　沿上升轨道惯性飞行, 沿上升弹道惯性飞行

coat　(1) 覆盖层, 表皮层, 涂层, 镀层, 敷层, 外层, 蒙皮, 镶面, 外膜, 表层, 面层；(2) 表面处理, 覆盖, 涂, 镀, 蒙；(3) 涂底漆, 底漆；(4) 防水覆罩, 帆布罩；(5) 加面层, 上油漆, 上涂料, 涂上, 镀上, 包上, 罩上, 盖上, 蒙上, 套上

coat of asphalt　沥青层

coat of colour　颜料层

coat of metal　金属防护层, 金属保护层, 金属镀层

coat of paint　涂漆层, 漆罩层

coat of synthetic resin　合成树脂涂层

coat with rubber　涂橡胶

coated (=ctd)　有涂层的, 有覆盖的, 镀有的, 涂有的

coated abrasive (=c/a)　(1) 砂纸, 砂布；(2) 外涂磨料

coated abrasive grinder　砂带磨床

coated abrasives　涂附磨具

coated electrode　(1) 敷料电极；(2) 有涂料的焊条, 有药皮的焊条

coated filament　氧化物涂敷的灯丝

coated lens　镀膜透镜, 涂膜透镜, 加膜透镜, 滤光镜

coated magnetic tape　磁粉涂布磁带

coated metal (=CMET)　镀层金属

coated metallic electrode　涂层金属电极

coated paper　铜版纸, 涂料纸

coated powder cathode (=CPC)　敷粉阴极

coated rod　(1) 敷料电极；(2) 有涂料的焊条, 有药皮的焊条

coated sand　(壳型铸造) 涂覆树脂砂, 覆膜砂

coated steel　镀层钢板, 镀层薄板, 涂层薄板, 包层薄板, 覆层薄板

coated surface　有覆盖层的表面, 镀层表面, 涂层表面

coated tape　涂粉磁带, 涂敷磁带

coated-tips　涂层刀片

coated wire　被覆线

coater　(1) 涂镀设备, 镀膜机, 涂布机, 涂胶机, 涂料器, 涂层器, 敷涂器；(2) 涂胶工

coating　(1) 涂料, 上胶；(2) 覆盖层, 涂层, 敷层, 包敷层；(3) 外壳, 套, 蒙皮；(4) 镀, 涂；(5) 涂法；(6) 焊药；(7) 油漆, 贴胶；(8) 胶膜, 上层

coating by vapour decomposition　热解蒸镀

coating compound　涂料

coating getter　吸气剂涂层

coating machine　涂漆机

coating material　涂料

coating pipe　喷镀管道, 涂釉管

coating process　外层涂膜法

coating protective　防护层

coating steel pipe　镀锌钢管

coating varnish　罩光清漆

coax (=coaxial cable)　同轴电缆

coaxal 或 coaxial　同心线的, 同轴的, 共轴的, 共心的

coaxality　同轴性, 共轴性

coaxial 或 co-axial　同心线的, 同轴的, 共轴的, 共心的

coaxial antenna　同轴天线

coaxial cable　同轴电缆

coaxial circles　共轴圆

coaxial circuit　同轴电路

coaxial cone　共轴圆锥

coaxial configuration　同轴结构

coaxial connector　(1) 同轴线接插件, 同轴线插头座, 同轴线连接器；(2) 同轴电缆连接器；(3) 同轴线接头

coaxial design　同轴设计

coaxial drive　(1) 同轴驱动；(2) 同轴驱动装置

coaxial duplexer　天线转换开关, 天线转接开关, 天线双工开关

coaxial feeder　同轴馈 [电] 线

coaxial fitting　共轴装配

coaxial inner connector　同轴 [线] 芯线

coaxial internal gear　同轴内齿轮

coaxial line (1) 共轴线，同轴线；(2) 具有同心导线之电缆
coaxial-line termination 同轴线终端负载
coaxial line tuner 同轴线调谐器
coaxial load 轴向载荷
coaxial magnetron 同轴磁控管
coaxial mechanism 同轴机构，共轴装置
coaxial output circuit 同轴线输出器
coaxial plug 同轴插头
coaxial relay 同轴继电器
coaxial resonant cavity 同轴谐振腔
coaxial resonator 同轴空腔共振器，同轴谐振器
coaxial sun gears 共轴太阳轮
coaxial supply line 同轴馈电线
coaxial switch 同轴开关
coaxial transistor 同轴型晶体管
coaxial trochotron 同轴电子开关
coaxial-waveguide output device 同轴波导型输出器
coaxing （在材料的疲劳极限下预加应力的）预应力强化法
coaxing into great resistance to fatigue 人工提高耐久极限，人工提高疲劳极限
coaxing of metal strength 人工提高金属强度
coaxitron 同轴管
coaxswitch 同轴电路转换开关，同轴线路开关
cobalt {化}钴 Co
cobalt-cemented titanium carbide 钴钛硬质合金，钴钛金属陶瓷
cobalt-cemented tungsten carbide 钴钨硬质合金，钴钨金属陶瓷
cobalt-chalcanthite 钴钒
cobalt ferrite 钴铁氧体
cobalt-nickel 镍钴合金
cobalt-nickel-pyrite 钴镍黄铁矿
cobalt nuclear bomb (=CB) 钴核弹
cobalt steel 钴钢
cobalt-voltaite 钴绿镁铁钒
cobaltic (1) 钴的；(2) 高钴的，三价钴的
cobaltide 钴土矿
cobaltite 辉钴矿
cobaltous [正]钴的，二价钴的
cobaltpentlandite 钴镍黄铁矿
cobanic 可巴尼克镍钴铁合金（镍 54.5%，钴 44.5%，铁 1%）
cobber (1) 磁选机；(2) 选矿石工
cobbing (1) 人工破碎；(2) 手选矿石，锤击选矿；(3) 分段四分取样法
cobbings 清炉渣块
cobble (1) 半轧废品；(2) 卵石级煤
cobe 钟形失真（显示器上由调频引起的）
Cobenium 恒弹性模数钢
Cobitalium alloy （活塞用）铝合金
coboundary 上边缘
coboundary complex 上边缘复形
coboundary operator 上边缘运算子
cochain {数}上链
cochain complex 上链复形
cochannel (1) 同波道的，同信道的，同频道的；(2) 同管道的，同槽的
cochannel interference 同波道干扰
Cochran boiler （小型）立式横烟管锅炉
cochromatography 混合色谱分析法
cock (1) 液流开关，小龙头，水龙头，节气门，旋塞，活嘴，开关，阀门，管闩，栓；(2)（枪的）调整投弹机构，板机击锤，击铁；(3) 使处于待发状态；(4) 起重机，吊车；(5) 风向标，指针，尖角；(6)（原子能）提升棒
cock-bead 凸出边缘
cock key 旋塞扳手，龙头扳手
cock spanner 旋塞扳手，龙头扳手
cock tap 龙头，旋塞
cock valve 龙头，旋塞
cock wheel 中间轮，惰轮，接轮
cockade 航空器徽志
cockboat 供应艇
Cockcroft connection 用几个整流器可得到超高直流电压的接线方法
cocked (1) 翘起的，竖起的；(2) 处于准备击发状态的
cocked hat 定位三角形，菱角线
cocked missile 准备好发射的导弹
cocked safety rod 提升的安全棒
cocker (1) 架设人字形支架；(2) 采煤工作面临时支柱
cockering 人字形支架
cockermeg 凹字楔，长臂，扁栓，斜撑，采煤工作面临时支柱

cockeye (1)[挽绳的]系圈；(2)[磨石的]承窝
cocking (1) 倾斜，斜面，斜度；(2) 歪斜；(3) 待发状态，扳起；(4) 拉紧，扣紧
cocking-button 竖起钮
cocking mechanism 击性准备装置
cocking piece 扒钉
cocklifter 运垛机
cockle-stair 螺旋梯
cockler 贝类采集船
cockles 波纹
cockling 扭转，缠绕
cockloft 顶楼，顶层
cockpit (=ckpt) 驾驶室，驾驶间，（飞机）座舱，（船）尾舱
cockpit panel （飞机的）仪表板
cockscomb （砖瓦工用的）金属刮板
coclad 有金属包层的钢板
cocentinuous 上连续
cocopan 小型矿车，小容量矿车
cocurrent 平行电流，直流
cocurrent flow 同向流动，平行流，同流
cocycle (1){数}闭上链；(2) 上循环
cod (1) 湿砂型心；(2) 轴向轴承
codan （载频控制的）干扰抑制器，干扰抑制装置，干扰抑制电路
codan lamp [信号]接收指示灯
code (=cde) (1) 代码，密码，电码，码；(2) 译成电码，编码，编号，译码；(3) 符号，记号，标记，代号；(4) 制定法规，制定规则，法典，法规，规则，法律，规范，规程，规章，标准，惯例，守则；(5) 图例制；(6) 工业产品规范，程序
code address 电报挂号
code alphabet (1) 零件编号册；(2) 代码字母[表]，码符号集
code beacon [电]码信标，闪光灯标
code bit 代码[信息]单位
code book 电码本，编码本，译码本
code call 编码呼叫，选码振铃
code checking 代码检验
code circuit 编码电路
code combination 编码组合，代码组合，电码组合
code command 编码指令
code conversion 代码变换，电码变换
code converter 数码变换器，码型变换器，代码变换器，代码转换器，译码器，变码器
code current 编码电流
code-dependent system 相关码体系
code device 编码装置，编码器
code drum 编码磁鼓，代码轮，代码鼓
code element 电码单元，编码元素，代码单位，代码元素，代码编码
code error detector 误码检测器
code language 密码术语，符号术语
code length 电码长度，码长
code letter 字母，码[字]
code machine 编码机
code number (=Code No.) 编码数，代码，代号
code of practice 业务条例，业务法规，实施规程，定额
code order 编码指令
code preserving permutation 保码排列
code receiver 电码收报机，收码器
code-reader 代码读出器
code-register 代码寄存器，编码寄存器
code redundancy 码剩余度，码冗余度
code repertory 指令系统，指令代码，指令表
code rewriting 代码再生，代码重写
code rule 编码规则
code sign 代码符号，电码符号，电码
code switch {计}代码开关
code system 电码制
code telegram 密码电报，电码电报，编码电报
code translator 译码器，解码器
code transmitter 电码发报机
code-transparent system 明码系统
code word 代码字，电码字
code word-locator polynomial 码字定位多项式
code word weight enumerator 码字权重计数子
codec (=coder 和 decoder 的缩写) 通常包含了编码和解码电路的物理组合

codeclination 同轴磁偏角, 极距
codecontamination 共去污
coded (1) 编码; (2) 编成电码的, 译成电码的, 编码的, 编码化
coded address 编码地址
coded automatic gain control (=CAGC) 编码自动增益控制
coded-decimal （二进制）编码的十进制
coded decimal （二进制）编码的十进制
coded-decimal digit （二进制）编码的十进制数 [字]
coded-decimal machine （二进制）编码的十进制计算机
coded-decimal notation （二进制）编码的十进制记数法
coded identification 编码符号, 编码识别, 译码表示法
coded passive reflector antenna 编码无源反射天线
coded-program [用] 编码 [表示] 的程序
coded program 编码程序, 上机程序
coded pulse 编码脉冲
coded signal 编码信号
coded stop (1) 程序停机, 编码停机; (2) 编码停机指令
coded word 代码字 [母], 电码字 [母]
codeine 可待因 (碱)
coder (= encoder) (1) 编码装置, 编码器, 译码器; (2) 编码员, 译码员; (3) 记发器
coder and random access switch (=CRAS) 编码和随机存取开关
codes of construction 建造条例
codified procedure 自动设计程序
codify (1) 编成法典; (2) 编纂, 整理
codimer 共二聚体
coding (1) 译成电码, 译成密码, 编制程序, 编码, 译码; (2) 符号代语
coding collar 编码环
coding line 指令字
coding mask 编码盘
coding network 编码网络, 编码器
coding office 密码室, 译电室
coding paper 程序纸
coding relay 编码继电器
coding sheet 编码纸, 程序纸, 编码表
coding system 编码系统, 电码系统, 编码制, 电码制
coding triplet 密码三联组
coding tube 编码管
coding wheel 编码 [用] 轮, 符号轮
codirectional (1) 平行的; (2) 在同一方向上的, 同向的
codistillation 共馏 [法]
codistor 静噪调压阀, 静噪稳压管
codman 鳕鱼渔船
codogram 编码
codomain 函数的范围, 值的范围, 值域
codominance 共显状态, 共显性
codon (1) 密码子; (2) 码字
codress 编码地址
codriver 副驾驶员
coefficient (=C) (1) 系数, 因数, 常数, 率; (2) 协同因数; (3) 程度; (4) 折算率
coefficient for modification of top diameter （齿轮）齿顶圆直径变位系数
coefficient matrix 系数矩阵
coefficient of absorption 吸收系数
coefficient of acidity 酸度系数
coefficient of adhesion 粘着系数, 附着系数
coefficient of alienation 不相关系数, 相疏系数
coefficient of amplification 放大系数
coefficient of autocorrelation 自相关系数
coefficient of capacitance （麦克斯韦方程中的）电容系数
coefficient of capacity 电容系数
coefficient of charge (1) 装载系数; (2) （线圈）占空系数
coefficient of cohesion 粘聚系数
coefficient of combination 组合系数, 系统系数
coefficient of compressibility 压缩系数
coefficient of concentration 凝聚系数
coefficient of conduction 传导系数
coefficient of connection 联结系数
coefficient of consolidation 渗压系数
coefficient of contraction 收缩系数
coefficient of correction (=CC 或 C of C) 修整系数, 校正系数
coefficient of corrosion 腐蚀系数
coefficient of coupling 耦合系数

coefficient of cubical elasticity 体积弹性系数
coefficient of cubical expansion 体积膨胀系数, 体胀系数
coefficient of damping 阻尼系数
coefficient of decrease 减少率
coefficient of detection 检波系数
coefficient of dielectrical loss (1) 电介常数; (2) 电介质损耗系数
coefficient of diffusion 扩散系数
coefficient of dilatation 膨胀系数
coefficient of dilution (1) 稀释系数; (2) （外部气流与内部气流的）质量比
coefficient of direction 方向系数
coefficient of discharge (1) 流量系数; (2) 放电系数
coefficient of divergence 发散系数
coefficient of drag (=CD) 阻力系数
coefficient of dust removal 脱灰系数
coefficient of dynamics 动力系数
coefficient of efficiency 有效作用系数, 利用系数, 效率
coefficient of elasticity (=C of E) 弹性系数
coefficient of electron coupling 电子耦合系数
coefficient of electrostatic induction 静电感应系数
coefficient of elongation 伸长系数
coefficient of end restraint 端部约束系数, 制端系数
coefficient of expansion 膨胀系数
coefficient of extension 伸长系数, 延伸系数, 伸长比
coefficient of fineness of midship section 中段剖面的丰满系数, 中段剖面的肥脊系数
coefficient of fineness of water plane 水线面系数 (船的)
coefficient of flow 流量系数
coefficient of form 弹形系数
coefficient of friction (=C of F) 摩擦系数
coefficient of friction resistance 磨阻系数
coefficient of friction of rest 静摩擦系数
coefficient of fullness of displacement （船型）排水量系数
coefficient of ground friction 地面阻力系数
coefficient of heat conductivity 导热系数
coefficient of heat emission 放热系数
coefficient of heat insulation 绝热系数
coefficient of heat passage 热传导系数, 传热系数
coefficient of heat perception 受热系数
coefficient of heat transfer 换热系数, 热传导系数, 传热系数
coefficient of hysteresis 磁滞损失系数
coefficient of impact 动力系数, 冲击系数, 冲量系数
coefficient of increase 增加率
coefficient of increase and decrease 增减率
coefficient of induction 感应系数
coefficient of induction 感应系数
coefficient of irregularity 不规则系数
coefficient of kinematic viscosity 动力粘滞系数
coefficient of kinetic friction 动摩擦系数
coefficient of leakage 漏损系数, 泄漏系数
coefficient of lift 升力系数
coefficient of limiting friction 极限摩擦系数
coefficient of linear expansion 线性膨胀系数, 线胀系数
coefficient of linear thermal expansion 线 [性] 热 [膨] 胀系数
coefficient of loss(es) 损耗系数, 漏电系数
coefficient of magnetic dispersion 磁漏系数
coefficient of magnetic leakage 磁漏系数
coefficient of modulation 调制系数
coefficient of moisture absorption 吸水系数, 吸湿系数
coefficient of moisture transition 变湿系数
coefficient of moment 力矩系数
coefficient of multiple correlation 多重相关系数
coefficient of mutual induction 互感系数
coefficient of non-linear distortion 非线性失真系数
coefficient of opacity 不透明度, 不透明系数
coefficient of overflow 溢流系数, 堰流系数
coefficient of oxidation 氧化系数
coefficient of partial correlation 偏相关系数
coefficient of performance 有效使用系数, 性能系数, 特性系数, 效率
coefficient of permeability 渗透系数
coefficient of potential 电位系数
coefficient of power train efficiency 动力系统总效率
coefficient of propeller advance 螺 [旋] 浆前进系数
coefficient of rank correlation 秩相关系数, 顺序相关系数

coefficient of recovery　回收率
coefficient of rectification　整流系数
coefficient of reduction　换算因子
coefficient of reflection　反射系数
coefficient of regression　回归系数
coefficient of resilience　弹性系数,回弹系数
coefficient of resistance　(1)阻力系数;(2)电阻系数
coefficient of restitution　抗冲系数,恢复系数
coefficient of rigidity　刚性系数
coefficient of rolling friction　滚动摩擦系数
coefficient of rolling resistance　滚动阻力系数,滚阻系数
coefficient of rotary　旋转系数
coefficient of rotation　旋转系数
coefficient of rupture　破裂系数
coefficient of safety　安全系数
coefficient of secondary emission　二次放射系数
coefficient of self-induction　自感系数
coefficient of shear　剪切系数
coefficient of shrinkage　收缩系数,干缩系数
coefficient of sliding　滑动系数
coefficient of sound absorption　吸音系数
coefficient of sound-transmission　传声系数
coefficient of source efficiency　光源效率
coefficient of sprinkling　喷洒系数,水气比
coefficient of static friction　静摩擦系数
coefficient of stiffness　偏强系数,刚度系数
coefficient of thermal conductivity　热传导系数
coefficient of thermal expansion (=CTE)　热膨胀系数
coefficient of thermal transmission　传热系数
coefficient of thrust　推力系数
coefficient of tooth friction　轮齿摩擦系数
coefficient of torsion　扭转系数
coefficient of transmission　透射系数
coefficient of transparency　透明系数
coefficient of true selective absorption　选择[性]真吸收系数
coefficient of utilization　利用系数,利用率
coefficient of variation　变差系数,变差异数
coefficient of velocity　速度系数
coefficient of ventilation　通风系数
coefficient of viscosity　粘滞系数,粘性系数,粘度系数
coefficient of water planes　水平面系数
coefficient of wear　磨损系数,磨耗系数
coefficient unit　系数部件
coelectrodeposition　共电沉积
coelectron　协同电子,原子核心
Coelinvar　恒弹性系数的镍、钴、铁、铬磁性材料,柯艾里伐合金
coelonavigation　天文导航
coelongate　等长的,同长的
coelosphere　坐标仪
coelostat　活镜式天体望远镜,定向仪,定天镜
coenvelope　上包络
coequal　同等的,相等的
coerce　强迫,强制,迫使
coercend　{计}强制子句
coercibility　可压缩性,可压凝性
coercible　可压缩的,可压凝的,可强制的
coercimeter　矫顽磁力计
coercion　强迫,被迫,强制,压制
coercitive　矫顽[磁]力的,矫顽磁场的
coercitive field　矫顽磁场
coercitive force　矫顽[磁]力
coercitive stress　矫顽应力
coercitivemeter　矫顽磁性测量仪
coercitivity　矫顽磁性,矫顽磁力
coercive field　矫顽磁场
coercive force　矫顽[磁]力
coercivemeter　矫顽磁性测量仪
coerciveness　强制性
coercivity　矫顽磁力,矫顽磁性
coeswrench　活动扳手
coexecutor　共同执行人,共同委托人
coexist　同时存在,共存,共处
coexistence　共存性
coexisting phase　共存相

coextend　使在时间上共同扩张,使在空间上共同扩张
coextensive　同域的
coextract　共同萃取,同时萃取
coextrusion　混合挤压[成型],双金属挤压
cofactor　(1)辅助因数,代数合取,协同因子,辅因子,余因子,余因数,余因式;(2)辅因素,协同因素
coffer　(1)保险箱;(2)浮船坞,潜水箱,沉箱;(3)隔离舱;(4)吸声板,隔音板;(5)天花板的镶板,平顶镶板;(6)(复)国库,资产,财源;(7)用平顶镶板装饰,放入箱中,贮藏
coffer lock　箱形船闸
coffered floor　格式楼面
coffered foundation　沉箱基础,箱式基础
cofferdam　(1)隔离舱;(2)潜水箱,沉箱;(3)贮藏
cofferdam piling　围堰板桩
coffering　(1)方格天花板,格子平顶;(2)衬壁,衬砌;(3)铺渣
coffin　(1)放射性物料搬运箱,重屏蔽容器,屏蔽罐,装运罐,铅箱;(2)导弹掩体;(3)报废船
coffinite　科芳矿,铀石,水硅铀矿
coffret　小保险箱
cofinal　{数}共尾
cofinal parts　共尾部分
cofinite　上有限
coflow coupling　同向耦合
cofunction　余函数
cofunctor　反变函子,上函子
cog　(1)(爬坡机车齿轮的)大齿,嵌齿,轮牙,轮齿;(2)大钢坯,短坯;(3)凸,凸出,雄榫,榫头,(4)嵌齿轮,装榫,作榫;(5)轧成坯,开坯,初轧,压下;(6)小艇
cog down　压下,初轧,开坯
cog railway　有嵌齿的轨道,缆车道
cog wheel　嵌齿轮
cog wheel casing　嵌齿轮套
cog-wheel coupling　齿形联轴节,离合联轴节
cogasin　科加辛,[水煤气]合成油
cogelled　共凝胶的
cogenerate　利用工业废热发电
coggea　(1)用榫头连接;(2)用嵌齿连接
cogged　有齿轮的
cogged belt　带齿皮带
cogged bit　冲击式凿岩器,齿形钻头
cogged bloom　初轧方坯,大钢坯
cogged flywheel　带齿飞轮
cogged ingot　初轧钢坯,大方坯
cogged joint　雄榫接合
cogging　(1)钝齿啮合;(2)嵌齿切削,切削齿;(3)开坯,初轧,压下;(4)(伺服电机的)齿槽效应;(5)(低速时)转矩变动;(6)雄榫装入,雄榫接合;(7)架设木垛
cogging-down　开坯
cogging down　开坯
cogging-down pass　延伸孔型,开坯孔型,开坯道次
cogging-down roll　开坯机轧辊
cogging effect　嵌齿效应
cogging hammer　开坯锻锤
cogging joint　(1)齿节;(2)榫齿接合
cogging mill　开坯机,初轧机,粗轧机
cogging roll　开坯轧辊,粗轧辊
cogging stand　开坯机座
cogitable　可以思考的,可以想象的
cogitate　深思熟虑,思考,考虑
cognate　(1)同源的,同族的;(2)有共同点的,同系统的,同性质的,互有关系的,有关联的;(3)钝齿
cognition　认识,认识力,识别
cognitron　认知机
cognizable　能够被认识的,可认识的
cognizance　(1)认识,认知,知道;(2)观察,注意,监视
cognizant　认识的
cognize　认识到,知道
cognoscible　可以认识到的,可知的
cogredient　{数}同步的,协步的
cogs　轮牙
cogwheel　嵌齿轮,钝齿轮
cogwheel gearing　齿轮传动装置
cogwheel pump　齿轮泵
cohence　相干性

cohenite 镍碳铁石,陨碳铁

cohere (1)粘结在一起,连结在一起,附着,粘附,粘结,粘着,贴合,结合;(2)凝结,凝聚;(3)相干,相关,相参;(4)连贯

cohered video 相关视频信号

coherence (1)联接,连合,咬合;(2)粘合性,粘附性,粘性;(3)凝聚,凝结,内聚;(4)结合;(5)附着,粘着,粘附;(6)(光的,波的)相干性,相关性,相参性,共格性;(7)同调;(8)连贯性

coherence effect 相干效应

coherence length 粘着长度

coherence of a set 集的凝集部,集的聚部

coherence of boundary 界面的共格性

coherence strain 共格应变

coherence technique 相干技术

coherency (1)粘着,附着;(2)凝集,凝聚;(3)结合;(4)统一

coherent (1)相连接的,相干的,相关的,相参的,连着的;(2)协调的,一致的;(3)同相的;(4)相互密合的,粘着的,粘附的;(5)有凝聚力的,凝聚性的,粘结性的,凝固的;(6)协调的,同调的,同相的,一致的;(7)连贯的,有条理的

coherent beam amplifier 相干光束放大器

coherent boundary 共格晶界

coherent detection 相干检测,相干解调,相干检波

coherent detector 相干检波器

coherent generator 相干振荡器,相参振荡器

coherent infrared energy (=CIE) 相干红外能量

coherent interface 共格界面

coherent interphase boundary 共格相界

coherent light radar 相干光雷达

coherent memory filter (=CMF) 相干存储滤波器

coherent nucleus 共格晶核

coherent optical locator 相干光定位器

coherent optical radar 相干光雷达

coherent oscillator (=COH OSC) 相干振荡器,相参振荡器,同相振荡器

coherent phase-shift keying (=CPSK) 相干相移键控法

coherent rotation (=CR) 相干转动

coherent transmitter 相干发射机

coherent wave 相干波

coherer 金属屑检波器,金属末检波器,粉末检波器

cohesible 能粘聚的,能粘结的

cohesiometer 粘聚力计

cohesion (1)结合;(2)[分子的]凝聚,内聚,内聚力,内聚性,凝聚性;(3)结合力,粘着力;(4)凝结,粘着,内粘,附着,连着

cohesion-friction-strain 内聚力-摩擦力-应变

cohesion-friction-strain test (=CFS test) 内聚力-摩擦力-应变试验

cohesion moment (1)粘聚力矩;(2)粘紧应力

cohesionless 不粘[的],无粘性[的],非粘性[的],松散的

cohesive 粘聚性的,粘结力的,粘性的,粘合的,粘着的

cohesive energyv 内聚能

cohesive failure 咬合损坏

cohesive force 内聚力,凝集力

cohesiveness 内聚性,粘聚性,粘结性

coho 或 COHO 相干振荡器,相参振荡器

cohobation 回流蒸馏,连续蒸馏,反复蒸馏

cohomology {数}上同调

cohomotopy {数}上同伦

cohydrolysis 共水解作用

coign(e) (1)投射角;(2)隅,外角;(3)隅石

coil (=cl) (1)线圈,线卷,绕组;(2)绕线圈,感应圈;(3)盘管;(4)螺旋管,蛇形管;(5)(摄影)卷片筒;(6)焊丝盘条,线材卷,带材卷,薄板卷,带卷,卷材,盘条;(7)绕制线圈,绕成螺旋,绕成盘状,盘绕,缠绕,环绕;(8)一盘磁带

coil arrangement 线圈布置

coil aspect ratio 线圈环径比

coil assembly 线圈组

coil axis 线圈轴线

coil base [带卷退火用的]固定式炉底,炉台

coil boiler 盘管锅炉

coil brake 盘簧制动器,盘簧闸

coil break 板卷折纹,卷裂

coil buckling (1)(板材或轧件的)拧绞,扭结;(2)(钢丝绳的)死扣;(3)(薄板的)边部浪

coil buggy 带卷自动装卸车

coil car 卷材移动台车

coil clutch 螺旋弹簧离合器

coil comparator 线圈比较器,线圈试验器,线圈测试器

coil condenser 盘管冷凝器,旋管冷凝器

coil configuration 线圈组合方式,线圈排布

coil constant 线圈质量因数,线圈常数

coil conveyer 卷材输送机

coil cradle 卷材进给装置,卷料架

coil curl 线圈旋度

coil current 线圈电流

coil downending machine 翻卷机

coil-driven loudspeaker 动圈式扬声器

coil-ejector 钢皮卷推出器

coil-end leakage 线圈端漏磁

coil end leakage reactance 线圈端漏电抗

coil evaporator 螺管蒸发器,蛇管蒸发器

coil factor 线圈系数

coil former 线圈形成器,线圈管,线圈架

coil galvanometer 线圈型电流计

coil holder 线圈座,卷料匣

coil in 盘管进入接头,进线[端],输入[端]

coil insulation 线圈绝缘

coil insulation tester 线圈绝缘测试器

coil jack 带卷升降车

coil kit 线圈组件,盘管组件

coil lift-and-turn unit 带卷升降回转台

coil-load 加电感

coil-loaded cable 加感电缆

coil-loaded circuit 加感电路

coil loading 加负载,加感

coil loss 线圈损耗

coil magnetizing method (磁粉探伤的)磁粉绕组法

coil magnetometer 线圈式磁力仪,感应式磁力仪

coil of cable 电缆卷

coil opening machine 松卷机

coil-out 输出[端],出线

coil out 盘管引出接头,输出[端],出线,盘出

coil pack 线圈组件,盘管组件

coil paper 盘纸,筒纸,卷纸

coil pitch 线圈节距

coil polymer 螺旋状聚合物

coil positioner 围盘固定装置,围盘固定器

coil pulser (非线性)线圈式脉冲发生器

coil-Q 线圈品质因数

coil ramp 开卷机装料台,运送钢卷斜桥

coil rod 盘条

coil slippage 脱圈

coil spring 螺旋弹簧,[卷]圈弹簧,盘簧,卷簧

coil spring absorber 螺旋弹簧减振器

coil-spring clutch [卷]圈弹簧离合器

coil stock 卷材

coil strip 成卷带材

coil tail 成卷带材的端头

coil tap 线圈抽头,盘管抽头

coil upender 翻卷机

coil winding 线圈绕组

coil-winding machine 绕线圈机

coil with sliding contact 滑触线圈

coiled (1)绕成,卷成,缠成;(2)线圈绕成,螺旋管绕成

coiled bar 成卷钢,盘条钢

coiled-coil 盘绕线圈式灯丝,螺线形灯丝,螺旋形灯丝,双绕灯丝,复绕灯丝

coiled coil 盘绕线圈,双重线圈

coiled-coil filament 盘绕线圈式灯丝,螺线形灯丝,螺旋形灯丝,双螺旋灯丝,复绕灯丝

coiled coil filament 螺旋式灯丝,双螺旋线灯丝

coiled-coil heater 双螺旋加热器,复绕加热器

coiled condenser 旋管冷凝器

coiled-cooling pipe 复绕冷却管道,双管冷却管

coiled cooling pipe 复绕冷却管道,双管冷却管

coiled key 旋簧键

coiled material 卷材

coiled pipe 盘管,旋管,蛇管,线圈

coiled pipe cooler 盘管冷却器

coiled rod 盘条

coiled shaft 圈条轴

coiled spring　螺旋形弹簧, 盘簧
coiled steel　成卷带钢
coiled stock　带卷
coiled straightener　卷材矫直机
coiled tube wheel　圈条斜管齿轮
coiled wheel　圈条齿轮
coiled winder　线材拉拔机
coiler　(1) 蛇形管, 盘管, 旋管; (2) 缠卷装置, 缠卷机, 卷绕机, 卷取机, 卷绕机, 卷线机, 盘管机, 卷轴, 卷盘; (3) 线圈
coiler kickof　拔卷机
coiler motion　卷绕机构
coiler tension rolling mill　带钢张力冷轧机
coiling　(1) 绕制线圈, 绕成螺旋; (2) 螺旋 [线], 卷绕, 卷取, 卷曲, 绕线; (3) 盘旋
coiling length　[鼓筒] 钢丝绳容量
coiling machine　(1) 绕弹簧机, 卷簧机; (2) 卷料机, 卷取机, 盘簧机, 盘绳机
coiling of the molecule　分子缠结
coiling pipe bender　盘管机
coimage　余像
coin　(1) 铸币; (2) 硬币, 货币, 金钱; (3) 压花, 压纹, 精压, 冲造; (4) 冲子
coin-assorter　大小硬币分选器
coin box telephone (=CBT)　硬币制公用电话, 投币式公用电话
coin-box television　投币式电视
coin control　硬币控制
coin counting machine　自动点钞机
coin embossing press　硬币压印机
coin-in-the-slot　投币自动售货的
coin metal　货币合金
coin refund　退币口
coin silver　货币银, 币合金
coin slot　投币口
coinage　(1) 造币, 铸币; (2) 货币制度, 货币
coinage bronze　货币青铜
coinage gold　造币标准金, 货币金
coinage metal　货币合金
coinage silver　货币银
coinbox　硬币箱, 钱箱
coincide　(1) 重合, 相合, 叠合, 吻合; (2) 一致, 相同, 相符, 符合
coincidence　(1) 符合, 一致, 相合, 吻合; (2) { 数 } 叠合, 重合, 相等; (3) 同时发生, 同时共存在
coincidence adjustment　焦点距离调整, 重合调整
coincidence amplifier　重合放大器
coincidence analyzer　重合分析器
coincidence AND signal　"与"门信号
coincidence arrangement　(1) 重合装置, 符合装置; (2) 重合计算线路
coincidence circuit　符合电路
coincidence correction　(1) 重合校正, 符合校正, 同频校正; (2) 重合校准, 符合校准, 同频校准
coincidence formula　符合公式
coincidence frequency　重合频率
coincidence gate　{ 计 } 符合门, 重合门, "与"门
coincidence method of measurement　符合测量法
coincidence of a correspondence　对应的叠合
coincidence of orders　序的重合, 阶的重合
coincidence pendulum　符合摆
coincidence range finder　复合焦点测距仪, 叠像测距仪, 符合测距仪
coincidence selection system　(电流) 重合选择系统, 符合选择系统
coincidence sensor　符合传感器, 重合检测器
coincidence sorter　符合分类器
coincidence transponder　符合发送 - 应答机
coincidence unit　"与"门
coincident　(1) 相合的, 重合的, 符合的, 叠合的, 巧合的, 一致的; (2) 同时发生, 共同存在; (3) 重合指示器
coincident-current memory (=CCM)　电流重合 [法] 存储器
coincident-current selection　电流重合选取法
coincident-current storage　电流重合 [法] 存储器
coincident demand efficiency　同时需用效率, 最大需用效率
coincident demand power　同时需用功率, 最大需用功率
coincidental　同时发生的, 巧合性的, 符合的
coincidental correlating　叠合相关
coincidental starting　(汽车) 风门起动
coined gasket seal　矩形垫圈密封, 凹形垫圈密封

coiner　造币者
coining　(1) 冲制, 模压, 精压, 压印加工, 立体挤压; (2) 压花纹; (3) 整形
coining die　压印模, 压花模, 压纹模
coining mill　压花机, 冲压机
coining press　压印压花机, 压花压力机, 精压机
coinside　(1) 重合, 相合, 叠合, 吻合; (2) 一致, 相同, 相符, 符合
coinstantaneous　同时 [发生] 的
coion　同离子, 伴离子
coir rope　棕绳, 棕缆
cokability　可焦化性, 结焦性, 成焦性
coke　(1) 焦炭, 焦; (2) 将煤制成焦炭, 炼焦, 结焦, 焦化
coke basket　焙烧炉, 烤炉
coke bed　底焦, 焦床
coke breeze concrete　焦炭屑混凝土
coke briquette　团块焦, 炭砖
coke button　焦块
coke by-product　蒸馏焦炭, 副产焦
coke cement concrete　焦炭屑混凝土
coke filter　填焦过滤器
coke knocker　除焦机
coke-pig iron　焦炭生铁
coke pig iron　焦炭生铁
coke pusher　推焦机
coke-oven　炼焦炉
coke oven　炼焦炉
coke-oven gas　焦炉煤气
coke oven gas　炼焦炉煤气, 焦炉气
coke-oven plant　炼焦厂
cock-oven tar　焦炉煤焦油, 炼焦柏油
coke ratio　焦比
coke scrubber　填焦洗涤器
coke split　隔离焦
coke tinplate　薄锡层镀锡薄钢板
cokeability　成焦性
coked　炼成焦的, 焦结的
cokeite　天然焦, 焦炭
coker　焦化设备, 炼焦器
cokery　炼焦装置, 炼焦炉, 炼焦厂
cokes　薄锡层镀锡薄钢板
cokey　不完全硬化, 未硬透
coking　(1) 炼焦, 焦化, 结焦, 积炭, 结炭; (2) 具焦性的, 炼焦的, 粘结的
coking carbon　焦化石墨
coking coal　炼焦煤, 焦煤
coking of heavy residual oils　重残油的焦化
coking of residues　渣油的焦化
coking power　成焦性, 成焦率
coking property　烧结性, 结焦性
coking unit　焦化设备
col　(1) 鞍形低 [气] 压, 鞍部; (2) { 数 } 鞍点
colalloy　考拉洛铝镁合金 (2% Mg, 1% Mn, 1% Si, 余量 Al)
colander　(1) 粗滤器, 滤网; (2) 滤锅
colas　沥青乳浊液, 沥青乳胶体
colasmix　沥青与铺路材料混合物
colateral dipole　并列偶极子
colating　粗滤, 过滤
colation　过滤, 渗滤
colature　滤 [出] 液
Colburn method　玻璃板制造法
colclad　复合钢板, 包层钢
colcother　褐色氧化铁粉, 铁丹
colcrete　预埋骨料灌浆混凝土
cold　(1) 常温的, 冷态的, 冷的; (2) 不通电的; (3) 无光的; (4) 无放射性的, 非放射性的; (5) 低温, 零点
cold-air machine　冷空气机
cold air reservoir　冷气瓶
cold-air unit　冷空气装置
cold-application　冷用, 冷铺
cold area　非放射性区域
cold-banded steel pipe　冷箍钢管
cold bend　冷弯
cold-bending　冷弯
cold bending　冷弯

222

cold bending test 冷弯试验
cold boiler 冷却沸腾器,真空蒸发器
cold break 冷却残渣
cold breakdown 冷滚
cold brittleness 冷脆性,低温脆性
cold calender 冷轧机
cold catch pot 低温截液罐,低温分离器
cold-cathode 冷阴极
cold cathode 冷阴极
cold-cathode counter 冷阴极电子管计数器
cold-cathode counter tube 冷阴极计数管
cold-cathode lamp 冷阴极电子管
cold-cathode type magnetron ga(u)ge 冷磁控超高真空计
cold chamber 常温容器,冷冻间
cold-chamber die casting 冷压模铸造
cold chamber die-casting machine 冷压式压铸机
cold charge 冷装[料]
cold-chisel 冷錾
cold chisel 冷凿
cold circuit 延迟系统
cold clean criticality 未中毒临界,冷净临界,冷态
cold clearance 冷态间隙,冷时间隙
cold climate cell 常温气候元件
cold coiling 冷卷
cold-coining 冷精压
cold-compacting 常温压制,冷密实,冷压
cold compression 冷压
cold compression molding 冷压模制法
cold conductor bridge 冷导体电桥
cold-coolant 冷冷却剂
cold crack 冷裂纹
cold cracking 冷裂,凝裂
cold-crucible 水冷坩埚
cold curve (制动器)冷态有效性(与踏板力的关系)曲线
cold cutter 冷凿
cold differential test pressure 冷差试验压力
cold-draw 冷拔,冷拉,光拔
cold draw 冷拔,冷拉
cold drawability 冷压延伸性能
cold drawing 冷拔,冷拉伸
cold drawing die 冷拉模
cold-drawn (=CD) 冷拔的,冷拉的
cold-drawn appearance 冷拔加工状态
cold-drawn gear 冷拉齿轮
cold-drawn pipe 冷拔管
cold-drawn steel (=CDS) 冷拔钢,冷拉钢
cold-drawn steel wire 冷拉钢丝
cold-drawn tube 冷拔管
cold-driven rivet 冷铆铆钉
cold-drawn wire 冷拉钢丝
cold-driven rivet 冷压铆钉
cold electrode 冷电极
cold electron emission 冷电子发射
cold emission 场致电子放射,场致发射,冷发射,冷放射
cold-end (热电偶)低电位端,冷接点,冷端
cold end (热电偶)低电位端,冷接点,冷端
cold endurance 耐寒性
cold engine 燃料分解式火箭发动机,冷式发动机
cold-extruded 冷挤的,冷拔的
cold extruded 冷挤压的
cold-extrusion 冷挤压
cold extrusion 冷挤压,冷冲
cold filament resistance (=CFR) (电子管的)灯丝冷电阻
cold-finger (1)指形冷凝器,冷凝管;(2)冷测厚规
cold finger (1)指形冷凝器,冷凝管;(2)冷测厚规
cold finger reflux condenser 指形冷凝器,回流冷凝器
cold-finish 冷加工精整,冷精轧,冷精整,冷拉拔,冷矫直
cold finish 冷精整
cold-finished 冷精整的,冷加工的
cold finished 冷精整的,冷精轧的
cold finisher 冷轧机的精轧机座
cold finishing (=CF) 冷处理
cold-flanged 冷弯边的
cold flow 低温流动,冷塑加工,冷流变,冷变形,冷流

cold flow test 液压试验,冷流试验
cold-forging 冷锻[的]
cold forging 冷锻
cold forging die 冷锻模
cold forging machine 冷锻机
cold-formed 冷作的
cold formed section 冷弯型钢
cold-forming 冷成形,冷加工,冷冲压
cold forming 冷成形,冷模压,冷冲压
cold forming process 冷成形法
cold-forming property 冷成形性[能]
cold galvanizing 冷镀锌[法];电镀[法]
cold gum 低温橡胶,聚合橡胶
cold-hammer 冷锤,冷锻
cold hammering 冷锻
cold hardening 冷加工硬化,冷作硬化,冷硬法,冷硬化
cold header 冷镦机,冷锻机
cold-hardiness 耐寒力
cold hardiness 耐寒性
cold-heading 冷镦[粗]
cold heading 冷锻,冷镦
cold jet 冷式火箭发动机
cold joint (1)冷缩缝;(2)焊缝
cold-junction 冷接点
cold junction (=CJ) (热电偶)接点,冷结,冷端
cold-junction compensation (热电偶)冷端温度补偿
cold-laid 冷铺的
cold lap 表面皱纹,冷隔
cold-leach 常温浸出
cold levelling 冷矫直
cold-light source 冷光源
cold liquid metal 低于浇温的金属液
cold machining 冷加工
cold magnet synchrotron 冷磁极同步加速器
cold magnetron 冷阴极磁控管
cold metal saw 冷金属锯
cold-metal work 白铁工
cold mill 冷轧机
cold mirror 冷光镜
cold-mirror reflector 二向色反光镜
cold-mix (混凝土)冷拌的
cold-mold arc melting 水冷坩埚电炉熔炼
cold-molding 常温压制,冷压
cold molding 冷塑
cold mould furnace 自耗电极真空电弧炉
cold-patch 冷补的
cold-patching 冷补[的]
cold performance test (制动器)低温效能试验
cold pilgered pipe 周期[皮尔格]式冷轧管
cold plastic (1)低温塑料;(2)冷塑的
cold-press (1)常温压制,冷压;(2)冷压机
cold press 冷压
cold press ram 冷压冲杆
cold-pressed 冷压的
cold pressed 冷压[制]的
cold pressing 冷压
cold pressure welding 冷压焊
cold process 冷法
cold process plywood press 冷压胶合板机
cold processing 冷加工
cold-producing 制冷[的]
cold-proof 耐寒的,抗寒的
cold pull 冷拉
cold-punched 冷冲压的
cold-reduced (1)[减厚]冷轧的;(2)[管子]冷减径的
cold reduced 冷轧的
cold-reduced sheet 冷轧薄板
cold reduction 冷压缩,冷碾压,冷轧
cold reflux 冷回流
cold repair 冷法修补
cold resistance 耐冷冻性,耐寒性,抗冷性
cold-resistant 耐低温的,抗冷的
cold-riveted 冷铆的
cold riveting 冷铆

cold rod stock for making gears and pinions　冷加工齿轮棒料

cold-roll　(1) 冷轧；(2) 冷轧机

cold roll　(1) 冷轧；(2) 冷轧辊

cold-roll forming　辊轧冷弯成形

cold roll forming　冷滚成形法

cold-rolled　冷轧的, 冷压延的, 冷碾的

cold rolled (=CR)　冷轧的

cold-rolled band　冷轧带材

cold rolled close annealed　冷轧与密闭退火的

cold rolled close annealed steel (=CRCA)　冷轧退火钢

cold-rolled commercial quality sheet　优质冷轧薄板

cold-rolled drawing quality sheet　冲压用优质冷轧薄板

cold-rolled drawing sheet　冲压用冷轧薄板

cold-rolled finish　冷轧光洁度

cold-rolled forming section　冷弯型钢

cold-rolled lustre finish sheet　镜面光亮优质冷轧薄钢板

cold-rolled plate　冷轧钢板

cold rolled plate　冷轧钢板

cold-rolled primes　优质冷轧板

cold-rolled section　冷轧型钢

cold-rolled silicon iron　冷轧硅钢片

cold-rolled silicon steel　冷轧硅钢

cold-rolled steel (=CRST)　冷轧钢材, 冷轧钢

cold rolled steel (=CRS)　冷轧钢材, 冷轧钢

cold-rolled steel sheet　冷轧薄钢板

cold-rolled steel strip　冷轧带材

cold-rolled worm thread　冷轧蜗杆螺牙

cold rolling　冷轧

cold-rolling machine　冷轧机

cold rolling mill　冷轧机

cold rolling property　冷轧性能

cold-rolling reduction　冷轧

cold room　冷藏室, 冷冻间

cold rubber (=CR)　冷聚合橡胶, 低温 [丁苯] 橡胶

cold run　冷态运行, 冷试车

cold-run table　冷轧钢材辊道

cold saw　冷锯

cold sawing machine　冷圆盘锯

cold scuff　冷擦伤试验

cold-set　冷凝的

cold set　(1) 冷作工具, 冷作用具, 冷剁刀；(2) 冷凝固, 常温凝固, 常温自硬

cold-set resin　冷凝树脂

cold-setting　常温凝固, 冷凝固, 冷塑化, 冷固化, 冷定

cold setting　常温凝固, 冷凝固, 冷硬化, 冷定

cold-shaping steel　冷变形钢

cold-short　冷脆 [的]

cold short　冷脆

cold-shortness　冷脆性

cold shortness　常温脆性, 低温脆性, 冷脆性

cold-shot　冷疤

cold shot　冷疤

cold-shut　焊疤

cold shut　(1) [铸] 冷隔, 冷塞；(2) 焊疤, 冷疤

cold sink　冷却散热片, 冷却散热器

cold solder joint　虚焊

cold soldering　冷钎焊

cold start-up　冷态起动

cold station　冷藏库

cold steel　冷兵器

cold stoking　闷炉

cold-storage　冷藏

cold storage　(1) 冷藏；(2) 搁置；(3) 停顿

cold-storage locker plant　冷藏柜装置

cold store　(1) 冷藏；(2) 搁置；(3) 停顿

cold straightening　冷法拉直, 冷矫直

cold strain　冷变形

cold stress　冷应力

cold stretch　冷拉 [伸]

cold-strip　冷轧带材

cold strip　冷轧带材

cold strip rolling mill　带钢冷轧机

cold strip steel　冷轧带钢

cold surface treatment　冷法表面处理

cold tandem mill　连续冷轧机

cold test　(1) 低温试验, 冷态试验, 常温试验；(2) 冷试车；(3) 凝冻试验

cold trailing　防火线

cold-trap　冷却捕集, 冷阱

cold treatment　冷处理, 冷冻处理, 低温处理

cold trim　冷切边

cold-trimming　冷切边修整, 冷切边精整

cold type　冷排

cold-upsetting　冷镦粗 [的]

cold upsetting　冷镦粗, 冷顶锻

cold upsetting machine　冷镦锻机, 冷镦粗机

cold waste　非放射性废物

cold-water soluble (=CWS)　冷水溶解的

cold water test　冷水浸试法

cold-weather lubrication　冷天润滑 [法], 冬季润滑法

cold-weld　冷焊

cold weld　冷焊

cold welding　(1) 未焊透；(2) 冷焊

cold-work　(1) 冷加工, 冷作；(2) 冷变形

cold work　冷加工, 冷作

cold worked　冷加工的

cold-worked material　冷加工材料

cold working　冷加工, 冷作

cold working hardening　冷加工硬化, 冷作硬化

coldplate-mounted　装在冷却板上的

coldshut　{铸} 冷隔 [的]

coleopter　环翼喷气机

colidar (=coherent light detection and ranging)　相干光探索测距装置, 相干光雷达

colinearity　同线性

collaborate　共同研究, 合作, 协作

collaboration　共同研究, 合作, 协作

collaborator　共同研究者, 合作者

collapsability　可压碎性

collapsable　(1) 可崩溃的；(2) 可收拾的；(3) 可分解的, 可折叠的

collapse　(1) 破裂, 破坏, 破灭, 断裂, 硬碎, 倒塌, 崩塌, 陷落, 塌陷, 毁坏, 毁损；(2) 不定形干缩, 绉缩, 压扁, 压缩, 压平, 压坏；(3) 失去纵向稳定性, 失稳；(4) 失败, 事故, 故障；(5) (压力) 减弱, 衰弱, 消气, 紧裹, 凹下；(6) [泡沫塑料] 瘪泡；(7) 纵弯曲, 折叠, 叠并,

collapse-fissure　塌陷裂缝

collapse fissure　塌陷裂缝

collapse load　临界纵向负荷, 破裂负荷, 破坏荷载, 极限荷载, 极限负荷, 断裂负载

collapsed clad fuel element　紧裹型包壳燃料元件

collapsed equation　叠并方程

collapsed storage tank　可折叠油罐, 收缩的油罐

collapser　(1) [吹塑薄膜机] 夹模板；(2) 人字板

collapsibility　崩溃性, 溃散性, 退让性

collapsible　可分拆的, 可分解的, 可折叠的, 可折合的, 可拆卸的, 可收缩的, 可压扁的, 自动开合的, 活动的

collapsible cladding　紧裹型包壳

collapsible container　可折叠容器

collapsible die　可拆模, 组合模

collapsible form　活动模板

collapsible gate　可拆卸闸门, 活动闸门, 折叠门

collapsible mould　分片模, 分室模

collapsible rhombic antenna　折式菱形天线

collapsible spacer　缩紧式隔套

collapsible steering column　折迭式转向柱

collapsible shuttering　活动模板

collapsible tap　自动开合丝锥, 伸缩螺丝攻, 伸缩丝锥

collapsible tube　收缩管, 软管

collapsible whip antenna　可折叠天线, 鞭状天线

collapsing　(1) 压平, 压扁；(2) 压环

collapsing energy group　叠并能群

collapsing force　破坏力

collapsing pressure　破坏性压力, 伸缩压力

collapsing strength　破坏强度

collapsing stress　破坏应力

collapsion　(1) 压缩；(2) 收缩；(3) 衰弱；(4) 倒塌

collar　(1) 环, 圈；(2) 轴环, 套环, 辊环, 柱环, 挡圈, 胀圈；(3) 箍, 卡圈；(4) 凸缘, 法兰盘, 安装环；(5) 套管；(6) 锁口盘 (采矿的)；(7) 底梁, 系梁；(8) 加轭；(9) 环状物；(10) 联轴节；(11) 接头；(12) 支索端眼

collar-beam　系梁, 系杆
collar beam　系梁, 系杆
collar bearing　环肩止推式滑动轴承, 环形推力轴承
collar bolt　[有]环螺栓
collar extension　(试模的)环口, 外口
collar flange　环状凸缘
collar head screw　头带缘螺钉
collar joint　轴环接合
collar journal　有环轴颈, 止推轴颈, 带环轴颈
collar marks　[轧制缺陷]辊环痕, 环形痕迹, 辊印
collar nut　环形螺母, 圆缘螺母, 接头螺母, 凸边螺帽, 凸缘螺帽
collar oiler　加油环
collar oiling　轴环注油, 轴环润滑
collar plate　圆盘
collar ring　轮缘
collar roll　凸缘轧辊
collar screw　头部带凸缘螺钉, 有环螺钉
collar shim　环形垫圈
collar step bearing　环形阶级轴承
collar thrust bearing　环肩止推式轴承, 环形止推轴承, 环形推力轴承
collar-work　(1)艰巨的工作；(2)冷作
collar work　(1)艰巨的工作；(2)冷作
collarbeam　系梁, 系杆
collaredshaft　环轴
collarette guide　导带器
collarine　柱颈
collaring　(1)轧件缠住卷筒, 缠辊；(2)(轧辊的)刻痕；(3)作凸缘, 加轭；(4)(在工作面上)画炮眼, 开炮眼, 开钻, 打眼
collaring machine　曲边机, 皱折机
collars　辊环
collate　(1)检验, 检点, 核对, 校对, 对比, 对照；(2)按规律合并, 整理, 排序, 分类
collate program　整理程序
collateral　(1)担保, 担保品(经济)；(2)第二位的, 间接的, 次要的, 附属的, 附随的, 副的；(3)平行的, 并联的, 并列的；(4)侧面的, 旁系的, 旁边的, 旁支的；(5)抵押品, 附属品
collateral chain　牵系链, 旁链
collateral contact　并联触点, 双触点
collation　校对, 核对, 校勘, 对照, 综合, 整理, 检验
collation map　对比图
collation of data　整理资料
collation of information　整理情报
collation operation　{计}"与"逻辑运算
collator　(1)校对者, 对照者；(2)整理者；(3)分类机, 整理机, 排序机；(4)比较装置, 排序装置；(5)校对机, 校验机；(6)整理程序, 排序程序
colleague　(1)辅助设备, 辅助装置；(2)同事
collect　收集, 采集, 集中, 集合
collectable　可收集的, 可搜集的, 可代收的
collected　收集成的, 镇静的
collected lens　会聚透镜
collectible　可收集的, 可搜集的, 可代收的
collecting agent　捕集剂
collecting anode　集电极
collecting aperture　集光孔径, 集光光圈, 接收口径
collecting beat lifter　甜菜挖掘推行机
collecting bow　弓形集电器
collecting brush　(电机)集电刷, 汇流刷
collecting channel　干管
collecting comb　集电梳
collecting electrode　集电极
collecting field　集电极场, 收集场
collecting gutter　集水沟, 截流沟
collecting lens　会聚透镜, 聚场透镜
collecting loop　收集回路, 集流管道
collecting main　集水干线, 集水管线, 汇流排, 汇流条, 母线
collecting mirror　聚光镜, 聚场镜
collecting of electrons　电子收集
collecting passage　集水沟, 截流沟
collecting ring　集流环, 汇流环, 集电环
collecting side　接收侧, 接受侧
collecting tray　汇流槽
collecting zone　集电区, 同步区
collection　(1)收集, 聚集, 采集, 搜集, 捕集；(2)集合, 集中, 积累；(3){数}集, 群；(4)(货款等)托收, 征收；(5)收集品, 收集量, 选择,

标本
collection chamber　集气室
collection efficiency　收集效率
collection of data　收集资料, 数据收集
collection order　托收委托书
collection plan　装配平面图
collective　(1)聚光镜, 聚场透镜；(2)集中的, 集体的, 集合的, 集团的, 聚合的, 收集的；(3)集流的, 汇流的
collective antenna　共用天线
collective diagram　综合图
collective drawings　图集
collective drive　集体传动
collective electron　电子收集, 电子聚集
collective electron theory　总体电子理论
collective field　集体场
collective language　汇集型语言
collective lens　会聚透镜, 聚光透镜
collective light　集中供电照明
collective sampling unit　成组抽样单位
collective system　收敛系统, 收集系统
collective transition　集体跃迁
collectively　总起来说, 共同地
collectivity　全体, 总体
collector　(1)集合器；(2)集水管, 主管, 平管, 集管；(3)集电装置, 集电器, 集流器, 集流环, 集电环, 集电刷；(4)电子收集极, 集电极, 收集极；(5)收集器；(6)换向器；(7)整流子；(8)收[电子]注册；(9)集光器；(10)除尘器, 集尘器；(11)捕集器, 捕捉器, 捕收剂, 捕集剂
collector barrier　集极势垒
collector-base　集电极-基极
collector-base diode　集电极-基极二极管
collector-base impedance　集电极-基极阻抗
collector-base leakage　集电极-基极漏流
collector beam lead　集极梁式引线
collector bow　集电弓
collector brush　集电刷, 整流刷
collector capacitance　集电极电容
collector cup　环状集电极, 收集盘
collector current　集电极电流
collector-current runaway　集电极电流击穿
collector cut-off　集电极截止
collector cut-off current　集电极截止电流
collector cylinder　圆筒形集电极, 集电极圆筒, 收集极圆筒, 圆筒形收注栅
collector diffusion isolation (=CDI)　集电极扩散隔离
collector drain　集水沟
collector efficiency　集电极效率
collector-electrode　集电极
collector filter　集尘[过滤]器
collector grid　捕获栅, 集电栅
collector impedance　集电极阻抗
collector junction　集电[极]结
collector lens　聚光透镜, 会聚透镜, 聚场透镜
collector mesh　收集栅[网]
collector mixing circuit　集电极混频电路
collector modulation　集电极调幅, 集电极调制
collector pipe　集水管
collector plate　(1)集电片；(2)汇流板
collector-reflector　集电极-反射极
collector ring　集流环, 汇流环, 整流环, 集电环, 收集环
collector-shoe　集电靴
collector shoe　集电靴, 集流靴
collector-shoe gear　集流机构, 汇流装置, 汇流环, 集流器
collector terminal　集电极引线[端], 集极端
collector voltage　集电极电压
collector waveform　集电极波形
college　(1)专科学校, 学院；(2)学会, 协会, 社团
collergang　(1)轮碾机, 碾砂机；(2)混碾机
collet　(1)弹性夹头, 有缝夹套, 套爪锁圈, 套筒, 套爪, 夹头, 筒夹；(2)(复)继电器簧片的绝缘块
collet attachment　筒夹装置
collet cam　筒夹控制凸轮
collet capacity　弹簧夹头孔径, 套筒夹头孔径
collet chuck　(1)套爪卡盘, 套爪夹盘；(2)弹簧筒夹, 弹簧夹头
collet head　套筒头, 套筒夹

225

collet holder 套爪夹
collet tub 套爪夹头
colleter 游丝内桩工
collets [继电器簧片的]绝缘块
collide 碰撞,互撞,冲撞,截击,冲突,抵触
collider 碰撞机,对撞机
colliding data 碰头数据
collier (1)运煤机,运煤船;(2)运煤船船员,煤矿工
colliery (1)煤矿,煤坑;(2)煤业
colliery wire rope 煤矿用钢丝绳
colligate (1)绑,捆,束,缚;(2)总括,概括,综合
colligation (1)捆绑,束缚,连接;(2)总括,综合;(3){化}共价均成
colligative 随粒子数目而变化的,浓度相关的
colligator 结合器
colligend 非表面活性的分离物
collimate (1)照准,对准,校准,瞄准;(2)瞄准线精确调整,使与轴
    线平行,平行校正,使成平衡,使准直;(3)测试,观测
collimated light beam 准直光束,平行光束,准直柱
collimater (1)准直尺;(2)照准仪,视准仪,视准器,准直仪,准直器;
    (3)平行光管,准[直]光管,光轴仪;(4)准直管,视准管
collimating device 准直器
collimating element 准直仪元件,平行光管
collimating fault 瞄准误差
collimating lens (=CL) 准直透镜,校正透镜
collimating line 视准线
collimating sigh t瞄准具,瞄准器
collimation (1)视准,准直,瞄准,对准,照准,校准;(2)平行校正,
    平行校准,平行性;(3))测试,观测
collimation axis 视准轴
collimation error 准直误差,视准误差,瞄准误差
collimation lens 准直透镜
collimator (1)照准仪,视准仪,视准器,准直仪,准直器;(2)平行光
    管,准[直]光管,光轴仪;(3)准直管,视准管
collinear 在同一直线的,同线的,共线的,直排的
collinear array antenna 直排天线阵,直列天线阵
collinear forces 共线力
collinear image formation 共线成像
collinear planes 共线面
collinear point 共线点
collinear vectors 共线向量
collinearity (1)共线性;(2)直射变换
collineation (1)直射[变换],直接变换;(2)同素射影变换,同射变
    换;(3)共线性
collineation axis 共线轴
collinite 凝胶煤素质
colliquable 可熔化的,易熔的
colliquate 熔化,融化,熔解,溶解
colliquation 溶化变性,熔化,融化,液化,溶化,溶解
colliquefaction 熔合,溶合
collision (1)碰撞,互撞,接触;(2)冲突,抵触;(3)打击,冲击,振动,
    震动,跳跃,颠簸;(4)[用导弹]截击空中目标,击中目标
collision avoidance system 防撞装置,防撞系统
collision chock 防撞垫块
collision frequency 碰撞频率
collision insurance 撞车保险
collision integral 碰撞积分
collision-mat 防撞柴排,防撞垫层,防撞栅网,防撞毡
collision mat 防撞柴排,防撞垫层,防撞毡,堵漏毡
collision of first kind 第一种碰撞,第一类碰撞
collision parameter 碰撞参数
collision post 防撞柱
collision probability 碰撞概率
collision radiation 碰撞辐射
collision regulation 避碰规范
collision theory 碰撞理论
collo- (词头)胶水,胶质,胶体
collocate 配置,布置,并置,排列
collocation (1)排列,安排,布置,配置,并置,配位;(2)搭配,术语
collocation point 配置点
collochemistry 胶体化学
collodion 火棉胶,硝棉胶,胶棉
colloform 胶体
collogen (= collagen) 骨灰胶
colloid (1)胶体,胶质;(2)胶态

colloid chemistry 胶体化学
colloid complex 胶质复合体,复杂胶质
colloid mill 竖式转锥磨机,胶态磨,胶体磨,乳液磨
colloid particle 胶态微粒
colloid rectifier 胶质整流器
colloidal 胶质的,胶态的,胶体的,乳化的
colloidal chemistry 胶体化学
colloidal complex 胶质复合体
colloidal electrolyte 胶体电解质
colloidal graphite (润滑剂用的)胶体石墨,胶态石墨
colloidal lubricant 胶体润滑剂
colloidal matter 胶体,胶质
colloidal metal 胶态金属
colloidal metal cell 胶态金属粒光电管
colloidal mill 胶态磨,胶体磨
colloidal particles 胶体微粒,胶态粒子,胶粒
colloidal property 胶性
colloidal sol 溶胶
colloidal solution 胶态溶液
colloidal state 胶态
colloidal suspension 胶态悬浮
colloidality 胶性,胶度
colloider (1)胶化器;(2)胶体排除装置
colloidization 胶[态]化[作用]
colloidize 胶[态]化
colloidizing 胶化
colloidopexy 胶体固定
colloidox 王铜
colloplane 胶磷矿
colloguia 论文集
colloquium (复colloquia 或 colloquiums) (学术)讨论会,报告
collosol 溶胶
colmascope (= strain viewer) 胁变观察器
colmonoy 铬化硼系化合物
cologarithm (=colog) 余对数,反对数
Colomony 科洛莫诺耐蚀耐磨耐热钢镍合金(镍 68-80%,铬 7-19%,
    硼 2-4%,其余铁,硅)
colon 双点,支点,冒号":"
colonnade 柱廊,柱列,列柱
colonnette 小柱
colophonic 松香的
colophonium (= colophony) 松香
colophony 松香,松脂,树脂
color (=colour) (1)颜色,彩色;(2)染料,颜料,色料;(3)染色,着色,
    上色,变色;(4)镜面加工,抛光;(5)(复)微金粒,金屑
color absorber 滤光片
color adder 彩色混合器
color balance 彩色平衡
color balance adjustment 彩谐调整
color bar generator 彩色信号发生器
color buffing 镜面抛光
color camera 分光摄影机
color-center laser 色心激光器
color change 变色
color code (=CC) 色码
color coder 彩色编码器
color component oscilloscope 彩色分量示波器
color constant 色度常数
color contrast 彩色对比度
color corrector 彩色校正器
color-difference 色差
color difference 色差
color display 彩色显示
color distortion 彩色失真
color-film 彩色影片,彩色电影
color-filter 滤色器,滤光镜
color filter 滤光镜,滤色镜,滤色片
color hologram 彩色全息图
color hue 色调
color information 彩色信息
color killer 消色器
color kinescope 彩色显像管
color level 彩色信号电平
color matching 色匹配

226

color movies　彩色电影
color multiplexing　彩色信号多路传输系统
color phase stabilizer　彩色相位稳定器
color photo-multiplier　彩色光电倍增管
color picture monitor　彩色图像监视器
color picture screen　彩色电视屏
color picture signal　彩色图像信号
color picture tube　彩色显象管
color plane　彩色平面
color pyrometer　颜色高温计
color-ratio　颜色比例
color receiver　彩色电视接收机
color scheme　彩色设计
color screen　彩色网目板
color-selecting-electrode transmission　彩色电极系统透过率
color-separate　分色的
color solid　彩色立体
color space　彩色空间
color specification　彩色标志
color stabilizing amplifier　彩色稳定放大器
color switching　彩色变换
color-sync channel　彩色同步信道
color sync generator　彩色同步机
color television　彩色电视
color television camera　彩色电视摄像机
color TV transmitter　彩色电视发射机
color-wash　[上]彩色涂料
color-writing　色层[分离]法
colorability　可着色性
colorable　(1)可着色的; (2)表面上的
colorama　彩色光, 颜色光
colorama lighting　色光照明
colorama tuning indicator　色彩调谐指示器
colorant　着色剂, 颜料, 染料, 色料, 色素
colorate　着色, 染色, 涂色, 赋色, 彩色
coloration　着色, 染色, 涂色, 赋色, 彩色
coloration of screen　荧光屏辉光颜色
colorcast　彩色电视广播
colored glass　有色玻璃
colored lamp　有色灯泡
colorer　着色工
colorflexer　彩色电视信号编码器
colorific　产生颜色的, 色彩的, 着色的, 传色的
colorimeter (= color comparator)　比色计, 比色器, 比色表, 色度计
colorimeter instrument　色度测量仪器, 比色计, 色度计
colorimetric　比色分析的, 比色[法]的
colorimetric method　比色[测定]法, 色度法
colorimetric process　比色[测定]法, 色度法
colorimetric purity　颜色纯度
colorimetrist　色度学, 色几何学
colorimetry　(1)比色试验, 比色法; (2)色度学; (3)色度测量; (4)色度管
coloring　(1)着色, 配色, 染色, 上色, 颜色, 特色, 色彩, 颜料, 染料, 色调; (2)外貌, 伪装; (3)倾向性; (4)镜面加工, 抛光
colorist　着色师
colority　有色性, 颜色, 色度
colorman　(1)颜料商; (2)染色师
Colormatric　(1)热控液晶字母数字显示器; (2)彩色矩阵
coloroto　彩色轮转凹印
colorplexer　视频信号变换部件, 三基色信号形成设备, 三基色信号形成器, 彩色编码器
Colorstatic　科洛斯蒂克转移印花机
colortec　彩色时间误差校正器
colortelevision camera　彩色电视摄像机
colortrack　彩色径迹, 彩色跟踪
colortron　障板式彩色显像管, 荫罩式彩色显象管, 三枪彩色显像管, 彩色电视接收管
colortype　彩色版
Colossus　(美)"巨人"潜艇探测器
colour (=color)　(1)颜色, 彩色; (2)染料, 颜料, 色料; (3)染色, 着色, 上色, 变色; (4)镜面加工, 抛光; (5)(复)微金粒, 金屑
colour absorber　消色器, 滤光器, 滤光镜, 滤光片
colour action fringe　(运动物体的)彩色边纹
colour adapter　黑白彩色电视转换器, 接收彩色附加器

colour adder　彩色混合器
colour bar dot crosshatch generator　彩色条点交叉图案信号发生器
colour bar signal　色带信号, 彩条信号
colour base　发色母体
colour-bleeding resistance　换色电阻, 泄色电阻, 抗混色性
colour break-up　颜色分层, 色乱, 光闪
colour buffing　(1)(镜面)抛光; (2)消色, 减色
colour burst　(基准)彩色副载波群, 彩色同步信号, 彩色脉冲串, 彩色定向[信号]脉冲
colour burst signal　彩色定向信号, 彩色副载波信号
colour camera　彩色摄影机
colour cast　(1)彩色[电视]广播; (2)偏色
colour chart　彩色测试图, 比色图表, 彩色图表
colour check　比色检验, 比色测量, 色度鉴定
colour code　色标码, 色标别
colour coder　彩色[电视信号]编码器, 色码器
colour comparator　比色器
colour compensation　补色
colour constancy　色恒定器
colour contamination　彩色混杂, 串色
colour contrast　颜色对比, 颜色反衬
colour control　色度控制
colour cord　彩色软线
colour-difference　色差
colour difference　色差
colour discrimination　辨色[力]
colour distortion　彩色失真
colour element　色素
colour encoder　彩色(电视信号系统的)编码器
colour equation　彩色方程[式], 色谱方程[式]
colour etching　着色浸蚀
colour fidelity　彩色逼真度, 色保真度
colour field　彩色场, 基色场
colour-film　彩色影片, 彩色电影
colour-filter　滤色器, 滤光镜
colour filter　(1)滤色器, 滤光镜, 滤色片, 滤光镜, 滤光片; (2)彩色转盘
colour fringe　彩色条纹
colour gate　基色信号选通电路, 色同步选通电路
colour-index　彩色指数, 彩色定相, 彩色测定
colour index (=CI)　比色指数, 颜色指数, 彩色指数, 色素索引, 染料索引
colour-index error　彩色测定误差, 彩色指数误差
colour-indexing circuit　彩色定相电路
colour-indexing pulse　彩色定相脉冲
colour killer　消色器
colour killer stage　彩色通路抑制级
colour level　彩色信号电平
colour light　色灯
colour line screen　有色阴影线荧光屏, 彩色线条[荧光]屏
colour method　比色法
colour-minus-difference voltage　色差信号电压
colour misconvergence　基色分像错叠, 色失聚
colour modulation (=C/M)　(电视)彩色调节
colour monitor　彩色图像监控器
colour net system　彩色电视网
colour paste　染料糊
colour pencil　笔型测温计, 测温笔
colour phase alternating (=CPA)　彩色信号相位周期变化, 彩色调相制
colour phase alternation　(1)彩色信号相位交换, 彩色相序倒换; (2)彩色副载波周期变化, 彩色副载波的调相
colour phase setter (=CPS)　彩色相位给定器
colour-phase synchronizing waveform　彩色相位同步信号波形
colour-photography　彩色照相术
colour primaries　(组成多色图像的)基色, 原色
colour-printing　套色版, 彩印
colour pyrometer　比色高温计
colour radiolocation　无线电定位彩色显示
colour ratio　彩色比例, 色比
colour reaction　显色反应
colour receiver　彩色电视接收机
colour reflection tube　电子反射式彩色显像管
colour response　光谱灵敏度, 彩色响应
colour response curve　光谱感应灵敏度曲线, 色谱特性曲线, 彩色响应曲线

colour scale (1) 颜色标度，比色刻度，色标；(2) 比色刻度尺，火色温度计，比色计

colour scheme 配色法

colour Schlieren system 彩色施里仑 [光学] 系统，彩色条纹系统

colour screen 滤色器，滤色片，滤色镜

colour sensitivity 光谱灵敏度，感色灵敏度

colour separation 彩色分离，分色

colour sequence 彩色传送顺序，色灯顺序

colour service generator 彩色电视机测试信号发生器

colour shading 彩色发暗，彩色黑点，底色不均匀

colour shading control 底色均匀度调整，色明暗度调整

colour sideband 彩色信号边带

colour specification 色别标志，色别编码

colour splitting 瞬间彩色分离，色乱

colour splitting system 分色系统，分光棱镜

colour stimulus specification 色规格，色品

colour subcarrier 彩色副载波

colour system 色灯 [信号]

colour temperature 彩色温度，颜色温度，色测温度

colour test 显色试验，彩色试验

colour threshold 色差阈

colour tone 色调

colour top 色陀螺

colour trace tube (=CTT) 彩色显像管

colour transmission 彩色电视传输

colour triad （荫罩彩色显像管）三点色组

colour triangle 基色三角形，原色三角

colour triple （荫罩彩色显像管）三点色组

colour tube camera 比色管暗箱

colour TV (=CTV) 彩色电视

colour video inset 插入视频色信号

colour-video stage 彩色视频信号放大器

colour-wash [上] 彩色涂料

colour-writing 色层 [分离] 法

colourability 上染性，染色性，可变色性

colourable (1) 可着色的；(2) 表面上的

colourant 着色剂，染色剂，颜料，染料，色料，色素

colourate 着色，染色，配色，涂色，赋色，彩色，显色

colouration 着色，染色，涂色，赋色，彩色

colouration of screen 荧光屏辉光颜色，荧光屏发光颜色，荧光屏底色

coloured (1) 着色的，带色的，彩色的，有色的；(2) 伪装的

coloured film 彩色胶片

coloured filter (1) 滤色镜，滤色器，滤色片；(2) 彩色转盘

coloured pencil 彩色铅笔

colourflexer 彩色电视信号编码器

colourimeter 比色计，比色器，比色表，色度计

colourimetric 比色分析的，比色 [法] 的

colourimetry (1) 比色试验，比色法；(2) 色度学；(3) 色度测量；(4) 色度管

colouring (1) 着色，配色，染色，上色，颜色，特色，色彩，颜料，染料，色调；(2) 外貌，伪装；(3) 倾向性；(4) 镜面加工，抛光

colouring agent 有色物，有色质，着色剂，色素，染料，颜料

colouring discrimination 颜色区别

colouring matter 有色物，有色质，着色剂，色素，染料，颜料

colouring power 着色能力，染色能力

colouristic 色彩的，用色的

colourity 有色性，颜色，色度

colourless (1) 无色的；(2) 褪了色的

colourway （英）配色，颜色组合

coloury 颜色很好的，色彩丰富的，色泽优良的

Colpitts 科尔皮兹振荡器

Colpitts circuit 电容三点式振荡电路，科尔皮兹电路

Colt 科尔特式自动手枪

colter (1) 犁刀，犁头；(2) 切割器，开沟器，铲

Columax magnet 一种磁铁

columbic (1) 铌的；(2) 含铌的

columbium {化} 铌 Nb (旧名钶 Cb)

column (1) 水银柱，连杆，圆柱，立柱，支柱，柱管，柱，杆；(2) (钻床或铣床) 床身，竖筒，机架，座，位；(3) 泵的排水立管，操纵杆，驾驶杆，转向柱；(4) 纵列，纵行，纵队，行列，队列；(5) [卡片] 行，[表格] 栏，专栏；(6) 蒸馏塔，萃取塔，吸附塔，罐

column and knee type 升降台式

column and knee type milling machine 升降台式铣床

column base (=CB) 柱基

column binary 竖式二进制数，竖式二进制码，中 [国] 式二进制，直列二进制

column cap 立柱罩壳，柱头，柱顶

column control 杆式控制

column count 行计算

column crane 塔式起重机

column drier 竖筒式干燥机

column drill 架式风钻，立式钻床

column drive wire 列驱动线，行驱动线

column engaged to the wall 半柱

column extractor 柱状萃取机

column face 柱面

column formula 柱公式

column gear shift 转向柱上换档

column gearshift 转向柱上的换档机构

column hold-up 填柱液

column jack 架式千斤顶

column jacket 外柱，柱管

column load 柱负载

column matrix 直列矩阵

column of angles 角钢柱

column of built channels laced 槽钢缀合柱

column of colour 彩色光束

column of concrete filled tube 混凝土填塞管柱

column of mercury 水银柱

column of oil 油柱

column of ore 矿柱

column of radiator (= column type of radiator) 柱式汽炉片

column of trays (1) 多层 [蒸馏] 柱；(2) 多层 [蒸馏] 塔，层板

column of water 水柱

column pile 端承桩，柱桩

column plate 塔板

column rank {数} 列秩

column shaft 柱身

column shift 转向柱式变速

column sleeve 柱套

column split 行分裂器

column split hub 分列插孔

column structure 柱状晶机构，柱状晶组织

column support 立柱架

column travel 床柱行程

column tray 塔板

column type scrubber 柱式涤气器

column with constant cross sections 等截面柱

column with cranked bent 弓形床架

column with cranked head 弓形床架

column with lateral reinforcement 横向钢筋柱

column with spiral hoping (= column with steel hoping) 螺旋钢筋柱

column with variable cross-sections 变截面柱

columnar 圆柱状的，圆筒形的，柱状的，圆柱的

columnar deflection 柱纵向挠曲

columnar ionization 柱状电离

columnar joint 柱状节理

columnar order 柱型

columnate 聚焦，聚集

columned 立有圆柱的，圆柱状的

columnella 小柱

columniation 列成柱式，列柱 [法]

columniform 圆柱状的

colysepptic 防腐的

comalong 备焊机具

comb (1) 梳形插头，梳轮，梳齿，梳；(2) 刻螺纹的器具，螺纹梳刀，梳机；(3) 排管；(4) 粉刷刮毛工具，修光石面工具，梳刷器，刷；(5) 梳状；(6) 蜂窝；(7) 梳状函数

comb arrester 梳形避雷器

comb filter 多通带滤波器，梳齿滤波器，梳状滤波器

comb ga(u)ge 螺距量规

comb in micrometer 测微器梳尺

comb lightning arrester 梳形避雷器

comb pilot 总压梳状管，梳状皮托管

comb printer 梳式打印机

comb-shaped transverse spreading adder 梳状横向扩展全加器

comb structure 蜂窝状结构，梳状结构

comb-type cotton stripper 梳式采棉机

228

Combarloy 康巴高导电铜（整流器棒材）

combat car 轻型装甲车，轻型坦克

combat television 指挥战斗的电视，军用电视

combat vehicle (=CV) 战斗飞行器

combat zone (=CZ) 作战区域

combed joint 鸠尾榫

comber 梳刷装置，梳毛机，梳刷机，梳棉机，精梳机，梳机

combi-rope 麻钢混捻钢丝绳

combinability 结合性

combinable (1) 可以化合的；(2) 可以结合的

combinableness (1) 可化合性；(2) 可结合性

combinate form 聚形

combination (1) 化合作用，化合，混合，复合，合成；(2)组合，集合，结合，配合；(3) 系统，团体；(4) 联合，综合，并合，合并；(5) 附有旁座的机器脚踏车，多用途工具，(保险锁的) 暗码；(6) 组合物，混合物

combination bearing 组合轴承

combination bevel 组合斜角规，通用斜角规，组合量角规，万能测角器

combination bit 组合位格式

combination board 合成纸板

combination boiler 分节锅炉，复式锅炉

combination calipers 内外卡钳

combination callipers 内外卡钳

combination chain 无滚子套筒链

combination chuck (1) 两用卡盘；(2)复动卡盘，复式卡盘，复动夹头

combination connector 万能连接器，通用终接机，通用连接器，万能终接器，通用终接器

combination control 综合控制，组合控制

combination cracking (液相和汽相)混合裂化

combination current 组合电流，复合电流

combination die 组合模

combination digger 挖掘 - 装袋联合收获机

combination drill 组合钻头

combination drill machine 组合钻床

combination frequency 组合频率

combination ga(u)ge (1) 组合量规，组合规；(2) 真空压力表

combination gear 并联齿轮，组合齿轮

combination IR-laser tracker ranger 红外激射跟踪 - 测距组合 (IR=infrared 红外线)

combination lock 字码锁，暗码锁

combination machine 组合机

combination microphone 复合传声器

combination mill 联合轧钢机，联合磨

combination of code 电码组合

combination of gases 气体的混合

combination of lenses 透镜组合

combination of observation 观察的组合

combination of pumps 泵组

combination of sentences {计}复合命题

combination plane 接合面

combination pliers (1) 鲤鱼钳，鱼口钳，(2) 钢丝钳；(3) 剪钳

combination pliers with side cutting jaws 花腮钳

combination resistance (1) 合成阻力；(2) 复合强度

combination set 万能测角器，万能角尺，组合角尺

combination sleeve 组合联轴器

combination snips 带四联杆的剪刀

combination square 组合角尺，什锦角尺，组合矩尺

combination switches 组合开关

combination tool block 组合刀架

combination turret lathe 组合转塔六角车床

combination type miller 组合铣床

combination valve 组合阀，复合阀

combination vessel 客货轮

combination wheel 组合轮

combination with repetition 重复组合

combination without repetition 无重复组合

combinational 组合的，混合的，联合的，复合的

combinational circuit 组合电路

combinational network 组合网络

combinative 综合性的，集成的

combinator 配合 [操纵] 器 [水力]透平机

combinatorial {数}组合的

combinatorial sum 组合和

combinatorics 组合数学

combinatory 组合的

combinatory gear 组合齿轮

combine (1) 采矿康拜因，联合采煤机；(2)联合式机械，联合收割机，联合收获机；(3) 联合企业，联合工厂，综合工厂；(4)团体，组合；(5)联合，结合，复合，混合，化合，综合，融合，合作，合并，合成

combine fertilizer-and-seed drill 施肥条播机

combine theory with practice 把理论与实践相结合

combined (=cmbd) (1) 联合的，综合的，联结的，组合的，复合的；(2)化合的；(3) 合成的

comnined accounts 总账

combined action 混合作用

combined antenna 组合天线

combined bearing 组合轴承

combined bending and torsion fatigue strength 复合弯扭疲劳强度

combined bridge 铁路公路两用桥

combined broach 组合拉刀

combined-carbon 化合碳，结合碳

combined carbon (=CC) 化合碳，结合碳

combined characteristics 组合特性，综合特性，总特性

combined creep 综合蠕变

combined curve 复合曲线，总曲线

combined curve and side planning machine 组合曲面侧面刨床

combined cut 复合切割

combined deflection 综合变形

combined drill 组合钻头，双用钻头

combined drill and counter sink 组合中心钻

combined drill and milling cutter 组合钻铣刀头

combined drill and reamer 钻铰两用刀

combined drilling and counterboring 复合钻扩

combined drilling and reaming 复合钻铰

combined echo ranging echo sounding (=CERES) 统一的回声测距与测深

combined efficiency 合成效率，综合效率，总效率

combined equivalent life 综合当量寿命

combined error 组合误差，综合误差，总误差

combined error test 总误差检查

combined feed 复合进给

combined flow turbine 混流式汽轮机

combined force-feed and splash lubrication 压力兼飞溅润滑

combined friction 混合摩擦

combined harvester and thresher 康拜因

combined head {计}读写头，组合头

combined key 两用电键

combined journal and thrust bearing 径向推力联合轴承

combined lathe 组合车床，万能机床

combined lathe and drill 车铣组合机床

combined life rating 综合寿命额定值

combined load 综合载荷，合成载荷，混合载荷

combined lubricant 混合润滑剂

combined mismatch （锥齿轮）[齿厚与齿长]双失配

combined needle roller and thrust ball assembly 滚针推力球组合轴承 [组件]

combined nitrogen 结合氮，固定氮

combined operation (=CO) 联合操作

combined potential 总电位，总电势

combined preload 综合预载荷

combined print and punch 联合打印穿孔

combined programming language (=CPL) 联合程序设计语言

combined punching and shearing machine 冲剪两用机

combined radial and axial load 径向与轴向综合负荷，径向与轴向联合负荷

combined radial and tangential feed 径向切线组合进给

combined radial and thrust bearing 径向推力联合轴承

combined radial and thrust load 径向推力综合载荷

combined rake 联合搂草机

combined record 复合磁头

combined resistance 合成电阻

combined rolling and sliding friction 滚滑摩擦

combined roller 组合转子

combined sample-counter 联动取样计数器

combined sine-wave signal 复正弦波信号

combined spur and bevel gears 正齿轮－锥齿轮组合装置

combined stress 复合应力

combined stress fatigue tester 复合应力疲劳试验机

combined suction and force pump 联合真空压力泵，吸压 [两用] 泵

229

combined system test (=CST)　组合系统试验

combined system test stand(=CSTS)　组合系统试验台

combined thrust and radial bearing　组合推力-径向轴承

combined tooth stiffness　综合轮齿刚度

combined tuner　VHF-UHF 甚高频-超高频频道选择器 (VHF=very high frequency 甚高频, UHF=ultra high frequency 超高频)

combined turbine　混合式透平

combined type　复合式

combined units　复合组件

combined universal machine　万能组合机床

combined voltage current transformer　电压电流两用互感器

combined water　结合水, 化合水

combined wire　复合焊丝

combiner　组合器, 混合器, 合并器

combinet　有盖提桶

combing　精梳 [工艺]

combing machine　精梳机

combining capacity　结合能力

combining estimates of correlation　相关的合并估计

combining network　汇接网络

combining power　化合力

combining proportion　化合比例

combining tee　(1) T 形 [波导] 支路; (2) T 形接头

combining weight　化合量

comburant　燃烧物, 助燃物

comburent　(1) 烧尽的; (2) 助燃的

comburimeter　燃烧计

combust　(1) 燃烧的, 燃烬的; (2) 燃料

combustibility　燃烧性, 可燃性, 易燃性

combustible　(1) 推进剂, 燃料; (2) (复) 可燃物, 可燃质, 易燃品; (3) 易燃的, 可燃的

combustible gas　[可] 燃气

combustible loss　可燃物损失

combustible material　易燃物品, 可燃物品, 易燃材料, 可燃材料

combustible mineral　可燃矿物

combustible storage building (=CSB)　易燃品仓库建筑, 油库建筑

combustibleness　可燃性

combusting chamber　燃烧室

combustion　(1) 燃烧; (2) 发火; (3) 点火; (4) 氧化

combustion and explosive research (=C&ER)　燃烧与爆炸研究

combustion casting process　燃烧铸造法

combustion chamber (=CC)　(1) 燃烧室, 炉膛; (2) 氧化容器

combustion chamber superheater　燃烧室过热器

combustion concentration　燃烧集中度, 燃烧浓度

combustion controller　燃烧控制器

combustion drive　燃烧驱动

combustion efficiency　燃烧效率

combustion engine　内燃机

combustion flue　烟道, 炉道

combustion flue gas apparatus　燃烧排气测定器

combustion furnace　燃烧炉

combustion gas　燃烧气体, 已燃气, 废气

combustion gas turbine　燃气涡轮机

combustion header　燃烧室集 [气] 管

combustion in parallel layers　平行燃烧

combustion indicator　燃烧指示器

combustion liner　燃烧室衬套

combustion mechanism　燃烧机理

combustion pot　燃烧发生器

combustion rate　燃烧率

combustion recorder　燃烧记录器

combustion residue　燃烧残余

combustion shock　燃烧震动

combustion stabilization monitor (=CSM)　稳定燃烧监控器

combustion test　燃烧试验

combustion tube　燃烧管

combustion unit　点火设备

combustion velocity　燃烧速度

combustion value　热值, 卡值

combustion zone　燃烧带

combustive　(1) 可燃性的; (2) 能燃烧的, 易燃的

combustor　(1) 燃烧室; (2) 燃烧器; (3) 炉膛, 炉胆

comby　蜂窝状的, 蜂房状的, 梳状的

come　(1) 来, 到, 达; (2) 出现, 产生, 发生, 位于; (3) 证实为, 形成,

做成; (4) 变得, 终于, 逐渐, 开始

come about　发生, 出现

come across　碰到, 遇到, 发现, 越过

come across the mind　忽然想到

come after　探求, 探寻, 寻找, 跟随, 追踪

come-along　(1) 紧线夹, 紧绳夹, 夹子; (2) 同意, 赞成; (3) 万能螺帽扳手; (3) 吊具

come along　(1) 出现, 随, 升; (2) 同意, 赞成; (3) 进步, 进展, 成功

come along with　和……一道, 提出, 进展

come-and-go　(1) 来回, 往来, 交通; (2) 收缩膨胀, 伸缩; (3) 先收敛再发散; (4) 大约的, 可变的, 易变的, 不定的, 近似的

come around　轮到, 复元

come as　是

come at　到达, 接近, 求得, 得到, 抓住

come-at-table　容易到手的, 可接近的, 可获得的

come away　脱开, 脱掉, 断掉, 离开,

come-back　回复, 答复, 恢复, 复原

come back　回来, 想起, 复原

come before　先于, 优于

come between　在……之间, 居中

come by　获得, 弄到, 走过, 过访

come close together　紧靠, 靠拢

come-down　降落, 没落, 低落, 衰落

come down　传下来, 下垂, 下降, 降落, 跌落,

come down on　突袭, 申斥

come down to earth　实事求是, 落实

come down upon　突袭, 申斥

come for　来取

come forth　出来, 出现, 提出, 公布

come forward　(1) 自动请求; (2) 出现, 走出, 前进, 增长; (3) 成为可用的

come from　从……产生, 起源于, 来自

come home to　(1) 使理解, 感动; (2) 脱掉 [锚]

come in　获得应用, 起作用, 干涉, 进入

come in contact with　同……接触

come in for　获得, 领取, 接受, 受到

come in turn　按顺序, 依次

come into　进入, 加入, 归入

come into being　出现, 产生, 发生, 存在, 形成, 成立

come into effect　生效, 实施

come into existence　出现, 产生, 发生, 存在, 形成, 成立

come into fashion　流行

come into force　生效, 实施

come into operation　开始起作用

come into question　成为问题

come into step　进入同步

come near　赶得上, 不亚于, 接近

come of　是……的结果, 起源于, 起因于, 来自

come off　(1) 脱落, 脱开, 逸散, 放弃, 停止, 掉下, 离去; (2) 完成, 成功, 实现, 应验, 举行, 表现; (3) 终于成为, 结果是, 转变

come on　(1) 来到, 来临, 临近, 开始; (2) 发展, 进展, 出现, 找到, 碰到, 加到, 落到; (3) 被提出讨论, 具有强烈效果, 留下深刻印象, 跟随, 上演

come on the line　投入运行

come out　(1) 出来, 出现, 显出, 显现, 露出; (2) 出版; (3) 成为众所周知, 被展出, 被供应; (4) 结果是, 判明是, 达到; (5) 解题; (6) 褪色, 去污

come out even　结果相等

come out of　是……的结果, 由……产生, 出于

come out well　结果很好

come out with　发表, 提出, 宣布, 展出, 供应

come over　(1) 转变过来, 越过, 横过, 渡过; (2) 掌握住

come quick, danger (=CQD)　遇险求救信号

come round　(1) 走弯路; (2) 轮到, 再现, 复原, 恢复, 改变

come short of　缺乏, 不及

come through　(1) 经历, 渡过; (2) 成功; (3) 支付

come to　(1) 归结于, 达到, 共计, 达成; (2) 停止, 停泊; (3) 复原

come to a decision　做出决定

come to a standstill　停止

come to an agreement with　与……达成协议

come to an end　结束, 停止, 终止

come to an understanding　议定

come to hand　接到

come to light　显露, 出现

come to naught　毫无结果, 失败

come to nothing　毫无结果,完全失败
come to pass　发生,出现,实现
come to stay　成为永久[的],成为定局
come to terms　达成协议,议定,订约
come to the point　得要领,恰当
come to the same thing　产生同样结果,相同
come to the scratch　采取行动
come together　连接在一起,会合,会聚
come true　成为事实,证明正确,证实,实现
come under　受……影响,受……支配,归入,编入
come-up　按照指标达到质量标准
come up　(1)按照指标达到质量标准;(2)提出来,来临,走近;(3)上来,上升,冒头,发生
come up against　(1)碰到,遇到;(2)应付,对付
come up to　可与……相比,符合,合乎,等于,达到;(2)上升到,不亚于
come up with　终于得到,碰到,提供,提出
come upon　(1)偶然遇见,忽然想到,碰到;(2)空袭;(3)要求
come what may　不论发生什么事情,无论如何,不管怎样
come within　在……范围内
comet-seeker　彗星望远镜,彗星镜
cometallic　芯子是用不同金属材料铸成的
cometograph　彗星摄影仪,彗星照相仪
comfimeter　空气冷却力计
comfort chart　舒适度图
comfort curve　舒适度曲线
comfortable　设备良好的,舒适的
coming-back　后退式回采
coming-back of fact　后推式推进工作面
coming-down　[锅炉过热]下涨
COMIT　一种字串处理语言,又称符合处理语言
comlognet　公共逻辑网络
Comlomb's friction law　库仑摩擦定律
comloss　通信[暂时]中断
comma　(1)逗号,逗点;(2)小数点
comma-free code　无逗号码,无逗点码
command　(1)控制;(2)信号;(3)指令;(4)指挥,指挥权;(5)命令,口令;(6)空军司令部,空军集团军群;(7)炮身高;(8)设定值
command a ready sale　畅销
command and control information system (=CCIS)　指令控制信息系统
command and control system (=CCS)　指挥控制系统
command and data acquisition station (=CDA)　指令数据截获台,指令数据汇集台
command center (=CC)　指挥中心
command chaining　命令链
command channel　指挥用波道,指挥系统
command character　指令字符
command code　操作码,指令码
command computer (=CC)　指挥计算机,操作计算机
command console　指挥台
Command Control and Development Division (=CCDD)　指令控制和研试部
command control equipment (=CCE)　指令控制装置
command control program　命令控制程序
command control receiver (=CCR)　指令控制接收机
command decoder　指令译码器
command destruction　破坏指令
command echelon　指挥系统,指挥组
command element　指挥系统,指挥组
command guidance　指令制导,指令导引
command language　命令语言,指令语言,源语言
command line　命令总线,指挥线
command link　传令线路
command logic　指令逻辑
command module (=CM)　指挥舱,指令舱
command of (the) air　制空权
command of the sea　制海权
command plant　传令装置
command post (=CP)　(1)指令站;(2)指挥所
command presser　整组控制压板
command pulse　指令脉冲
command receiver　指令接收机
command register　指令寄存器
command resolution　指令分解
command service module　指挥服务舱

command set　指挥[用无线电]台
command statement　命令语言
command system　命令系统
command telemetry system (=CTS)　指令遥测系统
command to line-of-sight　指挥导弹跟着瞄准线(导弹制导原理的一种)
commandable　有指令的
commandant　指挥官,司令官,统帅
commander sender　指令发送器
commanding　居高临下的,俯瞰的,指挥的
commanding impulse　指令脉冲
commando ship　登陆艇
commando vessel　登陆艇
commap　自动作图仪
commaterial　同一种材料的,同性质的,同物质的
commence　开始
commencing signal　(发射)起始信号
commensurability　(1){数}同单位,公度,同量;(2)可公度性,可通约性,有公度性,成比例,可比性,可公度;(3)相称,合式
commensurable　(1){数}可公度的,有公度的,有同量的;(2)成比例的,可比量的,可通约的;(3)匀称的,相应的,相称的,相当的
commensurable quantities　可公度量
commensurate　(1)同单位的,同数量的,有等数的,等分的,同量的,同等的;(2)可较量的;(3)成比例的,相称的,相应的,相当的;(4)匹配的,配比的
commensuration　比较量法,较量,通约,相称,适应
comment　(1)注释,注解,说明,解说;(2)评论,评述,短评,评定,鉴定,议论
comment convention　注解约定
commentary　注解,注释,评注,评论,集注
commentary channel　旁示信道
commentary recording　评论摄像
commentate　实况评论,注释
commentator　注释者,解说员
commentator's monitor　广播监视器
commerce　贸易,商业,商务,交际,交流
commercial (=coml)　(1)有工业价值的,工业[用]的,工厂的;(2)大批生产的;(3)商业的,商品的,商用的,贸易的,经济的;(4)以获利为目的的,质量较低的,商业化的
commercial accuracy　工业用精度,商用精度
commercial alloy　工业合金,商业合金
commercial availability　(1)可以买到的;(2)工业效用
commercial bearing　商品轴承,市售一般[用途]轴承
commercial bill of lading (=CBL)　商用提货单
commercial company　贸易公司
commercial computer　商用计算机
commercial counselor　商务参赞
commercial customer furnished equipment (=CCFE)　买主供给的设备
commercial data recorder　大量生产数据自动记录器
commercial efficiency　经济效率,经济效果
commercial frequency　工业用电频率,市电频率
commercial gearing　工业用齿轮装置
commercial grade　商业品位,商品级
commercial iron　商用型铁,工业型铁,商品铁
commercial magnesium　商品镁,工业用镁
commercial manufacture　工业制造,工业生产
commercial oil　工业用润滑油
commercial operator license　操作许可证
commercial order　商业订货,商业订单
commercial paper　商业票据
commercial plant　工业设备
commercial production　工业性生产
commercial quality　商业性大批生产的质量,工业质量,商业级
commercial-scale　工业规模的,大规模的
commercial sheet　商品钢板
commercial standard (=CS)　商用标准,工业标准,工业规格
commercial station　商用电台
commercial steel　商品钢材,型钢,条钢
commercial stock lengths　成品轧材的标准长度
commercial television (=CTV)　商业电视,民用电视
commercial test　工业试验,委托试验
commercial translator (=COMTRAN)　商用翻译程序
commercial unit　工业设备
commercial viscosity　商用粘度
commercial value　工业价值

commercial vehicle　运货汽车
commerciality　商业性
commercialize　使商业化,使商品化
commercially　商业上,贸易上,大批地
commingle　混合,混杂
commingler　混合器,搅拌器
comminute　(1)使成粉末,弄成粉末,粉碎,磨碎,捣碎;(2)细分,分割
comminution　(1)精破碎,精磨,精研,细碎,粉碎,破碎,捣碎,磨碎;(2)雾化,(3)渐减,减耗
comminutor　造粒机,粉碎机,切碎机
commission　(1)委托,委任,代办,代理,经纪,(2)命令,任命,职权,权限;(3)委员会;(4)手续费,佣金;(5)交工试运转,投入运行,试运行,试车,投产,使用;(6)起动
commission agent　代销者
commission charge　手续费
commission combing　代加工梳条
commission fee　代理费,佣金
commission house　交易委托行,代办行
commission merchant　代销商
commission sale　寄售,经销
commissioned　受委任的,受任命的,现役的
commissioned ship　现役舰艇
commissioner's office　港务局
commissioning　试运行,投产,开工,启动
commissioning and maintenance　度运转和维护,使用和维护
commissioning date　[投入]运行日期
commissioning test run　投料试生产
commissural　接合点的,联合的,合缝处的,缝口的
commissure　(1)接合点,联合处,缝口,(2)焊接处,焊缝
commit　(1)使承担义务,委托,提交,付诸,责成,(2)做,干;(3)调拨
commitment 或 committal　(1)所承诺之事,承担义务,承担债务,保证,许诺,约定,(2)委托,委任,托付,交托,提交;(3)赞成,支持
committed　待发
committee (=COM)　(1)委员会;(2)全体委员;(3)受托人,保护人
committee for development planning (=CDP)　发展规划委员会
Committee for Space Research (=COSPAR)　空间研究委员会
Committee on Challenges of Modern Science (=CCMS)　(北大西洋公约组织)现代科学技术委员会
Committee on International Geodesy (=CIG)　国际大地测量委员会
Committee on Space Research (=COSR)　空间研究委员会
commix　(1)混合,(2)混合物
commixture　混合
commodity　(1)日用品,物品;(2)货物,商品
commodity exchange　(1)商品交易所;(2)期货交易
commodity fair　商品展览会
commodity inspection and testing bureau　商品检验局
commodity inspection certificate　商品检验证明
commodity money　商品货币
common (=COM)　(1)公共的,共用的,共同的,公用的,常用的,通用的,常用的;(2)普通的,平常的,通常的,常见的,一般的;(3){数}公约的,通约的;(4)普通,共同,公用;(5)公用权,公有地;(6)(复)平民
common air traffic control system　军民通用航空管理系统
common and standard items (=CS)　普通与标准项目
common apex (of a bevel gear)　(配对锥齿轮的)共用锥顶
common association　公用结合
common axis　公共轴线
common-base　(1)共基极;(2)共用基座
common base (=CB)　(1)共基极;(2)共用底座;(3)常用底数
common-base characteristic　共基极特性
common battery (=CB)　普通[蓄]电池,中央电池,共电电池
common battery alarm signalling (=CBAS)　共电式报警信号设备
common battery apparatus (=CBA)　共电式话机
common-battery central office　共电制电话总局
common battery exchange　共电式交换
common battery signalling (=CBS)　共电式振铃设备
common battery supply (=CBS)　中央电池供电,共电电池供电
common battery switchboard (=CBS)　共电式电话交换机
common battery system　共[用]电[池组]制,中央电池[组]制
common-battery type telephone　共电制电话
common battery type telephone exchange system　共电制电话交换制
common bevel gear　常用锥齿轮,直齿锥齿轮
common bias-common control (=CBCC)　共偏压-集中控制
common bias, single control (=CBSC)　共偏压,单独控制

common bit　带尖钻
common bus system　共母线制
common business oriented language (=COBOL)　面向商业的通用语言,通用商务计算语言,通用事务语言,COBOL 语言
common carriage　公共运输车辆
common-carrier　公用事业公司,运输公司
common carrier　(1)公用载波;(2)电信公司,运输公司
common carrier system　共载波系统,共载波制
common-collector　共集电极
common collector (=CC)　共集电极
common conjugate rack　共轭齿条
common control system　集中控制方式
common core　{计}主存储器公用区
common data base (=CDB)　公共数据库
common denominator (=CD)　(1){数}公分母;(2)共同特色
common difference　公差
common divisor　{数}公约数,公因子
common drive　联动装置
common-emitter　共发射极
common emitter (=CE)　共发射极
common facilities　公共设施
common-factor　公因子,公因数
common factor　公因子,公因数
common field　公用信息组,公用场,公用区
common fraction　普通分数,简分数,真分数
common frequency broadcasting　同频率广播
common fuse　导火线
common generatrix　共同接触母线
common grade　普通等级
common hardware　{计}公用硬设备,公用硬件
common interface　共同界面
common ion　同离子
common iron　普通钢材,普通生铁
common knowledge　常识
common logarithm　常用对数,普通对数,十进对数
common low　不成文法,习惯法
common machine language (=CML)　通用计算机语言
common manifold　均压复式接头
common measure　{数}公测度
common metal　普通金属
common mode noise　共态噪声,共模噪声
common mode rejection ratio (=CMRR)　共态[信号]抑制比,共模[信号]抑制比,(模拟机)同信号除去比
common multiple　{数}公倍数
common normal　公[共]法线
common normal line　共法线
common number system (=CNS)　普通计数系统
common pile driver　落锤打桩机,人工打桩机
common pin　差动器轴
common point　公共点
common point of two system positions　两装置位置的公共点,两装置位置的结合点
common programming language (=CPL)　公共编程语言
common property　共性
common rail　[柴油机的]公用给油管
common ram　手夯,手锤
common ratio　公比
common return　共同回路
common screw nose　普通丝杆端
common sense　常识
common signal-angle (milling) cutter　普通单角铣刀
common software　通用软件
common source power gain (=CSPG)　共源功率增益
common statement　公用语句,注解语句
common steel (=CS)　普通钢
common subroutine　通用例行程序,通用子程序,公用子程序
common tangent　公切线
common tangent plane　公切面
common timing system　(1)中心计时系统,时统系统;(2)共同计时装置;(3)统一计时制
common value at the rolling motion of two toothed gears　两齿轮滚动速度的共同值
commonality of parts　零件通用性
commonplace-book　备忘录

commonsense 有常识的
commonwealth trans-Atlantic cable (=CANTAC) 横贯大西洋的海底电缆
commotio (=concussion) 振荡
commotion 电震
communicable 可传递的,可传播的,能表达的
communicate (1)传递,传播,传达,(2)连通,互通,(3)通知,通信,通讯,通话,联系,交通
communicating operator 交换算子
communicating pipe 连通管
communicating tube 连通管
communicating valve 连通阀
communicating vessel 连通器
communication (=COM 或 cm) (1)通信,通知,信息,消息,报务,话务,传递,传输,传达,通知,(2)交通,联络,联系,(3)交换,交流,耦合,(4)通信设备,通信技术,通信机关,通信系统,(5)交通设备,交通工具,交通机关
communication and command control requirements (=CCCR) 通信与指令控制要求
communication and transport 交通运输
communication band 通信频带
communication cable 弱电流电缆,电信电缆,通信电缆
communication center (=CC) 通信枢纽,通信中心
communication circuit 通信电路
communication conduit 通信电缆管道
communication control unit 通信控制设备
communication countermeasures (=COMCM) 对通信的干扰
communication data processor (=CDP) 通信数据处理设备,通信数据处理装置
communication distance 通信距离
communication electronics (=CE) 通信电子学
communication facilities (1)交通工具,(2)通信设备
communication for conservation 维护用通信
communication intelligence (=COMINT) 通信信号,通信信息
communication operating instructions (=COI) 通信操作说明书
communication operation station (=cos) 通信操作台
communication region {计}联系区,(管理程序的)交流区
communication satellite 通信卫星
communication satellite advanced research (=CSAR) 通信卫星探索性研究
communication-satellite earth station 通信卫星地面站
communication satellite space station 通信卫星太空电台
communication software 通信软件
communication station 通信站
communication system 通信系统
communication traffic 无线电通信传送,通信量
communication transmitter 通信发射机
communication zone (=COMZ) 通信地带
communication zone indicator (=COZI) 通信区指示器
communications satellite(=COMSAT) 通讯卫星
Communications Satellite Corporation (=COMSAT) (美)通信卫星公司
Communications Satellite Project Office (=CSPO) (美)通信卫星设计局
communications security (=COMSEC) 通信保密措施,交通安全
communications traffic 通信量
communicative 通信联络的
communicator (1)通信装置,(2)通信者
communion 平分,共享,共有,交流
communis (拉)普通的,几个的,多数的,不少的,共有的
community (1)共同体,团体,集体,(2)全体居民,公众,公社,(3)共同性,共用性,共有性
community antenna 公共天线,公用天线
community antenna television (=CATV) 公共天线电视,集体天线电视
community automatic exchange (=CAX) 区内自动电话局
community dial office 乡村自动电话局
community noise 外界噪声
community reception 集体通信
community TV 集体电视,母子电视
community view (数据库用)公共意向
commutability (1)交换律,(2)可交换的,可换算的
commutable 可交换的,可变换的,可抵偿的
commutants (1)换位子群,导出群,(2)中心化子,换位矩阵
commutate (1)交换,(2)整流,换向

commutating (1)交换,(2)变为直流电,整流,换向,转换
commutating capacitor 加速响应电容器,换向电容器
commutating condenser 整流电容器
commutating converter 换向磁极交流机
commutating current 整流电流
commutating electromotive force 整流电动势
commutating field 换向磁场,整流磁场
commutating machine 整流电机
commutating operator 交换算子
commutating period 整流时间
commutating pole (=compole) 换向[磁]极,整流极,辅助极
commutating pole winding 换向磁极绕组
commutating reactor 整流电抗器
commutating speed 整流速度
commutating tooth 换向齿,整齿
commutating zone 整流带
commutation (1)转换,变换,交换,切换,换算,折算,(2){电}整流,换向,(3)转接,(4)配电,(5)配电系统,(6){数}对易
commutation angle 换向重叠角,安全角
commutation cycle 整流周期
commutation factor 整流系数
commutation relation 对易关系,交换关系
commutation rule 交换定则,交换法则
commutation spike 换向过电压
commutation switch 换向开关
commutative 可交换的,换向的,代替的,对易的,相互的
commutative field 域[体]
commutative law 交换律,互换律,对易律
commutative matrices 可换矩阵
commutative primitive language 可交换原语
commutative ring 交换环
commutative set 交换集
commutativity 可互换性,可交换性,可对易性
commutator (=COM) (1)转换开关,双向开关,双掷开关,转换器,转接器,互换器,分配器,(2)换向器,整流器,整流子,(3)交换机,交换台,互换机,(4)集电极,集电环,(5){数}换位子,对易子
commutator bar 整流器条,换向片
commutator brush 整流电刷
commutator-controlled welding 转换开关控制焊接
commutator grinder 整流子磨光机
commutator head 整流子头
commutator machine 换向器电机
commutator modulator 换向调制器
commutator motor 整流子电动机,整流式电动机
commutator rectifier 换向[器式]整流器
commutator ring 整流子环
commutator ripple 整流波纹,整流脉动
commutator riser 整流子焊线槽,整流子竖片
commutator segment 整流[子]片,整流器片
commutator spider 换向器辐
commutator stone 整流子磨石
commutator surface 整流子面
commutator switch 换向开关,转换开关
commutator type analog-digital converter 整流子式变频器
commutatorless machine 无换向器电机
commute (1)可换,交换,转换,变换,(2)换算,兑换,折算,折合,(3)换向,整流,(4){数}对易
commuter (1)转换开关,双向开关,双掷开关,转换器,转接器,互换器,分配器,(2)换向器,整流器,整流子,(3)交换机,交换台,互换机,(4)集电极,集电环,(5){数}换位子,对易子
commuting 可交换的
commuting case 交换箱
commuting level 交换杆
commuting operator 交换算符,对易算符
comol 考莫尔钴钼永磁铁合金,钴钼磁钢(钴12%,钼17%,碳<0.06%,余量铁)
comolecule 同型分子
compact (1)紧密的,紧凑的,紧致的,压紧的,(2)密实的,密集的,致密的,稠密的,坚实的,结实的,(3)小型的,小巧的,袖珍的,简单的,简洁的,简装的,(4){数}紧集,(5)粉粒料,(6)[加]压[模]塑,坚实[性],压实,压缩,压紧,压制,塞紧,夯实,(7)压制坯块,压制品,压块,坯块,(8)合同,条约,契约,协定,(9)小型汽车,(10)匣子,盒
compact battery 简装干电池,小型电池,紧装电池
compact design 紧凑设计

233

compact-grain 致密晶粒
compact-grained 致密粒状
compact grained 密实颗粒的
compact operator 紧算子
compact radio source 致密射流源
compact slag 致密熔渣
compact straddle mounting 紧凑的跨式安装
compact type 袖珍型, 小型
compactability 可压实性, 可夯实性
compactedness (1) 稠密, 致密; (2) 紧密性, 紧密度, 压实度, 密实度, 夯实度, 填充度, 结实度; (3) 浓缩; (4) 密封, 塞紧; (5) 复用; (6) 硬化; (7) 紧凑性
compacter (1) 压实工具, 压实机, 夯具; (2) 镇压器
compactibility (1) 可压实性, 可夯实性; (2) 压塑性, 成型性, 紧密度, 紧密性; (3) 可密封, 可塞紧
compactible 可压实的, 可压缩的, 可压塑的
compactification 紧 [致] 化
compacting 压实, 压实, 压缩, 压紧, 压制, 致密
compacting factor 压实系数, 致密系数
compacting memory 紧凑存储 [器]
compacting process 压制过程, 成型过程
compacting tool set 压制模具
compaction (1) 压实, 压实, 压缩, 压紧, 压制, 压力; (2) 夯实; (3) 坚实度; (4) 致密作用; (5) [加] 压 [模] 塑, 压制坯块, 成型; (6) 密封, 填料; (7) 凝结, 收缩, 浓集, 精缩, 精简, 堆积
compaction by double action 双效压塑, 双效压制, 二向压制
compaction control method 压实度控制法
compaction plane 压实 [平] 面
compactive 压实的, 致密的
compactly 密实地
compactness (1) 压实度, 紧密度, 密实度, 坚实度, 紧凑度; (2) 紧致性, 致密性, 紧密性, 密集性, 紧凑性; (3) 密度, 比重; (4) 体积小, 小型
compactness of the crystal lattice 晶格的原子排列密度, 晶格点阵排列密度
compactor (=compacter) (1) 压实工具, 压实机, 夯具; (2) 镇压器
compactron (1) 十二脚电子管, 多电极电子管, 小型电子管; (2) 电阻光电管, 光敏电阻
compages 综合结构
compaginate 牢固结合
compalox 氧化铝
compander 压缩扩展器, 压伸器, 压扩器, 伸缩器, 展缩器
companding 压缩扩展, 压缩扩张, 展缩, 压伸
companedor 压缩音量范围的扩大器, 压缩扩展器, 展缩器
companion (=COMP) (1) 人孔口; (2) 甲板天窗口, 升降口盖, 人孔盖; (3) 指南; (4) 成对物件之一, 伙伴
companion dimension 相关尺寸
companion flange 配对法兰, 配套法兰, 成对法兰, 结合法兰, 伴轭凸缘
companion-hatch 舱室升降口
companion-ladder 舱室升降口梯, 升降口梯, 舱室扶梯
companion specimens 同组试样, 成对样品
companion to the cycloid 相似旋轮线, 伴旋轮线
companion way 升降口
companionway 甲板间升降梯
company (=Co.) 公司, 商界
company limited (=Co. Ltd) 有限公司
company of limited liability 有限责任公司
comparability 可比 [较] 性, 比较
comparable (1) 可比较的, 可比的; (2) 同等的, 类似的
comparable aggregate 可比集
comparable function 可比函数
comparably 可以比较, 能相匹敌, 不相上下, 同等地
comparand {计} 比较用字符, 比较字, 比较数
comparascope 或 comparoscope 显微比较镜
comparative (1) 比较的; (2) 相当的; (3) 匹敌者, 比拟物
comparative advantage 比较优势, 比较利益, 相对优势, 相对利益
comparative cost 比较造价, 比价
comparative design 比较设计, 比较方案
comparative interpretation 对比解释
comparative measurement (1) 比较测定, 比较量度; (2) 比较测量法
comparative price 比价
comparative scale 比较计
comparative test 比较试验
comparatively 比较地, 比较上

comparator (1) 比较仪, 比较器; (2) 比长仪, 比测仪, 比值器; (3) 比相仪; (4) 场强计; (5) 坐标量测比长器; (6) 检定器; (7) 比较装置, 比较电路; (8) 高差计; (9) 比色计, 比色器
comparator block 比色座, 比色块
comparator micrometer 比较千分尺, 钟表千分尺, 比较测微计
comparator-sorter 比较分类器
comparatron ˙电子测试系统
compare (=COMP) (1) 比较, 对照, 参看; (2) 相当于, 比拟, 比作, 好比; (3) 比得上, 相比
compare notes 交换意见
comparer (1) 比较装置, 比较仪, 比较器; (2) 比较电路
comparing element 比较元件
comparing indicator 比较指示器
comparing rule 比例尺
comparing unit 比较部件
comparison (1) 比较, 对照, 对比; (2) 类似, 比拟
comparison bridge 惠斯登电桥, 比较电桥
comparison colorimeter 比色计
comparison curve 比较曲线
comparison detection 差动相干检测, 比相检测
comparison lamp 比较灯
comparison method of measurement 比较测量法
comparison postmortem 比较检错
comparison prism 比谱棱镜, 比较棱镜, 对比棱镜
comparison spectroscope 比谱分光镜
comparison surface 比较面
comparison table 对照表
comparison test (1) 对比试验; (2) 比较试验; (3) 比较检验法
comparoscope 比较显微镜
compart (1) 分成几部分, 分隔; (2) 间隔, 区划; (3) 舱, 室; (4) 隔板, 隔膜
compartition (1) 分开, 划分, 分劈, 分配; (2) 除法, 除开; (3) 分裂; (4) 分度
compartment (1) [分] 隔间; (2) 船舱, 室, 舱, ; (3) 隔板, 隔膜; (4) 格间 (井筒的); (5) 箱, 壳体, 罩壳, 格; (6) 间隔; (7) 部分
compartment and access (=C&A) 隔舱与舱口
compartment ceiling 格子天花板, 格子平顶
compartment furnace 房式炉
compartment stoker 格子加煤机
compartment tube ball mill 多仓管式球磨机, 分室管式球磨机
compartmentalization 区域化
compartmentalize (1) 分成间隔, 分成格子, 隔间化, 格子化, 隔开, 分段; (2) 划分组织机构, 划区
compartmentation (1) 分成间隔, 分成格子, 隔间化, 格子化, 分舱; (2) 分门别类, 区域化, 区划
compass (1) 罗盘仪, 指南针, 罗盘, 罗经; (2) (复) 两脚规, 圆规; (3) 周围, 圆周, 界限, 范围, 区域; (4) 圆弧形的; (5) 围绕, 绕行, 包围, 了解, 达到, 获得, 计划
compass calibration 校正罗盘
compass calipers 弯脚卡钳
compass-card 罗盘的盘面
compass card 罗盘的盘面
compass compensation 罗经自差补偿
compass course 罗盘航向, 罗盘航线
compass declination 磁偏角
compass error (=CE) 罗盘误差, 罗经误差
compass heading 航向罗盘方位, 罗盘航向
compass loxodrome 罗盘方位线
compass needle 罗盘针, 磁针
compass north (=CN) 罗经北, 磁北
compass-plane 曲面刨, 凹刨
compass plane 曲面刨, 凹刨
compass rafter 轮缘
compass receive 罗盘接收机
compass repeater 罗经复示器, 分罗经
compass rose 方位刻度图, 罗经 [度] 盘
compass-saw [截] 圆锯
compass saw [截] 圆锯, 曲线锯
compass station (罗盘) 测向电台
compass survey 罗盘仪测量
compass-theodolite 罗盘经纬仪
compass-timber 弯木料, 弯木材
compass timber 弯木料, 弯木材
compass torque motor 罗盘矫正电动机

234

compass tube　雷达显示管, 定位管

compass-window　半圆形凸窗

compass window　半圆形凸窗

compassable　可以完成的, 能得到的, 能达到的, 能了解的, 可围绕的

compasses　圆规

compasses of proportion　比例规

compatibility　(1)互换性, 互通性, 两用性, 混用性; (2)相容性, 兼容性, 兼容制, 可混性, 可溶性, 一致性, 适合性, 适应性; (3)并存性, 亲和性, 协调性, 配伍性

compatibility condition　相容条件, 相容情况

compatibility displacement　位移协调性

compatibility equation　相容方程式

compatibility of fuels　燃料可混用性, 燃料配伍性

compatibility test　适合性检验

compatibility with audio visual equipment　声频视频兼容性设备

compatible　(1)可共存的, 可配伍的, 可配合的, 可混溶的, 相容的, 兼容的, 协调的, 亲和的; (2)不矛盾的, 相适应的, 一致的, 协调的, 适合的, 相似的; (3)兼容制的

compatible circuit　兼容电路

compatible colour TV system　兼容制彩色电视系统, 兼容制彩色电视制式

compatible computer　兼容计算机

compatible duplex system (=CDS)　相容双工系统

compatible event　相容事件

compatible hardware　兼容硬件

compatible monochrome receiver (兼容制)　黑白电视接收机

compatible monolithic integrated circuit　兼容型单片集成电路

compatible software　兼容软件

compatible sidelobe suppression technique (=CSST)　兼容旁瓣抑制技术

compatible SSB (=CSSB)　并存性单边带(SSB=single side band 单边带)

compatible technique　相容技术

compatible time sharing system (=CTSS)　相容时间分配系统, 相容分时系统, 协调分时系统

compatible transmission　兼容[制]传输

compatibleness　(1)可共存性, 并存性, 可混用性, 可混溶性; (2)相容性, 兼容性, 可换性, 协调性, 适合性, 一致性

compel　(1)强迫, 逼迫, 迫使; (2)强制力

compelling force　外加力, 强制力

compendency　(1)凝聚性, 粘合性, 粘结性; (2)内聚力

compendia (单 compendium)　(1)一览表, 便览; (2)摘要, 提纲, 摘要, 概要, 概略, 梗概

compendious　概略的, 简要的, 简明的, 简洁的, 扼要的

compendium (复 compendiums 或 compendia)　(1)一览表, 便览; (2)摘要, 提纲, 摘要, 概要, 概略, 梗概

compensability　可补偿性

compensable　可补偿的

compensate　(1)补偿, 补助, 补充, 补整, 赔偿, 抵偿, 酬报; (2)补助; (3)均衡, 平衡; (4)校正

compensate control　补偿控制

compensated　(1)补偿了的; (2)平衡了的; (3)赔偿了的

compensated air thermometer　补偿空气温度计

compensated amplifier　频[率响]应校正放大器, 补偿放大器

compensated level　补偿水准

compensated loop　补偿环

compensated motor　补偿电动机

compensated pendulum　补偿摆

compensated repulsion motor　补偿推斥电动机

compensated scan　展开式扫描, 扩展扫描, 补偿扫描

compensated semiconductor　互补半导体

compensated voltmeter　补偿伏特计

compensated volume　音量补偿

compensating (=COMP)　(1)补偿, 补正; (2)平衡; (3)校正

compensating achromat　补偿消色差透镜

compensating bar　补偿杆, 均力杆, 等制器

compensating beam　平衡杆, 平衡梁

compensating buff　补偿缓冲器

compensating capacitor　平衡电容器

compensating circuit　补偿电路, 校正电路

compensating coil　补偿线圈

compensating computation　平差计算

compensating cylinder　补偿油缸

compensating errors　补偿误差

compensating filter (=comp fil)　(1)补偿滤波器, 校正滤波器; (2)补偿网络

compensating gauge　补偿片

compensating gear　(1)差动齿轮; (2)差动齿轮装置, 差速器; (3)补偿装置; (4)补正装置, 均力装置

compensating magnet　补偿磁铁

compensating master cylinder　带补偿贮油槽的主油缸

compensating network (=comp net)　补偿网络, 校正网络

compensating pipe　补偿管, 伸缩管

compensating piston　补偿活塞, 平衡活塞

compensating port　补偿孔

compensating ring　补偿圈, 均力环

compensating shaft　补偿轴

compensating spring　补偿弹簧, 调整弹簧

compensating tank　(潜艇)补偿[水]柜, 膨胀[水]柜, 补重槽

compensating torque　补偿转矩

compensating tube　补偿管

compensating universal shunt　补偿万用分流器

compensating winding　补偿绕组

compensation　(1)罗[经自]差补偿, 补偿, 补助, 补充; (2)平衡, 均衡; (3)校正, 调整; (4)补整, 补强, (5)补偿器; (6)低频放大; (7)消色, 加重; (8)赔偿, 报酬

compensation adjustment　补偿调整

compensation balance　补偿平衡, 补整平衡

compensation brake gear　平衡制动装置

compensation brake rigging　平衡制动装置

compensation circuit　补偿电路

compensation device　补偿器

compensation diaphragm　调压薄膜

compensation effect　补偿效应

compensation filter　调整滤波器

compensation gear　(1)差动齿轮; (2)补偿装置

compensation joint　(1)调整缝, 补偿缝; (2)补偿接头, 补强接头

compensation of end effect　端部效应补偿

compensation of errors　误差调整, 平差

compensation ring　补强垫圈

compensation tower　平衡塔

compensation trade　补偿贸易

compensation valve　补偿阀, 平衡阀

compensation water turbine　补偿水流水轮机

compensation wave　空号波, 补偿波, 负波

compensative　补偿的, 赔偿的, 补充的, 报酬的, 代偿的

compensator　(1)光学补偿器, 补偿器, 调整伸缩器, 调整器; (2)补助器; (3)松紧调节辊, 张力调节辊; (4)自偶变压器; (5)补偿棱镜; (6){热}调压罐, 平衡罐, 稳压罐; (7){电}补偿电位计, 电位计

compensator alloy　补偿线合金

compensator-amplifier unit　补偿放大器

compensator piece　膨胀补偿节

compensator spring　箍夹弹簧

compensator weight　补偿锤

compensator winding　补偿绕组

compensatory　补偿的, 赔偿的, 补充的, 报酬的, 代偿的

compenzine　三股线

compete　竞争, 对抗, 比赛

competence 或 competency　(1)能力, 资格, 胜任; (2)胜任性, 感受态, 权限; (3)适任力

competent　(1)有能力的, 胜任的; (2)被许可的, 应该做的; (3)适当的, 适宜的, 充足的, 耐久的; (4)主管单位批准; (5)有法定资格的, 权限内的, 主管的

competent authority　主管机关

competition　竞赛, 竞争

competitive　竞争[性]的, 比赛性的

competitive-bid　(1)投标竞争的, 竞标的; (2)比价的

competitive bid　投标

competitive bidding system　投标制, 比价制

competitive contract　投标承包

competitive design　竞争设计, 竞赛设计

competitive power　竞争力

competitor　(1)替代电站; (2)竞争者, 敌手

competitory　竞争[性]的, 比赛性的

compilation　编辑, 编制, 编纂, 编译, 汇编

compile　(1)编辑, 编制, 搜集, 汇编; (2){计}编译程序, 编码, 编译; (3)汇编, 编辑; (4)编译物, 编纂物

compile link and go　编译连接并执行

compile program　编译程序

235

compiler 或 translator　(1)编译程序器,程序编制器,自动编码器;(2)编译程序;(3)编纂,编辑

compiler-compiler (=CC)　编译程序的编译程序

compiler generator　编译程序的生成程序

compiler interface　编译程序的接口

compiler language (=CL)　编译程序语言

compiler routine　编制器程序

compiler source program library　编译程序的源程序库

compiler subroutine library　编译程序的子[例行]程[序]库

compiling computer　编译计算机

compiling of routine　编制程序,编码程序

complaint desk　障碍报告台,障碍服务台,保修部

complanar　共面的

complanarity　共[平]面性

complanate　弄平了的,平面的,扁平的

complanatic　共[平]面的

complanation　(1)变[成]平[面],水平化,平面化;(2){数}曲面求积法

complement (=cplmt)　(1)余子式,余角,余弧,余数,余集,补集,补数,余,补;(2)计数,补码,补充,补足,附加,附录;(3)定额,装备;(4)配套,全套,组,套;(5)总体,全体,(6)足额,满员;(7)补码;(8)辅助,附属;(9)补体

complement arc　余弧

complement bore　辅助内径

complement flip flop　互补双稳态触发器

complement form　补码形式

complement function　余函数

complement of a set　{数}一个集的余集

complement of an angle　余角

complement of an arc　余弧

complement of angle　余角

complement of atomic electrons　成组原子电子

complement of nine's　十进制反码

complement of one's　二进制反码

complement of ten's　十进制补码

complement of two's　二进制补码

complement on n n　进制补码

complement operation　补充操作

complement pulse　补码脉冲

complement vector　余矢量,补矢量

complement with respect to 10　10 的补数

complemental　互补的,补充的,补足的,补偿的

complemental code　补码

complementariness　补充性

complementarity　(1)互补性,互余性,对偶性;(2)并协性

complementarity law　互补律,互补律

complementary　(1)互补的,互余的,补充的,补足的,补偿的,辅助的,附加的,余的;(2)互助的;(3)补码,余码;(4)并协的;(5)补充协定

complementary angle　(1)余角,补角;(2)(复)互余角

complementary circuit　互补电路,补码电路,辅助电路

complementary colour　互补色,余色

complementary constant current logic circuit　互补恒热逻辑电路

complementary crown gear　共轭冠轮,共轭平面齿轮

complementary divisor　余因子

complementary energy　余能

complementary energy function　余能泛函

complementary error　补偿误差,互余误差,补余误差

complementary event　互补事件,对立事件

complementary field　附加磁场,辅助磁场

complementary function　余函数

complementary law　互补律,互余律

complementary metal-oxide-semiconductor (=CMOS)　互补型金属氧化物半导体

complementary minor　余子式

complementary MOS integrated circuit　互补型 MOS 集成电路(MOS=metal-oxide-semiconductor 金属氧化物半导体)

complementary network　补余网络

complementary notation　补数记数法

complementary numbers　补数

complementary operation　(1)求反操作,求补操作;(2)补码算子;(3)求反运算,补运算

complementary operator　补数算子,补数算符,求反符

complementary output　双相输出

complementary pulse circuit　互补脉冲电路

complementary racks　(1)共轭齿条,阴阳齿条;(2)补偿用齿条机构

complementary space　余余空间,[多]余空间,补空间

complementary surface　余曲面

complementary symmetry metal oxide semiconductor (=COS MOS)　互补对称金属氧化物半导体

complementary symmetry MOS array　互补对称金属氧化物半导体阵列

complementary transistor logic (=CTL)　互补晶体管逻辑

complementary transistor-transistor logic (=CTTL)　互补晶体管 - 晶体管逻辑

complementary wave　补偿波,副波,补波,余波

complementary wavelength　互补波长,补色波长

complementation　(1)取余运算;(2)互补作用;(3)互补,补充,补偿,补助,附加;(4)补码法,补数法

complementation test　补充试验

complemented　与补体连接的,互补的

complemented lattice　{数}有补格,有补格,有余格

complemented subsurface　有余子空间

complementer (=cm)　(1){计}补助器,补数器,补码器,补充器,补偿器;(2)反相器;(3){计}"非"门

complementing　{计}求反

complementing circuit　求反电路

complete (=cmpl)　(1)完全,完备,完整;(2)完成,总成;(3)完全的,完整的,完备的,完成的,全部的;(4)成套的,全套的,总成的;(5)完结的,完成的,结束的;(6)精加工过的;(7)彻底的,圆满的;(8)把电路接通,实行;(9)竣工,落成

complete alternation　全循环,周期

complete automation　全自动化

complete carry　完全进位

complete circuit　(1)闭合电路;(2)整圆周

complete colour information　彩色全信息

complete combustion　完全燃烧

complete coolant equipment　全套冷却设备

complete combination　完全组合

complete cycle　整个循环,全循环,一整转

complete cycle time　全循环时间

complete displacement models　完备的位移模型

complete electrical equipment　全套电气设备

complete equipment　成套设备,全套设备

complete film lubrication　完全油膜润滑

complete fusion　完全熔融物,完全熔化[物],助熔剂

complete gasification　完全气化

complete graph　完整图

complete inductance　全自感

complete induction　完全归纳法

complete instrument　完整指令

complete integral　完全积分

complete lighting equipment　成套照明设备

complete lubrication　完全润滑

complete mechanism　全套机构

complete modulation　全调制

complete neglect of differential overlap (=CNDO)　二次微分略去不计

complete overhaul　全部检修,大修

complete-penetration　(1)全熔透,全焊透;(2)完全贯穿

complete penetration butt weld　贯穿对焊

complete pivot　全主元[法]

complete plant　成套设备

complete revolution　(1)旋转周期,一整转,周转;(2)完全运行

complete rotation　整圈旋转

complete rotation concave crank-and-rocker mechanism　凹形全回转曲柄－摇杆机构

complete rotation convex crank-and-rocker mechanism　凸形全回转曲柄－摇杆机构

complete routine　完全程序

complete schematic diagram　完整原理图,总线路图,总图

complete sectional view　全断面图

complete sets of equipment　成套设备

complete signal　全电视信号,复合信号

complete solution　全解

complete space　完备空间

complete spare parts　成套备件

complete survey　全面检验

complete time of oscillation　振荡周期,振动周期

complete unit　(1)整机；(2)成套机组
completed circuit　通路,闭路
completed length　出厂长度,冲造长度
completed orbit　填满的轨道,充满的轨道
completed shell　填满的壳层,封闭壳层
completely blank line　完全空白行
completely convex function　完全凸函数
completely monotonic function　完全单调函数
completely multiplicative function　完全积性函数,完全乘法函数
completely randomized design　全随机设计
completely-self-protected (=CSP)　全自护的
completeness　完全性,完整性,完备性
completeness for representations　(1)表观的完备性,表示的完全性;
　(2)表象的完备性
completeness of axiom system　公理系统的完全性,公理系统的完备性
completeness of combustion　燃烧完全性,燃烧结束
completeness of deduction system　演绎系统的完备性
completeness of system of functions　函数系之完全性,函数系之完备性
completeness of the system of real numbers　实数系的完全性
completeness with respect to valuation　对于赋值的完全性
completer　完成符
completing cycle　全工序循环
completion　(1)从进入油井开始时的钻井,钻井开油层(或气层),完
　[成]的钻了的井,油井完成,完井;(2)求全法,求全;(3)完成,完满,
　完工,完结,结束,竣工;(4)整体,完整,圆满,成就
completion of a term　满期
completion test　竣工试验
completion tool　整体刀具
completive　完成了的,做全的
complex (=CMPX 或 CPLX)　(1)复杂的,复合的,复式的,错综的,
　综合的,合成的,多元的;(2)复合物,集合体,全套,复合,复杂;(3)
　{数}复数,复数的,复合形,丛,线丛,子集;(4)络合物,络合的,络
　全集,复体;(5)晶核,核心;(6)全套设备,全套装备,全套装置;(7)
　综合发射场,综合企业,综合结构
complex admittance　复数导纳
complex alloy steel　多合金钢
complex analysis　复变函数论,复分析
complex character　复合性状,复杂性状
complex chart　综合图
complex compliance　络合柔量
complex compound　络合物
complex conjugate　共轭复数
complex conjugate pair　复合共轭副
complex control system　综合控制系统
complex coordination test (=CCT)　全套设备协调试验,全套设备配合
　试验
complex copying tool　复式仿形刀架
complex curve　复[合]曲线
complex dielectric constant　复数介电常数,复电容率
complex displacement　复合位移
complex displays　多显示雷达系统,复合显示器,复式指示器
complex elastic modulus　复数弹性模量
complex energetics experiment (=CENEX)　综合力能学实验
complex epicyclic gear train　复合行星齿轮系
complex facility console (=CFC)　全套设备控制台
complex facility operator (=CFO)　全套设备操作人员
complex field vector　复数场矢量
complex fraction　繁分数
complex function　复变函数
complex function circuit　复合功能电路
complex gear train　复合齿轮[传动]系
complex harmonic quantity　谐和复量
complex impedance　复[数]阻抗
complex in involution　对合的线丛
complex interchange　复式立体交叉
complex-ion　络离子,复离子
complex ion　络离子,复离子
complex laboratory　综合实验室
complex loading　合成载荷,复合加载
complex modulus　复数模量
complex molecule　复杂分子,络分子
complex multiplication　复数乘法
complex number　复数
complex number space　复数空间

complex numeric data　复数值数据
complex of circles　圆丛
complex of curves　曲线丛
complex of lines　线丛
complex pattern　复模式
complex permeability　复磁导率
complex permittivity　复电容率
complex plane　复数平面
complex potential　复合电位,复合电势
complex process　多相过程
complex quantity　复量
complex root　复根
complex steel　合金钢,多元钢
complex stress　复合应力
complex unit　系数等于1的复数
complex utility routine　综合性服务程序
complex value　复值
complex variable　复变数
complexation　复杂化,络合
complexible　可络合的
complexing　(1)形成络合物,络合;(2)复杂化
complexion　(1)情况,形势,状态;(2)性质;(3)配容
complexity　(1)综合性,复杂性,错综性;(2)错综复杂,复杂度;(3)
　组成,合成
complexometric titration　络合滴定法
complexometry　络合滴定法
complexor　(1)矢量;(2)复量,复数;(3)相位复[数]矢量;(4)彩
　色信号矢量,彩色信息矢量
compliance 或 compliancy　(1)符合,一致;(2)顺从,依从;(3)柔顺性,
　顺从性,贴合性,配合性,可塑性,适应性;(4)顺度,柔曲,柔量;(5)
　流动惯量,弯曲量;(6)啮合
compliance effect　顺性,一致性
compliance in extension　拉伸柔量
compliance in shear　剪切柔量
compliant　应允的,依从的,顺从的
compliant cylindrical roller bearing　柔性滚子轴承,端穴短圆柱滚子
　轴承
complicacy　错综复杂,复杂性
complicant　覆盖的
complicate　(1)使复杂化,使混乱,使陷入;(2)纵折的
complicated　(1)复杂的,夹杂的,合并的;(2)麻烦的,难懂的,难解的
complication　(1)错综复杂,复杂状态,复杂化;(2)混乱,困难
comply　答应,同意,遵守,遵照,履行,根据
comply with a formality　履行手续
comply with a request　答应要求
comply with the rule　遵守规则
compo (=composition)　(1)组成;(2)多种材料混合物,水泥砂浆;(3)
　树脂雕塑料,混合涂料,纤维塑料;(4)人造象牙;(5)耐火混合料
compo board　纤维胶合板
compo bronze　烧结青铜
compo mortar　石灰水泥砂浆
compole (=commutating pole)　换向[磁]极,整流极,辅助极
componendo　合比定理
component (=cmpnt)　(1)构件,机件,机种,器件,零件,部件;(2)
　[热力学体系]组元,组件;(3)分力,分[向]量;(4)子序列,成分,部分,
　组分,分支;(5)组成部分,组份,组元,元素;(6)电路元件;(7)组成的,
　构成的,合成的,成分的,分量的,部分的
component assembly　零件装配,部件装配,零件组装,部件组装
component auto programmed checkout equipment(=CAPChE)　元件
　自动程校核设备
component bridge　分量电桥
component chain　分支链系
component chamber　成分分析室
component checkout area (=CCA)　部件测试场
component compatibility　构件互换性
component density　构成密度,组件密度,元件密度
component efficiency　局部效率
component failure　部件失效,元件失效
component force　分力
component generator　谐波分量发生器
component group　元件组
component-independent failure　部件独立失效
component interaction　(1)元件的互相作用;(2)成分的互相作用
component isolation　元件隔离

component of a space   空间的部分
component of a vector   分矢量, 矢量的分量
component of acceleration   分加速度, 加速度分量
component of aerodynamic moment   空气动力矩分量
component of current   电流轴线分量
component of emitter shunt capacitance   发射极电路电容部分
component of force   力的分量, 分力
component of flux linkage   磁链轴线分量
component of load   负载分量
component of rotation   分转动, 钻动分量
component of strain   分应变, 应变分量
component of stress   分应变, 应变分量
component of the total force perpendicular to a plane or tool surface   垂直于一平面或刀面的分力
component of the total force in the working plane related to the direction of the feed motion   工作平面中与进给运动方向有关的分力
component of the total force in the working plane related to the direction of the primary motion   工作平面中与主运动方向有关的分力
component of the total force in the working plane related to the resultant cutting direction   工作平面中合成切削运动方向上的分力
component of the total force related to characteristic direction of the tool   与刀具特性方向有关的分力
component of the total force related to characteristic direction of workpiece   与工件特性方向有关的分力
component of the total force related to the assumed shear plane, assumed chip flow direction, etc.   与假定剪切面和切屑流动方向等有关的分力
component of velocity   速度分量, 分速度
component of velocity along Y-axis   速度的 Y 向分量
component part   (1) 零件, 组件, 部件, 构件; (2) 组成元件, 组成部分
component selection   (1) 零件分选; (2) 零件分组
component sine waves   [信号的] 正弦波分量
component specification (=CS)   部件规格, 元件规格
component speed   分速
component stress   分应力
component test   零部件试验
component test laboratory (=CTL)   部件测试实验室, 元件测试实验室
component test memo (=CTM)   部件测试备忘录, 元件测试备忘录
component test set (=CTS)   部件测试装置, 元件测试装置
component testing equipment   零部件试验设备
component usage designator (=CUD)   部件用法标志, 元件用法标志
component velocity   分速度
component wire   (电缆) 芯线
componental   部件的, 分量的, 成分的, 合成的
componental movement   部分运动
components   零件
components test unit (=CTU)   部件测试装置, 元件测试装置
componentwise   元件状的
componentwise product   按分量逐个作出的乘积
compose   (1) 组织, 组成, 构成; (2) 构图, 设计; (3) 著作, 撰述; (4) 排版, 排字; (5) 控制, 调解
composer   创作者, 设计者
composertron   综合磁带录音器, 作曲器
composing   排字
composing-frame   排字架
composing-machine   自动排字机
composing-stick   排字 [手] 盘
composingstick   排字 [手] 盘
composite (=COMP)   (1) 合成的, 混合的, 集成的, 复合的, 组合的, 混合的, 综合的, 拼合的; (2) 组合件; (3) 混合构成的, 混合结构的, 混合式 [的]; (4) 复合材料, 合成材料, 复合粒子, 合成物, 复合物, 组合物, 混合物, 混合剂; (5) 合成照相; (6) 组合, 并合, 合成; (7) 复杂的
composite action method of gear inspection   齿轮对滚检验法
composite aircraft   子母 [飞] 机
composite beam   组合梁, 叠合梁
composite bearing   (1) 多层合金轴承; (2) 复合轴承
composite block system   双信号闭塞制
composite boiler   (燃油 - 废气) 混合式锅炉
composite-built   混合建造的
composite cable   合成电缆
composite cage   (轴承) 合成保持架
composite circuit   电话电报双用电路, 混合电路, 复合电路
composite color television signal   彩色全电视信号

composite conductor   复合导体
composite construction   复合结构
composite controlling voltage   复合控制电压
composite die   拼合模, 拼块模
composite-dielectric   复介质 [的]
composite electrode   复合焊条
composite error   综合误差, 总和误差, 合成误差
composite error test   综合误差检查
composite filter   复合滤波器, 混成滤波器
composite flash   多道闪电
composite force   合力
composite fuel   燃油混合物, 混合燃油
composite function   函数的函数, 复合函数, 合成函数
composite gear   组合齿轮
composite iron and steel   包钢的铁
composite joint   (1) 铆焊混合接头, 铆焊组合结合, 混合连接; (2) 复合接头, 组合接头
composite material   复合材料
composite metal   复合金属, 双金属
composite mirror   多层反射镜
composite motion   合成运动
composite of fields   域的合成
composite phosphor   多成分荧光粉, 复合荧光屏
composite picture signal   全电视信号
composite ringer   双信号振铃, 复合振铃
composite set   (1) 电报电话双用装置, 收发两用机; (2) 组合设备
composite sheet   编辑原图
composite signal dialing (=CSD)   复合信号拨号
composite signal multi-frequency dialing (=CSM)   复合信号多频拨号
composite steel   复合钢, 多层钢
composite stranded wire   复合多胺胶合线
composite structure   复合结构, 混合结构
composite tolerance   综合公差
composite tooth form   混成齿形
composite truss   组合桁架
composite video signal   全电视信号
composite wave filter   复合滤波器
composite weld   加强填密焊缝, 密实焊缝
composite wire   双金属丝
compositeness   复合性
composites of fields   域的合成
composition (=COMP)   (1) 合成, 化合, 结合, 组合, 复合; (2) 合成物, 组成物, 混合物, 混合剂, 合剂, 制品; (3) 成分, 组成, 组织, 结构, 构成; (4) 编制程序, 构图; (5) 排版, 拼版, 组版, 排字; (6) 和解, 妥协; (7) 性质; (8) 焊剂
composition accelerations   加速度合成
composition error   综合误差
composition-factors   合成因子
composition joint   铆焊并用拉倒
composition metal   合金
composition motor   组合电机
composition of acceleration   加速度的合成
composition of alloy   合金的成分
composition of couples   力偶的合成
composition of fields   (1) 场的合成; (2) 域的合成
composition of forces   力的合成, 合力
composition of forces in plane   平面力系合成
composition of petroleum   石油的成分
composition of radiance   辐射光谱, 辐射频谱, 发射频谱
composition of substitution   置换合成
composition of target   构成目标
composition of the charge   复合炸药
composition of vectors   矢量合成, 向量合成
composition of velocity   速度的合成
composition of well stream   混气石油成分
composition plane   复合 [平] 面, 接合面, 结合面
composition roller   明胶墨辊
composition-series   合成 [群] 列
compositive   综合的, 合成的, 组成的, 集成的
compositor   (1) 排字机; (2) 排字工人; (3) 合成器
compositron   高速显字管, 排字管
composograph   合成图像
compossibility   共存能力
compossible   可共存的

compost　(1) 混合, 合成；(2) 灰泥；(3) 混合肥料
compost block press　混合肥料营养钵压制机
compost shredde r　混合肥料捣碎机
compound (=CPD 或 cmpd)　(1) 化合, 混合, 复合, 合成, 调合, 配合；(2) 化合物, 混合物, 复合物, 复合剂；(3) 综合体；(4) 复绕的, 复激的, 复式的, 复合的, 合成的, 结合的, 组合的；(5) 小刀架；(6) 绝缘混合剂, 复合绝缘膏, 抛剂, 抛光膏；(7) 复压力；(8) 复绕, 复激, 复卷, (9) 扰动, 搅拌
compound abrasive　复合磨料
compound acting motion　复动装置
compound adjustment　复合调整, 多级调整
compound alternator　复励交流发电机
compound angle　复合角
compound antenna mast　复合天线杆
compound attachment　复式刀架附件
compound ball bearing　组合滚柱轴承
compound beam　组合梁
compound bearing　(1) 组合 [式] 轴承；(2) 多层合金轴承, 复合轴承
compound body　混合体, 复质
compound brush　金属炭混合电刷, 铜电刷
compound bushing　充填绝缘物套管
compound cam　组合凸轮
compound casting　双金属铸件, 复合铸件
compound catenary　复链 [电缆] 吊架
compound chain　组合链系
compound circuit　复合电路
compound coil　复绕线圈, 复合线圈
compound colour　混合色, 调和色
compound compression　多级压缩, 复级压缩
compound crystal　孪晶 [体]
compound curve　(1) 多圆弧曲线, 综合曲线, 复曲线；(2) 空间曲率
compound cylinder　复合柱体
compound die　复合模, 混合模
compound dredger　混合控泥机
compound dynamo　复励 [直流] 发电机, 复激发电机
compound engine　组合式发电机, 复式发电机
compound excitation　复激, 复励
compound exciting　复激 [的], 复励 [的]
compound-feed screw　复式刀架丝杠
compound-feed screw graduated collar　复式刀架丝杠刻度圈
compound feed unit　十字滑台
compound filled bushing　充填化合物的绝缘套管
compound flow turbine　双流式涡轮机
compound function　函数的函数, 复合函数, 合成函数, 叠函数
compound gauge　(1) 真空压力表, 真空压力计；(2) 复合式卡规
compound gear　复合齿轮
compound gear train　复合齿轮系, 复式轮系, 多级轮系
compound geared winch　二级减速齿轮绞车
compound gearing　(1) 组合齿轮传动；(2) 复合传动装置
compound generator　复激发电机, 复励发电机
compound girder　组合梁
compound glass　复合玻璃, 多层玻璃
compound horn　高低音喇叭, 复合喇叭, 复合号筒
compound indexing　(1) 复式分度；(2) 复式分度法
compound lever　复杆
compound link　复式链节
compound logic element　复合逻辑元件, 多逻辑元件
compound louder-speaker　复合扬声器
compound machining　复合切削 [加工]
compound mechanism　组合机构
compound-mesh transmission　组合式变速器, 有副变速器的变速度
compound meter　复合流量计
compound microscope　复显微镜
compound modulation　多重调制, 混合调制, 复合调制
compound motion　合成运动
compound motor　复激电动机, 复励电动机, 复绕电动机
compound nucleus reaction　复核反应
compound oil　复合 [润滑] 油, 考邦油, 复合油
compound oven　联立炉
compound particle　合成粒子
compound pendulum　复摆
compound planetary gear set　复式行星齿轮组
compound planetary gear train　复式行星齿轮系
compound proportion　复比例

compound proposition　复合命题
compound pulley　复 [式] 滑车, 组合滑车, 复滑轮
compound pump　复式泵, 双缸泵
compound purse and trawl winch　拖围网绞车
compound ratio　复比
compound rest　复式刀架, 复式刀座, 小刀架
compound rest feed　复式刀架进刀量
compound rest handle　复式刀架手柄
compound rod　组合杆
compound rubber　配合橡胶
compound screw　复式螺旋
compound section　复合断面, 组合断面, 组合截面
compound semiconductor　化合物半导体
compound slide rest　复式滑动刀架
compound spring　复式弹簧
compound statement　{ 计 } 复合语句
compound steel　复合钢, 三层钢
compound swivel　复式转座
compound swivel arm　复式转臂
compound swivel wall drilling machine　复式转臂墙装钻床
compound table　复式工作台, 复合载物台
compound tail　复合尾部
compound target　混合目标
compound temperature relay　复合热动继电器
compound tube mill　多仓磨机, 复式磨机
compound turbine　复式汽轮机, 复式涡轮机, 复式涡轮
compound turbo jet　双级压缩机涡轮喷气发动机, 双转子压气机的涡轮喷气发动机
compound turn device　复合式转位装置
compound twin　孪晶
compound valve　组合阀
compound vibration　复合振动
compound winding　(1) 混合绕组, 复励绕组, 复激绕组；(2) 复激绕法
compound-wound　复 [式] 励 [磁] 的
compound wound　复激, 复励, 复绕
compoundable　能混合的, 能化合的
compounded　(1) 混合的, 复合的；(2) 复 [式] 励 [磁] 的
compounded abrasive　复合磨料
compounded gear lubricant　复合齿轮润滑剂
compounded oil　复合 [润滑] 油
compounder　配料员
compounding　(1) 混合, 复合, 配合, 配料, 配方, 组合；(2) 复激, 复励, 复绕, 复卷
compounding gears　(1) 复合齿轮；(2) 齿轮的挂轮架
compounding of finished fuel　商品燃料的配料
compounds (=comp.)　化合物, 复合物, 混合物
compreg (=compregnated wood)　木材层积塑料, 胶压木材, 胶压板
comprehend　(1) 理解, 了解, 领悟；(2) 包含, 包括, 综合
comprehensibility　能理解, 易了解
comprehensible　能理解的, 能了解的, 能领会的, 易领会的
comprehension　(1) 包含, 包括, 含蓄, 概括, 综合；(2) 理解, 理解力；(3) 概括公理
comprehensive　(1) 理解 [力] 的, 了解的；(2) 包含的, 包括的, 含蓄的, 概括的, 综合的
comprehensive beacon radar (=CBR)　万用雷达信标
comprehensive chart　详图
comprehensive display system (=CDS)　综合显示系统
comprehensive faculty　理解力
comprehensive indication　明显指示
comprehensive monitoring system　综合监视系统
comprehensive planning　全面规划, 综合规划
comprehensive radio　全波无线电台
comprehensive study　综合研究, 综合调查
comprehensive test　综合 [性] 试验
comprehensive ultility　综合利用
comprehensive ultilization　综合利用
compress　(1) 压挤, 压扁, 压缩, 压榨, 压紧, 压挤, 压扁, 压制, 挤压, 浓缩, 缩短, (2) 收缩器；(3) 打包机；(4) 压力
compress technique　压缩技术
compressed　压缩的
compressed-air (=CA)　压缩空气的, 气动的, 风动的
compressed air (=CA)　压缩空气
compressed air accumulator　压缩空气存储器
compressed-air bearing　压缩空气轴承

239

compressed air bearing 压缩空气轴承
compressed-air brake 气闸,风闸
compressed air brake 压缩空气制动器
compressed air capacitor 压缩空气电容器
compressed air chunk 压缩空气卡盘
compressed-air circuit breaker 压缩空气断路器
compressed air clamp 压缩空气夹具
compressed air condenser 压缩空气电容器
compressed air control 压缩空气传送机
compressed air cooler 压缩空气冷却器
compressed-air foundation 压气沉箱基础
compressed-air hammer (1) 压缩气锤; (2) 风铆机
compressed air distributor 压缩空气分配器
compressed air pipe line 压缩空气管线
compressed air quenching 压缩空气淬火
compressed air ram 压缩空气冲压机
compressed air reservoir 压缩空气储存罐
compressed-air shift cylinder 压缩空气换档缸
compressed air shot-blasting machine 喷丸机
compressed-air spring brake 气压簧闸
compressed air starter 压缩空气起动机
compressed air storage power generation 空气蓄能发电
compressed air tunnel (=CAT) 压缩空气风洞
compressed air type sprayer 压缩空气喷雾机
compressed asbestos fibre (=CAF) 压缩石棉纤维
compressed asbestos sheets 石棉纸板
compressed asphalt roaster 压制 [地] 沥青烘烤机
compressed gas (=compg) 压缩气体
compressed gas cylinder 压缩气缸,压缩气筒
compressed-gas (electrostatic) generator 充气压型静电加速器
compressed ignition (=CI) 压缩点火
compressed-iron-core coil 铁粉芯线圈
compressed magnetosphere 受压磁层
compressed pipe 压缩管
compressed-time correlator 时间压缩相关器
compressibility (1) 可压缩性,可压制性,体积弹性,可压度,敛缩性, 收缩性; (2) 压缩系数,压缩率
compressibility coefficient 压缩系数,压缩率
compressibility factor 压缩系数,压缩因数,压缩率
compressibility influence 压缩效应
compressible (1) 可压缩的,可压紧的,可压榨的,可浓缩的; (2) 压缩性的,压紧性的
compressible aerodynamics 可压缩空气动力学
compressible cascade flow 可压缩叶栅气流
compressible fluid 可压缩流体
compressing diagonal 受压斜支柱
compressible jet 可压缩射流
compression (1) 压力; (2) 压缩,加压,压榨,压制,压实; (3) 压缩变形; (4) 压缩元件; (5) {数} 椭率,扁率; (6) 镦粗; (7) 紧缩,密集,凝缩,浓缩
compression area 受压面积
compression bonded encapsulation (=CBE) 压力焊接密封法,压力结合密封法
compression bulk density (=CBD) 压实松密度
compression capacitor 压敏电容
compression casting 压铸
compression chamber (1) 压力室,加压间,压缩室,压气室; (2) 燃烧室
compression chord 受压弦杆,承压弦杆
compression cock 压缩旋塞
compression coupling 法兰锥形联轴节,压紧联轴节
compression deformation 压缩变形
compression diagonal 受压斜杆
compression die 挤压模
compression dynamometer 压力测力计
compression engine 压缩机
compression face 受压面,承压面
compression failure [受] 压 [破] 坏
compression fissure 挤压裂缝
compression flange 补强凸缘
compression force 压力
compression fracture 压缩断裂 [面],受压断裂
compression gasoline 压缩的天然气汽油

compression heat 压缩热
compression ignition (=CI) 压缩点火
compression-ignition engine 压缩点火发动机,压燃式发动机
compression ignition engine 压缩点火发动机,压燃式发动机
compression joint (1) 压力接合,压合连接; (2) 承压缝
compression leak 漏气
compression leg 压柱
compression link (1) 受压连接杆,压杆; (2) (悬挂装置上) 拉杆
compression load 压缩负荷
compression manometer 压缩式真空计,压缩式压强计
compression mark 压痕
compression member 受压构件,抗压构件,受压杆件,抗压杆件
compression mould 压铸模
compression-moulded 压缩模塑的
compression moulding 压力成型,模压法,压铸,压塑
compression nut 压紧螺母
compression of signal 信号压缩
compression packing 压缩性密封件,软质衬垫
compression parallel to grain 顺纹压力
compression perpendicular to grain 截纹压力
compression pipe 压缩管
compression pump (1) 压力泵,压气泵; (2) 压缩机,压气机
compression ratio (=CR) 压缩比,压缩率
compression refrigerating machine 压缩致冷机
compression regulation 压实度调节器
compression reinforcement 压缩加强件
compression relief cam 调压凸轮
compression retarder 压缩减速器
compression ring 活塞平环,压 [缩] 环
compression riveter 风动铆钉枪
compression set 压缩永久变形,压缩
compression side 受压侧
compression sprayer 压力喷雾器
compression spring 压缩弹簧,压力弹簧,压簧
compression steel 受压钢筋
compression strength 抗压强度
compression stress 压缩应力,压应力
compression stroke 压缩冲程
compression support skirt 承压支承筒
compression test 抗压 [强度] 试验,压缩试验
compression tester 压缩试验机
compression testing machine 抗压强度试验机
compression-type refrigerating machine 压缩式冷冻机
compression-type regularity tester 压缩式均匀度试验机
compression-type valve lifter 压力式起阀器
compression wave 压力攻
compression web 压送式输送带
compressional 压缩的,压榨的,受压的
compressional-dilatational wave 纵向压缩波,疏密波,胀缩波
compressional member 受压杆件,抗压构件
compressional vibration 压缩振动,纵振动
compressional viscosity 压缩粘度
compressional wave 压缩波,纵波
compressive 压缩的,压榨的,受压的,抗压的,加压的,挤压的
compressive deformation 受压变形,压缩变形
compressive force 压 [缩] 力
compressive load 压缩载荷
compressive nonlinearity 非线性压缩
compressive reinforcement 受压钢筋,抗压钢筋
compressive resistance (1) 抗压强度,抗压力,压应力; (2) 压电阻
compressive rigidity 抗压刚度
compressive strain 压缩应变,[受] 压应变
compressive strength 抗压强度,压缩强度,耐压强度,挤压强度,压强
compressive stress 压缩应力,压应力
compressive yield point 压缩屈服点,抗压屈服点
compressometer (1) 压缩仪,压缩计,缩度计; (2) 压汽试验器
compressor (1) 压缩机,压气机,压缩器,压榨机,压捆机,压迫器; (2) 止链机; (3) 压缩物
compressor amplifier [频] 带 [压] 缩放大器
compressor blade 压气机叶片
compressor blade row 压气机叶栅
compressor bleed 从压气机抽气
compressor bleed governor 压气机放气调节器
compressor cascade 压气机叶栅

240

compressor casing　压气机机壳

compressor drum　压缩机转子

compressor-expandor　压缩 - 扩展器

compressor fan　压力通风机, 鼓风机

compressor governor　压气机调节器

compressor gun　润滑油增压机, 加[润滑]油枪

compressor housing　压缩机壳体, 压气机气缸

compressor map　压气机特性线图

compressor plant　空气压缩机房, 压气机房

compressor power　压气机功率

compressor stall　压缩机失速, 压气机失速

compressor start interlock　压气机起动联锁

compressor starting resistor　压气机起动电阻

compressor surge　压气机喘振

compressor surge control　压气机喘振控制

compressor toggle switch　压气机扳钮开关

compressor turbine　驱动压气机的涡轮

compressor vacuum pump　压气机真空泵

compressor wire　预应力钢丝

compressure　压缩力

comprex supercharger　气波增压器

comprisable　能被包含的

comprisal　包含, 梗概, 纲要

comprise　(1) 包含, 包括; (2) 由……组成; (3) 构成, 排成, 合成

compromise　(1) 妥协, 折中; (2) 综合考虑, 妥善处理, 兼顾, 平衡, 权衡; (3) 损害, 牺牲, 危及; (4) 放弃, 泄露

compromise-balanced hybrid circuit　折中平衡混合电路

comproportionation　(指反应) 互成比例

comptograph　自动计算器

comptometer　(1) 计算器; (2) 一种键控计算机 (商品名); (3) 计算员

compu-　(词头) 与计算机或有关的

compulsator　强制器

compulsion　强迫动作, 强制, 被迫

compulsive　强迫[性]的

compulsorily　强迫, 必须

compulsory　必须做的, 规定的, 义务的, 强迫的, 强制的

compulsory measures　强制手段

compulsory mixer　强制式拌和机

compulsory subject　必修科目

compunication (=computer communication)　计算机通信, 电脑通信

computability　可计算性

computable　计算得出的, 可计算的

Computalk　电子计算机通话, 电脑通话

computation　(1) 推测估价, 计算, 测定; (2) 计算结果, 计算额; (3) 计算技术, 电脑操作, 电脑应用

computation centre　计算中心

computation sheet　计算表格

computational complexity　计算复杂性

computational fluid dynamics (=CFD)　计算流体动力学语言, CFD 语言

computational linguistics　计算语言学, 电脑语言学

computational mathematics　计算数学, 计算数字

computational method　计算方法

computational problem　算题

computative　计算的

computator　(1) 计算装置, 计算机; (2) 计算员

computron　计算机用多极电子管

compute　(1) 算, 计算, 求解; (2) 解

compute-bound　受计算限制的

compute-limited　受计算限制的

computed error　计算误差

computed Go To statement　{计} 算转向语句

computed mode　计算状态

computed number of tooth　计算齿数

computed value　计算值

computer (=CMPTR 或 compt)　(1) 计算装置, 解算装置, 测算装置, 计算机, 计算器, 计数器, 电脑; (2) 计算员; (3) 计[量器]

computer-aided　计算机辅助的

computer aided cognition　计算机辅助识别

computer-aided design (=CAD)　计算机辅助设计, 利用计算机设计, 半自动设计

computer-aided instruction (=CAI)　计算机辅助教学, 计算机助教

computer aided management (=CAM)　计算机辅助管理

computer aided manufacture (=CAM)　计算机辅助制造

computer-aided manufacturing　计算机辅助制造

computer aided manufacturing(=CAM)　计算机辅助制造

computer aided photo-repeat　计算机辅助制版

computer aided process planning　计算机辅助工艺规程设计

computer-aided programming　计算机辅助程序设计

computer-aided test (=CAT)　计算机辅助测试

computer aided test　计算机辅助测试, 用计算机测试

computer aided test & inspection　电脑辅助测试与检测

computer analog input (=CAI)　计算机模拟输入

computer analog input-output (=CAI/op)　计算机模拟输入输出

computer analysis　计算机分析

computer architecture　(1) 计算机的结构格式 (2) 计算机[功能]结构; (3) 计算机体系结构

computer art　计算机技术

computer-assisted　计算机辅助的

computer assisted instruction　计算机辅助教学

computer-based　借助计算机, 利用计算机的

computer-based designing　借助计算机设计, 利用计算机设计

computer-based information system (=CBIS)　依靠计算机的情报系统

computer block education　以计算机为基础的教育

computer capacity　(1) 计算机能力; (2) 计算范围; (3) 整机规模

computer character recognition (=CCR)　计算机符号识别

computer-chronograph　计算器测时仪, 计算机计时仪, 计时计算机

computer code　计算机代码

computer communication　计算机通信

computer communication system　计算机通信系统

computer complex　复合计算机, 计算装置

computer components　计算机元件

computer configuration　计算机配置

computer control　计算机控制

computer control counter　计算机控制计数器

computer control system　计算机控制系统

computer-controlled　计算机控制的

computer-controlled display (=CCD)　计算机控制的显示器

computer-dependent language　面向计算机的语言, 计算机相关语言

computer display　计算机显示器

computer doctor store　电脑诊所

computer efficiency　计算机效率

computer entry punch　计算机输入穿孔机, 计算机输入凿孔机

computer-generated　计算机产生的

computer graphic technique　电脑图示技术

computer graphics　计算机图形法

computer hardware　计算机硬设备, 计算机硬件

computer-independent language　独立于计算机的语言

computer input　计算机输入

computer-input microfilming (=CIM)　计算机输入缩微法

computer installation　(1) 计算机安装; (2) 计算机站, 计算站; (3) 计算机装置

computer instruction　计算机指令

computer integrated manufacture system (CIMS)　计算机集成生产系统

computer language　计算机语言, 机器语言

computer language to aid and stimulate scientific, mathematical, and technical education　促进科学, 数学与技术教育的计算机语言

computer language translator (=CLT)　计算机语言翻译程序

computer learning　计算机学习

computer-limited　受计算机限制的

computer linkage　计算机联动装置

computer login circuit　计算机逻辑电路

computer-managed instruction　计算管理教学

computer mechanism　计算机机构

computer memory drum　计算机存储磁鼓

computer model　计算机模型, 计算机样机

computer module　计算机样机, 计算机模型, 计算机组件

computer network　计算机网络

computer of averaged transients (=CAT)　平均瞬时积算仪

computer-on-a-chip　微信息处理机, 微型电脑

computer on slice　单片组件式计算机

computer-oriented　[与]研制计算[有关]的, 面向计算机的, 计算机用的

computer-oriented cryptanalytic solution　采用计算机的密码解法

computer oriented language (=COL)　计算机专用语言, [面向]机器[的]语言

computer output microfilm (=COM)　计算机输出缩微胶卷

computer output microfilm equipment (=COME) 计算机输出缩微胶卷输出机

computer-output microfilmer (=COM) 计算机输出缩微摄影机

computer-output typesetting 计算机输出排版

computer-performed 用计算机进行的,用计算机完成的

computer-performed decision 计算机抉择

computer process control (=CPC) 计算机过程控制

computer program 计算机程序

computer program library (=CPL) 计算机程序库

computer programming 计算机程序设计

computer punch card equipment 计算机输入凿孔机

computer reaction time 计算机的反应时间

computer recording 计算机记录

computer respond to human voice 口声控制计算机

computer satellite 计算机的卫星机,计算机辅助机

computer science 计算机科学

computer-sensitive language 计算机可用语言

computer structure language 计算机结构语言

computer supervision control system 计算机监控系统

computer system 计算机系统

computer system simulation 计算机系统模拟

computer typesetting 计算机排字

computer useful time 计算机有效时间

computer utility 计算机应用,计算机效益

computer utilization 计算机应用

computer-with-a-computer 计算机中的计算机

computerese 计算机语言,计算机字,电脑术语,电脑语言,机器语言

computerisation 用[电子]计算机处理,用[电子]计算机计算,装备电子计算机,计算机化

computerise 用[电子]计算机处理,用[电子]计算机计算,用计算机控制,装备电子计算机,计算机化

computerism 电子计算机[万能]主义

computerite 电脑人员,电脑迷

computerization 用[电子]计算机处理,用[电子]计算机计算,装备电子计算机,计算机化

computerize 用[电子]计算机处理,用[电子]计算机计算,用计算机控制,装备电子计算机,计算机化

computerized 用计算处理的,计算机化的,计算机的

computerized acquisition system 计算机化采集系统

computerized Boolean reliability analysis (=COBRA) 计算机化布尔可靠性分析

computerized cataloging system 计算机编目系统

computerized circulation system 计算机化流通系统

computerized navigation 计算机导航

computerized numerical control (=CNC) 计算机化数字控制

computerized plotter 自动绘图仪

computerized scientific management planning system (=CSMPS) 计算机化的科学管理计划系统

computerized serial system 计算机化期刊编目系统

computerized simulation 用电子计算机模拟

computerized telegraph switching equipment 计算机转报设备

computerized tomography 电脑化断层 X 射线照相法,电脑化 X 射线层析照相法

computernik (1)计算机专家;(2)电脑人员,电脑迷

computerword 计算机学

computery (1)电脑系统;(2)电脑的使用,电脑的制造

computing 计算[的],解算的,演算的

computing amplifier 解算放大器

computing by heat transfer 热传导法计算

computing centre 计算中心

computing counter 计算器

computing device 计算装置

computing differential 计算的差分元件

computing element (1)运算器;(2)计算单元;(3)计算元件,运算元件

computing institute 计算研究所

computing laboratory 计算实验室

computing linkage 计算机联动装置

computing logger 计算记录器

computing machine 计算机

computing mechanism 计算机构

computing method 计算方法

computing mode 计算方式,计算状态

computing rule 计算尺

computing scale 计算尺

computing statement 计算语句

computing system 计算[机]系统

computing technique 计算技术

computing terminal 计算终端系统

computist 计算家

computopia 计算机乌托邦

computor (1)计算装置,解算装置,测算装置,计算机,计算器,计数器,电脑;(2)计算员;(3)计[量器]

computron 计算机用的多级电子管

computus 计算表册

computyper 计算打印装置

compuword 电脑用词,计算机字

comsat (=communication satellite) 通信卫星,通讯卫星

Comsol 科姆索尔银铅焊料,银锡软焊料(熔点296℃)

Comstock process 热压硬质合金法

con (1)指挥;(2)熟读,精读,默记,钻研,研究;(3)反对的论点,反对者;(4)从反面,反对地

con- (词头)(1)合,共,全;(2)圆锥,锥;(3)灰尘

Con-Revo-Con 全油压式定转速控制装置

conalog (1)接触模拟器;(2)(美)潜艇自动操纵系统

concast 连续铸锭

concatemer 连环

concatenate (1)使连接起来,使衔接起来,级联,串级,串联;(2)接连,衔接,链接,连结;(3)连在一起的,链状结合的,连结的,连环的,链系的

concatenated data set 连续数据组,链接数据集,并置数据集

concatenated motor 串级电动机,级联电动机,链系电动机

concatenation (= cascade connection) 级联,连接,串联,串接,串级,连续,连结,结合,链接,并置,并列

concatenation connection 级联

concatenation operator (1)并置[运]算符;(2)连锁作用标记

concatenator 连结物

concavation 凹度

concave (1)凹形的,凹的;(2)凹面,凹处;(3)(叶片)内弧,凹面物

concave angle 凹[面]角

concave angular face (锥齿轮)(在根锥展开平面上)凹面弧齿宽张角

concave bit 凹心钻头,凹形凿

concave camber 凹线辊型,凹度

concave-concave 两面凹的,双凹的

concave-convex 一面凹一面凸的,凹凸的

concave curvature 凹曲度

concave curve 凹曲线

concave cutter 凹半园成形铣刀,凹形铣刀

concave-down 下凹的

concave fillet weld (1)凹型角焊,凹角焊;(2)凹形角焊缝

concave flank cam 凹腹凸轮

concave folding articulated quadrilateral 凹形四连杆机构

concave folding crank-and-rocker mechanism 凹形曲柄 - 摇杆机构

concave glass 凹镜

concave grating 凹光栅

concave head piston 凹顶活塞

concave interlocking cutter 凹形联锁铣刀

concave joint 凹缝

concave lens 凹透镜

concave milling cutter 凹半园铣刀,凹形铣刀

concave mirror 凹[面]镜

concave plane 凹底刨

concave polygon 凹多边形

concave polyhedron 凹多面体

concave profile (1)凹形齿廓;(2)叶片内弧型面

concave roll 带槽轧辊,孔型轧辊,刻痕轧辊

concave roller 凹面滚子,凹面辊[子]

concave roller bearing 凹面滚子轴承

concave side (齿轮)凹齿面,凹侧,凹面

concave side of gear tooth 轮齿凹侧

concave slope 凹坡

concave solid cutter 凹半园刃整体铣刀

concave surface (叶片的)内弧面,凹面

concave tooth from 凹齿形

concave tooth gearing 凹齿传动[装置]

concave tooth surface 凹侧齿面

concave-up 上凹的

concaver 凹面体

concavity　(1) 凹性；(2) 凹度，(叶片) 内弧；(3) 成凹形，凹状，凹处，中陷；(4) 凹形面，凹面

concavity at central section　中 [截面] 凹度

concavo-concave　双凹形的

concavo-convex　一面凹一面凸的，凹凸 [形]

concavo-convex lens　凹凸透镜

concavo-plane　(1) 平凹形；(2) 凹底刨

conceal　隐蔽，隐藏，掩盖

concealed　隐蔽的，隐藏的，暗的

concealed button fly　暗钮门襟

concealed conduit　暗管

concealed gutter　暗管，暗沟

concealed heating　隐藏式供暖，壁板式供暖

concealed joint　隐藏接缝，暗缝

concealed lamp　暗灯

concealed-lamp sign　间接信号，隐灯标志

concealed nailing　暗钉

concealed pipe　暗管

concealed running board　(汽车) 内藏式踏脚板，隐式踏脚板

concealed safety step　(汽车) 内藏式踏脚板，隐式踏脚板

concealed wiring　隐藏布线，暗线

concealed work　隐蔽工程

concealment　(1) 隐蔽，隐藏，隐匿，伪装，遮盖，(2) 隐匿所，隐蔽处

concealment cipher　伪装密码

concealment from the air　对空隐蔽

concede　(1) 承认；(2) 给予，让与，让步，放弃，容许

concededly　无可争辩地，明白地

conceivable　可以了解的，可以相信的，想得到的，可能的

conceive　设想，想象，构思，(2) 表达，表现；(3) 想到，想出

conceive a plan　作计划

concenter　聚集在中心，集中

concentrate (=conc)　(1) 集中，集结，集聚，聚集，(2) 浓缩，凝缩，蒸浓，提浓，(3) 浓缩物，提浓物；(4) 选矿；(5) 精矿，精煤；(6) 富集；(7) 浓缩的

concentrate and confine (=CC)　装有浓缩和密封废料装置的废料去除系统

concentrate pump　(泡沫灭火剂) 原液泵，浓液泵

concentrate tank　(泡沫灭火剂) 原液柜

concentrated (=conc)　(1) 集中的，集总的；(2) 富集的，浓缩的，浓的

concentrated attenuator　集中衰减器

concentrated capacity　集总电容

concentrated coils　集中线圈

concentrated constant　集总常数

concentrated fall　集中落差

concentrated fall hydroelectric development　集中落差式水利发电工程

concentrated force　集中力

concentrated impedance　集中阻抗

concentrated load　集中载荷，集中荷载

concentrated oil of vitriol (=COV)　浓硫酸

concentrated solution (=concd sol)　浓 [缩] 溶液

concentrated winding　集中绕组，同心绕组，同心绕法

concentrating　(1) 集中；(2) 选矿；(3) 精选，浓缩

concentrating mill　选矿厂

concentrating table　精选摇床，富集台

concentration (=c)　(1) 集中，集聚，聚集，集聚，(2) 浓缩，蒸浓，提浓，(3) 密集度，浓度，密度；(4) 聚合；(5) 精选，选矿 [法]；(6) 聚焦作用，对光调焦，光束集中，聚焦，聚束；(7) 渗透浓缩，渗透值

concentration cell　浓差电池

concentration criterion　分选比

concentration cup　集聚杯，聚焦杯

concentration degree　集中度

concentration-dependent　与浓度有关的，依赖于浓度的

concentration difference　浓度差

concentration factor　(应力) 集中系数

concentration gradient　浓度梯度，密度梯度

concentration index (=CI)　浓度指数

concentration line　公共线，总线

concentration of beam　集束

concentration of collector　捕收剂浓度

concentration of electrolyte　电解液浓度

concentration of mining　集中开采

concentration of stresses　应力集中

concentration of sulfuric acid　硫酸的浓缩

concentration on engineering design (=COED)　集中工程设计

concentration plant　选矿厂

concentration potential　浓差电势，浓差电位

concentration table　富集台

concentration time　集流时间，汇流时间

concentrative　集中 [性] 的，浓缩的

concentrator　(1) 选矿机，选煤机，精选机；(2) 浓缩机，浓缩机；(3) 集线器；(4) (电报) 集中器，集线器；(5) 聚能器；(6) 选矿机操作工

concentrator bowl　离心筒，离心套

concentrator with nozzle discharge　有卸料喷嘴的离心浓缩机

concentre　聚集在一起，集中

concentric (=c/c)　(1) 同 [圆] 心的，共心的，同轴的；(2) 集中的，集合的，聚合的

concentric adjustable bearing　同心调节轴承

concentric arch　同心拱

concentric cable (=CC)　同轴电缆

concentric chuck　同心卡盘，万能卡盘

concentric circles　同心圆

concentric conic　同心二次曲线

concentric converter　正口转炉

concentric cylinder　同心圆柱体，聚焦圆筒

concentric cylinder circuit　同轴电路

concentric cylinder muffler　集筒式消声器，集筒式消音器

concentric cylinder viscosimeter　同心圆筒式粘度计

concentric groove　同心槽

concentric jaw chuck　同心爪卡盘

concentric-lay cable　同轴电缆

concentric lay cable　同轴电缆

concentric lens　同心透镜

concentric line　公共线，同轴线，同心线，总线

concentric-line resonators　同轴线谐振器，同轴线共振器

concentric pencils　同心线束

concentric piston ring　同心活塞环

concentric quadrics　同心二次曲面

concentric ring　同心环

concentric scale　同心刻度

concentric shafts　同心轴

concentric structure　同心构造

concentric type　同心式，环式

concentric wire rope　同心式钢丝绳

concentrical　同心的，同轴的

concentricity　(1) 同心性，同心度，同轴度；(2) 同心环纹

concentricity tester　同心度检验仪

concentricity tolerance　同心度公差

concept　(1) 概念，观念，原理，定则；(2) 思想

concept phase　草图设计阶段，初步设计阶段

conception　(1) 概念，观念，理论，想法，看法；(2) 构思，想象

conceptive　相得到的，概念上的

conceptual　概念 [上]

conceptual design　方案设计，草图设计

conceptual knowledge　理性认识

conceptual model　概念性模式

conceptual phase　草图设计阶段，初步设计阶段，概念阶段

conceptualize　概念化

concern　(1) 与……有关，对……重要性，影响到；(2) 关于，涉及，参与，关系，关联；(3) 关切，担心，挂念；(4) 营业，事务，业务，商行，企业；(5) 康采恩

concerned　(1) 有关的；(2) 关心的，担心的

concerning　就……来说，关于，论及，涉及，提到

concernment　(1) 重要 [性]，关系，参与；(2) 悬念，挂念；(3) 有关事项，事务

concert　(1) 一致，一齐，合作，协作；(2) 共同议定，商议，布置，计划，安排，协力

concert pitch　充分准备状态，高效能

concerted mechanism　协调机理

concertina　(1) 手风琴式的，可伸缩的，叠缩的；(2) 一种六角形手风琴

concertina connection　伸缩性连接

concession　(1) 让步，妥协；(2) 核准，准许，许可，特许 [权]

concessionary　受有特权的，特许的

conchoid　(1) 蚌线，螺旋线；(2) 贝壳状断面

conchoidal　(1) 贝壳状的；(2) 螺旋线的，蚌线的

conchoidal fracture　贝壳状断裂面，波纹状断裂面，贝壳状裂纹

conchospiral　放射对数螺旋

concise　简明的，简单的，简洁的，扼要的，短的

concise display　清晰显示，简略显示

243

concision (1) 简明,简单,简要;(2) 切断,分离
conclude (1) 结束,截止,终止,终结,完成;(2) 得出结论,下结论, 推断出,断定,可知;(3) 达成协定,订立,缔结;(4) 决定,决心
conclude business after viewing samples 看样后成交
conclude contract 订合同
concluding report 总结报告
conclusion (1) 结束,终结,结尾,缔结,订立,解决;(2) 最后结果,结论, 总结,论断
conclusive 令人确信的,决定[性]的,明确的,确实的,最后的
concoct (1) 调合,调制;(2) 编造,虚构;(3) 图谋,策划,计划
concoction (1) 调合,浓缩;(2) 调制品,混合物,浓缩物;(3) 编造, 虚构,策划
concolorous 同色的,单色的
concolorate 同色的
concomitance 相伴,伴随,并在
concomitant (1) 伴生的,伴随的,相伴的,共同的,副的;(2) 不变式
concord (1) 一致,和谐,协调;(2) 协定,协约
concordance (1) 用语,索引;(2) 一致,协调;(3) 整合
concordance program 索引程序
concordant 一致的,协调的,整合的
concordant cable 吻合索
concordant flow 协调流量
concordant profile 吻合截面,吻合线
concordant sample 协调的样品
concordat 协定,契约
Concorde 协和式飞机
Concorde airliner 协和式客机
concourse 集合,汇合,会合,合流,总汇,汇聚,聚集
concrement 凝结,凝块
concrescence (1) 凝结,聚集,结合,连合,会合;(2) 共同生长,增殖
concrescent 接合的,结合的
concresive 环氧树脂—聚硫粘合剂
concrete (=cnrt) (1) 混凝土;(2) 凝结物;(3) 具体的,有形的;(4) 凝结; (5) 混凝土制的,固结成的
concrete accelerator 混凝土速凝剂
concrete barrow 混凝土手推车
concrete bars 钢筋
concrete blinding 混凝土模板,混凝土模壳
concrete buggy 混凝土手推车
concrete cart 混凝土手推车
concrete construction 混凝土结构,混凝土施工,混凝土建筑
concrete finishing machine 混凝土整面机
concrete-gun 水泥喷枪
concrete-hinge 混凝土铰接承座
concrete-mixer 混凝土拌和机
concrete mixer trucker 混凝土拌和汽车
concrete mixing plant 混凝土拌和设备,混凝土拌和厂
concrete number {数}名数
concrete of low porosity 少孔混凝土,密实混凝土
concrete paver 混凝土铺路机
concrete placer 混凝土浇注机
concrete power saw 混凝土动力锯
concrete pump 混凝土泵
concrete-reinforcing bar 钢筋
concrete road paver 混凝土路面铺设机
concrete-shell 混凝土壳[体]
concrete ship 水泥船
concrete splitter 混凝土分离器
concrete spreader 混凝土平铺机
concrete-steel 劲性钢筋,钢筋钢
concrete steel [劲性]钢筋
concrete-timber (1) 制混凝土模板用木材;(2) 混凝土与木材混合 结构的
concrete vibrating machine 混凝土振捣机
concrete vibrator 混凝土振捣机
concrete with entrained air 加气混凝土
concrete with honeycombed spots 蜂窝混凝土
concreter (1) 混凝土工;(2) 煮糖器
concreting 浇注混凝土,混凝土浇筑
concretion 凝结作用
concretionary (1) 已凝结的,凝固的;(2) 含有凝块的
concretive 有凝固力的,凝结性的
concretize 使具体化,混凝土化,定形,凝固
concretor 混凝土工

concur (1) 共同起作用[的],同时发生[的],同时存在[的],并发的; (2) 相互,协力;(3) 同意,一致,赞成
concurrence (1) 同时发生,同时存在,同时操作,并行操作;(2) 并行性, 同时性;(3) 一致,同意,协力;(4) {数}几条线的交点
concurrency 一致性,同时性
concurrency chart 网络图
concurrent (=cncr) (1) 同时发生的,同时进行的,同时存在的,共同 作用的,并流的,并行的,共存的,合作的;(2) 重合的,相合的;(3) 并进的,并存的,同流的;(4) {数}共点[的],汇交[的];(5) 同意的, 一致的
concurrent boiler 直流锅炉
concurrent centrifuge 无逆流离心机
concurrent computer 并行[操作]计算机
concurrent control system 共行控制系统
concurrent flow mixer 同流混合器
concurrent force (1) 交汇力,共点力;(2) 交汇力系
concurrent lines 共点线
concurrent operation 同时操作,同时运算
concurrent peripheral operation 并行外部操作,并行外围操作
concurrent planes 共点面
concurrent process 并行处理,共行进行
concurrent selection 同时选择
concurrent unit {计}"与"门
concurring 同时发生的,并发的
concuss 使震动,冲击,撞击
concussion (1) 震动,冲击;(2) 震荡
concussion-fuse 激发引信,触发信管
concussion spring 减震弹簧,缓冲弹簧
concussor 震荡[按摩]器
concyclic 共圆
concyclic points 共圆点
cond aluminium 康德导电铝合金(铁 0.43%,镁 0.32%,硅 0.10%,其 余铝)
condar 康达(距离方位自动指示器)
condeep platform 水下混凝土平台
condemn 宣告不适用,认为不适用,决定废弃,报废
condemned ship 报废船
condemned stores 废品
condensability (1) 可凝结性,可凝聚性;(2) 冷凝性;(3) 可压缩性,浓 缩能力
condensable 可冷凝的,可凝结的,可浓缩的,可压缩的
condensance (1) 电容性电抗,电容阻抗,容抗;(2) 电容量,容量
condensate (1) 使凝结,凝聚,凝缩,冷凝,浓缩,缩合,变浓;(2) 冷凝物, 冷凝液,冷凝水,凝结物,凝结液,凝结水;(3) 凝析气;(4) 凝缩了的, 变浓了的
condensate collector 凝液收集器
condensate line 冷凝水管线
condensate pump 冷凝[液]泵
condensate return 冷凝水回流
condensate system 冷凝水系统
condensate trap 冷凝水阱,阻汽器
condensating agent 缩合剂
condensation (1) 冷凝[作用],凝聚[作用],凝结[作用],凝缩[作用], 凝析[作用];(2) 缩合[作用];(3) 简约,短缩;(4) 稠密,浓缩;(5) 浓缩,压缩,缩合,紧缩;(6) 聚合,聚光,会聚;(7) 压缩率,压缩度
condensation by injection 喷射凝结
condensation cathode 冷凝式阴极
condensation gutter 集水沟
condensation loss 冷凝损失,凝结损失
condensation nucleus 凝聚核,凝结核,缩合核
condensation number 冷凝量,缩合量
condensation of singularities 奇异点的凝聚
condensation of vacancies 空位的凝缩
condensation point 凝固点,冷凝点,露点
condensation polymer 缩[合]聚[合]物,凝集物,缩聚体
condensation polymerization 缩聚作用
condensation product 冷凝物,凝聚物,浓缩物
condensation pump 冷凝抽机
condensation reaction 缩合反应
condensation resin 缩聚树脂
condensation return pump 冷凝回水泵
condensation shock wave 冷激波
condensation test 并项检验
condensation trail 凝结痕迹,雾化尾迹

244

condensation water　冷凝水

condensation wave　凝聚波, 密波

condensational　冷凝的, 凝缩的

condensational wave　凝聚波

condensator　(1) 聚光透镜, 聚光器; (2) 冷凝器, 凝结器; (3) 电容器

condense　(1) 压缩, 紧缩, 缩短,;(2) 聚光; (3) 蓄电; (4) 冷凝, 缩合, 凝缩

condensed　(1) 冷凝了的; (2) 稠合的; (3) 节略, 缩编

condensed deck　压缩卡片组

condensed fluid　冷凝液

condensed instruction desk　压缩指令卡片组

condensed oil　稠合油

condensed phase　凝聚相

condensed print　压缩印刷

condensed rings　激冷圈

condensed routine　压缩程序

condensed spark　[高]电容火花

condensed specifications　简明技术规范

condensed state　凝聚态

condensed steam　[冷]凝[蒸]汽

condensed table　一览表, 汇总表

condensed type　缩合型

condenser 或 condensator (=c)　(1) 致冷装置, 冷却装置, 凝凝器, 冷却器; (2) 电容器, 调相器; (3) 聚光器, 集光器, 聚光镜; (4) 凝汽器, 凝结器, 凝聚器

condenser antenna　容性天线

condenser bank　电容器组

condenser block　电容器组, 电容器盒

condenser box　电容器箱, 凝凝器箱

condenser charge　电容器充电

condenser coil　凝汽盘管

condenser component　电容器元件

condenser coupling　电容器耦合

condenser current　[电]容性电流

condenser discharge　电容器放电

condenser discharge resistance welder　电容储能接触焊机

condenser divider　电容分压器

condenser lens　聚光透镜, 聚焦透镜

condenser loudspeaker　静电扬声器

condenser oil　电容器油

condenser potential device　电容式仪表用变压器

condenser pump　冷凝泵, 冷液泵

condenser reactance　电容器电抗, 容抗

condenser-reboiler　冷凝式重沸器, 冷凝器 - 蒸发器

condenser resistance　电容器电阻

condenser roentgen meter　电容器伦琴计

condenser run motor　电容起动电动机

condenser shunt type induction motor　电容分相式感应电动机

condenser speaker　电容式扬声器, 静电扬声器

condenser starter motor　电容起动电动机

condenser-transmitter amplifier (=cta)　电容式话筒放大器

condenser tube　冷凝器管

condenser type bushing　电容器绝缘套

condenser-type spot welder　电容储能点焊机

condenser valve　凝汽阀

condenser voltage　电容器电压

condenserman　冷凝工

condensible　可冷凝的, 可凝结的, 可浓缩的, 可压缩的

condensifilter　冷凝滤器

condensing　冷凝, 凝聚, 凝结, 聚光

condensing coil　凝凝蛇[形]管, 冷凝盘管, 凝汽盘管

condensing engine　凝汽发动机, 冷凝机

condensing lens　聚光镜

condensing monochromator　聚光单色体

condensing of petroleum vapours　石油蒸汽的冷凝

condensing plant　冷凝设备, 冷凝装置, 凝汽装置

condensing rate　冷凝速率

condensing surface　冷凝面

condensing turbine　冷凝式汽轮机, 凝汽轮机

condensing type electroscope　电容式验电器

condensing vessel　冷凝器

condensing worm　冷凝蛇管

condensite　孔顿夕电木, 孔顿夕电瓷

condensive　电容[性]的

condensive load　电容[性]负载

condensive reactance　容抗

condensive resistance　容抗

condensivity　介电常数

Condep controller　康德普电缆深度控制器

condign　应得的, 相当的, 适当的

condistillation　共[蒸]馏, 附馏

condition (=cond)　(1) 情况, 状态, 状况, 工况; (2) 条件; (3) 调节(空气); (4) (多项式或矩阵的) 性态, (5) (复) 环境, 形势, (6) 位置, 地位, (7) 规则, (8) 以……为条件, 限制, 规定, 支配, 制约, 决定, (9) 使处于正常状态, 使达到所要求状态, 使适应; (10) 调节, 调整, 整理, 整修, 修整, 精整, 检验, 检查

condition at operation　运行状况, 工作情况

condition code (=CC)　条件码, 状态码, 特征码

condition curve　状态曲线

condition equation　条件方程[式], 状态方程[式]

condition factor　条件系数

condition for constrained annexation　强制附带条件

condition name　条件名

condition number　条件数, 性态数

condition of aplanatism　(1) 等光程条件; (2) 消球差条件, 消球差情况

condition of balance　平衡条件

condition of compatibility　相容条件

condition of conjugacy　共轭条件

condition of constant mass flow　质量流量稳定条件, 定常质量流量条件

condition of constraint　约束条件

condition of continuity　连续[性]条件

condition of convergence　收敛条件

condition of delivery　交货状态

condition of equilibrium　平衡条件

condition of equivalence　等价条件

condition of furnace　炉况

condition of Grashoff　格拉肖夫 (自由对流的) 条件

condition of integrability　可积条件

condition of intersection　交线条件

condition of irrotationality　无旋条件, 无涡流条件

condition of loading　负载条件, 加载条件

condition of motion　运动条件

condition of rest　静止状态

condition of restraint　约束条件

condition of service　使用情况, 服务条件

condition of substained oscillation　持续振荡条件

condition of vanishing rotation　无旋条件, 无涡流条件

condition precedent　先决条件

condition survey　情况调查

conditional　有限制的, 附条件的, 有条件的

conditional assembly　条件汇编

conditional branch (=CB)　{计}条件转移

conditional coefficient　条件系数

conditional contract　有条件的契约, 暂行契约

conditional definition　附带条件的定义

conditional equality　条件等式

conditional equation　条件方程

conditional equilibrium　条件[性]平衡

conditional inequality　条件不等式

conditional instruction　条件指令

conditional jump　{计}条件转移

conditional observation　条件观测

conditional order　条件指令

conditional probability　条件概率

conditional statement　{计}条件语句

conditional stop order　{计}条件停机指令

conditional-sum add　条件和加法器

conditional sum logic　条件和逻辑

conditional transfer　{计}条件转移

conditional yielding point　条件屈服点

conditionality　(1) 条件限制, (2) 条件性, 制约性

conditionally qualified (=CQ)　有条件的合格

conditioned　(1) 经调节的, (2) 引起条件反应的, 处于正常状态的, 经过调节的, 有条件的, 有限制的, 制约的, (3) 调湿的

conditioned billet　清理过表面[缺陷]的坯料

conditioned observation　条件观测

conditioned reflex (=CR)　条件反射

conditioned reflex system (=CR System)　(通信)条件反射系统
conditioned response　条件反射
conditioned slag　调整渣
conditioner　(1)调节装置,调节器,调整器;(2)调料槽,调理池;(3)调节剂
conditioning (=cond)　(1)调节,调整,调制;(2)整理,整修,修整,精整,限定,准备,制备;(3)空调;(4)条件作用,条件形成;(5)给湿;(6)处理
conditioning certificate　条件证书
conditioning chamber　调节室,加湿室,干燥室
conditioning department　修整工段,清理工段
conditioning machine　水分检查机
conditioning of air　空气调节
conditioning of scrap　(1)废钢料调节;(2)废钢分类,废料分类
conditioning oil　洗涤油
conditioning plant　空气调节系统
conditioning water　调节水,处理水
conditions of service (=C of S)　使用条件
condor　康达(一种自动控制的导航系统)
conduce　有助于,有益于,导致
conducible　有助的,有益的,促进的,助长的
conducive　有助的,有益的,促进的,助长的
conduct　(1)导管,套管;(2)传导,传热,导电,引导,领导,指导;(3)处理,管理,经营,实施,进行;(4)处理方法,处理方式,做法;(5)导套,导管
conduct investigations　进行调查
conduct pipe　导管
conduct rope　导绳
conductance (=cd)　(1)导电性,导电率;(2)传导系数,传导性,传导率,导率;(3)有效电导,电导值,电导,热导,声导,气导,流导;(4)导纳
conductance electron　导电电子,载流电子
conductance for rectification　整流电导
conductance loop　电导回路
conductance ratio　电导率
conducted interference　馈电线感应干扰
conductex　炭黑
conductibility　传导性,导电性
conductible　可传导的,能传导的
conductimetric　电导率测定的
conductimetric method　电导率测定法
conductimetric titration　电导[定量]滴定
conductimetry　电导分析法
conducting　传导[的],导电[的],导热[的]
conducting bridge　(1)电导电桥;(2)并联电阻;(3)分路,分流
conducting current　传导电流
conducting guide　波导
conducting-hearth　导电炉底
conducting-hearth furnace　炉导电电炉
conducting layer　导电层,传导层
conducting material　导电材料
conducting medium　导电介质
conducting power　传导能力,传导性
conducting probe　电导探针
conducting resin　导电胶
conducting ring　导环
conducting strip　导热片
conducting wire　导线
conduction　(1)传导;(2)传导性,导电性;(3)电导,导电,导热;(4)传导系数,传导性,传导率;(5)导电系数,导电性,导电率,导热系数,导热性,导热率;(6)(管道)输送,引流
conduction angle　导通角
conduction band　(1)传导带;(2)(半导体)导电区
conduction cooling　导热冷却,传导冷却
conduction current　传导电流
conduction electron　传导电子,载流电子,外层电子
conduction error　传导误差
conduction holes　导电空穴
conduction level　(1)导带;(2)导电能级
conduction of heat　热的传导,导热性,导热率
conduction pump　传导式电磁泵,直流式电磁泵
conduction time　(电子管)通电时间
conductive　传导性的,传导上的,导电的,传热的
conductive body　导[电]体

conductive coating　导电涂层
conductive contact　导电接头
conductive coupler　电导耦合器
conductive coupling　电导耦合,直接耦合
conductive crystal coating　晶体导电涂层
conductive discharge　电阻放电,导体放电
conductive earth　接地
conductive measurement　电导测定
conductive mosaic　导电性嵌镶幕
conductive rubber　导电橡胶
conductive tissue　传导组织
conductive window　导体窗
conductively　(1)利用直接投入电路中的方法,利用通电的方法;(2)导电地
conductively connected CCD　电导连接的电荷耦合器件(CCD=charge coupled device 电荷耦合器件)
conductively-closed　(1)闭合的;(2)被屏蔽的;(3)绝缘的,隔离的
conductivity (=conc 或 cond)　(1)传导系数,传导性,传导度,传导率;(2)导电系数,导电性,导电率;(3)电导率,电导性,电导度,比电导;(4)导热[率]
conductivity alarm (=CA)　热传导警报器
conductivity apparatus　电导仪
conductivity connected charge coupled device　电导联结电荷耦合器件
conductivity electron　传导电子
conductivity modulated rectifier　电导率调制整流器
conductivity of an aperture　透孔性
conductivity of electricity　导电性,导电率
conductivity of heat　导热性
conductivity-temperature indicator (=CTI)　导热率-温度指示器
conductivity water　校准电导水
conductograph　传导仪
conductometer　(1)导热计,热导计;(2)导电计,电导计;(3)传导计
conductometer of heat　导热计
conductometric　测量导热率的,测量导电率的
conductometric analysis　电导[定量]分析
conductometric method　电导[定量]分析法
conductometric titration　(1)电导滴定;(2)电导滴定法
conductometry　(1)电导测定法,电导分析法,电导滴定法;(2)电导率测量
conductor (=conc 或 cond)　(1)导电体,球导体,导体,导线;(2)导线管;(3)(数学上)前导子;(4)罐道;(5)钻模;(6)避雷针
conductor arrangement　配线,布线
conductor configuration　导线布置,配线,布线
conductor film　导电膜
conductor head (=CH)　导线接头
conductor pipe　导管
conductor rope　导绳
conductor spacing　导线间隙
conductor with double insulation　双层绝缘线
conductron　光电导摄像管,导像管
conduit (=cnd)　(1)大管道,管道,水管,水道;(2)电缆管道,导线管,导管;(3)输送管;(4)风道;(5)预应力丝孔道
conduit box　管道分岔孔,管道人孔
conduit coupling　管路连接
conduit entrance　管道进口,水道进口,风道进口
conduit joint　管道接头
conduit pipe　导线管,导管,管道
conduit pit　检查井,管道坑,探井
conduit saddle　管托
conduit section　输水道截面,管道截面
conduit system　(1)暗线装置系统,管道系统;(2)管道制
conduit tube　(地下)线管,导管
conduit under pressure　压力输送管道,压力管道,压力导管
conduit work　(电线)管道工程
condulet　导管节头,小导管
conduloy　康杜洛铍镍铜[合金]
conduplicate　折合状的,纵叠的
cone　(1)圆锥形物,圆锥体,圆锥轮,锥体,锥;(2)锥形,锥面,锥心;(3)(圆锥滚子轴承)内圈,(4)圆锥破碎机,圆锥选煤机,锥形喷嘴,锥形漏斗,料钟;(5)[锥形]头部,头锥,弹头;(6)[锥形]喇叭筒,(扬声器)纸盆,塔轮;(7)高炉炉头,电弧锥部,耐火锥;(8)锥形纱管,锥形筒子,卷筒;(9)卷于圆锥体上,集中照射[敌机],使成锥形,形成锥面
cone and disk viscometer　锥盘式粘度计

cone-and-plate viscometer　平底锥形粘度计, 锥板粘度计
cone-and-socket joint　锥窝接头
cone angle　(1)圆锥角, 锥半角, 锥角; (2)扩散角
cone antenna　锥形天线
cone apex　锥顶
cone apex angle　锥[顶]角
cone apex to back　(锥齿轮)基顶距(锥基准面到锥顶的距离)
cone apex to crown　(锥齿轮)冠顶距(顶锥外端到锥顶的距离)
cone apex to spindle nose　(锥齿轮)顶心距(锥顶到轴中心线的距离)
cone assembly　锥体装配, 圆锥装配
cone back-face rib　(轴承)内圈大端挡边, 内圈锥面后凸肩
cone-baffle classifier　锥形挡板分级机
cone bearing　锥形[滚子]轴承
cone belt　锥形皮带, 三角皮带
cone bit　锥形钻头
cone blender　锥形混合器
cone-bottom　锥形底
cone bottom　锥[形]底
cone brake　锥形离合器, 锥制动器, 锥形闸
cone capacitor　锥形电容器
cone chuck　锥形卡盘
cone classifier　锥形分选机
cone clutch　锥形离合器, 锥形离合机, 锥式离合器
cone compensating device　锥形补偿装置
cone coupling　锥形联轴节
cone crusher　圆锥破碎机, 圆锥压碎机, 圆锥轧碎机, 圆锥碎矿机, 圆锥碎石机, 圆磨
cone cup　锥形杯, 伞形杯
cone diaphragm　锥形膜片, (扬声器)纸盆
cone dimensions　锥体尺寸
cone distance　锥距
cone drive　(1)双包络涡轮副传动; (2)锥轮传动
cone drum　锥形鼓轮, 宝塔轮, 锥轮
cone duster　转笼式除尘机
cone-formation　圆锥体的形式
cone friction brake　锥形摩擦闸
cone friction clutch　锥形摩擦离合器
cone friction coupling　锥形摩擦联轴节
cone friction gear　锥形摩擦轮
cone ga(u)ge　锥度量规
cone gear　(1)锥形齿轮; (2)塔[式齿]轮; (3)圆锥齿轮传动 (4)锥轮装置
cone gearing　(1)塔轮传动; (2)锥形轮传动; (3)圆锥齿轮传动
cone grinding　锥面磨削, 锥体磨削
cone head bolt　锥形螺栓
cone head rivet　锥头铆钉
cone-in-cone　峰中峰, 叠锥
cone in the jet　喷口内锥
cone index　圆锥指数
cone joint　双锥管接合
cone key　锥形键
cone lubrication groove　(离合器)外锥润滑槽
cone mandrel　锥体心轴
cone method test　圆锥筒试验, 圆锥法
cone mill　(1)斜轧穿孔机; (2)锥形磨
cone milling cutter　锥形铣刀
cone of a bevel gear　锥齿轮[节]圆锥
cone of beam　光束锥
cone of constant phase　定相锥面
cone of coverage　覆盖角
cone of depression　下降漏斗
cone of dispersion　(1)集束弹道; (2)圆锥形弹道束
cone of exhaustion　下降漏斗
cone of fire　(1)集束弹道; (2)圆锥形弹道束
cone of friction　摩擦锥面, 摩擦锥轮, 摩擦圆锥, 摩阻圆锥
cone of gears　诺顿式齿轮变速箱, 塔式齿轮箱
cone of hypoid gear　双曲面锥轮[节]圆锥
cone of influence　下降漏斗
cone of intake　进水曲面
cone of light　锥形光束, 散开光束, 光锥
cone of nulls　静锥区, 静区
cone of order n n　阶锥面
cone of protection　圆锥保护区[避雷针的]
cone of revolution　{数}回转锥面

cone of silence　(1)(无线电台附近的)无声区, 静锥区, 静区; (2)盲区(雷达)
cone-penetration　圆锥贯入的, 锥贯入的, 锥探的
cone pinion　小锥齿轮
cone pulley　锥形轮, 宝塔轮, 快慢轮, 塔轮
cone pulley drive　锥形皮带轮传动[装置]
cone-pulley lathe　锥形皮带轮车床, 塔轮车床
cone pyrometer　锥体高温计
cone quartering　堆锥四分[取样]法
cone ratchet clutch　圆锥棘轮离合器
cone rock bit　锥形凿岩钻头
cone screw　锥形螺钉
cone-shape　锥形
cone-shaped　[圆]锥形的
cone-shaped drill point　锥形钻口, 锥形钻刃
cone shaped end　锥形端
cone-sheet　锥层侵入体
cone spacer　(圆锥滚子轴承)内隔圈
cone stop　圆锥止动器
cone theory　锥体分布理论
cone-type　[圆]锥形[的]
cone-type loudspeaker　锥形扬声器
cone valve　锥形阀
cone-vice coupling　圆锥夹子联轴节
cone winder　锥形筒子络纱机
cone winding machine　锥形筒子络纱机
cone worm　锥[形]蜗杆
cone worm gearing　锥蜗杆传动[装置]
coned　(1)圆锥形的; (2)被探照灯光束照中的
coned cutter　圆锥铣刀
coneheaded　[圆]锥头的
conel　考涅尔铁镍铬合金
conelrad 或 CONELRAD (=control of electromagnetic radiation)　电磁波辐射管制, 电磁波辐射控制
conepenetrometer　圆锥贯入度仪
coner　(1)绕纱机; (2)绕纱工
conette　小纸管
Confederation of British Industry (=CBI)　英国工业联合会
confer (=cf)　(1)与……比较, 应用于, 比较, 对照, 参阅, 参照, 参看; (2)使具有, 给予, 授予; (3)交换意见, 商议, 讨论
confer with script (=CWS)　对照原稿
conference (=conf)　(1)联合会, 协商会, 讨论会, 会议; (2)商议, 商谈, 商量, 谈判; (3)公会
conference call　会议电话
conference circuit　调度通信电路, 会议电话电路
conference telephone　会议电话
conferrable　能授予的
conferree　参加商谈者, 参加会议者
conferrer　授予人
conferted　密集的
confertim　紧密的
confertus　融合的, 汇合的
confervform　密集的
confess　(1)承认, 供认, 证明; (2)坦白
confessed　众所周知的, 有定论的, 公认的, 明白的
confessedly　确定无疑地, 公开表明地
confettis　(彩色电视的)雪花干扰
confide　(1)委托; (2)信任
confidence　(1)可靠程度, 置信水平, 置信度; (2)信任, 信赖, 信心, 相信, 把握
confidence coefficient　可靠[性]系数, 置信系数
confidence interval　可靠区间, 置信区间
confidence level　(1)置信水平; (2)置信度, [数值]可信度, 信赖级
confidence limit　可靠界限, 置信界限, 置信极限, 置信限度
confident　有信心的, 有把握的, 确信的, 深信的
confidential (=C)　(1)机密的, 机要的, 保密的; (2)密件
confidential book (=CB)　机密手册
confidential bulletin (=CB)　机密通报
confidential communications　秘密来往信件
confidential cover sheet (=CCS)　机密件封面
confidential document (=CD)　机密文件
confidential paper　机密文件
confidently　有把握地, 确信地
confiding　深信不疑的
configurate　(1)使具有一定形状, 使具有一定外形; (2)配置, 排列

configuration (1) 整体形态, 外形, 形状, 轮廓; (2) 结构, 构形, 构造, 位形, 地形, 图形; (3) 排列, 组合; (4) 布置, 配置, 排布, 组态; (5) 造型; (6) 设备的配置; (7) 化合物的构成; (8) 形相; (9) 组态, 位形; (10) 相对位置, 配位, 位置; (11) 线路接法; (12) 修琢

configuration control (=CC) 构形控制, 配位控制

configuration control board (=CCB) 构形控制板, 配位控制板

configuration data control (=CDC) 配位数据控制

configuration number 配位数

configuration of electrodes 电极排布方式

configuration of equilibrium 平衡组态

configuration of flow 流 [动] 型

configuration of sample (统计数学用字) 样本的构形

configuration space 构形空间, 构位空间

configure 使具形体, 使成形

confine (1) 限制, 封闭, 紧闭; (2) 界限, 边界, 边缘, 区域, 范围; (3) (磁场) 吸持; (4) (对等离子体的) 约束; (5) 接界, 邻接

confined 受约束的, 有限的, 侧限的, 狭窄的

confined aquifer 承压含水层

confined bed 封闭层

confined compression test 侧 [向] 限 [制] 压缩试验

confined compressive strength 侧 [向] 限 [制] 抗压强度

confined figure (齿轮) 封闭图 [形]

confined leaching 槽内浸滤

confined plasma 约束的等离子体

confined pressure 封闭压力, 侧限压力

confined space 有限空间

confined velocity 有限速度

confined water 受压水, 承压水

confinement (1) 限制, 界限, 制约, 约束; (2) (磁场) 吸持; (3) 密封, 密闭, 气封

confinement of flow 约束水流

confinement phase 紧闭相

confinement pressure 侧限压力, 围压

confining bed 不透水层, 隔水底层, 隔水层, 承压层

confining layer 阻水层

confining pressure 封闭压力, 侧限压力, 围压

confirm (=cfm) (1) 证明, 证实; (2) 使有效, 确定, 确认, 批准; (3) 使坚定, 坚持说

confirmability 可确定性

confirmable 可确定的, 可批准的, 能证实的

confirmation (1) 证明, 证实; (2) 确定, 确认, 认可, 批准

confirmation pulse 识别脉冲

confirmation test (1) 证实试验; (2) 证实, 验证

confirmative 确实的, 确定的, 证实的, 验证的, 批准的

confirmed (1) 确定的, 确认的, 证实的; (2) 习以为常的

confirming bank 保兑银行

confirming marker 确认标记

confiscable 可没收的, 可征用的

confiscate (1) 没收, 充公; (2) 征用; (3) 被没收的, 被征用的

confiscation 没收征用

confix 连接起来, 固结住, 连结牢固

conflagrant 燃烧着的, 速燃的

conflagration (1) 快速燃烧, 爆燃; (2) 火焰, 大火, 焚烧; (3) (战争) 爆发

conflation 合并, 合成

Conflex 包层钢

conflict (1) 冲突, 抵触, 矛盾; (2) 斗争, 战斗, 争执 (3) 碰头, 交会; (4) 冲突点

conflicting 不一致的, 不相容的, 冲突的, 矛盾的

confluence (1) 合流, 汇流, 合流; (2) 汇合点, 汇合处, 汇流点, 合流点; (3) 聚合; (4) 会合, 群集, 集合

confluent 汇合的, 汇流的, 合流的

confluent hypergeometric function 合流超几何函数, 合流超比函数

confluent pitting 群集点蚀

conflux (1) 合流, 汇流, 合流; (2) 汇合点, 汇合处, 汇流点, 合流点; (3) 聚合; (4) 会合, 群集, 集合

confocal 同焦点的, 共焦 [点] 的

confocal hyperbola 共焦 [点] 曲线

confocal quadric 共焦二次曲面

conform (1) 使适应, 使遵守, 使一致, 使符合, 使适合; (2) 依据, 依照, 根据, 符合, 遵守, 遵从

conformability (1) 适应性, 顺从; (2) 一致性, 相似性; (3) 整合性; (4) 贴合性

conformable (1) 一致的, 相似的, 适合的; (2) 整合的, 贴合的; (3) 依照

conformable contact 整合接触

conformable matrices 可相乘矩阵

conformably 一致, 依照

conformal 保形的, 保角的, 共形的, 保形的, 准形的, 相似的

conformal antenna 共形天线

conformal coating 敷形涂覆

conformal-conjugate 共轭保角的

conformal map 保角变换图, 保形变换图, 保角映像

conformal mapping 保形映射, 保形映像, 保角映射, 保角变换

conformal representation 保角变换表示法, 保角显影表示法, 保角显像表示法

conformal surface 共形表面

conformal transformation 保角变换

conformal wire grating 适形线栅

conformality 正形

conformally 共形地, 保形地, 保角地, 相似地

conformance (1) 一致性, 适应性; (2) 性能

conformance test 验收试验, 性能试验

conformation (1) 符合, 适应, 相应, 一致; (2) 结构, 构造; (3) 构像, 构型, 形态, 形体, 组成

conformer 构像异构体

conforming element 相容元, 协调元

conforming plate 整形板

conformity (1) 整合; (2) 合格, 符合, 相似, 相应, 适应, 适合; (3) 依照, 依从, 遵照, 遵守; (4) 一致点; (5) 适合度; (6) { 数 } 等角变换; (7) (图像) 保角

conformity case clause 一致性选择子句

conformity certification 合格证 [明]

confound 使迷惑, 分不清, 错认, 交错, 混淆

confounded 混乱的

confounded arrangement 混同排列

confounding (1) 混淆, 混杂, 交错, 打乱; (2) 混杂设计

confravision 电视传真

confrication 粉碎, 磨碎, 磨细, 揭细

confriction (1) 摩擦; (2) 摩擦力

confront (1) 使面对, 面临, 遭遇, 碰到, 相遇; (2) 正视, 对抗; (3) 与……相对, 比较, 对照

confusable 可能被混淆的, 可能被弄糊涂的

confuse 使混乱, 混淆, 混同, 干扰, 扰乱, 迷惑, 弄错

confused 混乱的, 混淆的, 混同的, 干扰的, 扰乱的, 迷惑的, 弄错的

confusion (1) 混乱, 紊乱, 混淆, 混同, 干扰, 扰乱, 迷惑; (2) 模糊, 弥散

confusion reflector 扰乱反射器, 干扰反射器, 假目标

confusion region 信号不辨区, 混淆区

confute 反驳, 驳斥, 驳倒

Conge 康杰搅拌机

congeal 冻结, 冻凝, 凝固, 凝结, 冷藏

congealable 可凝结的, 可凝固的

congealed moisture 凝结水

congealed point 凝固点, 冷凝点, 冻结点

congealer (1) 冷冻机, 冷冻器; (2) 冷藏器, 冷藏箱

congealment 冻结, 凝结, 冷藏, 凝固, 冷藏

congelation (1) 冻结, 凝结; (2) 凝结物, 凝块; (3) 冷凝 [作用]

congenial 同性质的, 相宜的, 适宜的

congeries (1) 团聚, 集聚 [体]; (2) 堆积

congest 拥挤, 阻塞, 充满, 密集

congested 拥挤的, 充满的, 拥塞的

congesting 聚积, 充斥, 充满, 拥塞

congesting of oil 油的聚积

congestion (1) [交通] 拥挤, (电话的) 占线; (2) [货物的] 充斥; (3) 聚积, 累积, 聚集, 集聚, 附聚; (4) 堆积

congestion of are 矿石聚积

congestus 浓的

conglaciate 冻结, 冻硬, 凝结

conglobate (1) 使成球形, 弄圆; (2) 变成球形, 形成球状, 变圆; (3) 圆的, 球形的, 团聚的

congiobation 堆集 [作用], 聚集

conglobe (1) 使成球形, 弄圆; (2) 变成球形, 形成球状, 变圆; (3) 圆的, 球形的, 团聚的

conglomerate (1) 使积聚成团, 使成球形 (2) 成团形的, 密集的, 堆集的, 成团的; (3) 外消旋物, 密集体, 堆集体, 集成体; (4) 联合企业, 集团

conglomeration (颗粒的) 堆集

conglutinate (1) 粘在一起, 胶着, 粘合, 粘住, 附着; (2) 粘住的; (3)

凝集, 团集

congo 刚果金刚石

congregate (1)聚集, 会集, 集合; (2)集合在一起, 的, 聚集的, 集体的

congression 中板集合

congruence 或 congruency (1)相同, 相等, 一致, 符合; (2){数} 同余线汇, 同余式, 同余, 叠合, 全等, 相合, 重合, 全等, 汇

congruence circuit 重合电路, 同步电路

congruence integer 同余整数

congruence modular ideal 以理想子环为模的同余

congruence of circles 圆汇

congruence of curves 曲线汇

congruence of first degree 一次同余

congruence of lines 线汇

congruence of matrices 矩阵的相合

congruence of normal 法线汇

congruence of spheres 球汇

congruence property 同余性质

congruence relations 同余关系

congruent (1)相同的, 相等的, 相应的, 相当的, 对应的, 符合的, 适合的, 协调的, 一致的; (2){数}同成分的, 全等的, 同等的, 同余的, 叠合的, 并合的

congruent form 左右相反形

congruent generator 同余数生成程序

congruent matrices 相合矩阵

congruent melting point (固液)同成分熔点

congruent numbers 同余数

congruent points 固液同组成点, 叠合点

congruent transformation 等成分变换, 全等变换, 相合变换

congruent triangles 全等三角形, 叠合三角形

congruential 全等的, 叠合的, 同余的

congruential generator 同余数生成程序

congruity 和谐性, 适合, 一致, 调和

congruity of parallel tests 平行试验的一致性

congruous 全等的, 一致的, 符合的, 适合的, 调合的

coni- (词头)圆锥

coni section 圆锥截面

conic (1)圆锥体的, 圆锥形的, 锥形的; (2)圆锥曲线, 二次曲线, 双曲线; (3) 锥线法

conic bushing 圆锥套管, 圆锥衬套

conic chain 锥形链

conic cup 锥形杯

conic node 锥顶点

conic polar 极二次曲线

conic projection 圆锥[形]投影[法]

conic reducer 锥形轮减速器

conic section (1)圆锥截面; (2)圆锥曲线

conic with center [圆锥]有心二次曲线

conic without center 无心二次曲线

conical (1)圆锥形; (2)[圆]锥形的, [圆]锥体的, 圆锥状的

conical arbor 锥形柄轴

conical ball mill 锥形球磨机

conical beam 锥形射束

conical bearing 锥形轴承

conical bore [圆]锥孔

conical boring 锥孔镗削, 镗锥形孔

conical breaker 锥形碎矿机

conical cam 锥形凸轮, 圆锥凸轮

conical center 锥形顶尖

conical chain 锥轴链条

conical collar 锥形轴环, 锥形环

conical collet 锥形有缝夹套

conical contact 锥形接触

conical contour 锥形

conical cup test 圆锥杯突试验

conical cutter (加工砂轮的)圆锥形刀具

conical diaphragm 锥形振膜, 纸盆

conical die 拉模

conical diffuser 锥形扩压器

conical drum 圆锥铰筒, 圆锥滚筒

conical end 锥形端

conical end needle roller 锥头滚针

conical fit 锥面配合

conical flash 锥形瓶

conical friction clutch 锥形摩擦离合器

conical function 圆锥函数

conical gear (1)锥形齿轮; (2)塔式齿轮; (3)圆锥齿轮

conical gear blank 锥齿轮齿坯

conical gear cutting machine 锥齿轮切齿机, 锥齿轮加工机床

conical gear pair 锥齿轮副

conical gear reversing switch 锥齿轮正反向[机构]转换开关

conical gear tooth 锥齿轮轮齿

conical gear with curved teeth 曲[线]齿锥齿轮

conical gears 锥齿轮装置

conical graduate 锥形量杯

conical head bolt [圆]锥头螺栓

conical helix 锥形螺旋线, 圆锥螺旋线

conical hob 锥形滚刀, 切向滚刀

conical hole 锥孔

conical journal 锥形轴颈

conical mandrel 锥形心轴

conical mill 锥形球磨机

conical necked nut 锥颈螺母

conical pendulum 锥[动]摆

conical pin 锥[形]销

conical pinion 锥形小齿轮

conical pipe 锥形管

conical pitch surface 圆锥节面

conical point (1)锥形刃口; (2)锥[顶]点

conical pointed grub screw 锥端无头螺钉

conical projection 圆锥投影

conical pulley (1)锥轮; (2)塔轮

conical reamer 锥形铰刀

conical refiner 锥形磨浆机

conical roller 锥形滚柱, 圆锥滚轴

conical roller bearing 锥形滚柱轴承, 圆锥滚子轴承

conical scan 圆锥扫描

conical-scan-receive-only (=CSRO) 圆锥形扫描单独接收

conical screw 锥形螺旋

conical seat 锥形座

conical section (1)锥体截面; (2)圆锥曲线, 二次曲线

conical shaft end 锥形轴端

conical shape 锥形

conical side milling cutter 锥形侧铣刀, 锥形三面刃铣刀

conical socket 锥形套节, 锥形套筒

conical spiral 圆锥螺旋线

conical spring [圆]锥形螺旋弹簧, 锥形盘簧

conical surface 锥形面

conical tooth epicyclic gearing 锥齿轮周转传动[装置]

conical tooth gearing 锥齿轮传动[装置]

conical tooth planetary gearing 锥齿轮行星传动[装置]

conical tube 圆锥管

conical valve 锥形阀

conical wheel 锥齿轮

conical wheel tooth 锥齿轮轮齿

conical worm 锥[形]蜗杆

conically 成圆锥形

conicalness (1)圆锥形; (2)圆锥体

conichalcite 砷钙铜矿

conicity (1)圆锥度, 锥削度, 拔销度; (2)圆锥性; (3)锥形[气流]

conicle 小圆锥

conicograph 二次曲线规

conicoid 二次曲面

conics 圆锥曲线论

coniflex gear [带鼓形齿的]直齿锥齿轮

coniflex gear-bevel system [带]鼓形齿的锥齿轮齿形制

coniform 锥状的, 锥形的, 锥的

confuge 锥形离心机

conimeter 测角器

coning (1)使成圆锥形, 成锥形; (2)圆锥度, 圆锥角, 锥形; (3)(在压力机上整轧车轮)弯曲轮幅; (4)圆锥形的

coning angle 圆锥角

coniscope 计尘仪

conisphere 锥球

conject (1)推测, 猜想; (2)计划, 设计

conjecturable 可推测到的, 猜得到的

conjectural 推测, 猜想的

conjecture 推测, 推想, 猜想, 猜测, 估计, 假设

conjoin 结合, 联合, 连接

249

conjoined 同时发作的, 联接的, 结合的, 重叠的, 相连的,
conjoint 结合的, 联合的, 粘合的, 相连的, 连带的, 共同的
conjugacy 共轭性
conjugacy of the second kind 第二类共轭性
conjugant 接合体
conjugate (1) 共轭, 相配, 配对, 配合, 结合, 联合, 缀合, 连接; (2) (复) 成对之物, 轭合物, 共轭值, 共轭量; (3) 共轭的, 轭合的, 相配的, 接合的, 对合的, 配合的, 缀合的; (4) 成对的, 配对的, 对偶的, 结合的, 连接的, 联结的; (5) 伴随空间, 对偶空间; (6) 正中直径
conjugate action 共轭作用
conjugate angle 共轭角
conjugate arc 共轭弧
conjugate axis 共轭轴 [线]
conjugate beam 共轭梁
conjugate cam 共轭凸轮
conjugate chords 共轭弦
conjugate circuit 共轭电路
conjugate complex number 共轭复数
conjugate-concentric 共轭 - 同心的
conjugate conics 共轭二次曲线, 配极二次曲线
conjugate constraint 共轭约束条件, 共轭制约
conjugate convex cone 共轭凸锥
conjugate curve 共轭曲线
conjugate cutting action 共轭切削 [动作]
conjugate depth 共轭深度
conjugate diameters 共轭直径
conjugate domains 共轭域
conjugate element 共轭元素
conjugate fields 共轭域
conjugate foci 共轭焦点
conjugate form 共轭形状, 共轭齿形
conjugate gear tooth action 轮齿共轭作用
conjugate gears 共轭齿轮
conjugate grinding 组合磨削
conjugate hodograph 共轭速矢图
conjugate hyperbolas 共轭双曲线
conjugate hyperboloids 共轭双曲面
conjugate impedance 共轭阻抗
conjugate linear space 共轭线性空间
conjugate lines 共轭直线
conjugate matrices 共轭矩阵
conjugate of a function 函数的共轭值, 函数的共轭量
conjugate operation 共轭运算
conjugate pair 共轭偶, 共轭对, 相伴对, 耦合对
conjugate points 共轭点
conjugate profiles 共轭齿廓
conjugate racks 共轭齿条
conjugate representation 共轭表象, 共轭表观
conjugate slip 共轭滑移
conjugate space 共轭空间
conjugate spur gear 共轭正齿轮
conjugate stress 共轭应力
conjugate surface 共轭曲面, 结合表面, 共轭面
conjugate systems 共轭制, 共轭系
conjugate systems of curves 共轭曲线系
conjugate tangents 共轭切线
conjugate teeth 共轭轮齿
conjugate tooth profiles 共轭齿廓, 共轭齿形
conjugate tooth surface 共轭齿面
conjugate transformation 共轭变换
conjugate value 共轭值
conjugated double linkage 共轭双耦合
conjugated fractures 共轭裂纹系统
conjugated pair 共轭偶, 相伴对
conjugation (1) 共轭 [性]; (2) 共轭运算; (3) 共轭缀合; (4) 接合 [作用]; (5) 结合, 配合, 耦合, 联合, 接合, 契合, 连接, 衔接, 配对; (6) 逻辑乘法, 逻辑乘积
conjugation of successive photographs 连续照片的衔接
conjugation tube 接合管
conjugon 接合子
conjunct 连接的, 联合的, 混合的, 结合的
conjunction (1) {计} 逻辑乘法, 逻辑积, "与"; (2) 同时发生, 连接, 结合, 耦合, 配合, 联合, 组合, 会合; (3) 连结, 接通; (4) {数} 合取, 楔合, 逻辑 [乘] 积; (5) 结合件, 接头; (6) 连测

conjunction gate "与" 门
conjunctive (1) 连接的, 连系的, 结合的; (2) {数} 契合的, 合取的; (3) {计} 逻辑乘的
conjunctive matrices 共轭相合矩阵
conjunctive search 逻辑乘 [法] 探索, 逻辑乘 [法] 检索, 按"与"检索
conjunctly 连接着, 共同
conjuncture 行情
conk (1) (机器) 突然损坏, 发生故障, 出毛病, 故障; (2) 发动机突然停止
conkout 损坏, 故障
conloy 康洛铜铝合金 (4-5% Cu, 余量 Al)
conn 操航训练
connarite 硅镍矿
connatural (1) 固有的, 生来的; (2) 同性质的
connect (1) 连接, 连结, 连通, 接续, 接通, 衔接, 相通; (2) 联系, 联结, 联络, 联想; (3) 接合, 结合
connect data set to line {计} 把数据组连接成行
connect in parallel 并联连接
connect in series 串联连接
connect the clutch shaft to the mainshaft 把离合器轴连接到主轴上
connect to neutral 接零, 接中位线
connected (1) 连接的, 连贯的, 接续的; (2) 结合的; (3) 有联系的, 关联的
connected complex {数} 连通复形
connected domain 连通域
connected graph 连通图
connected in series 串联的
connected load 连接负载
connected set 连通集
connected shaft 连动轴
connected to earth 接地的
connected yoke 连接横木, 系梁
connectedness 连通性, 联络性, 联缀性
connecting (1) 连接, 连结, 联结; (2) 连杆; (3) 电路布线; (4) 开关操作, 合上; (5) 管接头, 套管; (6) 连接的
connecting angle 结合角钢
connecting arm (1) 连接臂, 连杆; (2) (纺机) 牵手
connecting arm pin (1) 连杆栓; (2) 牵手栓
connecting bar (1) 连接柱, 连 [接] 杆; (2) 连系钢筋
connecting bolt 连接螺栓, 连结螺栓
connecting box (1) 接线箱, 接线盒; (2) 电缆接头箱
connecting bus-bar 接续汇流条
connecting bushing 连接套筒
connecting cable 连接电缆, 接线电缆, 拉线电缆, 接合电缆, 中继电缆
connecting chain 联结链
connecting circuit (1) 连接电路; (2) 中继线, 连接线
connecting clamp 联结夹
connecting cord 连接塞绳, 中继塞绳
connecting curve 连接曲线, 缓和曲线
connecting flange 连结法兰, 连接法兰
connecting gear 过桥齿轮
connecting in series 串联
connecting lever 连接杆, 连杆
connecting line 连接线
connecting link (1) 连接杆, 连结杆, 连杆; (2) (链) 连接链节, 联结链节, 联结环
connecting nut 连接螺母
connecting piece 连接件
connecting pin 连接销
connecting pipe 连结管, 连接管, 结合管
connecting plate 接合板, 连接板, 接线板
connecting plug 接线塞子
connecting point 联结点
connecting rack 配线架
connecting ring 连环
connecting rod (1) 结合杆, 连杆; (2) 活塞杆; (3) 接线柱
connecting rod aligner 连杆校准器
connecting rod aligning jig 连杆大小头平行度检验夹具
connecting rod alignment fixture 连杆准直度检验夹具, 连杆大小头平行度检验夹具
connecting rod assembly 连杆总成, 连杆组合
connecting rod bearing saddle 连杆轴瓦座
connecting rod big end 连杆大头
connecting rod bolts 连杆螺栓

connecting rod (bearing) cap　连杆轴承盖, 连杆大头盖
connecting rod fork　连杆叉形大头
connecting rod gear　连杆机构
connecting rod journal　连杆轴颈
connecting rod pin　连杆销
connecting rod sleeve　连杆衬套
connecting rod small end　连杆小头, 连杆小端
connecting rod bushing boring machine　连杆瓦镗床
connecting screw　连接螺钉
connecting shaft　连接轴, 连结轴
connecting sleeve　连接套筒, 连结套筒, 连接套
connecting sleeve pin　连接套销
connecting strand　联络索
connecting tag　连接销
connecting thread　连接螺纹
connecting tube (=c/t)　连接管, 导管
connecting-up　(1) 布线; (2) 装配
connecting up　(1) 电路布线; (2) 装配, 安装
connecting wire　连接 [导] 线
connection (= connexion)　(1)结合,联接,联合,联结,合上; (2)输出端, 通讯线, 接头, 引线; (3) 连接机构; (4) 接合面, 接合处; (5) 连接, 连接法, 接法; (6) 连通, 联系, 联缀; (7) 连接管, 接管嘴, 套管; (8) 离合器, 联轴节, 吊挂, 拉杆; (9) 联系, 关系; (10) 主油路的连接
connection angle　结合角钢
connection block　接线板
connection box (=CB)　(1) 分线箱, 连接箱, 接线箱, 接线盒, 接线板; (2) 电缆接头箱; (3) 连接器, 连接框
connection cable　接线电缆
connection clip　结合扣
connection diagram　接线图, 连接图
connection formula　连通公式
connection link　连 [接] 杆, 联结杆
connection matrix　连接矩阵, 连通矩阵, 联络矩阵
connection-oriented　面向连接的
connection pipe　连接管, 连通管
connection plate　接线板
connection point　连接点
connection rod　连杆
connection shaft　联结轴, 中间轴, 天轴
connection sleeve　连接套筒
connection socket for aerial　天线插口
connection socket for antenna　天线插口
connection strap　连接条, 桥接条, 连接片, 跨接线, 桥接线
connection strip　连接条, 连接片
connection of polyphase circuits　多相电路联接
connection terminal　接线端子
connection tube　接线管, 连通管
connective　连接的, 接续的, 连合的, 结合的, 联络的
connectivity　(1) 接合性, 连接性; (2) 连通性, 联系性, 联缀性
connectivity of a manifold　簇的连通, 流形的连通, 簇的联络, 流行的联络, 族的联缀, 流形的联缀
connector (=connecter)　(1) 连接线; (2) 连接器, 连续器, 结合器, 连接片, 接头, 接籍; (3)接线装置, 接线电缆, 终端机, 终接器, 接线器, 接线柱, 接线夹, 接线端子, 接线盒; (4) 连接件, 接插件, 插头座, 连接管, 结合管, 接管头, 接管嘴, 车钩; (5) 连接记号, 连接符
connector assembly　插头连接, 接插件, 插头座
connector bank　(触排) 终接器线弧
connector bend　弯头, 弯管
connector flange　(印刷电路板的) 插头部分
connector gap　接头间隙
connector lug　接线衔套, 接线头
connector pin　塞子, 插头, 插销
connector plug　塞子, 插头, 插销
connector shelf　终接器架, 连接器架
connector socket　接线插座
connector splice　接头拼接板
connellite　铜氯矾
connexion　(1) 结合, 联接, 联合, 联结, 合上; (2) 输出端, 通讯线, 接头, 引线; (3) 连接机构; (4) 接合面, 接合处; (5) 连接, 连接法; (6) 连通, 联系, 联缀; (7) 连接管, 接管嘴, 套管; (8) 离合器, 联轴节, 吊挂, 拉杆; (9) 联系, 关系
conning　指挥航行
conning-tower　(军舰) 司令塔, 驾驶指挥塔, 入口处

conning tower　(军舰) 司令塔, 指挥塔
connivent　聚合的, 靠连的
connoisseur　鉴定家, 鉴赏家, 行家, 内行
connoisseurship　鉴赏力
connotation　含义, 内涵
connote　(1) 含有……意义, 包含; (2) 使联想到, 暗示, 指点
conny　碎煤, 煤粉
conode　(1) 共节点; (2) 共节点线
conoid　(1) 圆锥体, 锥体, (2) [圆] 锥形, 锥面; (3) 劈锥 [曲面]
conoid shell　劈锥曲面壳, 圆锥壳体
conormal　共法线, 余法线
conoscope　(1) 锥光偏振仪; (2) 锥光镜; (3) 晶体光轴同心圆观测器; (4) 干扰仪, 干扰器, 干涉仪, 干涉器
conoscope image　干涉图形
Conpernik　康波尼克铁镍合金 (铁 50%, 镍 50%, 微量锰)
conproportionation　(指反应) 互成比例
conqueror　(1) 康奎尔硅锰钢 (碳 0.9%, 锰 0.4%, 硅 0.3%, 余量铁); (2) (英) "征服者" 坦克
Conradson　康拉特逊
Conradson figure　康拉特逊 [残碳] 值
Conradson index　康拉特逊 [残碳] 指数
Conradson method　康拉特逊残碳测定法
consectary　(1) 结论, 结果, 推论; (2) 连续的, 顺序的
consecution　连贯, 连续, 联络, 次序, 顺序, 推论, 结论, 结果
consecutive　(1) 连续的, 接连的, 连贯的, 连串的, 陆续的; (2) 依次相连的, 顺序的, 顺次的, 相邻的; (3) 结论的, 结果的
consecutive action　连续动作
consecutive computer　连续操作计算机, 串行 [操作] 计算机
consecutive decimal point　相连小数点
consecutive firing　连续爆破
consecutive integral power　相继整幂
consecutive mean　连续平均 [值], 动态平均 [值]
consecutive numbers　连续数, 相邻数, 连号
consecutive photographs　连续航测像片
consecutive points　相邻点, 邻点
consecutive response　连串反应
consecutive sequence computer　连续顺序计算机, 连续序列计算机
consecutive values　相邻值, 相继值
consel arc method　熔极式电弧炉熔解法
consel material　熔极式电弧炉熔解的金属
consent　(1) 同意, 赞成, 答应, 允许, 许可; (2) (万能) 插口, 插座, 塞孔
consequence　(1) 直接的结果, 自然的结果, 结果, 后果, 影响; (2) 结论, 推论, 推断; (3) 重要 [性], 重大; (4) 后承
consequent　(1) { 数 } 后项, 后件; (2) 因……而起的, 跟着发生的, 随之发生的, 合乎逻辑的, 理所当然的, 必然的, 结局的; (3) 结果, 推论; (4) 顺向的
consequent bandwidth restriction　后随带宽限制
consequent-pole　中间磁极, 换向极, 间极
consequent pole　中间磁极, 伴生磁极, 次极
consequential　(1) 作为结果的, 随之发生的, 相应而生的, 推论的, 间接的; (2) 引出重要结果的, 重大的; (3) 自高自大的, 有势力的
consequently　因此, 从而, 所以, 必然
conservancy　(1) 保存; (2) 保护, 管理
conservation　(1) 保护, 保养, 保持, 保存, 保藏, 储备; (2) 守恒, 不灭; (3) 油封
conservation equation　守恒方程
conservation law　守恒 [定] 律
conservation of angular momentum　角动量守恒, 动量矩守恒
conservation of energy　能量守恒, 能量不灭
conservation of mass　质量守恒, 质量不灭
conservation of matter　物质守恒, 物质不灭
conservation of momentum　动量守恒
conservation of vorticity　涡度不变
conservation plant　利 [用] 废 [料生产的] 工厂
conservation rate　保持率
conservation theorem　守恒定理
conservative　(1) 保守的, 保旧的; (2) 守恒的, 保持的; (3) 保存的; (4) 储备在内的, 有裕量的; (5) 保存物, 防腐剂
conservative concentration　不变浓度
conservative estimate　保守估计
conservative force　守恒力, 保守力
conservative motion　守恒运动, 保守运动
conservative property　守恒性质, 守恒性, 保守性

251

conservative system 守恒系统

conservative value 保守数值

conservator (1) 保存器，储存器；(2) 存油器，保油器，保油箱，油枕；(3) 保护者，管理人，保管员

conservatory (1) 暖房，温室；(2) [有] 保存 [力] 的，保管人的

conserve (1) 保存，保藏，储藏，储备，节省；(2) 守恒

conserver 油枕

conserving agent 防腐剂

consider (1) 考虑，考察，研究，斟酌，估量；(2) 认为，看作；(3) 假定，设想；(4) 体谅，照顾，重视，尊敬

considerable (1) 值得考虑的，值得重视的，不可忽视的，该注意的，重要的；(2) 相当大的，相当多的，大量的，可观的

considerably 显著地，大大，相当，很，颇

considerate 考虑周到的，能照顾到的

consideration (1) 考虑，研究，讨论，商量；(2) 重要性；(3) 需要考虑的事项，条件，理由，根据，设想，见解，意义；(4) 互相履行义务；(5) 顾虑，体谅；(6) 报酬

consideration for the protection 保护价格

considered 考虑过的，被尊重的

considering (1) 就……而论，照……说来，鉴于；(2) 就事论事

consign (1) 发货，运送，托运；(2) 委托，托付；(3) 寄存，寄售，存款

consignation 交付，委托，寄存

consignee (1) 收货人，收件人；(2) 受托人；(3) 代销人，承销人

consigner (1) 发货人，托运人；(2) 委托者，寄销人，寄售人

consignment (1) 交付，发货，委托，托运；(2) 寄售，寄销；(3) 所托运货物，代销货物

consignment in 承销品

consignment invoice 送货发票

consignment note (=CN) (1) 委托书；(2) 发货通知书，运单

consignment out 寄售品，寄销品

consignment-sheet 收货凭单

consignor (1) 发货人，托运人；(2) 委托者，寄销人，寄售人

consillience (逻辑推论) 符合，一致

consillient 符合的，一致的

consist (1) 由……构成，由……组成，包括；(2) 存在于，在于；(3) 与……一致，相容，符合

consist of (=c/o) 由……组成，由……构成，包括

consistence (1) 密实度，坚实度，稠度，浓度，粘度；(2) {化} 粘滞度，粘滞性，粘性，稠性；(3) {数 相容性，自洽性；(4) 一致性，一贯性，连续性，稳定性；(5) 统一

consistence check 一致性检验

consistence condition 相容条件

consistence factor 稠度系数

consistence index 稠度指数

consistence meter 稠度计

consistence of axioms 公理的相容性，公理的一致性

consistence of composition 成分一致性

consistence of performance 性能一致性

consistence test 稠度试验

consistency (1) {数} 相容性，自洽性；(2) 一致性，相符性，连续性，惯性；(3) 稠度，稠性，浓度，(4) {化} 粘滞度，粘滞性，粘度；(5) 密实性

consistency check (计算结果，试验数据的) 相符性检查，一致性检查

consistency of asphalt 沥青的稠度

consistency of axions 公理的相容性，公理的一致性

consistency of grease 润滑脂的稠度

consistency operation 一致性操作

consistent (1) {数} 相容的，一致的；(2) {化} 粘滞的，粘性的，粘的；(3) 一贯的，相合的，可协调的，符合的；(4) 坚实的，坚固的，稳定的；(5) 稠的

consistent approximation 相容逼迫 [法]

consistent element 相容元，协调元

consistent estimate 相容估计，一致估计

consistent estimator 一致估计量，一致推算子

consistent fat 干油

consistent grease 固体润滑剂，润滑脂，黄油

consistent lubricant 固体润滑剂，润滑脂，黄油

consistent subcritical kinetics 相容次临界动力学

consistent unit{计} 一致部件，相容部件，一致装置

consistent-vibration 谐和振动

consistently 始终如一地，一贯地

consistently ordered matrix 相容次序矩阵

consistometer 稠度计，稠度仪

consociate 使结合，使联合，使组合

Consol 扇形无线电指向标，电子方位仪，康索尔系统

Consol beacon 远距导航无线电信标

Consolan 区域无线电信标，康索兰系统

console (=CSL) (1) 落地式接收机，控制打字机；(2) 扇形无线电指标台，落地式仪表台，控制台，操纵台，仪器台；(3) 落地式支架，螺旋支柱，悬臂梁，角撑架，支柱，支托，托架，(4) 仪表板，仪表盘，面板；(5) 目视指示器，目视仪

console control circuits (=CCC) 控制台控制电路

console debugging 控制台调整

console display 控制台显示器，台式显示器

console file adapter 控制台 [与主机] 文件衔接器，控制台资料衔接器

console model 落地式

console operator 操作员

console package 控制台部件

console panel 控制盘，操纵板

console printer/keyboard adapter 控制台打字机衔接器，控制台打字机接收机

console receiver 落地式接收机

console set 落地式收音机

console switch 控制台开关，操作开关，操纵开关

console typewriter 键盘打字机

consolette (1) 小型控制台；(2) 小尺寸的支架

consolidate (=consol) (1) 使加固，固定，固结，整顿，压实，强化，捣实；(2) 联合，合并，统一；(3) 摘录；(4) (壳型铸造) 结块

consolidated (1) 加固的，固定的，固结的，整顿的，压实的，强化的，捣实的；(2) 联合的，统一的

consolidated compiler 统一编译程序

consolidated depth 固结深度

consolidated quick compression test 固结块压缩试验

consolidated test 固结试验

consolidated trade catalog 商品总目录

consolidation (1) 集结，固结，固化，加固，凝固，熔凝，结壳，强化；(2) 固结作用，固结性；(3) 打基础，捣实，捣固，压实；(4) 渗压；(5) 联合，合并，统一，整理

consolidation apparatus 固结装置，固结仪

consolidation by vibrating 振动固结

consolidation curve 渗压曲线，固结曲线

consolidation deformation 固结变形

consolidation device 固结装置，固结仪

consolidation grouting 用水泥浆加固

consolidation line 渗压曲线，固结曲线

consolidation of molybdenum by powder metallurgy practice 钼的粉冶熔凝 [法]

consolidation of road surfacing under traffic 运输路面加固法

consolidation of slimes 矿泥集结

consolidation pressure 固结压力，渗压力

consolidation settlement 固结沉陷，压密沉陷

consolidation test 固结试验

consolidometer (1) 固结仪；(2) 渗压仪

consolute 完全混溶的，共溶性的，混溶质的，会溶的

consolute temperature 会溶温度

consonance (= consonancy) (1) 协和，相合，一致；(2) 共振，共鸣；(3) 谐和

consonant 一致的，协调的，和谐的

consonant to reason 合理的

consort (1) 僚舰，僚艇；(2) 警卫舰；(3) 护卫舰；(4) 一致，调和，相称；(5) 陪伴；(6) 伙伴

consortium (1) 联合，合作，合伙；(2) 国际性协议；(3) 财团

conspectus (1) 说明书，提要，摘要，大纲，梗概，概论，简介；(2) 线路示意图，流程示意图；(3) 一览表

conspicuity (1) 能见度；(2) [可见信号] 显明性

conspicuous (1) 值得注意的，明显的，特殊的；(2) 突出的，著名的

conspicuousness 显著性

constac 自动电压稳定器，自动稳压器

constahl 康斯达尔镍铬钢 (0.1% C, 19% Cr, 9% Ni, 余量 Fe)

constancy 或 constance (1) {数} 恒定性；(2) 稳定性，永久性，持久性；(3) 不变性

constancy of frequency 频率稳定性，频率恒定性

constancy of heater motion 加热器恒定运动

constancy of level 能级不变

constancy of temperature 温度恒定

constancy of volume 容积不变

constant (=C) (1) 常数，常量，恒量，不变数，(2) 不变的，一定的，常

等的, 固定的, 恒定的, 稳定的

constant acceleration 等加速度

constant acceleration cam 等加速凸轮

constant-amplitude 不变幅度, 恒振幅, 等幅

constant amplitude 恒幅

constant-amplitude recording 定流录声

constant-amplitude test 等幅应力疲劳试验

constant angle 等 [中心] 角

constant angular momentum 等角动量

constant angular speed 恒等角速度

constant angular velocity 恒等角速度

constant antenna tuning 天线固定调谐

constant-bearing navigation (1) 定向航行; (2) 平行接近法

constant cell 恒压电池

constant channel 恒参信道

constant chord 固定弦

constant chord height 固定弦齿高

constant chord thickness 固定弦齿厚

constant chord tooth thickness 固定弦齿厚

constant chordal tooth dimension 固定弦齿厚

constant circulating oiling 等速环流润滑

constant-circulation 定向循环

constant circulation 定向循环, 稳定循环

constant coefficient 常 [系] 数

constant contact [经] 常啮合, [经] 常接触

constant cross-section 等截面

constant-current 恒定电流 [的], 定流 [的], 稳流 [的], 直流 [的]

constant current 恒 [定] 电流, 直流

constant-current charge 恒电流充电

constant current charge 定电流充电

constant current contour 等流线

constant current control 定流控制

constant-current discharge 恒流放电

constant current dynamo 定流 [发] 电机

constant-current generator 恒流发电机

constant-current modulation 恒电流调制

constant-current regulator 恒流调节器

constant-current source 恒流电源

constant current stabilizer 稳流装置

constant-current transformer (=Cctransf) 恒 [电] 流变压器, 直流变压器

constant-current transistor sweep circuit 稳流管扫描电路

constant curvature space 常曲率空间

constant-delivery 定量输送的

constant-delivery pump 定量输送泵

constant-depth tooth (锥齿轮) 等高齿

constant difference coding 定差编码

constant displacement pump 定量泵

constant duty 不变工况

constant error 常 [在] 误差, 恒定误差

constant field 恒定场

constant flexible test 等挠曲试验

constant flow 稳定流, 稳恒流, 定常流

constant-flow lubrication 恒流润滑

constant flow pump 定量泵

constant flux linkage theorem 磁链不变原理

constant for wing section 翼剖面常数

constant force 不变的作用力, 固定力, 恒力

constant frequency and constant voltage power supply 稳频稳压交流电源

constant frequency control 恒定频率控制

constant frequency cyclotron 常频回旋加速器

constant gamma γ 常数

constant head 不变水头, 常水头

constant impedance circuit 定阻抗电路

constant input 常数输入

constant interval scale 等间隔刻度

constant K filter 定 K 式滤波器

constant level (=CL) 恒定水准, 恒定油面, 等高面, 常液面

constant-level lubrication 恒定油位润滑

constant level oiler 定量给油器

constant linear velocity recording 定线速录音

constant load 恒定负荷, 恒等负荷, 定荷载

constant load intensity 恒定负荷强度

constant M filter 定 M 式滤波器, M 推演式滤波器, M 导出式滤波器

constant maintenance 经常性维修, 日常维修, 经常养护

constant mesh 常啮合

constant-mesh countershaft transmission 带中间轴的常啮式齿轮变速器

constant mesh gear 常啮合齿轮

constant-mesh transmission 常啮式齿轮变速器

constant meshing 常啮合

constant multiplier 标度因数

constant-multiplier coefficient unit { 计 } 常数系数部件

constant navigation 定角导航 [方式]

constant net loss (=CNL) 恒定净损耗

constant of aberration 光行差常数

constant of action 反应速率常数

constant of gravitation 重力场常数

constant of integration 积分常数

constant of pitch 齿节常数

constant of proportionality 比例常数

constant of the machine 电机常数

constant of the motion 运动的常数, 运动的恒量

constant part 不变部分

constant percentage modulation 恒定深度调制

constant-phase-shift network 恒定相移网络, 常相移网络

constant pitch (=CP) 固定螺距, 定螺距, 等螺距

constant position type automatic gain control equipment 定值自动增益调整器

constant potential (=CP) 固定电位, 恒定势

constant-potential modulation 恒压调制

constant pressure 常压, 恒压, 等压, 定压

constant pressure arrangement 定压装置, 恒压装置

constant pressure chart 等压面图

constant-pressure cycle 定压循环

constant pressure cycle engine 定压式循环, 内燃机

constant-pressure flow controller 稳压流量控制器, 定压流量控制器, 定量流量调节器

constant-pressure gas turbine 定压燃气轮机

constant pressure grinding 恒压力磨削

constant pressure honing 恒压珩磨

constant pressure line 等 [气] 线

constant-pressure pump 恒定泵

constant pressure surface 恒压面, 等压面

constant-rate 恒速

constant rate creep 等速蠕变率

constant-rate-of-strain test 常应变率试验

constant ratio code 恒比代码

constant ratio frequency changer 定比变频器

constant-resistance 固定电阻的, 恒阻的

constant resistance 固定电阻

constant rise 持续上升

constant rotating field 恒定旋转磁场

constant-scanning 等速扫描

constant scanning 等速扫描, 恒速扫描, 定速扫描

constant section 等截面

constant speed 恒速, 等速, 常速, 定速

constant speed control 等速控制, 恒速控制, 等速调节, 定速调节

constant speed cut 等速切削, 定速切削

constant speed drive 恒速传动 [装置], 等速传动, 定速运转

constant speed motor 定速电动机

constant speed ratio coupling 等速联轴器

constant-speed shaft 恒速轴

constant staticizer 恒速存储器, 稳流器

constant stationary radial load 恒定径向静负荷

constant strain triangle 常应变三角形

constant strength 等强度

constant temperature 恒温, 等温

constant temperature oven 恒温炉, 恒温槽

constant temperature workshop 恒温车间

constant term 常数项

constant time lag 定时延迟

constant tooth depth 不变齿高, 等齿高

constant torque control 定转矩控制

constant torque power cam mechanism 恒定扭力凸轮机构

constant transmission velocity ratio 恒定传动速比

constant vacuum carburetor 定真空汽化器

constant value 不变值
constant velocity (=CV) 等速, 恒速
constant-velocity input link 恒速输入 [传动] 链
constant-velocity recording 定速录声
constant velocity universal joint 等速万向节
constant-voltage 定压式的, 稳压式的, 恒压式的, 平特性的
constant voltage 恒 [定] 电压, 直流电压
constant voltage & constant frequency (=CVCF) 恒压及恒频
constant voltage D.C source 恒压直流电源
constant voltage dynamo 定压 [发] 电机
constant-voltage generator 恒压发电机, 定压发电机
constant-voltage modulation 定电压调制
constant voltage reference (=CVR) 常压基准
constant voltage source 恒压电源
constant voltage transmission 定电压送电
constant-voltage welding machine 恒电压焊机
constant volume 等容 [积], 定容
constant-volume cycle 定容循环
constant wave (=CW) 定常波, 行波
constantan (=const) 康铜(铜镍合金)
constantan wire 康铜丝, 康铜线
constantly 不变地, 经常地, 不断地
constantive 肯定地, 断言地
constantness 不变性
constellation (1){ 化 } 构象; (2) 相互影响因素
constituency (1) 读者, 顾客, 订户; (2) 赞助者
constituent (1) 构成部分, 组成部分; (2) 组元, 组分, 成分, 要素; (3) 分力, 分量; (4) 分支, 支量; (5) 组成的, 构成的
constituent element 组成部分, 组元
constitute 构成, 组成, 组织, 建立
constituted authorities 当局
constitution (1) 情况, 状态; (2) 位置; (3) 条件; (4) 结构, 构造; (5) 成分, 组成, 组织
constitution diagram 状态图, 平衡图, 组成图, 金相图
constitution formula 结构式
constitution water 化合水
constitutional (1)基本的, 固有的; (2)组成的, 组合的, 构成的, 结构的, 组份的; (3) 宪章的, 规章的, 法治的
constitutional detail 结构零件
constitutional diagram 状态图, 平衡图, 组成图, 金相图
constitutional formula { 化 } 结构式
constitutional provisions 宪法规定, 法规
constitutionally (1) 结构上, 本质上; (2) 按宪法
constitutive (1) 结构的, 构成的, 组成的; (2) 本质的, 基本的, 必要的, 要素的
constrain (1) 强迫, 强制, 制约, 约束; (2) 紧紧夹住, 抑制, 压制, 束缚, 拘束
constrained (1) 被强迫的, 强制的; (2) 受约束的, 受压制的, 限定的, 拘束的, 受压制的, 勉强的
constrained acoustic radiator 制约式声辐射器, 强制式声辐射器
constrained beam 两端固定梁
constrained chain 约束链, 限定链系
constrained control 约束控制
constrained current operation 强制励磁
constrained feed 强迫馈电
constrained force 约束力, 限定力
constrained kinematic chain 约束传动链
constrained mechanism 约束机构
constrained metal lens antenna 约束金属透镜天线
constrained motion 约束运动, 限制运动, 强制 [性] 运动
constrained movement 约束运动, 限制运动
constrained oscillation 强迫振荡
constrained procedure (=CP) (1) 限定程序; (2) 约束方法
constrained state 受约束状态
constrained vibration 强迫振动
constrained yield stress 假定屈限限, 条件屈服限
constraining force 限定力, 约束力, 强制力
constraining moment 约束弯矩
constraint (1) 约束, 束缚, 固定, 抑制, 限制, 压制, 制约, 强制; (2) 约束条件; (3) 约束因数; (4) 约束方程; (5) 强迫, 压迫; (6) 控制信号范围, 系统规定参数, 变动极限
constraint condition 约束条件
constraint curve 约束 [缓和] 曲线
constraint equation 约束方程

constraint factor 强制系数, 约束系数
constraint matrix 约束矩阵
constrict 使收缩, 使变小, 压缩, 收紧, 阻塞
constricted 收缩的, 压缩的, 狭窄的, 狭隘的
constriction (1) 颈缩, 缩颈, 箍缩; (2) 面积收缩, 断面收缩, 断面压缩, 压缩, 收缩; (3) 收敛, 束缩, 缩窄, 狭窄; (4) 收敛管道, 收缩部, 收缩物, 阻塞物; (5) 拉紧, 集聚; (6) 收集, 分割, 隔断
constriction for vacuum seal 真空密封缩颈
constriction meter 缩口测流计
constriction resistance 集中电阻
constrictive 有狭窄倾向的, 收缩性的, 压缩的
constrictor (1) 尾部收缩燃烧室, 收敛式燃烧室; (2) 燃烧室收缩段, 收敛段; (3) 压缩杆, 压缩器, 收缩器, 缩窄器; (4) 压缩物, 收缩物
constringe 使紧缩, 使收缩, 压缩
constringence 倒色散系数, 色散本领倒数, 色散增数, 阿贝数
constringency 收缩性, 收敛性
constringent 使收缩的, 收缩性的, 收敛性的
construable 读得通的, 可解释的
construce 结构体
construct (=const) (1)建设, 建造, 建立, 铺设, 施工; (2) 构造, 构筑, 构成; (3) 绘制, 编制, 作图, 制图; (4) 创立; (5) 构成物
constructed profile 示意剖面图
constructer (1) 设计者, 建造者, 制造者; (2) 造船技师; (3) 施工人员
constructing contractor (=CC) 建筑承包人
construction (=const) (1)建筑, 建造, 建设, 施工, 架设, 铺设; (2)结构, 构造; (3) 设计; (4) 组成; (5) 编制, 制作, 组成; (6) 作图法, 作图; (7) 解释, 推定; (8) 施工方法, 安装, 装配
construction bolt 安装螺栓
construction company 建筑公司, 施工公司
construction contract 施工合同
construction cost 建设费用, 建造成本, 建筑成本, 施工费用, 建筑费, 施工费
construction defect 结构缺陷
construction discrepancy report (=CDR) 结构误差报告
construction drawing (1) 结构图纸; (2) 施工图纸
construction hoist 施工吊车
construction joint (=CJ) (1) 构件接头; (2) 施工缝, 构造缝
construction line 作图线
construction machinery 建筑机械, 施工机械
construction member 构件
construction of function 结构图
construction paint 结构防护漆
construction plan (1) 施工布置图; (2) 建筑图, 平面图
construction profile 结构纵剖面图
construction program(me) 施工程序, 施工计划
construction schedule 施工进度表, 施工计划
construction site 施工工地, 施工现场
construction survey 施工测量
construction technique 施工技术, 架设技术
construction test and onboard test 施工检验和船上试车
construction-timber 建筑用木材
construction train 建筑材料运输列车
construction unit (1) 结构单元; (2) 构件
construction with ruler and compasses 直尺圆规作图法, 尺规作图法
construction work 建筑工程, 施工
constructional 结构 [上] 的, 构造 [上] 的, 建筑物的
constructional detail (1) 结构详图; (2) 结构零件
constructional drawing 结构图, 构造图
constructional element 结构元件
constructional engineering 结构工程, 建筑工程
constructional error 安装误差
constructional feature 结构特征
constructional material 结构材料
constructional steel 结构钢, 建筑钢
constructional stretch (钢丝绳的) 结构伸长
constructionism 构造论
constructive (1) 建设性的, 建造的, 构成的, 建设的; (2) 解释的, 推定的, 作图的
constructive definite 构造性定义
constructive depth 建造深度
constructive functional analysis 结构性泛函分析
constructive interference 相长干涉, 结构干涉
constructive total loss 推定的损失总额, 推定全损
constructive reflection 相长反射

constructivity　可构造性

constructor　(1) 设计者, 建造者, 制造者; (2) 造船技师; (3) 施工人员

construe　把……认作, 分析, 解释, 直译

consubstantial　同质的

consubstantiate　同物的, 同质的

consult　(1) 请……鉴定, 商量, 商议, 磋商, 协商, 咨询, 顾问, 请教, 答疑;
(2) 参考, 查阅; (3) 考虑, 顾及

consultant　(1) 顾问, 咨询; (2) 商议者, 查阅者

consultation　(1) 商议, 协商; (2) 参考, 参阅, 咨询, 请教, 鉴定, 考虑

consultative　协商的, 协议的, 咨询的, 顾问的

consulter　商量者, 顾问

consulting engineer　顾问工程师

consumable　(1) 消费商品, 消耗品; (2) 可消耗的, 能耗尽的, 自耗的;
(3) 可熔的

consumable articles　消耗品

consumable-electrode　自耗电极, 熔化极

consumable electrode　自耗电极, 熔化极

consumable-electrode-forming　自耗电极成型

consumable-electrode melting　自耗电极熔炼

consumable electrode used only for heating　加热用焊条

consumable guide　熔化嘴

consumable nozzle　熔化嘴

consumable nuclear rocket　自耗核燃料火箭

consumable store　消耗品库

consume　(1) 消耗, 消费, 耗费, 使用, 吸收, 耗尽, 用完, 用光, 烧毁,
烧光, 消灭, 毁灭; (2) 消耗量

consumed energy　消耗能量

consumed power　消耗功率

consumed work　消耗功

consumedly　过量地, 非常

consumer　(1) 消费者, 使用者, 用户; (2) 用电设备, 消耗装置

consumer main switch　用户总开关

consumer waste　生活垃圾

consumer's goods　消费资料, 消耗品, 消费品

consumer's kilowattmeter　用户电度计

consummate　(1) 完全的, 完美的; (2) 极为精通的

consummation　完成, 成功, 完美, 极点

consummator　(1) 完成者, 实行者; (2) 专家, 能手

consumption　(1) 消耗, 消费, 耗费, 耗散, 费用; (2) 消耗量, 耗费量,
自耗量, 耗油率, 耗损; (3){电} 功率消耗, 功率需用量, 功耗; (4) 耗尽,
烧毁; (5) 用水量, 耗水量, 流量

consumption curve　消耗曲线, 耗量曲线

consumption peak　用量高峰, 耗量高峰

consumptive　消费的, 消耗的, 浪费的

consumptive use　耗用量, 消耗量

consuta plywood　(1) 航空胶合板; (2) 造船胶合板

consutrode　自耗电极, 消耗电极

contact　(1) 接触, 啮合, 衔接, 连接, 碰块, 联系, 联络, 通信; (2) 接触点,
接触面, 接点, 接头; (3){数} 相切; (4) 联接; (5) 切触; (6) 电接
触器材, 接触器; (7) 固体催化剂, 催化剂, 接触剂; (8)[用] 目力观
察; (9) 电路接通; (10) 接触晒印片; (11) 由接触引起的, 保持接触的,
有联系的

contact action　接触作用

contact agent　接触剂, 触媒

contact alignment　触点调准, 接点调准, 触点对准, 接点对准

contact alloy　电触头合金, 接触合金

contact analog (=conalog)　接触模拟器 (引导宇宙飞行器正确着陆的
显示装置)

contact and deflection test　接触扰曲试验

contact anemometer　接触式风速计

contact angle　啮合角, 接触角, 交会角

contact angle of bearing　轴承接触角

contact arc　啮合弧

contact area　接触面积

contact area pattern　接触斑迹, 接触印痕图形

contact band　接触带

contact bank　接点排, 接点组

contact bar　接触条

contact barrier　接触势垒

contact bed　接触过滤器, 接触滤床

contact black　接触碳黑, 烟道碳黑

contact block　接触块

contact breaker (=CB)　接触断路器, 刀形开关, 接触开关

contact capacity　接触容量, 开关容量

contact clip　接线夹

contact coefficient　接触系数

contact condenser　接触冷凝器, 接触凝气器

contact conditions　接触条件, 啮合条件

contact converter　接触式变流器, 接触式整流器

contact corrosion　接触腐蚀

contact-cup anemometer　接触式风速计

contact depth of tooth　轮齿啮合高度, 轮齿工作高度

contact diagram　啮合图

contact disk　接触片

contact drop　接触电压降

contact engaging and separating force　(触点) 插拔力

contact electricity　接触电

contact electrode　接触 [电] 极

contact E.M.F　接触电动势

contact ellipse　接触椭圆

contact erosion　接触侵蚀

contact face　接触面

contact fatigue　接触疲劳

contact fault　接触故障

contact field　接触区

contact filtration　接触过滤

contact finger　接触指

contact flange　联结法兰

contact flying　目力飞行, 目视飞行

contact force　接触力

contact fuse　触发引信

contact friction　接触摩擦

contact gear ratio　接触比

contact goniometer　接触测角仪

contact initiated discharge machining　接触起火放电加工

contact insertion and withdraw force　(触点) 插拔力

contact interface　接触界面

contact ionization　接触电离

contact jaw　(1) 接触端; (2) 接触夹, 接触夹片

contact lens　接触钳口

contact lines (on flanks)　接触线, 啮合线

contact location　啮面位置, 接触位置

contact make voltmeter　继电压表

contact maker　断续器, 断路器, 接合器

contact-making clock　闭路接点钟, 接触电钟

contact making clock (=CMC)　闭合触点 [用] 的时钟

contact making voltmeter (=CMVM)　闭合触点的电压表

contact manometer　接触压力表

contact metal　接点金属, 触头金属

contact metamorphism　接触变质作用

contact noise　(电流) 接触噪声

contact normal　接触点法线

contact of higher order　高阶相切

contact of line　线接触

contact of tooth flanks　齿面的接触

contact path　[有效] 啮合线, [有效] 啮合轨迹

contact pattern　接触斑迹, 啮合斑迹

contact picture　接触 [印痕] 图

contact piece　接触片

contact pilotage　触针

contact pin　(1) 触头, 触针; (2) 接片

contact piston　接触活塞

contact plate　接触板, 接触片

contact plunger　接触活塞

contact point　接触点

contact point dresser　白金打磨机

contact-point insert　接触点插入物

contact position　啮合位置, 接触位置

contact potential　接触电势, 接触电位

contact potential difference (=CPD)　接触电位差, 接触势差

contact potential series　电压序列

contact pressure　接触压力, 接点压力, 表面压力

contact-print　接触晒印原尺寸照片

contact print　接触晒印图, 晒图

contact process　接触过程, 接触法

contact ratio　(齿轮) 重叠系数, 啮合系数, 重合度, 接触比

contact ratio factor (for Hertzian stress)　(计算赫兹应力的)
重合度系数

contact ratio factor for bending stress 弯曲应力的重合度系数
contact region 接触区
contact regulator 接触型调压器
contact resin 接触成型树脂，触压树脂
contact resistance 接触电阻，接点电阻
contact roller 接触[焊]滚轮
contact seal 接触式密封[圈]
contact-segment 接触段，接触环
contact segment 接触扇形体
contact sense module 接触读出模件
contact separation 接点间隔，触点分离
contact series 接触次序，电位序
contact shoe 触靴
contact skate 接触滑座
contact splice 搭接
contact spring 接触弹簧
contact stress 接触应力，齿面强度
contact strip 接触滑条
contact stud 接触钉，接触柱
contact surface 接触面
contact switch 接触开关，触簧开关
contact terminal 接触端点，触头
contact thermography 接触测温
contact time 接触时间
contact to earth (1)接地合闸；(2)[导体]与地相接
contact-tower 接触塔
contact transformation 切触变换，相切变换
contact tube 短焦距 X 射线管，导电铜管(焊枪内电极线通过该铜管)
contact twin 接触孪晶
contact-type 接触式的
contact type generator 接触式乙炔发生器
contact-type strainmeter 接触式应变仪
contact velocity 接触速度
contact vibration 接触振动
contact voltage 接触电压
contact welding 接触焊，电阻焊
contact wheel 接触轮
contact wire 接触线
contact wrench 接触器用扳手
contact zone 接触区
contactant 接触物
contactant drop 接触电压降
contactant flying 目视飞行
contactant fuse 触发引信
contactant light 跑道灯
contactee 被接触者
contacting [接点]闭合，啮合，接触
contacting area 接触面[积]
contacting gear 啮合齿轮
contacting line 啮合线
contacting profile 啮合齿廓
contacting surface asperity 接触表面不平度，接触表面粗糙度
contacting teeth surface 接触[着色]齿面
contacting time 触点工作时间
contactless 非接触的，不接触的，无接点的，无触点的
contactless controlled double housing planer 无触点控制龙门刨床
contactless corrosion 非接触腐蚀
contactless type automatic voltage 无触点式自动电压调整器
contactless type voltage regulator 无触点式调压器
contactor (=Ctt) (1)接触器；(2)电路闭合器，电路开关，开关；(3)触点
contactor board 接触器板
contactor control 接触[器]控制
contactor controller 触点控制器，接触[器]控制器
contactor material 接触器材料，接点材料
contactor pump 混合泵
contactor servomechanism 继电器伺服机构
contactor starter 接触[器]启动器，接触起动器
contactor switching starter 接触器开关起动器
contactor unit 接触器部件
contacts 接触晒印片
contain (=cntn) (1)包括，包含，含有，装有，贮有，容含，容纳；(2)包围，合围；(3){数}可被……除尽，[可]整除；(4)相当于，等于，折合
contained plastic flow 限制型塑性流动

contained underground burst 密封地下爆炸
container (=cntr) (1)贮存器，盛料器，容器，槽，箱，合，瓶，罐；(2)(迫击炮)基本药管，弹头筒，挤压筒，保护筒，外壳，罩；(3)集装箱；(4)挤压成形模体
container berth 集装箱码头，集装箱泊位
container board 盒纸板
container car 集装箱运输车，集装箱专用车
container cargo 集装箱货物
container carrier 集装箱运输船
container crane 集装箱起重机
container handling straddle carrier 集装箱跨车
container of flat car (=COFC) 铁路敞车上的集装箱
container on flat car [装在]铁路敞车上的集装箱
container service 集装箱运输
container ship 集装箱货轮
container terminal 集装箱码头
container-trailer 集装箱拖车
containerbase 集装箱货轮运输总站
containerisation 集装箱运输，集装箱化
containerise 用集装箱运，使集装箱化
containerization 集装箱运输，集装箱化
containerize 用集装箱运，使集装箱化
containerless 无容器的
containerless casting 无模铸造
containership 集装箱船，运货船
containerwharf 集装箱货轮装载站，集装箱码头
containing mark 容量刻度
containment (1)可容度，负载额，容积，容量；(2)[裂变产物的]保留，保持，牵制，遏制，抑制，控制，约束；(3)(防止反应堆事故的)外壳，容器；(4)密封度，密闭度；(5)内容；(6)范围，规模
containment of activity 防止放射性散布，防止放射性扩散
containment of fission fragments 保持裂变碎片
containment vessel (1)(反应堆)安全壳，密闭壳，保护壳；(2)(装放射性物质的)安全容器
Contamin 康塔明铜锰镍电阻合金(锰27%，镍5%，其余铜)
contaminant (1)沾染物质，污染物质，污垢物质，污染剂；(2)放射性沾染；(3)掺合物，杂质
contaminate 污染，沾染，沾污，弄脏，损害，毒害
contaminated oil setting tank (=COST) 污油沉淀槽
contaminated water 污[染]水
contamination (1)沾染，污染，污秽；(2)沾染物，沾污物，沾污剂，污物；(3)放射性沾染，污染；(4)混染作用，混合作用；(5)词的组合
contamination accident 污染事故，沾染事故
contamination from nuclear fall-out 核微粒污染
contamination index(=CI) 污染指数
contamination meter (放射性)污染剂量计
contamination precipitation 杂质的沉淀
contamination regulation 放射性沾染规章
contamination suspect area 可疑沾染区
contaminative [被]污染的，污秽的
contaminator 沾染物
contan 热塑性尿烷橡胶
contemplate (1)细致考虑，注视，思考；(2)设想，企图，打算；(3)期待，预料，预期，估计
contemplation (1)细致考虑，注视，思考；(2)打算，规划，预期
contemporaneity (1)同一时期，同时代；(2)同时发生
contemporaneous (1)同时期的，同时代的，同世的；(2)同时发生的，同时发现的
contemporary (1)同时代的，当代的，现代的；(2)同时期的东西，同时代的人
contemporize [使]同时发生
contempt 轻视，蔑视，藐视
contemptuous 目空一切的，藐视的，贬义的
contend (1)竞争，斗争；(2)争论，辩论；(3)坚决主张
contend for 争夺
contend with 与……作斗争
contender 竞争者，斗争者，争论者
content (=cont) (1)内容，要点，大意；(2){计}存储信息，存数；(3)内含物，含量，成分；(4)体积，容积；(5)可容度，容量，容度；(6)(复)目录，目次
content-addressable memory 按内容访问存储器，内容定址存储器，相联存储器
content addressable random access memory (=CARAM) 存数寻址随机存取存储器

content-addressed memory 按内容访问存储器,内容定址存储器,相联存储器

content addressed memory 按内容取数的存储器,内容存储寄存器,相联存储器

content-addressed storage 相联存储器

content gauge 液位指示器,液位计,计量器

content indicator 内容显示器,信息显示器

content of a point set 点集的容度

contented 满意的

contention (1)争论,辩论,竞争,争夺;(2)论点;(3)(对信息的)争用,(取数据时的)碰头

contentious 引起争论的,有争议的

contentment 满意,满足

contents {计}内容

conterminal (1)连接着的,相连的,邻接的,临近的,接近的;(2)在共同边界内的,有共同边界的,边界的

conterminate (1)连接着的,相连的,邻接的,临近的,接近的;(2)在共同边界内的,有共同边界的,边界的

conterminous (1)连接着的,相连的,邻接的,临近的,接近的;(2)在共同边界内的,有共同边界的,边界的

contest (1)争论,争辩,争夺,论战,反驳;(2)比赛

contestable 可争论的,可竞争的

contestant 竞争者,比赛者

contestation 争论,争执,论战

context (1)前后关系,来龙去脉,上下文;(2)范围,角度

context free 上下文无关的

contest-dependent 上下文相关的

context sensitive 上下文有关的

contextual 前后关系的,上下文的

contextual quotation 原文引用

contextualize 增添

contexture (1)组织,构造,结构;(2)上下文

contiguity (1)接触,接近;(2)相切;(3)连接,密接,相邻,邻接,邻近

contiguous 接触的,连接的,接近的,邻近的,邻接的

contiguous angle 邻角

contiguous branch 相邻分支

contiguous function 连接函数

contiguous item 相关数据项,相关项,相连项

contiguous sheet 邻接图幅

contiguous surface 接合面,邻接面

contiguous transmission loss 邻接传输损耗

continent (1)大陆,陆地,洲,(2)自制的

Continental Air Command (=CONAC) (美)大陆空军司令部

Continental Air Defense Command (=CONAD) (美)大陆防空司令部

continental ballistic missile (=CBM) 大陆弹道导弹

continental code 莫尔斯电码,大陆电码,欧陆电码

contigence (1)意外事故,意外事故,(2)可能性,可能,(3)偶然性,偶然;(4)偶然误差,偶然错误;(5){数}相依[度]列联,相切,接触;(6)意外费用,应急费,临时费

contingencies 偶然事故

contingence (1)意外事故,意外事故;(2)可能性,可能,(3)偶然性,偶然;(4)偶然误差,偶然错误;(5){数}相依[度]列联,相切,接触;(6)意外费用,应急费,临时费

contingency cost 意外费,应急费

contingency fund 意外费,应急费

contingency operation 应急操作

contingency plan 临时计划,应急计划

contingent (1)偶然的,意外的,临时的,可能的;(2)应急的,应用的;(3)有条件的,随……而定的,视……而定的;(4)伴随的;(5)偶然事故,(6)分遣舰队,小分队

contingent survey 临时检查

continua (单 continuum) (1)连续;(2)连续介质,连续区[域],连续体;(3)连续光谱,连续能谱,(4){数}连续统,连续集,闭联集;(5)连续流

continuability 可延伸性,可延拓性

continuable 可延伸的,可延拓的

continual 连续[不断]的,无间断的,不停的,频繁的

continually 连续地,不断地,再三地,屡次地

continuance (1)持续,继续,连续;(2)停留,保持,持续

continuant {数}连分数行列式,夹行列式

continuation (1)连续,继续,延续,持续;(2){数}拓展,延伸,开拓,拓展;(3)承袭;(4)续刊,续篇;(5)延伸部分,延续部分,继续部分,增加物,延长物,扩建物;(6)顺序,程序

continuation card 延续卡片

continuation clause 延期条款

continuation follows (文章)待续

continuation line 延续行

continuation method 连续法,延拓法

continuation of sign 号的承袭

continuation of solutions {数}解的开拓

continuative 连续的,继续的,持续的

continuator 继续者,继承者

continue (=cont) (1)继续,连续,延续,延伸,延长;(2)仍旧,依旧;(3)再继续,恢复;(4)使留任,挽留

continue in force 继续有效

continue statement 继续语句

continue to work 继续工作

continue working 继续工作

continued (=cont) 继续[的],连续[的]

continued development (=CD) 连续研制,连续发展

continued fraction {数}连分数

continued from on page 25 上接第 25 页

continued from page 25 下转第 25 页

continued product {数}连续乘积

continuity (1)继续,连续;(2)不间断性,连续性,连贯;(3)连锁

continuity condition 连续条件

continuity equation 连续方程

continuity from above 上连续

continuity in the mean 均方连续性

continuity of command 指令连续性,控制的连续性

continuity of state 物态连续性

continuity planning

continuity test 电路通路试验,线路通断试验,连续性试验

continuous (1)连续作用的,持续作用的,无间断的,连续的,继续的,连贯的;(2)延伸的,延长的;(3)直流的;(4)顺序的,顺次的

continuous action 连续动作

continuous annealing 连续退火

continuous attenuation log (=CAL) 连续衰减测井

continuous axle 连贯轴

continuous beam on many supports 多跨连续梁

continuous belt 传动赖皮

continuous bit by bit 逐段连续的

continuous blow-down (=CB) (1)连续吹风,连续吹除;(2)连续换气

continuous blow down 连续排版

continuous brake 连续制动器

continuous breakdown (=CB) 连续故障

continuous broaching machine 连续拉床

continuous broad line 粗实线

continuous bucket elevator 多斗提升机

continuous cam curve 凸轮连续曲线

continuous casting 连续浇铸,连续铸造

continuous centrifuge 连续式离心机

continuous chain type broaching machine 连续拉床

continuous change 连续变速,无级变速

continuous channel 连续信道

continuous chart 带形记录纸,记录带

continuous coal cutter 连续截煤机

continuous colour sequence (=CCS) 彩色顺序传送

continuous commercial service 连续[生产的]商业规格,连续商务

continuous contactor 持续作用接触器

continuous control system 连续控制系统

continuous converter 连续吹炼转炉

continuous converting method 连续吹炼法

continuous cooling 连续冷却

continuous cooling transformation (=CCT) 连续冷却转变

continuous cooling transformation diagram(=CCT diagram) 连续冷却转变图,连续冷却相变图

continuous crystallizer 连续式结晶器

continuous current (=CC) 恒[向]电流,恒流电流,连续电流,等幅电流,直流[电流],连续流

continuous curve tangent 邻接曲线的公法线

continuous cut 连续切削

continuous cutting 连续切削

continuous cycle 连续循环

continuous disc approach (磁泡存储器用)衔接圆盘方式

continuous discharge 连续放电

continuous disk winding　连续盘型绕组
continuous distribution　连续分布
continuous division　连续分度
continuous double-helical (tooth) gearing　整齿人字齿轮传动 [装置]
continuous drilling machine　连续工作式钻床, 多工位钻床, 排式钻床
continuous drive　连续接合传动, 柔性传动
continuous drive transmission　扭矩不中断换档的变速器
continuous duty　恒载连续运行方式, 连续使用, 连续工作, 连续负载, 连续运行
continuous duty rating　连续负载额定值
continuous-echo　连续回声的
continuous effect　连续效应
continuous electrode　连续电极
continuous escort　全航线护送
continuous fatigue spalling　连续状疲劳剥落
continuous feed　(1) 连续进给, 连续进刀；(2) 连续进料
continuous-field method　连续磁粉探伤法
continuous field method　连续磁粉探伤法
continuous-film-printer　连续影片拷贝机, 连续印片机
continuous film scanner　连续影片扫描仪, 均匀影片扫描器
continuous filter　连续式过滤器
continuous flight power auger　连续旋翼式动力螺钻
continuous flow conveyor　连续流动输送器
continuous flow pug-mill　连续式小型搅拌机
continuous-flow pump　续流泵
continuous foundation　连续基础
continuous footing　连续底座, 连续基脚, 连续底脚
continuous function　连续函数
continuous furnace　连续式作业
continuous handling　连续操作
continuous heavy-duty service　连续重负载运行
continuous herringbone tooth　整齿人字齿
continuous herringbone tooth gearing　整齿人字齿轮传动 [装置]
continuous hunting　连续寻找
continuous image microfilm (=CIM)　连续图像显微胶卷
continuous indexing　连续分度 [法]
continuous-line　连续线的, 实线的
continuous line (= full line)　连续线, 实线
continuous line recorder　连续线型记录仪, 带状记录器
continuous line with cleavage line　中断线
continuous load　连续载荷, 持续载荷
continuous loading　(1) 均匀负载, 连续负载, 均匀加载, 连续加载；(2) 连续加感
continuous lubrication　连续润滑
continuous maximum rating (=CMR)　持续最大功率, 最大连续功率
continuous measurement　连续测量
continuous medium　连续媒质
continuous method　连续磁粉探伤法
continuous mill　连续轧钢机
continuous milling　连续铣削
continuous milling machine　连续铣床
continuous miner　连续采煤机
continuous mixer　连续混料器, 连续拌和器
continuous monitor　连续检测记录仪
continuous motion　连续运动
continuous multiple-access collator (=COMAC)　连续多次取数校对机
continuous narrow line　细实线
continuous noise　连续噪声
continuous operation　(1) 连续运转, 持续运转；(2) 连续操作；(3) 连续运算
continuous operator　连续算子
continuous oscillation　连续振荡
continuous output　持续输出功率
continuous-output machine　连续生产机
continuous path controlled robot　连续轨迹控制式机器人
continuous phase　(1)（胶体中的）连续相；(2) 连续变化电位计
continuous pitch line contact　连续节线接触
continuous potentiometer　滑动触点电位器, 滑动触点分压器
continuous power　连续发电, 连续功率
continuous power auger　连续动力钻机
continuous process　(1) 连续作业；(2) 流水作业
continuous processing machine　连续处理机
continuous production operation sheet (=CPOS)　连续生产作业图表, 流水作业图表

continuous proportioning plant　连续式配料设备
continuous pusher type furnace　连续送料式炉, 隧洞式炉
continuous random process　连续随机变量
continuous rail frog　连续钢轨撤岔
continuous rating (=CR)　(1) 持续运转的额定容量, 连续运转额定值, 持续运转额定值, 长时运转额定值, 持续功率；(2) 固定负载状态；(3) 连续运用定额
continuous rating permitting over-load (=CRPO)　（功率的）允许过载的连续额定值
continuous-reading　连续读数 [的]
continuous recorder　连续记录器
continuous ringing (=CR)　连续振铃
continuous rolling mill　连续式轧机
continuous rope drive　无极绳传动
continuous rotary filter　连续旋转过滤器
continuous rotation　连续运转
continuous-running　(1) 连续运转, 持续运行；(2) 连续操作, 连续生产
continuous running　连续运转
continuous running voltage　持续运行电压
continuous seismic profiler　连续地震剖面仪
continuous service　连续工作, 持续运行
continuous-service hydraulic power plant　持续运转水力发电厂
continuous servomechanism　持续伺服机构
continuous simulation　连续模拟
continuous sintering　连续烧结
continuous slowing down model　连续减速模型
continuous spectrum　连续光谱
continuous spinning　连续旋压成形
continuous statement　连续语句
continuous strand annealing　（线材的）多根连续退火
continuous-strip camera　连续条形 [航空] 摄影机
continuous strip galvanizing　带材连续镀锌
continuous strip photograph　连续条形航摄照片
continuous surface broaching machine　连续平面拉床
continuous sweep　连续扫描
continuous system simulation language (=CSSL)　连续系统模拟语言
continuous taper tube　锥形管
continuous tapping spout　（冲天炉）连续出铁槽, 前面出渣槽
continuous test　连续试验
continuous testing　持续试验
continuous thread (=CT)　连续螺纹
continuous tone squelch　连续音调静噪
continuous tooth action　连续轮齿啮合
continuous tooth double-helical gear　整齿人字齿轮, 连续齿人字齿轮
continuous tooth formation　范成法切齿
continuous tooth herringbone pinion　整齿人字齿小齿轮
continuous track　履带
continuous transfer　连续式传送
continuous transfer machine　连续自动工作机床
continuous transformation　连续变换
continuous variable　{ 数 } 连续变量, 连续变数
continuous variable adjustable　无极变速的
continuous variable transformer　连续可调变压器
continuous variable transmission　无级变速器
continuous variable voltage　连续变化电压
continuous velocity log (=CVL)　连续速度测井
continuous velocity logging　连续速度测井
continuous vibration　连续振荡
continuous video recorder (=CVR)　连续视频信号记录器, 连续录像器
continuous wave (=CW)　连续波, 等幅波
continuous wave acquisition radar (=CWAR)　连续波搜索雷达
continuous wave gas laser　连续波气体激光器
continuous wave jammer　连续波干扰机
continuous wave laser (=CW laser)　连续波激光, 连续波激光器
continuous wave magnetron　连续波磁控管
continuous wave modulation　连续波调制
continuous wave operation　连续波运转
continuous wave oscillator　连续波振荡器
continuous wave signal generator (=CW SIG GEN)　连续波信号发生器
continuous wave transmission (=CW transmission)　等幅波传输
continuous-wave video (=cwv)　连续波视频
continuous weld (=CW)　连续焊接
continuous weld seam　连续焊缝

continuous-welded 连续焊接的

continuous welded rail 连续焊接钢轨

continuous window (=cont W) 连续式窗户

continuous working 连续工作, 连续运转

continuous X-ray spectrum 连续 X 射线光谱

continuous X-rays 连续 X 射线

continuously 连续 [不断] 地, 持续地

continuously loaded 均匀加感的

continuously recording sensor 连续记录的传感器

continuously variable control 连续可变调整, 均匀调整

continuum (1) 连续; (2) 连续介质, 连续区 [域], 连续体; (3) 连续光谱, 连续能谱; (4) { 数 } 连续统, 连续集, 闭联集; (5) 连续流

continuum mechanics 连续介质力学

continuum of real numbers 实数连续统

continuum of state 连续的状态, 状态连续区

continuum theory 连续介质理论

contline (1) 两缆股间的间隙; (2) (船舱内) 两排桶间的间隙

contorniate 周围有凹线的

contorograph 表面图示仪

contort 扭曲, 扭

contorted (1) 扭曲了的, 扭了的; (2) 旋转的

contortion 扭曲

contour (=CTR) (1) 外貌, 轮廓, 外形, 形状, 造型; (2) 略图; (3) 轮廓等高线, 等场强线, 等高线, 轮廓线, 恒值线; (4) (叶片的) 型线; (5) 周线, 围线, 围道, 边界; (6) 电路, 回路, 线路, 环路, 网路, 围路; (7) 使与轮廓相符, 绘制等高线, 绘制等值线, 划轮廓线; (8) 概要, 大略; (9) 使与轮廓相符的, 靠模的, 仿形的

contour accentuation (1) 回路加重; (2) 加重轮廓

contour blasting 轮廓爆破

contour broach 外形拉削

contour character 字体轮廓线

contour chart 等高线图

contour-chasing (= contour-flying) 低空飞行, 掠地飞行

contour copying milling machine 平面仿形铣床

contour correction 轮廓校正

contour curve 等值曲线

contour cutting 外形切削

contour dimension 外形尺寸, 外廓尺寸

contour drafting 等高线绘制

contour effect(s) 轮廓效应, 边缘效应

contour engraving machine 平面刻模铣床

contour-etching 外形腐蚀, 外形加工, 外形刻蚀

contour facing 仿形端面车削, 靠模端面车削

contour follower (1) 仿形随动件, 靠模随动件; (2) 仿形装置, 仿形头; (3) 等高仪

contour ga(u)ge 仿形规, 板规

contour grinder 仿形磨床

contour integration 周线积分, 围线积分, 围道积分

contour interval 等高线间距, 等高线间隔, 等距

contour lathe 仿形车床

contour line 等高线, 等强线, 等值线, 等位线, 轮廓线, 恒值线

contour machine 靠模机床

contour machining 轮廓加工

contour map (1) 等场强线图, 等高线图, 等值线图, 轮廓图; (2) 围道映像, 围线映像

contour milling 等高走刀曲面仿形铣

contour of equal loudness 等响曲线

contour of groove 轧槽轮廓

contour of oil sand 含油层构造图

contour of travel time 等流时线

contour pen 曲线笔

contour plan 等高线平面图, 地形图

contour plane 等高面

contour plate (1) 仿形样板, 靠模样板; (2) 压型板; (3) 靠模等值面

contour projector 轮廓投影仪

contour recording 等强录音

contour sawing 轮廓锯削

contour surface (1) 等值面; (2) 围道曲面

contour template 外形样板, 轮廓样板

contour tolerance 外形公差

contour tracing apparatus 曲线仪

contour turning 外形车削

contour vibration 轮廓振动, 外形振动

contour wheel 仿形轮

contoured (1) 外形的, 外围的, 轮廓的; (2) 等高线的

contoured die 成形模

contoured velocity 速度谱, 等值线

contourgraph (三维) 轮廓仪

contouring (1) 等高线绘制, 作等值线, 绘外形, 绘轮廓; (2) 轮廓, 造型

contouring accuracy 等高线精度

contouring control [自动] 仿形控制, 轮廓控制

contouring pattern 等高线图案, 恒值线图案

contourogram 等值图

contra (1) 反对, 相反, 逆, 抗; (2) 相反地, 反对地

contra- (词头) 反对, 逆, 抗

contra-flow (1) 反向流动, 反向电流, 逆流; (2) 暂时电流, 额外电流

contra flow 反向流动, 逆流

contra-guide rudder 导式整流舵

contra-injection 反向喷射, 反向喷注, 逆向喷油, (燃料) 对喷

contra-missile 反导弹

contra-orbit 反轨道

contra-parallelogram (铰链) 反平行四边形

contra-propeller 反推进器, 整流螺旋桨

contra-rotating concentric shaft drive 相反转动的同心轴传动 [装置]

contra-rudder 整流舵, 导叶舵

contra solem (1) 左旋, 逆钟向; (2) 气旋性

contra-tuning propeller 整流推进器

contra wire 铜镍合金丝 (铜约 55%, 镍约 45%)

contraband 违禁品, 禁运品, 走私

contraband traffic 走私, 漏税

contrabandist 违禁买卖者, 走私者

contrabass 甚低音的

contrabossing 反向导流罩

contracid 康特拉西特镍铁铬钼合金 (0.6% Be, 60% Ni, 15% Cr, 7% Mo, 余量 Fe)

contraclockwise 逆时针方向的, 逆时针转动的, 反时针方向的

contract (=cont) (1) 收缩, 紧缩, 简缩, 缩小, 缩短, 缩窄, 缩紧, 变窄, 简化; (2) 订立合同, 订立契约, 承包; (3) 合同, 契约, 包工; (4) 限制, 限定

contract a project out to a building company 把工程包给一家建筑公司

contract award date (=CAD) 合同签订日期

contract carriage 订约运输工具

contract change analysis (=CCA) 合同更改分析

contract change notice (=CCN) 合同更改通知

contract change notification (=CCN) 合同更改通知书

contract change proposal (=CCP) 合同更改建议

contract change request (=CCR) 合同更改请求

contract construction 发包工程, 承包施工, 包工建筑

contract date 合同日期, 订约日期

contract definition (=CD) 合同规定标准

contract definition phase (=CDP) 合同确定阶段

contract drawing 合同图纸, 发包图纸

contract for the supply of raw materials to a factory 承办一家工厂原材料的供应

contract item (=CI) 合同项目

contract item and material list (=CIML) 合同项目及材料清单

contract maintenance 承包养护

contract management region (=CMR) 合同管理范围

contract number (=Cont. No. 或 CN) 合同号 [码]

contract "packaged deal" projects 承包整套工程项目

contract price 合同价格, 发包价格, 包价

contract requirement (=CR) 合同要求

contract review 合同评审

contract system 发包制, 包工制

contract technical report (=CTR) 合同技术报告

contract technical requirement (=CTR) 合同技术要求

contract test [按] 合同试验

contract work 发包工程, 包工工程

contracted (1) 收缩的, 综窄的, 缩小的, 缩短的, 省略的; (2) 订约的, 约定的, 包办的

contracted division 简除 [法]

contracted drawing 缩图

contracted jet 收缩射流

contracted notation 简略符号, 略号

contracted opening 缩孔

contracted section 收缩截面

contracted stable region　收缩稳定区
contracted width　收缩宽度
contractibility　收缩性,可缩性,压缩性
contractible　可收缩的,可压缩的,会缩小的
contractile　有收缩力的,收缩性的,可收缩的
contractility　收缩性,收缩力
contracting　(1)收缩的,收减的；(2)缔约的
contracting agency　承包经理处,承包代理人
contracting band brake　外带式制动器
contracting band clutch　缩带离合器
contracting brake　外紧式制动器,收缩式制动器,收缩式闸,抱闸,带闸
contracting current　收缩水流
contracting-expanding nozzle　收缩喷嘴
contracting nozzle　收敛喷嘴,收缩喷嘴,渐缩喷嘴
contracting (rod) seal　(轴承)接触式金属环
contracting shaped seal　(轴承)接触式金属成型圈
contracting spring　拉簧
contraction　(1){力}断面收缩,断面压缩,横向收缩,(2)收缩,收缩量,收缩作用；(3)缩小,缩减,缩短；(4)减少,减小；(5)压缩；(6)收敛；(7)收敛段；(8)浓集,(9){数}缩并,降秩；(10)简略字
contraction allowance　收缩余量
contraction at fracture　断裂处颈缩
contraction cavity　缩孔
contraction coefficient　收缩系数,压缩系数
contraction crack　收缩裂缝,收缩破裂,收缩断裂
contraction fissure　收缩裂纹,收缩裂缝
contraction fit　收缩配合
contraction gear　(锥齿轮)收缩齿
contraction-joint　收缩缝
contraction joint　收缩缝
contraction of area　断面收缩率,面积缩小,断面收缩
contraction of indices　指标的短缩
contraction of jet　射流收缩
contraction of plasma　等离子的减缩
contraction of tensor　张量的降秩,张量的缩并
contraction of the flow　气流压缩
contraction of the slipstream　滑流收缩
contraction phase　收缩相
contraction ratio　收缩比
contraction scale　缩小比例尺
contraction stress　收缩应力
contractive　有收缩性的,有收缩力的
contractometer　收缩仪
contractor (=contr)　(1)压缩机,压力机,收缩器；(2)订立合同者,承包单位,承包商,承包者,承包方,包工[头]；(3)收敛部分
contractor controller　凸轮式控制器
contractor furnished and equipped (=CFAE)　承包人供应和装备的
contractor furnished equipment (=CFE)　承包人供应的设备
contractor furnished property (=CFP)　承包人提供的性能
contractor maintenance area (=CMA)　承包人维护范围,承包人保养范围
contractor maintenance service (=CMS)　承包人维护业务,承包人保养业务
contractor's plant　施工设备,包工设备
contractor's trial　承造厂试验,承造厂试航
contract's agent　承包人代表
contractual　合同的,契约的
contractual joint venture　契约式合资企业
contractual report (=CR)　合同报告
contractual specification　合同规定
contractual technical report (=CTR)　合同技术报告
contractual technical requirement (=CTR)　合同技术要求
contradict　同……相矛盾,抵触,反对,反驳,驳斥
contradictable　可反驳的
contradiction　(1)不一致,相反,矛盾,违背,抵触；(2)反驳,否认,否定
contradictious　矛盾的,抵触的
contradictor (1)　抵触因素；(2)反驳者
contradictory (1)　矛盾的；(2)矛盾
contradistinction　截然相反,对比,对照,区别
contradistinguish　通过对比区别
contraflexure (1)　反[向]弯曲,反弯,反曲,反挠；(2)反向曲线变换点
contraflow (=counterflow)　(1)反向流动,逆流,对流,回流,倒流,反流；

(2)反向电流额外电流,暂时电流
contraflow condenser　逆流式冷凝器
contraflow coupling　反向耦合
contraflow washer　逆流清洗机
contragradience　逆步,反步,抗步
contragradient　逆步的,反步的
contraguide　整流叶,整流板
contraguide bossing　反向导流罩
contraguide rudder　导式整流舵
contrail　(1)逆增轨迹,转换轨迹；(2)凝结尾流,凝结尾迹；(3)凝迹
contrainjector　反向喷射器,反向喷嘴
contrajet　反射流
contralateral　对侧的
Contran　康特兰(一种计算机程序编制语言)
contraorbital direction　反轨道方向
contrapedal curve　逆垂趾线
contrapolarization　反极化
contrapose　针对着,使对照
contraposition　换质位法,换质位
contraprop　同轴成相对方向旋转的推进器,反向旋转螺旋桨,同轴反转螺旋桨,导叶
contrapropeller　同轴反转式螺旋桨整流[螺旋]推进器反射旋转螺桨,整流螺旋桨
contraption　(1)奇妙装置；(2)新发明事物
contrariant　反对的,对立的
contraries　原料中的杂质
contrarieties in nature　本质上相反的事物
contrariety　不一致,矛盾,对抗,对立,相反
contrarily　相对立地,反对地,反之,相反,逆
contrariness　相反,对立
contrarious　对抗的,作对的
contrariwise　反之[亦然],相反地
contrarocket　反火箭
contrarotating　反[向旋]转,反向转动,反旋
contrarotation　反向旋转,反向转动,反转
contrary　(1)不相容,反对,相反,相逆,矛盾；(2)反对的,相反的,相逆的,矛盾的,对抗的,对立的；(3)反对之命题,相反的命题
contrary current　逆流
contrary sign　异号
contrary-to-fact conditional　带有与事实相反的条件[的]
contrary wind　逆风
contrast　(1)差别,差异；(2)对比,对照,反照；(3)对衬,衬度,反衬；(4)形成对比,形成对照,相对立；(5)对比法；(6)对照物；(7)对比度,对比性,对比率,对比法；(8)反差[衬度],反差比
contrast colours　反衬色,对比色,对照色
contrast compensation　对比度补偿
contrast compression　对比度压缩,反衬度压缩
contrast control　对比度调节
contrast difference　衬度差
contrast-enhancement　对比度增强,反差增强
contrast filter　强反差滤光镜,对比滤色器
contrast image　强反差图像
contrast of photographic plate　相片的衬度
contrast on border　边缘清晰度
contrast photometer　对比光度计
contrast potentiometer　对比度调整电位计,对比度调整分压器
contrast ratio　对比度系数,对比率,反衬率,反差比
contrast-response characteristic　对比度响应特性
contrast sensibility　对比灵敏度,对比敏感度
contrast sensitivity　对比灵敏度,对比敏感度
contrast test card　对比度测试卡,灰度测试卡
contrasty　高衬比的,强反差的
contrate　横齿的
contrate gear　(锥齿轮)端面齿轮,平面齿轮,端面齿盘,横齿轮
contrate gear pair　圆柱齿轮端面齿轮副
contrate wheel　断面齿轮,平面齿轮,端面齿盘,横齿轮
contraterrence matter　反物质
contratest　对比试验的
contrating brake　抱闸
contravalence　共价
contravalency　共价
contravalid　反有效的,无效的
contravane　(1)逆向导[流]叶[片],导流叶片,导流翼；(2)倒装小齿轮

contravariance 反变性, 抗变性, 逆变性, 逆变, 抗变

contravariant 反变式的, 抗变式的, 逆变式的, 逆变量的, 抗变量的

contravene (1) 违反, 违犯, 违背; (2) 否定, 反对, 反驳, 推翻; (3) 不协调, 同……抵触, 冲突

contravention 违反, 违犯, 违背, 反驳

contravolitional 不随意的, 反意志的, 非自愿的

contribute (1) 贡献, 提供, 赠送, 投稿; (2) 成为……的原因之一, 对……影响, 有助于, 促进, 帮助, 资助, 协作; (3) 起作用, 参加;

contributing factor 起作用的因素

contribution (1) 贡献, 帮助, 协助, 影响, 作用; (2) 成分, 组成; (3) {计} 基值; (4) 提供资料文献, 论文集, 文献, 著作, 投稿, 稿件; (5) 分担额, 捐款

contribution factor 辅助系数, 影响系数

contribution network 节目收集网

contributive 起作用的, 有贡献的, 促进的, 有助于的

contributor (1) 研究者, 投稿人, 执笔者; (2) 贡献者, 捐赠者

contributory (1) 有贡献的, 有帮助的, 起作用的, 促进的; (2) 参加的, 协作的, 分担的

contributory evidence 辅助数据

contributory factor 辅助系数, 影响因素

contributory negligence 造成意外事件的疏忽

contributory zone 供水区

contrivable 可设法做到的, 可发明的, 可设计的

contrivance (1) 创作; (2) [新] 发明, 创造; (3) 设计方案, 设计, 计划; (4) 机械装置, 设备, 装置, 工具, 用具;

contrive (1) 发明, 创造, 设计, 计划; (2) 动脑筋, 想办法, 设法

contriver 设计者, 发明者, 创造者

control (=cntl 或 cont) (1) 管理, 操纵, 控制, 驾驶, 支配; (2) 调节, 调整; (3) 检查, 检验, 监督; (4) 操作机构, 操纵机构, 控制机构, 操纵装置, 控制装置; (5) 控制手段, 控制措施; (6) 调谐; (7) 控制器; (8) 控制系统; (9) 操纵杆; (10) 对照, 对照物

control action 控制作用

control ampere turns 控制安培匝数

control amplifier 控制放大器, 调整放大器

control and monitor subsystem (=C&M) 控制与监控子系统

control and monitor console 监控台

control and monitoring (=C/M) 控制和监听

control and reporting centre (=CRC) 控制与报告中心

control antenna 监听天线

control apparatus 控制装置, 调节装置

control arm 操纵臂, 控制臂, 操纵杆, 控制杆

control block 控制程序块

control board (=CB) (1) 控制板, 控制盘, 控制台, 控制屏, 操纵盘, 操纵台; (2) 操纵弹道; (3) 监察委员会

control booth 控制室

control box 控制箱, 控制器

control bridge 控制台, 舵楼

control buffer 控制缓冲器

control bus 控制总线

control bus master 控制总线目板

control button (=CB) 控制按钮

control by the motion of blanket 移动再生区进行调节(原子核反应堆)

control by the motion of fuel 移动燃料进行调节(原子核反应堆)

control by the motion of moderator 移动减速剂进行调节(原子核反应堆)

control cab 操纵室, 控制室

control cabin 驾驶舱, 控制室, 操纵室

control cable (1) 控制电缆; (2) 操纵索

control cam (锥齿轮加工机床的) 控制鼓轮, 分配鼓轮

control capacitance 控制电容, 调整电容

control card 控制卡片

control carriage tape 托架控制带

control center (1) 控制中心, 调度中心; (2) 操纵室, 操纵台

control center mockup (=CCMU) 控制中心实物模型

control chain 控制链

control channel 控制通道

control check 检验, 复查

control circuit (1) 控制油路, 控制回路; (2) 控制电路

control code 控制码

control component (1) 控制元件; (2) 方程组元素

control computer 控制计算机

control console (=CC) (1) 控制台, 操纵台; (2) 控制装置总成架

control cord 操纵索

control counter 控制计数器

control crank (1) 摇把; (2) 操纵手柄, 操纵臂, 驾驶杆

control criterion (1) 控制准则; (2) 自动控制系统; (3) 质量准则

control current 控制电流

control current or voltage 控制电流或者控制电压

control cylinder 控制筒

control-cylinder rod 控制杆

control data terminal (=CDT) 控制数据终端设备

control desk 控制台, 操纵台

control device 控制装置, 操纵装置

control diagram language (=CODIL) 控制图形语言(一种面向过程控制的语言)

control dial 操纵盘

control display 控制显示器

control distribution center (=CDC) 控制分配中心

control drive mechanism 控制传动装置, 控制传动机构

control eccentric 控制偏心轮

control electrode 控制电极

control element 控制 [系统] 元件

control engineering (1) 控制技术, 调节技术; (2) 检查技术

control equipment (1) 检验测量装置; (2) 控制设备

control-experiment 对照实验

control field {计} 控制字段

control file 控制文件, 总目

control fin 操纵舵

control flow (1) 控制流动, 控制流向; (2) {计} 控制指令, 控制走向

control flow computer 控制流计算机

control fork 操纵拨叉

control function (1) 控制操作; (2) 控制函数

control gate 节制闸门

control gauge (1) 标准量规; (2) 标准试块

control gear (1) 检查用齿轮, 标准齿轮; (2) 控制装置, 操纵装置, 控制机构, 操纵机构

control gear tooth 检查用齿轮轮齿

control gear unit 检查用齿轮传动装置

control gears 检查用齿轮传动机构

control gravimetric base 重力控制基点

control-grid 控制栅

control grid 控制栅, 控制栅极

control grid bias 控制栅偏压

control group 控制栏, 控制组

control handle 控制柄, 操纵杆

control head 控制头, 调节头

control head gap 控制磁头间隙

control hole {计} 标志孔

control horn 控制操纵杆

control hysteresis 控制滞后

control impedance 控制阻抗

control index 检测指数

control information 误差校正信息, 控制信息

control inlet panel (=CIP) 控制输入仪表板, 控制进气仪表板

control instruction 控制指令

control instruments 控制仪表

control-joint 控制 [接] 缝

control knob 控制 [按] 钮, 操纵手柄

control laboratory 检验室, 化验室

control lag 调节滞后

control language statement 控制语言语句

control level (1) 控制电平; (2) 管理水平

control lever 控制杆, 操纵杆

control lever for transmission direction 进退操纵杆, 方向操纵杆

control lever for transmission speed 变速操纵杆, 变速杆

control lever housing 控制杆罩

control lever of flywheel clutch (履带拖拉机) 主离合器操纵杆

control lever of steering clutch 转向离合器操纵杆

control lever sleeve 控制杆衬套

control limit 检验公差极限

control limit switch 控制极限开关

control line 控制线

control linkage (1) 控制连接杆; (2) 控制杆系, 操纵杆系

control loop 操纵系统

control matrix network 控制矩阵网络

control means 控制设备, 控制装置

control-measuring apparatus 检验测量仪器

control mechanism (1) 控制机构, 操纵机构; (2) 控制机理

261

control medium 控制介质
control method 控制方法
control microcomputer 控制用微计算机
control moment 控制[系统单元]力矩
control-moment gyro 力矩控制陀螺
control monitor group (=CMG) 监控组
control monitor unit (=CMU) 监控装置
control mosaic 控制点镶嵌图
control motor (=CM) 控制电动机
control of acceptance 验收规程
control of air pollution 空气污染控制
control of formation pressure (1)地压控制；(2)油层压力控制
control of gas oil ratio 油气比的控制
control of high pressure wells 高压油井的控制
control of horizontal synchronizing 水平同步控制
control of impulse 推力控制
control of interception 拦截控制,截击控制
control of inversion (反演)变换控制
control of principal distance 主距控制
control of purity 纯度[的]控制
control of speed by hand 手动速度控制
control of thrust orientation 推力定向操纵,推力变向控制
control office 控制分局
control operating rod 操纵[拉]杆
control operation 控制操作
control organ 控制机构
control panel (1)控制板,控制盘,控制台,操纵台,操纵板,控制屏,(2)接线板,接插板;(3)配电盘,配气盘
control panel with pushbutton 按钮控制板
control part 控制机构
control pedal 控制踏板
control pick-up 操纵传感器
control piston 调节活塞
control plane 操纵导弹的飞机
control point (=CP) (1)控制点,检查点,检测点;(2)水准基点,基准点;(3)控制台
control power supply (=CPS) 控制功率供应
control pressure system (=CPS) 控制压力系统
control procedure level (=CPL) 控制程序级
control program 控制程序
control protocol 控制协议
control range (1)控制范围；(2)检测范围
control ratio (闸流管)控压比,控制系数,控制比
control receiver 检验用接收机
control register 控制寄存器
control relay (=CR) 控制继电器
control relay unlatched (=CRU) 控制继电器断开
control-rod 控制杆,操纵杆
control rod 控制杆,操纵杆
control-rod guide 控制导杆
control rod screw 作用螺杆
control room 集中控制室,操纵室,工作间,机房
control routine 控制程序,控制代码
control section (1)控制部分；(2)控制舱；(3)检查段
control shaft 控制轴
control signal (=CS) 控制信号
control space 控制区域
control specimen 检查标准用的试样,核对试样
control spindle 分配轴,凸轮轴
control spring 拨动弹簧
control stand (1)控制台,操纵台；(2)检验台
control station 控制站
control station manual operating level (=CSMOL) 控制站手控工作电平,控制站手控工作量级
control stick 控制杆
control storage 控制存储器
control stress 控制应力
control strip 控制片
control supervisor 控制管理程序
control surface 控制面
control surface tie-in (=CSTI) 用电子计算机发出的信号来操纵飞机飞行的设备
control switch (=CS) 控制开关,主令开关
control synchro 控制自动同步机,控制同步机

control system (1)控制系统,操纵系统；(2)控制方式
control system dynamics 控制系统动力学
control system equipment 控制系统设备
control system servo 控制系统动力传动装置,控制系统伺服机构
control system test (=CST) 控制系统试验
control system theory 控制系统理论
control systems and electronic equipment as well as electrical components 控制装置、电子设备和电气元件
control tape 控制带
control test 控制[性]试验
control timer 时间控制继电器,时间传感器
control timing clock 控制系统定时机构
control tower 控制塔,操纵塔
control trailer 控制拖车
control transfer instruction 控制转移指令
control transformer (=CT) 控制变压器
control transformer rotor 自动同步机转子,控制变压器转子
control turn 控制线圈
control unit (1)控制部件；(2)控制箱,控制装置
control unsteadiness 控制不稳
control valve 控制阀,调节阀
control vane 操纵舵
control variables 控制变量
control voltage 控制电压
control volume model 控制面模型
control wheel 控制轮,操纵盘,导轮
control winding 控制绕组,控制线圈,控制线匝
control word 控制字
control zone (飞机场)管制区域
controlcode 控制码
controlfin 控制片
controllability (1)可控制性,可操纵性,可调节性,可监督性,可控性；(2)控制能力
controllability test 操纵性试验
controllable (=con) 置于控制下的,可控制的,可调节的,可调整的,可操纵的,可管理的
controllable capacity pump 变量泵
controllable increment honing 定量珩磨
controllable pitch (=CP) 可变螺距
controllable-pitch propeller 可调螺距螺旋桨
controllable pitch propeller 可调螺距螺旋桨,螺距可变螺旋桨,调距螺旋桨
controllable pressure honing 定压珩磨
controllable reaction 可控反应
controllable silicon 可控硅
controllable thermonuclear reaction 可变热核反应
controlled (=con) 被调节的,被控制的,受操纵的,可控制的,可控的,控制的,调整的,调节的
controlled atmosphere 可控气氛
controlled atmosphere arc welding 充气式电弧焊
controlled atmosphere furnace 保护气体炉
controlled atmosphere generator 可控气氛发生炉
controlled atmosphere heat treatment 可控气氛热处理
controlled attribute 控制属性
controlled avalanche device 可控雪崩器件
controlled avalanche diode 可控雪崩二极管
controlled avalanche rectifier (=CAR) 可控雪崩整流器
controlled carrier 可控载波
controlled-carrier system 控制载波系统,可控载波系统
controlled central differential 自动联锁的桥间差速器
controlled conditions system (=CCS) 条件受控系统
controlled current feedback transformer (=CCFT) 受控电流反馈变压器
controlled expansion coefficient alloy 定膨胀合金
controlled facility (=CF) 控制装置
controlled flash evaporation (=CFE) 受控闪光汽化
controlled force internal grinder 控制力内圆磨床
controlled item (=CI) 控制项目,操作项目
controlled leak 受控漏泄
controlled magnetic core reactor 磁芯控制扼流圈,磁芯控制电抗器
controlled oscillator 控制振荡器
controlled rectifier (=CR) 可控整流器
controlled resolution 可控分辨能力
controlled rupture accuracy (=CRA) 受控断裂精度

controlled sender 受控发送器

controlled stage 控制级

controlled system 可控系统,受控系统

controlled-torque coupling 控制扭矩的联轴节

controlled variable 可控变量,受控变量

controller (=con 或 cont) (1)控制装置,调节装置,调节仪表,控制机,控制器,调节器,操纵器,操纵杆;(2)配电设备,开关设备;(3)控制程序;(4)传感器;(5)舵;(6)检验员,检查员,管理员;(7)会计主任,主管人,查账员

controller buffer 控制缓冲器

controller bus 控制器总成

controller cage 控制器罩

controller lag 控制器滞后

controller lever guide 控制杠杆导承

controller reversal 操纵反效

controller sample 对照样品

controller stick 驾驶杆

controller wool 石棉堵漏丝

controlling 控制的,调节的,调整的

controlling board (1)控制板;(2)控制台,操纵台

controlling depth 控制深度,极限深度

controlling device 控制装置,调节装置,操纵装置

controlling efficiency 控制效率

controlling electric clock 主控电钟,母钟,电钟

controlling elevation 控制标高

controlling equipment 控制系统

controlling factor 控制因数

controlling force 控制力

controlling gear 控制装置,操纵装置,控制机构,操纵机构

controlling handle 控制手柄,操纵手柄

controlling machine 控制机

controlling magnet 控制磁铁

controlling magnetic field 控制磁场,可调磁场,施控磁场

controlling mechanism 控制机构,操纵机构

controlling of oil consumption 油消耗量的控制

controlling parameter 控制参数

controlling point 控制点

controlling resistance 控制电阻,抑制电阻

controlling system 控制系统

controlling torque 控制转矩,制动力矩

controlling valve 压力调节阀,控制阀

controllor (1)控制装置,调节装置,调节仪表,控制机,控制器,调节器,操纵器,操纵杆;(2)配电设备,开关设备;(3)控制程序;(4)传感器;(5)舵;(6)检验员,检查员,管理员;(7)会计主任,主管人,查账员

controsurge winding 防振屏蔽绕组,防冲屏蔽绕组

controvert 辩论,讨论,否认,反对,驳斥

controvertible 可辩驳的,可争论的

contuse (1)打伤,挫伤,撞伤;(2)捣碎

conus (1)圆锥,锥体,(2)晶锥,(3)视锥

convect 使对流传热,使对流循环

convection (1)对流,传递,传送,传达,(2)对流电流

convection bank 对流管束

convection boiler 对流式锅炉

convection circuit breaker 对流式断路器

convection cooling 对流冷却

convection current (1)对流流动,对流气流;(2)对流电流

convection current electrophoresis 对流电泳

convection heater 对流式加热器,对流取暖装置

convection of energy 能量对流

convection of heat 热的对流

convectional 对流[性]的

convective 对流[性]的,传递[性]的,传送[性]的,迁移的

convective heat transfer 对流热交换,对流传热,对流换热

convector 热空气循环对流加热器,供暖散热器,对流放热器,对流机,环流机,对流器,换流器

convector radiator 对流式换热器

convectron 对流测偏仪

convenience (1)适当的机会,提供方便,便利,方便,(2)机构;(3)便利的设备

convenience receptacle [墙]插座

convenient (1)方便的,简便的,近便的,便利的,合适的,便宜的;(2)附近的,不远的

convention (1)习用性,惯例,习惯,常规,(2)暂定条款,公约,条约,协定,约定,(3)凡例,图例;(4)大会,会议

conventional (=conv 或 convl) (1)照例的,惯例的,惯用的,通用的,习用的,习惯的,传统的;(2)常规的,规范的;(3)一般的,普通的,平常的;(4)预先约定的,有条件的,约定的;(5)会议的,协定的

conventional aggregate 惯用集料

conventional annealing 常规退火

conventional coordinates 标准坐标系

conventional cutting 逆向切削

conventional diagram 示意图

conventional display 线性显示;(2)普通显示器

conventional explosive 普通炸药

conventional fuel 普通燃料,常规燃料

conventional galvanizing 普通热[浸]镀锌

conventional hobbing 纵向进给滚削,逆向滚削,逆向滚齿,普通滚轮

conventional hypoid gear 普通双曲面齿轮

conventional method 习惯方法,传统方法,惯用法,惯例

conventional milling (=CML) 逆向铣削,普通铣,逆铣

conventional number 标志数

conventional oil 无附加物的油,普通油

conventional procedure 常规程序

conventional punch card machinery 商用穿孔卡片机

conventional sharpening 普通刃磨

conventional shaving 纵向剃齿,普通剃齿

conventional signs (1)通用符号,常用符号,习用符号;(2)通用标志,图例

conventional slider crank 普通滑动曲柄

conventional slider-crank mechanism 普通滑动曲柄机构

conventional strain 公称应变

conventional synchrotron 常规型同步加速器

conventional tests 普通试验,标准试验

conventional true value 实际值

conventional type 普通型

conventional-type lubricant 习用润滑油,矿物润滑油

conventional voltage doubler 常用[二]倍压电路

conventional (non-nuclear) war capability (=CWC) 常规(非核)战争能力

conventional weapons 非原子武器,常规武器

conventionalism (1)依照管理,从俗;(2)约定论

conventionality (1)传统[性],因袭;(2)老一套,惯例,常规

conventionalize 使成惯例,惯例化

conventionally 按照惯例,按常规,习惯地

convergatron 多级中子放大器(每一级是由燃料区,热中子屏核减速剂组成的)

converge (1)集中于,汇合,辐合;(2)会聚,聚焦;(3){数}收敛

converge in probability 概率收敛

converge statement 约束语句

converge to a limit 收敛于一极限

convergence (1)辐合;(2)会聚度,会聚性,集束性;(3)下沉,下降,沉降;(4)聚合线,顶底板合拢;(5){数}收敛性,收敛角,收敛点,收敛;(6)聚合;(7)结合;(8)合流,趋向;(9)非周期阻尼运动;(10)减小;(11)聚焦

convergence bolt 会聚螺栓,会聚螺柱

convergence coil 聚焦线圈,会聚线圈,收敛线圈

convergence control 聚焦控制

convergence criterion 收敛[性判定]准则,收敛判别法,收敛判据

convergence electrode 会聚电极,收敛电极

convergence errors 会聚误差,重合误差

convergence exponent 收敛指数

convergence field 辐合角

convergence half-angle 半会聚角

convergence in mean 均值收敛,平均收敛

convergence in mean square 均方收敛

convergence in probability 概率性收敛,随机收敛

convergence magnet 会聚磁铁,聚焦磁铁

convergence map 等垂距线图,等容线图,收敛图

convergence method 逐次近似法,收敛法

convergence of algorithm 算法收敛

convergence of finite element method 有限元素法的收敛

convergence of front wheels 前轮前束

convergence of integral 积分的收敛

convergence of potential integral 位积分的收敛

convergence of reducible net 可细化网络收敛性

convergence of series 级数的收敛性

convergence of truncation error 截断误差收敛

convergence property 收敛性

convergence radius 收敛半径
convergence region 收敛区域
convergence series 收敛级数
convergence voltage 会聚电压
convergence yoke 会聚系统,聚焦系统
convergence zone paths 辐合带的声径
convergency (1) 会聚 [性],会合;(2) 聚焦;(3) 减小
convergent (1) 会聚的,收敛的,辐合的,聚光的,集合的;(2) 逐渐减少的,收缩的;(3) 非周期衰减的;(4) {数} 渐近分数,收敛项,收敛子
convergent character 趋同特性
convergent contour 收敛形
convergent current 收敛流,汇流
convergent-divergent 收敛 - 扩散的,收缩 - 膨胀的,超音速的(指喷管)
convergent divergent channel 收缩扩张管
convergent gas lens focusing 气体会聚透镜聚焦
convergent lens 会聚透镜,聚光镜
convergent mouthpiece 收缩管 [嘴]
convergent nozzle 收敛 [形] 喷嘴,渐缩喷嘴,收缩喷嘴
convergent oscillation 减幅振动,衰减振动,阻尼振动
convergent pencil of rays (1) 会聚光束;(2) 聚光孔径角,集光角
convergent photography 交向摄影
convergent point 收敛点
convergent series 收敛级数
convergents 收敛子
convergents of continued fraction 连分数的渐近分数
converger (1) 精于逻辑推理的人,擅长逻辑推理的人;(2) 聚料器
converging (1) 渐缩形的,收缩的,收敛的,会聚的,聚光的,减小的,下降的;(2) 非周期性衰减 [的];(3) 趋同的,辐合的;(4) 会聚光,会聚
converging approximation 收敛近似
converging-diverging nozzle 渐缩放喷嘴
converging duct 收敛管道
converging flow 收束水流
converging lens 会聚透镜
converging nozzle 渐缩形喷嘴,收缩喷嘴
converging tube 渐缩形管,缩口管
conversance 或 conversancy 熟悉,精通
conversant 熟悉的,精通的,通晓的
conversation 通话,会话,谈话,会谈,交谈
conversation assembler 对话汇编程序
conversation-tube 通话管
conversational 通话的,会话的,对话的,谈话的,会谈的,交谈的,通晓的
conversational compiler 对话式编译程序
conversational language 会话语言
conversational mode 交互方式
conversational terminal 对话终端
conversational time sharing 会话式分时
converse (1) 倒转的,逆的,反的;(2) 反题;(3) 谈话,会谈,交谈,谈论
converse magnetostrictive effect 反磁致伸缩效应
converse of relation 逆关系
converse piezoelectric effect 反压电效应
converse proposition 逆命题
converse routine 转换程序
converse statement 逆叙
converse theorem 逆定理
conversely 相反地,逆,倒
conversion (1) 转换,变换,更换,转化,转变,改变,变化,变态,变形,变成;(2) 变频;(3) {数} 换算系数,换算因数,换算法,换算;(4) 转化作用;(5) 换位 [法],换位,转位,迁移,反演,逆转,兑换;(6) 作业变更,情况改变;(7) 航向变更;(8) 改造,改装
conversion board 坐标变换测绘板,换算板
conversion by drift 飘逸变换
conversion by retarding field 减速场变换
conversion chart 换算表,换算图
conversion check 复示检查,反向检验
conversion coating 转化膜
conversion code 变换码
conversion coefficient (1) 换算系数,换算因数,变换系数,变换因数,转换因子,转换因数;(2) (核燃料) 再生系数
conversion conductance 变频跨导,变频互导,变换导纳
conversion constant 热的机械当量,转换常数

conversion cost (商品)生产成本
conversion curve 变换曲线,换算曲线
conversion device 转换装置
conversion diagram 变换特性曲线 [图]
conversion efficiency 转换效率,换能效率
conversion electron 变换电子,转换电子
conversion equation 换算公式
conversion factor (=CF) (1) 换算因数,换算系数;(2) 转换系数
conversion filter for colour temperature 色温交换滤光器
conversion formula 换算公式
conversion gain (1) 转换增益;(2) 变频增益
conversion in place (=CIP) 现场转换
conversion loss (1) 换算损失,变换损耗;(2) 变频损耗
conversion matrix 转换矩阵
conversion of coordinates 坐标变换
conversion of energy 能量转化,能量转换
conversion of flowmeter 流量计读数的换算
conversion of heat into power 热转换能
conversion of hydrocarbons 烃类的转化
conversion of motion 运动的转换
conversion of olefins 烯烃的转化
conversion of sea water 海水淡化
conversion of thermal energy 热能转换
conversion of unit 设备的重新安装
conversion period 逆周期
conversion pig 炼钢生铁
conversion program 转换程序
conversion rate (1) 变换速度;(2) 换算表;(3) 兑换率,汇率
conversion ratio (=CR) (1) 换算系数,转换系数,换算率;(2) (核燃料) 再生系数
conversion routine 转换程序
conversion table 换算表
conversion transducer 变换器,换能器
conversion transconductance 变频跨导
conversion transformer 转换变压器,转电线圈
conversion unit (1) 反应设备;(2) 变换器
convert (1) 转换,转化,变换;(2) 改造;(3) 造材
convertaplane 垂直起落换向式飞机,推力换向式飞机
converted (1) 改装的;(2) 改造的
converted steel 渗碳钢
converted timber 锯制木材,成材
converter 或 convertor (=conv) (1) 换流器,变流机,变流器,变频器,换能器,转换器,整流器;(2) 电子管变频器;(3) 变换器 (将一种计算机所能接收的信息,变换为另一种计算机所能接收的信息),(4)转炉,(5) 转换程序;(6) 转换反应堆,再生反应堆
converter-coupling 液力变扭器 - 耦合器组
converter generator 交流机组发电机
converter motor 变流机组电动机
converter process 转炉炼钢法
converter pump 变扭器泵
converter stage 变换级,变频级
converter steel 转炉钢
converter technique (1) 变换技术;(2) 变频技术
converter-transmission drive 变扭器和变速器传动
converter-transmitter 变扭器 - 发射机 [组合]
converter tube 变频管
convertibility (1)可变换性,可交换性,可转换性,可转化性,可转变性,可逆性;(2) 互换性;(3) 可翻译性
convertible (=conv 或 cvt) (1)可转换的,可交换的,可变换的,可转化的,可转变的,可改变的,活动的;(2) 可逆的;(3) 自由兑换的;(4) 同义的
convertible body 敞篷车身,活顶车身
convertible car 折合式敞篷汽车,两用车
convertible circuit breaker (=CCB) 转换电路开关
convertible coupe 活顶双门轿车,活顶轿式汽车
convertible crane 可更换装备的起重机
convertible open side planer 活动支架单臂刨床
convertible shovel 正反铲挖土机,两用铲
convertible vehicle [轮胎式履带式] 两用车辆
converting (1) 吹冶炼,吹炼;(2) 转炉炼钢;(3) 变换,转换;(4) 转换的,转化的,转变的,变换的,改装的
converting angular motion 变换角运动
converting furnace 吹风氧化炉,吹炼炉
converting process 吹炼过程,吹炼法

converting station 整流站

converting with air 空气吹炼

convertiplane 垂直起落换向式飞机, 推力换向式飞机

convertor (1) 换流器, 变流机, 变流器, 变频器, 换能器, 转换器, 整流器; (2) 电子管变频器; (3) 变换器 (将一种计算机所能接收的信息, 变换为另一种计算机所能接收的信息); (4) 转炉; (5) 转换程序; (6) 转换反应堆, 再生反应堆

convex (=cx) (1) 球形凸面, 凸圆体, 凸状, 凸面, (2) 凸圆的, 凸面的, 凸形的, 中凸的, 凸的, (3) 钢卷尺

convex and concave cutter 凸凹铣刀

convex angle 凸 [面] 角

convex angular face (锥齿轮在根锥展开平面上) 凸面弧齿宽张角

convex boundary 凸面边界

convex-concave 一面凸一面凹的, 凸凹的

convex cone 凸锥

convex cutter 凸半圆成型铣刀, 凸形铣刀

convex domain 凸域

convex edge 凸边

convex fillet weld (1) 凸面角焊; (2) 凸面角焊缝

convex flank cam 凸腹凸论

convex folding articulated quadrilateral 外凸形四边形连接机构, 外凸形四连杆机构

convex folding crank-and-rocker mechanism 外凸形曲柄－摇杆机构

convex fold four-bar linkage 外凸形四连杆机构,

convex function 凸函数

convex grinding machine 凸面磨床

convex head piston 凸顶活塞

convex interlocking cutter 凸状联锁铣刀

convex iron 半圆铁, 半圆钢

convex joint 凸 [圆接] 缝

convex lens 凸透镜

convex lug 凸耳

convex milling cutter 凸半圆铣刀, 凸形铣刀

convex mirror 会聚透镜, 凸透镜, 正透镜

convex polygon 凸多边形

convex polyhedron 凸多面体

convex profile 凸形齿廓

convex side (1) (齿轮) 凸齿面; (2) (叶型) 凸面

convex solid cutter 凸形整体铣刀

convex surface (1) 凸面; (2) (叶片) 背弧面

convex tooth gearing 凸齿齿轮传动装置

convex tooth form 凸齿形

convex tooth surface 凸齿面

convex-toward-the liquid interface 凸向液体的界面

convexity (1) {数} 凸性; (2) 凸弯形, 凸圆形, 凸圆体, 凸面 [体]; (3) 凸 [出高] 度, 凸性, 突出, 鼓度; (4) 中凸, 凸状, 凸形

convexity at central section 中凸度

convexity ratio 凸度比, 圆度比

convexo-concave (1) 凹凸形; (2) 一面凸一面凹的, 凹凸的

convexo-convex (1) 双凸形; (2) 两面凸的, 双凸的

convexo-plane (1) 平凸形; (2) 一面凸一面平的

convey (1) 运输, 转运, 搬运; (2) 传送, 运送, 传达, 传输, 传送, 传递, 传播, 递交, 传; (3) 通知, 通报; (4) 让与, 转让, 转移

Convey-O-weigh 输送机秤

conveyable 可传输的, 可交付的, 可让与的

conveyance (1) 运输, 运送, 传送, 输送, 输水, 搬运; (2) 传达, 传递, 通知, 通报; (3) 传播, 传送, 流通, 通过; (4) 运输工具, 运输机关, 车辆; (5) 输水率; (6) 提升容器, 运载容器; (7) 转让 [证书]

conveyance loss 输送损失

conveyance system 运输系统, 输水系统

conveyancer 运输者

conveyer (= conveyor) (1) 输送设备, 传送装置, 输送机, 输送器, 传送器, 运送机, 运输机; (2) 传送带, 传送链; (3) 运送者, 交付者, 让与人

conveyer band 传送带

conveyer belt 输送带, 传送带

conveyer-belt sorter 传送带分类机

conveyer belt with sides [带] 挡边输送带

conveyer bucket 输送料斗

conveyer chain 输送链

conveyer furnace 传送带式炉, 输送带式炉

conveyer hopper support 输送机煤斗支座

conveyer idler roller 输送带支持滚轮

conveyer line 传送线

conveyer line assembly 传送带流水线装置

conveyer line production 传送带流水线生产

conveyer loader 输送带式装载机

conveyer pawl casting 输送机棘爪套

conveyer reverse unit 输送机变向装置

conveyer roller 传送带滚轮

conveyer screen 运输筛分机

conveyer screw (1) (螺旋输送器) 输送螺旋; (2) 螺旋输送机, 螺旋运输机

conveyer spiral 输送螺旋

conveyer stretcher 输送带张紧装置

conveyer system (1) 传送带流水作业法, 流水作业, 流水线; (2) 输送机系统; (3) 传送装置

conveyer table 转运台

conveyer tension drum 输送带张紧轮, 传送带拉紧轮

conveyer trunk 传送总管, 传送干管

conveyer worm 输送螺旋

conveyerisation 运输机化

conveying 传输, 传送, 运输, 输送, 让与

conveying belt (1) 输送带, 传送带; (2) 带式输送机

conveying capacity 输送量, 输送能力

conveying chain 输送链

conveying chute 输送槽, 传送槽

conveying of heated fuel oils 石油产品的加热输送

conveying screw 螺旋输送机

conveying speed of rolling element centers 滚动体中心移动速度

conveying system 输送系统, 传送系统

conveying trough (1) 运输槽; (2) 传送带槽

conveying worm (1) 螺旋输送机; (2) 输送螺旋, 输送蜗杆

conveyor (1) 输送设备, 传送装置, 输送机, 输送器, 传送器, 运送机, 运输机; (2) 传送带, 传送链; (3) 运送者, 交付者, 让与人

conveyor-band (1) 传送带, 运送带; (2) 皮带运输机

conveyor-belt (1) 传送带, 运送带; (2) 皮带运输机

conveyorize 设置传送带, 传送带化

conviction (1) 使确信, 使坚信, 使信服; (2) 信心

convince 使认识错误, 使确信, 使坚信, 使承认

convincible 可使信服的

convincing 有说服力的, 使人信服的, 有力的

convolute (1) 盘旋面; (2) 包旋形的, 盘旋形的, 卷曲的

convolute flexible waveguide 缠绕型软波导

convoluted 包旋形的, 盘旋形的, 卷曲的

convoluted flexible waveguide 缠绕型软波导

convolution (1) 卷旋, 盘旋, 旋绕, 扭曲, 旋转, 回转, 回旋, 卷曲; (2) {数} 卷积, 函数的褶积, 褶合式, 结合式, 对合; (3) 匝圈, 转数; (4) 涡流; (5) 卷积积分

convolution integral(s) 卷积积分

convolution of probability distribution 概率分布的褶积, 概率分布的褶合

convolution processor 卷积处理机

convolution theorem 卷积定理, 褶积定理

convolution transformation

convolutional code 卷积码

convolutional encoding 卷积编码

convolve 盘旋, 旋转

convolver 卷积器, 褶积器

convoy (1) 护舰队, 车运队; (2) 护航, 护运, 护送, 护卫; (3) 护航舰队, 护航部队, 护航舰, 护送机; (4) 被护送的船, 护航 [飞] 机

convoy conditions 车辆列队行驶状况

cook (1) 蒸煮过程, 蒸煮, 热炼, 烹调; (2) 杜撰, 篡改, 伪造, 捏造, 虚报; (3) 计划, 设计; (4) 炊事员, 厨师

cook-house [海船上的] 厨房

cook-off (1) (发射药的) 自燃; (2) (由于枪管高温而产生的) 自发发射

cookbook (1) 详尽的说明书; (2) 试选法, 优选法

cooker (1) 火炉, 炊具, 锅; (2) 伪造者, 篡改者

cooking 烹调, 炊事, 煮, 烧

cooking plate 炊事电炉

cooking range 炊事电炉

cooking room 厨房

cookle 重磅炸弹

cool (1) 冷却; (2) 消除放射性, 减少放射性; (3) 有冷藏设施的, 冷藏的

cool air 冷空气

cool at low temperature 低温冷却

cool chamber 冷藏室

cool down 冷却,冷冻,退火
cool-down rate 冷却速度
cool house 冷藏室,低温室
cool off 冷却,冷冻,退火
cool out 使冷却
cool time (接触焊)间歇时间
coolant 冷却材料,冷却介质,冷却液,冷却剂,致冷剂,散热剂,载热剂,载热质,切削液,浮化液
coolant duct 冷却剂管道
coolant flow 冷却液流量
coolant fluid 冷却液流体
coolant for cutting 切削液
coolant liquid 冷却液
coolant loop 冷却液回路
coolant-moderator 载热减速剂,冷却减速剂
coolant pipe 冷却液管
coolant pump 冷却[液]泵
coolant pump motor 冷却液泵马达
coolant reservoir 冷却液储存器
coolant separator 冷却液铁屑分离器,冷却液分离器,冷却液清净器
coolant storage tank 冷却液储存箱
coolant supply 冷却液供应
coolant system 冷却液系统
coolant temperature 冷却液温度
cooldow 冷却,降温
cooled (1)冷却的;(2)稳定的
cooled-anode transmitting tube (=CATT) 屏极冷却式发射管
cooled-anode transmitting valve (=CAT VALVE) 屏极冷却发射管
cooled in gas muffle 在气体马费炉中冷却
cooled infrared detector 冷却红外探测器
cooled quicking 快速冷却的
cooled quickly (=CQ) 快速冷却的
cooled sink 冷却散热片
cooled turbine 冷却式透平,冷却式涡轮
cooler (1)冷却装置,致冷装置,冷冻机,冷却机,冷却器,散热,致冷器;(2)冷却剂;(3)冷藏库,冷藏箱,冰箱;(4){轧}冷床
cooler-crystallizer 冷却结晶器
cooler room 冷藏间
coolerman 冷冻工
coolhouse 温室

266

Coolidge tube 热阴极电子射线管,热阴极 X 射线管,考利基电子管
cooling (1)冷却,冷凝;(2)冷却的;(3)放射性减退
cooling agency 致冷剂,切削液,冷却液
cooling agent 致冷剂,切削液,冷却液
cooling air 冷却空气
cooling appartus 冷却装置,冷却器
cooling area 冷却面积
cooling arrangement 冷却[系统]布置图
cooling bank {轧}冷床
cooling bath 冷却槽
cooling battery 冷却管组
cooling blade 冷却式叶片
cooling blast 冷却通风
cooling block 冷却区
cooling by radiation (变压器等的)自然冷却
cooling coil 冷却蛇[形]管,冷却盘管,散热管
cooling converter 降温转炉
cooling coupling 冷却装置接头
cooling crack 冷却裂纹
cooling curve 冷却曲线
cooling device 冷却装置
cooling down 冷却下来
cooling effect 冷却效应
cooling element 冷却片,散热片
cooling equipment 冷却设备
cooling fan 冷却风扇
cooling fan installation 冷却通风系统
cooling fins 散热片
cooling fissure 冷却裂缝
cooling for decay (将放射性物质)放置以待衰变
cooling installation 冷却装置
cooling-jacket 冷却水套
cooling jacket 冷却水套,冷却套管,冷水套
cooling jig 冷却器械

cooling liquid 冷却液,切削液,散热液
cooling means 冷却方法
cooling mechanism 冷却机制
cooling medium 冷却介质,冷却剂
cooling of plate 屏极冷却
cooling of the oil 油冷却
cooling-off 冷却
cooling-off rate 冷却速率,散热速率
cooling oil 冷却油
cooling pipe 冷却管
cooling plant 冷藏库
cooling plate 冷却板,散热片
cooling power (1)冷却能力;(2)冷却功率
cooling pump 冷却泵
cooling rate 冷却速度,冷却速率,冷却系数
cooling recovery system 循环流冷却系
cooling rib 冷却肋[片],散热片
cooling screw 螺旋冷却器
cooling space 收缩缝
cooling stress 冷却应力
cooling surface 冷却面
cooling system 冷却系统
cooling theory 冷却理论
cooling tower 冷却塔
cooling transformating diagram 冷却相变图
cooling velocity 冷却速度
cooling wall 水冷壁
cooling water 冷却水
cooling water circulation 冷却水循环
cooling water jacket 冷却水套
cooling water pump 冷却水泵
coolometer 冷却率测定仪
coom 煤尘,煤烟,锯屑
coopal powder 苦拔炸药
cooper 渔船补给船
Cooper-Hewitt lamp 玻璃管汞弧灯
cooperage (1)桶业,桶匠;(2)桶铺
cooperant 合作的
Cooperate 古波里特镍锆合金
cooperate (1)合作,协作;(2)相配合,结合
cooperating (1)共同运转的,共同操作的;(2)合作的,协作的
cooperating transmitter 协同式发射机
cooperation 合作,协力,互助
cooperation index (1)合作指数;(2)协同索引
cooperation of concrete and steel 混凝土与钢筋粘结力,混凝土与钢筋的粘合力
cooperative (1)合作的,协同的,共同的;(2)集体的;(3)同时的
cooperative effect 相容效应
cooperative feedback inhibition 累积反馈抑制
cooperative rendezvous (飞船)协同式会合
cooperative research and development program (=CR&DP) 合作研究与发展计划
coorbital [共]同轨道的
coordimeter 直角坐标仪
coordinate (=coord) (1)坐标[系];(2)一致,相同,同位,协调;(3)配位,配合,配价;(4)参数;(5)坐标索引的,交叉索引的,坐标的;(6)同位的,同等的,对等的,等位的,并列的,协调的;(7)配位的,配价的
coordinate access array 协同存取数组
coordinate addressed memory 坐标寻址存储器
coordinate adjustment 坐标平差
coordinate angle 坐标角
coordinate axis 坐标轴
coordinate bond 配价键
coordinate boring and drilling machine(s) with non-rotary arm 定臂坐标镗钻床
coordinate boring machine(s) 坐标镗床
coordinate compound 配价化合物
coordinate conversion computer (=CCC) 坐标转换计算机,坐标换算计算机
coordinate converter (=CC) 坐标变换器,坐标转换器
coordinate data 坐标数据
coordinate digitizer 坐标数字化仪
coordinate function 坐标函数
coordinate geometry (=COGO) 坐标几何

coordinate grid　坐标网格

coordinate indexing　(1) 坐标法加标 [号]；(2) 信息加下标；(3) 相关标引

coordinate inspection machine　坐标检验仪

coordinate line　坐标线

coordinate location device　坐标定位装置

coordinate measuring apparatus　坐标测量仪

coordinate measuring instrument　坐标测量仪, 坐标量度仪

coordinate measuring machine　坐标测量机

coordinate operator　ßß ∑坐标算子

coordinate-paper　坐标纸

coordinate paper　方格厘米纸, 坐标纸

coordinate plane　坐标 [平] 面

coordinate plotter　坐标绘图机

coordinate positioning device　坐标定位装置

coordinate representation　坐标表示

coordinate rotary table　坐标回转工作会

coordinate setting　坐标定位

coordinate storage　坐标 [式] 存储器, 矩阵式存储器

coordinate system　(1) 坐标系 [统]；(2) 协同制

coordinate system paper　方格厘米纸, 坐标纸

coordinate table　坐标工作台

coordinate transformation method　坐标变换法

coordinate type potentiometer　坐标电位计

coordinated　(1) 协调的, 协同的, 调整的, 整理的；(2) 配合的, 配位的, 同等的, 同位的；(3) 坐标的

coordinated axes　坐标轴

coordinated control system　联动控制系统

coordinated planning　协调规划

coordinated point　已知坐标点

coordinated system　联动体系, 协作系统

coordinated transformation　配合运输, 联运

coordinated transposition　交叉换位

coordinated type　(指信号) 联动式

coordinategraph　坐标制图机, 坐标制图器

coordinates　坐标

coordinates in space　空间坐标

coordinates of motion　坐标运动

coordinating　(1) 协调, 协同, 调整, 整理；(2) 配合, 配位, 同等, 同位

coordinating agent　配位剂

coordinating calculating center　(1) 坐标计算中心；(2) 计算协调中心, 计算调配中心

coordinating research council (=CRC)　协调研究委员会

coordinating traffic signal　联动式交通信号

coordination　(1) 同等, 同位, 对等, 并列；(2) 协调 [一致], 协作；(3) 调整, 配位, 配合, 配置, 配价, 配中；(4) 系统关联

coordination action　协调作用

coordination compound　配位化合物

coordination number (=CN)　配位数

coordinative　使同等的, 使协调的, 同等的, 同位的, 配位的, 配价的

coordinatograph　(1) 等位图, 等位线；(2) 坐标制图器, 坐标绘图机；(3) 坐标读数器

coordinatometer　坐标测量仪, 坐标尺

coordinator (=coord)　(1) 坐标方位仪, 坐标测定器 (2) 位标器, 配位仪 (3) 协调器, 共济器；(4) { 计 } 协调程序；(5) 调度员；(6) 并列连词

coorongite　弹性藻沥青

cop　(1) 圆锥形线圈；(2) 绕线轴；(3) 锥形细纱球；(4) 管纱, 纡子

cop changer　自动换纡机构

cop loader　自动加纡机构

cop winding machine　卷纬机

copal　(1) 柯巴酯 (硬树脂), 玷巴树脂

copal gum　透明树胶

copal varnish　玷巴脂油漆, 玷巴清漆

copan　考潘轴承合金 (80-90% Sn, 10-15% Sb, 2-5% Cu, 0.2% Pb)

coparallel　上平行

coparallelism　上平行

cope　(1) 上型箱, 上模箱；(2) 罩袍；(3) 铸钟模型顶部；(4) 顶层, 顶盖, 顶, 盖, 帽；(5) 覆盖

cope and drag pattern　具有上下箱两部分的模型, 两箱造型模, 两片模

cope and drag set　上下型机组

cope in steel beam　钢梁的顶层

cope print　上 [型] 芯头

copel　考佩尔铜镍合金 (铜 55%, 镍 45%)

copernick　考波尼克铁镍合金

cophasal　相位一致的, 同相的

cophasal modulation　同相调制

cophase supply　同相供电

cophase wave　同相波

cophased　同相的

cophased array　同相天线阵

cophased horizontal antenna　同相水平天线

cophased laser array　同相激光器阵列

cophased vertical antenna　同相垂直天线

cophasing　同相位 [作用]

copier　(1) 仿形装置, 仿形头, 靠模装置；(2) 复印机, 印刷器, 复制器

coping　(1) 压顶, 盖顶；(2) 墙压顶；(3) 盖梁；(4) 分割石板；(5) 修磨

coping saw　手弓锯

coplamos　共平面金属 - 氧化物 - 半导体

coplanar　共 [平] 面的, 同 [平] 面的

coplanar ascent　沿轨道平面上升

coplanar axis　共面轴

coplanar force　共面力

coplanar forces　共面力系

coplanar grid action　共面栅控作用, 栅板同面效应

coplanar grid tube　共面栅 [电子] 管

coplanar vector　共面矢 [量]

coplanarity　同面性, 共面性

coplane　共面

coplaned　共面的

coplaner　共 [平] 面的, 同 [平] 面的

coplasticizer　辅 [增] 塑剂

copolar　共极的

copolyaddition　共加聚

copolycondensation　共缩聚 [作用]

copolymer　共聚物

copolymerisation　异分子聚合作用, 共聚作用

copolymerise　异分子聚合, 共聚合

copolymerization　异分子聚合作用, 共聚作用

copolymerize　异分子聚合, 共聚合

copped　(1) 圆锥形的；(2) 尖头的

copper (=cop)　(1) {化} 铜 Cu；(2) 绕组

Copper and Brass Research Association　[美] 铜与黄铜研究协会

copper alloy　铜合金

copper alloy wire　铜合金线

copper-aluminium welding material　铜铝焊条

copper arc welding electrode　铜焊条

copper bar　铜条, 铜棒

copper-base　铜基的

copper-base alloy　铜基合金

copper base friction material　铜基合金摩擦材料

copper-bearing　含铜的

copper-bed　含矿层

copper-beryllium　铍铜合金

copper beryllium alloy　铜铍合金

copper binding wire　铜包线

copper bit　紫铜烙铁头, 铜焊头

copper bond　[用] 铜焊连接, 黄铜焊接

copper-bronze　紫青铜 [的]

copper bullion　[含有贵金属的] 粗铜锭

copper bush　铜衬套

copper chromate　铬酸铜

copper-clad　铜甲, 包铜

copper-clad panel　敷 [铜] 箔 [叠层] 板

copper-clad steel conductor　包铜钢线

copper-clad steel wire (=CCSW)　铜包钢线

copper collar　铜卡圈, 铜环, 滑环

copper-constantan　铜 - 康铜 [热电偶]

copper constantan (=CC)　铜 - 康铜 [热电偶]

copper core　铜芯线

copper coulometer　铜板电量计

copper-current-only　(以铜表示电池正极) 正向单流

copper deposit　淀积铜, 淀铜层

copper facing　镀铜

Copper fixed　混铜灵

copper foil laminate　印刷电路底板, 铜箔叠层板

copper gasket　铜填料

copper-graphite alloy　铜石墨合金

copper hardener （炼铝）铜合金
copper hydroxide 氢氧化铜
copper in lubricating oil 润滑油的铜含量
copper-insoluble 不熔于铜的
copper jacket (=CJ) 铜制冷却水套，铜［夹］套
copper-lead 铜铅合金
copper-leak-tin 铜铅锡合金
copper liner ［紫］铜衬垫
copper loss 铜损［耗］
copper-manganese 锰铜
copper-manganese-nickel
copper matrix 铜质型片
copper mill 轧铜厂
copper-nickel 锌镍铜合金，德银，白铜
copper nickel alloy (=CNA) 铜镍合金
copper nickel jacket 铜镍套，带铜镍套
copper nickel zinc alloy 铜镍锌合金
Copper-Queen （美）"铜色女神"检查和试验设备
copper oxide 氧化铜
copper-oxide cell 氧化铜光电池
copper oxide rectifier (=COR) 氧化铜整流器
copper packing 铜［衬］垫
copper paint 防污漆，铜质漆
copper pipe 铜管
copper pipe feeder 铜管结构馈线
copper plate (1)薄铜板，紫铜板，铜板；(2)镀铜层
copper-plated 镀铜的
copper plated steel 镀铜钢板
copper plating 镀铜
copper product 铜制品，铜材
copper rectifier 氧化铜整流器
copper-resistance 绕组电阻，线圈电阻
copper sleeve 铜套管，铜套筒
copper-soluble 能熔于铜的，铜熔的
copper-stannopalladinite 铜锡钯
copper strip 铜带
copper sulphate 硫酸铜
copper-surfaced 镀铜的，贴铜的
copper-surfaced circuit 印刷电路
copper tack 紫铜钉
copper-tipped 端部包铜的
copper-to-glass 铜-玻璃封接
copper tube (=CT) 铜管
copper-tungsten 钨铜合金
copper voltameter 铜解伏安计，铜解电量计
copper wedge cake 热轧铜板用的锭坯，热轧铜带用的锭坯
copper weld (=CW) 铜焊
copper welding rod 铜焊条，铜焊丝
copper wire 铜丝，铜线
copper wire gasket 铜网衬垫，铜丝垫片
copperbottom 用铜板包［底］
Coppercone ［烫印］铜铅硅橡胶夹芯印模
coppered 用铜［皮］包的，镀铜的
coppered wire 镀铜钢丝
copperglazing 铜条装配玻璃
coppering (= copperization) 镀铜
copperish 含铜的，铜质的
copperize 用铜处理，镀铜
copperized 镀铜的
copperizing 用铜处理，镀铜
coppernickel 锌镍铜合金，德银，白铜
copperplate (1)铜板；(2)镀铜；(3)铜凹版印刷，铜凹版；(4)用铜板雕刻的，用铜板印刷的
copperplating 镀铜
coppersmith 铜作工，铜匠
coppersmithing 铜作
copperweld 包铜钢丝
copperweld steel wire 包铜钢丝
coppery 铜质的，铜制的，铜色的，紫铜的，含铜的，似铜的
copple 坩埚
coprecipitation 一起同时沉淀，共沉淀
coprime 互质，互素
coprime numbers 互质数
Copro 磺王铜

coprocessing 一起处理，共处理
coprocessor 辅处理机
coproduct 副产品，副产物
copromanganese 铜锰合金
copter 直升飞机
copter helicogyre 直升飞机
copulate (1)连系，连结；(2)连接的，配合的，结合的
copulation (1)连系，连结；(2)配合，结合
copy (1)仿形；(2)仿形板，样板，靠模；(3)样板工作法，靠模工作法；(4)复制图纸，复制品，复制，复写，抄录，抄件，缮本，摹本，帖；(5)原稿，副本；(6)拷贝；(7)卷，册，本，份
copy after 仿照
copy camera 复照仪
copy lathes 靠模车床，仿形车床
copy machine 仿形机［床］，靠模机［床］
copy milling machine 仿形铣床，靠模铣床
copy pattern 复制图
copy rule 仿形尺，放大尺
copy spindle 仿形轴，样板轴
copyboard 晒图柜，晒版机，稿图架
Copyflo 静电复印机
copygraph 油印机
copyhold (1)原稿架；(2)晒图架，晒相架
copying (1)仿形切削，仿形加工，靠模加工；(2)复制，复写，复印；(3)晒印
copying attachment 仿形附件，仿形装置，靠模附件，靠模装置
copying cutting 仿形切削，靠模切削
copying device 仿形装置，靠模装置，靠模头
copying double column planning machine(s) 仿形龙门刨床
copying dresser 仿形修整器
copying grinding 仿形磨削
copying head 仿形头
copying lamp 复制用灯泡
copying lathe 仿形车床，靠模车床
copying machine (1)仿形机［床］，靠模机［床］；(2)复制机
copying machine tools 仿形机床
copying method 仿形法
copying milling 仿形铣削，仿形铣，靠模铣削
copying milling machine 仿形铣床，靠模铣床
copying openside planing machine(s) 仿形悬臂刨床
copying paper 复写纸
copying-pencil 字迹不易擦去的铅笔
copying planing 仿形刨削
copying-press 复印机，拷贝机
copying press 复印机，拷贝机
copying ribbon （打字机）色带
copying roller 仿形滚轮，靠模滚轮，靠模滚柱
copying shaping machine 仿形牛头刨床
copying system 仿形系统，靠模系统
copying table 仿形工作台
copying template 仿形样板，靠模样板
copying tissue 复写纸
copying tool post 仿形刀架
copying turning 仿形车削，靠模车削
copying unit 仿形装置，靠模设备
copyist (1)抄写者；(2)模仿者；(3)剽窃者
copyreader 编辑
copyright 版权
copyright reserved 版权所有
copyrolysis 共裂解
coquille (1)球面镜；(2)黑眼镜；(3)薄的曲面玻璃
cor- （词头）合，共，全
Cor-Ten 低合金高强度钢（碳0.1%，锰0.25%，硅0.75%，磷0.15%，铬0.75%，铜0.4%，镍<0.65%）
coracle 小渔艇
Coragraph （商）高精度制图系统
Corasil (1)液体色谱固定相；(2)成分为表面多孔的玻璃珠（商品名）
corbel (1)托臂，翅托，梁托；(2)挑出
corbel back slab 悬臂板，引板
corbel out 挑头
corbel-piece 支撑［物］
corbel-steps 挑出踏步
corbelling (1)撑架工程，梁托工程；(2)撑架结构，梁托结构；(3)托臂

corbin 考宾铝铜合金（铝 87.5%，铜 12.5%）

Corbino effect 苛宾诺效应径向辐射电流与垂直磁场作用产生圆周电流)

corckite 磷硫铅铁矿

cord (=c) (1)弦线，绳索，绳，线，缆，带；(2)软[电]线，挠性线，电线，电缆，心线；(3)软塞绳；(4)导火线；(5)层积（木材体积单位，等于 128 立方尺)；(6)（玻璃板中的）线状缺陷，透明板中的线状缺陷；(7)用绳索系住；(8)堆积

cord adjuster 塞绳调节器

cord-and-drum drive 转动筒传动

cord belt 纤维或铜丝经线胶带

cord-circuit 塞绳电路

cord circuit repeater 塞绳增音机

cord factor 索因子

cord foot (=cd ft) （木材层积单位）考得 - 英尺

cord grommet 索环

cord length 帘线跨度

cord pendant 电灯吊线

cord ply 帘线层，线绳层

cord pulley 绳索轮

cord switch 拉线开关

cord tissue 凸条结构

cord tyre 绳织轮胎

cord weight 绳锤

cord wheel 手摇纺车

cord wood 积木式器件（一种微型组件）

cordage (1)绳索；(2)（船的）缆索，索具；(3)（以 8x4x4 立方英尺为单位测量的）木材总数

cordal 声带的，索的

cordate 心形的

Cordamex （墨）科达梅克斯（高强力粘胶纤维）

corde 包丝编织线

corded 用绳索捆绑的，起凸线的，起棱纹的

corded track 弦式声道

cordeau 考杜导火索，爆炸导火索，雷管线

cordeau-detonant 考杜导火索（三硝基甲苯

cordelle 拖船索

corder 矿车修理工

cordiform 心形的

cording (1)系具；(2)架设垛式支架

cording diagram 接线图，连接图

cordite 石油脂炸药，硝棉甘油火药，柯达炸药，无烟火药，线状火药，柯戴特

cordless (1)无[塞]绳的；(2)电池及外接电源两用式的，不用电线的，电池式的

cordless switchboard 无塞绳交换机

cordless telephone switch-board 无塞绳电话交换机

cordon (1)交通计数区划线；(2)警戒线，封锁线

cordon area 封锁区

cordonnier (1)警戒孔；(2)（一组卡片的）相同位穿孔

Cordtex (1)泰安炸药导爆线；(2)考太克斯导火线；(3)爆炸导火索

cordwood (1)积木式[器件]（一种微型组件）；(2)成捆出售的木材，材堆式

cordwood system 积木式（一种微型器件的组合方式）

core (1)中心部分，中心带，核心，中心，成核，核化；(2)筒形模，填充料，心板，型心，型芯，泥芯；(3)钻心，锥心；(4)磁心；(5)铁心，铁芯，芯子；(6)电缆芯线束，芯线；(7)（机械录音）盘心；(8)反应堆的活动区，反应堆的堆芯，（燃料元件的）芯体，一炉燃料；(9)散热器中部；(10)晶内偏析，子晶；(11)谱线中心；(12)钻取土样，取岩芯

core allocation 磁心存储器分配

core area (1)核心地区，中心地区；(2)铁芯面积

core band 内层带

core-baking oven 泥芯干燥炉

core barrel (1)岩心管，钻管；(2)型心轴；(3)管状型芯铁

core barrel head 岩心管接头

core binder 型芯粘合剂

core-bit 能取岩芯的钻头，钻芯

core bit (1)取芯钻头，空心钻；(2)钻心

core blow 泥芯气孔

core blower 型芯吹砂机

core board 型芯板

core box 泥心盒，泥芯盒，型芯盒

core chaplet 泥芯撑

core clamper 顶尖

core constructure 铁心结构

core cover 型心涂料

core cutter 岩心提断器，岩心提取器，取芯钻

core cutting machine

core diameter (1)（螺纹）内径；(2)内孔直径

core diameter of thread 螺纹内径

core diode logic (=CDL) 磁芯二极管逻辑

core drill 扩孔钻，空心钻，套料钻，取芯钻，岩芯钻

core drill machine 芯型钻机

core-drill method 取芯钻探法

core drill rig 岩芯钻机

core-drilling 取芯钻探法，钻取岩心，岩心钻进

core drying furnace 型芯烘炉

core dump (1)存储器内容更新，存储器清除；(2)[主存取器]信息转储，磁芯信息转储

core electrode 包芯焊条

core-extractor 岩心提断器，岩心提取器

core grid 芯铁

core group 核心词群

core hardness 心部硬度

core-hole 岩芯钻孔

core image 磁芯存取器图像，磁芯映像

core image library 主存储器输入格式的程序库

core induction 铁心感应

core insulation (=CI) 铁心绝缘

core iron 型芯铁

core jarring machine 泥芯落砂机

core jolter 振实式型芯机

core knockout 泥芯打出机

core-lamination stack 铁心叠片

core length 铁心长度

core life 炉燃料寿期，堆芯寿期

core lifter 岩芯提取器

core load （把程序等）输入内存

core loss 铁[芯损]耗

core machine 型芯机

core making machine 型心机，型芯机

core mark 型芯记号

core material 心部材料

core matrix memory 磁芯矩阵存取器

core memory 磁芯存储器

core memory reentrant routine 内存复归程序

core metal 基金属，芯金属

core mixture 型心混合料

core moment 柱芯力矩

core of anticline 背斜中心，背斜轴心

core of cable 电缆心

core of syncline 向斜中心

core pin 中心销，塑孔栓

core plane 磁芯板

core plug 型芯塞

core-print 型心座

core print (1)泥心头；(2)砂心头，砂芯头，型心头；(3)型心座

core property 心部性能

core puller 型芯拉出器

core raise 抬芯

core ratio （电缆）心[直]径比

core resident routine 主存储器固定例[行]程[序]，磁芯存取器[中的]常驻程序

core rod cutter 芯棒切断机

core-rope memory 磁芯 - 线存储器（一种固定存储器）

core rope memory 奥尔逊存取器，磁芯 - 线存储器

core rope storage 磁芯线存取器，芯索存储器

core sag 砂芯下沉

core sample 岩芯样品

core-sand 型[芯]砂

core sand 型芯砂，型砂

core sand mixer 型芯砂搅拌机

core-sand moulding 型芯砂造型

core saturation 铁心饱和

core selector 簇射轴芯选择器

core setter 下芯机

core setting 装配泥芯，下芯

core shooter 射芯机

core slicer 切割式井壁取芯器

269

core slurring　型芯粘合法
core stack　叠片磁芯, 磁芯体
core storage　磁芯存储器
core store　(磁芯) 记忆矩阵
core strength　心部强度
core switch circuit　磁芯开关电路
core tap　四方丝锥
core tape　带状磁芯, 绕带磁芯, 磁芯带
core test facility (=CTF)　磁芯测试装置
core theory　截面核心理论
core transformer　铁心变压器
core transistor logic (=CTL)　磁芯晶体管逻辑
core tuning　磁芯调谐
core turning lathe　型心车床, 型芯车床
core type　(变压器) 铁芯式
core type transformer　铁心式变压器
core veneer　中心单板
core vibrator　脱落型芯的振动机
core wash　涂芯型浆
core wheel　(嵌齿用) 轮心
core wire　(钢丝绳的) 芯铜丝, 芯线
corebarrel　岩心套管
corebit　能取岩心的钻头
coreboard　芯板材, 夹芯板
corecatcher　岩心提断器, 岩心提取器
cored　(1) 有铁心的, 有型芯的, 装有芯的, 带心的; (2) 贯心的, 空心的, 筒状的, 管状的
cored carbon　有心碳精棒, 贯芯磁条, 芯碳棒
cored density　型心透气性
cored electrode　有芯电焊条, 管状焊丝
cored hardening　有芯淬火
cored hole　型心孔, 铸孔
cored solder wire　(1) 空心焊丝, 钎焊丝; (2) 芯焊锡线
cored tile　筒状瓦
cored-up mould　{铸} 组芯造型
coreless armature　空心电枢, 无铁心电枢, 空心衔铁
coreless casting　无芯铸件
coreless electrode　空心电极
coreless type induction furnace　无铁心感应炉
coreplane　磁心板
corepressor　辅阻遏物, 辅抑活剂
corer　岩心提断器, 岩心提取器, 取心管, 去心器
corer circuit　空心电路
coreroom　型心车间
coresetter　(1) 下芯机; (2) 下芯工
coresidual　{数} 同余 [的]
corestock　芯板料
corex　透紫外线玻璃
corf　小矿车
corguide　康宁低耗光缆
corhart　耐火材料
coriaceous　(1) 皮质的; (2) 皮制的
corialgrund　丙烯酸类聚合物
Coriband　磁芯存储器库尔班德测井记录
corindon　刚玉
coring　(1) 取岩心; (2) 岩心钻进, 钻取试样; (3) 核化; (4) 晶内偏析, 晶枝偏析; (5) 除去骑在信号基线上低幅噪声系统
coring-drilling　取岩心钻进, 取岩心钻探
Coriolis force　科里奥利力
corivendum　刚玉
cork　(1) 软木塞, 管塞, 木栓, 柱; (2) 软木, 栓皮; (3) 浮子; (4) 软木制的; (5) 塞电线芯, 喷软木漆, 塞住, 抑制
cork base (=CKB)　软木底层
cork board (=CKBD)　软木板
cork buoy　软木救生圈
cork drill　木塞钻孔器
cork dust　软木屑
cork gauge　塞规
cork granule　软木屑
cork line　浮子网
cork plug　[软] 木塞
cork rope　浮子网
cork rubber　密封软木橡胶, 软木橡皮
cork seal　软木密封

cork screw　(拔瓶塞) 塞钻
cork sheet　软木薄板, 软木纸
cork stopper　[软] 木塞
corkage　拔去塞子
corkboard　软木板
corker　木塞压紧机, 压塞机
corkite　磷硫铅矿
corkscrew　(1) 钻孔打捞工具; (2) [木] 塞螺旋钻, 螺旋起子, [拔] 塞钻; (3) 航空干扰台装置, 无线电台瞄准装置; (4) 螺旋状的, 螺旋形的; (5) 螺旋形前进, 螺旋形飞行
corkscrew rule　螺旋法则
corkscrewing　在药包内掏雷管窝
corkslab　软木板
corkwood　软木
Corliss engine　柯立斯蒸汽机
corn　(1) 玉米, 谷粒; (2) 使成粒状, 制成颗粒
corn binder　玉米割捆机
corn cleaner　玉米清选机
corn combine　玉米联合收获机
corn drill　玉米播种机
corn mill　玉米粉碎机
corn mowing machine　谷物收割机
corn picker　玉米收割机
corn sheller　玉米脱粒机
corned　弄成细粒的
corner (=COR)　(1) 棱角, 角, 棱; (2) 角落, 转角; (3) 刀尖; (4) 墙角, 壁角; (5) 带有角度的波导管, 弯管头, 弯管; (6) (修型工具) 圆角子, 角齿; (7) 绝境, 困境; (8) 囤积, 垄断
corner angle　顶角
corner antenna　角反射器天线, 角形天线
corner bead (=COR BD)　(1) 弯管垫圈; (2) 弯管焊缝
corner bevelling　(波导管的) 圆弯
corner brace　(1) 角撑; (2) (齿轮转动的) 手摇泵
corner bracing　角斜撑
corner breakage　角裂
corner-chisel　角凿
corner cube prism　(1) 直角棱镜; (2) 直角棱柱体
corner cut　内角加工, 切角
corner cutting　内角加工, 切角
corner detail　(图像) 角清晰度
corner dimension　夹角大小
corner drill　角 [轮手摇] 钻
corner effect　角落效应
corner frequency　(1) (伺服系统中的) 转角频率; (2) 半功率点频率; (3) 三分贝频率
corner gate　(硅可控整流器的) 角形控制极
corner insert　(在主图像) 边角嵌入图像
corner iron　角铁
corner joint　(1) 弯头连接; (2) 角接接头, 弯管接头
corner load(ing)　[角] 隅 [荷] 载
corner loudspeaker　角隅扬声器
corner pile　边桩
corner pockets　死角
corner post　角柱
corner radius　(1) 圆角半径, 转角半径; (2) 刀尖圆弧半径
corner reflector　角型反射器, 角反射器
corner rolling　斜轧
corner rounding　圆角加工
corner rounding cutter　圆角铣刀
corner rounding milling cutter　圆角铣刀
corner sight distance　侧向视距
corner tool　修角工具
corner valve　角阀
corner vane　导向叶片
corner-vane cascade　转弯导流叶栅
corner weld　90° 角接焊缝
cornerite　包角
cornerslick　角光子
cornerwise　(1) 对角线的; (2) 对角地, 斜
cornic plane　鱼鳞 [花纹] 面
cornification index (=CI)　角化指数
corning　(1) 粒化, 成粒状; (2) 成粒
Cornish boiler　康瓦尔卧式锅炉, 单炉筒锅炉
cornite　三硝基甲苯炸药, 柯恩炸药, 柯珞那特, 氯酸钠

cornith 考尼斯锰钢(0.90%C, 0.30%Mn, 余量 Fe)

cornmill 制粉机

cornu (复 cornua)角

cornue (1)曲颈瓶;(2)角管

cornule 小角

cornuted 具角的,角形的

cornutum 角

corollary (1)辅理,推论;(2)必然结果;(3)系

corollary equipment 配套设备

corollary failure (由于前因引起的)必然损坏

coromat 包在管外防止腐蚀的玻璃丝

corona (1)(齿等的)冠,(2)刷形放电,电晕放电,电晕光环;(3)焊点晕;(4)日冕;(5)日华,月华

corona breakdown 电晕击穿

corona counter 电晕放电计数管

corona current [电]晕[电]流

corona discharge 电晕放电

corona effect 电晕放电效应

corona loss 电晕损失

corona prevention 电晕防止

corona-proof 防电晕放电的

corona-resistance (1)电晕放电电阻,(2)防电晕放电装置

corona-resistant 电晕放电电阻的,防电晕放电的,抗电晕的

corona ring 电晕环,日晕环

corona voltage 电晕[放电]电压,晕电压

corona voltmeter 电晕伏特计

corona zone 电晕区

coronagraph 日冕[观察]仪

Coronastatt 氧化锌静电复印机

coroner 检验员

coronzing 扩散镀锌

corotation 正[旋]转,运行

corotational arrival 顺旋转方向到达

corporal (1)躯体的,躯干;(2)班长

corporate (1)协会的,团体的,法人的;(2)市政当局的,自治的;(3)共同的,全体的

corporate body 法人

corporate profit 共同利益,全体利益

corporate responsibility 共同责任

corporation (1)协会,社团,团体,法人,(2)[股份有限]公司,联合公司,企业;(3)组合;(4)市自治机关,市政当局

corporator 公司股票持有者,会员

corposant 机翼翼端放电,塔尖放电,桅顶放电

corps (1)陆军特种部队,军[团][部]队,团队;(2)外交使团;(3)充满,完满

corps of engineers (=CE) 工兵部队,工程兵

corpus {数}域,有理域,,可对易域

corpuscle 物质微粒,粒子

corpuscular 微粒子的,微粒的

corradiation 束流会聚

corrasion (1)动力侵蚀,风蚀,(2)磨蚀,刻蚀

correct (1)改正,校准,校正,修正,改改;(2)矫正,(3)符合标准的,正确的,恰当的,适当的,合适的,合格的,对的;(4)非镜像的,正像的;(5)制止,排除,中和;(6)责备,惩罚

correct answer 正确答案

correct circuit 校正电路

correct combination of gears 齿轮正确组合

correct cutting speed 正确切削速度

correct exposure 适当暴光,正确暴光

correct feed 正确进刀,正确进给

correct grinding 正确磨削,精磨

correct level (1)标准水准,校正水准;(2)校正电平,正确电平

correct mixture 标准气体混合物

correct oil 合格油

correct rate of feed 正确进刀速率,正确进给速率

correct roller 矫正辊

correct subset 正码子集[合]

correct tension (1)正常拉力;(2)规定紧度

correct time (=CT) 准确时间

corrected (=cor) 校对过的,已换算的,校正的,修正的,改正的

corrected addendum 修正齿顶高,变位齿顶高

corrected data processor (=CDP) 相关数据处理机

corrected fluorescence excitation spectrum 校正荧光激发光谱

corrected gear 修正齿轮

corrected mean temperature (=CMT) 修正平均温度

corrected oil 合格油

corrected pitch 修正齿距,修正齿节

corrected power 校正功率

corrected resistivity 校正的电阻率

corrected speed 校正速度,修正速度

corrected subcarrier 校正后的副载波

corrected thickness of tooth 修正齿厚,校正齿厚

corrected tooth 修正齿

corrected value 校正值,修正值,修正量

correcting 校正,修正,改正

correcting action 返回初始位置,校正误差,修正,校正,校准

correcting cam 校正凸轮

correcting circuit 校正线路

correcting code 校正码

correcting coil 校正线圈

correcting colour errors 彩色误差校正

correcting compensation 校正补偿

correcting current 修正电流

correcting device 校正装置

correcting dipoles 二极校正磁铁

correcting equipment 校正装置

correcting feedback 校正反馈

correcting feedforward 校正前馈

correcting heeling magnet 校正倾斜磁铁

correcting lens 校正透镜

correcting pulse 校正脉冲,补偿脉冲

correcting suppression 校正抑制

correcting unit 校正装置,校正器

correction (1)修正,改正,校正,矫正,校准,订正,正误;(2)补偿;(3)修正值,校正值,修正量,改正量

correction and compensation device 修正补偿装置

correction angle 修正角

correction at infinite focus 无限远聚焦校正

correction bar 校正尺

correction cam 校正凸轮

correction chart 校正图表

correction curve 校正曲线,补偿曲线

correction down 减校正

correction factor 修正系数,校正因数

correction for alignment 定线修正

correction for altitude 海拔改正

correction for compressibility effect 压缩性影响的修正

correction for direction 方向校正

correction for grade 倾斜改正

correction for grouping 归组校正

correction for lag 滞后校正,延迟校正,延迟修正

correction for sag 垂曲校正,弯曲校正

correction for wind direction 下洗流的修正,风向修正

correction formula 校正公式

correction from signal 用信号校正

correction index 校准指标,修正指标

correction mechanism 校正机构,修正机构,

correction of aberration 象差校正,象差修正

correction of error 误差校正

correction of fire 射击修正

correction temperature 校正温度

correction term 修正项

correction time 校正时间

correction to program 程序的校正,程序的修改

correction tracking and ranging station (=COTAR) 校正跟踪及测距台(一种雷达干涉仪)

correction transformer 补偿变压器

correction up 加校正

correction value 修正值

corrective (1)修正设备,修正装置,校正装置;(2)矫正物,中和物;(3)调节剂,掺合剂;(4)修正的,校正的,矫正的,补偿的;(5)制止的,中和的

corrective action 纠正措施

corrective change 修正,校正

corrective maintenance (=CM) 故障检修,设备保养,出错修复,出错维修

corrective network 校正网络,整形网络

corrective pitting 可制止点蚀

corrective wear 可修正磨损
correctly 正确地
correctness 正确性,准确性
correctness factor 校正系数
corrector (1)校正装置,校正仪表,校正板,校正器,修正器,改正器,调整器,补偿器;(2)校正电路;(3)校正算子;(4)[罗经]自差校正磁铁;(5)校正者,校对员
corrector formula 校正公式
correlatability 相关性
correlate (1)有相互关系,发生联系,相关,相连,关联,关系;(2)相关数,联系数,相关物
correlate equation 相关方程式
correlated noise 相关噪声
correlated value 相关值
correlation (1)相互关系,伴随关系,对比关系,交互作用,相互作用,关联作用,关系,关联,相关,相应;(2)相关数;(3)相关性,相关法;(4)对比,对较;(5){数}对射变换,异射变换,对射,异射
correlation analysis 相关分析
correlation coefficient 相关系数,换算系数
correlation detection 相关检测,相关检波
correlation detector 相关检测器
correlation function 相关函数
correlation ghost 相关虚反射
correlation in space 空间对射[变换]
correlation index (=CI) 相关指数,关联指数
correlation interferometer 相关干涉仪
correlation-measuring instrument 相关测量仪
correlation of indices 指数相关
correlation orientation tracking and range system 相关定向跟踪及测距系统
correlation ratio 相关比
correlation shooting 对比放炮法
correlation test 相关性试验
correlation tracking and range (=COTAR) 无线电跟踪定位系统,相关跟踪测距系统,"柯塔"
correlation tracking and triangulation 相关跟踪三角测量系统,克塔特测轨系统
correlation tracking system 相关跟踪系统
correlative (1)有相互关系的,相关的,关联的,相依的;(2)对射的;(3)有相互关系的人,相关物,相关量
correlative indexing (1)语句信息标号;(2)尾接指令;(3)信息加下标,相关标引
correlative value 对比值,比较值
correlativity (1)相互关系;(2)相关性,相依性;(3)相关程度,相依程度
correlatogram (=correlogram) 相关图
correlatograph 连续作用纸带记录式解算装置
correlator (1)环形解调器电路;(2)相关器;(3)乘积检波器;(4)关联子
correlogram 相关[曲线]图
correlometer 相关计
correspond (1)相当,相等,相称,相似,对应,相应,适合,符合,一致;(2)通信,往来
correspond bank 代理银行
correspond to 与……相对应,相符合,相吻合,相适应,相一致,相当于,符合于,相应
correspond with 与……相对应,相符合,相吻合,相适应,相一致,相当于,符合于,相应
correspondence (1)相当,相应,相似,对应,一致,符合,适合,对应;(2)一致性;(3)同位[数];(4)对比;(5)通信,交通,往来,函件
correspondence theorem 相似定理
correspondency 符合,一致,相应
correspondent (1)相当的,对应的,一致的,符合的;(2)通信者,通信员;(3)对应物;(4)代理银行;(5)顾客
correspondent bank 关系银行
corresponding (1)相当的,相应的,相同的;(2)对应的,对比的;(3)适合的,符合的,一致的;(4)通信的
corresponding adjacent profiles 同侧相邻齿廓
corresponding angle 同位角,对应角
corresponding center of curvature 对应曲率中心
corresponding flanks 同侧齿面
corresponding point(s) 对应点
corresponding state 对应状态
corresponding temperature 对应温度

corresponding tooth flanks 同侧齿面
corridor (1)通路,通道,走廊;(2)(曝气池的)流槽;(3)指定航路,空中走廊
corrigenda (复corrigendum) (1)错误,误差;(2)错字;(3)勘误表
corrigendum (单corrigenda) (1)错误,误差;(2)错字;(3)勘误表
corrigent (1)矫正剂;(2)矫正的
corrigible 可改正的
corroborant (1)确证的;(2)确证的事实
corroborate (1)确证,证实;(2)使坚定,支持
corroboration (1)确证;(2){数}证实,验证;(3)坚定
corrode 使受损伤,腐蚀,侵蚀,锈蚀,溶蚀
corrode away 腐蚀掉,侵蚀掉
corroded crystal 熔蚀晶
corroded surface 腐蚀面
corrodent 腐蚀性物质,腐蚀介质,苛性物质,腐蚀剂
corrodibility 可腐蚀性,侵蚀性
corrodible 可被腐蚀的,腐蚀性的,可侵蚀的
corroding 腐蚀
corrodokote test (镀层)涂膏密室[放置]耐蚀试验
Corronel 考拉聂尔镍钼合金(66%Ni, 28%Mo, 6%Fe)
Corronil 考拉尼尔铜镍合金(70%Ni, 26%Mo, 4%Mn)
Corronium 考拉尼姆[轴承]合金(80%Cu, 15%Zn, 5%Sn)
corrosion (1)腐蚀,侵蚀,浸蚀,熔蚀,溶蚀,刻蚀;(2)锈蚀,生锈;(3)铁锈
corrosion, acid and heat proof steel 耐腐蚀及耐酸耐热钢
corrosion allowance 允许腐蚀度
corrosion at initial boiling point 初沸点腐蚀性(样品温度等于初沸点温度时,对铜片的腐蚀)
corrosion by gases 气体腐蚀
corrosion control 腐蚀防止法,控制腐蚀
corrosion cracking (1)腐蚀断裂;(2)腐蚀裂纹,锈蚀裂纹
corrosion fatigue 腐蚀疲劳
corrosion fatigue crack 腐蚀疲劳裂纹
corrosion fatigue limit 腐蚀疲劳极限
corrosion-inhibitive 防腐蚀的,抗腐蚀的,耐腐蚀的
corrosion inhibitor 腐蚀阻抑剂,抗腐蚀剂,防腐剂
corrosion losses 腐蚀损耗
corrosion mark 腐蚀斑点
corrosion of blades 叶片[的]腐蚀
corrosion penetration 腐蚀深度
corrosion pit 腐蚀坑
corrosion pitting 腐蚀坑,点蚀
corrosion prevention 防腐蚀,防腐
corrosion preventive 防锈剂,防蚀剂
corrosion preventive compound 防腐化合物
corrosion-proof 防腐蚀的,防腐蚀的,耐腐蚀的,不锈的
corrosion proofing (1)防腐;(2)防腐层
corrosion protection 抗腐蚀,防腐蚀
corrosion protective 防腐蚀的
corrosion protective covering 防腐被覆层
corrosion rate 防腐[速]率,腐蚀速度
corrosion remover 防腐剂,去蚀剂
corrosion resistance 抗腐蚀能力,抗腐蚀性,耐腐蚀性,抗腐蚀,耐蚀性
corrosion resistance property 耐蚀性
corrosion-resistant 抗腐蚀的,耐蚀的,防腐的,不锈的
corrosion resistant (=CRE) (1)耐蚀的,耐蚀的,不锈的;(2)抗腐蚀剂
corrosion resistant alloy 抗腐蚀合金,耐腐蚀合金
corrosion resistant cast iron 耐蚀铸铁
corrosion resistant material 耐蚀材料
corrosion resistant metal 耐蚀金属
corrosion resistant steel (=CRS) 抗腐蚀钢,耐腐蚀钢
corrosion resister 缓蚀剂,抗蚀剂
corrosion-resisting 抗蚀的,耐蚀的,不锈的
corrosion resisting 抗腐蚀的,耐腐蚀的,不锈的
corrosion resisting alloy 耐腐蚀合金,耐蚀合金
corrosion resisting bearing 耐腐蚀轴承
corrosion resisting casting 抗腐蚀铸件
corrosion resisting steel 不锈钢,耐蚀钢
corrosion rig test 耐蚀试验台试验
corrosion spots 腐蚀斑点
corrosion stability 耐蚀性,抗蚀性,腐蚀稳定性
corrosion strength 耐蚀强度,耐蚀性
corrosion target 腐蚀电极

corrosion test 抗腐蚀试验, 腐蚀试验

corrosiron 考拉西郎硅钢(含 14%Si)

corrosive (1)腐蚀性物质, 腐蚀剂; (2)腐蚀性的, 侵蚀的, 腐蚀的, 锈蚀的

corrosive action 腐蚀作用, 侵蚀作用

corrosive atmosphere 腐蚀气氛

corrosive attack 腐蚀, 侵蚀

corrosive-proof cable 防蚀电缆

corrosive strain 腐蚀斑痕

corrosive sublimate 氯化汞, 升汞

corrosive wear 腐蚀[性]磨损

corrosive wear test 腐蚀磨损试验

corrosiveness (1)腐蚀作用, 侵蚀作用; (2)腐蚀性, 侵蚀性

corrosivity 腐蚀性, 侵蚀性

corrosometer 腐蚀性测量计, 腐蚀计

corrugate (1)使成波状; (2)使起皱纹, 使起皱; (3)起皱的, 起沟的, 波状的

corrugate pipe 波纹管

corrugate steel 竹节钢筋

corrugated (1)波纹面的, 瓦楞面的, 成波纹的, 波形的, 波状的, 有槽的; (2)有加强筋的, 有加强肋的, 竹节形的

corrugated bar 竹节钢筋, 螺纹钢筋

corrugated bearing 梳状轴承, 槽形轴承

corrugated board 波面纸板, 瓦楞纸

corrugated cone 分层锥

corrugated diaphragm 波纹膜片

corrugated duct 波纹管

corrugated expansion pipe 波形膨胀接管

corrugated flue 波形燃烧管

corrugated galvanized iron (=CGI) 波纹镀锌铁皮

corrugated iron 瓦楞薄钢板, 瓦楞铁, 波纹铁

corrugated joint 波纹式接头

corrugated metal 瓦楞薄钢板, 瓦楞铁, 波纹铁

corrugated metal pipe (=CMP) 金属波纹管, 波纹钢管

corrugated paper 瓦楞纸

corrugated pipe 波纹管, 瓦楞管

corrugated plate 波纹板

corrugated sheet 波纹钢板

corrugated steel 波纹钢

corrugated surface 波纹曲面

corrugated tool (粗切大型齿轮)阶梯刨刀

corrugated tube 波纹管, 瓦楞管

corrugated-type cutter 波纹形磨轮

corrugated wire glass (=CWG) 嵌金属丝网玻璃波纹板

corrugating 波纹板冲压成形法, 波纹板加工, 瓦楞板加工

corrugation (1)瓦楞形波纹; (2)波纹度; (3)皱褶, 皱纹

corrugator (1)波纹纸制造机, 起皱机; (2)波纹板轧机, 瓦楞板轧机; (3)波纹纸制造工

corrupt (1)不纯洁的, 腐败的, 混浊的; (2)不可靠的, 有毛病的; (3)腐败的; (4)使腐败, 使污浊

corruptible (1)易腐败的; (2)易恶化的

corruption 不纯洁, 腐败, 恶化

corset 严密地限制, 严密地控制

Corson alloy 铜镍硅合金, 科森合金

corubin 人造刚玉

corundite 刚玉

corundolite 刚玉岩

corundum 刚玉石, 刚石, 金刚砂, 氧化铝

corundum-margarite-pegmatite 刚玉珠云伟晶岩

corundum-pegmatite 刚玉伟晶岩

corundum-syenite 刚玉正长岩

corundumite 刚玉

corve 矿场的轨道斗车, 木制小型矿车

corvette 驱潜快艇, 轻型护卫舰

corvusite 科水钒矿

corynite 辉砷锑镍矿

cosalite 斜方辉铅铋矿

cosecant (=cosec 或 csc) 余割

coseparation 同时分离

coset 陪集

cosh (=hyperbolic cosine) 双曲余弦

cosine (=cos) 余弦

cosine equalizer 余弦均衡器

cosine law 余弦定律

cosine series 余弦级数

cosine wave (=CW) 余弦波

cosine winding 余弦绕组

cosinoidal 余弦的

cosinus 余弦

cosinusoid 余弦曲线

cosinusoidal 余弦的

cosinusoidal modulation 余弦调制

cosinusoidal oscillation 余弦振动

coslettise 磷酸铁被膜防锈[法], 磷化

coslettize 磷酸铁被膜防锈[法], 磷化

coslettizing 磷酸铁被膜防锈[法], 磷化

cosm- (词头)宇宙

cosmic (1)全世界的, 宇宙的; (2)广大无边的, 有秩序的

cosmic dust detector 宇宙尘埃检测器

cosmic iron 陨铁

cosmic magnetic field 宇宙磁场

cosmic noise 宇宙噪声

cosmic radio noise 射电噪声

cosmic ray 宇宙射线

cosmic ray high energy physics 宇宙射线高能物理学

cosmic ray telescope 宇宙射线望远镜

cosmic rays 宇宙射线, 宇宙辐射

cosmic rocket 宇宙火箭

cosmic speed 宇宙速度

cosmical (1)全世界的, 宇宙的; (2)广大无边的, 有秩序的

cosmo- (词头)宇宙, 太空, 世界

cosmochemistry 宇宙化学, 天体化学

cosmodrome 人造卫星和宇宙飞船发射场, 航天器发射场, 航天发射场, 宇航发射场

cosmogony 宇宙演变论, 宇宙进化论, 宇宙产生学说, 宇宙开辟说, 天体演化学

cosmographer 宇宙学家

cosmographic 宇宙学的

cosmography 宇宙学

cosmoline (1)防腐油; (2)润滑油; (3)涂防腐油, 涂润滑油

cosmological 宇宙学的, 宇宙论的

cosmology 宇宙学, 宇宙论

cosmonaut 宇航员

cosmonautic 宇宙航行的, 宇宙飞行的, 航天的

cosmonautics (1)宇宙航行学, 宇航学; (2)航天

cosmophysics 宇宙物理学

cosmoplane 航天飞行器, 宇宙飞行器, 航天飞机

cosmoplastic 宇宙构成的

cosmos 宇宙

cosmos satellite 宇宙卫星

cosmotron 宇宙线级回旋加速器, 高能同步稳相加速器, 质子同步加速器, 考斯莫加速器

cosmozoan 宇宙生物

cosolubilization 共增溶解[作用]

cosolvency (1)潜溶性; (2)潜溶本领, 潜溶度

cosolvent (1)共溶性; (2)潜溶剂

cospectrum 同相谱, 共谱

cost (1)成本; (2)费用; (3)价格, 造价, 代价; (4)值

cost account 成本核算, 成本账

cost accounting 成本会计

cost and freight (=CF) 离岸加运费价, 成本加运费, 货价加运费

cost and freight free out (C&F F O) 成本加运费船方不负担卸货费用

cost coding 价格编码

cost estimate 成本估计, 造价估算, 估价

cost function 价格函数

cost index 成本指数, 价格指数

cost inflation 成本膨胀

cost, insurance and freight (=CIF 或 cif) 成本加保险费运费, 到岸价格

cost, insurance, freight and commission (=CIFC) 到岸价格加佣金

cost, insurance, freight and exchange (=CIFE) 到岸价格加兑换费

cost, insurance, freight, commission and interest (=CIFCI) 到岸价格加佣金及利息

cost keeping 成本核算

cost, life, interchangeability, function and safety (=CLIFS) 成本, 寿命, 互换性, 功能和安全

cost of construction 建筑费, 造价

cost of delay 延误费

cost of erection 架设费

cost of maintenance 维护保养费
cost of operation 营业费
cost of money 贷款利息
cost of overhaul (1) 检修费；(2) 超运距费
cost of power production 电力生产成本
cost of production 制造费，生产费用
cost of price 成本价格
cost of repairs 修理费
cost of smelting 熔炼费
cost of upkeep 养护费
cost performance ratio 性能价格比
cost plus 成本加报酬的办法
cost plus fixed fee (=CPFF) 正价加固定附加费
cost-plus pricing 成本加成定价
cost price 成本价格，成本费
cost record 成本账
cost reimbursible (=CR) 可偿还的费用
cost sheet 计算账单
cost unit 成本单位
cost unit price 成本单价
coston light 三色信号灯
cotangent (=ctg) 余切
cotar 相关方位跟踪测距系统
cotat 相关方位跟踪三角系统
cotemporaneous (1) 同时期的，同时代的，同世的；(2) 同时发生的，同时发现的
cotemporary (1) 同时代的，当代的，现代的；(2) 同时期的东西，同时代的人
coterminal 共终端的
coterminous (1) 连接着的，相连的，邻接的，临近的，接近的；(2) 在共同边界内的，有共同界限的，边界的
coth (=hyperbolic cotangent) 双曲余切
cotransport 协同运输
cotter (1) 开口销，开尾销，制销，锁销，栓，楔；(2) 用栓固定，用销固定
cotter bolt 带销螺栓，带销栓
cotter-hole drill 销孔钻
cotter joint (1) 制销联轴节，销接头；(2) 铰链接合，销接合，栓接合
cotter key 扁销键，开尾销，键销刀
cotter mill 双刃端铣刀，键槽铣刀
cotter mill cutter 双刃端铣刀，键槽铣刀
cotter pilotage (1) 开尾销；(2) 扁销
cotter pin (1) 开口销，开尾销；(2) 扁销
cotter pin drill 开尾销孔钻头
cotter with screw end 螺旋端锁销
cottered pin 具有切口的定位导销，具有楔槽的定位导销
cotterel 锁销，楔，栓
cottering 楔联接，销联接
cotterite 珠光石英
cotterway 开尾销槽
cotton (=cot) (1) 棉；(2) 棉织品，棉布，棉纱，棉线；(3) 棉 [布] 的，棉花的
cotton belt 棉带
cotton canvas 棉帆布
cotton collector 落棉捡拾器
cotton cord 棉纱绳
cotton-covered (=CC) 纱包绝缘的
cotton covered 纱包绝缘的
cotton-covered cable 纱包电缆
cotton covered enamel wire 纱包漆包线
cotton-covered wire 纱包线
cotton covered wire 纱包线
cotton-enamel covered wire 纱包漆包线
cotton-gin 轧棉机
cotton gin 轧花机
cotton ginning machine 轧棉机
cotton-insulated wire 纱包绝缘线
cotton insulated wire 纱包绝缘线
cotton insulation cable 纱包电缆
cotton mat 棉花毡
cotton-mill 棉纺厂，纱厂
cotton opener 开棉机
cotton picker 摘棉机
cotton-press (1) 皮棉打包机，轧棉机；(2) 皮棉打包厂
cotton press 棉花打包机

cotton rag 破布，抹布
cotton rope 棉纱绳
cotton seed cleaner 棉籽清选机
cotton waste 废棉纱，棉纱头
cotton wool 脱脂棉，药棉
cottrell 电收尘器
cottrell dust 电收尘器烟尘
Cottrell precipitator 科特雷尔型静电集尘器
cottrell process 静电收尘法
cotunnite 氯铅矿
cotype 全模标本，共型
couch (1) 层，(2) 底漆，(3) 长沙发椅，床，(4) 压出
couch board 多层纸板
couch roll 伏辊
couch roll decker 刮刀式浓缩机
couchette car 坐卧两用车
coulability 铸造性
coulisse (1) 滑缝，(2) 有滑缝的板，滑槽板，有槽木料，(3) 沟柱
couloir (1) 深沟，峡谷；(2) 浚泥机器，挖泥机
coulomb (=C) 库 [仑] (电量单位)
coulomb convention 库仑惯例
coulomb damping 库仑 [干摩擦] 阻尼
coulomb field 库仑 [静电] 场
coulomb friction 库仑摩擦
coulomb-like 类库仑的
coulomb-meter 库仑计，电量计，电量表
coulomb meter 库仑计，电量计，电量表
coulomb sensitivity 电量灵敏度
coulombian 库仑的
coulombian force 库仑力
coulombic 库仑的
coulombic force 库仑力
coulombmeter 库仑计，电量计，电量表
coulomb's law 库仑定律
coulometer 库仑计，电量计 (安培 - 小时计)
coulometric analysis 电量分析
coulometric detector 电量检测器
coulometric titration 电量滴定
coulometry 库仑分析法，库仑滴定法，电量分析法
count (=ct) (1) 计算，共计，合计；(2) 计数；(3) 计数脉冲，尖顶脉冲，脉冲数；(4) 结算，统计；(5) (辐射微粒计量器中) 个别的尖头信号，单个尖峰信号；(6) 读数，得数，个数
count by thousands 数以千计
count cycle 计数循环
count detector (1) 计数检波器，计数检测器；(2) 求和器，加法器
count-down (1) (电视) 脉冲分频，脉冲脱漏；(2) (雷达) 未回答的脉冲数与总询问脉冲数之比，未回答脉冲率，回答脉冲比，询问无效数；(3) 计数损失，漏失计数；(4) (准备发射导弹时的) 时间计算，计时系统，递减计数，倒计数；(5) 计数损失，漏失计数；(6) 准备时间读数，扫描时间示度，读数
count-down generator 发射前的时间计数信号发生器
count-down of the repetition rate of pulse 脉冲频率分除法，脉冲频率计算法
count-down profile 发射程序表
count-down station 发射前准备站
count-down talker circuit (发射前用) 计时传送电路
count impulse 计数脉冲
count modulo N 按模 N 计数
count per minute (=CPM) 每分钟的计数
count-strength product 品质指标
count-up (发射前计时的) 往上计数，计数终了
count up time (发射前) 往上计时时间
count-zero interrupt 计零中断，零值中断
countability 可数性
countable 可 [计] 数的，可计算的
countable compact (子集合) 列紧
countable covering 可数覆盖
countable model 可数模型
countable set 可数集
countdown (=CD) (1) 应答脉冲比，脉冲分频；(2) (发射前) 时间计算，计时系统
countdown circuit 发射控制电路，脉冲分频电路
countdown deviation request (=CDR) 计时系统偏差要求
countdown sequence timer (=CST) (准备发射前计时用的) 递减顺

序计时器

counter　(1) 计数器,计量器,测量器;(2) 计算器,计算机;(3) 计算员;(4) 副轴,中间轴;(5) 对抗,反击,还击;(6) 反,反面,对立物;(7) 相反的

counter-　(词头)(1) 反抗,反对,对应,交互,重复,逆,补,余,副;(2) 相反的

counter-acting force　反作用力,反力

counter action　反作用

counter arm　计数器指针

counter-attraction　(1) 反引力;(2) 对抗物

counter balance　(1) 平衡块,平衡锤,平衡重,配重;(2) 抗衡,均衡,抵消,补偿;(3) 平衡力;(4) 托盘天平

counter balance spring　平衡弹簧

counter balance valve　反平衡阀,背压阀

counter bar　定位尺

counter-benification　反补偿

counter-blow hammer　(上下模作相对运动的) 锻锤

counter bore　(1) (轴承) 锥口;(2) 埋头孔,锥口孔,沉孔;(3) 平底扩孔钻,平底锪钻

conuter-bored (=cb)　扩孔 [的]

counter-bored outer ring　(轴承) 具有锥口的外圈

counter-boring　平底锪孔

counter boring　镗平底孔,镗孔,锪孔

counter brace　副对角撑,交叉撑

counter cam　反凸轮,回凸轮

counter-camber　预留弯度,模型假曲率

counter-ceiling　(起隔音,隔热作用的) 吊平顶

counter cell　反压电池

counter center　反顶尖

counter chain　计数链条

counter cheque　银行取款单

counter chronograph　(1) 计数式记时器;(2) (电子管) 弹速测定器

counter circuit　计算电路

counter clock　反时针

counter-clockwise (=CCW)　反时针方向的

counter-clockwise direction　反时针方向

counter-clockwise motion　反时针方向转动,左转动

counter-clockwise rotation　反时针方向旋转,反时针旋转

counter coil　补偿线圈

counter condition　不合 [技术] 条件,不合要求

counter control　(1) 用计数器调节,用计数管调节,用计数管控制;(2) 用计数器控制,用计数器检验,用计算机检验

counter-controlled　用计数器控制的

counter-controller　计数器 - 控制器

counter-countermeasure(s) (=CCM)　反对抗 [措施],反干扰 [措施],抗干扰

counter countermeasure(s)　反对抗,反干扰,抗干扰

counter coupling　计数器耦合

counter current　(1) 反 [向] 电流,逆电流;(2) 反流,对流,逆流

counter current braking　逆电流制动

counter-current condenser　逆流冷凝器

counter-current distribution　逆流分配

counter-current electrophoresis　对流电泳

counter-current flow　逆流流动

counter-current principle　逆流原理

counter-current treatment　逆流处理

counter-current-wise　逆流地

counter dead time　计数器空载时间

counter dial　计数器刻度盘

counter die　底模

counter-diffusion　逆扩散,反扩散

counter diffusion　逆扩散

counter-down　(脉冲) 分频器

counter down　(脉冲) 分频器

counter drive shaft　分配轴,反转轴,副传动轴

counter-electrode　(电容器的) 极板,反电极

counter electrode　(电容器的) 极板,对电极

counter-electromotive force　反电动势

counter electromotive force (=CEMF)　反电动势

counter electromotive force control　反电动势调整

counter flange　副法兰

counter flashing (=CFLG)　反闪光

counter-flow　逆流

counter flow　反向流动,逆流,回流

counter flow heat exchanger　逆流热交换器

counter foil　(支票等的) 存根,票根

counter force　反作用力,反力,阻力

counter frequency meter　计数频率计

counter-gangway　中间运输平巷

counter gear　(1) 反转齿轮,对齿轮;(2) 分配轴齿轮;(3) 副轴齿轮

counter-gradient　反梯度,逆梯度

counter-intelligence (=CI)　反情报

counter-jamming　反干扰

counter knob　计算器按钮

counter lamp　计数器信号灯

counter-level　中间水平,中间平巷

counter-lode　交叉矿脉

counter-loop　计数环路

counter machine　反向计算机

counter magnetic field　逆磁场

counter measure　防范措施,对抗措施,对策,干扰

counter modulation　负调制,反调制,解调

counter-motion　反向运动,逆向运动

counter motion　反向运动,逆动

counter nut　埋头螺母,锁紧螺母

counter-offer　买方还价

counter plot　(1) 防范措施,对策;(2) 反雷达

counter plunger　反向柱塞

counter point　对点,对位

counter poise　(1) 平衡体,平衡器;(2) 平衡物,法码;(3) 平衡网络,地网

counter potential　延迟电位,反电位,反电势

counter pressure　(1) 平衡压力,反压力,反压,背压;(2) 支力

counter pressure brake　反压制动器,均压制动器,均压阀

counter-pull　反拉力

counter pulley　中间皮带轮

counter-punch　冲孔机垫块

counter radar　反雷达

counter-radiation　反辐射

counter radiation　反辐射,逆辐射

counter-reaction　逆反应

counter-recoil　反后坐的

counter recoil　(枪炮) 反后坐的,制退的

counter register　计数寄存器

counter-reservoir　对置蓄水池

counter revolution　反转

counter-rotation　反向旋转

counter-rudder　整流舵

counter sample　对等货样,回样

counter scaler　计数器

counter shaft　(1) 中间轴,平行轴,并置轴,副轴,对轴,侧轴;(2) 分配轴,凸轮轴;(3) 天轴

counter shaft bearing　副轴轴承

counter shaft cone pulley　副轴宝塔轮

counter shaft drive gear　副轴传动齿轮

counter shaft gear　副轴齿轮

counter shaft intermediate gear　副轴中间齿轮

counter shaft mechanism　副轴机构

counter shaft overdrive gear　副轴超速齿轮

counter shaft power take-off　(变速器) 副轴动力输出

counter shaft sprocket　副轴链轮

counter-shots　反向放炮

counter sink　(1) 埋头孔,锥口孔;(2) 尖底锪钻,埋头钻,锥口钻;(3) 埋头的;(4) 加工埋头孔

counter sinking bit　埋头钻

counter-spectrommeter　计数能谱计

counter steam　回汽

counter stern　悬伸船尾

counter-stream　逆流

counter-sunk　(1) 埋头孔,锥口孔;(2) 埋头钻,锥口钻,尖底锪钻

counter-sunk (head) bolt　埋头螺栓

counter-sunk (head) screw　埋头螺钉

counter-sunk nut　埋头螺母

counter-sunk spigot　埋头轴颈,锥形轴颈

counter-sunk square neck bolt　埋头方颈螺栓

counter switch　计时开关,计数开关

counter telescope　(宇宙射线) 计数望远镜,计数设备

counter-thrust　反推力

counter thrust　反推力

counter-timer　时间间隔计数测量器，(计数) 计时器，时间测录器

counter timer (=CT)　时间间隔计数测量器

counter torque　反向扭矩，反转矩

counter train　计量序列

counter tube　计数管

counter-type　计数 [器] 式的

counter-type adder　累加型加法器

counter vanes　导向 [叶] 片

counter-weight (=C/W)　(1) 平衡重量；(2) 法码；(3) 平衡重量；(4) 抗衡

counter weight　(1) 衡重体，平衡重，平衡锤，平衡块，配重；(2) 法码；(3) 平衡重量；(4) 抗衡

counter weight lift　衡重式升船机

counter weight of a tone arm　音臂平衡器

counter wheel　(1) 中间带轮；(2) 计数轮

counteract　(1) 反作用；(2) 抵抗，抵制，阻碍；(3) 打破计划；(4) 消灭，中和；(5) 解毒

counteractant　反作用剂，中和剂，冲消剂

counteracting force　反作用力

counteraction　(1) 反作用 [力]；(2) 中和；(3) 对抗作用，抵抗，抵消，阻碍

counteractive　(1) 反作用的，反对的，抵抗的；(2) 妨碍的；(3) 中和 [性] 的

counteragent　(1) 反抗力，中和力；(2) 反向动作；(3) 反作用剂

counterair　反空袭 [的]，防空 [的]

counteraircraft　反飞机 [的]，防空 [的]

counterattack (=C/A)　(1) 反冲击，反突击；(2) 反攻，反击

counterbalance (=cbal)　(1) 使平衡，均衡，抗衡，平衡，配重，补偿，抵消 (2) 平衡块，平衡锤，平衡重，平衡器；(3) 托盘天秤，法码；(4) 平衡力；(5) 关闩助动器

counterbalance moment　平衡力矩

counterbalance rod　平衡机杠杆

counterbalance valve　背压阀，反平衡阀，平衡阀

counterbalance weight　配重，平衡重，平衡锤

counterblast　反气流，逆风，逆流

counterblow forging　反击锤

counterbomber　反轰炸机 [的]

counterbore (=CBORE)　(1) 锥口孔，埋头孔，沉孔，(2) 平底扩孔钻，平底锪钻，埋头钻 (3) 平底扩孔扩孔，镗阶梯孔，埋头孔，锪孔

counterbore cutter　平底扩孔刀具，平底扩孔钻头，埋头直孔镗刀，平底锪钻

counterbore guide　扩孔器导塞

counterbore with guide　有导径的平底扩孔钻

counterbored ball bearing　外圈有锥口的球轴承

counterbored outer ring　(球轴承) 有锥口外圈 (一边无挡边的外圈)

counterboring　平底锪孔

counterboring drill press　(1) 平底扩孔钻床；(2) 平底锪孔钻床

counterboring tool　平底锪孔刀具

counterbrace　(1) 副对角撑，副撑臂；(2) 对拉条；(3) 转帆索

counterbracing　副对角撑

counterbuff　(1) 反击，抵抗；(2) 缓冲器；(3) 防撞器，保险杠 (汽车)

counterbuffer　缓冲器，阻尼器

counterchange　(1) 互换，交换；(2) 使交错，交替；(3) 交互作用；(4) 使成杂色

countercheck　(1) 复查；(2) 防止，制止，对抗，阻挡

counterchronometer　精确反时针

counterclockwise (=CC)　反时针方向的，逆时针方向的

counterclockwise motion　反时针方向转动

counterclockwise rotation　反时针方向旋转

countercurrent　(1) 反向电流，逆电流；(2) 逆流，反流，回流，对流

countercurrent capacitor　扼流电容器，逆流电容器，熄火电容器

counterdemand　反要求

counterdepressant　抗抑制剂，抗阻抑剂

counterdevice　反导弹装置，对抗装置

counterdie　下模

counterdiffusion　互扩散 [作用]

counterdown　(脉冲) 分频器，分类器

counterdrain　漏水渠，副沟

counteredge　固定刀刃，底刀刃

countereffect　反作用

counterenamel　双面搪瓷

counterevidence　反证

counterexample　反例

counterfeit　(1) 伪造，仿造，假冒；(2) 伪造的，仿造的，假冒的；(3)

伪造品，仿造品，假冒品

counterfighter　反歼击机 [的]

counterfire　(1) 反击；(2) 逆火

counterfissure　对裂

counterflange　(1) 对接法兰，过渡法兰；(2) (孔型设计) 假腿，假角

counterflow　反向流动，逆流，反流，对流

counterflow heat changer　逆流式热交换器

counterflow mixing　逆流式拌和 [法]

counterfoil　票根，存根

counterforce　对抗能力，反力，推力

countergauge　可调量规

countergear　反转齿轮，分配齿轮，副轴齿轮，对齿轮

counterincision　对口切开

counterion　带相反电荷的离子，平衡离子，抗衡离子，补偿离子

counterlight　逆光线

countermand　(1) 取消，废止，撤回；(2) 退订货

countermark　(1) 戳记，刻印；(2) 副号，副标，标签；(3) 加副号，刻印记

countermeasure　(1) (电子) 对抗，干扰；(2) 对抗措施，防范措施，对策；(3) 反雷达

countermeasurer　(1) 对抗设备；(2) 计算机，计算器；(3) 干扰器，解答器

countermeasures (=CM)　(1) (电子) 对抗，干扰；(2) 对抗措施，防范措施，对策；(3) 反雷达

countermine　(1) 使敌水雷提前爆炸的水雷，反炸 [敌的] 水雷，诱发地雷，诱发水雷；(2) 采取对抗措施，反抗的策略；(3) 敷设反水雷水雷

countermissile　反导弹

countermodulation　反调制，解调

countermoment　恢复力矩，反力矩

countermove　(1) 反向运动；(2) 对抗手段，对抗措施

countermovement　反向移动，逆向移动

counterpart　(1) 副本；(2) 一对中之一，骑缝图章之一半；(3) 相对物，配对物，对应物，符合物；(4) 对方

counterpart profile　配对齿廓，相应齿廓

counterpart rack　铲形齿条

counterpart rack profile　铲形齿条的齿廓

counterplot　(1) 预防措施，对抗策略；(2) 防止

counterpoint　(1) 对点；(2) 对位法，对照法；(3) 对偶

counterpoise (=CPSE)　(1) 配重 [体]，平衡重，砝码 (2) 平衡器，均衡锤，配重；(3) 平均，均重，均衡，补偿，抵消，(4) 保持平衡，使平衡；(5) 平衡力；(6) 平衡网络，接地电网，地网

counterpoision　抗毒剂

counterpose　(1) 对照，对比，并列；(2) 使对立起来

counterpressure　(1) 平衡压力，反压力，背压；(2) 轴承压力；(3) 支力

counterproductive　实得其反的，事与愿违的

counterpropeller　整流螺旋桨，反螺旋桨

counterpunch　冲孔机垫块

counterrecoil　反后座 [的]

counterreconnaissance (=C Recon)　反侦察

counterrocket　反火箭

counterrotate　反向旋转，反转

counterrotating　相对旋转，相反旋转

counterrudder　整流舵轮

counterscrew pump　双吸式螺杆泵

counterseal　阻逆

counterselection　反选择

countershading　反荫蔽

countershaft　(1) 主轴与机械间的转动轴，中间轴，平衡轴，并置轴，逆转轴，副轴，对轴；(2) 分配轴，凸轮轴；(3) 天轴

countershaft bearing　副轴轴承

countershaft gear　副轴齿轮

countershaft mechanism　副轴机构

countershaft reverse gear　中间轴倒档齿轮

countershaft roller bearing　副轴滚柱轴承

countershaft transmission　带中间轴的变速器

countersign　(1) 连 [名签] 署，会签；(2) 确认，承认；(3) 口令，暗号

countersink (=c/sink)　(1) 加工埋头孔，加工锥形孔，打埋头孔，锪孔，钻孔；(2) 埋头孔，锥口孔，沉孔；(3) 锥孔钻头，尖底锪钻，埋头钻，锥口钻

countersink bit　埋头钻

countersink bolt　埋头螺栓

countersink drill　埋头钻，锥口钻，锪钻

countersinker　扩埋头孔刀

countersinking　尖底锪孔，尖底锪孔，锥形扩孔，锪锥形沉孔

counterslope　反向坡度，反坡

counterstrain　对比染色，复染色
counterstroke　回击，反击
countersunk　(1)埋头孔，锥口孔；(2)埋头钻，锥口钻；(3)打埋头孔的，钻孔的，埋头的，沉肩的
countersunk and chipped rivet　埋头铆钉
countersunk bolt　埋头螺栓
countersunk collar　埋头轴环
countersunk head　埋头
countersunk head bolt　埋头螺栓
countersunk head rivet　埋头铆钉
countersunk hole　埋头孔
countersunk not chipped rivet　半埋头铆钉
countersunk nut　埋头螺母
countersunk rivet　埋头铆钉
countersunk screw　埋头螺钉
countersunk washer　埋头垫圈
countertorque　反抗转矩，反力矩，反扭矩
countertransference　反向转移，反转移法
countertube　电子计数管，计数管，定标管
countervail　(1)对抗，平均，补偿；(2)起抵消作用，抵消
countervane　导向片，导流片
countervelocity　反[飞行]速度
counterweapon　(1)对抗武器；(2)撞击导弹；(3)拦截机
counterweigh　用配重平衡，使平衡，抵消
counterweight (=ctwt)　(1)平衡重[量]，平衡锤，平衡块，配重，对重；(2)法码；(3)用配重平衡，抵消，抗衡
counterweight balance　重锤式平衡
counterweight frame　平衡架架
counterwork　对抗行动，对抗工作，对抗
counting　(1)计数，计算；(2)读数的数目；(3)用计算法测定放射性强度
counting area　(计数管)灵敏区
counting-cell　(1)计数元件；(2)计数电池
counting control　计数控制
counting cup　计量皿
counting device　计数装置，计数器
counting-down　脉冲分频
counting forward　顺向计数，前向计数
counting-frame　算盘
counting frequency meter　计数式频率计
counting glass　织物分析镜
counting-house　会计室，办公室
counting in reverse　反向计数，逆向计数
counting loss　计数损失，计数失误，漏失计数，误算，漏计
counting machine　计数机，计算机
counting mechanism　计数机构
counting-meter　计数器
counting-plate　计数盘
counting rate (=CR)　(1)计算速度，计数率；(2)辐射强度
counting rate computer　计数率计算机
counting stage　计数级
counting switch (=CS)　计数开关
counting trigger　计数式触发器
counting tube　计数管
counting unit (=CU)　(1)计数单元；(2)计数装置
countless　数不尽的，无数的
countra-ion　反离子
country　(1)国，国家，国土；(2)地方，地区，区域
country of destination　目的国
country of origin　原产国
counts per hour (=CPH)　每小时计算次数
counts per minute (=C/M 或 cpm)　每分钟计数
counts per second (=cps 或 c/sec)　每秒钟计算次数，每秒钟计数
coupe　(1)小轿车；(2)顶盖
couplant　耦合介质，耦合剂
couple　(1)偶，一对，一双；(2)力偶，力矩；(3)热[电]偶；(4)联结器；(5)联结，连接；(6)偶合，结合；(7)加倍，成双
couple axle　运动轴，连动轴
couple back　反馈耦合，反馈，回授
couple moment　偶力矩
couple of force　力偶
coupled　(1)连结式的，连结的；(2)耦合的；(3)联系的，连接的；(4)成对的
coupled annulus and planet carrier　配对的内齿轮和行星齿轮转臂

coupled annulus and sun　配对的内齿轮与太阳轮
coupled antenna　耦合天线
coupled axle　联动轴
coupled bending and torsional vibration　弯扭复合振动
coupled camera　联配摄影机，联配照相机
coupled circuits　耦合电路
coupled computer　配合计算机
coupled control　(1)双联操纵机构；(2)联动式控制，双重控制；(3)联动式管理
coupled device　成对的装置，联结的装置
coupled epicyclic train　耦合周转轮系
coupled impedance　耦合阻抗
coupled load　耦合载荷，耦合负载
coupled oscillator　耦合振荡器
coupled oscillatory circuit　耦合振荡电路
coupled pendulum　耦合摆
coupled pole　复合杆
coupled switch　联动开关
coupled system　耦合系统
coupled transistor　耦合晶体管
coupled truck　拖挂式载重车
coupled twin switch　双联开关
coupled wheel　联动轮，双轮
couplet　偶连体
coupler (=CPLR)　(1)联结者，配合者；(2)联接器，联结器，联轴器，连接器，分接器，匹配器；(3){电}可变电感耦合器，耦合设备，耦合元件，耦合器，耦合腔，耦联器；(4)管接头，联接板；(5)车钩；(6)填充剂，填补剂，联结剂
coupler carrier　(1)联结器托架；(2)车钩
coupler casing　联轴器罩
coupler pin　连接器销，挂钩销
coupler plug　连接插头
coupling　(1)联轴节，联轴器，联结器，耦合器，连接盘，联合器，偶联器；(2)管接头，耦接头，接箍；(3)偶连管，管接；(4)耦合，接合，偶合；(5)联结，联接，联系，连接；(6)挂钩，车钩；(7)配合；(8)结合；(9)耦合的，联接的
coupling arrangement　联结机构
coupling bar　联结杆
coupling bolt　联轴节螺栓，联轴器螺栓，联结螺栓，联接螺栓，接合螺栓
coupling box　(1)电缆连接套管；(2)连接器箱，分线箱；(3)联轴节箱，联轴器箱
coupling bracket　(1)联结器托架；(2)车挂钩
coupling bush　联结套筒
coupling capacitor　(高频)耦合电容器，隔直流电容器
coupling changement　联结器换向机构，连接器换向机构
coupling coefficient　(1)啮合系数；(2)耦合系数
coupling coil　耦合线圈
coupling collar　联结环，扣环
coupling computer to production　将计算机用到生产中去
coupling condenser (=CC)　耦合电容器
coupling constant　耦合常数
coupling control　耦合控制
coupling crank　双联曲柄，双曲柄
coupling drive　直接联结传动(电动机与机器的轴直接联结)
coupling element　耦合元件
coupling factor　耦合因数
coupling flange　联结法兰，连接法兰
coupling fork　联结叉
coupling gap　耦合隙缝
coupling head　铰链
coupling hysteresis effect　耦合牵引效应，牵引效应
coupling impedance　耦合阻抗
coupling inductor　耦合线圈
coupling joint　(1)联轴节；(2)管节；(3)联结器连接
coupling lever　联结杆，联轴杆，离合器杆
coupling link　(1)联结链，钩子链；(2)联结杆；(3)连结环
coupling loop　耦合环
coupling mechanism　联结机构，耦合机构，耦合器
coupling media　耦合介质，耦合剂
coupling modulation　耦合调制，输出调制
coupling nut　联结螺母，连接螺母，连接螺帽
coupling-out　耦合输出
coupling pawl　联结卡子
coupling pin　联结销，联结枢

coupling probe 耦合探头,耦合探针
coupling rod 联结杆
coupling screw 连接螺钉,联结螺钉,夹紧螺钉
coupling shaft 联结轴
coupling shaft housing 联结轴套
coupling sleeve (1)套筒联轴器;(2)联接套筒,联结套筒,耦合套筒
coupling slot 耦连缝,交连缝
coupling spindle 联结轴
coupling the output of research to users 将科研成果推广给使用者,将科研成果推广给用户
coupling transformer 耦合变压器
coupling unit 耦合部件
coupling with resilient 弹性联轴节
coupling yoke 联结叉
coupon (1)金属样片,试样,试件,试棒;(2)取样管,采样管;(3)(复)联样片
course (=crs) (1)移动,转移;(2)过程,行程,路程;(3)导航波束,方向,方针,航向,航程,趋向;(4)道路,巷道,路线,航线;(5)瞄准,导向,引导;(6)运行;(7)跑道;(8)方法
course and distance calculator (=CDC) 航线及距离计算器
course-and-speed computer (1)航向和速度计算机;(2)风速计算器,风速仪,计风盘
course bearing 航线方位
course deviation indicator (=CDI) 航向偏差指示器
course feed [按]正常[走刀量]进给
course light 导航灯
course line (1)(飞机)航线;(2)轨道
course of discharge 放电方向,放电过程
course of exchange (外汇)兑换率
course of flight 航线
course of manufacture 生产过程
course of receiving 验收过程
course of the hole (油井的)井身的方向
course of the target 目标航向
course of things 趋势,事态
course of vein 矿脉走向
course of working 加工过程
course out 飞出航线
course recorder 航向记录器
course reversal 返航
course stability control 航向稳定控制
course trim switch 航向微调开关
course writer 轨迹记录器
courseline 航线
courseline computer 航线计算机
couveuse 保温箱,孵化器
couxam 铜氨液
covalence 共价
covalent 共价的
covalent bond 共价键
Covar 科伐膨胀合金,铁镍钴膨胀合金(镍28%,钴18%,铁64%)
covariance (1)协方差;(2)协变性,协变量;(3)共离散;(4)互变量
covariance analysis 协方差分析
covariance matrix 协方差矩阵
covariant (1)协变,共变,随变;(2)协变量;(3)协变式,共变式;(4)协度
covariant curve 协变曲线
covariant of a curve 曲线的协变式
covariant tensor 协变张量
covaseal 柯伐封接
cove 凹圆线
covellite 蓝铜矿,铜蓝
covenant (1)契约,公约;(2)契约条款;(3)用契约保证,立契约
coventry 径向梳刀
cover (=COV) (1)外壳,外胎,外罩,罩,盖,套,壳,外壳;(2)补偿,弥补;(3)保护层,包复层,包裹层,覆盖层,镀层,涂层,面层,蒙皮;(4)燃烧室颈;(5)遮盖,覆盖,掩护,掩藏,掩蔽,保护,盖上,镀上,涂上;(6)集中照射,对准;(7)封面,封底;(8){数}覆盖;(9)掩护物,掩蔽所;(10)保证金,准备金
cover annealing 罩炉式退火
cover area 覆盖面积
cover bead 外胎唇
cover board 盖板
cover charge 附加费,服务费

cover clamp 压盖板
cover coat 盖层
cover-device 遮蔽物
cover die 凹压模,套模
cover glass 防护玻璃罩,护罩玻璃,玻璃盖片
cover material 罩面材料,覆盖层
cover note (=CN) 保险证明,暂保单
cover nut 螺帽,螺母
cover of unconformable 不整合盖层
cover paper 书面纸
cover piece 罩壳
cover plate 盖板,盖片
cover power 覆盖能力
cover roller 全面罩印花筒
cover sheet 护板
cover shield 护板,护罩
cover shot 备用镜头
cover strip 盖条
cover the loss 弥补损失
cover transformation 覆盖变换,复叠交换
cover tyre 外胎
cover wire (钢丝绳的)外层钢丝
coverage (1)可达范围,覆盖范围,有效范围,接收范围,搜索范围,涉及范围,作用距离,有效距离,有效区[域];(2)视界,视野,分布,面积,幅度;(3)覆盖厚度,覆盖范围,覆盖率,覆盖层,敷层,涂层,面层;(4)概括,总括,包括;(5)(道路)双程;(6)保险总额
coverage contour 等场强曲线
coverage count (1)大面积观测;(2)大范围计数,总计数
coverage density (1)表面电荷密度;(2)覆盖密度
coverage diagram (1)(目标)反射特性曲线;(2)可达范围图,覆盖图
coverage of radar 雷达作用区
coverage pattern (1)可达范围;(2)作用区域
covered (1)隐蔽着的,掩藏着的;(2)有顶盖的,覆盖的,遮蔽的,涂敷的,被覆的;(3)缠绕的
covered arc welding 手工电弧焊
covered conduit 暗沟,暗渠
covered electrode (1)敷料电极;(2)涂料焊条
covered joint 覆盖接合
covered knife switch 带盖闸刀开关
covered wire 绝缘线,被覆线,皮线,包线
coverer (1)移圈针,针盘针;(2)培土器,覆土器;(3)包装工
covering (1)被覆,外封,套,盖,罩,壳;(2)保护层,包层,护层,镀层,涂层,包层,蒙皮,包皮;(3){数}覆盖;(4)上覆物,覆盖物,涂料;(5)纱包,加套,加罩;(6)外胎;(7)(焊条的)药皮,焊剂
covering cam (纺织)提花刀三角,收针装置凸轮
covering chain 覆土链,链条式耢
covering flux 覆盖熔剂,覆盖层,涂层
covering-in 覆盖,埋上,盖入
covering machine 包线机
covering material 涂料
covering-note 承保通知书
covering of an electrode (焊条的)药皮
covering of piping (1)管道覆盖;(2)管子覆盖层,管子保护层
covering plate 盖板
covering power (1)覆盖能力,遮盖力;(2)视力作用范围;(3)拍摄范围
covering shaft 收针轴
covering sheet 盖板
covering space 覆盖空间
covering transformation 覆盖变换
covermeter 面层测厚仪
coverplate 盖板,顶
covers 家具套子
coversed-sine {数}余矢
coversine {数}余矢
covert 隐蔽处,隐蔽所
coverture (1)覆盖,包覆,被覆,保护;(2)掩护物,覆盖物
covibration 和应振动,谐振
coving (1)弧形饰,窟窿形,凹圆线;(2)壁炉顶斜面
covolume (1)协体积,共体;(2)余容积;(3)分子的自体积
cowcatcher (1)机车排障器;(2)[电车的]救助网
cowhorn bins (冷床上的)半圆形集料架
cowl (1)罩,套,壳,盖,套;(2)烟囱帽;(3)通风盖,通风帽,通气帽;(4)发动机罩,整流罩,机罩,外壳;(5)高度流线型车身,炸弹型车身;

278

(6) 装上罩, 装上帽

cowl-cooled　有外冷却罩的

cowl cover　通风斗罩

cowl flap　整流罩鱼鳞片, 整流罩通风片

cowl former　整流罩框架

cowl head ventilator　喇叭式风斗

cowl hood　[气] 缸头罩

cowl lamp　(发动机罩上的) 边灯

cowl lip　外壳前缘

cowl-ventilated　利用整流罩通风的

cowl ventilator　车头罩通风器

cowles　考雷斯铜铝合金 (1.25-11%Al, 余量铜)

cowling　(1) 罩; (2) 飞机引擎罩; (3) 整流罩

cowling pilotage　整流罩销

cowper stove　柯帕式热风炉

Cowper type hot stove　柯帕式热风炉

cows　保护棱角用的排桩

coxcomb　(1) 梳齿板, 锯齿板; (2) 梳形物

coxswain　艇长, 舵手

cozy　保暖盖, 保暖罩, 保温套

CP antenna　极化天线

crab　(1) 起重绞车, 起重绞盘, 卷扬机, 滑车, (2) 爪式起重机, 起重小车, 吊机小车, 起重机, 吊车, (3) 主芯骨, 主芯架, 大芯骨, 大芯架, (4) 偏航, 侧航, 侧飞, 偏斜, (5) 偏流角, 倾斜角, 倾斜误差, 偏差, (6) 宽波段雷达干扰台, (7) 勺斗, 抓斗, (8) 木筏拖船

crab angle　偏航角

crab-bolt　板座栓, 锚栓

crab bolt　锚栓

crab bucket　滑车戽斗, 抓斗

crab capstan　起重绞盘

crab dolly　可转动方向的摄像车

crab process　壳型铸造 [法]

crab winch　起重绞盘

crabbed　难辨认的, 难懂的

crabwise　横斜地, 小心地

crack　(1) 裂纹, 裂缝, 裂隙, 裂痕, (2) 砸开, 开裂, 破裂, 断裂, 爆裂, 敲碎, 撞毁, 毁损, (3) 龟裂, 干裂, 微裂, (4) [加] 热 [分] 裂, 裂化, 裂解, 分馏, (5) 发噼啪声, 发破裂声

crack arrester　止裂器

crack closure　裂纹闭合

crack count　裂缝统计

crack defect　裂纹缺陷

crack-detection　裂纹检验

crack detector　裂纹探测仪, 裂纹探伤器, 探伤仪, 探伤器

crack edges　裂边

crack extension force　裂纹扩展力

crack filler　填缝料

crack filling　填缝

crack formation　裂纹形成, 裂纹组成

crack front shape　裂纹前缘形状

crack growth　裂纹增长

crack growth rate　裂纹增长速率

crack initiation energy　裂纹发生的热量

crack initiation failure mechanism　裂纹初始破坏机理

crack initiation site　裂纹初始位置

crack interval　裂纹间距, 裂缝间距

crack length　裂纹长度

crack lip　裂纹唇

crack meter　裂纹探测仪, 探伤仪, 探伤器

crack nucleation　裂纹成核

crack opening　裂纹宽度, 裂缝开度

crack opening displacement　裂纹张开位移

crack path　裂纹路径

crack pattern　(研究零件应力集中的脆漆层) 裂纹分布图

crack-per-pass　单程裂化量

crack pouring　灌缝

crack propagation (=CP)　裂纹扩展

crack propagation test　裂纹扩展试验, 裂纹延伸速度试验

crack resistance　抗裂性

crack sealer　封缝料

crack sensitivity　裂纹敏感性

crack starter test　落锤抗断试验

crack stopper　止裂器

crack strength　抗裂 [纹] 强度

crack strength analysis　裂纹强度分析

crack test　往复曲折试验, 抗裂试验, 卷解试验

crack valve　瓣阀

crack water　裂隙水

crackability　可裂化性, 易热裂度, 烧割性

crackate　裂化产物, 裂解产物

cracked　(1) 有裂缝的, 弄破的, 热裂的, (2) 裂化的, 裂解的, 裂开的

cracked-carbon resistor　碳粉电阻器, 碳末电阻器

cracked gas　裂化气

cracked gasoline　裂化汽油

cracked surface　有裂纹的表面

cracker　(1) 破碎机, 破碎器, 碎矿器, 粉碎器, 碾碎辊; (2) 裂化反应器, 裂化设备, 裂化装置, 裂化器, 裂化炉, 裂化室

crackfree　无裂缝的

cracking　(1) 形成裂纹, 裂纹, 裂缝, 裂痕, 龟裂, (2) 分裂蒸馏, 加热分解, 加热分裂 [法], 裂化, 裂解, (3) 裂开, 破裂, 破碎, 破坏, 爆裂, 龟裂, 脆裂, (4) 破碎, 砸碎, (5) 分裂的, 分解的, (6) 极大的, 猛烈的, (7) 噼啪声

cracking by frost　冻裂

cracking capacity　裂化设备的生产量

cracking distillation　裂化蒸馏, 热裂蒸馏

cracking furnace　裂解炉

cracking gasoline　裂化汽油

cracking in liquid phase　液相裂化

cracking in vapour phase　气相裂化

cracking in various media　在各种 [惰性] 介质中裂化

cracking load　破坏负载, 破坏荷载, 裂开荷载

cracking of brass　黄铜药筒裂口

cracking of residual fractions　残余馏份的裂化

cracking of the propellant grain　火药柱破裂

cracking pressure　(阀的) 启开压力

cracking process　裂化法, 热裂法

cracking-residuum　裂化渣油

cracking resistance　抗裂性, 抗裂强度

cracking still　裂化炉

cracking test　龟裂试验

crackings　脆脂

crackle　(1) 噼啪声, 破裂声; (2) 碎瓷上的裂纹, 裂缝

crackle coating　碎纹涂料

crackle lacquer　裂纹漆

crackled　炸裂花纹

crackleware　细裂纹瓷器

crackling　(1) 噼啪声, 破裂声; (2) 脆脂, 油渣; (3) 瓷面碎纹

crackling sound　连续噼啪声

crackly　(1) 发出噼啪声的, 发出爆裂声的; (2) 易碎的

crackmeter　超声波探伤器

crackproof　防裂的, 抗裂的

crackup　(1) 碰撞, 撞碎, 撞毁; (2) 失去控制, 失败; (3) 崩溃

cracky　裂纹多的, 易碎的

cracovian　{数} 异常乘法矩阵

cradle　(1) 支持柱, 绞车架, 轮脚架, 支架, 托架, 托板, 台架, 机架, 底架; (2) 下水滑座, 下水架, 船架; (3) 摇架, 摇台, 摇床; (4) 炮鞍, 枪鞍; (5) 接骨护架; (6) (钻井) 钻架; (7) 淘汰机, 淘金槽, 洗矿槽, 凹槽; (8) 凿刀; (9) 送受话器叉簧; (10) [牵引装置] 皮圈架, [粗纱机成形装置] 摇架, 板条框架, 纹板架

cradle angle　(锥齿轮机床) 摇台角

cradle drum　摇台鼓轮

cradle dynamometer　平衡摇篮式测功机, 平衡功率计

cradle frame　定子移动框架, 炮架型车架, 炮架型车身

cradle head　(1) 送受话器叉簧头; (2) 活动关节

cradle housing　[伞齿刨的摆动] 转盘

cradle roll　托卷辊

cradle roll change gear　摇台摆角交换齿轮

cradle rolling　摇台摆动

cradle rolling change gear　摇台 [滚动] 摆角交换齿轮

cradle test roll　摇台检查角

cradling　(1) 弧顶架; (2) 支架; (3) 框; (4) 吊篮作业

craft (=cft)　(1) 技术, 技能, 工艺, 手艺; (2) 手工业, 行业, 职业, 工种, 专业; (3) 船舶, 飞船, 小船; (4) 飞机; (5) 航空器, 飞行器; (6) 动力构件, 浮动工具; (7) 工会, 行会; (8) 手段, 策略

craft and lighter risks　驳运险

craft inclination (=CI)　飞行器倾斜角

craft paper　牛皮纸

craft or lighter risks　驳运险

crafters 气泡孔,针眼
craftone 透明材料
Craftone 克拉夫顿拷贝机
craftsman 技工,工匠
craftsmanship 手艺,技能,技巧
cram (1)填塞;(2)压碎
cramp (1)弓形螺旋夹,弓形夹箍,夹线板,夹钳,夹子;(2)夹刀器,刀夹;(3)夹紧,固定,钳紧,限制,阻碍,束缚;(4)骑马螺钉,骑缝螺钉,铁箍,轧头,扣钉,扣片,钢筋;(5)吊箍;(6)避绕管;(7)支承梁约束;(8)狭隘的,狭窄的,紧缩的;(9)图像压缩
cramp folding machine 折边机
cramp frame 弓形夹,夹架
cramp iron (1)铁夹钳,夹子;(2)铁钩,把钩,扣钉;(3)轧头
cramp lapping (齿轮)无齿隙研齿,无齿隙研磨,压紧研齿
cramp ring 扣环
cramping frame 虎钳
crampon (1)吊钩夹;(2)起重抓具,起重吊钩,金属钩
cranage 起重[机的使用]费,起重机岸吊费,起重机装卸费
crance 船首桁
crandall 琢玉锤,凿石锥,石锤
crandallite 纤磷钙铝石
crane (1)升降设备,起重机,升降机,升降架,吊车,行车;(2)用起重机吊起,用起重机搬运;(3)虹吸器,虹吸管,过山龙;(4)[机车的]上水管,龙头,水门;(5)活动吊钩
crane barge 起重机驳船,起重机船
crane beam 起重机梁,行车梁,吊车梁
crane boom 起重机架,起重臂
crane crab 起重绞车,起重小车
crane fall 吊车索
crane for iron and steel works 冶金起重机
crane for placing stoplogs 叠梁闸门起门机
crane girder 吊车梁,起重机行车大梁
crane grab 起重机抓斗
crane hoist brake 起重机起吊制动器
crane hook 起重机吊钩
crane load (=CL) 起重机起重量,吊车起重量,起重机负载
crane loading 用起重吊装
crane locomotive 起重机车
crane magnet 起重磁铁
crane man 起重机手,吊车工
crane motor 起重电动机
crane pivot 起重机枢轴
crane post 起重机柱
crane radius 起重机伸距
crane rating 起重机载重量,起重机定额
crane rope 起重[机]钢[丝]绳,起重机吊索
crane runner 吊车司机
crane runway 起重机滑道,行车滑道
crane-runway girder 起重机行车大梁
crane ship 水上起重机,起重船,浮吊
crane stake 起重机柱
crane trolley 起重[机]行车
crane truck (1)汽车起重机,汽车吊,起重机;(2)(摄像机)升降车
crane vessel 水上起重机,起重船,浮吊
crane winch 起重绞车
crane with double lever jib 四连杆式伸臂起重机,象鼻架伸臂起重机
craneage 吊车工时
craning boom 起重转臂
craniograph 头颅描记器
cranioid {数}头颅线
craniometer 头颅测量仪
craniophore 颅位保持器,头颅保护器
craniotome 开颅器
craniotripsotome 碎颅刀
crank (1)曲柄,曲臂,曲拐,弯臂;(2)曲轴,弯轴;(3)手[摇]臂,摇把;(4)弯头衬管;(5)弯曲,旋盘;(6)用曲柄连接,装上曲柄,转动曲柄,起动,开动,摇动
crank and connecting rod transfer mechanism 曲柄连杆传动机构
crank and pin 曲柄与曲柄销,曲柄销
crank-and-rocker mechanism 曲柄与摇杆机构,曲柄摇杆机构
crank angle 曲柄[转]角,弯曲角
crank angle indicator diagram 以曲轴转角为横坐标的示功图
crank-arm 曲柄,曲臂
crank arm (1)曲柄臂,曲臂;(2)起动摇把,起动手柄

crank auger 曲柄[螺旋]钻,手摇钻
crank axis 曲柄轴线
crank axle 曲柄轴,曲轴
crank bearing 曲柄销轴承,曲[柄]轴轴承
crank bearing casing 曲柄轴承罩
crank bearing liner 曲[柄]轴轴承衬,曲柄轴瓦
crank bearing metal 曲[柄]轴轴承合金
crank bearing oil seal 曲柄轴承护油圈
crank bearing oil slinger 曲柄轴轴承抛油环
crank block 曲柄滑块
crank bolt 曲柄螺栓
crank bore 曲柄钻
crank boring machine 曲柄镗床
crank boss 曲柄凸缘
crank-brace 手摇[曲柄]钻,钻孔器
crank brace 曲柄钻,手摇钻
crank brass 曲柄颈轴承铜衬
crank cam mechanism 曲柄凸轮机构
crank cap 曲柄盖
crank case 曲柄箱,曲轴箱,机轴箱
crank center 曲柄中心
crank chain 曲柄链系
crank chamber 曲柄箱
crank cheek 曲柄臂
crank claw 起动摇把
crank-cleaning machine 清缝机
crank connecting link 曲柄连杆
crank connecting rod 曲柄连杆
crank connecting rod journal lathe(s) 曲柄连杆轴颈车床
crank cotter 曲柄轴紧楔
crank disk 曲柄圆盘,曲轴盘
crank drive 曲柄传动[装置]
crank-driven 曲柄传动的,曲柄带动的
crank duster 手摇喷粉机
crank effort (1)曲柄回转力矩,起动力矩;(2)曲柄回转力,曲柄切向力
crank effort diagram 曲柄转力图
crank end 曲柄端
crank engine 曲柄连杆发动机,曲柄式发动机
crank for electrode 电极移动曲柄
crank gauge 曲柄轴颈测量器,曲柄轴颈量规
crank gear (1)曲轴齿轮;(2)曲柄传动装置
crank guidance 曲柄导槽
crank-guide (1)连杆;(2)摇拐;(3)曲柄连杆机构
crank guide 曲柄导向装置
crank handle 曲柄摇手,摇手柄,摇把
crank handle with offset lever 偏杆摇把
crank handle with straight lever 直杆摇把
crank journal 曲柄轴颈
crank journal lathe(s) 曲轴主轴颈车床
crank length 曲柄长度
crank lever (1)曲柄,曲杆;(2)曲柄摇把
crank link 曲柄连杆
crank link gear 曲柄连杆传动机构
crank location 曲柄定位
crank mechanism 曲轴机构,曲柄机构
crank mechanism with turning pair 带回转副的曲柄机构
crank metal 曲柄颈轴承合金
crank motion 曲柄转动
crank moving in opposite direction 反向转动曲柄
crank moving in the same direction 同向转动曲柄
crank-o-matic grinding machine 全自动曲轴磨床
crank pin (1)曲柄销;(2)连杆轴颈
crank pin angle 曲柄销配置角[度]
crank pin bearing 曲柄销轴承,连杆轴承
crank pin brass 曲柄销铜衬
crank pin bush 曲柄销衬套
crank pin end 圆头锥头[滚针]
crank pin grinder 曲柄销磨床
crank pin lathe 曲柄销车床
crank pin lathe(s) for driving wheel 动轮曲拐销车床
crank pin load 曲柄销负载
crank pin metal 曲柄销衬套合金
crank pin seat 曲柄销座

crank pin step 曲柄销轴瓦
crank pivot 曲柄枢轴
crank planer 曲柄刨床，曲柄龙门刨床
crank planing machine 曲柄刨床，曲轴刨床
crank plate 曲柄颊板
crank position symmetry 曲柄对称位置
crank power press 曲柄式压床
crank press 曲柄压床，曲柄式压床
crank propulsion 曲柄传动［机构］
crank pulley 曲柄皮带轮，曲轴皮带轮
crank radius 曲柄半径
crank revolution 曲柄旋转
crank rocker 曲柄摇杆
crank shaft 曲柄轴，曲拐轴，曲轴，机轴，弯轴
crank shaft bearing 曲轴轴承
crank shaft bush 曲轴衬套
crank shaft collar 曲轴轴环
crank shaft gear （1）曲轴传动装置；（2）曲柄齿轮
crank shaft grinder 曲轴磨床
crank shaft grinding 曲轴磨削
crank shaft grinding machine 曲轴磨床
crank shaft key 曲轴键
crank shaft lathe 曲轴车床
crank shaft nut 曲轴螺母
crank shaft oil hole 曲轴油孔
crank shaft pin 曲轴销，曲柄销
crank shaft pulley 曲轴［皮］带轮
crank shaft ratchet 曲轴轴棘轮
crank shaft starting claw 曲轴起动爪
crank shaper 曲柄式牛头刨［床］
crank shears 曲柄式剪切机
crank side 曲柄端
crank slotter 曲柄插床
crank slotting machine 曲柄插床
crank spread 曲柄臂间距，开挡，拐挡
crank starter 曲柄起动器，起动曲柄
crank tap 曲柄钻［用］丝锥
crank throw 曲柄行程，曲柄弯程，曲柄半径
crank thrust bearing 曲轴推力轴承
crank travel 曲柄行程
crank turning lathe 曲轴车床
crank turning moment 曲柄旋转力矩
crank-type power unit 曲柄动力机构
crank up 曲柄回转，曲轴回转
crank web 曲柄［连接］板，曲柄臂，曲臂
crank wheel 曲柄轮
crank with circular web 曲柄圆盘
crankangle 曲柄角
crankaxle 曲［柄］轴
crankcase 曲轴箱机轴箱，曲柄箱
crankcase bearing saddle 曲轴箱轴承座
crankcase bearing seat 曲轴箱轴承座
crankcase breather 曲轴箱通气孔
crankcase cover plate 曲轴箱盖板
crankcase drain cock 曲轴箱排油旋塞
crankcase flange 曲轴箱凸缘
crankcase front cover 曲轴箱前盖
crankcase guard 曲轴箱护罩
crankcase lubricant 曲轴箱润滑油
crankcase lubrication 曲轴箱润滑
crankcase oil pan 曲轴箱机油盘，曲轴箱油底壳
crankcase stud 曲轴箱双头螺栓
crankcase sump 曲轴箱油底壳，曲轴箱油槽
crankcheek 曲柄臂
cranked 弯［成］曲［柄状］的
cranked axle 曲柄轴，曲轴
cranked eyepiece 转向目镜
cranked lever 弯杆，曲杆
cranked portion of shaft 曲轴的曲拐部分
cranked punch 曲轴压力机，偏心孔［冲压］机
cranked ring spanner 弯头环形扳手
cranked rod 曲柄杆
cranked spanner S 型螺母扳手，弯柄扳手
cranker 手摇曲柄

crankily 弯曲地，不稳地
crankiness 弯曲
cranking horsepower 起动功率
cranking lever 起动曲柄
cranking speed （起动时）曲柄回转速度
cranking torque 曲柄转矩，起动扭矩
crankle （1）弯曲，弯扭，扭曲；（2）曲折行程
crankless 无曲柄的，无曲轴的
crankless engine 无曲柄式发动机
crankless press 无曲柄压力机，无曲柄压床
crankpin （1）曲柄销，曲轴销，曲拐销；（2）曲柄轴轴颈，连杆轴颈
crankpin bearing 曲柄销轴承，连杆轴承
crankpin bush 曲柄销衬套
crankpin grease 曲柄销［润］滑脂
crankpin grinder 曲柄销磨床
crankpin lathe(s) 曲柄连杆轴颈车床
crankpin seat 曲柄销座
crankpin step 曲柄销轴瓦
crankpin turning machine 曲柄销车床
crankshaft 曲柄轴，曲轴，机轴
crankshaft balancer （1）曲轴平衡器；（2）曲轴配重
crankshaft bearing 曲轴轴承，曲柄轴承
crankshaft bearing liner 曲轴主轴承轴瓦
crankshaft bearing metal 曲轴轴承合金
crankshaft breather 曲轴箱通气装置
crankshaft case 曲轴箱
crankshaft cheek 曲柄臂，曲轴板
crankshaft collar 曲轴轴环
crankshaft connecting rod system 曲轴连杆机构
crankshaft degree 曲柄转角
crankshaft end-play 曲轴端隙
crankshaft flange 曲轴凸缘，曲轴法兰［盘］
crankshaft flashbutt welding 曲轴电阻弧花压焊
crankshaft front bearing seal 曲轴前轴承油封
crankshaft gear （1）曲轴齿轮；（2）曲轴传动装置，曲轴传动机构
crankshaft governor 曲轴调正器
crankshaft grinder 曲轴磨床
crankshaft grinding machine 曲轴磨床
crankshaft harmonic balancer 曲轴谐振平衡器
crankshaft housing 曲轴箱
crankshaft impulse neutralizer 曲轴冲力平衡器
crankshaft jaw 曲轴起动爪
crankshaft journal 曲轴轴颈
crankshaft journal grinding machine 曲轴主轴颈磨床
crankshaft key 曲轴键
crankshaft lathe(s) 曲轴车床
crankshaft main journal 曲轴主轴颈
crankshaft milling machine(s) 曲轴铣床
crankshaft oil hole 曲轴油孔
crankshaft oil passage 曲轴油道
crankshaft oil slinger 曲轴甩油圈
crankshaft oil throw 曲轴抛油圈
crankshaft oilway 曲轴油路
crankshaft pilot bearing 曲轴导轴承
crankshaft pin 曲轴销
crankshaft press 曲轴压力机
crankshaft returning tool cutter 曲轴铰光用刀
crankshaft revolution per minute (=crpm) 曲轴每分钟转数，曲轴转数／分
crankshaft sprocket 曲轴链轮
crankshaft starting claw 曲轴起动爪
crankshaft straightening press 曲轴压直机
crankshaft timing gear 曲轴正时齿轮，曲轴定时齿轮
crankshaft toothed wheel 曲轴齿轮
crankshaft torsional vibration damper 曲轴扭转振动减振器
crankshaft vibration damper 曲轴减振器
crankshaft web 曲轴连接板，曲柄臂
crankthrow 曲柄行程，曲柄弯程，曲柄半径
cranky （1）出了故障的，有毛病的；（2）弯曲的；（3）动摇不稳的，不稳固的，易倾斜的，易翻的
crannied 有裂缝的，裂缝多的
cranny 裂缝，罅缝
craping machine 起绉机
crapping 废弃，排弃

craseology (=crasiology) 液体混合论,气质论,体质论

crash (1)碰撞,撞击,撞坏;(2)坠毁,摔毁;(3)失事,事故;(4)失败,崩溃,破产,垮台,坍塌

crash-ahead 全功率前进,全速正车,急冲

crash ahead maneuver 全速倒车急转,全速正车

crash-astern 全速倒车

crash-back 全功率后退,全速倒车

crash back maneuver 全速正车急转,全速倒车

crash beacon 带降落伞的紧急自动发报机

crash change of speeds (1)冲击换档,无同步器换档;(2)快速换档

crash cover 失事邮包

crash cushion 防碰衬垫

crash development of ground equipment 紧急研制地面设备

crash-dive (潜艇)紧急下潜,突然潜没,急速下潜,快速下潜

crash dive (潜艇)紧急下潜,突然潜没,急速下潜,快速下潜

crash-helmet 防撞头盔,防护帽,安全帽

crash helmet 防护帽,安全帽

crash-locator beacon 失事飞机定位信标

crash pad 防振垫

crash-program 突击计划

crash program 应急措施,紧急措施,应急计划,紧急计划

crash project 应急措施,紧急措施,应急计划,紧急计划

crash quick dive (潜艇)紧急下潜,突然潜没,急速下潜,快速下潜

crash roll 防震垫

crash sensor 碰撞预测装置

crash-stop 急速停车

crash test 冲击试验,破损试验

crash truck 失事飞机救援车

crasher 粉碎机

crashing (1)撞击声,爆裂声;(2)碰撞的,完全的,极度的

crashland 飞机失事突然降落,摔机着陆

crashlanding 摔机着陆

crashstop 全速急停车

crashworthiness 抗撞性能

crass (1)极度的,非常的,彻底的;(2)粗糙的

crate (1)(包装用的)板条箱,条板箱,柳条箱,机箱,插件;(2)(口)旧飞机,旧汽车;(3)用板条箱装

crate address 机箱地址

crate number 箱号

crated (=ctd) 板条箱装的

crated weight 装箱[后毛]重

crater (1)(刀具)月牙注;(2)焊枪口,焊口,陷口

crater crack 火口裂纹

crater filler (1)焊口填充剂,焊口填料;(2)填弧坑

crater lamp 点源录影灯

crater lip 喷焰口边缘

crateriform 喷火口状的,漏斗状的,杯状的,杯形的

cratering effect 成陷口效应

cratiform 喷火口状的

cravat (烟囱的)帽,罩

crawl (1)徐徐前进,爬行,蠕动,爬;(2)图像抖动,倾隐,滑落;(3)链式爬车机

crawl machine 旋转式字幕机

crawl space 供电线通过的狭小空隙,水管通过的狭小空隙

crawler (1)履带;(2)履带式车辆,履带[式]拖拉机,爬行曳引车,爬行牵引车,履带车;(3)履带牵引装置

crawler belt 履带

crawler crane 履带式起重机,履带起重机,爬行式起重机

crawler dozer 履带式推土机

crawler loader 履带式铲车

crawler mounted excavator 履带挖土机

crawler-mounted power shovel 履带式电铲

crawler-mounted shovel 履带式电铲

crawler scraper 履带式铲运机

crawler shovel 履带式铲土机,履带式挖土机

crawler shovel loader 履带式铲土装卸机

crawler track 履带式行进装置,履带传动

crawler-tractor 履带拖拉机

crawler tractor 履带[式]拖拉机

crawler-tractor-mounted bulldozer 履带式拖拉-推土机

crawler-tractor-mounted shovel 履带式拖拉-铲土机

crawler trailer 履带式拖车

crawler-tread (1)履带传动的;(2)履带式行进装置

crawler tread 履带传动装置,履带式行进装置

crawler-type 履带式的

crawler-type grader 履带式平土机

crawler-type loader 履带式装载机

crawler-type vehicle 履带式车辆

crawler unit 履带行走机构,履带行走装置

crawler vehicles 履带式车辆

crawler wagon 履带式运料车

crawler wheel (1)履带支重轮,履带轮;(2)履带张紧轮,履带导向轮

crawlerway (为运输火箭或宇宙飞船而建的)慢速道,爬行通道

crawling effect (1)蠕动效应,爬行效应;(2)(电视中)图像并行现象

crawling traction 履带牵引

crawlway 检查孔

craws 土质劣煤

crayon (1)粉笔,蜡笔;(2)(弧光灯的)碳棒;(3)勾轮廓,拟计划

craze (1)发丝裂纹,发丝裂缝,裂纹,龟裂,微裂,开裂;(2)使现裂纹

crazing 形成裂纹,细裂纹,开裂,龟裂

crazing mill 碎[锡]矿机

creak 辗轧声

cream (1)乳,膏;(2)水浆;(3)乳状悬浮液,油脂;(4)涂敷脂膏

cream of latex 胶乳

creaming (1)提取精华,使澄清;(2)形成乳状液;(3)使乳化

creaming of latex 胶乳的澄清

creasability 耐皱性[能]

creasable 耐皱的

crease (1)皱纹,折缝,折印;(2)弯曲,扭弯;(3)槽,沟;(4)使有皱纹,变皱

crease-proof 不皱的

crease retention 折缝耐久性

creaser (1)压折缝的器具;(2)圆形钉头型模

creasing (1)折缝;(2)柱的尖头;(3)扭曲;(4)增网目

creasing force 折皱力

creasing machine 折边机

creasy 多折缝的,有折痕的,变皱的

create (1)创造,创立,建立;(2)引起,产生,造成,形成

created signal 生成符号,引入符号

creation (1)创造;(2)创作,创成;(3)设置,设定,设立

creative 有创造力的,创造性的,创造的

creative design 创新设计

creative plan 造物图案

creatively 创造性地

creativeness 创造性

creativity 创造性

creator (1)创造者,设立者;(2)产生原因

credence (1)可信度,信任;(2)凭证,证件

credential 任凭的

credibility 可信性,可靠性,确实性

credible 可信的,可靠的

credibly 可信地

credit (1)电头,片头;(2)(印字中的)负号,负项;(3)予行补给量;(4)信贷

credit account 赊账,欠账

credit card 信用卡

credit line 信贷限额

credit note (=CN) 货出通知书,结存通知单,退款单

credit rating 客户信贷分类

credit restriction 信贷限制

credit sales 赊卖,赊销

credit system 赊购制度

credit transaction 赊购交易

creditability 可接受性,可信性,可信度

creditable (1)可信的;(2)认为是……的

creditor (1)债权人;(2)贷方,贷项

creditor country 债权国

creedite 铝氟石膏

creel 粗纱架,筒子架,经轴架,条筒架,[化纤]集束架

creel roller 退卷罗拉

creel spindle 特纱锭子

creel support 纱架托架

creeling 换纱筒,换筒子,换粗纱

creep (1)爬行,慢行;(2)滑动,打滑,潜滑,滑落;(3)潜伸,蠕变;(4)蠕流,塑流,塑性变形;(5)蠕动,缓慢移动;(6)频率漂移;(7)计数器空转;(8)蠕函数

creep compliance 蠕变柔量

creep condition 蠕变条件

creep curve 蠕变曲线
creep fatigue 蠕变疲劳损坏
creep fluidity 蠕变流动性,徐变流动性,蠕变流动度,徐变流动度
creep forming 预模压加热蠕变成型
creep life 蠕变破坏前的使用期限,蠕变寿命
creep limit 蠕变极限,蠕变极限
creep line 蠕变线,蠕流线
creep measurement 蠕变测定
creep of belt 皮带爬行,皮带打滑
creep of concrete 混凝土的蠕变
creep of the rails 轨道[的]爬行
creep path [电花]径迹
creep rate 蠕变[速]率
creep ratio 蠕变比
creep recovery 蠕变恢复
creep resistance (1)抗蠕变强度;(2)蠕动阻力,蠕变阻力,抗蠕变力
creep-rupture 蠕变破坏的
creep rupture 蠕变断裂
creep rupture strength (1)蠕变破裂强度,蠕变断裂强度;(2)持久强度
creep rupture test 蠕变破坏强度试验,蠕变断裂试验,持久试验
creep speed (1)蠕变速度;(2)爬行速度,慢行速率;(3)最低航速
creep state 蠕变状态
creep strain 蠕变应变,蠕变变形
creep strength 抗蠕变强度,蠕变强度
creep stress 蠕变应力
creep test (1)蠕变试验;(2)爬行试验
creep tester 蠕变试验机
creep testing machine 蠕变试验机
creep time curve 蠕变 - 时间曲线
creepage (1)蠕变,蠕动,徐变,爬行,滑移,(2)蠕动转速;(3)漏电,爬电,渗水
creeper (1)带形输送器,螺旋输送器,皮带输送器,上螺丝器,(2)定速运送器;(3)无极链,(4)挖泥船;(5)(供躺于汽车底下进行操作用的)小车,(6)四爪锚,打捞钩,探海钩
creeper tractor 履带式拖拉机
creeper traveller 爬升式起重机,爬行吊车
creepie-peepie (俚)便携式电视摄像机
creeping (1)蠕变,蠕动,潜动,塑流,滞缓,漂移,滑坍,(2)爬行,爬动,慢行;(3)[潜水艇]隐蔽航行,隐蔽接近;(4)(皮带的)打滑;(5)爬行的,徐进的,滞缓的
creeping crack 蠕变折裂,蠕变裂缝
creeping discharge 沿表面放电,蠕缓放电,潜流放电
creeping distance 沿[表]面蠕动距离
creeping flange 伸缩法兰
creeping motion 蠕动
creeping phenomena 蠕变现象
creeping pressure 蠕变压力
creeping resistance 蠕变强度,爬行极限
creeping strength 蠕变强度,爬行极限
creeping-wave return 漂móu波反射
creepless 无蠕变的,无徐变的
creepmeter 蠕变仪,蠕变计
creepocity 易蠕变性
creepy 爬行的,蠕动的
cremator (1)垃圾焚烧炉;(2)垃圾焚烧者
crena (复 crenae) 刻痕,切迹,裂
crenate 圆齿状的,切迹形的,扁形的
crenation 钝锯齿状的,圆齿状的
crenellated 锯齿状的
crenellation 锯齿状物
crenelle (1)斜面;(2)堡眼;(3)炮门,枪眼
crenulate 细圆锯状的,具小扇的
crenulation 微钝锯齿状
creosote (1)木材防腐油;(2)灌注木材防腐油
creosote oil 重质煤馏油,杂酚油
creosoted pile 用杂酚油防腐处理过的桩,油浸桩
creosoted timber 用杂酚油防腐处理过的木材
creosoting process 杂酚油防腐处理
crepe (1)皱[橡]胶;(2)皱绸
crepe paper 皱纹纸,
crepe rubber 皱纹薄橡皮板
crepitate 性碎裂声,发劈拍声
cresceleration 按幂级数增减的加速度,按幂级数变化的负加速度

速度规律性变化,幂次加速度
Crescent adjustable wrench 克雷氏可调扳手
crescent adjustable wrench 可调扳手
crescent cracking 月牙形开裂,推挤裂纹
crescent gear motor 月牙密封隔板式内齿轮[液压]马达
crescent-shaped 月牙形的,新月形的
crescent truss 月牙桁架
crescent-winged 镰形机翼的,新月形机翼的
crescent wrench 可调扳手
crescentic 新月形的,镰形的
cresol 甲氧甲酚,甲氧甲基,甲酚
cresol plastics 甲酚塑料
cresol resin 甲酚树脂
cresset 号灯,标灯
crest (1)齿顶面,齿顶,牙顶;(2)峰顶,峰,顶;(3)最大值,峰值,颠值;(4)振幅;(5)顶峰,高峰,波峰
crest ammeter 颠值安培计,峰值安培计,峰值电流计
crest amplitude 最高振幅
crest clearance (齿轮)端部间隙
crest curve 凸形曲线
crest factor 波峰因数
crest forward anode voltage 正向瞬时最大阳极电压
crest indicator 峰值指示器
crest inverse anode voltage 反向瞬时最大阳极电压
crest of screw thread 螺纹顶
crest of thread 齿顶
crest of wave 波峰
crest value 最大值,峰值,颠值
crest voltage 颠值电压,峰值电压,最大电压
crest voltage meter 颠值电压表,峰值电压表
crest voltmeter 峰值电压表,峰值伏特计
crest width [端面]齿顶厚
crestaloy 克雷斯达铬钒钢 (0.5%C, 1.5%Cr, 0.2%V, 余量 Fe)
crestatron (1)高压行波管;(2)行波管式垣磁电子束放大器
crestmorite 单硅钙石
crevasse (1)裂缝,裂隙,破口;(2)(双峰谐振)谐振曲线上部凹陷
crevasse crack 裂纹
crevet 熔壶
crevette 深黄粉红色
crevice 裂缝,缝隙,裂隙
crevice corrosion 裂隙腐蚀,隙间腐蚀
crevice-water 裂隙水
crew (1)队,小队,支队,班,组;(2)船员;(3)战斗飞行员,空勤人员;(4)战车乘员
crew boat 船员联络艇,交通艇
crew member 乘务人员,试验人员
crew module 宇航员舱,乘员舱
crew-space 船员舱
crewman (1)乘务员,船员;(2)炮手,坦克手;(3)飞机空勤人员,机组人员;(4)宇航员
crewmember 乘务人员,班组人员
crib (1)叠木框;(2)垛式支架;(3)插箱,箱子,盒子;(4)室,场,间,舱;(5)枕木
crib pier 木笼桥墩,叠木支座
cribber 支撑物
cribbing (1)下料,整形;(2)垛式支架,船枕撑材
cribble (1)粗筛;(2)粗粉;(3)筛;(4)粗的
cribwork 垛式支架,垛式支护
crichtonite 尖钛铁矿
cricondenbar 临界凝结压力
cricondentherm 临界凝结温度
criminal law 刑法
crimp (1)折边,弯边,卷边,翻边,(2)凸缘;(3)折皱;(4)皱纹,波纹,皱波,(5)皱缩,卷曲,收口,缩口;(6)使成波形,挤压变形,挤压,碾平,压扁,(7)束缚,限制,妨碍,障碍;(8)变硬了的,薄弱的,脆的
crimp-proof 不皱的
crimp roll 展幅辊
crimp seal 锯齿形焊缝
crimpage 发皱,卷
crimped lock 接线柱
crimped wire 皱纹钢丝
crimper (1)压紧钳,折波钳;(2)卷缩器,卷边机,卷曲机,压折器,折皱器,弯皱器;(3)折缝机
crimper and beader 折卷边缘器

283

crimping (1) 皱缩；(2) 夹紧；(3) 皱缩压制

crimping machine 卷边机，弯边机，轧波纹机

crimping plier 雷管夹钳

crimping roller 肋纹滚压机

crimple (1) 皱，折缝；(2) 缩紧，使紧缩

crimpness 蜷曲，蜷缩

crimson 深红色，绯红

cringle 索眼，索圈

crinkle (1) 皱，缩，波状；(2) 使皱，使缩；(3) 起趋，缩卷

crinkle finish 皱纹漆

crinkled 皱了的，缩卷了的

crinkling 使卷曲，使折皱

cripple 纵向挠曲变形，使无用，损坏，削弱

cripple scaffold 扶臂脚手架

crippled leapfrog test 记忆部件连续检查试验，跛跳式试验，踏步试验

crippling 局部失稳破坏，局部压屈，局部损坏，折曲，断裂

crippling load 破坏负载

crippling loading 临界荷载，断裂荷载

crippling strength 破损强度

crisis (复 crises) (1) 临界；(2) 决定性阶段，紧急关头，危机，危象；(3) 决定期，危险期，极期

crisp (1) 卷缩的，起皱的，起波纹的；(2) 脆的，易碎的；(3) 弄卷，起皱；(4) 烘脆；(5) 变脆；(6) 冻硬；(7) (纸坚韧而有) 脆声的

crispate 卷曲的，卷缩的

crispation 卷曲，卷缩，波动，收缩，短缩

crispatura 卷缩，短缩

crispen 使图像轮廓鲜明，使成波纹形，使卷曲，变卷曲

crispening 使图像轮廓鲜明，轮廓加重

crispening circuit [图像] 轮廓加重线路

crisper (1) 防蔫冰箱；(2) 卷线整理机

crisping (1) 匀边 (使图像轮廓鲜明)；(2) 匀边电路

crispy (1) 卷曲的；(2) 易碎的，脆的

criss-cross (1) 十字形的，交叉的；(2) 十字形，交叉，方格；(3) 形成十字形交叉，以十字线标示；(4) 相反方向地

criss-cross method 方格计数法，计方格法

criss-cross motion 交叉运动，交错运动

criss-cross structure 方格构造

crisscross grinding effect 交叉磨削效应

crisscross motion 交叉运动

Cristite 克利斯梯特合金

cristeria (单 criterion) (1)｛数｝判别法，判别式；(2) 准则，标准，规范；(3) 依据，判据；(4) 准数，指标，尺度，尺寸

cristeria of noise control 噪声控制要求

cristeria stability 准则稳定性

criterion (复 criteria) (1)｛数｝判定法，判别式；(2) 准则，标准，规范；(3) 依据，判据；(4) 准数，指标，尺度，尺寸

criterion for optimum design 最佳设计准则

criterion of optimality 最佳化准则

criterion register 判 [定] 标 [准] 寄存器

critesistor 热敏电阻

critical (1) 转折点的，临界的，极限的，危险的，危急的；(2) 决定性的，批判性的，关键的，鉴定性的；(3) 要求高的，严格的，中肯的；(4) 临界 [值]

critical angle 临界角

critical area (1) 临界区；(2) 关键部分

critical assembly 临界装置

critical behavior 临界状态

critical circle 临界圆

critical coefficient 临界系数

critical compression pressure (=CCP) 临界压缩压力

critical compression ratio (=CCR) 临界压缩比

critical compression strength 临界抗压强度

critical condition(s) 临界条件，临界状态，临界状况

critical constant 临界常数，临界恒量

critical cooling-off rate 临界冷却率

critical crack size 临界裂纹大小

critical cross-section 临界截面

critical current 临界电流

critical damage 严重损坏，致使损伤

critical damping 临界阻尼

critical damping oscillation 临界阻尼振荡

critical decision point (=CDP) 临界判定点

critical density 临界密度

critical design review (=CDR) 关键性设计检查

critical diameter 极限直径

critical dimension 临界尺寸

critical eccentricity 临界偏心距，极限偏心距

critical error 临界误差

critical form (结构的) 危形

critical frequency 临界频率

critical heat 转化热

critical load 临界载荷，临界负载，极限载荷，破坏负载，断裂负载

critical magnetic flux density 临界磁通密度

critical material 重要作战物质材料

critical micelle concentration (=CMC) 临界胶束浓度

critical moment (1) 临界力矩；(2) 临界时限；(3) 决定性时刻，关键 [性] 时刻；(4) 危机

critical operation 临界状态下运转，临界操作

critical part (1) 主要部件，主要机件；(2) 要害部位

critical path (1) 关键路径，关键线路；(2) 判别通路

critical path analysis (=CPA) (1) 关键路线分析；(2) 统筹分析

critical path method (=CPM) (1) 临界途径法；(2) 统筹方法；(3) 主要矛盾线路法，关键路线法，判别通路法

critical piece 关键性部件，主要部件

critical pigment volume concentration (=CPVC) 临界颜料体积浓度

critical point 临界点，驻点

critical point tester 相变点测定

critical potential 临界电势，中肯电势

critical pressure (1) 临界压力；(2) 临界压强

critical radius 临界半径

critical region 判别区域，临界区域，拒绝域

critical resistance 临界电阻，中肯电阻

critical size 临界尺寸

critical solution temperature (=CST) 临界溶解温度

critical speed 临界速度，临界速率，临界转速

critical speed of shaft 轴的临界速度

critical state 临界工作状态，临界状态，临界点

critical stress 临界应力，极限应力

critical table 判定表

critical temperature 临界温度

critical temperature range 临界温度范围

critical temperature resistor (=CTR) 临界温度电阻器

critical thickness (齿轮) 危险 [截面] 厚度

critical value 临界值

critical velocity 临界速度，临界流速

critical voltage 临界电压

critical volume 临界体积，临界容积

criticality 临界状态，临界性

criticality measurement (1) 临界 [状态] 测量；(2) 临界性

critically (1) 批判地；(2) 精密地；(3) 临界地

criticise 批评，批判，评论，鉴定

criticism 批评，批判，评论，鉴定

criticize 批评，批判，评论，鉴定

critique 批评，批判，评论，鉴定

crivaporbar 临界蒸汽压力

crizzling 表面缺陷

crobalt 克拉巴尔特铬钴钨钢

crocar 克拉卡铬钒钴硅钢

crochet (1) 编织器，织针；(2) 用钩针编织

crochet hood 钩针

crochet needle 钩针

crock (1) 瓶，缸，瓮，罐；(2) 破旧汽车；(3) 变得无用，变虚弱

crockery 陶瓷餐具，陶器，瓦器，瓦罐

crocodile (1) 鳄鱼皮革；(2) (英) "鳄鱼" 喷火坦克；(3) 形成交叉裂缝，龟裂

crocodile clip 鳄鱼夹

crocodile shearing machine 杠杆式剪切机，鳄口剪切机，鳄鱼剪 [床]

crocodile shears 杠杆式剪切机，鳄口剪切机，鳄鱼剪 [床]

crocodile skin (过烧钢酸洗后呈现的) 鳄鱼皮缺陷

crocodile type shears 鳄口剪切机，杠杆剪切机

croisite 铬铅矿

crocus (1) 金属氧化物研磨料，氧化铁研磨粉，磨粉；(2) 紫红铁粉 (三氧化二铁)

crocus cloth 细砂布

crodi 克拉迪铬钨锰钢 (0.35%C, 0.5%Mn, 1.2%W, 5%Cr, 余量Fe)

crolite 克罗赖特，陶瓷绝缘材料

Croloy 铬钼耐热合金钢

croma 克拉马铬锰钢 (0.35%C, 1.0%Cr, 0.8%Mn, 余量Fe)

cromadur 克拉马杜尔铬锰钒钢 (0.15%C, 18%Mn, 12.5%Cr, 1%V, 0.2%Ni, 余量 Fe)

cromal 克拉马尔铝合金 (含 Cr, Ni, Mn)

Cromalin 铝 [合金] 电镀法

croman 克拉曼铬锰钼硅钢

cromansil 克拉曼西尔铬锰硅钢

crometry (1) 低温计量学；(2) 低温测量

cromovan 克拉莫凡铬钼钒钢 (1.4%-1.7%C, 12-14%Cr, 0.5-1.0%Mo, 1-1.5%V, 余量 Fe)

Cromwell (英)"克伦威尔 I"型坦克

cronak method 常温溶液浸渍法 (锌防蚀法)

cronifer 克拉尼非镍铬铁合金

Croning process 克罗宁法，壳形铸造法

croning process 壳形铸造 [法]

cronit 克拉尼特镍铬合金 (60%Ni, 40%Cr)

cronite 克拉耐特镍铬铁合金

cronix 克拉尼克斯镍铬合金 (80%Ni, 20%Cr)

cronizing 壳形铸造 [法]

crook (1) 角端钩，火钩，锅钩，钩；(2) 弯曲部分，曲处

crooked 弯曲的，弯倒的，扭曲的，歪的，斜的

Crookes tube 克鲁克斯阴极射线管，克鲁克斯放电管

Crookesite 硒铊银铜矿

crop (1) 钢锭的收缩头，剪料头，切 [料] 头，废料，(2) 剪切，修剪，切料；(3) 删辑，剪辑，(4) 作物，庄稼

crop chute 切边滑槽，切头溜槽

crop end 切头，切尾

crop of cathode (电解) 阴极剥落物

crop-planting machine 栽种机

crop shears 剪料头机，切料头机

crop-tillage machine 作物耕作机

cropped (1) 剪修了的，(2) (印刷) 裁切不齐的

cropper (1) 剪料头机，切料头机，剪切机，截断器；(2) 收割机，收获机

cropping (1) 截弃，截短，剪切；(2) 修剪，修整；(3) 切料头，切料；(4) 清除铸锭顶部杂质

cropping die 切边模

cropping shear 切料头机，剪料头机

cropping shears 切线剪

croquis 草图

cross (1) 十字架，十字形物；(2) 十字轴，十字头，十字形；(3) 四通 [管]；(4) 交叉，横过，穿过，跨越，跨过；(5) 交叉的，相交的，横 [向] 的；(6) 交扰 (电)；(7) 直角器；(8) 延展线，绞线，混线；(9) 余矢量

cross addition 交叉相交

cross advance 横向进给，横向进刀

cross air blasting 横向吹风，侧吹风

cross ampere turns 交磁安匝 [数]

cross and top slides 纵横刀架滑板

cross-arm 腕木，横臂，横担

cross arm 横臂，横撑，横担，托架

cross axle 横轴

cross balancing 十字平衡

cross-banding (1) 交向排列；(2) 交叉结合；(3) 频率交联

cross-bar (1) 四通 [管]；(2) 十字杆件；(3) 横杆，横木；(4) 顶梁，横梁

cross bar (1) 横臂，横杆；(2) 十字横梁；(3) 纵横开关

cross-bar system 纵横制系统

cross-beam 大梁，横梁

cross beam 中间横梁，辅助横梁，主横梁，横肋梁

cross-bearer 支持炉格的横杆

cross bearer 横梁，横撑

cross bearing (1) (锥齿轮) 偏接触；(2) 交叉探向，交叉方位，交叉定位

cross-bearings 交叉方位法

cross beats 交叉差拍

cross-bedded 交错层状

cross-bedding 交错层理，斜层理

cross belt 交叉皮带

cross bending 横向弯曲

cross bit 十字钻头，星形钻头

cross-blast explosion pot 正交喷吹灭弧盒

cross-blast oil circuit breaker 正交喷吹油断路器

cross board 转换 [配电] 箱，转换配电盘，配电开关板，交叉板

cross board hut 转换 [配电] 盒

cross bond (1) 交叉轧线；(2) 十字形捆并；(3) 交联键

cross boring 横向镗孔

cross box 交叉分线箱，转换箱

cross brace (1) 横撑柱，斜撑柱；(2) 交叉拉条，交叉支撑，横拉条，横撑

cross-bracing 交叉连接，交叉联接

cross bracing 交叉联 [接]，十字支撑

cross break [木材] 横纹开裂，横向断裂

cross breaking 横断

cross breaks [带卷开卷时形成的] 横折，折纹

cross-bridge 交联桥，横桥

cross bridging 搁栅斜撑，交叉撑

cross-bunton (井筒) 横罐道梁

cross burn (荧光屏) 对角线烧毁，X 形烧伤

cross-check 互相校对，交叉核对，互交检

cross check 交错检查，交叉检验，互相核对

cross chisel 十字凿

cross-circulation 交叉循环

cross coil 交叉线圈

cross-colo(u)r 信道中交调失真引起的颜色失真，串色

cross colo(u)r 信道中交调失真引起的颜色失真，串色

cross complier 交叉编译程序

cross component force 侧向分力

cross-compound 交叉双轴式的，并联复式的

cross compound 并列多缸式

cross-compound blowing engine 复式鼓风机

cross compound compressor 并列复式压气机

cross compound gas turbine 并联复式汽轮机

cross compound locomotive 双缸复胀机车

cross-compound turbine 交叉双轴式涡轮机，交叉复式涡轮机，并联复式涡轮机

cross conjugation 交叉共轭

cross-connected 交叉连接的，横向连接的

cross connected windings 交叉连接绕组

cross connection (1) 交叉接线，交叉连接，交叉接合；(2) 线条交叉；(3) 十字接头

cross connector 十字接头

cross contact (锥齿轮) 偏接触

cross control 交叉控制 [系统]，交叉操纵

cross control-rod 十字形控制杆

cross correlation 互相关 [联]

cross correlation function 互相关函数

cross-country billet mill 越野式坯料轧机

cross-country car 越野汽车

cross-country truck 越野载重车

cross-coupling (1) 交叉耦合，交互耦合；(2) 交叉干扰；(3) 相互作用，交感作用

cross coupling (=CC) (1) 交叉耦合，正交耦合，互耦；(2) 相互干扰，相互作用

cross crack 横裂纹

cross-current (1) 交错流；(2) 横向流，正交流；(3) 涡流，逆流

cross curve 交叉曲线，十字线

cross-cut (1) 横切，横割；(2) 交叉锉纹

cross-cut chisel 横切凿，扁尖錾

cross-cut end 横切端头，端头表面

cross-cut file 交割纹锉，交纹锉，双纹锉

cross-cut saw 横割锯

cross cutting 横向切削，横切

cross-cutting chisel 窄凿

cross-cutting machine 横向剪毛机，纬向剪绒机

cross cutting saw 横切锯床，横切锯

cross cutting system (=CCS) 斜交切割法

cross-derivative 交叉导数

cross detection 交叉检测

cross direction (=CD) 横向

cross draft gas producer 平吸式煤气发生炉

cross drainage 横向排水，交叉排水

cross drilling 横向钻孔

cross drilling attachment 横向钻孔附件

cross dyeing 交染

cross-effect 交叉效应

cross-elasticity 二次弹性

cross-energy density spectrum 互能密度谱

cross entry 对销记录，抵消转入，转记入

cross-equalization 互均化

cross exchange 通过第三国汇付的汇兑

285

cross-fade (1) 交叉衰落；(2) 匀滑转换, 平滑转换；(3) 叠像渐变
cross fade (=CF) (1) 交叉衰落；(2) 匀滑转换, 平滑转换
cross-feed (1) 交叉馈电；(2) 交叉进给, 横向送进
cross feed (1) 交叉馈电, 交叉供电, 串馈；(2) 横向进给, 横向进刀
cross-feed control lever 横向进给控制手柄, 横向进刀控制手柄
cross-feed device 横向进给装置, 横向进刀装置
cross-feed screw 横向进刀螺杆, 横向进刀丝杠
cross feed screw 横进刀丝杠
cross-feed screw crank 横向进刀螺杆曲杆, 丝杆曲柄
cross-feed screw handle 横向进刀丝杆手柄
cross feed unit 十字滑台
cross-feeding turret lathe(s) 横移移转塔车床
cross-field (1) 交叉磁场, X 磁场；(2) 交叉场, 正交场
cross field 交叉 [磁] 场
cross-field amplifier 正交场放大器
cross-field-devices 正交场器件
cross-field type D.C. machine 交轴磁场型直流电机
cross file 椭圆锉
cross filing 交锉法, 横锉
cross-fin 十字形安定面
cross fire (1) 交叉射击；(2) 串扰
cross-fissured 有内裂纹的
cross flight 横刮板
cross-flux (1) 交叉磁通, 正交磁通, 横向磁通；(2) 横向通量, 正交通量
cross-folding 交错褶皱
cross force 横向力
cross form 横向模板
cross-frame 交叉连架
cross frame 十字框架, 交叉架, 横撑架
cross-frogs (铁路) 交叉辙叉
cross front 镜头横移装置
cross-garnet 丁字形蝶铰
cross gate (铸) 横浇口, 横浇道
cross girder 横梁
cross-grained (1) 纹理不规则的, 垂直木纹的, 扭丝的；(2) 交叉转位的
cross-grooved cam 交叉槽凸轮
cross hair 瞄准线, 十字线, 十字丝
cross hair ring 十字丝环
cross hairs 交叉丝
cross handle 十字手柄
cross-hatch 划交叉截面线, 划交叉阴影线
cross hatch (1) 双向影线, 交叉影线, 网状线, 断面线, 剖面线；(2) (珩磨) 网纹
cross-hatch generator 交叉影线发生器
cross-hatch pattern (1) 网状光栅；(2) 棋盘格测试图, 方格测试图
cross hatch signal generator 网状线信号发生器, 栅形场振荡器
cross-hatched 交叉影线的
cross-hatching (1) 交叉影线, 横梁线；(2) 断面线, 剖面线
cross hatching 剖面线, 断面线
cross head 十字头
cross head arm 十字头臂
cross head gib 十字头扁栓
cross head guide 十字头导承, 滑块导向器
cross-head guide bar 十字头导杆
cross head guide bar 十字头导杆
cross head key 十字头键
cross head pin 十字头销
cross head rivet 十字头铆钉
cross head shoe 十字头闸瓦
cross head wrist pin 十字头关节销
cross heading (1) 工作区间通道；(2) 小标题
cross helical gear 螺旋齿轮, 交错轴斜齿轮
cross index 前后参照索引
cross information 非纵信息
cross joint (1) 四通, 十字接头；(2) 交叉连接
cross key 横向键
cross knurling (1) 交叉滚花；(2) 交叉滚花刀
cross knurls 交叉滚花刀
cross knurls tool 交叉滚花刀具
cross-laminated (层板) 交叉层压的
cross-level 正交水平面
cross-lights 交叉光线

cross-like 十字形的
cross-line 交叉线, 正交线, 读数线
cross line 交叉线, 十字线, 正交线
cross-link (1) 横向连接；(2) 横向耦合, 交叉耦合；(3) (聚合物) 交联键
cross link 交联, 交锁
cross-linkage (1) 交叉链系；(2) 交键, 交联 [度]
cross-linking 交联
cross linking 交联
cross magnetization 正交磁化
cross-magnetizing 正交磁化
cross magnetizing effect 正交磁化效应
cross magnetizing field 正交磁化场
cross-manifold 交叉管道
cross mark (1) 十字痕迹, 交叉痕迹；(2) [珩磨] 网纹
cross-member 横向构件, 横梁构件, 交叉形构件
cross-modulation 交叉调制, 交扰调制, 相互调制
cross modulation 交叉调制, 交扰调制, 相互调制
cross motion 横向运动
cross-mouthed 十字头的
cross mouthed chisel 十字头凿
cross movement 横向运动
cross-multiplication 交叉相乘
cross-neutralization 交叉中和
cross office switching time 局内交换时间
cross-office transmission 局内传输
cross-notching 对开槽
cross-over 交叉, 跨接, 跨越
cross-over drive 横向传动
cross-over frequency 交叉频率
cross-over pipe 架空管
cross-over transition 跨接跃迁
cross-over valve (=COV) 十字阀
cross-patched 交叉修补的
cross-patching 交叉配线
cross peen 横锤头
cross peen hammer 横头锤
cross piece (1) (轴承保持架) 立框；(2) 过梁
cross-pin 横钉
cross pin (1) 十字轴, 十字头销；(2) 横销, 插销
cross pin type joint 十字轴形接头, 万向节头, 万向节
cross pipe 十字管接头, 十字 [头] 管, 四通管接头
cross plane 横切面, 横剖面
cross plot 综合图表
cross-ply (轮胎) 交叉帘布层
cross point 交叉点, 相交点
cross-pointer needle 交叉指针
cross-pointer instrument 双针式测量仪表
cross polarization 交叉极化, 正交极化, 干扰极化, 交叉偏振
cross position interference 交叉位置干涉
cross-power 互功率
cross power 互功率
cross-power density spectrum 互功密度谱, 互功率谱
cross prisms 正交棱镜
cross-product 交叉分量, 叉积
cross product 向量积, 矢积, 叉积
cross profile 横剖面, 横断面
cross protection 防止碰线, 防止混线
cross-pumped 交替泵轴的
cross-purposes (1) 相反的目的；(2) 反对的计划, 相反的计划
cross rail (1) 横轨, 横导轨；(2) 横梁, 横档
cross rail clamp 横向导轨夹
cross rail elevating device 横向轨升降装置
cross rail elevating mechanism 横向轨升降机构
cross rail head 横导轨进刀架
cross rail side gear box 横导轨侧面齿轮箱
cross rate 同第三国外汇牌价, 套汇率
cross ratio 非调和比, 交比, 重比
cross recess head screw 十字头槽螺钉
cross-refer 交相参照, 前后参照
cross-reference 使相互对照, 交叉对照, 前后参照, 互见
cross reference (1) 相互对照, 交叉引证, 前后参照；(2) 交叉关系, 相互关系
cross referencing 交叉关系, 相互关系

cross-rib　横肋
cross rib　横肋
cross-ringing　交扰振铃
cross-riveting　十字形铆接, 交叉铆接
cross riveting　交叉铆接
cross-rod　(1)(钩头链节的)横轴;(2)轴颈;(3)横向钢筋
cross rod　十字杆, 横杆
cross-rod of reinforcement　横向钢筋
cross roll　横轧辊
cross-roll straightening machine　斜辊横矫直机
cross roller chain　横向滚柱链
cross rolling　横轧
cross rolls　斜置轧辊
cross saddle　十字拖板
cross screw　左右交叉螺纹
cross-section (=crs)　(1)有效截面,横截面,横断面;(2)剖面图,断面图;(3)横切片,样品,抽样,典型
cross section (=CS)　(1)有效截面,横剖面,横截面,横断面,剖面,截面,断面;(2)断面图;(3)样品,抽样,典型
cross section area　切面面积
cross-section diagram　断面图
cross-section paper　方格纸
cross section paper　方格纸
cross-section sheet　方格纸
cross section sheet　方格纸
cross-sectional　横截面的,横断面的,横剖面的
cross-sectional area　横剖面面积,横截面面积,截面积
cross sectional area　横剖面面积,横截面面积,断面面积
cross sectional area of the pass　通切层横截面面积
cross-sectional drawing　横剖面图
cross-sectional view　横断面视图,横断面图,剖视图
cross-sectioned　用交叉线划成阴影的
cross set　条纹排列
cross-shaft　横轴
cross shaft　横轴
cross shearing machine　横向剪毛机,纬向剪绒机
cross simulator　交叉模拟程序
cross slab　横隔板
cross sleeper　轨枕
cross-sleeper　轨枕
cross sleeve　十字套筒
cross slide　横刀架,横拖板,大刀架,横向滑板,横向溜板,平面拖板
cross slide carriage　横刀架
cross slide circular table　横向滑板回转工作台
cross slide coupling　十字滑块联轴器
cross slide feed cam　横向滑板进给凸轮
cross slide mechanism　横向滑板进刀机构
cross slide rest　横刀架
cross slide rotary table　横向滑板回转工作台
cross slide screw　横向滑板螺杆,横动[工作]台丝杠
cross slide table　横向移动[十字]工作台,横滑板工作台
cross slide tool box　横滑板刀具箱
cross slide tool carriage　横刀架
cross slide tool head　横刀架
cross-slide way　横向导轨
cross slider　交叉滑块
cross-slider crank chain　交叉滑块曲柄连杆机构
cross sliding type　横移式
cross-slip　交叉滑移
cross-spale　临时撑木
cross-spectrum　互谱图,互频谱
cross spread　十字排列
cross spring　横弹簧
cross staff　十字杆
cross steering　横转向装置
cross steering device　横[向]转向装置
cross-stitch　(1)十字开关;(2)用十字针法编织的织物,十字针法
cross-stitched belt　交叉接头带
cross-stratification　交错层理
cross streak method　交叉划线法
cross-strike　交叉走向
cross strut　交叉连接,剪刀撑
cross substitution　交叉置换
cross-switch　十字开关

cross symmetry　交叉对称
cross table　十字工作台,横向移动工作台
cross table travel　十字工作台移动
cross talk (=CT)　(1)[磁]复印;(2)串话,串音
cross-term　{数}截项
cross-tie　(1)枕木;(2)轨距联杆,横向拉杆
cross tie　(1)轨枕;(2)轨距联杆,横向拉杆
cross tooth bearing　轮齿对角接触区,轮齿对角承载区
cross-track　联络测线
cross trade　买空卖空
cross traffic　横向交通,交叉车流
cross transverse feed gear　横向进刀装置
cross travel of horizontal spindle box　水平主轴座横向行程
cross travel of threading tool rest　车丝刀架横向行程
cross tripping　交叉断路法
cross-tube　横管的
cross turbine　并联复式涡轮机
cross-type　交叉型的
cross-under　(1)交叠;(2)穿接;(3)(布置在涡轮下面的)交叉管,横跨管
cross valve　三通阀,转换阀
cross-variance　交互方差
cross-variance function　互方差函数
cross ventilation　十字通风,前后通风
cross-viscosity coefficient　第二粘性系数
cross walk　人行横道
cross wall　隔墙
cross weld　横向焊接
cross-wire　十字准线,十字线
cross wire　(1)十字交叉线,十字丝,十字线,交叉线,叉丝;(2)瞄准器
cross wire welding　十字交叉线材的焊接
cross-wise　交叉的,成十字形的,十字状
cross with side branch　侧口四通
cross-wood　电柱腕木
crossable　可[横向]通过的,可穿过的,可跨越的
crossarm　横臂,横架,支架
crossarm brace　横臂拉条,固定件,交叉撑,紧固物
crossband　(1)交叉频带的;(2)中板;(3)交错传动;(4)纤维互相垂直的
crossband operation　不同频率的发送与接收,跨频率的发送与接收,交叉频带工作,频带交叉连接
crossband principle　不同频率收发原理,多频收发原理
crossbanding　频率交叉,频率交联,交叉结合,交向排列
crossbanding principle　不同频率收发原理
crossbar　(1)横臂,横梁,横杆,横木;(2)(起重机)挺杆,门闩;(3)十字架,十字头;(4)四通接头,十字管,四通管
crossbar connector　纵横连接器,纵横接线机
crossbar contact point　纵横制交换机接点,横条式接点
crossbar of the moulding box　{铸}箱筋,箱挡
crossbar selector　纵横制选择机,坐标选择机
crossbar switch　(1)纵横机;(2)纵横接线器,十字开关
crossbar system　纵横制,交叉制,坐标制
crossbaring　安顶梁,安置横梁
crossbars　十字格版框
crossbeam　平衡杆,天平梁,十字梁,大梁,横梁,横桁
crossbinding　横向连结,交叉联
crossbit　十字形钻头
crossbite　咬合错位
crossbolt　(1)左右交叉螺栓;(2)双向锁簧
crossbow　弩
crossbreaking　横断,横切,横裂
crossbreaking strength　挠曲强度
crossbuck　叉标
crosscheck　交叉检验
crosscorrelation　互相关[联],相互关系,交互作用
crosscountry vehicle　越野汽车
crosscurrent　交叉气流
crosscut　横切
crosscut saw　横割锯,截锯
crossed　(1)十字[形]的,交叉的,交错的,相交的,对侧的,横向的;(2)勾销的,注销的;(3)划线的;(4)遭反对的,受挫折的
crossed axes　相错轴,交叉轴
crossed-axes angle　轴交角(两轴相交),轴间角(两轴交错)
crossed-axes shaving method　交叉轴剃齿法

287

crossed belt 交叉皮带,合带
crossed belt drive 交叉皮带传动
crossed check 划线支票
crossed control 交叉控制 [系统],交叉操纵
crossed core type 交叉铁心式,闭合铁心式
crossed electric and magnetic field 交叉电磁场
crossed-field amplifier 交叉场放大器
crossed-field backward-wave oscillator 交叉场返波振荡器
crossed-field device 交叉场器件
crossed-field multiplier phototube 交叉场光电倍增器
crossed grooves 交叉槽
crossed helical gear 交错轴斜齿轮,螺旋齿轮
crossed helical gear device 交错轴斜齿轮传动 [装置]
crossed helical gear pair 交错轴斜齿轮副,螺旋齿轮副
crossed helical gear system 交错轴斜齿轮系
crossed helical gearing 交错轴斜齿轮传动装置
crossed helical gears 交错轴斜齿轮装置
crossed helical gearset 交错轴斜齿轮装置
crossed Nicols (1)正交尼科耳棱晶;(2)正交偏振
crossed oil grooves 交叉油槽
crossed products 交叉乘积
crossed roller chain 交叉滚子链
crossed shafts 交错轴,相错轴,交叉轴
crossed shock waves 横向激波
crossed slider chain 交叉滑块铰链机构
crossed strain 交错应变
crossed twinning 十字双晶
crosser (1)垫木;(2)绳索机
crossette (1)突肩;(2)螺旋状支柱
crossfall 横 [向] 坡 [度],横斜度
crossfeed (1)交叉馈电,交叉供电,串馈;(2)交叉进给,横向送进;(3)交叉馈给;(4)串音
crossfire (1)串报,串像;(2)串扰电流;(3)交叉射击,交叉火力;(4)交叉火焰
crossflame tube 联焰管
crossflow (1)横向流动,交叉流动,正交流动;(2)横向气流,交叉气流
crossflow turbine 双击式水轮机
crossfoot (1)横尺,横计;(2)用不同计算方法核对总数,交叉相加,交叉结算,横算
crossgirder 横梁
crosshair 十字准线,交叉标线,瞄准线,十字丝,交叉丝,叉丝
crosshairs (=reticle) [瞄准镜] 十字线
crosshatch 双向影线,网状线
crosshatching 横梁线
crosshaul 横向装运
crosshauling 交叉运输
crosshead (1)十字结联轴节,十字接头,十字头,丁字头,横头;(2)滑块,滑架,横梁;(3)小标题
crosshead arm 十字头臂
crosshead links 十字头联杆
crosshead pin 十字头销
crosshead shoe 十字滑块
crosshead slipper 十字滑块
crossheading (1)十字结联轴节,十字接头,十字头,丁字头,横头;(2)滑块,滑架,横梁;(3)小标题
crossing (1)转辙叉;(2)线路交叉,交叉,相交;(3)划十字,划线;(4)跨接;(5){ 轧 } 交互捻;(6)横越,横渡,横切,横断,横过,越过;(7)反对,阻挠;(8)交叉的;(9)交叉绕线,斜绕;(10)十字形摇架
crossing angle of wires (钢丝绳股内相邻层内)钢丝交咬角
crossing at grade 平面交叉
crossing at right angles 直角交叉
crossing at triangle Y 形错位式交叉,三角形交叉
crossing bridge 天桥
crossing course 交叉航向,横向航向
crossing curved blades snips 双弯刃剪
crossing error 交错 [轴] 误差
crossing guy 十字拉线
crossing helical gear [单向] 斜齿圆柱齿轮,[单] 螺旋齿轮
crossing helical gear pair [单向] 斜齿圆柱齿轮副,[单] 螺旋齿轮副
crossing insulator 跨越绝缘子
crossing of conductors with connection 杆上交叉
crossing of conductors without connection 滚式交叉,杆档交叉
crossing of dislocations 位错的切割
crossing of lines 路线交叉

crossing point 交 [叉] 点
crossing point of axes (交错轴,交叉轴)轴线交点
crossing pole 跨越杆塔
crossings 交叉口
crossjack (1)后桅下桁;(2)后桅下桁的帆
crosslet 小十字 [形]
crosslights 交叉光线
crossly 横,逆
crossmember (1)横构件;(2)(车架的)横梁
crossmodulation 交叉调制
crossover (1)交叉,交迭,相交,换向,交换;(2)交换型;(3)最近越渡点(电子束相交区的最小截面);(4)剪式转线轨道,复式转线轨道;(5)截面,切面,剖面;(6)切断,切割;(7)跨接,跨越,渡越,窜渡;(8)电子束相交区最小截面,电子束交叉点,光线交叉点,束交点,交叠点,间距,间隔;(9)相交绕线,转线轨道,交叉指针式,跨线桥
crossover coil 圆柱形线圈,交叉线圈
crossover distance 超前距离
crossover distortion 交叉畸变
crossover filter (1)交叠滤波器;(2)分频器
crossover frequency 分隔频率,过渡频率,窜渡频率,区分频率,交界频率,交岔频率
crossover gasoline valve 重叠的汽油阀
crossover interference 交换干涉
crossover level 渡越能级
crossover line 转线管路
crossover network 交叉网络,分频网络,选频网络
crossover pipe 架空管,横通管,容汽管
crossover point 立体交叉点,相交点,跨越点,交零点,换向点
crossover region (电子束)交叠区,交叉区
crossover spiral 交绕螺旋,过渡 [纹] 槽
crossover transition (小间隔能级间的)直接跃迁,跨越跃迁,越级跃迁
crossover value 互换值,交换值
crossover valve 交换阀,转换阀
crossover voltage 交叉电压
crosspatched 交叉修补的
crosspiece 横梁,横档,腕木
crossplot 交会图
crosspoint 交叉点,相交点,穿过点
crosspointer 交叉指针
crosspointer indicator 交叉指针式指示器,双针指示器
crosspointer instrument 交叉指针式仪表,双针式测量仪表
crossrail (1)横导轨;(2)横梁
crossrange (1)侧向,横向;(2)横向距离
crossshaft 横轴
crosstalk (1)串话干扰,串话,串音,串线,串扰,串馈;(2)相互影响,相互干扰,交扰;(3)交调失真;(4)道间感应
crosstalk coupling 串话耦合,串音耦合,串扰耦合,串讯耦合,混讯耦合
crosstalk damping rings 串话阻尼环,防串话环
crosstalk-proof 防串话的,防串音的
crosstalk signal 串话信号,串音信号
crosstalk unit (=CTU) 串音单位
crosstell (1)对话;(2)交换情报,互通情报
crosstie (1)枕木,垫木,轨枕;(2)横向拉杆,交叉系杆,轨距联杆
crosstrail (投弹的)横 [向] 偏移
crosstree 桅楼横木
crossunder 穿接
crosswalk 人行 [横] 道
crosswalk line 人行横道线
crossway slide 横向滑移
crossways (1)横,斜;(2)成十字状,交叉;(3)对角的;(4)相反地;(5)成十字形的,横向的,对角的,交叉的
crosswise (1)横,斜;(2)成十字状,交叉;(3)对角的;(4)相反地;(5)成十字形的,横向的,对角的,交叉的
crosswise movement of saddle 鞍架横向运动
crotch (1)弯螺脚,弯钩,叉杆;(2)(电缆)丁形终端接续套管,Y 形接管;(3)叉状物,Y 叉头,叉架
crotchet (1)钩状物,Y 架,叉柱,小钩;(2)扰动;(3)方括号
crotorite 克拉托里特铜镍铝合金,耐热耐蚀铝青铜(铜 89.5%,磷 0.06%,铁 0.56%,镍 6.32%,铝 3.05%,锰 0.62%)
crow 起货钩,撬棍,撬杆,撬杠,铁撬
crow-bar 带尖爪的撬棍,铁撬,撬棍
crow bar 弯头撬杠,撬杆
crow coal 土质劣煤

crow-fly distance 直线距离

crow foot bar 撬棍

crow foot crack 爪形裂缝

crow-foot cracks 皱裂

crow-foot longitudinal cracks 爪形纵裂纹

crow foot spanner 爪形扳手

crowbar (1)起货钩,撬杆,撬棍,撬杠,铁撬;(2)撬杆电路,消弧电路;(3)急剧短路,断裂,撕裂

crowbar circuit 急剧断路线路,消弧电路,保安电路

crowbar current 短路电流

crowd (1)大批,大量,许多,一群;(2)群集,密集,聚集,积聚,拥挤,挤满,塞满,装满,堆满;(3)急速前进,逼近

crowd-and-dig 推压挖掘

crowded (1)充满了的,挤满的,拥挤的,塞满的;(2)紧靠的,密集的;(3)经历丰富的

crowder 沟渠扫污机

crowding 加密,加浓

crowding effect 集聚效应

crowfly distance 直线距离

crowfoot (1)防滑三角架;(2)打捞钻杆的工具;(3)铁蒺藜,铁条网;(4)吊索

crowfoot crack 爪形裂缝

crowfoot elevator 打捞工具

crown (1)(锥齿轮)轮冠,齿冠,齿尖;(2)冕状齿轮,外径边缘,凸轮缘,轮周;(3)最高点,顶部,顶点,顶峰;(4)轧辊凸面,隆起部,凸面,隆起;(5)凸度;(6)压力机横梁;(7)顶架,炉顶,炉盖;(8)冕牌玻璃

crown backing 锥齿轮齿顶圆至基准定位面轴向距离

crown bar 顶杆

crown bar pin 顶杆销

crown block 定滑轮,顶部滑轮

crown cage (轴承)冠形保持架

crown circle (锥齿轮)冠圆,顶圆

crown drill 顶钻

crown filler 上等填料

crown gear (1)(锥齿轮)冠轮,冕状齿轮,平面齿轮;(2)差动器式伞齿轮

crown gear coupling 冕形齿联轴节

crown gear mechanism 冠轮传动机构

crown gear tooth 冠轮轮齿

crown gear unit 冠轮传动装置

crown gearing 冠轮传动装置

crown gears 冠轮传动装置

crown glass 上等厚玻璃,无铅玻璃,冕牌玻璃

crown hinge 顶铰

crown head piston 凸顶活塞

crown nut 槽顶螺母,槽形螺母

crown of furnace 炉顶

crown plate 顶板,冠板

crown post 桁架中柱

crown retainer (轴承)冠形保持架

crown saw 筒形锯,圆筒锯,圆孔锯

crown shaving 一般剃齿,习用剃齿,纵向剃齿

crown sheave (1)天车轮;(2)冠轮

crown sheet 顶板,冠板

crown to back (锥齿轮)冠轮距,冠基距(齿冠至基准端面距离)

crown to crossing point (锥齿轮)齿冠至轴相错点距离,安装距

crown top of burner 灯帽

crown unit 冠轮传动装置

crown-wheel 冕状[齿]轮

crown wheel 冕状齿轮,平面齿轮,冠轮

crown wire (钢丝绳)表面钢丝,外层钢丝,冠丝

crownblock 天车,冠轮

crowned flank 鼓形齿面

crowned pulley (1)凸面滑轮;(2)天车轮

crowned roller (轴承)凸度滚子

crowned roller path (凹度滚子轴承的)凸面滚道

crowned spline 鼓形花键

crowned tooth bevel gear 鼓形齿锥齿轮

crowned tooth contact 鼓形齿接触

crowned tooth mechanism 鼓形齿机构

crowned tooth of longitudinal correction 沿齿宽修形的鼓形齿

crowngear (1)冕状齿轮,平面齿轮,冠轮;(2)差动器侧伞齿轮

crownglass 冕牌玻璃

crowning (1)(齿轮)鼓形修整,齿宽方向修缘;(2)凸面加工,凸鼓加工,鼓形化;(3)隆起面,凸起,凸面,凸度,鼓形

crowning attachment 鼓形修整夹具,凸度加工装置

crowning curve 冕状曲线,鼓形曲线

crowning height 鼓形量高度

crowning mechanism 鼓形修整机构

crowning of pulleys 皮带轮凸面

crowning set (1)凸面加工装置,中凸度磨削装置,中高磨削装置;(2)(轧辊磨床的)模仿装置

crowning shaving 鼓形剃齿法

crowning tooth bearing 鼓形齿面的接触区,鼓形齿面的承载区

crownshaft 冠轴

crowntree 小枕木

crow's-foot (crow's feet) (1)打捞钻杆的工具;(2)防滑三角架;(3)铁丝网,铁蒺藜;(4)(帐蓬用)吊索

crow's nest 桅顶了望台

crowsfeet 三角钉,刺钉

croystron 固态器件

croze (1)栓槽;(2)凿槽工具

crozzling (过烧钢酸洗后所呈现的)鳄鱼皮缺陷

CRP process 连续精炼法(不锈钢熔炼系与电炉双联的精炼方法之一)

CRT-photo chromatic film projection (光)变色膜显像管投影

crucial (1)紧要关头的,关系重大的,极困难的,决定性的,关键的,严酷的;(2)十字形的,交叉的

crucial moment (1)临界力矩;(2)紧要关头,关键时刻,危机

crucial test 决定性试验,判决试验

cruciate (cruciatus) (1)十字形的;(2)交叉的

crucible (1)坩埚,熔埚,熔炉;(2)炉缸;(3)结晶器

crucible furnace 坩埚炉

crucible stand (坩埚)炉底

crucible steel (=CS) 坩埚钢

crucible support (坩埚)炉底

crucible tongs 坩埚钳

crucible top 坩埚的保温盖

crucible trolley 坩埚推车

crucibleless 无坩埚的

cruciform 十字形的,交叉形的

cruciform cracking test 十字接头抗裂试验

cruciform of rudders 十字形舵

crucishaped 十字形的,交叉形的

crud (1)(化工)积垢;(2)掺和物,杂质

cruddy 透光不均匀的

crude (1)未经加工的,未完成的,不完善的,原始的,原状的,天然的,粗糙的,粗制的;(2)天然物质,原油

crude asbestos 未加工石棉,原石棉,生石棉

crude distillation 原油蒸馏

crude material(s) 原料

crude oil 原油

crude oil engine 原油发动机,柴油机

crude petroleum 重油

crude product 半制成品

crude regulation 粗调

crude rubber 生橡胶

crude steel 未清理钢,粗钢

crude tar 粗焦油沥青,粗柏油,生柏油

crudes (1)原油;(2)原矿

cruise 巡航,巡逻,航行

cruise component 主飞行级,巡航级

cruise midcourse (导弹飞行)中段

cruise missile 飞航式导弹,巡航导弹

cruise path (1)远程导弹的主动段弹道;(2)巡航导弹

cruise phase 巡航[飞行]阶段,主动段

cruise terminal

cruiser (1)巡洋舰;(2)远程导弹;(3)勘测者,调查员

cruising 巡视

cruising altitude 巡航高度,飞行高度

cruising cylinder 主推进室

cruising gear 自动超高速传动装置

cruising phase 巡航[飞行]阶段,主动段

cruising radius 续航距离,巡航半径

cruising range 航程

cruising r.p.m 巡航每分钟转速(r.p.m=revolution per minute 每分钟转速)

cruising speed 巡航速率

cruising stage 巡航级

cruising threshold 巡航限速（最低的连续航行速度）

cruising turbine 船用涡轮

crumb (1) 少许，一些；(2) 弄碎，捏碎

crumber 清沟器

crumble (1) 溃散；(2) 弄碎，粉碎，破碎，锉碎，碎散，溃散，崩解，塌落，起鳞，掉皮；(3) 瓦解，消失

crumbliness 可破碎性，脆性

crumbling 破碎的，易碎的

crumbly 易摧毁的，易碎的

crumbs (1) 粒状生胶；(2) 废胶水

crump 破裂弹

crumple 皱纹

crumpled (1) 变皱了的；(2) 弯扭的，歪的

crumpling 变皱物

crunch (1) 强大压力；(2) 危机

crunodal 叉点的，结点的

crunode 二重点，结点，叉点

Crusader I (英) "十字军1" 坦克

crush (1) 压碎；(2) 压扁，压坏；(3) 捣碎，碾碎，磨碎，弄碎，粉碎，轧碎，破碎，捣碎，击碎；(4) 压榨，挤出，榨出；(5) (砂轮) 非金刚石整形器；(6) (铸造) 砂型碰掉，砂眼，塌箱，掉砂；(7) 顶板下沉

crush-border 压碎边

crush dresser (砂轮) 非金刚石整形工具，砂轮整形工具

crush height (轴瓦) 压紧量高度

crush in a mould 铸型的垮损，塌箱

crush plane 压碎面

crush roll (1) (砂轮) 非金刚石整形轮，成形砂轮修整轮，滚压轮；(2) 对辊 [破碎] 机，辊碎机

crush roll device (砂轮) 非金刚石整形器

crush roller 破碎辊

crush seal 挤压密封

crushability 可压碎性，可破碎性，可塌陷性

crushable 可压碎的，可破碎的

crushable structure 压扁结构

crushed-run 机碎的，机轧的，未筛 [分] 的

crushed sand 轧碎砂，细砂

crushed slag 碎熔渣

crushed zone 压碎带

crusher (1) 辊式破碎机，破碎机，碎石机，碎矿机，轧碎机，粉碎机；(2) 粗磨机

crusher cover 轧碎机盖

crusher drive gear (1) 轧碎机传动齿轮；(2) 轧破机传动装置

crusher drive shaft 轧碎机传动轴，轧碎机主动轴

crusher frame support 轧碎机架支座

crusher gauge 爆炸压力计，压缩压力计

crusher roll (1) 粉碎机轧辊，破碎机滚筒；(2) (砂轮) 非金刚石修整器滚轮

crusher-run 机碎的，机轧的，未筛 [分] 的

crusher sand 轧石砂

crushing (1) 压碎，破碎，轧碎；(2) 分裂

crushing cavity 破碎室

crushing chamber 破碎室

crushing cone 轧碎机锥体

crushing down test 压碎试验

crushing engine 破碎机，轧石机

crushing load 破坏负荷，压碎负荷，断裂荷载，破坏荷载

crushing machine 破碎机，轧碎机，轧石机

crushing mill 破碎机，轧石机

crushing plant 碎石厂，轧石厂

crushing rate of gasket 垫圈的挤压率

crushing roll (1) 辊式破碎机；(2) 破碎机滚筒，轧石机滚筒

crushing rolls 滚筒压碎机

crushing strength 抗碎强度，抗压强度，压碎强度，压毁强度

crushing stress 压碎应力

crushing test 抗碎强度试验，压碎试验，轧碎试验，压毁试验

crushing wheel (加工砂轮的) 刀碗

crust (1) 保护壳，外壳，外皮，壳；(2) 浮渣

crust of cobalt 钴壳

crutch (1) 道钉；(2) 立柱，支柱，叉柱；(3) 船尾肘木，叉木；(4) 丁形终端接续管

crutch fork 合并叉杆

crutcher 搅和机

crux (1) (crucible 的旧称) 坩埚；(2) 最重要点，关键点；(3) 十字记号，十字形

crux head 十字头

crying need 迫切需要，紧急需要

cryo- (词头) 低温，冰冻，冷

cryo baffle 低温障板

cryo pump 低温泵，深冷泵

cryocables 低温电缆

cryochemistry 低温化学，深冷化学

cryoclinometer 飞机用冰原尺度测定仪

cryodrying 低温干燥，深冷干燥

cryodyne 低温恒温器，恒冷器

cryoelectronics 低温电子学

cryogen (1) 冷却剂，冷冻剂，制冷剂；(2) 致冷混合物，冷冻混合物；(3) 低温粉碎，冷却粉碎

cryogenerator 低温发生器，深冷制冷器，制冷机，冷冻机

cryogenic 低温实验法的，低温 [学] 的，深冷的，制冷的，冷冻的

cryogenic accelerator 低温加速器

cryogenic bearing 低温轴承

cryogenic coil 低温冷却线圈

cryogenic cooling 低温冷却

cryogenic device 低温器件

cryogenic engineering 低温工程

cryogenic fluid pump 低温流体泵，深冷流体泵，制冷泵

cryogenic magnet 低温磁铁，超导磁铁

cryogenic material 低温材料

cryogenic measurement 低温测量

cryogenic pump 低温 [抽气] 泵，深冷泵

cryogenic refrigerator 低温制冷机

cryogenic storage container 冷藏箱

cryogenic superconductor 低温超导体，深冷超导体

cryogenic surface 低温体面，深冷面

cryogenic system (1) 低温装置系统；(2) 深冷装置

cryogenic technique 低温技术

cryogenic temperature sensor (=CTS) 低温传感器

cryogenics (1) 低温实验法 (通常低于 -100℃)；(2) 低温 [物理] 学；(3) 低温工程，低温技术

cryogenics station 低温实验站

cryogenin (1) 冷却剂；(2) 冷却精

cryogenine 冷却精，间氨苯酰胺基脲

cryogetter pump 低温吸气泵

cryology 低温学，制冷学

cryoluminescence 冷致发光

cryomagnetic 磁致冷的

cryometer 低温温度计，低温温度表，深冷温度计，低温计

cryometry (1) 低温计量学，低温测量学；(2) 低温测量 [法]

cryomicroscope 低温显微镜

cryomite 小型低温致冷器

cryoneny 低温学

cryonetics 低温技术，低温学

cryopanel 低温板，深冷板

cryopanel array 低温板抽气装置

cryopedometer 低温冻土计，冻结仪

cryophorus 凝冰器，冰凝器

cryophysics 低温物理学，超导物理学

cryoplate 低温 [抽气] 板，深冷抽气面

cryoplate array 深冷板抽气装置，低温板组

cryoprecipitate 低温沉淀物

cryopreservation 低温贮藏

cryoprotectant 防冻剂

cryoprotector 低温防护剂

cryopump (1) 深冷抽气泵，低温抽气泵，低温泵，深冷泵；(2) 低温抽吸，深冷抽吸

cryopumping array 低温抽气装置

cryosar 雪崩复合低温开关，低温雪崩开关

cryoscope 凝固点测定器，低温测定器，冰点测定器

cryoscopic method 冰点降低法

cryoscopy 冰点降低测定 [法]，冰点法

cryosistor (1) 低温晶体管；(2) 低温反偏压 p-n 结器件

cryosixtor 冷阻管

cryosorb-trap 低温吸着阱，深冷吸着阱

cryosorption 低温吸着，深冷吸着

cryosphere 低温层

cryostat 低温恒温器，低温控制器，致冷器，恒冷器，低温箱，恒冷箱

cryosublimation trap 低温升华阱

cryosurface 低温抽气表面

cryothermal treatment　冰冷处理, 深冷处理, 冷冻处理
cryotolerant　抗低温的, 耐冷的
cryotrap　低温冷阱, 冷凝阱
cryotrapping　低温陷阱, 低温捕获, 冷阱
cryotron　冷持元件, 冷子管, 低温管
cryotronics　低温电子学
cryoturbation　冻裂搅动 [作用]
cryoultramicrotome　冰冻超薄切片机
cryptanalysis　密码分析, 密码翻译
cryptarithm　密码算术
cryptic　(1) 秘密的, 隐蔽的; (2) 使用密码的; (3) 意义深远的, 含义模糊的
cryptic colouring　保护色
cryptical　(1) 秘密的, 隐蔽的; (2) 使用密码的; (3) 意义深远的, 含义模糊的
crypto-　(词头) 秘密, 隐藏, 潜
crypto-crystal　隐晶
crypto-crystalline　隐晶 [质] 的, 潜晶 [质] 的
crypto part　密码部分, 密码段
cryptocenter　密码 [工作] 中心
cryptochannel　密码 [通信] 信道
cryptodate　密码键号
cryptoequipment　密码设备
cryptofragment　隐超裂片
cryptogram　密码电文, 密码文件, 密码通信, 密码, 暗号, 暗码
cryptograph　(1) 密码; (2) 密码 [式打字] 机; (3) 译为密码
cryptographer　密码员
cryptographic　(1) 密码的, 暗号的; (2) 隐晶文像
cryptographic security　密码保密措施, 密码保密办法
cryptography　密码 [翻译] 术, 密码保密办法
cryptoguard　密码保护
cryptologic　密码逻辑的, 密码术的
cryptology　密码术, 密码学, 隐语
cryptomaterial　密码材料
cryptomerous　细晶质的
cryptometer　(涂料) 遮盖力计
cryptopart　密码段
cryptopore　下陷气孔
cryptosciascope　(观察 X 射线阴影用的) 克鲁克管
cryptoscope　荧光镜透视屏
cryptosecurity　密码安全保证, 保密措施
cryptosystem　密码系统
cryptotechnique　密码技术
cryptotext　密码电文, 密码全文
cryptovalence　异常价, 隐价
cryscope　冻点测定仪
crystal　(1) 晶体, 晶粒, 水晶; (2) 晶体检波器; (3) 结晶; (4) 结晶的, 晶体的, 透明的, 清澈的, 透彻的; (5) 水晶玻璃制品, 水晶玻璃, 表面玻璃; (6) 石英
crystal amplifier　晶体放大器
crystal analysis　晶体 [结构] 分析
crystal-bar　晶棒
crystal blank　晶体坯
crystal block section　晶体检波部分
crystal boundary　晶 [粒间] 界
crystal bridge　晶体检波器电桥
crystal bringup　晶体的培育
Crystal Cap　半导体电容器 (美国 GI 公司制造的商名)
crystal cartridge　晶体支架, 晶体盒
crystal cell　晶体光电池
crystal-checked　晶体稳定的, 晶体检定的, 石英控制的, 石英校准的
crystal class　晶族
crystal clock　晶体钟
crystal-combination　合晶
crystal combination　合晶
crystal conduction　晶体导电性
crystal control　(1) [石英] 晶体控制; (2) 石英稳频
crystal control receiver　晶体稳频接收机
crystal-control transmitter　晶体稳频发射机
crystal-controlled　晶体控制的, 晶体稳频的, 石英稳频的
crystal-controlled converter　晶体控制变频器
crystal-controlled frequency　石英晶体稳定频率, 晶 [体] 控 [制] 频率
crystal-controlled oscillator　晶 [体] 控 [制] 振荡器
crystal converter　晶体换频器

crystal counter　晶体计数管, 晶体计数器
crystal current　晶体电流
crystal cutter　(1) 机械式录音头, 晶体刻纹头, 压电刻纹头; (2) 晶体切割器, 晶体截割器
crystal density　晶体密度
crystal detector　晶体探测器, 晶体检波器
crystal diode　晶体二极管
crystal display　液晶显示
crystal drive　晶体激励
crystal dynamics　晶 [体] 动力学
crystal earphone　晶体耳机
crystal edge　晶棱
crystal face　晶面
crystal field stabilization energy (=CFSE)　晶体场稳定能
crystal field theory　晶体场理论
crystal filter　(压电) 晶体滤波器
crystal formation　晶体生成
crystal formfactor　晶形因数
crystal frequency indicator (=CFI)　晶体频率指示器
crystal fundamental　晶体基 [本] 频 [率]
crystal gate　晶体管门电路
crystal glass　结晶玻璃, 晶体玻璃, 水晶玻璃
crystal grain　晶粒
crystal grower　单晶生长器
crystal growing　晶体生长, 单晶生长
crystal-growth　晶体生长, 晶体成长, 晶体培育
crystal habit　晶体习性
crystal headphone　晶体耳机
crystal impedance (=CI)　晶体阻抗
crystal impedance meter (=CIM)　晶体阻抗计
crystal kit　晶体接收机的成套零件
crystal lattice　晶体点阵, 晶体单形, 晶格, 晶架
crystal loudspeaker　晶体扬声器
crystal microphone　压电式传声器, 晶体传声器, 晶体话筒
crystal mixer　晶体混频器
crystal monochromator　晶体单色器
crystal morphology　晶体形态学
crystal mount　检波头, 晶体座, 晶函
crystal nucleus　晶核
crystal noise generator　晶体噪声发生器
crystal of high activity　高活性晶体, 易激晶体
crystal offsetting　晶体偏置
crystal orientation　晶体取向
crystal oscillator　石英晶体振荡器, 晶体 [控制] 振荡器
crystal overtones　泛音晶体
crystal physics　晶体物理学
crystal pick-up　晶体拾声器
crystal pickup　晶体拾音器, 压电拾音器, 晶体传感器
crystal plane　晶面
crystal plate　晶片
crystal powder　晶体粉末
crystal probe　晶体传感器, 晶体探示器, 晶体探针
crystal-pulling　单晶控制, 拉单晶
crystal pulling　拉晶法
crystal-pulling furnace　晶体引拉炉, 拉单晶炉
crystal pulling furnace　拉晶炉
crystal pulling process　拉晶工序
crystal pulling technique　拉晶技术
crystal ratio　晶体 [整流] 系数
crystal receiver　晶体接收机, 矿石接收机, 晶体收音机, 矿石收音机, 晶体耳机
crystal rectifier　晶体二极管整流器, 晶体整流器, 晶体检波器
crystal reflector　晶体反射器
crystal resonator　晶体谐振器
crystal RF probe　晶体式射频探针 (RF=radio frequency 无线电频率, 射频)
crystal ribbon　片状晶体
crystal seed　晶种
crystal set　晶体检波接收机, 矿石收音机
crystal shutter　晶体检波器保护装置, 晶体保护开关, 晶体闸
crystal-size　晶粒大小
crystal size　晶粒大小
crystal speaker (=Cry SP)　晶体扬声器
crystal stock　连晶

crystal structure 晶体结构,晶体构造
crystal test set 晶体测试设备
crystal-tipped 端部为结晶体的,晶头的
crystal transducer 晶体变频器,晶体传感器
crystal transistor 晶体管
crystal triode 晶体三极管,晶体管
crystal unit 晶体装置
crystal valve 晶体管
crystal video receiver 宽带晶体电视接收机,晶体视频接收机
crystal voltmeter 晶体 [检波] 伏特计
crystal water 结晶水
crystalchecked [用] 晶体稳定的
crystalgrowing 晶体生长
crystalite 微晶,雏晶
crystalliferous [含] 水 [结] 晶的
crystalline (=cryst) (1)结晶质;(2)结晶质的,晶状的,晶态的,结晶的,晶体的,晶质的;(3)透明的,清晰的
crystalline band 结晶谱带
crystalline field 晶体场
crystalline fracture 结晶状断口,结晶状断面,晶体断裂
crystalline grain 晶粒
crystalline imperfection 晶体点阵缺陷,晶格缺陷
crystalline inhomogeneity 晶体不均匀性
crystalline laser 晶体激光器,固体激光器
crystalline material 晶体材料
crystalline polymer 结晶性聚合物
crystalline porphyritic 结晶斑状
crystalline quartz 晶体石英
crystalline structure 结晶组织
crystalline structure factor 晶体结构因数
crystallinic 结晶的
crystallinity 结晶度,结晶性
crystallinoclastic 晶质碎屑的
crystallinohyaline 玻基斑状
crystallisation (1)结晶作用,结晶过程,晶体形成,晶体析出,结晶;(2)结晶体;(3)晶化;(4)具体化
crystallise (1)结晶;(2)使结晶;(3)使具体化,使定形
crystallite 微晶,雏晶,晶粒
crystallizability 可结晶性
crystallizable 可结晶的
crystallization (1)结晶作用,结晶过程,晶体形成,晶体析出,结晶;(2)结晶体;(3)晶化;(4)具体化
crystallization-differentiation 结晶分异作用
crystallization interval 结晶间隔凝固范围
crystallization system 晶系
crystallization velocity 结晶速度
crystallize (1)结晶;(2)使结晶;(3)使具体化,使定形
crystallized (=cryst) 晶纹
crystallizer (1)结晶器 [件];(2)晶析
crystallizing (1)结晶的;(2)结晶
crystallizing evaporator 蒸发结晶器,结晶蒸发器
crystallo- (词头)晶体,晶质,结晶
crystallo-luminescencce 结晶发光,晶体发光
crystalloblast 变余斑晶,变晶
crystalloblastesis 晶质改变作用
crystalloblastic 变晶质的
crystallochemistry 结晶化学
crystallofluorescence 晶体荧光
crystallogenesis 晶体发生,结晶发生
crystallogeny 晶体发生学
crystallogram 结晶绕射图,晶体衍射图
crystallograph 结晶仪,检晶器
crystallographer 晶体学家
crystallographic 结晶学的,结晶的
crystallographic axis 晶轴
crystallographic direction 晶学方向
crystallographic order 晶序
crystallographic shear 晶体学切变
crystallography (1)结晶学,晶体学;(2)晶体结构
crystallohydrate 结晶水合物
crystalloid (1)拟晶体;(2)拟晶质,准晶质;(2)结晶状的,透明的
crystallology 晶体学,结晶构造学
crystallometer 晶体测量器,检晶器
crystallometry 晶体测量学

crystallon 籽晶,刚晶
crystallophysics 晶体物理 [学]
crystobalite 晶状石英,白石英
crystolon (研磨用) [人造]碳化硅,刚晶
CT-cut CT CT 切割,CT 切片
CTB alloy 钛铜合金 (钛 4%,铍 0.5%,钴 0.5%,铁 1%,其余铜)
CTG alloy 钛铜合金 (钛 4%,银 3%,锌 1%,其余铜)
cubage 求体积法,含量计算,体积计算
cubane 五环辛烷,立方烷
cubanite 方黄铜矿
cubature (of a quadric) (二次曲线的)求体积法,求容积法
cube (1) 正六面体,立方体,立方形,立方,三乘;(2) 使成立方体,求三次幂,求体积,求立方;(3) 立体闪光灯
cube a solid 求一个立体的体积
cube concrete test 混凝土立方块强度试验
cube corner reflector 角反射器
cube crushing strength 立方体 [试件]抗压强度
cube-in-air method 空气中方块试验法
cube-in-water method 水中方块试验法
cube in water method 立方块法 (软化点试验方法之一)
cube-like 立方的
cube mixer 立方形搅拌机,立方形混合器
cube root 立方根,三次根
cuber 压块机,制粒机
cubex 双向性硅钢片
cubi- (词头) 立方 [体]
cubic (=C) (1)三次方程式,三次多项式,三次曲线,三次函数,三次;(2)正六面体的,立方体的,立方形的,立方的,体积的,三次的;(3)立方;(4)立方晶系,立方晶格
cubic axis 立方轴
cubic capacity 立方容积,容积量
cubic capacity tonnage (=cct) 总容积吨位
cubic cell 立方晶胞
cubic centimeter (=CC) 立方厘米
cubic centimetres (=ccs) 立方厘米
cubic content (=cc) 立方度量的生产量,立方体积,立方容积,立方容量
cubic curve 三次曲线
cubic decimeter/ decimetre 立方分米
cubic deformation 体积变形
cubic equation 三次方程式
cubic equation coefficient 体积膨胀系数
cubic expansion 体积膨胀
cubic feet per hour (=cfh) 立方英尺 / 小时
cubic feet per minute (=cfm) 立方英尺 / 分
cubic feet per second (=cfs) 立方英尺 / 秒
cubic foot (=CF 或 cb ft) 立方英尺
cubic foot per minute 立方英尺 / 分
cubic foot per second 立方英尺 / 秒
cubic function 三次函数
cubic inch (=CI 或 cu.in.) 立方英寸
cubic lattice 立方晶格
cubic martensite 立方马氏体
cubic measure 体积,容量
cubic meter (=cum) 立方公尺,立方米
cubic meter per second (=cms) 每秒立方米,立方米 / 秒
cubic metre 立方公尺,立方米
cubic micron (=cu mu) 立方微米
cubic millimeter (=cmm) 立方毫米
cubic millimetre (=cmm) 立方毫米
cubic number coefficient 立方系数
cubic parabola 三次抛物线
cubic parsec 立方秒差距
cubic polar 极三次曲线
cubic receiver 立方律 [调制特性电视]接收机,[电视]立方特性接收机
cubic resistance 体电阻
cubic root 立方根,三次根
cubic strain 体积胁变
cubic system 立方 [晶]系,等轴晶系
cubic tonnage (=CT) 立方吨位
cubic yard (=CY 或 cu yd) 立方码
cubical 立方体的,立方形的,立方的,三次的,体积的
cubical antenna 立方天线
cubical dilatation 体积膨胀

cubical expansion　体积膨胀

cubical material　立方颗粒材料

cubical parabola　三次抛物线, 抛物线挠线

cubical-shaped　立方形的

cubicity　立方 [性]

cubicle　(1) [配置装置] 的间隔, [开关装置] 间隔, [配电装置] 栅, 小室, 机室, 隔室, 间; (2) 高压室; (3) 研究室; (4) 机壳, 箱, 柜; (5) 密封配电盘, 隔离配电盘, 操纵台, 开关柜; (6) 控压电池

cubicle for 4 solenoid valve　装 4 个电磁阀的箱子

cubicle switch　室内配电用配电箱, 室内开关, 组合开关

cubicle switchboard　开关柜

cubicle switchgear　组合开关装置

cubiform　立方形的

cubing　(1) 以体积计量, 体积测量, 收方; (2) 体积估价法

cubo-cubic transformation　六次变换

cubo-octahedron　十四面体

cuboid　(1) 直角平行六面体, 长方体, 矩形体; (2) 立方形的

cuboidal　立方形的

cubond　铜焊剂

cubraloy　铝 - 青铜粉末冶金

cuckhold　切泥铲

cucurbit　蒸馏瓶

cuddy　(1)（船上的）小舱, 小室, 厨房, 小厨; (2) 三脚杠杆; (3) 流网船船尾放网平台

cue　(1) 线索, 暗示, 指示, 记号; (2) {计} 语句信息标号, 尾绩指令, 暗示指令, 尾接字; (3) 辅助值, 辅助字; (4) 尾状物, 插入物, 插入, 嵌入; (5) 滴定度; (6) 品质因数

cue card　分镜头提示卡

cue channel　提示信道, 字幕道

cue circuit　指令线路, 提示电路

cue clock　故障计时时钟

cue dots　提示标记

cue-in times　间隔时间

cue kit　指令跳光发生器

cue light　彩色信号灯, 提示灯

cue mark　尾接指令标记, 指示标记, 换片信号, 插图

cue-response query　询问反应标志, 信息标号应答询问, 提示 - 回答询问, 尾接应答询问

cue sheet　电视节目演播次序表, 记事一览表

cue signal　辅助信号

cue tape　指令磁带

cueing　插入字幕, 提示

cufenium　库非尼阿姆铜镍铁合金 (60-72%Cu, 20.5%Ni, 余量 Fe)

cuferco　库非可铜铁钴合金

cuff　胶管管头, 套头, 套箍, 环带, 封

cuffing　成套

cul-de-four　半穹窿

culdoscope　后穹窿镜, 陷凹镜

culdy　(1) 小室, 小舱; (2) 三角杠杆

cull　(1) 选出的东西, 选余的东西, 被退回的木材, 不合格枕木, 等外材, 残胶, 废品, 废屑; (2) 检尺; (3) 采集, 搜集; (4) 挑选, 选拔, 淘汰

culi-factor　降等因数

cull-lumber　等外材, 降等材

cull-tie　废枕木

cullender　滤器, 滤锅

culler　检尺员

cullet　破 [碎] 玻璃, 玻璃碎屑, 玻璃片

culling　选择, 选除, 精选, 淘汰

culling standard　淘汰标准, 淘汰准则

culm　(1) 细粒无烟煤,（无烟煤的）夹石, 废渣; (2) 煤粉; (3) 碎石; (4) 空心杆

culmination　(1) 顶点, 极点; (2) 中天; (3) 积顶点; (4) 褶轴顶点; (5) 褶升区

culti-cutter　果园草地耕耘铲

culticutter　果园草地耕耘机

cultivating implement　中耕机具

cultivation by direct seeding　直播栽培

cultivator　耕耘机, 中耕机

cultivator-cum-ridger　中耕培土机

cultivator-fertilizer　中耕施肥机

cultivator-hiller　中耕培土机

cultivator share　中耕机铲

cultivator teeth　中耕 [机] 齿

cultrate (=cultriform)　[小] 刀状的, 剪形的

culvert　(1) 地下电缆管道, 电缆管道等; (2) 排泄管; (3) 水管

culvert box　涵箱

culvert inlet　涵洞进水口

culvert outlet　涵洞出水口

culvert pipe　涵管

culvert system　进排水系统

culvert under floor　闸底涵洞

cum sole　(1) 右旋, 顺钟向; (2) 反气旋性

cumar resin　聚库玛隆树脂

cumec　立方米秒

cumul-　（词头）堆积, 累积

cumulant　半不变量, 累积量

cumulate　堆积 [的], 累积 [的], 蓄积

cumulation　(1) 累积过程, 累积; (2) 堆积

cumulative　渐增的, 累积的, 累计的, 累加的, 相重的, 附加的

cumulative circular pitch error over a sector of k pitches　K 个周节累积误差

cumulative circular pitch error over a sector of 2/8 pitches　2/8 个周节累积误差

cumulative compound excitation　积复激, 积复励

cumulative compound generator　积复激发电机, 积复励发电机

cumulative compound motor　积复激电动机, 积复励电动机

cumulative compound winding　积复激绕组, 积复励绕组

cumulative damage　累积 [疲劳] 损坏

cumulative demand meter　累计 [式] 最大需量电度表, 累计 [式] 最大需量电量计

cumulative departure　累积偏差

cumulative distribution function (=CDF)　累积分布函数

cumulative error　累积误差, 总误差

cumulative fatigue damage　累积疲劳损坏

cumulative grid detection　栅极检波

cumulative grid rectifier　累积式栅极检波器

cumulative indexing　累积变址, 多重变址

cumulative mean　累积平均数

cumulative orbital payload　轨道总有效负载

cumulative percentage　累计百分率

cumulative pitch error　（齿轮）周节累积误差,（螺纹）螺距累积误差

cumulative rectification　聚积整流, 栅漏检波

cumulative speed　累积速率

cumulative switching-off　累积 [引起的] 断开

cumulative time　累总时间

cumulative time metering　累时计量

cumulative unbalance　（几个零件组成的部件）累积失衡

cumulative vibration　累积振荡

cumulative weight　累积重量

cumulene　累接双键烃

cumulent　累积

cunctation　迟延

cuneal　楔状的

cuneate　楔形的

cuneiform　楔形文字的, 楔形的

cunic　库尼克铜镍合金 (镍 45%, 铜 55%)

cunico　铜镍钴永磁合金 (铜 50%, 镍 21%, 估 29%)

cunife (=dumet)　代用白金, 镀铜铁镍合金, 铜镍铁永磁合金 (20%Ni, 60%Cu, 余量 Fe)

cuniman　铜锰镍合金 (锰 15-20%, 镍 9-21%, 其余铜)

cunisil　铜镍硅高强度合金 (镍 1.9%, 硅 0.6%, 其余铜)

cuno-filter　迭片式过滤器

cuno oil filter　叠片转动式滤油器, 篦式油滤

cup　(1) 杯形物, 齿窝, 坩埚, 杯, 盘, 帽, 套, 环, 碗; (2) 杯形座, 凹形座, 盖筒, 罩帽; (3)（圆锥滚子轴承）外圈; (4)（发动机）前室, 喷注室; (5) 皮碗, 胶杯, 圈, 环; (6) 漏斗形外浇口, 浇口杯; (7) 绝缘子外裙, 隔电子外裙; (8) 求并运算

cup-and-ball joint　球窝关节

cup and ball joint　球窝关节

cup and ball viscosimeter　杯球式粘度计

cup-and-cone bearing　圆锥滚子轴承, 对开径向推力轴承, 钢碗滚锥式轴承

cup-and-cone fracture　杯形断口, 锥碗断口

cup anemometer　转杯风速表, 杯形风力计

cup angle　（圆锥滚子轴承）外圈圆锥角, 外圈滚道面锥角

cup chuck　(1) 杯形卡盘, 钟形卡盘; (2) 带螺钉钟壳形夹头

cup-cross anemometer　转杯风速表, 杯形风力计

cup dolly　（夹卡筒形工件用的）圆形抵座

cup-drawing test 深拉试验
cup-feed oiler 加油杯
cup flow figure 杯溢法流动指数
cup fracture 杯形断口, 杯状断口
cup-generator anemometer 磁感风杯风速表
cup grease 钙皂润滑脂, 稠结润滑脂, 润滑 [干] 油, 杯滑脂, 黄油
cup grinding wheel 杯形砂轮
cup head 圆头
cup head bolt 半圆头螺栓, 杯头螺栓
cup head pin 圆头销
cup head rivet 半圆头铆钉
cup head wood screw 圆头木螺钉
cup insulator 杯式绝缘子
cup jewel 凹坑形宝石轴承, 球面宝石轴承, 杯形宝石轴承
cup leather packing 皮碗填密法
cup-like 杯形的, 杯状的
cup nut 杯形螺母, 杯形螺母
cup packing (1) 杯形填密法, 碗形填密法; (2) L 形密封圈, 皮碗式密封件
cup point 杯形端
cup point set screw 圆端止动螺钉
cup product {数} 上积
cup ring 皮碗, 胀圈
cup-shaped 杯形的, 杯状的
cup socket 轴帽
cup spacer (圆锥滚子轴承) 外隔圈
cup spring 盘形弹簧, 板簧
cup-strainer core (浇口杯中) 滤柱芯
cup type grinding wheel 凹砂轮, 碗形砂轮, 杯形砂轮
cup-type current-meter 旋杯式流速仪
cup valve 杯形阀, 钟形阀
cup washer 杯状垫圈
cup weld 套装焊接
cup wheel 杯形砂轮
cup winder 碗形络筒机
cupal 包铜的铝薄板
Cupaloy 库帕洛铬铜合金 (99.4%Cu, 0.5%Cr, 0.10%Al, 高电导率)
cupboard 柜, 橱
cupel 灰吹盘, 烤钵, 灰皿
cupel furnace 灰吹炉, 提银炉
cupellation 烤钵冶金法, 烤钵试金法, 灰皿试金法, 灰吹法
cupellation furnace 灰吹炉, 提银炉
cupferron 钢铁试剂, 试钢铁灵
cuphead 圆头的
cuphead pilotage 圆头销
cupholder (线路用的) 杯形绝缘子螺脚
cupola (1) 立式圆顶炉, 烘砖用圆炉, 冲天炉, 化铁炉, 熔铁炉, 溶解炉; (2) 圆顶 [鼓风机]; (3) [旋转] 炮塔; (4) 圆顶, 穹顶, 弯顶
cupola drop 打炉
cupola furnace 冲天炉, 化铁炉
cupola hearth 冲天炉炉底
cupola receiver 冲天炉的前炉
cupola shaft 冲天炉炉身
cupola spout 冲天炉出铁槽
cupola tender 冲天炉工长
cupola well 冲天炉炉缸
cupola working bottom 冲天炉炉底
cupolette 小型冲天炉
cupped 杯状的, 凹陷的
cupped washer 碗形垫圈, 杯形垫圈
cupping (1) 杯形挤压, 深挤压, [冲压] 拉深, 拉伸; (2) [拔丝] 纵向裂缝; (3) 杯吸法; (4) 形成蘑菇形断口, 杯状凹陷形成
cupping machine 拉延压力机, 深拉压力机
cupping press 拉延压力机
cupping test 挤压试验, 压凹试验, 胀凸试验, 杯突试验, 深拉试验, 冲盂试验
cupping tool (1) 铆头模; (2) 窝模
cupping transverse curl (磁带) 横向卷曲
cuppling 波纹状磨耗
cuppy 杯形的, 凹的
cuppy wire 有纵裂纹的线材
cupr- (词头) 铜
Cupralith 库普拉利司铜锂合金
cupralium 库普拉利铜铝合金 (7-8%Cu, 余量 Al)

cuprammonia 氢氧化铜铵溶液, 铜氨液
cuprammonium 铜铵
cuprammonium compound 铜铵化合物
cuprammonium silk 铜铵丝
Cupramar 王铜
cupranium 库普拉尼铜镍合金
cupreous 含铜的, 铜色的
cupri- (词头) 二价铜, 铜
cupric 二价铜的, [正] 铜的, 含铜的
cupric acetate 乙酸铜
cupric ammine 氨基铜
cupric chloride 氯化铜
cupric oxide 氧化铜
cupric salt 铜盐
cupric sulfate 硫酸铜
cuprite 赤铜矿
cupro 铜
cupro- (词头) 一价铜, 铜
cupro-lead 铅 - 铜合金, 中间合金
cupro lead 铅铜合金
cupro manganese 铜锰合金
cupro-nickel 镍铜合金
cupro nickel 铜镍合金
cupro-silicon 硅铜合金, 中间合金
cupro silicon 硅铜合金
cuprobond (钢丝拉拔前的) 硫酸铜处理
cuprocide 氧化铜
cuprocompound 亚铜化合物
cuprocupric 正亚铜的, 含一价铜和二价铜的化合物
Cuprokylt 王铜
cupromanganese 铜锰合金
cupron (1) 库普朗铜镍合金, 康铜; (2) 试铜灵
cupron cell (1) 氧化铜电池; (2) 氧化铜整流器
Cuprosana 王铜
cuprous 亚铜的, 一价铜的
cuprous ammine 氨基亚铜
cuprous chloride 氯化亚铜
cuprous oxide 一氧化二铜, 氧化亚铜
cuprous-oxide cell 氧化亚铜 [光] 电池
cuprous oxide photocell 氧化亚铜光电池
cuprous oxide rectifier 氧化亚铜整流器
Cuprovinol 王铜
Cuprum 铜
cupscraper 刮杯刀
cupula (复 cupulae) 杯状托, 圆盖, 小杯, 顶
cupular 盘状的, 杯状的
cupule (1) 杯形器, 杯状托, 杯状凹, 小杯; (2) 顶
curability 硫化性能
curb (1) 控制, 抑制, 拘束; (2) 马衔铁; (3) 井口锁口圈, 井栏; (4) [车的] 车围
curb clearance circle 最小回转圆
curb ring crane 转盘起重机
curb transmitter 抑制发射机
curbed modulation 约束调制
curber 铺侧石机, 路缘石机
curbing (1) 抑制, 限制; (2) 做衔铁的材料; (3) 木井框支架
curd 液体凝结物, 凝块
curdle 凝结, 凝固
curdler 声浪器
curdling 凝结
curdmeter 凝乳计
curdy 凝乳状的, 凝结的
cure (1) 处理, 处置, 加工; (2) 硫化; (3) 熟化, 固化, 塑化; (4) 硬化, 结壳, 凝固
cure bag 硫化室
cure in 硫化
cured resin 凝固树脂, 硬树脂
curet 刮匙, 刮器
curette 刮匙, 刮器
cureau 一种法国拖网渔船
curer 熔固机, 烘熔箱
curiage 居里强度, 居里数
curie 居里 c (放射性强度单位)
Curie cut 居里切割, X 切割

curie equation 居里方程
curie-equivalent 居里当量
curie law 居里定律
Curie plot 居里曲线
curie point 居里点
curie temperature 居里温度
curimeter 曲率计
curing (1) 硫化,塑化,硬化,固化; (2) 熟化; (3) 保藏处理
curing agent 固化剂,硬化剂
curing cycle 养护周期
curing in moisture 润湿熟化
curing membrane 养护薄膜
curing period 养护周期
curing temperature 固化温度,养护温度
curium {化} 锔 Cm
curl (1) 面旋度,旋度; (2) 涡流; (3) 涡纹; (4) 卷边,卷曲; (5) 纹理,
波纹材
curl of vector 矢量旋度
curlator 搓揉式磨浆机
curler (1) 盘卷机; (2) 卷曲物
curliness 卷曲,卷缩,旋涡
curling (1) 卷缩,卷曲; (2) 卷边加工
curling die 卷边模,弯边模
curling machine 卷边机
curling round the roll 缠辊
curling side guide 卷边侧导板
curling stress 翘曲应力,弯翘应力
curling wheel 卷边转盘,卷曲转盘
curly (1) 波浪式的,旋涡形的,卷曲的; (2) 有皱状纹理的
curly bracket 波形括号
curoid 锔系元素
currency (1) 货币符,货币,通货; (2) 通用,流通,流动,流传,传播;
(3) 流通时间,行情,市价; (4) 经过,期间
currency of payment 交付款
currency system 币制
current (=C 或 ct) (1) 流,流动; (2) 电流; (3) 气流,水流,液流; (4)
流行的,通用的,通行的,现行的,现代的,现时的,当前的,当代的; (5)
射流; (6) 趋势,趋向
current account 活期存款账户,往来账户
current algebra 流代数
current amplification 电流放大
current amplification degree 电流放大率
current amplification factor 电流放大倍数
current amplifier 电流放大器
current antinode 电流波腹
current balance (1) 电流平衡; (2) 电流秤
current-bedding 流水层理
current bias 偏流
current block number 当前分程序编号
current breaker 电流断路器,电流开关
current capacity 电流容量
current carrier 载流子
current-carrying 载电流的,通电的
current-carrying capacity 电流容许量,载流 [容] 量
current carrying capacity 载流量
current check (1) 电流核对; (2) {计} 及时核对
current coil 电流线圈
current coin 通货
current coincidence system (磁芯存储装置的) 电流符合制
current collector 集电设备,集电装置,集电器,集电极,集流器,集
流环,受电器
current-conducting 导电的
current constant 电流常数
current consumption 电流消耗量,耗电量
current continuity 电流连续性
current-controlled voltage source (=CCVS) 电流控制的电压源
current converter 换流器
current coordinates 流动坐标
current cost 市价,时价
current-crowding 电流集聚的
current damper 电流阻尼器
current density (=CD) (1) 电流密度; (2) 通量密度; (3) 扩散流密度,
弥漫流密度
current deposit 活期存款

current detector 验电器
current direction indicator 流向指示器
current direction meter 流向测定器
current directional relay (=CDR) 电流方向继电器
current discriminating circuit breaker 流向鉴别断路器
current display {计} 当前区头向量
current distribution 电流分布
current divider 分流器
current division ratio 电流分配系数
current drying 电流干燥法
current electrode 供电电极,电流电极
current exchange system 现行外汇制度
current expenditure 经常费
current expenses 杂费
current feed 电流馈接
current feedback amplifier 电流反馈放大器
current file 当前文件,目前文件
current flow 电流
current hogging logic circuit 电流拱起逻辑电路
current-illumination characteristic 光电特性
current intensity 电流强度
current lagging load 电流滞后的负载
current lamination 波状纹理,流水纹理
current-limiter (1) 电流限制器,限流电抗器,限流器; (2) 限流线圈,
扼流线圈
current limiter 电流限制器,限流器
current-limiting 限流 [的]
current limiting resistance 限流电阻
current-limiting resistor (=CLR) 限流电阻器
current loading 电流负载
current loop 当前循环,电流波腹
current luminous flux characteristic 光电特性
current maintenance 日常维护
current market price 市场现行价
current-meter 流速仪
current meter (1) 流量计,流速计,流速仪; (2) 电流表,电流计
current mode logic (=CML) 电流开关逻辑,电流模式逻辑,电流型
逻辑
current mode switch 电流型开关
current modulator 电流调制器
current money 通货
current multiplication 电流倍增
current negative feedback 电流负反馈
current node 电流波节
current noise 电流噪声
current number 现行编号,当前数
current of air 气流
current of arc 起弧电流
current of holes 空穴电流
current of neutrons 中子流
current of perturbation 扰动流
current of water (1) 水流; (2) 流量
current operations 经常性业务
current operator 电流算符,当前算符
current or voltage (=curtage) 电流或电压
current order (=CO) 即时指令,现行指令
current page register 现行页面寄存器
current partition noise 电流分配噪声
current payments 经营性支付
current practice 现行实践
current price 现行价格,市价,时价
current priority indicator (=CPI) 正在执行的优先程序指示器
current product line 现行产品作业线,流水生产
current rate 成交价,现价
current rating 额定电流
current ratio 电流比
current regulations 现行条例,现行规章
current regulator 电流调节器,稳流器
current relay (=CR) 电流继电器
current repair 现场修理,小修
current requirement (=CRQ) 现行要求
current resonance 电流谐振
current response 电流响应
current reverser 电流换向开关

current ripple mark　波痕
current-sensitive color screen　电流灵敏彩色屏
current-sensitive single gun color display tube　电流灵敏单枪彩色管
current sensitivity　电流灵敏度
current sheet　电流层
current square meter　平方 { 刻度 } 电流表
current-stabilized　电流稳定的
current stabilizer　稳流器
current stack top value　当前站顶值
current standards　现行标准
current steering logic (=CSL)　电流控制逻辑
current strength (=CS)　电流强度
current supply　电 [流] 源, 供电
current switch　电流开关
current switch logic (=CSL)　电流开关逻辑
current tap　(1) 分接头；(2) 分插头, 分插口
current technology　现代技术
current time　实时
current-time curve　电流 - 时间曲线
current to light inversion　电 - 光变换
current-to-voltage converter　电流 - 电压变换器
current transformer (=CT)　电流互感器, 变流器
current trigger capacity　电流触发性能
current type flowmeter　流速式电流计
current type telemeter　电流式遥测仪
current value　现行值, 现时值, 当前值
current versus voltage curve　伏安特性曲线
current-viewing resistor　电流显示电阻 [器], 显示电流电阻 [器]
current-voltage characteristic　电流电压特性, 伏安特性
current-voltage characteristic curve　电流电压特性曲线
current wave　电流波
current waveform　电流波形
current weigher balance　电 [流] 秤
current working estimate (=CWE)　当前的工作估计
current year　本年度
currentbalance　电流秤
currentless　无电流的, 无气流的, 去激励的
currently　(1) 普遍地, 通常地, 广泛地；(2) 目前, 现在
currently accepted　普通接受的, 目前采纳的
currying　(1) 加脂操作, 加脂法；(2) 梳洗加色
cursor　(1) 转动臂；(2) 回转件；(3) 计算尺的活动部分, 游标；(4) 转动指示器, 指示器, 指针；(5) (绘图器的) 活动框标, (显示器的) 光标, 滑块
cursor slider　滑臂, 游标
cursor target bearing　活动目标方位, 游标靶方位
curtage (=current or voltage)　电流或电压
curtail　(1) 截短, 缩短, 削减, 减少, 省略, 节约；(2) 提早结束；(3) 剥夺
curtailed inspection　抽 [样检] 查
curtailed words　缩写字, 简体字
curtailment　缩短, 缩减, 缩写, 省略
curtain　(1) 窗帘, 门帘, 帘；(2) 屏蔽, 遮住, 保护, 屏；(3) 薄的防护屏蔽, 防中子箔, 屏蔽箔；(4) 隔板, 挡板, 隔层；(5) 活动小门, 调光孔径；(6) (镀锌钢板的) 粗糙和云状花纹表面
curtain antenna　幛形天线, 天线幛
curtain array　双帘形天线阵, 幛形天线阵
curtain-fire　弹幕射击, 拦阻射击
curtain of fire　弹幕
curtain of smoke　烟幕
curtate　(1) (卡片信息孔) 靠拢, [卡片] 横向穿孔区, [穿孔卡上孔行的] 横向区分, 横向划分, 横向分区；(2) 分组, 划分；(3) 卡片部分；(4) 缩短的, 较短的, 省略的
curtate cycloid　短幅圆滚线, 短幅摆线
curtate epicycloid　短幅外摆线
curtate hypocycloid　短幅内摆线
curtate involute　缩短渐开线
curtis winding　无自感线圈, 无感绕组, 无感绕法
Curtiss　客梯司铝合金 (95.2%Al, 2.5%Cu, 1.5%Mg)
curtiss winding　无自感线圈, 无感绕组, 无感绕法
curtometer　曲面测量计, 测曲面器, 曲度计, 圆量尺
curunde　{ 数 } 二重点
curvature　(1) 曲率, 曲度, 弧度, 弯度；(2) 弯曲 [部分], 弯折线, 屈曲；(3) 直线性系数
curvature correction　曲率修正值

curvature design　曲率设计
curvature factor　曲率系数
curvature meter　曲率仪
curvature of a conic　二次曲线的曲率
curvature of a curve　曲线的曲率
curvature of face　面曲率
curvature of field　(1) [像] 场 [弯] 曲；(2) 场曲率
curvature of Gothic pass　弧菱形孔型半径
curvature of space　空间曲率
curvature of the plumb line　垂线曲率
curvature radius　曲率半径
curve　(1) 特性曲线, 曲线, 弧线；(2) 弯曲的, 曲的；(3) 曲线特性；(4) 曲线定规, 曲线板；(5) 曲线图表, 曲线图；(6) 绘制曲线, 设置曲线, 使弯曲, 成曲形, 弄弯；(7) 曲面；(8) 圆括号
curve board　曲线板
curve break　曲线转折点, 曲线拐点
curve change　曲线变换
curve compensation　曲线补偿
curve cut-off　裁弯取直
curve-fitting　(1) 曲线拟合 [法]；(2) 曲线求律法；(3) 选配曲线
curve fitting　(1) 曲线拟合, 曲线配合, 曲线切合；(2) 按曲线选择经验公式, 选配曲线
curve follower　曲线描绘装置, 曲线输出器, 曲线跟随器, 曲线复制器, 曲线阅读器,
curve forming rest　弧形刀架
curve-gauge　曲线规
curve gauge　曲线样板, 曲线规
curve generator　(1) 曲线发生器, 波形发生器；(2) 金刚钻加工透镜 [表面] 机
curve in space　空间曲线
curve increment　曲线增量
curve knee　曲线拐点
curve length (=CL)　曲线长 [度]
curve line　曲线
curve milling machine　弧铣床
curve of buoyancy　浮力曲线
curve of constant curvature　常曲率曲线
curve of constant torsion　定挠率曲线
curve of deficiency zero　无亏曲线
curve of deviation　偏差曲线, 偏移曲线
curve of dimensional synthesis　维量综合曲线
curve of displacement　排水量曲线
curve of distortion　畸变曲线
curve of extinction　阻尼曲线, 衰减曲线, 消摆曲线
curve of flotation　浮心曲线
curve of force against incidence　力与迎角的关系, 力与迎角的关系曲线
curve of initial magnetization　起始磁化作用
curve of intersection　相交曲线
curve of loads　负载 [特性] 曲线
curve of moment against incidence　力矩与迎角的关系, 力矩与迎角的关系曲线
curve of order 2　二阶曲线, 点素二次曲线
curve of output　(1) 产量曲线；(2) 功率曲线
curve of pursuit　追踪曲线
curve of solubility　溶度曲线
curve of statical stability　静力稳定曲线
curve of the center of curvature　曲线的曲率中心
curve of yawing moment versus sideslip　对侧滑角的偏航力矩曲线
curve-pattern compaction　曲线式样精简数据法
curve plotter　曲线描绘仪, 绘图器
curve radius　曲线半径
curve resistance　曲线阻力
curve roller　(1) (轴承) 弧形滚子；(2) 曲线形轧辊
curve rulers　曲线定规
curve sheet　曲线表
curve sign　曲线标志
curve slope　曲线斜率
curve tester　曲线测定器, 曲板检验器
curve-tined harrow　弯齿耙
curve-tooth bevel gear　曲线齿锥齿轮, 螺旋锥齿轮, 弧齿 [齿线] 锥齿轮
curve tracer　(1) 曲线描绘器, 曲线描绘仪；(2) 波形记录器
curve widening　曲线加宽
curve with changing curvature　变曲率曲线

curved 弯曲的,弧形的,曲线的,曲面的
curved armed pulley 曲幅带轮
curved bar 曲杆
curved beam 曲梁
curved bevel gear (=spiral bevel gear) 曲线齿锥齿轮,螺旋锥齿轮,弧齿[齿线]锥齿轮
curved blades snips 弯刃剪
curved cathode 曲线形阴极
curved chord truss 折弦桁架
curved corrugated sheet 瓦楞薄板
curved creel 弧形筒子架
curved crystal 弯[曲]晶[体]
curved crystal camera 弯晶照相机
curved-crystal spectrograph 弯晶摄谱
curved-crystal spectrometer 弯曲晶分光计
curved cutting face (刀具的)曲切削面
curved-fitting method 曲线拟合法
curved draw 多臂机吊综杆弧形运动
curved horn 弯曲喇叭
curved intersection 曲线交叉
curved lead 曲导程
curved line 曲线
curved link 弧形链节
curved oblique tooth 圆弧斜齿
curved path 弧形轨迹
curved path of contact 弧形啮合轨迹
curved pipe 弯管
curved polyhedron 曲多面体
curved space 弯曲空间
curved surface 弯曲表面,曲面
curved surface fitting 曲面拟合
curved tooth 曲线齿,圆弧齿
curved-tooth bevel gear 曲线齿锥齿轮,螺旋锥齿轮,弧齿[齿线]锥齿轮
curved-tooth bevel gear generator 曲线齿锥齿轮加工机床,螺旋锥齿轮加工机床
curved-tooth bevel gearing 曲线齿锥齿轮传动,螺旋锥齿轮传动
curved tooth conical gear 曲线齿锥齿轮,螺旋锥齿轮,弧齿[齿线]锥齿轮
curved-tooth end-toothed disc 弧齿端齿盘
curvemeter 曲率计
curvic 弯曲的,曲线的
Curvic Coupling (格里森)弧齿端面联轴节,弧齿端面离合器
curvilineal (1)曲线的;(2)曲线
curvilinear (1)曲线的;(2)曲线
curvilinear asymptote 渐近曲线
curvilinear guide 曲线导轨
curvilinear guide way 曲线导轨,曲线导槽
cuevilinear integral 曲线积分
curvilinear motion 曲线运动
curvilinear orthogonal coordinates 正交曲线坐标
cuevilinear regulation circuit 曲[线]调[整]电路
curvilinear wall effect 曲壁效应
curvimeter 曲线[长度]计,曲率计
curving (1)曲线;(2)曲度,曲率;(3)弯曲,扭曲,挠曲,变形;(4)截频
curving of castings 铸造圆角
curvity 曲率
curvometer 曲线计,曲率计
cusec (=cubic feet per second) 立方英尺秒(1立方英尺/秒),容积流量
cuses (流量)每秒立方英尺
cushion (1)弹性垫,缓冲垫,减震垫,软垫,垫子;(2)气垫;(3)缓冲器;(4)减震器;(5)缓冲,减振;(6)垫层,垫块;(7)插针孔;(8)(铸型的)直浇口下的储铁池,容让,可让
cushion blasting 缓冲爆破
cushion block 垫块
cushion coat 垫层
cushion course 垫层
cushion craft 气垫船
cushion crimps (离合器被动片)缓冲皱波
cushion cylinder 缓冲汽缸,缓冲筒
cushion disk 减振垫片,弹性片,挠性盘
cushion disk coupling 挠性盘式联轴节

cushion disk joint 挠性盘式万向节
cushion disk spider 挠性万向节三叉杆
cushion effect 缓冲效应,缓冲作用,减震作用
cushion hitch 缓冲挂接装置
cushion material (1)缓冲材料,衬垫材料,附加料;(2)(铸型、型芯)补强剂,(铸型)容让性材料
cushion pad 缓冲垫
cushion seal 气垫密封
cushion ship 气垫船
cushion socket 弹簧插座,防震插座
cushion space 缓冲空间
cushion tyre 半实心轮胎,垫式轮胎
cushion valve 缓冲阀
cushioncraft 气垫式飞行器,气垫船
cushioned drive 吸收扭振的传动,弹性联结传动
cushioned transmission 带缓冲元件的传动系
cushioning (1)软垫;(2)缓冲器,减震器;(3)缓冲作用,减震作用,弹性压缩,阻尼;(4)加垫
cushioning capacity of tyre 轮胎的缓冲能力,轮胎的减震能力,轮胎的弹性
cushioning effect 减振作用,缓冲作用,缓冲效应
cushioning material 弹性材料,弹性垫料
cushioning pad (=CP) 缓冲垫
cushioning spring 离合器弹簧片
cushioning stroke 减振行程,缓冲行程
cusiloy 库西洛铜硅合金,线材用硅青铜(铜95%,硅1-3%,锡1-1.5%,铁0.7-1%)
cusp (1)三角尖顶,齿尖,顶角;(2)尖端,尖头,尖点,歧点;(3)会切尖;(4)弧线上停止点,双曲线交点,弯曲点,会切点,会点;(5)回复点;(6)峰
cusp locus 尖点轨迹
cusp of the first species 第一种歧点,第一种尖点
cusp of the second species 第二种歧点(自切点)
cuspate 有尖端的,三角的,尖的
cusped 尖头的,尖点的
cuspid 尖端的,尖的
cuspidal 尖头的,尖点的
cuspidal circle 尖点圆
cuspidal edge 尖棱
cuspidal index 尖点指数
cuspidal locus 尖点轨迹
cuspidal point 尖点
cuspidal pole 尖点极
cuspidate 尖的
custodial 保管的,管理的,监视的,看守的,监护的
custodian 保管员,管理员,看守人
custodian fee 保管费
custody (1)保管,保护;(2)监视
custom (1)习惯,风俗,惯例,常例,常规,传统;(2)顾客,主顾;(3)海关,关税;(4)定制的集成电路,定制,定做
custom-built 定制的,定做的
custom-built power unit 非标准动力头,专用动力头
custom house 海关
custom house administration 海关总署
custom invoice 报关单
custom-made 定制的,定做的
custom of foreign trade 对外贸易惯例
custom office 海关
custom-tailor 定制,定做
customarily 习惯上,通常,照例
customary 通常的,习惯的,惯例的
customary in trade 商业上通行的
customer (1)耗电器,消耗器,用电器;(2)服务对象,顾客,主顾,买主,用户
customer dialing 用户拨号
customer engineer (CE) 用户工程师
customer engineer disk 用户工程师磁盘
customer engineer diskette 用户工程师软磁盘
customer inspection record (=CIR) 用户检验记录
customer originated change (=COC) 由买主引起的更改,用户引起的更改
customhouse 海关
customize 按规格改制,定制,定做
customized computer 定做型计算机

customs area 关境

customs clearance 出口结关

customs declaration (=C/D) 海关报单, 报关单

customs due 关税

customs duty 关税

customs entry 进口报关

customs examination 海关检验, 海关检查

customs inspection 海关检验, 海关检查

customs office 海关

customsfree 免税的

custos 保管员, 管理员, 看守人

cut (1) 切, 割, 剪, 砍, 斩, 刻, 雕, (2) 切削, 切割, 切断, 截割, 切面, (3) 切削加工, (4) 切削深度, 切削量, 切削层, (5) 切削屑, (6) 断开, 断电, (7) 割纹, (8) 跳跃式转移, (9) 限制, (10) 采伐, 采伐量, (11) (电视节目) 切换, (12) 掏槽, 截槽, (13) 减低, 削减, 缩短, 删节, (14) 馏份, (15) 类型, 式样

cut a groove 开轧槽

cut-and-carry 挖运的

cut-and-strip 刻剥薄膜

cut-and-trial 逐步接近法, 逐次近似法, 反复试验法, 试凑法, 尝试法, 试算法

cut-and-try 逐步接近法, 逐次近似法, 反复试验法, 试凑法, 尝试法, 试算法

cut and try method 逐步渐近法, 尝试法, 试凑法, 试探法, 试算法

cut and try procedure 尝试法

cut angle 交角

cut away 切去, 切掉, 切开, 剪去, 砍去

cut-away drawing 断面图, 剖面图

cut-away section 部分剖面

cut-away view 剖视图

cut back (1) 减少, 减低, 减轻, 削减, (2) 修剪, 截短, 降低, 稀释, 中止; (3) 急转方向; (4) 拒收

cut back tar 稀释焦油, 轻制柏油

cut bank 视频切换台

cut bay [桥的] 跨度

cut cable 电缆切口, 电缆端

cut clearance 切口间隙

cut core 半环形铁心, 截割铁心, 切面铁心

cut dimension plane 切削层尺寸平面

cut down (1) 削减, 缩减, 删减, 减短, 减少, 降低; (2) 向下挖, 凿下; (3) 删节, 节约, 胜过

298

cut down buffing 微弱切削力抛光

cut drill 铣削钻头

cut file 截锉, 木锉

cut film 薄膜切片

cut glass 刻花厚玻璃, 刻花玻璃器皿, 雕玻璃

cut grafting 切接

cut-in (=CI) (1) 切入, 割入; (2) 插入, 排入, 接入; (3) (电影) 字幕, 插入物; (4) {电} 互联, 中间接入, 连接, 接通; (5) 开始工作, 开动, 加载; (6) 时差; (7) 超车; (8) 插入的

cut in (1) 合闸, 接通, 接入, 插入, 加入; (2) 开始工作, 开动, 加载

cut-in blanking 场逆程切换

cut-in method 插接法

cut-in point 开始工作点

cut-in temperature 接入温度

cut-in voltage 开始导电点的电压, 临界电压

cut key 节目切换器

cut lengths (=cl) 定尺长度, 切制长度, 切制尺寸, 切削尺寸, 切割长度, 切断长度

cut loop 割断的起毛线圈

cut marks 搭色

cut meter 切削速度计

cut nail 切钉, 方钉

cut number 剪辑镜头编号

cut of file 锉纹

cut-off (1) 切开, 切去, 切割, 切换, 断绝, 截流, 断流, 截断, 截止, 中止; (2) 切断, 关断, 关车, 断开; (3) 跳跃式转移, 结束工作; (4) 停汽, 停水, 停电, 停车, 停止, 熄火, 熄灭; (5) 截止频率; (6) 停汽 [装置], 断开装置, 截断装置, 遮断装置, 保险装置, 保险器, 断流器, 隔断器, 截止阀, 排水管, 弯头, 闸门, 挡板, 阻板; (8) 缩径量; (9) 切边模; (10) 截距, 间隔, 取直, 捷径

cut off (1) 切断, 断路; (2) 停止工作, 停车

cut-off angle (1) 截止角, 切割角; (2) 熄火点弹道角

cut off angle 保护角, 截止角, 遮光角

cut-off attenuator 截止式衰减器

cut-off bias 截止偏压

cut-off blanket 隔离层, 截止层

cut-off clipping 截流削波

cut-off cock 切断旋塞, 关掉龙头

cut-off computer 断流计算机

cut-off current 截止电流

cut-off diameter (波导管) 临界直径, 截止直径

cut-off eccentric 伸张偏心轮

cut-off energy 截止能量, 门限能量

cut-off filter 截止滤波器

cut-off frequency 截止频率

cut-off gear 停汽装置, 断流装置, 切断装置, 截汽装置

cut-off grade 截止晶位

cut-off height 主动段终点高度

cut-off interval 停车时间, 停车间隔

cut-off jack (串联) 切断塞孔

cut-off key 切断电键, 断流电键

cut-off level 截止电平, 限制电平

cut-off limiting 截止限幅

cut-off machine 切断机, 切割机, 切片机

cut-off mechanism 截止机构

cut-off method 截止法

cut-off mould 溢出式塑模

cut-off of supply 停止供电, 停止供水, 停止供汽

cut-off phase 发动机熄火时间

cut-off point 弹头分离点, 截止点, 断开点, 熄火点

cut-off radiation 辐射阈

cut-off receiver 关闭信号接收机

cut-off relay 截止继电器, 断路继电器

cut-off rest 切断刀架

cut-off saw 切断锯

cut-off shaft 配汽轴

cut-off shell 断电器壳

cut-off slide valve 断流滑阀

cut-off switch 断路接触器, 切断开关

cut-off test 停车试验

cut-off time 截止时间, 停车时间

cut-off tool 切断刀

cut-off tool rest 切断刀架

cut-off tube 截止管

cut-off value 截止值

cut-off valve 断流阀, 断流闸, 关闭阀, 截止阀, 逆止阀

cut-off velocity 切断速度

cut-off voltage (=COV) 截止电压

cut-off wave length 截止波长

cut-off wheel 薄片切割砂轮, 切断磨轮

cut-off winder 开匹卷布机

cut-open view 剖视图

cut-out (=CO) (1) 切断, 中断, 中止, 阻断, 关断, 截断, 断绝, 断开, 断路, 关闭; (2) 线路断开装置, 电路断开装置, 中断装置, 保险装置, 断流器, 断路器, 熔断器, 中断器, 单流器; (3) 保险装置; (4) 切去, 切开, 切口, 开口; (5) 结束工作, 停车, 卸荷; (6) 排气装置, 排气阀

cut out (1) 切断, 断路; (2) 结束工作, 关闭

cut-out base 安全座, 断流座

cut-out board 装有保险装置的板, 断流板

cut-out box 熔断器闸

cut-out case 保险丝盒, 熔线盒

cut-out cock 切断旋塞

cut-out fuse (1) 断流熔丝; (2) 保险装置

cut-out hole 机械加工的孔

cut-out of fuel pump 燃油泵停止工作

cut-out peak 截止峰值

cut-out pedal 分离踏板

cut-out plug 断路插塞, 断流栓, 断流塞

cut-out point 截止点, 切断点

cut-out relay (1) 断路继电器, 截止继电器; (2) (汽车) 断流器, 单流器

cut-out switch 断路开关, 切断开关

cut-out valve 截止阀

cut-over (1) 接入; (2) 开动, 开通, 开机; (3) 转换, 切换

cut over (1) 接入; (2) 开动, 开通, 开机; (3) 转换

cut paraboloid [被] 截抛物面

cut payment 扣款

cut plane　剖面

cut point　分馏温度, 分馏界限, 分馏点, 分选点, 分割点

cut-rate　减价的, 次等的

cut rate　减费, 减价

cut researching method　逐段检验法

cut ridge　截峰, 限幅

cut section　分割区

cut-set code　割集码

cut set code　割集码

cut set matrix　割集矩阵

cut-sheet　切片

cut sheet　切片

cut-sheet (tooth) gear　切削钢齿轮

cut short　使停止, 缩短, 缩简, 截短, 删节, 打断, 中止

cut spike　大方钉

cut staple　切断纤维, 短纤维

cut thread tap　不磨牙丝锥

cut-through　切开, 开凿, 凿通, 贯通, 掘通, 挖通

cut through　切入, 钻入, 钻探, 贯穿, 剪断

cut to size　切削到应有尺寸

cut up　切碎, 切断, 割裂

cut-up mill　切造车间

cut-up test　切开试验

cut wire shot　钢丝切制丸粒, 线制钢球

cutability　[可]切削性, [可]加工性

Cutanit　刀具硬质合金, 碳化物硬质合金

cutaway　(1) 局部剖视; (2) 剖开立体图, 剖视图; (3) 剖面的, 切断的

cutaway diagram　剖视图

cutaway drawing　(1) 剖开立体图, 剖视图; (2) 内部接线图

cutaway view　(1) 剖开立体图, 剖视图; (2) 内部接线图

cutback　(1) 后移; (2) 稀释, 轻制; (3) 稀释产物; (4) 稀释的; (5) (工厂产量的) 减少; (6) 反向运动, 反逆作用, 逆转, 逆油; (7) 截短中止, 消减, 削减, 缩减

cutback asphalt　稀释 [地] 沥青, 轻制 [地] 沥青

cutback bitumen　轻制沥青

cutback group　轻制 [地] 沥青混合料

cutback principle　轻制沥青法

cutback product　轻制产品

cutback tar　轻制焦油沥青, 稀释焦油, 轻制柏油

cutdown　(1) 削减, 缩减, 减价; (2) 向下挖

cutfit　备用工具

cuthole　掏槽眼, 掏炮眼

cuticle　(1) 表皮, 外皮, 护膜; (2) 壳胶膜, (液面的) 薄膜

cuticula (复 cuticulae)　(1) 表皮, 外皮; (2) 液体的薄膜, 护膜

cuticular　表皮的, 护膜的

cutler　刃具工人

cutlery　(1) 刀具, 刃具, 刀剑, 利器; (2) 刃具制造业, 刀剑制造业

cutlery steel　刀具钢

cutlery type stainless steel　刀具不锈钢

cutlet　[切] 片

cutline　插图下面的说明文字, 图例

cutlings　粗磨料

cutoff (=C-O)　(1) 切断, 关闭; (2) 停止工作, 停车

cutoff tool　(1) 切断刀; (2) 截刀; (3) 切断刀具

cutoff tool wheel　砂轮切断机

cutout　{电} 断路器, 断路开关

cutout accuracy　[发动机] 熄火准确度

cutout valve (=COV)　截流阀, 排气阀

cutover　(1) 接入; (2) 转换

cutteau　大刻刀

cutter　(1) 切削刀具, 切削工具, 刀具, 刃具, 刀片, 铣刀, 切刀, 刀盘, 车刀, 切刀, 铲刀, 割刀; (2) 切削器, 切割器, 截断器, 切断器, 切碎器, 切纸器, 截断机, 切削机, 切割机, 切断机, 切碎机, 截纸机; (3) 气割枪, 割炬, 割嘴; (4) 记录器; (5) (机械录音的) 刻纹头; (6) 截煤机, 割煤机, 剪切机, 收割机, 割草机; (7) 截煤机司机; (8) 横向裂纹; (9) 小汽艇, 快艇; (10) 倾斜节理

cutter adapter　刀具接头

cutter addendum　刀齿齿顶高

cutter and cleaner　切洗机

cutter and reamer grinder　铣刀铰刀磨床

cutter and tool grinding machine　工具磨床

cutter angular slide　刀具斜滑板

cutter arbor　刀具心轴, 铣刀杆, 刀轴, 刀杆

cutter arbor collar　铣刀杆隔套

cutter arbor speed　刀具轴转速

cutter autostopper at the upper position　插齿刀自动上停机构

cutter axial position　刀盘轴向位置

cutter axis　刀盘轴心

cutter back off　让刀, 抬刀

cutter back off amount　让刀量

cutter bar　(1) 刀具心轴, 刀轴, 刀杆, 镗杆; (2) 切割机

cutter blade　[铣] 刀片, 刀齿

cutter blade setting angle　刀片装置角

cutter blank　刀坯

cutter block　组合铣刀

cutter body　刀盘体, 刀体

cutter bolt　刀具螺栓

cutter box　[齿条形插齿刀] 箱形刀架

cutter bush　刀轴环

cutter chain　切割链, 切碎链

cutter change factor　齿轮刀具变位系数, 齿轮刀具移距系数

cutter chuck　铣刀卡盘, 弹簧卡盘

cutter collet　铣刀弹簧套筒夹头

cutter dedendum　刀齿齿根高

cutter diameter　刀盘直径

cutter dredger　旋桨式挖泥船

cutter drum　(刨木机) 刀轴

cutter edge　刀刃

cutter flank　刀齿齿面

cutter for fluting twist drill　麻花钻槽铣刀

cutter for gear shaping　插齿刀

cutter for gear wheel　齿轮铣刀

cutter for screw plate　螺丝板加工刀具, 螺纹钢板刀具

cutter for serrating jaw of chuck　卡盘爪铣齿刀

cutter gaging radius　刀具的校准半径

cutter gear　齿轮铣刀

cutter grinder　工具磨床

cutter grinding　工具磨削

cutter grinding machine　刀具磨床

cutter groove grinder　铣刀沟槽磨床

cutter guide　刀具导轨, 刀具导承

cutter head　(1) 铣刀盘, 镗刀盘, 刀头, 刀盘; (2) 铣头, 铣刀; (3) 铰刀头; (4) 刻纹头

cutter head cross-feed slide　刀架横向进刀滑板

cutter head down-and-up type　铣刀升降式的, 刀盘升降式的

cutter-head dredger　铣轮式挖泥机

cutter head grinder　刀头磨床, 刀盘磨床, 镶片铣刀磨床

cutter holder　刀夹, 刀杆

cutter interference　刀齿干涉, 刀具 [切齿时的] 干涉 (根切或顶切)

cutter jack　(盾构) 推进转刀用千斤顶

cutter knife　(1) 切断刀; (2) 铰刀刀片

cutter life　刀具 [使用] 寿命

cutter lift-off　让刀, 抬刀

cutter-lifter　切割挖掘机

cutter lifting　让刀, 抬刀

cutter lifting device　抬刀装置

cutter-loader　切割装载机

cutter loader　(1) 截装机; (2) 联合采煤机

cutter location (=CL)　刀具定位

cutter mark　切削刀痕

cutter material　刀具材料

cutter measuring machine　铣刀测量仪

cutter module　铣刀模数, 刀具模数

cutter No.　[刀盘的] 刀号

cutter oils　馏出的石油产品

cutter number　[刀盘的] 刀号

cutter pilot　刀具导向杆, 刀具导杆

cutter pitch　刀具节径

cutter pitch diameter　齿轮刀具分度圆直径

cutter point　刀锋, 刀口

cutter raiser　提拉刀机构

cutter reference profile　刀具基准齿廓

cutter relieving　让刀, 抬刀

cutter relieving amount　让刀量

cutter saddle　鞍式刀架, 刀架

cutter sharpener　(1) 刀具刃磨器; (2) 刀具磨床

cutter shield　转刀式盾构

cutter slide　刀具滑板

cutter spacing 刀具限位, 刀位
cutter speed 刀速
cutter spindle 刀具主轴, 刀具心轴, 刀具轴, 铣刀轴, 铣刀杆, 刀轴, 刀杆, 镗杆
cutter spindle housing (1) 刀倾体；(2) 刀具主轴箱
cutter stock 馏分, 组分
cutter stroke per minute 刨刀每分钟冲程数, 刀具冲程数 / 分
cutter stylus [录音用] 刻画针
cutter suction dredger 切吸式挖泥船, 铰刀吸扬式挖泥船, 铰吸式挖泥船
cutter swivel angle 刀转角
cutter tooth 刀齿
cutter tooth depth 刀齿 [齿形] 高度
cutter tooth number (1) 铣刀齿数；(2) 剃齿刀齿数
cutter tooth top 刀齿齿顶
cutter tru(e)ing fixture 刀具校正夹具
cutter with inserted teeth 镶齿铣刀
cutter with straight grooves 直槽铣刀
cutterbar 切割器, 刀杆, 刀轴
cutterhead (1)刀具头, 铰刀头, 镗刀盘, 铣轮, 铣头, 刀盘, (2)切碎装置, 切碎器；(3) 截割头
cutterhead dredger 铣轮式挖土机, 铣轮式疏松机
cutters 倾斜节理
cutting (=ctg) (1) 切削加工, 切削, 切片, 切割, 割削, 切换, 切下, 切除, 截断, 切, 割, 剪, 削；(2) 切断 [电路]；(3) 加工, 琢磨；(4) 开凿；(5) 掏槽, 刻槽, 截槽, 开凿, 挖土, 挖掘, 掘进, 采掘；(6) (复) 金属屑, 锯屑, 钻粉, 钻屑, 切屑, 刨花；(7) 录音, 剪辑
cutting ability 切削能力, 切割能力
cutting action 切削作用, 切削动作
cutting alloy tip (1) 合金 [切削] 刀片；(2) (气割器的) 合金割尖
cutting angle (1) 切削角, 切割角；(2) (录音) 刻纹角 [度]
cutting arc 切削弧
cutting area 切削面积
cutting back 乳浊阻凝剂
cutting blade (1) 切削片, 刀片；(2) 平地机刮片
cutting blowpipe 切割吹管, 割嘴
cutting burr test 剪切毛边试验
cutting burner 切割喷嘴, 切割喷枪
cutting capacity (1) 切削能力, 切割能力；(2) 切削容量
cutting character 切削性能
cutting chin 切削刃, 刀刃
cutting chisel 切錾
cutting circle 切削循环, 切削周期
cutting compound 切削润滑剂, 切削液, 润切剂
cutting condition 切削条件
cutting coolant 切削冷却液, 切削冷却剂
cutting coulter 犁刀
cutting current 切割电流
cutting cycle 切削循环
cutting depth (=CD) 切削深度, 切削厚度
cutting die (1) 螺丝钢板, 板牙；(2) 割截模
cutting direction 切削方向
cutting disc 切割圆盘, 圆盘刀
cutting disk 圆盘刀具, 切削盘
cutting distance (锥齿轮机床) 切齿 [安装] 距
cutting edge (刀具) 切削刃, 切割刃, 刃口
cutting edge angle 刃口角, 偏角
cutting edge normal plane [切削刃] 法平面
cutting edge principal point (刀具) 切削刃基点
cutting effect of slag 炉渣侵蚀作用
cutting energy 切削能 [量]
cutting energy per unit material volume 单位体积材料切削能
cutting face (刀具的) 切削面
cutting flame 切割火焰
cutting fluid (=CF) 切削液, 润切剂
cutting fluid additive 切削液添加剂
cutting force 切削力
cutting force per unit area of cut 切削层单位面积切削力
cutting force per unit area of width of cut 切削层宽度单位面积切削力
cutting hardness 切削硬度, 切削强度
cutting head (1) 机械录音头, 刻纹头；(2) 切头；(3) 割嘴
cutting hob 滚刀
cutting hob feed 滚刀进给
cutting hob outside diameter 滚刀外径

cutting hob radius 滚刀半径
cutting hob tooth 滚刀齿形
cutting-in (1) (孔型的) 切深, 切入；(2) 冲入, 打断, 干涉；(3) 开通
cutting-in tool 切进刀
cutting interference (齿轮) 切齿干涉 (根切或顶切)
cutting jet 切割射流
cutting kerf 切缝
cutting laboratory 切割实验室
cutting layer 切削层
cutting length 切削长度
cutting limit 切削极限
cutting lip (1) 钻唇, 钻口, 钻刃；(2) 切削刃
cutting lubricant 切削冷却润滑液, 切削润滑剂, 切削液, 切削油
cutting machine 切削加工机床, 切削机床, 切削机, 切割机
cutting machine tool 切削机床
cutting metal 切削金属
cutting method 切削法
cutting motion 切削运动, 主运动
cutting movement 切削运动, 主运动
cutting nippers 老虎钳, 剪钳
cutting nose 刃尖
cutting of bands out of column 柱中切去色带 (石油产品色层分析)
cutting of fuel oils 重油的切取
cutting-off (1) 切断, 切开, 断开, 截断；(2) 截止, 关闭, 停车
cutting off (1) 切断, 切割, 切槽, 切开；(2) 截止
cutting off and centering machine 切断定心机
cutting off and facing machine 切断车 [端] 面机 [床]
cutting off cutter 切断刀, 截刀
cutting-off lathe 切断车床
cutting-off machine 切割机, 切断机, 切断机床
cutting-off of short-circuit 切断短路
cutting-off tool 切断刀 [具], 切刀
cutting-off turning machine 切断车床
cutting-off turning tool 切断车刀
cutting-off wheel 切断砂轮
cutting oil 切削油
cutting on the shaping principle 插齿加工原理, 梳齿加工原理
cutting operation 切削工序, 切削操作
cutting-out (1) 短接；(2) 切出
cutting out (1) 断路；(2) 切断
cutting output 切削量
cutting part (刀具) 切削部分
cutting paste 切削润滑冷却剂
cutting perpendicular force 垂直切削力
cutting plane (1) 波浪形切面, 破断面；(2) 切削平面
cutting plane line 破裂线, 波浪线
cutting pliers (1) 钢丝钳；(2) 丝钳；(3) 尖嘴钳, 剪钳, 手钳
cutting point 刀口, 刀刃, 刀锋
cutting position 切削位置
cutting power (1) 切削能力；(2) 切削功率
cutting power per unit material removal rate 单位材料切除率的切削功率
cutting press 冲切床
cutting pressure 切削压力
cutting pressure of milling cutter 铣刀切削压力
cutting principle 切削原理
cutting property 切削性能, 可切削性
cutting punch 剪切冲头
cutting quality 切削质量, 切削能力
cutting ratio 切削厚度比, 切削比
cutting reamer 铰孔铰刀
cutting resistance 切削阻力, 切削抗力
cutting ring 环刀
cutting room 编辑室, 剪辑室
cutting shoulder 切口边
cutting solution 切削液
cutting specification (=CS) 切削规范
cutting speed 切削速度
cutting speed change gear 切削速度交换齿轮
cutting speed in feet per minute 切削速度英尺 / 分
cutting stator 定刀片
cutting stress 切削应力
cutting stroke (1) 刨程；(2) 切削行程, 工作行程；(3) 剪切行程, 剪切冲程

cutting-stroke time 切削行程时间
cutting strokes per minute 每分钟切削行程,切削行程/分
cutting stylus (录音刻纹用)刻针
cutting surface 切削表面
cutting teeth 切削齿,铣齿
cutting temperature 切削温度
cutting test 切削试验
cutting theory 切削理论
cutting thickness 切削厚度
cutting through (录音盘)刻纹过深
cutting time 切削时间
cutting tip (1)切削刀片;(2)(氧割器的)割尖,割嘴;(3)切削部分
cutting to length 定长锯断
cutting-tooling 切削刀具
cutting tool (1)切削刀具,刀具,刃具;(2)切削工具
cutting tool angle 刀具角度
cutting tool engineering 刀具技术
cutting tool steel 切削工具钢,刀具钢
cutting tooth 切削齿,铣齿,刀齿
cutting torch 切割吹管,切割炬
cutting torque 切削扭矩
cutting tray 切屑盘
cutting value 切削值
cutting waste 裁剪废料
cutting wheel 切断砂轮,切割轮
cutting width 切削宽度
cutting work 切削工作
cuttings (1)钻粉,钻屑;(2)切屑,割屑
cuttings pit 切屑坑,刀屑坑
cuttings shoot 切屑坑,切屑槽
cuttle 折叠
cuttling (1)复原工序;(2)折布
cutwater (1)船头破浪处;(2)除去水份;(3)分水角,分水尖,分水处;(4)刹水装置
cutway 插入的镜头
cutwork 切削工作
cuvette (1)小杯;(2)电池;(3)透明小容器,比色杯,小杯
cuyo 库依欧铬镍钢(0.2%C, 18%Cr, 8%Ni, 余量 Fe)
cuzinai 库津纳尔铜锌铝合金(77%Cu, 2.1%Al, 0.03%As, 余量 Zn)
cuzzulara (意)一种渔船
cw lidar 连续波激光雷达(CW=continuous wave 连续波)
cw mode 连续[波]振荡模
cyan (1)氰基;(2)蓝绿色的,青绿色的,宝石蓝的
cyan- (词头)氰基,深蓝,青色
cyan chloride 氯化氰
cyanate 氰酸盐,氰酸脂
cyanation (1)氰化作用;(2)氰化法
cyanic 氰的,含氰的
cyanic acid 氰酸
cyanicide 消除氰化物质
cyanidation (1)氰化作用;(2)氰化法
cyanide (=CYN) 氰化物
cyanide carburizing 氰化[热处理]
cyanide case hardening 渗氰表面硬化,氰化淬硬
cyanide copper 氰化物电镀铜
cyanide hardening 渗氰硬化
cyanide process 气体氰化法
cyanide steel 氰化钢
cyaniding 氰化[处理]
cyanogen 氰
cyanogen chloride 氯化氰
cyanogen compound 氰化[合]物
cyanogenation 氰化作用
cyanogenetic 能产生氰化物的,生氰的
cyanogenic 能产生氰化物的,生氰的
cyanometer 蓝度测定仪,蓝度表,蓝度计,天色计
cyanometry (1)蓝度测定法,蓝度测量法;(2)蓝度测定
cyanosensor 氰基传感器
cyanotype (1)氰印照相法,蓝晒法;(2)晒蓝图
cyathiform 杯形的
cyberculture 电子计算机化带来的影响,电子计算机影响下物文化,控制论优化
cybernate 使受电子计算机控制,使电子计算机化,[电子]计算机控制化

cybernation [电子]计算机控制,自动控制,控制
cybernetic 控制论的
cybernetic control (计算机)控制
cybernetic model (1)控制论模型;(2)模拟控制机
cybernetics 控制论
cybernetist 控制论专家
cybertron 控制机
cyboma 集散微晶
cyborg 靠机械装置维持生命的人(如宇航员)
cyborgian 生控体系统
cybotactic 群聚的
cybotaxis 非晶体分子立方排列,群聚性
cyc-arc welding 自动电弧焊
cycl- (词头)(1)循环,旋回,环合,环化;(2)轮转的,圆的
cycle (=C 或 CY) (1)周期,周数,一转,轮转,周,期;(2){热}循环过程,循环;(3)赫兹,周/秒;(4)周波;(5){数}环,{化}环核,闭链;(6)天体运转的轨道;(7)自行车,脚踏车
cycle annealing 循环退火
cycle casing 自行车外胎
cycle counter (1)频率计;(2)循环计数器,周期计数器,周期计量器,周波表;(3)转数计
cycle-criterion 重复循环总次数,循环判据
cycle criterion 重复循环总次数,循环判据,循环准则
cycle effect 循环效率
cycle fatigue 周期疲劳
cycle generator 交变频率发生器
cycle-index 循环次数
cycle index 循环次数
cycle length 循环时间,周期时间
cycle life 循环寿命(疲劳破坏前以循环次数表示的寿命)
cycle matching 脉冲导航,相位比较
cycle motion 周期运动,循环运动
cycle of annealing 退火程序
cycle of erosion 侵蚀旋回
cycle of loading 加载循环
cycle of magnetization 磁化循环
cycle of motion 运动循环
cycle of operation (1)动作循环,工作循环;(2)运行周期,运转周期,工作周期,操作周期;(3)(蓄电池)'充电-放电'循环
cycle of overload 过载循环
cycle of rolling 滚动循环
cycle of sedimentation 沉积旋回
cycle of stress 应力循环
cycle of vibration 震动循环,振动周期
cycle operation 周期性操作,循环作业,循环操作
cycle per second 赫[兹],周/秒
cycle pressure diagram 循环压力图,示功图
cycle program counter (=CPC) 循环程序计数器
cycle rate counter (1)周期计数器;(2)循环计数器;(3)频率计
cycle ratio (不同载荷下疲劳试验的)循环次数比
cycle reset (1)循环复位;(2)循环计数器复原
cycle/section (=c/s 或 c/sec) 周/秒,赫[兹]
cycle set 循环集
cycle-shared memory 周期共享存储器
cycle skip 周波跳跃
cycle slipping 跳周
cycle slipping rate 周期平滑率
cycle speed 循环速度
cycle stealing 周期挪用
cycle time 循环时间,周期
cycle time seconds / tooth 每齿切削时间,秒/齿
cycle tyre 自行车胎,摩托车胎
cyclecar 三轮小汽车,小型机动车
cycled 循环的
cyclegraph 操作轨迹的灯光示迹摄影记录
cyclelog 程序调整器,程序控制器,程序装置
cyclenes 环稀
cycler (1)循环控制装置,周期计;(2)骑自行车者
cycles 循环数
cycles of initiating crack 开始断裂的循环数
cycles per day (=CPD) 每日周数,周/日
cycles per hour (=CPH) 每小时周数,周/小时
cycles per minute (=cpm) 每分钟循环次数,周/分钟
cycles per second (=cps) 每秒钟循环次数,周/秒

301

cycles per second alternating current (=cps AC)　交流电每秒周数

cycles-to-crack　开裂循环数 (产生裂纹前应力循环次数)

cycles-to-failure　失效循环数 (失效前载荷循环次数), 疲劳损坏的循环次数

cycles-to-fracture　断裂循环数 (断裂前应力循环次数)

cycleweld　合成树脂结合剂

cyclewelding　合成树脂结合剂焊接法

cyclic　(1) 周期性变化的, 周期的, 循环的; (2) 轮转的, 环状的, 环的

cyclic accelerator　循环式加速器, 回旋 [式] 加速器

cyclic action　(1) 循环作用; (2) 循环动作

cyclic admittance　相序导纳

cyclic bending　循环弯曲

cyclic change　循环变化

cyclic code　循环码

cyclic compound　环 [状] 化合物

cyclic constraint　循环约束条件, 循环制约

cyclic coordinates　循环坐标

cyclic cracking　循环开裂

cyclic creep　循环蠕变

cyclic damping　循环阻尼

cyclic deformation　循环变形

cyclic error　周期误差, 循环误差

cyclic failure criteria　循环失效判据, 循环损坏判据

cyclic feeding　周期性馈送

cyclic field　循环场, 周期场, 旋场

cyclic frequency　角频率

cyclic hardening　循环硬化

cyclic hydrocarbon　环烃

cyclic interrupt　周期性中断

cyclic irregularity　循环不规则性, 旋转不均匀

cyclic life　循环寿命 (疲劳破坏前以循环次数表示的寿命)

cyclic load　循环载荷, 周期载荷

cyclic loading　(1) 循环加载, 交变载荷; (2) 周期 [性] 荷载

cyclic motion　周期运动

cyclic movement of dislocation　错位循环运动

cyclic period　循环周期

cyclic permeability　(1) 正常磁导率, 周期磁导率; (2) 正常磁导系数

cyclic permuted (=CP)　循环排列的

cyclic permuted code(=CP code)　循环置换 [代] 码, 单位距离 [代] 码, 循环排列码

cyclic process　循环过程

cyclic product code　循环 [乘] 积码

cyclic quartic　重 [虚] 圆点四次线

cyclic redundancy character (=CRC)　周期性冗余字符

cyclic redundancy checking (=CRC)　周期性冗余 [码] 检验, 循环侦错

cyclic softening　循环软化

cyclic stress　周期应力, 交变应力

cyclic stress-strain curve　周期应力 - 应变曲线

cyclic surface　圆纹曲面

cyclic thermal-stress cracking　环状热应力裂纹

cyclic twin　轮式双晶

cyclic variation　周期性变化

cyclic yield strength　循环屈服强度

cyclical　(1) 周期性变化的, 周期的, 循环的; (2) 轮转的, 环状的, 环的

cyclicity　循环性

cyclics　环状化合物

cyclide　四次圆纹曲线

cycling　(1) 循环; (2) 循环操作, 周期工作, 定期动作; (3) 反应堆功率循环; (4) 交变负载, 交变应力; (5) 振荡, 振动; (6) 被调量的周期性变化; (7) 发出脉冲; (8) 周期性工作的, 循环的, 交替的; (9) 骑自行车

cycling life test　循环寿命试验, 闪烁寿命试验

cycling solenoid valve　周期 [工作的] 电磁阀

cycling stress work hardening　循环应力加工硬化

cycling test　循环负荷试验

cycling time　循环时间, 周期时间

cycling vibration　循环振动

cyclist　骑自行车者

cyclite　赛克莱特炸药

cyclization　环化 [作用], 成环 [作用], 环的形成, 环合

cyclize　环化, 环合

cyclized rubber resin　环化橡胶树脂

cyclizing　(橡胶表面处理的) 环化

cyclo　出租机动三轮车

cyclo-　(词头) (1) 轮转的, 圆的; (2) [循] 环, 旋 [回], 环化, 环合

cyclo-alkanes　环烷

cyclo-alkenes　环烯

cycloaddition　环化加成 [作用], 环加

cycloalkanoates　环烷金属化合物

cyclocompounds　环状化合物

cycloconverter　(1) 循环换流器; (2) 双向离子变频器

cyclodeaminase　环化脱氨酶

cyclodehydration　环化脱水作用

cyclodos　发送电子转换开关

cycloduction　环动, 环转

cyclogiro　横轴旋翼机

cyclogram　(1) 视野图 [表]; (2) 周期图表

cyclograph　(1) 圆弧规; (2) 特种电影摄像机, 轮转电影摄影机, 轮转全景照相机; (3) 涡流式感应图示仪; (4) 涡流式电磁感应试验法; (5) 试片高频感应应力波法; (6) 极坐标示波器; (7) 测定金属硬度的电子仪器; (8) 周期图

cyclogyro　旋翼机

cycloical gear teeth　摆线齿轮齿

cycloid　(1) {数} 圆滚线, 旋轮线, 摆线; (2) 圈状的, 圆形的

cycloid curve　摆线曲线

cycloid design　摆线设计

cycloid function　摆线函数

cycloid gear　摆线齿轮

cycloid gear grinder　摆线齿轮磨齿机

cycloid gear mechanism　摆线齿轮机构

cycloid gear tooth　摆线 [齿] 轮齿

cycloid gear wheel tooth　摆线 [齿] 轮齿

cycloid tooth　摆线齿

cycloidal　(1) 圆滚线的, 旋轮线的, 摆线的; (2) 圆形的

cycloidal annular gear　摆线内齿轮

cycloidal arch　圆滚线拱

cycloidal blower　摆旋鼓风机

cycloidal cam　摆线凸轮

cycloidal curve　旋轮类曲线, 摆线

cycloidal flank　摆线齿面

cycloidal gear　摆线 [圆柱] 齿轮

cycloidal gear hob　摆线齿轮滚刀

cycloidal gear hobbing machine　摆线齿轮滚齿机

cycloidal gear pair　摆线齿轮副

cycloidal gear tooth　摆线齿

cycloidal gear tooth flank　摆线齿面

cycloidal gear tooth profile　摆线齿廓

cycloidal gearing　摆线齿轮传动 [装置]

cycloidal helical motion　摆线螺旋运动

cycloidal mass spectrometer　摆线质谱仪

cycloidal motion　摆线运动

cycloidal path　摆线轨迹, 圆滚线轨迹

cycloidal pendulum　圆滚线摆, 摆线摆

cycloidal pump　摆线转子泵, 摆旋泵

cycloidal rack　摆线齿条

cycloidal rack and pinion　摆线齿条与小齿轮

cycloidal system gear　摆线制齿轮

cycloidal tooth　摆线齿

cycloidal tooth surface　摆线齿面

cycloidal toothing　摆线啮合

cycloinverter　交流供电时的离子变频器, 双向离子变频器

cyclom　跳字计数器

cyclometer　(1) 车轮回转数记录器, 跳字计数器, 跳字转数计, 跳字转数表, 记转器, 里程表; (2) 里程计; (3) 圆弧测定器, 测圆弧器; (4) 示数仪表

cyclometer counter　数字显示式计量仪器, 跳字计数器

cyclometer dials　跳字转数表的数字孔, 跳字转数表的标度孔

cyclometry　圆弧测量法, 测圆法

clomorphosis　周期变形

cyclone　(1) 旋风尘埃分离器, 离心式除尘器, 旋风收尘器, 旋风集尘器, 旋风除尘器, 旋风吸尘器, 旋风分离器, 旋风器, 分尘机, 旋滚器; (2) 旋流器; (3) 低气压区, 气旋, 旋风; (4) 环酮

cyclone collector　旋风集尘器, 旋流集尘器

cyclone combustion chamber　旋风燃烧室

cyclone dust collector　旋风除尘器, 旋风聚尘器

cyclone filter　旋风滤器

cyclone furnace　气旋炉

cyclone of dynamic origin　动力气旋

cyclone scrubber　旋风涤气器,旋风洗涤器,旋风集尘器

cyclone separator　回旋分离器

cyclone smelting method　旋涡熔炼法

cyclonet　海上除油机

cyclonic　旋风的,气旋的,旋涡的

cyclonic collector　旋风收尘器,旋涡收尘器

cyclonic spray scrubber　旋风喷淋洗涤器

cyclonite　旋风炸药

cyclonium　{化}钜Cy(旧称)

cyclonome　旋转式扫描器

cyclophon　(多信道调制用电子射线管)旋调管,旋调器

cyclophone　旋调管,旋调器

cyclopolymerization　环[化]聚[合]作用

cyclopousse　脚踏三轮车,机器三轮车

cyclorama　圆形画景,半圆形透视背景

cyclorectifier　单向离子变频器,循环整流器

cycloreversion　裂环[作用]

cyclorubber　环化橡胶

cycloscope　(1)极坐标示波器;(2)转速计;(3)视野镜

cyclosteel method　旋风式铁矿粉直接炼钢法

cyclostyle　誊写用复写器

cyclosymmetry　循环对称

cyclosynchrotron　同步回旋加速器

cyclotol　塞克洛托(一系黑索金与梯恩梯组成的混合炸药)

cyclotomic　分圆的,割圆的

cyclotomic equation　分圆方程,割圆方程

cyclotomy　分圆法,割圆法

cyclotron　回旋加速器

cyclotron-accelerated　被回旋加速器加速的

cyclotron damping　回旋阻尼

cyclotron frequency　回旋频率

cyclotron-magnetron　回旋加速[器的]磁控管

cyclotron resonance　回旋共振,回旋谐振

cyclovergence　环转

cycloweld　环氧树脂类粘合剂

Cycovin　聚氯乙烯-ABS掺混料

cyfor　强化松香胶料

Cyglas　玻璃增强聚脂塑料

cylinder (=cyl)　(1)圆柱体,圆柱面,圆柱,柱面,柱体,柱;(2)柱基钢筒,烘筒,圆筒,滚筒,量筒,筒形物;(3)液压缸,气缸,汽缸,油缸,泵体,筒体,缸;(4)加热储水罐,清选器,气罐,钢瓶,气瓶;(5)轴;(6)金属滚筒,机筒,钢筒,滚筒,量筒,汽筒,唧筒;(7)轧辊,小辊;(8)(多面磁盘的)同位标准磁道组

cylinder actuator　汽缸促动机

cylinder barrel　汽缸筒

cylinder block　汽缸组,汽缸体,汽缸排

cylinder body　汽缸体

cylinder bore　汽缸内径

cylinder bore diameter　汽缸内径

cylinder borer　镗缸机,汽缸镗床

cylinder boring and honing machine　汽缸镗珩磨床

cylinder boring machine　镗缸机,汽缸镗床

cylinder bush　汽缸套

cylinder cam　圆柱式凸轮,圆筒形轮

cylinder cap　(1)汽缸盖;(2)(气瓶的)阀罩

cylinder capacity　汽缸容量

cylinder concept　(1)磁盘柱[状存取]方式;(2)圆柱体概念

cylinder console typewriter　柱形控制台打字机

cylinder cooling fin　汽缸散热片

cylinder cover　汽缸盖

cylinder drier　圆筒干燥机

cylinder dryer　筒式干燥机

cylinder escapement　筒形擒纵机

cylinder face　圆柱面

cylinder gate　汽缸汽门

cylinder-gauge　圆筒内径测量器,缸径规

cylinder gauge　圆筒内径测量器,缸径规,量缸表

cylinder gear ring　(纺机)针筒传动齿轮

cylinder grinding　汽缸磨削

cylinder grinding machine　汽缸镗床

cylinder grinding wheel　圆柱砂轮

cylinder head　汽缸盖,汽缸头

cylinder head bolt　[汽]缸盖螺栓

cylinder-head stud　[汽]缸盖柱状螺栓

cylinder head temperature (=CHT)　[汽]缸盖温度

cylinder honing head　汽缸珩磨头

cylinder honing machine　汽缸珩磨机

cylinder jacket　汽缸套

cylinder lapping　汽缸研磨

cylinder lapping machine　汽缸研磨机

cylinder lathe　汽缸车床

cylinder lawn mower attachment　滚筒式草坪割草装置

cylinder liner　汽缸衬垫,汽缸套,缸衬胀圈

cylinder liner packing ring　缸衬胀圈

cylinder manifold　汇流排

cylinder mode　(磁盘的)环记录方式

cylinder mill　圆筒碾磨机

cylinder number　(1)(磁盘的)环数,圈数;(2)柱面[编]号

cylinder oil　汽缸油

cylinder overflow　(磁盘记录的)环溢出

cylinder pressure　汽缸压力

cylinder rake　滚筒式搂草机

cylinder reconditioning　汽缸翻修

cylinder reel rake　滚筒式搂草机

cylinder riveting machine　圆筒铆机

cylinder rod　活塞杆

cylinder set　圆柱集

cylinder shaping machine　汽缸牛头刨

cylinder singeing machine　圆筒烧毛机

cylinder sleeve　汽缸套

cylinder valve　气瓶阀

cylinder volume　汽缸容积

cylinder wall　汽缸壁

cylinder wall temperature　汽缸壁温度

cylinder wear　汽缸磨损

cylinder wiper　油缸活塞杆刮垢器

cylinder wrench　圆筒扳手

cylindered　有气缸的

cylindric　(1)圆柱形的,圆柱体的,圆筒形的,柱形的,柱面的;(2)筒形模

cylindrical (=cyl)　(1)圆柱形的,圆柱体的,圆筒形的,柱形的,柱面的;(2)筒形模

cylindrical ball mill　圆筒球磨机

cylindrical bearing　圆筒轴承,滚柱轴承,圆柱轴承

cylindrical bore　圆柱孔,圆筒孔

cylindrical bore of inner ring　(轴承)内圆柱孔

cylindrical boring　镗圆柱孔,镗圆筒孔

cylindrical cam　(1)圆柱[形]凸轮;(2)凸轮轴

cylindrical center-type grinder　外圆中心磨床

cylindrical center-type grinding　外圆中心磨削

cylindrical center-type grinding machine　外圆中心磨床

cylindrical centerless-type grinder　外圆无心磨床

cylindrical centerless-type grinding　外圆无心磨削

cylindrical centerless-type grinding machine　外圆无心磨床

cylindrical coil　圆柱线圈

cylindrical condenser　(1)筒形冷凝器;(2)圆柱形电容器,管形电容器

cylindrical coordinates　圆柱坐标,柱面坐标

cylindrical coordinates robot　圆柱坐标机器人

cylindrical cutter　圆柱形铣刀

cylindrical cutter with spiral grooves　圆柱形螺旋槽铣刀

cylindrical domain　(1)圆柱域;(2)圆柱体磁畴,柱状畴

cylindrical drill　圆柱形钻头,套料钻

cylindrical drum　圆柱形鼓轮

cylindrical electrode　柱形电极

cylindrical electrolytic marking machine(s)　柱面电解刻印机

cylindrical epicyclic gearing　圆柱齿轮周转传动装置

cylindrical fit　筒形配合

cylindrical friction wheel　筒形摩擦轮

cylindrical function　柱[面]函数

cylindrical furnace　柱形炉

cylindrical gauge　(1)缸径规;(2)圆筒形导板

cylindrical gear　圆柱齿轮

cylindrical gear blank　圆柱齿轮毛坯

cylindrical-gear differential　正齿轮差动器

cylindrical gear drive　圆柱齿轮传动

cylindrical gear grinding machine　圆柱齿轮磨床

cylindrical gear mechanism　圆柱齿轮传动装置

cylindrical gear milling cutter　圆柱齿轮铣刀

cylindrical gear pair　圆柱齿轮副
cylindrical gear pair with circular-arc tooth profile　圆弧齿廓的圆柱齿轮副, 圆弧齿轮副
cylindrical gear speed-transforming gearing　圆柱齿轮变速装置
cylindrical gear unit　圆柱齿轮装置
cylindrical gear with circular-arc tooth profile　圆弧齿廓圆柱齿轮, 圆弧齿轮
cylindrical gear with double-circular arc tooth profile　双圆弧齿轮
cylindrical gearing　圆柱齿轮传动 [装置]
cylindrical gears　圆柱齿轮装置
cylindrical gears with multiple power-transmission paths　多传动路线的圆柱齿轮装置
cylindrical grinder　(1) [自动] 外圆磨床; (2) 外圆磨削装置
cylindrical grinder with wide grind wheel　宽砂轮外圆磨床
cylindrical grinding　外圆磨削, 磨外圆
cylindrical grinding machine　外圆磨床
cylindrical harmonics　柱谐函数, 圆柱函数, 调和函数
cylindrical helix　柱面螺旋线
cylindrical horizontal gears　水平圆柱齿轮装置
cylindrical jaw　圆柱量爪, 柱面量爪
cylindrical ladle　鼓形浇泡
cylindrical lantern gear　圆柱针轮
cylindrical lantern pinion　圆柱小针轮
cylindrical lantern pinion and wheel　圆柱针轮副
cylindrical lens　圆柱形透镜, 柱面 [透] 镜
cylindrical locating collar　同心定位套
cylindrical magnetron　圆柱形磁控管
cylindrical mill　圆柱形铣刀
cylindrical milling cutter　圆柱形铣刀
cylindrical mirror　柱面镜
cylindrical pair　圆柱齿轮副
cylindrical pin　圆柱销
cylindrical pinion　圆柱小齿轮
cylindrical pinion shaft　圆柱小齿轮轴
cylindrical pitch surface　圆柱节面
cylindrical planetary gearing　圆柱行星齿轮传动 [装置]
cylindrical plug ga(u)ge　圆柱塞规
cylindrical pole type rotor　柱极式转子
cylindrical polisher　柱面磨光机
cylindrical projection　圆柱投影, 柱形投影
cylindrical reamer　圆柱形铰刀
cylindrical record　爱迪生式唱片录音
cylindrical reducer　圆柱齿轮减速器
cylindrical reference test bar　筒形校正试验杆
cylindrical roller　圆柱滚子, 圆筒形滚柱, 滚柱
cylindrical roller bearing　圆柱滚子轴承
cylindrical roller bearing package unit　无轴箱式双列圆柱滚子密封轴承
cylindrical roller bearing with crowned rollers　带凸度的滚子轴承
cylindrical roller bearing with hollow rollers　空心滚子轴承
cylindrical roller bearing with separate thrust collar　带斜挡圈的单列 [短] 圆柱滚子轴承
cylindrical roller thrust bearing　推力 [短] 圆柱滚子轴承, 圆筒形滚柱推力轴承, 圆筒形滚柱止推轴承
cylindrical-rotor machine　非突磁极机
cylindrical rotor machine　非突极电机
cylindrical screw　筒形螺钉
cylindrical shaft　筒形轴
cylindrical shell　筒形薄壳
cylindrical slideway　圆柱形导轨
cylindrical solenoid　圆筒形螺线管, 筒形螺线管
cylindrical spiral　螺旋线
cylindrical spring　圆柱形弹簧
cylindrical spur gear　圆柱正齿轮
cylindrical square　圆柱直角规

cylindrical surface　(1) 圆筒状表面, 圆柱面; (2) 外圆表面
cylindrical surface superfinishing　外圆表面超精加工
cylindrical thread　圆柱螺纹
cylindrical tooth　圆柱形齿
cylindrical tooth(ed) gear　圆柱齿轮
cylindrical trommel　圆筒筛
cylindrical turning　外圆车削, 外圆切削, 圆柱体车削, 车圆柱
cylindrical turning lathe　外圆车床
cylindrical unit　圆柱齿轮装置
cylindrical valve　筒形阀
cylindrical vertical gears　立式圆柱齿轮装置
cylindrical wave　柱面波
cylindrical wave guide　圆柱形波导管
cylindrical wheel　筒形轮
cylindrical work　筒形工件
cylindrical worm　圆柱蜗杆
cylindrical worm gear　圆柱 [形] 蜗轮
cylindrical worm gear pair　圆柱蜗杆副
cylindrical worm gearing　圆柱蜗杆传动装置
cylindrical worm wheel　圆柱蜗轮
cylindricality　柱面性
cylindricity　圆柱性, 圆柱度, 圆筒度
cylindricizing　对称比
cylindriform　圆筒 [形] 的, 圆柱 [形] 的
cylindro-conical ball mill　圆锥形球磨机
cylindroconical　圆锥形的
cylindroconical ball mill　圆锥形球磨机, 圆锥磨
cylindroid　(1) 圆柱性面, 拟圆柱面, 圆柱状体, 柱形面; (2) 椭圆柱, 椭圆筒; (3) 曲线畴; (4) 拟圆柱的, 椭圆柱的
cylindrometer　柱径计
cylindrosymmetric　圆柱对称的
cylindrosymmetry　圆柱对称性
cylindrulite　柱晶
cylpeb　粉碎 [用] 圆柱 [钢] 棒
cyma (复 cymae)　(1) 反曲线; (2) 波状花边, 浪纹线脚
cyma recta　表反曲线
cyma reversa　里反曲线
cymae (单 cyma)　(1) 反曲线; (2) 波状花边, 浪纹线脚
cymarecta　表反曲线
cymareversa　里反曲线
cymatia (单 cymatium)　(1) 反曲线状; (2) 拱顶花边, 波状花边
cymatium (复 cymatia)　(1) 反曲线状; (2) 拱顶花边, 波状花边
cymba　艇状结构, 艇状物, 舟状物
cymbal　钹
cymbals　圆盘式张力装置
cymbiform　船形的, 舟状的, 艇状的
Cymel　聚氰胺树脂
Cymograph　(1) 自记波频计, 自记频率计, 自记波长计, 记波计; (2) 转筒记录器
cymomer　(1) 频率计; (2) 波长计; (3) 波频计
cymometer　(1) 频率计; (2) 波长计; (3) 波频计
cymomotive force (=cmf)　波动势
cymoscope　(1) 检波器; (2) 振荡指示器; (3) 波长计
cynosure　(1) 北极星; (2) 引力中心
cypher　(1) 电码, 密码, 符号, 记号, 暗号; (2) 用密码书写, 译成密码; (3) 计算, 运算, 计数, 算; (4) 编号; (5) 组合文字, 数位, 数字; (6) 零号, 零; (7) 隐略子, 隐语
cyplex　聚脂树脂
Cyrene　聚苯乙烯
cyrtometer　曲面测量计, 测曲面器, 圆量尺
cyrtometry　曲面测量法
cytac　一种远距离导航系统, 劳兰 C 导航系统
cytax　血细胞比例计
cytometer　血细胞计数器
cytophotometer　细胞光度计

D

D-bit 镶片钻头

D-coil 8字型线圈，D线圈

D-layer D电离层，D区

D-region D区

D lock 度盘锁挡

D-macro 倍精度浮点宏指令

D region (1) D区；(2) D电离层

D-scope D型显示器

D-shaped ring D型密封圈

D-shaped spalling 半圆形剥落

D unit (=ouble-reduction unit) 两级减速器

D-value 差值

D-variometer 偏角磁变仪

D-A converter 数[字]-模[拟]转换器

da capo (意)重复信号，重发信号

dab (1)少部分，少量；(2)能手；(3)指纹印；(4)上墨皮垫；(5)打纸型刷；(6)轻拍，轻敲，涂，敷；(7)润湿

dabber (1)加强筋；(2)芯棒，芯轴；(3)拍杆；(4)上墨滚筒，敷墨具，硬毛刷，刷具；(5)[浆纱机的]打印槌

dabbing brush [圆梳机的]压毛刷，拍毛刷

dabchick (英)竞赛用驶帆小艇

DAC-I 通用电机公司研制的一种计算机辅助设计系统

dacholeum 沥青

dacker (1)停滞空气；(2)(矿井)通风不足

Dacovin 达可文聚氯乙烯

Dacron 或 dacron 聚酯纤维，涤纶

dactyline 指形的

dactylite 指形晶

dactylitic 指形晶状的

dactylogram 手指的压痕，指纹

dactylograph 打字机

dactyloid 指形的，指状的

dad [巷道]通风

dado (1)座身，基身，台度；(2)墙裙，墩身，护壁；(3)嵌固用的沟槽，(木工)开榫槽，小凹槽，(4)开槽用的刨刀；(5)机锅舱舱壁下部涂暗色的部分

dado head 开槽头，开槽机

dado head machine 开槽机

dado plane 开槽刨，平槽刨

daffins (1)(流网)吊索；(2)钓具干线；(3)支线的连结

daftar (印)办公室

dag (1)悬端，悬片；(2)石墨粉，石墨灰(导电敷涂材料)

dagger (1)匕首；(2)(船舶下水)止滑斜撑，斜向构件，止滑木，撑柱

dagger board (小船用)活动披水板

dagger knee 十字衬材，斜向衬材

dagger operation {计}"与非"门

dagger plank 牵弧

dagger plate (小船的)披水板

dagger rudder 剑形舵

dags (俚)熟练的技艺

daguerreotype (1)达盖尔银版；(2)达盖尔银版照相制版法

daguerreotypy 达盖尔银版术

dah (1)(无线电、电报)电码中的一长划；(2)(缅)大刀

dahabeah 尼罗河游船

dahmenite 达门炸药

dahn 渔具无线电浮标

daiamid 聚酰胺

daiamide 尼龙12

daicel 聚甲醛

daiflon 聚三氟氯乙烯树脂

daifluoyl 三氟氯乙烯均聚物

dailies 工作样片

daily (1)每日，天天，日；(2)昼夜的，日常的，日用的；(3)日报，日刊

daily bunker 日用燃料舱

daily consumption 每日耗用量，日耗量

daily drilling progress 日进尺

daily flow 日产量，日流量

daily fuel consumption 日耗油量

daily fuel supply pump 日用燃油输油泵

daily hours of operation 日工作小时数，每天工作小时数

daily include over time 每日包括加班费

daily information 每日情报

daily inspection 日常检验，日常检查，每日检查，例行测试

daily intelligence digest 每日情报摘要

daily keying element 日常键控单元

daily load 日负载，日负荷，昼夜负荷

daily load curve 日负荷曲线

daily load factor 日负载系数，日负载率，日负荷率

daily maintenance work 日常维护

daily making 每日产量

daily mean 日平均

daily memorandum 每日备忘录

daily motion 日运动

daily necessities 生活必需品，日用品

daily operating cost 每日营运成本

daily performance 每天工作成绩，每日运转情况

daily output 日产量

daily regulation 日调节

daily relay 每日换班

daily report (1)日报[表]；(2)日报单

daily rotation 每日转动

daily routine 例行工作，日常工作，作息表

daily reservice freshwater pump 日用淡水泵

daily reservice fuel oil pump 日用燃油泵

daily reservice tank 日用油柜

daily service report (=DSR) 每日业务报告

daily sheet 每日工作记录，日报表

daily status report (=DSR) 每日现状报告

daily supply tank 日用水柜，日用油柜，日用柜

daily transaction reporting 每日处理报告，日常处理报告

daily turnover 日产量

daily variation 日变化，日变动

daily wage [计]日工资

daily water 洗涤水

daily water flow 日流量

daily work book 每日工作薄，日志

dailygraph (1)磁性录音及重放机，磁录放机；(2)电话录声机

Dairy bronze 戴利青铜，用具青铜(铜64%，锌8%，锡4%，镍20%，铅4%)

dairy machinery 制酪机

daisy chain 伞包连接绳索

daisy clipping 掠地飞行

daisy cutter 杀伤弹

daisy Mae 澳大利亚测高计
daking operation 烘干工序
Dakota 军事运输机
dalama (非) 一种帆船
dalca (智) 一种小船
dale (1) 排水孔；(2) 排出管；(3) 槽
D'Alembertian 达朗贝尔算符
dalian –maounassi (土) 一种渔船
Dallastype 达拉斯光电照相凸版
dalle 装饰板
Dallon 达朗望远摄影镜头
Daltocel 聚氨脂泡沫塑料
Daltoflex 聚氨脂橡胶
Daltolac 聚氨脂树脂
Dalton 道尔顿 (=1.6601x10^{-27} 千克)
dalvor 聚氟乙烯
dam (1) 坝；(2) 拦蓄；(3) 坑道堰；(4) 水闸，截水；(5) 堵塞，阻塞，阻挡，障碍，屏障，闭合；(6) 空气阀，挡板；(7) (回转窑) 挡料圈
dam-board 挡板
dam board 挡板
dam ring 阻水环
dam type hydroclectric station 提坝式水电站
dam-type power plant 靠坝式水电站
dam type power plant 水坝式发电站，堰提式发电站
dam-type power station 堰提式发电站，蓄水式水电站
dam type power station 堰提式发电站，蓄水式水电站
damage (=dmg) (1) 危害；(2) 故障，损坏；(3) 损害，损伤，损失，损耗，破坏，失效，摧毁，毁坏，伤害，杀伤；(4) 损害赔偿费，赔款
damage accumulation 损伤累积
damage analysis 破损分析
damage and failure report 损坏和故障报告
damage and shortage report 货损货差报告，货物残损报告
damage assessment 损坏评估
damage assumption 破损假定
damage assumption clause 损害承担条款
damage awards 损害赔偿金
damage by lightning 闪电害
damage calculation 破损计算
damage cargo list 货损单
damage caused by other cargo 由其他货物引起的损坏
damage certificate 货物残损证明书，残损检验报告
damage claim 申请货赔
damage coefficient 损坏系数，破损系数
damage containment 船损控制
damage control (1) 船损管制；(2) 破损控制，损害管制；(3) 损害管制应变措施
damage control center 损害管制中心
damage control equipment room 损害管制设备室
damage control instruction 损管规程
damage control instrument 损管工具损伤控制仪表
damage control locker 损管器材舱，应急器材柜
damage control repair kit 损害修理工具
damage control system 应急系统
damage done 造成的损害
damage done clause 损害赔偿条款
damage done in collision 碰撞中造成的损坏
damage due to pressing 压损
damage effect 损害影响
damage fraction 损伤部分，损坏部分
damage-free 免于损害
damage-free car 有防碰撞设施的车辆
damage from oil pollution 油污损失
damage in collision 碰撞损失
damage induction agent 引起损坏的因素
damage intensity 损坏程度
damage items 损坏项目
damage length (船的) 破口长度，损伤长度
damage list 货物损差清单，货物残损单
damage location 破损位置
damage on board 船
damage plan 损坏情况略图，损伤示意图
damage protection plan (1) (集装箱) 损坏赔偿条款，损害修理责任；(2) 防损计划
damage rate 损伤率

damage received in collision 碰撞中遭受的损坏
damage records 船损记录
damage repair (1) 事故修理；(2) 损坏修理
damage report 损坏报告
damage resisting 抗磨损的
damage speed 破坏速度，引起损坏的速度
damage stability (船的) 破损稳性，破舱稳性
damage stability of day cargo ship 干货船破舱稳性
damage stability requirement 破舱稳性要求
damage suit 损害赔偿诉讼
damage survey 破损检验，损坏检验，损害检验
damage survey report 损害检验报告
damage test 破损试验，损坏试验，损害检验
damage threshold 损伤阈
damage to machery 机械损坏，机损
damage to property 财产损坏
damage to ship 船舶损坏
damage to the environment 环境损害
damage to winding 绕组损伤
damage tolerant design 破损设计
damage volume 杀伤区域，杀伤范围
damageable 易受损害的，易破坏的，易破损的，易坏的
damaged 损坏的，损伤的，损害的
damaged area 损伤面积
damaged beyond repair 损坏不能修的，[彻底] 毁坏
damaged by hook 钩损
damaged by other cargo 由其他货物损害
damaged by to pressing 压损
damaged cargo 破损货物
damaged cargo list 残损货物单
damaged cargo report 货物损坏报告，货物残损报告
damaged compartment 破损舱
damaged condition 损坏状态，破损状态，海损状态
damaged due to nature of cargo 货物性质致损伤
damaged goods 受损货物，破损货物
damaged load 损坏载荷，破损载荷，海损载荷
damaged market value 受损货物的市价
damaged member 损坏构件
damaged package 破损包装
damaged portion 损坏部分
damaged ship 受损船，破损船
damaged slop tank 破损污液舱
damaged stability 破舱稳性，破损稳性
damaged stability calculation report 破舱稳性计算书
damaged tank 破损舱
damaged value 受损后价值
damaging (1) 损坏，破损，损伤，破坏；(2) 破坏性的
damaging effect 破坏作用
damaging impact 破坏性冲击，危害性冲击
damaging stress 破坏应力，破损应力
damar 达马树脂
damnify 损伤，损害，伤害，损失
damascene (1) 使现雾状花纹，金属镶嵌；(2) 钢铁热处理后出现的花纹，波纹
damascene steel 大马士革钢
Damascus blade 大马士革钢刀剑
Damascus bronze 大马士革青铜 (铅 13%，锡 10%，铜 77%)
Damascus steel 大马士革钢
damask 大马士革钢的
damask steel 大马士革钢
damaxine 高级磷青铜 (锡 9.2-11.2%，磷 0.3-1.3%，铅 < 7%，其余铜)
damlog (非) 一种小船
dammar 达马树脂
dammar gum 达马树脂
dammar varnish 达马清漆
dammarin 达玛脂浸渍
dammarolic acid 达玛 [树] 脂酸
dammer 达马树脂
dammit (英俚) 差不多，几乎
damnify 损伤，损害，伤害，损失
damp (1) 阻尼，减振，减震，减速，缓冲，停滞，阻塞，制动，抑制，障碍，阻塞；(2) 减弱，衰减，衰耗；(3) 水分含量，湿度，湿气；(4) 使潮湿，打湿，浸润；(5) 潮湿的，有湿气的；(6) 矿井瓦斯；(7) 减幅；(8) 压火，灭火，熄火，降温，渐止

damp air [潮]湿空气
damp atmosphere [潮]湿空气
damp box 消振箱
damp condition 湿度条件,衰减条件
damp course 防湿层,防潮层
damp heat test 湿热试验
damp out of fluction 防止波动
damp patch 湿痕
damp process 湿式法(在冷冻装置中)
damp-proof 防潮[湿]的,耐潮湿的
damp-proof course (=DPC) 防潮层,防湿层
damp-proof insulation 防湿绝缘,隔潮
damp-proof packing 防潮包装
damp-proof machine 防潮电机
damp proof motor 防潮电动机
damp-proofing (=DP) 防潮的
damp screw 制动螺钉
damp sheet 风帘,风障,沼气隔板
damp steam 湿蒸汽
damp steel primer 湿钢板底漆
damp vibration 阻尼振动,衰减振动
damp winding 阻尼绕组
damped (1)衰减的,阻尼的,防震的;(2)潮湿的
damped aerodynamic righting attitude control (=DARAC) 气动阻尼复位控制
damped aerodynamic righting attitude control system(=DARACS) 气动阻尼复位控制系统
damped alternating current 减幅交流,阻尼交流
damped balance 阻尼天平
damped coil 阻尼线圈
damped exponential 衰减指数
damped frequency 阻尼频率,衰减频率
damped harmonic motion 阻尼谐动
damped harmonic system 减幅线性振荡系统,减幅线性谐振系统,阻尼谐和系统
damped impedance 阻尼阻抗
damped inertial navigation system analysis 阻尼式惯性导航分析
damped magnet 阻尼磁铁
damped motion 阻尼运动,衰减运动
damped natural frequency 阻尼固有频率
damped oscillation (1)减幅振动,阻尼振动,减弱振动;(2)减幅振荡,阻尼振荡,衰减振荡
damped periodic instrument 阻尼稳定式仪表
damped ratio 阻尼比
damped shock load test 阻尼振动负荷试验,阻尼振动荷载试验
damped torsional oscillator 阻尼扭转振荡器
damped vibration 阻尼振动,阻尼摆动,衰减振动
damped wave 阻尼波,减幅波,衰减波
dampen (1)使湿润,弄湿,浸湿,使湿;(2)使弱,减弱,减振,防震,缓冲,抑制,消音,衰减
dampener (1)扭振阻尼器,减速器,制动器,阻颤器,减震器,缓冲器,阻尼器;(2)推力调整器,气流调节器,调节风门,烟道闸板,节气阀,火门,风门,风挡,闸板,挡板;(3)消音器;(4)短接阻尼线圈,阻尼线圈;(5)湿润器,潮湿器,增湿器;(6)现金记录器
dampening (1)防震,衰减,减速;(2)增湿作用
dampening ball joint 减振式球接头
dampening effect 减振效应,缓冲作用
dampening rate 减弱率,减弱速度
dampening rollers 湿版辊
dampening spring 缓冲弹簧
damper (=DMPR) (1)扭振阻尼器,减速器,制动器,阻颤器,减震器,缓冲器,阻尼器;(2)推力调整器,气流调节器,调节风门,烟道闸板,节气阀,火门,风门,风挡,闸板,挡板;(3)消音器;(4)短接阻尼线圈,阻尼线圈;(5)湿润器,潮湿器,增湿器;(6)现金记录器
damper actuator 挡板控制器,风门
damper bar 阻尼条
damper brake 减振制动器,调节制动器,制动闸
damper circuit 阻尼电路
damper coefficient 阻尼系数,衰减系数
damper cylinder 减振筒
damper-flyback transformer 阻尼回扫变压器
damper frame 阻尼框,制动框,闸架
damper gear (1)阻尼机构,阻尼装置;(2)缓冲装置,制动装置,减震装置

damper hole 阻尼孔
damper leg 缓冲支柱,减震支柱
damper of chimney 烟囱风门
damper of dolphin mooring 桩柱系舶阻尼器
damper piston 缓冲活塞
damper regulator 挡板调节器,气闸调节器,风门调节器,阻尼调节器
damper shaft arm 减振器轴臂
damper spring 减震弹簧,阻尼弹簧,缓冲弹簧
damper tube 阻尼管,衰减管
damper valve 调节阀
damper winding 阻尼绕组
damping (1)阻尼,衰减,减幅;(2)减震,减振,防振;(3)渐止,纯化;(4)回潮;(5)阻尼的,衰减的,减幅的,减震的,减振的,防振的,抑制的,稳定的;(6)消声;(7)湿润加工,润湿;(8)复原的,回潮的
damping action 制动作用,减振作用,减振动作
damping adjustment 阻尼调整
damping bar 扒渣钩
damping by friction 摩擦减震,摩擦减振
damping by friction of liquids 液体摩擦减震
damping capacity (1)减振能力,阻尼能力,吸振能力;(2)吸湿能力,吸湿量
damping circuit 阻尼电路
damping coefficient 阻尼系数,衰减系数
damping coil 阻尼线圈
damping constant 阻尼常数,衰减常数
damping contactor 阻尼接触器
damping control 阻尼调整
damping cylinder 减震筒
damping decrement (1)衰减率;(2)减幅量
damping device 减振装置,阻尼装置,阻动装置,制动装置,消能装置
damping disk 减振盘
damping-down 熔铁炉停工(由于炉料不足或停止送风)
damping effect 阻尼效应,衰减作用,减震作用,消能作用
damping error (陀螺罗经)冲击阻尼误差,第二类冲击误差,阻尼差
damping factor (1)阻尼系数,阻尼因数,阻尼因子;(2)衰减系数,衰减因数,减幅因数
damping fluid 阻尼液,减震液
damping force 减振力,阻尼力,减摆力
damping frame 阻尼框,阻尼架,减振框
damping in roll 滚动阻尼,滞滚作用
damping intensity 阻尼强度,衰减强度
damping key 阻尼电键
damping liquid 阻尼液
damping machine (1)调湿器,调温器;(2)阻尼机,阻尼器
damping magnet 阻尼磁铁,制动磁铁
damping material 阻尼材料
damping moment 阻尼力矩
damping oil (1)(陀螺罗经的)阻尼油(2)制动油
damping oil vessel (陀螺罗经的)阻尼油罐
damping period (1)阻尼振荡周期,阻尼期;(2)激后复原期
damping platform 倾卸台
damping ratio (1)阻尼比;(2)衰减率
damping resistance (1)阻尼阻力;(2)阻尼电阻,衰减电阻
damping resistor 阻尼电阻器
damping ring 阻尼环
damping roll 增湿辊
damping spring 减震弹簧,阻尼弹簧
damping stability 阻尼稳定性
damping system 阻尼装置,减震装置
damping time 阻尼时间
damping torque 阻尼转矩
damping transient 阻尼瞬变过程,衰减瞬变过程,衰减瞬变量
damping tube 阻尼管
damping valve 阻尼阀,阻尼管
damping vane 阻尼翼[片]
damping vibration 阻尼振动,衰减振动
damping washer 减振垫圈
damping weight (陀螺罗经的)阻尼重量
damping winding 阻尼绕组
damping wire 阻尼拉筋,减振拉筋
dampish 微湿的
dampness (1)潮湿,湿度;(2)润湿性,潮湿性,湿气;(3)潮湿状态,含水量
damposcope 瓦斯指示器

dampproof 不透水的, 防潮湿的, 抗湿的

dampproof course 防潮层

dampproof insulation 防潮绝缘, 隔潮

dampproof machine 防潮电机, 隔潮马达

dampy 微湿的, 潮湿的

dan (1) 小车；(2) 空中吊运车；(3) 排水箱, 钢筒, 杓, 瓢, 桶；(4) 标识浮标, 小浮标；(5) (=decanewton) 十牛顿

dan boat 航标工作艇, 水道测量艇, 设标艇

dan buoy 海域标识器

dan layer 小浮标敷设艇, 小浮筒敷设艇

Dana differential 达那差动器

dance roller 松紧调节辊, 张力调节辊, 摆动罗拉, 升降辊, 导辊

dancer 浮动辊

dancer arm 磁带拉力自动调整装置

dancer roll 张力调节辊, 跳动辊

dancer rolls (1) [松紧] 调节辊；(2) 浮动滚筒

dancing 跳动 (仪表, 指针等)

dancing pulley 均衡轮, 调整轮

Dandelion metal 丹迪里昂铅基轴承合金, 铅基锑锡轴承合金 (铅72%, 锑18%, 锡10%)

dandy (1) 覆有网线的辊筒 (送纸用)；(2) 纸料均匀器；(3) (渔船用) 拖网绞盘, 双轮小车；(4) 丹迪小帆船；(5) 小型沥青喷洒机

dandy horse 双轮小车

dandy line 天秤钓线

dandy roll (造纸) 压胶辊

dandy winch 拖网绞车

dandyprat 水印辊

danger (1) 危险信号；(2) 障碍物；(3) 危险货, 危险品, 危险物

danger angle 危险角

danger area 危险区

danger arrow 危险箭标, 闪电记号

danger bearing 危险界限方位

danger bearing alarm indicator 危险方位报警指示器

danger bearing and alarm indicator 危险方位及报警指示器

danger bearing and alarm transmitter 危险方位及报警发送器

danger bearing transmitter 警戒发射机

danger board 危险警告牌

danger cargo 危险品

danger coefficient 危险系数

danger flag 危险信号旗

danger light 告警信号灯, 危险信号灯, 红灯

danger notice board 危险警告牌

danger sign 危险标志

danger signal 危险信号, 停止信号

danger warning 危险警告

danger zone 危险地区, 危险区

dangerous 危险的

dangerous oils 易燃石油产品

dangerous section 危险截面

dangerous semicircle 危险半圆

dangerous voltage 危险电压

dangerously 危险地

dangerously explosive 极易爆炸的

dangle (1) 摇晃的动作；(2) 摇晃的东西；(3) 悬摆, 悬垂

dangle stick 悬挂枝条

dangler 挠性电极

dangles (渔具) 索环

dangling bonds 悬挂键, 悬空键

dank (1) 潮湿的地方；(2) 潮湿的, 阴湿的

danlayer 设标船

danleno (1) 挡杆；(2) 拖网挡杆部位属具总称

dannemora 丹内马拉高速钢 (碳0.7%, 钨18%, 铬4%, 钒1%, 余量铁)

dannemorite 锰铁闪石

dant 次煤

danty 分解的煤, 风化煤

dap (1) 挖槽, 刻痕；(2) 切口, 凹口, 槽口

dap joint 互嵌接合

dapped 挖槽

dapped joint 互嵌接合

dapper 小巧玲珑的, 灵活的, 整洁的

dapple (1) [有圆形] 斑点的, 花的；(2) 使有斑点, 使有花纹

dappled 有圆形斑点的, 斑驳的, 花的

dapt 榫眼

daraf (=1/farad 法拉的倒数) 拉法

darby (1) 刮尺；(2) (瓦工用的) 泥板, 抹子, 镘

D'Arcet metal 铋铅锡低熔点合金 (铋60%, 铅31.2%, 锡18.8%)

darco 活性炭

darcy (=D) 达西 (多孔介质渗透力单位)

D'Arget metal 铋铅锡低熔点合金 (铋60%, 铅31.2%, 锡18.8%)

darius 类半径, 拟半径

dark (1) 深色的, 黑色的, 黑暗的, 暗淡的, 阴暗的, 无照的；(2) 隐蔽的, 模糊的；(3) 暗段 (图像), 暗色, 暗处, 无光, 模糊；(4) 无知, 秘密

dark adaptation (1) 夜视训练；(2) 暗适应

dark-and-light (光线的) 明暗, 浓淡, 深浅

dark blue 深蓝色, 深色, 浓色

dark-burn 荧光屏发光效率降低, 烧暗

dark burn 荧光质衰退, 烧暗

dark cathode 掺镍粉阴极, 暗色阴极

dark color 暗色, 黑色

dark-coloured 暗色的, 黑色的

dark-conductivity 无照导电性, 暗导电率

dark conductivity 无照导电性, 暗导电率

dark current 无照电流, 暗电流

dark current noise 暗电流噪声

dark current shot noise 暗电流散粒噪声

dark desaturation 暗区饱和度降低

dark discharge 无光放电, 暗放电

dark eye piece 目镜色片

dark face 灰色荧光屏, 暗面

dark factory 自动化工厂

dark field 暗 [视] 场

dark field illumination 暗场照明

dark field image 暗 [视] 场像

dark-field microscope 暗场显微镜, 超显微镜

dark flex 吸收敷层

dark-green 暗绿的

dark green 深绿色的, 墨绿

dark ground 暗 [视] 场

dark ground illumination 暗场照明

dark ground microscope 暗 [视] 场显微镜

dark hole (1) 黑洞；(2) 雷达中心黑影

dark infrared oven 暗红外线炉

dark lantern 遮光提灯

dark light 不可见光, 无光

dark lightning 黑闪电效应, 暗闪电

dark line 暗线

dark line spectrum 暗线光谱

dark marine diesel fuel 船用重柴油

dark mark 暗标

dark period 阴影周期

dark picture areas 图像暗区

dark pulse 暗脉冲

dark red heat 暗红热

dark resistance 无照电阻, 暗电阻

dark room 暗室

dark satellite 秘密卫星

dark slide (1) 遮光滑板；(2) 暗盒

dark space 暗区

dark spot 黑点, 暗点, 黑斑 (摄像管寄生信号)

dark-spot signal 黑点, 暗点

dark spot signal 黑斑信号

dark tint face 暗淡面

dark tint screen 中灰滤光屏

dark-tint valve 深色彩电视管

dark tint valve 深色彩电视管

dark-trace 暗行扫描

dark trace (=DT) 暗行扫描, 暗迹

dark-trace screen 暗迹荧光屏, 暗迹屏

dark trace screen tube 暗迹记录管, 暗迹管

dark trace tube 暗迹电子射线管

darken 使模糊, 变黑, 发黑, 变暗

darkening (1) 变黑, 发黑, 昏暗；(2) 灯火管制

darkflex 吸收敷层

darkle 变暗

darkness 暗度, 黑暗

darkness triggered alarm 暗触发报警器

darkroom 暗室

Darlington (1) 达林顿复合晶体管；(2) 达林顿接法

Darlington circuit 达林顿复合电路
Darlington stage (1) 达林顿级; (2) 合成三极管
Darlistor 复合可控硅
darner 织补机
darning egg 球形织
D' Arsonval galvanometer 达松伐耳电流计
dart (1)[近程]导弹,火箭; (2)钟表的保险针; (3)钻具打捞器; (4)射针
dart over 火花击穿,跳火花,飞弧
dart union 活络管子节
dartle 连续发射,不断收缩
darvic 聚氯乙烯板片材
dash (1)冲击,冲撞,冲击,冲动; (2)划,长划,破折号; (3)阴影线; (4)控制板,操纵板,仪表板; (5)挡泥板,遮水板 (6)冲撞,猛冲; (7)飞溅,溅泼; (8)[巷道]通风; (9)赶快完成
dash adjustment 缓冲调节
dash against 与……碰撞,撞上
dash-and-dot line 点划线
dash and dot line 点划线
dash area 阴影部分,阴影区
dash board (1)(车轮的)挡泥板,(船的)挡水板,遮雨板; (2)仪表板; (3)(明轮)轮叶
dash board lamp 仪表板灯
dash boat 快速交通艇
dash circuit 短划形成电路
dash coat 泼涂层
dash-control 缓冲控制
dash control 按钮操纵,按钮控制,缓冲控制
dash-controlled 仪表板控制的,按钮控制的
dash current 冲击电流,超值电流
dash-dot-line 点划线
dash-dotted line 点划线
dash dotted line 点划线
dash lamp 仪表板灯
dash light 仪表板灯
dash line 阴影线,短划线,虚线
dash-mounted 安装在仪表板上的
dash number 零件编号
dash off (1)写成; (2)冲撞; (3)飞出
dash-out 删去,涂掉
dash out (1)冲出; (2)删去,涂掉
dash-panel 仪表板
dash plate 挡浪板,缓冲板,挡水板
dash-pot 缓冲筒
dash pot (=DP) (1)阻尼延迟器,缓冲器,缓冲筒; (2)阻尼延迟电路
dash-pot relay 油壶式继电器
dash receiver 信号立板,接收器
dash sector 长划信号扇形区
dash unit 仪表板
dashboard (1)(车的)挡泥板; (2)(船的)遮水板,防波板,遮雨板; (3)仪表板,控制板,操纵板,仪表盘,控制盘,操纵盘 (4)防溅板; (5)(明轮)轮叶
dashed area 阴影部分
dashed contour 虚线等值线
dashed contour line 等深线(用虚线表示的等高线)
dashed line 短划线,阴影线,虚线
dasher (1)冲击物,搅物杆; (2)挡泥板,防波板,遮水板,反射板; (3)桨式搅拌器
dasher block 信号索滑车
dashing 有生气的,猛烈的
dashlight 仪表板灯
dashout 删去,除掉,涂掉
dashpot (1)阻尼延迟器,空气阻尼器,减震器,减振器,消振器,缓冲器,缓冲筒,阻尼器; (2)减震油缸,减振油缸; (3)(流变学机械模型中的)粘性元件; (4)阻尼延迟电路
dashpot relay 油壶式继电器
dasymeter (1)气体密度计,球密计; (2)炉热消耗计
data (单 datum) (1)详细的技术情报,[技术]特性,[技术]性能,数据,数字,资料,诸元,参数,信息,论据; (2)基线量,基准面,基点,基准,(3)已知条件,已知数
data access arrangement (=DAA) 数据存取装置
data access method 数据存取法
data acquisition (1)数据收集,数据采集,数据汇集,数据获取,数据集合; (2)测量

data acquisition and control system (=DACS) 数据收集与核对系统
data acquisition and interpretation system (=DAISY) 数据收集和整理系统
data acquisition and processing (=DAP) 数据获取和处理
data acquisition and processing center 数据采集和处理中心
data-acquisition and recording system (=DARS) 数据收集和记录系统
data acquisition center 数据采集中心
data acquisition chassis (=DAC) 数据收集架
data acquisition enter 数据采集中心
data acquisition equipment (=DAE) 数据采集设备,数据收集装置,资料收集装置
data acquisition station (=DAS) 数据收集台
data acquisition system (=DAS) 数据收集系统
data acquisition unit 数据获得装置,数据收集装置
data adapter 数据适配器
data-adapter unit 数据适配器
data address 数据地址
data age 取数据时间
data aids for operation and maintenance (=DATOM) 操作与维修有用数据
data amplifier 数据放大器
data analysis 数据分析
data analysis center 数据分析中心
data area 数据区
data array 数据阵列,数据组
data article requirements (=DAR) 数据项要求
data bank 数据库,资料库
data banking 数据储存
data-base (1)基本数据; (2)数据库
data base 数据库,资料库
data book 参考资料手册,资料数据手册,数据手册,参考书
data break transfer 中断式数据传送
data bridge 数据驾驶台
data bridge simulator 航海模拟训练仪,航海模拟器
data buffer 数据缓冲器,资料缓冲器
data bus 数据总线,母线
data capacity 信息容量
data card 诸元记录卡,数据卡片
data carrier 数据载体,数据记录媒体
data cell 数据单元
data cell device 磁带鼓
data cell drive (1)磁卡片机; (2)磁带卷
data cell unit (1)磁卡片机; (2)磁带卷
data center 资料中心,数据中心
data chaining 数据链锁
data change proposal (=DCP) 更改数据建议
data channels 数据通道,数据信道
data chief 数据机舱系统
data circuit terminating equipment 数据线路终端设备
data-code 数据编码系统
data code 数据代码
data code indexing 数据码检索,坐标检索
data collection 数据收集,数据搜集
data collection and distribution 数据收集与分配
data collection platform 数据接收台
data collection terminal 数据采集终端
data collector 数据收集器
data communication 数据通信,资料通信
data communication equipment 数据通信设备
data communication exchanger 数据通信交换机
data communication monitor 数据通信监视器
data communication network 数据通信网
data communication station 数据通信站
data communication system (=DCS) 数据通信系统,数据传输系统
data compaction 数据压缩
data compression 数据压缩
data computing circuit 数据计算电路
data conditioning system (=DCS) 数据调整系统
data control block (=DCB) 数据控制块,资料控制段
data control office (=DCO) 数据控制工作室
data control officer (=DCO) 数据控制工作人员
data control performance monitor 数据控制性能监视器
data control system (=DCS) 数据控制系统
data conversion 资料变换,数据转换

data conversion receiver (=DCR) 数据转换接收器
data conversion utility 数据转换实用程序
data converter 数据转换器
data converting apparatus 数据编码系统
data correlation control unit (=DCCU) 数据相关控制装置
data definition name (=DDNAME) 数据定义名字
data definition table (=DDT) 数据定义表
data-dependent 依靠数据的,数据相关的
data description entry 数据描述项目
data dictionary (=DADIC) 数据辞典
data directed transmission 数据定向传输,数据式传输
data display 数据显示
data display equipment 数据显示设备
data display module 数据显示模件
data distribution center 数据分配中心,数据处理中心
data distribution plan 数据分配计划
data drawing list (=DDL) 资料图纸清单
data dump 数据转储
data element 资料元件
data element dictionary 数据元字典
data enablement 允许数据
data encoding system 数据编码系统
data entry 数据输入
data entry keyboard 数据输入键盘
data error rate 数据差错率
data evaluation 数据评估
data exchange 数据交换
data exchange program 数据交换程序
data exchange unit 数据交换装置
data extent block 数据扩充程序块
data fetch 取数据
data file (1)数据文件;(2)数据外存储器
data flow 数据流
data flow chart 数据流程图
data flow diagram 数据流程图
data form 资料记录表
data freeway 无数据通道
data gathering 数据收集,收集数据
data group 数据组
data handing 数据处理
data handler 数据信息处理器
data handling 数据处理,信息处理
data handling capacity 数据处理容量
data handling equipment (=DHE) 数据处理设备
data handling procedure 数据整理过程
data handling system 数据处理系统
data-in (1)输入数据,记入数据,输入信息,记入信息;(2)数据输入
data in 数据输入
data-independent user language 独立于数据的用户语言
data information signal generator 数据信息信号发生器
data-initiated control 数据初始控制
data input 数据输入
data inserter (=datin) 数据插入程序,数据输入器,数据插入器
data insertion system 数据插入系统
data interface unit 数据接口装置
data key 数据键
data layout 数据打印格式
data line 数据传输线,数据行
data line terminals 数据线路终端
data link (1)数据通信线路,数据链路[符];(2)数据[自动]传输器,数据传输装置,数据传送装置;(3)数据传输线;(4)数据传输系统;(5)数据[自动]中继器
data link address 数据传输线地址
data link escape 数据传送换码,数据通信换码,数据通信转义
data link escape character (=DLE) 数据传送漏失符号
data link terminal 数据传输线路终端
data load 数据输入
data-logger 数据记录器,参数记录器,数据输出器,巡回检测器
data logger (1)数据记录器,参数记录器,数据输出器,巡回检测器;(2)数值记录表
data logger checker 数据输出校验器
data logger operation console 数据自动记录器工作台
data logger operation desk 数据记录工作台
data logger system 数据巡回检测系统

data-logging 数据记录,参数记录,巡回检测
data logging 数据处理,数据记录,巡回检测
data logging equipment (1)动力装置参数自记仪;(2)集中自动控制器
data logging machine 数据记录机,巡回检测机
data logging plant 数据记录装置,参数记录装置
data logging system 参数自动记录系统,巡回检测系统
data loop synchronizing apparatus 数据回路的同步装置
data management 数据处理,数据管理,数据控制
data management and analysis system 数据管理分析系统
data manipulation language (=DML) 数据处理语言
data medium 数据[记录]媒体,数据载体,数据[记录]媒体,数据媒质
data message control system 数据信息控制系统
data migration 数据迁移
data mile 基准英里(等于7000英尺)
data model 数据模型
data modem [数字]调制解调器,数据去调器 (modem=modulator-demodulator 调制反调制装置,调制解调器)
data name 数据名称
data network 数据网络
data network identifier 数据网络识别器
data noise 数据测量误差,偶然误差
data of ship 船舶资料
data organization 数据组织
data oriented grammar 基于材料的语法,面向数据的语法
data origination 数据初始加工,数据机读化
data-out (1)输出数据,数据输出,输出信息;(2)抹去数据
data out 输出数据,抹去数据
data output 数据输出
data packet 数据包
data panel 数据传送分配板
data path 数据通路
data-phone 数据电话
data phone 数据电话机
data pilot 数据驾驶仪
data plate (机器的)主要参数牌,参数标牌,铭牌
data plotter 数据自动描绘器,数据标绘仪
data point 选取数据点,数据取值点
data pool 数据库,数据源
data positioning 数据定位
data potentiometer (1)数据输出电位计;(2)数据输出分压器
data power 数据电源系统
data presentation 数据表示[法]
data presentation device 数据显示装置
data process 数据处理
data process work request (=DPWR) 数据处理工作请求
data-processing 数据处理[的]
data processing (=DP) 数据处理,数据加工,资料处理,资料加工
data processing center (=DPC) 数据处理中心
data processing control (=DPC) 数据处理控制
data processing engineer 数据处理工程师
data processing equipment (=DPE) 数据处理装置,数据处理设备
data processing installation (=DPI) 数据处理设备
data processing machine (=DPM) 数据处理机
data processing machinery 数据处理设备
data processing service 数据处理服务
data processing station (=DPS) 数据处理站
data processing subsystem (=DPSS) 数据处理子系统
data processing system (=DPS) 数据处理系统
data processing unit 数据处理装置
data processor 数据处理机,数据处理器
data pulse 数据脉冲,信息脉冲
data qualification 数据分类
data quality control (=DQC) 数据质量控制
data quality control monitor 数据质量控制监视器
data quality indicator 数据质量指示器
data radar 数据雷达
data rate 数据率,信息率
data reaction system (=DRS) 资料反应制度
data reader 数据读出器,数据读取器
data reading system 数据读数系统
data readout (=DRO) 数据读出
data recall 数据复示
data received circuit 数据接收电路

data receiver (=DR)　数据接收机
data recorder (=DR)　数据记录器
data recorder and verifier　数据记录器和核对器
data-recording　数据记录 [的]
data recording amplifier　数据记录放大器
data recording and monitoring unit　数据记录与监视装置
data recording equipment　数据记录装置
data reducer　数据简缩器
data reduction　数据简化, 信息简化, 数据变换, 数据整理
data reduction and processing equipment (=DRAPE)　数据简化和处理设备, 数据简缩和处理装置
data reduction center　数据处理中心
data reduction equipment　数据简化装置
data reduction input program　数据简化输入程序
data reduction system (=DRS)　数据简化系统
data reference number (=DRN)　数据参考数
data register　数据寄存器
data relay　数据中转
data relay satellite　数据中继卫星
data repeater　数据信号放大器, 数据传送放大器, 数据重发器
data report (=DR)　数据报告
data reproduction　数据复制, 数据重现
data retrieval　数据检索
data retrieval language (=DRL)　数据检索语言
data sailing　数据航行
data scanner　数据扫描装置
data search　收集资料 [数据]
data selection and modification　数据选择与修改
data set (=DS)　(1)数据组, 数据集; (2)数据传输转换器, 数据传输设备, 数据传输机, 数据存储器, 数据装置, 数化机; (3) 调制 - 解调器
data set control block (=DSCB)　数据集控制块
data set label (=DSL)　资料收送器标签, 数据组标号
data set organization　数据集组织
data sheet　(1)数据表, 数据单; (2)(数据)记录纸; (3)明细表, 说明书; (4)记录表, 一览表; (5)技术条件
data-signal(l)ing　(1)数据发信号, 数据信号化; (2)数据传输
data sink　接收数据终端装置, 数据接收装置, 数据接收器
data smoothing　(1)数据过滤平均; (2)数据平滑
data smoothing networks (=DSN)　数据平滑网络雷达
data source　数据源
data speed　数据速度
data-storage　数据存储, 信息存储
data storage　数据存储器
data storage apparatus　数据存储装置
data storage equipment　数据存储装置
data stream　数据流, 信息块
data structure　数据结构
data subscriber (=DTSUB)　数据用户
data subsystem　数据子系统
data survey report (=DSR)　资料述评报告
data-switching　(1)数据转换, 数据转接; (2)数据开关的
data switching　数据转接
data switching center　数据转接中心
data synchro　数据同步发送器, 数据同步器, 数据自整角机
data synchronization　数据转录
data telemetry system　数据遥测系统
data terminal　资料终端
data terminal equipment　资料终端设备
data terminal set　资料终端设备
data track　数据磁道
data transducer　数据转换器
data transfer　数据传送, 数据传输, 数据转换
data-transmission　数据传输
data transmission　数据传输, 数据输送, 数据发射
data transmission and control system (=DTCS)　数据传递与控制系统
data transmission device　数据传输装置
data transmission echoing unit　数据传输返回装置
data transmission interface　数据传输接口
data transmission line　数据传输线
data transmission receiver　数据传输接收机
data transmission set　数据传输设备
data-transmission system　数据传递系统, 数据传输系统, 同步传输系统
data transport device　数据传输设备
data trap　数据采集器

data trend　数据动向系统
data unit　数据发送装置, 数据机
data validity　数据有效性
data warehousing　数据仓储, 数据贮存
database　数据库, 资料基
database management system　数据库管理系统
datable　可推定日期的, 可测定日期的
databook　(1)参考资料手册, 标准产品手册, 数据手册; (2)数据表, 明细表; (3)清单
datagram　数据报
datal　(1)包含一个日期的; (2)按日计算工资
dataller　计日工
datamation　自动数据处理, 自动化数据, 数据自动化, 数据化
dataphone 或 DATAPHONE　(1)(数据通信的)数据电话 [机]; (2)美电话电报公司的数据通信业务
dataphone adapter　数据电话适配器, 数据电话转接器
dataplex　数据转接
dataplotter　数据标绘器
DATASET　数据电话中的调制解调器
datatron　(十进制计算机中的)数据处理机
date (=d)　(1)日期; (2)写上日期
date and time　日期和时间
date and time of arrival　到达时间
date and time of sailing　开航时间及日期
date changing　日期更改
date code　日期码
date compiled　编译完成日期
date computing circuit　日期计算电路
date draft　在指定日期失效的计划
date due　满期, 到期
date finger driving wheel　日历指示传动轮, 换日轮
date forward　倒填日期
date indicator core　日历指示器座, 日历座
date indicator driving wheel　日历指示盘传动轮, 日历环驱动轮, 换日轮
date indicator window　日历显示窗
date issued　签发日期
date-line　(1)日期; (2)电讯电头; (3)在……上注电头
date logger　时间记录器
date mark　日戳
date number (=DN)　日期
date of acceptance　接受日期
date of approval　认可日期, 核准日期
date of arrival　到达日期, 到达日, 抵港日期
date of availability　有效期限
date of building contract　建造合同日期
date of built　建造日期, 制造日期
date of chart corrections　海图更改日期
date of clearance　结关日期
date of coming into effect　生效日期
date of commencement of towage　起拖日期
date of completion　竣工日期, 完工日期
date of completion of discharge　(货)卸讫日期
date of delivery　交货日期, 交付日期, 交船日期
date of departure　离港日期, 开航日期, 启航日期
date of discharging　卸货日期
date of draft　出票日期
date of expiration　截止日期, 满期日
date of extension　延长日期
date of issue of bill of lading　提单的签发日期
date of landing　卸货日期
date of large corrections　(海图)大改正版日期
date of last survey　上次检验日期
date of launch　下水日期
date of loading　装货日期
date of loss　(船)失踪日期
date of manufacture　生产日期, 制造日期
date of new editions　新版日期
date of original register　原始登记日 [期]
date of payment　支付日期, 付款日期
date of printing　印刷日期
date of publication　出版日期
date of sailing　开航日期
date of shipment　(1)付运日期, 装运日期, 装船日期; (2)装船期
date of signature　签字日期

date of small corrections　（海图）小改正日期
date of supply　供应日期，供货日期
date of survey　检验日期，测量日期，检修日期
date of value　起算利息日期
date on dock　进［船］坞日期
date on which keel was laid　龙骨安放日期
date pusher click spring　日历拨爪簧
date quick change　双历瞬跳换机构
date received by laboratory　化验室收样日期
date result dispatched　报告送出日期
date star wheel driving finger　日星轮传动拨爪
date term　日期条款
date-time group　日期-时间组，时序分组
date to tender notice of readiness　递交日
date-written　｛计｝写成日期
dated　(1) 注明日期的，陈旧的，过时的；(2) 注明日期；(3) 保险日期
dateless　无日期的，无限期的
datemark　日戳
dater　日期戳
dating　(1) 写明日期，注上日期，测定年代，记载；(2) 测率
dating nail　日期钉
dating pulse　同步脉冲，控制脉冲
dating subroutine　记日期子程序
dative bond　配［价］键
datrac　把连续信号变为数字信号的变换器
datum　（复data）(1) 数据，资料；(2) 基点，基面，基准，基准线，基准面；(3) 已知数，已知条件
datum dimension　参考尺寸
datum drift　(1) 基准偏差；(2) 基点移动；(3) 基准漂移
datum hole　基［准］孔
datum level (=DL)　(1) 基准面，参考面，水平面；(2) (基准) 零点；(3) 基准电平，零电平；(4) 基准水平面，基线水位，液面
datum line　(1) (基本齿条的) 基准线，参考线，基线；(2) 坐标线，坐标轴
datum mark　基准标高，基准标志，基准记号，基准点，水准点
datum of chart　海图基准面
datum plane　(1) (基本齿条的) 基准平面，零线平面，基准面；(2) 假设零位面
datum point　基［准］点，参考点，给定点，原点
datum profile　基准齿廓
datum quantity　基准量
datum speed　标准速度，给定速度
datum surface　基准面，基面
datum water level　基准水平面，水位零点，水准零点，水准面
daub　(1) 胶泥，粗灰泥；(2) (制革等的) 底色，涂料；(3) 抹胶；(4) 打底色，涂抹
dauber　(1) 抹工；(2) 涂抹工具，抹器；(3) 上蜡辊；(4) 涂料
daubing　(1) 涂料；(2) 涂抹炉衬局部修理，炉衬［的］局部修理；(3) 石面凿毛；(4) 灰泥抛毛
daubing mud　搪料，腻料
daubing-up　涂上
dauby　胶粘的，粘性的，胶质的
Daugh　耐火粘土
daughter　(物理) 子核，子体
daughter board　子插件
daughter element　派生元件，子元件
daughter neutron　派生中子，次级中子
daughter nucleus　子核
daughter substance　子体物质
davignon　达维南金铜铝合金 (58%Au, 37%Cu, 5%Al)
Davis bronze　镍青铜 (铜75%，镍20%，铁4%，锰1%)
Davis metal　镍青铜 (铜75%，镍20%，铁4%，锰1%)
davit　(1) 吊艇架，吊艇柱，吊梯柱，吊锚柱，吊艇杆，吊锚杆，吊柱，吊杆，吊架；(2) 起重滑轮
davit arm　吊艇架臂
davit bearing　吊艇杆承座，吊艇杆夹箍，吊艇柱座承
davit bollards　吊艇柱缆桩
davit bust　吊艇柱座承，吊艇柱承座
davit cleat　吊艇柱挽耳，吊艇柱羊角，吊柱系索栓
davit collar　吊艇柱座承
davit craft　小吊艇 (经常悬挂在吊艇柱上)
davit crane　(船上的) 吊艇柱座承
davit frame　吊艇架座架
davit guy　吊艇杆张索，吊艇柱牵索，吊杆牵索，吊柱牵条，吊杆牵索

davit head　吊艇架弯头，吊艇柱弯头，吊艇杆弯头，吊杆头
davit hook　吊艇钩
davit keeper　吊艇柱座承，吊艇杆承座
davit launched inflatable liferaft　吊放式气胀式救生筏
davit launched liferaft　用吊艇架落放的救生筏
davit launched type liferaft　可吊救生筏
davit pedestal　吊艇柱基座，吊艇杆座
davit releasing device　放艇联动装置
davit ring　吊艇柱座承
davit shoe　吊艇柱基座
davit socket　吊艇柱基座，吊艇架承座，吊杆承座，钩柱承座
davit-span　吊艇杆跨索
davit span　吊艇柱连动索，吊艇杆牵索，吊艇架张索
davit spreader　吊艇柱顶环
davit stand　吊艇柱座
davit tackle　吊艇杆滑车，吊艇架绞辘，吊艇架跨索，吊艇绞辘
davit winch　吊艇绞车
davit winch interlocking device　吊艇绞车连锁装置
Davy　达维安全汽油灯
Davy-lamp　(矿工用) 安全灯
Davyum　铼 (75号元素的别名)
dawn rocket　"黎明"火箭
dawning　(1) 破晓，黎明；(2) 开始，初期
dawnside magnetosphere　晨侧磁层
dawnside magnetotail　晨侧磁尾
Dawson bronze　一种青铜 (铜84%，锡15.9%，铅0.1%，砷0.05%)
day　(1) 昼夜，日，天；(2) 日光；(3) 日子，日期，时代，时期，寿命；(4) 窗格框距
day and date device　日历星期装置，双历装置
day and night lever　昼夜灯光显示控制手柄
day and night signal　昼夜通用信号
day and night telescope　船用望远镜
day beacon　昼标
day bill　定期票据
day book　值班日记簿，日记
day bunker　日用燃料舱
day by day　每天
day cabin　(船的) 接待舱，客厅
day coach　座席客车
day corrector operating spring　周历调整器操作杆簧
day date calendar　双历表
day-fighter　日间战斗机
day fighter　昼间战斗机
day gate　安装在保险库内部的格栅
day hole　通外面的坑道设备
day indicator　周历指示器，周历盘
day labo(u)r　临时工作，日工，散工
day labo(u)rer　计日工，散工，短工
day letter　当日慢电报
day light　太阳光，日光
day load　日负荷，日负载
day man　计日工
day night cycle　全日循环
day night switching equipment(=DNSW)　昼夜转换装置，昼夜转换设备
day of entry　签订日期，申报日期
day of five　弹药每日耗损量
day of reckoning　结账日
day of supply　日供应量
day off　开始天黑，日班完毕
day output　日产量
day room　(日间使用的) 休息室，(船) 会客室
day sailor　(只能在) 白天航行的船
day service only　日间工作符号，日间业务
day shape　号型
day shift　白昼班，日班
day tank　(1) 日用油柜；(2) 日用水柜；(3) 间歇性池炉
day time　白昼，日间
day time circuit　日间电路
day-to-day　日常的，经常的
day to day accommodation　日常资金融通，日拆
day to day business　日常业务
day to day lease　暂时租赁
day-to-day loan　通知放款

312

day to day money　日拆

day train　日间列车

day wage　计日工资

day wage work　计日 [工资] 工作

day work　(1) 计日工作, 点工工作; (2) 日班工作

day work rate　计日工资单价, 点工单价

day worker　(1) 临时工, 计日工; (2) 日班工人

daylight　(1) 日光, 昼光, 白天; (2) (晚上工作的人) 白天兼职; (3) (热压机) 压板间距; (4) 空隙, 间隙, 间隔, 缝

daylight base　日光灯管座

daylight change　日照时间变化

daylight clearance　(气垫船) 空气间隙, 净间隙

daylight control　(发光浮标的) 日光控制器, 日光开关

daylight display lamp　日光显示灯

daylight distribution line　白天供电线路

daylight double　双管日光灯

daylight driving　白昼行车

daylight effect　白昼效应, 昼光效应, 日光作用

daylight factor　日光照明率, 昼光因数, 日光系数

daylight filter　昼光滤波器

daylight fluorescence ink　荧光油墨

daylight fluorescent pigment　荧光颜料

daylight gap　(气垫船) 空气间隙, 净间隙

daylight illumination　日光照明, 天然采光

daylight lamp　日光灯

daylight lamp holder　日光灯座

daylight lamp starter　日光灯起动器

daylight lighting　日光照明

daylight observation　白天观测

daylight opening　压板间距

daylight range　昼间作用距离, 昼间射程

daylight saving time　经济时, 夏令时 (提前一小时的)

daylight shift　日班

daylight signal　白昼信号, 色灯信号

daylight signal lamp　白天信号灯

daylight signaling light　白昼信号灯, 日间信号灯

daylight signaling mirror　日光反射通信器, 日光信号器 (救生艇附件)

daylight speed　日光感光度

daylight starter　日光灯起动器

daylight-type　日光型

daylightful　白昼飞行

daylighting　天然采光

daylighting curve　日光曲线

daymark　(1) 昼间地标; (2) 白昼标志

dayplane　日间飞机

dayroom　日间休息室

day's duty　船上全日班, 全日工作

day's work　值班工作, 白班

days after acceptance (=d/a)　承兑后日数, 承兑后日期

days after date　到期后…天

days after sight　见票后若干天付款, 见票后……付款

days of grace　宽限日期

day's duty　船上全日班

daysman　仲裁人, 公断人

daytank　日用水柜, 日用油柜

daytime　白昼时间

daytime signals　日间信号, 昼间信号

daywork　(1) 计时计时工作; (2) 日班, 白班

daze　使晕眩, 耀眼

dazzle　使眼花, 眩眼, 眩惑, 耀眼

dazzle lamp　强光前灯, 车头灯

dazzle light　强光前灯, 车头灯

dazzle lighting　眩目灯光

dazzle paint　伪装漆

dazzle painting　伪装漆法

dazzle system　伪伪系统, 色彩系统

dazzle white　炽白色

db(=decibel)　分贝

db-loss　分贝衰减

db meter　分贝计, 电平表

D.C.(=direct current)　直流电 [流]

D.C.-A.C.converter　直流 - 交流变换器

D.C.ammeter　直流安培计

D.C.analog(ue)　直流模拟计算机

D.C.balancer　直流均压器, 直流均压机

D.C.bias　直流偏磁

D.C.biasing　直流加偏压法

D.C.booster　直流升压器

D.C.bridge　直流电桥

D.C.circuit　直流电路

D.C.component　直流分量, 直流成份

D.C.computer　直流计算机

D.C.converter　直流电压变换器

D.C.coupling　直流耦合

D.C.detection ferro-resonance type automatic voltage regulator　直流检波铁磁谐振式自动稳压器

D.C.distributing equipment　直流配电装置

D.C.electric locomotive　直流电动机车

D.C.electric power-coherent light conversion　直流电功率相干光转换

D.C.electrolytic condenser　直流电解电容器

D.C.electromotive force　直流电动势

D.C.erasing head　直流消磁头

D.C.erasure　直流消音

D.C.exciting-winding　直流励磁

D.C.field　直流电场

D.C.forward voltage-drop test　直流正向电压降测试

D.C.generator　直流发电机

D.C.high voltage system　高压直流系统

D.C.high voltage transmission　高压直流输电

D.C.integrator　直流积分器

D.C.internal resistance　直流内电阻

D.C.linear charging　直流线性充电

D.C.machine　直流电机

D.C.main.　直流电源

D.C.motor　直流电动机

D.C.moving coil meter　直流动圈式仪表

D.C.network calculator　直流计算台

D.C.operated crossed-field amplifier　直流应用正交场放大器

D.C.plant　直流电装置

D.C.quadricorrelator　直流自动调节相位线路

D.C.receiver　直流接收机

D.C.restoration circuit　直流恢复电路

D.C.restorer　直流成分恢复电路

D.C.restorer diode　直流 [成分] 恢复二极管

D.C.reverse-current relay　直流用反流继电器

D.C.reverse leakage test　直流反向漏电测试

D.C.reversible variable speed　直流可逆变速电动机

D.C.revolving coil type instrument　直流转动线圈式仪表

D.C.series motor　直流串励电动机

D.C.servo-motor　直流伺服电动机

D.C.shunt motor　直流分激电动机

D.C.source　直流电源

D.C.substation　直流变电所

D.C.superhigh voltage equipment　直流超高压装置

D.C.supply　直流供电

D.C.system　直流系统

D.C.tachometer　直流转速计

D.C.threewire system　直流三线 制

D.C.transmission　直流传输

D.C.tuned capacitor　直流调谐电容器

D.C.tened condenser　直流调谐电容器

D.C.turbodynamo　直流汽轮发电机

D.C.two point probe method　直流二探针法

D.C.undervoltage relay　直流低压继电器

D.C.voltage　直流电压

D.C.welding generator　直流电焊发电机

D.C.welding machine　直流电焊机

d-c (=direct current)　直流电 [流]

d-c amplifier　直流放大器

d-c coupled　直流耦合的

d-c power supply panel (=DCPSP)　直流电源接线板, 直流电源配电盘

DC-excited　直流激发的

DC form factor　整流电流的波形因素

DC load　直流负载

DC rel (=direct current relay)　直流继电器

DC restorer diode　直流 [分量] 恢复二极管, 箝位 [电路] 二极管

DC ring (=direct current ringer)　直流振铃器

DC-702(-703,-704,-705) 硅树脂类扩散泵油
de (拉)(属于)……的,关于,从
de- (词头)(1)否定,去,消,除,减,脱,分,离,解,裂,防,止,反,非;(2)向下,向外,低;(3)完全,充分,再,倍,重;(4)[使]成为
de-airing 去空气法
de-ash 脱灰[作用]
de-atomized 无原子武器的
de-distortion 预补偿(在发送方面),补偿,预矫
de-electrification 去电
de-electrifying 去电
de-electronate 使去电子,使氧化
de-electronating agent 去电子剂,减电子剂,氧化剂
de-elcctronation 去电子[作用],氧化作用
de-emanate 去射气
de-emphasis (1)高频的相对削弱(在调频接收机中);(2)去加重;(3)降低降低重要性;(4)[频应]复元
de-energizing 去激励
de-escalate 使逐步降级
de-escalation 逐步降级
de-escalate 逐步降级
de-esterification 反脂化的过程
de-excitation 去激发
de-excite 去激励,去激活,发光
De-Forest coil 蜂房式线圈
de-icing 防冰,去冰
de-lavud process 离心铸管法
de-magging 除镁,脱镁
de-mothball 重新使用
de-oil 除油,去油,脱脂
de-oiler 油水分离器
de-oiling (1)去油的;(2)去油
de-scaling 除垢除锈法(锅炉和水管去垢,金属去锈)
De-Acidite E 弱碱性阴离子交换树脂
De-Acidite FF 强碱性阴离子交换树脂
De-Acidite G 弱碱性阴离子交换树脂
De Dion axle 迪氏式后桥
De Laval centrifuger 德拉伐乳液离心机
deac (调频接收机中的)减加重器,主加重器件
deaccentuator 频率校正电路,校平器,平滑器
deacidification 酸中和作用,脱酸作用
deacidify 脱酸
deacidifying 脱酸
deacidize 脱酸处理
deacidizing 脱酸处理
Deacon and Nike (=Dan) 高空探测火箭
deacon seat 半圆木长凳
deactigel 去活性硅胶
deactivate 减活,钝化
deactivation 去活化用,减活作用,钝化作用
deactivator 减活化剂,钝化剂
deactuate 退动,消动
dead (1)切断电源的,不通电的,无电压的,已断路的,断开的;(2)固定连接的,固定不动的,停滞的,停顿的,接死的,(3)无信号的;(4)未激励的,去激励的;(5)无生命的,无光泽的,死的,暗的,静的;(6)无放射性的,弹性的;(7)完全的,必然的,突然的,绝对的,精确的;(8)绝对地,直接地,完全地
dead abutment (1)固定支座;(2)隐蔽式桥台
dead aft 正后方
dead ahead 正前方
dead ahead position 原位置
dead air (含二氧化碳过多的)不流通的空气,闭塞空气,静空气,死空气
dead air pocket 滞留空气,存气
dead-air space 闭塞空间
dead air space (1)死空气层,空气隔层,保温空间;(2)封闭空间,闭塞空间
dead and dry face 干枯面
dead-angle 死角
dead angle 辐射盲区,死角
dead annealing 完全退火
dead area 遮蔽面积,死区
dead assignment 无用赋值
dead astern 正后方
dead axle 不转轴,不动轴,被动轴,从动轴,静轴,定轴

dead band 不工作区域,输出不变区,非灵敏区,静带,静区,死区
dead band action 死区效应
dead-band regulator 非线性调节器
dead-beam pass 闭口梁形轧槽
dead beam pass 闭口梁形轧槽
dead-beat (1)直进式(无反跳的装置)(2)(计量指针的)速指作用;(3)不摆的,无振荡的,非周期的,非调谐的
dead beat (1)纯正降下,无差拍,不摆;(2)非周期的,不振荡的,无阻尼的,无差拍的
dead-beat discharge 非周期放电
dead beat discharge 非周期放电
dead beat galvanometer 速示电流计,不摆电流计
dead beat instrument 速示测试仪器,不摆式仪表
dead beat meter 不摆仪表,速示仪表
dead beat response 非周期响应,无摆响应,速示响应
dead beat stability 非周期稳定
dead belt (无线电)静区,死区,盲区
dead block (1)固定卷筒;(2)缓冲板;(3)车端缓冲器
dead bolt 无弹簧锁闩
dead-bright 磨光的,抛光的
dead burned 烧过火的
dead burned mould 完全烧坏铸型
dead burnt 烧过火的
dead burnt magnesite 重烧镁
dead-center (1)静点,死点;(2)(车床)死顶尖
dead center (1)(曲柄连杆机构等)静点,死点,哑点;(2)(车床)死顶尖,尾座顶尖;(3)(发动机行程)止点;(4)固定中心
dead center indicator (往复式发动机的)止点指示器
dead center mark 死点记号,止点记号
dead center lathe 死顶尖车床
dead-center position 死点位置,静点位置,零点位置
dead center position 零点位置
dead centre (=DC) (1)死点,静点,哑点,零点;(2)(车床的)死顶尖
dead check 无效支票
dead circuit 无电电路,死电路,空路
dead coil 线圈的不用部分,无效线圈
dead color 暗色,底色
dead commission 固定佣金
dead compass 无振荡的罗经,非周期罗经,不摆罗经
dead conductor 非导体
dead contact (1)空接触;(2)开路触点,开路接点,断开接点,开始接点,空触点,空接点
dead cover (舷窗的)风暴盖
dead crystal 失效晶体,死晶体
dead dipping 在金属雕刻中(将金属浸入酸液使其表面光泽的过程)
dead door 假门
dead drawn 强拉的
dead drawn wire 多次拉拔钢丝,强拉钢丝
dead drop (秘密)情报点
dead earth 完全接地,固定接地,直通地
dead-end (1)(管子等)闭塞的一头,不通端,闭塞端,空端,末端,终端,尽端;(2)终点;(3)(电路的)截断(4)一头不通的,闭塞端的,终点的,尽头的,终端的,空端的
dead end (1)(管子等)闭塞的一头,死头管段,不通端,空端;(2)空端尽头,终端,终点,尽头,尽端
dead-end effect 空端效应,空圈效应
dead end effect 空端效应,空圈效应
dead end feeder 终端馈线
dead-end insulator 耐拉绝缘子
dead-end loss 闲匝损失,空匝损耗
dead end main 死头管
dead end platform 尽头式站台,,纵面站台
dead-end pole 终端杆
dead end pole 终端杆
dead-end switch 终端开关,空端开关
dead-end tower 固定天线杆,固定天线塔,拉线铁塔
dead end tower 终端塔架
dead end type 终端式
dead-ended 终端不通的,盲孔
dead-eye 三孔滑车
dead eye 三眼辘轳,三眼木饼
dead eye hitch 双合套结
dead eye lanyard 三眼辘轳系索
dead-fall 翻斗机,翻车机

dead-file　失效存储器,停车存储器
dead file　(1)失效存储器;(2)不用的资料,停用文件,废文件
dead finish　平凡饰面
dead fire　桅上电火
dead flat　(1)船体平行舯体;(2)完全同形部
dead flat body　船体平行舯体,(船中)平行体
dead flat hammer　平正锤
dead flat sheet　特平板
dead flue　废烟道
dead freight　空舱运费,亏舱运费,空舱费
dead freight factor　空舱系数,亏舱系数
dead-front　(1)正面不带电的部件;(2)空正面,死面,静面
dead front　前端无电的
dead front panel　正面无接点的面板,安全面板
dead front switch　安全开关
dead front switch gear　前端无电式开关机构
dead front switchboard　面板无接线的配电盘,正面无接点的配电盘,不露带电部分的配电盘,安全配电盘
dead front type　前端无电式,封闭型
dead front type panel　前端无电式控制板
dead front type switchboard　固定面板式配电盘,安全配电盘
dead graphite　不含铀块状石墨
dead-ground　(1)死区,死角;(2)完全接地的
dead ground　(1)射击死角,遮蔽空间,静区,盲区;(2)完全接地,直[接]通地
dead halt　不能恢复正常运转的停机,完全停机,突然停机,完全停止,全停
dead hand　永久停业
dead handle　常闭式自动停车把手,常闭式把手
dead-hard　极硬的
dead-hard steel　高强钢,高硬钢,极硬钢
dead hard steel　高强钢,高硬钢,极硬钢
dead-head　(1)(铸件)浇口;(2)车床尾座,后顶针座;(3)(钢锭的)收缩头
dead head　(1)(车床)尾座,尾架;(2)切头,冒口
dead hedge　栅栏
dead hole　未穿透孔,堵死的孔,盲孔
dead in water condition　在水面静止
dead inline　在一直线上,轴线重合,重合
dead interval　空载时间,空白区
dead joint　不可分连接,固定连接,死连接
dead knife　固定刀[片],底刀,死刀
dead knot　(木料的)朽节
dead level　(1)无信号电平;(2)静态;(3)空层
dead lever　固定杆
dead-lever trunk line　空层中继线,备用段干线
dead-lift　凭力气往上拉(不用滑车)
dead lift　单凭气力往上举扬
dead lime　过性石灰,失效石灰
dead line　(1)短旁通管;(2)闲置线路,空线,静线
dead-load　静负荷的,静载的,恒载的
dead load (=DL)　(1)固定载荷,不变载荷,静载荷,恒载;(2)自重,静重;(3)[本]底[负]载,无用负载,固定负载,静负载
dead-load deflection　固定静载挠曲
dead load deflection　固定静负荷挠曲
dead load lever　起重杆
dead load machine　基准测力机
dead load moment　恒载力矩
dead load stress　静应力
dead location　废区(仓库或储藏室不能利用的面积)
dead-lock　(1)完全停顿,停止工作,停滞;(2)暗锁
dead lock　死锁,僵局,停顿
dead loss　(1)固定损失,固有损耗,净损耗;(2)空间损耗
dead-main　无载母线
dead main　空载线路,无载线路,无载母线
dead-man　连接板,桩橛,锚板
dead man　拉杆锚桩,锚定桩
dead man's float　呆人式浮标
dead match　与来样完全符合
dead matter　无机物
dead melt　静熔
dead-melted steel　全脱氧钢,镇静钢
dead melted steel　全脱氧钢,镇静钢
dead mike　闲置备用传声器,无载传声器,无载话筒

dead mild steel　极软碳钢
dead mileage　空载英里数,空载里程
dead milling　重压
dead money　未流通使用的货币,未投资资本
dead netting　裸网(没有上端的长方形网)
dead nip stopper　活砧式制链器,凸轮止链器
dead number　空号
dead oil　重油,残油
dead-on　与……顶死,完全搭上
dead-on-arrival　第一次使用即失效的电子线路
dead-on-end　逆风
dead on end　逆风
dead parking　空车停车处
dead pass　非工作孔型,空轧孔型,空轧道次
dead pickling　呆液酸洗
dead plate　(1)炉前挡热板,固定炉板,障热板,固定板;(2)底刀;(3)集渣板
dead pocket　盲区,死区
dead-point　死点,静点
dead point (=DP)　止点,死点,静点,哑点
dead-pull　凭力气往上拉(不用滑车)
dead pulley　(1)空转轮,中间轮,惰轮;(2)定滑轮;(3)游滑轮
dead rack travel　齿条行程死区
dead rail　非测定重量的钢轨
dead range　最小作用距离,失效距离
dead rear axle　固定式后桥
dead-reckoning　推测航行法,推算航行法,计算法定位
dead reckoning (=DR)　(1)计算法定位,侧推定位;(2)航迹推算,船位推算,船位推测,船位计算;(3)速度三角形定位法,位置坐标推算法,时空推测法,航位推算法
dead reckoning analog indicator (=DRAI)　航迹推算模拟指示器
dead reckoning analyzer (=DRA)　位置坐标分析器,船位推算分析仪,航迹分析器
dead reckoning analyzer indicator　航迹分析指示器,航迹绘算仪
dead reckoning computer　船位推算计算机
dead reckoning distance　推算航程,积算航程
dead reckoning equipment　航迹推算装置,航迹推算器,航迹记录器
dead reckoning indicator　航迹记录器
dead reckoning longitude　推算经度
dead reckoning navigation　推算航法
dead reckoning plot　航位推算标绘图,航迹推算作图
dead reckoning point　船位推算点
dead reckoning position (=DR pos)　推算船位,积算船位
dead reckoning recorder　航迹记录器
dead reckoning time　(定位后的)已推算时间
dead reckoning tracer (=DRT)　航迹推算自绘仪,航位推算描绘仪,自动航迹绘算仪,计算跟踪装置,航迹记录器
dead reduction drive　(柴油机)减速转动
dead rent　固定租金,死租
dead ring　(1)紧固环;(2)绝缘环
dead rise　船底横向侧度,舭部升高,底部升高,船底斜度
dead-rise model　船底升高式艇
dead rise slope　船底横向斜度,舭部升高斜度
dead rising　木船船底升高
dead roast　焙烧去掉挥发物,僵烧
dead roll　长磨辊
dead rolled rubber　重压橡皮,重捏橡胶
dead room　(1)消声室,静室;(2)静区,盲区
dead rope　手绞缆,稳索
dead rubber　缺填料橡胶,过炼胶
dead sea potash　碳酸钾,钾盐
dead section　死区段,备用段,空段
dead securities　固定担保金
dead segment　无用换向器片
dead sheave　桅顶旗杆放孔
dead ship　不能航行的船,失灵船,死船
dead ship condition　停车状态
dead shore　固定竖撑,静撑柱,支撑柱
dead short　完全短路
dead-short-circuit　全短路
dead short circuit　完全短路
dead slots　空槽
dead slow　最低速度,微速
dead slow ahead!　微速前进!

315

dead slow astern! 微速后退!

dead slow speed 最低航速,极低航速,微速

dead small 粉末,细末,小块

dead smooth cut file [油]光锉

dead smooth file 极细锉,油光锉

dead-soft 极软的

dead soft annealing 极软退火

dead soft steel 极软钢,低碳钢

dead sounding 消减声响

dead space (1)(不能载货的)亏舱容积,死舱位,死空间,空位;(2)无信号区,不灵敏区,不工作区,阴影区,死区,静区,盲区

dead-space characteristics 静区特性

dead space switch 终点限位开关,静区限位开关

dead spindle (1)静轴;(2)固定锭子

dead spot (接收机)盲区,接收困难的地区,死点,哑点

dead spring (1)失效弹簧;(2)压下弹簧

dead state 停滞状态

dead steel 全脱氧钢,全镇静钢,低碳钢,软钢

dead stick 停桨

dead-stick landing 无动力着陆

dead stock (1)呆滞存货;(2)农具和农田设备

dead stop (1)完全停止;(2)固定挡块,死挡块,死止块;(3)固定行程限位器

dead storage (1)死库容;(2)死堆场,死库场

dead storage oxidation 久存老化

dead-stroke hammer 不反跳弹簧锤,死冲锤

dead studio 短混响播音室

dead-sure 绝对确实的,绝对可靠的

dead-time 空载时间,寂静时间,死寂时间

dead time (1)静寂时间,停歇时间,停滞时间,延迟时间;(2)空载时间;(3)不作用时间,无信号时间,不动时间,无用时间

dead time correction 空载时间校正

dead-time loss (1)(计数管)失效时间内的计数损失;(2)死寂时间损耗,空时损耗

dead track (1)无电区段;(2)死区段

dead track section 无电区段,死区段

dead turns 无效线匝,死线匝,死匝,空匝

dead wall 无窗墙

dead-water 静水,死水

dead-weight 自重

dead weight (=dw) 静载荷,自重,净重,静重

dead-weight brake 配重制动器,配重闸

dead-weight machine 基准测力机

dead-weight safety valve 重锤式安全阀,静载荷保安阀

dead-wind 逆风

dead wind 顶风,逆风

dead window 隔声窗

dead wire (1)不带电导线,死线;(2)固定索

dead-wood (1)沉材,沉木;(2)龙骨帮木;(3)没用的东西

dead wood (1)龙骨帮木,呆木,钝材;(2)无用的东西

dead wood cutaway aft 斜截呆木船尾

dead work 非直接生产工作

dead works (1)重活,笨重工作;(2)(船体)水线以上部分,水线上部建筑

dead-zone 恒域的,死区的

dead zone (1)不灵敏区,不工作区,无电区,不变区,空区,盲区,死区,静区,滞区;(2)恒域

dead zone circuit 无电区电路,死区电路

dead-zone regulator 非线性调节器,死区调节器

dead zone regulator 非线性调节器,死区调节器

dead zone unit 静区装置

deadaptation 消除适应,去适应

deadband 死区,静带

deadbeat (1)非周期性的,非调谐的,无振荡的,无阻尼的,无周期的,无差拍的,不摆动的,速示的;(2)临界阻尼;(3)振动终止,(仪表指针)速示,不摆;(4)无差拍

deadburn 透彻煅烧,僵烧

deaden (1)缓和,缓冲,阻碍,减弱,衰减,下降;(2)消除,消去,消音,吸音,隔音;(3)失去光泽,消光

deadened (1)污染不起汞齐作用的;(2)使失去光泽;(3)削弱;(4)隔音

deadener (1)隔音材料;(2)消声器,消音器;(3)[船台滑道]悬木制动器

deadening (1)吸音,隔音,消音;(2)消声处理;(3)失去光泽的材料,

消音材料,隔音材料,吸音材料

deadening agent 黯淡剂,消光剂

deadening dressing (吸音的)粗面修琢

deadening fabric 隔音布

deadening felt 隔音纸

deadeye (1)轴承眼圈,轴承孔;(2)木孔紧缩板;(3)穿眼木滑车,三孔滑车,三眼滑车;(4)孔板伸缩节;(5)神枪手

deadfall (1)陷阱;(2)翻斗机,翻车机

deadhead (1)锚的圆木浮标,系缆木桩,木块锚标,系船柱,浮木;(2)空载行驶的车辆,空回头车,空载返航;(3)顶针座,顶尖座;(4)浇冒口,铸头;(5)浇冒口废料

deading (1)退光;(2)间接生产;(3)保热套,保温套

deadlatch 单向弹簧锁

deadlight (1)固定舷窗,舷窗外盖;(2)(门或窗)厚玻璃,舷窗玻璃;(3)固定天窗

deadline (1)截止时间,截止期限,最后期限,限期;(2)安全界限,界线;(3)暂停使用;(4)不流通的管道;(5)不通电的线路;(6)需要修理的飞机或军车

deadline anchor 限位锚

deadline cargo 限期运到的货物

deadline date (=DLD) 截止日期,最后限期

deadline delivery date (=DDD) 交货截止日期

deadline for shipment 交货期限,装运期限

deadline trunk 空号中继线

deadlock (1)陷入僵局;(2)闭锁器;(3)单闩锁,闭锁;(4)停顿,停滞

deadlock-free 无死锁的

deadly (1)击中要害的,致命的;(2)非常的,极度的,殊死的;(3)极度,非常

deadly embrace 死锁,死结,僵局

deadly parallel 事物相互对比,件件认真检验对比

deadman (1)拉杆锚桩,锚定物,锚定桩,锚定块,"地牛","地龙";(2)吊货杆牵索,叉杆;(3)闭锁装置

deadman anchorage 锚定物,锚定桩,锚定块,"地牛","地龙"

deadman brake 自动制动器

deadman contact 安全警惕触点

deadman control 常闭式自动刹车,常闭式保险刹车

deadman device 事故自动刹车装置,司机失知觉制动装置

deadman emergency 紧急制动

deadman feature 警惕特性,安全特性

deadman method 锤回单杆吊货法,锤回吊货法(用重铁锤使单吊杆自动转回原位的方法)

deadman's handle 事故自动停机手柄

deadmelt 镇静熔炼

deadness 无用性,无生气,死

deads 矸石

deadweight (=DWT) (1)总载重量,载重量;(2)固定载荷,固定负载,总负载,货重;(3)自重,静重

deadweight all load 总载重量,载重吨

deadweight anchor 自重锚

deadweight brake 配重闸

deadweight capacity (=DWC) 载重吨位,总载重量

deadweight capacity tonnage 总载重量

deadweight cargo 重量货物

deadweight cargo capacity 净载货重量,载货吨位,载货量

deadweight cargo factor 载重量因数

deadweight cargo tonnage 净载货重量,载货吨位,载货量

deadweight cargo tons 载重吨位,总载货吨数

deadweight carrying capacity 总载重能力(货物及油水总和)

deadweight charter 满载重量租船(按满载重量计算租船)

deadweight displacement coefficient 载重排水量系数

deadweight displacement ratio 载重排水量比

deadweight efficiency 载重量排水量比,载重系数

deadweight ga(u)ge 载重量测量仪,静重仪

deadweight load (1)总载重量;(2)不变载荷,静载荷

deadweight metric ton 总载重吨

deadweight plan 载重量曲线[图]

deadweight ratio 载重排水量系数

deadweight safety valve 荷重式安全阀,静载荷保安阀,液压安全阀

deadweight scale 载重量标尺,载重标尺

deadweight ship 重货船

deadweight tester 压力表试验器

deadweight ton (=dwt) 总载重吨(货物及油水总和)

deadweight tonnage (=DWT) 总载重吨位,总载重量(货物及油水总和)

deadweight tonnage of cargo　净载重量

deadwood　(1) 沉材,沉木;呆木;(2) 龙骨帮木,船首鳍,船尾鳍;(3) 吊木,力材

deaerate　(1) 除去空气,排气,除气,放气,驱气,抽气;(2) 除氧,脱氧,去氧,脱泡;(3) 通风

deaerating　(1) 除气;(2) 除氧;(3) 排气法,除气法,去气法

deaerating feed tank (=DFT)　除氧给水柜,除氧供给箱

deaerating feedwater heater　除氧给水加热器

deaerating heater　(1) 除氧加热器;(2) 除气加热器

deaerating surge tank　除氧器调节柜

deaerating system　除气系统

deaeration　排气,除气,除氧,脱氧,抽气,通风

deaerator　(1) 空气分离器,空气分离机,油水分离器,除气器,除氧器,排气器,去气器,脱氧器;(2) 脱气塔,除氧塔

deaf-aid　助听器

deafen　(1) 消音,隔音;(2) 使失去知觉

deafener　消声器,消音器,减音器

deafening　(1) 止响物;(2) 隔音;(3) 隔声材料

deair　除气,去气,排气

deal　(1) 分配,分发,给予;(2) 对付,应付,处理,安排,从事,涉及,论及;(3) 措施,政策;(4) 协议,交易;(5) 大量,多;(6) 铺板,窄厚板,厚松板 (1.5 吋以上)

deal board　松木板

deal end　短松木板

deal frame-saw　固定排锯

Deal lugger　迪尔四角帆帆船

dealbate　漂白

dealbation　漂白

dealcoholization　脱醇

dealcoholize　脱醇

dealer　商人

dealing　(1) 对待,办理,处理,分配;(2) 交易,买卖,往来

dealing for money　现金交易

dealing with claims　理赔

dealkalization　脱碱 [作用]

dealhylation　脱烃 [基] 作用

deallocation　存储单元分配,重新分配地址,重新定位

deals　厚松板,杉板

deals and battens　板材和板条 (木材贸易用语)

deals board & battens　板材,板条,垫板和薄板 (木材贸易用语)

dealuminising　脱铝

dealumnization　脱铝作用

deamplification　(信号)削弱,衰减

deanamorphoser　反变形镜头

deaphaneity　透明度,透明性

deaquation　脱水 [作用]

dear　(1) 贵重的,昂贵的,高价的;(2) 严厉的,急迫的

dear money　高息资金

dearate (=deaerate)　(1) 排气,除气,放气,抽气;(2) 脱氧,脱泡;(3) 通风

dearator (=deaerator)　(1) 空气分离器,油气分离器,脱氧器,除氧塔,脱氧塔,除气器,排气器;(2) 脱气塔,除氧塔

deargentation　镀银 [法]

dearth　供应不足,缺乏,稀少

deash　脱灰分

deasil　顺时针方向地

deasphalt　脱沥青

deasphalting　脱沥青 [法]

death　(1) 死亡;(2) 灭绝,消灭

death certificate　死亡证 [明] 书

death date　静止 [日] 期

death from accidental injuries　事故伤亡

death ray　死光

death ray weapon　死光武器

death sand　一种用含有放射性粒子的砂制成的大规模杀人武器

deathnium　(1) [空穴和电子的] 复合中,重新组合;(2) 掺杂 (有害物质)

deathtrap　(1) 危险区域,危险场所;(2) 致死陷阱

deattenuation　阻尼减小

debacle　(1) 崩溃;(2) 解冻,奔流

debagger　(1) 拉水胎机;(2) 扒囊机

deballast　排放压舱水

deballasting operation　卸压载作业

deballasting procedure　卸压载程序

debar　阻止,禁止,防止,拦阻,排除,排斥,拒绝

debark　(1) 卸载,起 (货);(2) 上岸,登陆,下机,下车,下船;(3) 剥

debarkation　(1) 起货;(2) 登陆网;(3) 上岸,登陆

debarker　剥皮机

debarment　防止,禁止,除外

debase　(1) 质量变坏,贬质,贬低;(2) 降低纯度

debased　质量低劣的,减色的

debasement　降低,变质,变坏,减色

debate　争论,辩论,讨论

debeaded　无胎缘废胎

debeader　(橡胶)胎缘切割机

debenture　(1) 债券;(2) (海关)退税凭单

debenzolize　给……脱苯

debenzolized oil　脱苯油

debismuthise　除铋

debit　(1) 借方;(2) 借

debit advice　借项通知单,借记报单

debit instrument　欠据,欠单

debit item　借项

debit note　(1) 借方通知,借方票据;(2) 欠款通知,账单

debit side　借方

debiteuse　玻璃熔融炉中的分隔浮子

debituminizatiom　脱沥青

deblocking　(1) 解锁,恢复 [铁磁性];(2) 恢复字组,数据块解体,分解程序块,程序分块;(3) 从字组分离出;(4) 解决

deblooming　(石油产品)脱荧光,去荧光

deblur　使变清晰

debond　不结合

debonding　(1) 松解 [工艺],舒解 [工艺];(2) 剥离;(3) 脱胶

deboost　减速,制动,阻尼

debooster　(1) 限制器,限幅器,限动器;(2) 减速器,减压机,减力机;(3) (带加力器转向系统的)还原机构

deboss　凹陷

debossed　具凹入图案的

debris　(1) 碎片,碎屑;(2) 有机废物

debris dent　碎屑压痕

debris protection　拦砂设备

debris trap　碎片捕集器

debt　(1) 债务,债;(2) 借款;(3) 欠账

debt at call　即期债务

debt note　借款通知书

debt of honor　信用借款

debt payable account　应付债款

debt relief　免除债务

debt secured　有担保之债

debtee　债权人,债主

debtor　债务人,借方

debtor account　借方账目

debtor and creditor account　债权债务账户

debtor country　债务国

debubblizer　(1) 脱泡沫塔;(2) 去泡工

debug　(1) 移去程序中的错误,排除故障,排除错误,查明故障,消除差错,消除误差,检错;(2) 调整,调试,调谐;(3) 排除窃听器;(4) 审查

debug aids　调试辅助程序,调试工具

debug on-line　联机排除错误

debug program　调试程序

debug routine　调试程序

debug the system　发现并排除系统中的故障

debugger　调整程序,调试程序

debugging　(1) 排除程序错误,程序调整,调整,调试,调谐;(2) 排除故障,消除故障

debugging aid　调试辅助程序,调试工具

debugging-aid routine　诊断程序

debugging aid routine　排除故障程序,诊断程序

debugging aids　调试辅助程序,调试工具

debugging mode　调试方法,调态

debugging module　调试模块,查错模块

debugging on bed　试验台调试

debugging on-line　联机程序的调整,联机调试,联线调试

debugging package　调试程序包

debugging period　排除故障时间,调试时间

debugging program　故障查找程序,调整程序,调试程序

debugging program routine　排除故障程序,调试程序

debugging program utility　调试实用程序

debugging routine　调试程序
debuncher　散束器
debunching　(1) 散乱；(2) 散焦；(3) 弥散；(4) 电子束离散，去聚束，散束
debunching effect　散聚效应
debunk　揭露，暴露，揭穿
deburr　清理毛刺，去毛刺，去飞翅，倒角
deburring　去除毛刺，去飞边，倒角，修边
deburring attachment　去毛刺装置
deburring cutter　去毛刺工具
deburring device　去毛刺器具
deburring machine　(1) 除草籽机；(2) 去毛刺机
debus　由卡车上卸下，从 [公共] 汽车上下来
debutanization　脱丁烷过程，丁烷镏除
debutanize　脱丁烷
debutanized gasoline　脱丁烷汽油，稳定汽油
debutanizer　(1) 脱丁烷塔，丁烷镏除器；(2) 脱丁烷剂
Debye　德拜 (电偶极矩单位，=10cgs 单位，符号 D)
Debye ring　德拜晶体衍射图，德拜环
Debye-Scherrer method　(X 射线检验) 粉末照相法
deca-　(词头) 十 [进的]，十倍
decaampere　十安 [培]
decacurie　十居里
decad　十数
decadal　由十个组成的，十的
decade　(1) 十个一组，十；(2) 十进位，十进制 [的]；(3) 十年
decade adder　十进制加法器
decade box　十进电阻箱，十进电容箱
decade bridge　十进电桥
decade capacitance box　十进电容箱
decade condenser　十进电容器
decade counter　十进 [制] 计数器
decade counter tube　十进计数管
decade counting unit (=DCU)　十进计数单元，十进计数器
decade dial　十进位表盘
decade inductance box　十进电感箱
decade resistance　十进电阻
decade resistance box　十进电阻箱
decade ring　(1) 十进制计数环；(2) 十进制环形寄存器
decade scaler　(1) 十进位换算电路；(2) 十进管计数器；(3) 十进制定标器；十进标量；(4) 十进刻度
decade subtracter　十进减法器
decade unit　(1) 十进电阻器，十进电感器，十进仪器；(2) 十进制器件
decade variable divider　十进可变分频器
decadence　毁坏，衰落，颓废
decadent　衰落的，衰微的
decadent wave　减幅波，衰减波，阻尼波
decagon　十边形，十角形，十面体
decagonal　十边形的，十角形的，有十边的
decagram(me) (=dag 或 dkg)　十克
decahedral　十面形的，十面体的，有十面的
decahedron　十面体
decahydrate　十水合物
decal　待复印图纸
decalage　(双翼机机翼的) 相对倾角，翼差角，差倾角，偏角差，差倾角，
decalatereal　十面体的
decalcification　脱钙作用，脱碳酸钙
decalcify　脱钙，去钙
decalescence　(1) 退辉；(2) 因吸热过快而温度下降，钢条吸热 [变暗]，相变吸热
decalescent　钢条吸热的
decaliter (=dkl)　十升
decalitre (=DAL 或 dal)　十升
decameter (=dm)　(1) 十米；(2) 介电常数测量仪
decameter waves　十米波
decametre (=dm)　十米
decan　去掉密封外壳
decanedron　十面体
decanewton　十牛顿
decant　满流浇铸，倾注，倾析
decantate　(1) 倾析液，洗液；(2) 倾注洗涤，倾析洗涤
decantation　倾析，倾泻
decantator　注酒机
decanter　(1) 细颈盛水瓶；(2) 沉淀分析器，倾注洗涤器，缓倾器，

倾析器
decantion　缓倾法
decapper　从药筒上拆卸底火的工具
decarbidize　脱炭沉积，脱焦炭
decarbidizing　脱碳沉积，脱焦炭
decarbonate　除去二氧化碳，除去碳酸
decarbonisation　减少水中碳酸盐，脱碳，除碳，去碳
decarbonise　脱 [除增] 碳，[除] 去碳 [素]
decarboniser　除碳剂，脱碳剂
decarbonization　减少水中碳酸盐，脱碳，除碳，去碳
decarbonize　脱 [除增] 碳，[除] 去碳 [素]
decarbonize the tungsten filament　钨丝脱碳
decarbonized steel　低碳钢
decarbonized surface layer　表面脱碳层
decarbonizer　除碳剂，脱碳剂
decarbonizing　除碳法
decarbonizing layer　脱碳层
decarbonylation　脱羰作用
decarburate　脱 [除增] 碳，[除] 去碳 [素]
decarburation　减少水中碳酸盐，脱碳，除碳，去碳
decarburisation　脱碳
decarburise　脱 [除增] 碳，[除] 去碳 [素]
decarburiser　除碳剂，脱碳剂
decarburizate　脱碳
decarburization　减少水中碳酸盐，脱碳，除碳，去碳
decarburized depth for steel　钢的脱碳层深度
decarburized layer　胶布层
decarburizer　脱碳剂
decare　十公亩
decascaler　(1) 十进定标器；(2) 十进定标电路
decastere　十立方米
decationize　除去阳离子
decationizing　(1) 除去阳离子的；(2) 除去阳离子 [作用]
decatize　汽蒸
decatron　十进位电子计数管，十进管
decauville　(1) 窄轨的；(2) 轻便铁路，窄轨铁路
decauville railway　(窄轨) 轻便铁路
decauville truck　窄轨料车，轻轨料车，小型料车
decauville wagon　窄轨料车，轻轨料车，小型料车
decay　(1) 腐朽，腐烂，腐败；(2) 损坏，破坏；(3) 衰退，衰减，衰变，衰落，衰耗，衰弱，蜕变，裂变，分解，退化；(4) 熄灭，制止；(5) 崩溃，倒坍，毁坏；(6) 减弱，减少湮没，消失；(7) 能量损失，能量消减，电荷减少，脉冲后沿；(8) (荧光屏) 余辉
decay at rest　[放射性物质] 在静止状态下的衰变
decay by positron emission　正电子衰变
decay characteristic phosphor　荧光屏的余辉特性，磷光体的衰变特性
decay coefficient　裂变系数，衰减系数，衰变系数
decay constant　衰减常数
decay curve　衰减曲线，衰变曲线，余辉曲线
decay fraction　衰变分支比
decay heat cooler　衰变冷却器
decay in flight　飞行衰变
decay mode　衰变方式，裂变模型
decay of harmonics　谐波减退
decay of luminescence　发光衰变
decay of positronium　正电子素湮没
decay of power　功率降低，功率下降
decay pattern　混响衰减图，衰变图形
decay properties　衰变性能
decay rate　(1) 衰减率，衰变率；(2) 下降速度
decay spectrum　衰变粒子能谱
decay time　衰减时间，衰落时间
decay time of scintillation　调制 [引起的] 载频衰变时间，起伏衰落时间
decayed knot　(木材) 腐节，朽节
decaying orbit　渐降轨道
decaying particle　不稳定粒子，衰变粒子
decaying pulse　衰减脉冲，衰变脉冲
decaying vibration　衰减振动
decaying wave　减幅波，衰变波
decca 或 Decca　(1) 台卡仪；(2) 台卡导航系统，台卡定位系统，台卡导航制
Decca flight log　台卡飞行记录
Decca lane　台卡导航航线

Decca navigator　台卡导航系统
Decca system　台卡导航系统,台卡导航制
deccaplot　台卡作图仪
deceleratability　减速性能,减速能力
decelerate　减速运转,减速,减低,降速,慢化,制动
decelerated motion　减速运动
decelerating electrode　减速电极
decelerating field　减速场
decelerating phase　减速相,减速阶段
decelerating rocket　减速火箭,制动火箭
decelerating voltage　减速电压
deceleration　(1)减速[度],降速;(2)负加速度;(3)制止,制动;
　(4)熄灭
deceleration check valve　带单向阀的减速阀
deceleration force　减速力
deceleration load　减速负载
deceleration performance　减速性能
deceleration regime　减速状态
decelarative　减速的,制动的
decelerator　(1)减速装置,减速器,制动器;(2)减速剂;(3)减速电极;
　(4)缓动装置,延时器
decelerometer (=decel)　减速计,减速仪,减速器
deceleron　副翼和阻力板的组合,副翼和减速板的组合,减速副翼
decelostat　自动刹车器
decem-　(词头)十
decemfid　分成十份的
decenter　(1)偏离中心,偏心;(2)拆卸拱架,拆除模架
decentering　(1)拆卸拱架;(2)偏离中心
decentering force　偏移力,使偏离中心位置的力
decentralisation　分散,疏散
decentralise　分散,疏散,划分,配置
decentralization　分散,疏散
decentralize　分散,疏散,划分,配置
decentre　(1)偏离中心,偏心;(2)拆卸拱架,拆除模架
deception　伪装,掩饰,遮盖,诱惑,迷惑
deception equipment　干扰施放装置
deception jammer　欺骗干扰机
deceptive conformity　假整合
decertify　收回证件,吊销执照
dechloridize　脱氯,去氯,除氯
dechlorinate　脱氯,去氯,除氯
dechlorination　脱氯作用
dechromisation　除铬,去铬
dechromization　除铬,去铬
dechuck　松开
deci-　(词头)十分之一(1/10),分
deci-ampere balance　十分之一安培秤
deciare　十分之一公亩
decibel　分贝
decible absolute (=DBA)　绝对分贝
decible adjusted (=DBA)　调整分贝 (=82dbm)
decible-loss (=db-loss)　分贝衰减
decible referred to 1 volt (=dbn)　以1V为零电平的分贝
decibelmeter　分贝计,分贝表,电平表
decibles above one milliwatt in 600 ohms (=dbm)　毫瓦分贝 (以
　600lmW为零电平的分贝)
decibles above one square meter (=dbsm)　超过1平方米的分贝数
decibles above one volt (=dbv)　伏特分贝 (以1V为零电平的分贝)
decibles above one watt (=dbw)　瓦分贝 (以1W为零电平的分贝)
decibles above reference noise (=DBRN db/rn)　超过基准噪声的分
　贝数
decibels referred to one kilowatt (=DBK)　千瓦分贝 (以一千瓦为基
　准的分贝)
decibels relative to one volt(dbv)　伏特分贝 (以一伏为零电平的分贝)
decibels with reference to one picowatt (=dbp)　皮[可]瓦分贝
decibels with reference to milliwatt(dBm)　毫瓦分贝
decibar　分巴
deciboyle　分波义耳 (压力单位)
decidability　可判定性
decidable　可判定的,可决定的
decide　判断,判定,决定,选定,解决
decided　(1)明确的,明显的,明白的,清楚的,显然的,无疑的;(2)
　决定了的,坚决的,果断的
decidedly　明确地,果断地,断然,显然,无疑

decider　决定者,裁决者
decigram(me)　分克 dg
decile　十分位数
deciliter 或 decilitre　分升
decilog　常用对数的十分之一,分对数
decimal　(1)十进分数,十进小数,十进制;(2)以十作基础的,十进位的,
　十进制的,小数的
decimal accumulator　十进制累加器
decimal arithmetic　(1)普通的十进位算术;(2)小数运算
decimal base　以十为底的
decimal-binary　十[进]-二进位的,十[进]-二进制的
decimal-binary system　十进位-二进位制
decimal carry　十进制进位
decimal classification (=DC)　十进分类法
decimal code　十进[代]码
decimal-coded　十进编码的
decimal computer　十进位计算机
decimal counting unit (=DCU)　十进计数单元,十进计数器
decimal digit　十进制数字
decimal digital differential analyzer (=DDDA)　十进位数字解微分
　方程的数值计算机,十进位数字微分方程解算器,十进位数值积分器
decimal equivalent table　十进位等值表
decimal fraction (=DF)　十进位分数,[十进制]小数
decimal gauge (=DG)　十进[制]规,小数规
decimal light　小数点指示灯
decimal measure　十进量具
decimal notation　十进记数法
decimal number (=DN)　十进位数,十进制数,小数
decimal number system(=DNS)　十进位制
decimal numeration　十进记数法
decimal part　小数部分
decimal picture data　数字字符数据
decimal place　小数位
decimal point　(十进制)小数点
decimal point alignment　十进制对位
decimal ratio　(齿轮滚切)挂轮比
decimal ratio of roll change gears　滚切挂轮比
decimal scale　十进制
decimal system　十进位制[度],十进制
decimal-to-binary　十[进]-二进位的,十[进]-二进制的
decimal-to-binary exchange　十进制到二进制的变换
decimalism　十进制,十进法
decimalization　(1)换算成十进制;(2)变为小数
decimalize　换算成十进制
decimally　用十进法,用小数
decimate　十中抽一,十中取一
decimeter 或 decimetre (=dec)　分米 (1/10米)
decimeter mixer　分米波段混频器
decimeter ratio　分米波无线电通信
decimeter range　分米波段
decimeter television　分米波电视
decimetre height finder　分米波测高计
decimetre wave　分米波
decimetric　分米的
decimetric wave　分米波
decimelligram　十分之一毫克,1/10毫克
decimillimeter (=dmm)　1/10毫米,丝米,10^{-4}米
decimolar　1/10克分子[量]的,分摩尔的
decimus　第十
decineper (=dN)　分奈 (电压或电流的衰减单位,1分奈 =1/10奈培
　=0.87分贝)
decinormal　十分之一当量浓度的,分当量的,1/10当量的
decipher　(1)密电的电文,翻译码,破解码,译码,密码,解码;(2)解
　释,释义,辨认
decipherable　可解释的,辨认得出的,译得出的
decipherator　译码机
decipherer　(1)译码装置,译码机,译码器,回译器;(2)判读器;(3)
　译码员
decision　(1)判定,判断,判决,判别;(2)决定,决策,决断;(3)决议,
　决策
decision box　判定框
decision by majority　取决于多数
decision circuit　判决电路,判定电路,逻辑电路,逻辑回路
decision criteria　抉择准则

decision design 优选设计

decision element (=DE) (1)判定元件,判断元件,计算元件,解算元件,逻辑元件;(2)判定元素

decision integrator 判定积分器

decision level 判别电平,判定电平

decision mechanism 判定机构

decision procedure 判定程序,判定过程

decision process 判定过程

decision rule 判定规则

decision scheme 判定方案

decision table 决策表

decision theory 决策论

decisive 决定的,确定的,断然的,明确的

decisive evidence 确证

decisive factor 决定因素

decisive load per unit of facewidth for Hertzian stress 赫兹[接触]应力的单位齿宽额定载荷值

decisive load per unit of facewidth for tooth root stress 齿根应力的单位齿宽额定载荷值

decisive range 有效距离,作用距离,可达范围

decistere 分立方米

decit (信息量的)十进单位

deck (=dk) (1)(船舶的)甲板,舱板,舱面;(2)(选矿的)摇床面,台面,桥面;(3)控制板,面板(4)(罐笼的)层;(5)走带机构;(6)卡片叠,卡片组;(7)汽车后箱盖,货车分隔间,火车顶;(8)印刷机平台;(9)三角形甲板长度

deck beam (1)甲板横梁;(2)上承梁,顶棚梁

deck bottom rail 顶棚纵向梁

deck-brake 航空母舰甲板上制动装置

deck-bridge 上承桥,跨线桥

deck bridge 上承桥

deck cantilever 上承式悬臂桥

deck cargo 舱面货

deck chair 折迭式躺椅

deck composition 甲板敷料

deck crane 甲板克令吊,甲板起重机

deck equipment and outfit 甲板机械及舾装

deck factor (筛分的)层面

deck floor 平台甲板

deck-flying 舰上飞行

deck form 桥面模板

deck-house 甲板室,驾驶室

deck key [汽车]后车厢顶盖钥匙

deck-landing 甲板降落

deck light 甲板透光

deck-loaded 在甲板上装运的

deck loading 甲板载荷

deck log 航海日志

deck machinery (船舶)甲板机械

deck module 桥面组件

deck-molding of beam 梁高

deck-mounting (1)上甲板装备;(2)上甲板发射管

deck passenger 甲板统舱客舱

deck-piercing (1)穿甲的;(2)穿舱面

deck-plate 铁甲板,钢甲板

deck plate (1)瓦楞钢板,铁甲板,钢甲板,甲板;(2)脚踏板;(3)台面板,盖板

deck post 顶棚柱

deck rail 顶棚纵向梁

deck risk 舱面险

deck roof (1)平甲板;(2)平台式屋顶

deck sash 顶棚窗

deck-sheet 帆脚索

deck-sliding of beam 梁宽

deck sill 顶棚纵向梁

deck stopper 甲板锚链制动器

deck stringer 甲板边板

deck surface light (=DSLt) 甲板表面灯

deck truss 上承式桁架

deck-tube 上甲板鱼雷发射管

decked explosion 分层爆炸

decken structure 叠瓦结构

decker (1)浓缩器,稠料器,脱水机;(2)甲板船;(3)甲板水手;(5)装饰;(6)分层装置;层次结构

decker man 湿抄工

deckering 凝结,凝聚

deckhead (1)顶甲板;(2)(矿井)出车台

deckhouse 甲板室,舱面室

deckie(s) (俗)舱面人员

decking (1)甲板敷层,甲板铺板,甲板覆层,铺面,(2)装[载]罐[笼];(3)铺垫板,装模板,盖板;(4)分段装药法;(5)桥面板;(6)装卸矿车

deckle [造纸模型的]稳定框,定边器

deckle edge 毛[纸]边

deckle straps 定边带

deckman (1)裱糊工;(2)木厂装卸工,木厂拖运工

decko 甲板统舱

deckplate (1)支撑架盖板;(2)铠装可弯曲输送机溜槽

deckplatte (德)顶板

decktop 车顶坐位

deckwetness 甲板溅湿性

declad 去掉外壳,去掉外罩

decladding 去壳,去皮

declaration (1)宣言,通告,通报;(2)(海关的)申报

declaration statement 说明语句

declarative 陈述的,声明的,说明的

declarative array 说明数组

declarative operation 说明性操作

declarative operation code 说明操作码

declarative statement 说明语句

declarator {计}说明符

declarator name 说明符定义,说明符名称

declare 宣布,宣告,发表,表示,表明,说明,声明,陈述,断言,申述,申报

declared value 申报价值

declarer (1){计}说明词;(2)说明者

declassified 解密的

declassify (1)使降低保密等级,使不再保密,销密,解密;(2)不再作为密件

declension 倾斜,领头,衰微

declinate (1)倾斜的,下倾的,下弯的,偏斜的;(2)磁偏角

declinating point 罗盘修正台

declination (=dec) (1)倾斜,偏差,偏斜;(2)方位角,磁偏角,偏角;(3)偏向,下倾,下弯;(4)拒绝,谢绝

declination angle 偏向角

declination compass 磁偏计,倾角计,偏角计

declination constant 固有偏磁

declination needle 磁针

declination of compass 磁偏角

declination of magnetic needle 磁偏角

declinatoire (=decline compass) 平板罗盘仪,偏差计

declinator 磁偏仪,磁偏计,测斜仪,方位计,偏角计

decline (1)倾斜,倾侧;(2)衰落,衰微,衰退,下降;(3)斜坡

decline of well 井的枯竭

decline rate 衰退速度,衰降率

declining 下倾的

declining balance method 差额递减法

declinometer 磁偏仪,磁偏计,测斜仪,方位计,偏角计

declivitous 向下倾斜的

declivity (1)倾斜,下斜;(2)倾斜度;(3)倾斜面

declivous 倾斜的,下向的

declutch (1)(离合器)分开啮合,分离,离开,脱开,松闸;(2)分开离合器,取下离合器,放松离合器,脱开离合器,使停止转动,放空档

declutch bearing 离合器分离轴承,离合器轴承

declutch lever (离合器)分离杆

declutch shaft gear 分离轴齿轮

declutch sliding clutch 分离滑动离合器,分离滑动套筒

declutching (接头)脱扣,(脱钩)断开

decn 或 decon 或 decontn (=decontamination) 去杂质,去污

deco 德可碳素工具钢(碳0.9%-1.05%,锰0.3%,余量铁)

decoat 除去涂层

decoating 去除覆盖层,去除涂层

decobra 德可布拉铜镍锌合金(铜74.4%,镍19%,锌5.4%)

decocoon 去掉外壳,去掉外套

decodable 可解的,可译的

decode (1)译出指令,翻译密码,解码,译解,回译;(2)密电译文,译码

decoded operation 译码操作

decoded signal 译码信号

decoder (1)纠错译码器,译码装置,译码机,回译机,译码器,解码器,

解调器；(2) 判读器；(3) 泽电员, 译码员

decoder connector (=DC)　译码机连接器

decoder for quadraphony　四声道解码器

decoder matrix circuit　解码矩阵

decoding　译码, 解码, 回泽

decoding constraint length　解码制约长度

decoding gate　译码门

decoding information　译码信息

decoding matrix(=matrice)　译码矩阵

decoding network　译码网络

decoding scheme　译码电路

decohere　使散开, 散屑 (使检波器恢复常态)

decoherence　脱散, 散屑

decoherer　散屑器

decohesion　减聚力, 解粘聚, 溶散

decoil　展开卷料, 开卷, 拆卷

decoiler　展卷机, 开卷机, 拆卷机

decoke　去焦炭, 除焦, 清焦

decoking　脱焦

decollate　(1) 区分, 分割, 分开, 拆散；(2) 把多份副本分开

decollation　断螺顶

decollator　拆散器

decollimation　(光束) 去平行性, 平行性破坏, (光的) 减准直

decolor　使脱色, 使褪色, 使去色, 漂白

decolorant　脱色剂, 褪色剂, 漂白剂

decoloring　脱色的

decoloring agent　脱色剂

decolorisation　(1) 脱色, 去色, 消色, 褪色；(2) 漂白 [作用]

decolorise　使脱色, 使褪色, 使去色, 漂白

decoloriser　漂白剂, 脱色剂

Decolorite　多孔阴离子交换树脂

decolorization　脱色 [作用], 脱色过程, 漂白过程

decolorize　脱色

decolorizer　漂白剂, 脱色剂

decolour　使脱色, 使褪色, 使去色, 漂白

decolourant　脱色剂, 褪色剂, 漂白剂

decolourisation　(1) 脱色, 去色, 消色, 褪色；(2) 漂白 [作用]

decolourise　使脱色, 使褪色, 使去色, 漂白

decolouriser　漂白剂, 脱色剂

decolourization　(1) 脱色, 去色, 消色, 褪色；(2) 漂白 [作用]

decolourize　使脱色, 使褪色, 使去色, 漂白

decolourizer　漂白剂, 脱色剂

decometer　台卡导航系统中的显示器, 台卡导航系统中的指示器, 台卡仪

decommutation　反互换, 反交换

decommutator　(1) 反互换器, 反转换器；(2) 反交换子；(3) 多路分离开关, 分路开关

decompacting　松散

decompaction　数据反压缩, 松散

decompensation　代偿失调

decomplementation　脱补体

decomposability　可分解性, 分解性能

decomposable　可分解的, 可分析的, 可分裂的, 可破坏的, 会腐败的

decomposable chain　可分解链

decomposable code　可分解码

decompose　(1) 分解, 分离, 分裂, 分析, 分光, 离解, 溶解, 还原；(2) 衰变, 蜕变；(3) 剖析；(4) 腐败, 腐烂

decomposer　(1) 分解器；(2) 分解槽；(3) 分解剂

decomposite　与混合物混合 [的]，再混合物 [的]

decomposition (=decom 或 decomp)　(1) 分解, 离解, 溶解, 降解, 还原, 分析, 分裂, 分光, 解体, 展开；(2) 衰变, 蜕变, 腐败, 腐烂, 腐朽；(3) 分解作用

decomposition by radiation　在辐射作用下离解, 辐射分解

decomposition cell　一次电池, 原电池

decomposition of force　力的分解

decompostion of lubricant　润滑油的分解

decomposition of white light　白光分解

decomposition voltage　电解电压, 分解电压

decompound　(1) 使与混合物混合, 再混合, 使分解；(2) 多回分裂；(3) 再混合物

decompress　排除压力, 减压, 降压

decompression (=decomp)　(1) 除压, 减压, 除压, 泄压, 降压, 释压, 去压, 失压；(2) 分解；(3) (威尔逊室内) 膨胀

decompression chamber　减压室

decompression device　减压装置

decompression moment　失压力矩

decompressor　(1) 减压装置, 减压器；(2) 膨胀机

deconcentrate　分散

deconcentration　分散

deconcentrator　(1) 反浓缩器；(2) 净化器

deconjugation　早期解离

decontaminant　纯化剂, 净化剂

decontaminate (=decon)　(1) 纯化, 净化；(2) 清除毒气, 消毒；(3) 消除沾染, 扫除污垢, 去杂质, 弄干净, 去污, 清洗, 洗刷；(4) 去掉放射性；(5) 删除机密部分, 删密

decontamination (=DC)　(1) 去杂质 [作用], 去污作用；(2) 纯化, 净化；(3) 消毒

decontamination agent　放射性去污剂, 放射性洗消剂

decontamination facility (=DF)　净污设备

decontamination factor (=DF)　净化系数

decontamination of material　物料净化

decontrol　解除控制

decopper　除铜, 脱铜

decoppering　除铜, 脱铜

decor　(1) 装饰, 装潢；(2) 装饰式样

decora　德可拉铬锰钼钒钢 (碳 0.5%, 锰 0.65%, 铬 2.5%, 钼 0.35%, 钒 0.15%, 余量铁)

decoration　(1) 装饰, 装潢；(2) 修整；(3) 装饰品

decoration method　染色法

decorative　装饰的, 装潢的

decorative coating　装饰涂层, 装饰漆

decorative illumination　装饰照明

decorative lamp　装饰灯

decorative lighting　装饰照明

decorator　(1) 装饰者, 装饰家；(2) 装饰；(3) 适于室内装饰的；(4) 除芯

decorporation　(1) 离开机构, 退去；(2) 排出

decorrelation　解相关, 抗相关, 去相关

decorrelation radar　抗相关干扰雷达, 抗海面杂波干扰雷达

decorrelator　解相关器, 去相关器, 解联器

decorticate　剥外皮, 去皮, 去壳, 脱壳

decortication　脱皮 [作用], 脱壳 [作用]

decorticator　(1) 脱壳机；(2) 剥皮机, 剥麻机

decouple　(1) 去耦, 退耦, 解耦；(2) 断开联系, 分离, 分隔, 隔绝, 解开；(3) 脱扣；(4) 减震；(5) 消除相互影响

decoupling　(1) 解开；(2) 分离, 分开；(3) 脱扣；(4) 解耦合, 去耦, 退耦, 解耦；(5) 去耦元件, 去耦装置

decoupling circuit　去耦电路, 退耦电路

decoupling filter　去耦滤波器

decoupling network　去耦网络

decoy　(1) 引诱 [物], 诱饵, 诱惑, 圈套；(2) (引诱雷达的) 假目标

decoy airdrome　假飞机场

decoy bird　诱惑导弹, 假导弹

decoy discrimination group (=DDG)　假目标辨别组

decoy ejection mechanism (=DEM)　假目标发射装置

decoy lamp　诱鱼灯

decoy return　假目标反射信号, 假目标回波信号

decoy shaping　假目标成形

decoy ship　伪装船

decrater　卸货机

decrease (=dec)　(1) 减少, 减小, 减退, 减低, 减缩, 减弱, 缩短, 缩小, 压缩, 变小；(2) 降低, 下降；(3) 减缩位置；(4) 减少额, 减小量

decrease of frequency　频率下降

decreasing forward wave　衰减前向波

decreasing function　递减函数, 下降函数

decreasing pressure　递减压力

decreasing series　递减级数

decreasingly　渐减地

decree　(1) 法令, 命令, 布告；(2) 公布, 颁布, 下令, 规定, 决定, 注定；(3) 判决, 宣布

decrement　(1) 减缩, 减少, 减幅；(2) 衰减率, 衰减量；(3) 减少率, 减小率, 减缩量, 减量；(4) 消耗, 损失, 亏损；(5) 指令的一部分数位

decrement curv　衰减曲线, 减幅曲线

decrement field　减量部分, 减量字段, 变址字段

decrement gouge　减压表

decrement of velocity　减速

decrement rate　减率

decrementer　(1) 衰减测量器, 衰减计；(2) 减幅计, 减幅仪, 减幅器

decrepitate　(1) 烧爆；(2) 爆裂

decrepitation 烧爆 [作用]

decrepitness 烧爆的性质,烧爆的状态

decrescence 减小,下降

decrescent 减少的,下降的

decretive 命令的,法令的

decrustation 脱皮,脱壳

decrypt [翻]译[密]码,解码

decryption (1) 密电码回译,译码,解码;(2) 解释 [编码] 数据

decryptograph 密码翻译

decrystallization 去结晶 [作用]

dectaphone 漏水探知器

Dectra 或 DECTRA (=Decca and ranging) (1) 台卡跟踪和测距导航系统,台卡特拉 [定位系统],(2) 远程长波导航设备;(3) 主航路导航台卡;(4) 无线电定位装置

deculate (从纸浆中) 排除空气

deculator 纸浆排气装置

decuple 十倍的,以十乘的

decurvature 下弯

decurved (弧形) 向下弯的

decussate (1) 交叉,交成锐角;(2) 交叉成 X 形,交叉成 X 形,十字形交叉,使交叉,正交;(3) 交叉的,十字形的,交错的

decussatio 交叉

decussation 十字交叉,X 形交叉

decyanation 脱氰 [作用]

decyclization 脱环 [作用],去环 [作用],解环 [作用]

dedenda (单 dedendum) (1) 齿根;(2) 齿根高,齿高

dedendum (复 dedenda) (1) 齿根;(2) 齿根高,齿高

dedendum angle (锥齿轮)[收缩齿的] 齿根角

dedendum angle of a bevel gear 锥齿轮齿根角

dedendum angle of gear 大齿轮齿根角

dedendum angle of pinion 小齿轮齿根角

dedendum circle 齿根圆

dedendum coefficient 齿根高系数

dedendum cone (锥齿轮) 齿根锥

dedendum factor 齿根高系数

dedendum flank 下齿面,齿根高齿面

dedendum flank profile 下齿面齿廓,齿根高齿廓

dedendum line of contact 齿根接触线

dedendum modification (内齿轮) 径向变位量

dedendum of basic rack 基准齿条齿根高

dedendum of pinion 小齿轮齿根高

dedendum path of contact 下齿面啮合线,齿根高啮合线

dedendum surface 下齿面,齿根高齿面

dedendum tooth dept 齿根高

dedicated 专用的

dedicated memory 主存 [储器] 保留区,专用存储区

dedifferentiation 反分化,失去差别

deduce 推导出,推论,推断,演绎,推演,推想,推定,推出,引出

deducible 可推断的

deduct (1) 减除,减去,扣除,扣去,除去,折价;(2) 推论,推断,演绎

deduction (1) 扣除 [额],减去 [法],折扣;(2) 推论出的结论,推导出的结论,演绎法

deduction solid solution 缺位固溶体

deduction tree 演绎树

deductive (1) 减去的,扣去的;(2) 可推论的,推论的,推断的,演绎的

deductive simulation 演绎模拟

dedust 除灰,除尘,脱尘

dedusting (1) 除灰的;(2) 除灰,除尘

dee (1)(回旋加速器的)D 型盒,D 型空心加速器;(2)D 形 [加速] 电极;(3) D 形铁环;(4) D 字

dee to dee capacitance D 盒间电容

dee-to-dee voltage D 形电极间电压差,D 形盒势差

deed (1) 行动,动作,实际,事实;(2) 事迹;(3) 证明书,议定书,合同,契约,契据

deedbox 文件保险箱

Deeley friction machine 用于评定油性油膜强度的摩擦机

deem 相信,认为,以为,想

deemphasis (=DE) (1)(调频接收机中的)去加重,减加重,去矫;(2) 高频衰减率,[频应] 复原,信号还原;(3) 降低重要性,削弱

deemphasis circuit 去加重电路,反校正电路

deemphasis network (1) 去加重网络;(2)(载波电话)反预斜网络

deemulsification (1) 浮浊澄清 [作用];(2) 反乳化 [作用]

deenergization 或 deenergisation (1) 去激励,去能;(2) 断开电源,断路,释放

deenergize 或 deenergise (1) 去能源,去能;(2) 解除激励,去激励;(3) 切断电路,断路,断电,停电;(4)(继电器、电磁铁等的) 释放

deenergized 或 deenergised 切断电流的,不带电的,去激励的,去能的

deenergizing 或 deenergising 断电路

deenergizing by short circuit 短路去能,短路释放

deenergizing circuit 消除激励电路,去激励电路,断电电路

deentrainment (1) 收集,捕捉;(2) 防止带走

deep (1) 深奥的,深刻的,深入的,深厚的,深沉的,深色的,纵深的,深的,低的;(2) 饱和的,浓厚的,密集的;(3) 非常的,极度的;(4) 深深地

deep analogy 极其相似

deep beam 厚梁,深梁

deep boring tool 深镗刀具

deep cooling 深冷

deep-counterbore shaper cutter 碗形插齿刀

deep cut 深切削

deep-cutting 深切削 [的]

deep cutting (1) 深切,深刻;(2) 垂直录音

deep dimension picture 有深度感的图像

deep-diving vessel 深潜轮

deep-draft lock 深 [吃] 水船闸

deep-draft vessel 深水货轮

deep draw (1) 深成形,深冲 [压];(2) 深拉 [延]

deep-drawing 深拉成形,深冲压,深拉

deep drawing 深拉成形,深拉延,深冲压,深拔

deep drawing cold rolled steel 深拉冷轧钢

deep-drawing sheet steel 深拉薄板钢

deep-drawing strap steel 深拉带钢

deep-drawn 深拉的

deep drawn (=DD) 深冲 [压],深拉

deep-drilling 打深眼

deep etch [平凹版] 腐蚀,深腐蚀

deep etching 深浸蚀,深腐蚀

deep fade 强衰落

deep floor 加强肋板

deep freezer 冷藏箱

deep gearing (1) 长齿高啮合;(2) 长齿高齿轮传动装置

deep-going 深入的,深刻的

deep groove 深槽,深沟

deep-groove ball-bearing 深沟滚珠轴承,深槽滚珠轴承

deep-groove bearing 深槽球轴承

deep-grown 具有长又坚韧的纤维

deep-hole boring machine 深孔镗床

deep-hole drill 深孔钻头

deep-hole drilling 深孔钻削

deep-hole drilling and boring machine 深孔钻镗床

deep-hole drilling machine 深孔钻床

deep impurity state 深杂质态

deep-laid (1) 秘密策划的,处心积虑的;(2) 精巧的

deep-level 深能级,深层

deep level (1) 深能级;(2) 深水平;(3) 深层位

deep low gear 最低档

deep-pit sewage pump 深井污水泵

deep plough 深耕犁

deep prospecting 深层钻探

deep question 深奥难懂的问题

deep-read 熟读的,通晓的

deep research vehicle (=DRV) 深海研究器

deep scattering layer (=DSL) 深散射层

deep-sea bathy thermograph 深海水深自记仪

deep-sea cable 深水电缆

deep-sea-facies 深海相

deep-sea lead 深水测深锤

deep-sea robot 深海遥控设备

deep-sea thermometer 深海温度计

deep-sea velocimeter 深海流速计

deep-sea wave meter 深海波浪计

deep-sea work boat 深海作业船

deep seam 凹缝

deep-seated 深嵌的,深埋的

deep-set 深陷的

deep slab 厚板

deep-slot 深槽的

deep-slot induction motor 深槽感应电动机

deep-slot motor 深槽电动机

deep-slot squirrel-cage motor 深槽鼠笼式电动机

deep slotting 深切槽,深开槽

deep socket wrench 长套管型套筒扳手

deep-sounding 测深

deep sounding apparatus 深水测深仪

deep-space 外层空间 [的],深空 [的],太空 [的]

deep space 外层空间,深空间,深空,太空

deep space installation 广阔空间布置法

deep space instrumentation facility (=DSIF) 深空探测设备

deep-space laser tracking system 深空激光跟踪系统

deep stamping sheet 深冲薄板

deep state 深能态

deep tank 深舱

deep tooth form 长齿高 [齿形] 制

deep tooth gearing (1) 长齿高啮合 (2) 长齿高齿轮传动装置

deep welding 深部焊接

deep-well jet pump 深井喷射泵

deep-well plunger pump 深井柱塞泵,深井活塞泵

deep-well pump 深井泵,潜水泵

deep-well pumping unit 深井抽水机

deep well reciprocating pump 往复式深井泵

deep-well turbine pump 深井涡轮泵

deep-well type pump 深井式水泵

deep-water 深水的

deep-water hydrophone 深水探听器

deep water isotopic current analyzer (=DWICA) 深海同位素海流分析仪

deep-water transducer 深水换能器

deep waterline 安全水线

deepen 加深,变深,变浓,变暗,变黑,深化

deepened beam 加厚梁,加深梁

deepening (1) 加深;(2) 变暗

deeper cracking 深度裂化

deepfreeze (1) 深度冷藏,深度冷冻,冷处理;(2) 暂时中止

deepfreezer 深度冷藏箱,深度冷冻器

deeping 漂网

deeply 深深地,非常,强,浓

deeply-etched 深腐蚀制版

deepmost 最深的

deepness 深度,浓度

deeprooted 根深蒂固的

deeps 在手测深铅索上中间刻度

deepwater 深海的,深水的,远洋的

deepwaterman 深水船

deertongue 窄犁片

deethanizer 乙烷馏除塔

deexcitation (1) 去激励,去激发;(2) 去激活 [作用];(3) 放光,放电

deexcitation by gamma-emission γ 量子放光,γ 跃迁

deface 破坏表面,损伤表面,磨损,涂销

defacement (1) 磨损,磨耗,磨减,涂销;(2) 毁损物

defacing 表面碰伤,表面拉毛

defat 除油,脱脂

defatigation 过劳,疲劳

defatting (1) 脱脂的;(2) 脱脂 [作用]

default (1) 不负责任,不履行,拖欠,缺乏;(2) 错误,缺陷,缺点

default option 非法选择

defeasance 作废,废止,废除,废弃,解除

defeasible 可作废的,可废除的

defeat (1) 战胜,击败,打败,打破,摧毁;(2) 使失去作用,使失效,(3) 作废,废除,消除,消去,擦除,擦去

defeat switch 消除开关

defeature 损坏外形,使变形

defecate (1) 除去杂质,净化;(2) 排除;(3) 澄清

defecation 澄清作用

defecation with dry lime 干灰澄清法,干法澄清

defecator 澄清槽

defect (1) 缺损,缺点,缺陷,毛病,故障,损害,损伤,瑕疵,疵点;(2) 缺乏,不足,亏损,亏量

defect detecting test 缺陷检查,探伤检查

defect detector 探伤仪

defect echo 探伤回波

defect lattice 缺陷晶格

defect of contact 接触不良

defect semiconductor 缺陷半导体

defect sintering 缺陷烧结

defect solid solution 缺陷式固溶体

defect structure 缺陷结构

defection 不履行义务,不尽责

defective (1) 有缺陷的,有毛病的,有缺点的,不合格的,不完善的,损坏的,故障的,不良的,欠缺的,亏损的,无效的;(2) 次品

defective insulation 不良绝缘

defective material report (=DMR) 损坏材料报告

defective number 亏量

defective semiconductor 不良半导体

defectogram 探伤图

defectoscope 探伤仪,探伤器

defectoscopy (1) 故障检验法,探伤法;(2) 缺陷 [尺寸] 测量 [术]

defence (1) 防御,防护,防备,防务,防卫,保卫,保护;(2) 保护层

defence in depth 纵深防御

defence in place 阵地之防御

defence of key point 重点防御

defenceless 没有保护的,无可辩护的,无防御的,无防护的,无助的

defend (1) 防御,防守,保卫,保护;(2) 辩护,答辩

defendant (1) 防御者,辩护者;(2) 防御的,辩护的

defender (1) 防护装置,防护器;(2) 防御飞机,防空飞机;(3) 防御者

defending missile 防御导弹

defense (=def) (1) 保卫,防护,防御;(2) 国防部

defense communication system (=DCS) 国防通讯系统

Defense Documentation Center for Scientific and Technical Information (=DDC) (美) 国防科学技术情报资料中心

Defense electronic supply center (=DESC) (美) 国防电子仪器供应中心

Defense Industrial Security Clearance Office (=DISCO) (美) 国防工业接触机密许可证签发室

defense industry (=DI) 国防工业

Defense National Communication Control Center (=DNCCC) (美) 国防部的国家通信控制中心

defense petroleum supply center (=DPSC) 国防石油供应中心

defense system department (=DSD) (通用电气公司的) 防御系统部

defensibility 可防御性

defensible 可防御的,可保卫的,能辩护的,正当的

defensive (1) 防御性的,防御 [用] 的,防卫的,保卫的,守势 [的],辩护 [的];(2) 防御态势,防御战术,防御战

defensive radar 反导弹防御雷达

defensory (1) 防御性的,防御 [用] 的,防卫的,保卫的,守势 [的],辩护 [的];(2) 防御态势,防御战术,防御战

defer (1) 延期,延迟,延缓,迁延,耽搁,推迟,逾期,缓发,迟发;(2) 服从,听从,依从,因循

deference 服从,听从,尊重

deferent (1) 圆心轨迹;(2) 导管;(3) 输送管的,传送物的

deferentiality 可微分性

deferment 延期,迟延

deferrable 能延期的

deferral 延期,迟延

deferred (=DFR) 延迟的,延期的,延时的

deferred-action 延时动作的

deferred addressing {计} 延迟定址,延期地址,延迟地址,递延地址

deferred entry 延期入口

deferred maintenance 延期维修

deferred payment 延期付款,赊账

deferred processing 延期处理

deferred reaction 延迟反应

deferred restart 延迟重新启动,延迟再启动

deferred telegram 迟发电报

deferrer 延期者,推迟者

deferrization 除铁

defervescence 止沸

defiant 无畏式飞机

defiber(=defibre) 分离纤维,脱纤维

defibrator (1) 木料碾碎机,碎木机;(2) 纤维分离机

defibrillation 去纤维性颤动

defibrillator (1) 电震发生器;(2) 除纤颤器

defibrination (1) 磨木制浆;(2) 脱纤维作用

deficiency (1) 缺陷,毛病,故障;(2) 缺乏,缺少,不足;(3) 不足额,亏数,亏格,亏空,差数,差额;(4) 无效性

deficiency in draft 通风不足,风量不足

deficient 不完全的,有缺陷的,不足的,缺乏的,欠缺的,无效的

deficient coupling 欠缩耦合

323

deficient number　亏量,亏数

deficit　(1) 不足,缺乏,欠缺,短缺,亏空,亏损;(2) 逆差,赤字

deficit power　不足功率

deficit semiconductor　欠缺半导体

defilade　(1) 掩蔽;(2) 障碍物;(3) 掩蔽物

defile　(1) 弄脏,污损,污染,玷污;(2) 成纵列前进

defilement　(1) 污损,污染,玷污;(2) 脏物

definability　(1) 可定义性;(2) 可限定性

definable　可详细说明的,可定义的,可确定的,可限定的,有界限的

define　(1) 弄明白,确定,规定,限定,判定,分辨;(2) 详细说明,叙述明白,明确表示,划定界限,弄明白,下定义,解释,释义;(3) 明确的,确切的,确指的,特指的;(4) 数目固定的

define-the-file　定义文件指令

define the file　定义文件指令,DTF 指令

defined label　定义标号

definiendum　被下了定义的词

definiens　定义

defining equation　定义方程

defining relation　定义关系,限定关系

definite (=def)　(1) 明确的,明显的,一定的,确定的,固定的,肯定的,限定的;(2) 有界限的,有定数的;(3) 无疑的

definite angle shot　最佳角度拍摄,定角度拍摄

definite conditions　定解条件

definite-correction servomechanism　间歇作用伺服机构

definite division　定义除[法]

definite form　定界形式

definite integral　定积分

definite integration　定积分

definite operator　有定算子

definite quantity　定量

definite shape　一定形状,定型

definite stop　(1) 完全停止;(2) 固定行程限位器,固定挡块,死止块

definite-time　定时的

definite time　有限间隔时间,定时

definite time delay　定时滞后

definite value　定值

definitely　明确地,确切地,的确,一定

definiteness　明确的性质,确定性,明确,确定,肯定

definition (=def 或 df)　(1) 定义,定界;(2) 确定,限定,限度;(3){数}界说;(4) 清晰度,分辨率,分辨力,分解力,反差;(5) 轮廓清楚;(6) 明确性,鲜明性

324

definition chart　(1) 清晰度测试卡;(2) 分解力测试图

definition of term　条款限定,条款解说

definition of the image　图像清晰度

definition phase　技术 - 经济条件确定阶段,技术设计阶段,初步设计阶段,方案论证阶段

definition wedge　清晰度测试楔形束

definitive　权威性的,决定[性]的,确定的,限定的,明确的,最后的,终局的,定义的

definitive answer　最后正式答复

definitive orbit　既定轨道

definitized spare parts list (=DSPL)　确定的备件表

definitude　明确[性],精确[性]

deflagrability　爆燃性,易燃性

deflagrable　爆燃的,易燃的

deflagrate　迅速燃烧,快速燃烧,爆燃

deflagrating spoon　爆燃匙

deflagration　(1) 爆燃作用,爆燃过程;(2) 快速燃烧,降压燃烧,爆燃,突燃,烧坏

deflagration-to-detonation transition (=DDT)　爆燃过渡到爆炸

deflagration wave　爆波

deflagrator　爆燃器,突燃器

deflasher　(1) 修边机;(2) 除边机

deflatable　可放气的,可紧缩的

deflatable bag moulding　真空橡胶袋法

deflate　(1) 排气,放气,抽气,减压;(2) 使缩小;(3) (通货) 紧缩

deflated　放气的,排气的,跑气的,抽气的

deflating cap　开关帽

deflating valve　放气阀

deflation　(1) 抽去空气,放气,排气,跑气,收缩,压缩,缩小;(2) 风蚀,吹蚀;(3) (通货) 紧缩

deflationary　紧缩通货的

deflators　(1) 减缩指数,平减指数,紧缩因素;(2) 通货膨胀扣除率

deflect (=DEFL)　(1) 使偏转,偏移,偏斜,偏向,偏差,致偏;(2) 斜

着移动,倾斜;(3) 转向,折射,折转;(4) 使挠曲,弯曲,变位,下垂

deflected air　偏流空气

deflected ascent　斜升

deflected beam　偏转引出束

defecting　偏转的,转向的

deflecting bar　转向杆

deflecting coil　偏转线圈

deflecting couple　偏转力偶,转矩

deflecting electrode　偏转电极,致偏电极

deflecting fence　折流栅

deflecting force　(1) 弯曲力;(2) 偏向力,偏转力

deflecting magnet　偏转磁铁,致偏磁铁

deflecting magnetic field　致偏磁场

deflecting plate　偏转板

deflecting pulley　转向滑轮

deflecting rail　转向轨,偏转轨

deflecting rod　转向杆

deflecting roller　转向轮,转向导辊

deflecting torque　[偏] 转 [力] 矩

deflection (=DEFL 或 df)　(1) 偏转 [角度],(磁针) 倾斜,偏差,偏离,偏移,偏度,偏向,偏斜,偏射,偏光,致偏;(2) 变位,变形;(3) 变形量;(4) 偏转度,挠曲,挠度,垂度;(5) 弹着点方向偏差;(6) 瞄准修正量,偏流修正量,修正瞄准,提前量;(7) 方向角,偏转角,偏移角,偏差角,转折角

deflection angle　偏转角

deflection angle method　偏角法

deflection assembly　方位瞄准装置,致偏装置

deflection bit　校偏钻头

deflection board　[火炮] 方向修正板

deflection center　偏转中心

deflection chassis　扫描装置底盘,偏转部分

deflection circuit　偏转电路,致偏电路

deflection coil　偏转线圈,致偏线圈

deflection computer　前置量计算机,偏离计算机

deflection criterion　偏移准则

deflection curve　挠度曲线,弯曲曲线

deflection distance　偏 [转] 距 [离]

deflection electrode　致偏电极

deflection error (=DE)　炸点侧向误差,偏转误差

deflection factor　偏转灵敏度,偏转因数,偏移系数

deflection gauge　偏转度计

deflection generator　扫描振荡器,偏转振荡器

deflection indicator　挠度测量仪

deflection linearity　扫描线性

deflection linearity circuit　偏转失真校正电路,偏转线性化电路

deflection method　偏转法,偏流法,位移法,致偏法

deflection-modulated　偏转调制的

deflection modulation　偏向调制

deflection of beam　(1) 射束偏转;(2) 梁弯曲

deflection of jet　折流

deflection offset　落点偏差距

deflection plane　偏转平面

deflection plate (=DP)　反射板

deflection proportional amplifier　偏向型比例放大元件

deflection sensitivity　偏转灵敏度

deflection sensor　挠度感应器

deflection shooting　前置射击

deflection storage tube　束偏转存储管

deflection test　挠度试验,挠曲试验,弯曲试验

deflection test setup　(1) 偏移试验装置;(2) 挠曲试验装置

deflection test summary　(齿轮) 偏移 [载荷] 计算卡

deflection tolerance　挠曲公差

deflection transformer　偏转装置变压器

deflection wedge　校偏楔

deflection winding　偏转绕组

deflection yoke　偏转线圈

deflection yoke system　偏转系统

deflective　偏斜的,偏转的,偏离的

deflective screen　(使失控汽车转折方向的) 折向防护屏

deflectivity　(1) 可挠曲性,可弯性;(2) 偏斜,偏向,偏离

deflectogram　弯沉图

deflectograph　弯沉仪

deflectometer　挠度计,弯度计,偏度计,　度计

deflector (=DEFL)　(1) 导风隔板,偏转板,致偏板,导向板,导流板,

折流板, 遮护板, 挡板；(2) 致偏转装置, 偏导装置, 导向装置, 转向器, 折向器, 偏向器, 偏转器, 偏导器, 致偏器, 折转器；(3) 止尘伞；(4) 导流片, 导风板, (5) 致偏电容器；(6) 反射器；(7) 偏转部分, 扫描部分；(8) 磁偏角测定器, 致偏极, 偏转极

deflector apron 导向盖板

deflector coil 偏转线圈

deflector cup 折流罩

deflector plate 偏转板

deflectoscope 缺陷检查仪

deflectrode 致偏器

deflectron 静电偏转电子束管, 静电视像管

deflegmate 分凝, 分缩, 分馏

deflexed 偏斜的

deflexion (1)偏转[度], (磁针)倾斜, 偏差, 偏移, 偏离, 偏移, 偏斜；(2)变位；(3)变形量；(4)挠曲, 挠度；(5)弹着点方向偏差；(6)修正瞄准, 偏流修正量；(7)方向角, 偏转角, 偏移角, 偏差角, 转折角

defloCCulant 胶体稳定剂, 反絮凝剂, 反团聚剂, 散凝剂, 悬浮剂

defloCCulate 反絮凝, 反团聚, 散凝

defloCCulated acheson graphite (=dag) 碳末润滑剂, 石墨粉

deflocuulated colloid 不凝聚胶体

deflocuulated graphite 胶态石墨

deflocculating agent 胶体稳定剂, 反絮凝剂, 散凝剂, 胶溶剂

defloCCulation (1)反絮凝作用, 抗团絮作用, 散凝作用；(2)反团聚作用

deflocculator (1)反团聚剂, 悬浮剂；(2)反团聚离心机, 反絮凝机, 反团聚机

defluent 向下流的

defluidization 流态化停滞, 反流态化

defluorinate 脱氟

defluorination 脱氟作用

deflux 去焊药, 去焊剂

defluxion 流体物质向下流动

defo-meter 巴德尔形变仪

defoam 去泡沫, 除泡沫, 消泡沫

defoamer 去沫剂, 消泡剂

defoaming (1)去沫的；(2)去沫[作用]

defoaming agent 去沫剂, 消泡[沫]剂

defocus 散焦, 去焦

defocusing 散焦[作用], 去焦[作用]

defog 清除混浊, 扫雾

defogger 除水汽装置, 除雾

defogging (=DF) 除混[浊], 去雾

deform 损坏……形状, 使变形, 使畸形

deformability (1)可变形性, 可变形度, 形变能力, 变形度；(2)加工度

deformable 可变形的, 易变形的, 应变的

deformable body 变形体, 柔体

deformation (=d) 变形, 形变, 畸变, 变态, 走样

deformation band 变形带

deformation behavio(u)r 变形特性

deformation coordinates 变形参数

deformation equation 变形公式

deformation in tangential direction 切线方向变形

deformation testing 变形试验

deformation under load 负载变形, 载荷变形, 加载变形

deformation under load test 负载变形试验, 加载变形试验

deformation wear 变形磨损

deformative 使形状损坏的, 使变形的

deformed 变形的, 畸形的

deformed bar 异形棒钢, 异形钢筋, 螺纹钢筋

deformed plate 变形板, 凹凸板

deformed pre-stressed concrete steel-wire 混凝土结构用螺纹钢筋

deformeter 变形测定仪, 变形测定器, 应变仪, 变形仪

deforming (1)变形的；(2)变形

deforming alloy 变形合金

deforming load 变形载荷

deformity 变形, 畸形, 缺陷

deformograph 形变图

defray 支付, 付出

defrayable 可支付的

defrayal 支付, 付出

defreeze 解冻, 溶化

defrost (=DFR) 除霜, 融霜

defroster 防冻装置, 去霜器, 除霜器

defrosting 解冻

defrother 除泡剂, 消泡器

defruit 异步回波滤除

defruiter equipment 反干扰设备

defruiting 异步回波滤除

deft (=deflection) 偏转, 偏差, 致偏

defuelling (1)放出存油；(2)二次加注燃料, 二次加油, 二次充气

defuse 或 defuze (1)使失去爆炸性, 去掉信管；(2)削弱, 平息, 调解

defuselation (从酒精中)脱除杂醇油

defusion 除融合

degas (1)脱气, 去气, 除气, 放气, 排气, 抽气, 去氧；(2)消灭毒气毒性, 去毒气, 消毒气

degasification 脱气[作用], 除气

degasified steel 镇静钢

degasifier (1)除气剂；(2)除气器, 去气器, 脱气器, 脱氧器

degasify 除气, 去气, 脱气

degasifying agent 除气剂

degassed water 无气水

degasser (1)除[煤]气器, 脱气器, 脱氧器；(2)除气剂

degassing 除气, 去气, 放气, 驱气

degassing column 脱气塔

degassing gun 热空气枪, 去气枪

degassing mold 排气塑模

degassing tower 脱气塔

degassing transformer 水银整流器电源变压器, 真空泵电源变压器

degate 打浇口

degauss 去除[船只]磁场, 消磁, 去磁, 退磁

degausser (1)去磁电路；(2)去磁扼流圈；(3)去磁器, 退磁器

degaussing 去磁, 退磁, 消磁

degaussing apparatus 退磁设备

degaussing cable 去磁电缆, 消磁电缆

degaussing calibration (=DEGCALB) 消磁校准

degaussing coil 去磁线圈

degaussing gear 消磁器

degelatinize 煮出胶质, 脱胶

degeneracy (1)简并性, 简并度；(2)退化, 蜕化, 衰退；(3)变质, 变性

degeneracy in linear programming 线性规划的退化

degeneracy operator 退化算子

degeneracy semiconductor 简并半导体

degenerate 简并化, 退化, 变质

degenerate amplifier 简并放大器

degenerate code 简并密码

degenerate conic 可约二次曲线, 退化二次曲线

degenerate electron gas 简并性电子气

degenerate mode 退化振荡模, 简并模

degenerate semiconductor 简并半导体

degenerate temperature 退化温度

degeneration (1)简并化；(2)衰退, 退化, 变异, 衰减；(3)负反馈, 负回授；(4)退化性变；(5)变质, 变性

degeneration control 负反馈控制

degeneration mode 退化振荡模, 简并模

degenerative (1)退化的, 衰退的, 变质的, 变性的；(2)负反馈的, 负回授的

degenerative circuit 负反馈电路, 退化电路

degenerative feedback 负反馈, 负回授

degenerescence 退化, 变质

degerminator 破碎去芽机

degeroite 硅铁土

degging 喷酸精洗[工艺]

deglaciation 冰消[作用]

deglitcher 限变器

deglycerinizing 除去甘油

deglycerizing 除去甘油

degolding 除金, 脱金

degradability 降解度

degradable 可裂变的, 可降解的, 可递解的, 可分解的

degradated failure 退化型失效, 渐衰效

degradation (1)降低, 下降, 减低, 减少, 降落, 降级, 降格；(2)劣化, 退化, 衰变, 衰减, 减少, 递解, 缓和；(3)损失；(4)软化, 慢化, 老化；(5)裂解, 降解, 摧毁, 破坏, 变坏；(6)陵削作用, 刷深

degradation failure 退化型失效, 渐变失效, 逐步失效, 缓慢失效, 衰退损坏, 衰退失效, 劣化损坏

degradation failure rate (=DFR) 退化故障率

degradation in size 粉碎, 磨细

degradation loss 衰退损耗

degradation of energy 能的递降

325

degradation of lubricant　润滑油变质
degradation of structure　结构的强度和刚度下降
degradation susceptibility　级配退化敏感性
degradation testing　老化试验
degrade　(1) 降解；(2) 降低, 降落, 降级, 降格, 递降, 下降, 减低, 减少；(3) 退化, 慢化, 软化；(4) 降解, 裂解, 分解
degraded colours　减退的彩色
degraded image　模糊图像, 降质图像
degraded mode of operation　降格操作方式
degraded product　次品
degrading test　使用性能衰退试验
degradinite　显微硬质煤组分
degranulation　脱粒, 去粒, 失粒
degrease　清除油渍, 脱脂, 除油, 去油
degreaser　(1) 盛油器, 盛油盘；(2) 去垢工具, 去油污剂, 脱脂 [垢] 剂；(3) 去油设备, 去脂装置, 去油装置, 脱脂装置, 去脂器, 去油器, 去油机；(4) 脱脂工
degreasing　脱脂, 去油
degreasing agent　脱脂剂
degree (=D 或 deg)　(1) 度；(2) { 数 } 次, 幂, 方次, 比例, 百分比含量；(3) 程度, 等级；(4) 阶, 秩；(5) 步；(6) 质量, 优点
degree Beaume　(液体比重的) 波美度
degree Centigrade　摄氏表, 摄氏温标
degree-day　日温度
degree Fahrenheit　华氏表, 华氏温标
degree of a complex　线丛的次 [数]
degree of a curve　曲 [线角] 度
degree of accuracy　精确度, 精密度, 准确度, 精度
degree of action　作用 [程] 度
degree of activity　活度
degree of adaptability　配合度, 适合程度
degree of admission　(1) 进气度；(2) 充填系数
degree of arc　弧度
degree of automation　自动化程度
degree of balance　(1) 平衡度；(2) 调谐精确度
degree of beating　打浆度 (造纸)
degree of bleading　漂白度
degree of branching　支化程度
degree of cold work　冷加工 [材料] 变形程度
degree of compression　压缩度
degree of concavity　凹度
degree of concentricity　同心度, 同轴度
degree of confidence　可靠度, 置信度
degree of consistency　(1) 均匀度；(2) 稠度, 浓度
degree of consolidation　(1) 固结程度；(2) 渗压度
degree of contamination　[油] 污染程度
degree of convergence　收敛度
degree of convexing　凸度
degree of convexity　凸度
degree of coupling　耦合度
degree of crystallinity　结晶 [程] 度
degree of cure　熟化程度, 硫化程度
degree of curvature　(1) 曲率, 曲度；(2) 曲线方程中的指数, 曲线方程次数
degree of curve　(1) 曲率, 曲度；(2) 曲线方程中的指数, 曲线方程次数
degree of damping　阻尼度
degree of demonstration　证实程度
degree of deviation　偏差度
degree of dispersion　分散度, 弥散度
degree of dissociation　离解度
degree of distortion　(1) 畸变度；(2) 失真度
degree of dustiness　含尘度
degree of eccentricity　偏心度
degree of electrolytic dissociation　电离度
degree of exhaustion　抽空度
degree of fermentation　发酵度
degree of fineness　细度
degree of finish　光洁度
degree of forbiddenness　[放射性] 禁戒度
degree of freedom　自由度, 维
degree of freedom on a mesh basis　从网孔来看的 [电路] 自由度, 从结点来看 [电路] 的自由度
degree of freedom on a node basis　从结点来看 [电路] 的自由度
degree of functionality　官能度

degree of hardness　硬度
degree of impairment　(图像) 损伤情况, 质量降低情况
degree of incidence　关联次数
degree of inclination　(1) 倾斜度；(2) 倾角
degree of inflation　充气度
degree of inspection　检验等级
degree of ionization　电离度
degree of irregularity　不规则程度, 不规则度, 不均匀度
degree of isolation　故障定位程度
degree of leakage　漏率
degree of leakiness　漏率
degree of light　光的强弱
degree of linear　线性线丛的次数
degree of longitude　经度
degree of loss　损失程度
degree of mapping　映像度, 映射度
degree of moisture　湿度, 水分
degree of modulation　调制度
degree of multiprogramming　多道程序设计的道数
degree of nitration　硝化 [程] 度
degree of order　有序度
degree of orientation　定向程度
degree of polymerization (=DP)　聚合 [程] 度
degree of polynomial　多项式次数
degree of porosity　孔隙度, 孔隙度等级
degree of preciseness　准确度, 精确度
degree of precision　精密度
degree of purity　纯度
degree of quality　质量, 质量等级
degree of rancidity　酸败度
degree of rarefication　[空气] 稀疏度
degree of reaction　反动度, 反应程度, 反作用度
degree of regulatiion　调节精度,, 调节度, 调准度
degree of reliability　可靠程度
degree of restraint　约束程度
degree of reverberation　交混回响度
degree of safety　(1) 安全程度, 安全度；(2) 安全系数, 强度储备
degree of saturation　饱和度
degree of security　安全度
degree of shrinkage　收缩率
degree of spatial resolution　空间分辨能力
degree of stability　稳定度
degree of statical indeterminacy　超静定次数
degree of substitution　代换的次数
degree of superheat　过热度
degree of supersaturation　过饱和度
degree of temper　回火度
degree of tilt　倾斜度
degree of transitivity　可迁次数, 传递次数
degree of turbulence　紊流度
degree of unbalance　不平衡度
degree of unbalancedness　不平衡度
degree of vacuum　真空度
degree of voltage rectification　电压整流度
degree of working　加工精度
degree per revolution (=DPR)　每转度数
degree roll　滚动传动精度
degree scale　刻度, 标度
degree wheel　(发电机) 角度轮
degrees centigrade (=deg cent)　摄氏度数
degrees latitude　纬度度数
degrees rotation　旋转角
degression　递减, 下降
degressive　递减的
degressive burning　(火药) 减燃
degritting　除砂
degum　使脱胶, 使去胶
degumming　脱胶, 去胶
Degussit　(以三氧化二铝为主的) 陶瓷刀具
dehairer　刮毛机
dehalogenate　去掉卤素, 脱卤
dehalogenating　(1) 脱卤的；(2) 脱卤 [作用]
dehalogenation　脱卤作用
dehexanize　馏除己烷

dehexanizer 已烷馏除塔

dehull 除壳, 去皮

dehuller 碾种机, 磨碎机

dehumidification 减湿[作用]

dehumidifier (1)干燥装置, 脱水装置, 干燥器, 减湿器, (2)减湿剂

dehumidify (1)减湿, 去湿, 吸湿, 除湿, (2)使干燥, 脱水

dehumidifying (1)减湿的, (2)减湿[作用]

dehumidizer 减湿剂, 干燥剂, 减湿器

dehydr- (1)脱水, (2)脱氢

dehydrant 脱水剂, 干燥剂

dehydrate (1)脱水物, 去水物, 除水物, (2)脱水, 去水, 除水, 干燥

dehydrated 脱了水的

dehydrated alcohol 脱水酒精, 无水酒精

dehydrated tar 脱水焦油沥青, 去水煤沥青, 脱水柏油

dehydrater 或 dehydrator (1)脱水剂, 干燥剂, (2)脱水器, 脱水机, 除水器, 干燥机, 烘干机

dehydrating (1)脱水的, (2)脱水[作用]

dehydrating agent 脱水剂, 干燥剂

dehydrating of crude oil 原油脱水

dehydrating press 脱水压力机

dehydrating tower 脱水塔

dehydration 脱水[作用], 干燥, 去湿

dehydrator (1)脱水剂, 干燥剂, (2)脱水器, 脱水机, 除水器, 干燥机, 烘干机

dehydrite 高氯酸镁

dehydro 脱氢, 减氢

dehydro- (1)脱水, (2)脱氢

dehydrochlorination 脱去氯化氢

dehydrofreezing 脱水冷冻法, 脱水干燥[法]

dehydrofrozen 脱水冷冻的

dehydrogenate 脱氢, 去氢

dehydrogenating (1)脱氢的, (2)脱氢[作用]

dehydrogenation 或 dehydrogenization (1)脱氢, 去氢, 除氢, (2)脱氢[作用]

dehydrohalogenation 脱去卤化氢

dehydroiodination 脱去碘化氢

dehydrolysis 脱水[作用]

dehydrolyzing agent 脱水剂

deice 防冰, 除冰

deicer 防冰器, 除冰器, 去冰器

deicer boot 防冰套

deicing (=DI) (1)防止结冰, 防冰, (2)除冰

deincrustant 防水锈剂

deindustrization 限制工业化

deinhibition 去除抑止

deinking [废纸]纸浆精化

deintoxication 解毒[作用]

deiodination 脱碘[作用]

deion 消去离子, 消电离, 去电离

deion circuit breaker 消电离断路器

deion excitation of arc 去电离消弧

deion fuse 硼酸分解消电离保险丝, 去电离熔丝

deionisation 消除电离作用, 去电离

deionization 消除电离作用, 去电离

deionize 除去离子, 消电离, 去电离

deionizer 去离子剂, 脱离子剂

deionizing 消除电离, 除去离子

deisobutanizer 异丁烷馏除塔

deixis 直示系统, 指示功能

dejacket 去掉外壳, 脱壳

dejacketer 除去外壳装置, 脱皮装置

deka- (词头)十个, 十进

deka-ampere-balance [1-100 安培的]安培秤

deka-gram 十克

dekagram(me) 十克

dekaliter 或 dekalitre 十公升

dekameter 十米

dekametric 波长相当于10米的, 高频波的

dekanormal 十当量的

dekapoise 十泊(粘度单位)

dekastere (=dks) 十立方公尺, 十立方米

Dekatron 十进计数管

dekatron 十进管

del (1)倒三角形, (2)劈形算符, (3)微分算子

delaminate (1)裂为薄层, 分层, 脱层, 层离, (2)剥离

delamination (1)分层, 层离, 起鳞, (2)剥离

Delanium 狄兰宁(高纯度压缩碳及压缩石墨的商名)

delanium graphite 高纯度压缩石墨

delatability 膨胀性

delatation 膨胀率

delay (=DLY) (1)延迟, 滞后, 中断, 抑制, (2)延时, 延期, 时延, (3)减速, 放慢, (4)缓发, (5)延误, (6)延发(电气爆破的)

delay-action (1)延迟动作的, 延期的, 定时的, (2)延迟动作

delay action 延迟作用

delay-action fuse 延时熔断器

delay-action relay 延迟动作继电器

delay-action switch 延迟动作开关

delay base 迟缓[接续]制

delay bias 延迟偏压

delay cable 延迟电缆

delay carry 延迟进位

delay circuit 延迟电路

delay clause 延迟条款

delay compensation 延迟补偿

delay control 延迟控制

delay counter 延迟线计数器, 延迟计数器, 延时计数器, 时延计数器

delay detonator 定时雷管

delay distortion (1)时延畸变, 延迟畸变, (2)包线延迟失真, 延迟失真, 相延失真

delay equalizer 延迟均衡器, 延期均衡器, 相位均衡器

delay fault 延时故障

delay gate generator 延迟[选通]脉冲发生器

delay generator 延迟发生器

delay in delivery 延迟传送, 延迟发放, 延迟交付

delay in shipment 延迟装船

delay lag 延迟, 滞后

delay-line 延迟线

delay line (=DL) 延迟线

delay line canceller (1)延迟线消除器, (2)隔周期补偿设备

delay line capacity 延迟线电容

delay-line circuit 延迟信号电路

delay-line helix 延迟螺旋线, 慢波线

delay line memory 延迟线存储器, 循环存储器

delay line oscillator 延迟线振荡器

delay-line-shaped pulse 延迟线成形脉冲

delay line storage 延迟线存储器

delay line synthesizer (=DLS) 延迟式函数发生器, 延迟线合成器

delay loop store 延迟循环存储

delay medium 延迟介质

delay modulation 延迟调制

delay multivibrator 延迟多谐振荡器

delay network 延迟网络

delay pulse 延迟脉冲

delay-pulse generator 延迟脉冲发生器

delay-pulse oscillator 延迟脉冲振荡器

delay recorder 延时记录器

delay screen 延迟式荧光屏, 长余辉荧光屏

delay signal 延缓信号

delay-time 延迟时间, 滞后时间

delay time 延迟时间, 滞后时间, 时延

delay trigger (1)延迟触发器, (2)延时触发脉冲

delay voltage 延迟电压

delay working 延缓接续器

delayed 延迟的, 延缓的, 滞后的

delayed-action 延迟作用, 延迟动作

delayed action (1)延迟作用, 滞后作用, (2)自拍机

delayed action device 延迟装置

delayed action fuse (=DAF) 延迟作用信管

delayed alarm 延迟报警装置, 延迟信号装置

delayed alarm relay 延迟报警继电器

delayed automatic gain control (=DAGC) 延迟自动增益控制

delayed automatic volume control (=DAVC) 延迟自动音量控制

delayed-channel 延迟信道

delayed channel amplifier 延迟信号放大器

delayed coincidence method 延迟符合法

delayed contact closure (=DCC) 延迟触点闭合

delayed-critical 缓发中子临界的

delayed diode 阻尼二极管

delayed energy　剩余能

delayed fluorescence　延迟荧光

delayed gate　延迟选通脉冲，延迟门脉冲

delayed luminescence　延迟发光

delayed-neutron　缓发中子，减速中子

delayed neutron　缓发中子，减速中子，慢性中子，迟发中子

delayed output equipment　延迟输出设备

delayed phosphorescence　延迟磷光

delayed PPI　延时平面位置显示器（PPI=plane position indicator 平面位置显示器）

delayed pulse oscillator (=DPO)　延迟 [式] 脉冲振荡器

delayed repeater satellite　延迟中继卫星

delayed retardation　延期迟延（过载循环下疲劳裂纹减速特征）

delayed scanning　延迟扫描

delayed suppercritical　缓发超临界的

delayed sweep　延迟扫描

delayed-trigger　延迟触发脉冲

delayer　(1) 延迟器，延时器；(2) 延迟电路；(3) 延缓剂，缓燃剂

delaying multivibrator　延迟多谐振荡器

delcid　氢氧化铝、氢氧化镁混合物

Delcom vernier　带游标电感比较仪

delead　除铅 ,，去铅，脱铅

deleading　除铅，去铅，脱铅

delete　删除，删去，除掉，除去，涂去，消去，勾销

delete character (=DEL)　作废字符，删除符

delete code　删错码

delete file　注销文件

delete neighborhood　去心邻域

deleterious　有害杂质的，有毒的，有害的

deletion　(1) 删去，删除，删号，缺损，缺失；(2) 消除事项

deletion record　删改记录

delf　排流器，出水沟，管道

Deli coupling　德利联轴节

deliberate　(1) 考虑，熟思，商量，讨论，斟酌；(2) 有准备的，谨慎的，审慎的，慎重的；(3) 精密的

deliberation　(1) 考虑，思考，商讨，审议；(2) 细心；(3) 故意

deliberative　考虑过的，慎重的，审议的

delicacy　(1) 精密，精巧，精致，精美，灵敏，灵巧，轻巧，细致；(2) 敏感，谨慎，周到；(3) 优美，柔和；(4) 微妙，微妙，棘手，困难，费力

delicate　(1) 精密的，精细的，精致的，精巧的，准确的，灵敏的，敏感的，轻巧的，易损的，脆弱的；(2)(指调谐，调节)细致的，仔细的

delicate adjustment　精密校正，精 [密] 调 [整]

delicate question　必须谨慎处理的问题

Delicia　磷化铝

delignification　去木质作用

delime　脱灰

deliming　脱灰

deliming of juice　汁的脱灰

delimit　(1) 确定，限定；(2) 指定界限，定界线，分界线；(3) 定义

delimitate　(1) 确定，限定；(2) 指定界限，定界线，定界限，分界线；(3) 定义

delimitation　(1) 划定范围，定界，分界，立界，划界；(2) 限定，界定，区划

delimiter　(1) 定义符，定界符，分界符，限制符；(2) 限定器

delimiter statement　定界语句，分隔语句

delineascope　(1) 映画器；(2) 幻灯

delineate　(1) 描外形，画轮廓，刻划，描绘，描写，叙述，描述；(2) 有花纹的

delineation　(1) 描写，轮廓；(2) 概略图，轮廓图

delineative　描绘的，叙述的

delineator　(1) 绘图员，制图者；(2) 断面描绘仪，描绘仪器，描画器；(3) 雕刻师；(4) 反光灯；(5) 图型

delinter　(1) 除尘器；(2)(棉籽)剥线机

deliquate　冲淡，稀释

deliquesce　(1) 融掉；(2) 潮解；(3) 变软，液化

deliquescene　潮解

deliquescent　[易] 潮解的，易吸湿气的

deliquium　潮解

deliver (=dlvr)　(1) 递送，发送，运输，运送，供给，补给，供应；(2) 加 [信号]，交付，交货，传达，传递，传送，给与；(3) 释放；(4) 作出，产出，产生；(5) 供电；(6) 放出，发出，输出，压出；(7) 履行，实现；(8) 发表，表达

deliver the goods　交货

deliverability　交付能力，供应能力，输送能力

deliverable　可交付的，可使用的

deliverance　(1) 救助，释放；(2) 投递，传送；(3) 意见，发表，声明

delivered　已交付的，已给与的，供给的

delivered at station　在车站交货

delivered at the job　在工厂交货

delivered condition　交货状态

delivered horsepower (=DHP)　输出马力，有效马力

delivered payload capacity　装载能力

delivered price　包括交货费用在内的价格

delivered weight (=dw)　交货重量

deliverer　交付者，递送人

delivery　(1) 输送，供给；(2) 转移，转交，移交，交货，交付；(3) 耗量，流量，出产量，供给量；(4) 释放，排放；(5) 发表，发出，射出；(6) 输出头；(7) 取模

delivery at port of shipment　启运港交货价

delivery at seller's option　交货日期卖方选择

delivery capacity　(1) 交货额，生产额；(2) 排量

delivery channel　输出通道

delivery cock　泄放旋塞

delivery cylinder　收纸滚筒

delivery date　交货日期

delivery efficient　输出效率

delivery end　(1) 卸料端；(2) 输出端

delivery flask　分液瓶

delivery free at station　在车站交货

delivery gate　出水口

delivery guide　出口导板

delivery head　(泵的)压力差，扬程，水头

delivery lift　(供水)升压高度

delivery of current　送电

delivery of goods　交货

delivery of pump　水泵排水量，水泵生产率

delivery on arrived　货到交付

delivery on field (=DOF)　当地交货

delivery on term　定期交付

delivery order (=D/O)　出栈凭单，出库凭单，交货单，提货单，栈单

delivery period　交货期限

delivery pipe　输送管，输出管，排水管，导管

delivery port　到货港，交货港，输出港

delivery pressure　输出压力

delivery rate　给料速度，输出率

delivery receipt　送货回单，送件回单，送达回条

delivery reel　松卷机

delivery roller　输出辊道

delivery side of rolls　轧辊出料侧

delivery speed　输送速度

delivery state　交货状态

delivery stroke　输出行程

delivery system　投掷系统

delivery term　交货期限

delivery time (=dt.)　交货时间

delivery value　输送能力

delivery valve　排气阀，输送阀，输出阀，出油阀

delivery valve spring　输送阀簧

deliveryman　送货人

Dellinger effect　太阳爆发静止效应

Dellinger phenomena　电离层因太阳影响而引起的短波无线电通讯障碍的现象

delocalization　(1) 不受地域限制，不受位置限制，不定域，不定位；(2) 离域作用

delocatization energy　共振能，离域能

delocalize　使不受位置限制，不定域，不定位

delocalized　不受位置限制的，不受地域限制的，非局部的，不定域的

Delpax　复合运动感应式传感器

Delrac (=Decca long range area coverage)　特拉克导航系统，双曲线相位导航系统，飞机用台卡

Delrin　狄尔林（乙缩醛树脂商名）

delta　(1)(希腊字母)Δ，δ；(2){数}变数的增量，δ 函数；(3) 三角形体，三角形；(4) 三角形接法，Δ 接法；(5) 半选输出差

delta air chuck　三爪气动卡盘

delta amplitude (=DA)　三角信号的幅度，Δ 幅角

delta-carbon　δ 位碳原子

delta circuit　三角形电路，网孔电路，Δ 电路

328

delta cock　再启动时钟, δ 时钟
delta-connected　接成三角形的, 三角形接法的
delta connected motor　三角形接线电动机, △ 接线电动机
delta connection　(1) 三角形接线, △ 结线; (2) 三角形接法
delta-delta　双三角形
delta-delta connection　(1) 三角 - 三角形接线; (2) 三角 - 三角形接法
delta gun　三角排列的电子枪, "品"字枪
delta-iron　δ - 铁
delta loss　δ 电子损失
delta-matching　△ 匹配
delta matching antenna　△ 形匹配天线
delta metal　(一种黄铜) δ 合金
delta-modulation (=DM)　δ 调制
delta modulation　三角形调制, 增量调制, 定差调制, δ 调制
delta-particle　δ 粒子
delta-ray　δ 射线
delta-ring　三角形密封圈
delta-rocket　三角 [形] 翼火箭
delta routing　δ 路径选择
delta signal　半选输出信号差, δ 信号
delta-star connection　三角 - 星形联接
delta-star transformer　三角 - 星形变换
delta-substitution　δ 位取代, 卯位取代
delta time　时间增量
delta tube　品字形彩色显像管
delta type　△ 形
delta wing　三角 [机] 翼
delta-winged　三角 [机] 翼的
delta-winged aircraft　三角翼飞机
delta-winged rocket　三角翼火箭
deltaic　三角形的
deltamax　迪尔塔马克思镍铁磁性合金 (一种具有高导磁系数的合金商名)
deltametal　δ 高强度黄铜
deltation　三角翼
delthyrid　显孔型
delthyrium　三角孔, 柄孔
deltidium　(1) 三角板; (2) 柄孔盖
deltoid　(1) 德尔陶特铜合金; (2) 菱形; (3) 三角形曲线; (4) 三角板; (5) 扁方形的, 三角形的, 三棱形的, △ 形的
deltoid plate　三棱板
delustre　除去光泽, 褪光
delustring　除去光泽, 褪光
delux　质量较高的
delve　(1) 挖, 掘; (2) 沟, 池; (3) 深入研究, 钻研
delver　挖掘器
Delville transmitter　戴维尔式送话器
delving　探究
demagnetisation　(1) 去磁, 退磁; (2) 消磁效应
demagnetise　去磁, 退磁
demagnetiser　去磁装置, 去磁器
demahnetism　去磁, 退磁
demagnetization　(1) 去磁, 退磁; (2) 消磁效应
demagnetization by continuous reversals　周期改变磁通的去磁
demagnetization curve　去磁曲线
demagnetization factor　去磁系数
demagnetization force　去磁力
demagnetization loss　去磁损失
demagnetize　去磁, 退磁
demagnetized erasure　去磁抹音 [法]
demagnetizer　去磁装置, 去磁器
demagnetizing　(1) 去磁的, 退磁的; (2) 去磁, 退磁
demagnetizing ampere turn　去磁安 [培] 匝 [数]
demagnetizing apparatus　退磁设备
demagnetizing effect　去磁效应
demagnetizing factor　去磁因数
demagnetizing state　去磁状态
demagnification　退放大, 缩小, 缩微
demagnifier　退放大器, 缩微器
demagnify　退放大, 缩微
demand　(1) 要求, 需要, 需用; (2) 需要量, 需用量; (3) 负荷; (4) 消耗
demand attachment　最高需量指示器
demand bill　见票即付票据
demand draft (=D/D)　即期汇票
demand factor　供电因数, 需用因数, 需用率

demand fetching　{ 计 } 要求取 (指令)
demand interval　(电力) 需用时限
demand logging　抽测记录
demand meter　需用计数计, 占用计数计
demand oxygen system　耗氧系统
demand paged virtual memory　请求分页的虚拟存储器
demand paging　请求式页面调度, 请求页面式
demand pointer　用电量指针
demand pusher　按钮
demand register　最大需用瓦时计, 最大需量记录器, 用量计量器
demand service　人工立 [时] 接 [通] 制
demand side　需要 [的方] 面
demand signal　指令信号, 指挥信号
demand sonobuoy　指挥浮标
demand staging　按需传送
demand system　断续供氧系统
demandable　可要求的, 可请求的
demander　要求者, 请求者
demanganization　去锰, 脱锰
demanganize　去锰, 脱锰
demarcate　(1) 划界线, 划范围, 划分; (2) 区别, 区分, 分开
demarcation　(1) 边界; (2) 设界限, 划界线, 分界, 区划, 划界; (3) 边界线, 分界线
demarcation line　范围线, 边界线, 分界线
demargarination　反奶油化现象
demark　(1) 划界线, 划范围, 划分; (2) 区别, 区分, 分开
demarkation　(1) 边界; (2) 设界限, 划界线, 分界, 区划, 划界; (3) 边界线, 分界线
demask　解掩蔽, 暴露
demasking　解 [掩] 蔽 [作用]
dematerialization　失去物质的性质, 失去物质的形态, 非物质化 [作用], 湮没现象
dematerialize　失去物质的性质, 失去物质的特性, 失去物质的形态, 非物质化, 湮没
dematron (=distributed emission magnetron amplifier)　戴玛管
demercuration　脱汞作用
demerit　缺点, 短处, 过失
demesh　(齿轮) 脱开, 解开, 分开, 分离
demeshing　脱开啮合
demetallization　脱金属 [作用]
demethanator　甲烷馏除器
demethanization　脱甲烷作用, 脱甲烷化
demethanize　馏除甲烷
demethanizer　甲烷馏除塔
demethylate　脱去甲基
demethylation　脱甲基作用
demi-　(词头) 部分, 半
demi-point　[罗盘标度板上方位之间的] 中间点
demi-section　半剖面, 半节, 半段
demiclosed mapping　强弱合闭映射
demicontinuous　半连续的
demicolporate　异槽的
demicolpus　半槽
demilitarisation 或 demilitarization　解除军事管制, 解除武装, 非军事化
demilitarise 或 demilitarize　解除军事管制, 解除武装, 解除军备
demilitarised 或 demilitarized　解除武装的, 非军事的
demilitarized zone (=DMZ)　非军事区
demineralization　(1) 软化; (2) 去除矿物质, 除盐作用
demineralization of water　水的软化
demineralize　(1) 软化; (2) 除盐
demineralized water (=DMW)　软化水
demineralizer　除盐装置, 脱盐装置, 软化器
demineralizing　去除矿物质
demiofficial　半官方函件
demisemi　两者各半的, 四分之一的
demist　除雾, 去雾
demister　雾气消除器, 去雾器
demix　反混合, 分层, 分开, 分解
demixing　分层, 分裂, 分凝, 分离
demixter　除雾器
demo　(1) 示范产品; (2) 爆破
democrate wagon　农村轻便车
demode　脉冲编码, 解码

demoded (1)解码的；(2)过时的，老式的
demoder 脉冲编码器，解码器
demoding circuit 脉冲编码电路，解码电路
demodulate (1)反调制，反调幅，解调，去调；(2)检波
demodulated signal 已解调信号
demodulating 解调的
demodulating equipment 解调装置
demodulation (1)解调制，反调制，反调幅，去调幅，解调；(2)调整波形，检波
demodulator (=DEM) (1)解调制器，反调制器，反调幅器，解调器；(2)检波器
demodulator amplifier (=Dem Ampl) 反调幅放大器，解调放大器
demodulator band filter (=DBF) 解调带滤波器
demodulator band filter in (=DBF in) 解调带通滤波器输入端
demodulator band filter out (=DBF out) 解调带通滤波器输出端
demodulator circui 解调[器]电路
demodulator oscillator (=Dem Osc) 反调幅振荡器，解调振荡器
demodulator probe (1)调制高频信号探测器；(2)检波头；(3)检波部分
demolish 拆除，拆毁，毁坏，破坏，爆破，推翻
demolition (=dml) (1)破坏作业；(2)爆破，炸毁，毁坏，破坏，拆除，拆毁，推翻
demolition bomb 爆破炸弹
demolition missile 爆破导弹，弹头导弹
demolition tool (混凝土路面)捣碎器
demolization 过热分散[作用]
demonstrability 论证可能性
demonstrable 可论证的，可证明的，可表明的
demonstrably 可证明地，确然
demonstrate (1)论证，证明，证实；(2)说明，表明，表示，示范，显示
demonstration (1)实践证明，阐明，证实，示明，证明，确证，论证；(2)展示，示范，(3)举例说明，图解，插图，(4)实验，(5)表演，说明
demonstration model [模拟]示范模型
demonstration test 示范性试验
demonstrative 可论证的，证明的，明确的
demonstrator (1)表演用教练机，示教器；(2)演示者
demothball 启封
demoulding 脱模
demount 拆卸，拆除，拆下
demountable 可拆卸的，可拆除的，可分离的，可换[装]的
demountable plug 可拆卸的插头
demountable tube 可拆卸的管
demulsibility 反乳化性，反乳化率
demulsibility test 反乳化性试验，反乳化度试验
demulsification 反乳化[作用]，反乳化过程
demulsification number 反乳化值
demulsifier 反乳化剂，反乳化器
demulsify 反乳化，抗乳化
demulsifying (1)反乳化的；(2)反乳化
demultiplex 信号分离，分路传输，多路解编
demultiplexer (1)信号分离器；(2)多路输出选择器，多路解编器，多路解调器，多路分解器，多路分配器，分解器；(3)分路设备，分路器，分解器；(4)倍减器
demultiplicater 副变速器，副变速箱
demultiplication 倍减，缩减，递减
demultiplier 倍减器，递减器，分配器
demy 一种有一定大小的纸(通常 16x11,15 1/2x20 或 17 1/2x22 1/2吋)
den (1)休息室，私室，小室；(2)储藏室；(3)秘密地点
denacol 一种环氧树脂
denary (1)十进制的，十进位的，十进的；(2)十倍的，十的
denary logarithm 以 10 为底的对数，常用对数
denary notation 十进记数法
denary scale 十进法
denationalisation 或 denationalization 使非国有化，废除国有
denationalise 或 denationalize 使非国有化，废除国有
denaturant 变性剂
denaturating (1)变性的；(2)变性[作用]
denaturation (1)变性[作用]，(2)(核燃料的)中毒，变质
denature (1)变性，使变性；(2)使变质；(3)使中毒
dendrite 树枝状晶体
dendrite crystal [树]枝[状]晶[体]
dendrite formation 树枝状结晶组织
dendrite growth 枝状结晶生长
dendrite-variolitic structure 树枝状气孔构造

dendritric 树枝的，枝晶的
dendritric crystal [树]枝[状]晶[体]
dendritric drainage 树枝形排水系统
dendrogram 系统树图，枝叉图
dendrograph 树径记录仪
dendrometer 测树器
denebium {化}铥 De
deniable 可否认的，可否定的，可反对的，可拒绝的
denial 不同意，否定，否认，拒绝
denickel 除镍
denickelification 脱[去]镍层
denierer 纤度感知器
deniermeter 纤度计
denieroscope 纤度试验仪，细度试验仪
denine 德奈恩钨钢(1.2%C,1.5%W,余量 Fe)
Denison motor 轴向柱塞[式]液压马达
Denison pump 轴向活塞泵
denitrate 脱去硝酸盐，脱硝
denitration 脱硝[酸盐作用]，反硝化作用
denitrator 脱硝[酸盐]器
denitride 脱氮
denitriding 退氮处理，脱氮
denitrification (1)脱氮[作用]，脱氮过程；(2)反硝化作用
denitrifier 脱氮剂
denitrify (1)去掉氮气；(2)脱去硝酸盐
denitrifying (1)脱硝的；(2)反硝化的
denitrogenate 除氮
denitrogenation 去氮法，除氮，脱氮
denominate (1)命名，取名；(2)有名称的，赋名的，名数的；(3)有量纲的
denominate number 名数
denomination (1)命名，名称；(2)(度量衡)单位，金额，面额，种类；(3)派别，宗派
denominative 有名称的，可命名的
denominator (1)分母；(2)共同特性；(3)水准，标准；(4)票面额
denormalization 阻碍正常化
denotable 可表示的，可指示的
denotation (1)指示，表示；(2)名称，标志，符号；(3)外延
denotative (1)指示的，表示的，概述的；(2)外延的
denote (1)指示，表示，代表；(2)概述
denotement 指示，表示，符号
denscast 登司卡特镍铬合金(镍 80%，铬 20%)
dense (1)致密的，紧密的，浓密的，密集的，密实的，密纹的，(2)稠密的，浓厚的；(3)密级配的；(4)反差强的，极度的
dense-article 致密件
dense barium crown 含钡重冕牌玻璃
dense binary code 紧凑二进制码
dense-graded 密级配的
dense set 稠[密]集
dense structure 致密结构，密实结构
dense wood 密纹木材
densely 稠密地，致密地
densely-graded 密级配的
densely packaged encased standard element (=DPESE) 紧密包装的装箱标准部件
densener (1)激冷材料，内冷铁；(2)凝缩器，冷凝器，压紧器
denseness (1)稠密；(2)稠度
densi-tensimeter 密度-压力计
densification (1)增浓作用，稠化[作用]，密化；(2)密封，封严，封；(3)压实，填密，捣实，夯实
densifier (1)调节器，补偿器，密化器，增密炉；(2)变质剂，改良剂，调节剂；(3)增浓剂，稠化剂
densify 使密实，致密，压实，增浓，稠化
densilog 密度测井
densimeter (1)液体比重计，比重计，密度计，浓度计，浮秤；(2)显像密度计，黑度计，灰度计
densite 三硝基甲苯炸药，硝胺硝酸钾，登斯炸药，登煞特
Densithene 铅烯塑料(含铅粉聚乙烯的商名)
densities spectro angularity (=DSA) 密度谱曲率
densitometer (1)液体比重计，比重计，密度计，浓度计，浮秤；(2)显像密度计，黑度计，灰度计
densitometric 密度计的
densitometry (1)密度测定法，密度计量学；(2)显像测密术，显微测密术，测光密度术

density (=D) (1) 密度, 实度, 比重, 浓度; (2) 磁感应 [强度], 磁通密度, 通量; (3) 不透明度, 厚度, 灰度, 黑度, 色度; (4) 稠密度, 稠密性, 密集度, 密集性, 浓密, 浓厚; (5) 增浓

density bottle 密度瓶, 比重瓶

density controller (=DC) 密度控制器

density current 重流

density function 密度 [分布] 函数

density gradient 密度梯度

density <<in situ>> [裂化产品] 在过程中之密度

density indicator (=DI) 密度指示器

density latitude 灰度范围

density logger 井下密度测定仪

density modulation 密度调制

density of charge 电荷密度

density of charging current 充电电流密度

density of donors 施主密度, 施主浓度

density of field 场强 [度], 场密度

density of field energy 场能量密度

density of gases 气体密度

density of load 负荷密度

density of loading 装填密度

density of state(s) 状态密度, 能态密度

density of traffic (1) [通信] 业务密度, 同时呼叫次数; (2) 交通密度

density optical standard (=DS) 标准光密度

density (optical) unknown (=DU) 未知光密度

density packing 存储密度

density ratio 密度比

density recorder (=DR) 密度记录器

density recording meter 密度记录计

density-size relation 密度 - 体积关系, 重体关系

density slicer 密度分割仪

density tunnel 高压风洞

densograph 黑度曲线

densography X 射线照片密度检定法

densometer (1) (纸张) 透气度测定器; (2) 密度计

dent (1) 轮齿, 扣齿; (2) 凹部, 凹痕, 凹槽, 凹坑, 压痕, 压印, 缺口; (3) 使凹; (4) 压缩, 削减; (5) 切螺纹

dental alloy 补牙合金 (银 65-69%, 铜 5%, 锌 0.5-1.7%, 锡 26-26.5%)

dental engine 牙科钻机

dental plate 齿板

dentaphone 牙式助听器

dentation (1) 成齿, 成牙; (2) 牙形, 齿形; (3) 齿系

dente (1) 配位基; (2) 牙状的

dentel(=dentil=denticle) (1) 齿饰; (2) 齿状物

dentes permanents 恒齿

denting (1) 形成碰痕, 形成凹坑; (2) 穿箔

dentiaskiascope 口腔科 X 线透视机

dentophone 助听器

dentrite 树枝状晶体

dents per inch 每英寸筘齿数

denuclearization 非核武器化

denucleate 去核

denudation 溶蚀, 剥蚀作用

denude (1) 溶蚀; (2) 去垢; (3) 剥裸

denuded surface 赤裸表面

denumerable 可数的

denumerable aggregate 可数集

denumerant 一组方程式的解的数目

deny 不承认, 否认, 否定

deodorant 脱臭剂, 除臭剂, 解臭剂

deodoriferant 除臭剂

deodorization 除臭 [味], 去臭 [气]

deodorization of air 空气的除臭

deodorizer (1) 脱臭机; (2) 脱臭剂, 除臭剂

deodorizing 去臭

deoiler 油水分离器

deoiling 油水分离

deorbit 脱离轨道, 轨道下降, 脱轨, 越轨

deordination 背离正常的秩序

deorse (=deorsum) 向下

deoscillator 减震器, 减振器, 阻尼器

deoxidant 还原剂, 脱氧剂

deoxidation (1) 脱氧, 去氧, 除氧; (2) 脱氧作用

deoxidiser 脱氧剂

deoxidization 脱氧, 去氧, 除氧

deoxidize (1) 脱氧; (2) 脱氧化膜

deoxidizer 脱氧剂

deoxygenation (1) 吸收氧气; (2) 脱氧 [作用]

deozonization 脱臭氧作用

deozonize 脱臭氧, 去臭氧

depair 拆开对偶, 去偶

depal 德帕尔铝合金 (铜 2%, 锰 2%, 镍 2%, 其余铝)

depart (1) 脱离, 离开, 出发, 开出, 飞出, 起飞, 起程, 出航; (2) 不按照, 违反, 相逆, 改变

depart for 出发

depart from (1) 脱离, 离开, 违反, 改变; (2) 与……不一致, 不合乎, 不按照

departed 已离开的, 以往的

department (=dept) (1) 部门, 科室, 部, 司, 局, 处, 科, 室; (2) 研究室, 学部, 系, 组; (3) 车间, 工段; (4) 部分, 领域, 范畴

Department of Defense (=DD) (美) 国防部

Department of Scientific and Industrial Research (=DSIR) (英) 科学和工业研究局

Department of the Air Force (=DAF) (美) 空军部

Department of the Army (=DA) (美) 军需部

Department of the Navy (=DON 或 DN) (美) 海军部

departmental 部门的, 部的, 司的, 局的, 处的

departmental instruction (=DI) 部门的指令

departmental notice (=DN) 部门的通知

departmentalize 把……分成部门

departmentation 划分部门

departmentize 把……分成部门

departure (1) 偏转, 偏移, 偏离, 偏差, 漂移; (2) 飞出 (电子); (3) 控制误差, 控制偏差量; (4) 推算航迹; (5) 横坐标增量, 经度差, 横距, 距离; (6) 离开, 出发, 起程, 起飞, 飞出, 发射; (7) 脱离, 分离, 背离, 违背, 转变, 改变

departure angle 偏转角, 倾斜角, 离去角, 错角

departure curve 离差曲线

departure point 出发点, 开端

departure time 起程时间

depegram 露点 - 温度曲线, 露点图表

depend (1) 随……而定, 取决于, 依赖, 依靠, 信赖, 信任, 相信; (2) 垂挂, 悬

depend directly on 同……成正比

depend directly upon 同……成正比

depend indirectly on 同……成反比

depend indirectly upon 同……成反比

depend inversely as 同……成反比

dependability (1) 可靠性强度, 坚固度, 强度; (2) 使用可靠性, 可靠性, 可信性

dependability level 可靠性程度

dependable 可靠的, 可信任的

dependable capacity 可靠容量

dependable flow 保证流量

dependable hydroelectric capacity 可靠水电容量

dependance (1) 相关, 相依, 相倚; (2) 相关性, 相依性; (3) 函数关系, 关系曲线; (4) 关系式; (5) 从属, 依靠, 依赖, 信任, 依赖

dependancy (1) 从属 [性], 相关 [性], 关系, 依赖, 信赖; (2) 从属物, 附属物

dependant (1) 依靠的, 依赖的, 依存的; (2) 悬挂的, 悬垂的, 下垂的; (3) 从属的, 附属的; (4) 非独立的, 相关的, 相依的, 有关的

dependence (1) 相关, 相依, 相倚; (2) 相关性, 相依性; (3) 函数关系, 关系曲线; (4) 关系式; (5) 从属, 依靠, 依赖, 信任, 依赖

dependency (1) 从属 [性], 相关 [性], 关系, 依赖, 信赖; (2) 从属物, 附属物

dependent (1) 依靠的, 依赖的, 依存的; (2) 悬挂的, 悬垂的, 下垂的; (3) 从属的, 附属的; (4) 非独立的, 相关的, 相依的, 有关的

dependent equation 依附方程

dependent error 非独立错误

dependent event 相关事件

dependent observation 非独立观测, 相关观测

dependent office 支局

dependent time-lag relay 变时限继电器

dependent type 连接式, 连结式

dependent variable 相关变量, 因变数, 因变量, 随变量, 应变量

depentanize 馏除戊烷

depentanizer 戊烷馏出塔, 戊烷馏除器, 脱戊烷塔

deperition (1) 损耗, 消耗; (2) 破坏, 毁灭

deperm (1) 消除 [船体] 的磁场, 去磁, 消磁; (2) 用竖线圈消水平磁场

depeter(=depreter) 粉石齿面
dephased 有相位差的, 有相移的
dephasing 相位差, 相移
dephenolize 脱酚
dephenolizing (1)脱酚的；(2)脱酚作用
dephlegmate (1)分馏, 分缩, 分凝；(2)(用蒸馏法)除去过量水分, 局部冷凝
dephlegmation 分馏, 分凝
dephlegmator (1)分馏柱；(2)分馏塔；(3)回流冷凝器, 分凝器；(4)分缩器
dephlogisticate 没有燃素的, 脱燃素的
dephlogistication 脱燃素作用
dephosphorization(=dephosphorylation) 脱磷, 去磷, 除磷
depickle 脱酸
depiction (1)雕刻图案；(2)描绘
depigmentation 褪颜料
depilate(=depilation) 脱毛
depilate by lime 浸灰脱毛法
depilator 脱毛机
depiler 推撞器(把扁钢锭从堆中推出)
depinker 抗爆剂
deplanate (=deplanatus) 扁的
deplane (1)从飞机中跳出, 离机；(2)下飞机
deplate 除[去]镀[层]
deplating 除镀[层]
deplete (1)减少数目, 取尽；(2)耗尽；(3)从矿石中提取金属；(4)放空, 倒空, 弄空
deplete semiconductor 贫乏型半导体, 耗尽型半导体
depleted 贫化的, 消耗的, 枯竭的, 废弃的, 变质的
depleted U235 铀235贫化的
depletion (1)缺乏；(2)损耗, 消耗, 耗尽, 亏损；(3)(核) 贫化
depletion of additive 添加剂的消耗
depleting-layer 贫乏层, 耗尽层
depletion (1)用尽, 减少, 消耗, 耗尽, 衰竭, 倒空, 放空, 降低, 递减, 低压；(2)缺乏, 亏损, 贫化
depletion layer 过渡层, 耗尽层, 阻挡层, 减压层
depletion layer transistor (=DLT) 过渡层晶体管
depletion mode 耗尽型[模]
depletion Moset 耗尽型金属氧化物场效应管
depletion region 耗尽区, 空区
depletion type 耗尽型
depletion width 耗尽层宽度
deplexing assembly 无线收发转换装置
Deplistor(=deplistor) 三端负阻半导体器件
deploid 扁方二十四面体
depolarization 或 depolarisation (1)去极化, 退极化, 去极化作用；(2)消偏振, 消偏振作用
depolarization field 退极化场
depolarizator 或 depolarizater (1)去极化剂, 退极化剂；(2)去极化器, 退极化器；(3)消偏振镜
depolarize 或 depolarise (1)去极化, 退极化, 消偏振, 去磁；(2)搅动, 动摇
depolarizer 或 depolariser (1)去极化剂, 退极化剂；(2)去极化器, 退极化器；(3)消偏振镜
depolarizing switch 去极化开关, 退极开关
depolimerization 聚合物降解, 解聚合作用, 解聚作用
depolimerize 使解聚合, 去聚合化
depoling 脱铁芯, 拔芯
depolish 使表面失去光泽
depolymerization 聚合物降解, 解聚合作用, 解聚作用
depolymerize 使解聚合, 去聚合化
depolymerized rubber (=DPR) 解聚橡胶
depopulate 减少粒子数
depopulation (1)密度减少；(2)粒子数降低
deport 输送, 移送
deposit (1)熔敷金属, 焊着, 堆焊, 镀层, 履层；(2)存储, 存放, 贮藏, 放置；(3)积垢, 结垢；(4)沉淀, 沉积, 淀积, 电积, 淤积；(5)附着, 浇注, 喷施, 涂, 覆；(6)预付储金, 保证金, 押金, 存款；(7)存放处, 仓库
deposit chamber 沉淀槽
deposit concrete 浇注混凝土
deposit-free 无沉积物
deposit gauge 沉淀器
deposit lattice 淀积层点阵
deposit metal 熔敷金属, 熔化金属, 电积金属

deposit sequence 焊着次序
deposit steel 熔敷钢
depositary (1)受托人, 保管员；(2)保管所, 储藏所, 仓库
deposited activity 沉淀物放射性
deposited aluminum conductor 铝淀积导体
deposited-carbon resistor 炭膜电阻
deposited carbon resistor 炭膜电阻
deposited metal 熔敷金属, 熔化金属, 电积金属
deposited metal test spcimen 熔敷金属试件
deposition (1)热离解, 堆焊, 喷镀, 镀层；(2)积垢, 结垢；(3)淀积[作用], 沉积作用；(4)沉积物, 淀积物；(5)沉积率；(6)附着, 放置, 注入, 析出, 覆盖
deposition efficiency 熔敷系数
depositional 沉积[作用]的
depositional gradient 自然坡度
depositive 沉积的, 淤积的
depositor (1)淀积器；(2)委托人, 存款人
depository 保存处所, 仓库
depot (1)保藏所, 保管处, 仓库；(2)贮藏, 窖藏, 储存, 积存；(3)基地, 厂, 场；(4)车站；(5)机车库, 母船, 母舰
depot airfield 供应与维修机场
depot fat 储脂
depot-ship 供应船
depot ship 补给修理船, 供应船
depot spare parts 库存备件
depot tooling equipment (=DTE) 仓库工具设备
depowering 功率降低
depreciate (1)减价, 跌价, 贬值；(2)折旧；(3)减少, 减振；(4)磨损, 磨耗, 损耗
depreciation (1)减价, 贬值, 减值；(2)折旧；(3)减少, 降低；(4)磨损, 磨耗, 损耗
depreciation cost 折旧费
depreciation factor (1)减光补偿率, 减光补偿系数；(2)折旧系数, 折旧率
depreciation of lamp (电灯泡的)减光补偿
depreciation per day 每日折旧费
depreciation rate 折旧率
depress (=DPRS) (1)(按钮, 踏板等)按下, 压下, 推下, 拉下；(2)压低, 放低；(3)降低, 放低, 压低, 减压, 减弱；(4)抑制；(5)使跌价
depressant 抑制剂
depressed (1)减压的, 压下的, 压平的, 压低的；(2)扁平的；(3)凹陷的；(4)抑制的
depressed center car 凹底平车
depressed collector 降压收集器
depressed trajectory 低弹道
depressed-zero ammeter 无零点安培计
depressible 可降低的, 可压低的
depressimeter 冰点降低计
depressing table 支撑辊道, 抑制辊道
depression (1)真空度, 真空, 抽空, 排气；(2)减压, 抽空；(3)降低, 降落, 下降, 减少, 减低, 减压；(4)衰减, 衰落, 衰弱, 弱化；(5)抑制, 遏制；(6)沉降, 沉陷, 凹陷；(7)俯角；(8)向内移, 向下移；(9)沟槽, 凹穴；(10)低[气]压；(11)气压计水银柱下降
depression bar (1)检查杆, 压杆, 压条；(2)转轨锁杆
depression curve 下降曲线
depression effect 抑制效应
depression of dew point 露点下降
depression of freezing point 冰点降低
depression of order (of differential equation) [微分方程]降阶法
depression of support(s) 支座沉陷
depression of wet bulb 干湿球温度差
depression slide 有凹玻璃片
depression tank 真空[小油]箱, 减压箱
depression tube 真空管
depressive 降低的, 压下的, 陷落的
depressomotor (1)抑制运动的；(2)运动抑制剂
depressor (1)抑制剂；(2)阻尼剂, 阻化剂；(3)缓冲剂；(4)浮选抑制剂, 阻浮剂；(5)阻尼器, 缓冲器, 抑制器, 压器, 压板
depressurization 降低压力, 减压
depressurize 降低压力, 减压
depressurizing 压力降低, 减压
depreter(=depeter) 粉石齿面
deprivation 剥夺, 丧失, 阻止

deprivation of silver　除银，脱银

depropanization　馏除丙烷

depth (=D 或 d)　(1)深度，深；(2)厚度；(3)(齿轮)高度；(4)啮合程度；(5)[颜色的]浓度，[液体的]稠度；(6)层次

depth attachment　(游标高度尺的)测深附件

depth average　平均深度

depth-bomb　深水炸弹

depth bomb　深水炸弹

depth caliper　深度卡规

depth-charge　深水炸弹

depth charge　深水炸弹

depth contour　等深线

depth control pipeline　深浅调节导管

depth-determining sonar　测深声呐

depth-deviration indicator (=DDI)　深度偏差指示器

depth dial ga(u)ge　深度千分尺，度盘式深度计

depth-diffusion process　深结扩散工艺

depth drill　深孔钻

depth feed mechanism　径向进给机构

depth-finder　测深器

depth finder　[回声]测深仪，测深计

depth-gauge　游标深度尺，深度计，水位尺，检潮标

depth gauge (=DEGA)　游标深度计，游标深度尺，测深度规，深度规，深度计，深度尺，水位尺

depth hardness curve　淬透[层]厚度曲线

depth indicator　刻痕深度指示仪，深度指示仪，深度指示表

depth meter　深度计

depth micrometer　深度千分尺，高度千分尺

depth moulded　(船舶)型深

depth-o-matic　深度自动调节的液压机构，自动调位的液压机构

depth of a tooth　[轮]齿高

depth of ballast　道碴厚度

depth of beam　梁[的]高[度]，上拱高

depth of bore　钻孔深度

depth of burying　埋地深度

depth of camber　(1)上升高度；(2)翘曲高度

depth of case　渗碳层深度，渗碳深度，表面硬化层深度

depth of chill　冷硬深度

depth of colo(u)r saturation　彩色饱和度

depth of compensation　均衡深度

depth of cut　(1)切削深度，吃刀深度；(2)切屑深度；(3)锯割深度；(4)掏槽深度，挖槽深度

depth of cutting　切削深度

depth of engagement　(1)衔接深度，接合深度；(2)有效齿深，有效齿高；(3)[螺纹的]啮合深度

depth of field　视场深度，视野深度，场深

depth of fill　填高

depth of focus　(1)震源深度，震深；(2)焦深

depth of frost line　冰冻深度，冻线深度

depth of fusion　熔深

depth of grinding step　磨削刀痕深度

depth of groove　轧槽深度

depth of hardening　淬硬深度

depth of hearth　炉膛深度，炉床深度

depth of hold　(船)舱深

depth of impression　(1)吃刀深度；(2)切屑厚度；(3)(硬度试验的)压痕深度，印痕深度

depth of indentation　压痕深度

depth of isostatic compensation　均衡深度

depth of modulation　调制[深]度，调制系数

depth of origin　震源深度

depth of packing　填料深度

depth of pavement　铺面厚度

depth of penetration　(1)焊透深度，熔深；(2)渗层深度；(3)压痕深度；(4)贯穿深度，透入深度

depth of piston　活塞高度

depth of rail　轨高

depth of screen　荧光屏深度

depth of seismic focus　震源深度

depth of slide　滑标高度

depth of taper　锥度深度，锥深度

depth of thread　螺纹深度

depth of throat　(1)(机床的)弯喉深度；(2)(摇臂钻的)伸出部分

depth of tooth　齿高

depth of water flowing over　溢流水头

depth of wing chord　翼弦深度

depth penetration　深度贯穿

depth-ratchet setting　拌和深度棘轮调节装置

depth recorder　深度记录仪，回声测深仪，深度计

depth-scanning sonar　深度扫描声呐

depth-span ratio　高[度]与跨[度]之比

depth stop　(1)限深挡块；(2)限深规

depth-sounder　测深仪器

depth sounder　[回声]测深机，[回声]测深计，深度探测器

depth-sounding sonar　测深声呐

depth-to-width ratio　高[度]宽[度]比

depth-width ratio　高[度]与[宽[度]之]比

depthchanging　(潜水艇)潜深改变

depthing tool　深度定位工具

depthkeeping　(潜水艇)定深

depthometer　(1)测深仪；(2)深度尺，深度计

depthwise　(锥齿轮)齿高收缩，齿高锥度

depupinization　去加感

depurant　(1)净化剂，净化器；(2)纯化，净化

depurate　洗净，净化，纯化，滤清，提纯，精炼，精制

depuration　洗净，净化，纯化，滤清，提纯，精炼，精制

depurative　净化剂的，纯化的，清洁的

depurator　(1)净化装置，净化器，真空器；(2)净化剂

deputation　(1)代理，代表；(2)委派

deputy (=dept)　(1)代理人，代表；(2)代理

deragger　破布拣除器(从废纸中)

derail　(1)使离开原定进程，横向移动，出轨，脱轨；(2)出轨装置，脱轨器，转辙器；(3)开关；(4)转移指令

derailer　(1)开关；(2)转辙器，脱轨器；(3)出轨；(4)转移程序指令，出口指令

derailing point　脱线转辙器

derailleur　自行车变速齿轮传动机构，脚踏车换档变速器

derange　(1)使混乱，使紊乱，不同步；(2)重排

derangement　(1)紊乱，混乱，故障；(2)不同步

derased　光滑的

derate　(1)降低，下降，减少；(2)减少额定值

derated　(1)降级的，已降低额定值的；(2)修改设计的，重新设计的；(3)变形的

derating　降低额定值，折损

derax　雷达

derby　金属块

derby back　[条卷机的]导条板

derby doubler　条卷机

derby red　镉铅红

derbylite　锑铁钛矿

dereflection　反射系数降低，减反射

deregister　撤销登记

deregistration　撤销登记

derelict　(1)残留的，残余的；(2)残留物；(3)无主船，被弃船

dereliction　(1)废弃，抛弃，放弃；(2)废弃物；(3)错误，缺点

derepression　解除阻遏，脱阻遏，去抑制

deresin　脱树脂，脱沥青，去沥青

deresination　脱树脂[作用]

derestrict　取消对……限制

dereverberation　去混响

derichment　反富集

deriming valve　解冻阀

deringing　去振鸣

derivability　可导出，可微分

derivable　可推论出来的，可导出的，可引出的

derivant　衍生物[的]，诱导剂[的]

derivate　(1)导[出]数，导数；(2)衍生物

derivation (=d)　(1)求运算，求导；(2)推导，导出，推理，求解，证明，诱导；(3)衍生；(4)分支，分路，分流；(5)偏转，偏差，离差；(6)根源，由来，出处；(7)微商

derivation control　按一次导数调节，具有微分器的调节

derivation of equation　公式推导，求公式

derivation wire　分路，支线

derivative (=d)　(1)导数，微商；(2)微分；(3)变形，改型；(4)方案；(5)衍生物

derivative action　微商作用，导数作用

derivative control　按被调参数的变化率调整，按一次导数控制，微分控制

333

derivative corrector 微分校正器
derivative element 微商元件
derivative feedback 微分反馈,微分回授,导数反馈
derivative of higher order 高阶导数,高阶微商
derivative on the left 左导数,左微商
derivative on the right 右导数,右微商
derivative operator 微分算符
derivativeness 可微商性,可微商情况
derivatization 衍生[作用]
derive (1)导出,推导;(2)求导数;(3)分支,分路
derive B from A 从 A 中导出 B,从 A 中推论出 B,从 A 中得出 B,B 由 A 而来
derived circuit 分支电路,导出电路,变型电路
derived curve 导出曲线
derived function 导[出]函数
derived indices 导数符号
derived number 导数
derived point 策动点
derived resistance 并联电阻
derived set 推导集
derived type filter 推演式滤波器
derived unit 导出单位
derivometer 测偏仪
Derlin 缩醛树脂
dermateen 漆布,布质假皮
dermatine 人造皮革
dermatoscope 一种双眼显微镜
dermatosome 微纤维素
Dermitron 高频电流测镀层厚度仪
derogate 取去,除去,减低,减少,贬低,毁损,恶化
derogation (1)减少,贬低,毁损,背离;(2)(合同等)部分废除
derogatory 降低价值的,损毁的,减低的,减阶的,减次的
derogatory matrix 减次矩阵
derotation (1)反转,反旋;(2)扭转位矫正法
derrengadera 弯曲的
derrick (1)架式起重机,动臂起重机,转臂起重机,摇臂起重机,塔式起重机,人字起重机,桅杆起重机,绞盘,绞车(2)钻架,井架,钻塔;(3)转臂吊杆,起重吊杆,起重架,零件架,转臂;(4)起飞塔
derrick-and-rig 带配件的钻塔
derrick barge 浮式起重机,起重船
derrick car 转臂吊车,起重车
derrick crane 架式起重机,转臂起重机,动臂起重机,转臂吊机
derrick harge 起重船
derrick kingpost 起重桅杆,起重把杆
derrick mast 起重桅杆,起重把杆
derrick tower 起重吊塔
derricking 改变起重臂倾角
derricking jib crane 人字式转臂起重机
derringer 大口径短筒小手枪
derustit 电化学除锈法
derv (=diesel-engine road vehicle) 柴油机车辆
derv fuel 重型车辆用柴油
des- 解除,除,脱,离,去
desactivation 消除放射性沾染,去活作用
desalinate 脱盐
desalination 减少盐分,脱盐,除盐,淡化
desalt 脱盐,去盐,纯化
desalter (1)脱盐设备,去盐分器;(2)脱盐剂
desaltification 脱盐[作用]
desalting 脱盐作用
desample 解样
desampler 接收交换机
desampling 解样
desander 去砂器
desaturate (1)减少饱和,冲淡,稀释;(2)减少饱和度
desaturation (1)减饱和;(2)减少彩色的饱和度;(3)(光)退彩
desaturator (1)干燥剂;(2)干燥器,吸潮器;(3)稀释剂
desaxes 不同轴性,异轴性
descale (1)消除氧化皮,去氧化皮,除磷,除垢;(2)缩小比例,降级
descaler 氧化皮清除机,氧化皮清除器,除磷机
descaling (1)除去氧化皮;(2)除垢
descend (1)由远而来,由大而小,下降,下倾,落下;(2)转变而来
descendant 或 descendent (1)衰变产物,子体物质,子系物质;(2)下降的,下行的,降落的,递降的

descendibility 可使往下斜倾的特性
descending 下降的,下倾的,下行的
descending branch arc 弹道降弧
descending grade 下降坡度
descending liquid 向下流动的液体
descending luminance 亮度递减
descending order 递减次序,降序
descending power 降幂
descending sort {计}降序排列
descension 降落,下降
descensus 下垂,下降
descent (1)降下,降落,着陆,下降,下沉;(2)斜坡
descent method 下降法
desciscent 离向,偏向
descloizite 钒铅锌矿
describable 可以描述的,可以描绘的
describe (1)叙述,描述,描写,描绘;(2)作图,画图,制图;(3)沿[轨道]运行
describe as 把……说成
describer (1)列车指示器;(2)描写者,描述者,记载者,记录器;(3)制图人,绘画者
describing function 等效频率传输函数,描述函数
descriminator 鉴频器,鉴相器,鉴别器
description (1)说明,描写,叙述,描述,描绘;(2)说明书;(3)作图,绘制,图形;(4)种类,式样,等级,性质;(5)定名,称号
description and utilization (=D&U) 说明与利用
description of benchmark 水准点图说,水准点说明书
description of station 测站图说,测站说明书
description of subroutine 子程序使用说明书
description pattern (=DP) 说明的样品
description point (1)取向标记,方向标;(2)参考点
descriptive (1)描述性的,描述的,叙述的,说明的;(2)图形的,图式的
descriptive catalog(ue) 附有说明的分类目录
descriptive crystallography 描述晶体学
descriptive geometry 画法几何[学],投影几何[学]
descriptive process 描述性工艺过程
descriptor (1)描述符,说明符,解说符;(2)描述信息
descum 清除浮渣
desealant (航空燃料桶自动开关盖中的)封闭层防剥离药剂
deseam (1)气炬烧剥;(2)修整锭面
deseamer 气炬烧剥机,焊缝修整机,焊缝清除器,火焰清理机
deseaming (1)气炬烧剥;(2)表面修整
desensibilization (1)去敏化,减敏化;(2)灵敏度降低
desensitivity (1)脱敏感性;(2)灵敏度的倒数,倒灵敏度
desensitization 或 desensitisation (1)降低灵敏度;(2)减少感光度,减敏度[作用],脱敏过程,减敏性;(3)减敏,脱敏,去敏
desensitize 或 desensitise (1)减少感光度(2)降低灵敏度,降低敏感性(3)使完全不感光,钝化
desensitizer 或 desensitiser (在照像术上应用的)减敏感剂,退敏剂
desensitizing 或 desensitising 灵敏度降低[的],减感[作用的]
deserializer 解串器
desetting 去除定形[作用]
desheathing 取下外壳,取下外套
deshielding 去屏蔽
deshydro- 脱氢
deshydroxy- 脱羟
desiccant (1)去水分的,干燥的,除潮的;(2)干燥剂,除湿剂
desiccante (1)使干燥,使脱水,烘干,烤干;(2)用干燥法保存,干贮;(3)干燥产物,干燥制品
desiccation (1)干燥,烘干,晒干,脱水;(2)干裂,干缩;(3)脱水作用,去水合作用
desiccation polygon 干裂
desiccative 脱水剂,干燥剂
desiccator (1)干燥器,保干器,除湿器,吸湿器;(2)干燥机
design (=D) (1)设计,计划,构思;(2)结构,构造;(3)设计图[纸],制图,素描草图;(4)生产工艺设计;(5)几何尺寸的确定,细节的统一处理
design aids 设计参考资料,设计工具
design and drawing office 设计[绘图]室
design approval drawing (=DAD) 批准的设计图
design assumption 设计假定
design automation 设计自动化
design calculation 设计计算
design capacity 设计通行能力,设计能量,设计容量
design change (=DC) 设计更改

design change analysis group (=DCAG)　设计更改分析组

design change board (=DCB)　更改设计委员会

design change committee (=DCC)　更改设计委员会

design change documentation (=DCD)　设计更改证明文件

design change notice (=DCN)　设计更改通知

design change proposal (=DCP)　更改设计建议

design change request (=DCR)　更改设计的请求

design change summary (=DCS)　设计更改一览

design change verification (=DCV)　设计更改检验,设计更改验证

design change work order (=DCWO)　更改设计操作规程

design characteristic review (=DCR)　设计特性检查,结构特性检查

design chart　设计图表,设计图

design codes　设计规范

design concept change (=DCC)　设计概念的更改

design conditions　设计条件

design consideration　设计上的考虑,设计根据

design constraints　设计约束条件,设计制约条件

design control drawing (=DCD)　设计检验图表

design control specification (=DCS)　设计检验规范

design criteria　设计判据,设计准则

design curves　设计曲线图

design curves for converting angular motion　角[回转]运动转换设计曲线图

design cycle　设计流程

design data　设计数据,设计资料

design development record (=DDR)　设计过程记录

design deviation (=DD)　设计偏差

design diagram　设计图

design discharge　设计流程

design disclosure data (=DDD)　被泄露的设计数据

design drawing　设计图[纸]

design engineering inspection (=DEI)　设计工程检验

design engineering inspection board(=DEIB)　设计工程检验委员会

design evaluation test (=DET)　(结构)设计鉴定试验

design evaluation test program(=DETP)　(结构)设计鉴定试验方案

design feature　设计特点,设计特性

design formula (=DF 或 D/F 或 des form)　设计公式

design formulae　设计公式

design handbook (=DH)　设计手册

design horsepower (=DHP)　设计马力

design industrial engineering (=DIE)　设计工业工程学

design-it-yourself system　按组装原理设计系统,设计组装系统

design life　设计使用周期

design lifetime　设计使用寿命

design limit load (=DLL)　设计极限载荷

design limits　设计限制,设计极限

design manual (=DM)　设计手册

design margin evaluation (=DME)　设计裕度估计

design margin evaluation test　结构的储备能力评价试验,结构安全系数试验

design matrix　设计矩阵

design of circuits　电路的设计

design of concrete　混凝土成分设计

design of experiments　实验设计,实验规划

design of grooves　[轧辊]孔型设计

design of mechanisms　机械设计,机构设计

design of section　(1)定出断面,断面设计;(2)轧辊形设计,孔型设计;(3)炉型设计

design parameter　设计参数

design philosophy　设计原则

design pitch　设计节距

design plan　设计方案

design point　设计点

design power　设计功率

design power loading　设计动力载荷

design practice　设计实践

design principle　设计原理

design procedure　设计程序,设计方法

design profile　设计齿廓

design programmer　程序设计员

design requirement drawing (=DRD)　设计要求的图纸

design requirements (=DR)　设计技术条件,设计要求

design research division (=DRD)　实验设计科,远景设计科,远景设计室

design review (=DR)　设计评审,设计检查

design rules　设计规则

design rules and regulations　设计规则和设计规范

design safety margin　设计安全限度

design schedule　设计表格,设计计划[表],计算表,核算表

design schedule analysis (=DSA)　计划日程分析

design section　设计截面

design sheet　设计卡,计算卡

design size　设计尺寸

design specification (=DS)　设计任务书

design specifications　设计规范,设计规格

design standards　设计标准

design standards manual (=DSM)　设计标准手册

design stop order (=DSO)　设计停止指令,设计停止指示

design strength　设计强度

design stress　设计应力

design table　设计表格

design test　鉴定试验

design validation　设计确认

design variables　设计变数

design verification　设计验证

design weight　设计重量

designability　设计可能性,可设计性,结构性

designable　(1)能设计的,能计划的;(2)可被区分的,可被识别的

designate　(1)指明,指示,指出,指名,指定,表示,标明,标志,标示,称为;(2)选派,选定,任命;(3)指定的,选定的,指派的,委派的

designated　指定的,派定的,特指的

designated value　指定值,标志值

designation　(1)指明,指定,指示,规定,说明;(2)名牌,铭牌,牌号,符号,定名,名称,命名;(3)代号编制法,符号系统,记号,代号,记法;(4)表示方法,标志,标识,数据;(5)目的,目标

designation number　标准指数,标志数

designation strip　名牌

designational　命名的

designative　指定的,指名的

designator (=DES)　(1)选择器,指示器;(2)命名符,指示符,标志符;(3)指定者,指示者

designatory　指示的,指定的

designed　(1)打好图样的,设计的;(2)有计划的,故意的

designed brake horsepower (=DBHP)　设计制动马力

designed distance　设计距离

designed horsepower　设计马力

designee　被指定者,被派派的

designer　(1)设计师,设计者,设计员;(2)制图员,制图者;(3)计划者,规划者

designing　(1)设计,计划;(2)绘制草图,制图;(3)设计的,计划的

designing engineer　设计工程师

designing of construction lines　(1)定出断面;(2)特型设计

designing of section　剖面图,断面图

designograph　设计图解[法]

desilicate　除硅酸盐,脱硅

desilication　脱硅作用

desilicification　除硅酸盐,脱硅作用,脱硅过程

desilicify　脱硅,除硅

desiliconization　脱硅,除硅

desiliconize　脱硅,除硅

desilter　(1)沉淀池,沉砂池,滤水池;(2)澄清器,集尘器;(3)脱泥机

desilting　除去悬浮质泥砂

desiltor　脱泥机

desilver　脱银,除银

desilverisation 或 desilverization　除银[作用],脱银[作用]

desilverize　(从锌矿中)提取银,脱银,去银,除银

desinence　终止,结束,终端,收尾

desinent　末端的,终点的

desintegrate(=disintegrate)　(1)分裂,分解,分细;(2)解磨;(3)蜕变,裂变

desintegration　(1)机械破坏,机械分解;(2)分裂,分解,蜕变,裂变;(3)蜕变物,裂变物

desintegrator　粉碎机

desirability　客观需要,需要性

desirable　(1)合乎需要的,合乎要求的;(2)所需物

desire　愿望,希望,要求,请求

desired　希望的,期望的,理想的,需要的

desired contact under full load　(锥齿轮)满载下理想(或正确)的

接触区

desired contact under light load　(锥齿轮)轻载下理想(或正确)的接触区

desired cut　理想切削,理论切削

desired delivery date (=DDD)　要求交货日期

desired ground zero (=DGZ)　要求的爆心投影点

desired length　需要长度

desired loose　理想松配合

desired mean point of impact (=DMPI)　期望平均命中点,期望命中中心

desired signal　所需要信号,有用信号,有效信号

desired speed　理想转速,预定转速

desired thickness　需要厚度

desired tight　理想紧配合

desired-to-undesired signal ratio (=D/U)　期望信号/不期望信号比,载波噪声比

desired value　要求值,给定值

desist　停止,中止

desivac　冰冻干燥法,冻干法

desivac process　爆冻过程

desizability　退浆能力,退浆性

desize　脱浆,退浆,除浆

desizing　脱浆,退浆,除浆

desizing mangle　脱浆轧布机

desk　(1)办公桌,小台,桌,台;(2)面板;(3)实验台,试验台,操纵台,控制台

desk blade　盘形刀片

desk calculating machine　台式计算机

desk calculator　台式计算机

desk computer　台式计算机

desk fan　台式风扇,桌式电扇

desk lamp　台灯

desk shoe　橡胶桌腿套

desk structure　桌状结构

desk-top　案头的,桌上的,桌式的

desk-top calculator　台式计算器

desk-top computer　台式计算机

desk-top enclosure　(微计算机组装的)箱顶封装

desk type secondary clock　座式子钟

deslag　扒渣

deslagging　除渣,放渣,排渣,倒渣,去渣

deslicking　防滑

deslicking treatment　防滑处理

deslimer　煤泥去除器,脱泥机

desliming　除去矿泥

desludging　除去淤渣

desmachyme　网状组织

desmic　连锁的

desmodur　聚氮基甲酸酯类粘合剂

desmolysis　解链作用,碳链分解作用

desmotrope　稳变异构体

desmotropism(=desmotropy)　稳变异构[现象]

desorb　解[除]吸[附],使放出

desorex　活性炭

desorption　(1)解吸[作用],退吸;(2)清除吸附气体;(3)装卸

desoxidant　脱氧剂

desoxidation　脱氧,还原

desoxiding　脱氧

desoxidizer　脱氧剂

desoxy-　(词头)脱氧,减氧

desoxydate　脱氧

desoxydation　脱氧[作用]

desoxygenation　脱氧作用

despatcher(=dispatcher)　调度员

despiker　峰尖校平设备,峰尖削平设备,峰尖削平器,削峰器

despiker circuit　(脉冲)削峰电路

despiking　(指脉冲)削平顶峰,削峰

despiking circuit　脉冲钝化电路

despiking resistance　削峰电路,阻尼电路

despin　(1)降低转速,停止旋转;(2)反旋转,反自转,消[自]旋

despin weight assembly　防自旋配重装置

despinning　降低转速,停止运转

despiralization　解螺旋作用

despumate　撇去浮泡

despumation　除去浮渣,去除杂质

despun antenna　反旋转天线,反转天线,消旋天线

despun motor　反旋转电动机,反自转电动机

desquamate　脱皮,脱落,剥离,剥落

desquamation　脱皮,脱落,剥离,剥落

dessicant (=DES)　干燥剂

dessicate　干燥

dessication　干燥

dessicator　水提取器

destabilization　去稳定[作用],不安定,不稳定,扰动,不稳

destabilize　使不稳定,使动摇

destain　(为显微镜观察)把[标本]褪色,脱色

destarch　脱浆,退浆

destaticizer　(1)脱静电剂;(2)去静电器

destearinization　去硬脂

desterilize　恢复使用,解封

destination (=DESTN)　(1)目标,目的;(2)目的地;(3)终点,终端;(4)指定,预定

destination board　(1)指示牌;(2)模板

destination code base (=DCB)　指定编码基数

destination file　结果文件

destination host　目的主机

destination network　目的地网络

destination sign　目的地指示标志

destine　注定,预定,指定,派定

destinezite　磷硫铁矿

destinker　去味器

destitute　缺乏[的]

destitution　缺乏

destrengthening　强度消失,软化

destressing　放松应力,去应力

destroy　毁坏,摧毁,拆毁,破坏

destroyable　可毁灭的,可摧毁的,可驱逐的

destroyed atom　被破坏的原子,分离原子

destroyer　(1)破坏者;(2)破碎机,破坏器;(3)驱逐舰;(4)美国轻型战术轰炸机(型号 B-66)

destroyer escort (=DE)　反潜护卫舰,护航驱逐舰

destroyer leader　大型驱逐舰

destroyer screen　驱逐舰警戒网

destroying　损坏的,毁坏的

destroying force　破坏力

destroying load　破坏负荷

destroying moment　破坏力矩

destroying satellite　攻击卫星,歼击卫星

destruct　(火箭、导弹等的故障性)自毁,摧毁,爆炸

destruct system　(导弹)爆毁系统

destruct system test set (=DSTS)　自炸系统测试装置

destructibility　破坏性,破坏力

destructible　可破坏的,易破坏的,能毁坏的

destruction　(1)破裂,破坏,拆毁,断裂,毁灭,毁坏;(2)毁灭原因;(3)结束,消除

destruction circuit　(导弹)爆炸电路

destruction of U235　铀 U235 的燃烧

destruction operator　消灭算符

destruction range　破坏范围,杀伤范围

destruction test　破坏性试验

destructional　破坏作用造成的,侵蚀

destructive　(1)破坏[性]的,毁坏[性]的,摧毁的;(2)有害的,危害的

destructive addition　破坏[信息]加法,破坏性叠加,破坏相加

destructive breakdown　破坏性击穿

destructive distillation　分解蒸馏,破坏蒸馏,干馏

destructive experiment　破坏性试验

destructive firing (=destr FIR)　破坏性发射

destructive interference　(1)破坏性干扰,相消干扰;(2)相消干涉

destructive pitting　破坏性点蚀

destructive power　破坏力

destructive read　破坏读出

destructive readout (=DRO)　破坏[信息]读出

destructive readout storage(=DRO)　破坏读出存储器

destructive reading　(抹掉信息读出的)破坏性读数

destructive scoring　破坏性胶合,破坏性粘着撕伤

destructive scuffing　破坏性划伤

destructive storage　破坏读出存储器,破坏性存储器

destructive test　破坏性试验,断裂试验,击穿试验

destructive vibration 破坏性振动

destructive wear 破坏性磨损

destructivit y 破坏性

destructor (1) 破坏装置, 自毁装置, 自爆装置, 自炸装置, 自毁机构, 破坏器; (2) 垃圾焚烧炉, 废料焚化炉, 废料焚化器

destructure 变性

desublimation 去升华作用, 凝结作用

desuete 废弃了的, 过时的

desuetude 已不用, 废弃

desugar 脱糖, 提出糖分

desulfate 脱硫

desulfation 或 desulfuration 或 desulfurization 脱硫作用

desulfurization-hydrogenation 脱硫加氢 [作用]

desulphurization 除硫, 脱硫

desulphurizer (1) 脱硫剂; (2) 脱硫器

desultorily 不相关地, 无系统地, 杂乱, 散漫

desultoriness 不规则, 散漫

desultory 不连贯的, 无系统的, 无规则的, 杂乱的, 散漫的, 随意的

desuperheat 降低 [过热蒸汽的] 热量, 过热后冷却, 降温, 预冷, 减退

desuperheater 过热蒸汽减温器, 过热降低器, 过热减温器, 过热下降器

desuperheating 过热下降, 过热减低

desurface 清除表层金属

desurfacing 脱除表面层

deswell 退胀, 泡胀, 溶胀

desyn 直流自动同步机

desynapsis 联合消失

desynchronize 同步破坏, 失同步, 去同步, 解同步

desynchronizing 失去同步, 同步破坏

det-cord 导爆线

DETAB-x (=Decision Table-Experimental) 是用 COBOL 组成判定表的一种程序设计语言

detach (1) 除去, 移除, 劈去, 移去, 脱钩; (2) 拆开, 拆卸, 卸下, 分开, 分离, 解开, 摘开

detachability 可拆卸性, 可分离性, 脱渣性

detachable 可拆开的, 可换的, 可分开的, 可卸下的, 活络的

detachable bit 可拆卸钻头, 可拆式钻头, 活钻头

detachable blade 可拆式刀片, 可换刀片

detachable cap 活盖

detachable chain 爪接链, 钩头链, 活络链

detachable coil 可拆线圈

detachable column 单立柱

detachable device 可拆装置

detachable distance piece 活隔套, 活隔片

detachable head of cylinder 可拆汽缸盖

detachable hook chain 可拆钩头链

detachable-link chain 钩头链, 活络链

detachable plugboard 可拆插接板

detachable spacer 活隔套, 活隔片

detached (=det) 拆开的, 分开的, 分离的, 独立的, 孤立的, 单立的, 单个的

detached column 独立柱, 单立柱

detached shock 脱体激波

detachedness 分离的性质, 分离状态

detacher 拆卸器, 脱钩器

detaching cam 分离凸轮

detaching device 拆卸装置, 拆卸工具

detachment (1) 分离, 分开, 拆开, 拆下, 取下, 脱离, 脱钩, 脱落, 除去, 移除; (2) (电子的) 释放; (3) 离体; (4) 不受影响, 独立; (5) 独立分队, 特遣舰队

detachment of electrons 电子群的分离

detachment of plasma 等离子体分离

detackifier 脱粘剂

detacord 导爆线的一种

detail (=D) (1) 零件, 元件, 部件, 部分; (2) 零件图, 分件图, 细部图, 详图, 样图, 分图; (3) 明细表, 细部, 细节, 细目, 详情, 说明; (4) 清晰度; (5) 单位, 分队

detail assembly temperature 细部装配样板

detail assembly panel (=DAP) 细部装配面板

detail bit 细目位, 说明位

detail card 细目卡片

detail chart 详细流程图

detail check list (=DCL) 零件核对表

detail contrast 细节对比度

detail drawing 零件图, 大样图, 细部图, 详图

detail file (1) 细目外存储器; (2) 细目文件, 说明资料

detail fracture 轨顶细裂纹

detail inspection 细部检查

detail log 详测曲线图

detail of construction 结构详图, 零件详图, 施工详图

detail of design 设计详图

detail paper 底图纸, 描图纸

detail plan 零件图, 详图

detail point 碎部点

detail requirement 详细要求

detail specification 详细说明书, 详细规格

detail tape 明细带

detailed labour and time analysis (=DELTA) 劳动与时间的详细分析

detailed test objective (=DTO) 详细的试验目的

detailed test plan (=DTP) 详细的试验计划

detailed test plan annex(=DTPA) 详细的试验计划附件

detailed test specification (=DTS) 详细的试验说明书

detailer (1) 大样设计员, 细部设计员; (2) 制图员

detailing 大样设计, 细节设计, 详细设计, 明细设计

details recording system 详细记录制

detain (1) 阻止, 阻挡, 阻拦; (2) 延迟, 耽搁

detan 去除鞣酸, 去除甘宁酸

detar 脱焦油

detarred 脱了焦油的, 无焦油的

detarrer 脱焦油设备, 脱焦油器

detarring (1) 脱焦油的; (2) 脱焦油 [作用]

dete 装在潜艇上的一种雷达

detect (1) 察觉, 发觉, 发现; (2) 探测, 检测, 检定, 检验, 检查, 检漏, 查明; (3) 检波, 整流

detectability (1) 可探测性, 探察能力, 探测能力; (2) 检波能力, 整流能力; (3) 检验能力, 检测能力; (4) 检出灵敏度, 可检测性, 鉴别率

detectable 可探测出的, 可检波的, 可检漏的, 可发现的

detectagraph 听音机, 侦听器, 窃听器

detectaphone (1) 窃听器, 侦听器, 监听器; (2) 监听电话机, 侦听电话机, 窃听电话机

detected neutron 检得中子

detected output 检波 [后的] 输出

detecting (1) 检波的; (2) 检测

detecting device 探测装置, 探测器

detecting element (1) 检测元件, 检波元件, 探测元件; (2) 指示元件; (3) 灵敏元件, 感受元件

detecting head (1) 检波头, 探测头, 探针; (2) 指示器; (3) 厚薄规

detecting instrument 探测仪器, 检波仪器

detecting slide 滑动鉴定

detecting voltage 检波电压

detection (=det) (1) 检验, 检测, 检定, 探测, 探伤; (2) 察觉, 发觉, 发现, 搜索, 警戒; (3) 检波, 整流

detection circuit 探测电路, 检波电路, 传感电路

detection criteria 检测准则

detection efficiency 检波效率

detection intercontinental ballistic missile system (=DICBM system) 洲际弹道导弹的探测系统, 反洲际弹道导弹的战略防御系统

detection junction 探测器结

detection limit 检测极限, 检出极限

detection of defects 缺陷检查, 探伤

detection sensitivity 检波灵敏度

detection unit picture 图像检波器

detective 探测的, 检波的, 侦查的

detectivity 探测灵敏度, 探测能力, 可探测率

detectophone (1) 窃听器, 侦听器, 监听器; (2) 监听电话机, 侦听电话机, 窃听电话机

detector (=DET 或 det) (1) 检波器, 整流器; (2) 指示器, 检验器, 检测器; (3) 探测设备, 探测装置, 探测器, 探伤器; (4) 指示器, 传感器, 感知器; (5) 验电器; (6) 随动装置, 跟踪装置, 随动机构, 跟踪机构; (7) 水位计, 水量计; (8) 车辆记录器; (9) 灵敏元件, 传感元件, 探测元件; (10) 接收机

detector array 探测器件

detector back bias (=DBB) 检波器反偏压

detector balanced bias (=DBB) 检波器的平衡偏压

detector bar (1) 检验器杆; (2) 道岔锁闭杆

detector car 检查车

detector-converter 检波变频器, 检波混频器

detector converter 检波变频器

detector diode 检波二极管

337

detector of defects 探伤仪

detector set 检波器接收机，矿石收音机

detector shaft （纺机）感知器芯轴

detector tube 检波管

detector valve 检波管

detectoscope (1) 水下探测器，水中探音器，水中听音机，水中讯号器；(2) 潜艇探测器；(3) 海中信号机

detent (1) 制轮机械，[棘爪]制动器，制动器，制动杆，止动器；(2) 卡销，锁销，锁键；(3) 凸轮销，棘爪，掣子；(4) 驻栓；(5) 定位装置；(6) 擒纵装置，稳定装置；(7) 封闭，闭锁，停止

detent ball and spring 定位球簧

detent pin (1) 定位销；(2) 止动销；(3) 停机纹

detent pivot 掣子销，掣子枢

detent plate cover 止动器盖板

detent plug 制动销，止销

detent spring 棘爪簧

detent torque 起动转矩

detenting 爪式装置

detention (1) 阻止，停滞，卡住，滞留；(2) 推延，迟延，滞后，误期；(3) 扣留，阻留

detention of vessel 扣留船只

detention surface 阻滞表面

deter 阻止，制止，阻碍，妨碍

deterge 弄干净，净化，去垢

detergence 或 detergency (1) 去垢能力，脱垢能力，净化力，去垢性；(2)（砂轮的）防堵塞性；(3) 洗净

detergent (1) 净化剂，洗涤剂，去垢剂；(2) 净化的

deteriorate (1) 降低品质，变质，变坏，老化，退化，劣化，衰退；(2) 损坏，损耗，损伤，磨损，消耗

deterioration (1) 恶化 [作用]，变坏 [作用]，变质；(2) 退化 [作用]，老化；(3) 腐蚀；(4) 损伤，磨损，损耗

deterioration of cracked gasoline 裂化汽油变质

deterioration stability 防老化性

deterious deflection 有害挠曲

determent 制止物，威慑物

determinable (1) 可决定的，可确定的，可限定的，能测定的，可测定的；(2) 可终止的

determinacy 确定性，确切性

determinand 欲测元素，欲测离子，欲测物，待测物

determinant (1) 行列式；(2) 决定因素，决定要素；(3) 决定性的，限定性的，决定力的

determinant of coefficient 系数行列式

determinantal 行列式的

determinate (1) 行列式；(2) 决定因素；(3) 确定的，明确的；(4) 有定数的，有定值的

determinate error 一定的误差，预计误差

determination (1) 确定，决定，限定，判定，鉴定，规定；(2) 测定 [法]，测量，试验；(3) 定义

determination of absorbed dose 吸收剂量的测定

determination of direction and range (=dodar) 超声波定向和测距装置，超声波定位器，导达

determination of position 位置测定

determinative 有决定作用的，有限定作用的，决定的，指定的，限定的，鉴定的

determinative dimension 决定性尺寸

determine (1) 确定，决定，测定，鉴定，限定，制定，规定；(2) 求出，解决；(3)（合同）终止，终结；(4) 定义

determined 确定的，决定的

determined value 确定值

determiner 决定因素，因子，定子

determining factor 决定因数

determining location 定位

determinism 决定论

deterministic 决定性的，确定的

deterministic automation 确定性自动机

deterministic channel 确定信道

deterministic language 确定性语言

deterministic models 确定性模型

deterministic retrieval 判定性检索

deterrence 核威摄，威摄

deterrent 制止物，威胁物

deterrent coatings 减燃层

detersive (1) 有清净力的，洗净性的；(2) 洗涤剂，清净剂，清洁剂，去垢剂

detin 脱锡，去锡

detinned scrap 除锡废钢

detinning 回收镀锡 [法]（由旧镀锡板上）

detonable 可爆炸的，易爆的

detonant 爆声

detonans 爆声

detonatable 可爆炸的，易爆的

detonate (1) 爆破，爆炸；(2) 爆震，爆轰，爆燃，燃爆，起爆，传爆

detonate-tube 起爆管，雷管

detonating (1) 爆破的，爆炸的；(2) 爆破，爆炸

detonating cap 雷管

detonating cord 爆炸引线，火药导线，引爆线，导爆索

detonating fuse (=DF) 起爆引信，爆炸引线，火药导线，引爆线，导爆索

detonating powder 起爆药

detonating ram 爆炸锤

detonating relay 起爆继电器

detonation (1) 爆破，爆炸；(2) 爆震，爆轰，爆燃，燃爆，起爆，传爆

detonation indicator 点火指示器

detonative 可爆的，爆燃的

detonator (=det) (1) 发爆剂，爆轰剂；(2) 雷管，传爆管，发爆管，发爆器，引爆管，雷管；(3) 引爆物

detonator circuit 信管电路，引信电路，引发电路

detonator-safe 膛内保险，起爆保险

detonator signal 爆炸信号，爆音信号

detonics 爆炸学

detorsion (1) 扭转矫正；(2) 反扭转；(3) 曲度不足，斜度不足

detour (1) 迂回；(2) 迂回路，旁路

detour factor 迂回因素

detour phase effect 迂回相位效应

detoxicant 解毒剂

detoxicate 去除放射性粘染，去粘污，去毒，解毒

detoxication 去除放射性粘染，去毒 [作用]，，解毒 [作用]

detoxify 去粘染，去毒，解毒

detract (1) 毁损，损伤，损坏，伤害；(2) 降低

detrain (1) 下 [火] 车；(2)（火车）卸载

detraining 卸车

detrainment 卷出

detreader (1) 剖胎面机；(2) 磨胎面机

detriment (1)（核）危害，损害，伤害；(2) 造成损害根源，损失，不利

detrimental 有害的，有损的，不利的

detrital (1) 碎屑的；(2) 破坏了的

detrition 磨损，磨耗，耗损

detritus 碎屑，沉渣，腐质

detritus equipment 破碎设备

detritus tank 沉污槽

detruck 从汽车上卸下，卸载

detrude 使……位移，推倒，推出

detruncate 削去，切去，缩减，节省

detrusion (1) 位移，滑移；(2) 剪切变形，外冲；(3) 推出，推倒

detune 解调，解谐，失调，失谐，去谐

detuned circuit 失谐电路

detuner (1) 解调器；(2) 排气减音器；(3)（曲轴用的）动力减振摆

detuning 失调，失谐，去谐

detuning capacitor 失调电容器

detuning stub 解谐短路

detur 给予

detwinning 去孪晶，去双晶

deuced 非常，异常，过度，极

deut(er)on 氘核，重氢核

deuterate 氘化，加氘

deuterium (1) { 化 } 氘 D；(2) 重氢

deuterium bond neutron 氘束缚中子

deuterium-labelled 重氢示踪的，重氢标志的

deuterium-loaded 用氘饱和的

deuterium-moderated pile (=DIMPLE) 小功率重水反应堆，氘中级堆

deuterium oxide 重水

deuterium thyratron 充氘闸流管

deuterium tritium reactor (=DT reactor) 氘氚反应堆

deuteron 重氢核，氘核

deuteron capture 氘核俘获

deuteroxide 重水

deux-chevaux 引擎有两马力的小汽车

Deval abrasion tester 台佛尔磨耗试验机，双筒磨耗试验机

Deval rattler 台佛尔磨耗试验机，双筒磨耗试验机

devaluate 使货币贬值, 减价

devaluation 贬值

devaluation of dollar 美元贬值

devaluation of dollar in terms of gold 美元对黄金贬值

devalue 使货币贬值, 减价

devanture 蒸锌炉冷凝器, 锌华凝结器

devaporation 止汽化 [作用], 蒸汽凝结

devaporizer (1) 蒸汽 - 空气混合物凝结器, 余汽冷却器; (2) 清洁器

Devarda's alloy 铜锌铝合金, 戴氏合金 (铜 50%, 铝 45%, 锌 5%)

developable surface 可展曲面

develop (1) 发展, 进展, 开展, 展开, 扩大, 增进, 改进; (2) 开展生产, 制出, 制造; (3) 显影; (4) 开辟利用, 开拓, 开发; (5) 引出, 导出; (6) 生长, 成长

develop a device 研制出一种装置

develop a fault 发生故障

develop a formula 推导出一个公式

develop a method 制定出一种方法

develop a plan 拟定一个计划

develop energy 产生能

develop force 产生力

develop heat 产生热

develop high technical proficiency 达到高度技术熟练程度

develop pressure 产生压力

develop resources 开发资源

develop the equipment to a high pitch of efficiency 把设备的效率发挥到很高的程度

develop voltage 产生电压

developable 可展开成级数的, 可展开的

developed (1) 展开的, 发展的; (2) 发出的

developed area 展开面积

developed country 发达国家

developed curve 展开曲面

developed dye 显色染料

developed helix 展开螺旋线

developed horsepower (=DHP) 发出马力

developed length (=DL) 展开长度

developed pattern 显影后的图样, 显影图像

developed power 发出功率

developed representation 展开图示法

developed surface 展开面

developed width (=DW) 展开宽度

developedness 发展性质, 发展状态

developer (1) 显像剂, 显影剂; (2) 显影液; (3) 开拓者, 开拓人

developing (1) 显像, 显影; (2) 开拓; (3) 发展 [中] 的

developing agent 显影剂

developing country 发展中国家

developing machine 显像机, 显影机, 洗片机

developing-out paper (=DOP) 显相纸, 照相纸, 底片, 胶片

development (1) 发展, 开展, 进展, 扩展; (2) 改进设计, 改进结构, 试制, 研制, 编制, 研究, 设计, 加工, 改进, 拟定; (3) 展开图, 展开; (4) 推导, 导出; (5) (齿轮) 试切; (6) 显影, 显谱; (7) 开拓, 开发, 发达, 演变, 进化, 推导, 导出; (8) 延伸; (9) 新装置, 新设备; (10) 显影, 显像, 冲洗

development cost 研制费用

development engineering 研制工程

development engineering inspection board (=DEIB) 新设计工程检验委员会, 研制工程检验委员会

development engineering review (=DER) 新设计工程检查, 研制工程检查

development investigation in military orbiting system (=DEIMOS) 军用轨道系统的设计研究

development model 研制样品, 研制模型

development of chromatogram 色层分离显谱法

development of dye 染料的显色

development of gas (1) 放出气体 ;(2) 放出毒气

development of heat 放热, 生热

development of product 产品开发

development prototype (=DP) 试制原型

development prototype launcher (=DPL) 试制原型发射架

development test 试制品试验, 研制试验, 研究试验 (相对于验收试验而言)

development test and evaluation 研发试验和鉴定

development test station 实用试验台

development tests 新产品试验, 试制品试验

development time 调试程序时间, 调机时间, 研制时间

development type 试验样品, 研制型

developmental (1) 试验性的, 试验的, 实验的, 研制的, 试制的; (2) 发展的, 发达的, 开发的

developmental reentry vehicle (=DRV) 重返大气层的试验飞机

developmental work 研制工作

deviancy (1) 偏离性质, 偏离状态; (2) 变异性

deviant (1) 偏移值; (2) 不正常的, 异常的

deviascope (罗盘的) 偏差显示器

deviate (1) 使离开, 使偏离, 使脱离, 使背离; (2) 偏斜, 偏差, 偏位, 偏移

deviated value 误差值

deviating prism 偏析棱镜

deviation (1) 偏移, 偏差, 偏离, 偏移, 离差, 公差, 误差, 差异; (2) 偏转, 偏向, 偏位, 偏距, 偏角, 偏斜; (3) 形变; (4) (指针) 漂移, 失常; (5) 偏差数

deviation absorption 近临界频率吸收, 频移吸收

deviation angle 磁偏角, 偏差角

deviation clause (=D/C) 绕航条款

deviation computer 偏差计算机

deviation control 偏差控制, 偏差检查

deviation distortion 频移失真

deviation difficulty (=DD) 偏差造成的困难

deviation error of axes(=shaft alignment error perpendicular to the plane of axis) 轴偏差 (轴不垂直于轴线平面的安装误差)

deviation error of parallel of axes Y 方向轴心线的不平行度

deviation flag 航线偏移指示器, [弹道] 偏差指示器

deviation frequency 偏移频率

deviation from ball gage (轴承) 球规值的偏差

deviation from circular form 圆形偏差

deviation from cylindrical form 圆柱形偏差

deviation from mean 均值离差

deviation from the transmission of motion 运动传动偏差

deviation moment 惯性离心力矩

deviation of a single bore diameter 单一内径偏差

deviation of a single ring width (轴承) 套圈单一宽度偏差

deviation of base tangent length 公法线长度偏差

deviation of center distance for double flank engagement 双啮 [测量] 中心距偏差

deviation of compass 罗盘自差

deviation of diameter 直径偏差

deviation of dimension M over balls (齿轮) 量球测量距偏差, 跨球测量 M 值的偏差 ,M 尺寸测量误差

deviation of dimension M over pins (齿轮) 量柱测量距偏差, 跨棒测量 M 值的偏差 ,M 尺寸测量误差

deviation of normal base tangent length 法向公法线长度偏差

deviation of normal chordal (tooth) thickness 法向弦齿厚偏差

deviation of plumb line 垂线偏差

deviation of reading 示值偏差

deviation of teeth thickness 齿厚偏差

deviation of the actual bearing height 轴承实测高度偏差

deviation of the hole (1) (钻井的) 井斜; (2) (钻孔的) 孔斜

deviation of transverse base tangent length 端面公法线长度偏差

deviation of transverse circular (teeth) thickness 端面弧齿厚偏差

deviation permit 偏差许可

deviation range 偏差范围

deviation ratio (=DR) 偏移系数

deviation scale 偏移刻度

deviation sensitivity 偏移灵敏度, 偏差灵敏度

deviator (1) 致偏装置, 偏向装置, 变向装置, 偏差器; (2) 偏量

deviator stress 偏应力

deviatoric stress 偏应力

deviatoric tensor 偏张量

device (1) 设备, 装置, 仪表, 仪器, 器件, 器械, 器具, 机械, 机器, 机构, 部件, 元件; (2) 设计, 计划, 配置, 配合; (3) 组合元件, 固体组件, 工具, 夹具; (4) 草案, 图样, 图案, 花纹; (5) 方法, 手段, 措施, 策略, 诡计

device address 外围设备地址

device availability 设备效率

device complexity (1) (集成电路中) 线路元件数; (2) 装置的复杂性

device control 设备控制

device control character 设备控制字符

device control unit 设备控制器

device-dependent 设备相关的, 器件相关的

device flags 设备标志器

device for automatic power 自动功率调整器

device for paying cut wire 放线盘
device independence (1)不依赖于设备的;(2)(外部)设备独立[性];(3)(编程序时)与外部设备无关性
device-independent [与]设备无关的,[与]器件无关的
device instrument 仪器
device not ready 设备未就绪的
device parameter (晶体管)器件参数
device ready 设备就绪的
device status word 设备状态字
device-switching unit (=DSU) 设备转换开关
devicename 设备名称,器件名称
devil (1)加热焊料的小炉子;(2)铺沥青路面的加热器,加热机;(3)制木螺丝机器,切碎机;(4)难于操纵的,难于控制的
devil bolt 假螺栓
devil catcher [络筒机的]清砂板
devil liquor 废液
devil water 废液
devillicate (造纸)核松纤维
devilline 钙铜钒
devilling 刻槽
Devillometer 德威尔立体量测仪
deviometer 航向偏差指示器,偏航指示器,偏航指示计,偏差计,偏向计,偏视计
devious (1)不定向的,弯曲的,曲折的,迂回的;(2)远离的,偏僻的;(3)不正当的
devisable 能设计的,能发明的,能计划的,能设想的
devisal 设计,计划,图谋
devise (1)设计,计划,发明,创造,想出,作出,(2)产生,发生
deviser (1)发生器;(2)设计者,发明者,计划者,创造者
devising of pulse 产生脉冲
devitrification (1)失去透明性,透明消失,失去光泽,反玻璃化,去玻璃化;(2)脱玻作用,脱硫[现象]
devitrification of glass 玻璃闷光,反玻璃化
devitrified glass 闷光玻璃
devitrify (1)使失去透明性,使失去光泽;(2)使反玻璃化
devitrifying glass 不透明玻璃
devitrifying solder 失透性焊剂
Devitro ceramics 德维特罗陶瓷
devitroceram 德维特罗陶瓷,玻璃陶瓷
devoid of 没有……的,无……的,缺乏……的
devolatilization 脱挥发份[作用]
devolatilization of coal 低温炼焦
devolute (1)传递,转移,转让,移交,交代,授予,委任;(2)流向下
devolution (1)转移,转让,移交,交代,授予,委任;(2)权力下放,授权代理
devolve (1)传递,转移,转让,移交,交代,授予,委任;(2)流向下
devulcanization 反硫化[作用],去硬化[作用]
devulcanizer 反硫化器,脱硫器
dew (1)露水,露;(2)纯洁,清新;(3)水分;(4)蒸馏的液滴
Dew cell 道氏湿敏元件,道氏电池
dew point (=DP) 露点
dew point hygrometer 露点湿度计
Dewar 杜瓦瓶,真空瓶
Dewar bottle 杜瓦瓶,真空瓶
Dewar flask 杜瓦瓶,真空瓶
Dewar vessel 杜瓦瓶,真空瓶
deward 德瓦特锰钼钢(碳0.9%,锰1.5%,硅0.2%,铬0.08%,钼0.3%,余量铁)
dewater 脱水,浓缩,增稠
dewaterer 脱水器
dewatering (1)脱水的;(2)脱水作用,去水合作用;(3)排水
dewax 脱蜡,去蜡
dewaxing 脱蜡,去蜡
dewaxing with filter-aids 用滤器脱蜡
dewbeam 露光束
dewdrop glass 马蹄金
dewer 喷水工
dewetting 外向湿润,去湿润,去湿
dewey 手枪
dewpoint 露点
dexbolt method 二次减径螺钉镦锻法
dexiotropic 向右的,右旋的
dexiotropous 向右的,右旋的
dexirogyric 偏振面顺时针转动的,右旋的

dexter 右手的,右边的,右的
dexter base point 船名牌右下
dexter chief point 船名牌右上
dexterity (1)灵巧,熟练,巧妙,技巧;(2)惯用右手
dexterotropic 右旋性的
dexterous (1)灵巧的,熟练的,巧妙的,机警的;(2)用右手的
dextr- (词头)右[旋]的
dextrad 右向
dextral 顺时针方向的,用右手的,右旋的,右边的
dextrality 右旋性的
dextrad 右向
dextro 顺时针方向旋转的,向右旋转的,右旋的
dextro- (词头)右[旋]的
dextrogyral 右旋的
dextrogyrate 右旋的
dextrogyric 右旋的
dextroisomer 右旋[同分]异构体
dextromanual 善用右手的
dextrorotary 或 dextrorotatary 顺时针方向旋转的,向右旋转的,右旋的
dextrorotation (1)右旋作用;(2)顺时针旋,右旋,正旋
dextrorsal 右旋的,右向的
dextrorsal curve 右挠曲线
dextrorse 右旋的
dextroversion 右旋的
dezinc 除锌,脱锌,去锌
dezincification 锌的浸析[作用],除锌[作用],脱锌[作用],失锌现象
dezincify 除锌,脱锌,去锌
dezinkify 除锌,脱锌,去锌
dghaisa 马耳他划船桨
dhangi (印)(一种帆船)
dhanoleno (拖网)档杆及其属具
DHD process 高压脱氧过程,DHD法
dhow (=dow) 阿拉伯三角帆帆船
di- (词头)(1)否定,取消,离,分,除;(2)二倍的,二重的,二的;(3)横过,通,全,间
di-cap storage 二极管-电容存储器
di-interstitials 双填充子,双填隙
di-ionic 双离子的
di-iron trioxide 三氧化二铁
di-lens 介质透镜
di-mol 迪-钼尔钼高速钢(碳0.8%,铬4.0%,钒1.0%,钨1.5%,钼9%,余量铁)
dia- (词头)横过,透过,通过,通,全,离,间
dia-testor (用布氏、维氏压头的)硬度试验机
dia-titanit 钛钨硬质合金
dia-tool 镶金刚石刀具,镶金刚石工具
diabasis 移行
diabatic 非绝热的,透热的
diablastic 筛状变晶的
diabolo 空心陀螺
diabolo bobbin 有边筒管
diabrosis 腐蚀
diabrotic (1)腐蚀的;(2)腐蚀剂
diac 二端交流开关元件,双向击穿二极管,三层二极管
diacaustic (1)折射散焦;(2)散焦曲线
diacetone 乙酰丙酮,双丙酮
diacetylene 联乙炔,丁乙炔
diacid 二[元]酸
diaclase 正方断裂线,压力裂缝,构造裂缝
diacle (苏格兰)袖珍罗盘
diacone speaker 高低音扬声器,双锥扬声器
diacoustic 折声的
diacoustics 折声学
diacritic 区别的,区分的,诊断的,辨别的
diacritical 半临界值的
diacritical current 间临界电流
diacritrical point 间临界点
diactinic 有化学线透射性能的,能透化线的,透紫和紫外线的
diactinism 化学线透射性能,透光化线性能
diactor 直接自动调整器
diad (1)十个一组,二合一;(2)二重对称的,二重轴的;(3)对称轴线;(4)二价原子,二分子;(5){计}双位二进制
diad axis 二重轴

diadactic structure　二元结构

diadaxis　二次对称轴

diadic　(1) 二重轴的；(2) 二价原子的；(3) 双值的

diadic operator　双值算子

diadochy　转换能力

diaeresis (=diersis)　(1) 分开，分离；(2) 切开

diafragm　(1) 隔膜，(2) 膜片，膜盒，膜层，薄膜，(3) 振荡膜，振动膜，振动板，振动片，(4) (涡轮机) 固定叶轮，涡轮导流盘，透平隔板，回转隔板，(5) 十字线片，遮光板，光阑，光栏，光圈，(6) 挡泥板，遮水板，孔板，隔板，(7) 用光圈把 [透镜] 的孔径减小，装隔膜子，装以隔膜，阻隔

diagnometer　检察表

diagnose　(1) 诊断，判断，断定；(2) 分析；(3) 确定，识别

diagnosis (复 diagnoses)　(1) 诊断，判断；(2) 特性，特征；(3) 调查分析，检定，识别，发现，(4) 特征简介，特征集要

diagnostic　(1) 诊断的，检定的，特征的 (2) 诊断程序；(3) 计量诊断学，诊断学，诊断法，(4) 征候，特征

diagnostic dictionary　诊断辞典

diagnostic function test (=DFT)　诊断功能测试程序

diagnostic function test table (=DFT table)　诊断功能测试表

diagnostic message　诊断信息

diagnostic routine　误差探测程序，诊断程序

diagnostic trace program　诊断跟踪程序

diagnosticate　(1) 诊断，判断，断定；(2) 分析；(3) 确定，识别

diagnostics　(1) 诊断试验，诊断法；(2) 诊断学

diagnosticum　诊断液

diagnostor 或 diagnotor　诊断编辑程序，鉴别 - 编辑程序，诊断程序

diagometer　电导计

diagonal (=diag)　(1) 对角线，对顶线，中斜线；(2) 对角线的，对顶线的，交叉的，斜的；(3) 斜构件，斜 [支] 撑，斜杆，拉条

diagonal band　对角钢筋带

diagonal bar　斜撑

diagonal brace　对角拉条，斜撑 [臂]，斜杆

diagonal bracing　对角拉条，斜撑，斜杆

diagonal clipping　负向过调制失真，对角削波失真

diagonal cut　对角线切割

diagonal cut joint　斜开口

diagonal cutting nippers　斜嘴钳

diagonal cylinders　斜排气缸

diagonal eyepiece　棱镜目镜

diagonal-flow compressor　斜流式压缩器

diagonal fraction　斜分数

diagonal hobbing　对角线滚削，对角滚削

diagonal hobbing attachment　对角滚齿夹具

diagonal horn　对角线极化喇叭

diagonal hybrid orbital　直线型杂化轨函数

diagonal joint　(1) 斜接；(2) 斜削接头

diagonal line　对角线

diagonal matrix　对角矩阵

diagonal pitch　交错铆距

diagonal point　对角点

diagonal pyramic　第二锥

diagonal reinforcement　弯曲钢筋，斜钢筋

diagonal relationship　对角关系

diagonal rib　交叉肋，斜肋

diagonal rod　斜杆

diagonal rolling　斜轧

diagonal scale　(1) 对角线标度，对角线刻度；(2) 斜线尺

diagonal shaving　对角线剃齿，对角剃齿

diagonal shaving method　对角剃齿法

diagonal surface　对角曲面

diagonal tension　斜拉应力，斜张力

diagonal triangle　对角三角形，对边三角形

diagonal turbine　斜流涡轮机

diagonal web member　斜腹杆

diagonal wrench　活扳手，瑞典式扳手

diagonalization　作成对角线，对角线化

diagonalization matrix　可对角化矩阵

diagonally　斜

diagonally dominant　对角优势的

diagonally isotone mapping　对角保序映射

diagonally opposite angle　对顶角，对角

diagram (=diag 或 diagr)　(1) 设计图，示意图，简图，略图，图表，图解，图形，图，(2) 电路图，接线图，电路图；(3) 曲线图，(4) 计算图表，一览表，时刻表；(5) 用图解法表示，用图表示

diagram box　图表箱

diagram method　图解法

diagram of curve　曲线图

diagram of fit　配合图表

diagram of forces　受力图，力的分解图

diagram of gears　齿轮速比图线，齿轮传动原理图

diagram of locomotive connection　机车电路图

diagram of pipeline system for ballast and bilge fire extinguishing　(船舶) 消防用压载和舱底水管路系统图

diagram of work　示功图

diagram paper　电报纸

diagrammatic(=diag)　图解的，图表的，图示的

diagrammatic arrangemennt　原则性布置

diagrammatic drawing　示意图，草图，简图，略图

diagrammatic layout　(1) 简图；(2) 配置图，布置图，原理图

diagrammatic presentation　图示

diagrammatic representation　图形表示，图示法

diagrammatic sketch　示意图

diagrammatical　图解的，图表的，图示的

diagrammatically　用图解法，利用图表

diagrammatize　用图解法表示，作成图表

diagrammeter　图解器

diagrams and building details of the pneumatic and hydraulic installations　气动和液压装置安装详图

diagrams of all piping system　所有管路系统图

diagraph　(1) 放大绘图器，绘图仪，绘图器，作图器，(2) 分度划线仪，[机械] 仿形仪，分度尺；(3) 测外形器，描界器

diagraphy　作图法

diagrid　(1) 格子炉箅；(2) 格筛，筛条

diaion　甲醛系树脂

diakinesis　终变期，浓缩期

diakisdodecahedron　扁方二十四面体

Diakon　聚甲基丙烯酸甲脂

dial (=D)　(1) 调节控制盘，调谐度盘，[刻] 度盘，标度盘，刻线盘，表盘；(2) 拨号盘，数字盘，圆盘，转盘，字盘，底盘，号盘；(3) 测角盘；(4) 千分表；(5) (罗盘) 面板；(6) 指针；(7) 分划，标度；(8) 日规

dial barometer　气压指示表，气压 [刻度] 表

dial bridge　有圆盘转换器的电桥

dial central office　自动电话中心局，自动电话总局

dial clockwork　计数器的钟表结构

dial compass　刻度罗盘，刻度规

dial condenser　度盘式 [可] 变 [电] 容器

dial connection　拨号式连接

dial cord　拨号盘软线

dial cord circuit (=DCC)　话务员座席拨号盘电路

dial counter　刻度盘 [式] 计数器，指针式计数器

dial cylinder gauge tester　内径千分表检验器

dial depth gauge　深度千分尺，深度千分表

dial exchanger　自动电话交换机，拨号交换机

dial feed　(1) 用刻度盘进给；(2) 刻度盘进给装置

dial flange　刻度盘座，分度盘座

dial gauge　(1) 刻度盘指示器，度盘规，逻辑表，指示表，刻度表；(2) 千分表，百分表；(3) 测微仪，测微计

dial gauge comparator　带有千分表的比较器

dial gauge micrometer　带表千分尺

dial holder　千分表架，仪表架

dial impulse　拨号脉冲

dial-in　拨入

dial indicator　(1) 指示表，千分表，百分表；(2) 刻度盘指示器，度盘式指示器，拨号盘指示器；(3) 拨号盘速度指示器

dial indicator measuring device　千分表测量装置

dial inside micrometer

dial jacks　拨号 [盘] 塞孔

dial key　拨号键

dial lock (=D lock)　度盘锁档

dial needle　刻度盘指针，标度盘指针

dial of meter　仪表刻度盘，仪表的度盘，刻度

dial of vertical adjustable screw　垂直可调丝杠刻度盘

dial operation　度盘控制

dial-out　拨出

dial pattern bridge　插塞式电阻箱电桥

dial plate　(1) 标度盘，拨号盘，罗盘，字盘；(2) 指针面，表面，钟面；(3) [罗盘] 面板

dial port 拨号出入口
dial press 转盘压力机，刻度进给冲床
dial pulse (=DP) 拨号脉冲，号盘脉冲
dial pulse orginating incoming register (=DPOIR) 拨号脉冲原始入局记发器
dial ring 刻度环
dial scale (1) 刻度盘，(2) 度盘刻度，圆盘标度；(3) 圆弧尺
dial selector 十进制步进式选择器
dial service "A" board (=DS "A" board) 自动电话 "A" [交换] 台
dial snap ga(u)ge 表式卡规，千分表卡规
dial switch 拨号 [盘] 式开关
dial system 自动电话系统，拨号系统
dial system assistant (=DSA) 辅助拨号系统
dial telegraph 拨号电报
dial telephone 拨号式自动电话
dial test indicator 度盘式指示器，指示表，千分表，百分表
dial thermometer 度盘式温度计，指针式温度计
dial thickness ga(u)ge 表盘式厚度规
dial thread indicator 螺纹指示盘，乱扣盘，牙盘，牙表
dial tone 拨号音
dial type feed mechanism 转盘式加料机构
dial type resistor 度盘式电阻 [器]
dial-up 拨号
DIAL-X 美国北极星潜艇内部通信系统
Dialasma 两板具
dialectic (=dial) 辩证法的
dialectical materialism 辩证唯物主义，辩证唯物论
dialed digit 拨号数字
dialing (1) 拨号；(2) 用罗盘测量
dialing system (1) 自动电话系统，拨号系统；(2) 自动电话制，拨号制
dialkene 二烯烃
dialkyl (1) 二烃化物；(2) 二烃基的
dialling (1) 拨号；(2) 用罗盘测量
dialling set computer 排字盘式计算机
diallist 迪阿里司特镍铝钴铁合金
Diallocs 戴洛陶瓷
Dialloy 戴洛伊硬质合金
DIALOG 对话系统
dialogue 对话，问答
dialogue correction 对话声迹校正
dialogue recording 对话录音
dialozite 菱镁矿
dialtelephone system [拨号式] 自动电话系统
dialysate 渗析液，渗出液，渗透液，透析液
dialyser (1) 渗析器，透析器；(2) 渗析膜，透析膜
dialysis (复 dialyses) (1) 渗 [透分] 析，透析，分离，分解，(2) 隔膜分离，断离，析离
dialytic 有分离力的，渗析的，透析的，透膜的，分解的
dialyzability 可透析性，可渗析性
dialyzable 可透析的，可渗析的
dialyzate 渗析液，渗出液，渗透液，透析液
dialyzator (1) 渗析器，透析器；(2) 渗析膜，透析膜
dialyze 渗析，透析，渗出，分解，分析
dialyzer (1) 渗析器，透析器；(2) 渗析膜，透析膜
diam (=diameter) 直径
diamagnet 抗磁体，反磁体
diamagnetic (1) 抗磁性的，反磁性的，逆磁性的；(2) 抗磁体，反磁体
diamagnetic alloy 抗磁合金
diamagnetic loop 抗磁圈
diamagnetic material 抗磁材料，反磁材料，抗磁质
diamagnetic moment 抗磁矩
diamagnetic plasma 抗磁等离子体
diamagnetic resonance 抗磁共振
diamagnetic shift 反磁位移，右移
diamagnetic substance 抗磁 [物] 质，反磁 [物] 质
diamagnetic susceptibility 抗磁磁化率
diamagnetism (1) 抗磁性，逆磁性，反磁性；(2) 抗磁现象，抗磁力；(3) 抗磁力学
diamagnetize 使抗磁
diamagnetometer 抗磁磁强计
diamant (1) 金刚石；(2) 玻璃刀
Diamant 钻石 (法国科学研究卫星)
diamantine 铁铝氧耐火材料，似金刚石，白刚玉，金刚铝
diamars 合成纤维

diametan 硫铁粉
diameter (=D 或 Dia.) (1) 直径，对径，径；(2) 横断面；(3) 透镜的放大倍数
diameter at bottom of thread 螺纹底径
diameter at large end (圆锥孔或圆锥滚子) 大端直径
diameter at root of gorge 喉底圆直径
diameter at small end (圆锥孔或圆锥滚子) 小端直径
diameter at the bottom of thread 螺纹底径，螺纹内径
diameter clearance 径向间隙
diameter factor 直径系数
diameter increment 直径增量
diameter length (=DL) 直径长度
diameter of a circle 圆的直径
diameter of a linear complex 线性线丛的直径
diameter of a quadratic complex 二次线丛的直径
diameter of aperture 孔径
diameter of axle 轴径
diameter of bolt circle (=DBC) 螺栓圆直径
diameter of bore (1) 内孔直径；(2) 缸径
diameter of chuck 卡盘直径
diameter of commutation 整流绕组线圈应在的 [直] 径 [平] 面
diameter of cylinder 汽缸直径
diameter of diminuation 圆柱基座直径
diameter of linear complex 线性线丛的直径
diameter of measuring circle 测量圆直径
diameter of measuring pin (齿轮) 跨棒测量直径
diameter of measuring tool 测量工具直径
diameter of quadratic complex 二次线丛的直径
diameter of spindle thru hole 主轴孔径
diameter of table surface 工作台面直径
diameter of taper hole of work spindle 工件主轴锥孔直径
diameter of the reference circle of a wormgear 蜗轮分度圆直径
diameter of thread 螺纹直径
diameter of wire 电线直径
diameter of work 工件直径
diameter of working surface of table 工作台面直径
diameter range of turning axle 车轴直径范围
diameter ratio 内外径比
diameter run-out 径向跳动
diameter series 直径系列
diameter tape 直径卷尺
diameter tolerance 直径公差
diameter utilizable 有效直径
diametral 直径的，径向的
diametral compression test 径向受压试验，劈裂试验
diametral curve 径向曲线，沿径曲线
diametral pitch (=DP) 径节，节距
diametral-pitch system 径节系统
diametral plain journal bearing clearance 滑动轴承直径间隙
diametral plane 直径面
diametral prism 第二正方柱
diametral pyramid 第二正方锥
diametral quotient 直径系数
diametral system 径节制 [度]
diametric (1) 直径的；(2) 正好相反的，对立的
diametric connection 径向连接，沿径连接
diametric projection 径点互射影，径向投影
diametrical connection 沿径连接
diametrically (1) 直径方向；(2) 正相反地，全然地
diamond (1) 金刚钻，金刚石，钻石；(2) 金刚石材料，人造金刚石；(3) 钻石钻头，金刚钻，玻璃刀；(4) 钻石体活字；(5) 嵌钻石的，菱形的；(6) 斜方形，菱形；(7) 菱形断面，菱形孔型，菱形组合
diamond and square method 圆钢菱形 - 方形孔型系统轧制法
diamond antenna 菱形天线
diamond bar 菱形凸纹钢筋
diamond bearing (long flank, short top) (齿轮) 菱形接触区 (长齿根，短齿顶)
diamond bit 金刚石钻头
diamond bite 金刚石车刀
diamond borer 金刚石镗床
diamond boring 金刚石镗孔
diamond boring machine 金刚石镗床
diamond check 菱形格子
diamond circuit 金刚石 [衬底] 电路

diamond cone　(硬度试验用的) 金刚钻圆锥, 金刚石圆锥头
diamond-core drill　金刚石岩心钻头, 金刚石钻岩机
diamond core drill　金刚石岩心钻机
diamond crossing　菱形交叉
diamond crown　金刚石凸板
diamond crystal counter　金刚石晶体计数器
diamond cut-off wheel　金刚石切割轮
diamond cutter　金刚石切割器, 金刚石刀具, 玻璃刀
diamond die　金刚石冲模, 金刚石拉丝模
diamond disc　金刚石圆锯
diamond dresser　(1) 金刚石砂轮整形器, 金刚石修形器, 金刚石修整工具；(2) 金刚石打磨机
diamond dressing　金刚石修整
diamond dressing device　金刚石修整装置
diamond drill　(1) 金刚石钻头；(2) 金刚石 [式] 钻机
diamond drill core　[用] 金刚石钻 [机钻出的] 岩心
diamond drilling　金刚石钻孔, 金刚石钻探
diamond dust　金刚石粉末, 金刚砂
diamond field　金刚石产地
diamond grain　金刚砂
diamond grinding wheel　金刚石砂轮
diamond grinding wheel dresser　金刚石砂轮修整器
diamond hitch　菱形索结
diamond holder　金刚石夹具
diamond impregnated blade　金刚砂刀片
diamond impregnated circular saw　嵌金刚石圆锯
diamond-impregnated drill　金刚石钻头
diamond indenter　金刚石压痕计
diamond indentor　钻石测硬仪
diamond knurls　金刚石滚花刀
diamond lap　金刚石研磨
diamond lapping machine　金刚石研磨机
diamond lathe　金刚石车床
diamond mat　粘结粗玻璃毡
diamond marking　金刚石压花
diamond nib　金刚石钻头
diamond orientation　金刚石定向
diamond pass　菱形孔型
diamond paste　金刚石研磨膏
diamond pattern　金刚石花型
diamond pattern knurling　(1) 金刚石滚花；(2) 金刚石滚花刀
diamond penetrator hardness (=DPH)　维氏 [金刚石] 硬度
diamond pencil　钻石划针, 钻石刻刀
diamond plate　钻石粉研磨板, 金刚石板
diamond point　(1) 尖头车刀, 尖刀；(2) 钻石刻刀；(3) 金刚石尖点, 金刚石笔
diamond-point chisel　菱形尖凿, 菱形錾
diamond powder　金刚石粉末
diamond pyramid　金刚石角锥体
diamond pyramid hardness (=DPH)　金刚石压头测定的硬度, 维氏硬度
diamond pyramid hardness number　金刚石棱形压头硬度值, 维氏硬度值
diamond pyramid hardness test　金刚石棱锥体硬度试验, 维氏硬度试验
diamond pyramid number (=DPN)　维氏硬度值
diamond reamer　金刚石铰刀
diamond saw　金刚石锯
diamond-shaped　菱形的
diamond-shaped knurling　菱形滚花
diamond spar　刚石, 刚玉
diamond stack　斜方顶烟囱
diamond stylus　金刚石唱针
diamond tool　金刚石车刀, 金刚石刀, 钻石针头
diamond tool holder　金刚石刀夹, 金刚石刀柄
diamond truer　金刚石修整器
diamond type　菱形式
diamond wheel　金刚石砂轮
diamond wheel dresser　金刚石砂轮修整工具
diamonding　菱形形变
diamondite　赛金刚石合金, 碳化钨硬质合金, 烧结碳化钨 (钨 95.65%, 碳 3.9%, 余量钴；或碳化钨 87-95%, 余量钴)
diamondoid　钻石形的
diamonds　(1) 金刚钻；(2) 钻石形激波图

diamondwise　成菱形
diamy　(瑞) 表镶金刚石钻石
diancister　两头钩针
dianegative　透明底片, 透明底板
dianion　二价阴离子, 双阴离子
diapason　(1) 射域；(2) 音域；(3) 范围, 水平
diaper　菱形织物
diaphan-　透明的
diaphane　透照镜
diaphaneity　透明, 透明度
diaphanometer　透明 [度] 计, 色度计
diaphanometry　透明度测定法
diaphanoscope　彻照器, 透照器
diaphanoscopy　透照术, 透照法
diaphanous　透光的, 透明的
diaphone　(1) 雾中信号笛, 低音雾笛；(2) 共振管, 共鸣管, 多音管
diaphoneme　分音位
diaphonics　折声学
diaphorimeter　汗量计
diaphorite　辉锑铅银矿
diaphoromixis　差别极性融合
diaphotoscope　透射镜
diaphragm　(1) 隔膜；(2) 膜片, 膜盒, 膜层, 薄膜；(3) 振荡膜, 振动膜, 振动板, 振动片；(4) (涡轮机) 固定叶轮, 涡轮导流盘, 透平隔板, 回转隔板；(5) 十字线片, 遮光板, 光阑, 光栏, 光圈；(6) 挡泥板, 遮水板, 孔板, 隔板；(7) 用光圈把 [透镜] 的孔径减小, 装隔膜子, 装以隔膜, 阻隔
diaphragm-actuated　薄膜致动的
diaphragm booster　膜片式制动增力器
diaphragm box level controller　气压型鼓膜液面控制器
diaphragm cap　隔膜帽
diaphragm capsule　真空膜盒
diaphragm case　送话器盒, 隔膜套
diaphragm chamber　隔膜盒, 薄膜盒
diaphragm chuck　薄板式夹头, 薄膜式夹头
diaphragm for excess pressure head　超压膜
diaphragm for maximum pressure head　最高压膜
diaphragm horn　膜片喇叭
diaphragm molding　膜压造型
diaphragm molding machine　膜压造型机
diaphragm-motor　光阑驱动电动机
diaphragm motor　光阑驱动电动机
diaphragm-operated　薄膜传动的, 膜片的,
diaphragm-piezo microphone　压电膜片传声器
diaphragm process　隔膜 [电解] 法
diaphragm pump　隔膜式抽水机, 隔膜泵
diaphragm regulator　膜片调节器
diaphragm return spring　膜片回位弹簧
diaphragm seal　薄膜密封 [件], 薄片密封件, 密封片, 密封膜
diaphragm shutter　光圈快门
diaphragm-spot　阑影圈
diaphragm spring　膜片弹簧, 隔膜簧
diaphragm-spring clutch　膜片弹簧离合器, 隔膜弹簧离合器
diaphragm-transmitted sound　膜片振动音
diaphragm type accelerometer　膜片式加速表
diaphragm-type carburetor　薄膜式汽化器
diaphragm type fuel pump　膜片燃油泵
diaphragm-type power unit　膜片式动力制动器
diaphragm valve　薄膜活门, 膜片阀
diaphragm vibrating microphone　振膜式传声器
diaphragmatic　隔式的
diaphragmation　调整光阑, 遮光
diaphragming　调整光阑, 遮光
diaphragmless　无振动膜的, 无 [隔] 膜的
diaplastic　复位的, 整复的
diapoint　散焦点
diapositive　透明正片, 幻灯片, 反底片
diarch　(1) 二极型的；(2) 二原型的
diaschistic　二分的
diascope　(1) 透射映画器, 反射幻灯机, 阳光机, 彻照器；(2) 幻灯测试卡, 透明玻片
diascopy　(1) 玻片压诊法；(2) 透照法, 透视法
diasolysis　溶胶渗析
diasphaltene　脱沥青

diasporometer 偏离计

diastalsis 间波蠕动

diastaltic (1) 间波蠕动的；(2) 反射性的

diastasis 脱离，分离

diastereo-isomerism 非对映 [立体] 异构 [现象]

diastereoisomer 非对映 [立体] 异构物

diastereomer 非对映体

diastimeter 测距仪

diatexis 熔化，熔融

diathering machine 诊断用振荡器

diathermal 透热 [辐射] 的，导热的

diathermance 透热性

diathermancy 透过热射线的能力，透热性

diathermaneity 透热 [辐射] 性，导热性，热传导

diathermanous 射线可透过的，透热辐射] 的，导热的，传热的

diathermic 透热 [辐射] 的

diathermic heating 高频 [率] 加热

diathermic membrane 绝热膜

diathermize 施透热法

diathermocoagulation 透热电凝法，电烙法

diathermometer 热阻测定仪，导热计，透热计

diathermous 透热的

diathermy (1) 透热法；(2) [高频] 电热法

diathermy interference 电热干扰

diatitanit 钛钨硬质合金

diatol 双元油，碳酸二乙脂

diatometer 硅菌测定器

diatomic 二原子的，双原子的，二元的，二价的

diatomics 双原子

diatrine 浸渍电缆纸的化合物

diatropsim (1) 横向性；(2) 离向性

diatype 幻灯片印字机

diaxiality 二轴性，双轴性

dibaryon 双重子

dibasic 含两个可置换氢原子的，含两个羟基的，二元的，二碱 [价] 的

dibasic acid 二元酸

dibasic alcohol 二元醇

dibasic sodium phosphate 磷酸二氢钠

dibble (1) 插干；(2) 挖穴小手铲，挖穴器

dibble-dabble 试算 [法]

dibbler 挖孔具

dibhole (1) 井底排水孔；(2) 井底水窝，水仓

dibit 二位二进制

dibutene 聚二丁烯，二丁烯

dic- 狄克 (生物碱)

dical 迪卡尔铜硅合金 (12% Si，余量 Cu)

dicap storage 电容 - 二极管存储器，电容存储器

dicarbide 二碳化物

dicarbonate (1) 碳酸氢钠，小苏打；(2) 碳酸氢盐，重碳酸盐

dicatron 具有螺旋谐振腔的超高频振荡器

dice (1) 小方块，小片；(2) 切割成小方块，切割成小片，切割

dice-circuitry 小片电路

diced chip 切割好的硅片，切割好的芯片

dicer 切块机

dichan 气化性防锈剂

dichloride 二氯化物

dichotomization 两分，分叉

dichotomize 分成二部分，分成两类，分成两叉，对分，二分

dichotomous 分成二叉的，叉状的，两分的，分歧的

dichotomy 两分，两分法，两分探索法

dichroic (1) 二向色的；(2) 二向色镜，分色镜，分光镜

dichroic-cross 分色十字形交叉

dichroic-cross image divider 十字形分光镜式分像器，分色十字交叉分像器

dichroic mirror 二向色 [反射] 镜，分色镜，分光镜

dichroism 二向色性，分光特性

dichromatic 二色的

dichromatism 二色性

dichromic 含两个铬原子的，重铬酸的，铬当量的

dichromic acid 重铬酸

dichroscope 二向色镜

dicing (1) 高速低飞航空摄影；(2) 切成小方块，切割

dicky (1) 动摇不定的，不稳固的，不可靠的，易碎的，脆弱的；(2) 汽车后部备用的折叠小椅，艇长座位

344

diclinic 双斜的，二斜的

dicord system 双塞绳制

dictagraph 速记用电话机，窃听录音机，侦听录音机，口授录音机，侦听 [电话] 器

dictaphone 口述录音机，口授留声机，录音电话机，录声电话机，录音机

dictaphone recorder 唱片式录音机

dictaphonic 复制得极为准确的

dictate (1) 口授，口述；(2) 命令，指挥，指令，指示，支配；(3) 规定，规程，确定，决定，限定，要求

dictating machine 口述记录机

dictation (1) 口授；(2) 命令，指令，指挥，支配

dictionary (1) 字典，(2) 辞典，词典

dictionary catalog 词典式目录，词典目录表

dictograph 速记用电话机，窃听录音机，侦听录音机，口授录音机，侦听 [电话] 器

dictophone 口述录音机，口授留声机，录音电话机，录声电话机，录音机

dicty- 网状，网

dicyan (1) 氰；(2) 二氰基

dicyanogen 氰 [气]，乙二氰

dicyclic 双周期的，双环的，双轮的

dicyclo- 双环

dicycly 双轮式

did not finish (=DNF) 未完成

die (1) 模压成形，模制，冲切，模切；(2) 螺丝模，铆头模，钢型，硬模，锻模，塑模，铸模，模子，模具，冲模，冲锤，压模，阴模，阳模，铆钉；(3) 螺丝钢板，螺丝绞板，螺丝模，板牙；(4) 冲垫（复数 dies）；(5) 衰减；(6) 管心；(7) 方形柱脚台座；(8) 夹钳

die approach （塑）机头流槽

die arrangement 模具

die assembly 模具总成，模具组合

die attachment (1) 模片固定；(2) 小片连接

die-away 消失，衰减，熄火

die away 消失，衰减，减弱，衰耗，熄灭

die-away curve 衰减曲线

die back 模具出口锥

die backer 模座

die base 口型座板

die bed 模座，底模

die blade 活动模板

die-block (1) 滑块，模块；(2) 板牙

die block (1) 滑块，滑板，模块，模板，压模；(2) 螺丝板牙，模具坯料，胎模，底模

die body 模体

die bonding (1) 模片键合，模接合；(2) 小片焊接，小片接合

die bonding jig 管心焊接模

die box 板牙切头

die box jig 管心焊接模

die burn （焊接缺陷中的）烧伤

die button 模具的叶状模槽

die case 铸模盒

die-cast 压铸成型，金属模铸造

die cast bearing 模铸轴承

die cast dies 压铸模

die-cast (metal) gear 压铸齿轮

die-cast (metal) pinion 压铸小齿轮

die-casting (1) 压铸件，模铸件；(2) 压铸的，模铸的

die casting (1) 压 [力] 铸 [造]，[硬] 模铸 [造]；(2) 压铸法；(3) 压铸件，模铸件

die casting alloy 压 [力] 铸 [造] 合金

die casting machine 压铸机，模铸机

die casting metal 压铸轴承合金，模铸轴承合金

die cavity (1) 模槽，模腔，模穴，型腔；(2) 阴模

die centre 模子定心盘

die-chaser 螺纹梳刀

die chaser 螺纹梳刀

die clamp 模夹

die cushion (1) 模具缓冲装置，模具缓冲机构，模垫；(2) 缓冲器

die-cut 冲切

die cutting 冲切，模切

die down 消失，衰减，减弱，下降，熄火

die drawing 模拉 [延]

die entrance angle 模具入口锥

die equipment 模具

die exit angle 模具出口锥

die fill ratio　压模充填比
die-filling　压模装料, 装模
die for English standard thread　英制螺纹板牙
die for left hand thread　左螺纹板牙
die for metric fine thread　公制细牙螺纹板牙
die for metric thread　公制螺纹板牙
die for right hand thread　右螺纹板牙
die for taper thread　锥螺纹板牙
die forging　(1) 模锻, 型锻, 压锻, 落锻；(2) 模锻件
die-formed part　模压成型件
die forming　模压成型
die-hammer　印号槌
die handle　板牙扳手, 板牙架
die-head　板牙头
die head　(1) 板牙头; (2) 模头; (3) 冲垫
die head bush　板牙头夹套
die head chaser　(1) 板牙头螺纹梳刀; (2) 开合板牙头, 并合板牙头, 可调板牙头
die-head rivet　冲垫铆钉
die head rivet　冲垫铆钉
die height　模子闭合高度
die hob　标准丝锥, 板牙丝锥
die hobbing　压制阴模法
die holder　(1) 冲模底座, 模座; (2) 板牙扳手, 板牙绞手, 板牙头
die hole　模孔, 模槽, 模腔
die insert　(1) 拉模坯; (2) 压模嵌入件, 模具镶块, 模具镶套
die life　(1) 模具寿命; (2) 压铸寿命
die line　模具划痕
die liner　模衬
die lips　压出机头口型
die lubricant　(1) 模具润滑剂; (2) 模具涂料
die making shop　模具制造厂
die model　木型
die mold　压型 (熔模铸造)
die-mould　压型 (熔模铸造)
die mount bonding　小片装配焊接, 小片装配接合
die nut　螺丝钢板螺帽, 螺母状板牙, 六角板牙
die of stamp　捣矿砧
die-off　聚减, 衰减, 衰耗
die off　逐渐减少, 衰减, 衰耗
die orifice　模口
die out　(1) 发动机熄火; (2) 消失, 衰减, 减弱
die planing machine　模具刨床
die-plate　压模台板, 模板
die plate　(1) 支承板, 模板; (2) 印模
die press　(1) 模压机; (2) 泡沫塑料片材切割机
die press quenching　冲压淬火
die pressing　模压
die proof　印模校样
die quenching　压模淬火, 模具淬火
die radius　拉深模口圆角半径, 压延模模口圆角半径
die reduction angle　模具压缩锥
die rolled section　周期断面
die scalping　拉模剥光
die section　拼合模块
die segment　拼合模块
die separation　(1) 管心切割; (2) 模片隔开
die set　(1) 成套冲模, 模组; (2) 冲模定位架
die setting　模具 [的] 安装
die setting press　模具装配压力机
die shank　模柄
die shoe　冲模垫板, 模瓦
die shop　板模车间, 模具厂
die shrinkage　脱模 [后] 收缩
die sinker　(1) 铣模机, 刻模机; (2) 靠模铣床, 模具铣床
die sinker's file　模具锉刀
die sinking　加工模腔, 制阴模, 刻模
die sinking cutter　凹模铣刀
die sinking milling machine　刻模铣床
die sleeve　模套
die slide　模下压板
die slot　模缝
die slotting machine　冲模插床
die space　模腔, 模槽, 型腔

die spinning　金属型离心铸造
die spotting press　修整冲模压力机
die-stamped circuit　印模电路
die stamper　模印工人
die stamping　压花, 模压, 模冲
die steel　板模钢, 模具钢, 锻模钢
die-stock　螺丝绞板, 板牙绞手, 板牙架, 板杠
die stock　螺丝铰板, 板牙绞手, 板牙扳手, 板牙架
die stock set　全套螺丝铰板
die storage rack　模具存放架
die stroke　动模行程
die surface　模具曲面, 模面
die tap　板牙丝锥
die throat diameter　模孔直径
die wall　模壁
die wall finish　模壁光洁度
die wall life　模壁寿命
die wall surface　模壁面
die welding　模锻焊接, 模锻焊, 模焊
die width　模具宽度
die work　板模工作
die worker　板模工人, 模具钳工
die yoke　压模滑架
diecast　压铸
diecasting　(1) 压铸; (2) 压铸件
diechoscope　两音听诊器
diehead　(1) 板牙座; (2) 模座
diehead hob　标准丝锥
diehead hobbing　热压阴模法
diehead holder　模座
diehead threading　套丝
diehead threading machine　套丝机
dieing machine　高速自动精密冲床, 自动精密剪切机, 板料自动压力机
dieing insert　(金属型) 活块
dieing joint　(1) (铸模) 分型面; (2) (压铸模) 分模面
diel　(1) 各式模具; (2) 冲压模具; (3) 底模; (4) 板牙
dielectric　(1) 电介质, 电介体; (2) 电介质的, 介质的; (3) 电介质绝缘体, 绝缘材料; (4) 非传导性的, 不导电的, [电] 介质的, 绝缘的, 介电的
dielectric absorption constant　电介质吸收常数
dielectric aftereffect　电介质后效应
dielectric body　电介质体
dielectric breakdown　电介质击穿, 介电击穿
dielectric breakdown test　绝缘材料击穿试验, 电介质击穿试验
dielectric capacitance　介电常数, 电容率
dielectric capacity　介电常数, 电容率
dielectric coefficient　介电常数, 介电系数
dielectric constant　(1) 介电常数, 介电系数; (2) 介质常数, 电容充
dielectric current　介质电流
dielectric drier　高频干燥炉
dielectric flux　电介质通量
dielectric flux density　(1) 电介质通量密度, 电通量密度; (2) 电感应, 电位移
dielectric guide　介质波导
dielectric guide feed　介质波导馈电器
dielectric heating　电介质加热
dielectric hysteresis　介质电滞
dielectric isolation　介质隔离
dielectric leakage　介质泄漏
dielectric loss　电介质损耗, 介质损耗, 介电损耗, 介电损失
dielectric material　绝缘材料
dielectric materials　介电材料
dielectric obstacles　介电质障碍物
dielectric oil　变压器油, 绝缘油
dielectric phase angle　介质相角, 损耗角
dielectric polarization　电介质极化, 介质极化, 介电极化
dielectric power factor　介电功率因数, 介质损耗因数
dielectric slab filter　介电片滤波器
dielectric strength　电介质强度, 介质强度, 绝缘强度
dielectric strength tester　耐压测试器
dielectric substance　电介体, 介电质
dielectric susceptibility　电介质极化率, 电纳系数
dielectric test　绝缘性能试验, 介电性能试验
dielectric tuning　介质调谐
dielectric wire　介质波导管, 介质导线

dielectrics 介电体, 介电质
dielectrine 一种绝缘材料的商业名称
dielectrite 一种绝缘材料的商业名称
dielectrogene 介电因
dielectrolysis 电解渗入法
dielectrometer 介电常数测试仪, 电介质测试器
dielectrometry 介电常数测量 [法]
dielectrophore 电介基
dielectrophoresis 介电电泳, 双向电泳
dieless 无模的
dieless wire drawing 无模拉丝法
dielguide 介质波导
Dielmoth (英) 代尔思防蛀整理剂
diemaker (1) 制模器; (2) 制模工, 刻模工
diene 二烯 [烃]
diene oil 二烯油
diener 实验室助手
dienes 二烯类
dienol 二烯醇
diepoxides 双环氧化合物
dieresis 分开, 切开, 分离, 离开
dieretic 分开的, 分离的, 切开的
diergol 双组份火箭燃料
dies blank 模具坯料
dies cavity 阴模, 模槽, 模腔
dies scalping 精整冲裁
diesel 或 Diesel (1) 狄塞尔发动机, 柴油 [发动] 机, 内燃机; (2) 内燃机车辆, 内燃机船只, 内燃机车
diesel car 柴油机动车, 柴油车
diesel cycle 狄塞尔循环, 柴油机循环
diesel-dope 柴油机燃料的添加剂
diesel dredge 柴油挖泥机
diesel driven 柴油机驱动
diesel driven emergency generator 柴油机驱动的应急发电机
diesel-dynamo 柴油机直流发电机
diesel-electric 柴油发电机的
diesel-electric locomotive 柴油发电机机车
diesel electric locomotive 柴油电动机车, 内燃机电力传动机车
diesel electric power station 柴油机发电厂
diesel engine 柴油发动机, 柴油机, 内燃机
diesel-engine generator 柴油发电机
diesel-fuel 柴油机燃料
diesel fuel 柴油机燃料, 狄塞尔机燃料, 柴油
diesel fuel oil (=DFO) 柴油
diesel geared drive (=DGD) 柴油机齿轮传动
diesel generator 柴油发电机
diesel hammer 柴油锤
diesel index 狄塞尔指数, 柴油指数
diesel knock 柴油机爆震
diesel liner 柴油机气缸衬套
diesel loader 柴油装载机
diesel locomotive 柴油机车, 内燃机车
diesel motor roller 柴油碾压机
diesel number 柴油值
diesel oil 狄塞尔油, 柴油
diesel pile driver 柴油打桩机
diesel power plant 柴油发电厂
diesel power station 柴油发电厂
diesel power unit 柴油动力机组
diesel set 柴油发电机组
diesel shovel 柴油铲土机
diesel skidder 内燃机集柴机
diesel tractor 柴油拖拉机, 内燃机牵引车
diesel truck 柴油机卡车, 柴油运货车
dieselelectric (=DE) 柴油发电机的
dieselization 柴油机化
dieselize 装以柴油机
diesinker 刻模机
diesinking 模具型腔的加工 (用靠模铣的方法进行), 刻模
diesinking machine 雕模铣床
diesohol 柴油酒精燃料
diester 二元酸酯, 双酯
diester grease 合成二脂润滑脂
diester oil 由二元酸酯合成的润滑油, 合成二脂润滑油

diesters 二脂类 (合成润滑物质)
diestock 螺丝绞板, 板牙绞手, 板牙扳手, 板牙架
Diesulforming 脱硫重整
dietrichite 锰铁锌钒
differ (1) 使有差别, 使不一致; (2) 相差, 相异
difference (=diff) (1) 差动, 差分; (2) 差数, 差值, 差额, 差价; (3) 差别之处, 不同, 差别, 区别, 差异, 矛盾; (4) 特点; (5) 计算……之间的差, 使有差别
difference amplifier 差频信号放大器, 差分放大器, 差值放大器
difference between adjacent single pitches 相邻周节差
difference channel (立体声系统中的) 差动声道
difference counter 差值计数器
difference current 差动电流
difference curve 温差曲线, 差分曲线
difference-differential equation 微分差分方程, 差微分方程
difference diode 差分二极管
difference East (=Diff E) 横坐标差
difference equations 差分方程
difference gate {计} "异" 门
difference gauge 极限量规
difference in height (=DH) 高度差, 高程差
difference in longitude (=DLONG) 经度差
difference in speed 速度差
difference in temperature 温 [度] 差
difference mapping 偏差对照
difference North (=diff N) 纵坐标差
difference of a function 函数的增量, 函数差
difference of depth of modulation (=DDM) 调制深度差
difference of elevation 高程差, 标高差
difference of latitude (=DL) 纬度差
difference of level surface 水准面差
difference of observation 观测值差
difference of phase 相位差
difference of potential (=DP) 电位差, 势差
difference of scale 比例尺差
difference of the number of teeth 齿数差
difference-product 差积
difference report 差别报告
difference sensitivity 听觉敏度, 差阈
difference-sequence 差数序列
difference-set code 差集码
difference spiral 差较螺线
differencing 差分化, 求差
different 各不相同的, 各种各样的, 种种的, 不同的, 互异的, 相异的, 差异的
different parity 异奇偶性
differentia (复 differentiae) 特殊性, 差异, 特异
differentiability 可微分性, 可微性
differentiable 可微 [分] 的
differential (=d) (1) 差动; (2) 不均匀的, 差接式的, 差别的, 差异的, 差动的, 差速的, 差示的, 差分的, 差接的, 差绕的, 差致的, 示差的, 区别的, 分别的, 高差的; (3) 差动机构, 差动装置, 差速器, 分速器; (4) {数} 微分; (5) 微分的, 局部的; (6) 差别, 差异; (7) 差分元件; (8) 运费率差
differential absorption 不均匀吸收, 差异吸收
differential accumulator (1) 差动储压器; (2) 差动蓄水器
differential-acting steam hammer 差动式汽锤
differential action 差速作用, 差动作用, 差动
differential adjustment 差速调整
differential ammeter 差动安培计
differential amplifier (=DEFF AMP 或 diff amp) 推挽式放大器, 差分放大器, 差动放大器, 微分放大器
differential analyzer (=DA) (1) 差拍式分析器, 微分分析器; (2) 解微分方程模拟装置; (3) 积分器
differential and integral calculus 微积分 [学]
differential and lamp 差接电弧灯
differential anodic stripping voltammetry (=DASV) 微分阳极脱伏安测量法
differential assembly 差速器总成, 差速器组合件
differential attachment 差动机构, 差动装置
differential bearing (1) 三套圈单列向心球轴承; (2) 差速器轴承
differential between driving axles 轴间差速器
differential bevel epicyclic train 差速器锥齿轮周转轮系
differential bevel gear 差速器锥齿轮

differential bevel gearing　锥齿轮差速传动装置
differential block　差力滑车,差动滑车,差动滑轮
differential bolt　差速器螺栓
differential booster　差动升压器
differential brake　差动制动器,差速制动器,差动闸
differential burst gain　色同步信号微分增益
differential calculus (=DC)　微分学
differential cam　差动凸轮
differential cancellation　差值消除[法]
differential carrier　差速器架
differential case　差速齿轮箱,差动齿轮箱,差速器壳体,差速器箱
differential chain block　差动式链滑车
differential chain hoist　差动链式吊车
differential change gear　差动交换齿轮,差动变换齿轮
differential circuit　微分电路,差动电路
differential coating　双面差厚涂镀
differential coefficient　微分系数,微商
differential coil　差动线圈
differential compensation　差动补偿
differential compound　差绕复激
differential compound generator　差复励发电机,差复激发电机
differential compound motor　差复绕电动机,差绕复激电动机
differential computing potentiometer (=DCP)　微分计算电位器
differential condenser　差动电容器
differential cone bearing　差速器锥形轴承
differential conical gear　差速器锥齿轮
differential cross　差速器十字轴
differential cross shaft　差速器十字轴
differential delay　差值延迟
differential detection　差分检波
differential detector　差动指示器
differential device　差速装置,差动装置,差动机构
differential diagnosis　鉴别诊断
differential difference equation　[差分]微分方程
differential discriminator　差动式鉴别器,微分甄别器,鉴差器,鉴差计
differential distance system　(1)双曲线定位制;(2)距离差别
differential drive　差速传动
differential drive gear　差速传动齿轮
differential drive pinion　差速传动小齿轮
differential drive pinion bearing　差速器小齿轮轴轴承
differential drive shaft　差速器传动轴
differential drive shaft coupling　差速器传动轴联轴节
differential drive tachometer　差速器传动转速表
differential drum　差动鼓
differential dynamometer　差动测力计
differential effect　差动效应
differential electrometer　差动电位计
differential engine　差动式发动机
differential equation　微分方程
differential equation solver (=DES)　微分方程解算器
differential excitation　差动激励,差励
differential expression　微分式
differential feed　差动进给,差动进刀
differential filter　差接滤波器
differential floatation　优先浮选
differential frequency　差频
differential frost heave　不均匀冻胀
differential function　微分函数
differential gain (=DG)　微分增益
differential gain correction　微分增益函数
differential galvanometer　差动检流计,差绕电流计,差动电流计
differential gauge　差[动]压[力]计,微分气压计,差压计,微压计
differential gear　(1)差速齿轮,差动齿轮,(2)差动装置,差速装置,差分装置,差速箱
differential gear box　差速齿轮箱
differential gear drive　差速机构传动
differential gear ratio　差动齿轮传动[速度]比,差速齿轮齿数比
differential gear set　差速器齿轮组
differential gear train　差动[齿]轮系,差速齿轮系
differential-geared device　差动齿轮装置
differential gearing　(1)差速齿轮传动;(2)差速齿轮传动装置
differential gearing system　差动齿轮系,差速齿轮系
differential generator　差速传感器
differential geometry　微分几何学

differential getter pump　差级吸气泵
differential hardening　差致硬化
differential head　不等压头
differential heat of dilution　微分稀释热
differential heating　差温加热
differential housing　差速齿轮箱,差速齿轮箱,差速器壳体,差速器箱
differential hoister　差动式卷扬机
differential indexing　差动分度法
differential-interference contrast (=DIC)　微差干涉反衬
differential interferometry　差分干涉测量法
differential ionizationz chamber　微分电离室
differential jack　差动起重器
differential leak detection　差示探漏
differential leakage　电枢齿端磁漏
differential leveling　水准测量
differential lever　差动杠杆,差动控制杆
differential link　差速杆
differential lock　差速锁
differential locking-device　差速器锁止机构
differential locking jaw　差速锁牙嵌
differential magnetic susceptibility　微分磁化率,增值磁化率,可逆磁化率
differential manometer　差动磁强计,差示压力计,差压计,压差计
differential master gear　差速器主齿轮
differential matrix　微分矩阵
differential mechanism　差速机构,差动机构
differential mechanism with varying velocity ratio　变速比差速机构
differential meter　差压计
differential method　差动法,微差法
differential method of measurement　微分测量法
differential micromanometer　差动式微压计
differential microphone　双碳精传声器,差动传声器
differential mode interference　异态干扰
differential molecular weight distribution (=DMWD)　微分克分子重量分布
differential motion　(1)差速运动,差动;(2)差动装置
differential normal moveout　差值正常时差
differential of arc　弧元素,微弧
differential of area　面积元素
differential of equal torque　等转矩差速器,对称式差速器
differential of unequal torque　不等转矩差速器,不对称差速器
differential parallax　视差差数
differential parameter　微分参数
differential pendulum cam　差动摆式凸轮
differential phase (=DP)　(1)微分相位;(2)信号电平相移
differential phase differential gain test equipment　微分相位-微分增益测试仪・
differential phase-shift keying (=DPSK)　微分相移键控法
differential pinion　差速器小齿轮
differential pinion pin　差速器小齿轮半轴
differential pinion-shaft　差速器小齿轮轴,差速器行星齿轮轴
differential pinion spider　差速器行星小齿轮十字架
differential piston　差动活塞
differential-planet gear　差速行星齿轮,差动行星齿轮
differential plunger pump　差动柱塞泵
differential power divider　带差速器的分功器
differential-pressure　差压的
differential pressure (=DP)　(1)不均匀压力,分压力;(2)压力降,压降,压差,分压
differential pressure control (=DPC)　微分压力控制
differential pressure control mechanism　压力差调节机构
differential pressure control switch (=DPCS)　微分压力控制开关
differential pressure flow meter　压力流量计
differential pressure indicator (=DPI)　压力指示计
differential pressure liquid oxygen sensing　液氧微压差传感
differential pressure meter　压差计
differential pressure recorder (=DPR)　差压记录计
differential pulley　差动滑轮,差动滑车
differential pulse coding modulation circuit (=DPCM circuit)　差分脉冲编码调制电路,差值脉码调制电路
differential quenching　阶差淬火
differential quotient　微分系数,微商
differential ratio (=DR)　微分比
differential red-green control　红绿[会聚的]差动控制

differential refraction 折射差数, 折射微差
differential relay (=DR) 差动继电器
differential representation 微分表示
differential resistance 动态电阻, 微分电阻
differential ring gear 差速器内啮合齿轮
differential rotation 差动旋转
differential scanning calorimeter (=DSC) 示差扫描热量计
differential screw (1) 差动螺旋; (2) 差动装置螺钉, 差动螺钉
differential screw gearing 差动螺旋传动 [装置]
differential screw-jack 差动螺旋千斤顶, 差动千斤顶
differential segment 相异段
differential selsyn motor 差动自动同步电动机
differential sensitivity (1) 差动灵敏度, 微分灵敏度, 差生灵敏度; (2) 鉴别能力
differential servo 差动伺服机构
differential settlement 不均匀沉降, 差异沉降, 沉降差
differential shaft 差速轴, 差动轴, 车桥半轴
differential sheave 差动滑轮
differential shrinkage 不均匀收缩, 差分收缩
differential side gear 差速器半轴齿轮, 差动半轴齿轮
differential slide 差速滑动
differential-speed 几种不同速度的, 差速的
differential speed regulator 差动调速
differential spider 差速器行星齿轮十字架, 差速器十字轴
differential spider gear 差速器齿轮, 差速器行星齿轮
differential spur drive gear 差速器传动正齿轮
differential staining 对比着色
differential static 静压差, 静压降
differential statics 差值静校正量, 微分静校正量
differential steering 差速转向
differential steering brake 差速转向制动器
differential steering mechanism 差速转向机构
differential supercharger 差动增压器
differential supercharger drive 差动增压器传动
differential surface reflectometer (=DSR) 微分表面反射计
differential synchro 差动同步机, 差级同步机
differential system (1) 差动装置; (2) 混合线圈; (3) 差动制
differential tackle 差动滑车
differential temperature measuring device (=DTMD) 微分温度测量装置
348
differential thermal analysis (=DTA) 差示热分析
differential thermocouple voltmeter (=DTVM) 差示热电偶伏特计
differential thermometer 差示温度计, 微差温度计
differential throttle control (=DTC) 微分节流控制
differential tracking 示差跟踪
differential transformer (1) 差动变压器, 差接变压器, 差示变压器; (2) 混合线圈
differential transmitting selsyn 差动自整角机发送机
differential type relay 差动 [式] 继电器
differential unit 差动单位, 差动单元
differential valve 差动阀
differential voltmeter 差动式电压表, 差动式伏特计
differential weight distribution 微分重量分布
differential winding 差动绕组
differential wound field 差绕场
differentially-coherent detection 差动相干检测
differentially compensated regulator 差动式补偿稳压器
differentials of higher order 高阶微分
differentiate (1) 使有差异, 区别, 分别, 鉴别, 辨别, 分辨, 分化, 差动, 差分; (2) 微分运算, 求微分, 求导 [数]
differentiated pulse 微分脉冲
differentiated wave 微分信号波
differentiating amplifier 差分放大器, 差频放大器, 微分放大器
differentiating equation 微分方程
differentiation (1) 微分法; (2) 分异 [作用], 分化, 变异; (3) 甄别, 辨别, 区分, 区别, 辨别, 鉴别; (4) 甄别阈; (5) 求微分, 取导数; (6) 优先浮选; (7) 差动, 差分; (8) 演变
differentiation of sync pulses 同步脉冲的微分
differentiation selection 微分选择
differentiator (=diff) (1) 微分放大器, 微分装置, 微分机, 微分器; (2) 微分电路, 差动电路, 差示电路; (3) 差动装置, 差示装置, 差示器, 差动轮; (4) 微分算子; (5) 微分元件
differentiator amplifier 微分放大器, 差动放大器
differentio-integral 微 [分] 积分的

differently [各] 不 [相] 同地
differflange beam 不等缘工字梁, 宽缘工字梁
difficult 不容易的, 困难的,
difficult communication (=DC) 难于通信, 可听度差
difficultness 困难的性质, 困难的状态
difficulty 困难, 艰难, 难点, 障碍, 异议, 反对
diffluence (1) 分流, 流去; (2) 扩流区
diffluent (1) 分流的; (2) 易溶解的
difform 形状不规则的, 不相似的
diffract (1) 分解, 分散, 衍射, 绕射, 折射, 偏转, 偏差, 误差; (2) 宽龟裂状的; (3) 衍射网的
diffracted ray 衍射线, 绕射线
diffracting power 衍射本领, 绕射本领
diffraction 衍射, 绕射
diffraction by aper ture 孔径绕射, 孔径衍射
diffraction by disc 圆盘绕射
diffraction by sound 声波衍射
diffraction cross-section 绕射面积, 绕射截面
diffraction grating 绕射光栅, 衍射光栅
diffraction-limited 受衍射限制的
diffraction loss 绕射损耗, 衍射损耗
diffraction of electron 电子衍射, 电子绕射
diffraction propagation 绕射传播
diffractive 衍射的, 绕射的
diffractive ring 裂环
diffractogram 衍射图
diffractometer 衍射仪, 衍射计, 衍射器, 绕射计, 绕射表
diffractometry 衍射学
diffusance 扩散度
diffusant 扩散杂质, 扩散剂
diffusate (1) 扩散产物, 扩散物质, 扩散体; (2) 渗出液, 渗出物, 弥散物
diffuse (1) 分散, 发散, 扩散, 弥散, 漫射, 散开, 衍射, 渗出, 散布, 弥散; (2) 滞止
diffuse reflection 漫反射
diffuse sound 漫射声, 扩散音
diffuse sound field 扩散声场
diffuse spectrum 绕射光谱
diffuse transmission factor 散射传输系数, 漫透射系数
diffused base 扩散基极
diffused-base transistor 扩散基极晶体管
diffused base transistor 扩散基极晶体管
diffused-collector method 集电极扩散法
diffused current density 扩散流密度
diffused illumination 漫射照明, 散光照明
diffused-junction 扩散结
diffused junction 扩散结
diffused-junction rectifier 扩散结型整流器
diffused-junction transistor 扩散结型晶体管
diffused layer resistance 扩散层电阻
diffused meltback 扩散反复熔炼法, 回熔扩散
diffused mesa transistor 扩散台面型晶体管
diffused reflection 漫反射
diffused reflector 漫射罩
diffused resistor 扩散电阻器
diffusefield distance 扩散场距离
diffusely 扩散地, 分散地, 漫射地
diffusely radiating 扩散辐射 [的]
diffusely scattered 漫散射的
diffusely transmitting 漫射发射
diffuseness 扩散, 漫射
diffuser (1) 散射体, 漫射体; (2) 分散器, [出风口] 扩散器; (3) 扩压器, 扩压段, 扩压管, 扩散管, 进气口, 进气道, 喉管; (4) 喷雾器, 喷射器, 雾化器; (5) 渗滤器, 浸出器, 浸提器; (6) 洗料器, 洗料池; (7) 汽化器的雾化装置, 汽化器喉管; (8) 漫射照明器, 漫射器, 发光罩, 柔光屏; (9) 吹气器; (10) 扬声器纸盆
diffuser valve 扩散阀
diffuser vane 散气片
diffuser with bottom door 带底门的浸提器
diffusibility 扩散本领, 扩散能力, 扩散率, 弥散性, 散播力
diffusible 可扩散的, 弥散性的
diffusing (1) 扩散; (2) 扩散法; (3) 扩压; (4) (光) 漫射
diffusing air 雾化空气
diffusing glass 散光玻璃

diffusing globe 漫射器

diffusiometer (1) 扩散计；(2) 渗滤计

diffusion (1) 扩散, 散射, 分散, 弥漫, 漫射, 耗散；(2) 扩压；(3) 渗滤

diffusion-alloying 扩散合金化

diffusion annealing 扩散退火

diffusion action boundary junction 扩散结

diffusion base plane transistor 扩散基极平面晶体管

diffusion by vacancy jumping 空位跳跃式扩散

diffusion-capacitance 扩散电容

diffusion capacity 扩散电容

diffusion coating 扩散涂层

diffusion-controlled 扩散过程调整的, 扩散控制的

diffusion-convection 扩散 - 对流

diffusion cooling 发散冷却, "发汗" 冷却

diffusion current 扩散电流

diffusion disk 漫射柔光镜

diffusion effect 扩散效应

diffusion equation 扩散方程

diffusion gradient 扩散梯度

diffusion length 扩散长度

diffusion method 扩散法

diffusion of light 光的散射

diffusion of solids 固体扩散

diffusion of the point image 像点模糊, 像点扩散

diffusion photometer 漫射光度计

diffusion potential v 扩散电位

diffusion pump (=DP) 扩散泵

diffusion rate 扩散率

diffusion self-alignment (=DSA) 扩散自对准

diffusion technology 扩散工艺

diffusion transistor 扩散型晶体管

diffusion-type junction 扩散结

diffusion welding 扩散焊

diffusiophoresis 扩散电泳

diffusive 散布性的, 扩散的, 弥散的, 散漫的, 浸出的

diffusive wear 扩散磨损

diffusivity (1) 扩散性, 弥散性；(2) [热量] 扩散率, 弥漫率, 弥散率；(3) 扩散系数, 散射率；(4) 散逸率

diffusivity equation 扩散方程

diffusor (1) 散射体, 漫射体, (2) 分散器, [出风口] 扩散器；(3) 扩压器, 扩压段, 扩压管, 扩散管, 进气口, 进气道, 喉管；(4) 喷雾器, 喷射器, 雾化器；(5) 渗滤器, 浸出器, 浸提器；(6) 洗料器, 洗料池；(7) 汽化器的雾化装置, 汽化器喉管；(8) 漫射照明器, 漫射罩, 发光罩, 柔光屏；(9) 吹气器；(10) 扬声器纸盆

difluorated 二氟化的

difluoride 二氟化物

difluorinated 二氟化的

difunctional 有两种功能的, 双作用的

dig (1) 不灵活, 滞塞, 咬住, 卡住；(2) 挖, 掘；(3) 钻研, 探究, 探查；(4) 插入

dig-in 掘进, 插进

dig in 插入, 埋入, 钻研

dig-in angle 起动角

dig into 插入, 埋入, 钻研

dig out 发掘, 查出, 找到

digamma function 双 γ 函数

digest (=dig) (1) 消化；(2) 加热浸提, 浸渍, 浸提, 蒸煮, 煮解, 溶解；(3) 文摘, 汇编, 摘要, 提要

digested sludge 消化污泥

digester (1) 蒸解器, 蒸煮器, 蒸煮锅, 蒸煮器；(2) 脱硫罐；(3) 加热消化池

digestibility 可消化性

digestion (1) 消化；(2) 持续迟滞；(3) 蒸煮, 煮解；(4) 浸提；(5) 分解

digestion tank 化污池

digestor (1) 蒸解器, 蒸煮器, 蒸煮锅, 浸煮器；(2) 脱硫罐；(3) 加热消化池

digex 氢氧化铝、氢氧化镁混合物

digger (1) 掘土工, 挖掘工；(2) 矿工；(3) 电铲, 挖掘机, 挖掘机械, 掘凿器；(4) 勺斗 (电铲或装岩机的)

digger plough 开沟犁

digger shaker wind-rower 振动筛式挖掘铺条机

digging 采掘, 挖进

digging depth 挖掘深度

digging ladder (多斗挖土机的) 挖土斗梯状支架

dight (1) 整顿；(2) 擦净

digicom 数字有线通信系统

digifax 数模

Digigraf 自动制图系统

Digigrid 数字化器

digilock 数字同步

digimigration 数字偏移

digiplot 数字作图

Digiralt (=digital radar altimeter) 高清晰度雷达测高系统, 数字雷达高度表

Digisplay 迪斯普莱管, 数字显示

digit (1) 单值数, 数 [字] 位, 数序, 数字, 数位, 位 [数]；(2) 十进制的位；(3) 代号；(4) 一指宽的长度单位, 3/4 英寸的长度单位

digit absorber 号位吸收器, 数字吸收器, 消位器

digit-absorbing selector 脉冲吸收选择器, 数字吸收选择器

digit absorbing selector 脉冲吸收选择器, 数字吸收选择器

digit backup 数字后备电路

digit bit pulse 数字二进位脉冲

digit by digit method 逐位法

digit check 数字校验

digit counter 数位计数器, 数字计数器

digit duration 数码脉冲持续时间, 数字脉冲宽度

digit emitter 数字脉冲发送器

digit line [数] 位 [驱动] 线

digit pair 位偶, 位对

digit period 数字信号的周期

digit place 一位数的位置

digit pulse 位脉冲

digit synchronization 数字同步, 位号同步

digit wheel 符号轮, 号码轮, 数字轮

digital (=dig) (1) 数字式的, 数字的, 计数的；(2) 手指的, 批 [状] 的；(3) 指键, 指垫

digital adder 数字加法器

digital-analog 数 [字]- 模 [拟] 的

digital analog (=D/A) 数字 - 模拟

digital-analog converter 数 [字]- 模 [拟] 转换器

digital analog converter (=DAC) 数字 - 模拟转换器

digital-analogue type 数字模拟型

digital analyser 数字分析器

digital approximation 数值近似, 数值逼近, 近似值

digital automatic tape intelligence checkout equipment 数字自动磁带信息检测装置

digital automation (1) 数字 [式] 自动装置；(2) 数字自动化

digital autopilot 数字化自动驾驶仪

digital circuit 数字电路

digital circuit module (=DCM) 数字线路微型组件

digital circuitry 数字电路系统

digital clock 数字时钟

digital code (=DC) 数字代码

digital combiner 数字组合器

digital communication system 数字通信系统

digital complement 按位的补码

digital computer (=DC) 数字 [式] 计算机

Digital Computer Association (=DCA) 数字计算机协会

digital control 数字控制

digital control computer 数字控制计算机

digital control system 数字控制系统

digital conversion receiver (=DCR) 数字转换接收器

digital correlator 数字相关器

digital data (=DD) 数据信号, 数字信息, 数字资料, 数字数据, 数据

digital data acquisition and processing system (=DDAPS) 数据收集和处理系统

digital data communication (=DIDAC) 数字 [式] 数据通信

digital data handling (=DDH) 数字资料处理, 数据处理

digital data processing system 数字数据处理系统

digital detector (1) 数字式检测器；(2) 数字检波器；(3) 计数探测器, 断续探测器

digital differential analyzer (=DDA) 数字微分分析器

digital display (=DD) 数字显示

digital display alarm(=DDA) 数字显示警报

digital display circuit 数字显示电路

digital display dividing head 数 [字] 显 [示] 分度头

digital display generator (=DDG) 数字显示发生器

digital display rotary table 数显转动工作台

digital electronic continuous ranging (=DECOR)　数字电子连续测距

digital electronic universal computing engine (=DEUCE)　通用电子数字计算机

digital element (=DE)　数字元件

digital filter　数字滤波器

digital flight controller (=DFC)　数字飞行控制器

digital floating seismograph (=DFS)　数字浮点地震仪

digital frequency divider　数字分频器

digital function generator (=DFG)　数字函数发生器

digital hologram　数字全息图

digital image processing　数字图像处理

digital indicator　数字显示器

digital information　数字信息

digital information detection (=DID)　数字信息检测

digital information display (=DID)　数字信息显示器

digital input unit (=DIU)　数字输入装置

digital integrated circuit (=DIC)　数字集成电路

digital logic circuit (=DLC)　数字逻辑电路

digital machine　数字计算机

digital microcircuit (=DMC)　数字微型电路

digital modulation (=DM)　数字调节

digital multibeam steering (=Dimus)　数字多波束阵

digital multimeter (=DMM)　数字式万用表

digital multiplexer　数字信号复接器

digital noise　数字噪声，量化噪声

digital output/input translator (=DO/IT)　数字输出输入信号变换器

digital pair　位对，位偶

digital potentiometer　数字式电位计，数字式分压器

digital pressure converter (=DPC)　数字压力转换器

digital printer　数字印字机，指型印字机

digital process control　数字程序控制

digital programming set　数字程序编制器

digital pulse sequence　数字脉冲序列

digital recorder　数字记录器

digital selective communication (=DISCOM)　数字选择通信

digital servo　数字伺服系统

digital servomechanism　数字伺服机构

digital signal　数字信号

digital signal converter (=DSC)　数字信号转换器

digital simulation　数字式仿初

digital tachometer　数字式转速计

digital-to-analog (=D-A)　数字 - 模拟

digital to analog converter (=DACON)　数字 [信息]- 模拟 [信息] 变换器，不连续量 - 连续量变换器

digital-to-analog ladder　数字 - 模拟转换阶梯信号发生器

digital-to-video display　(1) 数字 - 视像转换式显示；(2) 数字 - 视像显示器

digital type torque meter　数字式转矩计

digital volt-ohmmeter (=DVOM)　数字伏欧计

digital voltage encoder　数字电压译码器

digital voltmeter (=DVM)　数字式电压表，数字式伏特计

digitalisation 或 digitalization　数字化

digitalizer　数字化装置，数字变换器，数字器

digitally　用数字计算方法，用计数法

digitalyzer　模拟数字变换器，数字转换装置，数字化装置，

digitar　数字变换器

digitate　指形的，指状的，指的

digitation　(1) 指状突起；(2) 指状分散作用

digitiform　指状的

digitipartite　具指状裂片的

digitisation　数字转换，数字化

digitise　使成为数字，数字化，计数化

digitiser　连续诸元 - 数字形式变换装置，模拟 - 数字转换器，数字化装置，数字 [化] 转换器，数字读出器，数字交换器

digitization　数字转换，数字化

digitize　使成为数字，数字化，计数化

digitized signal　数字化信号

digitizer　连续诸元 - 数字形式变换装置模拟 - 数字转换器数字化装置，数字 [化] 转换器，数字读出器，数字交换器

Digitron　数字读出辉光管，数字指示管

digitwise operation　按位 [数字] 运算

Digivac　字母数字管

digiverter　数字模拟信息转换装置，数模变换器

Digivue panel　交流等离子体数字显示板，迪吉维板

Diglyph　双槽排档

digonal　二角的，对角的

digonal axis　对角线轴，二角轴

digonous　两棱的，二角的

digram　妇字母组合，二字母组

digraph　(1) {计} 有向图；(2) 二合字母

digress　(1) 离开，插叙；(2) 脱轨

digression　(天) 离角

digroup　数字基群

dihalide　二卤化物

dihedral　(1) 由两个平面构成的，两面角的，角形的，V 形的；(2) (机翼) 倾斜成二面角 [的]，上反角，二面角

dihedral angle　二面角，上反角

dihedral reflector　二面反射器

dihedron　(1) 二面体；(2) 二面角

dihenge　(非) 一种独木舟

diheptal　十四 (数字)

diheptal base　(阴极射线管的) 十四脚管座，十四管脚插座

dihexagonal　双六角的，复六方的

dihexagonal prism　复六方棱柱

dihexagonal pyramid　双六角棱锥

dihexahedron　双六面体，复六方面体

dihydrate　二水 [合] 物

dihydric　二羟基的，二元的

dihydride　二氢化物

dihydroxide　二氢氧化物

diiodide　二碘化物

diiodofluorescein (=DIF)　二碘荧光素

dike cleaner　沟渠清理机

diker　筑堤机

dilapidation　(1) 倒塌；(2) 坍塌物

dilatability　膨胀性，膨胀率，延伸性，延展性

dilatble　可膨胀的，会膨胀的

dilatancy　(1) 膨胀性，胀流性；(2) 切变膨胀；(3) 压力下胶液凝固性；(4) 扩容性

dilatant　膨胀物

dilatate　膨大的

dilatation (=dilation)　(1) 膨胀，扩大，扩张，扩展，扩散，伸缩，胀缩；(2) 膨胀系数，膨胀度，膨胀比；(3) 体积增量

dilatation constant　膨胀常数

dilatation joint　膨胀缝，伸缩缝

dilatational viscosity　体积变形粘度，容积粘度，第二粘度

dilatational wave　膨胀波

dilated pit　扩口纹孔

dilating circular scan

dilation　(1) 膨胀 [度]，扩大，扩展，扩张；(2) {数} 伸缩

dilative　引起膨胀的，膨胀 [性] 的，张开的

dilatometer　膨胀计，膨胀仪

dilatometric　膨胀测定的，测膨胀的

dilatometric test　膨胀仪检验

dilatometry　膨胀测定法，膨胀测量术

dilaton　伸缩子

dilator　(1) 膨胀箱；(2) 扩张器；(3) 详述者

dilatorily　缓慢地

dilatoriness　迟缓，缓慢，延迟

Dilecto　(美) 电木层压材料，代勒克托

dilly　(1) (英) 马车；(2) 自重滑行；(3) 矿车，小车，小型货车

dillying　筛上冲洗

diluent　(1) 稀释物质，冲淡物质，稀释液，冲淡液；(2) 稀释剂，冲淡剂

dilutability　[可] 稀释度

dilute　(1) 使稀薄，变稀，变淡，稀释，冲淡；(2) 稀释的，薄弱的，淡的

dilute alloy　低合金

dilute strength (=DS)　稀释浓度

dilute sulfuric acid　稀硫酸

diluted colour　非饱和色，淡色

diluted concentration　非饱和浓度，稀释浓度

diluter　(1) 稀释液；(2) 稀释者

dilution (=diln)　(1) 稀释，冲淡；(2) 稀度，淡度；(3) 稀释处理化；(4) 简化

dilution of sewage　污水稀释

dilval　镍铁合金

dilvar　迪尔瓦镍铁合金

dilver　迪尔威铁镍合金 (镍 46-42%，铁 54-56%)

dim　(1) 无光泽的，消光的，不亮的，暗淡的，微暗的；(2) 使暗；(3) (汽

车的) 前灯的短焦距光束, 小光灯

dim light 小光灯

dim light circuit 微亮电路, 暗光电路

dime-size 微型的 (指元件尺寸)

dimension (=Dim.) (1) 线度; (2) 外廓尺寸, 尺寸参数, 尺寸, 尺度; (3) 量纲, 因次, 维, 度, 元; (4) 范围, 方面; (5) 体积, 容积, 面积, 大小; (6) {计} 数组; (7) 标出尺寸, 选定尺寸, 量尺寸

dimension analysis 量纲分析

dimension bound 维数界

dimension drawing sheet 轮廓尺寸图纸

dimension equation 量纲方程

dimension figure (1) 尺寸数字; (2) 尺寸图

dimension from tooth form lay-out 齿形展开尺寸

dimension limit 极限尺寸

dimension line 尺寸线

dimension-lumber 成熟材

dimension lumber 标准尺寸木材

dimension M over ball 跨球 [测量] 尺寸 M 值

dimension M over pin 跨棒 [测量] 尺寸 M 值

dimension of picture 图像纵横比, 图像尺寸, 像幅

dimension over pins 跨棒间尺寸, 测棒间尺寸

dimension relation 量纲关系

dimension scale (1) 尺寸比例; (2) 比例尺

dimension series number 尺寸系列代号

dimension sheet (设计) 尺寸卡

dimension statement 维数语句

dimension-timber 成熟材, 建筑材

dimension word 维数语句

dimensional (=D) (1) 与尺寸有关的, 有尺度的, 有量纲的, 有因次的, 尺寸的, 维的, 度的, 元的; (2) 重要的; (3) 空间的

dimensional accuracy 尺寸准确度, 尺寸精度

dimensional analysis 量纲分析, 因次分析, 维量分析

dimensional check 尺寸检查, 尺寸检验

dimensional discrepancy 尺寸不符值, 尺寸差异

dimensional drawing 轮廓图, 尺寸图

dimensional formula 量纲公式

dimensional homogeneity (1) (零件) 尺寸一致性; (2) 量纲统一

dimensional interchangeability 尺寸互换性

dimensional method 因次理论法, 量纲法

dimensional metrology 尺寸测量法

dimensional of a quantity 量纲

dimensional orientation 确定空间坐标, 空间定向, 三维定向

dimensional output 公称输出功率

dimensional precision 尺寸精度

dimensional range 尺寸范围

dimensional regularization 维数法规则化

dimensional scaled model 比例模型

dimensional sketch 尺寸略图, 尺寸简图

dimensional stability 尺寸恒定性, 大小恒定性, 形定性

dimensional tolerance 尺寸公差, 尺寸容差

dimensionality 维数, 度数

dimensioning (1) 几何尺寸的确定, 标注尺寸, 定尺寸; (2) 尺寸计算, 测定尺寸; (3) 参数选定

dimensionless 无量纲的, 无因次的, 以相对单位表示的

dimensionless coefficient 无量纲系数, 无因次系数

dimensionless factor 无量纲系数, 无因次系数

dimensionless number 无因次数

dimensionless parameter 无量纲参数

dimensionless speed 无量纲速度

dimensions (1) 尺寸, 大小; (2) 体积, 面积; (3) 外廓, 外形

dimensions chart 轮廓尺寸图

dimensions of bearing 轴承尺寸

dimensions of cone(s) 圆锥 [体] 尺寸

dimer 二聚物

dimeric 由两部分组成的, 由两种因素决定的, 二聚的

dimerisation(=dimerization) 双原子分子的形成, 二聚 [作用]

dimerism (1) 二聚性; (2) 存在二基数的性质

dimerization 双原子分子的形成, 二聚 [作用]

dimerous (1) 二基数的; (2) 由二部分组成的

dimetalation 二金属取代作用

dimethyl (1) 二甲基; (2) 乙烷

dimethylbutadiene rubber 二甲丁二烯橡胶, 甲基橡胶

dimethylhydrazine 二甲 [基] 肼 (用于火箭燃料之可燃腐蚀液体)

dimetric (1) 四角形的, 四边形的, 正方的; (2) 二聚的

dimetric projection 正方投影

dimi 万分之一 (=10^{-4})

dimidiate (1) 两分的, 二分的, 对半的, 折半的; (2) 把……二等分, 折半, 减半

dimidius 二分之一, 半

diminish (1) 减少, 减小, 减低, 减弱, 缩小, 缩减, 缩短, 递减, 削弱; (2) 成尖顶

diminishable 可缩减的, 可削弱的

diminished arch 平圆拱

diminished-radix complement 减 1 根值补码, 根值减 1 补码, 根值反码, 基数反码

diminished shaft 锥形轴

diminisher 减光器, 减声器

diminishing rule 仿形尺

diminishing stile 不等宽的门边挺

diminution (1) 减小, 减低, 减弱, 缩减, 缩小, 缩短, 递减, 衰退, 衰减, 降低; (2) 尖顶, 变尖

diminution factor 减衰常数, 衰退因数, 衰减率

diminution of range 射程缩短

diminution of roots 缩根法, 减根法

diminutival 缩小的

diminutive (1) 小型的, 小的; (2) 微小的东西

diminutiveness 极基微小

dimly 暗淡地, 模糊地, 朦胧地

dimmed illumination (汽车) 小光灯

dimmedness 暗淡, 模糊

dimmer (1) 减光滑线变阻器, 调节灯光的变阻器, 光强调节器, 光度调整器, 制光装置, 节光器, 减光器, 调光器, 遮光器, 变光器; (2) 减光线圈; (3) 衰减器; (4) (汽车) 光束焦距短的前灯, 小光灯

dimmer coil 减光线圈

dimmer resistance 减光器变阻器

dimmer sweep trace 扫描暗迹

dimming (1) 减低亮度, 变暗; (2) 灯光管制

dimmish 暗淡的, 朦胧的

dimness (1) 混浊性, 浊度; (2) 暗淡, 模糊, 朦胧

dimolecular 双分子的, 二分子的

dimorphic (1) 同时具有二种特性的; (2) 双晶 [形] 的

dimorphism 双晶现象

dimorphous (1) 同时具有二种特性的; (2) 双晶 [形] 的

dimout (1) 灯光暗淡; (2) 灯火管制, 节电; (3) 警戒管制

dimple (1) 表面微凹, 凹痕, 陷斑; (2) 凹座, 凹槽, 凹口, 凹穴; (3) 迭波, 波纹

dimpled fracture 韧窝状断裂

dimply 有波纹的, 凹陷的

dimuon 双 μ [子]

DIN (=Deutsche Industric Normen) 德国工业标准

DIN (tooth) gearing system 德国齿形制

Dina (=direct noise amplifier) 一种起伏噪声调制的雷达干扰机 (商品名)

dina 第纳干扰器

dinamate 一种低频噪声调制雷达干扰机的监视接收机

dine 炸药

diner 铁路餐车

dineutron 双中子

ding (1) 猛击, 敲; (2) 勾缝; (3) (复) 板材的弯曲

dinge 表面凹陷

dingey 军舰附属小艇, 折叠式救生艇, 橡皮艇, 橡皮艇, 小船

dinghy 小船 (小于 20 呎长的)

dining car 铁路餐车

dinitration 二硝化作用 (引入两个硝基)

dink (1) 四桨平底小船, 工作艇; (2) 冲割

dinkey 集材小机车, 小型机车, 小型电车

dinkey locomotive 窄轨机车, 轻便机车

dinking 空心冲

dinking die 平压切断冲模

dinking machine 平压切断机

dinner plate 餐盘

dinner-service 成套餐具

dinner-set 成套餐具

dinner-wagon (有脚轮的) 食品输送架

dinner wagon 送饭车

dino- 转, 旋

dint 压痕, 凹陷, 凹痕, 压伤

dintheader 巷道掘进机

351

dinuclear 两核的, 两环的
dinucleon 双核子
dioctahedron 二八面体
diode (1) 二极管；(2) 电整流器
diode ampl fier 二极管放大器
diode-capacitor-diode gate (=DCDG) 二极管 - 电容器 - 二极管门
diode catching circuit 二极管钳制电路
diode clipper 二极管削波器
diode damper 二极管阻尼器
diode detector 二极管检波器
diode diode logic (=DDL) 二极管二极管逻辑电路
diode discharge 二极管放电
diode emitter follower logic (=DEFL) 二极管发射极输出器逻辑
diode function generator (=DFG) 二极管函数发生器
diode gun 二极电子枪
diode limiter 二极管限制器, 二极管限幅器
diode-logic 二极管逻辑
diode madistor 二极管磁控管
diode mixer 二极管混频器
diode modulator 二极管调制器, 二极管调相器
diode-parametric 二极管参量的
diode-pentode 二极 - 五极管
diode reverse breakdown voltage 二极管反向击穿电压
diode switch (=DS) 二极管开关
diode-tetrode 二极 - 四极管
diode-triode 二极 - 三极管
diode-transistor logic (=DTL) 二极管 - 晶体管逻辑
diode-transistor logic circuit 二极管 - 晶体管逻辑电路
diodeless 无二极管的
diodide 二碘化物
diolame 包装用薄膜, 包膜
diols 二醇类
dion 聚脂
Dionic (用测量导电性的方法) 试验水的纯度的一种仪器
diopter 或 dioptre (=D) (1) 照准仪, 瞄准仪, 照准器, 瞄准器；(2) (摄影) 觇孔板, 窥视孔，(3) 屈光度, 折光度, 焦度, (4) 屈光率单位
dioptometer 眼折光力计, 屈光度计, 折光度计
dioptra 测量高度及角度用的一种光学装置
dioptre (1) 照准仪, 瞄准仪, 照准器, 瞄准器；(2) (摄影) 觇孔板, 窥视孔；(3) 屈光度, 折光度, 焦度, (4) 屈光率单位
dioptric (1) 屈光学的, 折光学的, 屈光的, 折光的, 折射的；(2) 用屈光方法生产的；(3) 屈光度, 焦度
dioptric glass lens 屈光 [透] 镜
dioptric imaging 折射成像
dioptric strength 焦度
dioptric system 折射光学系统, 屈光光学系统, 屈光组
dioptric telescope 折光望远镜
dioptrical 屈光学的, 折光学的, 屈光的, 折光的, 折射的
dioptrics 折 [射] 光学, 屈光学
dioptrometer 折光度计, 屈光度计
dioptroscopy 屈光测量法
dioptry (1) 屈光度, 折光度；(2) 折光单位
diosmosis [相互] 渗透
diotron 交叉电磁场微波放大器, 噪声二极管测量仪, 计算电路
dioxide 二氧化物
dioxydichloride 二氯二氧化物
dioxygen 二氧分子氧
dioxysulfate 硫酸双氧
dip (1) 倾斜, 偏倾, 下倾, 下垂, 下陷, 斜坡, 降落, 下落, 下沉, 垂度；(2) 磁倾角, 倾角, 俯角, 偏角；(3) 倾向；(4) 电压降；(5) 酸洗, 浸渍, 浸涂, 浸 [入], 沉没；(6) 挖掘；(7) 酸洗液, 液体, 溶液, (8) 树脂；(9) (游标卡尺上的) 深度尺；(10) 吃水深度, 垂度
dip angle 倾角, 俯角
dip application 浸涂施工
dip-braze 铜浸焊
dip can 选样管
dip-circle 磁倾计
dip circle 磁倾仪
dip-coating 浸渍涂层, 浸涂
dip coating (1) 浸渍涂料, 浸渍涂敷；(2) 浸入涂层；(3) 热 [浸] 镀
dip compass 倾角仪, 测斜仪
dip counter 负载计数管
dip current 谷值电流
dip detector 浸液探测器

dip-dye (1) 印染；(2) 浸染
dip-feed lubrication 浸油润滑, 油浴润滑
dip gauge 垂度规
dip-grained 浸润纹理的
dip hatch 计量孔
dip hole 计量口
dip-joint 倾向节理
dip joint 倾向节理
dip log 地层倾角测井
dip lubricating system 浸入润滑系统
dip lubrication 浸油润滑, 油浴润滑
dip meter 磁倾角测量仪, 测试振荡器
dip mica condenser 浸入式云母电容器
dip mold 沉模
dip molding 油渍成型, 浸渍成型, 浸渍模塑
dip-needle 磁倾仪, 磁倾针
dip needle 磁倾仪, 磁倾针
dip of needle 磁针偏角
dip of the horizon 地平俯角
dip of the track 径迹倾角
dip phenomenon 谷值现象
dip pipe 浸渍管
dip polishing 浸渍抛光
dip rod 液位指示器, 水位指示器, 量油杆, 浸量尺, 机油尺
dip rope 解锚索
dip seal 液封
dip separation 倾向隔距
dip shift 倾向移距
dip shooting 倾向爆破, 倾角法
dip slip 倾向滑距
dip slope 倾向坡
dip-solder 浸焊
dip soldering 浸入焊接, 浸焊
dip stick (1) 测深杆, 机油尺, 量油杆, 油尺, (2) 液位指示器, 水位指示器；(3) 测深尺
dip switch (英) [汽车前灯] 变暗开关
dip transfer technique 短路过渡焊接
dip tube 汲取管
dipartite 分成几部分的
diphase 两相的, 二相的
diphaser 两相交流发电机, 双相交流发电机
diphasic 双相性的, 双相的
dipi- (词头) 二重, 双, 重
diplane 双平面的
dipleg 料封管, 浸入管
diplex (1) 双信号同时同向传送, 同向双工 [制]；(2) 双波道的, 双通路的, 双工的；(3) 加倍, 复用；(4) 双倍的
diplex circuit (1) 同向双工电路, 双讯伴传电路；(2) 双发射机共天线耦合桥路
diplex generator 双频信号发生器
diplex operation 两信号同时同向传输, 双工通信
diplex reception 同向双工接收
diplex telegraphy 单向双路电报
diplexer (=DPLXR) (1) 双讯器, 双工器, 双工机；(2) 天线分离滤波器；(3) 双信伴传机, 天线共用器 (使两台发电机共用一台天线的设备)
diplexing (1) 双工发送设备, 双工接收设备；(2) (同向) 双工法
diplo- (词头) 二重, 双, 两
diplohedron 扁方二十四面体
diploid (1) 扁方二十四面体；(2) 二倍体
diplomatic privileges and immunities 外交特权与豁免权
diplopia 双像, 双影
diploscope 两眼视力检查器, 两眼视力计
dipmeter (1) 倾角测量仪, 测斜仪, 倾斜仪, 倾角仪；(2) 栅陷振荡器；(3) 地层倾角 [测井] 仪
dipolar 偶极 [性] 的, 两极 [性] 的, 双极 [性] 的
dipolar coordinates 双极坐标
dipolar ion 偶极离子
dipolar polarizability 偶极子极化率
dipolarity 偶极性
dipole (1) 偶极子；(2) 偶极天线；(3) 对称振子, 偶极振子；(4) (磁铁) 二极；(5) 双极点, (6) 双合价
dipole antenna 偶极 [子] 天线
dipole antenna fluter 偶极子天线的摆动
dipole approximation 双极点近似

dipole array (1) 多 [偶极] 振子天线阵, 偶极天线阵; (2) 偶极排列

dipole-dipole interaction 偶极子间相互作用, 偶极 - 偶极相互作用

dipole dislocation 偶位错

dipole-elastic loss 高弹偶极损耗

dipole element 偶极振子, 对称振子

dipole field 偶极子场

dipole layer 偶极子层, 双电荷层

dipole microphone 双面传声器

dipole mode 对称振子振荡模, 对称振子振荡型, 偶极子振荡型

dipole moment 偶极矩

dipole oscillator 偶极子振荡器, 双极振荡器, 偶极振子

dipole-quadrupole interaction 偶极 - 四极相互作用

dipole-radical loss 侧基偶极损耗

dipolymer 二聚物

dipped electrode 浸液电极

dipped headlamp 光线投向地面的 [汽车] 前灯

Dippel's oil 狄柏油

dipper (1) 单人手浇包, 长柄杓, 取样杓, 铸杓, 戽斗, 汲器, 油匙; (2) 浸渍工

dipper dredger 单斗挖泥机, 铲斗挖泥机, 铲斗挖泥船

dipper sample 用杓取得的样品

dipper sheave block (挖土机的) 铲

dipper teeth (挖土机的) 铲斗齿

dipperstick (1) 液位指示器, 水位指示器, 量油尺; (2) 旋转挖土机; (3) 铲斗连杆

dipping (1) 浸渍液的调制; (2) 倾斜, 偏倾; (3) 浸 [入], 插入, 侵入; (4) 腐蚀金属的, 浸渍的, 酸洗的; (5) 磁倾; (6) 倾斜的, 下倾的, 下垂的, 磁倾的

dipping and heaving 上下浮动

dipping asdic 声纳

dipping coil 浸渍线圈

dipping coil primary means 电磁式检测设备

dipping compass (1) 倾度仪, 倾角仪; (2) 矿用罗盘; (3) 磁倾针

dipping counter 负载计数管

dipping detector 浸液探测器

dipping drum [复洗机] 浸液滚筒

dipping electrode 浸液电极

dipping-needle 磁倾针

dipping needle 磁倾仪, 磁倾针

dipping polishing 浸渍抛光

dipping refractometer 浸液 [式] 折射计

dippy twist 螺旋, 尾旋, 转落

diproton 双质子

dipsector 俯角针

dipstick (1) 水位指示器, 量油杆, 油尺, 量尺, 量杆; (2) 测深尺, 测杆, 探针

dipulse 双脉冲

dipware 浸渍制品

dipyramid 双棱锥体, 双角锥

diquark 双夸克

diradical 二价自由基, 双自由基

dird 强力冲击, 强力打击

direct (=dir) (1) 直接引导, 直接操纵, 直接操作; (2) 直接的, 径直的, 直的; (3) 不弯曲的, 不倾斜的, 不转折的, 无折射的; (4) 直流的, 直射的, 直系的, 密切的, 顺行的; (5) 正向的, 定向的

direct access (1) 直接存取, 直接取数, 直接访问, 随机取数, 随机存取, 随机访问; (2) 直接进路

direct access display channel 直接存取显示通道

direct access inquiry 直接询问

direct access library 直接存取程序库

direct access programming system (=DAPS) 直接存取程序设计系统, 随机存取程序设计系统

direct access storage 直接存取存储器

direct-acting 直接作用的, 直接传动的

direct acting (=DA) 直接作用的, 直接传动的, 直接动作的, 直接操作的

direct-acting engine 直接联动发动机

direct-acting finder (=dafind) 直接作用的旋转式选择器

direct-acting hoist 直接传动的提升机

direct-acting pump 直接联动泵

direct-acting reciprocating pump 直接联动泵

direct acting recorder 直接传动记录器

direct-acting steam engine 直接式蒸汽机

direct-acting sream pump 直接联动蒸汽泵

direct-action 直接作用

direct action (=DA) 直接动作, 直接作用, 瞬发作用

direct activities 直接业务

direct add (=DA) 直接相加指令

direct addressing 直接寻址

direct-air injection die-casting machine 直接气压复式热室压铸机

direct-arc 直接电弧的

direct-arc cast 直接电弧熔铸

direct-arc furnace 直接电弧炉

direct-arc melting 直接电弧熔炼

direct ascent (=DA) 直接上升

direct-axis (1) 纵向轴线; (2) 直轴

direct axis 纵轴

direct axis armature reaction 直轴电枢反应

direct-axis reactance 顺轴电抗

direct-axis synchronous reactance 直轴同步电抗

direct band-gap semiconductor 直接跃迁半导体

direct bearing (1) 导向轴承; (2) 直立支承; (3) 直接 [引导] 方位

direct bill of lading 直接提单

direct breakage 直接断裂

direct call 直接呼叫, 直接通话

direct capacitance 部分电容, 直接电容, 静电容

direct capacitive coupling 直接电容耦合

direct capacity ground 对地电容

direct casting 顶铸, 上铸

direct challenge system 直接呼叫系统, 直接询问系统

direct change 直接变速

direct circuit 直接电路

direct circulation 正环流

direct clutch 直接 [传动] 离合器

direct code 绝对代码, 直接码

direct coding 直接编码

direct color formation 直接彩色成形法

direct component (1) 不变分量; (2) 直流分量; (3) 直接部分

direct condenser 回流冷凝器

direct cone clutch 正锥体联接离合器

direct connect 直接接合

direct-connected 直 [接] 连 [接] 的, 直接传动的, 悬挂 [式] 的

direct connected [机器] 同轴的

direct-connected mower 悬挂式割草机

direct-connected planter 悬挂式播种机

direct connected pump 直接联动泵

direct contact 直接接触

direct-contact condenser 接触式凝汽器

direct contact desulfation (=DCD) 直接接触式脱硫 [作用]

direct-contact mechanism 直接接触传动装置

direct-contact mechanism with pure rolling contact 纯滚动直接接触机构

direct-contact mechanism with rolling and sliding contact 滚动 - 滑动直接接触机构

direct control microprogram 直接控制微程序

direct conversion reactor (=DCR) 直接换电反应堆

direct-cooled system 直接冷却系统

direct copy 机械靠模

direct-coupled 直接耦合的, 直接连结的

direct coupled (=DC) 直接耦合

direct-coupled amplifier 直接耦合放大器

direct-coupled cavity 直接耦合空腔

direct-coupled computer 直接耦合计算机

direct-coupled exciter 直接励磁机

direct-coupled generator 直连式发动机

direct coupled leakage power 直接耦合漏过功率

direct coupled logic (=DCL) 直接耦合逻辑

direct coupled stream turbine 直接传动式涡轮机

direct-coupled transistor logic (=DCTL) 直 [接] 耦 [合] 晶体管逻辑

direct-coupled turbine 直接驱动涡轮机

direct-coupled unipolar transistor logic (=DCUTL) 直接耦合单极晶体管逻辑

direct coupling (1) 直接联轴节; (2) 直接接合, 直接连接, 直接耦连, 直接耦合

direct coupling gear 直接耦连齿轮

direct-coupling transistor logic circuit (=DCTLC) 直接耦合晶体管逻辑电路

direct-cranking starter 直接转动曲轴飞轮的起动机

direct-current 直流 [电]

direct current (=DC 或 D.C. 或 dc 或 d-c)　直流电 [流]
direct-current-alternating-current converter　直流 - 交流变换器
direct-current amplifier　直流放大器
direct current analog computer　直流模拟计算机, 直接模拟计算机
direct current and voice pass filter　低通滤波器
direct-current arc (=DCA)　直流电弧
direct-current arc welding　直流电弧焊接
direct current centering (=DCC)　直流中心调整
direct-current characteristic　直流特性
direct-current dialing (=DCD)　直流拨号
direct-current electromagnetic pump　直流电磁泵
direct-current erasing head　直流抹音磁头
direct-current experiment (=DCX)　直流实验
direct-current excited-field generator　直流激励发电机
direct-current generator　直流发电机
direct current logic (=DCL)　直流逻辑, 电平逻辑
direct-current main (=DCM)　直流电源
direct-current measurement　直流测量
direct current motor　直流电动机
direct current panel (=DCP)　直流接线板, 直流配电盘
direct current point machine　直流转撤机
direct-current propulsion　直流电牵引
direct-current resistance　直流电抗
direct-current restorer　直流复位器
direct-current reversing motor　直流反向电动机
direct current shunt motor　直流分激电动机, 直流并绕电动机
direct-current stabilizer　直流稳压器
direct-current system　直流制
direct-current tie　直流馈电线
direct-current transducer　直流换能器
direct-current transmission　直流输电
direct current trigger　直流触发器
direct-current working voltage　直流工作电压
direct current working volts (=DCWV)　直流工作电压
direct-cut operation　硬切换
direct data　直流数据
direct deflection method　直流偏转法
direct-deflection receiver　直流检波式接收机
direct digital control　直流数字控制
direct digital controller (=DDC)　直流数字控制仪, 直流数字控制器
direct display　直接显示器
direct-display storaage unit　直接显像存储器
direct distance dialing (=DDD)　长途自动电话, 直接长途拨号
direct distance service (=DDS)　直接通话业务
direct dividing head　等分分度头
direct dividing plate　等分分度盘, 等分盘
direct drawing change (=DDC)　图纸直接更改
direct-drive　直接传动的
direct drive (=DD)　直接传动, 直接驱动
direct drive acceleration　直接挡加速
direct-drive dial　(1) 直接传动度盘; (2) 无游标刻度盘, 简单刻度盘
direct drive dial　(1) 直接传动度盘; (2) 简单度盘
direct-drive engine　直接传动发动机
direct-drive propeller　直接传动螺旋桨
direct drive synchro　直接传动同步机
direct-drive transmission　机械式传动系统
direct-drive vibration machine　直接传动振动机
direct-driving clutch　直接传动离合器
direct earth capacitance　对地电容
direct energy conversion operation (=DECO)　能量直接转换
direct energy input　能量直接输入
direct factor　直接因子
direct feed　(1) 直接供电, 直接馈电; (2) (自动线上工件的) 直接传送
direct feedback　直接反馈, 刚性反馈
direct fire　(1) 直接瞄准射击; (2) 直接烧, 活火 [头]
direct-fired　直接用火加热的
direct-fired boiler　直吹式制粉锅炉
direct-fired coil furnace　直接加热的热处理炉
direct-fired mill　直吹式制粉系统磨煤机
direct flame boiler　直焰式锅炉
direct-flow　单向流动的, 直流的
direct frequenccy modulation　直接调频
direct gap　直接能隙
direct gasoline　直接分馏汽油

354

direct grid current　栅流直流分量, 栅极直流
direct heated cathode　直热式阴极
direct heated thermistor　直热式热变电阻器
direct heating (=DH)　直热式
direct hit (=D/H)　直接击中
direct hydraulic brake system　无助力器的液压制动系统
direct imaging optics　(采用三个氧化铅摄像管和一个分光棱镜的) 直接成像系统
direct impact　直接冲击, 正碰
direct impulse　正向脉冲
direct indecomposable　不可直分的
direct index plate　直接分度盘
direct index plate pin　直接分度盘销
direct indexing　直接分度法
direct infeed　直接横向进磨, 直接切入磨法
direct infeed grinding　直接切入磨法
direct input　直接输入
direct input circuit　直接输入电路
direct-insert　直接插入的
direct insert subroutine　直接插入子程序
direct integral statement　直接积分表述
direct inward dialing　直接向内拨号
direct light　直射光
direct light stroke　直接雷击
direct lighting　直接照明
direct limit　正向极限
direct load loss　直接负载损耗
direct loading meter　直接加载器
direct location mode　直接定位方式
direct mapping cache　直接映像高速缓冲存储器
direct measurement　直接测量
direct metal　直接由矿石熔炼的金属
direct method　直接测定法
direct motor drive　电动机直接传动
direct mount　直接定位装卡, 直接安装
direct-mounted　悬挂式的
direct noise amplifier (=DINA)　直接噪声放大器 (一种起伏噪声调制的雷达干扰机)
direct on-line processor　直接联机处理机, 直接联线处理机
direct-on-line starter　直接起动器
direct-on-line switching　直接合闸, 直接起动
direct-on starting　直接起动
direct operational features　直接营运设施
direct or with transhipment　直运或转船
direct outward dialing　直接向外拨号
direct particle　原始粒子
direct pick-up　(1) 直接拾波; (2) 直接摄影, 直接摄像, 直接录音
direct picture television receiver　直接收像电视机
direct piezoelectric effect　正压电效应
direct position of telescope　正镜
direct positive　直接正像
direct power conversion (=DPC)　直接动力转换
direct printing　直接印染
direct process　直接冶炼法
direct product　直积
direct-product code　直积码
direct projection　直射
direct proportion　正比 [例]
direct pulse　直达脉冲, 探测脉冲
direct quench(ing)　直接淬火
direct ratio　正比 [例]
direct-reading　(1) 直接读数的, 直接示值的; (2) 直读式
direct reading　直接读数, 直接读出
direct reading analyzer　直读式分析器
direct-reading balance　直 [接] 读 [数] 天平
direct reading bridge　直读式电桥
direct-reading instrument　直读 [式] 仪器
direct reading instrument　直接示值器
direct reading telemetering (=DRT)　直接读数遥测技术
direct readout　(1) 直读装置; (2) 直接读出
direct-recording　直 [接记] 录的
direct recording system　直接记录方式
direct resistance coupled amplifier　直接电阻耦合放大器
direct rotary machine　轮转印刷机

direct sample 直接取样
direct sampling 直接取样
direct screw transfer (=DST) (塑料)直接螺旋铸压
direct selector 简单调谐按钮,直接选择器
direct shear 直接剪切,直剪
direct shipment order (=DSO) 直接装运指示
direct sound 直达声
direct spindle drive 主轴直接传动
direct start 直接起动
direct strain 直接应变
direct stress 直接应力,正应力,纯应力
direct subtract (=DS) 直接相减指令
direct sum 直和
direct-sum code 直和码
direct supply 直流电源
direct support (=DS) 直接支撑
direct suspension 直接悬挂
direct switching in 直接合闸
direct-switching starter 直接开关起动器
direct take 直接替换
direct tensile stress 直接拉应力
direct through line 直通线
direct-to line (=DTL) 直接接通线路,直接接到线路
direct-to-scale 以给定比例表示的,用规定比例,用所要求的比例
direct translator 声谱显示仪
direct transmission (1)直接传动;(2)直接传送,直接通信;(3)正透射
direct transmission system 直接传送系统
direct trunk 直通中继线
direct turn-over (=DTO) 直接翻转,直接移交
direct-view storage tube 直观式存储管,直视存储管
direct view storage tube (=DVST) 直观存储显像管
direct-viewing 直观的,直视的
direct viewing storage tube 直接检视式贮存管,直接观察式贮存管
direct viewing tube 直视显像管
direct vision 直接显示
direct-vision method 直接显影法
direct-vision spectroscope 直视分光镜
direct water quench 直接水淬[火]
direct wave 非反射波,直达波
direct welding 双面点焊
direct wire circuit 单线电路
direct writing electrocardiograph 直记式心电图描记器
direct writing recorder 直写式记录器
directcolour print 直接着色印刷
directed (1)有向的,定向的;(2)被控制的
directed dynamic pressure 单向动压
directed energy 定向能量
directed line 有向直线,定向线
directed number 有符号数,有向数
directed reference flight 指挥基准飞行
directed tree (网络的)直接树形
directing circle 导圆
directing line 导线
directing magnet 控制磁铁
directing piont 基准点
directing property 定向性
directing sign 指向标
direction (=dir) (1)方向,方位,定向,指向,流向,矢向;(2)方位角;(3)指导,指挥,引导,操纵,管理,命令;(4)方面,范围;(5)水平瞄准,修正,校正;(6)趋向,倾向;(7)(复)指示,用法,说明[书]
direction and magnitude of force 力的向量
direction angle 方向角
direction cosine 方向余弦
direction distribution 定向分布
direction error 方向误差
direction filter equipment (=Dir Filt-Equip) 方向滤波器
direction-finder 方位[角]测定器,测向器,探向器
direction finder (=DF) (1)测向器,定向器,探向器;(2)无线电罗盘,方位仪
direction-finder calibration 无线电罗盘校准,探向器校正
direction-finder station 无线电测向台
direction-finding 方位[角]测定,定方位[角],探向,测向,定向
direction finding (=DF 或 D/F) 测向

direction-finding and ranging (=difar) 定向和测距
direction finding station (=DF Stn) 无线电测向站
direction indicator (=DI) 方向指示器,航向指示器
direction line (of force) (力的)作用线
direction-listening device 声波定向器
direction meter (无线电)定向器,测向器
direction of a curve 曲线方向
direction of affinity 亲和方向
direction of arrow 箭头方向
direction of cut 切削方向
direction of cut tool 切削刀具方向
direction of error 误差方向,失配方向
direction of extinction 消光方向,消光位
direction of feed 进给方向,进刀方向
direction of feed motion 进给运动方向
direction of fire (1)射击指挥;(2)射向
direction of intersection 相交方向
direction of lay (电缆)绞组方向,敷设方向,捻向
direction of motion 运动方向
direction of movement 运动方向
direction of polarization 极化方向
direction of primary motion 主运动方向
direction of propagation 传播方向
direction of resultant cutting motion 合成切削运动方向
direction of rolling 轧制方向
direction of rotation 回转方向,旋转方向
direction of scanning 扫描方向
direction of sliding 滑动方向
direction of slip (1)滑动方向;(2)滑移方向
direction of translation 滑动方向,移动方向
direction of view 视图方向,视向
direction parameter 方向参数
direction position 方位
direction reverser 换向机构
direction-sense 定向性的
direction sign 方向标志
direction valve 方向阀
directional (=dir) (1)取决于方向的,方向[性]的,指向[性]的,定向的;(2)直接的
directional antenna 定向天线
directional control 方向控制
directional control valve(=DCV) 方向控制阀,定向控制阀
directional correlation 方向相关,角相关
directional coupler (=DIR COUP) 定向耦合器
directional crystal 柱状晶体
directional damper 方向阻尼器,偏航阻尼器
directional data (1)引导数据,航向数据;(2)控制参数
directional discontinuity ring radiator (=DDRR) 定向间断环形辐射器
directional distribution 空间分布,定向分布
directional explosive echo ranging (=DEER) 定向爆炸回声测距
directional filter 方向滤波器,分向滤波器
directional gain 指向性增益
directional gyro (=DG) 陀螺方向仪,陀螺半罗盘
directional hydrophone 指向水听器
directional loudspeaker 指向扬声器
directional microphone 定向传声器
directional pin 导向柱
directional pressure 定向压力
directional property 定向性能
directional radio (1)无线电定向,无线电测向;(2)无线电定向台
directional reading hardness test 直接示读硬度试验
directional reception 定向接收
directional relay 定向继电器,极化继电器
directional silicon steel strip 各向异性硅钢片
directional transmitter 无线电测向发射机,定向发射机
directionality 指向特性,方向性,导向性,定向性,方向
directionless 无方向的
directionless pressure 无向压力,静压力
directions for use 使用说明书,用法说明
directive (1)指示方向,射向,指向;(2)(程序中的)伪指令,指示,指令,命令;(3)起指导作用的,有方向性的,指示性的,方向的,定向的,指向的,指示的,指导的,指挥的,管理的;(4)指挥仪,指挥机
directive antenna 定向天线
directive coefficient 方向系数

directive radio beacon 定向无线电信标，无线电指向标
directive rules 规程
directive view receiver 直观式［电视］接收机
directive wave 非反射波，直达波
directivity （1）方向性，指向性，定向性；（2）方向系数；（3）方向律
directivity diagram 方向图
directivity factor 指向性因数
directivity index （1）指向性增益；（2）定向指数，方向指数
directivity pattern 方向图，波瓣图
directly （1）直接地，一直地；（2）立即；（3）完全，恰恰
directly behind 正后方
directly-coupled 直接耦合的
directly-fed coil 直馈式线圈
directly-heated 直接加热的，直热式的
directly-heated cathode 直热式阴极
directly heated tube 直热式电子管
directly mains operated chassis (=DMO chassis) 直接馈线操纵盘
directly-proportional 成正比［例］的
directness 直接，径直
director (=dir) （1）［天线］导向偶极子，定向偶极天线，无源定向偶极子，寻向偶极子，导向装置，执行装置，导射振子，导向器，导向盘，引向器，定向器；（2）诸元计算器，射击指挥仪，指挥机，指挥器；（3）控制仪表，操纵仪表，控制器；（4）数码控制键；（5）领导者，指导者，指挥者，管理者，首长，局长，处长，所长，厂长，董事
director circle 准圆
director coil 指示器线圈，探测线圈
director cone 准锥面
director data 指令数据
director dipole 引向振子
director element 导向元件，引向单元
director meter 指挥器呼出记数器
director radar 引导雷达
director signal switch 领示信号开关
director space 方向空间
director sphere 准球面
director-system 指挥制
director system 指挥系统，指挥制
director telescope （1）望远镜瞄准器，光学瞄准器；（2）指向望远镜
director type computer 指挥仪式计算机
director valve 导向阀
directorate （1）指导者，董事；（2）董事会，管理局，指挥部
directorate notice (=DN) 指导委员会通知
directorate of communication development (=DCD) 通信发展管理局
Directorate of Geophysics Research (=DGR) （美）地球物理研究指导委员会 (=Air Research and development command 空军研究与发展司令部)
directorate of nuclear safety (=DNS) 原子核工作安全委员会
Directorial 指挥［者］的，管理［者］的
directories 公司行名录
directorship 指挥职能
directory （1）指南，手册；（2）汇编，辞典；（3）姓名地址录，索引簿，人名录，行名录；（4）指导［性］的，指挥的，管理的
directory operator 查号台话务员
directpath （1）直接波束；（2）直接路径，直接通道
directrix（复 directrices 或 directrixes）准线
directrix curve 准曲线
Dirichlet boundary conditions 狄利克雷边界条件
dirigation （1）控制［力］，驾驭［力］；（2）机能练习
dirigibility （1）灵活性［能］，回转性能；（2）可操纵性，可控制性；（3）适航性
dirigible （1）可操纵的，可驾驶的；（2）飞艇，飞船
dirigible wheel 调整轮
dirigiste 国家计划及控制经济的
dirigomotor 控制运动的
diriment 使无效的
dirt （1）脏物，污物，污秽，污渣，污垢，斑渍，油泥，废屑，灰尘；（2）夹杂，夹渣；（3）毫无价值的东西；（4）弄污，弄脏
dirt catcher 滤尘器，除尘器
dirt collector 吸尘器
dirt pits ［钢锭］斑点
dirt pocket 除尘室
dirt-proof 防尘的，防污的，耐脏的
dirt roller 清洁梳辊
dirt shroud 防尘罩

dirt-trap 挡渣器，集渣器
dirt trap 挡渣器，集渣器
dirt wagon 垃圾车
dirtboard 挡泥板
dirtiness （1）污染度；（2）污秽，污染
dirtiness resistance （在热交换器的管壁上）由脏物的薄膜所产生的阻力
dirtproof 防尘的
dirttrap 集渣器
dirty （1）不干净的，肮脏的，污秽的；（2）含有大量放射性尘埃的，含杂质的；（3）变脏，弄污
dirty bill of lading 不洁提单
dirty charge stock 裂化用重油，裂化用残油
dirty oil tank （船舶）污油舱
dirty oil transfer pump 污油输送泵
dirty ship 运输黑色石油产品的油船
dirty tanker 运输黑色石油产品的油船
dis (=discontinuity) （1）［电路］切断；（2）不连续性
dis- （词头）（1）分离，分开，除去，脱去，卸去，切断，脱扣，解除，解散；（2）无，非，不；（3）相反，反对，反转，缺乏；（4）加倍，重复，二，双
disability （1）失去能力，无能力；（2）车辆报废；（3）无资格
disable （1）使不适用，禁止使用，使无用；（2）使失去劳动能力，使无能力，使无资格；（3）损坏，报废，撤除；（4）禁止，中止，截止，阻塞，减损
disable instruction 不能执行的指令，非法指令
disabled （1）［计］［被］禁止；（2）报废的，损坏的；（3）禁止的，屏蔽的
disabled interruption 禁止中断
disabled vehicle ［报］废车［辆］
disablement 无能力，无资格，损坏，废弃
disabling pulse 截止脉冲，禁止脉冲，阻塞脉冲，封闭脉冲
disaccomodation （1）失去调节，失调；（2）磁导率减落
disaccord （1）不一致，不和谐，不协调，不符；（2）不同意
disaccredit 对……不信任，撤销对……委托
disacidify 中和酸，去酸，除酸
disadapt 使不适应
disadjust 失谐［的］，失调［的］
disadvantage （1）不利［条件］，不便，有害，缺点，劣质，不良；（2）损害，损失，损耗；（3）使损失，使不利
disadvantageous 不利的，有害的
disaffiliate ［使］脱离，分离，拆
disaffirm 反驳，反对，拒绝，否认，取消，废弃
disagglomeration 瓦解［作用］
disaggregate 解开［聚集］
disaggregation 解集作用
disagree （1）意见不同；（2）不同意，不一致，不符合；（3）对……不适宜
disagreeable 不愉快的，难对付的，讨厌的
disagreement （1）不符合，不适合；（2）偏差，偏离，发散；（3）不协调，不整合
disalignment （1）不对准中心，中心线偏移，偏离中心线，轴线不重合，偏离轴心，未对准［中心］；（2）偏离直线方向，不成直线，不直；（3）不平行［度］，不同心［度］
disallow 拒绝承认，不接受，不准，不许，驳回
disanchor 解锚，起锚
disannul 取消，作废，废弃
disannul call 电话消号
disappear 消失，消散，绝迹，失踪
disappearance 不出现，消失，失踪
disappearing filament 隐丝
disappearing-filament optical pyrometer 热丝掩盖式光测高温计，隐丝式光学高温计
disappearing target 隐显目标
disappoint 使受挫折，使失望，使落空
disappointed 受到挫折的，失望的
disappointment 失望，挫折
disapprobation 不答应，不赞成，非难，否认
disapprobative 不答应的，不赞成的，不满的
disapprobatory 不答应的，不赞成的，不满的
disapproval 不许可，不赞成，不同意，不满
disapprove 不许可，不赞成，不同意，不准，反对
disarm （1）解除武装，放下武器，取消戒备，裁军；（2）排除发火装置，拆去发火件，拆除引信，拆除信管；（3）使中断，使无效，缓和，制止
disarm state ［中断］解除状态
disarmed interrupt 解除中断，拒绝中断
disarrange （1）使紊乱，扰乱，搅乱；（2）失调，失常，破坏，断裂；（3）变位

disarray (1)使紊乱,弄乱,搅乱;(2)无秩序,混乱

disassemble 拆卸,拆开,拆除,拆下,拆散,卸下,分解,分散,分开

disassemble work 拆卸工作

disassembling operation 拆卸操作

disassembly (1)拆卸,拆开,拆下,拆散,分散,散开;(2)解体,分解,分散

disassembly-and assembly stand 拆装台

disassembly of plasma 等离子体的分散,等离子体的散开

disassimilation 异化 [作用]

disassociation (1)离解 [作用];(2)分离

disaster (1)事故,故障;(2)自然灾害,天灾,灾难,祸患

disaster box (1)保险盒;(2)安全阀;(3)安全线路

disaster control (=DC) 灾祸的控制

disaster control center(=DCC) 灾祸控制中心

disaster control office (=DCO) 灾祸控制工作室

disaster control officer (=DCO) 灾祸控制工作人员

disaster dump {计}灾难性转储,大错转储

disastrous 造成巨大损害的,灾难 [性]的,灾害的

disavow (1)不承认,否认,抵赖;(2)拒绝对……承担责任

disbalance (1)不平行,失衡;(2)平衡差度

disbalance of tyre 外胎平衡差度

disbelief 不相信,怀疑

disbelieve 不相信,怀疑

disbenefit 无利可图,无益

disboard 卸货,卸载,卸下

disbranch (1)切断,分离,分开;(2)消除支路,取消支线

disburden (1)卸除,卸货,卸载;(2)摆脱,解除,消除

disburse 支付,支出,拨款,分配

disbursement 支付,支出;(2)付出款,营业费

disc 或 disk (1)盘,圆盘,圆板,圆片盘;(2)甩油盘,甩油环;(3)研磨盘;(4)磁盘

disc brake 盘式制动器

disc cam 盘形凸轮

disc chuck 花盘

disc clutch 圆盘离合器

disc condenser 盘式电容器

disc crank 圆盘形曲柄

disc emery cloth 圆盘磨光轮

disc furrower 圆盘开沟铲

disc file unit 磁盘存储部件

disc flowmeter 盘式流量计

disc front connection 前盘接线

disc gauge 圆盘规

disc gear cutter 盘形铣齿刀

disc gearing 圆盘传动装置

disc grind (=DG) 圆盘研磨

disc grinder 圆盘磨光机,圆盘磨床,盘磨机

disc harrow 圆盘耙

disc hiller 圆盘培土器

disc insulated cable 垫圈绝缘电缆

disc milling cutter 盘形铣刀

disc lightning arrester 盘式避雷器

disc-operated minicomputer 字盘操作微型计算机

disc-pack [可换式] 磁盘组,磁盘集合,磁盘部件

disc planimeter 圆盘面积仪

disc plate 圆盘板

disc plow 圆盘犁

disc recorder 盘式录声机

disc recording 唱片录音

disc relay 盘形继电器

disc rotor 盘形叶轮,盘形转子

disc-seal 盘封 [的]

disc-shaped 圆盘形的,圆板形的

disc signal 盘形信号机

disc spring 盘簧

disc thermistor 盘形热敏电阻

disc type gear milling cutter 盘形齿轮铣刀

disc type pinion cutter 盘形插齿刀

disc typr rotor 盘形转动体,圆盘形转子

disc typr work 盘形工件

disc water meter 盘形水量计

disc weeder 圆盘除草器

disc wheel 圆盘砂轮,砂轮,盘轮

disc winding 盘式绕组

discal 平圆盘的,盘状的

discale 除鳞,碎鳞

discaling roll 齿 [面轧] 辊,碎鳞轧辊

Discaloy 透平叶片片用镍铬钼钛钢(镍25%,铬13%,钼3%,钛2%,锰0.7%,硅0.7%,铝0.5%,碳0.05%,其余铁)

discap 圆盘形电容器

discard (1)挤压尾料,报废件,废品,废物,废料,碎料,切头;(2)报废抛弃,废弃,废除,抛弃,丢掉,除去;(3)撤销;(4)保温帽

discardable 可废弃的

discarding booster 抛弃助推级

discase (从匣子中)拿出,显示

discern (1)鉴别,识别,辨别,区别,分别,分辨,断定,判明;(2)了解,认识

discernable 可识别的,可辨别的,可察觉的,明白的

discernibility 分辨能力,察知能力,可辨别性

discernible 可识别的,可辨别的,可察觉的,明白的

discerp 扯碎,撕裂,分开,分裂

discerptible 可扯碎的,可撕裂的,可分离的,可分开的,可分辨的,可剖析的

discerption (1)分离,分裂,扯碎,割断;(2)断片

discharge (=D) (1)解除负荷,卸载,卸货,卸料,卸出,出料,(2)放出,排出,流出,排泄,排水,排汽,排气,放射,放水,放气,放油,发射,(3)流量,泄量,(4)放电,(5)放电量,(6)设计流量,排出量,排水量,(7)拔染,(8)解除,解脱,释放,(9)排出口,排出管,(10)排出液,排出物,排放物

discharge area 出口 [截面] 面积

discharge at constant current 定流放电

discharge belt 可卸载传送带

discharge bucket 卸料斗

discharge button 放电按钮

discharge capacity (1)流量;(2)放电容量

discharge channel 输出通道,出料槽

discharge characteristic curve 放电特性曲线

discharge check ball 出口止回阀球

discharge chute 出料斜槽,出料槽,卸料槽

discharge circuit 放电电路

discharge coefficient (1)流量系数;(2)输出系数;(3)放电系数

discharge colour 放电色

discharge conveyor 卸料输送器,卸载输送器

discharge curve (1)流量曲线;(2)放电曲线

discharge device 放电器,避电器,避雷器

discharge diode 放电二极管

discharge ditch 排出沟

discharge ditch sweeper 排水沟疏浚机

discharge duct (1)排水管道;(2)下料溜槽,排料槽

discharge fan 排气 [风] 扇,抽风机

discharge filter 排气过滤器

discharge gas 废气

discharge head (1)出口压头,排出压头,供油压头;(2)(压缩机)压力高度

discharge header 集气管

discharge hydrograph 流量过程曲线

discharge in vacuum 真空放电

discharge jet 射水管,喷嘴

discharge lamp (1)放电管;(2)放电灯

discharge liquid 废液

discharge losses 出口损耗

discharge manifold 排油岐管

discharge of capacitor 电容器放电

discharge of contract 取消合同

discharge of goods 卸货

discharge of pump 水泵排水量,水泵出水量

discharge of sewage 污水排出量

discharge of the fuel 卸燃料

discharge off 放电完毕,放电停止,放电终止

discharge on 正在放电

discharge opening (1)卸料口,出料口,卸料孔,出料孔;(2)泄水口

discharge outlet 排气口

discharge pipe 排水管,排气管

discharge plate 排种盘

discharge process 放电过程

discharge pump 排气泵,排泄泵

discharge regulator 流量调节器

discharge resistor (=DR) 放电电阻器

discharge spout 喷口,漏嘴

357

discharge through gas　气体放电
discharge time　放电时间
discharge-tube　(1) 放电管, 闸流管; (2) 充气管
discharge tube　(1) 放电管, 闸流管; (2) 泄放管
discharge tube noise generator　放电管噪声发生器
discharge valve　排水阀, 排气阀, 泄水阀, 放气阀, 泄放阀, 减压阀
discharge voltage　放电电压
discharge voltage regulator (=DVR)　放电稳压器, 放电调压器
dischargeable　可放出的, 可排出的, 可流出的, 可卸的
discharged battery　用完的蓄电池
discharged water　排水
discharger　(1) 避雷器, 避电器, 放电器; (2) 放电间隙, 火花 [间] 隙; (3) 发射装置, 起动装置; (4) 卸货工具, 卸放装置, 排出装置, 排气装置, 卸载器, 推料机, 推杆; (5) 排放管, 溢出管; (6) 漂白剂; (7) 发射者, 卸货者, 履行者
discharging agent　脱色剂, 漂白剂
discharging chain　卸载输送链, 卸运链, 输出链
discharging current　放电电流
discharging dredger　吸扬式挖泥船
discharging gap　放电间隙
discharging place　卸货处
discharging time　卸料时间
discharging tube　(1) 出水管, 泄水管; (2) 放电管
disciform　[椭] 圆形的, 盘状的
discipline　(1) 研究范围; (2) 规定, 规范; (3) 学科, 科目; (4) 训练, 教练; (5) 纪律, 惩戒, 惩罚
disclaim　(1) 放弃, 弃权; (2) 拒绝, 否认
disclose　(1) 揭开, 揭发, 揭示; (2) 泄露, 显露, 露出
disclosure　(1) 揭开, 揭发; (2) 泄露, 显露, 暴露
disco-　(词头) 盘形, 盘状
discography　唱片分类目录
discoid　(1) 平圆形的, 圆盘状的; (2) 盘状刀, 圆盘
discoidal　平圆形的, 圆盘状的
discol　一种内燃机燃料
discolo(u)r　褪色, 脱色, 变色
discolo(u)ration　(1) 褪色, 变色 (齿表面等); (2) 斑渍, 污点, 污染
discolo(u)rment　变色, 褪色, 脱色
discomposition　[晶体格子中的] 原子位移, 原子错位
discompressor　减压器, 去压器, 松压器
discone antenna　盘锥形 [超高频] 天线
disconformity　不相适应, 不一致, 不相称, 不对称, 不调和, 不协调; (2) 平行不整合, 角度不整合, 假整合
discongruity　不一致, 不调和, 不相称
disconnect (=DIS 或 dis)　(1) 使不连接, 使不连通, 使不接通; (2) 断线, 断路, 开路; (3) 断开, 解开, 释放, 拆卸, 拆开, 分开, 脱开, 分离, 切断, 截断, 割断, 挂断
disconnect fitting　解开配件
disconnect lamp　可拆灯泡
disconnect signal　话终信号
disconnect-type clutch　分离式离合器
disconnected　(1) { 数 } 不连通的; (2) 不连接的, 不连贯的, 无系统的, 断开的, 拆开的, 切断的, 截断的, 间断的
disconnected contact　空间接点, 空间触点
disconnected pores　隔开的孔隙, 间断的孔隙
disconnecter　(1) 切断开关, 隔离开关, 断路器, 断开器; (2) 绝缘体; (3) 压板榫
disconnecting　拆开, 断开, 分离
disconnecting gear　分离装置
disconnecting lever　分离杆, 脱离杆
disconnecting plug　断流塞
disconnecting signal　话终信号
disconnecting switch (=DS)　断路开关, 切断开关, 隔离开关
disconnection　(1) 分开, 分离, 解开, 拆开, 拆卸; (2) 断开, 切断, 断线, 拆线, 断路, 断接, 开路; (3) 绝缘
disconnector　(1) 切断开关, 隔离开关, 断路器, 断开器; (2) 绝缘体; (3) 压板榫
disconnector release　拆线器
disconnexion　(1) 分开, 分离, 解开, 拆开, 拆卸; (2) 断开, 切断, 断线, 拆线, 断路, 断接, 开路; (3) 绝缘
discontiguous　(与各部分) 不连接的, 不接触的
discontinuance　(1) 停止, 废止, 中止, 间断, 中断, 断绝; (2) 不连续
discontinue　(1) 停止, 中止, 截止, 中断, 间断; (2) 不连续; (3) 撤销, 放弃
discontinued　不连续的

discontinued integrated circuit　不连续集成电路
discontinuity　(1) 不连续性, 不均匀性, 不均匀度, 间断性, 断续性, 突变性 (2) 连续性中断, 中断, 间歇, 间断; (3) 不致密; (4) 突变性, 突变点, 突跃; (5) 断续函数
discontinuity condition　不连续条件
discontinuity in the cooling ports　冷却管中的断裂
discontinuity of atomic composition　原子组成的跃变
discontinuity of material　材料的不均匀性, 材料的不密实性
discontinuity of point　间断点, 不连续点
discontinuity of transmission lines　传输线的不均匀性
discontinuous　(1) 不连续的, 间断的, 间歇的, 断续的, 相间的, 中断的; (2) 跳变的, 阶跃式的
discontinuous centrifuge　间歇式离心机
discontinuous distribution　不连续分布
discontinuous fatigue　间断疲劳, 不连续疲劳
discontinuous filter　间断滤波器, 脉冲滤波器
discontinuous function　不连续函数, 间断函数
discontinuous load　不连续负载
discontinuous loading　间隔加载, 不连续加载
discontinuous motion　间断运动, 不连续运动
discontinuous oscillation　断续振荡
discontinuous running　周期作业
discontinuous variational method (=DVM)　不连续变分法
discontinuum　{ 数 } 密断统, 间断集, 不连续
discophorous　有盘的
discord　(1) 不一致, 不和谐, 不调和, 不协调, 失谐; (2) 意见不合, 争论, 冲突
discordance　(1) 不和谐性, 不一致性, 不调和; (2) 假整合, 不整合, 不整一
discordant　不一致的, 不和谐的, 不调和的, 不协调的, 不均整的, 不整合的
discount　(1) 折扣, 折头, 贴现, 贴水; (2) 酌减, 酌量; (3) 低估
discount on the price of goods　按货价打八折
discount rate　贴现率
discountable　不可全信的, 可打折扣的, 可贴现的
discounted cost　折扣费用
discounted least squares method　折扣最小二乘法
discover　(1) 发现, 显示, 显露, 显像; (2) 揭露, 暴露, 泄露
discoverer　发现者
discovery　(1) 发现, 显示, 显露, 显像; (2) 发现物
discovery ship　探险船
discredit　(1) 不信任, 不相信, 怀疑, 疑惑; (2) 失去信用, 无信用
discreditable　损害信用的, 有损信誉的
discreet　考虑周到的, 谨慎的, 审慎的
discreet value　预估值
discrepancy 或 discrepance　(1) 不符值, 不符合, 不一致, 不同; (2) 差异, 矛盾, 差; (3) 偏差, 误差, 偏离, 离散; (4) 不精确度
discrepancy tag (=DT)　误差标签
discrete　(1) 不连续的, 不连接的; (2) 个别的, 单个的; (3) 无联系的, 分开的, 分离的, 分立的, 独立的, 分离的, 分开的, 分散的, 离散的; (4) 组合元件
discrete absorption　离散吸收, 选择吸收
discrete analog　离散模拟
discrete analysis　离散分析
discrete automat　离散自动机
discrete bit optical memory　打点式光存储器, 逐位式光存储器
discrete channel　离散信 [息通] 道
discrete circuit　分立电路
discrete clutter element　分立杂波源
discrete command　断续指令
discrete component　分立元件, 离散构件
discrete component parts (=DCP)　分立元件
discrete distribution　不连续分布, 离散分布
discrete element method　离散元素法
discrete field-stop aperture　分立 [视] 场光阑孔径
discrete Fourier transform pair　离散傅里叶变换对
discrete frequency　离散频率
discrete function　离散函数
discrete information　离散信息
discrete integrator (=DIS INT)　离散积分仪
discrete material　松散材料
discrete media　松散介体
discrete phase　不连续相, 分散相
discrete programming　离散 [型] 规划

discrete quadraphonic system　分立式四声道立体声系统
discrete random process　离散随机过程
discrete random variable　离散随机变量
discrete sampling　离散取样,分立抽样
discrete signal　离散信号
discrete simulation　离散模拟
discrete solution　离散解
discrete source　离散信源
discrete stochastic process　离散随机过程
discrete value　离散值
discrete variable　离散变量
discreteness　(1)不连续性;(2)目标相对于背景的明显度,目标的鉴别能力;(3)分立性,离散性
discretion　(1)判断,辨别;(2)慎重,谨慎,审慎,斟酌;(3)自由处理,自由决定,任意
discretional　自由决定的,自由选定的,无条件的,任意的
discretionary　自由决定的,自由选定的,无条件的,任意的
discretionary array method　随意阵列法,选择阵列法
discretionary wiring method　(1)选择布线法,随意布线法;(2)选择连续[法]
discretization　离散化
discriminability　(1)可区别的性质;(2)分辨力,鉴别力
discriminance　区别工具,区别方法
discriminant　判别式
discriminant of quadratic form　二次方程判别式
discriminate　(1)分别对待,识别,辨别,判别,鉴别,区别,区分,甄别,分清;(2)求解;(3)歧视
discriminating　(1)形成区别的,识别性的;(2)有辨别力的;(3)区别对待的,有差别的
discriminating cut-out　鉴频断路器,鉴相断路器
discriminating order　判别指令
discriminating relay　谐振继电器,选择继电器,识别继电器
disceiminating satellite exchange　(自动电话)装有区别机的支局
discriminating selector　鉴别选择器,区域选择器
discriminating threshold　甄别阈
discrimination　(1)甄别,区别,区分,分辨,选择;(2)鉴别能力,识别,判别,辨别
discrimination data processing system (=DDPS)　数据鉴别处理系统
discrimination instruction　判别指令,判定指令
discrimination output　鉴频输出,鉴别输出
discrimination radar (=DR)　识别雷达
discrimination radar control group (=DRGC)　鉴别雷达的控制组
discrimination ratio　通带与阻带信号之比,鉴别力比,判别比
discriminative　有辨别力的,有区别的
discriminator (=DISCR)　(1)鉴频器,鉴相器,鉴别器;(2)(振幅)甄别器;(3)假信号抑制器;(4)比较装置;(5)判别式函数;(6)辨别者
discriminator circuit　鉴别[器]电路,鉴相位电路,鉴频电路
discriminator transformer　鉴频变压器
discriminatory　能鉴别的,能选择的
discriminatory analysis　判别分析
discritical sign　区别记号
discs　(1)盘式压碎机;(2)复盘
discursion　议论,推论,散漫
discursive　不确实的,推论的,分歧的
discuss　(1)讨论,议论,谈论;细究,研讨,商议;(2)论述,详述
discussible　可讨论的,可商议的
discussion　(1)讨论,议论,商议;(2)论述,详述;(3)研究,分析
disdrometer　雨滴测量器,示动滴仪
disease　毛病,变质,故障
diseconomy　成本增加,费用增加,不经济
disedge　弄钝,变钝,减弱
disembark　(1)卸载;(2)离船,登陆
disembarkation　(1)登陆,登岸;(2)卸下
disembarrass　使摆脱,使脱离,解脱
disembodiment　脱离实体,脱离现实,解散
disembody　使脱离实体,使脱离现实,解散
disemplane　下飞机
disenable　使无能力,使无资格
disencumber　使……摆脱,卸除
disengage　(1)使脱离接触,脱开啮合,脱开接触,使游离,使离析;(2)拆卸,拆除,释放,分离,松开,放开,解开,解除,解脱,断开,摆脱,脱离,脱扣,脱出;(3)不占线
disengage button　断开按钮,解除按钮
disengageable coupling　能自动脱开的联轴节

disengaged　未用的(仪表,线路),被解开的,不占线的
disengaged line　空线,闲线
disengagement　(1)脱离接触,脱开啮合,脱开接触,解开,解除,解脱,分离,断开,松开,放开,放出,分出,切断,卸除;(2)释放,释出,脱离,分离,游离,离析
disengagement gear　分离装置
disengaging　分离,脱开
disengaging apparatus　脱开装置,分离装置
disengaging clutch　脱开式离合器
disengaging coupling　离合联轴节
disengaging gear　分离机构,分离装置,脱开机构,脱开齿轮
disengaging lever　分离杆,脱离杆
disengaging mechanism　分离机构
disengaging movement　分离运动,停车运动
disengaging rod　分离杆,停车杆
disengaging shaft　分离轴
disengaging sleeve　分离套
disengaging spring　分离弹簧
disentangle　使摆脱混乱状态,解开,清理
disentangle truth from falsehood　去伪存真
disentitle　剥夺资格,剥夺权利
disentrain　从火车上卸下,下火车
disequilibrate　打破……平衡
disequilibration　失去平衡,消除平衡,不平衡,不稳定
disequilibrium　失去平衡,不平衡,不稳定
disfeature　损伤……形状
disfiguration　外形损伤,瑕疵
disfigure　损伤……形状
disfigurement　外形损伤,瑕疵
disfunction　机能变常
disfunctional　失去功用的
disgerminator　胚种破碎机
disgregation　分散[作用]
disguise　(1)伪装;(2)伪装物
dish　(1)盘,盆,碟,皿;(2)(雷达探测天线的)反射器,抛物截面反射器,抛物面反射镜,抛物面天线,盘形天线;(3)使成凹形
dish angle　(刀齿)凹角
dish antenna　[截]抛物面天线
dish cross　十字形碟架
dish-ended　碟形底的
dish gas holder　湿式气柜
dish plate　弯边圆钢板
dish turner　木盘车工
dish washing machine　洗碗机
dish wheel　碟形砂轮
dishabilitate　取消……资格,使不合格
disharmonic　不调和的,不和谐的
disharmonious　不调和的,不和谐的
disharmonise　使不调和,使不谐和,使不一致
disharmonism　不谐调状态
disharmonize　使不调和,使不谐和,使不一致
disharmony　不调和,不谐和,不协调,不一致
dished　半球形的,碟形的,盘形的,凹形的,凹状的
dished-bottom　碟形底
dished end　碟形端板
dished washer　盘形垫圈,碟形垫圈
dishelm　失舵
disher mill　圆盘形穿孔机
dishing　(1)窝锻;(2)形成凹面,表面凹陷,变形;(3)幅板压弯
dishing press　车轮轮幅压弯机
dishmop　洗盘刷
dishpan　洗碟盆
dishware　餐具,容器,器皿
dishwasher　洗碟机
disincrustant　防水锈剂
disinfect　消毒
disinfectants　消毒剂
disinfection　消毒作用
disinfection by chlorine　氯气消毒
disinfection plant　消毒厂
disinfector　(1)消毒器具;(2)消毒剂;(3)消毒者
disinhibition　抑制解除,脱抑制
disintegrable　易碎裂的,易蜕变的,可分解的,可分裂的
disintegrant　分解剂

disintegrate　(1)使分离,分裂,分解,分开,分散,分化,剥裂,碎裂,离解, 粉碎,切碎;(2)解磨;(3)蜕变,衰变,裂变
disintegrating nucleus　蜕变核
disintegrating slag　碎渣
disintegration (=DIS 或 dis)　(1)分解,分裂,分开,分散,崩解,离解, 粉碎,切碎,瓦解,解体,碎裂;(2)蜕变,衰变,裂变;(3)雾化,溅射; (4)变质
disintegration of filament　灯丝烧坏,灯丝烧断,灯丝烧毁
disintegration voltage　扩散电压,破坏电压,崩离电压
disintegrations per minute (=dpm)　每分衰变数,衰变/分
disintegrations per second (=dps 或 d/s)　每秒衰变数,衰变/秒
disintegrator　(1)转笼磨碎机,破碎机,解磨机,粉碎机,碎裂机,粉 碎器,轧石机,松砂机;(2)气体洗涤机;(3)分解器;(4)分裂因素, 分解物
disintegrous　分裂的,分散的
disinter　发掘
disinterment　发掘
disintoxication　毒素中和,解毒
disjection　消散,分散
disjoin　(1)分离,分解;(2)拆散,分开
disjoining pressure　膨胀压力
disjoint　(1)使脱节,分开,分离,,分解,拆散,拆开;(2){数}不相交的;(3) 不连贯,不贯串,不相交;(4)不相交的,不连贯的,分离的,分隔的
disjoint sets　不相交集,分离集
disjoint space-like regions　不连接的类空区
disjointed　次序紊乱的,无系统的,无条理的,不连贯的,不连接的
disjugate　非共轭的,非共同的,不连合的,分开的
disjunct　(1)分离的,断开的;(2)析取项
disjunction　(1)分离,分开,分裂,分解;(2)断开,脱开,脱节,切断, 折断,间断,裂理;(3)逻辑加法,逻辑和,选言,"或";(4)析取
disjunction gate　{计}"或"门
disjunction mark　基标(卜兰节测速仪小刀所刻之标记)
disjunctive　分离[性]的,转折的,析取的
disjunctive normal form　析取范式
disjunctive search　按"或"检索,析取检索
disjunctor　断路器,切断器,分离器,开关
disjuncture　分离[状态]
disk　(1)甩油圆盘,研磨盘,轮盘,圆盘,圆片,圆板,圆圈,圆环;(2) 圆片盘刀;(3)圆盘形表面,平圆形物,圆表面,(4)(计算机的)磁盘; (5)切成圆盘,切成圆片;(6)唱片
disk access　磁盘存储
disk-and-drum turbine　盘鼓形汽轮机
disk armature　盘形电枢,圆板电枢,圆板衔铁
disk bit　盘形钻头
disk boot　圆盘开沟机
disk-bowl centrifuge　盘碗离心机
disk brake　盘式制动器,圆盘制动器,圆盘刹车,圆盘闸,制动盘
disk brake caliper　盘式制动器卡钳
disk brake pad　盘式制动器摩擦块
disk-bursting test　轮盘破裂试验
disk cam　盘形凸轮
disk capacitor　盘式电容器
disk centrifuge　盘式离心机
disk chart　盘形记录纸
disk chuck　平面卡盘,花盘
disk clutch　盘式离合器,圆盘离合器,摩擦片式离合器
disk coil　蛛网形线圈,盘状线圈,平线圈
disk colter　圆盘开沟机
disk conveyor　盘式输送机
disk coupling　盘式联轴节
disk crank　圆盘形曲柄
disk crusher　盘式压碎机,圆盘破碎机
disk cultivator　圆盘中耕机
disk cutter　(1)盘形刀具;(2)圆片截煤机
disk-cylinder separator　圆盘滚筒复式清选机
disk drill　圆盘播种机
disk drive　磁盘驱动器
disk element　金属圆叠成圆盘状滤清元件
disk emery cloth　圆盘磨光轮
disk engine　盘式[活塞]发动机,回旋汽机
disk fan　圆盘形风扇
disk file　(1)磁盘文件;(2)磁盘存储器
disk file interrogate　磁盘文件询问
disk fly wheel　整体飞轮,不可分解的飞轮

disk friction　轮盘摩擦,圆盘摩擦
disk friction wheel　盘形摩擦轮
disk ga(u)ge　圆盘规
disk gear　盘形齿轮
disk gear cutter　盘形齿轮铣刀,盘形齿轮刀具
disk gearing　圆盘传动装置
disk grind　圆盘研磨
disk grinder　圆盘磨床
disk harrow　圆盘耙
disk hob　圆盘滚刀,圆盘滚齿刀
disk holder　圆盘支座,盘式支座
disk impeller　轮盘搅拌器,盘式激动器
disk insulated cable　[高频]垫圈绝缘电缆,盘式绝缘电缆
disk jockey　圆薄膜,圆膜片
disk lathe　制动盘车床
disk memory　圆盘存储器,磁盘存储器
disk meter　盘式流量计,盘式计量计
disk mill　(1)车轮轧机;(2)盘式磨粉机
disk milling cutter　盘形铣刀
disk mower　圆盘式割草机
disk on rod type circuit　加感同轴电路
disk operating system (=DOS)　磁盘操作系统
disk-pack　[可换式]磁盘组,磁盘部件,磁盘集合
disk piercer　盘式穿孔机
disk pile　盘头桩
disk piston　盘形活塞
disk piston blower　盘形活塞鼓风机
disk planimeter　圆盘面积仪
disk plough　圆盘灭茬犁
disk record　唱片
disk recorder　唱片录音设备,翻片机
disk-recording　唱片录音
disk refiner　圆盘精研机
disk reproducer　留声机,唱机
disk retarder　盘式制动输送装置
disk ring　盘环
disk ripper　圆盘式松土机
disk rotor　盘形转动体
disk runout　制动盘摆差
disk sander　圆盘磨光机,盘式打磨机,地板打磨面
disk scanner　(1)圆盘扫描器,扫描器盘;(2)析像[圆]盘
disk-seal　盘形封口,盘封[的]
disk-seal tube　盘封管,灯塔管
disk seeder　圆盘播种机
disk sette operating system　软盘操作系统 *
disk separator　盘式分离机
disk-shaped　圆盘形的
disk shaving cutter　盘形剃齿刀
disk shutter　盘式快门
disk signal　圆盘信号机
disk slotting cutter　盘式插齿刀
disk-spaced cable　盘状[垫圈]绝缘电缆
disk spacer　圆隔板
disk spring　碟形弹簧,盘形弹簧,盘簧
disk storage　圆盘存储器,盘式存储器,磁盘存储器
disk terracer　圆盘式修梯田机
disk track　录音盘纹径,磁盘道,盘径
disk-type cutter　圆盘形铣刀
disk-type friction clutch　盘式摩擦离合器
disk-type gear cutter　[圆]盘形齿轮铣刀
disk-type gear milling cutter　盘形齿轮铣刀
disk-type grinding wheel　盘形砂轮,圆片形砂轮
disk-type magnetic separator　盘式磁选机
disk-type marker　圆盘式划行机
disk-type pinion cutter　盘形插齿刀
disk-type reamer　盘形铰刀
disk-type reducing valve　盘式减压阀
disk-type relay　盘形继电器
disk-type root cutter　圆盘式块根切碎机
disk-type rotor　盘形转子
disk-type Rzeppa universal joint　盘形外圈薛帕式球槽万向节
disk-type shaper cutter　盘形插齿刀
disk valve　盘式活门,圆盘阀,片状阀,盘阀
disk washer　圆片形垫圈

disk wheel 粘金属板砂轮,螺旋盘轮,盘[形]轮
disk wheel generating grinding 盘轮范成磨削
disk with teeth 铣齿圆盘
disker 车身油漆准备工
diskette 塑料磁盘
diskless 无盘的
disklike 盘状的
diskpack 磁盘组
dislimn 使轮廓模糊,变模糊,褪色,抹掉,涂抹,删去
dislocable 可错位的
dislocate (1)使离开原来位置,使脱离位置,使脱位,使变位,使混乱;(2)弄乱位置,弄乱次序;(3)脱节
dislocation (1)(晶体格子中)位移,脱节,变位,位错;(2)移置,移动,转移,错位;(3)转换位置
dislocation density 位错密度
dislocation-free 无位错[的]
dislocation movement (1)错位,变位;(2)脱节
dislocation scattering mobility 位移散射迁移率,位错散射迁移率
dislodge (1)移动,移去,除去,移位,变位;(2)撞出(二次电子),取出
dislodger 沉积槽
dislodging 撞出(二次电子)
disluster 失去光泽
dismantle (1)拆卸,拆开,拆除,拆下,拆散;(2)分解,解除,除去,粉碎,摧毁
dismantlement 拆卸,拆除
dismantling (1)拆卸,拆散,拆除,拆下,拆散;(2)分解,解除,除去
dismantling device 拆卸[用]装置
dismantling tool 拆卸工具
dismast 移去桅杆
dismember (1)拆卸,解体,肢解;(2)分割;(3)开除
dismemberment 拆散,肢解
dismetria 不对称运动
dismiss (1)消除;(2)解散,解雇,撤职,开除
dismissible 可不予考虑的
dismount (1)拆卸,卸下,拆除,分解;(2)卸货,下车
dismountable 可拆卸的,可更换的,可分离的
dismounting 拆卸,卸装,拆散,拆除,拆开
dismutation 岐化[作用],肢化过程
disnature 使失去自然属性
disobliteration 闭塞消除
disocclude 使不咬合
disorb 使……脱轨
disorbit 离开轨道,轨道下降,脱轨
disorbition 轨道下降,脱轨,出轨,越轨
disorder (1)不规则;(2)紊乱;(3)无序,混乱,(4)机能失调,缺陷
disorder scattering 无序散射
disordered 不正常的,无序的,紊乱的,混乱的
disordered alloy 无序合金
disordered orientation (1)无序取向;(2)不规则排列
disordered struction 无序结构
disordering 无序化
disordering effect 无序化效应
disorderly 不规则的,无序的,混乱的,紊乱的,杂乱的
disordus 无序线
disorganization (1)分裂,瓦解,混乱;(2)结构破坏,无秩序,无组织
disorganize 使瓦解,使混乱,使紊乱,搅乱,打乱
disorient 使迷失方向,使迷失方位,定向力缺乏,使迷惑
disorientate (1)迷失方向的;(2)失取向;(3)定向障碍
disorientation (1)迷失方向的;(2)位向消失,乱取向,失取向,消向;(3)定向障碍,不辨方位
disoxidate (1)减氧;(2)还原
disoxidation (1)除氧作用,减氧[作用],脱氧;(2)还原[作用]
disparate (1)质量不同,性质不同;(2)不可比较的,不可比拟的,无联系的,不相称的,不等的,不同的
disparity (1)定位差异,几何差异;(2)不一致,不均衡,不等,不同
dispart (1)分裂,分离,破裂,裂开;(2)炮口与炮尾的中径差,炮口照星
dispatch (1)发送,输送,运送,传送,传递,装运;(2)迅速处理,调度,分配;(3)转接;(4)传递的信息,电报,电讯
dispatch boat 公文递送船
dispatch-box 公文递送箱
dispatch box 公文递送箱
dispatch case 公文递送箱
dispatch driving 急速驾驶
dispatch-tube 气动输送管

dispatcher (1)分配器;(2)调度员,装运员,发送员;(3)调度程序
dispatcher telephone 调度电话[机]
dispatching (1)调度;(2)装运,分配,装货;(3)发送
dispatching telephone control 调度电话主机
dispatching telephone control board 调度电话主机
dispatching telephone subset 调度电话分机
dispensability 可省约性
dispensable (1)非必须的,不必要的,不必要的,可省去的;(2)可分配的
dispensation (1)分配,配方;(2)管理,处理,体制,制度;(3)执行,施行;(4)省略,免除,不用
dispense (1)分配,分发,处理;(2)实施;(3)配方;(4)不顾,不管;(5)摆脱,去掉
dispenser (=disp) (1)分配器,配合器,调合器,配量器,投放器;(2)计量器;(3)自动售货机;(4)撒播器
dispenser cathode 储备式阴极
dispensing (1)分散,散布;(2)发出,付出
dispensing balance 药剂天平
dispensing equipment 配油装置,配料设备
dispensive 发散的
dispergation 胶液化[作用],解胶
dispergator 解胶剂
dispersal (1)配置,分布,排列,处理;(2)处置,整理;(3)分散,扩散,驱散,消散,弥散,散布,散开
dispersal oscillator 扩散振荡器
dispersancy 分散力
dispersant 弥散剂,分散剂
dispersant agent 分散剂,弥散剂,分散添加剂
dispersate 分散质,色散质
disperse 分散,散开,消散,扩展
disperse phase 分散[内]相,弥散相,弥散质,分散质
disperse state 分散状态,弥散状态,扩散状态
disperse system 分散物系
dispersed 分散的,弥散的,扩散的,色散的,散乱的,漫布的,细分的,胶态的
dispersed magnetic powder tape 含粉磁带
dispersed part 分散[内]相,分散质,弥散质
dispersed phase hardening 弥散硬化
dispersedness 分散状态
dispersemeter 散开粒子测定装置,微粒计,色散计,弥散计
disperser (1)扩散器,扩散装置;(2)弥散剂,分散剂;(3)(蒸馏塔中的)泡罩
dispersibility 可分散性,可被分散状态
dispersible 可分散的
dispersidology 胶体化学
dispersimeter 微粒色散计,微粒弥散计
dispersing (1)分散的;(2)分散[作用]
dispersing agent 分散剂
dispersing medium 分散剂
dispersion (1)分散,离散,弥散,扩散,发散,耗散,色散,消散;(2)分散系统,分散体系,分散作用,离散作用,分散相,分散度;(3)分散体;(4)标准偏差的平方,离差,差量,方差;(5)配置;(6)频散;(7)漂移,位移,偏移;(8)泄漏
dispersion angle 扩散角,漫射角,色散角
dispersion coefficient (=DC) (1)离散系数,分散系数,扩散系数;(2)漏磁系数
dispersion cup (土壤试验)分散容器
dispersion current 耗散电流
dispersion electron 致色散电子
dispersion filter 波散滤波器
dispersion gate {计}"与非"门
dispersion-hardening 弥散硬化
dispersion medium 分散介质
dispersion method 弥散胶体[涂覆树脂]法,分散法
dispersion of behavior 运动状态的分散现象
dispersion of difference scheme 差分格式的频散,差分格式的色散
dispersion of distribution 分布宽度
dispersion phase 分散外相,分散介体
dispersion polymerization 分散聚合[作用]
dispersion ratio 分散率,离散率
dispersion strengthening 弥散强化
dispersion to the atmosphere 投入大气
dispersionless (1)无色散的;(2)无漏失的
dispersity (1)分散度,色散度,弥散度;(2)分散状态,分散率,分散性

361

dispersive 分散的, 扩散的, 离散的, 弥散的, 消散的, 耗散的, 色散的, 频散的, 散开的

dispersive filter 波散滤波器

dispersive medium 频散介质

dispersive optical maser 扩散式光激射器

dispersive power 色散本领, 色散力, 色散率

dispersiveness (1) 分散度, 色散度, 弥散度; (2) 分散状态, 分散率, 分散性

dispersivity (1) 分散性, 色散性, 弥散性; (2) 分散率差

dispersoid 分散胶体, 离散胶体, 弥散体

dispersoidology 胶体化学

dispersor 弥散器, 色散器

disphenoid 复正方楔, 正方双楔

displace (=disl) (1) 移位, 变位, 移动; (2) 移置, 排代, 取代, 置换, 替换, 代替; (3) 位移, 转移; (4) 排水量, 排出 [量]

displaceable (1) 可转移的, 可位移的; (2) 可排代的, 可替代的, 可置换的

displaced 位移的, 移位的, 移动的, 偏移的, 代替的

displaced carrier 频偏后的载波

displaced page 置换页

displaced phase 位移相

displacement (=displ) (1) 移动距离, 位移, 移动, 移距, 移置, 转移; (2) 排 [水、气] 量, 移动量, 容积; (3) 排代 [作用], 替位, 置换 [作用]; (4) 转位; (5) 偏移误差, 容积; (6) 汽缸工作容量, 工作容积; (7) 位移矢量

displacement angle 位移角, 失配角

displacement antiresonance 位移反共振

displacement bridge 测位移电桥

displacement compactibility 位移相容条件

displacement component 位移分量

displacement compressor 容积式压缩机

displacement corrector (=DR) 位移校正器, 位移校准器

displacement current 位移电流

displacement development 置换显影

displacement diagram 变位图, 位移图

displacement flux [电] 位移通量, 电通量

displacement from the source 源距离

displacement function 位移函数

displacement ga(u)ge 位移计, 变位仪

displacement generator 位移信号发生器, 偏压发生器

displacement gyro (=DG 或 D/G) 位移陀螺

displacement law 位移定律

displacement meter 浮子式液体比重计, 位移流量计

displacement modulation 脉冲相位调制, 位移调制

displacement of water 排水量

displacement oil pump 活塞式油泵, 旋转油泵, 排代油泵

displacement patterns 位移模式

displacement pile 打入桩

displacement plating 置换电镀, 排代电镀

displacement pump 容积泵, 活塞泵, 排代泵

displacement resonance 位移共振

displacement setting 容量调整

displacement-time curve 位移时间曲线

displacement tonnage 排水吨位, 排水吨数

displacement transducer 位移传感器

displacement volume 被置换的体积

displacer 排代剂, 置换剂

display (1) 显示, 展示, 指示, 表示; (2) 示度, 示数; (3) 标记影像; (4) 显示装置, 指示器, 显示器; (5) 陈列 [品], 展览 [品]; (6) 再生, 复制; (7) 表现, 发挥; (8) 区头向量

display adapter unit 显示适配器

display address 区头向量地址

display character generator 显示字符发生器

display circuit 显示电路, 标示电路

display console 显示控制台, 雷达显示台, 指示器台

display control panel (=DCP) 显示 [器] 控制板

display device 显示仪表

display equipment (=DE) 显示设备

display image 显示图像, 再现图像, 复显图像

display key 保险钥匙

display lamp 指示灯

display modes 显示方式

display monitor 监视器

display panel 显示板, 显示装置

display pipe 外壳管

display plotter 图像显示器

display primaries 接收机基色, 显像三基色

display screen 壁式电视荧光屏, 显示屏

display storage tube 显示存储管

display technique 显示技术

display tube 显示管, 显像管

display unit (1) 显示部件, 显示单元; (2) 数字显示装置

displaying alphanumeric 字母数字显示

disposable (1) 可变换的, 易处理的, 易处置的; (2) 可置换件; (3) 可任意处理的, 可随意使用的

disposable buoyancy 可用有效浮力

disposable load 自由载量

disposable weight 活动重量

disposal (1) 处理, 处置, 整理, 排列, 配置, 布置, 安排, 排列; (2) 清除, 消除, 清理, 洗去, 排除, 排出, 去除; (3) 控制, 支配; (4) 废弃物

disposal lift 有效升力

disposal load 活动载荷, 可用载荷, 处理载荷

disposal of sewage 污水处理

disposal of spoil 出渣

dispose (1) 处理, 处置, 整理, 安排; (2) 排列, 配置, 配备, 部署, 分配, 布置; (3) 排除掉, 解决, 对付, 除去

disposed load 卸除载荷

disposer 处理器

disposition (1) 配置, 配备, 排列, 布置, 安排, 部署, 计划; (2) (线路) 交叉; (3) 处理, 处置, 支配, 控制

disposition instruction (=DI) 部署说明

disposition-plan (设备) 配置平面图

disposition of axes 轴的配置

disposition of nonconformity 不合格的处置

disposure 处置

dispread 扩张, 展开

disproduct 有害产品

disproof 反证, 反驳

disproportion (1) 不成比例, 不相称, 不匀调, 不均称, 不均衡; (2) 使失平衡, 使不相称, 使不均衡, 歧化

disproportional 不成比例的, 不相称的

disproportionate (1) 不成比例的, 不相称的, 不均衡的, 不匀称的; (2) 歧化

disproportionated rosin 歧化松香

disproportionately graded 级配不良的

disproportionation (1) 歧化 [作用]; (2) 不相称

disproportionation of hydrogen 氢的重新分配

disproportioned 失去平衡的, 不相称的

disproval 反证, 反驳

disprove 证明……是不正确的, 证明……不成立, 反驳, 驳斥; 推翻

disputable 有争议的, 有问题的, 不确实的, 不一定的, 可疑的

disputation 争论, 议论, 辩论

dispute (1) 争论, 议论, 讨论, 争辩, 争端, 怀疑; (2) 阻止, 抗拒, 反抗, 抵抗; (3) 争夺, 竞争

disqualification (1) 无资格, 无能力; (2) 不合格; (3) 不适合; (4) 取消资格

disqualify 使无资格, 取消资格, 使不适合, 使不能

disquisition (1) 正式讨论, 详细讨论, 研究, 探求; (2) 专题论文

disrate 使降级

disregard (1) 不注意, 不管, 不顾, 不理, 轻视; (2) 把……忽略不计

disregard friction 把摩擦力忽略不计

disregistry 错合度

disrelate 分离, 分裂

disrelation 没有相应的联系, 不统一, 分离

disremember 忘记, 忘掉

disrepair 失修 [状态], 破损

disresonance 非谐振

disroot 根除

disrotatory 对旋

disrupt (1) 破裂, 断裂, 碎裂, 破坏; (2) 停顿, 干扰, 中止

disruption (1) 破裂, 断裂, 碎裂, 破坏; (2) 中断; (3) 击穿; (4) 离散; (5) 爆炸

disruptive (1) 破裂的, 爆炸的; (2) 击穿的, 放电的

disruptive conduction 破裂电导, 击穿电导

disruptive discharge 击穿放电, 火花放电

disruptive distance 击穿距离, 跳火距离

disruptive explosive 爆裂性炸药

disruptive strength 击穿强度, 介电强度, 介质强度

disruptive test 击穿试验, 耐压试验

disruptive voltage　击穿电压
disruptiveness　破裂[性], 分裂
disrupture　破裂, 分裂, 毁坏
dissatisfaction　不满意, 不满足, 不平
dissatisfactory　不满意的, 不称心的, 不平的
dissatisfy　使不满意
dissect　解剖, 分析, 分解
dissected　分成部分的, 切割的, 解剖的
dissected map　拼排式地图
dissectible　(1) 拆卸的; (2) 可解剖的, 可切开的; (3) 可详细研究的
dissecting microscope　解剖显微镜
dissecting routine　解剖程序
dissection　(1) 解剖, 分解; (2) 分析, 分辨; (3) 切段, 造材, 剖割
dissector　析像管
dissector tube　析像管
disseminated　浸染
dissemination　(1) 分散, 弥散, 扩散, 散逸, 散射; (2) 浸染; (3) 传播, 播种; (4) 散布度; (5) 散射强度
disseminator　播种器
dissert　讲述, 论述
dissertation (=diss)　论文, 专论, 学术演讲
disserve　损害, 伤害, 危害
disservice　损害, 伤害, 危害
disserviceable　起损害作用的, 危害性的
dissever　分裂, 分离, 分开, 分割, 割断
disseverance　分裂, 分割
dissimilar　不一样的, 不相似的, 不同的
dissimilar computer　异种计算机
dissimilar gear　异形齿轮
dissimilar metal contact corrosion　不同金属接触腐蚀
dissimilarity　(1) 不相似, 不一致, 不同, 相异, 异点; (2) 不同性质, 不同状态
dissimilate　使不同, 异化, 分化, 分解
dissimilation　异化作用, 异化过程
dissimilitude　不相似, 不同, 异点
dissipate　(1) 弥散, 分散, 耗散, 散逸; (2) 消除, 清除; (3) 消耗, 损耗, 功耗, 漏泄
dissipated heat　散失热
dissipated loss　损耗
dissipated power　耗散功率
dissipater　(1) 喷雾器, 喷射器, 耗散器; (2) 消能工
dissipation　耗散, 消耗, 损耗, 功耗, 散热
dissipation factor　耗散因数
dissipation factor measuring bridge　介质耗散角测量电桥
dissipation function　损耗函数
dissipation of energy　能量消失, 消能
dissipation of heat　散热
dissipation trail (=distrail)　消散尾迹
dissipative　耗散的, 消耗的, 散逸的
dissipative cell　耗能元件
dissipative effect　耗散作用
dissipative element　耗能元件
dissipative work　消耗功
dissipativity　耗散度
dissipator　(1) 喷雾器, 喷射器, 耗散器; (2) 消能工
dissociable　可以离解的
dissociate　使脱离, 分裂, 分离, 分解, 游离, 解离, 离解, 拆开, 溶解
dissociated　分裂的, 游离的, 离解的
dissociating　(1) 离解的; (2) 离解[作用]
dissociation　(1) 分解, 分裂, 溶解, 离解, 分离; (2) 离解作用, 裂解
dissociation constant　离解常数, 离解恒量, 解离常数, 分离常数,
dissociation of gases　气体分解
dissociative　分裂性的, 分离的, 分解的, 离解的, 溶解的
dissociator　分离器, 离解器, 离解子
dissolubility　(1) 溶[解]度; (2) 可溶状态, 溶[解]性, 可溶性
dissoluble　(1) 可溶解性的, 可溶解的, 可液化的, 可分离的, 可溶的; (2) 可解除的, 可取消的, 可作废的, 可解散的
dissoluent　溶剂
dissolution　(1) 溶解, 溶化; (2) 分散, 解除; (3) 分解, 分裂
dissolvability　(1) 溶[解]度; (2) 溶解性, 可溶性
dissolvane　溶解烷
dissolvant　溶剂, 溶媒
dissolve　(1) 使溶解, 使分解, 使瓦解, 溶化, 融化, 液化; (2) 图像渐稳; (3) 使衰弱, 消散, 消失, 渐稳, 迭化, 解除, 无效, 废除, 分离; (4) 叠变

dissolve-in　电影机快门打开
dissolve-out　电影机快门关闭
dissolved acetylene (=DA)　液化乙炔
dissolved impurities　溶解杂质
dissolved oxygen depletion　溶解氧消耗[曲线]
dissolvent　(1) 溶剂; (2) 溶解的, 解凝的; (3) 移动相
dissolver　(1) 溶解装置, 溶解器; (2) 溶解剂
dissolving　(1) 溶解; (2) 溶化; (3) 溶解的
dissolving fuel　电解溶解的核燃料
dissolving power　分解能力, 分辨能力
dissolving pulp (=DP)　溶解浆
dissolving shutter　遮光器
dissonance　不和谐, 不一致, 缺乏一致
dissonance coil　非谐振[消弧]线圈
dissonant　不调和的, 不谐和的, 不协调的, 不一致的
dissymmetric　不对称的, 非对称的, 不相称的
dissymmetrical　不对称的, 非对称的, 不相称的
dissymmetrical impedance　不对称阻抗
dissymmetrical magnetic field　不对称磁场
dissymmetrical network　不对称网络
dissymmetry　(1) 不对称性, 不对称, 不相称, 非对称; (2) 双径向对称
distal　(1) 在末端的, 侧的, 远端的; (2) 实体的
distal end　末端, 远端, 顶部
distance (=DX 或 d)　(1) 距离, 间距, 间隔, 间隙, 长度, 行程, 航程, 路程; (2) 远距离, 遥远, 远方; (3) {计} 位距; (4) 续航距离; (5) 遥测
distance along a circular arc　圆弧长
distance amplitude curve　距离-振幅曲线
distance apparatus　远距测量仪器, 遥测仪器
distance bar　限程杆
distance between axles　轴间距
distance between center lines　中线间距
distance between centers/centres　(1) 中心距; (2) 顶尖距
distance between centers of lines　轨道中心距
distance between holes　孔距
distance between out to out　外沿间距[离]
distance between points of measurement　测点间距
distance between shafts　轴间距
distance between spindleaxis and column guideway　跨距
distance between two columns　两立柱间距离
distance between two spindle noses　两主轴间距离
distance block　定距块
distance bound　距离限
distance collar　间隔[垫]圈, 间隔离轴环, 定距环, 隔环
distance control　远距离控制, 远距离操纵, 遥控
distance-controlled boat (=DCB)　遥控艇
distance difference measurement　双曲线定位, 距差测量
distance display　距离显示器
distance drive　远距离传动[装置]
distance element　微距离, 距离元
distance finding　测距
distance flag　标杆旗
distance from axis of shaping cutter to axis of table　插齿刀具主轴轴线至工作台轴线距离
distance from axis of work spindle to axis of cutter spindle　工件主轴轴线至刀具主轴轴线距离
distance from bearing surface of shaping cutter to working surface of table　插齿刀支承面至工作台面距离
distance from center to center　(1) 中心距; (2) 顶尖距
distance from hob axis to axis of work spindle　滚刀轴线至工件主轴轴线距离
distance from hob axis to working surface of table　滚刀主轴轴线至工作台面距离
distance from nose of work spindle to machine center　工件主轴端面至机床中心距离
distance from spindle axis of column guideway　主轴轴线至立柱导轨面距离
distance form spindle axis of grinding wheel to working surface of table　主轴轴线至工作台面距离
distance from spindle axis of horizontal wheelhead to working surface of table　卧磨头主轴轴线至工作台面距离
distance from spindle axis to column slideway surface　主轴跨距
distance from spindle axis to column vertical guideways　主轴轴线至床柱垂直导轨面距离
distance from spindle axis to copy finger axis　主轴轴线至仿形指轴

363

线距离

distance from spindle axis to overarm bottom　主轴轴线至悬梁底面
距离

distance from spindle nose of grinding wheel to working surface of
table　砂轮主轴端面至工作台面距离

distance from spindle nose of vertical wheelhead to working surface
of table　立磨头主轴端面至工作台面距离

distance from spindle nose to central line of table　主轴端面至工作
台中心线距离

distance from spindle nose to table side　主轴端面至工作台侧面距离

distance from spindle nose to table working surface　主轴端面至工
工作台面距离

distance from spindle nose to working surface of table　主轴端面至
工作台面距离

distance from tailstock center to bed surface　中心高

distance from the focus　震源距

distance from working surface of table to tailstock centre　工作台面
至外支架顶尖距离

distance function　距离函数

distance gate　{计}"异"门

distance gauge　测距规, 测距仪, 测距器

distance hardness　顶端淬火时的距离硬度, DH 硬度

distance hoist　{计}远程主机

distance link　定距连接杆

distance marker　距离标志

distance marking light　距离标志灯

distance measuring　测距

distance measuring equipment (=DME)　测距装置

distance meter　测距计, 测距仪

distance nut　隔垫用螺母

distance of distinct vision　明视距离

distance of vertical travelling of cross arm　悬臂升降距离

distance out to out　外沿间距离

distance pick-up　隔片

distance-piece　支杆, 撑杆, 横撑

distance piece　(1) (轴承)隔圈; (2) 间隔衬套, 定距衬套, 定距隔块;
(3) 间隔片, 间隔块, 隔块, 隔片, 隔板, 隔垫, 接颈

distance plate　定距隔板, 隔片, 隔垫

distance pole　标桩

distance post　里程标

distance range　可达距离

distance-reading　远距[离]读数的, 远距[离]示数的, 遥读的

distance reading tachometer　遥测转速计

distance reception or transmission (=DX)　远距离接收或发送

distance receptor　距离受纳器

distance relay　距离继电器, 远距继电器

distance ring　定距环, 隔离环, 隔环, 隔圈, 垫环

distance rod　[间]隔杆, 支撑杆, 隔离杆

distance run motor　(船舶显示设备中的)航程马达

distance servo amplifier　距离伺服放大器

distance signal　(1) 间距信号; (2) 预告信号机

distance sleeve　隔离套筒, 隔离轴套, 间隔套

distance sum measurement　(1) 距离和测定, 差和定位; (2) 椭圆定
位 [系统]

distance test (=DT)　距离试验

distance thermometer　远测温度计

distance tube　定距管, 隔[离]套[筒]

distance-type　遥控式的, 远程式的, 遥测的

distance type　遥控式, 远程式

distance washer　间隔垫圈, 调整距离的垫圈

distannic compound　二锡化合物

distant (=dist)　远距离的, 有距离的, 远隔的, 远程的, 远方的, 遥远的,
相隔的

distant aiming point (=DAP)　远方瞄准点

distant bolt　定距螺栓

distant control　远距离操纵, 远距离控制, 遥控

distant early warning line　远程警戒雷达网

distant excgange (=DX)　(1) 远程交换; (2) 远端电话局

distant indication　远距离显示

distant indicator　远距离指示器

distant likeness　约略相似

distant piece　定距块

distant range (=DR)　远距离

distant reading (=DR)　遥测读数

distant-reading monometer　远距传送压力表

distant regulator　遥控调节器

distant resemblance　约略相似

distant signal　(1) 远距离信号; (2) 预告信号机

distant space radio center　遥测空间无线电中心

distant starter　远距离起动器

distant surveillance (=DS)　远距离观察

distant thermometer　遥测温度计

distant voltage regulator　遥测电压调节器

distant-water trawler　远洋拖网渔船

distemper　(1) 水浆涂料, 色粉涂料, 色胶; (2) 用色粉涂, 粉刷; (3)
使不正常, 使失常

distemperature　(1) 水浆涂料, 色粉涂饰; (2) 缺乏节制

distend　使扩张, 使膨胀, 吹胀, 吹满

distensibility　可膨胀性, 可膨胀度, 扩张度

distensible　有弹性的, 可伸展的, 膨胀性的, 会膨胀的

distension　膨胀, 扩张, 胀大, 延长, 伸展

distent　膨胀的

distention　膨胀, 扩张, 胀大, 延长, 伸展

distichous　分成两部分的, 二分的

distill　用蒸馏法提纯, 蒸馏, 净化

distill off　馏出

distill to dryness　蒸馏至干为止

distill water　蒸馏水

distillability　可蒸馏性

distillable　可蒸馏的

distilland　被蒸馏物

distillate　蒸馏作用, 馏出物, 蒸馏液, 馏出液, 精华

distillate cooler　蒸馏冷却器

distillate oil　馏出油

distillating　(1) 蒸馏的; (2) 蒸馏 [作用]

distillation　析出挥发物, 蒸馏 [作用], 馏出物, 蒸馏液, 馏出液, 精华

distillation apparatus　蒸馏装置, 蒸馏仪器

distillation gas　干馏气体

distillation plate calculation　理论塔盘的计算

distillation range　蒸馏区间, 沸腾范围, 馏程

distillation test　馏份组成的测定, 蒸馏试验, 蒸馏分析

distillation tube　蒸馏管, 分馏柱

distillator　蒸馏器

distillatory　蒸馏的

distilled　蒸馏的

distilled gasoline　直馏汽油

distilled oil　蒸馏油, 精油

distilled water (=DW)　蒸馏水

distiller　蒸馏器, 蒸馏釜, 凝结器

distillery　(1) 蒸馏室; (2) [造] 酒厂

distilling　(1) 蒸馏的; (2) 蒸馏 [作用]

distilling column　蒸馏塔, 蒸馏柱

distilling flask　蒸馏瓶

distilling still　蒸馏釜

distillment　析出挥发物, 蒸馏 [作用], 馏出物, 蒸馏液, 馏出液,
精华

distinct　(1) 性质不同的, 各别的, 特殊的; (2) 显然的, 明白的

distinct roots　相异根, 不等根

distinction　(1) 差别, 区别, 级别; (2) 特征, 特性, 特质

distinctive　与众不同的, 鉴别性的, 有区别的, 有特色的, 特殊的

distinctiveness　特殊性, 差别性, 区别性

distinctly　清楚地, 明白地, 显然

distinctness　(1) 差别; (2) 清楚, 明晰; (3) 清晰度

distinguish (=dist)　区别, 辨认

distinguishability　可辨别性, 分辨率

distinguishable　可区别的, 可辨别的

distinguished　显著的, 著名的

distinguished boundary　特异边界

distinguished normal form　特异合取范式

distinguished subgroup　正规子群

distinguishing feature　特点, 特征

distinguishing mark　识别符号, 明显标志

distometer　测距器, 测距仪

distort　(1)使变形, 使畸变, 扭曲, 弯曲, 折曲; (2)失真, 畸变; (3)歪
曲, 歪斜

distorted bond　破坏的键

distorted crystal　歪晶

distorted lattice　畸变点阵, 畸变晶格

distorted peak　畸变峰

distorted region　畸变区域

distorted scale　扭曲比例
distorted state　无序态
distorted view　偏见
distorted-wall column　扭变壁管蒸馏塔
distorted wave　失真波
distorted waveform　失真波形
distortedly　被歪曲地
distorter　畸变放大器
distorterence　畸变, 失真, 扭曲
distorting stress　扭 [转] 应力
distortion　(1) 畸变, 失真; (2) 扭曲, 扭转, 变形, 挠曲, 扭变; (3) 投影偏差
distortion analyzer　失真分析器
distortion bridge　[测量] 失真的电桥, 畸变电桥
distortion during quenching　淬火应变
distortion factor　失真因数, 失真系数, 失真度
distortion factor meter　非线性失真测试仪, 失真 [因数] 测试器, 失真系数计, 失真因数计, 失真度表
distortion in the crystal lattice　晶体格子中位移, 晶格畸变
distortion inaccuracy　变形误差
distortion indicator　失真指示器
distortion meter　失真度测试仪, 失真计
distortion of image　成像失真
distortion range　失真范围
distortion test of facing　(离合器) 摩擦衬面变形试验
distortion tester　畸变试验器
distortion transmission impairment　由于线路失真引起传输质量的降低
distortion under load　在载荷下的变形
distortional　变形的, 歪曲的, 畸变的
distortionless　无畸变的, 无失真的, 无形变的
distortionless modulation　无畸变调制
distract　使混乱, 使错乱, 使扰乱
distractibility　注意力分散, 注意散漫
distrail　消散尾迹
distress　(1) 事故, 故障, 失事, 遇难, 遇险; (2) 损坏; (3) 灾难, 不幸
distress-call　遇险信号, 求救信号
distress call　遇险呼号, 求救呼号
distress frequency　呼救信号频率
distress in concrete　混凝土的龟裂
distress landing　强迫着陆
distress manifestation　破坏征象
distress-signal　遇险信号
distressed structure　需要加固的结构, 变形结构, 超载结构
distribond　(含有膨润土的) 硅质粘土
distributable　可分类的, 可分配的
distributary　配水管
distribute　(1) 分布, 分配, 分发, 分给, 配给, 配置; (2) 散布, 扩充; (3) 配电, 配线, 分线, 配水, 配气; (4) 区分, 分类; (5) 周延
distributed　分布的
distributed amplifier (=DA)　分布式放大器
distributed capacitance　分布电容
distributed capacity　分布电容
distributed circuit　参数分布电路
distributed coefficient　分布系数
distributed computer　分布式计算机
distributed computing　分布式计算
distributed data base　分布式数据库
distributed element　分布 [参数] 元件
distributed force　分布的力
distributed induction　分布电感
distributed load　分布载荷, 分布荷载, 分布负载
distributed logic　分布逻辑
distributed network　分布式网络
distributed parameter circuit　分布参数电路
distributed processing　分布式处理
distributed resistance　分布电阻
distributed shunt conductance　分流电导, 并联电导
distributed system　分布系统
distributed winding　分布绕组
distributer　(1) 分配机, 分配器, 配油器; (2) 配电器, 配电盘, 分线盒; (3) 分配线路, 配电干线; (4) 布料器, 喷洒机, 洒布机, 喷布机, 分布机; (5) 排出装置, 导向装置; (6) 中间寄存器; (7) 自动拆版机, 传墨辊; (8) 分配者

distributing arm　分配杆
distributing board　配电板, 交换板
distributing boom　布料吊杆
distributing box　配电盒, 配线盒, 分线盒, 交接箱
distributing cable　配线电缆
distributing curve　分布曲线
distributing device　配油装置
distributing eccentric　分配偏心轮
distributing frame　配线架
distributing groove　配油槽
distributing insulator　配线绝缘子
distributing main　配电干线
distributing net　配电网, 配水网
distributing operator　配电台话务员
distributing plate　配电板
distributing ring　配气环
distributing shaft　(1) 分配轴, 配流轴; (2) 气门凸轮轴
distributing substation　配电变电站, 配电站
distributing system　配电制
distributing tank　沥青喷布机
distributing transformer　配电变压器
distributing trough　布料槽
distributing valve　分油活门, 配气阀, 分配阀
distribution　(1) 分配, 分布, 分发, 配置, 配给; (2) 配电系统, 配水系统, 配电, 配线, 布线, 配气, 配水; (3) 频率分布; (4) 布料; (5) 分布状态, 分布范围, 配给方法, 配给过程, 配给品; (6) 区分, 分类, 种类, 类别; (7) 传输, 传播; (8) 广义函数, 周延
distribution amplifier　(信号) 分配放大器, 分布放大器
distribution bar　分布钢筋, 配力钢筋
distribution block　配电板, 接线板
distribution board　配电盘, 配电屏, 配盘盘
distribution box (=DB)　(1) 配电箱, 配电盒, 分线盒; (2) 分配箱, 交接箱
distribution center　配电中心
distribution channel　配线 [电缆] 管
distribution coefficient (=DC)　(1) 配电系数; (2) 分配系数; (3) 分布系数; (4) 比色系数
distribution control　扫描线密度调整, 分布控制
distribution control center (=DCC)　(1) 配电控制中心; (2) 分配控制中心
distribution density　分布密度
distribution device　配油装置
distribution equipment　配电装置
distribution error　分布误差
distribution factor　(1) 绕组占空系数; (2) 分布系数; (3) 分配率
distribution frame　配线架
distribution free　非参数, 无分布
distribution function　分布函数, 分配函数, 概率函数
distribution fuse　配线熔丝, 布线熔丝
distribution fuse panel (=DFP)　配电熔丝盘, 配电熔线盒
distribution gear　分配齿轮, 分配机构
distribution klystron　分布作用调速管
distribution law　分配 [定] 律, 分布律
distribution load　荷载分布
distribution loss　配电损耗
distribution main　(1) 配电干线; (2) 配水总管
distribution network　配电网
distribution of ballast　压载分布
distribution of errors　误差 [的] 分布
distribution of propellants　推进剂组元浓度场
distribution of load　载荷分布
distribution of polymerization degree　聚合度分布
distribution of pressure　压力分布
distribution of searching effort　检索力量分布, 检索力分布
distribution of sizes　粒度比 [例], 粒度成分
distribution panel (=D PNL)　配电盘
distribution piping　配油管道
distribution rod　分布钢筋, 配力钢筋
distribution shaft　(1) 分配轴, 配流轴; (2) 气门凸轮轴
distribution substation　配电所
distribution switch board　配电盘
distribution switchboard (=DSB)　配电盘, 配电板
distribution system　配电系统
distribution terminal　终端交接盘

distribution theory 广义函数论, 分布论

distribution transformer station 配电变压站

distribution valve 压力调节阀, 分配阀

distribution voltage 配电电压

distribution well 配水井

distribution winding 分布绕组

distribution wire 配电线路

distributive 分配的, 分发的, 分布的, 个别的, 个体的, 周延的

distributive ability 喷油能力

distributive function 分配函数

distributive law 分配律, 分布律

distributive operation 分配运算

distributivity (1) 分配性, 分布性; (2) 分配律

distributor (=DR) (1) 分配器; (2) 配电盘, 分线盒, 配电器; (3) 配电干线; (4) 布料器; (5) 喷洒器; (6) (涡轮机) 导向器

distributor advance pointer 配电器提早发火指针

distributor block 接线板

distributor breaker plate 配电器断路器板

distributor brush 配电器电刷

distributor cam 分配凸轮

distributor cap clamp spring 配电器盖钩弹簧

distributor case (1) 分配箱; (2) 配电箱

distributor clamp 配电器夹

distributor cylinder assembly 分配器油缸总成

distributor disk 配电盘, 分配盘

distributor drive gear 配电器传动齿轮

distributor governor 配电器调节器

distributor plate 配电板, 配电盘

distributor point 配电器触点

distributor rotor 配电器电转子

distributor shaft 配电器轴, 分电器轴

distributor shelf 分配器架, 配电架

distributor-spreader 联合洒布机

distributor terminal 配电器线接头

distributor track 配电环

distributor-trailer 拖挂式喷布机

distributor transmitter 分配发送器

district (=dist) (1) 地方, 区域; (2) 划分区域

district connector 区接线器

district engineer 总段工程师

district heating 局部加热, 分区供暖

district selector 第一选组器, 区域选择器, 选区机

district telephone network 市内电话网

disturb 干扰, 扰动, 紊动, 妨碍

disturb current cycle 干扰电流周期

disturb output 干扰输出

disturbance (1) 干扰, 扰动, 搅动, 激波; (2) 故障, 失调

disturbance antenna 干扰天线

disturbance force 扰动力

disturbance quantity 扰动量

disturbed 受干扰的, 扰动的, 搅动的

disturbed area 受扰区

disturbed motion 干扰运动, 扰动

disturbed profile 扰动剖面

disturbed sample 扰动样品 (非原状样品)

disturbed zero output 干扰 "0" 输出

disturber 干扰发射机

disturbing 干扰 [的], 扰动 [的]

disturbing body 搅动体

disturbing current 干扰电流, 串音电流

disturbing effect 干扰效应, 紊乱效应

disturbing force 干扰力, 扰动力, 搅动力

disturbing signal 扰动信号

distychus 二分的

distyle 双柱式

distyrene 联苯乙烯

disulfate (1) 焦硫酸盐; (2) 硫酸氢盐, 酸式硫酸盐

disulfide 二硫化物

disulfonate 二硫酸盐

disulphate 酸式硫酸盐, 硫酸氢盐, 焦硫酸盐

disulphide (=disulfide) 二硫化物

disulphide oil 含二硫化物的油

disuniform 异样

disunion 分离, 分裂

disunite 使分离, 使分裂

disuse (1) 废弃, 废除, 不用; (2) 停车

disused 已不用的, 已废的

disymmetric 双对称的

disymmetrical 双对称的

disymmetry 双对称

dit 小孔砂眼

ditch [明] 沟

ditch bank blade 长柄割草弯刀

ditch-cleaning machine 清沟机

ditch conduit 沟道式管道, 明排管道

ditch plate (自动变速器) 沟板

ditchdiger (1) 挖沟机, 开沟机; (2) 挖沟者

ditcher (1) 反向铲挖土机, 挖沟机, 挖壕机; (2) 挖沟工

ditcher boom 挖沟机臂

ditching (1) 陆上飞机在水上紧急降落, 水上迫降; (2) 开沟, 修沟; (3) 溅落

ditching car 为开挖土方而配备的铁路车辆

ditching device (无人驾驶飞机的) 强迫降落装置

ditching machine 挖沟机

ditetragon 双四边形

ditetragonal prism 复正方柱

ditetrahedron 双四面体

dither 由信号through继电装置而产生的机械振动, 高频振动, 高频脉动

ditriglyph 双三槽板

ditrigon 双三角形

ditrigonal 复三方的

ditrigonal bipyramids 复三方双锥

dotto 如上所述, 同上, 同前

ditto machine 复印机, 复写机

dittograph 由于印刷疏忽而重复的字母或词

ditty bag 小件物品袋

ditty box 小件箱

divability 下潜操纵性

divacancy 双空格点, 双空位, 空位对

divagation 离正轨, 偏差, 倾斜

divalence 二价

divalency 二价

divalent 二价的

divaricate 分支, 分叉

divarication (1) 分支, 分叉; (2) 分叉点; (3) 分离, 分散

dive (1) (潜水艇) 下潜, 潜水; (2) (飞机) 俯冲; (3) 钻研, 研究

dive-bomb 俯冲轰炸

dive-bomber 俯冲轰炸机

dive bomber 俯冲轰炸机

dive brake 俯冲减速板

dive for 潜水探索

dive on gas (潜水员) 带气下潜

dive-strafer 俯冲轰炸机

diver (1) 潜水员; (2) 潜水艇; (3) 俯冲飞机

diverge (1) 发散, 逸出, 散射, 脱离, 偏离, 转向, 偏斜, 离开, 脱节, 分岐; (2) 分出; (3) 消耗

divergence (=DIV) (1) 散度; (2) 发散, 离散, 扩散, 辐散, 散开, 脱离, 扩张, 扩大; (3) [光的] 发散度, 扩散度, 发散性, 发散量; (4) 链反应开始和继续, 达到或超过临界, 离向运动, 离向动作; (5) 偏差, 偏离, 偏斜, 背离, 分歧

divergence angle 扩张角, 发散角, 偏向角

divergence coefficient 发散系数, 漏损系数

divergence free scattering matrix 无散度散射矩阵

divergence of a vector 矢量散度

divergence of beam 光线的散度

divergence of tensor 张量散度

divergence point 分歧点, 分路点

divergency (1) 散度; (2) 发散, 离散, 扩散, 辐散, 散开, 脱离, 扩张, 扩大; (3) [光的] 发散度, 扩散度, 发散性, 发散量; (4) 链反应开始和继续, 达到或超过临界, 离向运动, 离向动作; (5) 偏差, 偏离, 偏斜, 背离, 分歧

divergent (1) 辐射状的, 发散的, 分散的, 扩散的, 扩展的, 扩张的, 辐散的; (2) 非周期变化的; (3) 分岐的, 分叉的; (4) 偏斜的, 相异的

divergent-beam 发散光束

divergent bore nozzle 扩散型喷嘴

divergent diffuser 发散式扩压管

divergent infinite series 发散无穷级数

divergent nozzle 扩张型喷管, 扩散喷嘴, 渐扩喷嘴

divergent oscillation 增幅振荡
divergent series 发散级数
divergent structure 发散结构
divergent unconformity 角度不整合
diverging (1) 辐射状 [的], 发散 [的], 分散 [的], 扩散 [的], 扩展 [的], 扩张 [的], 辐散 [的];(2) 非周期变化 [的];(3) 分歧 [的], 分叉 [的];(4) 偏斜 [的], 相异 [的]
diverging belt sorter 皮带式分级机
diverging channel 辐散槽
diverging lens 发散透镜
diverging meniscus 发散凹凸透镜
diverging nozzle 扩张型喷管, 喇叭形管嘴
diver's boat 潜水船
diver's ladder 潜水梯
diver's boots 潜水靴
diverse 各种不同的, 各种各样的, 种种的
diversification 变化, 变更, 不同, 改易
diversiform 各式各样的
diversify 使变化, 使不同
diversion (1) 转移, 转向, 转换, 换向, 变向, 变更, 偏转, 倾斜, 绕射, 导流;(2) 分歧, 分出;(3) 箝制, 牵制
diversity (1) 分集, 参差, 变化, (2) 相异, 差异, 不同, (3) 分散 [性], 散布, 分隔, 分集, (4) 发散 [性];(5) 合成法
diversity factor (=DF 或 D/F) (照强) 差异因数, 发散因数
diversity receiving instrumentation for telemetry (=DRIFT) 遥测用分集接收设备
divert (1) 使转换方向, 使转向;(2) 改变信息方向;(3) 转换, 转移, 转用
diverted heat 不合格熔炼
diverter (1) 分流电阻;(2) 分流调节器, 分流器, 折流器, 偏流器, 偏滤器;(3) 转向器, 换向器, (4) 导航隔板, (5) 避雷针
diverter gate {计} 转向门
diverter-pole charging set 分流电极充电机
diverter pole generator 分流电极发电机
diverting bar 转向杆, 导向杆
divertor 热核装置收集器
dividable 可除的, 可约的, 可分的
divide (=DIV) (1) 等分, 除;(2) 分水岭;(3) 分开, 分隔, 分裂, 分离, 分配, 分割, 分界, 分摊, 分派, 分组, 划分, 区分, 隔开, 隔离;(4) 刻度, 分度, 标度;(5) 刻度尺;(6) 刻度线, 分界线, 分水岭
divide-by-two circuit 二次分频电路
divided (=DIV) (1) 分开的, 分别的, 分离的;(2) 分度的
divided axle 分轴, 两开桥 [轴]
divided bearing 对开轴承
divided circle 圆刻度盘
divided circuit 分流电路, 分路
divided crank 组合式曲柄
divided crankcase 剖分式曲轴箱
divided difference 均差
divided pitch 分隔螺距
divided propeller shaft 两段式传动轴
divided return duct 分支回流导管
divided slit scan 分划扫描
divided system hydraulic brakes 分路式液压制动系, 双管路式液压制动系
divided system of hydraulic braking 分路式液压制动系统
divided ventilation 分道通风
divided wheel 分度轮
divided-winding rotor 分开式绕组转子
dividend 被除数
dividendo 分比定理
divider (1) 分划规, 分度器, 两脚规, 分规, 针规;(2) 分动器, 分压器, 分配器;(3) 分度附件;(4) 分频器, 分流器, 分流管;(5) 分切器;分隔器, 间隔物, 隔板;(6) 减速器;(7) 除法器;(8) 除数;(9) 分配者
divider calipers 等分卡钳, 两脚规, 分线规, 圆规
divider resistance 分压电阻
divider tape 分条皮带
dividers 两脚规
dividing (1) 分度, 刻度;(2) 定尺剪切, 分度法;(3) 刻线;(4) 分开, 分离, 分配, 分界;(5) 除法
dividing apparatus 分度装置
dividing arm 分度柄
dividing attachment 分度附件
dividing bush(ing) 隔离衬套, 间隔衬套

dividing circuit 除法电路
dividing control valve 分配控制阀
dividing dial 分度盘
dividing disc 分度盘
dividing disk 分度盘
dividing engine 刻线机, 刻度机, 分度机
dividing filters 分离式滤波器, 分路滤波器
dividing frequency 分配频率, 分割频率, 分频
dividing gear 分度齿轮
dividing head 分度头
dividing head centre 分度头中心
dividing head chuck 分度头卡盘
dividing head driver 分度头传动轮, 分度头传动装置
dividing head spindle 分度头主轴
dividing head without differential device 无差速装置分度头
dividing line 界线
dividing machine(s) 刻线机, 刻度机, 分度机
dividing movement 分度运动
dividing network 分频网络, 选频网络
dividing plate 分度盘
dividing range 分散范围
dividing ridge 分水岭
dividing screw 分度丝杆
dividing shears 纵切剪切机
dividing spindle 分度轴
dividing wall 隔离壁
dividing worm 分度蜗杆
dividing worm gear 分度蜗轮
dividual 可分割的, 分开的, 分离的
diving (1) 潜水 [的];(2) 俯冲 [的];(3) 升降舵
diving-bell 钟形潜水器, 潜水钟
diving bell 潜水钟
diving boat 潜水作业船
diving brake 俯冲减速器
diving current 潜射流
diving-dress 潜水服
diving dress 潜水服
diving equipment 潜水装备
diving-helmet 潜水帽
diving key (变速) 滑 [移] 键
diving key type transmission 移键式变速器, 滑键式传动装置
diving plane 水平舵
diving run 俯冲试验, 潜水试验
diving-suit 潜水服
diving suit 潜水服
diving tool 潜水工具
diving torpeto 深水炸弹
diving waves 弓形射线波
divisibility (1) 可分性, 可除性, 可约性, 整除性, 可除尽性;(2) (晶体) 解理性, 可劈性
divisible 可除尽的, 可约的, 可分的
division (=DIV) (1) 分度, 刻度, 标度, 等分;(2) 分隔;(3) 划分, 区分, 剖分, 分割, 分离, 分裂, 分界, 分配, 分布, 分派;(4) 除法;(5) 拆散, 切断, 横裂;(6) 组成部分, 组成单元;(7) 阻挡层, 隔板, 挡板, 隔拦;(8) 部门, 单位, 分队, 区, 段, 片;(9) 局, 处, 科, 组
division algebra 可除代数
division algorithm 辗转相除法, 带余除法, 除法算式
division bar 隔条
division center 中心结构
division circuit 除法电路
division indicator 刻度倍数指示器, 分度指示器
division lamp 区划灯
division of area 面积划分
division of complex number 复数相除
division of labour 分工 [制]
division of load 负载的分配
division of work 负载分配, 工作分配
division plane 分割面, 分离面, 结合面
division plate 隔板
division surface 分隔面, 分界面
division wall 分隔墙
divisional (1) 分开的, 分割的, 区分的, 分区的;(2) 除法的
divisional accuracy 分度精度
divisive 分裂的

divisor (=DIV)　(1) [公] 约数,除数,因子；(2) 子群；(3) 作为分压器用的自耦变压器,分压器

divisorless　无因子的

divisural line　分割线

divorce　使脱离,分离,分裂,分开,断绝,脱节

divorced cementite　不连续的网状渗碳体,断续网状渗碳体

divorced pearlite　断离状珠光体

divulgate　泄漏,暴露,揭发,公布

divulgation　泄漏,暴露,揭发,公布

divulge　泄漏,宣布,公布,揭穿

divulse　撕开,扯开

divulsion　撕开 [法],切开 [法],扯裂

divulsor　扯裂器,扩张器

divvy　分配,分派,分摊,分享

dixoilbronze　迪克索尔青铜(锡 10%,锌 2%,余量铜)

dN　十分之一奈培,1 分奈 [培] 等于 0.87 分贝

dn　椭圆函数

do-nothing instruction　空 [操作] 指示

do-over　(1) 返工,(2) 返工产品

Do-All　多用机床

DO　[计算机用语] 循环,循环语句

DO-group　(程序设计语言中的) 循环语句组,DO 组

DO-implied list　(FORTRAN 语言中的) 稳循环表,DO 形表

DO-loop　[循环] 语句,DO 循环

DO-nest DO　嵌套

DO statement　复写代换语句,循环语句,DO 语句

DO statement range　DO 语句域,循环域

doab　多砂粘土

doable　切实可行的,做得到的

dob　(印尼)一种渔帆船

dobber　浮标

dobbie　多臂机

dobby　多臂提综器,多臂机

Dobcross loom　链式多梭箱织机

dobie　(1) 二次破碎；(2) 裸露爆破；(3) 粘土砖坯

doble　(英)一种渔帆船

dobler　半连续电铲

Dobrowolsky generator　三线式发动机

docimasia　(1) 法定试验,检查试验；(2) 检查,检验

docimasiology (=docimology)　检验科学

docimaster　检验师

docimastic　法定试验的,检验的,检查的,鉴定的

docimasy　检定

docity　理解力

dock　(1) 停泊处,修船所,船坞,码头；(2)飞机检修处,检修架,飞机库；(3) (复) 造船厂,(火车) 停车处,装料场；(4) 设置船坞,入坞；(5) (宇宙飞行器在空间轨道上的) 对接,相接,连接,交会；(6) 缩回,缩进,减少,裁减,扣除；(7) 剪短,切,削

Dock Board　港务局

dock-charges　船坞费,入坞费,码头费

dock-dues　船坞费,入坞费,码头费

dock spike　船坞棘钉

dock trials　码头试验,系泊试验

dock yard　造船厂,造船所

dockage　(1)木材降等；(2)船坞设施；(3)船舶进坞；(4)船坞费,入坞费,码头费

dockboard　装卸板

docker　(1) 剪尾器；(2) 船坞工人,码头工人

docket (=dkt)　(1) 议事日程,会议事项,附加提要,附上签条,附笺；(2) 关税完税证,签条,牌子；(3) 概要,大纲,摘要

dockhand　码头工人

dockhead　坞首区

docking　(1)放入船坞,进坞；(2)[宇宙飞行器在轨道上的] 对接,相接,连接,交会,会合,结合,耦合

docking accommodation　入坞设备,入坞设施

docking adapter　对接接合器

docking block　[船坞]龙骨墩,龙骨台

docking bridge　船尾桥台

docking facilities　泊船设备

docking in orbit　轨道对接

docking keel　坐坞龙骨

docking plan　(船舶)入坞图

docking plug　(船舶)进坞放水塞

docking plug spanner　进坞放水塞扳手

docking rail　(飞机检修的) 棚厂操作机

dockization　改建成坞

dockland　(英)坞区

dockman　码头工人

dockmaster　造船厂长,船坞长

dockside　坞边范围

dockside switcher　码头调车机车

dockwalloper　码头搬运工

dockyard　(1)海军修造所,海军船坞；(2) 船舶修造厂,造船厂；(3) 船舶器材仓库

dockyard hands　造船厂修理工

dockyard overhaul　入坞检查修理

docrystalline　多晶质

doctor　(1) 辅助发动机；(2) 临时应急装置,临时应急工具,辅助机构,辅助工具,辅助器具；(3) 管接头,过渡接头；(4) 调整垫片,调整楔；(5) 调节器,校正器,定厚器；(6) 拾波器；(7) 印花刮刀；(8) 定位楔；(9) 修理,消除故障；(10) 掺和物,掺料；(11) 钎焊工具

doctor-bar　刮片

doctor-blade　刮片

doctor blade　刮桨刀,刮片

doctor knife　刮刀

doctor-roll　(1) 涂胶量控制辊；(2) 匀浆辊

doctor process　(汽油的) 含硫处理

doctor solution　试硫酸

doctor sweetener　用试硫液脱硫醇的装置,用试硫液精制汽油的装置

doctor test　[汽油] 含硫试验

doctor treatment　(汽油的) 含硫处理

doctoral　权威的

doctrine　学说,原则,主义

document　(1) 公文,文件,文献,资料；(2) 证书,单据,记录

document against acceptance　承兑交单,提货单

document against payment　付款交单,支付书

document control remote station (=DCRS)　资料遥控站

document control station (=DCS)　资料控制站

document leading edge　文件前沿

document of shipping　装货单据,装船单据,货运单据

document reject rate　文件柜读率

document retrieval　资料检索

document service center (=DSC)　资料服务中心

document sorter　文件分类器

documental　(1) 文件的,公文的,证件的,证书的,记录的；(2) 文件

documentalist　档案文献学家,文献资料工作者

documentary　文件的,公文的,证件的,证书的,记录的

documentary evidence　文件证明

documentary letter of credit　跟单信用证

documentary proof　文件证明

documentation　(1)文献资料工作,文献编纂,文件编制；(2)记录,文件；(3) 提供文件,提供证书

documentation and status (=D&S)　资料与现状

documented　备有证明文件的,有执照的

documentor　(1) 文件处理程序,管理文件程序,资料程序；(2) 文件处理机

documents against acceptance (=D/A)　承兑后交付凭单

documents of value　有价证券

documents per minute (=DPM)　每分钟文件数

docuterm　(1) 文件项目,文件标题,文件条款；(2) 检索字；(3) 关键

dod[阴]　沟管模板

dodar (=determination of direction and range)　超声波定向和测距装置,超声波定位器,导达

dodder　振动,振颤,摇动,摇摆

dodec-　(词头)十二

dodecagon　十二边形,十二角形

dodecagonal　十二边形的,十二角形的

dodecahedral　十二面体的

dodecahedron　十二面体

dodecahedron-shaped　十二面体形状的

dodecastyle　十二柱式

dodge　巧妙方法,花样设计,花样发明

dodge chain　精巧锚链

dodge gate　活动门

dodge time　空闲时间,闲暇

dodged　光调过的(曝光时光束经过调制)

dodger　(口)船桥上的防浪屏

dodging　遮光

doffer (1) 小滚筒;(2) 落纱机,脱棉器;(3) 盖板

doffing mechanism 脱棉器

dog (1) 止动器,制动爪,止动销,挡块,挡铁,止块,掣子,卡爪,凸爪,棘爪,推爪;(2) 鸡心卡头,卡箍,卡钉,轧头,夹头;(3) 炉中铁架,支架,压板,销;(4) 凸轮;(5) 扳手;(6) (水密门) 夹扣,蚂蟥钉,扒钉,栓钉,挂钩,铁钩,钩环,搭扣,把手;(7) 针盘传动滑轮;(8) 机场信标

dog anchor 扒钉

dog-and-chain 链式回柱器

dog bar type conveyor 凸轮式运输器

dog-bone (型砂试验用) 八字试块,抗拉试块

dog catch (1) 掣子,卡子,夹子;(2) 自动卡头机;(3) 擒纵器;(4) 阻挡

dog chart 制动爪装配图

dog chuck 爪形夹盘,爪形卡盘,爪卡盘

dog clamp 止块夹头

dog clutch 牙嵌式离合器,齿式离合器,爪形离合器,爪式离合器,犬牙式离合器,爪颚式离合器

dog collar (液态金属放出口的) 冻结圈

dog coupling 牙嵌式联轴节

dog drive plate 止块传动盘

dog-eye 精 [密检] 查

dog for face plate 花盘轧头

dog hook 伐木钩

dog-house (1) 高频电压电源屏蔽罩;(2) 玻璃炉进料预热器,原料预热室;(3) 仪器车;(4) 鼓形罩

dog house (1) 高频电压电源屏蔽罩;(2) 天线调谐设备房,[发射天线的] 调谐箱;(3) (火箭) 仪表舱,仪表室;(4) (放喷油器的) 炉头喷气口;(5) 原料预热室;(6) (俄罗斯的) 狗窝雷达

dog-iron (1) 拉杆,牵引;(2) 铁抓钩;(3) 铁栓钉

dog iron 两爪铁钩,抓钩,铁钩

dog-leg (1) 屈折处,折断处;(2) 折线 [形] 的;(3) 轨道倾角变化,改变轨道面,变轨;(4) 偏航,转折

dog leg (唱片) 引入槽误差

dog-leg breakdown 折线型击穿,阶段击穿

dog-leg course 曲折航线

dog-leg path 折线航线,折线弹道

dog line 直条轨痕

dog-nail (1) 埋头钉;(2) 道钉,拐钉

dog nail 道钉,折钉

dog plate 制动爪安装板,挡块安装板

dog point [无头蜗杆的] 止端;[螺钉的] 制动端

dog screw [手表] 制动螺钉

dog-ship (制造同一构造飞机的) 标准机

dog skin 粗晶粒表面

dog spike 钩头道钉

dog spike bar 道钉钢条

dog-stopper 扣钩制动链

dog tag 识别标志

dog-tooth crystal 犬牙晶体

dog wagon 快餐车

dog warp 带钩拖曳索

dog wrench 带摇把的扳手

dogbody (美) 一种渔船

dogbolt (1) 直角固定螺栓;(2) 止动螺栓

dogcart (1) 狗拉车;(2) 单马拉双轮马车

dogger 小型双桅渔帆船

dogger grate 炉垫篦

doghead 枪机的撞针

doghouse (1) 高频高压电源屏蔽罩;(2) 仪器车;(3) 原料预热室;(4) 调谐箱;(5) 投料口

dogging 夹住,钳住

dogleg (1) 偏转,弯曲,扭曲;(2) 飞行转向

dogless 无断绳保险器的

dogless attachment 无制动爪装置,无轧头装置

dogless spiker 无制动爪支架,无轧头支架

dogma 定理,定则,定论

dog's ears (轧件表面的) 结疤

dogtail 小镘刀

dogu 一种独木舟

dogvane (桅上) 风向指示器,风向仪

doing (1) 做,干;(2) (复) 活动,举动

doler-zink 道洛锌合金 (铜 2.5-3%,铝 3.7-4.3%,余量锌)

doll 信号矮柱

doll head (1) 进 [蒸] 汽轴头;(2) 平纹织机吊丝装置

doll post 矮柱信号机

dollar (=d) 美元

dollar gap 美元短缺

dollar glut 美元泛滥

dollar shortage 美元荒

dollie (1) 小带缆柱,双系柱;(2) [厂内] 运输平板车

dolly (1)(用于筒形工件的)抵座,钉头型,型铁;(2)移动台车,独轮台车;(3)窄轨铁路机车,小机车;(4)矮橡皮轮车,货运推车,手推车,辘轴车;(5)圆形锻模,固定冲模;(6)桩垫木,垫桩;(7)洗矿装置,洗涤机,摇汰盘,搅拌棒,捣棒;(8)摄影机移动车,移动摄影车,车式摄影机,飞机转向架,拖车支柱;(9)铆钉模,铆钉托,铆[钉]顶;(10)翻胎模小车;(11)提升绞车平衡重;(12)用搅拌棒搅拌,用捣碎棒捣碎,用独轮台车运送,推动摄影机移动车

dolly-back 远摄

dolly back (=DB) 远摄

dolly bar 铆顶辊

dolly car 平台拖车

dolly-in 近摄

dolly in (=DI) 近摄

dolly man 电视摄像机小车操纵者

dolly-out 远摄

dolly set 钉模 (铆接用)

dolly shot 移动摄影

dolly tub 洗衣桶,精选桶

dollying (1)移动摄像机装载车;(2)摄像机装置车前后移动,移动摄影,近摄

dollying shot 移动镜头

dolomites 道罗麦特炸药

dolphin (1) 指挥发射鱼雷的雷达系统,引导鱼雷的雷达系统,鱼雷瞄准雷达系统;(2) 护墩桩;(3) 系船浮标,系缆浮标,系船柱,系缆柱

dolphin striker 船首斜桅撑杆

domain (1) 定义域,领域,闭域,区域;(2) 范围,范畴,磁畴,晶畴;(3) 整 [数] 环

domain of attraction 吸引范围,引力范围

domain of definition 定义域

domain of dependence 有关区域,依赖域

domain of integration 积分域

domain of integrity 整环

domain structure [磁] 畴结构

domain-tip 畴尖

domain-tip propagation logic (=DTPL) 畴尖传播逻辑

domain-wall 畴壁

domain wall [磁] 畴壁

dome (1) 圆顶盖,圆顶帽,圆顶,圆盖;(2) 反射炉顶;(3) 拱顶;(4) 钟形顶盖,钟形汽室;(5)流线型罩,整流罩,导流罩,透声罩,钟罩;(6) 天文航行舱,飞机场

dome base 汽室垫圈

dome car 圆顶式了望客车

dome center manhole 储罐中部的人孔

dome flange 汽室凸缘

dome head piston 圆顶活塞

dome illumination 天棚照明

dome insertion loss 透声罩损失

dome lamp 天棚灯,

dome-lamp fixture 天棚照明灯具

dome light 天棚灯,顶灯

dome loudspeaker 球顶形扬声器

dome nut 圆盖螺母

dome of boiler 锅炉聚汽室

dome of regulator 调节器帽

dome of silence 球形脚轮

dome output [微波] 波导弯面输出

dome reflector 圆顶形反射器

dome regulator 滚筒调整装置

dome-shaped 圆顶状的

dome shaped contact 半球形接点

dome-type 圆顶状的

domed (1) 拱凸;(2) 微鼓的

domed nut 圆盖螺母

domer (1) 制箱盖机;(2) 制箱盖工人

domestic (=dom) (1) 国内的,国产的,地方的;(2) 用于生活的,家内的,家务的,民用的;(3) 本国制品,国产品,

domestic aerial 家用 [电视] 接收机

domestic communication satellite (=DOMSAT) 国内通信卫星

domestic consumer 普通用户

369

domestic electrification　家用电气化
domestic fuel　国产燃料，民用燃料
domestic goods　本国产品，国产货
domestic installation　生活用电设施
domestic refrigerator　家用电冰箱
domestic-scrap　厂内废料
domestic scrap　厂内废料
domestic sewage　生活污水
domestic water　生活用水
domeykite　砷铜矿
dominance　(1)控制，支配，优势，作主；(2)显性；(3)优势度
dominance modifier　显性变更因子
dominant　(1)占优势的，控制的，支配的，主要的，统治的；(2)显著的，显性的；(3)优势，显性，要素
dominant activator　主激活剂
dominant draft　主牵伸
dominant effect　显性效应
dominant eigenvalue　优势特性值，优势本征值，最大本征值，主特性值，主本征值
dominant function　控制函数，强函数
dominant hue　支配色彩，主色调
dominant-mode　[振荡]基本型
dominant mode　波基型，[振荡]主模
dominant peak　最高峰
dominant term　主项(其绝对值大于其它项)
dominant wave　优势波，主波
dominant wave length　主[色]波长
dominant wavelength　支配色彩的波长，主[色]波长
dominate　(1)占优势，控制，支配；(2)优于，超出
domination　(1)优势，控制，支配，管辖；(2)支配力
dominative　占优势的，支配的，管辖的，主要的
dominator　(1)占优势者，支配者；(2)优[性]质，显[性]质
doming　凸起
don　(1)变质量；(2)插入
donal　道纳尔铝合金(铝98.5%，锰1.5%)
donarite　道纳瑞特安全炸药
donkey　(1)辅助发动机，辅助机车，辅助机构，辅机，(2)小型辅助泵，小活塞泵，辅助泵，蒸汽泵，(3)辅助锅炉；(4)牵引机，拖拉机；(5)平衡重；(6)集材绞盘机
donkey-boiler　辅助锅炉，副汽锅
donkey crane　辅助起重机
donkey doctor　辅助发动机修理工
donkey-engine　(1)辅助发动机，小[型蒸]汽机，副[汽]机；(2)辅助机车；(3)卷扬机绞车，绞盘
donkey engine　(1)辅助发动机，小[型蒸]汽机，副[汽]机；(2)辅助机车；(3)卷扬机绞车，绞盘
绞车，绞盘
donkey-man　小汽机操作工，辅机操作工
donkey-pump　蒸汽泵，辅助泵
donkey pump　蒸汽往复给水泵
donkey puncher　辅机操作工
donkey sled　辅助发动机底架
donkey stack　备用烟囱
donkey work　辅助工作
donkeyman　辅机工
donor　(1)施主杂质，n-型杂质，施主；(2){化}给予体
donor-acceptor pair　施主-受主对
donor doped silicon　施主杂质硅
donor ion　施主离子
donor level　施主[能]级
donought　(电子回旋加速器的)环形箱
donut　(1)超环面粒子加速器，环形粒子加速器，[中子]通量变换器；(2)电子回旋加速器室，真空环形室，环形真空罩，环形室，环形箱，空壳；(3)起落架轮胎，汽车轮胎
donutron　具有笼形线圈的磁控管，全金属可调磁控管
doodlebug　(1)飞机式导弹，有翼导弹，有翼飞弹，(2)小机动车，小汽车，小火机，小火车；(3)探矿器；(4)小型砂金精选厂
door　(1)节气门，装料口，舱门，炉门，闸门，进路，入口，孔，门，(2)(俚)炮弹爆炸时在显示器上的信号；(3)门式装煤板，挡板，盖
door bolt　门插销，门闩
door buck　门边立木
door bumper　车门软垫
door butt　门铰链

door-case　门框
door case　门框
door check　自动关门器，门制
door contact　门开关接点，门接点
door cover plate　针门盖板
door engine　自动关门机
door frame　门框
door handle　门把手，门拉手
door holder　门扣
door-knob transformer　门钮形转换器
door knob tube　门钮形[电子]管
door leaf　门扇
door opener　开门装置
door operator　门的自动开闭装置
door roller　拉门滚轮
door starter　开门器
door strap　门挂板
door switch　门开关
door track　门轨
door trap　带门的陷阱
door-trip　门开关
door trip　门开关
doorcheck　门框侧板
doorframe　门框
doorhead　门楣
doorknob　球形门把手
doorknob transition　门钮形转变，门钮形转换
doorknob tube　门钮形[电子]管
doorlamb　门边框，门侧柱
doornail　大头门钉
doorstep　门阶
doorstop　(1)制门器；(2)门碰头
doorway　门道入口
dop　卡头
dop stick　[钻石]切削夹具的手柄
dopant　掺杂剂，掺杂物，掺杂质
dope　(1)(粘线圈用的)胶；(2)涂布漆胶，飞机翼涂料，蒙布漆，涂料；(3)[炸药]吸收剂，防爆剂，抗爆剂，防震剂，添加剂；(4)润滑油，润滑剂；(5)汽油
dope bucket　封装口油灰的斗
dope can　[发动机开动时]加油用油枪
dope pot　稀释封口润滑油用壶
dope room　喷漆间
dope transistor　掺杂质晶体管
dope-vapourizer　掺杂剂蒸发器
dope vector　数组信息，信息矢量，信息向量
doped chemical　掺杂元素，掺杂剂
doped coating　加固涂料，涂漆包布
doped fabric　涂漆蒙布
doped fuel　(1)含添加剂的柴油机燃料，加防爆剂的燃料；(2)含铅汽油
doped glass　掺杂玻璃
doped glass laser (=DGL)　掺杂玻璃激光器
doped oil　含添加剂的油
doper　(1)润滑油注射剂；(2)润滑油枪，加油枪，喷枪；(3)加油者
dopester　预测者
doping　(1)在燃料或油内加入填料，涂上航空涂料，上涂料，掺杂；(2)(半导体中的)掺杂[质]
doping compensation　掺杂补偿
doping method　(半导体的)掺杂[质]法
doping of gasoline　汽油乙基化
doping profile　掺杂剖视图，掺杂分布，杂质分布
doping property　杂质特性
doping rod　加油杆
Doploc (=Doppler Phase Lock)　多普勒相位同步装置，多普勒锁相
Doppelduro method　乙炔火焰表面淬火法
doppler　(1)多普勒；(2)多普勒系统
Doppler drift　频移
Doppler effect　多普勒效应
Doppler inertial system (=DIS)　多普勒惯性系统
Doppler loop　多普勒频率目标跟踪，多普勒闭环系统，多普勒跟踪回路
Doppler processing　多普勒雷达数据处理
Doppler radar　活动目标显示雷达，多普勒雷达
Doppler shifted carriers　带有多普勒漂移载波

370

Doppler spectrum analyzer (=DSA)　多普勒频谱分析器
Doppler velocity and position automatic reduction equipment　多普勒速度和位置测量系统自动转换装置
Doppler velocity and position finder (=Dovap)　测定导弹速度和位置的多普勒信标，多普勒测速和测位器，多瓦卜轨道偏差指示器
Doppler VOR　多普勒甚高频全向信标 (VOR=very high frequency omnidirectional range 或 VHF omnirange 甚高频全向信标)
dopplerite　(1) 橡皮沥青；(2) 灰色沥青；(3) 弹性沥青
doppleron　多普勒能量子
dopplometer　多普勒频率测量仪
Dopploy　多普洛伊铸铁
doran　多普勒测距系统，多兰系统
dorè furnace　金银炉
dorè metal　多尔合金，金银合金
dorè silver　多尔银，粗银
dormant　(1) 不活动的，固定的，静止的；(2) 隐藏的，埋头的，待用的；(3) 横梁，枕木
dormant activation　待用激励
dormant bolt　(1) 埋头螺栓；(2) 暗闩，暗门销
dormant lock　埋头锁，暗锁
dormant oils　矿油
dormant scale　自重天平
dormant screw　埋头螺钉
dormant window　屋顶窗，老虎窗，天窗
dormer　屋顶窗，老虎窗，天窗
dormette　躺椅
dormeuse　旅行汽车
dormitory car　宿营车
dormitory ship　备有宿舍设施的船
dormobiles　宿舍交通车
dorna　一种渔船
doroid　半环形线圈
Dorrco filter　多尔科型真空过滤器
dorsal view　背视图
dory　快艇
dory trawler　拖网渔船
dos-a-dos　合装本
dosage　(1) 剂量，用量；(2) 剂量值；(3) 剂量测定；(4) 配料，配药
dosage bunker　(1) 配料槽；(2) 剂量槽
dosage meter　[辐射] 剂量计
dose (=d)　剂量，药量
dose-meter　[辐射] 剂量计
dose rate meter　剂量率计
doser　(1) 测剂量装置，剂量器；(2) 量器系统
dosifilm　胶片剂量计
dosimeter　(1) 测定剂量装置，辐射剂量计，剂量仪器，剂量箱，剂量器，剂量仪，剂量计，液量计，量筒；(2) 量器系统
dosimetric　剂量测定的，计量的
dosimetric detector　剂量探测器
dosimetry　剂量学
dosing　定药量配剂
dosing pump　计量泵，定量泵
dosing siphon　投配虹吸
dosing tank　(1) 污水配量池；(2) 投配器，量斗
dosing valve　计量阀，泄漏阀
dosseret　副柱头
dossier　记录文件，人事材料，档案，卷宗，记录
dot　(1) 小数点，瞄准点，圆点，斑点，点；(2) (点乘积) 符号，句号；(3) 时间的精确点；(4) 用点作标记，用点线表示，打点
dot alloy mesa transistor　点接触合金台面型晶体管
dot analyzer　带阴极射线管的多道分析器，点圆分析器
dot "AND"　点 "与"
dot-and-dash　点划的
dot and dash line　点划线
dot-and-dash technique　电报技术
dot and dash technique　电报技术
dot-bar generator　点 - 条 [状图案] 信号发生器
dot chart　布点量板，点阵图，布点图
dot circuit　点 [形成] 电路
dot-cross-hatch generator　点格信号发生器
dot-cycle　基本信号周期，点循环
dot cycle　基本信号周期，打点周期，点循环
dot-dash　(无线电发送电码) 点划 [线]
dot dash line　点划线

dot density method　点 [像素] 密度法
dot etching　网点腐蚀
dot-frequency　短点频率，点频率
dot frequency　点 [嵌镶元] 频率
dot generator　点 [状图案] 信号发生器
dot interlacing　(1) 隔点扫描，跳点扫描；(2) 点交错
dot line　虚线，点线
dot mark　刻印标记，点标记，区别号，点号
dot mesa transistor　点状台面晶体管
dot "OR"　点 "或"
dot pattern　光点图形，点图
dot-pattern generator　点 [状图案] 信号发生器
dot printer　点式打印机，点式印字机
dot recorder　点式记录器
dot rectification　再现图像上亮度的非线性增强，点发光度增强
dot-sequential　(彩色电视) 点顺序制的
dot sequential system　点顺序制
dot shaded line　点影线
dot trio　三组圆点
dot type　打点式
dot weld　填补焊缝，点焊缝
dot welding　填补焊，点焊
dot-wheel　骑缝线滚轮
dot zone　点状熔区
dote　[木质] 腐朽
doted　已腐朽的
Dotitron　光学数据输出器
dots and dashes　莫尔斯电码，点点划划
dotted　打点的
dotted "AND"　{计} 点 "与" 连接，点 "与"
dotted "AND" circuit　虚与门电路
dotted curve　虚曲线，点曲线
dotted line　虚线
dotted "OR"　{计} 点 "或"
dotter　(1) 标点器，点标器；(2) 定心
dotting impulse　点信号脉冲
dotting punch　(1) 冲眼，冲孔；(2) 中心冲头
dottle pin　隔垫
dotty　多点的
double (=db 或 dbl)　(1) 双的，复的，成倍的，二重的；(2) 二重，二倍，加倍，重，双；(3) 复制品，复本，副本；(4) 折迭，重合；(5) 急转；(6) 兼作他用；(7) 低八度的
double-acting (=DA)　(1) 双重作用；(2) 双动式的，往复式的，双作用的，复动的
double acting (=dbl-act)　(1) 双动式的，双作用的，复动式的，两用的，双动的；(2) 双重作用，双作用，双动
double-acting atomizer　双动式弥雾机
double acting brake　双动闸
double acting cylinder　双作用缸
double-acting cylindrical cam　双作用圆柱凸轮
double acting die　双动模
double acting door (=DAD)　双动门
double acting engine　双作用发动机
double acting gas engine　双作用式煤气机
double-acting linear actuator　双作用线性动作器
double acting pump　双动泵
double-action (=DA)　(1) 双重作用，双作用，双向；(2) 双动式的，往复式的，双作用的
double action　双 [向] 作用
double action clutch　双作用离合器
double activity　(1) 双重粘度；(2) 双重活动性
double address　双地址
double-amplitude (=da)　双幅值，全幅值，全振幅，倍幅
double amplitude (=da)　双幅值，全幅值，全振幅，倍幅
double-amplitude-modulation　双调幅
double amplitude peak (=DAP)　双幅度峰值
double-and-twist　双色螺旋花线
double angle formula　倍角公式
double angle milling cutter　双角铣刀
double angle-point grinding　双角刃磨
double angle V-belt　复式三角皮带
double angular bearing　双联向心推力轴承
double annealing　二次退火，双重退火
double anode　(1) 对阳极，双阳极；(2) 双屏极

371

double anode zener diode (=DAZD)　双阳极齐纳二极管, 双阳极稳压二极管, 双阳极雪崩二极管

double aperture lens　双孔透镜

double armature motor　双电枢电动机

double armoured cable　双层铠装电缆

double armouring　加双重钢筋, 加复筋

double attenuator　双段衰减器

double-axis copying device　双坐标仿形装置

double axle lathe　双轴车床

double-back gear　双跨齿轮

double-back tape　双面粘带

double balanced mixer　双平衡混频器

double-bank　双排的, 二列的

double-banked　双层式的, 双座的

double bar link　双联杆, 组合杆

double-barrel　双管枪, 双管炮

double-barrelled　(1) 双筒的, 双管的；(2) 复合的

double base diode　双基极二极管

double-base powder　双基药

double-base propellant　双元燃料火箭推进剂, 双基火箭燃料, 双基推进剂

double base propellant　双元燃料火箭推进剂, 双基火箭燃料, 双基推进剂

double base transistor (=DBT)　双基极晶体管

double-bead　双圆线脚

double-beam　双电子束的, 双射线的

double beam densitometer　双光束密度计

double beam electric-null infrared spectrometer　双光束电零点红外分光计

double beam spectrophotometer　双光束分光光度计

double bearing　双列轴承

double-beat　(1) 双支点的, 双支撑的；(2) 双 [重差] 拍

double-beat sluice　双向泄水闸

double-beat valve　双座阀

double beat valve (=db valve)　双座阀

double Belgian mill　双列比利时式轧机

double-bell charging mechanism　双钟装料机构

double belt　双层皮带

double-bend　U 形的

double bend　双弯头

double-bevel　双斜面的, 双 K 形的

double bevel groove　{ 焊 }K 型坡口

double-biased (=DB)　双偏压的

double-biased relay　双偏压继电器

double-bit ax　双刃斧

double-bitt　缆系在双带缆桩上

double-bitted　双刃的

double-bladed cutter　双面车刀, 二面车刀

double block　双轮滑车

double block brake　双蹄式制动器

double-block electromagnetic brake　双蹄电磁制动器

double bond　双键

double-bounce　双回波的

double bowstring truss　双弓弦桁架

double-braid　双层编织的

double braid (=DB)　双层编织

double-branch gate　双侧浇口

double-break　(1) 有双断点的；(2) 双重断路器, 复断路器, 双断

double break (=DB)　双重断路, 双重断裂

double-break contact　双断路接点, 双开路接点, 桥接接点

double break switch (=DBS)　双断开关, 双刀开关

double-breasted plough　双壁犁

double brilliant　复式多面型

double bridge　双臂电桥, 双电桥

double broad　双排灯丝散光灯

double-bucket　{ 计 } 双 "桶" 存储器, 双地址, 二地址

double bucket　{ 计 } 双 "桶" 存储器, 双地址

double buff　双折布抛光轮

double buggy　双座轻便马车

double-bus　双重母线, 双汇流排

double bus　双重母线

double calculation　复算

double calipers　内外 [两用] 卡钳

double camera　双片摄影机

double capital　双柱帽

double carbide　复合碳化物

double-casing motor　双层机壳式电动机

double catenary suspension　双键悬挂法

double-cavity klystron　双控速调管, 双腔速调管

double-chain draw bench　双链式拉拔机

double-chain retarder　双链刮板制动输送装置

double channel duplex (=DCD)　双信道双工制

double-charge ion　二价离子

double check system　双重监视系统, 重复检验制, 双重检验制

double check valve (=DCV)　双止回阀

double circle　双线 [同心] 圆

double-circuit　双电路 [的], 双回路 [的]

double circuit　加倍电路

double circuit integral　重围道积分

double-circuit receiver　双调谐电路接收机

double circular arc (tooth) gear　双圆弧齿轮

double circulation　双重循环

double-clad board　双面 [印制] 板

double-clutch　两次离合

double clutch　双向离合器, 双离合器

double-clutch method　双离合器两次分离换档法

double coating　双重涂层

double coil　双 [绕] 线圈

double-coil spring　双圈弹簧

double cold reduction　再冷轧

double column　双 [立] 柱, 龙门

double-column jig boring machine　双柱坐标镗床

double column milling and planing machine　龙门铣刨床

double column milling, grinding and planing machine(s)　龙门铣磨刨床

double-column planer　双柱龙门刨床

double-column planing machine(s)　双柱龙门刨床

double-column planing machine(s) with a fixed cross rail　定梁龙门刨床

double column press　双柱式压力机

double-column surface milling machine(s)　双柱平面铣床

double column vertical lathe(s)　双柱立式车床

double-compound turbo-jet　双轴涡轮喷气式发动机

double-concave　双面凹入, 两面凹的, 双凹的

double concave　双凹

double-concentric (=DC)　双同轴线

double condenser　(1) 双 [透镜] 聚光器

double conductor (=DC)　双导线

double conductor cord　双心塞绳

double-cone　双锥区 (天线)

double cone　(1) (圆锥滚子轴承) 双滚道分离型内圈；(2) 对顶 [圆] 锥, 复式圆锥, 双圆锥；(3) (天线) 双锥区, 双锥形的

double cone clutch　双锥离合器

double connection　二重连接, 二重接法

double connection check　重接核对

double connector　接线端子, 双接头

double-contact　双触头的, 双接点的

double contact(=DC)　(1) 双面啮合, 双面接触；(2) 双触点, 双接点

double contact zone　双齿对啮合区

double conversion adapter (=DCA)　双变换知配器

double conversion receiver　二次变频超外差式接收机

double converter　(1) 双换流器；(2) 反并联连接法

double-convex　双面凸出的, 两面凸的, 双凸的

double convex (=DCV)　(1) 双凸；(2) 双凸面的

double-cotton　双纱包

double-cotton covered (=DCC)　双纱包的

double counterpoint　复对位

double coupler mechanism　双接合机构

double couplers　双联夹

double covered　双层纱包的 (线圈)

double crank　双曲柄, 双曲拐

double crank mechanism　双曲柄机构, 双曲柄四杆机构

double crank shaft　双曲轴

double crankless press　两点式无曲柄压力机

double cup　(圆锥滚子轴承) 双滚道分离型外圈

double-cup bearing　双外圈双列圆锥滚子轴承

double cup insulator　双碗式绝缘子

double cup wheel　双面凹砂轮

double-current　交直流的，双流式的，双电流的
double-current cable code (=DCCC)　双流水线电码
double-current generator　双电流发电机，交直流发电机
double current generator　双电流发电机，交直流发电机
double-current signaling　双流电报
double current system　双电流制
double curvature　双曲率
double curve surface　双［重］曲面
double curved surface　双［重］曲面
double cut　（锉刀的）双纹
double-cut file　斜格锉，双纹锉
double cut file　双纹锉，网纹锉
double cut-off saw　双曲圆盘锯床
double-cut saw　双向切割锯
double cutting band saw　双刃带锯
double cutting drill　双刃钻
double cylinder　双气缸
double culinder engine　双［气］缸式发动机
double cylindrical gearing　双圆柱齿轮传动装置
double-deal　两英寸厚板
double deal　两英寸厚板
double-deck　(1) 有两层甲板的，有两层的，双层的；(2) 有两个水平面的
double deck bus　双层公共汽车
double-decked　双层的
double-decked bridge　铁路公路两用桥
double-decker　(1) 双层甲板船；(2) 双层公共汽车，双层电车；(3) 双层桥梁；(4) 双层结构；(5) 双层火室的汽机
double decker　(1) 双层船；(2) 双层火车；(3) 两层楼房；(4) 两层式公共汽车，双层物
double decomposition　复分解，双分解
double deflection indicator　双偏转指示管
double-delta-connection　双三角［形］接法
double delta connection　双三角接法，双三角连接
double detection　双重检波
double-detection reception　双重检波接收，超外差接收
double-dial　双［刻］度盘的，双刻度的，双量程的
double diode (=DD)　双二极管
double-disc harrow　双列圆盘耙
double difference　二重差分
double differential　双式差速器
double diffusion epitaxial plane (=DDEP)　双扩散外延平面
double diode-pentode (=DDP)　双二极 - 五极管
double diode-triode (=DDT)　双二极 - 三极管
double direction angular contact ball bearing　双向推力向心球轴承
double-direction thrust ball bearing　双向推力球轴承
double-disc lapping machine(s)　双盘研磨机
double disc surface grinding machine(s) with horizontal spindle　卧轴双端面磨床
double disc surface grinding machine(s) with vertical spindle　立轴双端面磨床
double-discharge spiral water turbine　双排量涡壳式水轮机
double-disk turbine rotor　双轮盘涡轮转子
double division　双分度
double dog　双制动爪
double-double iron sheet　叠轧铁板
double drainage　双向排水
double drawbridge　双臂式开合桥
double drift　双机漂移法，双偏流测风法
double drift region avalanche diode　双漂移雪崩二极管
double drill　双钻
double drum boiler　双汽泡锅炉
double-drum drier　双滚筒干燥机
double-drum hoist　双滚筒绞盘
double-drum winch　双卷筒起网机
double-duty　有两种工作状态的，两用的
double-dyed　(1) 两次染色的，重染的；(2) 根深蒂固的
double eccentric　双偏心轮
double-eccentric speed reducer double curve surface　双偏心轮减速器
double echo　双回波
double-edge　两边有刃的，两面开口的
double-edged　(1)正反两面的，双刃的；(2)双重目的的；(3)意义相关的，两可的
double-edging tool　双面规尺
double-effect　双效的

double-element oil seal　双重密封圈
double-end　两端引出式的，双端的，双头的
double end (=DE)　双端
double end bolt　双头螺栓，柱螺栓
double end (GO-NO go)plug ga(u)ge　双端（通 - 不通）塞规
double end mill　双端铣刀
double end spanner　双头扳手
double end wrench　双头扳手
double-ended　两端引出式的，双端的，双头的
double-ended boiler　双炉门式锅炉
double ended cord　两头塞绳
double-ended detent　双头掣子
double-ended open-jawed spanner　双端开口爪形扳手
double-ended power transmitting tube　双端功率发射管
double-ended spanner　双头扳手
double-ended wrench　双头死扳手
double-ender　(1) 头尾相似的船，两头可开电车，双头机车；(2) 双面锉刀；(3) 双头扳手
double ender　(1) 头尾相似的船，两头可开电车，双头机车；(2)双面锉刀；(3) 双头扳手
double engagement　双面啮合，双面接触
double-entry　双侧进气的
double-enveloping　双包络的，二次包络的
double-enveloping worn　双包络［圆弧面］蜗杆
double-enveloping worn drive　双包络［圆弧面］蜗杆传动
double-enveloping worn gear　二次包络蜗轮
double-enveloping worn gear pair　二次包络蜗杆副，环面蜗杆副
double-enveloping worngear sset　包络圆弧面蜗杆装置
double-enveloping worngearing　双包络蜗杆装置
double epitaxial isolation (=DEI)　双外延隔离
double expanding chuck　双胀卡盘
double-expanding engine　二次膨胀式发动机
double exposure　双重暴光，两次暴光
double extra heavy　（管子）双重壁厚的
double extra strong　（管子）双重壁厚的
double face planer　双面刨床
double-faced　双面的
double feeded (=DF)　双馈的
double-fed　双重馈电
double felt seal　双重毡封圈
double fired furnace　双室燃烧炉
double-flange track wheel　（履带）双凸缘支重轮
double flank　双面，双侧
double flank engagement　双面啮合
double flank engagement with master gear　与标准齿轮作双面啮合
double flank honing　双面珩磨法
double flank Novikov gear system　双圆弧诺维柯夫齿轮装置
double flank rolling　双面滚动
double flank tester　双面啮合检查仪
double flank tooth to tooth composite error　双面啮合误差
double flexible coupling　双挠性联轴节
double flight feed screw　双头进料螺杆
double floor　构架楼面
double-flow　二通量的，双流的
double-flow turbine　双流式汽轮机，双流式涡轮机
double fluid cell　双液电池
double fluid coupling　闭式液力耦合器
double focusing　双聚焦
double-framed floor　双层框架楼板
double-frequency　双重频率的，倍频的
double-frequency oscillation　倍频振荡
double-furrow plough　双铧犁
double galvanized wire　加厚锌层镀锌钢丝
double-gap　（避雷器的）双火花隙的，双隙的
double gap cavity　双隙缝谐振腔
double-gate　(1) 双控制极；(2) 双［闸］门［的］，双选通［的］
double gate　(1) 双控制极；(2) 双［闸］门［的］，双选通［的］
double gear　(1) 双联齿轮；(2) 双级齿轮传动
double gear cone transmission　(1) 双锥形塔式齿轮传动；(2) 复式锥齿轮传动装置
double gear mechanism　双联齿轮装置
double-geared drive　二级齿轮传动，两级齿轮传动
double-geared transmission　(1) 两级齿轮传动；(2) 两级齿轮变速器
double gearing　两级齿轮传动装置

double gears 两级齿轮传动装置
double glass (=DG) 两层玻璃
double glazing 双层玻璃
double goniometer 双向测向计，双向测角计
double-governor 双重调节器
double governor 双重调节器
double graded oil 双特性油
double-grid 双栅的
double groove (=DG) (1)两面坡口，双面坡口；(2)双面槽
double-grooved pulley 双槽滑轮
double-ground fault 双线接地故障
double gun and dual trace oscilloscope tube 双枪双迹示波管
double-handed 由两人维护的
double-handling 两次转运
double head flat scraper 双头平刮刀
double head milling machine 双轴铣床
double head wrench 双头扳手
double-headed 双头的
double-headed camera 立体电影摄影机，双头摄影机
double headed capstan 双头绞盘
double headed conical spring 双头锥形弹簧
double-header 双机车牵引的列车，双车头列车
double header (1)多工位凸缘镦锻机；(2)双木过梁；(3)由重联机车牵引的铁路列车
double-heading 双重牵引的
double helical bevel gear 双斜齿锥齿轮，人字齿锥齿轮，人字齿伞齿轮
double helical double helix 双螺旋形的双螺旋
double helical gear 人字齿轮，双斜齿圆柱齿轮
double helical gear milling machine(s) 人字齿轮铣齿机
double helical gear pair 人字齿轮副，双斜齿[圆柱]齿轮副
double helical gear planer 人字齿齿轮刨床，双斜齿齿轮刨床
double helical gearing 人字齿齿轮传动[装置]，双斜齿齿轮传动[装置]
double helical heater 双螺旋线灯丝
double helical spring 复式弹簧
double helical spur gear 人字齿轮
double-helical staggered tooth 阶梯式人字齿
double-helical tooth 人字齿，双斜齿
double-helical tooth with gap 有槽人字齿轮，带槽人字齿轮
double helix 双螺旋
double helix structure 双股螺旋线
double herring bone (tooth) gearing 人字齿齿轮传动[装置]
double hetero-junction laser 双异质结激光器
double-hinged 双铰的
double hinged swivel wall drilling machine 复式转臂墙钻床
double-hook 双钩
double-housing planer 龙门刨床
double-hulled 双重机壳的
double-humped 有两个最大值的，双峰的
double-hung 双吊钩
double hung (=DH) 双悬
double hung window (=DHW) 双悬窗
double-hump resonance 双峰谐振
double-humped 双峰的
double image cular 双像目镜
double impedance coupling 复阻抗耦合
double in-line package (=DIP) 双列直插式组件
double index 双分度，复式分度
double induction regulator 双电感式电压调整器
double-insulated 双重绝缘的
double insulated conductor 双层绝缘线
double integral 二重积分，双重积分
double-integrating 二重积分，双重积分
double iron 工字钢，工字铁
double jack 双塞孔
double joint 双关节，双万向节
double-jointed shaft 双万向节传动轴
double-jointed swivel wall drilling machine 复式转臂墙钻床
double knife mower 双刀割草机
double laminated spring 双弓弹簧，椭圆弹簧
double lathe 复式车床
double-layer 双层的
double layer 双层，偶层
double-layer belt 双层皮带
double-layer winfing 双层绕组，两层绕组

double-lead covering 双层铅包皮
double-leaf 双翼的
double left shift (=DLS) 两次左移位
double-length 双倍长度的，双字长的
double-length number 双倍长度
double length number 双倍长度
double length working 双倍字长工作单元，双倍位工作单元
double level bridge 双层桥
double lever mechanism 双杆机构
double-lift cam 双针凸轮
double-lift profile cam 双凸尖凸轮，两级凸轮
double limiting 双向限幅
double-line 双线的，复线的
double line 双线，双轨
double-line leveling 双转点水准测量
double-lipped roller bearing 可承受双向推力的圆柱滚子轴承
double-M-derived filter 双 M 推演式滤波器
double-make 双闭合的
double-make contact 双闭合接点，双工作触点
double meridian distance 倍横距，倍纵距
double meshing 双面啮合，双面接触
double-message system 点顺序双路传输制，双信息彩色电视制
double milling machine 双轴铣床
double-moding (磁控管)双振荡型[的]
double-modulation 双重调制
double modulation 双重调制
double module 双模
double-motion 双动的
double motor alternator (=DMA) 双电动[交流]发电机
double nickel (美)法定五十五英里最高车速
double nip 双接口
double-notched specimen 双切口试样
double numeration 双重计数法
double nut bolt 两头带帽螺栓
double-O (=double-observation) 细看，细察，巡视
double-offset 双偏置
double offset (1)双效补偿，双效抵消；(2)二级起步时差；(3)双偏置
double offset ring spanner 梅花扳手
double open end wrench 双头扳手
double oscillator 偶极子振荡器
double oscillograph 双电子束示波器，双线示波器
double outline 双重轮廓线
double pair of a correlation 对射变换的重素
double paper covered (=DPC) 双纸包
double paper double cotton (=DPDC) 双层纸双层棉
double paper single cotton (=DPSC) 双层纸单层棉
double parallel distance 倍横距，倍纵距
double-park 汽车衔接地平行于路边的停车
double-pass 双程的
double pass-out turbine 双抽气式汽轮机
double phantom circuit 双幻像电路
double pin gearing 双针轮传动[装置]
double pinion 双小齿轮
double pinion drive 双小齿轮传动[装置]
double-pipe 套管的，双管的
double pipe (=DP) 二重管，套管的
double pipe cooler (=DPC) 套管冷却器
double pipe heat exchanger (=DPHE) 套管热交换器
double-pipe heat interchanger 套管换热器
double-piston mechanism 双活塞机构
double-pitch roller chain 双节距套筒滚子链
double-pivoted pattern (仪表等)双轴尖式，双支枢式
double pivoted pattern (仪表等)双轴尖式
double planet(ary) gear 双行星齿轮
double-plate bearing 双面护片轴承
double-plate clutch 双片式离合器
double-plate spring 双迭板簧，椭圆板簧
double-plate wheel 复板轮
double plow 双铧犁
double-plunger 双活塞头的，双柱塞的
double-plunger compaction procedure 双活塞头加压法
double-ply 双层
double point 重点
double-point double-throw switch 双刀双掷开关

374

double point gear 多点啮合齿轮
double point tool 双刃刀具
double-pointed 二端点的，双端的
double pointed nail 双头螺栓，接合销
double points 二重点
double-pole (=DP) (1)两极的，二极的；(2)二端网络的
double-pole both connected (=DPBC) 双极都连接的
double-pole cut-out 双级断路器
double-pole double-throw (=DPDT) 双刀双掷
double-pole double throw 双刀双掷
double-pole double throw switch 双刀双掷开关
double-pole front connected (=DPFC 或 dpfc) 双极正面联接，双杆正面联接
double-pole n-way switch 双刀 n 掷开关
double-pole single throw (=DPST) 双刀单掷
double pole snap (=DPS) 双极快动
double pole snap switch 双极快动开关
double-pole switch (=DPSW) 双刀开关，双极开关
double-pole triple-throw (=DPTT) 双刀三掷
double-port 有双孔的
double-pricision 双倍精度的
double pricision (1)双倍精密度，二倍精度；(2)双字长精度
double-precision arithmatic 双倍精度运算
double precision floataion macro order (=D-macro) 双倍精度浮点宏指令
double-precision number 双倍长度
double-pressing [润滑油脱脂时]双重压榨，二次压制
double private bank 双试线用触排
double product 双倍[乘]积，双重积
double projection 双重投影
double protractor 双斜量角器
double-pulse 双[重]脉冲的
double pulse 双脉冲
double-pulsed 双重脉冲的
double pump 双联泵
double-punch and blank-column detection 双孔和无孔检测
double punching machine 复式冲床，复式冲压机
double-purpose (=DP) 两用的
double-purpose bearing 双径向推力轴承
double pyramid 对顶棱锥
double quenching 双液淬火
double rack 双齿条
double rail logic 双线逻辑
double-range 双量程的(指仪表)
double-range drive 双调速范围的传动
double range receiver 中短波接收机
double-rated 有两种额定值的
double ratio 非调和比，交比，重比
double readout 双倍读出，加倍读出
double reception 双工接收
double-reduction 双重[减速]的，两级的
double reduction (1)复式减速，两级减速，双减速；(2)二级减速装置
double-reduction axle 两级减速的驱动桥，双减速驱动轴
double-reduction double-branch 带两分支传动的双级减速器
double-reduction drive 双减速传动[装置]
double reduction final drive 复式减速最终传动
double-reduction front gear 二级减速装置
double reduction gear 复式减速齿轮，双级减速齿轮
double-reduction gearing 复式减速齿轮传动[装置]
double-reduction twin unit 双式两级减速[装置]
double-reduction unit 双级减速装置
double-refine 两次精炼，再精炼
double-refined iron 再精制铁
double refraction 双重折射，双折射，重屈折
double reinforcement 双重钢筋，复筋
double-resonator (1)双腔谐振器，双腔谐振腔；(2)双谐振器的
double-return siphon 乙字形存水弯管，双弯虹吸管
double rhombic antenna 双菱形天线
double-ribbon conveyor 双头卷带螺旋式输送器
double right shift (=DRS) 双倍右移位
double ring spanner 梅花扳手
double-rivet 双行铆接
double rivet joint 双行铆接
double riveted (=DR) 双排铆接的

double riveted joint 双排铆接头
double-riveted seam (=DRS) 双排铆接缝
double-roll 双滚筒的
double roll (摇台)双向滚动切齿
double roller chain 双列套筒滚子链
double roller crab 双滚轮起重绞车
double rolling key clutch 双向超越离合器
double root 二重根
double row 双列
double row angular contact ball bearing 双列向心推力球轴承，双列角接触式球轴承
double row angular contact ball bearing with filling-slot 有装球缺口的双列向心推力球轴承
double row angular contact ball bearing with two piece inner ring 双半内圈的双列向心推力球轴承
double row angular contact ball bearing with two piece outer ring 双半外圈的双列向心推力球轴承
double row angular contact spherical ball bearing 双列推力向心球面球轴承
double row ball bearing 双列球轴承，双列滚珠轴承
double row ball bearing with split inner ring 双半内圈的双列向心推力球轴承
double row ball bearing with split outer ring 双半外圈的双列向心推力球轴承
double row ball bearing with vertex of contact angle inside of bearing 负荷作用线内交的双列向心推力球轴承，接触角顶点在轴承内的向心推力球轴承
double row ball bearing with vertex of contact angle outside of bearing 负荷作用线外交的双列向心推力球轴承，接触角顶点在轴承外的向心推力球轴承
double-row barrel roller bearing 双列球面滚子轴承
double-row bearing 双列轴承
double-row concave roller bearing 双列凹面滚子轴承
double-row cylindrical roller bearing 双列向心短圆柱滚子轴承
double-row radial thrust ball bearing 双列向心推力球轴承
double-row self-aligning ball bearing 双列向心球面球轴承
double-row self-aligning ball bearing with tapered adapter sleeve 带紧定套双列向心球面球轴承
double-row self-aligning spherical roller bearing (自动调心型)双列向心球面滚子轴承
double-row self-aligning spherical roller bearing with split outer ring 双半外圈双列向心球面滚子轴承
double row spherical radial ball bearing 双列调心球轴承
double row spherical roller bearing with symmetrical rollers 双列对档球面滚子轴承
double row tapered roller bearing 双列圆锥滚子轴承
double row tapered roller bearing with double cone 双内圈双列圆锥滚子轴承
double row tapered roller bearing with double cup 双外圈双列圆锥滚子轴承(DF 型)
double sampling (1)二次质量检验；(2)复式抽样，二次抽样，二重抽样
double satellite 复式行星齿轮
double scale 二重标度，二重刻度尺
double scattering 二次散射
double screen 双[层荧光]屏，双涂层屏
double-screw 双螺旋线的，双螺旋的
double screw reactor 双螺杆反应器
double screw type vise 双螺旋式虎钳
double-sealed ball bearing 两面[带]密封[圈的]球轴承
double-sealed bearing 两面[带]密封[圈的]轴承
double seamer [金属罐]封口机
double seaming 多重卷边接缝，双重卷边接缝
double seat valve 双座阀
double-seated ball valve (=DSBV) 双座球阀
double-seated valve 双座阀
double-seater 双座[飞]机
double-section filter 二节滤波器
double selvedge 加强网缘
double series 双重级数
double-service 两用的，双效的
double-set trigger 前后双板机
double-shaft 双轴[式]的
double shaping machine 复式牛头刨

double-shear 双剪的
double shear 双剪
double-shear steel 二火刀具钢
double sheave block 双饼滑轮
double-shed porcelain insulator 双裙式瓷绝缘子
double-shield ball bearing 两面防尘盖的球轴承
double-shield bearing 双防尘盖轴承
double shift register 双移位寄存器
double shot molding 二级模数塑造型
double-side 双边的,双面的,双侧的
double side band (=DSB) 双边 [频] 带
double-side horizontal fine boring machine 双面卧式精密镗床
double-sideband 双边带 [的]
double-sideband suppressed-carrier modulation 抑制载波的双边带调制
double-sided 双边的
double-sided board 双面印制板
double-sided compressor 双侧进气压气机
double-sided slide bar 双滑轨
double-sided socket 双向插座
double-sided wear 双面磨损
double-silk covered (=DSC) (线圈)双层丝包的
double silk-covered wire 双层丝包线
double silver plated (=DSP) 双重镀银的
double-skeleton catalyst electrode 双骨架催化电极
double slide copying tool post 双滑体仿形刀架
double-slider crank chain 双滑块曲柄链系
double-sliding back gear 双滑移 [变速] 靠背齿轮,双滑动背齿轮
double slip 双滑动
double source 偶极声源
double-space (打字机)隔行打印
double spanish burton 双滑车组
double spanner 双头扳手
double speed reducer 复式减速器,两级减速器
double speed reduction 双减速,两级减速
double speed reduction gears 双减速齿轮装置
double-spindle 双轴的
double spiral turbine 双排量涡壳式水轮机
double spline 双列花键
double spread 双面涂布,相对面涂布
double squirrel-cage motor 双鼠笼式电动机
double squirrel cage motor 双鼠笼转子
double-stage 双级的,二级的
double-stage nitriding 二段渗碳,二段氮化
double-stanchion hobber 双轴滚齿机
double star connection 双星型接法
double star-quad cable 双星绞电缆
double-start thread 双头螺纹,双线螺纹
double-station side broaching machine(s) 双工位侧拉床
double-stator 双定子
double steering 双操纵装置
double stem (电子管的)双心柱
double strap 双均压环
double-strapped joint 双盖板接头
double stratum 双层,偶层
double stream amplifier 双电子注放大器,双线行波放大器
double-strength 双料玻璃
double strength 强力玻璃
double strength stop bath 双浓度定影液
double strings 双连绝缘子串
double stroke 双行程,双冲程
double-stub 双短线
double stub tuner 双环线匹配装置,双短线调谐器
double-stud 双回线的
double suction pump 双吸泵
double sum 二重和
double-super system 二次变频式,二次变频制
double superheterodyne 双变频超外差
double swing 双向摆动的
double swing door 双向摆动门
double T iron 工字钢,工字铁
double T-steel 工字钢
double-tapered coupling 双圆锥联轴节
double-tapered muff 双圆锥联轴套

double-tariff system meter 双价电度表
double teeming 重浇
double thread (=DT) (1) 双头螺纹,双线螺纹;(2) 双头,双线
double thread hob 双头滚刀
double-thread screw (1) 双头螺纹;(2) 双头螺钉
double-thread worm 双线蜗杆
double threaded screw 双头螺钉
double threshold 双阈
double threshold 双阈值
double-threshold detection 双阈检定
double-throw (开关)双掷 [的],双投 [的]
double throw (=DT) 双掷,双投
double throw crank shaft 双弯曲柄轴,双拐曲轴
double throw crankshaft 双拐曲轴
double throw switch (=DT Sw) 双掷开关,双向开关
double-thrust bearing 双向推力轴承,对向推力轴承,对向止推轴承
double-tool cross-slide 双刀横向滑板
double-tool hold (切削外圆)双刀刀架
double tool rest 双刀架
double topsails 双工发送,双波发射
double torsion machine 双列螺旋弹簧缠绕机
double-track (铁路)双线,复线,双轨
double track (1)(轴承)双滚道;(2)(凸轮)双面;(3)(铁路)双轨;(4) 双声道
double track cam 双面凸轮
double-transit 双渡越的
double-transit oscillator (1)双渡越空间速调管,双腔双渡越速调管,反射速调管;(2)双腔速调管振荡器
double transmission 双工发送,双波发射
double trigger 双脉冲触发信号
double-trip 拖驳
double-trolley system 双滑接线制
double-tube 套管
double-tuned 双调谐的
double-tuned coupling 双调谐电路耦合,双路耦合
double-turn 双圈的,双匝的
double turning joint 双铰接
double-twist twisting machine 倍捻加捻机
double type filter 重合型滤波器
double underdrive 两级减速传动
double universal coupling 双万能球铰,双万向接头
double V-butt joint 双 V 形接头
double V butt weld V 型缝焊
double V connected rectifier 双星形联接整流器
double V groove X 型坡口
double-valuedness 双值性
double-Vee 双 V 形, X 形的
double vernier 双游标
double voltage connection 倍压连接
double-wave 全波
double-wave detection 全波检波
double wave detection 全波检波
double-way circuit 桥形电路
double-way connection 桥式接法
double-wedge (1) 双楔形的,菱形的;(2) 双光劈
double wedge 双面楔
double weight (=DW) 双倍重
double weighing 双重称量
double wire-armored cable 双层铁线式铠装电缆
double-worn mixer 双螺旋混合机
double-wound 双线圈的,并绕的,双股的,双绕的,双线的
double-wound relay 双线圈继电器
double wound silk (=dws) 双丝包的
doublearcing 双燃弧
doubleburned 煅烧的
doubled (=dd) 加倍的
doubleness 二倍,二重
doubler (1)二倍器,倍频器,倍加器,倍压器;(2)折叠机,贴合机,重合机;(3) 乘二装置;(4) 倍频级
doubler type 二重型,双式
doublet (1)(能谱)双重线,双线;(2)电子偶,电子对;(3)双透镜物镜,双合透镜,二重透镜,双物镜;(4)偶极天线,半波天线,[对称]振子,偶极子;(5)一对中之一,成对的,一对的;(6)复制品,副本;(7)双重线绕组;(8)双组成物体,成对物

doublet antenna　对称[振子]天线,偶极天线
doublet as double poles　以偶极代双极
doublet magnifier　双合放大镜,双重放大镜
doublet oscillator　偶极子振荡器,赫兹振荡器
doubling　(1)重折合,重合,双重,加倍,加重,重复,折回;(2)薄板折叠;
　　(3)(船)防护板,加强板;(4)倍频,倍压;(5)并圈连接;(6)夹胶;
　　(7)再蒸馏
doubling an angle　倍角复测法
doubling and plaiting machine　对折折弯机
doubling and twisting machine　并捻机
doubling calender　重合研光机
doubling circuit　倍频电路,倍增电路,倍压电路
doubling course　双板层
doubling frame　并线机
doubling machine　(1)折叠机;(2)复制机
doubling of frequency (=frequency doubling)　倍频
doubling on itself　作180°弯折
doubling-over test　折迭试验,180°折弯试验
doubling process　机折法
doubling register　倍加寄存器
doubling roller　贴合辊
doubling time (=DT)　加倍时间
doubling-up　并圈
doubling up　[可]折迭,[可]卷起,[可]对折
doubly　成两倍,加倍地,成双地,双重
doubly-closed tube　双闭管
doubly confined　两端限制的
doubly connection region　{数}双连通区
doubly excited　双重激发的
doubly excited state　双重激发态
doubly linked　双键结合的
doubly perspective　二重透视的
doubly reentrant winding　双口式绕组,双线线圈
doubly resonant　双共振的
doubly ruled surface　双母线曲面,双直纹面
doubly uniform channel　双重均匀信道
doubt　不相信,怀疑,疑问
doubtable　令人怀疑的,可疑的
doubtful　难确定的,有疑问的,怀疑的,可疑的
doubtless　无疑地,很可能,必定,多半
douche　(1)冲洗法,灌洗法,冲洗,灌洗;(2)冲洗器,灌洗器
doudynatron　双负阻管
dough　浓厚胶浆,补胎胶糊
dough batch　打面机
dough brake mill　碾面机
dough mill　调面机,调浆机
doughnut　(1)超环面粒子加速器,环形粒子加速器,[中子]通量变换
　　器;(2)电子回旋加速器室,真空环形室,环形真空室,环形室,环形箱,
　　空壳;(3)起落架轮胎,汽车轮胎
doughnut antenna　绕杆[式]天线
doughnut coil　环形线圈
doughnut-shaped　环形的
doughnut tire　[超]低压大轮胎
doulateral winding　蜂房式绕组
douse　(1)勘测地下资源;(2)突然浸入,倾注,浸,浇
douser　(1)摄影机挡光板;(2)探矿器;(3)有翼飞弹;(4)小汽车,
　　小飞机,小火车;(5)电影放映室用的)防火门
Dovap (=Doppler velocity and position finder)　测定导弹速度和位
　　置的多普勒信标,多普勒测速和测位器,多瓦卜轨道偏差指示器
dove catch　鸽形掣子
dove hinge　鸽尾铰
dovetail (=DVTL)　(1)鸠尾形,燕尾,鸽尾;(2)燕尾榫,鸠尾榫,楔形榫;(3)
　　鸠尾接合,燕尾连接;(4)磁极尾;(5)鸠尾形的,燕尾形的,鸽尾形的;
　　(6)用鸠尾榫连接
dovetail bit　燕尾钻
dovetail condenser　同轴调整电容器,鸠尾形电容器
dovetail cramp　鸠尾形扣钳
dovetail cutter　燕尾铣刀,鱼尾铣刀
dovetail cutting　燕尾槽切削
dovetail form　燕尾形,楔形
dovetail groove　燕尾槽,鸠尾槽
dovetail guide　燕尾导轨
dovetail halving　鸠尾对半接合
dovetail joint　燕尾接合,鸠尾槽接头

dovetail key　鸠尾键
dovetail machine　制榫机
dovetail plate　榫眼板
dovetail saw　燕尾锯
dovetail slide　燕尾滑板
dovetail slide bearing　燕尾形导轨
dovetail slideway　燕尾导轨
dovetail slot　燕尾槽,鸠尾槽
dovetail way　燕尾槽
dovetailed grooving and tonguing　鸠尾凹凸接头
dovetailer　制榫机
dovetail(l)ing　楔形接合,燕尾连接
Dow cell　道氏镁电解槽
Dow metal　镁铝基合金,道氏合金,铝镁合金
Dow process　道氏海水炼镁法
dowel　(1)定缝销钉,安装销钉,合缝钉,夹缝钉,两尖钉,榫钉,销钉,模钉,
　　木钉,木榫,栓钉;(2)定位销,轴销,暗销;(3)高频线圈架;(4)螺柱,
　　螺桩,键,栓;(5)锚筋,插筋;(6)外伸的短钢筋,合缝钢条,传力杆
dowel bar　传力杆
dowel bolt　定位螺栓,定缝螺栓
dowel hole　定位销孔
dowel pilotage　合缝销,两头尖销
dowel pin　定缝销钉,定位销,定缝销,合缝销,开槽销,接合销,两尖钉,
　　暗销,柱销,导钉,木钉
dowel pin joint　销接合
dowel plate　销钉板
dowel screw　双头螺丝钉
dowel spacing　传力杆间距
dowel steel　传力杆,合缝钢条
dowel-supporting assembly　传力杆支座
dowelled　以销钉联结的,以螺栓联结的,设传力杆的,设暗钉的
dowelled beam　键合梁
dowelled edge　设暗销的板边,传力杆的边缘
dowelled joint　传力杆接缝,暗销接合,榫钉缝
dowelled tongue and groove joint　有钢条的企口接缝,传力杆的企口
　　接缝,有暗销的舌槽接缝
dowelling jig　钻孔夹具
dowex 1　强碱性阴离子交换树脂
dowex 2　强碱性阴离子交换树脂
dowex 3　弱碱性阴离子交换树脂
dowex 30　磺酚阳离子交换树脂
dowex 50　磺化聚苯乙烯阳离子交换树脂
dowmetal　杜合金,镁合金(含85%以上的镁)
down (=DN)　(1)向下,降下,落下,倒下,低落,降低,减弱,减少,减退;
　　(2)(机器)停车,(电压的)不足,(胎)跑气
down-　(词头)向下,在下
down-aileron　下偏副翼
down-and-up　上下来回的,往复的,双动的
down and up cutter　双动剪切机
down-beat　下降的,衰退的
down-beater　喂入轮
down by the head　船首纵倾
down by the stern　船尾纵倾
down coiler　地下卷取机
down-coming wave　下射[天]波
down control (=DN CTL)　向下的控制
down-conversion　下变频,降频转换
down-converter　(1)[向]下变频器,降频变换器;(2)向下变换器,
　　下转换器
down converter　(1)[向]下变频器,降频变换器;(2)向下变换器,
　　下转换器
down corner　溢流管
down-counter　逐减计数器,反向计数器,可逆计数器
down cut　(1)下剪切;(2)顺铣
down-cut milling　向下铣切,同向铣切,顺铣
down-cutting　(1)向下切削;(2)下切侵蚀
down-cutting tool　(1)下切刀;(2)顺铣刀;(3)切削刀
down-dip　下降,下倾
down-draft　(1)向下通风,下降气流;(2)倒风,倒焰,下吸
down draft　(1)向下通风,下降气流;(2)倒风,倒焰,下吸
down-draft carburetor　下行式汽化器,下流式汽化器
down-ender　横倒翻卷机
down feed　向下进刀,向下进给垂直丝杆
down-feed screw　垂直丝杆

377

down-flow 下向流动,下流,下水
down fold 向下斜槽
down gear 起落架放下
down grinding 顺磨
down-hand welding 俯焊
down hand welding 水平焊接
down-lead (1) 放下(天线);(2) (天线的)引入线,引下线;(3) 无线电的引入线
down-leg (弹道)下降段
down line 下行线路
down-link 下行线路,下行系统
down link 下行线路
down link spectrum 下行系统的信号频谱
down lock 下位锁
down milling 向下铣切,同向铣切,顺铣
down-off (1) 下流量;(2) 塔底流出量
down-pipe 下流管,水落管
down pipe 落水管,泄水管,溢流管,旁通管,回管
down pressure 向下压力
down quark d 夸克
down right 垂直
down roll 摇台向下滚动
down-run 向下吹风
down-seat 装在下部支架上
down shift(ing) 降速调档,换入低档,降速变换,变慢
down slope time 电流衰减时间
down spout 水落管,落水管
down stage 摄像机移近舞台
down stroke 活塞向下行程
down symbol {计}降符号
down take 下导气管,下降管
down time (=DT) 停机时间,故障时间,停工时间,修理时间,装载时间
down-to-date 现代化的,最新式的,尖端的
down-to-earth 实际的,现实的,完全的,彻底的
down tools 扔下工具,开始罢工
down total 停机总数
down ward 从高处到低处
down-warping 下翘,下搂
downcast (1) 通风坑,进风井,下风井;(2) 向下的,下落的
downcoiler 地下卷取机
downcomer (1) 废水套管,排气管,下降管,下导管,泄水管;(2) 下气道,下烟道
downcomer-pipe 下导管
downcomer pipe 下导管
downconversion 下转换
downcurve 下降曲线
downcurved 向下弯的
downcut (1) 顺铣;(2) 底部切槽,底部掏槽;(3) 底槽;(4) 下切侵蚀,向下侵蚀
downdip 下倾
downdraft (1)下向通风,下降通风;(2)炉排下送风,炉底送风,下鼓风,倒风,倒焰,下吸;(3) 向下气流,回流
downdraught (1) 下向通风,下降通风;(2) 炉排下送风,炉底送风,下鼓风,倒风,倒焰,下吸;(3) 向下气流,回流
downdrop 下落
downender (横倒) 翻卷机
downer (1) 抑制剂;(2) 减弱;(3) 断纸停机
downface 同……矛盾,抵触,反驳
downfall (1) 降下,落下;(2) 毁灭,瓦解
downfield 低磁场
downflow 向下流动,下冲气流,下洗流
downflow bubble contact aerotor (=DBCA) 下注空气泡接触曝气池
downgate 垂直内浇口,直浇口
downgrade (1) 下坡度;(2) 衰落的;(3) 降低等级,降级
downgraded 降等级的
downgraded grinding 顺磨
downhand 俯焊的,平焊的
downhand welding 俯焊,平焊
downhauler 收帆索
downhill pipe-line 下倾的输送管线
downhole 向下打眼,向下钻进
downhole instrument 下井仪
downlead 天线馈线,引下线
downlight 顶棚向下照射的小聚光灯

downmost 最低的,最下的
downpipe 下悬[喷]管,下流管,水落管,降液管,排水管,溢水管,下降管
downplay 降低,减低,减弱
downrange (1)下靶场,下航区,(2)倾斜射程,下射程,射向;(3)目标线;(4)在下射程内,至弹着点方向
downrange distance 靶区末段距离
downrange repeater 射程增音器
downrange tracking 沿射程跟踪
downright (1) 垂直的,直下的;(2) 下浇口
downrights (劣等的) 短纤维毛
downsagging 向下翘起
downscale 缩减……规模
downset 下端局设备
downshear 顺切变
downshift 变速调档,调低速档,降速变换
downshift range 降速换档范围
downshifting 换入低档
downshifting smoothness 换入低档时的平顺性
downside 向下走向,下侧,低侧
downsize 减小(汽车尺寸,重量,耗油量等)
downslide 下滑,下跌,下降
downslide surface 下滑面
downslope 卸坡,沿斜坡向下的
downspout 降液管,溢流管,落水管,水落管,漏斗管,流管,流嘴
downspout conductor 溢流管,下流管
downspouting 溜槽,溜斗
downsprue 直浇口
downstairs 楼下层
downstream (1) 顺流;(2) 下游;(3) 向下游
downstream heat exchanger (=DSHE) 顺流热交换器
downstriker 下行式
downstroke (活塞)向下冲击,向下行程,向下冲程,下降行程
downstroke press (压头)下压式压力机
downsweep 向下扫描
downsweep frequency 降低的拍频
downswing 下降趋势
downtake (1) 下导管,下降管,下流管;(2) 运输带;(3) (高炉) 下导气管
downtank 下流槽,收集器
downthrust 俯冲
downtilt 翻平[带卷]
downtime (1) 发生故障时间,操作错误时间,不工作时间,停机时间,停工时间,窝工时间;(2) 修理时间;(3) 装载时间
downton pump 达温特曲柄式手摇泵
downtrend 下降[趋势]下降趋势
downturn 下降趋势,下转,向下
downward 向下的,降下的,向下方的
downward gradient (1) 下降梯度;(2) 倾斜角重力向下延拓
downward gravity 重力向下延拓
downward leg [弹道的] 降弧
downward modulation 向下调制,下降调制
downward movement 向下运动
downward pressure 向下压力
downward sawing 向下锯切,下锯式
downwarp 下翘,反弯
downwash (1) 气流下洗,下洗流,下冲;(2) 向下输送
downwash of a wing 机翼洗流
downwave 顺波
downwind 下降气流,顺风
dowse (=douse) (1) 突然浸入[水中];(2) 扑灭沼气起火;(3) 浇水,灭火
dowser 摄像机遮光板,挡光板
dowtherm 导热姆(一种换热剂)
doze (用推土机)推土,清除,削平
dozen (=dz) 打(12 个组成一组)
dozer (=bulldozer) 推土机,推土铲
dozing 推土机工作
dozzle 铸模辅助浇口
draco 德拉可钒钢(0.66-1.15%C,0.2%V,余量 Fe)
draft (=DFT 或 Dft) (1) (悬挂装置)下拉杆;(2)拖曳,牵引,拉;(3)通风,鼓风,抽风,排气,气流;(4)草图,草稿,草案,图样,制图,图案;(5)拉拔,拉伸,拉制,轧制.压延;(6)拔模斜度,(压轧的)压缩量,减面率;(7)(船)吃水深度,汲取;(8)负重能力,抽力;(9)凿槽
draft arm 牵引臂

378

draft change gear　牵引变换齿轮
draft control lever　力调节杆
draft control spring assembly　力调节弹簧总成
draft-engine　排水机
draft equipment　通风设备
draft fan　通风机
draft frame　牵引机架
draft furnace　通风炉
draft ga(u)ge　(1) 吃水仪，(2) 通风计
draft gear　牵引装置，车钩
draft-hole　通风孔
draft loss　通风损耗 [量]
draft moulded　(船舶) 型吃水
draft of water　(船) 吃水，吃水深度
draft per pass　(冶金) 每道压缩量
draft regulator　拉力调节器
draft rod　牵引杆
draft-sensing device　牵引力传感器
draft test　牵引试验
draft-tube　(1) 通风管，吸出管，吸入管，(2) 尾水管，引流管；(3) 尾管
draft tube　(1) 通风管；(2) 尾水管，引流管
draft wheel　牵引齿轮
draftability　拉伸性
drafter (draughter)　(1) 制图机 [械]，描器器；(2) 制图员；(3) 牵引机，牵引车
drafting　(1) 制图，绘图，设计；(2) 起草；(3) (拉钢丝) 减径，牵伸 (4) 牵引；(5) 通风
drafting board　制图板
drafting instrument　制图仪器，绘图仪 [器]
drafting machine　制图机，绘图机
drafting practice manual (=DPM)　绘图实践手册
drafting room manual (=DRM)　制图 [室] 手册
drafting scale　绘图比例尺，制图尺
drafting wheel　牵引齿轮
Draftometer　牵伸力测定器
draftsman (=dftmn)　制图员，绘图员，制模员
draftsmanship　制图质量，制图技术，绘图技术，制图术
drag (=drg)　(1) 阻力；(2) 拖曳；(3) 拖运装置；(4) 车轮制动棒，斜进矿车防坠杆，制动块；(5) 刮路机，刮路器；(6) 下型箱，下砂箱；(7) 拉铲，吊铲；(8) 水底捕捞器，海锚，被拖物，拖网，(9) 炮眼清除器
drag acceleration　减速度
drag-anchor　浮锚，海锚
drag anchor　浮锚，海锚
drag angle　制动角，阻尼角，截止角
drag antenna　拖曳天线，下垂天线
drag balance　(空气) 流阻平衡
drag-bar (=draw-bar)　牵引杆，拉杆，挂钩
drag bar　牵引杆，拉杆
drag bar conveyor　链板式输送器
drag bit　刮刀钻头，翼状钻头
drag board　张力板，拉纱板
drag bolt　(1) 拉紧螺栓；(2) 下型箱定位螺栓
drag brace　阻力支撑
drag broom　刮路刷
drag by lift　阻 [力与] 举 [力] 比，阻升比
drag-chain　牵引链，刹车链
drag chain　移送机链条，拖运机链条，牵引链，刹车链，拖链
drag-chain conveyer　链板输送机
drag chip conveyer　刮板式排屑装置
drag chute　制动降落伞，刹车伞，减速伞，制动伞
drag classifier　拉曳分粒机
drag coefficient (=DC)　阻力系数，牵引系数
drag conveyor　链板式输送机，刮板式输送机，刮板式传送器
drag-cup　托杯形的，托杯式的
drag-dip　拖曳倾斜
drag drill　牵引条播机
drag effect　牵制效应
drag flight conveyor　刮板式输送机
drag flights　[输送机的] 刮板式梯格
drag-folding　拖曳褶皱
drag force　阻力
drag-in　带入
drag iron　垂直稳定器
drag line　(1) 拉索，导索；(2) 拉铲挖土机，绳斗电铲

drag link　(1) 转向纵拉杆，牵引纵杆，拉杆，吊杆；(2) 双曲柄连杆机构，偏心曲拐；(3) 绞链钩
drag link ball　拉杆球 [端]
drag link bearing　拉杆球座
drag link conveyor　链板式输送机，链板式输送带
drag link end　转向纵拉杆头
drag-link mechanism　(1) 拉杆机构；(2) 双曲柄机构；(3) 拉杆机械装置
drag-link mechanism with optimum transmission angle　最佳传动角的拉杆机构
drag link motion　快速退回机构
drag link spring bumper　拉杆弹簧座
drag of field　(对于在场中运动的闭合导线) 磁场制动
drag of film　薄膜的阻力
drag off　移至 (输出辊道上)
drag-off carriage　堆料拖运小车
drag on　(从输入辊道上) 拨进
drag-on carriage　拨料拖运小车
drag-out　废酸洗液，带出液
drag-over　横向自动拖送机
drag over　(通过上轧辊) 回递，拖出
drag-over mill　递合式轧机
drag parachute　阻力伞
drag planer　刮路机
drag plough　牵引型
drag rake　牵引耙
drag rod　牵引杆，拉杆
drag roll　空转辊，压辊
drag sail　浮锚
drag-saw　横切锯
drag scraper　牵引式铲运机，拖曳刮土机，拉索扒矿机，刮削机，拖铲
drag shoe　(1) 制动蹄片，闸瓦；(2) 钢砂钻头
drag shovel　(1) 反向机械铲，拖拉铲运机，拖铲挖土机，反向铲；(2) 开挖机
drag spring　牵引簧
drag-stone mill　拖拉石滚式磨碎机
drag strut　阻力撑杆
drag to lift ratio　阻 [力与] 举 [力] 比，阻升比
drag-torque　拖曳转矩，曳力矩，阻力矩
drag truss　阻力桁架
drag turbine　(气体) 摩擦涡轮机
drag wire　阻力张线
dragbar　防止跑车杆
dragconveyer　刮板运输机，链板运输机
dragged lubricant　带走的润滑油
dragger　(1) 牵引机；(2) 小型拖网渔船
draggerman　拖网渔工
dragging　(1) (离合器分离不彻底引起的) 缓慢运动；(2) 拖曳，拖运，曳行，带走；(3) (刀) 拖刮，刮路，曳土；(4) 吊铲开采；(5) 摩擦
dragging-shoe　曳板
dragging-slip　曳板
dragless aerial
dragline　(1) 索斗挖土机，拉铲挖土机，拉铲挖掘机，绳斗电铲，索斗铲，挖掘斗；(2) 吊铲；(3) 拉索，导索
dragline bucket　拉铲铲斗
dragline scraper　拉铲运载机，拖铲
dragnet　捕捞网，拖网
dragon　(1) 龙骑枪；(2) B-23 型轰炸机；(3) 装甲牵引车；(4) 龙牌合金钢 (碳 0.35%，锰 0.55%，铬 0.70%，钼 0.25%，余量铁)；(5) 有电视引导系统的鱼雷
dragon beam　承托脊橡梁
dragon tie　角铁联系
dragrope　牵引绳索
dragsaw　拉曳锯
dragscraper　曳引刮土器，拖铲
dragshovel　拖铲挖土机
dragsman　机铲工
dragstaff　车后拖杆
dragster　改装而成的高速赛车
Draht　(西德) 德拉特 (聚乙烯纤维)
drail　牵引杆
drain (=DR)　(1) 排水系统，排水装置，排水管，下水管，排水沟；(2) 排水孔，放水口，排流口，排出口；(3) 排泄，排放，排出，排气，排油，排水，泄水，排干，放干，流干，排空，抽空，放空，导流，引流，流光；(4)

379

（电流）消耗,耗损,耗尽；(5) 铸口；(6) 排除器,排除管,排除阀；(7) 冷凝水,凝汽水；(8) [场效应晶体管] 漏极；(9) 漏电

drain area 排水面积,泄水面积
drain cock (=DC) 排放旋塞,放水旋塞,排气旋塞,放水龙头,排气阀
drain cover 沟盖
drain current 漏 [极] 电流
drain hole (=DH) 泄水孔
drain interval 换油周期,换油间隔期
drain layer 排水管铺设机
drain line 排放管
drain off 排出,流出,流干,放空
drain period 换油周期
drain-pipe 排水管
drain pipe (=DP) 排水管,排泄管,泄放管
drain plug 放油塞,放水塞
drain pump 排水泵
drain separator (1) 卸料刮板；(2) 脱水器
drain sleeve 排出套管,冷凝管
drain-source resistance 漏极 - 源极电阻
drain terminal 漏 [极] 引出线,漏 [极] 端子
drain trap (1) 放泄弯管；(2) 排水防气瓣,脱水器,排水阱,沉淀池
drain valve 排水阀,放水阀,排泄阀
drain water 废水
drain-well 排水井
drain wire 漏电引出线
drainability 排水能力
drainable 可排水的,可疏出的
drainage (1) 排水,放水,排水法；(2) 排泄；(3) 排污系统,排水系统,水系；(4) 排水地区
drainage and irrigation equipment 排灌设备
drainage area 流泄区
drainage arrangement 排水布置
drainage blanket 排水层
drainage by well points 集井排水
drainage coil 排流线圈
drainage correction 流出体积改正
drainage divide 分水岭
drainage grommet 漏水垫圈
drainage indicator 渗透仪
drainage machine 排水机
drainage machinery 排水机械
drainage modulus 排水模数
drainage pump 排水泵,排泄泵,污水泵
drainage pumping station 排水泵站
drainage sluice 排水闸
drainage sump 排水集水坑
drainage system 排水系统
drainage tile 排水瓦管
drainage trench digger 排水沟挖掘机
drainage work 排水工程
drainageway 排水道
drainboard 滴水板
drainer (1) 排水器,放泄器,滤干器；(2) 排泄孔；(3) 贮浆池,洗浆池；(4) 滴干板；(5) 排水工
draining board 干燥盘,烘干盘,滴水板
draining effect 穿流效应
draining tunnel 排泄道
draining vat 洗浆槽
drainlayer 排水管铺设机
drainpipe 排水管
drake device 浮标式指示器
dralon 屈拉纶 (商品名),丙烯酸类纤维,合成纤维
dram (1) 打兰,英钱 (=1.771g=1/16 英两)；(2) 液量单位；(3) 一点点,少许
drapability 悬垂性
drapeometer [织物] 悬垂性试验
draper 布面清选机,带式输送器
draper conveyor 帆布输送
drapery 帐帘
draping (1) 覆盖；(2) 悬垂性；(3) 声绝缘,隔声；(4) 隔音材料,吸音材料
draught (=draft) (1) （悬挂装置）下拉杆；(2) 设计,计划；(3) 通风,鼓风,抽风,排气,气流；(4)设计图,草图,草稿,草案,图样,制图,图案；(5) 拉拔,拉伸,拉制,轧制,压延,拖曳,牵引,拉；(6) （拔模）斜度；

(7) （船）吃水深度；(8) （压轧的）压缩量,压下量,牵引力,阻力；(9) 凿槽

draught attachment 牵引装置
draught bar 牵引杆,拉杆
draught chamber 通风室
draught damper 气流 [通量] 阀
draught device 牵引装置
draught-engine 排水机
draught engine 排水机
draught-furnace 通风炉
draught gauge (1) 差式压力计,通风计,风力计,风压表,抽力计；(2) 船舶吃水测示仪
draught head 吸出落差,吸出水头,气流落差
draught height 吸出高度,气流高度
draught-hole 通风孔
draught hood 通风罩,抽风罩
draught indicator (1) 差式压力计,通风计,风力计,风压表,抽力计；(2) 船舶吃水测示仪
draught machine 制图机,绘图机
draught-proof 防气流的,不引起气流的
draught protocol 议定书草案
draught regulator 牵引力调节器
draught responsible member 牵引力传感器
draught survey 水尺检验
draught-tube 通风管,吸出管,吸入管,引流管,尾水管,导管
draught tube 通风管,吸出管,吸入管,引流管,尾水管,导管
draughter (1) 制图机械；(2) 制图员
draughtily 通风地
draughtiness 通风
draughting 制图
draughting instrument 制图仪器,绘图仪器
draughting room 制图室,绘图室
draughting scale (1) 绘图比例尺；(2) 曳引标度
draughtsman 制图员,绘图员
draughtsmanship 制图技术,制图质量
draughty 通风的
dravite 镁电气石
draw (1) 绘图,制图,制定,描绘,划线；(2) 回火,退火；(3) 轧制,压延,拔制,拉拔,拉制,拉延,拉伸,拉削；(4) 牵引作用,牵引,牵伸,引导,吸引,吸收,吸进,通风,通气,拉,拖,拔,吸；(5) 可吊起部分；(6) 提升；(7) 铸件表面间收缩,缩裂；(8) 跳字；(9) 蠕变影响；(10) 起模,脱箱；(11) （船）吃水
draw a bead on 瞄准
draw a charge 出炉
draw away 拉开,引开,离开
draw-back 后退
draw back 拉开,收回,退
draw-back coller 内拉簧夹套
draw bail 牵引钩
draw bar (1) 联接装置；(2) 牵引杆,拉杆
draw bar carrier 拉杆拖板
draw bar casing 拉杆箱
draw-bar power 牵引功率
draw bar yoke 拉杆轭
draw-beam 起重桨,起重臂杆
draw bench (1) 拉拔机,拉床；(2) 拉拔工作台,拉拔台,抽工台
draw bench chain 拉拔机链条
draw-bit 松紧针钩
draw bolt 牵引螺栓,接合螺栓
draw-bore (1) 钻销孔；(2) 榫销孔
draw bridge 开合桥,吊桥
draw by lot 抽签
draw cam （纺机）弯纱三角,弯纱凸轮,牵拉凸轮,牵拉三角
draw cam shaft 牵拉凸轮轴,牵拉三角轴
draw-cut 回程切削,拉切
draw cut 向上掏槽,回程切削,拉削
draw-cut shaper 拉切式牛头刨床
draw die 拉丝模,拔丝模
draw down (1) 向下移,拉下；(2) 轧制,轧扁,延伸,压延,锤扁；(3) 缩小横切面
draw filing 磨锉法
draw forth 引起
draw-gate 闸门,闸阀
draw gear (1) 车钩；(2) 牵引装置

draw head 牵杆
draw hole 拉拔模孔, 拉孔
draw-in 内拉
draw in (1)吸进来, 拉回, 缩回, 收回, 吸入, 拉入, 流入, 引入; (2)渐短, 缩减
draw-in bar 内拉杆
draw-in bolt 拉紧螺栓
draw-in box 引线箱, 电缆拉入坑
draw-in chuck 内拉簧卡盘
draw-in chuck 内拉簧卡盘, 弹簧夹头
draw-in collet chuck 内拉簧套筒卡盘
draw-in rod 内拉杆
draw-in type collet 内拉簧夹套
draw link 拉杆
draw mould 铸模
draw-nail 起模钉
draw-off (1)抽取, 泄水, 泄流, 排出, 排泄, 浸出, 放水, 取出, 引出, 抽出, 流出, 吸出; (2)撤除; (3)排放设备
draw off (1)抽出, 取出, 引出, 接出, 流出, 推出, 排除; (2)排除, 泄水, 汲取, 转移
draw-off mechanism {纺}拉线装置, 牵拉机构, 卷布机
draw-off pan (1)侧线抽出塔盘, 侧线出料塔盘; (2)集油盘, 泄流板
draw-off pump 抽取泵
draw-off valve 排水阀
draw off valve 排水阀, 排气阀
draw on 凭借, 动用, 引用, 利用, 吸引, 引起, 靠近, 接近
draw on a frame 脱框起模
draw on pins 顶杆起模
draw on the International Monetary Fund 向国际货币基金组织提款
draw on the reserves 动用储备
draw out (1)拔出, 抽出, 取出; (2)延长, 拉长, 拉丝, 拉模, 拔丝, 拔长, 延长; (3)描绘出, 订立, 拟订, 作成; (4)分开
draw out clinkers 清渣
draw piece 拉制杆
draw pin 榫销
draw plate 拉模板, 划眼板
draw power 抽运功率
draw punch 压延凸模, 拉冲头
draw radius 冲模半径
draw ratio 长度与直径比, 长径比
draw rest 平旋桥护座
draw ring 拉环
draw rod 拉杆
draw roll 紧缩辊, 拉伸辊
draw roller 喂料辊
draw rollers 拉纸辊
draw runner 滑条
draw span 平合桥跨, 开合桥孔
draw spring 牵簧
draw stick (1)起模棒; (2)起模针
draw taper 脱模斜度
draw the metal into a long wire 把金属拉成长丝
draw the temper off 回火, 退火
draw to scale 放样
draw-tongs 紧线钳
draw tray 抽出塔盘
draw-tube (1)伸缩管; (2)活镜筒
draw-twist machine 拉伸加捻机
draw-twisting 拉伸加捻
draw vice 拉[线]钳
draw winder 拉伸络丝机
draw-winding 拉伸络丝
draw wire 冷拉钢丝, 冷拔钢丝
draw-work 卷扬机, 绞车
drawability (1)可拉深度, 可拉性, 延性, 展性; (2)回火性
drawback (1)缺点, 缺陷, 毛病, 故障, 障碍, 弊端; (2)障碍物; (3)回火
drawback lock 内开锁, 手拉锁
drawbar (1)挂杆, 牵引杆; (2)牵引装置; (3)挂钩; (4)拉辊
drawbar ball joint 牵引架球头关节
drawbar ball joint socket 牵引架球头套节
drawbar coupling 牵引装置
drawbar eye 牵引杆挂钩杆
drawbar horsepower (=DBhp) 牵引功率, 牵引马力

drawbar pin 牵引杆连接销
drawbar pull 挂钩牵引力, 拉杆牵引力
drawbar sleeve joint with cotters 楔形联轴节
drawbench 拉拔机, 拉拔台, 拉床
drawberch 拉拔机, 拉丝机
drawboard 跳板
drawbolt 紧固螺栓
drawbore 钻销孔
drawbore pilotage 笋销
drawbridge 吊桥, 开合桥, 活动桥
drawcut 回程切削
drawcut shaper 回程切削成形机, 拉切牛头刨床
drawdown (1)压力降; (2)下降, 降落, 低落; (3)水位下降垂直距离, 降深; (4)垂伸; (5)[挤塑]牵伸; (6)消耗, 减少, 收缩, 缩小; (7)横切面, 轧扁
drawdown curve 地下水位降落曲线, 压降曲线
drawdown of a well 降低油井液面
drawee 受票人, 付款人, 汇款人
drawer (1)制图员, 绘图员; (2)带起子的锤, 拉出装置, 拔取工具; (3)抽屉; (4)拖曳者, 拉线工; (5)出票人
drawfile 横锉
drawfiling 拉锉法
drawgear 牵引装置, 车钩
drawhead (1)拉拔机机头; (2)牵引杆头, 拉杆头
drawhole 拉模孔
drawhook 牵引钩
drawing (=drw) (1)绘图[法], 制版, 描图; (2)图[形], 图纸, 图画, 图样, 图案, 图解, 图表, 附图; (3)退火, 回火; (4)冲压成形, 拉拔[加工], 拉延, 拉制, 拉拔, 拉深, 拉削, 拔制, 拔丝, 压延, 拉伸, 拉, 拔, 抽; (5)拖曳, 牵引; (6)抽出, 起模, 拔模, 脱箱; (7)冲压成形
drawing apparatus 绘图仪器, 绘图设备
drawing awl 穿线锥子
drawing-back [钢的]回火
drawing bench (1)制图桌, 绘图桌; (2)拉拔台
drawing block (1)拉模板; (2)活页制图纸
drawing-board 制图板, 画图板
drawing board 制图板, 绘图板
drawing change list (=DCL) 图纸更改一览表
drawing change notice (=DCN) 图纸更改通知
drawing change request (=DCR) 更改图纸的请求
drawing change summary (=DCS) 图纸更改一览
drawing compass 制图圆规, 绘图圆规
drawing-compasses 绘图圆规
drawing compasses 绘图圆规
drawing compound 拉丝润滑剂, 拉拔润滑剂, 润拔剂
drawing curve 曲线板
drawing desk 制图桌, 绘图桌
drawing device (1)绘图装置; (2)拉伸装置
drawing die (=DWDI) 拉丝模, 冲模
drawing-down 压延, 锻延, 引伸
drawing drum 牵引鼓轮
drawing effect (1)回火作用, 拉制作用; (2)牵引效应
drawing equipment 制图仪, 绘图仪
drawing fan 抽风机
drawing figure 图形
drawing for fixation 安装图
drawing frame 并条机
drawing furnace 回火炉, 退火炉
drawing head 头, 节(指长条机)
drawing-in (1)拉进, 拖入; (2)回车; (3)抽吸, 吸入; (4)引入的
drawing-in frame 穿经架
drawing-in hook 穿经钩
drawing-in roller 引入辊, 喂给辊, 喂入罗拉
drawing-in scroll 回车蜗轮
drawing instrument 制图仪器, 绘图仪器
drawing list (=DL) 零件一览表, 图纸目录, 图纸清单
drawing machine (1)制图机, 绘图机; (2)拔丝机
drawing mill 金属丝制造厂, 拔丝厂
drawing number 图纸编号, 图号
drawing of patterns 起模, 拔模
drawing of site 工地平面图, 基地平面图
drawing of tools 工具图纸
drawing of tubes (=tube drawing) 拉制管(制造无缝管)
drawing-off 引出的

drawing off　拔取，引出
drawing-off roller　引出辊
drawing office　制图室，绘图室
drawing-out　(1)拔出，取出；(2)出车，纺出
drawing-paper　绘图纸
drawing paper　制图纸，绘图纸，图纸
drawing pen　制图笔，绘图笔，鸭嘴笔
drawing pencil　制图铅笔，绘图铅笔
drawing-pin　图钉
drawing pin　图钉
drawing point　划线针
drawing practice　制图，绘图
drawing press　拉伸压力机，拉拔压力机，拉深压力机
drawing pump　吸入泵，抽出泵
drawing punch　压延凸模
drawing quality　(1)拉拔性能；(2)拉深性能，压延性能，深冲性
drawing release authorization (=DRA)　图纸发行的批准
drawing room　绘图室
drawing scale　绘图比例尺，制图比例尺
drawing sheet　制图纸，绘图纸，图纸
drawing strickle　刮板
drawing summary (=DS)　图纸一览表
drawing table　制图桌，绘图桌
drawing temperature　回火温度
drawingpaper　绘图纸
drawings with details of the air conditioning and the mechanical ventilation systems　空调和机械通风系统详图
drawknife　刮刀
drawknot　拉结
drawlift　吸入泵
drawline　拉索
drawling　[铁路车辆]牵引杆
drawloom　拉花机
drawman　格筛工
drawn (=D)　(1)拉伸的，拉制的，拉拔的，延伸的，拔出的，抽出的，取出的，吸入的；(2)拖式的；(3)控制的
drawn cup　(轴承)冲压外圈
drawn cup needle roller bearing　只有冲压外圈的滚针轴承
drawn glass　拉制的玻璃
drawn grader　拖式平地机
drawn in scale　(带材酸洗时未清除的)残余氧化皮层，(拔丝时)嵌入表面的氧化皮
drawn line　实线
drawn metal　延展金属
drawn-nail　起模钉
drawn plow　牵引式型
drawn-shell case　压制外壳
drawn steel　冷拉钢，拉制钢
drawn tube　拉制管
drawn-wire　冷拉钢丝，冷拔钢丝，拉制线
drawn wire　冷拉钢丝，冷拔钢丝
drawn wire filament　拉线灯丝
drawnet　拖网
drawnout　在时间上过长的，拉长了的
drawnplate　拉模板
drawout　(1)抽出，引出，拉出；(2)抽出式的，
drawout breaker　抽出式断路器
drawpiece　压延件
drawplate　牵引板，拉模，拉板
drawplate oven　拉板炉，活底炉
drawplate plate　划眼板
drawpoint　划针
drawrod　车钩联杆
drawrope　拉索
drawshave　双柄削皮刀，刮刀
drawsheet　滚筒包衬覆面纸
drawspring　牵引杆弹簧
drawtongs　紧线钳
drawtwister　拉伸加捻机
drawvice　紧线钳，拉钳
drawwell　汲水井
dray　(1)载货马车；(2)用马车运载
dreadnaught (=dreadnought)　努级战舰，无畏战舰
Drechsel washer　气体洗涤器

dreck　污物
dredge　(1)挖泥船，采金船，采砂船；(2)炼出贫矿；(3)悬浮矿物；(4)疏浚机，挖泥机，挖土机；(5)捞网，拖网；(6)底栖生物采集器，采泥器
dredge boat　挖泥船
dredge pump　(1)排污水泵，吸泥泵，挖泥泵，泥浆泵；(2)吸泥机
dredge scraper　拖铲
dredgeman　采砂船工
dredger　(1)挖掘工，挖泥工，(2)挖掘机，挖泥机，挖土机，疏浚机，电铲；(3)采牡蛎船，挖泥船，挖掘船，采砂船，(4)捞网，拖网；(5)撒粉器
dredger shovel　单斗挖泥机
dredging　(1)挖泥；(2)挖掘机开采，采金船采选
dredging box　戽斗
dredging bucket　挖泥铲斗
dredging operation　挖泥工作
dredging shovel　单斗挖泥机
dredging tube　吸泥管
dreelite　石膏重晶石
dreever　一种伊朗渔船
dreg　沉淀物，沉渣
dregginess　含渣量
dreggy　混浊的，有渣的
dregs　渣[滓]
drench　(1)浸润，湿透；(2)脱灰；(3)浸液
drenching apparatus　灌水机
Dresinates　德赖树脂盐(多种树脂的碱金属盐的商名，用作乳化剂)
dress　(1)服饰；(2)整理，料理，清理，整修，平整，精整，调制，准备，整顿；(3)使表面光洁，打磨，磨光，刮光，压平，凿平，矫直；(4)修整器，打磨器；(5)选矿，清洗，分级；(6)上涂料
dress contact switch　修砂轮用接触开关
dressed brick　磨光砖
dressed one side　单面刨光
dressed quarry stones　凿石
dressed two sides　两面刨光，双面修整
dresser　(1)整形机，修整机，修正器，整形器，修整器；(2)(砂轮)修整装置，修整工具，打磨工具，清理风鬟，打磨机；(3)清选机，选矿机，修钎机，选矿工；(4)劈煤器；(5)整经机，浆纱机，上浆机，梳麻机，缩绒机；(6)琢磨纹器；(7)机器装配者
dresser arm　修整器臂
dresser coupling　无螺纹的管接头
dressing　(1)装整，整形，整理，修整，修理，修琢，加工；(2)选矿，分选，筛选；(2)装置
dressing attachment for grinding wheel　砂轮修整器
dressing bit　修整钻头
dressing by floatation　浮选[法]，浮游选矿
dressing by magnetic separation　磁选
dressing by screening　筛选，筛析
dressing by washing　洗选
dressing conveyor　分选输送带
dressing device　修整装置
dressing equipment　选矿设备
dressing floor　修整车间
dressing hammer　修整锤
dressing line　彩旗索
dressing machine　梳棉机
dressing of a casting　铸件的清理
dressing of a surface　整面
dressing of cable　电缆包扎
dressing of grinding wheel　磨轮的修整
dressing of steel ingots　钢锭整修
dressing of the molding sand　型砂的整理
dressing of wires　电缆或导线的包扎
dressing-off　铸件整修，清理铸件
dressing table　整理台，整修台
dressing wheel　修整砂轮
dressing-works　选矿厂
dribble　滴下，细流，点滴
dribbled fuel　没有蒸发的燃料
dribbling　滴漏，渗漏
dribbling diesel fuel　低粘度柴油机燃料
dried (=DRD)　干燥了的，干的
drier (=dryer)　(1)干燥装置，干燥机，干燥器，干燥炉，干燥窑，烘箱，烘缸；(2)脱水剂，干燥剂，催干剂，速干剂；(3)干燥工
drift　(1)漂移，偏差，偏移，滑移，打滑，位移，(2)变化，变动，(3)打入工具，穿孔器，打桩器，孔锤；(4)退楔冲头，铆钉冲头，(拆钻头用)退套楔，

铜冲头,冲头,(拔钻)楔铁;(5) 整孔拉刀,铰刀;(6) 偏航,偏流,航差,行程,流程;(7) 阻力;(8) 导向,趋势,趋向;(9) 弹性后效

drift alarm 捞锚信号

drift anchor 浮锚

drift angle 偏流角,偏航角,漂移角,井斜角,偏角

drift bar 偏航尺

drift bolt 穿钉,锚栓

drift carrier 漂移载流子

drift compensating [零点]漂移补偿,零点补偿

drift computer 偏差计算机

drift-corrected amplifier 校正零点漂移的放大器,零点漂移校正放大器,漂移补偿式放大器

drift correction [零点]漂移改正,偏流校正,偏航校正

drift current 漂移电流

drift curve 零点变化曲线,零点漂移曲线

drift error 漂移误差

drift field (电真空技术的)阻尼场,漂移[电]场

drift float 测偏流浮标

drift for knocking out of tubes 管子穿孔器

drift for sockets and sleeves 套筒楔铁

drift-free 无漂移的

drift ga(u)ge 偏差计

drift hole (退钻套的)楔孔

drift indicator 偏流指示器,斜井指示器

drift klystron 偏移式速调管,漂移速调管,双腔速调管

drift lead 走锚测锤

drift-line 零点漂移曲线

drift meter 偏流计,偏航计,漂移计

drift mobility 漂移迁移率

drift motion 漂移运动

drift net 漂浮网

drift of electron 电子漂移

drift of frequency 频率漂移

drift of zero 零[点]漂移,零移位

drift phenomenon 漂移现象,群聚现象

drift-pin (1) 穿孔器,冲子;(2) 心棒,心轴

drift pin (1) 心轴,锥枢,销子;(2) 紧配合销;(3) 冲子,冲头

drift ping 锥塞,楔塞

drift punch 对中冲杆,冲头

drift sight 偏流计

drift slide 定标尺

drift slot 出屑槽

drift space 漂移空间,群聚空间

drift station 流动台

drift test 冲头扩孔法钢管延性试验,管口扩张试验,扩孔试验,穿孔试验,管流试验

drift transistor (载流子)漂移[型]晶体管

drift tube (1) 有电子漂移空间的电子管,漂移管;(2) 通风管

drift velocity 漂移速度

driftage (1)[船的]漂程,偏航,漂流;(2) 偏移,偏差;(3) 漂流物

driftance 漂移度

driftbolt 穿钉,锚栓,系栓

drifter (1)支柱式开山机,架式凿岩机,架式风钻,架式钻机,风钻;(2)漂网鱼船,扫雷艇,鱼雷艇(3)漂流水雷;(4)漂移器,漂流物

drifting (1)漂流,漂送,漂运,流送;(2)偏航,偏差,倾斜;(3)掘凿;(4)穿孔调准

drifting convergence 不稳定收敛,漂移收敛

drifting electrons 漂移电子,逸散电子

drifting machine 掘进设备,凿岩机

drifting test 穿孔试验

driftmeter (1)(测钻孔或钻井的)测斜仪,测漂仪,井斜仪;(2)偏移测量仪,偏差计,漂移计;(3)偏航计

driftnet hauler 流网起网机

driftnet shaker 流网震网机

driftpiece 船舷扶木连接材

driftpin 锥枢销

drifts in intensity 强度变化

driftway 导向井,平洞

drilitic (=dry electrolytic capacitor) 干电解质电容器

drill (=DR) (1)钻孔,钻井,钻探,打眼,凿岩,,(2)钻井装置,岩心钻机,凿岩机,钻孔机,钻孔器,穿孔器,钻床,钻机,钻头,(3)钎子;(4)播种机,条播机,(5)训练

drill and turning tool holder 钻孔[和]车削两用刀夹

drill angle gage 钻头角度规

drill barrow 插钻小车

drill bit 钻头尖,钻头

drill bit cutoff 钻头额定进尺数

drill bit gauge 钻头角度规

drill block 钻台

drill boat 钻岩船

drill boot 开沟器

drill body 钻[体]

drill body clearance 钻体余隙

drill bow 手钻弓柄

drill bushing (=DRBG) 钻套

drill capacity 钻机能力

drill carriage 钻轴滑座,钻车

drill chip 钻屑

drill chuck (=DRCC) 钻头夹盘,钻夹头,钻卡[头],钻卡具

drill chuck with taper hole [带]锥孔钻夹头

drill circumference 钻周长

drill clearance 钻余隙角

drill column 开山机支柱

drill cutter 钻头铣刀

drill cuttings 钻屑

drill edge 钻头切削刃

drill equipment 钻头附件

drill extracter 钻头提取器

drill feed 钻头进给装置

drill file 小细锉,圆边锉

drill fixture (=DRFX) 钻孔装置,钻[头夹]具

drill flute 钻槽

drill flute and clearance grinding machine 钻头沟背刃磨机

drill for boring in corners 角用钻采石

drill for quarrying 采石钻

drill furrow opener 条播机开沟器

drill ga(u)ge 钻头直径量规,钻径规,钻进规,钻规

drill grinder 钻头磨床

drill grinding ga(u)ge 钻头磨削量规

drill grinding machine 头磨床

drill head (1)钻床主轴头,钻床主轴箱,钻床床头箱;(2)钻削动力头;(3) 钻头[头部];(4) 钻头夹盘

drill head drilling unit 钻削动力头

drill heel 钻头根面

drill holder 钻[头]套[筒],变径套

drill hole 钻孔

drill jambo 凿岩机[手推]车

drill jig (=DRJG) 钻床夹具,钻头[夹]模,钻头夹具,钻具,钻模

drill jig of turn around type 翻转式钻夹具

drill jumbo 大型多钻头钻机

drill key (拔钻)楔铁

drill lathe 卧式钻床

drill lip angle 钻刃角,钻口角

drill lip clearance 钻刃余隙角

drill-log (1)钻探剖面;(2)岩心记录

drill machine 钻机

drill neck 钻颈

drill-over 钻过

drill pattern 钻孔图式

drill peripheral speed 钻周速

drill pin [钥匙]插入锁芯的部分

drill pipe 钻管,钻杆

drill planter 条播机

drill plate (=DRPE) 钻模板,钻模

drill plow 条播犁

drill point 钻刃,钻口,钻心,钻尖

drill point gage 钻头角度规

drill point grinder 钻头刃磨机,钻头磨床

drill pointing machine 钻头刃磨机,钻头磨尖机

drill-press 钻床

drill press [手摇]钻床,压钻床,台钻,钻床

drill press grinding 钻床磨削

drill press parts (1)钻床零件,(2)钻床部件

drill-press sleeve 短钻套

drill-press socket 长钻套

drill press spindle 钻床主轴

drill press vise 钻床虎钳

drill reamer 钻铰复合刀具**

drill rest 钻座，钻架
drill rod (=DR) (1) 钻头棒料，钻杆；(2) 钎子
drill seeder 条播机
drill set 钻探器具
drill shank 钻柄
drill sharpener 磨钻器
drill shell 钻套
drill sleeve 短钻[头]套[筒]，钻套
drill socket 长钻[头]套[筒]，夹钻头用变径套，钻套
drill spindle 钻轴
drill spindle support 钻轴支架
drill speed 钻头转速
drill speeder 钻头增速器
drill stand 手摇钻台架
drill steel 钻钢
drill stem 钻杆
drill stock 钻柄
drill stop 钻头定程停止器
drill tap 钻孔攻丝复合刀具
drilling template (=DRTP) 钻模板
drill tip 钻尖
drill tower 钻塔，钻架
drill tubing 油管
drill unit 钻削动力头
drill vise 钻孔用虎钳
drill way 钻出的孔，孔道
drillability 可钻性
drillcat 装有压气机的钻机
drillcat chuck 钻头卡盘
drillcat column 平山机支柱
drillcat drift (拆钻头用) 退套楔
drillcat edge 钻头切削刃
drilled-in anchor ties (从型钢内侧面钻) 侧孔的电钻
drilled nut 带扳手孔的螺母
drilled pocket hole (钻成为) 盲孔
driller (1) 打眼工，凿岩工；(2) 钻工；(3) 钻[孔]机，钻床
drilling (1) 钻孔，钻探，钻井，钻眼，钻削，穿孔，打眼；(2) 钻屑；(3) 钻法，(4) 打眼，凿岩；(5) 钻进，钻井，凿井工作
drilling and blasting 打眼放炮，凿岩爆破
drilling and grinding machine 钻磨两用机床
drilling and milling machine 钻铣两用机床
drilling and tapping machine 钻孔[和]攻丝两用机床
drilling attachment 钻削夹具，钻头夹具
drilling breaks 钻屑
drilling by flame (1) 热力凿岩，火力凿岩；(2) 热力钻井
drilling by jetting method 射水冲洗法钻进
drilling cable 钻缆
drilling capacity 钻孔容量，钻削容量
drilling depth 进尺
drilling fluid 钻探流体，钻探泥浆，钻井液
drilling footage 进尺
drilling grinding machine 钻磨两用机
drilling hammer 凿岩锤
drilling head (1) 钻头头部，钎头；(2) 钻床主轴箱，钻床床头箱，钻削动力头，钻削头
drilling jig 钻模
drilling jig with indexing device for oblique hole 圆周等分斜孔钻夹具
drilling-machine (1) 钻床；(2) 钻[孔]机
drilling machine (1) 钻床；(2) 钻机
drilling machine column 钻床立柱
drilling machine operator 钻工
drilling machine upright 钻床立柱
drilling machine with jointed arm 旋臂钻床
drilling machine with pivoted arm 摇臂钻床
drilling mud 钻探流体，钻探泥浆，钻井液
drilling of the rail 钢轨钻孔
drilling-off 打眼，凿岩
drilling operation 钻孔操作，钻孔工序
drilling-out (1) 钻出；(2) 凿穿
drilling pattern 炮眼组合形式，钻孔排列
drilling rate 钻进速度
drilling returns 钻屑
drilling rig 钻机

drilling spindle 钻床主轴
drilling spindle guide 钻床主轴导套
drilling string 钻杆柱，钻具组
drilling string tripping 钻机组升降程序
drilling template 钻[孔]模板，钻孔样板
drilling with step core drill 阶梯扩孔
drilling with step drill 阶梯钻削
drillings (1) 钻用金刚石；(2) 钻屑，钻粉
drillion (俚) 非常大而确定的数字
drillman 钻工，凿岩工
drillmobile 钻车
drillrig (1) 穿孔机；(2) 钻车，凿岩车；(3) 钻机；(4) 钻架；(5) 架式钻机
drillship 钻井船
drillsmitch 锻钎工，钻头修整工
drillstock (1) 钻柄；(2) 钻床
drimeter 含水量测定计，湿度计
drinker 饮水器
drinking fountain 喷嘴式饮水龙头
drinkometer 液耗仪
drip (1) 滴水槽，滴水器，捕集器，检油池；(2) 引管，滴口；(3) 采酸管；(4) (复) 气管中凝结的天然汽油，液滴汽油，收集液；(5) 滴水，漏水
drip catcher 捕集器
drip chamber 排水室，沉淀池
drip collector 采酸管
drip condenser 水淋冷凝器，回流冷凝器
drip cup 油样收集器，酸样收集器，盛油杯，承油杯
drip feed 滴油润滑
drip feed lubrication 滴油润滑法
drip feed oil system 滴油润滑系统
drip loop 水落环管
drip lubrication 滴油润滑法
drip-melt 滴熔
drip melting (1) 吹灰熔炼，滴熔，吊熔，悬熔；(2) 液滴润滑[作用]
drip mold 滴水槽
drip mould 滴水线脚
drip nozzle 滴油嘴
drip oiler 滴油润滑器
drip pan (1) 滴油收集器，盛油盘，接滴盘；(2) 承屑盘
drip pipe 凝液排出管，冷凝水泄出管
drip plug 滴油塞，放油塞
drip pockets 凝液收集袋
drip pot 气体分液罐
drip-proof 不透水的，防滴漏的，防水水的
drip proof 不透水的，防滴漏的，防滴水的
drip-proof machine 防滴式电机
drip-proof motor 防滴式电动机
drip ring 润滑环
drip-sheet 滴注记录单
drip spots 滴迹，油迹
drip-tight 不透水的
drip tin 铅滴管
drip-tip 滴水尖
drip trap 滴阀
drip tray with drain line 带排放管的滴油盘
drip tube 滴管
dripfeed 滴油润滑
drippage 滴落
dripper 沥干架
dripper oiling motion 滴油机构
dripping (1) 金属滴液；(2) 滴水的
dripping cup 油样收集器，酸样收集器，承屑盘
drippoint packing 滴点填料
dripstone 滴水石
driptight 不透水的
drive (1) 主动驱动,机械]传动，传动，驱动，开车，起动，推动，改动，带动，传送，转运，运转，推进；(2) 传动装置，驱动装置，传动机构；(3) 打入，掘进，开凿；(4) 激励，激发，引起，产生；(5) 驾驶；(6) 航船的向前推力
drive a screw down tight 把螺钉拧紧
drive arrangement 传动装置的布置，传动机构
drive audibility test rig 传动噪音试验台
drive axle 驱动桥，驱动轴，主动轴，传动轴

drive axle gear 驱动桥齿轮,主动轴齿轮,传动轴齿轮
drive belt 驱动皮带,传动皮带
drive belt housing 传动皮带罩
drive block 驱动块
drive cam 引导凸轮,导动凸轮
drive capstan (录音机的)主导轴,传动轴
drive case 后桥壳体
drive chain 主动链,驱动链,传动链
drive characteristic 激励特性,驱动特性,传动特性,调制特性
drive circuit 驱动电路,同步电路
drive component 驱动分量,切向分量
drive control 推动调整,激励控制
drive coupling 传动联结器,传动联轴器
drive crank 驱动曲柄,主动曲柄
drive crank angle 主动曲柄转角
drive current 驱动电流
drive-down 减速传动,减速
drive down 降低,压低
drive end (传动链的)驱动端,[电]驱动端
drive fit (=DF) 推入配合,打入配合,轻迫配合,牢配合,紧配合,密[配]合
drive frame 传动机架
drive friction plate 传动摩擦盘
drive gear (1)主动齿轮,传动齿轮;(2)传动机构
drive gear box 传动齿轮箱
drive gear wheel (1)主动齿轮;(2)传动机构
drive head (1)主轴头;(2)(孔口)套管帽
drive idler gear 空转传动齿轮
drive-in (1)打入,推进;(2)再分布,内延伸
drive in 敲进,开入,进入,压入
drive-in step 扩散工序
drive into 敲入,打入,压入,扎入,嵌入
drive into conduction 使导电,使点火(闸流管)
drive jet 引射
drive machine 原动机
drive magnet (=DM) 驱动电磁铁
drive-magnet contact (=dmc) 驱动电磁铁接点
drive mechanism 驱动机构
drive motor 驱动马达
drive nozzle 压力喷嘴
drive of transverse slide 横向滑板传动
drive off 馏出,分离
drive pad 驱动接座
drive pattern 驱动误差图形
drive pin 定位销
drive pinion 传动小齿轮
drive pinion adjusting nut 传动小齿轮调整螺母
drive pinion cone bearing cup 传动小齿轮轴承杯
drive-pipe 套管,竖管
drive pipe 套管,导管,竖管
drive plate (1)拨盘,(2)带动盘,驱动圆盘
drive pulleey 主动皮带轮,驱动皮带轮,传动皮带轮
drive pulse 驱动脉冲,推动脉冲
drive-pulse generator 驱动脉冲发生器
drive ratio 传动比
drive rod 传动杆
drive roll 主动辊
drive roller 传动滚筒
drive-roller conveyer 驱动式滚柱输送机
drive round 使转动
drive screw 传动螺杆
drive set 驱动装置
drive shaft 主动轴,驱动轴,传动轴
drive shaft safety strap 传动轴安全圈
drive shaft spline 传动轴花键
drive shaft tube 管式传动轴
drive shoe 竖管的尖沿
drive side (齿轮)驱动[齿]面,工作[齿]面
drive signal 主控信号,驱动信号,激励信号
drive socket wrench 套筒扳手
drive spindle 主轴
drive spindle gearing 主轴齿轮传动[装置]
drive spindle head 主轴头
drive sprocket 主动链轮,(履带)驱动轮

drive sprocket axle 主动链轮轴
drive stand 传动装置座,传动装置架
drive system 传动系统
drive torque 传动转矩,传动扭矩,输入扭矩
drive tube 套管,导管,竖管
drive-type oil cup 压力加油杯
drive unit 传动机组,传动装置
drive-up 专为车上设计的
driveability 驱动性能
driveboat 拖网捕鱼船
drivehead 打入钻管用的帽,承锤头,桩帽
driveline 传动系统
driveline efficient 传动系效率
driveline loss 传动系损失
driven (1)被驱动的,被激励的,从动的,传动的,受激的;(2)打入的
driven antenna 有源天线
driven-cut (1)排出;(2)挤出
driven disk (1)(离合器)被动片,从动片;(2)从动盘
driven drum 被动鼓,从动鼓
driven element (1)驱动元件,受激元件;(2)从动件;(3)激励单元,驱动子
driven flank 从动齿面
driven friction disk 被动按摩盘,从动按摩盘
driven gear 从动齿轮,被动齿轮
driven gear axle 从动齿轮轴
driven gear driven 齿轮传动的
driven headstock 被动箱,从动箱
driven-in pin 插入销
driven link 被动杆,从动杆
driven member 从动[构]件,被动[构]件
driven multivibrator 随动多谐振荡器
driven part 从动件
driven point 驱动点,策动点
driven pulley 从动皮带轮,从动轮
driven radiator 激励辐射雷达,有源雷达
driven rivet 冷铆铆钉
driven screw 从动螺旋
driven shaft 被动轴,从动轴
driven shaft bearing 被动轴轴承,从动轴轴承
driven shaft bearing cup 被动轴轴承杯,从动轴轴承杯
driven shaft gear 被动轴齿轮,从动轴齿轮
driven spindle 从动主轴,从动转轴
driven sprocket 被动链轮,从动链轮
driven tooth 从动齿
driven vehicle 电动车辆
driven well 打入管井
driven well pump 钻井泵,深井泵
driven well tube 钻井套管
driven wheel 被动[齿]轮,从动[齿]轮
drivepipe 打入套管
driver (1)主动齿轮,驱动齿轮,驱动叶轮,驱动线路,主动轮,驱动轮,传动轮;(2)传动装置,传动机件,驱动器,策动器,传动器,传动销;(3)发动机,助推器;(4)振荡器,激励器,激励级;(5)末级前置放大器;(6)装拆器,螺丝刀,起子;(7)冲出器,拆装器;(8)驾驶员,司机,掘进工;(9)炮闩连接筒;(10)打入工具,打桩机,夯,锤
driver brake 主动轮制动器,主动轮刹车,主动轮闸
driver brake gear 主动轮制动装置
driver circuit 驱动电路,激励电路,策动电路
driver element (1)主动元件,驱动元件,传动元件,主控元件;(2)点火区元件
driver gear 主动齿轮,驱动齿轮,传动齿轮
driver load line 主控级负载线,激励级负载线
driver pinion 主动小齿轮
driver plate (车床的)拨盘,驱动圆盘,传动盘,传动板
driver stage 激励级,驱动级
driver torque 传动转矩,传动扭矩,输入扭矩
driver transformer 激励变压器
driver tube 控制管,激励管
driver unit (1)主控部分,激励部分;(2)主控器,推动器,激励器
driverless 无人驾驶的
driver's cab 驾驶室
driver's cage 司机室
driver's oil 矿用低粘度油
driverscrew 打入螺钉

385

driveship 驾驶术

driveur (法)一种渔帆船

drivewheel 主动轮,传动轮,策动轮

driving (1)主动,传动;(2)驾驶,行车;(3)主动的,传动的,驱动的,导动的,(4)激励,馈电;(5)打桩,掘进

driving and maintenance 使用与技术维护

driving and reversing mechanism 进退机构,进退装置

driving axle 传动车轴,驱动轴

driving axle box 主动轴箱,传动轴箱

driving-band 传动带

driving band 传动带

driving belt 传动[皮]带

driving bevel gear 主动小锥齿轮

driving block 传动滑块

driving bolt 传动螺栓

driving-box (1)主动轴箱,传动轴箱;(2)司机台

driving box 主机轴箱

driving box 驱动轮轴箱,主机轴箱

driving cap 桩帽

driving clock 转仪钟,驱动钟

driving cog 主动嵌齿轮,主动嵌齿

driving component 驱动分量,切向分量

driving cone 驱动锥轮

driving cone pulley (1)主动锥形轮;(2)主动塔轮

driving crank 主动曲柄

driving device 传动装置,驱动装置

driving disk (1)(离合器)主动片,驱动片;(2)传动圆盘

driving dog 传动夹头,传动止块,传动挡块

driving efficiency 操纵效率,驾驶技能

driving element 驱动件,主动件

driving end (=DE) (1)(轴)传动端,驱动端;(2)套筒扳手杆端

drilling engine 发动机,电动机

driving fit 打入配合,轻迫配合,牢配合,紧配合,密合

driving fit bolt 密配合螺栓

driving flange 传动法兰

driving flank 主动齿面,工作齿面

driving flip-flop 主触发器

driving force 传动力,驱动力,推动力

driving-gear 主动齿轮,传动齿轮,驱动齿轮

driving gear (1)主动齿轮,传动齿轮;(2)传动装置,驱动装置

driving generator 主控振荡器,发送振荡器,主振发生器

driving hammer 桩锤,击锤

driving headstock 主动箱,驱动箱

driving hood 桩帽

driving iron 铁钻杆

driving key 传动键,打入键

driving lever 主动杆,驱动杆

driving licence 驾驶执照

driving link 主动杆,驱动杆

driving magnet 驱动磁铁,启动磁铁,传动磁铁

driving means 驱动装置

driving mechanism (1)主动机构,驱动机构;(2)传动机理

driving member 主动[构]件,驱动[构]件

driving moment 驱动力矩

driving motion 传动,驱动

driving motor 主动电动机,驱动电动机,传动电动机

driving-over belt 上分支传送带

driving oscillator 主控振荡器

driving part 驱动件

driving pawl 传动爪,棘轮爪,推动爪

driving pin 驱动销

driving pinion 主动小齿轮

driving pinion adjusting sleeve 主动小齿轮调整套筒

driving plate (1)拨盘;(2)驱动圆盘,传动盘,带动盘,传动板

driving plate pin 拨盘销

driving point 驱动点

driving point function 策动点函数

driving point impedance 策动点阻抗,驱动点阻抗,激励点阻抗,输入阻抗,入端阻抗

driving portion 驱动端,驱动侧

driving power (1)驱动功率,传动功率,激励功率;(2)牵引能力,推进力

driving pulley (1)主动皮带轮;(2)主动滑轮

driving pulse 起动脉冲,激励脉冲,驱动脉冲,触发脉冲

driving record 打桩记录

driving resistance 锤击阻力

driving screw (1)导螺杆,导螺旋;(2)主动螺杆

driving-shaft 组合器轴,主动轴,传动轴,驱动轴

driving shaft 主动轴,驱动轴,传动轴

driving shaft motor 传动轴电动机

driving shaft worm 传动轴蜗杆

driving side (1)主动端,驱动侧;(2)(齿轮)驱动[齿]面,工作[齿]面

driving signal 驱动信号

driving sleeve 传动轴套

driving slot (1)(螺丝头的)起子槽,改锥槽,螺丝刀槽;(2)挠性联轴节槽

driving speed (1)行车速度;(2)传动速度

driving spindle 传动主轴,驱动轴

driving spring (1)传动弹簧;(2)传动箱减震弹簧

driving sprocket 主动链轮,[履带]驱动轮

driving strap 传动带

driving stroke 工作冲程,工作行程

driving synchro 主自整角机,主动同步机,驱动同步机

driving system 传动系统

driving test 驾驶试验,试车试验,打桩试验

driving tooth 主动齿

driving tooth flank 驱动齿面,工作齿面

driving-toothed gear 主动齿轮

driving torque 驱动转矩,传动转矩,驱动扭矩,传动力矩

driving train 主动轮系,驱动轮系

driving under belt 下分支传送带

driving unit (1)传动装置,推动器;(2)主振器,激励器

driving velocity 驱动速度

driving washer 活动垫圈

driving-wheel 主动轮,传动轮,驱动轮

driving wheel (1)主动齿轮,驱动齿轮;(2)主动轮,传动轮,驱动轮

driving wheel box 传动齿轮箱

driving worm 主动蜗杆,驱动蜗杆

driving wormgear 主动蜗轮,驱动蜗轮

driving wormwheel 主动蜗轮,驱动蜗轮

drivkvase (丹麦)一种渔帆船

drogue (1)(钩索的)浮标,浮锚,海锚;(2)(飞机场的)风向指示标,锥形风标,锥袋,拖靶;(3)(空中加油软管的)漏斗形接头

drome 飞机场

dromic 正常方向的

dromo- (词头)流动,传导,速度

dromograph 血流速度描记器

dromometer 速度计

dromotropic 传导速度的,影响传导的,变[传]导的

dromotropism 传导受影响,变导性

drone (1)无线电控制的飞机,无线电操纵的飞机,[遥控]无人驾驶飞机;(2)无人靶机,飞行靶机;(3)无人驾驶的

drone air-craft 遥控无人驾驶飞机

drone aircraft 靶机

drone anti-submarine helicopter (=DASH) 无线电遥控反潜艇攻击机

drone cone enclosure 空纸盆式扬声器箱

drone squadron 无人驾驶飞机中队

drone-type guidance 无线电制导,无线电指令

dronthiem 一种挪威小艇

droop (1)(曲线的)倾斜,下降,下倾;(2)衰减,减退,减少,减弱;(3)下降距离,降落距离;(4)固定偏差,定常偏差;(5)下垂度,垂度;(6)斜面

droop correction 固有偏差修正

droop line 下降[曲]线,垂线

droop-snoot 倾倒的机翼前缘,偏倾前缘

drooped ailerons 下垂副翼

drooping 下降的

drooping voltage generator 降压特性发电机

drop (1)电压降;(2)塌箱,砂眼,渣眼;(3)落下,降落,下坠,抛下,掉下,下垂;(4)落锤,落锻;(5)降落的,落下的;(6)水滴,滴;(7)高低平面间 相差距离,弹道降落距离,下降距离,降落距离,陷落深度;(8)损耗,损失;(9)交换机吊牌,指示器,锁孔盖;(10)立管

drop-annunciator 色盘降落信号指示器,掉牌通报器

drop arch 平圆拱,垂拱

drop arm 转向臂

drop-away current 脱扣电流

drop away current　脱扣电流
drop-away voltage　释放电压
drop ball　落球
drop ball impact test　落球冲击试验(测定材料吸收冲击能量的性能)
drop ball rebound test　落球回弹试验(测定材料吸收冲击能量的性能)
drop bar　(1)自动给纸杆；(2)接地棒，短路棒
drop-board hammer　夹板锤，落锤
drop bolt　埋头螺栓
drop-bottom　(1)底卸式，活底，开底；(2)炉底板
drop bottom　活底
drop bow　点圆规
drop box　升降梭箱
drop brake　下落制动器
drop breaker　落锤
drop-burette　滴量 - 滴定管
drop cam　下落凸轮
drop center rim　凹槽式轮辋，深凹式轮辋
drop cloth　盖布
drop cord　吊线
drop cut　上下等速烧割，垂直烧割
drop-dead halt　(1)完全停机，突然停机，完全停止，(2)死循环
drop door　(1)升降门；(2)炉底
drop-down　降落，泄降
drop down　迭落
drop elbow　起柄弯头
drop end　[车厢的]后槽板
drop equipment　分出设备
drop error　降落误差，丢失误差
drop fault indicator relay　吊牌式障碍指示继电器，脱扣式障碍指示继电器
drop feed carburizing　滴注式渗碳
drop-feed lubrication　滴油润滑
drop-feed oiler　点滴注油器，滴油加油器
drop feed oiler　液滴加油器，滴油加油器
drop flare　空投照明弹
drop-forge　落锤锻造，冲锻，落锻
drop forge　落锤模锻，锤锻，落锻，模锻，冲锻
drop forged housing　模锻轴承体
drop forging (=DF)　(1)落锤模锻，落锤锻造，锤锻，落锻，模锻，冲锻；(2)模锻件
drop forging die　落锤锻造模
drop frame　糖果切块机
drop front　活动面板
drop-hammer　落锤
drop hammer　打桩锤，落锤，吊锤
drop hammer die　落锤锻模
drop-hammer ram　落锤头
drop hammer tester　落锤试验机
drop handle　悬垂把手
drop hanger　(1)传动轴吊架；(2)吊钩
drop hanger bearing　悬挂轴承
drop hardness test　肖氏硬度试验，坠落硬度试验，落锤硬度试验
drop-head　顶部可折叠的，活顶的
drop-hole　落砂孔
drop hook　升降钩
drop-in　(1)落入，掉入，(2)[磁带]"0"变"1"；(3)磁带杂音信息，混入[信息]
drop in delivery　降低泵的排量
drop in head　水头落差
drop in level　高差
drop in pressure　液体压位差降
drop in pressure head　压强水头落差
drop in water surface　水面降落
drop-indicator shutter　呼叫吊牌
drop inlet　落底式进水口，堕式进水口
drop-launching　从飞机投落发射
drop leaf　活动翻板
drop lock　锁紧
drop lubrication　滴油润滑，液滴润滑
drop machine　跌落试验机
drop manhole　跌水式窨井，进入井
drop mankey　模锻活扳手
drop-method　电压降落法，滴入法，垂滴法
drop method　电压降落法，滴入法

drop of beam　(材料试验)梁杆骤落
drop of pressure　压强降落，压力迭落，压降
drop of temperature　温降
drop of the flame　火焰缩短
drop of total head　全压头下降
drop oiler　液滴加油器，滴油器
drop-out　(1)下降，脱落，落下，抛下，脱落，脱扣，解扣，退出，排泄，析出，放空，(2)[磁带]"1"变"0"，遗失信息，信号失落，漏失信息，漏码；(3)[录像磁带中]噪声
drop out　(1)脱出(同步)，停止工作；(2)录音或录像磁带损伤引起的信号失真
drop-out compensation　失落补偿
drop-out count　(磁带的)斑点总数
drop-out current　下降电流，回动电流，开断电流
drop out error　遗失误差
drop-out frequency　失锁频率
drop out fuse　跳开式熔断器
drop-out line　紧急放空线，排泄线
drop-out of step　失[去同]步
drop-out margin　下降边际
drop-out of step　失去同步
drop-out value　回动值，失落值
drop panel　托板
drop-pipe　下悬喷管
drop pipe line　水井竖管，深井竖管
drop pit　机车坑
drop plate planter　盘式播种机
drop-point　敲击点
drop point　下降点，降低点，滴点
drop press　模锻压力机，落锤
drop-quizzes　突击测验
drop relay　脱扣继电器，吊牌继电器
drop repeater　本地端接中继器，分接中继器
drop roller　递墨辊
drop-shaped　滴形的
drop-shutter　(相机)快门，开关
drop shutter　下落快门
drop-side　侧卸的
drop siding　折叠壁板
drop sonde　用飞机投下的探测气球
drop stamp　落锤
drop stamping　热冲压
drop strake　合并列板
drop table　活动桌
drop-tank　可投放油箱
drop-test　投放试验
drop test　(1)落锤试验，冲击试验；(2)电压降试验，降压试验；(3)降落伞投下试验，抛掷法试验，(4)点滴试验，跌落试验
drop time　衰减时间
drop weight (=dw)　(1)落锤重量；(2)打桩锤，落锤，吊锤
drop weight method　落锤法
drop weight tear test (=DWTT)　落锤扯裂试验
drop window　上下滑动吊窗
drop wire (=DW)　用户引入线，引下线
drop worm　(钻床的)落螺杆
drop worm housing　脱落蜗杆箱
drop worm lever　脱落蜗杆手柄
drop worm shaft　脱落蜗杆轴
drophead　打字机机头活动装置，缝纫机机头的活动装置
droplet　小滴，微滴
droplet evaporator　滴液的蒸发
droplet separator　分滴器
droplet transfer　喷射过渡
droplight　悬吊式煤气灯，吊灯
dropoff　(1)下降，降低，衰退；(2)剥离；(3)塌箱
dropout memory circuit　信号丢失记忆电路
dropout rate　丢码率
dropout voltage　回动电压，断开电压
droppage　落下的东西
dropped seat　凹椅座
dropper　(1)点滴器，滴管，滴瓶，(2)挂钩；(3)滴量计，测滴计，[表面张力]测重计；(4)真空阀
dropping　(1)降落，降低；(2)下降的，降下的，降落的，降低的；(3)卸落；(4)空投，空降；(5)点滴

dropping angle 投射角，投弹角
dropping characteristic （曲线的）下降特性
dropping compensator 降压补偿器
dropping electrode 滴液电极
dropping equipment 降压装置
dropping funnel 滴[液]漏斗
dropping gear 空投装置
dropping head 降[水]头
dropping liquid water 滴状液态水
dropping mercury electrode (=DME) 滴汞电极
dropping of load （1）切断负载；（2）负载减轻
dropping out （1）落下，脱落，解扣，析出，漏失；（2）不规则的声音幅度变化，噪声
dropping plate 播种盘穴播机附件
dropping point （1）（润滑脂的）滴点；（2）初馏点
dropping resistor 减压电阻器，降压电阻器
dropping satellite （由运载器）抛射的卫星
dropping system 滴流装置
dropping voltage generator 降压特性振荡器
dropping worm 脱落蜗杆
droppod 可抛投短舱，可抛投吊舱
dropsonde 空投式无线电探空仪
drosograph 露量计，露量表
drosometer 露量计，露量表
dross （1）熔渣，铁渣，废渣，浮渣；（2）氧化皮，铁磷，碎屑，毛刺
dross-coal 不纯的煤
dross kettle 除渣锅
dross metallics 金属浮渣
dross operation 撇渣
dross run 出渣，撇渣
drosser 浮渣制炼工
drossing 撇渣的
drossy 含有浮渣的，有夹杂物的
drove 阔凿子
drove chisel 石工平凿，阔凿
drover 流网小渔船
drown 使湿透，浸没，浸湿
drowned pipe 淹没的管子，沉浸管
drowned pump 深井泵，沉浸泵
drowning 油田水淹，油井水淹
drownproofing 漂浮
druckelement （1）电流测膛压仪；（2）测压液
drum (Dr.) （1）绕线架，线轴，线盘，卷盘，弹盘；（2）卷扬筒，绞筒，卷筒，圆筒，滚筒，转筒；（3）测微鼓，转鼓，鼓轮，鼓；（4）汽泡；（5）鼓形容器，鼓形物，圆桶；（6）磁鼓；（7）压缩机转子
drum armature 鼓形电枢
drum axle 鼓轮轴
drum brake 鼓式制动器
drum cam （1）圆筒形带槽凸轮；（2）凸轮轴
drum capacity 磁鼓容量
drum cleaning 旋转滚筒清理
drum computer 磁鼓存储计算机
drum-container feeding （1）燃料箱供给；（2）弹闸供弹
drum controller 磁鼓控制器，鼓形控制器
drum conveyor 滚筒式输送器，滚筒式升运器
drum cooler 鼓式冷却器，冷却鼓
drum digger 滚筒式挖掘机
drum drafter 滚筒式牵伸机构
drum drier 滚筒干燥机
drum dump 磁鼓信息读出，磁鼓信息转储
drum-dyeing 鼓式染色
drum factor 圆筒系数，滚筒系数
drum-fed gun 圆盘机关枪
drum filler 装桶机
drum gate 鼓形闸门，圆闸门
drum hardening furnace 鼓式淬火炉
drum-head 鼓轮盖，绞盘头，鼓面
drum head 鼓轮盖
drum hob 鼓形齿顶花键滚刀，弧形齿顶花键滚刀
drum hoist 卷筒[式]提升机，滚筒式提升机，滚筒式绞车
drum information assembler and dispatcher (=DIAD) 磁鼓信息收集和分配器，磁鼓信息收发器
drum latency time 磁鼓等待时间
drum lathe 制动鼓车床

drum length of cable （电缆盘上的）电缆长度，电线长度
drum mark （磁鼓）记录终端符号
drum memory 存储磁鼓，磁鼓记录
drum-mixer 滚筒式拌和机，圆筒混合机
drum mixer 滚筒式拌和机
drum motor 鼓形电动机
drum movement 鼓钟机心
drum of winch 绞车绕索筒
drum printer 鼓轮式行印字机，鼓式打印机
drum printing 转筒印花
drum pump 回转式泵
drum racking cam 滚筒撑动凸轮
drum racking pawl （1）滚动撑板；（2）滚轮棘爪
drum roller bearing 鼓形滚柱轴承
drum rotor 鼓形转子
drum sander （1）辊式磨光机；（2）鼓形抛光轮
drum scourer 转鼓精炼机
drum servo 鼓形伺服机构
drum shaft 绞筒轴，卷筒轴
drum-shaped 鼓形的
drum sieve 圆筒筛，转筒筛
drum spline hob 弧形齿顶花键滚刀
drum stenter 圆筒拉幅烘燥机
drum stuffing 转鼓加脂
drum switch (=DSW) 鼓形开关
drum tenter 圆筒拉幅烘燥机
drum track 滚筒轨道
drum-type 鼓形的
drum-type elevator 卷筒传动升降机
drum-type milling machine 鼓轮铣床
drum type turret 回轮刀架
drum type turret lathe 回轮式六角车床
drum washer 鼓式洗浆机
drum wheel 鼓轮
drum winding （1）鼓形绕法；（2）鼓形绕组，鼓形线圈
drum worm wheel 鼓形蜗轮，鼓形蜗杆蜗轮
drum-wound 鼓形绕线的
druman 绞车司机
drumhead 绞盘头
drummed oil 桶装油
drumming （1）转鼓加工[法]；（2）敲击检查顶板，问顶
drumplotter 滚筒式绘图机
drunken saw 宽口圆锯，开槽锯，切槽锯
drunken sawing machine 切槽锯床
drunken thread 不规则螺纹（螺旋线导程不规则）
drunkness error 螺纹导程周期误差
druse 晶簇
druss 炭黑，土状煤
dry （1）与液体无关的，不经润滑的，干[燥]的，固体的；（2）干燥，使干；（3）裂缝
dry air 干[燥]空气
dry air pump 干式气泵
dry battery 干电池
dry bearing 无油轴承
dry-bone 土状锌矿
dry-bulb （温度计的）干球[式]的
dry bulb (=DB) （温度计的）干球
dry-bulb thermometer 干球温度计，干球温度表
dry bulk cement 干散装水泥
dry burning coal 低级的不结块煤
dry calorimeter 干式量热计
dry cell 干电池
dry circuit 弱电流电路，弱功率电路，小功率电路
dry-clean 干洗
dry cleaning 干洗
dry clutch 干式离合器
dry clutch with cerametallic facing 带金属陶瓷衬面的干式离合器
dry contact 干式接点，干接触
dry contact rectifier 干片接触整流器
dry-core 干芯的
dry-core cable 空气纸绝缘电缆，干芯电缆
dry-cure 干处理
dry cyanide method 气体氰化法
dry cylinder liner 干式气缸套筒

dry-decatizing　干法汽蒸
dry density　干密度,干容重
dry disk clutch　干盘离合器
dry disk plate clutch　干圆盘式离合器,干片离合器
dry-disk rectifier　干片整流器
dry-distillation　干馏
dry dock (=DD)　干船坞
dry-docking　放入干船坞内
dry dredger　陆地挖泥机
dry dross　(电解槽中的)铁渣
dry drum　干燥滚筒鼓形烘干器,蒸汽鼓
dry-element battery　干电池组
dry film lubricant (=DFL)　干膜润滑剂
dry film lubrication　干膜润滑
dry-film resist　干片保护层,感光胶膜,干膜
dry-fine　干抛光
dry finish　干压光
dry finishing　干磨精加工
dry fog　干雾
dry friction　干摩擦
dry gas fuel　液化气体燃料
dry grinding　干磨[削]
dry grinding operation　干磨削操作
dry hard　硬干
dry-instrument　干式仪表用的,室内仪表用的
dry-insulation　干式绝缘的
dry-insulation transformer　干式绝缘变压器
dry iron　低硅生铁
dry kiln　加热干燥室,干烘窑
dry liner　干衬垫
dry load　平衡负载
dry lubricant　干[式]润滑剂,干膜润滑剂
dry measure　干衡器
dry metallurgy　火法冶金学
dry-milling　干磨
dry-mix(ed)　干拌的
dry-moulded　干塑的
dry objective　干物镜
dry offset　干胶印
dry oil　无水石油,干性油
dry-out sample　无水试样
dry oven　烘干炉,烘箱
dry pan　干式轮碾粉碎机,干式轮碾机
dry paper insulated cable　空气纸隔绝缘电缆
dry photoetching technology　光刻干工艺
dry pipe　(1)过热蒸汽输送管,干汽管;(2)蒸汽收集器
dry-pipe system　干管式系统
dry pipe valve (=DPV)　过热蒸汽输送阀,干燥管活门
dry plate　干片
dry plate clutch　干圆盘式离合器,干片离合器
dry-plate rectifier　干式整流器
dry-point　凹版雕刻针
dry point　终馏点,干点
dry-press　干压
dry process　(1)干冶金分析法,干法冶金;(2)干磁粉检验
dry quenching　非液体介质淬火
dry reconditioning　旧砂过筛处理
dry rectifier (=DRF)　干片整流器,金属整流器
dry reed pushing switch (=DRPS)　干簧式按钮开关
dry reed relay　干式舌簧继电器
dry reed switch　弱电流簧片开关
dry rubber (=DR)　干橡胶
dry run　空运行
dry-run tar　干馏焦油
dry running　空运行,空运转
dry running ability　无润滑运转能力
dry sand　干型砂
dry sand mold　干砂型
dry saturated steam　干饱和蒸气
dry sawing　干锯削
dry-scale disposal　干法排除氧化皮,干法除磷
dry scrubber　干法再生装置
dry seal thread　气密螺纹
dry separator　干式选矿机

dry shrinkage　干燥收缩
dry-silver paper　干式银盐照相纸
dry-skidding test　干滑试验
dry slag　重矿渣
dry slagging combustion chamber　固态排渣式燃烧室
dry sleeve　干衬套
dry starting　无油[状态]起动
dry streak plate　有灰斑点的镀锡薄钢板
dry tumbling　干法抛光,干法滚光
dry-type　干燥型的,干式的
dry-type rectifier　干片整流器,金属整流器,固体整流器
dry-type transformer　空气冷却[式]变压器,干式变压器
dry wear test　干摩擦磨损试验
dry wedging　临楔块
dry weight (=dw)　自重,干重,净重
dry weight rank method (=DWR)　干重分级法
dry well　排水井
dry wood　烘干木材
dryback　(火管锅炉)干背的
drydock　干船坞
dryer (=drier)　(1)干燥装置,干燥机,干燥器,干燥窑,干燥箱,烘箱;
　　(2)干燥剂,催干剂,速干剂;(3)干燥工
dryhouse　干燥室
drying　(1)烘干,去湿;(2)干燥;(3)干燥用的,干燥性的
drying agent　干燥剂
drying apparatus　干燥机,烘干机
drying by distillation　蒸干
drying by internal heat　电流加热干燥法,内加热干燥法
drying by reagents　试剂干燥法(用化学药物干燥)
drying cabinet　干燥箱
drying chamber　干燥室,烘干室
drying cycle　干燥周期
drying drum　干燥滚筒,干燥鼓,鼓式烘干器,烘缸
drying emplacement　无水冷启动装置
drying furnace　干燥炉
drying hopper　干燥箱
drying kiln　干燥窑
drying oil　干性油,催干油,干燥剂
drying-out　烘干,使干燥
drying out　干干
drying oven　烘干炉,干燥箱,烘箱
drying press　榨干机
drying room　干燥室
drying stove　烘干炉,干燥箱,烘箱
dryness　干燥
drypoint　铜版雕刻针,铜版雕刻术
dryvalve　干阀
dryvalve arrester　干阀避雷器,阀阻避雷器
Ds　镝的别名
Du-Bo gauge　球面型单限塞规
duad　(1)一双,一对;(2)二价元素
dual　(1)双指针的,双重的,二重的,二元的,二体的,二联的,对偶的,
　　加倍的,复式的,孪生点;(2)对偶;(3)双数;(4)同时测量二参数
　　用的
dual access　双臂取数,双臂存取
dual amplification circuit　对偶放大器,双重放大器,回复放大器
dual-automatic　双自动的
dual antenna　双重特性天线
dual-beam　双[射]线的,双射束的,双电子束的
dual-bed ion exchange　混合树脂离子交换
dual brake system　双制动系
dual burner　可用两种燃料的燃烧器
dual cam clutch (=DCC)　双凸轮离合器
dual capacitor　双联电容器
dual card　双习卡片,对偶卡片
dual-chain bench　双键拔丝机
dual-chamber baler　双室式捡拾压捆机
dual-channel (=DC)　双电子束
dual channel dual speed　双迹双速
dual-channel oscilloscope　双电子束示波器,双束示波器,双迹示波器
dual channel port controller　双道口控制器
dual circuit　对偶电路,双电路
dual circuits　(制动器)双管路系统
dual code　对偶码

dual-combustion engine　双燃［式］发动机

dual component　两用元件, 两用部件

dual compressor　双转子压气机

dual control　(1) 双联操纵机构；(2) 双重控制, 复式控制

dual control system　复式控制系统

dual-cooled　双重冷却的

dual cycle　(1) 双面走刀法, 二次走刀法；(2) 混合循环, 双循环

dual detector　双向检波器

dual diffused MOS integrated circuit　双扩散型 MOS 集成电路

dual-diversity receiver　双重分集接收机

dual-drive　有双传动轴的

dual drive　(1) 二重传动, 双重传动, 双机驱动, 并联驱动, 双驱动；(2) 双驱动器

dual-drum　双筒的, 双鼓的, 双轮的

dual emulsion　二元乳化液

dual engine　双联发动机

dual-face milling machine　双端面铣床

dual-feed　(1) 配有两套电源的, 双重馈电的, 双端馈电的, 双线馈电的, 双路馈电的；(2) 双面进料［的］

dual filter　对偶滤波器

dual-filter hydrophotometer　双色水下光度计

dual-flank gear rolling tester　双面啮合齿轮综合检查仪

dual flank gear rolling tester　双面啮合齿轮综合检查仪

dual-frequency motor　双频率电动机

dual gate FET　双栅［极］场效应晶体管 (FET=field effect transistor 场效应晶体管)

dual gear　双联齿轮, 二联齿轮

dual-grid　双栅的

dual grip chuck　双夹卡盘

dual hydraulic brake　双组液压制动器, 双组水力闸

dual ignition　双点火

dual in-line　双列直插式

dual in line　双列直插式［封装］

dual in-line package (=DIP)　双列直插式外壳, 双列直插式封装

dual master cylinder　双式制动总泵

dual meter　双读表

dual mode　(1) 双模；(2) 双重方法, 二种方式

dual mode laser (=DML)　双型激光器

dual mode travelling wave tube　双模行波管

dual nature　双重性

390

dual network　对偶网络, 二元网络, 互易网络

dual-opposed spiral oil groove　双螺旋阻油槽

dual otter board system　双网板装备

dual phase steel　双相钢

dual pinion drive　双小齿轮传动装置

dual positive drive belt　复式确切传动带, 复式齿啮传动带

dual power path　双功率路线

dual pneumatic tyre　双气轮胎

dual-pressure　双重压力

dual pressure cycle　两段加压循环

dual-pressure preformer　弹簧模预压机

dual-pressure press　弹簧模压机

dual pressor system　双信息处理机系统

dual propellant loading (=DPL)　加倍燃料装填

dual property　二像性

dual pulse laser microwelder (=DPLM)　双脉冲激光微件焊机

dual-purpose　双重目的的, 双重用途的, 双效的, 两用的

dual push-pull amplification　双级推挽放大

dual range　双量程

dual-rated　有两个额定值的

dual ratio control　两级微动控制

dual ratio reduction　双减速比装置, 双减速比机构

dual reduction　两级减速, 双减速

dual reduction axle　双减速驱动轴

dual-rotation propeller　共轴反转螺旋桨

dual sense amplifier　双重读数放大器, 双重读出放大器

dual shift left (=DSL)　向左双移位

dual shift right (=DSR)　向右双移位

dual simplex algorithm method　对偶单纯形算法

dual slope A/D converter　双低斜率模数转换器

dual speed power take-off　双速动力输出轴

dual spindle　双轴

dual steam amplifier　双电子流放大管

dual-steam synchroscope　双电子束同步示波器

dual stick control　双杆式控制

dual symmetric amplitude　双关对偶振幅

dual-tandem　双串式

dual tandem reduction gear　双级链式减速齿轮

dual-target x-ray tube　双靶 X 射线管

dual-thrust　双推力

dual-tired　双轮胎的

dual tires (=DT)　双轮胎的

dual-track　(录音) 双声迹的

dual transmitter　两用发射机

dual tube　孪生管

dual-tyred　双轮胎的

dual valve　复式阀, 双联阀

dual vector　对偶向量, 反串矢

dual-voltage　两种电压馈电的

dual wavelength spectrophotometer　双波长分光光度计

Dualayer Solution　双层精制溶液

dualin　双硝炸药

dualism　二元论, 二元性, 二重体, 二重性

dualistic　二元［论］的, 对偶的, 二重的, 两倍的

dualistic formula　二元式

dualistic nature　二像性

duality　(1) 对偶性；(2) 二元性, 二重性, 双关性；(3) 二像性

duality of retina　网膜双性

duality principle　双关性原理, 对偶原理

dualization　对偶［化］, 二元化, 复线化

dualize　(1) 使具有两重性, 使二元化, 形成二体, 使成双；(2) 一分为二的

dualizing　配极［变换］

dualoy　杜阿洛钨合金

dualpolarization　二极化

dualumin　铝基合金, 坚铝

duant　［回旋加速器的］D 形盒

dub　(1) 授与称号；(2) 涂油脂；(3) 刮光, 锤平；(4) 翻印, 复制, 译制, 配音

dubber　复制台

dubbin　皮革保护油

dubbing　(1) 声图像合成, 复制的唱片, 复制, 翻印, 转录；(2) 皮革保护油, 油液

dubbing mixer　复制混合器, 混录调音台

dubhium　｛化｝镱 Yb

duck　(1) 水陆两用飞机, 水上飞机；(2) 水陆两用车, 两栖载重车；(3) 帆布

duck-shot　细钻粒

duckbill loader　鸭嘴装载机

duckbucket　帆布水桶

duckegg　将 Gee 系统所得的飞机位置信息转送回站的发射机

ducker　(1) 浸毛器；(2) 潜水人

duckfoot　直角弯管

ducking　浸入水中, 湿透

Duco cement (=Nitro-cellulose cement)　杜卡胶 (一种粘贴应变片的胶合剂)

Ducol steel　低锰结构钢

ducol-punched card　12 行穿孔卡片

ducon　配合器, 接合器

duct　(1) 风道, 烟道, 孔道, 通道, 沟道, 槽；(2) 输送管, 喷管, 管道, 导管；(3) 波导管, 波道, 波导；(4) 输送

duct capacitor　耦合电容器, 旁路电容器

duct condenser　耦合电容器

duct entrance　地下管道入口

duct heater　热导管

duct piece　通道间隔片

duct propagation　波导［型］传播, 波导［型］传输

duct run　电缆管道

duct thermostat　温度调节器

duct type fading　波导型衰落

duct-ventilated　管道通风的

duct width　(1) 波道宽度, 信道宽度；(2) 管道宽度

ductal　导管的

Ductalloy　球墨铸铁

ducted　冲压式的, 管道［中］的, 输送的

ducted blade　涵道桨叶

ducted body 输送管, 导管
ducted fan 有导流罩的风机, 导管风扇
ducted fan engine 导管风扇式螺旋桨发动机, 导管风扇式涡轮喷气发动机
ducted heat baffle 管道隔热片
ducted propellers (=DP) 涵道螺旋桨
ducter 测量微小电阻的欧姆表, 微阻测量器, 微阻计
ductibility 可锻性, 可塑性, 延展性, 韧性, 塑性
ductible 可延展的, 可锻的, 可塑的
ductile 可延展的, 可伸展的, 易拉长的, 易变形的, 有延性的, 有弹性的, 韧性的, 可锻的, 可塑的, 柔软的
ductile base oil 优等延性油
ductile cast iron (=DCI) 球墨铸铁
ductile core 韧性心部
ductile fracture 塑性破坏, 塑性断口, 韧性断口
ductile iron 韧性铸铁, 球墨铸铁, 延性铁
ductile metal 韧性金属
ductile Ni-resist cast iron 高镍球墨铸铁
ductile-to-brittle transition temperature 延性 - 脆性转变温度
ductileness (1)可延展性,可锻性,柔软性,韧性,延性,塑性,粘性,展性,挠性; (2) 延伸度
ductilimeter 延性试验机, 延性测定计, 触角测量器, 延度计, 延性计, 塑性计, 伸长计, 伸缩计, 展度计
ductilimeter test (带钢、钢丝) 反复弯曲试验
ductilimetry 测延术
ductility (1) 可延展性, 可锻性, 柔软性, 韧性, 延性, 塑性, 粘性, 展性, 挠性; (2) 延伸度
ductility limit 屈服点, 流限, 液限
ductility test 延伸性试验, 延展性试验
ductility testing machine 延性试验机, 延度仪
ductilometer 延性试验机, 延性测定计, 触角测量器, 延度计, 延性计, 塑性计, 伸长计, 伸缩计, 展度计
ducting (1) 传播通道; (2) 管道, 导管, 风管, 烟道; (3) 敷设管道
ductless 无 [导] 管的
ductor 补炉条板
ductulus 小管
ductway 管 [式通] 道
ductwork 管道 [敷设] 作业, 管道系统, 管网
dud 未爆发弹, 哑弹
Duddell oscillograph 可动线圈式示波器, 杜德尔示波器
dudgeonite 钙镍华
dudleyite 黄珍珠云母
due (1)应付的, 到期的; (2) 预定的, 预期的; (3) 适当的, 适宜的, 正当的, 相当的, 应有的, 应该的, 当然的; (4) 应付款, 应得物, 手续费
due date (=DD) 支付日期, 到期日
due-in 待收
due-out 待发
duel 斗争, 竞争, 比赛, 竞赛
duff 煤粉, 煤屑
dufrenite 绿磷铁矿
dufrenoysite 硫砷铅矿
duftite 砷铜铅矿
dug-iron 熟铁
dug iron 熟铁
dugout (1) 地下掩蔽部, 防空洞, 地下室; (2) 独木舟
Duhamel integral 杜哈美尔积分
duke 平炉门挡渣坝
dukes 杜克斯钨钢
dukeway (1) 竖井斜井联合提升法; (2) 轮子坡
dukey 提升平车, 罐笼
duliray 杜里瑞镍铁合金 (镍 33-35%, 铬 3-5%, 余量铁)
dull (1) 使不活泼, 钝化; (2) 减轻, 减弱, 缓和; (3) 不活泼的, 钝的; (4) 无光泽的, 暗淡的, 毛面的, 滞 [色] 的, 模糊的
dull angle 钝角
dull coal 暗色煤
dull deposit 毛面镀层
dull edge 钝刀口
dull emitter 暗阴极管
dull-emitter tube 微热灯丝电子管, 省电管
dull-emitting cathode 敷氧化物阴极, 微热阴极
dull finish 无光光洁度, 毛面光洁度
dull glass 暗淡玻璃
dull grain 钝砂粒
dull polish 磨砂
dull-red 暗红
dull surface 无光面
dullcoat 暗煤
dullness 钝度
dumb (1) 无声的, 无音的; (2) 模糊不清的; (3) 缺乏应有条件的, 没有动力的
dumb antenna 失谐天线, 解谐天线
dumb betty 早期家用洗衣机
dumb barge 无帆船, 驳船, 拖船
dumb card 方位盘
dumb craft 无帆船, 驳船, 拖船
dumb iron 汽车车架与弹簧链条间的连接部分, 填缝铁条
dumb sheave 堆栈用滑轮
dumb terminal 不灵活的终端设备, 哑终端
dumb-waiter 自动回转式送货机, 小型升降送货机, 小件升降机
dumbo 寻找海上目标的飞机雷达, 探测海上目标的飞机雷达
dumbwaiter (1) 旋转碗碟架; (2) 送菜升降机
dumdum 达姆弹
dumet 镀铜铁镍合金, 代用合金, 杜美 (铁 54%Fe, 镍 46%)
dumet seal (用于封头的) 杜美丝焊封
dumel wire 镀铜铁镍合金线, 代用白金丝, 杜美丝
dummied 无压下轧制的, 空轧过的
dumming 无压下通过, 空轧通过
dummy (1) 标准样件, 模型, 样品, 样本; (2) 空转, 惰速; (3) 仿造的, 假的; (4) 无声; (5) (有凝汽器的) 无声机车, 防响车, 缓冲车; (6) 倾卸; (7) 求和指标, 哑指标, 虚设物, 模造物, 模仿物, 假设施, 假程序, 伪程序, 假弹; (8) 平衡活塞, 平衡盘; (9) 无压下轧制, 空轧通过, 模锻毛坯; (10) 名义阴极; (11) 铅锤
dummy address 伪地址
dummy antenna 仿真天线, 等效天线, 假天线
dummy argument 伪自变数, 虚拟变元, 假变元, 哑变元, 哑变量
dummy bar 引锭杆
dummy bar chain 引锭杆链
dummy board 虚设台
dummy bus 模拟母线, 模拟线路, 假母线
dummy coil (1) 虚设线圈, 虚假线圈; (2) 无效线组元件, 无效绕组, 虚设绕组
dummy coupling (1) 空转联轴节; (2) 旋塞
dummy diode 仿真二极管, 等效二极管
dummy fuel 假释
dummy fuel element 假释热元件
dummy gauge 补偿应变片, 平衡应变片, 无效应变片
dummy head 仿真头, 人工头
dummy ingot 引锭器
dummy instruction 空操作指令, 无操作指令, 假指令, 伪指令
dummy joint 假结合, 假缝, 半缝
dummy load 等效负载, 等效荷载, 仿真负载, 仿真荷载, 人工负载, 人工荷载, 假负载, 假荷载, 虚负载, 虚荷载
dummy order 空操作指令, 无操作指令, 假指令, 伪指令
dummy pass 立轧送料孔型, 空轧孔型, 空轧道次, 不用孔型
dummy piston 平衡活塞
dummy plate 隔板
dummy plug 空塞子
dummy projectile 练习弹, 假弹
dummy reactor 反应堆模型
dummy resistance 假负载电阻
dummy ring 填密环
dummy riser 暗冒口
dummy rivet 假铆钉
dummy roll 传动轧辊
dummy round 练习弹, 假弹
dummy shaft 假轴
dummy statement 空语句
dummy source 仿真信号源
dummy suffix 哑下标, 傀标
dummy tube 无效电子管, 等效管, 假管
dummy variable 虚假变数
dummying [在模锻前] 粗成型, 预锻
dumore 杜莫尔铬钼钢 (碳 0.95-1.05%, 铬 5-5.5%, 钼 0.95-1.25%, 余量铁)
dump (1) { 计 } (信息出错后) 大量倾出, 内存打印, 信息转储, 转存器, [存储器] 堆陈, 堆集结, 清除 [信息], 消除 [信息]; (2) 卸载, 倾卸, 倾翻, 卸料, 倾料, 排出, 卸出, ; (3) 电源切断, 切断电源, 断电; (4) 紧急排放, 事故排放; (5) 矸石场, 矸石堆, 垃圾堆; (6) 渣坑; (7) 翻车机, 翻斗器, 倾翻器, 倾卸门, 门; (8) 放空孔; (9) 仓库

dump-bed 底卸式
dump-body [自动] 倾卸式
dump body 翻倾式车身, 倾卸车身
dump-bottom 底卸式
dump-car [自动] 倾卸车, 自卸车, 翻斗车
dump car 自动倾卸 [汽] 车, 自动卸料车, 翻卸矿车, 翻斗车
dump check (1) 计算机机工作内存信息转储, 计算机工作检验, 计算机工作清除; (2) (信息出错后) 大量倾卸
dump energy 剩余电量, 剩余能量
dump in a window 卸成行
dump in piles 分堆卸料
dump oil 桶装油
dump pit 垃圾坑, 废土坑
dump platform 倾卸台
dump power 剩余电力
dump pump 回油泵
dump rake 横向搂草机
dump ram 倾卸油缸
dump routine 转储程序
dump sample 已化验的试样
dump scow 倾卸船
dump skip 卸料斗, 装卸斗
dump tank 接受器
dump target (束流) 捕集靶
dump test 镦粗试验, 顶锻试验
dump tower (混凝土) 装卸塔
dump truck 自动倾卸式货车, 自卸汽车, 自卸卡车, 翻斗 [汽] 车, 翻头汽车
dump valve 应急排放阀, 放泄阀, 切断阀
dumpable 可倾卸的, 可倾倒的
dumpable tank 副油箱
dumpage 倾倒垃圾
dumpcar 倾倒车, 自卸车
dumpcart 倾卸车, 垃圾车
dumped 废弃的, 弃扔的, 堆积的
dumped packing 堆积填充物, 填料
dumper (1) 翻车机, 翻笼; (2) 自动倾卸车, 自卸货车, 翻斗车, 倾斜车, 卸货车; (3) 垃圾车; (4) 翻笼工, 清洁工
dumpgrate 翻转炉排
dumping (1) 卸料的, 倾卸的, 倾倒的; (2) 倾销; (3) 清除
dumping device 倾卸装置
dumping gear 倾卸装置
dumping grate 卸渣炉栅
dumping-ground 垃圾倾倒场, 卸料场
dumping mechanism 倾卸机构
dumpiing of the load 清除负载
dumping place 卸料场
dumping roller 翻车滚笼
dumps 废物
dumpy level 定镜水准仪
dune buggy 沙滩轻便汽车
dunk rinsing 浸水清洗
dunking asdic 声纳
dunnage 垫板, 垫料
dunnite 邓氏炸药, D 型炸药
duo (1) 双重的, 二重的; (2) 双行影像系统
duo- (词头) 二, 双, 两, 重
duo-cone 高低音扬声器
duo-cone seals 双锥体密封偶件
duo-diode-pentode 双二极 - 五极管
duo-directional 双 [定] 向的
duo-mill 二辊式轧机, 二重式轧机
duo mill 二辊式轧机, 二重式轧机
duo-muffle furnace 二层马弗炉, 二层套炉
duo-pentode 双五极管
duo-servo (1) 双力作用的; (2) 双伺服系统
duo servo (1) 双力作用的; (2) 双伺服系统
duo-servo brake 串接双自紧蹄式制动器, 自行增力双蹄式制动器, 双力作用制动器
duo-sol 双溶剂的
duo-sol extraction 双溶剂抽提
duo-sol process 双溶剂润滑油精制过程
duo-triode 双三极管
duo-twist texturing 双头假捻变形

duobinary 双二进制的
duocards 双联梳棉机
duode 电动力开式膜片扬声器, 电动敞开式膜片扬声器, 感应驱动扬声器
duodecal 十二脚管底
duodecastyle 十二柱式
duodecimal 十二进位法
duodecimal base 十二脚管座
duodecimal notation 十二进制记数法
duodecimal number system 十二进制
duodecimal numeral 十二进制数字
duodecimo 十二开 [本]
duodenary 十二分之几的, 十二进制的, 十二进法的, 十二倍的
duodiode 孪生二极管, 双二极管
duodiode-triode 双二极管三极管
duodynatron 双负阻管, 双打拿管
duograph 电影放映机, 双色网线版
duolaser 双激光器
duolateral 蜂房式的
duolateral winding 蜂房式绕组, 蜂巢绕组
duolite 一种离子交换树脂
duopage 双面复制页, 两面干复制本
duophase 倒相
duoplasmatron (1) 双等离子体发射器; (2) 双等离子体管; (3) 双等离子体离子源
duorail 双轨铁路
duoscopic receiver 双重图像电视接收机
duotetrode 双四极管
duotone 同一颜色的浓淡图
duotricemary notation 三十二进制记数法
duotriode 双三极管
duotype 双色调网点印版
duozinc 杜欧锌合金 (汞 0.25%, 余量锌)
duping (1) 重复, 复制; (2) 加倍
duplation {计} 双倍一折半
dupler (1) 加倍器, 倍增器; (2) 复制人员
duplet (1) 电子对, 电子偶, 对, 偶; (2) [能谱的] 双重线, 双线
duplet bond 双键, 偶键
duplex (=DX 或 DPL)(1)(锥齿轮)双重双面法, 复合双面法;(2)双向的, 双重的, 二重的, 二倍的, 二联的, 加倍的, 复式的, 两面的, 成对的, 双的; (3) (电报)双工, 双联; (4) 双显性组合, 复式组合; (5) (冶金)用二联法, 双炼法
duplex adapter 双口接合器, 双口接头
duplex alloy 二相合金
duplex assembly 天线收发转换开关组, 天线转换器
duplex ball bearing 成对双联向心推力轴承
duplex ball bearings 双半内圈 (四点接触) 球轴承
duplex bearing 成对双联轴承
duplex beater 双盘打浆机
duplex boring machine 复式镗床
duplex burner 双路 [燃油] 喷嘴, 双路燃烧器
duplex cable 双芯电缆, 双股电缆
duplex carburetor 双联汽化器
duplex cavity 双腔谐振器
duplex channel 双向通道
duplex circuit 双工电路
duplex computer 双计算机
duplex connection 双工电报电路
duplex console 双连控制台
duplex cutting method (锥齿轮)双重双面法, 复合双面法
duplex diode 双二极管
duplex diode pentode 双二极五极管
duplex diode triode 双二极 - 三极管
duplex double acting pump 双缸复动泵
duplex-drive 双重传动的, 二级传动的
duplex driving 复式传动, 双速传动
duplex feedback 双重回授, 双重反馈, 并联反馈
duplex feedback amplifier 双重反馈放大器
duplex feeding 双重馈电, 两路供电
duplex fitting 三通接头
duplex fuel nozzle 双联式喷油嘴
duplex gear cutter 组合齿轮铣刀
duplex gear hobber 双轴滚齿机
duplex generator 双工振荡器
duplex head milling machine 双轴铣床, 双头铣床

duplex helical　双重螺旋法

duplex helical bevel gear　双斜齿锥齿轮，人字齿锥齿轮

duplex helical gearing　双斜齿轮传动 [装置]

duplex helical method　（锥齿轮）双重螺旋 [切齿] 法

duplex horizontal sprayer　双管卧式喷雾器

duplex injector　复式喷射器

duplex iron　双联铁

duplex lamp　双芯灯

duplex lathe　复式车床

duplex-load　双重炸药

duplex measurement　复合测量

duplex nozzle　双重喷嘴式喷射头

duplex plate planer　复式板刨床

duplex polarization antenna　双极化波共用天线

duplex power feed type A.C. commutator motor　并联馈电整流式交流电动机

duplex printing machine　双面印花机

duplex process　双联炼钢法，双联法，二联法，混合法

duplex process for steel making　双联炼钢法

duplex pump　双动机械泵，双联泵，双缸泵

duplex regulator　双效调节器

duplex reluctance　双磁阻检波器，双线圈检波器

duplex slide rule　两面计算尺

duplex sound track　对称变积光学声迹，双锯齿声迹

duplex spiral bevel gear　双螺旋锥齿轮

duplex spread-blade　复合双面 [切削法]

duplex spread blade　双重双面刀齿，复合双面刀齿

duplex spread blade (cutting) method　（加工螺旋锥齿轮的）双重双面 [切齿] 法，复合双面切削法

duplex steel　双炼钢，二联钢

duplex system　双重系统，双工 [通信] 制

duplex tandem ball bearing　成对安装角接触球轴承（串联）

duplex taper　（锥齿轮）双重双面 [切齿] 法收缩齿

duplex telegraph　双工电报

duplex telegraphy　双工电信

duplex telephony　双工电话 [学]

duplex tooth taper　（锥齿轮）双重收缩齿

duplex transmission　双重电信

duplex triode　双三极管

duplex tube　双单位管，复合管，孪生管

duplex-type　双联式的

duplex type　复式

duplex vertical sprayer　双管立式喷雾器

duplex winding　（1）串并联绕组，复绕组；（2）并绕

duplexcavity　（1）双重空腔；（2）双腔谐振器；（3）双腔谐振电路

duplexer　（1）双工机，双工器；（2）天线收发转换装置，天线收发转换开关，天线转接开关；（3）收发共用天线，天线共用器

duplexer of coaxial line system　同轴线收发转换装置

duplexing　（1）转接；（2）双工，双重，双向；（3）双联 [熔炼] 法，双炼法

duplexing assembly　天线收发转换装置，天线收发转换开关

duplexing switching system　双工作用的转换系统

duplexite　铝硅钙铍石

duplexity　二重性

duplexure　（天线收发转换开关）分支回路

duplicate (=dupl.)　（1）可互换零件，备份零件，配件，备件，副件；（2）成对的，成双的，双联的，复式的，双重的，二重的，双份的，二倍的，重复的，复制的，复写的；（3）备份文件，副本，复本，副页；（4）复制；（5）复制件，复制品；（6）检查试样，比较试样

duplicate arithmetic unit　重复运算部件

duplicate-busbar　双母线

duplicate certificate　对账回单证书（副本证书）

duplicate circuit　双工电路

duplicate circuitry　双工电路

duplicate clamping arrangement　双联式夹紧装置

duplicate copies　正副两份

duplicate copy　复本，副本

duplicate feeder　并联馈路，重复馈线，并联馈线

duplicate gears　双联齿轮

duplicate machine　复制机，靠模

duplicate of waybill　铁路运货清单

duplicate part　备 [份零] 件，配件

duplicate piece　备 [份零] 件，配件

duplicate ratio　{ 数 } 乘比

duplicate recoiler　双位卷取机

duplicate routine　（检验穿孔纸带的）重穿程序，考贝 [复录] 程序

duplicate sample　备份样品，复样

duplicate test　重复试验，替换测验

duplicate work　（1）仿形加工；（2）复制

duplicated circuit　双线操纵系统，重复线路

duplicated record　复制记录，备份记录

duplicating　（1）仿形加工，靠模加工；（2）复制，重复，复印

duplicating attachment　复式附件

duplicating device　重复装置，双套装置

duplicating of castings　复铸法

duplicating paper　复写用纸

duplication　（1）加倍，成倍，成双，倍增，二重；（2）重复，重叠；（3）复制，复写，复印，打印；（4）复制品，复制物，副本

duplication check　双重校验，重复校验

duplication formula　倍角公式，加倍公式

duplication machine　考贝机

duplication method　（1）复制法；（2）比色滴定法

duplication of cube　倍立方问题，倍立方

duplicative　加倍的，二重的，重复的，复制的

duplicator　（1）二倍器，加倍器，倍加器，倍增器；（2）复制装置，复印机，复制机，复写器；（3）仿形装置，靠模装置；（4）复制者

duplicatrix　倍积线

duplicitous　两重性的

duplicity　（1）二重性，两重性；（2）互换性

duplicon　复制子

duprene　氯丁橡胶

durabil　杜拉比尔钢

durability　（1）齿面接触疲劳强度，齿面抗点蚀能力，齿面耐用度；（2）耐用年限，耐用期限，耐久性，持久性，耐久率，耐用性，寿命；（3）续航力，耐航力

durability geometry factor　齿面强度几何系数

durability rating symbols　计算齿面耐用度代号

durability ratio　耐久比

durability test　耐久试验，疲劳试验

durable　有持久力的，有永久性的，坚固的，牢固的，耐久的，耐用的，经久的

durable press　耐久熨压

durableness (=durability)　（1）齿面接触疲劳强度，齿面抗点蚀能力，齿面耐用度；（2）耐用年限，耐用期限，耐久性，耐久率，耐用性，寿命；（3）续航力，耐航力

durables　耐用品

Duraflex　杜拉弗莱克斯青铜

durain　（硬块）暗煤

Durak　杜拉克纯锌基合金，压铸锌基合金（铝 4.1%，铜 1.0%，镁 0.03%，余量锌）

dural (=duralium 或 duralumin)　铝铜锰合金，飞机合金，杜拉铝，强铝，硬铝

Duraloy　杜拉洛伊铁铬合金

duralphat　锰镁合金被覆硬铝，包硬铝的铜板

duralium diaphragm　硬铝振动膜

Duraloy　杜拉洛伊铁铬合金（铬 27-30% 或 16-18%）

duralplat　锰镁合金被覆硬铝

duralum　杜拉铝镁铜合金（铝 79%，镁 11%，铜 10%，磷 0.5%）

duralumin　杜拉铝，硬铝

duralumin cage　（轴承）压铸铝保持架，硬铝保持架

duramen　木 [心] 材

duramium　杜拉密高速钢（碳 0.7%，钨 18%，铬 4%，钒 1%，余量铁）

durana　杜兰纳黄铜（铜 64.78%，锌 29.5%，锡 2.22%，铝 1.7%，铁 1.5%）

durana metal　杜兰纳黄铜，杜氏合金，铜锌合金

duranal　杜拉纳尔铝镁合金（镁 5-10%，锰 0.6%，硅 0.2%，余量铝）

duranic　杜拉尼克铝合金（铝 96%，铜 2%，镍 2%）

Duranickel　杜拉镍合金（碳 > 0.3% 锰 0.25-1.0% 铝 4 - 4.75%,余量镍）

duranmium　杜兰密钨钢

Durapak　化学键合型载体

duration　（1）持续时间，延续时间，期间，期限；（2）耐久，持久；（3）延续性；（4）续航时间；（5）工作时间，飞行时间；（6）波期，周期；（7）宽度

duration of blast　吹炼期，吹炼时间

duration of braking　制动持续时间

duration of charging　（1）充电时间；（2）加注时间

duration of coagulation　凝结时间

duration of cycle　循环持续时间，[应力] 疲劳循环次数

duration of exposure　露光时间，暴光时间

duration of fire　射击持续时间
duration of flight　续航时间
duration of heat　冶炼时间
duration of life　寿命
duration of load　负荷持续时间
duration of oscillation　摆荡时间, 振荡时间
duration of pouring　浇注时间
duration of power flight　发动机工作时飞行时间, 弹道主动段飞行持续时间
duration of runs　运转时间
duration of service　使用年限, 使用期
duration of short-circuit　短路 [持续] 时间
duration of validity　有效时间, 有效期
duration of vision　视觉持续时间
duration of working cycle　工作循环持续时间, 疲劳循环次数
duration record　续航记录
duration response　持续时间响应, 低频响应
duration running　(1) 持续运动; (2) 寿命试验运转
duration selector　持续时间选择器, 持续时间分离器, 连续寻线器
duration time modulation　(=DTM) 持续时间调制, 时间 [宽度] 调制
durative　持久的, 持续的, 连续的
durbar　杜尔巴轴承合金 (铜 70-72%, 铅 20%, 锡 10%)
durchgriff　(1) 穿透因数, 渗透率; (2) (电子管的) 放大因数的倒数, 栅极穿透率
durcilium　杜尔西铝合金, 铜锰铝合金 (铝 94.3%, 铜 4.0%, 镁 0.7%, 锰 0.5%, 硅 0.5%)
Durco　杜洛考合金
durdenite　碲铁矿
durehete　杜雷海特铬合金, 杜雷海特铬钼钢 (碳 0.4%, 铬 0.9%, 钼 1%, 余量铁)
Durex　杜雷克斯铜锡合金, 烧结石墨青铜
Durex bearing alloy　杜雷克斯铅基铜镍烧结轴承合金
Durex bronze　多孔石墨青铜
Durez　一种可塑材料
Durichlor　杜里科洛尔不锈钢 (碳 0.85%, 硅 14.5%, 钼 3%, 锰 0.35%)
Durimet　奥氏体不锈钢 (碳 < 0.07%, 镍 29%, 铬 20%, 钼 2.5%, 铜 3.5%, 硅 1%)
during　(1) 在……时间, 当……; (2) 在……持续的过程中, 在……期间
durinval　杜林瓦尔镍铁合金 (镍 42%, 铝 2%, 钛 2%, 余量铁)
durinvar　杜林瓦镍钛铝合金
durionise　[电] 镀硬铬
duripan　硬盘
duriron　杜里朗硅钢, 耐酸硅铁 (硅 14.5%, 锰 0.66%, 碳 0.3%, 余量铁)
durite　一种酚 - 甲醛型塑料
durna metal　杜尔纳黄铜 (锌 40%, 铁 0.35%, 锰 0.42%, 锡 1%, 其余铜)
durodi　杜劳迪镍铬钼钢 (碳 0.5-0.6%, 钼 0.9%, 锰 0.55%, 铬 0.8%, 镍 1.6%, 余量铁)
duroferon　硫酸及硫酸亚铁
duroid　杜劳特铬合金钢, 硬铝
durolith　杜劳里斯锌基合金
durolok　聚氯乙烯 - 酚醛树脂类粘合剂
duromer　热固性塑料
durometer　硬度测定器, 硬度测验器, 硬度器, 硬度计
durometer hardness　计示硬度
Duronze　(化工) 容器用特殊青铜, 杜龙泽硅青铜
duroplat　包铝的硬铝
Duroprene　一种橡胶名
duroscope　硬度测定器, 硬度测验器, 硬度器, 硬度计
durvyl　氯乙烯均聚物
dust　(1) 粉末, 粉剂; (2) 尘埃, 灰尘, 尘土, 屑, 粉; (3) 垃圾, 废物; (4) 除尘
dust absorption　吸尘
dust allaying　收集煤尘, 捕尘
dust allayment　收集煤尘, 捕尘
dust-alleviation　减尘
dust arrestor　吸尘器, 集尘器
dust aspiration　吸尘器
dust bag　集尘袋
dust board　挡尘板
dust cap　防尘盖, 防尘罩
dust cart　垃圾车
dust catcher　吸尘器
dust chamber　收尘室, 除尘室

dust cleaner　除尘器
dust collecting fan　吸尘风扇
dust-collector　吸尘器, 收尘器
dust collector　吸尘器, 集尘器
dust control　尘埃控制
dust core　模制铁粉芯, 磁性铁粉芯, 压粉铁芯, 压制磁芯
dust counter　尘粒计数器, 测尘仪, 尘量计
dust cover　防尘外壳, 防尘盖, 防尘罩, 护封
dust diluent　粉剂填料
dust-dry　不粘尘干燥, 脱尘干燥
dust entrainment　带走粉尘量
dust exhaust　除尘
dust exhaustor　排尘器
dust extraction　尘埃排除
dust extractor　除尘器
dust-fan　抽尘 [风] 扇
dust-fast　耐尘的
dust filter　滤尘器
dust-fired　以粉末燃料工作的, 以粉末燃料发火的
dust-firing　以粉末燃料发火
dust-free　防尘的, 防尘的
dust gauge　滤灰网
dust guard　防尘设备, 防尘板, 防尘罩
dust guard plate　防尘板
dust gun　手摇喷粉器, 手摇喷粉枪, 粉末喷枪
dust hood　吸尘罩, 集尘罩
dust hopper　药粉箱
dust keeper　防尘装置, 集尘器
dust-laden　充满灰尘的, 含尘的
dust laden　充满灰尘的
dust laying　防尘的, 灭尘的, 止尘的
dust minder　防尘指示装置
dust palliative　灭尘剂, 减尘剂
dust-precipitator　收尘器
dust precipitator　收尘器
dust prevention　防尘 [措施]
dust process　干法成形
dust-proof　防尘的
dust-proof electrical equipment　防尘式电器设备
dust-proof machine　防尘型电机
dust-proof sleeve　防尘套
dust removal　除尘
dust remover　除尘器
dust ring　防尘圈
dust seal　防尘圈
dust separation　尘埃分离
dust-settling chamber　降尘室
dust-settling compartment　降尘室
dust settling compartment　降尘室
dust shield　防尘罩, 防尘盖, 防尘板
dust-shot　细钻粒, 小金属粒
dust shot　最小号子弹
dust stop　防尘器, 防尘剂
dust-tight　防尘的
dust tight (=DT)　防尘的
dust trap　除尘器, 集尘器
dust washer　防尘垫圈
dust wiper　除尘器, 集尘器
dust wrapper (=dw)　防尘罩, 防尘套
dustband　(表的) 防尘圈
dustbin　金属垃圾箱, 吸尘箱, 垃圾箱
dustblue　土灰蓝色
dustbox　集尘箱
dustcloth　防尘布
Duster　"灰尘扫子"自行高射炮
duster　(1) 除尘机, 集尘机, 吸尘机, 除尘器, 吸尘器, 集尘器; (2) 洒粉器, 喷粉器
dustiness　(1) 尘污; (2) 矿尘含量, 煤粉含量, 含尘量; (3) 污染度
dusting　(1) 撒粉, 涂粉, 喷粉; (2) 除尘; (3) 起灰, 生尘
dusting-on　涂粉
dusting powder　撒粉, 涂粉
dusting rolls　擦光辊
dustless　无尘的, 无灰的
dustlessness　无尘

dustoff　救伤直升飞机

dustpan　在450-600兆赫范围内的自动（或人工）调频的超外差接收机

dustproof　防尘的

dustproof case　防尘罩，防尘套

dusty　(1)灰尘的；(2)多尘的

dusty gas　含尘气体

Dutch gold　荷兰金（锌＜20%，其余铜）

Dutch metal　荷兰合金，荷兰黄铜（锌12-20%，其余铜）

Dutch pewter　荷兰白（铜10%，锡9%，锡81%）

Dutch white metal　白色饰用合金（锡81%，铜10%，锑9%）

dutchman　(1)插入楔；(2)衬垫；(3)销钉联接；(4)横垫木，木塞块，补缺块

dutiable　应付关税的，应征税的，有税的

duties on imported goods　商品进口税

Dutral　丢特莱尔（乙烯-丙烯合成的橡胶商名）

duty (=dy)　(1)负荷，负载，运行；(2)效率，能率，功率，功用，功能，额；(3)作用范围，工作制度，工作状态，工作规范，工况；(4)生产量，生产率；(5)义务，任务，职务，勤务，本分，责任

duty-cycle　工作循环的

duty cycle　(1)工作循环，负载循环；(2)负载周期，荷周；(3)脉冲保持时间与间歇时间之比，频宽比；(4)有荷因数，占空因数，占空度；(5)充填系数；(6)渐载率

duty-cycle capacity　断续负载容量

duty cycle capacity　断续负载容量

duty-cycle data　载荷循环数据

duty cycle factor　占空因数，占空系数

duty-cycle operation　循环工作，循环使用

duty-cycle rating　反复使用定额，循环工作定额，额定荷周比

duty-free　免税的，无税有

duty-free article　免税物品

duty-free entry　免税进口

duty hose power　报关马力，有效马力

duty of boiler　锅炉效率，锅炉功率（出汽率）

duty of pump　泵的效率，泵的能率

duty-paid　已纳税的

duty parameter　工况参数，工作状态参数

duty plate　性能标志板

duty ratio　(1)平均功率与最大功率之比，负载能量比，负载能率比，负载比；(2)占空系数，占空因数，占空率

duty type rating (=DTR)　负载型定额

duty water　保证[供水的]流量

duvan　杜钒钢

duxite　亚硫碳树脂，杜克炸药，杜克煞特

dvi-　(词头)第二的，类，似

dvicesium　类铯，钫

dvimanganese　类锰，锝Re

dvitellurium　类碲，钋Po

DVM inpact specimen　西德标准DIN中规定的DVM（西德材料试验协会）夏比冲击试样

dwang　(1)转动杆；(2)大螺帽扳手；(3)横向固紧梁

dwarf signal　小型信号机，小信号

dwell　(1)(凸轮曲线的)同心部分，增量部分；(2)暂停，停顿，停止，停滞，滞留；(3)机器运转中有规律的小停顿，[加工中]无运动的时间，停压时间，闭锁时间，停止运动时间；(4)静态；(5)凸轮角

dwell angle　(凸轮定升距部分)停滞角

dwell arc　(凸轮定升距部分)停滞弧[长]

dwell meter　凸轮角测量器

dwell lapping　恒压研磨

dwell time (=DT)　(1)停留时间；(2)停工时间；(3)(压铸)保压时间

dwelling period　(凸轮定升距回转的)持续时间，停止周期

Dwight-Lloyd sintering machine　带式烧结机，直线烧结机

dwindle　(1)减少，缩小，变小，减少，衰落，退化；(2)失去意义

dwindle away into　减到

dwindle away into nothing　减少到零

dwindle down to　缩减到

dwindle into　缩小成

dxing (=DX)　(电视)远距离接收

dy-krome　代克拉姆铬钼钒钢（碳1.5%，铬12%，钒0.2%，钼0.8%，余量铁）

dyad　(1)并矢；(2)二价的；(3)二数的；(4)二价元素；(5)两段组合序列；(6)对，双

dyad system　二素系

dyadic　(1)并矢式，并向量，双积；(2)二价元素的，二重[对称]的，二进的，二数的，二元的，双值的；(3)二元

dyadic array　二维数组

dyadic formula　二元公式，双向公式

dyadic numbers　二进数，二元数

dyadic of strain　应变并矢式

dyadic of stress　应力并矢式

dyadic operation　二元运算，双值运算，并矢运算，双值操作，二元操作

dyadic rational　二进有理数

dyadic system　双值运算系统，二进位数制

dyakisdodecahedron　扁方三八面体

dycmos (=dynamic C MOS)　动态互补金[属[氧[化物]半导体

dye　(1)染，着色；(2)着色剂，染料；(3)染色

dye base　染料碱

dye-bleach process　染料漂白法

dye cell　染料盒

dye check　着色检验，着色探伤

dye intermediate　染料中间体

dye jigger　精染机

dye laser　染料激光器

dye-resistant　难染的，不易着色的

dye strength　染料浓度

dye toning　染料调色法

dye transfer　染印

dyeability　可染性，染色性，染色度

dyeable　可染色的

dyebath　染色浴

dyebeck　染色桶

dyecret process　混凝土染色过程

dyed gasoline　乙基化汽油，着色汽油

dyeing　(1)染色的，着色的；(2)染色[作用]，染色工业，染色工艺，染业；(3)染色品，染色物

dyeing ability　着色力

dyeing machine　印染机

dyejigger　卷染机，染缸

dyer　染色工人，染料师

dyespring　钢丝筒管

dyestuff　(1)染料，颜料；(2)着色剂

dyewood-extract　染料木萃

dying-away　衰亡，衰减，消失

dying-out　(1)衰亡，衰减，衰退，消失；(2)(振动)阻尼，停止；(3)崩溃，消失，破灭

Dykanol　狄加拿尔，[纸介质电容器]介质材料

Dymal　代玛尔铬锰钨钢（碳0.9%，铬0.5%，锰0.15%，钨0.5%，余量铁）

Dymaz　压铸锌合金发黑处理

Dymerex　聚合松香

dyna-jet (=ramjet)　喷气发动机

Dyna-Flex machine　动力弯沉仪

Dynacote　工业用电子加速器

dynactinometer　光力计，光度计

dynad　原子内[的力]场

dynaflect　动力弯沉，动弯

dynaflector　动力弯沉测定仪

dynaflow　流体动力传动

dynaflow drive　毕克汽车自动传动装置（由液体扭力变换器，行星齿轮装置及直接接通用离合器构成）

dynaform　同轴转换开关

dynaforming　金属爆炸成形法

dynafuel　一种飞机油

dynagraph　(1)内应力测定仪；(2)验轨器

Dynaguard　三端开关器件

Dynalens　消震镜头

dynalysor　消毒喷雾器

dynam　动力学

dynam-　(词头)动力，力

Dynamafluidal　动力流体的

Dynamax　戴纳马克薄膜磁心材料，镍钼铁合金

dynameter　(1)测力计，扩力计，肌力计；(2)望远镜放大率测定器，镜筒出射光瞳测定器，(光学用)放大率计，倍率计

dynamia　动力

dynamic (=DYN)　(1)动力学的，动力的，动态的，电动的，冲击的，动的；(2)潜力很大的，高效能的，精悍的，有力的，变化的；(3)动态；(4)特殊的动力，[原]动力

dynamic accuracy　动态准确度

dynamic accuracy test system (=DATS)　动态准确度测试系统，动态精密度测试系统

dynamic allocation　动态存储分配
dynamic allocator　（内存）动态分配程序
dynamic analog　动态模拟装置
dynamic analog of vocal tract (=DAVO)　声道动态模拟
dynamic analysis　动态性能分析，动力特性分析
dynamic analyzer　动态飞行模拟装置
dynamic anodegrid characteristic curve　动态阳栅特性曲线
dynamic balance　动态平衡，动力平衡，动平衡
dynamic balancer　动[力]平衡器，动平衡[试验]机
dynamic balancing　动态平衡
dynamic balancing machine　动平衡机[床]，动平衡试验机
dynamic balancing test　动平衡试验
dynamic behavio(u)r　动态性能，动态性状，动态特性
dynamic bending modulus　动态弯曲模量
dynamic brake　动力制动器
dynamic braking (=DB)　动力制动，发电制动，动刹车
dynamic breaking stress　动破断应力
dynamic buckling　动态变形，动态弯曲
dynamic buffering　动态缓冲
dynamic calibration　动态校正，动态校准，动态检定
dynamic carrying capacity　动载能力，动负荷容量
dynamic centering　动态中心调整
dynamic characteristic(s)　动态特性，动力特性
dynamic characteristic curve　动态特性曲线
dynamic check　动态检验
dynamic checkout unit (=DCU)　动态测试装置
dynamic circuit　动态电路
dynamic coil　动圈
dynamic compliance　动态贴合性，动态柔量
dynamic component　运动部件，运动零件
dynamic condenser　动态冷凝器
dynamic consolidation　动力夯实法，动力固结法
dynamic control　动态控制
dynamic convergence　动态会聚，动态聚焦，动态聚束
dynamic coupler　电动式耦合腔
dynamic crack propagation　动态裂纹扩展
dynamic crossed field electron multiplication (=DCFEM)　变动交叉场电子倍增
dynamic current　动态电流，持续电流，
dynamic curve　动态特性曲线
dynamic damper　动力减震器，动力阻尼器，消振器
dynamic damping　动力减振，动力减震
dynamic debugging　动态调试
dynamic deflection　(1) 冲击挠度，动载挠曲；(2) 电动偏转
dynamic deformation　动态变形
dynamic deviation　动态偏差
dynamic diffusion　流型扩散
dynamic digital torque meter　动力数字转矩计
dynamic display　动态显示
dynamic drive　电动激励，电驱动
dynamic ductility　冲击韧性
dynamic efficiency　动力效率
dynamic elasticity　动态弹性
dynamic electricity　(1) 动态电；(2) 动电[学]
dynamic end-effects　动态端部效应
dynamic engineering　动力工程学
dynamic equilibrium　动态平衡，动力平衡
dynamic equivalent axial load　轴向当量动负荷
dynamic equivalent load　当量动负荷
dynamic equivalent radial load　径向当量动负荷
dynamic error　动态误差
dynamic factor　动载[荷]系数
dynamic fatigue　动态疲劳
dynamic fatigue resistance　耐动态疲劳性
dynamic flip-flop　无延迟双稳态多谐振荡器，无延迟触发器，动态触发器
dynamic focusing control　动态聚焦调整，自动聚焦调整
dynamic force　动态力，动力
dynamic frequency characteristic　动态频率特性
dynamic friction　动摩擦
dynamic friction torque　动摩擦转矩
dynamic gate　{计}(电路)动态门
dynamic hardness　冲撞硬度，冲击硬度，动硬度
dynamic head　动力水头，动压头，速度头
dynamic horsepower　传动马力，指示马力，实马力，净马力

dynamic impedance　动态阻抗
dynamic increment　动态增量
dynamic influence　动态影响
dynamic lag　动态时滞
dynamic leak checking　动态检漏
dynamic load　动载荷，动负荷
dynamic load coefficient　动载系数，动负荷系数
dynamic load rating　额定动负荷
dynamic-load stress　动载应力
dynamic-loading　动加载
dynamic loading　程序动态装入
dynamic loss　动态损耗
dynamic loud-speaker　电动式扬声器，电动喇叭
dynamic lubrication　动力润滑
dynamic measurement　动态测量
dynamic memory　动态存取器，循环存储器
dynamic metamorphism　动力变质作用
dynamic meter　测力计
dynamic microphone　电动式传声器，电动式话筒，动圈式话筒，电动送话器
dynamic microprocessor　动态微处理机
dynamic mockup (=DMU)　动态实物大模型
dynamic model　动态模型
dynamic modulus　动态模量
dynamic oil-damper　油液吸振装置
dynamic optimization　动态最佳化
dynamic oscillatory measurement　动态振动测量
dynamic overloading　动态超载，动态过载
dynamic performance　动态特性，动态性能
dynamic photoelasticity　动光弹性
dynamic pick-up　(1) 电动拾声器，动圈拾声器；(2) 动态传感器，动力传感器
dynamic pickup　动态传感器，动力传感器
dynamic porosity　有效空隙率，动态空隙率
dynamic pressure　冲撞压力，冲击压力，动压力，动压强
dynamic programming (=DP)　动态规划
dynamic property　动态特性
dynamic range (=DR)　动态范围
dynamic range of magnetic tape　磁带动态范围
dynamic receiver　电动式受话器
dynamic recovery　动态回复，动态复原
dynamic register　动态寄存器
dynamic reproducer　电动拾音器
dynamic relocation　动态再分配，动态再定位
dynamic resilience　动态回弹
dynamic resonance　动态谐振，瞬态谐振
dynamic response　动态响应，动力特性，动力反应
dynamic response computation　动力特性测定，频率特性测定
dynamic response curve　动态响应曲线
dynamic rigidity　动态刚性
dynamic rubbing seal　接触式动密封
dynamic seal　动密封
dynamic sensitivity　动态灵敏度
dynamic sequential control (=DSC)　动态顺序控制
dynamic similarity　动态相似性
dynamic speaker (=DSP)　电动式扬声器
dynamic spectrum　动态频谱
dynamic spring rate　弹簧动态测定
dynamic stability　动态稳定性，动力稳定性
dynamic state　动态
dynamic stiffness　(1) 动态刚性；(2) 动态稳定度，动力劲度
dynamic stop　动态停机
dynamic strain　动态应变
dynamic strain amplifier　动态应变放大器
dynamic strain meter　动态应变仪
dynamic stress　动载应力，动力应力，动应力
dynamic suction lift　动式吸入高度
dynamic suspension　可缓冲支承法，非刚性支承法，动态悬置，动态悬浮
dynamic synthesis　动态综合
dynamic system　(1) 动态系统，动力系统；(2) 动态制，脉冲制
dynamic system simulator　动态系统模拟装置
dynamic system synthesizer (=DSS)　(电子计算机的)动态系统综合装置，动态系统合成器
dynamic temperature correction　温差改正

dynamic tear　动撕裂
dynamic test　动态测试, 动态试验, 动力试验, 冲击试验
dynamic test stand　动态试验台
dynamic testing program (=DTP)　动态试验计划
dynamic thrust　动推力
dynamic tooth force　动态轮齿力
dynamic tooth load　轮齿动态负荷
dynamic tooth load test　轮齿动态负荷试验
dynamic torque　动转矩
dynamic transfer system　动力传输系统
dynamic trim　动力调整
dynamic tube constant　电子管动态常数, 电子管动态恒量
dynamic tuning　动态调谐
dynamic unbalance　动态不平衡
dynamic vacuum seal (=DVS)　动态真空密封
dynamic vibration absorber　动力减震器
dynamic viscoelasticity　动态粘弹性
dynamic viscoelastometer　动态粘弹仪
dynamic viscosity　动态粘度, 动力粘度, 动粘度
dynamic water pressure　动水压力
dynamic weight distribution　动态重量分布
dynamic wind rose　风力风向动力图, 风力玫瑰图
dynamical　动力学的, 动力的, 动态的, 电动的, 冲击的, 动的
dynamical balance testing instrument　动平衡试验仪
dynamical boundary condition　动态边界条件
dynamical distortion　动态畸变
dynamical instability　动态不稳定性
dynamical magnification　动力扩大系统
dynamical microphone　电动传声器
dynamical parallax　力学视差
dynamical stability　动力稳定度, 动态稳定
dynamical theory of strength　动态强度理论
dynamically balanced　动平衡的
dynamically coupled　动力耦合的
dynamically loaded plain bearing　动载滑动轴承
dynamicizer　并 - 串联变换器, 动态转换器, 动化器
dynamics (=DYN)　(1) 力学, 动力; (2) 动力学; (3) 动态 [特性]; (4) 强弱法
dymanics and performance-missile (=DPM)　动力与性能 - 导弹
dynamics of machinery　机械动力学
dynamics of mass points　质点系动力学
dynamics of mechanism　机构动力学
dynamis　潜在性, 潜力
dynamism　动力说
dynamite　达纳炸药, [黄] 炸药, 达纳马特
dynamiting　增重工艺
dynamitron　并激式高频高压加速器, 地那米加速器
dynamization　稀释增效法
dynammon　达那猛炸药, 硝铵 - 炭炸药
dynamo (=D 或 DYN)　(1) 发电机, 直流发电机; (2) (大写) 表示一种数字模拟程序
dynamo-　(词头) 动力, 力
dynamo alert system　(直流) 发电机警报系统
dynamo-chemical　动力化学的
dynamo coupling　[直流] 发电机联轴节
dynamo-electric　机械能转变成电能的, 电能转变成机械的, 电动 [力] 的, 机电的
dynamo-electric machine　[电动发] 电机
dynamo exploder　点火机
dynamo output　发电机 [功率] 输出
dynamo oil　电机油
dynamo steel sheet　电机硅钢片
dynamo-thermal　动热的
dynamobronze　特殊铝青铜, 耐磨铝青铜, 耐蚀铝青铜
dynamoelectric　电动的, 机电的
dynamofluidal　动力流动 [的]
dynamogenesis　能量之生成, 动力发生

dynamogenetic　动力发生的, 生力的
dynamogenetic value　发展价值
dynamogeny　动力发生
dynamograph　(1) 自动记录测力计, 自计式测力计, 动力自计器; (2) 肌力描记器, 握力计; (3) 印字电报
dynamometamorphic　动力变质的
dynamometamorphism　动力变质 [作用]
dynamometer (=DYN)　(1) 电力测功计, 电力测功仪, 测功器, 测功仪, 测力计, 动力计, 量力计, 功率计, 拉力表; (2) 土壤阻力计; (3) 镜筒出射光瞳测定器, { 光 } 倍率计; (4) 电动式仪表; (5) 肌力计
dynamometer brake　测功机
dynamometer life　台架试验寿命
dynamometer-type instrument　测力计式仪表, 电动式仪表
dynamometer type instrument　测力计式仪表, 电动式仪表
dynamometer-type multiplier　电测力计式乘法 [运算] 器, 电动式乘法 [运算] 器
dynamometric　测力的, 计力的
dynamometry　肌力测定法, 测功法, 测力法, 计力法
dynamon　戴那蒙炸药
dynamophany　动力指示法
dynamophore　能源
dynamostatic　电动产生静电的
dynamomotor　(1) 电动机 - 发电机组, 电动发电机; (2) 振铃电流发电机
dynamotor (=DYNM)　(1) 电动机 - 发电机组, 电动发电机; (2) 振铃电流发电机
dynamoscope　动力测验器
dynamoscopy　动力测验法
Dynapak method　高速高能锻造法
dynaquad　三端开点器件
dynarad　地那拉德 (一种 γ 射线辐照设备)
Dynaray　地那雷 (一种辐射治疗用直线加速器)
dynatron　[打拿] 负阻管, 四极管
dynatron effect　负阻效应
dynatron oscillator　负阻管振荡器
dynatron pulse circuit　负阻式脉冲电路
Dynavar　戴纳瓦尔合金, 定弹性系数合金
dyne (=D 或 DYN)　达因 (力的单位)
Dynel　(美) 代纳尔 (聚乙烯和丙烯腈共聚短纤维), 丁尼人造棉
dynemeter　达因计
dynetric balancing　电子平衡法
dynimo　(1) 发电机, 直流发电机; (2) (大写) 表示一种数字模拟程序
Dynistor (=diode thyristor)　(1) 一种非线性半导体; (2) 二极管开关元件; (3) 负阻晶体管
dynode　电子倍增器电极, 倍增器电极, 倍增管电极, 二次放射极, 中间极, 打拿极
dynode spot　倍增管极上的斑点, 打拿极斑点
dynode system　倍增系统
dynofiner　纸浆精磨机
dynomizing　精磨, 精炼
dynomomotor　电动发电机
dynopeller　[干的] 半成品捣碎机
dyon　双荷子
Dyotron　超高频振荡三极管, 微波三极管
dyro bearing　陀螺仪轴承
dysanalite (=dysanalyte)　钛铌铁钙矿
dyschronism　定时障碍
dyscrystalline　不良结晶质
dysfunction　(1) 不相适应特性, 不相适应状态; (2) 损坏, 失灵
dysphotic　照明很微弱的
dysphotic zone　弱光带
dysrosia　氧化镝
dysprosium　镝 Dy (音滴)
dyssophotic　弱光的
dyssophotic zone　弱光带
dystectic　(金属) 高熔点的, 难熔的
dystectic mixture　高熔混合物

E

E-boat　(德国的) 鱼雷艇
E-capture　轨道电子俘获，E 层电子俘获
E-function (=exponent function)　指数函数
E-layer　E 电离层
E-metal　锌铝合金
E-meter　(医用) 静电计
E-mode　(1) E 模；(2) 横磁波，横 H 波，电型波，TM 波
E-PAK　半导体和其他电子元件封装用树脂的商品名
E-type mode　(1) E 型波；(2) E 传播模，TM 传播模
E-vitton　(1)维东(核辐射下皮肤变红的剂量单位)；(2)紫外线单位(紫外线照射有效生物剂量)
each (=EA)　每个，每，各
each and every　每一个，一切，各自，分别，全部
each face (=EF)　每一面，各面
each layer (=EL)　每层
each of the contracting parties　缔约各方
each other　相互，彼此
each time　每次，每当
eagle　高鉴别力雷达轰炸瞄准仪，飞机雷达投弹瞄准器
eagle antenna　摆动射束天线
eagle-eye　眼光敏锐的
eagle scanner　飞机雷达投弹瞄准器扫掠装置
eakleite　硬硅钙石
ear　(1) 耳状物，耳；(2) 吊架，吊耳，吊环，吊钩，把手，环；(3) 夹头；(4) (辐射方向图) 瓣；(5) 外轮胎；(6) (复) 耳子(板材或带材的端部缺陷)
ear canal type earphone　耳塞
ear cup　耳机
ear for soldering　钎焊用吊架
ear lifters　谷穗扶起器
ear microphone　耳内传声器，耳塞式传声器
ear muffs　耳机橡皮套，耳机缓冲垫，减噪耳套
ear piece　(1) 耳机，听筒；(2) 受话器盖
ear protector　听力防护器
ear receiver　头戴式受话器，耳塞听筒
ear trumpet　助听筒
ear wagon　运送玉米穗的拖车
earage　两耳之间的距离
eared　有捏把的，带耳的，有耳的
eared nut　翼形螺母，元宝螺母
eared screw　翼形螺钉，元宝螺钉，蝶形螺钉
earliest finish date (=EFD)　最早完成日期
earlumin　伊尔铝合金
early　(1) 早先，初期；(2) 早期的，超前的，原始的，旧的
Early Bird　(1) 晨鸟 (国际同步商用通信卫星)；(2) 脱靶火箭
early bird encounter　早到导弹的交会
early detonation　过早爆燃
Early effect　厄雷效应
Early effect feedback capacitance　集电极反馈电容
Early equivalent circuit　厄雷型等效电路
early failure　早期失效，早期损坏，非正常损伤
early flight interception　(导弹) 初始段截获
early gate　(1) (电路) 前闸门；(2) 早期波门
early-late gate　前后选通门，前后波门
early launch phase　(导弹) 初始段
early missile test (=EMT)　早期导弹试验
early model　初期型号，原始型号，旧型号

early pulse　前跟踪门脉冲，前波门
early strength　早期强度
early strength cement　快硬水泥
early target information　预警目标数据
early-warning　远距搜索的，远程警戒的，预警的
early warning (=EW)　事先警告，提前报警，早期警戒，远程警戒
early-warning radar (=EWR)　远程警戒雷达，远距搜索雷达，预先警报雷达，预警雷达
early warning radar　远程警戒雷达，远距搜索雷达，预警雷达
early-warning station (=EWS)　远程警戒雷达站，远距搜索雷达站，远程搜索雷达站，预先警报雷达站
early warning system (=EWS)　提前报警系统
earmark　耳戳，记号，标记，特性
earnest-money　保证金
earnest money　保证金，定金，押金
earning capacity　生产能力
earphone　头戴受话器，译意风，耳机，听筒
earphone circuit　耳机电路
earphone coupler　耳机耦合器，耳机耦合腔
earphone gain　耳机增益
earphone jack　耳机塞孔
earpiece　(1) 头戴受话器，耳机，听筒；(2) 耳片；(3) 眼镜脚
earplug　护耳塞
earshot　(1) 可听距离；(2) 听力范围
earth (=E)　(1) 大地，地球，地；(2) {电} 埋入土中，接地，通地，地线；(3) 难以还原的金属氧化物(如氧化铝，氧化锆)；(4) 国家，国土
earth acceleration　重力加速度
earth air-current　地 - 空电流
earth alkali metal　碱土金属
earth antenna　地下天线，接地天线
earth arrester　[一端接地的] 火花隙避雷器，接地火花避雷器，接地放电器
earth arrival　(从航天飞行) 到达地面
earth auger　钻土螺钻，螺旋钻机，地螺钻
earth auger truck　钻土器卡车
earth backing　回填土
earth bar　接地棒，地线棒
earth base　土基
earth based　(设在) 地面的，以陆地为基础的，陆基的
earth-based coordinate system　地球坐标率
earth boost velocity　脱离地心引力速度，脱离地球速度
earth borer　钻土器
earth bus　接地母线
earth capacitance　对地电容，大地电容
earth capacity　对地电容
earth centered inertial coordinates　地心惯性坐标
earth circling satellite　绕地轨道卫星
earth circuit　接地电路
earth clamp　接地夹子，接地端子
earth clip　接地夹
earth coil　地磁感应线圈
earth color　土质颜料，矿物颜料
earth conductivity　大地电导率
earth conduit　瓦管
earth connection　(1) 地线接头，接地线，接地；(2) 接地工程
earth connection measurement plant　接地测量装置

398

earth connector　接地器
earth cord　接地软线
earth covering　覆盖土层
earth-current　[大]地电流
earth current (=EC)　接地电流,泄地电流,大地电流,地电
earth current breaker　接地电流断路器
earth current storm　大地电流暴
earth cutting　挖土
earth departure window　(1)离地窗;(2)脱离地球的最佳时间
earth detector　(1)接地检测器,接地测试器,接地指示器;(2)漏电检查器,漏泄指示器,检漏器
earth dialing　接地拨盘,接地式拨号(自动交换电话)
earth drill　钻土机,钻土器
earth entry　进入地球大气层
earth escape　逃离地球重力场,地球轨道逃逸点
earth excavation　开挖土方,挖土
earth fault　接地故障
earth-fault current　接地故障电流
earth fault current　接地故障电流
earth fault protection　接地保护[装置]
earth-fill　填土
earth filtering　地层滤波
earth flax　石棉
earth-free　不接地的
earth gravity　地心引力
earth grid　抑制栅极,接地栅极
earth ground　接地
earth induction　地磁感应
earth inductor　磁倾角感应器,地磁感应器
earth inductor compass　地磁感应罗盘
earth ionosphere cavity resonance　地-电离层空腔共振
earth ionosphere wave-guide　地/电离层波导
earth lamp　检漏灯,接地指示灯(检查漏电用)
earth lamp switch　接地指示灯开关,检漏灯开关
earth layer propagation　地层传播
earth lead　接地[导]线
earth leakage　(1)接地泄漏,通地泄漏,通地漏电,漏电;(2)向地下渗入
earth leakage current　漏地电流
earth leakage indicator　漏地电流指示器
earth-leakage protection　接地漏电防护
earth leakage protection　对地漏泄保护[装置]
earth light　地球反照,大地光,灰光
earth line　地下电缆线路
earth load　土压力,土荷载
earth loader　装土机
earth magnetic field　地球磁场,地磁场
earth magnetic field jamming　地磁干扰
earth magnetism　地磁
earth magnetism navigation　地磁导航
earth measurement　大地测量
earth mover　土方机械,运土机械,推土机
earth moving　土方工程,土方工作,土方搬运
earth moving equipment　推土设备,推土机具
earth moving machineries　铲[土]运[输]机械
earth moving scraper　运土铲土机
earth moving works　土方工程,土方工作,土方搬运
earth oil　(1)石油,原油;(2)地沥青
earth orbit plane (=EOP)　地球轨道平面
earth orbital flight (=EOF)　地球轨道飞行
earth oriented satellite　面向地球卫星
earth oscillation　地球振动
earth path indicator　航迹钟
earth physics　地球物理[学]
earth pigment　无机颜料,土性颜料
earth pilotage　接地销针
earth pin　接地棒,地线棒
earth pipe　接地管
earth pitch　软沥青
earth-plate　接地板
earth plate (=EP)　接地导板,接地板
earth plug　带接地触点的插头
earth point　接地点
earth potential　大地电位,接地电势,电势

earth potential difference (=epd)　对地电位差
earth pressure　土压力
earth pressure at rest　静止土压力
earth pressure cell　土压力盒
earth pressure wedge　土压力楔
earth quantity　土方量
earth rammer　夯土机
earth rate　地球自转速率
earth rate shift　地球自转引起的[陀螺]漂移
earth-rate unit　地球转速单位(每小时15度)
earth reference　地面坐标系,地球基准,地标
earth reference error　(宇宙飞行器位置)对地球参考坐标的误差
earth reflected impulse　大地反射脉冲
earth-reflected wave　地面反射波
earth reflected wave　地面反射波
earth reflection　大地反射,地面反射
earth-resistance　接地电阻
earth resistance　接地电阻
earth resistance meter　接地电阻表,接地电阻计,土阻测量器,地阻计
earth resistance tester　接地电阻测试器
earth-resistivity　地电阻率
earth resistivity　地电阻率
earth resource observation satellite (=EROS)　地球资源观测卫星
earth resources satellite (=ERS)　地球资源卫星
earth resources technology satellite (=ERTS)　地球资源技术卫星
earth-return　接地回路,接地回线,地回路
earth return　地电回路,接地回路,大地回路,接地回线,地回路
earth-return circuit　接地回路
earth return structure　地线回路
earth-return system　地回路方式,地回路制
earth return system　单线制
earth satellite　地球卫星
earth satellite vehicle (=ESV)　人造地球卫星
earth-scraper　铲运机,铲土机
earth scraper　刮土机
earth screen　接地屏蔽,地网
earth-shielded　接地屏蔽的,接地隔离的
earth shielded　接地屏蔽的
earth shock　地震
earth silicon　二氧化硅
earth station　地面电台,地球站,地面站
earth structure　土工构筑物
earth stud　接地双头螺栓
earth switch　接地开关
earth system　(1)地线装置;(2)地线系统,接地系统,搭接系统,搭铁系统
earth terminal　接地端子
earth test system　接地测试系统
earth tester　接地测试器,高阻表,摇表
earth thermometer　地温计
earth-type　陶制的
earth viewing antenna　指向地球天线
earth wave　地[震]波
earth wax　石蜡
earth wire　接地线
earth working　土方工程
earthdin　地震
earthed　接地的,通地的
earthed capacitor　接地电容
earthed-cathode　阴极接地的
earthed cathode triode　接地阴极三极管
earthed-circuit　接地电路,单线电路
earthed circuit　接地电路,单线电路
earthed concentric wiring system　接地同轴电缆布线制
earthed conductor　接地导线
earthed distribution system　接地配电系统
earthed neutral　接地中点,接地中线
earthed neutral conductor　接地中线
earthed return　接地回线
earthed system　接地系统,地线系统,接地装置,单线制
earthen　(1)陶制的,土制的,土的;(2)土地的
earthen pipe　瓦管
earthen tile　粘土砖
earthenware　(1)陶器;(2)粘土;(3)陶瓷的;(4)粘土的

earthenware duct　陶管
earthenware pipe　陶瓷管，瓦管
earthenware porcelain receptacle　陶瓷容器
earthenware ring　陶器圈，瓦圈
earthenware ship　混凝土船，水泥船
earthenware tile　粘土砖
earthenware tower　陶器塔，瓦塔
earthenware vessel　粗陶器皿
earthing　接地，通地
earthing clamp　接地夹具
earthing conductor　接地线，地导体，地线
earthing connection　接地装置
earthing device　接地装置
earthing of casing　外壳接地
earthing of lightening arrester　避雷器接地装置
earthing reactor　接地电抗器
earthing resistor　接地电阻器
earthing switch　接地转换开关，接地开关
earthing terminal　接地终端，接地端子
earthing tyres　搭铁轮胎
earthing up plough　培土器
earthmover　(1) 大型挖土机，推土机；(2) 运土机械，土方机械
earthometer　(1) 接地测量仪；(2) 接地检验器，接地检查器，高阻计，高阻表，兆欧表
earthquake　地震
earthquake coefficient　地震系数
earthquake damage　地震损害，地震破坏
earthquake engineering　地震工程 [学]
earthquake-proof　防震的，耐震的
earthquake-proof design　防震设计
earthquake-proof foundation　防震基础
earthquake-proof joint　(水管) 防震接头，耐震接头
earthquake seismology　地震工程学
earthquake sound　震声
earthresistance　大地电阻
earth's atmosphere reentry window　(1) 再入窗口；(2) 再入大气层的最佳时间
earth's surface　地球表面，地面
earthshock　地震 (尤其指局部地震)
earthwatch　地球监察
earthwork　(1) 土方工程，土方作业，土工；(2) 土路基
earthwork plant　土方机械
earthy　(1) 接地的；(2) 地电位的 [点]；(3) 土壤的，土质的
eartrumpet　助听器，听筒
easamate　简易自动式
easamatic　简易自动式的
easamatic power brake　简易自动制动器，真空制动器，真空闸
ease　(1) 减轻，减低；(2) 易，容易
ease automatic　简易自动式
ease of addition　加成容易程度，加成本领
ease of control　易控程度
ease-off　(1) 间隙，余隙；(2) 修正
ease the gas　减低供气量
easel　(1) 绘图桌，(2) 框，(3) 平板玻璃
easement　自然弯线
easement curve　过渡曲线，缓和曲线，介曲线
easer　(1) 辅助炮眼；(2) 缓冲物，放松物；(3) 油墨添加剂
easers　松经装置，松经杆
easily hydrolyzable (=EH)　易于水解的
easing　(1) 缓和曲线；(2) 修缘；(3) 放松
easing gear　卸载装置，释放装置，减压装置
easing lever　(安全阀的) 开启杆
easing of shutters　拆模板，脱模
easing out line　(清解锚链的) 送出缆，引链索，吊钩绳
easing wedges　易脱楔块
east　东
east by north　东偏北
east-northeast　东北东
eastbound　向东的
Eastern Air Lines (=EAL)　(美) 东方航空公司
Eastman colour　依斯特曼彩色胶片
eastward　向东方向
easy　(1) 容易，慢；(2) 回舵；(3) 不苛刻的，容易的，平顺的，轻便的
easy axis　易磁化轴

easu bilge　(1) (船的) 圆舭；(2) 平顺底边
easy-change transmission　易换速变速器
easy change transmission　易换速变速器
easy curve　平顺曲线，平缓曲线，平缓弯段
easy device　轻便装置，轻便仪表
easy fit　轻转配合
easy flask　滑脱砂箱
easy-flo　银焊料合金
easy instruction automatic computer　教学用自动计算机
easy load　易装卸的货物
easy magnetization axis (=EA)　易磁化轴
easy maintenance　(1) 小修；(2) 检修方便
easy maintenance and simple operation　维修方便及操作简单
easy motion　平稳运动
easy motion of edge dislocation　刃型位错的易运动
easy off flask　滑脱砂箱
easy push fit　滑动配合，轻推配合，动配合
easy running fit　轻转 [动] 配合
easy service　简易检修，小修
easy servicing　小修，检修
easy seaving　简易检修，小修
easy slide fit　轻滑配合，滑动配合
easy starter　简易起动装置，简易自动装置
easy terms　不苛刻的条件，优惠条件
easy-to-handle　易于处理的，易于操纵的
easy working clutch　易工作离合器
eat　(1) 腐蚀，锈蚀；(2) 蛀
eat-back　[化学腐蚀] 蔓延
eating　腐蚀
eating away　蚀掉
eating-thrown　蚀穿
Eaton differential　伊顿差速器
eave　凸出的边缘
ébauche　手表零部件
ébauchoir　大凿子
ebicon (=electron bombardment induced conductivity)　电子轰击导电性
ebonite　(1) 硬 [质橡] 胶，硬质胶，硬橡皮；(2) 胶木衬套，胶木
ebonite bush　硬橡皮衬套，胶木衬套
ebonite bushing　硬橡皮衬套，胶木衬套
ebonite clad cell　硬胶包覆电池，胶木包覆电池
ebonite clad plate　硬胶覆蔽电池极板
ebonite driver　胶柄螺丝刀，胶柄改锥
ebonite dust　硬质胶粉，胶木粉
ebonite earpiece　(受话器) 胶质耳盖
ebonite packing　硬橡胶填料，胶木填料
ebonite seal　胶木环密封
ebonite sleeve　硬橡胶套管，胶木套管
ebonite stud　硬橡胶螺柱
ebonite tube　硬橡胶管，胶木管
ebullator　(1) 沸腾器；(2) 循环泵
ebullience　沸腾，起泡，爆发
ebullient　沸腾的
ebulliometer　沸点测定计，沸点测定器，沸点酒精计，沸点计
ebullioscope　沸点测定计，酒精气压计，沸点计
ebullioscopic　沸点测定的，沸点升高的
ebullioscopy　沸点升高测定法
ebullition (=boiling)　沸腾，起泡
ecalo　自动能源调节器
eccentric (=ECC)　(1) 偏心；(2) 不同圆心的，非正圆的，偏心的，离心的；(3) 偏心装置，偏心曲柄，偏心轮，凸轮；(4) 偏心压力机，曲柄压力机；(5) 偏心轨道，偏心圆
eccentric action　(1) 偏心动作；(2) 偏心作用
eccentric adjuster　偏心调整装置
eccentric adjusting sleeve　偏心调节套
eccentric adjustment　凸轮调整，偏心调整，偏心调节
eccentric anchor pin　偏心支销
eccentric angle　(1) (锥齿轮机床) 刀位转角，偏心角；(2) 离心角
eccentric anormaly　偏心像差，偏近点角
eccentric arm　偏心半径，偏心距
eccentric axial load　偏心轴向荷载
eccentric axis　偏心轴
eccentric balance-weight　偏心配重
eccentric band　偏心环

eccentric bar　偏心杆
eccentric bearing　偏心轴轴承
eccentric block　偏心块
eccentric bolt　偏心螺栓
eccentric breaker　偏心轧碎机
eccentric bushing　偏心衬套, 偏心 [轮] 轴衬
eccentric cam　偏心凸轮, 偏心鼓轮
eccentric center　偏 [心中] 心
eccentric circle　偏心圆
eccentric chuck　偏心卡盘
eccentric circle　偏心圆
eccentric clamp　偏心压板
eccentric clip　偏心夹环, 偏心夹箍
eccentric compression　(1) 偏心压力；(2) 偏心 [受] 压缩
eccentric converter　偏口转炉
eccentric crank　偏心曲柄
eccentric crank mechanism　偏心曲柄机构, 偏置曲柄机构
eccentric cutter holder　偏心刀架
eccentric cylinder rotary oil pump　偏心缸回转油泵
eccentric disc　偏心盘
eccentric disk　偏心盘
eccentric distance　偏心距 [离]
eccentric drive　偏心 [轮] 传动 [装置]
eccentric driven pump　偏心泵
eccentric drum　偏心鼓轮, 偏心轮鼓
eccentric feeder　偏心轮式送料器, 偏心轮喂送器
eccentric for fuel regulation　燃油调节偏心轮
eccentric force　偏心力
eccentric fork　偏心轮叉
eccentric gab　偏心轮叉子
eccentric gear　(1) 偏心齿轮, 偏心轮；(2) 偏心装置, 偏心机构
eccentric gearing　偏心齿轮传动 [装置]
eccentric governor　偏心调节器, 偏心调速器
eccentric groove　偏心槽
eccentric inverted slider-crank mechanism　可反转的滑块 - 偏心曲柄机构
eccentric lathe　偏心车床
eccentric level　(照准仪的) 偏心水准
eccentric liner　偏心轮衬面
eccentric link　偏心连杆
eccentric load　偏心负荷, 偏心负载, 偏心载荷
eccentric loading　偏心荷载, 偏心载重
eccentric mechanism　偏心机构
eccentric moment　偏心力矩
eccentric mooring buoy　偏心系船浮筒
eccentric motion　偏心运动
eccentric motion reversing gear　凸轮回行机构, 凸轮逆转装置
eccentric mounting　偏心安装
eccentric nut　偏心螺母
eccentric oiler　偏心注油器
eccentric orbit　偏心轨道
eccentric-orbiting geographysical observatory (=EGO)　偏心轨道地球物理观测站
eccentric orifice　偏心孔板
eccentric pin　偏心销
eccentric pipe　偏心管
eccentric piston ring　偏心活塞环
eccentric pivot　偏心支点
eccentric press　偏心压力机, 偏心压机
eccentric pulley　偏心皮带轮, 偏心轮
eccentric pump　偏心泵
eccentric radius　偏心半径
eccentric ratio　偏心比率
eccentric reducer　偏心异径管节
eccentric reducing coupling　偏心异径管接
eccentric reducing gear　偏心式减速齿轮
eccentric reduction gear　偏心式减速齿轮
eccentric ring　偏心环
eccentric rod　偏心杆, 偏心棒
eccentric rod gear　偏心连杆机构
eccentric roller　偏心辊, 偏心滚柱, 偏心滚轮
eccentric roller jacking device　偏心起升滚轮装置
eccentric rotor engine　偏心转子发动机
eccentric runner　偏心转子

eccentric-screw　偏心螺钉
eccentric screw breechblock　偏心闭锁机
eccentric sector gear　偏心扇形齿轮
eccentric shaft　偏心轴
eccentric shaft press　偏心压力机, 曲柄压力机, 偏心冲床, 曲柄冲床
eccentric sheave　偏心滑轮, 偏心皮带轮, 偏心内轮
eccentric shoe　偏心滑块
eccentric sleeve　偏心套筒, 偏心衬套
eccentric slide path　偏心滑道
eccentric slider-crank　偏心滑块 - 曲柄 [机构]
eccentric sliding vane pump　偏心滑叶轮
eccentric strap　偏心轮外环, 偏心外环, 偏心外圈, 偏心环
eccentric strap bolt　偏心环螺栓
eccentric-strap oil-cup　偏心环油杯
eccentric strap oil cup　偏心环油杯
eccentric strap oil pocket　偏心环油槽
eccentric strap seat　偏心套环座
eccentric throw　偏心轮行程, 偏心距
eccentric thrust load　偏心推力负荷
eccentric travel　偏心行程
eccentric travel of wheel spindle　砂轮主轴偏心行程
eccentric turning　偏心车削
eccentric-type pick up　偏心式捡拾器
eccentric type pickup　偏心式捡拾器
eccentric-type vibrator　偏心式振动器
eccentric type vibrator　偏心振动器
eccentric valve seat grinder　偏心阀座磨床
eccentric vibrating screen　偏心振动筛
eccentric wear　偏心磨损
eccentric wheel　偏心轮
eccentrical angle　偏心角
eccentrical locating collar　偏心式定位套
eccentrically arranged valve　偏置阀
eccentrically bored spindle　偏心钻杆
eccentricity　(1) 不同轴度, 偏心度, 偏心距 [离], 偏心率, 离心率, 偏心；(2) (齿轮误差) 运动偏心, 径向跳动
eccentricity component　偏心分量
eccentricity correction device　偏心矫正装置
eccentricity factor　偏心度系数
eccentricity of rest　静态偏心度, 静态偏心率
eccentricity range　偏心距范围
eccentricity ratio　偏心 [度] 比, 偏心率
eccentricity recorder　偏心记录仪
eccentricity runout　偏心跳动
eccentricity sheave　偏心轮
eccentricity tester　径向跳动检查仪, 偏心度检查仪, 偏心距检查仪
eccentricity throw-out　偏心推出器
eccentricity tolerance　偏心度公差
Eccles-Jordan circuit　艾勒克斯 - 乔丹电路, 双稳态触发电路, 多谐振荡电路, 反复电路, 可逆电路
Eccles-Jordan multivibrator　艾勒克斯 - 乔丹触发器, 双稳态多谐振荡器
Eccles-Jordan trigger　双稳触发电路
echelette　小阶梯光栅, 红外光栅
echelette grating　小阶梯光栅, 红外光栅
echelle　中阶梯光栅, 分级光栅
echelle grating　中阶梯光栅
echellegram　中阶梯光栅图, 分级光栅图
echelon (=ECH)　(1) 梯队；(2) 梯次配置, 梯列, 梯式；(3) 阶梯光栅
echelon antenna　梯形 [定位] 天线
echelon device　阶梯棱镜装置
echelon grating　阶梯光栅
echelon lens　阶梯透镜,
echelon lens antenna　多振子透镜式天线, 梯形透镜式天线
echelon matrix　阶梯矩阵
echelon prism　阶梯棱镜
echelon strapping　阶梯式绕带, 耦合带
echelonment　梯次配置
echo　(1) 雷达回波, 反射波, 回声波, 回波；(2) 反应, 反响, 共鸣；(3) 回答信号, 反射信号, 回声信号, 假信号；(4) 声的反射, 波的折回, 发出回声, 起共鸣, 回声, 回音, 反照, 反应；(5) 回波图像, 阴影图, 双像, 双影；(6) 重复, 仿效
echo acquisition　回波捕捉
echo altimeter　回声测高计, 音响测高计, 雷达测高计

401

echo amplifier (雷达)反射信号放大器,回波放大器
echo area (雷达)反射面积,回波面积,回波区
echo-bearing 回波定位
echo bearing 回波方位,声响方位
echo board 回波显示屏
echo-box 回波谐振箱,回波箱
echo box 回波谐振器,空腔谐振器,空箱谐振器,回波箱
echo box actuator 回波空腔谐振器,回波谐振腔装置,激励器
echo box performance monitor (雷达)空腔谐振监控器
echo cancellation 副像消除
echo chamber 回声室,反响室,混响室
echo check {计}回波检测
echo checking 回波检验,回送检验
echo-complex 回声群
echo contour 回波等强线
echo depth finder 回声测深仪
echo depth sounder 回声测深仪
echo depth sounding sonar 超声波探测器,回声测深仪
echo distortion 回波失真
echo Doppler indicator 多普勒回波指示器
echo effect 回波效应
echo elimination 反射信号抑制,消除回波,消除回声
echo excess 回声余量
echo-fathom 回声测深
echo flutter 回波颤动
echo following 回声信号跟踪
echo go 混响输出
echo-image 回波图像,双像,重影
echo image 回波图像
echo integrator 回声积分器
echo intensity 回波强度
echo killer 反射信号抑制器,回波抑制器,回波消除器
echo location (1)回波测距;(2)回声定位[法];(3)回声定位技术
echo locator 回波定位仪
echo loss 反射信号损耗,回声损耗
echo machine 回声测深机,回音设备,回波设备,回声机
echo measurement 音响测量
echo meter 回声测试器
echo microphone 回波接换能器,回声话筒
echo pip 回波脉冲光,反射脉冲
echo plate 混响板
echo-pulse 回波脉冲,回声脉冲
echo pulse 回波脉冲
echo range equipment (=ERE) 回波测距设备
echo-ranging (1)回声测距[法];(2)回声定位
echo ranging (=ER) (1)回声测距法,回声测距法,回波测距;(2)回声定位
echo ranging detection 回声测距
echo ranging indicator 回声测距指示器
echo ranging sonar 回声测距声纳,回声定位声纳
echo ranging transducer 回声测距换能器
echo resonator 回波谐振器,回波箱
echo signal 回波信号,回声信号
echo-sound 音响测深的,回声探测的
echo-sounder 音响测深机,回声测深仪,回声探测器
echo sounder 回声测深仪,回声探测器
echo sounder profile 回声测深剖面图
echo sounder system 回声测深系统
echo-sounder work 回声器测深
echo sounding (=ES) 回声测深法,回声探测
echo sounding apparatus 回声测深仪
echo sounding device 回声测深仪
echo sounding gear 回声仪
echo sounding instrument 回声探测仪
echo sounding launch 回声测深艇
echo sounding machine 回声测深仪
echo sounding room 回声测深仪室
echo-strength 回声强度,回波强度
echo studio 回声播音室,混响室
echo splitting radar 回波分裂雷达
echo suppression 回声抑制
echo suppression circuit 回波消去电路,回波抑制电路
echo suppressor 反射信号抑制器,回波抑制器,回波消除器
echo talker 回送干扰

echo technique 反射信号技术,回波技术
echo trap (1)回波抑制装置,回波滤波器,回波陷波器,回波阱;(2)功率均衡器
echo-wave 回波
echo wave 回波
echo-wave noise 陆架波噪声
echoencephalograph 回波脑造影仪
echogram (1)回声测深记录,回声深度记录;(2)回声探测仪的深度记录图,音响测深图表,超声波回声图
echograph 回声测深自动记录仪,音响测深自动记录仪,回声深度记录器,自记回声测深仪,回声测深仪
echographia 模仿书写
echography 回波描记术
echoic 回声的,像声的
echoing (1)回波[现象];(2)回声[现象];(3)反照现象
echoing characteristic 回声特性,回波特性,反射特性
echoing cross section 反向散射横截面
echoing end reply 返回结束回答
echoism 形像,像声
echokinesis 模仿动作,模仿运动
echolalia 模仿语言
echolation 电磁波反射法
echoless 无回声的,无反响的
echolocation 回声定位法,回波定位
echometer (1)探鱼仪;(2)回声测深机,音响测深机,回声测深仪;(3)水声测距仪,回声测距仪;(4)回声测试器,回声仪,回声计;(5)听诊器
echometry 测回声术
echomotism 模仿动作,模仿运动
echopraxis 模仿动作
echoscope (1)模仿镜;(2)听诊器
echosonogram 超声回波图
echosounding 用回波测量水深,回声探测法,音响测深法,回声测深法,音响测深法
ECL-TC 温度补偿的发射极耦合逻辑
eclipsalloy 艾克利普斯镁合金(铝1.25%,锰1%,镁97.75%)
Economet 艾康诺梅特铬镍钢(铬8-10%,镍29-31%,余量铁),铬镍铁合金
econometric model 计量经济模式
econometrics 计量经济学,经济计量学,估算经济学
econometry 经济计量学
economic 经济学的,经济[上]的,节俭的,节省的,实用的
economic activity 经济活动
economic agent 经济代理人
economic aid 经济援助
economic appraisal 经济评价
economic analysis 经济分析
economic burden 经济负担
economic center 经济中心
economic character 经济情况,生产情况
economic coefficient 经济效率
economic contact 节电接点
economic crisis 经济危机
economic cruising speed range 经济巡航速度续航力
economic depth 经济深度,经济高度
economic dimensions 经济局面,经济尺度
economic efficiency 经济效果,经济效率
economic gain 经济成果,经济增长
economic goods (1)经济财物,经济物资,有价物品;(2)经济产品
economic information 经济信息,经济情报
economic investigation 经济考查
economic life (1)(设备的)经济使用年限;(2)经济寿命
economic load 经济装载量,经济负荷
economic logistics quantity 经济物流数量
economic loss 经济损失
economic operation 经济运行
economic order quantity 经济订购量
economic pattern 经济结构
economic policy 经济政策
economic power 经济功率
economic principle 经济原则,经济主义
economic production 经济生产
economic purpose 经济目的
economic ratio 经济比率
economic reasonableness 经济合理性

economic recession　经济衰退
economic requirements　技术经济指标
economic revolution　经济革命
economic sanction　经济制裁
economic sector　经济部门
economic service life　经济使用期限
economic slack　经济衰退
economic span　经济跨度
economic speed　经济航速
economic structure　经济结构
economic survey　经济调查
economic team　经济顾问组，经济咨询组
economic turbine stages　汽轮机经济级组
economic use　经济使用
economic value　经济价值，工业价值
economic zone　经济区
economical　经济学的，经济[上]的，节俭的，节省的，实用的
economical load　经济负载
economical load dispatcher (=ELD)　（电力）经济负载分配装置
economical operation　经济运行
economically　经济上，经济地，节约地
economics　经济状况，经济效果，经济原则，经济学
economics of shipbuilding　造船经济学
economies of scale　规模经济
economill　便携钻头
economisation　(1) 节俭，节省，节约；(2) 缩减，精简
economise　(1) 节省，节约，节俭；(2) 有效地利用
economiser　(1) 废气预热器，废气节热器，燃料节省器；(2) 节油器，节热器，节氧器，省热器，节约器，经济器，(3) 降压变压器；(4) 加温器；(5) 节俭者
economist　经济学家，经济学者
economization　(1) 节俭，节省，节约；(2) 缩减，精简
economize　(1) 节省，节约，节俭；(2) 有效地利用
economizer　(1) 废气预热器，废气节热器，燃料节省器；(2) 节油器，节热器，节氧器，省热器，省煤器，省油器，节约器，经济器；(3) 降压变压器；(4) 加温器；(5) 节俭者
economizer bank　节热器排管，[空气] 预热管
economizer jet　省油器量孔
Economo　易削钢钢
economy　(1) 经济制度，经济机构，经济办法，经济性，经济学，经济；(2) 节约[措施]，节省；(3) 有机体系，组织，系统，机制，整体；(4) 质量[因子]；(5) 经济舱位；(6) {计} 缩减率
economy of material　节约用料
ecphylactic　无防御的
ecphylaxis　无防御性
ecracite　厄拉炸药，伊克煞特，三硝基甲酚铵
ecrase　压花效应，皱纹效应
ecru　(1) 淡褐色的；(2) 浅灰黄色，淡褐色
ecsomatics　检验学，化验学
ecstaltic　离心的
ectoscopy　外表检视法
ectotheca　气管外层，外壁
ectropite　硅锰矿
ectype　复制品
eddy　(1) 旋涡；(2) 涡流；(3)（使）起涡流，（使）旋转
eddy axis　涡流轴线
eddy behand the stern　船尾后涡流，尾涡
eddy conductivity　涡流传导性
eddy-current　涡[流电]流
eddy current　(1) 涡旋流，涡流，(2) 杂散电流，涡[流]电流
eddy current anomaly　涡流损耗异常
eddy-current brake　(1) 涡流制动器，(2) 涡流测功器
eddy current braking　涡流制动
eddy current clutch　涡流离合器
eddy-current coupling　涡流联轴节，涡流联轴器，涡流耦合器
eddy current damper　涡电流阻尼器
eddy current dynamometer　涡流测功器
eddy current heating　涡流加热
eddy current loss　涡流损失，涡电流损耗
eddy current magnetism　涡流磁场
eddy current resistance　涡流阻力
eddy-current retarder　涡流辅助制动器
eddy-current revolution-counter　涡流转速计
eddy current speed indicator　涡流测速计

eddy current technometer　感应式转速表
eddy current thickness　电涡流厚度计
eddy currents analysis　涡流分析
eddy currents in attraction type motor　吸引型电动机中的涡流
eddy diffusion　(1) 涡流扩散，涡流扰动；(2) 紊流扩散
eddy diffusivity　紊流扩散系数
eddy diffusivity eddy　紊流扩散系数
eddy-drag　涡流阻尼的，电磁阻尼的
eddy effect　涡流作用，涡流效应
eddy field　涡旋场
eddy flow　紊流，涡流，旋流
eddy frequency　涡旋频率
eddy generation　发生涡流，涡流形成
eddy kinetic energy　涡流动能
eddy loss　涡流损失，涡流损耗
eddy making　涡流形成
eddy mill　涡流式碾磨机
eddy milled particle　旋磨粉末
eddy milled power　旋磨粉末
eddy motion　涡流运动，旋涡运动
eddy noise　涡流爆声
eddy plate　抗涡流板，整流板
eddy-resistance　涡动阻力，防止涡流
eddy resistance　旋涡阻力，涡流阻力
eddy spectrum　涡流谱
eddy-stress　涡动应力
eddy stress　涡动应力，涡动压力
eddy testing　涡流检验，涡流探伤
eddy velocity　涡流速度
eddy-viscosity　端流粘滞性
eddy viscosity　涡流粘度
eddy wake　涡流伴流
eddy water　旋涡水，旋涡
eddy wind　小旋风
eddy zone　涡流区
eddycard　涡流卡片
eddycard memory　涡流卡片存储器
eddycard store　涡流卡片存储器
eddying　涡流，涡流的形成，紊流，旋流
eddying drag　涡流阻力
eddying effect　涡流效应
eddying flow　涡流，紊流，旋流
eddystat　(感应电动机的)涡流起动器
edge　(1) 边缘，边，(2) 棱边，棱；(3) 刃口，刀刃，利刃，锋棱，刃，(4)(脉冲)前缘，侧边，(5) 散热片，肋条，肋；(6) 界限，边界；(7) 平面，晶面；(8) 优越条件，优势，(9) 给……镶边，使开刃，磨快
edge action　边缘作用，边界作用
edge analysis　(图像)边缘分析，轮廓分析
edge angle　(1) 背锥角(背锥母线与轴线垂直线之间的夹角)；(2) 边缘角，棱角，偏角
edge bar　缘杆
edge beam　边梁
edge board contacts　印制线路板引出端
edge build-up　(磁带)边缘凸起变形
edge business　边缘忙乱(数字电视中图像边沿的不规则现象)
edge cam　平面凸轮，端面凸轮，凸轮盘
edge-clamp-mounting　夹边安装
edge coil　扁缘线圈
edge condition　边界条件
edge connector　(1) 边缘接头；(2) 印制板插头座
edge contact　棱边接触
edge contact cooled rectifier　边缘接触冷却的整流器
edge-correction　边缘校正
edge crack　边缘裂纹
edge curl　卷边
edge current　边缘电流
edge damage　破边，边坏，边伤
edge detector　边缘检测器
edge dislocation　刀刃错位距，刃型错位，边缘位错
edge dressing machine　板边加工机床
edge echo　边回波
edge effect　边界效应，边缘效应，边际效应，棱角效应，边角效应，末端效应
edge enhancement　轮廓增强

edge file 刃锉
edge filter 流线式过滤器
edge filtration 流线式过滤
edge frequency 临界频率,边界频率,截止频率
edge function 边缘函数
edge fusing 热熔成边
edge folded 卷边
edge glass 棱镜
edge gluing veneer 拼接单板
edge guide (1) 吸边器;(2) 导布器
edge-illuminated 边缘照明的
edge illuminated scale 边缘照明刻度线
edge illuminated screen 边缘照明屏幕
edge interference 尖顶干涉
edge iron (1) 修边刀;(2) 角铁;(3) 铁制边缘
edge joint (1) 边缘[刃型]连接;(2) 边缘焊接头,端接[接]头
edge jointing adhesive 对接粘合剂,对接胶
edge knurling machine 滚花机,压花机
edge-lift 边管提升,四周气升
edge light (1) 边缘照明;(2)(照相)跑光
edge line 边带线
edge lip (磁带)边缘凸起变形
edge load 刃口负荷,棱边负荷
edge load stress 边载应力
edge member 棱边构件
edge mill (1) 窄平铣刀;(2) 轮碾机,碾碎机,轮磨机;(3) 磨轮
edge milling machine 铣边机
edge-notched (凹)边缘穿孔的,边缘凹口的,切边的,边缺的
edge of cutter 刀刃
edge of dihedral angle 二面角的棱
edge of Mach cone 马赫锥母线,扰动锥母线
edge of punch 冲头缘
edge of regression 脊线
edge of the stream 射流界限
edge of tool 刀口
edge of track banding 磁迹边缘条带效应
edge of work 工作边缘
edge orientation 棱取向
edge-perforated (凹)边缘穿孔的
edge piping 滚边,镶边
edge planer 刨边机
edge planing 刨板边
edge planing machine 板料边缘刨床,板边刨床,刨边机
edge preparation 接边加工,边缘整理
edge pressure 刃口压力,棱边压力
edge printer 边缘印片机
edge printing 边缘印字
edge protector 箱[的]防损器
edge-punched 边缘穿孔的
edge punched punch 边缘穿孔器
edge purity magnet 边缘色纯度调整磁铁
edge radius 边缘倒角半径,棱角半径,顶角半径
edge resolution 光栅边缘分辨能力
edge restraint condition 边缘约束条件
edge roll [封面]压型机
edge-rolled 封面卷边的
edge rounding 弄圆边角,圆边
edge runner (1) 轮碾机,轮磨机,碾子;(2) 磨轮
edge-runner pan 碾盘
edge runner-wet mill 湿碾机
edge scanner 带材边缘位置调整器,成卷带材裂边检查仪,带材对中调节器
edge seal(ing) 刀口密封,封边,封边
edge seam 边缘线状裂纹
edge sharpness 轮廓清晰度
edge shaver 刨边机
edge space 印制线路板边距
edge spreader 剥边机
edge-stitcher 缝边机
edge stone 磨石
edge-strip 边沿衬条
edge stress 边缘应力,棱边应力
edge-to-edge 边到边的,边靠边的
edge tone 边棱音,流振,哨音

edge tone effect 尖劈效应
edge tone element 流振元件,哨音元件
edge tool 有刃口刀具,削边刀
edge trim plane 修缘刨
edge trimming cutter 切边刀
edge trimming plane 修缘刨
edge wheel 研磨轮
edged (1) 磨尖的;(2) 加边的
edgefold 折边,弯曲
edgeless 没刃口的,钝的
edger (1) 修边器,磨边器,切边器,轧边器;(2) 立辊轧机,轧边机;(3) 弯曲模锉;(4) 刨边机,弯边机;(5) 切边模
edger approach table 轧边输入辊道
edger mill (1) 立辊轧机,轧边机;(2) 立辊轧机座,轧边机座
edgerman 齐边锯工
edges bent and rusty 边缘弯曲并锈蚀
edgestone (1) 立碾机,立碾轮;(2) 磨石
edgetrol 整边装置
edgette 煤球
edgewise (1) 横向的;(2) 在边上,沿边的,侧立着;(3) 从旁边接入或插入;(4) 刀刃向外的
edgewise compression 侧面压缩
edgewise instrument 边缘读数式仪表,边转仪器
edgewise needle 刀刃形指针
edgewise weld 沿边焊接
edgewise winding 扁带线圈,扁立绕法
edginess 轮廓的鲜明性
edging (1) 轧边,(2) 缘工(修饰边缘);(3) 磨边,修边
edging forming 罐身接合
edging grinder 碎木机
edging mill 轧边机
edging pass 轧边孔型,轧边[轧]道
edgy 有锐利刀刃的,锋利的,尖锐的,带棱的
edible (1) 可食用的;(2) 食品
edible oil carrier 食用油运输船
edible oil cleaner 食用油清洁剂
edicard 编辑卡
Edison base 爱迪生灯
Edison battery 爱迪生蓄电池,碱性电池
Edison effect 热电放射效应,爱迪生效应
Edison-Junger accumulator 铁镍蓄电池
Edison screw 爱迪生螺纹,圆螺纹
Edison socket 爱迪生式灯座,螺口灯[插]座,螺旋式灯口
edison thread 爱迪生螺纹,圆螺纹
edit (1){计}编辑,编排,编纂;(2)剪辑
edit control character 编辑控制符
edit mask 编辑掩码
edit routine 编辑程序
editec 电子编辑器
editing (1)编辑,编排;(2)剪辑
editio 珍本原版,初版
Editiola 电影剪辑机
edition (1)版,出版;(2)一次印装的总数,印数;(3)增订版
edition binding 普通装订
editola 图像观察员
editor (=ed) (1) 编辑程序;(2) 编辑器;(3) 编辑
ednatol 爱得诺突耳炸药
EDP center 电子数据处理中心 (EDP=electron data processing 电子数据处理)
education 教育
education for computer 计算机教育
education of computer 计算机教育
educational television 教育电视
educe (1) 引出;(2) 推断,演绎;(3) 离析,析出
educible 可引出的,可析出的,推断出的,演绎出的
educt 离析物
eduction (1) 离析,析出;(2) 推论,推导,引出,抽出,抽取;(3) 放出,排出,除去
eductor (1) 喷射器械,喷射器,引射器;(2) 排泄器,排放装置
edulcolate {计}清除
edulcorate (1){计}简洁,挑选[信息];(2) 精选,纯化,除去杂质
edulcoration (1) 洗净;(2) 纯化;(3) 除杂
Efco-Northrup furnace 高频感应炉
effect (1) 有效作用,作用,活动,操作;(2) 效应,效力,效果,效能;(3)

结果,效果,后果;(4)印象,影响,外表,外观;(5)实施,实行,贯彻,招致,引起,促进,完成;(6)实现,达到,要旨,意义;(7)生产力,生产量,生产率

effect a substitution　实行对调,调换
effect circuit　音响效果电路
effect disk　特技插盘
effect filter　(光)效应滤色器,效应滤光器
effect generator　音响效果发生器
effect glass　特技玻璃
effect lacquer　真空涂漆,美饰漆
effect library　效果资料室
effect lighting　特技照明,效果照明
effect machine　特技机器,特技装置
effect of color subcarrier errors　彩色副载波误差效应
effect of contract　合同效力
effect of creep　蠕变效应
effect of current　水流影响
effect of groove　凹槽的影响(槽边应力集中)
effect of hole　孔的影响(孔边应力集中)
effect of immersion　浸深影响
effect of inertia　惯性影响,惯性作用
effect of rudder　舵效
effect of salvage　救助效果
effect of screw and rudder　车舵效应
effect of self-purification　自净效应
effect of single disturbance　单干扰因素
effect of surcharge　附加荷载的作用,超载影响
effect of surroundings　环境影响
effect of ultrasound　超声效应
effect of synchronizing brake action　制动同步效应
effect of wind　风的影响,风力影响
effect operator　效果操作员
effect per unit of swept volume　单位活塞工作容积产冷量
effect protest　拒绝承兑证书,制成拒付
effect sound　特技声,效果声
effect tape　效果声带
effecting　造成,引起,产生
effective　(1)起作用的,有效力的,有效应的,有作用的,有影响的,有效的(2)等效的,生效的,能行的;(3)实际的,实在的,现行的;(4)硬币
effective absorption　有效吸水量
effective acoustic center　有效声源中心
effective actuation time　有效激励时间
effective address　有效地址
effective admission　有效进汽
effective admittance　有效导纳
effective air gap　等效气隙
effective alignment　有效对准
effective angular field　有效视场(测量时)
effective antenna height　天线有效高度
effective aperture　有效孔径
effective area　有效面积,有效区域
effective area of antenna　天线有效面积
effective aspect ratio parameter　有效展弦比参数,有效伸长率
effective atmosphere　有效大气压
effective atomic number (=EAN)　有效原子序数
effective attenuation　有效衰减
effective attenuation factor (=EAF)　有效衰减系数
effective band　有效频带
effective bandwidth　有效带宽
effective brake dum braking area　有效闸轮制动面积
effective breadth　有效宽度
effective bunching angle　有效聚束角
effective byte　有效字节
effective byte location　有效信息组位置,有效字节位置
effective calculability　能行可计算性
effective call　有效呼叫
effective-call meter　有效呼叫计数器,接通计数器
effective call meter　有效呼叫计数器,接通计数器
effective capacity　有效容量,有效库容
effective capture cross　有效捕获截面
effective case depth　有效层深度
effective cavitation number　有效空泡数
effective channel depth　航道有效深度
effective charge　有效电荷

effective clearance　有效间隙
effective coil　(弹簧的)有效圈
effective collector　有效集电极
effective column length　柱的自由长度
effective compression ratio　有效压缩比
effective concentration (=EC)　有效浓度
effective conductance　有效电导
effective constant　有效常数
effective cross current　有效横[向电]流
effective cross-section　有效截面
effective cross sectional area　有效断面积
effective crossing coefficient　有效交叉系数
effective current　有效电流
effective cut-off frequency　有效截止频率
effective damping　有效阻尼
effective damping constant　有效阻尼系数
effective data transfer rate　有效数据传送速度,有效数据传输率,平均数据传送速度,平均数据传输率
effective date　生效日期,实施期
effective date of change (=EDOC)　更改生效日期
effective days　实际工作天数,实际作业天数
effective deck area　有效甲板面积
effective delivery stroke　有效供油行程,有效喷油行程
effective demand　有支付能力的需求,有效需求
effective depth　(1)有效深度;(2)有效高度
effective diameter　(1)有效直径;(2)(螺纹)中径;(齿轮)节径
effective diameter of objective (=EDO)　物镜有效直径
effective dielectric constant　有效介电常数
effective digit　有效数字,有效位数
effective dimensions of lock　船闸有效尺度
effective discharge　有效流量,有效排放
effective disk area　有效圆盘面积
effective distance　作用距离,有效距离
effective distortion　有效失真
effective dose (=ED)　有效剂量
effective double-word location　有效双字位置,有效双字区
effective drive force　有效传动力,有效原动力
effective driving force　有效传动力
effective efficiency　有效效率,有效功能,效率
effective electromotive force　有效电动势
effective elongation　有效伸长,实际伸长
effective error　有效误差
effective facewidth　有效齿宽,工作齿宽
effective field intensity　有效场强
effective figure　有效位数,有效数字
effective film thickness　有效膜厚度
effective filtration rate (=EFR)　有效滤过率
effective flange width　有效翼缘宽度
effective flow　有效流量
effective focal length (=EFL)　有效焦距
effective free-board　有效干舷
effective gain　有效放大系数,有效增益
effective gradient　有效坡度
effective grain　有效粒径
effective half-word location　有效半字位置,有效半字区
effective halflift (=EHL)　有效半衰期
effective head　有效落差,有效水头,有效压力,净压头
effective heating surface　有效受热表面
effective height　有效高度
effective height of antenna　天线有效高度
effective helix angle　有效螺旋角,有效螺旋线升角
effective hitch point　有效悬挂点
effective horse power (=EHP)　有效功率,有效马力,制动功率
effective horsepower　有效功率,有效马力
effective humidity　有效湿度
effective impedance　有效阻抗
effective incidence　实际迎角
effective inductance　有效电感
effective inertia mass　有效惯性质量
effective initial pressure　有效初压力
effective input resistance　有效输入电阻
effective instruction　有效指令
effective internal clearance　(轴承)有效游隙
effective isotropical radiated power　全向有效辐射功率

405

effective length　有效长度
effective length of antenna　天线有效长度
effective length of roller　滚子有效长度
effective lever arm　有效杠杆臂
effective life　(1)有效期限,有效寿命；(2)有效使用期限
effective lifetime　有效期
effective lift　有效升力
effective load　有效荷载
effective lubrication　有效润滑
effective maintenance　有效维护
effective mass　有效质量
effective mass model　有效质量模型
effective mean pressure (=EMP)　平均有效压力
effective memory address　有效记忆位址
effective moment of initia　有效惯性矩
effective monopole radiated power　有效单极辐射功率
effective multiplication factor　有效增值系数
effective nuclear charge　有效核电荷
effective number　有效数
effective on about (=EOA)　自……日前后起生效
effective offset　有效偏移
effective oscillation　有效振动
effective output　有效输出功率,有效输出转矩,有效功率
effective output of heat engine　热机的有效功率
effective overload output　有效超载功率
effective passage throat　有效喉道截面,有效喉部截面
effective period of insurance　保单有效期
effective period of recovery　追偿时效
effective permeability　有效磁导率,有效导磁率
effective picture size　有效幅面
effective pitch　有效螺距
effective pitch angle　有效节锥角,有效螺距角
effective pitch ratio　有效螺距比
effective porosity　有效空隙度
effective power　有效功率
effective press　有效压力
effective pressure　有效压力
effective prestress　有效预应力
effective procedure　有效程序
effective profile　有效齿廓,工作齿廓
effective pull　有效拉力

406

effective pulse width　脉冲有效宽度
effective push　有效推力
effective quantum number　有效量子数
effective radiated power (=ERP)　有效辐射功率
effective radiation　有效辐射
effective radius　有效半径,等效半径
effective rake　(刀具)有效前角
effective range　(1)有效测量范围,有效范围,有效射程,有效距离;(2)测量范围
effective ratio　有效比
effective reactance　有效电抗
effective reinforcement　有效筋
effective resistance　有效电阻
effective resistivity　有效电阻率
effective resonance integral　有效共振积分
effective roller length　有效滚柱长度
effective rolling radius　有效滚动半径
effective rudder angle　有效舵角,实效舵角
effective scanning　有效扫描线
effective scanning periodic ratio　有效扫描周期比
effective section　(1)有效断面；(2)有效部分
effective section modulus　有效剖面模数
effective sectional area　有效截面面积
effective segregation　有效分离,正分离
effective selectivity　有效选择性
effective shell thickness　壳板有效厚度
effective signal duration　有效信号期间
effective signal radiated (=ESR)　有效发射信号
effective size　(1)有效粒径；(2)有效尺寸
effective skew　有效侧斜
effective slip　有效滑距,实际滑距
effective slip ratio　有效滑距比
effective sound pressure　有效声压

effective span　计算跨径,有效跨度
effective stiffness　有效刚度,有效劲度
effective stiffness matrix　等效刚度矩阵
effective stiffness ratio　有效劲度比
effective stock　有效存货
effective storage　有效库容
effective storage capacity　有效储量
effective stress　有效应力
effective stroke　有效冲程,工作冲程,有效行程,工作行程
effective summed horsepower (=ESHP)　(发动机的)总有效马力
effective surface　有效表面
effective surface of action　(齿轮)有效啮合面
effective sweep width　有效扫描宽度,有效检索宽度
effective temperature　有效温度
effective tension　有效张力
effective thermal efficiency　有效热效率
effective thread　有效螺纹
effective throat　焊缝有效厚度
effective throat thickness　焊缝计算长度
effective thrust　有效推力
effective time constant　有效时间常数
effective torsional moment　有效扭矩
effective tractive effort　有效牵引力
effective tractive power　有效牵引力
effective transmission　有效传动
effective transmission band of channel　通路有效传输频带
effective transmission rating　有效传输定额
effective transport rate　有效输移率
effective value　有效值
effective value of alternating current　交变电流的有效值
effective velocity　有效速度
effective velocity ratio　(螺旋桨处)有效流速与船速比
effective virtual address　有效虚拟地址
effective volatility　有效挥发度
effective voltage　有效电压
effective volume　有效体积,有效容积,有效容量,有效库容
effective wake　有效伴流
effective waterplane area　剩余水线面面积
effective watt　有效瓦特
effective wave length　有效波长
effective wave profile　有效船侧波型
effective width　有效宽度,工作宽度
effective width of gap　(车床)马鞍有效宽度
effective word　有效字
effective work　有效功
effective working days　实际工作天数,实际作业天数
effectively　(1)有效地,有力地；(2)实际上,事实上
effectiveness　(1)效率,效果,效用,效能,效应,效力；(2)有效性,有效度；(3)能行性,功效
effectiveness of compaction　压实效果
effectiveness of shielding　屏蔽效能
effectiveness test　效用试验
effectiveness test of firefighting installation　消防效能试验装置
effectiveness theory　能行性理论
effector　(1)(执行机构,导弹的)操纵装置,试验器；(2)感受器,效应器；(3){计}格式控制符；(4)成事者,创造者,控制者
effects　动产
effects bank　(音响)效果切换单元
effects library　效果资料库,声效果室
effects studio　特技演播室
effects track　效果声带
effectual　有效[果]的,有力的,实际的
effectuate　使有效,使实现,完成,贯彻
effectuation　实行,实现
effervescence　(1)沸腾,起泡[沫]；(2)有效性,效能
effervescency　(1)沸腾,起泡[沫]；(2)有效性,效能
effervescent　起泡的,泡腾的
effervescing　(1)起泡沫,泡腾；(2)沸腾
effervescing steel　沸腾钢
effervescive　泡腾的
efficacy　(1)效力,效能,效果,效用；(2)生产[效]率
efficiency (=e)　(1)效率,功率；(2)效果,效力,效用,效能,实力；(3)有效系数；(4)有效作用率,生产能力,生产率,利用率；(5)供给能力,供给量；(6)主点屈光度,基点折射值

efficiency by input-output test　实测效率
efficiency curve　效率曲线
efficiency diode　(高压整流用)高效率二极管,升效二极管,增效二极管,阻尼二极管
efficiency engineer　(研究如何提高效率的)效率专家,管理专家
efficiency estimation　效率估计
efficiency expert　效率专家,管理专家
efficiency factor (=EF)　效率因数,有效因子
efficiency half life　(放射能的)半衰期
efficiency impaction　输出粉末的截面积与射流总截面积之比(在喷口处测量)
efficiency joint　接合效率,实效接合
efficiency of a joint　接头有效率
efficiency of combustion　燃料效率,燃烧效率
efficiency of control　操纵效率
efficiency of conversion　变换效率
efficiency of hammer　落锤效率
efficiency of heat cycle　热循环效率
efficiency of internal combustion engine　内燃机效率
efficiency of joint　接头效率,接合效率,接头承载力比
efficiency of labor　劳动生产率,劳动效率,工效
efficiency of loading　装载效率,装货效率
efficiency of propulsion　推进效率
efficiency of rectification　整流效率
efficiency of screw　螺纹效率
efficiency of welded joint　焊缝效率,焊缝强度
efficiency overall (=EFFO)　总效率
efficiency ratio　效率比
efficiency test　(1)效率试验,功率试验; (2)生产率测定,效率测定
efficiency testing machine　效率测定试验机
efficiency value　效率值
efficiency wage　效益工资
efficient　(1)效率高的,功率高的,有效力的,有作用的,有效的,高效的,生效的; (2)有生产能力的,有能力的,有本领的; (3)经济的,有用的; (4)作用力,被乘数,因子,因素
efficient cause　直接发生效果的原因,动力因,近因
efficient consumer response　有效消费者响应
efficient estimation　佳效估计
efficient picture coding　有效图像编码
efficient power shifting transmission　高效的动力变换输送
efficient range　有效范围,工作范围
efficient size　(船舶)经济尺度,最有效尺度
efficient sounding apparatus　有效响器
efficient stripping　有效扫舱
efficiently　有效率地,有效地
effigurate　有固定边缘的,定形的
effluence　(1)流出,发出,射出,放射;(2)流出物,发出物
effluent　(1)流出的,排放的;(2)流出物;(3)废液,废水,污水;(4)溢流;(5)分流,支流
effluent air　排出的气体,流出的空气
effluent concentration　排放浓度
effluent control　废水及废气控制
effluent dilution　流出物稀释,出水稀释
effluent disposal　污水处理
effluent fraction　流出的镏份
effluent gas　排出的气体,烟道气,废气
effluent gas analysis (=EGA)　流出气体分析,析出气体分析
effluent gases　排出的气体,烟道气,废气
effluent oil treatment　污油处理
effluent pipe　排水管
effluent seepage　渗透出,外渗
effluent settling chamber　排出物沉淀池,出水沉淀池
effluent standard　排放标准
effluent tax　(污染环境的)废物税
effluogram　液流图
effluve　静电机或高频发电机的电晕放电,高压放电
effluvium　(1)(气体、液体的)散出物;(2)无声放电;(3)以太
efflux　(1)流出,流动,漏泄;(2)流出物;(3)射流,喷射气流(或废气);(4)满期
efflux angle　射流角,排流角
efflux coefficient　射流系数,喷流系数
efflux cup method　(测粘度的)流环法
efflux door　喷口调节片

efflux time　流出值,流出时间
efflux value　流出值
efflux velocity　射流速度
efflux viscosimeter　射流粘度计
effluxion　(1)流出,流动,漏泄;(2)流出物
effort　(1)作用力,有效力,动力;(2)作用;(3)努力,尝试,企图;(4)成绩,成果,工作,计划;(5)[材料的]拉紧,张力;(6)叠加总次数
effort-controlled cycle　手控周期
effort controlled cycle　手控周期
effort of the furnace　炉膛压力
effraction　(1)破裂,裂开;(2)弱化
effracture　裂开
effumability　易挥发性
effumable　易挥发的
effuse　(1)流出,发出,泻出;(2)平铺;(3)具隙唇的
effuser　(1)收敛形进气管,集气管,[扩散]喷管,加速管,流出管;(2)漫射体;(3)(风洞)收敛段;(4)扬声器纸盆;(5)扩散器
effusiometer　[气体]扩散计,隙透计,渗速计
effusiometry　隙透测定法
effusion　(1)泻流,射流;(2)(气体透过多孔壁现象的)隙透,气体扩散;(3)流出,渗透,渗出,溢出,逸出,喷出
effusion cooled　多孔蒸发冷却,喷射冷却
effusion cooling　多孔蒸发冷却,喷射冷却
effusion meter　流量计,隙漏计,扩散计
effusion method　隙透法
effusive　(1)喷流的,流出的;(2)热情洋溢的
effusiveness　喷发性
effusor　(1)收敛形进气管,集气管,[扩散]喷管,加速管,流出管;(2)漫射体;(3)(风洞)收敛段;(4)扬声器纸盆;(5)扩散器
egersimeter　电刺激器
egg　(1)卵,蛋;(2)炸弹,机雷
egg and cake turner　煎蛋饼铲
egg and spinach glaze　卵青釉
egg beater　(1)打蛋器;(2)艇尾挂机
egg candle and grader　蛋品灯光检验和分级机
egg coal　蛋级无烟煤
egg collection vehicle　蛋品收集车
egg green　蛋青色
egg-hole　横梁窝
egg-insulator　蛋形绝缘子
egg insulator　卵形绝缘子
egg shaped　卵形的
egg-shell finish　蛋壳状加工
egg-size　蛋块(指煤级)
egg sleeker　蛋形镘刀
egg tester　验电器
egg washer　洗蛋机
egg yellow　蛋黄色
eggbeater　(1)艇尾挂机;(2)直升飞机;(3)打蛋机
egress　(1)输出;(2)流出,放出,发出,溢出;(3)出口,出路
egress of heat　放热,散热
Ehrhardt method　爱氏冲管法(方形毛坯冲压成圆筒形)
eiconal　哈密顿特征函数,光程函数,程函
eiconometer　影像计,物像计
eidograph　缩放绘图仪,缩放仪
eigen　本征的,特征的,自身的,固有的
eigen-　(词头)本征,特征,固有
eigen frequency　本征频率
eigen function　本征函数,特征函数
eigen function expansion　本征函数展开式
eigen period　固有周期
eigen value problem　本征值问题,特征值问题
eigen value spectrum　本征值谱
eigen vector　本征向量,特征向量
eigenchannel　本征道
eigendifferential　本征微分,特征微分
eigenelement　本征元素
eigenellipse　本征椭圆
eigenfield　本征场
eigenfrequency　本征频率,特征频率
eigenfunction　本征函数,特征函数
eigenfunction expansion　按特征函数展开
eigenfunctional　本征泛函
eigenmatrix　本征矩阵,特征矩阵,本征阵,特征阵

eigenmoment 内禀矩

eigenperiod 固有周期

eigenrotation 固有转动,本征转动

eigensolution 本征解

eigenspace 本征空间,特征空间

eigenstate 特征状态,本征态

eigentensor 本征张量

eigentone (1) 固有振动模式;(2) 振动模式;(3) 本征音;(4) 固有振荡频率

eigentransformation 本征变换,特征变换

eigenvalue 本征值,特征值,固有值

eigenvalue and eigenvector 本征值和本征向量

eigenvalue of a matrix 矩阵的特征值

eigenvalue problem 本征问题

eigenvector 本征矢量,特征矢量,本征向量,特征向量

eigenvibration 本征振动,特征振动

eigenwert 本征值,特征值

eight (1) 八;(2) 八字形;(3) 八个一组;(4) 八点钟;(5) 八开本;(6) 八桨赛艇;(7) 八 [汽] 缸发动机,八汽缸汽车

eight ball 球形全向传声器

eight-bit byte 八位字节

eight-connection 8 字形接线

eight-digit binary number 八位二进数

eight-element constrained (kinematic) chain 八连杆约束 [运动] 链

eight-element (kinematic) chain 八连杆 [运动] 链

eight-element mechanism 八连杆机构

eight-element planar mechanism 八连杆平面 [运动] 机构

eight-hour 八小时 [工作] 的

eight-in-line 八缸单列的

eight in line 直排八汽缸

eight in V V 式八汽缸

eight-level code 八单位编码,八单元码,八级码

eight level code 八单位码

eight-link constrained (kinematic) chain 八连杆约束 [运动] 链

eight-link (kinematic) chain 八连杆 [运动] 链

eight-link mechanism 八连杆机构

eight-link planar mechanism 八连杆平面 [运动] 机构

eight-oar 八桨赛艇

eight-pin header 八脚管座

eight-place {计} 八地址的

eight-principal points (罗经的) 八个主点

eight-rope 穿插编缆

eight shape 8 字形的

eight-stock 定价低于标准八分之一的货物

eight-to-pica leads 薄铅条

eighteen-eightsteel 铬 18 镍 8 钢

eighteenmo 十八开本

eighteenth (1) 第十八;(2) 十八等分之一

eighth (1) 第八;(2) 八分之一

eightieth (1) 第八十;(2) 八十分之一

eikerisseren (土) 一种帆船

eikonal 哈密顿特征函数,光程函数,相函数,位函数,程函,积函

eikonal coefficient 程函系数

eikonal equation 镜像方程

eikonal function 程函

eikonic 影像的

eikonometer 影像 [检查] 计,光像测器器

einstein 爱因斯坦 (量子摩尔)

Einstein (1) 爱因斯坦;(2) E (能量单位)

Einstein A coefficient 爱因斯坦自激系数

Einstein B coefficient 爱因斯坦他激系数

einsteinium {化} 锿 Es (99号元素)

Einstein's equation of the field gravity 爱因斯坦引力场方程

Eirod 艾罗德铸铅条机

eisodic (1) 输入的,传入的;(2) 向心的

either 两者之中的任何一个,每一个,二者,两方,各

either direction coded signal line circuit 双向电码化信号线路电路

either direction operation 双向运行

either direction signal indication 双向信号显示

either direction way traffic 双向运行

either-or (1) {计} 异,按位加;(2) 二者择一

either symbol {计} 抉择符号

ejaculation 突发,射出

ejaculator 射出物

eject (=ejet) (1) 放射,发射,喷射,注射,弹射,喷出,射出,排出,推出,抽出,挤出,击出,投出,抛出,顶出,发出;(2) 驱逐,排斥;(3) 推出器

ejecta 抛出物,喷出物,废物,渣

ejectable 可抛组件

ejected beam 引出束

ejecting gear 卸卷机

ejection (=ejet) (1) 投出,放出,抛出,射出,引出;(2) 排气,排出,喷出;(3) 排出物,抛出物;(4) 抛出药筒,抛射物;(5) 出坯,推顶;(6) 驱逐,排斥

ejection capsule 弹射座舱

ejection gun 喷枪

ejection of oil 油喷射

ejection mechanism 工件自动拆卸机构,弹射机构

ejection nozzle 喷嘴

ejection of compact 出料

ejection orbit [进] 入轨 [道]

ejection pipe 喷射管

ejection process (1) (分油机) 排渣过程;(2) (卫星) 分离程序

ejection seat 弹射座椅

ejective 喷出的,射出的,抛出的,驱逐的

ejectment 排出,抛出,驱逐

ejector (1) 工件自动拆卸器,(塑料) 推顶器,起模器,推卸器,推出器,排出器,;(2) 射流抽气泵,喷射器,[空气] 喷射器,弹射器,发射器,投射器;(3) 喷吸器,喷吸机,(4) 推钢机,顶钢机;(5) 抽逐器,抽除器;(6) 引出装置,排出管;(7) {数} 非共面直线对

ejector air pump (气流) 喷射泵

ejector arm 推顶臂

ejector blade 推种器

ejector booster pump 喷射增压泵

ejector box 顶杆框

ejector condenser 喷射 [式] 冷凝器,抽除器冷却器

ejector die (1) 凸压模;(2) 动型

ejector exhaust pipe 排气喷管

ejector filler 喷注器

ejector gas freeing system 蒸汽喷射油气抽除装置

ejector half 动型

ejector key 推顶键

ejector nozzle 喷口,喷嘴

ejector pin 推顶杆,推杆,推杆,顶杆

ejector pipe 喷射管

ejector plate 顶板

ejector priming 喷射器,启动泵

ejector pump (1) 喷气式水泵,抽气泵;(2) 射流泵,喷射泵

ejector rod 顶 [出] 杆

ejector screw 推顶器螺钉

ejector seat 弹射座椅

ejector strap 喷吸器条

ejector type dredger 射流式挖泥船

ejector type VTOL aircraft 射出器式垂直起落飞机 (VTOL=vertical takeoff and landing 垂直起落,垂直起降))

ejector water air pump 喷水式抽气泵

Ejusd (=ejusdem) 同样

ejusdem generis (拉丁语) 同类规则

eka- (词头) 准 (元素)

eka-actinium 类钢 (第 121 号元素)

eka-aluminum 准铝 (即镓 Ga)

eka-element 待寻元素,准元素 (历史上对周期表中尚缺的元素的叫法)

eka-iodine 准碘 (即砹)

eka-osmium 准锇

eka-rhenium 准铼

eka-silicon 准硅 (即锗)

eka-tantalum 准钽

ekstrom method 光束扫描电视摄像法

ektogenic 外来成分

El-core 山形铁心

El-train 高架铁路电气列车

elaborate (1) 完善的;(2) 精心制作,加工,精制;(3) 详细作出,详述

elaboration (1) 精工制造,精制;(2) 精心制作,精心经营,推敲,钻研;(3) 详细描述

elaboration product 精心制作的产品,加工产品

elaborative (1) 精心制作的,精致的;(2) 详细阐述的

elaeometer 验油浮计,油重计 (测比重)

elaoptene 油萜

elapse　(时间)过去,消逝
elapsed time (=ET)　经过的时间
elapsed time clock　故障计时时钟
elapsed time indicator (=ETI)　已过时间指示器
elapsed time totalizer　使用时间累加器
elapsed timer　经时计时器
elast-(=elasto-)　弹性
elastance　(电容的倒数)倒电容 (1/C)
elastes　弹器
elastic　(1)有伸缩性的,有弹力的,弹性的;(2)灵活的;(3)橡皮筋,橡皮圈,橡皮带
elastic acoustical reactance　弹性声抗
elastic after effect　弹性后效
elastic after-working　弹性后效
elastic aftereffect　弹性后效
elastic air chamber　弹性气室
elastic analogy　弹性模拟
elastic anisotropy　弹性各向异性
elastic axes　弹性轴
elastic axis　弹性轴,减震轴,减振轴,缓冲轴
elastic back bone model　弹性主骨架模型
elastic beam　弹性梁
elastic bearing　(1)弹性支承,弹性支座;(2)弹性轴承
elastic bending　弹性弯曲
elastic body　弹性体
elastic-body dynamics　弹性体动力学
elastic break-down　弹性失效,弹性破损
elastic breakdown　弹性破坏,弹性断裂
elastic buckling　弹性屈曲,弹性压屈
elastic buckling pressure　弹性失稳压力
elastic buffer　弹性缓冲器
elastic calibration device　弹性测力计,弹性测功计
elastic center　弹性中心
elastic clutch　弹性离合器
elastic coefficient　弹性系数
elastic collision　弹性碰撞
elastic compliance　弹性顺度
elastic compression　弹性压缩[量]
elastic constant　弹性常数
elastic contact　(1)弹性触头;(2)弹性接触
elastic continuum　弹性连续体
elastic control　弹性控制
elastic coupling　弹性联轴节,弹性联轴器
elastic-crack-growth fracture　弹性裂纹增长[型]断裂
elastic cup washer　弹性杯形垫圈
elastic curve　弹性曲线
elastic deflection　弹性挠曲
elastic deflection exponent　弹性挠曲变形指数
elastic deformation　弹性变形,弹性形变
elastic design　弹性设计
elastic design method　弹性阶段设计法
elastic diaphragm switch　弹性薄膜开关
elastic distortion　弹性畸变
elastic dolphin　弹性靠船墩
elastic draw gear　弹簧车钩,簧拉装置
elastic drift　弹性后效,弹性残存变形
elastic drive　弹性驱动,弹性传动
elastic element　弹性元件
elastic elongation　弹性伸长
elastic energy　弹性能[量]
elastic energy degradation　弹性碰撞引起的能量损失,弹性能量降级
elastic equilibrium　弹性平衡
elastic expansion　弹性膨胀
elastic extension　弹性延长[率],弹性延伸
elastic failure　弹性失效,弹性破坏
elastic fatigue　弹性疲劳
elastic fender　弹性防撞装置,弹性碰垫
elastic fiber　弹性纤维
elastic fixing　弹性固接
elastic fluid　弹性流体
elastic force　弹[性]力
elastic fore-effect　弹性前效
elastic foundation　(1)弹性地基,弹性基础;(2)弹性基座
elastic fracture toughness limit　弹性断裂韧度极限

elastic gel　弹性凝胶
elastic give　弹性应变,弹性变形
elastic grindstone　弹性磨具
elastic hardness　弹性硬度
elastic hydrodynamic lubrication　弹性流体动压润滑
elastic-hysteresis　弹性滞后,弹性迟滞性
elastic hysteresis　滞弹性
elastic impact　弹性冲击
elastic instability　弹性不稳定,弹性失稳
elastic isotropy　弹性各向同性
elastic joint　(1)弹性联结,弹性接合,弹性接头;(2)弹性联轴节,挠性接头,弹性接头,弹性关节
elastic lag　弹性滞后
elastic limit (=EL)　弹性极限,弹性限度
elastic limit in bending　弯曲弹性极限
elastic limit in compression　压缩弹性极限
elastic limit in shear　剪切弹性极限
elastic limit in tension　拉伸弹性极限
elastic limit in torsion　扭曲弹性极限
elastic limit of material　材料弹性极限
elastic limit under compression (=ELC)　抗压弹性极限
elastic limit under shear (=ELS)　剪切弹性极限,抗剪弹性极限
elastic line　弹性曲线
elastic load　弹性荷载
elastic mechanical inversion　弹性-力学转化
elastic medium　弹性介质
elastic membrane　弹性膜片
elastic membrane analogy　(应力的)弹性薄膜模拟法
elastic-metering roller　松紧带调节轮,橡筋线计量喂入辊
elastic method　弹性阶段设计法
elastic module　弹性模数,弹性模量
elastic modulus　弹性模数,弹性模量
elastic moment　弹性力矩
elastic mounting for all systems　各种装置用弹性座
elastic mounting of superstructures　上层建筑弹性安装
elastic nut　弹性螺母
elastic packing　弹性垫料,弹性衬垫,弹性填料,弹性垫
elastic parts　弹性组件
elastic performance　弹性性能
elastic plastic　弹塑性状态
elastic-plastic behaviour　弹性-塑性现象
elastic plastic behavior　弹塑性状态
elastic-plastic drive　弹性-塑性驱动,弹塑性传动
elastic-plastic flow　弹塑性流变
elastic-plastic fracture　弹塑性断裂
elastic plastic fracture　弹塑性断裂
elastic plastic frame　弹塑性刚架
elastic-plastic material　弹塑性材料
elastic plastic material　弹塑性体
elastic-plastic matrix　弹塑性矩阵
elastic potential energy　弹性位能
elastic quadrant　游动扇形舵柄,弹簧舵柄弧,弹簧舵扇
elastic range　弹性范围
elastic ratio　弹性比[值]
elastic reaction　弹性作用,弹性反应
elastic rebound　弹性回弹
elastic recovery　弹性复原,弹性恢复,弹性回复,弹性回缩
elastic regime　弹性状态
elastic region　弹性区域,弹性界限
elastic relaxation　弹性松弛
elastic removal　弹性消除,弹性消失
elastic resilience　弹性回复能力,回弹性
elastic resistance　弹性阻力
elastic response　弹性反应,弹性特性
elastic restitution　弹性恢复
elastic restraint coefficient　弹性约束系数
elastic retardation　弹性延迟
elastic ring　弹性环,弹性垫圈,卡环
elastic rubber　弹性橡胶
elastic scattering　弹性散射
elastic shear deformation　弹性剪切变形
elastic sleeve　弹性套
elastic sleeve bearing　弹性衬套轴承,弹性套筒轴承
elastic solid　弹性固体

elastic spectrum　弹性谱
elastic stability　弹性稳定性,弹性稳定
elastic stage　弹性阶段
elastic stiffness　弹性抗变形刚度
elastic stop　弹性制动爪,弹性限位器
elastic stop nut　弹性锁紧螺母
elastic stored energy　弹性贮能
elastic strain　弹性应变,应变
elastic strain amplitude　弹性应变振幅
elastic strain energy　弹性比功,弹性应变能[量]
elastic strength　弹性强度
elastic stress　弹性应力
elastic support　弹性支座,弹性支架,弹性支承
elastic surface　弹性表面
elastic system　弹性体系
elastic tension stud　弹性拉力螺柱
elastic theory　弹性理论
elastic torsion　弹性扭力
elastic turbulence　弹性湍动,弹性挠动
elastic vibraing element　弹性振动元件
elastic vibration　弹性振动
elastic viscoplastic body　弹-粘塑体
elastic washer　弹性垫圈
elastic wave　弹性波
elastic wheel　(研磨的)弹性轮
elastica　(拉)(1)弹力,弹性,橡胶,橡皮;(2)弹性权胶;(3)弹性弯曲状态,弹性层
elastically　弹性[地]
elastically supported bearing　弹性轴承
elastically yielding bearing　弹性退让轴承,弹性支承轴承
elasticator　增弹剂
elasticity (=e)　(1)柔韧性,伸缩性,弹性,弹力;(2)弹性变形;(3)弹性学;(4)适应性
elasticity coefficient (=EC)　弹性系数,弹性模数,弹性模量
elasticity factor　弹性系数
elasticity law　弹性规则
elasticity number　弹性数
elasticity of bending　弯曲弹性
elasticity of bulk　容量弹性,体积弹性
elasticity of compression　压缩弹性
elasticity of demand　需求弹性
elasticity of elongation　伸长弹性
elasticity of extension　延伸弹性
elasticity of flexure　弯曲弹性,挠曲弹性
elasticity of fluid elasticity　液体弹性
elasticity of form　形状弹性
elasticity of gases　气体弹性
elasticity of shape　形态弹性,形状弹性
elasticity of shear　剪切弹性
elasticity of shearing　剪切弹性
elasticity of torsion　扭转弹性
elasticity of volume　体积弹性
elasticity tensor　弹性张量
elasticity volume　弹性容量
elasticized　用弹性线制成的
elasticizer　增塑剂,增韧剂,塑化剂
elastico-viscosity　弹粘度,弹粘性
elastico-viscous system　弹粘体系
elasticoplastic solid　可塑弹性固体
elasticoviscous fluid　弹粘性流体,可压缩流体
elasticoviscous solid　弹粘性固体
elastin　弹性硬朊
elastivity　介电常数的倒数,倒介电常数,电容率倒数,倒电容系数
elasto-hydrodynamic lubrication (=EHL)　弹性液动力润滑
elasto-osmometry　渗透压的高弹性测定法,弹性渗压测定法
elasto-plasticity　塑弹性
elasto-viscous system　弹粘体系
elastodynamics　弹性动力学
elastohydrodynamic　弹性流体动力的
elastohydrodynamic lubricant　弹性流体动力润滑剂
elastohydrodynamic lubricant film　弹性流体动力润滑油膜
elastohydrodynamic lubrication　弹性流体动力润滑
elastohydrodynamics　弹性流体动力学
elastomechanics　弹性理论,弹性力学

elastomer　(1)弹性体,高弹体,弹性物,弹胶物;(2)合成橡胶,人造橡胶,弹性材料
elastomer deformation　弹性体的变形
elastomer powder　合成橡胶粉
elastomeric　橡胶样的
elastomeric foam　橡胶海绵,泡沫胶
elastomeric gasket　合成橡胶垫圈,弹性垫圈
elastomeric insulation material (=EIM)　合成橡胶绝缘材料
elastomeric strain gage　弹性应变仪
elastometer　弹力计,弹性计,弹性仪
elastometry　弹力测定法,弹性测定法
elastooptics　弹性光效应,弹性光学
elastoplast　弹性塑料,弹性粘膏
elastoplastic　(1)弹性塑料;(2)有弹性和塑性的,弹塑性的
elastoplastic analysis　弹塑性分析
elastoplastic bending　弹塑性弯曲
elastoplastic deformation　弹塑性变形
elastoplastic range　弹塑性区
elastoplastic region　弹塑性区
elastoplasticity　弹塑性
elastopolymer　弹性高聚物
elastoprene　二烯橡胶
elastoresistance　弹性电阻效应,电弹性效应
elastoresistance coefficient　弹性电阻系数,抗弹性系数
elastorheodynamic　弹性变流动力的
elastorheodynamic lubricant　弹性变流动力润滑剂
elastostatics　弹性静力学
elastothiomer　弹性硫塑料,硫合橡胶,硫塑料
elaterite　弹性沥青
elaterometer　气体密度计
elatrometer　气体密度计
elbaite　锂电气石
elbow　(1)肘;(2)肘形弯管,肘管,弯管;(3)弯管接头,弯头,抓手,关节;(4)肘状物;(5)锚链半绞花,(锚和链)绞缠;(6)用肘推,拐弯
elbow bend　管的直角弯,弯头,弯管
elbow connection　弯接头,弯头联结
elbow core box　弯头芯盒
elbow fitting　联结肘管,弯头
elbow in hawse　双链绞结
elbow in the hawse　锚链双绞花
elbow joint　(1)肘节;(2)弯[管接]头;(3)弯头接合,肘接
elbow joint lever　肘节杆
elbow meter　弯管流速仪
elbow piece　弯管,弯头
elbow pipe　直角弯管,弯管,肘管,弯头
elbow-seat height　肘部投影高
elbow separator　弯头脱水器
elbow sounding pipe　肘式测深管
elbow trap　角阱
elbow union　弯头联管节
elbow unions　直角弯管接头
elbow ventilator　鹅颈式通风筒,弯管通风筒
elbowboard　镶嵌板
elbowed　(1)肘管的;(2)曲柄的;(3)角形的,肘形的
elbowmeter　弯管流量计
elbowroom　(1)活动余地,回旋余地;(2)宽敞地方
Elcolloy　铁镍钴合金
Elcolor　场发发光彩色板
elcon　电子导电视像管
elcon target　电子导电靶
elconite　(焊床用的)钨铜合金
Eldred's wire　埃尔德雷德线(镍钢线被覆铜)
elect　选择,选定,推选,决定
election　选择,挑选
electr　(1)电;(2)电解的;(3)电磁的;(4)电子
electra　多区无线电导航系统
Electralloy　(电子设备材料用的)软铁合金
electret　(1)永久极化的电介质,驻极[介]体,永电体;(2)驻极材料
electret headphone　驻极体头带耳机
electret microphone　驻极体传声器
electret transducer　驻极体换能器
electric　(1)[带]电的,导电的,发电的,电力的,电动的,电气的,电测的;(2)电气设备,电气部分(用复数);(3)电灯;(4)电[动汽]车,电动车辆,活动车辆;(5)摩擦带电物体,起电物体,带电体

electric absorption 电[的]吸收
electric accident 电气故障
electric accounting machine (=EAM) 电动计算机
electric accumulator 蓄电池
electric acoustic and telephone system 电声和电话系统
electric actuator 电力执行机构,电力促动器,电力促进器
electric air drier 电热干燥器
electric air heater 空气电加热器
electric alarm 电子报警器
electric alignment （无线电自差的）电补偿
electric aluminum wire 导电铝线,铝导线
electric analog(ue) 电子模拟,电模拟
electric analog computer 电模拟计算机
electric analog controller 电模拟控制器
electric analogy 电模拟法,电模拟
electric anchor capstan 电动起锚绞盘
electric and mechanical 电力和机械的,机电的
electric and wireless operator 电气和无线电机师
electric anemometer 电风速表
electric angle （多极电机的）电角度
electric apparatus 电气设备,电气装置
electric apparatus for explosive gas 防爆型电气设备
electric appliance 电气器具,电器
electric arc 电弧
electric arc cutting 电弧切割
electric arc furnace 电弧炉[膛]
electric arc lamp 电弧灯
electric arc resistant material 耐电弧材料,耐弧材料
electric arc welder 电弧焊机,弧焊机
electric arc welding 电弧焊接,电弧焊
electric arc welding generator 电弧焊接发电机
electric arrangement certificate 电气仪器证书
electric attraction 电吸引,电引力
electric automatization 电气自动化
electric auxiliaries 电动辅机
electric auxiliary machinery 电动辅机
electric auxiliary service 电气辅助设备
electric axis 晶体 X 轴,电轴
electric baking and roasting oven 电烤炉
electric baking apparatus 电气烘烤器具
electric baking oven 电烤炉
electric baking stove 电烤炉
electric balance 电平衡,电秤
electric bath 电处理池,电镀槽
electric battery 蓄电池
electric battery truck 蓄电池搬运车
electric bell 电铃
electric bench grinder 电动台式磨床
electric birefringence 电场致双折射
electric black insulation tape 绝缘黑胶带
electric blackout conditions 全船失电条件
electric blasting 电力爆破
electric blasting cap 电雷管
electric blender 电动果汁机
electric block (1)电[动]葫芦;(2)电动保险器,电锁
electric blower 电动鼓风机
electric blue 钢青色,铁蓝色
electric boat 电力推进船
electric boiler 电热锅炉
electric boiler-feed 电动泵锅炉给水系统
electric boiler-feed regulator 电热锅炉给水调节器
electric boiling plate 电加热板
electric bonding 防电设备
electric bore-slighting adjustment 光轴与电轴一致性的校准
electric brake (1)电力制动器,电刹车,电闸;(2)电力测功器;
electric brake electromagnetic coil 电刹车的电磁线圈
electric brake system 电力制动系统
electric braking 电力制动
electric brazing 电加热钎焊,电热钎焊,电热铜焊
electric breakdown 电网失电,电崩溃,电击穿
electric breakdown tension 击穿电压
electric bridge 电桥
electric brush 电刷
electric brush wire 电刷线

electric bulb 电灯泡
electric butt welding 电阻接触焊
electric cable 电缆
electric cable programming system 电缆程序系统
electric calibration laboratory 电气设备[和]仪表校验室
electric calorimeter 电量热计
electric cam case 电动凸轮箱
electric-capacity 电容量,电容
electric capacity 电容量,电容
electric capacity moisture meter 电力湿度计
electric capstan 电力绞盘,电动绞盘
electric car 电车
electric carbon 电刷碳
electric cargo winch 电动起货绞车,电动起货机
electric cash-register 电动出纳机
electric casualty 电气设备损害管制
electric casualty control 电气设备损害管制
electric cell 光电管,电池
electric centring 静电法调整中心,静电配心
electric ceramics 电瓷
electric chain 电路链
electric chain block 环链电动葫芦
electric-charge 电荷
electric charge (1)电费;(2)电荷
electric-charge density 电荷密度
electric check 电路检查
electric chronograph 电动计时器
electric chuck 电动卡盘
electric circuit 电路
electric circuit diagram 电路图
electric circuit protection equipment 电路保护设备
electric cleaner 电器清洁剂
electric clearance 电气间隙
electric clock 电钟
electric coffee maker 电咖啡壶
electric coffee mill 电磨咖啡器
electric coffee percolator 电咖啡壶
electric coil winder 电动绕线机
electric command device 主令电器
electric committee standard 电工委员会标准
electric communication 电信
electric computer 电动计算机,电动计算器
electric condenser 电容器
electric conductance 电导
electric conduction phenomena 导电现象
electric conductivity 导电率,导电性
electric conductivity alloy 导电合金
electric conductivity detector (=ECD) 电导检测器
electric conductor 导[电]体
electric conduit 电线导管
electric connector (1)电插座;(2)接线盒
electric connector receptacle 电插座
electric contact 电触点
electric contact liquid level indicator 电接触液位指示器
electric contact sunshine recorder 电接触式日照计
electric contact thermometer 电接点温度计
electric control 电力控制
electric control actuator 电力控制执行机构
electric control panel 电气设备控制板
electric controller 电控制器
electric conversion factor 电换算因数
electric cooker 电气炊具
electric cooker range 电灶
electric cooking appliance 电炊具
electric cooking range 电灶
electric coolant pump 电动冷却液泵
electric copying head 电动仿形头
electric corrosion 电[解]腐蚀
electric coupler 电路联结器
electric coupling 电磁联轴节
electric crane 电动起重机,电吊
electric cross 电气混线
electric crystal clock 电子钟
electric curing 电热养护

electric current 电流
electric current impulse 电流脉冲
electric current loop 电流环
electric data collector (=EDC) 电子数据汇集器
electric deck crane 电动甲板起重机
electric deck machinery 电动甲板机械
electric deflection 电偏移
electric defrost 电热融霜
electric defrost timer 电热融霜定时器
electric deicer 电气防冻设备, 电热防冻设备
electric delay fuse 延时信管, 延时爆管
electric density 电荷密度
electric department 电工部门
electric deposition 电解沉淀
electric depth gage 电测深计
electric depth sounding device 电回声探测设备
electric detecting element 电检测元件
electric detonator 电引爆管, 电雷管
electric device pump 电动通用泵
electric-diagnosis 电气诊断
electric diaphragm emitter 电雾笛, 电雾号
electric diffusing process (=EDP) 放电电渗处理
electric dipole 电偶极子
electric discharge 放电
electric discharge lamp 放电管
electric discharge machine 电火化加工机床
electric discharge machining 电火花加工
electric discharger 放电器
electric discharging machining technique 电火花加工技术
electric dish washer 电子洗碗机
electric displacement 电位移
electric displacement density 电位移密度
electric displacement vector 电移矢量
electric dissipation 电力消散
electric dissonance 出现差拍, 失谐
electric distance 电磁波距离, 光距离单位 (光微秒)
electric distance measuring 电子测距法
electric distribution 配电
electric disturbance 电扰
electric dividing head 电动分度头
electric double layer 电偶层, 双电层
electric double refraction 电场致双折射
electric doublet 电偶极子
electric drill 电钻
electric drive 电力传动, 电力拖动, 电 [力传] 动装置
electric drive apparatus 电力拖动装置
electric driven chain block 电动链滑车
electric driven emergency fire pump 电动应急消防泵, 应急电动消防泵
electric drying 电加热干燥
electric dynamometer (1) 电动测力计；(2) 电动测功器；(3) 电气功率表
electric efficiency (1) 电机效率；(2) 电效率
electric-electric 纯电的, 全电的
electric electrical 电气科学的, 电力的, 电的
electric elevator 电力升降机, 电梯
electric energy 电能, 电力
electric energy density 电能密度
electric energy generated 发电量
electric engine 电机
electric engine logbook 电气日志
electric engine telegraph and logger 机舱电车钟和记录仪
electric engineer 电气工程师, 电机员, 大电
electric engineer surveyor 电气验船师
electric engineering (1) 电工技术；(2) 电气工程, 电机工程
electric engineering handbook 电工手册
electric enterprise 电气企业
electric equilibrium 电平衡
electric equipment 电气设备
electric equipment repair ship 电气设备修理船
electric equivalent of calorie 电热当量
electric erosion 电解腐蚀
electric etcher (金属) 电解腐蚀器
electric explosion tested locomotive 防爆电机车
electric eye (=EE) 调谐指示器, 光电管, 光电池, 电眼

electric failure 电源故障
electric fan 电动风扇, 电风扇, 电扇
electric fan cooling 电扇冷却
electric fence 电导围墙
electric fence controller 电牧栏控制器
electric fiber 电绝缘纤维
electric fidelity 电信号保真度
electric field 电场
electric-field intensity 电场强度
electric field jump 电场跃迁
electric field strength 电场强度
electric field vector 电场矢量, 电场向量
electric filter 滤波器
electric fire detecting system 电气火警探测系统, 电气侦火系统
electric firing 电点火
electric fish screen 拦鱼电栅
electric fitting 电气附件, 电气配件
electric flat iron 电熨斗
electric floor polisher 电动地板打蜡机
electric flowmeter 电流量计
electric fluviograph (1) 电流图, 电通表；(2) 电测水位计
electric flux density (=EFD) 电通 [量] 密度
electric fog horn 电动雾号
electric force 电力
electric force gradient 电场梯度
electric fork lifting truck 电动叉车, 电瓶叉车
electric forming (1) 电 [镀] 成型；(2) 电冶
electric freshwater heater 淡水电加热器
electric fryer 电煎炉
electric fuel gage 燃料消耗电测表
electric fuel oil heater 燃油电加热器
electric furnace 电炉
electric furnace of resistance type 电阻炉
electric furnace steel 电炉钢
electric fuse 保险丝, 熔丝
electric fusion weld 电熔焊
electric gantry crane 电动门式起重机
electric gas analyzer 电气烟气分析器
electric gear (1) 电力机械传动；(2) 电力传动装置
electric gearshift 电力变速, 电力调档
electric generating plant 发电站, 电站
electric generating set 发电机组
electric generator 发电机
electric gong 电警钟
electric gramophone 电唱机, 电留声机
electric grinder 电动砂轮机, 电动磨头
electric ground power system (=EGPS) 地面电能系统
electric gun 电子枪
electric gyrocompass 陀螺罗经, 回转罗经
electric hammer 电锤
electric hand drill 手 [用] 电钻, 手持电钻
electric hand drilling machine 手用电钻
electric hand tapper 手用电动丝锥
electric hardening 电气淬火
electric harmonic analyzer 电谐波分析器
electric haulage 电机车运输, 电力牵引
electric hawser reel 电动缆索绞车
electric heat curing 电热养护
electric heater (=EH) (1) 电热器, 电暖器；(2) 电炉
electric heating apparatus 电热装置, 电热设备
electric heating appliance 电热器
electric heating by electromagnetic induction 电磁感应产生的电热
electric heating element 电热元件
electric hoist 电动起重机, 电动升降机, 电动卷扬机, 电动滑车, 电 [动] 吊车, 电葫芦
electric horn 电喇叭
electric horse-power hour(=EHPH) 电动马力小时
electric horsepower(=EHP) 电动马力
electric horsepower hour 电动马力小时
electric hot plate 电热板, 电热盘
electric hot-water boiler 电热锅炉
electric hot water heater 电热水器
electric hydraulic grab 电动液压式抓斗
electric hydraulic servoactuator 电液伺服机构

electric hydraulic spreader 电液扩张器
electric hygrometer 电湿度计
electric hysteresis effect 电滞效应
electric igniter 电点火器
electric ignition 电点火
electric ignition engine 电点火发动机
electric image 电位起伏图, 电像
electric immersion heater 浸没式电热器
electric impedance 电阻抗
electric impulse 电脉冲
electric impulse counter 电脉冲计数器
electric index 电指数
electric indicator 电动指示器, 电表
electric inductance 电感性
electric inductance strain gage 电感应应变计, 电感应应变片
electric induction 电感应
electric induction heating process 电感应加热法
electric inductivity 电感应率, 介电常数
electric industry 电气制造工业
electric inertia starter 电力惯性起动器
electric inspection lamp 检查灯
electric installation 电子设备, 电气设备, 电气装置, 电力装置
electric instrument 电工测量仪表, 电表
electric insulating 电气绝缘
electric insulating oil 电气绝缘油, 变压器油
electric insulating tape 电气绝缘带
electric insulating treatment 电绝缘处理
electric insulation 电气绝缘, 电绝缘
electric insulation compound 电绝缘胶
electric insulation oil 变压器油
electric insulator 电绝缘体
electric integration 电积分
electric integrator 电积分器
electric intensity 电场强度
electric interconnection 电的互相联结
electric interference 电气干扰, 电干扰
electric interfering field 干扰电场
electric interlock 电气联锁
electric interlocking 电气集中联锁, 电力锁紧
electric interlocking frame 电气集中联锁机, 电气联锁机
electric interlocking machine 电联动机, 电气联动装置, 电力联锁机
electric inventory 电气设备目录
electric iron 电熨斗, 电烙铁
electric juicer 电动果汁机
electric jumper lead (在断线处) 跨接线
electric junction 电学结
electric kettle 电热壶, 电水壶
electric knife 电刀
electric lamination press 电动层压机
electric lamp 电灯
electric lamp bulb 电灯泡
electric lamp filament 电灯灯丝
electric lamp reflector 电灯反射器
electric lantern 手提电灯
electric laundry dryer 烘干
electric lead 导线, 引线
electric lead cover wire 铅皮电线
electric lead passage 电线主干
electric leak 漏电
electric leakage 漏电
electric leakage tester 漏电测试器
electric level 电平
electric level indicator 电动液位指示器
electric licking 电气闭塞
electric lift 电力升降机, 电梯
electric lift control 电梯控制 [方式]
electric lift controller 电梯控制器
electric-light 电灯的, 电光的
electric light (1) 电子灯, 电灯; (2) 电灯光, 电光
electric lighter 电点火器
electric lighting 电气照明
electric lighting system 电照明系统
electric limit switch (=ELS) 电限制开关
electric line of force 电力线

electric load 电力负荷
electric loading 电枢负载
electric lock (常闭式) 电动保险器, 电锁闭器, 电锁
electric locomotive 电力机车, 电气机车, 电机车
electric log (1) 电测深仪; (2) 电计程仪; (3) 电测深记录; (4) 电测钻井记录曲线
electric logging 电测井法
electric losses 电损失
electric lubricating oil heater 润滑油电加热器
electric machine 电机
electric machine control 电机控制
electric machine design 电机设计
electric machine operating characteristic 电机运行特性
electric machine slot-conductor 电机槽内导体
electric machinery 电力机械, 电动机, 电机
electric machinery and apparatus 电机和电气设备
electric magnet 电磁铁
electric-magnetic 电磁的
electric magnetic brake 电磁制动器
electric magnetic chuck 电磁卡盘, 电磁吸盘
electric main (1) 输电干线; (2) 电源 (插座)
electric manufacturing 电机制造业
electric marine industry association standard 船舶电气工业协会标准
electric material 电工器材, 电工材料, 电气材料
electric means 电工设备
electric measurement 电气测量
electric measuring instrument 电工测量仪表, 电测仪表
electric meat grinder 电动绞肉机
electric medium constant 电介质常数
electric meter 电度表, 电表
electric method of exploration 电阻探测法
electric micrometer 电测微计
electric mixer 电动搅拌机
electric mobile rack 电动移动式料架
electric moisture meter 电动湿度计
electric moment 偶极矩, 电 [力] 矩
electric motive force 电动势
electric motor 电动机
electric motor car 电动摩托车, 电动机车, 电池机车, 电动车
electric motor drawn channel scraper 电动粪槽刮铲
electric motor drive (1) 电动传动装置; (2) 电动机传动
electric motor driven (=EMD) 电动机驱动的
electric motor generator 电动发电机
electric motor ship 柴油电动机船
electric motordrawn channel scraper 电动粪槽刮铲
electric muffle furnace 膛式炉, 马弗炉
electric mule (坞内) 电力牵引车
electric multiple radiation 电多极辐射
electric multiple unit railcar set 电力多组机车组
electric multiplier 电动倍加器
electric-network 电 [力] 网 [络]
electric network 电力网
electric network analyzer 电网络分析
electric network protection 电网保护
electric-network reciprocity theorem 电网络倒易定理
electric neutral axis 电中性轴
electric null 零位电压, 零位输出, 电零点
electric officer 电机员
electric oiler 电动加油器
electric operating parameter 电操作参数
electric operating station 电气操纵台
electric optical effect 电光效应
electric organ 放电器
electric oscillation 电振荡
electric oscillator 电振荡器
electric oscillograph 电示波器
electric-osmosis 电渗
electric osmosis 电渗
electric-osmotic 电渗的
electric osmotic stabilization 电渗稳定法
electric output 电输出, 电功率
electric oven 电灶
electric oven toaster 电子烤面包炉
electric overhead traveling grab crane 桥式电动抓斗起重机

413

electric pallet stack 电动托盘堆垛车
electric pallet truck 电动托盘搬运车, 电动铲车
electric panel 配电盘, 配电板
electric parameter 电参数
electric pendulum 电摆
electric permissible mine locomotive (矿用)防爆式电机车
electric phase angle 电相角
electric phonograph recorder 电录音机
electric photometer 电波测深器
electric pilot 电动操舵机
electric plane characteristic 电场平面内的方向特性
electric plant (1)电气设备; (2)电站
electric plant control 电站控制
electric plant control panel 电气设备控制板, 电站控制板
electric platform truck (平板式)蓄电池搬运车
electric plating 电镀
electric plug 电火花塞
electric plunger 手动电路控制器, 手动回路管制器, 电气锁闭杆
electric pneumatic control system 电动气动控制系统
electric point indicator 道岔位置电气复示器
electric polarity 电极性
electric polarization 电极化, 电极化强度
electric pole 电极, 电杆
electric polisher 电动抛光机
electric polishing machine 电动抛光机
electric porcelain 电绝缘瓷
electric portable drill 手[用]电钻, 便携式电钻
electric portable heater 手提电热器
electric portable lamp 便携式电灯, 行灯
electric portable sewing machine 手提式电缝纫机
electric positioning equipment 电子定船位仪
electric positioning signal 电控定位信号
electric pot 电热壶
electric potential 电势, 电位
electric potential difference 电势差, 电位差
electric potential energy 电能
electric potential gradient 电位梯度
electric power 电功率, 电源, 电力
electric power back up 电源备用设备
electric power board 电源控制板
electric power circuit 电力线路
electric power consumption 电力消耗量, 耗电量
electric power distribution 电力分配, 配电
electric power factor 电功率因数
electric power industry 电力工业
electric power network composition 电网结构
electric power package 电源组
electric power plant 发电厂, 电力厂, 电站
electric power pool 联合供电网
electric power station (1)电力站; (2)变电所
electric power storage (=EPS) 蓄电池室, 蓄电池
electric power supply 电力供应
electric power system 电力系统
electric power system of ship 船舶电力系统
electric power tool 电力工具, 电气工具
electric power transmission 电力传输, 输电
electric powered 以电力为能源的, 电动的
electric precipitation 电集尘, 电力沉淀
electric precipitator 电气除尘器
electric pressing dryer 电熨斗
electric pressing iron 电熨斗
electric pressure 电压
electric pressure transducer 电动压力传感器
electric probe device 电测装置, 电测深仪
electric process 电炉炼钢法
electric processing 电气加工
electric products 电气器材
electric propulsion 电力推进, 动力驱动
electric propulsion apparatus 电力推进装置
electric propulsion bus 电力推进汇流排
electric propulsion motor room 电动推进机舱
electric propulsion plant 电力推进装置
electric propulsion ship 电力推进船
electric propulsion steam turbine unit 电力推进汽轮机组

electric propulsion switchboard 电力推进控制板
electric propulsion system (1)电力推进系统; (2)电力推进装置
electric propulsion unit 电力推进装置
electric propulsion vehicle 电力飞船
electric property 电气性能
electric prospecting 电测探
electric protection 电气保护
electric pulse 电脉冲
electric pump 电动抽水机, 电动泵, 电泵
electric puncture 电击穿
electric putty 电器用膏
electric pyrometer 电测高温计
electric quadrupole shift 电四极移位
electric quantity 电量
electric radiator 电热器, 电暖器
electric railroad electric rail way 电气铁道
electric railway 电气铁道
electric rating 额定电功率
electric reflector radiator 电反射辐射器
electric refrigerator 电[气]冰箱, 电气冷柜
electric regulator 电调节器
electric relay 继电器
electric remote-control 电力遥[远]控[制]
electric remote control 电力遥控
electric remote control system 电力遥控系统
electric repair shop 电气修理车间
electric reproduction 电放声
electric repulsion 电推斥
electric reset relay 电复位继电器
electric residue 剩余电荷
electric resistance 电阻
electric resistance alloy 电阻合金
electric resistance box 电阻箱
electric resistance brazing 电阻钎焊
electric resistance furnace 电阻炉
electric resistance heating element 电阻加热元件
electric resistance heating mat 电阻加热垫
electric resistance hygrometer 电阻湿度计
electric resistance manometer 电阻压力计, 电阻压力表
electric-resistance moisture 电阻湿度计
electric resistance moisture meter 电阻湿度计
electric resistance pyrometer 电阻高温计
electric resistance strain gage 电阻丝应变片, 电阻应变计
electric resistance thermometer 电阻温度计
electric resistance welding 电阻焊
electric resistance wire current collector 应力片集流器, 电阻线集流器
electric resistance wire strain gage 电阻丝式应变仪
electric resistivity 电阻率
electric resistivity method 电阻率探测法
electric resistivity method of explosion 电阻率探测法
electric resistivity technique 电阻率探测技术
electric resonance 电共振, 电谐振
electric revolution indicator 电动转速表
electric revolving shovel 电动旋转式挖土机
electric rice cooker 电饭锅
electric rice steamer 电饭锅
electric rice warmer 保暖锅
electric rivet 塞焊(在铆钉孔处以电焊代铆接)
electric riveter 电动铆枪, 电动铆机
electric riveting 电铆
electric robot 电动机器人
electric rotary fish screen 电动旋转式鱼栅
electric rotary table 电动旋转工作台
electric rot 电腐蚀
electric rubber cover wire 胶皮电线
electric rudder angle transmitter 舵角电传发送机
electric rust hammer 去锈电锤
electric saw 电锯
electric scalar potential 标量电位
electric screen (1)电屏; (2)拦鱼电栅
electric screw driver 电动螺丝刀
electric series 电序
electric service (1)电气设备; (2)电气设备维护和保养; (3)供电
electric service pump 电动通用泵

414

electric set 交流接收机
electric shaft 同速联动, 电联动
electric sheets 电工用钢片, 电气钢板
electric shield 电屏蔽
electric shock (1) 电击, 触电; (2) 电震
electric shop 电工车间, 电气车间
electric shovel 电铲, 电动挖土机, 电动挖掘机
electric sieve 电筛
electric signal 电信号器
electric-signal storage tube 电信号存储管
electric signal transmission 电信号传递
electric signaling 发出电信号
electric siren 电笛
electric slewing crane 电动旋臂起重机, 电动旋转起重机
electric slip coupling 电力滑差耦合
electric soldering 电钎焊, 电焊
electric soldering copper 电烙铁铜头
electric soldering iron 电烙铁
electric soldering pliers 电焊钳
electric sounding 电测深
electric source 电源
electric source diagram 电源图
electric source for ship station (供给)船舶电站的电源, 岸电
electric space heater 电气供暖装置, 电暖器
electric space heating appliance 电暖器
electric spark 电火花
electric spark drilling 电火花加工
electric spark forming 电火花成形加工
electric-spark grinding 电火花磨削
electric spark igniter 电火花点火器
electric spark machine (tool) 电火花加工机床
electric spark machining 电火花加工
electric spark working 电火花加工
electric sparking plug 电火花塞
electric specification 电气说明书, 电气规范, 电气特性
electric spindle 电轴
electric spurious discharge 乱真放电
electric standard 电量标准
electric starter 电力起动器
electric station 电站
electric steam-boiler 电热锅炉
electric steam gage 电动气压机
electric steam generator 电热蒸汽锅炉
electric steel (1) 电炉钢; (2) 电工钢
electric steering 电动操舵装置, 电动操舵
electric steering control system 电力操舵系统
electric steering engine 电动操舵机
electric steering gear 电力操舵装置, 电动操舵装置, 电动舵机
electric steering machine 电力控制机械, 电力操纵机械
electric steering system 电力操舵系统
electric step motor 步进电机
electric stop watch 电秒表
electric storage 电存储器
electric stove 电炉
electric stove wire 电炉丝
electric strain ga(u)ge 电测应变仪
electric strength (1) 耐电强度, 绝缘强度; (2) 电场强度, 电力强度
electric stress tensor 电应力张量
electric strip 电工钢片
electric substation 变电站
electric susceptibility 电极化率
electric switch 开关, 电门
electric switch machine 电动转辙器
electric switch oil 变压器油, 绝缘油
electric symbol 电气符号
electric synthetic method (=ESM) 放电合成法
electric system 电力系统, 电力设备
electric table griddle 电烤盘
electric tachometer 电动转速表
electric tape 电线包布, 绝缘带
electric tape gage 带式电阻水位计
electric tea kettle 电茶桶
electric tea pot 电茶壶
electric technical standard 电气技术标准

electric telegraph 电传令钟, 电动车钟, 电车钟
electric telemetering 电遥测术, 电遥测法
electric telemotor 电遥控传动装置
electric temperature control 电气温度控制
electric temperature transducer 电动温度变送器
electric tension 电压
electric terminal of machine 电机的接线端子
electric test bench 电工试验台
electric tester 电测试器
electric thermometer 电测温度计
electric thermometry 电测温法
electric thermopot 电水瓶
electric thermostat 电热恒温器, 电恒温器
electric thermostat fire alarm system 电热恒温式火灾报警器
electric thickness 电磁测厚度
electric thread 导线铜管螺纹
electric timekeeping device 电动计时器
electric timer 电子定时器
electric to fluid transducer 电流体转换器
electric toaster 电烤面包炉
electric tool grinder 电动工具磨床
electric tool tipper 电焊刀片机
electric torch (1) 电焊焊枪, 电焊枪; (2) 手电筒
electric torch light 手电筒
electric towing winch 电动拖缆机
electric traction 电力牵引, 电力拖动
electric tractor (1) 电动拖拉机; (2) 蓄电池牵引车
electric train indication 列车电气指示器
electric trainline coupler 列车电线连接器
electric transcription 电气录音
electric transducer 电换能器, 电传感器, 换流器
electric transformer 变压器
electric transmission 电传动
electric transmission line 输电线
electric travelling crane 电力移动起重机, 电动式起重机
electric truck 蓄电池搬运车, 电动搬运车
electric type analog indicator 电模拟指示器
electric type heater 电热器
electric typewriter 电动打字机, 电传打字机
electric under-ground cable 地下电缆
electric undertaking 电力工业, 电业
electric units 电单位
electric upsetter 电热镦锻机
electric utility 电气设备, 发电厂
electric vacuum cleaner 电吸尘器
electric valve 整流器
electric valve grinder 电动阀磨床
electric varnish 绝缘漆
electric vector potential 向量电位
electric vehicle 电动车辆
electric vent 电动通风
electric vibrating screen 电振筛
electric vibrator 电振动器, 电动振捣器
electric vice 电动虎钳
electric viscometer 电粘度计
electric voltage 电压
electric wall type slewing crane 电动墙式旋臂吊车, 电动壁吊
electric washing machine 电动洗衣机, 电动洗涤机
electric water cooler (=EWC) 电气水冷却器
electric water heating boiler 电烧水炉
electric water sounder 电测水深器, 电测深仪
electric wave 电波
electric wave filter 滤波器
electric wave measuring device 电气测波仪
electric weighing system 电子过称系统
electric weld pipe mill 电焊管机
electric welded anchor chain cable 电焊锚链
electric welded pipe 电焊管
electric welder (1) 电焊机; (2) 电焊工
electric welding 电焊
electric welding machine 电焊机
electric welding mask 电焊面罩
electric welding pliers 电焊钳
electric welding rod 电焊条

415

electric well log 电测钻井记录, 测钻井剖面
electric whistle 电动雾笛, 电笛
electric whistle control 电笛控制
electric winch (=EW) 电动起货机, 电动卷扬机, 电力绞车, 电动绞车, 电绞车
electric wind shield wiper 电动风挡刮水器
electric winding machine 电动绕线机
electric windlass 电动起锚机, 电动锚机
electric windscreen wiper 电动风挡刮板
electric wire 电线
electric wire conduit 电线套管
electric wire plan 布线图, 电路图
electric wire resistance strain gage 电阻应变仪, 电阻片
electric wire resistance strain meter 电阻应变仪, 电阻片
electric wire rope hoist 钢绳电动葫芦
electric wiring 电线线路, 电力布线, [电线] 布线
electric wiring plan 电线布置图, 电路图, 布线图
electric work 电气工程
electric works (1) 电器工程; (2) 发电站, 电 [工] 厂
electric workshop 电工车间, 电气车间
electric zero 电零位
electric zero position 基准电零位
electric zero signal 电气零点信号
electrical [带] 电的, 导电的, 发电的, 电力的, 电动的, 电气的, 电测的
electrical accounting machine 会计计算机
electrical analog method 电模拟法
electrical analogy 电模拟
electrical and electronic equipment 电气和电子设备
electrical and wireless operator (=EWO) 电气与无线电操作人员, 电工与无线电工作人员
electrical angle (多极电机的) 电角度
electrical apparatus measuring device 电器试验测试设备
electrical arc welding 电弧焊接, 电弧焊
electrical automatic frequency control 电路自动频率控制
electrical axis 电轴
electrical bandspread 频带展宽, 频带扩展
electrical centering 光栅静电对准, 光栅静电定心, 静电法调整中心
electrical communication 有线电通信
electrical computer 电子计算机, 电动计算机
electrical condenser 电容器
electrical conductivity 电导系数, 导率
electrical connector (1) 电接插件, 插塞, 插座; (2) 接线盒
electrical connector receptacle 电插座
electrical contact 电接触
electrical contact controller 电开关控制器
electrical control 电力控制
electrical dew-point hydrometer 电子式露点湿度计
electrical dipole (=ED) 电偶极子
electrical distance 光距离单位 (光微秒), 电磁波距离
electrical double layer 电偶极子层, 双电荷层
electrical energy 电能
electrical engineer (=EE) 电器工程师, 电机工程师
electrical engineering (1) 电力工程, 电机工程; (2) 电工技术; (3) 电工学
electrical engineering handbook 电工手册
electrical equipment 电气设备
electrical equipment system 电气设备系统
electrical fidelity 电信号保真度
electrical filter 电滤波器
electrical forming 电镀成形
electrical generation plant 发电装置
electrical generator 发电机
electrical hygrometer 电湿度计
electrical impedance meter (电) 阻抗计
electrical impulse 电脉冲
electrical indicator 电动指示器
electrical inertia 电惯性
electrical information test (=EIT) 电信息试验
electrical initiation 电火花起爆
electrical insulation tape (=EIT) 电绝缘带
electrical interlocking 电力锁紧
electrical kilowatts (=EKW) 电千瓦
electrical load 电力负载
electrical load analysis 电力负载分析

electrical masking 电掩蔽
electrical mass filter 电学滤质器, 电质谱仪
electrical metallic tubing (=EMT) 电工金属管
electrical motor 电动机
electrical navigation equipment and instruments 电子导航设备和仪表
electrical null 零位电压
electrical music industry (=EMI) 电子乐器工业
electrical-output storage tube (=EOST) 电信号输出存储管
electrical output storage tube (=EOST) 电信号输出存储管
electrical panel 配电板, 配电盘
electrical parameter 电参数
electrical power subsystem (=EPS) 电气动力子系统
electrical power supply (=EPS) 电力电源
electrical processing 电加工
electrical propulsion (=EP) 电力推动
electrical prospecting 电法勘探
electrical pulse 电脉冲
electrical quadrupole (=EQ) 电四极 [子]
electrical quadrupole moment 电四极矩, 四极电矩
electrical readout 自动读出
electrical recording 磁带录音, 电录音
electrical reproduction 录音重放, 放音
electrical research 电气研究
electrical resistance welding (=ERW) 电阻焊
electrical sheet 电气钢板, 电工钢片, 硅钢片
electrical speech level 活音电平
electrical speed governor 电调速器
electrical steel sheet 电工硅钢片
electrical survey 电法勘探
electrical switchboard 配电板, 配电盘
electrical system 电气系统
electrical telemetry 电遥测技术
electrical torque 电磁转矩
electrical transcription (=ET) 电气录音, 电气录制
electrical trawl cable 拖网电缆
electrical zero (=EZ) 电零点
electrically 用电力, 电学上
electrically active 通电流的
electrically active impurity 电活性杂质
electrically alterable read only memory (=EAROM) 电可变只读存储器
electrically auxiliary blower 电动辅助风机
electrically controllable read-only storage (=ECROS) 电可控只读存储器
electrically controlled magazine 电动料斗
electrically controlled telephone exchange 电子式电话交换机
electrically driven 电力牵引的, 电动的
electrically non-conducing material 不导电材料
electrically operated 电力牵引的, 电动的
electrically operated bell 电动铃
electrically operated valve (=ELV) 电力操作阀, 电动阀
electrically oriented wave 定向电波
electrically polarized (=EP) 电偏振的, 电极化的
electrically powered remote controlled bilge valve 电动遥控舱底阀
electrically programmable read only memory (=EPROM) 电可编程序只读存储器
electrically regenerative fuel cell 电再生燃料电池
electrically scanning microwave radiometer 电子扫描微波辐射仪
electrically square 方形检波器组合
electrically steerable antenna feed technique 电操纵天线馈电技术
electrically super-conducting alloy 超导电合金
electrically supported vacuum gyroscope 静电支承真空陀螺仪
electrically suspended gyro (1) 电悬式陀螺仪; (2) 静电陀螺仪
electrically suspended gyro accelerometer 电支承式陀螺加速计
electrically suspended gyroscope (=ESG) 静电悬浮陀螺仪, 电悬式陀螺仪
electrically tuned receiver 电子调谐接收机
electrically welded (=EW) 电焊 [的]
electrically welded chain 电焊锚链
electrically welded tube 电焊管
electrically welding (=EW) 电焊
electricator 电触式 [指示] 测微表
electricflux 电通量
electrician (1) 电学家; (2) 电气技术员, 电气工程师, 电工技师, 电气

416

技师；(3) 电机员, 电工, 大电
electrician engineer 电机员
electrician knife 电工刀
electrician test panel 电工试验板
electrician welding helmet 电焊面罩
electrician's chisel 电工凿
electrician's knife 电工刀
electrician's putty 电工油灰
electrician's shop 电工车间, 电工工场
electrician's solder 电工焊锡
electrician's store 电工储藏室
electrician's test panel 电工试验板
electrician's welding helmet 电焊面罩
electricity (=electy) (1) 电气, 电力, 电荷；(2) 电学；(3) 电流；(4) 静电；(5) 供电站
electricity consumer 电气用户
electricity cutoff standard 瓦斯煤矿停电标准
electricity meter 电量计
electricity supply 电力供应, 供电
electriclocking 电锁闭
electrifiable 可起电的
electrification (1) 起电, 带电, 充电, 带电；(2) 使用电力, 电力化, 电气化；(3) 感电
electrification by evaporation 蒸发起电
electrification by induction 感应起电
electrification by pressure 压强起电, 压力起电
electrification instruction 电化教学
electrified body 带电体
electrified section 电气化区段
electrified wire netting [防护] 电网
electrifier 起电器
electrify (1) 起电, 带电, 通电, 供电, 充电, 过电, 触电；(2) 电力化, 电气化
electrifying 电力化, 电气化
electrifying of face 工作面电气化
electrik (1) [带] 电的, 导电的, 发电的, 电力的, 电动的, 电气的, 电测的；(2) 电气设备, 电气部分 (用复数)；(3) 电灯；(4) 电 [动汽] 车, 电动车辆, 活动车辆；(5) 摩擦带电物体, 起电物体, 带电体
electrino {核} 电微子
electrion 高压放电
electrion oil 高压放电润滑油
electrit 电铝 [石]
electrization (1) 电气化；(2) 带电, 起电；(3) 带电法
electrize 使电气化, 起电, 带电
electrizer (1) 起电机, 起电盘；(2) 充电员；(3) 电疗机
electro (1) 电镀；(2) 电铸；(3) 电镀品, 电铸版, 电铸术
electro- (词头) 电气, 电化, 电动, 电力, 电解
electro-absorption 电吸附
electro-acoustic 电声学的, 电声的
electro-acoustic deflection circuit 电声偏转电路
electro-acoustic efficiency 电声效率
electro-acoustic fidelity 电声逼真度, 电声保真度
electro-acoustic frequency meter 电声式频率计
electro-acoustic index 电声效率
electro-acoustic instrument 电声仪器
electro-acoustic source 电声源
electro-acoustical instrument 电声仪器
electro-acoustics 电声学
electro-adsorption 电吸附
electro arc contact machining (=EAC) 接触放电加工
electro arc depositing (=EAD) 放电涂覆处理
electro-analysis 电解分析
electro-bath 电镀浴
electro-beam 电子束
electro-brightening 电抛光
electro-bus 电动公共汽车
electro-caloric effect 电热效应
electro-calorimeter 电热量器, 电热量计
electro-capillarity 电毛细 [管] 现象
electro-capillary 电毛细管的
electro-capillary effect 电毛细效应
electro-capillary zero 电毛细零点
electro-cast brick 电熔耐火砖
electro-chemical 电化学的

electro-chemical analysis 电化学分析
electro-chemical appliance 电化学装置
electro-chemical attack 电化学腐蚀
electro-chemical cell 电化电池
electro-chemical cleaning 电化学清洗
electro-chemical constant 电化学常数
electro-chemical corrosion 电化学腐蚀
electro-chemical crystal structure 电化学晶体结构
electro-chemical discharge machining 电化学放电加工
electro chemical discharge machining (=ECDM) 电化学放电加工, 电解放电加工
electro-chemical equivalent 电化当量, 电解当量
electro-chemical etching 电化学侵蚀
electro-chemical gaging 电化学测流法
electro-chemical gradient 电化学陡度
electro-chemical grinder 电化学磨床
electro-chemical grinding 电化学放电加工, 电化学研磨, 电解磨削
electro-chemical grinding (=ECG) 电解磨削
electro-chemical integrating device 电化积分装置
electro-chemical machining 金属电解加工, 电化学加工, 电解加工
electro chemical machining (=ECM) 金属电解加工, 电化学加工, 电解加工
electro-chemical metal removal 金属电解切削
electro-chemical milling 电化学研磨
electro-chemical oxidation 电化氧化
electro-chemical phosphating 电化学磷化
electro-chemical plating 电化学镀层, 电镀法, 电镀
electro-chemical potential gradient (=ECPOG) 电化学位梯度
electro-chemical processing 电化学加工
electro-chemical protection 电化学防腐法
electro-chemical record 电化学记录
electro-chemical recording 电化学记录
electro-chemical series 电化序, 电位序
electro-chemical shaping 电化学成形
electro-chemical spectrum 极谱波
electro-chemical techniques 电化学技术
electro-chemical transducer 电化换能器
electro-chemical transistor 电化学晶体管
electro-chemical treatment 电化学处理
electro-chemical valve 电解阀
electro-chemistry 电化学
electro-chronograph 电时计, 电钟
electro-circuit 电路
electro-cladding 电镀金属保护层, 电镀包层
electro-cladding refractory metal 电镀耐火金属
electro-cleaning 电净法
electro-conductive 导电的
electro-conductive printing ink 导电印刷油墨
electro-conductive resin 导电树脂
electro-conductive rubber 导电橡胶
electro-constant 电化常数
electro-convulsive shock 电休克
electro-countermeasure (1) 电子干扰, 电子对抗；(2) 抗电子干扰装置
electro-cyclic reaction 电环化反应
electro-data machine 电动数据处理机
electro-dense 电子致密的
electro-deposited coating 电解沉积层, 电镀层
electro-deposition 电解法精炼, 电解沉淀, 电镀
electro-deposition cell 电极沉积槽
electro-diffusion 电扩散
electro-discharge 放电
electro-discharge machining (=EDM) 放电加工
electro-dissociation 电离 [解作用]
electro-drain 电排水
electro-dynamic 电动力的, 电动学的
electro-dynamic capacity 自感系数
electro-dynamic damping 电动力阻尼
electro-dynamic drift 电动力漂移
electro-dynamic induction 电动感应
electro-dynamic loudspeaker 电动扬声器
electro-dynamic multiplier 电动乘法器
electro-dynamic pickup 电动拾音器, 动圈拾音器
electro-dynamic retarder 电动缓行器

electro-dynamic shaker　电动振荡器
electro-dynamic speaker　电动扬声器
electro-dynamic vibration pickup　电动式振动传感器, 电动式拾振器
electro-dynamic vibrator　电动振荡器
electro-dynamics　电动力学
electro-dynamometer　电动测功器, 电动测力计
electro-endosmosis　电内渗 [现象]
electro-engraving　电刻
electro-equivalent　电化当量
electro-erosion machining　电蚀加工
electro-etching　电解侵蚀, 电解蚀刻, 电腐蚀
electro-extraction　电解提取, 电解提纯
electro extraction　电解提纯法
electro-facing　电镀
electro-fax　电子传真
electro-fax paper　静电照相纸, 氧化锌纸
electro-feeder　电动给水泵
electro-flux refining furnace　电碴炉
electro-forge　电锻
electro-forging　电锻
electro-form　电铸
electro-formed sieve　电刻筛
electro-forming　电成型, 电电沉积, 电冶, 电铸
electro-fused magnesia　重烧镁
electro-galvanizing　电镀锌法, 电解镀锌
electro-gas flux cored welding　气电管状焊条焊接
electro-gas welding　气电焊
electro-graphic pencil　电图铅笔, 电记录笔
electro-graphite　人造石墨
electro-graphite brush　人工石墨刷
electro-graving　电刻
electro-hardening　电化固结
electro-hydraulic　电动液压的, 电液的
electro-hydraulic actuator　电动液压执行机构, 电动液压传动装置
electro-hydraulic bow thruster　电动液压艏侧推器
electro-hydraulic capstan　电动液压绞盘
electro-hydraulic control　电液控制
electro-hydraulic controller　电动液压式控制器
electro-hydraulic coupling head　电液仿形头
electro-hydraulic forming　水中放电成形 [法], 电动水压形成 [法]
electro-hydraulic hatch-cover　电动液压舱口盖
electro-hydraulic pulse motor　电 - 液脉冲马达
electro-hydraulic servo control valve　电动液压伺服控制阀
electro-hydraulic shock　电水压震扰, 电液压冲压
electro-hydraulic steering gear　电动液压舵机
electro-hydraulic steering gear of twin screw　双螺旋桨电动液压舵机
electro-hydraulic system　电动液压系统
electro-hydraulic telecontrol　电动液压遥控装置
electro-hydraulic telemotor　电动液压传动装置
electro-hydraulic tracer head　电液仿形头
electro-hydraulic valve　电动液压阀, 电 - 液阀
electro-hydraulic winch　电动液压起货机, 电动液压绞车
electro-hydraulic windlass　电动液压起锚机
electro-hydrodimerization　电氢化二聚
electro-hydrodynamic analogy　电 / 水动力模拟
electro-hydrodynamics　电 / 水动力学
electro-hydrometallurgy　电湿法冶金
electro-illuminating　电照明 [的]
electro-induction　电感应
electro-insulating property　绝缘性能
electro-ionic　离子电注入的, 电离子的
electro-ionization (=elion)　电离 [作用], 电致电离
electro jet machining (=EJM)　电火花加工
electro-kinematics　动电学
electro-kinetic　动电学的
electro-kinetic effect　电动效应
electro-kinetic moment　电动力矩
electro-kinetic momentum　电动量
electro-kinetic potential　电动势
electro-kinetic transducer　电动换能器
electro-kinetics　动电学
electro-kymograph　电动转筒记录器
electro-lethaler　电击昏器
electro-light converting device　电光变换装置

electro-liminescent counting element　场致发光计数元件
electro-limit gage　接触式测厚仪
electro-lines　电场力线
electro-lock　电锁
electro-luminescence　电致发光, 场致光
electro-luminescent　场致发光的
electro-luminescent cell　场致发光元件
electro-luminescent diode　电荧光二极管
electro-luminescent display　场致发光显示
electro-luminescent display panel　场致发光显示板
electro-luminescent film　场致发光薄膜
electro-luminescent lamp　场致发光灯
electro-luminescent layer　场致发光层
electro-luminescent storage　场致发光存储器
electro-magnetic　电磁的
electro-magnetic acoustic instrument　电磁声学仪器
electro-magnetic actuator　电磁促动装置
electro-magnetic air brake　电磁空气制动器
electro-magnetic ammeter　电磁式安培表
electro-magnetic amplifying lens　电磁放大透镜
electro-magnetic analogue　电磁模拟装置
electro-magnetic anchor　(打捞用的) 电磁锚
electro-magnetic anechoic chamber　电磁无回声室, 电磁消声室
electro-magnetic attraction　电磁引力
electro-magnetic bearing wear detector　电磁式轴承磨损探测器
electro-magnetic blow out　电磁熄弧
electro-magnetic brake　电磁制动器, 电磁刹车, 电磁闸
electro-magnetic capacity　电磁容量
electro-magnetic centralizing coil　电磁集中线圈, 电磁聚集线圈
electro-magnetic circulation　电磁循环
electro-magnetic clutch　电磁离合器
electro-magnetic coil　电磁线圈
electro-magnetic compatibility　电磁兼容性
electro-magnetic complex　电磁集合体
electro-magnetic component　电磁分量
electro-magnetic constant　电磁常数
electro-magnetic contactor　电磁接触器
electro-magnetic control　电磁控制
electro-magnetic control panel　电磁控制盘
electro-magnetic controlled gyrocompass　电磁控制罗经
electro-magnetic controller　电磁控制器
electro-magnetic core　电磁铁芯
electro-magnetic coupler　电磁耦合器
electro-magnetic coupling　电磁离合器, 电磁联轴节, 电磁耦合
electro-magnetic coupling alternator　电磁调速交流发电机
electro-magnetic coupling asynchronous motor　电磁调速异步电动机
electro-magnetic coupling meter　电磁耦合测试器
electro-magnetic crack detector　电磁裂纹探测器, 磁力擦伤仪, 磁力擦伤器
electro-magnetic crane　电磁起重机
electro-magnetic current meter　电磁流速仪
electro-magnetic cutter　电磁刻纹头
electro-magnetic cylinder　螺旋管线圈, 电磁线圈
electro-magnetic damper　电磁阻尼器
electro-magnetic damping　电磁阻尼
electro-magnetic deflection　电磁偏转
electro-magnetic delay line　电磁延时线
electro-magnetic densitometer　电磁密度计
electro-magnetic discharge　电磁放电
electro-magnetic disk brake　电磁盘式制动器
electro-magnetic disturbance　电磁扰动
electro-magnetic domain　电磁场
electro-magnetic dressing　电磁选矿
electro-magnetic driver　电磁激励器
electro-magnetic electro-lens　电磁电子透镜
electro-magnetic electro-microscope　电磁电子显微镜
electro-magnetic energy　电磁能
electro-magnetic environment　电磁环境
electro-magnetic feedback type generator　电磁反馈式振荡器
electro-magnetic field　电磁场
electro-magnetic field intensity　电磁场强度
electro-magnetic field of multipole　多极电磁场
electro-magnetic fishing tool　电磁打捞工具
electro-magnetic flaw detector　磁力擦伤器, 磁力擦伤仪

electro-magnetic flowmeter　电磁流量表
electro-magnetic flux　电磁通量
electro-magnetic force　电磁力
electro-magnetic fuel gage　电磁式燃油平面指示器
electro-magnetic gas valve　电磁气阀
electro-magnetic gear　电磁传动装置
electro-magnetic generator　电磁式发电机
electro-magnetic ground detector　电磁式接地检测器
electro-magnetic horn　电磁喇叭
electro-magnetic hydraulic valve　电磁液压阀
electro-magnetic ignition　电磁点火
electro-magnetic impulse　电磁脉冲
electro-magnetic induction　电磁感应
electro-magnetic inertia　电磁惯量
electro-magnetic infrared wave　红外电磁波
electro-magnetic instrument　电磁测试仪表
electro-magnetic integrator　电磁积分器
electro-magnetic interaction　电磁相互作用
electro-magnetic interference (=EMI)　电磁干扰
electro-magnetic interrupter　电磁断续器
electro-magnetic lens　电磁透镜
electro-magnetic light valve　电磁光阀
electro-magnetic log　电磁计程仪
electro-magnetic logging　电磁测井
electro-magnetic loudspeaker　电磁扬声器,电动扬声器
electro-magnetic meter　电磁表
electro-magnetic method　电磁法
electro-magnetic microphone　电磁送话器
electro-magnetic mirror　电磁反射镜
electro-magnetic mixing　电磁搅拌
electro-magnetic molding machine　电磁造型机
electro-magnetic noise　电磁噪声
electro-magnetic oscillation　电磁振荡
electro-magnetic oscillograph　电磁示波器
electro-magnetic pendulum　电磁摆
electro-magnetic phenomenon　电磁现象
electro-magnetic pickup　电磁拾音器,电磁唱头
electro-magnetic ponderomotive force　电磁有质动力
electro-magnetic potential　电磁位
electro-magnetic power press　电磁成形压力机
electro-magnetic pressure gage　电磁压力表
electro-magnetic propulsion　电磁推进
electro-magnetic pulse　电磁脉冲
electro-magnetic pump　电磁泵
electro-magnetic pure iron　电磁纯铁
electro-magnetic radiation　电磁辐射
electro-magnetic radiation field　电磁辐射场
electro-magnetic receiver　电磁受话器
electro-magnetic recorder　电磁录音器
electro-magnetic relay　电磁继电器
electro-magnetic resolver　电磁分解器
electro-magnetic rodmeter　电磁计程仪传感器件
electro-magnetic scattering　电磁波散射
electro-magnetic screening　电磁屏蔽
electro-magnetic sensor　电磁传感器
electro-magnetic separator　电磁分离器,磁选机
electro-magnetic shielding　电磁屏蔽
electro-magnetic shielding chamber　电磁屏蔽室
electro-magnetic shim　电磁填隙片,电磁夹片
electro-magnetic ship propulsion　舰船电磁推进
electro-magnetic ship propulsion apparatus　磁流体船舶推进装置
electro-magnetic shock wave　电磁冲击波
electro-magnetic shoe brake　电磁靴制动器
electro-magnetic slide valve　电磁滑阀
electro-magnetic solenoid braking　电磁螺线管制动
electro-magnetic speaker　电磁扬声器
electro-magnetic spectrum　电磁波频谱
electro-magnetic starter　电磁起动器
electro-magnetic strain gage　电磁应变仪
electro-magnetic switch　电磁接触器,电磁开关
electro-magnetic system of units　电磁单位制
electro-magnetic telephone　电磁式受话器
electro-magnetic theory　电磁理论,电磁说
electro-magnetic thickness indicator　电磁厚度指示器

electro-magnetic thickness meter　电磁测厚仪
electro-magnetic tone generator　电磁发音器
electro-magnetic transducer　电磁换能器
electro-magnetic transmission line storage　电磁传输线存储器
electro-magnetic transmitter　电磁式送话器,电磁式话筒
electro-magnetic treadle　电磁式接触器,电磁式踏板
electro-magnetic trip　电磁脱扣器
electro-magnetic type discharge meter　电磁流量计
electro-magnetic type meter　电磁式仪表
electro-magnetic type relay　电磁式继电器
electro-magnetic type retarder　电磁式缓行器
electro-magnetic type vibrometer　电磁式振动计
electro-magnetic unit　电磁单位
electro-magnetic valve　电磁阀
electro-magnetic variable speed motor　电磁调速电动机
electro-magnetic velocity meter　电磁测速计
electro-magnetic vibrating feeder　电磁振动加料机
electro-magnetic vibration test　电磁振动试验
electro-magnetic watch　电磁手表
electro-magnetic wave　电磁波
electro-magnetical　电磁的
electro-magnetism　(1) 电磁；(2) 电磁学
electro-mechanic (=electro-mechanical)　电动机械的,机电的
electro-mechanical　电动机械的,机电的
electro-mechanical alarm　机电式报警器
electro-mechanical analogy　电机械模拟
electro-mechanical appliance　电动机械设备,机电设备
electro-mechanical automated gram operator　机电自动放音机
electro-mechanical brake　电动机械式制动器,机电式制动器
electro-mechanical brush　机电刷
electro-mechanical capstan　电动机械绞盘
electro-mechanical circuit　机电回路
electro-mechanical computer　电动机械计算机,机电式计算机
electro-mechanical controller　电动机械控制器,机电控制器
electro-mechanical coupling　机电耦合
electro-mechanical coupling factor　电 - 机械匹配系数,机电耦合系数
electro-mechanical delay　电 - 机械延时器
electro-mechanical device　机电装置
electro-mechanical drive system　电力 - 机械驱动系统
electro-mechanical efficiency　机电效率
electro-mechanical equipment　电动机械设备,机电设备
electro-mechanical fire control computer　机电火力控制计算机,机电射击指挥仪
electro-mechanical hand time release　机电式人工限时解锁器
electro-mechanical integrator　机电积分器
electro-mechanical interaction　机电相互作用
electro-mechanical interlocking　机电联锁
electro-mechanical interlocking machine　机电联锁机
electro-mechanical pickup　机电传感器
electro-mechanical plotter　机电式绘图机
electro-mechanical potentiometer　机电电势计
electro-mechanical recording　机电记录
electro-mechanical regulator　电动机械调节器,机电调节器
electro-mechanical screw time release　机电螺旋式限时解锁器
electro-mechanical steering equipment　电动机械操舵装置,机电操舵装置
electro-mechanical steering gear　电动机械操舵装置
electro-mechanical storage　机电式存储器
electro-mechanical transducer　机电换能器
electro-mechanical transmission　电动机械式传动,机电式传动
electro-mechanical treadle　机电式接触器,机电式踏板
electro-mechanical working　电 - 机械加工
electro-mechanics　机电学
electro-migrated paper　电迁移纸
electro-mobile　电瓶车,电动车
electro-molecular propulsion　带电分子推进分离法
electro-optic (=electro-optical)　电子光学的,光电的
electro-optic beam splitter　电子光学分束镜
electro-optic bench　电光具座
electro-optic ceramic storage　电光陶瓷存储
electro-optic constant　电光常数
electro-optic countermeasures receiving set　电光对抗接收装置
electro-optic crytsal　电光晶体
electro-optic detector　电光学检测器

electro-optic device　光电转换器件, 光电装置
electro-optic effect　光电效应
electro-optic information processing　电光学信息处理
electro-optic layer　电光层
electro-optic light valve　电光光阀
electro-optic memory　电动光学存储器
electro-optic modulation　电光调制
electro-optic modulation cell　电光调制元件
electro-optic modulation transfer function　电光调制传递函数
electro-optic modulator　电光式调制器
electro-optic phenomenon　电子光学现象
electro-optic property　电光性质
electro-optic radar　电光雷达
electro-optic space navigation simulation　电光空间导航仿真
electro-optic system　电光学系统
electro-optic telemeter　电光遥测仪
electro-optic transducer　电光换能器
electro-optic tuning　电光调谐
electro-optic variable focal length lens　电子光学变焦透镜
electro-optical (=electro-optic)　电子光学的, 光电的
electro-optical distancemeter　光电测距仪
electro-optical effect　(电介质) 光电效应, 克尔效应
electro-optical property　电光性质
electro-optical range finder　光电测距仪
electro-optical shutter　电光快门
electro-optical systems (=EOS)　电子光学系统, 光电系统
electro-optical tracking system　电光跟踪系统
electro-optics　电子光学, 电光学
electro-organic synthesis　电有机合成
electro-osmosis　电渗透
electro-osmotic　电渗的
electro-osmotic drainage　电渗排水
electro-osmotic driver　电渗激发器
electro-percussive welding　电冲击焊, 电接触焊, 电点焊
electro-phone　(有线广播) 送受话器
electro-phonic　电响效应
electro-phoresis　电泳现象, 电泳
electro-phoresis pattern　电泳图
electro-phoresis scanner　电泳扫描器
electro-phoresis strip　电泳条
electro-phoresis tank　电泳槽
electro-phoretic　电泳的
electro-phoretic analysis　电泳分析
electro-phoretic buffer　电泳缓冲液
electro-phoretic clarification　电泳澄清
electro-phoretic coating　电镀, 电涂
electro-phoretic deposition　电泳淀积
electro-phoretic effect　电泳效应
electro-phoretic finishing　电泳涂漆
electro-phoretic force　电泳力
electro-phoretic image display panel　电泳图像显示板
electro-phoretic paint　电泳涂料, 电泳漆
electro-phoretic painting　电泳涂装
electro-phoretic property　电泳性能
electro-phoretic separation　电流分离
electro-photo-luminescence　电控光致发光
electro-photographic printer　电子照相印刷机
electro-photography　电子摄影术, 电子照相术, 静电复制术, 电印术
electro-photoluminescence　用电场调制的光致发光, 电控光致发光, 场控光致发光, 电子光致发光
electro-photometer　光电光度计
electro-physics　电物理学
electro-physiological threshold　电生理阈值
electro-plate　(1) 电镀；(2) 电镀物品
electro-plated coating　静电镀层
electro-plated layer　电镀层
electro-plating　电镀术, 电镀
electro-plating bath　电镀浴, 电镀槽, 电镀液
electro-plating dynamo　电镀用的发电机
electro-pneumatic　电动气动的, 电力气动的, 电力气压的
electro-pneumatic actuator　电动气动执行机构
electro-pneumatic brake　电力气动制动器, 电动气闸
electro-pneumatic contactor　电动气动接触器
electro-pneumatic control　(1) 电动气动控制；(2) 电力气动控制

electro pneumatic control　电动 - 气动控制
electro-pneumatic controller　电 - 气动控制器
electro-pneumatic converter　电动气动变换器
electro-pneumatic distribution valve　电动气动分配阀
electro-pneumatic governor　电空调速器
electro-pneumatic interlocking device　电动气动联锁装置
electro-pneumatic operation　电空操纵
electro-pneumatic point machine　电动气动转辙器
electro-pneumatic point motor　电空转辙器
electro-pneumatic regulator　电动气动调节器
electro-pneumatic signal motor　电动气动信号机
electro-pneumatic signal valve　信号机电动气动阀
electro-pneumatic single plate friction clutch　电气单盘摩擦离合器
electro-pneumatic switch　电动气动开关
electro-pneumatic train stop valve　列车自动停车电动气动阀
electro-pneumatic transducer　电动气动变换器
electro-pneumatic transmitting equipment　电动气动传递设备
electro-pneumatic valve　电动气动阀
electro-pneumatical (=electro-pneumatic)　电动气动的, 电力气动的, 电力气压的
electro-pneumatically controlled feed slide　电 - 气控制进给滑动装置
electro-polar　电极化的
electro-polishing　电解抛光
electro-positive　阳电性的, 正电的
electro-positive atom　正电性原子
electro-positive element　正电性元素, 阳电性元素
electro-positive ion　正离子, 阳离子
electro-positive metal　正电性金属
electro-positive potential　阳电势, 正电势
electro-print　光电划线
electro-psychrometer　电湿度计
electro-pulse engine　电脉冲发电机
electro-pumping laser　电激励激光器
electro-pyrometer　电测高温计, 电阻高温计
electro-refining　电解提纯
electro-scaling　电力除锈
electro-scope　验电器
electro-scopy　验电法
electro-sensitive paper　电敏纸
electro-sensitive printer　电灼式印刷机
electro-sensitive recording　电火花蚀刻记录
electro-series　(元素) 电化序
electro-servo control　电气随动控制, 电动伺服控制, 电伺服控制
electro-sheet copper　电工铜箔
electro-shock　电震
electro-shock-proof　防电震
electro-slag　电碴
electro-slag casting　电碴熔铸
electro-slag welding　电碴焊
electro-smelting　电 [炉] 熔炼
electro-smelting bath　电炉熔炼池
electro-smelting plant　电炉熔炼设备
electro-sol　电溶胶
electro-spark　电火花
electro-spark detector (=ESD)　电火花检测器
electro spark detector (=ESD)　电火花检测器
electro-spark forming (=ESF)　电火花成形
electro spark forming (=ESF)　[放] 电爆 [炸] 成形
electro-spark polishing　电火花抛光
electro spark sintering (=ESS)　放电粉末烧结
electro-sparking　电火花加工
electro-static　静电的
electro-static accelerator　静电加速器
electro-static acoustical instrument　静电声学仪器
electro-static actuator　静电激励器
electro-static adhesion　静电吸附
electro-static apparatus　静电设备
electro-static attraction　静电吸引
electro-static barrier　静电能垒
electro-static bonding　静电结合, 静电粘结, 离子结合
electro-static capacitance　静电电容
electro-static capacity　静电容量
electro-static character of double layer　双电层静电特性
electro-static charge　(1) 静电装料；(2) 静电荷

electro-static charge printing tube (=EPT) 静电记录[阴极射线]管
electro-static chuck 静电吸盘
electro-static circuit 静电电路
electro-static coupling 静电耦合
electro-static deflection 静电偏转
electro-static discharge 静电放电
electro-static displacement 静电位移
electro-static dry spraying 干式静电喷涂法
electro-static dust collection 静电除尘
electro-static duster 静电式喷粉机
electro-static effect 静电效应
electro-static electron lens 静电电子透镜
electro-static energy 静电能量
electro-static error 静电误差
electro-static feedback 静电反馈
electro-static field 静电场
electro-static field intensity 静电场强度
electro-static field strength 静电场强度
electro-static fire 静电起火
electro-static flux 静电通量
electro-static force 静电力
electro-static generator 静电发电机
electro-static gravure printing 静电照相凹版印刷
electro-static ground detector 静电接地检测器
electro-static gyro 静电陀螺仪
electro-static gyroscope 静电陀螺仪
electro-static hand gun 手提式静电喷枪
electro-static hazard 静电引起的危险
electro-static induction 静电感应
electro-static influence 静电影响
electro-static instrument 静电式测量仪表
electro-static interactions 静电相互作用
electro-static interference 静电干扰
electro-static leakage 静电漏泄
electro-static loudspeaker 静电扬声器
electro-static mass filter 静电滤质器
electro-static measuring instrument 静电式测量仪,静电式电表
electro-static meter 静电计
electro-static microphone 静电式送话器
electro-static motor 静电式电动机
electro-static octupole lens 静电八极透镜
electro-static oil filter 静电油过滤器
electro-static oscillograph 静电示波器
electro-static painting 静电喷漆
electro-static percussion welding 静电锻接
electro-static potential 静电势
electro-static powder coating 静电粉末涂装
electro-static precipitation 静电聚灰,静电除尘,静电沉积,静电集尘
electro-static precipitator 静电沉积器,静电聚灰器,静电滤尘器
electro-static pressure 静电压力
electro-static printer 静电印刷机
electro-static printing 静电印刷
electro-static quadrupole lens 静电四极透镜
electro-static receiver 静电式受话器
electro-static receptivity 静电感受性
electro-static recording 静电记录法
electro-static recording paper 静电记录纸
electro-static relay 静电继电器
electro-static repulsion 静电推斥
electro-static scanning 静电扫描
electro-static screen 静电屏蔽
electro-static screening 静电屏蔽
electro-static separation 静电分离
electro-static separator 静电分离器,静电选矿机
electro-static servo component 静电伺服元件
electro-static servo motor 静电伺服电动机
electro-static shield 静电屏
electro-static shielding 静电屏蔽
electro-static speaker 静电扬声器
electro-static sprayer 静电喷涂机
electro-static spraying 静电喷涂法
electro-static storage 静电存储器,静电存储
electro-static store 静电存储器
electro-static suspended gyroscope 静电支承陀螺,静电支承陀螺仪

electro-static system of units 静电单位制
electro-static tape camera 静电录像照相机
electro-static timebase generator 静电偏转扫描发生器,静电时基发生器
electro-static transducer 静电换能器
electro-static transfer 静电转移
electro-static type 静电式
electro-static unit 静电单位
electro static unit (=ESU) 静电单位
electro-static volt 静电伏特
electro-statical (=electro-static) 静电的
electro-statics 静电学
electro-steel 电炉钢
electro-striction 电致伸缩
electro-striction effect 电致伸缩效应
electro-striction material 电致伸缩材料
electro-striction transducer 电致伸缩换能器
electro-striction vibrator 电致伸缩振动器
electro-surgical equipment 电手术器械
electro-synthesis 电合成[法]
electro-tape 电磁波测距仪
electro-taxis 应电,趋电性[作用]
electro-technic (=technique) 电气工艺学,电工技术,电工学
electro-technical 电工的
electro-technics 电气工艺学,电工技术,电工学
electro-technique 电气工艺学,电工技术,电工学
electro-technique carbon 电工碳
electro-technique measurement 电工测量
electro-technique porcelain 电瓷
electro-technique steel 电工用钢
electro-technology 电工技术,电工学
electro-tempering 电回火
electro-thermal 电热的
electro-thermal baffle 半导体障板
electro-thermal effect 电致热效应
electro-thermal efficiency 电热效率
electro-thermal energy conversion 电热能量转换
electro-thermal equivalent 电热当量
electro-thermal expansion element 电热膨胀元件
electro-thermal furnace 电热炉
electro-thermal meter 热丝电流计
electro-thermal propulsion 电热推进
electro-thermic 电热的
electro-thermic instrument 电热式仪表
electro-thermic type 电热式
electro-thermics 电热工学
electro-thermostat 电[热]恒温器
electro-timer 定时继电器
electro-tinning 电镀锡
electro-type 电版(印刷)
electro-type alloys 电铸版用铅基压铸合金
electro-type metal 英国标准铅字合金,电印版合金
electro-ultrafiltration 电超滤,电渗析
electro-valent compound 电价化合物
electro-vacuum gear shift 电磁真空变速装置
electro-vibrator 电动振动器
electro-viscosity 电气吸附性
electro-viscous effect 电荷粘度效应,电滞效应
electro-welding 电焊
electroacoustic 电声学的,电声波的
electroacoustic effect 电声效应
electroacoustic factor 电声系数
electroacoustic transducer 声电变换器,声电换能器
electroacoustics 电声学
electroacoustomagnetic effect 电声磁效应
electroaffinity 电亲和势,电亲和性,电解电势
electroanalysis 电[解]分析,电化分析
electroanalyzer 电解分析器,电分析器
electroarteriograph 电动脉搏描记器
electroballistics 电弹道学
electrobasograph 步态电描记器
electrobath 电镀浴,电解浴
electrobiologic test 生物电试验
electrobiology 电生物学,生物电学

electrobrightening 电抛光
electrobus 蓄电池公共交通车，公共电车
electrocaloric 电热的
electrocaloric coefficient 电热系数
electrocaloric effect 电热效应
electrocalorimeter 电热量计，电量热器，电卡计，电热计
electrocar 电瓶车
electrocarbonization 电法炼焦
electrocarbothermic reduction assembly 电热碳热还原装置
electrocardiogram 心［动］电［流］图
electrocardiograph 心电图描记器，心电图记录器
electrocathode 电控阴极
electrocathodoluminescence 电抗阴极射线发光，场抗阴极射线发光，阴极电子激发光
electrocauterize 电灼
electrocautery (1)电铬铁，电灸；(2)电烙术
electrocement 电制水泥
electroceramics 电瓷
electrochemic 电化［学］的
electrochemical 电化［学］的
electrochemical action 电化学作用
electrochemical capacitor 电解质电容器
electrochemical cell 电化电池
electrochemical concentration cell (=ECC) 电化学浓差电池
electrochemical constant 电化学常数，电化常数
electrochemical corrosion 电化学腐蚀
electrochemical corrosion machining 电解放电加工
electrochemical crystal structure 电化学晶体结构
electrochemical equivalent (=equiv) 电化学当量
electrochemical deposition 电化学沉积
electrochemical desorption 电化学脱附
electrochemical discharge machining 电解放电加工
electrochemical equation 电化学方程
electrochemical equivalent 电化［学］当量
electrochemical industry 电化工业
electrochemical luminescence 电化学发光
electrochemical machine tools 电解加工机床
electrochemical machining 电化学加工，电解加工
electrochemical plating 电［化学］镀法
electrochemical polish 电化学抛光
electrochemical protection 电化学保护
electrochemical reaction 电化学反应
electrochemical series 电位序，电化序
electrochemical society (=ES) 电化学学会
electrochemical valve 电解阀
electrochemical wear 电化学磨损
electrochemically 用电化学方法，在电化学方面
electrochemiluminesence 电化学发光
electrochemist 电化学工作者
electrochemistry 电化学
electrochromatography (=ECM) 电色层分离法，电色谱法
electrochromatophoresis 电泳色谱
electrochromic display 无源固态色显示，电化色显示
electrochromics 电致变色显示
electrochronograph 电动精密记时器
electrocircuit 电路
electroclock 电钟
electrocoagulation 电凝聚
electrocoating (1)电泳涂漆，电涂；(2)电泳涂层
electroconductibility (1)电导率；(2)导电性
electroconductive 导电［性］的
electroconductivity (1)电导率；(2)导电性
electrocontact hardening 电接触淬火
electrocoppering 电镀铜法
electrocorrosion 电腐蚀
electrocratic 电稳的
electrocrystallization 电解结晶
electroculture 电气栽培
electrocution 触电死亡，电死
electrocyclic reaction 电环化反应
electrodata machine 电动数据处理机，电数据计算机
electrode (1)电极，焊极；(2)［电］焊条，焊枝
electrode admittance 电极导纳
electrode arm 电极

electrode boiler 带电极的电气锅炉，电极锅炉
electrode capacitance 电极电容，极间电容
electrode capacity 极间电容
electrode carbon 电极碳，碳精棒
electrode carrier 焊条夹
electrode characteristic 电极特性
electrode coating 焊条涂料，焊条药皮
electrode collar 电极夹持环，电极圈，电极环，引线环
electrode compound 电极涂料
electrode conductance 电极电导
electrode connection 电极接线
electrode covering 焊条涂料
electrode current 电极电流
electrode diameter 焊条直径
electrode dissipation 电极耗散
electrode effect 电极效应
electrode extension 焊丝伸出长度
electrode feeder 焊条进给器
electrode flux 焊条涂料，焊条药皮
electrode for arc welding 电焊条
electrode for cast iron 铸铁焊条
electrode for ionization 电离极
electrode gap 电极间距
electrode grip 焊条夹头，电极夹头
electrode heater 焊条加热器
electrode holder (1)电焊钳，焊条钳，电焊夹，焊条夹，电焊枪；(2)电极夹，电极座
electrode-hydraulic valve 电动液压阀
electrode impedance 电极阻抗
electrode inversion layer 电极反型层
electrode material 电极材料
electrode melting rate 焊条熔化率
electrode metal 焊丝
electrode pliers 电焊枪，电焊钳
electrode potential 电极电势，电极电位
electrode process 电极反应过程
electrode regulation 电极调整
electrode regulator 电极调节装置，电极调节器
electrode resistance 电极电阻
electrode servosystem 电解伺服装置
electrode socket 焊条夹持器，焊条插座，焊条夹头
electrode spacing 焊条间距
electrode susceptance 电极电纳
electrode system 电极系
electrode tip 焊条端部，电极端
electrode voltage 电极电压
electrode welding machine 电焊机
electrode wire 焊条钢丝
electrodecantation 电倾析
electrodecomposittion 电分解作用
electrodeionization 电气消除电离作用，电去电离作用
electrodelay system 电子延时器
electrodeless 无电极
electrodeless discharge 无电极放电
electrodeless discharge lamp 无电极放电灯
electrodeless heating 无电极加热
electrodeless tube 无电极电子管
electrodeposit (1)电解淀积，电极淀积，电附着；(2)电镀层，电镀
electrodepositing (1)电镀；(2)电镀术
electrodeposition (1)电［解］沉积，电极淀积，电附着；(2)电镀层，电镀
electrodeposition of rubber 橡胶的电沉积法
electrodesalting 电气脱盐
electrodesiccation 电干燥［法］
electrodesintegration 电致分裂
electrodiagnosis 电诊断
electrodialyser 电渗析器
electrodialysis (=ED) 电超过滤，电渗析
electrodialysis desalination 电渗析除盐，电渗析淡化
electrodialysis desalination plant 电渗析除盐装置
electrodialysis method 电渗析法
electrodiaphane 电透照镜
electrodiaphany 电透照法
electrodics 电极学

electrodiffusion 电扩散
electrodisintegration (核的)电致蜕变
electrodispersion 电分散[作用]
electrodissolution 电[解]溶解
electrodissolvent 电解溶解剂
electrodissolver 电解溶解器
electrodrill 电钻具
electroduct 电管道
electroduster 静电喷粉器
electrodusting 静电喷粉
electrodynamic 电动力[学]的,电动的
electrodynamic bridge 电动式电桥
electrodynamic force 电动势
electrodynamic induction 电动感应
electrodynamic instrument 测力计式仪表,电动式仪表,力测仪表
electrodynamic loudspeaker 电动式扬声器,励磁式电动扬声器
electrodynamic microphone 电动送话器,动圈式话筒
electrodynamic pick-up 电动式拾音器,动圈拾音器
electrodynamic potential 电动势
electrodynamic-type meter 电动式仪表
electrodynamic type seismometer 电动式地震检波器
electrodynamical 电动力[学]的,电动的
electrodynamics 电动力学
electrodynamometer (1)电力测功计,电[测]功率计;(2)电[力]测电流计,双流作用计;(3)电动力仪表;(4)电测功计,电动力计
electroencephalograph (=EEG) 脑电流描记器,脑电图仪
electroencephaloscope 脑电检查仪
electroendosmosis 电内渗[现象]
electroengraving 电刻[术]
electroerosion 电浸蚀,电腐蚀
electroerosive wear 电侵蚀磨损
electroetching 电腐蚀
electroexcitation 电致激发
electroexplosive (1)电控引爆器;(2)电起爆炸药
electroextraction (1)(用电解法制取金属的)电解萃取,电解提纯;(2)电析
electrofarming 农业中的电力应用,电力农业
electrofax (1)氧化锌静电复制法;(2)电子摄像,电子照相,电传真
Electrofax (1)氧化锌静电复制法;(2)电子摄影机
electrofilter 电滤器
electrofiltration 电致过滤
electrofission 电致裂变
electrofluor 电发[荧]光材料,电荧石
electrofluorescence 电致发光
electrofocusing (1)聚焦电泳;(2)电聚焦
electroform 电解成形,电铸
electroformed (1)电冶的;(2)电铸的;(3)电成型的
electroformed sieve 电刻筛
electroforming 电铸,电成形,电成型
electrogalvanization 电解法镀锌
electrogalvanize 用锌电镀,电镀锌
electrogalvanizing 电镀锌
electrogas-trograph 胃[动]电[流]描记器
electrogas welding 气电焊
electrogasdynamic 电气体动力学的
electrogasdynamics 电气体动力学
electrogastrograph 胃[动]电[流]描记器
electrogen 光[照发射]电[子]分子
electrogild 电镀金,镀金
electrogilding (1)电镀术;(2)电镀金
electrogoniometer (1)相位变换器;(2)电测角器;(3)电测向器
electrogram (1)电记录图,电描记图;(2)电位记录;(3)大气电场自记曲线,X线照片
electrograph (1)传真电报机,电传照相机;(2)电记录器,电记录法;(3)示波器;(4)电图;(5)电铸版机,电版机;(6)电刻器;(7)阳极电测镀层孔隙率法;(8)X光照相
electrographic 电图分析的
electrographic recording 示波记录,电记录
electrographite 电炉石墨,人工石墨
electrographite brush 石墨电刷
electrography (1)电刻,电刻术;(2)电记录法,电记录术
electrogravimetry 电重量分析法
electrograving 电刻
electrogravitics 电磁重力学

electrogravity 电控重力
electrogyro 储能电机车
electroheat 电热
electrohydraulic (=ELHYD) 电力液压的
electrohydraulic forming 水中放电成形法
electrohydraulic governor 电动液压的
electrohydraulic servo system 电液随动系统
electrohydraulic servo valve 电液伺服阀
electrohydraulic stepping motor 电液步进马达
electrohydraulics 电力液压学
electrohydrodynamic 电流体力学的
electrohydrodynamics 电流体力学
electroiron 电解铁
electrojet 电喷流
electrokinematics 动电学
electrokinesis (1)电运动;(2)电动效应
electrokinetic 动电[力学]的,电动的
electrokinetic potential 界面动电位,动电势
electrokinetics 电动力学,动电学
electrokinetograph 电动测速仪,动电计
electrokymogram 电波动记录
electrokymograph (1)电动转筒记录仪,电波动记录器,电子记录器;(2)电记波照相仪
electrokymography 电波动记录法,电记波法
electrola 电唱机
electrolemma 电膜
electroless 无电的
electroless deposit 化学镀层
electroless gold solution 无电解金溶液
electroless plating (1)无电极电镀,无电敷镀,化学浸涂,化学镀;(2)化学淀积
electrolier (1)枝形电灯架,吊式电灯架,集灯架,集灯台;(2)装潢灯,装饰灯;(3)电气信号器
electrolier switch (1)装潢灯开关;(2)装潢灯闪烁器
electrolines (1)电力线;(2)电场力线
electrolock 电[气]锁
electrolog 电测井曲线,电测记录
electrologging 电测井,电测
electrolon 金刚砂
electroluminescence (=EL) 电致发光,场致发光,电荧光,电发光
electroluminescent 电致发光的,场致发光的,电荧光的,电发光的
electroluminescent diode 电发光二极管,电荧光二极管
electroluminescent image display 场致发光显像
electrolysate 电解产物
electrolyse 电解,电离
electrolyser (1)电解装置,电解器;(2)电解池,电解槽
electrolysis (1)电解;(2)电解作用;(3)电蚀;(4)电分析
electrolysis batch 每批电解料,电解批料
electrolysis bath 电解槽,电解液
electrolyte (1)电解质,电离质;(2)电解溶液
electrolyte capacitor 电解质电容器
electrolyte circuit 电解液循环,电介质
electrolyte hydrometer 电液比重计
electrolytic (1)电解质的,电解的;(2)阳极抛光
electrolytic action 电解作用
electrolytic aluminum 电解铝
electrolytic analysis 电解分析
electrolytic analyser 电解质氧气分析仪
electrolytic bath 电解槽,电解池
electrolytic blade-forming machine 叶片电解成形机
electrolytic brightening 电解抛光
electrolytic capacitor 电解质电容器
electrolytic cell 电解电池
electrolytic changer 电解液充电器
electrolytic cleaning 电能清洗
electrolytic condenser 电解质电容器
electrolytic conductor 电解质导[电]体
electrolytic copper 电解铜
electrolytic copper wire rods 电解铜盘条
electrolytic corrosion 电化学腐蚀,电解腐蚀,电蚀
electrolytic cutting 电解切削
electrolytic cylindrical grinder 电解外圆磨床
electrolytic deburring 电解去毛刺
electrolytic deburring machine 电解去毛刺机

electrolytic decomposition 电解分解
electrolytic deposition 电镀 [术]
electrolytic derusting 电解除锈
electrolytic detector 电解检波器
electrolytic dissociation 电离解, 电离
electrolytic etching 电解蚀刻 [法]
electrolytic film 电解隔膜
electrolytic formation 电解的形成, 电解的构造, 电解生成
electrolytic forming 电解成形
electrolytic forming machine 电解成形机
electrolytic furnace 电解炉
electrolytic grinding (=ELG) 电解磨削
electrolytic grinding machine 电解磨床
electrolytic hardening 电解液淬火 [法]
electrolytic instrument 电解式仪表
electrolytic interrupter 电解断续器
electrolytic ion 电解离子
electrolytic ionization 电解电离
electrolytic iron 电气工业用纯铁, 电解铁
electrolytic lathe tool sharpening machine 电解车刀刃磨床
electrolytic lightning arrester 电解式避雷器
electrolytic machine tool 电解加工机床
electrolytic machining 电解加工
electrolytic marking 电解刻印
electrolytic marking machine 电解刻印机
electrolytic meter 电解电量计, 电解库仑计, 电解式仪表
electrolytic oxidation 电解氧化
electrolytic oxygen generator 电解氧发生器
electrolytic photocell 电解光电管
electrolytic pickling 电解酸洗
electrolytic polishing 电解抛光
electrolytic potential difference 电解电位差
electrolytic process 电解过程, 电解法
electrolytic protection 电解防蚀
electrolytic recording 电解记录法
electrolytic rectifier 电解整流器
electrolytic reduction 电解还原
electrolytic refined copper 电解铜
electrolytic refining 电解精炼
electrolytic resistance 电解质电阻
electrolytic separation 电解分离
electrolytic soda 电解氢氧化钠, 电解苛性钠
electrolytic solution 电解浴液
electrolytic solution potential 电溶 [液] 电势, 电溶 [液] 电位
electrolytic stream etch process 电解液流腐蚀
electrolytic surface grinder 电解平面磨床
electrolytic surface grinder with vertical grinding spindle and reciprocating table 电解立轴矩台平面磨床
electrolytic surface grinder with vertical grinding spindle and rotary table 电解立轴圆台平面磨床
electrolytic tin plate 电镀锡薄板, 电镀马口铁
electrolytic titration 电势滴定
electrolytic tool and cutter grinder 电解工具磨床
electrolytic tough pitch (=ETP) 电解精炼铜
electrolytic universal tool and cutter grinder 电解万能工具磨床
electrolytic zinc 电解锌
electrolytical 电解的
electrolytically forming machining 电解成形加工
electrolytically polished slice 电解抛光片
electrolytics 电解化学, 电解学
electrolyzable 可电解的, 易电解的
electrolyzation 电解, 电离
electrolyze 电解, 电离
electrolyzer (1) 电解装置, 电解器; (2) 电解池, 电解槽
electromachining 电火花加工, 电解加工, 电加工
electromagnet (1) 电磁体, 电磁 [铁]; (2) 电磁起重机
electromagnet armature 电磁铁衔铁
electromagnet core 电磁铁铁芯
electromagnet type detector 电磁式探测器
electromagnetic (=EM) 电磁的
electromagnetic acoustical instrument 电磁声学仪器
electromagnetic air brake 电磁气闸
electromagnetic attraction 电磁吸引
electromagnetic bearing 电磁轴承

electromagnetic brake 电磁制动器, 电磁闸
electromagnetic chuck 电磁吸盘
electromagnetic clutch 电磁离合器
electromagnetic compatibility (=EMC) 电磁兼容性
electromagnetic compatibility analysis center (=ECAC) 电磁兼容性分析中心
electromagnetic contactor 电磁接触器
electromagnetic coupling (1) 电磁联轴节; (2) 电磁耦合
electromagnetic damping 电磁阻尼
electromagnetic distance measurement (=E.D.M.) 电磁距离测量, 电磁测距法
electromagnetic energy 电磁 [辐射] 能
electromagnetic feeder 电磁给料机
electromagnetic field 电磁场
electromagnetic field equation 电磁场方程
electromagnetic focusing 电磁聚焦
electromagnetic force 电磁力
electromagnetic forming 电磁成型
electromagnetic gas detector (=EGAD) 电磁气体探测器
electromagnetic horn 一种喇叭形天线
electromagnetic hydromechanics 电磁流体力学
electromagnetic induction 电磁感应
electromagnetic inertia 电磁惯量
electromagnetic instrument 电磁式测试仪表
electromagnetic interaction 电磁相互作用
electromagnetic interference control group (=EICG) 电磁干扰控制小组
electromagnetic lens 电磁透镜
electromagnetic microphone 电磁传声器
electromagnetic mirror 电磁波反射镜
electromagnetic momentum 电磁动量
electromagnetic oscillograph 电磁示波器
electromagnetic percussive welding 电磁冲击焊
electromagnetic pick-up 电磁拾音器
electromagnetic pressure ga(u)ge 电磁压力计
electromagnetic pulse (=EMP) 电磁脉冲
electromagnetic pulse from nuclear explosion 核爆炸电磁脉冲
electromagnetic pump 电磁泵
electromagnetic radiation (=EMR) 电磁辐射
electromagnetic self-force 电磁自力
electromagnetic surveying (=EM) 电磁探测
electromagnetic suspension 电磁悬浮
electromagnetic switch 电磁开关
electromagnetic telecommunication 电磁波通讯
electromagnetic test for zinc coating 锌层厚度的电磁波测定
electromagnetic unit (=EMU 或 emu) 电磁单位
electromagnetic valve 电磁阀
electromagnetic viscosimeter 电磁粘度计
electromagnetic wave 电磁波
electromagnetic wave spectrum 电磁波谱
electromagnetical 电磁的
electromagnetics 电磁学
electromagnetism (1) 电磁; (2) 电磁学
electromalux (镶嵌光电阴阳极的) 电视摄像管
electromanometer 电子流体压力计, 电子流体压强计, 电子液压计, 电子压强计, 电子压力计
electromatic 电控自动方式的, 电气自动方式的, 电气自动的
electromatic drive 电动式自动换排
electromechanic 电力机械的, 电动机械的, 机电的, 电机的
electromechanical (=EM) 电力机械的, 电动机械的, 机电的, 电机的
electromechanical analogy 机电类比
electromechanical arrangement 电力排列
electromechanical brake 电力机械制动器, 电闸
electromechanical circuit 机电回路
electromechanical device 机电装置
electromechanical dialer 机电拨号器
electromechanical equipment 电力机械设备
electromechanical interlocking machine 电力机械联动设备
electromechanical optical (=EMO) 电机械光学
electromechanical power (=EMP) 电力机械功率, 机电功率
electromechanical recording 机电记录
electromechanical relay 机电继电器
electromechanical research (=EMR) 电机械研究
electromechanical storage 机电式存储器
electromechanical transducer 机电换能器, 机电转换器

electromechanical transmission　电力机械传动
electromechanics　电力机械学, 机电学
electromechanization　电动机械化
electromer　电子异构体, 电子异构物
electromerism　(1) 气体电离; (2) 电子 [移动] 异构 [现象]
electromerization　电子 [移动] 异构 [作用]
electrometal furnace　电弧熔化炉
electrometallization　金属电沉积, 电喷镀金属
electrometallurgical　电冶金的
electrometallurgist　电冶金工作者
electrometallurgy　(1) 电冶金学; (2) 电冶金
electrometer　静电计
electrometer tube　静电计管, 静电测量管
electrometric　电测 [量] 的, 电位计的, 测电的
electrometric titration　电势滴定
electrometrical　电测 [量] 的, 电位计的, 测电的
electrometrics　(1) 测电; (2) 测电学
electrometry　(1) 验电术; (2) 量电法, 测电计; (3) 测电学
electromierograph　电子显微照相
electromieroscope　电子显微镜
electromigration　电移
electromigratory　电移动的, 电徙动的
electromobile　蓄电池车, 电瓶车, 电力自动车, 电动 [汽] 车
electromobility　(1) 电动性; (2) 电迁移率
electromodulation　电调制
electromotance　电动势
electromotion　(1) 电力起动; (2) 电动力; (3) 通电; (4) 电流移动, 电流通过
electromotive　(1) 电动的; (2) 电气机车
electromotive difference of potential (=EMDP)　电动势
electromotive field　动电场
electromotive force (=EMF 或 emf)　电动势, 电动力
electromotive force electron-coupled oscillator　电动势电子耦合振荡器
electromotive force transducer　电动势变换器
electromotive intensity　电动势
electromotive material　电动材料
electromotive series　电动势序列, 元素电化序, 电动序, 电位序
electromotive unit (=EMU 或 emu)　电动势单位
electromotor　电动机, 发电机
electromyograph　肌电图仪
electron (=e)　(1) 电子; (2) 一种镁锌合金
electron absorption　电子吸收
electron accelerator　电子加速器
electron accumulation　电子积聚
electron admittance　电子导纳
electron affinity　电子亲和力
electron affinity substance　电子亲和性物质
electron-attachment　电子附着
electron attachment　电子附着
electron attachment coefficient　电子附着系数
electron-attracting　吸电子的
electron attracting group　吸电子基团
electron avalanche　电子雪崩
Electron AZ　AZ 爱莱克特龙铸造镁铝合金
Electron AZD　AZD 爱莱克特龙镁铝轻合金
Electron AZF　AZF 爱莱克特龙铸造镁铝合金
Electron AZG　AZG 爱莱克特龙铸造镁铝合金
electron balancing type display instrument　电子平衡式显示仪表
electron-beam　电子射线, 阴极射线, 电子束, 电子注
electron beam　电子射线, 阴极射线, 电子束, 电子注
electron beam accelerator　电子束加速器
electron-beam current　电子束电流
electron beam cutting (=EBC)　电子束切割
electron beam dose　电子束剂量
electron beam drilling　电子束钻孔
electron-beam excitation　电子束激发, 电子束激励
electron beam film scanning　胶片电子束扫描录像
electron beam floating zone furnace　电子束浮区提纯炉
electron-beam furnace　电子束熔炼炉, 轰击炉
electron-beam-induced conductivity (=EBIC)　电子束感应导电率
electron beam induced conductivity　电子束感应导电率
electron beam induced current　电子束感应电流
electron beam laser　电子束激光器
electron beam machine tool　电子束加工机床

electron beam machining　电子束加工
electron-beam melting　电子束熔炼
electron beam melting gun　电子束熔炼用电子枪
electron beam parameter amplifier　电子注参量放大器
electron beam photo resist exposure　电子束光阻曝光
electron beam probe　电子束探示器
electron-beam pumped laser　电子束抽运激光器
electron beam pumping　电子束抽运
electron beam pumping semi-conductor laser　电子束半导体激光器
electron-beam recording　电子束录像
electron beam recording (=EBR)　电子束记录
electron beam refining　电子束精炼
electron beam scanned dynamic scattering display　电子束扫描动态散射显示
electron beam scanning system (=EBS)　电子束扫描系统
electron-beam sintering　电子束烧结
electron-beam slicing　电子束切削
electron-beam spot　电子束光点
electron beam technology　电子波束技术
electron beam treatment　电子束加工
electron-beam tube　电子束管
electron-beam welding　电子束焊
electron beam welding machine　电子束焊机
electron bomb　镁壳燃烧弹
electron-bombarded　电子轰击的
electron bombarded silicon　电子束轰击硅
electron bombardment　电子轰击
electron bombardment induced conductivity (=EBIC)　电子轰击感应电导率, 电子轰击感应电导性, 电子轰击致导
electron bombardment welding　真空电子束焊
electron brain　电子计算机, 电脑
electron burn　电子束烧毁荧光屏, 用电子束烧穿, 电子烧伤
electron camera　电子摄像机, 电子照相机
electron capture decay　电子俘获衰变
electron capture detector (=ECD)　电子俘获检测器
electron capture transition　电子俘获跃迁
electron charge　电子电荷
electron cluster　电子簇, 电子雾
electron collector　电子收集极
electron collision　电子碰撞
electron conduction　电子传导
electron conductivity　电子导电率
electron content　电子含量
electron controlled profile milling　电子控制侧面铣
electron-coupled　电子耦合的
electron coupled　电子耦合
electron coupled circuit　电子耦合电路
electron-coupled oscillator (=ECO)　电子耦合振荡器
electron coupling　电子耦合
electron coupling control (=ECC)　电子耦合法稳定
electron current　电子流
electron cyclotron　电子回旋加速器
electron data processing　电子数据处理
electron-defect compound　缺电子化合物
electron defect compound　缺电子化合物
electron density　电子密度, 电子浓度
electron density measurement probe　电子密度探测器
electron detector　电子探测器
electron device (=ED)　(1) 电子设备, 电子仪器; (2) 电子器件 (电子管、半导体整流器等)
electron-diffraction　电子衍射, 电子绕射
electron diffraction　电子衍射, 电子绕射
electron diffraction camera　电子衍射照相机
electron diffraction pattern　电子衍射图像
electron digital computer　数字电子计算机
electron-discharge　电子放电
electron discharge　电子放电
electron distribution　电子分布
electron donating group　推电子基团
electron donor　给电子体, 电子施主
electron drift　电子漂移
electron emission　电子发射, 电子放射
electron emission current　电子发射电流
electron emissivity　电子发射率, 电子放射率

425

electron emitting area 电子发射面
electron exchanger 电子式交换机
electron gun 电子枪
electron gun alignment 电子枪调整
electron gun cathode 电子枪阴极
electron gun density multiplication 电子枪密度倍增
electron-hole 电子空穴
electron hole 电子空穴
electron-hole pair 电子 - 空穴对
electron hole pair 电子 - 空穴对
electron image 电位起伏图,电子图像
electron image amplifier 电子图像放大器
electron image stage 电子像转移级
electron impact (=EI) 电子撞击
electron impact ionization 电子碰撞电离
electron injection 电子注入
electron ionization (=EI) 电子撞击电离
electron jet 电子束
electron kilovolt (=ekv) 电子千伏
electron-lattice interaction 电子 - 点阵相互作用
electron lattice interaction 电子 - 点阵相互作用
electron lattice theory 电子点阵论
electron leaves welding 电子束焊接
electron lens 电子透镜
electron level 电子能级
electron-like 类电子的,似电子的
electron-like lepton 类电子型轻子
electron-like particle 类电子粒子
electron linear accelerator (=ELA) 电子线性加速器
electron mass 电子质量
electron metal 镁铝合金
electron metallography 电子金相
electron micrograph 电子显微照片
electron microprobe 电子微探针
electron microscope 电子显微镜
electron microscope microanalyzer 电子显微镜微分析器
electron microscopy (=EMS) 电子显微术
electron mirror 电子镜
electron mirror microscope 电子镜显微镜
electron mobility detector 电子迁移率检测器
electron motion 电子运动
electron multiplex switch (=EMS) 电子多路开关
electron multiplier 电子倍增器
electron multiplier section 电子倍增级
electron multiplier tube (=emt) 电子倍增管
electron-negative 阴电性的,负电的
electron nuclear double resonance technique 电子 - 核双共振技术
electron nuclear shower 电子核簇射
electron numerical integrator and calculator 电子数字积分计算机
electron ohmmeter 电子管欧姆表
electron-optic 电 [子] 光 [学] 的
electron optic tracking system (=EOTS) 电子光学跟踪系统,光电跟踪系统
electron-optical 电 [子] 光 [学] 的
electron optical errors 电子光学误差
electron optical image 电子光学图像
electron-optical shutter 电光快门
electron-optics 电子光学
electron optics 电子光学
electron optics component 电子光学部件
electron orbit 电子轨道
electron-oscillation 电子振荡
electron oscillator 电子振荡器
electron-osmosis 电渗
electron osmotic dewatering 电渗排水
electron pair 电子偶,电子对
electron pair spectrometer 电子偶分光计
electron paramagnetic resonance (=EPR) 电子顺磁共振
electron pencil 电子锥
electron-permeable 透过电子的
electron phonon collision 电子 - 声子碰撞
electron-photon shower 电子 - 光子簇射
electron photon shower 电子 - 光子簇射
electron physics 电子物理学

electron pole 镁铝合金电极,电子极
electron-positron colliding 正负电子碰撞
electron-position field 阴阳电子场,正负电子场
electron position field 阴阳电子场,正负电子场
electron potential difference gage 电子电势差计
electron probe 电子探针
electron pulse ionization chamber 电子脉冲电离室
electron pumping action 电子泵作用
electron puncture 电子击穿
electron ray 电子射线,电子束,电子注,电磁波
electron ray tube 电子射线管
electron rays 电子射线,电子注,电磁波,电子束
electron reconnaissance (=ER) 电子侦察
electron-recording tube (=ER) 记录用阴极射线管
electron rectifier 电子整流器
electron regulation 电子调节
electron relay 电子继电器
electron-releasing 释电子的
electron repeller 电子反射极
electron-rich 富电子的
electron scanning 电子扫描
electron-seeking 亲电子的
electron-sensitive [对] 电子 [轰击] 灵敏的,电子敏感的
electron-sensitivity 电子敏感性
electron sheath 电子层
electron shell 电子壳层
electron spectrograph 电子摄谱仪
electron spectrum 电子光谱
electron spin 电子自旋
electron spin resonance (=ESR) 电子自旋共振,顺磁共振
electron spin resonance line(=ESR line) 电子自旋共振谱线
electron stream 电子流
electron stream transmission efficiency 电子流传输效率
electron switch 电子继电器,电子开关
electron telescope 电子望远镜
electron television 电子式电视 [接收机]
electron trajectory 电子轨迹
electron transfer 电子迁移
electron transit 电子飞越,电子跃迁
electron-transit time 电子渡越时间,电子飞越时间,电子跃迁时间
electron transit time 电子渡越时间,电子飞越时间,电子跃迁时间
electron transition 电子跃迁
electron transmission diffraction photograph 电子透射衍射照相
electron-transmitting 电子透射的
electron tube 电真空器件,电子管,真空管
electron tube instrument 电子管式测试仪器,电子管式测试仪表
electron tube socket 电子管插座
electron tube transducer 电子管式换能器
electron tunnelling 电子隧道效应,电子贯穿
electron V-1 V-1 爱莱克特龙强硬镁铝合金
electron valve 电子管
electron velocity spread 电子速度散布
electron vibration 电子振动
electron-volt (1) 电子伏;(2) 电子伏特
electron volt (=EV 或 ev) 电子伏特
electron watt hour meter 电子式电度表
electronastic stimulus 电诱刺激
electronasty 倾电性
electronate 使增电子,使还原
electronating agent 增电子剂,还原剂
electronation (1) 化学还原,还原,(2) 获得电子 [作用],增 [加] 电子 [作用],电子给予,还原作用
electronegative 负电性的,阴电性的,阴电的,负电的
electronegative element 阴电 [性] 元件,阴电性元素,负电性元素
electronegative valency effect 阴电原子价效应,负电原子价效应
electronegativity 负电性,阴电性,电负度,电负性,电阴性
electroneutrality 电中性
electronic (=elct) 电子 [学] 的
electronic absorber 电子吸声器
electronic admittance 电子导纳
electronic aid 电子设备
electronic aid to navigation 电子助航设备,电子助航仪器,电子导航设备
electronic air cleaner 电子空气清洁器

electronic alarm announciator　电子报警器,电子信号器

electronic amplifier　电子式放大器

electronic analog　电子模拟

electronic analog and simulationequipment　电子模拟仿真设备

electronic analog computer　电子模拟计算机

electronic analog correlator　电子模拟相关器

electronic analogue computer　电子模拟计算机

electronic and mechanical scanning　电子 - 机械扫描

electronic annuciator　电子信号器

electronic aural responder　(1) 电子声响信号应答器；(2) 电子音响信号应答器

electronic automatic balance instrument　电子式自动平衡测量仪表

electronic automatic exchange　电子自动交换机

electronic automatic switch　电子自动开关

electronic automatic tunning　电子自动调谐

electronic autopilot　电子式自动驾驶仪

electronic azimuth marker　电子方位标记

electronic bathythermograph　电子深度温度计

electronic beacon　电子引导信标

electronic beam　电子束

electronic beam machining　电子束加工

electronic beam processing　电子束加工

electronic beam recorder (=EBR)　电子束记录仪

electronic beam steering device　电子束扫描装置

electronic beam welding (=EBW)　电子束焊接

electronic bearing　电波方位,电子方位

electronic bearing indicator　电子方位指示器

electronic bearing line　电子方位线

electronic bearing marker　电子方位标志

electronic bilge switch　舱底水电子开关

electronic bill of lading　电子提单

electronic billing machine　电子会计机

electronic binary multiplying computer　二进制乘法计算机

electronic boresight scanning　电子孔径瞄准器扫描

electronic brain　电子计算机,电脑

electronic bridge control system　驾驶台电子控制系统

electronic brightness control　电子亮度控制

electronic building brick　电子组件

electronic business　电子商务,电子业务

electronic bypass switches　电子旁通开关

electronic cabling unit　电子海底电报发送装置,电子海底电报装置

electronic calculating punch　电子计算穿孔机

electronic calculator　电子计算机,电子计算器

Electronic Calibration Center (=ECC)　(美国国家标准局) 电子校正中心

electronic calibration laboratory　电子设备校验室

electronic cargo winch　电动起货机

electronic charge　电子电荷

electronic chart　电子海图

electronic chart center　电子海图中心

electronic chart correction　电子海图修改

electronic chart database　电子海图基地

electronic chart display　电子海图显示

electronic chart display and information equipment　电子海图显示与信息设备

electronic chart display and information system　电子海图显示与信息系统,电子海图

electronic chart display system　电子海图显示系统

electronic chronometer　电子计时器

electronic chronometric tachometer　计时式电子转速计

electronic cipher machine　电子密码机

electronic circuit　电子电路

electronic circuit analog program　电子电路模拟程序

electronic circuit analysis program (=ECAP)　电子电路分析程序

electronic coding tube　电子编码管

electronic color combiner　电子彩色合成仪

electronic color correction　电子彩色校正

electronic color scanner　电子彩色扫描器,电子分色机

electronic commerce　电子商务,电子商业、网上商业

electronic commerce system　电子商务系统

electronic commutator　电子转换开关,电子转换器

electronic component test rear (=ECTA)　电子元件试验范围

electronic computer (=EC)　电子计算机

electronic computing circuit　电算电路

electronic concentrated control system　(发动机)电子集中控制系统

electronic conductor　电子导电体

electronic contact rectifier　电子接触整流器

electronic contactor　电子接触器

electronic control　电子控制,电子控制装置

electronic control principle　电子控制原理

electronic control system　电子控制系统

electronic control unit　电子控制装置

electronic control voltage　电子控制电压

electronic-controlled　电子控制的

electronic converter　电子变流器（直流变交流）

electronic counter　电子计数管

electronic counter-countermeasures　电子反对抗,电子反干扰

electronic countermeasure (=ECM)　电子对抗措施,反电子措施,电子对抗,电子干扰

electronic countermeasure antenna (=ECM-antenna)　电子对抗天线

electronic countermeasure program (=ECMP)　电子干扰计划

electronic countermeasure resistant communication system　电子对抗阻力通信系统

electronic countermeasures aircraft　电子对抗飞机,反电子措施飞机

electronic countermeasures malfunction　电子对抗设备失灵

electronic crack detector　电子擦伤器

electronic current　电子流

electronic data　电子数据

electronic data communication　电子数据通信

electronic data exchange　电子数字交换网,电子数据交换

electronic data interchange　电子数据交换,电子数据联通

electronic data interchange system　电子数据交换系统

electronic data processing (=EDP)　电子数字处理,电子计算,电子分析

electronic data processing center (=EDPC)　电子数据处理中心

electronic data processing centre (=EDPC)　电子数据处理中心

electronic data processing division　电子数据处理单元

electronic data processing equipment (=EDPE)　电子数据处理设备

electronic data processing machine (=EDPM)　电子数据处理机

electronic data processing magnetic machine (=EDPM)　电子数据处理磁机械

electronic data processing magnetic tape (=EDPM)　电子数据处理磁带

electronic data processing system (=EDPS)　电子数据处理系统

electronic data transmission (=EDT)　电子数据传送

electronic data transmission communication center (=EDTCC)　电子数据传输通信中心

electronic deflection　电子偏转

electronic desk calculator　台式电子计算器

electronic detector　电子探测器

electronic device　电子设备,电子仪器

electronic dictionary　自动化词典,电子词典

electronic diamagnetism　电子抗磁性

electronic digital computer　电子数字计算机

electronic digital interface　电子数字接口

electronic digital recorder　电子数字记录器

electronic digital type　电子数字式

electronic discharge　电子放电

electronic discrete sequential automatic computer (=EDSAC)　电子离散顺序自动计算机

electronic discrete variable automatic calculator (=EDV/C)　离散变数电子计算机

electronic discrete variable automatic computer (=EDVAC)　电子数据计算机

electronic discriminator　电子鉴别器

electronic distance measuring (=EDM)　电子测距 [法]

electronic distance measuring device　电子测距仪

electronic distancer　电子测距仪

electronic divider　电子分配器

electronic document interchange　电子文件票据交换

electronic draft indication system　电子吃水指示装置

electronic drafting machine　电子绘图机

electronic draught indication system　电子吃水指示装置

electronic draughting machine　电子绘图机

electronic drift　电子仪器漂移

electronic dynamometer　电子测功器,电子测力计

electronic editor　电子编辑机

electronic efficiency　电子效率

electronic emission　电子发射

electronic emitter location system (=EELS)　电子发射器定位系统

electronic energy band spectrum　电子能带谱

electronic engine analyzer　电子式引擎分析器

electronic engine control　发动机电子控制 [系统]

electronic equipment　电子设备

electronic equipment committee (=EEC)　（飞机工业协会的）电子设备委员会

electronic espionage equipment　电子侦察设备

electronic file　电子文件

electronic film recording　电影胶片录音

electronic fix　(1) 电子设备定位；(2) 电测船位

electronic flash meter　电子闪光计

electronic flashing mechanism　电子闪光机构

electronic flowmeter　电子流量表

electronic frequency meter　电子管式频率计

electronic fuel injection　电子燃油喷射

electronic fuel injection system　电子燃油喷射系统，电子喷油系统

electronic gage　电子测微仪

electronic geographic coordinate navigation system (=EGECON)　电子地面坐标航海系统

electronic governor　电子自动调速器，电子调速器

electronic-grade　电子级

electronic guidance (=EG)　无线电制导

electronic guidance equipment　无线电制导装置，电子导航装置

electronic guidance system　电子导航系统

electronic heating　电子加热，高频加热

electronic housing　电子设备柜

electronic image　电位起伏像，电子图像

electronic image forming tube　电子成像管

electronic image insertion　电子图像插入

electronic image pick-up device　电子式摄像装置

electronic image storage　电子图像存储，电子录像

electronic image storage device　电子图像存储装置，电子录像设备

electronic impedance　电子阻抗

electronic indicator　电子示功器

electronic industrial stethoscope　电子工业听诊器

Electronic Industries Association (=EIA)　（美）电子工业协会

electronic industry　电子工业

electronic inspection　电子检验

electronic installation　电子设备

electronic instrument　电子仪器

electronic integrator　电子积分仪

electronic intelligence　电子情报

electronic intelligence gathering activity　电子情报收集活动

electronic intelligence ship　电子侦察船

electronic interface unit　电子接口设备

electronic interpreter　电子翻译器

electronic inverter　电子换流器

electronic invoicing machine　电子会计机

electronic jamming　电子干扰，天电干扰

electronic jamming aircraft　电子干扰飞机

electronic labeling system　电子标签系统

electronic level　电子水准仪

electronic library　自动化图书馆，电子图书馆

electronic line of position　电子设备定位线，无线电定位线

electronic listening device　电子监听装置

electronic log　电子计程仪

electronic machine　电子仪器，电子设备

electronic machine tool control　电子机床控制

electronic magneto-meter　电子式磁强计

electronic magneton　电子磁子

electronic mail　电子邮件，电子函件

electronic mail service　电子邮递业务

electronic mailbox　电子邮箱

electronic manufacturing manual (=EMM)　电子 [仪器] 制造手册

electronic marine automatic control　船舶电子自动控制系统

electronic mass　电子质量

electronic material　电子材料

electronic measurement　电子测量

electronic memory　电子记忆 [单元]

electronic metal detector　电子金属探测器

electronic meter　电子仪表

electronic micrometer　电子式测微仪

electronic microphone　电子传声器，电子式微音器

electronic microquartz chronometer　电子微石英天文钟

electronic missile acquisition (=EMA)　导弹电子搜索系统

electronic model　电子模型

electronic money　电子化的付款制，电子货币

electronic monitoring and control system　电子监控系统

electronic multiple tube　电子倍增管，电子倍增器

electronic multiplier　(1) 电子式乘法器；(2) 电子倍增器

electronic navigation　(1) 电子导航；(2) 电子助航

electronic navigation aids　电子导航设备

electronic navigation equipment　电子导航设备

electronic navigation light control panel　电子航行灯控制箱

electronic navigation system　电子导航系统

electronic navigational aids　电子助航设备

electronic navigational chart　电子海图

electronic navigational chart data　电子海图数据

electronic navigational chart database　电子海图数据库

electronic navigational chart test data set　电子海图测试数据系统

electronic navigational equipment　电子助航设备

electronic nephelometer　电子浊度计

electronic numerical integrator and calculator　电子数字积分计算机

electronic numerical integrator and computer (=ENIAC)　电子数字积分计算机，ENIAC 计算机

electronic order system　电子订货系统

electronic organ　电子琴

electronic oscillation　电子振荡

electronic pen　电子笔，光笔

electronic photo voltaic cell　电子光生伏打电池，阻挡层光电池

electronic photograph recording　电子照相记录法

electronic photograph recorder (=EP corder)　电子照相式直接记录器

electronic pickup tube　电子摄像管

electronic picture　电子图像

electronic picture insertion　电子图像插入

electronic pilot　电子自动驾驶仪

electronic plotting aid　电子标绘系统

electronic plotting equipment　电子标绘设备

electronic pointer　电子指示装置

electronic polarization　电子极化

electronic position calculation device　电子定位计算装置

electronic position finding　电子定位

electronic position fixing system　电子定位系统

electronic position indicator (=EPI)　（目标）位置电子指示器，航迹自记指示器，船位电子指示器

electronic potentiometer　电子电位计

electronic power supply circuit　电子式电源电路

electronic preheater　电子预热器

electronic presentations of navigational information　航行资料电子显示

electronic pressure transmitter　电子压力传感器

electronic print marking　电印号料

electronic print reader　电子印刷读出器

electronic processing　电子数字处理，电子处理

electronic publishing　电子出版

electronic punching card equipment　电子卡片打洞设备

electronic quenching circuit　电子猝灭电路

electronic race timer　电子式计时装置

electronic radial distribution function　电子径向分布函数

electronic radio manufacturing industry　无线电制造业

electronic range and bearing line　电子距离和方位线

electronic-raster　电子光栅的

electronic reading machine　电子阅读机

electronic recording equipment　电子记录装置

electronic recording method for accounting (=ERMA)　会计学的电子记录方法

electronic rectifier　电子整流器

electronic refrigerator　电子制冷器

electronic regulator　电子稳压器，电子调节器

electronic relay　电子继电器

electronic remote and independent control (=ERIC)　电子遥控与独立控制

electronic remote switching (=ERS)　电子遥控转换

electronic research center (=ERC)　电子研究中心

electronic room (=elct rm)　电子室

electronic scale　电子秤

electronic-scanning　电子扫描的

electronic scanning　电子扫描
electronic scanning radar　电子扫描雷达
electronic semi-conductor　电子型半导体
electronic serial digital computer　串行电子数字计算机
electronic servo　电子伺服系统, 电子随动系统
electronic sewing machine　高频加热熔合机, 高频封口机
electronic sextant　电子六分仪
electronic shopping　电子购物
electronic shower　电子簇射
electronic simulating device　电子模拟装置, 电子仿真装置
electronic simulation　电子模拟, 电子仿真
electronic simulator　电子仿真器
electronic sky screen equipment (=ELSSE)　电子的天空遮蔽设备
electronic software distribution　电子软件安装
electronic sorting equipment　电子编组设备, 电子分类设备
electronic slide rule　电子计算尺
electronic sorting machine　电子分选机
electronic specific heat　电子比热
electronic stabilizer　电子稳定器, 电子管稳压器
electronic structure　电子结构
electronic stylus　电子笔, 光笔
electronic subassembly　电子组合件
electronic susceptance　电子电纳
electronic switch　电子开关, 电子继电器
electronic switching circuit　电子开关电路
electronic switching system　电子交换系统, 电子交换机
electronic tank level indication system　油舱电子液位指示系统
electronic teleprinter　电子电传机
electronic telephone switching system　电子制电话交换机
electronic telescope　电子望远镜
electronic television　电子电视, 电子式电视
electronic temperature controller　电子温度控制器
electronic temperature limiter　电子温度限制器
electronic temperature transmitter　电子温度传感器
electronic tension　电压
electronic tester　电子式测试器
electronic text and graphics transfer system　电子文本与图形传送系统
electronic thickness gage　电子测厚仪
electronic time meter　电子测时器
electronic time recorder (=ETR)　电子计时器
electronic timer　电子定时器, 电子计时器
electronic timing set　电子计时装置
electronic toll collection　电子收费
electronic tooth temperature control unit　电子齿温度控制装置
electronic torquemeter　电子扭矩计
electronic tracer　电子示踪器
electronic transition　电子跃迁
electronic translator　电子翻译器
electronic trawlnet　电子拖网
electronic tube　电子管
electronic tube generator　电子管振荡器, 电子管发生器
electronic-tuning　电子调谐的
electronic tuning　电子调谐, 电调谐
electronic tuning sensitivity　电子调谐灵敏度
electronic tuning set (=ETS)　电子计时装置
electronic type automatic voltage regulator　电子式自动电压调整器
electronic type regulator　电子式调节器
electronic typhonic equipemnt　电子气笛
electronic vacuum dilatometer　电子真空膨胀计
electronic vehicle scanning equipment　车辆自动识别器
electronic vibration cutoff (=EVC-O)　电子振动截止
electronic video recorder (=EVR)　电子视频记录装置, 电子录像机
electronic view finder　电子寻像器
electronic voltage regulator　电子调压器
electronic voltmeter (=EVM)　电子管伏特计
electronic warfare (=EW)　电子战
electronic wave　电子波
electronic wire　电线, 导线
electronic work function　电子功函数, 电子逸出功
electronic zooming　电子图像变焦
electronical (=electronic)　电子的
electronically　运用电子仪器进行地, 用电子仪器地, 用电子装置地, 电子地
electronically controlled (=EC)　电子控制的

electronically controlled automatic switching system (=ECASS)　电子控制自动转换系统
electronically controlled manipulator　电子控制机械手, 电子操纵机械手
electronically despun antenna　电子消旋天线
electronically erasable read only memory　电子只读存储器
electronically scanned radar　电子扫描雷达
electronically scanned stacked beam radar　电子扫描多波速雷达
electronically steerable array radar　电子操纵相控阵雷达, 电子扫描雷达
electronically steerable arrays　(波束) 电控天线阵
electronically steered laser array　电子线路控制激光阵列
electronically-tuned　电子调谐的
electronician　(1) 从事于电子学工作的; (2) 电子学工作者, 电子技师
electronicize　电子仪器化
electronickelling　[电] 镀镍
electronics　(1) 电子学; (2) 无线电电子学部件, 电子学部件, 射频部件; (3) 电子设备, 电子仪器, 电子仪表; (4) 电子电路; (5) 电子工程
electronics aids to navigation　电子导航设备
electronics components laboratory (=ECL)　电子学元件实验室
Electronics Corporation of America　美国电子有限公司
electronics data processing　电子数据处理
electronics engineer (=EE)　电子工程师
electronics guidance section (=EGS)　电子制导组
electronics guidance station (=EGS)　电子制导站
electronics watch　电子手表, 电子钟
electronified　电子杀菌的, 电子消毒的
electronization　电子化, 电平衡
electronmicroscope　电子显微镜
electronogen　(1) 电子施主, 电子源; (2) 光电放射
electronogram　电子衍射图形
electronograph　(1) 电子显微照片, 电子显像; (2) 电子显像机; (3) 电子衍射分析
electronography　(1) 电子显像术, 静电印刷术; (2) 电子衍射分析法
electronuclear　电核 [的]
electronuclear device　原子电核装置
electronuclear machine　(电磁) 粒子高能加速器
electrontimer　电子定时控制器
electrooptical alignment unit (=EOAU)　光电对准装置
electrooptical imaging and storage tape　光电成像和录像磁带
electrooptical space navigation simulation　电光空间导航模拟
electrooptics　(1) 电光学; (2) 电场光学
electroosmosis　电渗透 [作用], 电内渗 [现象], 电离子透入法
electrooxidation　电 [解] 氧化
electropainting　电涂
electroparting　电解分离
electropercussive welding　冲击焊
electropeter　(1) 转换器; (2) 整流器
electropherogram　载体电泳图, 色色图谱
electropherography　载体电泳图法, 电色谱法
electrophile　(1) 亲电子试剂; (2) 电子爱好者
electrophilic　亲电 [子] 的, 吸电 [子] 的
electrophilic reaction　亲电子反应
electrophilicity　亲电 [子] 性
electrophobia　恐电症
electrophobic　疏电 [子] 的, 拒电 [子] 的
electrophone　(1) 有线广播, 有线电话 (2) 受话器听筒, 送受话器, 听筒; (3) 电子乐器
electrophonic　电响的
electrophonic effect　电响效应, 电声效应
electrophore　起电盘
electrophoresis　电离子透入法, 电泳 [现象]
electrophoresis method　电泳法
electrophoretic　电泳的
electrophoretic coating　电泳涂料
electrophoretograph　电泳图 [谱]
electrophorus　起电盘, 感电盘
electrophoto-fluoroscence　电控光致荧光
electrophotography　(1) 静电复制术; (2) 电子照像术, 电照像术
electrophotoluminescence　场控光致发光
electrophotometer　光电光度计, 光电比色计
electrophotophoresis　光电泳
electrophysics　电 [子] 物理学
electropism　向电性, 趋电性

429

electroplane camera 光电透镜摄像机

electroplate (1)电镀；(2)电镀板，电镀品，电镀物；(3)表面镀银；(4)电铸板

electroplated nickel-silver (=EPNS) 电镀镍银合金的

electroplating 电镀[术]

electroplax 电盘

electropneumatic (=EP) 电动气动[式]的，电-气动的，电控的

electropneumatic loudspeaker 电动气流扬声器

electropneumatic swich 电动气动开关

electropneumatic valve (=EPV) 电动气动阀

electropolar 电极化的，电极性的

electropolarized [电]极化的

electropolish 电解抛光

electropolishing 电[解]抛光

electroposition 电淀积

electropositive (1)正电性的，阳电性的，释电子的，正电的，阳电的；(2)金属的

electropositive element 正电性元素，阳电性元素

electropositivity (1)阳电性；(2)正电性，电正性；(3)正电度

electroprobe 电测针，电笔

electroproduction 电[致产]生

electropsychrometer 电[测]湿度计

electropyrexia 电[发]热法

electropyrometer 电阻高温计，电测高温计

electroquartz 电造石英

electroradiescence 电介质发射(电场作用下荧光材料的红外线或紫外线发射)，电致辐射

electroradiology 电放射学

electroradiometer 放射测量计，电放射计

electroreception 电感受

electroreceptor 电感受器

electroreduction 电解还原

electrorefine 电解提纯，电[解]精炼

electrorefining 电解提纯，电[解]精炼

electroreflectance 电反射率

electroregulator 电[热]调节器

electroresection 电切除法

electroresponse 电响应

electroretinogram 网膜电图

electroretinograph 视网膜电图描记器

electroscission 电割法

electroscope 静电测量器，验电器，验电笔

electroscopy 气体电离检定法，验电法

electrose 有填充物的天然树脂(一种绝缘化合物)

electroselenium 电硒

electrosemaphore 电信号机，电标志

electrosensitive 电感光的

electrosensitive paper 电感光纸

electrosensitive printer 电灼式印刷机

electrosensitive recording 电[敏]火花刻蚀记录法

electrosilvering 电镀银

electroslag 电炉渣

electroslag refining (=ESR) 电渣精炼

electroslag remelting (=ESR) 电渣重熔

electroslag smelting casting 电碴熔铸

electroslag welding 电碴焊

electrosleeep 电睡眠

electrosol 电溶胶，电溶液，电胶液

electrosome 电质子

electrosorption 电吸收，电附着

electrospark 电火花

electrospark erossion 电火花烧蚀

electrospark wire-electrod cutting 电火花线切割

electrosparking (金属)电火花加工

electrospectrogram 电光谱图

electrospectrography 电光谱图测定，电光谱描记术

electrostatic (=ES) 静电[学]的，静电型的

electrostatic analyzer 静电分析器

electrostatic bearing 静电轴承

electrostatic capacity 静电电容

electrostatic cathode-ray tube 静电阴极射线管

electrostatic character writing tube 静电字标记管

electrostatic charge 静电荷

electrostatic coating 静电涂漆

electrostatic confinement 静电约束

electrostatic control 静电控制

electrostatic control tube 静电控制电子管

electrostatic coupling 静电耦合

electrostatic deflection 静电偏转

electrostatic double probe 静电双探针

electrostatic electron microscope 静电型电子显微镜

electrostatic energy 静电能量

electrostatic field 静电场

electrostatic flux density 静电通量密度

electrostatic focus 静电聚焦

electrostatic focused 静电聚焦的

electrostatic focusing 静电聚焦

electrostatic focusing klystron (=ESFK) 静电聚焦速调管

electrostatic force 静电力

electrostatic generator 静电发电机

electrostatic gyroscope 静电陀螺仪

electrostatic image orthicon 静电超正析像管

electrostatic instrument 静电式仪表，静电系仪表

electrostatic interaction energy 静电相互作用能

electrostatic latent image photography (=ELIP) 静电潜像摄影术

electrostatic lens 静电透镜

electrostatic loudspeaker 静电扬声器，电容扬声器

electrostatic memory 静电存储

electrostatic microscope 静电显微镜

electrostatic oscillograph 静电偏转式示波器

electrostatic painting 静电喷漆

electrostatic pick-up 电容式拾波器

electrostatic precipitator 电气除尘器，电力除尘器，静电除尘器，静电沉淀器，静电聚灰器

electrostatic printer 静电印刷机，静电复印机

electrostatic printing 静电印刷

electrostatic probe 静电探针

electrostatic quadrupole lens 静电四极透镜

electrostatic screening 静电屏蔽

electrostatic scanning 静电扫描

electrostatic separation 静电分离

electrostatic separator 静电分离器

electrostatic shield 静电屏蔽

electrostatic stress 静电应力

electrostatic storage 静电存储

electrostatic storage deflection (=ESD) 静电存储偏转

electrostatic storage tube 静电存储管，记忆管

electrostatic thermal recording 加热静电记录[法]

electrostatic transducer 静电换能器

electrostatic tweeter 静电高频扬声器

electrostatic unit of electrical charge (=ESU) 电荷的静电单位

electrostatic unit of potential difference 静电系电势差单位

electrostatic units 静电系单位

electrostatic voltmeter 静电电压计，静电伏特计

electrostatic wattmeter 静电瓦特计

electrostatic wave 静电波

electrostatically focused (=ESF) 静电聚焦的

electrostatics 静电学

electrostatography 静电摄影术

electrosteel 电炉钢

electrostenolysis 细孔隔膜电解，膜孔电[淀]积作用，狭区电解

electrostethophone 电扩音听诊器

electrostimulator 电刺激器

electrostriction (1)电致伸缩(反压电效应)；(2)(溶剂)电缩作用

electrostrictive 电致伸缩的

electrostrictive compliance 电致伸缩顺度

electrostrictive transducer 电致伸缩换能器

electrosynthesis 电合成[法]

electrotachyscope 电动准距仪

electrotape 电子带式记录仪，电子测距装置，基线电测仪

electrotaxis (1)趋电性，移电性，向电性；(2)应电作用

electrotechnical 电[气]工[艺]学的，电工技术的

electrotechnical instrument 电工仪表

electrotechnical porcelain 电[工陶]瓷

electrotechnical porcelain products 电工陶瓷制品

electrotechnics (1)电工技术；(2)电气工艺学，电工学

electrotechnology (1)电工技术；(2)电工学

electrotelluric current 大地电流

electrotellurograph 大地电流测定器
electrotherm 电热器 [法]
electrothermal 电 [致] 热的
electrothermal alloy 电热合金
electrothermal baffle 半导体障板
electrothermal effect 电致热效应
electrothermal equivalent 电热当量
electrothermal furnace (=ETF) 电热炉
electrothermic 电 [致] 热的
electrothermic type 电热式
electrothermics 电热学, 电热法
electrothermoluminescence 电控光加热发光, 场控加热发光
electrothermy 电热学
electrotimer (1) 定时继电器; (2) 电气计时器
electrotinning 电镀锡
electrotinplate 电镀锡
electrotitration 电滴定
electrotome 自动切断器, 电刀
electrotomy 高频电刀手术, 电切开法
electrotrephine 电圆锯
electrotropic 向电的, 屈电的
electrotropism 向电性, 趋电性, 屈电性, 应电性
electrotropy 向电性, 趋电性, 屈电性, 应电性
electrotype (1) 电版; (2) 铅版版; (3) 电铸版印件
electrotype metal 英国标准铅字合金
electrotyper 电铸版式制版工, 电版技师
electrotyping 电铸技术, 电铸术, 电铸法
elecrtotypograph 电动排字机, 电排字机
electrotypy (1) 电铸; (2) 电制版术
electrovalence 电 [性] 价, 离子价
electrovalency (1) 电化价, 离子价, 电价; (2) 离子的电荷数
electrovalent 电价的
electrovection 电导入法
electrovibrator 电振动器
electroviscosity 电荷粘滞性, 电 [粘] 滞度
electroviscous 电粘滞的
electroviscous effect 电滞效应
electrowelding 电焊
electrowinning (1) 电解冶金 [法], 电积金属 [法]; (2) 电解法; (3) 电解沉积, 电解制取, 电析
electrozone 电臭氧
electrum (1) 金银矿, 银金矿; (2) 铜镍锌合金, 金银合金, 琥珀金, 镍银
elegant 优美的, 精致的, 简明的, 精确的
elegant watch 装饰精美的表, 宝饰表
elektron 艾雷克崇镁锌合金, 镁基铝铜轻合金, 镁铝合金
Elema 硅碳棒
Elemass 电动多尺寸检查仪
element (1) 元件, 零件, 部件, 构件; (2) 杆件; (3) 元素, 要素, 成分, 分子; (4) 单元, 基元, 单体, 环节, 晶胞, 局部, 元素; (5) 电阻丝, 电池, 电极, 电码, 振子; (6) 母线; (7) (轴承) 滚动体; (8) 机组; (9) (复) 原理, 基础, 要点, 初步, 纲要, 大纲
element antenna 振子天线
element aspect ratio 元素细长比
element cell 单元室
element error 同批元件产品的互差, 元件误差
element of a cone 圆锥体母线, 圆锥的母线, 锥的母线
element of a cylinder 圆柱体母线, 柱的母线
element of a function 函数的元素
element of a surface 表面母线, 面元素, 微面
element of a volume 体元素, 微素
element of an arc 弧元素, 微弧
element of analytic function 解析函数的元素
element of chain 链传动元件
element of collision 船舶碰撞构成条件
element of contact 切元素, 接触元素
element of dynamic positioning 动力定位要素
element of fix 定船位要素
element of matrix 矩阵的元
element of orientation 方位元素
element of optimization 最优化基础
element of orbit 轨道要素
element of pitch cone 分度圆锥母线
element of roll 滚道传动元件

element of root cone 根锥母线
element of symmetry 对称要素
element of the earth's field 地磁要素
element of the integral 积分元素
element of trajectory 弹道诸元
element pillar system 支柱结构系统
element property matrix 元素性质矩阵
element riding cage (轴承) 滚动体引导保持架
element semi-conductor 元素半导体, 单质半导体
element semiconductor 元素半导体, 单质半导体
element stiffness equation 元素的刚度方程
element stiffness matrix 单元刚度矩阵
element time 基本动作时间
elemental (1) 元素的, 要素的, 单体的; (2) 基本的, 基础的, 本质的, 初步的; (3) 自然力的
elemental algorithm 初等算法
elemental area 单位面积, 像素面积, 元面积
elemental cell 单元电池
elemental check 单项检验
elemental color 原色, 基色
elemental composition 元素组成, 元素成分, 化学组成, 化学成分
elemental crystal 单质晶体
elemental diagram 原理图
elemental electronic charge 基本电荷
elemental error 微差
elemental form 基本形式
elemental furnace 单风嘴炉, 单元炉缸
elemental geometry 初等几何学
elemental jar 电池玻璃容器, 电池容器, 电池瓶
elemental length 基本长度
elemental magnet 单元磁铁
elemental mathematics 初等数学
elemental motion 基本动作
elemental operation 基本操作
elemental stream 通量线, 电流线, 载流线, 水流线, 流线
elemental stresses 基本应力
elemental term 基本项
elemental training 基本训练, 初步训练
elemental volume 体积单元
elementary (=elem) (1) 元素的, 单元的, 单体的; (2) 基本的, 基础的, 要素的, 本质的; (3) 初步的, 初等的, 初级的, 简单的
elementary antenna 天线阵辐射元, 基本天线, 单元天线, 基元天线
elementary area 像素面积, 像点面积, 图像单元
elementary arithmetic 初等算术
elementary charge 元电荷
elementary colour 原色, 基色
elementary composition 元素成分
elementary cone 锥元素
elementary course 初级课程, 基础课
elementary diagram 接线原理图, 简图
elementary dipole 原偶极子
elementary errors 元素误差, 微差
elementary gas 单质气体, 气态元素
elementary instruction 基本指令
elementary layer (应力分析中的) 单元层
elementary magnet 单元磁铁
elementary mathematics 初等数学
elementary mechanism 基本机构, 低副机构
elementary particle 基本粒子, 元粒子, 元质点
elementary potential digital computing element (=EPDCE) 基本电位数字计算元件
elementary process 基本反应过程, 基本过程
elementary reaction 基本反应, 单元反应
elementary solution 基本解
elementary stream 通量线, 流线
elementary substance 元素
elementary term (1) 基本术语; (2) 基本项
elementary theory 一阶理论
elementary volume 体积单元
elementide 原子团
elements (=elem) 元素, 要素
elements of a fix 定位坐标
elements of an orbit 轨道要素
elements of eclipse 交蚀要素

431

elements of orbit 轨道要素
elements of symmetry 对称要素
elements of the guidance system 制导系统的元件
elements of trajectory 弹道诸元, 弹道参数
elements of winding 绕组元件
elemi 天然树脂
elen clip (电视摄像机的) 机动吊架灯
elen shade 毛玻璃灯罩
elenchus 补遗, 附录
eleonrite 簇磷铁矿
elephant (1) 一种图画用纸 (28x23 吋); (2) 刻纹机, 开槽机; (3) 波纹铁
elephant transformer 无套管式高压室内变压器
elephant trunk 象鼻管, 溜管
elevate (=elev) (1) 提高, 提升, 抬高, 升高, 举起,, 升起, 升运, 增高, 增加, 架高; (2) 加大仰角, 仰角
elevated (1) 升高的, 提高的, 高架的; (2) 高架铁路
elevated antenna 架空天线, 高架天线
elevated approach 高架引道
elevated duct (1) 架空管道; (2) 增大的波导
elevated expressway 高架快车道
elevated flume 高架渡槽
elevated freeway 高架超速干道
elevated grounded counterpoise 架空地网
elevated jet condenser 注水冷凝塔
elevated line (1) 高架线路; (2) 高架道路
elevated loading gallery 装货栈桥
elevated platform 高排架, 高站台, 高架
elevated pole 上天极
elevated railroad 架空铁路, 高架铁道
elevated railway 架空铁路, 高架铁道
elevated reservoir 高架水箱, 水塔
elevated tank 压力水柜, 压力水箱, 重力水柜, 高架 [水] 柜, 水塔
elevated-temperature 高温
elevated temperature 高温, 升温
elevated temperature fatigue 升温疲劳
elevated temperature liquid 加温液体
elevated temperature mark 温度升高标志
elevated temperature solid 加温固体
elevated train 高架铁路列车
elevated water tank 高架水柜, 压力水箱, 水塔
elevated weighing bunker 高架过称存仓
elevating angle 高度角, 垂直角, 竖角
elevating belt 提升带
elevating capacity 升举能力, 起重能力
elevating chain 升运链
elevating conveyer (货物) 提升输送机
elevating endless screw 升降蜗杆
elevating force 提升力, 起重力
elevating gear (1) 升降装置, 提升机构; (2) 升降传动齿轮; (3) 俯仰装置, 高低机
elevating grader 电铲式平路机, 挖掘式推土机, 升降式平路机
elevating handle 高低机手柄
elevating loader 传送式装载机, 升降装载机, 提升式装载机, 链斗装载机
elevating mechanism 提升机构, 高低机构
elevating motor 升降电动机
elevating pinion 升降传动小齿轮
elevating screw (1) 升降丝杠, 高低螺杆; (2) 升降螺旋, 起重螺旋; (3) 螺旋起重器, 螺旋千斤顶
elevating segment 高低齿弧
elevating stop 提升限位器, 提升挡块
elevating-type potato digger 升运式马铃薯挖掘机
elevating wagon 升运装载车
elevation (=EL) (1) 上升, 升高, 升运, 提升, 举起, 增加; (2) 程, 高度, 标高, 海拔, 水位; (3) 垂直剖面图, 纵剖图, 立视图, 立面图, 正面图, 正视图; (4) 高低角, 目标角, 倾角, 仰角, 射角; (5) 垂直切面, 垂直瞄准, 高低瞄准
elevation above mean sea level 海拔 [高程]
elevation accuracy 仰角准确度
elevation actuating cylinder 升降动作筒
elevation adjustment 仰角修正
elevation angle 高度角, 垂直角, 高程角, 目标角, 仰角, 竖角, 射角
elevation angle couple unit 仰角耦合装置

elevation angle error 仰角误差
elevation area curve 水位面积曲线, 高程面积曲线
elevation axis 仰角轴
elevation bearing 仰角方位
elevation cable wrap 仰角缆包
elevation capacity curve 水位容量曲线
elevation computer 高度计算机, 仰角计算机
elevation coverage 仰角范围
elevation coverage diagram 垂直切面覆盖图, 竖观覆盖图, 反射特征曲线
elevation deflection 仰角偏差
elevation drawing 垂直切面图, 垂直切面图, 正视图, 立面图
elevation drive 升降传动, 仰角传动, 俯仰传动
elevation drive gear (1) 升降传动机构齿轮; (2) 仰角传动齿轮
elevation drive motor 仰角驱动电动机
elevation error signal 仰角误差信号
elevation finder (=EF) (雷达) 仰角探测仪
elevation front 正面图, 立视图
elevation head 位势水头, 高程水头, 静压头, 升水头
elevation indicator 仰角显示器
elevation moment 俯仰力矩
elevation number 标高, 海拔
elevation of fork lift truck 叉车的提升高度
elevation of light 灯高
elevation of pole 仰极高度
elevation of water 水 [平] 面高程, 水位
elevation of water surface 水面高程, 水位
elevation parallax 垂直视差
elevation position finding 仰角测位
elevation position indicator (=EPI) 仰角位置雷达指示器
elevation post 高程标
elevation potentiometer 仰角电位计, 仰角分压器
elevation profile 垂直剖面, 竖剖面
elevation resolution 仰角分辨力
elevation scale 仰角标度, 射角分划
elevation side 仰角边
elevation synchrodrive 升降同步机构
elevation tracker 仰角跟踪器, 高低跟踪器
elevation tracking cursor 仰角跟踪指示器
elevation view 垂直切面图, 垂直切面图, 正视图, 立视图
elevation window pulse 垂直扫描正程加的脉冲, 俯仰窗口脉冲
elevation yoke 仰角偏转线圈
elevational drawing 立面图样
elevator (1) 升降梯, 电梯; (2) 升降舵; (3) 起重设备, 卸货机, 起重机, 提升机, 升降机, 起卸机, 输送机, 卸泥船, 提引器, 吊车; (4) 吊卡; (5) 起子; (6) 铸型提升器; (7) 起重工
elevator angle 升降舵偏转角
elevator barge 封底泥驳
elevator bolt 大平头螺栓, 提升螺栓
elevator bridge 提升式开合桥
elevator bucket 升降机戽斗, 升运斗, 吊斗
elevator chain 升运链, 提升链
elevator control angle 横舵控制角
elevator control gear 提升机操纵机构, 提升机控制机构, 升降机控制机构
elevator conveyer 升运式装卸机, 垂直输送机, 升运机
elevator differential angle 横舵差动角
elevator dredge 挖泥提升机, 链斗式挖泥船
elevator dredger 链斗挖泥船
elevator drive throw out clutch pedal 升运机传动常压式离合器踏板
elevator frame (挖泥船) 链斗斗架
elevator furnace 升降底式炉
elevator hoistway 升降机井道
elevator horn 升降舵杆
elevator jib 升降机臂
elevator ladder (挖泥船) 链斗斗架
elevator lobby 电梯前廊
elevator machinery 起重机械
elevator motor 升降电动机
elevator penthouse 屋顶升降机房
elevator platform 升降台
elevator pulling rod 横舵拉杆
elevator shaft 升降机井道
elevator test bed 横舵机调试台 (试潜艇用)

elevator toad　升浮器

elevator tower　升降机井顶楼, 升降机塔架

elevator type loader　提升式装载机, 升运式装载机, 链斗装载机

elevator unloader　链斗卸船机, 链斗卸货机

elevator well　升降机井道

elevator wrist pin keeper　升降机肘节销定位螺钉

elevatoring　载客电车, 升降机

elevatory　上升的, 举起的

elevatus　(拉) 高位的, 上升的

eleven　(1) 十一, 十一个；(2) 十一个一组；(3) 十一点钟

eleven-fold　十一倍的

eleven-line conic　十一线二次曲线

eleven-point conic　十一点二次曲线

eleven-punch　第 11 穿孔位

eleven punch　(卡片) 十一行穿孔, 负数穿孔

eleventh　(1) 第十一；(2) 十一分之一

eleventh hour　最后时刻

elevon　(1) 升降副翼；(2) 副翼与升降舵的配合

Elexal　(草酸乙二酸溶液) 铝阳极氧化处理

ELF screen　强介电陶瓷与荧光层的接合屏

Elfin　埃尔芬数字管

Elgiloy　埃尔基洛伊耐蚀游丝合金

Elianite　高硅耐蚀铁合金

elicitation　导出, 引出, 启发

elide　(1) 省略, 删节；(2) 划掉；(3) 不考虑, 忽略；(4) 削减, 取消

eligibility　合格性

eligible　(1) 合适的, 合格的；(2) 值得选取的；(3) 可以采纳的

eliminable　可消除的, 可排除的, 可消去的

eliminant　(1) {数}{电} 结式, 消元式；(2) 排除的, 排出的

eliminate (=elim)　(1) 消除, 消失, 除去, 排除, 清除, 删除；(2) 对消, 相消；(3) (电路的) 切断, 分离

eliminate a possibility　排除一种可能性

eliminate errors　消灭差错

elimination　(1) 消除, 消失, 消灭, 排除, 驱除, 脱除, 除去, 淘汰；(2) {数} 消元法, 消去法, 消去式；(3) (电路的) 切断

elimination by addition or subtraction　加减消元法

elimination by comparison　比较消元法, 比较消去法

elimination by substitution　代入消去法, 代入消元法

elimination key　排除法检索表, 定距式检索表

elimination method　消去法

elimination of constant　常数消去法

elimination of error　误差的消除

elimination of heat　消去热量, 除热, 散热

elimination of interference　消除干涉

elimination of parallax　视差消除

elimination of unknowns　未知数消去法, 消元法

elimination of water　消去水, 脱水

elimination reaction　消去反应, 消去作用

eliminator (=elim)　(1) 消除器, 消灭器；(2) 减振器, 阻尼器, 抑制器, 抑止器, 限制器, 分离器, 排出器；(3) 空气净化器；(4) 阻塞滤波器, 带阻滤波器；(5) 挡水板；(6) 滤波器电路；(7) 等效天线；(8) 电瓶代用器, 代电器

eliminator power　整流电源

eliminator receiver　交流收音机

eliminator supply　整流电源

elint 或 ELINT (=electronic intelligence)　电子情报

elint ship　电子情报舰

elinvar (=elasticity invariable)　埃林瓦尔铁镍铬合金, 弹性因瓦合金, 恒弹性镍铬钢, 艾殷钢

eliquation　(1) 熔化；(2) 熔析, 熔解, 熔离, 液析, 偏析

elision　省略

elite　(法) (1) 精华；(2) 精锐；(3) 核心

elixiviation　浸滤, 浸析, 去碱

elk　铬鞣软皮

Elkaloy　埃尔卡洛伊铜合金焊条

Elkonite　(1) 钨铜烧结合金；(2) 胶镁铝土

Elkonium　埃尔科尼姆接点合金

elkro　艾克拉铬钒钢 (碳 0.5%, 铬 0.95%, 钒 0.2%)

ell(el)　(1) 弯管, 肘管, 直角弯管；(2) 角尺, 直角规；(3) L 形弯管接头

ell-beam　(断面为) L 形的梁

Elliot cycle　埃利奥特循环

Elliot sequence control　埃利奥特顺序控制

Elliot tester　埃利奥特试验器

Elliott steering knuckle　叉式前桥转向节

Elliott type axle　叉式前桥

ellipse　(1) (椭圆)；(2) 椭圆轨道；(3) 椭圆形

ellipse-generating linkage　椭圆齿轮展成机构

ellipse head　椭圆封头

ellipse law　椭圆定理

ellipse of ascent　上升的椭圆轨道

ellipse of elasticity　弹性椭圆

ellipse of errors　误差椭圆

ellipse of inertia　惯性椭圆

ellipse of moment of inertia　惯性椭圆

ellipse of stresses　应力椭圆

ellipse valve diagram　(蒸汽机) 椭圆阀配气图

ellipses (单 ellipsis)　(1) 省略法；(2) 省略符号；(3) 脱漏

ellipsis (复 ellipses)　(1) 省略法；(2) 省略符号；(3) 脱漏

ellipsograph　椭圆仪, 椭圆规

ellipsoid　(1) 椭圆体, 椭圆球, 扁椭球, 椭球体；(2) 椭圆面, 椭面

ellipsoid method　(探伤定位的) 椭球体法

ellipsoid of expansion　膨胀椭圆球

ellipsoid of gyration　回转椭球 [体]

ellipsoid of revolution　旋转椭球体

ellipsoid of stress　应力椭 [圆] 面

ellipsoid projection　椭球投影

ellipsoid resonator　椭球形旋转谐振器

ellipsoid shaving　剃鼓形齿, 鼓形齿剃齿

ellipsoidal　椭球体的, 椭球似的, 椭圆 [形] 的, 椭圆柱的, 椭圆状的, 椭球的

ellipsoidal coordinate　椭球坐标

ellipsoidal flexspline　椭圆形挠性花键

ellipsoidal harmonics　椭球调和函数, 椭球调谐函数

ellipsoidal head　半椭球面封头

ellipsoidal mirror　椭圆形球面镜

ellipsometer　椭圆计, 椭率计

ellipsometry　椭率测量术

elliptic　(1) 椭圆形的, 椭圆的；(2) 椭圆偏振的

elliptic bearing　椭圆形轴承

elliptic bilge　(船) 椭圆舭

elliptic blade　(推进器) 椭圆叶片

elliptic chuck　椭圆卡盘

elliptic collineation　椭性直射

elliptic compass　椭圆规

elliptic coordinates　椭圆坐标

elliptic cone　椭圆锥面

elliptic curve　椭圆曲线

elliptic cylinder　椭圆 [回转] 面, 椭圆柱面

elliptic cylindric surface　椭圆柱面

elliptic equation　椭圆时差

elliptic function　椭圆函数

elliptic gain amplifier　具有椭圆形增益特性曲线的放大器

elliptic gear　椭圆齿轮

elliptic gear mechanism　椭圆齿轮机构

elliptic gear unit　椭圆齿轮装置

elliptic gearing　椭圆齿轮传动 [装置]

elliptic hole　椭圆孔

elliptic integral　椭圆积分

elliptic liferaft　椭圆救生筏

elliptic motion　椭圆运动

elliptic non-euclidean geometry　椭圆型非欧几何学

elliptic nosed cylinder　椭圆形头部汽缸

elliptic orbit　椭圆轨道

elliptic pointed arch　椭圆尖头拱

elliptic polarization　(1) 椭圆偏振；(2) 椭圆极化

elliptic pseudo differential operator　椭圆型伪微分算子

elliptic ring　椭圆环

elliptic rotor motor　椭圆转子马达

elliptic rotating field　椭圆旋转 [磁] 场

elliptic ship section　椭圆形船体横剖面

elliptic spot　椭圆形斑

elliptic spring　椭圆形板弹簧, 弓形板弹簧

elliptic spring bolster　椭圆形板弹簧

elliptic stern　椭圆形船尾, 椭圆艉

elliptic structure　省略结构

elliptic subcarrier　椭圆色度副载波

elliptic sweep　椭圆扫描

elliptic trace　椭圆扫描轨迹

433

elliptic transformation　椭圆变换
elliptic trochoidal wave　椭圆余摆线波
elliptic type weight　椭圆形测深锤,椭圆形铅鱼
elliptic vibrating screen　椭圆振动筛
elliptic wheel　椭圆轮
elliptic winch　椭圆形绞盘
elliptical　椭圆形的,椭圆的
elliptical orbit (=EO)　椭圆轨道
elliptical-type weight　椭圆形测深重锤,铅鱼
elliptically　成椭圆形的,呈椭圆形的
elliptically polarized light　椭圆偏振光
elliptically polarized wave　椭圆偏振波,椭圆极化波
elliptically symmetric distribution　椭圆对称分布
ellipticalness　(1)椭圆性;(2)椭圆状态
ellipticity　(1)椭圆率,椭率;(2)不圆度,椭圆度
ellipticity of ellipse　椭圆扁率
ellipticity spring　椭圆形板簧
elliptocytosis　椭圆形
ellwand　伊尔测杆
elm　榆木
Elmarit　钨铜碳化合物烧结刀片合金
Elmillimess　电动测微仪
Elo-Vac process　电炉-真空脱碳脱气法
Eloid gear　(瑞士厄利康公司生产的)延伸外摆线[齿]锥齿轮,伊莱锥齿轮
elongate　使伸长,拉长,延长,变长
elongated　细长的,拉长的,伸长的,延长的
elongated eye　长环形眼孔
elongated grain　拉长晶粒
elongation (=EL)　(1)伸长,拉长,拉伸,延伸,延长;(2)相对延伸率,延展率,延长率,伸长度,伸张度;(3)展弦比,矩角,大距;(4)指针的跳动
elongation at break　断裂伸长率
elongation at failure　毁坏时的延伸率
elongation at fracture　断裂时的延伸率
elongation at rupture　断裂伸长率,断裂伸度
elongation at specified load　定负荷伸长
elongation due to tension　拉伸
elongation in tension　受拉伸长
elongation meter　伸长仪,伸长计
elongation pad　外延衰减器,延长器
elongation pass　延伸孔型
elongation per unit length　相对伸长,纵伸长
elongation percentage　延长率
elongation test　延伸率试验,伸长试验
elongation viscosity　伸长粘性
elongation zone　伸长区
elongational flow　伸长流动,拉伸流动
elongator　(轧管)辗轧机,延伸轧机
eloxal　铝的阳极处理法
else　(1)此外,其它,另外,别的;(2)不然的话,否则
else if symbol　否则如果符号
elsewhere　在另外一处,在别处
Elsie　(1)控制探照灯的雷达站;(2)信件分类和指示电子设备
elsse　电子天空屏幕设备(地上发射导弹飞行轨道跟踪的遥测系统)
eluant　(1)洗脱剂;(2)洗提液
eluate　(1)洗脱,洗出;(2)洗出液,洗出物,提取物
elucidate　阐明,说明
elucidation　阐明,说明
eluent (=eluting agent)　洗提溶剂,洗提剂
elusive factor　难以捉摸的因素,多变的因素
eluted resin　洗提过的树脂,洗净的树脂
elution　洗去的过程,洗提
elutriate　淘析,淘洗,淘选,淘分
elutriation　淘析,澄洗,冲洗,淘分
elutriation test　淘分试验
elutriator　淘析器,洗提器
elutriometer　泥浆含砂量测定仪
elutron　[小型]多用途直线加速器
eluvial　残积层的,渗蚀层的,淋溶的
eluviation　(1)淋溶[作用];(2)溶提作用
eluvium　残积层,细砂土
Elverite　耐蚀铸铁
elwotite　硬钨合金(钨30%)

em　(1)具M形的;(2)[活字]全身
em quad　全身空铅
em rule　破折号
emagram　埃玛图,高空气压温度图
eman　埃曼(放射性射气的单位)
emanant　(1)发散的,放射的;(2)放射式
emanation (=em)　(1)放射性发射,辐射,放射,发射,射气;(2)放射性惰性气体,射气;(3)发散,离析;(4)氡
emanation coefficient　放射系数
emanator　辐射器,放射器,射气测量计,埃曼测量计
emancipation　脱离,分离
emanium　{化}氡Em,射气
emanometer　氡射线计,射气仪,射气计,测氡仪
emanometery　射气测量法
emanon　氡Em
emansio　脱漏
emarginate　边缘有凹痕的
embargo　(1)禁运,封港;(2)禁止通商,禁止贸易;(3)征用,扣留
embargo list　禁运货单
embargo policy　禁运政策
embark (=emb)　(1)乘船,上船;(2)装载,装货;(3)参与,着手,从事;(4)投资于
embark and disembark　上下船
embarkation　(1)上飞机,登船,乘船,上船;(2)装载,装船;(3)登船地点;(4)开始
embarkation area　登乘区域
embarkation arrangement　登船设施,搭载布置,乘艇装置
embarkation card　登船卡
embarkation deck　登艇甲板,登乘甲板
embarkation facilities　登乘设备
embarkation gangway　登船跳板,登船口
embarkation ladder　登乘梯
embarkation lamp　登艇灯,登船灯
embarkation notice　登船通知
embarkation point　装船地点,登船地点,堆货场,码头,栈桥
embarkation position　登乘位置
embarkation regulation　乘船规则
embarkation station　登乘地点
embarking hatch　登船舱口
embarkment　装船,上船
embarrass　(1)使为难,使麻烦;(2)妨碍,阻碍
embarrassment　(1)为难,麻烦;(2)妨碍,阻碍
embathe　浸洗,洗
embay　包围,环抱
embed　安置,埋置,埋入,放入,嵌进
embedability　压入能力,嵌入性,埋置性,埋入性,吸入性
embedded bolt　预埋螺杆,地脚螺杆
embedded case seal　有骨架的密封
embedded case seal with spring　有内骨架带弹簧的密封圈
embedded case seal with spring and auxiliary seal　有内骨架带弹簧与防尘副唇的密封圈
embedded case seal with spring and tandem auxiliary seal　有内骨架带弹簧与双防尘副唇的密封圈
embedded component　嵌入分量
embedded in concrete　预埋在混凝土中的
embedded instrument　埋设仪器,预埋仪器
embedded length　埋入长度,埋置长度
embedded parts　埋入部分,埋置件,预埋件
embedded steel　埋置钢筋
embedded temperature detector　埋置式温度探测器,埋入式温度计,嵌入式温度计
embedded tie　埋置拉杆
embedded type　埋入式,隐蔽式,埋置形
embedding　(1)埋置,置入,嵌入;(2)包埋
embedding technique　嵌入法
embedding theorem　嵌入定理
embedment　安置,埋置,埋入,灌封
embedment anchor　埋入海底锚
embedment length　嵌入长度,埋置长度
embedment of reinforcement　钢筋埋入[法]
embedment strain gage　埋入式应变仪
embellish　装饰,修饰
embellishment　装饰,修饰
embers　余烬,燃屑

434

embezzlement 侵吞

emblaze (1) [用强光] 照明；(2) 使着火

emblem (1) 象征，标记，标志，符号；(2) 典型；(3) 用符号表示

emblematic 作为标记的，典型的，象征的

emblematize 用符号表示，标志着，象征，代表

embodiment (1) 具体化；(2) 具体设备，具体装置

embody (1) 具体表现，具体化，体现；(2) 包括，包含，概括，收录；(3) 配备，连接，接合，合并，补充

embolite 氯溴银矿

embolus (1) 插入物，楔，塞；(2) 活塞

embosom 包围，围护，围绕，环绕，遮掩

emboss 使凸起，压印，压花，压起伏 (冲压)

embossed groove recording 压刻式录音法

embossed paper 压花纸，轧纹纸

embossed plate printer 凸版打印机

embossed stamp 浮凸印章，硬印

embossed work 浮雕细工

embosser (1) 压纹轧光机，压花设备，压印机，压花机，压纹机，(2) 轧花机，压花机，(3) 压花工

embossing (1) 压纹，压花，(2) 模压加工，(3) 压花法，(4) 突起，隆起，凸起

embossing die 压花模

embossing machine 压花机，压纹机

embossing press 压印机，压花机，压纹机

embossing seal (1) 铅封，(2) 钢印

embossing stylus 圆端录声针，划针

embow 弯成弧形，使成弓形

embowed 弯曲的，弧形有

embowment 弯成弧形

embrace (1) 包围，环绕，(2) 包含，包括，(3) 接受，利用

embranchment 分支 [机构]

embrasure 枪眼，炮眼，射击孔

embrittle 使脆化，变脆

embrittlement (1) 脆化，脆变，脆裂，(2) 脆性，(3) 变脆，脆变

embrittlement characteristic 脆化特性

embrittlement damage 脆化损坏

embrittlement detector 脆性检验器

embrittlement temperature 脆化温度

embrittlement time 脆化时间

embrocate 涂擦

embrocation (1) 擦剂，(2) 擦法

embroidery (1) (自记仪器的) 曲线弯曲度，(2) 润色

embus (1) 乘公共汽车，(2) 装上机动车辆

emendation (1) 校勘，改动，(2) 校订之处

emerald 翡翠，绿宝石

emerge (1) 显露，显出，出现，呈现，形成，发生，暴露，(2) 排出，引出，涌出，冒出，射出，出射

emergence (1) 显露，出现，发生，(2) 露出，排出，引出，发出，冒出，脱出，出射，上升，(3) 紧急情况，紧急事件，[意外] 事故

emergency (=E) (1) 突然事件紧急事件紧急情况危急状态非常状态(2) 事故，故障，(3) 应急 [的]，紧急的，备份 [的]，辅助 [的]，临时的，备用的，安全的，(4) 危急，危险，危机，(5) 应急，备用，备份

emergency action 应急行动

emergency aerial 应急天线，备用天线

emergency air bank 应急空气瓶组

emergency air bottle 应急空气瓶

emergency air-compressor 应急空气压缩机

emergency air compressor 应急空气压缩机

emergency air cutoff 紧急空气断绝阀

emergency air inlet 应急空气入口，应急进气口，安全气孔

emergency air system 应急空气系统

emergency alarm signal 应急警铃信号

emergency alternator 应急交流发电机

emergency altitude 最低安全高度，极限高度，应急高度，升限

emergency ammonia drainer 紧急泄氨器

emergency analysis 应急分析

emergency anchorage 应急锚地

emergency antenna 应急天线

emergency apparatus (1) 安全装置，(2) 应急装置，应急设备，备用设备

emergency arrangement 应变部署，应急部署，应急装置

emergency arrest 紧急拦阻，减速

emergency assistance 紧急援助

emergency astern program 紧急倒车程序

emergency astern program unit 应急倒车程序单元

emergency astern test 紧急倒车试验

emergency avoiding quality 应急规避性能

emergency axe 太平斧

emergency back up fuel 应急燃料

emergency ballast 紧急压载

emergency ballast system 应急压载

emergency battery 应急用电池，备用电池

emergency bearing oil pump 轴承应急润滑油泵，轴承备用润滑油泵，应急轴承油泵，备用轴承油泵

emergency bilge drain 应急舱底泄水管

emergency bilge drain piping system 应急舱底泄水管系

emergency bilge drainage 应急舱底水泄水系统，机舱应急舱底水管

emergency bilge pump 应急舱底水泵，应急污水泵，应急舭水泵

emergency bilge pumping device 应急舭部泵水装置，应急舱底疏水装置

emergency bilge suction 应急舱底水吸口，紧急舭水管

emergency bilge suction valve 应急舱底水吸入阀

emergency blow manifold 应急吹除阀柱

emergency blower 备用鼓风机，应急鼓风机

emergency boat 应急救生艇

emergency brake 应急制动器，紧急制动器，备用制动器，紧急刹车，紧急闸

emergency brake lever 紧急闸杆

emergency brake system 应急制动系统

emergency brake valve 紧急制动阀，车长阀

emergency braking 紧急制动

emergency breakdown repairs 紧急损坏修理

emergency bridge 备用桥，便桥

emergency buoy release mechanism 应急浮标释放机构

emergency button 应急按钮，应急开关

emergency cabin 应急舱室

emergency cable 应急电缆

emergency call 紧急呼叫，紧急电话，紧急呼号，紧急集合

emergency car 应急车，抢修车

emergency case 紧急事件

emergency cell 应急电池，备用电池

emergency chamber 潜艇水下脱险闸，应急舱室，紧急室

emergency closing device 应急关闭装置

emergency closing valve 应急阀

emergency closure gate 应急关闭装置，应急闸门，保险库门

emergency cock 紧急旋塞

emergency cold starting 冷态应急起动

emergency cold starting test 冷态应急起动试验

emergency combat readiness (=ECR) 紧急战斗准备状态

emergency communication 紧急通信，应急通信

emergency communication terminal 应急通信终端

emergency commutator switch 应急转换开关

emergency compass 应急罗经

emergency condition 应急情况，紧急情况，事故条件

emergency connection 应急接头

emergency connector 应急接头

emergency construction 防险建筑物

emergency control 紧急控制，应急控制

emergency control panel 紧急控制盘

emergency control station 应变控制站

emergency cooling 紧急冷却

emergency coupling screw 应急联结螺钉

emergency currency 金融危机时发行的支付手段，非常时期通货

emergency decree 安全技术规程

emergency device 应急装置

emergency dewatering system 应急排水系统

emergency diesel generator 应急用柴油发电机

emergency discharge connection 应急排放接头

emergency district 应急区

emergency docking facilities 应急靠泊设备

emergency door 紧急出口，应急门，太平门，安全门

emergency drinking water 应急饮用水

emergency droppable ballast 可弃应急压载

emergency duty 事故时的运行状态，事故备用

emergency dynamo 应急发电机

emergency electric equipment 应急电气设备

emergency electric power source 应急电源

emergency electric steering gear 应急电动操舵装置

emergency electric power system　应急电力装置
emergency engine　应急发动机, 备用发动机
emergency equipment　应急设备, 备用设备
emergency escape　应急出口, 紧急逃生
emergency escape breathing device　紧急脱险呼吸装置
emergency escape ladder　应急脱险梯, 应急太平梯, 应急梯, 救生梯
emergency evacuation　应急疏散
emergency exciter set　应急励磁机组, 备用励磁机组
emergency exhaust valve　应急排气阀
emergency exit　(1)应急舱门, 紧急出口, 应急出口, 太平门, 安全门;
(2)备用引出端
emergency exit spoiler　应急出口挡板
emergency facilities (=EF)　紧急措施设备
emergency fire pump　应急消防泵
emergency fire pump suction　应急消防泵吸口
emergency first aid treatment guide　应急急救处理指南
emergency freshwater tank　应急淡水柜
emergency fuel regulator　应急燃料调节阀
emergency fuel shutoff　紧急燃油切断阀
emergency fuel tank　应急燃料箱
emergency galvanized bucket　消防水桶, 太平铅桶
emergency gasoline tank　应急汽油箱
emergency gate　应急闸门, 保险闸门, 临时闸门, 事故闸门, 备用闸门,
检修闸门, 应急门, 太平门
emergency gear　(1)安全齿轮; (2)应急[传动]装置
emergency generating set　应急发电装置, 应急发电机组, 备用发电机组
emergency generating station　应急电站
emergency generation system　应急发电系统
emergency generator　事故用发电机, 应急发电机, 备用发电机, 后备
发电机
emergency generator and electrical switchboard　应急发电机和配电板
emergency generator circuit　应急发电机电路
emergency generator engine fuel oil tank　应急柴油发电机燃料柜
emergency generator room　应急发电机室
emergency genset room　应急发电机室, 应急发电机房
emergency goods　紧急品
emergency governor　应急调节器, 应急调速器, 限速器
emergency governor gear　应急调速装置
emergency grounding　应急接地
emergency guideline　应急指南
emergency hand control　手动应急控制, 应急手动操纵
emergency hand control device　应急手动操纵装置
emergency hand pump connector　(油轮)应急手泵联结器
emergency handwheel for direct fuel control　直接燃油控制用应急
操纵手轮
emergency hatch　应急舱口, 紧急舱口, 太平舱口
emergency high-pressure air bottle group　应急高压空气瓶组
emergency hook　太平火钩
emergency identification light (=EID lt)　紧急情况辨认灯
emergency information　紧急通告, 紧急通知, 应变须知
emergency installation　应急设备, 备用装置
emergency jettison　应急抛弃
emergency key　应急电键
emergency kit　全套救生用具
emergency lamp　事故备用灯, 应急灯, 安全灯, 保险灯
emergency lamp signal telegraph　应急信号灯传令钟, 应急信号灯
emergency level　紧急标准
emergency life support apparatus　应急救生设备
emergency lifeboat　应急救生艇, 值勤救生艇
emergency light　应急灯
emergency light set　应急照明电机
emergency lighting　(1)事故照明, 应急照明; (2)紧急照明设备
emergency lighting batteries　应急照明蓄电池组
emergency lighting distribution box　应急照明配电箱
emergency lighting distribution equipment　应急照明配电设备
emergency lighting set　应急照明电机, 应急照明设备
emergency lighting switchboard　应急照明配电盘
emergency lighting system　应急照明系统
emergency line　[事故]备用线
emergency load　应急负载
emergency local gage board　应急部位仪表板
emergency location transmitter　应急定位发射机
emergency locator transmitter　应急定位发射机, 应急定位发射器
emergency lock　应急闸门

emergency lubrication　应急润滑
emergency maintenance　紧急检修, 紧急维修, 应急维修
emergency maintenance time　应急维修时间
emergency maneuver　应急操纵
emergency maneuvering device　应急操纵装置
emergency maneuvering quality　应急操纵质量
emergency mat　应急帆布堵漏垫
emergency means　应急设备
emergency measures　应急措施, 紧急措施
emergency mooring　紧急系泊
emergency mooring equipment　紧急系泊装置设备
emergency motor　应急电动机, 备用电动机
emergency network　事故供电网, 应急网络, 应急网路
emergency-off　应急断电
emergency off local　现场事故断开
emergency office (=EO)　失事紧急救援处
emergency opening　安全出水口
emergency operation (=EO)　紧急操作, 应急操作, 应急运转, 紧急运行
emergency outage　紧急停机
emergency outlet　安全出水口
emergency over speed trip　应急超速跳闸机构, 应急超速脱扣器
emergency pack　应急袋
emergency panel　事故配电盘, 应急配电盘, 备用配电盘
emergency phase　紧急阶段
emergency piston ring　应急活塞环
emergency plan　应急计划
emergency position indicating radiobeacon　紧急无线电示位标
emergency position indicating radiobeacon signal　紧急无线电示位
标信号
emergency position indicating radiobeacon station　紧急无线电示位
标电台
emergency power　(1)应急备用功率, 应急动力; (2)应急电源, 备用电
源, 事故电源
emergency power installation　应急动力装置
emergency power off　紧急断电
emergency power source　应急电源
emergency power station　应急电站
emergency power subsystem (=EPS)　应急动力子系统
emergency power supply (=EPS)　应急动力源, 备用电源, 事故电源, 应
急电源, 应急供电
emergency preparedness　应急准备状态, 应急准备
emergency pressurizing system (=EPS)　应急增压系统
emergency procedures　应急程序, 应急措施
emergency project　紧急[工程]计划
emergency propulsion motor　应急推进电动机
emergency propulsion motor switchboard　应急推进电动机控制板
emergency protection　故障防护
emergency provision box　应急食品箱
emergency pulses　呼救信号脉冲, 求救信号脉冲
emergency pump　应急备用泵, 应急泵
emergency pushbutton switch　应急按钮开关, 备用按钮开关
emergency radio　应急无线电台
emergency radio beacon　应急无线电信标
emergency radio channel　呼救信号信道
emergency ration　救生艇备用口粮
emergency receiver　应急接收机, 应急收报机
emergency recovery　应急回收, 急救
emergency release push　应急释放开关, 紧急释放开关
emergency repair　应急修理, 紧急修理
emergency repair landing barge　应急修理登陆驳
emergency repair ship　应急修理船
emergency repair truck　抢修车
emergency rescue (=ER)　紧急救援, 紧急救助, 急救
emergency rescue faciliy　应急救助设备
emergency rotary converter　应急旋转换流器
emergency run　紧急运行
emergency-run characteristics　应急运动特性
emergency sand box　消防砂箱, 太平砂箱
emergency satellite position indicating radiobeacon station　卫星紧
急无线电示位标电台
emergency schedules　(1)紧急措施, 应急措施; (2)应急措施表
emergency service　(1)应急服务; (2)应急供电; (3)紧急无线电通
信业务, 应急无线电通信业务
emergency set　(1)应急设备, 应急装置, 备用设备, 备用装置; (2)应急

[电]台

emergency ship salvage material system　船舶应急救捞器材系统
emergency shipment　(1) 紧急运送；(2) 紧急装船
emergency shut-down　紧急刹车，安全停车
emergency shutdown (=ESD)　紧急停机，事故停车，事故切断
emergency shutdown device　紧急停车装置
emergency shutdown mechanism　紧急停车装置
emergency shutoff fuel oil valve　应急燃油关闭阀
emergency shutoff valve (=ESV)　紧急关闭阀，紧急切断阀
emergency signal　遇险信号，紧急信号，事故信号
emergency signal service message　紧急公务通信电文
emergency signal transmitter　事故信号发送器
emergency signaling　事故信号装置
emergency situation　应急情况
emergency slow down　应急减速
emergency sounding　应急测深
emergency source of electric power　应急电源，备用电源
emergency speed　应急航速，最高航速
emergency squad　应变突击队，应变小组
emergency starting compressor　应急起动压缩机
emergency state　紧急状态，事故状态
emergency steaming　应急航行
emergency steering　应急操舵装置，应急操舵
emergency steering gear　应急操舵装置，应急舵机
emergency steering position　应急操舵部位
emergency steering procedure　应急操舵程序
emergency steering station　应急操舵部位
emergency steering test　应急操舵试验
emergency stock　紧急存货
emergency stock out　事故储备
emergency stop　紧急停车
emergency stop cancel　紧急停车取消
emergency stop cock　应急截止旋塞
emergency stop indicator (=ESI)　紧急停止指示器
emergency stop protection　紧急停车保护 [装置]
emergency stop pushbutton　紧急停车按钮
emergency stop valve　紧急停车阀
emergency stoplog　应急叠梁闸门，保险叠梁闸门
emergency stopping devicee　应急停船装置
emergency stopping test　紧急停车试验
emergency supply　应急电源
emergency supply circuit　应急供电电路
emergency support vessel　应急援助船
emergency survival system　应急救生系统
emergency switch (=EMS)　(1) 保险开关；(2) 紧急开关，应急开关，备用开关
emergency switchboard　应急配电板，备用配电板，应急配电盘
emergency tank　速潜舱，救生舱
emergency tiller　应急舵柄
emergency transfer system　应急过驳系统
emergency transmitter　应急发报机，应急发信机，应急发射机，应急发送机
emergency trip　应急停机，应急跳闸，应急脱扣，超速脱扣
emergency trip mechanism　应急释放机构，应急跳闸机构，应急脱扣机构，超速脱扣机构
emergency tripping device　应急跳闸装置，应急脱扣装置，超速脱扣装置
emergency tyre chain　应急胎链
emergency unit　备用机件，备用元件，应急装置
emergency use　紧急使用
emergency valve　应急阀，安全阀
emergency valve closing system　应急阀门关闭系统
emergency vent　紧急排气口，应急用排气孔
emergency water supply　备用水源，紧急供水，应急供水
emergency width　呼救信号脉冲宽度
emergency wiring　事故备用线路，应急线路
emergency wooden pail　太平木桶
emergency wooden plug　堵漏木塞
emergency wooden wedge　堵漏木楔
emergent　突然发生的，紧急的，应急的
emergent gas　逸出气体
emergentness　紧急情况，突然性
emerging beam　呈现射束
emerging particle　原始粒子

emersed　两栖的
emersion　升出，现出，复现
emery (=E)　金刚砂 [粉]，刚玉粉，刚石 [粉]
emery bar　抛光棒，研磨棒
emery belt　(磨光用的) 金刚砂带
emery buff　金刚砂磨光轮
emery-cloth　[金刚] 砂布，研磨砂布
emery cloth　[金刚] 砂布，研磨砂布
emery cutter　砂轮
emery disk　金刚砂砂轮，砂轮
emery dust　金刚砂
emery fillet　砂布，砂带
emery grit　金刚砂粒
emery grinder　(1) 金刚砂磨床；(2) 金刚砂磨石
emery grinding machine　金刚砂磨床
emery grinding stone　金刚砂磨石
emery-paper　[金刚] 砂纸
emery paper　[金刚] 砂纸
emery powder　金刚砂粉 [末]
emery stick　薄的磨光锉
emery stone　金刚砂磨石
emery-wheel　金刚砂砂轮
emery wheel　金刚砂砂轮
emery wheel dresser　[金刚] 砂轮修整器，砂轮整形器
emery wheel dressing　砂轮修整
emissary　分水道，排水道
emission (=EMIS)　(1) 发射，放射，放出；(2) 发射率；(3) 辐射；(4) [汽车] 废气排放
emission band　发射光谱带，放射频带，辐射频带
emission cell　(1) 外光电效应光电管，发射光电管，发射管；(2) 放射光电元件
emission center　发射中心
emission characteristic　发射特性
emission coating　放射层
emission current　发射电流
emission delay　发射延时，放射衰减，辐射衰减
emission density　放射密度
emission electrode　发射电极
emission fading　(电子管) 发射率衰退
emission of heat　热放射，热辐射
emission regulator　电子发射稳定器，电子发射调节器
emission source　排放源，发射源
emission-spectroscopical　用发射光谱分析的
emission spectrograph (=EMS)　发射光谱仪
emission standard　污染物扩散标准，废气排放标准
emission theory　微粒说
emission velocity　发射速度，放射速度
emissive　发射能力的，发射的，放射的，辐射的，发出的，放出的，射出的
emissive ability　发射能力
emissive frequency　发射频率
emissive power　发射功率
emissivity　(1) 发射本领，发射能力，发射率，比发射；(2) 辐射本领，辐射能力，比辐射率，辐射系数；(3) 放射能力，放射率
emit　(1) 放射，辐射，发射，散射；(2) 发出，放出，喷出，逸出，冒出；(3) 传播，发表，发行
emit instruction　放出指令
emitron　低速电子束摄像管，光电摄像管，电子摄像管，正析摄像管
emittance　(1) 放射，发射，辐射；(2) 比辐射，辐射度，辐射率；(3) [加速器] 发射度；(4) 发射强度，辐射强度，发射密度
emitter (1) 放射体，发射体，辐射体；(2) 发射极，发射板；(3) 发射机，发射器，发送器，放射器；(4) 辐射源；(5) 发射区
emitter base　发射极 - 基极的
emitter base diffusion　发射极 - 基极扩散
emitter characteristic　发射极特性
emitter circuit　发射极电路
emitter collector circuit　发射极 - 集电极电路
emitter control　发射极控制
emitter-coupled　[发] 射极耦合的
emitter-coupled logic (=ECL)　[发] 射极耦合逻辑，电流开关逻辑
emitter coupled logic (=ECL)　射极耦合逻辑
emitter coupled logic circuit　发射极耦合逻辑电路
emitter-coupled monostable circuit　射极耦合单稳电路
emitter coupled transistor logic (=ECTL)　发射极耦合晶体管逻辑
emitter coupled transistor logic circuit　发射极耦合晶体管逻辑电路

emitter-coupled trigger 射极耦合触发器
emitter current 发射极电流
emitter cut-off current 发射极截止电流
emitter cutoff current 发射极截止电流
emitter diffusion 发射极扩散
emitter-emitter coupled logic (=EECL) [发]射极 -[发]射极耦合逻辑
emitter-follower 发射极输出器,射极跟随器
emitter follower diode logic (=EFDL) [发]射极输出器二极管逻辑,[发]射极跟随器二极管逻辑
emitter follower diode transistor logic (=EFDTL) [发]射极输出器二极管 - 晶体管逻辑,[发]射极跟随器二极管 - 晶体管逻辑
emitter follower-emitter coupled logic (=EFECL) 射极跟随器 - 射极耦合逻辑
emitter follower logic (=EFL) 射极跟随逻辑
emitter function logic circuit 发射极功能逻辑电路
emitter functional logic circuit 发射极功能逻辑电路
emitter injection 发射极注入
emitter junction 射极结,发射结
emitter power 发射极功率
emitter resistance 发射极电阻
emitter timing monostable circuit 发射极定时单稳电路
emitter timing multivibrator 射定时多谐振荡器
emitter-to-base voltage 基极 - 发射极间电压
emitter-voltage 发射极电压
emitter voltage 发射极电压
emitter window 发射窗,发射孔
emitting area 发射面积
emitting cathode 发射阴极
emitting electrode 发射[电]极,阴极
emma 声频信号雷达沾
emmagee 机关枪
Emmel cast iron 埃姆尔高级铸铁(碳 2.5-3%,硅 1.8-2.5%,锰 0.8-1.1%,磷 0.1-0.2%,硫 0.15%)
emmetropia 正常视觉,正常眼
emoline oil 艾摩林[低粘度]油
emollescence 软化作用
emolliate 软化,使柔软
emollient (1)软化剂,润滑剂;(2)软化的
empennage (=EMP) 尾翼面,尾翼,尾部
emphases (单 emphasis) (1)强调,着重,加重,加强,重点,显著,突出;(2)重要性
emphasis (复 emphases) (1)强调,着重,加重,加强,重点,显著,突出;(2)重要性
emphasise (1)强调,着重,加重,加强;(2)使显著,突出
emphasize (1)强调,着重,加重,加强;(2)使显著,突出
emphasizer 频率校正电路,加重电路;(2)加重器
empire (1)大企业;(2)绝缘;(3)电绝缘漆
empire cloth 绝缘油布,黄蜡布,胶布
empire paper 绝缘油纸
empire tape 绝缘带
empire tube 绝缘套管
empiric 以实验为基础的,以经验为根据的,经验的,实验的
empiric approach 经验探讨,实验方法
empiric average 经验平均值
empiric coefficient 经验系数
empiric constant 经验常数
empiric correction factor 经验修正因素
empiric data 经验数据
empiric design 经验设计
empiric dies of consumer demand 消费者需求的经验研究
empiric dies of cost schedules 成本表列的经验研究
empiric distribution function 经验分布函数
empiric equation 经验公式
empiric factor 经验系数
empiric formula 实验公式,经验公式
empiric-function generator 实验函数生成程序,实验函数发生器
empiric law 经验定律
empiric mass formula 经验质量公式
empiric model 经验模型
empiric observational technique 经验观察技术
empiric probability 经验几率
empiric proporttioning 经验配合
empiric relation 经验关系

438

empiric relationship 经验关系曲线,经验关系式
empiric research 实验法研究
empiric response 经验反应
empiric sample mean 经验样本均值
empiric threshold 假定临界,经验临界
empiric value 经验值
empiric yield table 经验收获表
empirical 经验的
empirical constant 经验常数
empirical correcion factor 经验校正因数
empirical data 经验数据
empirical design 经验设计
empirical cell distribution 经验分布
empirical equation 经验方程
empirical formula(s) 经验公式
empirical probability 经验概率
emplace 安置就位,安放,设置,定位
emplacement (1)安置就位,安置,安放;(2)位置;(2)炮台,炮位,枪座
emplane (1)乘飞机;(2)装上飞机
emplastic 粘合的,胶合的
emplectite 硫铜铋矿
emplektite 硫铜铋矿
employ 使从事于,雇用,使用,应用,用
employable 有使用价值的,可使用有,有益的
employed (1)被雇用的;(2)雇员
employed labor force 就业劳动力
employee 职工,雇员
employee benefit 员工福利
employee book 员工手册
employee involvement 员工参与
employee participation 员工参与
employee ratio 员工比率
employee stock ownership plan 员工认股计划
employer 雇主
employer's liability 雇主的责任
employee's liability insurance 雇主责任保险,职工伤害保险
employment (1)使用;(2)业务;(3)勤务;(4)职务
employment agency 人力中介,职业介绍所
employment suitability test 适用性试验
employment clause 雇用条款
employment office 职业介绍所
empoision 使……中毒
empower (1)授权,准许;(2)使能
empowerment 授权
emptied 耗尽的,空的
emptier 倒空装置,卸荷器,卸载器
emptiness 缺乏,空
empty (=E) (1)空闲的,无用的,无载的,空载的,空转的,放空的,排空的,空的(2)使空,用空;(3)空容器,空箱,空桶,空瓶,空车,空弹;(4)皮重;(5)包装
empty and load valve 空重载荷转换阀
empty backhaul (1)(集装箱的)空箱回运,空船回运;(2)空回头车
empty band 空带
empty barge 空驳船
empty cargo tank 空舱油船
empty case 空箱
empty cell process 空细胞法(木材防腐压力处理法)
empty cell treatment 空细胞法(木材防腐压力处理法)
empty compartment 空舱
empty container 空集装箱
empty container inventory report (集装箱)空箱存场报告
empty medium {计}空白媒体
empty metamember {计}空元成员,空元成分
empty mileage 空车行驶的里程
empty pallet stacker 空托盘堆叠机
empty quequeing 空位列车
empty receptacle 空容器
empty running 空载运行,空转
empty set 空集
empty ship 空船
empty space (1)空舱容,空间,空当;(2)真空空间
empty spare bag 备用空袋
empty tank 空舱

empty tape　空带

empty vessel　空船

empty weight　无载重量,空机重量,净重,皮重

emptying　(1)密度减少;(2)放空,排净,排泄,排出

emptying chute　卸料滑槽,卸料管

emptying of piping　管道的排空

emptying of pump　泵的排空

emptying of tank　舱的排空

emptying outlet　排空出口

emptying point　卸料点

emptying position　倾卸位置

emptying time　(船闸的)排水时间

emptying valve　排水阀门,泄水阀门,放泄阀,排空阀

emptyings　沉积,残留物

empyreumatic　(1)烧焦了的;(2)焦臭的

empyrosis　烧伤,烫伤

Emration　聚四氟乙烯干润滑剂

emulate　(1)赶上,赶超;(2)模拟,模仿,仿真,仿效

emulation　模拟,模仿,仿真,仿效

emulation program　仿真程序,模拟程序

emulational language　仿真语言

emulator　(1)仿真设备,仿真装置,模拟器,仿真器,仿效器;(2)仿真程序,仿效程序

emulgator　(1)乳化剂;(2)乳化器

emulphor　(1)乳化剂;(2)乳化器

emulsibility　乳化性

emulsible　可乳化的,乳浊状的

emulsicool　(切削润滑用的)乳浊状油

emulsifiability　乳化性,乳化度

emulsifiable　可成乳浊状的,可乳化的

emulsifiable oil　乳化油

emulsifiable solution　乳化液,乳油

emulsification　乳化[作用]

emulsification of oil cargo　油状货物的乳化

emulsification test　乳化试验

emulsified asphalt　乳化沥青,乳状沥青

emulsified coolant　乳化冷却剂

emulsified oil　乳化油

emulsifier　(1)乳化物质,乳化剂;(2)乳化器

emulsify　乳化

emulsifying　乳化[的]

emulsifying agent　乳化剂

emulsifying agigator　乳化搅拌器

emulsifying oil　乳化油

emulsion　(1)乳浊液,乳化液,乳状液,乳胶;(2)感光乳剂

emulsion breaker　乳胶分解剂,去乳化剂

emulsion-causing　引起乳化的,产生乳化的

emulsion chamber　乳化室,乳胶室

emulsion cutting oil　乳化切削油

emulsion factor　乳化系数

emulsion-laser storage　乳胶激光存储器

emulsion machine　乳化机

emulsion number　乳化数,乳剂号

emulsion pump　乳浊液输送泵

emulsion oil　乳化油

emulsion paint　乳化油漆,乳胶漆,乳化漆

emulsion resin　树脂乳液,乳化树脂

emulsion rubber　乳液聚合橡胶,乳聚橡胶

emulsion test　乳胶安定性试验

emulsion tank cleaning method　乳化清舱法

emulsion type　乳化[油]系

emulsion type cylinder lubricant　乳化型汽缸润滑剂

emulsion type lubricant　乳化型润滑剂

emulsion wax　乳状蜡

emulsionize　乳化

emulsive　乳化的

emulsoid　乳胶体,乳浊体,乳胶

emulsor　(1)乳化剂;(2)乳化器

emulsus　乳状[液]

en　乙二胺基(缩写符号)

en-　(词头)(1)放在……上面,放入,置入;(2)使成为;(3)在……中

en-block　单体,单块,整体

en-block construction　滑车结构,整体结构,整块结构,单块结构

en creux　凹陷的

enable　(1)使……能;(2)解中断

enabled interrupt　允许中断,可中断

enabled interruption　允许中断,能够停机

enablement　{计}允许,启动,实现

enabling pulse　起动脉冲,启动脉冲,使通脉冲,开门脉冲,允许脉冲,准备脉冲

enabling response time　生效响应时间

enabling signal　恢复动作信号,启动信号

enact　制定,规定,颁布,通过

enacting state　制定法律的国家,在法律上采纳的国家

enactive　有制定权的,法律规定的

enactment　(1)条例,法令;(2)制定,规定,颁布,通过

enamel　(1)搪瓷,珐琅,釉;(2)搪瓷器皿,搪瓷制品,瓷釉;(3)涂层纸的面层材料,涂层材料,虫胶涂层,塑料;(4)瓷漆;(5)渗碳胶

enamel blue　釉上青色颜料,搪瓷青

enamel-bonded single-cotton　单[层]纱[包]漆包的

enamel brush　瓷漆刷,漆刷

enamel color　釉上彩色料

enamel-covered wire (=EC)　漆包线

enamel covering　漆包皮

enamel double cotton (=EDC)　双[层]纱[包]漆包的

enamel double-cotton-covered (=EDC)　双纱漆包的

enamel double cotton covered　双纱漆包的

enamel double-silk-covered (=eds)　双丝漆包的

enamel double silk covered　双丝漆包的

enamel fiber　釉质纤维,釉柱

enamel finish　表层瓷漆(油漆最后一层漆)

enamel insulated aluminum wire　绝缘漆包铝线

enamel insulated cable　绝缘漆电缆

enamel insulated wire　绝缘漆包线

enamel kiln　烤花窑,彩饰窑

enamel lacquer　(纤维素)漆包线,(纤维素)瓷漆

enamel lined　搪瓷的

enamel lined can　涂料罐

enamel manganin　漆包锰线

enamel paint　瓷漆,亮漆

enamel paraffin wire　蜡浸漆包线

enamel sheet　搪瓷用钢板

enamel silk covered wire　丝包漆包线

enamel single-cotton varnish (=ECV)　单层纱包瓷漆

enamel strip　涂塑料钢板

enamel tray　搪瓷盘

enamel varinsh　瓷漆

enamel ware　搪瓷,搪瓷器皿

enamel white　锌钡白

enamel wire　漆包线

enamelcovered wire　漆包线

enameled　搪瓷的,瓷漆的,漆包的,涂漆的,涂珐琅

enameled brick　釉瓷砖,玻璃砖

enameled iron　搪瓷铁

enameled leather　漆皮,漆革

enameled strip　涂珐琅钢带,搪瓷钢带

enameled wire　漆包线

enameled wire wound resistor　漆包线绕电阻

enameled wire　漆包线

enameling　(1)搪瓷装饰;(2)上釉;(3)搪烧过程,搪烧技术

enameling oven　涂料烘箱

enamelize　上珐琅

enamelized variable resistoor　珐琅可变电阻器

enamelled　搪瓷的,瓷漆的,漆包的,涂漆的,涂珐琅

enamelled cable　漆电缆,漆包线,绝缘线

enamelled ironware　搪瓷铁器

enamelled paper　印图纸,钢版纸

enamelled resistor　珐琅电阻器

enamelled wire　漆包线

enamelling　(1)搪瓷装饰;(2)上釉;(3)搪烧过程,搪烧技术

enamelum　釉质

enamelware　搪瓷制品,搪瓷[铁]器

enantiomorph　对映[结构]体,左右形

enantiomorphic　(1){化}对映异构的,对映形态的;(2)[晶]反型性;(3)对称论

enantiomorphism　对映形态,反型性

enantiomorphous　对映[结构]的

enantiomerism　光学异构现象

439

enantiotropic 双变性
enantiotropy 对映[异构]现象
enargite 硫砷铜矿
encage 笼住
encapsulant 密封剂
encapsulate (1)密封,封装,灌封;(2)用胶囊包起来,包胶;(3)压缩,节略
encapsulated 包胶的
encapsulated chip capacitor 密封薄片电容器
encapsulated circuit 封装电路
encapsulated dectroluminescent device 夹心式电致发光器件
encapsulated fuel unit 加密封套的燃料元件
encapsulated paper capacitor 密封纸介质电容器
encapsulated source 密封源,包封源
encapsulating 装外壳,加罩,封装
encapsulation 封装,密封
encapsulation fitting 密封附件
encase 加以外壳,包以外皮,包在……内,装箱,包装,封闭
encased 包以外壳的,放在箱中的
encased back gear 封闭式靠背齿轮
encased feed gear 封闭式进给齿轮
encased gear 封闭式齿轮
encased knot 死结
encased steelwork 有外壳的钢结构
encasement (1)外壳,外套,外皮,外包,膜,(2)装箱,包装,嵌入,封闭
encashment 兑现,付现
encasing 外壳,外模
encastage 装窑
encastre 在支承处固定的,端部固定的
enceladite 硼镁钛矿
encephalograph 脑电描记器
enchain (1)加锁链,束缚,(2)抓牢,(3)吸引注意
enchainment (1)连接动作;(2)连接状态
enchase (1)装箱,放入,(2)浮雕,镂刻,嵌,镶
encheiresis 操作法,手法
encheiridion 袖珍本,手册,便览
encipher 译成代号,译成密码,用代号,编码
enciphered facsimile communication 加密传真通信
encipherment (1)加密技术;(2)加密电文
encipheror 编码器
encircle 包围,环绕,围绕
encirclement (1)环境;(2)包围,合围
encircling (1)包围的,环绕的;(2)(磁通)链结的
encircling diffusion 环状扩散
enclave (1)包含物;(2)小的独立点
enclose (1),遮蔽,围绕,包裹,包,围;(2)封,封闭;(3)包装,封入;(4)抓住,握住;(5)附在;(6)完成外围结构
enclosed 封闭的,被屏蔽的,闭合的
enclosed accommodation space 围蔽起居处所
enclosed arc lamp 封闭式弧光灯
enclosed bearing 封闭式轴承
enclosed bridge 遮蔽式航行驾驶台,遮蔽式航行桥楼
enclosed cam shaft 闭式凸轮轴
enclosed cell 密封式电池
enclosed compartment 围蔽舱室
enclosed container 封闭式集装箱
enclosed control cabin 封闭式控制室
enclosed cutter (吸扬式挖泥船的)带罩铰刀,闭式铰刀
enclosed cylinder head cover 封闭式汽缸盖
enclosed enclosure 密封匣
enclosed deck 围蔽甲板
enclosed die forging 闭式模锻
enclosed electric machine 封闭式电机
enclosed fuse 封闭式保险丝,管形熔断片
enclosed gearing 封闭式齿轮传动装置
enclosed impeller 封闭式叶轮
enclosed knife switch 封闭式闸刀开关,密封式保险开关,金属盒开关
enclosed lifeboat 封闭式救生艇
enclosed machine 封闭式电机
enclosed motor 封闭式电动机,密封式电动机
enclosed operating station 封闭式操纵台,密闭式操纵台
enclosed promenade deck 围蔽散步甲板
enclosed propeller shaft 扭矩管内的单万向节传动轴

enclosed sanitary system 闭式卫生水系统
enclosed slag 夹渣
enclosed slot 封口槽
enclosed space 封闭内容积,封闭处所,封闭舱位
enclosed space tonnage 封闭舱吨位,封闭舱容量,总登记吨位
enclosed stairway 围蔽梯道
enclosed starter 封闭式起动器
enclosed superstructure 封闭式上层建筑
enclosed switch 封闭式开关
enclosed switch board 封闭式配电盘
enclosed switchboard 封闭式配电盘
enclosed type 封闭式,闭锁式
enclosed type electric equipment 封闭电气设备
enclosed type fuse 封闭式熔断器
enclosed type hood 封闭式安全罩
enclosed type induction motor 封闭式感应电动机
enclosed-type turbine 封闭式水轮机
enclosed-ventilated 封闭通风的
enclosed ventilated machine 封闭式风冷电机,封闭通风式电动机
enclosed ventilated motor 封闭式通风电动机
enclosed ventilated type 封闭通风型[电机]
enclosed vessel 密闭容器
enclosed wall 围墙
enclosed welding 强制成形焊接
enclosing cover 紧密盖,轮盖
enclosure (1)外壳,盒子,套;(2)围绕,包围,封入,隔离;(3)(信中的)附件(=Encl.);(4)腔,室
enclosure bulkhead 围闭舱壁,围封舱壁,围密舱壁
enclosure of noise 噪声围蔽
enclosure of radiators 汽炉围栏
enclosure theorem {计}界限定理
enclosure wall 围墙
enclothe 覆盖
encode 译成代码,代码化,编码,译码
encode address 编码地址
encode circuit 编码电路
encoded 编码的
encoder (1)纠错编码器,编码装置,编码器,译码器,构码器,号码机;(2)编码员,编码者
encoder disk 编码盘
encoder state diagram 构码状态图
encophonyder for quadr 四声道编码器
encoding 编码,译码
encoding method 加码方式
ENCOM (=Engine Condition Monitoring) 发动机状态监控
encompass (1)围绕,包围,环绕;(2)包含,包括;(3)完成
encompassment (1)包围,围绕,包含,完成;(2)被包围状态
encounter (1)不期而遇,遭遇;(2)碰撞,打击,冲突;(3)交会
encounter danger 遇到危险
encounter plan 交会面
encounter probability 遭遇概率
encounter radius 会遇半径
encounter rate 会遇率
encountered 曾遭遇
encourage 鼓励,奖励,促进,助长
encouragement (物质)刺激,奖励,鼓励
encraty 控制
encroach 侵入,侵害,侵占
encroaching 浸入
encroachment 侵入,侵害,侵占
encroachment of edge water 边缘水侵入
encrust (1)覆有沉积物,覆有水垢,结垢;(2)表面结皮,结壳;(3)包以外壳,镶面
encrustation 结壳,外层,外壳
encrusting matter 甲壳,硬壳,包体
encrypt 译成代码,编码,加密
encryption 译成代码,编码,加密
encumber (1)阻碍,障碍;(2)累赘,拖累;(3)塞满
encumbrance (1)妨碍,障碍;(2)累赘,拖累;(3)阻碍物
encyclopaedia 百科全书
encyclopedia 百科全书
encyclopedic information 广博全面的情报,渊博的知识
end (1)末端,尾端,顶端,终端,端,尾,底,头,尖;(2)终止,终点,终结,终局,结束,最后,尽头;(3)端面,端头,端点,侧面;(4)边缘,

边界,界限,限度,范围,极限;(5)目的,目标,结果

end adjustment　终端调整

end all　(1)终结;(2)最终目的

end anchorage of bars　(混凝土中的)钢筋弯钩

end anchored reinforcement　带弯钩的钢筋

end annealed　端部退火的

end annealing　端部退火

end-area method　端面积法

end-around　[首尾]循环

end-around borrow　循环借位

end-around carry　循环进位

end around carry　循环进位,舍入进位

end-around shift　循环移位

end around shift　循环移位

end around shift register　循环寄存器

end attachment　端接附件

end bar　端钢筋

end bay　(多跨仓库等的)端跨,端间

end beach　(船模试验水池的)端部消波设备

end beam　端梁

end bearing　(1)端支承,端承座;(2)端[部]轴承

end bearing cover　端轴承盖

end bearing pile　端承柱

end bell　(电缆)终端盒

end belt　末端皮带传动

end block　引线端子,[末]端[引线]块

end borrow　[首尾]循环借位

end box　终端电缆分线箱,终端电缆套管,终端盒

end braket　端衬板,端托架

end braket toes　底座座基

end built-in　末端插入

end built in　末端切入,末端嵌入

end bulkhead　端部舱壁,端隔堵

end cam　端面凸轮

end cap　管端盖帽,端盖

end carry　[首尾]循环进位,舍入进位

end carry shift　循环进位

end cell　末端调压电池,附加电池,端电池

end-cell switch (=ECS)　尾电池转换开关

end check　(木材)端面裂纹

end chock　端面挡块

end chock bolt　端楔垫螺栓

end clearance angle　[轴]端[余]隙,轴向间隙,轴向游隙

end coamming　(舱口)端围板

end-coil　端线圈

end coil　(1)(弹簧末端的)无效圈,尾圈;(2)端部线圈,末端线圈,
终端线圈

end compression　端部受压,端部压力

end conditioning　端头预加工

end conditions　边界条件,末端条件,最终状态

end connection　端部联结,端接

end connector　索头连接器,终接器,终端盒

end construction tile　竖孔砖

end contact method　通电磁化法

end contraction　末端收缩

end cover　端盖

end cut　(1)侧面掏槽,帮槽;(2)最后馏分

end cutting edge　(刀具)副切削刃

end cutting edge angle　(刀具)副偏角,离角,前锋缘角

end cutting reamer　端切削铰刀

end deck　端部甲板

end delivery date (=EDD)　最后交货日期

end delivery head　直通机头

end discharge head　直通机头

end discharge truck　(尾卸式)自卸汽车

end discharge truck mixer　尾卸式搅拌车

end disc　端圆盘

end door　(集装箱的)端门,尾门

end door car　端卸式矿车

end dresser　砂轮端面修整器

end driver　端齿状驱动顶尖

end dump body　尾卸式车身

end dump trunk　尾卸式汽车

end-dumping　(车)尾卸的

end dumping　(车)尾卸的

end effect　末端效应,端部效应,末端作用

end-effect simulation　端部效应模拟

end eigenvalues　端点本征值,端点特征值

end elevation　端视图,侧视图

end equipment　末端设备,末端装置

end face　端面,轮齿端面,滚子端面

end face grinding　端面磨削

end-face seal　端面密封装置

end-fed　尾端进料

end fed antenna　底端馈电天线

end-feed　侧端加料

end feed　(1)端部馈电;(2)纵向定程进刀;(3)侧端加料

end-feed grinding　纵向定程进[刀]磨[削]

end feed magazine　端部进料料斗

end feed slotted wave-guide array　端部馈电隙缝天线阵

end feeder　送盖机构,送盖器

end filling system　闸首灌水系统,闸首充水系统

end-fire　(1)轴向辐射的,纵向的,顺射的;(2)端射式

end-fire array　端射天线阵

end fire array　轴向辐射天线阵,端射天线阵,顺射天线阵

end fire directional anenna　端射定向天线

end fired furnace　马蹄焰窑,端焰窑

end fixity constant　(梁,柱等)端固常数

end fixture splice　边合接头

end float　轴端浮动,轴向惯动,轴向游动

end fold　叠合端

end for end　颠倒过来,两端对调

end-frame　终端架

end frame　(1)(集装箱)端框架;(2)端部支架,端支腿

end gage　端面规块,端测规,端塞规

end gap　端隙

end gas　尾气,废气

end gate distributor　尾布撒装置

end gauge　端面规,端[侧]规,端[面]规块

end girder　端跨梁,端梁

end grain　(木材)横纹

end grain cutting　横纹切削法

end-grain nailing　横切面固定法

end guide　端导规

end hardening　顶端淬火[法]

end-hats　阴极端帽(在磁控管内,减少空间电荷用)

end haul marrine railway　纵拖船排

end hole　端孔,边眼

end housing　端外壳,端壳,端盖

end instrument　终端设备,终端装置,终端仪表,敏感元件,传感器

end insulator　终端绝缘子

end item delivery (=EID)　最终项目移交

end item discription (=EID)　最终项目说明

end item inspection　(产品)最终检验

end item requirement (=EIR)　最终项目要求

end item specification (=EIS)　最终项目规格

end item uniform specification (=EIUS)　成品统一规格

end jewel　覆盖宝石

end-journal　端轴颈,端枢

end journal　端头轴颈

end journal bearing　端枢轴承,端轴颈轴承

end knot　(绳索)端结

end land　刀尖,棱边(后面上的)

end lap　端部搭叠

end launching　(造船)纵向下水

end leakage　(1)终端漏磁(电机);(2)端部泄漏

end line　端线

end liner　底衬

end lining　端壁内衬板

end link　(1)末端链环,端环;(2)终端连杆

end load　(集装箱)端负荷,端点载荷

end loader　车尾装卸器

end loading berth　(船)顶靠泊位,轮渡式泊位

end location　(刀具)前锋定位

end loss　末端损失

end-marking　终端标志,终端标记

end mass　末端质量

end matcher　多轴制榫机

441

end matter　正文后的排版项目
end-member　端元
end measure　端面量具, 端度器
end measuring gage　内径杆规, 端测规
end measuring rod　杆形量规, 内径杆规, 端测规
end mill　(1) [刻模] 指铣刀, 立铣刀, 端铣刀; (2) 立铣床
end mill head　立铣头
end mill with spiral teeth　螺旋齿端铣刀
end mill with straight teeth　直齿端铣刀
end milled keyway　立铣键槽
end-milling　立铣
end milling　端面铣削
end milling cutter　端铣刀, 立铣刀
end milling cuter groove milling machine　立铣刀槽铣床
end moment　端力矩, 端弯矩, 端矩
end motion　轴向移动, 轴向运动, 端极运动
end mounted bearing　两端安装的轴承
end movement　轴向移动, 端面偏移, 端位移
end nut　端螺母
end of address (=EOA)　{计} 地址栏结束, 报头部分完
end-of- block (=EOB)　'字组终了', '信息组结束'
end of boost　助推器工作完毕, 加速终止
end of boost altitude　加速终点高度
end of chain　端铣
end of contract (=EOC)　合同终止
end of conversion (=EOC)　(1) 转换端, 变换端; (2) 转换终止, 变换终止
end of conversion pulse　变换终止脉冲
end of curve　曲线终点
end of data (=EOD)　数据信息完
end of date　截止日期
end-of-day glass　彩色玻璃
end of delivery date　最后交货日期
end of engagement　(齿轮) 啮合终点
end-of-file (=EOF)　"文件终了", "文件结束", "外存结束"
end of file (=EOF)　{计} 存储毕, "文件结束" 符
end-of-file code　文件结束码
end of file indicator　文件终止标识符
end of file routine　文件结束程序
end of horizontal blanking　行消稳终端, 行消稳后沿
end-of-job　"工作结束"
end of job　作业结束
end of job card　运算结束穿孔卡, 作业结束卡
end of life (=EOL)　(卫星) 寿命终止
end of loop code　循环结束码
end-of-medium　记录媒体终端的, 信息终端的, 介质终端的
end of medium (=EM)　"记录媒体终端" 字符, "记录机构终端" 字符
end-of-message (=EM)　"信息结束" 的, 信息终点的, 通报终了的
end of program　程序结束
end-of-record gap (EOR gap)　记录结束间隙
end-of-record word　记录结束字
end of record word　记录结束字
end-of-reel (=EOR)　"带卷结束", "带卷信息终了", "卷尾"
end-of-run　运行结束程序
end of run routine　运行结束例行程序
end of scale　标度终点
end-of-scan FF　扫描终端双稳
end of stroke　冲程终了, 行程终了
end of tape　磁带端
end of tape marker　磁带结束标记
end of test (=EOT)　试验结束
end-of-text (ETX)　"内容结束", "原文结束"
end of text character　文本结束符
end of thread　螺纹退刀扣
end of transmission (=EOT)　"传送结束" 字符
end of transmission block (=ETB)　"字组传送结束" 字符
end-of-transmission card　传输终止卡, 报终卡
end of word character　字终符号
end-of-work signal　收发终止信号
end off　(1) 包端松散; (2) 结束
end off shift　舍尾移位, 舍人移位
end-on　(1) 端头向前的, 端对准的; (2) 端点放炮
end on　(1) 末端对接; (2) (船) 对遇, 正对着; (3) 磁棒放置第一位置; (4) 冲向, 驶向

442

end on barrel steering gear　套筒拉链舵机
end-on complex　端连配位体化合物
end-on coupling　端对耦合
end-on directional antenna　轴向辐射定向天线, 端射式定向天线
end on slipway　(造船) 纵向滑道
end on system　外伸施工法
end-on view　端视图
end or mend　要么结束, 要么改进
end or side rolling hatch-cover　平滚式舱盖装置
end ordinate　终端纵坐标
end organ　终端元件, 灵敏元件
end-over-end mixer　立式圆筒混合机, 直立圆筒混合机
end packet　结束 [数据] 包
end page condition　页结束条件
end pane　端框架
end panel　(1) 终端配电板; (2) 末端盖板
end-piece　终端片, 末端片
end piece　末端环链
end piece of equipment (=EPOE)　设备的端件
end pier　边墩
end piled loading　顺客长装材, 纵积荷载
end pin　尾销
end pipe connection　连接器接头
end place　盖板, 端板
end-plate　(1) 端面板, 端板, 端盖; (2) 蓄电池的侧板
end plate　端面板, 末端板, 端板, 端盖, 侧板
end plate fin　端板式垂直尾翼
end play　(1) 轴向间隙, 轴向余隙, 轴端游隙, 轴向摆动; (2) 车轴横动量
end play device　轴向间隙装置, 轴向摆动装置 (防止换向磨损), 轴端余隙器件
end point (=EP)　终点, 端点
end point analysis　{计} 最后结果分析
end point energy　端点能量
end point of meshing　啮合终止点
end point of single-tooth contact　外侧单点啮合点
end point specification　(耐久性试验的) 极限规范
end pole　终端杆
end portion　尾部
end position　端部定位, 终位
end-post　端压杆
end post　端压杆, 端杆
end portion　末段, 尾部
end pressure　端 [面] 压力, 轴向压力
end-product　最后产物, 最终产物, 最后结果
end product　(1) 完工产品, 最终产品, 成品; (2) 最后产物, 最后结果, 成果
end protected only　只包扎端部
end pulley　导向滑轮
end-pumped laser　端泵浦激光器
end punch　双头冲
end quench　顶端淬火
end quenching　顶端淬火
end quenching test　顶端淬火试验
end ratchet　端棘轮
end reaction　支座反力, 端部反力
end reamer　前锋铰刀
end receiver　终端收货人
end reeamer　不通孔铰刀, 前锋铰刀
end region magnetic field of electrical machine　电机端部磁场
end release　终端安全释放机构, 终端安全释放装置
end relief　(1) 齿端修薄, 齿端修缘, 齿向倒角, 齿向轮廓线修形; (2) (刀具) 主后角
end repeater　终端中继器
end reply packet　终点回答包
end resistance　桩尖阻力
end restraint　(构件) 端约束
end-result　最终结果, 结局
end ring　(1) 卡环; (2) 推力环, (轴承) 挡圈; (3) 末端链环, 端环, 底圈; (4) 短路环
end round　齿端倒圆
end runner mill　双辊研磨机, 碾磨机
end scale value　最大刻度, 量程极值
end scraper　燧石刮削器

end seam 端缝

end section 末段，尾段

end seizing (绳索) 端合扎

end shackle 接锚卸扣，联锚卸扣，锚端卸扣，链端卸扣

end shears [轧钢] 切头机

end sheet 端板，环衬纸

end shield (电机定子的) 端罩

end shield bearing 机油滤清器轴承

end shot (锚链) 末节链节

end sill 消能槛，尾槛

end sizing (1) 滑径校准，端径调整，端径校准，端径校正；(2) 齿端直径调整，端部尺寸调整

end sleeve (1) 终端筒形联轴器；(2) 终端套筒

end space 端舱

end span 边跨

end stacking hatch-cover 纵向折叠式舱口盖

end stanchion 端立柱

end standard rod 标准端测规

end statement 结束语句

end stiffener 端部加劲杆，端部加劲物

end stone 止推宝石，托钻

end stop 停止挡块

end stopper 尾端止动器

end surpport 尾端支架 (镗杆用)

end surface 端面

end tab 引弧板

end table 茶几

end tank (救生艇) 端浮箱，端空气箱

end tape 端贴尺

end terminal 线端，终端

end thrust 轴端推力，轴向推力，轴向载荷

end tipper 尾卸式自动倾卸车，尾倾自卸车，翻斗车

end tipping barrow 翻斗手推车

end tipping lorry 尾卸汽车

end-to-end (1) 丁字对接；(2) 沿着全长头尾相连，头尾连接，首尾相连，衔接

end to end 从一端到另一端，端部对端部，头顶头的

end-to-end chech-sum 端对端检查和

end-to-end communication 终端局间通信，终端站间通信

end to end communication 终端局间通信

end to end contact 列车头尾无线电通信，列车头尾联系

end-to-end distance 末端距

end to end distance 末端距

end to end joint 对抵接头，平接，对接

end to end mixing (人力搅拌时) 从拌和板一端到另一端

end-to-end motion 往复运动

end to end motion 往复运动

end to end placed cell 纵向排列电解槽

end to end services 端对端业务

end to end singing 端间振鸣，全程振鸣

end-to-end test 全面检查

end-to-reel marker 磁带卷结束标记

end tool slide (1) 尾部刀具滑板；(2) 纵刀架

end tooth 端齿

end toothed disc 端齿盘

end train pipe valve 暖气管端阀

end turning (1) 端部周边焊接；(2) 端部切削

end up (1) 结束，告终；(2) (货物堆装) 竖着，直立着

end up seizing (绳索) 端合扎

end-use test 使用 [期] 试验

end user 最终用户，实际用户

end vacuum 极限真空

end value 最终值，结果值，尾值，终值

end velocity 终速度，终速

end-view 侧视图，端视图

end view 侧视图，端视图

end wall 端壁，端墙，边墙

end wall bracket 端壁托架

end washer (1) (轴承) 平垫圈；(2) 端部垫圈，止推垫圈

end-wastage 残头废料

end wear 端部磨损

end winding 端部绕组

end-window counter 钟罩形计数器

end window counter 端窗型计数器，钟罩形计数器

end window counter tube 端窗计算管

end window G-M tube 端窗型盖革 - 弥勒计数管

end window photomultiplier 端窗式光电倍增管

end window X-ray tube 端窗 X 射线管

end wrench 开口扳手，单头扳手，平扳手

end yoke (双铰节传动万向节的) 万向节头叉，外叉，尾轭

endamage 使受损失，使损坏

endanger 使受危险，危及

endash (1) 连字符；(2) 对开嵌线

endcapped 末端封闭

endeavo(u)r 尽力，力图，努力，尝试

endergic 增能的

endergonic (1) 吸收能性；(2) 吸能的

endfile 文件结束，外存结束

endfire antenna array 端射天线阵

endgate 矿车前端卸载门

ending (1) 结束，结局，终止，终了，最后，末期，终结；(2) (设备) 终端；(3) 端接法

ending fitting 下锚装置

ending pulsation 端面跳动

ending sign 终了信号

endiometer 气体容量分析管

endiometry 气体测定 [法]

endlap (1) 航向重叠，航空照片重叠部；(2) 端 [搭] 叠

endless (1) 无限的，无尽的，无穷的，不绝的；(2) 环状的，环形的，无端的，循环的；(3) 无缝环圈

endless apronhay loader 输送带式装干草机

endless band 环带

endless band-elevator 无级带式提升机

endless band elevator 链斗提升机

endless belt 无接头皮带，循环皮带，环带

endless belt conveyer 皮带输送机，带式输送机

endless belt conveyor 环带式输送机，皮带循环输送机

endless belt elevator 环带式升运机，链斗提升机

endless belt splice 环形带式接头

endless chain 循环链，无极链，轮链，环链

endless-chain coal-cutter 无级链式截煤机

endless chain feeder 链式给矿机

endless chain saw 链锯

endless chain trench excavator 链斗挖沟机

endless chain type bale loader 循环链式装草捆机

endless film 循环胶片，无端胶片

endless grate 链式炉篦，链条炉排

endless goove 环状槽

endless loop 无限循环

endless mower 循环链刀式割草机

endless oil groove 环状油槽

endless pocket conveyer 袋式连续输送机

endless reeving 无端穿绕

endless ring 无缝环圈

endless roller chain 环形滚子链

endless rope 环形绳，环索

endless round belt 环形圆皮带

endless saw 带锯机，带锯

endless screw (1) 螺旋杆，蜗杆；(2) 无限螺旋

endless solenoid 环形螺线管

endless tangent screw 微调蜗杆螺钉

endless tangent screw sextant 无限正切螺丝型六分仪

endless tape (1) 环形纸带；(2) 环形磁带

endless tape recorder 循环磁带录音机

endless track 履带

endless track vehicle 履带式车辆

endless variable capacitor 环转可变电容器

endlessness 无穷，无限

endmatch-endmatcher (1) 端接机；(2) 顶端企口接合

endmost 最末端的，最远的，极远的

endo- (词头) (1) 自，内；(2) 吸，收；(3) 桥

endo-compound 桥 [环] 化合物

endo-configuration 内向构型

endoconch 内壳

endodyne 自差，自差法

endoenergic 吸能的，吸热的，耗能的

endogas 吸热型气体

endogenetic 内生的

443

endogenetic action　内力作用,内生作用
endogenetic process　内力作用
endogenous force　内力
endokinetic fissure　内成裂缝,自裂缝
endomomental　脉冲吸收的
endomorphic　内生变质的
endomorphism　内变质[作用],自同态
endorse　(1)背书(在票据背面签字);(2)签署,转让;(3)签收;(4)认可,同意,会签
endorsed (=END)　批注的
endorsee　被背书人,受让人
endorsement (=END)　(1)(支票等的)背书;(2)签批,批单,认可;(3)保证,承认
endorsement book of vessels　船舶签证簿
endorsement certification for seamen service　服务签证
endorsement for collection　委托代收款项的背书
endorsement for sea protest　海事声明签证
endorsement for vessel inward and outward (=EVIO)　船舶进出口签证
endorsement in blank　无记名签批,空白背书
endorsement in full　完全记名背书
endorsement of bill　单据的背书
endorsement of bill of lading　提单的背书
endorsement of maritime accident　海事报告签证
endorsement on marine affairs　海事签证
endorsement is full　正式背书
endorsement to order　指派式背书
endorsement without recourse　无偿还背书
endorser　背书人,转让人
endoscope　(1)铸件内表面检查仪,珍珠孔内表面检查仪,内窥镜;(2)管状仪器(用在医学上观察器官内腔);(3)检查及照相工具(对机器及设备中较远的零部件)(4)内窥镜法
endoscopic picture　内窥图像
endoscopy　内窥镜检查
endosity　(1)负粘度;(2)负粘滞性
endosmometer　内渗仪
endosmose　内渗[现象]
endosmosis　(1)内渗[现象];(2)浸润,浸透
endotherm　(1)吸热;(2)吸热线
endothermal　吸热的
endothermic　吸热的
endothermic change　吸热变化
endothermic disintegration　吸热转换
endothermic gas　吸热型气体
endothermlc reaction　吸热反应
endovibrator　波长调节筒
endow　(1)资助,捐款;(2)赋予,授予
endowment　(1)捐款,捐献,基金;(2)才能,素质
endpaper　衬页
endplay　轴端游隙
endplay device　摇轴装置,摇杆机构
endpoint　终点,边界点
endrem　修内端凸轮
ends　零星木材
ends split　端开裂
endscale value　[仪表]满标值,满度值
endshield　端护板,端护罩,端头,盖头
endsocket　端头,封头(钢索的)
endurable　能持久的,可耐久的
endurance (=END)　(1)耐久性,持久性,持续性;(2)耐久,持续;(3)耐久强度,耐久极限,抗磨度,耐疲劳度;(4)持续时间,耐用时间,续航时间;(5)持久力,忍耐力,自持力,续航力
endurance ability　耐久力,续航力
endurance crack　疲劳断裂,疲劳裂纹,疲劳裂缝,耐久裂纹
endurance cruise　续航力测定航行
endurance diagram　疲劳极限图,耐久极限图
endurance distance　耐航距离,续航力
endurance expectation　估计使用期限,估计耐用年限,估计使用期限
endurance failure　(1)疲劳破损,疲劳破坏;(2)耐疲劳度
endurance fatigue limit　疲劳极限
endurance flight　持久飞行
endurance fracture　疲劳断裂,疲劳破坏
endurance fuel capacity　续航燃油装载量
endurance life　耐久寿命,持久寿命,疲劳寿命,持续寿命,耐用年限,使用寿命

endurance limit　疲劳强度,疲劳极限,疲劳限度,耐久极限,持久极限,持久限度
endurance limit for bending　弯曲应力耐久极限
endurance limit stress　耐久极限应力
endurance limit under completely reversed torsion　全反复扭转疲劳极限,全反复扭转耐久极限
endurance load level　载荷强度
endurance period　持续运转时间
endurance quality　耐久性能
endurance range　持久限,疲劳值
endurance ratio　疲劳强度与抗拉强度比,耐久比,疲劳比
endurance rig　耐久性试验台,疲劳强度试验台
endurance run　续航力测定航次,测定续航力航次
endurance running　耐久试车
endurance speed　持续速度,经济航速
endurance strength　耐久强度,持久强度,疲劳强度
endurance tension test　拉伸耐久试验
endurance test　(1)耐久[性]试验,持久试验,疲劳试验;(2)续航力试验
endurance test aircraft　续航性能试验机
endurance testing machine　疲劳试验机
endurance torsion test　扭转耐久性试验
endurance treadmill　耐久性转鼓试验台
endurance trial　(1)耐久试验;(2)续航力试验
endure　支持,持久,持续,坚持
enduring　耐用的,耐久的,持久的
Enduro　镍铬系耐蚀耐热钢,铬锰镍硅合金
Enduron　恩杜朗高铬钢(碳1.8%,铬15%,余量铁)
endways　(1)末端朝前,末端向前,末端向上,末端朝上;(2)纵向;(3)末端相接,两端相接;(4)直立着,竖着
endwise　(1)末端向前,末端向上;(2)纵向;(3)末端相接
endy veneer　斜纹刨切单板
enemy　敌人
enemy aircraft (=EA)　敌机
enemy bearing solver　敌舰方位测定仪
enemy vessel (=EV)　敌船
energesis　释放能量
energetic　(1)高能的,能量的;(2)有效力的,有威力的;(3)有活动能力的,有力气的,有力的
energetic atom　高能原子,热原子
energetic disturbances　动力扰动
energetic particle　高能粒子
energetic particle satellites　高能粒子卫星
energetic plasma　高能等离子体
energetically　在能量方面,有力地
energetics　(1)唯能说;(2)动力学,力能学,动能学,能量学,能力学;(3)动力工程,动力技术
energisation　(1)增能,供能;(2)激发,激励,激磁,励磁;(3)使带电,使通电
energise　(1)供给能量,给予能量,增能,供能,通电,出力,施力,加强;(2)激发,激励,激磁
energization　(1)增能,供能;(2)激发,激励,激磁,励磁;(3)使带电,使通电
energize (=ENER)　(1)供给能量,给予能量,增能,供能,通电,带电,出力,施力,加强;(2)激发,激励,激磁,励磁
energized　(1)已供电的;(2)已激励的
energized for holding　保持通电
energized line　带电线路
energized network　被激励网络,赋能网络
energizer　(1)增能剂;(2)增能器;(3)激发器
energizing　(1)激励的;(2)通电
energizing circuit　激励电路,激发电路
energizing coil　励磁线圈
energizing current　激励电流,激发电流
energizing lug　驱动用凸铁
energizing voltage　激励电压,激发电压
energon　能子
energonic reaction　吸能反应
energy (=E)　(1)能量,能源,能;(2)能力,精力
energy absorption (=EA)　能量吸收
energy-absorption capacity　(制动器)能量吸收能力
energy absorption characteristic (=EAC)　能量吸收特性
energy amplification　能量放大,功率放大
energy approach　能量法

energy balance 能量平衡
energy balance procedure 能量平衡法
energy balance sheet 能量平衡表
energy band 能带
energy band diagram 能带图
energy band theory 能带理论
energy barrier 能障,能垒
energy budget 能源预算
energy budget method 能量平衡法
energy build up factor 能量积累因子
energy center 能源中心
energy charge 用电费,耗能费
energy charge relation 能量-电荷关系
energy coal 动力煤
energy coefficient 能量系数
energy component (1)有功部分,有功分量,有效分量;(2)电阻部分;(3)实数部分
energy conservation (1)能量不变,能量守恒;(2)节约能源
energy conservation law 能量守恒定律
energy conservation principle 能量守恒原理
energy conserving 节约能源的,节省燃料的,节能的
energy consumption 能量消耗
energy continuum (1)连续谱;(2)连续能区
energy conversion 能量转换
energy conversion device (=ECD) 能量转换装置,能量转换器件
energy converter 能量转换器
energy crisis 能源危机
energy current 有功电流,有效电流
energy deflection curve 能量弯沉曲线
energy degradation 能量降低,能量损失
energy-delivering 传送能量的,能量传送的
energy demand 能源需求
energy density of electromagnetic field 电磁场的能量密度
energy density of sound 声的能量密度
energy dependence 能量相关性
energy diffusion 能源传播
energy disperser 缓冲器,减振器
energy dispersion baffle 能散挡板
energy dispersion block 能量耗散中断
energy dispersion spectrometer 能散分光计
energy dispersive spectrometer (=EDS) 能量色散谱仪
energy-dissipating 消力,消能
energy dissipating dents 消能削弱
energy dissipating pile 消能堆
energy dissipating sili 消能槛
energy dissipation 能量耗散,能量散失,能量散发
energy-dissipation capacity (制动器)能量散发能力
energy dissipator 能量耗散器
energy distribution 能量分布
energy distribution curve 能量分布曲线
energy efficiency 能量效率
energy equivalent 能量当量
energy exchange 能量交换
energy factor 品质因数,能量因数,Q值
energy failure 能量缺乏,能量不足
energy flow 能[量]流
energy flux 能通量
energy functional 能量泛函
energy gap (1)能隙;(2)能量距离;(3)(半导体)禁带宽度
energy grade line 能量梯度线
energy gradient 能量梯度,水能梯度,[水]能线
energy head 水头能量,能量水头
energy import 能量输入
energy-independent 与能量无关的
energy index (=EI) 能量指数
energy industry 能源工业
energy input 能量输出
energy-insensitive 对能量变化不灵敏的
energy intensive 能量增强的
energy level 能级
energy level distribution (1)能[量]级分布;(2)配电
energy level parameter 能级参数
energy level splitting 能级分裂
energy liberation 能量释出

energy line 能量线
energy load 能量负载
energy loss 能量损耗,能量损失
energy meter 累积式瓦特计,能量计
energy method 能量法
energy norm 能量范数
energy of absolute zero 零级能量,零功率
energy of activation 活化能,激发能
energy of deformation 应变能,变形能
energy of electrical field 电场能
energy of ensemble member 集元能量
energy of flow 流动能
energy of light 光能[量]
energy of magnetic field 磁场能
energy of motion [运]动能[量]
energy of photoelectron 光电子能量
energy of position 势能,位能
energy of radiation 辐射能[量]
energy of roll 滚动
energy of rotation 转动能
energy of thermal motion 热运动能量
energy of translation 移动能量
energy of turbulence 扰动能量
energy output 能量输出
energy output ratio 输出能率
energy paper 纸片电池
energy policy 能源政策
energy problem 能量问题
energy-producing 产生能量的
energy product curve 能量积曲线,去磁曲线,退磁曲线
energy quantum 能量总量,总能量
energy range 能量范围,能程
energy rate 能率
energy recuperation 能量复原
energy regeneration (1)能量再生;(2)升压电路
energy release [可]释放能量
energy reserve 能量储备
energy rich compound 富能化合物
energy saving 节约能量
energy saving investment 节能投资
energy saving package 节能成套设备
energy-sensitive 对能量变化灵敏的,能敏的
energy sink 能量降低,能量减弱
energy slope 能量梯度
energy sources 能源
energy spectral density 能谱密度
energy spectrum 能[量]谱
energy stage 能级
energy storage 能量存储
energy storage braking 储能式制动
energy-storage welding 脉冲焊接
energy stream 能流
energy supply 能源供应
energy-tensor 能量张量,能张量
energy terminal 能量终端设备
energy theory 能量理论
energy to fracture 冲击韧性
energy transfer 能量输送,能量转移
energy transformation 能量转换
energy unit (=EU) 能量单位
energy utilization 能源利用
energy-valley 能谷
energy value (1)能量值;(2)电力量价格
energy waste 能源浪费
eneyne 烯炔
enfilade (1)纵向射击,纵向炮火;(2)易受纵射的地位
enfold (1)包含,包进;(2)折叠
enforce (1)实施,执行;(2)强迫,强制;强行;(3)坚持
enforce a demand 坚持要求
enforce a rule 实施规则
enforce obedience on [upon] 强迫服从
enforceable 可实施的,可强行的,可加力的
enforced 强制的
enforcement 实施,执行,强制,强迫

445

enforcement of contract　合同的实施
enframe　装在框内
engage　1)连接,衔接;(2)接合,啮合;(3)使从事,参加,着手,引起;
　　(4)雇用,聘用;(5)(电话)占线,占用;(6)预定,约定,预约
engage a gear　(1)挂档;(2)使齿轮啮合
engage angle　(铣刀)接触角
engage in arbitrage　提交仲裁
engage test　忙试验
engaged angle　(1)(齿轮)啮合角;(2)铣刀的接触角
engaged line　占用线,忙线
engaged line busy　(电话)占线
engaged switch　接通开关
engaged wheel　从动轮,联动轮
engagement　(1)(齿轮)啮合;(2)接合,衔接;(3)契约,合约;(4)
　　所从事工作,雇用,聘请,职业,工作,业务;(5)约定,约束,保证
engagement condition　(1)(齿轮)啮合条件;(2)接合条件
engagement cycle　啮合循环
engagement diagram　啮合图
engagement factor　(1)(齿轮)重迭系数,接触比,重合度;(2)命中
　　[目标]因数
engagement latter　聘书
engagement list　承受托运单
engagement of a cutting edge　吃刀量
engagement of gears　齿轮的啮合
engagement of star wheel　星轮啮合
engagement of teeth　轮齿啮合
engagement pattern　啮合斑迹,接触斑迹
engagement period　啮合期间,啮合时间
engagement point　啮合点
engagement position　啮合位置
engagement process　啮合过程
engagement range　(1)啮合范围,接合范围;(2)捕获距离;(3)射程
engagement sleeve　啮合套
engagement time　啮合时间
engaging　(1)啮合的;(2)接合的,连接的
engaging and disengaging gear　离合机构,离合装置
engaging angle　啮合角
engaging arm　衔接臂
engaging gear　啮合[着的]齿轮
engaging lever　啮合操纵杆,接合杆,开动杆,合闸杆,离合杆
engaging lug　(牙嵌式离合器)牙嵌
engaging means　接通装置,接通机构,啮合装置,开动机构
engaging of hooked edge　罐身钩接合,搭钩
engaging tooth　啮合轮齿
engender　使发生,产生,引起,造成,形成
ENGFLAT(=Engine Flat)　发动机平台
engine(=ENG 或 eng)　(1)发动机,主机,引擎;(2)火车头,机车;(3)
　　机械,机器,工具;(4)武器;(5)安装发动机
engine accessories　发动机附件
engine adapter　发动机转接器
engine aft ship　尾机型船
engine alarm　主机报警
engine alarm panel　发动机报警盘
engine alarm system　发动机报警系统
engine alignment　发动机对中
engine altitude chamber　发动机高空实验室
engine analyzer　发动机分析器,引擎分析器
engine and boiler grating　机炉舱格栅
engine and boiler room　机炉舱
engine and boiler space　机炉舱
engine and crew navigation　试航
engine and equipment　机器和设备
engine-and-gearbox unit　发动机变速箱总成
engine-antifreeze　发动机防冻剂
engine arrangement　机器布置图
engine ashes　炉渣
engine back-pressure　发动机排气压力,发动机背压
engine base　发动机座,机座
engine bearer　发动机支架,机座
engine bearer bracket　发动机底座肘板
engine bed　发动机座
engine bedplate　发动机底座板
engine behavior　发动机工况,发动机特性
engine block　发动机组

engine block test(=EBT)　发动机台上试验
engine blower　(1)发动机增压器;(2)发动机风扇
engine body　发动机本体,机身
engine bonnet　发动机罩
engine book　发动机记录簿
engine bracket　发动机托架
engine brake　发动机制动器
engine breakdown　发动机故障,发动机损坏
engine builder　发动机制造厂,发动机制造商,主机制造商,船机厂
engine building　发动机制造业
engine bulkhead　机舱隔壁
engine capacity　(1)发动机功率,发动机容量;(2)发动机排量
engine case　发动机箱,发动机外壳
engine casing　(小艇的)机器罩,发动机机罩,机壳,机罩
engine characteristics　发动机性能
engine chart　发动机图表
engine checkout system(=ECO)　发动机检查制度
engine cinter　炉渣
engine cleaner　发动机清洁器
engine cleaning gun　机械清洁枪
engine clutch　发动机离合器
engine column　发动机机柱
engine company　消防队
engine compartment　机舱
engine compartment drain valve　机舱放泄阀
engine compartment heater(=ECH)　发动机舱加热器
engine compartment terminal box　机舱接线盒
engine compression ignition engine　压燃式发动机
engine condition monitoring(=ENCOM)　发动机状态监控
engine conditioning　发动机调整
engine continuous output　发动机持续功率
engine control console　发动机操纵台
engine control panel　发动机控制盘
engine control room　发动机控制室,机舱控制室
engine control room control console　机舱控制室操纵台
engine control station　发动机操纵台
engine control system(=ECS)　发动机操纵系统,发动机控制系统,
　　发动机调节系统
engine controls　发动机控制装置
engine cranking motor　发动机起动马达
engine crew　轮机部船员
engine cross drive casing　发动机横向传动箱
engine cut-off(=ECO)　发动机停车
engine cut-off velocity　发动机停车瞬时速度
engine cutoff timer(=ECT)　发动机停车记时器
engine cycle　发动机工作循环,发动机循环,热机循环
engine cycle pressure ratio　发动机循环增压比
engine cylinder　发动机汽缸
engine data logger　动力装置参数记录器,发动机参数记录器
engine department　(船舶)轮机部
engine designer　主机设计者
engine detail　发动机详图,发动机零件
engine diagnosis system　发动机诊断系统
engine diagnostic system　发动机诊断系统
engine displacement　发动机排量
engine donkey　辅机
engine drive　发动机驱动,发动机传动
engine drive pump　发动机传动泵
engine-driven　发动机驱动的,机械传动的,机动的
engine-driven generator　机动发电机
engine-driven hydraulic pump　机械液压泵
engine driven knapsack duster　发动机驱动背负式喷粉机
engine-driven power take-off　发动机驱动的动力输出轴
engine-driven welding machine　内燃电机
engine driver　机车司机
engine dynamics　发动机动力学
engine efficiency　发动机效率
engine enamel　发动机瓷漆
engine enclosure　发动机罩
engine endurance test　发动机耐热试验
engine erection　发动机安装
engine exciting force　发动机激振力
engine failure　发动机故障
engine failure sensing and shutdown system　发动机故障指示

与停车装置
engine firing order　发动机发火次序
engine fitter　发动机装配工，发动机钳工
engine fitting out shop　轮机安装车间
engine fittings　发动机附件，发动机配件，机械属具
engine flat (=ENGFLAT)　发动机平台
engine fork lift truck　内燃式叉车
engine foundation　发动机底座，机座
engine frame　发动机机架，机架
engine framework　发动机机座，
engine fuel filter　发动机燃油滤器
engine ga(u)ge　发动机指示器
engine generator　柴油发电机，机动发电机
engine generator set　柴油发电机机组
engine governor　发动机调速器
engine gudgeon pin　发动机活塞销
engine hand　机舱人员
engine hatch　机舱口
engine hatchway　机舱口
engine hoist　发动机起重器
engine hood　发动机罩
engine hour meter　发动机运转小时计，发动机计时器
engine house　(1) 机车库；(2) 消防车库
engine house foreman　机车库领班员
engine-installation　发动机装置
engine jacket　发动机汽缸套
engine keelson　机座内龙骨
engine knock　发动机爆声，发动机爆震
engine lathe　机动车床，引擎车床，普通车床
engine lathe part (s)　普通车床零件，普通车床部件
engine licence　机舱执照
engine licenser　主机执照签发者
engine life　发动机寿命
engine line　机车走行线
engine load　发动机负荷，发动机载荷
engine local control　机旁手动操作
engine logbook　轮机日志，机舱日志
engine logger　发动机参数记录器
engine lube and purge system (=ELP)　发动机润滑与吹洗系统
engine maintenance　发动机维修
engine maintenance area (=EMA)　发动机保养范围
engine maintenance center (=EMC)　发动机保养中心
engine maintenance man　机舱维修工人
engine mission　发动机变速箱
engine mission gage　发动机变速箱转数表
engine mission meter　发动机变速箱转速计
engine moment　发动机力矩
engine monitor　发动机检查器
engine monitor system　发动机监控系统，发动机监视系统
engine mount　发动机支座，发动机架，机座
engine mounting　(1) 发动机固定方式；(2) 发动机架
engine mounting bracket　发动机机架
engine noise　(1) 发动机噪声；(2) 发动机噪音
engine of war　兵器
engine off　关闭发动机
engine officer　轮机员
engine oil (=EO)　机器润滑油，发动机机油，机器油，机油
engine oil capacity　机油容量
engine oil filler access　发动机机油加油窗口
engine oil sludge　发动机油沉淀，发动机油渣
engine oil tank　机油柜
engine opening　机舱开口，机舱口
engine operating line　发动机运行线
engine operating station　发动机操纵台
engine order repeater　车钟指令复示器
engine order telegraph　车钟
engine orders　车令
engine output　发动机输出功率
engine overheat　发动机过热
engine panel　发动机仪表板
engine parameter　发动机参数
engine parts　发动机零件，部件，机件
engine performance　发动机性能
engine performance chart　发动机性能图表

engine performance curve　发动机性能曲线
engine performance monitoring　发动机性能监测
engine piston　发动机活塞
engine pit　曲柄箱油槽
engine plough　机动犁
engine power　发动机功率
engine-powered　用发动机作动力的
engine powered auxiliary equipment　发动机辅助设备
engine pressure ratio (=EPR)　发动机压力比
engine primer　发动机起动注油器，发动机起动油泵，发动机起动器
engine priming　发动机起动注油
engine priming fuel　发动机起动用燃油
engine propeller unit　发动机螺旋桨组
engine protection override　发动机保护快速通过 (临界转速)
engine racing　发动机高速运转
engine rating　发动机额定功率，功率测定法
engine reduced power　主机减速功率
engine regulation　发动机调节
engine remote control system　主机遥控系统
engine removal hatch　发动机拆装舱口
engine response　发动机灵敏性
engine reversing gear　发动机换向装置
engine revolution　发动机转数
engine revolution counter　主机转数记录器
engine revolution indicator　主机转速指示器
engine room (=eng rm)　发动机房，机器房，轮机舱，机房，机舱
engine room announciator　机舱传令指示器，机舱传令钟
engine room arrangement　机舱布置图，机舱布置
engine room artificer　机匠
engine room automation　机舱自动化
engine room auxiliaries　机舱辅机
engine room auxiliary machine　机舱辅机
engine room bilge　机舱舱底水
engine room bulkhead　机舱舱壁
engine room canvas cowl　机舱帆布通风筒
engine room casing　机舱口围壁，机舱围壁，机舱栅
engine room control　机舱控制
engine room control cabin　机舱控制室
engine room control center　机舱控制中心
engine room control console　机舱控制台
engine room control station　机舱操纵台
engine room controller　机舱控制台
engine room crane　机舱起重吊车，机舱行车
engine room department　机舱部
engine room double bottom　机舱双层底
engine room fan　机舱通风机
engine room flat　机舱平台
engine room floor　机舱铺板
engine room hatch　机舱口
engine room log　机舱日志，轮机日志
engine room logbook　机舱日志
engine room logbook desk　机舱日志记录台
engine room model　机舱模型
engine room monitoring　机舱监测
engine room operating station　发动机操纵台
engine room orders　机舱车钟指令，车钟令
engine room plan　机舱布置图
engine room platform　机舱平台
engine room propulsion stand　机舱推进装置操纵台
engine room register　机舱日记
engine room remote control　机舱遥控
engine room skylight　机舱天窗
engine room tank　机舱油柜
engine room telegraph auto shutdown device　机舱车钟自动停止装置
engine room top plate　机舱顶板
engine room ventilation　机舱通风
engine room zero people (=EO)　无人机舱
engine run　发动机试车
engine run round　机车回转数
engine seat　机座
engine sequence panel (=ESP)　发动机次序操纵台
engine shaft　发动机轴，曲轴
engine shed　(1) 消防车库；(2) 机车库
engine shield　发动机罩

engine shop　发动机制造厂, 发动机车间
engine sized paper　机内施胶纸
engine skylight　机舱天窗
engine sleeper　机座
engine snubber　发动机扭振减振器
engine solar oil　发动机太阳油, 柴油机燃料, 粗柴油, 索拉油
engine space　机器处所, 机器间, 机舱
engine specification　发动机使用说明书
engine speed　发动机转速
engine speed control handwheel　发动机转速控制手轮
engine-speed indicator　发动机转速指示器
engine speed pneumatic transducer　发动机转速气动传感器
engine-speed power take-off　与发动机同速的动力输出轴
engine spigot　发动机塞
engine stall　发动机失速
engine stand　发动机装配台, 发动机支座, 发动机支架, 机座
engine starter　发动机起动器
engine starting　发动机启动
engine starting control　发动机启动控制
engine starting gear　发动机起动装置
engine starting line　发动机起动空气管路
engine step　机车扶梯
engine stop　发动机停止
engine stopping　发动机停车
engine storeroom　机舱储藏室, 机舱贮藏室
engine stores　轮机部贮藏品
engine stores list　机舱物料单
engine stores order list　轮机物料订单
engine sump tank　发动机油底壳
engine support　发动机底座, 发动机支座, 发动机支架, 机座
engine supporting plate　发动机座板
engine survey　机舱检测
engine surveyor　轮机验船师
engine sweeper　扫路机
engine telegraph　机舱传令钟, 车钟
engine telegraph alarm　车钟报警
engine telegraph logger　主机传令钟记录器, 车钟记录器
engine telegraph order indicator　车钟指示器
engine telegraph receiver　机舱传令钟接收器, 车钟接收器, 车钟接受器
engine telegraph repeater　车钟复示器
engine telegraph transmitter　机舱传令钟发送器, 车钟发送器
engine test　主机测试, 发动机试车, 试车
engine test bed　发动机试验台
engine test facilities (=ETF)　发动机试验用设备
engine test panel (=ETP)　发动机试验操纵台
engine test stand　发动机试验台
engine three-point suspension　发动机三点固定
engine thrust ball-bearing　止推滚珠轴承
engine thrust measuring　发动机推力测定
engine timing case　发动机正时齿轮箱
engine to ground radio communications　机车和地面间无线电话
engine tools　机修工具
engine torque　发动机扭矩, 发动机转矩
engine trails　发动机试车
engine trial　试车
engine trouble　发动机故障, 轮机故障
engine turn table　转车台
engine turned decoration　车刻装饰
engine type plane　发动机标牌
engine unit　发动机组
engine v-belt　发动机三角皮带
engine vacuum checking gage　发动机真空测试器
engine valve　发动机阀, 发动机气门
engine varnish　发动机清漆, 发动机积炭
engine volume efficiency　发动机容积效率
engine warming steam pipeline　暖机蒸汽管系
engine warming steam system　暖机蒸汽系统
engine workshop　(船厂)轮机车间, 发动机车间
engineer (=ENG 或 eng)　(1)工程技术人员, 工程师, 机械师, 技师; (2)机器制造者, 兵器制造者, 涡轮机运转员, 轮机制造人; (3)火车司机, 机车司机; (4)轮船司机, 轮机员; (5)工[程]兵; (6)(技术业务)主任; (7)设计, 建造, 制定, 操纵, 管理, 监督, 策划, 指导
engineer cadet　轮机实习员, 实习轮机员
engineer call pushbutton　轮机员呼话按钮

engineer certification system　轮机员发证系统
engineer department　机舱部门, 轮机部
engineer error (=eng ERR)　工程师的错误
engineer in charge　主管工程师, 主任工程师
engineer in chief　总工程师
engineer officer (=EO)　轮机员
engineer on duty　值班工程师, 值班轮机员
engineer superintendent　公司轮机长, 总轮机长
engineer surveyor　轮机预处理
engineer test　工艺试验
engineer trainee　实习轮机员
engineered　工程监督的, 设计的
engineering (=ENG 或 eng)　(1)工艺学, 工程学, 工程界; (2)制造工艺, 技术工艺, 工程技术, 工艺技术, 工程, 设计, 技术, 工艺; (3)技术装备; (4)工程师的活动, 工程师的业务; (5)操纵, 管理, 设计, 安排, 布置, 施工
engineering achievement　技术成就
engineering administration manual (=EAM)　工程管理手册
engineering advancement　技术发展
engineering analysis report (=EAR)　工程分析报告
engineering and construction　设计与施工
engineering and design department　设计处, 设计室
engineering and manufacturing process specification manual (=EMPSM)　技术与制造过程规格手册
engineering approximation　工程概算
engineering assembly parts list (=EAPL)　工程装配零件单
engineering brick　高强度抗蚀砖
engineering brief　工程简讯
engineering calculation　工程计算
engineering capabilities　技术能力, 工艺能力
engineering casualty　技术装备损害
engineering casualty control　技术装备故障控制
engineering casualty control book　技术装备故障控制登记簿
engineering change proposal work statement (=ECPWS)　技术更改建议说明书
engineering change order (=ECO)　技术更改指令
engineering change request (=ECR)　技术更改申请
engineering change schedule (=ECS)　工程更改日期, 工程更改日程
engineering change summary (=ECS)　工程更改总结
engineering college　工学院
engineering command (=ENC)　技术控制
engineering component parts list (=ECPL)　工程部件清单
engineering computation laboratory (=ECL)　工程计算实验室
engineering construction standard　工程建设标准
engineering control station　动力装置控制站
engineering control system　动力装置控制系统
engineering corps　工兵部队
engineering cost　工程费, 施工费
engineering cybernetics　技术控制论
engineering data　设计资料, 工程资料, 工程数据, 技术资料, 技术数据
engineering data center (=EDC)　技术资料中心
engineering data requirements (=EDR)　工程数据的要求
engineering data search　收集设计资料, 收集技术资料
engineering data storage and retrieval (=EDS&R)　工程数据存储和检索
engineering database　工程数据库
engineering demonstrated inspection (=EDI)　有技术根据的检查
engineering department　工程处, 轮机部
engineering departmental instruction (=EDI)　工程部门说明书
engineering departmental instruction amendment(=EDIA)　工程部门说明书的修正
engineering deparmental notice (=EDN)　工程部门通知
engineering design　工程设计
engineering design change (=EDC)　工程设计的改变
engineering design data (=EDD)　工程设计数据
engineering design data package (=EDDP)　工程设计程序包, 工程设计数据包
engineering design modification (=EDM)　工程设计的修改
engineering design proposal (=EDP)　工程设计建议
engineering design review (=EDR)　工程设计审查
engineering design test　产品设计阶段的试验
engineering detail schedule (=EDS)　工程的详细时间表
engineering development　样品试制和改进, 技术发展
engineering development integration test program (=EDITP)　工程发展综合试验计划

engineering development laboratory (=EDL)　工程发展实验室

engineering development laboratory program(=EDLP)　工程发展实验室计划

engineering drawing　工程制图,工程图

engineering drawing change (=EDC)　工程图纸的改变

engineering drawing list (=EDL)　工程图纸清单

engineering dynamics　工程[动]力学

engineering economics　工程经济学

engineering economy　工程经济分析,工程经济学;设计方案经济比较

engineering effor　技术工作,设计工作

engineering electronics laboratory (=EEL)　工程电子实验室

engineering English　工程英语

engineering evaluation test (=EET)　工程估计试验

engineering factors　技术条件

engineering feasibility study　工程可行性研究

engineering file control (=EFC)　工程卷宗的管理

engineering firm　工程公司

engineering function　技术职能,技术功能

engineering-grade　工程级纯度的,商业纯的

engineering graduate　工科大学毕业生

engineering hydraulics　工程水力学

engineering instructions (=EI)　(1) 技术作业指南,技术说明书,技术细则;(2) 工程指令,工程说明

engineering item description (=EID)　工程项目说明

engineering job analysis (=EJA)　工程分析

engineering kinematics　工程运动学

engineering log　工程日志

engineering machinery　工程机械

engineering maintenance　技术维修

engineering manual (=EM)　工程手册

engineering material specification (=EMS)　工程材料规范

engineering materials　工程材料

engineering mechanics　工程力学

engineering noise　工程噪声,无效声

engineering oceanography　工程海洋学

engineering of mechanism　机械工程

engineering order (=EO)　工程指示

engineering-oriented　与工程有关的,从事工程的,面向工程的

engineering part requirement (=EPR)　工程部件要求

engineering philosophy　工程主导思想,设计原则

engineering planner　工程规划人员

engineering planning　工程计划

engineering plastics　工程塑料

engineering practice amendment (=EPA)　工程实践修正

engineering preliminaries　工程准备事项,工程前期工作

engineering project (=EP)　(1) 工程设计;(2) 工程项目

engineering purchasing specification manual (=EPSM)　工程采购规格手册

engineering record　工程记录

engineering reliability　技术可靠性,工程可靠性

engineering reliability and quality control (=ERQC)　工程可靠性与质量控制

engineering report (=ER)　工程报告,技术报告

engineering research　工程研究

engineering research institute (=ERI)　工程研究所

engineering science　技术科学

engineering service group (=ESG)　工程维修组

engineering service memo (=ESM)　工程维修备忘录

engineering service time　(维修) 预检时间,维修时间

engineering shop　机械车间

engineering shop memo (=ESM)　工程技术工场备忘录

engineering source data (=ESD)　工程技术来源资料

engineering space　机炉舱

engineering specification　机械使用说明书,工程说明书

engineering standard　工程标准,技术标准

engineering standards manual (=ESM)　工程技术标准手册

engineering structure　(1) 工程结构;(2) 工程建筑物

engineering supervision　技术监督

engineering support group (=ESG)　工程支援组

engineering survey　工程测量

engineering task assignment (=ETA)　工程任务分配

engineering technique　施工技术,工程技术

engineering test　工程试验

engineering test evaluation (=ETE)　工程试验鉴定

engineering test facility (=ETF)　工程试验设备

engineering test laboratory (=ETL)　工程试验实验室

engineering test order (=ETO)　工程试验指令

engineering test procedure (=ETP)　工程试验程序

engineering test program (=ETP)　工程试验规划

engineering test reactor (=ETR)　工程试验反应堆

engineering test satellite　工程试验卫星

engineering thermodynamics　工程热力学

engineering time　维护检修时间,预检时间,维修时间

engineering unit　工程单位,测量单位

engineering watch　机舱值班

engineering watch-keeping　机舱值班

engineering work load　工程量

engineering worker　技工

engineering works　机械制造厂

engineer's abstract　机舱摘要日志

engineer's abstract log　轮机摘要日志

engineer's alarm　轮机员报警器

engineer's alarm panel　机舱报警盘

engineer's alarm system　轮机员室报警装置

engineer's bell　机舱车钟记录簿

engineer's bell book　机舱车钟记录簿

engineer's brake valve　司机制动阀

engineer's cabin　轮机员舱

engineer's certificate　轮机员证书

engineer's hammer　轮机员用手锤

engineer's level　活镜水准仪

engineer's logbook　轮机员日志,机舱日志

engineer's office　轮机员办公室

engineer's rule　三棱尺,比例尺

engineer's scale　三棱尺,比例尺

engineer's store　轮机仓库

engineer's transit　工程经纬仪

engineer's workshop　机舱维修间,轮机机修室

enginehouse　发动机房

engineman　(1) 柴油机和汽油机的操作和维护者,机械师,机工,机匠;(2) 火车司机;(3) (船舶) 轮机员

enginery　(1) 机械设备,机械类,机器;(2) 武器;(3) 制造机械技术,使用机械技术;(4) 机械装置;(5) 机能

engines　火箭发动机

engine's office　轮机员办公室

enginewright　(1) 矿山机械;(2) 钢丝绳等的检修工

Engler curve　恩氏蒸馏曲线

Engler degree　恩氏粘度

Engler second　(粘度) 恩氏秒数

Engler specific viscosity　恩氏比粘度

Engler's viscosimeter　恩氏粘度计

English (=E)　(1) 英语;(2) 英国人的,英国的,英语的

English calculation　英制计算

English for special purposes (=ESP)　专用英语

English heating test　润滑脂加热试验

English Patent　英国专利

English spanner　活扳手

English Standard Gaoge (=ESG)　英国标准规

English system　英制

English thread　英国标准螺纹,英制螺纹,威氏螺纹

English ton　长吨 (1.016kg 或 2.240lb)

English units　英制单位

Englishment　英文版,英译本

engobe　釉底料

engobing　上釉底料

engorgement　舱口,装料口,装料孔

ENGR (= engineer)　工程师,轮机员

engraft　结合

ENGRM (=Engine Room)　机舱

Engram　记忆痕迹

engrave　雕,雕刻,制版

engraved　(1) 镂版;(2) 用镂版印,照相制版

engraved from plate　雕刻的面板

engraved glass　雕花玻璃

engraved handle　雕刻的手柄

engraved roll coating　雕刻滚筒涂料

engraved roller　带花纹的压延辊,压花辊子,螺旋辊子

engraver 铜版雕刻者, 制版者, 雕刻者, 雕刻师
engravers alloy 易切削铅黄铜合金
engraving (1) 刻模, 雕刻, 雕版, 雕版图, 雕刻品, 版画；(2) 雕刻腐蚀制版法, 雕刻术
engraving cutter 刻模铣刀
engraving machine 蚀刻机, 刻模机, 雕刻机, 刻模铣床
engraving tool 雕刻刀具, 錾刀
engroove 开槽, 纳入槽内
engross 用大写字书写, 使全神贯注, 占用, 吸引, 独占
engrossing 绘制大型花饰字
engulf 淹没, 吞没, 卷入, 投入
enhance 提高, 放大, 增强, 加强
enhanced carrier demodulation 增强载波解调
enhanced group call 增强群呼 (可向定向的区域或船队播发信号)
enhanced line 增强谱线
enhanced loading train 超轴列车
enhanced photomultiplier 增强式光电倍增管
enhanced type 增强型
enhancement (1) 放大, 提高, 抬高；(2) 增强, 增进, 加强；(3) 美化, 改善
enhancement effect 增感效应
enhancement mode 增强模式, 增强型
enhancement mode field effect transistor 增强型场效应晶体管
enhancement transistor 增强型晶体管
enhancer 放大器, 增强器, 指示器
enhearten 使振奋, 鼓励
enhydrous (结晶) 含水的
ENI (=equivalent noise input) 等效噪声输入
ENIAC (=electronic numerical integrator and calculator) 电子数字积分计算机
enkindle (1) 使燃烧, 点火, 点燃；(2) 使发光, 使明亮
enlace (1) 缠绕, 包围；(2) 纠缠, 交错；(3) 镶以边
enlarge (1) 加大, 扩大, 放大；(2) 拓宽, 加宽；(3) 详述；(4) 延长 (期限)
enlarged 放大的, 扩大的, 加大的
enlarged drawing 放大图
enlarged image 放大图像
enlarged pinion 正 变位小齿轮
enlarged scale 放大比例尺
enlarged section 放大断面
enlarged view 放大图
enlargement (1) 扩大, 放大；(2) (齿轮) 正变位；(3) 裙部；(4) 增补
enlargement factor 放大倍数, 放大系数, 放大率
enlargement of crankcase 曲轴箱裙部
enlargement of rail gage 轨距扩大
enlarger (1) 放大器, 放大机；(2) 放像机；(3) 光电倍增管, 光电增管
enlarger lamp 图像放大灯
enlarging 放大, 扩大
enlarging machine 放影机, 放大机
enlighten (1) 照明, 照耀；(2) 启发, 教导
enmesh (1) 啮合；(2) 啮口
ennea- 九 (词头)
enneagon 九边形, 九角形
enneahedron 九面体
enneaploid 九倍体
enneaploidy 九倍性
enneastyle 九柱式
enneode 九极管
ennuple 标形
enorganic 机体固有的
enormous (1) 庞大的；(2) 巨大的
enormousness 巨大体积, 过大尺寸
enoscope 折光镜
enough (1) 足够的；(2) 足够
ENQ (= enquiry) 询问, 调查
ENQRY (= enquiry) 询问, 调查
Enquiry (1) 询问, 询价；(2) 调查；(3) 调查 '询问' 用字符
enquiry position 长途查询台
enquiry station 查询端机, 查询台
enregistor 记录器
enrich (1) 浓缩, 富集；(2) 加料
enriched fuel 浓缩燃料
enriched uranium 浓缩铀
enriching needle 燃油料控制针, 加浓针
enrichment (1) 浓缩度, 浓缩；(2) 富集

enrichment factor 浓缩因子, 增补因素
enrichment mode 浓缩模, 富集模
enrichment valve 加浓阀
enrober 糖果包衣机
enrollment (1) 登记 [表], 注册；(2) 入伍, 入学
enroute area 航 [空] 线区
enrustation (1) 水垢；(2) 水锈
ensconce (1) 隐藏；(2) 掩蔽；(3) 安放, 安置
ensemble (1) 信号群；(2) 系集, 集合；(3) 系综；(4) 总体
ensemble average 总体平均
ensemble display 一起陈列
ensemble of communication 信息集合
ensemble of particles 粒子系综
ensiform 菱形的
ensiform file 菱形锉
ensign (1) 船旗, 舰旗, 国旗；(2) (军舰) 见习军官
ensign gaff 船尾斜旗杆
ensign halyard 船尾旗索, 尾旗绳
ensign staff 船尾旗杆
ensign stuff 尾旗杆
ensilage cutter 切饲料机, 铡草机
ensonification 声透射
ensonify 声穿透, 声透射
ensphere 使成球形, 放置球中, 包围
ENSPL (=Equipment Input Noise Level) 设备输入噪声级
ensue (1) 争取, 追求；(2) 继续；(3) 追随, 追综
ensurance period 保用期
ensure (1) 确保, 保证, 肯定；(2) 保险, 担保
ensure feedwater flow into the boiler 确保给水流向锅炉
ENT (=enter) 输入
ENT CONTRACT (=Enterprise Contract) 企业合同
ent conditioning [管材试验前的] 端头预加工
entablature (1) 发动机座, 汽缸体, 轴支架, 底板；(2) 上横梁
entablement 上横梁
entad 向心, 向内
entail (1) 细雕；(2) 必然结果, 后果；(3) 必须有, 需要；(4) 遗产, 遗留下
ental 内部的
entangle 缠住, 绊住, 套住
entanglement 缠结 [物], 障碍 [物]
entanglements 障碍物
entasia 凸肚状
entect 注入变溶体
ENTELE (=Engine Telegraph) 机舱传令钟, 车钟
enter (1) 驶入, 进入；(2) 写入, 列入, 记入；(3) 参加, 进行；(4) 报关, 登记, 记录；(5) 开始考虑, 着手, 从事；(6) 研究；(7) 构成
enter an appearance 出场, 到场
enter customs 报关
enter guide 导口 (集装箱船上吊装集装箱用的)
enter into (1) 涉及；(2) 参加；(3) 达成 (协议, 合同等)
enter into and do all things 开始工作
enter into effect 生效
enter into force 生效
enter into particulars 涉及细节, 详述
enter inwards 进口申请
enter outwards 出口申请
enter port 入港
enterable 可参加的, 可进入的
entering and leaving signals 进出港信号
entering angle (刀具) 主偏角, 咬入角
entering beam 入射角
entering blade (明轮的) 进水叶轮
entering edge (1) (桨叶, 水翼的) 导边；(2) (脉冲的) 上升边
entering end 进口, 入口 (端)
entering momentum 入口动量, 输入动量
entering side (齿轮) 啮进齿面
enterprise (1) 企业, 事业；(2) 企图；(3) 行动, 行动计划
enterprise as legal person 企业法人
enterprise contract 企业合同
enterprise resource planning 企业资源规划
enterprise wharf 企业专用码头
entertain 招待, 款待
entertain action 受理诉讼
entertainment 招待, 招待会, 宴会

entertainment charges　招待费

enthalpic　热含量,热函的,焓的

enthalpy　(单位质量的)热含量,热函,焓

enthalpy chart　焓图

enthalpy-controlled flow　受控焓流,无内摩擦流动

enthalpy difference　热含量差,热函差

enthalpy-entropy diagram　焓-熵图

enthalpy of fuel　燃料比热,燃料热含量

enthalpy per unit mass　单位质量热含量

enthalpy potential method　焓差法

enthalpy pressure chart　焓压力曲线

emthrakometer　超高频功率测量仪,超高频功率计

entire　(1)全部,全体;(2)完整的,全体的,完全的,全部的,总的;(3)边缘光滑的,全缘的;(4)封套

entire function　整函数

entire life　总寿命

entire thermal resistance　总热阻

entirely　全部地,全然,完全,一概

entirety　整体,全体,总和

entitle　(1)给予权利,授予;(2)题为,称为,命名

entitlement　权利,称号

entity　(1)存在;(2)实体,实物;(3)结构,要素

entourage　(1)助手,随从;(2)(建筑物周围的)环境

ENTR (=Entrance)　入口,进口

entrails　机内结构,内装结构,内部结构

entrain　(1)上火车;(2)悬浮夹带,夹带

entrained air　夹带的空气,夹杂空气,掺气

entrained drople　夹带盐水

entrained oil　夹带的油

entrained water　附连水

entrainer　(1)夹带剂;(2)共沸剂

entrainers　夹带剂

entrainment　(1)输送,带走,曳行;(2)拽引;(3)夹杂

entrainment of frequency　频率诱导

entrainment phenomena　(单)着吸现象

entrainment phenomenon　(复)着吸现象

entrainment separator　吸收液体分离器,夹带物分离器,分离器,捕集器

entrainment trap　雾沫分离器

entrance　(1)入口,进口,进人,入;(2)引入线,输入端,进路;(3)入射;(4)(船首浸水部分)进流端,船首水线下部分,船首外形,船首曲线,首尖部;(4)管道入口

entrance and exit　进出口

entrance angle　(1)(船头)进水角;(2)(航道等)进口角度

entrance branch　进口支管

entrance bushing　引入线绝缘套,引入线套管,进线套管

entrance cable　引入电缆,进局电缆

entrance caission　浮坞门,坞门

entrance channel　进港航道,进口航道

entrance cone　(风洞)进气锥道,收敛段

entrance cornor　进口拐角,坞口拐角

entrance curve　(轮渡引桥或滚装船的)驶入曲线,引入曲线

entrance end　坞口

entrance excit interlock　进出式进路联锁

entrance excit panel　进路集中装置控制板

entrance excit principle　进出选路原理

entrance gate　进港大门,厂区大门,进口闸门,入口

entrance hatch　进舱口

entrance head　进口水头,流入水头

entrance jetty　进港堤,导堤

entrance length　进流段长度,首尖段长度

entrance limit　进港限制

entrance lines　(船体)进流段水线

entrance lip　引进刃,进刃

entrance lock　进口船闸

entrance loss　(1)进口水头损失;(2)输入端损失,进口损失

entrance notice　准许进口的通知,进港通知

entrance of a pass　(轧制)孔型进口

entrance of harbor　港的入口

entrance of vessel　(舰船的)进流段

entrance permit　进口许可证

entrance permit flag　准许入港旗

entrance point　输入点

entrance port　(1)舷门;(2)入射口

entrance pupil　入射光孔

entrance visa (=entrance visè)　入境签证

entrance width　口门宽度

entrance zone　进口段

entranceway　入口通路,通道

entrant laser power　输入激光功率

entrap　(1)收集,捕集,捕获,俘获;(2)阻挡,夹持,夹住,裹住;(3)截留

entrapment　截留,收集

entrapped air　截留的空气

entrapped bubble　残存空气,内部空气

entrapped oil　(齿轮泵)齿间困油

entrapped slag　夹渣

entredeux　插入物

entrefer　(1)(电机的)铁间空隙;(2)气隙

entreme and mean ratio　{数}外内比,中末比

entrenchment　(1)防护,保护,加固,加强;(2)防御设施

entrepot　(1)仓库;(2)过驳地,集散地,中转站

entresol　(1)夹层;(2)阁楼,半楼,夹层楼面

entropic　熵的

entropical chart　熵图

entropy　(1)热力学函数,熵;(2)平均信息量

entropy chart　熵图

entropy diagram　熵图

entropy filter　滤熵器,选熵器

entropy of activation　活化熵

entropy of dilution　稀释熵

entropy of disorientation　消向熵

entropy of evaporation　汽化熵

entropy of fusation　熔化熵

entropy of liquid　液[体]熵

entropy of mixing　混合熵

entropy of superheating　过热熵

entropy spring　熵跃

entropy unit (=EU)　熵的单位,平均信息单位

entruck　装车(往汽车上装货),装上卡车

entrucking　装车

entrust　信托,委托

entrusted agency　委托代理

entrusting party　委托人

entrustment inspection　委托检验

entry　(1)入口;(2)记入(项目),记录,登记;(3)项目,条目;(4)进人,输入;(5)记入表中事项,表列值表目,填表,列表;(6)报关手续,报单,入境,进口;(7)通地面的通风管道

entry account　登账

entry attribute　{计}表目属性

entry end effect　[直线电机的]入端效应

entry angle　(1)(航道等)进口角度,口门角度;(2)进水角

entry condition　{计}入口条件,进入条件,启动条件

entry control　进入控制

entry craft　(1)代雇卸货驳船;(2)报关趸船

entry declaration　进口申请

entry device　键盘输入装置

entry for consumption　进口货物报单

entry for free goods　免税货物报单

entry formalities　(船舶)进口手续,入境手续

entry gate　进口大门

entry guide　舱口导轨,舱口导板,导口

entry guide vane　进口导叶

entry in log　载入航海日志

entry instruction　入口指令

entry into force　生效

entry into force requirement　生效要求

entry into work　开始工作

entry inward　报进口,进口报送

entry joint inspection　进口联检

entry lock　进口船闸,过渡舱

entry locker　(加压舱的)过渡舱

entry loss　进口损失

entry of appeal　提出上诉

entry of judgement on an award　承认仲裁裁决的法院判决

entry outward　报出口,出口报送

entry permit　入境许可证,进舱许可

entry phase　进入[大气层]段

entry plan　进港计划

451

entry point　子程序进入点
entry prohibited　禁止进入
entry quarantine inspection for ships　船舶进口检疫
entry quarantine permit　船舶入境检疫证
entry slot　进口缺槽
entry speed　进入速度,进闸速度
entry spin　进气预旋
entry statement　入口语句
entry table　进料盘
entry time　驶入时间,进闸时间
entry transverse chart　横轴海图
entry value　资产登记现值
entry visa (=EV)　入境签证
entryway　入口,通道
entwine　盘绕,缠绕,绕住,缠住
entwist　缠绞,捻,搓
enucleate　解释,阐明
enumerability　可枚举性,可数性
enumerable　可枚举的,可数的
enumerable model　可数模型
enumerable set　可数集
enumerate　计算,列举,枚举,点数,计点,数
enumeration　计算,列举,枚举,计点,数
enumeration function　枚举函数,算出函数
enumeration method　查点法
enumeration of constants　常数的枚举法
enumerative　计算的,计数的,列举的,枚举的
enumerative geometry　枚举几何 [学]
enumerator　计数器
enunciate　(1) 说明,阐明,表明,发表; (2) 列举,点数
enunciation　(1) 说明,阐明,表明,发表; (2) 表述式,表达式
enunciator　(1) 声明者,陈述者; (2) 调查员
envelop　包封,包装,包围,包络,封蔽,蒙
envelope　(1) {数} 包络,包迹,包络线,包络面; (2) 封皮,蒙皮,外皮,外壳,壳层,机壳,外套; (3) 包裹,包封,包装; (4) 气囊,管泡
envelope cancellation　包络补偿
envelope curve　包络曲线,包迹
envelope curve pair　包络曲线副
envelope delay　包络延迟,包络时延,群时延
envelope delaytime meter　包络延时测量器
envelope detection　包络检波
envelope detector　包络检波器
envelope function　包络函数
envelope-generating curve　包络 - 展成曲线
envelope kiln　封套窑
envelope matching　包络线重合
envelope method　包气试漏法
envelope of characteristics　特征线的包络
envelope of curved March waves　马赫波曲线簇包线
envelope of curves　曲线的包络线,曲线的包络
envelope of family of curves　曲线族的包络
envelope of holomorphy　正则包
envelope of received pulses　反射脉冲包线
envelope of surfaces　曲面的包络 (包线)
envelope of tooth form　齿形包络
envelope of transmitted pulse　探测脉冲的包线
envelope oscilloscope　包络示波器,包线示波器,包迹示波器
envelope phase　包络线相位
envelope surface　包络面
envelope test　静态试验,容器试验,蒙皮试验
envelope to cycle difference　包周差 (罗兰 C 信号前沿逼近标准波形的量)
envelope velocity　包络速度,群速度
envelope wide-scope　包迹宽带示波器,包络宽带示波器,视频示波器
enveloping　包络的
enveloping curve　包络曲线
enveloping line　包络线
enveloping method　包络法
enveloping solid　包络体
enveloping space　包络空间
enveloping surface　包络面
enveloping worm　包络蜗杆,超环面蜗杆,弧面蜗杆
enveloping worm gear　包络蜗轮,超环面蜗轮,弧面蜗轮
enveloping worm wheel　包络蜗轮,超环面蜗轮,弧面蜗轮

envelopment　包覆物,包围,包封,封皮
enviada　(葡) 一种小型运输船
environ　包围,围绕,环绕
environics　环境学
environment　(1) 周围的事物,环境,周围,四周,外界; (2) 包围,围绕,环绕
environment assist crack　环境促使开裂
environment attribute　外围环境表征,设备属性,环境属性
environment clause　{计} 设备部分子句
environment condition　环境条件
environment contamination　环境污染
environment control system　环境控制系统
environment engineering　环境工程
environment impairing activity　环境损害活动性
environment monitoring　环境监测
environment pollution　环境污染
environment protection　环境保护
Environment Protection Agency (=EPA)　环境保护局
environment protection law (=EPL)　环境保护法
environment protection standard　环境保护标准
environment temperature　环境温度
environment test　环境 [验收] 试验
environmental　(1) 环境的,周围的,包围的; (2) 造成环境的
environmental acceptability　环境上的可接受性
environmental activity　周围介子放射性
environmental adaptation　适应环境
environmental area　环境保护区
environmental audit　环境审计
environmental condition　环境条件
environmental condition determination (=ECD)　环境条件测定
environmental control system (=ECS)　环境控制系统
environmental correlation　环境相互关系,环境关联
environmental cost of transportation　运输环境成本
environmental criteria　环境标准
environmental data buoy　环境数据采集浮标
environmental detection control center (=EDCC)　控制环境探测的中心
environmental detection set (=EDS)　环境检查装置
environmental engineering　(1) 环境模拟工程,环境工程; (2) 发展中的现代技术,环境适应技术
environmental engineering science　环境模拟科学
environmental extremes　恶劣环境
environmental ill　公害
environmental impact　环境影响
environmental impact analysis　环境影响分析
environmental impact repor t环境影响报告
environmental impact statement　环境影响报告
environmental load　环境载荷
environmental logistics　环保物流
environmental monitoring　环境监测
environmental monitoring installation　环境监控装置
environmental oceanography　环境海洋学
environmental oxygen　飞船调节系统供氧,舱内环境供氧
environmental pollution　环境污染
environmental protection　环境保护
environmental requirement　环境要求
environmental research satellite (=ERS)　环境研究卫星
environmental sample　环境样板,环境样品
environmental selection　环境选择
environmental stabilization　环境稳定器 (台卡设备)
environmental survey satellite (=ESSA)　环境保护监测卫星,周围环境观测卫星
environmental technology　环境工艺学,环境技术
environmental test control center (=ETCC)　环境试验管理中心
environmental test facility (=ETF)　环境试验设备
environmental test motor (=ETM)　环境试验电动机
environmental transition　环境变迁
environmentalist　提倡环境保护的人,环境保护工作者,环境学家
environmentally hazardous substance　对环境有害的物质
environmentally-oriented　与环境模拟工程有关的,面向环境的
environmentally-sealed　密封的
environmetrics　环境计量学
envisage　(1) 预见,展望,设想; (2) 面对着,正对着,注视
envision　想象,设想,预计,预见,展望

enwind 绕,缠

enwrap (1) 包围,围绕；(2) 使贯注于

enwreathe 环绕,盘绕

eocrystals 早期熔蚀斑晶

EOD (=End of Date) 截止日期

EOD (= Every Other Day) 每隔一日

EOHP (=Except Otherwise Herein Provided) 另有规定的除外,除非另有规定

EOL (=End of Life) （卫星）寿命终止,死亡

eolation 风蚀[作用]

eolian 风成的,风带来的

eolotropic 各向异性的

EOP (=End of Program) 程序结束

EOPEN (=Engine Opening) 机舱口

EOS (=Electronic Order System) 电子订货系统

EOS (=Electro-optical System) 电光学系统

EOS (=Enclosed Operating Stattion) 密闭式操纵台

EOT (=End of Tape) 磁带端

EOT (=Engine Orders Telegraph) 车钟

eotic 流水的

EOTS (=Electron Optic Tracking System) 光电跟踪系统

EP (=Effective Power) 有效功率

EP (=Electro-pneumatic) 电动气动的

EP (=Emergency Phase) 紧急阶段

EP (=End Point) 终点,端点

EP (=English Patent) 英国专利

EP (=Environment Pollution) 环境污染

EP (=Exciter Panel) 励磁盘

EP (=Extension of Prescription) 诉讼时效的延长

EP (=Extra Premium) 附加保险费

EP (=Extreme Power) 极限功率

EP (=Extreme Pressure) 极限压力,特高压力

EPD (=Earth Potential Difference) 对地电位差

EPD (=Excess Profits Duty) 超额利润税

epenthesis 插入字

EPFS =Electronic Position Fixing System 电子定位系统

ephemeral 短时的,暂时的

ephemeris (1) 天体位置推算表,天体位置预测表,天文历,航海历；(2) 宇宙飞行器

epi- （词头）(1) 桥[连的],更加,根据,上,外,表；(2) 边缘,浅成

epi-planar integrated circuit (=EPIC) 表面集成电路

epi-position 表位

epi-tectonic 浅皮构造,浅层构造

epibond 环氧树脂类粘合剂

epibond epoxyn 环氧树脂粘合剂

epicenter 震心,震源,震中

epicentral 震中的

epicentre 震心,震源,震中

epicentrum 震心,震源,震中

epicon 外延二极管阵列摄像管,外延硅靶摄像管

epicondenser 竖直照明器

epicycle (1) 次要旋回,副旋回；(2) 周转圆,旋圆；(3) 外表循环

epicyclic 外摆线的,周转圆的

epicyclic arm 周转臂

epicyclic bevel gear 周转锥齿轮,行星锥齿轮

epicyclic bevel gear train 周转式锥齿轮系,行星锥齿轮系

epicyclic drive 周转齿轮传动,行星齿轮传动

epicyclic gear 周转齿轮,行星齿轮

epicyclic gear drive 周转齿轮传动,行星齿轮传动

epicyclic gear system 周转齿轮装置,行星齿轮装置

epicyclic gear train 周转轮系,行星齿轮系

epicyclic gear transmissionv (1) 周转齿轮传动,行星齿轮传动；(2) 周转齿轮变速器,行星齿轮变速器

epicyclic gearing 周转齿轮传动[装置],行星齿轮传动[装置]

epicyclic motion 外摆线运动,周转圆运动,行星运动

epicyclic reduction gear 周转式减速齿轮,行星减速齿轮

epicyclic reduction gear of planetary 行星式减速齿轮

epicyclic reduction gear of solar type 恒星式减速齿轮

epicyclic reduction gear of star type 定星式减速齿轮

epicyclic reduction gear of unit 周转式减速齿轮装置,行星减速齿轮装置,游星减速器

epicyclic reversing gear train 周转式倒档齿轮系,行星式倒档齿轮系

epicyclic reversing gear unit 行星减速齿轮装置

epicyclic train 周转[齿]轮系,行星[齿]轮系

epicyclical 外摆线的,周转圆的

epicyclical gear 行星齿轮

epicyclical gear transmission 行星齿轮传动

epicyclical gearbox 行星式变速箱,行星齿轮箱

epicyclical gearing 行星齿轮装置

epicyclical motion 外摆线运动,周转圆运动,行星运动

epicyclical reduction gear 行星减速齿轮

epicyclical reduction gear unit 行星减速齿轮装置

epicyclical train 行星齿轮系,外圆滚线,外摆线

epicycloid {数}圆外旋轮线,外圆滚线,外摆线

epicycloidal 外圆滚线的,圆外旋轮线的,外摆线的

epicycloidal and hypocycloidal gear tooth 内外摆线齿轮齿

epicycloidal curve 外摆线

epicycloidal gear 外摆线齿轮

epicycloidal gear cutter 外摆线齿轮铣刀[盘]

epicycloidal gear train 行星[齿]轮系

epicycloidal gearing 行星齿轮传动[装置]

epicycloidal propeller 外摆线推进器

epicycloidal tooth 外摆线轮齿

epicycloidal wheel 外摆线轮

epicycloidal wheel tooth 外摆线轮齿

epidiascope 两射放映机,两射放映机,两用幻灯机,实物幻灯机,幻灯放映机,透反射两用幻灯机

epieikeia 衡平法

epifocal 震中的

epifocus 震中

epigene 外成的,表成的

epigene action 外力作用

epigenesis 外力变质

epigenetic 后成的

epigenic 后成的

epigenite (1) 砷硫铜铁矿；(2) 红锰橄石

epigranular 等粒状的,粒度均匀的

epihydrin 1, 2- 环氧丙烷

epiianthinite 氢氧铀矿

Epikot 爱辟柯（环氧树脂类的商名）

epikote 环氧[类]树脂

epilamens 油膜的表面活性

epilog(ue) (1) 收尾程序；(2) 总结,结论

epimer 差向异构体,差位异构体

epimeride 差向异构体

epimerism 差向异构

epimerization 差向异构作用,表化作用

epiphanite 富铁泥石

epiphenomenon 副现象

epiplanar integrated circuit 表面集成电路

epipolarized light 外[表]偏振光,表射偏振光

epipole 核点

epipolic 荧光的

EPIRB(=Emergency Position Indicating Radiobeacon) 应急无线电示位标

episcope (1) 反射映画器,反射幻灯；(2) 不透明物体像投影仪

episcotister (1) 光栅；(2) 减光装置截光器

episemantic 信息载体产物

episemantic color 辨识色

episemantide 表信息分子

Episnoid gear （美）（一种用刨刀加工的）准正弦线锥齿轮

episulfide 环硫化物

epitaxial 外延的,取向附生的

epitaxial diffused junction transistor 外延生长扩散结式晶体管

epitaxial diode 外延二极管

epitaxial film 外延层

epitaxial mesa 外延台面晶体管

epitaxial mesa transistor 外延台面晶体管

epitaxial passivated integrated circuit 外延钝化集成电路

epitaxial planar transistor 外延生长面接型晶体管,外延平面晶体管

epitaxial process 外延[生长]过程,外延工艺

epitaxial silicon variable capacitance diode (=ESVAC) 外延硅[可]变[电]容二极管

epitaxial substrate 外延生长衬底

epitaxial transistor 外延型晶体管

epitaxis 晶体定向生长,外延生长

epitaxy 外延

epitaxy in an open flow system 开关外延

453

epithermal (1) 低温热液的, 浅成热液的; (2){核}超热[能]的
epithermal absorption 超热中子吸收
epithermal activity 超热中子导出的放射性
epithermal neutron 超热能中子, 超热中子
epitome (=EPIT) (1) 梗概, 概括, 摘要, 抄录; (2) 缩影[图]
epitomization 摘要, 结论
epitomize 用缩图表示, 概括, 摘要
epitrochoid [长短幅圆] 外旋轮线
epitrochoid curve 长短幅圆外旋轮线
epitrochoid generating radius 长短幅圆外旋轮线滚动半径
epitrochoidal engine 转子发动机
epitron 电子和 π 介子束碰撞系统
EPL (=Environment Protection Law) 环境保护法
EPL (=Equipment Performance Log) 设备性能表
EPL (=Extreme Pressure Lubricant) 极高压润滑剂
epn 苯硫磷
EPO (=Emergency Power Off) 紧急断电
epoch (1) 纪元, 时期, 时代; (2) 事件; (3) 信号出现时间; (4) 恒定相位延迟
Epocryl 环氧丙烯酸脂树脂
Epon 埃庞环氧[类] 树脂
epotherm 环氧树脂
epoxidation 环氧化作用
epoxide 环氧化物
epoxide alloy 环氧树脂金属
epoxide cement 环氧胶接剂
epoxide resin 环氧树脂
epoxidize 使[成] 环氧化
epoxidized soybean oil 环氧化豆油
epoxy (1) 环氧树脂; (2) 环氧的; (3) 环氧化; (4) 用环氧树脂粘合
epoxy adhesive 环氧树脂粘合剂, 环氧树脂粘结剂
epoxy alloy 环氧树脂金属, 环氧树脂合金
epoxy asphalt 环氧沥青
epoxy binder 环氧胶合剂
epoxy-bonded 环氧树脂粘合的
epoxy bonded 环氧树脂粘合的
epoxy cement 环氧树脂粘合剂
epoxy coating 环氧[树脂] 涂层
epoxy diode 环氧树脂二极管
epoxy film 环氧膜
epoxy foam 环氧泡沫塑料
epoxy foamed plastics 环氧泡沫塑料
epoxy glass 环氧玻璃
epoxy glue 环氧树脂胶, 环氧胶
epoxy injection 环氧注射
epoxy laminate 环氧薄片
epoxy novolac adhesive 线型酚醛环氧粘合剂
epoxy paint 环氧树脂漆, 环氧漆
epoxy primer 环氧底漆
epoxy resin (=EP) 环氧树脂
epoxy resin chock 环氧树脂定位垫
epoxy resin silver paint 环氧树脂银漆
epoxy seal transistor 环氧树脂密封晶体管, 环氧树脂封装晶体管
epoxy zinc rich primer 环氧富锌底漆
epoxyde 环氧化物
epoxyethane 环氧乙烷
epoxylite 环氧[类] 树脂
epoxyn 环氧树脂类粘合剂
epoxypropane 环氧丙烷
EPR (=Ethylene Propylene Rubber) 乙烯丙烯橡胶
EPR (=Extended Producer Responsibility) 制造商延伸的责任
EPRON (=Electrically Programmable Read Only Memory) 电可编程序只读存储器
EPS (=ECDIS Performance Standard) (国际海事组织) 电子海图性能标准
EPS (=Electric Power Storage) (1) 蓄电池; (2) 蓄电池室
EPS (=Emergency Power Supply) 应急电源
EPS (=Energetic Particle Satellite) 高能粒子卫星
EPS (=Estimated Performance Speed) 预计船速
epsilon (1) (希腊字母) E, ε; (2){数} 小的正数
Epstein test 爱泼斯坦试验, 铁损试验
EPT(=Electric Power Transmission) 电力传输
EPT(=Excess Profits Tax) 超额利润税
epurate (1) 精制, 精选; (2) 清洗, 清除; (3) 净化, 提纯

epuration 清理, 清除, 净化, 提纯, 精炼
epure (1) 足尺样板; (2) 模型; (3) 图案, 线图, 极图
Eputmeter [单位时间] 事件计算器 (商名)
EQ (= Equal) 相等的, 均等的
EQ (=Equalizer) 平衡器, 补偿器, 均值器
EQ (= Equation) 方程式
EQ (=Equivalent) 等价, 等值, 当量
equability 平稳性质, 稳定状态
equable pressure 等压力
equal (=eq) (1) 相等, 等于; (2) 相等的; (3) 均匀的, 均称的; (4) 平静的; (5) 适合的, 适当的
equal addendum 等齿高
equal-addendum teeth 等齿高齿, 非径向变位 (X=0) 齿
equal altitudes 等高度法
equal angle 等边角钢
equal angle bar 等边角铁, 等边角钢
equal angle iron 等边角铁, 等边角钢
equal angle steel 等边角钢
equal arcs of action 等作用弧, 等啮合弧
equal area map projection 等积地图投影
equal area projection 等积投影
equal authenticity 同等效力
equal circumference 等圆周
equal cracking 等分裂化, 对称裂化
equal deflection method 等偏转法, 等偏移法
equal degree of saturation system (=equisat) 行车等饱和度绿灯联动系统
equal diameter 等直径
equal dichotomous branching 等二歧分枝式
equal diffusion theory 均等分布论
equal-element 等元的
equal-energy 等能的
equal energy dish 等能反射器
equal energy spectrum 等能量谱
equal-energy white 等能白色
equal hardness value 等硬度值
equal height tooth (锥齿轮) 等高齿
equal height tooth cutting method 等高齿切削法
equal in ability 能力相等
equal inclination fringe 等倾条纹
equal interval light 等明暗光
equal laid wire rope 平行捻钢丝绳
equal lay (缆索) 等纹距合, 均绞
equal leg angle 等边角钢
equal legged angle 等边角钢
equal-length 等长[度] 的
equal life 等寿命
equal order digits 等位数
equal pay 同工同酬
equal-pitch (1) 等间距的, 等螺距的, 等节距的; (2) 等音调的
equal pitch contour 等调线
equal-polyhedral 等多面的
equal potential line 等势线
equal pressure curve 等压线
equal probability 等概率
equal ratios 等比
equal resistance branch circuit 等阻分支电路
equal root {数} 等根
equal section 等截面
equal settlement 均匀沉降
equal sides (型钢的) 等边
equal sign 等号
equal signal line 等信号线
equal signal white 等信号白色
equal-spaced 等距的, 等间隔的
equal stress 等应力
equal tensile strength 相等的抗张强度
equal to 等于, 相等
equal treatment for equals principle 同等原则同等处理
equal wear 相等磨损, 均匀磨损
equal zero indicator 零指示器
equaler 均压管
equaling file 扁锉
equaling gear (1) 平衡装置, 补偿装置; (2) 差速器

454

equaling stage　均衡期

equalisation　(1) 相等, 一致; (2) 平衡, 稳定, 均衡, 均匀; (3) 修正, 改正, 补偿, 均值化; (4)(涂料) 均涂作用, 均涂性, 均染性; (5) 应力消除; (6) 均匀比; (7) 相等性; (8) 整修, 修平 (9) 废水均化

equalise　(1) 互相抵消, 使平衡, 使均衡, 均匀, 均等, 平衡; (2) 调节, 调整; (3) 补偿

equaliser　(1) 等化器, 均衡器, 均值器, 平衡器, 均压器, 均压管, 平均臂; (2) 补偿电路, 补偿器; (3) 均压线; (4) 平衡装置, 均衡装置, 稳定环节, 平衡横梁, 平衡杆; (5) 嵌锁用直臂曲柄, 同步机构

equality　(1) 等式; (2) 相等性, 均匀, 相等, 相同, 同等, 均等, 均一; (3) 平静, 平坦

equality circuit　相等电路, 符合电路, 相等装置, 符合装置

equality comparator　恒等电路, 重合电路

equality gate　{计} 同门

equality in quality　质量相同

equality of brightness photometer　等亮度光度计

equality sign　等号

equality unit　{计} 同门

equalization　(1) 相等, 一致; (2) 平衡, 稳定, 均衡, 均匀; (3) 修正, 改正, 补偿, 均值化; (4)(涂料) 均涂作用, 均涂性, 均染性; (5) 应力消除; (6) 均匀比; (7) 相等性; (8) 整修, 修平 (9) 废水均化

equalization brake gear　平衡制动装置

equalization condenser　平衡电容器

equalization of boundaries　边界均衡线 (对具有不规则边界任一面积的平面图, 沿边界一部分走向划一直线, 使切掉面积与获得面积相等)

equalization time　(船闸) 充水时间, 排水时间

equalize　(1) 互相抵消, 使平衡, 使均衡, 均匀, 均等, 平衡; (2) 调节, 调整; (3) 补偿

equalized clamps　平衡卡头

equalized side lobe antenna　均衡旁瓣天线

equalizer　(1) 等化器, 均衡器, 均值器, 平衡器, 均压器, 均压管, 平均臂; (2) 补偿电路, 补偿器; (3) 均压线; (4) 平衡装置, 均衡装置, 稳定环节, 平衡横梁, 平衡杆; (5) 嵌锁用直臂曲柄, 同步机构

equalizer assembly　平衡机构, 均压装置

equalizer bar　平衡梁, 平衡杆

equalizer bar pivot　平衡杆摆动轴

equalizer block　平衡器功能块

equalizer circuit　平衡电路, 均衡电路, 补偿电路

equalizer curve　均衡特性曲线

equalizer lead　均压丝

equalizer lever　平衡杆

equalizer network　校正四端网络, 均衡网络, 均衡器

equalizer pipe　平衡管, 均压管

equalizer ring　(电机) 平衡环, 均压环

equalizer saddle　平衡梁鞍座

equalizer supporting bar　平衡器支杆

equalizer switch　匀压开关

equalizing　(1) 平衡的, 补整的, 补偿的, 修正的(系数); (2) 均衡, 补偿, 使平衡

equalizing amplifier　平衡放大器

equalizing bar　平衡杆

equalizing beam　自动调平吊梁

equalizing buffer　均压缓冲器

equalizing bus-bar　均压母线

equalizing charge　均衡充电

equalizing circuit　平衡电路

equalizing compartment　(船横倾) 颜色舱

equalizing condenser　平衡电容器

equalizing connection　平衡联线

equalizing current　平衡电流, 均衡电流, 补偿电流

equalizing device　平衡装置, 均压装置, 均匀器

equalizing dog　均布负荷夹头

equalizing effect　调节作用

equalizing feeder　均压馈电线

equalizing-gear　平衡装置

equalizing gear　(1) 平衡装置, 补偿装置; (2) 差速器, 差动装置

equalizing hole　平衡孔

equalizing influence　互相抵消的影响

equalizing line　平衡管路

equalizing main　平衡总管

equalizing network　均衡网络

equalizing pipe　压力平衡管, 均压管, 平衡管, 平压管

equalizing piston　平衡活塞

equalizing pressure　平衡压力

equalizing pulse　均衡脉冲

equalizing reactor　均压电抗器

equalizing ring　(电机) 平衡环, 均衡环, 均压环

equalizing signals　均衡 [脉冲] 信号

equalizing spring　(1) 平衡弹簧; (2) 游丝

equalizing switch　均压开关

equalizing tank　调压水箱

equalizing valve　平衡阀, 均压阀

equalizing winding　均压绕组

equalling　均等

equally　同等地, 相等地, 相同地, 同一地, 平均地

equally continuous　同等连续的

equally distributed load　均衡装载, 均布载荷

equally-spaced　等间隔的, 等 [间] 距的

equally spaced point　等距点

equant　(1) 大小相等的, 等大的, 等分的; (2) 等径的

equate　(1) 使相等, 使均衡; (2) 写成方程式, 立方程式; (3) 折算; (4) 修平, 整平

equating　(1) 均衡; (2) 整平, 修平; (3) {数} 拟合

equation (=eqn)　(1) 方程式; (2) 反应式; (3) 公式, 等式; (4) 相等性; (5) 相等, 等分, 均分, 均匀, 平衡, 均衡; (6) 误差, 时差, 差

equation clock　均时差钟

equation-division　均等分隔的, 等分的

equation for ideal gases　理想气体方程

equation for frictionless flow　理想流体流动方程

equation governing the motion　运动方程

equation in line coordinates　线坐标方程

equation in plane coordinates　平面坐标方程

equation in point coordinates　点坐标方程

equation of center　中心差, 中心偏差

equation of compatibility　协调方程, 相容性方程

equation of condition　条件方程

equation of constraint　约束方程

equation of continuity　连续方程, 连续条件方程, 连续性方程式

equation of dynamics　动力方程

equation of equal altitude　等高差方程, 等高差

equation of equinoxes　二分差, 分点差

equation of heat conduction　热传导方程式

equation of higher degree　高次方程

equation of light　光 [行时] 差

equation of linearized conical flow　锥形流线性化方程

equation of mass balance　质量平衡方程

equation of mass conservation　质量守恒定律方程

equation of matrrix characteristic　矩阵特征方程式

equation of motion　运动方程 [式]

equation of motion in cylindrical polar form　圆柱形极坐标运动方程

equation of motion in polar coordinate system　极坐标 [系] 运动方程

equation of network　网络方程

equation of rolling motion　倾斜运动方程, 滚动 [运动] 方程

equation of small-disturbance motion　微扰动运动方程, 变分运动方程

equation of state　状态方程, 条件方程, 物态方程

equation of static equilibrium　静力平衡方程, 静态平衡方程

equation of steering motion　俯仰 - 偏航运动方程

equation of structure　结构方程

equation of synthesis　结合方程, 平衡方程

equation of three moments　三力矩方程, 三弯矩方程

equation of time　(1) 均时差; (2) 时差

equation of variation　变分方程

equation of varied flow　变流方程

equation solver　方程解算装置, 方程解算机, 方程解算器

equational box　差速装置

equations (=eqs)　方程式, 公式, 等式

equator　(1) 地球赤道, 赤道; (2) 平分地带, 中纬线; (3) 大圆

equatorial　(1) 赤道仪, 赤道装置; (2){光} 弧矢的, 赤道的

equqtorial parallax　赤道地平视差

equatorial profile　(轴承) [球] 环带外形

equi-　(词头) 相等, 同等, 平均

equi-amplitude　等幅

equi-areal　等面积的

equi-arm　等臂的

equi-energy　等能的

equi-index dividing head　等分分度头

equi-index plate　等分盘

equi-luminous　等亮度的, 等照度的

equi-magnetic 等磁的

equi-speed coupling 等速联轴器

equiaffine 等仿射的

equiamplitude 等幅

equiangular 角度不变的,等角的,保角的

equiangular blade 横截面对称的叶片,纯冲动叶片

equiangular polygon 等角多边形

equiangular spiral 等角螺线

equiangulator (古代)观象仪

equianharmonic 等交比的

equiareal 等积的

equireaal mapping 等积映射

equiasymptotical 等度渐近的

equiatomic 等原子的

equiaxed 各向等大的,等轴的

equiaxed crystal 等轴晶体

equiaxial 等轴的

equiaxial grain 等轴晶粒

equiaxis 等轴

equibalance (1)平衡,均衡;(2)使平衡,使均值

equiblast cupola 均衡送风冲天炉,均衡送风化铁炉

equicaloric 同等热量的,等卡的

equicenter 等心

equicentre 等心

equicohesive 等强度的,等内聚的

equicohesive temperature 等内聚温度

equiconjugate 等共轭的

equicontinuity 同等连续[性],等度连续[性]

equicontinuous 同等连续的,等度连续的

equiconvergence 同等收敛性

equiconvergent 同等收敛的

equicrescent variable 等半圆变数

equicrural 等腰的

equicrural triangle 等腰三角形

Equicurv Method (锥齿轮)等高齿大轮成形法

equidense 等体积线,等容线

equidensen 等密度面

equidensitography 等密度图

equidensitometering 等显像密度摄影

equidensitometry 等显像密度测量术

equidensity (1)等密度;(2)等密度线

equidensity technique 等密线法

equidensography 显像测等光密度术

equidensoscopy {摄}显像等光密度观测术

Equidep gear 等高齿齿轮

equideparture 等距平

equidepth section 等厚截面

equidifferent 等差的

equidimension 等尺寸,同大小

equidimensional 大小相等的,等尺度的,等尺寸的,等量纲的,等维的,等大的

equidirection line 等方位线

equidirectional (1)在同一方向上;(2)等方向的,同向的,平行的

equidistance 等距离,等距

equidistance motion 等距运动

equidistance of layers 叠层等距

equidistant 等距[离]的

equidistant surface 等距曲面

equidistributed 等分布的

equidistribution 均匀分布,等分布

equienergy source 等能光源

equifield intensity curve 等场强曲线

equifinal 有同样结果的,等效的

equiflux heater 均匀加热炉

equiform 相似[的],等形[的]

equiform geometry 相似几何[学]

equiform group 相似群

equiformal 相似的

equifrequency 等频[率]

equifrequent 等频[率]的

equigranular 均匀粒状的,同样大小的,等粒度的

equigravsphere 等引力带

equilater (1)等边,等形;(2)两侧对称的,等边的,等面的

equilateral (1)等边的,两边对称的;(2)等边三角形,等边形

equilateral arch 对称双心拱,等边拱

equilateral hyperbola 等轴双曲面,直角双曲面

equilateral polygon 等边多边形,正多边形

equilateral triangle 等边三角形,正三角形

equilibrant (1)平衡力,均衡力;(2)平衡力的,均衡力的;(3)平衡力系,平衡力系统

equilibrate (1)平衡,均衡;(2)使平衡,使均衡,使平均;(3)补偿

equilibrated expansion joint 均衡膨胀接头

equilibrated valve 压力平衡阀,预启阀

equilibration (1)达到平衡,平衡,均衡,相称;(2)平衡状态;(3)补偿,对消

equilibrator 平衡装置,平衡机,平衡器,安定机,平衡物

equilibratory 保持平衡的

equilibria (单 equilibrium) (1)平衡,均衡,均势,稳定,平均;(2)相称[性];(3)平衡状态,平衡性;(4)平衡曲线,平衡图

equilibrious 平衡的

equilibristat 平衡计,平衡器

equilibrium (复 equilibria) (1)平衡,均衡,均势,稳定,平均;(2)相称[性];(3)平衡状态,平衡性;(4)平衡曲线,平衡图

equilibrium about pitching axis 绕俯仰轴的平衡,俯仰力矩平衡

equilibrium about rolling axis 滚动力矩平衡,倾侧力矩平衡

equilibrium air distillation (=EAD) 平衡的空气蒸馏

equilibrium amplitude 平衡振幅

equilibrium argument 平衡

equilibrium at rest 静态平衡

equilibrium blast-furnace 等风炉

equilibrium boundary layer 定平流边界层

equilibrium constant 平衡常数

equilibrium controlled reaction 平衡控制反应

equilibrium curve 平衡曲线

equilibrium diagram (1)平衡状态图,状态图,平衡图;(2)(合金的)相图

equilibrium drainage 稳定泄油,均衡排泄

equilibrium equation 平衡方程

equilibrium factor 平衡因数

equilibrium height 平衡高度

equilibrium index 平衡指数

equilibrium lattice position 平衡点阵位置

equilibrium load 平衡载荷

equilibrium moisture content (=EMC) (木材等)平衡含水量

equilibrium of forces 力[的]平衡

equilibrium of moments 力矩平衡

equilibrium of states 状态平衡

equilibrium partial pressure 等分压力

equilibrium polygon 平衡四边形,平衡多边形,索多边形

equilibrium position 平衡位置

equilibrium pressure 平衡压力

equilibrium process 平衡程序,平衡法

equilibrium profile 平衡剖面

equilibrium relation 平衡关系

equilibrium slide valve 平衡滑阀

equilibrium slope 平衡坡度

equilibrium stage (=ES) 平衡级

equilibrium valve 平衡阀

equilong 等距的,等长的

equimagnitude 等量度的,等[数]值的

equimarginal principle 边际均等原理

equimarginal utility 边际效用均等

equimeasurable 等可同测的

equimeasure 等测

equimeasure transformation 等测变换

equimodal distribution 等峰分布

equimolal 具有等[重量]克分子[浓度]的,重量克分子浓度相等的,克分子数相等的,当量[重量]克分子的

equimolar 具有等[体积]克分子浓度的,等[体积]克分子的,当量[体积]克分子的,体积克分子浓度相等的,克分子数相等的,克分子当量的

equimolecular 等分子的

equimultiple 等倍数的

equinox (1)二分点;(2)分;(3)二分时刻

EQUIP (= equipment) (1)设备,装备,装置;(2)器械,仪器

equip (1)设备,装备,配备;(2)装置;(3)舾装;(4)提供装备,武装;(5)准备

equip and install 装备与安装

equipage　(1)装备,设备,工具；(2)装备器材,整套设备；(3)船具；(4)管理人员

equipage storeroom　索具储藏室,船具储藏室

equipartition　(1)能量均分,均分；(2)等分布,均匀分布,距形分布

equipartition of energy　能量平均分配的

equiphase　同相的,等相位的,等相的

equiphase plane　等相平面,等相位面

equiphase surface　等相面

equiphase zone　等相位区

equipment (=eq)　(1)装备,设备,机械,机器,装置,装配,配置,部件,附件,(2)仪器,器械,器具,工具,机具,用具；(3)舾装品,船具,属具；(4)铁道车辆,运输配备

equipment accuracy　设备精度

equipment accuracy test station　设备精确度试验站

equipment and facility console (=EFC)　装备与设施控制台

equipment and product inventory　设备和产品清单

equipment and repair quay　舾装及修船码头

equipment and spare parts (=E&SP)　设备与备件

equipment availability　设备完好率

equipment capacity factor　设备利用因素,设备利用率,设备负载因数

equipment center　设备中心

equipment certificate　设备合格证

equipment chain　链式设备,设备链

equipment change request (=ECR)　设备更改申请

equipment compatibility　设备兼容性,设备互换性,设备相容性

equipment component list (=ECL)　设备零件明细表

equipment configuration control (=ECC)　设备外形检查

equipment cost　设备费

equipment criteria　设备标准

equipment damage report　设备损坏报告

equipment deficiency　设备缺陷

equipment dispatch order　设备发送通知

equipment division　机具设备部门,设备科

equipment drawing　设备图,装置图

equipment error　设备误差

equipment failure　设备故障,设备失效,设备失灵

equipment for collision avoidance　避碰装置

equipment for cutter positioning　刀具定位装置

equipment for steam treatment　蒸汽处理装置

equipment gear　辅助齿轮,备用齿轮

equipment ground　设备外壳接地

equipment handover agreement　设备移交协议

equipment identification code　设备识别符号,设备识别码

equipment incomplete (=EI)　设备不完整

equipment input noise sound level　设备输入噪声级

equipment installation notice (=EIN)　设备安装通知

equipment interchange receipt　集装箱交接单,设备交接[清]单

equipment interchange report　(集装箱运输)设备交换清单

equipment list (=EL)　设备目录

equipment mark changed　设备标志更改

equipment misuse error　错用设备错误

equipment modification list (=EML)　设备更改清单

equipment move order (=EMO)　设备迁移指令

equipment nember　(1)舾装数；(2)装备数,船具数

equipment numeral　舾装数

equipment of anchor　锚设备

equipment of crew　船员配备

equipment of life float　救生浮具

equipment of lifeboat　救生艇属具

equipment of liferaft　救生筏属具

equipment of manual lifeboat　人力救生艇属具

equipment of secondary life saving appliance　辅助救生装置属具

equipment of ship　船舶附属器具

equipment of spaces　舱室设备

equipment of vessel (=EV)　船舶设备

equipment on board　船上设备

equipment operating procedure (=EOP)　设备操作顺序

equipment operational procedure (=EOP)　设备操作顺序

equipment operator　(1)技工,(2)司机

equipment ordering　设备订购

equipment performance　设备性能

equipment performance log (=EOL)　设备运行日记,设备性能表

equipment proection systemt　机组备用方式

equipment receipt　设备交接单,集装箱收据,设备收据

equipment record card (=ERC)　设备记录卡片

equipment regulation　设备操作规程

equipment rental　设备租用

equipment rental charge　设备租借费

equipment required by rule　(船用)法定属具

equipment requirement specification (=ERS)　设备要求规格

equipment shed　设备库

equipment specifications　设备规格,设备规范,设备说明书

equipment status panel (=ESP)　设备情况仪表板

equipment subsidy　征用船舶的设备补贴

equipment supplier　设备供应商

equipment tonnage　船舶属具吨位,舾装吨位

equipment under test　设备在试验中

equipment unit　设备部件

equipoise　(1)均衡,均势；(2)使平衡,相称,抵消,抗衡；(3)静态平衡状态,平衡状态；(4)相称[性]；(5)平衡锤,平衡重,平衡物；(6)平衡力

equipolar　等极[式]的

equipolarization　等配极变换,等极化

equipollence　(1)平衡,均势,均衡,等重,等价,等值,相等；(2)相等性,相当性；(3)等同的事物,等价物；(4)相等的；(5)同样重要的,均势的

equipollency　(1)平衡,均势,均衡,等重,等价,等值,相等；(2)相等性,相当性；(3)等同的事物,等价物；(4)相等的；(5)同样重要的,均势的

equipollent　(1)均等物,等力；(2)平行同向的,均等的,相等的,等力的,等重的,等值的,等价的；(3)同样重要的

equipollent load　等力荷载

equiponderance　平衡,均衡,等重,等力,等功

equiponderant　(1)平衡状态,等重物,均衡物；(2)平衡的,均衡的,等重的,等力的,等功的

equiponderate　(1)使平衡,使均衡；(2)使相等,使等重

equiponderation　重量相等的状态,平衡状态

equiponderous　等重的

equipotent　等力的,等效的

equipotential　等电位的,等电势的,恒电热的,均电势的,均势的,等势的

equipotential cathode　旁热式阴极

equipotential layer　等位层

equipotential line　等电位线,等电势线,等位线,等势线

equipotential pitch　等位距

equipotential space　等位区

equipotential surface　等位面,等势面

equipotential temperature (=EPT)　等位温度

equipotentiality　等位[性],等势[性]

equipower　等功率[的]

equipower line　等功率线

equipped　装备的

equipped capacitor　装机容量,装备容量

equipped capacity　最大容量,终局容量

equipped ship　已装备的船(具备开航条件)

equipressure　等压力

equipressure boiler　等压锅炉

equipressure cycle　等压蒸汽燃气联合循环,等压循环

equipressure surface　等压面

equiprobabillism　等几率论,等几率性,等概率性

equiprobability　几率相等,等概率,等几率

equiprobability curve　等概率曲线

equipropable　同样有可能的,几率相等的,等概率的,等几率的

equiproportional　等比例的,均等的

equiradical surd　{数}同次不尽根

equirotal　安装有同样大小车轮的

equiscalar　等标量的,等纯量的

equiscalar line　等值线

equiscalar surface　等纯量面,等值面

equisignal　(1)等强信号[的]；(2)等强信号航向台

equisignal localizer　等信号式无线电定位标杆,等信号式定位器

equisignal localizer equipment　等信号式定位设备

equisignal ratio range beacon　等强信号无线电导航标

equisignal system　等信号法

equisignal type　等信号型

equisignal zone　(无线电信标的)等信号区

equispaced　等间距的

equispaced pulse　等距脉冲

equisubstantial　等质的

equitable 公正的, 公平的, 正当的

equitable liability 公平责任

equitactic polymer 全同间同 [立构] 等量聚合物

equitangential curve 等切距曲线

equitime 等时 [间]

equity (1) 公平, 公正; (2) 平衡法; (3) 资本金, 股本

equity account 剩余财产账, 主权账户

equity capital 自有资本, 投入资本, 股权资本, 股份, 股本

equity capital transaction 产权资本转让, 股本转让

equity capital turnover 销货总额与投资总额的比较, 投资总额周转率

equity of statute 法律条文解释

equity shares 普通股, 股票

equity stock 产权股票, 普通股, 股票

EQUIV (=equivalent) 等价, 等值, 当量

equivalence (1) 等值, 等价, 等量; (2) 等积; (3) 等势; (4) 化合价相等, 当量; (5) 相等, 相当, 相抵; (6) 等效; (7) 等效性, 等价性, 相当性; (8) 相等物

equivalence gate {计}"同"门

equivalence operation {计}"同"操作

equivalence principle 当量原理

equivalence relation 等价关系, 等值关系

equivalency (1) 等价, 等值, 等势, 等效; (2) 相等; (3) 相当; (4) 当量

equivalent (=e) (1) 等效的, 等价的, 等值的, 等量的, 等积的, 等势的, 当量的; (2) [克] 当量; (3) 相当的, 相等的, 相同的; (4) 等效, 等值, 等价, 等量, 等势, 等积

equivalent absorption 等效吸收

equivalent admittance 等效导纳

equivalent aerial 等效天线

equivalent air pressure (=EAP) 当量空气压力

equivalent amount 当量, 等效量

equivalent antenna 等效天线

equivalent area 等效面积, 换算面积

equivalent atomic number (=EAN) 当量原子序数

equivalent automation 等价自动机

equivalent axis coil 等效轴线圈

equivalent barotropical model 相当正压模式

equivalent beam 等效梁

equivalent beds 对比层, 同位层

equivalent bending moment 等效弯矩

equivalent binary digit 等效二进位, 等阶二进数

equivalent Bragg spacing 等效布拉格间隔

equivalent capacity 等效电容

equivalent characteristic 等效特性 (曲线)

equivalent circuit 等效电路

equivalent circuit of biplar transistor 双极晶体管等效电路

equivalent circuit of transducer 换能器等效电路

equivalent clothoid 当量缓和线

equivalent compressive force 等效压力

equivalent concentration 当量浓度

equivalent condenser 等效电容器

equivalent conductance 等效电导

equivalent conductivity 等值电导率

equivalent cone 当量锥, 辅助圆锥

equivalent constant 等效常数

equivalent continuous rating (=ECR) 等效连续运转额定值

equivalent conversing of block diagram 方框图等值变换

equivalent cross-section 等效横截面

equivalent cross section 等效断面, 换算断面

equivalent current 等效电流

equivalent cylindric gear 当量圆柱齿轮

equivalent cylindrical gearing 当量圆柱齿轮传动装置

equivalent deepwater wave height 换算深水波高, 等效深水波高

equivalent depth (1) 换算水深, 等效水深; (2) (梁的) 等效深度, 等效船桁深度

equivalent device 等效装置

equivalent diameter (1) 当量 [齿轮] 直径, 等效直径, 换算直径; (2) 等效粒径

equivalent diode 等效二极管

equivalent diode voltage 等效二极管电压

equivalent direct radiation (=EDR) 等效的直接辐射

equivalent discharge 等效流量, 换算流量

equivalent draft 等容吃水

equivalent draught 等容吃水

equivalent drying time (=EDT) 同等干燥时间

equivalent earth's radius 等效地球半径

equivalent eccentric 当量偏心轮

equivalent echoing area (雷达) 等效反射区

equivalent electrons 等效电子

equivalent erasability 等可擦度

equivalent evaporation 蒸发当量

equivalent extension 等量延伸

equivalent factor 换算系数

equivalent focal length (=EFL) 等效焦距, 等值焦距

equivalent force 等效力

equivalent frame 等效框架

equivalent-free falling diameter 等效自由沉降直径

equivalent full power hour (原子能) 等效全功时

equivalent full-power hours (=EFPH) 全功率小时当量

equivalent gage reading 等效水位读数, 换算水位读数

equivalent gate current 等效栅极电流, 等效门电流

equivalent gear 当量齿轮

equivalent gear train 当量轮系

equivalent generator 等效发电机

equivalent girder 相当桁, 等强桁, 等效梁

equivalent grade 等效坡度, 换算坡度

equivalent grain size 等效粒径

equivalent head 等效水头

equivalent height 等效高度, 当量高度

equivalent impedance 等效阻抗

equivalent inductance 等效电感

equivalent isotropic radiated power (=EIRP) 等效各向同性辐射功率, 全向等效辐射功率

equivalent isotropically radiated power 全向同性等效辐射功率 (卫星通信设备用语)

equivalent lens 等焦透镜

equivalent level 等效电平

equivalent line 等位线

equivalent lines 等价线

equivalent live load 等效活载荷, 等效动载荷

equivalent load 当量载荷, 当量负荷

equivalent loading 等量充填, 等量配合

equivalent map 等面积投影地图

equivalent mass 当量质量, 等效质量

equivalent mean effective pressure 相当平均有效压力

equivalent mechanism 当量机构

equivalent network 等效网络

equivalent neutral density 当量通过视觉压密度, 当灰密度

equivalent noise input 等效噪声输入

equivalent noise level 等效噪声级

equivalent noise pressure 等效噪声压

equivalent noise resistance 等效噪音电阻

equivalent-noise-sideband input (=ENSI) 等效噪声边频带输入

equivalent sideband input 等效噪声单边输入

equivalent number of teeth (齿轮) 当量齿数

equivalent observation (测量) 等效观测

equivalent of heat 热当量

equivalent orifice 等效孔板, 等效孔

equivalent parameter 等效参数, 当量参数

equivalent path 等效行程

equivalent per million (=epm) 一百万单位重量之一单位重量当量, 一公斤溶液中溶质之毫克当量

equivalent performance parameters 相当性能参数

equivalent pipe 等效管路

equivalent pitch radius of bevel gear 锥齿轮当量节圆半径

equivalent point 当量点, 等效点

equivalent power 等效功率

equivalent prior sampling (=EPS) 等效优先抽样

equivalent rack 当量 [刀具] 齿条

equivalent radial load 当量径向载荷, 当量径向负荷

equivalent radial of curvature 当量曲率半径

equivalent radius 等效半径

equivalent rate 相当的费率

equivalent reactance 等效电抗

equivalent relation 等价关系

equivalent resistance (磁控管的) 等效电阻

equivalent roughness 等效粗糙度, 等效糙率

equivalent section (1) 等效断面; (2) 等效断面积

equivalent sectional area 等效断面积

458

equivalent series resistance (=ESR) 等效串联电阻
equivalent service horsepower 当量使用马力
equivalent shaft horse power (=ESHP) 当量轴马力
equivalent shaft horsepower 当量轴马力
equivalent sine wave 等效正弦波
equivalent size (1) 等效粒度；(2) 等效尺度
equivalent source 等效电源
equivalent space charge 等效空间电荷
equivalent spur gear 当量正齿轮
equivalent state 等效状态
equivalent static 等代静载，换算静载，当量静载荷
equivalent static load 等效静荷载，换算静载
equivalent stiffness 等效刚度
equivalent stress 等效应力
equivalent susceptance 等效电纳
equivalent table 换算表
equivalent temperature 等效温度
equivalent tensile force 等效拉力
equivalent test 等效试验法
equivalent theorem 等效定理
equivalent thin ship 等效薄船，等值薄船
equivalent thrust load 轴向当量负荷，轴向当量载荷
equivalent time 等值时
equivalent tooth gear 当量齿轮
equivalent tooth gearing 当量齿轮传动
equivalent track load (轴承) 当量滚道负荷
equivalent triangles 等积三角形
equivalent twisting moment 等量扭矩
equivalent unit (=EU) 换算单位，等效单位，当量单位
equivalent value 当量值，等效值，换算值
equivalent valve 等效电子管
equivalent variable 等价变量
equivalent vibration system 等效振动系统
equivalent volume (1) 等效容积；(2) 等效音量
equivalent water level 相应水位，等效水位
equivalent weight (化合) 当量
equivalent wheel gear pair 当量齿轮副
equivalent wheel load (=EWL) 等效轮压，等效轮载，当量轮载
equivalent width 等效宽度，换算宽度
equiviscous 等粘滞 [性] 的
equiviscous temperature (=EVT) 等粘滞温度
equivocation (1) 模糊度，疑义度，双关度；(2) 双关语；(3) 信息量总平均值
equivolume inclination 等排水容积倾斜，等体积倾斜
ER (=Earth Return) 接地回线，地回路
ER (=Engine Room) 机舱
ER (=Evaporation Rate) 蒸发率，蒸发速度
ERA (=Engine-room Artificer) 机匠
eradicate 根除，消除，扑灭
Era 耐蚀耐热合金钢
eradiate 发射，放射，辐射，发出
eradiation 发射，放射，辐射，发出
eradicable 可以根除的，可以消灭的
eradicate 根除，消灭，歼灭
eradicator (1) 消除器，根除器，除草机，除草器；(2) 去墨水液，褪色灵，
eradsability (1) 记录消除的可能性，记录可消除性，可清除性 (2) 可擦度；(3) 消磁程度
erasable 可清除的，可消除的，可清洗的，可擦掉的，可抹掉的，可删去的
erasable area 可清除区
erasable memory 可擦存储器
erasable programmable read-only memory 可擦型可编程唯读存储器
erasable storage 可擦存储器
erase 清除，消迹，删掉，消除，消掉，擦去，消降，抵消，消磁，退磁
erase amplifier 擦去放大器，消声放大器，消迹放大器，抹音放大器
erase character 删去符
erase circuit 抹迹电路
erase head 清洗磁头，清除磁头，消除磁头，消音磁头，消像磁头，抹音头
erase input 消除信号输入
erase pulse 消除脉冲
eraser (1) 抹音器；(2) 挖字刀，刮刀；(3) 消除器，擦除器；(4) 消磁头，消磁器，抹音器；(5) 橡皮擦，擦去物，擦字灵，擦子；(6) 消除者
eraser gate {计} 擦去装置门
eraser shield 擦图片
eraseroscillator 抹除振荡器

erasibility 耐擦性 [能]
erasible holographic memory 可清洗全息存储器
erasing 清洗，擦除
erasing factor 抹音系数，消声系数，消像系数
erasing head 清洗磁头，清除磁头，消除磁头，消音磁头，消像磁头，消磁头，抹磁头
erasing knife 刮刀
erasing of information 信息消除，信息清除
erasing rubber 擦字橡皮
erasing shield 擦图片
erasing sign (收发报) 取消信号
erasion 擦掉，抹掉，消除，消灭，消迹，消磁
erasure (1) 消磁抹音，消去，消除，擦去，消迹，消磁，抹音；(2) (信息论的) 疑符；(3) 擦除，删除，删去
erasure burst 突发删除
erasure-burst-correcting convolutional code 纠突发删除卷积码
erasure channel 删除信道
erasure locator 删除定位子，疑符定位子
erasure signal 消除信号
erbium 铒 Er (音耳，第 68 号元素)
ERBL (= Electronic Range and Bearing Line) 电子距离和方位线
erect (1) 直立；(2) 竖立，设立，建立，装配；(3) 架设，安装；(4) 垂直的，直立的，竖直的，正立的，竖立的，垂的；(5) 作垂直线
erect image 直立图像，正像
erectable 可安装的，可配装的，装配式的
erectile 能竖起的，能建立的，可建立的
erectility 安装能力，架设能力，垂直状态，直立状态
erecting (1) 竖立；(2) 设立，架设；(3) 安装，装配
erecting bay (船厂) 装配车间
erecting bill 安装材料单
erecting bolt 装配螺栓
erecting by floating into position 浮运架设法
erecting crane 安装用的起重机，装配吊车
erecting diagram 安装图，装配图
erecting drawing 装配图
erecting earth orbiting laboratory 侦察地球轨道实验室
erecting equipment (使导弹处于发射状态的) 起重设备
erecting eyepiece 正像目镜
erecting floor 装配场地，安装台
erecting frame 脚手架
erecting lens 正像透镜
erecting machinist 装配技工
erecting pontoon stage 浮式脚手架
erecting prism 正像棱镜
erecting scaffold 脚手架
erecting-shop 装配车间，装配厂
erecting shop 装配车间，装配厂
erecting stage 安装平台，脚手架
erecting tools 安装工具
erecting work 装配作业
erecting yard 装配场
erection (=ERECT) (1) 安装，装配；(2) (船体) 大合拢；(3) 架设；(4) 建立，树立，设立，直立，竖立，竖直；(5) 施工；(6) (船舶) 上层建筑，竖直物
erection bar 架立钢筋
erection bolt 装配螺栓，安装螺栓
erection by floating 浮运架设法，浮运架设
erection by launching 伸展架设法
erection by protrusion 悬臂架设法
erection by staging 用脚手架进行安装
erection center 安装中心
erection clip 装配用角材，装配夹
erection computer (=EC) (火箭起飞前的) 安装计算机
erection cost 建造成本，装配费，安装费
erection crane 安装用起重机
erection crew 安装人员，安装队
erection deck 上层建筑甲板，船楼甲板
erection department 装配车间
erection diagram 安装图，装配图，架设图，施工图
erection drawing 安装图，装配图，施工图
erection drawing erection diagram 装配图，安装图
erection end 船楼端
erection error 安装误差，装配误差
erection force 安装人员，安装队

459

erection insurance 安装保险
erection joint 安装接头
erection load 装配载荷，施工荷载
erection loop 吊环
erection man 装配工
erection of bridge 架桥，桥梁架设
erection of engine 发动机安装
erection of forms 架设模板，立模板
erection plant 装配设备，施工设备，施工机具
erection procedure 安装程序，建造程序
erection report 安装报告，建造报告
erection schedule 安装进度
erection sequence （船台）装配顺序
erection shop 装配车间，安装车间
erection stress 装配应力，装配应力，施工应力
erection tower 施工起重塔架，吊装塔架，吊机塔
erection unit (=EU) (1)（船体）分段，建造分段，安装组件；(2) 安装设备
erection welding 安装焊接，现场焊接
erection with pontoon 浮运架设 [法]，趸船架设 [法]
erection without scaffolding 无脚手架安装
erection work 安装工作，装配工作
erective 能竖起的，能建立的，可建立的
erectly 垂直地，竖地
erector (1)装配设备，安装器，架设器，起重器；(2)升降架；(3)安装工，装配工，起重工，家具工，安装者，架设者；(4)激励器
eremacausis 慢性氧化
erfc (=complementary error function) 补余误差函数
erg 尔格 (能量的单位)
erg-ten 一焦耳
erg theory of motivation 动机理论
Ergal 铝镁锌合金
ergo (拉) 因此
ergo- (词头) 工作，动力，力
Ergodic 各态经历的，遍历的
ergodic class 遍历类
ergodic condition 遍历条件
ergodic flow 遍历流
ergodic group 遍历群
ergodic hypothesis 遍历假设
ergodic information 遍历信息源
ergodic process 遍历过程
ergodic property 遍历性
ergodic theorem 遍历定理
ergodic theory 遍历理论
ergodic transformation 遍历变换
ergodicity 遍历性
ergogram 示功图，测功图，测力图，尔格图
ergograph 疲劳记录计，动力描记器，示功器，测力器，测力仪
ergographic 测力器的，测功器的
ergography 测力法，测功法
ergometer (1)测力计，测功计，示功计，功率计，尔格计；(2)肌力器
ergometric 测 [量] 功率的，测力的
ergon 尔格子
ergonometrics 人类工程计量学
ergonomic 人与机械控制的，人类工程 [学] 的
ergonomical study 工程生理研究，工作条件研究
ergonomical 人与机械控制的，人类工程 [学] 的
ergonomics (1)人与机械控制；(2)人机工程学，人类工程学，人机学，工效学，功率学
ergonomist 人机工程学家，人类工程学家
ergosphere （黑洞）能层
Erichsen number 杯突深度值
Erichsen test （材料的）拉深性能试验，埃里克森试验，杯突试验
Ericsson cycle 埃里克森循环
Ericsson screw 埃里克森螺纹
Eridite 电镀中间抛光液
eriometer 微粒直径测定器，衍射测微器，绕射测微器
eriskop (法) 一种电视显光管
erkensator 离心式纸浆净化机，主动式离心除砂机
Erlangen blue 铁蓝
Ermalite 厄马拉依特铸铁，重载高级铸铁
erode (1)侵蚀，腐蚀，酸蚀；(2)破坏，损害；(3)冲刷
eroded 被浸蚀的，被腐蚀的，有蚀痕的

erodent (1)腐蚀性的，浸蚀性的；(2)腐蚀剂
erodibility 侵蚀程度，侵蚀度
erodibility constant 冲刷常数
erodibility factor 冲刷系数
erodible 易受腐蚀的，受到腐蚀的，易受浸蚀的，易受冲刷的
eroding agent 侵蚀的原动力，冲刷的原动力，侵蚀的动因，冲刷的动因
eroding velocity 侵蚀速度
erose (1)凹凸齿形的，不整齐齿状的；(2)蚀痕状的
erosion 烧蚀，锈蚀，腐蚀，侵蚀，浸蚀，酸蚀，剥蚀，磨蚀，磨损
erosion basis 侵蚀基面
erosion control (1)水土流失控制；(2)侵蚀防治，防蚀
erosion control works 防冲刷构筑物，防冲刷设施
erosion cycle 冲刷循环，冲积循环
erosion damage 剥蚀损伤，剥蚀损坏
erosion depth 冲刷深度，剥蚀深度
erosion effect 侵蚀作用
erosion-free 无剥蚀
erosion intensity 剥蚀强度，侵蚀强度，冲刷强度
erosion mark 侵蚀痕
erosion number 腐蚀值
erosion pit 剥蚀坑
erosion-proof 防冲刷
erosion protection 腐蚀防护
erosion ratio 侵蚀率，侵蚀比
erosion-resistance 耐侵蚀性，抗侵蚀性，抗腐能力，耐腐蚀性
erosion resistance 耐侵蚀性，抗侵蚀性，抗腐能力，耐腐蚀性
erosion resistant 抗侵蚀性
erosion resistant refractory lining 耐热耐磨衬里
erosion shield 防腐蚀涂层，耐蚀涂层
erosion surface 侵蚀面
erosional 侵蚀的，冲刷的
erosional characteristics 侵蚀特性
erosional features 侵蚀特征
erosional surface 侵蚀面
erosive 侵蚀的，腐蚀的
erosiveness (1)侵蚀作用；(2)侵蚀性，侵蚀度
erosivity 侵蚀能力，冲刷能力
ERP (=Effective Radiated Power) 有效辐射功率
ERP (=Enterprise Resource Planning) 企业资源计划
erps cupola 螺旋风口式化铁炉，螺旋风口式熔铁炉
ERR (=Error) 错误
err (1)弄错，做错；(2)（仪器）产生误差，不正确
err in one's judgement 判断错误
errabuns 游走的，移动的
errancy 错误倾向，错误状态
errant 错误的，无定的
errant vehicle 失控车辆
errata (=ER) （单 erratum) 勘误表，正误表
errata location 误符定位
errata locator 误符定位多项式，误符定位子
erratic (1)不规则的，不规律的，不稳定的，非定期的，反常的，无定的；(2)漂移的，移动的，杂散的；(3)错误的
erratic current 不稳定的电流涡流
erratic flow 扰动流，涡流
erratic fluctuations 暂时波动
erratic formula 性质不定的公式
erratic load 不规则的荷载
erratic missile 偏离计算弹道的导弹，游离导弹
erratic noise 无规则杂音
erratic operation 不稳定的运转，运行不稳定
erratic picture 不稳定图像
erratical (1)不规则的，不规律的，不稳定的，非定期的，反常的，无定的；(2)漂移的，移动的，杂散的；(3)错误的
erratum (复 errata) (1)勘误表，正误表；(2)笔误，错字
erring 做错的
errite 褐硅锰矿
erroneous 不正确的，有误差的，错误的
erroneous bit 差错码元
erroneous declarations 申报错误
erroneous indication 假象
erroneous picture 错误概念
error (=e) (1)误差；(2)错误，差错；(3)故障
error actuated 动作误差
error allowance 容许误差

error analysis　误差分析
error and omission excepted　错误不在此限, 遗误除外, 差错待查
error angle　误差角
error bounds　误差界
error burst　错误位之间的数据组, 错误猝发, 错误群
error check　误差校验
error-checking　检验错误的, 检验误差的, 错误检验的, 验错的, 检错的
error checking and correction (=ECC)　误差检验与校正
error checking arrangement　误差校验装置
error circle　误差圆
error-circular　误差圆的
error circular radius　误差圆半径
error code　错误码
error coefficient　误差系数, 误差率
error compensation　误差补偿
error compensator　误差补偿器
error-control　误差控制 [的]
error control　误差控制
error control equipment　误差控制设备
error control procedure　误差控制过程
error-correcting (=EC)　误差校正 [的], 错误校正的, 误差改正的, 差错改正的, 纠错的
error correcting (=EC)　误差校正
error correcting code　错误校正码, 纠错码
error correcting decoder　误差校正译码器
error correcting routine　误差校正程序
error correction　误差修正
error correction servo (=ECS)　误差更正伺服机构
error correctionsignal (=ECS)　误差更正信号
error curve　误差曲线
error deformation string　误差畸变链
error-detecting　检测错误 [的], 误差检测 [的], 差错检测 [的], 错误检测 [的], 检错 [的]
error detecting (=ED)　错误检测
error-detecting code　检错码
error detecting code　检错码
error detection　误差检测
error detection and correction equipment　误差检测和校正设备
error-detection-correction　检错纠错的
error detector　误差检测器, 误差信号检测器
error detector circuit　误差检测电路
error diagnostics　错误诊断
error diagram　误差图
error-distributing code　误差分配码
error distribution　误差分配, 位差分配
error due to curvature of position circle　船位线曲率误差
error ellipse　误差椭圆
error equation　误差方程
error estimate　误差估计
error-evaluator polynomial　误差计值多项式
error evaluator polynomial　误差计值多项式
error excepted　错误除外
error expected　预期误差
error field　误差场
error flag　错误标志
error-free　无误差的, 无错误的, 无差错的, 正常的
error-free message probability　无误码报文概率
error free running period　无误差运转期, 正常运转期, 正常操作期
error frequency limit (=EFL)　错误频率极限
error function　误差函数
error function complementary (=erfc)　补余误差函数
error handling　误差处理
error in address (=EIA)　地址错误
error in bearing　方位误差
error in calculation　计算误差
error in design　设计误差
error in eccentricity　偏心误差
error in entering accounts　记账错误
error in focusing　对光误差
error in indication　指示误差
error in label (=EIL)　符号部分出错, 符号误差
error in length　射程误差
error in line　方向误差, 横误差
error in measurement　测量误差

error in navigation　驾驶过失, 导航误差
error in observation　观测误差
error in observed altitude　观测高度误差
error in operation (=EIO)　操作出错
error in posting　过账错误
error in range　距离误差, 射程误差
error in reading　读数错误
error in the voyage　航程误差
error in tooth spacing　齿槽误差, 节距误差, 分度误差
error in valuation　估价误差
error in viewing　视差
error indicating circuit　误差指示电路
error indication　误差指示
error indicator　误差指示器
error induced grammar　误差导出文法
error information　误差信息
error inline　方向误差, 横误差
error integral　误差积分
error interrupt　错误中断
error jump　误差骤增
error limit　误差范围
error limits　误差范围
error-locator polynomial　错误定位多项式, 误差定位多项式
error log　误差记录
error margin　误差容限
error-measuring　测量误差的
error measuring element　误差测量元件
error message　错误原因诊断信息, 查出错信息, 查误差信息, 错误信息, 错误报文
error meter　误差测量器
error method　误差法, 尝试法
error model　误差模型
error of a planet　行星观测上位置与计算上位置间的误差
error of alignment　对准误差, 校直误差, 成直线误差, 定线误差
error of approximation　近似误差
error of angular　角度误差
error of behavior　行为误差
error of chronometer　天文钟误差
error of closure　闭合误差
error of closure of horizon　水平角闭合误差
error of collimation　透视差, 准直差, 视准差 (六分仪)
error of commission　记账错误
error of compass　罗经差
error of convergence　交向误差
error of division　分度误差, 刻度误差
error of echo sounder　测深仪误差
error of estimate　估计量的误差
error of graduation　(1) 刻度误差; (2) 分度误差
error of gyrocompass　陀螺罗经误差
error of gyrocompass heading　陀螺罗经指北误差
error of heading　船首向误差
error of heading of gyrocompass　陀螺罗经指北误差
error of irradiation　辐照误差, 光渗误差
error of mean squares　中误差, 均方误差
error of measurement　测量误差
error of memory　存储器故障
error of observation　观测误差
error of parallelism of axes　轴心线的平行度误差
error of pitch　节距误差, 齿槽误差, 分度误差
error of position line　船位线误差
error of reading　读数误差
error of scale　(1) 刻度误差; (2) 比例尺误差
error of sextant　六分仪误差
error of sighting　瞄准误差
error of swing　旋角误差
error of the course　航向误差
error of the first kind　第一类误差
error of the second kind　第二类误差
error of tilt　倾角误差
error of tracking　目标跟踪误差
error of transferring　位置线移位误差
error operated　误操作的
error on the safe side　安全误差
error out of tolerance　超公差的误差

error parallelogram　(船位)误差平行四边形

error pattern　误差图样

error probability　误差概率,错误概率,误差率,误码率

error propagation　误差传播

error protected transmission system　防误传送方式

error pulse　误差信号脉冲

error range　误差范围

error rate　(1)错误率,误码率,误差率,差错率,出错率;(2)(电报)变字率

error ratio　误差率,差错率,误码率,误错率

error register　误差记录器

error root mean square　均方误差

error routine　查错程序,查误程序

error-sensing　误差敏感的,误差传感的

error-sensitivity　误差灵敏度

error sequence　误差序列

error severity code　标志错误严重性的代码

error signal　误差信号

error signal detection　误差信号检测

error signal generator　误差信号发生器

error signal transmitter　失调传感器

error squared criterion　误差平方准则

error state　误差状态,异常状态

error status word　纠错状态字

error synthesis　误差综合

error tape　记错磁带,改错磁带,差错带

error term　误差项

error triangle　(船位)误差三角形

error variance　误差方差,误差离散

error voltage　误差电压,误差信号电压

error voltage polarity　误差电压极性

errorless　无错误的,正确的

errors and omission of agents (=EOA)　代理人失职

errors and omissions　误差与漏算

errors and omissions excepted (=EOE 或 E&OE)　错误遗漏不在此限,错误遗漏除外,差错待查

errors excepted (=EE)　误差不在此限,允许误差

ERS (=Earth Resource Satellite)　地球资源卫星

ERS (=Electronic Remote Switching)　电子遥控转换

ERS (=Environmental Research Satellite)　环境研究卫星

ERS (=Equipment Requirement Specification)　设备要求规格

ersatz　(德)(1)人造的,代用的,假的;(2)人造物,代用品

ERSL (=Engine-skylight)　机舱天窗

ERST (=Error State)　误差状态,异常状态

ertalyte　聚脂

ERTS (=Earth Resources Technology Satellite)　地球资源技术卫星

erubescite　斑铜矿

eruct　喷出,爆发

eructate　喷出

eructation　喷出,爆发

erupt　喷发,喷溢,爆发

eruption　喷发,喷溢,爆发

eruptive　喷发的,爆发的

eruptivity　喷发状态

erythrocytometer　红血球计数器

erythrozincite　锰纤锌矿

ES (=Earth Switch)　接地开关

ES (=Echo Sounding)　回声测探

ES (=Economic Speed)　经济航度

ES (=Efficient Stripping)　有效扫舱

ES (=Electrical Sounding)　电测探

ES (=Engine Space)　机器处所,机舱

ES (=Engine Survey)　机舱检测

ES (=Environmental Stabilization)　(台卡设备的)环境稳定器

ES (=Examining Seals)　验封

ES (=Exclusive Sales)　包销

ES (=Execution System)　执行制度

ES (=Expert Systems)　专家系统

ES (=Exploration Ship)　勘探船

ES (=Export Subsidy)　出口补贴

ES (=External Superheater)　(锅炉的)外置过热器

ES (=Extra Strong)　高强度的

ESA (=Equalizer Side Lobe Antenna)　均衡旁瓣天线

ESA (=Extra series Accident)　特大事故

Esaki current　隧道电流

Esaki diode　隧道二极管,江崎二极管

Esaki effect　隧道效应

ESAR (=Electronically Steerable Array Radar)　电子扫描雷达

ESB (=Emergency Switchboard)　应急配电板,备用配电板

ESC (=Earth Satellite Corporation)　地球卫星公司

ESC (=Engineering Standard Committee)　(英国)工程标准委员会

ESC (=Escape)　(1)排出管,排出孔;(2)应急出口,太平门,太平口

Esaki current　江崎电流,隧道电流

Esaki diode　江崎二极管,隧道二极管

Esaki effect　江崎效应,隧道效应

escadrille　飞行机队,小舰队

escalate　(1)逐步提高,不断提高;(2)用传送带往上输送,乘自动电梯上去

escalation　(1)自动调整;(2)不断增加,逐步上升,自动升降;(3)有伸缩性

escalator　(1)自动升降机,自动电梯,自动滚梯,自动楼梯,升降梯;(2)(价率等)及时调整,增减手段

escalator clause　价率自动调整条款,伸缩条款

escalator method　梯降法,迭代法

escalatory　升级的

escape　(1)退刀槽,空刀槽;(2)铲背后让;(3)应急出口,逸出,逃逸,脱离,出口;(4)擒纵机构,擒纵轮,司行轮;(5)排泄;(6)排气管;(7)撤销的字符,换码

escape and rescue trunk　救生通道,太平通道,保险围井

escape apparatus　脱险器具

escape canal　排水沟

escape character　(1)ESC转译字符,换码符号,换码字符,转变字符,转义字符;(2)(信息)漏失符号

escape clause　免罚条款,回避条款,例外条款

escape cock　排泄旋塞,放气旋塞,安全塞

escape cover　应急出口盖

escape hatch　救生舱口,应急舱口,应急出口,太平舱口,太平门,出口,出路,退路

escape hole　(1)排水孔,泄水孔;(2)太平舱口,应急舱口

escape ladder　应急梯,脱险梯,太平梯

escape level　脱离能级

escape lung　单人呼吸器具

escape of air　漏气,逸气

escape of oil　漏油

escape of radioactivity　放射性漏泄

escape opening　安全出口,安全门

escape orbit　脱离轨道,逃逸轨道

escape orifice　逸出口,逸出孔,排出孔

escape passage　出口通道

escape peak　(探测器)逃逸峰

escape pinion　(钟表的)擒纵小齿轮

escape-pipe　排气管,排水管

escape pipe　出气管,排气管,放气管

escape piping　排出管系

escape road　机车加车线

escape rocket　应急分离火箭,宇宙火箭

escape route　脱险通道

escape shaft　逃生竖井,安全竖井

escape speed　第二宇宙速度,逃逸速度

escape stairs　逃生梯,太平梯

escape tower　应急脱离塔

escape truck　应急通道

escape trunk　潜水艇逃生舱,(船内)应急通道,应急出口,逃生孔,救生口,脱险井

escape-valve　放出阀,溢流阀,泄气阀,安全阀,保险阀

escape valve　放出阀,放气阀,保险阀,逸出阀,安全阀,溢流阀

escape velocity　第二宇宙速度,逃逸速度

escape vent　逸气口

escape wheel　擒纵轮

escape works　泄水建筑物

escapechute　救生降落伞

escapement　(1)擒纵机构,棘轮装置,擒纵机,擒纵轮,擒纵件;(2)闭锁;(3)制动,锁住,擒纵;(4)节摆杆,司行轮,摆轮;(5)应急出口,出口,脱险口,太平口

escapement crank　擒纵曲柄,轨闸摇把

escapement mechanism　擒纵机构

escapement stop　杠杆式销子挡料器,擒纵式挡料器,擒纵机挡料器

escapement wheel　擒纵轮

462

escapeway　安全通道

escaping　逸出, 漏出

escaping neutron　漏泄中子, 逸出中子

escaping steam　逸出蒸气, 漏气

escenter　旁[切圆]心

escenter of a triangle　三角形的旁心

ESCES (=Experimental Satellite Communication Earth Station)　实验卫星通讯地球站

escharotic　苛性剂

eschew　避免, 避开

escorial　(1)渣堆; (2)堆渣场

escort　(1)护卫, 护航, 护送; (2)护航机, 护航舰

escort boat　救生船, 护卫艇

escort carrier　护航航空母舰

escort convoy　护航

escort destroyer　护航驱逐舰

escort minesweeper　(舰队)护航扫雷艇

escort ship　护航船

escort tanker　护航的油轮

escort vessel (=EV)　护航船

escorting fee　护航费

escribe　旁切

escribed circle　旁切圆

escribed sphere　旁切球

escribed sphere of a tetrahedron

escutcheon　(1)刻度盘上的饰框, 盾形金属片, 盾形物, 框; (2)锁眼盖, 孔罩; (3)名牌, 铭牌; (4)船尾船名板, 船尾船名处

ESD (=Echo Sounding Device)　回声测深仪

ESD (=Emergency Shutdown)　紧急停车, 切断

ESD (=Estimated Shipping Date)　预定装运日期, 预计装运日期

ESD (=Extra Super Duralumin)　超硬铝

ESE (=East South East)　东南东

ESFSWR (=Extra Special Flexible Steel Wire Rope)　特别软钢丝绳

ESG (=Electrically Suspended Gyro)　电悬式陀螺仪

ESG (= Electrically Suspended Gyroscope)　电悬式陀螺仪

ESG (=Electrostatic Suspended Gyroscope)　静电支承陀螺仪

esiatron　静电聚焦行波管

Esicon　二次电子导电摄像管

ESHP (=Effective Summed Horsepower)　总有效马力

ESHP (=Estimated Shaft Horsepower)　估算轴马力

ESP (=Electrostatic Precipitator)　静电集尘器

ESP (=Endorsement for Sea Pretest)　海事声明签证

ESP (=Especially)　尤其, 特别

ESP (=Extended Sea Pretest)　延伸海事声明

ESPE(= Especially)　尤其, 特别

esoteric　(1)奥秘的, 深奥的, 秘密的, 机密的; (2)内部的, 稳的

especial　尤其的, 特别的

especially　特别地, 尤其

esperanza　埃斯波兰萨分级机

espews　无定形扫描信号

espial　探索, 监视, 窥见, 窥探, 观察, 侦察, 觉察, 发现

espier　探索者, 监视者

espionage　间谍活动, 密探, 刺探, 监视

espy　发现, 看见, 窥探, 窥见

esquisse　草拟图稿, 草稿, 底稿

esquisse-esquisse　速拟稿

ESR (=Echo Sounding Room)　回声测深仪室

ESR (=Electronic Scanning Radar)　电子扫描雷达

ESS (=Electronic Switching System)　电子交换系统

ESS (=Emergency Survival System)　应急救生系统

ESS (=Experimental Synchronous Satellite)　实验同步卫星

ESSA (=Environmental Survey Satellite)　环境监测卫星

ESSAM (=Emergency Ship Salvage Material System)　船舶应急救捞器材系统

essay　(1)论文, 短篇论说文, 短文, 短评; (2)试验, 实验, 尝试; (3)样品, 样本

essaying　(1)取样, 试样; (2)定量分析

essayist　实验者

ESSBR (=Electronically Scanned Stacked Beam Radar)　电子扫描多波束雷达

essence　(1)本质, 实质; (2)要素, 精华; (3)香精

essence of insurance　保险要素

essential (=esntl)　(1)实质性的, 重要的, 本质的, 根本的, 基本的, 主要的; (2)必不可少的, 最重要的, 必需的, 必要的; (3)提炼的, 精炼的;

(4)重要成分, 重要部分, 必需品; (5)本质, 实质, 要素, 要点, 基础

essential boundary condition　实在边界条件, 本质边界条件

essential characteristics　主要特性

essential colour　主色

essential component　主要成分

essential cost　必要费用

essential differences　本质区别

essential element　必需元素, 主要元素

essential elements of information (=EEI)　情报要点

essential expense　必要开支

essential goods　主要货物

essential information　基本信息

essential ingredients　主要成分

essential minimum control (=EMC)　必需的最低限度控制

essential number　酯化值

essential oil　香精油, 香料油

essential oil and isolates　天然香料

essential parameter　基本参数

essential part　基本部分

essential singularity　本性奇点

essential value　酯化值

essentiality　(1)本质, 要素, 要点, 精华; (2)本质性, 根本性, 基本性, 必要性

essentialize　(1)扼要说明; (2)使精炼

essentially　本质上, 实质上, 基本上, 本来, 本性

essentially bounded functions　本质有界函数

essentially singular points　本性奇异点

esserbetol　聚醚树脂

ESSM (=Emergenccy Signal Service Message)　紧急公文通信电文

EST (=Estimated)　估算的, 预计的

establish (=estb)　(1)设置, 设立, 建立, 形成, 产生; (2)制定, 规定, 给定, 确定; (3)证实, 确立; (4)使固定, 安置; (5)激励

establish contact　(使电路)接通

establish lines　定线, 放样

established　被制定的, 确定的, 确认的, 确立的, 建立的, 既定的

established customs　常规, 惯例

established fact　既成事实

established frequency　稳定频率, 固定频率

established line bearing　非标准轴承

established process　规定的操作程序, 确定的操作法

established right　既得利益

established technology　既定工艺

establishing　建立, 设立, 确定, 制定, 开设

establishing shot

establishment　(1)建立, 设立; (2)工厂, 企业; (3)科学研究院, 部, 所; (4)编制; (5)种子脱粒室; (6)预算, 估计; (7)基础

establishment of baseline　测定基线

establishment of letter of credit　开信用证, 开证

Estar　艾斯塔聚脂胶片

estate　(1)财产, 地产; (2)状况, 地位

estate car　客货两用轿车

estate sprayer　(消毒用的)建筑物喷雾器

esteem　(1)尊重, 尊敬; (2)认为

esteem needs　尊重的需要

ester　脂

ester additive　脂添加剂

ester gum　树脂胶

ester value　脂化值

estergum　树脂胶, 松脂胶

esterification　脂化[作用]

esterified resin　脂化树脂

esterify　脂化

esterlysis　脂解[作用]

estersil　硅脂

estersil grease　硅脂润滑脂

esthesiometer　触角测量器

ESTI (=Estimate)　估计, 预计

ESTI (=European Space Technology Institute)　欧洲航天技术学会

estiatron　周期静电聚焦行波管

estimate　(1)估计, 估价, 估算, 概算; (2)评定, 评价

estimate by an interval　区间估计

estimate cost　估计成本, 估价, 概算

estimate of cost　估算, 成本估算, 概算

estimate of parameter　参数估计

463

estimate of variance　方差估计
estimate sheet　估计单
estimate survey　材积测定
estimate value　估值
estimated　估算的,估计的,预计的
estimated amount　预计金额,估计数量,预算数量
estimated arrival draft　预计到港吃水
estimated bearing by eyev　目测方位
estimated budget　概算
estimated complete date (=ECD)　估计完工日期,预计完工日期
estimated completion time　预定完成时间
estimated cost　预计成本,预计造价,预算价格,预算费用,估计费用,估计成本
estimated cost of repair　估计修理费用
estimated course　预计航向,估计航向
estimated date (=ED)　估计的日期
estimated date of availability (=EDA)　估计具备日期,估计获得日期
estimated date of completion (=EDC)　(1)预计装货完毕日期；(2)预计完工日期,估计完工日期
estimated date of departure (=EDD)　估计离开日期,估计开航日期
estimated date of resumption (=EDR)　估计的恢复日期
estimated delivery date (=EDD)　估计交货日期
estimated delivery time　估计交货时间
estimated disbursement　预计费用
estimated distance　估算距离,推算距离,估计航程
estimated distance by eye　目测距离
estimated expenditure　估计支出
estimated expenditure and revenue　收支预算草案,收支概算
estimated life　估计寿命
estimated performance　估算性能
estimated performance curve　性能估算曲线
estimated performance speed　预计船速
estimated position　推算船位,估算船位
estimated position error　估计位置误差
estimated position plot　航迹绘画
estimated power　估计功率
estimated revenue receipts　预计财政收入,预计税收收入
estimated shaft horsepower　估算轴马力
estimated shipping date　预定装运日期,预计装运日期
estimated space　估计舱位
estimated speed　估计航速,估计速度,估算速度
estimated statement　估计表
estimated take off　估计起飞时间
estimated task completion date (=ETCD)　估计任务完毕日期
estimated time　估计时间
estimated time of arrival (=ETA)　估计抵达时间,预计到港时间
estimated time of berthing　预计靠泊时间
estimated time of commencement　预计开始装货时间
estimated time of commencement of discharging　预计开始卸货时间
estimated time of commencement of loading　预计装货开始时间
estimated time of completion (=ETC)　估计的完工时间
estimated time of delivery (=ETD)　估计交货时间,预计交船时间
estimated time of departure (=ETD)　估计出发时间,估计起飞时间
estimated time of finishing discharging　预计货物卸毕时间
estimated time of finishing loading　预计货物装妥时间
estimated time of readiness　预计准备就绪时间
estimated time of refueling　预计加油时间
estimated time of repair　预计修理时间
estimated time of return (=ETR)　估计返回时间
estimated time enroute (=ETE)　估计的在途中时间
estimated turning point　估计旋回点
estimated value　估计值,测定值
estimated variance　估计方差
estimated weight　估计重量,估算重量
estimating　(1)估算,估计；(2)估算的,预计的 (3)编制预算
estimating equation　估计方程
estimation　(1)估算,估计,估价,概算；(2)评定,鉴定,评价；(3)测定,预测
estimation of ranking　名次估计
estimation of reserves　储量的估计
estimation range　预测范围,预测区域
estimation theory　估计理论
estimative　有估计能力的,可以估计的,根据估计的
estimative figure　估计的数字

estimator　(1)估价者,估计者,预算员,评价者；(2)估计量；(3)设计者,
estoppage　(1)堵塞；(2)阻止
estop　禁止,阻止,防止
estoppage　堵塞,阻止
estopped　不得翻供
estrade　讲坛
estrange　疏远,隔离
estrodur　聚脂
estron　乙酸纤维
estuarine　井口的
estuarium　烧灼管
estuary　港湾
ESTWT (=Estimated Weight)　估算重量
estynox　环氧增塑剂
estyrene　乙烯苯均聚物
ESU (=Electrostatic Unit)　静电单位
ESV (=Esrth Satellite Vehicle)　人造地球卫星
ESV (=Emergency Stop Valve)　紧急停车阀
ESV (=Emergency Support Vessel)　应急救助船
ESVG (=Electrically Supported Vacuum Gyroscope)　静电支承真空陀螺仪
ESWR (=Extra Steel Wire Rope)　特殊钢丝绳
ET (=Eddy Testing)　涡流检验,涡流探伤
ET (=Elapsed Time)　经过的时间
ET (=Electric Typewriter)　电传打字机
ET (=Engine Telegraph)　机舱传令钟,车钟
ET (=Entrusted Tally)　委托性理货
ET (=Equation of Time)　时差
ET (=Escape Trunk)　应急出口,救生口,逃生孔,脱险井
ET (=Estimated Time)　估计时间,预计时间
ET (=Express Transportation)　急件运输,快运
ET (=External Trade)　对外贸易
eta-function η　函数
etalon　(1)标准,基准,规格；(2)标准量具,标准具,校准器,标准器,校正器；(3)标准样件；(4)频谱分析干涉仪,波长测定仪
etalon optical power　标准光学强度,标准光强度
ETC (=Early Termination Clause)　提前终止条款
ETC (=Electronic Toll collection)　电子收费
ETC (=Estimated Time of Commencement)　预计开始装货时间
ETC (=Estimated Time of Completion)　预计完成时间
ETC (=Etcelera)　(拉)(1)附加物,等等,其他
etc (=et cetera)　等
etch　(1)侵蚀,浸蚀,(2)蚀刻,刻蚀,(3)腐蚀,(4)酸洗,(5)腐蚀剂,蚀刻剂
etch cut method　腐蚀截割法
etch figure　腐蚀图,浸蚀图,蚀像
etch hole　刻腐孔点,蚀刻孔
etch-out　腐蚀出来,蚀刻出来
etch pattern　腐蚀图形
etch-pit　腐蚀坑
etch pit　浸蚀麻点,浸蚀坑
etch polish　侵蚀抛光
etch primer　反应性底涂层,侵蚀性底涂层,反应性底漆,磷化底漆
etch-proof　防腐蚀的
etch rates　浸蚀速度
etch resist resin　光致抗蚀剂树脂
etch-resistance coating　抗蚀涂层
etch-resistant　抗腐蚀的,抗浸蚀的,抗侵蚀的
etchant　蚀刻剂,浸蚀剂,浸蚀液
etched amplifier　印刷电路放大器
etched circuit　蚀刻电路
etched dimple　浸蚀陷斑
etched-figure　蚀像
etched figure　浸蚀像
etched-foil　腐蚀箔的
etched glass　无光玻璃,毛玻璃
etched like finish　浸蚀型光洁度
etched wiring　腐蚀印刷电路
etcher　[电]蚀刻器,刻蚀器
etching　(1)蚀刻法,刻蚀,(2)侵蚀,浸蚀,(3)修整
etching apart(=separaion)　分离侵蚀
etching by transmitted light (=ETL)　透射光刻蚀
etching figure　浸蚀像
etching machine　蚀刻机

464

etching needle 蚀刻用钢尖笔, 刻针
etching paper 印蚀刻图的纸, 雕刻用纸
etching pattern 侵蚀图像
etching plating photo resist (=EPPR) 腐蚀电镀光致抗蚀剂
etching test 浸蚀试验, 酸蚀试验
etching to frequency [将晶体] 侵蚀到所需频率, [将晶体] 侵蚀到所规定的频率
etching treatment 浸蚀处理
eteline 四氟乙烯
eternal 永久的, 永恒的
eternalize 使永恒, 使不朽
eternite 石棉水泥
eternite pipe 石棉水泥管
ETF (=Engine Test Facilities) 发动机试验用设备
ethanal 乙醛
ethane 乙烷
ethanite 乙烷橡胶
ethanol 乙醇, 酒精
ethanolysis 乙醇分析
ethene (=ethylene) (1)乙烯；(1)乙撑, 次乙基
ethenoid 乙烯型的
ether (1)乙醚；(2){物}以太；(3)太空；(4)电磁波
ether alcohol 醚醇
ether drift 以太漂移
ether extract 醚提取物
ether extraction 用乙醚萃取, 乙醚萃取 [法]
ether form petroleum 石油醚
ether of cellulose 纤维素醚
ether ring 含氧环, 醚环
ether scanner 全景搜索接收机
ether-soluble 溶于醚的
ether spectrum 电磁频谱, 以太频谱
ether wave 电磁波, 以太波
ethereal (=etheric) 醚的
ethereal salt 酯盐
ethereal sludge 醚浆, 醚渣
etherification 醚化作用
etherify 醚化
etherion 微以太
etherioscope 测醚镜
Ethernet 以太计算机网, 以太网 [络]
Ethernet file transfer protocol 以太网文件传递协议
ethine 电石气, 乙炔
ethinyl (=ethynyl) 乙炔基
ethion 乙硫磷
ethoxylate 乙氧基化物
ethyl 四乙基化铅, 乙烷基, 乙基
ethyl acetate 醋酸乙酯
ethyl acrylate 丙烯酸乙酯
ethyl alcohol 酒精, 乙醇
ethyl benzene 苯乙烷, 乙苯
ethyl cellulose 乙基纤维素
ethyl cellulose plastics 乙基纤维塑料
ethyl chloride 氯化乙基, 氯乙烷
ethyl cyanlde 乙基氰
ethyl ether 乙醚
ethyl fluid 含四乙铅汽油, 四乙铅溶液, 乙基液
ethyl fluoride 氟代乙烷, 乙基氟
ethyl heptyl ether 乙基 . 庚基醚, 乙氧基庚烷
ethyl hexanol 乙基己醇
ethyl mustard oil 异硫氰酸乙酯, 乙基芥子油
ethyl petrol 乙基汽油 (含四乙铅)
ethyl rubber 乙基橡胶
ethylamine 乙胺
ethylene (1)乙烯；(2)次乙基
ethylene bromide 二溴乙烯
ethylene center 乙烯中心 (指以乙烯为原料主体的石油化学企业)
ethylene dibromide and methyl bromide mixture 二溴化乙烯和溴甲烷混合物
ethylene fluoride 亚乙基二氟, 氟化乙烯
ethylene glycol 乙二醇, 甘醇
ethylene oxide 氧化乙烯
ethylene oxide and carbon dioxide mixture 环氧乙烷 (氧化乙烯) 和二氧化碳混合物

ethylene oxide and chlorotetrafluoroethane mixture 环氧乙烷 (氧化乙烯) 和氯四氟乙烷混合物
ethylene oxide and dichlorodifluoromethane mixture 环氧乙烷 (氧化乙烯) 和二氯二氟甲烷混合物
ethylene oxide and pentafluoroethane mixture 环氧乙烷 (氧化乙烯) 和五氟乙烷混合物
ethylene oxide and propylene oxide mixture 环氧乙烷 (氧化乙烯) 和氧化丙烯混合物
ethylene oxide and tetrafluoroethane mixture 环氧乙烷 (氧化乙烯) 和四氟乙烷混合物
ethylene oxide with nitrogen 含有氮的环氧乙烷
ethylene perchloride anticorrosive enamel paint 过氯乙烯防腐瓷漆 (铁红)
ethylene-propylene rubber (=EPR) 乙烯丙烯橡胶, 乙丙橡胶
ethylene propylene rubber (=EPR) 乙烯丙烯橡胶, 乙丙橡胶
ethylene propylene rubber insulated cable 乙烯丙烯橡胶绝缘电缆
ethylene rich gas 富乙烯气体
ethylene rubber (=ER) 乙烯橡胶
ethylene tanker 乙烯船
ethylenediamine 乙二胺
ethylenediamine tetracetic acid 乙二胺四乙酸
ETOH (=Ethyl Alcohol) 乙醇
ETP (=Engineering Test Procedure) 工程试验程序
ETP (=Evaluation Test Procedure) 鉴定试验程序
ETR (=Estimated Time of Repair) 预计修理时间
ETS (=Electronic Timing Set) 电子计时装置
ETS (=Engine Test Stand) 发动机试验台
ETS (=Engineering Test Satellite) 工程试验卫星
ETS (=Evaluation Test Specification) 鉴定试验说明书
EU (=Energy Unit) 能量单位
EU (=European Union) 欧洲联盟, 欧盟
EUA (=European Unit of Account) 欧洲货币单位
eucalypt 桉树
eucalyptus oil 桉叶油
Euclidean 欧几里德的
Euclidean geometry 欧几里德几何 [学]
Euclidean space 欧氏空间
eucolloid 真胶体, 天然胶体
eudiometer (气体燃烧时) 容积变化测定管, 空气纯度测定管, 气体燃化计, 爆炸滴定管, 测气计, 量气管
eudiometric 气体测定的, 气体分析的, 量气管的
eudiometry 空气纯度测定法, 气体测定法
eudidymite 双晶石
eufroe 紧绳器, 天幕吊板, 眼板
euhedral {晶} 自形的, 整形的
euhedral-granular 自形粒状
Euler angle 欧拉角
Euler equation 欧拉方程
Euler-Lagrange formulation 欧拉 - 拉格朗日法
Euler's theorem 欧拉定理
Euler's transformation 欧拉变换
euphotic zone 光亮带, 强光带, 透光层
euphroe 紧绳器, 天幕吊板, 眼板
euphyllite 钠钾云母
eureka (1) 尤锐卡铜镍合金 (高电阻合金, 60%Cu, 40%Ni)；(2) 尤锐卡 (雷达信标), 地面应答信标
eureka burner 自动点燃的本生灯
eureka radar beacon 尤锐卡雷达信标
eureka Rz 尤锐卡 Rz 镁锆铸造合金
eurelon 聚酰胺
eurepox 环氧树脂
euro-dollar 欧洲美元
euromark 欧洲马克
Europe 涂树脂的缆索
Europe barge carrier 欧洲载驳船
European 欧洲人的, 欧洲的
European Airline Electronic Commission (=EAEC) 欧洲航空公司电子委员会
European article number 欧洲商品号码
European Atomic Energy Society (=EAES) 欧洲原子能学会
European barge carrier system 欧洲驳船货运制
European center for nuclear research 欧洲原子能研究中心
European coal and steel community 欧洲煤炭钢铁共同体
European committee for standardization 欧洲标准化委员会

European common market 欧洲共同市场
European Communication Satellite 欧洲通信卫星
European Communication Satellite Committee (=ECSC) 欧洲通信卫星委员会
European Communication Satellite Organization 欧洲通信卫星组织
European Council for Nuclear Research (=ECNR) 欧洲原子核研究委员会
European currency unit 欧洲货币单位
European economic community (=EEC) 欧洲经济共同体
European Electronic Intelligence Center (=EEIC) 欧洲电子情报中心
European Launcher Development Organization (=ELDO) 欧洲发射工具研制机构
European Military Communication Coordinating Committee (=EMCCC) 欧洲军事通讯协调委员会
European monetary system 欧洲货币体制
European Nuclear Energy Agency (=ENEA) 欧洲核能机构
European Organization for Nuclear Research (=EONR) 欧洲原子核研究组织
European Radio Frequency Agency (=ERFA) 欧洲射频机构
European Space Research Organization (=ESRO) 欧洲空间研究组织
European standard time 欧洲标准时
European union 欧洲联盟, 欧盟
European unit of account 欧洲货币单位
Europium 【化】铕 Eu (原子数 63)
Europlast "欧洲塑料"展览
eusynchite 钒铅锌矿
eutaxic 条纹斑状的, 带状的
eutecrod 共晶焊焊条, 易熔焊条
eutectic (1)低[共]熔的, 易熔[质]的; (2)低共熔混合物, 共晶混合物, 共熔物, 共熔合金, 易熔质; (3)低共晶的, 共晶[体]的, 共晶点的; (4)共晶体, 共晶点
eutectic alloy 低共熔合金, 易熔合金, 共晶合金
eutectic cementite 共晶渗碳体
eutectic evaporate (1)低共熔混合物, 易熔质, 共晶体; (2)低共熔的, 易熔的
eutectic graphite 共晶石墨
eutectic horizontal 易熔横线
eutectic mixture 低共熔混合物, 易熔混合物
eutectic plate 低共熔片, 冻片
eutectic point 低共熔点, 共晶点
eutectic reaction 共晶反应, 共晶转变
eutectic welding 低温共晶焊接, 低温焊接
eutecticum 共晶体, 共晶化
eutectiferous 共晶[体]的
eutectiform 共晶状
eutectogenic system 致低共熔体系
eutectoid (1)低共析[体], 不均匀共熔体, 类低共熔体, 易熔质; (2)共析合金; (3)共析混合物的, 共析体的, 共析的
eutectoid mixture 低共熔机械混合物
eutectoid point 低共晶点, 共析点
eutectoid steel 共析钢
eutectoid structure 共析结构
eutectometer 快速相变测定仪
eutectophyric structure 流状结构
eutexia (1)稳定结合性, 低共熔性, 稳定状态, 易熔性; (2)共晶形成原理
euthermic 增温的
eutropic 异序同晶的
eutropy 异序同晶[现象]
euxenite 黑稀金矿
EV (=Electron Volt) 电子伏特
EV (=Enemy Vessel) 敌船
EV (=Entry Visa) 入境签证
EV (=Equipment of Vessel) 船舶设备
EV (=Escort Vessel) 护航船
EV (=Every) 每次
EVAC (=Evacuated) 排空的, 抽空的
evacuable 易于卸货的, 易于抽空的, 易于排空的
evacuate (1)除清, 排泄, 排空, 抽空, 消除, 排气; (2)搬空, 疏散, 撤离
evacuated (=EVAC 或 evac) 排空的, 抽空的
evacuated air 排泄空气
evacuated capsule 真空膜盒

evacuated chamber 真空室
evacuated space 真空空间
evacuation (1)排气, 抽气, 排空, 抽空, 抽真空; (2)搬空, 疏散, 撤离; (3)排出物
evacuation appliance 撤离设备
evacuation capsule 救生袋, 逃生袋
evacuation fan 排气风扇, 抽风机
evacuation pump 真空泵
evacuation slide 撤离滑梯
evacuation slide embarkation 撤离滑梯的登乘
evacuation slide launching 撤离滑梯的下水
evacuation system 撤离系统
evacuation time 撤离时间
evacuation valve 排气阀, 抽气阀
evacuator 抽气设备, 抽气器, 排出器, 排除器, 真空泵
evagination 外折, 外突, 翻出, 凸出
evaluate (=eval) (1)估计, 估量; (2)评定, 评价, 鉴定, 测定; (3)赋值; (4)确定数值, 求值
evaluating water quality 评价水质
evaluation (=eval) (1)估计, 估价, 估量, 估算, 估值, 估价; (2)评定, 评价, 测定, 评值, 鉴定, 判断; (3)整理[数据]; (4)以数目表示, 计算, 求值, 计值; (5)赋值
evaluation action 评估行动
evaluation activity 评价活动
evaluation and service test 鉴定与使用试验
evaluation chart 评质产
evaluation circuit 求值电路
evaluation criteria 评估标准
evaluation module 评定模件
evaluation of catalyst microstructure 催化剂显微结构的测定
evaluation of project 项目评价
evaluation processor module 处理机评价模件
evaluation test 鉴定试验
evaluation test procedure (=ETP) 鉴定试验程序
evaluation test specification (=ETS) 鉴定试验说明书
evaluation trial 鉴定性试验, 鉴定试车
evaluator 鉴别器, 鉴定器
evalvate 无瓣的
evanesce 渐近于零, 消失, 消散
evanescence 渐近于零, 消失, 消散
evanescent 渐近于零的, 无限小的, 不稳定的, 易挥发的, 短暂的, 瞬息的
evanescent wave 衰逝波, 损耗波
evanishment 消失, 消散
evanohm 埃瓦诺姆镍铬系电阻合金 (镍 75%, 铬 20%, 铜 2.5%, 铝 2.5%)
Evans classifier 伊万斯分级机
Evans mill 伊万斯带钢轧机
EVAP (=Evaporation) 蒸发, 汽化
EVAP (=Evaporator) 蒸发器
evapor-ion pump 蒸发离子泵
evapor ion pump 蒸发离子泵
evaporability 可蒸发性, 蒸发本领, 汽化性, 挥发性
evaporable 可蒸发的, 易蒸发的, 易挥发的, 挥发的
evaporant 蒸发物, 蒸发剂
evaporant ion source 蒸发离子源
evaporate (=evap) (1)蒸发, 挥发, 汽化; (2)除去水分, 蒸浓, 脱水; (3)消失, 消散; (4)(电子的)发射
evaporate to dryness 蒸干
evaporated alloying technology 蒸发合金工艺
evaporated black 蒸镀变黑
evaporated circuit 蒸敷[薄膜]电路
evaporated due to nature of cargo 货物性质致蒸发
evaporated film 蒸镀薄膜
evaporated transistor 挥发型晶体管
evaporating capacity (1)蒸发能力; (2)蒸发量
evaporating carburetor 蒸发汽化器
evaporating chamber 蒸发室
evaporating coil 蒸发盘管
evaporating column 浓缩柱, 蒸浓柱
evaporating dish 蒸发皿
evaporating pipe 蒸发管
evaporating plant 蒸发装置
evaporating point 汽化点

466

evaporating pressure 蒸发压力, 汽化压力
evaporating pressure regulating valve 蒸发压力调节阀
evaporating surface 蒸发表面
evaporating temperature 蒸发温度, 汽化温度
evaporating tower 浓缩塔, 蒸浓塔
evaporating tube 蒸发管
evaporation (=evap) (1) 蒸发, 汽化, 脱水; (2) 蒸发度, 蒸发量, 蒸发作用; (3) 浓缩, 干燥; (4) 升华沉淀作用; (5) 粒子的逐出, 消失, 散散; (6) 蒸汽
evaporation at constant temperature 恒温蒸发
evaporation capacity 蒸发能力, 蒸发量
evaporation coil 蒸发旋管, 蒸发器
evaporation control 蒸发控制装置
evaporation-cooled device 蒸发冷却装置
evaporation factor 蒸发系数, 汽煤比, 煤水比
evaporation from water surface 水面蒸发
evaporation gage 蒸发计
evaporation gum test (石油) 蒸发胶质试验
evaporation heat 蒸发潜热, 汽化潜热
evaporation hook gage 蒸发器
evaporation loss 蒸发损失 [量]
evaporation nucleon 蒸发核子
evaporation of surface 地面蒸发
evaporation plant 蒸发装置
evaporation rate (=ER) 蒸发速度, 蒸发率
evaporation rate of heating surface 受热面蒸发率
evaporation surface load 镜面负荷
evaporation tank 蒸发池
evaporation test 挥发度试验, 蒸发量试验, 挥发度测定
evaporative 蒸发的, 蒸发式的
evaporative capacity 蒸发量
evaporative centrifuge 蒸发式离心机
evaporative coil tube 蒸发盘管
evaporative condenser 蒸发 [式] 冷凝器, 蒸发凝汽器
evaporative cooling 蒸发冷却
evaporative cooling tower 蒸发式冷却塔
evaporative efficiency 蒸发效率
evaporative factor 蒸发系数
evaporative heat 蒸发热
evaporative power 蒸发能力
evaporative surface condenser 蒸发表面冷凝器
evaporative type cooler 蒸发式冷却器
evaporativity 蒸发本领, 蒸发度, 蒸发率, 蒸发性
evaporator (=evap) (1) 蒸发干燥器, 蒸发器, 蒸馏器; (2) 汽化器; (3) 淡水机
evaporator automation 造水自动装置
evaporator blower 蒸发器吹风机
evaporator capacity 蒸发器制冷量
evaporator coil 蒸发器盘管, 蒸发盘管
evaporator coil over feed 蒸发盘管供液过多
evaporator feed pump 蒸发器给水泵
evaporator heating surface 蒸发器加热表面
evaporator pressure regulator 蒸发压力调节器
evaporator regulating valve 蒸发压力调节阀
evaporator source 蒸发源
evaporator superheat 蒸发器过热度
evaporator tube 蒸发器管
evaporator tube bank 蒸发器管簇
evaporator unit 蒸发器
evaporator vapor 蒸发器的二次汽
evaporator water treatment 蒸发器水处理
evaporigraph 蒸发记录仪
evaporimeter 蒸发测定器, 蒸发计
evaporimetry 蒸发测定法
evaporization 蒸发, 汽化
evaporograph 蒸发成像仪
evaporography 蒸发成像术
evaporometer 蒸发仪表, 蒸发表, 蒸发计, 汽化计
evaporoscope 蒸发镜
evapotranspiration 蒸发 - 蒸腾, 总蒸发
evapotranspire 蒸散
evapotranspirometer 蒸散计
evase (风机, 泵等出口的) 渐扩段
evasion (1) 逃避; (2) 回避, 推诿; (3) 偷税, 漏税

evasion of law 法律规避
evasion of tax 漏税, 逃税
evasive action (船舶) 闪避动作
evasive steering 避碰操舵, 规避机动
evatron 自动控制用热离子变阻器, 电子变阻器
EVC (=Exhaust Valve Close) 排气阀关
even (1) 有规律的, 均匀的, 均等的, 相等的, 对等的, 不变的; (2) 偶数的, 整数的, 偶的; (3) 平坦的, 平滑的, 平静的, 平稳的, 平衡的, 平的; (4) 不曲折的, 无凹陷的, 连贯的; (5) 整平, 平衡
even-A nucleus 偶质量数核, 偶 A 核
even bearing 表面压力均布的轴承
even bladed porpeller 偶数桨叶螺旋桨
even-C particle 偶 C 宇称粒子
even-charge 偶电荷的
even-controlled gate 偶数控制门
even depth 相等深度
even dye 均匀染料, 均染染料
even-even (1) 偶数个偶数, 偶数对; (2) 偶 - 偶的
even fracture 细粒断口, 平坦断口
even-grained 均匀粒度的, 等粒状的
even grained 等粒状
even grip fluting 不打滑沟槽
even half spin representation 偶半旋表示
even harmonic 偶谐波
even harmonics 偶次谐波
even-integral number 偶整数
even joint 平接
even keel (船) 首尾吃水相等, 平吃水, 平浮, 平载
even level 偶数层, 偶数级
even-line 偶 [数] 行的
even load 均布载荷, 均布荷载, 均匀负载, 均匀装载
even-mass nucleus 偶质量数核, 偶 A 核
even NO. of teeth 偶数齿
even number 偶数
even number of teeth 偶数齿
even number of threads 偶数螺纹
even numbered pass 偶数道次
even-old 偶数 - 奇数的, 偶奇的
even odd check 奇偶校验
even odds 成败机会相等, 正反机会相等
even order 偶次的
even order harmonic distortion 偶次谐波失真
even-order harmonics 偶次谐波
even pace chart 均匀速度表
even-parity 偶宇称的, 宇称为偶的
even parity 偶数奇数, 偶宇称性
even parity check 偶数奇数校验
even permutation 偶置换, 偶排列
even pitch 齐整螺距
even thread 偶螺纹
even tooth number 偶齿数
even wear 均匀磨损
even working 整帖装订
evener (1) 平衡器, 均衡器, 调整器; (2) 整平机
evener roller 均棉罗拉
eveness (1) 平坦; (2) 均匀
evening watch 傍晚班 (下午 4 点至 8 点)
evenly 变动不大地, 均匀地, 平等地, 平坦地
evenly distributed load 均匀分布载荷, 均布载荷
evenly graded 颗粒级配均匀的
evenness 均匀性, 均匀度, 平滑度, 光滑度, 一致性
evenometer 光电式均匀度测定仪
event (1) 随机事件, 偶然事件, 重要事件, 事件, 事例, 事情, 事项, 过程; (2) 结果, 现象; (3) 作用, 动作; (4) 原子核变化, 原子核转变; (5) 冲程, 距离, 间隙, 缝, 孔; (6) 同相轴
event and failure record (=E&FR) 事件与故障记录
event based simulation 根据事件模拟法
event counter 转换计数器, 信号计数器
event-directed 指向事件的
event horizon 视界
event magnet 步调磁铁
event mark 记事符号
event-marker 结果标示器标记者
event-oriented 面向事件的

467

event population　事例粒子数
event record (=ER)　事件记录
event record log(=ERL)　事件记录日记
event recorder　故障记录仪，事件记录
event tree analysis　事件树分析
eventful　（事件）重大的，重要的，多事的
eventful affair　重大事件
eventless　无事的
eventual　可能发生的，结局的，最终的
eventual failure　最后破坏，完全破坏
eventuality　（1）可能发生的事情，不测事件，结果，后果；（2）偶然性
eventualize　终于引起的，终于发生的
eventually　终于，最后
eventuate　最后成为，结果，终归
ever　（1）总是，常常，永远；（2）更，越
ever-accelerating　不断加速的
ever-active　一起在活动的
Ever-brass　埃弗无缝黄铜管
ever-changing　不断变化的
Ever-cleaner　往复自动真空抄针装置
ever-expanding　不断膨胀的
ever expanding　不断发展的，不断扩大的
ever-flowing　一起在流动的，常流的
ever fracture　平整断口，细晶粒断口
ever-growing　日益增长的
ever growing　不断增长的
ever-growing use　应用日广
ever-increasing　不断增加的，日益提高的
ever increasing　不断增长的
ever larger　越来越大的，不断增大的
ever-present　总是存在的
ever-smaller　愈来愈小的
Everbrite　埃弗布顿特铜镍耐蚀合金
Everdur　埃威杜尔铜硅锰合金
Everglaze　耐久光泽整理
everlasting　持久的，永恒的，不朽的
Everlube　耐寒性润滑油
evermoist　常湿的
eversafe　永远安全的
everrunning　溢流的
every　（1）每个；（2）一切可能的；（3）每次
every bit　各方面，全部，完全，全然
every cargo voyage　每运输航次
every day　天天，每天
every inch　彻底，完全
every man jack　全体船员（无一例外的）
every now and again　不时地，时时，时常
every once in a while　间或，偶尔
every other day (=eod)　（1）每隔一日；（2）隔日
every reason　充分理由
every so often　时时，有时，间或，偶尔
every time　每当……，每次
everybody　人人，每人
everyday low pricing　日日低价
everyday routine　每日例行公事，日常工作
everyone　人人，每人
everything　事事，凡事，一切
everything depends on　一切依靠……而定
everyway　从各方面说来，在每一方面，各方面都
everywhere　无论到那里，处处，到处
everywhere convergent　处处收敛
everywhichway　非常混乱地，向各方面
evidence　（1）特征；（2）证明，证据，凭证，论据；（3）探测；（4）试验证明；（5）证人
evidence in litigation　诉讼证据
evident　明显的
evidential document　证据，凭证
evidential effects　证据的效力
evidently　明显地，显然
evideur　挖除器
evince　弄明白，表示，表明，表现，显示，证明
evincible　可表明的，可证明的
EVIO (=Edorsement for Vessel Inward and Outward)　船舶进出口签证

EVO (=Exhaust Valve Open)　排气阀开
evitable　可避免的
evocation　启发作用
evocator　形态形成物质，诱发物，启发物
evocon　电视发射管
evolute　（1）渐屈线，渐近线，渐开线，展开线，法包线；（2）发展，进化，展开；（3）展开的，外卷的
evolute analysis　渐屈线分析
evolute of a surface　渐屈面
evolute profile　渐开线
evolution　（1）发展，展开，形成，渐进，渐近，回旋；（2）进化，演化，演变，渐进；（3）开方；（4）增长；（5）放出，析出，旋出，泄出
evolution equation　渐近方程
evolution of gas　（1）析出气体；（2）斯泄出
evolution of heat　热的放出
evolution of petroleum　石油的形成
evolutional　（1）发展的，发达的；（2）展开的；（3）调优的
evolutionary　（1）发展的，发达的；（2）展开的；（3）调优的
evolutionary operation (=EVOP)　（1）渐近操作；（2）调优运算；（3）开发计划
evolutive　（1）发展的，发达的；（2）展开的；（3）调优的
evolutoid　广渐屈线
evolvable　（1）可展开的；（2）能发展的
evolve　（1）离析，放出；（2）推导出，引伸出；（3）进化，演进，渐进
evolved gas detection (=EGD)　析出气体检定，逸出气体检定
evolvement　展开，进展，发展，发达，发生
evolvent　（1）渐开线，渐伸线，渐屈线，切展线；（2）渐伸线函数
evolvent spiral surface　渐开线螺旋面
evorsion　涡流浸蚀［作用］
evorsion hollow　涡旋磨，涡蚀穴，涡穴
evulsion　拔出，撕去，撕脱
EW (=Early Warning)　提前报警
EW (=Electric Winch)　电动起货机
EW (=electrically welded)　电焊
EWO (=Electrical and Wireless Operator)　电气和无线电技师
EWS (=Early Warning System)　提前报警系统
EWS (=Emergency Water Supply)　紧急供水，应急供水
EX (=Examined)　试验过的，验讫
EX (=Example)　（1）实例；（2）样品，样本
EX (=Exchange)　（1）外币交易，兑换；（2）外币交易所
EX (=Exciter)　励磁机，激励器，激发器，激磁机
EX (=Excluding)　不包括，除外，扣除
EX (=Executed)　已执行的，已生效的
EX (=Exit)　出口
EX (=Export)　出口，输出（商品）
EX (=External)　外部的，表面的，外来的
EX (=Extreme)Breadth　最大宽度
ex　（拉）（1）由，自，从，因；（2）在……交货，购自；（3）无，不，未
ex bond　（纳税后）关栈交货
ex buyer's bonded warehouse, duty paid　完税后买方关栈交货价格
ex buyer's godown　买方仓库交货价格
ex dock　码头交货
ex drydock　在干船坞外
ex factory　制造厂交货，工厂交货［价］
ex filtration　渗出，漏出，外渗
ex gratia　免费（拉丁语）
ex lighter　从驳船卸出的，驳船交货
ex pier　码头交货
ex privileges　不予优惠，无优惠，无特权
ex quay　（1）（目的港）码头交货价；（2）码头交货
ex quay duty paid　码头交货价，税款已付
ex rail　铁路［旁］交货
ex seller's warehouse　卖方仓库交货
ex ship　（目的港）船上交货价，船上交货
ex ship to rail　卸船装车
ex shore　仓库交货［价］
ex stock　仓库交货
ex store　出厂，卖方仓库交货（价格）
ex warehouse　仓库交货［价］，货栈交货
ex wharf　码头交货
ex works　工厂［边］交货
exacerbate　恶化，加剧
exact　正确的，精密的
exact analysis　精密分析

exact coefficients of deviation 准确自差系数
exact copy ［确复］
exact couple 正合偶
exact differential 恰当微分, 完整微分, 正合微分
exact fit 精确配合, 静配合
exact focus 精确焦点
exact instruments 精密仪器
exact limit 准确的限度, 小公差
exact match ｛计｝恰当符合
exact measurement 精密测量
exact quantity 精确数
exact science 精确科学
exact sequence 恰当序列, 正合序列, 恰切序列
exact solution 精确解
exact tolerance 精确公差
exact velocity ratio 准确速比
exacting 严格的, 精密的, 精确的
exaction 大量要求, 大量需求, 强求
exactitude (1) 精确度；(2) 精密度；(3) 正确性, 精确性
exactly 精密地, 完全地, 正好是, 恰好是
exactly right 完全正确
exactness (1) 精确度；(2) 精密度；(3) 正确性, 精确性, 准确性
exactolfactometer 精密嗅觉计
exactor 激发机
exaggerate (1) 夸张, 夸大；(2) 使增大, 使过大
exaggerated 夸张的
exaggerated scale 放大比例, 特别放大的比例
exaggerated test 按最不利条件进行的试验, 超常试验, 超定额试验
exalt 升高, 提升, 高举, 加浓
exaltation (1) 炼浓；(2) 强加折射；(3) 升高
exalted carrier 恢复载波
exalted-carrier receiver 恢复载波接收机
EXAM (=Examination) (1) 实验；(2) 检验
EXAM (=Examine) 检验, 检定, 试验
examen (1) 考查, 观察, 调查；(2) 批判性的研究
examination (=exam) (1) 检验, 检查, 审查, 调查；(2) 考试, 考查, 测验；(3) 试验, 考验, 验证, 验算；(4) 分析研究, 研究, 分析
examination anchorage 检查锚地, 候检锚地
examination and affirmation of claims 债权审查与确认
examination and measurement 检查与测量
examination for the crew 船员考试
examination of fracture 断口检查
examination of goods (买方) 货物检查
examination of opened up parts 拆检
examination of product 产品检查
examination of reaming 紧配螺栓孔配合检查
examination of scheme 计划审查
examination of the ballast water 压载水检验
examination procedure 检查程序
examination table 检验结果表, 调查表
examination work 检验工作
examinatorial 检查的, 审查的, 考试的
examine (1) 检查, 检验, 查看, 检定, 审查, 调查, 研究, 探讨, 观察, 分析；(2) 试验, 测试, 测验, 考试, 考查
examine cargo 验货
examined (=EX) 试验过的, 检查过的, 验讫
examiner (1) 塞尺 (测量间隙用)；(2) 检查员, 检验员
examining seals 验封
example (=e.g.) (1) 例子, 实例, 例证；(2) 例题, 习题；(3) 典型, 样板, 样本, 样品
example ship 型船, 样船
exanol 轻聚油 (汽油轻馏分的聚合物)
EXC (=Except) 不包括, 除外
EXC (=Exchange) 交换, 兑换, 交易
EXC (=Exhaust close) 排气口关闭
excavate (=EXC) 挖掘, 铲掘
excavate in the dry 干开挖
excavate under water 水下开挖
excavated artificial harbor (开挖成的) 人工港
excavated material 挖出物
excavated volume 开挖量, 挖方
excavating equipment 挖掘设备
excavating machine 挖掘机, 挖土机
excavating machinery 挖掘机械

excavating pump (1) 挖泥泵；(2) 吸泥机, 泥浆泵, 吸泥泵
excavation (1) 挖掘, 铲掘；(2) 挖除；(3) 凹陷
excavation and cart away 挖方工程, , 开挖及运走
excavation and filling 挖填
excavation equipment 挖掘设备
excavation line 开挖线
excavation machinery 挖掘机械
excavation protection 开挖防护
excavation quantities 开挖量, 挖方
excavation-stability condition 挖泥稳定条件
excavation stability condition 开挖稳定条件
excavation with timbering 有支撑深开挖, 加撑深开挖
excavation without timbering 无支撑深开挖
excavation work 挖土工程, 挖方工程, 开挖工程
excavator (1) 挖掘机, 挖土机, 挖沟机, 电铲；(2) 开凿者；(3) 打洞机
excavator base machine 挖掘机机身
excavator bucket 挖掘机勺斗, 电铲勺斗
excavator equipment (挖掘机的) 挖铲装置
excavator type shovel 挖掘机
exceed 超过, 超出, 超越, 越过, 胜过, 大于, 过度, 过剩
exceed capacity 超过范围, 超过能力
exceed drum capacity (=EDC) 程序超过磁鼓容量
exceed label capacity (=ELC) 超过标定容量
exceed the speed limit 超过速度标准, 超过速度限制, 超速
exceedance 超过数
exceeding (1) 超过, 超出；(2) 超出数
exceeding authority 越权
exceedingly 非常地, 极度地, 极其, 非常
excel 胜过, 超过, 优于
excel tester (1) 电池测试器；(2) 蓄电池电压表
excellence (1) 优秀, 优越, 优良, 杰出, 卓越；(2) 优点, 长处, 特点
excellent (1) 优良的, 精良的；(2) 信号
excellent picture 优质图像
excellent visibility 最好能见度
excelsior 细刨花, 刨花填塞料 (包装时填塞易损货物用)
excenter 外心
excentral (=excentric) 偏心的, 不位于中心的
excentric 不位于中心的, 偏心的
excentrical 不位于中心的, 偏心的
excentricity 偏心率, 偏心距, 偏心度, 不共心性
excentricity measuring instrument 偏心度测量仪, 偏心距测量仪
except (1) ｛数｝禁止；(2) 除……之外, 要不是, 不包括, 除外, 除非；(3) 不计
except as otherwise herein provided 除另有规定外
except as otherwise noted (=EAON) 除另有通知外, 除非另有说明
except as otherwise provided 除非另有规定
except circuit 禁止电路
except gate ｛计｝禁止门
except for 除……之外, 除了, 只有, 只是, 若无
except from 除外
except in a few instances 除少数情况外
except insofar as 除非, 除去
except otherwise herein provided (=EOHP) 另有规定的除外, 除非本文中另有规定, 除非另有规定
except that 除了……之外, 只是
except to recognize this 除去承认这点以外
excepting 除……之外, 不包括, 要不是, 除非, 只是
exception (1) 异常, 事故；(2) 反对, 异议, 例外, 除外, 额外；(3) 免责事项, 除外条款
exception certificate 免除证书
exception clause 例外条款, 免责条款
exception handler 异常处理程序
exception handling 异常处理
exception item encoding 异常项编码
exception list 货损货差清单, 异常情况清单
exception message 异常报文
exception of container insurance 集装箱保险除外责任
exception principle system 异常原则系统
exception rates (在集装箱运输中) 例外物品的特别运费率
exception ratings 特别费率, 例外费率
exception report 异常报告
exception wave 异常波
exceptionable 可反对的
exceptional 特大的, 例外的, 额外的, 格外的, 非常的

469

exceptional case　例外事件, 特殊情况
exceptional discharge of oil　特殊排油
exceptional freight rate　(在集装箱运输中) 例外物品的特别运费率
exceptional hardness　超硬度
exceptional value　例外值
exceptional visibility　最佳能见度, 九级能见度
exceptional water level　特大水位, 异常水位
exceptionality　例外, 特别
exceptionally　例外地, 格外, 特别
exceptive　特大的, 例外的, 额外的, 格外的, 非常的
exceptive warranty　除外担保
excerpt　摘录, 摘要
excerption　摘录, 选摘
excess (=EX)　(1) 过剩, 过多, 过量, 剩余, 盈余; (2) 过剩的, 过多的, 盈余的; (3) 余数; (4) 船价超过保价条款 (保险金按比例赔偿)
excess air　过剩空气, 过量空气
excess air coefficient　过量空气系数
excess air ratio　过量空气系数
excess arc　余弧
excess capacity　超额能力, 过剩设备
excess cargo　超量货物
excess carrier　多余载流子
excess charge carrier　多余载流子
excess clause　船价超过保价条款, 超价条款
excess code　余码
excess condemnation　额外征用土地
excess conduction　过剩型导电, N 型导电
excess conductor　过度电导体
excess current　剩余电流, 过电流
excess demand tariff　超用电量收费制
excess draft　富裕水深
excess draught　富裕水深
excess electron　多余电子
excess energy　多余能量
excess fall　过大落差
excess flow valve　超流阀
excess force　剩余力 (车辆的驱动与运行阻力之差)
excess hatch　出入舱口
excess horse power　剩余马力
excess horsepower　剩余马力
excess hydrogen　过多的氢
excess hydrostatic pressure　剩余静水压力, 超静水压力
excess liability　超额责任, 额外责任
excess lime process　过量石灰处理法给水
excess load　净增荷载, 超负荷, 超荷载, 过载, 超载
excess loss reinsurance treaty　超额赔款分保合同
excess material　余量 (零件上的多余部分)
excess metal　加强焊缝, 增强焊坡, 多余金属 (实际并不加载)
excess meter　积算超量功率表, 积计超量电度表, 最大需量计, 超量电度表
excess minority carrier　过剩少数载流子
excess moisture　过湿
excess multiplication factor　增减因数, 超过倍率 (中性子)
excess nitrogen　过多的氢
excess noise　超限噪声, 过量噪声, 闪变噪声
excess noise level　超限噪声声级
excess of a triangle　三角过剩, 三角盈
excess of air　过剩空气, 过量空气
excess of arc　(六分仪) 余弧 (零度右边的)
excess of hatchway　舱口超额吨位
excess of liability insurance　超额责任保险
excess of loss ratio treaty reinsurance　超额赔款率合约再保险
excess of loss reinsurance　超额损失合约再保险, 超额损失分保
excess of loss reinsurance treaty　超额赔款分保合同
excess of rate reinsurance　超率赔偿再保险
excess of stroke　超程
excess of stroke over actual cut　超刨行程 (切入切出的距离)
excess of triangle　三角形角盈
excess of value　超值
excess of water　过水 (锅炉水位高出最高工作水位的情况)
excess oil　过剩油, 过量油, 余油
excess point　超额责任点
excess pore pressure　超孔隙水压力
excess pore water pressure　剩余孔隙水压力

excess portion　超过部分
excess power　(1) 剩余功率; (2) 功率储备
excess pressure　(1) 过大压力; (2) 剩余压力, 超压, 过压; (3) 声压
excess profit credit　超额利润扣除
excess profits duty　超额利润税
excess profits tax　超额利润税
excess reactivity　剩余反应性
excess reinsurance　超额再保险
excess revolution　过量转数, 超转
excess semi-conductor　过剩型半导体
excess-six code　余 6[代] 码
excess 64 code (=excess sixty-four code)　余 64 代码
excess sludge　剩余污泥
excess sound pressure　峰值声压, 瞬时声压, 逾量声压, 过量声压, 超声压
excess speed test　超速试验
excess stock　余料
excess surface water　多余地表水
excess-three　{计} 余 3[代码]
excess-three code (=excess-3 code)　余 3 编码, 余 3[代] 码
excess three code　余 3 编码, 超 3[编] 码
excess torque　剩余力矩, 超载负加力矩
excess type　剩余型
excess value　超出数, 盈数
excess value insurance　超额保险
excess water　多余水分
excess weight　超重
excess weld metal　补强
excessive　过度的, 过量的, 过分的, 过大的, 极端的, 非常的, 格外的
excessive acceleration　过度加速
excessive air in the fuel　燃油中空气过量
excessive black smoke　过多黑烟
excessive burning oil　燃油过量
excessive clearance　间隙过大
excessive clearance of piston pin　活塞销间隙过大
excessive consumption　过度消耗
excessive effects　重叠效果
excessive enrichment　过度浓缩, 过高富集
excessive fatigue　过度疲劳
excessive feedwater temperature　给水温度过高
excessive force　过度力
excessive heat　过多的热量
excessive heating　过热
excessive moisture　多余水分
excessive mutilation　过分切缺
excessive noise　过度噪声, 过量噪声
excessive overhang of tool　刀具悬臂过长
excessive pressure　剩余压力, 过压, 余压, 超压
excessive pumping　过分抽水
excessive security　超额保险
excessive sensitivity　过高灵敏度, 剩余灵敏度
excessive sheer　过大舷弧
excessive speed　超速
excessive stress　剩余应力
excessive viscosity　粘度过大
excessive wear　过度磨损
excessively worn　磨损过度
EXCH (=Exchange)　(1) 外币交易, 兑换; (2) 外币交易所
exchange (=exch)　(1) 交换, 转换, 调换, 更换, 互换; (2) 调换, 转换 (3) 交换机, 交换台, 交换站, 交换局
exchange acidity　交换性酸度
exchange algorithm　交换算法
exchange anisotropy　交换各向异性
exchange area　电话交换区
exchange area cable　市内电缆
exchange at equal value　等价交换
exchange at unequal value　不等价交换
exchange broker　汇兑经纪人
exchange cable　交换局电缆
exchange busy hour　电话局忙时
exchange call　市内呼叫
exchange capacity　交换量
exchange certificate　(1) 换证; (2) 兑换券
exchange clause　汇兑条款, 货币条款, 汇款条款

470

exchange coefficient 紊流迁移系数, 交换系数
exchange contracts 期汇合同, 外汇合同
exchange control 外汇管理, 外汇管制
exchange control department 外汇管理局
exchange counter 外币兑换处
exchange coupling 交换偶合
exchange cross-bar switch 纵横式电话交换机, 转换交叉开关
exchange crossbar switch 纵横电话交换机
exchange current 交变电流, 交流电
exchange diffusion (=EXD) 交换扩散
exchange electron spin resonance 交换电子自旋共振
exchange energy 交换能
exchange equalization account 外汇平衡账户
exchange fault 交换机故障
exchange field 交换场
exchange force 交换力
exchange force between electrons 电子交换力
exchange format 交换格式
exchange load method 交换负载法
exchange mechanism 交换机构
exchange message 交换信息
exchange of air 换气
exchange of communication 交换函电
exchange of experience 经验交流
exchange of foreign money 外币对换
exchange of heat 热交换
exchange of instruments of ratification 互换批准书
exchange of know how 技术交流
exchange of notes 换文
exchange pairing 交换配对
exchange rate (1)汇兑率, 外汇率, 兑换率, 交换率, 汇价; (2)汇兑换算表
exchange rate fluctuation 汇率波动
exchange rate gains 汇率收益
exchange reaction 交换反应
exchange resin (离子)交换树脂
exchange register 存储寄存器
exchange resonance 交换共振
exchange service 交换接线站, 电话接线站
exchange siding (铁路)交换线
exchange surrender certificate 外汇转移证
exchange trunk carrier system 局间中继线载波系统
exchangeability (1)可互换性, 可换性, 可更换性; (2)交换价值
exchangeable 可交换的, 可互换的, 可转换的, 可兑换的
exchangeable bases 可互换基础, 换算单位
exchangeable cation (=EC) 交换阳离子
exchangeable power 可交换功率
exchangeable sodium percentage (=ESP) 可交换的钠百分数
exchangeable value 交换价值
exchanged heat 交换热
exchanger (1)转换装置, 交换器, 交换机; (2)交换剂; (3)交换程序; (4)换热器, 放热器, 散热器
exchequer 国库, 财源, 资金
excide battery 糊制极板蓄电池, 铅电池组
excimer 受激二聚物, 受激准分子, 激态基态复合物, 激发物, 激元
excimer lasers 准分子激光器
exciplex (染料激光器中的)激发状态聚集
excircle 旁切圆, 外圆
excised 切离的
excision (1)破坏; (2)切割, 切除, 切去, 删去, 割去; (3)被切去的部分
excision axion 切除公理
excision repair 切割修理
excitability (1)可激发性, 激励性, 刺激性; (2)励磁灵敏性, 励磁性[能]
excitable 易激发的, 易励磁的, 易激磁的
excitant 激磁溶液, 激活剂, 激发剂(原电池的电解质)
excitation (=excit) (1)激励, 激发; (2)磁动势; (3)[变压器]磁化电流; (4)激磁, 励磁, 励弧; (5)激动, 扰动
excitation anode 激励阳极
excitation capacitor 励弧电容器, 激励电容器
excitation circuit 励磁电路
excitation coil 励磁线圈, 激励线圈
excitation coil spool 励磁线圈架

excitation current 励磁电流, 激发电流
excitation curve 励磁曲线
excitation effect 激励效应
excitation electron 激发电子, 受激电子
excitation flux 励磁通量
excitation frequency 激发频率
excitation function 激励函数
excitation impedance 励磁阻抗, 激励阻抗
excitation level 激发[能]级
excitation loss 励磁损失
excitation loss relay 失磁继电器
excitation mechanism 激发机构
excitation potential 激励电位, 激励电势
excitation power 励磁功率
excitation probability 激励概率
excitation purity 色纯度
excitation regulator 励磁调节器
excitation set 激励设备
excitation source 励磁电源
excitation system 激励系统
excitation voltage 激发电压, 激励电压
excitation winding 激发绕组, 励磁绕组
excitative 激磁的, 励磁的
excitatory 激磁的, 励磁的
excitatory input 激励输入
excite (1)激发, 激励, 激活, 触发; (2)励磁, 激磁
excite heat by friction 摩擦生热
excite end effect [直线电机的]出端效应
excited (1)已激发的, 已激励的; (2)已激磁的
excited atom 受激原子
excited field loudspeaker 励磁式扬声器
excited ion 受激离子
excited in phase 同相激励
excited oscillation 激励振荡
excited single state 激发单重态
excited-state 受激状态的, 受激励状态的
excited state 受激状态
excitement 激动, 激励
exciter (=EX) (1)激励器, 振动器, 振荡器; (2)激发机, 激磁机, 励磁器, 励磁器, 激磁器; (3)主控振荡槽路, 主控振荡器; (4)辐射器; (5)有源天线
exciter bulb 激励灯泡
exciter brush 激励电刷
exciter circuit 激励电路
exciter commutation 励磁机换向器
exciter generator 励磁发电机
exciter lamp 激励灯
exciter panel 励磁盘
exciter response 励磁机反应[特性]
exciter selsyn 励磁自动同步机, 激励自整角机
exciter set 励磁机组
exciter set driving motor 励磁机组驱动电动机
exciter tube 激励管, 主振管
exciter turbine 励磁水轮机, 励磁用透平
exciter winding 激励器绕组
exciterless 无激励机的
exciterless generator 自激发电机
exciting (=EX) 激发[的], 激励[的], 激磁[的], 励磁[的]
exciting advance 励磁超前
exciting amplifier 激励放大器
exciting anode 励弧阳极, 激励阳极
exciting characteristic curve 激励特性曲线, 励磁特性曲线
exciting circuit 励磁电路
exciting coil 励磁线圈
exciting converter 励磁变流机
exciting current 激磁电流, 励磁电流, 激励电流
exciting dynamo 激磁机
exciting effect 激振效应
exciting electrode 激励[电]极
exciting field 励磁场
exciting flux 励磁通量
exciting force 激振力
exciting isotrope 激发的同位素
exciting lamp 激励灯, 激励管

471

exciting light 激励光，激发光，激活光
exciting magnet 激励磁铁
exciting method 励磁方法
exciting phenomena 励磁现象
exciting plate 电极
exciting power (1) 激发功率，励磁功率，励磁率；(2) 激励本领
exciting transducer 激磁换能器
exciting unit 激励单元
exciting voltage 励磁电压
exciting winding 激发绕组，励磁绕组
exciton (1) 激发子，激子；(2) 激发性电子 - 空穴对
exciton band 受激能带，激子能带，激励子带
exciton level 受激能级，激子能级
exciton transition 激子跃迁
excitonic 激子的
excitonics 激子学
excitor 主振荡器，励磁机，激磁机，激励器，励磁器，激发器
excitron (1) 激发子；(2) 单阳极水银池整流管，汞气整流管，激励管，激弧管
EXCL (=Excluded) 不包括的，除外的
exclude 排除，排斥，拒绝，除去，除外，隔绝，隔断
exclude the possibility 排除……可能性，使……没有可能
excluded (=EXCL) 不包括的，除外的
excluded area 不许去的地区
excluded cargo 不准装的货物
excluded from consideration 不在考虑范围之内，不予考虑
excluded ports 除外港口 (租船契约中规定不准进入的港口)
excluded space 除外处所
excluded volume 已占容积，已占空间
excluder 排除器，隔绝器
excluder pigment 防锈颜料
excluding 不包括，除外，拒绝，排斥，排除
excluding interest 不包括利息
exclusion (1) 排除在外，不包括，不相容，除外，拒绝，隔绝；(2) 排除，排斥；(3)（反应堆周围的）禁区
exclusion area 禁 [止] 区 [域]
exclusion-chromatography 排阻色谱法，排阻层析
exclusion clause 限制责任条款，免责条款
exclusion gate {计}"禁止"门
exclusion of hull insurance 船舶保险除外责任
exclusion principle 不相容原理，排他原理，互斥原则
exclusive (1) 不包括的，排外的，除外的；(2) 不可兼得，不相容，排斥，排除；(3) 专用的，高级的，专属的，专有的
exclusive agent 独家代理
exclusive circuit 闭锁电路，专用电路
exclusive dealing 专卖
exclusive disjunction 不可兼析取，"异"
exclusive distribution 独家分销
exclusive economical zone 专管经济区，专属经济区 (200 海里)
exclusive events 互斥事件
exclusive filter 专选滤波器
exclusive liability 除外责任
exclusive license 独占许可证，专用许可证
exclusive-NOR {计}"同"
exclusive-NOR gate {计}"同"门
exclusive NOR gate {计}"同"门
exclusive normal input 唯一正常输入
exclusive of 不包括，除……外
exclusive of loading and unloading 不包括装卸货，装卸除外
exclusive-OR (1)"异"；(2)"异 - 或"逻辑，"异或"运算，不可兼或；(3) 模 2 相加，按位加，逻辑和，或操作
exclusive OR (=EO) (1)"异"；(2)"异 - 或"逻辑，"异或"运算，不可兼或；(3) 按位加，逻辑和
exclusive-OR function 异操作，异功能
exclusive-OR gate "异"门
exclusive-OR operation 异运算，异操作
exclusive right 专有权，专利权
exclusive segment 排除部分，排除段，互斥段
exclusive selling agent 独家经销代理商，独家代理
exclusive selling rights 独家经销权，包销权，专营权
exclusive surveyor 专职检验员
exclusive use 专用
exclusive use of motor carrier 专用货车
exclusively 排他地，独占地，专门地，仅仅，只

exclusiveness 排他性，排除
excogitate 想出，发明，设计
excogitation (1) 想出，发明，设计；(2) 计划，方案
excoriate 磨损，擦伤
excoriation 磨损，擦伤
excrescence 突出体
excrescent (1) 突起的；(2) 外插成分
excretion 排泄
excretory canal 排泄管
excretory system 排泄系统
excursion (1) 偏移，偏离，偏振，偏转；(2) 振幅；(3) 偏转角；功率突增；(4) 短途旅行，短途航行
excursion boat 游览船
excursion bus 游览公共汽车
excursion ferry 游览渡船
excursion steamer 旅游船
excursion vessel 旅游船
excursive (1) 偏移的，漂移的，偏离的，移动的；(2) 散慢的
excursus 附录，附注，补注
EXD (=Examined) 试验过的，验讫
EXE (=Execute) 执行
executable 可以作成的，可执行的，可实行的
executant 执行者，实行者
execute (1) 执行，实行，实施，履行；(2) 施工，完成，(3) 签字盖章，签发，生效，编制，操纵，制成，(4) 执行指令，启动软件
execute a contract 在合同上签字
execute a plan 实现计划
execute a purpose 达到目的
execute an order 接受订货
execute heading angle 实 际操舵首向角，操舵首向角
execute instruction 执行指令，管理指令
executed 已执行的，已生效的
executed amount 已完成工作量
executed contract 已履行合同
executed rudder angle 执行舵角
execution (1) 履行，完成，作成，进行，执行；(2) 制作，施工，实施
execution command 执行命令
execution control 施工管理
execution cycle 执行周期，完成周期
execution dead time 执行命令迟延时间
execution drawing 施工图
execution-interruption 执行中断
execution method 施工方法
execution module 执行模块
execution of contract 履行合同
execution of work 施工
execution system 执行制度
execution time 执行命令时间
executive (1) 完成的，实施的；(2) 执行的，行政的；(3) 高级负责人，高级官员；(4) 经理，社长
executive authorities 行政当局
executive branch 行政部门，战斗部
executive command 执行指令
executive committee 执行委员会，常务委员会
executive-control 执行控制的
executive control language 执行控制语言，行政管理语言
executive control utility routine 执行控制实用程序
executive deck 执行 [程序] 卡片组，执行 [程序] 卡片叠
executive development course 执行发展方针
executive device 执行装置
executive diagnostic system 执行诊断系统
executive director 常务理事，常务董事
executive division 总裁事务部
executive instruction 执行指令，管理指令
executive-like system 类执行程序系统
executive management responsibility (=EMR) 行政管理责任
executive mode 执行状态，管态
executive module 执行组件
executive officer 值班主管，执行官，副舰长
executive order (=EO) 执行 [的] 指令
executive overhead 执行总开销
executive plan 执行计划
executive president 总裁
executive program 执行程序

472

executive routine 执行程序, 检验程序

executive secretary 常务秘书

executive statement 执行语句

executive supervisor 执行管理程序

executive system 执行系统

executive vice president 副总裁

executor (1) 操纵器；(2) 执行程序, 执行元件；(3) 执行人, 执行者

executorial 执行上的, 执行者的

executory (1) 实施中的, 有效的；(2) 将来有效的, 尚未执行的

executory contract 待履行合同

exedent 腐蚀的

exemplar (1) 样件, 样本, 样品, 试样；(2) 例子

exemplary driving record 优良驾驶记录

exempli gratia (拉) 例如

exemplification (1) 例证, 例子, 举例, 示范；(2) 正本

exemplify 详解, 举例说明

exempt (1) 豁免, 免除；(2) 被豁免者, 免税人；(3) 被豁免的, 被免除的

exempt items of radioactive substance 放射性物质的豁免物品

exempt pilotage 非强制领航, 非强制引航

exempt trailer 不受管制的拖车

exempted goods 免税货物, 免税品

exempted space 豁免吨位, 免除丈量空间 (不计入总吨位的船舶结构部分)

exemption 豁免, 免除, 免责, 免税

exemption certificate 免除证书

exemption clause 免责条款

exemption from liability 免责

exemption of duty 免税放行

exemption of liability 除外责任, 免责事项

exemption of nautical fault 航海过失

exemption of tax 免税

exequatur 许可证书

exercisable 可行使的, 可实行的, 可履行的, 可运用的, 可操作的

exercise (1) (职权的) 行驶, 履行, 执行；(2) 运用, 使用；(3) 练习, 习题

exercise due diligence 谨慎处理, 克尽职责

exercise of one's duties 执行任务

exercise of reasonable endeavors 尽合理的努力

exerciser (1) 运动器械, 体操用具, (2) "练习" 程序

exergy (1) (柴油机) 火用；(2) 放射本领

exergy balance (柴油机) 火用平衡

exergy efficiency (柴油机) 火用效率

exert (1) 施加, 执行；(2) 努力, 尽力

exert a force on 将力作用于……上

exert a force upon 将力作用于……上

exert an influence on 对……施加压力

exert an influence upon 对……施加压力

exert direct control of 对……加以直接控制

exert every effort 尽一切力量

exertion (1) 应力；(2) 行驶职权；(3) 尽力, 努力

exesion 腐蚀

exesous 蚀刻状的

exfiltrate 漏出, 渗出, 渗漏, 泄漏

exfiltration 渗出

exfocal 焦距外的

exfocal cavity 外焦腔

exfocal pumping 焦外抽运

exfoliation (1) 剥落, 片状剥落, 鳞状剥落, (2) (金属表面的) 落屑

EXG (=Ex Gratia) (拉) 免费

EXG (=Exhaust Gas Boiler) 废气锅炉

EXG (=Exhaust Gas Economiser) 废气预热器, 废气锅炉

EXH (= Exhaust) (1) 排出, 排气；(2) 排烟；(3) 排气装置, 排气管

exhalant (1) 发散 [性] 的, 蒸发的；(2) 蒸发管, 发散管

exhalent (1) 发散 [性] 的, 蒸发的；(2) 蒸发管, 发散管

exhalation (1) 散发, 呼气；(2) 喷发

exhalation of tank 油罐的呼吸

exhale (1) (气体或蒸汽的) 发散出；(2) 发散物；(3) 呼气；(4) 蒸发, 汽化, 消散

exhaust (=EX 或 EXH) (1) 取尽, 用尽, 耗尽, 用完；(2) 排气, 排出, 排空, 排除, 排干, 抽空, 抽气, 抽出, 抽干, 放出, 溢出, 流出；(3) 使疲乏；(4) 彻底研究, 详细讨论, 详述；(5) 排气装置, 排气管, 排气口；(6) 排出的气体, 废气；(7) 排出的, 用过的, 废的

exhaust advance 排气提前, 提前排气

exhaust air 抽气, 排气

exhaust back-pressure 排气背压 [力]

exhaust back pressure (=EBP) 排气反压力

exhaust baffle 排气阻板, 排气隔板

exhaust belt 排气总管

exhaust blading 排气叶片

exhaust blower 排气风箱, 抽气机, 抽风机, 排气机

exhaust blower damper 抽风机调节门

exhaust blower discharge damper 抽风机排出口调节门

exhaust boiler 废气锅炉, 废热锅炉

exhaust box 排气箱, 消声器

exhaust brake (用发动机制动汽车的) 排气 (节流辅助) 制动

exhaust branch pipe 排气支管

exhaust bypass valve 排气旁通阀

exhaust cam 排气凸轮

exhaust cam shaft 排气凸轮轴

exhaust case (涡轮机) 排气机匣, 排气通道, 排气机壳

exhaust cavity 排气穴

exhaust chamber 排气室

exhaust chest 排气箱, 排气室

exhaust clack 排气瓣, 排气活门

exhaust close (=EXC) 排气口关闭, 排气停止

exhaust coefficient 排气系数

exhaust collector 排气集管

exhaust condition 排气状态

exhaust cone 尾喷口整流锥, 喷口调节锥, 锥形废气管, 调整针塞, 尾喷管

exhaust cover 排气口罩

exhaust curve 排气曲线

exhaust cycle 排气循环, 工作循环

exhaust detonation 排气燃炸

exhaust diffuser 排气扩压器

exhaust-driven 依靠排气而运转的, 排气传动的, 排气式的

exhaust duct 排气管道

exhaust ducting 排气管道

exhaust economizer 烟气优化器

exhaust emission 废气排放, 废气污染

exhaust end 排气端, 卸料端

exhaust fan (=EF) 排气风机, 排气风扇, 抽风机, 排气扇, 抽气扇

exhaust feed heater 废气给水加热器

exhaust fired boiler combined cycle 排气补燃锅炉联合循环

exhaust flap 排气挡板, 排气舌阀, 排气瓣

exhaust fume 废气, 排烟

exhaust-gas (排出的) 废气

exhaust gas (排出的) 废气

exhaust gas analysis 烟气分析

exhaust gas boiler (=EXG) 废热锅炉, 废气锅炉, 排气锅炉

exhaust gas cleaning system 废气清洗系统

exhaust gas compensator 排气补偿器

exhaust gas counter pressure 排气背压力

exhaust gas economiser (=EXG) 废气节能器, 废气预热器

exhaust gas economizer 废气节能器, 废气预热器

exhaust gas emission 废气排放

exhaust gas feed heater 废气给水加热器

exhaust gas heat boiler 废气锅炉, 废热锅炉

exhaust gas heat exchanger 废气加热交换器, 废气锅炉

exhaust gas heater 废气加热器

exhaust gas monitoring system 排气监测系统

exhaust-gas muffler 排气消声器

exhaust gas pipe 排气管, 排烟管

exhaust gas purification 废气净化

exhaust gas recirculation 废气再循环

exhaust gas silencer 废气消音器, 排气消声器

exhaust gas system 排气系统

exhaust gas temperature (=EGT) 排气温度, 废气温度

exhaust gas temperature after turbine 涡轮后废气温度

exhaust gas temperature comparator 排气温度比较器

exhaust gas turbine 排气涡轮机, 废气涡轮机, 废气透平

exhaust gas turbine supercharger 废气涡轮增压器

exhaust guide 排气导管

exhaust head 排气头

exhaust header 排气集管

exhaust heat 排气热

exhaust heat boiler 废热锅炉, 余热锅炉

exhaust heat exchanger　废气热交换器
exhaust heat recovery unit　废热回收装置
exhaust heated　废气回热的
exhaust heated open cycle　排气供热开口循环
exhaust hood　排汽缸, 后汽缸, 排风罩
exhaust hose　排气软管, 排出软管
exhaust inlet　排气管道进口
exhaust jet stream　排气射流
exhaust lag　排气滞后
exhaust lap　(滑阀) 排气余面, 排汽余面, 内余面
exhaust lead　排气导程
exhaust line　排气管道, 排泄管
exhaust liquor　废液
exhaust loss　排气损失
exhaust main　排气总管
exhaust manifold　排气阀管箱, 排气阀箱, 排气歧管
exhaust manifold jacket　排气总管套
exhaust manifold system　排气歧管系统
exhaust muffler　排气消声器
exhaust muffler cut-out　排气消声器开关
exhaust noise　排气噪声
exhaust nozzle　排气喷口, 排气喷嘴
exhaust open (=EO 或 EXO)　(1) 排气口开启; (2) 排气口, 排气孔
exhaust opens (=EO)　排气阀打开
exhaust orifice　排气口, 排气孔
exhaust outlet　排气口
exhaust partition wall　排气隔板
exhaust passage　排气管道, 排气通道
exhaust pipe　排气管, 废气管, 排气喉
exhaust pipe clamp　排气管夹
exhaust pipe flange gasket　排气管凸缘密封片
exhaust pipe line　排气管道
exhaust pipe of engine　发动机排气管
exhaust pipe packing　排气管填密物
exhaust pipe pressure control　排气管压力控制
exhaust pipe shield　排气管罩
exhaust pipe support　排气管支架
exhaust pipeline　废气管道
exhaust piston　排气活塞
exhaust pit　排气坑
exhaust port　排气口
exhaust pot silencer　排气消音器
exhaust pressure　排出压力, 排气压力
exhaust pump　排气泵
exhaust pyrometer　排气高温计
exhaust receiver　(发动机) 排气收集器, 排气总管
exhaust regulator　排气调节器
exhaust release　排气
exhaust reservoir　排气储筒
exhaust resistance　排气阻力
exhaust room　排气室
exhaust screen　排气滤网, 排气挡板
exhaust shaft　排气管
exhaust shroud　排气管套
exhaust side　排气端, 排气侧
exhaust silencer　排气消声器, 排气消音器
exhaust smoke　排气烟管, 排烟
exhaust snubber　排气消声器
exhaust sound　排气声音
exhaust stack　排气烟囱, 排气竖道
exhaust steam　排汽, 废汽, 乏汽
exhaust steam feed heater　废汽给水加热器
exhaust steam heating　废汽供暖
exhaust steam injector　排汽喷射器
exhaust steam main　排气总管
exhaust steam nozzle　排气喷嘴
exhaust steam pipe　排汽管, 废汽管道
exhaust steam pipeline　排汽管路
exhaust steam separator　废汽分离器
exhaust steam system　排汽系统
exhaust turbine　排气透平
exhaust stroke　排气冲程, 排气行程
exhaust system　排气系统
exhaust tank　(1) 排气罐; (2) 消声器

exhaust temperature　排气温度
exhaust temperature monitoring　排气温度监视
exhaust the possibilities　试尽一切可能
exhaust throttle　排气节流
exhaust to　排到, 流到
exhaust trail　(火箭) 排烟尾迹, 排气尾迹
exhaust trunk　排气总管
exhaust tube　排气管
exhaust turbine　废气轮机
exhaust turbine generating set　废气涡轮发电机组
exhaust turbine superheater　废气涡轮增压器
exhaust turbo charging system　废气涡轮增压系统
exhaust turbo compound　废气涡轮复合系统
exhaust unit　排气装置
exhaust valve (=EXHV)　排气门, 排气阀
exhaust valve cage　排气阀腔
exhaust valve cam　排气阀凸轮
exhaust-valve cap　排气阀盖
exhaust valve casing　排气阀壳
exhaust valve close　排气阀关
exhaust valve closure　排气阀关闭
exhaust valve complement　排气阀总成
exhaust valve lifting gear　排气阀升降装置
exhaust valve mechanism　排气阀机构
exhaust valve open (=EVO 或 EXO)　排气阀开
exhaust valve rocking lever　排气阀摇杆
exhaust valve seat　排气阀座
exhaust valve spindle　排气阀杆
exhaust valve stem　排气阀杆
exhaust valve tappet　排气阀挺杆
exhaust velocity　排气速度
exhaust ventilation　排气通风
exhaust ventilator　排气通风筒, 排气器
exhaust volute　排气蜗壳
exhaust water pipe　排水管
exhausted　(1) 抽空的, 用尽的; (2) 用过的, 无用的, 废的
exhausted battery　用完的电池
exhausted liquid　废液
exhausted lye　废碱液
exhausted pulp　沥滤渣
exhauster　(1) 进气通风机, 排气机, 排汽器, 排粉机; (2) 抽风机, 吸风机, 引风机; (3) 排气装置, 抽风装置, (4) 压气吹风管, 水力吹风管, 尾喷管; (5) 吸尘器
exhaustibility　被消耗性, 可用尽
exhaustible　被消耗性的, 可用尽的, 会枯竭的, 有限的
exhausting　排出, 排除, 抽出
exhausting and recharging system　(柴油机) 扫气及增压系统
exhausting exit　放气孔
exhausting labors　繁重的体力劳动
exhaustion　(1) 排气, 排出, 抽出, 抽空, 放出, 拉出; (2) 用尽, 用完, 损耗, 枯竭; (3) 疲劳, 耗损; (4) 详细研究, 详尽论述
exhaustion of earth　漂白土耗费程度 (石油产品精制后)
exhaustion range　耗损范围, 损耗范围
exhaustive　(1) 竭尽的; (2) 完全的, 无遗漏的, 彻底的, 详尽的; (3) 消耗性的
exhaustive list　详细清单
exhaustive set　{计} 完备集
exhaustless　用不完的, 无穷的
exhaustor　(1) 进气通风机, 排气机, 排汽器, 排粉机; (2) 抽风机, 吸风机, 引风机; (3) 排气装置, 抽风装置, (4) 压气吹风管, 水力吹风管, 尾喷管; (5) 吸尘器
exhibit　(1) 表现, 表示, 呈现, 显示, 展览, 展出, 陈列; (2) 展览品, 陈列品
exhibited light　显示灯
exhibiter　(1) 参展厂商, 展出者; (2) 电影放映员
exhibition　(1) 表现, 显示; (2) 展览, 陈列; (3) 展览会
exhibition goods　展览品
exhibition model　展览模型, 陈列模型
exhibition shop　陈列品商店, 展销商品
exhibition vessel　展览船
exhibitive　(1) 消耗性的, 衰竭的, 耗尽的; (2) 无遗漏的, 周密的, 完全的, 详尽的
exhibitor　(1) 参展厂商, 展出者; (2) 电影放映员
exhibitory　显示的, 表示的

exhume 掘出,取出

exiccation 脱水[作用]

Exicon 固态 X 射线变像器

Exide ironclad battery 铠装铅锑蓄电池

exigence 紧急需要,迫切要求,当务之急,紧急,危急

exigency 紧急需要,迫切要求,当务之急,紧急,危急

exigent 紧急的,迫切的

exiguus 微小的

exility 微小,稀薄,薄弱

exine 外膜

exist (1)生存;(2)存在,现存,现有

existence (1)存在,实存,生存;(2)存在物,实体

existence condition 存在条件,现状

existence doubtful (指障碍物可能存在的)疑存

existence information 有目标信息,存在信息,现有资料,现有情报

existence-proof 存在性证明

existent 当前存在的,实际的,原有的,现存的,现行的,现有的

existential 存在的

existing (=EXIST) 当前存在的,实际的,原有的,现存的,现行的,现有的

existing agreement 现有协议

existing circumstances 现状,现况

existing conditions 现状

existing contract 现有合同

existing convention 现有公约

existing crude oil tanker 现有原油船

existing equipment 现有设备,原有设备

existing facilities 现有设备,原有设备

existing installation 现有设备

existing instrument 现有文件

existing legal regime 现行法律制度

existing maritime practice 现行海运惯例

existing maritime procedure 现行海运程序

existing oil tanker 现有油船

existing ship 现有船,现存船

existing ship safety standard 现有船舶安全标准

existing subdivision standard 现有分舱标准

existing system 现有系统

existing tanker 现有油船

existing traffic 现有运量,目前运量

existing utility 现有公用设施

exit (1)太平门,出口,通道,出路,(2)子程序出口;(3)排气管,引出端;(4)排气,放气;(5)退出运行

exit angle 出口角,去流角[度]

exit area (喷水推进装置、海底门等的)出口截面面积,出口面积

exit blade angle 叶片出口角

exit branch 出口支管

exit casing (涡轮机)排气机阀,排气通道,排气机壳

exit curve (渡船引桥或滚装船的)驶出曲线,引出曲线

exit door 安全门,出口

exit end 出口端

exit facilities (道路的)引出设施,出口设施

exit formalities 出境手续,出口手续

exit gas 排气,出气,排烟

exit gate 出口大门

exit hatch [出]舱口

exit hole 排出孔,出口

exit instruction 引出指令,出口指令

exit interview 离职面谈

exit lip (刀具)引出刃,出刃

exit loss 出口水头损失,输出端损耗,输出损失

exit momentum 出口动量

exit opening (1)出口;(2)安全门,安全窗

exit permit (=EXP) 出[许可]境证

exit pipe 排出管,出气管

exit pressure 出口压力

exit quarantine permit 船舶出境检疫证

exit route 出口路线

exit side 引出端

exit speed 驶出速度,出闸速度

exit temperature 出口温度

exit time 驶出时间,出闸时间

exit value 资产处理值,转售价值

exit velocity 出口速度

exit velocity triangle 出口速度三角形

exit visa (=exit visè) 出境签证

exit-window 出射窗

exitus 出口

exjunction gate {计}"异"门

exline 偏流线的

exmedial 离轴的

EXN (=East by North) 东偏北

EXN (=Examination) (1)实验;(2)检验

EXO (=Exhaust Open) 排气口开启

exo- (词头)外[部],在外,支,放

exo-configuration 外向构型

exoatmosphere 外大气层

exoatmospheric 外大气层

exobiology 外[层]空[间]生物学

exocondensation 外缩作用,支链缩合

exocyclic 不在环上的,环外的

exodic 离心的,输出的,传出的

exodus (1)(工厂等)迁移,迁出;(2)移民

exoelectron 外激电子,外逸电子

exoelectron emission 外激电子发射,外逸电子发射

exoelectronic emission 外逸电子发射

exoenergetic 放热的,放能的

exoenergetic reaction 放能反应,释能反应

exoenergic 放能的,放热的,发热的

exoergic 放能的,放热的,发热的

exogas 放热型气体

exogenetic 外因的

exogenetic force 外力

exogenic 外界产生的,由外生长的,外生的,外成的,外因的,外源的,外来的

exogenic force 外力

exogenous 外界产生的,由外生长的,外生的,外成的,外因的,外源的,外来的

exogenous action 外力作用

exogenous factor 外因

exogenous impurity 外来杂质

exogenous origin 外生源

exogenous sector 局外部门

exograph (1)(检验焊接情况的)X 射线底片,X 光照片,X 光底片;(2)X 射线照相

exolife 外层空间的生命,宇宙的生命

exometer 荧光计

exomomental 发射脉冲的

exomorphic 外变质的

exomorphism 外[接触]变质作用,外[接触]变质性

exon (1)外显子;(2)聚氯乙烯

exonerate 免除,解除,释放

exoneration 免除责任

exopathic 外因的

exophytic 向外生长的

exorbitance 过度,过分,过高,过大

exorbitant 非法的,过度的,过分的,过高的,过大的

exordia (单 exordium) 序言,绪论,开端

exordial 序言的,绪论的,开端的

exordium(复 exordia) 序言,绪论,开端

exoskeleton 负重机器人

exosmic 外渗的

exosmose 外渗

exosmosis 外渗[作用]

exosphere (地表面约 650 英里以上的)外气层,外逸层

exoteric (1)对外开放的,公开的,普通的,通俗的;(2)外面的,外界的,外生的

exotherm (1)温升;(2)散热量;(3)放热曲线

exothermal 放热的,发热的,散热的,放能的

exothermic 放热的,发热的,散热的,放能的

exothermic decomposition 放热分解反应

exothermic gas 放热型气体,发热气体

exothermic material 放热材料

exothermic process 放热过程

exothermic reaction 放热反应

exothermic self accelerating decomposition 自加速放热分解反应

exothermic welding 铝热焊,放热式焊接

exotic (1)外国制造的,外来的,外国的;(2)样式奇特的,奇异的;(3)

极不稳定的, 极难俘获的; (4) 外国产品, 外来商品, 舶来品, 外来物

exotic atom　奇特原子

exotic composition　特殊高能燃料

exotic currency　外币

exotic fuel　稀有燃料

exotic sphere　异种球面

exotica　外来品种, 外来语, 外来物

exotical　外国制造的, 外来的, 外国的

exotropism　(离轴偏转的) 外向性

EXP (=Expansion)　膨胀

EXP (=Expense)　费用, 开支

EXP (=Experiment)　实验, 试验

EXP (=Expires)　到期

EXP (=Explosive)　爆炸物

EXP (=Exponent)　指数, 幂, 价

EXP (=Export)　出口, 输出 [商品]

EXP (=Express)　快速, 快运, 快邮

expadump　推卸式卡车

expand　(1) 扩张, 膨胀, 展开; (2) 使膨胀, 使扩张; (3) 发展, 扩展

expand coil　(退火前) 松开的带卷

expand reproduction　扩大再生产

expand test　钢管扩口试验, 膨胀试验

expandability　可扩充性, 可延伸性, 可展开性

expandable　可以扩张的, 可以拉伸的, 能膨胀的, 可胀的

expandable bushing　可胀式衬套, 胀式轴衬

expandable part　可膨胀部分, 可延伸部分

expandable polystyrene (=EPS)　可膨胀聚苯乙烯

expandable space structure　折叠式航天器结构

expandable spreader　伸缩式集装箱扩张器, 伸缩式吊架

expanded　(1) 被扩大的, 被延伸的; (2) 膨胀的; (3) 开放的, 展开的

expanded address space　可扩充的地址空间

expanded aggregate concrete　膨胀骨料混凝土

expanded area ratio　桨叶展开面积比, 盘面比

expanded bed adsorption　升流床吸附法

expanded centre　(1) 空心; (2) (显示器图像) 中心扩展, 中部扩展, 放大中心图像部分

expanded clay　膨胀粘土

expanded contact　扩展接触

expanded core storage

expanded cork　膨胀软木

expanded ebonite　膨胀硬橡胶, 膨胀胶木

expanded fabric　金属板网

expanded form　展开式

expanded metal (=EM)　(1) 延性金属, 膨胀金属, 冷胀合金; (2) 多孔 [拉制] 金属网, 拉制钢板网, 金属板网; (3) 网形钢板, 网形铁

expanded metal door　金属格栅门

expanded orders　伪指令

expanded outline　(桨叶的) 展开轮廓 [线]

expanded partial-indication display　局部扩展的显示器

expanded plan position indicator (=EPI)　扩大平面位置指示器

expanded plastic　多孔塑料, 泡沫塑料

expanded plastic box　多孔塑料箱

expanded plastic insulating material　泡沫塑料绝缘材料

expanded plastics　多孔塑料, 泡沫塑料

expanded position indicator display　位置指示器扩大显示

expanded range　(1) 延伸范围, 伸张范围, 扩展范围; (2) 扩展距离刻度 [盘], 延伸量程, 扩展量程

expanded range interval　延展间距

expanded rubber　泡沫橡胶, 多孔橡胶

expanded scale　扩展刻度, 展宽刻度, 展宽表盘

expanded scope　扩展扫描式显示器, 扩展式显示器

expanded service life　延长使用寿命

expanded slag　膨胀矿渣, 多孔矿渣

expanded sweep　扩展扫描

expanded-tube method　管材扩张制膜法

expanded view　展开图, 透视图

expander　(1) 扩器器, 扩张器, 扩口器; (2) 扩管装置, 扩径装置, 扩管器, 扩孔器, 伸展器; (3) 胀圈, (夹具) 胀胎; (4) 撑模器; (5) 聚冷器; (6) 扩展电路; (7) 蒸发器; (8) 放大器; (9) 扩管工

expander amplifier　(1) 信号动态范围展宽放大器, 频带伸展放大器, 扩展频带放大器; (2) [电] 电路

expander board kit　成套扩展电路板

expanding (=EX)　(1) 伸张, 扩展; (2) 展开; (3) 膨胀, 扩张; (4) 膨胀的, 扩张的, 扩大的

expanding agent　膨胀剂

expanding anchor pile　膨胀式锚桩

expanding arbor　可胀心轴, 可胀开的心轴

expanding auger　扩孔钻

expanding band brake　胀带式制动器, 内制动带制动器

expanding band clutch　胀带离合器, 张带离合器

expanding bit　扩孔钻

expanding brake　胀开式制动器, 胀闸

expanding bullet　开花弹

expanding bushing　扩张式衬套

expanding cement　膨胀水泥

expanding chuck　弹簧筒夹

expanding clay　膨胀性粘土

expanding clutch　扩张式离合器

expanding clutch screw type　螺旋式扩张离合器

expanding down coiler　扩张式地下卷绕机

expanding drill　扩孔钻, 扩钻

expanding drive　撑开式带动器

expanding economy　正在发展的经济, 经济的发展

expanding fatigue spalling　扩展性疲劳剥落

expanding lid　膨胀盖

expanding mandrel　可胀式心轴, 胀开心轴, 可调心轴

expanding mill　管材扩径机

expanding nozzle　扩张喷管, 膨胀喷管, 渐扩喷管

expanding of waveguide　波导伸张

expanding pliers　扩边钳

expanding pulley　伸缩轮, 伸缩式滑车

expanding reamer　扩张 [式] 铰刀, 可调铰刀

expanding ring clutch　胀环离合器

expanding shoe　(制动器) 外胀式蹄片

expanding-slot　扩张形隙缝, 可调隙缝

expanding slot burner　扩张型缝隙喷燃器

expanding split-ring seal　开口弹性密封圈

expanding square search pattern　方形扩展搜寻方式

expanding test　扩管试验, 扩大试验

expanding type hone　张开式磨石

expanding valve　膨胀阀

expanding wedge brake　楔形制动器

expandor　(1) 扩器器, 扩张器, 扩口器; (2) 扩管装置, 扩径装置, 扩管器, 扩孔器, 伸展器; (3) 胀圈, (夹具) 胀胎; (4) 撑模器; (5) 聚冷器; (6) 扩展电路; (7) 蒸发器; (8) 放大器; (9) 扩管工

expanse　膨胀, 扩张, 展开

expansibility(=expansibleness)　可膨胀性, 延伸性, 能膨胀性, 膨胀率

expansible　易扩张的, 可扩张的, 易膨胀的, 可膨胀的, 膨胀性的

expansile　易扩张的, 可扩张的, 易膨胀的, 可膨胀的, 膨胀性的

expansion (=exp)　(1) 膨胀; (2) 扩展, 扩张; (3) 展开, 展开式

expansion admixture　膨胀掺合剂

expansion allowance　伸缩留量

expansion alloy　膨胀合金

expansion and contraction　伸缩

expansion arbor　胀开柄轴

expansion bath treatment　膨胀浴处理

expansion bearing　(1) 胀缩轴承座, 活动支座; (2) 膨胀轴承

expansion bend　(1) 伸缩弯管, 膨胀弯管; (2) 补偿器

expansion bend pipe　膨胀弯管

expansion bolt　胀开螺栓, 开口螺栓, 开口螺栓, 扩胀式地脚螺栓, 伸缩栓

expansion box　伸缩箱, 膨胀箱, 鼓胀箱

expansion brake　胀式制动器

expansion cam　(制动器) 伸撑凸轮, 顶压凸轮

expansion cap　胀缝传力杆套, 膨胀帽

expansion card　扩充插件板

expansion-chamber　膨胀室, 扩展室

expansion chamber　(液体罗经的) 膨胀室, 膨胀箱

expansion chamber type absorber　扩大空洞型消音器, 扩展室型消音器

expansion chucking reamer　机用扩张式铰刀

expansion clamp　膨胀卡头

expansion clearance　热胀间隙

expansion clutch　扩张离合器

expansion coefficient　(1) 膨胀系数, 膨胀率; (2) 展开系数

expansion coil　膨胀盘管

expansion coupling　(1) 胀缩联轴节, 补偿联轴节; (2) (管线的) 伸缩接头

expansion crack 膨胀裂纹,膨胀裂缝,伸缩裂缝
expansion curve 膨胀曲线
expansion cylinder (压缩式制冷机组的)膨胀汽缸,膨胀缸
expansion deflection (=E-D) 膨胀变位
expansion delay 延迟膨胀
expansion device (1)扩孔装置;(2)扩张装置
expansion drawing 放样图,展开图
expansion drying 膨胀干燥,闪蒸干燥
expansion eccentric 伸张偏心轮,膨胀偏心轮
expansion efficiency 膨胀效率
expansion effort 扩建工作,发展工作
expansion end 可伸缩端,活动端
expansion engine 膨胀式发动机
expansion equation 展开式
expansion factor 膨胀因数,膨胀系数,膨胀率
expansion fit 膨胀配合
expansion fog 膨胀雾
expansion force 伸张力
expansion formula 展开公式
expansion gage 测膨胀器,膨胀计
expansion-gear 膨胀装置
expansion gear 膨胀装置
expansion gland (蒸汽管道上的)膨胀接头的填料压盖
expansion hatch (油船的)膨胀舱口
expansion hatchway 膨胀井舱口油轮
expansion hoop 膨胀环箍
expansion hose joint 输油管伸缩接头
expansion in channel 水道扩大段
expansion in negative powers 按负幂展开
expansion in partial fractions 展成部分分数,按部分分数展开
expansion in powers (1)按幂展开,展成级数;(2)展为级数法
expansion in series 级数展开
expansion in Taylor series 展开为泰勒级数
expansion index 膨胀指数
expansion indicator 热膨胀测量仪
expansion joint (1)伸缩接头,补偿节;(2)膨胀接合,胀缩接合;(3)伸缩[接]缝
expansion link 伸缩杆
expansion loop (管路的)膨胀圈,膨胀环
expansion loss 扩张损失
expansion machine 膨胀机
expansion mandrel 可胀[式]心轴,可调心轴
expansion of a function 函数的展开,函数的展开式
expansion of currency 通货膨胀
expansion of metal 金属膨胀
expansion of opening 膨胀室
expansion of shell plating 外板展开
expansion pad 膨胀垫,伸缩垫
expansion pedestal 伸缩支座,活动支座
expansion piece 伸缩管节
expansion pipe 膨胀接头,伸缩管,补偿管
expansion plan (1)展开图;(2)发展计划,扩建计划
expansion plug 膨胀塞
expansion plug snap ring 膨胀塞开口环,膨胀塞卡环
expansion pressure ratio 膨胀压缩比
expansion process 膨胀过程
expansion rate 膨胀率,扩充率
expansion ratio 膨胀比,膨胀比率
expansion reamer 扩胀[式]铰刀,可调铰刀
expansion refrigeration 膨胀致冷
expansion ring 伸缩环
expansion roller 伸缩滚轴
expansion round convex surface 沿凸面膨胀
expansion section 扩散部分,扩散段
expansion shell bolt 膨壳式锚杆
expansion shield 扩展护罩
expansion sleeve 膨胀套筒
expansion slot 胀槽
expansion space 膨胀余量,膨胀空间
expansion spring 胀簧
expansion stress 膨胀应力
expansion stroke 膨胀冲程,膨胀行程,做功行程
expansion stuffing box 膨胀式填料函
expansion suspender 伸胀悬杆

expansion tank (=EXPT) (油舱的)膨胀油箱,膨胀舱,膨胀柜
expansion tank atmospheric vent 膨胀柜放气管[阀]
expansion tap 可调丝锥
expansion temperature 膨胀温度
expansion test 管口扩张试验,膨胀试验
expansion trunk (油轮)膨胀油箱,膨胀舱,膨胀筒,膨胀井
expansion trunk hatchway 膨胀井舱口油轮
expansion turbine 膨胀式涡轮
expansion type clutch 扩胀[式]离合器
expansion U-bend 膨胀U形管
expansion valve 膨胀调节阀,膨胀阀,安全阀
expansion vessel 膨胀容器,膨胀箱
expansion washer 伸缩垫圈,伸缩垫片
expansion work 膨胀功
expansional 膨胀的
expansionary 扩张性的,展开性的,发展性的
expansive 扩张的,膨胀的,开展的
expansive bit 伸缩式钻头
expansive cement 膨胀水泥
expansive color 放大色
expansive concrete 膨胀混凝土
expansive force 膨胀力
expansive grout 膨胀性水泥浆
expansive rivet 膨胀铆钉
expansive soil 膨胀性土[壤]
expansiveness 可膨胀性,能膨胀性
expansivity 可膨胀性,能膨胀性
exparte 单方面的,片面的
expatiate (1)详细说明,详述,细述,阐述;(2)漫步,漫游
expatriate 无原产地
expect 期待,预期,预料,指望,要求
expect ready to load 预计装货准备就绪[日期]
expectance (1)预期,期待;(2)预计值
expectancy 数学期待值,平均值
expectant (1)预料,预期,期待;(2)预计值
expectation (1)期待,期望,希望;(2)预计值,期望值
expectation payment 期望支付
expectation value 期待值,期望值
expectative 期待的,预期的
expected 预计的,预期的,预定的,期待的
expected approach time 预计接近时间
expected average life 预期平均寿命
expected date of arrival 预计到达日期
expected distance of sliding 预计滑动距离
expected elapsed 期望间隔时间
expected endurance (1)估计使用期限;(2)估算续航力
expected error 预期误差
expected gradation curve 预计粒度曲线
expected life 预期寿命
expected mean life 预期平均寿命,预定平均寿命
expected payoff 期望支付
expected ready to load 预计装货准备就绪[时间]
expected sailing time 预计开航时间
expected time of arrival 预计到达日期,预计到达时间
expected time of delivery 预计交船时间,预计交船期
expected time unloading 预计卸货时间
expected value 预期值,期望值,预计值,平均值
expected weight 预期重量
expedance 负阻抗
expedience 权宜措施,方便
expediency 权宜措施,方便
expedient (1)方便的,适宜的,有利的,权宜的,治标的;(2)权宜之计,治标措施,办法,措施,对策
expedient measure to meet an emergency 应急的权宜措施
expedite (1)迅速办理,促进,促使,加促;(2)简化;(3)派遣,发出;(4)无阻碍的,轻便的
expediting 快速发送,急送
expedition (1)急速,敏捷,迅速;(2)探险[队],考察[团],调查
expeditious measures 应急措施
expel (1)排出,挤出,排斥;(2)放出,放射;(3)发射
expeller (1)推出器,发射器,排气机,逐出器,排除器,分离器;(2)螺旋式压榨器,螺旋压缩机,螺旋榨油机
expend 花费,耗费,消费,支出,使用,用光,耗尽
expendability 消耗性,消费性

477

expendable (=exp) (1) 消耗的, 一次性的; (2) 使用一次的, 不可回收的;(3) 消耗品
expendable bathythermograph 吊放式温深仪, 消耗性温深仪
expendable drive point 可耗式触探头
expendable instrument 消耗性仪器
expendable pallet 简易托盘, 一次性托盘
expendable part 消耗性零件
expendable refrigerant 扩散致冷剂
expendable supplies 消耗品
expendable supply 消耗品供应
expendable weight 减轻重量, 耗重
expendable zinc core 可熔消的锌芯
expended energy 损失能量, 消耗能量
expendible 消耗品
expenditure (1) 费用, 开支; (2) 消费, 消耗 [量]
expenditure account 开支账目
expenditure cost 费用
expenditure of capital 投资费用
expenditure of energy 能量消耗
expenditure on revenue account 收益支出账
expenditure pattern 费用构成, 开支模式
expense (=exp) (1) 耗费, 消费, 开支; (2) 经费; (3) 消耗 [量], 损耗, 损失费用; (4) 需用量
expense account 费用账, 开支账, 报销单
expense audit 费用支出审计, 费用审查
expense book 费用账簿
expense budget 费用预算, 支出预算
expense for erecting and dismantling shelter 拆、搭雨棚费
expense journal 费用日记账
expense ledger 费用分类账
expense of production 生产费用
expense quota 经费限额
expense statement 费用表
expenses in the trial manufacture of new products 新产品试制费
expensive (=exp) (1) 费用浩大的, 代价大的, 昂贵的, 高价的; (2) 浪费的
experience (1) 经验, 经历, 体验; (2) 知识
experienced (=exp) 有经验的
experienced worker 熟练工人
experiential 从经验出发的, 凭经验的, 经验的
experiment (=EXP) (1)实验,试验;(2)科学仪器,科研设备,实验设备, 实验仪器; (3)试探, 考验
experiment carriage (船模试验池的) 试验拖车 [架]
experiment chamber 风洞试验段
experiment station 实验站, 试验站
experiment value 实验值
experimental (=exp) (1) 根据实验的, 根据试验的, 试验的, 实验的; (2) 经验的
experimental-analogic method 类比实验法
experimental analogy method 比拟实验法, 模拟实验法
experimental army satellite tactical 陆战战术实验卫星
experimental array radar (=EAR) 实验雷达阵
experimental boiling water reactor (=EBWR) 实验性沸水反应堆
experimental breeder reactor (=EBR) 实验用增殖反应堆
experimental cartographic facility (=ECF) 实验制图设备
experimental data 试验数据
experimental design work 实验设计工作
experimental duties (=ED) 实验任务
experimental electronic controlled automatic switching 实验用电子控制自动转换
experimental engine 试验动力机
experimental engineer 技术研究工程师, 技术研究工作者
experimental engineering 技术研究工作
experimental environmental reporting buoy 环境实验报告浮标
experimental equipment 实验设备
experimental error 实验误差
experimental establishment (=EE) 试验站, 实验站
experimental examination 试验检验
experimental facilities 实验设备, 实验装置
experimental field 试验现场
experimental flight (=EF) 试验飞行
experimental geographical orbiting (=EGO) 实验地球物理轨道
experimental hydrodynamics 试验水动力学
experimental installation 实验设备, 实验装置

experimental investigation 实验研究
experimental knowledge 经验知识, 感性知识
experimental light 试用灯标
experimental manned space station (=EMSS) 实验性载人空间站
experimental memo (=EM) 实验备忘录
experimental model (=EM) 试验模型, 实验模型
experimental model basin 船模试验池
experimental observation 实验观测
experimental period 实验时间
experimental physics 实验物理学
experimental pitch 实验螺距
experimental procedure 试验程序, 实验程序
experimental prototype 试验样机
experimental provision 实验装置
experimental satellite communication earth station 实验卫星通信地面站
experimental set-up 实验装置, 试验装置
experimental setting 试验装置, 试验设备
experimental ship 试验船, 实验船
experimental stage 试验阶段
experimental starting 试起动
experimental station (1) 实验电台; (2) 实验站, 试验站
experimental synchronous satellite 实验同步卫星
experimental tank 船模试验池, 试验水池
experimental technique 试验技术, 试验方法
experimental trials vessel 实验试航船
experimental unit (=EU) 试验单位
experimental verification 实验验证, 试验验证
experimental vessel 实验船
experimentalism 实验主义, 经验主义
experimentalist (1) 科学实验人员, 试验者; (2) 经验主义者
experimentalize 实验
experimentally 用实验方法, 实验上
experimentally loaded column gas chromatography (=ELCGC) 实验性填充柱型气体色谱法
experimentation (1) 实验, 试验; (2) 实验工作, 实验术, 实验法
experimenter (=E) 实验者, 试验者
experimentize 试验, 实验
experiments aboard the rocket 火箭上实验
EXPERL (=Experimental) (1) 根据实验的, 根据试验的, 试验的, 实验的; (2) 经验的
expert (1) 检验人, 鉴定人; (2) 专家; (3) 技师, 能手, 老手, 内行; (4) 特等射击手, 特等射手级; (5) 有经验的, 有专长的, 专门的, 专家的, 内行的, 熟练的; (6) 巧妙的, 精巧的
expert commission 专门委员会
expert engineer 专门工程师, 技师
expert evidence 鉴定
expert panel 专门小组, 专家团
expert problem solver 专家问题求解器
expert skill 专门技能
expert statement 专家鉴定
expert system 专家系统
expert witness 鉴定人
expertise (1) 专门技术, 专门知识, 专业技能, 熟练行业, 专长, 经验; (2) 专家, 内行; (3) 专门鉴定, 评价, 鉴定
expertize 提出专业性意见, 作出专业鉴定, [技术] 鉴定
expertly 熟练地, 巧妙地
expertness 熟练, 精巧, 专长
expiration (1) 期满, 满期; (2) 终止, 截止; (3) 呼气, 出气, 呼出
expiration clause 到期条款, 终止条款
expiration date 截止日期
expiration notice 到期通知书, 满期通知书
expiration of licence 执照期满
expiration of policy 保单期满
expiration of the time 满期
expirator 气体发生器
expiratory center 呼气中枢
expire (1) 开始无效, 结束, 期满, 终了, 终止; (2) 呼气, 断气, 熄灭
expiring date 有效期限, 失效日期
expirograph 呼气描记器
expiry 满期, 到期, 终止
expiry date 有效期限, 终止日期, 满期日
expiry of contract 合同期满
explain 解释, 说明, 阐明, 详述

478

explainable 可说明的,可解释的

explanate 平展的

explanation 解释,注释,说明,详述

explanative 说明性的,解释性的

explanatorily 说明式地,作解释地

explanatory (1)说明图;(2)说明的

explanatory drawing 说明图

explanatory notes (1)补充说明,附注;(2)注释

explement (1)填补,补足;(2)共轭角(360°减已知角),辅角

explement of angle 周余角

explementary 共轭(两角和等于360°)

explementary angle 共轭角(360°减已知角)

expletive (1)填塞的,填补的,补足的,附加的,多余的;(2)填补物,附加物

expletory (1)填塞的,填补的,补足的,附加的,多余的;(2)填补物,附加物

explicable 可解释的,能说明的

explicate (1)解释,说明,分析;(2)引伸,发展

explication (1)解释,说明;(2)起解释作用的事物

explicative 阐明意义的,说明的,解释的

explicit (1)明白的,明晰的,明显的,明确的,显示的,显然的,清楚的;(2)直率的;(3)须直接付款的

explicit definition 显定义

explicit function 显函数

explicit guidance 显示制导

explicit relation 显式关系

explicit relaxation 显式松弛

explicit solution 显解

explicity function 显函数

explodable 可爆炸的

explode (1)爆发,爆炸,爆裂,爆破,轰发;(2)推翻,打破;(3)迅速发展,迅速增长

exploded 爆炸了的,分解的

exploded view 部件解体图,部件分解图,分解图,剖视图

exploder (1)爆炸品,爆炸物,爆炸剂,爆轰剂,(2)爆炸装置,爆炸器,雷管,信管,引信;(3)爆炸工

exploding 爆炸,爆发

exploding primer 柴油爆发添加剂

exploit (1)开发,开拓,开采;(2)利用,使用

exploit the full power of the engine 发挥发动机的满功率

exploitability 可开发性,可利用性

exploitable 可利用的,可开发的,可开拓的

exploitage 利用,开发

exploitation (1)利用,使用,操作,维护,运行;(2)开发;(3)开采

exploitation losses 开采损失

exploitative 开发的,利用的

exploitive 开发的,利用的

exploration (1)勘探,勘矿;(2)勘查,勘测,探测,探究,探索,研究,考察;(3)调查,研究,研制,钻研;(4)确定,测定

exploration map 勘探图

exploration of space[宇宙]空间研究

exploration program 勘探程序

exploration ship 考察船,探险船

exploration survey 探测,踏勘测量

exploration trench 探坑

explorative 勘探的,探查的

explorator 靠模

exploratory 探索性的,探测性的,勘探的,探测的,探查的,调查的,研究的

exploratory bore hole 试钻钻孔

exploratory boring 钻孔

exploratory development 探索性研制

exploratory drilling [勘]探钻[井]

exploratory investigation 探索性研究,初步勘探,初步勘察,探讨

exploratory reconnaissance 初步踏勘

exploratory shaft 探井,探坑

exploratory study 探索性研究

exploratory survey 踏勘测量,探测,勘测

exploratory test 探索性试验,初步试验

exploratory work 探索性研究

explore (1)勘探,勘察,探查,探测,探索,探究,探险,查勘,踏勘;(2)调查,研究,探索,发掘;(3)展开;(4)图像分解,析像

explorer (1)探测器具,探矿机,探测机,探测器,查探器;(2)探测线圈,试验线圈,测试线圈;(3)勘查人员,探测员,勘探者,探索者,探险者,考察者

exploring (1)探索,查勘;(2)展开;(3)扫描;(4)图像分解,析像

exploring brush 辅助电刷

exploring coil 探察线圈,探测线圈

exploring disc 聂泼科夫旋转分像盘,扫描盘

exploring electrode 探察电极

exploring spot 探索光点

exploring team 勘探队,考察队

exploring tube 探测管,探针

ESPLOS (=Explosive) 爆炸物

ESPLOS (=Explosive Fog Signal) 爆响雾号(用火药爆发响声的雾号)

explosibility 容易爆炸,可爆炸[性],爆炸性

explosible 可爆炸的

explosimeter 测火药挥发量仪器,气体爆炸性测定仪,爆炸计,测爆仪

explosion (=EXPL) (1)爆炸,爆发,爆裂,炸裂;(2)闪光信号;(3)迅速发展,迅速增加,迅速增长,激增,突发;(4)活塞的工作行程,活塞爆燃行程,活塞爆燃冲程

explosion chamber (发动机)燃烧室,消弧室,爆发室

explosion disk 防爆盘

explosion door 防爆门

explosion door for crankcase 曲轴箱防爆门

explosion engine 内燃机

explosion forming 爆炸成形,爆炸成型

explosion gas turbine 爆炸式燃气轮机

explosion hazard 爆炸危险,易爆性

explosion limit range 易爆范围

explosion of firedamp 煤气爆炸

explosion pressure 爆发压力

explosion-proof 防爆[式]的,防炸[裂]的

explosion proof (=EP) 防爆炸

explosion-proof lamp 防爆灯

explosion-proof light 防爆灯

explosion-proof machine 防爆式电机

explosion-proof material 防爆材料

explosion-proof switch 防爆式开关

explosion-proof transformer 防爆式变压器

explosion protection 防爆装置,防爆

explosion protection equipment 防爆设备

explosion ratio 爆炸浓度,爆燃比

explosion relief valve 防爆安全阀

explosion resistant enclosure 防爆外壳

explosion-safe 防爆[式]的,防炸[裂]的

explosion safe stator frame 防爆式定子架

explosion site 爆炸位置,爆炸地点

explosion stroke 爆炸冲程,爆发冲程,爆燃冲程,爆燃行程

explosion test 爆发试验

explosion view 分解图

explosion wave 爆炸波,冲击波

explosive (=EXPL) (1)爆炸物,炸药;(2)极为迅速猛烈的,爆炸[性]的,易爆炸的,爆发[性]的,突发的;(3)(发展等)特别快的,急剧的;(4)(复)爆炸器材

explosive anchor 爆炸钻海底锚

explosive anchorage 爆炸货物锚地,爆炸品锚地

explosive article (1)爆炸物品;(2)爆炸性器件

explosive articles 爆炸性物品

explosive assembly 爆炸装置

explosive blast 爆炸冲击波

explosive bolt 分裂螺栓,爆炸螺栓

explosive bonding 爆炸熔粘焊接,爆炸焊接

explosive bullet 炸裂弹

explosive cable cutter 爆炸式电缆切割机

explosive cargo 易爆货,爆炸性货物

explosive compound 炸药

explosive cutting 爆炸切割

explosive door 防爆门

explosive driven anchor 爆抓锚

explosive dumping ground 爆炸品倾倒区

explosive echo ranging (=EER) 爆破回波测距

explosive effect 爆炸效力,爆炸威力

explosive engine 爆发内燃机

explosive evaporation 沸腾蒸发

explosive fog 爆响雾号

explosive fog signal 爆响雾号,爆炸式音响雾号

explosive for industry 工业用炸药

479

explosive force 爆炸力
explosive forming 爆炸成形, 爆炸成型
explosive gas indicator (=EGI) 爆炸 [性] 气体指示器
explosive gelatin 爆炸性硝化甘油化合物
explosive goods 易爆货物
explosive growth 迅速发展
explosive imbedding type anchor 爆炸埋入式锚
explosive increase 迅速增长
explosive limits 爆炸极限
explosive mixture 爆炸混合气
explosive motor 脉动式空气喷气发动机, 内燃发动机
explosive oil 硝化甘油, 爆炸油
explosive ordnance (=EO) 爆炸品
explosive power 爆炸能力
explosive range 爆炸极限
explosive signal 爆炸式音响信号, 爆响信号
explosive substance 爆炸物, 爆炸性物质
explosive substances 爆炸性物质
explosive train (1) 炸药导火装置, 分段装药, 导火药; (2) 传爆系统, 火药系
explosive train component 爆炸串列部件
explosive type 爆发式
explosive vapor 可爆蒸气
explosive welding 爆炸焊接
explosively anchor 爆爪锚
explosiveness 爆炸性, 可爆性
explosives 炸药
explosivity 爆炸性
EXPN (=Exposition) 博览会, 展览会
EXPO (=Exposition) 博览会, 展览会
expo 博览会, 展览会
expometer 露光计, 曝光计, 曝光表
exponent (=exp) (1) 指数, 幂数, 阶码, 阶; (2) 指标; (3) 样本, 样品, 试样, 标本; (4) 例子, 典型, 代表; (5) 解说员, 解说者, 说明者, 阐述者
exponent counter 阶计数器
exponent curve 指数曲线
exponent equation 指数方程 [式]
exponent of convergence 收敛指数
exponent of finite group 有限群的指数
exponent of stable distribution 稳定分布的指数
exponent part of number 数字阶部分
exponential (=e) (1) 指数, 幂; (2) 指数的, 指标的, 阶的, 幂的
exponential curve 指数曲线
exponential decay law 指数衰减律
exponential decay unit (=EDU) (制导计算机的) 指数式衰变单元
exponential dilution flask 指数稀释瓶
exponential distribution 指数分布
exponential equation 指数方程
exponential filter 指数滤波器
exponential flareout 指数扩张
exponential form 指数形式
exponential function (=exp) 指数函数
exponential horn (超声波加工机的) 指数曲线形振幅扩大棒, 指数曲线形喇叭, 指数曲线形蜿展喇叭
exponential law 指数律
exponential line 指数传输线
exponential matching 指数 [性] 匹配
exponential motion 按指数规律运动, 非周期运动
exponential pump pulse 指数率抽运脉冲
exponential reactor 指数反应堆
exponential rising 指数律上升
exponential smoothing 指数光滑
exponential sum 指数和, 三角和
exponential-sweep 指数扫描
exponential term 指数项
exponential time 指数时基, 指数时间轴
exponential tool table (超声波加工机的) 指数曲线形工具架 (振幅扩大棒的下半部)
exponential tube 指数特性曲线管
exponential voltage change [按] 指数变化 [的] 电压
exponentially 按指数规律地
exponentially tapered line 指数锥削形传输线, 指数衰减线路
exponentiate 指数化

exponentiation 指数表示, 阶的表示, 取幂, 乘幂
exponible 可说明的, 应说明的
export (=exp) (1) 输出, 出口; (2) 出口商品, 出口货, 输出品, 输出物, 输出额; (3) 运走, 带走, 排出; (4) 准备出口的, 输出的; (5) 呼叫, 振铃; (6) 准备出口的, 出口物的
export account 出口往来账户
export administration act 出口管理法
export advance 出口预付款
export and import 进出口
export authorization 进出口核准制
export bill 出口清单
export bill of lading 出口提单
export bonus 输出奖励金
export bounty 出口津贴
export cargo 出口货
export cargo manifest 出口载货清单
export cargo shipping instruction 出口货物装运指示
export centered enterprise 出口主导型企业
export certificate 出口证明书
export control 出口管制
export credit 出口信贷
export credit gentlemen's agreement 出口信贷君子协定
export credit guarantee 出口货信用担保, 出口信贷担保
export data 出口数据
export debit A/C 出口支出科目
export declaration 出口报送单, 出口申请单, 出口申报单, 出口报单
export duty 出口税
export entry 出口报单
export freight manifest 出口载货运费清单
export house 出口管理局, 出口公司
export import bank 进出口银行
export import cover ratio 进出口比率
export inspection 出口检验
export invoice 出口发票
export letter of credit received 开来出口信用证
export licence (=E/L) 出口许可证, 出口许可
export license 出口许可证, 出口许可
export licensing regulation 出口许可条例
export manifest 出口舱单
export mark 出口标志
export of capital 资本输出
export packer 出口货物包装工人
export packing 出口包装
export permit 出口许可证, 出口许可
export pier 出口码头
export price control 出口价格控制
export processing free zone 出口加工免税区
export quarantine 出口检疫
export rate 出口费率
export service and promotions division (英国) 出口促进局
export specification list 出口明细单
export subsidy 出口补贴
export surplus 出超
export tax 出口税
export trade 出口贸易
export trader 出口商
export trading company 出口运输公司
exportable 可出口的, 可输出的
exportation 输出, 出口
exporter 出口商, 出口者
exporter mark 出口标志
exporter permit 出口许可 [证]
exporter processing zone 出口加工区
exporter tax 出口税
exporter's invoice 出口商发票
exports (=EXPTS) 出口货物
exposal (1) 显露, 暴露, 揭露, 揭发, 发觉; (2) 曝光时间, 露光时间, 辐照, 照射 [量], 照明 [量]; (3) 方位方向, 方向, 方位; (4) 陈列, 展览; (5) 露头; (6) 摄影, 拍照, 软片, 底片; (7) 开敞程度; (8) (两条线路) 靠近
expose (1) 曝光; (2) 暴露, 揭露, 显露, 露出; (3) 陈列, 展览; (4) 使处于试验条件下, 使遭受, 使曝光, 打击; (5) 陈述
exposed (1) 被打开的, 敞开的, 未加保护的, 被暴露的; (2) 受辐照的, 受照射的

480

exposed aggregate (混凝土)浮露骨料
exposed anchorage 开敞锚地
exposed area 无屏障地带, 开敞地带
exposed berth 开敞码头, 露天船台
exposed core (焊条的)夹持端
exposed deck 露天甲板
exposed electric wire 外露导线
exposed face 外露面
exposed free-board deck 露天干舷甲板
exposed joint (1)明接头; (2)明缝
exposed length 浮露长度
exposed location 无屏障地带, 开敞地带
exposed location single buoy mooring 暴露定位单点浮泊, 开敞水域单点系泊
exposed opening 敞开的开口
exposed pallets 外露擒纵叉
exposed propeller shaft 开式传动轴
exposed rock surface 浮露岩面, 露头岩面
exposed spring type safety valve 弹簧外露式安全阀
exposed subsoil 浮露底土
exposed surface 暴露[表]面
exposed terminal 开敞码头
exposed to accident possibilities 容易发生事故
exposed to the weather 暴露在大气中, 放在露天
exposed wall 外墙
exposed waters 无屏障水域, 开敞水域
exposed ways (船舶下水滑道的)岸上部分
exposed wiring 外露布线, 明线
exposition (1)露光, 曝光, 暴露, 显露, 展出, 陈列; (2)解释, 解说, 说明, 叙述, 阐述, 讲解, 注释, 术评; (3)博览会, 展览会
expositive 解释的, 注释的, 说明的, 叙述的, 讲解的
expositor 解释者, 说明者, 评注者, 解说员
expository 解释的, 注释的, 说明的, 叙述的, 讲解的
exposometer 曝光计, 曝光表
exposure (1)显露, 暴露, 揭露, 揭发, 发觉; (2)曝光时间, 露光时间, 辐照, 照射[量], 曝光[量], 照明[量]; (3)方位方向, 方向, 方位; (4)陈列, 展览; (5)露头; (6)摄影, 拍照, 软片, 底片; (7)开敞程度; (8)(两条线路)靠近
exposure index (=EI) 曝光指数
exposure intensity 照射强度, 暴光强度
exposure latitude 曝光宽容量
exposure meter (=em) 曝光计, 曝光表
exposure of aggregate (混凝土)骨料浮露, 形成麻面
exposure scale 相纸曝光量范围
exposure suit 防热救生[宇航]服
exposure time 曝光时间
exposure timer 曝光定时器, 曝光表
exposure to a neutron flux 中子流辐照
exposure to radiation (放射性)辐照
exposuremeter 暴光表, 暴光计
expound (1)详细说明, 阐述; (2)解说, 解释
expounder 解释者, 说明者
express (1)表明, 表达, 表示; (2)特别快车, 快船; (3)快邮; (4)压榨, 压出, 挤出; (5)明白的, 明确的
express agency 快件运输公司, 快递公司
express-analysis 快速分析
express artery 高速干道
express boiler 快速水管锅炉
express car ferry 快速汽车渡船, 快速汽车轮渡
express company 快件运输公司, 快递公司
express consignment 快件货
express container ship 快速集装箱船
express delivery 快速交货, 快递
express fee 快递费
express freight company 快递公司
express goods 快运货
express highway 高速公路
express-laboratory 快速化验室
express lift 快速电梯, 快速吊机
express line ship 定航快船, 快航班船
express liner (1)快速定期船, 快速班轮, 快速邮船; (2)特快客船
express logic 直快逻辑
express mail 快信
express mail service 特快传递业务, 邮政快递

express paid 加速费已付, 快递费已付
express paid by post 加速费已邮付
express paid by telegraph 加速费电汇付讫
express post 快递邮件
express provision 明文条款
express pump 高速泵
express shipment container 快件集装箱
express steamer 快速班船, 快速邮船
express telegram 急电
express train 特别快车, 特快列车
express transportation 急件运输, 快运
express truck 运送快件的汽车
express type boiler 快速式水管锅炉
express vessel 定期快班船, 快船
express warranty 明示担保, 载明担保
express way 快速干道
expressage (1)快递, 快运; 快递费, 快运费
expressed 榨取的, 压榨的
expressed oil 榨出油, 压榨油
expresser 压榨器
expressible (1)可表示的, 可表达的, 可形容的; (2)可榨出的
expression (=exp) (1)表示式, 表达式, 公式, 符号; (2)表示, 表达, 表现; (3)压榨[法], 压出[法]; (4)轧液率
expressive 表现的, 表示的
expressiveness 可表达性, 可表示性
expressivity 表达性
expressly 明显地, 明白地, 清楚地
expressway 高速公路, 快速公路
expropriate 征用, 征地
expropriation 征用, 没收
expropriation proceedings 征地手续
EXPT (=Expansion Tank) 膨胀舱, 膨胀柜
EXPTS (=Exports) 出口货物
expulsion (=exp) 抛出, 排出, 排气, 抽出, 喷溅
expulsion fuse 冲出式熔丝
expulsion of water 脱水, 去水
expulsion protective gap 冲出式保护放电器
expulsive force 排出力, 斥力
expunction 擦去, 抹掉, 删除, 消除, 勾销
expunge 擦去, 涂去, 删去, 除去, 擦掉, 删掉, 勾销, 消灭, 歼灭
expunge the class 注销船级
expurgate 删去, 修订, 校正, 改正, 修正
expurgated bound 修正限
expurgated code 删除码
expurgated edition 修订版
expurgator 修订者, 删改者
expurgatorial 修订的, 订正的, 删除的
expurgatory 修订的, 订正的, 删除的
EXQUAY (=Free on Quay) 码头交货价格
exradius 外径
EXRATE (=Exchange Rate) 兑换率, 汇率
EXS (=East by South) 东偏南
EXS (=Ex Ship) 船上交货
EXS (=Excesses) 免赔率
EXS (=Expenses) (1)损失, 损耗; (2)费用
exscind 割开, 切去, 除去
exsculptate (=exsculptus) 纵刻的
exsecant 外正割
exsect 切除, 割除
exsector 切除器, 切除刀
exserted 突出的, 外露的, 伸出的
exsertile 可伸出的
exsiccant (1)干燥剂, 脱水剂; (2)干燥的
exsiccate 使干, 干燥
exciccation 排水, 干涸, 疏干
exsiccator 保干器, 干燥器, 干燥箱, 除湿器
exsilient 逸出的
exsolution 在外溶解, 外溶, 脱溶, 出溶
exstock anchor 不计杆重的有杆锚
exsudation 渗出[作用]
exsufflation 向外呼气, 吹气
exsufflator 排气器
exsulcus 具槽
EXT (=Extension) 延伸, 延期

EXT (=External)　外部的，外来的，表面的
EXT (=Extinguished)　熄灭
EXT (=Extinguisher)　灭火器
extant　(1) 现在的，存在的；(2) 突出的，凸出的
EXTDIA =External Diameter　外径
extant　(1) 仍存在的，现存的，未废的；(2) 突出的，显著的
extemporal　无准备的，临时的
extemporaneous　临时的，当时的
extemporarily　无准备地，临时，当场
extemporary　无准备的，临时的，当场的
extempore　无准备 [的]，临时 [的]，当场 [的]
extemporise　临时制作，临时配制
extemporize　临时制作，临时配制
extend (=EXT)　(1) 伸长，伸张，伸展，展延，广延，延长，拉长，加长；(2) 扩大，扩充，扩张，增大；(3) 扩展，散开，推广，传播；(4) 连续，延期，延续；(5) 跨过，伸过；(6) 致以，给予，提供；(7) 填充，补充，掺杂，掺入；(8){ 数 } 开拓
extend circuit　扩展电路
extend flip-flop　扩展触发器
extend for　延续
extend from　从……伸出
extend out　伸出
extend over　延续，遍布
extend through　贯穿，穿过
extend through to　延伸到
extendable　可延伸的，能延伸的
extendable automatic spreader　自动伸缩扩张器
extended　(1) 扩展的，扩张的，扩充的，扩散的，延长的，延伸的，延展的，展开的，拉长的，持续的，持久的，传播的，分布的；(2) 三维的，三度的
extended addressing　扩充编址
extended aeration　延时爆气
extended antenna　加感天线，加长天线
extended area service　扩大范围的业务，扩大区域服务，额外服务
extended array logic　扩充阵列逻辑
Extended BCD Interchange Code 扩充 BCD 交换码 (BCD=binary coded decimal　二进制编码的十进制，二·十进制编码)
Extended Binary Coded Decimal Interchange Code (=EBCDIC)　扩充的二进制编码的十进制交换码
extended boss type shaper cutter　碗形插齿刀
extended card kit　配套扩充插件
extended center distance system　扩大中心距齿轮制，正变位 [传动] 齿轮制
extended chain　伸直链，伸长链
extended chain length　伸直链长 [度]
extended characteristic　延长特性 [曲线]
extended charge　直列装药
extended code　扩展码
extended core storage (=ECS)　延长磁芯存储
extended cover　扩展责任
extended cover clause　扩展责任条款
extended coverage endorsement　扩展保险所加的条款
extended credit　展延信用证
extended cyclic codes　延拓循环码
extended defect　扩展缺陷
extended delta connection　延长三角形接法，延长 △ 形接法
extended dislocation　扩展位错
extended electron beam　[展] 宽 [电子] 束
extended epicycloid　延伸外摆线
extended expiry date　顺延满期日
extended explanation　详细说明
extended facility　中期贷款
extended forecast　中期预报
extended foundation　扩大基础，扩展基础
extended inner ring　(轴承) 宽内圈
extended-interaction tube　[延] 长 [作用] 区管
extended interaction tube　长区管
extended marine protest　延伸海事声明
extended maritime protest　延伸海事声明书
extended-metal transistor　延伸金属晶体管
extended period　展期
extended period of time　展期时限
extended pilotage　超区引航
extended pitch chain　加长节距链
extended play　密纹唱片，慢速唱片

extended point transformation　开拓的点变换
extended-precision　扩充精度的，增加精度的
extended precision word　扩充精度字
extended producer responsibility　制造商延伸的责任
extended protest　(1) 延伸海事声明；(2) 海难补充报告
extended quay dock　顺岸式码头
extended-range　扩展测程的，扩展量程的
extended real number　广义实数
extended register　扩充寄存器
extended route　展长的路径，延长进路
extended sea protest　延伸海事声明
extended shutdown　延续截止，中止
extended state　广延态
extended surface　扩张表面，扩展表面，展开面
extended surface elements　带有加热表面的部件，带有换热表面的部件
extended surface tube　扩展表面式管子
extended target　空间目标，展开目标
extended theorem of mean value　广义中值定理，广义均值定理
extended threshold demodulator　门限扩展解调器
extended time scale　慢时间标度，扩展时标
extender　(1) 稀释液，稀释剂，扩充剂，增加剂，掺合剂，补充剂，补充料，填料；(2) 充填器；(3) 扩充器，扩程器，扩张器，扩展器，延长器，延伸器；(4) 扩展镜；(5) 夹持雷管的装置
extender pigment　油漆调和颜料，体质颜料
extendibility　可扩充性，可扩展性，可延伸性
extendible　可延伸的，可延长的，可伸长的，可扩张的，可扩充的，
extendible poation　延伸部分
extending certificate　证书延误
extending integrated circuit　外延集成电路
extending of rating curve　水位流量关系曲线推算
extending of short term records　根据短路记录推算
extending tower　可延伸的天线杆
extensibility　(1) 可伸展性，可延展性，可拉伸性，可伸长性，可膨胀性，延展度，延伸度，伸长度，延伸率，伸长率；(2) 张力作用下的变形程度
extensible　可伸缩的，可伸展的，可延伸的，可扩充的，可展开的，能延伸的，有伸张性的
extensible boom　伸缩式臂杆，伸缩吊杆
extensible cover　伸缩护罩
extensible language (=EL1)　可扩充语言，EL1 语言
extensible mark up language　可延展标识语言
extensimeter　变形测定器，伸长计，伸缩计，延伸计，伸展计，变形计，应变计，张力计，张量计，延伸仪
extension (=EXT)　(1) 伸长，伸出，伸展，伸直，延伸，延长，牵伸；(2) 延长部分，延伸部分，伸出部分，增设部分，附加部分，伸出部，突出部；(3) 扩建；(4){ 数 } 开拓，外延，移距；(5) 扩张，扩展，扩大，扩充，推广，发展，增加，增设，分设；(6) (空间的) 大小，范围，体积；(7) 扩散，蔓延；(8) (电话) 分机；(9) 文件扩展名；(10) 延期
extension agent　技术指导员，推广员
extension alarm　延伸报警
extension arm　延伸臂
extension at break　断裂伸长率
extension bar 延伸棒，接长杆，加长杆，伸出杆，延伸杆，延伸柄
extension bed lathe　接长床身车床
extension bell　分设钟，分铃
extension bell call　分铃呼叫
extension board　延伸板，附加板
extension bolt　(门窗等) 插销
extension boring and turning mill　大型立式铣床
extension center　推广中心
extension circuit　增设电路，扩充电路，展接电路
extension coefficient　伸展系数，伸长系数，移距系数
extension coil　加长线圈，延长线圈
extension commission　展期手续费
extension cord　延长绳路
extension coupling　伸缩联轴器
extension elongation　拉伸延长
extension factor　伸展因素
extension field　扩张域
extension filter (=Ext Fit)　辅助滤波器
extension forks　(叉车上的) 加长叉
extension fracture　延长断裂
extension frequency (=Ext Freq)　辅助频率，扩展频率
extension girder　(龙门吊的) 伸缩大梁，外伸大梁
extension handset　手持分送受话器

extension handwheel block　滑车组

extension hanger　尾管悬挂器

extension instrument　附加仪表，外接仪表

extension ladder　伸缩梯

extension line　(1)分机引出线，分机延伸线；(2)尺寸补助线；(3)展接线路，扩充线路

extension line for dimension　尺寸标注引出线

extension mast　可伸套管天线

extension memory　扩展存储器

extension meter　延伸仪，伸长计

extension nipple　加长短节

extension of a function　函数的开拓

extension of a contract　合同有效期的延长

extension of control　控制网加密

extension of definition　定义的扩张

extension of field　域的扩张

extension of function　函数的开拓

extension of group　群的扩张

extension of knowledge　知识[面]的扩大

extension of prescription　诉讼时效的延长

extension of route　运程的延长

extension of service　增加班次或线路

extension of valuation　赋值的扩张

extension piece　(1)延伸杆；(2)内外螺纹螺纹管接头，扩展接头

extension pipe　拉长管

extension proposal　推荐的扩建方案，扩建意见

extension rate　稀释倍数，稀释率

extension register (=E register)　扩充存储器

extension repair　大修

extension ringer (=Ext Ring)　备用铃流发电机，分机振铃器

extension rod　(1)拧接钻杆，接杆；(2)伸长杆，延伸杆；(3)伸缩尺，塔尺

extension rule　伸长尺

extension scale　(1)延长刻度，扩展刻度，扩展标度；(2)铸工尺，伸缩尺

extension service　技术指导工作[处]，技术推广站

extension set　增设装置

extension shaft　(1)伸缩花键轴；(2)悬臂轴，轴的伸出部分，中间轴

extension spring　扩展弹簧，牵[引]簧，拉簧

extension stem　延伸柄，伸缩棒

extension taper　伸出锥度

extension telephone (=Ext T-phone)　电话分机，备用话机，分机

extension telephone set　电话分机

extension theorem　开拓定理

extension tripod　伸缩三角架

extension tubes　外接镜管

extension-type　伸缩自如的，可抽出的

extension visa　延期签证

extension warping barrel　伸缩式外加式带缆卷筒

extension wire (=EXTW 或 Ext W)　延长线路，分接线路，备用线路，附加线路

extensional　外延的，延伸的

extensional deformation　拉伸变形

extensional rigidity　拉伸刚度

extensional vibration　伸缩振动，纵向振动，扩张振动

extensionality　外延性

extensionalization　伸长，延伸，延长

extensive　多方面的，大范围的，宽广的，宽阔的，广延的，外延的，广博的，广大的，广泛的，广阔的，延伸的，延长的，扩大的，扩展的，彻底的，详尽的

extensive autopilot　全自动驾驶仪

extensive efforts　大量的工作

extensive investment　外延的投资，广阔的投资

extensive magnitude of labor　劳动的外延量

extensive order　大批订货

extensive parameter　广延参数

extensive preparations　多方面准备

extensive property　广延量，广延性

extensive repair　全面修理，大修理，大修

extensive repair list　检修修理单

extensive sampling　扩大抽样

extensive use　有系统应用，广泛应用

extensometer　变形测定器，变形测定计，延伸仪，应变仪，伸长计，伸展计，延伸计，延度计，变形计，应变计，张力计，张量计

extensometer type electric torque meter　伸长计式电测扭矩仪

extensometric　测张力的，测伸长的

extensometry　应变测定，伸长测定

extensor　延展器

extent　(1)程度，广度，长度，宽度，分量，数量，值；(2)尺寸范围，限度，尺度，尺寸，距离，界限，长短，大小，宽窄；(3)传播距离；(4){数}[延伸]程度，外延，广延，延长

extent block　扩充块

extent of a set　点集的广延

extent of amendment　修正范围

extent of application　适用范围

extent of damage　损伤范围，损失范围

extent of error　误差范围，误差量，偏差量

extent of flooding　浸水范围

extent of fluid movement　排油范围，排油半径

extent of load　载荷限度，载荷范围，负载范围

extent of oil spill　溢油范围，油污范围

extent of polymerization　聚合程度

extent of porosity　孔隙度

extent of protection　保护范围

extent of reaction　反应程度

extent of the error　误差量，偏差量

extent of weather-tight integrity　(船上门窗等)风雨密完整性范围

extenuate　(1)低估，藐视；(2)减轻，减少，降低，衰减；(3)掩饰

extenuation　(1)低估；(2)衰减，减少，减弱，减轻，减量，降低，缩小，阻尼

extenuative　低估的，衰减的，减少的，减弱的，减轻的，减量的，降低的，缩小的，阻尼的

extenuatory　低估的，衰减的，减少的，减弱的，减轻的，减量的，降低的，缩小的，阻尼的

exterior (=EXT)　(1){数}外部；(2)外部的，外界的，外面的，外表的；(3)外部，外界，外面，外表

exterior angle　外角

exterior antenna　室外天线

exterior extent　外广延[度]

exterior ballistics　外弹道学

exterior coating of pipeline　输送管的外套

exterior contact　外接触，外切

exterior crest　外顶线

exterior drainage　外流水系

exterior extent　外延度，外延

exterior face　外部面，外面

exterior form　外模板

exterior illumination　室外照明

exterior-interior angle　同位角

exterior lighting　室外照明

exterior lighting system　外部照明系统

exterior magnetic field　外在磁场

exterior measure　外测度

exterior normal　外法线

exterior paint　室外用油漆，外用漆

exterior part of ingot　钢锭头

exterior passageway　外通道

exterior pipe system　外部管道系统，户外管系

exterior points　外点

exterior post type container　外柱式集装箱

exterior sewer system　户外排水系统

exterior sheathing　外模板

exterior surface　外表面

exterior view　(1)外视图，表面图；(2)外表面，外观

exterior wall　外墙

exteriority　(1)外表，外表面；(2)外形的

exteriorization　(1)形象化，具体化；(2)客观性，客观化，外表性，外表化；(3)仅具外表形式

exteriorize　(1)使仅具外表形式，使形象化，使具体化，使客观化，使外表化；(2)认为……是由于外因，以外因来说明

exteriorly　从外表上看，从外部，表面上

exterminate　消除，根除，根绝，消灭，扑灭，毁灭

extermination　消除，根除，根绝，消灭，扑灭，毁灭

exterminative　消除的，根除的，根绝的，消灭的，扑灭的，毁灭的

exterminatory　消除的，根除的，根绝的，消灭的，扑灭的，毁灭的

extern　外部

external (=EXT)　(1)外部的，外面的，外界的，外表的，外置的；(2)表面的，外观的，外形的，客观的，形式的；(3)对外的，外国的，外来的，附

带的；(4) 外用的；(5) 外部情况, 外面, 外部, 外观, 外形, 外表, 形式

external access 从外部接近, 外部检查口
external accounts 境外账户
external admission 外进气
external angle 外角
external arithmetic [主] 机外运算
external assistance 外来援助, 对外援助
external bearing cover 轴承外盖
external bevel gearing 外啮合锥齿轮传动 [装置]
external block brake 外蹄式制动器
external bound block 外带滑车
external bracing 外部支撑
external brake (1) 带式制动器；(2) 外蹄式制动器
external bremsstrahlung (=EBS) 外韧致辐射
external broach 外拉刀
external broaching 外拉削
external buoyancy (救生艇两舷的) 浮力软木碰垫, (船体) 外部储备浮力
external buzzer 外接蜂鸣器
external cable 舱外电缆, 室外电缆, 外部电缆
external caliper gage 外卡规, 外量规
external calipers 外卡钳
external cathode resistance 阴极输出器外电阻, 阴极电路电阻
external cause 外因
external-cavity 外腔
external center 尖端
external characteristic curve 外特性曲线
external cheek brake 外缩制动器
external chill 金属型, 外冷铁
external circuit 外电路
external circumference 外周长
external clutch gear 离合器外齿轮
external combustion 外燃机
external combustion chamber 炉外燃烧室, 外燃室
external-combustion engine 外燃发动机
external combustion engine 外燃发动机 (一般指蒸汽机和热汽机)
external combustion gas turbine plant 外燃式燃气轮机装置
external combustion turbine 外燃式透平
external common tangent 外公切线
external common tangent plane 外公切面
external condition 外界条件, 外部条件
external contracting brake 外缩制动器, 外缩闸
external-conversion 外转换
external cooling 外部冷却
external corrosion 外部腐蚀
external cost 外部成本
external crack 外表裂纹, 表面裂纹, 外表裂缝, 表面裂缝
external critical damping resistance (=ecdr) 外部临界阻尼电阻, 外部临界衰减电阻
external crucible [鼓风炉的] 前床
external current 外电路电流
external cutting 外圆切削, 外圆车削
external cutting off 外切断, 外割断
external cylindrical abrasive belt grinding machine 外圆砂带磨床
external cylindrical centerless grinding machine 无心外圆磨床
external cylindrical gear 外啮合 [圆柱] 齿轮, 外齿圆柱齿轮
external cylindrical grinding 外圆磨削
external cylindrical grinding machine 外圆磨床
external cylindrical grinding machine with wide grinding wheel 宽砂轮外圆磨床
external cylindrical honing machine 外圆珩磨机
external cylindrical superfinishing machine 外圆超精机
external cylindrical turning 外圆车削
external data modem 外接数据调制
external debt 国外债务, 外债
external delay 外因延迟
external device 外部设备
external device response 外部设备响应
external diameter (=ext dia) 外直径, 外径
external diameter of wormwheel 蜗轮外径
external dimension 外形尺寸, 外表尺寸, 外部尺寸
external dimensional envelope 外包尺寸
external dimensions 外形尺寸

external double helical gear 人字外 [啮合] 齿轮
external draft scale 外部吃水标尺
external drainage 通海水系, 入海水系
external draught scale 外部吃水标尺
external dynamic factor 外界动载系数, 工作状况系数
external energy 外能
external environment (=EE) 外部环境
external equalizer 外平衡装置, 外平衡管
external equipment 外部设备, 外围设备
external examination 外观检查
external factor 外界因素
external fan kiln 外装风扇干燥窑
external feed line 外部给水管路
external feedback 外反馈
external feedback type 外反馈式
external fiber stress 外缘应力
external field emission (=EFE) 外部场致发射
external fire 外燃
external fire fighting system 外部消防系统
external firing boiler 外燃式锅炉
external flaps (=EF) 外部襟翼
external flow 表面流, 外流
external flow vehicle (气垫船) 外流气垫艇
external force 外力
external force action 外力作用
external force feed 外槽轮排种器
external form 外套
external friction 外摩擦, 表面摩擦
external function reference 外函数引用
external function reference name 外函数名
external furnace 炉外燃烧室
external ga(u)ge (=ex ga) 外径量规
external gear 外 [啮合] 齿轮
external gear drive 外 [啮合] 齿轮传动
external gear mechanism 外 [啮合] 齿轮机构
external gear motor 外 [啮合] 齿轮 [液压] 马达
external gear pair 外 [啮合] 齿轮副
external gear pump 外 [啮合] 齿轮泵
external gear type oil pump 外啮合齿轮油泵
external gear unit 外 [啮合] 齿轮装置
external gearing 外 [啮合] 齿轮传动 [装置]
external gears 外 [啮合] 齿轮装置, 外 [啮合] 齿轮副
external gearset 外 [啮合] 齿轮传动装置
external grinder 外圆磨床
external grinding 外圆磨削
external grinding machine 外圆磨床
external grow 外部成长
external heating 外加热
external helical gear 外啮合斜 [齿圆柱] 齿轮
external helical gears 外啮合斜 [齿圆柱] 齿轮副
external impedance 外 [部] 阻抗
external impressed current 外接电流
external inspection 外观检查
external insulation (=EI) 外部绝缘
external interrupt 外部中断
external interrupt inhibit 外部中断禁止位
external interrupt status word 外部中断状态字
external irradiation 外辐射
external knurling 外压花
external lap 外研磨
external layer 外层
external leakage 外部泄漏, 外部漏泄
external limit ga(u)ge 外径极限规
external-line 外接线
external load 外加荷载, 外力
external load circuit 外负载电路
external loan 外债
external losses 外部损失
external magnetic circuit 外磁路
external marks (军舰) 外部标志
external measurement 外部丈量, 外部尺度, 外尺度
external measuring instrument 外径测量仪
external memory 外存储器
external memory address register 外存地址寄存器

external mirror 外反射镜
external mix oil burner 外混式油燃烧器
external mix type atomizer 外部混合式雾化器
external noise 外部噪声，外噪声
external openings 外侧开口
external operation 外表加工
external operation ratio （计算机的）运行率
external oscillator (=EXTOSC) 外部振荡器
external packing 外包装
external phase 连续相，外相
external photoeffect 外光电效应
external photoelectric effect 外部光电效应
external pinion 外啮合小齿轮
external pipe thread (=EPT) 外管螺纹
external plant 外部设备
external plasma 外部等离子体
external plate impedance 板[极电]路阻抗
external point （螺丝攻的）尖端
external power on (=EXTON) 外部电源接通
external pressure 外[部]压力，外压强
external pressure vessel 外压容器
external program parameter 外部程序参数
external Q 外界品质因数，Q 值
external radiation 外照射
external recessing 外开槽
external reference 外部调用，外部引用
external register 外寄存器
external resistance (=ER) (1) 外电路电阻，外电阻，(2) 外阻力
external ring 外环
external rubbing seal 外接触密封圈
external scale (=EXT scale) 外刻度
external screw 阳螺钉
external screw gage 外螺纹检查规
external screw thread 外螺纹，阳螺纹
external selection memory 字选存储器
external selection storage 字选存储器
external serration 外细齿
external shoulder turning 外轴肩车削
external single contact point 外啮合单[齿对]接触点
external source 外接电源
external spiral angle 大端螺旋角
external spline 外花键，轴花键
external spur gear 外啮合正齿轮
external standard 外标准，外标物
external storage 外存储器，外存储
external store 外存储器，外存储
external straight tooth gear 外啮合直齿轮
external straight turning 外直线切削
external strain gage 表面应变仪，应变片
external stress 外应力
external struxture 外部构造
external superheater （锅炉的）外置过热器，外部过热器
external supply chains 外部供应链
external surface 外表面，外层
external symbol 外部符号
external taper 外锥度
external taper of spindle 主轴外锥
external taper turning 外锥度车削
external temperature 外界温度，室外温度
external temperature influence 外部温度影响
external thread 外螺纹，阳螺纹
external thread cutting 外螺纹切削
external thread gage 外螺纹量规
external thread grinder 外螺纹磨床
external thread grinding 外螺纹磨削
external thread grinding machine 外螺纹磨床
external threading 车外螺纹
external top and bottom edge 上下外缘
external tooth 外[啮合]齿
external tooth gearing 外啮合齿轮传动[装置]
external toothing (1) 外啮合；(2) 外齿铣削
external trade 对外贸易
external trade organization 外贸组织
external unit (1) 外啮合齿轮装置；(2) 外部设备

external-upset (=EU) （钻探管的）外加厚
external upset (=EU) （钻探管的）外加厚
external vibrator 附着式振捣器
external view 外形图
external voltage 外加电压
external wall 外墙
external wiring diagram 外部接线图
external work (1) 外表面加工；(2) 外加力；(3) 外力所做的功，外功
external world 客观世界
externalise (1) 使仅具外表形式，使形象化，使具体化，使客观化，使外表化，(2) 认为……是由于外因，以外因来说明
externalism 外在性，客观性
externality (1) 外表，外形，外貌，外界；(2) 外在性，外在化，客观性；(3) 外部事物
externalization (1) 形象化，具体化；(2) 客观性，客观化，外表性，外表化；(3) 仅具外表形式
externalize (1) 使仅具外表形式，使形象化，使具体化，使客观化，使外表化；(2) 认为……是由于外因，以外因来说明
externally 外部地，外表上，外面
externally applied force 施加的外力，外力
externally fired 外燃式的
externally fired superheater 外燃式过热器
externally mounted equipment （舱）外部安装的设备
externally-pressurized gas lubrication 外部供压气体润滑
externally programmed computer 外部程式式计算机
externally-pulsed 外同步脉冲的
externally-specified 外[面规]定的
externally stable 外力作用下稳定的
externally tangent 外切
externally toothed wheel rim 外齿圈
externally unstable 外力作用下不稳定的
externus 外界的，外面的
exteroceptive 外感受性的
exteroceptor 外感受器
exterpolation 外推（法）
exterpolation method 外推法
extinct (1) 熄灭的；(2) 灭绝的；(3) 无用的，无效的
extinct language 消亡语，死语
extinction (1) 熄灭，猝灭，猝熄，消失，消灭，消除，消失，消退，灭绝，灭亡；(2) 衰减；(3) 消光，吸光，消声；(4) 自屏
extinction angle 消光角，消弧角
extinction coefficient 消光系数，消声系数，衰减系数
extinction curve 衰减消光曲线
extinction meter 消光计
extinction of arc 灭弧，消弧
extinction of fuel 燃料的熄灭
extinction of maritime lien 海事优先权的消灭
extinction of ownership of ships 船舶优先权的消灭
extinction of spark 火花消除
extinction potential 消电离电位，熄灭电位，熄灭电势
extinction pulse 消稳脉冲
extinction voltage 熄火电压，熄灭电压，灭弧电压
extinction voltage of arc 消弧电压
EXTINGD (=Extinguished) （灯光）熄灭
extinguish (=EXT) (1) 熄灭，扑灭，灭火；(2) 消灭，消除；(3) 使衰减，使失效，使无效，废除，废止，压制
extinguish a fire 灭火
extinguishable 可扑灭的，可灭绝的，会熄的
extinguishant 灭火剂，灭火物
extinguished (=EXTINGD) （灯光）熄灭
extinguished light 已熄灭的灯标
extinguisher (=EXT) (1) 消除器；(2) 灭火器；(3) 熄灯器，熄灭器
extinguishing (1) 熄灭，扑灭；(2) 灭火剂
extinguishing action 灭火作用
extinguishing agent 灭火剂
extinguishing apparatus 灭火设备
extinguishing coefficient 衰减系数
extinguishing of arc 灭弧
extinguishing pipe 消防管
extinguishing system 灭火系统
extinguishing volttage 灭火电压
extinguishment (1) 消灭，熄灭，灭火；(2) 衰减；(3) 偿清
extirpate 铲除，根除，切除，摘除，破除，根绝，灭绝
extirpation 铲除，根除，切除，摘除，破除，根绝，灭绝

extirpator (1) 摘除器；(2) 根除者，扑灭者

EXTOSC (=External Oscillator) 外部振荡器

EXTR (=Extreme) 极端

extra (=EXT) (1) 多余的，超过的，额外的，超过的，附加的，特殊的，例外的；(2) 特别的，特优的，特大的，非常的，临时的；(3) 预备的，备用的；(4) 额外的东西，号外，增刊；(5) 额外信号；(6) 非常，特别，格外；(7) 额外，另外，分外；(8) 除外

extra- (词头) (1) 额外，在外，外；(2) 超，特

extra address {计} 附加地址

extra air valve 辅助气阀

extra amount 多余部分

extra-atmospheric 大气层以外的

extra-atmospheric space 大气层外空间，外层空间，宇宙空间

extra axial image 轴外图像

extra band 辅助工作队

extra battery 备用电池

extra best 最高质量

extra binding 特别精装本，特制本

extra bound 手工精装本

extra bowline 船首增索，首加缆 (附加的船首缆)

extra budgetary funds 预算外基金，额外基金

extra budgetary resources 预算外资金

extra budgetary source 预算外来源

extra charge 额外费用，附加费用

extra charge on heavy lifts 超重货物附加费

extra coarse pitch thread 超粗牙螺纹

extra-code 附加码

extra cost 额外费用

extra cross color suppression 亮度串色抑制

extra-current 额外 [感应] 电流，暂时电流

extra current 额外感应电流，额外电流

extra cutting head 附加进刀架

extra deep drawing 极深冲

extra deep drawing steel 极深冲钢

extra depth (航道) 富余水深，(挖泥船) 超挖深度

extra-depth gearing 长齿高齿轮传动 [装置]

extra dredging 超容量

extra duty glaze 特种釉

extra duty glazed tile 特种釉面砖

extra equipment 特殊附件，附加装置

extra-excitation 额外激发

extra expense 额外费用

extra-extra slim 最细

extra feed 补给水

extra feed tank 补给水箱

extra feed valve 补给水阀

extra-fine 高级优质的，超级的，特优的，极优的

extra fine (=EF) (1) 特精密加工；(2) 特细牙螺纹；(3) 特别小的，特细号的；(4) 特别好

extra-fine fit 一级精度配合

extra fine fit 一级精度配合

extra fine screw 特细牙螺纹

extra-fine steel 优质钢

extra-fine-thread 超细牙螺纹

extra fine thread 一级精度螺纹

extra fittings 额外材料

extra flexible wire rope 特软钢索

extra freight 额外运费，附加运费

extra-hard 特 [别] 硬的，极硬的，特硬的

extra hard 极硬

extra hard steel 金刚石钢，极硬钢，超硬钢

extra hazardous (=EH) 非常危险的

extra-heavy (1) 超重的，加重的，特重的；(2) 超功率的，超负载的；(3) 加厚的

extra heavy (1) 高强度的，特强的，特重的，加重的，超重的；(2) 特别结实的；(3) 特别浓的

extra heavy crown glass 特重冕玻璃

extra heavy duty 特重型 [的]

extra heavy-duty power take-off 超重型动力输出轴

extra heavy duty truck 特重载重车

extra-heavy pipe 特强管，粗管

extra heavy sheet 特厚玻璃板

extra-high 超高的，特高的，极高的

extra high compression engine 超高压缩比发动机

extra high loaded brass alloy 超高铅黄铜合金

extra-high pressure mercury vapor lamp 超高压水银灯

extra high reliability (=HER) 特高可靠性

extra high tensile steel 特高强度钢

extra-high tension (=EHT) (1) 特高 [电] 压；(2) 特高张力

extra high tension (1) 极高压，超高压 (7,000 伏以上)；(2) 特强张力

extra high tension cable 特高压电缆

extra high tension circuit 超高压形成电路

extra high tension insulator 超高压绝缘子

extra high tension pulse generator 超高压脉冲发生器

extra-high-tension unit 超高压设备

extra-high voltage (=ETV) 特高压，极高压，超高压

extra high voltage 特高压

extra-high-voltage generator 特高压发生器

extra-instruction 广义指令，外加指令

extra instruction 广义指令

extra-interpolation {数} 超插入法

extra large 特大的，特大号的

extra large size bearing 特大型轴承

extra-light 特轻的

extra-light calcined magnesia 超轻质氧化镁，高活性氧化镁

extra-light drive fit 轻压 [配] 合

extra light drive fit 特轻压配合，特轻迫配合，轻压配合

extra light flint glass 特轻火石玻璃

extra-light loading 特轻加感，特轻加载

extra light loading 特轻加感

extra limiter 外加限制器，附加限幅器

extra-load bearing capacity 额外承载量

extra loss 额外损失

extra-low 超低的，特低的，极低的

extra low carbon (=ELC) 超低碳

extra low carbon steel 极低碳素钢

extra low frequency 超低频

extra low impurity (=ELI) 极少杂质

extra narow series (轴承) 特窄系列

extra order 外加指令，附加位

extra pair 备用 [电缆] 线对

extra plant variable 装置外变数

extra play 附加层

extra premium 附加保险费

extra pseudo order 外加伪指令

extra-pure 高纯度的，特纯的，极纯的

extra pure grade 高纯级

extra pure reagent (=EP) 超纯试剂

extra quality 特优质量

extra risks (保险) 特别险，特约险

extra-running vehicle 加班车

extra-sensitive 高敏感性的，过敏性的

extra sensitive clay 高度灵敏粘土，过敏性粘土

extra serious accident 特大事故

extra-short 特短的，特短的，极短的

extra slack running fit 特松动配合，特松转配合，松动配合

extra small bearing 小型轴承

extra-soft 特软的

extra soft steel 特软钢

extra-special 特别优秀的，特别优良的

extra special flexible steel wire rope 特别软钢丝绳

extra special quality steel cable 极特质量钢丝绳

extra-spectrum 光谱外的，频谱外的

extra spectrum color 谱外色

extra steel wire rope 特软钢丝绳

extra stern line 船尾增索，尾加缆

extra-stress 附加应力，额外应力

extra stress tensor 附加应力张量

extra strong 高强度的，特强的

extra-strong pipe 特厚壁钢管，特强管，粗管

extra strong pipe 特厚壁钢管，特强管，粗管

extra super duralumin (=ESD) 超硬铝 [合金]

extra superduralumin 超硬铝 [合金]

extra time 额外时间

extra tooth 长齿高齿轮齿

extra water pressure 附加水压力

extra wheel 备用轮胎，预备轮，备胎

extra wide base tire 特宽轮胎

486

extra wide beam ship　肥大型浅吃水船

extra wide series　(轴承)特宽系列

extra work　额外工作

extracentral telescope　偏侧望远镜,偏心望远镜

extracode　附加码

extracorporeal　体外的

extracorporeal irradiation　离体辐照

extracosmical　宇宙外的

extract (=EXT)　(1)蒸馏出,榨取出,精炼出,提炼出,分离出,提取,抽提,挖取,萃取,析取;(2)摘录,摘要,选录;(3)抽取,抽出,拔出,引出,取出,排出,撤出;(4){数}开方,求根,去根号;(5)提取物,浸取物,萃取物,蒸馏品;(6)摘录,抄本;(7){计}取出数字部分,抽数,抽并

extract a root　求根,开方

extract column　提取塔

extract fan　抽风机

extract from log　航海日志摘要,航海日志摘录

extract instruction　新词构成指令,析取指令,提取指令,抽取指令,开方指令

extract layer　萃取物层,提取层

extract of a letter　函件摘要

extract of account　账目摘要

extract of an account　账目摘要

extract of logbook　航海日志摘要,航海日志摘录

extract tower　提取塔

extractability　可萃取性,可萃取度,可提取性,可提取度

extractable　(1)可抽出的,可拔出的;(2)可萃取的,可提取的,可榨取的;(3)可推断出的,可摘录的

extractant　萃取溶剂,萃取剂,萃取物,分馏物,提取剂,浸媒

extracted beam　引出束

extracted heat　排出的热

extracter　(1)拆卸工具,脱模工具,引出装置,脱模器,提取器,拔取器,抽出器,萃取器,拔出器;(2)脱水机;(3)分离装置,分离机;(4)抓子钩,拉壳钩;(5)抛壳机;(6)析取字;(7)排气辅助器;(8)退壳器;(9){计}分离符;(10)隔离开关

extractibility　可萃取性,可萃取率,可提取性

extractible　(1)可抽出的,可拔出的;(2)可萃取的,可提取的,可榨取的,蒸馏出的;(3)可推断出的,可摘录的

extracting device　抽拔设备

extracting pump　抽吸泵

extracting tool　拔取器,拆卸器,拆卸工具

extraction (=extn)　(1)萃取,提取,抽取,抽出,精炼;(2)引出,吸出,拔出,排出;(3)排除;(4)析取;(5)拔,辙;(6){数}开方[法],求根[法];(7){计}抽数,抽并

extraction back pressure turbine　背压抽气式汽轮机

extraction condensing turbine　凝气抽气式汽轮机

extraction cycle　抽气循环

extraction equipment　抽气设备

extraction factor　萃取因素

extraction fan　排气风扇,抽风机

extraction hood　排烟罩,排气罩

extraction into solvent　溶液萃取

extraction jack　拔桩机

extraction non-condensing turbine generator set　抽气-背压式汽轮发电机组

extraction of copper　提[取]铜,炼铜

extraction of non-ferrous metal　有色金属提炼

extraction of oil　采油

extraction of root　开方[法],求根[法]

extraction of square root　求平方根,开平方

extraction of steam　抽汽

extraction of the cubic root　求立方根,开立方

extraction opening　排气口

extraction pipe　排气管

extraction pump　抽气泵,抽出泵,凝水泵

extraction regulating valve　抽气调节阀

extraction steam pipeline　抽气管路,抽气管系

extraction tool　拔插件工具

extraction turbine　放汽冷凝涡轮机,抽气式涡轮机,抽气式透平,抽气汽轮机

extraction valve　抽出阀

extractive　(1)可抽出的,可萃取的,可提取的,可抽取的;(2)提出物,提取物,浸出物

extractive distillation　提取蒸馏

extractive process　抽提过程,提炼过程

extractive reaction　抽提反应,萃取反应

extractor　(1)拆卸工具,脱模工具,引出装置,脱模器,提取器,拔取器,抽出器,萃取器,拔出器;(2)脱水机;(3)分离装置,分离机;(4)抓子钩,拉壳钩;(5)抛料机;(6)析取字;(7)排气辅助器;(8)退壳器;(9){计}分离符;(10)隔离开关

extractor fork　带卷推出机

extractor ga(u)ge　分离规

extractor pump　抽出泵,凝水泵

extractor ventilator　抽气通风机

extractum (复 extracta)　(1)浸膏;(2)浸出物

extracurrent　额外电流,暂时电流

extradop　多普勒导弹跟踪系统

extrados　外弧面

extrados springing line　外拱圈起拱线

extraessential　非主要的,非本质的,非必要的

extrafine extraction fan　抽风机

extrafocal　焦外的

extrahard　极硬

extrahigh frequency　超高频

extrahigh tension　超高压

extralimital　在某区域内不存在的

Extraman　机械手

extramundane　地球以外的,宙外的

extraneity　外部的

extraneous　(1)外部的,局外的,范围以外的,外来的,外加的;(2)不重要的,无关的

extraneous component　外加组分,额外组分

extraneous cracking　轻质碳氢化合物的裂化,外部裂化

extraneous emission　无关发射

extraneous explosion　外部爆炸

extraneous force　外力

extraneous infromation　外部信息

extraneous interference　外来干涉

extraneous locus　额外轨迹

extraneous modulation　寄生调制

extraneous risks　附加危险,附加险

extraneous root　额外根,客根

extraneous sources　外源

extraneous to the subject　与本题无关的

extraneous variable　随机变量,客变量

extraneous waves　寄生信号,局外信号,无关信号,寄生波,外界波,局外波,无关波

extranuclear　核外的

extranuclear electron　核外电子

extranuclear structure　核外结构

extraofficial　职务以外的,职权以外的

extraordinaire　{法}非凡的,卓越的

extraordinaire ray　非常射线,非常光线

extraordinarily　非常,格外

extraordinarily high temperature　超高温

extraordinary　(1)非寻常的,特别的,意外的,额外的;(2)使人惊奇的,离奇的

extraordinary cause　非常原因

extraordinary circumstances　特殊情况

extraordinary expenditure　特殊费用,临时费用

extraordinary high-temperature　超高温

extraordinary image　非常像

extraordinary inspection　临时检查

extraordinary maintenance　特别养护,临时养护

extraordinary ray　非常射线,异常射线

extraordinary revenue　临时收入

extraordinary sacrifice　特殊牺牲,大贱卖

extraordinary wave　非常波,异常波

extraparenchymal　实质外的

extrapolability　外推能力,推断力

extrapolar　极外的

extrapolate　(1)外推,外延,外插(2)推定诸元,外推法

extrapolated　(1)外推;(20外延的)

extrapolated curve　外推曲线,外插曲线

extrapolated cutoff　外推截止电压

extrapolated ionization range　(粒子、质子的)外推电离程,外推飞程

extrapolated value　推定数值,外推值

extrapolation　(1)外推法,外延法,外插法;(2)推断,推论,归纳;(3)外推,

外插

extrapolation chamber 外推电离室, 外推电离箱
extrapolation function 外推函数
extrapolation length 外推长度
extrasoft 极软的, 超软的
extrasolar 太阳 [系] 外的
extraspectral 光谱外的, 能谱外的, 波谱外的
extraterrestrial 地球外层空间的, 地球外的, 行星际的, 外空的, 宇宙的
extrathermodynamic 超热力学的
extrathermodynamics 超热力学
extravasate (1) 溢出, 渗出, 外渗; (2) 外渗物
extravehicular 宇宙飞船外的, 飞行器外的, 座舱外的
extravehicular activity (=EVA) (飞行员) 在飞船外活动, 出舱活动
extravehicular astronaut 星际航行员
extravehicular environment 舱外环境, 空间环境
extravehicular life support system (=ELSS) (宇航员) 舱外生命维持系统
extraventricular 室外的
extraversion 外倾
extrema (单 extremum) 极端值, 极值
extremal (1) 极值曲线, 极线; (2) 致极函数
extremal field 极值场
extremal graph theory 极图理论
extremal vector 极端向量
extreme (=EXTR) (1) 极端的, 极度的, 极限的, 末端的, 最后的, 最终的, 尽头的, 非常的, 过度的; (2) 最大程度, 极度, 极限, 极点, (3) 末端, 端部, 端, (4) { 数 } 极值极限值, 外项, (5) 极端条件, 极端措施, 两个极端
extreme accuracy 超高准确度
extreme and mean ratio { 数 } 外内比, 外中比, 中末比
extreme beam 最大宽度
extreme boundary conditions 极限边界条件
extreme boundary lubrication 极限边界润滑
extreme breadth 最大宽度, 全宽
extreme case 极罕见例子, 极端例子, 特例
extreme close-up 大特写镜头
extreme depth (1) 最大船深; (2) 最大深度
extreme descent 急剧下降
extreme dimension 极限尺寸
extreme draft 最大吃水, 极限吃水
extreme draught 最大吃水, 极限吃水
extreme end link 端链环, 尾环
extreme environments 极端恶劣的环境
extreme face 极面
extreme fiber 外缘
extreme fiber stress 外缘应力, 边缘应力
extreme fibre 最外纤维
extreme form 极型
extreme gears 终端齿轮副
extreme high vacuum 极高真空
extreme high voltage 特高电压
extreme high water 极高水位, 极高潮位
extreme high water spring tide, 大潮极高水位
extreme higher position 最高位置
extreme in position (滑阀) 完全进入极端位置
extreme layer 最外层, 边层
extreme length 最大长度, 全长, 总长
extreme limit 极限值
extreme limit of travel 行程极限
extreme line casing 管端成平坦线的套管
extreme loading 极限载荷
extreme long shot 大全景镜头
extreme low water (=ELW) 最低水位
extreme lower position 最低位置
extreme maneuver 极限操纵
extreme out position (滑阀) 完全开极端位置
extreme point 极端点, 极值点, 端点
extreme position (滑阀, 阀柱塞) 处于两端位置, 极限位置, 偏位置
extreme power 极限功率
extreme pressure (=EP) (1) 极高压, 特高压; (2) 极限压力, 极端压力
extreme pressure additive 极高压添加剂
extreme pressure grease 极高压润滑脂
extreme pressure lubricant (=EPL) 极高压润滑剂, 特高压润滑剂
extreme pressure lubricant tester 润滑剂耐特压试验器

extreme pressure machine 油类耐高压性能试验机, 特压试验机
extreme range 最大射程
extreme term 外项
extreme term of proportion 比例外项
extreme ultraviolet region 远紫外线区
extreme value 极限值, 最大值, 最小值, 极值
extreme vector 极向量
extreme weather 极端恶劣的天气
extreme weather conditin 极端恶劣的气候条件
extremely 极端地, 十分地
extremely frequency 极低频
extremely frequency antenna 极长波天线
extremely hazardous waste 非常危险的废弃物
extremely high frequency (=EHF 或 ehf) 极高频(30.000-300.000Hz)
extremely-high tension generator 超高压发生器
extremely large-scale integration (=ELSI) 特大规模集成
extremely low frequency (=ELF 或 elf) 极低频
extremely low water 极低水位
extremely low water level spring tide 大潮极低水位
extremes 极值
extremes of heat and cold 冷热的悬殊
extremity (1) 末端, 极端; (2) 终极, 尽头, 极限, 极度, 极点, 端点, (3) [矢量] 端点, 矢端; (4) 非常手段, 最后手段
extremity of a segment 线段端
extremum (复 extrema) (1) 极端值, 极值; (2) (级数的) 首项或末项; (3) 末端的, 极度的, 最终的
extremum control system 极值控制系统
extremum method 极值法
extremum regulator 极值调节器
extricable 摆脱得了的, 脱离得了的, 能脱离的, 能脱险的
extricate (1) 使摆脱, 使脱离, 使脱险, 救出; (2) 放出, 激离, 化散
extrinsic (1) { 半 } 非本征的, 非固有的, 非本质的, 外来的, 外部的, 外在的, 外表的, 外因的, 附带的; (2) 含杂技的, 不纯的; (3) 外赋的, 体外的
extrinsic conduction 非本征导电
extrinsic conductivity 非本征电导率, 杂质电导率, 外赋传导率
extrinsic detector 非本征激发探测器
extrinsic factor 外源因素, 外因
extrinsic feature 外观, 外貌
extrinsic luminescence 非本征发光
extrinsic properties 非本征性质
extrinsic property 非本征特性
extrinsic range 杂质导电区
extrinsic semiconductor, 非本征半导体, 外赋半导体, 杂质半导体
extrinsical (1) { 半 } 非本征的, 非固有的, 非本质的, 外来的, 外部的, 外在的, 外表的, 外因的, 附带的; (2) 含杂技的, 不纯的; (3) 外赋的, 体外的
extro- 外面的, 向外的
extrolite 爱克斯特罗莱特炸药
extrudability 压出可能性, 可挤压性
extrudate (1) 压出型材; (2) 压出胶, 压出物, 挤出物
extrude (=EXTR) 挤压 [成形], 挤出, 压出, 压挤, 压制, 模压, 热压
extruded aluminum 挤制铝材
extruded bar solder (=EBS) 挤压焊条
extruded-bead sealing 挤出熔体熔接
extruded electrode 机械压涂的焊条
extruded material 挤压材料
extruded pinion 挤压小齿轮
extruded section 挤制叶型
extruded shap 挤压型材
extruded surface 挤压表面
extruded tooth 挤压齿
extruder [螺旋] 压出机, 挤压机
extruding 挤压, 压挤, 挤出, 压出
extruding machine 压挤机, 挤压机
extruding press 挤压机, 压挤机
extrusion (1) 挤压, 压挤, 挤出, 压出, 冲压, 喷出; (2) 挤压加工, 挤压成形
extrusion die 挤压钢模, 挤压模
extrusion method (1) 外挤造船法; (2) 压挤成型法
extrusion molding 挤压模塑法, 挤压成形, 压挤成形, 压挤成型
extrusion of metals (1) 金属件冲压; (2) 金属蠕变
extrusion press 热 [模] 压机, 挤压机
extrusion pressing 热 [模] 压加工

488

extrusion process　挤压过程,挤压法
extrusion production　挤压制品
extrusion stamp　风冲子
extrusion stress　(塑性变形的)挤压应力
extrusion technique　压出工艺,顶出技术
extrusion under vacuum　真空挤压成形
extrusive　挤出的,喷出的,压出的
extubate　除管,拔管
EXTW (=Extension Wire)　分接线路,延长线路
exudate　渗出物,渗出液,流出物
exudation　(1)渗出,渗漏,流出,热析,熔析,烧析;(2)渗出物
exudation pressure　渗[流]压力
exudatum　渗出物,渗出液
exude　渗出,流出
exutory　(1)流出,取出;(2)诱导的;(3)诱导剂,脱除剂
EXW (=Ex Works)　工厂边交货,工厂交货
EXWHF (=Ex Wharf)　码头交货
EXWHSE (=Ex Warehouse)　仓库交货,货栈交货
eye (=E)　(1)观察孔,观察窗,索眼,锚眼,钩眼,风眼,眼,孔,(2)环首,吊环,环;(3)眼点;(4)光电池,光电管;(5)进气孔,信管口,入口;(6)中心进气通道,(7)信号灯;(8)观察力,注意力,眼力,(9)注视,凝视;(10)在……上打孔眼
eye and eye turnbackle　双环伸缩螺丝,双环法兰螺丝
eye and hook turnbackle　环钩法兰螺丝,钩伸缩螺丝
eye and object correction　目物改正
eye assay　肉眼检查
eye band　桅顶系绳箍
eye bar　带环拉杆,环头铁杆,带环杆,眼杆
eye bar hook　眼钩
eye block　带眼滑车
eye bolt　环眼螺栓,带环螺栓,有眼螺栓,环首螺栓
eye bolt and key
eye bracket　眼肘板
eye cup　护目镜
eye diameter　(离心式压缩机)入口直径
eye diaphragm of caisson　沉箱的眼窗隔板
eye-distance　目距
eye distance　目距
eye draft　目测图
eye dropper　滴管
eye-end　有眼端
eye end　带孔[杆]的端部
eye estimation　目测
eye failure　孔眼引起的失效,孔眼引起的损坏
eye fidelity　保真度,逼真度
eye ga(u)ge　放大镜
eye glass　(1)(望远镜等的)目镜;(2)(复数)眼镜
eye guard　护目板
eye hade　遮光眼罩
eye-hand machine　眼手机器
eye height　视线高度
eye hole　窥视孔,检视孔,视孔,小孔,孔眼
eye hook　眼钩,链钩
eye in the sky　轨道运行的天文台
eye joint　环孔接合
eye legible type　清楚易读的字体,肉眼易见的字型
eye-lens　接目镜
eye lens　接目镜
eye-level　眼光观察水平,和眼睛对平
eye level shelf location　开架商品陈列
eye-measurement　目测
eye measurement　目测
eye-nut　带环螺母
eye nut　有眼螺母,环首螺母,吊环螺母
eye of cyclone　气旋眼,旋风眼
eye of ship　(船首)锚索眼
eye of storm　暴风中心,暴风眼
eye of towing line　拖缆眼环
eye of typhoon　台风眼
eye of volute　涡卷心
eye of wind　风眼
eye pad　眼板
eye piece　目镜
eye plate　三角眼板,系缆环板,系缆板,吊环板

eye point　出射点
eye protector　(焊接用)护目镜
eye-reach　视力所及的范围,视野
eye relief　眼睛间隙
eye rest color　悦目色
eye ring　(1)吊环,吊眼,耳柄,提手;(2)衬圈,衬套,套环,套管
eye rod　眼杆,一端带孔的杆
eye screw　环首螺钉,有眼螺钉,环首螺栓,吊环螺栓
eye screw shackle　环眼螺栓卸扣
eye seizing　绳圈引扎
eye sensitivity curve　视觉灵敏度曲线,眼睛灵敏度曲线,可见度曲线
eye shade　目镜挡风片,目镜色片
eye shield　目镜挡风片,目镜色片,护眼罩
eye shot　眼界,视野
eye sight　(1)观察孔,窥视孔;(2)视力
eye sight navigation　目测航行
eye sketch　目测草图,草测图,略图
eye slit　穿绳孔,观察孔,小孔,眼孔
eye-splice　环接合,索眼
eye splice　眼圈形接头
eye socket　眼窝
eye-specks　眼点
eye splice　索眼
eye spot　眼点
eye-spud　眼铲
eye survey　目测
eye tackle　带眼绞辘,带眼滑车组
eye thimble　心环
eye visible crack　可见裂缝
eye witness　目击者,见证人
eye work　目算图,目测
eyeball indicator　眼球式指示器,眼环式指示器
eyeball to eyeball　面对面
eyebar　带眼杆,带环杆,眼杆,眼铁
eyebase　眼基线
eyebolt　环首螺栓,有眼螺栓,吊环螺栓,眼螺杆栓,螺丝圈
eyebrow　(1)(船舷窗的)遮水檐,舷窗楣板,舷窗檐板,窗楣,(2)(二层舱)走道板,跳板
eyebrow of side scuttle　舷窗遮水楣
eyeglass　(1)观测窗,监视窗,(2)眼镜
eyehole　(1)窥视孔,小眼,小孔,眼洞,孔眼,(2)铁环
eyelet　(1)小孔,孔眼;(2)窥视孔;(3)铁环,小环,小圈,(4)孔眼的锁缝
eyelet bolt　活节螺栓
eyelet bonding　细孔结合
eyelet grommet　圈索眼,眼圈索,小圈环,小索环,索耳
eyelet-hole　铁环
eyelet hole　穿绳孔,小孔,锁眼
eyelet machine　打孔机,冲孔机
eyelet plate　眼板
eyelet punch　打孔冲头,打洞锥
eyelet stitch　网眼组织
eyelet thimble　金属孔眼
eyelet wire　带环线
eyelet work　打孔眼,冲孔
eyeleteer　钻小孔用的钻
eyelid　可调节喷口,眼睑
eyelid actuator　喷口调节
eyelights　眼神灯
eyeliner　眼线器
eyemark　目标
eyemo　便携式电视摄像机,携带式电视摄像机
eyemo camera　携带式电视摄像机
eyenut　环首螺母,有眼螺母,吊环螺母
eyepiece　接目镜,目镜
eyepiece assembly　目镜总成
eyepiece cap　目镜帽
eyepiece lens　目镜透镜
eyepiece micrometer　目镜千分尺,目镜测微计
eyepiece prism　目镜棱镜
eyepiece screw　目镜螺旋
eyepiece sleeve　目镜筒
eyepiece slide　目镜滑筒
eyepiece tube　目镜管

eyepoint 出射点, 视点
eyeshade 眼 [遮] 罩
eyeshield 护眼
eyesplice 接网目环

eykometer 泥浆凝胶强度和剪切力测定仪
EZ (=East Zone) 东区
EZ (=Economic Zone) 经济区

F

F (1) 光圈数；(2) 法拉；(3) 华氏温度

F. A. I (=fresh-air inlet) 净气进口

F-band (1) F 吸收带；(2) F 波段，F 频段

F-drive (汽车) 前轮驱动

F-format F 格式

F-matrix F 矩阵

F-metal F 含锌硬铝

f-number 光圈数，f 数

F-scope F 型指示器，F 型显示器

F-series 傅里叶级数

F-stop 光阑刻度，标记值，F 指数

F-strain 前张力

F-synthesizer 傅里叶合成器，谐振合成器

fabric (1) 结构，构造，组构；(2) 织造品，纺织品，纤维品，织物，布；(3) 建筑材料，构造物，建筑物；(4) 工厂；(5) (飞行器的) 翼布，蒙布 (飞行器的)，帆布蒙布，帆布覆面，帆布垫

fabric analysis 绸料试验，结构分析

fabric-axes 组构轴

fabric axis 组构轴

fabric belt 纤维 [皮] 带

fabric carcass 织物胎壳

fabric clippings 碎布屑

fabric count 织物经纬密度

fabric covering 用胶布做成的外壳

fabric disc 布砂轮

fabric envelope 布蒙皮

fabric filter 织物填料

fabric fuel tank 软燃料箱

fabric gear 纤维制齿轮，刚纸板齿轮

fabric joint (1) 织物挠性万向节，软性万向节，弹性万向节；(2) 织料接合

fabric laminate 织物层压材料

fabric matrix 织构结合料

fabric reinforcement 织物加强件，编网钢筋，钢筋网

fabric -seal bearing 带密封装置的轴承

fabric tire 帘布轮胎

fabric tooth(ed) gear 纤维齿轮，刚纸板齿轮，夹布胶木齿轮

fabricable 可成型的

fabricant 制造人，制造者，生产者

fabricate (=FAB) (1) 织造；(2) 装 [蒙] 布；(3) 制造，建造，装配，安装，加工，生产；(4) (用标准部件) 组合；(5) 伪造，捏造，虚构

fabricate block 预制分段，装配分段

fabricated 制造好的，装配式的

fabricated bar 网格钢筋，钢筋网

fabricated bow 钢板焊接船首，装配式船首

fabricated building 装配式房屋

fabricated construction 装配式结构

fabricated language 人造语言

fabricated metals 金属制品

fabricated product 装配式成品，加工制品

fabricated shapes 加工型材

fabricated ship 分段装配船，组合船

fabricated steel 锻结构钢

fabricated stem 钢板装配船首材

fabricated stern frame 组合船尾肋骨

fabricated structure 装配式结构

fabricated vessel 分段建造的船，分段装配船，组合船

fabricating cost 制造费用，安装费用，生产成本，造价

fabricating shop 分段建造车间，船体加工车间

fabrication (1) 制造，制作，制备，装配，制配，建造，构造，生产，加工，(2) 伪造，捏造，虚构；(3) 建造物，制作物，捏造物

fabrication cost 建造费用，装配成本，制造成本，造价

fabrication dispatch (零部件的) 制造工艺卡

fabrication holes (印刷电路板上的) 工艺孔

fabrication, integration, and test (=FIT) 制作，集成和试验

fabrication line 装配流水线，装配线

fabrication metallurgy 冶金学

fabrication plant (1) 加工设备；(2) 加工厂

fabrication platform 装焊平台

fabrication practice 加工方法，建造方法

fabrication process 生产程序，制造过程

fabrication property 加工性能，工艺性能

fabrication reliability 制造可靠性

fabrication shop 船体分段车间，装配车间

fabrication yard 装配场

fabricator (1) 制造者，装配者，装配工，修整工；(2) 金属加工厂；(3) 制造用的工具

Fabrikoid (美) 法布里科德 (防水织物)，仿造皮革

fabrography 网印技术

fabroil 纤维胶木

fabroil gear 夹布胶木齿轮，纤维胶木齿轮

FAC (=Facsimile) 传真

FAC (=Fast as Can) 尽快

FAC (=First Aid Certificate) 急救证书

FAC (=Four Address Code) 四地址码

FAC (=Frequency Allocation Center) 频率分配中心

FAC (=Frequency Analysis and Control) 频率分析与控制

facade 正面，立面，外观，表面

face (1) 面，面貌；(2) 正面，表面，前面，前刀面，外观；(3) 面对，正视；(4) 荧光面，(5) 卡片面；(6) 文字外形；(7) 品面；(8) 表盘；(9) 工作面

face advance (1) (螺旋齿的) 扭转弧长，螺旋线张距，扭曲距，扭曲量，螺旋量；(2) (齿轮) 齿面接触提前量

face-airing 工作面通风

face amount certificate 面值证书

face and back 正面和反面

face and side cutter 平侧两用铣刀，三面刃铣刀

face and side milling 平侧铣法

face angle (1) 齿面角，(锥齿轮) 顶锥角，面角 (两个平面的夹角)；(2) 面角钢

face apex 顶锥顶点

face apex beyond crossing point 交点外的锥顶点

face-around (1) 改变方向；(2) 改变态度

face bar (=FB) 面板加强材，面材

face belt 工作面皮带输送机

face bend 表面弯曲

face-bend specimen 表面弯曲试样

face bend specimen 表面弯曲试样

face blade setting angle 面铣刀片装置角

face bond 面接 [法]

face-bonding (1) 正面焊，叩焊；(2) 面接合

face bonding (1) 正面焊，平面焊；(2) [表] 面接合

face cam 端面 [槽形] 凸轮，平面凸轮

face cam driving mechanism 端面 [槽形] 凸轮传动机构
face cavitation (浆叶) 叶面空泡, 推进面空泡, 叶面空化
face-centered (1) 面心对准; (2) (原子) 面心的
face-centered crystal 面心晶体
face centered crystal 面心晶体
face centered cube 面心立方体
face-centered cubic (=FCC) 面心立方
face centered cubic lattice 面心立方晶格, 面心立方点阵
face centered cubic structure 面心立方结构
face centered lattice 面心点阵, 面心晶格
face centered orthorhombic lattice 面心正交晶格
FACE chip 可变字段控制器片
face chuck 平面卡盘, 花盘
face clearance 铣刀端面后角, 表面留隙
face clearance angle (刀具) 面锋留隙角
face cone 顶锥
face cone apex 顶锥顶点
face contact (1) 按钮开关接点; (2) 按压接触
face contact ratio (螺旋齿的) 齿面重合度, 纵向重叠系数, 齿面接触比, 轴向重合度
face crowning 齿面 [制成] 鼓形
face cut 背板锯切, 弦切
face cutter 平面铣刀, 端面铣刀, 端铣刀
face cutting 平面车削, 车平面
face diameter ratio (轮齿的) 宽径比 (b:d)
face-discharge bit 底冲式钻头
face-down (1) 对抗, 摊牌; (2) 面朝下
face down 面朝下
face-down bonding (集成电路) 倒装焊接 [法], 面朝下焊接 [法], 面朝下接合 [法]
face down feed 面朝下馈送, 背面馈送
face feed 表面供料
face-flange 平面法兰
face flange 平面法兰
face flank 下齿面, 齿根面
face gear (1) 端面齿轮, 平面齿轮, (2) 侧面齿轮, 幅面齿轮, 半轴齿轮
face gear pair 面齿轮副
face gears 面齿轮副
face glass 玻璃面板, 前玻璃
face grinder 平面磨床, 端面磨床
face grinding 平面研磨, 平面磨削, 端面磨削, 磨端面
face grinding machine 平面磨床, 端面磨床
face grinding wheel 平面磨轮
face guard (1) 防护面具; (2) 防护罩, 护面具, 面罩
face-hammer 平锤
face hammer 平锤
face-harden 表面硬化, 表面淬火, 表面渗碳
face harden 表面硬化
face hardened 表面硬化的
face hardening 表面硬化
face head attachment 端面刀架附件
face hir crack 表面发裂
face joint 表面接合
face lapping mill 平面研磨机
face lathe 落地 [式] 车床, 端面车床
face leakage 端面渗漏
face left 盘左
face length 辊身长度, 面长
face lift 上油漆, 刷新, 改革, 改进, 改造, 改建, 整顿
face-lifting 翻新, 改建
face line (码头) 前沿线
face line of teeth 上齿线
face loading equipment 工作面机械化装载设备
face mask 防毒面具, 面罩
face measuring instrument 表面测量仪, 平面测量仪
face mill 平面铣刀, 端面铣刀
face mill (type) cutter (1) 平面铣刀, 端面铣刀; (2) 铣刀盘
face mill with high-speed-steel inserted teeth 镶齿高速钢平面铣刀
face miller 端面铣床
face milling 端面铣削, 面铣, 端铣
face milling cutter 端面铣刀, 平面铣刀, 铣刀盘
face milling cutter grinder 端面铣刀刃磨机
face milling machine 端面铣床
face mix 筛面混合料

face mold 划线样板, 面模, 母模
face nailing 露头钉法
face of a dihedral 二面角的面
face of a polyhedron 多面体的面
face of anvil 砧面
face of drawing (=FD) 图纸 [的] 正面
face of gear 齿轮面
face of joint 接合面
face of propeller 推进器的受力面, 压力面
face of propeller blade 螺旋桨桨叶压力面
face of the screen 屏蔽表面, [荧光] 屏面
face of theodolite 经纬仪望远镜位置
face of tool (刀具的) 切削面
face of tooth 齿面
face of weld 焊缝表面, 焊接面
face of wheel 轮面
face-off 倒角
face-on 与主解理成直角
face overlap 端面重合度
face parallel cut 平行面切割, Y 切割
face perpendicular cut 垂直面切割, X 切割
face pitch (螺旋桨) 叶面螺距
face pitch ratio 叶面螺距与直径比
face-plate (1) (车床的) 平面板, 平面卡盘, 花盘; (2) (钳工) 划线平台, 划线平板; (3) (电工) 平触点
face plate (1) 平面卡盘, 花卡盘, 面板, 平板, 花盘, 转盘; (2) 平台基准面; (3) 划线平台; (4) (阴极射线管) 荧光屏面
face-plate breaker controller 平触点断路控制器
face-plate breaker starter 平触点断路起动器
face plate controller 平触点控制器
face plate of foundation 基座面板
face-plate rheostat 平板式变阻器
face-plate starter 平触点起动器
face pressure 表面压力
face profile (1) 端面齿廓; (2) (刀具) 前面截形; (3) 平面轮廓
face profiling 端面仿形车削, 端面靠模车削
face relief 端后角
face right 盘右
face runout 端面跳动
face seal 滑环密封, 面密封
face shear vibration 端面剪切振动, 表面切变振动, 表面移动振动
face-sheet (夹层结构的) 面板
face shield (电焊) 面罩, 手持护目罩
face shovel 正 [向] 铲挖土机, 正铲挖掘机
face side (1) 表面, 正面; (2) (木工) 木面
face slab 镶面板, 面板
face spanner 端面扳手
face-sprigging 插型钉
face string 出面的楼梯斜梁
face template 划线样板
face tile 贴面砖
face timbering 工作面支护
face-to-face 面对面 [的]
face-to-face angular contact ball bearing 面对面角接触球轴承
face-to-face duplex ball bearing 成对双联向心推力轴承 (外圈窄端面相对), 面对面成对安装角接触球轴承
face-to-face duplex bearing 成对双联轴承 (外圈窄端面相对)
face-to-face duplex tapered roller [DF type] 成对双联圆锥滚子轴承 (外圈窄端面相对)
face to face international individuality service 面对面型国际核心服务
face-to-face mounting (轴承) 面对面成对安装 (外圈窄端面相对安装)
face-to-face picturephone 电视 [图像] 电话
face to face teaching 面授
face tone 面部色调, 面色
face tool post 端面刀架
face tooth 端面铣刀齿
face turning 端面车削
face-up 面朝上 [的]
face up (1) 刮平, 对刮, 对研, 配研; (2) 面朝上
face-up bonding (集成电路) 正面焊接 [法], 面朝上焊接 [法]
face-up feed 面朝上馈送, 正面馈送
face up feed 面朝上馈送, 正面馈送
face validity 面有效性

face value 票面价值，表面价值，表面意义
face wheel 平面轮，面齿轮
face width (1)齿宽；(2)面宽
face width of cylindrical gear 圆柱齿轮齿宽
face wobble 径向跳动
face work (墙等)抹面，饰面，护面
faced (1)面对的，面向的；(2)配刮的；(3)车削的，刨削的
faced joint 表面接合
faced plywood 贴面胶合板
faced surface 削光面，包削面，配刮面，车削面，刨削面
faced wall 组合墙
facepiece 面罩，面具，面壳
faceplate (1)平面卡盘，花[卡]盘；(2)划线平板，划线平台，面板；(3)(阴极射线管的)荧光屏；(4)面罩
facer (1)端面车刀；(2)刮刀；(3)平面铣刀，端面铣刀，铣刀盘；(4)刀架，刀杆；(5)装潢
facet (=facette) (1)小平面，平圆面；(2)柱槽筋，凸线；(3)磨光面，切割面，刻面；(4)倒角，斜边
facet head 宝石雕刻时固定小面的装置
facette 柱槽突面
facetted 有小平面的，有刻面的
facetted lens 多面体透镜
facewidth 齿宽
facewidth in contact 啮合齿宽，齿面接触线宽
facewidth ratio 齿宽比
facewidth ratio of bevel gear 圆锥齿轮的齿宽比(指齿宽与节锥母线之比 b:r)
facewidth ratio of gear 圆柱齿轮的齿宽比(指齿宽与模数之比 b:m 或与直径之比 b:d)
facient 乘数，因数，因子
facies (1)外观，外形，外表；(2)相图，相
facies-suite 相序列，相组
facilate (1)使容易些；(2)减少
facilitate (1)促进，推动；(2)使容易，使便于，便利，帮助
facilitator 促进流通者
facilitatory 容易的，接通的
facilities (=facs) 设备，设施
facilities administration control and time schedule(=FACT) 设备管理控制和时间调度程序
facilities and equipment 工厂和设备
facilities construction (=FC) 设备[的]结构
facilities control console (=FCC) 设备控制台
facilities control form (=FCF) 设备控制格式纸
facilities procurement application (=FPA) 设备采购申请书
facilities purchase order (=FPO) 设备购买订货单
facility (=FAC) (1)(复)设备，机组，设施，器材，装备，装置，工具；(2)实验室，研究室，研究所，工厂，机关，机构；(3)便利条件，可能性，辅助；(4)便利，方便，容易，简易，轻便，轻巧，灵活，敏捷，熟练，流畅；(5)反应堆；(6)功能，手段
facility assignment 设备分配
facility control (=FC) 设备控制
facility control console (=FCC) 设备控制台
facility design criteria (=FDC) 设备设计准则，设备设计标准
facility design criteria document (=FDCD) 设备设计标准文件
facility design standard 设备设计标准
facility dispersion 设施分散
facility engineering change proposal (=FECP) 设备工程更改建议
facility for berthing 锚泊设备
facility for dispatch 装运设备
facility for repair 维修设备
facility for transportation 运输设备
facility gauge (=FCGA) 设备标准
facility index 设备索引
facility installation review (=FIR) 设备安装检查
facility interference review (=FIR) 设备干扰检查
facility power control (=FAC PWR CTL) 设备功率控制
facility power monitor (=FPM) 设备功率监控器，设备功率监察器
facility power panel (=FPP) 设备电源板
facility remote control panel (=FRCP) 设备远距控制台
facility request (=FR) 设备要求
facility terminal cabinet (=FTC) 设备接线盒
facing (=fcg) (1)平面加工，端面加工，表面加工，端面车削，横向车削，花盘车削，车端面，旋平面，刮平面；(2)刨削，刮削，刮面，刮面法；(3)衬片，衬里，面层，面料，炉衬；(4)上涂料，镶边；(5)前面；(6)盖面，

护面，敷面，覆面
facing arm 横旋转刀架
facing and centering machine 平端面中心孔钻床
facing bar 支撑板
facing between centers 顶尖间车削端面
facing brick 面砖
facing concrete 护面混凝土
facing cut 面铣
facing cutter 端面铣刀，平面铣刀，铣刀盘
facing edger 敷面刨边机
facing expansion joint 面层伸缩缝
facing gauge 总水头测定管
facing head (1)(镗床)平旋盘；(2)车端面刀盘
facing in chuck 卡盘式车削端面
facing joint 面层接缝
facing lathe 落地式车床，端面车床
facing machine (1)刨床；(2)镶面机
facing material (1)覆面材料；(2)(制动器，离合器)摩擦衬面材料
facing of pitching (砌石)护坡，护面
facing on face plate 花盘式车削端面
facing on mandrel 紧轴式车削端面
facing-point lock switch 对向岔道闭锁器
facing plate of sea chest 海水吸入箱座板
facing ring 垫圈
facing rivet (1)摩擦衬面铆钉；(2)复面板铆钉，复面铆钉
facing rubber 衬面胶，衬里胶
facing sand 模面砂，覆面砂，敷面砂
facing slab 镶面板，面板
facing slide 端面切削滑板
facing slip 封签
facing stop 纵向行程挡块，端面挡块
facing tool 端面车刀
facing-type cutter 套式面铣刀
facing-up (1)滑配合；(2)对研，配研，配刮
facing up (1)滑配合；(2)对研，配研
FACOM (=FUJITSU automatic computer) (日)富士通信机的电子计算机群，富士通计算机
facsimile (=FAC 或 FAX) (1)无线电传真，传真通讯，电传真；(2)传真照片，传真电报；(3)精确复制，摹写，复写；(4)影印本，摹真本，复制品，复制件
facsimile band 传真信号频带
facsimile broadcast 电视广播，传真广播，电传真迹
facsimile broadcast station 传真广播台，图像传真台
facsimile camera 传真摄像机
facsimile chart 传真气象图，传真图
facsimile communication system (=FCS) 传真通信系统
facsimile copying telegraph 传真电报
facsimile equipment 传真通信装置，传真设备，传真机
facsimile marking 电传真号料
facsimile marking machine 电传真号料机
facsimile paper 传真感光纸
facsimile printer 传真机
facsimile radio 无线电传真
facsimile receiver 传真接收机
facsimile recorder 传真记录器
facsimile recorder set 传真记录设备
facsimile recording 传真记录
facsimile seismograph 电敏纸记录地震仪
facsimile signal (=FS) 传真信号
facsimile signal amplifier 传真信号放大器
facsimile signal simulator 传真信号模拟器
facsimile signature (1)印鉴样本；(2)机印签章，摹真签章；(3)影本签字
facsimile synchronizing 传真同步
facsimile system 传真系统
facsimile system for private use 专用传真系统
facsimile telegraph 传真电报
facsimile telegraphy 传真电报
facsimile transmission 真迹电报传输，电传真迹，传真发送，图像发送
FACT (=Facility of Automation, Control and Test) 自动化、控制和测试设备
FACT (=Factor) 因素
FACT (=Fully Automatic Compiling Technique) 全自动编辑技术
fact (1)事实，事件，实际，实情，真相；(2)(复)论据

fact correlation　事实相关
fact film　文献影片, 记录片
fact finder　调查者
fact-finding　实地调查的, 调查研究的
fact finding　实况调查, 调查
fact retrieval system　事实检索系统
fact tag　产品说明标签
factice　硫化油膏, 油胶, 油膏
facticity　真实性
factis (=factice)　硫化油膏, 亚麻油橡胶
factitial　人造的, 人工的
factitious　(1) 人为的, 人工的; (2) 不自然的, 虚构的, 虚假的
factor　(1) 当量换算因数, 暴光系数, 系数, 指数, 指标, 因数, 因子, 率; (2) 因式; (3) 倍数, 乘数, 商; (4) 因式分解, 因子分解, 分解因子; (5) 因素, 要素, 主因, 原因; (6) 中间商, 代理人, 代理商, 代销商; (7) 代理, 代管
factor analysis　(1) 因数分析, 因数设计; (2) 因式分解, 因子分解
factor clause　因子子句
factor complex　商复形
factor for contact stress　接触应力系数
factor for Hertzian stress　齿面应力系数
factor for lubrication　润滑系数
factor for scoring resistance　(齿轮) 抗胶合系数
factor for setting error　安装误差系数
factor group　商群
factor modulus　因子模, 商模
factor of adhesion　附着因数, 附着系数
factor of assurance　安全系数, 保险系数 (电缆或导线的绝缘强度), 保证率
factor of cargo permeability　货物渗透率因数
factor of evaporation　蒸发系数, 蒸发因数
factor of expansion　热膨胀系数, 热膨胀因数
factor of ignorance　安全系数
factor of merit　(1) 质量优良程度, 优质率, 质量因数; (2) 灵敏度, 灵敏性, 灵敏值
factor of porosity　孔隙系数, 孔隙率
factor of proportionality　比例系数, 比率
factor of quality　质量因数, 品质因数
factor of reserve　储备系数
factor of rigidity　刚性系数
factor of runoff　径流系数, 径流率
factor of safety (=FOS 或 FS)　稳定系数, 安全系数, 安全因数, 安全率
factor of stress concentration　集中应力系数, 应力集中系数
factor of subdivision (=FS)　分舱系数, 分舱因数, 隔舱因数
factor of survivability　残存性因数
factor of ten　十倍
factor on tooth root stress　齿根应力系数
factor scale　刻度系数, 标度因子
factor sequence　商序列
factor service　要素服务
factor space　商空间
factorable　可因子分解的, 可分解的
factorage　(1) 代理行业; (2) 经纪人手续费, 代理商佣金
factored moment　计算力矩
factorial　(1) 阶乘, 阶乘积; (2) 因子分析的, 阶乘的, 因数的
factorial experiment　析因实验
factorial polynomial　阶乘多项式
factorial sign　阶乘号
factoring　(1) 因子分解; (2) 批发交易; (3) 货款保收
factorise　(1) 因式分解, 因子分解; (2) 把复杂计算分解为基本运算; (3) 编制计算程序
factorization　(1) 因子分解, 因式分解, 析因式; (2) 复杂运算的基本运算化; (3) 编制计算程序
factorization of a transmission　交换的因式分解
factorization of algebraic equation　代数方程的因式分解
factorization of transmission　变换的因式分解
factorize　(1) 因式分解, 因子分解; (2) 把复杂计算分解为基本运算; (3) 编制计算程序
factors act　代销法案
factory　(1) 制造厂, 工厂, 厂; (2) 加工船; (3) 工场
factory acceptance gage　验收样板, 验收规
factory acceptance test (=FAT)　工厂验收试验
factory acceptance test specification (=FATS)　工厂验收试验规范
factory-adjusted control　出厂调整

factory adjusted control　出厂调整
factory assembled system　厂装方式
factory automation　工厂自动化
factory book　工厂账簿
factory building　厂房
factory cost　制造成本, 生产成本
factory delivery　厂家的交付
factory expense analysis　制造费用分析
factory expense ledger　制造费用分类账
factory expense variance　制造费用差异
factory-fitting (=mill-fitting)　工厂 [照明] 装置
factory-hand　工人
factory illumination　工厂照明, 工场照明
factory inspection　工厂监察, 厂内检查
factory inspection plan (=FIP)　工厂检验计划
factory journal　工厂分账簿, 工厂日记账
factory ledger　工厂总账
factory lumber　粗加工木料
factory number　出厂编号
factory of fishing vessel　渔类加工船
factory on dock　船坞工厂
factory outlets　(1) 工厂间接费用; (2) 工厂直营店
factory overhead　(工厂) 杂项开支
factory price　出厂价格, 制造成本
factory sewage　工厂废水, 生产废水
factory ship　(水产) 加工船, 工作船, 修理船
factory technique　制造工艺
factory test　工厂试验, 生产试验
factory test and inspection plan (=FTIP)　工厂试验与检查计划
factory test equipment (=FTE)　工厂试验设备
factory test plan (=FTP)　工厂试验计划
factory testing　工厂条件下试验, 成批试验
factory timber　加工用材, 车间用材
factory trawler　水产加工拖网渔船
factory trial　厂内试运转, 工厂试废水
factory vessel　水产加工船, 工作船, 修理船
factory warehouse　工厂仓库
FACTS (=Facilities Administration Control and Time Schedule)　设备管理控制和时间调度程序
FACTS (=Fully Automated Cargo Tracking System)　全自动货物跟踪系统
factual　有实际根据的, [与] 事实 [有关] 的, 确实的
facture　制作, 制法, 作法
FACTY =Factory　工厂, 工场
facula　光斑, 白斑
faculae　光斑
facultative　不受束缚的, 可选择的, 容许的, 许可的, 任意的, 随意的, 临时的, 偶然的
faculty director　(1) 才能, 技能; (2) 学院, 学部; (3) (高等院校的) 教职员
faculty of engineering　工学院
faculty of judgment　大学院长, 系主任
facut　洗盆
fade　(1) 逐渐消失, 减弱, 衰减, 衰落, 衰耗, 减弱; (2) 失去光泽, 褪色, 渐淡
fade and lap dissolve circuit　淡变和叠化电路
fade-and-recovery test　制动衰退与恢复试验
fade area　(雷达) 盲区, 衰落区
fade down (=FD)　图像衰减, 逐渐消隐, 淡出
fade free brake　[受热时] 效率不易衰退的制动器
fade-in　(1) (图像逐渐出现的) 淡入; (2) 启开遮光器 (摄影); (3) 遮光摄影
fade in　图像渐显, 渐强
fade-out　(1) 淡出 (图像逐渐消失); (2) 衰落; (3) 关闭遮光器
fade out (=FO)　图像渐隐, 消失, 淡出
fade-over　(电视图像的) 淡入淡出, 慢转换
fade snub　制动衰退试验中的减速制动
fade stop　引起制动衰退的制动
fade test　制动衰退试验
fade-up　图像增亮
fade up　图像增亮
fade zone　消失区, 盲区, 静区
fadedness　减弱, 衰减, 衰落, 衰耗, 减弱
fadeometer　褪色计

fader　(1) 音量调节器, 音量控制器, 音量渐减器；(2) 光量调节器, 减弱控制器；(3) 混频管电位器；(4) 增益调节器, 增益渐减器, 衰减器

fader amplifier　音量控制用放大器

fading　(1) 场强误差, 衰落, 衰退；(2) 褪色；(3) 消失

fading bandwidth　衰落带宽

fading channel　衰落信道

fading depth　衰落深度

fading distribution　衰落分布

fading-down　(图像) 逐渐消隐, 衰减, 渐没

fading margin　衰落储备

fading on line-of-sight path　视线电路衰落

fading on obstacle diffraction path　障碍绕射电路衰落

fading on tropospheriscatter path　对流层散射电路衰落

fading-out　(图像) 逐渐消失, 渐隐

fading period　衰减期

fading rate　衰落率

fading-reducing　抗衰减, 抗衰落

fading spectrum　衰落频谱

fading-up　(1) (图像) 逐渐出现, 淡入；(2) 开启遮光器

fadometer　褪色计

FADS (=Finite Amplitude Depth Sonar)　有限波辐测深声纳

FAEJD (=Fully Automatic Electronic Judging Device)　全自动化电子判定器

FAF (=Forty -foot Auto Frame)　40 英尺汽车框架箱

FAF (=Free at Factory)　工厂交货

fag　绳尾解开

fag-end　(1) 绳索的散端, 末尾, 末端；(2) 没用的部分, 废渣, 残渣

fag end　(1) 散边 (帆布边), 散端 (绳索)；(2) 到头了 (指绳索等)

FAGC (=Fast Automatic Gain Control)　快速自动增益控制

fagging　(1) 绝热套, 保温套；(2) 防护套, 外套, 可拆卸的防护面层；(3) 挡土板, 撑板, 背板；(4) 支撑板条

faggot (=fagot)　(1) 成束熟铁块, 束铁；(2) 捆, 捆成一捆

faggot fender　捆条碰垫

faggoted　束铁的

faggoted iron　束铁

faggoted iron furnace　束铁加热炉

faggoting　束铁

foggoting press　压块机, 打捆机

FAH (=Fahrenheit)　(1) 华氏温度计；(2) 华氏温标

FAHR (= Fahrenheit)　(1) 华氏温度计；(2) 华氏温标

Fahralloy　耐热铁铬镍铝合金

Fahrenheit (=FAH 或 FAHR)　华氏温度, 华氏温标

Fahrenheit degree　华氏温度

Fahrenheit scale　华氏温度表, 华氏温标

Fahrenheit temperature　华氏温度

Fahrenheit thermometer　华氏温度计

Fahrenheit thermometric scale　华氏温标

Fahrig metal　锡铜轴承合金

Fahrite alloy　耐热耐蚀高镍合金

Fahry alloy　锡铜轴承合金

FAI (=Fresh Air Inlet)　通风口, 进气口

faience　彩瓷, 彩色瓷

fail　(1) 损坏, 破坏, 毁坏, 失效, 故障；(2) 缺少, 不足；(3) 衰弱, 减弱；(4) 失败, [判断] 错误；(5) 破产

fail-all　全出故障的, 全失效的, 全失灵的

fail back possibility　故障返回操作可能性

fail closed　出故障时自动关闭的

fail in bending　[受] 弯曲损坏, [受] 弯曲破坏

fail in bond　粘着损坏

fail in compression　受压损坏, [受] 压力损坏

fail in shear　[受] 剪切损坏

fail in tension　[受] 拉伸损坏, [受] 拉力损坏, [受] 拉力破坏

fail open　出故障时自动打开的

fail-passive　(个别部件发生故障时) 工作可靠但性能下降

fail passive　(个别部件发生故障时) 工作可靠但性能下降

fail-safe　绝对可靠的, 不会出故障的, 失效保险的, 故障保险的, 保安的

fail safe　绝对可靠的, 不会出故障的, 失效保险的, 故障保险的, 保安的

fail safe analysis　可靠性分析

fail-safe control　防障控制, 保安控制 (具有自动防止故障特性的控制)

fail-safe design　可靠性设计

fail safe device　故障安全装置

fail-safe equipment　(部分元件) 发生故障仍能工作的装置, 万全性装置, 保安装置

fail safe principle　故障安全原则

fail safe rail assembly　故障自动防护轨道装置

fail-safe system　故障安全系统, 失效保险系统

fail safe system　故障安全系统

fail safe tape　故障保护磁带

fail-safety　系统可靠性, 失效保险

fail safety　故障安全性

fail-soft　工作可靠但性能下降, 有限可靠性, 失效弱化

fail soft　出故障性能下降, 有限可靠性, 故障弱化

fail-soft capacity　故障弱化能力

fail softly　工作可靠但性能下降

fail-tests　(个别部件发生故障时) 可靠性试验

fail to　未能, 疏于

fail to deliver goods at the time stipulated　不如期交货

fail to fire　不发火

fail to start　无法起动

failed element monitor　元件破损监测器

failed hole　已失效的炮眼, 不爆炮眼, 死炮眼

failed test sample　不合规格的样品

failing　(1) 缺点, 弱点, 缺陷, 短处；(2) 失败的, 衰退的, 减弱的；(3) 如果缺少……时, 如果没有

failing load　破坏荷载

failing stress　破坏应力

failpoint　破坏点, 失效点, 弱点

failsafety　(元件损坏后) 不丧失工作能力的) 可靠性, 万全性

failure (=FAIL)　(1) 故障, 事故, 失灵；(2) 失效, 失事, 失败；(3) 破坏, 损坏, 破损；(4) 断裂, 折断；(5) 缺少, 缺乏；(6) 衰退；(7) 变钝

failure analysis (=FA)　故障分析, 失效分析

failure analysis report　故障分析报告

failure arc　滑动弧

failure by piping　管涌破坏

failure cause data report (=FCDR)　故障原因数据报告

failure circuit　故障电路

failure classes　失效种类

failure condition　故障情况

failure correction system　故障校正系统

failure crack　裂断

failure criterion　故障判据, 失效判据, 破坏判别准则

failure current　故障电流, 反常电流

failure cutout　故障停止装置

failure density　故障密度

failure density function　故障频率函数, 故障密度函数

failure detection　故障检测, 故障检验, 故障探测, 探测

failure distribution　故障分布

failure due to scouring　冲刷破坏, 冲毁

failure envelope　破坏包络线, 断裂点轨迹

failure-free operation　无故障操作, 无故障运行, 正常运行

failure frequency　故障频率

failure in remote equipment　遥控设备故障

failure indicator　故障指示器

failure line　破坏线

failure load　失效负荷, 破坏负荷, 破坏荷载, 破坏载荷

failure logging　故障记录

failure mechanism　失效机理, 损坏机理

failure mode　失效模式, 失效模型, 破坏方式, 损坏类型

failure mode and effect analysis (=FMEA)　故障模式及影响分析

failure mode, effect and critical analysis (=FMECA)　故障模式、影响及危害性分析

failure mode study　损坏类型研究, 失效类型研究

failure moment　破坏力矩

failure occurrence　故障发生

failure of apparatus　装置失效

failure of fuel　燃料供给系统的故障, 燃油系故障, 停止供应燃料

failure of lubricating oil　润滑油故障, 润滑油中断

failure of oscillation　振荡中断, 停振

failure of performance　未履行合同

failure plane　破坏面

failure prediction　故障预测, 故障预报

failure probability　失效概率, 损坏概率

failure rate (=FR)　损坏率, 失效率, 故障率

failure rate data　损坏率数据

failure rate test (=FRT)　故障率试验

failure record　故障记录

failure recovery　故障排除

failure report (=FR)　故障报告

failure stress 破坏应力
failure surface 失效面,破毁面,破坏面
failure test 破坏试验,失效试验
failure testing 故障检测
failure to actuate 不动作,不起动
failure to breech 关不上闩,闭锁机不能闭锁
failure to deliver clause 未交货条款
failure to eject 药筒抽不出,退壳故障
failure to feed 送弹不到位
failure to perform an obligation 未履行义务
failure to recoil (炮)后座过短
failure to safety performance 故障安全性能
failure tree analysis (=FTA) 故障树分析 [法]
failure warning circuit 故障警报电路
faint (1)衰弱的;(2)微弱的,不明显的
faint color 不明显的颜色,淡色
faint difference 细微差别
faint light 微弱灯光,弱光
faint red 淡红色
fair (1)公正的,公平的;(2)光顺的,平顺的;(3)相当的,中等的;(4)交易会,展销会,博览会;(5)使校平,使光顺
fair and just 公平合理
fair assessment scheme 公平的分摊机制
fair average 适当平均
fair average quality (=FAQ) (1)(商品)中等品;(2)良好平均品质,平均质量
fair batten 顺光线木条
fair buoy 进口浮标,航道浮标
fair channel 航道
fair condition 情况尚佳,无甚损坏
fair copy 誊清本,清样,清稿
fair current 顺流
fair cutting 修整切削
fair curve 光顺曲线,整形曲线,修正曲线,展平曲线
fair form 流线型的
fair game 公平博弈
fair hull lines 光顺船体型线,流线型型线
fair in place 修复原状,现场光顺,原地校平
fair lead 导向滑车,导缆滚筒,导缆器,导缆孔
fair lead for rudder chain 舵链导轮
fair lead of rudder chain 舵链导轮
fair lead pocket 导链器凹槽
fair lead rack 导缆孔框
fair lead sheave 导缆滑车
fair lead with horizontal roller 滚柱导缆器
fair leader 导向滑车,导缆滚筒,导缆孔
fair lines 船截面轮廓线,光顺型线,光滑线
fair price 公平价格,平价
fair quality 中等质量
fair return 公平报酬,合理报酬
fair-sized 相当大的,较大的
fair speed 适宜速度,合理航速
fair tide 顺潮流,顺潮
fair-trade 公平贸易的
fair trade 公平贸易
fair trade price 公平交易价格
fair-up 光顺型线
fair up 使表面平顺,校正
fair valuation 合理估计
fair visibility 能见度好
fair water (船舶推进器)导流帽,导流罩,流线体
fair water cap (推进器)导流帽
fair water cone (推进器)导流帽,导流罩
fair water fin 导流鳍,导流板
fair water piece 导流板
fair water sleeve 螺旋桨导流罩,导流套筒
fair wear 合理磨损
fair wear and tear 合理磨损,正常磨耗
fair wear and tear gradual deterioration (=FW&TGD) 正常磨损和自然损耗
fair weather 好天,晴天
fair weather sailor 无航海经验的水手
fair weather ship 经受不住大风浪的船
fair wind 和风,顺风

fair words 好听的话,恭维话
faircurve 展平曲线
faired (1)减阻的;(2)整流片的;(3)流线型的;(4)整流罩密封的
faired cable 流线型绳缆
faired hub 整流式桨毂,流线型桨毂
faired mast 流线型桅
fairing (1)整流罩,整流片;(2)减阻装置;(3)流线型罩;(4)整平,整直
fairing aid (造船用)光顺工具,光顺仪器
fairing cap 推进器导帽,导流帽
fairing of curves 曲线光顺
fairing off 拆下敲顺
fairing on 校准,校平
fairing plate 流线壳板
fairing rib band 光顺曲线压条
fairing spoke 整流式辐条,流线型辐
fairlead (1)引线孔,引线管;(2)导索板,导线板,导索环,导引片;(3)扣绳滑轮
fairleader (1)碾子;(2)卷扬机械
fairlight 气窗
fairline 光顺线
fairly 公正地,公平地,清晰地,相当地
fairly strong smoke 较强烈的烟气
fairness 光顺性,流线型
fairwater (1)(螺旋桨)导流帽;(2)整流器;(3)流线体
fairway (=FW) (1)通路;(2)安全航路,航道,航路,水路;(3)(水上飞机)水上跑道
fairway beacon 航道指示标
fairway buoy 航道浮标,航标
fairway line 主航道标
fairway speed 航道航速,航路速度
fairway wind 微风
fairy lamp 彩色小灯
fairy light 彩色小灯
fake (1)(绳索等)一卷,一盘;(2)伪造品,冒牌货,赝品;(3)软焊料;(4)绳圈,索卷,盘索;(5)伪造的,冒充的,假的
fake down 盘绳
fake fur 人造毛皮
fake host communication 伪主机通信
fakes 板层建造
faking 织物的折叠
faking box 盘绳箱(绳子盘在箱内)
faking-in 再插入
FAL (=Formula of Applicable of Law) 系属公式
FAL (=Frequency Allocation List) 频率分配表
falbat 一种瑞典猎海兽船
falboot (1)折叠舟;(2)橡皮帆布艇
falcate 镰刀状的
falciform 镰刀状的
falcula 钩爪
faldstool 折叠凳,折叠椅
Fales-Stuart windmill 双叶农用风车
Falex tester 润滑剂耐热耐压试验机
Falk-flexible coupling 蛇形弹簧联轴器
Fall 氯酸钠
fall (1)落下,降低,降落,减小,削弱;(2)落差,电位降;(3)斜度;(4)起重机绳,索
fall aboard 顶撞他船船舷
fall-and-tackle (1)滑车;(2)滑车绳,绞帆索
fall and tackle 滑车组(连索)
fall astern 落在他船后面
fall-away (1)散开,分开;(2)排出
fall back (=fallback) (1)落下(继电器衔铁),落后,代用条件;(2)泄水;(3)倾斜面
fall behind 落在他船后面
fall-block (1)动索滑车,卷帆滑车;(2)带绳滑轮
fall block 受力滑车,动滑轮
fall boom 舱口吊杆,舷内吊杆
fall calm 静下来
fall chronometer 落体精密计时仪
fall container load cargo 集装箱整箱货
fall cover 吊艇索的罩
fall delay 下降延迟
fall-down 落下,下降,降下

fall down　倒下

fall due　(票据) 到期, 满期

fall foul　(1)(船) 相撞; (2) 冲突

fall head　压头高度, 落差

fall home　(船舷等) 向里倾, 内倾

fall-in　(1) 进入同步, 落入; (2) 一致

fall in　(1) 同步, 一致, 配合; (2)(地基等) 下沉, 下降

fall in with　(1) 与…..一致, 相遇; (2) 同意, 赞成

fall inline　与……一致, 相符

fall-into　进入, 落入

fall into　(1) 流入, 注入; (2) 下陷, 陷入; (3) 分成类, 属于

fall-into step　进入同步, 同步

fall into step　进入同步, 同步

fall leaf　活动翻板

fall line　跌水线

fall of current　电流下降

fall of drain　排水管落差, 排水沟底落差

fall of firing pin　击针移动的距离

fall-of-potential　电位降, 电压降

fall of potential　电位降, 电压降

fall of ram　落锤

fall of water　水位下降

fall-off　(1)(火箭) 各级分开, 脱开, 排出; (2) 减退, 下降, 降落

fall-on style　叠印法

fall out of step　失去同步

fall overboard　从舷边落水, 落水

fall phonometer　落体声强计

fall-pipe　落水管

fall pipe　落水管

fall plate　[拉舍尔经编机的] 压纱板

fall rope　(1) 起重机绳, 吊索; (2) 滑车索

fall short　(1) 不足, 短缺; (2) 不能达到预期目的, 不合格

fall table　井口盖门

fall time　降下时间, 下降时间, 衰减时间, 释放时间

fall to　开始, 着手

fall to arrears　迟付

fall to leeward　向下风偏转

fall tube　排水管, 落水管

fall under　(1) 归入, 列入, 列为; (2) 受到 (影响等)

fall velocity　沉降速度, 沉速

fall wind　下吹冷风

fallacy　谬误, 谬论

fallaway　(1)(声音等) 减弱, 渐退, (2 分开, 散开, 排出

fallback　(1) 退后, 退让; (2) 不履行, 违约; (3) 落下, 降速

fallback possibility　退缩可能性, 替代可能性

faller　(1) 针板; (2) 井条机, 练条机

faller bar　毛条针板痕

faller drops　[每分钟] 针板打击次数

faller gill　针片, 针排, 针板

faller lead　针排前导率

faller rods　[走锭细纱机的] 坠杆

faller screw　针板螺杆

fallers　罐托

falling　(1) 降落, 下落; (2) 降落的, 倾斜的, 带有斜度的

falling angle　落角

falling ball viscometer　落球粘度计

falling body　落体

falling body viscometer　落体粘度计, 落球粘度计

falling characteristic　降落特性, (2) 下降特性曲线

falling drop method　落滴法

falling-film cooler　降膜蒸发器

falling-film evaporator　降膜 [式] 蒸发器

falling-film molecular still　降落蒸馏釜

falling-film still　降落蒸馏釜

falling gate　卧式坞门, 卧式闸门

falling glass　气压柱下降

falling gradient　下降坡度, 降坡

falling head　下降高度, 降水头, 落差

falling hinge　水平铰链

falling home　(船舷) 内倾, 内缩

falling-in　内倾 (船舷或上层建筑)

falling in　啮合, 咬合

falling leaf gate　卧式坞门, 卧式闸门

falling market　市场跌落, 市价跌落

falling mold　制作楼梯时作栏杆扶手弯曲部分用的样板

falling needle viscometer　落针式粘度计

falling-off　(1) 下降, 降落 (压力); (2) 分开, 脱开 (火箭各级间); (3) 减退, 衰退

falling-out　失去同步

falling part　(绳索) 拉力部分

falling pawl　(棘轮) 下落式掣子, 下降卡子, 卷取掣子

falling portion　下降段

falling rate drying　降速干燥

falling-sluice　自动水闸

falling sluice　降落式泄水闸

falling sphere viscosimeter　沉球式粘度计, 落球粘度计

falling test　落锤试验

falling tide　退潮, 降潮

falling velocity　沉降速度, 沉速

falling weight　落锤

falling weight test　冲击试验, 落锤试验

falloff　(1) 下降, 落下, 压降; (2) 减少, 缩小; (3) 减退, 衰退; (4) 偏向下风, 偏出航线

falloff meter　偏振测量仪

fallout　(1) 微粒回降; (2) 回降物; (3) 放射性粒子; (4) 附带成果, (意外) 结果, 副产品; (5) 失去同步, 失步; (6)(船舷) 外倾; (7) 沉降

fallout computer　放射性微粒计算机

fallout of step　失去同步

fallow　淡黄棕色

fallway　升降道

false　伪造的, 虚假的, 假象的, 假的; (2) 辅助的; (3) 不正确的, 错误的; (4) 不可靠的, 不真实的

false account　假账

false action　误动作

false add　无进位加, 假加

false air　从窑炉各处缝隙吸入的空气

false-alarm　假警报, 虚警

false alarm　错误警告, 假警报, 虚警

false alarm number　虚警数

false arch　假拱

false beam　不承重梁, 不受载梁, 假梁

false bearing　(1) 虚假方位; (2) 间接支承

false bedding　交错层, 假层理

false bellies　防擦护板, 假腰

false bill of lading　假提单

false billing　误申报

false body　(1) 假稠性; (2) 假体

false-bottom　假底, 活底

false bottom　(1)(船模试验池的) 假底, 活动底板; (2) 活底

false bottom bucket　活底料斗

false brinelling　[低荷] 腐压痕, 微动腐蚀磨损, 虚假硬度

false carry　假进位

false ceiling　假平顶, 假天花板

false center　工艺顶尖, 假顶尖

false channel　辅航道

false code　非法代码, 伪代码, 假码

false color　假面目, 假色彩, 伪装

false conductance　虚假流导, 漏电导, 伪电导

false course　模拟航向, 假航向

false current　不正当电流, 错误电流

false deck　甲板加强结构

false declaration　假报, 谎报

false declaration of goods　申报货物不实

false declaration of the quantity of cargo　伪报货物数量

false dismissal　漏警, 虚漏

false dismissal probability　漏警概率

false draft　意外牵伸

false drop　(1){计} 假检索, 误查, 误检; (2) 错误的结果

false ellipse　圆弧椭圆

false entry　假分录, 假记录

false equilibrium　假平衡

false face　可拆汽缸滑阀面, 假面

false floor　格栅板

false form　临时性模板, 假模

false front　假锋, 伪锋

false horizon　假地平 (因气候或阳光所致的错觉)

false host　假主机

false hull　非耐压艇体, 外壳

false image　假象,幻影
false keel　防滑龙骨,背板龙骨,龙骨护板,副龙骨,次龙骨,辅龙骨
false keelson　(木船) 冠内龙骨,内龙骨护板,假内龙骨,副内龙骨
false leader　索桅式打桩机
false lights　(灯塔) 虚假光
false line lock　行同步锁相
false loading method　假负载法
false lock　错锁,假锁
false maneuver　假操纵
false mark　假标志,虚标志
false member　零杆,空转构杆 (桁架中不受力构件)
false operation　误动作
false output　假输出
false paper　伪造文件
false pass　空走轧道
false position　试位法
false proceed failure　错误进行故障
false-proof　伪造校样,假证件
false quay　透空式顺岸码头 (尤指在原有岸壁前附加的)
false relation　交错关系
false relative motion　假相对运动
false restrictive failure　错误限速故障
false retrieval　{计} (对信息的) 假检索
false rotary　备用转盘
false sense　错觉,假象
false set　(混凝土) 假凝,异常凝固,过早硬化
false signal　错误信号,寄生信号,假信号,假符号
false statement　假命题,假语句
false station　测站偏心改正
false-stem　船首破浪材
false stem　船首破浪材
false stern post　船尾柱贴片 (增强作用)
false stull　临时模撑
false synchronization　虚同步
false tack　船首抢风
false target jamming　假目标干扰
false tripping　误脱扣
false warm sector　假暖区
false weights　不足的砝码
false white rainbow　雾虹
false work　临时支撑,脚手架
false zero　虚零,伪零
false zero method　虚零 [点] 法
falsehood　虚假,错误
falsekeel　保护龙骨,副龙骨
falsework　(1) 临时支撑,工作架,脚手架,模板;(2) 施工用木料
falsification　(1) 证明是假,证明为无根据;(2) 畸变,失真
falsified equipment　非法改装的设备
falsify　伪造
falsity　假值
falsterbat　(丹) 一种渔帆船
faltboat　折叠船
falter　摇晃,颤抖
faltung　(1) [函数的] 褶积;(2) 卷积积分,卷积;(3) 褶合式
faltung integral　褶合积分
faltung theorem　褶合定理
fam cam　端面凸轮
familiar　(1) 熟悉的,精通的,常见的;(2) 惯用的,通俗的;(3) 密切的,亲密的
familiar style　非正式文体,简体
familiar with　熟悉
familiarization　精通
familiarization cost　专业训练费用
family　(1) 族,类,系;(2) 家庭;(3) {数} 无穷集
family boat　家庭游艇
family brand　同品牌产品
family curves　曲线族
family grouping　同类组合
family mold　多腔铸型
family of anode characteristic　阳极特性曲线族
family of characteristic curves　特性曲线族
family of characteristics　特性曲线族
family of circles　圆族
family of confocal centered conics　共焦有心二次曲线族

family of continuous semi-norms　连续拟范数族,连续半模族
family of curves　曲线族
family of cyclones　气旋族
family of ellipses　椭圆族
family of half-curves　半曲线族
family of semi-norms　拟范数族,半模族
family of spirals　螺旋族
family of straight lines　直线族
family of submanifolds　子流形族,子集族
family owned company　家族公司
family parameter　族参数
family size package　家庭用量包装
famine prices　缺货价格
fan　(1) 扇状物,扇;(2) 风扇,电扇;(3) 通风机,鼓风机,风机,风箱;(4) 叶片,翼;(5) 展开成扇形
fan antenna　扇形天线
fan beam　扇形射束,扇形波束
fan belt　风扇皮带,风机传动带
fan belt idler　风扇皮带张紧轮
fan-blade　扇形叶片,扇形式的
fan blade　风扇叶 [片],扇叶
fan blower　扇风机,鼓风机,通风机,送风机
fan boring　扩孔
fan boss　风扇毂
fan brake　叶片式空气制动器,风闸
fan casing　鼓风机壳,通风机壳,风扇罩
fan chamber　通风机室
fan clutch　风扇离合器
fan connector　扇形连接器
fan conveyer　旋转式输送机,旋转式运送机
fan delivery　通风机排量,风机排量
fan diagram　扇形图
fan dial　扇形度盘
fan drift　扇风机引风道,通风道
fan drive　通风机传动装置
fan-driven　风 [机驱] 动的
fan-driven generator　风动发电机
fan driven generator　风动发电机
fan dynamometer　风扇式测力计
fan efficiency　风机效率
fan end thrust ball-bearing　风扇端止推滚珠轴承
fan engine　打风机,通风机,鼓风机
fan fairing　风扇整流罩
fan-filter　扇形滤波
fan flywheel　带扇飞轮
fan fold　扇形褶曲
fan gate　扇形闸门
fan gear housing　风扇齿轮箱
fan-guard　脚手架上防止杂物落下的挡板
fan-house　扇风机房,通风机房
fan-in　(1) 扇入;(2) 输入端数,[逻辑] 输入
fan in　输入端数
fan in network　扇入网络,输入网络
fan inlet　鼓风机进气口
fan intake　通风机吸气口
fan-jet　(1) 鼓风式喷气发动机,涡扇式发动机;(2) 由涡扇发动机提供动力的飞机,鼓风式喷气飞机
fan-like　扇形的
fan maker beacon　扇形标志
fan mark (=FM)　扇形标志
fan marker　扇形标志
fan motor　风扇电动机,风扇马达
fan nozzle　扇形喷嘴
fan-out　(1) 扇出;(2) 输出端数,分开 (电缆芯线)
fan-out capacity　输出能力
fan out network　扇出网络
fan pattern holes　扇形炮眼组
fan propeller　(1) 风扇式螺旋桨,扇形螺旋桨;(2) 通风机转子
fan propulsion gas turbine　风扇推进式燃气轮机
fan pulley　风扇皮带轮
fan rating　风机额定性能
fan resistance　送风阻力,风阻力
fan ring　风扇外环
fan-room　通风机室

fan room 通风机室, 鼓风间, 打风间
fan shaft (1)扇风机井, 通风井; (2)风扇轴
fan shaft bearing 风扇轴承
fan-shaped 扇形的, 扇状的
fan shaped gate 扇形闸门
fan shaped washer 扇形垫圈
fan slip 通风机压头损失
fan spoke wheel 风扇辐轮
fan stern 扇形船尾
fan system 扇形排水系统
fan tail (1)扇形船尾, 鸭尾艄; (2)船员扇形帽
fan tail deck 船尾甲板
fan tail frame 尾肋骨, 后肋骨
fan tail grate 尾甲板格栅
fan tail grating 尾甲板格子板
fan tail joint 鸠尾接合
fan tail stern 扇形船尾
fan tooth(ed) gear 风扇齿轮
fan trunk 压力通风总管
fan truss 扇形桁架
fan-type aero engine 扇形航空发动机
fan unit (=FU) 通风机
fan vault 扇形穹顶, 扇形拱顶
fan-ventilated motor 风扇冷却电动机
fan ventilator 叶片式通风机, 风扇式通风机, 风扇通风机
fan-volute 扇风机出风扩散螺道
fan with protection basket 带护罩电风扇
fanal 灯塔(法语)
fancy coat 上等煤, 精选煤
fancy doubler 花式线并捻机
fancy goods 花梢的小商品, 小工艺品, 杂货
fancy grade 最优级, 特级
fancy leather 装饰用革, 美术革
fancy line 纵帆收帆索
fancy paper (1)热门股票; (2)彩色纸
fancy price 不合理价格
fancy stripper 风轮挡风辊
fancy yarns 花式线
fandrift 风机风道
fanfold 打字纸(夹有复写纸的)
fang 起动水泵
fang bolt 板座栓, 棘螺栓, 锚栓
fanging 木风筒
fanhead 扇顶区
fanholes 扇形布置炮眼
fanion 测量旗, 小旗
fanite 番奈特黄铜(锌55%, 铜45%)
fanlight 扇形窗, 楣窗
fanman 扇风机司机, 风机工
fanned beam antenna (=FBA) 扇形射束天线, 扁形波束天线
fanner 扇风机, 风扇, 通风机
fanning 通风, 用扇机抽尘
fanning beam 在一定扇形弧内扫描的射束, 扇形射束
fanning mill (1)风选机, 簸扬机; (2)清选风扇
fanning strip 扇形片
fanny 航空搜索接收机用的装置(测定干扰台和雷达站位置)
fan's bearing 风扇轴承
fantail (1)(平炉)蓄热室和沉渣室间通路; (2)扇尾, 燕尾
fantailed 扇形尾的, 燕尾的
fantainer 带有强力通风系统的集装箱
fantascope 幻视器
Fantasound 立体声
fantastron (=phantastron) 幻象多谐振荡器, 幻象延迟线路
fantom view 剖视图
FAO (=Finish All Over) 全部结束, 完全结束, 全部完成
FAO (=Food and Agricultural Organization) (联合国)粮食和农业组织
faolit 法奥塑料(苯酚甲醛树脂加耐酸石棉)
FAOTCECP (=Freight and All Other Terms Conditions and Exceptions as per Charter Party) 运费和其它一切条款、条件和免责事项按约办理
FAP (=Fire Annihilator Pipe) 消防管
FAP (=First Aid Post) 急救站
FAP (=For All Purpose) 装卸货时间共用

faproxyd 一种环氧树脂
FAQ (=Fair Average Quality) 良好中等质量, 质量一般
FAQ (=Free Alongside Quay) 码头交货
FAQ (=Free At Quay) 码头交货
FAQ (=Frequently Asked Question) 常见问题集
FAR (= Failure Analysis Report) 故障分析报告
far 遥远的, 久远的, 长途的, 远的
far and away 肯定地, 绝对地, 远远, 非常
far and wide 到处, 遍及, 普遍
far away 在远处, 远方, 很远
far-between (1)远离的, 远隔的; (2)稀少的, 少有的
far different 大不相同
far-distant 远距[离]的
far east 远东
far east time 远东时间
far-end (线路)远端
far-end crosstalk 远端串扰, 远端串音
far end interference 远端干扰
far-field 远[端]场
far field 远场
far-field analyzer 远场分析器
far-field Cassegrainian antenna 远场凯氏天线
far field distribution 远场分布
far-field fringes 远场干扰带
far-field holography 远场全息术
far field region 远场区域
far from (1)远离; (2)远远不, 完全不, 非但不, 极不; (3)离……差得远
far from it 相差甚远, 极不相同, 决没有
far in 渐近
far-infrared 远红外[线]的
far infrared (=FIR) 远红外[线]
far-infrared detector 远红外探测器
far infrared detector (=FID) 远红外[线]探测器
far infrared image 远红外成像
far-infrared interferometer 远红外干涉仪
far infrared interferometer 远红外干涉仪
far infrared molecular laser 远红外分子激光器
far-infrared photoconductor 远红外探测器
far infrared spectra (=FIRS) 远红外[线]光谱
far leading dynamo 远端的增压电机组
far-miss 远距脱靶
far-off 远方的, 远隔的, 遥远的
far off (1)在远方, 远离; (2)遥远的
far-out (1)不寻常的, 极端的; (2)远离现实的; (3)太空远处的
far out (1)远不是这样, 远远超出; (2)太空远处的, 远非一般的
far point 明视远点
far-ranging 远程的
far ranging 远程的
far-reaching 深远的, 远大的, 广泛的, 透彻的
far reaching 有深远影响的, 规模巨大的, 大范围的
far reaching designs 长远的计划, 远大的计划
far reaching plan 远景规划, 长远计划
far-red 远红外的
far seeing (1)有远见的; (2)远景的
far-seeing plan 远景规划
far-side 深远的, 远大的, 广泛的, 透彻的
far-sight (1)远见; (2)远望能力
far sight 远见
far-sighted 远视的
far superheavy nucleus 远超重核
far too 极其, 非常, 远远, 太
far-ultraviolet 远紫外[线]的
far vane (瞄准器)接物端
far-zone 远区[域]的
farad (=F) 法拉(电容单位)
farad bridge 电容电桥
farad meter 法拉计
faradaic 法拉第的, 感应电[流]的
faraday 法拉第(电量单位, 等于96520库仑)
faraday constant (=F) 法拉第常数
Faraday effect 法拉第效应
Faraday rotation 平面极化磁旋转, 法拉第旋转, 法拉第效应
Faraday tube 法拉第管

Faraday's law　法拉第定律
Faraday's law of induction　法拉第感应定律
faradic　感应电[流]的，法拉的
faradic current　法拉第电流，感应电流
faradic electricity　感应电
faradimeter　感应电流计
faradism　感应电流
faradization　感应电应用法，感应电流
faradize　通感应电
faradizer　感应电疗器
faradmeter　法拉计
farado-　感应电的
faratron　液面控制器
faraway　（时间、地点等）遥远的
faraway from　远离
fard　脂粉
fardage　(1) 承载垫层，垫货材，货垫，垫料；(2) 垫舱材
fardel　(1) 束，包；(2) 打包
fare　(1) 费，运费；(2) 伙食，食物，食品；(3) （渔船）捕获量
fare register　计费器
farella　一种马耳他渔帆船
fares for station service (=FSS)　客运服务费
farewell buoy　告别浮标，进出口浮标，海口浮标
farewell whistle　告别汽笛
farfetched　牵强附会的，不自然的
farinograph　淀粉测定记录仪，面粉试验仪
farm　(1) 场，农场，(2) 农田，农庄 (3) 车间，(4) 临时堆货场
farm building　农村建筑
farm electrification　农村电气化
farm machinery　农用机械，农业机械
farm machinery and implements　农业机械及农具
farm-out　(1) 分工协作；(2) 分包任务；(3) 转租
farm out　(1) （任务）移交；(2) （合同）分包，出租
farm products　农产品
farm tractor　农用拖拉机
farming industry　农产品加工业
FARP (=Fully Automatic Radar Plotting)　全自动雷达标绘
farsightedness　远视
Fartax　旋转棱镜式摄影机
farther state　延伸声明
farvitron　(1) 线振质谱仪；(2) 分压力指示器
FAS (=Fast Select Acceptance Not Subscribed)　快速接受选择未登录
FAS (=Firsts and Seconds)　一等品及二等品（美国木材贸易用语）
FAS (=Free Alongside Ship)　船边交货
FAS (=Free Alongside Steamer)　船边交货
FAS (=Free Arrival Station)　到达站交货（集装箱运输）
FAS (=Fueling at Sea)　海上加油
facet　[退火用] 玻璃瓶夹具
fascia　(1) （柱头上）盘座面，挑口装饰；(2) 招牌，仪表板
fascia beam　前沿横护梁，出面大梁
fascia board　(1) （汽车）仪表板；(2) 檐口平顶
fascia wall　（高桩承台码头）胸墙，（码头前沿）岸壁，（码头）面墙
fash　(1) 船不规则接缝；(2) （甲板上的）裂纹；(3) 披缝（铸造缺陷）
fashion　(1) 形状；(2) 型式，形式；(3) 式样；(4) 方式
fashion grey　流行灰[色]
fashion-part　定型部件
fashion piece　船尾弯骨
fashion plate　（吃水线以上的）船首线型板，船首材
fashion plate stem　（钢板）组成船首柱
fashion product　流行产品
fashion seam　成形缝
fashion steel　型钢
fashionable　流行的，时新的
fashionable style　流行型式，流行式样
fashioned　式的，式样的
fashioned iron　型钢，型铁
fashioned steel　型钢
fashioner　设计者，制造者，造型者
FAST (=Fast Automatic Shuttle Transfer)　快速自动传送（系统）
FAST (=Ferrographic Analysis Software Technology)　铁谱分析软件技术（系统）
fast　(1) 固定的，坚牢的，不褪色的；(2) 快速的，迅速的；(3) 船缆，系索，链，缆；(4) 自动分类与检验设备（试半导体用）
fast access memory　快速存取存储器

fast access storage　快速存取存储器
fast-acting　(1) 快速作用，迅速作用；(2) 快动作的
fast acting keyed clamp　快作用键控箱位
fast acting relay　快作用继电器
fast acting tracking device　快速跟踪装置
fast address　快速地址
fast amplifier　宽频带放大器，快速放大器
fast and jerky motion　快速突然运动，快速颠簸运动
fast and loose pulleys　固定轮和游滑轮[装置]，死活[皮带]盘
fast as can (=FAC)　尽可能快，尽速
fast at an end　一端固定
fast automatic gain control　快速自动增益控制
fast automatic shuttle transfer (=FAST)　快速自动传动输送，快速自动传送
fast automatic shuttle transfer system　快速自动传送系统
fast axis　快光轴
fast boat　快艇
fast bodying oil　速凝油
fast break　快速断电
fast-breeder reactor　快中子增殖反应堆
fast breeder reactor (=FBR)　快中子增殖反应堆
fast cap　探矿用电雷管
fast-carry　快速进位
fast chopper　(1) 高速断路器，快速断路器，高速断续器，快速断续器，快速选择器；(2) 快速斩波器，快速遮光器
fast coincidence circuit　快速符合电路
fast color　不褪的颜色
fast colours　坚固染料，坚固色泽
fast combat support ship　（美国）快速供应船
fast compression　快[速]压缩
fast compression cloud chamber　快速压缩云室
fast cosmic ray neutron　宇宙线快中子
fast coupling　(1) 刚性联轴节，[可移式]刚性联轴器，硬性联轴节；(2) 紧耦合
fast curing　快速固化（粘合剂）
fast curing cement　常温硫化胶浆，快硫化胶浆
fast cycle hydraulic press　快速水压机
fast diode　快速二极管，高频二极管
fast deployment logistic ship　快速支援船
fast dispatch boat　快速艇
fast draining film　快排水膜
fast-drying　快干的
fast drying　快干的
fast-extracted　快速引出的
fast extruding furnace (=FEF)　快速挤压炉
fast fading　快速衰落，快衰落
fast fading margin　快衰落余量
fast feed　(1) 快速进给；(2) 快速进刀
fast field program (=FFP)　快速场程序
fast flowing　流速大的
fast flux test facility (=FFTF)　快中子检验装置
fast-forward　快速前进的，快速正向的
fast forward　（磁带录音机）快速进带
fast Fourier transform　快速付里叶变换
fast Fourier transform algorithm (=FFT)　快速付里叶变换算法
fast Fourier transformation (=FFT)　快速付里叶变换
fast frequency-shift keying (=FFSK)　快速频移键控
fast frequency shift keying (=FFSK)　快速频移键控
fast-graining　快速获得[的]
fast-glide　快速下降
fast glide attitude　高速滑翔姿态
fast groove　（唱片）宽距纹槽，密纹
fast growing tree　速生树
fast-hardening　(1) 快速固结，快速硬化，快硬，快固；(2) 快硬的，快凝的
fast hardening concrete　快凝混凝土
fast head　固定式车床头
fast head stock　固定床头，主轴座
fast headstock　固定式前顶尖座
fast high temperature cure　快速高温硫化
fast idle　高速空行程，高速空转
fast idle cam　高速空行程凸轮
fast-interface state　快速界面态的
fast interface state trapping noise　快速界面态俘获噪声

fast ionic conductor 快离子导体

fast lane 快行车道,快车道

fast laser pulse 激光短脉冲

fast lens 强光透镜,快透镜

fast lock 快同步

fast merchantman 高速商船

fast motion gear 速动齿轮,快速运动齿轮

fast motion mechanism 快速运动机构,快速走刀机构

fast-moving 高速移动的,快速移动的

fast moving 高速移动的,快速移动的

fast-moving depression 快移动低[气]压

fast moving goods 畅销货

fast multiplication factor 快速中子增殖因数

fast neutron 高速中子,快中子

fast neutron diffusion length 快中子扩散长度

fast-neutron generator 快中子发生器

fast neutron leakage 快中子漏泄

fast-operate 快速操作的,快速工作的,快速运转的

fast operating (=FO) 快动作

fast operation 快速运行,快动作

fast parallel arithmetic 快速并行运算器

fast particle 快粒子

fast patrol boat 巡逻快艇

fast pin 固定销

fast pinch 快箍缩

fast plutonium reactor 快中子钚反应堆(钚-音不,第94号元素)

fast pulley 固定[滑]轮,固定皮带轮,定滑轮,定滑车,固定轮,紧轮

fast reaction 快速反应

fast recoil ion 快速反冲离子

fast-recovery 快速复原的,快速恢复的

fast-reed loom 定筘织机

fast-reflected 快中子反射的

fast relay 高速继电器,快速继电器

fast release (=FR) (继电器的)迅速复原

fast-response 快速反应的,快作用的,快响应的

fast response 快反应,快响应,速动

fast response characteristic 快速响应特性

fast response instrument 灵敏仪器

fast-response photomultiplier 快速光电倍增器

fast response photomultiplier 快速光电倍增管

fast response probe 灵敏传感器

fast response recorder 快速记录器

fast response sprinkler technology 快速反应喷水器技术

fast response time (仪表具有小惯性时的)快速反应时间

fast-response transducer 灵敏小惯性传感器,快速传感器

fast return 快速返回

fast rewind 快速倒带

fast-rise 快速上升的,快速升起的

fast-rise pulse generator 陡沿脉冲发生器

fast-running 快行(冶金)

fast-scan 快速扫描,快速扫掠

fast scan 快速搜索,快速扫描

fast scan frame 快扫描帧

fast scan line timing 快扫描行定时

fast scan vertical sync pulse 快扫描垂直同步脉冲

fast-screen 短余辉荧光屏

fast screen 短余辉荧光屏

fast-screen tube 短余辉电子束管,短余辉显像管

fast screen tube 短余辉电子束管,短余辉显像管

fast select acceptance not subscribed (=FAS) 快速接受选择未登录

fast setting 快凝

fast setting cement 快凝水泥

fast setting concrete 快凝混凝土

fast ship 快速船

fast signal 短时信号

fast-speed 快动作的,快作用的,快速的,高速的

fast speed 快动作的,快作用的,快速的,高速的

fast speed carrier 高速船

fast spiral (1)陡螺旋线;(2)急转磁带

fast spiral drill 快速螺纹钻

fast steamer 快船

fast sweep 快速扫描

fast sweep racon 快速扫描雷达信标

fast switching circuit 快速转换电路

fast tender 高速交通艇

fast thermocouple 小惯性温差电偶,小惯性热电偶

fast-time 快速的

fast time (1)快时,加快;(2)简化手续

fast time constant (=FTC) 快时间常数,短时间常数

fast time constant circuit (=FTC) 短时间常数电路,微分电路

fast time control (=FTC) (1)快时间控制;(2)快速时间控制

fast time scale 快速时标,快速度标

fast-time-to-target 快速导向目标

fast-to-slow 由快到慢的,快变慢的

fast track construction 快速施工

fast travel 快速行程

fast traverse 快速横动

fast truck 快速载重汽车

fast turn round 快速转向

fast vibration direction 快速振动方向

fast visual search 快速图像搜索

fast-wave 快波的

fast-wave buncher 快速聚束器

fast-wave feedback oscillation 快波反馈振荡

fastback (1)背面加固;(2)后斜顶

fasten (1)固定,牢固,加固,系固,紧固,连接,支撑;(2)系紧,系结,系缚,系绑;(3)夹紧,抓紧,扣住,扣紧,拴住,钉牢

fasten aluminum 铝连接件

fasten down 夹紧,卡紧,盖紧

fasten off 扣牢

fasten on 抓住,握住,钉在,粘在

fasten up 关紧,拴紧,钉牢

fasten upon 抓住,握住,钉在,粘在

fastened pulley 固定皮带轮

fastener (1)接线柱,固定器,线夹,扣钉,扣件,夹子;(2)闭锁装置,闭锁器,扣锁,钩扣,闭锁;(3)U形铁箍,夹持器;(4)闸,阀;(5)系固零件,系固物,紧固件,接合件;(6)船舶装配工

fastening (1)连接;(2)连接物;(3)紧固,固定,紧扣,扣紧,夹紧;(4)扣紧螺杆,紧固接头,紧固零件,紧固件;(5)机件,扣件

fastening angle 紧固角铁

fastening bolt 夹紧螺栓

fastening coefficient (驳船队的)编队系数

fastening down 扣箱,合箱

fastening element 紧固[元]件

fastening lug 固定凸耳

fastening material 夹紧材料

fastening motion 夹紧运动

fastening nail 紧固用钉

fastening of terminals 端子的紧固

fastening parts 紧固零件,紧固部件

fastening piece 紧固件

fastening pin 安全销,保险销

fastening screw 夹紧螺钉,紧固螺钉

fastening torque 夹紧扭矩

faster moving item 畅销货

faster than light (=FTL) 快于光速

fastest mile 最大风速英里

fastest sweep 最快扫描

fasting 加快的

fasting resistance 强行励磁电阻,加快电阻

fastner (1)接线柱,固定器,线夹,扣钉,扣件,夹子;(2)闭锁装置,闭锁器,扣锁,钩扣,闭锁;(3)U形铁箍,夹持器;(4)闸,阀;(5)系固零件,系固物,紧固件,接合件;(6)船舶装配工

fastness (1)牢固性,坚牢度,抗拒性;(2)不褪色性,抗变色;(3)急速,迅速;(4)耐……

fastness to alkali 耐碱度

fastness to bleaching 耐漂[白]度

fastness to light 耐光度

FASV (=Free Alongside Vessel) 船边交货

FAT (=Factory Acceptance Test) 工厂验收试验

FAT (=Final Acceptance Trials) 最后交船试验

fat (1)润滑油,润滑剂,动物油,植物油,脂肪,乳脂,脂,油;(2)(船体)肥线型的;(3)多余额,余额,积余,储备;(4)量器;(5)易排版面;(6)含树脂的,粘性的,脂肪的,肥的

fat asphalt mixture 多沥青混合料

fat bloom 表面出白霜,反霜

fat board 灰浆板

fat clay 肥粘土

501

fat coat 肥煤

fat colors 油溶染料

fat concrete 多灰混凝土

fat content 脂肪含量, 含油率

fat dipole 短粗偶极子

fat dissolvent fluid 除油脂溶液

fat-extracted 脱[了]脂的

fat flour battery 重油软面团

fat-free 脱脂的, 无脂的

fat fuselage 粗机身

fat in water emulsion 油在水中的乳浊液

fat lime 富石灰

fat liquor 油乳液

fat liquored 上了油的

fat-lub test 液体中含油量的测定

fat matter 易排印件

fat mortar 富砂浆

fat oil 饱和油

fat price 巨大代价

fat rendering 脂肪熔炼, 炼油

fat resistance 耐油脂性, 抗油性, 防油性, 防油度

fat serum interface 脂肪 - 清液界面

fat-solubility 高脂溶性

fat-soluble 脂溶[性]的

fat soluble compound 脂溶性化合物

fat solvent 油脂溶液

fat-splitting 油脂分离

fat spot 油斑

fat time constant 快时间常数

fat wood 多油脂树木

fatal 毁灭性的, 致命性的, 致死的, 关键的

fatal-accident 死亡事故

fatal accident 致命事故, 人身事故, 死亡事故

fatal dose (=FD) 致命剂量

fatal error 致命错误

fatality (1) 严重伤亡, 死亡; (2) 必然的事物

FATH (=Fathom) 英寻, 拓 (长度单位, 等于 1.8288m)

fate 终局, 结果

father chain 父链

father field 父字段

father-son information 父子信息

fathogram (1) 水深图; (2) 回声探测计

fathogram record (测深仪作出的) 测深记录, 测深图

fathom (1) 英寻 (等于六呎); (2) 深度; (3) 测深; (4) 推测

fathom chart 英制海图, 拓制海图

fathom curve 等深线

fathom line 等深线

fathom scale 测深比例尺, 标深尺

fathomable 深度可测的

fathomage (1) 用英寻计的长度; (2) 用平方英寻计的面积; (3) 用立方英寻计的体积; (4) 英寻支付

fathometer 回声测深仪, 测深仪, 测深计, 水深计

fathometer indicator 深度指示器

fathomless (1) 深不可测的, 无法计量的; (2) 无法了解的, 看不透的, 无底的

fatigability 易疲劳性

fatigable 易疲劳的

fatigue (1) 疲劳, 疲乏; (2) 疲劳度; (3) 老化

fatigue analysis 疲劳分析

fatigue bending machine 弯曲疲劳试验机

fatigue bending test 耐弯曲疲劳试验

fatigue break 疲劳断裂

fatigue break down 疲劳破坏

fatigue breakage 疲劳断裂, 疲劳折断

fatigue breakdown 疲劳损坏, 疲劳破坏

fatigue breaks 疲劳裂口

fatigue characteristic 疲劳破坏, 疲劳特性

fatigue corrosion 疲劳腐蚀

fatigue crack 疲劳裂纹

fatigue crack closure 疲劳裂纹闭合

fatigue crack growth 疲劳裂纹增长, 疲劳裂纹扩展

fatigue crack propagation 疲劳裂纹扩展

fatigue cracking 疲劳开裂, 疲劳纹裂, 疲劳裂

fatigue crescents 新月形疲劳痕

fatigue criteria 疲劳标准

fatigue curve 疲劳曲线

fatigue damage 疲劳损伤, 疲劳损坏

fatigue data 疲劳强度数据

fatigue deformation 疲劳变形

fatigue durability 耐疲劳性

fatigue duty 非军事性劳动, 劳动勤务

fatigue effect 疲劳效应

fatigue endurance limit 耐疲劳极限

fatigue factor 疲劳因素

fatigue failure 疲劳失效, 疲劳损坏, 疲劳破损

fatigue flake 疲劳剥落

fatigue flaking 疲劳剥落

fatigue fracture 疲劳断裂, 疲劳断口

fatigue hardening 疲劳硬化

fatigue life (载荷下使用) 疲劳寿命, 疲劳负荷寿命

fatigue lifetime 疲劳寿命

fatigue limit 疲劳极限, 疲乏极限, 疲劳限度

fatigue limit of material 材料疲劳极限

fatigue load (导致疲劳破坏的) 交变载荷, 疲劳载荷

fatigue load monitoring 疲劳载荷监控

fatigue loading 疲劳加载

fatigue machine 疲劳试验机

fatigue measurement 疲劳测定

fatigue mechanism 疲劳机理

fatigue meter 疲劳强度计

fatigue notch factor 疲劳切口系数

fatigue of metal 金属的疲劳

fatigue phenomenon 疲劳现象

fatigue poin 疲劳极限, 疲劳点

fatigue precracking 疲劳预裂

fatigue process 疲劳过程

fatigue proof 耐疲劳的

fatigue property 耐疲劳性

fatigue range 疲劳范围

fatigue rapture 疲劳破坏

fatigue ratio 疲劳 [强度与抗拉] 强度比

fatigue resistance 耐疲劳性, [抗] 疲劳强度, 抗疲劳性, 疲劳抗力

fatigue spalling 疲劳剥落

fatigue specimen 疲劳试样

fatigue strength 疲劳强度, 疲乏强度

fatigue strength limit 疲劳强度极限 [值]

fatigue strength reduction factor 疲劳强度缩减因子

fatigue strength under reversed bending stress 反复弯曲应力疲劳强度

fatigue stress 疲劳应力, 交变应力

fatigue striations 疲劳条痕

fatigue test 疲劳试验

fatigue test rig 疲劳试验装置, 疲劳试验机

fatigue tester 疲劳试验机

fatigue testing machine 疲劳试验机

fatigue under flexing 挠曲疲劳

fatigue-warning device 零件疲劳损坏报警器

fatigue wear 疲劳磨损

fatiscent 多孔隙的

fatlute 油泥

fatness (1) (型线的) 丰满度; (2) 油脂稠度

FATS (=Factory Acceptance Test Specification) 工厂验收试验规范

fats 脂肪

fatten 加油脂

fatter 剔油工

fattiness 脂肪性质, 脂肪状态

fatty 脂肪的, 多脂的, 油脂的, 油的

fatty acid 脂肪酸

fatty acid ester 脂肪酸脂

fatty compound 脂肪族化合物, 肪族化合物

fatty cutting oil 脂肪切削油

fatty degeneration 脂肪变性

fatty group 脂肪族, 脂肪基

fatty infiltration 脂肪浸润

fatty oil 油脂

fatwood 多脂松材

faucet (1) 旋塞, 柱塞, 塞子, 开关, 龙头; (2) (管子) 承口套筒, 管插头

faucet ear 管子吊环

faucet joint (1) 套筒接合；(2) 承插式接头，套筒接头，套管接头；(3) 龙头接嘴

faucet of construction 结构缺陷

faucet pipe 套接管

fault (=FLT) (1) 缺陷，缺陷，过失，毛病，疵病，错误；(2) 故障，事故，失效，损伤，损坏；(3) 误差；(4) 漏电；(5) 层错，断层；(6) 不合格

fault analysis 故障分析

fault and privity 参与过失行为

fault conditions 故障状态

fault connection 错误联结

fault control 事故监督

fault current 故障电流，障碍电流，漏电

fault density 疵密度

fault detection 故障检查，缺陷探测，探伤

fault detection and emergency treatment 故障探测与应急处理

fault detector 故障检验仪，缺陷探测仪，故障探测器，擦伤仪，探伤仪

fault diagnosis 故障分析，故障诊断

fault earthquake 断层地震

fault finder 故障位置探测仪，故障寻找器，故障探测器，探伤器

fault-finding 故障探测

fault-free 无故障的

fault ground bus 故障接地母线

fault holding 障碍保持

fault image 失真图像，失常图像，假图像

fault in management or navigation （船舶）管理或驾驶的过失

fault in material 材料缺陷

fault in packing 包装不良

fault indicating lamp 故障指示灯

fault indication 故障指示，故障指示灯

fault indicator 故障指示器，探伤仪，探伤器

fault-induced 故障诱导的

fault isolation by semi-automatic technique 半自动故障隔离技术

fault isolation test adapter 故障隔离测试转接器

fault localization 故障点测定，探伤

fault localizer 障碍位置测定器

fault-locating technology (=FLT) 故障定位技术

fault locating technology 故障定位技术

fault-locating test (=FLT) 故障定位测试

fault-locating test 故障定位测试

fault-locating unit (=FLU) 故障探测装置

fault locating unit 故障探测装置

fault-location 损毁位置测定，故障定位，故障测定

fault location 损毁位置测定，故障定位，故障测定

fault location instrument 故障探测仪器，损伤探测仪器

fault location panel (=FLP) 故障定位台

fault location test 故障定位测试

fault location unit (=FLU) 故障探测设备

fault locator 故障点测定器，故障定位器，障碍位置测定器，故障探测器

fault locator, cable (=FLC) 电缆故障定位器

fault matrix 故障矩阵

fault model 故障模型

fault monitoring analysis 故障监控分析

fault of construction 结构缺陷

fault point 故障点

fault prevention 防止故障

fault rate 故障发生率

fault recorder 故障记录仪，故障记录器

fault recording 故障记录，障碍记录

fault relay 事故继电器，故障继电器

fault resistance 障碍电阻，故障点电阻

fault resulting in collision (=FRC) 船舶碰撞过失

fault section 故障部分

fault secure circuit 故障安全电路

fault sensing circuit 故障敏感电路

fault separated 过失中断

fault signal （仪器）故障信号，事故信号

fault signalling 事故信号

fault simulation 故障模拟，故障仿真

fault test 故障测试

fault throw 落差

fault throwing 人工短路跳闸

fault time 停机维修时间，故障时间

fault-tolerance technique 容错技术

fault-tolerant 容许故障的，容错的

fault tolerant computer 容错计算机

fault tolerant computing 容错计算

fault tolerant control 容错控制

fault tolerant technique 容错技术

fault tracing 故障跟踪，故障追索

fault tree analysis (=FTA) 故障树分析 [法]

fault wire 故障线

faulted 有缺点的，有疵病的，有故障的

faulted joint 断裂缝

faultfinder 障碍位置测定仪，故障检查装备，障碍检查装备，探伤仪

faultfinding 检验故障 [的]

faultily 不完全地，过失

faultiness (1) 有故障；(2) 有瑕疵，有缺陷；(3) 有错误，有过失

faultless 完美无缺的，无错误的，无缺点的，无过失的，完善的，良好的，无疵的

faults separated (=FS) 过失中断

faulty (1) 故障；(2) 缺陷，误差；(4) 有缺点的，有缺陷的，有疵病的，出故障的，有故障的，有错误的，不适合的，不合格的，不完全的，报废的

faulty casting 废铸件

faulty circuit 故障电路

faulty condition 故障状况

faulty declared cargo 错报的货物

faulty expansion valve 膨胀阀故障

faulty insulator 不合格绝缘子，漏电绝缘子

faulty line 故障线路

faulty lubrication 不合规定的润滑，不正确润滑

faulty operation 错误操作，误操作

faulty operation of pneumatic valve 膨胀阀操作失灵

faulty packing of cargo 货物包装不良

faulty section 故障段

faulty storage 保管不良，贮藏不良

faulty switching 开关误操作

faulty timing 定时错误

faulty wire 故障线

favor (1) 好感，喜爱，偏爱；(2) 帮助，支持，赐予，给予；(3) 警戒；(4) 有利于，有助于，促进，便于

favorable 有利的，顺利的，赞成的

favorable balance 顺差

favorable current 顺气流，顺风

favorable event 有利条件

favorable geometry 有利几何条件

favorable indication 有利显示

favorable interference 有效干扰，有用干扰

favorable price 优惠价格

favorable result 有利结果

favorable structure 良好构造

favorable terms 优惠条件

favorable trade balance 贸易顺差，出超

favorable trade payment 贸易顺差

favorable treatment 优惠待遇

favored state 有利态

favored transition 有利跃迁

favorer 保护者，补助者，赞成者，支持者

favour (1) 好感，喜爱，偏爱；(2) 帮助，支持，赐予，给予；(3) 警戒；(4) 有利于，有助于，促进，便于

favourable 有利的，顺利的，赞成的

fawn 淡褐色

fawshmotron 快速波单谐运动微波放大器，微波 [简谐] 振荡管

FAX (=Facsimile) 传真

fax (1) 摹写；(2) 摹真本；(3) 电视传真，传真；(4) 电视画面

fax chart 传真气象图

fax machine 传真机

fax message 传真电文

fax receiver 传真接收机

fax tracing 追踪记录传至传真机

faxcasting 电视广播，传真广播

fay 紧镶，密接，密合，紧配

faying face 结合面，接触面，接合面，搭接面

faying flange 接合缘板，接合法兰，接合边，型材缘

faying surface 紧密贴合面，结合面，密接面层，密封面层

fazotron 相位加速器

FB (=Face Bar) 面材

FB (=Feedback) 反馈，回授

FB (=Ferry Boat)　渡船
FB (=Fire Brigade)　消防队
FB (=Fire Fighting Boat)　消防船
FB (=Fixed Ballast)　固定压载
FB (=Flat Bar)　扁钢,扁铁,扁材,带钢
FB (=Flying Boat)　水上飞机,飞船
FB (=Fog Bell)　雾钟
FB (=Free on Board)　船上交货,离岸价格
FB (=Freight Basis)　计费标准
FB (=Freight Bill)　运费清单,运货单
FB (=Fuse Box)　熔丝盒
FBA (=Fanned Beam Antenna)　扁形波束天线
FBC (=Fully Buffered Channel)　全缓冲通道
FBD (=Freeboard)　干舷高度,干舷
FBE (=Foreign Bill of Exchange)　国外汇票,外汇单
FBH (=Fire Brigade Hydrant)　消防龙头
FBH (=Free on Board in Harbor)　港内船上交货
FBK (=Flat Bar Keel)　平板龙骨
FBL (=Functions of Bill of Lading)　提单的职能
FBM (=Feet Board Measure)　板尺(等于1英尺 x1 英尺 x1 英寸)
FBP (=Fire and Bilge Pump)　消防污水两用泵
FBP (= Fixed Blade Propeller)　固定桨叶螺旋桨
FBT (=Fuel-ballast Tank)　燃油压载舱
F-C (=Fire Protection Cargo Hold)　货舱消防设备
FC (=Carrier Frequency)　载频
FC (=Field Coil)　(换能器的)励磁线圈
FC (=Fine Control)　细调,微调
FC (=Fire Cock)　消防栓
FC (=Fire Control)　点火控制
FC (=Firefighting Charge)　消防费
FC (=Flag of Convenience)　方便旗
FC (=Floating Crane)　起重船,浮吊
FC (=Flow Controller)　流量控制器
FC (=For Cash)　付现金
FC (=Forecast Center)　气象预报中心
FC (=Foreign Company)　外国公司
FC (=Foreign Currency)　外币
FC (=Forwarding Clause)　转运条款
FC (=Franchise Clause)　免赔额条款
FC (=Free Carrier)　货交承运人
FC (=Freeboard Certificate)　干舷证书
FC (=Frequency Changer)　变频器,变频机,混频管
FC (=Frequency Channel)　频道
FC (=Frequency Converter)　变频器
FC (=Frustration of Contract)　合同落空,合同受阻
FC (=Fuel Consumption)　燃料消耗,耗油量
FCA (=Free Carrier)　货交承运人
FCA (=Free Collection Advice)　到付运费联系单
FCAC (=Frequency Control & Analysis Center)　频率控制与分析中心
FCAF (=Frequency Control & Analysis Facility)　频率控制与分析设备
FCAR (=Free of Claim for Accident Reported)　已报事故损失不赔
FCB (=Flux Copper Backing)　(单面焊)焊剂铜垫法
FCB (=Folding Conveyer Belt)　折叠传送带
FCB (=Frequency Control Board)　频率管理委员会
FCBP (=Foreign Currency Bills Payable)　外币付款票据
FCC (=Facility Control Console)　设备控制台
FCC (=First Class Certificate)　(船舶)一级证书,A级证书
FCC (=Four Certificate of the Crew)　船员四小证
FCC (=Freight Control Computer)　货运控制计算机
FCC (=Fully Cellular Containership)　全格舱集装箱船
FCD (=Frequency Compression Demodulator)　频率压缩解调器
FCDR (=Failure Cause Data Report)　故障原因数据报告
FCE (=Foreign Currency Exchange)　外币兑换
FCIC (=Freight Container Inspection Certificate)　集装箱检验证书
FCL (=Full Container Load　整箱货
FCL (=Full Container Load Cargo)　集装箱整箱货
FCOLS (=Four Convention on Law of Sea)　(1958年)海洋法四公约
FCP (=Forecastle Port)　船首楼左边
FCP (=Free Choice Principle)　自由选择原则
FCP (=Freight Or Carriage Paid to)　运费付至……
FCR (=Forwarder's Certificate of Receipt)　运货代理人的收货证明
FCR (=Forwarding agent's Certificate of Receipt)　运输行收货凭证
FCS (= Facsimile Communication System)　传真通信系统
FCS (=Fire Control System)　消防系统

FCS (=Forecastle Starboard)　船首楼右边
FCS (=Full Container Ship)　全集装箱船
FCST (=Forecast)　天气预报,预报
FCT (=Forecast)　天气预报,预报
FCT (=Forwarders Certificate of Transport)　期货商运输证书
FCT (=Forwarding Agent certificate of Transport)　运输代理人货运证明
FCTBL (=Fiat Combined Transport Bill of Lading)　国际运输商协会联运单证
FCTR (=Factor)　因素
FCU (=Flight Control Unit)　飞行控制装置
FCU (=Fuel Control Unit)　燃油控制装置
FD (=Fade Down)　图像衰减,逐渐消隐(电视图像)
FD (=Farad)　法拉(电容单位)
FD (=Feedback Decoding)　反馈译码,回授译码
FD (=File Date)　(电报)交发日期
FD (=Floating Dock)　浮船坞
FD (=Floppy Disc)　软磁盘
FD (=Fog Diaphone)　(1)低音雾号;(2)雾笛
FD (=Forced Draft)　强制通风,压力通风
FD (=Forced Draught)　强制通风,压力通风
FD (=Fore Draft)　船首吃水
FD (=Free Delivery)　船方不负责交货费
FD (=Free Discharge)　船东不负卸货费
FD (=Free Dispatch)　免付速遣费
FD (=Free Docks)　码头交货价格
FD (=Freight and Demurrage)　运费与滞期费
FD (=Freight Deductible)　可扣减运费
FD (=Frequency Diversity)　频率分集(制)
FD (=Frequency Divider)　分频器
FD (=Frequency Doubler)　倍频器
FD (=Frequency Drift)　频率漂移
FD (=Full and Down)　满舱满载
FD (=Full Deadweight)　重量满载
FD (=Full Dress)　挂满旗
FDB (=Fast Dispatch Boat)　快速艇
FDBK (=Feedback)　反馈,回授
FDC (=Facility Design Criteria)　设备设计标准
FDCC (=Final Destination Changing Charges)　变更集装箱交货地费用
FDD (=Floating Drydock)　浮船坞
FDFP (=Formality for Departing from Port)　船舶出港手续
FDFT (=Fore Draft)　船首吃水
FDK (=Fore Deck)　前甲板
FDLS (=Fast Deployment Logistic Ship)　快速支援船
FDM (=Freedom)　(1)自由;(2)自由度
FDM (=Frequency Division Multiplex)　频分多路传输
FDMA (=Frequency Division Multiple Access)　频分多址
FDMS (=Fleet Data Management System)　船队数据管理系统
FDO (=For Declaration Purpose Only)　仅限于申报
FDR (=Feeder)　支流,支脉
FDV (=Full Deck Vessel)　全通甲板船
FDW (=Feed Water)　(锅炉)给水
FE (=Far East)　远东
FE (=Finished with Engine)　主机用毕
FE (=Firefighting Equipment)　消防设备
FE (=First Engineer)　(1)老式船在轮机长之下的)大管轮,二轨,二车;(2)(有的船上指)轮机长,老轨,大车
FE (=Flanged Ends)　带法兰的端部
FE (=Foreign Exchange)　国际汇兑
FE (=Format Effector)　打印格式控制字符
FE (=Forwarding Expenses)　转运费用
FE (=Fourth Engineer)　三管轮,四轨,四车
FEA (=Field Effect Amplifier)　场效应放大器
Fe　铁的元素符号
fease　解散绳股
feasibility　可实行性,可能性,可行性,现实性,合理性
feasibility group　可行性研究小组
feasibility of welds　焊接可行性
feasibility study　技术经济论证,可行性研究
feasibility study report　可行性研究报告
feasible　可能性的,现实性的,可行的,可能的,合理的,可用的,适宜的
feasible direction　可行方向,容许方向
feasible solution　可行解释,适宜解

feasible study (=FS)　可行的研究
feasibleness　可行性, 可能性, 合理性
feat　(1) 成就, 功绩, 业绩; (2) 技艺, 技巧
feather　(1) 滑键, 制销; (2) 凸起部, 凸起; (3) [铸件的] 周缘翅片, 周
　缘加强肋, 加强筋; (4) 冒口; (5) 顺螺旋桨, 桨叶水平运动, (桨叶的) 曲线;
　(6) (旋翼) 周期变距, 翼; (7) 羽状回波, 微波; (8) 羽状裂缝, 羽痕
Feather analysis　费塞分析
feather boarding　薄边板
feather checking　发丝状裂缝, 细裂纹, 发裂
feather cracking　发丝状裂缝, 细裂纹
feather duster　鸡毛尘掸
feather edge (=fe)　倾斜薄边, 薄缘, 薄边
feather edge file　菱形锉, 刀形锉
feather in boss　轮毂滑键
feather joint　滑键接合, 铰链接合
feather key　导向键, 滑键
feather piece　榫舌
feather pitch　顺桨螺距
feather propeller　顺位 [变距] 螺旋桨, 顺桨螺旋桨
feather slip　滑键
feather tongue　斜削销
feather valve　放气阀, 卸载阀, 弹子阀, 弹性阀, 舌簧阀, 条片阀, 滑阀
featheralum　铁明矾
feathered　导键联接的, 铰链联接的
feathered pitch　顺桨桨距
feathered tin　锡的羽状结晶, 羽状锡
featheredge　(1) 薄边, (刀刃) 薄缘; (2) 薄边式的, 羽翼式的
featheredged　薄边式的, 薄刃式的
featherer　切边工
feathering　(1) 链连接; (2) 尾翼
feathering blade　(明轮的) 动叶片, 顺流桨叶
feathering link　转动叶片片拉杆
feathering paddle wheel　动叶明轮
feathering propeller　变距推进器, 变距螺旋桨, 顺桨螺旋桨
feathering screw　转叶螺旋桨, 变距推进器, 变距螺旋桨
feathering screw propeller　变距螺旋桨, 变距推进器
feathering step　常平踏板 (装货用)
featherway　滑键槽
feathery bainite　羽毛状贝氏体
feature　(1) 特点, 特性, 特征, 性能, 性质; (2) 性能指标; (3) 面貌, 外形;
　(4) 零件, 部件
feature article　专文, 特稿
feature extraction　特征提取, 萃取
feature of bridge　驾驶台式样
feature of mast　桅杆式样
feature of wear　磨损特性, 磨损特征
featureiess　没有特色的, 没有特征的, 模糊的, 不清的
feaze　解散绳股
feazings　绳子未经搓捻的一端
febetron　相对论性电子束发生器
fecal tank　(防止港内污染用的) 粪便柜
feck　(1) 价值, 效能, 效力; (2) 额, 量
feckless　没有价值的, 无用的
feculence　污秽, 肮脏, 混浊, 渣滓
fed　馈电 [式] 的
fedback　反馈的
federal　联邦政府的, 联邦的, 联合的, 联盟的
Federal Aviation Agency　美国联邦航空局
Federal Bureau of Investigation (=FBI)　(美) 联邦调查局
Federal Council for Science and Technology (=FCST)　(美) 联邦科
　学技术委员会
Federal Electric Corporation　联邦电气公司
Federal for specifications　联邦规格
Federal for standards　联邦标准
Federal Maritime Administration (美国)　联邦海事局
Federal Maritime Board　(美国) 联邦海事局
Federal Radio Commission (=FRC)　联邦无线电委员会
Federal Radio-navigation Plan (=FRP)　联合无线电导航计划
Federal Radio Navigation Plan　联合无线电导航计划
Federal Specification (=FS)　(美) 联邦政府规格
Federal Telecommunication Laboratory (=FTL)　联邦长途电信实验室
Federal Telecommunication System (=FTS)　联邦电信系统
FWCA (= Federal Water Pollution Control Administration)　(美) 联
　邦水污染控制管理局

Federal Water Pollution Control Act (=FWCA)　联邦水域污染控制
Federal Water Pollution Control Administration (=FWCA)　(美) 联邦
　水污染控制管理局
Federation of British Industries (=FBI)　英国工业联合会
fedol　费道尔钒钢 (0.2%V, 1.2%C, 余量 Fe)
fee　(1) 手续费, 收费, 费用, 费; (2) 酬金, 报酬
fee for plan approval　审图费
fee for survey　检验费
fee-junction circuit　付费交界线路
fee of sample　样品费
fee television　投币式电视, 收费电视
feeble　微弱的
feeble current　弱电流
feeble field　弱场
feeble shadow　微弱影像, 微弱阴影
feebly　微弱地
feebly damped circuit　缓减幅电路
feebly excited　微激的
feeble hydraulic lime　弱水硬性石灰
feed　(1) 进给, 进刀, 走刀, 进入, 进料, 进弹, 送进, 送进, 输送, 进程;
　(2) 进给量, 走刀量; (3) 进给机构, 进刀机构, 加料装置; (4) 加载; (5)
　电源, 馈源, 输电, 馈电, 供电, 馈给, 馈送, 馈入; (6) 馈电系统, 馈给
　信号, 馈电器, 辐射器, 照射器; (7) 装料, 给料, 加料, 加煤, 加油, 喂; (8)
　供给, 供应, 供水, 供油, 供料; (9) 雷达天线馈电线; (10) 轧件, 坯
feed adjustment　(1) 进刀调整; (2) 馈电调整
feed and thread-cutting mechanism　进给和螺纹切削机构
feed apparatus　给料装置, 给料器
feed appliance　(1) 给水设备; (2) 进给设备
feed apron　裙板进料机
feed arrangement　进给装置, 进刀装置
feed assembly　馈电组件, 馈源
feed attachment　进给附件, 进刀附件, 进给装置
feed back　回授
feed bar　(1) 进给杆, (刀具的) 进程杆; (2) 馈电汇流条
feed base　(天线) 馈电边
feed belt　(1) 进料 [传送] 皮带, 给料输送带; (2) 带式输送机, 给料输
　送机
feed bin　供应仓库, 进料斗, 料仓
feed-box　给料箱, 喂料箱
feed box　进给箱, 进刀箱, 走刀箱
feed cable　馈电电缆, 电源电缆, 送电线
feed cam　进给凸轮, 进给鼓轮, (缝纫机) 送布凸轮
feed carrier　导纱器
feed case　供弹箱
feed chain　喂送链
feed change box　进给箱
feed change gear　进给变速齿轮, 进刀变速齿轮, 进给交换齿轮
feed change gear box　进给变速齿轮箱, 进刀变速齿轮箱
feed change gearbox　进给变速齿轮箱, 进给变速箱, 进刀箱
feed change lever　进给变速手柄, 进刀变速手柄, 进给变速杆, 进刀
　变速杆
feed change unit　进给变速箱
feed-check valve　供水止回阀
feed check valve　给水止回阀
feed chute　(1) 进给斜槽, 进刀斜槽; (2) 进给直槽, 进刀直槽, 进刀槽;
　(3) 给料溜槽; (4) 装弹槽
feed circuit　馈电电路
feed cleaner　给水滤器
feed clutch　(1) 自动进退刀离合器; (2) 自动机构的搭接与解脱离合器
feed cock　给水旋塞, 给水龙头
feed collet　送料夹
feed compartment　加料室
feed composition　进料组成
feed cone　进给锥轮, 进刀锥轮
feed cone pulley　进给塔轮, 进刀塔轮
feed control　(1) 进给控制, 进刀控制; (2) 自动送料, 进料控制; (3)
　进水量控制, 给水调节; (4) 供电调节; (5) 供油调节
feed control lever　进给控制手柄, 进刀控制手柄
feed-control valve　进给控制阀
feed control valve　进给控制阀
feed controller　给水调节器
feed conveyor　进料输送机, 喂入输送机
feed cover　进油盖
feed current　(1) 馈电电流; (2) 阳极电流直流分量

505

feed cutter　饲料切割机
feed cylinder　进给油缸
feed depth gage　进给深度规, 深度限制器
feed dial　进给刻度盘, 走刀刻度盘, 走刀转盘
feed disk　盘式送料器
feed distribution pump　给水分配泵
feed distribution system　进给分配系统, 进刀分配系统
feed ditch　引水沟
feed dog　[缝纫机] 送料棘块
feed drive　进给传动, 进刀传动
feed drive gearing　进给传动 [齿轮] 装置, 进刀装置
feed drum　筒式送料器
feed end　(1) 送电端, 馈电端；(2) 投料端
feed energy　进给能
feed engagement of the cutting edge　进给吃刀量
feed engine　给料机, 给水机
feed entrance point　进料位置
feed filter　给水滤器
feed force　进刀力, 进给力
feed forward　正向馈电, 正向传送, 前馈的
feed-fraction　给料粒度级
feed friction　进给摩擦, 进刀摩擦
feed function　进给功能
feed gage glass　进料计量观察窗
feed gear　(1) 进给装置齿轮, 进给机构齿轮；(2) 进给齿轮装置, 进给装置, 进给机构, 进刀装置
feed gear bonnet　进给齿轮罩, 进刀齿轮罩
feed gear box　进给齿轮箱
feed gear mechanism　进给齿轮机构
feed gearing　(1) 进给传动装置, 进刀传动装置；(2) 进料传动装置
feed gears　进给 [变换] 挂轮
feed glass　加油玻璃管, 控制玻璃
feed governor　给水调节器
feed grinder　饲料粉碎机
feed grinding　横向进 [给] 磨 [削] 法
feed guide (=feed gauge)　进纸规矩
feed head　(1) 给水压头；(2) 进料口, 进料头；(3) 冒口
feed heater　(1) 进料加热器；(2) 给水加热器
feed-heating　给水加热
feed heating　给水加热
feed-hole　馈入孔, 输送孔, 输纸孔
feed hole　中导孔
feed holes　输送孔, 中导孔, 蚀送孔, 同步孔, 导孔, 齿孔
feed hopper　(1) 给料漏斗, 供料漏斗；(2) 装料斗, 进料斗
feed-horn　馈电喇叭, 喇叭天线
feed horn　号角形馈电器, 馈电喇叭, 喇叭天线
feed-in　(1) 渐渐显映, 淡入；(2) 送进, 馈入；(3) 给进的, 进料的
feed-in-pull-out　馈入 - 拉出
feed inlet　进料口
feed lifting eccentric sleeve　(缝纫机) 送布凸轮套圈
feed lifting rock shaft　(缝纫机) 抬牙轴
feed lifting rock shaft crank　(缝纫机) 抬牙曲柄
feed line　(1) 给水管路, 进给管路, 供给管路, 供应导管, 给料管, 给水管, 供油管, 进给线, 供给线；(2) 馈电线, 馈线；(3) 供油管
feed line to the boiler　锅炉给水管路
feed lines　进料线纹
feed liquor addition　添加料液
feed machine　馈送机
feed magazine　进料斗
feed make up boiler　配料蒸锅
feed mechanism　(1) 进给机构, 进刀机构；(2) 输入机构, 送料机构, 进料机构, 加料装置；(3) 馈电线开关装置, 给料机构；(4) [碳棒] 输入机构, 碳棒移动机构；(5) 供应装置；(6) 给水机构
feed metal　原料金属
feed meter　给水流量计, 给水流量表
feed mill　(1) 饲料粉碎机, 饲料磨机；(2) 饲料加工厂
feed mixer　饲料拌和机
feed motion　(1) 进给运动, 进刀运动, 进给；(2) 合闸动作
feed motion angle　(刀具) 进给运动角
feed movement　进给运动, 进刀运动, 进给
feed network　馈电网
feed nozzle　进给喷嘴
feed nut　进给螺母
feed of drill　钻头进程

feed out　送出, 给出
feed per minute　每分钟走刀量, 每分钟进刀量
feed per revolution　每转走刀量
feed per stroke　每次行程走刀量
feed per tooth　每齿走刀量, 每齿进给量
feed perpendicular force　垂直进给力
feed-pipe　加料管, 给水管
feed pipe　(1) 供给管, 给水管, 供水管, 输送管；(2) 送料管, 加料管, 进料管
feed piping　给水管系
feed pitch　传动导孔距离, 导孔间距, 同步距距, 传送孔距, 输送孔距
feed plate　加料板
feed point　(1) 给水泵；(2) 供应点, 补给点；(3) 馈电点
feed point impedance　馈电点阻抗
feed power　进给功率
feed preheater　给水预热器
feed pressure　(1) 进给压力, 进刀压力；(2) 给水泵出口压力, 给水压力
feed-positioning　馈源定位
feed-pump　(1) 进给泵, 进给泵；(2) 给水泵；(3) 给油泵, 燃料泵
feed pump (=FP)　(1) 进给泵, 供给泵；(2) 给水泵；(3) 给油泵, 供油泵
feed pump discharge line　给水泵排出管道
feed pump regulator　给水泵调节器
feed rack　(1) 进给齿条；(2) 进刀架
feed range　进给量
feed rate　(1) 进给速率, 进刀速率, 进给速度；(2) 馈给率；(3) 给料溜管, 给料溜槽
feed-rate word　{计} 馈给速度字
feed ratio　(1) 进给比；(2) 给水倍率, 进料效率
feed reactor　馈电扼流圈, 馈电电抗器
feed reel　{计} 供带盘
feed regulating lever　进给调节手柄, 进刀调节手柄
feed regulating valve　(1) 进给调节阀；(2) 给水调整阀
feed regulator　(1) 自动给水调节装置, 给水调节器；(2) 电源调整器
feed reverse lever　进给反向手柄, 进刀反向手柄
feed reversing　反向进给, 反向进刀
feed reversing gear　反向进给装置
feed-ring　环形冒口
feed rod　(1) 进给杆, 进刀杆, 光杠；(2) 分配杆
feed roll　(1) 输纸辊；(2) 进料辊；(3) 排种槽轮
feed roller　(1) 进给滚柱, 进料辊, 加料辊, 输纸辊, 前辊；(2) (打印机的) 送纸轮
feed screw　(1) 进给螺杆, 进刀螺杆, 传动螺杆, 进给丝杠, 进给丝杠, 丝杆；(2) 螺杆输送器, 螺旋输送器, 螺旋送料机
feed selector lever　进给选速杆, 进刀选速杆
feed service　集散支线 (为集装箱主要运输线服务的支线)
feed shaft　(1) 进给轴, 进刀轴, 进给杆, 光杠；(2) 排种轴
feed shelf　(1) 馈送架；(2) 馈送带
feed-shoe　给料 [刮] 板
feed side　进料端
feed speed　进给速度
feed speed ratio　进给速比
feed spindle　进给杆, 进刀杆
feed-sponge　海绵金属料
feed spool　(打印机的) 输带轴, 供带盘
feed-spout　送料斜槽
feed spout　给料溜管, 给料溜槽
feed steaming plant　饲料蒸煮器
feed stock　原料
feed stop　进给停止器, 送进停止器, 馈送停止
feed stop valve　给水截止阀
feed stripper　喂毛清洁辊
feed supply　给水补给
feed-system　(1) 馈电系统；(2) 进给系统, 供给系统；(3) 供料系统
feed system　(1) 供料系统, 供给系统；(2) 供电系统, 馈电系统；(3) 给水系统
feed-tank　给水箱
feed tank　(1) 进给箱, 进刀箱；(2) 进料桶；(3) 给水柜, 给水舱
feed-tape　供带机
feed temperature　给水温度
feed-though　(1) 连接线, 连通线, 引线；(2) 馈通的, 直通的；(3) (印刷电路) 正反两面的连接；(4) 耦合, 串馈, 送进；(5) 馈入装置
feed through　(1) (印刷电路板正反两面的) 联结线；(2) 直通的
feed-through capacitor　旁路电容器, 穿芯电容器

feed through capacitor 隔直流电容器, 耦合电容器
feed-through collar 引线法兰, 引线环
feed through collar 引线法兰, 引线环
feed through connection 正反两面的连接
feed-through connector (1) 传输用的接插件; (2) 传送连接器, 输送合器, 直连插头座
feed-through insulator 套管绝缘子, 绝缘导管
feed through insulator 穿通绝缘子
feed-through nulling bridge 反馈消除泄漏电桥
feed-through power meter 通过式功率计
feed-through spool 转动送进盘管
feed through spool 转动送进筒
feed-through terminal 穿通接线柱
feed through terminal 穿通端子
feed-through voltage 馈通电压
feed-thru connection (印刷电路) 正反面的连接
feed tip 喂针
feed track (1) (翻车机的) 引入线, 送车线; (2) 输送道, 馈送道
feed travel 进给行程
feed tray 进料 [塔] 盘
feed trough 给水槽
feed trumpet 中注管
feed unit 进给箱, 进给机构
feed valve (1) 进给阀; (2) 给水阀; (3) 供气阀; (4) 送料阀
feed velocity 进给速度, 进刀速度
feed-voltage 馈给电压
feed voltage modulation 馈压调制
feed-water (1) [锅炉] 给水; (2) 给水的, 供水的
feed water (=FW 或 FDW) [补] 给水, 饮用水, 供水
feed water control (=FWC) 供水控制
feed water pump 给水泵
feed worm 进给机构蜗杆
feedback (=FB 或 FDBK) (1) 反馈, 回输, 回授, 回传; (2) 回复, 反应; (3) 成果, 资料
feedback amplification 反馈放大
feedback amplifier 反馈放大器
feedback bellows 反馈波纹管
feedback box 反馈箱
feedback bridge 反馈电桥
feedback bridge fault 反馈桥接故障
feedback capacitor 反馈电容器
feedback channel 反馈信道, 反馈通道, 反馈通路
feedback circuit 反馈电路
feedback coil 反馈线圈
feedback contact 反馈触点
feedback control 反馈控制
feedback control signal 反馈控制信号
feedback control system 反馈控制系统
feedback coupling 反馈耦合, 回授耦合
feedback current 反馈电流, 回授电流
feedback decoding 反馈解码, 反馈译码, 回授译码
feedback element 反馈元件, 反馈环节
feedback factor 反馈系数, 回授系数
feedback fraction 反馈系数, 反馈比, 回授比
feedback grain 反馈增益
feedback information (1) 反馈信息; (2) 重整资料
feedback inhibition 反馈抑制
feedback limiter 反馈限幅器, 反馈增益
feedback line 反馈线路
feedback linkage 反馈杆系, 反馈传动杠杆
feedback loop 反馈电路, 反馈回路, 反馈环回授环路
feedback mechanism 反馈机构
feedback of feel (机械手) 力的反向传送, 触觉反馈
feedback oscillator 反馈振荡器, 回授振荡器
feedback ratio 反馈系数, 回授系数, 回授比
feedback rod 反馈杆
feedback servosystem 反馈伺服系统
feedback shift register (=FSR) 反馈移位寄存器
feedback signal 反馈信号
feedback suppressor 反馈抑制器
feedback switch 反向供电开关
feedback system 反馈系统
feedback system transient response 反馈系统瞬态响应
feedback transducer 反馈传感器

feedback transformer 反馈变压器
feedback type current transformer 反馈式电流互感器
feedback type proportioning controller 反馈型比例控制器
feedback unit 反馈环节
feedback voltage 反馈电压
feedback winding (磁放大器的) 反馈绕组
feedboard 进料板
feedbox 进给箱, 进刀箱
feeder (=fdr) (1) 给料装置, 添料装置, 加料装置, 续线装置, 给纸装置, 进纸装置, 给水器, 送料器, 进料器, 加料器, 给料机; (2) 进给装置, 进刀装置, 进给器, 进刀器; (3) 加载装置; (4) 天线馈电线, 输电线路, 进线回路, 馈电板, 馈电线, 电源线, 连接线, 供电户, 馈线; (5) 送水管, 支管; (6) 填缝器; (7) 灌补器, 添注漏斗, 漏斗; (8) 给矿机, 给煤机; (9) 装弹机; (10) 推车机, 集配车; (11) 冒口, 浇道
feeder and distribution line 运输集散线
feeder apparatus (1) 馈电装置; (2) 送料装置, 加料装置
feeder-beater 喂入轮
feeder boat 集装箱转运船, 集散船
feeder box (电缆) 分线箱, 送电箱, 馈电箱
feeder brush 馈电刷
feeder bus-bar 馈路母线
feeder cable 馈电电缆
feeder charge 支线服务费
feeder circuit 馈电电路
feeder clamp 馈电线线夹
feeder clip 馈电线接线柱, 馈电线线夹
feeder container ship 集装箱供应船
feeder container vessel 支线集装箱船
feeder control switchgear 馈电控制开关设备
feeder conveyor 传送给料机, 传送进料器, 装料填送机
feeder current 馈引电流
feeder distribution center 电源配电馈线分配中心, 馈电线分配板, 电源配电盘
feeder drive eccentric 给料偏心轮
feeder drive link 进刀传动杆
feeder drop (1) 馈线电压降; (2) 送水落差, 加液落差
feeder ear 馈电线夹
feeder hatch (谷物) 装卸舱口
feeder head (铸件) 冒口, 收缩头
feeder hopper 进料斗
feeder lighter aboard ship 载驳船系统
feeder line (1) 馈电线路, 送电线。馈线; (2) 短途运输线, 支线运输; (3) 区间交通线
feeder liner 支线班机
feeder link 馈定链路
feeder loss 馈线损耗
feeder man 馈路工人
feeder messenger wire 馈电悬缆线, 馈电吊线
feeder panel 馈电盘
feeder port 集散港, 支线港
feeder protection equipment 馈电线保护装置
feeder ratchet 进给器棘轮机构
feeder ratchet stop 进给器的棘轮停止器
feeder ratchet stop link 进给棘轮停止杆
feeder reactor 馈电扼流圈
feeder screen 给料筛
feeder service (=FS) 区间集散运输, 支线运输, 集散运输
feeder service port 短途运输服务港, 集散港
feeder ship (=FS) 支线运输船, 区间集散船, 短途集散船, 集散船舶
feeder sleeve 冲头套管, 匀料筒
feeder sprocket 进给器链轮
feeder switchboard 馈电配电板
feeder system (1) 集配系统; (2) 支线运输系统, 区间集散系统, 短途运输系统
feeder trough 给料槽
feeder tube 冲头套管, 匀料筒
feeder vessel 集装箱转运船, 集散船
feeder voltage regulator 馈电电压调整器
feeder worm 喂入螺旋
feederhead feeder (铸) 冒口
feedforward 前馈
feedforward circuit 前馈电路
feedforward control 前馈控制
feedhead 浇口杯, 冒口

feeding　(1)进给装置,进刀装置;(2)进给,进刀,进给法,送料,给料,加料;(3)馈电,供电;(4)给水,供水;(5)填缝

feeding a casting　铸件补缩,补注,点注

feeding apparatus　给水装置

feeding attachment　进给附件,进刀附件

feeding belt　(1)进料皮带;(2)带式输送机

feeding box　进给齿轮箱,进刀箱

feeding carriage　进给托架,滑板

feeding carrier　进给托架,滑板

feeding chain　(1)喂送链;(2)饲料分送链

feeding classification　馈电方式

feeding current　馈电电流

feeding device　(1)进给装置,进刀装置;(2)装料设备

feeding distance　进给距离,进刀距离

feeding duct　输送管道

feeding equipment　喂料装置,进料装置

feeding finger　送料叉

feeding force　进给力,进刀力

feeding head　补缩冒口,绕丝头

feeding-in interference　(1)(切齿时)顶切干涉;(2)(装配时)径向干涉

feeding machine　给料机,供料机,饲料分送机

feeding mechanism　(1)进给机构,进刀机构;(2)输送机构,进料机构,供应机构;(3)馈电机构;(4)(弧光灯)碳棒移动装置

feeding panel (=FP)　馈电板,供电盘

feeding part　收送部分

feeding point　馈电点

feeding power　电源功率

feeding pressure　进给压力,进刀压力

feeding pump　送料泵

feeding reservoir　给水池

feeding rod　(1)进给杆,进刀杆,光杆;(2){冶}补缩捣杆

feeding roller table　进料辊道

feeding screw　螺旋送料器

feeding section　馈电区域,送电区域

feeding skip　进料斗,给料半

feeding speed　进给速度,进刀速度

feeding transformer　馈电变压器

feeding-up　过稠

feeding water　(1)(锅炉)给水;(2)补给水

feeding web　喂送输送带

feeding worm　进给螺杆,喂料螺杆

feedleg　风动钻架,气腿

feedpoint impedance　馈电点阻抗

feedrate　(1)进料速度;(2)馈送率,送给率

feedstock　原料

feedstream　供入液流

feedtank　给水箱

feedthrough　馈电导体,[电]穿通线

feedthrough capacitor　穿心式电容器

feedthru　引线

feedwater　(1)(锅炉)给水,饮用水;(2)(河流)补给水

feedwater booster pump　给水升压泵

feedwater characteristics　给水特性

feedwater check valve　给水止回阀

feedwater circuit　给水回路

feedwater conditioning　给水预处理

feedwater control　(1)给水调节,给水控制;(2)供水控制

feedwater control loop　给水控制回路

feedwater deaeration　给水除气,给水除氧

feedwater ejector　给水喷射器

feedwater filter　给水滤器

feedwater flow　给水流量

feedwater heater (=FH)　给水加热器

feedwater heating apparatus　给水加热器

feedwater heating system　给水加热系统

feedwater injector　给水注入器

feedwater ion exchanger　给水离子交换器

feedwater level regulation　给水水位调节,给水水位

feedwater piping　给水管系

feedwater preheater　给水预热器

feedwater pump　给水泵

feedwater purifier　给水净化器,供水净化器

feedwater quantity　给水流量,给水量

feedwater regulating valve　给水调节阀

feedwater regulator　给水调节器

feedwater reserve tank　给水贮存柜

feedwater reservoir　锅炉给水舱,锅炉给水柜

feedwater softener　给水软化剂

feedwater space　给水舱,给水柜

feedwater stop valve　给水截止阀

feedwater storage tank　给水贮存柜

feedwater strainer　给水过滤器

feedwater supply　给水补给

feedwater system　给水系统

feedwater tank　给水舱,给水柜,给水箱

feedwater test　给水分析

feedwater treatment pump　给水处理泵

feedwater unit　给水装置

feedwater valve　给水阀

feedwaterline　(锅炉)给水管路

feedway　供给装置,输送装置,发射装置

feel　(1)试探;(2)触摸,觉得;(3)感觉,认为,以为

feel the bottom　(船)触浅,擦底

feel the current　(船)受洋流影响

feel the ground　(船)触浅,擦底

feel the helm　舵来了,舵生效

feel the lead　(手锤测深)感觉水砣绳下坠情况

feel the way　(船)探路航行

feel trim actuator　调整感效应机构,感力卸除机构,卸载机构

feeler　(1)厚薄规,测隙规,量隙规,测隙片,塞尺,千分垫,塞尺,隙片;(2)触针,探针,探极,测头,探头;(3)仿形器,仿形板,靠模;(4)灵敏元件,探测器,探测杆,测深杆,感触器,触角;(5)探钩(机械测深仪附件);(6)复制工作,拷贝

feeler blade　测隙片,隙片

feeler block　对刀块

feeler control　仿形控制器

feeler ga(u)ge　厚薄规,测隙规,触杆规,千分尺,千分垫,塞尺,塞规

feeler head　测隙头,测隙装置

feeler inspection　(用探针)触探

feeler knife　厚薄规,测隙规,塞尺

feeler lever　触杆,探杆

feeler mechanism　(1)仿形机构;(2)检测机构

feeler microscope　接触式测微显微镜

feeler pin　触针,探针

feeler plug　测孔规

feeler switch　测试键

feeler thickness　测隙片厚度

feeling　触摸,触角,感觉,知觉

feeling gage　量隙规,塞尺

feeling pin　探针

feeling walk　(船)探路航行

feeltape printer　纸条式电报打印机

feese　解散绳股

feet　(单 foot)(1)英尺,呎;(2)板尺;(3)基座,支座,底脚,底部

feet board measure (=FTBM)　板尺(等于 1 英尺 x1 英尺 x1 英寸)

feet head (=FTHD)　以英尺表示的压头

feet per hour (=fph)　每小时英尺,英尺/小时

feet per minute (=FTM 或 fpm)　每分英尺,英尺/分

feet per second (=FS 或 fps)　每秒英尺,英尺/秒

feet per second per second (=fpsps)　英尺/秒²

feet-switch (=tropical switch)　地脚开关,热带[用]开关

Felix　费立克斯导弹

fell　咬口折缝

feller　(1)伐木机;(2)平缝工,整平工;(3)缝纫机的平缝装置

fellet　嵌条

felling　(1)咬口折缝,二重接缝;(2)装边,附边

felling machine　伐木机

felloe (=felly)　(1)缘;(2)车轮外缘,轮辋;(3)舵轮轮缘的弧段

felloe band　载重带,钢带

fellow　(1)同事,伙伴;(2)(学会)会员,研究员;(3)同事,同伴的

Fellow's cutter　费罗氏插齿刀

Fellow's gear shaper　费罗[工厂制造]刨齿机

felly　(1)轮缘,轮辋;(2)扇形轮缘

felt　(1)毡,毡垫圈,油毛毡;(2)用毡遮盖,成毡;(3)隔热板,隔音板;(4)毡封

felt and labyrinth composition seal　由毡封圈与曲路密封组合的密封装置

felt and oil groove composition seal　由毡封圈与阻油槽组合的密封装置

felt annular groove and labyrinth composition seal　由毡封圈,油封槽与曲路密封组合的密封装置

felt-block method　毡块式耐污性试验法

felt calender　呢毯轧光机

felt closeness　造纸毛毯的紧密度

felt-cloth　毡布,毛布,薄毡料

felt-covered roll　绒辊

felt covered roll　绒辊

felt deadener　吸音毡

felt drier　呢绒干燥剂,毛布干燥剂

felt dryer　毛毯烘爆机

felt element　毛毡过滤装置,毛毡过滤元件,毛毡滤心

felt filter　毡滤器

felt gasket　毡封垫

felt goods　毡制品

felt guide roll　毛布校正辊

felt joint　毡接头,毡接缝

felt loom　制毡织物

felt packing　毡密封,毡衬垫,填密毡

felt pad　毛毡垫板,毡垫

felt paper　绝缘纸,油毡纸,毡纸

felt polishing wheel　抛光毡轮

felt retainer　(机械)毡护圈

felt-ring　毡圈密封,毡环密封,毡圈,毡环

felt ring　毡圈,毡环

felt roll　[毛]毡辊

felt seal　毡垫密封[圈],毡密封,毡封

felt seal with spherical washer　带球面垫圈的毡封圈

felt seal with stuffing box　压盖毡封圈

felt side　毛布面,正面

felt strip　毡带

felt tarpaulin　防雨毡

felt washer　毡垫圈,毡衬垫

felt widening roll　起动辊,麻花辊

felt wiper　毛毡擦拭器,毡刷

felt with compression nut composition seal　带压紧螺帽的毡封圈密封装置

felt wrapped roll　压花辊

feltability　毡合性,缩绒性

felted　(1)成毡;(2)填绒;(3)制成毡的,毡制的

felted wool　羊毛毡

felting　(1)填绒,毡合;(2)制毡;(3)制毡材料

felting machine　缩绒机,缩呢机

felting products　毡制品

felting property　缩绒性

feltless packing　填密毡,毡衬

feltless pad　毡垫

FEM (=Finite Element Method)　有限元法

FEM (=Foreign Exchange Market)　外汇市场

female (=fem)　(1)阴的,母的,内的;(2)有内螺纹的,内孔的,凹形的

female adapter　(1)内螺纹过渡管接头,内螺纹接合器,内螺纹接头;(2)管接头凹面垫圈

female cap　凹形盖

female center　反顶尖

female cone　内圆锥,锥孔

female connection　内螺纹联结

female connector　(1)内插头;(2)内孔连接器

female contact　塞孔接点,插座接点

female die　下半模,阴模

female end of pipe　管子承端,管子承头

female fitting　阴螺纹管接头,螺纹管接头配件,凹接头

female flange　带槽法兰,凹面法兰

female joint　(1)套筒接合,接承接合;(2)嵌合接头

female member　包容零件

female mold　阴模

female nozzle　带内螺纹的喷嘴,阴螺纹喷嘴

female nut　螺母

female pipe thread (=FPT)　阴管螺纹

female receptacle　插孔板,插座

female rotor　(螺杆压气机的)凹形转子

female screw　(1)阴螺纹,内螺纹,阴螺旋;(2)螺母,螺帽

female screw thread　阴螺纹,内螺纹

female section　下半模,阴模

female spanner　套筒扳手

female splines　内花键

female surface　包容面,包容表面

female thread　阴螺纹,内螺纹

female-thread ga(u)ge　阴螺纹量规,内螺纹量规

female thread nipple　阴螺纹接管

female union　内螺纹管接头,管子内接头

femboring　(挪)一种渔船

femborsekor　一种瑞典渔船

femitron　场发射电子微波管

femkjeping　(挪)一种渔船

femto (=10-15)　毫微微,非母托,尘

femtometer　毫微微米,非[母托]米

fence　(1)围栏,栅栏,格栅,导流栅;(2)(多普勒效应)对空搜索仪,飞机侦察仪,警戒仪;(3)警戒线;(4)雷达警戒网;(5)防护套布;(6)加保护,设栅

fence antenna　多普勒雷达天线,雷达警戒天线

fence arbor　[字码锁]防护轴

fence coverage for satellite　卫星观测范围

fence diagram　三维地震剖面网络图

fence effect　地网效应

fence gate　栅门

fence line　栅栏线

fence post　护栏柱,防撞柱

fenceless　没有防御的,不设防的

fencing wall　围墙,护墙

fend　防御,挡住,闪避,挡开

fend off　垫开,挡开

fender　(1)防护板,保护板;(2)缓冲材,防擦材,护舷材,护舷木,防冲物,[船舶]碰垫,防撞物;(3)挡泥板,护板,炉围;(4)缓冲装置,缓冲器;(5)护舷设备,防冲设备,隔离装置,排障器,保险杆

fender apron　挡泥板,护板

fender bar　护舷材,护舷木

fender-beam　护舷材

fender beam　护舷垫木,护舷材,护舷木,水平横木

fender block　(防撞)缓冲块

fender board　挡泥板

fender board　护板,挡板

fender bolt　碰垫栓

fender brace　挡板拉条

fender bracket　保护板架

fender buffer　防撞缓冲装置

fender cap　护舷板

fender course　防撞层

fender dolphin　防撞墩,靠船墩

fender guard　(1)固定护舷材;(2)外护舷材

fender hardware　防撞装置固紧铁件,护木固紧铁杆

fender installation　防撞装置

fender lamp　挡泥板灯,小光灯

fender log　护木

fender pier　护墩

fender pile　(码头前沿的)防撞桩,垫桩,护桩

fender plate　碰垫,垫板

fender post　防撞柱,护柱

fender rail　护舷材,护栏,栏杆

fender rattan　藤碰垫

fender rod　分器杆,防护杆

fender rope　舷沿软碰垫,软碰垫

fender skid　[滑道]挡木

fender skirt　挡泥板

fender spar　浮护木

fender stool　壁炉条凳,条形凳

fender strake　外壳加强列板

fender system　(1)防御系统;(2)保护装置

fender waling　横护木

fender wheel　轮式碰垫,碰垫轮,防撞轮

fendering device　防撞装置,护栏装置

fendering system　防撞系统,碰垫系统

fendering unit　防撞装置,护栏装置

fenderless　无防撞物的,无挡板的

Fenton bearing metal　锌基轴承合金

Fenton metal　锌基轴承合金

Fenton's metal　芬顿[轴承]合金

FEP (=Formalities for Entering Port)　船舶进港手续
FER (=Final Engineering Report)　最终工程报告
FER (=Foreign Exchange Rate)　外汇汇率
FER (=Foreign Exchange Reserve)　外汇储备
FER (=Foreign Exchange Risk)　外汇风险
FER (=Forward Engine Room)　前机舱
FER (=Forward Exchange Rate)　期汇汇率
ferberite　钨铁矿
fermet　非梅特镍铬钢 (铬 4%,镍 18%,锰 2.2%,钨 1.0%,铜 0.3%, 碳 0.35%C,余量铁)
Fermi brim　费米能级
Fermi energy　费米能
Fermi energy level　费米能级
Fermi temperature　费米温度
fermi　费米 (长度单位,等于 10^{-13} 厘米)
fermion　费米子
fermitron　微波场射管
fermium　{化}镄 Fm (第 100 号元素)
fern-leaf crystal　树枝状晶体
fernichrome　非尼铁镍钴铬合金 (铁 37%,镍 30%,钴 25%,铬 8%)
fernico　非尔尼可铁镍钴合金 (铁 54%,镍 28%,铬 18%)
fernite　非尔奈特铁镍铬合金
ferodo　抗磨织物,刹车衬布
ferractor　铁氧体磁放大器,铁电振荡器
ferramic　一种铁涂氧材料
ferrate　[正]铁酸盐,高铁酸盐
ferreed　铁簧继电器
ferreed switch　铁簧接线器
ferret aircraft　电磁探测机,电子侦察机,边境侦察机
ferri-　(词头) 铁
ferri-compound　正铁化合物
ferric　[正]铁的,三价铁的,含铁的
ferric chloride　氯化铁
ferric induction　铁磁感应
ferric metal (=FM)　铁氧体金属
ferric oxide　氧化铁,三氧化二铁
ferric perchloride　高氯化铁
ferric red　过氯乙烯防腐瓷漆,铁红
ferrielectric　亚铁电晶体
ferriferrous　正[铁]亚铁的,含铁的
ferrimag　一种铁磁合金 (商业名称)
ferrimagnet　铁氧体磁体
ferrimagnetic resonance　亚铁磁共振
ferrimagnetism　铁氧体磁性
ferris wheel　转轮
ferristor　铁磁电抗器
ferrite　铁氧体,铁素体,纯铁体,铁酸盐,自然铁
ferrite antenna　铁氧体棒形天线
ferrite bar　铁氧体磁棒
ferrite core　铁氧体磁芯
ferrite core coil　铁氧体磁芯线圈
ferrite core logic switching　铁氧体磁芯逻辑开关
ferrite core loop antenna　铁氧体磁芯环形天线
ferrite core memory　铁氧体磁芯存储器
ferrite filled wave-guide　铁氧体滤导管
ferrite harmonic generator　铁氧体参量放大器
ferrite isolator　铁氧体隔离器
ferrite magnet　铁氧体磁铁
ferrite microscope　接触式测微显微镜
ferrite rod　铁氧体磁棒
ferrite-tuned　铁磁调谐的
ferrite-tuning　铁磁调谐
ferrite yellow　铁黄
ferritic　铁氧体的,铁素体的,铁酸盐的,自然铁的
ferritic cast iron　铁素体铸钢
ferritic steel　铁素体钢
ferritize　铁素体化
ferrito-martensite　贝氏体
FERRMANG (=Ferro Manganese)　铁锰
ferro-　(词头) (1) 铁;(2) 含铁;(3) 含亚铁的
ferro-alloy　铁合金
ferro-boron　硼铁合金
ferro-compound　二价铁化合物
ferro-concrete　钢筋混凝土

ferro-gum　橡胶磁铁
ferro-manganese　锰铁,铁锰合金
ferro-molybdenum　钼铁,铁钼合金
ferro-nickel　镍铁,铁镍合金
ferro-phosphorous　磷铁,铁磷合金
ferro-resonance　铁[磁]共振
ferro-selenium　硒铁,铁硒合金
ferro-silicium　硅铁,铁硅合金
ferro-silicon　硅铁,铁硅合金
ferro-silicon alloy　硅铁合金
ferro-silicon-aluminium　硅铝铁 [合金]
ferro-silicon-nickel　硅镍铁 [合金]
ferro-silicon-titanium　硅钛铁 [合金]
ferro-titanium　钛铁,铁钛合金
ferro-tungsten　钨铁,铁钨合金
ferro-vanadium　钒铁,铁钒合金
ferro-zirconium　锆铁,铁锆合金
ferroalloy　铁合金
ferroalloy furnace　铁合金炉
ferroaluminium　铝铁,铁铝合金
ferroaluminum alloy　铁铝合金
ferroboron　硼铁,铁硼合金
ferrocal　非劳克铝合金
ferrocart　纸卷铁粉心 (高频下低温损耗铁粉心)
ferrocart core　铁粉心
ferrocement　矿渣水泥 (用铁矿渣制成)
ferrocement barge　钢筋水泥驳 [船]
ferrocement boat　钢丝网水泥船,钢筋水泥船
ferrocement ship　钢筋混凝土船
ferroceramic magnetic element　铁陶瓷磁元件
ferrocerium　铈铁,铁铈合金
ferrochrome　铬铁,铁铬合金
ferrochrome exothermic　铁铬合金 (放热的)
ferrochromium　铬铁,铁铬合金
ferrocobalt　钴铁,铁钴合金
ferrocobaltite　铁辉钴矿
ferrocoke　铁焦
ferrocolumbite　铁铌矿
ferrocolumbium　铌铁,铁铌合金
ferroconcrete　钢丝网混凝土,钢筋混凝土
ferroconcrete ship　钢筋混凝土船,钢丝网水泥船
ferroconcrete sleeper　钢筋混凝土轨枕
ferroconcrete vessel　钢丝网水泥船,钢筋混凝土船
ferrocrete　含铁硅酸盐水泥 (快凝水泥)
ferrocyanide　氰亚铁酸盐,亚铁氰化物
ferrodo　(1) 摩擦材料;(2) 摩擦片
ferrodynamic　铁磁电动的,动铁式的
ferrodynamic instrument　铁磁电动系仪表
ferrodynamic relay　动铁式继电器,铁磁电动式继电器
ferrodynamometer　铁磁式功率计
ferroelectric　(1) 铁电物质,铁电体;(2) 铁电的
ferroelectric amplifier　铁电式放大器,铁电体放大器
ferroelectric ceramics　铁电陶瓷
ferroelectric condenser　铁电体电容器
ferroelectric crystal　铁电晶体,铁弹 [性] 晶体
ferroelectric domain　铁电畴
ferroelectric hysteresis loop　电滞回线
ferroelectric material　铁电材料
ferroelectric state　铁电态
ferroelectricity　铁电 [现象]
ferroelectrics　(1) 铁电体,铁电质;(2) 铁电的
ferroferric　含有二价铁和三价铁的化合物
ferroferric compound　正铁化合物
ferroferric oxide　四氧化三铁
ferrofluid　铁磁流体
ferroglass　钢化玻璃,络网玻璃,装筋玻璃,镶铁玻璃
ferrogram machine　铁谱仪
ferrograph　(1) 铁磁示波器;(2) 铁谱学
ferrographic analysis software technology (=FAST)　铁谱分析软件技术 (系统)
ferrographie　铁谱学的
ferrographie oil analysis　铁谱油液分析
ferrography　图像的磁性记录,铁粉记录术,铁谱技术
ferrogum　橡胶磁铁

ferroin 试亚铁灵

ferrolite 铁矿岩

ferrolites 铁氧体,铁素体

ferrolum 覆铅钢板

ferromaganese 锰铁合金

ferromagnesite 低铁菱镁矿

ferromagnet 磁铁,铁磁体

ferromagnetic (1) 铁磁性的,铁磁体的,强磁性的,铁淦氧磁的；(2) 铁淦氧磁物,铁磁体,强磁性

ferromagnetic alloy 铁磁性合金

ferromagnetic amplifier 铁磁放大器

ferromagnetic crack detector 铁磁探伤器,铁磁裂纹探测器

ferromagnetic domain 铁磁畴

ferromagnetic material 铁磁性材料,铁磁材料,强磁性材料

ferromagnetic metal 铁磁金属

ferromagnetic moment 铁磁矩

ferromagnetic parametric amplifier 铁磁参量放大器

ferromagnetic resonance 铁磁共振,铁磁谐振

ferromagnetic substance 铁磁性物质

ferromagnetic transition 铁磁转变

ferromagnetics 铁磁质,铁磁学

ferromagnetism (1) 铁磁性；(2) 铁磁学

ferromagnetography 铁磁性记录法

ferromagnon 铁磁振子,铁磁自旋波

ferromagnese 锰铁,铁锰合金

ferromagnese-silicon 硅锰铁

ferrometal 铁屑,钢屑

ferromolybdenum 钼铁,铁钼合金

ferron (1) 非朗铁镍合金 (50%Fe, 35%Ni, 15%Cr)；(2) 试铁灵

ferronickel 镍铁,铁镍合金

ferronickel alloy 镍铁合金

ferroniobium 铌铁,铁铌合金

ferooxdant 铁氧化剂

ferrophospher 磷铁合金

ferrophospherus 磷铁

ferroprobe 铁磁探测器,铁探头

ferroprusiate paper 蓝图纸,晒图纸

Ferropyr 铁铬铝电阻丝合金

Ferroresonance 铁磁式共振

ferroresonance circuit 铁磁谐振电路

ferrormanganese 锰铁合金

ferrormanganese exothermic 锰铁合金 (放热的)

ferrornickel 镍铁合金

ferrorphosphorus 磷铁合金

ferroscope 铁域,铁性范围

ferroselenium 硒铁 [合金]

ferrosil 热轧硅钢板

ferrosilicium 硅铁 [合金]

ferrosilicon 硅铁合金,硅钢

ferrosilicon alloy 硅铁合金

ferrosilicon aluminum 硅铁铝合金

ferrosilicon briquettes 硅铁砖

ferroso- (词头) 亚铁的

ferrosoferric oxide 氧化亚正铁

ferrostan 电镀锡钢板

ferrostan method 自动线电镀法

ferrosteel 灰口铸铁,低碳铸铁,钢性铸铁

ferrostibian 锑铁锰矿

ferrotantalite 钽铁矿

ferrothermic extraction 铁热还原法提取

ferrotitanium 钛铁,钛铁合金

ferrotron 有胶合剂的羰基铁

ferrotungsten 钨铁,钨铁合金

ferrotype (1) 铁版照相；(2) 铁版照相法,铁版照相术；(3) 上光

ferrotype plate 上光版

ferrous (1) 铁的,含铁的；(2) 亚铁的,二价铁的

ferrous alloy 铁合金

ferrous ammonium sulfate 硫酸亚铁铵

ferrous carbonate 碳酸亚铁

ferrous material 铁质材料

ferrous metal 黑色金属,类铁金属

ferrous metal borings 黑色金属的钻屑

ferrous metal cuttings 黑色金属的切屑

ferrous metal shavings 黑色金属的刨屑

ferrous metal turnings 黑色金属的旋屑

ferrous metallurgy 黑色冶金学,冶铁学

ferrous oxide 氧化亚铁

ferrous sulfate 硫酸亚铁

ferrous sulfide 硫化亚铁

ferrovanadium steel 钒钢

ferroverdin 绿铁 [合金]

ferroxcube 立方结构铁淦氧

ferroxdure 钡铁氧化体

ferroxplana 六角晶格铁淦氧,超高频软磁铁氧体,高频磁芯材料

ferroyl indicator 铁锈指示剂

ferrozoid 非劳左特铁镍合金 (33-35%Ni, 3.5%Cr, 余量 Fe)

ferruginous 含铁的,铁锈色

ferrule (1) 金属管嘴,金属加固环,铁箍,套圈,环圈；(2) (锅炉水管的) 密套环；(3) (冷凝器管的) 压盖, [水管] 孔塞

ferrule contact (=FER CON) 套圈接触,套圈触点

ferrum 铁 Fe

Ferry 铜镍合金

ferry (=FY) (1) 铜镍合金 (铜 55-56%, 镍 45-44%)；(2) 渡口；(3) 渡船,轮渡；(4) 运送,空运

ferry aircraft 运输用航空母舰

ferry board case 纤维板箱

ferry-boat 火车轮渡,渡船

ferry boat (=FB) 轮渡船,渡船

ferry boat traffic 轮渡交通,轮渡运输

ferry box packing 纤维板箱包装

ferry-bridge 火车轮渡,浮桥

ferry bridge 轮渡引桥,栈桥,浮桥

ferry car 零担货车

ferry coir 椰子皮纤维

ferry communication 渡船交通

ferry core 纸板筒,纸板心

ferry craft 摆渡飞行器,渡运火箭,渡船

ferry crossing 渡口

ferry dock 渡船码头

ferry fee 渡船费,摆渡费

ferry-flat 平底渡船

ferry flat 方驳式渡船,平底渡船

ferry freighter 载货渡船

ferry gasket 刚纸垫密片,纤维衬垫

ferry glass 玻璃纤维,玻璃丝

ferry glass insulation 玻璃纤维绝缘,玻璃丝绝缘

ferry glass reinforced plastic 玻璃纤维增强塑料,玻璃钢

ferry glass reinforced plastic boat 玻璃钢船

ferry glass reinforced plastic construction 玻璃纤维增强塑料结构,玻璃钢结构

ferry grease 纤维脂 (钠润滑脂)

ferry harbor 渡船港口

ferry-house 渡工室

ferry house 轮渡码头管理所,轮渡候船室

ferry landing pier 轮渡码头

ferry landing stage 轮渡码头

ferry launch 交通艇

ferry optic cable 光导纤维电缆

ferry optic communication 光纤通信

ferry optic display 光导纤维显示

ferry optical transmission system 光纤传输系统

ferry-pilot 领航员

ferry pilot 飞机渡运驾驶员

ferry-place 渡口

ferry place 渡口

ferry port 渡船码头

ferry push car 摆渡车

ferry rack 码头靠船架,渡船导柱

ferry ramp 轮渡码头引桥

ferry reinforced laminate 加强纤维层压板

ferry rope 合成纤维缆,纤维缆索

ferry rope block 合成纤维索滑车

ferry scrubber 玻璃刷帚

ferry service 交通船服务,轮渡业务

ferry sheet 纤维板

ferry slip 轮渡码头港池

ferry-steamer 渡船

ferry steamer 渡轮,渡船

ferry stress 纤维内应力
ferry terminal 轮渡码头
ferry traffic 轮渡运输,轮渡交通,滚装运输
ferry transfer bridge 轮渡码头引桥
ferry type boat 轮渡式船舶,滚装船
ferry vessel 渡船
ferry washer 刚纸垫圈,纸板垫圈
ferryboat 渡船
ferrycraft 摆渡飞行器,渡运火箭
ferrying equipment 轮渡设备,摆渡设备
fertile (1)可能变为核裂物质的(如铀238);(2)多产品的,高产的;(3) 丰富的
fertile absorber 有效吸收剂,再生物质
fertile element 可转换元素
fertilizer 肥料,化肥
fertilizer apparatus 施肥装置
fertilizer applicator 施肥机
fertilizer carrier 肥料运输船,化肥运输船
fertilizer distributor 撒肥机
fertilizer pump 液肥泵
fertilizing equipment 施肥器具
ferv- (词头)发光的
fervens 发光的,白焰色的
fervescence 发热
fervorization 白热化
Fery cell 费里电池
festoon 铁丝网
festoon drier 环形干燥机
festoon drying 吊挂干燥
festoon lighting 带式装饰照明,灯彩
FET (=field-effect transistor) 场效应晶体管
fetch (1)取指令,取数,提取,检出,取出;(2)拿来,取来;(3)航行, 前进;(4)吹送距离;(5)(海湾对岸两点的)间距,行程
fetch a pump 用唧筒抽水
fetch bit 按位取数
fetch cycle 取周期
fetch phase {计}读取阶段
fetch pump 发动一个泵
fetch rule 读取规则
fetch-up 突然中止,突然停止
fetch up 紧急停止,突然停止
fetron 高压结型场效应二极管
fettle (1)状态;(2)修补[炉衬];(3)清理[铸件],铲除[炉渣]
fettle material 补炉材料
fettle the cupola 空炉,打炉
fettler (1)清理工,清整工,调整工;(2)陶器抛光工,彩砖修整工
fettling (1)修补(以矿渣等混合物涂炉衬),修整[铸件],铸锭清理; (2)补炉材料
FEU (=Forty Equivalent Unit) 40 英尺标准集装箱
fever box 发热舱
fever cabinet 发热舱
FEW (=Finished with Engine) 主机用毕,完车
few group analysis 少群分析
few group diffusion theory 少群扩散理论
fexitron 冷阴极脉冲 X 射线管
FF (=Fire-fighting) 消防的,灭火的
FF (=Fixed Frequency) 固定频率
FF (=Flip-flop) 双稳态多谐振荡器,触发器
FF (=Fogy Fog) 浓雾
FF (=Following pages) 以下各页
FF (=Form Feed) 换页,打印式传送(走纸格式)
FF (=Freight Forwarder) 货物转运商,货运代理人
FF (=Full Figure) 全图,全像
FF (=Fully Fitted) 全部装妥
FFA (=Firefighting Appliances) 消防设备
FFA (=Foreign Freight Agent) 国外货运代理人
FFA (=Free Foreign Agency) 国外代理免费
FFA (=Free from Alongside) 船边交货
FFA (=Free from Average) 不包括海损险,海损不保
FFD (=Free from Duty) 免税
FFL (=Fixed and Flashing) 定闪[光]
FFO (=Fixed Frequency Oscillator) 固定频率振荡器
FFO (=Furnace Fuel Oil) 锅炉燃油,锅炉重油
FFSK (=Fast Frequency-shift Keying) 快速频移键控

FFSS (=Firefighting Safety Service) 消防安全部门
FFT (=Fast Fourier Transformation) 快速付里叶变换
FG (=Float Gauge) (1)浮子式液位表;(2)油舱量尺;(3)浮子式液位指 示器
FG (=Floated Gyro) 悬浮式陀螺[仪]
FG (=Free Gyroscope) 自由陀螺仪
FG (=Fully Good) 最佳,上等
FG A (=Foreign General Agent) 国外总代理人
FGC (=Fixed Gain Control) 固定增益控制
FGF (=Fixed and Group Flashing) 定联闪
FGF (=Fully, Good, Fine) 上等货
FGI (=Finished Goods Inventory) 成品库存
FGMDSS (=Future Global Maritime Distress and Safety System) 未来 全球海上遇险及安全系统
FGN (=Foreign) 外国的
FGO (=for Good) 永远的
FGPFL (=Fixed and Group Flashing Light) 定联闪光
FGPOCC (=Fixed and Group Occulting) 定联明暗[光]
FGS (=Foreign-going Ship) 全世界航行的船舶
FGT (=Freight) (1)运费;(2)货运;(3)货物
FH (=Feedwater Heater) 给水加热器
FH (=Fire Hose) 消防水龙带,消防软管
FH (=Fire Hydrant) (1)消防栓;(2)消防龙头
FH (=First Half) 第一半
FH (=Fog Horn) 雾笛,雾号
FH (=Free Hatch) 免税舱
FHC (=Fire Hose Cabinet) 消防水龙带舱,消防柜
FHP (=Fractional Horse-power) 分马力
FHP (=Frictional Horse-power) 摩擦马力
FHY (=Fire Hydrant) (1)消防栓;(2)消防龙头
FI (=Field Intensity) 场强
FI (=Fire Immunity) 火灾免责
FI (=Fire Insurance) 保火灾险
FI (=Fixed Interval) 固定间隔
FI (=Flow Indicator) 流量指示器
FI (=for Instance) 例如
FI (=Foreign-related Insurance) 涉外保险
FI (=Free in) 船方不负装卸货费用,舱内交货价格
FI (=Freight Index) 运价指数
FI (=Frontier Inspection) 边防检查
FI (=Full Insurance) 全额保险
FIA (=Full Interest Admitted) 完全承认被保险权益
FIAN synchrotron (前苏联)科学院物理研究所同步加 速器
FIAS (=Free in and Stowed) 船方不负担装船和堆装费用
FIB (=Free in Bunker) 燃料舱交货
FIB (=Free into Barge) 船方不负卸入驳船中的费用,驳船交货
FIB (=Free into Bunker) 交到燃料舱价格
fiber (=fibre) (1)纤维材料,纤维组织,纤维质,纤维,丝;(2)纤维制品, 纤维板,硬纸板,刚纸;(3)(粉末冶金用的)细金属丝;(4)纤维状的
fiber amplifier 纤维放大器
fiber block 纤维垫块
fiber-board 纤维板,硬纸板
fiber-board box 纤维板箱
fiber-board can 纤维板罐
fiber-board carton 纤维板箱
fiber-board case 纤维板箱
fiber-board container 纤维板集装箱
fiber-board pallet 纤维板托盘
fiber box (=fiberboard box) 纸板箱
fiber bundle 光学纤维束,纤维丛
fiber cam 纤维板箱
fiber can 纤维罐
fiber cargo net 纤维吊货网
fiber cell 纤维电池
fiber clad rope 油麻绳包裹的钢索
fiber coir 椰子皮纤维
fiber collecting zone 纤维沉降区
fiber cone press 双锥辊挤浆机
fiber containers 纤维容器
fiber core 纤维芯,纸板筒
fiber-covered plywood 纤维合成层压板
fiber drum 合成纤维桶,纤维桶,纸桶
fiber electrometer 悬丝静电计

fiber gasket 刚纸垫密片, 纤维衬垫
fiber glass 玻璃纤维
fiber-glass 玻璃纤维, 玻璃钢
fiber-glass coating 玻璃纤维套
fiber-glass insulation 玻璃纤维绝缘, 玻璃丝绝缘
fiber-glass optics 玻璃纤维光学
fiber-glass plastic 玻璃纤维塑料
fiber-glass pole 玻璃纤维竿, 尼龙竿
fiber-glass reinforced plastic 玻璃纤维增强塑料, 玻璃钢
fiber-glass reinforced plastic boat 玻璃钢艇
fiber-glass reinforced plastic construction 玻璃纤维增强塑料结构, 玻璃钢结构
fiber-glass reinforced plastic container 用纤维玻璃和聚酯强化板制造的集装箱, 玻璃钢集装箱
fiber-glass reinforced plastics (=FRP) 玻璃纤维增强塑料, 玻璃钢
fiber-glass reinforced polyester resin 玻璃丝增强塑料, 玻璃钢
fiber-glass veil 纤维玻璃膜
fiber grease 纤维润滑脂
fiber insulated wire 纤维绝缘线
fiber insulation 纤维绝缘
fiber laser 纤维激光器
fiber length 纤维长度, 平均纤长
fiber light communication 纤维光导通信
fiber-like texture 纤维状结构
fiber metal 纤维金属
fiber mooring line 纤维系缆
fiber-optic 光学纤维的, 光导纤维的, 纤维光学的
fiber-optic bundle 光导纤维束
fiber-optic coupler 纤维光学耦合器
fiber-optic faced tube 纤维光学屏面管
fiber-optic gyro 光纤陀螺
fiber optic gyro (=FOG) 光纤陀螺
fiber-optic screen 纤维光学屏幕
fiber-optic sonar link 光纤声纳数据线
fiber optic sonar link (=FOSL) 光纤声纳数据线
fiber-optic sonar system 光纤声纳系统
fiber optic sonar system (=FOSS) 光纤声纳系统
fiber-optic tube 光纤管
fiber-optics 纤维光学
fiber optics (1) 光导纤维; (2) 纤维光学技术
fiber-optics cable 光导纤维电缆
fiber optics cathode ray tube (=FOT) 纤维光学阴极射线管
fiber-optics coupling 纤维光学耦合
fiber-optics image enlarger 纤维光学像放大器
fiber packing 纤维衬垫, 纤维填料
fiber pipe 纤维管
fiber reinforced epoxy resin 玻璃纤维增强环氧树脂
fiber-reinforced metal (=FRM) 纤维增强金属
fiber reinforced metal 纤维增强金属
fiber reinforced plastics 纤维增强塑料
fiber-reinforcement metal (=FRM) 纤维增强金属
fiber-rope 纤维绳, 纤维缆索
fiber-rope eye splicing 纤维绳眼环插接
fiber-rope long splicing 纤维绳长插接
fiber-rope short splicing 纤维绳短插接
fiber root 纤维绳, 纤维素
fiber saturation point (木材) 纤维饱和点
fiber scope 纤维彩色图像器, 纤维镜
fiber scrubber 玻璃刷帚
fiber sheet 纤维板, 硬纸板
fiber space 纤维空间
fiber stress 纤维应力
fiber tensile strength 纤维抗拉强度
fiber texture 纤维结构
fiber washer 刚纸垫圈, 纸板垫圈
fiber-wood box 纤维板箱
fiber yarn 纤维丝
fiberboard 纤维板
fibercord 纤维帘布, 纤维绳
fibered 纤维状的, 纤维质的, 有纤维的
fiberfill 纤维填料
fiberfrax 铝硅陶瓷纤维 (耐 1260℃ 高温)
fiberglass 玻璃纤维玻璃, 纤维玻璃
fiberglass reinforced thermoplastics (=FRTP) 玻璃纤维增强

热塑性塑料
fibering 纤维形成, 纤维化
fiberized 纤维化了的
fiberizer 石棉毛纺机, 成纤器
fiberpress 提取机
fibers of flag manifolds 旗流行的纤维
fiberscope (1) 纤维内窥镜; (2) 纤维光学镜
fibestos 一种乙酸纤维素, 塑胶
Fibonacci 费班纳赛
Fibonacci method 黄金分割法, 费班纳赛法
Fibonacci numbers 费班纳赛数
Fibonacci search 费班纳赛寻优法, 费班纳赛检索
Fibonacci series 费班纳赛级数
fibr- (=fibro-) (词头) 纤维, 纤维性的
fibrage (1) 纤维层; (2) 纤维编织
fibration (1) 纤维性; (2) 纤维组织; (3) 纤维构造
fibrator 纤维 [素]
fibre (1) 纤维材料, 纤维组织, 纤维质, 纤维, 丝; (2) 纤维板, 硬纸板, 刚纸; (3) (粉末冶金用的) 细金属丝; (4) 纤维状的
fibre board 纤维纸板, 硬化纸板
fibre conduct work 硬纸导管工程
fibre conduit 硬导管, 纸导管
fibre conduit work 硬纸导管工程
fibre core 纤维腔, 纤维管
fibre diagram 丝缕结构图
fibre electrometer 悬丝静电计
fibre gear 纤维层压制齿轮, 夹布胶木齿轮, 树脂纤维齿轮, 纤维齿轮, 刚纸齿轮
fibre glass 玻璃纤维, 玻璃丝
fibre glass reinforced nylatron cage (轴承) 玻璃纤维增强尼龙保持架
fibre grease 纤维状润滑脂
fibre light guide 纤维光导
fibre main core 中心纤维股芯
fibre-map 纤维映射, 纤维映像
fibre metallurgy 纤维状金属粉末冶金, 金属丝粉末冶金
fibre-optic 光学纤维的, 光导纤维的, 纤维光学的
fibre-optic bundle 光导纤维束
fibre-optic CRT 光学纤维电子束管 (CRT=cathode-ray tube 阴极射线管, 示波管)
fibre optics 纤维光学, 纤维光导
fibre period 纤维 [轴向] 等同周期
fibre protrusion 玻璃纤维毛刺
fibre-reactive 纤维活性的
fibre-reinforced 纤维补强的
fibre-reinforced material 纤维增强材料
fibre-saturation point 纤维饱和点
fibre scope 纤维式观测器, 纤维镜
fibre-strengthened 纤维强化的
fibre stress 纤维 [受拉] 应力, 纤维强度
fibre suspension 微丝悬置, 丝线悬挂
fibre tube 硬纸板管, 纤维管, 丝管
fibre washer 纤维垫圈
fibreboard 硬化纸板, 纤维纸板
fibrecord 纤维帘布, 纤维绳
fibred (1) 纤维状的; (2) 纤维质的
fibrefill 纤维填塞物
fibreglass 玻璃纤维, 玻璃丝
fibreglass braided wire 玻璃丝编织线
fibreglass covered wire 玻璃丝包线
fibreglass epoxy 玻璃纤维环氧树脂, (环氧) 玻璃钢板
fibreless 无纤维的
fibrene 人造短纤维纱
fibrescope 纤维镜
fibrid 沉析纤维, 类纤维, 纤条体
fibriform 纤维状的, 细丝状的
fibril 原纤维
fibrilla 微纤维, 原纤维
fibrillar(y) (1) 原纤维的; (2) 纤维丝的
fibrillation 原纤化作用
fibrillous (1) 原纤的; (2) 纤丝的
fibring 纤维性
fibrinolysin 纤维原溶酶
fibrinolysis 纤维朊分解作用
fibro- (词头) 纤维

fibro cement 石棉水泥
fibro-elastic 纤维弹性的
fibroblastic 纤维变晶状
fibroc 酚醛树脂层层压材
fibrogram 纤维图
fibrograph 纤维照影机
fibroid 由纤维组成的,纤维状的,纤维性的
fibroillar 微丝的
fibrotile 石棉水泥波形瓦
fibrous (1)纤维状的;(2)含纤维的;(3)由纤维构成的
fibrous braiding 纤维编包
fibrous coat 纤维层,纤维膜
fibrous connective tissue 纤维结缔组织
fibrous failure 纤维状断口,纤维状裂纹
fibrous fracture 纤维状断裂面,纤维状断口,纤维状裂纹,纤维状裂缝,纤维状断裂
fibrous glass 玻璃纤维,玻璃丝
fibrous grease 纤维脂
fibrous insulant 纤维绝热材料,纤维绝缘材料,纤维隔热材料
fibrous insulation 纤维隔热层,纤维绝缘
fibrous iron 纤维断口铁
fibrous peat 纤维泥炭
fibrous plaster 纤维灰泥,纤维石膏
fibrous rapture 纤维状断口,纤维状裂纹
fibrous ring 纤维环
fibrous slab 纤维板
fibrous tissue 纤维组织
fibrous turf 纤维泥炭
fibrovascular cord 维管索
fibrovascular cylinder 维管柱
fibrovascular tissue 维管组织
FIC (=Flight Information Center) 飞行信息中心
fiche 卡片
fickle 多变的,不专的
fickle color pattern 不规则彩色图样
fickleness 易变的,无常的
fictile (1)粘土制的,陶土制的,可塑造的,可塑性的,可塑的;(2)陶器的;(3)陶制品,塑造物
fiction 虚构,假定,假设
fictional 虚构的,编造的
fictitious (1)想象的;(2)虚假的,虚构的,虚设的,假想的
fictitious account 虚伪账户
fictitious bill 空头支票
fictitious blockade 虚拟封锁
fictitious boundary 假设界限
fictitious current 假想电流
fictitious dielectric constant
fictitious front 假锋,伪锋
fictitious graticule 虚构图网(地图、海图等的经纬度划区)
fictitious latitude 虚构纬度
fictitious load (共轭梁法中的)虚拟荷载,模拟负载,假负载
fictitious longitude 虚构经度
fictitious loxodrome 虚构恒向线
fictitious loxodromic curve 虚等斜航向曲线
fictitious magnetic charge 假想磁荷
fictitious magnetic pole 假想磁极
fictitious paper 空头支票
fictitious magnetic pole 假想磁极
fictitious parallel 虚纬线
fictitious poles 虚构极
fictitious power 无功功率,虚功率
fictitious primary color 假原色
fictitious rhumb line 虚构的恒向线
fictitious rolling body 假想滚动体
fictitious transactions 买空卖空
fictitious year 贝塞尔年,虚构年
fictive 假想的,假定的
FID (=Friday) 星期五
fid (1)硬木钉,钉子,销子,螺钉;(2)双头螺栓,柱螺栓;(3)测针;(4)支撑材,固定材,桅栓;(5)木笔
fid hole 桅栓孔
fid hook 扁平端有缝的粗钢钩
FIDA (=Functionally Integrated Defect Analysis System) 功能性整体故障分析系统

fiddle (1)台座,台架,支柱;(2)纱罩;(3)防滑落框架,餐桌挡板,餐具框;(4)提琴
fiddle back 提琴背纹,虎皮纹
fiddle block 提琴式滑车
fiddle board (船上)桌边风暴围板,桌边活动框
fiddle bow 琴弓形船首,曲线型船首,飞剪形船首(有首饰)
fiddle drill 弓钻
fiddle rack (1)餐桌挡板,桌面框(船上防止餐具滑落用);(2)餐具柜,餐具架
fiddley (=fidley) 锅炉舱栅
fiddley hatch 炉舱项栅口
fidelity 逼真度,保真度,逼真度,准确度
fidelity bond insurance 诚实保证保险
fidelity criteria 保真度标准
fidelity criterion 逼真度准则
fidelity curve 保真度曲线
fidelity factor 保真度因数,保真度,保真率,逼真率,重现率
fidelity guarantee insurance 职工保证保险
fidelity of reproduction 保真度
fidelity rebate system 运费回扣制
fidge connector 螺旋索头连接器
fidley (1)锅炉舱顶棚;(2)舱梯构架
fidley casing 锅炉通风围壁
fidley deck 锅炉舱棚顶甲板
fidley grating 锅炉舱棚顶格栅,锅炉棚顶格子板
fidley guard 锅炉舱顶棚保护格栅
fidley hatch 甲板烟囱开孔,炉舱棚顶口
fidley house 机舱
fido (1)有铸造错误的硬币;(2)燃油加热驱雾器,火焰驱雾器
fiducial (1)(测量)基准的;(2)可靠的,可信的,确信的,置信的;(3)信用的,信托的;(4)基准点,参考点,置信点;(5)置信
fiducial axis 基准轴,框标轴
fiducial indicator 零位指示器,基点指示器
fiducial interval 置信区间
fiducial level 标准电平,可靠电平
fiducial limit 置信界限,置信极限,可靠极限
fiducial line 基准线
fiducial mark (1)基准符号,基准标记,准标,信标;(2)坐标点
fiducial point 基准点,零点,准点
fiducial probability 置信概率
fiducial temperature 基准温度
fiduciary (1)基准的;(2)基准点,参考点
field (1)现场,工地,机场,场;(2)引力场,应力场,磁场,电场;(3)范围,界,领域;(4)(望远镜,显微镜的)视界,视域;(5)扫描场;(6)(隔行扫描制)半帧;(7)激磁绕组,安匝,激发,激励;(8)[程序]区段,信息组,符号组,字段
field-aided 场助的
field alignment error (1)电场调整误差;(2)视界校准误差
field ambulance (=FA) 战地救护车
field ampere-turn 励磁安-匝,激励安-匝
field amplifier 励磁电流放大器,场放大器
field amplitude 垂直幅度,场幅度
field angle 波束角,波瓣角,张角
field annealing 场致热处理,磁致退火,场致退火
field apparatus 外业仪器
field apparatus for ground photogrammetry 地面摄影测量仪
field application relay 供磁继电器
field army 野战军
field-artillery 野战[火]炮
field artillery (=FA) 野战[火]炮
field artillery trainer 野战教练炮
field automation 油田作业自动化
field balance (施密特)磁秤,磁力仪
field-based 野外基地的
field bearing test 现场承重试验,现场荷载试验
field belting 现场安装螺栓
field-biased 场强分量不变的,磁场偏置的,有极化场的
field bobbin 激励线圈,绕线管
field-book 外业记录簿
field book 外业记录簿
field boundary condition 场边界条件
field break switch 励磁切断开关
field broadcasting unit (=FBU) 流动广播车
field cable 军用电缆

field calibration　现场校准，现场校正
field camera　便移式摄像机，现场摄像机，轻便摄影机
field check　现场复核，野外复核
field circuit　场电路，励磁电路
field circuit loss　励磁电路损失
field code　野战密码
field coding equipment　现场发码设备，现场编码设备
field coil (=FC)　磁场线圈，激磁线圈，励磁线圈，场 [扫描] 线圈
field coil with iron core　带铁芯的场线圈
field computations　外业计算
field concrete　现拌混凝土
field conditions　现场条件，野外条件
field connection　现场联结，现场安装，现场装配，工地装配
field content　（土地）天然含水量
field control　(1) 激励调整，磁场调整，场调整；(2) 现场管理；(3) 控制网
field-control motor　可调磁场型电动机，磁场可控式电动机
field control motor　可调磁场型电动机，磁场可控式电动机
field conveyer system　堆场输送机系统
field core　励磁铁心，磁场铁芯
field corrector　像场校正镜
field coverage　视场，视野，视界
field-crop sprayer　大田喷雾器
field-current　励磁电流的，激励电流的，场电流的
field current　励磁电流，激励电流，场电流
field current amplifier　励磁电流放大器
field current relay　励磁电流继电器
field data　应用数据，工作数据，现场数据，现场资料，外业数据
field data code　军用数据码，现场数据码
field decelerator (=FDE)　外场减速器
field defining mask　限定遮蔽场
field density　磁感应密度，磁场密度，磁场强度，磁通密度，通量密度，场强度
field-derived　场导出的
field-derived convergence　场会聚
field descriptor　字段描述符
field diaphragm　视场阑
field discharge　(1) 励磁放电，激励放电，场放电；(2) 消磁
field discharge resistance　励磁放电电阻
field discharge switch　励磁放电开关，消磁开关
field-displacement　场位移的，场移式的
field distortion　磁通分布畸变，磁场失真，场失真，场畸变
field distribution current　场分布电流
field domain　场畴
field drill　大田用条播机
field-driven　场激励的
field due to magnet　磁铁的磁场
field dynamic braking (=FDB)　外场动力制动
field economizing relay　弱励磁继电器
field-effect　场效应的
field effect　场效应
field effect amplifier (=FEA)　场效应放大器
field effect device　场效应器件
field effect diode　场效应二极管
field effect transistor (=FET)　[电] 场效应晶体管，场效应管
field effect tube (FET)　场效应管
field effect tube high frequency amplifier circuit　场效应管高放电路
field effect tube mixer circuit　场效应管混频电路
field effect tube tetrode　场效应四极管
field-electron　场致发射电子的
field electron microscope　场 [致] 发射显微镜
field-emission　场致发射
field emission　场致发射，冷发射
field emission in image tube　摄像管的场致发射
field emission microscope (=FEM)　场致发射显微镜
field emission tube　场致发射管
field energy　电场能量
field engineer　现场工程师，安装工程师，维护工程师
field engineering　外部工程，安装工程，维护工程，安装技术，维护技术
field engineering design change schedule (=FEDCS)　现场工程设计更改计划表
field-enhanced　(有关电子发射的) 场增强的，场致的，场助的
field enhanced photoelectric emission　场致光电发射
field equalizing magnet　[致] 均匀 [磁] 场磁铁

field equipment　室外设备
field erection　现场安装
field evidence　野外观测结果
field-excited　[磁] 场激励的
field excitation　磁场励磁
field exciter　场激励器
field experiment　野外试验，工地试验
field exploration　现场踏勘
field failure　外场损坏
field failure relay　失磁继电器
field flattener　视场致平器
field flatter　视场致平器
field forage harvester　叶饲料收获机
field-formatted　字段格式的
field frame　磁场框架
field-free　无场的，零场的
field frequency　磁场频率，场频
field frequency control　帧扫描频率控制，激励调整
field frequency square wave response　场频方波响应
field fuse　磁场熔丝
field gases　矿场天然气
field-generated　场发生的
field-generated current　[外] 场感应电流
field generated current　外场感应的电流
field geology　现场地质特征
field glass　野外镜
field-glasses　双筒望远镜，向坑透镜，野外镜
field glasses　野外用双眼望远镜，双筒望远镜，野外镜
field gradient　磁场梯度，场梯度
field gray　土灰色
field guide　实地考察指南，野外考察指南
field-gun　野战炮
field gun　野战炮
field height　图像高度，场幅度
field hospital　野战医院
field house　体育器材室
field hydrological survey　现场水文观测
field identification　现场鉴定
field-induced　场感应的，场致的
field infrared source　野外用红外辐射源
field instrument　外业仪器
field intensity (=FI)　(1) 辐射场任意一点的辐射强度；(2) 电场强度，磁场强度，电波强度，电波场强，场强度，场强
field intensity curve　波场强曲线，场强曲线
field intensity distribution　场强分布
field intensity meter　[磁] 场强计
field interlock switch　磁场联锁开关
field-interval　场扫描消隐时间的，场发送时间的，场期间的
field interval　场扫描消隐时间，场发送时间，场期间
field investigation　(1) 现场调查，实地勘测；(2) 运转试验，现场试验
field ion microscope　场离子显微镜
field ionization (=FI)　场致电离
field joint　安装接头，安装焊缝
field keystone　帧梯形失真，场梯形失真
field kitchen　野战炊事房
field laboratory　工地试验室
field leakage　磁场漏泄
field leakage flux　磁场漏磁通 [量]
field length　(1) { 计 } 信息组长度，字段长度；(2) 场长 [度]
field-lens　[向] 场透镜，物镜
field lens　[向] 场透镜，电子透镜，物镜
field line　场电力线
field localizer　着陆用信标指示器，导航台
field location　野外定线，现场点，路线点
field location work　实地定线
field loss protection　励磁电路断开保护
field-magnet　场磁铁，场磁极
field magnet (=FM)　励磁磁铁，场磁铁，磁极
field magnet core　励磁铁心
field magnetic (=FM)　场磁铁
field magneto-motive force　磁场磁动势
field magnetomotive force　磁场磁动势
field main (=FM)　现场干线，现场干管
field maintenance　现场维修

field manual (=FM) 现场手册
field map 实测原图
field mapping 测绘场图
field measurement 现场测量
field-mesh 场网的
field missile 战术导弹
field mix (混凝土)现场搅拌
field modification (=FM) 现场更改
field moisture capacity 土地持水量
field moisture equivalent (土的)天然含水当量,原状含水当量
field monitoring 现场监测,野外监测
field-mounted 现场安装的
field-neutralizing 磁场中和的
field neutralizing coil 磁场中和线圈
field notes 外业记录,野外记录,现场记录
field number {光}视场直径
field observation 现场观察,外观测
field of action [有效]啮合面
field of application 应用范围
field of attraction 引力场,万有引力场
field of behaviour 相位场,相场(系统特性之一)
field of color coding 彩色编码场
field of constants 常数域
field of direction 方向场
field of divergence 发散场,辐散场
field of excitation 励磁场
field of extremals 极值曲线场
field of fire 射(击)界
field of fixation 注视场,定像场
field of force 力场
field of gravity 重力场,引力场
field of integration 积分场,积分域
field of lines 线场
field of load 受力范围
field of operation 作业区
field of point 点场
field of pressure 气压场
field of probability 概率场
field of quotients 商域,商体
field of radiation 辐射场
field of real number 实数域
field of search 搜索区
field of selection 选组器的触排
field of sound 声场
field-of-view 视场的,视野的,视界的
field of view 视场,视野,视线,视圈,视界
field of vision 视场,视野,视界
field ohmic loss 励磁电路铜损
field operations 野外作业,现场作业,外业
field party 勘测队
field path 工地人行通道
field pattern 天线方向图,天线辐射图,场[分布]图
field phase control 场相位调整
field pick-up 播送室外传输,实况转播,室外摄影
field pickup 实况转播,现场报导
field-piece 野战炮
field pitch 极距
field plate 静电场起电板,电极电极
field pole 磁场线圈架,场磁极,磁极
field potential 场势
field power supply 场激励电源,励磁电源
field programmable logic array 场致程序逻辑阵列
field protective relay 磁场保护继电器
field proven 经过现场试验证明的
field railway 工地轻便铁路
field range 视野范围
field rate 场频
field rate flicker 场频闪动,场闪烁
field ratio 有效磁场比
field reconnaissance 实地查勘,野外查勘
field rectifier 励磁整流器
field regulator 励磁变阻器,励磁调整器,励磁调节器,场强调节器
field relay 磁场继电器
field repetition rate 场重复频率,场频

field-replaceable unit 可更换的部件,插件
field research 现场调查研究
field resistance 励磁线圈电阻,磁场电阻
field resistor 磁场电阻器
field retrace 帧扫描回程
field reversing (=FR) 磁场反向
field review 现场复查
field rheostat (=FR) 励磁变阻器,励磁变阻器,激磁变阻器,场用变阻器,磁场变阻器
field rivet 装配铆钉,现场铆钉
field riveting 现场铆接,工地铆接
field rod 标杆,测杆
field scanning 场扫描
field scanning period 场扫描周期
field separator 信息组分隔符,信息组分离符,字段分隔符,字段分离符,场分隔符,场分离符
field-sequential (彩色电视)场序制的,帧序制的,半频序的
field-sequential camera 场序制电视摄像机
field sequential color receiver 场序制彩色电视接收机
field-sequential color transmitter 场序制发射机(彩色电视)
field sequential color transmitter 场序制彩色电视发射机
field sequential image 场序制成像
field-sequential system 场序制
field separator 字段分隔符
field service 在工作条件下使用,野外使用,现场服务
field service compressor 半密闭式压缩机,现场用压缩机,易卸压缩机
field setup 野外观测装置,观测系统
field shunt 场分路绕组,励磁分路
field simultaneous color television 同时制彩色电视
field situation 现场情况
field sketching 现场草图,目测,草测
field spider 凸极转子,磁极星轮
field splice 现场拼接
field spool 励磁线圈架
field standard weight and force system (=FSWFS) 外场标准称重与测力系统
field stop 视场光阑,场阑
field-strength [磁]场强[度]
field strength [磁]场强[度]
field strength at receiver 接收机场强
field strength computation 场强计算
field strength contour map 等场强线地图
field strength measurement 场强测量
field strength meter (=FSM) 场强计
field strength pattern [磁]场强图,场强方向图
field strengthening valve 磁场加强阀
field stress tensor 场应力张量
field-strip 对[枪炮]作拆卸作业
field study 实地研究,现场研究
field study program 实地研究项目
field survey 野外测量,现场调查,外业
field-swept 场扫描
field switch (=FS) 激磁开关,励磁开关
field synchronizing impulse 场频同步脉冲
field system (1)励磁系统;(2)场序制
field tapping 磁场分接
field technique 工地操作技术
field-telegraph 野战轻便电信机,野战电报机
field telegraph 野战电报机
field television video recording 半帧式电视录像,现场电视录像
field-test 对……作现场试验
field test (=FT) 现场试验,野外试验,现场实验
field test procedure (=FTP) 现场试验程序
field test support (=FTS) 现场试验保证
field-theoretic 场论的
field theory 场论,域论
field tile 农田排水瓦管
field tilt 场频[率锯齿形]补偿信号,场频锯齿波校正信号,场倾斜
field-time 场时的
field transistor 场控晶体管,场化晶体管
field-trial 野外试验的,现场试验的
field trial 野外试验,现场试验
field trip 实地考察
field tube (1)双筒式锅炉管;(2)力线管,场示管

field uniformity　背景均匀性,场均匀性

field usage　野外使用,现场使用

field variable　场变量

field variable pattern　场变量的模式

field variation　磁场变动

field verification　实地验证,现场核实

field voltage　励磁电压,激励电压

field warehousing　监管仓储

field wave　激发波,励磁波,激励波,场波

field weakening (=FW)　磁场减弱

field-weakening control　减弱磁场控制

field weather　恶劣天气,险恶天气

field weld　装配焊接,工地焊接

field-welded　现场焊接的

field welder　安装焊工,现场焊工

field welding　工地焊接

field winding　[磁]场绕组,励磁绕组,励磁线圈

field-work　现场工作,现场调查,实地调查,野外测量,外业

field work　现场工作,现场调查,实地调查,野外测量,外业

field work standards　现场操作规范

field-worthiness　野外适用性

field yoke　磁轭

Fieldata　(1)美军及其军事部门所用的自动化数据处理系列,(军用的移动式)自动数据处理装置,自动数据处理系统;(2)美国陆军标准电码,军用数据码

fieldbook　野外工作记录本

fielded panel　嵌板,镶板

fieldistor　无触点晶体三极管,场控晶体三极管,场效应晶体管,场化晶体管,场强三极管

fieldless coil　无场线圈

fieldpiece　野战火炮

fieldtron　一种场效应器件

fieldwork　(1)野战工事;(2)野外实习,实地工作

fierce engagement　猛烈接合,不平顺接合,猛烈啮合

fiery　(1)煤气的,瓦斯的;(2)燃烧的,炽热的;(3)激烈的,急躁的

fiery fracture　粗晶粒断口

fiery red　焰红色

fife　横笛

fife rail　(1)船尾甲板舷墙的扶手;(2)帆索栓座

fiferail　(1)帆索栓座;(2)卷索座板

fifie　苏格兰渔船

fifteen　十五

fifteen-pounder　发射弹重为15磅的火炮

fifteenth　(1)第十五;(2)十五分之一

fifth　(1)第五;(2)五分之一的

fifth generation computer　第五代计算机

fifth-wheel　转向轮

fifth wheel　第五轮,联结轮,连接轮,支座轮,测速轮,备用轮

fiftieth　(1)第五十;(2)五十分之一;(3)五十个一组

fifty　(1)五十;(2)五十个

fifty-fifth　(1)第五十五;(2)五十五分之一

FIG =Figure　(1)数字;(2)图形,图

figging　(1)结晶,晶化;(2)成形

fight　(1)作战,战斗,竞争;(2)阻止,克服;(3)指挥,操纵

fight back　顶回,弹回

fight fires　救火,消防

fight the fire　灭火

fighter (=F)　(1)战斗机,歼击机;(2)战士

fighter-bomber　战斗轰炸机

fighter-interceptor　截击战斗机

fighter plane　歼击机,战斗机

fighter rate acceleration　战斗机等级的加速

fighting　战斗的,斗争的,交战的

fighting grade gasoline　军用航空汽油

fighting line　战线

fighting-plane　歼击机,战斗机

fighting plane　歼击机

fighting power　战斗力

fighting ship　战斗船(班轮公会竞争货源用)

fighting strength　战斗力

fighting top　军舰上的战斗桅楼,高射炮台

figuline　(1)陶器,瓷器;(2)陶制的,塑造的

figur-　(词头)用图表示的,成了形的,成形的

figurability　能成形性,能定形性

figurable　可具有一定形状的,可定形的,能成形的

figural　用形状表示的,有形的,成形的,造型的

figurate　表示几何图形的,有形式的,定形的

figurate number　垛积数,形数

figuration　(1)轮廓,形状;(2)成形[作用];(3)图案表示,符号表示,数字形式;(4)修琢,装饰,修饰

figurative　(1)用图形表示的,数字形式的;(2)造型的,赋形的,象征的;(3)比喻的,形容的

figurative design　象征性设计

figuratrix　特征表面

figure (=fig)　(1)图形,图像,图案,图表,图解,插图,附图,图;(2)数字,数量;(3)数字,数值,数码,数目,符号;(4)位数;(5)形状,形态,形象,外形,轮廓;(6)用数字表示,用图表示,塑造,描绘,标出,算出,估计,推测,预测

figure adjustment　(测量)图形平差

figure eight blank　8字盲板

figure eight coil　8字线圈

figure eight fake　8字盘绳

figure eight knot　8字结

figure forming tool　样板刀,成形刀

figure in dispute　数字有争议

figure keyboard　字符键盘

figure of confusion　散射盘,弥散圈

figure-of-eight　"8"字形的

figure of eight coil　8字盘绳

figure of eight curve　伯努利双纽线,双正弦曲线

figure of eight knot　8字结

figure of eight pattern　8字图形

figure-of-eight reception　用"8"字形方向特性接收

figure of loss　[变压器每磅材料的]能量损耗

figure of mark pronunciation　数字拼读法

figure of merit (=FM)　(1)质量因数,品质因数,质量指标,优质因子,灵敏值,工作值,最优值,优值,Q值;(2)测量仪表的灵敏度,(电热材料)优良指数;(3)甲板贯穿系数;(4)(放大器)性能指数,性能系数;(5)佳度,标准,准则

figure of merit curve　质量曲线

figure of merit for a tunnel diode　隧道二极管优值

figure of merit of satellite earth station　卫星地面站质量因数

figure of noise　(1)噪声图(以噪声频率分布所得的频谱图);(2)噪声系数,噪声指数,噪声因数

figure of the earth　大地水准面

figure on　(1)打算,考虑;(2)依赖,依靠,指望

figure out　弄清楚,想象出,断定,解决,算出

figure pattern　数字模式

figure plate　拨号盘,转盘

figure punch　数字冲压机,数字冲子,字母冲子

figure reading electric device (=FRED)　字符阅读电子装置,电子读数器

figure-shift　数字变位,数字移位

figure shift (=FS)　跳格符号,变换符号,数码键位,变数字位,换数字挡,数字位

figure signal　变换信号

figure up　算出总数,合计

figured　有花纹的,带图案的,图示的,图解的

figured bar iron　异形钢,型钢

figured iron　型钢,型铁

figureless　无数字的,无图形有

figurer　图像描绘者

figurer plate　转盘,拨号盘

figures shift　符号变换

figuring　修琢

figuring of surfaces　表面的修琢

FIH (=Free in Harbor)　港内交货

FIL (=Filament)　灯丝

FIL (=Filter)　过滤器,滤波器,滤色器,滤光器

FIL (=Free in Lash)　船东不负责装货和绑扎费用

fila　(单 filum)丝

filabond　一种聚脂

filadiere　(法)一种渔船

filament (=F)　(1)聚光灯丝,白热丝,灯丝;(2)丝状阴极,丝极,阴极;(3)长纤维,细线,细丝,丝;(4)(仪器中的)弹簧或金属丝,游丝

filament activity test　灯丝效率试验

filament band　(1)射流;(2)丝带

filament battery　灯丝电池组,甲电池[组],A电池组

filament breakdown　丝状击穿
filament cathode　直热式阴极, 灯丝阴极, 丝状阴极
filament center tap (=FCT)　灯丝中点引线, 灯丝中心抽头
filament circuit　灯丝电路
filament control　[热]丝[电]流调整
filament current　灯丝电流
filament cutter　切丝机
filament emission　灯丝发射
filament fuse　灯丝电路熔断器, 灯丝电路保险丝, 灯丝电路熔丝
filament getter　灯丝吸气剂
filament lamp　白热丝灯, 白炽灯
filament line　流线
filament machine　绕线机
filament reactivation　灯丝再激活
filament regulation　灯丝电路调节
filament regulator　灯丝调节器
filament resistance　灯丝电阻
filament rheostat　丝极变阻器
filament supply　灯丝电源
filament switch　灯丝开关
filament transformer　灯丝变压器
filament type cathode　(无线电)直热式阴极
filament voltage　灯丝电压
filament width of side-light　舷灯光源宽度
filament winding　(1)灯丝电源绕组;(2)缠绕法
filament wound glass-reinforced plastics (=FWP)　长纤维缠绕玻璃钢
filament wound glass reinforced plastics　长纤维缠绕玻璃钢
filamental flow　线流
filamentary　单纤维[质]的, 细丝质的, 丝状的, 细丝的, 灯丝的, 丝的
filamentary cathode　直热式阴极, 丝状阴极
filamentary disintegration　灯丝烧毁
filamentary lamp　白炽灯
filamentary line　水条线, 流线
filamentary transistor　细长形晶体管, 线状晶体管, 丝状晶体管
filamentation　光丝的形成, (束流的)丝化现象
filamented　有细丝的
filamentose　单纤维[质]的, 细丝质的, 丝状的, 细丝的, 灯丝的, 丝的
filamentous　单纤维[质]的, 细丝质的, 丝状的, 细丝的, 灯丝的, 丝的
filar　丝状的, 丝的, 线的
filar evolute　渐屈线
filar guide　[宝石]导丝器
filar involute　渐伸线
filar micrometer　动丝测微计, 游丝测微器, 细丝测微计
filature　(1)缫丝机;(2)缫丝厂, 制丝厂
filbore　基础轴承
filch　钩物杆
file　(1)锉刀, 锉;(2)档案, 文件, 卷宗;(3)文件夹;(4)纵列;(5)资料数据集, 磁带集;(6)登记, 记录;(7)外存储器, 外存件;(8)把文件存档, 归档
file access　文件存取
file all burrs smooth　锉平所有毛刺
file analysis　文件分析
file bench　钳工台
file brush　锉刀刷子, 锉刷
file by file　陆续
file call back　文件调出
file card　(1)锉刀刷子, 锉刷;(2)档案卡片
file carrier　锉柄
file catalogue　文件目录
file chisel　锉錾
file cleaner　锉用钢丝刷
file clerk　档案管理员
file computation　编目计算
file computer　文件计算机, 编目计算机, 信息统计机
file conversion　文件交换, 文件格式转换
file cover　文件夹
file cut　锉刀锉纹, 刻锉机
file cutter　錾锉刀
file cutting machine　锉刀切削机床, 锉纹加工机
file date　(电报)交发日期
file deletion　删除文件
file design　文件设计
file destination　目标文件
file directory　文件目录

file drum　文件存储器, 文件磁鼓, 存储磁鼓
file dust　锉屑
file finish　锉削, 锉光
file finishing　锉削
file for　申请
file gap　文件间隙, 记录间隙
file grinding machine　锉刀磨床
file-hard　(1)比锉刀还硬的;(2)具有淬火钢硬度的;(3)淬了火的(指钢)
file hardness　锉刀硬度(用锉刀定级的硬度)
file header　{计}文件标题
file holder　锉刀夹
file in　陆续输入
file law suit　起诉
file layout　文件格式, 存储形式
file legal proceeding against　提出诉讼
file letter　档案
file limit　文件存储容量范围
file link　文件链接
file list　文件表
file maintenance　(1)资料保存, 资料保护, 文件维护, 存储维护;(2)存储带更新, 卷宗更新
file maintenance machine　文件维护机
file management facilities　文件管理设备
file manager　文件管理程序
file memory　文件存储器, 外[部]存储器
file name　外存储名, 文件名
file number (=FN)　存档号码, 卷宗号
file organization　文件存储形式, 文件组织, 文件格式
file-oriented　面向文件的
file polling　文件查询
file processor　外存储器信息处理机, 文件处理器
file protection ring　文件[存储]磁带盘保护环, 资料保护环
file reel　文件卷盘
file resident　文件驻留
file signal　档案标记
file specification　文件说明表
file steel brush　锉刀刷子, 钢丝刷
file storage　大容量外存储器, 文件存储器
file store　文件存储器, 档案库
file stroke　锉程
file system　文档系统, 文件系统
file test　锉刀试验(用锉刀检查工件硬度)
file tester　锉刀试验机
file transfer　文件转移, 文件传输
file transmission　文件传送
file unit　外存储器部件, 文件单元
file up　锉光
filechecker　试锉法硬度测定器
filemark　卷标
filer　(1)锉刀匠, 锉工;(2)档案管理员
filiform　纤维状的, 丝状的, 线形的
filiform corrosion　丝状锈蚀, 起红丝
filigranology　(1)细丝工技术;(2)水印技术
filigree　(1)细丝工(用金银或其他金属细丝编织各种花纹);(2)(纸张中的)水印;(3)金丝, 银丝
filigree glass　花边玻璃器皿
filing　(1)锉削, 锉法;(2)(复)金属屑, 锯屑, 锉屑;(3)档案;(4)[文件]排列法
filing block　锉座
filing cabinet　档案柜, 文件柜, 卡片箱
filing claims　申请理赔
filing lathe　锉刀车床
filing machine　锉刀机床, 锉床
filing system　(1)文件编排系统, 文件生成系统, 形成资料系统;(2)档案制度
filing time　归档时间
filing-up　归档
filings　金属屑, 锉屑, 锯屑
filings coherer　金属屑检波器, 锉屑检波器, 铁粉检波器
fill　(1)充填, 充注, 填塞, 注满, 装满, 充满;(2)填方, 填土, 填塞;(3)填充, 充气, 充水;(4)填充物, 装填物;(5)路堤, 筑基
fill an order　供应订货
fill an urgent need　满足急需
fill and check valve (=F/C VLV)　注入及止回阀

fill and drain valve (=F/D VLV) 注入与泄放阀
fill-and-draw intermittent method 间断注水法
fill by gravity (由于重力)自流装满,自流填充
fill cap 注液盖
fill character 填充字符
fill construction 填土施工
fill dam 土石坝,土坝
fill factor 占空系数
fill-in (1)临时填补物;(2)镶嵌;(3)情况简介,备注事项;(4)临时
　　补缺人,临时工
fill in (1)填上,填充,填写,填满,塞入;(2)担任临时职务,作临时
　　代理
fill-in light 辅助光,补充光
fill light 柔和光,辅助光
fill metal 焊积金属
fill orifice 填充孔,注入孔
fill rate 订单满足率
fill section 填方断面
fill settlement 填土沉降
fill slope 填土边坡,填土斜坡
fill type dam 堆积坝
fill-up 装满,填上,填补,加注
fill up (1)填上,填补,填高;(2)加注,装满,充满;(3)填写,记入;(4)
　　(气旋)填塞
fill-up carbon 增碳
fill up carbon 增碳
fill up elsewhere 在别处加载
fill up ground 填筑地
fill up hole 填塞孔
fill up to grade 填到设计标高
fill valve 注入阀
fill yard (英)填方数量
filled band 满带
filled band level 满带能级
filled bitumen 加填料沥青
filled board 夹心板
filled compartment 满载舱
filled composite 充填材料
filled floating drydock 灌水下沉的浮船坞
filled hold 满载舱
filled-in 已塞入的,已填入的,已填满的,已充填的,已插进的
filled in 已塞入的,已填满的,已填塞的,已充填的,已插进的
filled in ground 填土地基,填筑地
filled in pier 实体突堤
filled insulation 绝热填料
filled level 满带能级
filled lower defect level 满缺陷能级
filled pipe column 填实管柱
filled plug weld 塞焊缝
filled shell 满壳层
filled tank 满载的舱柜
filled tween deck 装满的二层舱
filled up ground 填土地基,填筑地
filler (1)填料,填隙料,金属芯子,填充物,填充剂,填片;(2)注油口,
　　注入口,加油口,注入孔,加注孔;(3)漏斗;(4)浇注机,注入[加
　　料]器
filler bar 焊条
filler block 止水塞块,止水塞,止水键,填块,衬块,垫块
filler bowl 滤杯
filler cap 加油口盖,加水口盖,漏斗盖
filler cargo 填隙货物,填隙货
filler concrete 隔热轻骨料混凝土,填缝混凝土,填充混凝土
filler control system 注油控制装置
filler gage 量隙规,塞尺
filler gate 充水闸门
filler hole 加油孔
filler-in (1)填料工;(2)临时补缺人
filler in bead core 填充胶条,三角胶条
filler joist floor 栏栅填料楼板
filler lighting 辅助光照明
filler line 充注管
filler metal (1)(焊接时)填隙合金,填充金属,填料金属,填隙合金;
　　(2)焊条
filler neck 漏斗颈,接管嘴

filler opening 加注口,加注孔,填充孔,注入孔
filler piece 填隙片,垫片
filler pipe 加油管,加水管,注入管
filler plate 填隙板,填板
filler plug 注液孔塞
filler port 加注口,加注孔
filler resin 充填树脂
filler ring 垫圈
filler rod (1)填充焊条,焊条;(2)嵌条
filler seam 填密缝
filler tube 加注管,漏斗管
filler wire (焊接)充填金属丝,填充焊丝,熔化焊丝
fillet (=fil) (1)修圆角,圆角,倒角;(2)齿根过渡曲面,齿根圆角,修
　　缘;(3)箍;(4)轴肩,肩角,凸缘,凸起;(5)连接边;(6)填角,嵌线,
　　嵌条;(7)(焊接)轮廓线,填角焊缝,贴角焊缝,角焊缝,凸焊缝,焊脚;
　　(8)整流片,整流器,流束;(9)填料角带,填角料
fillet and groove joint 企口接口
fillet and round 内圆角和外圆角
fillet curve 齿根过渡曲线
fillet ga(u)ge (1)圆角样板,圆角规;(2)焊角规
fillet groove joint (木板)企口接合
fillet gutter 狭条水槽
fillet in normal shear 正面焊缝
fillet interference 过渡齿面干涉,齿根圆角干涉
fillet of cement 水泥填角
fillet of screw 螺纹圈
fillet radius 齿根圆角半径,齿根[过渡]圆弧半径
fillet rolling 圆角滚压
fillet weld (1)填角焊缝,角焊缝;(2)填角焊,贴角焊,角焊
fillet weld in parallel shear 侧面填角焊
fillet weld in the downhand position 角接平焊,船形焊
fillet weld in the flat position 角接平焊,船形焊
fillet weld in the gravity position 角接平焊,船形焊
fillet weld size 填角焊缝尺寸
fillet welding 贴角焊,填角焊,条焊
fillet welding gage 角焊缝检验卡规
fillet welding machine [填]角焊机
filleted corner 修圆角,过渡圆角,[内]圆角
filleter (1)切鱼片机;(2)切片工
filleting (1)角隅填密法;(2)嵌缝法;(3)倒角,圆角
fillets and rounds 内圆角和外圆角
filling (=fil) (1)充填,填充,填塞,注入,浇入,充入;(2)填[充]料,
　　填充物;(3)装料,装填,灌装;(4)中心增压,加负荷;(5){计}存
　　储容量
filling agent 填充剂,填料
filling and emptying characteristics (船闸的)灌水泄水特性[曲线]
filling and emptying system 灌水泄水系统
filling and transfer line 注入及转注管路
filling block 衬块,垫块
filling by flushing 自重充填
filling chock 填料,填块,衬垫,填材
filling coefficient (船闸的)充水系统
filling compound (1)填料;(2)填充用化合物,浇灌膏
filling concrete 填缝混凝土,填充混凝土
filling connection 加油接头,注入接头
filling connection for freshwater and fuel oil 淡水和燃油注入接头
filling conveyor 装料输送带
filling culvert (船闸的)充水廊道
filling curve (船闸的)充水过程线
filling date 交发日期,填写日期
filling device 装填装置
filling element 填[塞]料
filling equipment 装填设备,装油设备
filling fork 探针
filling funnel 注液漏斗,漏斗
filling gage (油压操舵机)注油指示器
filling hole 注油孔,注入孔
filling hose 注入软管
filling hydrograph (船闸的)充水过程线
filling-in 填充,填塞,填满,填入,塞入,充填
filling level 填注水平面
filling level indication 填充水准指示
filling level indicator 填充水准指示器
filling limit 填充极限

519

filling line 装油管线, 装载管路, 注入管路
filling loss 注入损耗, 注油损耗
filling machine 装料机, 注入机, 充填机, 灌注机器
filling main 装油总管, 注入总管, 注油总管
filling material 电缆膏, 填料
filling neck 装油软管, 注油软管
filling notch [轴承滚珠] 装填槽
filling nozzle 装填管嘴, 注入短管
filling of cooling system 冷却系统充液
filling of handwheel [操纵] 手轮喷油格数
filling of injection pump 喷油泵喷油格数
filling of pie 底纱, 筒脚 (筒管上的 纱)
filling of vacancy 补缺
filling opening 灌水口, 充水口
filling pass 填焊
filling piece 填隙片, 垫片
filling pile 填补桩, 灌注桩
filling pipe (=FP) (1) (干船坞门) 注水管道, 注入管; (2) 装载管路; (3) (混凝土的) 灌注管
filling plug 注入口塞
filling point 填充点
filling post 中柱
filling power (涂料等) 充填过程
filling pressure 充气压力, 填料压力
filling procedure 注油程序
filling process 填土工作, 填充过程
filling pump (1) 充水泵, 灌水泵; (2) 灌注泵
filling ratio 充灌率
filling regime (船闸的) 灌水状况
filling ring 垫圈
filling riser 装油立管
filling screw for lube oil 加润滑油螺盖
filling sieve 注入滤网, 注入筛
filling slot (轴承) 装球缺口
filling slot type bearing 带装球缺口型式的轴承
filling station (汽车) 加油站
filling stone 填充石料
filling suction 吸入软管接头
filling system (船闸或船坞的) 灌水系统, 充水系统
filling tank (液压传动装置的) 补给油柜
filling temperature 灌注温度
filling time 灌水时间, 充水时间
filling trunk 装油干线, 灌注干线
filling up 填充
filling-up area 加油点
filling up area 加油点
filling valve (1) 灌水阀门, 充水阀门; (2) 注入阀
filling varnish 补充漆
fillings 填料, 填充物
fillip (=filip) (1) 弹指; (2) 敲击; (3) 刺激, 激励; (4) 刺激能力
fillister (=fil) (1) 凹刨; (2) 凹槽; (3) 刨槽, 开槽
fillister head (=FH) 有槽圆螺钉头
fillister head(ed) screw 有槽凸 [圆] 头螺钉, 圆 [顶] 柱头螺钉
fillister joint 凹槽接合, 凹槽缝
fillister screwhead 有槽圆螺钉头
fillistered joint 凹槽接合, 凹槽缝
film (1) 薄层, 薄膜, 油膜, 膜片; (2) 胶片, 软片, 底片, 胶卷, 影片; (3) 浆沫; (4) 雾; (5) 覆以薄膜, 形成薄膜, 盖薄膜, 涂膜
film adhesive 薄膜胶粘剂
film and paper capacitor 纸介薄膜电容器
film and paper condenser (=FP) 纸绝缘薄膜电容器
film backing 防光晕层
film badge (1) 胶片式射线计量器, 感光测量器, 胶片剂量计; (2) 测辐射的软片
film base [软] 片基
film-boiling 膜状沸腾
film boiling 膜状沸腾
film building 膜的构成, 构膜的
film camera 电影摄像机, 电影摄影机, 胶片摄像机, 电视摄像机
film camera chain 电影电视通道
film camera video amplifier 电视摄像机视频放大器
film capacitor 薄膜电容器
film card 缩微胶片
film card viewer 缩微胶片两用阅读器, 透明胶片阅读器

film cartridge (放软片的) 暗盒
film cement 胶片粘接剂
film channel amplifier 发送电影的通信道内的放大器
film clip 影片剪辑, 剪片
film-coefficient 膜系数
film coefficient of heat transfer 薄膜传热系数, 表面散热系数, 传热膜系数
film conditions (润滑) 油膜的状态
film contrast 底片对比率
film color 柔和色彩
film cooled blade 膜冷却叶片
film-cooled engine 膜冷式发动机
film cooled motor 膜式冷却发动机
film cooling 薄膜冷却
film cutout 薄膜熔断器
film-data 胶卷数据
film disc 薄膜唱片
film former 成膜剂
film forming 成膜的
film forming film building 能形成薄膜的
film forming property of oil 油的结膜性质
film frame 胶卷画面
film gate 摄影机片门
film glass 薄膜玻璃
film grader 配光员
film hardening agent 漆膜固化剂
film holder 胶片暗盒
film image 影片成像
film integrated circuit (=FIC) 薄膜集成电路
film integrity 漆膜完整性, 漆膜连续性, 表层完整
film jacket 片夹
film layer 覆盖薄膜铺放机
film liner 薄膜护面
film lubricant 影片润滑剂
film lubrication 油膜润滑, 液体润滑
film lubrication bearing 液体摩擦轴承, 油膜轴承
film-marker 胶片标志
film material 成膜材料
film memory 照相胶片存储器, 薄膜存储器
film moisture 薄膜水
film mottle 片斑
film of condensate 冷凝薄膜
film of lubricant 润滑油膜
film of oil 油膜
film of oxide 氧化膜
film of rust 锈层
film opaque 修版液
film optical sensing device for input to computer (=FOSDIC) 计算机胶片光读出输入装置
film pack 盒软片暗包, 盒装胶片
film penetration tube (=FPT) 电子透过记录器
film phonograph 电影还音机
film pick-up (1) 电视电影扫描器, 电视电影机; (2) 胶卷摄影; (3) 电视播送影片
film pickup (1) 实况转播; (2) 胶卷摄影
film-plating machine 镀膜机
film plating machine 镀膜机
film printer 影片拷贝机, 印片机
film process (1) 膜状过程; (2) 影片加工, 洗片
film projection apparatus 电影器材
film projector 电影放映机
film radiography 射线照相法
film reader 显微胶片阅读器, 缩微胶片阅读器, 照相底片读出器, 胶带读出器
film record 胶片记录器
film recorder 缩微胶片记录器, 磁带胶片录声机, 胶片录声机, 屏幕录像机, 影片录音机
film recording 影片录制, 胶片录像, 屏幕录音
film reproducer 胶片放声机
film resistance 油膜阻力
film resistor 薄膜电阻器
film ring 感光测量环 (放射线对人体健康的测定)
film scanner (1) 电影电视放映机, 电视摄影机; (2) 胶卷扫描器, 薄膜扫描器

film-scanning 胶卷扫描的, 底片扫描的, 薄膜扫描的
film size 胶片规格
film sizing 薄膜分级
film sizing table 薄膜分级式冲洗淘汰盘
film spot 膜点
film stability 油膜稳定性
film stock 库存电影胶片, 软片材料, 生胶片, 胶卷
film storage 照相胶片存储器, 薄膜存储器
film store 磁膜存储器
film strain gage 薄膜应变仪
film strength 油膜强度, 膜的强度
film strength additive 增强油膜的添加剂
film strip 胶卷, 片带
film stripping test (沥青) 薄膜剥落试验
film studio 电视制片演播室, 电影制片厂
film television 电视电影
film thickness 油膜厚度, 薄膜厚度
film thickness meter 膜厚计
film thickness variation 油膜厚度变化
film transmission 影片图像传输
film transport 输片机构
film-transporting 胶片传送的, 传送胶片的
film trap 片槽
film trick 电影特技
film type condensation 膜状冷凝
film type evaporator 液膜蒸发器, 薄膜式蒸发器
film type rectifying section 膜式蒸馏段
film uniformity 膜均匀性
film viewer 底片观察用光源
film water 薄膜水
film weld 胶片接头
filmatic bearing 油膜轴承
filmbook 显微图书, 图书影片, 影片书
filmcard 缩微索引卡片, 目录胶片
filmed 覆有薄膜的, 电影录音的
filmgraph 胶片录音设备, 胶片录声设备
filmily 薄膜状
filminess 薄膜状态
filming (1) 摄影; (2) 生膜
filmistor 薄膜电阻器
filmize 把……拍厉电影, 改编
filmless 无底片的, 无胶片的
filmset (1) 照相排版; (2) 照相排版的
filmsetting 薄膜排印, 照相排字
filmslide 幻灯片
filmstrip (1) 幻灯卷片; (2) 电影胶片
filmwise 膜状的
filmwise boiling 膜状沸腾
filmwise condensation 膜状凝结
filmwise operation 膜式操作
filmy 薄膜 [样] 的
FILO (=First In, Last Out) 先进后出
FILO (=Free In and Liner Out) 船方不负担装货费但负担卸货费
Filon 费龙 (聚脂 / 玻璃丝 / 尼龙压板的商名)
FILT (=Filter) (1) 过滤器; (2) 滤波器; (3) 滤色器, 滤光器
FILTD (=Free in Liner Terms Discharge) 船方不负担装货费班轮条款卸货
filter (=F 或 filt) (1) 过滤机, 过滤器, 滤水器, 过滤网, 过滤纸, 过滤层, 透水层; (2) 滤波器; (3) 滤色器, 滤色镜; (4) 射线过滤板, 滤光器, 滤光镜, 滤光片; (5) 滤清器; (6) 滤器, 滤机; (7) 滤管, 滤池, 滤纸; (8) 过滤, 滤清, 渗入; (9) 过滤程序, 筛选程序
filter agent 过滤剂
filter-aid 助滤剂
filter aid 助滤剂, 助滤料
filter-aids 助滤剂
filter amplifier 滤波放大器
filter-bag 滤袋
filter band elimination 滤波器
filter barge 残油回收驳, 滤油驳船, 隔油驳船
filter basin 过滤池
filter basket 滤网
filter bed (1) 滤床; (2) 过滤垫, 过滤层, 透水层, 滤层
filter-bottom block 过滤器底板

filter bowl 滤杯
filter cake 滤饼
filter cap 漏斗盖
filter capacitor 滤波电容器
filter capacity 过滤能力, 过滤量
filter car (应急给水用的) 滤水车
filter cartridge 过滤芯子
filter cell 过滤器元件, 过滤器芯子
filter center (1) 数据预处理中心, 航空情报鉴定中心, 情报整理站; (2) 过滤中心
filter characteristic 滤波器特性曲线
filter choke 滤波扼流圈
filter choke coil 滤波扼流圈
filter circuit 滤波 [器] 电路
filter cloth 滤布
filter cloth washer 滤布洗涤机
filter condenser 滤波电容器
filter cone 锥形滤器, 滤锥
filter core 滤波器用铁芯
filter crystal 滤波晶体
filter dam (1) 滤水坝; (2) 透水坝
filter design 滤波器设计
filter disc 滤光盘
filter discrimination (1) 滤波器滤波能力, 滤波器分辨力; (2) 过滤能力
filter drum 滤筒
filter efficiency (1) 过滤元件; (2) 滤波能力
filter element 滤清器滤芯, 过滤器滤芯, 滤波器元件, 过滤器元件, 滤清元件, 滤片, 滤芯
filter factor (1) 过滤系数; (2) 滤光系数, 滤光因数; (3) 滤波因数
filter film 过滤薄膜
filter flask 吸滤瓶
filter funne l[带] 滤网漏斗
filter gauze 滤网
filter glass 滤光玻璃, 滤色玻璃, 滤光镜, 黑玻璃
filter grating 滤栅, 滤网
filter high pass 高通滤波器
filter hut 滤波器盒
filter impedance compensator 滤波器阻抗补偿器
filter insert 滤器芯子
filter layer 倒滤层, 透水层, 过滤层, 渗透层
filter lens 滤光镜
filter liquor 滤光液, 滤 [出] 液
filter loading 过滤器堵塞
filter low pass (=FLLP) 低通滤波器
filter material 过滤材料, 渗滤材料
filter medium (1) 过滤材料; (2) 过滤剂
filter mesh 滤网
filter net 滤网
filter network 滤波网络
filter of graded density 分级比重过滤
filter out 滤去, 滤掉
filter output (=FO) 滤波器输出
filter pad 滤板
filter-paper 滤纸
filter paper 过滤纸, 滤纸
filter pass band 滤波器通带
filter photometer 滤色光度计
filter plant 过滤设备, 滤水池
filter plate 滤光板, 滤波片
filter-plexer 滤波式天线共用器, 滤波器天线共用器
filter plexer 滤波式双工器, 滤声器
filter plug 过滤塞, 滤咀
filter-press 压 [力过] 滤机, 压滤器
filter press 压滤机, 压滤器
filter press action 压滤作用
filter press cell 压滤式电池
filter-pressing 压滤
filter ratio 滤光比
filter reactor 滤波电抗器
filter receiver 过滤接受器, 滤液接受器
filter sand 滤砂
filter sandstone 滤水砂石
filter scan tube 滤光扫描管

521

filter screen [过]滤网
filter section 滤波段,滤波器节
filter segment 滤波器节
filter shim 滤片,滤垫
filter slot 滤波槽
filter stand 漏斗架,滤架
filter-sterilizer 过滤消毒器
filter stick 过滤棒
filter-tank 过滤槽,过滤桶
filter tank 过滤柜,滤清柜
filter thickener 过滤增稠器
filter tip 过滤嘴
filter transmission band 滤波通带
filter tube 渗滤管,渗水管,滤管
filter type respiratory protection 过滤式呼吸保护
filter wash 在过滤中洗涤,洗渣
filter washing 过滤机洗水,洗滤
filter well 排水砂井,渗水井
filter wheel 滤波器轮,滤光轮
filterability (1)过滤本领,滤过额,滤过率;(2)可过滤性,可过滤状态;(3)滤光作用
filterable 可滤过的,可滤的
filterableness 过滤性
filteration (1)过滤,滤除,滤清,;(2)滤光,滤波;(3)渗漏;(4)渗透性,过滤性
filtered 滤过的,过滤的
filtered air 滤过[的]空气
filtered alert data 滤除报警数据
filtered array 滤波后的阵列
filtered beam 过滤注流
filtered cartridge 滤油心子
filtered differential group 过滤微分群
filtered hologram 已滤波全息图
filtered liquor 滤出液
filtered oil 已过滤的油
filterer 过滤工
filtergram 太阳单色光照片,日光分光谱图
filtering (1)过滤;(2)滤波;(3)渗透
filtering basin 过滤池
filtering cloth 滤布
filtering crucible 过滤坩埚,滤锅
filtering equipment 过滤设备
filtering head 过滤水头
filtering installation 过滤装置,过滤设备
filtering jar 滤缸
filtering mat 滤层,滤垫
filtering material 过滤材料
filtering medium 过滤材料,过滤介质
filtering net 过滤网
filtering-off (1)滤除,滤去,滤清;(2)(射线的)拦截
filtering packet 滤袋
filtering screen 滤网
filtering system 过滤系统
filtering unit 滤波组件
filterplexer 吸声器
filterscan tube 滤光扫描管
filterstrips 滤条
filtrability (1)过滤本领,滤过额,滤过率;(2)可过滤性,可过滤状态;(3)滤光作用
filtrable 可滤过的,可滤的
filtrate (1)过滤;(2)滤[出]液;(3)渗漏,渗滤
filtrate factor 滤液因数
filtrated air 无菌空气
filtrated stock 过滤母液
filtrating 过滤
filtrating equipment 过滤装置
filtration (1)过滤,滤除,滤清,;(2)滤光,滤波;(3)渗漏;(4)渗透性,过滤性
filtration efficiency 滤波效率
filtration naphtha 里格罗因溶液,过滤石脑油
filtration of sound 声音的滤清
filtration path 渗漏线
filtration plant 过滤装置
filtrator 过滤器,滤清器

522

filtrum 滤器
filum (复 fila)丝,纤维,丝状组织,丝状结构
FIN (=Finish) 结束
fin (1)周缘加强肋,铸件飞边,周缘翅片,飞翅;(2)散热片,冷却片,肋片;(3)稳定器叶片,翼状物,水平舵,鱼鳞板,翼片,叶片;(4)凸棱;(5)稳定器;(6)(飞机)垂直安定面,水平安定面,机翼,尾翼,弹翼,翅;(7)(火箭的)舵;(8)鳍状物,减摇鳍,鳍板,鳍
fin and rudder area 垂直鳍和方向舵面积
fin and tube type radiator 片管式散热器
fin angle feedback 减摇鳍转角反馈
fin antenna 鳍形天线
fin area (1)垂直安定面面积,尾翼面积;(2)水平安定面,尾翼面
fin assembly 尾翼组件
fin boom 鳍板吊杆
fin colter 鳍形犁刀
fin fan heat exchanger 空气冷却器
fin filter 薄片滤器
fin housing and extending gear 减摇鳍展收装置
fin indicator panel 减摇鳍位置指示器板
fin heel (游艇的)鳍状龙骨,鳍形龙骨
fin keel (1)鳍板;(2)加鳍平底船
fin panel casing 膜式水冷壁
fin post 垂直安定面柱
fin shaft 鳍轴
fin-stabilised 尾翼稳定的
fin stabilization 尾翼稳定
fin-stabilized 用安定面稳定的
fin stabilizer 鳍形减摇装置,减摇鳍装置,防摇鳍,稳定鳍
fin stabilizing system 减摇鳍系统
fin-tip (1)垂直安定面整流罩,翼尖整流罩;(2)直尾翅梢
fin tube 肋片管,翅片管
fin waveguide 带叶片波导
finable 可精制的,可提炼的
final (1)决定性的,结论性的,最后的,最终的,最末的;(2)末级的,终端的,终极的,终级的;(3)最后,终极,结局
final acceptance trials (=FAT) 最后交接试航,最后交船试验,最后交货试验
final accounts (1)总结性报告,结论;(2)期末账单,决算账户
final act 最终条例,最后决议
final agreement 最后协议,最终协议
final amplifier 末级放大器,终端放大器
final anneal 最终退火
final-anode voltage 末级阳极电压,末级板压
final articles 最后条款
final assembly (1)最后装配,最后组装,总装[配];(2)输出装置
final assessment 最终评定
final award 终局仲裁裁决,终局裁决
final bearing 终端导标
final blade 末叶片
final boiling point 完全蒸发时的温度,干点
final branch circuit 最后分支电路
final carry digit 终端进位数
final catastrophic failure 最终毁坏性破裂
final certificate 最终品质证明书
final check 最后检验
final circuit 终接电路
final cleaning 最终清选
final clearing 最终清理
final closing bracket 最终闭括号
final closing of hatches 末次盖舱
final closure [最后]合拢,合拢口
final coating 最后涂层
final coating cement 最后涂的水泥层,表面水泥
final color picture 最终彩色图像
final conclusion 最终结论
final condition 最终状态
final condition after damage 破损后最终状态
final conditions 边界条件
final contact 最终接触
final contact switch 精磨用[接触]开关
final control element 控制系统执行元件,控制系统执行机构,最终控制元件,末控元件,末控器件
final cost (1)最后成本,总成本,总造价,终值;(2)决算
final cost estimate 预算

final count-down　（导弹）发射前的直接时间计算
final damage waterline　最终破损水线
final data processing　数据最终处理
final decision　最终决定
final declaration　最后声明
final delivery elevator　最终卸载升运机
final demand　最后需求
final design　终结设计，竣工设计
final destination　最终到达港
final destination changing charges　变更集装箱交货地费用
final diameter　（回转圈）回旋半径，最后回转圈直径
final digit code　有限数字码
final discharge voltage　放电终了电压
final dredged level　挖成水深
final drive　（1）（拖拉机等）末端传动，末级传动，最终传动，终端传动；（2）（汽车）主传动
final drive gear　（1）传动链末端传动齿轮；（2）主传动齿轮
final drive gear mesh　（1）末端传动齿轮啮合；（2）主传动齿轮啮合
final drive gear ratio　（1）末端传动齿轮齿数比；（2）主传动齿轮齿数比
final drive housing　（1）（拖拉机等）末端传动壳体；（2）（汽车）主传动壳体
final drive pinion　（1）末端传动小齿轮；（2）主传动小齿轮
final drive power take-off　末端传动动力输出轴
final drive reduction　最终传动减速
final drive shaft　最终传动轴，末端传动轴
final drive sprocket　末端传动链轮
final elevator　最终升运器
final encapsulation　封口
final engineering　定案设计工作，进行定案设计
final engineering report　最终工程报告
final equilibrium after flooding　浸水后最终平衡
final estimate　结算
final examination　出厂检验，最终检验，终检
final feedwater temperature　给水最后温度
final filter　终滤器
final finishing　最终精整，成品精整
final finishing tool　最后加工刀具
final fuel filter　燃油精滤器
final gage length　最终计算长度
final gear ratio　末端传动齿轮减速比
final goods　制成品，最后物品
final grading　（1）（路基）最后整型；（2）（木工）最后整平
final inspection　交货检验，最后检查，终检
final landing　（货物）卸完，（船舶）卸空日期
final laying　最终瞄准
final limit, down (=FLDO)　终极限，向下
final limit, forward (=FLF)　终极限，向前
final limit, hoist (=FLH)　终极限，升举
final limit, lower (=FLL)　终极限，下部的
final limit, reserve (=FLR)　终极限，储备
final limit-switch　极限终端开关
final limit, up (=FLU)　终极限，上方
final link　终端链，最终链路
final location survey　最后定线测量
final machining　终加工
final measurement　最后测量
final minification　精缩，终缩
final negative carry　终点反向进位
final of a pole　杆帽
final optimization　最终优化
final optimization pass　（软件）最终优化遍［数］
final orbit　既定轨道
final output　末级输出
final paper　最后文件
final pass　（1）最后的焊道，（2）终轧孔型
final payload　（宇宙飞行器）末级有效负载，净有效负载
final plans　最终图纸，施工图纸
final port　最后目的港
final port of destination　目的港
final port of discharge　最后卸货港
final power amplifier (=FPA)　末级功率放大器
final pressure　最后压力，终压
final prestressing force　最终预应力

final product　（1）最终产品，成品；（2）最后乘积
final-proof　终校样张
final protocol (=FP)　最后议定书
final purifier　最终净化装置
final quantity　有限量
final quantity discharged　最终排放的数量
final reaction system　精馏机
final reading　末次读数，终读数
final record　（1）审判记录；（2）定案档卷
final reduction gear　末端减速齿轮，末级减速齿轮
final release (=FR)
final report　总结报告，最后报告
final retention　最终持水量
final rolling　末次碾压，终碾
final route　最终路由
final safety trip　终端安全释放机构，终端安全脱扣器
final sailing (=FS)　最终启航
final samples　最终油样（石油装卸）
final selector　终接选择器，终接器
final set　终凝
final setting　（混凝土）终凝
final setting time　终凝时间
final settlement　最终沉降
final settlement of claim　索赔的清偿
final shaping　最后整型
final shutdown (=FS)　最终停车
final slip　（电机）最终转差率
final speed　最终速度，末速
final-stage　末级的
final stage　（1）末级；（2）最后阶段
final stage of flooding　最终浸水阶段
final-state　终态的，末态的
final state　（1）（热力过程）终态；（2）最终状态
final state interaction　终态相互作用
final statement　最后结算，决算
final statement of accounts　往来账目结算书
final statistics　终态统计
final stowage plan　实载图
final subcircuit　（电路）最后分路
final supercircuit　（电路）最后分路
final survey　最终检验，定测
final telescope　瞄准望远镜
final temperature　最后温度，终点温度，最终温度
final test　交货试验，最终试验
final thermo-mechanical treatment　最终变形热处理
final thermomechanical treatment　最终变形热处理
final trial　最后试验
final trunk　有限中继线，末级中继线
final vacuum　极限真空度
final valuation　决算，定价
final value　终值
final value theorem　终值定理
final velocity　最终速度，末速度，末速
final video amplifier　（1）末级视频放大器；（2）视频放大器的输出级
final void ratio　最终孔隙比
final voltage　终止电压
final waterline　最终水线
final weld　最后焊道，完工焊缝
final working　最后加工，精加工
final yield　最后产率，总产量
finale　结局，结尾，尾声
finalise　（1）最后确定，作出结论，定下，通过，（2）定稿，（3）完成，结束
finalism　目的论
finality　（1）终尾，终结，定局，完结，结局，（2）确定性，决定性，决定，（3）完美无缺的事情
finalization　定局行动，定局过程，定局事例
finalize　（1）最后确定，作出结论，定下，通过，（2）定稿，（3）完成，结束
finally　决定性地，最后，最终
finance　（1）财务，财政，金融；（2）资金；（3）筹集资金，投资；（4）经济援助，资助，接济
finance company　信贷公司
finance director　财务经理，财务处长

finance law 金融法
finance lease 分期付款租赁[方式]
finance market 金融市场
financial 财务的,财政的,金融的,会计的
financial ability 财力
financial account 财务账单
financial affairs 金融事务,财务
financial arrangemen t 财政安排
financial assets and liabilities accounts 金融资产负债账
financial audit 财务审计
financial books 财务账簿
financial center 金融中心
financial circles 金融界,财界
financial claim 财务金融要求权,债权
financial community 金融界,财界
financial company 金融公司
financial danger 财政上的危险,金融风险
financial guarantee 财务担保
financial interests 金融权益,财务权益,金融界
financial management review (=FMR) 财政管理检查
financial market 金融市场
financial objectives 财务指标
financial plan 财政计划,财务计划
financial planning simulator 金融计划模拟器
financial position statement 财务状况表,资产负债表
financial resource 财政或财务资源,资金来源,资金
financial resource transfer 资金转移
financial responsibility 财务责任
financial restraint 财务限制
financial returns 财务收入,利润
financial revenue 财政收入
financial service 财经服务机构,金融服务
financial situation 财务状态,财政状态
financial statement (1)财务报表,决算表;(2)借贷对照表
financial sources 资金来源,财源
financial supervision 财务监督
financial transaction accounts 财务往来账户
financial year 财务年度,财政年度
financially 财政上,金融上
financing agency 金融机构,融资机构
find (1)发现,看见,找到,找着,查明;(2)觉得,发觉;(3)寻获,寻找,寻求,觅得;(4)断定,决定
find out 弄清楚,认识到,找出,发现,查明
find up 找出
find use as 用作
find use in 应用于
findable 可发现的,可找到的,可得出的
finder (1)探测器,探测仪,测距仪,测距器,测高器,测定器;(2)寻迹器,寻像器;(3)寻线机;(4)瞄准器,瞄准装置;(5)取景器
finder lens 瞄准透镜,寻像透镜
finder screen 检像镜,投影屏
finder switch 寻线机
FINDIC (=Firm Indication) 确切表示
finding (1)选择,寻线;(2)探测,测定;(3)定向;(4)搜索
finding bearing 无线电测向仪方位
finding list 一览表,目录
finding speed 测定速度
findings (1)已得数据,资料;(2)研究结果,结论;(3)发现;(4)发现物
fine (1)细晶粒的,细纹的,细小的,稀薄的;(2)精密的,精巧的,精细的,精炼的,灵敏的;(3)优良的,上等的,高级的;(4)干净的,纯的;(5)技术好的;(6)终结
fine adjusting 精密校正
fine adjusting screw 微调螺钉,精调螺钉
fine adjustment 精密调整,精密校正,精调[整],微调,细调
fine adjustment screw 精调螺钉
fine aggregate 细骨料,细集料,幼骨料
fine alignment 精确调准,精校
fine aluminium 纯铝
fine atomization 良好的雾化
fine azimuth transmitting selsyn 方位角自整角发送机
fine balance (1)精调;(2)细平衡;(3)精密天平
fine blanking 精[密]冲[裁]
fine blanking press 精密落料冲床

fine-bore 精[密]镗[孔]
fine boring 精密镗孔,精镗
fine boring machine 精密镗床
fine boring unit 精镗动力头
fine cargo 精品货物,精致货物
fine chrominance primary 主基色
fine clay 细粘土
fine coal 粉煤,煤屑
fine-collimation 精细准直
fine comb 详细寻找,详细调查
fine compensation 精确补偿
fine control (=FC) (1)精密调节,精[细]调[整],微调,细调;(2)微量控制,微调控制
fine copper 纯铜
fine cordage 细麻绳
fine crack 细裂纹,细微裂纹,(表面上的)发裂
fine crumb 碎屑
fine crushing 细轧
fine-crystalline 细晶的
fine-cut 细切的
fine cut 细切削,精切,精削
fine cut stern 瘦削型船,尖船尾
fine delay (罗兰)延时微调,微小延迟
fine delay dial 延时微调刻度
fine deposits 细泥砂
fine-detail 详细的,细节的
fine detail information 详细信息
fine-details (1)细节;(2)优良清晰度,高清晰度;(3)小零件
fine diamond-point knurling roll 细金刚钻压花滚刀
fine distinction 细微差别
fine distribution 精细分布
fine dotted line 细虚线
fine droplet 细小的油滴
fine dust 微尘,粉尘,石粉
fine-edge blanking 精[密]冲[裁]
fine efficiency 散热片效率
fine etching 阶调腐蚀
fine emery power 细金刚砂粉
fine ended 尖首尾端的
fine feed 微量进给,微小进刀,细进刀
fine fibred 拉成纤维的
fine file 细[纹]锉[刀]
fine filter 精滤清器,细滤器,精滤器
fine finishing 精加工
fine finishing cut 精密完工切削
fine fissure 细裂纹,微裂
fine fit 二级精度配合,精配合
fine flour abrasive 细分磨料,研磨料
fine-focus 细焦的
fine-focused 准确聚焦的,锐焦的
fine focused 准确聚焦的
fine fraction 细粒部分
fine gage screen 细孔筛
fine-graded 细级配的
fine grading 细级配
fine-grain 细[晶]粒,微粒
fine grain 细晶粒,微晶,细晶
fine-grain noise 微起伏噪声,涨落噪声
fine grain noise 微起伏噪声
fine grain steel 细粒钢
fine grain stock 微粒胶片
fine grain structure 细晶结构
fine grain structure 细粒结构
fine-grained (1)细纹的(木料);(2)细粒的
fine grained 细粒度的,细纹的
fine grained fracture 细纹裂面,细晶断口
fine grained sediment 细粒沉淀物
fine grained steel 细晶粒钢
fine-granular 细颗粒的,细粒的
fine gravel 细砾石
fine grinding 精磨削,细研磨,细磨,磨细
fine grinding mill 精细研碎机
fine grinding wheel 细磨轮
fine-groove 细槽纹的,密纹的

fine groove disc 密纹唱片
fine index 细索引
fine limit 清晰界面
fine limit work 精密工作
fine-line 细线的, 密线的, 网纹的
fine line (1) 细实线, 细线; (2)(船体)尖瘦型线
fine line interference 网纹干扰
fine-line printer 片边印字机
fine line printer 片边印字机
fine material 细粒材料, 细泥砂
fine measurement 精密测量
fine measuring instrument 精密测量仪表, 精密量具
fine melt 全熔炼的
fine-mesh 细网眼的, 密网的, 细网的, 细孔的
fine mesh filter 精网滤器
fine mesh grid 密网栅
fine mesh screen 精选机, 细筛
fine mesh sieve 细孔筛
fine mesh wire cloth 带细孔的金属丝网
fine-meshed 带细孔的
fine metal 纯金属
fine mica cloth 细云母布
fine motion (1) 微动; (2) 微动装置
fine oil stone 细油石
fine on the bow 很靠近船首方向
fine paper 高级纸
fine particle 微粒子
fine pitch (1) 小节距, 小模数; (2) 细牙螺距, 小螺距
fine pitch automatic gear milling machine 小模数齿轮自动铣齿机
fine pitch automatic pinion shaft hobbing machine 小模数轴齿轮自动滚齿机
fine pitch bevel gear planing machine 小模数斜齿轮刨齿机
fine-pitch cutter 小节距齿铣刀, 小细距铣刀
fine pitch gear 小节距齿轮, 小模数齿轮
fine pitch gear cutting machine 小模数齿轮加工机床
fine pitch gear hobbing machine 小模数齿轮滚齿机
fine pitch gear milling machine 小模数齿轮铣齿机
fine pitch gear shaping machine 小模数齿轮插齿机
fine-pitch gear tooth 小节距[齿]轮齿
fine-pitch screw 小螺距螺钉, 细牙螺钉
fine pitch thread 细牙螺纹
fine-pointed 尖头的, 尖端的
fine-pointed dressing 细凿修整, 细琢
fine pointed dressing 细凿修整, 细琢
fine-pointed finish 细凿修整, 细琢
fine pointed finish 细琢
fine-pored 细孔隙的
fine pored 孔隙细的, 细孔的
fine porosity 微气孔群
fine power factor 小功率因数
fine pressure 吸入压, 净压
fine purification 精制, 净化, 精洗
fine range indicator 精测距离指示器
fine-range scope 精密距离指示器
fine range scope 精确距离显示器
fine rate 最优惠贴现率
fine regulation 微调, 精调, 细调
fine resolution 高鉴别力
fine roaster 矿粉煅烧炉
fine sand 细砂, 粉砂
fine sandy loam 粘质细砂土, 粘质粉砂
fine saw 细齿锯
fine scale 精密标度
fine scale mixing 精细混合
fine scanning 精细扫描, 多行扫描
fine screen 细孔筛
fine-screen halftone 细网点印版
fine section 瘦瘠剖面
fine sediments 细泥砂
fine seed 小气泡, 灰泡
fine selsyn 精调自动同步机, 精示自整角机
fine setting 精密调整
fine setting down 微调减
fine setting up 微调增

fine shaped ship 瘦型船
fine ship 瘦型船
fine sight 精确瞄准
fine silt 细粉土
fine silver 纯银
fine sizing 精筛
fine sort 细分类
fine-sorted 细分的, 细选的
fine speed adjustment 速度微调
fine spinning machine 精纺机
fine spray 细油雾
fine steel 优质钢, 特殊钢, 合金钢
fine stern (船型)尖尾
fine stiller 精馏
fine stocker 自动仓库
fine strainer 细滤器
fine striped memory 微条形存储器, 微带存储器
fine striped storage 微条形存储器, 微带存储器
fine structure 精细结构, 精密结构, 精致结构, 细微结构
fine structure distribution 精细结构分布
fine structure splitting 精细结构分裂
fine stuff (抹面)细灰浆
fine surface finishing 高级表面光洁度
fine surface mulch 薄覆盖层
fine taper (1) 小锥形; (2) 小锥体
fine technology 精细工艺
fine texture (1) 细密[金相]组织; (2) 细密结构, 密致结构
fine textured soil 细粒土
fine thread 细牙螺纹
fine thread die 细纹螺丝板牙
fine thread screw 细纹螺钉
fine thread series 细螺纹系列
fine thread tap 细牙丝锥
fine time adjustment 快慢针微调
fine tool 精密工具
fine-tooth-comb 仔细搜索
fine-tooth cutter 细齿铣刀
fine-tooth flexible coupling 细牙挠性联轴节
fine treatment 精加工
fine triangular waveform generator 准确三角波发生器
fine tube 小口径管
fine-tune 微调, 精调
fine tuning 微调, 精调, 细调
fine turning (1) 高速精密对研; (2) 精车
fine uniformity 细一致性
fine vacuum 高真空
fine weather 晴天, 好天
fine welding 精密焊接
fine wheel 细砂轮
fine wire 细金属线
fine wire welding 细丝焊接
fine workmanship
fine worm 精密蜗杆
fine worm gear 精密蜗轮
fine worm gears 精密蜗轮副
fine wormwheel 精密蜗轮
fineable 可精制的, 可提炼的
fined (1) 精制的; (2) 变好, 变纯, 变精致, 变稀薄
fined tube exchanger 翅管换能器
finedraw 拉细丝
finely 精细地, 细致地
finely-broken 细碎的
finely cleaned 精制的
finely disintegrated fuel 磨成细粉燃料
finely-divided 磨碎的, 细碎的
finely grained 细粒的, 细纹的
finely-granular 细颗粒的, 细粒状的
finely-ground 磨得很细的, 细磨的
finely ground cement 精碾水泥
finely ground fire clay 细耐火泥
finely-ground particle 小颗粒, 小质点, 微粒
finely ground particle 小颗粒, 微粒
finely-laminated 细层纹的
finely laminated rock 细层纹岩石

finely-porous 微细孔隙的

finely spaced grid pattern 细间隔的栅形图案

fineness (1) 细度, 精细, [晶粒] 细化程度; (2) 精度; (3) 光洁度; (4) 纯度 (成色); (5) 优度; (6) 锐度; (7) 清晰度; (8) 径长比 (直径与长度之比)

fineness coefficient 肥瘠系数

fineness factor (骨料) 粒度系数

fineness fore and aft (船的) 瘦长度

fineness gage 细度计

fineness modulus (骨料) 粒度模数, 细度模数, 细度系数

fineness number 细度指数

fineness of aggregate 填料粗 [细] 度, 骨料粗 [细] 度, 集料粗 [细] 度

fineness of grain 晶粒细化程度, 细晶粒度, 晶粒细度

fineness of grinding 磨料细度, 磨研细度, 研磨细度

fineness of scanning 扫描细度, 扫描密度

fineness of streamline 流线型优度

fineness ratio (1) 直径与长度之比, 径长比, 长细比; (2) 肥瘠系数, 细度比

finer (1) 精炼炉; (2) 精炼工 [人], 精炼工长, 精制工

finer abrasive 精细磨料

finery (1) 精炼厂, 炼厂; (2) 木炭精炼炉; (3) 装饰, 装潢

fines 微粒, 碎屑, 筛屑, 粉末, 碎纤维, 细骨料

finestill 精馏 (高度纯水重蒸馏)

finestiller 精馏器

finestilling 蒸馏, 精馏

finewool (1) 精纺, 细纺, (2) 精羊毛, 细羊毛; (3) 细绒线

finger (1) 指, 指头, 手指, 抓手; (2) 指针, 指示针, 箭头; (3) 机械手, 指形零件, 指状物, 抓手, 钩爪; (4) 仿形器; (5) 测厚规; (6) 阀, 活门, 闸门; (7) (钻探或钻井井架的) 指梁; (8) (钻头的) 堵销, 销

finger bar 刀架

finger bar cutter 带护刀器梁的切割器

finger bit 指形钻头

finger-board 键盘, 键板, 指板

finger board 键盘

finger brush 指形刷

finger buff 指形折布抛光轮

finger chute 指状轨条溜口, 指形条溜口

finger clamp 指形压板, 插销压板

finger cone pine 西方白松, 指果松

finger contact (控制器内的) 指形接触

finger contacts 按钮接点, 指形接点

finger control 手调

finger cracking test 指形抗裂试验

finger cutter 指形铣刀, 指状铣刀

finger dock 指形港池 (突堤码头区)

finger feed 机械手送料

finger gage 厚度规

finger gate 指形浇口, 分支浇口

finger hole 指孔

finger-input system 手指输入装置

finger joint 指形接头

finger lamp 指形灯

finger lever 指状手柄, 指形手柄

finger-mark 指纹, 指迹, 指痕

finger mark 手印, 指迹

finger-mill (type) cutter 指形铣刀

finger nut 指形螺母

finger opening (机器人) 指张开度

finger out 伸出, 伸入水域

finger piece 上条指爪, 指状物, 指针

finger pier 指状码头, 突码头, 突堤

finger pin 探钩, 探针, 厚薄规, 塞尺

finger plate (1) 回转板, 指孔板, 指孔盘, 指示板; (2) (门的) 防污板, 推手板

finger plate ga(u)ge 指板规

finger post (1) (解决问题的) 线索, 指南; (2) 指向柱, 指路牌

finger printing 分辨, 鉴别

finger setting 销定位

finger-shaped 指形的

finger skirt (气垫船) 指状围裙

finger spring 指状弹簧

finger-stall [事故] 预防指示器

finger stop (1) 指状限位器, 手动限位器, 指挡; (2) 指形制动销

finger stop of dial 拨号盘指挡

finger-tip 指尖

finger-tip control (1) 指拨控制, 按钮控制; (2) 轻便控制; (3) 指尖操纵装置

finger tip control 按钮控制, 按钮操纵

finger-type contact 指形触点

finger type gear milling cutter 指形齿轮铣刀

finger wharf 突堤码头

finger-wheel haymaker 指轮式牧草翻动机

fingerboard (1) 指板; (2) 指路牌, 尖形指示牌

fingerbreadth 一指阔, 指幅 (3/4 英寸)

fingered 指状的, 掌状的, 有指的

fingerhold (1) 用手支持; (2) 用手控制

fingering (烧结多孔材料时出现的) 指印现象

fingerplate 防指污板, 指板

fingerpost 指路标, 指路牌, 指南

fingerprint (1) 指纹; (2) 指纹照片, 指纹图

fingerprinting 指纹型裂纹, 指纹印

fingertight 用手指拧紧的

fingertip 指尖

fingertip control 指尖操纵装置, 单锁调整机构, 按钮控制

finial (1) 尖顶饰; (2) 汽车仪表板装饰

finimeter (1) 储量计; (2) 储氧计

fining (1) 澄清, 净化; (2) 澄清剂; (3) 精炼

fining-away (1) 割; (2) 偏斜, 斜起; (3) 磨锐; (4) 削尖

fining furnace 精炼炉

fining-off 细加工

fining varnish 罩面清漆

finis 终结, 结尾, 结束, 完

finish (1) 最后一道工序, 最后加工, 最后阶段, 精加工, 精修, 精制, 光制, 精整, 精轧, 整修, 修饰; (2) 表面光洁度, 表面粗糙度; (3) 修饰层, 涂层, 上油漆, 罩面漆, 漆面; (4) 完成, 完工, 竣工, 完毕, 结束, 终结, 终了, 成品; (5) 研磨, 抛光, 磨光

finish ability 易修整性

finish all over (=fao) (1) 全部精加工; (2) 全部结束, 全部完成, 完全结束

finish allowance 加工裕量, 完工留量

finish bead 完工焊道, 最后焊道

finish broaching 精拉削

finish coat (1) 末道涂层, 终饰层, 罩面层; (2) 最后一道漆

finish-coat paint 罩面漆

finish coat paint 罩面漆

finish cut 完工切削, 精加工, 精切

finish cutting of gear 精切齿轮, 精加工齿轮

finish depth [精] 加工深度

finish doing 做完

finish forge 精锻

finish forging 精锻, 模锻, 终锻

finish gage 终检 (卸油完毕时测量油轮残油的深度及油温)

finish grading 最后整平

finish grinding 最后磨碎, 精磨削, 精磨, 细磨

finish ground gear 精磨的齿轮

finish hardware 光制小五金

finish lamp (完成操作后的) 结束信号灯

finish lapping 精研 [磨]

finish lathe 精整车床

finish machine work 精加工

finish machining 完工切削, 最后加工, 精加工

finish mark (1) 精加工痕迹; (2) 光洁度符号, 加工符号, 加工记号

finish mill 细磨机

finish milling 精铣

finish of pulse 脉冲后沿

finish one side 单面光制

finish planing 精刨

finish product 光制品, 成品

finish roll 给油辊

finish rolling (1) 精轧; (2) 最后碾压, 打光压实

finish size [精] 加工尺寸

finish slotting 精插

finish surface 加工面

finish the mould 修型, 抹光

finish to ga(u)ge 按样板加工, (按尺寸) 精确加工, 终轧

finish to size 按尺寸加工

finish turning 精车

finish turning lathe　精加工车床, 精整车床
finish two side　双面光制
finish with engine　用机完毕, 完车
finish working　精加工
finishability　易修整性, 可修整性, 精加工性
finished　(1) 已精加工的, 已修整的, 光制的, 完成的, 制成的, 完工的, 竣工的; (2) 完美的, 完善的
finished article　[制] 成品
finished axle　加工完毕的车轴, 光轴
finished black plate　黑钢皮
finished blend　混成油
finished bolt　光制螺栓, 精制螺栓
finished cure　二次硫化, 后硫化
finished deck covering　甲板修饰涂层
finished dimension　成品尺寸
finished distillate　成品油中间的馏分
finished edge　加工的坡口, 修光边
finished fuel　商品燃料
finished goods　成品
finished goods account　制成品账户
finished goods inventory　制成品库存
finished goods inventory account　制成品存货账
finished goods ledger　制成品分户账
finished grade　竣工坡度
finished item　完成项目, 成品
finished leather　整饰过的皮革, 成革
finished lube　成品润滑油
finished market product　成品商品
finished ore　精 [选] 矿 [石]
finished part　成品零件, 加工完毕的零件
finished parts ledger　零配件分类账
finished parts storage　成品库
finished piece (=FP)　完工件
finished plan　完工图
finished plate　(1) 加工完毕的板, 光板; (2) 精轧板
finished primer　末道底漆
finished print　相片, 照片
finished product　光制品, 成品
finished product ledger　制成品分类账
finished section　最终断面
finished sheet　精整薄板
finished size　最后净尺寸, 成品尺寸
finished stack　竣工标桩
finished stock　(1) 已加工木料; (2) 制成的产品
finished strip　成品带钢
finished surface　精加工后的表面, 已修整的表面, 光制的表面
finished thickness　竣工厚度
finished voyage　航行结束
finished weld　完工焊接
finished with engine! (=FE)　主机使用完毕, 主机用毕, 用车完毕完车!
finished work　已加工工件
finisher　(1) 修整器, 修整机, 平整机, 整面机, (2) 精加工工具, (3) 精加工机, 精切机, 磨光机; (4) 修整工, 整理工, 整面工, 精修工, 精轧工; (5) 成品轧机, 精轧机; (6) 最长的钎子; (7) (木制品) 涂饰, 上油漆, 修整, 终饰
finisher box　末道针梳机
finishing　(1) 修整, 精整, 精修, 终饰; (2) 精轧; (3) 最后加工, 表面加工, 精加工, 精切, 精车; (4) 精制, 光制; (5) 修整机, 整面机; (6) 涂饰, 上油漆; (7) 结尾, 结束
finishing after firing　烧后加工
finishing allowance　精加工留量, 加工留量, 加工余量, 完工留量
finishing bevel gear cutter　锥齿轮精加工铣刀 [盘]
finishing bin　水分平衡柜
finishing bit　光制刀头, 光削刀头
finishing blade　精切刀齿, 精加工刀齿
finishing blade angle　精加工刀齿齿廓角
finishing block　(1) 拉细丝机; (2) 成品线卷筒
finishing board　平整规板, 修整板
finishing bolt　光螺栓
finishing broach　精加工拉刀, 精切拉刀
finishing buoy　终点浮标
finishing cloth　擦布
finishing coat　最后一道涂层, [罩] 面层
finishing-cut　完工切削, 精加工

finishing cut　精切削加工, 最终加工, 完工切削, 精加工
finishing cutter　精加工铣刀, 精加工刀, 光铣刀
finishing die　成形压模, 精拔拉模
finishing drill　修准钻
finishing feed　光制精加工进刀, 精加工进刀, 精加工进给, 光制进给, 光制进刀
finishing float　修整镘板
finishing gear cutting hob　齿轮精加工滚刀
finishing gear shaper cutter　齿轮精加工刨刀, 精切齿轮刨刀
finishing groove　(唱片) 终止纹槽
finishing hardware　精制小五金
finishing hob　精加工滚刀, 精切滚刀
finishing layer　终饰层, 盖层, 罩面
finishing limit switch　终止限位开关
finishing line　终点线
finishing-machine　完工切削, 精加工
finishing machine　精加工机床, 修整机, 研磨机, 整面机
finishing metals　精炼金属
finishing mill　精轧机
finishing nail　终饰钉
finishing operation　精加工工序
finishing paint　罩光漆, 罩面漆, 装潢漆, 饰面漆
finishing point　终点
finishing powder　粘金箔粉
finishing process　精加工过程, 精加工工艺
finishing reamer　精铰刀
finishing roll　精轧轧辊, 精轧辊
finishing rolling mill　精轧机, 终轧机
finishing rolling unit　精轧机组
finishing rolls　精轧轧辊, 细轧机, 整理机
finishing room　(1) 完工车间, 成品车间; (2) 油漆间
finishing screen　最终筛, 细筛
finishing shop　完工车间
finishing signal　发射终止信号
finishing stake　(路堤边坡的) 修整标桩
finishing steel　最后的钻杆, 最长的钻杆
finishing stove　加工炉
finishing tap　精丝锥 (三锥)
finishing temperature　精加工温度, 焊接终了温度, 终轧温度, 最后温度
finishing the heat　熔炼完成
finishing tool　精加工刀具, 精车刀, 光车刀, 精刨刀
finishing tooth (teeth)　精削齿, 精切齿
finishing tooth of broacher　拉床精削齿
finishing touch　(1) (最后) 润饰; (2) 最后加工
finishing treatment　精工处理
finishing turning　精车
finishing washer　光制垫圈
finishing wheel　精磨砂轮, 抛光砂轮
finishing feed work　(1) 精加工, 最后加工; (2) 修整工作
finitary　有限性的
finite　(1) 有限, 有穷, 有尽; (2) 非无限小的, 有定值的, 受限制的, 限定的, 有限的, 有尽的, 有穷的
finite amplitude depth sonar (=EADS)　有限波幅测深声纳
finite amplitude wave　有限幅波
finite-aperture antenna　有限孔径天线, 终端开口天线
finite automat　有限自动机
finite automation　有限参数自动化
finite beam klystron　细电子束速调管
finite concentration　一定浓度
finite counting automation　有限计算自动机
finite decimal　有尽小数
finite deformation　有限变形
finite diameter　有限直径
finite-difference　有限差分的
finite difference　有限差, 有穷差, 差分
finite difference equation　有限差分方程
finite difference expression　有限差分表示式
finite difference formula　有限差公式
finite-difference method　有限差分法, 差分法
finite difference method (=FDM)　有限差分法
finite-dimensional　有限维的
finite displacement　有限位移
finite elastic plastic theory　有限弹塑性理论

finite element　有限元
finite element analysis　有限元分析
finite element approach　有限元法
finite element for discretized problem　离散问题的有限元
finite element method (=FEM)　有限元法
finite element solution　有限元解法
finite energy correction　有限能量修正
finite energy density effect　有限能量密度效应
finite field　有限域
finite Fourier series　有限付里叶级数
finite function　有限函数
finite gear　有限寿命[设计]齿轮
finite induction　数学归纳法,有限归纳法
finite lattice　有限点阵
finite life　有限寿命
finite life region　(疲劳曲线上的)有限寿命区
finite-memory automation　有限记忆自动机
finite-memory channel　有限记忆信道
finite memory source　有限记忆信源
finite number of variables　有限变量数
finite partition　有限划分
finite plastic domain　有限塑性区域,有限塑性范围
finite probability　有限概率
finite progression　有限级数,有穷级数
finite series　有限级数,有穷级数
finite set　有限集
finite singularity　可去奇[异]性
finite solution　{数}有尽解,有穷解,有限解,定解
finite space　有穷论的空间,有限空间
finite span　有限幅宽
finite state algorithm　有限态算法
finite state automat　有限态自动机
finite state channel　有限状态信道
finite state grammar　有限状态语法
finite state language　有限状态语言
finite-state machine　有限状态时序机,有限自动机
finite state machine　有限状态时序机
finite strain　有限应变
finite subadditivity　有限子可加性
finite switching time　限定开关时间
finite thickness　有限齿厚
finite time average　有限时间均值
finite value　有限数值
finitely complete category　有限共完全范畴
finiteness　有限性质,有限状态
finitism　有限论
finitude　限定性质,限定状态,有限,限定
finless　无散热片的,无翼片的
finned　有稳定器的,装有肋片的,有翼的,尾翼的,
finned air cooler　肋片式空气冷却器
finned brake drum　带散热片的制动鼓
finned coil　[带]肋片盘管,有翅旋管
finned cooler　肋片式冷却器
finned evaporator　肋片式蒸发器
finned length　带肋片管子长度,带翅片部分管长
finned pile　带翅桩
finned pipe　肋片管,翅片管,翼形管,鳍片管
finned radiator　肋片平板式散热器,肋片式散热器,翅片散热器
finned surface　翅面
finned surface evaporator　肋片式蒸发器
finned tube　肋片管,翅片管,翼形管,鳍片管
finned tube heat exchanger　翅管换热器
finned tube radiator　肋片管式散热器
finned tube reheater　肋片管加热器
finned tube wall　翅片管水冷壁,翅片散热管壁,肋片管水冷壁,膜式水冷壁
finned tubes exchanger　翼片换热器
finned type evaporator　翅管蒸发器
finned type heating coil　鳍式加热器
finned wire　镀锡铜线
finning　肋材的装配,用肋加固,打抜缝,加翼,加肋
finsen lamp　水银弧光灯,紫外线灯
finsen light　水银弧光灯,紫外线灯
FIO (=For Information Only)　仅供参考

FIO (=Free in and Out)　船方不负责装卸费用
FIOS (=Free in and Out and Stowed)　船方不负责装卸和积载费用
FIOST (=Free in and Out and Stowed and Trimmed)　船方不负担装卸、积载和平舱费用
FIOT (=Free in and Out and Trimmed)　船方不负担装卸和平舱费用
FIR (=Flight Information Region0　飞行信息区
fir　(1)枞木,枞树,冷杉,云杉,(2)花旗松,落叶松
fir pine　枞松
fire　(1)火,炉火,火光,火花,(2)发火,点火,生火,点燃,燃烧,(3)射击,发射,开炮,(4)壁炉,(5)火灾,失火,焚毁,(6)(闸流管)开启,(调制器)启动,(7)加热器,加热,热量
fire-adjusting plane　校射飞机
fire adjustment　射击校正,发火调整
fire-alarm　火警警报器,自动火警机,火灾报警器
fire alarm　火警警报器,火警信号,警报器,火警
fire alarm bell　火警铃
fire alarm box (=FABX)　火警箱
fire alarm circuit　火警信号电路
fire alarm detector of ion type　离子式火警探测器,离子式侦火器
fire alarm detector of thermal type　热力式火警探测器,热力式侦火器
fire alarm device　火警报警装置
fire alarm equipment　消防报警设备,火警报警装置,火灾报警器
fire alarm signal　火警信号
fire alarm signal station　火警信号站
fire alarm system　火警报警装置,火警报警系统
fire alarm system panel　火警报警系统板
fire and allied perils　火灾和类似灾害
fire and bilge　舱底及消防(泵)
fire and bilge pump (=FBP)　消防污水两用泵,消防及舱底水泵
fire and boat drill　消防及登艇演习
fire and emergency　消防及应急
fire and marine insurance　火灾及海上保险
fire and rescue bill　消防救生部署表
fire and rescue party　援救消防队
fire-annihilator　灭火器
fire annihilator　(1)熄灭器,(2)灭火器
fire annihilator pipe　消防管
fire apparatus　消防器材,消防设备,灭火器
fire appliance　消防设备
fire area　防火面积,用防火墙隔开的区段
fire arms　枪械
fire assay　火法化验
fire axe　消防用斧,太平斧,消防斧
fire balloon　(1)热气球;(2)一种焰火气球
fire banked　(锅炉)压火,封火
fire-bar　加热条,炉条,炉栅,炉排,炉箄
fire bar　炉条钢
fire bar steel　炉条钢
fire barriers　防火间隔
fire basket　火盆
fire bell　火警警铃
fire bill　消防部署表,消防部署
fire blanket　消防毯,灭火毯,防火毯
fire blocks　防火块
fire-boat　救火船,救火艇
fire boat (=FRB)　消防船,消防艇
fire-bomb　(1)燃烧弹;(2)投燃烧弹
fire bomb　燃烧弹
fire box　燃烧室,火箱室
fire-brand　燃烧的木头
fire-break　防火线,防火墙
fire break　(1)防火间距;(2)防火地带,防火线,防火墙
fire-brick　耐火砖
fire brick　耐火砖
fire brick lining (=fbl)　耐火砖衬里
fire-bridge　防火桥
fire bridge　(炉胆中)低隔墙,矮墙,火坝
fire-brigade　消防队
fire brigade (=FB)　消防队
fire brigade hydrant (=FBH)　消防龙头
fire brigade vehicle　消防车
fire bucket　消防水桶,消防桶
fire bulkhead　(1)(船舶)防火舱壁,消防舱壁;(2)防火[隔]堵,

528

防火墙, 挡火墙

fire casualty 失火事故

fire casualty record 失火事故记录

fire cause class 火种

fire cemen t 耐火水泥

fire chamber 燃烧室

fire check 烧成裂隙, 热裂纹, 烧裂

fire chief 消防部门主管人

fire clay 耐火粘土, 耐火泥

fire-cloud furnace 碳粉电气淬火炉

fire cleaning 火焰清理, 火焰除漆

fire clothes 防火服

fire coal 燃煤

fire-coat 氧化皮, 鳞皮

fire coat 氧化皮

fire cock (=FC) 防火开关, 消防龙头, 消防旋塞, 消防栓

fire combat stations 消防部署, 消防岗位

fire company (1) 火灾保险公司; (2) 消防队

fire-control (1) 消防, 防火; (2) 实施射击, 射击控制, 火力控制, 发射控制

fire control (=FC) (1) 火灾控制, 消防控制, 消防, 防火; (2) 实施射击, 射击指挥, 射击控制, 火力控制, 发射控制

fire control equipment 火灾控制设备

fire control grid 射击控制方格

fire control measure 防火措施

fire control plan 防火控制图

fire control radar 射击用雷达, 炮瞄雷达

fire control room 消防控制室

fire control sonar 射击控制声纳

fire control station 消防控制站

fire control system (=FCS) 消防系统

fire crack 辊裂印痕, 加热裂纹, 烧裂纹, 热裂缝

fire cracked rod 灼伤盘条

fire-cracker welding 躺焊

fire cracker welding 躺焊

fire crackers 鞭炮

fire cut 梁端斜面

fire damage 火灾损失

fire damper 防火风门, 挡火板

fire-danger meter 火险预警仪

fire danger meter 火险预警仪

fire danger station 火险观测站

fire demand 消防用水

fire department (1) 消防机构, 消防部门, 消防处, 消防队; (2) 消防人员

fire detecting and extinguishing apparatus 探火和灭火装置

fire detecting and extinguishing appliance 探火和灭火设备

fire detecting arrangement 火警警报装置, 探火装置

fire detecting cabinet 火警警报箱, 火警探测箱

fire detecting device 失火报警装置

fire detecting system 火警警报装置, 火警探测装置

fire detection 火警探测, 侦火

fire detection and alarm system 火警探测和报警系统

fire detection and general alarm system 火灾探测和通用报警系统

fire detection apparatus 火警探测设备, 侦火设备

fire detection device 火警探测装置, 侦火装置

fire detection system 火警探测系统, 侦火系统

fire detector (1) 火警监控器, 火灾探测器, 火灾指示器, 探火器, 侦火器; (2) 混合气爆炸测定器

fire devil 焊炉

fire direction 射击指挥

fire direction center (=FDC) 射击指挥中心, 射击指挥所

fire direction net 火力方向网

fire-distillation 用火加热的蒸馏

fire division (1) 防火分舱; (2) 防火划区

fire division wall 防火 [隔] 墙

fire door 防火门, 炉门

fire door catch 炉门挡

fire door frame 炉门框

fire door handle 炉门把

fire door hinge 炉门铰链

fire door hole 炉门孔

fire door hood 炉门罩

fire door peek hole 炉门窥视孔

fire door register 炉门调节风门

fire-drill 消防演习

fire drill (1) 消防演习; (2) 取火钻

fire effect 射击效果

fire-end 火端, 热端

fire-engine (1) 救火机; (2) 救火车

fire engine (1) 救火机 [车], 灭火机; (2) 救火车, 消防车; (3) 消防泵

fire engine hose 消防胶管, 水龙带

fire equipment 灭火设备

fire error indicator (=FEI) 发射误差指示器

fire-escape 安全出口, 太平梯, 救火梯

fire escape (1) 防火应急出口, 防火通道, 太平门; (2) 一种带轮子的伸缩梯, 安全梯, 太平梯

fire escape chute 消防逃生道

fire escape ladder 太平梯, 脱险梯

fire exit 安全出口, 安全门, 太平梯

fire-exit bolt 安全门闩

fire-extinguisher 灭火器, 消火器

fire extinguisher (=FE) 灭火器, 灭火机, 灭火筒

fire extinguisher charge 灭火器起动剂

fire-extinguisher cock 灭火器开关

fire extinguisher of self sensitive chemical 化学自动灭火器

fire extinguisher plant 灭火装置

fire extinguishers 灭火器

fire extinguishing agent 灭火剂

fire extinguishing apparatus 灭火器械

fire extinguishing appliance 消防设备, 灭火器具

fire extinguishing foam 泡沫灭火剂

fire extinguishing pump 消防用泵

fire extinguishing system 灭火系统

fire-fanging (1) 自燃; (2) 自动发热

fire-fight 炮战

fire-fighter 消防队员

fire fighter 消防队员, 消防员

fire-fighting (=FF) 防火灾的, 消防的, 防火的, 灭火的

fire-fighting and extinguishing equipment 消防灭火设备

fire fighting boat (=FB) 消防船

fire-fighting pipe 消防管

fire fighting system 消防系统

fire finished edge 烧边, 烘口

fire-float 消防艇

fire float 救火船, 消防船, 消防艇

fire float pump 消防船的消防泵

fire flooding 火驱法

fire-fly glass 荧光玻璃

fire fly glass 荧光玻璃

fire foam 泡沫灭火剂, 灭火泡沫

fire foam producing machine 泡沫灭火机

fire for adjustment 试射

fire frame 火制铁架

fire gases 可燃气体, 易燃气体

fire gilding 火焰镀金

fire gong 火警钟, 火警铃, 火警锣

fire goods 易燃物

fire-grate 炉条, 炉排, 炉栅, 炉

fire grate 炉栅, 炉条, 炉箅

fire grate bar 炉条

fire grease 炉条滑脂

fire-guard 壁炉条, 壁炉栅, 壁炉蓖子

fire guard 消防员

fire gun 灭火枪, 消防枪

fire hat 消防帽, 救火帽, 安全帽

fire hazard 易引起火灾危险, 易燃性, 火警危险

fire hazard property 失火危险性

fire-hazardous 易引火的, 易着火的

fire hazardous 可燃的

fire helmet 救火头盔

fire-hole 传火孔 (底火)

fire hole 炉口, 火口

fire hook (1) 消防钩; (2) 火钩

fire-hose 消防水龙带

fire hose (=FH) 救火水龙头, 救火帆布带, 灭火水龙带, 消防水龙带, 消防水龙管, 消防软管, 救火软管

fire hose box 消防水龙带箱

fire hose cabinet (=FHC)　消防水龙带箱, 消防柜
fire hose coupling　消防水龙接头, 消防带接头
fire hose rack (=FHR)　救火软管架
fire hose nozzle　消防水龙带喷嘴
fire house　消防车库, 消防站
fire-hydrant　消防龙头, 灭火龙头, 消防栓
fire hydrant (=FH 或 FHY)　消防龙头, 灭火龙头, 消防栓
fire hydrant cabinet　消防栓箱
fire immunity (=FI)　火灾免责
fire in the hole　发射前的警报信号
fire indicator　火警指示器, 火警信号器
fire indicator board　火警指示板
fire installation　消防设备
fire-insurance　火灾保险, 火险
fire insurance (=FI)　保火实险, 保火险, 火险
fire iron　生火工具
fire ladder　救火梯
fire lagging　防火隔离层, 防火绝缘层, 防火覆盖层
fire lamp　火警指示灯, 火警报警灯
fire launch　消防艇
fire light effect　灯光照明效果
fire-lighter　引火物
fire lighter　火焰增光剂, 点火器, 点火剂
fire limits　(1) 消防限制; (2) 消防分区
fire-line　(1) 火灾现场警戒线, 消防警戒线, 防火线, 消防线; (2) 交通封锁线
fire line　防火线, 消防线
fire line hydrant　消防水龙头
fire load　[每平方英尺建筑面积的] 燃料荷载
fire lookout　火警了望员
fire losses　火灾损失
fire main (=FM)　消防水管, 消防干管, 消防总管
fire main console　消防总管控制台
fire main pipe　消防总管
fire main system　消防总管
fire maker　打火机
fire mark　火灾标志
fire marshal　防火部门主管人
fire mask　防火面罩, 消防面具
fire monitor　(1) 消防监视站; (2) 消防炮
fire muster list　救火部署表
fire nozzle　消防喷口
fire of lightning　闪电光
fire off　(锅炉) 升火, 升汽
fire office　火灾保险公司
fire-out　(火箭的) 发射, 起动
fire paint　防火漆, 耐火漆
fire-pan　灰坑, 灰槽, 灰池
fire partition　防火隔墙
fire party　消防队
fire passage　消防通道
fire patrol　防火安全检查, 火警巡逻
fire patrol system　消防巡逻制度
fire patrolman　(1) 消防队成员; (2) 火灾巡警
fire picker　火钩
fire pipe　消防管
fire plant　消防装置
fire-plough　拨火棍
fire-plow　拨火棍
fire plug (=FP)　消防龙头, 消防栓, 灭火塞
fire point　放电开始点, 燃烧点, 起动点, 发射点, 着火点, 发火点, 电离点, 燃点, 闪点
fire-policy　火 [灾保] 险单
fire policy (=FP 或 fp)　火灾保险单, 火险保单
fire polishing　热抛光法
fire-pot　(1) 内火箱, 燃烧室; (2) 引火箱, 火箱
fire pot　火炉, 坩埚, 熔锅
fire practice area　军事演习区
fire practice area beacon　军事演习区立标
fire precaution　防火措施, 消防措施
fire prevention　火灾预防法, 防火措施, 防火
fire pricker　火镰钩
fire-proof (=FP)　防火的, 耐火的
fire proof (=fp)　防火的

fire-proof aggregates　耐火集料
fire-proof alloy　耐热合金
fire-proof brickwork　防火墙
fire-proof bulkhead　防火隔墙, 防火舱壁
fire-proof cable　防火电缆
fire-proof casing　耐火衬套
fire-proof coating　耐火涂料
fire proof cock　防火开关
fire-proof concrete　耐火混凝土
fire-proof construction　耐火建筑物, 耐火结构, 耐火构造
fire-proof curtain　防火幕
fire-proof door　防火门
fire-proof grease　耐火润滑脂, 耐火滑脂
fire-proof line　耐火绳
fire-proof machine　防爆式电机
fire proof machine　防爆式电机
fire-proof material　耐火材料
fire-proof paint　防火漆, 耐火漆
fire-proof plate　火警警报指示板
fire-proof structure　耐火结构
fire-proofed paper　防火纸
fire-proofed wood　抗火木材, 耐火材
fire protecting arrangement　消防设备布置, 消防设备
fire protection (=FP)　消防措施, 防火
fire protection additional special apparatus (=FPA)　消防特别附加设备
fire protection apparatus (=FPA)　消防设备
fire protection association (=FPA)　消防协会
fire protection cargo hold (=F-C)　货舱消防设备
fire protection coating　防火涂层
fire protection device　消防设备
fire protection in accommodation (=FPA)　(符合规范的) 生活居住区防火设备
fire protection machinery space (=F-M)　机器处所消防
fire protection rules　消防规范
fire protection strip　防火隔离带, 防火巷道
fire protection suit　防火衣, 防火服
fire protection system　消防装置
fire pump　消防水泵, 消防泵, 灭火泵
fire pump capacity　消防泵排量
fire quarters　消防部署表, 消防岗位
fire raft　火筏
fire rake　火耙
fire rating　(建筑物的) 防火等级
fire red　火红
fire-refined　火 [法] 精炼的
fire-resistance　抗火性
fire resistance　防火性能, 耐火性, 抗火性
fire-resistant　耐高温的, 抗火的, 阻火的, 耐火的
fire resistant　耐火的, 抗火的
fire resistant fluid　耐燃液体
fire resistant paint　耐火油漆
fire-resistant wire　耐火绝缘导线
fire-resisting　不氧化的, 耐火的, 抗火的
fire resisting　耐火性的, 耐火的, 防火的
fire resisting bulkhead　耐火舱壁
fire resisting closing lifeboat　封闭式耐火救生艇
fire resisting concrete　耐火混凝土
fire resisting division　防火分隔, 级分隔
fire resisting finish　防火罩面漆
fire resisting material　耐火材料
fire resisting partition　耐火隔墙
fire resistivity　耐火性, 耐燃性
fire retardant　滞火剂, 阻燃剂
fire-retardant paint　耐火油漆, 防火漆, 耐火漆
fire retardant paint　耐火油漆, 防火漆
fire retardant polyester resin　耐火聚脂树脂
fire retardant tile　耐火砖
fire retarding bulkhead　阻火舱壁
fire-retarding paint　耐火油漆, 耐火漆
fire retarding paint　耐火油漆
fire retarding wood　耐火木材
fire-retarded　用防火材料保护的

530

fire risk 火险, 火灾
fire risk extension clause 火险责任扩展条款
fire risk on freight (=FROF) 货运火[灾]险
fire risk only (=FRO) (1) 仅保火灾险；(2) 只承担火险
fire rocket 火箭信号
fire-room 汽锅室, 锅炉房, 锅炉间, 火室
fire room (=FRM) 锅炉舱, 锅炉间, 火室
fire room efficiency 锅炉舱工作效率
fire room stoking 点火, 燃烧
fire route 救火路线
fire runner 消防安全检查员
fire safety 消防 (设施)
fire safety measure 防火安全措施
fire safety rules 防火规范
fire sand 耐火砂
fire sand box 灭火砂箱, 太平砂箱
fire saw 大锯
fire scale 耐火氧化皮
fire scan 空中红外探火仪, 火情扫描
fire-screen 防火墙, 火隔
fire screen 防火栏, 防火帘, 挡火屏, 防火屏
fire screen bulkhead 挡火舱壁
fire security measure 防火安全措施
fire sequence 火警信号显示顺序
fire service 消防工作, 消防设施, 消防队, 消防业
fire service main 消防水管
fire service pipe 消防管路
fire service pump 消防水泵, 消防泵
fire setting 火力法采掘
fire shelter 防火屏
fire ship 纵火船, 火攻船
fire shutter 防火百叶窗
fire side 火侧
fire signals 火警信号
fire slice 长柄火铲
fire smoke detection 烟火探测, 侦烟火
fire smothering 窒息灭火
fire smothering gas 窒火气体
fire smothering steam 灭火用窒息蒸气
fire space plate (船上) 火警地区指示牌, 火灾部位指示牌
fire spreading 火蔓延
fire sprinkler 喷洒灭火器
fire-sprinkling system 喷水灭火系统
fire sprinkling system 喷水灭火系统
fire standpipe 消防竖管
fire-station 消防站
fire station (=FS) (1) 消防队部, 消防局, 消防站；(2) 导弹发射控制台
fire station bill 救火部署表
fire stick (1) 打火棒, 拨火棒；(2) (复) 火筷
fire stink 烟火气味
fire-stone 火石
fire stop 防火隔墙, 挡火物
fire stopper 灭火器
fire storm (核爆炸引起的) 火暴, 大面积火灾
fire subdivision 防火分舱, 防火划区
fire superiority 火力优势
fire support 火力支援
fire suppression bottle 灭火罐
fire switch (=FS) (1) (红外线望远镜) 发送开关；(2) (发动机) 起动开关, 点火开关
fire system 消防系统
fire tender 消防船
fire test 耐火性试验, 着火试验, 燃点试验
fire thermostat (=FT) 点火自动调节器, 点火热动开关
fire tower (1) 消防瞭望塔；(2) 防火和防烟分隔间, 防火塔
fire triangle 着火三要素
fire trough 燃烧道
fire truck 救火车, 消防车
fire tube 火管, 烟管
fire-tube boiler 火管式锅炉
fire tube boiler (=FTB) 火管锅炉
fire tube boiler survey (=FTBS) 火管锅炉检验
fire up (锅炉) 升火, 升汽
fire valve 消防阀, 灭火阀

fire vessel 消防船, 救火船
fire wagon (1) 消防车, 救火车；(2) 锅炉车
fire-walker 火灾警戒员
fire wall (=FW) (1) 防火墙, 隔火墙；(2) 风火墙；(3) 防火隔板, 绝热隔板
fire warning 火警警报
fire warning light 火警警报灯
fire warp 火警曳缆 (供船迅速离开码头)
fire watch 消防值班, 消防巡查
fire-watcher 火灾警戒员
fire weather station 防火气象站
fire welding 锻焊
fire wheel 焰火轮
fire window 防火窗
fire wire (1) 有电线, 带电线, 载火线, 火线；(2) (航空工业中防火用) 不锈钢中空线
fire-withstanding 耐火的
fire wood 燃料木柴, 柴薪
fire-works 焰火
fire works (1) 烟火, 花爆；(2) 爆炸；(3) 物价暴涨
fire zone (=FZ) 防火区
firearm 火器, 火炮
firearm and ammunition 武器和弹药
firearmor 镍铬铁锰合金
firearms 枪支
fireback (熔炉的) 背墙, 背衬
fireback boiler 厨灶锅炉
fireball (1) 球状闪电；(2) 火球；(3) (旧式) 燃烧弹
firebar 炉条
firebase 火力基地
firebed 燃烧层
firebird (俚) 无线电控制信管
fireboard 挡炉板
fireboat 消防艇
fireboss (1) 瓦斯检查员；(2) 通风员
firebox (机车锅炉的) 燃烧室, 火室, 火箱, 炉膛, 烟箱
firebox sheet 火箱板
firebox shell 燃烧室壳板
firebox stay 燃烧室牵条
firebrand 燃木
firebreak (1) 森林防火线；(2) 防火墙, 挡火墙
firebrick 耐火砖
firebrick lining 耐火砖衬, 耐火砖衬层
firebug 消防巡逻员
fireclay 耐火粘土, 耐火泥
fireclay brick 耐火砖
fireclay lining 火泥炉衬
fireclay sleeve 火泥袖砖
firecracker 爆竹, 鞭炮
firecracks 炽裂
fired (充气管的) 放电
fired devil 火盆
fired process equipment 火焰工艺设备
fired-to 有自由面的爆破
firedamp (1) 瓦斯, 沼气, 甲烷；(2) 密封防火墙
firedamp drainage 排放瓦斯
firedamp fringe 瓦斯边界层
firedamp layer 沼气积聚层
firedog 炉壁柴架
firedog door (1) 炉门, 炉口；(2) 防火门
firefighters 点火剂
firefighting 消防, 防火
firefighting and drills 消防和演习
firefighting apparatus 消防设备
firefighting appliances (=FFA) 消防设备
firefighting assistance 消防援助
firefighting boat 消防船
firefighting charge (=FC) 消防费
firefighting craft 消防艇
firefighting drill 消防演习
firefighting equipment (=FE) 消防设备
firefighting party 消防小分队
firefighting personnel 消防人员
firefighting safety service (=FFSS) 消防安全部门

firefighting ship 消防船
firefighting small (=FS) 小型消防船
firefighting station 消防部署
firefighting system (=FS) 灭火系统
firefighting trainer 消防教练器
firefinder 火灾寻视器
firegrate 火床，炉条，炉篦
fireground 火场
fireguard (1) 火灾警戒员，防火员，救火员；(2) 防火地带，防火线，炉栏
firehorse 消防车马
firehouse (1) 设有壁炉的住宅；(2) 消防站
firehouse hydrant 灭火龙头，消防栓
firehouse intercepter 停射装置
firehouse iron (1) 火炉用具；(2) 柴架
fireless 没有火焰的，无火的
fireless cooker 无火炊具
fireless locomotive 无火机车
firelight 炉火，营火，火光
firelit 被火焰照亮的
firelock 燧发机
fireman (=FM) (1) 救火[队]员，消防员；(2) 爆破工，放炮工；(3) 瓦斯检查员，通风员；(4) 司炉工，生火工，加煤工
fireman serang 生火长
fireman' s axe 消防斧
fireman' s cabin 井下消防站
fireman' s call plunger 司炉的呼唤电门
fireman' s charge 消防费
fireman' s cock 冲灰旋塞
fireman' s escape (1) 消防员应急出口，安全梯出口；(2) 轴隧应急出口，轴隧太平口
fireman' s outfit 消防员装备
fireman' s quarters 生火人员住舱，生火工住舱
firemen' s outfit 消防员装备
firemen' s quarters 司炉住舱
fireman' s red 消防红
firemanship 消防的实践、技能或职业
fireplace (1) 壁炉；(2) 露天灶；(3) 炉膛内部空间，炉床
fireplug 灭火栓，灭火塞，消火栓
firepot (1) 盛火的罐；(2) 纵火罐；(3) 焊工用的炉子；(4) 坩埚，熔埚；(5) 内燃烧室，炉膛

firepower 火力
fireproof (=FPRF) (1) 耐火的，防火的；(2) 耐热的，不燃的；(3) 使具有耐火性，使防火
fireproof coating 耐火涂料
fireproof material 耐火物
fireproofing (1) 耐火工序，防火法；(2) 耐火材料；(3) 耐火装置；(4) 耐火的，防火的
fireproofing tile 耐火砖
fireproofness 防火性，耐火性
firer (1) 发火器；(2) 点火者，火工，窑工；(3) (起动发动机的) 操作手
fireroom 火室
fireset 烧火铁器
fireside 炉边的
firestone (1) 打火石；(2) 耐火岩石；(3) 矿渣炉前的铁板；(4) 耐火粘土
firestopping 挡火系统
Firetrac 测量命中性能的装置
firetrap 无太平门的建筑物，易引起火灾的废物堆
firewall 防火壁，防火墙
firewoman 女消防员
fireworks (1) 烟火信号，烟火信号弹；(2) 焰火
firing (1) 点火，发火，点燃，点炉；(2) (闸流管的) 开启，启动，开动；(3) 射击，发射；(4) 爆破，放炮；(5) 燃烧，加热，烧炉，焙烧，灼烧，烧结，熔结；(6) 加燃料
firing activity (1) 导弹发射前准备和发射操作，发射，点火；(2) 导弹靶场，发射阵地
firing and bombing practices 射击及轰炸演习
firing angle (1) 引燃角，点火角；(2) (磁放大器的) 点弧角；(3) 射击角，发射角
firing cable 引火线
firing chamber 火室
firing circuit 点火电路
firing danger area buoy 炮火危险区域浮标
firing danger zone buoy 军事演习区浮标
firing data 射击诸元，发射数据
firing delay 点火延迟，延迟点火，延迟触发
firing equipment 点火装置，加热设备
firing floor 炉舱工作台，炉底
firing ground 发射试验场，靶区
firing hammer 发火撞锤
firing installation (锅炉的) 点火设备
firing interval 发火间隔
firing iron 火烙铁
firing jack 射击调平装置
firing jib (灯船上) 爆响雾号发射器
firing key 引爆电键
firing lanyard 射击拉火绳
firing-line (1) 射击线，火线；(2) 安装石油运输管线的工地，修理管线区域
firing line 火线，射击线
firing lock 击发机构
firing machine 加煤机
firing mechanism 击发机构
firing of brush 电刷火花，碳刷火花
firing order (=FO) 点火次序，点火顺序，发火次序，发射次序
firing pattern 爆破孔布置型式，爆炸方式
firing period 主动[飞行阶]段
firing pin (枪支) 击针，撞针
firing pin group 击发装置
firing-point (1) 着火点，燃点，闪点；(2) 放电开始点，电离点；(3) 起动点；(4) 发射地点，发射点；(5) 射击位置
firing point (1) 发火点，点火点；(2) 电离点；(3) 启动点；(4) 燃烧点；(5) 射击位置
firing position 发射阵地
firing potential (1) 点火电位，点火电压；(2) 起始放电电压
firing practice 实弹射击
firing practice & exercise area 打靶和演习区
firing practice signal station 军事演习信号站
firing pressure 发火压力，燃烧压力
firing pulse 触发脉冲，起始脉冲，点火脉冲，点燃脉冲
firing range 炮火射程
firing ring (1) 测热圈；(2) 烧垫
firing shrinkage 加烧收缩
firing space (1) 炉膛；(2) 燃烧室
firing speed 发火速度
firing table 射击表
firing temperature (=FT) 点火温度，燃烧温度，着火点，燃点
firing time 点火时间，动作时间
firing top-centre 点火上死点
firing torque 启动扭矩
firing voltage 点火电压，开始放电电压，着火电压
firing window 最佳发射时间
firkin (1) 小木桶；(2) 飞金 (=9 加仑)
firlot 费罗 (苏格栏的干容量单位)
firm (1) (营业性) 机构，公司，厂商，商号，商行；(2) 坚定的，坚固的，坚实的，坚决的，坚定的，稳固的；(3) 使牢固，使稳固，使坚固
firm acceleration 稳定加速
firm bottom 坚实地基，硬土
firm capacity (1) 正常输出[功率]，稳定输出[功率]；(2) 稳定容量，可靠容量
firm discharge 保证使用流量，平常使用流量
firm indication 确切表示
firm-joint caliper 拧紧铰接卡钳
firm offer (1) 不可取消的订单；(2) 固定的报价，确盘价 (规定答复的有效时间)
firm output 正常输出[功率]，稳定输出[功率]，恒定输出，保证输出
firm peak capacity 正常最大输出，稳定最大输出
firm peak discharge 恒定最大使用流量
firm peak output 恒定峰值功率输出，稳定峰值功率输出，恒定最大输出
firm platform 固定式平台，跳台
firm power 保证功率，可靠功率，稳定功率
firm power energy 稳定功率能量，恒定电能
firm reply 肯定答复
firm ware 稳固件，固件
firmer chisel 冲击钻头，木工凿，笋孔凿，平錾，扁錾，锈凿
firmer gouge 半圆凿，弯凿

firmly 坚定地,稳固地

firmly cemented 胶结坚牢的

firmness 稳固性,稳定性,耐久性,坚固性

firmness meter 硬度测定计

firmoviscosity 稳定粘度,固粘性,粘弹性

firmware 稳固件,硬件

firry (1)松树的,松的;(2)枞树的,罗汉松的

first (=FST) (1)最初,首先,第一,头等,一等;(2)初步的,头等的,第一的,最早的,最初的

first-advance 超前工作面

first-aid (1)(救生艇等上的)急救包;(2)急救

first aid (=FA) 急救,救急

first-aid apparatus 急救设备

first-aid box 急救箱

first-aid certificate 急救证书

first aid certificate (=FAC) 急救证书

first-aid kit 急救包

first-aid outfit 应急医疗用具,急救医疗器具

first-aid post 急救站

first-aid repair 初步修理

first aid room 急救室

first-aid technique 急救方法

first-aid training 急救训练

first-aid treatment 急救治疗

first-aider (1)急救包;(2)急救人员

first-amplifier valve 第一级放大管

first-anchor (双锚泊时)第一锚

first and second gear shifting yoke 第一、二档换档拨叉

first and second speed sliding gear 第一、二档滑移齿轮

first and second speed sliding rod 第一、二档滑杆

first-angle projection 第一象限投影法,首角投影法

first angle projection 第一象限投影法,第一角投影法,首角投影法

first annealing 初次退火

first answer print 第一部完成拷贝

first-approximation 第一次近似,第一级近似,初步近似

first approximation 初步近似,一级近似

first-assistant engineer 大管轮

first-audio stage 初级,前级

first-azimuth method 第一方位角法

first base 第一步

first border 前排灯

first-boundary value problem 第一边值问题

first-bower 右舷首锚

first-bower anchor 船首右大锚

first break draft 后过牵伸,预牵伸

first-cause 主要原因

first cause 主要原因

first-certification 首次发证

first-choice 首选

first-class 第一流的,一级的,最好的,头等的

first class 最佳级,一级,一流

first-class certificate (=FCC) (船舶)一级证书,A级证书

first class certificate (=FCC) (船舶)一级证书,A级证书

first-class saloon 头等包房车

first coat 头道涂层,底涂层

first-coat of paint 第一层漆,底漆

first come, first sold 谁先来,谁先卖

first-component 前件

first component 前件

first-consolidation 最初固结

first contact 初始啮合,初始接触

first contact point 初始啮合点,第一接触点

first-cosmic velocity 第一宇宙速度

first cost (1)初次费用,初置费用,初期投资,创业成本;(2)生产成本,原始成本;(3)原价

first-countable topological space 第一可数拓扑空间

first critical speed 一价临界转速

first-curvature vector 第一曲率向量

first-degree (1)最低级的;(2)最高级的,一级的

first derivation 第一次微分,一阶求导

first-derivative 一阶导数,一级微商

first-derivative set 第一导数集

first derivative spectrum 一级导数光谱

first-derived curve 一阶导数曲线

first detector (1)第一检波器;(2)(外差收音机)混频器

first-deviation 一阶求差

first difference 一阶有限差

first-differential parameter 第一微分参数

first-division segregation 第一次分裂分离

first-doubler stage 第一倍频级

first-drawing frame 头道练条机,头道并条机

first-electrician 电机员,大电

first electron lens 第一电子透镜

first-electroviscous effect 第一电粘效应

first-engineer (1)大管轮,二轨,二车;(2)轮机长,老轨,大车

first-engineer officer 同上

first equation of Maxwell 麦克斯韦第一方程

first face (刀具)第一前面,倒棱

first fail 初次失效

first-filter 粗滤器

first fire 起爆器

first-fire composition 点火药

first-fireman 生火长

first flank (刀具)第一后面,刃带

first flight 首航

first-floor (1)(美)第一层,底层;(2)(英)第二层

first-focal length 第一焦距

first-fundamental quantity 第一基本量

first-futtock 第一中间内肋骨

first gear 头档[齿轮],第一变速齿轮,一档

first-gear engagement 挂第一档,挂头档,头档齿轮啮合

first gear ratio 头档齿轮齿数比

first generation effort 第一阶段研制工作

first-generation tape 原版磁带

first-grade (1)一级,一等;(2)最高级的,第一流的,头等的,优等的,一级的,甲级的,最好的

first grade 头等,甲级

first-hand information 第一手资料

first-hand tap 头攻丝锥

first hand tap 锥形手用丝锥,初攻丝锥,头攻,头锥

first-harmonic 一次谐波,基波

first harmonic 一次谐波,基波

first-in (1)快速输入,先进;(2)先装船

first-in first-out (=FIFO 或 fifo) 先进先出

first-in first-out list 先进先出表

first-in first-out up/down indicator 先进先出界限指示器

first-in last-out 先进后出

first integral 初积分

first-intention 第一个意图

first-interim report 初步报告

first item 首项

first-latex rubber 头等橡胶

first law of motion 第一运动定律

first level 一级[的]

first-level address 直接地址

first level address {计}直接地址,一级地址

first level of packaging 一级组装

first-line 第一线的,最优良的,最重要的,头等的

first line (1)第一线,最前线;(2)高档商品,一级品

first-line management 基层管理人员,第一线管理人员

first-line selector 第一寻线器

first-line servicing 一线检修

first-make contact 先合接点

first-mate (1)二副;(2)大副

first-maximum principle 第一极大值原理

first member 左边,左端

first minification 初缩

first minor 初余子式

first-moment 一次矩,一阶矩,静矩

first-moment of area (截面的)静矩,一次面积矩

first-moment of mass 惯性静矩

first moment of mass 惯性静矩

first-motion 初始的运动,直接运动

first motion drive 直接传动

first-motor man 一级机工

first motor man (=FMM) 一级技工

first multiple 全程多次反射

first-of-the-air 新鲜空气

first-officer　(1) 二副；(2) 大副
first-oiler　加油长
first-operation roll　头道卷封滚轮
first-order　(1) 一阶，一次；(2) 第一级，一等，一级
first order　(1) 一阶，一次；(2) 一等，一级
first-order approximation　第一级近似
first-order bench mark　一等水准点
first-order correction　一次修正量
first-order difference　一阶差分 (方程)
first order difference　一阶差分
first-order difference equation　一阶差分方程
first order differential equation　一阶微分方程
first-order equation　一价方程，一次方程
first order equation　一阶方程
first-order estimate　第一次近似法估算
first-order frequency　基频
first-order goods　消费品，日用品
first-order in frequency analysis　主频率分析
first-order level　(1) 精密水位仪；(2) 一等水准测量
first order logic　一阶逻辑
first-order loop　一阶环路
first-order phase transformation　一级变相
first-order phase transition　一级变相
first order pole　一阶极点，单极点
first order predicate calculus　一阶推算演算
first-order reaction　一级反应
first order reaction　一级反应
first-order reflection　第一级反射
first-order result　初次结果
first-order staff　精密水准标尺
first-order subroutine　一级子程序
first order subroutine　一级子程序
first-order theory　一级近似理论，线性化理论
first order theory　一阶理论，初等理论
first-order transition　一级转变，一级跃迁
first-order traverse　一等导线
first-order triangulation　一等三角点测量
first-order triangulation station　一等三角点
first-out　快速输出先出
first overtone　一次倍频
first pass　初次通过
first periodic inspection (=FPI)　第一次周期性检查
first peripheral clearance　外圆第一留隙角
first-phase　第一期的
first piece　粗加工工件，最初加工部分，粗加工部分
first pitting　初始点蚀
first point　首点
first point of contact　初始啮合点，第一接触点
first-polar body　第一极体
first polish　底层磨光
first power　一次方，一次幂
first-power estimate　第一次功率估算
first-principles　基本原理，首要原理，基本原则
first-priority　绝对优先权，最优先 [的]
first-product inspection　首制产品检验
first quantization　一次量子化
first-rate　头等的，上等的，优等的，最好的
first-reduction gear pinion　第一级减速小齿轮
first-reduction gear wheel　第一级减速大齿轮
first-reduction pinion　第一级减速小齿轮
first-reduction wheel　第一级减速大齿轮
first roving frame　头道粗纺机，初纺机
first-run　初流的
first-run slag　初流渣
first-scattering　最初散射的
first-shot　第一节锚链，首端锚链
first-sorting　初选
first-space layout　首次布置图
first speed　初速，头档，一档
first speed gear　第一变速齿轮，初速，头档，一档
first-stage　第一阶段的，第一期的，第一级的
first-steward　第一服务员，事务长，管事，大台
first-strike　第一次打击
first-string　第一流的，正式的

first-stud gear　第一变速齿轮
first stud gear　第一变速齿轮
first-surface mirror　外表面镀膜反射镜
first term　开头项，首项
first terminal　开头终结符
first trial cut　第一次试切削
first-variation　初级变量，第一变分
first variation　初级变分
first-variation formula　第一变分公式
first-water　(1) (宝石等) 最高质量，光泽最纯；(2) 最高级，最优秀，第一流，头等
first water　(1) (宝石等) 最高质量，光泽最纯；(2) 最高级，最优秀，第一流，头等
first weight　顶板初次来压
first whirling speed　一阶共振转速
first yielded crystal　初析晶体，开始产生的晶体
firsthand　第一手的，直接的，原始的
firsthand data　第一手资料
firsthand experience　直接经验
firsthand investigation　直接调查，实地考察
firstly　第一，首先
fiscal year　财政年度，会计年度
Fischer gasoline　合成汽油，费雪汽油
fischer-tropsch gas　费 - 托合成煤气
fish　(1) 鱼，(2) 鱼雷；(3) 夹片；(4) 接合板，鱼尾板；(5) 悬鱼筛；(6) 落鱼(落到钻孔内的东西)；(7)用夹片连接，用夹板接合，用鱼尾板接合；(8) 撑夹桅杆的副木，起锚器，吊锚器；(9) 吊锚；(10) 加副木夹牢
fish attraction light　诱鱼灯
fish back　梳齿隔板，锯齿板
fish back spreader　鱼背展幅机
fish bar　夹杆
fish barrier　栏鱼栅
fish-beam　鱼腹式梁
fish-bellied　鱼腹式，鱼腹形 (中间凸起的构件，以增加抗弯强度)
fish belly rail　鱼腹式横梁
fish belly sill　鱼腹梁
fish block　吊锚滑车
fish boat　渔船
fish-bolt　鱼尾 [板] 螺栓，夹板螺栓
fish bolt　鱼尾 [板] 螺栓，轨节螺栓
fish bolt hole　鱼尾板螺栓孔
fish bone device　鱼骨型器件
fish boom　吊锚杆，收锚杆
fish breeding installation　养鱼设备
fish bypass　鱼道
fish canal　鱼道
fish canning factory ship　鱼罐头加工船
fish carrier　鱼类运输船，运鱼船
fish counter　鱼类计数器，鱼群计数器
fish cutter　(1) 捕鱼快艇；(2) 切鱼机
fish davit　半吊杆，吊锚杆，吊锚柱，收锚杆
fish detection device　鱼群侦察装置
fish detector　鱼群探测仪，探鱼器
fish dock　渔船码头，鱼码头
fish echo integrator　鱼类回波积分器
fish-eye　(1) (焊接缺陷的) 白点；(2) (钢材表面的) 鱼眼，缩孔
fish eye　(1) (焊接缺陷的) 白点；(2) (钢材表面的) 鱼眼，缩孔
fish-eye camera　鱼眼式照相机，水中照相机，水下摄影机
fish eye camera　水中照相机
fish eye view　鱼眼镜光照片，广角视图，底视图
fish factory ship　渔业加工船
fish fall　吊锚滑车索，收锚滑车索
fish-finder　探鱼仪
fish finder　探鱼仪，鱼群探测器，鱼群探测仪
fish fork　鱼叉
fish freezing vessel　鱼类冷冻船，冷冻渔船
fish guiding device　导鱼设备
fish gutting machine　去鱼内脏机
fish handling and processing shed　鱼类加工车间，水产加工车间
fish hatch　鱼舱
fish hatch-cover　鱼舱盖
fish hoist　升鱼机
fish hold　鱼舱
fish hood　(1) 吊锚钩；(2) 鱼钩

fish-joint　鱼尾板接合，夹板接合
fish joint　(1)鱼尾接口，镶接头；(2)甲板栏杆固定板；(3)鱼尾板接合，夹板接合
fish kettle　煮鱼锅
fish knife　鱼刀
fish ladder　鱼梯，鱼道
fish lamp　集鱼灯
fish landing　渔船码头，鱼码头
fish lead　测深锤，铅鱼
fish lift　升鱼机
fish line conductor　螺旋形导线
fish lock　鱼闸
fish-luring light　诱鱼灯
fish luring light boat　诱鱼灯船
fish meal carrier　鱼粉船
fish meal plant　鱼粉生产设备，鱼粉车间，鱼粉厂
fish mouth joint　鱼口接合
fish mouthing　(轧制表面的)裂痕
fish oil stuffing　鱼油加脂
fish-paper　青壳纸，鱼膏纸
fish paper　表壳纸，绝缘纸，鱼膏纸，钢纸
fish patrol boat　水产指导船
fish piece　鱼尾板接合板，鱼尾接轨板
fish pier　渔船码头，渔码头
fish plate　鱼尾板接合板，鱼尾接轨板
fish-pole antenna　钓杆式天线
fish pole antenna　鱼杆式天线
fish pound　一种飞机全景雷达
fish processing machinery　渔业加工机械
fish processing ship　鱼加工船
fish pump　鱼泵
fish roe glaze　鱼子釉
fish roe yellow　鱼子黄
fish room　鱼舱
fish salting lighter　腌鱼驳
fish scale　鳞状脱皮，鳞斑
fish scale appearance　鳞状现象，鳞斑
fish scale fracture　鳞形裂缝
fish scaler　去鳞器
fish school counter　鱼群计数器
fish screen　栏鱼网，鱼栅
fish searching　鱼群侦察，鱼类调查
fish selector　鱼类选择器
fish separator　鱼类分类机
fish sorter　鱼类分级机
fish stakes (=FSHSTK)　渔场标桩，渔栅
fish tackle　收锚复绞辘，起锚滑车组，吊锚钩
fish tackle pendant　吊锚滑车索
fish tail　鱼尾槽
fish-tail bearing (long heel, short toe)　齿轮鱼尾形接触(大端长，小端短)，内短外长接触
fish-tail bearing (short heel, long toe)　齿轮鱼尾形接触(大端短，小端长)，内长外短接触
fish-tail cutter　鱼尾铣刀，燕尾铣刀
fish-tail milling cutter　燕尾[槽]铣刀，鱼尾[槽]铣刀
fish trawler　拖网渔船
fish type body　流线体
fish well　(渔船)[活]鱼舱
fish-wire　电缆牵引线
fish wire　电缆牵引线
fishability　可捕捞的性质，可捕捞的状态
fishback　(1)副吊锚索；(2)锯齿板，梳锯板
fishbolt　接合用压紧螺栓，鱼尾板螺栓，夹紧螺栓
fishbone antenna　鱼骨型天线
fishbone diagram　鱼骨图
fished beam　接合梁
fished joint　(1)鱼尾板连接，夹板接合；(2)鱼尾板接头，夹板接头
fisher　打捞器
fisheries administration ship　渔政船
fisheries examination boat　渔业实验船，渔业监督船
fisheries guidance boat　渔业指导船，渔业指挥船
fisheries harbor　渔港
fisheries industry　水产，渔业
fisheries inspection boat　渔业监督船，渔业巡视船

fisheries inspection ship　渔业监督船
fisheries processing ship　鱼类加工船
fisheries rescue ship　渔业救助船
fisheries research boat　渔业调查船
fisheries research vessel (=FRV)　渔业调查船
fisheries vessel　渔业船
fisherman　(1)打捞工人，渔人；(2)渔船
fisherman's anchor　底钩具固定小锚，长柄小锚，渔具锚
fisherman's bend　渔人结，锚结
fisherman's fender　索环碰垫，软碰垫
fisherman's grease　(1)用水润滑；(2)海水
fisherman's knot　渔人结
fisherman's staysail　渔人支索帆
fisherman's walk　甲板上狭小场所
fisherman's weight　估计数字
fishery administration ship　渔政船
fishery auxiliary vessel　渔业辅助船
fishery communication　渔业通讯
fishery communication system　渔业通讯设备
fishery guidance boat　渔业指导船
fishery harbor　渔港
fishery mother ship　渔业基地船
fishery protection cruiser　护渔艇
fishery protection ship　渔业保护船
fishery quay　渔船码头，鱼码头
fishery rescue ship　渔业救助船
fishery research boat　渔业调查船
fishery survey ship　渔业调查船
fishery tender　渔业补给船
fishery training boat　渔业实习船
fishery vessel　渔业船舶，渔船
fishery wharf　渔船码头，鱼码头
fishfactory ship　鱼品加工船
fishfall　卸鱼滑车
FISHG (=Fishing Light)　捕鱼灯
fishgarth　鱼栅
fishgig　渔叉
fishgraph　鱼群探测记录仪
fishhold　鱼舱
fishhook　(1)鱼钩；(2)吊锚钩
fishing　(1)捕捞，捉捞，捕捉，打捞，捕抓；(2)夹板接合
fishing and catching gear　渔捞设备
fishing boat　渔轮，渔船
fishing cannery　渔业罐头加工船
fishing catamaran　双体渔船
fishing craft　渔业船舶，渔船
fishing cruiser　机动渔船
fishing deck machinery　渔捞甲板机械
fishing equipment　捕鱼机械
fishing fleet　执行远岸雷达警戒勤务的舰队
fishing float　大平底渔船
fishing for casing　打捞套管
fishing gathering lamp　集鱼灯
fishing gear　捕捞设备
fishing gear hold　渔具舱
fishing-grab　打捞叉子，打捞抓具
fishing junk　渔帆船
fishing lamp　渔船工作灯，捕鱼灯
fishing launch　渔艇
fishing light　渔捞作业灯
fishing line　渔网绳
fishing motor boat　机动渔船
fishing motor vessel　柴油机渔船
fishing patrol boat　渔业巡逻艇
fishing ship (=FS)　渔轮，渔船
fishing smack　(非机动)渔船，小渔船
fishing spar　裂纹木杆加副木夹牢
fishing tackle　渔捞索具，捕鱼索具
fishing vessel (=FV)　捕鱼船
fishing vessel clauses (=FVC)　渔船条款
fishing yard　桁上缠小夹条，增强桁力
fishings　(制革)油皮(制革)
fishings space　鱼尾板安装空间
fishings tool　打捞工具

fishlock　鱼闸
fishnet　伪装网
fishnet yarn　网线
fishplate　对接搭板,接合夹板,镶接板,鱼尾板,鱼形板,鱼鳞板,接轨板,
接合板
fishplate mill　鱼 尾板轧机
fishplate rail joint　鱼尾板钢轨接头
fishplate splice　鱼尾板接合,鱼尾板镶接
fishpole　[传声器]吊杆
fishpump　吸鱼泵
fishroom　鱼舱
fishscope　鱼群探察机
fishtail　鱼尾槽
fishtail bit　鱼尾钻[头]
fishtail burner　(1)鱼尾喷灯;(2)鱼尾形喷嘴
fishtail chisel　鱼尾凿
fishtail cutter　燕尾槽铣刀,鱼尾铣刀
fishtail end plate　鱼尾形臂板
fishtail plate　鱼尾柱包板
fishway pump　鱼道充水泵
fisser　可裂变物质,可分裂物质
fissi-　(词头)(1)分开的,裂开的;(2)分裂
fissia　氧化裂片合金
fissible　可分裂的,可裂变的,易分裂的,剥裂的
fissile　(1)分裂性,裂变性;(2)片状的,页状的;(2)易分裂的,可裂
变的,剥裂的
fissile material　可裂变物质,裂变材料,核燃料
fissile properties　裂变性
fissility　(1)可裂变性,可分裂性;(2)可劈性,劈度
fission　(1)裂变,分裂;(2)裂度
fission bomb　(裂变式)原子弹
fission calorimeter　裂变量热计
fission chamber　(原子)核分裂箱,裂变室
fission chain reaction　裂变链式反应
fission counter　核分裂计数器
fission detector　裂变探测器
fission energy　裂变能
fission-fragments　裂变碎片,分裂碎片
fission fragments　裂变碎片,分裂碎片
fission fusion bomb　裂变 - 聚变弹
fission heat　裂变热
fission induced by a neutron　中子引起的分裂
fission monitor　裂变监控记录仪
fission neutron　裂变中子
fission producing flux　致裂变通量
fission-produced　裂变产生的
fission-producing　引起裂变的
fission-producing neutron　致裂变中子
fission-product　裂变产物
fission product (=FP)　裂变产物
fission-product bearing　含有裂变产物的
fission product contaminants　裂变污染物,裂变产物
fission product debris　裂变物余烬
fission product decay heat　裂变产物衰变热
fission product detection (=FPD)　裂变产物探测
fission product family　裂变产物链
fission product heating　裂变产物加热
fission product ion　裂变产物离子
fission-product superheating waste-element fuelled reactor
(=FISHWAFT)　利用已用过的释热元件工作的反应堆
fission products　核裂产物,裂变产物
fission-spectrum neutron　裂变谱中子
fission spectrum neutron　裂变谱中子
fission spectrum source　裂变谱源
fission to yield ratio　核裂变百分比
fission-track dating　裂变痕测定[年代]法
fission type of weapon　原子武器
fission type reactor　核裂变反应堆
fission water　裂隙水
fission with thermal neutron　热中子作用下的分裂
fission-yield　裂变产额
fission yield　核分裂生成率
fission-yield curve　裂变产额曲线
fissionability　可裂变性,能分裂度,能裂变度,分裂能力

fissionable　能分裂的,能裂变的,可分裂的,可裂变的
fissionable atom　裂变原子
fissionable fuel　可裂变燃料
fissionable materials　可裂变物质,裂变材料,核燃料
fissionable nucleus　可裂变核
fissionable species　可裂变类型
fissioned　分离的,分裂的
fissioned structure　裂缝结构
fissioner　可分裂的物质,可裂变的物质
fissioning neuclus　裂变核
fissium　裂变产物和铀的化合物,裂变产物合金
fissurate　分裂的
fissuration　形成裂缝,形成裂隙,龟裂,裂开
fissure　裂纹,裂缝,裂隙,缝隙,龟裂
fissure filling　裂缝填充
fissure of displacement　错缝
fissure water　裂隙水
FIST (=Fault Isolation by Semiautomatic Technique)　半自动故障隔
离技术
FIT (=Free into Truck)　船方不负责装入货车费用
FIT (=Free of Income Tax)　船方不负责所得税
Fit　非特(失效率单位,等于10^{-9}失效率/元件·小时)
fit　(1)配合;(2)装配,安装;(3)调整,调准,调和;(4)符合,适合,
适应,适当,应用;(5)跑合,磨合;(6)符合,吻合,贴合,切合,拟合;(7)
密接,镶嵌;(8)配备,装备,预备,准备,供应;(9)提供装备,安装配备;
(10)适当的,合适的,有资格的
fit and safe　适合,适宜
fit clearance　配合间隙
fit key　配合键
fit joint　(1)套筒接合;(2)配合接头
fit key　配合键
fit on　装上
fit-out　装备
fit out　(1)舣装,舾装;(2)装备,配备,装配
fit quality　配合等级
fit rod　量孔深度的杆
fit surface　配合面,装配面
fit system　配合制度
fit tolerance　配合公差
fit-up　(1)准备;(2)设备,装备
fit up　装配,供给
fit-up man　装配工
FITA (=Fault Isolation Test Adapter)　故障隔离测试转
接器
fitch　长柄漆刷
fitchering　钻头卡住
fitly　适当地,合适地
fitment　(1)使适合,使适应,使配合;(2)家具,设备;(3)(复)附件,
配件
fitness　(1)适合度,适当性,良好;(2)合格,合适;(3)合理
fitness for towage　适拖
fittage　杂费
fitted (=FTD)　安装完毕,装妥
fitted block　砌合方块,砌合块体
fitted bolt　定位螺栓,紧配螺栓
fitted curve　根据实验点描出的曲线
fitted for burning high viscosity fuel　适合燃烧高粘度燃料油
fitted pintle　舵向指针,配合舵销,配合舵栓
fitted screw　定位螺钉
fitter　(1)装配工,钳工;(2)修理工,机匠
fitter-up　船体装配工
fitter work　装配工作
fitter's hammer　钳工锤
fitter's shop　装配车间
fitter's tool　钳工工具,装配工具
fitter's work　钳工工作,装配工作
fitting (=FTG)　(1)装配,安装,组装,装修,调整,结合;(2)配合,配置,
选配;(3)装配部件,连接件,配件,零件,接头,配件;(4)符合,
拟合,匹配,接合;(5)照明附件,灯具;(6)舾装品,设备,装备,属具,
用具,仪器,器材
fitting a curve　曲线的拟合
fitting allowance　配合留量,配合公差,装配留量,装配余量,装配公差,
调整余量
fitting arrangement drawing　附件装配图

536

fitting assembly 装配

fitting basin 舾装码头

fitting bay 舾装工段

fitting bolt 铰孔螺栓,定位螺栓,紧配螺栓

fitting bolt hole 紧配螺栓孔

fitting flange 联结法兰

fitting for grain (粮谷装船前的)铺舱作业

fitting-in 适合,配合,使适合,使配合

fitting joint 装配接头

fitting limit 安装范围,装配范围,配合极限

fitting locker 船舶属具库,船具柜

fitting mark 安装标记,装配标记

fitting metal 配件,附件

fitting nut 紧固螺母,紧配螺母

fitting of curve 曲线拟合

fitting of fluids 液体的选择,液体的配合

fitting of parabola 抛物线拟合

fitting of polynomial 多项式的拟合

fitting of straight line 直线拟合

fitting-on 安装,装配

fitting out 补给

fitting out basin 舾装泊位

fitting out crane 舾装起重机

fitting out pier 舾装码头

fitting out quay 舾装码头

fitting out shop 舾装车间

fitting out wharf 舾装码头

fitting part 配件

fitting piece 配合件,配制件,短管

fitting pin 锁紧销,定位销,导销

fitting plate 垫板

fitting room 装配车间,成型车间

fitting screw 装配螺钉,连接螺钉

fitting shop 装配车间,装配厂

fitting strip 夹木条,夹板

fitting surface 配合面,安装面

fitting together of parts 成龙配套

fitting-up (1)装配;(2)结构部件成型,结构部件安装

fitting-up bolt 装配螺栓,配合螺栓

fitting up bolt 装配螺栓

fitting work 装配工作,装配作业

fittingness 适合

fittings 管子配件,装配部件

five 五个一组,第五,五[个]

five-bar link mechanism 五连杆机构

five-bar linkage 五连杆[联动]机构

five-bearing crankshaft 五主轴颈曲轴

five bit code 五单位码

five-canted [有]五面的(数学)

five-centered arch 五心拱

five-core cable 五芯电缆

five-crank mechanism 五曲柄[联动]机构

five-digit 五位[数]的

five-dimensional 五维的,五度的

five-dimensional space 五维空间

five-electrode 五[电]极的

five electrode tube 五极管

five electrode valve 五极管

five-element 五元的

five-element chain 五连杆联动机构

five figure system 五位制

five-force model 五力模式

five-level code 五位制电码,五电平码

five level code 五位制电码,五电平码

five link mechanism 五连杆机构

five linkage 五连杆机构

five links theory (粘合机理中的)五环论

five linkwork 五连杆机构

five-master 五桅船

five mechanism 五连杆机构

five-part formula 球面正余弦公式,球面五联公式

five-piece link mechanism 五连杆机构

five-piston radial slow speed high torque motor 五柱塞
　径向低速大扭矩马达

five-point jack 五簧片塞孔,五触点塞孔

five-point scale 五级分制

five-ring 五节环,五原子环

five-roller 五辊滚压机

five-roller mill 五辊轧机

five-shooter 五发装左轮枪

five-sided wrapping 五面包装

five-stand tandem mill 五机座串列式轧机

five-star 第一流的,五星的

five-strand crabber's eye sennit 五股编绳索

five-tensor 五维张量

five-term 五项的

five-thread cutting hob 五头滚刀

five-thread hob 五头滚刀

five-thread hobbing cutter 五头滚刀

five-thread worm 五头蜗杆

five trackreader 五单位输入机

five-unit alphabet 五单位码,五电平码

five-unit code 五单元码

five unit code 五[单]位制电码

five-unit code automatic transmitter 五单元电码自动发报机

five-unit teletype code 五单元电传电码

five year loadline certificate (=FYLC) 5年载重证书

five year plan (=FYP) 五年计划

FIW (=Free in Wagon) 船方不负担装入货车费用

fix (1)安装,安设,安置,装配;(2)固定,定位,固位;(3)定影,定像,(4)
　坐标;(5)交会;(6)方位点,标定点;(7)整理,整顿,调整,修理(8)
　设备安装后的调整

fix by astronomical observation 天文观测船位

fix by bearing and angle 依照方位和角度定位

fix by observation 观测定位

fix by position lines 位置线船位,坐标定位

fix by radar bearing and distance 雷达方位距离船位

fix by sounding 测深辨位,测深定位

fix focus lens 固定焦距透镜

fix offer 定价,报价

fix oil 非挥发性油,硬化油,脂肪油

fix position 实测船位,定位

fix screw 固定螺栓

fix stopper 固定挡销,定位销

fix time 测位时间

fix up 修补,装设,安排,修理,整顿

fixable (1)可固定的,可安定的;(2)可装设的

fixable saddle 移置鞍架

fixate 使固定

fixateur (法)(1)介体;(2)固定器

fixation (1)固定;(2)安置;(3)装配;(4)凝固;(5)定影,定像,
　定形

fixation of gas 气体的稳定

fixation of nitrogen 固氮[作用]

fixative (1)防挥发的,防褪色的,定色的;(2)固定的,固定剂,定色剂,
　定影液

fixator (1)介体;(2)固定器

fixed (=FXD 或 fxd) (1)固定的,稳定的,恒定的;(2)不易挥发的,
　不变的,不动的,定位的,凝固的;(3)确定的,一定的

fixed acid 不挥发酸

fixed acoustic buoy (=FAB) 固定声响浮标,固定音响浮筒,定声浮标

fixed air 固定空气,二氧化碳

fixed ammonia 固定氨,结合氨

fixed ammunition 定装式弹药

fixed amplitude 稳幅

fixed-analog 固定模拟

fixed and flashing 定/闪灯

fixed and group flashing (=FGF) 定联闪

fixed and group flashing light (=FGPFL) 定联闪光

fixed and group occulting (=FGPOCC) 定联明暗

fixed annulus 齿圈

fixed antenna 固定式天线

fixed appendage (船体的)固定附体

fixed arch 固定拱,无铰拱

fixed armament 固定火炮

fixed assets 固定资产

fixed assets ledger 固定资产账

fixed at one end (梁)一端固定的

537

fixed axes　固定相对于地球坐标轴系
fixed axis　固定轴
fixed axle　刚性固定桥,固定轴
fixed axle gate　定轴闸门
fixed ballast　固定压载
fixed bank　(电容器)固定片
fixed base　固定基础,固定基座,固定支承基面
fixed base current bias　固定基极偏流
fixed base index number　定基指数
fixed base representation　固定基数记数法,固定基数表示
fixed bayonet　枪上刺刀
fixed beacon　固定灯标,固定导标,立标
fixed beam　(两端)固定梁,固端梁
fixed beam scanner　固定式扫描机
fixed bearing　(1)[轴承]固定式轴承,固定安装轴承;(2)固定支座
fixed bearing dial　固定方位刻度盘
fixed bearing mounting　[轴向]固定式轴承安装法
fixed bed　固定床
fixed bed ion exchange　固定床离子交换
fixed bed model　定床模型
fixed bed type milling machine　固定床身式铣床
fixed bed type vertical miller　固定床身式立式铣床
fixed benefit plan　固定受益计划
fixed bias　固定偏压
fixed bias transistor circuit　固定偏压晶体管电路
fixed blade　(1)(明轮的)定蹼,静叶;(2)固定叶片,导向叶片,静叶[片]
fixed blade propeller (=FBP)　固定桨叶螺旋桨
fixed blade propeller turbine　轴流定桨式水轮机
fixed-blade propeller type turbine　定轮叶旋桨式水轮机
fixed blade ring　静叶环
fixed-blade turbine　定轮叶式水轮机
fixed block　固定滑车,固定块
fixed block slider crank mechanism　固定滑块曲柄机构
fixed bolt　固定螺栓
fixed bow fins　固定船首水翼(用以减少纵摇)
fixed bridge　固定桥
fixed bulwark　固定舷墙
fixed bunk　(船上)固定床铺
fixed bunker　固定燃料舱
fixed bushing　固定轴衬
fixed-caliper disk brake　固定卡钳盘式制动器
fixed cam　固定凸轮
fixed capacitor　固定电容器
fixed capacity　固定电容
fixed capacity motor　定量马达
fixed capital　固定资本
fixed capital investment　固定资本投资
fixed capital stock　固定资本,股本
fixed carbon　(1){化}固定碳;(2)固定电刷
fixed carrier gear train　固定支架齿轮系
fixed cell guides　固定导轨
fixed cement factor method　(水泥混凝土配料)固定水泥系数法
fixed-center　固定中心的
fixed center　(1)死顶尖,尾座顶尖;(2)固定中心
fixed center change gears　固定中心距变速齿轮系
fixed-center gear　固定中心距齿轮
fixed-center gears　固定中心距齿轮泵
fixed center type　固定中心式
fixed-centre　固定中心的
fixed centre　固定顶尖
fixed centre distance　固定顶尖距
fixed centrode　固定瞬心轨迹
fixed channel　稳定航道
fixed charge　固定开支,固定费用
fixed charge collector　固定值投币集合器
fixed-coil　(1)固定线圈;(2)定圈式的
fixed coil　固定线圈
fixed-coil antenna　固定环形天线
fixed-coil indicator　定圈式指示器
fixed condenser　固定电容器
fixed contact　固定触点
fixed coupler　固定耦合器
fixed coupling　(1)固定套管联轴节,刚性联轴节,固定联轴节;(2)

刚性连接,固接;(3)固定匹配;(4)固定耦合
fixed-course　固定航线的,定向的
fixed course range　固定航线距离
fixed crane　固定式起重机
fixed crystal　固定晶体
fixed curvic coupling　固定式弧齿端面联轴节
fixed-cycle　固定周期的,定周的
fixed cycle operation　固定周期操作
fixed cylinder　固定缸体[机构]
fixed-cylinder slider-crank mechanism　固定缸体滑块-曲柄机构
fixed data　固定数据
fixed date delivery　定期交货
fixed datum　固定基准线
fixed deck foam system　固定式甲板泡沫系统
fixed-delay　固定延迟的
fixed delay　固定延迟
fixed delay output　固定延迟输出
fixed deviation　(无线电测向仪)固定自差
fixed differential　固定速比差速器
fixed digit　(1)固定数;(2)定趾
fixed displacement motor　定量马达
fixed displacement oil motor　定量油马达
fixed-displacement pump　[固]定[排]量泵
fixed drip tray　固定式聚油盘
fixed earth station　固定地球站
fixed echo　固定反射波,固定回波
fixed-end　定端的
fixed end　固定端
fixed end beam　固定梁
fixed end drum　端部固定的桶
fixed end flat rack　端部固定的板架(一种平板集装箱)
fixed-end moment　定端[力]矩
fixed end moment　固端弯矩
fixed end plate　边缘固定板,固定端板
fixed equipment　固定设备
fixed error　固定误差,系统误差
fixed feed grinding　固定进给磨削
fixed fence　固定栅栏
fixed-field　[固]定[磁]场
fixed field　固定场
fixed-field accelerator　固定场加速器
fixed field accelerator　固定磁场加速器
fixed-field alternating-gradient (=FFAG)　(加速器的)固
定磁场交变梯度,稳定场强聚焦
fixed film biological reactor　固定膜生物反应器
fixed film resistor　固定薄膜电阻器
fixed fire alarm system　固定式失火报警系统
fixed fire detection and fire alarm systems　固定式探火和
失火报警系统
fixed fire extinguishing system　固定灭火系统
fixed-fixed mounting　(轴承)轴向固定-固定式安装[法]
fixed flange　固定法兰
fixed flashing (light)　定闪光
fixed-float mounting　(轴承)轴向固定-浮动式安装[法]
fixed foam fire extinguishing system　固定式泡沫灭火系统
fixed focus (=ff)　固定焦点
fixed focus camera　定焦照相机
fixed focus operation　定焦点操作
fixed form coding　固定形式编码
fixed-format　固定格式的
fixed frequency　固定频率的,定频的
fixed frequency (=FF)　(1)标定频率;(2)固定频率
fixed frequency oscillator (=FFO)　固定频率振荡器
fixed frequency radar responder beacon　固定频率雷达应答器
fixed frequency transmitter　固频发射机
fixed frog　(铁道)固定撤叉
fixed froth installation　泡沫灭火装置
fixed-gain　固定增益
fixed gain control (=FGC)　固定增益控制
fixed gain damping　固定增益阻尼
fixed gantry crane　固定[式]龙门起重机
fixed gas　不凝气
fixed gas fire extinguishing systems　固定式气体灭火系统
fixed-gate　(1)固定选通脉冲的;(2)固定闸门的

538

fixed gate　固定选通脉冲
fixed gauge　固定规
fixed gear　不可卸零部件
fixed gear aircraft　固定式起落架飞机
fixed guide vane　固定导流叶片
fixed hair　（金属等）微刺
fixed-handle circuit breaker　固定跳闸, 固定柄断路器
fixed head　(1) 固定磁头；(2) 固定焊接头
fixed head disc　固定头磁盘
fixed head magnetic drum　固定头磁鼓
fixed head sprinkler　固定喷头喷灌机
fixed hinge　固定铰
fixed hinged support　固定铰支座
fixed hub　固定套
fixed idea　(1) 先入之见；(2) 固定观念
fixed ignition　正时点火
fixed income class　固定收入阶层
fixed index　固定瞄准器
fixed index type　固定分度型式
fixed inductance　固定电感
fixed installation　固定设备
fixed interval (=FI)　固定时间间隔
fixed interval inventory model　定期存货模式
fixed interval schedule　定时距程式
fixed jaw　固定爪
fixed jib crane　固定式悬臂起重机
fixed joint　固定连接, 刚性连接
fixed junction of thermo couple　（温差电偶的）恒温接头
fixed launching　固定发射
fixed-lead　恒定超前的, 恒定提前的
fixed lead navigation　定角导航方式, 定角导航法, 提前追踪［法］
fixed-length　定长的
fixed length spreader　长度不变的吊架, 定长吊架
fixed length word　固定长字
fixed level chart　等高面图
fixed lever　联结杠杆, 固定杠杆
fixed liability　固定负债
fixed light　(1) 定光 (连续稳定和不变色的光)；(2) 固定舷窗；(3) 固定灯
fixed link　固定杆
fixed load　固定载荷, 固定荷载, 固定负载
fixed location diving　定位潜水
fixed locator-identification method　固定储位法
fixed-loop　(1) 固定环；(2) 固定环形的
fixed loop aerial　固定环状天线
fixed mandrel　定径心轴
fixed marker　固定标志
fixed-mask　固定掩模 [型] 的
fixed measure　固定尺寸
fixed memory apparatus　固定存储装置
fixed mine　固定水雷
fixed mixer　不倾式搅拌机, 固定式搅拌机
fixed mooring　码头固定系缆, 锚定块体
fixed mooring berth　固定系泊泊位
fixed needle traverse　固定指针导线
fixed net　固定渔网
fixed-nitrogen　固氮的
fixed nozzle　不可调喷嘴
fixed object　固定物体
fixed observatory　固定观测台
fixed oceanographic stations of the world (= Fosw)　世界定点海洋观测站
fixed offshore installation　固定近海装置
fixed oil　不挥发性油, 非发挥性油, 固定油
fixed-orbit accelerator　固定轨道加速器
fixed order interval　定时定购
fixed order quantity　定量定购
fixed orifice　固定孔径
fixed oxygen　固定氧, 化合氧
fixed parity　固定平价
fixed part　固定部分
fixed-path handle equipment　固定路径装卸设备
fixed-pattern generator using Au-si diode　金·硅二极管固定模

式信号发生器
fixed pedestal　（罗兰）主台座
fixed phase relationship　固定相位关系
fixed pile　嵌固桩
fixed pillar slewing crane　定柱旋臂起重机
fixed piping system　固定管系
fixed piston sampler　固定塞式取样器
fixed pitch screw　定距螺钉
fixed pitch propeller (=FPP)　固定螺距螺旋桨, 定距螺旋桨, 定距桨
fixed pivot　(1) 固定枢轴；(2) 支点, 支座
fixed planet carrier　固定行星齿轮支架
fixed plant　固定设备
fixed platform　固定式平台
fixed platform truck　固定平台搬运车
fixed-point　固定小数点的, 定点的
fixed point (=FXP)　(1)（机架的）刚性固定点, (2) 观测点, (3) 常点 (冰点, 沸点), (4) 固定小数点, (5) 不动点, 固定点
fixed point arithmetic (=FPA)　{ 计 } 定点运算
fixed point binary　定点二进位制
fixed-point computer　定点计算机
fixed point computer　定点计算机
fixed point data　定点数据
fixed point divide exception　定点除法异常
fixed point floating point computer　定点计算机
fixed point method　不动点法
fixed point observation　定点观测
fixed point overflow exception　定点溢出异常
fixed point representation of number　定点制数的表示法
fixed point system　定点系统
fixed point to point television service　两点间电视广播, 定向电视广播
fixed point value　定点数值
fixed point wave probe　定点浪高仪
fixed polode　固定瞬心线
fixed position　(1) 固定位置；(2) 观测船位, 实测船位
fixed position welding　定位焊接
fixed premium　固定保险费
fixed price (=FP)　固定价格
fixed-program　固定程序的
fixed program computer　固定程序计算机
fixed program machine　固定程序机
fixed propeller　定距螺旋桨, 整叶桨
fixed pulley　固定滑轮, 固定轮, 定滑轮, 紧轮
fixed quantity inventory model　固定数量存货模式
fixed quay crane　固定式码头起重机
fixed rack　固定式货架
fixed-radix　固定基数的, 固定底的
fixed radix notation　固定基数记数法
fixed radix scale　固定基数记数法
fixed railing　固定栏杆
fixed-range　(1) 固定距离的, 固定行程的, 固定量程的；(2) 固定区域的
fixed range marker　固定距标圈
fixed range rings　固定距离圈
fixed rate　固定汇率
fixed rate flow　恒定消耗量, 定量流动
fixed rate source　固定速率信源
fixed-ratio transmission　有级变速器
fixed refrigeration plant　固定制冷设备
fixed resistance　不可变电阻, 固定电阻
fixed resistor　(1) 固定电阻器；(2) 不可调电阻, 固定电阻
fixed retaining wall　顶端固定的挡土墙
fixed roller gate　定轮平板闸门
fixed-route　固定路线
fixed routine　固定程序
fixed rudder　固定舵
fixed rudder angle　固定舵角
fixed sailing　定航线航行, 定期航行
fixed-satellite　地球同步卫星
fixed satellite　地球同步卫星, 固定卫星
fixed satellite space station　卫星固定业务太空电台
fixed screw　定距螺钉, 固定螺丝, 定位螺钉
fixed screw propeller shrouding　定螺距螺旋桨导流管
fixed scuttle (=FS)　固定舷窗
fixed sea mark　固定海上标志

fixed sequence computer　固定程序计算机
fixed service　固定业务
fixed service satellite communication　固定业务卫星通信
fixed setpoint control　定值调节
fixed setting device　固定式整定装置
fixed setting method　固定安装法
fixed Setting Method　（锥齿轮）固定安装切齿法，固定调整切齿法
fixed shaft　固定轴
fixed shoe　固定座
fixed shutters　固定百叶窗
fixed side-light　固定舷窗
fixed signal　(1) 固定信号，固定标志，(2) 固定信号机
fixed-site　固定发射场
fixed size gage　固定量规
fixed spanner　开口扳手，硬扳手
fixed spool　固定线管
fixed spot　固定点
fixed square search　定点展开方形搜索
fixed station　固定电台
fixed stay　固定撑条，固定牵条
fixed stop　固定行程限制器，固定挡块，固定挡板
fixed storage　固定存储器
fixed storage tank　固定储存舱
fixed stroke pump　定行程泵，定排量泵
fixed structure　固定建筑物，固定结构
fixed structure channel marker　固定航道标志
fixed substance　固定物质，具有一定性质的物质
fixed supply　定量供应
fixed support　固定支座
fixed supported　固定支承的
fixed surface　固定表面，固定面，稳定面
fixed survival craft station　机动艇固定无线电设备
fixed table　固定工作台
fixed tank cleaning machine　固定式舱柜清洗机
fixed tank washing machine　固定式洗舱机
fixed tank washing system　固定洗舱系统
fixed-target　固定目标的
fixed telemetering land station　固定遥测地面台
fixed term　固定项
fixed terminal　固定终端机
fixed-time　[固]定[时]间的
fixed time broadcast　定时广播
fixed time call　固定呼叫，定时通话
fixed time delay　定时延迟
fixed time lag　定时限
fixed timing mark　定时标记
fixed-tolerance-band compaction　固定容差范围的数据精简，固定裕量压缩法
fixed-trip　固定柄断路器，固定跳闸
fixed-tuned　固定调谐的
fixed tuned amplifier　固定调谐放大器
fixed type　固定式
fixed type bearing　固定轴承
fixed type crane　固定式起重机
fixed type entry guide　固定型导架（集装箱船舱口部便于装货的一种装置）
fixed type floating crane　固定式起重船
fixed type steady center rest　固定式中心架
fixed value criterion　固定值准则
fixed vane　固定叶片
fixed vane sealing strip　定叶密封条
fixed-vane turbine　旋桨式水轮机
fixed variable　固定变量
fixed voltage　固定电压
fixed wage　固定工资
fixed wave form generator　固定波形发生器
fixed ways　（船舶下水）定滑道
fixed welding machine　固定式焊机
fixed wiring　固定接线
fixed wiring method　固定布线法
fixed word length　固定字长
fixed word length computer　固定字长计算机
fixed word length format　固定字长方式
fixed yoke　固定偏转系统

fixedly　固定地，不变地，不动地
fixedness　(1) 固定，不变，嵌固，夹紧，(2) 硬度，刚性，确定；(3) 确定性，凝固性，永恒性，稳定性
fixer　(1) 固定器；(2) 修理工，(3) 定像剂，定影剂，定色剂
fixing (=FXG)　(1) 固定，固接，夹紧，紧固，嵌固，加固；(2) 定位，定向；(3) 定影，定像，(4) 接头，(5) 整理，整顿；(6) 装配，安装，修理，(7)（复）附件，设备，装备，(8) 固定装置，固定操作，固定值，固定量
fixing agent　固定剂，定影剂
fixing aid　定位设备
fixing bolt　固定螺栓，定位螺栓
fixing brake　固定闸，止动闸，防松闸
fixing by bearing and distance　方位距离定位
fixing by cross bearings　交叉方位定位
fixing by distances　定位距离
fixing by horizontal angles　水平夹角定位
fixing by landmarks　陆标定位
fixing by sun's very high altitude sun sights　太阳特大高度求船位
fixing by very high altitude sun sights　太阳特大高度求船位
fixing collar　加固圈
fixing device　固定装置，夹紧装置，锁定装置
fixing dimension　装配尺寸，安装尺寸，规定尺寸
fixing fillet　受钉嵌条
fixing fluid (=FF)　固定液
fixing lever　固定件
fixing mark　固定标记
fixing of pipes　管路固定
fixing of position　定船位
fixing of rails　轨道固接
fixing of rope clip　钢索夹
fixing parts　固定部件，定位部件
fixing pin　固定销
fixing position　定位
fixing ring　固定环
fixing salt　定像剂
fixing screw　固定螺钉，定位螺钉
fixing solution　定影液
fixing stand　固定支架
fixity　(1) 不挥发性；(2) 硬性，硬度（水的）；(3) 刚性；(4) 不变性，永恒性，稳定性
fixity depth　嵌固深度
fixture (=FXTR)　(1) 固定装置，夹紧装置，定位装置，定位器，固定器，设备，附件，装置；(2) 工件夹具，安装用具，卡具，(3) 电杆，支架，型架，(4) 固定值，固定量；(5)（船上）附属装置，固定物；(6) 预定日期，定期；(7) 过时货；(8) 安装，装修，紧固，加固
fixture assembly　夹具组合件，夹具总成
fixture block　卡块，夹块
fixture date　成交日期，成交期
fixture for checking eccentricity　偏心检查工具
fixture for grinding　磨夹具
fixture note　订租确认书
fixture number　成交数
fixture quenching　夹紧淬火
fixture type　成交类型
fixture wire　电器引线，设备引线
fizz pot　火箭助推器
fizzium (=Fz)　富锆裂片合金
FK (=Flat Keel)　平板龙骨
FL (=Filter)　(1) 过滤器；(2) 滤波器；(3) 滤色器，滤光器
FL (=Finance Law)　金融法
FL (=Fire Launch)　消防艇
FL (=Fire Losses)　火灾损失
FL (=Flashing)　闪光
FL (=Forced Lubrication)　压力润滑
FL (=Full Load)　全负荷，满载
FL (=Group Flashing)　联闪（灯光）
FLA (=Flare Stack)　火炬架
flabby　松软的
flabellate　扇形的
flag　(1) 标志，标识，记号，特征；(2) 镜头遮光罩；(3) 旗舰旗，司令旗，船旗，旗号，旗，(4) 以旗指挥，打旗语
flag alarm　（仪器、指示器的）失灵警告的手旗式信号，报警信号器
flag at half mast　下半旗（志哀）
flag bag　旗袋，旗箱
flag bit (=F bit)　{计} 特征位，标记位

540

flag bridge 司令桥楼, 司令台
flag buoy 带旗浮标
flag captain 旗舰舰长
flag chest 旗箱
flag clause 船旗国条款
flag clip 旗缆铜扣
flag country 将官舱
flag day 国旗节
flag-deck 信号桥楼甲板
flag deck 信号桥楼甲板
flag discrimination 船旗歧视 (在费率或服务上根据不同国籍给予差别待遇)
flag dressed vessel 挂彩旗的船
flag flip-flop 特征位触发器
flag float 信号浮标
flag halyard 信号绳缆
flag hoisting 升旗联络
flag hook 旗钩
flag indicator 旗语信号指示器, 边界指示器, 旗号
flag line 旗绳, 旗索
flag locker 信号旗柜, 旗柜
flag loft 旗子修理间
flag man 信号旗手
flag mast 旗桅杆
flag of convenience (=FC) 方便旗
flag of convenience country 方便旗国
flag of convenience vessel 方便旗船舶
flag of distress 求救旗号, 遇险旗号
flag of management 船公司旗
flag of ownership 船公司旗, 船舶所有人旗
flag of ship 船旗
flag officer (能在舰上悬旗表示职位的) 海军将官
flag operand 特征位操作数
flag plot 旗舰指挥室
flag pole 旗杆, 花杆, 标杆
flag pole pattern 条状图形
flag protection 用信号旗保护的办法
flag rack 信号旗架
flag salute 降旗旋即升起以示敬礼
flag shelf (=FS) 旗架
flag ship 指挥舰, 旗舰
flag signal 手势信号, 旗信号, 旗语, 旗号
flag staff (=FS) 旗杆
flag staff socket 旗杆座
flag state (=FS) 船旗国
flag state control (=FSC) 船旗国监督
flag station 旗站
flag stone (1) 石板, 片石; (2) 板层砂岩
flag stop 旗令停车, 招呼站, 旗站
flag stuff 旗杆
flag surtax 船旗税
flag toggle 旗绳木扣 (橄榄木)
flag tower (=FTR) 信号塔
flag wagging 手旗信号
flagboat 旗舰
flagged variable 带标记变元, 带标记变数
flagging (1) 石板; (2) [石板铺砌的] 地面, 走道; (3) 旗飘效应; (4) 旗信号; (5) 弱的
flagging iron 带双钩头的撬具
flaggy (1) 板层的; (2) 可劈成石板的
flagman (1) 司机员; (2) 信号旗手, 信号兵, 标杆员, 花杆员
flagofficer 海军司令官, 海军将官
flagon 一种容量单位, 通常为二夸脱
flagpole (1) 旗杆; (2) 条状信号; (3) (电视) 测试信号
flagpole antenna 金属杆天线, 桅杆式天线, 杆状天线
flagsetter 铺石板路的工人
flagship 旗舰
flagstaff 旗杆
flail 扫雷装置
flail knife 活动锤片, 甩板, 甩刀
flail mower 甩刀式割草机
flail rotor 甩刀式旋转切碎机
flail row cleaner 甩刀式清垄器
flail tank 扫雷坦克

flair 鉴别力, 眼光, 本领, 才能
flair for 对……有鉴别力, 有……本领
flak 高射炮火, 高射炮弹片
flak area 防空火力区
flak jacket 避弹衣
flak ship 防空军舰
flak suit 防弹衣
flak vest 防弹衣
flake (1) 剥伤, 片状剥落, 鳞片; (2) 白点; (3) 火花; (4) 船侧踏板, 舷侧吊板; (5) 一盘绳索, 一层绳; (6) 去氧化皮, 成片剥落; (7) 台架, 托架, 框架, 平台
flake aluminum 薄铝片
flake crack 剥裂
flake curtain 防弹帘
flake down 盘绳
flake film 薄片
flake glass coating 薄玻璃涂层
flake graphite 片状石墨, 石墨片
flake like powder 片状粉末
flake-off 剥落, 片落
flake stand 蛇管冷却器
flake tool 刮削器
flake white 碳酸铅白, 铅白
flakeboards 木屑刨花板, 碎料板, 压缩板
flakelet 小薄片, 小片
flaker 刨片机
flakes of rust falling from old iron 从旧铁上落下的一层层的铁锈
flakiness 成片性, 片状
flakiness ratio {冶} 宽厚比
flaking (1) 耐火材料剥落, 片状剥落, 成片剥落, 剥伤, 剥层; (2) 压碎
flaking mill 薄片机
flaky 易剥落的, 成片的, 片状的
flaky grain 片状颗粒
flaky material 片状材料
flam 外张舷, 外飘, 外倾
flam forward 首部外倾
flambard (法) 一种渔帆船
flambeau (1) 火把, 火炬; (2) 燃烧废气的火管, 燃烧废气的烟囱
flamboy 警告火焰
flamboyant 火焰似的, 火焰式的
flame (1) 火焰, 火舌, 焰; (2) 燃烧; (3) 耀目的光, 光芒, 光辉, 白热, 赤热; (4) 火焰红色; (5) 火焰灭菌
flame ablation 火焰烧蚀
flame annealing 火焰退火
flame arc 电弧, 弧焰
flame arc lamp 弧光灯
flame arrester 火焰消除器, 阻焰器, 防焰器, 消焰器
flame attenuation 火焰衰减, 信号衰减
flame baffle 火焰挡板
flame base 焰底
flame-bomb 焰火弹, 燃烧药弹
flame brazing 气焊
flame bucket 火焰反散器
flame burner (1) 火焰中耕机; (2) 火焰器
flame bush 火焰舌
flame carbon 发弧光碳精棒
flame chipping 烧剥
flame cleaning 火焰除锈, 火焰除污
flame collector 火焰集电器
flame color 火红色
flame coloration 焰色
flame colour test 焰色试验
flame-contract furnace 反射炉
flame control 火焰控制
flame couple 热电偶
flame cultivator 火焰中耕机
flame current 电弧电流
flame-cut 气炬切割, 火焰切割
flame cutter 火焰切割枪, 气割嘴, 气切机, 气割机, 气割炬
flame cutting 火焰切割 [法]
flame cutting tower 塔 (荷兰语)
flame damper 火焰消除装置, 灭火器
flame descaling 火焰除锈皮, 喷焰除磷, 火焰清理

flame detector (=FD)　自动防火器,火焰探测器,火焰感受器
flame emission　火焰发射
flame-etch　火焰侵蚀
flame failure　着火失败
flame failure alarm　灭焰信号器,燃烧中断报警器
flame failure control　熄火保护装置
flame failure protection　熄火保护[装置]
flame failure safeguard　(锅炉)熄火保护装置
flame failure warning device　熄火报警装置
flame-float　火浮筒
flame float　漂浮的火焰信号
flame fusion method　焰熔法
flame-generated　火焰引起的
flame gouging　火焰挖槽法,火焰清铲,(氧乙炔)气刨,火焰刨
flame grooving　氧炔焰开槽
flame gun　火焰喷枪,熔融喷枪
flame hardened　经淬火处理的,火焰硬化的
flame hardened against wear　淬火以防磨
flame hardened gear　火焰硬化齿轮
flame hardening　火焰淬火,火焰硬化
flame hardnessing　(1)火焰淬火,火焰硬化;(2)火焰硬化法,火焰
　淬火法
flame-holder　火焰稳定器
flame holder　火焰稳定器,稳焰器
flame ignition source　火焰点燃源
flame ionization detector (=FID)　火焰电离检测器,离子火焰检测器
flame ionization gage　火焰电离计
flame jet　火焰喷射
flame lighter　点火器
flame locator　火焰探测器
flame machining　火焰切割,火焰表面加工
flame material　耐火材料
flame mechanism　燃烧机理
flame monitor　火焰监控器,火焰监视器,火焰监测器
flame orange　火焰橙色
flame-out　(1)断火;(2)火焰分裂;(3)燃烧终止,熄火
flame photometer　火焰光度计
flame photometric detector (=FPD)　火焰光度计检测器
flame planer　龙门式自动气割机,门式精密气割机,火焰刨边机
flame plating　火焰喷镀
flame-projector　火焰喷射器,喷火器,打火机
flame projector　火焰喷射器,喷火器
flame-proof　防爆燃的,不着火的,不易燃的,耐火的,防火的,防焰的
flame-proof glass　防火玻璃,耐热玻璃
flame-proof motor　防爆电机
flame-proofing agent　耐火剂,耐火剂
flame propagation　火焰传播
flame protection　防爆保护[装置]
flame quenching　火焰淬火
flame radiation　火焰辐射
flame reflector　火焰反射器
flame relief valve　防爆阀
flame resistance　耐火性,抗燃性
flame resistant cable　耐火电缆
flame resistant material　滞燃材料,耐火材料
flame-resisting　耐火的,防火的
flame resisting　耐火的,防火的
flame resistivity　耐燃性
flame retardant　(1)阻燃剂,防燃剂;(2)阻燃的
flame retardant adhesive　滞燃粘合剂,滞燃胶
flame retardant cable　阻燃电缆
flame retarder　阻燃剂
flame retarding　滞燃
flame retention　火焰保持力
flame safety lamp　保险灯,防爆灯
flame scaling　(1)(钢丝)热浸镀锌;(2)(镀锌层)火焰加固处理
flame scanner　(锅炉)火焰探测器
flame scarfing　氧乙炔气刨,火焰修切边缘,火焰[表面]清理
flame screen　火星防护网,防火网,火帘
flame seal　火焰挡板
flame seal galvanizing　(钢丝)火封软熔热镀锌法,火封镀锌法
flame sensing device　(1)火焰指示器;(2)火焰检验设备
flame shield　(1)火焰反射器;(2)耐火墙
flame shrinking　(1)(金属板)火焰矫正;(2)热套,红套

flame spectrum　火焰光谱
flame spray gun　火焰喷枪,熔融喷枪
flame-sprayed　火焰喷涂的
flame sprayed plastic coating　火焰喷涂塑料覆盖层
flame sprayer　火焰喷射机
flame spraying　热熔喷镀法,火焰喷涂,溶喷法
flame stability　火焰稳定性
flame stabilization　火焰稳定,燃烧稳定
flame stabilizer　(1)火焰稳定器;(2)(锅炉燃油喷嘴前)挡风板
flame stitch　火焰针迹
flame stopper　阻焰器
flame straightening　火焰矫形
flame temperature　火焰温度,着火温度
flame test　焰色试验
flame-thrower　喷火器
flame thrower　喷火器
flame thrower nozzle　火焰喷嘴
flame-tight　耐火的,防火的
flame-tight door (=FTD)　防火门
flame tip　焰舌
flame-tracer　曳光弹
flame tracer　曳光弹
flame trap　防火帽,阻火器,隔焰器,阻焰器
flame tube　火管,烟管
flame tube air film cooling　火焰筒气膜冷却
flame tube cover　火焰筒盖
flame ware　耐热玻璃器皿,烧煮玻璃器皿
flame welding　火焰焊接,火焰焊,气焊,熔焊,烧焊
flame zone　火焰带
flameholder　火焰稳定器
flameholding　燃烧稳定,火焰稳定
flameless　无焰的
flameout　燃烧中断,火焰分裂,火焰分离,熄火,断火
flameout landing　熄火着陆停车,降落
flameproof (=FP)　(1)不易燃的,防火的,耐火的;(2)防爆的
flameproof paint　耐火漆
flamer　火焰喷射器
flamestat control　火焰熄灭控制
flamethrower　火焰喷射器,喷火器
flameware　耐热玻璃器皿,烧煮玻璃器皿,耐火器皿
flaming　燃烧的
flaming onions　高射炮火的火光
flaming sheath　火焰覆盖层
flaming test　冲头扩孔法钢材可延性试验
flaming weeder　火焰除草机
flamm-　(词头)火焰,火焰色
flammability　可燃性,燃烧性,易燃性
flammability hazard　易燃性危险
flammability limit　爆炸极限,可燃极限,易燃极限
flammability of bulkhead　舱壁的可燃性
flammability range　可燃性范围
flammability test　可燃性试验
flammable　(1)可燃的,易燃的;(2)易燃物质,易燃品,可燃物
flammable air　可燃空气,氢气
flammable and combustible liquids　易燃易爆液体
flammable cargo　易燃货物,可燃货物
flammable freight　易燃货物
flammable gas　可燃气体,易燃气体
flammable gas detector　易燃气体检测器
flammable goods　易燃货物,易燃品
flammable limit　爆炸极限,可燃极限
flammable liquid　引火性液体,易燃液体
flammable material　易燃材料,易燃品
flammable mixture　可燃混合气,易燃混合物
flammable point　着火点,燃点
flammable product　易燃货品,易燃固体
flammable range　可燃范围
flammable solid　可燃固体
flammable store　易燃物储藏库
flammable substance　可燃物质,易燃物
flammable vapor　易燃蒸汽,易燃气体
flammable volatile liquid　易燃挥发液体
flammation　燃烧,着火
flammentachygraph　循环测定器

flamy 火焰似的

flanch 凸缘，突缘

flang 矿用双尖镐

flange (=FLG) (1)凸缘，突缘，轮缘，翼缘(梁)，边缘，(2)轴承止推挡边，止动挡边，(3)法兰[盘]，连接盘，(4)(铁道)轨底，(5)折边，作凸缘，装凸边或法兰[盘]，(6)凸边，突边，(7)[木模工的]凸缘工具

flange angle 凸缘角铁，翼角钢

flange angle steel 凸缘角钢

flange back face 轴承止推挡边后端面，止动挡边后端面

flange beam 工形钢梁，工字钢

flange bearing 接盘式轴承，法兰盘式轴承，带止推凸缘的轴承，法兰轴承

flange body 凸缘体

flange bolt 凸缘螺栓

flange bracing 纵向联杆

flange bushing 凸缘衬套

flange case 法兰罩，法兰壳

flange casing 法兰罩，法兰壳

flange chuck 法兰卡盘

flange compartment 法兰罩，法兰壳

flange connection 法兰联结

flange coupling 法兰接合，法兰接头，法兰联轴节，凸缘联轴节，凸缘喉套

flange cross section (梁的)翼缘横断面

flange drum 法箍桶

flange focal distance 基面截距

flange gasket 凸缘衬垫

flange girth 翼缘

flange head (铸)S形修型笔

flange joint (1)法兰接合，凸缘接合，(2)法兰接头，凸缘接头，(3)法兰联轴节，凸缘联轴节，(4)凸缘接驳位

flange machinery 弯边机械，起缘机械

flange motor 凸缘型电动机

flange moulded packing 凸缘型压填密件

flange mounted geared motor unit 带法兰连接的马达传动装置

flange mounted motor 法兰连接的马达，法兰连接的电动机

flange mounted unit 法兰连接的[驱动]装置

flange mounting (1)用凸缘进行安装，凸缘安装，(2)凸缘安装座

flange nut 带缘螺母，凸缘螺母

flange of beam 梁[的]翼缘

flange of brasses 黄铜凸缘，黄铜法兰

flange of bush 衬套凸缘

flange of coupling 联轴节凸缘，联轴器凸边

flange of pipe 管子法兰盘，管子凸缘

flange of scoring gage 透明测环尺的凸缘

flange of valve 管阀法兰盘，管阀凸缘

flange of wheel 轮缘

flange outside diameter (轴承)止推挡边外径，止动挡边外径

flange packing J 形密封圈

flange periphery 法兰边缘

flange pipe 凸缘管

flange plate 翼缘加劲板，翼缘板

flange pulley 凸缘轮

flange rail 带缘轨，宽底轨，槽形轨，电车轨

flange ring 法兰环

flange rivet 翼缘铆钉

flange seal 法兰盘密封，凸缘密封

flange shaft coupling 法兰联轴节，凸缘联轴节

flange slab 翼缘板

flange splice 翼缘镶板

flange spreader 法兰扩张器

flange steel 凸缘钢，翼缘钢(可折边的钢材)

flange stress 法兰应力

flange tap 法兰[式]接头

flange test 翻边试验，折边试验，翻口试验，卷边试验

flange thickness 法兰厚度

flange turner 凸缘车工，法兰车工，(2)折边机，翻边机

flange type everlasting blow off valve 凸缘式连续放泄阀

flange type seal 弯形密封圈，J 形密封圈

flange type shaft coupling 法兰联轴节，凸缘联轴节

flange union 法兰接头，折缘管

flange washer 凸缘垫圈

flange width (轴承)止推挡边宽度，止动挡边宽度

flange wrinkle 拉深件凸缘皱折

flange yoke 带法兰的万向节叉

flanged 具有凸缘的，具有法兰盘的

flanged beam 工字梁，工字钢

flanged bearing for gyroscope rotor 陀螺仪轴承

flanged bend 弯头

flanged block 整体法兰式轴承箱体

flanged bracket 折边衬板

flanged bush 法兰轴衬，凸缘轴衬

flanged cartridge block 圆形法兰式轴承箱体

flanged connection 法兰[盘]连接，突缘接合，突缘连接

flanged coupling 法兰盘式联轴节，接盘式联轴节，凸缘联轴节

flanged cup (轴承)带有外止动挡边的外圈

flanged cup bearing 外圈带止动挡边的滚动轴承，外圈带止推凸缘的滚动轴承

flanged edge 带凸缘的边，凸缘，法兰边

flanged edge weld 弯边端接焊，卷边焊缝，缘边焊，卷边焊

flanged ends (=FE) 带法兰的端部，带缘端

flanged girder 工字梁

flanged housing 法兰罩，法兰壳

flanged hub 带凸缘的轮毂

flanged joint (1)法兰连接；(2)法兰式联轴器，凸缘式联轴器；(3)法兰接头，法兰接合

flanged knee 折边衬板

flanged outside ring (轴承)有止推挡边的外圈，有止动挡边的外圈

flanged packing 凸缘密封垫

flanged pipe 带法兰管，法兰管，有缘管，凸缘管

flanged piston 凸缘活塞

flanged plate 折边板，翻边板

flanged pulley 凸缘皮带轮，凸缘滑轮

flanged radiator 凸缘管式散热器，凸缘片式散热器

flanged rail 宽底轨

flanged seam 法兰接缝，凸缘接缝

flanged section 凸缘型钢

flanged shaft 法兰[连接]轴，带法兰的轴

flanged shaft coupling 法兰联轴节

flanged spindle 凸缘轴

flanged tube 法兰管，凸缘管

flanged wheel 有缘轮

flanged yoke 凸缘叉臂，法兰叉

flangeless 无翼缘的，无凸缘的，无突缘的，无法兰盘的

flangeless tyre 无凸缘轮胎

flanger (1)凸缘制造机，弯边压力机，凸缘机，翻边机，折边机，起缘机；(2)凸缘制作工，(3)(铁路)除雪器，排雪档，排雪板

flangeway 轮缘槽

flanging 外缘翻边，外翻边，制成凸缘，折边，折缘

flanging angle 卷边角度

flanging machine 折边机，弯边机，翻边机，折边压床

flanging press 弯缘压床，折边压床，折边机，翻边机

flanging test (管口)折边试验

flank (1)翼侧；(2)侧面，(3)(齿轮)齿面，齿侧，齿腹，齿根面，(4)(凸轮)腹部，(5)(螺纹)齿腹，侧面，(6)(刀具)后刀面，刀具侧面，后面，(7)(船舶)打倒车，(8)位于…侧面，在…侧面

flank ahead (船舶)加速前进

flank angle (1)螺纹齿面角，齿形角，(2)螺纹半角

flank attack 侧翼攻击，侧射

flank capacity 齿面承载能力

flank contact 齿面接触

flank contact pressure 齿面接触压力

flank correction 齿面修正

flank curvature 齿面曲率

flank damage 齿面损坏

flank error 齿面误差

flank fatigue 齿面疲劳

flank fire 侧翼攻击，侧射

flank flame hardening 齿面火焰淬火，齿面火焰硬化

flank grinder 齿面磨床

flank grinding 齿面磨削

flank grinding machine 齿面磨床

flank heat development 齿面发热

flank hole 侧向探眼，超前探眼

flank interference 齿面干涉

flank of cam 凸轮型面腹部

flank of thread 螺纹面

flank of tool 刀具侧面

543

flank of tooth　(1) 齿面，齿侧；(2)（刀具）铣齿侧面
flank out　(1) 移离齿腹；(2) 多切齿腹
flank profile　(1) 齿廓，齿形；(2)（刀具）后面截形
flank profile tester　齿廓检查仪
flank radius　凸轮轮廓的工作曲率半径
flank roughness　齿面光洁度，齿面粗糙度
flank rudder　倒车舵
flank speed　极高速度，最高速度
flank strength　齿面强度
flank stress　(1) 齿面应力；(2) 侧面应力
flank surface　(1) 齿面；(2) 侧表面
flank testing range　齿面检验范围
flank undulation　齿面波形，齿面不平度
flank undulation height　齿面波高
flank undulation length　齿面波长
flank wall　边墙
flank wave　齿面波形
flank wave height　齿面波高
flank wave length　齿面波长
flank wear　齿面磨损，侧面磨损
flanking　（齿轮）切齿根
flanking propeller　船侧推进器
flanking rudder　倒翼舵，倒车舵
flanking window　边窗
flannel　法兰绒
flannel board　法兰绒板
flannel disc　法兰绒磨光盘
flanning　窗框两侧斜边
flap　(1)（飞机的）可偏转的翼片，折翼，襟翼；(2) 舌片，活瓣，阀瓣，活盖；(3) 轮胎垫带，片状物；(4) 铰链板，短甲板，风门片；(5) 挡水板；(6) 阻力板；(7) 搭板，翻板，折板；(8) 拍打，拍击，拍动
flap actuator　襟翼作动器
flap angle　襟翼偏转角
flap area　有襟翼的区域，襟翼面积
flap attenuator　片型衰减器，刀型衰减器
flap check valve　阀瓣式止回阀
flap-covered　襟翼覆盖，折翼覆盖
flap covered grease fitting　活盖润滑脂注入器
flap covered lubricator　活盖注油器
flap-door　活板门，吊门
flap door　吊门，舌门
flap gasket　平垫圈
flap gate　(1) 舌瓣式止回阀；(2) 铰链式闸门，倾倒式闸门，翻板闸门，卧式闸门，舌瓣闸门
flap limit switch　襟翼限动开关
flap open　条盖松开
flap roller and guide assembly　襟翼导轨装置
flap-seat　折椅
flap switch　拍动式开关
flap table　折叠桌
flap tile　折瓦
flap tip　平头电极
flap trap　吊门逆止阱
flap-type attenuator　（波导中的）刀型衰减器
flap type rudder　可变翼形舵，襟翼舵
flap type wave generator　摇板式造波机
flap-valve　止回阀，翻板阀，舌阀，瓣阀
flap valve　(1) 球门自动阀，舌瓣式止回阀，舌形阀，翻板阀，瓣阀；(2) 折板
flap valve assembly　片状活门组，活门栅
flap wheel　扬水轮
flaperon　副襟翼
flapless　无襟翼，无折翼
flapped hydrofoil　带襟翼水翼船
flapper　(1) 号牌，牌盖；(2) 舌形阀，止回阀，蝶形阀，锁气器，瓣阀，片阀；(3) 折合挡板，挡板，挡片；(4) 抛撒器；(5) 有铰链门，舌门
flapper coil　调节偶合度用的短路线圈
flapper valve　(1) 舌片式止回阀；(2) 舌形阀，瓣阀
flapping　(1) 折叠作用；(2) 回击，拍动；(3) 振翅
flapping angle　翼动角
flapping hinge　挥舞铰链
flapping of sail　顶凤帆
flapping screw　带舌环螺钉，带舌环螺丝
flapping setting　襟翼调定位置

flapping wing　扑翼的
flapping wings　扑翼机，扑翼
flare　(1) 锥形孔，喇叭口；(2) 锥度；(3) 底部加宽成喇叭口，成喇叭口形，喇叭管，漏斗；(4) 端部斜展，端部张开；(5)【船】舷侧向外扩张，船侧外倾，外飘船首，外展船首，反倾；(6) 物镜的光斑；(7) 闪烁火光，闪光信号；(8) 闪光信号装置，照明火箭，照明灯，照明弹，信号弹；(9) 曳光管；(10) 闪光，闪耀，闪烁，闪亮，闪现，爆发；(11) 火苗，火舌；(12)（化工）放空燃烧装置
flare adapter　照明伞架，照明弹架
flare angle　(1)（船侧）首外飘角，外飘角，外张角，外倾角；(2) 喇叭锥顶角，喇叭张角，展开角，张角
flare back　(1) 火舌回闪；(2) 逆火，回火
flare chute fabric　照明降落伞绸
flare connection　（管子的）活接头联结
flare container　曳光管底座，曳光弹筒
flare correction　杂散光校正
flare curve　眩光曲线
flare factor　扩张系数
flare gun　信号手枪
flare indicator　耀斑指示器
flare kiln　瓶颈式窑
flare light　（射线管的）闪光
flare opening　漏斗扩大的部分，漏斗口
flare-out　(1) 均匀，拉匀；(2)（着落前的）拉平，拉直；(3) 开口边截面的增大
flare-out altitude　开始拉平高度
flare-out analysis　增大桨距着陆计算，拉平计算
flare-out bow　外飘船首，外倾船首
flare path　跑道照明线
flare pistol　火焰信号枪，闪光信号枪，信号枪
flare pod　照明弹发射舱
flare point　发火点，燃烧点，燃点
flare signal rocket　火焰信号
flare slope　舷外飘倾斜度
flare spot　晕圈形光，寄生光斑
flare stack　火炬架，火焰塔
flare stop　杂光，光阑
flare tube　喇叭形管
flare tube fitting　喇叭管接头
flare-up　(1) 突然燃烧，突然爆发；(2) 激化，加剧
flare up fire　火焰信号
flare wing wall　喇叭形墙，斜翼墙
flareback　(1) 火舌回闪，回火，逆火，反闪；(2) 炮尾焰，后焰
flared　(1) 扩大的张开的，膨胀的，扩张的，扩口的，扩展的；(2) 钟形入口，喇叭口
flared access　喇叭口形入口
flared base　（天线）张口边
flared bow　外飘船首型，外倾船首型
flared crossing　漏斗式交叉
flared deflection yoke　（电视）放宽图像的偏转系统
flared discharge basin　喇叭口式排水塘
flared end　括口端
flared ends　（致偏移线圈的）翻边端，弯边
flared gas　燃烧天然气
flared intersection　漏斗式交叉
flared joint　扩口接合
flared pipe　喇叭口管
flared radiating guide　喇叭形辐射波导，喇叭口辐射波导
flared stator casing　扩张式气缸
flared tube　扩口管
flared tube thrust assembly　带扩散喷管的燃烧室组合件
flareout　拉平
flareout path　拉平着陆航迹
flarer　(1) 箍桶机工人；(2) 桶箍铆接机操作工
flaring　(1) 张开的，喇叭形的；(2) 发光的，闪烁的；(3) 卷边，扩口【管】
flaring angle　喇叭锥顶角
flaring cup wheel　碗形砂轮
flaring horn　蜿展号筒
flaring machine　旋转扩口机
flaring side　外飘舷，外张舷
flaring test　（管端）扩口试验
flaser　(1) 压扁；(2) 压扁透镜体
flaser crystal　鳞状结晶

flaser texture　鳞状组织

FLASH (=Feeder Lighter Aboard Ship)　载驳船

flash (=FLH)　(1)突然燃烧,发火花,闪光,闪烁,闪燃,闪弧,光泽,亮度;(2)溢出式塑模,模锻飞边,焊瘤,溢料,飞边,毛刺;(3)闪锻,薄镀;(4)喷溅,(5){焊}烧化,(6)去毛刺,(7)闪蒸,蒸浓,(8)火舌回闪,闪回,反闪,逆弧,(9)手电筒,(10)快速的,瞬时的

flash and ranging station　声波测距站

flash and show light　闪示灯光

flash and strain　飞边,毛翅

flash antenna　平面天线

flash-arc　火花弧

flash arc　闪光电弧,火花弧

flash-back　反点火,反闪

flash back　反点火,反闪,反燃,逆火

flash back criterion　反闪准则

flash back fire　反闪火焰,回火

flash-back voltage　反闪电压,逆弧电压

flash back voltage　反闪电压,逆弧电压

flash baking　快速烘焙,快速干燥

flash-barrier　隔弧板

flash barrier　(1)闪光保护挡板,瞬时遮光板,闪弧挡板,闪弧隔板,闪络隔板,(2)瞬时屏蔽,闪屏,(3)飞弧阻挡层,闪络隔栏

flash blow　溢料通风

flash-board　决泻板,闸板

flash board　(调节水位的)泄水闸板

flash boiler　快速升气锅炉,速发气锅炉,闪蒸锅炉,快热锅炉

flash bomb　照明弹,闪光弹

flash-bulb　镁光灯,闪光灯

flash burn　(1)闪燃,(2)闪光烧伤

flash butt weld　闪光对焊

flash butt welding　(1)火花对头焊接法,(2)闪光对[接]焊,电弧对[接]焊,电焊对接焊,火花对焊,闪光焊

flash butt welding machine　闪光对焊机

flash card　(1)单词,数目抽认卡,闪视卡片,(2)闪光呈现卡,闪光卡,闪片

flash chamber　闪发蒸发室

flash coat　闪光焊覆层

flash coating　(钢丝的)薄镀层

flash cup　测定闪点的杯子,闪点杯

flash defilade　闪光遮蔽

flash distillation　急剧蒸馏

flash distillation plant　闪发式蒸馏装置

flash distilling unit　闪发造水装置

flash-dry　使快干

flash dryer　气流干燥器,急骤干燥器

flash drying　急骤干燥,气流干燥

flash eliminator　消焰器

flash evaporate　闪发蒸发

flash evaporating distillation plant　闪发式蒸馏装置

flash evaporation　闪发蒸发

flash evaporator　闪发式造水机

flash figure　闪像

flash flood　暴雨引起的水灾,洪水暴涨

flash-forward　预示

flash freezing　急骤冻结,闪冻

flash gas　闪发气体

flash gas refrigeration　气体闪蒸冷冻

flash getter　蒸散消气剂,闪燃吸气剂,表面收气剂

flash glass　有色玻璃

flash groove　冒口

flash guard　防弧装置,防弧罩

flash gun　闪光操纵装置,闪光粉点燃器,闪光枪

flash heat　快速加热

flash hider　消焰器,灭火帽

flash hole　传火孔

flash in the pan　滑膛枪内的点火药,在导火槽内点火而未击发的武器

flash illumination　闪光照明

flash joint　闪光焊接头

flash lamp　闪光信号灯,脉冲电子管,闪光灯,手电筒

flash lamp bulb　手电筒灯泡

flash light　(1)闪光,闪烁,(2)手电筒,(3)闪光灯

flash light battery　手电筒电池

flash light bulb　闪光灯灯泡,手电筒灯泡

flash light control box　闪光灯控制箱

flash light powder　闪光粉

flash light torsion meter　闪光扭力仪,光学扭力仪

flash line　突起线

flash magnetization　脉冲电流磁化,瞬时磁化,闪磁化

flash melting　(电镀锡薄钢板锡层的)软熔发亮处理

flash message　火急电文

flash mold　溢出式铸塑模

flash-off　急剧蒸发掉,闪蒸出

flash off　闪发

flash over　飞弧闪络,环火

flash-over protection　防止飞弧

flash paper　闪光纸

flash pasteurization　高温瞬时灭菌法

flash photography　闪光摄影术

flash photolysis　闪光光解

flash picture　用闪光灯拍摄的照片

flash pin gauge　探销式塞规

flash plate　(甲板上的)锚链垫板

flash plating　薄镀层

flash-point　起爆温度,着火点,引火点,闪点,燃点

flash point (=fp)　闪点

flash point apparatus　闪点测定仪

flash point tester　闪点测定仪

flash polymerization　猝发聚合反应

flash process　闪蒸过程

flash quenching　喷射淬火,喷水淬火

flash ranging (=FR)　光测

flash-recall　闪[烁信号]灯式二次呼叫

flash relay　闪光继电器

flash roast　飘悬焙烧法

flash roaster　飘悬焙烧炉

flash-roasting　飘悬焙烧

flash roasting　飘悬焙烧

flash set　(混凝土)瞬时凝结,骤凝,急凝

flash setting agent　(混凝土)急凝剂

flash signal　闪光信号,闪烁信号,亮度信号

flash signal lamp　闪光信号灯

flash spectrum　闪光光谱

flash spotting　光学测距,光测法

flash stimulated luminescent response (=FSLR)　闪光激发的荧光反应

flash sump　闪发室集水底壳,蒸发室集水底壳

flash suppressor　[整流子]环火抑制器

flash tank　膨胀箱,闪蒸箱

flash temperature　(1)闪[点]温[度],(2)瞬时温度

flash test　瞬间高压试验,击穿试验

flash time　熔化时间

flash tube　闪光管

flash tube ignition　闪光管点火

flash-type　闪光型的

flash type　闪发式,闪跃型

flash type distiller　闪发式蒸馏器,闪发式造水机

flash type evaporator　闪发式造水机,闪发式蒸发器

flash-up　[反应堆的]功率剧增,功率增长

flash weld　闪速对焊,闪光焊,火花焊,电弧焊

flash welding (=FL-W)　火花[电弧]焊,电弧对接焊,火花对焊,火花熔焊,闪光焊,电弧焊

flashback　(1)闪回,反光,(2)逆燃,回火

flashback voltage　反闪电压,逆弧电压

flashboard　闸板

flashbox　闪蒸室,膨胀箱,扩容器

flashbulb　闪光灯

flashcube　方形闪光灯

flashed filament　闪光处理碳丝

flashed glass　套色玻璃,镶色玻璃

flashed photicon　辐贴康(一种闪光灯)

flashed vapor　闪蒸汽

flasher　(1)闪光信号,闪烁光源,(2)闪光设备,闪光装置,闪光标,闪光器,闪电器,(3)(电路)自动断续装置,闪烁开关,(4)(雷达干扰用的)敷金属纸条,(5)[玻璃]镶色工

flasher dropping　散布[雷达干扰]金属带

flasher mechanism　自动闪光机构

flasher relay　断续继电器,闪光继电器

flasher unit　闪光标灯,闪光器

flashes per second (=fps)　每秒闪光次数

545

flashguard　防弧器

flashgun　(1)闪光枪; (2)闪光灯

flashing　(1)(轴承)光球; (2)电弧放电; (3)充填; (4)光源不稳,光的颤抖,发生火花,闪光,闪烁; (5)玻璃镶边; (6)快速蒸发,单式蒸发,急剧蒸发,闪蒸; (7)防水片,防雨板,防漏盖片,防水盖板; (8)喷溅

flashing arrow　闪光指示箭头

flashing beacon　闪光立标灯,闪光灯标,闪光信号

flashing block　陶瓦块

flashing board　防雨板

flashing buoy　闪光灯浮标

flashing composition　引爆剂

flashing compound　防水填缝料

flashing direction signal　闪光指向信号

flashing discharging tube　闪光放电管

flashing flow　闪流

flashing index　闪光指示

flashing indication　闪光信号

flashing key　闪灯电键,闪烁电键

flashing light　闪光灯标,闪光,闪灯

flashing light for collision avoidance　避让闪光灯

flashing light for signaling　通信闪光灯

flashing light installation　闪光装置

flashing light signal　闪光信号,闪烁信号

flashing light signaling　闪光通信

flashing light system (=FLS)　闪光灯系统

flashing machine　(轴承)光球机

flashing-off　(1)(电焊)烧熔边缘; (2)熔化,软熔(耐火材料的)

flashing point　着火点,闪点,燃点

flashing point tester　闪点测定器

flashing potential　着火电位

flashing relay　闪光灯继电器,断续继电器

flashing ring　管道套圈

flashing signal　闪光信号

flashing symbol　闪光符号

flashing temperature　发火温度

flashing tile　瓦管

flashing turn light　转向闪光灯

flashing unit　闪光标灯,闪光器

flashing warning light　闪光警告灯

Flashkut　落锤锻造钢

flashlamp　闪光灯

flashless (=FLHS)　无闪光,无光亮

flashless non-hygroscopic (=FNH)　无闪光不收湿的

flashlight　(1)手电筒; (2)闪光信号灯,脉冲灯; (3)镁闪光,信号光,闪光

flashness　闪光性质,闪光状态

flashometer　闪光分析计,闪光仪

flashover　飞弧闪络,飞弧,闪络,跳火,环火,击穿

flashover characteristic　放电特性

flashover distance　飞弧距离

flashover ground current　闪络接地电流

flashover protection　防止闪络,防止飞弧

flashover relay　闪络接地继电器

flashover strength　火花击穿强度

flashover test　闪络试验

flashover voltage　击穿电压

flashover welding　闪光焊,弧焊

flashpan　点火盘

flashpoint (=FP)　(1)闪点; (2)爆发点

flashpoint apparatus　闪点仪

flashpoint range　闪点范围

flashpoint test　闪点试验

flashpoint tester　闪点试验器,闪点测定器

flashpoint yield curve　闪点产率曲线

flashproof　防焰的

flashtron　作为继电器用的一种敏感器件

flashtube　闪光管,闪光灯

flashy load　瞬时荷载,瞬间荷载

flask　(1)无箱档砂箱,[造]型箱,砂箱; (2)长颈玻璃瓶,曲颈瓶,水筒; (3)送水银用铁制容器,贮罐,烧瓶,盆,瓶

flask board　托模板,底板

flask clamp　砂箱夹,卡子

flask molding　砂箱造型

flask pin　砂箱定位销

flask rammer　平头捣锤

flask shaker　落砂机

flasket　小[细颈]瓶

flat　(1)平板状的,平坦的,平直的,平伸的,平展的,平缓的,平滑的,扁平的,展开的,伸开的,平的,扁的; (2)使平,变平,放平; (3)平顶,平底,平面; (4)扁凿模,板片,扁条,扁钢,压板; (5)平底船,驳船,方驳,趸船,浮箱; (6)平甲板,平板车,货板,托盘; (7)套房,住房; (8)轮廓不清楚的,无明暗差别的,无光泽的,不透明的; (9)电压下降的; (10)漏气轮胎

flat air bearing　平式空气轴承

flat-and-edge method　平 - 立轧制法

flat and edge method　圆钢平辊 - 方形孔型系统轧制法,平竖轧制法

flat angle　平角

flat anvil　平砧

flat arch　平拱,平式炉顶

flat area　平面面积

flat attitude　小俯仰角,水平姿态

flat-back pattern　平接模

flat back pattern　平接模

flat-band voltage　平带电压

flat bar (=FB)　扁条,扁钢,扁材,板片,带钢

flat bar chain　扁环节链

flat bar iron　扁钢,条钢,扁条,板片

flat bar keel (=FBK)　平板龙骨

flat base　平底

flat base rim　平底轮辋

flat bastard file　粗齿扁锉

flat battery　扁电池

flat bearing　平面支承,双脚支柱,平导板,扁柱

flat beater　平板式打夯机

flat-bed　平坦的,平台的,平板的

flat bed　(1)绘图平台; (2)平板车; (3)平层

flat bed chassis　平板车

flat bed container　平床式集装箱

flat bed cylinder press　平台圆压印刷机

flat bed lorry　平台卡车

flat bed offset machine　平台胶印机

flat-bed plotter　平板绘图仪

flat-bed plotter　平板绘图仪

flat-bed press　平台印刷机

flat-bed trailer　平板车

flat bed trailer　平板半挂车,平床式拖车,平板拖车,平板车

flat bed truck　平板车

flat belt　平行传动带,扁平传动带,扁平运输带

flat-belt conveyor　平带式输送机,平带传送机

flat belt conveyor　平型带式输送机

flat-belt drive　平行带传动,平皮带传动

flat-belt pulley　平皮带轮

flat belt pulley　平皮带轮

flat bend　大半径弯段,平缓弯段,平直弯曲

flat bit tongs　平嘴钳,平口钳,扁嘴钳

flat blade　平叶片

flat blade turbine　平叶涡轮

flat blank　板坯

flat block　装配平台

flat-boat　平底船

flat boat　(简陋)平底船,方驳

flat bogie wagon　低边敞车,平车

flat bottom　平底

flat bottom cart　平板车

flat bottom crown　平面金刚石钻头

flat-bottom punch　平底冲头

flat bottom punch　平底冲头

flat-bottom rail　平底轨

flat-bottomed　平底的

flat bottomed　平底的

flat-bottomed bin　平底箱

flat bottomed bin　平底箱

flat bottomed ship　平底船

flat bow　平弓

flat-braided　编成扁平的,扁形编织的

flat braided cord　(1)双芯扁软线; (2)扁形绳,平打绳

flat broach grinder　平面拉刀磨床

flat brush　扁刷

flat bulb iron　球扁铁,球扁钢

546

flat bulb steel 球扁钢
flat bus-bar 扁母线
flat bush 平面轴套,平瓦,平钻
flat cable (1)扁[形]电缆,扁平电缆,带状电缆;(2)并排线
flat calm 完全无风
flat cap 软水手帽
flat-car 平板货车,平板车,敞车
flat car 低边敞车,平板车,平车
flat car for container 装运集装箱平车
flat-card 扁平卡片
flat card resolving potentiometer 平片解算电势计
flat-channel 平直通路
flat-channel amplifier 平直辐频特性放大器,平直通路放大器
flat channel amplifier 平直辐频特性放大器,平直通路放大器
flat-channel noise 平路噪声
flat channel noise 平直幅频的起伏噪声
flat characteristic 平直特性
flat characteristic curve 平直特性曲线
flat chassis 平底盘
flat chisel 扁凿,扁錾,平凿
flat clamp 平压板,平压铁
flat coal shovel 平煤铲
flat coarse file 粗齿扁锉
flat cold-rolled sheets 冷轧薄钢板
flat cold rolled sheets 冷轧薄板
flat commission 统一手续费
flat-compound 平复励的
flat compound 平复励
flat compound characteristic 平复激特性
flat compound dynamo 平复激发电机
flat-compound excitation 平复励磁
flat-compound generator 平复激发电机,平复励发电机
flat-compounded 平面复励的
flat-compounding 平复磁励
flat compounding 平复励
flat copper 扁铜条
flat cost 工料费,直接费(包括工资和材料费)
flat cotter 扁销
flat counter sink 平埋头钻孔
flat countersunk rivet 埋头平顶铆钉
flat crank 扁平曲柄,平曲柄
flat crest 扁平牙顶,平顶
flat crystal 片状晶体
flat curing 平幅焙烘
flat curve 大半径曲线,平滑曲线,平直曲线,平缓曲线,平顺曲线,匀滑曲线,扁平曲线
flat cut 向下打眼钻爆法
flat datum 统一基准面的(海图)
flat demand rate 固定需量收费制,定额收费制
flat diaphragm 平膜片
flat die 平模
flat die forging 自由锻造
flat die hammer 自由锻锤
flat die thread rolling 平模滚轧螺纹法
flat dies 螺纹搓板,搓丝板,搓丝模
flat-dipping 缓倾斜
flat-down method (六角钢的)平轧法
flat dril l扁三角钻,三角钻,扁钻,平钻
flat dunnage 舱底板,垫货材
flat edge 平刃
flat edge trimmer 修边机
flat electrode 平端面电极
flat element 平面元
flat-end 平端
flat end needle rollers (轴承)平头滚针
flat-ended 平底的
flat ended cathode ray tube 平面荧光屏阴极射线管
flat ended tube 平底管
flat engine 卧式发动机
flat face 平面
flat-faced 平面的,平板的
flat faced fillet weld 平顶角焊缝焊接
flat-faced follower 平面随动件
flat-faced pulley 平面皮带轮

flat faced screen 平面形荧光屏
flat-faced tube 平面荧光屏阴极射线管,平幕电子束管,平面板式管
flat fading 按比例衰减,均匀衰落,平[滑]衰落
flat fading channel 平坦衰落信道
flat-field 平面场的
flat-field lens 平扫描场透镜
flat field lens 平面场透镜
flat-field objective 平场物镜
flat field uniformity 平面场均一性
flat file (1)扁锉,板锉,平锉,(2){计}平面文件,单调资料
flat fillet weld 平[填]角焊
flat fillister 圆柱头螺钉
flat fillister head screw 圆柱平头螺钉
flat fillister screw 有槽扁头螺杆
flat-film 平面膜
flat finish varnish 本色清漆
flat fire 平射
flat-flamed burner 平面火焰喷燃器
flat floor 平肋板
flat flow afterbody 平流船尾部
flat foot spin 平刃旋转
flat forge tongs 平锻钳
flat forming tool 梭形成形车刀
flat frequency control 恒定频率控制
flat-gain 平坦增益的
flat gain capacitor 平调电容器,线性增益调节电容
flat gain control capacitor 平坦增益调节电容器,线性增益调节电容器,平调电容器
flat gain master controller 平调增益主控制器
flat gain regulation 平调
flat gauge 扁形规,样板,板规
flat gear 平[形]齿轮
flat-geometry 平坦[型]的
flat geometry light source 平坦型光源
flat glass 平板玻璃
flat grade 缓坡
flat gradient 缓坡
flat grained timber 平纹木材
flat grate 平炉栅,平面光栅
flat grinding machine 平磨机
flat grooved rail 平槽轨
flat ground 平地
flat guide 平面导轨
flat hammer 扁锤
flat hat 软水手帽
flat head (=FH) 平头,扁头
flat head bit 平头钻
flat head bolt 平头螺栓,平帽螺栓
flat head clevis pin U 形平头销
flat head grooved bolt 平头槽螺栓
flat head piston 平顶活塞
flat head rivet 平头铆钉
flat head screw 平头螺钉,平头螺丝
flat head straight neck rivet 平头直颈铆钉
flat headed rail 平头轨
flat headed rivet 平头铆钉
flat hearth type mixer 平床混合炉
flat hinge 平铰链
flat hole 水平炮眼
flat hoop 扁箍
flat hoop iron 带钢
flat horizontal surface 扁平面
flat-image 平面图像
flat image amplifier 平面屏幕上的图像放大器
flat in 横插进去
flat-iron (1)扁铁,条铁;(2)熨斗,烙铁
flat iron (1)扁铁,扁钢;(2)熨斗,烙铁
flat iron bar 扁铁条
flat jack (1)扁千斤顶;(2)测量岩压水力囊
flat jacquard knitter 平式提花针织机
flat joint 平缝
flat joint bar 长方形鱼尾板
flat-joint point 凹槽平缝
flat jumper 扁凿

flat keel　平板龙骨, 平龙骨
flat key　平键
flat knot　平结, 一结
flat lamp core　扁灯芯
flat lamp-shade　散射型灯罩
flat land　平地, 平原
flat lapping block　精研平台
flat-layer　平层的
flat layer technique　平层技术
flat lead　铅薄板, 铅皮
flat L E M　平板型的直线电机
flat light　平淡照明, 单调光
flat-lighting　平淡照明, 单调光
flat line　无损耗的行波传输线, 平坦线
flat link chain　扁环节链, 板链平环链, 平环链, 板链
flat-lying　平卧
flat machine　针织横机
flat magnetic field　平面磁场
flat man　驳船船员
flat mattock　扁头鹤嘴锄
flat middle file　中扁锉
flat mirror　平面镜
flat mirror surface　平反射镜平面
flat nail　扁头钉
flat needle　扁针
flat netted board　平面网板
flat noise　频谱上能量平均分配的起伏噪声, '白' 噪声
flat noise generator　平滑噪声发生器, 白噪声发生器
flat nose　平凸弹头
flat nose pliers　扁嘴钳, 平口钳, 平头钳
flat nut　平头螺母
flat of bottom　(1) 平底部分；(2) 船底平板
flat of keel　(船) 龙骨平面, 平板龙骨宽度
flat of thread　螺纹面
flat of tool　刀具切削刃的修光部分, 刀具锋下平缘
flat oil stone　扁油石
flat open turbine agitator　开式平涡轮搅拌器
flat-operated　由浮子控制的, 由浮子操纵的
flat operated relief valve　浮筒操纵安全阀
flat organization　(1) 扁平式组织；(2) (企业中的) 单层管理组织
flat oval　平椭圆
flat-pack　(1) 扁平封装, 扁平包装；(2) 扁平组件
flat pack　(1) 扁平封装, 扁平外壳；(2) 扁平组件；(3) 扁平集成电路；(4) 平封半导体网络；(5) 平箱装载
flat-pack integrated circuit　扁平封装集成电路
flat pack type　扁平包装式, 扁平封装式, 普通包装式
flat-package　(1) 扁平组件的, 扁平封装的；(2) 扁平包装；(3) 扁平管壳
flat package　(1) 扁平组件外壳, 扁平组件；(2) 扁平包装, 扁平封装
flat-pad　发射台
flat paint　平光涂料, 无光涂料, 无光漆
flat paint brush　扁漆刷
flat pallet　平托盘
flat particles　扁骨料
flat pass　扁平孔型, 平坦通带
flat path　低伸弹道, 倾斜轨道
flat pencil　线束
flat photoelectric crystal　片状光电晶体
flat pick　平头镐
flat picture　平面板彩色电视显示, 平淡的图像
flat picture tube　平板型显像管
flat piece　扁骨料
flat piling　平堆法, 平堆
flat pin plug　扁脚插头
flat pitch　缓坡
flat plane antenna (=FPA)　平面天线
flat plane scanning method　平面扫描法
flat-plate　平板
flat plate　平板
flat-plate cascade　平板叶栅
flat-plate drag　平板阻力
flat plate drag　平板阻力
flat plate heat exchanger　平板式换热器
flat plate keel　平板龙骨
flat plate keelson　平板内龙骨

flat-plate lamp　平电极管
flat plate radiometer　平板辐射计
flat plate rudder　平板舵
flat plate shoe　平板桩靴
flat plate theory　平板理论
flat platform body　平板车
flat pliers　平口钳, 平钳
flat plug　扁插头
flat plug gage　扁形测孔规, 板状塞规
flat point set screw　平端定位螺钉
flat-position welding　平焊
flat position welding　顶面平卧焊
flat punch　平冲头
flat pulse　平脉冲
flat rack　(1) 平板集装箱；(2) 板架
flat rack container　板架集装箱
flat rammer　平头捣锤
flat-random noise　无规则 "白" 噪声
flat random noise　无规则 "白" 噪声
flat-rate　单位时间计价, 包价收费制, 按时计价, 普通费
flat rate　(电话) 按时计费制, 包价收费制, 包灯收费制, 固定费率, 统一费率, 包价
flat rectangular package　矩形扁平组件
flat reflector　平反射镜
flat relief　平浮雕
flat-response counter　水平响应计数器, 常效率计数管
flat response curve　平坦响应曲线
flat-riser　垂直起飞飞机
flat rivet head　平头铆钉
flat roll　平面轧辊
flat rolled steel　扁钢
flat rolled steel bar　压延钢条
flat roller　平滚筒
flat rolling mill　扁钢轧机
flat roof mirror　平屋脊镜
flat-roof resonator　平顶谐振器
flat roof resonator　平顶谐振器
flat roof skylight　平顶天窗
flat rope　扁绳
flat rubber strip　扁橡皮条
flat runner　平滑板
flat saddle key　平鞍型键
flat sandwich multiconductor cable　带状电缆
flat-sawed　平锯的
flat sawed lumber　平锯木材, 顺锯木材
flat sawing　平锯 [法]
flat-sawn　弦截, 弦向下锯法, 平纹锯法
flat sawn lumber　平锯木材, 顺锯木材
flat sawn timber　舷切材
flat scanning　平面扫描
flat scarf　平嵌接
flat scraper　平面刮刀, 平刮刀
flat screw　平头螺钉
flat screwdriver　平口螺丝刀, 平口起子
flat-seam　平接缝
flat seam　平合缝, 平接缝, 平焊缝, 平缝
flat seam needle　平缝帆针
flat seaming　平缝法
flat seat　平座
flat seat washer　平座垫圈
flat-seated valve　平座阀
flat seated valve　平座阀
flat section　平底框架
flat seizing　(绳) 平扎, 平捆
flat sennit　平编
flat sewing　平缝
flat shape　平面形状, 扁平形状
flat shaped ingot　扁钢锭
flat sheet　平面图
flat shunting yard　水平调车场
flat-sided　平边的, 平侧的
flat silver　成套银餐具
flat slab　无梁板, 平板
flat slab capital construction　无梁板柱构造

flat slab construction　无梁楼板结构,无梁板结构
flat slab deck dam　平板坝
flat slab floor　无梁板,无梁楼板
flat structure　无梁板结构
flat slide valve　平座阀,平滑阀,闸阀
flat slideway　平导轨
flat slope　平缓坡度,缓坡
flat smooth file　细扁锉
flat socket　扁插座
flat sound　不响亮的声音
flat space　平坦空间
flat spin　(飞机)水平螺旋
flat spiral coil　游丝形线圈
flat spiral spring　螺旋扁簧,扁盘簧
flat spirals　光滑旋管,平螺旋线
flat spot　无偏差灵敏点,平点
flat-spotting of tires　(轮胎)接地点扁平化
flat spring　片弹簧,扁簧
flat steel　扁钢
flat steel bar　扁钢条
flat stern　方形船尾,方船尾,方尾
flat strainer　平板筛浆机,平筛
flat strand rope　异形股钢丝绳
flat surface　平整表面,平直表面,平面
flat surface finishing machine　平面精加工机床
flat surface grinding　平面磨削
flat surfaced probe　平面传感器,平面探头
flat surfaced sensor　平面传感器
flat table guide　平台导承
flat tank　平面双层底舱
flat template　平面样板
flat temperature zone　恒温区
flat thread　方螺纹,平螺纹
flat thrust journal　平承座
flat tie-line control　传输线负载控制
flat tile　平瓦
flat tip　平头电极
flat tire　瘪气轮胎
flat tongs　平口钳
flat tool　平口刀具
flat toothed belt　齿形传动带
flat-top　平顶航空母舰
flat top　天线水平部分,平顶
flat top aerial　平顶天线
flat top antenna　平顶天线
flat top barge　平甲板驳
flat top beam　平顶光束
flat top chain conveyer　平台承重链式输送机
flat top distortion　平顶畸变
flat top honing　平顶珩磨
flat top piston　平顶活塞
flat-top roller chain　板条式滚子链
flat top roller chain　板条式滚子链
flat top sealed can　带平顶盖的密封罐
flat-topped　平顶的
flat topped　平顶的
flat topped cam　平顶凸轮
flat topped crab　扁塔蟹
flat topped curve　平顶曲线
flat-topped pulse　方脉冲
flat-topped pulse　平顶脉冲
flat-topped waveform　平顶波形
flat-topping　平顶
flat trajectory　平射弹道
flat transmission　平发送
flat trowel　平镘
flat truck　平板拖车,平板车
flat-tube　扁平管
flat-tuning　纯调谐,粗调谐
flat tuning　平直调谐,纯调谐,粗调谐
flat turn　平转
flat-turret lathe　平转塔车床
flat turret lathe　平转塔式六角车床,平转塔六角车床,平转塔车床
flat TV　平板电视

flat twin cable　扁形双芯电缆
flat twin engine　平列双排发动机,平列对称发动机
flat twist drill　扁麻花钻,平底麻花钻
flat-type　平台式的,扁平型的,浮动式的,浮子式的
flat type aluminum wire　扁[平]铝线
flat type copper wire　扁铜线
flat type gage glass　扁平式玻璃水位表
flat type magnetic thin film memory　扁平型磁膜存储器
flat type piling bar　平板桩
flat-type relay　扁[平]型继电器
flat type stranded wire　扁形多股绞合线
flat type traveling mixer　平台式移动搅拌机
flat tyre　放气轮胎
flat uper surface　上平面
flat valve　平座阀,平板阀
flat varnish　无光漆
flat velocity profile　平均速度分布图
flat wall　平直[钢锭]模壁
flat ware　浅皿
flat washer　平垫圈
flat wave　平顶波
flat way　平导轨
flat web sheet pile　扁腹钢板桩,扁矢钢板桩
flat web sheet piling　扁腹钢板桩,扁矢钢板桩
flat weld　俯焊,平焊
flat welding　搭接焊,平焊
flat wheel roller　光轮压路机,平轮压路机
flat-white　(平面屏幕上的)均匀白色的
flat white nondirectional screen　均匀白色漫射屏
flat-wise coil　平绕线圈
flat-wheel roller　平轮压路机
flatbase　平底,平台
flatbed　(1)平台印刷机;(2)平板载货车
flatcar　平板车,敞车
flatcompositron　(电机)平复绕
flatform　平台
flatform and stake racks truck　平头栏车
flathead　(1)扁平头;(2)平头埋头螺钉
flatiron　(1)扁铁;(2)条铁;(3)熨斗
flatiron collier　熨斗式运煤船
flatland lapping block　精研平台
flatly-tuned　纯调谐的,平调谐的
flatly tuned　参差调谐的,纯调谐的,平调谐的,宽调谐的
flatman　挂钩工
flatner　(英)一种帆船
flatness　平面度,平面性,平直度,平正度,平滑性,平坦度
flatness error　平面度误差
flatness inspection devices　平面度测量装置
flatness meassuring instrument　平直度测量仪
flatness of the response　平响应曲线,平面特性
flatness of wave　脉冲的平顶,波形平顶性
flatted pointed tool　平口刀具
flatted tracks　暗轨铁路
flatten　(1)变平,使平;(2)压平,修正,弄直,平整;(3)使失去光泽
flatten close test　密贴[钢管]压扁试验
flatten out　(飞机)恢复平飞
flattened region　展平区
flattened rivet　平头铆钉
flattened square head bolt　平顶方头螺栓
flattened strand wire rope　平面股钢丝绳
flattener　(1)压扁锤,锤平器,整平器;(2)扁条拉模;(3)矫直机,压延机,平直机;(4)压延工
flattening　(1)压平,修平,弄直,矫直,矫直,压扁;(2)平整;(3)压延;(4)补偿;(5){数}椭率,扁率,扁度
flattening agent　(涂料)平光剂
flattening coefficient　扁平系数
flattening hammer　平锤
flattening of characteristics　(1)平整特征曲线;(2)平整曲线
flattening of neutron distribution　中子分布平整
flattening of the earth　地球椭率,地球扁率
flattening of the neutron distribution　中子分布平整
flattening of the reactor　反应堆释热补偿,中子流补偿
flattening-out　辗压,平整,压平
flattening oven　平板玻璃炉,平板炉

549

flattening roller　碾平机, 轧扁机
flattening test　(铆钉等的) 压扁试验
flatter　(1) 平整工具, 平 [面] 锤; (2) 平面链; (3) 扁条拉模, 拉扁钢丝模; (4) 压延机; (5) 压平槽, 扁平槽
flatter generator　噪声发生器
flatting　变平
flatting agent　平光剂, 消光剂
flatting hammer　矫平锤, 击平锤
flatting mill　轧平机
flatting oil　减光油
flattop　(1) 航空母舰; (2) 平顶
flattop antenna　平顶天线
flatware　浅皿, 浅容器
flatways　平面向下
flatwise　平放, 平放的样子, 平面向下
flatwise bend　平直弯曲
flatwise coil　扁平线圈, 平绕线圈
flav-　(词头) 黄色物质
flavo-　(词头) 黄色物质
flaone　黄酮
flaones　黄酮类颜料
flavo(u)r　味, 气味
flavo(u)r treatment equipment　调味设备
flavourless　没味道的, 无味的
flaw　(1) 裂纹, 裂缝, 裂隙, 裂口; (2) (铸件的) 缩孔, 缺陷, 缺点, 瑕疵, 疵点; (3) 伤疤; (4) 使有缺点, 使失效
flaw damage　热裂纹
flaw detection　裂纹探测, 探伤, 检验
flaw detector　裂纹探测器, 探伤检查器, 探伤仪, 探伤器
flaw in castings　铸件裂痕
flaw-piece　边皮
flaw size　缺陷尺寸, 裂缝
flawed article　次品
flawing　裂开, 张裂
flawless　(1) 无裂缝, 无裂纹, 无瑕疵; (2) 没有缺点的, 完善的
flawless weld　无裂焊缝
flawmeter　(1) 探伤仪; (2) 探伤
flawy　具有裂缝的, 具有瑕疵的, 有缺陷的
flax　(1) 亚麻, 麻皮; (2) 亚麻线, 亚麻布, 麻布
flax canvas　亚麻帆布
flax harvester　亚麻收获机
flax rope　亚麻绳
flax seed　亚麻籽
flax seed oil　亚麻油, 麻籽油
flaxe　一盘电缆, 电缆卷
flaxed oil　亚麻油
flaxweed oil　亚麻油, 麻子油
fleam-tooth　等腰三角形锯齿
FLBE (=Filter Band Elimination)　滤波器
FLD (=Full Load Displacement)　满载排水量
FLD (=Full Load Draft)　满载吃水
Fldsys　数据输入 / 输出程序
flea size motor　超小型电动机
fleck　斑点
flecnode　拐结点
flection (=flexion)　弯曲, 曲率, 挠曲, 拐度
flector　弯曲工具
fled　烧了以后冷却裂开
fleece　羊毛
fleecer　起绒机
fleecy　羊毛似的
fleet (=FLT)　(1) (驳船) 集结编队, 舰队, 船队; (2) 车队; (3) 河浜, 小河, 小湾; (4) (时间) 流逝, 掠过; (5) 拉开绞辘内上下滑车 (的距离); (6) 为了收紧先行放松 (绳索); (7) 机群; (8) 变换位置
fleet admiral　(美) 海军五星上将
fleet aging　船队老化
fleet air arm　海军航空兵
fleet angle　绳索偏角
fleet auxiliary　舰队辅助船
fleet ballistic missile (=FBM)　舰载弹道导弹
fleet ballistic missile submarine (=FBMS)　舰载弹道导弹潜艇
fleet ballistic missile system (=FBMS)　舰载弹道导弹系统
fleet ballistic missile test ship　舰载弹道导弹试验船
fleet ballistic missile weapon system (=FBMWS)　舰载弹道导弹武器

系统
fleet composition　船队组成
fleet data management system (=FDMS)　船队数据管理系统
fleet flight　海军战斗机队, 舰队战斗机
fleet flighter　海军战斗机
fleet in being　现存舰队
fleet line　流线型
fleet line body　流线性车身
fleet lockage　(驳船队不解体) 整队过闸
fleet loss ratio　船队灭失率
fleet management　船队管理
fleet movement schedule　船队运行时间表
fleet net　船队信息网
fleet of barges　驳船队
fleet oiler　船队加油船
fleet operation　汽车运输公司
fleet organization　船队组织
fleet repair ship　船队修理船
fleet replenishment oiler　船队补给油船
fleet replenishment tanker　舰队供油船
fleet safety　船队安全
fleet satellite communication (=FSC)　船队卫星通信, 舰队卫星通信
fleet satellite communication system (=FLEETSATCOM)　舰队卫星通信系统
fleet signals officer (=FSO)　舰队信号官
fleet the block　扯开滑车组
fleet through hoisting　滑过式升降机构
fleet train　(1) 舰队后勤船只; (2) 船队
fleet-tug　舰队拖船, 船队拖船
fleet wheel　钢绳滑轮
fleeter　机动渔船队
fleetful　成队, 成群
fleeting area　驳船集结区, 驳船编队区
fleeting target　瞬间目标
fleetline body　流线型车身
Fleetsatcom (=fleet satellite communication system)　舰队卫星通信系统
fleetwheel　绕绳主槽摩擦轮
Flemish coil　弗拉芒式盘绳, 平盘 (绳)
Flemish down　平盘 (绳)
Flemish eye　绕匝索环 (不是插接索环)
Flemish fake　平盘 (绳)
Flemish horse　上桁帆的附加帆脚绳
Flemish knot　双环结, 8 字结
Flemish white　铅白
flesh side　传动带肉面
flesh side dubbing　肉面揩油液
fleuose　动摇不定的, 锯齿状的, 弯曲的
fleur　粉状填料, 粉状填充物
Flewelling circuit　一个电子管兼做振荡器、检波器、放大器用的旧式电路
flex　(1) 花线, 皮线, 塞绳; (2) 使弯曲, 挠曲; (3) 弯曲
flex arc　叠加高频电流的电弧熔焊机, 高频电流稳弧焊机
flex-crack　挠裂
flex cracking　挠裂
flex cycle　挠曲循环
flex-gear　柔轮
flex life　弯曲疲劳寿命
flex-nut with annular groove　带环螺槽的柔性螺母
flex point　拐点
flex-ray　{数} 拐射线
flex resilient rail spike　回弹道钉
flex resistance　抗弯性, 抗挠性
flex-rib　弯肋
flex rigidity　弯曲刚度, 抗弯刚度
flex stone　油石磨条
flex tester　板材弯曲试验机
flex-wing　可折三角形机翼
flexer　疲劳生热试验机, 挠曲试验机
flexi-van　水陆联运车
Flexibak　软脊无线装订机
flexibility　(1) 弯曲弹性, 弯曲性, 可弯性, 挠性; (2) 柔韧性, 柔软性, 柔顺性, 柔度; (3) 弯曲度, 挠度; (4) 适应性, 灵活性, 机动性, 通融性; (5) (光的) 折射性; (6) 伸缩性, 弹性, 塑性

550

flexibility arrangement　灵活安排
flexibility factor　挠度系数,挠曲系数
flexibility matrix　柔度矩阵
flexibility of spring　弹簧挠性
flexibility of steering linkage　转向杆系的挠性
flexibility test　挠度试验,柔韧试验,柔性试验
flexibilizer　增韧剂,增塑剂
flexible (=FLX)　(1) 可弯曲的,易弯曲的,柔韧的,可挠的,挠性的,柔性的;(2) 可塑造的;(3) 灵活性的
flexible action　挠曲作用,弯折作用
flexible armoring　可曲铠装,软铠装
flexible arrangement of engine room　立体型机舱装置
flexible auger conveyer　挠性螺旋输送器
flexible automatic circuit tester (=FACT)　柔性的自动电路试验器
flexible axle　挠性轴,(车的) 挠性桥
flexible back　柔软书脊,软背
flexible base　柔性基层
flexible bearing　挠性轴承
flexible binding　软封面装订
flexible brake　软带式制动器,软闸
flexible bulkhead　(装有拉杆的) 柔性岸壁
flexible cable　挠性电缆,挠性缆,软电缆
flexible cargo hose　输油软管
flexible cell　柔性容器,橡皮容器
flexible chain　挠性链
flexible channel multiplier　适应性通道倍增器
flexible circuit　柔性电路
flexible circuit conductor　软导线
flexible cleaning shaft　清洁用挠性轴
flexible coating　弹性附面层
flexible collodion　软性火棉胶
flexible conduit　挠性导管,蛇 [皮] 管,软管
flexible connection　(1) 挠性连接,挠性联接,挠性联结,活动连接,软连接;(2) 弹性接头;(3) 挠性联轴节,柔性联轴节
flexible connector　挠性连接器,挠性联接器
flexible container　柔性集装器,集装袋
flexible conveyer　挠性运输机
flexible copper cord　铜软电缆,挠性铜线
flexible cord　(1) 软电线,皮线,软线,花线;(2) 塞绳
flexible coupling　(1) 弹性联轴节,弹性联轴器,挠性联轴节,挠性联轴器,柔性联轴节;(2) 挠性接头,缓冲接头;(3) 可挠连接,挠性连接,软连接;(4) 柔性耦合,活动耦合,弹性耦合
flexible curve　挠性曲线板
flexible diaphragm　柔软膜片
flexible dimension　挠性尺寸
flexible disc　软唱片,软碟
flexible disk　软磁盘,软盘
flexible diskette　柔性塑料软磁盘
flexible dolphin　柔性靠船墩
flexible drive　挠性传动,挠性传动装置
flexible drive mechanism　挠性传动机构,柔性传动机构
flexible driven gear　挠性从动齿轮
flexible duct　软管
flexible driving shaft　驱动软轴
flexible electrode　软焊条
flexible electron multiplicator　挠曲型电子倍增器
flexible expansion piece　挠性膨胀节
flexible factor　挠性因数
flexible fastening　弹性固定
flexible fender　柔性防撞装置,弹性垫座,柔性碰垫
flexible fiber　柔软纤维
flexible fin　弹性鳍板
flexible firm　弹性公司
flexible foam　弹性泡沫塑料
flexible foundation　弹性基础
flexible freight bag　集装袋
flexible freight container　集装袋
flexible gear　柔轮,挠性齿轮
flexible gearing　挠性传动装置,柔性传动装置,挠性传动机构
flexible gland　柔性密封套
flexible gunnery　活动式射击
flexible gyroscope　挠性陀螺仪
flexible hanger　软吊链
flexible head coupler　活头车钩

flexible hinge　挠性铰链,挠性节
flexible hitch　浮动式悬挂装置
flexible hose　挠性软管,软管
flexible hose bundles　挠性软管束
flexible hose pump　挠性软管泵
flexible impeller pump　挠性叶轮泵
flexible insulated hose　绝缘挠性软管,绝缘软管
flexible intermediate bulk container　柔性中型散容器
flexible jig　可调夹具
flexible joint　(1) 挠性连接,软连接;(2) 弹性接头,柔性接头,活 [络] 接头,挠性接头;(3) 挠性联轴节
flexible jumper　活动连接器
flexible lamp　活动电灯
flexible lamp cord　花 [电灯] 线
flexible layer　柔性层
flexible lead　软导线
flexible life　挠曲寿命,弯曲疲劳寿命
flexible line　软管线路
flexible manufacture system (=FMS)　可调加工系统
flexible manufacturing cells (=FMC)　柔性制造单元
flexible manufacturing lines (=FML)　柔性制造自动线
flexible manufacturing system (=FMS)　柔性制造系统
flexible material　柔性材料
flexible member　弹性构件,挠性构件
flexible metal bellows　挠性金属膜盒
flexible metal-tape antenna　软金属带天线
flexible metal tubing　金属蛇管,金属软管
flexible metallic conduit　金属蛇管,金属软管
flexible metallic hose　钢丝橡皮管,可曲金属管,软钢管
flexible metallic tubing　金属蛇管,金属软管
flexible micanite　软云母板
flexible mounted engine　安装在弹性座垫上的发动机
flexible mounting　(1) 挠性安装;(2) 挠性支架
flexible neoprene bellows　弹性氯丁橡胶膜盒,氯丁橡胶波纹管
flexible nonmetallic hose　非金属柔性软管
flexible oil barge　塑料油驳
flexible overlay　柔性盖层
flexible package　灵活组装
flexible-path handling equipment　非固定路径装卸设备
flexible pipe　挠性导管,柔性管,软导管,软蛇管,软管
flexible pipeline　伸缩管线,柔性管线
flexible plastic disk　软塑料磁盘
flexible plate　柔性止水片
flexible pricing　弹性订价法
flexible printer circuit　软性印刷电路
flexible resilient　挠弹性
flexible roller　(轴承) 挠性滚子,弹性滚柱,弹簧滚柱,螺旋滚子
flexible roller cage　(轴承) 挠性滚子保持架,弹性滚子保持架
flexible rotor　挠性转子,柔性转子
flexible rubber-insulated wire　橡胶软线
flexible rule　卷尺,软尺
flexible screw conveyer　挠性螺旋输送器
flexible sealing arrangement　挠性密封装置
flexible shaft　挠性轴,可曲轴,可挠轴,柔性轴,软轴
flexible-shaft coupling　挠性联轴节,柔性联轴节
flexible shaft machine　挠性轴机床
flexible shafting　挠性轴系
flexible-shank driver　软柄螺丝刀
flexible ship registration system　灵活的船舶登记系统
flexible silicon strain gage　柔性硅应变仪
flexible skirt　(气垫船) 柔性围裙
flexible spout　柔性
flexible stay　挠性撑条
flexible stay plate　挠性支持板
flexible steel cylinder dolphin　柔性钢管靠船墩
flexible steel wire rope (=FSWR)　软钢丝绳
flexible stranded wire　绞合软线
flexible support　柔性支架
flexible surface　可弯曲的料槽,柔性料槽
flexible symbol　可变符号
flexible teeth coupling　齿式挠性防轴器
flexible tied back bulkhead　(装有拉杆的) 柔性岸壁
flexible tooth(ed) gear　柔 [性齿] 轮
flexible transmission　挠性传动,挠性轴传动

flexible transport　无轨运输

flexible tube　(金属)挠性管,柔性管,软管,蛇管

flexible tube valve　挠性管阀

flexible understructure　(气垫船)围裙,柔性下部结构

flexible unit　通用装置,通用设备

flexible universal joint　挠性万向节

flexible use of tracks　线路的灵活使用

flexible wave-guide　软波导管

flexible waveguide　可弯曲波导管,柔性波导管

flexible wheelbase　挠性轮距

flexible wings　可折叠翼

flexible wire　(1)软线,花线,皮线;(2)塞绳

flexible wire rope　软钢丝绳

flexibleness　挠性,易弯性,柔软性,柔性

flexiglass　透明醋酸纤维素制品

flexile　(1)可弯曲的,易弯曲的,柔韧的,可挠的,挠性的,柔性的;(2)可塑造的;(3)灵活性的

flexility　(1)弯曲弹性,弯曲性,可弯性,挠性;(2)柔韧性,柔软性,柔顺性,柔度;(3)弯曲度,挠度;(4)适应性,灵活性,机动性,通融性;(5)(光的)折射性;(6)伸缩性,弹性,塑性

FLEXI-MATIC　为 UNIVAC-II 型计算机研制初期的汇编程序(亦叫 GPX= General-Purpose Exchange 通用交换程序)

fleximeter　弯曲应力测定计,挠度计

flexing　(1)挠曲;(2)挠曲的

flexing action　挠曲作用,弯折作用

flexing life　挠曲寿命

flexing machine　挠曲试验机,弯曲试验机

flexing resistance　抗挠曲阻力,抗挠性,耐曲性

flexing stress　挠曲应力,屈曲应力

flexion　(1)弯曲;(2)弯曲部分;(3)曲率,拐度

flexion of surface　曲面的拐度

flexion torsion　弯曲扭转

flexional　[可]弯曲的

flexiplast　柔性塑料

flexiplastic　柔性塑料,弹性塑料

flexiplastics　挠性塑料,柔性塑料

flexitan　集装箱袋

Flexitray　轻便型浮阀塔盘

flexivan　(直接从火车站接运大集装箱的)平板卡车及挂车,底盘车

flexivan system　铁路、公路两用集装箱平车

flexivity　热弯曲率,挠度

flexmeter　挠度仪

flexode　变特性二极管

flexometer　(1)挠度仪,挠度计,挠度计,曲率计;(2)挠曲试验机

flexopress　橡胶板印刷机,轮转印刷机

flexowrite　快速印刷与穿孔装置

flexowriter　快速印刷装置,多功能打字机,打字穿孔机

Flexowriter　(1)折屈记录仪,机动记录器;(2)多功能打字机

flexspline　[谐波齿轮]挠性花键,柔性花键

flextensional transducer　弯曲伸张换能器

flextime　弹性工作时间制,灵活定时上班制,机动上班制

flexuosity　弯曲

flexuous　动摇不稳的,锯齿状的,弯曲的

flexural　弯曲的,挠曲的

flexural center　(1)挠曲轴心;(2)挠曲中心

flexural critical frequency　临界挠曲频率

flexural deflection　挠曲变形

flexural displacement　弯曲位移,弯曲变形

flexural failure　弯曲破坏

flexural fatigue　弯曲疲劳

flexural fiber stress　挠曲纤维应力

flexural glide　弯曲滑移

flexural instability　挠曲失稳

flexural load　弯曲载荷,挠曲荷载

flexural loading test　振荡受力疲劳试验

flexural measurement　弯曲测量

flexural member　受弯构件,挠性构件

flexural meter　挠度仪

flexural mode vibration　挠曲型振动

flexural modulus　挠性模量,弯曲模数,弯曲模量

flexural pivot　球铰,球铰接头

flexural resilience　挠曲回弹性,弯曲回弹性

flexural resistance　抗挠性,抗挠性

flexural rigidity　抗挠刚度,抗挠刚度,抗弯刚度,弯曲刚度,挠曲刚度,

挠性刚度

flexural spring　弯曲弹簧,板簧

flexural stability　挠曲稳定性

flexural stiffness　抗弯劲度,抗弯刚度

flexural strain　挠曲应变,弯曲应变

flexural strength　抗挠强度,抗弯强度

flexural stress　挠曲应力,弯曲应力

flexural test　挠曲试验,挠性试验

flexural vibration　挠曲振动,弯曲振动,挠性振动

flexural wave　弯曲波

flexure　挠曲,弯曲,屈曲,扭曲,挠度,曲率

flexure member　挠性构件,受弯构件

flexure of sound wave　声波曲射

flexure produced by axial compression　[轴向压力引起的]纵向挠曲

flexure strength　抗挠强度,抗弯强度

flexure stress　挠曲应力,弯曲应力

flexure test　挠性试验,挠曲试验

flexure torsion　挠曲扭转,弯曲扭转

flexure under lateral stress　[侧向应力引起的]侧向挠曲

flexwing　蝙蝠翼着陆器

FLG (=Following)　(1)跟随;(2)下列的,后面的

flick-knife　弹簧折刀

flicker　闪烁,闪光,闪变,浮动,摇晃

flicker brightness performance　闪烁与亮度性能

flicker control　快速开关的稳态调节装置,闪变调节

flicker effect　闪变效应,闪烁效应

flicker-free　无闪光的,无闪烁的,无颤动的

flicker-free image　无闪烁图像

flicker method　闪变法,闪示法

flicker noise　闪变[效应]噪音,闪烁噪声

flicker photometer　闪变光度计,闪烁光度计

flicker photometry　闪变光度术

flicker rate　闪烁率

flicker relay　闪光继电器,闪烁继电器

flicker reset　闪光复位

flicker signal　闪光信号

flicker threshold　闪烁限度

flickering　闪烁[的],闪光[的]

flickering lamp　闪光灯

flickering light　增减光度的闪光

flickerless circuit　无闪烁电路,无闪光电路,无闪变电路

flickover　用探照灯短时照明目标

flier　(1)航空器,快车,快船;(2)飞轮;(3)[平行]梯级;(4)飞行员

flight (=FLT)　(1)螺旋片(2)[升运器的]刮板,[输送器]板条(3)(钻头)出屑槽,螺旋槽;(4)行程,射程;(5)飞行;(6)楼梯阶级,多级船闸,梯段;(7)(飞机)航班,班机;(8)舷弧线的突升(如船尾曲线)

flight analyzer　飞行时间分析器,渡越时间分析器

flight assistance service　空中导航业务

flight auger　链动螺钻

flight bag　旅行袋

flight chart　航空地图

flight check　飞行检查

flight computer　飞行计算机

flight control (=FC)　(1)飞行控制,飞行指挥;(2)飞行操纵系统,控制系统

flight-control component　飞行控制部件

flight control component　飞行控制部件

flight control computer　飞行控制计算机

flight control electronic (=FCE)　飞行控制电子设备

flight control surface actuator　操纵面致动装置

flight control system (=FCS)　飞行操纵系统,飞行控制系统

flight control unit　飞行控制装置

flight controls　飞行操纵系统

flight conveyer　(1)刮板式输送机,链板输送机,链动输送机;(2)链板式输送装置

flight conveyor　刮板输送机

flight-course　航线,航向

flight-course computer　导航计算机

flight data processing (=FDP)　飞行数据处理

flight-deck　(1)(航空母舰的)飞行甲板;(2)(飞机的)驾驶舱

flight deck　(1)(航空母舰的)飞行甲板;(2)(飞机的)驾驶舱

flight depth　螺纹深度

flight direction indicator (=FDI)　飞行方向指示器

flight distance　飞程

flight elevator　刮板升运机

flight engineer (=fit eng)　飞行工程师, 随机工程师

flight error　飞行误差, 方向误差

flight feeder　刮板供料机

flight-follow　雷达跟踪飞机

flight formation　飞行编队

flight gyro　地平陀螺仪, 飞行陀螺

flight indicator　陀螺地平仪, 航空地平仪

flight information center　飞行情报中心

flight information region (=FIR)　飞行信息区域, 飞行情报区

flight instrument　飞行仪表

flight lead　螺距, 丝距

flight line　飞行路线, 航线

flight-line spacing　飞行线间距

flight load simulator (=fit LD SIM)　飞行负载模拟装置

flight locks　多级船闸, 梯级船闸

flight manual (=F/M)　飞行手册

flight number (=FLNO)　(班机) 班次

flight of locks　多级船闸, 阶梯船闸

flight-path　(1) 飞行路线, 航线; (2) 飞行轨道, 飞行弹道

flight path　飞行路线, 航迹

flight path acceleration　航迹切向加速度, 航迹加速度

flight-path computer　飞行路线计算机, 飞行弹道计算机, 航线计算机

flight-path deviation indicator　飞行轨迹偏差指示器, 航迹偏差指示器

flight path deviation indicator　航迹偏差指示器

flight-path radar　飞行弹道雷达, 跟踪雷达站

flight pattern　飞行线路, 航线

flight programmer (=fit/PG)　飞行程序装置

flight progress board　(飞机) 飞行情况控制板

flight proof test (=FPT)　飞行试验

flight recorder　飞行自动记录仪

flight refuel　空中加油

flight refuel(l)ing　空中加油

flight research center (=FRC)　飞行研究中心

flight rules　飞行规则

flight shooting　射远比赛

flight-simulation　飞行模拟装置

flight simulator　飞行模拟装置, 飞行模拟器, 飞行仿真器

flight strip　(1) 简易机场; (2) 航测照片

flight-test　试飞

flight test equipment (=FTE)　飞行试验设备

flight test support (=FTS)　飞行试验保证

flight time　开始飞行时间, 飞行时间

flighted dryer　淋式干燥器

flighted length of screw　螺杆螺纹长度

flighter　刮板

flighting　梯级段

flightlog　飞行记录装置

flightshot　射程

flightworthy　可以用于飞行的, 具备飞行条件的, 适于飞行的, 能飞行的

flimsy　(1) 偷工减料的; (2) 脆弱的, 柔弱的, 浅薄的; (3) 易损坏的; (4) 没有价值的

flimsy cloth　松织布, 稀布

flinders　破碎片

flinders bar　垂直软铁, 弗氏铁

fling　投, 抛, 掷, 扔

flinger　(1) 抛射机; (2) 抛油环, 抛油圈

flinger ring　溅油环, 抛油环, 溅油圈, 抛油圈

flint　(1) 打火石, 火石, 燧石; (2) 火石玻璃; (3) 坚硬物

flint clay　燧石, 燧土

flint dried skin　晒干皮

flint glass　氧化铅玻璃, 火石玻璃, 铅玻璃

flint glass prism　火石玻璃棱镜

flint glazed paper　蜡光纸

flint gray　燧石灰色

flint-like　坚硬的, 坚定的

flint mill　燧石磨

flint paper　研光机

flint stone　打火石, 燧石

flintglass　燧石玻璃

flintiness　坚硬度

flintworker　燧石工

flinty　坚硬的

flip　(1) 轻碰撞; (2) [自旋] 取向的改变; (3) 不连续飞行, 短距飞行;

(4) 横滚, 半滚 (航空)

flip a switch　按一下开关

flip amplitude　自旋翻转振幅

flip-and-flop　双稳态多谐振荡器

flip and flop generator　双稳态多谐振荡器, 双稳态触发器

flip bucket　挑流消能坎

flip-chip　倒装片

flip chart　卡片簿

flip-chip　(1) 叩焊晶片; (2) 倒装晶片, 倒装法

flip chip　(1) 叩焊晶片, 倒焊晶片; (2) 倒装晶片, 倒装法

flip chip bonder　倒装式接合器, 倒装焊接器

flip-chip bonding　(1) 倒装式接合 [法], 倒装片接合 [法]; (2) 倒装焊接 [法]

flip-chip I.C (=flip-chip integrated circuit)　倒装片集成电路

flip-chip method　(1) 倒装接合法; (2) 倒装焊接法

flip chip structure　倒装片结构

flip-chip transistor　倒装片式晶体管, 翻转片式晶体管

flip coil　磁场测量用线圈, 探测线圈, 转换线圈, 弹回线圈, 探擦线圈, 急转线圈, 反位线圈

flip-flop (=FF)　(1) 双稳态多谐振荡器, 触发 [振荡] 器; (2) 双稳态多谐振荡电路, 触发电路, 翻转电路, 翻转线路

flip flop　(1) 触发器; (2) 双稳态多谐振荡电路, 触发电路

flip-flop circuit　(1) 双稳态多谐振荡电路, 双稳态触发电路, 触发电路; (2) 反复线路

flip-flop decade ring　十进制触发计数环

flip-flop frequency divider　触发电路分频器

flip-flop generator　双稳态多谐振荡器, 触发振荡器

flip-flop integrated circuit　触发器集成电路

flip-flop pair　(1) 触发器; (2) 触发电路

flip-flop register　触发器 [式] 寄存器

flip flop stage　触发级

flip-flop storage　触发器存储

flip multivibrator　双稳态触发器

flip number　触发计数器

flip open cutout fuse　跳开式熔断器

flip residue　自旋翻转留数

flip side　唱片的反面

flip symbol　拍符号

flip-flop toggle　(1) 触发反复电路; (2) 触发器启动

flip-flop toggle mode　触发电路模式起动状态

flip top printing frame　可翻转的双面晒版机

flip-top table　活动翻转桌

flip-flop transition time　双稳态电路翻转时间, 触发器翻转时间

flip-up　翻转

flip-up target　提升靶

flipper　(1) 圆木装卸机; (2) 悬挂式导卫板, 挡泥板; (3) 侧加固带; (4) 升降装置, 升降陀, 升降鳍; (5) 橡胶蹼; (6) (集装箱吊架的) 对位舌板; (7) 围盘的甩套机构

flipper-turn　快速转弯

flipping　取向的改变

flirt　(1) 急动; (2) 挥动, 摇摆; (3) 摆动杆

flit　(1) 掠过; (2) 搬移; (3) 拆搬和安装输送机

flit-gun　家用喷雾器

flit-plug　可拆卸插头

flitch　[组梁] 贴板, 组合梁板, 条板, 桁板, 料板

flitch beam　组合板梁, 贴板梁, 桁板梁

flitch girder　组合板大梁

flitch plate　(钢木结合梁的) 夹合钢板

flitch plate girder　钢木夹合梁

flitter　金属箔

flitter gold　黄铜箔

flitting　(1) 移动运输, 搬运, 搬移; (2) 机构的搬迁

flivver　(1) 小驱逐舰; (2) 小飞机; (3) 特汽车; (4) 廉价小汽车

FLLP (=Filter Low Pass)　低通滤波器

FLO-CON (=Floating Container)　浮式集装箱

Flo-flo ship　浮上浮下船, 半潜式船

float (=FLT)　(1) 墁刀, 镘; (2) 浮船坞, 浮子, 浮体, 浮筒, 浮标; (3) 图像抖动, 浮动游隙, 轴向松动; (4) 无边平顶车, 无边台车, 平板车, 平底船, 运煤车; (5) 活动连接, 铰接; (6) 单纹锉刀, 木锉; (7) 泵; (8) 回压阀; (9) 用水注满, 漂移, 漂浮, 漂流, 散布, 滑翔, 下滑; (10) 浮动时间, 余裕时间; (11) 流水冷却装置; (12) 单纹锉

float accumulator　浮充蓄电池, 浮置蓄电池

float actuated tape　浮筒动作测深度表尺

float alarm gear　浮子式报警装置

float and sink analysis　浮沉试验

float-and-valve 浮子控制阀,浮筒阀
float bearing mounting [轴向]浮动式轴承安装[法]
float boat 飘浮船
float bowl 浮筒
float bridge (1) 轮渡码头引桥,浮桥；(2) 固定浮坞
float caisson 浮式沉箱
float case 浮箱
float chamber (液体罗经卡)浮室,浮子室,浮箱
float chamber needle 浮筒针
float charging 浮充电
float coat (混凝土的)抹面灰浆,抹灰层
float concrete 镘光混凝土
float controlled valve 液面调节阀,浮子阀
float controller 浮子调节器
float counter balance 浮筒杠杆
float coupling (1) 浮动式联轴节；(2) 自由回转接头；(3) 带止逆阀的套管接头
float-cut file 单纹锉
float electrode 浮子电极,浮动电极,活动电极
float end 游动端,浮动端
float finish 用镘修光,镘修整,抹光
float-float mounting (轴承)轴向浮动-浮动式安装[法]
float flowmeter 浮子式流量表
float-free arrangement 自由漂浮装置
float gage (1) (油罐等的)浮子液面标尺,浮子式水尺,油舱量尺；(2) 浮子测流法
float gauge (=FG) (1) 浮子式液位指示器,浮子式液位表,浮标尺,浮规；(2) 油舱量尺
float gear 浮标装置
float governor 浮子调节器
float grinding 无进给磨削
float level 浮子室油面高度,浮子筒水准线,浮子水准
float level gauge 浮子水平检查校正仪
float level indicator 浮子式液位指示器
float lever (明轮)叶片撑杆
float measurement 浮子测流法,浮子测量
float meter 浮子式流量仪,浮子式流量计,浮尺
float method 浮子测流法
float needle 浮针
float needle valve 浮[子]针阀
float-off 使搁浅的船起浮,出浅
float oil layer sampler 浮油层采样器
float-on float-off 浮装浮卸
float-on float-off barge carrier 浮装式载驳船
float-on/float-off ship 浮上浮下型船(载驳船)
float operated relief valve 浮球控制安全阀
float out (船)出坞,浮出
float out/ float in 浮下浮上
float partition 浮动隔板
float point arithmetic 浮点运算
float rain gage 浮子式雨量计
float regulating valve 浮动调节阀
float regulator valve 浮球调节阀
float ring (活塞的)浮动环
float rod 浮杆,浮标
float rudder 水中舵
float run 浮标行距
float skimming device 刮泡装置
float stage 舷侧工作木排
float stone 磨砖石,浮石
float surface 镘平表面,镘光表面
float switch (=FS) 浮子开关,浮球开关,浮动开关,浮筒开关,浮控开关
float switch controlled rotary spool valve 浮动开关控制的旋转滑阀
float tank 浮[选]箱
float timber 浮运木材
float trap 浮子式凝气阀,浮子式阻汽器
float-type 浮动型
float type capacity gage 浮子式液位指示器
float-type compass 浮子式罗盘
float type compass 浮子式罗盘
float-type flowmeter 浮子式流量计
float type flowmeter 浮标式流速计
float-type gyroscope 浮子式陀螺仪
float type gyroscope 悬浮陀螺仪

float-type level controller 浮标控制仪
float type rain gage 浮子式雨量计
float-type transmitter 浮子式传感器
float type water stage recorder 浮子式自记水位计
float valve 浮子控制阀,浮球阀,浮子阀
float vibrator 平板振捣器,振捣板
float viscosimeter 浮子式粘度计
float viscosity 在浮标粘度计内测定的粘度,浮测粘度
float-wing seaplane 浮翼水上飞机
float work 抹灰工作,抹面
float zone method 悬浮区熔法,浮区法
floatability (1) 浮动性；(2) 浮选性；(3) 漂浮性,抗沉性
floatable 可浮运的,可浮选的,可漂浮的,能浮的
floatage (1) 浮力；(2) 浮动,漂浮；(3) 船体吃水以上部分；(4) 火车轮渡费
floatation (=FLOT) (1) 浮动[性],漂浮[性]；(2) 浮选,悬浮；(3) (船的)下水；(4) 设立,创办,实行,改行
floatation agent 浮选剂
floatation apparatus 漂浮设备,浮具
floatation balance 浮力秤
floatation line (浮船坞浮起时的)浮起吃水线
floatation oil 浮选油
floatation process 浮选法
floatation suit 救生衣
floatation tank 浮选槽,浮箱
floatation unit 浮动工具,浮动装置
floatboard (1) 平底船,筏；(2) 轮叶,轮翼
floated gimbal assembly (罗经)浮子框架组件
floated integrating gyro (=FIG) 悬浮式积分陀螺
floated gyro (=FG) 悬浮式陀螺仪
floated rate gyro (=FRG) 悬浮式角速度陀螺仪
floated surface 抹平的面
floatel 半潜式居住设施
floater (1) 漂浮物,浮体,浮子,浮筒,浮标；(2) 浮式设备,测流浮子,浮顶罐；(3) 流动工人
floater net 浮筒救生网
floating (1) 浮动,游动,流动；(2) 浮置,(3) 自由转动的,浮动的,浮置的,游离的,摇摆的；(4) 浮涂(涂工的),第二道；(5) 自动定位,自动调节；(6) 无静差的；(7) 在水中运的,未到货的,在海上的
floating accumulator 浮点累加器
floating action 无静差作用,浮动作用
floating action type 浮动式
floating action type servo motor 浮动式伺服电机
floating addition 浮点加
floating address 浮动地址,可变地址,浮置地址
floating aerodrome 航空母舰
floating aid 浮式导航标具,浮标
floating airport 浮动航空站
floating anchor 流锚,海锚,浮锚
floating axle (1) 浮式轴,浮式半轴,浮动轴,浮轴；(2) 带全浮式半轴的驱动桥
floating axle shaft 浮动式车轴,浮动式半轴,浮动轴
floating balancing ship lift 浮筒平衡梁升船机
floating ball 浮子
floating bamboo fender 竹子浮碰垫
floating barge 钻井浮船,自浮钻船
floating barge container 浮驳集装箱
floating barrier 浮动挡板,浮油围栏,浮油栅,浮油栏
floating base (1) 悬空基极；(2) (航标灯的)浮底座
floating battery (1) 浮置电池组,浮充电池组,浮置蓄电池,浮充蓄电池,浮动蓄电池；(2) 浮动炮台
floating beacon 测量浮标,浮标
floating bearing [轴向]浮动安装轴承,浮动轴承
floating bearing housing [轴向]浮动式轴承箱体
floating belt 移动皮带
floating block 横架起重滑车,可移滑车,浮动滑车
floating block method 浮块法
floating boat dock 小船码头,小趸船
floating body 浮体
floating bollard 浮式系船柱
floating-boom 浮动挡栅
floating boom (1) 浮式碰垫,浮护木,浮栅；(2) 围油栏
floating booster station 接力泵船
floating boring 浮动镗削

floating bottom 浮底

floating brake shaft 浮动制动轴,浮动闸轴

floating breakwater 浮动防波堤,浮式防波堤

floating bridge 浮桥

floating bucket elevator 浮式链斗提升机

floating bulkhead (干船坞的)浮箱式闸门

floating buoy 浮筒,浮标

floating bush 浮动套筒,浮动轴衬,浮动式衬套

floating bush bearing 浮动衬套轴承

floating cable 漂浮电缆

floating caisson (1)浮箱式坞门,浮式闸门,浮坞门;(2)[浮式]沉箱

floating camel 浮柜式护木,浮护木,浮碰垫

floating-caliper disk brake 浮动卡钳盘式制动器

floating capital 流动资金,游资

floating cardan shaft 浮动万向节

floating cargo (1)漂散货物;(2)水运途中的货物,未到货,路货

floating cargo hose 浮式输油软管

floating carrier system 浮动载波制

floating-carrier wave 载波不定波

floating center 中间游动盘

floating charge 浮动充电,浮充电

floating chase mould

floating clamp 浮动夹头

floating clause 浮泊条款

floating coat 二度漆

floating component 无定的环节

floating concrete mixer 混凝土搅拌船

floating condition 漂浮状态

floating construction (隔音室的)浮隔结构

floating container (=FLO-CON) 可浮运的集装箱,浮式集装箱

floating control (1)无定位调节,无定差调节,无静差调节,(2)浮点控制

floating control mode 浮点控制方式,漂移调节方式

floating controller 无静差调节器,浮点控制器

floating conveyor 浮动式输送机

floating coupling (1)浮动式联轴节;(2)自由回转接头,(3)带逆止阀的套管接头

floating craft 浮动艇筏,水上艇筏,船舶

floating crane (=FC) 浮式起重机,浮动起重机,水上起重机,起重[机]船,浮吊

floating dam 船坞浮闸,浮坞门

floating datum 浮动基准面

floating debris (船的)漂浮物

floating derelict 浮动碍航物

floating derrick 浮式起重机,水上吊机,起重船,浮吊

floating derrick dredger 抓斗挖泥船

floating decimal 浮点

floating die (粉末冶金用)弹簧压模,浮动压模,可动压模

floating divide (=FDV) 浮点除[法]

floating division 浮点除

floating dock 升托式浮船坞,浮[式]码头,浮[船]坞,浮码头

floating dock centerline light 浮船坞中心线灯

floating dock marker light 浮坞距离标志灯

floating dolphin 浮动带缆桩,系船浮标

floating dredger 挖泥船

floating drilling rig 浮泊钻探设备

floating drive 活动自动调准传动

floating drydock 浮[干]船坞

floating earth 浮动接地

floating element 浮动单元

floating elevator 浮吊

floating engine 浮动式发动机

floating equipment 水上设备,浮具

floating erection 浮运架设[法]

floating evaporimeter 浮式蒸发仪

floating exchange rate 浮动汇率

floating factory 鱼品加工船,流动加工船

floating factory ship (鱼类)加工船,浮动工作船

floating fender 浮式防碰设备,浮式碰垫,护木

floating fishing factory 鱼类加工船

floating floor (1)浮隔地板,夹层地板,(2)浮床

floating foundation 浮筏基础,浮式地基

floating gage 浮子式浮尺

floating gang 流动工队,杂工队

floating gantry 高架起重机,浮式龙门吊,龙门浮吊

floating gate 浮动闸门,浮坞门

floating gate avalanche injection metal-oxide-semiconductor (=FAMOS) 浮置栅雪崩注入金属-氧化物-半导体

floating gate metal-oxide-semiconductor (=FGMOS) 浮动栅金属氧化物半导体晶体管

floating gauge 浮标尺,浮表,浮规

floating grain discharger 水上谷物卸载装置

floating grain elevator 浮动谷物输送机,浮式卸粮机

floating grid 浮动栅极,浮置栅极,自由栅[极]

floating gudgeon pin 浮动活塞销

floating guide ring (轴承)活动中挡圈

floating harbor 浮动避风港,浮港

floating head magnetic drum 浮动头磁鼓

floating holder (1)浮动刀杆;(2)活动夹具

floating hose (水上输油的)浮动软管,浮式软管,浮管

floating hospital 浮动医院

floating hotel 浮动住宿船,浮动旅馆

floating input 浮置输入端

floating inspector 流动检查员

floating installation 浮动装置

floating instrument platform 浮动观测平台,海上浮动观测塔

floating interval (浮船坞的)升浮间隔

floating jetty 浮码头

floating jib crane 水上悬臂起重机

floating laboratory 浮动试验室,水上试验室

floating lamp 浮标灯

floating landing 水上卸货

floating landing stage 浮码头

floating launching 漂浮下水

floating lever 浮动杠杆,浮动杆

floating lever rod 浮动杠杆

floating light (1)浮灯标,灯船,(2)救生圈火号

floating link 浮动联杆

floating link span 浮动栈桥

floating living quarter 住宿船

floating log 漂浮木材

floating machine 浮充机

floating machine shop (=FMS) 流动机器修理厂,流动机工车间,流动修理所

floating magazine 流动弹药库

floating mark 浮标[记]

floating matter 漂浮物

floating member 浮动部件

floating method 浮运施工法

floating mine 漂雷

floating mixer (混凝土)搅拌船

floating mode 无静差作用

floating money 浮动资金,游资

floating monobuoy 单点系泊浮筒

floating mooring bitt 浮式系船柱

floating multiplication 浮点乘

floating multiply (=FML) 浮点乘

floating neutral (1)浮接中心线,浮动中线,浮置中线,(2)浮动中心

floating nuclear power plant 水上核动力电站

floating number 浮点[计位]数

floating object 漂浮物

floating oil 漂油

floating oil barrier 浮油围栏

floating oil on water surface (=FOWS) 水面浮油

floating oil recovery ship 浮油回收船

floating oil retriever (=FOR) 浮油回收船

floating oil storage 浮动储油罐

floating on even keel (船)正浮(状态)

floating-operated 浮动作用,浮动操作

floating pan 浮式蒸发仪,浮式蒸发器皿

floating-paraphase circuit 阳极绝缘反相电路,阳极绝缘倒相电路

floating paraphase circuit 阳极绝缘反相电路,阳极绝缘倒相电路

floating part 浮件

floating passenger landing (上下客)浮栈桥

floating pier 浮码头

floating pile 摩擦桩,浮桩

floating pile driver 打桩船

floating pile driving plant 打桩船

555

floating pile foundation 摩擦桩基础
floating pile presser 压桩器
floating pipeline 海上输油管道,海上管线,浮式管系,水上管路,浮管
floating piston 浮动活塞
floating piston pin 浮动式活塞销,浮式活塞销
floating plant 浮式机械设备,水上机械设备,水上施工机械
floating plant system 水上机械施工法
floating plate 浮板
floating platform 浮动平台
floating pneumatic wheel fender 充气轮胎浮碰垫
floating-point {计}浮点
floating point 浮[动小数]点
floating point adder 浮点加法器,浮点加
floating point arithmetic (=FPA) {计}浮点运算
floating-point base 浮点基数
floating-point calculation 浮点运算
floating point calculation 浮点运算
floating-point coefficient 浮点尾数
floating-point computer 浮点计算机
floating point computer 浮点计算机
floating point constant 浮点常数
floating point data 浮点数据
floating point divide exception 浮点除法异常
floating point package 浮点包
floating-point radix 浮点基数
floating-point representation 浮点表示法,浮点制
floating point representation 浮点表示
floating point representation of number 浮点制数的表示法
floating point subtracter 浮点减法器
floating point system 浮点系统,浮点制
floating policy (=FP) 长期有效保险单,船名未定保险单,预定保险,总保险单
floating pontoon 浮坞门,趸船
floating pontoon wharf 趸船码头
floating-post-type 浮动柱型
floating potential 漂移电位,浮置电位,浮动电势
floating potential instrumentation 浮动电位仪
floating power (船舶等的)浮动电力
floating power barge (1)水上动力站,(2)水上发电站
floating power plant 浮动电站
floating production and storage unit (=FPSU) 浮式生产和储油装置
floating production storage and off-loading system 海上石油储存及卸货
floating production storage and off-loading unit (=FPSO) 浮动产品存储与卸载装置
floating production storage oil tanker (=FPSO) 海上储油船
floating production vessel/system (=FPV/S) 海上石油船/系统
floating rate 浮动汇率
floating reamer 浮动铰刀
floating reamer holder 浮动铰刀刀夹
floating refinery 浮动炼油厂,船上炼油厂
floating region 浮置区
floating release 船名未定保险单
floating resort 水上娱乐场,浮泊娱乐场
floating rig 浮式机具,水上机具
floating ring 浮动胀圈,浮动环,溢流环,浮环
floating ring bearing 浮环轴承
floating ring clutch 浮环离合器
floating ring seal 浮环密封
floating roller 导向托辊,活辊
floating rule 镘板,刮尺
floating set 浮充机组
floating shears 人字吊杆起重机
floating sheer legs 人字吊杆起重机,起重船,浮吊
floating ship lift 浮升式升船机
floating shoe (制动器)浮动式蹄片
floating shock platform 浮动冲击试验平台
floating shop 浮动修理厂,修理船
floating sign (=FS) 浮点符号
floating sleeve bearing 浮套轴承
floating slot system 弹性储位系统
floating stage 舷侧工作木排
floating stock 运输中的货物
floating storage unit (=FSU) (1)浮动存储器;(2)海上储油装置

floating structure 浮式构筑物,浮式设施,浮式结构
floating subtract (=FSU) 浮点减
floating supply 浮动供给
floating switch 浮动开关,浮球开关
floating term 漂浮条款
floating terminal 浮码头
floating test 浮充试验
floating time 重定时间,复位时间
floating tire breakwater 浮式轮胎防波堤
floating tissue 漂游组织
floating tooling 浮动刀具
floating trade 海上贸易
floating transfer 水上过驳,水上换装
floating turntable (1)浮动回转台;(2)回转半径测定仪
floating type 浮动式
floating type automatic oil return valve 浮动式自动回油阀
floating type bearing 浮动轴承
floating type controlled system 浮动式被控系统
floating tyre breakwater 浮式轮胎防波堤
floating unit 浮式构件,浮体
floating valve 浮式阀,浮子阀,浮动阀,浮球阀
floating velocity 漂浮速度
floating warehouse 浮动仓库
floating welder 焊接工作船
floating workshop 浮动修理厂
floating wreckage 失事船的漂浮物
floating zero 浮动原点
floating zero control 浮点零控制
floating zone apparatus 浮动区炼设备
floating zone refining method (半导体)区熔提纯法,浮区精炼法
floating zone technique 浮区法
floatless 无浮动的,无漂移的
floatless switch 无漂移开关,固定开关
floatman 渡船管理员,渡船船员
floatplane 浮筒式水上飞机
floator 浮动机[器]
floc 絮状沉淀,絮凝物,絮片
floc forming reagent 絮凝剂
floc point 絮点
flocculant 絮凝剂
floccular 絮凝的
flocculate 絮凝的
flocculated structure 絮凝结构,海绵状结构
flocculating agent 絮凝剂
flocculating constituent 絮凝成分,絮凝组分
flocculation 絮凝作用,凝聚作用
flocculation point 絮凝点
flocculation reaction (=FR) 絮凝反应
flocculation test 絮凝点试验
flocculation value 絮凝值,凝结值
flocculator 絮凝器,凝聚器
floccule 絮状沉淀物,絮凝物
flocculence (1)棉絮状,(2)絮凝性
flocculent (1)絮状体,凝聚体,絮团,(2)片状物
flocculent structure 絮凝结构,海绵状结构
floccus 絮状
flock (1)毛屑,棉屑,绒屑,绒,短纤维,填料,(2)凝聚体,絮状体,絮团,(3)人群,群集
flock finish 植绒涂装法,涂栽绒面漆
flock point 絮凝点
flocked seal 絮屑密封
flocky 絮凝的,棉絮状的
flogging 频率高低群变换
flogging chisel 大凿
flogging hammer 锻锤
flogging stress 冲击应力
flong 纸型用纸
flood (1)注水,(2)浸渍,浸没,溢流,淹,浸;(3)洪水;(4)泛光灯
flood anchor 防洪锚
flood and suction valve 注吸阀
flood cock 船底塞
flood control 防洪
flood gate 防洪闸门,挡潮闸

flood gun 读数电子枪,浸没电子枪
flood light (1)泛光照明;(2)探照灯,泛光灯,投光灯
flood light projector 泛光灯
flood light scanning 泛光扫描
flood lighting (1)泛光照明,投光照明,强力照明;(2)泛光灯
flood lubricated bearing 液体摩擦轴承,油膜轴承
flood lubrication 溢流压力润滑,浸入润滑,浸没润滑,溢流润滑,浸油润滑
flood-out pattern 清扫图形
flood-pot test 注水实验
flood pot test 水驱油试验
flood projection 泛光投影
flood-proof electrical equipment 防溅式电气设备
flood protection 防洪,堵漏
flood protection material 防海水灌入器材,堵漏器材
flood tide gate 涨潮闸门,涨潮坞门,外闸门
flood up 充满
flood valve 舷侧通海阀,进水阀,溢流阀
flood warnings 洪水警报
floodability 注水能力,不沉性,可浸性
floodable 可淹的,可浸的
floodable length (船的)可浸长度
flooded 受淹的,受浸的,过满的
flooded capsizing test 浸水倾覆试验
flooded condition (船体受损)进水情况,浸水状态
flooded evaporator 泛溢式蒸发器
flooded floating drydock 灌水下沉的浮船坞
flooded hold 浸水舱
flooded part of deck 甲板浸水部分
flooded space 浸水处所
flooded system (冷冻)氨水满流法,充溢系统
flooded tank 浸水舱
flooded waterline 破舱水线
flooded waterplane 浸水水面线
floodgate 泄洪闸门,水闸
flooding 溢流,浸渍
flooding angle 进水角
flooding arrangement 浸水系统布置
flooding assumption 浸水假设
flooding back (压缩机)回液
flooding boundary (破损船舶的)浸水边界,浸水限度
flooding calculation 可浸长度计算,抗沉性计算
flooding cock 溢注旋塞,灌注旋塞
flooding curve 可浸长度曲线
flooding damage 浸水破损
flooding detector 漏洞探测仪
flooding dock 注水式浮船坞
flooding duct (船坞的)注入管
flooding effect diagram 船舱浸水效应图
flooding finder 漏洞探测器
flooding method 灌水平衡法,浸水法
flooding of tank 灌注液舱
flooding pipe 浸水管,溢流管
flooding pipeline 浸水管路
flooding plant (船闸等的)灌水设备
flooding plug 溢流塞,灌注塞
flooding quantity (破损)进水量
flooding requirement 破舱安全要求
flooding safety 防浸水设施
flooding switch 浸水系统电控开关
flooding system lubrication 溢流润滑,浸油润滑
flooding test (船闸)灌水试验,浸水试验
flooding trial (船闸)灌水试验
flooding valve 舷侧通海阀,浸水阀,溢流阀
flooding velocity 溢流速度,进水速度
flooding water 进舱水,浸入水
floodlight (1)探照灯,泛光灯;(2)泛光灯投射器,探照灯投射器
floodlight projector 泛光灯
floodlight scanning (1)(电视)直播;(2)(雷达)空间扫描;(3)泛光扫描法
floodlighting 泛光照明,强光照明,强力照明
floodlit 泛光灯
floodometer 潮洪水位测量仪,洪水水位计,水量记录计,洪水计
floor (1)地板,楼板,铺板;(2)地面,楼面;(3)桥面;(4)底面,底

板,底层,层面;(5)钻台,台面;(6)底盘;(7)水平;(8)最低限额,最低价格,汇价下限,底价
floor arch 平背拱
floor area (1)(设备)占地面积;(2)房屋面积,底板面积,楼面面积
floor-beam 横梁
floor beam 地板梁,楼板梁,横梁
floor bearer (艇上的)地板梁
floor board 舱底铺板,舱底板,肋板材,楼面板,桥面板
floor box 地板万能插口,地板插座
floor brush 地板刷
floor burst 底板隆起
floor ceiling 舱底[木]铺板,
floor change conveyor 活动底板输送机
floor chisel (1)甲板填隙铁;(2)地板凿
floor clamp 紧板铁马
floor clip 肋板联结角材,肋板角钢
floor contact 平台触点,分层触点
floor control unit 地面控制器
floor conveyor 地面传送带
floor cut 掏底
floor drain 地面排水管
floor duct work (电缆的)地下管道工程
floor dunnage 垫舱板
floor engine 安装在地板下的发动机,扁平型发动机
floor finish 地板的刷油
floor flange 肋板缘板
floor-flush tow conveyor 沉轨[链条]输送机
floor-frame 落地式轴承架
floor frame 底部肋骨
floor framing (集装箱)箱底构架,船底构架,肋板构架
floor grinder 固定式砂轮机,地板磨光机
floor head 肋板外端,肋板端
floor-heave 底板隆起
floor hinge 门底铰链
floor-hopper truck 底[部]卸[料]式货车
floor in peak 尖舱肋板
floor joist 钻台托梁
floor key 楼层钥匙
floor knot 门碰头,门挡
floor-lamp 落地台灯,立灯
floor lamp (置于地板上的)座灯
floor level 地面高度
floor light 地灯
floor line 楼地板线
floor load (1)(集装箱)底板载荷,静动载荷;(2)楼板荷载,地板荷载
floor load rating 地板负荷率
floor loaded 零散装载
floor lug 肋板短角材,肋板角钢
floor machine 木地板刨平机
floor man 钻台工
floor manager 现场指挥者
floor-model 落地式
floor model (1)商店的展览品,陈列品;(2)落地式
floor mold 地坑铸型
floor monitor 地板[放射性]监测器
floor mounted motor 落地安装电动机
floor of manhole 人孔底部
floor pedestal 落地式轴承座,落地式轴承台
floor pit 机器座坑
floor plan (1)(船体)平面布置图,船底构架图;(2)平面布置图,楼面布置图
floor-plate (1)地板;(2)支撑板,垫板,基板,底板,肋板;(3)地板用钢板,网纹钢板
floor plate (1)地板;(2)支撑板,垫板,基板,底板,肋板;(3)平甲板板材,船底铺板;(4)防滑铁板,网纹[钢]板,花钢板,波纹板
floor plug (电)落地插座,地板插座
floor pocket 地板电盒
floor polish 地板蜡
floor price (=FP) (1)最低价格,底价;(2)最低限价
floor projection 水平投影
floor push 脚踏开关,闸刀开关
floor rack 垫舱板
floor rammer 捣锤,夯锤
floor-ready merchandise 可立即出售的商品

557

floor ribband　底肋材支材, 肋木

floor rider　肋板加强材

floor sand　底砂

floor sanding paper　粘砂硬化纸板, 粘砂刚纸

floor section　炉底管段

floor sheet　踏板

floor sill　(1) 木底座, (2) 棚子底梁

floor slab　楼板, 地板, 地台

floor squeeze　底板隆起

floor space　(1)（船员、旅客居住区）甲板面积, (2) 设备所占面积, 占地面积, 底面积, (3) 肋板间距, (4) 仓库面积, 厂房面积, 房屋面积, 楼面面积

floor space required　占地面积

floor stand　落地轴承架, 地轴架

floor stand type washer　落地式洗涤转鼓

floor stop　地板上的门挡

floor swab　起模用毛笔

floor switch　分层 [电梯] 开关, 楼层开关

floor system　(1) 地面系统, (2) 桥面系统

floor system of bridge　桥面系

floor table　落地工作台

floor tank　（浮船坞）灌水底舱

floor tile　铺地砖, 地面砖

floor timber　肋根材, 底肋材

floor time　空闲时间, 停机时间

floor traming　楼板骨架

floor truck　（库房或厂房内）轻便手推车, 地面运货车

floor tube　炉底水管

floor type　落地式, 固定式

floor type borer　落地镗床

floor type boring and milling machine　落地铣镗床

floor type boring and milling machine with horizontal spindle　落地卧式铣镗床

floor type boring machine　落地式镗床

floor type face milling machine　落地端面铣床

floor type gantry boring and milling machine　落地龙门镗铣床

floor type gun　装在地板上的带槽润滑脂供给器

floor type sensitive drill press　落地式灵敏钻床

floor type surface grinding machine for grinding slidway　落地导轨磨床

floor type switchboard　固定式交换机

floor wax　地板蜡

floor wiper　地板刷

floorage　（建筑物）面积

floorboard　(1) 地板料, (2) 台面厚木板, (3) 楼板

floorer furnace　地板炉

floorer grinder　固定式砂轮机

floorer hanger　支承楼板搁棚的镫铁

floorhopper　板上斗斗（装混凝土的）, 底 [部] 卸 [料]

flooring　(1) 铺地, (2) 地板, (3) 地板材料

flooring board　铺面板

flooring off　(1) 底层舱装货; (2) 以垫舱货垫舱, (3) 以货隔票

flooring saw　地板锯

floorlamp　落地 [台] 灯, 立灯

floorplan　平面布置图, 楼面布置图

floorshift　位于 [驾驶室] 地板上的变速杆, 地板式变速杆

floorstand　落地轴 [承] 架

floorway　桥梁的桥面系统（包括桥面及其支承部件）

flop　(1) 拍打, (2) 船底击水, 拍首

flop gate　(1) 导向闸门, (2) 自动放水闸门

flop-in method　增加法（按束强度的增加观察共振的方法）

flop-out method　缩减法（按束强度的缩减观察共振的方法）

flop over circuit　阴极耦合多谐振荡器

flop-valve　瓣阀

flopnik　（俚）失败卫星

flopover　电视图像的上下跳动

flopover circuit　阴极耦合多谐振荡器电路, 双稳多谐振荡电路

floppa　拖网

flopper　薄板上皱纹, 波浪边, 波形

floppy discs　简易盒式磁盘, 软塑料磁盒, 软性磁盘, 软磁盘

floppy disk　塑料磁盘, 软磁盘

florence flask　(1) 弗洛伦斯瓶; (2) 平底烧瓶

florence leaf　装饰用的黄色合金箔

florentium　钷的旧名（pm）

flotable　可浮运的, 可浮选的, 可漂浮的, 能浮的

flotage　(1) 浮力, (2) 浮动, 漂浮, (3) 船体吃水以上部分, (4) 火车轮渡费

flotation (=floatation)　(1) 飘浮作用, (2) 浮选, (3) 浮物

flotation gear　(1) 浮筒式起落架, (2) 飘浮装置

flotilla　(1) 小舰队, 小船队, 艇队, (2) 布雷艇队, 驱逐舰队

flotilla leader　领航驱逐舰, 先头舰

Flotrol　一种恒电流充电机

flotsam　(1)（船舶失事后）漂浮物, 抛弃物,（船舶）残骸, (2) 废料, 废物

flotsam and jetsam　船只残骸, 漂浮货

flotsam cleaner boat　清扫漂浮物的船

flour　(1) 粉, 粉末, (2) 磨成粉

flour dust　(1) 粗面粉, (2) 粉尘

flour filler　粉状填料, 细填料

flour mill　制粉机

flour milling machine　磨面 [粉] 机

flour mixer　绞面机

flour of powder　细 [粉] 末

flour scoop　面粉铲

flour sifter　面粉筛

flour sling　网带吊袋

flouride　氟化物

flourimeter　荧光流量表, 荧光计, 氟量表

flouring　粉末的乳化作用

flourmill　面粉厂

flourometer　量粉计, 澄清器

floury　粉状的, 多粉的, 夹粉的

flow　(1) 水流, 气流, 液流, (2) 流出, 流动, 流通, 流率; (3) 金属变形, 塑 [性] 变 [形], 流变, 塑流, 塑变, 塑流, (4) 生产量, 供给量, 消耗量, 排量, 流量, 通量, (5) 流程图, (6) 信息流, (7){ 数 } 围道积分, 围线积分

flow area　流通面积, 通风面积

flow around body　物体绕流

flow at incidence　有迎角流

flow brazing　熔焊

flow breakaway　水流分离

flow brightening　软钎焊涂层

flow by　漏气

flow by heads　（石油）自喷

flow capacity　泄水能力, 过水能力, 排水能力

flow cascade　梯级

flow cast　流型

flow cavity　空泡, 空蚀

flow characteristic　流量特性

flow chart　(1) 生产过程图 [解], 工艺流程图, 程序图表, 流程框图, 程序框图, 流程图, 流量图, 框图, (2) 流量图

flow chart convention　流程图规划

flow chart schematic　流程图模式, 框图模式

flow chart schematic model　流程图图解模型

flow chart symbol　流程图称号

flow coat　流涂, 浇涂

flow coefficient　流量系数

flow condition　水流状态, 流态

flow control　(1) 流量调节, 流量控制, (2) 信息流控制, (3)（粉末）流动量控制, 流控

flow control device　流量调节装置, 流量调节器, 流量控制装置

flow control meter　流量控制表

flow control system　流量调节系统

flow control valve (=FCV)　流量调节阀, 流量控制阀, 控流阀

flow controller (=FC)　流量调节装置, 流量调节器, 流量控制器, 节流器

flow conveyer　（粉状物料）连续流输送机, 流化输送机, 气流输送机, 刮板输送机

flow conveyor　连续流动输送器

flow counter　(1) 流通式计数器, 流气式计数管, (2) 流量计

flow curve　(1) 金属屈服极限后的变形曲线, (2) 流量曲线, 流度曲线, 流动曲线, 塑流曲线, 流变曲线, 气流曲线

flow data　(1) 水流资料, 水流数据, (2) 物流数据

flow deflector　导流板, 导流片

flow depth　流动深度

flow deviation angle　气流偏转角

flow diagram　(1) 操作程序图, 程序方块图, 程序框图, 流程图, 框图, (2) 流量图

flow direction　程序方向, 流程方向, 流向

flow direction vane　流向仪
flow disturbance　流扰动
flow divider　流量分配器, 分流器
flow-down burning　下行燃烧
flow duration curve　流量历时曲线
flow energy　水流能量
flow equation　流动方程
flow factor　流量系数
flow fan　通风机, 风扇
flow field　(1) 流场；(2) 流线谱
flow fluctuation　流量波动
flow for wing　机翼绕流
flow force　水动力
flow form　流 [动形] 态, 旋 [转挤] 压
flow forming　旋压
flow frequency　流量频率
flow friction　流动摩擦阻力, 水动力摩擦, 流动摩擦, 流体摩擦
flow from a pump　泵的排量
flow function　流量函数
flow gate　(铸) 内浇口, 浇口
flow ga(u)ge　流量计, 流速计, 流速仪, 测流规
flow geometry　流动几何特性
flow governor　耗量调节器, 流量调节器
flow graph　流程图, 流向图, 流图
flow gun　液流喷射器, 液流枪
flow harden　冷作硬化
flow-in　内流
flow in　流入
flow in continuum　连续流
flow in corner　绕角流动
flow in momentum　动量变化
flow in potential field　势流, 位流
flow in rarefield gas　稀薄气流
flow in suspension　悬浊液流
flow in three dimensions　三维流动, 空间流动, 三度流, 空间流
flow in two dimensions　二元流动, 平面流动
flow inclination　流倾角
flow index　(土的) 流度指数
flow indicator (=FI)　流量指示器, 进料量指示器
flow instability　流体不稳定性
flow instrument　流量仪表
flow integral meter　累积式流量表
flow irregularity　流动不均匀性
flow limit　流限, 液限
flow-line　流线
flow line　(1) 流程图连线, 流水线, 流线, (2) 晶粒滑移线；(3) 金属变形流线, 金属纤维；(4) 电力线；(5) 出油管线, 流送管；(6) 熔线；(7) 通量线
flow line conveyer　流水作业法
flow line conveyer method　流水运送作业法
flow line plan　流线图, 货流图
flow-line production　流水线生产
flow line riser　出油立管
flow lines　{冶} 变形流线
flow losses　流动损失
flow marks　波纹
flow mass curve　流量累积曲线
FLOW-MATIC　为 UNIVAC-I/II 型计算机研制的面向事务计算用编译程序
flow measurement　流参数测量, 流量测定, 测流
flow mechanics　流动力学, 流体力学
flow meter (=FL/MTR)　流量计, 流量表, 流速计
flow method　流水作业法
flow mixer　流动混合器
flow model　水流模型, 气流模型
flow monitor　流量监视器
flow motion　流动
flow net　渗流网, 流网
flow nipple　节油嘴, 油嘴
flow noise　流体噪声, 液流噪声
flow nozzle　流量计喷嘴, 流量表喷嘴, 测流嘴
flow number　流量数值, 流速
flow of funds accounts　资金流量账户, 资金流程表
flow of funds analysis　资金流量分析

flow of funds statement　资金流量表
flow of heat　热流
flow of liquid　液体流动
flow of lubricant　润滑油的流动, 润滑油流
flow of material　物资流程, 物质的流动
flow of metal　金属流变, 金属变形
flow of momentum　动量变化
flow of oil　油流
flow of product approach　产品流量分析法, 产品流动法
flow of rotating system　旋转系统中的气流
flow of stream　流动
flow of wealth　财富的流动
flow-off　(1) 出气冒口, 溢流冒口, [溢] 流口；(2) 径流, 流出
flow on wing　机翼绕流
flow-out　外流, 流出
flow over　漫过
flow over body　物体绕流
flow passage　流道, 流管
flow passage deposit　流通部分结垢
flow past body　物体绕流
flow path　渗流路径, 通流部分, 流动径迹, 渗径, 流线, 流程
flow pattern　(1) 流线谱, 流状, 型型, 流态；(2) 活动模
flow permeability　渗透性, 透水性
flow pipe　压力水管, 排出管, 输送管, 送水管, 流管
flow plan　[工艺] 流程图
flow point test　流点试验
flow potential　流动势
flow pressure　液体动压力, 动水压力
flow-process　流 [动过] 程
flow process　(1) 流水作业, 流水加工；(2) 塑变过程
flow process chart　流水作业卡
flow-process diagram　流程图
flow production　流水生产, 流水作业
flow production line　生产流水线, 流水作业线
flow property　流动性质
flow quantity　流量
flow rack　流理架
flow rate (=FLR)　流动速度, 流量, 流率, 流速
flow rate detector　流量表传感器
flow rate indicator　流量表, 流速计
flow rator　流量表
flow reactor　连续反应器
flow record　流量记录
flow regime　水流状态, 流动状态, 流态
flow regulating　流量调节
flow regulating honeycomb　整流蜂窝栅
flow regulating valve　流量调节阀, [调] 节流 [量] 阀
flow regulator　流量调节装置, 水流调节装置, 流量调节器
flow relay　(1) 流量控制继电器；(2) 流动继电器
flow resistance　(1) 抗流变性；(2) 流动阻力, 流阻
flow scheme　[工艺] 流程图
flow sender　流量发送器
flow sensor　流量表传感器
flow separation　汽水流分离
flow separation phenomenon　流体分离现象
flow separation region　水流分离区, 气流分离区
flow sheet　工艺 [流程] 图, 操作程序图, 程序方框图, 流程图, 流程表
flow sight　流体观察孔, 流体检查窗
flow soldering　浸润焊接, 射流焊接, 射束焊接, 流体焊接
flow speed　流速
flow splitting device　分流装置, 分流器
flow stability　流动稳定性
flow stress　屈服应力, 流动应力
flow string　采油管
flow structure　流状构造, 流纹构造
flow summation curve　流量累积曲线
flow survey　流线谱
flow switch (=FS)　气流换向器, 流量开关
flow system　水流系统, 流动系统
flow table　(1) 流动性试验机, 流动稠度试验台, 流动性试验台, 流速试验台, 流盘；(2) 流程表
flow tank　沉降罐, 沉淀池
flow test　(1) 流动性试验, 流动度试验, 流动试验, 倾动试验, 流量试验, 流度试验, 流通试验；(2) 稠度试验

559

flow through　通流量
flow through cell　流通池
flow-through centrifuge　无逆流离心机
flow through distribution　通过配送
flow totalizer (=FL/TOT)　流量加法求和装置
flow track　水流轨迹
flow transducer　流量传感器,流速传感器
flow transmitter　流量传送仪
flow tube　流量测定管,流管
flow-type　流动式的,气流式的
flow-up　向上流动的
flow-up burning　上行燃烧
flow value　流值
flow valve　流量控制阀,流量阀
flow velocity　流动速度
flow welding　铸焊,浇焊
flow wire　馈电线
flow with injection　引射流
flow with subsonic and supersonic velocity　亚音速超音速混合流
flowability　流动能力,流动性,流度
flowability of concrete　混凝土流动性
flowability of plastics　塑料流动性
flowable　(1)易流动的;(2)流动剂
flowage　(1)流动特征,流态,流动;(2)洪水,泛滥;(3)(塑性固体的)流变,徐变
flowage line　水面边线,水面线
flowage structure　流程结构
flowchart　(1)程序方框图,程序图表,操作程序图;(2)[工艺]流程图;(3)流图
flowchart symbol　流程符号,流图符号,流图表示
flowed　熔化的
flowed head　轨头流铁,飞边
flower　(1)花;(2)花状;(3){化}华
flower model　花状模型
flower of sulfur　硫华
flower of zinc　锌华
flower-pot　瓦罐花样型式
flowing　(1)流动;(2)自喷
flowing characteristic　流动特性
flowing core　悬臂型芯
flowing deformation　流变
flowing furnace　连续熔化炉
flowing line　排水管线,出水管线,排水沟
flowing of well　油井的自喷
flowing power　流动性
flowing pressure　流动压力
flowing pressure gradient　液压梯度
flowing property　流动性
flowing resistivity　流阻
flowing sheet　放松的帆脚索
flowing through chamber　通流室
flowing through period　过流时间
flowing water　流水,动水
flowing well　自流井,自喷井
flowingness　流动状态,流动性
flowline　(1)流[动]线,气流线;(2)流送管;(3)晶粒滑移线
flowmanostat　压力稳定器,稳压器,恒压器
flowmeter　流量表,流量计,流速计
flowmeter counter　流量计数器
flowmeter nozzle　流量表喷口
flowmeter packer (=FLP)　封隔式流量表
flowmeter valve　流量控制阀
flowrate　流量,流率,流量率
flowrator　浮标式流量计,转子流量计
flowsheet　(1)流程;(2)流程图;(3)工艺流程图
flox　液氧
Floyed production　费洛德产生式
Floyed production recognizer　费洛德产生式识别程序
FLOZ (=Fluid Ounce)　液量盎司
FLP (= Flowmeter Packer)　封隔式流量表
FLP (= Foreign Legal Person)　外国法人
FLPT (= Flashpoint)　闪点
FLR (= Flow Rate)　流量
FLR (= Forward Looking Radar)　前方观测雷达

FLT (= Fault-locating Technology)　故障定位技术
FLT (= Fault-locating Test)　故障定位测试
FLT (= Filter)　(1)过滤器;(2)滤波器;(3)滤色器,滤光器
FLT (= Fleet)　(1)船队;(2)舰队
FLT (= Flight)　飞行
FLT (= Fork Lift Truck)　铲车
FLTD (= Filled Tween Deck)　装满二层舱
FLU (= Fault-locating Unit)　故障探测装置
flucticulus　波纹,微波
fluctuate　起伏,波动,脉动,振动,摆动,变动,振荡,升降,增减,动摇,不定
fluctuating　(1)波动,脉动,起伏,变动,振荡;(2)波动的,脉动的,变动的,振荡的
fluctuating acceleration　脉动式加速度,变加速度
fluctuating electric field　变动电场,起伏电场
fluctuating exchange rate　波动的汇率
fluctuating force　脉动力
fluctuating load　波动载荷,变动载荷,脉动载荷,不稳定负载
fluctuating market　波动的商业行情
fluctuating power　振荡性功率,不稳定功率
fluctuating pressure　波动压力,变动压力,脉动压力
fluctuating quantity　波动量,振幅量
fluctuating resistance　波动阻力
fluctuating stress　变化应力,脉动应力,变动应力
fluctuating temperature　起伏温度
fluctuating trim　纵摇
fluctuatingflow　波动流动,脉动流动
fluctuation　(1)波动,脉动,起伏,振荡;(2)升降,增减;(3)振幅;(4)偏差,变动;(5)(水位)涨落
fluctuation noise　起伏噪声
fluctuation of current　电流波动,电流变动
fluctuation of energy　能量升降
fluctuation of load　负载波动
fluctuation of power　功率波动
fluctuation of pressure　压力波动,脉动压力
fluctuation of service　运行不稳定
fluctuation of speed　转速波动
fluctuation of temperature　温度不[稳]定,温度起伏
fluctuation of water surface　水面波动
fluctuation pressure　脉动压力
fluctuation rate　波动率
fluctuation vacuum　真空度波动
fluctuometer　波动计
flue　(1)烟道,烟筒,烟囱,烟管;(2)焰管,暖气管,气道;(3)毛屑,绒毛
flue baffler　烟气折流器
flue blower　烟灰吹除器
flue-cured　烟烤的,烟道烘干的
flue damper　烟道调节挡板,烟道闸,调风闸,风挡
flue drier　烟道干燥器
flue duct　烟道,烟囱
flue-dust　烟尘
flue dust　烟道灰,烟道尘
flue dust arsenical　烟道尘
flue dust retainer　烟道吸尘装置
flue gas　烟气,废气
flue gas analysis　烟气分析
flue gas analysis meter　烟气分析器
flue gas analyzer　烟气分析器
flue gas analyzing apparatus　烟气分析仪
flue gas and fire monitor　烟火监测器
flue gas boiler　废气锅炉
flue gas detector　烟气检测器,检烟器
flue gas explosion　烟气爆炸
flue gas extinguisher system　烟气灭火系统
flue gas fire extinguisher　(油船的)烟气防火装置
flue gas generator　烟气发生器
flue gas leading　废气管
flue gas system　烟气充填系统(即货油舱的惰性气体系统)
flue header　排烟联箱,排烟道
flue heating surface　烟道受热面
flue lining　烟道内衬,烟囱内衬
flue loss　烟道损失
flue pass　烟道

flue pipe　烟道排气管,烟道管,烟筒
flue surface　烟道受热面积
flue tube　烟道管,烟管,炉胆,火管
flue tube boiler　烟管锅炉
flued　带法兰盘的,有凸缘的
flueless　无烟道的,无管道的
flueman　烟道工
fluence　(1)能量密度(焦耳/厘米);(2)注量;(3)积分通量
fluent　(1)源源不绝的;(2)流动的,流畅的,液态的;(3)变量;(4)函数;(5)积分
fluerics　(1)流控学,射流学;(2)射流放大技术,射流技术
fluff　(1)绒毛;(2)轻质焙烧;(3)起毛,使松散
fluff point　疏松点
fluffer　(1)松砂机,疏解机;(2)松软器;(3)纤维分离机
fluffiness　线毛性,线性,柔性
fluffing　起毛,起绒
fluffy　绒毛的,松散的,松软的
fluffy soda　散碱
fluid　(1)流体,液体;(2)流质;(3)液,剂;(4)流动的,液体的,流动的;(5)易变
fluid amplifier　射流放大器
fluid analogue computer　射流模拟计算机
fluid balance　液体平稳
fluid bearing　流体轴承,油压轴承,液浮轴承
fluid-bed　(1)流化床;(2)沸腾层
fluid bed drier　流化床式干燥机
fluid bed drying　流化床干燥,沸腾床干燥
fluid bed furnace　流动粒子炉
fluid bed incinerator　液体底层式焚烧炉
fluid bed processing　流化床处理
fluid bed reactor　流体床反应器
fluid bed roasting reaction　流化床焙烧反应
fluid body　流体,液体
fluid brake　液压式制动器,液力制动器
fluid capital　流动资本,流动资金,游资
fluid carbon　挥发性的炭
fluid cargo　液体货物,液货
fluid catalyst　流化床催化剂
fluid clutch　流体离合器,液力离合器,液压离合器,液力传动装置
fluid coal　流态煤粉,流态煤,流化煤
fluid coil　蒸发液流盘管
fluid coking　流态化炼焦
fluid compass　液体罗经
fluid computer　流体计算机,射流计算机
fluid connector　流体连接器,液力联结器
fluid contact freezing　与制冷剂直接接触冻结
fluid control valve　液体控制阀,液力控制阀
fluid-controlled valve　液力控制阀
fluid converter　液力变换器,液力变速器
fluid conveyer　流体输送机
fluid cooling　液体冷却,液冷
fluid coupler　液压联轴节
fluid coupling　(1)液力联轴器,液力联轴节,液压联轴节,流体联轴节;(2)液压飞轮
fluid current　液体流
fluid density meter　液体密度计
fluid die　液压模[具]
fluid distributor　流体分配器
fluid drag　流体动力阻力
fluid drive　(1)液力传动,液压传动,流体传动;(2)液压传动装置,液压传动器;(3)液压离合器
fluid drive coupling　液压联轴器,液力联轴节
fluid duplicating　湿式复印
fluid-dynamic　流体动力学的
fluid dynamic　流体动力学的
fluid dynamic admittance　流体动力导纳
fluid dynamic theory　流体动力学理论
fluid-dynamics　流体动力学
fluid dynamics　流体动力学
fluid erosion　流体浸蚀
fluid extinguisher　液体灭火机,液体灭火器
fluid film　润滑油膜
fluid film bearing (=FFB)　液膜轴承,流体[膜]轴承
fluid film lubrication　流体薄膜润滑作用,边界膜润滑作用

fluid fire extinguisher　液体灭火机
fluid flow　(1)流体流动;(2)流体流量;(3)液体流
fluid flow analog　液动模拟
fluid flow analogy　流体流动模拟
fluid-flow pump　液流泵
fluid flow regulator　液体流量调节器
fluid flowmeter　流体流量表
fluid flywheel　流体[传动]飞轮,液体传动飞轮,液力飞轮
fluid force　流体力
fluid-free　无工作液的,无流体的
fluid-free vacuum　无油真空度,清洁真空
fluid friction　流体摩擦
fluid friction bearing　流体摩擦轴承
fluid fuel mixture　液体燃料混合物
fluid grease　润滑油
fluid handling　液体的处理,液体的运送
fluid head　液压头
fluid heating medium　流体加热介质
fluid hose　流体输送软管
fluid hull　流体壳
fluid impedance　流体阻抗
fluid inlet angle　流入角
fluid insulation　流体绝缘
fluid jet　流体喷射,射流
fluid kinetics　流体动力学
fluid level gage　油位指示器
fluid level gage rod　测定液位的指示杆
fluid level gauge　液位指示器
fluid level indicator　液位指示器
fluid line　液体线
fluid loading　流动装载
fluid logic　流控逻辑
fluid logic circuit　流控逻辑电路
fluid logical element　流体逻辑元件,液体逻辑元件
fluid loss agent　脱液剂
fluid lubrication　流体润滑,液体润滑作用
fluid mapper　流体式制图器
fluid mechanics　流体力学
fluid meter　流动度计,粘度表,粘度计,流度计
fluid motor　(1)液力发动机;(2)液压马达,气动马达
fluid mud　流态稀泥
fluid oil　润滑油,液态油
fluid operated controller　流体传动控制器
fluid ounce (=FOZ)　液量盎司,液量
fluid outlet angle　流体流出角
fluid particle　流体质点
fluid power　流体动力,液力
fluid power motor　液动电机
fluid power transmission　液体变速装置,液动装置,液力传动
fluid pressure　流体压力,静水压力,液压
fluid pressure governor　液压调节器,液压调速器
fluid-pressure laminating　液压层压模塑
fluid pressure line　液压系统压力管线
fluid pressure reducing valve　液压降低阀,液压减压阀
fluid pump　液压泵
fluid punch　液体凸模
fluid radiation　液体辐射
fluid resistance　液体阻力
fluid-ring　环流的
fluid sampling (=FS)　流体取样
fluid seal(ing)　流体密封
fluid sealant　密封胶
fluid sensor　液控传感器
fluid slag　液态熔渣
fluid-state　液态
fluid state laser　流体激光器
fluid static pressure　静水压力
fluid stress　流体应力
fluid-supply　液体供给,液源
fluid-supply suspension　断流继电器
fluid-tight
　液体不[能渗]透的,不透水的,不漏水的,不漏的,液密的
fluid tissue　流体组织
fluid ton　液量吨

fluid transistor 流体晶体管
fluid transmission (1) 流体变速机, 液体变速器; (2) 液力传动系, 流体传动系
fluid transmission gear (1) 流体传动齿轮; (2) 流体变速器
fluid-travel 液体流动
fluid turbulence 紊乱流动, 紊流
fluid-valve 液流阀, 水力阀
fluid velocity profile 液体流速分布图
fluidal 流体的, 液体的
fluidal structure 流纹结构, 流状结构
fluidal texture 流动结构
fluidic (1) 流动的, 流体的, 液体的, 射流的; (2) 射流元件, 流控元件
fluidic amplifier 射流放大器
fluidic device 射流元件
fluidic devices 流控器件
fluidic element 射流元件
fluidic jet 流体喷射, 液体射流
fluidic rate sensor (=FRS) 射流速率传感器
fluidic switch 流控开关
fluidic system 射流系统
fluidic technology 流控技术
fluidics (1) 流体学, 流控学; (2) 流控技术, 射流技术; (3) 射流学
fluidifiant 液化剂, 稀释剂, 冲淡剂
fluidification 流动化 [过程]
fluidify 使成流体, 积满液体, 液化
fluidimeter (=fluidometer) 流度计, 粘度计, 粘度表
fluidisable 可流体化的, 可流化的
fluidisation (1) 流态化, 流动性, 流体化, 液化, 流化 [作用]; (2) 流化床技术; (3) 沸腾作用, 沸化; (4) 高速气流输送
fluidise (1) 使变成液体, 使成流态, 使流体化, 使流态化, 流化; (2) 用高速气流输送
fluidised 流体化的, 液体化的, 流动化的, 流态化的, 悬浮的, 沸腾的
fluidism 液体学说
fluidity (1) 流动性, 流性, 液性; (2) 流状; (3) 液流度, 流度, 流质
fluidity meter 流度计, 粘度计
fluidity of grout 灌浆流性
fluidizable 可流体化的, 可流化的
fluidizable particle size 可流体化的颗粒粒度
fluidization (1) 流态化, 流动性, 流体化, 液化, 流化 [作用]; (2) 流化床技术; (3) 沸腾作用, 沸化; (4) 高速气流输送
fluidize (1) 使变成液体, 使成流态, 使流体化, 使流态化, 流化; (2) 用高速气流输送
fluidized 流体化的, 液体化的, 流动化的, 流态化的, 悬浮的, 沸腾的
fluidized-bed 流 [态] 化床, 沸腾层
fluidized bed dipping 流化床浸涂法
fluidized-bed firing 沸腾燃烧
fluidized-bed roasting 流化床焙烧, 沸腾 [层] 焙烧
fluidized combustion 流化燃烧, 沸腾燃烧
fluidized layer 流化床, 沸腾床
fluidized particle quenching 流态粒子淬火
fluidized reactor 流化床反应器
fluidized solid 流化固体
fluidized solid bath 流动固体加热炉, 流化固体浴
fluidized solid roaster 流化床焙烧炉, 沸腾床培烧炉
fluidizer 强化流态剂
fluidizing 流体化技术的应用
fluidmeter (=fluidimeter, 或 fluidometer) 粘度计, 流度计
fluidness (1) 流动性; (2) 流度
fluidonics 流控学, 射流学, 射流技术
fluidounce 液量英两, 液量盎司
fluidra(ch)m 液量打兰 (=1/8 液量英两)
fluidrive coupling 液压联轴节
fluidstatic (1) 静 [态] 流体的, 静水的; (2) 流体静力学的, 流体静力的
fluigram (=fluigramme) 一立方厘米液体
fluing 窗洞斜边
fluing arch 喇叭形拱, 斜拱
fluke (1) 手掌; (2) 锚爪, 倒钩; (3) 桨的扁平部分; (4) 棕榈树
fluke anchor 开爪锚
fluke angle 锚爪转角
fluke area 锚爪座
fluke palm 锚爪掌
fluke point 锚爪尖
fluke turned anchor 折嘴锚 (用于固定的锚锭)

fluces 锚爪
fluky 不稳定的, 易变的
flume (1) 水槽, 引水槽, 放水槽; (2) 渡槽; (3) 斜槽
fluming 水力输送, 用水力输送器输送, 水槽输送
fluo- 氟
fluo-anion 含氟阴离子
Fluon 聚四氟乙烯, 氟隆
fluophotometer 荧光光度计
fluor (1) 流体状态; (2) 流体; (3) 荧石
fluor- (1) 氟; (2) 含有氟的; (3) 荧光
fluoradiography 荧光照相法
fluorate (1) 氟酸盐; (2) 氟化
fluorating agent 氟化剂
fluoration 氟化作用, 氟化过程
fluoremetry (=fluorimetry) 荧光测定法
Fluorenone 氟润滑脂
fluoresce 发荧光
fluorescein (=fluoresceine) 荧光素
fluorescene (1) 荧光; (2) 核荧光
fluorescene analysis 荧光分析
fluorescene center 荧光中心
fluorescene color 荧光色
fluorescene detector 荧光检测器
fluorescene indicator 荧光指示剂
fluorescene ink 荧光油墨
fluorescene linewidth 荧光线宽 [度]
fluorescene microscopy 荧光显微法
fluorescene microwave double resonance 荧光微波双共振法
fluorescene quantum efficiency 荧光量子效率
fluorescene quenching 荧光猝灭
fluorescene quenching method 荧光猝灭法
fluorescene scattering 荧光散射
fluorescene spectrum 荧光光谱
fluorescene spot-out method 荧光点滴法
fluorescene titrimetric method 荧光滴定法
fluorescent 发荧光的, 荧光的
fluorescent brightener 荧光增白剂
fluorescent character display tube 荧光数码管
fluorescent crystal 荧光晶体
fluorescent dyed sand 荧光染色砂
fluorescent effect 荧光效应
fluorescent electrolyte 荧光电解液
fluorescent illumination 荧光 [灯] 照明
fluorescent indicator 荧光指示剂
fluorescent inspection 荧光探伤
fluorescent lamp 荧光灯, 日光灯
fluorescent light 荧光灯, 日光灯
fluorescent lighting 荧光照明
fluorescent line 荧光谱线
fluorescent magnetic particle inspection 荧光磁粉探伤
fluorescent mark 荧光标记
fluorescent material 荧光物质
fluorescent paint 荧光涂料, 荧光漆
fluorescent-penetrating inspection 荧光探伤
fluorescent pigment 荧光颜料
fluorescent printing 荧光印刷
fluorescent radiation 荧光发射
fluorescent reflector 荧光反射器
fluorescent scattering 荧光散射
fluorescent screen 荧光屏
fluorescent substance 荧光质
fluorescent thin display tube 荧光薄层板 *
fluorescent tracer 荧光示踪剂
fluorescent tracing 荧光示踪
fluorescent tube 荧光灯管, 日光灯管
fluorescent tube balance 荧光灯镇灯器
fluorescent tube bulb 荧光灯管
fluorescent x-ray 荧光 X 射线
fluorescer 荧光增白剂, 荧光剂
fluorescope (=fluoroscope) 荧光屏, 荧光镜
fluorescopy (=fluoroscopy) (1) 荧光学; (2) 荧光检查
fluorhydric 氟化氢的
fluoric ether 氟代酸的脂, 氟代烷烃
fluoridation 氟化反应

fluoride 氟化，氟化物
fluoride bearing gas 含氟气体
fluoridization 氟化作用，氟化过程
fluoridizer (1) 氟化剂，氟化器；(2) 氟防护剂
fluorigenic labeling technique 荧光生成标记技术，致荧光标记技术
fluorimeter (=fluorometer) (1) 荧光计；(2) 氟量计
fluorimetry (=fluorometry) 荧光光度测定法，荧光测量术
fluorinate 氟化
fluorinated ethylene propylene 聚氟乙烯丙烯
fluorination 氟化作用，氟化过程
fluorine 氟 F (第 9 号元素)
fluorine compound 氟化合物
fluorine containing polymer support 含氟聚合物载体
fluorine containing rubber 氟橡胶
fluorine monoxide 一氧化氟
fluorite 氟石，荧石
fluorizate 氟化
fluoro- 氟代，氟基
fluoroacetamide 氟乙酰胺
fluoroacetic fluoride 氟代乙酰氟
fluoroaliphatic compound 氟代脂肪族化合物
fluorocarbon 碳氟化合物，氟烃
fluorocarbon oil 氟代烃油，氟油
fluorochemicals 含氟化合物
fluorochemistry 氟化学
fluorochrome 荧光染料，荧色物
fluorodensitometry 荧光密度测定法
fluoroelastomer 氟橡胶
fluoroformyl fluoride 氟甲酰氟 (氟化氟甲酰)
fluorogram 荧光屏照片，荧光图
fluorography (1) 荧光图照相术；(2) 荧光体照相术
fluorolube 氟化碳润滑剂 (用于含氧的设备)
fluorolubricant 氟化碳润滑油
fluorometer (1) 荧光流量表，荧光计；(2) 氟量计，氟量表；(3) X 线量计
fluorometric analysis 荧光分析
fluorometry 荧光光度测定法，荧光测量术
fluorophosphoric acid 氟磷酸
fluorophotometer 荧光光度计，荧光计
fluorophotometry 荧光光度测定法
fluoroplastic 氟塑料
fluoropolymer 氟聚合物
fluoroscope 荧光镜，荧光检查仪，X 射线检查仪
fluoroscopy (1) 荧光学；(2) 荧光检查，透视
fluorosilicate 氟硅酸盐
fluorospectrophotometer 荧光分光光度计
fluorothene 氟乙烯
fluorotribromomethane 一氟三溴甲烷
fluorspar 氟化钙，萤石，氟石
fluorubber 氟橡胶
fluosilicate 硅氟酸盐
Fluosite 酚甲醛树脂
fluosolids 悬浮固体材料，假液化固体
fluosolids roasting 流化焙烧，沸腾焙烧
fluosolids roasting system 流态化焙烧法
fluouine cell 电解制氟槽，氟电解槽
flush (1) 清洗，冲洗，洗涤，充水；(2) 同平面的，齐平，嵌平，平接；(3) (冶金) 出渣；(4) 埋入的，嵌入的；(5) 奔流，涌出，暴涨
flush bead (1) 平焊缝；(2) 凹圆线条
flush between hatch-cover 平舱口 (使便于车辆行驶)
flush bolt (1) 平头插销，埋头插销；(2) 平头螺栓，埋头螺栓，皿头螺栓
flush box 冲洗水箱
flush bunker scuttle 无围板煤舱口，甲板上煤舱口
flush bushing 无凸缘衬套
flush cabin 同甲板齐平的舱室
flush cabin top 平舱顶
flush-cleaning process 冲洗法
flush coaming 平缘材，平围板
flush coat 沥青面层，沥青封层，敷面
flush coater (沥青) 喷洒机
flush color 底色
flush countersunk point (铆钉) 埋头镦头
flush cover 平舱口盖

flush deck 平甲板
flush deck barge 平甲板驳
flush deck ship 平甲板船
flush deck socket (集装箱) 水平联结器
flush deck vessel 全通甲板船，平甲板船
flush-decker 平甲板船
flush decker 平甲板船
flush distillation 一次蒸发
flush door 平面门
flush-filled 平嵌的
flush fillet weld 平角焊
flush filling 平齐装料
flush filter plate 平槽压波板
flush gas 冲洗气体，净化气
flush gate 冲淤水闸，冲淤闸门
flush hatch 平舱口 (便于车辆行驶)
flush hatch-cover 平式舱口盖
flush-head rivet 埋头铆钉
flush head rivet 平头铆钉
flush headed bolt 埋头螺栓
flush-joint 平接 [式] 的
flush joint (1) 平接，对接，端接；(2) 平头接合，平贴接合，齐平接缝
flush-joint casing 外平套管
flush joint casing 平接式套管
flush-jointed 平接的
flush-level powder fill 平齐装粉，平齐装料
flush manhole 齐平人孔
flush mica commutator 平面云母换向器
flush-mounted 嵌装的
flush mounted pressure transducer 同平面装配压力传感器
flush nut 平顶螺母，平头螺母
flush out (1) (用水) 冲出；(2) 揭发
flush out valve 冲出阀
flush panel 平嵌板，平镶板
flush pin ga(u)ge 接触式销规
flush plate 平装开关面板，平槽波板
flush plating 平接板
flush plug consent 嵌入式插座
flush plug receptacle 埋入式插座，埋装式插座，嵌入式插座，墙插座
flush practice 冲渣操作，出渣
flush production 最盛期产量，高峰产量
flush quenching 溢流淬火
flush receptacle 墙插座
flush rim 冲水边缘
flush ring 活动拉环
flush rivet 平头铆钉
flush riveting 平铆，光铆
flush scuttle (与甲板齐平的) 小舱口，甲板煤舱口，甲板窗，天窗
flush-sided 平边的
flush slag 水冲渣
flush socket 平装插座，埋装插座
flush soffit 连接底面
flush stripe 平齐式分隔带
flush-switch 嵌入式开关，齐面式开关
flush switch 平装开关，埋装开关
flush system 平铺式，平镶式
flush tank (1) 冲洗水柜，冲水箱，冲洗池，水槽；(2) [抽水马桶的] 水箱
flush toilet 抽水马桶
flush track 暗轨 (轨顶与地面齐平)
flush trimmer 浮纱修剪器，剔除器，整平器
flush type 齐平式，平面型，平装式，埋装式，嵌装式，嵌入式
flush type instrument 平装型仪表，埋装式仪表
flush type meter 嵌入式仪表
flush valve (=FV) 冲洗阀
flush water-tight hatch (=FWTH) 平甲板水密舱
flush weld 削平补强的焊缝，齐平焊缝，齐平面焊，平焊，光焊
flushbonding 嵌入式
flushed colours 底色
flushed with external shell plating 与船壳外板齐平
flusher (1) 冲洗器，净化器；(2) 冲洗者
flushgate 冲洗闸门，冲刷闸
flushing (1) 冲洗；(2) (冶金) 出渣
flushing arrangement 冲洗装置

563

flushing cistern 冲洗水箱
flushing gate 冲淤水闸,冲淤闸门
flushing hole 渣孔
flushing line 冲洗导管,冲洗管路
flushing machine 冲水机,洒水机
flushing main 冲洗总水管
flushing manhole 冲洗井,冲洗孔
flushing oil 冲洗用油,洗涤油,洗液
flushing pipe 冲洗管
flushing pipeline 冲洗管路
flushing pump 冲洗水泵
flushing system 污水冲洗系统,冲洗管系
flushing tank 冲洗水箱,冲水箱
flushing valve (1)溢流阀;(2)冲洗阀
flushness 丰富,富裕,充足
flushoff 溢出,排出
flushometer 冲水阀,冲洗阀
flute (1)凹槽,槽,;(2)制作凹槽,开槽;(3)(刀具)去屑槽,排屑槽,出屑槽;(4)螺丝槽,沟槽,刃槽,刃沟;(5)[海军]运输船;(6)低功率可调等幅波磁控管
flute cast 槽模
flute instability 槽纹不稳定性
flute lead error 切屑槽导程误差
flute length 槽长,沟长
flute profile (1)槽形,沟形;(2)槽顶螺母
flute storage 笛式存储器
flute twist drill 麻花钻
fluted 有[凹]槽的,有[沟]槽的,带槽的
fluted bar iron 凹面方钢
fluted bead 外圆角双头修型笔
fluted bulkhead 波形[板]舱壁,槽形舱壁,凹槽舱壁
fluted chucking reamer 机用带槽铰刀
fluted cutter 槽式铣刀
fluted formwork 有凹槽的模板
fluted nut 槽形螺母,槽顶螺母
fluted reamer 槽式铰刀,带槽铰刀
fluted roll (1)有槽滚筒,槽纹辊,齿辊,(2)起凹槽
fluted roll drill 轮槽式条播机
fluted roll mill 槽纹辊
fluted roller (1)带槽辊,槽纹辊,齿辊;(2)排种槽轮
fluted shaft [开]槽轴
fluted spectrum 条段光谱
fluted twist drill 麻花钻
fluteless tap 无槽丝锥
fluter 开槽刀具
flutes of drill 钻头排屑槽
fluting (1)槽,凹槽,(2)开槽,切槽;(3)沟蚀,电蚀锉纹;(4)弯折
fluting board 瓦楞纸
fluting cutter 开槽刀具,槽铣刀,沟铣刀
fluting cutter for tap 螺丝攻槽铣刀
fluting iron 烫褶边熨斗
flutter (1)震动,振动,抖动,浮动,脉动,波动,扰动,摆动,颤动,颤振;(2)脉动干扰,颤动效应;(3)电视图像的颤动现象;(4)偶极子天线的摆动;(5)高频抖动,频率颤动;(6)放音失真,(磁带传动的)抖动;(7)振翼;(8)干扰雷达的锡箔
flutter analysis 颤振分析
flutter calculation 颤振计算
flutter characteristic 颤振特性
flutter computer 颤动[模拟]计算机
flutter echo 颤动回波,颤动回声,多次回声,多源回声,多重反射
flutter fading 散乱反射衰落,振动衰落,颤动衰落,急剧衰落,振动减弱
flutter failure 颤振失效,颤振破坏
flutter frequency 颤振频率
flutter generator 脉动发生器
flutter noise 颤动噪声
flutter speed 颤振速率
flutter test 颤振试验
flutter test film 电视图像颤动[现象]试验片
flutter valve 膜片阀,波动阀,翼形阀
flutter wheel 翼形水轮
fluttering (1)震动,颤振;(2)脉动,波动
fluviograph 河流水位自记仪,自记水位计,水位计
fluviometer 自记水位计
flux (1)辐射通量,电通量,磁通量,热通量,光通量,矢通量;(2)(液体等)

流量,流动;(3)助熔剂,熔剂,熔体,溶剂;(4)助焊剂,焊剂,钎剂;(5)熔化,熔解,熔融,(6)磁力线;(7)用焊剂处理,用熔剂处理,使熔化
flux analysis 流束分析
flux asbestos backing (=FAB) 熔剂石棉衬底
flux-averaged 按通量平均的
flux-calcined 热碱处理的
flux change per inch (=FCI) 每英寸磁通交变数
flux-coated electrode 涂药焊条
flux coated welding rod 药皮焊条
flux coating 焊药,焊剂
flux copper backing (=FCB) (单面焊)焊剂铜垫法
flux cored welding 包芯焊条焊接
flux cored wire 管状焊丝(中心有焊剂)
flux curve 磁通曲线
flux cutting 氧熔剂切割
flux density (1)磁力线密度,磁通密度,通量密度;(2)气流密度
flux depression correction 能量降低改正
flux detector 通量探测仪
flux distribution 通量分布
flux encased electrode 包药加强焊条(有金属外壳)
flux-forced 加强流的,加强束的
flux flattening 通量平化
flux gate 磁通门,磁强计
flux gate compass 磁通量闸门罗盘
flux-grown 熔融生长的
flux guide 磁通控制器
flux hopper 焊剂漏斗
flux injection cutting 喷燃剂切割
flux leakage 磁通泄漏
flux leaking 漏通量,漏磁通
flux linkage (磁性离合器)磁链,磁通匝链数
flux man 焊药工
flux measuring channel 通量测量道
flux meter 麦克斯韦计,磁通[量]计
flux monitor 中子通量记录器
flux-monitoring foil 通量监察箔
flux of energy 能流,能通量
flux of force 力通量,力束
flux of heat 热流
flux of lines of force (1)力通束;(2)磁通量
flux of vector 矢通量
flux oil 稀释油,软制油
flux oxygen cutting 氧熔切割
flux pattern 通量图
flux peak 最大通量
flux pump 磁通泵
flux rate 通量率
flux-refining 熔剂精炼
flux-seconds 通量-秒(中子通量和以秒表示的照射时间的乘积)
flux-sensing 探测[中子]通量的,通量感测的
flux-sensing element 通量敏感元件
flux-sensitive 能探测通量的,对通量灵敏的
flux sleeve 导磁套
flux solder 熔剂,焊剂
flux-time [中子]通量和时间的乘积
flux tube 磁流管
flux unit 流量单位
flux valve 流量阀
flux-weighed 按通量平均的
fluxed asphalt 软制沥青
fluxed electrode 涂药焊条,熔剂焊条
fluxer (1)煤和粘结剂的搅拌箱;(2)焊接锡罐头缝口的工人
fluxgate 地磁敏感元件,磁通量闸门,磁阀
fluxgate compass 磁通闸门罗盘,电磁罗经,感应罗盘
fluxgate detector 地球磁场不均匀性探测仪,感应式传感器,饱和磁力仪
fluxgate magnetometer 磁通脉冲磁力仪,饱和式磁力仪
fluxgraph 磁通仪
fluxibility (1)[助]熔性;(2)熔度
fluxible 可熔化的,可熔解的
fluxility 流动性
fluxing (1)熔点降低塑性化,增塑;(2)稀释,冲淡;(3)精炼,造渣,渣化;(4)熔解,助熔,溶化
fluxing agent (1)焊药,熔剂;(2)稀释剂,助溶剂

564

fluxing oil 稀释油

fluxing station 焊药涂擦处

fluxing temperature 熔解温度

fluxion (1)塑性化,增塑;(2)[液体的]流动,流出,溢出;(3){数}流数,导数,微分;(4)熔解,熔化

fluxion structure 流状构造

fluxional (1)经微分的,微分的,流数的;(2)不断变化的,流动的,变动的,不定的

fluxionary (1)经微分的,微分的,流数的;(2)不断变化的,流动的,变动的,不定的

fluxmeter 漏电流检流计辐射通量测量计辐射通量剂量计麦克斯韦计,磁通量计,磁通计,韦伯计

fluxograph 流量记录器

fluxoid (1)全磁通,类磁通;(2)循环量子

fluxon 磁通量子

fluxplate 热通量仪

FLWG (=Following) (1)跟随,沿行;(2)后面的,下列的

FLWS (=Follows) 以下,下列

fly (1)飞行,飞跃,飞越,空运,航行,驾驶,飞;(2)均衡器;(3)摇臂轴;(4)配合;(5)整速轮,飞轮,手轮,(6)(储仓的)导流闸门,(通风机的)风翼,(计程仪)轮,罗盘卡,风标,(7)(印刷机的)拨纸器;(8)逃逸,消散,消失,褪色

fly about 风向转变

fly anchor 海锚

fly ash (1)粉煤灰,飞灰,飞尘,浮尘;(2)黄铁矿灰,黄铁矿粉

fly ash cement 粉煤灰水泥

fly ash cement concrete 粉煤灰水泥混凝土

fly ash concrete 粉煤灰混凝土

fly back 进行

fly-bar 飞刀

fly bar 飞刀,刀片

fly blind 按仪表飞行,盲目飞行

fly block 动滑车

fly-boat 大型平底船,快艇,快船

fly boat 水上飞机,飞船,快艇

fly-bomb 飞航式导弹,飞弹

fly bridge (1)(简易)浮桥,悬索桥;(2)最上层船桥,露天驾驶台

fly-by (1)在低空飞过指定地点,检验飞行,观察飞行,飞越;(2)宇宙飞船飞近天体的探测;(3)飞近天体进行探测的宇宙飞船;(4)绕月球轨道所作的不足一圈的飞行

fly-by spacecraft 试飞飞船

fly-by-wire 能遥控的自动驾驶仪

fly-by-wire system 有线遥控驾驶系统,电操纵系统

fly contact 轻动接点

fly-cutter 高速切削刀,横旋转刀,飞刀

fly cutter 高速切削刀,横旋转刀,飞刀

fly cutter milling 飞刀铣削

fly-cutting 飞刀切削,高速切削,快速切削

fly cutting 飞刀切削,高速切削,快速切削

fly driving wheel 风叶驱动轮

fly frame 飞轮架

fly frames 粗纱架

fly governor 风轮调速器

fly-head storage 浮动头存储器

fly-headed screw 元宝螺钉,蝶形螺钉

fly-in 飞向指定目标

fly jib extension (起重机)起重臂延长段

fly knife 回转刀,飞刀

fly leaf (1)扉页;(2)书皮底纸,漏印纸页;(3)纸盒内边沿的衬纸

fly left signal 左方飞行信号

fly lens 蝇眼透镜

fly line 飞行线,飞线

fly net 防虫网

fly nut 翼形螺母,蝶形螺母,元宝螺母

fly-over crossing 立体交叉

fly page 扉页的一面

fly-past 跨度

fly pinion (制动器轴)飞轮

fly press 飞轮式螺旋压力机

fly rail (1)折页板撑;(2)栏杆

fly-screen 飞毛滤板

fly screw press 螺旋压机

fly sheared length 飞剪剪切后的定尺寸长度

fly sheet (1)防雨罩;(2)说明书,广告单

fly shuttle 滑轮梭子

fly spindle 飞铁轴

fly spot television microscope 飞点扫描电视显微镜

fly tool 高速切削刀

fly-tooling 飞刀加工

fly up in the wind 船首急速转向风

fly weight 飞重

fly wheel 惯性轮,储能轮,飞轮

fly wheel case 飞轮箱,飞轮壳体

fly-wheel diode 续流二极管

fly wire 板缝盖网

flyable 可以在空中飞行的,宜于飞行的,适航的

flyash 挥发性灰粉,烟灰,飞灰,油渣

flyaway (1)尖形的,翼状的;(2)随时可以飞行出厂的,直接飞离飞机制造厂的;(3)包装好准备空运的

flyaway kit 随机器材包

flyback (1)回扫,回描;(2)[光的]回程;(3)倒转,逆行,逆程;(4)(起落架)伸展行程

flyback blanking 逆程消隐

flyback circuit 由偏转电路获得高压的电路,回扫电路

flyback converter (开关式电源)逆向变换器,回扫电压变换器

flyback EHT supply 回描脉冲高压电源

flyback kick 回扫电压脉冲

flyback lever stud 回零杆桩

flyback line 回扫线,回程线,回描线

flyback period 返程周期,回扫时间,回描时间

flyback power supply 逆行高压电源

flyback pulse 回描脉冲,回扫脉冲

flyback ratio 顺向速度与逆向速度之比,回描率,回扫率

flyback retrace 回[描]扫[迹]

flyback time 扫描回程时间,回扫时间,回描时间,返程周期

flyback transformer 阴极射线管用高压变压器,冲击激励变压器,反馈变压器,回授变压器,回描变压器,回扫变压器

flyback type of high voltage supply 回描脉冲式高压电源

flyback voltage 阴极射线管阳极[直流]电压,电子束回扫电压,冲击激励电压

flyback voltage double power supply 回扫倍压电源

flyback yoke 回零杆

flyback yoke bolt 回零杆栓

flyback yoke spring 回零杆簧

flyball 飞球,飞锤

flyball governor 飞锤式调速器,飞球式调速器

flyball integrator 离心式球积分器

flyball tachometer 飞球式转速器,离心式转速计

flyboat 平底船,快艇

flybridge [露天]驾驶桥楼

flybrow 飞桥

flyby (1)飞近探测;(2)飞越

flyer (1)飞行员,驾驶员,飞机师;(2)飞行器,航空器,飞机,快艇,快车;(3)整速轮,飞轮,手轮,(4)跳跃,(5)平行梯级,长方梯级,(6)后拖车,(7)(捻丝机)衬锭,锭壳,锭翼

flyer presser 锭翼压掌

flyer twister 翼锭拈线机

flygate (1)两开门;(2)蝶阀;(3)溜槽口活门

flying (1)飞行,飞;(2)飞行的,飞的

flying barrel 飞环

flying-belt 飞带

flying blowtorch 喷气式战斗机

flying-boat 水上飞机

flying boat (=FB) 水上飞机,水上飞艇,飞船

flying bomb 飞弹

flying boom 可操纵的伸缩套管

flying boxcar 大型运输机,货机

flying bridge (1)浮桥,天桥;(2)船舶的最高桥楼,船上驾驶台

flying bridge deck 最高桥楼甲板,驾驶台甲板

flying buttress 拱式支墩

flying camp (1)临时兵营;(2)快速机动部队

flying chip 飞屑

flying clock 航空钟

flying colors 完全成功

flying control system 飞行操纵系统

flying crane 起重直升机

flying cutoff device 移动切断装置

flying cutter 飞刀,横旋转刀,高速切削刀

565

flying deck　顶甲板（舱面室顶甲板）
flying dial gauge　连续式测厚千分表
flying disk printer　字轮式打印机
flying drum printer　字轮打印机
flying extensometer　连续伸长仪
flying falsework　悬挂工脚手架，悬空工作架
flying fence　飞越栅栏
flying ferry　飞缆渡船，缆车渡，滑钢渡
flying field　简易机场
flying fish sailer　无航海经验的水手
flying fox　架空索道载送器
flying friction press　螺旋摩擦压力机
flying gangway　（油船的）步桥，天桥
flying guy　首斜桁前张索
flying head　浮动磁头
flying image digitizer　飞点图像数字化转换器
flying image scanner　飞像扫描器
flying jib　浮动磁头
flying jib boom　飞伸船首斜帆桁
flying lead　跨线
flying level　手持式水准仪，测速水准器
flying light　空载漂浮，高浮
flying machine　飞行机，航空机
flying micrometer　连续式测厚仪，快速测微计
flying moor　（船头抛）八字锚系，前进抛双锚法，前进双锚系泊
flying-off　(1) 裂成碎片，断裂，碎裂，(2) 起飞，离舰
flying officer　飞行员
flying paper　（打印机的）快速移动纸
flying passage　船员步桥，架空通道
flying pier　临时性轻便码头
flying point store address　飞点存储地址
flying pot　（电视）飞点
flying press　螺旋摩擦压力机
flying printer　飞行式印字机，高速打印机，轮式打印机
flying range　航程
flying ring　吊环
flying saucer　飞碟
flying scaffold　悬挂式脚手架，悬空脚手架
flying scanner　飞点扫描设备，飞点析像器
flying shelf　悬挂式脚手架，悬空工作架
flying shore　横撑
flying sounder　航行测深仪
flying-spot　扫描射线，浮动光点，扫描点，飞点，光点
flying spot　扫描点，飞光斑，飞点
flying-spot microscope　飞点扫描电视显微镜
flying spot scan　飞点扫描
flying-spot scanner　飞点扫描设备，高速点扫描器，飞点扫描器，飞点析像器
flying spot scanning　飞点扫描法
flying spot scanning tube　飞点扫描管
flying-spot store　(1) 飞点扫描管存储器；(2) 光点存储，飞点存储
flying spot store　飞点存储器
flying spot store address　飞点存储地址
flying-spot television microscope　飞点扫描电视显微镜
flying-spot tube　飞点摄像管，光点摄像管，飞点示波管，飞点扫描管
flying spot tube　飞点管，扫描管
flying-spot tube character generator　飞点管字符产生器
flying spot video erase head　飞点视频消磁磁头
flying source　飞行波源
flying squadron　机动舰队
flying suit　飞行服
flying survey　临时踏勘，预测
flying switch　牵引溜放调车
flying time　起飞时间，飞行时间
flying tuck　旋转式折页刀
flying waterline　（水翼船）水翼航行状态水线
flying windmill　直升飞机
flyleads　架空引线
flyoff　(1) 起飞，离舰，(2) 蒸发，(3) 飞散
flyout　(1) 起飞，飞出，(2) 起飞时间
flyover　(1) 跨线桥，架空道路，立交桥，行车天桥，天桥，(2) 飞越
flyover crossing　立体交叉
flyover junction　立体交叉
flypress　螺杆压力机，螺旋压力机

fly's eye lens　蝇眼透镜
flysheet　单片，单页印刷物
flyspeck　小污斑，黑斑，小点
flyway　(1) 迁移途径；(2) 迁移航道
flyweight paw　飞铁脚
flywheel (=FW)　惯性轮，储能轮，高速轮，飞轮，手轮
flywheel action　飞轮作用，飞轮效应
flywheel automatic phase control　惯性自动相位控制
flywheel casing　飞轮壳
flywheel circuit　同步惯性电路
flywheel clock　规整时钟
flywheel damping effect　飞轮阻尼效应
flywheel diode　续流二极管
flywheel effect　飞轮效应，飞轮旋转惯性作用
flywheel end　（曲轴）飞轮端
flywheel generator　飞轮式发电机
flywheel governor　（拖曳式计程仪）调速轮
flywheel horsepower　飞轮功率，轴功率
flywheel housing　飞轮壳，飞轮室
flywheel jet control　飞轮喷射控制
flywheel knife　转盘刀，轮刀
flywheel magnetogenerator　飞轮永磁式发电机
flywheel mark　飞轮标记
flywheel moment　飞轮力矩，回转力矩
flywheel pilot flange　飞轮定中心沉肩
flywheel power take-off　飞轮端动力输出
flywheel printer　飞轮打印机
flywheel rim　飞轮轮缘
flywheel ring gear　飞轮齿圈，飞轮齿环，飞轮环形齿轮
flywheel rotor　飞轮转子
flywheel starter gear　飞轮起动器齿轮
flywheel synchronization　规整同步
flywheel time base　(1) 惯性同步时基；(2) 惯性同步扫描电路
flywheel type cutter head　轮刀式切碎机
flywheel with toothing　有齿飞轮
FM (=Fan Mark)　扇形标志
FM (=Fathom)　拓（长度单位 =1.8288m）
FM (=Field Magnet)　场磁铁，磁极
FM (=Field Magnetic)　场磁铁
FM (=Fire Main)　消防总管
F-M (=Fire Protection Machinery Space)　机器处所消防
FM (=Fireman)　生火工，消防员
FM (=Force Majeure)　（法语）不可抗力
FM (=Form of Massage)　电报类别
FM (=Fraudulent Misrepresentation)　欺诈性误述
FM (=Freight Manifest)　载货运费清单
FM (=Frequency Meter)　频率计
FM (=Frequency Modulation)　频率调制，调频
FM broadcast transmitter　调频广播发射器
FM broadcasting station　调频广播电台
FM carrier current telephony　调频式载波电话
FM cyclotron　调频回旋加速器
FM index　调频指数
FM noise　调频噪声
FM pulse compression　调频脉冲压缩
FM receiver　调频接收机，调频收音机
FM stereo　调频立体声
FM transmitter　调频发射机
FM (=Frequency Multiplex)　频率多路复用
FM (=From)　从、自、由
FM (=Funnel Mark)　烟囱标志
FME (=Frequency Measuring Equipment)　频率测量设备，频率计
FMEA (=Failure Mode and Effect Analysis)　故障模式及影响分析
FMECA (=Failure Mode, Effect and Critical Analysis)　故障模式、影响及危害性分析
FMFB (=Frequency Modulation Feedback)　调频反馈
FMFB (=Frequency Modulation with Feedback)　反馈调频
FMFC (=Frequency-modulation Frequency Converter)　频率调制与转换
FMG (=Frequency Modulation Generator)　调频信号发生器
FMIC (=Frequency Monitoring and Interference Control)　频率监听和干扰控制
FMM (=First Motor Man)　一级技工
FMO (=Frequency Modulated Oscillator)　调频振荡器

FMORE (=Furthermore) 更有甚者，更进一步，此外

FM-PM (=Frequency Modulation-phase Modulation) 调频 - 调相

FMQO (=Frequency-modulated Quartz Oscillator) 石英调频振荡器

FMR (=Frequency Modulated Receiver) 调频接收机

FMRSAIMARPOL (=Form of Mandatory Reporting System of Annex 1 of Marpol 73/78) 73/78 防污公约附则 I 强制报告制度格式

FMS (=Floating Machine Shop) 流动修理所

FMS (=Frequency Measuring Station) 频率测试台

FMS (=Fuel Management System) 燃油管理系统

FMT (=Frequency Modulated Transmitter) 调频发射机

FMU (=Frequency Maximum Utilizable) 最高可用频率

FMVF (=Frequency Modulation and Voice Frequency) 调频与音频

FN (=Fixture Note) 订租确认书

FN (=Fog Autophone) 电动雾笛，高音雾笛

FN (=Function) (1) 函数；(2) 机能，作用，功用；(3) 操作

FNI (=Fellow of the Nautical Institute) 航海学会会员

FNP (=Fusing Point) 熔点

FNT (=Front) 锋

FO (=Firing Order) 点火顺序，发火次序

FO (=Firm Offer) 确定报价，实盘，确盘

FO (=First Officer) 大副或二副

FO (=Flag Officer) (能在舰上悬旗表示职位的) 海军将官

FO (=Flying Officer) 飞行员

FO (=For Orders) 等待命令

FO (=Forced-oil-cooled) 强制循环油冷却的

FO (=Forwarding Order) 运输委托书

FO (=Free Out) 船方不负责卸货费用

FO (=Free Overboard) (目的港) 船边交货

FO (=Fuel Oil) 燃油

FO (=Full Outturn) (码头列列的) 卸货清单

FO (=Full-out Terms) 到港重量条款 (谷物购买价格)

FO&B (=Fuel Oil and Ballast) 燃油和压载

FO/FO (=Float On/Float Off Ship) 浮上浮下型船 (载驳船)

FOA (=Free on Airport) 机场交货

foam (1) 泡沫材料，泡沫橡皮，泡沫塑料，泡沫；(2) 起泡沫，变泡沫；(3) 海绵状的

foam applicator 泡沫灭火器

foam collecting cone 锥形除沫器

foam column 泡沫发生塔

foam compartment 泡沫捕集器，泡沫发生室

foam concentrate 泡沫剂，泡沫液

foam concrete 泡沫混凝土

foam dried milk 泡沫干燥乳粉

foam drilling 泡沫集尘钻眼法

foam extinguisher 泡沫灭火机

foam fermentation 泡沫发酵

foam generator 泡沫发生器，发泡器

foam-glass 泡沫玻璃

foam glass 泡沫玻璃

foam glue 发光胶粘剂

foam-in-place 现场发泡

foam inhibitor 消泡剂

foam installation 泡沫灭火装置，泡沫装置

foam killer 消泡剂，消泡器

foam layer 泡沫层

foam line 灭火泡沫管路

foam main 泡沫总管

foam material 泡沫材料

foam metal 泡沫金属

foam monitor 泡沫灭火喷射器，泡沫灭火枪

foam plastics 泡沫塑料

foam powder 发泡粉

foam room 泡沫室

foam rubber 泡沫橡胶，海绵橡胶

foam rubber products 泡沫橡制品

foam smothering system 泡沫灭火系统

foam smothering system in machinery space (=FSM) 机舱泡沫灭火系统

foam solution 泡沫溶液

foam sponge 海绵橡胶

foam sprinkler system 泡沫灭火喷淋系统

foam suppressor 泡沫灭火器

foam system 泡沫灭火系统

foam tank (消防艇上的) 泡沫发生舱

foam thermal insulation 泡沫绝缘材料，泡沫塑料隔热

foam type (灭火器) 泡沫式

foam valve 泡沫阀

foamability 发泡能力，发泡性

foamable 会起泡的，能发泡的

foamed 起泡的

foamed buoyant material 泡沫浮力块

foamed concrete 泡沫混凝土，多孔混凝土

foamed in place filler 泡沫塑料填料

foamed plastic 泡沫塑料的

foamed plastic cushioning 泡沫塑料衬垫

foamed plastic insulation 泡沫塑料绝缘

foamed plastic shock absorber 泡沫塑料减震器

foamed plastics 海绵状塑料，泡沫塑料

foamed-polyethylene 泡沫聚乙烯

foamed polyethylene 泡沫聚乙烯

foamed polystyrene (=FS) 泡沫聚苯乙烯

foamed rubber 泡沫橡胶

foamed slag 多孔矿渣，泡沫矿渣

foamer (1) 泡沫发生器；(2) 起泡剂

foamglass 泡沫玻璃

foamex 发泡树脂

foaminess 起泡状态，起泡性，起泡度

foaming (1) 布满泡沫的，形成泡沫的，起泡的，发泡的；(2) 成泡沫，起泡

foaming ability 发泡能力，发泡性

foaming agent 发泡剂，起泡剂，泡沫剂

foaming behavior 起泡沫特性

foaming characteristics 起泡特性

foaming in place 现场发泡

foaming oil 发泡油

foaming substance 发泡性物质，起泡物

foaming test 起泡试验

foaming test apparatus (滑油) 泡沫测试仪

foamite (1) 起泡剂，发泡；(2) 泡沫灭火剂，灭火药沫

foamite extinguisher 泡沫灭火器

foamite system 泡沫灭火系统

foamless 无泡沫的

foamover 泡沫携带，带泡沫

Foamseal 富姆泡沫止水剂

foamslag 泡沫矿渣

foamy 起泡沫的，多泡沫的，泡沫状的

FOB (=Free on Board) 船上交货，离岸价格

FOB (=Fuel Oil and Ballast) 燃油和压载

FOBA (=Free on Board Airport) 飞机上交货

FOBS (=Free on Board Stowed) 包括堆装的船上交货，舱底交货

FOBST (= Free on Board Stowed and Trimmed) 包括积载费和平舱费在内的离岸价格

FOBSTOWED (= Free on Board Stowed) 包括堆装的船上交货，舱底交货

FOBT (= Free on Board and Trimmed) 包括平舱费在内的离岸价格

FOC (=Flag of convenience) 方便旗

FOC (=Free of Charge) 不承担费用，免费

FOC (=Free on Car) 车上交货

FOC (=Fuel Oil Consumption) 燃油消耗

focal (1) 集中在焦点上，在焦点上的，位于焦点的，有焦点的，焦点的；(2) 聚集曲线

focal area (1) 焦斑面积，聚集区，焦点区；(2) 语言中心

focal axis [聚] 焦轴

focal chord 焦弦

focal circle [聚] 焦圆

focal curve 焦点曲线

focal cusp 焦 [点] 会 [切] 线

focal depth 焦深

focal distance (=FD) 焦 [点] 距 [离]

focal involution 焦点对合

focal isolation 聚焦分光

focal-length (长) 焦距

focal length (=f/lg) 焦距

focal line 焦线

focal plane 焦 [点] 平面，焦面

focal plane of the light 灯光中心

focal-plane shutter 焦面光闸，焦面快门

focal point 焦点

567

focal point of stress 应力集中点

focal power 屈光本领，倒焦距，焦度

focal radius 焦[点]半径

focal setting 焦距调整，聚焦调整

focal spot 焦点

focalisation (1) 焦距调整，聚焦，对光；(2) 定焦点

focalise (1) 使集中在焦点上，使集中在一点上，调节焦距，聚焦；(2) 合焦点，对焦点，定焦点

focaliser (1) 聚焦装置，聚焦设备，聚焦器；(2) 聚焦系统

focalization (1) 焦距调整，聚焦，对光；(2) 定焦点

focalize (1) 使集中在焦点上，使集中在一点上，调节焦距，聚焦；(2) 合焦点，对焦点，定焦点

focalizer (1) 聚焦装置，聚焦设备，聚焦器；(2) 聚焦系统

FOCASTLE (=Forecastle) 船首楼

foci (单 focus) (1) 集中点，中心点，焦点，焦距；(2) 使集中于焦点，定焦点，调焦，聚焦，对光；(3) 震源；(4) 螺线极点；(5) 焦点范围；(6) {数} 中数，点

focimeter 焦点计，焦距计

FOCLDK (=Forecastle Deck) 船首楼甲板

foco-collimator 测焦距准直[光]管

focoid 虚圆点

focometer 焦距[测量]仪，焦距计

focometry 测焦距术，焦距测量

focus (复 foci 或 focuses) (1) 集中点，中心点，焦点，焦距；(2) 使集中于焦点，定焦点，调焦，聚焦，对光；(3) 震源；(4) 螺线极点；(5) 焦点范围；(6) {数} 中数，点

focus circuit 聚焦电路

focus-coil (电磁式阴极射线管的) 聚焦线圈

focus coil (电磁式阴极射线管的) 聚焦线圈

focus coil assembly 电磁聚焦组件

focus coil axis 聚焦线圈轴

focus coil housing 聚焦线圈壳

focus-compensation 聚焦补偿的

focus control 焦点调整，聚焦调整，聚焦调节，调焦

focus crank 调焦杆

focus for infinity 无限远聚焦

focus glass (1) 调焦玻璃；(2) 分划板

focus lamp 聚光灯，聚集灯，焦点灯

focus-mask 聚焦栅[极]，聚焦网

focus-mask tube 栅孔聚焦型[彩色]显像管

focus mask tube 栅孔聚焦式[彩色]显像管

focus of divergence 光散射点，虚焦点

focus of lens 透镜的焦点

focus-out 散焦

focus projection and scanning 聚焦投影和扫描法

focus puller 调焦员

focus skin distance 焦点-皮肤距离

focus strategy 焦点策略

focused 聚焦的，焦距的，焦点的

focused beam 聚焦束

focused dynode system 聚焦式倍增系统

focused-image 聚焦图像

focused image hologram 聚焦像全息图

focuser (1) 聚焦放大镜；(2) 聚焦装置，聚焦器

focusing (1) 聚焦，聚束；(2) 调整焦距，调焦；(3) 光束集中，对光

focusing anode 聚焦阳极

focusing area (1) 聚焦面积，聚焦区；(2) 语言中心

focusing camera 聚焦照相馆

focusing circle 聚焦圈

focusing coil 聚焦线圈

focusing control 聚焦调整，聚焦调节，调焦

focusing cup 聚焦杯，聚束筒

focusing diffractometer 聚焦衍射计

focusing device 聚焦器，对光器

focusing distance 调焦距离

focusing electrode 聚焦电极

focusing field 聚焦场

focusing glass (1) 毛玻璃板；(2) 调焦放大镜，聚焦屏

focusing hood 聚焦帽

focusing mechanism 调焦设备，调焦装置，对焦装置

focusing ring 聚焦圈，聚焦环，对光环

focusing scale 聚焦调节刻度，聚焦标尺

focusing screw 聚焦螺丝，对光螺丝

focusing spectometer 聚焦分光计

focusing type filament 聚光灯丝，聚焦灯丝

focusing x-ray tube 聚焦 X 射线管

focuson 定向输运能量的粒子

focussed 聚焦的，焦距的，焦点的

focussed condition 聚焦条件

focussed log 聚焦测井

focussing (1) 聚焦，聚束，(2) 调整焦距，调焦，(3) 光束集中，对光

FOD (=Factory on Dock) 船坞工厂

FOD (=Free of Damage) 损坏不赔

FODA (=Free of Damage Absolutely) 任何损坏绝对不赔

FODABS (= Free of Damage Absolutely) 任何损坏绝对不赔

fodder mill (混合) 饲料加工机，(混合) 饲料加工厂

foe shadow 预示，预兆

FOFFR (=Firm Offer) 确定报价，确盘，实盘

FO-FO (=Float On-float Off) 浮装浮卸

FOG (=Fiber Optic Gyro) 光纤陀螺

FOG (=Frequency Offset Generator) 频率补偿发生器

fog (1) 雾，(2) 油雾，(3) 图像模糊，模糊度

fog alarm 雾航声响信号 (包括警钟、雾号等)

fog autophone 电动雾笛，高音雾笛

fog bell 警钟雾号，雾钟

fog buoy (1) (警钟) 雾号浮标；(2) 船位浮标

fog chamber (威尔逊) 云雾室

fog curing 喷雾养护

fog detector light (=FOGDETLT) 雾情检测灯，测雾灯

fog diaphone (1) 低音雾号；(2) 雾笛

fog explosive 爆声雾号

fog filter "模糊" 滤波器

fog-foam unit 雾状泡沫设备

fog gong 警钟雾号，雾锣

fog gun 雾炮

fog-horn 雾中音响信号喇叭，雾角

fog horn 雾笛，雾角，雾号

fog jet hose nozzle fitting 喷射调节救火龙头

fog lamp 雾灯

fog light 雾灯

fog lubrication 油雾润滑

fog mark 雾标志

fog nozzle 喷雾[管]嘴，喷雾口

fog-quenching 喷雾淬火

fog quenching 喷雾淬火

fog separator 除雾分离器

fog-signal 雾[中信]号

fog signal (=FS) 雾信号，雾号

fog signal emitter (=FSE) 雾号发生器

fog signal light 雾信号灯

fog signal plant 雾号站

fog signal station (=FOGSIG) 雾号站

fog station 雾号台，雾号站

fog siren (=FS) 雾笛

fog spray 喷雾[器]

fog spray nozzle 喷雾嘴

fog system 喷雾系统

fog target 雾标

fog trumpet (=FT) (1) 雾喇叭；(2) 雾号

fog-type insulator 耐雾绝缘子

fog type insulator 耐雾绝缘子

fog warning 雾警

fog whistle (=FW) (1) 雾哨；(2) 雾笛

fogbell 图像模糊告警铃，雾钟

fogbroom 散雾器，除雾器

FOGDETLT (=Fog Detector Light) 雾情检测灯，测雾灯

Foggant 起雾剂

fogged 模糊的

foggerv 烟雾发生器，喷雾器，润湿器

fogging (1) 模糊，(2) 成雾[状]；(3) (金属) 失去光泽，变暗

fogging machine 喷烟器

fogging method 去雾法

foggy 有雾的，多雾的

foghorn 雾号

fogman 雾信号员，防雾员

fogon 墙角壁炉

FOGSIG (=Fog Signal Station) 雾号站

FOI (=For Our Information) 供我们参考

FOI (=Free of Interest) 不计利息

foil (1)金属箔,薄片,薄膜;(2)机翼,翼型,水翼;(3)金属薄片,叶片;(4)(半平衡舵)水下部分,(平衡舵)舵板,稳定器;(5)铺箔

foil-activation technique 箔激活技术

foil activation technique 箔激活技术

foil base 水翼基座

foil born condition 水翼航行状态

foil born operation 翼航状态,翼航

foil born propulsion 水翼航行推进

foil born seakeeping 水翼状态耐波性

foil-borne waterline (=FWL) 水翼艇吃水线

foil broaching frequency 水翼遇浪划水频率

foil coating 金箔涂料

foil craft 水翼船

foil detector [金]箔探测器

foil electret microphone 薄膜驻极体传声器

foil electroscope 金箔验电器

foil flaps (水翼船)襟翼

foil fuse 保险片

foil gage 箔应变片,应变仪

foil gasket 箔制垫圈

foil gauge 应变片

foil guard 水翼护板

foil hull 翼形船体

foil insulation 箔绝缘

foil lattice 翼栅

foil mica capacitor 云母片电容器

foil portion (半平衡舵的)悬吊部分

foil research ship (=FRESH) 水翼研究船

foil resistance strain gage 箔阻应变规

foil sampler 薄壁取土样器

foil-stone 模造宝石

foil strain gage (电阻)应变片,箔应变片

foil type tantalum electrolytic condenser 钽箔电解电容器

foilbase 翼距

foilborne 水翼航行状态

foilcraft 水翼艇

foiling (1)水银箔;(2)用金属箔作的装饰

foist 轻型驳船

FOL (=Free on Lighter) 驳船交货

fold (1)褶皱,折皱,褶曲;(2)折合;(3)折叠,折痕;(4)皱纹;(5)一卷;(6)倍;(7)合拢,抱住,笼罩,调入

fold-axis 褶皱轴

fold back circuit 返送电路,监听线路

fold boat 折叠式救生艇,折叠式小艇,橡皮帆布艇

fold crack 折裂

fold-fault 褶皱断层

fold filling 软管装油

fold line 折曲线,卷曲线

fold-out 折页式插页

fold-over (1)图像折边现象,叠影,重影;(2)折叠

fold over distortion 叠像畸变

fold over joint 钩接

fold position (机构)折叠位置

fold resistance 抗折性

fold-top car 活顶车,蓬车

fold type 折叠式

foldability 可折叠性

foldable 可折叠的,可叠合的,可合并的

foldable operation 可合并运算

foldable part 可折叠部件

foldback (1)返送,监听;(2)双折电缆

foldback characteristic 限流过载保护特性

foldboat 可折叠的帆布船

foldboater 操纵折叠船的人

folded 折叠的,折合的

folded and grooved seam 折叠和槽式接缝

folded antenna 折叠[式]天线

folded cantilever contact 折叠悬臂式触点簧片

folded cavity (速调管的)折叠空腔

folded dipole 折合偶极子,折叠偶极子

folded dipole antenna 折叠偶极天线

folded doublet antenna 折叠对称天线,折叠偶极天线

folded-fan 折成扇形的,扇形折合的

folded heater 折叠式灯丝

folded horn reflector antenna 折叠喇叭反射天线

folded laser beam 折叠激光束

folded light beam 折叠光束

folded plate 折板

folded plate roof 折板层顶

folded plate structure 折板结构

folded tandem 折叠式串列静电加速器

folder (1)断裂试验仪(材料试验用);(2)续缝机;(3)折叠纸板,文件夹,纸夹,折子;(4)折板机,折叠器,折叠机,折页机;(5)折叠式印刷件,折叠工

folding (1)折叠,扭叠;(2)褶皱[作用];(3)绉[丝];(4)揉;(5)弯曲,折皱,折页;(6){数}卷积,对合,函数的褶积;(7)可折叠的,轻便的

folding anchor 折爪锚

folding back 搪胶,翻胶

folding basin 折叠式洗脸台

folding beam 可折梁

folding bed 折叠床

folding board 罐托

folding boat 折叠船,橡皮船

folding box 折叠纸板箱

folding brake 折边机

folding bridge 开合桥

folding chair 折[叠]椅

folding concave four-bar linkage 折叠运动的凹形四连杆机构

folding concrete form 折叠式混凝土模板

folding conveyer belt (=FCB) 折叠传送带

folding door 折叠门,推拉门

folding edges 对楔

folding enduration 耐褶性,耐褶度

folding fin aircraft rocket (=FFAR) 折叠翼的机载火箭

folding fin rocket 折叠翼火箭

folding flat rack 端部可折叠板架(一种平板集装箱)

folding four-bar linkage 折叠式四连杆机构,折叠运动四连杆机构

folding four-link mechanism 折叠式四连杆机构,折叠运动四连杆机构

folding frequency 折叠频率,卷叠频率

folding gate 折叠式栅门

folding hatch-cover 折叠式舱口盖

folding lash plate 折叠式联结件(集装箱)

folding laundry cart 折叠式洗衣搬运车

folding lavatory 折叠式洗脸盆

folding machine (1)折布机;(2)折叠机,折叠器;(3)万能折弯机,折边机

folding measure 折尺

folding partition 折叠式板壁

folding pocket measure 折尺

folding rule 折尺

folding scale 折尺

folding seat 折叠椅,活动椅

folding staff 折叠式标尺

folding stair 活动楼梯,折叠梯

folding steps 翻转踏蹬

folding strength 抗折强度,耐折强度

folding table 折叠式台

folding test 折曲试验,折叠试验,弯折试验

folding type hatch-cover 折叠式舱口盖

folding wedges 松紧楔,双楔

folding wing 折叠翼

folding wing aeroplane 折叠飞机

folding-wing aircraft 折翼飞机

folding wing airplane 可折叠机翼飞机

FOLG (=Following) (1)跟随,沿行;(2)后面的,下列的

foliaceous 叶形的

foliate (1)层状的;(2)叶状的

foliated (1)层状的;(2)叶状的

foliated fracture 层状断口

foliation (1)片理,叶理,剥理;(2)成层,成片

folio (1)页码,页数,张数;(2)对开书,对开本,对开纸,对折纸;(3)文件套,文件夹;(4)单位字数

folio verso (=FV 或 fv) 见本页背面,在此页反面

folium 叶形线,叶线(数学)

follow (=FLW) (1)跟踪,跟随,追随,随动;(2)仿效;(3)遵循,继承,沿袭;(4)领会,理解

follow a definite pattern 遵循一定的模式
follow advice 采纳意见
follow after 力求达到, 力求取得, 跟随, 追求, 模仿
follow air compressor 随动空压机
follow an elliptical path 沿椭圆轨道旋转
follow block (1) [用于旋压的] 抵板; (2) 托块, 托板
follow board 模型托板, 托模板, 载模板, 载型板, 型板, 假箱
follow course 顺着航向
follow current 持续电流
follow die 系列压模
follow fixture 随行夹具
follow focus 跟镜头聚焦, 跟焦
follow focus viewer 跟焦寻像器
follow knowledge 求知识
follow mechanism 随动机构
follow-on
  (1) 改进型的, 下一代的, 继承的; (2) 改进的产品, 改进的方法
follow on 继续进行下去, 接下来
follow on current 持续电流
follow-on mission 持续飞行
follow on project 已完成的工程
follow out 把进行到底, 贯彻, 执行, 查明, 探究, 跟踪
follow rest (车床) 移动中心架, 随行扶架, 随行刀架, 随动刀架, 移动刀架, 跟刀架
follow scanner 跟踪扫描器
follow-scene 移动摄影
follow shot (=FS) 移动拍摄, 追踪摄影, 跟镜头
follow spot 跟踪聚光灯
follow spot light 追光灯
follow suit 照样办理, 照先例, 仿效, 仿照
follow the instruction 按照说明书
follow-the-pointer dial 指针重合式刻度盘
follow-though 跟随动作, 跟进动作
follow though 继续并完成某种动作, 使一直保持下去, 跟随动作, 跟进动作
follow-up (=FU) (1) 随动, 跟踪; (2) 硬反馈, 硬回授; (3) 伺服系统, 随动系统, 跟踪系统, 随动装置, 跟踪装置; (4) 继续下去; (5) 随后的, 随动的, 继续的
follow up 继续研究, 继续探索, 跟踪
follow-up actions 后续措施
follow-up amplifier (=FUA) 跟踪放大器, 随动放大器
follow-up attack 航空兵袭击, 后续突击
follow-up control 随动控制, 跟踪控制, 跟踪调节
follow-up control system 随动控制系统
follow-up device (1) 随动装置, 随动设备, 跟踪装置; (2) 随动系统
follow-up for anomaly 异常检查
follow-up gear 随动机构
follow-up letter 再次通知书, 预告书, 警告书
follow-up lever 随动杆
follow-up mechanism 从动机构, 随动机构, 跟踪装置, 随动系统, 跟踪系统, 伺服系统
follow-up mode 随动方式
follow-up motor 随动电动机
follow-up piston 随动活塞
follow-up point 随动指针
follow-up potentiometer 跟踪电位计, 跟踪分压器
follow-up pressure 自动加压, 恒压
follow-up pulley 从动皮带轮, 从动滑轮
follow-up seal coat 第二次封层
follow-up speed 随动速度
follow-up steering 随动舵
follow-up study 追踪研究, 随访
follow-up system 随动系统
follow-up type 随动形式, 跟踪型
follower (1) 从动齿轮, 被动齿轮; (2) 从动机构, 随动机构, 随行机构, 跟随器; (3) 随动件, 从动件, 可动板, 推杆, 挺杆; (4) 被动皮带轮, 从动皮带轮, 被动轮; (5) 跟踪接收机, 跟踪器; (6) 填料函盖, 衬板, 衬圈, 轴瓦, 轴衬; (7) 压圈, 凸缘; (8) 复制装置, 转发器, 重发器, 复示器, 复制器; (9) 输出器; (10) 替打垫桩, 送桩; (11) (合同等) 附页
follower arrangement 跟踪装置, 随动装置
follower crank 随动曲柄
follower eccentric 进行偏心轮, 从动偏心轮
follower force 从动力
follower gear 从动齿轮, 随动齿轮, 被动齿轮

follower lever 从动杆, 随动杆
follower pile 替打垫桩, 送桩
follower plate (1) 填料函压盖, 填料函压板, 随动板, 从动板; (2) 仿形圆盘, 随动机
follower pulley 从动皮带轮, 从动滑轮
follower rail 外侧导轨
follower rest (机床的) 随动刀架, 跟刀架
follower-ring 附环, 圆环
follower spring 随动弹簧
follower stop 从板座, 从盒挡
follower tracker 跟踪装置
follower wheel 从动齿轮
following (=FLWG) (1)跟踪(目标), 观测; (2)按规定路线运动, 跟随, 随动; (3)下述的, 下列的, 后面的, 下面的, 下文的, 以下的, 继续的, 其次的, 顺次的, 顺序的
following blacks (图像) 拖黑边
following distance 跟车距离, 车距
following edge 推进器后叶板, 后缘, 随边
following error 随动系统误差, 跟踪误差, 随动误差
following in range 远距离跟踪
following items not available (=FINA) 下列各项现在没有
following mechanism 随动机构, 随动装置
following on 继续进行的动作
following pages 以下各页
following pointer 随动指针
following pulley 从动滑轮
following range of synchronization 同步保持范围
following rest (1) 移动刀架, 跟刀架; (2) 随动扶架
following system 随动系统, 跟踪系统, 随动装置
following system amplifier 随动系统放大器
following tap 精加工用丝锥
following test (罗盘) 灵敏度检查
following whites (图像) 拖白边
following wind 顺风
follyer (英) 拉网渔船横杆帆
folo-thru drive 跟进式惯性驱动装置
FOM =Figure of Merit 优质因数
FOM =Flag of Ownership or Management 船旗或公司旗
fonctionelle (=functional) 汛函, 汛函数
font (1) 字体, 字型; (2) 活字, 铅印; (3) 字盘; (4) 浇铸; (5) 贮油器, 贮存器
font change character 字符变更记号, 字体改变符号
fontactoscope 水及空气放射力计
food chopper 食品切碎机
food elevator 食品升降机
food locker 食品柜
food mixer 食品搅拌机
food preparing machine 饲料加工机
food press 挤压漏斗
food processing 食品加工, 食品热杀毒
food product regulation 食品法规
fool-proof 绝对安全的, 极简单的
fool proof 防止错误 [操作] 的, 极安全的, 极简单的,
fool-proof verification 完善的核查
fool-proofness (1) 运行可靠; (2) 安全装置
foolproof (1) 安全装置; (2) 十分安全的, 十分坚固的, 有安全装置的, 非常安全的; (3) 极简单的
foolscap 大页纸 (13 1/2 X16 3/4 吋)
FOOR (=For One's Own Risks) 自负风险
foot (复feet) (1) 英尺, 呎; (2) 脚爪, 支点, 底脚, 底座; (3) 交点 (两条直线或直线与平面相交的交点); (4) 油脚, 漆脚 (桶底淤泥), 渣滓, 残渣
foot accelerator 脚踏加速器
foot bar 踏杆
foot block (1) 木柱承板, 垫块; (2) 顶尖座, 尾架, 尾座
foot board (1) 踏板, 脚蹬; (2) 上杆钉
foot board measure (=FBM) (1) 板英尺, 板尺; (2) 木材量度
foot boat 载人渡船
foot bolt 脚钮 (用脚踏开门的铜钮)
foot brake 脚踏制动器, 脚踏刹车, 脚 [踏] 闸
foot brake rod 脚踏制动杆
foot bridge 人行桥, 步桥
foot-candle (=FC) (1) 英尺烛光, 呎烛光; (2) 光距 (照度单位)
foot candle 英尺烛光, 呎烛光

foot-candle-meter 英尺烛光计, 照度计, 光强计
foot-candle meter 英尺烛光计, 照度计, 光强计
foot candle meter 英尺烛光计, 照度计, 光强计
foot clutch 脚踏离合器
foot control 脚控制
foot couple 末对
foot cut 橡下端切口
foot decelerator 脚踏减速器
foot drill 踏钻
foot-driven 脚踏传动的, 足驱动的
foot drop 脚踏播种机
foot-fishing 接轨夹板
foot grating 格子踏板, 踏脚格子, 格形铺板
foot head (=fthd) 以英尺表示的压头, 英尺压差
foot hold (1) 垫轴架, 轴承架; (2) 立足处, 踏板
foot iron 铁爬梯
foot irons 踏脚铁条, 铁踏步
foot-lambert 呎 - 朗伯 (亮度单位)
foot lathe 足踏车床
foot lever [脚] 踏杆
foot lever gear 脚踏杠杆装置, 脚踏杠杆机构
foot lever pressure 脚踏压力机
foot line 栏杆下横档, 下栏索
foot liner 底脚衬垫片, 金属垫片, 脚衬片
foot ling (舷板) 纵底板条
foot lining (帆) 下沿贴边
foot locks (跳板式搭板的) 横板
foot measure 英尺计算
foot-notation 脚标, 脚注
foot note (1) 页底附注, 脚注; (2) 加附注
foot of a perpendicular {数} 垂足
foot of foundation 基础底座, 基脚
foot of perpendicular {数} 垂足
foot of pile 桩尖
foot of slope 坡脚
foot of the optical axis [像片] 光轴点
foot oil 脚子油, 油脚子
foot-operated 脚踏 [操作] 的
foot operated air pump 脚踏打气筒
foot operated potato cutter 脚踏式马铃薯种切块机
foot-out-haul 帆下脚索
foot path 人行道, 小路
foot path platform 行人桥, 天桥
foot pawl 下棘轮掣子
foot pedal 踏脚板
foot-piece 支架底梁
foot pin 尺垫, 脚钉, 地钉
foot plank 桥面步行板
foot-plate 踏板
foot plate 踏板, 脚板, 脚盘, 柱垫
foot point [垂线的] 垂足
foot-pound (=FP) 英尺 - 磅, 呎磅
foot-pound-second (=fps) 英尺磅秒单位, 呎 - 磅 - 秒
foot-pound-second electrostatic system of units (=fpse) 英尺磅秒静电单位
foot pound second system 英尺 / 磅 / 秒单位制
foot-poundal 呎磅达 (磅达为力的单位, 呎磅达为功的单位)
foot power ham mold press 脚踏式火腿模压机
foot print (1) 踪迹, 脚印; (2) 轨迹; (3) (轮胎等) 接触面
foot pump (1) 脚定位手架; (2) 脚踏泵
foot push 脚踏按钮, 脚踏开关
foot push screw 底脚螺钉
foot push valve (吸入管路的或湿空气泵的) 底部止回阀
foot-rail (= flanged rail = flat-bottomed rail) 凸缘轨, 平底轨
foot rail (1) 止滑围栏, 防滑脚铁; (2) 船尾线脚
foot rest 脚踏板, 搁脚板, 脚架
foot-rope 帆的下缘索, 踏脚索, 脚缆
foot rope 底帆边索, 踏脚索
foot rope knot 握索结
foot rule 英制尺 (一英尺长的尺)
foot screw 底脚调整螺钉, 地脚螺栓, 地脚螺杆, 底脚螺钉
foot-second 英尺 / 秒
foot section 尾部
foot shaped loop 足形套

foot spar (舢板上) 脚蹬
foot stall 柱基, 柱墩, 基脚
foot step (1) 脚登; (2) 梯级; (3) 立轴承
foot-stick 铅版底部的紧板楔, 版底规矩
foot stock (1) (机床) 尾座, 尾架; (2) 顶座
foot stock lever 踏杆
foot stone 基石
foot stool 脚凳
foot-switch 脚踏开关
foot switch 足踏开关, 脚踏开关
foot tank 残渣桶
foot-ton 英尺 / 吨 (功单位)
foot thresher 足踏脱粒机
foot-treadle 脚踏板
foot up 总计
foot valve (=FV 或 FTV) 底部止回阀, 背压阀, 脚踏阀, 管底阀, 底阀, 脚阀
foot wale 舷板加强底板
foot waling 垫板
foot waling (舱底、舱壁的) 衬板, 内衬
foot walk 人行道
foot wall 底壁
foot-warmer 暖足器
foot wear 防护鞋
foot wear machine 织袜机
footage (1) 长度 (呎), 呎码, (2) 面积 (平方呎); (3) (钻井) 进尺 [量]
footage counter (磁带) 长度计数器, 尺码计数器
footblower 脚踏风箱
footboard (1) 踏板, 脚踏板, (2) 台阶, 踏步; (3) 驾驶台; (4) 上杆钉
footbrake 脚踏制动器, 脚闸
footbridge 人行桥, 天桥
footcandle 英尺烛光 (照度单位)
footcandle meter 英尺烛光照度计
footdrill 脚钻
footed pile 盘脚桩, 扩底桩
footer (1) 长为英尺的船; (2) 滚木球垫; (3) 脚注; (4) 警音器, 警笛
footfeed 加油踏板
footgrip 防滑条
foothold (1) 支柱, 支架, 支点; (2) 立足点
footing (=FTG) 底座, 基座, 底脚, 基脚
footing beam (1) 屋架梁; (2) 地基梁
footing block 垫块
footing course 垫层, 基层
footing foundation 底座基础, 底脚基础
footing load 基础荷载, 底脚荷重
footing stone 基石
footlambert 英尺 - 朗伯 (光亮度单位)
footlathe 脚踏车床
footless 无支撑的, 无基础的
footlight 脚灯, 脚光
footline (1) 栏杆下横档, 下栏索; (2) 空白末行; (3) 底线
footling 固定纵向垫板条
footlock (1) 踏板, 脚蹬; (2) 甲板舷侧拦板
footlog 独木桥
footmark (1) 足迹, 脚印; (2) 宇宙飞船的预定着陆点
footmaker 底座制造工
footmanship 徒步行走的速度
footnote (=FN) 脚注
footpace (1) 步行速度; (2) 升高平台, 楼梯平台
footpad 支架脚垫, 垫簧式支脚
footpath (1) 踏板, 梯子; (2) 人行窄道
footpick 脚踏镐
footplate 脚板, 踏板
footprint (1) 足迹, 轨迹; (2) 卫星天线波束射到地面的覆盖区, 宇宙飞船的预定着陆点
footrail (1) 家具支撑横档; (2) 船尾缘材
footrest 脚板
footrope (1) 脚索; (2) 帆底边索
footrule 英制尺
foots 油脚
foots oil 渣滓油, 油脚
footstalk 轴柄
footstep (1) 脚踏板, 脚蹬; (2) 轴承架, 支座; (3) 台阶, 梯级; (4) 止推轴承; (5) 一步长度, 脚步

footstep bearing　托杯轴承, 立轴承
footstep pivot　球面枢轴
footstock　分度头支座, 后顶尖座, 后顶针座, 定心座, 顶座, 尾座, 尾架
footstock lever　踏杆
footstool　(1) 搁脚的矮凳；(2) 轻便的阶梯
footwalk　人行道
footwall　下盘, 下帮, 底板
footwell　(司机座位前的) 脚档
footway　步行小道, 人行道
footwear　鞋, 靴
footwork　脚步控制
foozle　(1) 错误, 误差, 差错；(2) 废品
FOP (=Forepeak)　首尖舱
FOQ (=Free on Quay)　码头交货价格
FOR (=Floating Oil Retriever)　浮油回收船
FOR (=Free on Rail)　火车上交货
FOR (=Frequency of Radio)　无线电频率
FOR (=Frequency Outage Report)　频率故障报告
for　(1) 因为；(2) 为了, 用于, 代替, 顶替, 作为, 供；(3) 循环
for a little　(1) 短距离地；(2) 不久
for a space　暂时, 片刻
for-all structure　(流水线计算机的) 全操作机构
for a time　一个时期, 暂时
for a while　暂时, 片刻
for all　尽管, 虽然
for all practical purposes　实际上
for all that　尽管如此, 虽然如此
for all the world　无论如何, 从各方面, 完全
for and during the service　在运输期间
for and on my behalf　代表我
for another thing　其二, 二则
for cash (=FC)　付现金
for certain　确定地, 的确
for clause　循环语句
for engineering information (=FEI)　供工程参考
for ever　永远
for example (=fe)　例如
for fear of　担心
for further details see the relevant section of this specification　对于详细说明请参阅本规格书相关内容
for good　永远地
for good and all　一劳永逸地, 永久地
for information only　仅供参考
for instance (=FI)　例如
for lack of　因缺乏, 因无
for long　长久
for-loop　{计} 循环
for most purposes　在大多数用途上
for nothing　无故地, 白白地
for official use only (=FOUO)　只用于公事
for one　作为其中之一, 例如, 至少
for one thing　其一, 一则
for one's own risks　自负风险
for or on behalf　代表
for our information (=FOI)　供我们参考
for reasons given　据上述理由
for reference　供参考
for sale　出售, 待售
for some purposes　在某些场合
for statement　循环语句
for the common good　为共同利益
for the common safety　为共同安全
for the greater part　在很大程度上, 大部分, 大概, 多半
for the last time　最后一次
for the matter of that　关于那一点
for the moment　目前, 现在, 暂且
for the most part　在很大程度上, 大部分, 大概, 多半
for the present　目前, 暂时
for the second time　第二次
for the time being　当时, 目前, 暂时
for that matter　关于那一点
for thei own account　为其自身利益
for your attention (=FYA)　请你注意
for your file (=FYF)　供存档

for your guidance (=FYG)　供你参考, 供参考
for your information (=FYI)　供你方参考
for your information and guidance (=FYIG)　望参照执行
for your private guidance (=FYPG)　仅供你本人参考
for your reference (=FYR)　供你方参考, 供您参考
fora (单 forum)　讨论会, 讲座, 论坛
forage clipper　饲料联合收获机
forage harvester　饲料收获机
forasmuch as　由于, 鉴于, 因为
forbay　压力箱
forbid　(1) 不许, 阻止；(2) 禁止；(3) 禁令
forbidden　禁止的
forbidden band　禁带
forbidden code　非法代码, 禁用代码
forbidden combination　非法组合, 禁用组合
forbidden-combination check　非法组合校验, 禁用组合校验
forbidden combination check　非法组合校验
forbidden digit　禁止组合数码, 不合法数码, 禁用字符, 禁用数字, 禁用数码, 禁用数位
forbidden gap　禁隙
forbidden line　禁线
forbidden region　禁区, 禁带
forbidden resonator region　共振器禁区
forbidden signs (=FS)　禁令标志
forbidden spectrum　禁 [戒] 谱
forbidden transition　禁带跃迁, 禁戒跃迁, 禁区跃迁, 禁止跃迁
forbidden zone　禁带, 禁区
forbidden zone of speed　速度禁区
forbiddenness　禁戒性
forbiddenness factor　禁戒因数
forbiddenness of a transition　跃迁禁戒
forbidding a vessel or an installation from leaving the harbor (=FVILH)　禁止离港
forby　(1) 除……之外, 此外；(2) 不同寻常的, 极好的
force (=F)　(1) 压力, 力量, 力, 势；(2) 强度；(3) 强制, 强化, 加强, 加速；(4) 加力, 加载, 强迫, 强逼, 强制；(5) 军队, 兵力, 武力；(5) {计} 人工转移, 强行置码
force-account　计工的
force account　(1) 临时工开支；(2) 临时工, 计时工
force balance　力平衡
force balance transducer　力平衡发送器
force balanced potentiometer　力平衡式电位计
force bearing ring　承力环
force cell　测力传感器
force-circulation　压力循环, 压力环流
force-closed constraint　力系隔离约束, 力系封闭约束
force closure　力的隔离, 力的封闭系统
force component　分力, 力的分量
force current analogy　力电流模拟
force de cheval　(法语) 公制马力
force-deflection characteristic　负荷 - 挠度特性曲线
force diagram　受力图, 载荷图, 力线图, 力图
force equilibrium　力平衡
force factor　[加] 力因数
force fan　强压通风机, 强力风扇, 鼓风机
force-feed　压力润滑, 给油润滑
force feed　(1) 强力进给, 压力进给；(2) 压力润滑法
force feed forced lubrication　压力润滑
force feed lubrication　压 [力供] 油润滑, 压力润滑
force-feed lubrication system　压力 [供油] 润滑系统
force feed lubrication system　压力润滑系统
force-feed lubricator　压油润滑器, 压力润滑器
force feed lubricator　压力润滑器
force feed main　增压输送管路
force feed nonsplash lubrication　加压不溅润滑
force feed oiling　压力供油法
force-field　力场
force field　(1) 力场；(2) 矢量场
force-free　未受力作用的, 没有作用力的
force function　力函数
force fit　(1) 压 [进] 配合, 压入配合, 强力配合；(2) 压力装配
force gage　测力计, 测功器
force-in air　强制鼓风
force indicator　功率计, 测力计

force lift　压力泵，压送泵
force lift pump　增压泵
force-limiting device　限力装置
force main　压力干管，压力总管
force majeure (=FM)　(法语)不可抗力
force majeure clause　不可抗力条款
force majeure provision　不可抗力规定
force moment　力矩
force motor　执行电动机，力马达
force network　军用通信网
force of attraction　引力
force of buoyancy　浮力
force of compression　压缩力
force of cut　切削力
force of friction　摩擦力
force of gravity　重力
force of inertia　惯性力
force of restitution　回复力，恢复力
force of sliding friction　滑动摩擦力
force of support　支承压力，支承的反[作用]力，支座反力
force of wind　风力
force parallelogram　力平行四边形
force piston　模塞，阳模
force plane　粗刨
force plate　阳模托板
force plug　模塞，阳模
force plunger　模塞，阳模
force plunger die　压模
force polygon　力[的]多边形
force-pump　压力泵
force pump　压力[水]泵，压送泵，增压泵，循环泵
force quenching　压力淬火
force ratio　力比
force-ratio bar　放大器传力手杆
force relation(ship)　力的关系
force reserve　储备力
force resultant　力的合成，合力
force tongs　火钳
force transducer　测力传感器
force transmitter　(1)传力装置；(2)力的传感器
force triangle　力三角形
force vector　力矢量，力向量
force ventilated　强制通风的，机械通风的
forced　(1)强制的，强迫的；(2)加压的，增压的
forced-air blast　鼓风
forced air circulation　强制空气循环
forced-air cooled　强制风冷的，通风冷却的
forced air-cooled　强制循环空气冷却
forced air-cooled tube　强制空冷管
forced-air cooling　强制风冷，通风冷却
forced air cooling　强制空气冷却，强力通风冷却，吹风冷却，强迫气冷，强迫风冷
forced air drying　鼓风干燥
forced air heating　暖风供暖
forced air supply　压力供气，人工通风
forced airblast　喷气式鼓风
forced-circulation　强制循环，压力循环
forced circulation　强制循环，压力循环
forced circulation boiler　强制循环锅炉
forced circulation evaporator　强制循环蒸发器
forced circulation pump　强制循环泵
forced circulation steam generator　强制循环蒸汽锅炉
forced circulation system　强制循环系统
forced-coding　最佳编码
forced coding　最佳编码
forced combustion boiler　增压燃烧锅炉
forced commutation　强制换向
forced component　强制分量
forced convection (=FC)　强制对流
forced convection air cooler　强制对流空气冷却器
forced convection cooling　强制对流冷却
forced convection heat transfer　强迫对流换热，强制对流传热
forced cooling　强制冷却
forced discharge　强迫卸货

forced discharging　强行卸货
forced display　强制显示
forced-draft　压力送风，压力通风
forced draft (=FD)　(1)强制通风，强力通风，压力通风；(2)加压气流，压力气流
forced draft air cooler　强制通风空气冷却器
forced draft air system　强制通风系统
forced draft blower　强压通风机，压力通风机
forced draft boiler　强压通风锅炉
forced draft condenser　强制通风式冷凝器
forced draft cooling　强制通风冷却
forced draft duct　强制通风道
forced draft fan　压力通风风扇，强压通风机，压力通风机，压力送风机，鼓风机，送风机
forced draft front　强制通风炉口
forced draft kiln　强制循环干燥窑
forced draft regulator　强制通风调节器
forced draught　压力通风，强制通风，加压气流
forced draught air cooler　强制通风空气冷却器
forced draught blower (=FDB)　强力通风机，压力通风机
forced draught boiler　强压通风锅炉
forced draught condenser　强制通风式冷凝器
forced draught cooling　强制通风冷却
forced draught cooling tower
forced draught duct　强制通风道
forced draught fan　压力通风风扇，强压通风机，压力通风机，压力抽风机，压力送风机，鼓风机，送风机
forced draught front　强制通风炉口
forced draught furnace　压力通风炉
forced draught regulator　强制通风调节器
forced excitation　强制励磁
forced exhaust　强制排气
forced fan　鼓风机，压力送风机
forced-fed　强行馈给的
forced feed　强制进给，强制进料，压力加料，压力供给
forced feed lubrication　强制润滑，压力润滑
forced feed lubrication system　压力润滑系统
forced feed lubricator　压力润滑系统
forced field　力场
forced fit　压配合，压入配合，强力配合
forced flow boiler　强制循环锅炉，压力循环锅炉
forced-flow electrodesalination (=FFED)　强流电渗析淡化法
forced flowmeter　压力型流量表
forced frequency　强迫振动频率，受迫振荡频率
forced fuel feed　强制式加燃料，压力燃料供给，压力给油，压力加油
forced hot-water heating　压力式热水供暖
forced ignition　强制点火
forced induction engine　增压式发动机
forced landing　强行登陆，迫降
forced lubricating system　压力润滑系统
forced lubrication　(1)强制润滑作用，强制润滑作用；(2)压入[式]润滑，强制润滑
forced lubrication pump　压力润滑泵
forced lubricator　压力润滑注油器，压力润滑器
forced magnetization conditions　(磁放大器)拘束磁化条件
forced maneuver　强制操纵
forced method　力法
forced mixer　强制式搅拌机
forced motion　强迫运动，强制振动，受迫运动
forced-oil　油浸式的
forced oil cooled　强制循环油冷却的
forced-oil forced-air cool　油浸冷风冷[式的]
forced oil lubrication　压油润滑
forced oscillation　受迫振动，受迫振荡，强制振动，强迫摆动，强迫振荡
forced outage　强迫停机
forced outage rate　被迫停机率
forced pipe　压力水管
forced pitching　强制纵摇
forced polygon　力多边形
forced power transmission　强行送电
forced process　强制过程
forced reversing　强迫换向
forced roll　强制横摇
forced sale　强制出售

forced shift　(自动变速器)油门全开换档
forced state　强制状态,受迫状态
forced steel　锻钢
forced stoppage　强制停车,阻塞
forced stroke　工作冲程,工作行程
forced surface　受力表面
forced synchronization　强迫同步,强制同步
forced synchronizing clutch　强制同步离合器
forced synchronizing method　强制同步法
forced through ventilation　强制通风
forced torsional oscillation with damping　带缓冲装置的强迫扭振
forced torsional vibration with damping　带缓冲装置的强迫扭振
forced ventilated motor　强制通风式电动机
forced ventilation　机械通风,强迫通风,强制通风
forced vibration　受迫振动,强迫振动,强迫摆动,迫振
forced vibration frequency　强迫振动频率
forced vortex motion　强迫涡流运动
forced water cooling　强制水冷
forced yawing test　强迫首摇试验
forceful　强有力的
forceful arc　强电弧,硬电弧
forcement　施加力的作用
forcemeter　测力计
forceps　(1)镊子,钳子,尾镊;(2)焊钳,锡焊钳
forceps-blade　钳叶
forcer　(1)冲头;(2)小型手泵,小压力泵;(3)(泵或压缩机的)活塞;(4)螺杆压榨机
forcible　强制的,有力的,用力的
forcing　(1)施加压力,强迫供给,压力输送,强制,强迫,压送,输送;(2)施加压力的,强制的,强迫的
forcing fit　(1)压入配合;(2)压力装配
forcing frequency　强迫振动频率,扰动力频率
forcing function　强加函数,外力函数,扰动函数
forcing house　强化温室
forcing method　力迫法
forcing of oil　润滑油的加压
forcing pipe　压力管,加压管
forcing point lock plunger　转撒锁闭器
forcing pump　压力水泵
forcing screw　(拆卸工件的)顶出螺钉,紧固螺钉,加压螺钉,压紧螺钉,止动螺钉
forcing valve　压出阀
forcip-　镊子,钳子
forcipate　钳形的
forcipiform　镊形的
forcipressure　钳压法
forcite　煞特,斯炸药
FORD (=Forward)　(1)前方,正向;(2)向前;(3)船首部分
Ford I　(英)"福特 I"侦察装甲汽车
Ford-O-matic transmission　福特自动变速器(有三个前进挡的液力自动变扭器)
fordability　(1)可通过性,可渡过性;(2)可扬性
Fordmatic　(有三级前进挡,一级后退挡的)特变速器
fore　(1)前面的,在前的,先前的,先时的;(2)在前面,在前部;(3)在船头,在船首
fore-　(词头)先,前,预
fore anchor　船首锚,头锚
fore-and-aft　(1)从船首到船尾,,从机头到机尾;(2)纵向的
fore and aft　(船)首尾向,首尾线
fore and aft attitude　俯仰姿态,俯仰角
fore and aft beam　纵梁,纵桁
fore-and-aft bridge　前后电桥
fore and aft bulkhead　纵舱壁
fore-and-aft clearance　前后间隙,纵向间隙
fore and aft correctors　纵向校正磁棒
fore and aft diaphragm　纵向隔板
fore and aft distance　纵向距离
fore and aft drift　纵向流程,纵移
fore and aft force　(沿船体)纵向力
fore and aft hatch coaming　舱口边围板
fore and aft inclinometer　纵倾仪
fore and aft line　(船体)首尾线,纵中剖线
fore and aft magnet　(罗经)纵向自差校正磁铁
fore and aft moorings　(船)首尾系泊

fore and aft motion　纵向操纵装置
fore and aft movement　前后移动
fore and aft movement indicator　(转子)轴向定位移指示器
fore and aft plane　纵向平面
fore and aft rigged vessel　纵帆船
fore and aft runner　纵材,纵骨
fore and aft shift　纵向水平移动
fore and aft stay　前后支索
fore and aft stowage　前后装载,首尾装载
fore and aft stream current　沿船体纵向流
fore and aft tilt　偏角
fore and aft trim　前后平衡调整
fore and after　(1)纵帆船;(2)舱口盖纵梁,舱口纵桁
fore and after rig　纵帆帆装
fore and after sail　纵帆
fore arm connection　(1)前支架连接;(2)(扩散泵)出口连接
fore axle　前[轮]轴,前桥
fore back spring　前倒缆
fore bay　(1)(船闸)上游河段,上游水域,前池;(2)前舱
fore bay elevation　(船闸)上游水位,上游水位高程
fore beak　(船)前尖嘴
fore beam　(1)前座板;(2)前声束
fore bearing　前轴承
fore-blow　(1)预吹;(2)前吹期
fore-body　(1)船首;(2)前车体;(3)机身前部;(4)弹体前部
fore body　(船体)前半部,前体
fore body entrance　进流段,前中体
fore body length　前体长度
fore body volume　前体排水容积
fore body waterplane area　船首水线面积
fore body waterplane coefficient　前体水线面面积系数
fore-bowline　前桅帆张帆索
fore-brace　前桅转桁索
fore breast　前横缆
fore breast line　前横缆
fore bridge　船首驾驶台,前驾驶台
fore bridge register　前驾驶台计程仪指示器
fore cabin　前客舱
fore castlehead　船首楼尖
fore chamber　预热室,前室
fore close　(1)阻止,排除;(2)(问题)预先加以解决
fore cooler　预冷器
fore cooling room　预冷室
fore-course　前桅主帆
fore course　前桅主横帆
fore dated　预先填上日期的
fore deadwood　呆木
fore-deck　前甲板
fore draft　[船]首吃水
fore draft figures　船首水尺
fore-drag　物体头部阻力,物体前部阻力,前部阻力,头锥阻力
fore draught　船首吃水
fore draught figures　船首水尺
fore eccentric　前进凸轮,顺车凸轮
fore-edge　(1)书页的缘,书的外边;(2)前缘
fore edge　前切口
fore-end　前端,前部
fore foot　(1)前腿,前脚(船首柱底部);(2)龙骨前端部(船首与龙骨交会部)
fore foot casting　前蹄铸件
fore foot knee　前脚肘
fore foot plate　(联结龙骨与首柱的)首柱脚板,前脚板
fore front　最前面,最前线,最前列
fore funnel　前烟囱
fore gaff　前桅斜桁
fore-gear　前桅卷帆索
fore-guy　前支索,前稳索
fore guy　前稳索
fore hatch　前舱[口]
fore head　前舱
fore head spring　前倒缆
fore hold　前货舱,首舱,前舱
fore hook　尖蹼板
fore hull section　船体前段
fore know　预先知道,预知

fore knowledge　先见之明,预知

fore line　前级管道

fore lock　开尾销,扁销,楔,键,栓

fore lock bolt　开口销,锚杆销,键,楔,栓

fore lock pin　锚杆销,开口销,开尾销,楔,键,栓

fore notice　预先警告,预告

fore nozzle　(气垫船)首喷口,前喷口

fore panel　首端盖板

fore perpendicular (=FP)　首垂线

fore plating　首部包板

fore pole　挡土桩

fore poppet　前垫架,首垫架

fore pump　预抽真空泵,前置泵,前级泵

fore rake　(船首)前倾

fore-rigging　前桅索具

fore-royal　前桅顶帆

fore royal back stay　前顶桅后支索

fore royal mastcap　前顶桅桅箍

fore-run　初馏物

fore-runner　(1)象征,征兆,预兆;(2)先头波

fore sail　前桅帆

fore seal　(气垫船)首密封装置

fore see　预见

fore seeable　可预见的

fore shaft　箭杆前段,锁口

fore sheet　(1)前桅帆脚索;(2)艇首坐板

fore-shift　早班

fore ship　首部船体

fore shore　(1)海岸,前滩,(2)(船舶下水时的)前撑柱

fore show　预示,预告

fore sight　(1)预见,(2)(测量)前视,向前看

fore sight bed　准星座

fore-skysail　前桅天帆

fore-spreading　头道延展

fore spring　前倒缆

fore staff　(旧式)十字测天仪

fore stay　(船的)前桅支索

fore steaming light　前桅灯

fore-tackle　前桅滑车组

fore tackle pendant　前桅滑车索

fore tank　首舱

fore tell　预言,预示,预见

fore thought　事先考虑,预谋

fore top　前桅平台,前桅楼

fore top brace　前中桅横桁转桁索

fore-topmast　前中桅

fore-topsail　前桅中帆

fore turn　(绳索)前面绕圈

fore vacuum　预真空

fore vacuum pump　前级真空泵

fore warmer　预热器

fore warmer tank　预热槽

fore warn　预先警告

forearm　(1)前臂;(2)使预作准备,预先武装,警备

forebay　(1)前底板,前机架;(2)前舱室

forebitt　前系柱

foreblow　(1)前吹风;(2)预鼓风,预吹

foreblow hole　预鼓风风口

foreboard　前甲板

forebode　预兆,预示,预感,预言

forebody　(1)前体;(2)机身前部,弹体前部,船体前部,前机身,机身

foreboom　前桅张帆杆

forebridge　桥楼,船首

forecabin　前[部般]舱

forecarriage　(1)(汽车的)前座;(2)前[导]轮架

forecast　预测,预报,预料,预见,预定,

forecast center (=FC)　天气预报中心,气象中心

forecast demand　预估需求

forecast error　预估错误

forecaster　预报员

forecasting　预报

forecasting by mathematical statistics　数理统计预报方法

forecasting center　预报中心

forecasting technique　预报技术,预报方法

forecastle (=FOCASTLE)　船首楼甲板,舰首楼,前甲板,水手舱

forecastle and quarterdeck winding　(消磁)航向水平绕组

forecastle awning　首楼天篷

forecastle break bulkhead　船首楼后端舱壁

forecastle card　艏楼布置图

forecastle deck (=FOCLDK)　船首楼甲板

forecastle deck accommodation　艏楼甲板居住舱

forecastle erection　首楼安装

forecastle head　船头甲板

forecastle ladder　首楼梯

forecastle port (=FCP)　船首楼左边

forecastle port locker　船首楼左边房间

forecastle rail　首楼栏杆

forecastle side plate　船首楼舷侧外板

forecastle space　首楼舱

forecastle starboard (=FCS)　船首楼右边

forecastle starboard locker　船首楼右边房间

forecastle structure　首楼结构

forecastle superstructure　首楼上层建筑,首楼

forechains　前索条

foreclose　阻止,妨碍,排除,排斥,取消

foreclosure　阻止,妨碍,排除,结束,闭塞

forecooler　预冷器

forecooling　预冷却

foredate　预先填上日期,倒填日期

foredeck　前甲板

foredeck hand　前甲板船员

foredoom　注定要失败的

foredoor　前门

foreface　前面

forefan　前风扇

forefeel　预感

forefend　避开,保护,禁止

forefield　(1)生产工作面;(2)超前工作面

forefinger　食指

forefoot　前踵船首柱脚

forefront　最前部位,最前面,最前方

foregate　主要入口,前大门

foregirt　帆角索支索,帆脚索

forego　(1)在前,居先;(2)前行,先行;(2)放弃,摒弃

foregoer　先行者,带头人

foregoing　前面的,以上的,前述的,上述的,先行的

foregoing statement　前面所述,上面所述

foregone conclusion　必然结果,意料结果

foregrinding　预先磨碎,预先碾碎

foreground　(1)前景;(2)最显著地位;(3)前台

foreground picture　前景图

foreground processing　前台处理,最先处理

foreground routine　优先程序

foreground scheduler　前台调度程序,最先安排

foregrounding　{计}前台设置

forehammer　手用大锤,大榔头

forehand　(1)拉紧[索具],手挡(用手牵住动力绳,使滑车缓慢停下);(2)预先工作的,预防的,前面的,为首的

forehand welding　正手焊[法],前进焊,向前焊

forehatch　前舱口

forehead　(1)超前工作面;(2)工作面前壁,前部

forehearth　(1)贮铁水炉,前炉床,前炉室;(2)预热[器]室,炉前室,炉前床,前炉

foreheater　预热锅,前热器

forehold　前舱

forehoods　船首端外板

forehook　船首水平衬板

forehorse　前桅踏脚索,前驶帆门门形架

foreign　外国的,外来的,对外的,舶来的,异质的

foreign affairs　外交,外事

foreign affiliates　外国子公司

foreign agents　国外代理人

foreign arbitral award　外国仲裁裁决

foreign atom　外来的原子,杂质原子

foreign balance schedule　国际均衡曲线

foreign bill of exchange (=FBE)　国外汇票,外汇单

foreign bodies　异物,杂质

foreign body　外来物,杂质,异物

foreign-body locator　异物探测器
foreign capital　外国资本, 外资
foreign car　路外车
foreign certificate　外籍证书
foreign certificate of competency　外籍适任证书
foreign commerce　对外贸易, 外贸
foreign commercial policy　对外贸易政策
foreign company (=FC)　外国公司
foreign crew　外籍船员
foreign crystal　异种晶体
foreign currencies declaration　外币申报单
foreign currency (=FC)　(1) 外币; (2) 外汇
foreign currency account　存在国外的外币账户
foreign currency bills payable (=FCBP)　外币付款票据
foreign currency conversion rate　外币兑换折合率
foreign currency exchange (=FCE)　外币兑换
foreign current　外界干扰电流
foreign exchange　国际汇兑, 外汇
foreign exchange account　外汇账
foreign exchange bank　外汇银行
foreign exchange certificate　外汇兑换券
foreign exchange control　外汇管制
foreign exchange crisis　外汇危机
foreign exchange equalization account　外汇平衡账户
foreign exchange management and control form　外汇核销单
foreign exchange market　外汇市场
foreign exchange rate　(1) 外汇牌价; (2) 外汇汇率
foreign exchange reserve　外汇储备
foreign exchange risk　外汇风险
foreign exchange settlement system　结汇制
foreign field　外磁场
foreign flag ship　悬挂外旗船舶
foreign flag vessel　悬挂外国旗船
foreign freight agent　国外货运代理人 (或代理商)
foreign frequency　强迫振荡频率
foreign general agent　国外总代理人
foreign going　国际航行, 远洋航行
foreign going course　远洋航路
foreign going ship　国际航行船
foreign going vessel　国际航行船, 国外航行船
foreign grants　外国补助金, 外国援款
foreign holdings　外币存款
foreign legal person　外国法人
foreign material　掺和物, 异物, 杂质, 杂物
foreign matter　外来物质, 夹杂物, 杂质, 异物
foreign metal impurity　金属杂质
foreign navigation　国际航行, 国外航行
foreign object damage　异物引起的损坏
foreign owed company　外国公司
foreign particles　杂质颗粒
foreign personal holding company　外国私人控股公司
foreign port　外国港口
foreign quarantine regulation　进口检疫规章
foreign related element　涉外因素
foreign related insurance　涉外保险
foreign seafarer　外籍海员
foreign seaman　外籍船员
foreign ship (=FS)　外国船舶
foreign shipment　路外货运
foreign shipowner　外国船东
foreign short term assets　国外短期资产
foreign short term claims　国外短期债权
foreign substance　外来物, 杂质, 异物
foreign trade　对外贸易, 国际贸易, 外贸
foreign trade arbitration commission (=FTAC)　对外贸易仲裁委员会
foreign trade containerization　国际贸易集装箱化
foreign trade policy　对外贸易政策
foreign trade port　外贸港口
foreign trade zone (=FTZ)　自由贸易区, 自由港
foreign trading advice of shipment　装船通知
foreign version　外文译本
foreign vessel (=FRN)　外轮
foreign voyage　国际航次, 国际航程
foreign water　舷外水

forejudge　预断
foreknowledge　预知, 预示, 先知, 先见
foreland　(1) 海角, 岬; (2) 前沿, 前滩, 前岸
foreleg　前腿
forelift　前桅帆桁吊索
foreline　前级管道, 预抽管道
forelock　(1) 开口销, 锁销; (2) 扁销; (3) 键, 栓, 楔
forelock hook　铰并钩
forelock key　开口键
foreman (=fman)　(1) 装卸长, 领班, 工长, 队长; (2) 技术员
foremarker　机场远距信标
foremast　头桅, 前桅
foremast deck　船首上甲板, 锚甲板
foremast head light　前桅灯
foremast light　前桅灯
foremast truck　前桅桅帽
foremost　在最前面的, 最前的, 船首的
foremost deck　船首上甲板, 锚甲板
foremost part of ship　船舶首部
foremost portion　最前部分
forend (= fore-end = forearm)　前托, 前臂
forenoon watch　午前班, 上午班
Forenvar　一种乙烯树脂
foreordination　预定性质, 预定状态
forepale　(1) 板桩支架, 插板支架; (2) 板桩支架支护, 插板支护; (3) 超前伸梁
forepart　(1) 船头部, 前部; (2) 前面; (3) (时间的) 前段
forepart construction　船首结构
forepawl　前爪
forepeak (=FP)　[船] 首尖舱, 前尖舱
forepeak bulkhead　首尖舱舱壁, 首尖舱隔堵, 防撞舱壁, 防撞隔堵
forepeak pump　首尖舱泵
forepeak tank　船头存水舱, 前尖舱, 首尖舱
forepeak water tank　首尖水舱
forepiece　前部件
foreplane　(1) 前缘舵, 前舵; (2) 粗刨
foreplate　轧机下轧辊导卫板, 前板
forepole　超前伸梁, 插板
forepoling　(1) 超前支护, 前部支撑; (2) 插板, 矢板
forepressure gauge　前级真空规, 前级真空计
forepump　(1) 前级泵, 前置泵; (2) 预抽真空泵, 前置真空泵, 初压真空泵
forepump system　前级抽气系统
forequarter　前部
forerake　(船舶) 前倾
forerun　(1) 预报, 预示; (2) 初馏物
forerunner　(1) 预兆, 先兆; (2) 前驱波
forerunning　初馏
forescatter　前向散射, 向前散射
forescattered　向前散射的
forescattering　向前散射
foreseeability　预见性
foreseer　先知者, 先见者
foreset　(1) 临时支护; (2) 工作面支架, 顶柱
foreshadow　前兆, 预兆, 预示
foreshadowing　预测, 预兆
foreshaft　(1) 上部井筒; (2) 箭杆前段
foresheet　(1) 前桅帆脚索; (2) (复) 敞艇的前部
foreshortening　(1) 缩短 [投影], 视像收缩; (2) 透视的夸大
foreshot　前馏份
foreside　前沿, 前部
foresight　前视 (测量)
forest product carrier　木材运输船
forestair　露天楼梯
forestall　(1) 事先采取措施以防止, 预防; (2) 先下手
forestay　前桅前支索
forestaysail　前桅前支索帆
forestick　档木
foretack　前下角索
foretaste　预兆, 征兆
forethought　(1) 预想; (2) 考虑
foretop　前中桅平台
foretopman　前桅哨
foretruck　前桅冠

foreturn　前绕匝

forevacuum　预[抽]真空,前级真空,低真空

forewarmer　预热器

forewarn　预先警告

foreyard　前桅下帆桁

forfeit　(1)(权利等)丧失;(2)被处罚,没收;(3)罚金,罚款;(4)没收物

forfeiture　(1)没收,罚金;(2)(契约)失效

forfend　避开,保护,禁止

forficate (=forficatate)　剪刀形的

forge　(1)锻造;(2)锻工场,锻工车间,熟铁车间;(3)锻造炉,锻铁炉,锻炉

forge bellows　锻炉风箱

forge coal　锻煤

forge crack　锻造裂纹

forge crane　锻造起重机

forge-delay time　加压滞后时间

forge drill　锻造钻头

forge hammer　锻锤

forge hot　热锻

forge iron　锻铁

forge out　锻伸

forge piece　锻件

forge pig　锻冶生铁

forge press　锻压机

forge press machine　锻压机械

forge scale　锻铁鳞,氧化皮

forge shop　锻工车间

forge test　锻造试验,可锻性试验

forge time　锻压时间,顶锻时间

forge tongs　锻工钳,火钳

forge welded anchor chain cable　锻接锚链

forge welding　(1)锻接;(2)锻焊

forge work　(1)锻件;(2)锻造

forge works　锻造厂

forgeability　可锻性

forgeable　可锻的,延性的

forged　锻造的,锻成的

forged alloy　锻造合金

forged billet (=fbl)　锻[钢]坯

forged carbon steel (=FCS)　锻造碳钢

forged chain cable　锻造锚链

forged flange　锻接盘,锻法兰

forged hardening　锻造热处理

forged iron　锻铁,熟铁

forged joint　锻接合

forged nail　锻钉

forged parts　锻件

forged piece　锻件,锻坯

forged steel (=FS)　锻造钢,锻钢

forged steel magnet　锻[造]钢磁铁

forged steel tailshaft and intermediate shaft　(船舶的)锻钢艉轴与中间轴

forged steel toolholder　锻钢刀杆

forged stem bar　(船舶的)锻造首柱

forged weld　锻接缝

forger　(1)锻工;(2)伪造者

forgery　伪造物,伪造品

forging (=F)　(1)锻,锻造,锻打;(2)锻件;(3)锻造的

forging and pressing equipment　锻压设备

forging die　锻模,锻型

forging drawing　锻造图

forging equipment　锻造设备,锻造机,锻压机

forging furnace　锻炉

forging-grade ingot　锻用钢锭

forging hammer　锻锤

forging machine　锻造机,锻机

forging plant　锻造车间

forging press　锻造压力机,锻造设备,锻造机,锻压机

forging quality steel　锻造用钢坯

forging reduction　镦粗

forging roll　多辊轧机,锻轧机,轧锻机

forging scale　锻造氧化皮,锻鳞

forging shop　锻工车间

forging steel　锻钢

forging strain　锻应变

forging test　可锻性试验,锤击试验,锻造试验,锻压试验

forging thermit　锻接铝热剂

fork　(1)叉杆,夹板,(又车的)叉,音叉;(2)插销头;(3)抓斗;(4)分岔,分枝;(5)接合处;(6)齿;(7)形成叉,叉开

fork amplifier　音叉放大器

fork-and-blade connecting rod　叉舌主副连杆

fork and blade connecting rod　叉板式连杆

fork-cam follower　(纺机)纬纱叉凸轮连杆

fork chain　支链

fork chuck　叉形卡盘

fork connecting rod　叉头连杆

fork connection　叉式接法,叉状连接,叉形联结,插头连接

fork contact type　叉形接点式

fork coupler　叉形连结装置

fork end　(连杆)叉形端

fork end of connecting rod　连杆的叉形端,连杆的上端

fork expander bolt　车前叉调准螺丝

fork extension　铲车叉套杆

fork frequency　音叉频率

fork ga(u)ge　分叉标准尺,又规

fork hose　叉式皮龙管

fork joint　叉形联接,叉形接头

fork junction　Y形交叉

fork lever　叉[形]杆,叉头杆

fork-lift　叉式万能装卸车,叉式万能升降车,叉式升降机,升降叉车,铲车

fork lift　叉式升降机,叉式装卸车,叉车,铲车

fork lift for pallets　托盘叉式升运机

fork lift pocket　(集装箱)叉槽,叉孔

fork lift truck (=FLT)　叉式升降机,叉车,铲车

fork lifter　叉式万能装载机,叉式升降机,叉车,铲车

fork lifter truck　叉式装卸车,铲车,叉车

fork link　叉形杆

fork loader　叉式装载机,叉车,铲车

fork pallet　(用)叉车提运的底盘

fork pin　叉形销

fork pocket　(集装箱)铲车叉口,叉槽

fork shaped tee　叉形三通

fork shaped wharf　突堤码头

fork spanner　叉形扳手

fork tone modulation　叉音调制

fork tongs　叉式钳

fork truck (=forklif truck)　叉式起重车

fork type digger　叉式挖掘机

fork type feeder　叉式喂入器,叉装草机

fork wrench　叉形扳手

forked　叉形的,叉状的,分叉的

forked axle　(1)叉端轴;(2)叉端式前桥

forked chain　支链

forked connecting rod　叉头连杆,插头连接

forked driving rod　叉形传动链

forked echo　分岔回波

forked end lever　叉头杆

forked follower　叉形随动件

forked frame　叉形支架,双柱支架

forked hose　叉式皮龙管

forked joint　叉形接头,叉形联接

forked journal　叉形轴颈

forked lever　叉形杆,叉杆

forked link　叉形联杆,叉形连杆

forked long slotted crosshead　叉形长槽十字头

forked mounting　叉式装置

forked pipe　叉形管

forked rod　叉头杆

forked spanner　叉形扳手

forked tube　叉形管,三通管

forker　(1)用叉者;(2)被叉物

forkgrooving machine　开槽机,铲沟机

forkguide　叉形导丝器

forkhead　杆的分叉端

forking　分叉,分支

forklift　(1)铲车,叉车;(2)叉式升降机

577

forklift truck 铲车，叉车
forkman 叉锭工
forks arm 叉臂
forks carriage 叉座
forkstaff plane 凸圆线刨
form (1) 形式，形态，类型，型式，式样，样式，(2) 形状，外形，轮廓，(3) 成形，(4) 形成，构成，组织，塑造，(5) 表格，格式，格式纸，(6) 型，方式，(7) 模板，模型，模槽(灌混凝土用)；(8) 组织，建立
form a flute 凿槽
form a groove 设计孔型
form accuracy 外形精度，形状精度
form anchor （活动模板的）锚定板
form block 试印用压凸版
form board 格子板，模板
form brace 模板支撑，装配支柱
form broach 成形拉刀，定形拉刀
form-circle diameter （齿廓曲线的）成形圆直径
form clamp 模板边撑，模板夹具
form class 形式类
form-closed cam mechanism 闭合式凸轮机构
form-closed constrained motion 闭合式约束运动，闭合式强制运动
form coefficient 船型系数
form contract 标准合同
form control image 格式控制图像
form control template 仿形控制样板，靠模控制样板
form copying 仿形加工法，靠模加工法
form copying method 仿形法
form copying type gear grinder 仿形齿轮磨床
form cost 模板费
form-cutter (1) 成形铣刀；(2) 成形刀具
form cutter (1) 成形铣刀，样板铣刀，(2) 成形刀具
form cutter for involute gear 渐开线齿轮成形铣刀
form cutter milling 成形铣刀铣削
form-cutting 成形切削
form cutting 成形切削，成形加工
form cutting machine 成形切削机床，成形铣床
form cutting of gear 齿轮的成形切削，仿形切齿法
form cycling rate 模板周转率
form diameter （齿廓曲线的）成形直径
form draft （船舶）型吃水
form-drag 形状阻力，型阻力
form drag 形状阻力，型[面]阻力，形阻
form draught 型吃水
form effect 形状效应
form entry 表上登记的项目
form error (1) 齿形误差；(2) 形状误差
form factor (1) 形状因数，形状因子，形状因素，形状系数；(2) 波形系数，波形因数，波形因子；(3) 曲线形式系数
form factor table 形数表
form feed {计} 打印式传送，打印式输送，格式馈给，换页
form feeding {计} 走纸
form-fit transformer 壳式变压器
form fixer 模板工
form for curvature 曲率的形成
form free-board （船舶）型干舷
form grinder 成形磨床，成形磨轮
form grinding (1) 成形磨削；(2) 成形磨削法，成形磨法
form-grinding disk wheel 成形磨削盘，成形砂轮
form grinding machine 成形磨床
form grinding process 成形磨法，成形磨削过程
form ground 坚实地基，硬土
form letter 打印信件，打印信函(如通知书等)
form line 拟构等高线，轮廓线，外形线
form lining 模板内衬
form machining 精加工
form milling (1) 成形铣刀铣削，成形铣削；(2) 成形铣削法，成形铣法
form milling cutter 成形铣刀
form of application 申请表格
form of capital 资本形式
form of cargo record book 货物记录簿格式
form of certificate 证书格式
form of corrosion 腐蚀类型
form of gear tooth 齿轮齿形，轮齿齿形
form of message (=FM) 电报类别

form of oil record book 油类记录簿格式
form of piece wages 计件工资形式
form of safety certificate 安全证书格式
form of security 担保格式
form of thread 螺纹牙形，螺纹牙样
form of time wages 计时工资形式
form of transport 运输方式
form of treaty 合同方式
form oil 模板油，脱模油
form panel 钢制合板，钢制模板块，模[壳]板，钢板
form parameter 形状参数
form placing 架设模板，支模板，装模板
form planing 成形刨削
form policy 表列式担保
form projector 投像法
form-relieved 铲齿的
form-relieved cutter 铲齿铣刀
form-relieved hob 铲齿滚刀
form relieved hob 铲齿滚刀
form-relieved tooth 铲齿
form removal 拆模板
form resistance 形状阻力
form setter 模板工，架模工
form setting 支模板，装模板，架模板
form stability 型状稳定
form steel 铸钢
form stop (1) {计} 纸完停印，格式送完停机，格式差错停止；(2) 模板端头
form tie assembly 模板支撑构件
form tolerance 整形公差
form tool (1) 样形刀，成形刀；(2) 成形刀具，仿形刀具，定形刀具
form tracer 定形靠模
form turning 成形车削
form-tying 钉结模板
form tying 模板支撑
form up 使列队
form utility 产品加工后产生的效用，形态效用
form vibrator 外部振动器，附着式振荡器
form winding (1) 模绕组；(2) 模绕法
form word 虚词，形式词
form work (1) 模壳工作；(2) 模板，样板
form-wound 成形绕制的，样板绕制的
form-wound coil 模绕线圈
formability 可成形性，可模锻性，可模塑性
formable 适于模锻的，可成形的
formagen 造型剂，成形剂
formal (1) 克式量的；(2) 式符；(3) 形式[的]，正式[的]，正规[的]
formal acceptance 正式验收
formal actual parameter correspondence 形参-实参对应
formal address 形式地址
formal agreement 正式协议，正式协定
formal charge 形式电荷
formal chemical structure 式符化学结构
formal concentration 克式量浓度
formal copper wire 聚乙烯铜线
formal inspection 正式验收，正式检查
formal investigation 正式调查
formal language 形式语言，人工语言
formal logic 形式逻辑
formal law 成文法
formal parameter 形式参数
formal performance evaluation 履约评估
formal-proof 形式证法
formal resemblance 外形上的相似
formal safety assessment (=FSA) 正式安全评估
formaldafil 玻纤增强聚甲醛
formaldehyde 蚁醛，甲醛
formaldehyde solution 甲醛溶液
formaldehyde treated wood 甲醛处理木材
formaldehyde treating 甲醛处理
formale 聚乙烯
formale copper wire 聚乙烯[绝缘]铜线
formale insulated wire 包聚乙烯醇缩甲醛铜导线，聚乙烯绝缘线
formalin 甲醛水溶液，福尔马林，甲醛液

formalin solution 福尔马林溶液
formalism (1)形式论；(2)体系
formalities 手续
formalities for departing from port 船舶出港手续
formalities forentering port 船舶进港手续
formality (1)合法程序，手续(常用 formalities)；(2)克式浓度；(3) 形式，仪式
formalization (1)定形；(2)形式体系化，正式化，形式化
formalize 使具有形式，使成为定型，使成正式，使合格式
formalized arithmetic 形式化算法
formally process 落锤深冲法
formamide formaldehyde resin 甲酰胺 - 甲醛树脂
formant (1)(声)共振峰，主峰段；(2)(机器翻译用的)构形成分
format (1)形式，格式，版式，编排；(2)结构；(3)(存储器中的)信息安排
format character 格式符
format check 数据控制程序的检验，数字控制程序的检验，格式检验
format conversion 格式转换
format effector 打印格式控制字符
format extractor 共振峰分离电路
format frequency 共振峰频率
format item 格式元素
format list 格式表
format order 格式指令
format specification 格式说明，输出格式
format stop 纸完停印
format string 格式行
formate (1)成形法；(2)成形法加工的；(3)编队；(4)甲酸盐，蚁酸盐
formate bevel gears 成形法切削的锥齿轮副
Formate duplex helical method 双重螺旋成形法
formate hypoid gears 成形法切削的准双面曲面齿轮副
formate method (齿轮)成形[切齿]法
formate pair 成形法切削的锥齿轮副
Formate pinion [用]成形法切削的小齿轮
formate singlecycle (锥齿轮)单循环仿形法
formater 编制器
formation (=FORM) (1)形成，建立，组成，构成，生成；(2)成形；(3)产生；(4)组，组织
formation-analysis 构造分析
formation axis 序列基线
formation center 序列中心
formation flying 编队飞行
formation keeping light 航迹灯
formation level 表面的竣工高程，施工基面
formation of bumps 起瘤，鼓泡
formation of carbon 积碳的形成
formation of drops 滴液形成，雾滴生成
formation of fins (冶金)起飞翅
formation of gas 气体的形成，气化
formation of hologram 全息图制作
formation of image 成像
formation of matte 冰铜的形成，锍的形成，造锍
formation of n-p-n junction n-p-n 结结构
formation of pusher 顶推船队队形
formation of scale 锈屑形成，形成铁鳞
formation of scum 浮渣形成，泡沫形成
formation of slag 造渣，结渣，结焦
formation of strata 形成叶状，形成片状，形成板状，形成鳞状
formation of towing train 吊拖船队队形
formation of wave crest 波峰形成
formation of weld 焊缝成形
formation reaction 油层反应
formation-resistivity 地层电阻率
formation rule (1)形成规则，形式规则；(2){计}构造规则
formation structure 结构
formation time lag 形成时间滞后
formation transformer 电成型用变压器
formation voltage 形成电压
formation work 编队作业
formational 构造的，结构的
formative 形成的，构成的
formative arts 造型艺术
formative number of teeth 成形齿数
formative technology 造型工艺，造型术

formative time of spark 火花形成时间
formative tissue 形成组织
formative voltage 形成电压
formatless 无格式的，无规格的
formatted 格式的，规格的
formatted READ statement 格式读语句
formatted tape 格式编排磁节
formatted WRITE statement 格式写语句
formatter 格式标识符，格式器
formatting 格式编排，格式化
forme (印刷)印版
formed 成形加工的，成形的
formed coil 模绕线圈
formed conductor 成形导体
formed cutter (1)成形铣刀，样板铣刀；(2)成形刀具
formed cutter milling 成形铣刀铣削
formed grinding wheel 成形磨削砂轮
formed material 成型材料
formed milling cutter (1)成形铣刀，样板铣刀；(2)成形刀具
formed plate 铸制极板
formed punch 冲头
formed rope 六股钢丝绳(每股十九丝及一麻芯)
formed rubber tank 可形成任何形状的软油罐
formed section 冷弯型钢
formed steel 型钢
formed threading tool 成形螺纹铣刀，成形螺纹切刀
formed turning tool 成形车刀
former (1)样板，靠模，型模，模具；(2)成形刀，样板刀，型刀；(3)成形轧辊；(4)成型设备，成型工具，成型机，成型器，成型体，成型工，形成器；(5)成形线路，线圈架，框架，支撑板，幅板，骨架；(6)量规；(7)管材定型器，定径管；(8)从前的，在前的，前任的；(9)创造者，前者
former bar 放大尺，仿形尺，仿形板，导板
former block 底模，下模，冲模，冲头
former of coil 线圈管，线圈架
former pass 预轧孔型，成品前孔
former plate 仿形样板，靠模样板
former rail 前导轨
former winding 模绕法，模绕组
former-wound 模绕线圈
former-wound coil 型卷线圈，模绕线圈
Formex wire 福梅克斯磁性钢丝，录音钢丝
formfactor (1)形状因数，成形因数，波形因数；(2)形数；(3)曲线形式系数，波形系数
formgrader 模槽机
formic acid 甲酸，蚁酸
formic aldehyde solution 甲醛溶液
formic ether 甲酸甲脂，甲酸脂
formica 配制绝缘材料，热塑性塑料，胶木
Formica 费米加(密胺树脂层压制品商名)
formidable 难克服的，艰难的，巨大的，可怕的
formidable looking code 似可畏码
formimido ether 亚胺代甲基醚，烃氧基甲亚胺
forming (1)成形[法]，成形切削[法]，成形加工，仿形加工；(2)模锻，模铸，造型，翻砂，型工；(3)成形的；(4)变形；(5)模压纹；(6)变形的；(7)形成，组成，构成，编成，化成；(8)电赋能，冶成
forming attachment 仿形附件，靠模附件
forming bell 拉焊管模
forming cutter 成形刀
forming die 成形钢模，成形冲模，精整[压]模，成形模
forming dresser (砂轮)成形修整器
forming electrode 形成电极，聚焦极
forming gas (氮氢)混合气体
forming gear 成形齿轮
forming lathe 仿形车床
forming method 成形法
forming operation 成形操作，成形加工
forming pliers 轧印钳
forming press 压弯机，压型机
forming process (1)[齿轮]成形法；(2)成形过程
forming property 成形性能
forming punch 成形冲头
forming rest 成形刀架，样板刀架
forming rolls 成形轧辊
forming tool (1)成形刀具，成形车刀，样板刀；(2)玻璃成形钳

579

forming without stock removal 非切削成形

formite 佛麦特钨铬钢(碳 0.35%，钨 13.5%，铬 3.75%，硅 0.4%，锰 0.30%，钒 0.4%，余量铁)

formless 无定型的，不成形的

formpiston (=formplunger) 模塞，阳模

formrelived cutter 铲齿铣刀

formula (复 formulas 或 formulae)(1)方程式，计算式，公式，程式，式子，(2)化学式，分子式，结构式，(3)药方，(4)配制方，处方，(5)定则，准则，方案

formula for interpolation by divided differences 均差插值公式

formula for water 水的分子式

formula manipulation complier 公式处理编译程序

formula of applicable of law 系属公式

formula of integration 积分公式

formula transformation (=fortran) 公式转换

formula translation 公式翻译，公式译码

formula translator (1)公式程序语言，公式翻译程序，(2)公式转换器，公式译码器

formula weight 分子量，式量

formulae (单 formula) (1)方程式，计算式，公式，程式，式子，(2)化学式，分子式，结构式，(3)药方，(4)配制方，处方，(5)定则，准则，方案

formular conductivity 式量传导系数

formularization (1)以式子表示，列成公式，列方程式，公式化，(2)系统阐述，明确表达，正式提出，表述，(3)加工制剂，剂型，组成，成分，配方，(4)作出计划，确定，规定

formularize (1)简明阐述，明确表达，(2)用公式表示，写成公式，列出式子，列成公式，列方程式，公式化(3)按配方制造，作出配方，配制(4)系统说明，系统阐述，简明陈述，(5)作出定义，作出计划，确定，规定

formulary (1)公式的，定式的，规定的，(2)定式，定则，(3)公式汇编，配方集

formulate (1)简明阐述，明确表达，(2)用公式表示，写成公式，列出式子，列成公式，列方程式，公式化(3)按配方制造，作出配方，配制，(4)系统说明，系统阐述，简明陈述，(5)作出定义，作出计划，确定，规定

formulate criteria 订出标准

formulated products 按配方制造的产品

formulation (=FORM) (1)以式子表示，列成公式，列方程式，公式化，(2)系统阐述，明确表达，正式提出，表述，(3)加工制剂，剂型，组成，成分，配方，(4)作出计划，确定，规定

formulation of equation 列出方程

formulize (1)用公式表示，列出公式，(2)系统地设计，阐述

formvar 聚醋酸甲基乙烯脂(绝缘材料牌号)，热塑树脂

formword 灌注水泥的模板

formwork (1)样板模型，样板，(2)模板工程，模板，盖板，模槽，模壳，(3)支模，立模，(4)量规，定规

formylfluoride 氟化甲酰，甲酰氟

fortal 佛达尔铝合金(铝 94.3%，铜 4%，镁 0.5%，锰 0.5%，硅 0.7%)

forthcoming 即将得来的，即将出版的，即将出现的

fortieth (1)第四十，(2)四十分之一

fortification (1)加强，增强，(2)添加，(3)设防，防御工事

fortify 巩固，增加，增强，加强

fortin barometer 福廷气压计

fortnight 两星期，双周

fortnightly 双周刊的，双周的

Fortran (=formula transformation) 公式变换

Fortran (=formula translation) 公式翻译，公式译码

Fortran (=formula translator) (1)公式转换器，公式译码器；(2)公式翻译程序

Fortran assembly program (=FAP) 公式翻译程序汇编程序

Fortran list processing language (=FLPL) Fortran 表加工语言

fortransit 公式翻译程序

fortuitous 偶然的，幸运的

fortuitous accident 意外事故

fortuitous distortion 不规则失真，不规则畸变

fortuitous event 意外事故

fortuity 偶然事件，偶然性

forty (1)四十，(2)四十个，(3)四十个一组，(4)四十号，(4)以四十为单位

forum 讨论会，座谈会，论坛

forvacuum (1)预抽真空，(2)前级

forward (=FW 或 FWD) (1)正向，前方，前部，(2)正向的，顺向的，前向的，(2)前进，促进，向前，助长，(3)超前的，提早的，预约的，(4)从阳极至阴极方向的，船首部的，(5)船身的前部

forward acceleration 前进加速度

forward accommodation 船首部住舱

forward acting regulation 向前动作调节

forward agency 运输业

forward anchor light 前锚灯

forward and aft bearing 前轴承与后轴承，前后轴承

forward and aft steering positions 前后操舵位置

forward and reverse 正反向

forward angle (测量)前方位角

forward antenna 前置天线，船头天线

forward azimuth 前方位角

forward-backward counter 双向计数器，反向计数器，可逆计数器

forward back ward counter 双向计数器，可逆计数器

forward beam 船首梁

forward bearing (测量)前象限角

forward-bias 正向偏压

forward bias 正向偏压，正向偏置

forward biased 正向偏置，正偏[的]

forward-biased rectifier 正向偏压整流器

forward bitt 船首系缆桩

forward blocking voltage 正向阻断电压

forward box 前信号楼，前方线路所

forward breakover voltage 正向转折电压

forward breast line 前横缆，首横缆

forward breast rope 前横缆

forward bridge [船]首驾驶台

forward brow 船首跳板

forward bulkhead 前[部]舱壁

forward business 期货交易

forward cabin 首舱室

forward capstan 首[起锚]绞盘

forward cargo hold 船头货舱

forward channel 单向通道，单向信道

forward circuit 正向电路

forward clutch 正车离合器

forward clutch shaft 正车离合器轴

forward cofferdam 首部隔离舱，前隔离舱

forward contract (1)期货合同，期货契约；(2)预约

forward conductance 正向电导

forward-conducting region 正向导电区

forward conducting region 正向导电区

forward contract (1)远期合同；(2)期货合同，期货契约

forward conveyer pawl 输送机前进爪

forward counter 正向计数器

forward current 正向电流，前向电流，偏向电流

forward current gain 正向电流增益

forward current rating 额定正向电流

forward current transfer ratio 正向电流转移比

forward curve inlet blade 前弯式进口叶片

forward-curved blade 前弯式叶片

forward curved blade fan 前弯叶片式通风机

forward D.C. resistance 正向直流电阻

forward deck 船首部上甲板，前甲板

forward deckhouse 前部甲板室

forward deep ballast tanks 首深压载舱

forward-delivery 定期交货

forward delivery 定期交付，定期交货，远期交货

forward differential resistance 正向微分电阻，动态电阻

forward-directed 方向向前的，正向的，前向的

forward direction 正向，前向

forward draft 前吃水，首吃水

forward draught 前吃水，首吃水

forward eccentric 进程凸轮，进程偏心凸轮

forward end 船首端，前端，首端

forward engine room 前机舱

forward error correcting 前向纠错

forward-extrude 正向压挤

forward extrusion 顺向挤压，正[向]挤压

forward-facing 安置在头部上的，逆气流安置的，前向的

forward feed 向前送料

forward feed of material [工厂]进料

forward flow 向前流动，顺流，前滑

forward formula 前向差分式

forward ground 前台

forward guy 前稳索

forward heat shield 前置防热板，前侧热屏

forward house 前甲板室，首甲板室

forward ice belt region (船)首部冰带区

forward impedance 正向阻抗

forward integration　向前整合

forward interpolation　向前插值,向前内插

forward intersection　(测量)前方交汇

forward jump　前进跳跃

forward lead of the brushes　电刷超前位移

forward leading　(绳索)引向船首

forward logistics　顺向物流

forward-looking　向前看的,前视的

forward looking infrared　前视红外线

forward-looking laser radar　前视激光雷达

forward looking radar (=FLR)　前方观测雷达,前方警戒雷达,前视警戒雷达

forward masthead light　前桅灯

forward mean voltage drop　正向平均压降

forward motion　工作进程,前进运动,移动

forward-mounted　前部安装的

forward movement　前进运动

forward mutual admittance　正向互导纳

forward of the beam　正横前面,正横前(自正横向船首45°以内)

forward off the beam　正横前

forward offset voltage　正向抵偿电压

forward overhang　首外伸部分,船首悬凸部

forward overshoot voltage　正向最大脉冲电压

forward pass　送进孔型

forward perpendicular (=FP)　船首垂线,前垂线

forward pitch　前移距

forward platform　(舭板)前座板

forward position　向前位置,正向位置

forward power　正向[传输]功率

forward power meter　正向[传输]功率计,正向功率测量计

forward price　期货价格

forward propagation tropospheric scattering　对流层散射前方传播

forward propeller　前推进器

forward quarter　船的前部

forward quarter point　前舷135°的方向

forward rake　前倾

forward rate　远期汇率

forward reading　前视读数

forward recovery voltage　正向恢复电压

forward resistance　正向电阻

forward-reverse lever　进退换向杆

forward-reverse mechanism　前进-后退[运动]机构

forward reverse resistance　正反向电阻

forward rib　首肋骨

forward robot problemsolving system　正向机器人问题求解系统

forward sale　预售

forward scan　(1)正向扫描;(2)扫描工程

forward scatter propagation　前向散射传播

forward-scattered　前向散射的

forward-scattering　前向散射的

forward-scattering angle　前向散射角

forward-scattering collision　前向散射碰撞

forward selection　预选

forward shaft (=FWDS)　前轴

forward shift　(1)前移;(2)挂前进档

forward shipment　远期装运

forward short circuit current amplification factor　正向短路电流放大因数

forward shovel　正铲挖掘机,正铲挖土机

forward side　正向回转[齿]面,下齿面

forward speed　前进航速,正车航速

forward spring　前倒缆,首倒缆

forward stagnation　前滞止区

forward stern tube sealing oil pump　尾轴管前油封用油泵

forward stern tube sealing oil tank　尾轴管前油封用油柜

forward stroke　正程工作行程,前进行程,工作行程,切削行程

forward superstructure　首部上层建筑

forward-surging　前涌的,顺涌的

forward terminal　前端点

forward thruster　前推进器

forward tipping　向前倾斜的,前倾的

forward transfer admittance　正向转移导纳

forward trim　船首倾

forward trimming moment　首纵倾力矩

forward-type　前向式

forward type　(汽车)平头型

forward type cab　前置式司机室

forward voltage　正向电压,前向电压

forward voltage drop　正向[电]压降

forward wake　向前伴流,正伴流

forward wave　正向波,前向波,前进波,直达波

forward wave amplifier (=FWA)　前向波放大器

forward welding　(气焊)左焊法

forward wind key　速进键

forwarded (=FWDD)　已转交,已寄出

forwarder　(1)自装集材机,短材集材机;(2)传送装置,输送器,传送器;(3)运输代理人,运送者,代运人;(4)装订工

forwarder compensation　佣金,补贴

forwarder's certificate of receipt　运输承揽人货运收据(集装箱运输)

forwarder's certificate of transport　期货商运输证书

forwarding agent　(1)货运代理人;(2)货运公司,转运公司,运输公司

forwarding agent's certificate of receipt　运输行收货凭证

forwarding agent's certificate of transport　运输代理人货运证明

forwarding agent's notice　代运通知书

forwarding agent's receipt　代运人收据

forwarding agreement　转运协议

forwarding broker　运输代办公司,运输代理人

forwarding business　转运业

forwarding charge　转运费

forwarding clause (=FC)　转运条款

forwarding company　运输代理人,运输行,运输商

forwarding expenses　转运费用

forwarding instruction　货物发送细则,预运指示

forwarding operation　中转业务,代运业务

forwarding order　(1)运输委托书;(2)中转委托书

forwarding receipt　中转收据

forwarding unit　收货单位

forwardly　向前地,在前部

forwardness of the beam　正横前

forwards　继续向前,向前方

FOS (=Factor of safety)　安全系数,安全因数

FOS (=Free of Stamp)　免付印花税

FOS (=Free on Ship)　船上交货

FOS (=Free on Station)　车站交货

FOS (=Free on Steamer)　船上交货

FOS (=Full Operation Status)　全能工作状态

FOSL (=Fiber Optic Sonar Link)　光纤声纳数据线

FOSS (=Fiber Optic Sonar System)　光纤声纳系统

fossil　(1)化石;(2)陈腐的,陈旧的,化石的

fossil flax　石棉

fossil fuel　化石燃料,地下燃料(石油、煤炭等)

fossil oil　石油

fossil wax　地蜡

fossilization　(1)化石作用,化石化;(2)僵化

fossilize　(1)变成化石;(2)僵化

foster　助长,培育,养育

FOSW (=Fixed Oceanographic Stations of World)　世界定点海洋观测站

FOT (=Free of Tax)　免税

FOT (=Free on Train)　火车上交货

FOT (=Free on Truck)　卡车上交货

FOT (=Frequency of Optimum Traffic)　最佳通信频率,最佳传输频率

FOT (=Fuel Oil Tank)　燃油柜

FOT (=Fuel Oil Test for Tightness)　燃油油密性试验

fother　海上堵漏(用帆布加麻絮)

fothering sail　堵漏帆布垫

Fotosetter　键盘式薄膜排印机(直接制在照像胶片或纸上)

Fototronic　电子印相机

foucherite　磷钙铁矿

foul　(1)污秽的,腐烂的,肮脏的,污浊的;(2)污物壅塞的,堵塞;(3)污秽,污染,污物;(4)剧烈的;(5)(船舶)长海锈,长海生物,污底;(6)(锚链、缆绳等)缠结,绞缠;(7)不公正,违章

foul air　污染空气,污浊空气

foul air flue　浊气道

foul air pipe　污臭空气排出管

foul anchor　缠锚

foul area　不良锚地

foul berth　危险泊位,不良锚地

foul bill of health　有染疫检疫证书,健康嫌疑证书
foul bill of lading　有货损货差的提单,不洁提单
foul bottom　(船舶)污底
foul cable　(抛双锚时)锚链的绞缠
foul copy　草稿,原稿
foul gas　惰性气体,不燃气体,污臭气体
foul hawse　(抛双锚时)锚链绞缠
foul holding ground　不良的锚地,险恶地区
foul mate receipt　有批注的收货单
foul-proof　毛校样
foul proof　毛校样
foul odor　恶臭气味
foul rope　纠缠的绳索
foul-up　故障,混乱
foul vessel　不清洁的船,重油船
foul waters　危险水域
foul weather　险恶天气
foul wind　顶头风,逆风
fouled spark plug　结污的火花塞
fouling　(1)故障,(2)错误动作,(3)仪表不正确指示,(4)弄脏,堵塞,结焦积炭,结皮,结垢,污垢,油垢,(5)(船舶)污底
fouling allowance　污底裕度
fouling factor　污底因数,污垢系数
fouling of catalyst　催化剂的污损,催化剂结垢
fouling of clearance gage　侵入限界
fouling of heating exchangers　换热器污垢的形成
fouling of heating surface　受热面的积灰,结渣
fouling organism　(船底的)附微生物,附生物
fouling point　警冲点
fouling resistance　污底阻力
fouling roughness　污底粗糙度
fouling turbine　叶片脏污
found　(1)翻砂,铸造,浇铸;(2)熔制,熔造;(3)基;(4)打基础;(5)建立,创办,创立,创造,开创,组成;(6)舾装完毕[的船]
found abnormal　发现不正常,发现异常
found bent　发现弯曲
found beyond repair　发现已无法修复
found broken into pieces　发现破裂成片
found burnt　发现烧毁,发现烧坏
found chapped　发现龟裂
found choked　发现堵塞
found collapsed　发现坍陷
found cracked in way of　在某部位发现裂缝
found damaged　发现损坏
found deformed　发现变形
found destroyed by overheating　发现因过热而毁坏
found dirty　发现肮脏
found earthed　发现接地
found excessive wear　发现过度磨损
found faulty　发现故障
found fractured　发现断裂
found frosted　发现结霜
found greasy　发现油污
found inaccurate　发现不准确
found ineffective　发现失效
found jammed up in the cylinder　发现在气缸内卡住
found knocking　发现敲缸
found leaking (leaky)　发现漏泄
found loose　发现松动
found low efficiency　发现效率不高
found melted away　发现溶化
found object　发现物
found out of function　发现失去作用
found out of operation　发现运转失灵
found out of order　发现不正常
found oval　发现呈椭圆形
found overheated　发现过热
found oversized　发现尺寸过大
found partly blocked　发现部分阻塞
found partly detached　发现部分剥离
found scored　发现拉痕
found seized　发现轧住
found slow function　发现反应缓慢
found squeezed　发现挤铅

found stuck　发现咬住
found stuck by icing　发现冰冻结住
found twisted　发现挠曲
found violent vibration　发现剧烈振动
found worn away　发现过度磨损
found worn out　发现过度磨损
foundation (=FDN)　(1)底座,机座,床座,床架,座,(2)基础,地基,基,(3)建立,创办 (4)基本原则,根本,依据,根据,(5)基金会,财团,基金
foundation base　基底
foundation beam　地基梁,基础梁,基座梁
foundation bed　基础底面,基础底层,基底,基床
foundation block　坡脚砌块,护脚块体
foundation bolt　地脚螺栓,底脚螺栓,基础螺栓
foundation by means of freezing　基础冻结加固
foundation by means of injecting cement　基础灌浆加固
foundation by means of injection　灌浆加固的基础
foundation by pit sinking　挖坑沉基
foundation condition　地基条件
foundation course　坡脚彻层,基层
foundation ditch　基槽,基坑
foundation drawing　基础图,地基图
foundation grill　基础格床
foundation improvement　地基加固,地基改善
foundation investigation　地基及基础研究
foundation leg　基础支柱,基座脚
foundation level　基础标高
foundation light　基本光,衬底光
foundation mat　基础底板,筏基
foundation net　(上胶的)粗网眼纱
foundation on caisson　沉箱基础
foundation on raft　筏基
foundation on well　沉井基础
foundation pile　基桩
foundation pit　基坑
foundation plan　基础平面图,基础图
foundation plate　滑道牵板,基础板,基板,底板
foundation practice　基础处理方法
foundation pressure　基础底面压力,基底压力
foundation restraint　基础约束
foundation ring　基圈,底圈,底环
foundation settlement　基础沉降
foundation sill　底槛,基槛
foundation slab　基础底板,底板
foundation soil　基土,底土
foundation stone　抛石基础,基石
foundation treatment　基础处理
foundation trench　基槽,基坑
foundation under water　水下基础
foundation work　基础构筑物,基础工程
foundational　基本的,基础的
foundationer　提供基金者
founder　(1)创立人,创立者,(2)炉前工长,铸造者,铸[造]工,铸字工,翻砂工,(3)(建筑物)倒塌,(地基)下沉,(4)(计划等)失败,(5)(船舶)灌沉
founder by the head　首沉没
founder by the stern　尾沉没
founder head down　俯首沉没
founder stern down　俯尾沉没
foundering　陷落
foundering level　(沉箱)沉降基准面,基底高程
founderous　泥泞的
foundry　(1)翻砂,铸造,(2)翻砂[车]间,铸工车间,铸造车间,翻砂厂,铸工厂,铸造厂,(3)铸版间,铸字间
founding　(1)翻砂,(2)铸造[法],熔制,(3)铸件
founding furnace　铸造炉,熔炉
founding property　铸造性能
foundry (=FDRY)　(1)翻砂,铸造,(2)翻砂[车]间,铸工车间,铸造车间,翻砂厂,铸工厂,铸造厂,(3)铸版间,铸字间
foundry alloy　铸造合金,中间合金
foundry car　铸罐车
foundry chase　锯铅版框
foundry coke　冲天炉焦[炭],铸造焦炭
foundry cupola　铸造用化铁炉
foundry effluent　铸造车间的三废

foundry facing　铸模面料, [石墨] 涂料
foundry fan　铸造用鼓风机, 铸工鼓风机
foundry flask　[铸造] 砂箱
foundry floor　造型工地
foundry furnace　铸造炉, 熔化炉
foundry goods　铸件
foundry hand　翻砂工, 铸工
foundry ingot　铸铁锭, 生铁
foundry iron　铸造生铁, 铸铁
foundry jolter　造型振实机
foundry ladle　铁水包, 浇包
foundry loam　造型粘土, 粘泥
foundry loss　铸造废品
foundry losses　铸造废品
foundry machinery　铸造机械
foundry-man　铸造工, 翻砂工
foundry pig　铸锭, 条锭
foundry pig iron　铸用生铁, 铸造生铁
foundry pit　铸坑
foundry practice　翻砂业务, 铸造学
foundry proof　(打纸型制电版前的) 最后校样
foundry return　回炉铁
foundry sand　铸造用砂, 铸造型砂, 铸造砂
foundry scrap　废铁, 废料
foundry shop　铸工车间, 铸造车间, 翻砂车间
foundry slag　炉渣
foundry technique　铸造技术
foundry type　[浇] 铸 [活] 字
foundry type metal　活字合金, 铅字合金
foundry weight　压铁
foundry work　铸工工作
foundryman　翻砂工, 铸造工
fount　(1) 源泉; (2) 铅字的一副; (3) 饮水器
fountain　(1) 喷水池; (2) 喷水器; (3) 中心注管; (4) 贮墨器; (5) 源泉, 喷泉
fountain head　(1) 水源, 源泉, 根源; (2) 喷水头
fountain-pen　自来水笔
fountain pen　自来水笔
fountain syringe　自流注射器
fountainhead　水源, 根源, 源泉
four　(1) 四个为一单元, 四个一组, 四个; (2) 四汽缸发动机, 四汽缸汽车; (3) 四叠板
four-acceleration　四元加速度, 四维加速度
four acceleration　四元加速度, 四维加速度
four address code(=FAC)　四地址码
four-arithmetic operations　四则运算
four arm moorings　四向系泊, 四臂系船设施 (船首尾各抛两个锚)
four-arm pickling machine　四摇臂式酸洗机
four-arm spider　(1) 星形轮; (2) 十字叉
four-axis system　四轴系统
four-ball tester　四球润滑剂性能测定仪
four-bar lever-crank mechanism　连杆曲柄机构
four-bar linkage　四连杆机构
four bar linkage　四杆联动机构
four-bar linkage mechanism　四连杆机构, 四杆联动机构
four-bar linkwork　四连杆机构
four-bar mechanism (in three dimensions)　(三维空间的) 四连杆机构
four-bar motion　四连杆运动
four bat reel　四板式拔禾轮
four bits　四位字节
four-bladed vane　十字板
four-body problem　四体问题
four-boss breaker cam　断电器四棱凸轮
four-boss cam　四棱凸轮
four-by-two　擦枪布
four-cell type magazine loom　四梭箱自动织机
four certificate of the crew (=FCC)　船员四小证
four-channel switch　四路转换开关
four-circuit receiver　四调谐电路接收机
four circuit receiver　四调谐电路接收机
four-color machine　四色印刷机
four-color problem　四色问题
four-compartment mill　四屋室磨碎机
four-component alloy　四元合金

four component alloy　四元合金
Four Convention on Law of Sea (=FCOLS)　(1958 年) 海洋法四公约
four-cornered　(1) 有四个角落的; (2) 四方的, 方形的
four corners　四角
four-coupled　有两对轮子的
four-coupled locomotive　2-4-0 式蒸汽机车
four-crank mechanism　四连杆曲柄机构
four crank press　四曲柄压力机
four-current　(1) 四元电流; (2) 四维流矢量, 流四矢量
four current　四元电流
four cusped hypocycloid　四尖顶内摆线, 四尖顶圆内旋轮线
four-cycle　四冲程循环的, 四冲程的
four cycle　四冲程循环
four-cycle diesel　四冲程柴油机
four-cycle engine　四冲程发动机
four-cylinder turbine　四缸汽轮机
four-decker　四层甲板船
four-density　四维密度
four-digit　四位的
four-dimensional　四维的, 四度的, 四次的, 四元的
four-dimensional geometry　四维几何
four-dimensioned　四次的
four-directional agv　可四方移动的导引车 (agv=automatic guided vehicle 无人搬运车)
four electrode tube　四极管
four electrode vacuum tube　四极真空管
four-element (kinematic) chain　四连杆运动链
four-element theory　四元素说
four-eyed joining piece　(浮筒的) 四眼联结板
four-feed lubricator　四路给油润滑器
four figure　四位数
four-flute taper-shank core drill　四槽锥柄心孔钻头
four-fold　(1) 四重的, 四倍的, 四叠的; (2) 四重, 四倍
four-fold block　四轮滑车
four-fold wood rule　四折木尺
four-force　四维力 [矢]
four fundamental operations　{数} 四则
four fundamental rules　(1) 四则; (2) 四基法
four-furrow plough　四铧犁
four-gear mechanism　四元件传动机构
four-gradieat　四维梯度
four-groove drill　四槽钻头
four-hearth furnace　四膛炉, 四室炉
four-high mill　四辊轧机
four-high rolling mill　四辊轧机, 四重轧机
four-hour varnish　四小时快干漆
four-jaw chuck　四爪卡盘, 四爪卡头
four-jaw concentric chuck　四爪同心卡盘
four-jaw independent chuck　四爪单动卡盘
four-jaw independent lathe chuck　四爪单动车床卡盘
four-jaw plate　四爪卡盘
four-joint chain　四节点 [传动] 链
four-jointed differential element　四节点差动元件
four-jointed differential link　四节点差动 [传动] 链
four-jointed element　四节点元件
four-leg intersection　四路交叉
four-legged　(1) 四芯柱的; (2) 四支柱的
four-level　四层的
four-level laser　四能级光激射器, 四能级激光器
four lever arm type double acting hydraulic shockabsorber　四杆臂式双动水力减震器
four-limbed　四芯柱的 (指变压器)
four-link (kinematic chain　四连杆 [运动] 链
four-link mechanism　四连杆机构
four-lipped cam　四凸耳凸轮
four-lobe cam　四角形凸轮, 四凸齿凸轮
four-lobe rotor　四叶转子
four-matrix　四维矩阵
four mechanism　四元件机构
four-masted bark　四桅帆船
four-master　四桅船
four-momentum　能量 - 动量矢量, 能动量四矢, 四维动量
four-over-four array　二排四层振子天线阵, 八振子天线阵
four-parameter model　线性粘弹性流变模型, 四参数模型

four-part alloy　四元合金
four part alloy　四元合金
four-part formula　四联公式 (球面三角余切公式)
four-paws　四爪链钩
four-piece computer linkage　四元件计算机传动链
four-piece crank mechanism　四连杆曲柄机构
four-piece lever-crank mechanism　四元件连杆‐曲柄机构
four-piece mechanism (in three dimension)　(三维空间的) 四连杆机构
four-piece set　四构件棚子
four-piece straight line mechanism　四连杆 "直线运动" 机构
four-pin base　四脚管底
four pin driven collar nut　四维孔圆缘螺母
four-point bearing　四点方位 (舷角 045°或 315°), 四点方位法 (陆标定位)
four point bit　十字形钻头
four-point contact ball bearing　四点接触球轴承
four-point probe　四点探针
four-point suspension spreader　四点悬吊吊具
four-pole　(1) 四端的; (2) 四端网络
four-pole network　四端网络
four poles　四极, 四端
four-potential　(1) 四元电位; (2) 位势的四矢, 四势
four potential　四元电位
four probe method　四极 [电] 网络
four-quadrant operation　四象限运算
four-ram hydraulic steering gear　四撞杆液压舵机
four-ram steering gear　四撞杆舵机
four-ring　四节环
four row bearing　四列轴承
four-row cultivator　四行中耕机
four-row keyboard　四列键盘
four row tapered roller bearing　四列圆锥滚子轴承, 四列圆锥滚柱轴承
four-seater　坐四人的汽车, 四座车, 四座式
four side planing and molding machine　(木工机械) 四面刨床
four-slip ring　四滑环
four-slot Geneva mechanism　四槽马氏间歇运动机构, 四槽十字轮机构
four speed gear shift　四挡变速
four-speed transmission　四速变速器, 四速传动装置
four-spindle automatic lathe　四轴自动车床
four-square tool　四棱刀
four-stack diffusion furnace　四管扩散炉
four-start worm　四头蜗杆
four-step rule　四步法
four-strand rope　四股绳
four-strand round sennit　四股编绳法
four-stranded rope　四股绳
four-stroke　四冲程的
four stroke (=FS)　四冲程
four-stroke cycle　四冲程循环, 四行程循环
four-stroke diesel engine　四冲程柴油机
four-stroke engine　四冲程 [式] 发动机, 四行程发动机
four-tensor　四元张量, 四维张量, 宇宙张量
four-terminal attenuation　四端网络衰耗
four-terminal network　四端网络
four-thread spiral worm　四头螺旋蜗杆
four-throw crankshaft　四拐曲轴
four-tine grapple　四叉抓斗
four-track line　四线铁路
four-vector　四元矢量, 四维矢量
four-velocity　四元速度, 四维速度
four velocity　四元速度
four vidicon camera　四光导管彩色摄像机
four-wag jack　话务员送受话机塞孔, 四线塞孔
four-way　四路通, 四面皆通的, 四通的, 四向的
four-way cock　四通旋塞
four-way connection　四通接头
four-way launching　四滑道下水
four-way pallet　四边均可有叉孔的托盘
four-way piece　(1) 十字轴; (2) 十字接头, 四通接头, 交叉接头
four way piece　四通管
four-way plug valve　四通塞阀
four-way reinforcement　四向配筋

four-way reinforcing　四向配筋的
four-way switch　四通电路开关
four-way tool block　四向刀架
four-way union　四通联管节
four-way valve　四通阀
four-wedge joint　四楔结合
four-wheel brake　四轮制动 (汽车), 四轮刹车
four-wheel drive　四轮传动, 四轮驱动
four-wheel hand truck　四轮手推车
four-wheel screw jack　四轮修车起重器
four-wheel tractor　车轮牵引机, 四轮拖拉机
four wing rotary bit　十字钻头
four-wire　四线 [制] 的
four-wire earthed neutral system　中点接地四线制
four-wire repeater　四线制增音器
four-years from the date of issue　自签发之日起
Fourdrinier paper machine　改良型长网造纸机
fourfold　(1) 四倍, 四重; (2) 四倍的, 四重的
fourfold axis　四重轴
fourfold axis of symmetry　四重对称轴
fourfold block　四轮滑车, 四饼滑车
fourfold interlacing　隔三行扫描
fourfold purchase　4/4 绞辘
Fourier　付里叶
Fourier analysis　付里叶分析, 谐量分析
Fourier analyzer　付里叶分析器
Fourier coefficient　付里叶系数
Fourier decomposition　付里叶分解
Fourier expansion　付里叶级数展开
Fourier integral　付里叶积分
Fourier series　付里叶级数
Fourier transform　付里叶变换
Fourier transform spectroscopy　付里叶转换 [光] 谱学
Fourneyron wheel　内朗式水轮机
Fourply　四股的, 四层的
fourscore　八十 [的]
foursome　(1) 双打; (2) 四人一组
foursquare　(1) 方形的, 四方的; (2) 稳固的; (3) 双向性硅钢片
fourteen　十四
fourteenth　(1) 第十四; (2) 十四分之一
fourth　第四
fourth and fifth speed sliding gear　第四、五档滑移齿轮
fourth class cabin　四等客舱
fourth dimension (=FD)　第四维
fourth engineer　三管轮, 四车, 四轨
fourth engineer officer　三管轮, 四轨
fourth-four type repeater　4-4 型增音机
fourth generation language　第四代语言
fourth mate　驾驶助理员, 驾助
fourth officer　驾驶助理员, 驾驶助理, 四副
fourth party logistics provider　代表第四方提供物流管理
fourth proportional　比例第四项
fourth rail insulator　第四接触轨绝缘子
fourth speed　四挡速率
fourth speed gear　第四速 [度] 齿轮, 第四档齿轮
fourway pipe　四通 [管]
fourway valve　四通阀
FOW (=Free on Wagon)　船方不负责装入货车费用, 车上交货价格
FOW (=Free on Wharf)　码头交货价
FOWD (=Forward)　(1) 向前的; (2) 前方, 正向; (3) 期货的, 预约的; (4) 转运
fowler flap　富勒襟翼
FOWS (=Floating Oil on Water Surface)　水面浮油
fox　(1) 杂用小绳, 绳索; (2) 十厘米波雷达; (3) 狐; (4) 变色
fox bolt　开尾地脚螺栓, 缝端螺栓, 叉端螺栓
Fox I　(英) "狐 I" 装甲汽车
fox key　紧榫键
fox message　(电传打字机的) 检查信息, 检查报文
fox wedge　扩裂楔, 紧榫楔
fox-wedged　(作成) 扩裂楔状的
fox wedging　扩张楔
foxed spot　黄色尘埃, 黄斑
foxey　木材腐朽
foxiness　(1) 变色; (2) 有褐斑

584

foxtail (1) 薄键，钉楔，销栓；(2) 炉渣，沉渣；(3) 短柄刷
foxtail wedging 扩张楔，紧榫楔固
foxy 木材腐朽
foy boat 在英国泰晤士河使用的一种领航船
foyer (1)(客船的)外休息厅，门廊；(2) 焦点；(3) 天电源；(4) 炉、灶
FP (=Feed Pump) 给水泵
FP (=Feeding Panel) 馈电板，供电盘
FP (=Filling Pipe) 注入管
FP (=Film and Paper Condenser) 纸绝缘薄膜电容器
FP (=Final Protocol) 最后议定书
FP (=Fire Plug) 消防栓
FP (=Fire Policy) 火灾保险单
FP (=Fire Protection) 防火
FP (=Fire-Proof) 防火的，耐火的
FP (=Fixed Price) 固定价格
FP (=Flashpoint) 闪点
FP (=Floating Policy) 船名未定保险单，预定保险
FP (=Floor Price) (1) 最低价格；(2) 最低限价
FP (=Fore Perpendicular) 首垂线
FP (=Forepeak) 首尖舱
FP (=Forward Perpendicular) [船] 首垂线
FP (=Free Port) 自由港
FP (=Free Pratique) 检疫证
FP (=Freeing Port) 舷侧排水口
FP (=Freezing Point) (1) 冰点；(2) 凝固点
FP (=Freight Paid) 运费已付
FP (=French Patent) 法国专利
FP (=Fuel Oil Purifier) 燃油分油机
FP (=Fully Paid) 全部付讫，全额支付
FP (=Fusible Plug) 插塞式熔断器，熔丝插塞，易熔塞
FP (=Fusion Point) 熔点
FPA (=Final Power Amplifier) 末级功率放大器
FPA (=Fire Protection Additional Special Apparatus) 消防特别附加设备
FPA (=Fire Protection Apparatus) 消防设备
FPA (=Fire Protection Association) 消防协会
FPA (=Fire Protection in Accommodation) (符合规范的) 生活居住区防火设备
FPA (=Flat Plane Antenna) 平面天线
FPA (=Floating-point Arithmetic) 浮点运算
FPA (=Free from Particular Average) 平安险 (单独海损不保)
FPA (=Free of Particular Average) 单独海损不保
FPAA (=Free from Particular Average Absolutely) 单独海损绝对不保
FPAA (=Free of Particular Average Absolutely) 单独海损绝对不保
FPAABS (= Free of Particular Average Absolutely) 单独海损绝对不保
FPAAC (= Free of Particular Average American Condition) 按美国条件单独海损不赔
FPAD (=Freight Payable at Destination) 货到付运费
FPAEC (= Free of Particular Average English Condition) 按英国条件单独海损不赔
FPAUCBS (= Free of Particular Average Unless Caused by Stranding Etc) 单独海损不保除非因搁浅造成
FPAUNL (= Free of Particular Average Unless the Vessel of Craft Be Stranded, Sunk or Burnt) 除非船搁浅、沉没或失火，单独海损不保
FPAUSSB (= Free from Particular Average Unless Caused by the Vessel or Craft Being Stranded, Sunk or Burnt) 除非由于搁浅、沉没或火灾造成，单独海损不保
FPB (=Fast Patrol Boat) 巡逻快艇
FPBL (=Freight Prepaid Bill of Lading) 运费预付提单
FPC (=Fishery Protection Cruiser) 护渔艇
FPC (=Freight Payment Clause) 付款条款
FPEAK (=Forepeak) 首尖舱
FPI (=Fuel Pressure Indicator) (1) 燃油压力指示器；(2) 油压指示器
FPIL (=Full Premium If Lost) 则负责全部保险费，若灭
FPM (=Feet per Minute) 英尺 / 分
FPP (=Fixed Pitch Propeller) 固定螺距螺旋桨
FPPAR (=Freight Payable per Actual Result) 实际效果运费
FPR (= Free from Particular Average) 平安险 (单独海损不保)
FPS (=Feet per Second) 英尺 / 秒
FPS (=Financial Planning Simulator) 金融计划模拟器
FPS (=Flashes per Second) 每秒闪光次数
FPS (=Foot-pound-second) 英尺 - 磅 - 秒

FPSO (=Floating Production Storage and Off-loading Unit) 浮动产品存储器与卸载装置
FPSU (=Floating Production and Storage Unit) 浮式生产和储油装置
FPT (=Forepeak Tank) 首尖舱
FPT (=Full Power Trial) 全功率试航，全速试航
FPTK (=Forepeak Tank) 首尖舱
FPV/S (=Floating Production Vessel/system) 海上石油船 / 系统
FQCY (=Frequency) 频率
FR (=Failure Rate) 故障率
FR (=Failure Record) 故障记录
FR (=Failure Report) 故障报告
FR (=Fax Receiver) 传真接收机
FR (=Field Regulator) 场强调节器
FR (=Final Report) 总结报告，最后报告
FR (=Firm) 公司
FR (=First Refusal) 首先决定权
FR (=Fixed Rate) 固定汇率
FR (=Floating Release) 船名未定保险单
FR (=Frame) (1) 肋骨，(2) 框架，构架；(3) 机架
FR (=France/French) 法国的 / 法国
FR (=Freight Rate) 海运运价，费率
FR (=Frequency Range) 频率范围
FR (=Frequency Response) 频率响应
fractate 曲折的，折角的
fractile 分位数，分位点
fractiography 破面检查法
fraction (1) 分数，小数；(2) 百分率；(3) 部分，级分；(4) 碎片，碎屑，细粒，片段，(5) 成分，组成，(6) 分式，分数式；(7) 折射，(8) 馏份
fraction collector 馏份收集器
fraction failed test 部分破坏试验
fraction gear 剖分式齿轮
fraction in lowest terms 最简分数，最简分式
fraction of losses 损失分数
fraction of sample in liquid phase 试样在液相中所占分数
fraction of void (材料) 疏松度，空隙比
fractional (1) 小数的，分数的，分式的；(2) 分级的，分部的，分步的，分次的；(3) 分馏的；(4) 分成几份的，部分的；(5) 相对的 (表示总数的分数)；(6) 碎片的，断片的
fractional amount 零数
fractional area of contact 接触面积率
fractional card 部分倒用卡
fractional column 分馏塔
fractional computer 分数计算机
fractional condensing unit 小型压缩冷凝机组
fractional crystallization 分部结晶，分步结晶，分段结晶，分别结晶
fractional damage 局部损坏
fractional distillation 分馏 [法]，精馏
fractional distillation test 分馏试验
fractional division 小数
fractional equation 分式方程
fractional error 相对误差，比例误差，部分误差
fractional exponent 分 [式] 指数
fractional expression 分数式
fractional extraction 分 [步] 抽提
fractional fixed point 小数定点制，定点小数
fractional harmonic 分数谐波，分谐波
fractional horse-power (=FHP) 分马力
fractional horsepower (=FHP) 分马力
fractional horsepower drive 部分功率传动装置
fractional-horsepower motor 分马力电动机，小马力电动机
fractional horsepower motor 小功率电动机，分数功率电动机，分马力电机
fractional inaccuracy 相对不精确度
fractional integrals 非整数次积分
fractional linear substitution 分式线性代换
fractional load 部分载荷，部分负载，部分荷载
fractional loading coil 分数加感线圈
fractional melting 分 [步] 熔化
fractional money 分数货币，零钱，辅币
fractional mu oscillator μ 小于 1 的振荡器
fractional-mu tube μ 小于 1 的振荡器，分数放大系数管，分数 μ 管
fractional number 分数
fractional orbit(al) bombardment system (=FOBS) 部分轨道袭击系统
fractional part 小数部分，分数部分

585

fractional pitch pole changing winding　短节距改变极数绕组
fractional-pitch winding　分节绕组, 分距绕组, 短距绕组
fractional pitch winding　分数节距绕组, 短节距绕组, 分节绕组
fractional pointer　(台卡接收机)分巷指针
fractional precipitation　分级沉淀
fractional range resolution　距离分辨能力比率
fractional sampling　分数采样法
fractional second　几分之一秒, 零点几秒, 不到 1 秒
fractional sedimentation method　分离沉淀法, 部分沉淀法
fractional-slot winding　分数槽绕组, 分数槽线圈
fractional slot winding　分数槽绕组
fractional turbine　部分进汽式汽轮机
fractional turn　分级转动
fractional variation　百分比变化
fractionalization　分裂为几部分的过程
fractionalization sterilization　间歇灭菌法
fractionalization time　分段记时
fractionary　(1) 小数的, 分数的, 分式的; (2) 分级的, 分部的, 分步的, 分次的; (3) 分馏的; (4) 分成几份的, 部分的; (5) 相对的 (表示总数的分数); (6) 碎片的, 断片的
fractionate　(1) 分馏; (2) 分级, 分离
fractionated gain　部分增益
fractionated irradiation　分次辐照
fractionating　(1) 分馏, 精馏; (2) 分级, 分离
fractionating column　分馏柱, 分馏塔
fractionating tower　分馏塔, 精馏塔
fractionation　(1) 分级分离, 分馏; (2) 分级; (3) 分离结晶; (4) 分阶段
fractionation by absorption　吸附分离
fractionation by distillation　分馏, 蒸馏分离
fractionation of technical powder　工业粉末分级
fractionator　气体分离装置, 分馏器, 精馏器, 分馏塔
fractionize　分成几部分, 化成小数, 化成分数, 裂成碎片, 分馏, 分离, 分级
fracto-　(词头)　断裂的, 碎的
fracto-graphic examination (=FGE)　(金属面)裂纹显微镜检验
fractograph　断口组织, 断裂图
fractographic　断口组织的, 断口金相的
fractography　断口组织的显微镜观察, 金属断面的显微镜观察, 断口组织检查, 断口组织试验, 断口金相
fractometer　色层分差仪

586

fractorite　来克赖特, 分级炸药 (商名)
fracture　(1) 破裂, 破碎, 断裂; (2) 裂面, 断面, 断口; (3) 裂纹, 裂缝, 裂痕
fracture appearance　断口外观
fracture appearance transition temperature　断口外观转变温度, 断口形貌转变温度
fracture-arrest temperature　裂缝终止的温度
fracture behavio(u)r　断口性能
fracture control technology　断裂控制技术
fracture ductility　断口韧性
fracture face　断裂面, 断口面
fracture gradient　裂缝梯度
fracture gradient profile　裂缝梯度剖面
fracture length　断裂长
fracture load　破坏荷载
fracture mechanics (=FM)　断裂力学
fracture mechanics analysis　断裂力学分析
fracture mechanism　断裂机理
fracture mode　断裂形式
fracture nucleus　断裂核
fracture number　断口度数
fracture of coal　碎煤
fracture of facet　粗晶断口, 棱晶断口
fracture of roll　轧辊表面的裂缝, 轧辊的掉角
fracture plane　断裂平面, 破裂面
fracture probability　断裂概率
fracture propagation　断裂扩展
fracture resistance　抗断裂性, 断裂抗力
fracture safe design　断裂安全设计, 断裂保险设计
fracture section　断裂剖面
fracture speed　裂痕扩展速度
fracture strength　抗断裂强度, 抗断强度
fracture stress　断裂应力

fracture surface　断裂表面, 断面
fracture surface examination　断口检查
fracture test　断裂试验, 断口试验
fracture texture　断口结构
fracture toughness　断裂韧性, 断裂韧度, 抗裂韧性
fracture toughness characteristics　断裂韧性特性
fracture toughness property　断裂韧性
fracture treatment　压裂处理
fracture with axial splitting　轴向分离断裂
fracture zone　破碎带, 破裂带
fractured　(1) 压裂的; (2) 断裂的; (3) 破裂的, 有裂缝的
fractured part　断裂零件
fractured surface　断裂面, 破裂面
fracturing　断裂, 破裂, 压裂, 碎裂, 龟裂
fracturing devices　爆炸式压裂装置
fracturing load　破坏荷载
fragibility　易碎性
fragile　脆的, 脆性的, 易碎的
fragile article　易碎品, 脆弱体
fragile cargo　易碎化货物, 易损货物, 易碎品
fragile disc tank　易碎圆柜
fragile goods　易碎货物
fragileness　易碎性, 易裂性, 脆性, 脆弱
fragility　(1) 易碎性, 易裂性, 脆性, 脆度, 脆弱性; (2) 易破损物
fragilization　脆化
fragment　(1) 碎块, 碎屑, 碎片, 断片, 破片; (2) 毛刺, 毛边; (3) 分段; (4) 片段, 另篇, 摘录
fragment offset　分段差距
fragmental　分裂成碎片的, 裂片的
fragmental grain　碎片
fragmentariness　破碎性质, 破碎状态
fragmentary data　不完全的资料, 不连贯的资料
fragmentary ejecta　喷屑
fragmentary experience　局部经验
fragmentate　使裂成碎片
fragmentation　(1) 碎裂, 破裂; (2) [原子核] 分裂成若干大碎块
fragmentation bomb　杀伤炸弹, 杀伤炮弹
fragmentation of nucleus　核爆炸
fragmentation reaction　裂片反应
fragmentation shell　杀伤炸弹, 杀伤炮弹
fragmenting　分割, 破碎
fragmentization　(1) 导致破碎的过程, 碎裂, 分裂, 破裂, 断裂, 爆裂, 裂解, 破碎, 片断; (2) (原子核) 爆炸; (3) (程序的) 分段存储
fragmentize　使裂成碎片, 使分裂
fragrance　芳香, 香味, 香气
fragrant　芳香的
fragrant substance　芳香物, 香料
Frahm frequency meter　振簧仪
frail　(1) 不牢固的, 不坚固的, 脆弱的, 脆的; (2) 虚弱的, 薄弱的
frail construction　不牢固的结构, 单薄结构
frailty　脆 [弱], 薄弱, 弱点, 短处
fraise　(1) 扩孔钻; (2) 小铣刀; (3) 铰刀; (4) 圆头锉
fraise arbor　铣刀心轴
fraise jig　铣床夹具
fraise unit　多头铣 [床]
fraising　(1) 铰孔; (2) 切环槽
framable　(1) 可构造的, 可组织的, 可制订的; (2) 可装配框子的; (3) 可想象的
frame (=FRM 或 fr)　(1) 框架, 骨架, 构架, 机架, 支架, 车架, 框, 架; (2) 座, 底座; (3) (船体) 肋骨, 结构; (4) [飞机] 机身, [导弹] 弹体; (5) (电视) 帧, 成帧, 画面; (6) [传真电报的] 图像大小; (7) 系统; (8) 构造; (9) 发展, 有发展的希望; (10) 装肋骨, 装框架
frame a plan　制定计划
frame aerial　框形天线, 线圈天线
frame alignment　帧同步
frame amplifier　帧信号放大器
frame amplitude　帧扫描振幅
frame amplitude control　帧扫描振幅调整, 帧幅控制
frame and braced door　框构门
frame angle　肋骨角材, 肋骨角钢
frame antenna　框形天线, 线圈天线
frame area　(1) 帧面积; (2) 肋站面积, 剖面面积 (水线下肋骨站船体横剖面面积)
frame bar　(1) 肋骨角材, 肋骨钢; (2) (电视) 分帧线; (3) (电影) 分格线

frame bearing　框架轴承
frame bend　抛物线形场弯曲校正信号, 帧图像变形
frame bender　肋骨弯曲机, 型钢折弯机
frame bending machine　肋骨弯曲机
frame bevel　(船首尾部的) 斜面肋骨, 肋骨折边间斜夹角
frame beveling machine　肋骨扩角机
frame blanking　帧回描熄灭, 帧消隐
frame-blanking amplifier　帧熄灭放大器
frame body plan　肋骨横剖面图
frame brace　底架拉条
frame bracket　肋骨衬板
frame bridge　框架 [式] 桥, 钢架桥
frame bulge　肋骨球缘
frame-by-frame　逐个画面的, 逐个镜头的, 逐帧的, 逐格的
frame by frame exposure　逐格曝光, 逐帧照射
frame by frame insert　逐帧插入
frame by frame picture recording　分解法图像录制
frame camera　分幅摄影机
frame check sequence　帧核验序列
frame code　(1) 表示无线电发送情况的电码；(2) 帧编码
frame coil　中心调整线圈, 定心线圈
frame construction　框架结构, 骨架结构, 框架构造
frame cover　护板, 护罩
frame crane　固定式龙门起重机
frame crank press　单柱曲轴压力机
frame cross member　车架横梁
frame cushion　车架缓冲装置, 车架缓冲器
frame cutting　平行式剪切
frame deflection　肋骨初挠度
frame deflector coil　帧偏转线圈
frame door　直拼斜撑框构门
frame erection　(在船台上) 架肋骨, 肋骨装配
frame floor　框架肋板, 开敞肋板
frame framed　榫构合
frame frequency　帧频
frame foundation　机架地脚
frame girder　构架梁
frame ground　机架地线, 机架接地
frame grounding　机架接地
frame grounding circuit　机壳接地电路, 机架接地电路
frame head　肋骨顶部, 上段肋板
frame heel piece　肋骨踵材
frame hold　取景调节器, 摄像调节器
frame hood　分离筒锁紧环, 颈盖
frame inclination　肋骨斜度
frame interpolation　肋骨插值
frame level　框式水平仪, 框式水准仪
frame line　(1) 肋骨 [型] 线；(2) (电视) 分帧线；(3) (电影) 分格线
frame linearity　帧扫描线性
frame liner　肋骨衬条
frame member　构件
frame modulus　肋骨剖面模数
frame mold　肋骨样板
frame mounting　框架安装, 在框架上安装, 在肋骨上安装
frame net　横桁拖网
frame number　(电视上每秒形成的) 画像数, 帧数
frame of an engine　发动机机架
frame of axes　坐标系统, 参考系
frame of axis　坐标系
frame of distribution board　配电板机架
frame of reference　(1)读数系 [统]；(2)空间坐标系 [统], 基准坐标系；(3) 参考系 [统], 参照系；(4) 参照构架
frame of roller train　滚轮架
frame of triangular bridge-type construction　桁架式机框, 桁架式机架
frame output　帧扫描输出
frame output transformer　帧输出变压器
frame ovality　肋骨椭圆度
frame pallet　构架式托盘
frame period　帧周期
frame plan　肋骨型线图
frame planer　(移动式) 龙门刨床
frame plate　架板

frame point　桁架节点
frame pulse　帧 [频] 脉冲
frame repetition frequency (=FRF)　帧重复频率, 帧更换数, 帧频
frame resistance　线绕可变电阻
frame rider　肋骨翼板
frame ring　肋骨框架, 环形肋骨
frame roll machine　肋骨滚弯机
frame-saw　框锯, 架锯
frame saw　多锯条框锯机, 框锯, 架锯
frame saw blade　框锯条
frame scan　帧扫描, 纵扫描
frame scan transformer　帧扫描变压器
frame scanning　帧扫描
frame scanning circuit　帧扫描电路
frame section　支架截面
frame section surface　肋骨截面
frame side member　(汽车) 车架边梁
frame slip　(1) 帧滑动；(2) 肋骨衬条 (肋骨与壳板间的衬垫)
frame slip packing piece　肋骨衬条
frame slipway　船棚
frame-space　肋骨间距
frame space (=FS)　肋骨间距, 肋距
frame spacing (=FRSP)　肋骨间距
frame station line　肋骨站线
frame stretch bending machine　肋骨拉弯机
frame suspended motor　底架悬挂电动机
frame synchronization　帧同步
frame-synchronizing impulse　帧同步脉冲
frame synchronous code　帧同步码
frame timber　肋骨角材, 肋材
frame time　帧象周期, 帧时
frame time base　帧 [扫描] 时间
frame to frame coding　帧间编码
frame to frame encoding　帧间编码
frame to frame jump　帧跳动
frame to frame response　帧间响应
frame to frame variation　帧间变化
frame top　(1) 肋骨顶；(2) 横向构件
frame work　(1) 框架, 机壳, 骨架；(2) 构架工程
framed　构架的, 框架的, 骨架的
framed arch　弓形桁架, 构架拱, 桁拱
framed building　骨架式房屋, 构架房屋
framed data　建造记录
framed house　骨架式房屋, 构架房屋
framed mattress　框格排, 编篱
framed structure　框架结构, 构架, 骨架
framed structure analysis program　框架结构分析程序
frameless　无框架的, 无机架的, 无骨架的
framer　(1) (电视) 帧调节器, 调幅器, 成帧器；(2) 制造者, 编制者, 计划者
frames (=FRS)　(1) 肋骨；(2) 框架, 构架；(3) 机架
frames per second (=fps)　(电视图像) 每秒帧数
frameset　框式支架
frameshift　移码
framework　(1) 主机构架, 机壳, 机座, 机架；(2) 结构, 机构, 构架, 框架, 骨架；(3) 体制, 体系, 组织；(4) 范围
framework of bridge　桥架
framework of fixed points　(测量) 控制点网
framing　(1) 框架；(2) 结构, 机构, 构架, 骨架；(3) 按帧对准光栅, 图像定位, 图框配合, 成帧；(4) 组织, 体系, 范围
framing bits　帧比特同步位
framing camera　分幅照相机
framing chisel　粗木工凿, 框架凿, 大头凿, 榫凿
framing code　按帧编码
framing control　图像正确位置调整, 图像正确位置调节, 按帧调节光栅, 成帧调节, 帧调整
framing device　帧位调整装置
framing line　构架线
framing magnet　图像位置调整磁铁, 成帧磁铁
framing mask　(图像) 限制框
framing member　框架结构, 结构件, 构架件
framing plan　船体结构图, 船体构架图
framing scaffold　脚手架
framing signal　定位信号

framing square 构架矩尺，木工角尺
framing system 肋骨结构
framing table 矿泥分选盘
FRAN =Framed Structures Analysis Program 框架结构分析程序
Franc (=fr) 法郎（法国、瑞士、比利时等国货币单位）
France (=FR 或 Fr) 法国
franchise (1) 加盟；(2) (保险) 免赔额，免赔率；(3) 特约代理权，特许权，特许；(4) 给以特许；(5) 免税；(6) 品质公差特损免责条款
franchise clause (=FC) 免赔额条款
franchise ratio 免赔率
franchise tax 特许税，专利税
franchisee (1) 被特许者，获特许方；(2) 加盟站
franchising law 特许法
franchisor 有授特许权者，授权方
Francis turbine 轴向辐流式水轮机，轴向辐流式涡轮机，法兰西斯水轮机，法兰西式涡轮机，混流式水轮机
francium 〔化〕钫 Fr (第 87 号元素)
franco 法兰可高速钢 (0.7%C, 18%W, 4%Cr, 1%V, 余量 Fe)
frangibility (1) 易折性；(2) 脆性，可碎性；(3) 脆度
frangible (1) 破碎的，折断的；(2) 松散的，脆的
frangible coupling (1) 法兰盘式联轴节，易卸接头；(2) 易卸接合
frangible grenade 燃烧弹
frank (1) 使便于通行，准许免费通过；(2) 邮资先付，免费邮寄
franking-machine 加盖"邮资已付"的自动邮资盖印机
franklin 静库仑数
franklinic electricity 摩擦电，静电
frap 用索缚紧，缚牢，缚紧，收紧
frapping line 放艇缚绳，止荡绳
frapping screw 插结夹 (插接缆绳用的夹子)
frapping turns 扎圈 (扎绳的圈数)
Frary metal 铅 - 碱土金属轴承合金，钡钙铅合金
fraud 欺骗，欺诈
fraudulent income 虚假所得
fraudulent misrepresentation 欺诈性误述
Fraunhofer 弗琅荷费，窄谱测量单位 (=10x 谱线等效宽度 ÷ 波长)
Fraunhofer diffraction 平行光绕射
Fraunhofer line 太阳光谱黑线，弗琅荷费谱线
Fraunhofer region 辐射区，远场，远区
Fraunhofer spectrum 弗琅荷费光谱，吸收太阳光谱线
fray (1) 擦，磨；(2) 磨损，擦伤，擦断；(3) 磨损处
frayed 受磨损
fraying 磨损后掉下来的碎屑，磨损
fraze 端头铣刀
frazzle 磨损的末端，磨损的边缘，磨损
FRB (=Federal Reserve Bank) （美国）联邦储备银行
FRB (=Fire Boat) 消防艇
FRB (=Full Reach and Burden) 全部载货容积与载重量
FRC (=Fault Resulting in collision) 船舶碰撞过失
FRC (=Federal Radio Commission) 联邦无线电委员会
FRC (=Freight at Risk of Carrier) 承运人承担风险的运费
FRE (=Foreign-related Element) 涉外因素
freak (1) 不正常现象，信号的突然出现与衰落；(2) 频率；(3) 畸形
freak range 不稳定的接收区
freak stocks 非商品性石油产品，中间产品
freakle (1) 无光泽的斑点，斑点；(2) 使产生斑点
free (1) 使空转，使摆脱，折下，卸下，解除，免除，分离，放出，解脱；(2) 自由的，游离的，任意的；(3) 价格；(4) 单体的；(5) (油船) 除气，打开；(6) 正横后受风；(7) 不负责
free Abelian group 自由交换群，自由阿贝耳群
free access 自由通道
free access floor 活地板
free-acid 游离酸
free acid 游离酸
free acoustics 室外声学
free-air (1) 大气 [的]；(2) 自由空间
free air (1) 大气；(2) 未受干扰的空气，自由空气
free air capacity 排气量
free-air correction 自由空间校正，海平校正数
free air delivery 排气量
free air diffuser 进气扩散道
free air dose 自由空气剂量
free air ionization chamber 自由空气电离室
free-air reduction 正常大气归算

free air temperature 大气温度
free air temperature ga(u)ge 空气温度规
free air value 大气值
free airport 自由贸易区
free alongside = (FAS) （在启运港）船边交货 [价]
free alongside quay 码头交货价格，码头交货
free alongside ship (=FAS) 装运港船边交货价格，船边交货
free alongside steamer (=FAS) 船边交货
free alongside vessel (=FASV) 装运港船边交货价格，船边交货
free alkali 游离碱
free alternation current 自由振荡电流
free area (1) 有效截面；(2) 自由区
free arrival station (=FAS) （集装箱运输）到达站交货
free asphalt 游离沥青
free at factory 工厂交货（价）
free at quay (=FAQ) 码头交货价格，码头交货
free axis 自由轴
free base 游离碱
free beam 自由梁，简支梁
free bearing 铰座，球形支座
free bend ductility 自由弯曲延展性
free bend test 自由弯曲试验
free berth 空泊位
free blown glass 无模人工吹制玻璃，自由吹制玻璃
free-board (1) 干舷高度，干舷；(2) (码头等) 出水高度；(3) (地面至汽车车架底面的) 净空高，余高；(4) 待租船
free-board assigned 核定的干舷
free-board assignment 干舷稳定，干舷勘划
free-board calculation 干舷计算
free-board certificate 载重线证书，干舷证书
free-board coefficient 干舷系数
free-board computation 干舷计算
free-board deck 干舷甲板
free-board deck beam 干舷甲板梁
free-board deckling 干舷甲板线
free-board depth 干舷深度，干舷高度
free-board depth ratio 干舷型深比
free-board draft 干舷吃水
free-board draught 干舷吃水
free-board exceedance frequency 浪越干舷频率
free-board length 干舷船长，干舷长度
free-board marks 载重线标志，干舷标志
free-board measurement 干舷测定
free-board paint 干舷漆，船壳漆
free-board port 舷墙排水口
free-board ratio 干舷比
free-board regulation 干舷规则
free-board rule 干舷规则
free-board table 干舷表
free-board zones 干舷界限，干舷区 (按不同季节对干舷高度作出规定的航行海区)
free boat 待租船
free-body 自由体，隔离体
free body 自由体，隔离体
free-body diagram 隔离体图
free body diagram 分离体图，隔离体图
free boring 自由镗孔
free boundary （不承受荷载的）自由边界
free boundary electrophoresis 自由界面电泳
free box wrench 活套筒扳手
free-burning 易燃烧的，速燃的
free burning mixture 自燃混合气
free capital 游资
free carbon 游离石墨，游离碳，单体碳
free-carrier 自由载流子
free carrier (=FC) (1) 自由载流子；(2) 货交承运人
free carrier absorption 自由载流子吸收
free-caving 容易陷落的，容易自然崩落的
free cementite 过共析渗碳体，游离渗碳体
free chalking pigment 易粉化型颜料
free channel 畅通无阻的航道，无闸坝航道
free charge 自由电荷
free choice principle (=FCP) 自由选择原则

free collection advice (=FCA)　到付运费联系单
free commodities　免税货物
free component　自由分量,自由分力
free convection　自由对流,自然对流
free convection cooling　自然对流冷却
free convection heat transfer　自然对流传热,自由对流传热
free convertibility of dollar for gold　美元自由兑换黄金
free convertible currency　可自由兑换的通货
free core　{计}空闲内存区
free core pool　{计}可自由使用的主存储区,自由存储区
free corner　不连角隅
free cross side　自由横滑板
free-cutting　高速切削,易切削,快削
free cutting　高速切削,自由切削
free cutting brass (=FCB)　易切黄铜
free-cutting machinability　易切削性
free-cutting property　易切削性能
free-cutting steel　易切[削]钢,高速切削钢
free damped　无强制衰减的,自由衰减的
free damping　无强制衰减,自由衰减
free delivered　准许交货的,已准出舱
free delivery (=FD)　船方不负责交货费[用]
free digging rate　(散货initial船机的)正常卸货效率,自然挖取效率
free discharge　(1)自由放电;(2)免费卸载(船方不负担卸货费用)
free dispatch　免付速遣费(船方不负责速遣费)
free docks　码头交货价格(船方不负责码头费)
free domicile　交货港费用已付
free drainage　天然排水
free-draining　自流排水,天然排水
free draining　排水性能良好的,自流排水,天然排水
free draining model　自由穿流模型
free drifting buoy　自由漂动浮标
free drop catch　自由下降档
free edge　边缘不固定,软垫喇叭口边,自由边[缘],悬空边缘
free efflux　自由出流
free electric charge　自由电荷
free electricity　自由电荷
free electron　自由电子
free electron theory of metals　金属的自由电子论
free element　单体元素
free end　(1)(梁的)自由端,悬空端,空端;(2)活动支座
free end bearing　(1)伸出支座轴承;(2)活动支承,自由支承,松端支承,简单支承
free end spring　自由端游丝
free-energy　自由能
free energy　自由能
free entries　免税货品进口(申请书)
free entry of air to the crankcase　空气自由进入曲拐箱
free exchange　自由贸易,自由汇兑
free exchange of information　自由交换资料
free exhaust　自由排气
free expansion　自由膨胀
free face　(1)自由面;(2)暴露面
free-fall　自由下落,惯性运动
free fall　自由降落,自由下落
free fall lifeboat　自由落水救生艇
free fall lifeboat system　自由降落救生艇系统
free-fall mixer　自由下落搅拌机
free fall model　自由落体模型
free-fall rocket core sampling
free-fall velocity　自由降落速度
free falling　自由坠落
free falling velocity　自由沉降速度
free ferrite　亚共析铁素体,游离铁素体
free field　自由场
free-field current response　自由场电流响应
free-field room　自由场室,消声室
free-field storage　自由字段存储
free-field voltage response　自由场电压响应
free firing armature　活动射击武器
free fit　活动配合,自由配合,松配
free fit thread　活动配合螺纹
free flange　松套法兰
free flexural wave　自由弯曲波

free flight angle　自由飞行角
free-flight missile　非制导飞弹
free flight wind tunnel　自由飞行风洞
free floating　自由浮动
free floating exchange rate　自由浮动汇率
free floating suction dredger　自航耙吸式挖泥船
free floating wave meter (=FFWM)　自由漂浮式测波仪,自由浮动式测波仪
free flooding　自由灌注的,自由浸水的,非水密的,通海的
free flooding opening　开式排水孔,开式舷孔
free flooding tank　与海水相通的舱
free flow　无压流,自由流
free flow cargo　流散性货物
free flow system　(货油)自由流动系统
free-flowing　(1)自由流动;(2)无阻碍的
free flowing　(1)流散性的,自流的;(2)畅通无阻的
free flowing black　无尘碳黑
free flowing bulk material container　散货集装箱
free-flowing material　流动性材料,松散材料
free fluid index (=FFI)　自由流体指数
free foreign agency　国外代理免费
free forging　自由锻
free-format input　自由格式输入
free-free transition　两种非束缚态间的的跃迁,自由-自由跃迁
free frequency　自由振动频率,自由频率,固有频率,自然频率
free from　不受,免于,没有
free from acid　无酸的,不含酸的
free from all average　(保险)一切海损均不赔偿
free from all average and salvage charge　一切海损及救助费均不负责
free from alongside　船边交货价格,船边交货
free from average　不包括海损险,海损不赔,海损不保
free from crack　无裂纹
free from damage　(1)不包括损坏,损坏不保;(2)残损不赔
free from duty　不包括税费,税费不保,免税
free from general average　共同海损不保
free from particular average　单独海损不保,平安险
free from particular average absolutely　单独海损绝对不保
free from reflected wave antenna　反射波抑制天线,防反射波天线
free gap　自由间隙
free gas　游离气体
free gas ion　自由气体离子
free gas saturation　自由气饱和率
free gas space　游离气体空间
free gear　活动齿轮,自由轮,游滑轮,空套轮
free gold　(1)游离金;(2)金储备,金准备
free goods　免征进口税货物,免税货物,免税品
free grid　自由栅极
free groundwater　自由地下水
free gyroscope (=FG)　自由陀螺仪
free-hand　徒手画的
free hand drawing　徒手画,草图
free hand line　波浪线
free hand section　徒手切片
free hand sketch　徒手[画的]草图
free-handle　脱扣手柄,脱扣装置,活动把手,活动手柄
free harbor　自由港(进出口货物免税)
free hatch　免税舱
free haul　不加费运距,免费运距,免费搬运
free haul distance　免费运距
free hauled traffic　免费运输
free head　自由水头
free health service　免费医疗
free-hearth electric furnace　炉底导电直热式电弧炉
free hearth electric furnace　炉底导电直热式电弧炉
free height (=FRHGT)　净空高
free house　交货港费用已付
free impedance　短路输入阻抗,自由阻抗
free import　免税进口货
free in (=FI)　船方不付装货费用,舱内交货价格
free in and liner out　船方不负担装货费但负担卸货费用
free in and out (=FIO)　船方不负担装卸货费用
free in and out and stowed　船方不负担装卸和积载费用
free in and out and stowed and trimmed　船方不负担装卸、积载和平舱费

free in and out and trimmed　船方不负担装卸及平舱费用
free in and out stowed and trimmed　船方不负担装卸、积载及平舱费用
free in and stowed　船方不负担装船和堆装费用
free in bunker　(1)(燃料)交到船上燃料舱价格；(2)燃料舱交货(价格)
free in harbor　港内交货(价格)
free in lash　船东不负责装货和绑扎费用
free in liner terms discharge　船方不装货费且班轮条款卸货
free in wagon　船方不负担装入货车费用
free influx　自由进流
free into barge　(燃料)交到油驳价格，驳船交货价格
free into bunker　(燃料)交到船上燃料舱价格
free into truck　船方不装入卡车费用
free into wagon (=FW)　船方不负责装入货车费用，车厢内交货价格
free-jet　自由射流
free jet　自由射流
free jet type turbine　射流式水轮机
free lamp circuit　示闲灯电路
free leg　活动支杆,活动支架
free length　自由长度
free lever　自由手柄,无锁握柄
free lift　自由升力
free lime　游离石灰
free line　空[闲]线
free line signaling　空线指示法,空线信号
free link　自由键
free liquidation trade　自由结算贸易
free list　海关免税品单,免税商品单,免税货物单
free-machining　高速切削,快削
free machining　高速切削
free machining additive　改善切削性添加剂
free machining alloy steel　易切削合金钢
free machining steel (=FMS)　高速切削钢,易切削钢
free magnetic charge　自由磁荷
free magnetism　自由磁性,视在磁性
free magnetization conditions　(磁放大器的)自由磁化条件
free market　自由市场
free milling　自由选矿
free milling gold　易汞齐化金
free mine　漂雷
free model technique　自由船模试验技术
free moisture　自由湿气,游离水分
free molecular flow force　自由分子流动力
free mooring arrangement　活动系泊布置(单点系泊)
free motion　自由运动
free neutron　自由中子
free of address　免付委托佣金
free of all average (=FAA)　一切部分损失均不赔偿(只赔全损),一切海损均不赔偿
free of all average with salvage charge　一切海损均不赔偿但负担救助费
free of average　海损不保
free of backlash　无侧隙
free of charge,　不承担费用,免费
free of claim for accident reported (=FCAR)　已报事故损失不赔
free of cost　免费
free of damage　损害不赔,损坏不赔
free of damage absolutely　(船体)损坏绝对不赔
free of duty　免税
free of freightage　不包括运费
free of general average (F. G. A.)　共同海损不赔
free of income tax　船方不负担所得税
free of liquid fat　无水脂肪
free of losses　无损耗
free of particular average (=FPA)　单独海损不保
free of particular average absolutely　单独海损绝对坏保
free of reported casualty　不申报海滩费
free of stamp　免付印花税
free of tax　免税
free of turn　不按到港顺序(船舶到港即计算装卸费)
free on airport　机场交货
free on board (=FOB)　船上交货价格,离岸价格
free on board aircraft　飞机上交货
free on board airport　飞机旁交货
free on board and commission　包括代理费在内的离岸价格

free on board and trimmed　包括平舱费在内的离岸价格
free on board in harbor (=FBH)　港内船上交货
free on board stowed (=FOB stowed)　舱底交货价格(船上交货包括堆装),离岸价包括理仓费
free on board stowed and trimmed (=FOB stowed & trimmed)　包括积载费及平舱费在内的离岸价格,离岸价包括理仓费和平仓费,船上交货包括理仓费和平仓费
free on board unstowed (=FOB unstowed)　离岸价不包括理仓费,船上交货不包括理仓费
free on car　卡车交货价格,卡车交货
free on damage　损害不赔
free on lighter　驳船交货价格,驳船交货
free on plane (=F.O.P)　飞机上交货价
free on quay　码头交货价格,码头交货
free on rail　铁路交货价格,火车上交货
free on ship　船上交货价格,船上交货
free on station　车站交货价格
free on steamer　船上交货价格,船上交货
free on train　火车上交货价格,火车上交货
free on truck (=FOT)　卡车上交货价格,卡车交货,敞车上交货价格
free on wagon　船方不负责装入货车费用,车上交货价格
free on wharf　码头交货价格
free-open-textured　结构松散的
free open textured　结构松散的
free operand　{计}空运算对象
free oscillation　自由摇荡,自由振荡,自由振动
free out (=FO)　船东不负担卸货费用
free overboard　(目的港)船边交货
free overfall　自由溢流
free overside (=FO)　船上交货价格,到港价格
free overside ship (=F.O.S.)　目的港船上交货价格,到港价格
free oxygen　游离氧
free pass　通行证
free path　自由行程
free path equipment　自由路径设备
free perimeters　免税地带,免税区
free period　自由振荡周期,固有周期
free pilotage　不强制引航(可不用引航员)
free piston　自由活塞
free piston air compressor　自由活塞空气压缩机
free-piston compressor　自由活塞压缩机
free piston compressor　自由活塞式压缩机
free-piston engine　自由活塞发动机
free piston engine　自由活塞发动机
free piston gas generator　自由活塞燃气发生器
free-piston gas generator engine　自由活塞煤气发生炉发动机
free piston gas generator engine　自由活塞煤气发生炉发动机
free piston gas turbine　自由活塞式燃气轮机,自由活塞燃气透平
free piston gas turbine plant　自由活塞式燃气轮机装置
free piston gasifier　自由活塞燃气发生器
free piston installation　自由活塞装置
free piston plant　自由活塞装置
free pitching　自由纵摇
free play　(1)空程,空转；(2)齿隙,游隙；(3)游动
free point　自由点,动点
free point tester　自由点测试器
free port　自由港
free port area　自由港区
free port zone　自由港区
free position　(1)任意状态；(2)空挡
free power turbine　自由动力涡轮
free pratique (=FP)　(船舶进口)检疫证
free progressive wave　自由行波
free pulley　空转皮带轮,皮带惰轮,皮带游轮
free-radical　自由基,游离基
free radical　自由基,游离基
free reach　后舷风驶帆,顺风驶帆
free reed　击穿簧片
free replacement　免费更换
free response item　自由填写检测项目
free roll　自由横摇
free roll test　自由横摇试验
free roller　张力调节辊
free rolling　(1)自由横摇；(2)自由滚动

free rolling friction　自由滚动摩擦
free rolling wheel　空转轮
free rotor gyro　自由转子陀螺仪
free-running　(1)自由振荡的,不同步的,自激的；(2)易流动的；(3)无人监视运转的,空转的,无载的
free running　(1)自由行程,空转；(2)滑行；(3)自由振荡；(4)无载荷运行,自由航行(未带拖船等)
free running blocking generator　自激间歇振荡器
free running circuit　不同步电路
free-running differential　自由轮式差速器
free-running fit　自由转动配合,自由[动]配合,松动配合,轻动配合
free-running frequency　自由振动频率,固有频率,自由频率,自然频率
free-running multivibrator　自激多谐振荡器,自由多谐振荡器
free running multivibrator　自激多谐振荡器
free running operation　(1)空车运行,空转运行；(2)自由振荡状态,自激工作方式
free running property　流散性
free running saw-tooth generator　非同步锯齿波发生器
free running speech　自然语言
free-running speed　空转速度,无载转速,无载航速,自由航速
free-running sweep　自激扫描
free running sweep　自激扫描
free-running system　场频与行频连锁但与电源无关的电视系统
free running test　空转试验
free sample　免费样品
free section　可拆部分
free-settling　自由沉降的
free-settling hydraulic classifier　自由沉降水力分级机
free ship　(1)(战时)中立国船；(2)待租船
free sketch　徒手画,示意图,草图
free-sliding spline　滑动花键
free space　自由空间,无场空间,真空
free space field intensity　自由空间电场强度
free space impedance　自由空间阻抗
free space power　自由空间功率
free-space propagation　自由空间传播
free spiral vortex　自由螺旋形旋涡
free spire union　自由螺接
free spool　游滑卷线轴
free spread　自由伸张量
free-standing　不需要支撑的,不需要拉杆的,独立式的
free standing caisson　独立式沉箱
free standing fuel tank　日用油柜
free standing gravity davit　轻型重力式艇架
free-standing rack structure　独立式货架
free state　自由状态,游离状态
free statement　{计}释放语句
free storage period　免费保管期,免费储存期
free stream　(1)未扰动气流,自由[气]流；(2)自由流线
free stream direction　自由气流方向
free stream total head　自由气流总压头
free stream velocity (=FSV)　自由流速度
free stroke　自由行程
free stuff　没有节瘤缺陷的木材,软性木材
free surface　自由[表]面,自由液面
free surface correction　自由液面修正
free surface effect (=FSE)　自由液面效应
free surface moment　自由液面力矩
free surface of ground　地表,地面
free surface of water　自由水面
free surface resistance　自由液面阻力
free swelling index　自由膨胀指数
free swiveling hydrodynamic fairing　自由旋转导流罩
free tank　不满液柜(具有自由液面)
free tar　游离柏油
free time　(1)(储存)免费期；(2)预备时间；(3)不计及装卸时间的停泊时间,免计时间
free top　简支顶盖
free torsion　自由扭转
free trade　自由贸易
free trade agreement　自由贸易协定
free trade policy (=FTP)　自由贸易政策
free trade wharf (=FTW)　自由贸易港码头
free trade zone (=FTZ)　自由贸易区

free trade zone entry　自由贸易区入区表
free traffic　不受阻碍的交通
free transit　自由过境,自由通过,免费运输
free transmission　空行程传动
free transmission range　(滤波器)通带范围
free travel　自由行程,空行程
free tree　自由树
free trimming　船方不负担平舱费
free-trip　(1)自由脱扣,自动脱扣；(2)脱扣装置
free turbine (=FT)　自由涡轮
free turn　(船)自由掉头,自由回转
free unloading rate　正常卸货效率
free valve mechanism　自由阀机构,活动阀机构
free variation　自由变异
free vibration　自由振荡,自由振动
free vibration mode　自由振动模式,自由振动形式
free-vortex　自由[旋]涡
free vortex　自由旋涡
free water　(1)(液柜的)自由流动水,自由液面水,自由水；(2)游离水；(3)自由地下水
free water content　游离水分
free water damage (=FWD)　自由溢水损坏,水损
free water depth　自由水深度
free water effect　自由液面影响
free water elevation　自由水面高度,自由水位
free water surface　自由水面
free wave　自由行波,自由波
free wave pattern　自由波型
free-wheel　自由轮,游滑轮,一种单向离合器
free wheel　自由轮,游滑轮,空套轮,活轮
free-wheel clutch　自由轮离合器,空转轮离合器
free-wheel lock　自由轮掣子
free-wheel mechanism　自由轮机构
free-wheeling　自由旋转,空转,空程,自由轮传动
free wheeling　单向离合器
free-wheeling clutch　自由轮离合器,单向离合器,超越离合器,空程离合器
free wheeling clutch　单向离合器
free wheeling controls　灵活的手轮控制装置
free-wheeling hub　自由轮毂
free wheeling stator　活转定子
free-wheeling transmission　自由轮传动
free-wheeling unit　(1)单向离合器总成；(2)自由轮总成
free wind　顺风
free wrench handle　棘轮扳手
free zone (=FZ)　自由贸易区,免税区
free zone of harbor　港口自由区
freeboard (=FBD)　(1)干舷高度；(2)出水高度,超高；(3)从地面到汽车底架之间的高度；(4)净空
freeboard certificate (=FC)　干舷证书
freeboard deck　干舷甲板
freeboard of evaporation pan　蒸发皿缘高
freedom (=FDM)　(1)自由；(2)自由度；(3)间隙,游隙；(4)摇动,游动,摆动
freedom battery　无需维护的蓄电池
freedom from　免除,免于
freedom from interference　无干扰
freedom from jamming　无人为干扰,抗干扰性
freedom from piping and undue segregation　无钢锭管状病及过度分凝
freedom from vibration　抗振性,防振
freedom of fuel flow　燃油流动性
freedom of high sea　公海自由
freedom of motion　运动自由度,能动度,活动度
freedom of movement　运动自由度
freedom of oscillation　振动自由度
freedom of navigation　自由通行权,航行自由
freedom of the seas　公海航行权,海洋自由权
freeing　(1)排除,消除；(2)解脱
freeing arrangement　排水装置
freeing pipe　排气管,逸气管,排水管
freeing port (=FP)　舷侧排水口,排水舷口,排水口
freeing scuttle　风浪排水孔,排水口,排水门
freeing tanks of gas　(油船)清除汽油

freeing wheel 修整轮
freely 不受约束地,自由地,随意地
freely convertible currency 可自由兑换的货币
freely falling body 自由落体
freely-flowing 自由流动的
freely-locatable program 可自由分配存储单元的程序,可自由定位程序,浮动程序
freely movable bearing 活动支座
freely moving carrier 自由活动托架
freely moving traffic 畅通的交通
freely soluble 易溶解的
freely supported 自由支承的
freely supported beam 简支梁
freescan 扫描数字化器
freeway 高速公路,快速道路
freewheel (1)自由轮,游滑轮,飞轮;(2)惯性滑行;(3)空转
freewheel gear shift (1)自由轮离合器换挡(自动变速器);(2)换入空挡
freewheeled 无轨的
freewheeling (1)单向转动,空行程,空程,空转,(2)单向离合器;(3)自由轮传动,惯性滑行
freezability 耐冻性,耐冻力
freeze (=FRZ) (1)冰冻,冻结,冷冻,(2)致冷,冷藏;(3)凝固
freeze casting method 冰冷铸法
freeze concentration 冷冻浓缩,冻结浓缩
freeze dried starter 冻结干燥发酵剂
freeze-dry 升华干燥,冻干
freeze dryer 冻干机
freeze-drying 冷冻蒸干,冷冻升华
freeze drying 冷冻干燥,冻干
freeze drying machinery 冻结干燥设备
freeze-etching 冻蚀法
freeze-frame 停格,定格
freeze frame 凝固画面,冻结帧,停帧,凝镜,停格
freeze framing 静止图像
freeze in 被冰封住
freeze-proof (1)防冻性;(2)防冻的
freeze-out 冻结出,凝结出
freeze out 冻析,冻离,冻干
freeze out gas collector 气体冻干捕集器
freeze out sampling 冻干取样
freeze-over 全面冻结
freeze over 全面冻结,使凝固
freeze-proof 防冻性的,抗冻的
freeze resistance 耐寒性,抗霜性
freeze thaw attack 冻融侵蚀
freeze thaw cycle 冻-融周期
freeze thaw durability 抗冻融性
freeze thaw resistance 抗冻融性能
freeze-thaw-stable 耐冻耐熔[的]
freeze thaw test 冻融试验
freeze-up (1)冻结,凝结;(2)球磨机的临界转数
freeze up 冻结,结冰,封冻
freezed 结冰的
freezemeter 凝固计
freezer (1)冷冻[制冰]机,冻结设备,冻结装置,冷冻机,冻结器,冷却器,致冷器,冷冻器,冰箱;(2)冷冻间,冻结间,冷藏柜,冷藏车;(3)冷藏工
freezer burn 冻伤
freezer car 冷冻车
freezer locker 冷藏柜,冷藏舱,冷藏室
freezer room 低温贮藏室,速冻间
freezer ship 冷藏船
freezership 冷藏渔船
freezing 冻结,冰冻,凝固,致冷
freezing air 冷空气
freezing and thawing 冻结和融化
freezing and thawing test 冻融试验
freezing capacity 冻结能力
freezing carrier 冷货运输船,冷藏船
freezing chamber 冷冻间,冷冻舱,冻结间,冻结室
freezing chest [低温]冰箱
freezing damage 冻害
freezing efficiency 冷冻效率
freezing equipment 冷冻装置

freezing goods 冷冻货
freezing hold 冷冻舱
freezing-in 凝结,冻结,凝入
freezing in bulk 散装冷冻
freezing index 冷冻指数
freezing level 凝固点,冻结高度(大气层达到0℃气温的高度)
freezing level chart 冻结高度图
freezing machine 冷冻机,制冷机
freezing medium 冷冻剂,制冷剂
freezing-mixture 冷冻剂,冷却剂
freezing mixture 冷冻混合物,冷却剂,冷却液,致冷剂,制冷剂
freezing of a furnace 炉内冻结,结炉
freezing of price 价格冻结
freezing oil 冷冻油
freezing oil cargo 冷冻油船
freezing out effect 凝固效应
freezing plant 冷冻装置,冻结装置
freezing-point (1)冰点;(2)凝固点
freezing point (=FP 或 fp) (1)冰点;(2)凝固点,冻结点
freezing press plant 冷冻法除盐装置
freezing process (1)冻结法;(2)解冻法
freezing process plant 冷冻法除盐装置
freezing rate 冷冻速率,冻结率
freezing resistance 耐寒性,抗冻性
freezing room 冷冻间,冷冻舱,冻结室
freezing speed 冻结速度
freezing tank 冷冻槽,制冰机,硬化罐
freezing temperature 凝固温度,冻结温度
freezing test 抗冻性试验,冰冻试验
freezing time 冷冻时间,冻结时间
freezing tunnel 隧道式硬化装置,冻结隧道
freight (=FRGT 或 FRT) (1)运费;(2)货物,船货;(3)货运列车,货船;(4)运输,运货;(5)出租(车船),雇用(车船)
freight absorption 吸收运费,运费免收
freight account (1)运费清单,装货清单;(2)载货登记簿
freight agent 货运代理人,运输行
freight agreement 运费协定,运价协定
freight all kinds 综合运费率,均一费率
freight amount 运费额,货运量
freight and demurrage 运费和滞期费
freight application for space 货运舱位申请,订舱单,托运单
freight as per charter party 运费按租约规定支付
freight at destination 到付运费
freight at risk 有风险的运费,到付运费
freight at risk of carrier 承运人承担风险的运费
freight auditing 运费审计
freight barge 货驳
freight base 运费标准
freight basis 计费标准
freight bill (=FB) 运费清单,装货清单,运货单
freight boat 货船,货轮
freight broker 运输经纪人
freight calculated for shippers container 货主集装箱运费计收
freight canvassers 揽货员
freight capacity 运输能力
freight car 铁路货车,运货汽车,货车
freight carrier 货物运输船,货船
freight charge 运费
freight claim 货物索赔,货运索赔
freight classification 货物分类,货物分等表
freight clause 运费[支付]条款
freight clerk 货载管理员,押运员
freight collect 运费支付,运费待收
freight collection advice 到付运费联系单
freight collision clause 碰船货损赔偿条款
freight consolidation building (集装箱码头)装箱拆箱库,拼箱作业库
freight container 货运集装箱,集装箱
freight container inspection certificate (=FCIC) 集装箱检验证书
freight container traffic 货物集装箱运输
freight contingency 运费意外事故(货物运费已付但船仍在运输中)
freight control computer (=FCC) 货运控制计算机
freight cost and insurance 到岸价格
freight costs 运费成本

592

freight deductible　可扣减运费
freight department　运输部门
freight depot　货运站
freight differential　运费折让
freight elevator　货物升降机，载货电梯
freight factors　运费因素
freight ferry　载货渡船
freight flow　货[物]流
freight forward　(1) 货到付运费；(2) 货物转运运费，运费由提货人支付
freight forwarder　货物转运商，货运代理人，运输代理行
freight handler　(1) 装载公司，搬运公司；(2) 装载工人，搬运工人
freight handling　货物装卸，货物处理
freight handling area　装卸操作区
freight handling equipment　货物装卸设备
freight handling facilities　装卸设备
freight hatch　货舱口
freight haulage　货物运输，货运
freight house　货栈，货仓，仓库
freight in　入货运费
freight in advance　预付运费
freight in full　全包运费 (指到达港一切费用由船方负责)
freight including insurance paid to　运费和保险费付至某地价[格]
freight index　运价指数
freight insurance　运费保险，运费险
freight invoice　运费发票
freight label　货签
freight lighter　货驳
freight liner　(1) 货班轮；(2) 集装箱定期直达列车，货运班车
freight list　运费明细表，运费清单，运价表
freight manifest　货运清单，运费清单
freight market　运输交易市场，货运市场
freight movement　货物运转，货运
freight note　运费清单，装货清单
freight notice　运费通知单
freight office　货运办公室
freight on inter branch transfers　分店间送货运费
freight or carriage paid to　运费付至……
freight out　销货运费
freight paid (=FP)　运费付讫
freight payable at destination　货到付运费
freight payable at destination together with other charges　到付运费及附加费
freight payable per actual result　实际效果运费
freight payment clause　付款条款
freight platform　装卸站台，装卸台
freight policy　运费保险单
freight prepaid　运费预付，运费先付，运费付讫
freight prepaid bill of lading　运费预付提单
freight rate　海运运费，[运]费率
freight rate level　货运价率水平
freight rebate　运费回扣
freight receipt　运费收据
freight release (=F/R)　(运费在卸货港支付的) 提货单
freight report　运费报告
freight rocket　运载火箭
freight service　货运业务
freight shed　货棚，货仓，仓库
freight ship (=FS)　[运]货船
freight space　(载货) 舱位
freight station　(集装箱) 货[运]站
freight station pier　货运站码头
freight steamer　蒸汽货船
freight supply (=FS)　货物供应
freight tariff　运费率，运费表，运价表
freight traffic manager (=FTM)　货运经纪人
freight tax　运费税
freight tax prepayment　装货运税费
freight terminal　货运终点站，货运码头，货运总站
freight to be collected　运费待收
freight to collect (=FTC)　货到收运费，运费待收
freight ton　运费计价吨，装载吨，载货吨，运费吨，计费吨
freight ton kilometer (=FTK)　吨千米
freight tonnage　载货吨位，载货量

freight tonne kilometer (=FTK)　吨千米
freight traffic　货运交通，货运量，货运
freight traffic manager　货运经纪人
freight traffic statistical index　货物运输统计指标
freight train　货物列车，货[运列]车
freight train make up plan　货物列车编组计划
freight train shipment　随货物列车发料
freight transfer station　货物中转站
freight transport association (=FTA)　货物运输协会
freight transportation　货物运输
freight turnover　货运周转期
freight unit (=FU)　运费计算单位，运费单位
freight vehicle　运货汽车，货车
freight vessel　货船，货轮
freight volume　货运量
freight waiver clause　运费放弃条款
freight yard　货[运]场
freightage　(1) 货运，租运，装货；(2) 租船[费]，运费；(3) 载货容量，货物
freighter　(1) 运输机，货运机；(2) 货船；(3) 运输公司；(4) 承运人，承租人；(5) 装货人，租船人，货主
freighter aircraft　货运飞机
freighting　载货运输，运输货物
freighting voyage　运货航次
freightment　货运业务
fremitus　震颤
fremodyne　调频接收机
French bowline　双结套，水手结
French coil　并列排绳法
French coupling　螺旋联结器
French curve　(1) 云形曲线；(2) 云形规，曲线板，曲线规
French drain　盲沟
French fake　并列排绳法
French francs　法国法郎
French fryer　法式煎锅
French gold　一种铜合金
French knife　牛刀
French patent　法国专利
French polish　法国抛光剂
French sash　铰链窗
French standard thread　法国标准螺纹
French straw　塑料细管
French window　落地窗
frenching　最后精炼
frenchman　接头修整工具，嵌填工具
frenotron　合在一个管内的二极管和三极管
freon　氟氯烷，弗里昂，氟冷剂
freon brine refrigerating installation　弗里昂盐水制冷装置
freon charged compressor　弗里昂压缩机
freon cloud point　弗里昂蚀点
freon compression machine　弗里昂压缩制冷机
freon compressor　弗里昂压缩机
freon cooling installation　弗里昂冷却装置
freon cylinder　弗里昂瓶
freon gas　弗里昂气
freon pipe　弗里昂管
freon refrigerant　弗里昂制冷剂
freon refrigeration　弗里昂制冷
FREQ (=Frequency)　频率
FREQM (=Frequency Meter)　频率计
FREQ-Range (=Frequency Range)　频率范围
frequencies used for search and rescue at sea　海上搜救频率
frequency (=F 或 FREQ 或 FQCY)　(1) 频率，周率，频度，频数；(2) 次数 (统计中的)；(3) 频繁
frequency accuracy　频率准确度
frequency accuracy relation　频率-精度关系
frequency adaptor　拾频器
frequency adder (=FREQ ADDER)　频率加法器
frequency adjust (=FREQ ADJ)　频率调节
frequency adjuster　频率调整器
frequency allocation　频率分配，频率配置，频段分配
frequency allocation center (=FAC)　频率分配中心
frequency allocation list (=FAL)　频率分配表
frequency allocation panel (=FAP)　频率分配小组[委员会]

frequency allotment　频率分配
frequency analysis　频率响应分析，频率分析，频谱分析，谐波分析
frequency analysis and control (=FAC)　频率分析与控制
frequency analysis compaction　频率分析精简法
frequency analyzer　频率分析仪
frequency and amplitude modulation　调频与调幅
frequency assignment　频率分配，频率整定范围
frequency azimuth intensity　频率方位强度
frequency band　频率带，频带，波段
frequency bandwidth　[频]带宽[度]
frequency booster　倍频器
frequency bridge　频率电桥
frequency cable　载频电缆
frequency carrier deviation meter　频率偏移计
frequency changer (=FC)　换频器，变频器，变频机，混频管
frequency changing circuit　频率变换电路
frequency channel (=FC)　频道，频段
frequency channel selection assembly　频道选择装置，波道转换装置
frequency selector　频道选择开关
frequency changer (=FC)　频率变换器，换频器，变频器
frequency characteristic(s)　频率特性[曲线]
frequency climinator　除频器
frequency compensation　频率补偿
frequency compression demodulator (=FCD)　频率压缩解调器
frequency component　频率组份
frequency computer　频率计算机
frequency constant　频率常数
frequency content　频率含量，频谱
frequency control　频率控制
frequency control & analysis center (=FCAC)　频率控制与分析中心
frequency control & analysis facility (=FCAF)　频率控制与分析设备
frequency control board (=FCB)　频率管理委员会
frequency controlled laser　频率控制激光器
frequency conversion　频率转换，频率变换
frequency conversion loss　变频损失
frequency converter (=FC)　频率变换器，变频器，变频机，换频器
frequency converter tube　变频管
frequency coordination　频率协调
frequency correction　频率校正
frequency corrector　频率校正器
frequency counter　频率计数器，频率计
frequency curve　频率曲线
frequency curve chart　次数分配曲线图，频率曲线图
frequency deaccentuator　频率校正线路
frequency demodulation　频率解调，监频
frequency demultiplication　分频
frequency demultiplier　分频器，降频器
frequency departure meter　频率漂移计
frequency dependence　频率相倚，频率相关
frequency detector　监频器
frequency deviation　(1)频[率偏]移；(2)频偏
frequency deviation envelope　频偏包迹
frequency dial　频率刻度盘
frequency difference　频[率]差
frequency discriminate circuit　甄频电路
frequency discrimination　频率检波，监频
frequency discrimination telegraph　频差电报
frequency discriminator　频率检波器，鉴频器
frequency distortion　频率畸变，频率失真
frequency distribution　频率分布
frequency diversity　频率分集[制]
frequency diversity radar　频率分集雷达
frequency divider　分频器
frequency division　分频
frequency-division modulation (=FDM)　频率分割调制，分频调制
frequency division multiple access (=FDMA)　频分多址联接方式，频分多址
frequency-division multiplex　频率分割多路复用，频分多路传输
frequency-division multiplex　(1)分频多路传输；(2)分频多路转换器；(3)分频多工
frequency division multiplex (=FDM)　(1)分频多路传输；(2)分频多路转换器；(3)分频多工
frequency division multiplexing　分频多路传输
frequency division system　频率分割制

frequency domain　频域
frequency-domain analyzer　频域分析器
frequency-domain reflectometer　频域反射器
frequency doubler (=FD)　二倍增频器，倍频器
frequency doubling　倍频的
frequency doubling laser (=FDL)　倍频激光器
frequency drift　频率漂移
frequency emphasizer　频率校正电路
frequency factor　(1)频率因子，频率因数；(2)振动因子，振动因数
frequency filter　频率滤波器，滤音器
frequency fixing　频率固定，频率稳定
frequency fluctuation　频率涨落
frequency frogging　频率交叉
frequency function　频率函数，频数函数
frequency gain curve　频率增益曲线
frequency gain function　频率增益函数
frequency generating rotor　频率发生转子
frequency generator　频率发生器
frequency halving　分频（频率分中）
frequency halving circuit　二分频电路
frequency histogram　频率直方图
frequency hysteresis　频率滞后
frequency identification unit (=FIU)　波长计
frequency in pitch　纵向振动频率
frequency in roll　横向振动频率
frequency in yaw　航向振动频率，偏航振动频率
frequency-independent antenna　非频变天线
frequency indicator　频率指示器，示频器
frequency interlace　频率交错
frequency interleave　频率交错
frequency interleaved pattern　交错频率信号图
frequency interval　频率间隔，频程
frequency inversion　频率反演，频带倒置
frequency jitter　频率抖动
frequency jump　频率跃度
frequency keying　频率键控
frequency-lock indication　频率同步指示，频率锁定指示
frequency lock indication　频率同步指示
frequency locus　频率轨迹
frequency mark　频率标志
frequency maximum utilizable (=FMU)　最高可用频率
frequency measurement　频率测量
frequency measuring equipment (=FME)　频率测量设备，频率计
frequency measuring station (=FMS)　频率测试台
frequency meter (=FRM 或 FM)　(1)滤音计；(2)频率表，频率计，测频计
frequency meter of network　电力网频率计
frequency meter with double scale　双标度频率计，并车用频率计
frequency method　频率法
frequency mixing　混频
frequency-modulated　[已]调频的
frequency modulated audiotone　调频音调
frequency modulated beam　调频光束
frequency modulated carrier　调频载波
frequency modulated cyclotron　调频回旋加速器
frequency-modulated generator　调频发生器
frequency modulated oscillator (=FMO)　调频振荡器
frequency-modulated quartz oscillator (=FMQO)　石英调频振荡器
frequency modulated quartz oscillator　石英调频振荡器
frequency modulated radar　调频雷达
frequency modulated receiver (=FMR)　调频接收机
frequency modulated station　调频发电厂
frequency-modulated sound　频调声
frequency modulated transmitter (=FMT)　调频发射机
frequency modulated wave　调频波
frequency modulating blade　调频叶片
frequency modulation (=FM)　频率调制，频调制，调频
frequency modulation and voice frequency (=FMVF)　调频与音频
frequency modulation association (=FMA)　调频协会
frequency modulation broadcast transmitter　调频广播发射器
frequency modulation broadcasting　调频制广播
frequency modulation broadcasting station　调频广播电台
frequency modulation carrier current telephony　调频式载波电话
frequency modulation cyclotron　调频回旋加速器

594

frequency modulation distortion　调频失真
frequency modulation feedback (=FMFB)　调频反馈
frequency modulation frequency converter (=FMFC)　频率调制与转换
frequency modulation generator (=FMG)　调频信号发生器
frequency modulation index　调频指数
frequency modulation noise　调频噪声
frequency modulation oscillator　调频振荡器
frequency modulation-phase modulation (=FM-PM)　调频 - 调相
frequency modulation phase modulation　调频 - 调相
frequency modulation pulse compression　调频脉冲压缩
frequency-modulation range measuring system　测量距离的调频系统
frequency modulation receiver　调频接收机, 调频收音机
frequency modulation reception　调频接收
frequency modulation stereo　调频立体声
frequency modulation system　调频制
frequency modulation transmitter　调频发射机
frequency modulation tuner　调频调谐器
frequency modulation with feedback (=FMFB)　反馈调频
frequency modulator　调制器
frequency monitoring and interference control (=FMIC)　频率监听和干扰控制
frequency multiplex (=FM)　频率多路复用
frequency multiplexing technique　多频多路技术
frequency multiplication　频率倍增, 倍频
frequency multiplier　倍频器
frequency multiplier chain　倍频链
frequency multiplier circuit　频率倍增电路, 倍频电路
frequency multiplier klystron　倍频调速管
frequency multiplier mixer circuit　倍频混频电路
frequency number　频率数, 频数
frequency of actionv (1) 作用频率；(2) 动作频率
frequency of amendment　修正频率
frequency of free oscillations　自由振荡频率
frequency of gyration　[电子] 回转频率
frequency of maintenance　维修次数, 维修频率
frequency of operation　工作频率
frequency of optimum traffic (=FOT)　最佳使用频率, 最佳通信频率, 最佳传输频率
frequency of penetration　穿透 [电离层的] 频率
frequency of radio (=FOR)　无线电频率
frequency of reference　基准频率, 参考频率
frequency of sampling　取样 [时间] 频率
frequency of ship motion　船舶运动频率
frequency of signal (=FS)　信号频率
frequency of signal generator (=FSG)　频率信号发生器
frequency of spectrum　频谱
frequency of the explosions　脉动频率 (脉动式空气喷气发动机的)
frequency of vibration　振动频率
frequency offset　频率偏移
frequency offset generator (=FOG)　频率补偿发生器
frequency-offset transponder　频偏应答器, 频偏转发器
frequency origin　频率原点
frequency outage report (=FOR)　频率故障报告
frequency overlap　频率重叠
frequency quenching equipment　工频淬火设备
frequency planning　频带分配, 频带规划
frequency polygon　频率多边形
frequency prediction　频率预测
frequency prediction chart　频率预测表
frequency pulling　频率牵引
frequency pulse　频率脉冲
frequency pushing　频率推移, 推频
frequency pushing factor　频率推移系数
frequency range (=FR)　频率范围, 频段, 波段
frequency ratio　频数比
frequency recorder　频率记录器
frequency reducer　减频器
frequency region　频率范围
frequency regulator　频率调节器, 频率稳定器
frequency relay　频率 [式] 继电器, 谐振继电器
frequency response (=FR)　(1) 频率响应度；(2) 频率特性
frequency-response analysis　频率特性分析
frequency-response analyzer　频率响应分析器
frequency response approach　频率响应计算法

frequency-response characteristic　频率响应特性, 频率反应特性
frequency-response curve　频率响应曲线
frequency response curve　频率响应曲线
frequency-response data　频率响应数据
frequency response display set　频率响应显示设备
frequency-response equation　频应均衡
frequency-response function　频率响应函数
frequency-response method　频率特性法
frequency-response of tape　磁带频率响应
frequency response range　频率响应范围
frequency-response trajectory　频响响应轨迹
frequency restriction　频率限制
frequency reuse　频率重复利用, 频率再用
frequency run　频率特性试验
frequency scan antenna　频率扫描天线
frequency scanning radar (=Frescanar)　频率扫描雷达
frequency scrambler　搅频器
frequency selecting amplifier　选项频率放大器, 选频放大器
frequency selection　频率选择, 选频
frequency selective device　选频装置
frequency selective fading　频率选择性衰落
frequency-selective filter circuit　频率选择滤波回路
frequency selective filter circuit　频率选择滤波回路
frequency selective system　选频系统
frequency sensitive describing function　频率描述函数
frequency-sensitive detector　频敏检波器
frequency sensitive variater　频繁变阻器
frequency sensitivity　频率灵敏度, 频敏度
frequency separation　频率区间, 按频区分
frequency separation multiplier　频率分离式乘法器
frequency separator　频率分离器
frequency setting　频率整定
frequency setting range　频率整定范围
frequency shaping　频率整形
frequency-sharing circuit　频率划分电路
frequency sharpening deemphasis network　频率锐化去加重网络
frequency-shift　移频
frequency shift (=FS)　频率偏移, 频移, 频偏
frequency shift communication system (=FSCS)　频移通信系统
frequency shift converter (=FSC)　频移变换器
frequency-shift data　频移数据
frequency shift indicator　频移指示器
frequency-shift key　数字调频
frequency-shift keyer　频率转换开关, 频率键控器
frequency-shift keying　移频键控, 数字调频, 调频器
frequency shift keying (=FSK)　移频键控, 键控频移, 频移键控, 频移键位, 数字调频
frequency shift keying telegraph　频移键控电报
frequency shift local oscillator　频移本地振荡器
frequency shift modulation (=FSM)　频移调制
frequency shift pulsing (=FSP)　频移脉冲
frequency shift receiver (=FSR)　频移接收机
frequency-shift system　频移制
frequency shift telegraphy　频移电报
frequency shift transmission (=FST)　频移传输
frequency shifter　移频器
frequency-slope modulation　频率斜率调制
frequency slope modulation　频率斜率调制
frequency spectrograph　频谱仪
frequency spectrum　频谱
frequency spectrum analysis　频谱分析
frequency spectrum analyzer　频谱分析仪
frequency splitting　频率分割, 分频
frequency spread　频率展开
frequency stability　频率稳定度, 频率稳定性
frequency stability analyzer (=FSA)　频率稳定分析器, 频率稳定分析仪
frequency stability factor　频率稳定率
frequency stabilization　频率稳定, 稳频
frequency stabilization by quartz resonator　石英稳频法
frequency stabilizers　稳频器
frequency staggering　频率参差
frequency standard (=FS)　频率标准
frequency surface　(统计中的) 次数曲面
frequency-sweep generator　扫频振荡器

frequency sweep oscillator (=FSO)　扫频振荡器

frequency swing　调频振荡器的最大频率偏移，频率来回变动，频率摆动

frequency synchronisation (=FS)　频率同步器

frequency synchronisation automatic device　频率同步自动设备

frequency synthesis　频率综合，频率合成

frequency synthesis technique　频率综合技术

frequency synthesizer (=FS)　频率合成器

frequency synthesizer circuit (=FS CKT)　频率合成电路

frequency telemetering　频率遥测

frequency time control (=FTC)　频率时间控制

frequency time modulation (=FTM)　频率时间调制

frequency time standard (=FTS)　频率时间标准

frequency to voltage converter　频率电压变换器

frequency tolerance　频率公差，频率容差，频率容限，频差容限

frequency transfer function　频率传输函数

frequency transformation　频率变换

frequency transformer　频率变换器，变频器

frequency translating transponder　变频转发器

frequency translation　频率转移，频率交叉，频率变换

frequency translation equipment (=FTE)　频率转换设备

frequency trimming　频率微调

frequency tripler　频率三倍器，三倍倍频器

frequency tuning range　频率调谐范围

frequency-type telemeter　频率式遥测计

frequency type telemeter　频率式遥测计

frequency variation　频率偏差

frequency vibration　频率振动

frequency weighing network　频率加权网络

frequent (=fqt)　(1)频繁的，常遇的；(2)时常发生的，经常的

frequently asked questions　常见问题集

frequently starting and stooping　频繁起停

Frequenta　弗列宽塔 (一种绝缘材料)

frequentative　反复 [表示] 的

Frequentit　弗列宽蒂 (一种绝缘材料)

frequently　频繁地，常常，时常

frequentness　频度

frerret　电子侦察机，电子间谍

FRES (=Fire Resistant)　耐火的

frescan　频率扫描器

Frescanar (=frequency scanning radar)　频率扫描雷达

fresco　湿墙加湿漆

FRESH (=Foil Research Ship)　水翼研究船

fresh　(1)适润；(2)新鲜；(3)新的，鲜艳的；(4)(水)淡的；(5)缺乏经验的，不熟练的

fresh air　清新空气

fresh air breathing apparatus　氧气供给器，呼吸器

fresh air inlet (=FAI)　新鲜空气入口，进气口，通风口

fresh air mask　氧气面罩

fresh and live goods　鲜活货物

fresh and / or rain water damage (=FRWD)　淡水和／或雨淋损失

fresh away　(船)加速

fresh breeze　清风，蒲氏五级风，劲风 (风速 17-21 节)

fresh concrete　新浇混凝土，新拌混凝土

fresh contract　新合同

fresh feed pump　进料泵

fresh fish carrier　鲜鱼船

fresh gale　八级风 (风速 34-40 节)

fresh hand　新手，生手

fresh ice　淡水冰

fresh information　新信息

fresh instruction　新指示

fresh iron　初熔铁

fresh load-line in summer　夏天淡水载重线

fresh material　新材料

fresh seawater cooling pump　海水淡水冷却泵

fresh slag　(高炉) 热干渣

fresh target (=FT)　新目标

fresh the hawse　解开缠绞的绳索

fresh-water　(1)新鲜水的，淡水的；(2)无经验的，不熟练的

fresh water (=FW)　新鲜水，淡水

fresh water allowance (=FWA)　淡水宽限量

fresh water and/or damage risk (=FWDR)　淡水雨淋险

fresh water arrival draft (=FWAD)　到达时淡水吃水

fresh water circulating pump)　淡水循环泵

fresh water damage (=FWD)　淡水损害

fresh water draft (=FWD)　淡水吃水

fresh water drain collecting tank (=FWDCT)　淡水排泄污水舱，淡水泄水收集柜

fresh water generator (=FWG)　造水机

fresh water pipe (=FWP)　淡水管

fresh water pump (=FWP)　淡水泵

fresh water ship (=FWS)　淡水船

fresh water tank (=FWT 或 FWTK)　淡水柜，淡水舱

freshen　(1)使清澈 (2)使新鲜；(3)使清爽；(4)(使海水)淡化，去盐分；(5)(使船)加速；(6)(风)变强，风力增强；(7)搬位 (指绳索、锚链的掉头或改变受磨损部位)

freshen the ballast　压载 [水] 舱换水

freshen the hawse　改变锚链在锚链筒的部位

freshen the nip　改变绳索受摩擦部位

freshen the rope　改变绳索摩擦部位

freshen the way　增加船速

freshener　(1)增鲜剂；(2)清凉剂

freshening wind　增强中的风

freshet　淡水流

freshman　新船员，新手，生手

freshness　(水) 淡性，清新，新鲜

freshwater　淡水，食用水

freshwater area　淡水区域

freshwater arrival drift　到达淡水港的吃水

freshwater arrival draught　到达淡水港的吃水

freshwater capacity　淡水储备量，淡水容量

freshwater circulating pump　淡水循环泵

freshwater collector　淡水集管

freshwater cooler　淡水冷却器

freshwater cooler tube　淡水冷却器管

freshwater cooling pump　淡水冷却泵

freshwater cooling system　淡水冷却系统

freshwater damage　淡水损害

freshwater discharge pump　淡水排出泵

freshwater discharging valve　淡水排出阀

freshwater displacement　淡水排水量

freshwater distiller　淡水蒸馏器

freshwater distilling plant　制淡水装置

freshwater distilling unit　淡水蒸馏设备

freshwater distributing pipe　淡水分配管

freshwater draft　淡水吃水

freshwater drain collecting tank　淡水排泄污水舱，淡水泄水收集柜

freshwater draught　淡水吃水

freshwater evaporator　淡水蒸发器

freshwater expansion tank　淡水膨胀箱

freshwater extraction pump　淡水抽出泵

freshwater filling main connection　淡水注入总管

freshwater filter　淡水 [过] 滤器

freshwater fish　淡水捕的海栖鱼，淡水鱼

freshwater flowmeter　淡水流量表

freshwater free-board　淡水干舷

freshwater generator　淡水造水机

freshwater geomagnetic electrokinetograph　淡水地磁动电测流器

freshwater heater　淡水加热器

freshwater hydrophore tank　淡水压力柜

freshwater inlet manifold　淡水注入管

freshwater line　(1)淡水吃水线；(2)淡水管路

freshwater load-line　淡水载重线

freshwater load-line in summer　夏天淡水满载水线

freshwater maker　海水化淡机，淡水制造机

freshwater mark　淡水载重线标志

freshwater pipe　淡水管路

freshwater pressure tank　淡水压力柜

freshwater pump　淡水泵，食用水抽水机，清水泵

freshwater recovery tank　淡水回收柜

freshwater sediment　(1)淡水沉积物；(2)淡水深度

freshwater ship　淡水船

freshwater stay　(桅至烟囱的)横牵索，桅间索，临时支索

freshwater system　淡水系统

freshwater tank　淡水槽，淡水箱，淡水柜，淡水舱

freshwater timber free-board　木材淡水干舷

freshwater timber load-line　木材淡水载重线

freshwater transfer pump　淡水输送泵，淡水调驳泵

freshwater zone 淡水区域

freshway (船)重新加速前进

Fresnel lantern 屈折反光灯

Fresnel lens 屈折反光透镜(用于灯塔和信号灯)

fret (1)侵蚀,磨损,磨耗;(2)搅乱,激乱;(3)网状饰,花纹条

fret-saw 钢丝锯,细工锯,嵌锯,线锯

fret saw 钢丝锯,线锯

fret saw frame 雕花锯条,钢丝锯条

fret sawing machine 细纹锯床,电蚀锯床

fret-work 格子通气孔

frettage 摩擦腐蚀,摩擦侵蚀

fretted rope 磨损的绳子

fretting 微振磨损

fretting corrosion 微振磨损腐蚀,微动磨损腐蚀,摩擦腐蚀,磨蚀

fretting fatigue 微振磨蚀疲劳,磨蚀疲劳

fretting wear 微振磨损,微动磨损

fretwork 浮雕细工

fretwork saw blade wire 钢丝锯条用钢丝

FRF (=Frame Repetition Frequency) 帧重复频率

FRF (=French francs) 法郎

FRGT (=Freight) 货运,运费

FRI (=Friday) 星期五

friability 易碎性,脆性

friability test 脆弱性试验

friable 脆的,易碎的

friable metal 脆性金属

fricative (1)摩擦的;(2)由摩擦而生的

Frick alloy 铜锌镍合金

frictiograph 摩擦仪

friction (=FRICT) (1)摩擦,摩阻,静摩擦;(2)摩擦力,阻力;(3)摩擦离合器

friction adjuster 摩擦力调节器

friction and wear 摩擦磨损

friction and windage loss (涡轮机或电机的)摩擦和鼓风损失

friction angle 摩擦角

friction area 摩擦面积

friction axis 摩擦轴

friction back gear 摩擦靠背轮

friction-ball [轴承的]钢球

friction ball 摩擦球

friction band 摩阻带,摩擦带,制动带

friction band brake 摩擦闸箍

friction bearing 滑动轴承

friction bevel gear 摩擦圆锥轮

friction block 摩擦块,摩擦离合器[皮]

friction board 耐擦纸板

friction board hammer 圆盘摩擦锤

friction brake (1)摩擦[式]制动器,摩擦闸;(2)摩擦测力计

friction brake handle 摩擦闸摇柄

friction buffer 摩擦缓冲器

friction calender 摩擦研光机

friction circle 摩擦圆,摩阻圆

friction circle analysis 摩擦圆分析法

friction clamp 摩擦夹钳,直钳

friction clutch 摩擦离合器,阻力传动器

friction clutch coupling 摩擦离合器

friction coat 摩擦涂层

friction coefficient 摩擦系数

friction coefficient value 摩擦系数值

friction color 光电纸止色料,蜡光纸上色料

friction composition 摩擦合剂

friction compound 擦胶剂

friction cone 锥形摩擦轮,摩擦锥轮

friction cone clutch 锥形摩擦离合器

friction correction 摩擦修正[量]

friction countershaft 摩擦离合器副轴

friction coupling 摩擦[式]联轴节,摩擦离合器,摩擦联轴器

friction crack 摩擦裂缝

friction damper 摩擦减震器,摩擦式阻尼器

friction damping 摩擦阻尼

friction disc (离合器的)摩擦圆盘,摩擦圆碟

friction disc clutch 圆盘摩擦离合器

friction disc saw 圆盘式摩擦锯

friction disk 摩擦圆盘,摩擦盘

friction disk clutch 摩擦圆盘离合器

friction disk saw 摩擦圆盘锯,摩擦锯

friction disk shock absorber 摩擦盘减震器

friction drag 摩擦阻力

friction drilling machine 摩擦变速钻床,摩擦钻床

friction drive 摩擦离合制动,摩擦传动

friction drive hoist 摩擦提升机

friction drive loudspeaker 摩擦式扬声器

friction-driven loudspeaker 摩擦式扬声器

friction driving unit 摩擦传动装置

friction drop 摩擦压力降

friction drum 摩擦鼓轮

friction dynamometer 摩擦测力计,摩擦测力器,摩擦功率计

friction error (仪表)摩擦误差

friction facing (1)摩擦衬片;(2)摩擦面

friction factor 摩擦系数,摩擦因数,摩擦率

friction feed motion 摩擦进给运动

friction force 摩擦力

friction foundation 摩擦桩基础

friction-free 无摩擦的

friction free economy 零阻力经济

friction ga(u)ge 摩擦计

friction-gear (1)摩擦轮;(2)摩擦传动装置

friction gear (1)摩擦轮;(2)摩擦传动装置,摩擦传动机构

friction gear mechanism 摩擦轮机构

friction gear set 摩擦轮组

friction geared winch 摩擦传动起货机,摩擦传动绞车

friction gearing 摩擦[轮]传动[装置]

friction grip 摩擦夹紧装置

friction hardening 摩擦硬化

friction head 摩擦损失水头

friction heat 摩擦热

friction heat gain 摩擦增热

friction horsepower 摩擦消耗马力,摩擦马力,摩擦功率

friction in steering mechanism 转向机构的摩擦阻力

friction jewel 依靠摩擦固定于夹板的宝石,压力[式]钻

friction layer 摩擦边界层,摩擦层,附面层

friction lining 摩擦衬片,摩擦衬里,摩擦片

friction load 摩擦负荷

friction loss 摩擦损耗,摩擦损失

friction loss of water head 摩擦损失水头

friction machine (1)摩擦上光机;(2)摩擦电机

friction material 摩擦材料

friction mechanism 摩擦机构

friction meter 摩擦系数测定仪

friction moment 摩擦力矩

friction noise 摩擦声

friction of motion 动摩擦,滑动摩擦,运动摩擦

friction of rest 静摩擦

friction of rolling 滚动摩擦

friction parts 摩擦零件

friction piece 摩擦体

friction pile 摩擦桩

friction-plate 摩擦片

friction polymer 摩擦聚合物

friction power 摩擦功率

friction press 摩擦压床,摩擦压力机,摩擦压光机

friction primer 摩擦起爆器,摩擦底火

friction producing layer 产生摩擦层

friction producing powder 产生粉沫

friction propelling unit 摩擦传动装置

friction property 摩擦性能

friction pulley 摩擦轮

friction pusher 摩擦式推钢机

friction ratchet 摩擦棘轮机构

friction ratchet gear 摩擦棘轮

friction release 摩擦式检脱器,摩擦式释放器

friction relief device 摩擦防护装置

friction resistance 抗摩阻力,摩擦阻力

friction resistance head (泵的)摩擦阻力损失压头

friction ring 摩擦圈,摩擦环

friction roll 摩擦滚筒,压紧辊

friction roller 摩擦滚柱

friction rolling hatch-cover 摩擦滚动舱口盖

597

friction saw 摩擦圆锯, 无齿锯, 摩擦锯
friction sawing 摩擦锯切
friction sawing machine 摩擦锯床
friction screw press 摩擦螺旋压力机, 摩擦压力机
friction shaft 摩擦轴
friction shock absorber 摩擦减震器
friction shoe 摩擦块, 摩擦片, 摩擦瓦
friction slip 滑动摩擦离合器
friction slope 摩擦比降
friction speed 不同速度, 异速
friction starching mangle 摩擦上浆机
friction surface 摩擦表面, 摩擦面
friction tachometer 摩擦式转速计
friction tape 绝缘胶带, 摩擦带
friction test 摩擦试验
friction tester 摩擦测量仪
friction testing machine 摩擦试验机
friction top 压紧盖
friction top can 糙面铁盖罐
friction torque 摩擦转矩, 摩擦扭矩, 摩擦力矩
friction transmission 摩擦传动
friction type mix 摩擦粉料
friction-type safety clutch 摩擦式安全离合器
friction type safety clutch 摩擦式安全离合器
friction type vacuum gauge 摩擦式真空规, 粘滞真空规
friction value 摩擦系数, 摩擦值
friction velocity 摩擦速度, 摩擦流速
friction washer 摩擦垫圈
friction welding 摩擦焊
friction welding machine 摩擦焊机
friction wheel 摩擦轮
friction wheel drive 摩擦轮传动
friction wheel speed counter 摩擦轮转速计数器
friction wheel tachometer 摩擦轮式转速计
friction winch 摩擦传动绞车
friction work 摩擦功
friction yielding prop 机械让压支柱
frictional (1) 由摩擦而产生的, 有内摩擦的, 摩擦的; (2) 粘性的
frictional angle 摩擦角
frictional back gear 摩擦背轮
frictional behavio(u)r 摩擦特性, 摩擦性状
frictional belt 摩擦层, 摩擦伴流, 边界层
frictional clutch 摩擦 [式] 离合器
frictional coefficient 摩擦系数
frictional compatibility 摩擦相容性
frictional cone drive 摩擦锥轮传动装置
frictional conformability 摩擦顺应性
frictional contact 摩擦接触
frictional contact drive 摩擦接触传动
frictional damping 摩擦阻尼, 摩擦渐止
frictional disk drive 摩擦盘传动, 摩擦片传动
frictional electricity 摩擦电
frictional energy loss 摩擦能损失
frictional flow 粘性液体流动, 摩擦流 [动]
frictional force 摩擦力
frictional geared winch 摩擦传动绞车
frictional gearing 摩擦传动装置
frictional heat 摩擦热
frictional heating 摩擦加热
frictional horse-power (=FHP) 摩擦马力
frictional horsepower 摩擦马力
frictional influence 摩擦效应, 摩擦影响
frictional loss 摩擦损耗, 摩擦损失
frictional oscillation 摩擦振动
frictional power 摩擦功率
frictional power loss 摩擦功率损失
frictional property 摩擦性能
frictional ratchet gearing 摩擦棘轮传动装置
frictional reducing polymer 减阻聚合物
frictional resistance 摩擦阻力
frictional resisting moment 摩擦阻力矩
frictional roller drive 摩擦滚子传动, 摩擦滚柱传动
frictional slip coupling 摩擦滑动式离合器
frictional soil 内摩擦阻力大的土壤

frictional strain gage 摩擦式应变片
frictional strength 摩阻强度
frictional stress 摩擦应力
frictional torque 摩擦转矩, 摩擦扭矩
frictional torque tester 摩擦转矩测量仪
frictional value 摩擦值
frictional velocity 摩擦速度, 相对滑动速度
frictional wake (船舶航行时的) 摩擦伴流
frictional wear 摩擦磨损
frictional wheel 摩擦轮
frictional wheel drive 摩擦轮传动 [装置]
frictionate (1) 摩擦; (2) 擦胶
frictionating (1) 摩擦; (2) 擦胶
frictionbrake 摩擦制动器, 摩擦闸
frictionclutch 摩擦离合器
frictionfactor 摩擦系数
frictioning 擦胶, 刮胶
frictioning calender 异速研光机
frictioning ratio 异速比例
frictionize 摩擦
frictionless 无摩擦, 无粘性的, 光滑的
frictionless flow 无摩擦流动, 无摩阻流, 无滞性流, 理想流动
frictionless fluid 无摩擦流体, 无粘性流体, 理想液体, 理想流体
frictionmeter 摩擦系数测定仪
frictiontape (1) 绝缘胶布, 胶带; (2) 摩擦带
Friday 星期五
fridge (1) 冷冻机, 冰箱; (2) 冷藏车
friendly numbers {数} 亲和数
friendship sloop "友谊" 单桅纵帆船
frigate 驱逐舰, 护卫舰, 海防舰
frige (1) 冷冻机, 冰箱; (2) 冷藏车
Frigen 氟利根 (与氟里昂类似的冷冻剂)
frigid 寒冷的
frigidaire 电冰箱
frigidarium (1) 冷藏室; (2) 电冰箱
frigistor 小型致冷器
frigo 冻结器
frigorie 千卡 / 小时 (冷冻机的)
frigorific 冰冻的
frigorific tallow 低温润滑脂
frigorifico 冷冻厂
frigorimeter 深冷温度计, 冷却表, 低温计, 冷冻仪
frigory 千卡 (冷冻计量单位)
frilling 剥离, 剥落
frim 潜艇浮力配平
fringe (1) 条纹; (2) 边, 边缘; (3) 带, 干扰带; (4) 镶边, 边纹; (5) 引起电视画面损坏的边纹
fringe area [电视] 接收边缘区, 散乱边纹区, 干扰区, 线条区
fringe crystal 柱状晶体
fringe count micrometer 条纹计数式干涉仪, 条纹计数式测微计
fringe effect 边缘效应
fringe field 边缘区域, 边缘场, 散射场, 干扰场
fringe industries 次要工业部门
fringe intensity 干涉带亮度, 条纹强度
fringe magnetic field 边缘磁场
fringe radiation 边缘辐射
fringe water (毛细管) 边缘水
fringed 毛边
fringed filter 条纹滤色片
fringing (1) 散流, 离散; (2) 边缘通量
fringing effect 边缘效应, 边际效应
fringing field 边缘场
fringing flux [直线电机的] 边缘磁通
fringing groove 弹带槽
frisket (平压机压印盘上的) 印刷器的轻质夹纸框
frisking 用污染仪搜查放射性辐射
frit (1) 熔合, 凝结, 烧结; (2) 玻璃料
fritted (1) 已熔合的; (2) 已凝结的, 已烧结的
fritted glass 熔结玻璃, 多孔玻璃
fritted glaze 熟釉
fritted head 烧结炉底
fritter (1) 消耗, 浪费; (2) 弄碎, 碎片, 小块
fritting (陶瓷的) 烘炙, 烧结
fritting furnace 熔化炉, 烧结炉

FRM (=Fiber-reinforcement Metal) 纤维增强金属
FRM (=Fire Room) 锅炉间
FRM (=Form) (1) 表格；(2) 形式
FRM (=Frame) 肋骨，框架，构架
FRM (=Frequency Meter) 频率计
FRN (=Foreign Vessel) 外轮
FRO (=Fire Risk Only) (1) 仅保火灾险；(2) 只承担火险
FROF (=Fire Risk on Freight) 货运火险
frog (1) 蛙；(2) (铁道) 辙叉，蹄叉，岔心；(3) 线岔；(4) (砖) 凹槽
frog boot 蹄叉垫
frog breathing 蛙式呼吸
frog cam 心形凸轮
frog center 辙叉心
frog flangeway 辙叉槽
frog hammer 蛙式打夯机
frog rammer 蛙式打夯机，跳跃式打夯机，机动夯，蛤蟆夯
frog toe 辙叉前端，辙叉趾
frog wing 辙叉翼
frogger 辙叉工
frogging 互换，变换
frogging repeater 换频中继器
frogleg 蛙腿式绕组，蛙脚式绕组
frogman 轻装潜水员，蛙人
from (1) 从……中，以来，离开，来自；(2) 因为，由于，按照，根据；(3) 用……制造，由……制造；(4) 使不能，防止，避免；(5) (表示) 区别，差异
from afar 从远方
from among 从……之中，从中，其中
from before 从……以前
from beginning to end 自始至终
from behind 从……后面
from beneath 从……下面
from bottom to top 自下至上
from day to day 一天一天地，每天都
from different angles 从不同角度
from end to end 从这端到那端
from first to last 始终
from hand to hand 传递
from hence 由此处
from here 由此处
from here on 从这里开始，此后
from now on 此后，今后
from nowhere 从那儿也不
from out of 从……之中
from out to out 从一头到另一头，全长
from outside 从……外面，从……外部
from place to place 从一处到另一处，处处
from-scratch 从头做起的
from the above mentioned 由上所述
from the beginning 从最初开始，首先
from the first 起初，原来
from the midst of 从……之中，从中
from the outset 从开始
from the point of view of 从……观点
from the start 从开始
from this time forward 从此面
from the time of 从……以来
from the time of loading (=FTL) 从装载时起
from this time on 从此面
from time to time 经常，不时
from what I have heard 据我所听到的
frondelite 锰绿铁矿
FRONT (=Fronting Insurer) 前承保人
front (1) 正面，前面；(2) (刀具) 锋面；(3) 前部；(4) 波前，波峰；(5) 前面的，前部的，正面的
front and back stop 前后座板，前后挡
front angle (锥齿轮) 前锥角
front aperture 前孔径
front apron 码头前沿
front arm 前摇臂
front axle 前桥，前轴
front axle alignment tool 前轴对准工具
front-axle beam 前梁
front axle control rod 前轴控制杆

front axle differential 前桥差速器
front axle fork 前轴叉
front axle with leaf spring 带钢板弹簧的前桥
front back connection (配电板等) 前后面连接，正反面接线
front bank 挖泥船工作面
front beam of frame 车架前梁
front-boundary cell 前膜光电管
front bulkhead 前 [端] 舱壁
front bumper 前保险杠
front carried duster 胸挂式喷粉机
front cavity 前腔
front cell focusing 前置透镜聚焦
front clearance angle (刀具的) 前锋余隙角，副后角
front column 前 [立] 柱
front cone (锥齿轮) 前锥
front connected (=FC) 前面连接的
front connected switch 前向联接开关
front connection (配电板等) 正面接线
front connection type 正面接线式
front contact (1) 动合触点，前触点，前接点；(2) 前触头
front cord 正面塞绳
front cover 前盖
front crown (锥齿轮) 前锥轮冠，前轮冠，前锥齿尖
front crown to crossing point 前锥齿尖至相错点
front cutting edge 前面切削刃，副切削刃
front door 前门
front drive 前桥驱动，前轮驱动，前轴驱动
front drive chassis 前轮转动底盘
front edge (1) 前缘；(2) 上升边，前沿
front effect photocell 半透明光电阴极光电管，前效应光电管
front elevation 正面图，正视图，前视图
front-end 前端的，前置的
front end (1) 前端，端部；(2) (超外差接收机) 高频端；(3) (电视接收机的) 调谐设备，调谐器
front end bucket 前装式铲斗
front-end circuit 前端电路
front-end computer 前端计算机
front end crops 切头
front-end equipment 前悬挂农具
front end fees 订约后先收的一次性费用
front end frame 端框架
front-end loader (1) 前端装载机；(2) 火车车辆移动机
front-end mower 机前割草机
front-end of spindle 主轴前端
front-end processor 前端处理机
front end processor 计算机系统的辅助处理机，前端处理机
front-end sill 前部端梁
front end volatility 轻馏分挥发性
front face (1) (轴承) 前端面，窄端面；(2) (刀具) 前刃面；(3) 前面，正面
front fender (汽车) 前护板，前挡板
front filler weld (1) 正面填角焊；(2) 正面角焊缝
front fitting radus (车辆) 前回转半径
front focal length (=FFL) 前焦距
front focus 前焦点
front glass (驾驶台前) 风挡玻璃，遮光玻璃
front harbor 外港 [地]
front haul 去程
front head (锅炉等) 前封头
front header (锅炉的) 前联箱
front hub 前毂
front index plate 正面分度盘
front lamp 前灯
front leading mark 前导标
front lens 前透镜
front lever 前制动杆
front lift truck (装有前叉的) 叉车
front light 前导标灯，前桅灯，前灯
front light tower 前灯桩
front line (1) 第一线；(2) 前沿，前线
front lining (集装箱) 端壁内衬板
front loading data cartridges 前载数据卡
front main bearing 前主轴承
front matter 正文前的版面

front mill table　前工作辊道
front-mounted　在前部安装的
front of blade　叶片的额线
front of column　立柱正面
front of panel mounting　面板前面的装配
front of saddle　大溜板正面, 鞍架正面
front office　(1) 前线部门; (2) 行政管理部门
front outline　正视轮廓图, 前视轮廓图
front overhang　(车辆) 前悬
front-panel　[前] 面板
front panel　[前] 面板
front panel control　面板控制
front panel illuminator　面板照明灯
front pilot　(拉刀的) 前导部, 前导
front pinacoid　前轴面
front pitch　前节距
front porch of pedestal　消隐脉冲肩
front-porch time　前基座时间
front post　端柱
front power take-off　(1) 曲轴前端动力输出轴; (2) 车辆前端的动力
　输出轴
front rail　前面栏杆, 横向栏杆
front rake angle　(刀具) 前角, 前倾角
front rake hook angle　前角
front rank　第一流的
front recess　前退刀槽
front reflection　前反射
front relief angle　(刀具) 副偏角
front roller　(1) (压土机) 前压土轮; (2) 前辊
front room　隔音室, 前室
front screen projection　前景放映法
front shackle　吻合卸扣 (与滑车眼吻合)
front shear　正面冲剪
front shear line　锋通切变线
front sheet　(集装箱) 端壁板
front-shifted　倒置的
front shock　头部激波
front shock absorber　波前减震器
front shoe　前瓦形支块, 前托块
front side　(1) 正面; (2) 正面图, 正视图
front sight　(枪的) 准星
front silvered mirror　前涂银镜
front slagging　炉前出渣
front slagging spout　炉前出渣槽, 连续出铁槽, 撇渣流槽
front slide　前滑板
front slope　迎水坡, 前坡, 外坡
front small light broken　左前小灯损坏
front spot light　前注光
front stern tube　前尾轴管
front stop pin　前制动销
front string　露天楼梯斜梁
front surface mirror　表面反射镜
front timing plate　正时齿轮室隔板
front tipper　前倾翻砂斗车, 前翻斗手推车, 朝前卸料手推车
front to back acceleration　背向加速度, 胸向过载
front-to-back effect　前后不一致的影响
front-to-back ratio　(定向性天线的) 方向性比, 前后比
front to rear ratio　天线方向性前后比
front top rake angle　(刀具的) 副前角, 纵向前角
front travel　预备工序, 前行程
front trigger　待发扳机, 前扳机
front truck　前转向架
front tube plate　(锅炉) 前管板
front tube sheet　烟箱管板, 前管板
front vane　前叶片
front view (=FV)　正面图, 主视图, 前视图, 正视图
front wall　[桥台] 胸墙
front water chamber　前水室
front wheel　前轮
front wheel angle tester　前轮定位试验器
front wheel spindle　前轮心轴, 转向指轴
front wiring　表面布线, 明线布线
front working profile　工作齿面
frontage　正面, 前面, 前方

frontal (=fronton)　(1) 正面; (2) 前面的, 正面的
frontal advance performance　前缘推进状态
frontal analysis　前沿分析法
frontal area　最大截面, 锋面, 正面
frontal chord　额矢状弦
frontal panel grill　前进气活门栅, 面板栅格
frontal plane　正面图
frontal rail　前导轨
frontal zone　前沿地带
frontback connection　正反面连接, 双面连接
fronted　前移的
frontier　(1) 边界; (2) 限界, 领域
frontier electron theory　前沿电子理论
frontier point　边点, 界点
frontier sanitary quarantine (=FSQ)　国境卫生检疫
frontier set　边集
frontier trade　边境贸易
fronting insurer (=FRONT)　前承保人
frontispiece　卷首插图页, 卷首插像页
frontless　无前部的, 无正面的, 前置的
frontlet　正面物
frontlighting　正面照明
frontloader　前装载机
frost (=FRST)　(1) 霜; (2) 霜冻, 冰冻, 冻结, 冻伤; (3) (玻璃等) 磨砂,
　消光
frost action　冰冻作用
frost board　防冻盖板
frost boiling　冰沸现象
frost bound　冰结的
frost crack　冻裂
frost effect　冰冻作用, 冰冻影响
frost fracture　冻裂缝
frost free period　无霜期
frost level indicator　结霜液面指示器, 结霜液面指示管
frost-melting　融冻
frost mist　霜雾, 白霜
frost nail　马掌钉
frost penetration　冰冻深度
frost point hygrometer　结霜湿度计
frost-proof　防冻的, 抗冻的, 耐寒的
frost-proof fire extinguisher　泡沫灭火器
frost-proof fire extinguishing system　泡沫灭火系统
frost-proof froth　[起] 泡沫
frost-proof nozzle　灭火泡沫喷嘴
frost protection　防冻
frost removal　除霜 [器]
frost resistance　抗冻能力, 抗冻性
frost resisting　抗冻的, 防冻的, 耐冻的
frost resisting power　耐寒能力
frost scaling　冰冻剥落
frost-susceptible　易冻冰的, 霜冻敏感的
frost valve　防冻阀
frostbite　被霜伤害, 使冻伤
frosted　(1) 霜状表面的, 盖有霜的; (2) 除去光泽的, 无光泽的, 闪光
　的, 磨砂的
frosted area　霜状区
frosted bulb　磨砂灯泡
frosted face　无光泽 [荧光] 面, 毛化面, 霜化面
frosted finish　无光光洁度, 毛面光洁度, 霜白表面
frosted glass　磨砂玻璃, 毛玻璃
frosted incandescent lamp　磨砂白炽灯
frosted lamp　毛玻璃灯泡, 磨砂灯泡, 闪光灯泡
frosted lamp globe　磨砂球形灯泡
frostheart　冻心材
frostiness　结霜
frosting　(1) 霜状表面, (油漆的) 起霜, 消光; (2) 塑料表面可见结晶
　图案, 表面晶析; (3) 霜状表面的, 无光泽的, 磨砂的
frosting glass　毛玻璃
frosting salt　浸蚀盐, 霜盐
frostless season　无霜期
froth　(1) 泡沫, 浮沫, 浮渣; (2) 起泡 [沫], 发泡; (3) (道路) 翻浆;
　(4) 空谈, 废话
froth applicator unit　(灭火) 泡沫发生器
froth extinguishing system　泡沫灭火系统

froth fire extinguisher　泡沫灭火器, 泡沫灭火机
froth fire extinguishing system　泡沫灭火系统
froth liquid vessel　泡沫灭火剂容器
froth nozzle　(灭火)泡沫喷口, 泡沫喷嘴
froth-over　起泡满溢
froth rubber　泡沫塑料
frother　(1)起泡沫, 泡沫发生器;(2)泡沫剂
frothiness　[起]泡沫性, 多泡性
frothing　起泡, 发泡
frothing agent　泡沫剂
frothing oil　起泡沫油
frothmeter　泡沫测量仪
frothy　有泡沫的, 起泡沫的, 泡沫状的, 空洞的, 浅薄的
frottage　(1)磨, 擦;(2)摩擦
frotteur　绢纺始纺机
frotton　磨棒
Froude dynamometer　费劳德功率计
Froude number　费劳德数
Froude wake factor　费劳德拌流系数
frozen　(1)冻的, 冻结的;(2)极冷的, 严寒的;(3)电脑停帧,
　　停格, 冻结帧
frozen account　被冻结的存款
frozen cake　冻块
frozen cargo　冰冻货物, 冷冻货物
frozen chamber　冷藏室
frozen component　初凝组元
frozen dowel bar　不能自由伸缩的传力杆, 冻结传力杆
frozen flow head　束管稳流网前箱, 凝流式流浆箱
frozen food locker　冷冻食品柜
frozen food storage room　冷冻食品贮藏室
frozen frame　静止帧
frozen goods　冷冻货物
frozen-in　(1)固定了的, 记录了的, 冻结了的;(2)不可逆的
frozen in distribution　固定分布
frozen-in impurity　冻结杂质
frozen injury　冻害, 冻损
frozen meat knife　冻肉切刀
frozen-pack　冷冻包装
frozen picture　静态图像, 凝固图像
frozen point　冰点
frozen products container　冷货集装箱
frozen products insulated container　冷冻集装箱
frozen-seal　冷冻密封
frozen seal pump　冷冻密封泵
frozen stress　冻结应力
FRP (=Federal Radio-navigation Plan)　联合无线电导航计划
FRP (=Fiber-glass Reinforced Plastics)　玻璃纤维增强塑料, 玻璃钢
FRP (=French Patent)　法国专利
FRS (=Frames)　(1)肋骨;(2)框架, 构架;(3)机架
FRSP (=Frame Spacing)　肋骨间距
FRST (=Frost)　霜
FRT (=Freight)　(1)运费;(2)货运;(3)货物
FRTCLCT (=Freight to Be collected)　到付运费
FRTFWD (=Freight Forward)　(1)货到付运费;(2)货物转运运费
FRTPPD (=Freight Prepaid)　预付运费, 运费付讫
frue vanner　淘矿机
fruit　(1)结果, 产物;(2)收益;(3)果实, 水果
fruit and vegetable drier　水果蔬菜干燥机
fruit carrier　水果运输船, 鲜果船
fruit catcher　水果采集器
fruit container　鲜果集装箱, 水果集装箱
fruit enamel lined can　抗酸涂料罐
fruit fitting　水果运输架
fruit fork　水果叉
fruit gatherer　水果采集器
fruit handling　水果装卸
fruit kiln　水果烘干机, 烘房
fruit knife　水果刀
fruit machine　雷达数据算计机
fruit peeler　水果剥皮机
fruit shed　(码头上的)水果仓库
fruit ship　水果运输船, 鲜果船
fruit tissue　水果包装纸
fruit vessel　水果运输船

fruiter　运果船
fruitful　效果好的, 收益多的, 多产的
fruitless　没有效果的, 无效的, 无益的
frusta　(单 frustrum)截头体, 截锥体, 柱身
frustrane　无效的
frustrate　使落空, 使无效, 阻止
frustrated multiple internal reflectance　多次内反射装置
frustrated total reflection　受抑全反射
frustration　(1)(航次)受阻;(2)失败, 挫败, 挫折, 失望, 落空, 逆境
frustration clause　航次受阻条款
frustration of adventure　运输合同落空
frustration of contract (=FC)　合同落空, 合同受阻
frustration of voyage (=FV)　航次受阻
frustration threshold　挫折阈限
frustum　(复 frusta)(1)截角锥体, 截锥体, 平截[头]体;(2)立体角;
　　(3)井圈状;(4)柱身, 锥台
frustum of a cone　截锥体
frustum of cone　平截头圆锥体, 截头锥体, 锥台
frustum of parabola　抛物线截角锥体
frustum of pyramid　平截头棱锥体
frustum of sphere　球截角锥体
frustum of wedge　尖劈截角锥体
FRV (=Fisheries Research Vessel)　渔业调查船
FRWD (=Fresh and/or Rain Water Damage)　淡水/雨水损失
fryer　彩色摄影照明器
FRZ (=Freeze)　(1)冷冻, 冻结;(2)冷藏
FS (=Facsimile Signal)　传真信号
FS (=Factor of Safety)　安全系数, 安全因数
FS (=Factor of Subdivision)　隔舱因数
FS (=Faults Separated)　过失中断
FS (=Feeder Service)　集散运输, 支线运输
FS (=Feeder Ship)　集散船舶
FS (=Feet per Second)　英尺/秒
FS (=Field Switch)　激励开关, 励磁开关
FS (=Figure Shift)　数码键位
FS (=Final Sailing)　最终启航
FS (=Fire Switch)　点火开关
FS (=Firefighting Small)　小型消防船
FS (=Firefighting System)　灭火系统
FS (=Fishing Ship)　渔船
FS (=Fixed Scuttle)　固定舷窗
FS (=Flag Shelf)　旗架
FS (=Flag Staff)　旗杆
FS (=Flag State)　船旗国
FS (=Float Switch)　浮动开关
FS (=Floating Sign)　浮点符号
FS (=Fluid Sampling)　流体取样
FS (=Fog Sign)　雾[信]号
FS (=Fog Siren)　雾笛
FS (=Forbidden Signs)　禁令标志
FS (=Foreign Ship)　外国船舶
FS (=Forged Steel)　锻钢
FS (=Four Stroke)　四冲程
FS (=Frame Space)　肋骨间距
FS (=Freight Ship)　[运]货船
FS (=Frequency of Signal)　信号频率
FS (=Frequency Shift)　(1)频率偏移;(2)频移
FS (=Frequency Synchronisation)　频率同步器
FS (=Frequency Synthesizer)　频率合成器
FS (=Full Astern)　(船舶)全速后退, 后退三
FS (=Fuse)　保险丝, 熔断丝, 熔丝
FS (=Land Station Established Solely for Safety of Life)
　　专为生命而设的陆地电台
FSA (=Formal Safety Assessment)　正式安全评估
FSA (=Frequency Stability Analyzer)　频率稳定分析仪
FSA (=Frequency Synchronization Automatic Device)
　　频率同步自动设备
FSA (=Full Speed Astern)　全速倒车, 后退三
FSBL (=Full Set of Bill of Lading)　整套提单
FSC (=Flag State Control)　船旗国监督
FSC (=Fleet Satellite Communication)　船队卫星通信
FSC (=Frequency Shift Converter)　频移变换器
FSCS (=Frequency Shift Communication System)　频移通信系统
FSD (=Full Scale Deflection)　满刻度偏转

FSE (=Fog Signal Emitter)　雾号发声器
FSE (=Free Surface Effect)　自由液面影响
FSG (=Frequency of Signal Generator)　频率信号发生器
FSH (=Fishing Vessel)　捕鱼船, 渔船
FSHSTK (=Fish Stakes)　渔栅
FSI (=Sub-Committee of Flag State Implementation) (IMO)　船旗国管理分委会
FSK (=Frequency Shift Keying)　键控频移, 频移键控, 频移键位
FSM (=Foam Smothering System in Machinery Space)　机舱泡沫灭火系统
FSM (=Frequency Shift Modulation)　频移调制
FSO (=Fleet Signals Officer)　舰队信号官
FSO (=Frequency Sweep Oscillator)　扫频振荡器
FSP (=Frequency Shift Pulsing)　频移脉冲
FSQ (=Frontier Sanitary Quarantine)　国境卫生检疫
FSR (=Feedback Shift Register)　反馈移位寄存器
FSR (=Frequency Shift Receiver)　频移接收机
FSS (=Fares for Station Service)　客运服务费
FST (=First)　一等
FST (=Frequency Shift Transmission)　频移传输
FSU (=Floating Storage Unit)　(1) 浮动存储器; (2) 海上储油装置
FSV (=Free Stream Velocity)　自由流速度
FSWR (=Flexible Steel Wire Rope)　软钢丝绳
FT (=Field Test)　现场试验
FT (=Filing Time)　归档时间
FT (=Firing Temperature)　发火点, 燃点
FT (=Fog Trumpet)　雾号
FT (=Foot, Feet)　英尺
FT (=Foreign Trade)　对外贸易
FT (=Foretop)　前桅平台, 前桅楼
FT (=Fort)　城堡
FT (=Forte)　炮台, 要塞 (意大利语、葡萄牙语)
FT (=Fortress)　堡垒, 要塞
FT (=Free of Turn)　不按到港顺序, 无论有无泊位 (船舶到港, 即计算装卸时间)
FT (=Free Time)　(装卸货) 免计时间, 预备时间
FT (=Free Trimming)　船方不负担平舱费
FT (=Free turbine)　自由涡轮
FT (=Free Turning)　船舶自由掉转
FT (=Freight Tax)　运费税
FT (=Freight Ton)　运费计价吨, 载货吨, 运费吨, 计费吨
FT (=Freight Traffic)　货运 [量]
FT (=Full Terms)　(1) 全付条款 (无论装货或卸货过程中节省的时间都应付速遣费); (2) (船舶) 一切险
FT (=Fume-tight)　不漏烟的, 烟密的
FT (=Futures Trading)　期货交易
FT&B (=Free Turn and Berth)　不按到港时间 (无论有无泊位即计算装卸时间)
FTA (=European Free Trade Association)　欧洲自由贸易协会
FTA (=Failure Tree Analysis)　故障树分析
FTA (=Fault Tree Analysis)　故障树分析
FTA (=Free Trade Agreement)　自由贸易协定
FTA (=Freight Transport Association)　(英) 货物运输协会
FTAC (=Foreign Trade Arbitration Commission)　对外贸易仲裁委员会
FTB (=Fire Tube Boiler)　火管锅炉
FTBM (=Feet Board Measure)　板尺 (等于 1 英尺 x1 英尺 x1 英寸)
FTBS (=Fire Tube Boiler Survey)　火管锅炉检验
FTC (=Fast Time Constant)　快时间常数
FTC (=Fast Time Constant Circuit)　短时间常数电路, 微分电路
FTC (=Fast Time Control)　快速时间控制
FTC (=Freight to Collect)　货到收运费, 运费待收
FTC (=Frequency Time Control)　频率时间控制
FTD (=Fitted)　安装完毕, 装妥
FTD (=Flame-tight Door)　防火门
FTD (=Fume-tight Door)　烟密门
FTE (=Frequency Translation Equipment)　频率转换设备
FTHD (=Feet Head)　以英尺表示的压头
FTHR (=Further)　进一步
FTK (=Freight Tonne Kilometer)　吨千米
FTL (=From the Time of Loading)　从装载时起
FT-LB (=Foot-Pound)　英尺磅 (功的英制单位)
FT-LB (=Foot-Pounds)　英尺磅 (功的英制单位)
FT-LBS (=Foot-Pounds)　英尺磅 (功的英制单位)
FTM (=Feet per Minute)　英尺 / 分
FTM (=Freight Traffic Manager)　货运经纪人

FTM (=Frequency Time Modulation)　频率时间调制
FTP (=Free Trade Policy)　自由贸易政策
FTR (=Flag Tower)　信号塔
FTRT (=Freight Ton, Revenue Ton)　运费吨
FTS (=Federal Telecommunication System)　联邦电信系统
FTS (=Frequency Time Standard)　频率时间标准
FTT (=Fitness for Towage, Towworthiness)　适拖
FTW (=Free Trade Wharf)　自由贸易港码头
FTZ (=foreign Trade Zones)　自由贸易区
FTZ (=Free Trade Zone)　自由贸易区
FU (=Fan Unit)　通风机
FU (=Freight Unit)　运费单位
FU (=Fuse)　保险丝, 熔断丝, 熔丝
FUA (=follow-up Amplifier)　跟踪放大器, 随动放大器
fudge up　以假充真, 捏造
fudge wheel　加边手轮
fuel　(1) 燃料, 燃油; (2) 燃烧剂; (3) 加注燃烧剂, 供给燃料, 加注燃料, 上燃料, 装燃料, 加油
fuel actuator　燃料泵
fuel admission valve　燃料进入阀, 燃油进入阀, 进燃油阀
fuel air cycle　燃料空气循环
fuel air mixture　燃料空气混合气, 燃料空气混合物
fuel-air ratio (=F/A RATIO)　燃料 - 空气比
fuel air ratio　燃料空气 [混合] 比
fuel air ratio control　燃料空气比控制
fuel alcohol　燃料酒精, 动力酒精
fuel allowance　燃油消耗定额
fuel anchorage　装卸油锚地
fuel and lubricating oil tank　燃油舱和润滑油舱
fuel assembly　(原子反应堆) 燃料堆
fuel atomizer　燃料喷雾器, 燃油雾化器, 喷油器, 喷油嘴
fuel-ballast tank (=FBT)　燃油压载舱
fuel ballast tank (=FBT)　燃油压载舱
fuel barge　燃料驳, 燃油驳
fuel-bearing　含有燃料的
fuel bearing plate　装载燃料板
fuel booster pump　燃料增压泵, 燃油升压泵
fuel breeding cycle　燃料增殖循环
fuel bunker　燃油舱, 燃料舱
fuel bunker fuel　燃料舱储用燃料, 船用燃料
fuel-burning　用燃料作动力的, 烧燃料的
fuel burning equipment　燃烧设备
fuel-burning power plant　火力发电厂
fuel burning power plant　火力发电厂
fuel calorimeter　燃料热值测定器
fuel cam　燃油凸轮
fuel capacity　燃料储备量, 燃料容量
fuel-carrying　含有燃料的
fuel-cell　(1) 燃料箱, 燃料舱, 油箱; (2) 燃料电池
fuel cell　(1) 燃料箱, 燃料舱; (2) 燃料电池
fuel cell catalyst　燃料电池催化剂
fuel cell fuel　燃料电池的燃料
fuel changing chamber　燃料置换室
fuel changing gear　核燃料更换装置
fuel characteristics　燃油特性
fuel charge　喷油量
fuel charging　加燃料, 加油
fuel charging means　燃料加料器
fuel charging valve　进油阀
fuel circuit　油路
fuel circulating pump　燃油循环泵
fuel cladding　(1) 燃料包壳; (2) 燃料回路
fuel coefficient　燃料消耗系数
fuel combination　混合燃料
fuel combustion　燃料燃烧
fuel combustion efficiency　燃料燃烧效率
fuel combustion process　燃料燃烧过程
fuel compartment　燃料舱
fuel compensating system　燃油补偿系统
fuel component　燃料组成成分
fuel conservation　节约燃料
fuel consumption (=FC)　燃料消耗 [量], 耗油量, 油耗
fuel consumption curve　燃料消耗曲线
fuel consumption meter　燃料消耗计

fuel consumption of main engine　主机的燃油消耗, 主机油耗
fuel consumption rate　燃料消耗率
fuel consumption test　燃料消耗量试验
fuel consumption trial　燃料消耗量试验
fuel contents gage　燃油油位指示器, 油量计, 油量表
fuel control handle　燃油控制手柄
fuel control lever　燃料控制杆
fuel control shaft　燃油控制轴
fuel control system　燃油调节系统
fuel control unit　燃料控制单元, 燃油控制装置
fuel controller　燃料供给控制器
fuel conversion factor　燃料转换率
fuel-cooled　用燃料冷却的
fuel cooled oil cooler　燃油冷却滑油的冷却器
fuel cost　燃料费用
fuel coupling　加油接头
fuel delivery line　燃料传送管路
fuel delivery pipe　供油管, 输油管
fuel delivery pump　输油泵
fuel delivery valve　输油阀
fuel detonation　燃料爆燃
fuel distance　燃料续航距离
fuel distributing box　燃油分配阀箱
fuel distributor　燃料分配器
fuel dock　加燃料码头, 加油码头
fuel dope　燃油防爆剂
fuel drain plug　放 [燃] 油塞
fuel drum　燃料桶
fuel dual system　双燃料工作系统
fuel economiser　燃料节省器, 节油器
fuel economizer　燃料节省器, 节油器
fuel economy　节约燃料
fuel efficiency　燃料效率
fuel electric plant　火力发电厂
fuel element　释热元件, 燃料元件
fuel emergency cutoff actuator　燃料应急切断动作筒
fuel endurance　燃料持续力
fuel equivalent　燃料当量
fuel experimental station　燃料试验站
fuel factor　燃料系数, 热效应
fuel feed　加燃料, 加煤, 加油
fuel feed controller　燃料供应控制器
fuel feed pipe　燃料进给管路
fuel feed pump　燃料供给泵, 燃料供应泵, 给油泵
fuel feed system　燃油供应系统, 加煤系统, 加油系统
fuel feeder　加燃料器, 燃料进给器, 燃料添加器
fuel feeding valve　注油阀
fuel filling　加燃料, 加油, 加煤
fuel filling and transfer line　燃油注入和输送管路
fuel filling and transfer system　燃油注入和输送系统
fuel filling column　(汽车) 加油柱
fuel filling sieve　燃油注入滤网
fuel filling system　燃油注入系统
fuel filter　柴油滤清器, 燃油过滤器, 燃油滤器, 燃料滤器, 滤 [燃] 油器
fuel filter complement　燃油滤器总成
fuel filter element　燃油滤器滤芯, 滤油器芯
fuel filter for injector　喷油器滤芯
fuel filter shell　燃油滤器外壳
fuel filter strainer　燃油滤器滤网
fuel-fired　燃料燃烧的
fuel flask　储燃油容器
fuel flow (=FF)　燃料流量, 燃油耗量
fuel flow meter　燃油流量计
fuel flow totalizer (=FF/TOT)　燃料流量总和指示器
fuel flowmeter　燃油流量计
fuel ga(u)ge　燃油量表, 燃料表, 燃油表, 量油计, 油规, 油表
fuel gas　燃料气体, 可燃气体, 燃气
fuel gear　燃料装载装置
fuel-grade　(1) 核燃料级品位; (2) 可作核燃料的
fuel gravity tank　重力燃油柜
fuel gross calorific value　燃油高热值
fuel hand pump　燃油手泵
fuel handling　燃油处理
fuel head　油面高度

fuel heating system　燃油加热系统
fuel high calorific value　燃油高热值
fuel high heating value　燃油高热值
fuel hole diameter　燃料喷嘴孔径
fuel immersion test　燃油浸渍试验
fuel impurity　燃料杂质
fuel indicator　燃料液 [面] 指示器
fuel indicator reading (=FIR)　燃料指示器读数
fuel injecting valve　燃油喷射阀, 喷油器
fuel injection　燃料喷射, 燃油喷射, 注油
fuel injection engine　喷油式内燃机, 喷油式发动机
fuel injection equipment　喷油装置
fuel injection governor　喷油调节器
fuel injection housing　喷油器壳体
fuel injection needle　燃料喷射针, 燃料喷嘴, 喷油针
fuel injection nozzle　注油喷口, 燃油喷嘴, 喷油嘴
fuel injection pattern　燃料喷射图
fuel injection pipe　燃油喷射管, 高压油管
fuel-injection pump　燃料喷射泵
fuel injection pump (=FIP　燃油喷射泵, 高压油泵, 喷油泵, 燃油泵
fuel injection rate　燃油喷射率
fuel injection system　燃料喷射系统, 燃油喷射系统
fuel injection timing handle　燃油喷射器正时调节手柄
fuel injection valve　燃料喷射阀, 喷油器
fuel injection valve cooling pump　喷油器冷却泵
fuel injection valve tester　喷油器检测器
fuel-injector　燃油喷油器, 燃油喷油嘴
fuel injector　燃油喷射器, 燃油喷嘴, 喷油器
fuel injector adjusting nut　喷油器调整螺母
fuel injector adjusting screw　喷油器调整螺钉
fuel injector coolant　喷油器冷却液
fuel injector cooling water　喷油器冷却水
fuel injector holder　喷油器托架
fuel injector housing　喷油器壳体
fuel injector needle　喷油器针阀
fuel injector nozzle　喷油器喷嘴
fuel injector nozzle cooling　燃油喷嘴冷却装置
fuel injector pocket　喷油器腔
fuel injector sleeve　喷油器套
fuel injector test pump　喷油器试验泵
fuel injector valve　喷油器
fuel injector valve cooling pump　喷油器冷却泵
fuel inlet　燃料进口
fuel inlet pipe　进油管
fuel inlet valve　燃油进入阀
fuel intake connection　供油接头
fuel investment　(1) 装填燃料; (2) 燃料消耗
fuel jet　燃油射流, 油注
fuel-jettison　(1) 泄出存油; (2) 甩掉油箱
fuel knock　燃料爆震
fuel level gage　油位表, 油面表, 量油尺
fuel level indicator　油位指示器
fuel level line plug　油位塞
fuel lever　燃油操纵杆
fuel lever setting　油门设定
fuel life　燃料使用期限
fuel lift pump　燃油泵, 升油泵
fuel limit cancellation　燃油限制取消
fuel limiter　燃油限制器
fuel line　燃油输送管, 燃油管道, 燃油管路, 燃油管
fuel line failure　燃油管失灵, 燃油管故障
fuel line pressure diagram　燃油管路压力图
fuel linkage　燃油联动装置
fuel loading　燃油装载
fuel low calorific value　燃油低热值
fuel low heating value　燃油低热值
fuel low-level sensor (=FLLS)　燃料低液位传感器
fuel main　燃料装注总管, 加燃油总管
fuel maintenance panel (=FMP)　燃料补给操纵台
fuel management system (=FMS)　燃料管理系统
fuel manifold　燃油总管
fuel meter　燃油油量表, 油量计, 油表
fuel metering　燃油调节, 燃油计量
fuel metering pump　燃料计量泵

fuel mixture　燃料混合剂, 可燃混合物
fuel mixture control　燃料混合剂调节
fuel net calorific value　燃油净热值
fuel nozzle　燃油喷嘴, 喷油嘴
fuel of high antiknock rating　高抗爆性燃料, 高辛烷值燃料
fuel oil (=FO)　燃[料]油, 柴油, 重油
fuel oil account　燃油账目
fuel oil additive　燃料油添加剂
fuel oil analysis　燃油分析
fuel oil and ballast (=FOB)　燃油和压载
fuel oil and lubrication oil compartment　燃油舱和润滑油舱
fuel oil and lubrication oil pump　燃油泵和润滑油泵
fuel oil atomization　燃油雾化
fuel oil atomizer　燃油雾化器, 燃料喷嘴
fuel oil automatic viscosimeter　燃油粘度自动控制器
fuel oil barge　燃油驳
fuel oil blending　燃油混合
fuel oil booster pump　燃油增压泵, 燃油升压泵
fuel oil bunker　燃油舱
fuel oil burner　燃油燃烧器
fuel oil burning pump　燃油燃烧泵, 喷燃泵
fuel oil carrier　燃料油船
fuel oil certificate　允许装载燃油证书
fuel oil change over indicator　燃油变换指示器
fuel oil cleaning equipment　燃油净化设备
fuel oil compensating system　燃油补偿系统
fuel oil consumption (=FOC)　燃油消耗
fuel oil consumption ratio　燃料 - 润滑油的消耗比
fuel oil daily tank　燃油日用柜
fuel oil deep tank　燃油深舱
fuel oil distribution box　燃油分配阀箱
fuel oil drain system　燃油泄放系统
fuel oil drainage tank　污燃油柜
fuel oil filling and transfer line　注油输出管路
fuel oil filling connection　燃油注入接头
fuel oil filling main connection　燃油注入总管
fuel oil filling system　燃油注入系统
fuel oil filter　燃油滤器
fuel oil flow　燃油流[量]
fuel oil flowmeter　燃油流量表
fuel oil gravity tank　燃油重力柜
fuel oil hand pump　手摇燃油泵
fuel oil heater　燃油加热器
fuel oil heating system　燃油加热系统
fuel oil homogenizer　燃油均化器
fuel oil injection　燃油喷射, 喷油
fuel oil injection piping　高压供油管路
fuel oil injection system　燃油喷射系统
fuel oil leakage tank　燃油回油柜
fuel oil level gage　油面指示器
fuel oil main　燃油总管
fuel oil meter　燃油流量表, 量油表
fuel-oil over-flow valve　燃油溢流阀
fuel oil pipe connection　燃油管接头
fuel oil piping　燃油管系
fuel oil pressure pipe　燃油压力管
fuel oil priming pump　起动充油泵, 起动燃油泵
fuel oil pump　燃油泵
fuel oil pumping system　燃油泵唧系统
fuel oil purification plant　燃油净化装置
fuel oil purifier (=FP)　燃油分油机, 燃油净化器
fuel oil purifying system　燃油净化系统
fuel oil quality　燃油质量
fuel oil rack indicator　燃油齿条指示器
fuel oil regulating valve　燃油调节阀
fuel oil residue　燃油[残]渣
fuel oil sequence table　(油舱的) 燃油消耗次序表
fuel oil service and transfer system　燃油管系
fuel oil service pump　日用燃油泵
fuel oil service tank　日用燃油柜
fuel oil settling tank　燃油沉淀柜
fuel oil shifting pump　燃油输送泵
fuel oil sludge tank　燃油污油柜
fuel oil specific gravity　燃油比重

fuel oil specification　燃油规格
fuel oil stabilizer　燃油稳压器
fuel oil storage and distribution system　燃油贮存和分配系统
fuel oil storage system　燃油贮存系统
fuel oil storage tank　燃油贮存柜
fuel oil strainer　燃油过滤器
fuel oil suction system　燃油吸入系统
fuel oil supply pump　燃油供给泵
fuel oil supply system　燃油供给系统
fuel oil system　燃油系统
fuel oil tank (=FOT)　燃油柜, 燃油箱, 燃油舱
fuel oil tanker　燃油补给船
fuel oil temperature　燃油温度
fuel oil test　燃油试验
fuel oil test for tightness (=FOT)　燃油油密性试验
fuel oil transfer (=FOT)　燃料油输送
fuel oil transfer pump　燃油输送泵, 燃油调驳泵
fuel oil transfer rig　(海上船对船) 燃油补给索具
fuel oil transfer system　燃油输送系统, 燃油调驳系统
fuel oil transport system　燃油驳运系统
fuel oil treatment　燃油处理
fuel oil type　燃油品种
fuel oil unit　燃油装置
fuel oil valve　燃油阀, 燃油器
fuel oil viscosity control　燃油粘度控制, 燃油粘度调节
fuel oil viscosity control system　燃油粘度控制系统
fuel orifice　燃油喷嘴
fuel outlet　燃料出口
fuel pellet　(核燃料) 燃料颗粒
fuel penetration　燃油穿射
fuel performance　燃料性能
fuel pipe　燃料管道, 燃油管, 油管
fuel piping　燃油管路, 燃油管道, 燃油管系
fuel piping system　燃油管路系统
fuel port　(1) 加燃料港, 加油港; (2) 加油口
fuel preheater　燃油预热器
fuel pressure　燃油压力
fuel pressure control　燃油压力控制, 燃油压力调节
fuel-pressure gage　油压表
fuel pressure gage　燃油压计, 燃油压力表
fuel pressure indicator (=FPI)　燃油压力指示器, 油压指示器
fuel pressure pipe　高压燃油管
fuel pressure pump　燃油压力泵
fuel pressure regulating valve　燃油压力调节阀
fuel pressure servomotor　油压伺服器
fuel pressure system　燃油管压力系统
fuel processing plant　燃油处理装置
fuel-proof　不透燃料的, 耐汽油的
fuel pulverization　燃料雾化
fuel pump　燃料油泵, 燃油泵, 燃料泵
fuel pump adjustment　燃油泵调整
fuel pump bush　燃油泵衬套
fuel pump cam　燃油泵凸轮
fuel pump cover　燃油泵盖
fuel pump impeller　燃料泵叶轮, 燃油泵叶轮
fuel pump index　燃油泵油门刻度
fuel pump output control　燃油泵输出量控制
fuel pump plunger　燃油泵柱塞
fuel pump spill valve　燃油泵回油阀
fuel pump support　燃油泵支架
fuel pumping system　燃油泵唧系统, 燃油输送系统
fuel pumping unit　燃油泵吸装置
fuel purification unit (=FPU)　燃油净化设备
fuel purifying equipment　燃油净化设备
fuel quantity indicator　燃油量表
fuel rack　油量控制齿条
fuel rack control spring　燃油齿条控制弹簧
fuel ramp　燃料卸车滑坡台
fuel range　燃油续航力 (按燃油储备量计算)
fuel rate　燃料消耗率
fuel ratio　燃料比[率]
fuel reduction burning　烧除易燃物
fuel regulating handle　燃油调节手柄
fuel regulating linkage　燃油调节联动装置

fuel regulating shaft 燃油调节轴

fuel regulation 燃油量调节,进油调节

fuel regulator 燃油调节器

fuel remained (1)燃料储备量;(2)剩余燃料

fuel reprocessing 燃料再处理,燃油再处理

fuel reprocessing loop 燃料回收回路

fuel resin 燃料树脂,燃油树脂

fuel resistance 耐燃油性

fuel resistant adhesive 抗燃料腐蚀胶

fuel resistant rubber 耐油橡胶

fuel return hole [燃油]回油孔

fuel return manifold [燃油]回油管

fuel return pipe 回油管

fuel rig (海上船对船)燃油补给索具

fuel rod 燃料棒(原子反应堆内棒状集合体)

fuel selection switch 燃料选择开关

fuel separator 燃油分离器

fuel service system 燃油供应系统,日用燃油系统

fuel servicer 燃油服务车

fuel settling tank 燃油沉淀柜

fuel ship 燃油供应船,[加]油船,油轮

fuel shut-off valve 防火开关

fuel soaking test 燃油浸渍试验

fuel sodium exchange 燃料钠间交换

fuel solution 燃料溶液

fuel source 燃料源

fuel space 燃料舱,[燃]油舱

fuel specification 燃料规格

fuel spray 燃料喷射

fuel spray angle 燃油雾化角

fuel spray nozzle 燃油喷雾嘴,燃油喷口

fuel sprayer 喷油嘴

fuel station 燃料供应处

fuel storage and distribution system 燃油贮存和分配系统

fuel strainer (1)燃油过滤器,燃料滤器,滤油器;(2)燃油滤网

fuel sucking pipe 吸油管

fuel suction system 燃油吸入系统

fuel supercharging pump 燃油增压泵

fuel supply 燃料供应,燃油供应,供油

fuel supply boat 燃油供应船,供油船

fuel supply line 供油管路

fuel supply pipe 供油管

fuel supply system 燃油供应系统

fuel swirler 离心式喷油嘴,燃烧剂喷嘴,燃油涡流器

fuel system 燃油系统

fuel tank 燃油桶,燃油柜,油箱

fuel tank bay 燃油舱

fuel tank cap packing 燃料箱盖密封垫

fuel tank filler access 燃油箱加油窗口,燃油加油口

fuel tank filling sieve 燃油柜注入滤网

fuel tank outlet 油箱出口

fuel tank pressurization air 油箱增压空气

fuel tank removal hatch 燃油柜取出舱口

fuel tank selector valve 燃油箱分离阀

fuel tank vent 油箱通风孔

fuel tankage 燃料柜容量,燃油柜容量

fuel tanker 飞机油箱,油槽车

fuel tanking (=FT) 燃料装箱

fuel tanking panel (=FTP) 燃料装箱操纵台

fuel tar 燃料焦油,煤焦油

fuel tester 燃料质量测试仪

fuel throttle 燃油调节器,油门

fuel-tight 不易燃烧的燃料

fuel transfer operation 燃油驳运

fuel transfer pressure 输油压力

fuel transfer pump 燃油输送泵,燃油调驳泵

fuel transfer system 燃油输送系统,燃油调驳系统

fuel tube (1)油管;(2)管状燃料

fuel type classification 可燃物型分类

fuel utilization 燃料利用率,相对燃耗

fuel value 燃烧值,燃料值

fuel valve (=FV) 燃油阀,喷油器

fuel valve assembly 喷油器组合件总成

fuel valve cooler 喷油器冷却器

fuel valve cooling 喷油器冷却

fuel valve cooling oil 喷油器冷却用油

fuel valve cooling pump 喷油器冷却用泵

fuel valve cooling system 喷油器冷却系统

fuel valve cooling tank 喷油器冷却柜

fuel valve dribbling 喷油器滴漏

fuel valve inspection 喷油器检验,喷油器检查

fuel valve lift 喷油器升程

fuel valve testing stand 喷油器试验台

fuel vapor 油气

fuel vehicle (1)加油车;(2)加油船

fuel viscosity control system 燃油粘度控制系统,燃油粘度调节系统

fuel washing plant 燃油清洗装置

fuel water washing system 燃油水清洗系统

fueler (1)供油装置,加油器;(2)供油船;(3)加油车,加油工

fueling (1)加注燃料,装燃料,加注燃烧剂;(2)装料(反应堆);(3)燃料转注

fueling at sea (=FAS) 海上加油

fueling station (1)燃料供应站,加油站;(2)供油船;(3)加油车,加油工

fuelizer 燃料加热装置

fueller 供油装置,加油器

fuelless lehr 无热[源]玻璃退火炉,不加热玻璃退火炉

fugacity (1)缺乏耐久性,逸性;(2)逸度;(3)挥发性;(4)有效压力

fugitive (1)不稳定的,不坚牢的,暂时的,短效的;(2)易褪色的;(3)易挥发的,易散的,逃逸的

fugitive dye 褪色染料

fugitiveness (1)不稳定性,不坚牢性,易褪色性;(2)易挥发性;(3)不耐久性

fugitometer (1)燃料试验计;(2)褪色度试验计,染[料牢]固计,褪色计

Fujitsu 富士通

fukanawa (日)一种渔船

fulcra(单 fulcrum) (1)支点,支轴,转轴,支框,支撑;(2)可转动的

fulcral 支点的

fulcrate troplus 轴型咀嚼器

fulcrum(复 fulcra) (1)支点,支轴,转轴,支框,支撑;(2)可转动的

fulcrum ball 支撑球

fulcrum bar 支杆

fulcrum bearing 支点承座,支承刃口,支承

fulcrum bracket 支枢托

fulcrum pin 旋转轴,支轴销,支销

fulcrum shaft 支轴

fulcrum slide 支点滑板

fulcrum stand 支轴,支点

fuled lines 缆绳绞缠

fulfill 完成,实现,执行,履行

fulfillment 完成,实现,执行,履行

fulgurant 闪电状的,电击状的,闪光的,闪烁的

fulguration 闪电,闪光,光辉

fulgurit 闪光管

fulgurometer 闪电测量仪

full (1)满的;(2)完全的,充分的;(3)留有加工余量的

full actuated 全部开通的

full-adder 全加法器

full adder 全加[法]器

full adder circuit 全加法电路

full address 全名地址

full admission 全周进气,全面进气,全开进气,全开吸气

full-admission turbine 全周进水式水轮机,整周进水式水轮机

full admission turbine 整周进水式水轮机,全部进气透平,全进气汽轮机

full advance 完全提前点火(上死点前45°左右)

full advance type 全面前进式

full ahead! 前进三!

full and by 满帆顺风

full and complete blackout 全船灯火管制

full and complete cargo 满舱满载货物

full and down 满舱满载(容积和载重全部得到利用)

full-annealed 完全退火的

full annealed (1)完全退火的;(2)重结晶退火

full annealing 完全退火

full aperture 全孔径

full aperture drum 全开口式桶

full application position 全闭合位置

605

full arch gantry　双支腿龙门吊, 双支腿门座

full astern！　全速后退! 后退三!

full attenuation　全衰减

full-automatic　完[全]自动的

full automatic　完[全]自动的

full automatic arc welding　全自动电弧焊

full automatic boiler　全自动化锅炉

full-automatic control　全自动控制

full automatic control　全自动控制

full automatic diaphragm　全自动光闸

full automatic electronic judging device　全自动化电子判定器

full automatic lathe　全自动车床

full automatic pipe bender　全自动化弯管机

full automatic plating　全自动电镀

full automatic processing　全自动处理

full-automatic screw machine　全自动螺丝车床

full-automatic tong(s)　全自动夹钳

full-automatic turret milling machine　全自动转塔铣床

full-automatic weapon　全自动化武器

full automation module　全自动化组件

full back cutter　强力切削刀具

full balanced rudder　全平衡舵

full-bar generator　全信号发生器, 全彩条发生器

full beam　最大强度束

full bearing　(齿轮) 过长接触区, 过长承载区

full binary adder　全二进制加法器

full binding　全粘接, 全粘合

full blast　全鼓风

full blow　全吹

full-blown　充分发展的

full-blown power plant　大型配套发电厂

full blown sponge rubber　充分发泡海绵胶

full-bodied　体积大的, 规模大的

full bodied money　金属铸成的实质货币, 足值货币

full body radiation　黑体辐射

full bore packer　全径封隔器

full bore safety valve　全镗孔安全阀

full-bottomed　底部宽阔的, 装载量多的, 容量大的

full bottomed　肥底船 ((水线下部分较宽大的船)

full bottomed vessel　宽底船

full bow　肥型船首

full budgetting approach　编制全面预算办法

full capacity　全容量, 满载量

full capacity tap　全容量抽头

full capping　修补轮胎

full cargo　(货物) 满载

full carrier　全载波

full carrier single sideband　全载波单边带

full case picking　整箱拣取

full-cell process　[木材] 浸渍防腐法

full-cell treatment　[木材] 浸渍防腐法

full cell treatment　(木材防腐) 满细胞法, 用全吸收法浸渍

full cellularised container ship　全格栅式集装箱船

full center arch　半圆拱

full-centered arch　半圆拱

full centered arch　半圆拱

full-centre arch　半圆拱

full chamber　(船闸) 满闸

full charge　完全装料, 全负荷

full circle　全循环

full-circle contact　全圆周上的接触

full circle crane　全旋转式起重机

full circle shovel　旋转式铲斗车

full-clockwise　顺时针方向转尽, 顺时针满旋

full coat magnetic film　全涂磁胶片

full cock　全待发状态

full coiled winding　整圈绕组, 整圈绕法

full cold rolled (=fcr)　全冷轧

full color image　全色图像

full-colo(u)r holography　全色全息术

full-colo(u)r image　全色图像

full-colo(u)r laser display　全色激光显示

full commission　全部编制, 满员

full compensation　全部赔偿

full complement　(1) (轴承) 满装, 密排; (2) 全部船员, 全船定员

full contact band　完全接触区

full container load (=FCL)　整箱货

full container load cargo (=FCL)　集装箱整箱货

full container ship (=FCS)　全集装箱船

full contribution mortgage clause　已抵押财产赔偿顺序条款

full core　实心

full coverage steerable antenna　全向可控天线

full-crown fender　全冠翼子板

full crystal　全晶玻璃

full curve　实 [曲曲] 线, 连续曲线

full cut-off　全闭, 全断, 全停, 截止

full cycle　全循环

full deadweight　重量满载

full deck vessel　全通甲板船

full-definite　完全有定的

full definite　完全有定

full depth　(1) (齿轮) 全齿高, 标准齿高; (2) 大切削深度, 大吃刀; (3) 最大深度

full depth gear　标准齿高齿轮

full-depth involute profile　全齿高渐开线齿廓, 标准齿高渐开线齿廓

full-depth involute system　全齿高渐开线齿形制, 标准齿高渐开线齿形制

full-depth tooth　全齿高齿的, 标准齿高齿的

full depth tooth　全齿高齿, 标准齿高齿

full details to follow　详情后告

full detergency oil　强力去垢油

full deviation channel level　全频偏信道电平

full diameter　最大直径, 全直径, 主直径, 外径

full diameter of thread　螺纹外径

full digger bottom　全翻耕犁体

full dip　总弛度, 垂度

full directions inside　内附详细说明书

full distance test　全程试验

full draft　满载吃水

full draught　满载吃水

full-dress　大规模的, 正式的

full dress　挂满旗

full dress ship　全饰船

full drive pulse　全驱动脉冲

full due　正好

full-duplex　全双工的

full duplex (=FD)　(1) 全双工通信制, 收发双向全功能, 全双工; (2) 同时双向的, 全双工的

full-duplex operation　全双工电报

full duplex operation　(1) 全双工操作; (2) 全双工电报

full duration　全持续时间

full eccentric type　全偏心

full edition　详表

full electrification　全盘电气化

full ended　(装载) 首尾重载

full endorsement　全衔背书

full-excitation plate dissipation　全激板耗

full excitation plate dissipation　全激励板极功率损耗, 全激板耗

full-face　全断面的

full-face attack　全断面掘进 [法]

full face cutting　全断面开挖

full-face drilling　全断面钻进

full face gasket　带螺栓孔的法兰垫, 宽敞面法兰垫

full-face tunneling　全面开挖

full face tunneling　全面开挖

full facewidth　全齿宽

full factor　填隙因数

full fare　(车、船) 全票费, 全票

full figure (=FF)　全图, 全像

full fillet　全 (齿根过渡) 圆角

full fillet weld　全角焊, 满角焊

full-finish　双面整理

full flash operation　一次闪蒸操作

full flashing　一次急剧蒸馏, 一次闪蒸

full fledged worker　熟练工人

full floating　全浮充状态, [完] 全浮动, 全浮式 [的]

full-floating axle　(车) 全浮式车桥

full floating axle　全浮式轴

full-floating drive axle　全浮式驱动桥
full-floating piston pin　全浮式活塞销
full floating ship　肥型船，宽船
full-floating stub axle　(1) 全浮式半轴；(2) 带全浮式半轴的驱动桥
full floating stub axle　浮动短轴
full flooded operation　灌满，注满
full flow　总流量
full flow endurance　满功率工作时间
full flow oil filter　全流机油滤清器
full fluid film lubrication　全油膜润滑
full-force　压油润滑
full force feed　压油润滑
full form　肥型船
full freight　全运价，全价运费，总运费
full fuel　最大油门
full F W (=full face width)　全齿宽
full gage railway　标准轨距铁路
full gain　全增益，总增益，满增益
full gas　全燃气
full-gate　闸门全开的，全开度的，满开 [的]
full gate　(闸门) 全开度的，全开的
full gear　(齿轮传动) 全速挡，满速，全速
full graphic panel　全图示控制面板
full grid swing　满栅压摆幅，栅压全摆动
full hard　(1) 淬透；(2) 全硬
full hardened steel　全淬硬钢
full hardening　整体淬火，全淬透，全硬化
full head rivet　圆头铆钉
full head room　全高度舱室(6 英尺以上)
full heating coherence　全面烧结
full-height tooth　全齿高齿，标准齿高齿
full helm　满舵
full herringbone cut　鲱骨切法
full hole (=FH)　贯眼型 (钻探管用工具接头连接形式)
full-hot　炽热的
full house　(车、船) 满座
full indicator movement　全跳动
full insurance (=FI)　全额保险
full interest admitted　承认全部利益 (信用担保)
full-jacquard mechanism　提花机构
full-journal bearing　全围式 [滑动] 轴承 (轴瓦在 360° 范围内包围着轴颈的滑动轴承)
full journal bearing　全围式滑动轴承
full keel　全龙骨
full-laden　满载的
full laden　满载的
full-length　标准长度的，未删节的，全长的，大型的
full length　全长
full-length contact　(1) 全长 [上的] 接触；(2) 全齿长齿面啮合
full length contact　全长接触
full length film　足尺度片，大型片，长片
full-length tooth contact bearing　全齿长齿面接触区
full-length tooth contact pattern　全齿长齿面接触斑迹
full level alarm　高位报警
full license　(使用无线电台的) 正式执照
full-life restoration　达到原寿命的修复
full lift valve　全升 [程] 阀
full line　(1) 实线；(2) 全线
full line forcing　全产品线胁迫
full line strategy　全产品线策略
full lined　肥满线型的
full lines　(船体) 丰满型线
full-load　(1) 全负荷，满载，全载；(2) 满 [负] 荷的，满载的
full load　全负载，全负荷，满 [负] 载，满负荷
full load adjustment　满载调整
full load capacity　满载容量
full load characteristics　满载特性，满负荷特性，全载特性
full load condition　(1) 全速工况；(2) 满载情况，满载条件，满载状态
full load current (=FLC)　满负荷电流，满载电流
full load displacement　满载排水量
full load draft　满载吃水
full load draught　满载吃水
full load efficiency　满负载效率，满载效率
full load excitation　满载激励，满载励磁

full load injection pressure　全负荷喷油压力
full load life　满负荷寿命
full load loss　满载损失
full-load operation　满负荷运转
full load power　满载功率
full-load run　(1) 满负荷运转，满载运转，满载运行，满载工作；(2) 满载飞行
full load running　满载运转
full load test　最高载重测试，满载试验，满载测试
full load torque　满载转矩
full load weight　满载重量，总载重量
full locked coil construction rope　全封闭索股结构钢索
full-locking differential　带差速锁的差速器
full magnetization　全磁化
full-manned　全备的，备足的，配备齐全的
full measurement　满尺丈量体积
full mechanization　全部机械化
full-mill　耐火构造
full mold　实型
full mold casting　实型铸造
full molded type rubber bearing　整体模制式橡胶轴承
full name　全名
full nominal speed　全标称速度
full nut　全高螺母 (直径等于高度)
full official designation of country　国家的正式全名
full open contact　全开接点
full open corner joint　全开口角接头
full open hook　全开钩
full opened corner joint　全开角焊接
full operation　全部投入使用，全部投产
full operation status (=FOS)　全能工作状态
full out　无缩格排版
full out rye terms　到港重量条款 (谷物购买价格)
full out terms　到港重量条款 (谷物购买价格)
full outturn　(码头开列的) 卸货清单
full packing　全填充
full pay　付全款
full payment　全部付款
full penetration　[全] 焊透
full pipe　满 [流] 管
full pitch　正常齿距，全节距，整节距
full pitch auger　全螺距螺旋钻
full-pitch winding　满距绕组，满距绕法
full pitch winding　整节绕组
full plant discharge　水电站满载泄流量
full plate　全盖式上装板，整体夹板
full pointed rivet　满填铆接
full poop　全高尾楼，长尾楼
full potential　全电势，全电位
full power　(1) 全功率，满功率；(2) 全权证书
full power ahead　全功率正车，前进三
full power astern　全功率倒车，后退三
full power trial (=FPT)　发动机的全功率试验，全功率试验，全功率试车，全功率试航，全速试航
full pressure　全压力，满压力
full pressure lubrication　全压润滑，强制润滑
full pressure lubrication system　全压力润滑系统
full pressure ratio　全压比
full prestressing　全预应力
full price　全价
full protection policy　全额负担保险单
full RA-gears (=full recess action gears)　全啮出段齿轮副
full radiator　(1) 全波辐射器；(2) 全辐射体，黑体
full range　满标度，全波段
full range gas oil　宽馏份柴油
full-range tuner　全范围调谐装置，全波段调谐装置
full range tuner　全范围调谐装置
full rate　全价
full reach　桨叶尽量伸向船首
full reach and burden (=FRB)　全部载货容积与载重量
full-read pulse　读脉冲
full read pulse　全选脉冲
full recess action gears　全啮出段齿轮副
full-recess spur gear　全啮正齿轮

full release position　全松位置
full report　详尽的报告
full resolution picture　高清晰度的图像
full retreat type　全面后退式
full return　全部返回
full reversed cycle　全反复循环
full revolving crane　回转式起重机
full revolving loader　全旋转式装料机
full rigged　装备齐全的
full-rigger　全帆装船
full root fillet　完全齿根圆角 (单圆角齿根)
full rotating　全旋转式的
full rotating derrick　全旋转吊杆起货设备
full rudder　满舵
full sail　满帆
full-satellite exchange　未装区别机的支局
full satellite exchange　未装区别机的支局
full-scale　(1) 与原物一样大小的, 1∶1 实物尺寸的, 原尺寸的, 全尺寸的, 足尺的, 实值的, 真实的; (2) 全设计规模的, 大规模的, 全面的, 全部的, 完全的; (3) 全刻度的, 满刻度的, 全标的, 满标的的; (4) 未删节的, 完整的
full scale (=FS)　(1) 实物尺寸, 全尺寸, 1∶1 比例, 足尺; (2) 全刻度, 全标度, 满标度, 满刻度; (3) 粗测; (4) 实际材积 (不扣除缺陷部分)
full scale attack ability　(武器) 最大攻击能力
full scale clearance　全部清除 (存储信息)
full-scale condition(s)　全尺寸条件, 自然条件, 真实条件
full-scale conditions　全尺寸条件, 真实条件
full-scale construction　全面施工的
full scale construction　全面施工
full scale data　实尺数据, 实船数据
full-scale deflecting force　满刻度偏转力
full-scale deflection　全刻度偏转, 满标度偏转
full scale deflection (=FSD)　满刻度偏转
full-scale deflection　(仪表) 满刻度偏摆
full-scale equation　未简化方程, 原方程
full scale experiment　全尺寸实验
full-scale input　全部输入信号
full-scale input　满刻度输入信号
full scale investigation　足尺实物研究
full scale irradiation　全剂量辐照
full-scale lofting　实尺放样
full-scale measurement　全尺寸测量
full-scale model　全尺寸模型, 实尺模型, 1∶1 模型
full scale model　原尺寸模型, 实尺模型, 一比一模型
full-scale operation　全面运转, 大规模生产
full-scale production　全规模生产的
full scale production　全规模生产, 全部生产
full-scale range　(1) 满刻度量程, 满标度量程, 全量程; (2) 全刻度范围, 满刻度
full scale range　(仪表) 全量程, 全刻度范围, 满刻度
full-scale reading　满刻度读数, 最大读数
full-scale reality　完全真实, 现实
full scale sea-keeping trial　实船适航性试验
full scale template　一比一样板, 足尺样板
full-scale test　(1) 实物试验; (2) 真实条件试验; (3) 满载试验
full scale test　实船试验
full scale trial　全尺度试验, 实物试验
full scale unit (=FSU)　(试验马达的) 全尺寸装置
full scale value　满 [刻] 度值, 满标 [度] 值
full scale wake　实尺伴流, 实船伴流
full scaletest　足尺试验
full scantling vessel　标准强力船, 重构船, 全实船
full scroll　完整形蜗壳
full sea speed　海上全速
full sea water　未混合的海水, 纯海水
full seamark　高潮水位
full section filter　整节滤波器
full selected current　全选电流
full service　全方位服务
full service leasing　全方位租赁服务
full service vehicle lease　全车出租
full set　(1) 全组, 全套, 整组; (2) 充分凝结, 终凝
full set of bill of lading (=FSBL)v 整套提单
full shade　饱和色

full shelter deck　全遮蔽甲板
full shielding universal joint　全封闭式万向节
full ship　肥型船
full ship section　丰满船形横剖面
full shot (=FS)　全景摄影, 全景镜头
full shot noise　全散粒噪声
full-shroud　给齿轮装护罩
full sight　准星过高
full signal pulse　全尺寸脉冲, 全幅脉冲
full signed line　所签署的整个航线 (范围)
full-size　(1) 比例为 1∶1 的, 最大尺寸的, 实物大小的, 全尺寸的, 原尺寸的, 原型的, 真实的; (2) 全轮廓的, 全规模的, 总容积的; (3) 满容量的, 满负荷的
full size　无搭边排样尺寸, 合理排样尺寸, 实足尺寸, 实物尺寸, 全尺寸, 原尺寸, 足尺
full size detail (=FSD)　1∶1 零件图, 足尺图
full size drawing　实物尺寸图, 原尺寸图
full-size furnace　满容量熔炼炉
full-size model　足尺模型, 实物尺寸模型
full size model　全尺寸模型, 实尺模型
full size scanning　全尺寸扫描, 足尺度扫描, 全幅扫描
full-sized　(1) 全轮廓的; (2) 总容积的; (3) 用真实尺寸的, 用 1∶1 尺寸的
full sized　全轮廓
full-sized model　实尺模型
full slice system　整片式
full spectrum seismograph　宽频地震仪
full speed　最高速度, 全速
full speed again　再进车
full speed ahead　全速正车, 前进三
full speed astern　全速倒车, 后退三
full speed operation　全速工作
full speed running　全速运行, 全速航行
full speed trial　全速试车, 全速试航
full speed turbine stages　汽轮机全速级组
full splice joint　全板接合
full spread　满帆
full starting motor　全电压启动电动机
full steerability antenna　全向可控天线
full-storage system　总数存储系统, 整存系统
full strength　最大许用强度
full stripe　16 毫米磁性声带
full stroke admission　全冲程进气
full stroke hay press　全行程的干草压捆机
full substracter　全减 [法] 器
full suspended rolls　双支点轧辊
full swing　(1) 最大振荡, 最大振动, 最大摆动; (2) 全摆幅
full terms　全付条款 (无论装货或卸货过程中节省的时间都应付速遣费)
full text　全文
full texture　紧密组织
full thread bolt　全螺纹螺栓
full throttle (=FT)　全 [开] 节流阀, 全开节气阀, 全开风门
full thrust　最大推力
full tilt container　全帆布遮盖集装箱
full-time　全部时间的, 全部工作日的, 专职的
full time　(1) 全部工作时间; (2) 专职的, 全时的
full time staff　专职人员
full-time storage plant　多年调节电站, 完全调节电站
full tip radius　全顶半径, 齿顶全修缘半径
full tooth　全轮齿
full-track vehicle　全履带车辆
full track vehicle　全履带车辆
full trailer　重型拖车, 全挂车, 全拖车
full trailer combination　全拖车联结车
full trailer tractor　全牵引车
full-type ball bearing　无保持架轴承
full-type bearing without retainer　无保持架的滚动轴承
full-type rolling element bearing　无保持架轴承
full universal drill　万能钻床
full universal radial drilling machine　万能摇臂钻床
full up　装满, 充满
full value declared (=FVD)　全价申报
full vessel　肥满型船, 丰满型船
full view　全视图

full vision dial　全视度盘
full voltage　全电压，满电压
full voltage starting motor　全电压起动电动机
full warp drive　横向传动
full-wave (=FW)　全波的
full wave (=FW)　全波段，全波
full-wave amplifier (=FWA)　全波放大器
full wave amplifier　全波放大器
full-wave balanced amplifier (=FWBA)　全波平衡放大器
full wave balanced amplifier　全波平衡放大器
full-wave bridge　全波整流电桥
full wave control　全波控制
full wave double circuit　全波倍频电路，全波电路
full-wave doubler　全波倍频电路
full-wave doublet　全波偶极子
full-wave mercury rectifier　全波汞弧整流器
full-wave oscillation　全波振荡
full-wave rectification　全波整流
full-wave rectifier　全波整流管，全波整流器
full wave rectifier (=FWR)　全波整流器
full-wave rectifying circuit　全波整流电路
full wave vibrator　全波振动器
full wave voltage doubler　全波倍压器
full waveband receiver　全波段接收机
full vibrator　全波振动器
full wear　完全磨损
full weight (=FW)　(1) 全重；(2) 总重
full welding　满填焊，重焊
full width　总宽度，全幅，平幅
full width elevator　全幅升运机，全幅升运器
full width fertilizer distribution　全幅撒肥机
full width hatch　全宽舱口
full width scouring machine　平幅洗泥机
full word boundary　全字边界
full working profile　全工作齿廓
full written line　承保的整个航线
fuller　(1) (半圆形的) 套柄铁锤，压槽锤，套锤；(2) 用套锤锻成的槽，用套锤锻制，切分孔型，锤击，填隙，堵缝，填密；(3) 填料工
fuller-board　填隙压板，压制板
fuller board　填隙压板，压制板
fullering tool　捻缝工具
fulling board　(1) 压榨机；(2) 压榨板
fulling soap　缩呢肥，缩绒肥
fullness　(船体线型的) 丰满度，肥型船
fullness coefficient　丰满度系数，肥型船系数
fullness ratio　丰满度，肥型船系数
fully　(1) 完全地，全部地，十分，充分，彻底；(2) 足足，至少
fully actuated　全部开动的
fully adjustable speed drive　无级变速传动装置
fully aerobatic aircraft　全特技飞机
fully automated cargo tracking system　全自动货物跟踪系统
fully automated ocean navigation　全自动海洋导航
fully automated cargo tracking system(=FACTS)　全自动货物跟踪系统
fully automated computer program (=FACP)　全自动计算机程序表
fully automatic　全自动的
fully automatic compiling technique (=FACT)　全自动编译技术
fully-automatic compression machine　全自动压接机器
fully-automatic drawing in machine　全自动穿扣机
fully automatic electronic judging device (=FAEJD)　全自动化电子判定器
fully automatic machine　全自动机床
fully-automatic plow　全自动犁
fully automatic radar plotting (=FARP)　全自动雷达标绘
fully automatic spreader　全自动扩张器
fully automatic turret lathe　全自动转塔式车床
fully automatic updating　全自动更新
fully automatic working　全自动工作
fully automation　全盘自动化
fully buffered channel　全缓冲通道
fully cavitating propeller　全空泡螺旋桨
fully cellular container ship　全格舱集装箱船
fully cellular containership (=FCC)　全格舱集装箱船
fully cellular container vessel　全格舱集装箱船

fully compensated operational amplifier　全补偿运算放大器
fully dense gear　完全密实齿轮
fully dioxidized steel　全脱氧钢
fully electrified　全盘电气化的
fully-enclosed　全封闭 [式] 的
fully enclosed motor　全封闭式电动机
fully energized　全通电
fully factored load　最大荷载
fully fitted (=FF)　全部装妥
fully-flattened　绝对平面的
fully floating　完全浮动
fully galvanized wire　全镀锌钢丝
fully-graded　全 [部] 级配的
fully hydraulic drive　全液压驱动装置
fully insulated winding　全绝缘绕组
fully integrated barge　全分节驳船
fully integrated tow　全组合式顶推驳船队，全分节顶推驳船队
fully-killed　全脱氧的，镇静的
fully killed steel　全脱氧钢，全镇静钢
fully lift position　完全升起位置
fully loaded arrival　满载到港 (计算稳性考虑情况之一)
fully loaded departure　满载离港 (计算稳性考虑情况之一)
fully loaded displacement　满载排水量
fully loaded weight and capacity (=FWC)　(集装箱)满载重量及舱容
fully locked　密封的
fully mounted　全悬挂式
fully opened　完全开放的，全开的
fully paid (=FP 或 FPD 或 FYPD)　全部付讫，全额支付
fully perforated tape　全穿孔纸带
fully reducible metric algebra　完全可约代数
fully refined　精制的
fully restrained beam　固端梁，彻入梁
fully shifted system　昼夜轮班工作制
fully suspended motor　全悬挂式电动机
fully suspended roof　全吊挂炉顶
fully transistorized　全晶体管化的
fully wetted propeller　全浸水螺旋桨
fulmenite　俘门炸药，明那特炸药
fulminate　(1) 雷酸盐，雷粉；(2) 炸药；(3) 爆炸
fulminating cap　雷汞爆管，雷帽
fulminating gold　亚金联胺，雷爆金
fulminating powder　雷爆火药
fulmination　爆炸
fulminic　爆炸性的
Fultograph　福尔多传真电报机
fumaric resin　反丁烯二酸树脂，富马酸树脂
fumaroid form　反丁烯二酸型，富马型
fumarole　气燃孔，喷气孔
fumatorium　(1) 熏蒸消毒室，密封熏蒸室；(2) 熏蒸器
fumatory　(1) 烟熏的，熏蒸的；(2) 熏蒸室
fumble　(1) 摸索；(2) 操作失误
fume　(1) 香，香气；(2) 烟雾，烟气，熏烟；(3) 水蒸气；(4) 冒烟，蒸发
fume chamber　排气箱
fume cock　(烟气分析用) 取烟样旋塞
fume consumer　蒸气消除装置
fume cupboard　排气箱
fume detector　烟气探测器
fume exhaust system　排烟系统
fume extractor　排烟设备
fume gas isolating valve　烟气隔离阀
fume hood　通风橱，烟橱，烟柜
fume-off　(1) 排出气体，去烟，散烟，烟化；(2) 突然爆燃
fume persistent paint　耐烟蚀漆
fume-proof　防烟的，止烟的
fume rating　烟雾浓度分级
fume removal equipment　抽气设备
fume resistance　耐烟雾性
fume-resistant　抗烟的，耐烟作用的
fume-resisting machine　防烟式电机
fume stack　烟囱
fume-tight (=FT)　(1) 不漏烟，不漏气；(2) 不漏烟的，烟密的
fume-tight door (=FTD)　烟密门
fumed oak　烘制栎木
fumeless　无烟的

609

fumes　烟

fumigant　(1)熏蒸剂, 消毒剂, 烟雾剂；(2)烟熏, 熏蒸

fumigate　熏蒸消毒, 烟熏

fumigation　(1)熏蒸, 消毒；(2)烟熏, 烟熏蒸法

fumigation and gas-free certificate　熏舱与除气证书

fumigation certificate　熏舱证书

fumigation charges　熏舱费

fumigation expenses　熏舱费

fumigation of ship's holds　熏舱

fumigation officer　熏舱员, 消毒员

fumigation plant　熏舱设备, 熏蒸设备

fumigation warehouse　熏蒸仓库

fumigation warning sign　熏蒸警告标志

fumigator　熏蒸消毒器, 烟熏器

fuming cupboard　通风橱, 烟橱, 烟柜

fuming hood　通风橱, 烟橱

fuming nitric acid　发烟硝酸

fuming sulfuric acid　发烟硫酸

fumous　冒烟的, 烟色的

fumy　发蒸气的, 烟雾状的, 冒烟的

function (=F)　(1)作用；(2)功能, 功用, 机能；(3)行使职务, 职能；(4)操作, 运行；(5)函数项, 函数；(6)功能元件

function allocation　功能分配, 机能分配

function block　功能组件, 功能块

function button (=FB)　功能按钮

function chamber　下水道汇流井

function check　功能检查

function circuit　操作电路, 逻辑电路

function code　操作码, 功能码

function command　操作指令, 功能指令

function diagram　工作原理图, 方块图

function digit　{计}功能数字组, 操作数码, 操作数位

function element　(1)函数元素；(2){计}功能元件

function evaluation routine　函数[求值]程序

function field　函数域

function fitter　折线函数发生器

function generator　(1)函数发生器, 函数振荡器；(2)函数生成程序

function generator of more variables　多变量函数发生器

function generator of two variables　双变量函数发生器

function hole　操作孔, 标志孔, 功能孔

function independent testing　功能无关检测

function key　功能键

function letter　操作字码, 操作字母

function management　功能管理

function modularity　功能模块化

function modularization　功能模块化

function multiplier　函数乘法器

function of a complex variable　复变函数

function of a matrix　矩阵函数

function of complex variable　复变函数

function of bounded variation　有界变分函数, 囿变函数

function of concentration　集中函数

function of current　电流作用

function of dispersion　分散函数, 散度函数

function of first kind　第一类函数

function of flexure　弯曲函数

function of functions　函数的函数, 合成函数, 复合函数, 叠函数

function of limited variation　有界变分函数, 囿变函数

function of position　位置函数, 点函数

function of real variable　突变函数

function of several variable　多变数函数, 多变量函数

function of state　物态函数

function of the double pyramid　双棱锥体函数

function of the elliptic cone　椭圆锥函数

function of the groove depth　槽深函数, 沟纹深度函数

function of traffic intensities　交通密度函数

function part　{计}功能部分, 操作部分

function punch　功能孔, 标志孔

function reference　{计}函数引用

function statement　函数语句

function subprogram　函数子程序

function supervision device　功能监管装置

function switch　工作转换开关, 操作开关, 函数开关

function table　(1)函数表；(2)转换装置；(3)译码器

function test　功能试验

function test button　功能试验按钮

function transform pair　函数变换对偶式

function translator　功能转换器, 函数变换器, 函数译码机, 函数翻译机

function unit　(1)控制部件, 功能部件, 操纵部分；(2)功能单元, 函数单元

functional (=FUNC)　符合使用要求的, [有]作用的, 功能的, 函数的

functional absorber　空间吸声体

functional adaptability　机能适应性

functional address instruction　功能地址指令

functional analysis　性能分析, 功能分析, 泛函分析

functional arrangement　(1)操作线路, 逻辑线路, 操作电路；(2)作用线路图, 功能图, 功用图, 函数图

functional authority　职能权力

functional block　功能器件, 功能块

functional block diagram　功能方框图, 原理框图

functional bombing　有效轰炸

functional calculus　泛函演算, 例题演算

functional change　功能转变

functional character　功能符号, 控制符号

functional correlation　机能相关

functional dependency　函数相关性

functional determinant　函数行列式

functional design　性能设计, 功能设计, 机能设计

functional devices (=FD)　功能器件, 功能部件

functional diagram　工作原理图, 功能示意图, 功能图, 工作图, 方框图, 方块图

functional electronic block (=FEB)　功能电子块

functional element　功能元件, 作用元件

functional fluid　官能流体, 官能液

functional generator　函数发生器

functional group　{化学}官能团

functional interleaving　交错操作, 操作交错

functional jewel　表机心用钻石, 机能宝石, 功能宝石

functional joint　构造缝, 工作缝

functional liquid　官能流体, 官能液

functional mode　工作状态

functional module　功能微型组件, 功能模块

functional organization　职能机构

functional packaging　组件封装

functional photo interpretation analysis　根据照片判读分析

functional polymer　功能高聚物

functional principle　实用原则

functional-proof cycle　工作性能检查周期

functional proofing vehicle (=FPV)　性能试验导弹

functional quality　使用特点, 经营质量

functional relation　函数关系, 函数方程

functional relationship　函数关系

functional reliability　工作可靠性, 功能可靠性

functional reliability test　功能可靠性试验

functional representation of behavior　特性的泛函表示

functional requirement　功能要求

functional restoration　机能恢复

functional schematic　作用原理图

functional sequence diagram　功能顺序图

functional shift　功能转变

functional silos　功能性仓库

functional simulator　功能模拟程序

functional space　函数空间

functional test (=FT)　工作特性试验, 功能试验, 机能试验

functional test procedure (=FTP)　机能试验程序

functional test specification (=FTS)　机能试验规范

functional tolerance　功能公差

functional unit　操作部件, 功能部件, 逻辑部件

functional value　函数值

functionalism　(1)机能主义；(2)功能主义；(3)按功能主义原则进行的设计

functionality　(1){化学}官能度, 功能度；(2)函数性, 泛函性

functionalization　起作用过程, 起作用性质

functionally　(1)就其功能, 功能上；(2)用函数式, 写成函数式

functionally integrated defect analysis system (=FIDA)　功能性整体故障分析系统

functionary　(1)工作人员, 公务员；(2)功能的, 机能的, 职务的

functionate　(1)作用；(2)功能, 功用, 机能；(3)行使职务, 职能；(4)

操作，运行；(5) 函数项，函数；(6) 功能元件

functioning of automatic control procedures 自动控制程序的功能

functioning test 功能试验

functioning test of bow thruster 艏侧推器功能试验

functioning test of fire fighting equipment 消防设备功能试验

functions of bill of lading (=FBL) 提单的职能

functivev 功能体

functor (1) { 计 } 功能单元，功能元件，逻辑元件，功能件；(2) 函子，算符

fund 经费拨款，基金，款项，资金，费用

fund account 基金账户

fund convention 基金公约

fund of disbursement required 备用金

fund of limitation of liability for marine claims 海事赔款责任限制基金

fund raising 筹款

fund- 底部，基础

fundament (1) 基础，基座；(2) 基本原理，基本理论，基本原则

fundament system of solutions 解的基本系

fundamental (1) 主要的，基本的，基础的，根本的，根源的，重要的，原始的，固有的；(2)根本法则，根本规律，原理，原则，基本，根本，基础；(3) 一次谐波，基波，基频，基音；(4)基本要素，主要成分；(5)主模式振荡；(6) 基谐波的，基频的

fundamental band region 基本能带区

fundamental breach 根本违约

fundamental chain 母链，主链

fundamental change 根本变化

fundamental circle 基圆

fundamental color 基本色，原色

fundamental component distortion 主要分量失真，基波 [分量] 失真

fundamental constant 基本常数

fundamental construction 基本建设

fundamental crystal 基频晶体

fundamental current 基波电流

fundamental curve 基本曲线

fundamental deviation 基本偏差

fundamental domain 基本域

fundamental equation 基本方程

fundamental error 基本误差

fundamental extract circuit 基频提取电路

fundamental field particle 基本场粒子

fundamental form 基形

fundamental frequency 固有频率，基本频率，基波频率，基频

fundamental frequency band 基频谱带

fundamental frequency combining 基频合并

fundamental frequency of Decca 台卡基波频率

fundamental fuel lower calorific value 基准燃油低热值

fundamental function (1) 基本函数，特征函数；(2) 基本功能

fundamental functional 基本泛函

fundamental harmonic 一次谐波，基谐波

fundamental invariant 基本不变量

fundamental law 基本定律，基本法

fundamental law of gear tooth action 齿廓啮合的基本定律

fundamental law of gearing 齿轮啮合的基本定律

fundamental line 基本点阵线，基本线

fundamental loss 基本损失

fundamental magnetization curve 基本磁化曲线

fundamental magnitude 基本量

fundamental mode (1) 主振动形式，振荡主模；(2) 基谐方式，波基型

fundamental natural mode 基本固有振动模

fundamental neighborhood 基本邻域

fundamental network 基本网络

fundamental norm 基本定额

fundamental null voltage 基波零位电压

fundamental operation 基本运算

fundamental oscillation 基波振荡

fundamental particle 基本粒子

fundamental period 基本周期

fundamental point 基本点

fundamental policy 基本政策

fundamental principle 基本原理，基本原则

fundamental purpose 主要目的

fundamental quantity 基本量

fundamental research 基本理论研究

fundamental resonance 基本谐振

fundamental ripple frequency 脉动基频，波纹基频

fundamental set 基本集合

fundamental solution 基本解

fundamental stability criterion numeral 稳定基本衡准数

fundamental strength 基本强度

fundamental suppression 基频抑制

fundamental surveillance 基本监测

fundamental system of solutions 基本解组

fundamental technical data 技术基础资料

fundamental test 基础性试验

fundamental theorem 基本定理

fundamental theory 基本理论

fundamental tissue 基本组织

fundamental tolerance 基本公差

fundamental tolerance unit 基本公差单位

fundamental unit (1) 基本单位；(2) 基本单元

fundamental vector 基本矢量，基本向量

fundamental vibration rotation region (1) 基本振动转动区；(2) 近红外区

fundamental wave 基波

fundamental wave resonator 基波谐振器

fundamental wavelength 基波波长

fundamental zero 基本零点

fundamentality 基本性质，基本状态

fundamentally [从]根本上

fundamentals of electric and electronic engineering 电工基础

fundamentary deviation 基本偏差

fundamentum 基本法则

funded debt 经过整理的债务，长期债款，固定负债

funding 拨款，投资

fungible (1) 代替物；(2) 可互换的

funicalar 缆车

funicular (1)纤维的，细绳子的；(2)用索绷紧的，用索带动的，索牵的；(3) 缆车道

funicular curve 缆索曲线

funicular polygon (力的) 索多边形

funicular railroad 缆索铁道

funicular railway (1) 缆车铁道；(2) 缆车

funicular railway coach (载客) 缆车

funnel (1) 漏斗形承口，漏斗状装置，喇叭口，漏斗；(2) 烟囱，通风筒，通风井，烟囱；(3)浇口，漏斗形浇口，浇铸漏斗；(4)使成漏斗形，使汇集，集中于，聚集于；(5) 圆筒形金属箍，聚光灯罩；(6) (显像管玻壳) 玻锥，锥体

funnel antenna 漏斗形天线，喇叭天线

funnel apron (1) 烟囱顶罩，烟囱罩；(2) 使集中，束集

funnel area 烟囱横断 [面] 面积

funnel base 烟囱基座

funnel bonnet 烟囱顶罩，烟囱罩

funnel bulb 漏斗形灯泡

funnel cap 烟囱顶罩，烟囱帽盖

funnel casing 烟囱外壳，烟囱外套

funnel coupling 漏斗形联结器

funnel cover 烟囱罩布，烟囱盖

funnel damper 烟囱调节 [风]门

funnel draft (1) 烟囱拔风；(2) 自然通风

funnel draught (1) 烟囱拔风；(2) 自然通风

funnel flue 烟道

funnel for acid 盛酸漏斗

funnel-form 漏斗状的

funnel gasses 烟囱气体

funnel guy 烟囱牵条，烟囱稳索，烟囱支索

funnel-hood 烟囱帽

funnel hood 烟囱顶罩，烟囱帽盖，烟囱罩

funnel light 烟囱标志灯

funnel-like 漏斗状的

funnel mark (=FM) 烟囱标志

funnel paint 烟囱漆

funnel ring 烟囱牵索环

funnel shaft 烟囱外壳，烟囱外套

funnel-shaped (1) 漏斗形式的；(2) 烟囱式样的

funnel shaped 漏斗形的，喇叭形的

funnel-shaped opening 漏斗形开口，漏斗形承口

funnel shroud (1) 烟囱支索；(2) 烟囱稳索

funnel-stand 漏斗架
funnel stand 漏斗架
funnel stay 烟囱稳索,烟囱支条,烟囱支索
funnel support 漏斗架
funnel temperature 排烟温度
funnel tube 长梗漏斗
funnel umbrella 烟囱顶罩,烟囱帽盖
funnel uptake 上升烟道,烟囱烟喉
funnel wire brush 烟囱刷
funnel with filter 带滤器漏斗
funnel with nozzle 喷嘴漏斗
funneling 灌进漏斗
funneling effect (1) 集中作用;(2) 漏斗效应
funnel(l)ed (1) 有漏斗的,漏斗状的;(2) 有烟囱的,烟囱状的
funnelless 无漏斗,无烟囱
funnelling 漏斗的形成,狭管效应
funny 双人双桨小艇
funny car 一种特别改装过的赛车
fur (1) 皮毛,软毛;(2) (锅炉中) 锅垢,水锈;(3) 在……钉板条
furaldehyde 糠醛
furbish (1) 研磨,磨光,擦亮;(2) 改旧为新,刷新,翻新;(3) (钢铁) 烧蓝,发蓝处理
furbisher 抛光工,磨工
furcate (1) 分叉,分枝;(2) 分叉的
furcation 分叉
furfural resin 糠醛树脂
furfuraldehyde 糠醛
furfuryl-alcohol resin 糠醛树脂
furfuryl alcohol resin 糠醛树脂
furl 卷,折叠
furling 拢帆,收帆
furling line (纵帆的) 卷帆索,束帆索
furlong 浪(长度单位,=660 英尺 =1/8 英里)
furlough 休假
FURN (=Furnished) 已装备的
furn- 灶

furnace (1) 熔炉,高炉,炉子,炉;(2) 锅炉,炉胆,炉膛,坩埚;(3) 燃烧室;(4) 中心的蒸汽采暖锅炉,暖气炉;(5) 反应堆
furnace addition 炉内加入物,熔剂
furnace annealing 炉内退火
furnace arch 炉拱
furnace atmosphere 炉膛内空气状态
furnace bar 炉排,炉箅,炉栅,炉条
furnace black 炉炭黑
furnace-boat 扩散炉的舟皿 (装硅汽用)
furnace bottom 炉底
furnace brazing 炉内钎焊,炉热硬焊
furnace bridge 炉胆矮墙
furnace butt-welded tube 高炉对焊钢管
furnace campaign (两次大修之间的) 炉龄
furnace chrome 修炉用的铬粉
furnace clinker 炉渣结块,炉渣
furnace coal 冶金煤,炉煤
furnace coke 冶金焦炭
furnace control 燃烧炉控制
furnace-cooled 炉内冷却的
furnace cooled 炉内冷却的
furnace cooling 炉内冷却,随炉缓冷,炉冷
furnace deformation 炉胆变形
furnace deformation indicator 炉胆变形指示器
furnace door 炉门
furnace envelope 炉墙
furnace explosion 炉膛爆炸
furnace filling counter 装料计数器
furnace floor 炉底
furnace flue gas analysis 炉膛烟气分析
furnace for melting scrap 废料熔化炉
furnace front 炉膛前部
furnace fuel oil (=FFO) 锅炉燃油,锅炉重油
furnace grate 炉排,炉箅
furnace hearth 炉底,炉床,炉缸,熔池
furnace insulation 窑炉隔热,炉绝缘体
furnace lid 炉盖
furnace lining 炉衬

furnace metal 火冶金属,粗金属
furnace mouth 炉膛口
furnace neck 炉颈
furnace offtake 炉子出口烟道
furnace oil 锅炉燃油,锅炉重油,燃料油
furnace-operator 熔炼工,炉工
furnace pipe 炉胆
furnace plate 炉膛板
furnace pot 蒸发器,馏槽
furnace pull out roll 炉内拉料辊
furnace refining 炉内精炼
furnace shaft 炉身
furnace slab 弯材平台,敲锈平台,蜂窝板,弯板台
furnace slag 炉渣
furnace sodering 炉中软钎焊
furnace stack 炉身
furnace temperature 燃烧炉温度
furnace test 燃烧炉试验
furnace to be repurged 炉膛需扫风
furnace treated black 炉法碳黑
furnace transformer 电炉用变压器
furnace uptake 锅炉烟喉
furnace volume 炉膛容积
furnace wall 炉墙
furnaceman 加热炉工,炉 [前] 工
furnacestat 炉稳定器
furnacing 炉内熔化
furnish (1) 供应,供给,提供,配料;(2) 陈设;(3) 配备,装备,装修,布置,配置
furnish power 发电,供电
furnished 已装备的
furnisher 给浆辊筒,喂纱器,给纱器
furnishing (1) 装潢;(2) 陈设;(3) 陈设品,设备,家具,器具;(4) 供给,装备,配置
furnishment 必需的装备,必需的供应品
furniture (=furn) (1) 附属品,帆具,缆具,舾装;(2) 家具,器具;(3) (机器、船舶等的) 装置,设备,设施;(4) (轧辊导卫) 装置;(5) 填充材料,空铅
furniture and equipment for wheelhouse 驾驶室家具和设备
furniture removal company 搬家公司
Furol viscosity 重油粘度,付洛粘度
furred 形成锅垢
furred ceiling 贴条吊顶
furring (1) 钉板条;(2) 垫高料;(3) 刮去锅垢,刮去水锈,刮去水垢,除垢
furring strip (1) 船旁衬条;(2) 极轻型槽钢
furring tile 墙面瓷砖,衬里陶砖
furrow (1) 沟,槽,沟槽;(2) 犁沟;(3) 起皱纹;(4) 航迹
furrow drill 沟播机
furrow forming wheel 压种沟轮
furrow opener 开沟器
furrow shovel 开沟铲
furrower 开沟者
furrowing 槽膜形成
further (=FTHR) 进一步
furthermore 更有甚者,更进一步,而且,加之,此外
furthermost 最远的
fusain 丝炭,乌煤
fusant 熔体,熔物
fusarc process 熔弧焊接法
fusation 熔化
fuse (=F 或 FS 或 FU) (1) 可熔性嵌入物;(2) 导火索,导火线,导爆索,雷管,信管,引信;(3) 保险丝,熔断器,熔丝,熔线,可熔片;(4) 装雷管,装引信;(5) 由于熔丝烧断而电路不通,熔合,熔化;(6) 引火剂
fuse alarm (1) 熔断报警器;(2) 熔丝报警器
fuse alloy 易熔合金
fuse arming computer 引信解脱保险计算机
fuse base 熔丝座
fuse block 保险丝装置,熔丝断路器,保险丝盒,熔丝盒
fuse-board (=distribution board) 每条电路都带保险的配电板
fuse board 保险丝板,保险丝盘,熔丝板,熔丝盘
fuse box (=FB) 保险丝盒,熔丝盒
fuse break lamp 熔丝熔断指示灯
fuse breaker 熔丝断路器

612

fuse breaking distance 熔断距离

fuse cap 药线雷管,引信雷管,熔丝帽

fuse capacity 保险丝容量,熔丝容量

fuse-carrier 熔线座

fuse carrier 熔丝架

fuse cartridge 熔丝盒

fuse case 熔丝管

fuse clip 熔丝夹[头]

fuse cutout 熔丝断路器,保险器

fuse cutter 熔丝切断器,熔丝规

fuse detonating cord 引爆线,导火线

fuse-element 保险丝,熔丝

fuse element 保险丝,熔丝

fuse equipment 熔丝装置

fuse gauge 熔丝切断器,熔丝规

fuse grip jaw 熔断器夹爪

fuse head 熔丝头

fuse-holder (=fuse carrier) 保险丝盒

fuse holder 保险丝座,熔丝座

fuse-lage fairing 机身整流[减阻]装置

fuse lighter 导火索点火器,雷管点火器

fuse-link 熔融体,熔丝链

fuse link 熔断片,保险丝,熔片

fuse metal 保险丝用合金,易熔合金

fuse panel 熔断器板,熔丝盘

fuse piece 条形保险丝,熔片

fuse plug (=FP) 插塞式保险丝,熔丝塞子

fuse point 熔点

fuse primer 导火管

fuse protection 熔线保护[装置],熔丝保护[装置]

fuse puller 熔丝拔钳

fuse rating 保险丝额定值,熔丝额定值

fuse-resistor 保险丝电阻器

fuse resistor 保险丝电阻器

fuse salt 熔融盐

fuse setting 熔断器整定时间

fuse signal 熔丝信号

fuse socket 保险丝塞孔,熔丝管座,保险丝座,熔丝塞孔,熔丝座

fuse strip 熔片

fuse-switch 熔丝开关,熔线开关

fuse switch 保险丝开关,熔丝开关

fuse tester 熔丝测量器

fuse time computer 引信时间计算机,引爆时间计算机

fuse tongs 熔丝更换器,熔线管钳

fuse tube 熔丝管,信管

fuse type temperature relay 熔丝型温度继电器

fuse wire 保险丝,熔丝,熔线

fuseboard 保险丝盘,熔丝盘

fused (1)装着引信的,发火的;(2)熔融的,熔化的,熔合的,熔凝的

fused alloy (=FA) 易熔合金

fused complex sentence 溶合复合句

fused electrolyte 熔融电解质,熔融盐,熔盐浴

fused electrolytic cell 熔质电池

fused flux 熔炼焊剂

fused hearth bottom 烧结炉底

fused junction 熔融结

fused-junction transistor 合金型晶体管

fused knife switch (在活动部位装有熔丝的)闸刀开关

fused quartz 熔凝石英

fused-salt 熔盐

fused salt bath 熔盐电解槽

fused salt electrolytic refining 熔盐电解精炼

fused salt extraction 熔盐萃取

fused salt liquid metal extraction 熔盐-液态金属萃取

fused semi-conductor 熔凝半导体

fused semiconductor 熔凝半导体

fused signal 导火信号

fused silica 熔[凝]氧化硅,熔融石英

fused transistor 合金型晶体管

fusee (1)蜗形绳轮;(2)火箭发动机点火器;(3)信号火;(4)耐风火柴;(5)引信,雷管;(6)发条匀速链(天文钟内均衡发条弹力的机构)

fusee chain 均力圆锥滑轮链,蜗形滑轮链

fusee hollow 均力圆锥滑轮孔,发条轮沟

fusehead 引信头部

fusel oil 杂醇油

fusel oil fraction 杂醇油馏分

fuselage (1)壳体,外壳;(2)(飞机的)机身;(3)弹体

fuselage fairing 机身整流装置,机身减阻装置

fusibility (1)可熔性,易熔性;(2)可熔度,熔融度,熔度

fusible 可熔的,能熔的,易熔的

fusible alloy 易熔合金

fusible circuit breaker 熔丝断路器

fusible cone 测温三角锥,[示温]熔锥

fusible covering {焊}以渣为主药皮

fusible cut-out 熔丝断路器

fusible cutout 熔断丝

fusible disconnecting switch 带保险丝的断路器,熔线[式]隔离开关,熔丝式隔离开关

fusible link (防火门上的)熔断连杆,条形保险丝,熔片

fusible metal 易熔金属,易熔合金

fusible plug (=FP) 插塞式熔断器,保险丝插塞,熔丝插塞,保险塞,易熔塞,可熔塞

fusible point 熔点

fusible resistor 可熔电阻[器],熔阻丝

fusible wire 保险丝,熔丝

fusiform 两头小中间大的,流线型的,双端尖的,纺锤状的,纺锤形的

fusiform antenna 梭形天线,梭形融角

fusil 燧性枪,明火枪

fusing (1)熔化,熔合,熔融,熔断,熔解,熔合;(2)点火,发火,发射,起动;(3)装引信;(4){光}合并,汇合

fusing agent [助]熔剂

fusing burner (熔解金属的)喷灯

fusing casting mould 熔融浇注模

fusing coefficient 熔融系数

fusing current 熔断电流

fusing disk 熔割盘

fusing element 保险丝,熔丝

fusing factor 熔断系数

fusing frictional surface 熔融摩擦面

fusing head (锅炉鼓筒的)前封头

fusing into 熔入

fusing point 熔[化]点,发火点

fusing soldering 熔焊

fusing switch 熔丝开关

fusing tester 熔丝测量器

fusing time 熔断时间

fusion (1)熔化,熔解,熔接,熔合,熔融,融合,熔炼,结合,掺合,粘砂;(2)熔合物,熔解物;(3){核}聚变;(4){光}合并,汇合,汇合点;(5)(固体燃料火箭发动机的)发射,发火,点火

fusion bomb 热核弹,氢弹

fusion cast block 熔铸耐火砖

fusion current 熔化电流

fusion cutting 熔化切割,熔割

fusion drilling 熔化钻眼法

fusion-electrolysis 熔盐电解

fusion electrolysis 熔融盐电解,熔盐电解,熔凝电解

fusion face {焊}坡口面

fusion fission reaction 聚变-裂变反应

fusion frequency (电视中)停闪频率;(2)熔解频率

fusion heat 熔化热

fusion length 焊缝长度

fusion nucleus 并合核

fusion piercing drill 熔化穿孔机

fusion point (=FP) 熔点

fusion reaction 聚变反应,熔解反应

fusion temperature 熔解温度,熔化温度,熔点

fusion thermit weld 熔化铝热焊

fusion wear 熔融磨损

fusion welding (=FW) 无压焊接,无压焊,熔焊[接],熔融焊

fusion zone {焊}母材熔合区,熔焊区,熔化区,熔合部

FUSRS (=Frequencies Used for Search and Rescue at Sea) 海上搜救使用频率

fuss type automatic voltage regulator 振动式自动调压器

fust 柱身

fustian 粗绒织物

fustian loom 纬起毛织机,纬起绒织机

fustic 黄桑木,佛提树染料

fusulus 吐丝机,吐丝器

FUT(=Future) 期货
futile 无价值的,无益的,无效的
futility 无价值,无效,徒劳
futtock (1)中间内肋骨,[复]肋材;(2)制造肋材的弯木
futtock band 装有挽缆插栓的桅箍
futtock chain 桅顶支索固板
futtock hole 肋材孔
futtock hoop 装有挽缆插栓的桅箍,联桅箍
futtock plate (1)桅顶支索固定板,桅楼桅箍面板;(2)内龙骨翼板
futtock-rigging 联桅索具
futtock rigging 下桅盘护绳
futtock shroud 桅楼侧支索
futtock staff 桅楼杆
futtock timber (艇上)复肋材,制造肋材的弯木
future (1)前途,未来,将来;(2)将来的,未来的;(3)(复)期货
future enlargement 远景扩建
future expansion area 远景发展地段
future global maritime distress and safety system (=FGMDSS) 未来全球海上遇险及安全系统
future position 预测点
future traffic volume 远景交通量
future units 预留机组
futures 期货
futures market 期货市场
futurology 未来学
fuze (=FZ) (1)可熔性嵌入物;(2)导火索,导火线,导爆索,雷管,信管,引信;(3)保险丝,熔断器,熔丝,熔线,可熔片;(4)装雷管,装引信;(5)由于熔丝烧断而电路不通,熔合,熔化;(6)引火剂
fuzee 信号焰管
fuzing (1)起爆引信;(2)熔化
fuzz (1)外来的微噪音;(2)绒毛;(3)模糊的
fuzziness (图像)模糊,不清晰
fuzzy image 不明显的图像,模糊图像
fuzzy logic 模糊逻辑
fuzzy mathematics 模糊数学
fuzzy picture 模糊图像
fuzzy region 模糊不清区域
fuzzy set 模糊集
fuzzy topology 模糊拓扑
FV (=Fishing Vessel) 渔船
FV (=Folio Verso) 见本页背面
FV (=Foot Valve) (吸入管路或湿空气泵的)底阀
FV (=Frustration of voyage) 航次受阻
FVC (=Fishing Vessel Clauses) 渔船条款
FVD (=Full Value Declared) 全价申报
FVILH (=Forbidding a Vessel or an Installation from Leaving the Harbor) 禁止离港
FW (=Fairway) 安全航路
FW (=Feed Water) (锅炉等)给水
FW (=Flywheel) 飞轮
FW (=Fog Whistle) 雾哨
FW (=Forward) (1)正方,正向;(2)向前;(3)船首部分
FW (=Free into Wagons) 船方不负担装入车厢费用,车厢内交货价格
FW (=Fresh Water) 淡水
FW (=Fresh Water Circulating Pump) 淡水循环泵
FW (=Full-wave) 全波段的
FW (=Full Wave) 全波
FW (=Full-wave Rectifier) 全波整流器
FW (=Full Weight) (1)全重;(2)总重
FWA (=Forward Wave Amplifier) 前向波放大器

614

FWA (=Fresh Water Allowance) 淡水宽限量
FWA (=Full-wave Amplifier) 全波放大器
FWAD (=Fresh Water Arrival Draft) 到达时淡水吃水
FWBA (=Full-wave Balanced Amplifier) 全波平衡放大器
FWC (=Feed Water Control) 供水控制
FWC (=Fully Loaded Weight and Capacity) (集装箱)满载重量及舱容
FWD (=Forward) (1)前方,正向;(2)向前的;(3)船首部分
FWD (=Free Water Damage) 自由溢水损坏
FWD (=Fresh Water Damage) 淡水损害
FWD (=Fresh Water Draft) 淡水吃水
FWDCT (=Fresh Water Drain Collecting Tank) 淡水排泄污水舱,淡水泄水收集柜
FWDD (=Forwarded) 已转交,已寄出
FWDR (=Fresh Water and/or Damage Risk) 淡水雨淋险
FWDS (=Forward Shaft) 前轴
FWE (=Finish with Engine) 用机完毕,完车
FWG (=Fresh Water Generator) 造水机
FWGEN (=Fresh Water Generator) 造水机
FWL (=Foil-borne Waterline) 水翼艇吃水线
FWP (=Filament Wound Glass-reinforced Plastics) 长纤维缠绕玻璃钢
FWP (=Fresh Water Pipe) 淡水管
FWP (=Fresh Water Pump) 淡水泵
FWCA (=Federal Water Pollution Control Act) 联邦水域污染控制
FWCA (= Federal Water Pollution Control Administration) (美)联邦水污染控制管理局
FWR (=Full Wave Rectifier) 全波整流器
FWS (=Fresh Water Ship) 淡水船
FWT (=Fresh Water Tank) 淡水柜,淡水舱
FW&TGD (=Fair Wear and Tear Gradual Deterioration) 正常磨损和自然损耗
FWTH (=Flush Water-tight Hatch) 平甲板水密舱
FWTK (=Fresh Water Tank) 淡水柜,淡水舱
FX (=Fixed Station) 固定电台
FX (=Forecastle) 船首楼
FX (=Foreign Exchange) 国际汇兑
FXD (=Fixed) 固定的
FXE (=Fixed Telemetering Land Station) 固定遥测地面台
FXF (=Forecastle) 船首楼
FXG (=Fixing) 固定
FXLE (=Forecastle) 船首楼
FXP (=Fixed Point) 定点
FXTR (=Fixture) (1)固定设备;(2)预订日期
FY (=Ferry) 渡船,渡轮
FY (=Fiscal Year) 财政年度,会计年度
FYA (=For Your Attention) 请你注意
fybogel 一种纤维添加剂
FYF (=For Your File) 供存档
FYG (=For Your Guidance) 供您参考,供参考
FYI (=For Your Information) 仅供您参考
FYIG (=For Your Information and Guidance) 望参照执行
FYLC (=Five Year Loadline Certificate) 5年载重证书
FYP (=Five Year Plan) 五年计划
FYPD (=Fully Paid) 全部付讫,全额支付
FYPG (=For Your Private Guidance) 仅供您本人参考
Fypro 聚酰胺纤维
FYR (=For Your Reference) 供你方参考,供您参考,供参考
Fyrite 富赖特二氧化碳测定仪
FZ (=Fire Zone) 防火区
FZ (=Free Zone) 自由区(卸、装或转货不交纳进口税)
FZ (=fuze) 保险丝,熔断丝,熔丝

G

G 重力加速度

g-alleviation 加速度作用减弱

G alloy G 合金 (锌 18%, 铜 2.5%, 镁 0.35%, 锰 0.35%, 铁 0.02%, 硅 0.75%, 其余铝)

g-atom 克原子 [重] 量

G-band G 波段 (194-212MHz), G 频带

G black level 绿路黑电平

G-clamp 螺旋夹钳

G display (1) 光点误差显示器；(2) G 显示 [器]

g-factor 偶极相关因子, 朗德因子, g 因数, g 因子

G-forbidden G [字称] 禁戒

g-force 产生过荷的力, 惯性力, 重力, g 力

G-gas G 气体 (以氢和异丁烷为基, 用于低能 β 射线计数器)

G line 表面小波传输线, G 线

g-load 由过荷产生的负荷, g 载荷, 过荷

g-loading (1) 过荷；(2) 产生过荷

G metal 铜锡锌合金 (铜 40%, 锡 50%, 锌 10%)

g-meter 加速计

g meter 加速器

g-mol 克分子

G scale G 标度

G-scope G 型显示器

G-suit 抗过载飞行衣, 高空飞行服, 过载服, 抗荷服

G-tolerance (人或物) 承受加速度作用力的程度

G value G 值 (放射化学中用的单位, 代表每吸收 100 电子伏特的能量时被破坏或产生的分子变化数)

G-Y amplifier 绿色差放大器, G-Y 放大器

G-yield G 产额 (吸收 100 电子伏能量时生成的或转化的分子数)

GA (=General Agent) 代理总行, 总代理

GA (=General Arrangement) 总布置图

GA (=General Assembly Drawing) 安装总图, 总装配图

GA (=General Average) (1) 平均值；(2) 共同海损

GA (=Go Ahead) (1) 前进；(2) 请继续 (电传用语)

GA (=Graphic Ammeter) 自动记录式安培表

GA (=Grid Azimuth) 坐标方位角

GA (=Ground to Air) 地对空

GA&S (=General Average and Salvage) 共同海损及救助费用

GAA (=General Average Act) 共同海损行为

GAA (=General Average Agreement) 共同海损合同

GAA (=Ground Antiaircraft Control) 地面防空控制

GAB (=Gable) 三角形部分 (建筑物或器具)

GAB (=General Average Bond) 共同海损保证书

gab (1) 凹槽, 槽；(2) (凸轮) 凹节；(3) 叉口；(4) 凹口, 开口, 孔

gab gad 测杆

gab lever 凹节杆

gab rope 缩帆带

gab-motion 偏心轮配汽, 凸轮配汽

gab tongs 平口钳

gabarit(e) (1) 外形尺寸, 轮廓, 外廓, 限界；(2) 净 [空] 尺寸, 净跨；(3) 模型, 样板；(4) 曲线板

gabble 飞溅, 泼溅, 喷雾

gable (1) 支柱, 斜撑, 拉条；(2) 人字头, 三角形部分；(3) 三角形的

gable bottom (齿轮) 人字齿齿沟底面

gable roof 人字屋顶, 三角屋顶

gabled 人字形的

gablock 铁杆, 铁钎

Gabor tube 加博尔电子束管

GAD (=General Assembly Drawing) 安装总图, 总装配图

gad (1) 键, 销；(2) 厚薄规, 量规；(3) 尖头杆, 测杆, 测条；(4) 车刀, 切刀；(5) 小钢凿, 凿子, 钢楔, 錾；(6) 总装配图 (=general assembly drawing)；(7) (用凿) 钻孔, 劈裂

gad tongs 平口钳

gadder (1) 风镐；(2) 移动式凿岩机, 凿孔机, 穿孔机, 钻岩器；(3) 钻机车, 钻机架

gadding machine 开石机, 钻 [孔] 机

gadget (1) [无线电] 设备, [雷达] 设备, 辅助工具, 辅助设备, 临时设备, 装置；(2) 电子器件, 小配件, 小零件, 小器具, [小] 机件, 小附件；(3) 配置；(4) 技术新发明

gadgeteer 爱设计制造小器具的人, 爱设计制造小机件的人

gadgeteering 小器具设计, 零件设计

gadgetry (1) 小机件；(2) 设计制造小机件

gadiometer 磁强梯度计, 磁强陡度计

gadolinia 氧化钆

gadolinium {化} 钆 Gd (音轧, 64 号元素)

gadolinium bromate 溴酸钆

gadolinium containing alloy 含钆合金

GADV (=Gross Arrived Damage Value) 合计总损失值

gaeta (南) 一种帆桨渔艇

gaff (1) 带钩阀；(2) 弯齿鱼叉, 鱼叉, 鱼钩；(3) 装油软管吊架, 斜桁, 斜杆；(4) (线路工用的) 攀钩

gaff-foresail 前桅斜桁下帆

gaff-headed 斜桁式的

gaff lights 斜桁灯

gaff parrel 斜桁滑环

gaff-topsail 斜桁顶帆

gaffer (1) 工长, 领班；(2) (电影、电视) 照明电工

gaffing 剥离, 擦伤

gaffle 弯弓用的钢杆

gaffsail 斜桁帆

gag (1) 压紧装置, 压板；(2) 阀门中堵塞物, 塞头, 塞盖, 堵头；(3) 夹持器；(4) 使 (发动机) 停车；(5) 整轨锤, 直轨锤, 套锤；(6) 冲床附件；(7) 矫正, 矫直, 压平；(8) 关闭, 封密, 闭塞, 堵塞；

gag press 矫正压力机, 压力矫正机, 压直机

gagali (土) 一种沿海小船

gagate 或 gagatite 煤玉, 煤精

gage 或 gauge (1) 仪表, 量规, 量计, 线规, 测规, 规, 计, 表；(2) 测量, 校准, 估计, 估价；(3) 样板；(4) 调整；(5) 隔距片；(6) 轨距, 行距；(7) 范围, 厚度；(8) (船的) 吃水；(9) 与其他船的相对位置；(10) 抵押品, 担保品

gage adjusting clip 轨距调节扣板

gage air microsize 气动塞规自动尺寸

gage announciator 表式示号器

gage ball 球规, 标准规

gage bar 规杆, 量棒

gage bit 成形车刀

gage block 块规, 量块

gage board 仪表板, 规准尺, 规准板, 样板, 表板

gage bonding agent 应变片粘合剂

gage box 量料箱

gage bush 测量用轴瓦

gage button 测砧, 量砧

gage carriage 移动挡板的滑架

615

gage cock　试水位旋塞,水位器开关,压力表塞门
gage cock valve　水位旋塞阀
gage code number (=GCN)　计量器码号
gage controller　厚度控制器
gage distance　计量距离
gage face glass　玻璃液面表
gage factor　仪表灵敏度
gage finder　仿形装置,仿形板
gage for ties distance　轨枕距尺
gage glass　玻璃管示位表,玻璃液位计
gage glass bracket　水位玻璃托,油位玻璃托
gage glass cone　水位表锥形杯
gage glass fittings　玻璃液位表附件
gage glass packing　玻璃液位表填料
gage glass protector　玻璃液位表护罩
gage group　规范群
gage hatch　测量液位口,测量口,量油口
gage head　测头,表头,塞规
gage height　标高
gage hole　定位孔,工艺孔,计量孔
gage index　计算指数
gage invariance　规范不变性
gage lamp　仪表灯
gage lathe　样板车床
gage length　计量长度,标距
gage load　计量负荷
gage lot diameter variation　(轴承)批直径规值变化值,批直径规值变动量
gage lot of rollers　(轴承)批滚子规值
gage manifold　压力表接管
gage mark　水位基点,基准点
gage-matic internal grinder　塞规自动定[尺]寸内圆磨床
gage-matic method　(内圆磨床的)塞规自动控制尺寸法,塞规自动定寸法
gage measuring interferometer　干涉比长仪
gage number　量规号数,线材号数,板材号数
gage of rivets　铆行距
gage of the ship　船的水尺
gage of tracks　履带式拖拉机轨距
gage of tyres　轮箍距
gage orifice　校准的孔,标准孔
gage outfit　测量头,表头
gage panel　仪表盘,仪表板
gage parallel　块规,量规
gage pin　(1)(齿轮测量)跨棒,测量棒,量针;(2)定[尺]寸销
gage pin diameter　跨棒直径(测量齿轮用)
gage pipe　压力计导管
gage plate　(1)样板;(2)仪表操纵板,定位板,定位器;(3)轨距垫板;(4)检验用三棱尺
gage play　轨隙
gage plug　塞规
gage point　基准点
gage pointer　仪表指针
gage-pole　量油杆
gage position　计量位置
gage pot　水泥薄浆壶
gage pressure　计算压力,计示压力,[仪]表压[力]
gage probe　压力计感应塞,计量传感器
gage punch　工艺孔冲头,定位孔冲头,定位冲头
gage reading　计量仪读数,仪表指示
gage ring　环规
gage rod　探料尺,转距杆,探测杆,规准杆,量杆,表尺,料尺
gage roller　压辊
gage saver　压力计缓冲器
gage setting　卡规校准
gage shoe　入土深度限制器,仿形滑脚,仿形滑板
gage stand　表座,规座
gage tables　(1)计量表,校正表;(2)罐容表
gage template　样板
gage thickness　线规粗度,滚距
gage tolerance　量规公差,规值公差,仪表公差
gage transformation　规范变换,量规变换
gage travel　弹簧定位装置的移动量,定位装置行程
gage tube　测流速管

616

gage valve　试验旋塞,仪表阀
gage vapor pressure　表蒸气压力
gage wheel　前导轮,调整轮,限深轮,仿形轮,规轮
gage work　样板工作
gaged arch　规准砖拱
gaged brick　规准砖
gaged instrument　标定仪表,校准仪表
gaged mortor　规定砂浆
gaged orifice　计量孔,检验孔
gaged stuff　装饰石膏
gager 或 gauger　(1)(零件)检验员,(器具)检查员,度量者,计量者;(2)度量物,计量器
gagetron　液面指示器
gagger　(1)造型工具,铸模工具;(2)泥心撑,撑子,型心撑;(3)冲压工;(4)模锻工;(5)砂型吊钩,吊砂钩,小钩;(6)[型材]辊式矫正机;(7)校正轨距工人
gagging　(1)冷矫正,冷矫直;(2)伸直,矫直
gaging 或 gauging　(1)放射性计测量,规测,(用量规)检验,测量,计量,量测;(2)校准,调整,控制,操纵
gaging adjustment　校准调整
gaging board　记录板
gaging clutch　测量离合器
gaging device　测量设备
gaging error　检定误差
gaging head　测头
gaging hole　测孔
gaging line　水位线
gaging nozzle　测量喷嘴
gaging of products　产品的计量
gaging pad　测量衬垫
gaging radius　测量半径
gaging rod　(油柜用)测深量尺,测深杆,量尺
gaging spindle　气动塞规,测量轴
gaging station　测量站,水位站,测流站
gaging surface　计算表面
gaging tank　计量储槽,计量桶
gai　伽(=1cm/s^2)
gain　(1)放大,增益,增加,增进,快;(2)增量;(3)放大率;(4)腰槽,沟槽;(5)获得,得到,节省,前进,到达;(6)自动驾驶仪传动比;(7)以榫槽支承,用腰槽连接,镶入榫槽,榫接,开槽;(8)掺加物
gain amplification　增益放大
gain amplifier　增益放大器
gain an offing　驶出海面
gain antenna　定向天线
gain around a feedback　反馈环路增益,回授
gain around feedback　反馈环路增益
gain balance　增益平衡
gain band-width (=GB)　增益带宽,增益频宽
gain-bandwidth (=GB)　增益带宽,增益频宽
gain bandwidth　增益带宽,增益频宽
gain-bandwidth product (=GBP)　增益带宽乘积
gain bandwidth product　增益带宽乘积
gain compression　振幅特性曲线的非线性,振幅失真
gain constant　增益常数
gain control (=GC)　增益控制,增益调整
gain control amplifier (=GCA)　增益控制放大器
gain controller　增益控制器,增益调整器
gain-crossover　(伺服系统中)增益窄度,放大临界点
gain error　增益误差
gain experience　获得经验
gain factor　放大增益系数,增益系数,放大系数,再生系数,增益因数,增益因子
gain fader　增益调整器
gain fluctuation　增益波动
gain in strength　增加强度
gain in weight　增重
gain level　放大系数,增益级
gain limited sensitivity　受增益限制的灵敏度,极限增益灵敏度
gain margin　(伺服系统中)增益容限,增益边际
gain of antenna　天线增益
gain of head　水头的恢复,水头的增长
gain on　接近,逼近
gain pattern　(天线)方向图
gain-phase analysis　增益相位分析

gain programmed amplifier　程序增益放大器

gain reduction (=GR)　增益衰减

gain reduction indicator　增益衰减指示器

gain set　扩音机

gain setting　增益调整定值

gain speed　渐渐增加速度

gain the ear of　引起注意,使人相信

gain time　(1)(钟表等)走得快;(2)节省时间,

gain time control (=GTC)　增益时间控制

gain to noise temperature ratio　接收性能指数

gain turndown　增益自动下降

gain twist　渐速缠度,渐速膛线

gain upon　接近,逼近

gainable　可获得的,可得到的,可达到的

gaine　(1)盒子;(2)套;(3)罩,壳;(4)箱;(5)雄榫上的斜肩;(6)腰槽

gainer　获得者

gainful　有利益的,有报酬的

gaining　(1)开槽;(2)钻削

gaining machine　刻槽机

gaining rate　(天文钟日差)增率

gainings　(1)收益;(2)收入

gainless　(1)无利可图的;(2)一无所获的,没有进展的

gainsay　反对,反驳,否定,否认

gait　游架间距

gaiter　防尘罩,防护罩

GAL (=Gallon)　加仑(容量单位)

GAL (=General Average Loss)　共同海损损失

gal　伽(重力加速度单位)

galactic　(1)银河系的,天河的,星系的;(2)极大的,巨额的

galactic noise　银河系射频辐射,银河[星系射电]噪声

galactic orbit　银心轨道

galactic radio-experiment back-ground satellite　(美国海军)格雷勃试验卫星

galactic radio-frequency radiation　银河射频辐射

galactic rotation　环球旋转,星际旋转

galactic structure　银河结构

galactic system　银河系

galactometer　乳[比]重计

gale　蒲氏八级风,大风(风速34-40节)

gale cone　风暴消息,大风锥形号型(大风警报信号)

gale information　大风消息

gale signal　大风信号,风暴信号

gale urgent warming　大风紧急警报,强风紧急警报

gale warming (=GW)　大风警报(蒲氏7级至10级)

galena　(硫化铅)方铅矿

galena detector　方铅矿检波器,矿石检波器

Galerkin equivalency　伽僚金等价

Galerkin methods　伽僚金法

Galerkin weighting　伽僚金加权

Galilean telescope　伽利略望远镜

Galileo　伽利略(重力加速度单位,1 伽$=10^{-2}$ m/s²)

galipot　海松树脂

gallatin　重油

gallery　(1)(机舱内的)格栅平台,(船尾部)瞭望台,平台,台;(2)工作台;(3)(设备的)润滑油路;(4)走廊,通道;(5)汇集管,汇集器

gallery car　穿廊式客车

gallery deck　(1)船尾下甲板;(2)舰炮平台

gallery deckhous　船中部上层建筑,瞭望甲板室,尾看台

gallery ports　(平炉的)加料门

gallery simple differential surge chamber　双室差动式调压室

galley (=GY)　(1)[冶金]长方形炉;(2)长方形的活字盘,活版盘,(3)[长条]校样;(4)(船上)厨房;(5)单层甲板大帆船,敞开小艇,中型舢板,大木船,大划艇,游艇

galley baking oven　厨用烘箱

galley boot　厨房防水靴

galley dresser　(船上)食品柜,厨桌

galley equipment　厨房设备

galley filth disposer　厨房污物粉碎机

galley funnel　(船上)厨房烟囱

galley house　(船上)厨房

galley machine　厨房机械

galley press　毛条打样机

galley punt　英国领航船

galley rack　活版盘架

galley range　(船上)厨房炉灶

galley stove　厨房用炉灶

galley tile　防滑铺地砖

gallic　正镓的,三价镓的

gallic compound　正镓化合物

Gallimore metal　镍铜锌系合金(镍45%,铜28%,锌25%,铁2%,硅2%,锰2%)

galling　(1)摩擦腐蚀,金属磨损,擦伤,擦破,拉毛;(2)粘结;(3)表面机械损伤;(4)滞塞,咬住,卡住;(5)塑变;(6)咬焊

gallium　{化}镓 Ca(音家,31号元素)

gallium arsenide laser　砷化镓激光器,半导体激光器

gallium arsenide laser illuminator for night television (=GLINT)　夜间电视砷化镓激光照明器

gallium arsenide semi-conductor　砷化镓半导体

gallium-face　镓解理面

galliumphosphorus-arsenic photocathode　磷砷化镓光电阴极

gallon (=GAL)　加仑(英=4.546公升,美=3.7853公升)

gallon can　三千克罐,加仑罐

gallon-mile　加仑/哩

gallon oil can　加仑油壶

gallon per hour　加仑/小时

gallon per minute　加仑/分

gallon per second　加仑/秒

gallonage　(汽油)消费量,加仑量,加仑数,容量,容积

gallons per day (=gpd)　加仑/日

gallons per hour (=gph)　加仑/小时

gallona per mile (=gpm)　加仑/英里

gallons per minute (=gpm)　加仑/分钟

gallons per second (=gps)　加仑/分钟

galloper　(1)轻型野炮;(2)装轻野炮的车

galloping　运转不平稳,飞车(柴油发动机由于过浓燃料混合气而不正常运转)

galloping ghost　跳动重影

gallous　亚镓的,二价镓的

Galloway boiler　加罗威锅炉

gallows　(1)架子,挂架,井架,托架,承梁,(2)吊杆;(3)门式卸卷机,门形吊架,龙门吊架,舱面吊架;(4)压纸架

gallows bitts　双柱吊架

gallows frame　(1)龙门起重架,门式吊架,门形吊架;(2)支承架

gallows plough　前架式犁

gallows roll　随动轮托架,导向滚柱

gallows stanchion　承架支柱

gallows timber　木构架

galmey　硅锌矿

Galois equation　伽罗瓦方程

Galois field　伽罗瓦域,有限域

GALS (=Gallons)　加仑(复数)

GALV (=Galvanic)　电流的,电的

GALV (=Galvanism)　电流学,电疗

GALV (=Galvanize)　电镀,镀锌

GALV (=Galvanometer)　电流计,检流计

galvanic (=GALV)　(1)电流的;(2)镀锌的,电镀的;(3)由电流造成的,电的

galvanic action　电化腐蚀作用,电流作用,电镀作用

galvanic action protector　电化腐蚀防护器

galvanic anode　牺牲阳极

galvanic anode protection　牺牲阳极阴极保护

galvanic battery　蓄电池组,原电池组,一次电池

galvanic cell　伽伐尼电池,一次电池,自发电池,原电池

galvanic corrosion　电池作用腐蚀,电化腐蚀,电化锈蚀,电腐蚀

galvanic couple　电偶

galvanic current　由伏打电池产生的电流,伽伐尼电流,动电电流,直流电流

galvanic electricity　动电

galvanic etching　电化腐蚀

galvanic pile　电堆

galvanic protection　阴极保护,电防腐

galvanic series　电压序列,电化序列,电位序,电势序

galvanical 或 galvanic　(1)电流的;(2)镀锌的,电镀的;(3)电的

galvanise 或 galvanize　(1)电镀;(2)镀锌;(3)通电流;(4)刺激

galvanisation 或 galvanization　(1)电镀;(2)镀锌;(3)电疗;(4)通电流

galvanism (=GALV)　(1)由原电池产生的电,伽伐尼电流,直流电,电流

(2) 电流学；(3) 电疗

galvanist 电流学者

galvanization 或 **galvanisation** (1) 电镀；(2) 镀锌；(3) 电疗；(4) 通电过程，通电流

galvanize (=GALV) (1) 电镀；(2) 镀锌；(3) 通电流于；(4) 刺激

galvanized 镀锌的，电镀的

galvanized bolt 镀锌螺栓

galvanized bucket 镀锌水桶

galvanized chain 镀锌链条

galvanized hoop iron 镀锌铁箍

galvanized iron (=GI) (1) 白铁，锌铁；(2) 马口铁；(3) 镀锌铁皮，镀锌铁，白铁皮

galvanized iron bolt (=GIB) 镀锌铁螺栓

galvanized iron bucket 白铁桶

galvanized iron pipe 镀锌铁管

galvanized iron sheet 镀锌铁皮，白铁皮

galvanized iron wire 镀锌铁丝

galvanized malleable iron (=GMI) 镀锌可锻铸铁

galvanized pallet 镀锌托盘

galvanized pipe 镀锌管

galvanized pipe bend 镀锌管弯头

galvanized pipe socket 镀锌管套

galvanized plain sheet 镀锌铁皮，白铁皮，马口铁

galvanized reducing socket 镀锌异径管节

galvanized screw plug 镀锌旋塞

galvanized seizing wire 绑扎用镀锌铁丝

galvanized sheet 镀锌[钢]板

galvanized sheet ga(u)ge (=GSG) (1) 白铁片规；(2) (镀锌的) 白铁片厚度代号

galvanized sheet iron 镀锌铁皮，白铁皮

galvanized steel 镀锌钢

galvanized steel iron 镀锌铁，白铁，马口铁

galvanized steel pipe 镀锌钢管

galvanized steel plate 镀锌钢板

galvanized steel wire 镀锌钢丝

galvanized steel wire rope 镀锌钢丝绳

galvanized strand wire 镀锌钢铰线

galvanized stranded wire 镀锌钢铰线

galvanized wire 镀锌铁丝，铅丝

galvanized wire rope 镀锌钢丝绳

galvanizer (1) 电镀器；(2) 电镀工，镀锌工

galvanizing (1) 电镀；(2) 镀锌

galvanizing by dipping 热浸镀锌

galvanizing process 镀锌程序，镀锌法

galvanizing shop 镀锌车间，电镀车间

galvanneal 镀锌扩散处理

galvannealed (=GALVND) 镀锌层扩散处理过的

galvannealing 镀锌层扩散处理 (热镀锌铁保温 450℃以上而成形合金的处理)

galvano- (词头) 电[流]

galvano-chemistry [流] 电化学

galvano magnetism 电磁，电磁学

galvano-voltameter 伏安计

galvanocauterization [流] 电烙术

galvanocautery (1) 电烙器；(2) 电烧灼

galvanograph (1) 电流记录图；(2) 电铸版，电镀版

galvanography (1) 电铸制版术，电铸制版法；(2) 电流记录术；(3) 电镀法

galvanoluminescence 电解发光，电流发光

galvanolysis 电解

galvanomagnetic 电磁的

galvanomagnetic effecct 磁场电效应，电磁效应

galvanomagnetism 电磁

galvanometer (=GALV) 电流测定器，检流计，电流计，安培计，电流表，检流表，电表

galvanometer constant 电流计常数，检流计常数

galvanometer oscillograph 电流计示波器，检流示波器

galvanometer recorder (录音用) 电流计式调光机

galvanometer relay 电流计式继电器

galvanometer type relay 电流计式继电器

galvanometric (=galvanometrical) 电流测定的，电流计的，检流计的

galvanometrical 电流测定的，电流计的，检流计的

galvanometry 电流测定法，电流测定术

galvanonasty 感电性

galvanoplastic (1) 电铸[技术]的；(2) 电镀的

galvanoplastics (1) 电铸技术，电铸术；(2) 电镀

galvanoplasty (1) 电铸技术，电铸术，电铸；(2) 电镀

galvanoscope 验电器，验电流器

gulvanoscopic 验电器的

galvanoscopy 用验电器验电的方法

galvanostat 恒流器

galvanostatic 恒电流的

galvanotaxis 趋电性

galvanotropism 向电性

GALVND (=Galvannealed) 镀锌层扩散处理过的

galvo 检流计

galvometer 检流计

galvonometer 电流测定器，检流计，电流计，安培计，电流表，检流表，电表

GAM-77 (=Hound Dog air-to-surface missile) (美) 大猎犬空对地导弹

gambeson 防护衣

game (1) 计划,事业；(2) 目的物；(3) 一盘，一场，一局；(4) 竞赛；(4) 对策

game of attrition 消耗对策

game of inspection 检查对策

game plan 策略

game theory (=GT) 竞局理论，对策论

game with perfect information 全信息对策

gaming 博弈，对策

gaming simulation 博弈模拟，对策模拟

gamma (1) 伽马 γ (磁场强度单位，等于 10^{-5} 奥斯特)；(2) 重量单位 (10^{-5} 克称为伽马)；(3) γ 光子；(4) (摄) 反差，反差系数

gamma-absorptiometry 伽马吸收测量学，γ 射线吸收的测定

gamma-activated 用 γ 射线活化的，γ 辐射激活的

gamma-activating γ 辐射激活

gamma-activation 用 γ 射线活化

gamma-active γ 放射性的

gamma-activity γ 放射性

gamma amplifier 伽马放大器，灰度放大器

gamma-carbon 伽马碳，γ 碳

gamma controller (1) γ 非线性控制器；(2) 图像灰度

gamma correction 非线性校正，亮度校正，图像校正，伽马校正

gamma-correction circuit 非线性校正电路，图像灰度校正电路

gamma-counted 测定过 γ 放射性的

gamma decay γ 衰变

gamma-emitting γ 辐射，γ 发射

gamma exponent 传输特性指数，伽马指数

gamma-extruded 经受住 γ 压挤的，γ 相中挤出的，γ 释出的

gamma-induced γ 辐射引起的

gamma infinity 最大反差系数

gamma-initiated γ 辐射引起的

gamma-insensitive 对 γ 辐射不敏感的

gamma-iron γ 铁

gamma minus 仅次于第三等

gamma of a photographic emulsion (照像乳剂的) 反差系数

gamma-phase γ 相

gamma plus 稍高于第三等

gamma-portion γ 部分 (碳链的)

gamma-position 伽马位置，γ 位置

gamma-prospecting 伽马射线勘探

gamma-radiation 伽马射线辐射，γ 射线，γ 辐射

gamma-ray γ 射线

gamma ray γ 射线，光子，量子

gamma-ray hologram γ 射线全息图

gamma-ray log 自然伽马线测井

gamma ray log 自然伽马线测井

gamma-ray laser γ 射线激射器

gamma ray log 自然伽马测井，γ 射线探剖面

gamma-ray telescope γ 射线望远镜

gamma-sensitive 对 γ 辐射敏感的

gamma-sensitivity 对 γ 辐射敏感性

gamma space 伽马空间，相空间

gamma-spectrometer γ 分光计

gamma-spectrum γ 光谱

gamma-uranium γ 铀

gammagram γ 射线照相

gammagraph (1) γ 射线照相装置；(2) γ 射线探伤

618

gammagraphy γ照相术,辐射照相术

gammasonde γ探空仪

grammate 伽马校正单元

gammeter γ尺

gammil （微量化学的浓度单位）克密尔

gamming chair 吊椅（大风浪中病人上下舢板用）

gammon 船首斜桁连接

gammon iron 船首木桁支座圈

gammoning 船首斜桁系索，船首斜桁铁箍

gammoning fish 首斜桅鱼尾板

gammoning hole 首斜桁系索孔

gamut 整个范围,全范围,全量程,全部

gamut of chromaticities 色度级

gandy dancer 线路工

gang (1)套,组,排;(2)班,组,队;(3)共轴,同轴;(4)联动,联结,同调;(5)联动的,同轴的

gang adjustment 同轴调整,联动调整,组调,统调

gang blanking die 组合落料模,多头冲割模

gang-board 跳板,搭板

gang board (1)搭板,跳板;(2)遮水楣,窗楣;(3)二层甲板舱走道板,步桥

gang boarding 木条跳板

gang-boss 班长,队长,工长

gang capacitor 同轴可变电容器,组调电容器,统调电容器

gang cast （运水到船上的）小水桶

gang condenser 同轴可变电容器,同轴调整电容器,共轴电容器,联动电容器,电容器组

gang control 同轴调节,同轴控制,共轴控制,联动控制,组调

gang cultivator 多行中耕机

gang cutter 组合铣刀

gang cutter milling 组合铣削

gang die 顺序动作模,多头冲模,复式模

gang die forming 群模成形

gang dies 顺序动作模,多头冲模,复式模,复合模

gang drill (1)排式钻床;(2)排式钻头,群钻;(3)多头钻岩机

gang driller 排式钻床,多轴钻床

gang drilling machine 排式钻床

gang feed 成堆料的送进

gang foreman 工长,领班

gang form 成套模板,组合模板

gang gear 组合齿轮

gang head (1)[多轴]组合头,组刀头;(2)组合刀具

gang hook 簇钩

gang hour 组时量（一组装卸工人每小时作业量）

gang ladder 舷梯

gang lapping machine 多盘式研磨机

gang mandrel 中迭心轴,串叠心轴

gang master 领工员,领班,工长

gang mill (1)排式铣床,排铣机;(2)框锯材料厂,框锯制材厂;(3)框锯

gang milling (1)排[式]铣[削],多刀铣削,组合铣削;(2)多零件同时化学腐蚀[法]

gang mould 组合模板,成组立模,联模,连模

gang of cavities 多模穴模型,多槽模型

gang of interlocking inserted tooth milling cutter 锁紧镶齿组合铣刀

gang of labourers 工作小组

gang-plank 跳板,搭板

gang plank (1)（滑轮）跳板;(2)步桥;(3)遮水楣,窗楣,二层甲板走道板

gang plough 带座多铧型

gang plow 多铧型

gang potentiometer 同轴电位器,多连电位器,联动电位器

gang press 复动压力机,排式压床,复式压床,复动压力机,联动压机

gang printer 排字印刷机,整行印刷机

gang-punch 复穿孔机

gang punch (=GP) (1)成组穿孔,联动穿孔,群穿孔,复穿孔;(2)复冲孔群穿孔机,多卡片穿孔机,排式冲床

gang punching 成组穿孔

gang record 工班报单

gang rooter 联犁机

gang saw 排锯,框锯,直锯

gang selector 组合选择器

gang shear 多刀剪切机

gang-slit strip 经多刀圆盘剪切分的成卷带材

gang slit strip 经切分的成卷带材

gang slitter 多圆盘剪床,多圆盘剪切机

gang slitter nibbing machine 多圆盘分段剪切机

gang socket 连接插座

gang spiel 锚链绞盘（旧式船用）

gang spill 锚链绞盘（旧式船用）

gang summary 总计穿孔机,复穿孔机

gang switch (1)同轴开关,联动开关;(2)转换开关组

gang tool (1)多轴机床;(2)组合刀具,排刀

gang tuning 同轴调谐,同调

gang type cheese press 多组式干酪压榨机

gang variable condenser 同轴可变电容器

gangboard {船}跳板,梯板

ganged 成组的,成套的,联动的,联接的

ganged capacitor 同轴可调电容器

ganged circuits 共调谐电路,组调电路,统调电路

ganged switch 联动开关

ganged tuning condenser 联动调谐电容器

ganger (1)工头,监工,领班,班长;(2)吊锚短索,吊锚索,支绳

ganging (1)聚束,成组,成群;(2)机械连接,联结,接合;(3)安在同一根轴上,同轴连接,同轴,共轴;(4)同调,组调,统调

gangmaster 工长,把头

gangplank 跳板

gangplow 多铧型

gangsman 班长,组长

gangway (1){铸}流道;(2)工作走道,通路,通道,步桥;(3)出入口,舷梯口,舷门;(4)舷梯,踏板

gangway board 升降机平台,搭板,跳板

gangway bridge （油轮）步桥,舷门跳板

gangway door 舷墙门,通道门,舷门,进口

gangway falls 吊舷梯复滑车,吊舷梯滑车组

gangway ladder 舷梯

gangway ladder rail 舷梯栏杆

gangway man 舷梯值班人员

gangway platform 舷梯平台

gangway port 梯门口,舷门

gangway rail 梯口栏杆

gangway safety net 舷梯安全网

gangway screen 舷梯帆布条

gangway tackle 舷梯绞辘

gangway watch 舷梯值班

gangway winch 舷梯绞车

ganister (1)至密硅岩;(2)硅石（酸性炉衬）;(3)炉衬料

gantlet 套式轨道

gantline 吊绳

gantrees 提花机架

gantry (=gauntry) (1)（起重机的）起重台架,构架,吊机架,龙门架,三角[门形]架;(2)导弹发射架;(3)高架起重机,龙门起重机,门架吊机,轨道吊车

gantry beam 龙门架梁

gantry berth （有吊车的）舾装码头

gantry column 龙门架柱

gantry container crane 集装箱龙门起重机,岸壁集装箱装卸桥

gantry crane (1)高架[龙门]起重机,门式起重机,桥式起重机,龙门起重机,高架起重机,门架吊机,高架吊车,跨运吊车,轨道吊车,龙门吊;(2)雷达天线

gantry crane on board 船用门式起重机

gantry crane system 门式起重机装置

gantry hysteresis 高斯误差,滞后作用（船罗经由于船磁磁滞而产生的临时误差）

gantry oxygen cutting machine 龙门式氧炔切割机

gantry pillar 龙门架柱,摆动支座

gantry platform 脚手台[板]

gantry post 龙门架柱

gantry slinger 行车式抛砂机

gantry test rack (=GTR) 导弹拖车试验导轨

gantry tower 门型铁塔

gantry transfer crane 移动桥式起重机,门式搬运起重机,门式行动吊车

gantry travel(l)er (1)移动式龙门起重机,移动桥式起重机,门式行动吊车,龙门起重机,门式起重机;(2)移动起重机台架

Gantt chart 施工进度表,甘特进度表

gap (1)间隙,空隙,间隔,隙;(2)火花隙;(3)凹隙,开口,小孔;(4)通道,(5)马鞍;(6)差距;(7)距离,范围;(8)书的插页;(9)禁带宽度;

(10) 裂开缝；(11)（双体船）船体间距

gap adjustment　空隙调整, 间隙调整

gap admittance　间隙导纳

gap allowed for expansion　容胀间隙, 伸缩间隙

gap analysis　差距分析

gap arrester　火花隙避雷器, [空] 气隙放电器

gap at joint　(1) { 焊 } 缝隙；(2) [钢轨] 接头间隙

gap bed　槽形机座

gap-bed lathe　马鞍式 [凹口] 车床, 马鞍车床, 凹口车床

gap bridge　马鞍, 过桥

gap bush　间隙衬套

gap butt　(1) 明接合, 明缝；(2) 开口对接, 留隙对接

gap capacitance　间隙电容

gap choke　空气隙铁芯扼流圈

gap-choke coil　空气隙扼流圈

gap-chord ratio　节弦比

gap clearance　对缝间隙

gap coding　间隙编码, 中断编码

gap coefficient　电子偶合系数

gap density　气隙磁通密度

gap digit　间隔数字, 间隔位

gap effect　间隙效应, 叶栅效应

gap elimination　间隙消除 [装置]

gap factor　间隙系数, 间隙因数, 隙压系数, 隙压比

gap field　气隙场, 缝隙场

gap filler radar　填隙雷达

gap filling adhesive　空隙充填性粘合剂, 补隙胶粘剂

gap filling cement　填缝胶泥

gap filter　缝隙式滤器

gap flux　气隙通量, 气隙磁通

gap frame　C 形框架

gap frame press　开式机架压床

gap-ga(u)ge　厚度规, 间隙规, 外径规

gap ga(u)ge　厚薄规, 间隙规, 量隙规, 外径规, 塞尺

gap graded mix　间断级配混合料

gap grading　间断级配

gap lathe　马鞍式车床, 过桥式车床, 马鞍车床, 凹口车床

gap length　隙宽

gap of propeller blades　桨叶栅距, 叶间隙

gap piece　车床过桥镶块, 凹口镶块

gap press　开式单臂压力机, C 形单柱压力机, 重型钢板冲压机, C 形单柱冲床, 马鞍压床

620

gap reductance　空气隙磁阻

gap scanning　间隙扫描

gap section　间隙剖面

gap shear(s)　马鞍剪床, 凹口剪切机

gap switching　合 - 断切换

gap voltage　隙缝电压

gap weld　双极单点焊, 特殊点焊

gape　裂开, 裂口, 裂缝, 开裂, 张开

gapfilled　(1) 裂缝填充物；(2) 雷达辅助天线

gapfilled data　填隙数据

gapfilled radar　填隙雷达

gapfiller　雷达辅助天线 (补偿主天线辐射的盲区)

gapfraded　间断级配的

gapgraded　间断级配的

gaping place　空白, 空隙, 中断, 开口, 缺口, 孔

gapless　无 [气] 隙的

gapped　有间隙的, 有空隙的, 有缺口的, 豁裂的

gapped bed　马鞍车床, 凹口车床

gapped core　有隙铁芯, 空隙铁芯

gapped operator　谐振腔因子

gapper　疏苗器, 疏苗机, 间苗机

gapping　(1)（机械的）不紧密接触；(2) 裂 [开] 缝, 缝隙, 裂口；(3) 张口的, 开口的；(4) 重要的, 大的

gapping switch　合 - 断开关, 桥接开关

gappy　裂缝多的, 有裂口的, 有缺陷的, 破裂的, 不连续的, 脱节的

garage　(1) 汽车库, 汽车间, 车房；(2) 飞机库；(3) 汽车修理厂, 汽车修理 [车] 间；(4) 把汽车开进车库, 把飞机拉进机库

garage jack　修车用大型千斤顶, 工厂用大型千斤顶, 修车起重机

garage lamp　[带金属护网的] 安全灯, 车库安全灯

garageman　汽车修理厂工人, 汽车库工人

garbage　(1) { 计 } 无有存储单元, 作废信息, 无用信息, 无用数据, 零碎数据, 杂乱数据；(2) 垃圾, 废物, 废纸, 废料；(3) 习惯上约定的字符

(4) 垃圾费

garbage barge　垃圾驳

garbage boat (=GB)　自倾卸驳船, 垃圾艇, 垃圾船

garbage can　垃圾桶

garbage chute　垃圾滑槽

garbage chute lid　垃圾滑槽盖

garbage compactor　垃圾压实机

garbage discharged by ship　船舶排放的垃圾

garbage disposal　垃圾处理

garbage disposal plant　垃圾处理厂

garbage disposal unit　（船舶厨房）废料清除器

garbage disposer　垃圾处理器

garbage grinder　垃圾粉碎机

garbage hauler　垃圾车

garbage-in　无用输入

garbage in　无用输入

garbage-out　无用输出

garbage out　无用输出

garbage lighter　垃圾驳船

garbage scow　开底自卸驳船, 开底泥驳

garbage shoot　垃圾 [滑] 槽

garbage truck　垃圾车

garble　(1) 电信失真；(2) 误解, 混淆, 歪曲, 窜改, 删节；(3) 精选, 筛拣

garbled statement　{ 计 } 错用语句

garboard　龙骨翼板

garboard planking　逐级增厚的翼板

garboard plate　龙骨邻板, 龙骨翼板

garboard plating　龙骨面板外板

garboard strake　龙骨翼板

garboard streak　龙骨翼板

GARD (=General Address Reading Device)　通用地址阅读装置

garden-engine　庭园用小型抽出机, 园艺用泵

garden tile　铺路砖

garden tractor　园艺用拖拉机, 手扶拖拉机

gardening up　修整铲钉梢

garder　测油探尺, 油取样器

garland　(1)（系于帆杆的）索环, 水手餐袋；(2)（高炉的）流水环沟

garland lashing　扎在杆上的绳圈 (增加抗磨)

Garlock oil seal　加 [洛克] 氏油封

garment　(1) 外涂层；(2) 外衣, 服装类 (货物)

garment container　服装集装箱

garment trade　服装贸易

garnet　(1) 石榴石；(2) 深红色；(3) 拉帆索；(4) 装货用滑车, 装卸滑车

garnet laser　石榴石激光器

garnet paper　石榴石砂纸, 红晶色纸

garnet purchase　起卸货绞辘, 收帆绞辘

garnet wire　锯齿钢丝, 钢刺条

garnish　(1) 装饰, 雕饰；(2) 装饰品

garnish bolt　雕槽螺栓, 花样螺栓

garniture　(1) 设备；(2) 陈设物, 附属品, 陈设, 摆设

garter spring　夹紧弹簧, 箍簧

garter type spring　环形弹簧

garvey　（美）一种小驳船

GAS (=Gas Pipeline)　汽油管线

GAS (=Gasoline)　汽油

gas　(1) 气, 气体；(2) 煤气；(3) 瓦斯, 沼气；(4) 毒气；(5) 燃气；(6) 充气；(7) 放气, 排气

gas-absorbent　吸附气体的

gas absorbing agent　气体吸收剂

gas absorption　气体吸附, 气体吸收

gas accumulation　气体聚集

gas activated battery　气体激活电池

gas activation　气体活化 [作用]

gas actuated relay　瓦斯继电器

gas admittance valve　进气阀

gas adsorbent carbon　吸附气体用碳

gas adsorbent coal　吸附气体的焦炭

gas air interface　气体同空气的界面

gas air mixer　煤气混合气

gas air ration　气体空气比例

gas alarm　(1) 毒气警报；(2) 毒气警报器

gas amplification (=GA)　（充气放电管的）电离放大, 气体放大

gas analysis 气体分析,烟气分析
gas analysis instrument 气体分析器,烟气分析器
gas analyzer 气体分析仪,气体分析器,烟气分析器
gas and gasoline three-way valve 煤气与汽油三通阀
gas and oil separating plant (=GOSP) 油气分离站
gas and pressure air burner 低压煤气燃烧器
gas annealing 气焰加热退火
gas arc lamp 充气弧光灯,煤气灯
gas arc welding 气体保护电弧焊
gas arc welding gun 气弧焊焊嘴
gas atomization 气体喷雾
gas attack (1)气体腐蚀;(2)毒气攻击
gas baffle 烟气挡板
gas-bag (飞艇)气囊
gas-ballast 气镇
gas ballast 气[体]镇[流]
gas-ballast pump 气镇泵
gas ballast pump 载气泵
gas balloon 气体比重瓶,称气瓶
gas bearing 气体轴承,气浮轴承
gas bearing gyroscope 气体轴承陀螺仪
gas bell (乙炔)发生器储气钟罩
gas black 气烟末,气黑,灯黑,烟黑
gas bleed 气体冲洗,放气,换气
gas bleeding 抽出气体,气体分出
gas blower 鼓风机
gas blowing engine 煤气鼓风机
gas boat (无船员的)照明灯艇,[气]灯标船
gas boiler 废气锅炉
gas bomb (1)毒气[炸]弹;(2)储气瓶,氧气瓶,氧气筒,氯气瓶
gas-booster (气体输送)压缩设备,压缩机
gas booster 气体辅助压缩设备,气体升压器,压气设备,压气机
gas bottle (1)气泡;(2)气瓶,气罐
gas-bracket (1)煤气灯的支柱;(2)墙上伸出的有灯头的煤气管
gas bracket (墙上有灯头的)煤气灯管
gas brazing 气体火焰硬钎焊,火焰钎焊,气焰铜焊,气焰硬钎焊,焰钎焊
gas buoy 气灯浮标,灯标
gas-burner (1)煤气喷灯,煤气喷嘴;(2)煤气炉,煤气灶
gas burner (1)煤气[喷]灯,煤气喷嘴;(2)煤气燃烧器;(3)煤气灶
gas cable 充气电缆
gas cap expansion 气顶膨胀
gas cap reservoir 气顶油藏
gas carbon 气碳,碳黑
gas carbonizing 气体渗碳,气体碳化
gas carbonizing method 气体渗碳法
gas-carburization 气体渗碳
gas carburization 气体渗碳
gas carburizer 气体渗碳剂
gas-carburizing 气体渗碳
gas carbusintering 气体渗碳
gas carrier (=GC) 气体运输船
gas carrier code (=GCC) 气体运输规则
gas cavity 气孔,气穴
gas cell (1)气体光电池,离子光电池;(2)气体池,气室
gas certificate (油轮)气体检查证
gas-chamber 煤气室,毒气室
gas charging 充气
gas check 气阀
gas checking 气龟裂
gas chromatography (=GC) 色谱法分析气体,气体色层分析法,气体色谱法,气相色层法
gas chromatography-mass spectography (=GC-MS) 气相色谱-质谱联用
gas chromatography mass spectography (=GC-MS) 气相色谱-质谱联用
gas-chrologging 气体色谱测井
gas circulator 气体循环泵
gas cleaner 气体滤清器
gas cleaning system 气体净化系统
gas-coal 造煤气用的,烟煤,气煤
gas coal 气煤(造煤气用的煤)
gas coke 煤气焦炭
gas collecting channel 集气罩
gas collector 煤气收集器,集气瓶,集气器,集烟器

gas compartment 气体空间,气体室
gas compression cable 压缩气体电缆,压气电缆
gas compression cycle 气体压缩循环
gas compressor 气体压缩机,压气机
gas concentration 气体浓度
gas concentration measurement instrument 气体浓度测量仪
gas concrete 加气混凝土
gas condensate reservoir 气凝聚层
gas condenser 气体冷凝器
gas conduit 煤气管道
gas connection 气体连通
gas-constant 气体常数
gas constant 气体常数
gas container 储气器
gas content 气体含量
gas control tube 充气控制管,闸流管
gas coolant 气体冷却剂
gas cooled machine 气冷式电机
gas cooled reactor (=GCR) 气体冷却型反应堆
gas cooler 气体冷却器
gas corrosion 气体腐蚀
gas coupled turbine 分轴式透平机
gas current 离子电流,气体电流
gas cushion 气体缓冲器,气垫
gas cut mud 气侵泥浆
gas cutting 氧炔切割,气焰切割,气割
gas cutting machine 气割机
gas cutting torch 气割炬
gas cutting torch nozzle 气割吹管嘴
gas cyaniding 气态氰化
gas cylinder 高压气筒,钢瓶,气瓶,气罐
gas decay tank 气态衰变槽
gas defence 防毒[气]
gas density 气体密度
gas density recorder 气体密度记录器
gas detection 气体探测
gas detection system 气体探测系统
gas detector (=GD) 气体检漏器,气体探测器,气体检验器
gas deviation factor 气体偏离因素
gas devourer 油舱除气装置
gas diesel engine 煤气柴油双燃料发动机
gas diode 充气二极管
gas-discharge 气体放电的
gas discharge cathode 气体放电阴极
gas discharge cell 气体放电电池
gas discharge counter 气体放电式计数管
gas discharge device (1)气体放电器件(2)气体放电设备
gas discharge display 气体放电显示器
gas discharge gage 气体放电真空计
gas discharge lamp 气体放电灯
gas discharge laser 气体放电激光器
gas discharge relay 电离继电器
gas discharge system 气体排放系统
gas discharge tube 气体放电管
gas discharge zone 气体放电区
gas discharger (1)气体放电器;(2)充气放电器
gas-dispersion 气体弥散
gas down-take 下降管
gas drips 滴滴汽油
gas drive reservoir 气驱油藏
gas-driven gyro inertial platform (=GDGIP) 气体传动陀螺惯性稳定平台
gas dryer (1)气体干燥机;(2)气体干燥剂
gas duct 气体导管
gas dynamic facility (=GDF) 气体动力研究设备
gas dynamic laser 气动激光器
gas-eater 耗油量大的汽车
gas ejecting system 喷气系统
gas ejection (=GE) 气体喷出
gas ejector 排气装置,喷气器,喷气管
gas ejector pipe 喷气管
gas electric indicator 气电示功器
gas electric welding 气电联合焊接,气体保护电焊
gas electrical automobile 气电自动车

gas-engine (1)煤气发动机,煤气机;(2)燃气[发动]机,内燃机

gas engine (1)煤气发动机,煤气机;(2)燃气发动机,汽油机,内燃机,燃气机

gas engine inlet valve 煤气机进气阀

gas engine oil 气机润滑油

gas equation 气体方程

gas etching 气蚀

gas exchange 换气

gas exhauster 排气器

gas expanded rubber (=GER) 闭孔泡沫胶,微孔橡胶

gas expansion turbine 气体膨胀式透平,气体膨胀式涡轮

gas explosion 瓦斯爆炸,气爆

gas explosion danger 气体爆炸危险

gas factor 气体系数,油气比

gas family 石油气体

gas-field 气田,天然气田

gas field 天然气场

gas-filled 充气的

gas filled (=GF) 充气的

gas filled arc tube 电弧放电充气管

gas-filled cable 充气电缆

gas filled capacitor 充气电容器

gas-filled diode 充气二极管

gas filled diode 充气二极管

gas filled incandescent lamp 充气白炽灯泡

gas filled ionization chamber 充气电离室

gas-filled lamp 充气灯

gas filled lamp 充气灯泡

gas filled lamp bulb 充气灯泡

gas filled photocell 充气光电管

gas-filled phototube 充气光电管

gas filled tube 充气管,电子管

gas-filled tube arrester 充气避雷器

gas-filled tube rectifier 充气管整流器,离子整流器

gas-filled type explosion-proof machine 充气防爆型电机

gas filled valve 充气管

gas filling station 充气站

gas filling valve 充气阀

gas film 气膜

gas film controlling 气膜控制

gas film lubrication 气膜润滑

gas filter 气体过滤器

gas-fired 以煤气为燃料的,燃气的

gas-fired air furnace 煤气反射炉

gas fired air furnace 煤气反射炉

gas-fired boiler 煤气锅炉

gas fired boiler 煤气锅炉

gas-fired crucible 煤气坩埚炉

gas-fired hardening furnace 燃气淬火炉

gas fired kiln 煤气窑

gas-fired power plant 燃气电厂

gas-fired reverberatory furnace 煤气渗碳炉

gas firing kiln 煤气窑

gas-fitter 煤气管道工,煤气安装工

gas fitter 煤气装修工

gas-fitting(s) 煤气装备,煤气设备

gas fittings (1)煤气设备,煤气装置;(2)接管

gas-fixture 煤气灯装备,煤气装置

gas fixture 煤气装置

gas flame brazing 气焰钎焊

gas flow baffle 挡流器

gas flow closure 充气密封,充气封罐

gas flow turret 充气回转头,充气花

gas flux 气体熔剂

gas focusing 气体聚焦,加气聚焦,离子聚焦

gas for motor fuel (1)动力煤气;(2)气态排气

gas forge 煤气锻炉

gas-forming agent 加气剂

gas forming property 发气性

gas-free (1)不含气的,无气体的;(2)除气(油船、液化气船等将货舱内的有害气体排净的操作过程)

gas free (=GF) (1)不含气的,无气体的;(2)除气

gas-free certificate (油舱)气体检验证书

gas freed 不含气的

gas freed tank 无油品蒸汽的储罐

gas-freeing arrangement 油舱除气系统布置

gas freeing system 除气系统

gas fuel 气体燃料

gas fuel line 气体燃料管路

gas fuel pipe 气体燃料管路

gas fuel valve 气体燃料阀

gas fueled vehicle 燃气车辆

gas-furnace 煤气炉

gas furnace 煤气发生炉,煤气炉

gas-ga(u)ge 煤气压力计,流体压力计

gas ga(u)ge (1)气量计;(2)气体压力计,气压计

gas gasoline 天然气液化汽油,凝析油,液化气

gas generating 造气

gas-generator 煤气发生器,燃气发生器

gas generator (=GG) 气体发生器,燃气发生器,煤气发生器,煤气发生炉,(内燃机)气化器

gas generator assembly 煤气发生器组件

gas generator starter fuel valve (=GGXFV) 气体发生器起动装置燃料活门

gas generator starter fuel valve switch (=GGXFVS) 气体发生器起动装置燃料活门开关

gas generator starter oxidizer line purge valve switch (=GGXOLPVS) 气体发生器起动装置氧化剂管路清洗活门开关

gas generator starter oxidizer valve switch (=GGXOVS) 气体发生器起动装置氧化剂活门开关

gas generator turbine 燃气发生器式燃气轮机

gas generator turbine set 燃气发生器式燃气轮机装置

gas generator valve pilot valve (=GGVPV) 气体发生器活门的控制活门

gas generator valve pilot valve switch (=GGVPVS) 气体发生器活门的控制活门开关

gas gouging (1)气刨;(2)气割槽

gas gravimeter 气体重力仪

gas grenade 毒气手榴弹

gas hazard meter 有害气体分析器

gas heater 煤气供暖机组,煤气加热器

gas-heating 煤气供暖,燃气供暖

gas-helmet 防毒面具

gas helmet 防毒面具

gas-holder 煤气库,贮气柜,贮气器,贮气罐

gas holder (1)储气罐,贮气器;(2)煤气库

gas holder grease 储气器润滑脂

gas holder operation 气柜爆炸

gas hole (1)吹气孔;(2)气孔

gas hood 排气罩,烟罩

gas horsepower 燃气功率

gas house 煤气厂

gas ignition 燃气点火

gas impermeable cloth 不透气布

gas impregnated (=GI) 充气的

gas in solution 溶解气[体]

gas incinerator 煤气焚烧炉

gas injection (1)气体喷射;(2)灌注气,天然气回注

gas injury 气体损害,气体伤害

gas-inlet 进气口[的]

gas inlet 进气口

gas inlet casing 进气箱

gas inlet chamber 进气箱

gas inlet plug 进气口塞

gas inlet port 进气口

gas insulation cable (=GI cable) 气体绝缘电缆

gas intake 进气口

gas ion 气态离子,气体离子

gas ionization 气体电离

gas ionization chamber 气体电离室

gas-jet (1)煤气灯口,煤气喷嘴;(2)气灯火焰

gas jet 燃气喷嘴,煤气喷嘴,气焊枪,气嘴

gas jet propulsion 喷气推进

gas-kinetic theory 气体分子运动理论

gas kinetic theory 气体分子运动理论

gas kinetics 气体动力学

gas knock 气体爆震

gas lamp 气灯

gas laser (=GL)　(1) 气体激光；(2) 气体激光器
gas law　气体状态方程, 气体定律
gas law constant　气体定律常数
gas leak　气体泄漏, 漏气
gas leakage　气体泄漏, 漏气
gas leakage indicator　漏气指示器
gas leakage monitoring system　漏气检测系统
gas-lift　气举, 气升
gas lift　气举
gas lift production　气举开采, 气举生产
gas lift pump　输压缩气吸扬泵
gas lifting pumping system　(液化气体运输船上) 输气吸扬泵唧系统
gas-light　煤气灯 [光]
gas light　煤气灯光
gas light paper　缓感光印相纸, 灯光相纸, 氯化银照相纸
gas-lighting　气体照明
gas line　(货油舱) 逸气管路, 燃气管
gas liquefaction　气体液化
gas liquid chromatograph analysis　气液色层分析
gas-liquid chromatography (=GLC)　气液色谱法
gas liquid equilibrium　气液平衡
gas-liquid partition chromatography (=GLPC)　气液分配色谱法, 气液分溶层析法
gas-liquid-solid chromatography (=GLSC)　气液固 [体] 色谱法
gas load　气体负载
gas loading　充气
gas lock　气塞, 气栓, 气封
gas log　干柴型煤气燃烧器
gas lubricated bearing (=GLB)　气体润滑轴承
gas lubricated journal bearing　气体 [润滑] 径向轴承
gas lubricated rotor　气体润滑转子
gas lubricated thrust bearing　气体 [润滑] 止推轴承
gas lubrication　气体润滑
gas magnification　电离放大
gas-main　煤气总管
gas main　煤气总管, 总气管
gas making logbook　煤气制造记录簿
gas-making plant　煤气厂
gas making plant　煤气厂
gas-man　煤气 [厂] 工人, 煤气收费员, 瓦斯检查员, 通风员
gas manometer　气体压力表
gas-mantle　煤气网罩
gas-mask　防毒面具
gas mask　防毒气面罩, 防毒面具
gas measuring apparatus　气体流量表
gas mechanism　气体力学
gas metal arc　气体保护金属极电弧
gas metal-arc welding (=GMAW)　气体金属弧焊法
gas metal arc welding (=GMAW)　气体保护 [金属极电弧] 焊, 气体金属弧焊法
gas-meter　煤气计量器, 煤气计, 煤气表
gas meter　(1) 煤气计, 煤气表；(2) 气量计, 气量表, 气表, 火表
gas mixture　燃气混合气, 混合气
gas monitor　(1) 空气污染度监视器；(2) 气体冷却控制器
gas-motor　煤气 [发动] 机
gas motor　煤气 [发动] 机
gas motor boat　(汽油或煤气发动机推进的) 机动艇
gas nitriding　(1) 气体渗碳, 气体氮化；(2) 气体氮化法
gas noise　白噪声的噪声源
gas nozzle　气焊喷口, 气焊嘴, 喷气嘴
gas nucleation　气体核子的形成
gas-oil　粗柴油
gas oil　瓦斯油, 粗柴油, 汽油, 轻油
gas oil fluid viscosity　含溶解气石油的粘度
gas oil interface　油气分界面, 油气接触带
gas oil mixture　气态和液态石油产品混合物
gas oil pump　气体油燃料泵
gas oil ratio (=GOR)　油气比
gas oil recycle stock　循环瓦斯油
gas oil separator　油气分离器
gas-operated　气动操作的, 用煤气操作的, 导气式的, 气动的
gas orifice　喷气孔
gas outlet　气体排除口, 泄气管
gas outlet casing　排气箱

gas outlet chamber　排气箱
gas outlet pipe　气体排出管, 排气管
gas-oven　(1) 煤气灶；(2) 毒气室
gas packing　封气包装
gas partition chromatography (=GPC)　气相分溶色谱法, 色液色谱法
gas path　烟气通道, 气道
gas-per-mile gauge　每哩路程燃料消耗计量器, 汽油每哩耗量计
gas permeability　气体渗透性, 透气性
gas phototube　气体光电管, 充气光电管
gas pick-up　气体吸收, 气体吸附
gas pickling　气体侵蚀
gas-pipe　(1) 煤气管；(2) 气管
gas-pipe　(1) 煤气 [喉] 管；(2) 气管
gas pipe broken　气管破裂
gas pipe connection　煤气管接头
gas pipe tap　管子螺丝攻
gas pipe thread　气管螺纹
gas pipe tong　煤气管钳
gas pipeline　油气管线
gas piping　燃气管系, 输气管
gas plate　(1) 用气体加热的板；(2) 闭气环垫板
gas plating　气相扩散漆镀, 气体敷镀
gas pliers　煤气管钳, 小型夹圆钳, 气管钳
gas pocket　气孔
gas porosity　气孔
gas port　气孔
gas-producer　煤气发生炉
gas projectile　毒气弹
gas power plant　燃气发电厂, 煤气发电厂
gas pressure　(1) 燃烧室压力；(2) 气体压力
gas pressure alarm device　降压报警器
gas pressure bonding　气压粘合
gas pressure cable　压缩气体电缆
gas pressure indicator　气体压力指示器, 气压指示器
gas pressure lubrication feed　气压润滑法
gas pressure lubricator　气压润滑器
gas pressure maintenance　注气保持压力
gas-pressure regulator　气压调节器
gas-pressure relay　气压继电器
gas pressure relay　气压继电器
gas pressure supervision alarm system　气压监督报警系统
gas-pressure type starter　气压式起动器
gas pressure weld　气压焊
gas-pressure welding　加压气焊, 气压焊
gas pressure welding　加压气焊, 气压焊
gas-pressure welding machine　气压焊接机
gas pressurization　气体加压
gas pressurized rocket motor　气压式液体火箭发动机
gas processing　气体处理
gas produced black　天然气炭黑, 瓦斯炭黑
gas producer　气体发生器, 煤气发生炉
gas producer vehicle　煤气发生炉汽车
gas production technology　气体生产技术
gas-proof　防毒气的
gas proof　(1) 不透气的；(2) 防毒气的
gas-proof machine　气密式电机
gas-proof machine　防瓦斯式电机
gas projectile　毒气弹
gas protection　毒气防护, 防毒, 防化
gas protection boot　防毒靴
gas protection clothing　防毒衣
gas protection room　避毒室
gas pulsation　气体脉动
gas pulverized coal fired boiler　气体煤粉混合燃烧炉
gas pump　气泵
gas purging　气体的排除
gas purification　气体净化
gas purifier　气体净化器, 燃气净化器
gas quenching　气体冷却淬火
gas radiation　气体热辐射
gas-radiator　辐射取暖炉
gas recovery　气体回收
gas refrigeration　气体冷冻
gas reguating valve　气体调节阀

gas regulator (1) 气体调节阀,节流阀;(2) 煤气稳压阀
gas reheater 气体再热器
gas relay 瓦斯继电器,闸流管继电器,气体继电器
gas reservoir 气体存储器,储气筒
gas rig 气体燃料钻机,液体燃料钻机
gas-ring (有环形喷头的)煤气灶
gas ring (1) (有环形喷火头的)煤气灶;(2) 气塞环,气环
gas ring burner 环形管进气喷燃器
gas sample 气体样品
gas sampling line 气体取样管
gas sampling system (油轮上)气体取样装置
gas sampling valve (=GSV) 气体采样阀
gas scrubber 煤气洗涤器,气体洗涤器,净气器
gas seal 气封,气密
gas-sensitive metal 气敏金属,气脆金属
gas sensitive metal 气敏金属
gas sensitive sensor 气敏传感器
gas sensor 气敏元件
gas sensory 气敏半导体
gas sensory semi-conductor 气敏半导体
gas-separation 脱气
gas separator 气体分离器,分气器
gas-shell 毒气弹
gas shell 毒气弹
gas-shield 气体保护
gas shield 气罩
gas shielded arc welding 气体保护[电弧]焊
gas shielded welding 气体保护焊
gas shock 气震
gas smothering system (惰性)气体窒息灭火系统
gas smothering system in cargo hold (=GSH) 货舱惰气灭火系统
gas smothering system in machinery space (=GSM) 机舱惰气灭火系统,机舱气体消防系统
gas solid adsorption 气-固吸附
gas solid chromatography (=GSC) 气固色谱法
gas solid contact 气固接触
gas-solid equilibrium 气固平衡
gas solid equilibrium 气固平衡
gas solid film 气固膜
gas solid interface 气固界面
gas solubility factor 气体溶解度因数
gas solution interface 气液界面
gas-sphere 气界
gas spurt 气喷聚集
gas-station 汽油站
gas station (1) 汽油站;(2) 煤气站;(3) 加油站
gas stocks and dies 煤气管板牙和扳手
gas stop cock 停气旋塞
gas storage (1) 充气储藏;(2) 充气储器,储气器
gas storage room 充气储藏室
gas-stove 煤气炉
gas stove 煤气炉
gas stream 气流
gas stream atomizer 气流喷雾器
gas supply 供气
gas supply pipe 燃气输送管
gas system 气体系统
gas table 气体性质表
gas tank 天然气罐,[煤]气罐,汽油罐,贮气箱
gas tank cap 汽油箱盖,储气箱盖
gas tank valve 汽油箱门
gas-tanker (1) 煤气运输船,煤气运输车;(2) 天然气运输船,天然气运输车
gas tanker [液化]气体船
gas tanker terminal 气体船码头
gas tanker terminal operator 气体船码头营运人
gas tap 管螺纹丝锥,管子螺丝攻,管用丝锥
gas-tar 煤焦油
gas temperature 气体温度
gas temperature controller 燃气温度调节器
gas temperature gage 气体温度计
gas temperature probe 烟气温度测枪
gas terminal 气体码头
gas testing lamp 检查瓦斯灯

gas thermometer 气体温度计
gas thread (=GT) 管螺纹
gas-tight 不透气的,不漏气的,气密的,密封的
gas tight (=GT) 不漏气[的],气密[的]
gas-tight bulkhead 气密舱壁
gas-tight test 气密试验
gas-tight thread 气密螺纹
gas-tightness 气密性
gas tightness 气密
gas to gas heat exchanger 燃气-燃气热交换器
gas toggle valve (=GTV) 气体肘节阀
gas torch (1) 气焊焊炬,气焊炬,气割炬;(2) 喷灯
gas torch tip 焊接炬喷嘴,气焊炬喷嘴
gas torch welding 气炬焊
gas transmission line 气体传输管线
gas trap 气体分离器
gas triode 充气三极管,闸流管
gas trunking 气体围阱
gas-tube (1) 离子管,充气管;(2) 气体管线;(3) 气柜
gas tube (1) 闸管;(2) 充气管,离子管,气管;(3) 气体放电管
gas tube boiler 火管锅炉
gas-tube sign transformer 氖灯变压器
gas tube sign transformer 霓[虹]灯变压器
gas tungsten arc 钨极气体保护电弧
gas tungsten arc cutting 气体钨极电弧切割
gas tungsten arc welding 气体保护钨极弧焊,钨气体保护焊
gas turbine (=GT) 气体涡轮机,燃气透平,燃气轮机
gas-turbine automobile 燃气轮机汽车
gas turbine automobile 燃气轮机汽车
gas-turbine blade 燃气涡轮叶片
gas turbine blower 燃气涡轮增压器
gas turbine booster (舰用)增速燃气轮机装置
gas turbine booster propulsion 燃气轮机加速推进装置
gas turbine booster propulsion set (舰用)增速燃气轮机推进装置
gas turbine characteristic line 燃气轮机特性线
gas turbine changing 燃气涡轮增压
gas-turbine compressor 燃气轮机压气机
gas turbine compressor (=GTC) 燃气轮机压缩机,燃气涡轮压缩机
gas-turbine dryer 燃气轮机式干燥器
gas turbine dryer 燃气轮机式干燥机
gas-turbine electric locomotive 燃气轮机电气机车
gas turbine electric locomotive 电传动燃气轮机车
gas-turbine electric plant 燃气轮机发电厂
gas-turbine engine 燃气涡轮发动机
gas turbine engine (=GTE) 燃气涡轮发动机,燃气轮发动机,燃气轮机
gas turbine generating set 燃气轮机发电机组
gas-turbine generator 燃气轮机发电机
gas turbine generator 燃气轮机发电机
gas turbine installation 燃气轮机装置
gas turbine jet 燃气涡轮喷气发动机
gas turbine liquid fuel burner 燃气轮机液体燃料燃烧器
gas-turbine module (1) 燃气轮机模数;(2) 燃气轮机组[装]件
gas turbine modules (=GTM) (1) 燃气轮机模数;(2) 燃气轮机组件
gas turbine nozzle 燃气轮机喷口,燃气轮机喷嘴
gas-turbine power plant 燃气轮机动力装置
gas turbine power plant (1) 燃气轮机动力装置;(2) 燃气轮机发电厂
gas-turbine power unit 燃气轮机动力装置
gas turbine power unit (=GTPU) 燃气轮机动力装置,燃气涡轮动力设备
gas turbine powered generator 燃气轮机发电机
gas turbine principles 燃气轮机原理
gas turbine propulsion 燃气轮机牵引
gas turbine pump combination 涡轮泵组
gas-turbine-pump system 燃气轮机泵组
gas turbine room 燃气轮机舱
gas turbine ship (=GTS) 燃气轮机船舶
gas-turbine starter 燃气轮机起重机
gas turbine starter 燃气轮机起重机
gas turbine supercharged boiler 燃气轮机增压锅炉,燃气涡轮增压锅炉
gas turbine tracket vehicle 燃气轮机发动机的履带车辆
gas turbine unit (=GTU) 燃气涡轮机装置
gas turbine vessel (=GT 或 GTV) 燃气轮机船舶
gas turbo-blower 燃气轮机鼓风机组

gas turbo-compressor 燃气轮机压气机组
gas turbo-electric (=GTE) 燃气涡轮发电机
gas turbo electric 燃气涡轮发电机
gas uptake 煤气上升道, 上气道
gas utilization unit 气体利用装置
gas valve 排气阀, 气阀
gas valve screw 气阀螺钉
gas velocity 气体速度
gas vent (1) 排气管, 通气管, 透气管, 逸气管; (2) 放气口
gas ventilating propeller 充气螺旋桨
gas venting system 透气系统
gas voltameter 气解电量计, 气体电量计
gas volumometer 气体容量计
gas warning system 气体报警装置
gas-washer 气体洗涤器, 洗气器
gas washer (1) 湿煤气净化器, 净气机, 洗气机; (2) 煤气洗涤器, 洗涤塔
gas water 涤气用水
gas water scrubber 烟气水洗涤器
gas weld 气焊焊缝
gas welded joint 气焊接头
gas welder 气焊工
gas welding 气焊 [接], 乙炔焊
gas welding apparatus 气焊设备
gas welding equipment 气焊设备
gas welding machine 气焊机
gas welding outfit 气焊设备
gas welding rod 气焊条
gas welding rubber hose 气焊橡胶管
gas welding technique 气焊工艺
gas welding torch 气焊枪
gas withdrawal 排气道, 排气管
gas-works 煤气 [工] 厂
gas works 煤气 [工] 厂
gas-works tar 煤气柏油, 煤气焦油
gas-yielding polymers 释气聚合物
gas zone refining 气体区域提纯
gasahol 汽油酒精混合汽车燃料
gasbag 气袋, 气囊
gasboat 汽艇
gasbomb (1) 储气罐, 氧气瓶, 氧气筒; (2) 毒气弹
gasbracket 煤气灯的支柱, (墙上伸出的) 煤气灯管
gascarrier [压缩] 气体运输船
gascheck 紧塞具
gasdynamics 气体动力学
gaseity 气态, 气状, 气体
gaselier (枝形) 煤气吊灯
gaseous 气态的, 气体的
gaseous body 气体
gaseous coolant 气体冷却剂
gaseous conduction 气体导电
gaseous conduction analyzer 气体导电分析器
gaseous conduction rectifier 气体传导整流器
gaseous conductor 导电气体
gaseous-diffusion 气体扩散
gaseous diffusion 气体扩散
gaseous discharge 气体放电
gaseous discharge tube 气体放电管
gaseous envelope [型腔与金属之间的] 气膜
gaseous escape 气体逸出, 漏气
gaseous film cooling 气膜冷却
gaseous fluid 气体
gaseous fuel 气体燃料, 气态燃料
gaseous hydrocarbon 气态碳氢化合物
gaseous insulator 气体绝缘体
gaseous lubricant 气体润滑剂
gaseous material 气态材料
gaseous nitrogen (=GN2) 气态氮
gaseous oxygen (=GO2) 气态氧
gaseous propellant rocket 气体燃料发动机, 气体火箭发动机
gaseous rectifier 充气管气体整流器
gaseous state 气态
gaseous steam 过热蒸汽, 气态蒸汽
gaseous substance 气态物质

gaseous tension (1) 气体压力; (2) 气体张力
gaseous tube 充气管
gaseous waste 废气
gaseousness 1) 气态; (2) 气体性
gaser γ 射线微波激射器, γ 激光
gasetron 汞弧整流器, 水银整流器
gasfilled 充 [有] 气体的, 灌气的, 加油的
gasfilled rectifier tube 充气整流管
gasflux 气体溶剂
gash (1) (刀具的) 齿隙, 齿缝; (2) 裂口, 裂纹; (3) 伤痕, 深痕, 擦伤
gash angle (铣刀的) 齿缝角
gash fracture 张开破裂
gash width semi-angle 齿缝宽半角
gashed rotor 整锻转子
gasholder 储煤气罐
gashing cutter 切蜗轮齿用的成形铣刀
gashing tool 切槽刀
gashouse (1) 煤气厂, 煤气房, 煤气站; (2) 化学实验室
gasifiable 可气化的
gasification (1) 气化 [作用], 煤气化; (2) 气体生成, 气化法
gasification of coal (=coal gasification) 煤的气化
gasification of coal in place 煤的地下气化
gasification of oil (=oil gasification) (1) 油的气化; (2) 石油气化
gasification of oil in place 原油油层内气化
gasifier (1) 燃气发生器, 气体发生器; (2) 气化器; (3) 煤气发生炉
gasifier section 燃气发生装置
gasifier turbine 燃气发生器式燃气轮机
gasiform 气状的, 气态的
gasiform lubricant 气体润滑剂
gasify [使] 气化, 成气体, 充气
gasifying (1) 气化 [作用]; (2) 渗碳 [作用]
gasing 充气
GASK-O-Seal 环形密封圈
gasket (=GSKT 或 gskt) (1) 衬垫, 软垫, 衬片, 垫片, 垫圈; (2) 填料, 密封垫, 密封片, 填密片, 垫密片, 油封; (3) 容器密封涂层; (4) 捆帆绳
gasket cement 衬片粘胶, 密封胶
gasket cutter 垫片旋切车床, 切垫片机
gasket factor 密封系数
gasket fiber gasket 刚纸垫密片, 纤维衬垫
gasket for exhaust manifold 排气管衬垫
gasket for inlet manifold 进气管衬垫
gasket for packing (1) 填充绳; (2) 填充编织材料
gasket holder 垫压圈
gasket joint (1) 垫片接合, 接口垫片; (2) 填实接缝
gasket material 垫衬材料, 填料
gasket mounting 填密片板式连接
gasket packing 板式填料
gasket paper 垫片纸, 垫圈纸, 衬纸
gasket ring 密封垫圈, 密封环, 垫密环, 填料环, 垫片, 垫圈
gasket type seal (轴承) 静密封
gasketed joint 填实接头
gasketting 装密封垫
gasless 无气体的, 不用气体的
gasless delay detonator 无烟延迟雷管
gaslight (1) 气体照明, 煤气照明, 煤气灯光; (2) 气灯
gaslight paper 灯光相纸
gaslock 气塞, 气栓
gasman (1) 通风班 (组) 长; (2) 煤气管道工, 煤气安装工; (3) 煤气收款员
gaso (=gasolene, gasoline) 汽油
gasogene 汽水制造机, (小型) 煤气发生器
gasogenic 煤气发生炉的, 煤气发生器的
gasol 石油气冷凝物, 气态碳氢化合物, 凝析油
gasolene (=gasoline) 汽油
gasolier 枝形煤气吊灯
gasoline (=gasolene) 汽油
gasoline additive 汽油添加剂
gasoline barge 汽油驳
gasoline car 汽油车
gasoline carrier (美国) 汽油运输船
gasoline chamber 汽油室
gasoline compartment (1) 汽油舱; (2) 汽油箱
gasoline depth ga(u)ge 汽油油位表
gasoline-electric vehicle 汽油电力车

gasoline electric vehicle　汽油电力车
gasoline engine　(1)汽油发动机,汽油内燃机;(2)汽油机
gasoline engine car　内燃机车
gasoline engine driven (=GED)　汽油发动机驱动[的]
gasoline engine generator　汽油发动机发电机,汽油发电机
gasoline engine ship　汽油机船
gasoline feed pipe　汽油供给管
gasoline filter　汽油滤清器
gasoline gage dial　汽油表刻度盘
gasoline gas　汽油气
gasoline gauge　汽油液面指示器,汽油量油计,汽油表
gasoline meter pump　汽油计量泵
gasoline mixture　汽油混合物
gasoline motor　汽油发动机
gasoline pickup fraction　抬获汽油馏分
gasoline pipe　汽油管
gasoline pressure ga(u)ge　汽油压力计
gasoline pressure hand pump　汽油压力手泵
gasoline-proof grease　对汽油稳定的润滑脂,防汽油的润滑脂
gasoline pump　汽油泵,汽油加油泵
gasoline roller　汽油压路机
gasoline skidder　汽油集材机
gasoline station　汽油站,加油站
gasoline tank (=GT)　(1)汽油柜,汽油箱,汽油槽;(2)汽油舱
gasoline tank gage　汽油罐液面指示器
gasoline tanker　汽油运输船
gasoline-tight (=GT)　汽油密的
gasoline truck　汽油运油罐车
gasoline value　馏分中汽油含量,汽油值
gasoline valve　汽油阀,汽油门
gasoline vapor　汽油蒸汽
gasoliner　汽油艇
gasoloid　气胶溶体,气溶胶
gasomagnetron　气体磁控管
gasometer　(1)气量计,气[量]表,气量瓶;(2)气体贮存计量器,煤气[量]计;(3)气体贮存器,气体定量器,贮气柜,贮气器,煤气罐,煤气库,蓄气瓶;(4)气体计数器
gasometer flask　[气]量计,气量瓶
gasometry　气体定量分析
gasoscope　气体检验器
gasotron　充气管整流器,气体整流器
gaspipe　煤气管
gaspiration　防毒面具
gaspocket　气窝
gasproof　不透气的,不漏气的,气密的,防漏气的
gassed　中毒气的
gasser　(1)汽油井,气井;(2)煤气井,气孔
gassiness　充满气的,气态的,含气的
gassing　(1)气体生成,产生汽泡,吸气,放气,吹气,充气,放气,排气;(2)气体中毒
gassing factor　充气系数
gassing frame　烧毛机
gassing of copper　铜气泡
gassing tank　充气罐
gassing time　吹氧时间
gassy　有气孔的,气体的,气态的,漏气的
gassy melt　含气金属液
gassy tube　柔性电子管
gastriode　充气三极管,闸流管
gastrocamera　胃内摄影机
gastroscope　胃窥器,胃镜
gasworks　(1)煤气[制造]厂;(2)燃气工程
gat　左轮手枪
gatch　原石蜡
gate　(1)闸门,活门,阀门,门;(2)电影放映机镜头窗孔,切口,钳口,洞口,隘口,槽,座;(3)王字定位板,定位槽板;(4)[轧制]道次,[翻砂]浇口,铸口,流道,浇道;(5)控制极,门电极;(6)锯架,舌瓣;(7)(场效应晶体管)基流栅,整流栅,整流格;(8)选通脉冲电路,时间限制电路,脉冲选通线路,重合线路,闸门电路,选通电路,选通器;(9)选通脉冲,起动脉冲,门脉冲;(10)逻辑门;(11)开启通过,控制,选通;(12)登机口
gate action　(1)[闸]门作用;(2)选通作用;(3)开闭作用
gate amplifier　门放大器
gate apparatus　(涡轮)导向装置

gate beam　辅助横梁,横肋梁
gate bias　(场效应管)栅偏压,控制极偏压,栅偏置
gate caisson　浮箱式坞门,坞闸
gate capacitor　栅极电容器
gate chamber　(1)传达室;(2)闸门室,闸室
gate change　王字定位板换挡
gate-change gear　滑槽换挡
gate change gear　滑槽换挡
gate circuit　门电路选通电路,选通电路,电键电路,门电路
gate clamp circuit　选通箝压电路
gate closure　[水]闸门
gate contact　栅极接点,门触点
gate control　(变速杆)王字换挡控制板
gate controlled diode　闸控二极管
gate conveyor　转载运输机,平巷运输机
gate current　瞬时控制极电流,栅电流
gate cutting machine　浇口切断机,浇口切除机
gate device　(变速杆)王字定位板
gate diagram　门线[路]图
gate diode　门[电路]二极管
gate driver (=GD)　门驱动器
gate electrode　(1)栅电极;(2)门电极
gate equivalent circuit　门等效电路
gate flap　舌瓣,门舌,门叶
gate-fold　折叠插页,大张插图
gate gear shift　用定位槽板换挡
gate generator　闸门信号发生器,选通脉冲发生器,时钟脉冲发生器,时钟脉冲产生器,门脉冲发生器
gate groove　闸门槽
gate guide　闸门槽
gate hook　门柱铰链钩片
gate impedance　控制极电阻,栅阻抗
gate interlock　门联锁,门开关
gate latch　门控闩锁
gate-leg(ged) table　折叠式桌[子]
gate length　选通脉冲宽度,门信号宽度
gate level logic simulation　门级逻辑仿真
gate lever　(王字板式变速器)导板式变速杆
gate mixer　框式混合器
gate off circuit　选通切断电路,选通阻断电路
gate-open　门通
gate open　门通
gate operating platform　闸门操作便桥,工作桥
gate operating ring　导叶操作环
gate pier　门墩
gate-post　门柱
gate pulse　选通脉冲,门脉冲,栅脉冲
gate recess　凹槽
gate region　栅极区
gate seat　门座
gate shears　双柱式剪切机
gate signal　门信号
gate stick　浇口棒,直浇口棒,浇口槽
gate strip　可控片
gate table　折叠式桌[子]
gate terminal　栅极引出线,门接线端
gate throttle　节流阀
gate through　通过
gate tile　(1)浇注管;(2)浇口砖
gate time　控制时间,选通时间
gate toggie valve　气体料节阀,气体肘节阀
gate-trigger　栅触发器
gate trigger　控制门触发器
gate trigger circuit　控制门触发电路
gate-trigging　栅触发
gate tube　门电子管,闸[门]管,选通管
gate turn-off (=GTO)　矩形脉冲断开,闸门电路断开
gate turn-off SCR　控制极可关断可控硅(SCR=silicon controlled rectifier可控硅整流器)
gate turn-off switch (=GTO)　可关断可控硅开关,闸门电路断开开关
gate turn-off thyristor　闸门关断可控硅整流器
gate turnoff　门电路断开
gate type agitator　框式搅拌机
gate type gear shift lever　格式变速杆

gate valve (=GV 或 gv) (1) 平板阀, 滑门阀, 选通阀, 闸门阀, 闸式阀, 滑板阀, 闸阀, 门阀, 大阀; (2) 选通电子管, 阀式管

gate valves (=gt v) 闸阀, 滑门阀

gate vessel 港口工作船, 布栅船

gate voltage (场效应晶体管) 栅压, 触发电压

gate wedge 斜铁

gate well 凹槽

gate width 选通脉冲宽度

gate width control 选通脉冲宽度调整

gateage 闸门开口的面积

gated amplifier 选通 [脉冲] 放大器, 闸门放大器

gated beam detection 选通电子束五极管检波

gated-beam tube 屏流极大的锐截止五极管, 栅控电子束管, 选通电子束管

gated beam tube 选通电子束管

gated buffer 门控缓冲器

gated pattern 带浇口模型, 有浇口型板

gated throttle 限动油门

gated tracking filter (=GTF) 选通跟踪滤波器

gatehead 装载点

gatehouse 闸门控制室

gatekeeper (1) 道口看守员; (2) 看门人

gateleg table 折叠式桌

gateless 无门的

gateless gearshift 无定位槽板的换档机构

gateman (1) 大门门管理员; (2) 道口看守员

gateman pin 浇口管

gatepost 门柱

gateway (1)(水下渔网,防潜设备等的)门道,道路,坞闸,登机口;(2)(通信) 接口; (3) 网间连接器, 门路连接器, 网关器, 网关; (4) 网间连接程序

gateway in the rails or bulwark 栏杆或舷墙上的门

gatewidth 开锁脉冲宽度, 选通脉冲宽度, 门脉冲宽度, 波门宽度

gatewidth control 选通脉冲宽度调整, 门宽调整

gather (1) 聚集, 收集, 搜集, 采集, 集; (2) 集合; (3) 闭合, 积累, 增加, 渐增; (4) 推测, 推断, 了解; (5) (绳索的) 收紧, 收缩, 收拢; (6) 使导弹进入导引波束内, 引入, 导入

gather experience 积累经验

gather freshway {船} 迅速猛进

gather information 搜集情报

gather speed 逐渐加速

gather strength 集聚力量, 增加力量

gather volume 增大体积

gather way 增加速力, 开动

gather write 集中写入

gatherable 可收集的, 可推测的

gatherer (1) 集聚器, 聚集物; (2) 导入装置, 输送装置, 捡拾器

gatherer board (1) 收集导入板; (2) 集荟器

gathering (1) 聚集, 集合, 集拢, 搜集; (2) 推测; (3) 收集, 收取, 会合; (4) 积累; (5) 板材粘辊

gathering beam 导弹制导波束

gathering chain 集荟夹送链

gathering coal 大块煤

gathering conveyor 转载运输机

gathering device 集荟夹送装置, 收集器

gathering ground 集水区, 汇水区

gathering iron 挑料杆

gathering line (1) 栏杆; (2) 横桁上的支索, 扶手绳, 拦帆索; (3) 集油气; (4) 收集管线, 输送管

gathering machine 配页机

gathering motor 调车电机车

gathering pallet 齿板拨钉, 集结棘爪, 齿条拨针

gathering phase 导弹进入引导波束阶段, 导弹初始阶段

gathering pump 辅助小水泵

gathering ring 挑料环

gathering speed 累积速度

gathering table 旋转式配页台

gathering tank 集油罐, 收集罐

gatherway 开始前进

gating (=GRTG) (1) 选通, 开启, 闸, 闸波; (2) 浇铸系统; (3) (照相) 轻微漏光, 轻微跑光; (4) 控制; (5) 锁栓上的制动凹槽

gating circuit 选通电路, 门电路

gating contact 选通接头

gating element 控制元件, 门元件

gating in range 测距的选通

gating pattern 浇口模

gating pulse 选通脉冲, 控制脉冲, 门脉冲

gating signal 选通脉冲, 选通信号, 门信号

gating system 浇铸系统, 浇口

gating system plan 浇铸系统设计, 浇口设计

gating technique 脉冲选通技术

GATT (=Ground-to-air Transmitter Terminal) 地对空发射终端机

gaub line 艏斜桁撑杆支索

gauche form 左右式, 旁式

gauffer (=gauffre) (1) 皱褶, 起皱; (2) 压制波纹, 作出浮花

gauffer calender 凹凸纹轧花机, 印纹轧压机

gauge (=GA) (1) 量测仪器, 检验仪器, 仿形装置, 定位装置, 仿形器, 量具, 量规, 卡规, 测规, 线规, 样板, 规, 计, 表; (2) 调整, 测量, 校准, 检验, 控制; (3) 标准尺寸, 标准尺, 比例尺, 规格, 口径, 直径; (4) {船} 满载吃水深度, 相对位置; (5) 隔距片; (6) 轨距, 轨幅, 轮距; (7) 行距; (8) 容量, 限度, 范围; (9) 厚度, 刻度, 分度; (10) 传感器; (11) 使成为标准尺寸, 使符合标准, 标准化, 定径

gauge air micro size 气动塞规自动定寸

gauge auger 匙形钻

gauge bar 规杆

gauge bit 成形车刀

gauge block 规距块, 块规, 规块

gauge board [仪] 表盘, 仪表板, 规准尺, 规准板, 样板, 模板

gauge box 量料箱, 规准箱, 量斗

gauge cock 试液位旋塞

gauge-concussion 对轨距的冲击

gauge connection (1) 规管安装位置, 规管连接; (2) 测量位置

gauge distance 计量距离

gauge factor 仪器灵敏度, 灵敏度系数, 应变系数, 量规因数

gauge glass (=GG) 液位指示玻璃管, 量液玻璃管, 计量玻璃管, 液计玻璃管, 指示玻璃管, 玻璃油面表, 水表玻璃管, 玻璃油规

gauge glass bracket 水位玻璃托, 油位玻璃托

gauge group 规范群

gauge hatch 计量口

gauge head 测头

gauge hole 定位孔, 工艺孔

gauge invariance 规范不变性

gauge-invariant 规范不变的

gauge lathe 样板机床

gauge length (=GL) (1) 标距; (2) 计量长度

gauge line (1) 轨距线, 铆行线, 规线; (2) 应变电阻丝, 应变电阻箔

gauge-matic internal grinder 塞规自动定寸内圆磨床

gauge-matic method (内圆磨床的) 塞规自动控制尺寸法, 塞规自动定寸法

gauge nipple 计量口

gauge number 量规号数

gauge of rivets 铆钉行距

gauge of tyres 轮箍距

gauge of wire 钢丝的直径, 线材直径

gauge outfit 测量头, 表头

gauge panel [仪表] 盘

gauge pile 定位桩

gauge pin 测量头, 定寸销, 尺寸销

gauge plate 定位板, 仪表板, 操纵板, 样板

gauge point 标距起始点, 计量基准点, 标记点

gauge pot 水泥薄浆壶

gauge pressure (=GP) 仪表压力, 指示压力, 计示压力, 计示压力, 计示压强, 表压力, 表压

gauge probe 压力计感应塞

gauge punch (1) 定位 [工艺] 孔; (2) 定位孔冲头, 工艺孔冲头

gauge reading 计量仪读数

gauge ring 环规

gauge saver 压力计缓冲器

gauge setting 比较仪校准, 卡规校准

gauge station 水文测量站

gauge stuff 装饰石膏

gauge table 计量表

gauge tables (1) 计量表, 校正表; (2) 标准辊道

gauge template (=GT) 样板

gauge transformation 度规变换, 量规变换

gauge tube 测流速管, 毕托管

gauge unit 仪表盘装置, 仪表板装置, 仪表

gauge wheel 限深轮

gaugeable 可测定的, 可量测的, 可计量的

gauged brick 规准砖

gauged distance 标准距离

gaugehead 规管,表头

gaugemeter (1)测厚计;(2)轧辊开度测量仪

gauger (零件)检验员,检查员,计量者,度量者;(2)计量器,度量物

gaugership 检验室

gauges 量器

gauging (1)用规检验,量尺寸,测量,测定,测试,规测,度量;(2)校准,控制,调整,操纵,检验,定标;(3)校验,检查;(4)计量;(5)控制

gauging adjustment 校准调整,计测调整

gauging distance 规测距离,铆钉行距,轨距

gauging head 气动测头,气动塞规

gauging plug 气动测头,气动塞规

gauging rod 计量杆

gauging spindle 气动塞规,测量轴

gauntlet track 套式轨道

gauntry (=gantry) (1)起重台架,起重构架;(2)门形构架;(3)龙门起重机,高架起重机;(4)横动桥形台,桥形跨轨信号架;(5)导弹发射架

gauntry crane (1)门式起重机,龙门起重机,高架[龙门]起重机,高架吊车跨运吊车,龙门吊;(2)雷达天线

gauss (=GS) 高斯(C.G.S电磁制的磁感应强度单位,磁通量密度单位)

Gauss noise 高斯噪音

Gauss theorem 高斯定理

gaussage 以高斯表示的磁感应强度,高斯数

Gaussian (1)高斯型曲线;(2)高斯的

Gaussian amplifier 高斯[频率]特性放大器

Gaussian distribution 高斯分布

Gaussian random process 高斯随机过程

Gaussian wave packet 高斯波群

gaussistor 磁阻放大器

Gaussmeter 高斯计,磁强计

gaussmeter 高斯计,磁强计

Gauss's system of units 高斯单位制

gauze (1)金属丝网,塑料纱网,铁丝网,铜网,线网,纱布,纱网,滤网;(2)抑制栅极

gauze brush 铜丝布电刷,网刷

gauze diaphragm (管口的)金属防火网

gauze element 砂网,滤网

gauze filter (1)网状过滤器;(2)滤网

gauze frame 金属滤网架

gauze nozzle 带有格栅的喷管,滤网式喷管

gauze screen 金属丝网,铁纱网

gauze strainer (1)网状过滤器;(2)滤网

gauze wire 细目钢丝

gavel 小槌,木槌

gavel ring 侧环

gavelock (=gablock) 铁撬棒,通条,铁棒,铁杆,杠杆

gazebo 信号台

gazogene (1)煤气发生器;(2)配气机;(3)木炭燃气;(4)(食品工业)饱和槽,饱和器

GB (=Gain Band-width) 增益带宽

GB (=Garbage Boat) 垃圾船

GB (=Gear Box) (1)齿轮箱;(2)变速箱

GB (=Great Britain) 大不列颠

GB (=Grid Bearing) 经线方位,格网方位,坐标方位

GB (=Grid Bias) 栅偏压

GB (=Ground Brush) 接地电刷

GB (=Gunboat) 炮艇

GB (=Guojia Biaozhun) (中国)国家标准,国标

GBA (=Give Better Address) 请给予详细地址

GBL (=General Bill of Lading) 货运总单,提货单

GBL (=Government Bill of Lading) 政府提单

GBO (=Goods in Bad Order) 货物混乱,货物损坏,货物混杂

GBP (=Great Britain Pound) 英镑

GBS (=Gravity Base Structure) 重基结构

GC (=Gain Control) 增益控制

GC (=Gas Carrier) 气体运输船

GC (=General Cargo) 一般货物,杂货

GC (=Gigacycles) 千兆周

GC (=Glauconite) 海绿石(海图图式)

GC (=Gold Content) 含金量

GC (=Grid Course) 坐标网络的航向

GC (=Grounded Collector) 共集电极接地

GC (=Guaranty Contract) 保证合同

GC (=Gyro-compass) 陀螺罗经,电罗经

GC (=Gyro-compass Course) 陀螺罗经航向,电罗经航向

GCA (=Gain Control Amplifier) 增益控制放大器

GCA (=General Claim Agent) 索赔总代理人

GCA (=Ground Control Approach) 地面控制方法

GCA (=Grounded Cathode Amplifier) 阴极接地式放大器

GCBB (=General Cargo, Breakbulk) 散件杂货

GCBS (=General Council of Britain Shipping) 英国航运总会

GCC (=Gas Carrier Code) 气体运输规则

GCC (=Grain Cargo Certificate) 谷类货物证明书

GCCG (=Grain Capacity, Capacity in Grain) 散装货容积

GCE (=Ground Communication Equipment) 地面通信设备

GCE (=Ground Control Equipment) 地面控制设备

GCF (=Greatest Common Factor) 最大公因数

GCF (=Ground Communication Facility) 地面通信设施

GCFT (=Gross Cubic Feet) 总立方英尺,毛立方英尺

GCG (=Gravity Controlled Gyro) 重力控制陀螺

GCGO (=General Cargo) 一般货物,杂货

GCGT (=Gross Charter or Gross Terms) 总承付租赁或总承付条款

GCI (=Ground Controlled Interception) 地面控制截击设备

GCLOPD (=Guarantee for Civil Liability for Oil Pollution Damage) 油污损害民事责任信用证书

GCM (=Gas Cut Mud) 气侵泥浆

GCR (=Gas Cooled Reactor) 气体冷却型反应堆

GCR (=General Cargo Rate) 普通货物的费率

GCR (=General Commodity Rate) 普通货物的费率

GCR (=Ground Control Radar) 地面控制雷达

GCS (=General Cargo Ship) 杂货船

GCS (=Ground Communication System) 地面通信系统

GCSS (=Global Communication Satellite System) 全球通信卫星系统

GCSS (=Ground-controlled Space System) 地面控制航天系统

GCT (=General Classification Test) (船舶)普通入级检验

GCTS (=Ground Communication Tracking System) 地面通信跟踪系统

GCV (=Gross Calorific Value) 总热量值

GCWR (=Gross Combination Weight Rating) 总联结重量

GD (=Gas Detector) 气体检漏器,气体探测器

GD (=Gate Driver) 门驱动器

GD (=Geared Bulk Carrier) 有装卸设备的散货船

GD (=Geared Diesel) 带齿轮减速器的柴油发电机

GD (=General Design) 总设计

GD (=Good) 良好,好

GD (=Grade) 等级,分类,程度

GD (=Grand) 大的

GD (=Gross Displacement) 总排水量

GD (=Ground) (1)大地,地;(2)海底;(3)接地,地线

GD (=Group Delay) 群时延

GDC (=Grab Discharge Clause) 抓斗卸货条款

GDE (=Ground Data Equipment) 地面数据设备

GDF (=Gas Dynamic Facility) 气体动力研究设备

GDHS (=Ground Data Handling System) 地面数据处理系统

GDP (=General Data Processor) 通用数据处理机

GDP (=Gross Domestic Product) 国内总产量

GDPS (=Global Data Processing System) (世界天气监视网)全球数据处理系统

GDR (=Graphic Depth Recorder) 水深图示记录仪

GDS (=Ground Data System) 地面数据系统

GDS (=Ground Display System) 地面显示系统

GDTF (=General Direction of Traffic Flow) 船舶总流向

GDWQ (=Guidelines for Drinking Water Quality) (世界卫生组织发布的)饮用水指标

GE (=Gyro-compass Error) 陀螺罗经误差

GE (=Gyro Error) 陀螺罗经差

gear (1)齿轮,大齿轮;(2)传动装置,传动齿轮;(3)装备,装置,设备;(4)机构;(5)起落架;(6)船具,用具

gear addendum (齿轮)齿顶高

gear addendum angle (锥齿轮收缩齿的)齿顶角

gear angular face (锥齿轮在根锥展开平面上)弧齿宽张角

gear application factor 齿轮应用系数,齿轮使用系数

gear arrangement (1)齿轮布置,机构布置;(2)齿轮装置

gear assembly 齿轮装置,齿轮组

gear axis　齿轮轴线

gear backlash　齿轮啮合背隙，齿侧隙，齿隙

gear band　齿轮带

gear bank　齿轮组

gear bearing capacity　齿轮承载能力

gear blank　齿轮毛坯，齿轮坯料，齿坯

gear body　齿轮本体

gear box (=GBX)　齿轮箱，变速箱，传动箱

gear box casing　齿轮箱体，变速箱体

gear box cover　齿轮箱盖

gear box input　齿轮箱输入功率

gear bracket　齿轮轴承架

gear breakage　齿轮断裂，断齿

gear broach　齿轮拉刀

gear broaching　齿轮拉削

gear broaching machine　齿轮拉床

gear bulk　带起重设备的散装船

gear burnishing　齿面挤光 [法]，齿面滚光 [法]

gear burnishing machine　齿轮挤光机，齿轮滚光机

gear burnishing tool　齿轮滚光轧轮

gear bush　齿轮轴套，齿轮轴衬

gear calculation　齿轮计算

gear carrier　(1) 齿轮托架；(2) 行星齿轮架

gear case　(1) 齿轮变速箱体，减速器壳体；(2) 齿轮箱，变速箱，传动箱，连接箱

gear casing　齿轮箱，速度箱

gear case hardening　齿轮表面淬硬 [法]，齿轮表面 [渗碳] 硬化 [法]

gear casting　(1) 齿轮铸件；(2) 齿轮铸造

gear center　齿轮中心

gear center coordinate　齿轮中心坐标

gear chain　(1) 齿轮传动链；(2) 齿轮传动系统；(3) 联动挡链系

gear chamfering　齿轮倒角

gear chamfering machine　齿轮倒角机

gear change　(1) 齿轮变速，变速齿轮，挂轮，换挡；(2) 变速齿轮，交换齿轮，[变速] 挂轮

gear change fork　齿轮变速拨叉

gear change hand lever　手操纵变速杆，变速手柄

gear change lever　齿轮 [箱] 变速手柄，变速杆

gear changing arrangement　齿轮变速装置

gear clasher　齿轮换挡撞击试验

gear clearance　齿轮顶隙，齿轮间隙

gear cluster　齿轮组

gear clutch　齿轮离合器

gear combination　组合齿轮

gear compound　(1) 复齿轮；(2) 齿轮润滑剂，齿轮润滑油，传动油，齿轮油

gear computation　(1) 齿轮计算；(2) 齿轮测定

gear cone　塔式齿轮，齿轮锥

gear cone and tumbler-gear transmission　摆动换向齿轮锥轮传动装置，摆动换向齿轮锥轮变速器

gear configuration　齿轮形状，齿轮外廓

gear-contact pattern　齿轮接触斑迹

gear control lever　齿轮 [箱] 变速控制手柄，变速杆

gear counter　齿轮计数器

gear coupling　(1) 齿轮联轴节；(2) 齿轮传动装置，齿轮传动

gear cover　齿轮罩

gear cutter　(1) 齿轮刀具，切齿刀；(2) 切齿机，齿轮切削机床

gear cutter hob　齿轮滚 [铣] 刀

gear cutting hobbing　齿轮滚削，齿轮切削

gear cutting machine　齿轮加工机床，齿轮切削机床，切齿机

gear cutting method　切齿法

gear cutting on the shaping principle　插齿法切齿，插齿

gear cutting tool　齿轮切削刀具

gear deburring　齿轮去毛刺

gear deburring machine　齿轮去毛刺机

gear dedendum　齿根

gear dedendum angle　(锥齿轮收缩齿) 齿根角

gear design　齿轮设计

gear design criteria　齿轮设计准则，齿轮设计标准

gear design handbook　齿轮设计手册

gear designer　齿轮设计师，齿轮设计者

gear device　齿轮装置

gear diameter　齿轮直径

gear diameter constant　齿轮直径常数

gear dimensions　齿轮尺寸

gear dimensions of profile　齿轮齿廓尺寸

gear distress　齿轮故障，齿轮损坏

gear down　(1) 减速齿轮传动；(2) 挂低速档，换低速档，齿轮减速；(3) 减速蜗齿轮的啮合

gear drawing　齿轮图

gear drive　齿轮传动 [装置]

gear drive equipment　[齿轮] 传动装置

gear-driven　齿轮驱动的，齿轮传动的

gear driven　齿轮驱动的，齿轮传动的

gear driven camshaft　齿轮传动式凸轮轴

gear driven supercharger　齿轮传动增压器

gear durability　齿轮耐用度，齿轮耐久性，齿面抗点蚀能力

gear durability rating　齿轮耐用强度值，齿轮耐久强度值

gear efficiency　齿轮效率，传动装置效率

gear element　齿轮零件

gear face angle　(锥齿轮) 顶锥角，外锥角，齿轮面角

gear fastening technique　齿轮紧固技术

gear finish hobbing　齿轮精滚

gear finishing　齿轮精切，齿轮精加工

gear finishing hob　齿轮精滚刀

gear finishing machine　齿轮精加工机床

gear flat　舵机平台

gear for forward　前进挡，前进挡齿轮

gear for reverse　后退挡，倒档齿轮

gear forging　(1) 齿轮锻件；(2) 齿轮锻造

gear form cutter　齿轮齿形成形刀具

gear form cutting machine　齿轮成型切削机床，齿轮铣床

gear form-grinding machine　齿轮成形砂轮磨齿机

gear formation　齿轮成形 [法]，齿轮仿形 [法]

gear forming　齿轮成形 [法]，齿轮加工

gear generating　齿轮展成加工法，齿轮展成，齿轮范成，齿轮滚切

gear generating by rack　用齿条形刀具加工齿轮

gear generating grinding machine　展成法磨齿机

gear generating machine　齿轮展成加工机床，齿轮滚切加工机床

gear generation　齿轮展成 [法]，齿轮范成 [法]，齿轮滚切 [法]，齿轮包络 [法]

gear generator　齿轮展成机床，齿轮滚切机床，刨齿机

gear geometry　齿轮几何学，齿轮几何图形

gear grease　齿轮润滑脂，齿轮润滑油

gear grinder　齿轮磨床，磨齿机

gear grinder with cone-shaped grinding wheels　锥形砂轮磨齿机

gear grinder with disk-shaped grinding wheels　碟形砂轮磨齿机

gear grinder with flat-faced grinding wheels　大平面砂轮磨齿机

gear grinder with forming grinding wheels　成形砂轮磨齿机

gear grinder with worm-shaped grinding wheel　蜗杆砂轮磨齿机

gear grinding　齿轮磨削法，磨齿

gear grinding machine　齿轮磨床，磨齿机

gear grinding method　齿轮磨削法

gear guard　齿轮护板，齿轮罩，齿轮壳

gear hardening method　齿轮硬化法

gear-head lathe with gap bed　全齿轮马鞍车床

gear headstock　[齿轮] 床头箱

gear heat treatment　齿轮热处理

gear hire　机械设备租用 [费]

gear hob　齿轮滚刀，滚齿刀

gear hob of coarse pitch　大节距齿轮滚刀

gear hobber　(1) 滚齿机；(2) 齿轮铣刀，滚齿铣刀

gear hobbing　滚齿，滚齿

gear hobbing cutter　齿轮滚刀，滚齿刀

gear hobbing machine　滚齿机

gear hone　珩磨轮

gear honing　珩齿

gear honing machine　珩齿机

gear honing machine with worm-shaped honegear　蜗杆珩轮珩齿机

gear housing　齿轮箱壳体，齿轮箱体，变速箱体

gear hub　齿轮毂

gear inaccuracy　齿轮不精确度

gear industry　齿轮 [制造] 工业

gear inertia　齿轮惯性

gear inner cone distance　(锥齿轮) 外端锥距，锥齿轮内锥距

gear input shaft　(1) 齿轮动力输入轴；(2) 齿轮进刀轴

gear inspection　齿轮检查，齿轮检验

gear installation　齿轮安装

gear into　[齿轮]啮合, 齿轮搭上[机器]

gear jack　齿轮起重机

gear lapping　齿轮研磨, 研齿

gear lapping machine　齿轮研磨机, 研齿机

gear layout　齿轮设计方案

gear level　换中速挡, 挂中速挡

gear lever　齿轮变速杆, 齿轮变速手柄, 操纵[驾驶]杆, 变速杆, 操纵杆, 驾驶杆

gear lift　齿轮升动(被动齿轮负载后在垂直平面内的移动)

gear loading capacity　齿轮承载能力, 齿轮强度

gear lock　齿轮保险装置

gear luboil　齿轮润滑油

gear lubricant　齿轮润滑剂

gear lubrication　齿轮润滑

gear making　齿轮制造

gear manufacture　齿轮制造

gear manufacture by metal removal　齿轮切削加工

gear-manufacturing drawing　齿轮制造图[纸]

gear-manufacturing machine　齿轮加工机床

gear-manufacturing method　齿轮制造法, 齿轮加工法

gear-manufacturing process　齿轮制造法

gear mark　(误差反映在工件上的)传动链痕迹, 传动机构痕迹

gear materials　齿轮材料

gear mean normal diametral pitch　(锥齿轮)齿轮中点法向径节

gear mean normal modular　(锥齿轮)齿轮中点法[面]模数

gear mean radius　(锥齿轮)齿轮中点半径

gear mean spiral angle　(锥齿轮)齿轮中点螺旋角, 齿轮中点倾斜角

gear measuring　齿轮测量

gear measuring cylinder　齿轮测量圆柱

gear measuring machine　齿轮测量仪

gear measuring wires　齿轮测量钢丝

gear mechanism　齿轮机构

gear mechanism box　齿轮机构壳体

gear mechanism designer　齿轮机构设计师, 齿轮机构设计者

gear mechanism housing　齿轮机构壳体

gear mechanism manufacturer　齿轮机构制造者, 制造商

gear mechanism noise　齿轮机构噪声

gear mechanism with intersecting　相交轴齿轮装置

gear mechanism with parallel axes　平行轴齿轮装置

gear member shaft　齿轮构件轴

gear mesh　齿轮啮合

gear mesh efficiency　齿轮啮合效率

gear mesh stiffness　齿轮啮合刚性

gear meshing time limit　啮合时限

gear meshing zone　齿轮啮合区

gear milling　齿轮铣削, 铣齿

gear milling cutter　齿轮铣刀

gear milling machine　齿轮铣床, 铣齿机

gear mo(u)lding machine　齿轮造型机

gear motor　(1)齿轮减速电动机, 有减速器的电动机; (2)齿轮液压马达

gear noise　齿轮噪声

gear noise test stand　齿轮噪声试验台

gear of disk form　盘形齿轮, 齿盘

gear oil　减速器用油, 齿轮油

gear oil pump　齿轮油泵

gear on gear motor　外啮合齿轮马达

gear-on-gear pump　外啮合齿轮泵

gear outer addendum　(锥齿轮)齿轮大端齿顶高

gear outline　齿轮外形

gear output shaft　齿轮输出轴

gear pair　齿轮副

gear pair with center distance modification　角度变位齿轮副(X1+X2 ≠ 0), 中心距变位齿轮副, 不等移距齿轮副

gear pair with closed center distance　中心距减小的齿轮副(X1+X2 < 0)

gear pair with closed shaft angle　轴交角减小的锥齿轮副, 负传动角度变位锥齿轮副

gear pair with extended shaft angle　轴交角增大的锥齿轮副, 正传动角度变位锥齿轮副

gear pair with intersecting axes　相交轴齿轮副

gear pair with modified center distance　角度变位齿轮副, 中心距变动的齿轮副

gear pair with non-parallel, non-intersecting axes　交错轴齿轮副

gear pair with parallel axes　平行轴齿轮副

gear pair with reference center distance　高变位圆柱齿轮副, 标准中心距齿轮副; 径向变位系数为零的齿轮副; 高度变位齿轮副

gear pair with shaft angle modification　(1)角变位锥齿轮副; (2)轴交角变位锥齿轮副

gear pair with working center distance　角度变位锥齿轮副

gear pair without shaft angle modification　高变位锥齿轮副, 非轴交角变位的锥齿轮副, 轴交角不变的锥齿轮副

gear part　齿轮零件

gear pattern　齿轮斑迹, 齿轮驱动误差图型

gear performance　齿轮性能

gear pinion　小齿轮, 鼗轮

gear pitch　齿轮节距, 齿距, 齿节

gear pitch surface　齿轮节面

gear pitting　齿轮点蚀, 齿轮麻点

gear pitting test　齿轮点蚀疲劳试验

gear planer　刨齿机

gear planing　齿轮刨削, 刨齿

gear planing machine　刨齿机

gear planing tool　刨齿刀

gear power transmission　齿轮传动

gear preload　齿轮预载荷

gear production　齿轮生产, 齿轮加工

gear production method　齿轮生产法, 齿轮加工法

gear proportions　(沿齿高方向的)齿轮[比例]尺寸, 齿轮大小

gear puller　齿轮拉出器, 齿轮拆卸器

gear pump (=GP)　齿轮泵

gear-punching machine　冲齿机

gear-punching tool　冲齿工具

gear quadrant　(1)扇形齿轮; (2)挂轮架

gear quadrant steering gear　扇形齿轮式操舵装置, 齿扇转舵装置

gear quality　齿轮质量, 齿轮性能

gear rack　齿条

gear rating　齿轮规格, 齿轮参数

gear ratio (=GR)　齿轮齿数比(Z2/Z1, 即大轮齿数与小轮齿数之比), 齿轮传动速比, 齿轮传动比, 齿轮齿数比, 传动速比, 齿轮速比, 传动比, 速比

gear ratio orders　设置传动比指令

gear reducer　齿轮减速器, 传动箱

gear reducing　齿轮减速

gear reduction　齿轮减速

gear reduction rate　齿轮减速比

gear reduction ratio　齿轮减速比

gear reduction unit　齿轮减速器, 齿轮减速装置

gear replacement　齿轮更换

gear research　齿轮研究

gear research vessel　渔具研究船

gear revolution per minute　齿轮转数, 转/分

gear rim　齿圈, 齿轮[轮]缘

gear rim for flywheel　飞轮齿圈

gear ring　齿圈, 齿环

gear roll finishing machine　齿轮精滚机

gear roller　齿轮滚柱, 带齿辊

gear rolling machine　轧齿轮, 齿轮轧制机床

gear-room　(船上)属具室

gear room　(船上)属具室

gear root plane　齿根面

gear rotary pump　齿轮回转泵

gear rpm =gear revolution per minute　齿轮转数, 转/分

gear safe work load　吊货安全工作负载

gear scuffing　齿轮划伤

gear seizing　齿轮咬死

gear section　齿轮截面

gear sector　扇形齿轮, 齿扇

gear segment　扇形齿轮, 齿扇

gear selector fork　齿轮变速拨叉

gear set　(1)齿轮副, 齿轮组; (2)齿轮箱

gear shaft　齿轮轴

gear shank　齿轮柄

gear shaper　(1)插齿机; (2)刨齿机

gear shaper cutter　(1)插齿刀, 剃齿刀; (2)刨齿刀

gear shaper cutting　(1)插齿; (2)刨齿

gear-shaping　(1)插齿; (2)刨齿

gear shaping　(1)插齿; (2)刨齿

gear shaping machine　(1)插齿机; (2)刨齿机

gear shaving　(1)剃齿；(2)剃削
gear-shaving cutter　剃齿刀
gear shaving machine　剃齿机
gear shift　(1)齿轮变速，变速，换挡，调挡；(2)换挡机构，变速器
gear shift arrangement　变速装置，调挡机构，换挡装置
gear shift base　变速箱座
gear shift cover　变速器盖
gear shift fork　齿轮拨叉，变速叉
gear shift fork shaft　齿轮拨叉轴
gear shift housing　变速箱，变速器壳体
gear shift lever　齿轮变速手柄，变速杆
gear shift lever ball　齿轮变速杆球端
gear shift lever knob　变速杆捏手
gear shift lever oil seal　变速杆油封
gear shift lever shaft　变速杆轴
gear shift lock　换向机构锁定装置
gear shift lug　变速器拨叉凸耳
gear shift mechanism　齿轮变速机构
gear shift pedal　变速踏板
gear shift position diagram　换挡位置标示图
gear shift rail　换挡滑杆，换挡齿轮拨叉轴，变速杆
gear shift rail interlock ball　变速杆联锁球
gear shift reverse latch rod　倒挡掣子拉杆
gear shift reverse plunger　变速回动柱塞
gear shift rod　变速杆
gear shift shaft　变速杆轴
gear shift shaft lock ball　变速杆轴锁球
gear shift yoke　齿轮拨叉，变速叉
gear shifter　(1)齿轮拨叉；(2)变速杆
gear shifter shaft lock　变速器拨叉轴锁定装置
gear shifting　变速，换挡
gear shifting lever latch　齿轮变速手柄闩锁
gear shifting position diagram　换挡位置标示图
gear shifting yoke　齿轮拨叉，变速叉
gear side movement　齿轮轴向移动
gear size　齿轮尺寸，齿轮大小
gear slotter　齿轮插床，插齿机
gear slotting machine　齿轮插床，插齿机
gear sound testing machine　齿轮噪声检查仪
gear specification drawing　齿轮规格参数图
gear specifications　齿轮规格
gear specimen　齿轮样品，齿轮试件
gear speed　齿轮转速
gear spinning pump　纺丝齿轮泵
gear splitting　(变速器)各项传动比间隔
gear stage velocity ratio　级速比
gear stand　齿轮支架
gear standardization　齿轮标准化
gear standards　齿轮标准
gear steel　齿轮钢
gear stocking cutter　(1)齿轮粗加工铣刀；(2)齿轮粗加工机
gear strength　齿轮强度
gear stress　齿轮应力
gear stress formula　齿轮应力公式
gear surface durability　齿轮表面耐用度，齿轮表面接触强度
gear surface hardening　齿轮表面硬化，齿轮表面淬火
gear swing frame　挂轮架
gear system　(1)齿轮系，齿轮传动装置；(2)齿轮制
gear teeth　[齿]轮齿
gear teeth-burnishing machine　齿轮滚光机
gear teeth-lapping machine　研齿机
gear test　齿轮试验
gear tester　(1)齿轮检查仪，齿轮检验器，测齿仪；(2)齿轮试验机
gear testing machine　齿轮试验机
gear theory　齿轮理论
gear thickness ga(u)ge　齿厚规
gear tipping　齿轮修缘
gear to housing clearance　齿轮对箱体的间隙
gear-to-pinion ratio　大齿轮与小齿轮齿数比
gear together　借助小齿轮的啮合，借助蹈齿轮的啮合
gear tooth　[齿]轮齿
gear tooth breakage　轮齿折断，断齿
gear tooth burnishing machine　轮齿滚光机，轮齿轧光机，挤齿机
gear-tooth calipers　齿轮齿游标卡尺，轮齿规，齿厚规

gear tooth chamfering machine　齿轮[齿]倒角机
gear tooth comparator　齿厚比较仪
gear tooth coupling　齿式联轴节
gear tooth cutter　齿轮[齿]铣刀
gear tooth deburring　齿轮齿去毛刺
gear tooth deburring machine　齿轮齿去毛刺机
gear tooth deflection　轮齿挠曲
gear tooth engagement　齿轮齿啮合
gear tooth form error　[齿轮]齿形误差
gear tooth form factor　齿轮齿形系数
gear tooth forming　轮齿成形
gear tooth gage　轮齿齿规，齿距规
gear tooth interference　轮齿干涉
gear tooth micrometer　齿厚千分尺
gear tooth pitting　齿面点蚀，齿面麻点
gear-tooth proportions　齿形各部尺寸
gear tooth rough cutter　轮齿粗加工刀具，粗切刀盘
gear tooth rounding machine　轮齿倒[圆]角机
gear tooth shaving machine　剃齿机
gear tooth slide calipers　(测齿用)轮齿滑动卡尺
gear tooth standards　轮齿标准(包括齿顶高；齿根高，齿厚，齿隙和刀具的圆角半径等的标准)
gear tooth spring　轮齿弹性
gear tooth strength　轮齿强度，齿根弯曲强度
gear-tooth surface　轮齿曲面
gear tooth stocking cutter　轮齿粗加工刀具，轮齿粗削铣刀
gear-tooth vernier　齿距卡规
gear tooth vernier calipers　齿轮[齿]游标卡尺，齿厚游标卡尺，游标齿厚卡尺
gear tooth vernier gauge　齿轮游标卡尺，齿厚游标卡尺
gear topping hob　齿轮倒角滚刀
gear torque capacity　齿轮转矩[承载]能力
gear trace　齿线
gear train　(1)齿轮系，齿轮组，轮系；(2)传动机构
gear train diagram　齿轮传动系统图
gear train element　齿轮系零件
gear train member　齿轮系构件，齿轮系零件
gear train with intersecting axes　相交轴齿轮系
gear transmission　(1)齿轮传动；(2)齿轮传动装置，齿轮变速器
gear tribology　齿轮摩擦学，齿轮润摩学
gear tumbler　(1)齿轮换向器；(2)转向轮
gear type　(1)齿轮式，齿型；(2)齿形型式(包括展成齿形和非展成齿形两类)
gear-type coupling　齿式联轴节，齿形联轴节
gear type coupling　齿式联轴器，齿轮联轴器
gear type flexible coupling　齿式挠性联轴器
gear-type metering pump　齿轮式计量泵
gear-type motor　齿轮式电动机，齿轮液压马达，齿轮液压电动机
gear type oil motor　齿轮式油马达
gear type oil pump　齿轮油泵
gear-type pump　齿轮[式]泵
gear type spindle　齿型接轴
gear tyre　起落架轮胎
gear unit　齿轮[传动]装置，齿轮组
gear unit box　齿轮装置箱，齿轮装置壳体
gear unit dimensions　齿轮装置尺寸
gear unit intersecting axes　相交轴齿轮装置
gear unit parallel axes　平行轴齿轮装置
gear up　(1)高速齿轮传动；(2)齿轮增速，(3)换高速挡，挂高速挡，开快车
gear vibration　齿轮振动
gear weight　齿轮重量
gear weight-carrying capacity　齿轮承载能力
gear wheel　大齿轮，齿轮
gear wheel cutter　盘形齿轮铣刀，齿轮刀盘
gear wheel design　齿轮设计
gear wheel drive　齿轮传动
gear wheel for governor drive　调速器驱动齿轮
gear wheel pump　齿轮泵
gear wheel reversing　齿轮换向
gear wheel shaft　齿轮轴
gear wheel with curved teeth　曲线齿齿轮
gear with　(齿轮与机器)搭好
gear with circular arc teeth　圆弧齿齿轮

gear with circular tooth profile 圆弧齿齿轮
gear with coplanar axes 共面轴齿轮
gear with curved teeth 曲线齿齿轮
gear with equal-addendum teeth 等齿顶高齿轮, 非 [径向] 变位齿轮
gear with equal addendum teeth 等齿顶高齿轮
gear with helical teeth 螺旋齿齿轮, 斜齿轮, 斜齿轮
gear with tooth correction 变位齿轮, 修正齿轮
gear withdrawer 齿轮拉出器, 齿轮拆卸器
gear-within-gear motor 内啮合齿轮液压马达
gear within gear motor 内啮合齿轮马达
gear-within-gear pump 内啮合齿轮泵
gear work 齿轮加工, 齿轮制造
gear work method 齿轮加工方法
gear workpiece 齿轮工件, 齿轮毛坯
gear wrokshop [制造] 齿轮车间
gearbox (1) 齿轮箱, 变速箱, 传动箱, 减速器; (2) 进刀箱, 进给箱, 连接箱
gearbox adapter 变速箱 (与发动机之间的) 过渡壳体
gearbox and rear axle housing 变速箱和后桥壳体
gearbox assembly 齿轮箱总成
gearbox capacity 齿轮箱容量
gearbox-case 齿轮箱外壳, 齿轮箱壳体
gearbox case 齿轮箱外壳, 齿轮箱壳体, 齿轮箱体, 变速箱体
gearbox cover 齿轮箱盖
gearbox draining pump (减速) 齿轮箱泄油泵
gearbox for governor 调速器齿轮箱
gearbox input 齿轮箱输入功率, 变速器输入功率
gearbox input torque 齿轮输入转矩
gearbox output 齿轮箱输出功率, 变速器输出功率
gearbox rig 变速器试验台
gearbox selector 变速器换挡机构, 变速杆
gearbox tool house foreman 码头工具管理员
gearcase 齿轮箱, 变速箱, 传动箱, 减速器
geared (=GRD) (1) 连接的; (2) 有传动装置的, 有装载设备的; (3) 齿轮传动的, 有齿轮的
geared bulk carrier (=GD) 有装卸设备的散装船
geared capstan 齿轮绞盘
geared coupling 齿式联轴节
geared crane ladle 齿轮起重机搬运的铁水包, 手摇吊包
geared davit 齿轮传动式吊艇架
geared diesel (=GD) 带齿轮减速器的柴油发电机
geared diesel boat 齿轮减速柴油机船
geared diesel drive 柴油机齿轮传动
geared diesel engine 齿轮减速式柴油机
geared diesel machinery 齿轮减速式柴油机
geared diesel vessel 齿轮减速柴油机船
geared door 齿轮传动水密门
geared-down (1) 有减速传动装置的; (2) 减低速度的
geared down motor 齿轮减速发动机
geared down speed 低挡速度, 减速速度
geared drill 齿轮钻床
geared drive 齿轮传动
geared engine 齿轮减速式发动机, 带减速器的发动机, 齿轮传动发动机
geared feed [用] 齿轮机构 [控制的] 进给
geared flywheel 带齿轮飞轮
geared head 齿轮变速箱, 齿轮床头箱, 车头箱
geared-head lathe 齿轮传动车床, 全齿轮车床
geared ladle-hoist (1) 齿轮传动的浇包起重机; (2) 浇包传动机构
geared lever type cork screw 齿轮式瓶塞开启器
geared marine steam turbine 船用齿轮减速式汽轮机
geared motor (1) 内装齿轮减速器的电动机, 齿轮驱动式电动机, 齿轮电动机; (2) 齿轮液压马达, 齿轮传动马达
geared-motor drive 电动机齿轮传动
geared noncondensing turbine 齿轮传动背压式汽轮机
geared oil pump 齿轮油泵
geared on gear pump 外啮合齿轮泵
geared parts 齿轮部件
geared propeller drive 螺旋桨齿轮传动
geared propulsion machinery 齿轮减速式推进装置
geared pump 齿轮泵
geared ring 齿圈, 齿环
general service (=GLS) 一般用途, 通用
geared shaper 齿轮齿条驱动滑枕的牛头刨床
geared ship 有装卸设备的船

geared-spindle drive 齿轮变速箱主轴传动
geared steam turbine 齿轮减速式汽轮机
geared system (1) 齿轮系, 齿轮传动装置; (2) 齿形制
geared timing accelerator 齿轮定时加速器
geared turbine 齿轮传动式透平机, 齿轮减速汽轮机, 齿轮降速涡轮机
geared turbine drive 涡轮机减速齿轮传动
geared turbine engine 齿轮减速汽轮机
geared turbogenerator 齿轮传动涡轮发电机组
geared-up (1) 有齿轮增速传动装置的; (2) 增加速度的
geared up speed 加速速度
geared vessel 有装卸设备 [的] 船
geargraduation 齿轮变速
gearhousing 齿轮箱壳
gearing (1) 齿轮传动装置, 齿轮传动机构; (2) 齿轮传动; (3) 齿轮啮合; (4) 齿轮系; (5) 齿轮的
gearing chain (1) [齿轮] 传动链; (2) 联动链系连接齿轮的链
gearing data 齿轮传动数据
gearing design 齿轮 [传动装置] 设计
gearing diagram 传动 [系统] 图
gearing dimensions 齿轮 [传动装置] 尺寸
gearing-down (1) 减速传动 [装置]; (2) 齿轮减速传动 (利用齿轮传动装置降低转数)
gearing efficiency 齿轮传动效率
gearing engineering 齿轮制造工程, 齿轮制造技术
gearing face (齿轮) 啮合面
gearing force 齿轮传动力
gearing geometry 齿轮几何学
gearing error 齿轮传动误差, 齿轮误差, 齿形误差
gearing-in 齿轮啮合, 啮合
gearing in 齿轮啮合
gearing loss 齿轮传动损失
gearing mesh 齿轮啮合
gearing noise 齿轮传动噪声
gearing oil sprayer 联动喷油器
gearing precision 齿轮精度, 齿形精度
gearing quality 齿轮 [加工] 质量
gearing ratio error 齿轮传动比误差
gearing room 变速齿轮舱
gearing shaft 齿轮传动轴
gearing system 齿轮传动系统, 传动装置, 齿轮装置
gearing technique 齿轮 [传动] 技术
gearing test 齿轮传动试验
gearing theory 齿轮传动理论
gearing tolerance 齿轮 [制造] 公差
gearing-up (1) 增速传动 [装置]; (2) 增速 (利用齿轮传动装置增加转数)
gearing up 增速传动
gearing wear 齿轮 [传动] 损失
gearing wheel 联动轮
gearing with addendum modification 齿高修正的齿轮传动 [装置], 径向变位齿轮传动 [装置]
gearing with intersecting axes 相交轴齿轮传动装置
gearing with parallel axes 平行轴齿轮传动装置
gearless (=GL) (1) 无 [齿轮] 传动装置的, 无齿轮的; (2) 无装卸设备的, 无吊货索具
gearless bulker 无装卸设备的散装货船
gearless differential 无齿轮差速器
gearless locomotive 无齿轮机车
gearless vessel 无装卸设备船
gearlike meshing action 齿轮式啮合动作
gearman 码头工具管理员
gearmotor (1) 有减速器的发动机; (2) 齿轮降速马达
gears (=GRS) (1) 齿轮装置, 齿轮机构; (2) 齿轮副, 齿轮 (复数); (3) 器具; (4) 装卸设备
gears in mesh 啮合 [的] 齿轮
gears with coplanar 共面轴齿轮副
gears with intersecting axes 相交轴齿轮副
gears with nonintersecting axes 非相交轴齿轮副
gears with offset axes 偏轴齿轮副, 交错轴齿轮副
gears with parallel axes 平行轴齿轮副
gearset (1) 齿轮组; (2) 齿轮装置
gearshift (1) 变速器, 换挡机构; (2) 变速换挡, 变速调挡, 换挡, 变速; (3) 齿轮变速杆
gearwheel [大] 齿轮
gearwheel pump 齿轮泵

geat (1) 浇口, 铸口；(2) 流道

GEBCO (=General Bathymetric Chart of the Oceans) 世界大洋深度图, 大洋水深总图

GEC (=Guarantee of Export Credit) 出口信贷国家银行担保

gecalloy 盖卡镍铁合金, 磁心合金

Gedy 地球动力测量恒星

GEE (=G-system) 英国双曲线无线电近程导航系统

Gee "G"导航系统

gee pole 驾驶杆

gee-pound 机磅, 8磅值 (计量单位, 同 slug 斯勒格)

gee-throw 雪橇推杠

geese (口) 编队飞行的轰炸机

geetainer 一种小型集装箱船

gegenion 带相反电荷的离子, 抗衡离子, 反离子

gegenions (counterions) 带相反电荷的离子, 抗衡离子, 反电离子

gegenreaction 逆反应

Geiger-Müller (=GM) 盖革 - 米勒计数管

Geiger-Müller counter (=G-M counter) 盖革 - 米勒计数管

geiger 盖革计数管

geigerscope 闪烁镜 (计算质点数用的)

GEK (=Geomagnetic Electro Kinetograph) 地磁电流量计

gel (1) 凝胶 [体], 胶滞体, 冻胶；(2) 凝冻, 胶凝

gel coat (1) 表面涂漆, 凝胶漆；(2) 胶衣, 凝胶层 (玻璃钢成型材料)

gel formation power 成胶能力

gel inhibiting substance 阻凝剂

gel permeation chromatography (=GPC) 凝胶渗透色谱法, 凝胶渗析色谱法

gel point 胶凝点, 胶化点

gel state 凝胶状态

gel time 胶凝时间

gelata 凝冻剂

gelate 形成凝胶, 胶凝, 凝冻

gelatiffication 凝胶化作用, 胶凝作用, 胶体形成

gelatin(e) (1) 明胶, 动物胶；(2) 凝胶 [体]；(3) 胶；(4) 胶质；(5) 彩色透明滤光板

gelatin dynamite 胶质炸药, 胶状炸药, 黄色炸药

gelatin extra 特制爆炸胶

gelatin filters 胶膜滤光片, 胶质滤光片

gelatin paper 照相软片片基

gelatin process 胶版

gelatination 胶凝作用, 凝胶化 [作用]

gelatiniform 胶状的

gelatinization (1) 胶凝 [作用]；(2) 明胶化 [作用]

gelatinize (1) 胶凝, 凝冻；(2) 胶化, 胶质化

gelatinizer (1) 胶凝剂, 稠化剂；(2) 胶化物

gelatinous (1) 胶凝的；(2) 胶状的, 胶质的

gelatinous fiber 胶质木纤维, 凝胶纤维

gelatinous substance 胶凝状物质

gelatinous tissue 粘液组织, 胶样组织

gelation (1) 胶凝 [作用], 凝胶化作用；(2) 冻结, 凝结

gelemeter 凝胶时间测定计

gelex 吉赖克斯炸药

gelfoam 明胶海绵

gelid 冰冷的, 冻结的

gelignite 一种含有硝酸甘油的炸药

gelled cell 胶质电池

gelled fuel 胶凝燃料, 胶状油

gelling 胶凝作用, 凝胶化 [作用]

gelly 凝胶, 冻胶

gelobel 吉罗拜尔安全炸药

gelodyn 吉罗达因硝 [化] 甘 [油] 炸药

gelometer 凝胶强度测定计

geloppy (1) 巨型运输机；(2) 旧汽车

GEM (=Ground Effect Machine) (气垫船、水翼艇的) 地面效应器

GEM (=Ground Effect Machine Lighter) 气垫驳船

gem (1) 宝石；(2) 一种小号活铅字

geminate 加倍的, 成双的, 成对的

geminate transistor 成对的晶体管, 对管

gemini 充气橡皮艇

gemmho 微姆欧 (兆欧的倒数)

GEMS (=Global Environment Monitoring System) 全球环境监测系统

GEN (=General) (1) 一般的；(2) 总的

GEN (=General Cargo) 一般货物, 杂货

GEN (=Generator) 发电机, 发生器, 振荡器, 发送器, 传感器

gen (1) 发电机；(2) 发生器, 振荡器；(3) 情报

gen steel 钢杂

GENAV (=General Average) (1) 共同海损；(2) 平均值

Genelite 非润滑烧结青铜轴承合金

general (1) 总的, 总括的, 大概的；(2) 普通的, 一般的, 通常的；(3) 普遍的, 全体的, 全面的；(4) 件杂货, 杂货

general acceptance 普遍接受

general account 往来对账单

general account section 普通账务科

general accounting (=GA) 一般统计, 一般会计

general accounting department 总会计部

general accounting office (=GAO) 总会计室

general accounting officer 总会计师

general accuracy machine tools 普通机床

general act 总议定书

general address reading device (=GARD) 通用地址阅读装置

general agent 总代理, 代理总行

general agreement 总协定

general agreement on tariffs and trade (=GATT) 关税和贸易总协定 (现改为 WTO)

general agreement on trade in service 服务贸易总协定

general alarm 火警报警器, 全船报警

general alarm bell 常规警铃

general alarm system 全船报警系统, 通用报警系统

general anchorage 一般锚地

general announcing system 全船广播系统

general annual report 年度总决算, 年度总报告

general applied science laboratories (=GASL) 普通应用科学实验室

general arrangement (=GA) (1) 总体布置图, 总图；(2) 安装图；(3) 总体布置, 总体设计

general arrangement diagram 总布置图

general arrangement drawing 总布置图

general arrangement of engine room 机舱总布置图

general arrangement of shafting 轴系总布置图

general arrangement plan 总布置图

general arrangement plan of the engine room 机舱总布置图

general assembly 总装 [配]

general assembly drawing (=GAD) 安装总图, 总装配图, 总装图

general assembly program 通用汇编程序

general athwartship demagnetization 横向消磁

general average (=GA) (1) 共同海损；(2) 总平均值, 平均值

general average agreement 共同海损合同

general average bond 共同海损保证书, 共同海损合约

general average clause 共同海损条款

general average compensation 共同海损补偿

general average contribution 共同海损分担

general average deposit 共同海损保证金, 共同海损担保金

general average guarantee 共同海损担保函, 共同海损担保书

general average loss (=GAL) 共同海损损失

general average security 共同海损担保

general average survey 共同海损检验

general bathymetric chart of the oceans (=GEBCO) [世界] 大洋深度图

general bill of lading (=GBL) 总货运单, 提货单

general boat alarm signal 救生信号

general budget 普通预算, 总预算

general bulk carrier 散装杂货船

general call (电话的) 全呼 [叫], 普通呼叫

general call to all station 普遍呼叫

general calling 全体叫通 (电话)

general cargo (=GC) 一般货物, 普通货, 杂货

general cargo, breakbulk (=GCBB) 散件杂货

general cargo capacity 杂货载货量

general cargo carrier 杂货船

general cargo container 杂货集装箱

general cargo freight rate 杂货运价

general cargo liner 定期杂货船, 杂货班船

general cargo rate (=GCR) 普通货物费率, 杂货费率

general cargo ship (=GCS) 杂货船

general cargo space 杂货舱

general cargo vessel 普通干货船, 杂货船

general cash book 现款收支总账

general certificate　一般证书
general characteristic　一般特性, 通性
general chart　(海图)总[海]图, 近海航行海图
general chart of coast　沿海总图
general checking　一般性检查
general circulation　大气环流, 基本环流
general circulation of atmosphere　大气环流, 大气循环
general claim agent (=GCA)　索赔总代理人
general classification test (=GCT)　(船舶)普通入级检验
general cleaning unit　通用清洗装置
general commodities carrier　(1) 杂货承运人; (2) 一般货物运送人
general commodity rate (=GCR)　普通货物的费率
general comparator　通用比较器
general compiler(=gecom)　通用自动编码器, 通用编译程序器
general computer　通用计算机
general conditions of construction　施工总则
general connection diagram　全部设备接线图, 总接线图
general connector　通用联结器
general consideration　总则
general constant　通用常数
general construction　总结构
general continuous wave (=gcw)　已调波
general continuum hypothesis　广义连续假设
general contractor　总承包者, 建筑公司
general control circuit　总控制台电路
general control panel　总控制屏
general corrosion　普通腐蚀, 全面腐蚀
general cost benefit models　一般成本 - 效益模式
General Council of Britain Shipping (=GCBS)　英国航运总会
general crossed check　一般横线支票, 普通划线支票
general culture　普通文化, 一般陶冶
general data processor (=GDP)　通用数据处理机
general declaration　综合申报单, 总申报单
general delivery　总交接单
general description of construction　施工说明[书]
general design (=GD)　总体设计, 总设计
general designer　总设计师
general detuning　一般失调
general dies　普通学科
general dimensions　全尺寸
general direction of traffic　交通总流向
general direction of traffic flow (=GDTF)　船舶总流向
general discharging instructions　(集装箱)卸箱指示
general drawing　(1) 总图, 全图; (2) 概略图, 概要图
general dry cargo　普通干货, 杂货
general dry cargo ship　普通干货船, 干杂货船
general dynamics (=GD)　一般动态[特性]
General Electric Co. (=GE)　通用电气公司
general emergency alarm　紧急警报(船舶警报系统发出的7短声1长声的警报)
general emergency alarm system　通用紧急警报系统
general engineering research (=GER)　一般工程研究
general equation　一般方程
general estimate　初步估算, 概算
general exception clause　一般除外危险条款
general executive　(企业或机关的)执行官, 首长
general expense　管理费
general expression　[普]通式
general extension　均匀伸长, 均匀拉长, 均匀拉伸
general factor　一般因子
general features of construction　施工概要
general file　通用文件
general flow chart　总操作程序图
general flowchart　综合流程图, 总流程图
general formula　普通公式, 通式
general freight　普通货物
general freight agent (=GFA)　航运代理总行, 货运总代理
general freight carrier　一般货物运送人
general freighter　(1) 杂货承运人 (2) 杂货船
general fund　不指定用途的资金, 普通资金
general fund account　普通基金账户
general fund appropriation account　普通基金拨款账户
general fund receipt account　普通资金收入账户, 资金收入总账
general gas law　(1) 普通气体定律; (2) [理想]气体方程

general idea　一般概念, 大意
general illumination　一般照明, 全面照明
general index　总索引
general inference　一般天气预报
general information (=gen)　情报
general installation drawing　总安装图
general installation subcontracts (=GIS)　总安装转包合同, 总安装的分包合同
general instruction　(1) 宏指令; (2) 总论
general insurance (=GI)　普通险
general insurance policy (=GIP)　长期有效保险单, 普通保险单, 预定保险单
general integral　(1) (积分的)通解; (2) 一般积分, 通积分
general job　一般作业
general journal　普通分录簿, 普通日记账
general journal entry　普通日记账分录
general knowledge　各方面知识, 普通知识, 一般知识
general law of gearing　齿轮啮合一般规律
general layout　(1) 总体布置; (2) 总平面布置图, 总体布置图, 总平面图, 总布置图, 总配制图
general ledger　普通分类账, 总分类账, 总清账, 总账
general ledger account　总分类账户
general ledger for properties and commodities　财产商品总分类账
general ledger sheet　总账表
general license (=GL)　公开许可证, 一般许可
general lighting system　全船照明系统
general linear displacement　总直线位移
general list (=GL)　一览表, 总清单, 总目录
general list of shipping document　发货单据总清单
general locality　总地区[图]
general location sheet　位置图, 地盘图
general locking　强制同步[系统], 集中同步[系统], 同步锁相
general longitudinal demagnetization　纵向消磁
general machine tools　普通机床
general maintenance (=GM)　日常维修
general manager (=GM)　总经理
general map　一览图, 总图
general maritime law of salvage (=GMLS)　海上救捞法
general merchandise (=GM)　日用商品, 百货货, 杂货
general merchandise warehouse　普通仓库
general monitor unit　通用监控装置, 通用监视装置
general motor gearbox　主机电[驱动的]齿轮箱
General Motors Corporation (=GMC)　(美)通用汽车公司
general navigation　航海[学]
general normal equation　普通标准方程式, 通式
general negative sentence　全部否定句
general office (=GO)　总办事处, 总管理处, 总公司, 总行
general operating specifications (=GOS)　一般操作规程
general operational requirements (=GOR)　一般使用要求, 一般操作条件
general operator certificate (=GOC)　通用电子员证书
general orders (=GO)　(1) 总规则, 总章程; (2) (海关的)通令
general outline　概要
general overhaul　经常维修, 彻底检查, 大修
general part(s)　通用零件, 普通零件
general performance number (=GPN)　一般性能数据, 一般性能号码
general physics　普通物理学
general piping arrangement　管系总布置图
general plan　(1) 布置图, 总图; (2) 总体规划, 计划概要, 总计划
general planning　基本方案, 总体规划, 总体布局
general port overheads　港口管理费
general post office　邮政总局
general precision　一般精度
general principle　普通原理, 总则, 通则, 原则
general principle of law (=GPL)　一般法律原则
general principle of ships entry and departure with joint inspection (=GPSEDJI)　进出口船舶联合检查通则
general principle of taxation　租税原则
general problem solver　一般问题解算器, 通用问题解算器
general products carrier　石油产品运输船
general profit and loss account　总损益账
general program　综合程序, 通用程序
general provision　一般规定, 通则
general provisions of civil law (=GPCL)　民法通则

general pubic　公众, 大众

general-purpose (=GP)　(1)一般用途的, 多种用途的, 普通的, 通用的, 日用的, 万能的, 万用的; (2)总的目的

general purpose (=GP)　一般用途的, 通用的, 普通的, 万能的

general purpose accessory　通用辅助设备, 通用附件

general purpose aeroplane　通用飞机

general-purpose amplifier (=GPA)　通用放大器

general purpose amplifier　通用放大器

general purpose bomb (=GP bomb)　普通航空炸弹, 杀伤爆破炸弹

general purpose camera　通用摄像机

general purpose cargo vessel　多用途货船, 通用干货船

general purpose carrier　通用货船

general-purpose computer (=GPC)　通用计算机

general purpose computer　通用计算机

general purpose container　多用途集装箱

general purpose crew　通用船员(机驾合一船员)

general purpose data register　通用数据存储器

general-purpose digital computer　通用数字计算机

general-purpose display system (=GPDS)　通用显示系统

general purpose display system　通用显示系统

general-purpose equipment (=GPE)　通用设备

general purpose equipment　通用设备

general-purpose grinder　普通磨床

general purpose interface adapter　通用接口适配器

general purpose interface bus　通用接口总线

general-purpose language (=GPL)　通用语言

general purpose language　通用语言

general-purpose machine tool　通用机床

general-purpose machinery　通用机械

general purpose machining center　普通加工中心

general purpose manipulator　通用机械手, 万能机械手

general-purpose microprogramming (=GPM)　通用微程序设计

general purpose microprogramming　通用微程序设计

general-purpose oscilloscope ((=GPO)　通用示波器

general-purpose parallel lathe　卧式车床

general purpose plane　全能飞机, 通用飞机

general purpose pump　通用泵

general purpose radar (=GPR)　通用雷达

general-purpose register　通用计数器

general purpose relay　通用继电器

general purpose routine　通用程序

general purpose rubber (=GPR)　普通橡胶

general purpose ship　多用途船, 通用船

general-purpose system simulator　通用系统模拟程序, 通用系统模拟器

general purpose systems simulator (=GPSS)　通用系统模拟程序, 通用系统模拟器

general purpose tanker　通用油船

general purpose tractor　通用牵引车

general purpose tramp　不定航线通用货船, 不定期通用货船

general purpose type　通用式

general purpose varnish　通用清漆

general purpose vehicle (=GPV)　(1)多用途飞行器, 通用飞行器; (2)通用车辆

general purpose vessel (=GPV)　通用无干货船, 通用船[舶]

general quantifier　普通性量词

general quantity　一般量

general radiation　连续辐射

general radio communication　一般无线电通信

general range of work speed　工件转速范围

general rate increase　总费率的增加

general recognized as safe　公认无害

general reconstruction　[大]翻修, 大修

general recursive function　一般递归函数

general refrigerated ship　全冷藏船(备有各种冷冻设备)

general refrigerated vessel　通用冷藏船

general register　通用寄存器

general regulation　总规则

general regulation of ports　港章

general relativity theory　广义相对论

general remark　一般说明, 概要

general repair (=GENREP)　一般修理, 普通修理

general requirements　一般规格, 一般要求

general requirements for liferaft　救生筏的总体要求

general reserve artillery　预备部炮兵

general restoration repair　基本恢复修理, 恢复性大修

general routine　通用程序, 标准程序

general rules (=GR)　总则, 通则

general scale　基本比例尺

general schedule (=GS)　总表

general scheme　轮廓图

general service (=GS)　(厂方提供的)一般用途的服务, 普通的服务

general service compressed air system　全船通用压缩空气系统

general service compressor　全船通用压缩机

general service hose　通用胶管

general service launch　港务船, 交通艇, 杂用艇

general service pump (=GSP)　通用泵, 日用泵, 杂用泵

general set (=GENSET)　发电机组

general settlement　整体沉降

general ship　一般船舶

general ship knowledge (=GSK)　船舶普通知识

general situation　大势

general slope　总比降, 总坡度

general solution　(数学的)通解

general specification　总说明书, 一般规格

general specification of shipping document　发货单据总清单

general speed (=GS)　总速度, 合速度

general staff　参谋本部(全体人员)

general store issue ship　(美国)一般物资运输船

general structural steel　普通结构钢

general structural strength　总结构强度

general surface circulation　(海洋)表层总环流

general surveyor　海事检查人

general symbols　通用符号

general tariff rate　普通税率

general technology satellite (=GTS)　通用技术卫星

general telephone system (=GTS)　通用电话系统

general term　(1)普通术语; (2)普遍项, 一般项, 通项

general terms (=GT)　(1)基本术语; (2)一般条件, 普通项, 通项

general terms of delivery　交货共同条件

general test plan (=GTP)　总试验计划

general theory　统一理论

general theory of relativity　广义相对论

general tool　普通工具

general traffic rate (=GTR)　普通税率

general transistor corp (=GTC)　通用晶体管公司

general translation　总直线位移

general trouble shooting (=GTS)　一般故障检修

general typer　通用打字机

general use (=GU)　一般用途, 通用

general utility　一般用途的, 多种用途的, 通用的, 普通的, 万用的, 万能的

general view　(1)全视图, 概略图, 总图; (2)外观; (3)基本观点; (4)概要, 大纲

general visibility　普通视度

general warranty deed　全权证书

general yielding　总变形, 总屈服

generalise (=generalize)　(1)一般化, 普遍化; (2)概括, 总结, 综合, 归纳; (3)法则化; (4)推广, 普及

generalist　通晓多种专业的人, 多面手

generality　(1)一般, 一般性, 普遍性; (2)概论; (3)概要, 梗概; (4)大约; (5)主要部分, 大部分, 大多数, 大半; (6)一般原则, 通则; (7)概括性

generalization　(1)一般化, 普遍化, 通用化; (2)概括, 综合, 总结, 归纳, 推广, 普及; (3)法则化; (4)归纳的结果; (5)法则, 概念, 通则

generalization item　概括化项目

generalize　(1)一般化, 普遍化; (2)概括, 总结, 综合, 归纳; (3)法则化; (4)推广, 普及

generalized　广义的

generalized algebraic translator (=GAT)　通用代数翻译程序

generalized coordinate(s)　普通坐标, 广义坐标

generalized data translator　通用数据翻译程序

generalized decomposition number　广义分解数

generalized finite automation theory　广义有限自动机理论

generalized machine　一般化电机

generalized model　推广的模型, 广义模型

generalized momentum　广义动量

generalized network simulator (=GNS)　普通网络模拟器, 通用网络模拟器

635

generalized phasor 一般化相量
generalized programming (=GP) 通用程序设计
generalized programming language (=GPL) 通用程序设计语言
generalized sort program 通用分类程序
generalized system of preferences (=GSP) 普通优惠制
Generalized System of Tariff Preference (=GSTP) 普遍优惠制
generally 一般地, 通常, 一般
generally speaking 一般地说, 一般说来
generant (1) 母线, 母体, 母圆, 动线; (2) 母点的, 母线的, 母面的; (3) 展成的, 产生的, 发生的
generant form error 展成齿形误差
generant of toroid 超环面的母圆
generate (1) 产生, 发生; (2) 发电; (3) (齿轮的) 展成, 范成, 滚切, 滚铣; (4) 生成
generate electricity 发电
generate heat 产生热 [量], 发热
generate pressure 产生压力
generated address 合成地址, 形成地址
generated code 合成码, 形成码, 派生码
generated cut 展成切削, 范成切削
generated duplex helical method (锥齿轮的) 双重螺旋展成法
generated energy 发电量
generated frequency 振荡频率
generated gear 滚切 [法加工的] 齿轮, 展成齿轮, 范成齿轮
generated involute 展成渐开线
generated layout 滚切模型, 展成模型
generated output (1) 发电出力, 发电容量; (2) (锅炉) 产气量
generated output power 发电机输出功率
generated pair 展成副
generated profile 展成齿廓, 包络齿廓
generated quantity 被产生的量, 输出量
generated ratio 滚切比, 展成比
generated sort {计} 排序生成程序
generated subgroup 生成的子群
generated subroutine 生成的子程序
generated tooth 展成齿, 滚切齿, 范成齿
generated tooth surface 展成齿面
generating (1) 发电; (2) 展成 [法], 滚切 [法], 范成 [法], 滚铣 [法]
generating angle 展成角
generating boat 供电船
generating by rack 用齿条形刀具滚切
generating cam 展成凸轮, 滚切凸轮, 范成凸轮
generating capacity 发电容量, 发电能力
generating circle 滚动圆, 母圆, 基圆
generating cone 生成锥, 母锥, 基 [圆] 锥
generating cost 发电成本
generating crown gear (锥齿轮) 产形冠轮
generating curve 包络曲线, 母曲线
generating cutter 展成 [法] 刀盘, 插齿刀
generating cutting (1) 滚齿切削法, 滚切法; (2) 范成切削, 滚齿切削
generating cutting tool 范成刀具, 产形刀具, 展成刀具
generating efficiency 发电效率
generating element 生成元 [素]
generating distance 吹送距离
generating flank 产形齿面
generating-forming method 半范成法
generating function 生成函数, 母函数
generating gear 产形齿轮
generating gear cutting machine 范成法切齿机
generating gear of a gear 产形 [齿] 轮
generating gear shaper 刨齿机, 插齿机
generating grinder 滚磨机, 展成磨齿机
generating grinding 展成磨削 [法], 范成磨削 [法], 滚磨
generating grinding machine 展成磨齿机, 滚磨机
generating grinding wheel 滚磨 [法] 砂轮, 圆盘砂轮
generating grinding with grinding wheel 用圆盘砂轮滚磨
generating hob 齿轮滚刀
generating line 生成线, 母线
generating line length of pitch cone 节锥母线长度
generating machine 发电机
generating machinery 发电机
generating mark 滚切痕
generating mechanism 滚切机构

generating method 展成法, 范成法, 滚切法, 包络法
generating milling 范成铣削 [法], 滚动铣削 [法]
generating motion 展成运动, 滚切运动, 包络运动
generating mounting surface 滚齿安装面
generating pitch circle 展成节圆
generating pitch cone [产形] 分度圆锥
generating pitch cylinder 展成节圆柱面, 滚切节圆柱面
generating pitch plane 展成节面
generating pitch point 展成节点
generating pitch surface 展成节面
generating plane (锥齿轮) 展成平面 (即展成刀具的直刃边在往复运动中形成的平面)
generating plant (1) 发电厂, 发电站; (2) 发电设备
generating plant of ship 船舶电站
generating process 展成法, 范成法, 滚切法, 包络法
generating program 生成程序
generating rack (1) 产形齿条; (2) 齿条形范成刀具
generating roll 展成滚动
generating-roll mechanism 展成滚动机构
generating routine 编辑程序, 生成程序, 形成程序
generating set 发电机组, 发电装置
generating set mooring trial 发电机组系泊试验
generating set sea trial 发电机组航行试验
generating ship 电站船
generating slide 展成滑动
generating solution 产生主解, 母解
generating spindle 展成主轴
generating station 发电站
generating station capacity 发电站容量, 发电站额定功率
generating station of ship 船舶电站
generating stroke 展成行程
generating surface (锅炉蒸发管) 蒸发面
generating teeth 展成齿
generating the arc 引弧
generating tool 展成刀具
generating tube (锅炉) 蒸发管
generating tube nest 蒸发管束
generating tube tank nest 蒸发管束
generating type gear-cutting machine 范成法切齿机, 展成法齿轮切削机床
generation (1) 产生, 生成; (2) 生产, 制造, 加工, 组成; (3) 发电, 振荡, 激励, 发生; (4) 代, 世代; (5) 链锁反应级; (6) {数} 函数变换, 造形, 形成; (7) 展成 [法], 范成 [法], 滚切 [法], 滚铣 [法]
generation action (1) 展成作用, 范成作用; (2) 展成动作, 范成动作
generation by rack 用齿条形刀具滚切
generation data group {计} 相继数据组, 世代数据组, 数据组 [世] 代
generation gear grinding 齿轮滚磨法, 齿轮展成磨削法
generation interval 世代间隔, 世代间距
generation length 世代间隔, 世代间距
generation method 滚切法, 展成法
generation number {计} 生成数, 世代数, 世代号
generation of electric energy 发电
generation of electric power by thermal power 火力发电
generation of electricity 电力产生
generation of neutrons (1) 中子发生; (2) 中子代
generation of steam 蒸汽发生, 汽化
generation rate 产生率
generation routine 生成程序
generation set 发电设备
generational 世代的
generative 有生产力的, 生产的, 再生的
generative center 发生中心
generative fuel 气体发生炉燃料, 再生燃料
generative gate 再生控制极
generative power 原动力, 发生力
generative principle 生产原则, 生成原则
generator (=GEN 或 GN 或 gn) (1) (齿形的) 发生线, 生成元 [素], 母线, 母面, 母点; (2) 展成法机床, 范成法机床, 滚切法机床; (3) 刨齿机; (4) 自激直流发电机, 发电机, 发动机; (5) 信号发生器, 产生器, 振荡器, 沸腾器; (6) 发送器, 传感器; (7) 加速器; (8) 发烟器; (9) {计} 生成程序
generator body 发电机壳
generator capacity 发电机容量

generator case   发电机外壳
generator casing   发电机外壳
generator circuit   发电机电路
generator commutation   发电机整流
generator control panel   发电机控制屏
generator cutout switch   发电机切断开关
generator drive gear   发电机传动齿轮装置
generator end   发电机端
generator engines   柴油发电机
generator erection   发电机安装
generator excitation   发电机激励, 发电机励磁
generator excitation panel   发电机励磁屏
generator excited system   发电机励磁系统
generator exciter   发电机励磁机
generator exciting winding   发电机励磁绕组
generator failure   发电机故障
generator field (=GF)   发电机磁场
generator form error   展成齿形误差
generator gate   脉冲发生器
generator group   发电机组
generator instrument   发电机式仪表
generator main brush   发电机主电刷
generator matrix   生成矩阵
generator monitoring unit   发电机监控装置, 发电机监视装置
generator motor set   发电机的母机
generator of a quadric   二次曲面的母线
generator of a ruled surface   直纹面的母线
generator of ideal   理想的生成元
generator of module   模的生成元
generator of quadric   二次曲线的母线
generator of ring   环生成元
generator operation   发电机运行
generator panel (=GP)   发电机仪表盘, 发电机屏
generator pole shoe   发电机磁极蹄片, 发电机磁极瓦
generator regulator   发电机调压器
generator room   发电机舱, 发电间
generator routine   生成程序的程序
generator set   发电机组
generator shell   发电机外壳
generator stop and start panel   发电机起动 / 停止控制盘
generator tachometer   发电机式转速计
generator transformer block   发电机变压器单元
generator triode   振荡三极管
generatrices (单 generatrix)   (1) 母线, 母面, 母点, 动线, 动点; (2) 发生器, 发电机; (3) 基体, 母体
generatrix (复 generatrices)   (1) 母线, 母面, 母点, 动线, 动点; (2) 发生器, 发电机; (3) 基体, 母体
generic   (1) 一般的, 通用的, 普通的; (2) 类的, 属的
generic function   类函数
generic method   发生法
generic name   属名
generic phase   类分相
generic point   一般点
generic set   生成集
generic specific concept   种属概念
generic term   一般性术语, 专业术语, 专门术语, 通用术语, 通称
generically   从种属上说, 关于种属
generous   (1) 丰盛的, 丰富的; (2) 宽敞的, 宽广的; (3) 慷慨的
genescope   频率特性观测仪, 频率特性描绘器
geneses (单 genesis)   (1) 成因, 起源; (2) 原始; (3) 发生
genesis (复 geneses)   (1) 成因, 起源; (2) 原始; (3) 发生
genetic apparatus   遗传器
genetron   氟里昂的商品名
geneva cam   [十字轮机构的] 星形轮
geneva cross   (1) 十字轮; (2) 十字形接头
geneva gear   槽轮机构, 十字轮机构, 马氏间歇机构
geneva index   槽轮分度, 十字轮机构分度
geneva mechanism   马氏间歇机构, 十字轮机构, 槽轮机构
geneva motion   马尔特十字花槽盘, 间歇工作盘
geneva radio regulations (=GRR)   日内瓦无线电规则
geneva stop   十字轮止动器
geneva wheel   马氏机构间歇传动轮, 间歇工作轮, 间歇传动轮, 十字轮, 槽轮
genlock   (1) (电视设备的) 强制同步系统, 集中同步系统, 受迫同步系

统, 视同步系统, 同步锁相, 台从同步; (2) 同步耦合器
genlock equipment   (1) 集中同步设备, 台从同步设备, 台从锁相设备; (2) 集中同步系统, 受迫同步系统, 视同步系统
genlock facilities   (1) 强迫同步能力; (2) 台从同步设备
genlocking   同步锁相, 台从锁相, 强制同步, 集中同步
genmetric design   线形设计
genotron   高压整流管
GENPURP (=General Purpose)   通用货船
GENREP (=General Repair)   一般修理, 普通修理
GENSET (=General Set)   发电机组
gensteels   钢杂
Gentex   欧洲电报交换网络
gentle curve   弯度不大的曲线
gentrification   文明化, 优雅化
genuine   (1) 本征的, 真正的, 纯的; (2) 用天然原料制成的
genuine computer   真计算机
genuine part   正品配件
genuine turpentine oil   纯松节油
genus   (1) 类, 种类; (2) 属; (3) { 数 } 格, 亏数, 亏数格
genus of a curve   曲线的亏数
genus of canonical product   典范积的亏格
genus of close surface   闭曲面的亏格
genus of meromorphic function   亚纯函数的亏格
GEO (=Geostationary Orbits)   地球同步 [卫星] 轨道
GEO SAT (=Geodesic Satellite)   测地卫星
geo-   (词头) 地球, 大地, 土, 地
geo-navigation   地标航行
geocenter   地球质量中心
geocentric   以地球为中心的, 从地心开始测量的, 地心的
geocentric angle   地心角
geochemical   地球化学的
geochemical exploration   地质化学勘探
geochemist   地球化学工作者
geochemistry   地球化学, 地质化学
geocosmic flight   地 [球] 空 [间] 飞行
geodesic   (1) 测地学的, 最短距离的, 测量的; (2) 大地测量学的
geodesic circle   测地圆, 大地圆, 短程圆
geodesic coordinates   测地坐标, 大地坐标
geodesic curve   测地线, 短程线
geodesic datum   大地基准点
geodesic level   大地基准面
geodesic level(l)ing   大地水准测量
geodesic line   最短程线, 测地线, 大地线
geodesic longitude   大地经度
geodesic method   测地线法, 短程线法
geodesic parameter   测地参数, 短程参数
geodesic satellite (=GEO SAT)   测地卫星
geodesic structures   大量重复构件的结构
geodesical   (1) 测地学的, 最短线的, 测量的; (2) 大地测量学的
geodesy   (1) 测地学; (2) 大地测量学, 普通测量学
geodetic   大地测量的
geodetic accuracy   测量学精度
geodetic datum   大地基准点, 大地基准线
geodetic level   大地基准面
geodetic leveling   大地水准测量
geodetic line   最短线, 测地线
geodetic satellite program (=GSP)   测地的卫星计划
geodetic spacecraft (=GSC)   测地的宇宙飞船
geodetic survey   大地测量
geodetics   (1) 测地学; (2) 大地测量学, 普通测量学
geodimeter   光电测距仪, 光电测距计, 光速测距仪
geodynamic   地球动力学的
geodynamic meter   动力米
geodynamics   地球动力学
geodynamics experimental ocean satellite (=GEOS)   地球动力海洋实验卫星
geoelectric   地电的
geoelectric measurement   地电测量
geoelectricity   地电
geoelectrics   地电学
geofix   "杰奥菲克斯"炸药
Geoflex   爆炸索 (商标名)
Geogram   地学环境制图
geographic   地理的

geographic circuit technique　站场布置电路技术
geographic control panel　按站场布置的控制盘
geographic coordinates　地理坐标，地面坐标
geographic information system (=GIS)　地理信息系统
geographic list of services　（无线电测向台）位置索引
geographic map　地［形］图
geographic pole　地极
geographic range　地理射程，地理能见距离（航标）
geographic range of an object　物标地理视距
geographic range of light　灯光地理能见距离
geographic reference system (=GEOREFS)　地理学上的坐标系，地理学上的参考系
geographic search　定地点搜索
geographic section signal　地名信号
geographic sector search　定点展开扇形搜索
geographic series　地理序列，地面级数，空间数列
geographic signal　地名信号
geographic site　地址
geographic square search　定点展开方形搜索
geographic strategic point　战略地点
geographic vertical　大地水准面法线方向，地球表面法线方向
geographical position (=GP)　地理位置
geography　(1) 地理［学］，地势；(2) 布局，配置
geoid　(1) 大地水准面；(2) 地球形，地球体
geoidal height　大地水准面高度
geoidal height map　大地水准面高度图
geoidal surface　大地水准面，重力平面
geoidmeter　测地仪
geoisotherm　地下等温线，等地温线
geologic　地质的
geologic compass　地质指南针，地质罗盘
geologic condition　地质条件
geologic examination　地质勘测，地质勘探
geologic exploration　地质勘探
geologic investigation　地质勘探，地质调查
geologic map　地质图
geologic monitoring　地质探测
geologic probe　地质探测针
geologic prospecting　地质勘探
geologic sensor　地质敏感器
geologic structure　地质构造
geologic survey　地质调查，地质勘探
geologic survey ship　地质调查船
geological long-range inclined asdic (=GLORIA)　地质远程倾斜声纳
geologist　地质学者，地质学家
geology　地质学，地质
geomagnetic　地磁的
geomagnetic electro kinetograph (=GEK)　地磁电流量计，电地磁流量计，地磁海流计
geomagnetic element　地磁要素
geomagnetic equator　地理磁赤道（磁倾角为 0° 地球表面连线）
geomagnetic field　地磁场
geomagnetic latitude　地磁纬度
geomagnetic log　地磁计程仪
geomagnetic longitude　地磁经度
geomagnetic north pole　磁北［极］
geomagnetic pole　地磁极
geomagnetical (=geomagnetic)　地磁的
geomagnetics　地磁学
geomagnetism　(1) 地磁性；(2) 地磁学
geomechanics　地质力学，地球力学
geometer　几何学家，地形测量家
geometric　几何学上的，几何图形的，几何学的，几何的
geometric algebra　几何代数学
geometric axis　几何作图
geometric capacity　几何容量
geometric center　几何中心
geometric characteristics　几何特性
geometric clamp　固定夹
geometric consideration　几何因子
geometric construction　几何作图
geometric continuity　几何连续性
geometric conversion　几何转变
geometric depth　几何深度

geometric design　几何［形状］设计，线型设计
geometric dip　几何眼光差，几何倾角（不包括地平折光差）
geometric distance　几何距离
geometric distortion　几何畸变
geometric distortion correcting magnet　几何畸变校正磁铁
geometric draft　（船）型吃水
geometric draught　（船）型吃水
geometric drawing　几何图形
geometric element　几何元素
geometric error　几何误差
geometric factor　几何因子
geometric fiber　几何纤维
geometric figure　几何图形
geometric free-board　（船）型体干舷，型干舷
geometric horizon　几何［视］地平（不包括地平折光差）
geometric interpolation　几何插值法
geometric interpretation　几何解释
geometric invariance　几何不变性
geometric inversion　几何转位，几何转化
geometric isotropy　几何各向同性
geometric lathe　仿形车床，靠模车床
geometric limited resolution　几何限制分辨率
geometric locus　几何轨迹
geometric mean (=GM)　几何平均数，几何平均值，等比平均，等比中项，等比中数
geometric mean grain size　几何平均粒度
geometric modeling　几何模型建立
geometric moment　几何面矩
geometric moment of area　几何面积矩，截面一次矩，截面矩量
geometric moment of inertia　截面一次矩，截面矩量
geometric neutral plane　几何中性面
geometric optics　几何光学
geometric parameter　几何参数
geometric power diagram　矢量功率图
geometric primitive　几何基本要素
geometric progression (=GP)　几何级数，等比级数，数列
geometric projection　无穷远点射投影，透视投影，几何投影［法］
geometric property　几何特性
geòmetric proportion　等比
geòmetric radius　几何半径
geometric ratio　等比
geometric series　几何级数，等比级数
geometric shape　(1) 船体几何形状；(2) 几何形状
geometric similarity　几何相似［性］
geometric solution　几何解法
geometric sounding　电磁几何探测
geometric stairs　弯曲楼梯
geometric stiffness matrix　几何刚度矩阵
geometric structure factor　几何结构因素
geometric symmetry　几何对称
geometric vertical　地心垂线（地心与地面上测者的连线方向）
geometric view factor　视角因数
geometrical　几何的
geometrical accuracy　几何准确度，几何精度
geometrical acoustics　几何声学
geometrical clamp　固定夹
geometrical component of the total force　总切削力的几何分力
geometrical drawing　几何图
geometrical factor　几何系数
geometrical optics　几何光学
geometrical pitch　几何螺距
geometrical radial internal clearance　（轴承）径向几何游隙
geometrical resolution of the total force along directions of different motion and in directions perpendicular to these motions　运动方向和垂直运动方向上的分力
geometrical resolution of the total force along the line of intersection of planes and tool surface　平面与刀面相交线上的分力
geometrical resolution of the total force along the machine reference axes　机床参考轴上的分力
geometrical resolution of the total force in the simplified two dimensional model for orthogonal cutting　简化二维正交切削模型中的分力
geometrical section　几何剖面
geometrical series　几何级数

geometrical surface 几何曲面
geometrically 用几何学，几何学上
geometrically simular pump 几何相似泵
geometrician 几何学家
geometrics 几何学图形，几何图形，形状，线型
geometrization 几何化
geometrize 用几何学原理研究，用几何图形表示，使符合几何学原理，作几何图形
geometrodynamics 四维几何动力学，几何动力学
geometrography 几何构图法
geometry (1) 几何，几何学；(2) 几何条件，几何结构，几何形状；(3) 几何学论著
geometry factor (1) 几何系数 I (计算耐久度用)；(2) 几何系数 J (计算弯曲强度用)；(3) 几何系数 G (计算抗胶合能力用)
geometry factor of precision 精度的几何因子
geometry hum 干扰 [电视光栅] 几何形状的哼声
geometry magneto-resistance method 几何磁阻法
geometry of direction 方向几何 [学]
geometry of inertial-gravitational guidance 惯性重力制导几何学
geometry of linear displacement 线性位移几何学
geometry of machinery 机械几何学
geometry of mapping 保形变换的几何性质
geometry of numbers 数的几何
geometry of path 路线几何
geometry of plane 平面几何 [学]，面素几何 [学]
geometry of position 位置几何 [学]
geometry of reals 实 [素] 几何 [学]
geometry of the circle 圆素几何
geometry of the sphere 球素几何，球面几何
geometry on a curve 曲线上几何学
geometry on a surface 曲面上几何 [学]
geometry tests 几何畸变测试
geomorphological map 地形图
GEON (=Gyro Erected Optical Navigation) 陀螺光学导航
Geon 聚氯乙烯
geon (1) 吉纶 (聚氯乙烯树脂)；(2) 电磁吉纶
geonasty 感地性
geonavigation 地文航海，地文导航，地标航行
geonomy 地球学，地学
geop 等重力势面
Geopause 地球同步卫星
geophex "杰奥发克斯" 炸药
geophone (1)(地下)震波检测器,地震检波器,地声测听器,地音探测器,地音探听器,地中听音机,漏水探听器,听地器；(2) 轻便式地震仪,小型地震仪
geophone array 检波器组合
geophone leader cable 检波器引线
geophotogrammetry 地面摄影测量术
geophysical 地球物理 [学] 的
geophysical and polar research center (=GPRC) 地球物理和极地研究中心
geophysical engineering 地球物理勘测技术
geophysical exploration 地球物理勘探
geophysical prospecting 地球物理勘探 [法]，地球物理探测 [法]
geophysical research vessel 地质调查船，地质考察船
geophysical survey 地球物理测量
geophysical survey ship 地球物理调查船
geophysical year (=GY) 地球物理年
geophysicist 地球物理学家
geophysics 地球物理学
Geophysics Research Directorate (=GRD) (美)地球物理研究管理局
geoplane 激光扫平仪
geopolar 地极的
geopositive 正向地性
geopotential (1)地重力势高度,重力位势高度；(2)地重力势能,位势；(3) 位势的
geopotential meter (=GPM) 位势米
geopotential surface 等位势面
Geoprobe (1) 地球探测火箭；(2) 地电持测仪 (商品名)
Georan 双色激光测距仪
geordie (1) 矿用安全灯；(2)(英) 运煤帆船
geordie turnout 方截面钢棒式道岔
GEOS (=Geodynamics Experimental Ocean Satellite) 地球动力海洋实验卫星

GEOS (=geosynchronous-earth-orbit Satellite) 地球同步卫星
geoscience 地球科学, 地学
geoscientist 地球科学家
geoscope 坦克用潜望镜
geoscopy 测地学
geosim 几何相似
geospace (1) 地球空间；(2) 光电绘图系统
geostatic 耐地压的, 地压的, 土压力的
geostatic curve 地压曲线
geostatic pressure [耐] 地压 [力], 地壳静压力
geostatics 地球静力学, 刚体静力学
geostationary 与地球转动同步的, 对地静止的
geostationary communication satellite 静止通信卫星
geostationary meteorological satellite (=GMS) 地球静止气象卫星, 同步气象卫星
geostationary meteorological satellite system (=GMSS) 同步气象卫星系统
geostationary operational environment satellite 同步环境应用卫星
geostationary orbit 地球同步卫星轨道, 静止轨道
geostationary orbit environment satellite (=GOES) 静止轨道环境卫星, 同步轨道环境卫星
geostationary orbits (=GEO) 地球同步 [卫星] 轨道
geostationary satellite 对地静止卫星, 同步卫星
geostrophic 因地球自转而引起的
geostrophic adjustment 地转适应, 地转调整
geostructure 大地构造
geosutures 断裂线
geosynchronous 对地静止的, 对地同步的
geosynchronous-earth-orbit satellite (=FEOS) 地球同步卫星
geotaxis 趋地性
geotechnic 土质的, 土木的
geotechnic engineering 土质工程, 土质技术, 土工技术
geotechnic exploration 地球技术勘探
geotechnic investigation 土质调查
geotechnic processes 地基加固处理, 土工处理
geotechnic survey 土质调查
geotechnical (=geotechnic) 土质的, 土木的
geotechnical map 土工图
geotechnics 土工技术, 土工学
geotechnique 土工技术, 土工学
geotechnology 地工学
geotectology 大地构造学
geotector 地音探测器
geotextile 土工织物, 土工布
geotherm 地热
geothermal 地热的, 地温的
geothermal gradient 地内磁梯率, 地热增温率, 地温梯度
geothermal power generation 地热发电
geothermal power plant 地热发电厂, 地热发电站
geothermic 地热的, 地温的
geothermic depth 增温深度, 地温级
geothermic step 单位深度地温差
geothermics 地热学
geothermometer 地下测温计, 地温计
geothermy 地热学
geotome 取土器
geotropic curvature 向地曲率
geotropism 向地性
ger-bond 热塑性树脂粘合剂
Gerdien aspirator (测离子用的) 盖尔丁通风器
German (=Germ) 德国人的, 德国的, 德语的
German international shipregister (=GIS) 德国船舶登记局
German knot (绳结) 8 字结
German mark (=GM) 德国马克
German Patent (=GP) 德国专利
German press 平滑压榨
German process 德国鼓风炉炼钢法
German research satellite (=GRS) 德国科研卫星
German silver (=GS 或 GSIL) 锌镍铜合金, 德国银, [锌] 白铜
German type cork screw 德式瓶塞开启器
germane 有密切关系的, 适宜用的, 切合的
Germania bearing alloy 锌基轴承合金(锡 10%, 铜 4.5%, 铅 5%, 铁 0.8%, 其余锌)

639

germanic (1) 正锗的，四价锗的；(2) 含锗的
germanic oxide 氧化锗
Germanischer Lloyds (=GL) 德国船级社
germanium [化]锗 Ge (音者, 32号元素)
germanium base alloy 锗基合金
germanium crystal 锗晶体
germanium diode 锗二极管
germanium doped with gold 锗参金
germanium doped with zinc 锗参锌
germanium gold eutectic mixture 锗-金低共熔混合物
germanium low frequency high-power triode 锗低频大功率晶体三极管
germanium photocell 锗光电管
germanium photodiode array camera tube 锗光敏二极管阵列摄像管
germanium probe 锗晶体探针
germanium rectifier (=GERF) 锗整流器，锗检波器
germanium semiconductor 锗半导体
germanium silicon alloy 锗硅合金
germanium transistor (=GET) 锗晶体管
germanium triode 锗三极管
germanous 亚锗的，二价锗的
GES (=Gesellschaft) 公司，协会
GES (=Ground Earth Station) 地面站
GESAMP (=Group of Experts on scientific Aspects of Marine Pollution) 海洋污染科学专家组
GET (=Germanium Transistor) 锗晶体管
gesticulate 用手势表示，打手势
gesticulation 示意动作，手势
gesticulative 用手势的
gesticulatory 用手势的
gesture (1) 手势，手语，姿态，姿势；(2) 用手势表示，打手势
get (1) 得到，获得，收到，受到，达到，接受，博得，取得；(2) 接听到，(3) 买，(4) 接通，(5) 理解，击中，抓住，拿，抓，捕；(6) 产量，产出
get a new angle on 换个角度来考虑
get about 忙工作，动手，流传，走动
get accustomed to 习惯于
get across (1) 横过，穿过；(2) 被理解，被接受；(3) 把……讲清楚
get ahead 获得成功，有进展，超过，胜过
get along 有进展，前进
get around 避免，克服
get at (1) 到达，接近，得到，抓住；(2) 发现，领会，了解，掌握，查明，意指
get away 离开，逃脱，脱离，散逸
get back 返回，取回，收回，恢复
get behind (1) 落后；(2) 看透，深入；(3) 支持
get down (1) 记录下，放下；(2) 下车；(3) 降下
get familiar with 熟悉
get in 进入，插入，收集，收回，到达
get in gear (1) 搭上齿轮；(2) 投入工作
get in the mould 垫平铸型
get information 获得信息
get into gear 搭上齿轮，投入工作
get-off 起飞
get off (1) 送走，离开，开脱，脱去；(2) 出发，发出；(3) 弄错
get-out 逃避，回避
get out (1) 取出，输出，发出；(2) 泄漏，离开；(3) 公布，出版
get out of 从……中取出，离开，脱开
get out of the red 不再亏空
get quick answer (=GQA) 尽快答复
get ready for 准备就绪，准备好
get rid of 除去，摆脱
get round (1) 回避，逃避；(2) 说服，克服
get-set (1) 规定；(2) 装置，建立；(3) 安装；(4) 装置
get set 安装，规定，建立
get stuck 卡钻
get the machine to run again 使这机器再运转
get the motor repaired 把电动机修好
get the run of 熟悉，掌握
get the rust off 把锈弄掉
get through 通过，完成，结束
get to 对……产生影响，接触到，开始，到达
get together 聚集，收集，集合
get under 控制，管制
get-up (1) 组织，构造；(2) 版式，格式；(3) 式样

get up (1) 使升高，起来，登上，到达；(2) 整理，安排，组织，筹划，产生；(3) 致力于，钻研
get used to 变得习惯于
getable 可到达的，可获得的，可接近的，可做到的
getaway 跳起，起动，离开，开始，活动
gettable 可以获得的，能得到的
getter (1) 吸气器，消气器，收气器；(2) 吸气剂，收气剂，去气剂；(3) 采煤机
getter action 吸气作用，除气作用
getter device (电子管中的) 吸气装置
getter-ion pump 离子溅射泵，吸气离子泵
getter ion pump 吸气离子泵
getter-loader 采煤装煤机，采煤机
getter material 吸气材料，吸气剂
getter mirror 金属吸气膜
getter patch 金属吸气膜
getter pump 吸气泵，抽气泵
gettering 吸气，消气，除气
getting down mill 开坯轧机，开坯机座
getting down roll 开坯机座轧辊
GEV (=Giga Electron-volt) 千兆电子伏特
gewel hinge 搭扣铰链
geyser 蒸汽热水设备，快速热水炉
geyserite 硅华
geysir (=geyser) 蒸汽热水设备，快速热水炉
GF (=Gas Free) 除气
GF (=Good Faith) 诚信
GF (=Gross Freight) 毛运费
GF (=Group-flash) 群闪灯
GFA (=General Freight Agent) 航运代理总行
GFA (=Good Fair Average) 良好平均商品，中等以上质量
GFA (=Goods Freight Agent) 货物运输代理
GFRP (=Glass Filament Reinforcement Plastics) 玻璃纤维增强塑料,玻璃钢
GG (=Gallon) 加仑 (容量单位)
GGA (=Grounded Grid Amplifier) 接地栅极放大器
GGS (=Gravity Gradient Satellite) 重力梯度卫星
GGTS (=Gravity Gradient Test Satellite) 重力梯度试验卫星
GH (=Gilbert) 吉伯 (磁通势单位, 等于0.796安匝)
GH (=Grid Heading) 网格船首向
ghanja (阿) 一种帆船
ghatira (阿) 一种帆船
ghatti gum 达瓦树胶
ghost (1) 幻影，阴影，影；(2) 幻像，双重图像，重像；(3) 反常回波
ghost effect 幻影效应
ghost image 重像，幻像，叠影
ghost line (深海测深仪的) 散乱回波，偏析流线，幻影线，鬼线，暗纹
ghost mode (波导管中的) 混附振荡型，幻像模式，重影模
ghost phenomena 重像现象，重影现象，幻影现象
ghost pulse 虚假脉冲，寄生脉冲，重影脉冲，虚影脉冲，次脉冲
ghost signal 幻影线干扰信号，超幻线干扰信号，雷达幻影，幻像信号，重像信号，幻影信号，假信号
ghost station 无人管理的火车站，弃用火车站
ghosted view 显示内部的透视图
GHZ (=Gigahertz) 千兆周 / 秒，千兆赫
GI (=Galvanized Iron) 镀锌铁皮，马口铁，白铁皮
GI (=General Insurance) 普通险
GI (=Gilbert) 吉伯 (磁通势单位, 等于0.796安匝)
GI (=Guarantee Insurance) 保证保险
GI SAT (=Ground Identification of Satellite) 卫星地面识别 (系统)
giant (1) 冲矿机；(2) 大轮胎；(3) 水枪；(4) 巨大的，巨型的，重型的，特大的
giant brain 大型计算机，电子计算机
giant computer 巨型计算机
giant crane 巨型起重机，重型起重机，大型起重机
giant-grained 巨粒的
giant grained 巨粒的
giant link mechanism 巨型联动机构
giant linkage 巨型联动装置
giant linkwork 巨型联动装置
giant mole digger 巨鼠型掘进机
giant optical pulsation 巨光脉动
giant-pulse 巨脉冲的
giant pulse 窄尖大脉冲，巨脉冲，单脉冲

giant pulse emission　巨脉冲发射

giant pulse laser (=GPL)　强脉冲激光

giant resonance　巨共振

giant robot brain　大型自动计算机

giant-scale computer　巨型［计算］机

giant tanker　巨型油轮

giant tyre　巨型轮胎

giant ultrahigh-speed computer　超高速巨型计算机

Giague-Debye method　绝热退磁

GIB (=Galvanized Iron Bolt)　镀锌铁螺栓

gib　(1) 扁栓,扁柱,榫;(2) 夹条,镶条;(3) 临时支撑,拉紧销;(4) 凹字楔,楔;(5) 起重机臂,吊机臂,吊车臂,起重杆,吊杆;(6) (织机) 三角架滑板,(7) 导块,镶条,夹条;(8) 用扁栓固定,用夹条固定

gib and cotter　合楔

gib arm　吊车起重臂,起重机臂,吊臂

gib crane　伸臂起重机,悬臂起重机,　杆起重机

gib head　(1) 螺栓头;(2) 销子头

gib-head key　弯头键

gib head key　弯头键,钩头键

gib headed bolt　钩头螺栓

gib headed key　钩头键,扁头键

gib hoist　悬臂起重机

gib key　凹字［型］键,钩头键

gib nut　翻边锁紧螺母

gib screw　调整楔用的螺钉

gibberish　无用信息,混乱信息,无意义数据

gibbet　(1) (起重机) 起重臂,起重杆,吊臂,吊架;(2) 撑架托座,支架,撑架

gibbose (=gibbosus, gibbous, gibbus)　(1) 弯凸的,凸圆的;(2) 凹形的

gibbosity　隆起,凸面

gibbous　凸圆的,隆起的,突起的

gibbs　吉布斯(吸收单位,10^{-10} 克分子数/厘米^2 的表面浓度 =1 吉布斯)

gibson girl　袖珍发报机(救生艇属具)

gift rope　拖船安定绳,牵引绳,系艇缆

gig　(1) 提升机,绞车;(2) 吊桶;(3) 双层罐笼;(4) 起毛机(毛织物的);(5) 单列座小舢板,快艇;(6) 旋转轴

gig saw　带锯床

giga　千兆,十亿 (=10^9)

giga-　(词头) 千兆,十亿 (=10^9)

giga-electron-volt　十亿电子伏,千兆电子伏,10^9 电子伏

giga electron-volt (=GEV)　千兆电子伏特

giga electron volt　千兆电子伏 [特]

giga hertz (=GHz)　千兆 [赫]

giga watts (=GW)　10^9 瓦

gigabit　千兆位 (相当于十亿 bit 的信息单位)

gigabyte　京彼特 (二进位组)

gigacle　千兆周 (10^9 MC)

gigacle computer　千兆周计算机

gigacycle　千兆周

gigacycles　千兆周

gigagram (=Gg)　十亿克 (10^9 g)

gigahertz (=GHZ)　千兆周 / 秒,千兆 [赫]

gigahertz computer　千兆 [赫] 计算机

gigantic　巨大的,庞大的

gigantic tanker　巨型油轮

gigaton　十亿吨 (TNT) 级

gigawatt　千兆瓦

gigger　辗轳车

GIGO (=garbage-in, garbage-out)　(1) 杂乱输入和杂乱输出;(2) 基戈原理 (资料处理的有效输入法则)

Gilbert (=Gi)　吉伯(磁动势单位,等于 0.796 安匝)

gild　镀金,装饰

gilded　镀金的,装饰的

gilder　镀金者,镀金工

gilding　(1) 镀金术;(2) 镀金,装金;(3) [镀上或涂上的] 金粉,镀金材料

gilding metal　制造子弹头壳的铜合金,镀金青铜,手饰铜

gilguy　(1) 机件,配件;(2) 临时设备 (总称)

gilhoist　登陆艇驳运输车

gill (=gl)　(1) 板,波形板,肋条;(2) 鱼鳞板;(3) 吉耳 (容积量单位,英制 =0.14 升,美制 0.12 升);(4) 基尔 (完成一次操作所用的时间);(5) (肋片管的) 肋片套圈,散热片;(6) 装肋片套圈,装散热片

gill box　针梳机

gill cooling　肋片套圈冷却,散热片冷却

gill-net　刺网

gill net capstan　刺网绞盘

gill netter　刺网流网的一种渔船

gill-poke　旋臂式卸车机

gill spinning frame　针梳精纺机

gilled radiator　肋片式散热器

gilled superheater tube　加肋过热器

gillion　千兆,京 (=10^9)

gills　(1) 鱼鳞板;(2) 肋片

gilson　吊索

gilsonite　黑沥青,硬沥青

gilt　(1) 镀金材料;(2) 金色涂层

gilt-edge　金边的

gimbal (=gmbl)　(1) 万向球铰,万向接头;(2) 常平架,常平环,水平环,(3) 万向悬挂支架,万能接头吊挂,万用悬挂,框架;(4) 装以万向接头,用万向架固定

gimbal assembly　常平架组

gimbal axes　常平架轴,常平环轴

gimbal block　(铁制的) 单轮滑车

gimbal error　框架误差

gimbal freedom　常平架自由度,框架自由度

gimbal joint　万向接头,万向节,水平活节,常平接头

gimbal lock　常平架锁定,框架自锁

gimbal moment　框架转动惯量

gimbal moment of inertia　框架转动惯量

gimbal mounting　万向吊架,常平架框

gimbal pivot　万向接头销轴

gimbal platform (=GP)　常平架平台

gimbal ring　常平架万向环,万向悬挂环,万向平衡环,平衡环,称平环

gimbal suspension　万向接头,常平架

gimbaled　用万向架固定的,装有万向接头的,装有常平架的

gimbaled engine　(火箭、卫星用) 换向发动机

gimbaled hunger assembly　万向平衡式吊架组合

gimbaled motor　万向架固定式发动机

gimbaled rocket engine　万向架固定式定向火箭发动机

gimbaling　常平装置

gimbaling rocked motor　框架固定式火箭发动机,万向架支座火箭发动机

gimballess gyroscope　无框架陀螺仪

gimballess inertial navigation equipment　无框架万向架

gimbals　(1) 常平架,万向悬挂支架;(2) 万向接头;(3) 平衡环,称平环;(4) 常平环 (使罗盘针常保持水平)

gimlet　(1) 长木工钻,螺丝钻,螺旋钻,手钻,手锥,钻子;(2) 能钻的,钻研的;(3) (锚收进锚链孔时) 调整锚爪方向;(4) 用手钻钻孔,用锥子锥,穿透

gimlet for nail　钉托钻,钉孔钻

gimmal　(1) 组合的机械;(2) 小链条

gimmick　(1) (一种用绝缘导线制成的小电容器的俗称)绞合电容器,扭线电容;(2) 机件,配件;(3) 临时设备 (总称);(4) 带方形反光罩的弧光灯;(5) 挡光板

gimp　(唱片录音时) 外噪声

gin　(1)三脚起重机,单饼铁滑车,起重滑车;(2)绞车,绞盘;(3)轧棉机,轧棉机,弹棉机;(4) 打桩机

gin-block　单轮滑车,起重滑车

gin block　(铁制的) 单轮滑车,单饼铁滑车,吊货滑车,铁框滑车

gin plant　(1) 轧花厂;(2) 轧花机

gin pole　三脚起重架的脚杆,起重把杆,起重吊杆,起重桅杆

gin saw　轧棉锯片

gin tackle3/2　绞辘 (一个三饼滑车和一个二饼滑车组成的绞辘)

gin wheel　起重滑轮

gining　轧子

ginnery　轧花厂

ginning　轧棉,轧花

GIP (=General Insurance Policy)　长期有效保险单,普通保险单,预定保险

GIPME (=Global Investigations of Pollution in the Marine Environment)　全球海洋环境污染调查

gipsey (=gipsy)　卧式绞盘,锚机滚筒,绞缆筒

gipsy　卧式绞盘,锚机滚筒,绞缆筒

gipsy capstan　绞缆绞盘

gipsy head　绞缆筒

gipsy sheave　链 [滑] 轮

gipsy wheel　(锚机) 持链轮

giraffe　(1) 斜井提升矿车;(2) 地面翻矿车装置;(3) 高空工作

升降台(矿内用)

gird (=girt, girded) (1)围梁;(2)横梁,小梁;(3)方框支架的横撑;(4)(发电机转子的)护环,(电枢的)扎线,环,箍;(5)保安带;(6)拖船打横,横拖

gird type concave 栅格式凹板

girder (1)大梁,横梁,桁梁;(2)(汽车车架)纵梁,纵向构材,顶梁;(3)纵桁,桁架,桁材,桁;(4)撑杆,撑柱,梁柱

girder and beam connection 大小梁联接

girder beam 大型工字钢

girder bearing plate 大梁垫板

girder block 铁制墩木,铁枕

girder bottom plate 纵桁下翼板

girder bridge 架空铁桥,板梁桥,杆梁桥,陆桥

girder casing [大]梁护面

girder dog 起梁钩

girder face plate 桁材面板

girder flange 桁材带板

girder for model attachment 船模联结梁

girder for seat 基座纵桁

girder fork 前轮叉

girder frame 桁架梁,横梁

girder grillage 用钢梁组成的格床,格排梁

girder iron 梁铁,梁钢

girder moment 梁力矩

girder numeral 纵构件特征数

girder pass 钢梁孔型

girder plan 纵桁布置图

girder pole 桁架杆柱

girder radial drilling machine 梁式摇臂钻床,桁式摇臂钻床

girder rail 平底轨

girder space 横梁间隔,桁间隔,桁间距

girder span 梁跨

girder stay 纵向牵索,桁牵索,桁撑条,桁撑

girder steel 工字钢,钢梁

girder top plate 纵桁上翼板

girder truss 梁构桁架,桁架梁

girder with web 带筋桁

girder work 纵桁结构

girderage 大梁搭接体系

girderless 无梁的

girderless deck 无梁面板

girderless floor 无梁楼板

girdle (1)环带,环圈,环形物;(2)环绕,围绕;(3)柱带,围带

giro 自旋转翼飞机,旋翼机

giroconer 吉罗科纳络筒机

girt (1)方框支架横撑,柱间大横木,加劲系梁,围梁,檐梁;(2)纵撑木;(3)带尺;(4)前后锚停泊;(5)拖船打横,横牵;(6)超短系统

girt line (1)定端滑车索,定端绞辘;(2)桅顶吊索;(3)绳索

girth (1)带尺;(2)周围,围长;(3)船腹围长,横截面周长;(4)用带系紧;(5)纵横支撑

girth gear 矢圈,矢轮

girth joint 环形焊缝

girth seam 周界焊缝

girth sheets 圈板

girth welding 环缝焊接,环周焊接,环焊

GIS (=Geographic Information System) 地理信息系统

GIS (=German International Shipregister) 德国船舶登记局

GIS (=Global Information System) 全球情报系统

GISAT (=Ground Identification of Satellite) 卫星地面识别(系统)

gisement 坐标偏角,坐标误差

gismo (=gizmo) (1)吉斯莫万能采掘机;(2)机件,配件;(3)临时设备(总称)

gismo-jumbo 吉斯莫型钻车

gist 要点,要旨,要义

git (1)浇铸的口,中心注管,浇口;(2)流道

git cutter (浇口一段的)压力剪切机

give (=GV) (1)给,给予;(2)授;(3)弹性,弹力;(4)支架压缩,支架沉降,收缩;(5)可弯性

give a discount 打折扣

give a reading of 给出读数

give a reference to 提供……以供参考,提到,指示,表示

give a try 试一试

give an order for 定购,订货

give-and-take 交换意见[的],互相让步[的],相互迁就[的],

642

妥协[的],协调[的]

give and take 交换意见,互相让步,相互迁就,妥协

give and take lines 协调性

give attention to 注意

give away (1)分送,分配,颁发,赠送;(2)放弃,失去;(3)暴露,泄露

give back (1)归还,送回,恢复;(2)反射,产生;(3)凹陷

give better address (=GBA) 请给予详细地址

give birth to 产生,造成

give continuous purification 不断净化

give credit for 把……归功于

give currency to 传播,散布

give effect to 实行,生效

give evidence of 有……迹象

give examples 举例

give expression to 陈述

give forth (1)用完,用光,用尽;(2)断绝;(3)给出,分配,分发,放出,发出;(4)发表,公布,宣布

give fully play to 充分发挥

give in (1)提交,提出;(2)公开宣布,公开表示;(3)屈服,让步,投降

give into 通往,通向

give new set (=GNS) 用新指标

give notice 通知

give notice of termination 预先通知

give off (1)放出,发出;(2)放射,辐射;(3)排出,分离

give on 面对,向,朝

give orders 发出命令

give out (1)用完,用光,用尽;(2)断绝;(3)给出,分配,分发,放出,发出;(4)发表,公布,宣布

give over 停止,放弃,交出,移交

give reference 注明出处

give rise to 使发生,引起,导致

give strength to 使坚固,加强

give…the run of… 允许……随意使用

give three day's termination 提前三天通知

give up 放弃,抛弃,中断,中止,停止,放出,排出,滤出,传出,泄露

give upon 面对,向,朝

give warning 警告,预告

give-way 保险装置

give way to (1)为……所代替,让出空间;(2)破裂,毁坏,坍塌,坍陷;(3)屈服;(4)软化

give-way vessel (=GV) 被让路船

giveaway 泄露,暴露,放弃

given (=GVN) (1)给定的,指定的,特定的,约定的,已定的,假定的,假设的,已知的,预定的;(2)已知,给定,假定,设;(3)如果,倘若

given off 释放,脱离,游离,解吸,发射

given size 规定尺寸

given time 给定时间

given value 给定值,已知值

givenway vessel 被让路船,直航船

giver 给予者,赠送者,施主

giveway (1)屈服,让步,退让,退后;(2)破裂,破断,毁坏,坍塌

giveway vessel (=GV) 让路船,避让船,义务船

gizmo amplifier 特技界混合放大器

GL (=Gearless) 无吊货索具

GL (=General License) 一般许可

GL (=Germanischer Lloyds) 德国船级社

GL (=Glass) 玻璃

GL (=Global Limitation) 综合责任限制

GL (=Ground Lamp) 接地指示灯

GL (=Ground Level line) 地平线

GL (=Guarantee Liability) 保证责任

glance (1)匆看一眼;(2)(光线)闪过,掠过;(3)擦亮;(4)闪躲;(5)辉矿类(含硫化的矿物)

glance coal 无烟煤

glance pitch 辉沥青,纯沥青

glancing (1)平直度,平伸度;(2)掠射的,扫掠的,滑动的,活动的;(3)偶而的,间接的;(4)粗略的,随便的

glancing angle 掠射角,扫掠角

glancing angle technique 掠射角技术

glancing collision 擦撞

glancing incidence 水平入射,掠入射

gland (1)压盖,密封压盖,填[密]函压盖,填料函盖,填料箱,(2),衬垫,衬片,密封垫,密封套,密封管,密封装置;(3)塞栓;(4)(复)气封,液封,密封

gland air ejector　汽封空气抽除器

gland bolt　压盖螺栓

gland bonnet　(轴端)密封盖

gland box　填料函,填料箱

gland bush　压盖衬套

gland cover　密封压盖,填料压盖,填料盖,密封套

gland flange　填料函凸缘

gland follower　密封压盖随动件,填料压盖随动件

gland glandless pump　无填料函的泵

gland leakage　填料函泄漏,填料函漏泄,压盖泄漏,压盖漏泄

gland liner　填料函盖衬套,压盖衬套

gland neck bush　压盖内衬

gland nut　压紧螺母,压盖螺母,压盖螺帽,锁紧螺母

gland packer　压盖密封

gland packing　(轴承)填料函密封,压盖密封,压盖填料,密封垫

gland packing leakage　汽封漏气,轴封漏气

gland pocket　填料函槽

gland pump　水封泵

gland retainer　轴密封盖,轴端护板

gland retainer plate　轴密封盖,轴端护板

gland ring　(1)密封填料压环;(2)密封环

gland seal　密封装置,封闭装置,压盖密封

gland seal condenser　(汽轮机的)轴封蒸汽冷凝器

gland seal ring　压盖密封环

gland sealing steam　(汽轮机的)轴封蒸汽

gland sealing system　(汽轮机的)轴封系统

gland steam　填料函蒸汽,轴封蒸汽

gland steam bottle　汽封平衡箱

gland steam collector　汽封平衡箱

gland steam condenser (=GSC)　汽封蒸汽冷凝器

gland steam heater (=GSH)　汽封蒸汽加热器

gland steam pressure regulator　汽封压力调节器

gland steam receiver　汽封平衡箱

glandless　无密封垫的,无填料函的

glandless pump　无填料函的泵

glare　(1)闪光,眩光;(2)发眩光,发强烈的光,闪耀,发光;(3)(船侧)外倾

glare-proof mirror　防眩镜

glare shield　闪光屏挡板,闪光屏蔽,遮光罩

glarimeter　(1)[纸面]光泽计;(2)闪光计

glasphalt　玻璃沥青

glass (=GL)　(1)玻璃,玻璃器皿,玻璃制品;(2)眼镜,镜子;(3)晴雨表;(4)温度表;(5)(口语)气压表;(6)望远镜;(7)观察窗,观察孔

Glass-amp　硅整流器的一种商标

glass bar　玻璃棒

glass bender　弯玻璃工

glass binder　低熔点玻璃

glass black　灯黑

glass block (=GLB)　玻璃块,玻璃片,镜片

glass-blower　(1)吹玻璃的工人;(2)吹玻璃机

glass blower　(1)吹玻璃的工人;(2)吹玻璃机

glass-blowing　玻璃吹制[的],吹玻璃[的]

glass blowing　玻璃吹制,吹玻璃

glass blowing lathe　玻璃吹制车床

glass board　玻璃板

glass-bonded mica　玻璃云母

glass bottle　玻璃瓶

glass bowl　塑料碗

glass bulb　玻璃灯泡,玻璃泡

glass bulb forming machine　灯泡吹制机

glass bulb reactifier　汞弧整流器

glass bull's eye　玻璃观察孔

glass cement　玻璃粘合剂,玻璃胶

glass check　(天窗)玻璃压边框

glass chimney　烟囱式灯罩

glass cloth　玻璃纤维布,玻璃[砂]布,砂布

glass cloth insulation　玻璃布绝缘

glass cock　玻璃塞

glass compactor　空瓶粉碎机

glass-concrete　玻璃混凝土

glass condenser　玻璃介质电容器

glass container　玻璃容器

glass cotton　玻璃纤维,玻璃丝

glass-cutter　(1)玻璃割刀;(2)截玻璃工人

glass cutter　(1)玻璃割刀;(2)截玻璃工人

glass cutting　玻璃刻花

glass-dead seal　玻璃封口

glass delay-line memory　{计}石英玻璃延迟线存储器

glass-dust　玻璃粉

glass electrode　玻璃电极

glass envelope　(1)玻璃封套;(2)玻璃壳灯泡

glass epoxy　[环氧]玻璃钢板

glass eye　观察窗,玻璃眼

glass fiber (=GF)　玻璃纤维,玻璃丝,玻璃棉

glass fiber cloth　玻璃纤维布

glass fiber extrusion　玻璃纤维的喷出拉制

glass fiber filter　玻璃纤维滤器

glass fiber hull　玻璃钢船体

glass fiber insulation　玻璃纤维绝缘

glass fiber laminate　玻璃纤维层压板,玻璃纤维叠层板

glass fiber laser　玻璃纤维激光器

glass fiber material (=GFM)　玻璃纤维材料

glass fiber mats　玻璃纤维垫

glass fiber paper　玻璃纤维纸,纤维纸

glass fiber reinforced (=GFR)　玻璃纤维增强的

glass-fiber reinforced concrete (=GRC)　玻璃纤维加固凝结物,玻璃纤维增强混凝土

glass fiber reinforced concrete　玻璃纤维加固凝结物,玻璃纤维增强混凝土

glass fiber reinforced epoxy resin　玻璃纤维增强环氧树脂,玻璃钢

glass-fiber-reinforced plastic (=GFRP)　玻璃纤维增强塑料,玻璃钢

glass fiber reinforced plastic　玻璃纤维增强塑料,玻璃钢

glass fiber reinforced plastic lifeboat　玻璃钢救生艇

glass fiber reinforced polyester　玻璃纤维增强聚酯

glass fiber reinforced polyester resin　玻璃丝加强的聚酯树脂

glass-fibre reinforced (=GFR)　玻璃纤维增强的

glass filament reinforced plastics　玻璃纤维增强塑料,玻璃钢

glass filament reinforcement plastics (=GFRP)　玻璃纤维增强塑料玻璃钢

glass film condenser　玻璃薄膜电容器

glass filter　滤光镜

glass flume　玻璃水槽

glass foam　泡沫玻璃

glass for infrared rays　透红外线玻璃,红外玻璃

glass for sealing in platinum　封铂玻璃

glass for ultraviolet rays　透紫外线玻璃,紫外玻璃

glass frame riser　玻璃升降器

glass frosted　磨砂玻璃

glass fruit dish　塑料水果盘

glass funnel　玻璃漏斗

glass fuse　玻璃管熔丝

glass gage　水位玻璃管,油位玻璃管,玻璃液位表,玻璃水位器,水位表尺

glass-glaze　玻璃釉,浓釉

glass-glazed　涂有玻璃釉的,浓釉的

glass glazed　浓釉的

glass graduate　玻璃量筒

glass grinder　玻璃磨光机,磨玻璃机

glass-hard-steel　特硬钢

glass-hard steel　特硬钢

glass hard steel　特硬钢

glass-hardened　很硬的,像玻璃那样硬的

glass hardened　激淬的

glass head　玻璃熔接

glass holder　(船的舷窗)玻璃框

glass-house　(1)玻璃工厂;(2)温室

glass house　(1)玻璃厂(同green house),熔制车间;(2)温室

glass insulator　玻璃绝缘子

glass jar　玻璃罩,玻璃坛

glass laminate　安全玻璃

glass laser rod (=GLR)　玻璃激光棒

glass level regulator　玻璃液面控制器

glass liferaft　玻璃钢救生筏

glass-lined　玻璃衬里的

glass lined　搪玻璃的,搪瓷的

glass lined steel　搪玻璃钢材

glass lining　搪瓷的总称,搪玻璃

glass making sand　生产玻璃用砂

glass mat　玻璃纤维板

643

glass measuring cylinder　玻璃量筒
glass-metal　玻璃金属
glass mica combination　玻璃－云母复合材料
glass needle lubricator　玻璃针注油器
glass oil cup　玻璃油杯
glass paneled flume　玻璃水槽
glass paper　玻璃砂布, 玻璃砂纸, 玻璃纸, 砂纸
glass partition　玻璃隔板
glass pear shaped bulb　梨形玻璃灯泡
glass plate　玻璃板
glass-plate capacitor　玻璃［板］电容器
glass plate level gage　玻璃板液面计
glass plate negative (=GPN)　玻璃板底板
glass port　玻璃窗, 舷窗, 窗
glass-pot　玻璃坩埚
glass-pot clay　陶土
glass pot clay　陶土
glass powder　玻璃粉
glass pressure tube　玻璃压力管
glass prism　棱镜
glass prismatic lens　棱镜
glass reinforced composite　玻璃［纤维］增强复合材料
glass reinforced pipe　玻璃纤维增强管
glass reinforced plastic (=GRP)　玻璃增强塑料, 玻璃钢
glass reinforced plastic boat (=GRP)　玻璃钢艇
glass reinforced plastic coating　玻璃钢涂层
glass reinforced plastic deck　玻璃钢甲板
glass reinforced plastic lifeboat　玻璃钢救生艇
glass reinforced plastic liferaft (=GRP)　玻璃钢救生筏
glass reinforced thermoplastics (=GRTP)　玻璃丝加强热塑塑料
glass reticle　光学十字线
glass rim　窗框
glass rod　玻璃棒
glass roofing　玻璃屋面料, 玻璃屋面
glass run　(金属窗框的) 窗玻璃槽, 玻璃滑槽
glass salad bowl　塑料沙拉碗
glass salt shaker　玻璃盐瓶
glass sauce bottle　玻璃酱瓶
glass-sealed　玻璃焊封的
glass sealed　玻璃焊封的
glass sealed transistor　玻璃封接［的］晶体管
glass semi-conductor　玻璃半导体
glass semiconductor　玻璃半导体
glass semiconductor ROM (ROM=Read Only Memory)　玻璃半导体只读存储器
glass shade　玻璃灯罩
glass shield　玻璃护罩
glass shot　玻璃合成摄影
glass solder　玻璃焊料
glass stain　玻璃表面受侵蚀, 玻璃表面着色
glass state　玻璃状态, 透明状态
glass-stem thermometer　玻璃温度计
glass stem thermometer　玻璃温度计
glass stick　玻璃棒
glass-stopped bottle　玻璃塞瓶
glass stopped bottle　玻璃塞瓶
glass tank　玻璃熔炉, 玻璃桶
glass tape　玻璃［丝］带
glass thermistor　玻璃热敏电阻温度计
glass thread　玻璃纱
glass thyratron　玻璃闸流管
glass-to-metal sealing　玻璃金属封接, 玻璃金属封焊
glass tooth pick holder　玻璃牙签盒
glass tube　玻璃制品, 玻璃管
glass tube cutter　玻璃管割刀
glass tube fuse　玻璃管保险丝, 玻璃管熔丝
glass-tubing　细［口］径玻管, 玻管条
glass tubing　细［口］径玻管, 玻管条
glass tubing gage　玻璃管量规
glass type ceramic coating　玻璃质陶瓷涂层
glass type core　眼镜型铁芯
glass wall　(1) 玻璃屏墙; (2) (风洞等的) 观察窗
glass ware　玻璃器皿, 玻璃仪器
glass water decanter　玻璃水瓶

glass water gage　玻璃水位表
glass water jug　玻璃水杯
glass wool　玻璃纤维, 玻璃丝, 玻璃棉
glass wool filter　玻璃纤维过滤器
glass woven fabric　玻璃丝织布, 玻璃纤维布, 玻璃布
glasscloth　揩玻璃的布, 玻璃布, 玻璃纸, 砂布
glassblowing　玻璃吹制
glassdust　玻璃粉
glassed　玻璃质的, 玻璃状的
glassed-in　玻璃包围着的, 在玻璃之间
glassed vessel　覆盖有玻璃的钢质容器
glasser　磨光机
glasses　(1) 双筒望远镜; (2) 眼镜
glassfiber 或 glassfibre　玻璃纤维, 玻璃丝
glasshouse　(1) 玻璃厂; (2) 温室, 暖房; (3) 装有玻璃天棚的摄影室
glassily　玻璃似的
glassine　(1) 玻璃［耐油］纸; (2) 羊皮［透明］纸
glassine paper　薄半透明纸, 玻璃纸
glassiness　玻璃状［态］, 玻璃质
glassing jack　磨光机
glassing machine　磨光机
glassiness　玻璃状, 玻璃质
glassing jack　磨光机, 打光机
glassing jack machine　磨光机
glassing machine　磨光机
glassivation　玻璃钝化, 涂附玻璃, 附着玻璃, 保护层
glassless　没有玻璃的
glasslike　玻璃状的, 玻璃质的
glassmaking　(1) 玻璃制造工业; (2) 玻璃制造工艺
glassman　玻璃制造者, 玻璃工
glassoid　羊皮纸, 热用沥青纸毡
glasspaper　玻璃纸, 砂纸
glasssteel　用玻璃和钢制成的, 玻璃钢的
glassware　(1) 玻璃制品, 玻璃器皿; (2) 玻璃仪器
glasswork　(1) 玻璃制品工艺, 玻璃制品; (2) 玻璃制造业; (3) 玻璃加工, 玻璃制造
glassworks　玻璃厂
glassy　(1) 玻璃状的, 玻璃质的, 透明的; (2) 湿材; (3) (海上) 风平浪静的
glassy fracture　玻璃状断裂面, 玻璃状断口
glassy inorganic enamelled resistor　珐琅电阻［器］
glassy matrix　玻璃化矩阵
glassy semiconductor　玻璃半导体
glassy surface　(玻璃状) 光泽面
glauber salt　结晶硫酸钠, 芒硝
glauconite　海绿石 (海图图式)
glaur　(水柜底) 沉淀泥
glaze (=GL)　(1) 抛光, 光滑; (2) 使如玻璃面, 使光滑; (3) 釉料, 釉, 珐琅质; (4) 上釉; (5) 装玻璃, 上光, 打光; (6) 色泽
glaze ceramic interface　釉坯中间层
glaze kiln　釉烧窑
glaze resistance　涂釉电阻
glaze stain　釉染色剂
glaze wheel　(1) 耐磨轮; (2) 抛光轮, 研磨轮, 砑光轮
glazed　(1) 上［了］釉的; (2) 磨光的, 抛光的; (3) 安好玻璃的
glazed brick　釉面砖, 玻璃砖, 瓷砖
glazed door　玻璃门
glazed earthenware pipe　上釉陶管
glazed joint failure　(粘合接头) 玻璃状破坏
glazed paper　高光泽纸张, 釉光纸
glazed pig　脆性生铁
glazed printing paper　道林纸
glazed roller　皮墨辊
glazed tile　琉璃瓦, 玻璃瓦, 玻璃砖, 釉面瓦
glazed wallboard (=GLWB)　釉面墙板
glazer　(1) 研磨轮; (2) 抛光轮, 抛光机, 砑光轮; (3) 轧光机; (4) 加光工人, 光布工; (5) 釉工
glazier　(1) 釉工; (2) 装玻璃工, 玻璃细工
glazier's diamond　割玻璃用金刚钻, 玻璃割刀
glazier's point　镶玻璃销钉
glazier's putty　镶玻璃油灰
glazing　(1) 抛光, 磨光; (2) 砑光; (3) 上釉; (4) (轴承表面) 光泽硬化; (5) 装［配］; (6) 玻璃窗
glazing bead　镶玻璃条

glazing color 透明颜料
glazing compound 镶玻璃材料
glazing jack 打光机
glazing machine 抛光机, 磨光机, 研光机
glazing mill 电子管密封玻璃管制造机, 磨光机
glazing putty 玻璃油灰
glazing room 研光室
glazing wheel (1) 研磨轮; (2) 抛光轮
glazy (1) 玻璃似的; (2) 上过釉的; (3) 光滑的
glazy pig iron 高硅生铁
GLC (=Global Loran Navigation Charts) 全球罗兰导航图
gleam (1)闪光, 微光, 发光, 闪烁; (2)光辉, 光彩; (3)发闪光, 发微光, 发光
Gleamax [光泽镀镍用] 格利马克斯电解液
gleaner 割捆机, 捆麦机, 束谷机
Gleason bevel gear cutter 格里森锥齿轮铣刀, 格里森刀盘
Gleason bevel gear generator 格里森锥齿轮滚齿机
Gleason bevel gear shaper 格里森锥齿轮刨齿机
Gleason cutter 格里森锥齿轮铣刀盘
Gleason spiral bevel gear cutter 格里森螺旋锥齿轮铣刀
Gleason spiral bevel gear generator 格里森螺旋锥齿轮滚齿机
Gleason straight bevel gear cutter 格里森直齿锥齿轮刀盘
Gleason system 格里森齿形制
Gleason tooth 格里森齿, 圆弧齿
Gleason tooth(ed) gearing 格里森齿轮传动装置
Gleason works (美) 格里森 [齿轮机床] 厂
Gleason Zero Bevel Gear system 格里森零度齿锥齿轮制度
Gleeble machine 焊接热循环模拟装置
gley (淤泥下面的) 杂色粘土
glide (1) 下滑, 滑; (2) 滑动, 滑移, 滑行; (3) 滑动台, 滑道; (4) 滑翔
glide angle (=GA) 下滑角, 滑行角
glide bomb 滑翔式炸弹
glide chute 溜槽
glide band 滑动带
glide bomb 滑翔炸弹
glide direction 滑动方向
glide dislocation 滑动错位
glide mirror 滑移 [平] 面
glide over seat 轻便座椅
glide path (=GP) 下滑路线, 下滑航迹, 下滑道, 滑 [翔] 道
glide path beam 滑道信标射束
glide path equipment 滑翔道指示设备, 降落设备
glide-path receiver 滑行着陆接收机, 盲目着陆接收机
glide-path transmitter 下滑指向标发射机, 航迹信标发射机
glide path transmitter 下滑指向标发射机, 下滑发射机
glide plane 滑移 [平] 面
glide slope 滑航斜率, 下滑道, 下滑面
glide-slope receiver 滑行着陆接收机
glide slope receiver 滑行着陆接收机
glide wheel conveyor (1) 滑道式输送机, 滚轮式输送机; (2) 滚轮式传送带
glider (=GLI) (1) 滑翔机; (2) 滑走物; (3) 滑动面; (4) 可回收卫星, 滑行导弹; (5) 水上快艇, 滑行艇
gliderport 滑翔机场
glidewheel 滑轮
gliding (1) 滑翔; (2) 滑移过程, 滑动, 滑脱, 滑走, 滑下
gliding angle 下滑角
gliding craft 飞升器, 滑翔机
gliding fracture 韧性断裂
gliding reentry 重返大气层
Gliever bearing alloy 铅基轴承合金
glim (1) 灯光, 灯笼, 蜡烛微光; (2) 少许, 微量
glim lamp (1) 阴极放电管; (2) 暗光灯
glim relay tube 闪光继电管
glimmer (1) 云母; (2) 闪光, 微光, 薄光
glimmerite 云母岩
glint (1) 闪光; (2) 回波起伏, 波形起伏; (3) 闪耀; (4) 反光, 反射
glissade (1) 滑动; (2) 侧滑
glissette {数} 推成曲线
glist (1) 闪烁; (2) 云母
glisten (1) 闪光; (2) 辉耀, 闪耀
glister (1) 闪光; 眩光; (2) 闪耀
glitch (1) 频率突快, 自转突快; (2) 记录笔尖失灵; (3) 低频干扰; (4) 误操作; (5) 一闪信号, 假信号; (6) 小技术问题, 小事故, 故障

glitter 闪耀
glo 煤
glo-crack 荧光探裂缝法
glob (1) 一小滴; (2) 一点油漆
global (1) 球形的, 球状的; (2) 总的; (3) 全球的, 全世界的, 环球的; (4) 全局, 整体, 通用, 总体
global atmospheric research program 全球大气研究计划 (世界气象组织)
global bandwidth 全球带宽
global beam 全球波束
global beam antenna 全球波束天线, 全球覆盖天线
global beam coverage 全球波束覆盖
global beam horn antenna 球面波束喇叭形天线
global brand 全球性品牌
global circulation (气象) 全球环流
global communication satellite system (=GCSS) 全球通信卫星系统
global communications system (=GCS) 全球 [卫星] 通信系统
global coordinate system 总坐标系
global coverage 全球波束覆盖范围
global criterion 球状准则
global data processing system (=GDPS) (世界天气监视网) 全球数据处理系统
global display address {计} 全程区头向量地址
global environment monitoring system (=GEMS) 全球环境监测系统
global flight 全球飞行, 环球飞行
global geological and geophysical ocean floor analysis and research (=GOFAR) 全球海洋地质及地球物理分析与研究
global information system (=GIS) 全球情报系统
global investigations of pollution in the marine environment (=GIPME) 全球海洋环境污染调查
global limitation (=GL) 综合责任限制
global logistics 全球物流
global loran navigation charts (=GLC) 全球罗兰导航图
global marine distress and safety system (=GMDSS) 全球海上遇险及安全系统
global minimum time route (=GMTR) 全球最佳航线
global missile 远程战略导弹, 环球导弹
global navigation and planning chart 全球导航与计划图
global navigation chart (=GNC) 全球航海图, 全球航线图
global navigation satellite system (=GNSS) 全球导航卫星系统, 全球航海卫星系统
global navigation system (=GNS) 全球导航系统
global observation service (=GOS) (世界气象组织) 全球观测业务
global observing system (=GOS) (世界天气监视网) 全球观测系统
global oceanographical and meteorological experiment (=GLOMEX) 全球海洋气象试验
global optimization 全局优化
global orbiting navigation satellite system (=GLONASS) 全球轨道导航卫星系统
global position system 全球定位系统
global positioning satellite (=GPS) 全球定位卫星
global positioning system (=GPS) 全球定位系统
global property 大性质范围, 整体性质, 全局性质
global radiation 环球辐射
global radio navigation system (=GRANAS) 全球无线电导航系统
global receive antenna 全球波束接收天线
global rescue alarm net 全球救助警报网
global satellite system 全球卫星系统
global satellite traffic 全球卫星通信业务
global sea level observing system (=GLOSS) 全球海平面观测系统
global semaphore 公用信号量
global settlement 统一结算
global sourcing 全球采购
global structural resonance 整体结构共振
global structure 总体结构
global sum 总计
global surveillance station 全球跟踪站, 全球观察站
global surveillance system (=GSS) 全球对空监视系统
global system 全球卫星通信系统
global telecommunication system (=GTS) (世界气象监视网) 全球远程通信系统, 全球电信系统
global time synchronization system 全球时间同步系统
global tolerance 整体公差
global tracking network 全球跟踪网 [络]

global transmit antenna　全球波束发射天线
global value　总[价]值
global variable　全程变量
global vibration test　三度空间自振频率试验(用振动法测定结构各元件共振频率)
globalism　全球性
globalization　全球化
globally　世界上,全世界
globally addressed header
Globar　碳化硅[炽]热棒,碳硅棒(商名)
globate　地球仪[状]的,球状的
globby　油漆斑斑
GLOBCOM (=Global Communication System)　全球通信系统
globe　(1)球,球形,球体;(2)球形[玻璃]容器,球状物;(3)灯罩,灯泡;(4)地球仪,天体仪,地球
globe bearing　球面轴承
globe bulb with screw cap　带螺口灯座的球形灯泡
globe buoy　球顶杆状浮标,球形浮标
globe cal(l)ipers　球颈规
globe cam　球形凸轮,球面凸轮
globe case　球形机壳
globe cased turbine　球壳式水轮机
globe cock　直通开关,球形塞门,球形塞,球旋塞
globe holder　(1)球形灯座;(2)球形灯罩
globe hose valve　软管球形阀
globe joint　球形节,球关节,球节,球铰
globe journal　球形轴颈
globe lamp　球形灯
globe lantern　球[形]灯
globe lathe　球面车床
globe lightening　球状闪电,球状电闪
globe mill　球磨机
globe photometer　球形光度计
globe rivet head　球形铆钉头
globe-roof　球形顶,圆顶
globe roof tank　球顶罐
globe sight　圆形准星
globe stop check valve　球形截止止回阀
globe stop valve (=GSV)　球形截止阀,球心节流阀,节流球[心]阀
globe-type luminescence　球型发光
globe valve (=GLV)　球形阀,球心阀
Globecom (=global communication system)　全球通信系统
globelike　球状的
Globeloy　硅铬锰耐热铸铁
globoid　(1)球形的,球状的;(2)球状物,球状体
globoid cam　球形凸轮
globoid gearing　球面蜗轮传动,曲面轮传动
globoid worm　球面蜗杆
globoid worm gear　球面蜗杆传动,球面蜗轮
globoidal cam　球形凸轮
globoidal worm　球面蜗杆
globoidal worm gear = Hindley worm gear　球面蜗轮,曲面蜗轮
globoidal worm gear drive　球面蜗轮传动[装置]
globoidal worm toothing　球面蜗杆啮合
globoidal wormgearing　球面蜗杆传动[装置]
globose　球状的,球形的,圆形的
globosity　球状,球形
globular　(1)球面的,球状的,圆的;(2)世界范围的
globular carbide　球状碳化物
globular cementite　球状渗碳体
globular chart　球面投影地图
globular discharge　球形放电
globular graphite　球状石墨
globular light　球形灯
globular pearlite　球状珠光体
globular projection　球面投影,球状投影
globular sailing　球面航行
globular shape　球形,点状
globular structure　球状结构
globular transfer　熔滴过渡
globularity　[成]球状,[成]球形
globule　小球,滴,丸
globule method of arcing　球形电弧法
globulimeter　血球计算器

globulose　小球[状]的,滴状的
glocken cell　钟式电解池
glomb　(1)滑翔炸弹;(2)电视控制的滑翔导弹
glomerate　(1)聚成玩形的;(2)聚集,堆集
glomerogranulitic texture　聚合微粒结构
glomeropheric　聚合斑状
glomeroplasmatic　聚束状[结构]
GLOMEX (=Global Oceanographical and Meteorological Experiment)　全球海洋气象试验
GLONAS (=Global Navigation Satellite System)　全球航海卫星系统
GLONASS (=Global Navigation Satellite System)　全球航海卫星系统
GLONASS (=Global Orbiting Navigation Satellite System)　全球轨道导航卫星系统
glonoin　(1)硝化甘油别名,三硝酸甘油脂;(2)硝化甘油酒精溶液(1%)
gloom　(1)干燥炉;(2)变阴暗,阴暗
glory　(1)光荣,荣誉;(2)彩光环,光轮,虹
glory-hole　火焰窥孔,观察孔,炉口
glory hole　(1)扫除用具柜,储藏柜;(2)(客船上)配膳品舱室;(3)(船上的)司炉舱室;(4)船尾中甲板的船员室及贮藏室;(5)加热炉,加热孔,火焰窥孔
GLOSS (=Global Sea Level Observing System)　全球海平面观测系统
gloss　(1)光滑的表面,光泽面,光泽度,光彩,光泽;(2)使有光泽,加光泽,弄光滑,上釉,上光,装饰;(3)单向反射率;(4)注解,解释,评注;(5)词汇表,语汇;(6)曲解,假象
gloss boar　光泽板
gloss oil　松香清漆,光[泽]油
gloss paint　光泽涂料,光泽漆
glossary　(1)术语汇编,词汇表,词汇;(2)专门名词,术语
glossary-index　词汇索引,名词索引
glossary of general terms in metal cutting　金属切削基本术语
glossary of terms　术语汇编,术语集
glossiness　(1)光泽性;(2)矸光度;(3)光泽度
glossmeter　(1)单向反射计;(2)光泽计
glossographer　注释者,注解者
glossy　(1)有光泽的;(2)矸光的;(3)整光的
glost　釉
glost fire　烧釉
glost kiln　釉窑
glost oven　釉窑
glost ware　釉皿
glove　手套
glove box　手套箱,干燥箱
glove box train　手套箱线路
glove compartment　杂物箱,工具箱,工具袋
glove presser　手套压烫机
gloovebox　手套箱
gloves and boots　手套和长靴
gloving　手套制作
glow　(1)发白热光,灼热光,辉光,光辉,荧光,电辉;(2)发光本领,发光,发热;(3)灼热,炽热,燃烧
glow coroma　(辉光)电晕
glow current　辉光[放电]电流
glow curve　加热发光曲线
glow discharge　辉光放电
glow discharge cathode　辉光放电阴极
glow discharge cleaning　辉光放电清洗
glow discharge current　辉光放电电流
glow discharge electron gun　辉光放电电子枪
glow discharge lamp　辉光放电管
glow discharge loss　辉光放电损耗
glow discharge oxidation　辉光放电的氧化作用
glow discharge positional indicator　十进管
glow-discharge tube　辉光放电管
glow discharge tube　辉光放电管
glow discharge voltage regulator　辉光放电调压器
glow-lamp　(1)白炽灯,辉光灯;(2)辉光放电管
glow lamp　(1)录像灯,录影灯,辉光灯;(2)辉光放电管
glow plasma　辉光等离子体
glow plug　热线点火塞,电热塞,高温塞
glow starter　荧光灯启动器,日光灯启动器,辉光起动器
glow switch　引燃开关
glow tint　真空放电色调,辉光色辉
glow tube　辉光放电管
glow tube oscilloscope　辉光管示波器

glow watch 夜光表

glow wire 辉光灯丝, 热灯丝

glower (1) 发光体, 炽热体; (2) 白炽灯丝, 灯丝

glowing cathode 热离子阴极, 旁热式阴极, 辉光阴极

glowing furnace 淬火炉

glowing heat 白热

glowing red 红热

gloze (1) 掩饰; (2) 解释清楚, 注解, 说明

GLS (=General Service) 一般用途, 通用

Glucinum [元素] 铍 Gi

gluckauf 格留考夫 [炸药]

glucometer 旋光测糖计, 糖量计

glue (1) 胶, 胶质, 胶合剂, 粘结物, 粘结剂; (2) 胶水, 胶泥; (2) 胶合, 胶粘, 粘合, 粘着

glue bond 胶合剂

glue etched glass 冰花玻璃

glue joint 胶接合

glue-joint ripsaw 胶接纵切锯

glue-line 胶缝, 胶层

glue line 粘结焊线层, 粘结胶层, 胶结层, 胶缝

glue line heating 胶层加热

glue machine 上胶机, 粘贴机

glue off 胶粘

glue over glue (砂纸、砂布) 上下层结合剂均为胶

glue paper (透明) 胶纸

glue-pot 胶锅

glue pot 煮胶锅

glue process 粘贴工序

glue refuse 胶渣

glue solution 胶液

glue spread 涂布量

glue-water 胶水

glue water paint 水胶涂料

glued board 胶合板

glued construction 胶合结构

glued joint 胶接接合, 胶接, 胶合

glued laminated timber 胶合板

glued wood 胶合板

glueing 胶粘, 粘合, 胶合

gluer 涂胶器, 布胶器

gluey 胶粘的

glueyness (1) 胶粘性; (2) 粘度, 粘性

glueing (=gluing) 涂胶, 施胶, 胶合

glug 格拉格 (质量单位, 1 克重的能力能使 1 格拉格质量产生 1cm/s^2 的加速度)

gluing 胶粘, 粘合, 胶合

gluish (1) 胶水状的, 胶粘的; (2) 胶质的

glut (1) 楔; (2) 支点, 帆索环; (3) 销钉联接; (4) 粘胶, 粘液; (5) 供过于求, 供应过剩, 过多

glutinous (1) 粘的; (2) 胶质的; (3) 粘液的

glutinousness (1) 粘 [滞] 性; (2) 粘 [滞] 度

glutoscope 凝集检查镜

GLX-W steel 高强度半镇静钢 (碳 0.016%, 硫 0.18%, 硅 0.05%, 锰 0.75%, 磷 0.009%, 铌 0.04%, 其余铁)

glycerin (1) 丙三醇; (2) 甘油

glycerin bath 甘油浴

glycerin ester 甘油脂

glycerin litharge cement 甘油一氧化铅水泥

glycerine (=glycerin) (1) 丙三醇; (2) 甘油

glycerol (1) 丙三醇; (2) 甘油

glycerol phthalic resin 甘汰树脂, 醇酸树脂

glycerol retention test (测定土粒表面积的) 甘油保持量试验

glycerol trinitrate 甘油三硝酸脂

glyceryl trinitrate 硝化甘油

glyco 哥里科铅基合金 (含锑 22%, 锌 8%, 磷 70%)

glycol 乙二醇, 甘醇

glycol amine gas treating 气体甘醇 - 乙醇胺法净化

Glyko metal 锌基轴承合金 (锡 5%, 铜 25%, 锑 4.7%, 铝 2%, 其余锌)

glyphograph 电刻版, 电气凸版

glyphography 电刻术, 电气凸版法

glyptal 醇酸树脂

glyptic (1) 雕刻的; (2) 雕刻宝石的; (3) 有花纹的

glyptics (1) 雕刻术; (2) 宝石雕刻术

glyptography 宝石雕刻术

GM (=General Maintenance) 日常维修

GM (=General Manager) 总经理

GM (=General Merchandise) 日用商品, 杂货

GM (=German Mark) 德国马克

GM (=Gm Curve) 横稳心高度曲线

GM (=Good Middling) 完好的中等货物, 中等货

GM (=Governor Motor) 调速电动机

GM (=Gram) 克 (质量单位)

GM (=Greenwich Meridian) 本初子午线, 零度经线, 格林经线

GM (=Gun Metal) 铜锡合金, 锡青铜, 炮铜

GM (=Metacentric Height) 稳性高度, 重稳距

GMAT (=Greenwich Mean Astronomical) 格林尼治天文时

GMAW (=Gas Metal-arc Welding) 气体金属弧焊法

GMB (=Good Merchantable Brand) 良好商标

GMDSS (=Global Marine Distress and Safety System) 全球海上遇险及安全系统

GMI (=Galvanized Malleable Iron) 镀锌可锻铸铁

GMLS (=General Maritime Law of Salvage) 海上救捞法

G-MOL (=Gram-molecule) 克分子, 摩尔

GMQ (=Good Merchantable Quality) 良好可销货品, 上等可销商品

GMS (=Gas Smothering System in Machinery Space) 机舱气体消防系统

GMS (=Geostationary Meteorological Satellite) 同步气象卫星

GMSS (=Geostationary Meteorological Satellite System) 同步气象卫星系统

GMT (=Greenwich Mean Time) 国际标准时间, 格林时, 世界时

GMTR (=Global Minimum Time Route) 全球最佳航线

GMV (=Gram-molecule Volume) 克分子容积

GMW (=Gram-molecule Weight) 克分子重量

GN (=Generator) 发电机, 发生器, 振荡器, 发送器, 传感器

GN (=Green) (灯光) 绿色

GN (=Green Light) 绿色灯光

GN (=Grid North) (海图) 网格北

GN (=Gross Negligence) 重大过失

gnarl 节, 木节, 木瘤

gnarled 节多的, 瘤多的

GNC (=Global Navigation Chart) 全球航海图

GND (=Ground) (1) 大地, 地; (2) 海底; (3) 接地; (4) 地线

gnomon rudder 半平衡舵

gnomonic chart 心射投影海图

gnomonic curve 磬折形线 (由平行四边形的一角截去较小的相似平行四边形所余的图形)

gnomonic gradicules 心射投影图网

gnomanic map 心射投影海图

gnomonic projection 心射面切投影, 球心投影

GNP (=Gross National Product) 国民生产总值

GNS (=Generalized Network Simulator) 通用网络模拟器

GNS (=Give New Set) 用新指标

GNS (=Global Navigation System) 全球导航系统

GNSS (=Global Navigation Satellite System) 全球导航卫星系统

GO (=General Office) 总公司, 总行

GO (=General Orders) (1) 总规则, 总章程; (2) (海关的) 通令

go (1) 前进, 行驶, 进行, 走, 去; (2) 起作用, 行得通, 运行, 运转, 开动; (3) 被容得下, 放置; (4) 变成, 变为, 成为, 达到, 处于, 构成; (5) 中断, 断开, 完结, 坍塌, 失败, 消失, 衰退, 垮, 坏; (6) 流通, 流传; (7) 出价, 花费, 用完, 用光; (8) 忍受, 承担, 干, 做; (9) 可随时发射的, 可随时使用的; (10) 梯级长度, 楼梯级距

go a long way 达到很远, 用得很久

go a long way in 对……大有用处, 有助于, 有利于

go a step further 再深入一步

go above 超过

go after (1) 跟在后面; (2) 设法获得, 追求, 寻求

go against 与……相反, 不利于, 逆着, 违反

go-ahead (1) 批准; (2) 放行信号, 向导信号, 绿灯

go ahead (=GA) (1) 批准, 许可; (2) 进展, 前进; (3) 前进的, 批准的, 许可的; (4) 请继续 (电传用语) (5) 延长, 延伸

go ahead motion 前进运动

go along 前进, 进步, 进行

go along with 与……一致, 伴随, 陪伴

go-and-return 两端间的, 来回的

go-and-return mile 雷达英里

go-around (1) 重复进入着陆; (2) (火箭) 进入第二圈飞行

go-around information (火箭) 进入第二圈时的信息

go astern (船) 反方向移动, 反向, 后退

647

go astray　(1) 误入歧途, 走错路；(2) 丢失
go at　从事, 着手, 攻击, 冲向
go away　离开, 走掉
go back　返回, 回来
go back on　违背, 背弃, 毁 [约]
go back to　回到……来, 追溯到
go back upon　违背, 背弃, 毁 [约]
go before　居前
go behind　进一步斟酌, 寻求, 探求
go behind a decision　对决定再考虑一下, 修正决定
go-between　(1) 连接杆, 连杆；(2) 连接环；(3) 中间网络, 中间节
go between　奔走于……之间, 调停
go-by　不理解, 忽视
go by　(1) 经过；(2) 凭……判断, 遵循, 依照, 依据
go by air　乘飞机
go-cart　(1) 扶车；(2) 手推车
go critical　达到临界
go-devil　(1) 输油管清扫器, 管子清洁器, 堵塞检查器, 油管清洁器, 清管刮刀, 刮管器；(2) 冲棍；(3) 木材搬运车, 手推车, 运石车；(4) 油井爆破器, 坠撞器
go down　(1) 减少, 下降, 落下, 坠落, 沉没；(2) 被记下, 被载入
go down to　下降到, 一直到, 达到
go-end of gauge　[塞规] 通端
go fishing　打捞
go far　耐久, 持久
go far forwards　对……深入, 大有助于
go for　(1) 尽力想得到, 设法取得；(2) 可应用于, 适用于；(3) 支持；(4) 被认为
go for broke　利用一切资源, 尽最大努力
go for much　大有用处
go for nothing　毫无用处, 毫无效果, 等于零
go forth　出发, 公布, 发表, 发行
go forward　向前运动
go-ga(u)ge　过端 [量] 规, 通过量规, 通过验规, 通 [过] 规
go ga(u)ge　过端量规, 通过规
go-getter　火箭自动制导控制装置
go glimmering　化为乌有
go-go　最现代化的, 最新式的
go hand in hand　同时进行, 结合进行
go in　(1) [塞] 进去, 进入；(2) 参加
go into a question　深入研究一问题
go into detail　详述
go into operation　实行, 实施
go into particulars　详述
go into red ink　亏空
go juice　喷气发动机燃料
go-kart　微型竞赛汽车
go metric　采用公制
go mini　缩小, 变小
go negative　变成负值
go-no-go ga(u)ge　"过"-"不过"验规
go-no-go ga(u)ge　过端不过端量规, 过端止端规
GO/NO-GO judgement　合格不合格判别
go-no-go test　"是 - 否"试验, 功能试验
go-off　(1) 开始, 着手, 出发；(2) 爆炸
go off　(1) 离去；(2) 射出, 打出；(3) 爆炸, 响；(4) 卖掉, 售出；(5) 出毛病, 变坏；(6) 消失
go on　(1) 进行, 继续, 保持, 发生；(2) 依靠, 依据, 遵循；(3) 接受, 采纳
go-on-devil　1) 输油管清扫器, 管子清洁器, 堵塞检查器, 油管清洁器, 清管刮刀, 刮管器；(2) 冲棍；(3) 木材搬运车, 手推车, 运石车；(4) 油井爆破器, 坠撞器
go on for　接近
go-on symbol　继续符号
go on with　把……进行下去
go out　(1) 出去, 离开；(2) 熄灭；(3) 不流行, 过时；(4) 罢工, 辞职, 下台；(5) 结束
go out of date　过时
go over　(1) 越过, 绕过；(2) 过渡, 翻倒；(3) 检查, 审查, 查看, 参观
go over to　改变为, 转向
go overboard　脱离常轨
go round　绕……运行, 旋转, 转动
go roundly to work　热心从事工作
go nuclear　走发展核武器的道路, 核力量化

go shares　分享, 分担
go side　(塞规) 通过端, 通端
go so far as to　达到……程度, 甚至于
go solid　变成固体
go stand by (=GSB)　等待下一次收听
go-stop　(1) 前进和停止；(2) 交通指挥灯, 交通信号
go-stop-signal　"动 - 停"信号
go through　(1) 处理完, 通过, 经历, 经受, 做完；(2) 仔细查看, 详细讨论, 全面考虑, 搜索；(3) 履行
go-through machine　网眼花边机
go through with　贯彻, 完成, 做完
go to　(1) 有助于, 适于, 用于, 属于, 归于, 到, 去；(2) 转到；(3) 查阅, 研究；(4) 折合
Go-To assignment statement　转向赋值语句
go to extremes　趋于极端, 过分
go to pieces　粉碎
Go To statement　转向语句
go together　一起发生, 相称, 相配, 伴随
go under　(1) 沉没, 失败, 破产；(2) 通称为
go up　(1) 沿……往上, 上升；(2) 建造起来；(3) 被炸毁, 爆炸；(4) 被提出
go with　(1) 与……一致, 同意；(2) 附属于, 附带有；(3) 配合, 适合
go wrong　发生故障, 发生错误, 出毛病
go wrong with　发生故障, 出毛病, 失败
goal　(1) 目的, 目标；(2) 目的地, 终点；(3) 瞄准点
goal-directed　有目的的, 有用意的
goal goggles　护目镜
goal-oriented　面向目标的
goal post　(1) 龙门式起重柱；(2) 龙门桄, 双柱桄
goal post mast　龙门桄
goalless　无目标的, 无目的的
goalpost　龙门架, 门柱
goat　(铁路) 转辙器
goatskin　山羊皮, 山羊革
GOB (=Good Ordinary Brand)　良好的普通商标
gob　(1) 充填；(2) 充填料；(3) 团, 块；(4) 许多, 大量
gob fed machine　料滴供料机
gob guide knob　导料滴旋钮
gob line　艏斜桁撑杆支索
gob rope　艏斜桁撑杆左右支索
gob stowing machine　充填机
gobber　废料充填装置
gobbing　充填
gobbing-up　充填
gobo　(1) 镜头遮光屏, 遮光板；(2) 遮声障板, 隔音屏
GOC (=General Operator Certificate)　通用电子员证书
godet　导丝辊, 导丝盘
godet box　导丝盘箱
godet roller　导丝轮
godet wheel　导丝轮
godevil　(1) 撞辊；(2) 清管器；(3) 滑板中耕机；(4) 手摇轨道车
godown　仓库, 货栈
godown receipt　仓库收据
godown rent　仓库租金, 栈租
godown risk　仓库险
godown tally　仓库理货员
godown warrant　仓库保证书, 仓单
godown watcher　仓库管理员
GOES (=Geostationary Orbit Environmental Satellite)　同步轨道环境卫星
GOFAR (=Global Geological and geophysical Ocean Floor Analysis and Research)　全球海洋地质及地球物理分析与研究
goffer　(1) 皱褶, 起皱；(2) 压出波纹；(3) 起皱用具
goffer machine　压纹机
goffered paper　皱纹纸
goffering　形成浮花, 形成皱纹
gog rope　拖绳
Gogan hardness　(摩擦材料) 高氏硬度
Gogan hardness dial indicator　表盘式高氏硬度计
goggle　(1) (复) 护目镜；护目罩；(2) (英俚) 电视
gogglebox　电视机
goggles　防尘眼镜, 护目镜, 防护镜, 墨镜
gogher hole　(爆破作业的) 药室
GOH (=Goods on Hanger)　悬吊式运送

GOI (=Ground Objects Identification)　地面目标识别

going　(1) 进行中的; (2) 运转中的; (3) 从事; (4) 梯段 [上下] 级距

going-barrel　发条盒

going barrel　(1) 主弹簧鼓; (2) 发条盒

going-concern value　继续经营的价值

going down　下钻

going in　下钻

going out　出口

going-over　彻底调查, 彻底审查

going part　筘座

going rate　现行率

going rod　定距标杆

going train　走针传动轮系, 运转轮系

going value　经营价值

Golay cell　红外线指示器, 戈利盒

gold　(1) 金 Au (原子数 79), 黄金; (2) 金光, 黄金色; (3) 包金, 镀金; (4) 金粉, 金箔

gold addition alloy　金添加合金

gold amalgam　金汞膏

gold-bearing　含金的

gold-beryl　金绿宝石

gold blocking　烫金

gold bond type diode　金键二极管

gold bonding technique　金键合技术

gold bonding wire　金连接线, 金键合线

gold bronze　金色铜粉, 金青铜

gold certificate　金币流通券, 金证券, 金券

gold clad wire　镀金导线

gold clause　黄金条款

gold-coated　镀金的, 涂金的, 包金的

gold coin　金币

gold content (=GC)　含金量

gold-doped transistor　掺金型晶体管

gold doping　金扩散, 掺金

gold dredger　采金船

gold dust　金粉, 金砂, 金泥

gold-epitaxial silicon high-frequency diode　金 - 外延硅高频二极管

gold film glass　包金膜玻璃

gold foil　金箔

gold franc　金法郎

gold gasket　金丝垫圈

gold leaf　金箔

gold-leaf electroscoe　金箔验电器

gold parity of the U.S. dollar　美元和黄金的比价

gold plate　金色玻璃板, 金镀层

gold plated contact　镀金触点

gold plated kovar wire　镀金科伐线

gold plating　镀金

gold plating thickness　镀金厚度

gold-refining　炼金

gold salt　氯金化钠, 金盐

gold sand　金砂, 金粉

Gold schmidt　铝热焊

gold-silver alloy (=GS alloy)　金银合金

gold size　镀金粘料, 硬油清漆

gold slag　金渣

gold solder　金焊料

gold standard　金本位

gold stock　黄金储备

gold tin alloy　金锡钎焊合金

gold value　金价

gold vanadium alloy　金钒电阻合金

goldammer　德国干扰抑制系统

goldbery rube　航用自动变频发信机

goldbonded　金键 [合] 的

goldclad wire　镀金导线, 镀金电缆

golddust　金砂, 金泥, 金粉

golden　(1) 黄金色的, 金色的; (2) 含金的, 产金的, 金制的, 金的; (3) 贵重的, 可贵的, 极好的

golden hour　黄金时刻

golden section　黄金分割

golden yellow flame　金黄色火焰

goldfield　金矿区, 黄金产地

goldfoil　金箔

goldleaf　金叶, 金箔

goldmark　记录搜索接收机

goldmine　金矿

goldmining　采金

goldsmith　金饰工, 金匠

goldsmith's principle　金匠原则

goldplate　(1) 金 [制容] 器; (2) 镀金

goldplated　镀金的, 包金的

goldrefining　金精炼法

Goldschmidt alternator　高尔德施米特发电机

goldstone　砂金石

goldstone DSIF station　金石探空测量站

gole　水闸, 闸门

Golf　通讯中用以代表字母 g 的词

goliath　(1) 移动式巨型起重机, 巨型轨道起重机, 轨道起重机, 龙门起重机, 强力起重机; (2) 大型物体

goliath base　大型管座, 大型管底

goliath cap　大型灯座

goliath crane　巨型起重机

goliath socket　大型灯座

gome　润滑油积炭

gomphoses (单 gomphosis)　嵌合

gomphosis (复 gomphoses)　嵌合

gon (=grad)　百分度 (角度单位, 直角的百分之一)

gondola　(1) 航空发动机短舱, 吊舱; (2) 有漏斗状容器的卡车, 混凝土载运车, 高边敞车, 无盖货车, 敞车, (3) 小艇; (4) (架空索道的) 吊笼, 缆车, 吊篮, 悬篮; (5) 大型平底船, 艇; (6) 飞船吊舱; (7) 悬艇式小型零件搬运箱

gondola car　无盖敞车

gondola wagon　(铁路) 高边敞车

gone by the board　掉入舷外的, 过舷的

gong　(1) 铃, 钟; (2) 铜锣; (3) 敲锣

gong buoy　(1) 警钟浮标; (2) 装锣浮标

gong stop　敲锣以通知停车

goniasmometer　量角仪, 量角器

goniometer　(1) X 射线测角器, 量角仪, 测角仪, 测角器, 测角计, 角度计; (2) 无线电方位测定器, 无线电方向调整器, 无线电测向仪, 测向计; (3) 测高器; (4) 天线方向性调整器

goniometer eyepiece　测角目镜

goniometer head　测角计头

goniometer system　(1) 测角系统; (2) 测向装置; (3) 测角器方式

goniometric　测角 [计] 的

goniometric network　测向网络

goniometry　(1) 测角术, 角度测定, 测角; (2) 测向术; (3) 量角学

goniophotometer　测角光度计

Gooch crucible　古氏坩埚

good (=GD)　(1) 好, 良好; (2) 信号 4 (通信中的信号强度)

good and safe berth　安全适宜泊位

good and safe place　安全适宜地点

good and safe port　安全适宜港口

good color　墨色均匀

good conductor　良导体

good discharge　有效的责任解除证明

good earth　良好接地

good fair average (=GFA)　良好平均商品, 中等以上质量

good faith (=GF)　诚信

good-for-naught　无价值的, 无益的, 无用的

good-for-nothing　无价值的, 无益的, 无用的

good geometry　几何学的良好条件, 佳几何

good gradient　平缓坡度

good holding ground　锚地底质良好

good merchantable　(1) 具有良好的商品质量; (2) 石油产品的颜色标志

good merchantable brand (=GMB)　良好商标

good merchantable quality (=GMQ)　良好可销货品, 上等可销商品

good middling (=GM)　完好的中等货物, 中等货

good money　相当多的钱

good oil　提纯油

good ordinary brand (=GOB)　良好的普通商标

good practice　良好惯例

good-quality　优质的

good quality　优质

good quality material　优质材料

good quality product　优质产品

649

good quantum number 佳量子数
good response 灵敏反应，快反应，快动作
good safety (=GS) 安全可靠
good seamanship (=GS) 良好的船艺
good sense 判断力强
good-sized 相当大的，大型的
good sound merchantable (=GSM) 商品的完好性
good stream shape 良好的流线型
good this week (=GTW) 本周内有效
good till cancelled (=GTC) 有效至解约，取消前有效
good till cancelled or countermanded (=GTC) 有效至解约，取消前有效
good till countermanded 有效至解约，取消前有效
good time 正常工作时间
good-visibility 良好的能见度
good visibility 良好能见度，七级能见度（能见度为12-20km）
good weather 良好天气［条件］
good weather condition (=GWC) 良好天气条件，良好天气
goodly (1) 不错的，美观的，漂亮的，优良的，好的；(2) 相当大的，颇多的
Goodman diagram （疲劳试验时的）戈德曼图
goodness (1) 质量优良；(2) 质量因素，品质因数；(3) 优度；(4) 优势
goodness of fit 拟合优度，拟合良度，适合度，吻合度
goodness-of-fit statistics 拟合优度统计量
goodness of fit test 拟合良好性试验
goods (1) 器材；(2) 货物；(3) 商品
goods afloat 未卸货物，未到货，在船货
goods arrived notice 货物到达通知书，到货通知书
goods attached 查封的货物
goods broken in transport 运输途中货损
goods carrying vehicle 运货车
goods control certificate 货物监控证书
goods depot 储货处，货运站，仓库
goods flow 货流
goods freight agent (=GFA) 货物运输代理
goods handling service 货物装卸业务
goods in bad order 货物混乱，货物混杂，货物损坏
goods in bond(s) 保税货物
goods in bulk 散装货物
goods in port area (=GPA) 港区货物
goods in rusty condition 货物锈蚀
goods in stock 存货
goods in transit 在途货物，运输途中的货物
goods item 货票
goods lift 货物升降机，载货升降机
goods line 货运线
goods lost at sea 丢失在海洋中的货物
goods machine 黄麻栉梳机
goods on consignment 寄销货
goods on hanger (=GOH) 悬吊式运送
goods on the spot 现货
goods porter foreman 货物搬运工领班
goods producing industry 工业和建筑业
goods receipt 货物收据
goods received note (=GRN) 收货票据
goods received records 进货记录
goods road vehicle 公路货车
goods service 货运服务
goods shed （周转性）仓库，货棚
goods station 货运码头，货运站
goods tax 货物税
goods to person 物就人（法律关系）
goods traffic 货物运输，货运量
goods-train 货物列车，货运列车
goods train 货物列车，货运列车
goods vehicle 货运汽车
goods wagon 货车
goods yard 调车场，堆场，货场
googol 古戈尔（=10^{100}），巨大的数字
goose-neck clamp 鹅颈夹具
goose-neck strap 鹅颈夹套
goose-neck tool 鹅颈刀，弹簧刀
goose saw 摆锯

gooseberry 刺球铁丝网
gooseneck (1) 鹅颈管，S形弯管，鹅颈杆，鹅颈销；(2) 鹅颈弯，S形弯；(3) 鹅颈钩；(4) 弹簧式弯头车刀，鹅颈刀，(5)（轮胎式起重机的）鹅头吊臂
gooseneck band 鹅颈座，轻型吊杆座（装在桅上）
gooseneck boom 转轴式吊杆，鹅颈式吊杆
gooseneck bracket 鹅颈座，吊杆座
gooseneck clamp 鹅颈形夹
gooseneck connection 鹅颈形接头
gooseneck crane 鹅颈式起重机
gooseneck scraper 鹅颈形刮刀，弯头刮刀
gooseneck slicker 鹅颈式叠板刮路机
gooseneck tool 鹅颈刀，弹簧刀
gooseneck trailer 鹅颈挂车
gooseneck vent 鹅颈形通风管
gooseneck ventilator 鹅颈形通风筒，弯管通风筒
GOP (=Gross Operating Profit) 毛营业利润，毛利
GOP (=Ground Observation Post) 地面观测站
gopher protected cable 防鼠咬电缆
GOR (=Gas Oil Ratio) 油汽比
GOR (=General Operational Requirement) 一般使用要求
gore 楔
goretex 一种聚合物
gorge (1)（蜗轮）咽喉面，喉部；(2) 塞满，吞；(3)（滑车）槽，沟槽；(4) 入口，过道；(5)（航道中的）碍航物，堆积物
gorge circle 蜗轮喉圆
gorge hook 双刺钩
gorge radius 蜗轮喉圆半径
gorgerin (=necking) 柱颈
gorgon （无线电控制的主动寻找目标的）空对空导弹
GOS (=Global Observation Service) （世界气象组织）全球观测业务
GOS (=Global Observation System) （世界气象组织）全球观测系统
GOSP (=Gas and Oil Separating Plant) 油汽分离站
gosport 通话管
gossamer (1) 游丝；(2) 薄纱
Gothic groove 弧边菱形轧槽
Gothic pass 弧边菱形孔型
goto circuit 串联隧道管电路
goto pair 串联隧道管对
GOTS (=Gravity-oriented Test Satellite) 重力定向试验卫星
gouge (1) 弧口凿，半圆凿，圆凿，扁凿；(2) 凿出的槽，凿出的孔，凿孔，凿槽，凿眼，刨槽，刨削，凿；(3)气刨［清理］，表面吹割；(4)（带钢缺陷）擦伤
gouge handle 弧口凿手柄
gouge hole 半圆凿穴
gouge spade 半圆凿
gouge type saw chain 牙轮型链锯
gouging (1) 凿槽；(2) 表面吹割，气刨
gouging abrasion 碰撞磨损
gouging blow pipe 表面切割割炬
gouging cut 表面吹割，气刨
gouging torch 气刨枪
govern (1) 调节，调整；(2) 控制，操纵；(3) 统治，管理，支配
governable 可控制的，可支配的
governace (1) 统治，管理，支配；(2) 调节
governail 舵（古名）
governed engine speed 发动机限速
governed speed 调节转速，限速
governing (1) 调整，调节；(2) 控制，操纵；(3) 统治，管理，节制
governing and emergency shutdown system 调速应急停车系统
governing and emergency stop trip 调速应急停车脱扣
governing body 管理机构
governing characteristic 调速特性
governing criterion 规定的标准
governing device 调节器，调节装置，调节设备
governing device test 调速装置试验
governing equation 基本方程，控制方程
governing error 主要误差，支配误差
governing factor 关键因素，控制因数，决定因数，支配因数
governing gear 调节装置，调速装置
governing performance test 调速性能试验
governing plunger （油量）调节柱塞
governing point 控制点

650

governing principle　指导原则
governing screw　调节螺丝,调节螺钉
governing spring　调速弹簧
governing stage　(汽轮机)调节级
governing system　调节系统
governing time　调速时间,调整时间
governing valve　调节阀,调速阀
government (=GOV 或 gov)　(1)政府;(2)管理,控制,调节,支配;(3)管理机构,行政管理
government agency (=GA)　政府机构
government approved　国家管理的
government authorities　政府当局
government band　政府通信波段
government bill of lading (=GBL)　政府提单,政府托运单
government broadcasting　政府广播
government broker　政府经纪人
government call　政府电话
government censor　(电报的)政府检查人
government document　官方文件,公文
government form　政府格式(即土产租船合同格式)
government funded research report　政府资助研究报告
government house (=GOVHO)　(海图用语)政府大厦
government license　政府的许可证,政府执照
government owned patents　政府所持专利
government property　国家所有制,公有制财产,国有制
government railway　国营铁路
government rate　政府电报价目
government regulations (=GR)　政府法规,政府规定
government report (=GR)　政府报告
government restraint (=GR)　政府禁令
government revenue collecting office　政府收入征收机关,征税机关
government rubber-acrylonitrile (=GR-A)　丁腈橡胶
government rubber-acrylonitrile butadiene copolymer (=GR-N)　丁腈橡胶
government rubber-isobutylene (=GR-I)　异丁橡胶
government rubber-monovinyl acetylene (=GR-M)　氯丁橡胶
government rubber-1/2 styrene-butadiene copolymer (=GR-S)　丁苯橡胶
government rubber-polyalkyl sulfide (=GR-P)　聚硫橡胶
government run facility　国有生产资料,国营企业
government ship (=GS)　政府船舶
government sponsored enterprises　政府资助的企业
government sponsored research　政府主办的研究项目
government standard manual (=GSM)　(美)政府标准手册
government survey　政府检验
government telegram　政府电报
government tug boat　政府拖船,国营拖船
governmental　政府的
governmental agencies　政府机构,官方机构
governmental authority　政府主管机关
governmental's telegram code　政务电报密码
governor (=GOV 或 gov)　(1)调速器,限速器;(2)调节器,调整器;(3)控制器,稳定器,调压器;(4)控制阀,调节活门;(5)统治者,管理者
governor air signal pressure　调速器压缩空气信号压力
governor amplifier　调速器放大器
governor arm　调速器杆
governor assist spring　调速器副弹簧
governor bed　调速器基座
governor body　调速器本体
governor booster　调速器升压器
governor bottom bush　调速器下部轴承衬套
governor box　调速器箱
governor characteristic　调速器特性曲线
governor complement　调速器总成
governor control box　调速器操作箱
governor control shaft　调速器控制轴
governor controlled motor　有离心调节器的电动机,调速控制电动机
governor deflection　调速器偏转
governor driving shaft　调速器传动轴,调速器驱动轴
governor fork　调速器杆叉头,拨叉
governor-free state　无调速状态
governor gear　调速器传动装置,调速装置,调节装置
governor handle　调速手柄
governor hunting　调速器周期性振动

governor impeller　调速器叶轮
governor layshaft　燃油调整杆
governor lever　调速杆,调节杆
governor linkage　调速器联杆,调节器联杆
governor manifold　调节器歧管
governor mechanism　调速机构,调节机构,调速器,调节器
governor motion　调速器转动
governor motor (=GM)　调速[器用]电动机,调节马达
governor of velocity　调速器
governor oil　调速器油
governor-operated　自动调节的
governor pump gear　调整泵装置,调节泵
governor rod　调速杆,调节杆
governor shaft　调速器轴
governor sleeve　调速器滑套,调速器套筒
governor slide　调节器滑阀
governor spindle　调速心轴
governor spring　调速器弹簧
governor switch　调速器开关
governor terminal shaft　调速器端轴
governor test　调速器试验,调节器试验
governor upper bush　调速器上部轴承衬套
governor valve　(1)调速阀;(2)调节阀;(3)调气阀
governor valve guide　调节阀阀导
governor valve position indicator　调节阀行程指示器,调节阀开度计
governor weight　调速器飞锤,调速器重锤,调速器重球
governor weight roller　调速器飞锤滚柱
GOVHO (=Government House)　(海图用语)政府大厦
gow　赛车
GOX (=Gaseous Oxygen)　气态氧
gozzetto　(意)一种渔船
gozzo　(意)一种渔船
GP (=Gauge Pressure)　仪表压力,指示压力
GP (=General Purpose)　通用货船(载重吨为16,500-24,999t)
GP (=General Purose Crew)　通用船员(机驾合一船员)
GP (=Generalized Programming)　通用程序设计
GP (=General-purpose)　一般用途的,通用的
GP (=Generator Panel)　发电机仪表盘
GP (=Geographical Position)　地理位置
GP (=German Patent)　德国专利
GP (=Graphic Processor)　图形处理机
GP (=Group)　(1)群;(2)联闪
GPA (=General-purpose Amplifier)　通用放大器
GPA (=Goods in Port Area)　港区货物
GPARFP (=Guidelines on the Provision of Adequate Reception Facilities in Ports)　港口提供充分接收设备指南
GPC (=General-purpose Computer)　通用计算机
GPCL (=General Provisions of Civil Law)　民法通则
GPDS (=General-purpose Display System)　通用显示系统
GPE (=General-purpose Equipment)　通用设备
GPE (=Ground Processing Equipment)　地面处理设备
GPFL (=Group Flashing)　(灯光)联闪
GPH (=Gallons per Hour)　加仑/小时
GPI (=Ground Position Indicator)　地面位置指示器
GPI (=Group Repetition Interval)　群重复周期,组重复周期
GPL (=General Principle of Law)　一般法律原则
GPL (=Generalized Programming Language)　通用程序设计语言
GPL (=General-purpose Language)　通用语言
GPM (=Gallons per Minute)　加仑/分钟
GPM (=General-purpose Microprogramming)　通用微程序设计
GPM (=Geopotential Meter)　位势米
GPM (=Groups per Minute)　组数/分钟
GPO (=General Post Office)　邮政总局
GPR (=General Purpose Radar)　通用雷达
GPS (=Gallons per Second)　加仑/秒
GPS (=Global Positioning Satellite)　全球定位卫星
GPS (=Global Positioning System)　全球定位系统
GPS (=Guarantee of Profession for Seamen)　船员职业保障
GPSEDJI (=General Principle of Ships Entry and Departure with Joint Inspection)　进出口船舶联合检查通则
GPSOPEP (=Guidelines on Preparing the Shipboard Oil Pollution Emergency Plan)　制订船上油污应急计划指南
GPSS (=General Purpose Systems Simulator)　通用系统模拟程序,通用系统模拟器

GPV (=General Purpose Vessel) 通用船舶

GQA (=Get Quick Answer) 尽快答复

GR (=Gear Ratio) 齿轮齿数比，传动速比

GR (=General Rules) 总则，通则

GR (=Government Restraint) 政府禁令

GR (=Grade) 等级，分类，程度

GR (=Grain) (1)粒，颗粒，晶粒，磨粒，粒度；(2)(钢材)纹理，(木材)木理；(3)格令(英、美的重量单位，等于0.0648克；药衡，等于1/20斯克普鲁尔；金衡，等于1/24本尼威特)

GR (=Green) 绿色(灯光)

GR (=Greenwich) 格林威治

GR (=Gross) 总的，毛的

GR (=Ground) (1)大地，地；(2)海底；(3)接地；(4)地线

GR (=Group) (1)群；(2)联闪(灯光)

grab (1)抓扬机，挖掘机；(2)抓斗，抓具，夹具，起重钩，挖尼斗；(3)夹钳[卡爪]，夹具[卡爪]，卡爪；(4)抓岩机；(5)抓取，抢夺

grab bar 抓条

grab boat 抓斗挖泥船

grab bucket 挖土机抓斗，抓斗

grab bucket conveyor 抓斗式输送器

grab bucket dredger 抓斗式挖泥船

grab-camera 咬合取样器照相机

grab crane 抓斗[式]起重机

grab discharge 用抓斗卸载，抓斗卸货

grab discharge clause (=GDC) 抓斗卸货条款

grab dredge (1)抓斗式挖泥机；(2)抓斗挖泥船

grab dredger 抓斗挖泥船

grab excavator 抓斗式挖掘机

grab handle 握柄，抓具

grab hook 起重钩

grab hopper (挖泥船的)抓斗式泥舱

grab hopper dredge 抓斗式挖泥船

grab hopper dredger 抓斗式挖泥船

grab iron 铁扶手

grab line (救生艇)救生索，把手绳，攀绳

grab link 抓扣链环

grab machine 抓斗机

grab rail (=GR) (救生圈)攀索，救生扶索，风暴扶索，扶手栏杆，扶手杆

grab rod (固定有舱壁、舱口围壁或桅杆上的)梯杆，(舱壁上)舱梯横撑，圆钢踏步

grab rope 救生握索

grab sample 定时采集的样品，随意取样

grab sampling 随机取样

grab skipper 拔钩器

grab with teeth 带牙抓斗

grabability 拖曳力

grabbing (1)抓岩机抓岩；(2)抓扬机装载；(3)抓取，抓住

grabbing clutch 握式离合器

grabbing crane 抓斗式起重机

grabhook 起重钩，抓爪

grabhook iron (1)铁撬棍；(2)扶手

grabman 挖掘机司机

Grabolak 氯乙烯均聚物

grabomatic (吊车用)抓桶器

Grace 用于用户长途拨号系统的自动电话交换机装备

grace (1)(票据)缓期，宽限；(2)装饰，使增色；(3)优美，优点

grace payment 预定支付(订约时规定一定日期后支付)

grace period (付款)延长期限，宽限期，优惠期

graceful degradation 性能下降，故障弱化，优雅退化

graceful degression (性能)逐渐变坏，缓慢下降

GRAD (=Gradient) 梯度，陡度

grad (1)百分度，度；(2){数}梯度；(3)分度

gradability 可分等级性

gradable 可分级的，可分类的，可分等的

gradate (1)逐渐变浓，逐渐变淡，逐渐变色；(2)顺次排列，顺次配列，逐渐转化；(3)分等级

gradation (1)等级，类别，等；(2)分级，分等，分类，分层，分段；(3)分粒作用，(4)粒级作用，分粒作用；(5)级差，级配；(6)使渐平，渐变，进展，弄平，整平；(7)阶段，程度，过度

gradation band 级配曲线范围[带]

gradation checks 灰度检查

gradation composition 级配组成，粒度组成，配合成分

gradation curve (粒度)分级曲线

gradation factor (粒度)分级系数

gradation of aggregate 集料级配，骨料级配，骨料等级

gradation test 粒度分析试验，级配筛分试验

gradation unit 连续投配器

gradational 逐渐变化的，有顺序的，分等级的，分层次的

gradations of color 色彩的不同层次

gradations of image 图像深度等级，图像深淡程度

grade (=GD 或 gd 或 GR.) (1)等级，品级，品位，质量；(2)百分度，坡度，斜度，陡度，梯度，锥度；(3)(磨具)硬度；(4)粒度，粒级；(5)定等级，分类，分级，分选；(6)公制度；(7)高程；(8)基准面，地平；(9)降低坡度，削平，整平

grade ability (=GR AB) (1)可分等级性；(2)拖曳力；(3)(车辆)爬坡能力

grade beam (房屋)基础梁，地基梁

grade builder 推拉推土机

grade by color 按颜色分级

grade compensation (曲线的)纵坡折减

grade control 坡度控制

grade correction 坡度校正

grade climbing 爬坡

grade-crossing 平面交叉

grade crossing 平面交叉，平交道，道口

grade designation (材料等)等级标志，等级名称，等级牌号

grade down 按比例折减

grade elevation 坡度线高程，路面标高

grade elimination (1)[消除或]减缓坡度；(2)高架桥

grade estimation 质量评定

grade factor 级配系数

grade label(l)ing 商品质量的标签说明，等级标签

grade limitation (1)坡度限制，极限坡度；(2)粒度范围

grade line 纵侧面线，基准线，纵坡线，坡度线

grade location 坡度设计

grade marking 作等级标记

grade of cast iron 铸铁等级

grade of concentration 富集品位

grade of electric meter 电表等级

grade of expansion 膨胀度

grade of fit (1)可靠性等级，配合等级；(2)适航等级；(3)适合度，适应度

grade of gears 齿轮等级

grade of metamorphism 变质程度

grade of ore 矿石等级

grade of quality 质量等级，品级

grade of rated voltage 额定电压级

grade of service (1)保养等级；(2)服务等级，业务等级；(3)服务质量

grade of slope 坡度，斜度

grade of spark 火花等级

grade of steel (gd. of s.) 钢[级]号

grade of tolerance 公差等级

grade of transmission 传输等级

grade out 等外级

grade pegs 坡度桩

grade periodicity technique 渐变周期性技术

grade point average 平均积分

grade post 坡度标

grade profile 坡度级剖面

grade reduction 坡度减低，坡度折减

grade resistance 坡度阻力

grade retarder 减速装置

grade ripper 耙路机

grade rod 水准标尺，坡度尺

grade scale (粒度)分级标准

grade sensor 坡度感测器

grade-separated interchange 立体交叉

grade-separation 立体交叉

grade separation (1)立体交叉；(2)等级分类；(3)分配级

grade separation structure 立体交叉结构

grade-speed ability 定速[度]上坡能力

grade stake 标高桩

grade-up 上坡，升坡

grade up (1)上坡，升坡；(2)提高标准，提高等级，改进质量

grade washer [轴]倾斜垫圈

gradeability (1)爬坡能力；(2)拖曳力

gradebuilder 推拉推土机

graded (1) 分级的,分层的: (2) 有刻度的; (3) 级配的; (4) 坡度的,梯度的,梯级的; (5) 分了类的,分了级的

graded aggregate 级配骨料

graded bedding (1) 级配基床; (2) 粒级层

graded broken stone 级配碎石

graded coal 分级的煤,筛分的煤

graded coarse sediment 级配粗泥砂

graded coating 分层涂层

graded coils 分段线圈

graded crushing 分级压碎,分段破碎

graded distribution 梯度分布

graded dots 各种大小不同的圆点

graded filter 级配倒滤层

graded fine sand 级配倒滤层

graded glass seal 玻璃过渡封接,分级过渡封接

graded gravel 级配砾石

graded group 分次群

graded hardening 分级淬火

graded irradiation 分段照射

graded joint 梯形接头

graded junction 过渡连接梯度

graded material 级配材料

graded net 等级网络

graded sand 级配砂

graded scale curve 分度弧规

graded sediment 粒度沉积,级配泥砂

graded sizes (骨料) 分级规格尺寸

graded slope 稳定比降

graded time step 分段限时

graded tube 刻度管

graded width 修整宽度

grader (1) 平地机,平路机,刮土机,推土机; (2) 分级机,分选机; (3) 分级工,分选工

grader man (1) 推土机手; (2) 分选工

Gradicon 格拉迪肯数字化器

gradient (1) 坡度,倾斜度; (2) 梯度,锥度,陡度; (3) 斜率,增减率; (4) 倾斜的; (5) 温度梯度,气压梯度

gradient break 坡度转折,坡折点

gradient centrifugation 梯度离心法

gradient flow 梯度风气流

gradient furnace 梯度炉

gradient grid 梯级式分压栅,梯级栅

gradient hydrophone 压差水听器

gradient junction 缓变结

gradient meter 坡度测定仪,倾斜仪,测倾仪,测坡器

gradient method 最速下降法,梯度法,斜量法

gradient microphone 压差传声器

gradient of field variable 场变量的梯度

gradient of gravity 重力梯度

gradient of keel blocks 龙骨墩坡度

gradient of neutrons 中子密度梯度

gradient of position line 船位线梯度,位置线梯度

gradient of slope 斜度,倾角

gradient of the head 水头梯度

gradient of water table 地下水位比降

gradient post 坡度柱

gradient-related method 梯度相关法

gradient speed 定斜法感光度

gradient tint (海图上) 高度色,深度色

gradient tints 高层分层设色

gradient vector 梯度向量

gradienter (1) 倾斜计,测斜仪,水平仪,水准仪; (2) 倾斜测定仪,倾斜测定器,倾斜测定计,测梯度仪,测斜率仪

gradine 雕刻齿凿

grading (1) 次第,等级,级差; (2) 筛分,分选; (3) 分级,分等; (4) 分级连接,分级复联; (5) 级配; (6) 分段; (7) 定坡度; (8) 磨具粒度; (9) 校准; (10) 分品法

grading analysis 粒径分析,粒度分析,颗粒分析

grading coils 分段 [绕制] 线圈

grading control 粒度控制,级配控制

grading curve 粒径分布曲线,级配曲线

grading cylinder 分级圆筒筛,分级滚筒

grading equipment 整地机械,平土机具

grading factor 级配系数

grading limit (颗粒) 级配范围

grading limitation (颗粒) 级配范围

grading machine 整地机,平土机

grading of aggregate 骨料级配,骨料等级

grading outfit (1) 平土机具; (2) 整坡机具

grading plant (1) 分级装置; (2) 分级厂

grading ring (分段) 屏蔽环

grading shield 电火花屏蔽,分段屏蔽,屏蔽物

grading specification 级配规定

grading system 粒径分级系统

grading test 粒径分析试验,级配筛分试验

grading tolerance (直径,长度) 相互差

grading tool 手锥 (测定磨具硬度工具)

gradiograph 测坡器,测斜仪,坡度仪

gradiomanometer 压差密度计

gradiometer (=gradometer) 重力梯度仪,重力陡度仪,重力陡度计,重力梯度计,磁强梯度计,坡度测定仪,测坡器,梯度计,陡度计,倾斜 [测定] 器,倾斜仪,坡度仪

gradocol membrane 分级膜,分选膜

gradual (1) 逐渐的,逐步的; (2) 渐近的,顺序变化的,缓和的; (3) 逐级的

gradual approximation 渐次近似法

gradual contraction 截面逐渐缩小

gradual engagement (1) 逐渐啮合,平顺啮合; (2) 逐渐接合,平顺接合

gradual enlargement 截面逐渐扩大

gradual execution 分段施工,逐步实施

gradual fouling of the sir filter 空气滤器逐渐脏污

gradual hydraulic jump 渐变水跃

gradual slope 缓坡

gradually 逐渐,逐步

gradually applied load 渐加载荷,缓慢加载

gradually varied 渐变的,缓变的

gradualness 逐渐,逐次

graduate (1) 刻度,分度; (2) 分 [等] 级,分 [阶] 段; (3) 校准; (4) 分度的,分等级的,刻度的; (5) 量杯,量筒

graduate arc (1) 刻度弧,分度圆弧,分度弧; (2) 量角器,分度器

graduate base 刻度底板

graduate circle 分度圆

graduate cylinder 量筒

graduate dial 刻度盘,分度盘

graduate disc 刻度盘

graduate disk 刻度盘

graduate glass 量杯

graduate limb 弧形刻度板

graduate parapelles 分度纬 (海图横边)

graduate ring 刻度圈

graduate rule 刻线尺

graduate scale (1) 刻度尺; (2) 分度尺

graduate staff gage (刻度) 水准标尺

graduated (1) 分度的,刻度的; 标度的; (2) 分等的,分级的

graduated base 刻度底板

graduated circle 分度圈,刻度盘

graduated collar 环形刻度盘,分度环

graduated cylinder 量筒

graduated disk 刻度盘,分度盘

graduated glass 刻度杯,量杯

graduated hardening 分级淬火

graduated hopper charging 用定量斗加料

graduated in English 英制刻度

graduated pipet 刻度吸量管

graduated ring 分度圈,刻度盘

graduated scale (1) 分度尺,刻度尺; (2) 分度标,分标

graduated taper 刻度退拨

graduating accuracy 刻线精度

graduation (=gdn) (1) 分度,刻度,标度; (2) 分等级,分级,分类,分层,分段; (3) 校准,校正,修正,定标,修均; (4) 级配,选分; (5) 蒸发浓缩法,蒸浓,加浓; (6) 分等级法,分阶段法

graduation error 刻度误差,分度误差

graduation house 梯塔

graduation in degrees 按度分刻度

graduation line 刻度线,分度线

graduation mark (1) 分度符号; (2) 刻度线,分度线,标度线

graduation of arc (六分仪) 弧的分度

graduation of curve 曲线修匀

653

graduation of data 数据修匀法
graduation of photoemulsion 照相乳胶加浓
graduation of scale 刻度
graduation of the motor currents 电动机电流级加法
graduation plate 刻度板
graduation tower 梯塔
graduator (1)刻度器,分度器;(2)刻度机,刻线机;(3)刻度员
Graetz connection (1)桥形接线;(2)多本整流接法,格里茨接法
Graetz number (=GZ) 格雷兹数
Graface 石墨-二硫化钼固体润滑剂
graffito 双色涂层法
graft (1)弯口铁铲;(2)绕扎(用小绳捆扎绳端成尖形,以便穿过滑车)
graft by approach 合接
graft cutter 插枝切取器,切枝杈机
graft polymerization 接合聚合
grafter 平铲
grafting material 接合材料
grafting-tool (1)平铲;(2)嫁接刀
grafting tool 平铲
graged finish 摩擦轧光整理
grain (=GR 或 GRN) (1)粒,颗粒,晶粒,磨粒,粒度;(2)(钢材)纹理,(木材)木理;(3)格令(英、美的重量单位,等于0.0648克,药衡,等于1/20斯克普尔;金衡;等于1/24本尼威特)
grain alcohol 酒精,乙醇
grain and grass drill 谷物牧草条播机
grain board 木纹板
grain boundary 晶[粒边]界,颗粒间界
grain boundary corrosion 晶界腐蚀
grain boundary cracks 晶界裂纹,晶间裂纹,晶间疏松
grain-boundary flow 颗粒边界流动,粒间流动,晶界流动
grain boundary flow 颗粒边界流动,粒间流动,晶界流动
grain boundary movement 晶粒间界运动
grain boundary precipitation 晶粒间界淀积
grain boundary segregation 晶界偏析
grain boundary separation 晶界分离
grain boundary shape 晶界形状
grain boundary strength 晶界强度
grain boundary structure 晶粒间界组织
grain boundary viscosity 粒状边界粘度
grain bulker 散装谷物船
grain bulkhead 谷物[隔]舱壁
grain capacity 散装舱容,散装容积
grain capacity, capacity in grain (=GCCG) 散装货容积
grain capacity in cubic feet 立方英尺散装容积
grain car 谷物运输车,运粮车
grain cargo certificate (=GCC) 谷类货物证明书
grain carrie [散装]谷物运输船,运粮船
grain ceiling 谷舱防漏底板,谷舱底垫板
grain certificate 谷物证书
grain coarsening 晶粒粗化,晶粒变粗
grain collision 颗粒碰撞
grain composition 颗粒组成,颗粒级配
grain coordination number 晶粒配位数
grain cracking 穿晶开裂
grain crusher 谷物碾碎机
grain cubic 散装舱容,散装容积
grain cut (木材)横纹锯断,横断
grain damage 穿晶损伤
grain diameter 颗粒直径,粒径
grain direction 纹理方向
grain drier 谷物干燥机
grain drill 谷物条播机
grain duster 谷物种子拌药机
grain effect (1)压纹效应;(2)晶粒效应
grain elevator 谷物输送机,散粮提升机,吸粮机,扬谷机
grain feeder (1)谷舱灌补器;(2)谷物传送器,谷物输送器,装谷机
grain fineness 晶粒细度,粒度
grain fineness number (1)粒度等级;(2)晶粒度等级;(3)平均粒度,晶粒度,细度
grain fittings 散装谷物设备,谷类隔板
grain flow (1)晶粒流动;(2)晶粒线向
grain fracture 穿晶断裂
grain fragmentation 晶粒碎裂
grain-growth 晶粒长大

grain growth 晶粒长大,晶粒生长,粒度增长
grain handling machinery 粮谷装卸机械
grain hardening 晶粒硬化
grain hatch 谷物装卸舱口
grain heeling moment 谷物倾侧力矩
grain inspector 粮谷检验人
grain laden 散装
grain laden ship 谷物运输船
grain loading booklet 谷物装载手册
grain loading information 谷物装载资料
grain loading plan 谷物装载图
grain loading stability data 谷物装载稳定资料
grain main hold only 仅在谷物主舱中
grain mark 晶粒界限
grain measure 散装容积,谷物容积
grain-noise 颗粒噪声
grain of crystallization 结晶中心,晶核
grain opening 谷物舱口
grain orientation 晶粒取向
grain-oriented alloy 晶粒取向合金
grain oriented electrical steel 取向性硅钢片,晶粒取向电钢片
grain-oriented siliconiron 晶粒取向硅钢
grain pipe chute 谷物输送管
grain refinement 晶粒细化,细晶化
grain refiner (晶粒)细化剂
grain refining steel 细晶粒钢
grain roll (1)[砂型]铸铁轧辊;(2)麻口细晶粒合金铸铁轧辊
grain roller (1)谷物压碎辊,粒面辊;(2)压花辊
grain screen 砂粒状网屏
grain ship 粮谷专用船,运粮船,谷物船
grain shoot 装粮斜槽
grain sieve 谷粒筛,籽粒筛,下筛
grain-size 颗粒大小,粒径,粒度
grain size 结晶粒度,晶粒大小,晶粒度,粒径,粒度
grain-size analysis 颗粒分析
grain size accumulation curve 粒径累积曲线
grain size analysis 粒度分析,粒径分析
grain size classification 粒度分类
grain size curve 粒径曲线
grain-size distribution 粒径分布
grain size distribution 粒度分布,粒径分布
grain size grading 粒径分级
grain-size scale 粒径分级刻度,粒径分级标尺
grain size scale 粒径分级刻度,粒径分级标尺
grain space (=GS) (1)散装容积,散装舱容,谷物容量;(2)谷物舱
grain spacing 颗粒间距
grain stability 谷物稳性
grain stability calculation 谷物船稳性计算
grain storage 粮[谷]仓[库]
grain structure 晶粒结构
grain terminal 粮谷码头,散粮码头
grain thief 谷物取样器
grain-tight (=GT) (防谷物漏出)谷密[的]
grain thrower 扬谷机
grain-to-grain boundary 颗粒间边界
grain to grain boundary 颗粒间边界
grain warehouse 粮[谷]仓[库]
grain washer 谷粒清洗机
grain wharf 粮谷码头,散粮码头
Grainal 钒钛铝铁合金(钒13-25%,钛15-20%,铝10-20%,其余铁)
grained (1)粒状的;(2)有纹理的,木纹状的
grained cast iron 细晶铸铁(孕育铸铁)
grained catalyst 粒状催化剂
grained metal 粒状金属,金属粒
grained tin-plate 糙面镀锡薄钢板
grainer (1)[制革的]刮毛刀,脱毛机;(2)蒸发器;(3)鞣皮剂
graininess (1)粒度,粒状;(2)粒性,粒性性;(3)晶粒结构
graining (1)粒化,造球;(2)析皂;(3)纹理,粒纹,起纹;(4)晶体形成
graining board 搓纹板,搓花板,压纹板
graining machine 压纹机
graining of tin 锡的粒化
graining out 加盐分离,盐析
graining sand 细砂

grainless　无颗粒的, 没有纹理的
grainy　(1) 粒状的；(2) 木纹状的
gram (=GM)　克 (质量单位)
gram-atom　克原子
gram atom　克原子
gram-atomic weight　克原子量
gram atomic weight (=GAW)　克原子量
gram-calorie　克卡 (热量单位)
gram calorie　克卡 (热量单位)
gram centimeter　克厘米
gram-equivalent　克当量
gram equivalent　克当量
gram equivalent weight　克当量
gram mole　克分子
gram molecular solution　克分子溶液
gram molecular volume　克分子体积, 克分子容积
gram molecular weight　克分子重量
gram-molecule (=G-MOL)　克分子, 摩尔
gram molecule (=G_MOL)　克分子, 摩尔
gram-molecule volume (=GMV)　克分子容积
gram-molecule weight (=GMW)　克分子重量
gram ring winding　环型绕组
gram roentgen　克 琴伦
gram-stained　革兰氏染色的
gramatom　克原子
gramion　克离子
grammar　(1) 语法规则, 语法；(2) 基本原理
grammar of science　科学入门
gramme (=gram)　克
gramme-atom　克原子
gramme-atomic weight　克原子重量
gramme-caloric　克卡
gramme equivalent　克当量
gramme-roentgen　克伦琴 (吸收能量单位)
gramme-weight　克重, 克力
grammeter　克米
grammetre　克米
grammole　克分子
grammolecule　克分子
gramophone　留声机, 唱机
gramophone audiometer　快速听力测试仪
gramophone recording　唱片录音
grampus　大铁钳
grams　唱片录音, 磁带录音
grams per cubic metre　克 / 米^3
grams per liter (=GPL)　克 / 升
grams per second (=gps)　克 / 秒
GRANAS (=Global Radio Navigation System)　全球无线电导航系统
granatohedron　菱形十二面体
grand (=GD)　(1) 伟大的, 宏大的, 大的；(2) 重要的, 主要的；(3) 极好的, 豪华的；(4) 完全的, 全部的, 总的
grand average　总平均
grand calorie　大卡, 千卡
grand climax　顶点
grand entrance　客船主入口, 进口大厅, 前厅
grand lot scheme　成批生产计划
grand master pattern　制造母模的模型, 原模
grand scale　大规模的
grand scale integration　(电路的) 超大规模集成
grand swell　大增减音器
grand total (=GT)　总计, 总值, 共计, 综合
grand total angular momentum　全总角动量
grand touring car　双座轿车
grand vitesse (=GV)　(法语) 捷运货物列车
granded oil　优质油
grandfather　原始数据组
grandfather clock　落地大座钟
grandfather cycle　{计} 存档 [周] 期
grandfather tape　{计} 原始信息带, 原始磁带, 备份带, 存档带
granite　花岗岩, 花岗石
granite chippings　花岗岩片
granite facing　花岗石砌面, 花岗石面
granite gneiss　花岗片麻岩
granite greisen　花岗云英岩

granite paper　花岗石纹纸, 灰衬纸
granite porphyry　花岗斑岩
granitelle　二元花岗岩, 辉石花岗岩
granitic　水磨石的, 花岗岩的
granitic layer　花岗岩层, 硅铝带
granitization　花岗岩化 [作用]
granitoid　花岗状的, 水磨石的
granny knot　打错的平结, 祖母结
granny's knot　打错的平结, 祖母结
granolith　水磨石
granolithic concrete　水磨石
granolithic paving　人造石铺面, 人造铺地石
granosealing　磷酸盐处理, 磷化处理
grant　(1) 允许, 许可, 答应, 同意；(2) 授予, 给予；(3) 假定；(4) 补助金
grantable　可同意的, 可给予的
granted authority　授权
grantee　被授予者, 受让人
grantor　授予者, 让与人
granular　(1) 粒状的；(2) 中粒团, 晶状
granular base　粒料底层
granular bed separator　颗粒床分离器
granular carbo　n 碳 [精] 粒
granular card　无盖板梳棉机, 微粒梳棉机
granular-crystalline　(1) 粒晶状的；(2) 粗晶体
granular crystalline　粗晶体
granular crystalline structure　粒状晶体结构
granular film　颗粒结构的薄膜
granular form　粒形
granular fracture　晶粒状断裂面, 粒状断面, 粒状破裂, 粗粒断口, 粗粒 断裂, 粒状破坏
granular fuel　粒状燃料
granular material　粒状材料, 颗粒材
granular membrane　筛网过滤器
granular microphone　炭粒传声器
granular-pearlite　粒状珠光体
granular pearlite　粒状珠光体
granular rupture　粒状破坏
granular stabilized　用粒料稳定的
granular structure　粒状结构, 团粒结构, 颗粒结构
granular texture　粒状结构
granularity　颗粒性, 粒度
granulate　(1) 成粒状, 成颗粒, 粒化；(2) 轧碎, 粉碎, 击碎
granulated　成粒的, 粒状的, 粉碎的
granulated carbide　粒状电石
granulated cork　粒状软木, 软木屑
granulated dust cork　软木屑
granulated material　粒状材料
granulated slag　粒状矿渣, 水淬渣
granulating　(1) 使成粒状, 造球；(2) 轧碎
granulating pit　炉渣粒化池
granulation　(1) 使成粒状, 成粒, 粒化；(2) 粒化作用
granulator　(1) 成粒机, 成粒器, 造粒机, 颗粒机, 制粒机, 粒化器；(2) 轧碎机, 碎石机；(3) 粒化管, 凝渣管
granule　粒度, 小粒, 细粒
granule spreading nozzle　颗粒农药喷嘴
granuliform　颗粒构造的, 颗粒状的, 细粒状的
granulite　麻粒岩, 变粒岩
granulitic　粒状的
granulitic texture　等粒结构
granulofilamentous substance　粒丝状物质
granulometer　颗粒测量仪, 粒度计
granulometric　颗粒的
granulometric composition　级配组成, 粒度组成
granulometric facies　粒度相
granulometric property　级配性质, 粒度性质
granulometry　(1) 粒度测定 [法], 粒度测定术, 颗粒法测定, 颗料测定法, 测粒术；(2) 颗粒分析
granulose　粒状
granulous　粒状的
Grap/Pen　笔绘图形输入器 (商品名)
grapefruit squeezer　葡萄榨汁器
grapevine stopper　高压电缆挈
graph　(1) 图, 图示, 图表, 图解, 曲线图, 标绘图；(2) 图像

655

graph command 图形命令
graph data 图解数据,图形数据,图表资料
graph disk 图表盘
graph follower (1)图形跟踪器;(2)图形复制器;(3)读图器
graph of errors 误差曲线
graph paper 方格纸,坐标纸,计算纸
graph plotter 绘图仪,制图仪
graph theory 图论
graphecon 各有两个电子光学系统的存储管,阴极射线记忆管,阴极射线存储管,存图管
grapheme (1)[一段]机器字码,手写字码;(2)语义图,语义符,字母
grapher 自动记录仪,自动式仪表,记录装置,记录[仪]器
grapher paper 方格纸,坐标纸,计算纸
graphic (1)用文字表示的,自动记录的,曲线图的,绘图的,雕刻的,印刷的,图示的,图解的,图形的,图[式]的;(2)投影图,地图,图表,图形
graphic access method 图像存取法,图形存取法
graphic algebra 图解代数[学]
graphic ammeter (=GA) 自动记录式安培表
graphic analysis 图解分析,图解法
graphic analytic method 图解分析法
graphic approach 图示法
graphic arts 图表艺术
graphic-arts technique 图形法
graphic arts technique 图形法
graphic calculation 图式计算,图解计算
graphic character 图形字符,图示符号,图像符号
graphic chart 曲线图,图解,图表,图
graphic classification 图解分类
graphic comparison 图解比较
graphic computation 图解计算
graphic-computational method 图解计算法
graphic data processing 图解数据处理
graphic dead reckoning 图解船位推算法
graphic depth recorder (=GDR) 水深图示记录仪
graphic design 图解设计
graphic determination 图解确定法
graphic display 图形显示器,图像显示器
graphic equalizer 多频音调补偿器,图像均衡器
graphic expression 图示,图解
graphic file maintenance 图像文件保护
graphic formula 图解式,结构式,立体式
graphic fracture mechanics 图解断裂力学
graphic illustration 图示说明,图例
graphic information 图形表示的信息,图像信息
graphic information processing 图像信息处理
graphic input language 图形输入语言
graphic instrument (1)制图仪器,自绘仪;(2)自动记录仪器,图示[仪]器
graphic integration 图解内插法,图解积分
graphic interpolation 作图插值法,内插图解法
graphic interprelation 图示法,图解法,图释
graphic language 图像语言,图形语言
graphic log 柱状剖面图
graphic meter 自动记录仪[器]
graphic method 图示法,图解
graphic optimization 图解最优化
graphic package 图形程序包
graphic panel 测量系统图示板,图解式面板,图示面板,图示板,图形板
graphic plot 制图
graphic plotter 图解式航线标绘仪
graphic position finding 作图定位
graphic procedure 图示法
graphic processor (=GP) 图形处理机
graphic-recording 自动记录式
graphic recording voltage (=GRV) 自动记录式伏特计
graphic recording wattmeter (=GRW) 自动记录式瓦特计
graphic representation 图解表示法,图解表示,用图表明,图解法,图示
graphic scale 图解比例尺,图示比例尺
graphic situation display 船位图形显示器
graphic solution 图解[法]
graphic statics 图解静力学
graphic statistical analysis 图解统计分析
graphic statistics 图解静力学

graphic symbol 图解符号,图示符号,图例
graphic technique 图解法
graphic terminal 图形终端,图式终端
graphic training aid (=GTA) 图解训练教具
graphic triangulation 图解三角测量
graphical 用文字表示的,自动记录的,曲线图的,绘图的,雕刻的,印刷的,图示的,图解的,图形的,图[式]的
graphical analysis 图解分析,图解法
graphical diagram 示意图
graphical-extrapolation method 图解外推法
graphical extrapolation method 图解外推法
graphical integration 图解积分
graphical investigation 图解研究
graphical kinematic synthesis 图解运动合成
graphical method 图解法
graphical representation 图解表示法,图示法
graphical solution 图[示]解[法]
graphical-statistical analysis 图解统计分析
graphical symbols 图例
graphical treatment 图解法
graphics unit (1)图解法,图表法;(2)图形学,制图[力]学;(3)制图法;(4)图式计算学;(5)图示,图形,图案
graphics unit 制图机
Graphidox 铁合金(硅48-52%,钛9-11%,钙5-7%,其余铁)
graphite (=GP) (1)石墨,碳精,黑铅;(2)涂[上]石墨,注入石墨
graphite arc welding 碳极电弧焊,石墨电弧焊
graphite bearing (1)石墨轴承;(2)石墨板
graphite block 石墨块
graphite brush 石墨电刷
graphite carbon 石墨碳
graphite containing bearing 含石墨的轴承
graphite crucible 石墨坩埚
graphite electrode 石墨电极
graphite fiber 石墨纤维
graphite flake 片状石墨粉粒,石墨片
graphite grease 石墨润滑脂,石墨滑脂,石墨脂
graphite jointing 黑纸柏
graphite low energy experimental pile (=gleep) 低功率石墨实验性[原子]反应堆
graphite lubricating oil (=GLO) 石墨润滑油
graphite lubrication 石墨润滑
graphite metal 铅基轴承合金(铅68%,锡15%,锑17%)
graphite-moderated 带石墨慢化剂的,石墨减速的
graphite modulated reactor 石墨原子减速反应堆,石墨慢化反应堆
graphite modulator 石墨减速剂
graphite-nyloglas cage 玻璃纤维增强尼龙保持架
graphite oil 石墨粉滑油(拌石墨粉的滑油)
graphite packing 石墨填料,石墨填密
graphite paint 石墨油漆,石墨涂料,黑铅漆
graphite powder 石墨粉
graphite-reflected 带石墨反射层的
graphite resistance 石墨电阻
graphite resistor rod 石墨电极
graphite rosette 菊花形石墨
graphite uranium lattice 铀石墨点阵
graphited bearing 含石墨轴承合金
graphited oil 含石墨润滑油
graphited oilless bearing 石墨润滑的无油轴承
graphitic 石墨的
graphitic acid 石墨酸
graphitic carbon 石墨碳,石墨,石炭
graphitic lubricant 石墨润滑剂
graphitic oxide (=GO) 石墨氧化物
graphitic pig iron 灰口铁,生铁
graphitiferous [含]石墨的
graphitisable 可石墨化的
graphitization 石墨化[作用],形成石墨
graphitize 使石墨化,涂石墨
graphitized carbon black 石墨化碳黑,导电碳黑
graphitizer [石]墨化剂
graphitizing 石墨化[作用],披覆石墨,留碳作用
graphitoid (1)石墨状的;(2)隐晶石墨
graphology (1)图解法;(2)笔迹学
graphometric square 测绘尺,测绘仪

656

graphometry 测定笔迹常数的科学

graphophone 格拉福风留声机

graphoscope (1) 电脑显示器；(2) 近视弱视矫正器

graphostatics 图解静力学

graphotest 图示测微计，记录测微计

graphotype 白垩电铸凸版法

graphotyper 字图电传机

graphs 图，图形，图线，设计曲线

graphtheoretic concept 图论概念

graphtyper 字图电传机，图像电传机

Grapitox 磷酸锌和磷酸铁覆盖层

grapnel (1) 多爪锚，四爪锚，锚；(2)（抓海底电缆用的）探海钩，锚形抓钩，铁钩

grapnel anchor 多爪 [小] 锚

grapnel rope 四爪锚索，小锚索

grapnel travel(l)ing crane 抓斗移动吊车，抓斗行走吊车

grappier 石灰渣

grapple (1) 夹式吊具，抓扬机，抓斗，抓具，夹具，(2) 用拉杆加固，钩住，抓住，抓牢，锚定；(3) 抓钩，钩子；(4) 爬杆脚扣；(5) 钻孔打捞器，岩心提取器，(6)（抓海底电缆用的）锚形抓钩，探海钩，四爪锚

grapple bucket 抓斗

grapple dredger 抓斗挖泥船

grapple equipped crane 锚固式起重机，(多齿) 抓斗起重机

grapple hook 抓升钩

grapple skidder 抓钩式集材机

grappler (1) 抓钩，抓具；(2) 尾有孔的楔形块

grappler skidder 抓钩式集材机

grappler shot 救生弹

grapplers (1) 爬杆脚扣；(2) 抓钩

grappling hook 抓钩

grappling-iron (1) 抓机，(2) 多爪锚，铁钩

grappling iron (1) 抓机，(2) 四爪小锚，抓钩，(3) 锚状铁 (用于抓取它船)

GRAS (=General Recognized as Safe) 公认无害

grasp (1) 抓住，握紧，抓，(2) 掌握，领会；(3) 桨柄，锚钩，把，柄

graspable 可抓住的，可理解的，可懂的

grasper 抓紧器

grass (1)"噪声细条"，"噪声条"；(2) 地面，地表，草原，(3) 草绳

grass cutter 割草机

grass drier 表饲料干燥机，牧草干燥机

grass-hopper (1) 机车起重机，输送设备，输送装置，(2) 焊接管子用的修正和联接工具，(3) 小型快速压铸机，(4) 小型侦察机，轻型单翼机

grass hopper 平口焊管架

grass-hopper conveyor 跳动运输器

grass-hopper fuse 弹簧保安器

grass hopper fuse 报警熔丝

grass hopper joint 滑动接头

grass hopper linkage 蚱蜢机构

grass-hopper pipe coupling method 导管装配的分组法

grass hopper spring 半椭圆弹簧，悬臂弹簧

grass root refinery 地面炼油厂

grass rope 纤维绳

grass whip 长柄镰刀

grasshopper (1) 机车起重机；(2) 有竖直炉座的机车；(3) 轻型侦察通信联络机，轻型单翼飞机；(4) 高架输送机

grassland rejuvenator 草地刨土机

grassot flux meter 动圈式磁通计

grate (1) 炉篦，炉条，炉栅，炉排；(2) 围栏，护栅，格栅，格，栅；(3) 固定筛，篦条筛，格筛；(4) 格式固定装药机构，喷油排架，挡药板；(5) 晶体点阵，晶格，点阵，(6) 光栅，(7) 装料栅，装炉篦，(8) 摩擦，磨损，轧碎

grate area 炉篦面积，炉排面积，燃烧面积

grate ball mill 格子排料式球磨机

grate bar 炉篦，炉排，炉栅，炉条

grate bearer 炉篦托架

grate coal 筛选的煤

grate fired furnace 层燃炉膛

grate firing 层燃

grate mill 格子排料式磨机，格子式磨碎机，栅条机

grate opening (1)（船进水口的）栅格进口，帘格进口；(2) 炉篦空隙

grate room 火室

grate shaker 炉篦摇动装置，炉篦摇动器，炉排摇动器

grate surface 炉排面积，炉篦面积

grate type concave 栅格式凹板

grate type inlet 帘格式进水口

grate type throttling 栅格式节流孔

grate upon the ear 听起来不愉快，刺耳

grate with forced draught 强迫通风炉篦

grate with rotating units 具有转动元件的炉篦

grate with water circulation 水冷炉篦

grated 有格栅的，有炉格的

grated hatch 栅形舱口盖，格栅舱口

grated hatch-cover 栅格式舱盖，格子舱盖

gratefully yours 感谢你的

grateless 无格栅的，无炉格的

grater (1) 粗齿木锉，锉屑器，锉刀；(2) 磨光机，磨碎机，磨擦器

grathe 修理，修整

graticle 分划板

graticulated 有十字线的，有格子线的

graticulation (1) 在设计图上画方格，在方格纸上作图;(2) 方格缩放法，方格画法

graticule (1) 方格图，方格画法；(2) 分度线，十字线，分划线，标线；(3) 网格目镜，分度镜，交叉丝，(4) 制图投影网，地理格网，方格图网，坐标网，格子线，标线，(5) 标线板，量板，(6) 经纬线圈，十字线片，(7) 槽纹光栅，刻槽光栅

graticule value 地理坐标值

gratification (1) 奖金，报酬；(2) 满意

gratify 满足，满意

grating (1) 金属丝网，木条网格，铁格子，格栅，护栅，格筛，筛条，格；(2) 衍射光栅，绕射光栅，光栅，线栅；(3) 点阵晶格；(4) 栅格，格子（反应堆）；(5) 炉条；(6) 电极

grating and dot generator 点 - 栅信号发生器

grating aperture 栅线隙距

grating beam 排架座木，槛木

grating constant 晶格常数，点阵常数，光栅常数，格栅常数，光栅恒量

grating converter (1) 双线栅变频器，有栅变频器；(2) 光栅变换器

grating cover 格子舱口盖，格子盖

grating deck 格子甲板

grating frame 格子框架

grating generator (1) 交叉线信号发生器，栅形场信号发生器，条形信号发生器，格子信号发生器；(2) 栅形场振荡器

grating hatch 格子舱口

grating hatch-cover 栅格式舱盖，格子舱盖

grating inlet 栅格式进水口

grating interferometer 绕射干涉仪

grating platform （机炉舱的）格子平台

grating reflector 网状反射器，栅状反射器

grating signal 光栅信号，格子信号

grating space 栅线间距

grating spacing 栅线间距，格子间距，光栅间距

grating spectrograph 光栅摄谱仪

grating spectrometer 光栅分光计

grating structure 格状构造

grating with oblique incidence 倾斜入射光栅

gratis (1) 免费，无偿；(2) 免费的，无偿的；(3) 免费地，无偿地

grattoir 圆利器

Gratz connection 桥接整流电路

grave (1) 重大的，重要的；(2) 雕刻，刻去，铭刻，雕，刻，镂；(3) 船底除锈涂漆，清除船底涂上沥青，整修船底，清除船底油漆，清理船底，(4) 挖掘

grave consequence 严重的后果

grave the ship 铲除船底的污物

gravel 含金砂砾

gravel asphaltic concrete 砾石沥青混凝土

gravel ballast 砾石道碴

gravel concrete 砾石混凝土

gravel drain （填石）盲沟

gravel dredger 挖石船

gravel envelope 砂砾保护层，砂砾覆盖层

gravel filler 砾石填料

gravel filter 砾石滤层

gravel fraction 砾石部分

gravel hardpan 砾石硬层

gravel sand clay 含砂砾粘土

gravel sorter 砾石筛分机

gravel spreader 砾石撒布机

gravel washing plant 洗石机

gravel washing screen 洗石筛

gravelling 铺砾石

gravelly 砾石组成的,砾质的,多砾的

gravelly soil 砾质土

graven image 塑像

graver 雕刻工具,雕刻刀

graveyard 埋藏[放射性废物的]地点

graveyard watch (船上)二副夜班(指半夜 0-4 点值班)

gravics 引力场理论,重力场学

gravies 不法利润

gravimeter (1)相对密度计,比重计;(2)重力计;(3)重力仪;(4)重差计

gravimetre 液体密度测量计

gravimetric (1)重力测量的,重力法的;(2)重量分析的,测定重量的,比重测定的,重力的

gravimetric altimeter 重力高度计

gravimetric analysis 重量定量分析,重量分析,重力分析

gravimetric data 重力资料

gravimetric density (=GD) 重量密度

gravimetric determination (1)重力测定;(2)重量分析测定法

gravimetric dilution 按重量稀释

gravimetric method (混凝土)重力配料法,重力勘探法,重量分析法,重力法

gravimetric observation 重力测量

gravimetrical (1)重力测量的,重力法的;(2)重量分析的,测定重量的,比重测定的,重力的

gravimetry (1)重力测量分析,重量分析;(2)重量测定[法],重力测定[法],密度测定[法],比重测定[法],重量分析法;(3)重力测量学

gravimetry at sea 海上重力测量

graving (1)船底的清理及涂油漆;(2)雕刻;(3)雕刻品

graving-dock 干[船]坞

graving dock 干船坞,修船坞

graving drydock 干船坞,修船坞

graving expenses 船底清扫费

graving piece (修船)镶补木料,填补木块

gravipause 重力分界

gravireceptor 重力感受器

Gravisat 重力测量卫星

gravisphere 引力范围,引力层

gravit- (词头)重力,引力

gravitate 受重力作用,受引力作用,重力沉降,沉陷,下沉,下降;(2)自由落下,移动倾向,被吸引;(3)用油泵使油舱内的油因油压差而移动

gravitate downwards 重力作用下向下移动,靠重力流下,自流

gravitater 引力作用体

gravitation (1)万有引力,地心吸力,吸引力,引力,重力;(2)引力作用;(3)倾向,趋势;(4)下降,下沉

gravitation constant 万有引力常数

gravitation energy 重力能,位能

gravitation filter (1)重力[式]滤器,过滤澄清器,澄清器;(2)过滤

gravitation tank 供料储槽,重力柜,重力箱,重力罐,供料罐

gravitational (=GRAV) 地心吸力的,引力的,引力的,重力的

gravitational acceleration 万有引力加速度,重力加速度

gravitational acceleration field 重力加速度场

gravitational attraction 万有引力,地心吸力,地球引力,重力

gravitational charge 引力荷

gravitational constant (=GRAV CNT) 万有引力常数

gravitational contraction 引力收缩

gravitational discharge 重力排放

gravitational energy 重力能,位能

gravitational field 万有引力场,引力场,重力场

gravitational field theory 引力场理论

gravitational force 万有引力,地心吸力,重力

gravitational mass sensor (=GMS)引力质量探测设备,引力质量传感器

gravitational method 重力法

gravitational method of exploration 重力探测法

gravitational moisture 重力水分

gravitational potential 重力位势,重力势,引力势,重力位,引力位

gravitational pressure slip 重力滑动

gravitational separation 用比重不同的方法分离,重力分离

gravitational separator 重力分离器

gravitational system 重力单位制

gravitational water 自由地下水,重力水

gravitational wave 重力波

gravitational yard 驼峰调车场

gravitative 受重力作用的,受引力作用的,重力的,引力的

gravitative atraction 万有引力,地球引力,重力

gravitative differentiation 重力分异

gravitative water 自由地下水,重力水

gravitino (1)引力场量子,引力子;(2)引力微子

gravitometer 相对密度计,比重测定器,密度测量计,比重计,重差计,重力计,验重器

graviton 重力子,引力子

gravitophotophoresis 重力光泳现象

gravitron 气体放电管

gravity (1)地球引力,地心吸力,万有引力,重力,引力;(2)重量,重度,比重;(3)严肃性,危险性,重要性,严重性

gravity abnormality 重力异常,重力反常

gravity acceleration 重力加速度

gravity action 重力作用

gravity anchor 重力锚

gravity apparatus (1)重力给料装置,自溜式装置,重力式装置;(2)重力仪

gravity arch dam 重力拱坝

gravity axis 重力轴,重心轴

gravity balance (1)重力平衡;(2)比重秤,重力秤

gravity balanced hatch-cover 重力平衡式舱口盖

gravity band (有杆锚上)重心箍,锚杆环箍

gravity base (1)在海底靠重力固定的锚底座,重力底座;(2)重力测量基点

gravity base structure 重基结构

gravity battery 比重液电池,重力电池

gravity bin 重力给料斗,自溜式料斗

gravity bottle 比重瓶

gravity bulkhead 重力式挡墙,重力式岸壁

gravity caisson structure 重力式沉箱结构

gravity cell 重力电池

gravity chute (1)甲板排水槽,排水管,排水槽;(2)无动力滑槽

gravity chute feed 斜槽式重力进料

gravity circulation 重力[式]循环,自流循环,自动循环

gravity concentrate 重力选精矿

gravity conduit 自流导管

gravity constant [万有]引力常数

gravity control 重力控制

gravity controlled gyro (=GCG) 重力控制陀螺

gravity controlled instrument 受重力控制的仪表,重力控制仪器

gravity conveyer 重力输送机,自重输送机,滚棒运输机,倾斜式滚道输送机

gravity conveyer quick freezer 重力输送式快速冻结机

gravity conveyor 倾斜式滚道输送机,重力输送机,重力运输机,自重输送机,自重运输机,滚棒运输机

gravity core sampler 重锤岩心取样器

gravity crusher 重力破碎机

gravity current 重力流

gravity dam 重力坝

gravity davit 重力式吊艇架,重力式吊艇柱

gravity die 金属型,硬型

gravity-die casting 金属型铸件,硬型铸件

gravity die casting 硬型铸件

gravity disc 比重环(相对密度环)

gravity discharge bucket elevator 自重卸载斗式升运机

gravity discharge chute 自流式卸载料槽,重力滑槽

gravity-discharge elevator 重力卸载升运机

gravity distribution 自溜式撒布,重力喷洒

gravity distributor 自流式排肥机,自溜式喷洒机

gravity drain 自重泄油管路,自重泄油

gravity drainage 自流排水,重力排水

gravity drop hammer 重力锤,夹板锤

gravity dump body 重力倾卸车身,自卸车身

gravity effect 重力作用

gravity-feed (1)自动供料的,自流供料的,重力供料的,自动进给的,自动馈给的;(2)自动进料的,自重进料的,重力给油的,自流给油的

gravity feed (1)自动式供给,自重供给,重力供料,重力送料,自重进料,自溜供料,重力锁给,重力进给;(2)重力给油,自流给油

gravity-feed circulating system 重力进给循环系统

gravity feed line 重力自流进料管

gravity feed lubrication 重力润滑

gravity feed lubricator 重力给油润滑器,自流润滑器

gravity feed oiler 重力式注油器

gravity feed pipe 重力自流进料管

658

gravity-feed stoker　重力加煤机
gravity feed system　重力式供给系统
gravity feed tank　(1)重力式供油柜；(2)重力式供水柜
gravity fender　重力式防撞消能装置
gravity filter　自流式过滤器,重力式滤器
gravity flow　重力流,异重流,自流
gravity flow elevator　自流式升运器
gravity force　重力
gravity forced feed oiling system　重力式润滑油系统
gravity fuel feed　燃料重力送料,重力给油
gravity gradient　重力梯度
gravity gradient satellite (=GGS)　重力梯度卫星
gravity gradient test satellite (=GGTS)　重力梯度试验卫星
gravity gradiometer　重力梯度仪
gravity groundwater　自由地下水,重力水
gravity hammer　重力桩锤
gravity haulage　重力运输,滑溜运输,滑动运输
gravity head　重力水头,重心高差
gravity-head feeder　(1)重力落差进料器,重力落差给料器；(2)压力送料机,压力送料器,压差给料器
gravity head feeder　自重进料机
gravity installation　液体自流装置,重力式设备
gravity knife　重力折刀
gravity line　重力线
gravity load　(1)重力荷载；(2)自重
gravity loading　(1)重力装料,自动装料,自重装料；(2)重力载荷
gravity lock　自落闭锁装置
gravity lubricating oil system　重力式润滑油系统
gravity lubrication　重力润滑[法],自流润滑[法]
gravity measuring system (=GMS)　重力测量系统
gravity meter　重力仪,重差计
gravity mill　(1)重力式磨煤机；(2)重力选矿厂；(3)捣碎机
gravity oil filling bearing　重力注油式轴承
gravity oil system　重力润滑系统
gravity oil tank　重力油柜,重力油箱
gravity oiling　重力供油法,重力加油,重力润滑
gravity-operated　靠重力作用的
gravity oriented test satellite (=GOTS)　重力定向试验卫星
gravity petrol tank　自动加汽油用油箱,重力汽油箱
gravity pipeline　重力管路
gravity point of attachment effect　固定点重力效应
gravity quay wall　重力式码头,重力式岸壁
gravity railroad　重力缆车道(下坡车带动上坡空车)
gravity regulator　重力调节器
gravity retaining wall　重力式挡土墙
gravity roll rack　无动力滚筒式货架
gravity roller conveyer　(无动力装置的)重力滚轮输送机
gravity roller conveyor　无动力滚筒输送机,重力辊式输送机,滚柱式重力输送机
gravity segregation　(1)铸件中的偏析,比重偏析；(2)依比重分层,重力分层
gravity sensing switch　重力传感开关
gravity separation　(1)依比重分离,重力分离；(2)重力液舱
gravity separator　重力沉降分离器
gravity setting　比重沉降澄清
gravity stamp　捣矿机
gravity standard　标准重力值
gravity stripping　重力效应逐层去除法,重力剥离
gravity system　自动给料系统,自锤给料系统
gravity takeup　(输送机的)重锤式样张紧装置
gravity tank　(1)重力水柜,重力箱,重力柜；(2)自流式燃料供给箱,重力供油箱,重力油柜；(3)自动送料槽
gravity tank truck　重力式自动洒水车
gravity test　相对密度试验,比重测定
gravity tipple　(1)重力倾翻式手推车；(2)翻斗车
gravity to fall　不限比重
gravity transfer　重力排出注入,自然灌注
gravity type air　重力型风力分级机
gravity type arc welding　重力焊
gravity type boat davit　重力型救生艇架
gravity type construction　(1)重力构筑物；(2)重力式结构
gravity type fender　重力式防撞装置,重力式消能装置
gravity type filter　重力自流式过滤器
gravity type structure　(1)重力构筑物；(2)重力式结构

gravity-type take-up　重力式张力装置
gravity valve　重力阀
gravity voltameter　重力型电量计
gravity wall　重力式岸壁,重力式墙
gravity water　自由地下水,重力水
gravity wave　重力波
gravity weight　铅锤
gravity weld　倚焊
gravity welding　重力式电弧焊,重力焊
gravity well　自流井,自动井
gravity wharf　重力式码头
gravity wheel conveyer　(无动力装置的)重力滚轮输送机
gravity wire rope way　自溜式索道,重力轻便索道
gravity yard　驼峰调车场
gravitymeter　(1)比重计；(2)重力计,重力仪
gray (=GRY)　(1)灰色；(2)灰色颜料；(3)灰色的；(4)格雷(吸收剂量单位)
gray cast iron (=GCI)　灰[口]铸铁
gray cast iron brake shoe　灰铸铁闸瓦
gray cast-iron gear　灰口铸铁齿轮
Gray code　二进制循环码,格雷[编]码,反编码,反射码
gray correction　灰度校正
gray cutting　浅刻痕,浅刻花
Gray cyclic code　格雷循环码
gray face　(1)灰色荧光屏；(2)灰色表面
gray ferruginous soil　铁质灰壤土
gray glass filter　灰色玻璃片
gray hound　远洋快船,特快海船
gray iron　灰口铁
gray iron block　铁砖
gray iron castings　灰铁铸件
gray lead paint　灰铅油漆
gray level　灰度等级
gray level difference　灰级差
gray level resolution　灰度级分辨率
gray level transformation　灰度变换
gray market goods　非正式渠道所进货物,水货
gray pig iron　灰口铁,灰生铁
gray scale　灰度等级
gray-scale chart　灰度测试卡
gray scale picture　灰级图片
gray scale reproduction　灰度再现
gray scale transients　灰度瞬变
gray slag　铅熔渣
gray sour　初酸洗
gray stain　灰变
gray step　灰度梯级
gray tin　灰锡
Gray-to-binary converter　格雷码-二进码变换器,格雷码-二进码转换器
gray tone response　灰度特性
grayish black stain　灰黑变色
graze　(1)抛光,擦破,擦伤；(2)擦过,轻触；(3)低掠
grazing angle　(1)(无线电波)掠射角；(2)入射角；(3)掠射路径
grazing path　临界视距路径
GRC (=Glass-fiber Reinforced Concrete)　玻璃纤维加固凝结物,玻璃纤维增强混凝土
GRC (=Greece)　希腊
GRCC (=Group of Rapporteurs on Customs Questions Concerning Container)　集装箱关税问题报告人小组
GRCT (=Group of Rapporteurs on Container Transport)　集装箱运输报告人小组
GRD (=Geared)　有装卸设备的
GRD (=Ground)　(1)大地,地；(2)海底；(3)接地；(4)地线
grease　(1)润滑脂,润滑膏,油脂,黄油；(2)加滑油,涂油脂
grease additive　润滑脂添加剂
grease and oil soaked clutch　浸油离合器
grease-box　润滑油盒,油脂箱,滑脂盒
grease box　润滑脂盒,润滑油箱,油脂盒
grease can　润滑脂壶
grease cartridge lubricator　弹筒式润滑器
grease chamber　润滑油脂箱,油脂室,滑脂盒,油室
grease coating　油脂涂层
grease collar　油脂环

659

grease compressor 润滑脂枪,黄油枪
grease consistency 润滑脂稠度
grease contamination 润滑脂玷污,油污
grease cup 润滑油杯,滑脂杯,油脂杯,黄油杯,[牛]油杯
grease distributing groove 油脂分配槽,滑脂分配沟
grease extractor 润滑脂抽出器,油脂抽出器
grease failure 因油脂润滑不当或中断而引起的损坏
grease filling (1)润滑脂装填;(2)润滑脂注入嘴,黄油嘴
grease fittings (1)注滑脂附件,注油脂附件;(2)黄油嘴
grease gun 润滑脂枪,滑脂枪,油脂枪,黄油枪,注脂枪,注油枪
grease gun lubrication 用润滑脂枪加润滑脂
grease gun spar head 高压滑脂枪头,润滑脂枪,注油枪
grease hole 润滑油脂孔,注滑脂孔,润滑孔,油脂孔,注油孔
grease horn 牛油容器
grease launching (船舶)油脂滑道下水
grease lubricant 润滑脂,滑脂
grease lubricated bearing (=GLB) 油脂润滑轴承
grease lubrication 润滑脂润滑,油脂润滑,滑脂润滑,黄油润滑
grease lubricator 滑脂润滑器,油脂杯,油脂枪
grease-making plant 润滑脂[工]厂
grease making plant 润滑脂[工]厂
grease marks 油斑,油渍
grease monkey (1)机械润滑工;(2)飞机机械士
grease nipple 注滑脂螺纹接头,牛油枪喷嘴,油脂枪喷嘴,滑脂嘴,黄油嘴
grease oil 润滑油,滑脂油
grease oil gun 润滑油脂枪,注油枪,干油枪
grease outlet valve 放油[脂]阀
grease packing 润滑脂填料,滑脂填料,牛油填料,油脂填料,黄油填料,油封
grease pad 润滑脂填料,油脂垫,油封
grease pan 滑脂盘
grease plate 厚油的热镀钢板
grease plug 油脂塞
grease-proof 不透油的,防油的,耐油的
grease-proof paper 防油纸,牛油纸,油纸
grease-proofness 耐油性,不透油性,防油性
grease proofness 防油性,防油度
grease pump 滑脂泵,油脂泵,润滑脂泵,润滑油泵,黄油油泵
grease removal 去脂,除脂
grease removal tank 除脂槽
grease resistance 抗润滑脂侵蚀性能,耐润滑油性,耐油性,抗油性
grease retainer 护油[脂]圈,护脂[毡]圈
grease retaining shield 护油[脂]圈,护脂[毡]圈
grease seal 黄油封,滑脂衬套,滑脂密封
grease separator 滑脂分离器,除油池
grease sheet 厚[棕榈]油的热镀锡薄钢板
grease skimming tank 撇油槽
grease soaked lining 浸透润滑脂的衬片,制动器的摩擦片
grease-spot photometer 油斑光度计
grease spots 油渍
grease stain 油渍,油污,油迹
grease tester 油脂测定器,油脂分析器
grease testing machine 油脂试验机,油脂测定器
grease trap (=GT) (1)润滑脂分离器,油脂隔离器,隔油器,油隔;(2)润滑脂捕集器,集油器
grease tray [收]滑脂盘
grease tube 注油脂管
grease well lubrication 润滑脂槽润滑
greaseless 无润滑油的,无油脂的
greaseless valve 无脂密封阀
greased (1)上了润滑油的;(2)油脂处理的
greased deck concentration 涂脂板选矿法
greased deck table 涂脂摇床
greaseless 无润滑油的,无油脂的
greaseless valve 无脂密封阀
greasepaint 油彩
greaseproofness (1)防油性;(2)防油度
greaser (1)润滑脂注油器润滑脂注入器,润滑脂杯,润滑脂器具,注油脂器,注滑脂器,润滑器,油脂杯,牛油杯;(2)润滑工,加油工,涂油工
greasily 滑溜溜地,多脂
greasiness 油脂性,油腻性,油润性,多脂,滑感
greasing (1)加润滑脂;(2)涂油;(3)润滑,润滑脂润滑;(4)润滑过程

greasing equipment 润滑设备
greasing station 加润滑剂站
greasing substance 润滑物质,润滑剂
greasy (1)油脂的,油污的,油滑的,多脂的;(2)潮湿天气
greasy cotton packing 滑脂棉纱填料,牛油棉纱填料
great (=GT) (1)伟大的,重大的,巨大的,大的;(2)主要的,非常的,显著的,很多的;(3)全部,全体
Great Britain (=GB) 大不列颠,英国
Great Britain pound (=GBP) 英镑
great calorie 大卡,千卡
great circle 大圆,大圈
great circle arc 大圆弧
great circle bearing 大圆弧航向,大圆方向
great circle chart 大圆海图
great circle course 大圆航向
great circle direction 大圆方向
great circle distance 大圆距离
great circle navigation 大圆航行
great circle of sphere 球的大圆
great circle path 大圆路径
great circle route 大圆弧航线,大圆航线
great circle sailing 大圆航海术,大圆航行,大圆航法
great circle section (1)大圆航线分段;(2)大圆航行分段
great circle track (1)大圆航迹;(2)大圆航行分段
great circle track chart (1)大圆航路图;(2)大圆航线
great common measure 最大公约数
great diurnal range (=GT) 大日较差平均高高潮和平均低低潮潮高差)
great divide 分界线
great hundred 一百二十(一种计数单位)
great lake size bulker 大湖型固体散货船
great lakes ship 大湖船
great lower bound 最大下界
great numbers 大数定律
great power 巨大功率,强大功率,强大电力
great trigonomitrical survey station (=GTS) (陆标)大三角测量站
great tropic range (=GTR) 大潮潮差(大潮高高潮和大潮低低潮的潮高差)
great wheel (钟的)头轮
great wheel friction spring 二分界线摩擦簧,二轮压簧
greater coasting 近海航线
greater coasting area 近海区域
greater coasting service 沿海航线,沿海航行
greater coasting vessel 近海航线船
greatest 最大的
greatest common denominator (=GCD) 最大公分母
greatest common divisor (=GCD) 最大公因子,最大公约数
greatest common factor (=GCF 或 gcf) 最大公因子,最大公因数
greatest common measure (=GCM) (1)最大公约数;(2)最大公测度
greatest lower band 频带下限,最大下界
greatest lower bound 最大下界,下确界
greatest value 最大值
greaves 金属渣
Greek Ship-suppliers Association (=GSA) 希腊船舶供应商协会
green (=Gn) (1)软的,未淬火的;(2)未加工的,无经验的,生手,生的;(3)未硫化的;(4)未烘干的,湿的,潮的;(5)新鲜的;(6)绿色的;(7)绿色;(8)绿色颜料
green amplifier 绿色[图像]信号放大器,绿路信号放大器
green beam 绿色电子束,绿光束
green-beam magnet 绿[电子]束[会聚]磁铁
green beam magnet 绿束磁铁
green black level 绿路电平
green bloom oil 绿油
green bond {铸}湿态强度
green bottom (船的)污底
green brick 砖坯
green buoy 绿色浮标
green cast 湿法铸型
green casting 未经热处理铸件,未经时效的铸件,湿态铸件,湿砂铸法
green color difference modulator 绿色差调速器
green-compact 未烧结坯块,生坯,压坯
green concrete 新浇混凝土
green control grid (1)绿[色电子]枪控制电极;(2)绿色控制栅,绿枪控制栅
green copper ore 硅孔雀石,绿铜矿

green core 湿砂芯
green crop drier 表饲料干燥机
green customer 环保消费者
green decometer 台卡相位差计
green electron gun 绿色电子枪，绿枪
green-emitting phosphor 绿色荧光体，绿色荧光粉
green ferrite toroid 铁氧体磁芯半导体
green flash 闪绿光，绿光
Green function 格林函数，影响函数
green gadget 无干扰雷达设备
green glass 瓶料玻璃
green glue stock 生胶料
green-hand 无经验的人，生手
green hand 无经验的人，生手
green heart 绿心硬木 (一种坚硬的樟属耐朽木材)
green horizontal shift magnet
green horn 无经验的人，生手
green house effect 温室效应
green house sprayer 温室喷雾器
green issues 环保问题
green lamp 绿灯
green lead paint 绿铅油漆
green light (=GN) (1) (船的) 右舷灯，绿灯；(2) 给予方便，准许，许可，同意，放行
green line 敌我分界线，轰炸线
green logistics 环保物流
green lumber 新木材
green matte 生冰铜，生锍
green oil 高级石油，新鲜油，绿油
green ore 未选过的矿，原矿
green paint 绿漆
green PC 环保电脑 (PC=product computer)
green permeability 湿透气性
green phase 绿灯信号相
green-pressing 未烧结坯块，生坯，压坯
green products 环保产品
green ray 绿闪光
green resin 末经熟化的树脂，生树脂
green roasting 不完全焙烧，初步焙烧，半焙烧
green roll 铸铁轧辊，生铁轧辊
green rubber 未再炼生胶，粗制生胶
green run (1) 试运转，试车；(2) 新车磨合；(3) 初次试验
green sailor 新水手
green salt 四氟化铀，绿盐
green-sand 湿型砂
green sand 生砂，湿砂
green sand casting 湿型铸造
green-sand core 湿泥芯
green screen 绿光屏
green seaman 新水手
green seas 舱面巨浪积水，连续海浪，上浪
green sheet 印刷电路基板，生片
green side-light (右舷) 绿色识别灯，绿舷灯
green smelt 解冻熔炼
green stern light 绿色尾灯
green stock 生 [胶] 料
green stone 软玉
green straight-through arrow 直进绿灯箭头
green strength 压坯强度，生坯强度，湿强度，生强度
green surface (1) 未加工表面；(2) 新铺面层
green tack 初步粘合
Green test 汽油中胶质测定
green test (1) (发动机) 试车，试运转；(2) 连续负荷试验
green timber 未干燥木材，新木材
green video voltage 绿路视频信号电压
green-vitriol 绿矾
green vitriol 绿矾
green water 甲板涌浪
green water deck wetness 甲板上浪浸湿性
green water impact 甲板上浪冲击力
green-weight 湿 [材] 重
green weight 湿材重
green willemite phosphor 硅酸锌绿色荧光粉，绿光硅酸锌荧光体
green wood 新木材，生木材

greenback 美钞
greenbottle 潜水艇归航雷达设备
greenhouse (1) 温室，暖房；(2) 周围有玻璃的座舱，爆炸员舱
greenish 绿色的
greenish yellow gold alloy 淡绿色黄金合金
greenness (1) 绿色，(2) 新鲜；(3) 未熟
greensand 生砂，湿砂 (铸造用)
greensand mold 湿砂型
greensand molding 湿砂造型
greensand spinning 湿型离心铸造
greenade (1) 手榴弹，枪榴弹；(2) 灭火弹
greenade-discharger 掷弹筒
greenade-thrower 掷弹筒
Greenwich 格林尼治
Greenwich apparent time (=GAT) 格林尼治视时，格林视时
Greenwich civil time (=GCT) 格林尼治平时，格林民用时，世界时
Greenwich date 格林尼治日，格林日
Greenwich hour angle (=GHA) 格林尼治时角 (格林午圈与天体时圈在天极所夹的球面角)
Greenwich hour angle mean sun 格林尼治平太阳时角
Greenwich hour angle true sun 格林尼治真太阳时角
Greenwich mean astronomical (=GMAT) 格林尼治天文时
Greenwich mean time (=GMT) 格林尼治时间，国际标准时间，格林时，世界时
Greenwich meantime 格林尼治标准时，格林平时
Greenwich meridian (=GM) 本初子午线，零度经线，格林经线
Greenwich sidereal time (=GST) 格林尼治恒星时，格林恒星时
Greenwich standard time (=GST) 格林尼治标准时
Greenwich time (=GT) 格林尼治时间，格林时
Greenwich value 格林尼治为准的经度值
Greenwich zone time (=GZT) 格林区时
greige cloth 原色布，本色布
grenade (1) 枪榴弹，手榴弹；(2) 毒气弹，催泪弹
grenade cartrige extractor 枪榴弹退子钩
grey (=GRY) (1) 灰色；(2) 灰色颜料；(3) 半透明的，灰色的，灰白的，铅色的；(4) 使变成灰色
grey beam 宽缘工字梁，格雷式梁
grey body 灰 [色] 体
grey cast iron 灰 [口] 铸铁
grey code 反射码
grey correction 灰度校正
grey face (1) 灰色表面；(2) 灰色荧光屏
grey filter 中灰滤光片
grey hound 特快海轮
grey pig iron 灰生铁，灰口铁
grey radiator 灰本辐射器
grey scale (1) 灰色标度；(2) 灰度级
grey scale chart (电视) 灰色色调等级 [测试] 图表
grey-scale rendition 灰度重现
grey slag 铅熔渣
grey spots (可锻铸铁铸态组织中的) 石墨点，灰点
grey-tin 灰锡
grey tin 灰锡
grey-tone response 灰度特性
grey-wedge pulse-height analysis "灰楔" 法脉冲高度分析
greyhound 特快海轮
greying 石墨化
greyish 浅灰色的
greyness 灰色，灰斑
GRI (=General Rate Increase) 总费率的增加
GRI (=Group Repetition Interval) 群重复周期，组重复周期
gribble 船蛆，蛀船虫，蛀木虫
grid (1) 格子，栅格；(2) 网，网状物；(3) 栅极；(4) 格栅 (固定火箭发动机燃烧室的)，格栅环；(5) 直角坐标系，系统网路，坐标网，方格网；(6) 槽板；(7) [砂轮] 砂料细度；(8) 蓄电池电极板；(9) 极板网栅
grid azimuth (=GA 或 GZ) (1) 坐标方位角，平面方位角；(2) 格方位
grid battery 栅极电池
grid bearing (=GB) (1)(按海图经线方向测量的) 经线方位，格网方位，坐标方位；(2) 坐标象限角
grid-bias 栅偏压
grid bias (=GB) 栅偏 [电] 压
grid bias cell 栅偏压电池
grid-bias modulation [栅] 偏压调制
grid bias modulation 栅极偏压调制

661

grid bias supply 栅负压供给, 栅偏压电源
grid blocking 栅极阻塞
grid boring 格点钻探
grid cap 栅极帽
grid capacitance 栅极电容
grid-cathode capacitance 栅极 - 阴极电容
grid-cathode cavity 栅阴极空腔
grid cathode diode 栅 - 阴二极管
grid cathode resistance 栅 - 阴电阻
grid-cavity tuner 栅极空腔调谐器
grid chamber 屏蔽栅式电离箱
grid characteristic 栅极特性 [曲线]
grid chart 网格图, 方格图
grid circuit 栅极电路
grid circuit clipping 栅极电路削波
grid cleaning 电解清洗
grid condenser (1) 栅极隔直 [电压] 电容; (2) 栅极电容器
grid conductance 栅极电导
grid control 栅极控制, 栅控
grid control characteristics 栅极控制特性
grid control crossed-field amplifier 栅控正交场放大管
grid-controlled 栅极控制的
grid controlled rectifier 栅极控制整流管, 闸流管
grid-controlled rectifier tube 栅控整流管
grid controlled vacuum tube 栅控电子管
grid-controlled X-ray tube 栅控 X 射线管
grid coordinate 方格坐标
grid coupling 栅极耦合
grid course (=GC) 坐标网络的航向
grid cover 栅极屏蔽, 栅极罩, 栅帽
grid current 栅 [极电] 流
grid-current cut-off 栅流截止
grid current cut-off voltage 栅极电流截止电压
grid current distortion 栅流引起的失真
grid current impulse 栅流脉冲
grid detection 栅极检波
grid-detection voltmeter 栅极检波伏特计
grid-dip meter 栅极陷落式测试振荡器, 栅极陷落式测频器, 栅流陷落
    式测试振荡器, 栅陷振荡器
grid dip meter 栅陷振荡器
grid-dip wavemeter (1) 栅流降落式波长计, 栅陷式波长器; (2) 共
    振式频率计, 谐振频率计
grid dissipation power 栅极耗散功率
grid drive 栅极驱动 [电压], 栅极激励
grid-drive characteristic 输出量与栅极电压的特性 [曲线]
grid-driving power 栅极激励功率
grid driving power 栅极激励功率
grid earthed triode 栅极接地三极管
grid effect 网点效应
grid electrode 栅极
grid emission 栅极电子放射
grid excitation winding 栅极激励绕组
grid-feedback winding 栅极反馈绕组
grid filament capacity 栅 - 丝 [间] 电容
grid filling 蓄电池极板的活性物质
grid for welding 焊接电极
grid formation 铁骨构架配置设计
grid gate 栅极选通脉冲
grid-glow relay 栅极辉光放电继电器
grid glow tube 栅控辉光放电管, 栅极辉光放电管
grid heading (=GH) 子午线首向, 网格船首向
grid hum 栅极交流声
grid indication 格网坐标指示
grid induced noise 栅极感应噪声
grid inert 惰性网格
grid-interception noise 栅流分布起伏噪声, 栅极截取噪声
grid interception noise 栅流分布起伏噪声, 栅极截取噪声
grid interval 格网间距
grid latitude 栅格纬度
grid lead shield 栅极引线屏蔽
grid leak （电阻）栅漏
grid leak bias 栅漏偏压
grid-leak bias separation 栅漏偏压 [信号] 分离
grid-leak resistance 栅漏电阻

grid line 地图方格线, 方格坐标线, 格网坐标线
grid longitude 格网经度
grid mesh 栅极网孔, 网眼
grid metal 铅板合金
grid method 网格法
grid modulation 栅极调制
grid navigation 网格坐标航行, 格网航行 [法]
grid nephoscope 栅形测云器
grid north (=GN) （海图）网格北, 坐标北
grid number 网格坐标号码
grid of screw dislocations 螺型位错十字格
grid origin (1) 坐标原点; (2) 网格原点
grid packing 栅条填料
grid parallel 格 [赤道] 纬线
grid pattern 网格状线
grid plate (1) 格子板; (2)（蓄电池）涂浆极板, 铅板
grid plate capacitance 栅极 - 阳极电容, 栅极 - 板极电容
grid-plate characteristic 栅极阳极特性, 栅 - 板特性
grid plate coupling 栅板耦合
grid point 格点
grid pool tube 带有栅极的汞弧整流器, 栅极汞槽整流管, 带有栅极
    的汞弧管
grid positive driven condition 栅极正激条件
grid potentiometer 栅极电位器, 栅极分压器
grid power supply 栅极电源
grid-pulser modulator 栅极脉冲形成调制器
grid pulsing 栅极脉冲 [法]
grid reception stations 气体分配站的接受站, 栅工接受站
grid rectification 栅极整流, 栅路整流
grid rectification meter 栅极整流电压表
grid reference 坐标格, 坐标网
grid resonance type oscillator 调栅振荡器
grid-return tube 反射栅电子管
grid rhumb line （虚构的）格网恒向线
grid roller 方格压印滚筒
grid scale 制图坐标比例尺
grid screen 栅屏
grid search technique 格点探索法
grid-spaced contacts (1) 板型接触, 多点接触; (2) 等距离触点
grid stopper 栅极寄生振荡抑制器
grid structure of guide rails （集装箱船的）导轨格架结构
grid survey 格网式测量
grid sweep 栅压摆幅
grid swing 栅极电压摆动, 栅压摆幅, 栅压荡限
grid tank 栅极振荡回路, 栅极槽路
grid technique 格线技术
grid time constant 栅极电路时间常数
grid track 格网航向
grid tray 栅条塔板
grid tube 栅条 [彩色显像] 管
grid type coil 格栅式盘管
grid type extraction valve 栅型抽气阀
grid type indicator 可见呼叫指示器, 栅格型指示器
grid type level detector 栅极电平检波器
grid type radiant burner 栅格式红外线加热器
grid valve 栅型阀
grid variation (=GV) (1) 格网磁差; (2) 格网偏差
grid variometer 栅极可变电阻器
grid-voltage 栅压
grid voltage 栅极电压, 栅压
grid voltage lag 栅压滞后
grid winding 栅极绕组, 栅极线圈
grid-wire spacing 栅丝间距
grid wire spacing 栅丝间距
gridbias 栅偏压
gridding 装上栅格, 装上网格
griddle 大孔筛, 筛子
griddle stone 点火石
grided tube 栅控管
gridiron (1) 格形物, 格子板, 筛; (2) 备件和修理工具 (一套); (3)
    格栅状结构, 格形结构, 梁架结构, 格框船台, 格形托架, 铁格架子,
    格子析, 格状物, 铁框架, [修] 船架; (4) 栅形补偿摆; (5) 高压输电网,
    铁路网, 管网; (6) 干舷标, 干航标; (7) 安装格网, 装置帘格
gridiron dock 框格式船台, 格子船台

gridiron drag 铁框刮路器

gridiron expansion valve 栅形膨胀阀

gridiron pattern 棋盘格型,方格型

gridiron pendulum 栅形补偿摆,杆式补偿摆,伸缩补偿摆,栅栏摆

gridiron type 方格式,棋盘式

gridiron valve 栅形阀,格子阀

Gridistor 隐栅场效应晶体管,栅极晶体管,隐栅管

gridless 无栅极的,无栅格的,无网格的,无格子的

gridwork 网形结构

GRIIDG (=Guidelines for Reporting Incidents Involving Dangerous Goods) 涉及危险货物事故报告指南

grill (=grille) (1)铁格栅,格栅,光栅,格;(2)铁格子,格子窗,栅格;(3)烤焙器,烤炉;(4)烤焙

grill fence 格式栅栏

grill flooring (1)格子底板,铁格子板;(2)光栅,线栅,栅

grill hearth traveling oven 连续式网带炉

grill room (炙烤肉食的)小餐厅

grill work 格架

grillage 格排,格床,格架,板排,格栅,板架

grillage beam 交叉梁系,网格梁,格排梁,板架

grillage column base 格排柱座

grillage footing 格排底座,格排基础,格床基础

grillage foundation 格排基础,格床基础

grillage girder 交叉梁系,格排梁,网格梁

grillage of fascine pole 柴束格床,柴束格排

grille (=grill) (1)铁格栅,格栅,光栅,格;(2)铁格子,格子窗,栅格;(3)烤焙器,烤炉;(4)烤焙

grille box pallet 网箱托秫,网箱托盘

grillroom 炙烤室

grillwork 格架,格栅

grime (1)炭黑;(2)煤粉,煤尘;(3)残渣,灰尘,污垢,泥

grind (1)研磨,抛光,磨,研;(2)磨削,磨刃,磨光,磨尖,磨细,磨薄,磨快;(3)刃磨;(4)粉碎,研碎,碾碎,碾碎,磨碎;(5)制碎木浆;(6)转动,旋转;(7)摩擦

grind ability 可磨削性

grind away 磨掉,磨光

grind down 磨成粉,磨损,磨光,磨尖,磨碎

grind flat 磨平

grind in 磨合,研配,磨配

grind into powder 研磨成粉末

grind off 磨掉,凿掉

grind on 磨光

grind over 转动

grind stock 磨削留量

grind stone 磨石,砂轮,磨轮

grind stone dust 磨削屑

grind stone with chest 带罩壳砂轮

grindability 可磨性,可磨度,[可]磨削性,易磨性

grindable 可磨光的,可抛光有

grinder (1)磨床;(2)磨光砂轮,砂轮;(3)研磨装置,研磨机,磨机,磨光机,砂轮机;(4)圆盘破碎机,磨矿机,磨碎机,碎石机;(5)碎木机,磨木机,粉碎机;(6)磨擦器;(7)研磨者,磨工;(8)天电干扰声

grinder belt 磨料带,金刚砂带

grinder carrier 磨床坐架

grinder for cutter with hard alloy blade 硬质合金刀具磨床

grinder for relieving tap taper 丝锥铲梢磨床

grinder for spherical end face of taper roller 圆锥滚子球形端面磨床

grinder for valve cone 气门锥面磨床

grinder-mixer 粉碎混合机,粉碎搅拌机

grinder-polisher 磨削抛光机

grinder screw 螺旋进料器

grinder with dust collector 除尘砂轮机

grinders 天 电干扰声

grindery 研磨车间,磨工车间

grinding (1)磨削,磨齿;(2)研磨[的],磨削的,磨快的,磨细的,磨光的,磨碎的;(3)碾碎,磨碎,粉碎;(4)磨矿;(5)制碎木浆,磨碎木浆

grinding action 磨削操作,磨削作用

grinding aid 助磨

grinding allowance 磨削加工留量,磨削加工余量

grinding-and -buffing attachment 磨削与抛光装置

grinding and polishing drum 研磨抛光滚筒

grinding apparatus 磨具

grinding attachment 磨削附件,磨削装置

grinding attachment for cutting tool 刀具磨架

grinding ball 研磨球

grinding belt 磨削砂带

grinding burn 磨削烧伤

grinding capacity 磨削容量

grinding carriage 砂轮架

grinding compound 金刚砂,磨剂,磨料

grinding cone 磨锥

grinding contact 磨削接触

grinding crack 磨削裂纹,浅裂纹,磨痕

grinding cracks (1)磨削裂纹;(2)磨痕

grinding crystal 磨光的晶体,磨用晶体

grinding cycle 磨削循环

grinding depth 磨削深度

grinding device 研磨工具

grinding disk 磨轮

grinding face 磨削[表]面

grinding fluid 金属研磨用冷却液,磨削液,研磨液,润磨液

grinding fluid coolant 磨削润滑冷却液

grinding ga(u)ge 外圆磨床用钩形卡规(自动定尺寸装置)

grinding head 磨头,砂轮架,砂轮座

grinding-in (1)对研,研磨;(2)磨合,磨配;(3)磨光

grinding lathe 磨削车床

grinding line 磨削[烧伤]条痕

grinding lubricant 润磨液,润磨剂

grinding lubricant supply pipe 润磨液输送管

grinding machine (1)磨床,磨头;(2)研磨机,粉碎机,磨石机,磨光机;(3)砂轮机

grinding machine for piston oval 活塞椭圆磨床

grinding machine for piston ring chamfering 活塞环倒角磨床

grinding machine for piston ring end 活塞环端面磨床

grinding machine operator 磨工

grinding magnitude indicator 磨削指示器

grinding mark 磨削痕

grinding material (1)研磨剂;(2)磨料

grinding mill (1)碾磨机,磨碎机,研磨机,粉碎机;(2)磨砣

grinding oil 金属研磨用冷却油乳液,磨削冷却油浮液,润磨油,磨削油

grinding operation 磨削操作,磨削运行

grinding-out 磨孔,磨内圆

grinding paste 磨削冷却剂,研磨膏

grinding position 磨削位置

grinding powder 研磨粉,汽门砂

grinding pressure angle (磨齿)磨削压力角

grinding relief 研磨用凹槽

grinding rest 磨床架,磨床刀架

grinding ring 磨环,磨圈

grinding roll(er) (1)砂轮;(2)磨辊;(3)辊轧机

grinding segment 研磨瓦

grinding spindle 砂轮主轴

grinding spindle for internal grinder 内圆磨床砂轮主轴

grinding stock 磨削加工留量

grinding stone (1)研磨石料,[天然]磨石;(2)砂轮,磨轮

grinding support 砂轮架

grinding surface 磨削[表]面

grinding tap 磨牙丝锥

grinding technique 磨削技术,磨削工艺

grinding test 磨损试验,研磨试验

grinding tolerance (1)磨削公差;(2)磨削裕度,磨削裕量,磨削留量,磨削余量

grinding-type resin 研磨型树脂

grinding type resin 研磨型树脂

grinding undercut (轴承)磨削越程槽,油沟

grinding wheel 磨削轮,砂轮,磨轮

grinding wheel arbor 砂轮轴

grinding wheel arc dresser 砂轮圆弧修整器

grinding wheel balancer 砂轮平衡架

grinding wheel bearing 砂轮轴承

grinding wheel bonding material 砂轮粘结[材]料

grinding wheel chuck 砂轮卡盘

grinding wheel contact surface 磨轮接触面

grinding wheel diamond dresser 金刚钻砂轮修整器

grinding wheel dresser 砂轮修整器,砂轮整形器

grinding wheel dressing 砂轮修整

grinding wheel drive motor 砂轮电机

663

grinding wheel end face dresser　砂轮端面修整器
grinding wheel external cylindrical dresser　砂轮外圆修整器
grinding wheel face　砂轮表面
grinding wheel grade　砂轮等级
grinding wheel head　砂轮座,磨头
grinding wheel profile　砂轮轮廓
grinding wheel shape　砂轮形状
grinding wheel spectacles　砂轮护目镜
grinding wheel spindle　砂轮[主]轴
grinding wheel spindle extension　砂轮主轴伸出
grinding wheel slide　砂轮滑座
grinding wheel speed　砂轮转速
grinding wheel stand　砂轮座
grinding wheel stroke　(磨齿)砂轮冲程
grinding wheel structure　砂轮结构
grinding wheel truing　砂轮修整
grinding wheel truing device　砂轮修整机构
grinding wheel wear compensating unit　砂轮磨损补偿装置
grinding work　磨工工作
grindings　磨屑
grindstone　(1)磨石,砂轮;(2)砂轮机;(3)制碎木浆石
grip　(1)手柄,把手,把柄,桨柄,柄;(2)夹紧装置,夹扣装置,夹具,夹子,夹钳,夹;(3)螺丝有效长度;(4)铆钉头间最大距离;(5)紧握[住],吸引住,紧扣,紧夹,夹紧,卡紧,夹住,抓住,夹持,抓牢,扣住,箍住,粘住,粘紧,啮合;(6)铆钉杆长度,铆接厚度;(7)断绳防坠器;(8)粘着力,握裹力,理解力;(9)[小]排水沟
grip against　紧夹住
grip alignment　夹具对准
grip between concrete and steel　钢筋与混凝土间的握裹力
grip brake　手制动器,手刹车,手闸
grip coat　(搪瓷)底层
grip chuck　套爪夹头,套爪卡盘
grip die　夹持坯料的可分凹模,夹紧模
grip feed　夹持进给
grip gage　紧固量规
grip gear　紧固具,夹具
grip holder　夹圈固定器,握固架,夹头
grip hole　倾斜炮眼
grip jaw　颚形夹爪,夹紧颚爪,夹爪
grip length　[钢筋]握固强度
grip mechanism　钳取机构
grip nut　夹紧螺母,防松螺母,固定螺母,锁紧螺母
grip of an oar　桨柄
grip of bolt　螺栓的握裹长度,,螺栓柄
grip of rivet　铆钉的握裹长度,铆钉深入度
grip of wheels　车轮粘着力
grip resistance　滑动阻力,抗滑阻力
grip ring　(拉伸试验用的)夹持环
grip safety　握把保险机
grip shot　斜炮眼
grip socket　锁紧环,夹盘,夹头,夹圈,卡盘,压环
grip spreader　(装卸集装箱用的)夹挂吊架,夹挂吊具
gripe　(1)紧握住,抓住,夹紧,抓牢;(2)把手,柄,钩;(3)(把救生艇系紧在支架上的)固艇捆带,小艇捆带,固艇件;(4)(龙骨前端的)船首柱脚,副船首材,船首呆木;(5)制动器;(6)逆风航行
gripe band　(救生艇)固定索
gripe in　缚稳(舢板)
gripe iron　(木船船首材与龙骨结合部分所包覆的)马蹄形铁构件
gripe lashing　(救生艇)缚带系绳
gripe plate　舵杆筒封板
griper　运煤驳船
griping　(船的)向风倾斜,偏航
griping boom　撑艇杆
griping spar　撑艇杆
gripman　缆车司机,挂车工
gripper　(1)钳子,夹子,夹头,夹具;(2)抓取器,制链器,固定器,抓爪,抓器;(3)压板;(4)板牙夹头;(5)抓手装置
gripper brake　夹紧制动器
gripper die　夹紧模
gripper edge　叼口
gripper feed　夹持进给,夹持进料
gripper-feed mechanism　抓爪进给机构
gripper jaw　片梭夹钳,夹爪
gripping　抓住,夹住,夹紧,握持

gripping appliance　(1)夹紧装置,固定器;(2)抓取器
gripping device　(1)保险器;(2)固定装置,固定器,夹具;(3)抓取器
gripping head　夹头
gripping hood　握持钩
gripping jaw　夹爪,钳爪
gripping lever　夹紧杆
gripping mechanism　卡紧装置,夹持机构,夹扣机构
gripping pattern　轮胎防滑花纹,轮胎粘着花纹
gripping pliers　夹管钳,抓爪钳,夹钳
gripping point　夹持点,握持点
gripping range　夹紧范围
gripping ring　夹紧环,卡环
gripping sleeve　夹紧套
gripping surface　夹紧面
gripping tool　抓取工具,夹具
grison　爆炸气,氢氧气,爆鸣气
grisounite　(1)格桑炸药,格锐烧那特;(2)硝酸甘油,硫酸镁,棉花炸药
grisoutite　(1)格搔炸药,格锐烧太特;(2)硝铵,三硝基萘,硝酸钾混合炸药
grist mill　麦芽粉碎机,磨粉机,砻谷机
gristmill　粮谷研磨机
grit　(1)粗砂岩;(2)带孔纸;(3)筛网;(4)金属锯屑;(5)磨料,喷粒,砂粒;(6)研磨颗粒的尺寸,粒度;(7)(喷丸处理的)碎粒,粗砂岩
grit arrester　(1)(工业炉的)捕尘器;(2)挡砂器
grit blast　(1)喷射清理,喷粒处理,喷砂;(2)喷丸器
grit blasted　喷砂的
grit blasting　喷丸处理,喷砂处理,喷粒处理,喷丸清理,喷砂清理,喷砂
grit carborundum　金刚砂砾
grit carborundum detector　金刚砂检波器
grit chamber　减速沉淀箱,除渣室
grit cutter　碾米机
grit gravel　细粒砾石,砂砾
grit rock　粗砂岩
grit size　磨料粒度,粒度,细度
grit stone　天然磨石,粗砂岩
grit washer　洗砂机
grit-work　磨粒工件
grit-work contact temperature　磨粒工件接触点温度
grit work contact temperature　磨粒工件接触点温度
gritcrete　砾石混凝土
gritstone　天然磨石
gritter　铺砂机
grittiness　砂性
gritting machine　铺砂机
gritting material　砂砾材料
gritting spatterings　砂粒飞溅
gritty　含粗砂的,粗砂质的,多砂砾的
gritty consistence　含砂度
gritty dust　砂砾屑,石粉
gritty finish　石屑铺面
gritty soil　粗砂土
gritty surface dressing　石屑铺面
grivation　(1)格网磁差,栅格差;(2)坐标磁偏[角]
grizzle　(1)未烧透砖;(2)低级煤
grizzle bricks　欠火砖
grizzly　铁格筛,铁栅筛,栅条筛,格栅
GRM (=Gram)　克(质量单位)
GRN (=Goods Received Note)　收货票据
GRN (=Grain)　谷(英、美的质量单位,等于64.8mg)
GRND (=Ground)　(1)大地,地;(2)海底;(3)接地;(4)地线
grnoise　发生复合噪声
GRNTEE (=Guarantee)　保证,担保
Groaning　活塞在汽缸内的不正常声
grocers scoop　杂用铲
grog　(1)熟料;(2)陶渣;(3)耐火材料,耐火粘土
grog brick　耐火砖
grog mill　耐火粘土厂,耐火泥厂,熟料厂
grog refractory　(耐火材料的)熟料
grommet (=GROM) 或 grummet　(1)金属孔眼,索眼,索环;(2)垫圈,垫环,衬垫;(3)金属封油环,橡胶密封圈,电线胶垫圈,密封垫;(4)金属封油环,护孔环,衬环,环管,套管;(5)穿索眼,穿索环;(6)填缝料;(7)绝缘填片,绝缘孔圈,绝缘垫圈

grommet die 索眼冲模

grommet fender （船上）绳圈碰垫，碰垫球，靠把球

grommet nut 盲孔螺母

grommet punch 帆布打洞机

grommet ring （1）（油灰）麻绳填料环；（2）帆布金属索眼环，索环

groove （1）槽，沟，切口，企口，环槽，细槽，凹槽；（2）螺纹谷，螺槽，（3）排屑槽，擦痕沟，纹线，(4)[光栅] 刻线，切槽，开槽，(5)[焊接] 坡口，(6) 纹道，(7) 轧槽，(8) 模膛，(9) [轧辊] 孔型，(10) 炮或枪膛阴线

groove and tongue 企口和槽舌，槽舌，企口

groove angle （1）凹槽角，齿槽角，槽角，（2）[焊接] 坡口角 [度]，焊缝坡口角度；（3）（录声）纹道角，纹槽角度

groove ball-bearing 带沟球轴承

groove bit 槽形钻

groove bottom diameter （活塞）环槽底径

groove casts 沟脊模

groove connection 槽口接合，企口接合

groove contour （录声）纹道外形，槽形

groove cutting chisel 油槽铲，槽刨

groove cutting machine 开槽机

groove cutting tool 切槽口刀

groove cylindrical pin 槽形圆柱销

groove depth （轴承）沟道深度

groove diameter 炮管阴线直径

groove face 槽面

groove grinder 沟道磨床，沟槽磨床

groove insert 活塞槽嵌入物，带沟槽的轴瓦

groove joint （1）槽式接合，（2）凹缝，槽缝

groove jumping （唱片）跳槽

groove milling machine 铣槽机

groove of record （唱片的）声槽

groove of thread 螺纹谷，螺槽

groove of trolley wheel 接地滑轮槽

groove pin 槽形销，开口销

groove preparation （焊接的）坡口加工

groove pulley 三角皮带轮，刻槽滑车

groove radius （1）（轴承）沟道 [曲率] 半径；（2）（焊接）坡口半径

groove recording 机械录音，翻片

groove root diameter [活塞] 环槽底径

groove shape 纹道外形，槽形

groove speed [录声] 纹道速度，纹槽速率

groove tool 切槽刀，切槽工具

groove traverse drum 往复槽筒

groove weld （1）开坡口焊接，坡口焊；（2）坡口焊缝

groove welding 坡口焊，槽焊

groove width 沟道宽度，沟槽宽度，槽宽

grooveability 沟纹耐久性

grooved 开槽的，有槽的

grooved and tongued joint 槽舌接合，企口接合

grooved ax 槽斧

grooved ball-bearing 带槽球轴承

grooved barrel 有槽卷筒

grooved butt calking tool 刮平刀

grooved cam 有槽凸轮，凸轮槽盘

grooved contraction joint （混凝土路面的）开槽伸缩缝

grooved cylindrical pin 槽形圆柱销，带槽圆柱形销

grooved disk （润滑油泵）有槽 [圆] 盘

grooved drum 绳沟滚筒，缠索轮，槽形筒

grooved flange 带槽法兰

grooved friction wheel 槽形摩擦轮

grooved head nut 槽顶螺母

grooved insulator 环槽绝缘体

grooved milling cutter 槽形铣刀

grooved pile 企口板桩，槽口板桩

grooved pin 槽形销，开口销

grooved pulley 带槽皮带轮，三角皮带轮，槽轮

grooved rail 有槽导轨，槽轨

grooved ring 槽环

grooved roll 带槽轧辊，槽形碾压辊，槽形压路机，有槽滚筒

grooved roller 沟槽罗拉，有槽罗拉，槽纹压路机，有槽滚筒，有槽滚轴

grooved setting up table 槽面装置台

grooved shaft 槽轴

grooved stud 有槽双端螺栓

grooved taper pin 有槽锥形销，带槽形销，有槽斜销

grooved tile 槽形瓦，槽纹瓷砖

grooved trolley wire 槽触轮架空线，沟纹滑轮线

grooved weld 坡口焊，槽焊

grooved wheel 槽轮

grooved winding drum 带槽卷筒

grooveless 无槽的

groover （1）开槽机，挖槽机；（2）开槽工具，挖槽工具；（3）槽刨；（4）切缝机

grooving （1）开挖槽，挖沟槽，开槽，切槽，套槽，刻槽，切槽，成槽，成沟；（2）企口；（3）槽舌连接，凸凹榫接，企口连接；（4）（轧辊）孔型设计，槽形图案；（5）温差膨胀裂纹；（6）电化学腐蚀沟纹

grooving and tonguing 槽舌接合，企口接合

grooving chisel 开槽凿

grooving corrosion 沟槽状腐蚀

grooving cutter 槽铣刀，铣槽刀，切槽刀

grooving for sleeve bearing 套筒轴承槽

grooving joint 企口连接

grooving lathe 沟道加工床，沟槽加工车床，挖槽车床

grooving machine 开槽机，刻槽机，切缝机

grooving of rolls 轧辊孔型设计

grooving plane 开槽刨

grooving saw 铣槽锯片，铣槽锯，开槽锯

grooving tool 切槽工具，铣槽刀具，切槽刀

grooving tool rest 外圆切槽刀架

groovy （1）槽的，沟的；（2）常规的；（3）最佳状态的；（4）流行的

grope 摸索，探索，搜寻

groping-reflex 摸索反射

gropper （北海、英伦海峡的）警备船，警戒船

gross (=GR) （1）总共的，全部的，整个的，粗大的，粗劣的，大概的，总的，毛的，全的；（2）总重，毛重；（3）总数，总额，总计，全体；(4) [基本] 质量，(5) 罗（等于 12 打，144 件）；(6) 严重的，重大的，显著的，浓密的，稠厚的，粗的；(7) 迟钝的

gross absorption 总吸收量

gross adventure 抵押船舶借款

gross amount （1）总量；（2）总额

gross area 总面积

gross arrived damaged value (=GAD V) （船舶到达时）合计总损失值

gross arrived sound value 到达时的总残值

gross assembly （船舶）立体分段总装配，船台总装配

gross assets 资产总额，投资总额

gross average 共同海损

gross brake power 总制动功率

gross calorific value (=GCV) 总发热值，总热 [量] 值

gross capacity 总容量

gross charge 总支出

gross charter 总承付租赁（（装卸、港口、码头等费用由船方负责）

gross combination weight （汽车）总配套重量

gross combination weight rating (=GCWR) 总联结重量

gross composition 基本成分

gross compound steam turbine 多轴并列式汽轮机

gross cubic feet (=GCFT) 总立方英尺，毛立方英尺

gross cycle efficiency 总循环效率

gross deadweight 总载重量

gross decontamination factor 总去污系数，总净化系数

gross discharge 总排放量，总流量

gross discharge weight 卸船总重量

gross displacement (=GD) 总排水量

gross distortion 严重变形，大变形

gross domestic product (=GDP) 国内生产总值，国内总产量

gross dynamics 普通动力学

gross earnings 总收益，毛收益

gross effect 有效功率

gross efficiency 总效率

gross energy (=GE) 总能

gross error （1）总误差；（2）（计）严重错误，过失误差

gross estate 总财产量

gross examination 肉眼检查，一般检查

gross export value 出口总值

gross fission product source 总裂变产物源

gross for net (G/N) 以毛 [重] 作净 [重]，以毛计重

gross for net weight 以毛作净

gross freight (=GF) 总运费，毛运费（不扣除任何费用）

gross fuel capacity （燃油舱）总容量

gross generation 总发电量

gross head （水泵的）总扬程，（水）总落差，总水头，总压头

gross horse power　总马力, 总功率
gross horsepower　总马力, 总功率
gross imperfection　宏观缺陷
gross import export value　进出口总值
gross import value　进口乇值, 进口总值
gross income　总收入
gross industrial output value　工业总产值
gross information content　总信息量
gross intake weight　装船总重量
gross investment　总投资
gross kilo　毛重
gross life　最终寿命, 报废前寿命
gross line　总保额
gross load　总载重, 总荷载, 毛重, 总重
gross manifest　总货单
gross mass　总质量
gross nation product　国家总产值
gross national income (=GNI)　国民总收入
gross national product (=GNP)　国民生产总值
gross negligence (=GN)　重大过失
gross observed volume　观测体积 (总观测体积扣除底水体积)
gross operating profit (=GOP)　毛营业利润, 毛利
gross output　总功率
gross-pay　应得工资
gross pitting　粗点蚀, 严重点蚀
gross pollution　严重污染
gross power　总功率, 全功率
gross predication　粗略预计, 大概预计
gross pressure　总压力
gross proceeds　总货价收入
gross product　矢积
gross production　总生产量
gross profit　盈余总额, 总利润, 毛利
gross rate　毛费率
gross rated capacity　总额定出力
gross receipt　收入总额, 总收入额
gross register　(船舶) 总登记吨
gross register ton　(船舶) 总登记吨
gross register tonnage　(船舶) 总登记吨位, 总吨位
gross registered　(船舶) 总登记吨
gross registered tonnage (=GRT)　(船舶) 总登记吨位, 总吨位
gross requirements list (=GRL)　总的需要清单
gross sales　销售总额
gross sample　大样
gross section　全部截面, 总断面, 总截面, 毛截面
gross sectional area　总断面面积
gross shipping weight (=GSW)　运输毛重, 装货总量
gross shrinkage　集中性缩孔, 总收缩量
gross spectrum receiver　宽带接收机
gross standard volume (=GSV)　标准体积
gross structure　粗视结构, 总体结构
gross takeoff weight (=gtow)　总的起飞重量
gross terms　总承付租赁 (装卸、港口、码头等费用由船方负担)
gross terms, liner terms (=GTLT)　船方负担装货费和卸货费
gross thrust　合成推力, 总推力
gross tolerance　总公差
gross ton (=GT)　(1) 毛吨, 长吨 (=1.016 公吨, =1016.5kg); (2) 总吨位; (3) 总吨数
gross ton-mile (=GRTM)　总吨英里
gross ton mile　总吨英里
gross tonnage (=GT)　总吨位
gross tons (=GRST)　总吨数
gross tractive force　总牵引力
gross value　生产性固定资产总值, 总值
gross value of industrial output　工业总产值
gross vehicle weight (=GVW)　车辆总重量, 车辆毛重
gross warehouse space　全部仓库面积
gross weight (=GRWT 或 GW 或 gr. wt)　毛重, 总重 [量]
gross weight and center of gravity (=GW/CG)　毛重和重心
gross weight for net　以毛重作净重
gross weight marking　总重量标记
grossly　大体上, 大概, 非常, 大
grossness　粗大, 粗劣, 迟钝, 浓厚
ground (=GND 或 GD 或 GRD)　(1) 大地, 地面, 地基, 基础, 土地,

土壤, 地; (2) 接地; (3) 基础的, 基本的, 地面的; (4) 木嵌条, 木砖, 背景, 底子, 底色, 底材; (5) 接地装置, 接地线, 地线; (6) 防腐涂层; (7) 磨削过的, 研磨光的, 压碎的, 粉碎的, 碾碎的, 磨过的, 研磨的, 细磨的, 毛面的, 无光的; (8) 地域, 领域, 范围, 面积, 问题, 题目; (9) 机壳, (10) 触海底, 搁浅, 坐浅; (11) 原因, 理由, 依据, 依照, 根据
ground absorption　地面吸收, 大地吸收
ground-air　(1) 陆空的; (2) 地下空气, 地下气体
ground-air communication　陆空通信联络
ground air communication　地对空通信
ground-air radio frequency　地对空无线电频率
ground alarm　接地报警器
ground alert　地面待机
ground anchor　地下锚定装置
ground and polished piston　研磨活塞
ground and washed chalk　重质碳酸钙
ground angle　(飞机) 停机角
ground antenna　地面天线
ground anti-aircraft control (=GAA)　地面防空控制
ground antiaircraft control (=GAA)　地面防空控制
ground arms　放下武器, 投降
ground auger　土钻, 地钻
ground balance antenna　对地平衡天线
ground-base point contact transistor　基极接地点接触型晶体管
ground based　地面的
ground based antenna　场面天线
ground-based duct　地面 [电缆] 管道
ground based duct　地沟管道
ground based navigation　地面它备式导航
ground based navigation aid　它备式导航设备
ground based radar　地面雷达
ground based repeater　地面转发站
ground based terminal　地面终端设备
ground basic slag　磨碎碱性炉渣
ground beam　枕木, 槛木, 地梁
ground bearing pressure　地基承压力
ground bed　接地床, 接地
ground brace　枕木, 槛木
ground bracing　杆底加固
ground-bridge　木棒铺成的路
ground brush (=GB)　接地电刷
ground bus　接地母线
ground cable　(1) 接地电缆, 地下电缆; (2) 浮筒锚链, 卧底锚链
ground capacitance　对地电容, 接地电容
ground chain　(1) 固定在水底的锚链, 水底固定链; (2) 制动链
ground check　(1) 基值测定; (2) [飞机的] 地面检查
ground check chamber　地面校正室
ground checkout system　地面检查系统
ground circle　(齿轮的) 基圆
ground clamp　(电焊) 地线夹子, 接地夹子, 接地端子
ground clearance　车底净空, 离地净空, 离地距离, 离地高度
ground clutter　地面杂乱回波, 地物反射波, 地物回波
ground clutter area　地面杂乱回波区, 地面反射区
ground coat　底层漆, 底涂层, 底涂料, 底漆
ground coat paint　底漆
ground-coating　(1) 底层涂料, 底涂层; (2) 底漆
ground coefficient　地基系数
ground-collector　集电极接地的, 共聚极的
ground colo(u)r　底 [涂] 色
ground communication equipment (=GCE)　地面通信设备
ground communication facility (=GCF)　地面通信设施
ground communication system (=GCS)　地面通信系统
ground communication tracking system (=GCTS)　地面通信跟踪系统
ground conductivity　地面电导率
ground connecting　接地
ground connection　(1) 接地线, 接地; (2) 磨口接头
ground-control　地面控制的, 地面指挥的, 地面制导的
ground control (=GC)　(1) 地面控制 [站], 地面指挥, 地面操纵; (2) 地面制导设备
ground control approach (=GCA)　地面控制方法
ground control center (=GCC)　地面控制中心
ground control equipment (=GCE)　地面控制设备
ground control of approach (=GCA)　地面着陆控制
ground control of interception (=GCI)　地面指挥截击
ground control of landing (=GCL)　地面指挥飞机着陆

ground control point 地面控制点
ground control post 地面控制站
ground control radar (=GCR) 地面控制雷达
ground control station 地面控制站
ground control system 地面控制系统
ground control unit (=GCU) 地面控制设备
ground controlled approach 地面控制方法
ground controlled approach minimums 地面控制进场最低数值
ground controlled interception (=GCI) 地面控制截击设备
ground controlled interception radar 地面控制截击雷达
ground controlled radar (=GCR) 地面控制雷达
ground controlled space system (=GCSS) 地面控制航天系统,地面控制空间系统
ground controller approach (=GCA) (1)地面控制进场,地面控制临场,地面指挥临场;(2)引导着陆的雷达系统,进场控制设备
ground count 路上行车动态计数
ground course 地下砌层,底砌层
ground course converter 航向变换器
ground-crew (=ground gripper, groundman, ground-staff) 地勤人员
ground crew 地勤人员
ground crop sprayer 大田喷雾机
ground current 大地电流
ground cushion 地面效应气垫
ground data equipment (=GDE) 地面数据设备
ground data handling system (=GDHS) 地面数据处理系统
ground data system (=GDS) 地面数据系统
ground-deflection lobe 地面致偏瓣
ground delivery 配送至一楼
ground depth setting method 水底定深法
ground detecting lamp 接地检测灯
ground detector (=GRD) 接地探测器,接地检测器,接地指示器,电气检漏器,通地指示器
ground detector alarm 接地检测报警器
ground detector switch 接地检验开关
ground discharge 云地放电
ground display system (=GDS) 地面显示系统
ground distance 大圆距离
ground drift indicator 地速偏流角指示器
ground-driven 行走轮传动的,地轮传动的
ground driven 行走轮传动的,地轮传动的
ground driven pickup 地轮驱动的捡拾器
ground earth station (=GES) 地面站
ground echo 地面回波,地物回波
ground-echo pattern 地面反射波图形,地面回波图
ground echo pattern 地面反射波图形
ground effect machine (=GEM) (气垫船、水翼艇的)地面效应器
ground effect machine lighter (=GEM) 气垫驳船
ground effect vehicle 地面效应气垫驳载工具
ground electronics system (=GES) 地面电子系统
ground elevation 地面高度,地面高程,地面标高
ground-emitter 发射极接地的
ground engaging wheel 驱动行走轮
ground engineer 地质工程师
ground equalizer inductor 接地均衡电感器
ground equipment (=GE) 地面设备
ground equipment system 地面设备装置
ground fault 接地故障
ground fault interrupter 接地故障断路器
ground fault neutralizer 接地故障消除器
ground field 基本域
ground finish 磨削加工,精整加工,磨光
ground floor (房屋)底层,地面层,一楼
ground flux 熔剂粉
ground futtock 内龙骨翼板,底内肋板
ground garbage 磨碎的垃圾
ground-gate amplifier (场效应管)栅极接地放大器
ground gear 磨光齿轮
ground-glass 磨口玻璃,毛玻璃
ground glass 磨砂玻璃,毛玻璃,玻璃粉
ground glass finder 方框式取景器
ground glass joint 磨口玻璃接头,玻璃磨片
ground glass sounding tube 毛玻璃测深管
ground glass soppered flask 磨口玻璃瓶
ground graphite 石墨粉

ground-grid 栅极接地的
ground grip tire 带有防滑链的轮胎
ground guidance (=GG) 地面制导
ground guidance computer (=GGC) 地面制导计算机
ground guidance system (=GGS) 地面制导系统
ground handling crane 地面使用起重机
ground height 地面高程,地面标高
ground hob 磨齿滚刀,留磨[量]滚刀
ground-hog (1)火车上的制动手柄;(2)挖土机
ground hog kiln 艺术瓷窑
ground hold 锚泊属具,锚泊装置,泊具(锚设备及其附件)
ground hugging attack 低空袭击
ground identification of satellite (=GISAT) 卫星地面识别[系统]
ground-in (1)配好的;(2)调节好的;(3)啮合的;(4)磨过的;(5)磨光的,磨口的
ground in joint 磨口接头
ground indicator 接地指示器
ground instrumentation equipment (=GIE) 地面仪表设备
ground insulation 对地绝缘
ground investigation 地质勘探,土地勘测,探土
ground jammer 地面干扰发射机
ground joint (1)研磨接头,磨光接头,磨口接头,接地接头;(2)磨口连接,接地连接
ground joist 地搁栅
ground junction 生长结,接地结,原结
ground lag 射程滞差
ground lamp (=GL) 接地指示灯
ground lead 接地引线,接地线,地线
ground leak 接地泄漏
ground leakage resistance 漏地电阻
ground level (=GL) (1)地面高程,地面标高,地平高度,地平面,地平线;(2)地面水准测量;(3)水准面;(4)基态能级;(5)基极,基级,基态
ground level inversion 地面逆温
ground level line (=GL) 地平线
ground level source 地面源,地上源
ground-level station 地面站
ground line (=GL) (1)基准线,基线,基础;(2)地面线,地平线
ground location (=GL) 地面目标探测,地面探测,地面定位
ground log 水底拖曳计程仪,测速锤
ground-loop 地面翻倒(飞机落地或起飞时),飞机急转弯
ground loop 接地环路,接地回路,地回电路
ground maintenance (=GM) 地面维修
ground mapping 地图标记,地图表示,地图测绘
ground-mapping radar 地面测绘雷达
ground mapping radar 地面测绘雷达
ground mass 基质
ground mat 地网
ground mine 潜埋水雷,海底水雷
ground mol 链节克分子,基本克分子
ground mould 木模
ground navigation aid 地面导航系统,地面助航
ground-net 曳网,拖网
ground net 地线网,接地网,曳网
ground neutral system 中性点接地系统,中性点接地制
ground noise 大地噪声,基底噪声,本底噪声,背景噪声
ground object 地物
ground objects identification (=GOI) 地面物体识别,地面目标识别
ground observation post (=GOP) 地面观测站
ground observer 地面观察员,对空监视哨
ground operating complex 全套地面卫星跟踪设备
ground operating equipment (=GOE) 地面操纵设备
ground outlet (1)接地引出线,穿墙出线;(2)接地出线座
ground paper 厚纸,纸坯
ground parking 停车场
ground pass [联合国]身份证
ground paste 色浆,料浆
ground-pipe 接地管
ground pipe 地下管道,接地导管
ground-plan (1)下层平面图;(2)底层平面图,底层图样;(3)初步计划,草案
ground plan (1)水平投影平面图,闸底平面图,地层平面图,底面平面图,地面图;(2)水平投影;(3)初步计划,大体方案,草案
ground plan dimension (船闸)闸底平面尺寸,底层平面尺寸
ground-plane 地平面

667

ground plane　接地平面,屏蔽面,接地面,(透视图的)地平面
ground-plane antenna　水平极化天线,地面天线
ground plane antenna　接地平面天线,水平极化天线,地面天线
ground plane plot　水平距离图,地平面图
ground-plate　接地板
ground plate　(1)接地板,接地导板;(2)履带板
ground pneumatic (=GP)　地面气动的,地面气力的
ground point　接地点
ground position indicator (=GPI)　飞机飞行中经纬度位置雷达指示器,飞机对地位置指示器,对地位置显示器,地面位置指示器
ground potential　[大]地电位,地电势
ground power supply unit (=GPSU)　地面动力供应装置
ground power unit (=GPU)　地面动力装置
ground pressure　对地压力,地面压力
ground processing equipment (=GPE)　地面处理设备
ground propagation　地面传播
ground-proof　接地保护
ground protection　(1)接地保护;(2)接地保护装置
ground pulp (=GP)　机械木浆,磨木浆
ground quartz　石英粉
ground radar equipment (=GRE)　地面雷达设备
ground radio navigation aid　地面无线电导航设备
ground range　大圆距离
ground-ranging equipment　地面[靶场]测距设备
ground ray　地面射线,地面波
ground readout station　地面读出站
ground reamer　磨齿铰刀
ground receiver　地面接收机
ground receiving equipment　地面接收设备
ground receiving telemetering station　地面接收遥测站
ground recording telemetry station　地面记录遥测站
ground reference navigation　地文导航
ground reference point　接地参考点
ground referenced navigation data　地面基准导航数据
ground-reflected wave　地面反射波
ground reflected wave　地面反射波
ground relay　接地[保护]继电器
ground relay panel (=GRP)　接地[保护]继电器盘
ground rent　地面使用权,地租
ground resistance　接地电阻
ground resistance test set　接地电阻测试仪
ground-return　(1)地面反射,(2)接地回路
ground return　(1)地面反射;(2)接地回路
ground return circuit　接地回路
ground-ringing　地[回振]铃
ground rod　接地棒
ground roll interference　面波干扰
ground rubber　再生胶粉,废胶末
ground rule　基本规定,基本原则,程序
ground scatter propagation　地面散射传播
ground screen　地网
ground screw　地脚螺钉
ground segment　(卫星通信设备的)地面部分,地面设施
ground segment operator　地面设备操作员
ground segment provider　地面设施提供者
ground shallow　低雾
ground shoe　(1)入土深度限制器;(2)仿形滑脚,仿形滑板,限深器
ground signal projector　地面信号发射器,信号枪
ground signalling　接地信号
ground sill　底梁,槛木
ground sketch　地形略图
ground-slag　磨碎的炉渣,渣粉
ground slide　[显微镜的]载玻片
ground speed (=GS)　对岸速度,对地速度,对地速率
ground-speed computer　(飞机的)[对]地速[度]计算机
ground speed computer　地速计算机
ground speed indicator (=GSI)　对地速度指示器
ground speed meter　地速计
ground speed regulator　前进速度调节器
ground stabilization　地面稳定性(雷达显示用)
ground-staff　地勤人员
ground staff　地勤人员
ground-state　基态
ground state　基态

ground state disintegration energy　基态蜕变能
ground state level　基态能级
ground-state population　基态粒子数
ground state transition　基态跃迁
ground station (=GS)　无线电岸台,地面电台,地面站,地球站
ground station committee (=GSC)　地面站委员会
ground station equipment　地面站设备
ground test plan (=GTP)　地面试验计划
ground stone　磨光石料,磨细石料
ground storage　(1)地面储存;(2)地下储存,地上仓库
ground storage of water　地下水储存量,地下存水
ground strap　接地母线
ground subsidence　地基下沉,地基沉降
ground-substance　基质
ground substance　基质
ground support equipment (=GSE)　导弹制导控制的地面设备,地面辅助设备
ground support equipment system specifications (=GSESS)　地面辅助设备系统的规范
ground support maintenance equipment (=GSME)　地面辅助维护设备
ground support system (=GSS)　地面辅助系统
ground support system review (=GSSR)　地面辅助系统检查
ground support system specifications (=GSSS)　地面辅助系统规范
ground supported insulator　地上绝缘子
ground surface　(1)磨削表面;(2)地面
ground survey　地面测量,地形测量
ground surveying　地面测量,地形测量
ground-switch　接地开关
ground switch　接地开关
ground system　接地系统,地线系统,地面系统
ground system test procedure (=GSTP)　地面系统试验程序
ground table　(1)地面标高,地平高程;(2)(填石)基床
ground-tackle　停泊要具,停泊器具,锚泊装置(锚,锚链的总称)
ground tackle　抛锚设备,锚泊装置,锚泊索具,锚具(锚,链等的总称)
ground takeoff and landing (=GTOL)　地面起飞与着陆
ground tap　磨牙丝锥
ground telemetering equipment　地面遥测设备
ground telemetering station　地面遥测站
ground term　基项
ground terminal　(1)地面终端设备,接地端;(2)地线夹
ground terminal system (=GTS)　地面终端系统
ground test equipment (=GTE)　地面测试设备
ground test missile (=GTM)　地面试验导弹
ground test piece　土样
ground test reactor (=GTR)　地面试验反应堆
ground test station (=GTS)　地面测试站,地面试验站
ground testing plant　地面试验设备
ground-thermometer　地温表
ground thermometer　地温表
ground tier　底层(在舱内最下层的桶装货)
ground-tight　不漏土的
ground-to-air (=GA)　(导弹的)地[对]空
ground to air (=GA)　地对空
ground-to-air missile (=GAM)　地对空导弹
ground to air transmitter terminal (=GATT)　地对空发射终端机
ground to cloud discharge　地云间放电
ground-to-ground　地[对]地(火箭的类型)
ground-to-ground transmission　地对地传输,地面传输
ground to ground transmission　地对地传输,地面传输
ground-to-plane radio　地空通信无线电台
ground to plane radio　地空通信电台
ground to surface vessel (=GSV)　(雷达)地面对水面舰艇
ground-torpedo　海底水雷
ground tracking equipment　地面跟踪设备
ground training aid (=GTA)　地面训练工具
ground transmitter　地面发射机
ground type twin rope friction winding　地面式双绳摩擦提升绕组
ground unrest　环境噪声,外界噪声,背景噪声
ground-up　磨成粉[的],碾碎[的]
ground up　磨滑
ground velocity　对地速度
ground vibration survey (=GVS)　地面振动测量
ground viewing satellite　地面观察卫星

ground visibility　地上能见度
ground waste　压碎的废料, 粉碎的废胶
ground-water　(1) 潜水；(2) 地下水
ground water　(1) 潜水；(2) 地下水
ground water hydrology　地下水水文学
ground water power plant　地下水发电厂
ground-wave　地波
ground wave　地面电波, 地波
ground wave operating distance　地波作用距离
ground-wave pattern　地波辐射图
ground wave pattern　地波辐射图
ground wave reading　地波读数
ground wave to sky wave correction　地波配合天波改正量
ground ways　造船滑道, 下水滑道
ground-wire　接地线, 地线
ground wire　接地 [导] 线, 地线
ground-wood pulp (=GP)　细 [磨] 木浆
ground-work　(1) 基础, 根据；(2) 原理；(3) 土方工程
ground work (=ground-work)　(1) 基础, 根据；(2) 原理；(3) 土方
　工程
ground working disk blade　切土圆盘刀, 耕耘圆盘
ground-working equipment　土壤耕作机具
ground working equipment　土壤耕作机具
ground works　(1) 土方作业, 土方工程；(2) 基本原则, 基本成分
ground zero (=GZ)　爆心投影点, 地面爆炸点, 地面零点
groundage　船舶进港费, 停泊费, 泊船费
groundauger　土钻, 地钻
grounded (=GRD)　接地的
grounded-anode amplifier　阳极接地放大器, 共阳极放大器
grounded anode amplifier　阳极接地放大器, 共阳极放大器
grounded antenna　接地天线
grounded-base　基极接地的, 共基极的
grounded base　基极接地, 共基极
grounded base circuit　基极接地电路, 共基极电路
grounded-base connection　基极接地连接
grounded cathode amplifier (=GCA)　阴极接地式放大器
grounded circuit　接地通路
grounded-collector　集电极接地的, 共集极的
grounded collector (=GC)　(1) 集电极接地；(2) 共集电极接地
grounded collector circuit　集电极接地电路
grounded-collector connection　集电极接地连接
grounded collector connection　集电极接地连接
grounded collector stage　共集电极放大级
grounded counterpoise　地网
grounded-emitter　发射极接地的, 共射极的
grounded emitter　发射极接地
grounded emitter amplifier　共射放大器
grounded-emitter transistor　共射晶体管
grounded-grid　栅极接地的, 共栅极的
grounded grid amplifier (=GGA)　接地栅极放大器
grounded grid circuit　栅极接地电路
grounded grid triode　栅极接地三极管
grounded grid triode circuit　栅极接地式三极管电路
grounded grid triode mixer　栅极接地式三极管混频器
grounded grid triode stage　栅极接地式三极管放大级
grounded middle wire　接地中线
grounded negative wire　接地负线
grounded neutral system　中线接地制
grounded neutral wire　接地中性线
grounded phase wire　接地相线
grounded-plate amplifier　共阳极放大器
grounded screen　接地屏蔽, 接地帘栅, 接地网
grounded shield　接地屏蔽
grounded ship　搁浅船
grounded system　接地制
grounded transmitting wire　接地导线
grounded vessel　搁浅的船
grounder grid amplifier　栅极接地放大器
groundhog　(1) 挖土机；(2) 挖土机铲斗；(3) 向上推矿车用的小车；(4)
　平衡重, 平衡锤
grounding　(1) 与地连接, 接地, 通地；(2) (船舶) 搁浅；(3) 基础训练；
　(4) 基本知识, 基础训练, 初步；(5) 底子, 底色；(6) 研光；(7) 停飞,
　着陆；(8) 地线
grounding accident　搁浅事故

grounding apparatus　接地设备
grounding conductance　接地电导
grounding conductor　接地导体
grounding contact　接地触点
grounding current　接地电流
grounding current compensation　接地电流补偿
grounding device　接地装置
grounding electrode　接地电极
grounding frame　坐滩加强肋骨
grounding keel　坞座龙骨
grounding lamp　接地指示灯
grounding of pole　电杆接地 [装置]
grounding out　接地
grounding percentage　接地百分率
grounding rate　搁浅率
grounding reactor　接地电抗器
grounding receptacle　接地插座
grounding resistance　接地电阻
grounding resistor　接地电阻器
grounding screw　接地螺钉
grounding tester　接地试验器
grounding transformer (=GT)　接地变压器
grounding warning system　搁浅报警系统
grounding wire　接地线
groundless　没有根据的, 没有理由的, 无基础的, 无根据的
groundline　(1) 干线；(2) 基线；(3) 地平线
groundman　(1) 挖土工；(2) 铺轨工；(3) 接地线电工
groundmass　合金的基体, 金属基体, 基质
groundmeter　接地电阻测量仪
groundnet　拖网, 曳网
groundplasm　基质
groundplot　按航迹推算位置
grounds　木砖
groundsel　(1) (木结构的) 底梁, 地槛, 槛木；(2) 防止河床刷深的)
　潜坝, 床岩
groundsill　(1) (木结构的) 底梁, 地槛, 槛木；(2) 防止河床刷深的)
　潜坝, 床岩
groundwater　(1) 地下水；(2) 潜水
groundwater divide　地下水分水岭
groundwater elevation　地下水高度, 潜水标高
groundwater floor　地下水层
groundwater laterite soil　潜水砖红壤性土
groundwater plane　地下水位, 地下水面
groundwater pollution　地下水污染
groundwater recharge　地下水补给
groundwater resource　地下水储藏量, 地下水资源
groundwater runoff　地下水径流, 地下水流量
groundwater soil　潜育土壤
groundwater solution　地下水溶蚀
groundwater supply　地下水供应
groundwater table　地下水位, 地下水面
groundwater zone　(地下水位以下的) 地下水区
groundway　固定滑道
groundwood　磨木浆, 磨木
groundwood core　心木
groundwork　(1) 铁路路基, 基础, 底子；(2) 根据；(3) 基本工作, 基
　本成分, 基本原理；(4) (复) 土方工程
groundwork zero　爆心投影点, 地面零点
group (=GRP 或 GP)　(1) 成群, 基团, 群, 组, 类, 族, 基, 系；(2) 同
　极性片组, 点对称组, 点集；(3) 空军大队；(4) 界；(5) 分组, 分类, 成组,
　集合, 聚集, 群聚, 聚集；(6) 组合；(7) 部件装配图, 组群方式, 集合法；
　(8) 联闪 (闪光或明暗灯光)
group A kits　A 类元件
group action of piles　群桩作用
group address　群地址, 组地址
group aerial　多振子天线, 分组天线, 群天线
group alarm　基群报警, 组报警
group allocation　基群分配
group alphabet　群字母
group alternating (light)　联两色交替灯光, 互联灯光
group amplifier　组合放大器, 群放大器
group antenna　多振子天线, 分组天线, 群天线
group-averaged　按群平均的
group bandpass filter　群路带通滤波器

group bus　组合母线

group busy　群占线, 群忙

group-busy lamp　组忙灯　群忙灯

group busy signal　群占线信号, 组忙音信号

group busy tone　群忙音

group busytone　群占线音, 群忙音

group call broadcast service　群呼广播业务

group calling　群呼, 组呼

group carrier frequency　群载频

group celerity　波群速度

group center　长途电话局, 郊区电话局, 中心局

group change　成群改变, 成组改变

group classification code　归组分类码

group coast station　海岸电台组

group code　[分]组码, 群码

group control　群控制, 群控

group control panel　群控制屏

group delay (=GD)　群时延, 群延迟

group delay distortion　群延时失真

group delay equalizer　群延时均衡器

group delay frequency　群延时频率

group delaytime　群延时时间

group demodulation　群解调

group demodulator　群解调器

group dialing　群拨号

group-directional characteristic　(天线)群方向特性

group distress alerting　群遇险报警

group drive　(1)集合传动(如天轴传动), 集体传动, 组合传动, 联合传动, 成组传动, 联合运转; (2)联动装置

group element　同组元素

group enterprise　集体企业

group filter　群滤波器

group flash (=GF)　群闪灯

group flashing (=GPFL)　(灯光)联闪

group flashing light　(1)联合闪光灯, 群合闪光灯; (2)连续闪光, 群闪光

group frequency　群频率

group governoring nozzle　变量调节喷嘴组

group-index　分组指数, 类集指数

group index　分类指数, 分组指数, 类群指数, 分组指标, 类集指数

group indication　分类标志, 组号

group interrupted quick flashing light　联断急闪光, 短联急闪光

group interval　道间距

group item　数据组项目, 组项目

group knife　组合闸刀

group link　基群线路, 基群链路

group maneuvering control　集中操纵

group marking relay (=gmr)　群信号继电器

group-matrix　群矩阵, 群阵

group mean　组平均值

group measurement　相隔最远的两个弹着点之间隔

group method　组合加工方法

group milling cutter　组合铣刀

group modulation　群调制

group modulator　群调制器

group monitoring　成组监视

group multiplexer　群多路复用器

group nozzle governing　(汽轮机)成组喷嘴调节, 喷嘴调节法, 变量调节

group number　群编号

group occulting light　联明暗光, 联顿光

group of capital　资本群

group of compartments　舱组

group of drawing　冲压级别

group of experts on scientific aspects of marine pollution (=GESAMP)　海洋污染科学专家组

group of letters　字母组合

group of lines　线束

group of locks　船闸群

group of mechanism　机构传动系

group of number　数组

group of piles　桩群

group of rapporteurs on container transport (=GRCT)　集装箱运输报告人小组

group of rapporteurs on customs questions concerning container (=GRCC)　集装箱关税问题报告人小组

group of semi-pronouns　半代词群

group of tanks　液货舱组

group of waves　波群

group pilot frequency　群导频

group printing　成组打印

group quick　群急闪灯

group reaction　类属反应, 组反应

group record　成组记录, 记录组

group regulation　群体调节, 集体调节

group repetition interval (=GRI)　群重复周期, 组重复周期

group sampling　分组抽样, 分层抽样

group-select noise　选组噪声

group selector (=GS)　群选择器, 选组器, 选级组

group separator (=GS)　(1)[成]组分隔符, 分组符; (2)群分离器

group ship station　船队电台组

group short flashing light　群短闪光

group shot　群摄, 全摄

group shut valve　(油舱)隔离阀

group signaling equipment　组信号设备

group-specific　类属特异性的

group starter　分组起动器

group starter panel　分组起动器屏

group switch　群开关, 组开关

group switchboard　成组开关板

group synchronization　群同步

group system　(1)组合系统; (2)组合制

group technology (=GT)　(1)组合工艺[学], 成组工艺[学]; (2)分类技术

group telephone　集体[用户]电话, 集团电话

group terminal equipment　群终端设备, 群终接设备

group theoretical　群论的

group theoretical principle　群论原理

group theory　{数}群论

group-to-group crosstalk　群间串音

group translating equipment　群变换设备

group translation　群频转译

group type venting system　(油舱安全措施的)分组泄气系统

group velocity　波群传播速度, 波群速度, 波群速, 群速度

group very quick light　群甚急闪灯, 联甚快光

group wave　波群

groupage　(1)组合, 集合, 集结; (2)混合运输

groupage agent　(集装箱)拼箱代理人

groupage center　拼箱中心

groupage depot　拼箱站

groupage wagon　分组装车

grouped　(1)组合的; (2)耦合的

grouped columns　群柱

grouped controls　组合控制装置

grouped data　分类资料

grouped dock　码头群

grouped-frequency operation　频率组合制

grouped frequency operation　组合频率制

grouped joint　会接

grouped milling cutter　组合铣刀

grouped pulse generator　脉冲群发生器, 脉冲群振荡器

grouped records　成组记录

grouped sequential inspection　群序列检查

grouping　(1)归组, 组合, 配合, 集合, 编组, 分组, 分类, 分型; (2)集合法, 集聚, 并行; (3)部件装配法; (4)集团; (5)类, 族, 群; (6)原子团, 团, 基; (7)纹槽群集, 槽距不均; (8)布置, 配置

grouping effect　波浪群集效应, 波群效应

grouping of bits　码元组合

grouping of radiobeacon　无线电航标台组

grouping of wells　多向钻井, 密集钻井

grouping plan　组群方式

grouser　(1)履带齿片, 抓地齿, 抓地板, 轮爪; (2)(挖泥船的)锚定桩, 临时定位桩

grouser box　履带节盖板

grouser plate　抓地板, 履带齿片

grout　(1)稀砂浆, 薄砂浆, 薄浆, 灰浆; (2)灌浆, 填缝; (3)薄胶泥; (4)涂薄胶泥, 修饰涂料; (5)(复)渣滓

grout acceptance　吸浆量

grout blanket　灌浆层
grout cable　薄膜电缆
grout consumption　耗浆量
grout curtain　灌浆帷幕
grout filler　灌浆填缝料,灌缝料
grout hole　灌浆孔,喷浆孔
grout ingredient　浆料成分,灌浆成分
grout injection apparatus　灌浆设备
grout mix　灌浆混合料
grout mixer　灰浆拌和机,薄浆搅拌机,拌浆机
grout mixer and placer　砂浆搅拌喷射器
grout mixture　灌浆混合料
grout pipe system　灌浆管系
grout pump　水泥灌浆泵,砂浆泵
grout screen　灌浆帷幕
groutable　可以灌浆的
grouted aggregate concrete　灌浆混凝土
grouted asphalt macadam　灌浆表碎石[路]
grouted asphaltum revetment　沥青灌浆护岸,沥青灌浆护坡
grouted brick　浆砌砖
grouted cutoff wall　灌浆截水墙
grouted pitching　浆砌块石护岸
grouted procedure　灌浆工序,灌浆法
grouted riprap　抛石灌浆
grouted scarf joint　砂浆嵌缝接头
grouter　(1) 填缝灌浆机,灌浆泵;(2) 水泥喷补枪;(3) 灌浆机操作工
grouting　灌浆
grouting-in　将套管放在钻孔内灌浆
grouting mortar　(灌浆用) 水泥砂浆
grouting operation　灌浆操作
grouting pressure　灌浆压力
grouting pump　灌浆泵
grove　树丛,丛林
grow　(1) 生长;(2) 增加,增长,增大;(3) 变强;(4) 锚链放出方向,锚链趋向
grow-back　带材的厚度差,厚度不均性
grower washer　弹簧垫圈
growing　(1) 晶体生长;(2) 生长的
growing needs　不断增长的需要
growing wave　增幅波,生长波
growl　筛子
growler　(1) 短路线圈测试仪,短路线圈检查仪;(2) 电机转子试验装置
grown　(1) 天然曲材;(2) 生长的,长成的,成熟的,发展的
grown diffusion　生长扩散
grown-film silicon transistor　生长硅膜晶体管
grown junction (=GJ)　生长结
grown junction photocell　生长结光电池
grown junction transistor　生长型晶体管
grown spar　现成杆柱 (不需加工切削的木杆)
grown-tetrode transistor　生长型四极晶体管
growth　(1) 生长,培养;(2) 增长,增加,增大,增量,发展,膨胀;(3) 生长物,结果,产物;(4) 函数的序,增长序
growth cone　生长锥
growth constant　增长常数,生长常数
growth controlled fracture　控增长断裂
growth factor　经济增长因素,增长系数,增长因子,放大因子
growth fund　信托投资基金
growth industry　发展特快的新行业
growth mistake　生长错误
growth of cast iron　铸铁的长大
growth of concrete　混凝土的膨胀
growth of mechanical power　机械动力的发展过程
growth phase　生长阶段,生长相,生长期
growth plan　发展计划,增长计划
growth rate　(1) 生长速度,生长率,增长率;(2) 放大系数
growth ring　(树的) 年轮,生长轮
growth trend　发展趋势
growthiness　生长速度
groyne　木防波堤,排流坝,防砂堤
GRP (=Glass Reinforced Plastic)　玻璃增强塑料,玻璃钢
GRP (=Glass Reinforced Plastic Boat)　玻璃钢救生艇
GRP (= Glass Reinforced Plastic liferaft)　玻璃钢救生筏
GRP (=Group)　(1) 群;(2) 联闪 (闪光或明暗灯光)
GRR (=Geneva Radio Regulations)　日内瓦无线电规则

GRS (=Gears)　(1) 齿轮;(2) 器具;(3) 装卸设备
GRS (=German Research Satellite)　德国科研卫星
GRST (=Gross Tons)　总吨数
GRT (=Gross Registered Tonnage)　总登记吨位,总吨位
GRTM (=Gross Ton-mile)　总吨英里
grub beam　弯曲层合结构梁 (圆尾木船的)
grub saw　大理石手锯
grub screw　无头螺钉,平头螺钉,木螺钉
grubber　(1) 掘根机;(2) 掘土工具,掘土机
grubbing-harrow　圆盘耕耘机
grubbing up　挖除
grubbing winch　除根机
grummet　(1) 金属孔眼,索眼,索环;(2) 电线胶垫圈,垫圈;(3) 金属封油环,蒸汽漏缝的填料
GRV (=Graphic Recording Voltmeter)　自动记录式伏特计
GRW (=Graphic Recording Wattmeter)　自动记录瓦特计
GRWT (=Gross Weight)　总重量,毛重
GRY (=Gray/Grey)　灰色
GS (=Gauss)　高斯 (磁感应的 CGS 电磁电磁制单位)
GS (=General Service)　一般用途的服务,普通的服务
GS (=General Speed)　总速度,合速度
GS (=Good Safety)　安全可靠
GS (=Good Seamanship)　良好的船艺
GS (=Government Ship)　政府船舶
GS (=Grain Space)　谷物容量
GS (=Ground Speed)　对地速度,对岸速度
GS (=Ground Station)　地面站
GS (=Group Selector)　群选择器
GS (=Group Separator)　组分隔符
GS (=Gyroscope)　陀螺仪
GSA (=Greek Ship-suppliers Association)　希腊船舶供应商协会
GSAMARPOL (=Guidelines for the Surveys of Annex of Marpol 73/78)　73/78 防污公约附则检验指南
GSB (=Go Stand by)　等待下一次收听
GSC (=Gland Steam Condenser)　汽封蒸汽冷凝器
GSC (=Ground Station Committee)　地面站委员会
GSH (=Gas Smothering System in Cargo Hold)　货舱惰气灭火系统
GSH (=Gland Steam Heater)　汽封蒸汽加热器
GSK (=General Ship Knowledge)　船舶普通知识
GSKT (=Gasket)　衬垫,垫圈
GSM (=Gas Smothering System in Machinery Space)　机舱气体消防系统
GSM (=Good Sound Merchantable)　商品的完好性
GSP (=General Service Pump)　通用泵
GSP (=Generalized System of Preferences)　普通优惠制
GSS (=Global Surveillance System)　全球对空监视系统
GST (=Global Telecommunication System)　全球无线电通信系统
GST (=Greenwich Sidereal Time)　格林尼治恒星时,格林恒星时
GST (=Greenwich Standard Time)　格林尼治标准时
GST (=Guarranteed Space per Ton)　每吨的保证容量
GST (=Gust)　阵风
GSV (=Gross Standard volume)　标准体积
GSV (=Ground to Surface Vessel)　(雷达) 地面对水面舰艇
GSW (=Gross Shipping Weight)　运输毛重,装运总量
GT (=Game theory)　竞局理论,对策论
GT (=Gas Turbine)　燃气轮机
GT (=Gas Turbine Vessel)　燃气轮机船舶
GT (=Gasoline Tank)　(1) 汽油柜,汽油箱,汽油槽;(2) 汽油舱
GT (=Gasoline-tight)　汽油密的
GT (=Gas-tight)　不漏气的,气密的
GT (=General Terms)　一般条件,普通项
GT (=Grain-tight)　谷密的
GT (=Grand Total)　总计[数]
GT (=Great)　伟大的,大的
GT (=Great Diurnal Range)　大日较差 (平均高高潮和平均低低潮潮高差)
GT (=Greenwich Time)　格林尼治时间,格林时
GT (=Gross Tonnage)　总吨位
GT (=Group Technology)　组合工艺学
GTC (=Gas Turbine Compressor)　燃气轮机压缩机,燃气涡轮压缩机
GTC (=Good Till cancelled)　有效至解约,取消前有效
GTC (= Good Till cancelled or Countermanded)　有效至解约,取消前有效
GTD (=Guaranteed)　有担保的,有保证的

GTE (=Gas Turbine Engine) 燃气涡轮发动机
GTE (=Gas Turbo-electric) 燃气涡轮发电机
GTE (=Ground Test Equipment) 地面测试设备
GTF (=Gated Tracking Filter) 选通跟踪滤波器
GTLT (=Gross Terms, Liner Terms) 船方负担装货费和卸货费
GTM (=Gas Turbine Modules) (1) 燃气轮机模数; (2) 燃气轮机组件
GTO (=Gate Turn-off Switch) 可关断可控硅开关, 闸门电路断开开关
GTPU (=Gas Turbine Power Unit) 燃气轮机动力装置, 燃气涡轮动力设备
GTR (=General Traffic Rate) 普通税率
GTR (=Great Tropic Range) 大潮潮差 (大潮高高潮和大潮低低潮的潮高差)
GTS (=Gas Turbine Ship) 燃气轮机船舶
GTS (=General Technology Satellite) 通用技术卫星
GTS (=General Telephone System) 通用电话系统
GTS (=Global Telecommunication System) (世界气象监视网) 全球电信系统
GTS (=Great Trigonomitrical Survey Station) (陆标) 大三角测量站
GTS (=Ground Terminal System) 地面终端系统
GTS (=Ground Test Station) 地面试验站
GTU (=Gas Turbine Unit) 燃气涡轮机装置
GTV (=Gas Turbine Vessel) 燃气轮机船舶
GTW (=Good This Week) 本周内有效
GU (=General Use) 一般用途, 通用
guanamine resin 三聚氰二胺树脂, 鸟粪胺树脂
guanyl nitrosaminoguanyl tetrazene 脒基·亚硝氨基脒基四氮烯 (四氮烯)
guanyl nitrosamino-guanylidene hydrazine 脒基·亚硝氨基脒基肼
GUAR (=Guarantee/Guaranteed) 保证, 担保
guarant 保证 [书], 担保
guarantee (=GUAR 或 GRNTEE) (1) 保证, 担保, 保障; (2) 保证书, 保证人, 担保品; (3) 保证性鉴定; (4) 承认, 许诺
guarantee account bill 保证账务清单
guarantee against loss 保证不受损失
guarantee deposit 存出保证金, 押金
guarantee engineer (船厂派驻在新船上的) 保修工程师, 交船轮机员
guarantee for civil liability for oil pollution damage (=GCLOPD) 油污损害民事责任信用证书
guarantee for customs 关税担保
guarantee from loss 保证不受损失
guarantee fund 保证金
guarantee insurance (=GI) 意外保险, 保证保险
guarantee item 保修项目
guarantee liability (=GL) 保证责任
guarantee load 额定安全负载, 额定安全重量
guarantee of export credit 出口信贷国家银行担保, 出口信用担保
guarantee of insurance 保险担保书
guarantee of profession for seamen (=GPS) 船员职业保障
guarantee of shipper 货主保证
guarantee period 保证期
guarantee repair 保修
guarantee repair list 保修单
guarantee speed 保证航速
guarantee survey 保修检验
guarantee system 保证制度
guarantee test 保证数据验收试验
guarantee upper bounds 保证的上界, 确保的上界
guarantee, warrant (=GW) 保证
guarantee work 保修工程, 保修工作
guaranteed (=GTD 或 GUAR) 有担保的, 有保证的
guaranteed a.m. delivery 保证上午送达
guaranteed annual income 保证年度收入
guaranteed bandwidth traffic 保证带宽通信量
guaranteed day delivery 保证日期送达
guaranteed efficiency 保证效率
guaranteed freight 保付运费
guaranteed output 保证输出功率, 保证功率
guaranteed power 保证功率
guaranteed service life 使用期限
guaranteed space per ton (=GST) 每吨的保证容积
guaranteed water depth 保证水深
guaranteed yield 保证屈服强度
guarantor (1) 票据担保人; (2) 保证人; (3) 担保人
guaranty (1) 保证 [书] (=guar.); (2) 担保 [品]; (3) 保修单

guaranty contract (=GC) 保证合同
guard (=GD) (1) 警戒, 警卫, 戒备, 防备, 防护, 保护, 保卫, 预防, 防止; (2) 保护设备, 防护装置, 保护装置, 保护器, 防护器, 防护罩; (3) 保护材料; (4) 卫板 (轧钢机的); (5) 安全栅栏, 保护板, 挡泥板, 护挡板, 护板; (6) 限程器, 保险装置; (7) 隔绝, 隔离, 保险; (8) 舷台
guard against damp 谨防潮湿
guard aperture [保] 护孔
guard arm 护臂
guard balanced by a counter weight 重锤平衡卫板
guard balanced by a spring 弹簧平衡卫板
guard band (两信道间) 防护频带, 防护波段
guard bar 栏杆, 扶手, 扶栏, 护栏, 导杆, 护杆
guard beam 护梁
guard bearing 带外罩的轴承, 护罩轴承
guard block 防护块体, 护面块体
guard boat 巡逻船, 巡逻艇, 警戒艇
guard brush 集电刷
guard bull 垂直护栏 (木材装舱用)
guard cable 安全防护钢丝绳, 安全绳, 安全缆
guard chain (舷梯) 扶手链, 防护链
guard channel 戒备波道
guard circuit 防虚假动作电路, 保护电路
guard digit 保护数位, 保护位
guard electrodes 屏蔽电极
guard gate (船闸的) 备用闸门, 应急闸门
guard for track rollers 履带支重轮护板, 钢轨支重轮护板
guard hoop (犁链器) 保险环, 保险弧环
guard iron 防窜板, 护舷材
guard lamp 警告灯
guard lock (船坞) 潮汐闸门, 防洪闸, 护闸
guard log 屏蔽测井
guard magnet 保险 [电] 磁铁
guard net (1) 控制栅极, 保护栅; (2) 保护网, 防护网, 安全网
guard of circuit 电路保持, 电路闭塞
guard pennant 值勤旗
guard pile (码头前沿的) 防撞桩, 护桩, 垫桩
guard pin 叉头钉, 护销
guard plate 安全挡板, 护板
guard position (1) 预备姿势, 实战姿势; (2) {计} 保护位, 备用位
guard post 防撞柱
guard rail (=GDR) 固定护舷材, 固定护舷木, 舷栏杆, 护栏, 护木, 护垫, 护轨
guard relay 防护继电器, 保安继电器
guard-rim 防爆环, 防爆圈
guard-ring 保护环
guard ring (1) 色保护环, 保护环, 隔离环, 护圆, 护环; (2) 警戒圈; (3) 巡逻船
guard ring condenser 环护电容器
guard ring of stern tube 尾轴管防护环
guard rod 防护栏杆
guard room 警卫室
guard sheet 护板
guard ship 警戒船, 巡逻船
guard signal 报警信号, 警报信号, 告警信号, 安全信号, 防护信号, 保险信号
guard space 保护距离
guard stanchion 栏杆柱
guard strip 护条, 护片
guard timber 护木
guard tube (测深玻璃管) 保护套, 保护管
guard valve (1) 安全阀, 保险阀; (2) 速动阀门, 事故阀
guard wall 护墙, 护堤
guard-wire 保护线
guard wire (架空线用) 保护线
guard zone 警戒区
guardband 保护频带
guarded 被保护的, 防护的, 警戒着的, 有戒备的
guarded electrode 屏蔽电极
guarded railway crossing 有护栏的铁路平面交叉
guarder (1) 保护装置; (2) 警卫, 卫兵
guardhouse 警卫室, 门卫室
guardian (法定) 监护人, 保护人, 管理人, 保管员
guardian block 防护块体, 护面块体
guardian valve (汽轮机) 倒车保安阀, 防护阀

guardianship 保护, 保管

guarding 渔网加强边缘, 帆布滚边, 缘网

guarding figure 保险数位

guarding valve 防护阀

guardless (1) 无警戒的, 无保护的; (2) 无保护装置 [的]

guardrail (1) 护栏, 扶栏; (2) 护轨; (3) 护舷木

guard's valve 紧急制动阀, 速动闸门, 停车开关, 事故阀, 车长阀

gudgeon (1) 活塞销, 轴头销, 连接轴, 耳轴, 枢轴, 轴柱, 轴头, 轴颈; (2) 舵柱承座, 舵枢 [轴], 舵栓, 舵针, 舵钮; (3) 螺栓, 螺杆; (4) 旋轴臂; (5) 旋转架, 托架

gudgeon bearing 端轴承, 耳轴承

gudgeon block 轴承

gudgeon bolt 舵枢螺栓

gudgeon journal 轴颈, 辊颈

gudgeon pin (1) 十字头销, 活塞销钉, 耳轴销, 杆头销, 轴头销; (2) 十字头螺栓, 舵栓

Guerin press 格林式橡胶模成形压力机

Guerin process 格林式橡胶模成形法, 格林式橡胶模冲压法

guess 推测, 假想, 猜测, 猜

guess boom 撑艇杆

guess rope (1) 拖船绳; (2) 系缆牵引绳; (3) 辅助缆索, 扶手绳

guess warp (1) 拖船绳; (2) 系缆牵引绳; (3) 辅助缆索, 扶手绳, 辅索, 攀索

guesswork (1) 假定, 假设, 猜想; (2) 预定; (3) 推论, 推测, 论断; (4) 允许, 准许

guest 客人, 旅客

guest cabin 客舱

guest rope (1) 拖船绳; (2) 系缆牵引绳; (3) 辅助缆索, 扶手绳

guest warp (1) 拖船绳; (2) 系缆牵引绳; (3) 辅助缆索, 扶手绳

guest warp boom (1) 系艇杆; (2) 舷侧系艇杆

gug (1) 机械化斜坡, 机械化坡道; (2) 绞车道, 纹车道

guidable 可指导的, 可引导的

guidance (1) 导向装置, 引导装置, 导轨; (2) 导孔, 导槽, 滑槽; (3) 导承, 导板, 导承, 导架, 导座, 导套; (4) 导向, 引导, 导引, 引导, 领导, 指挥; (5) 控制; (6) 遥控, 操纵, 制导, 波导, 导航; (7) 惰轮; (8) 制导系统, 导航系统

guidance and control (=G&C) 引导与控制

guidance beacon 导航浮标

guidance center (1) 制导中心; (2) 指导服务中心

guidance component 制导系统元件

guidance computer (=GC) (1) 制导计算机; (2) 导航计算机

guidance countermeasure 反制导系统

guidance dish 制导天线反射器

guidance formula 制导公式

guidance information 制导信息

guidance miss distance 导航误差距离

guidance monitor set (=GMS) 制导监控装置

guidance on launching 发射制导

guidance-position equipment 地面站制导设备

guidance position tracking (=GPT) 制导位置跟踪

guidance power supply (=gps) 制导动力源

guidance radar 制导雷达

guidance sensor 制导传感器

guidance site 制导场

guidance station equipment (1) 地面站导引设备; (2) 地面站导引系统

guidance system (=GS) (1) 指导系统; (2) 制导系统; (3) 导航系统

guidance system console (=GSC) 制导系统操纵台

guidance test set (=GTS) 制导试验设备

guidance test unit (=GTU) 制导试验设备

guidance test vehicle (=GTV) 制导试验飞行器

guidance transmitter (=G/XMTR) 制导发射机

guide (1) 引导装置, 导向装置, (燃气轮机的) 导向器, 导向件, 导向体; (2) (螺旋卡盘的) 导套, 波导管, 光导管, 套管, 导管; (3) 导板, 导槽, 导架, 导轨, 导杆, 导承, 导座, 导沟, 滑槽; (4) 惰轮; (5) 控制, 引导, 导向, 制导, 导航, 瞄准, 定向, 控制, 管理, 操纵, 支配; (6) 规准, 指针; (7) 指南, 入门, 手册, 引导, 指导, 指引, 指向, 指示; (8) 波导, 光导; (9) 罐道; (10) 路标; (11) 向导舰, 导向船

guide angle (1) 导向角 [钢]; (2) 导向装置

guide apparatus (1) 导向装置; (2) 制导装置

guide bank 导堤

guide-bar 导杆

guide bar 导向杆, 滑杆, 导杆

guide bead 窗滑轨

guide bearing (1) 导轴轴承, 导向轴承, 导引轴承, 定位轴承, 定向轴承,

(2) 导向支承

guide bend test 靠模弯曲试验

guide blade 导向叶片, 导叶

guide blade segment 导叶扇形体, 导叶组

guide-block 导块, 导瓦

guide block 导向滑块, 导向块, 导块, 导瓦, 滑块

guide board (1) 导板, 挡板; (2) 指路牌, 向导牌

guide body (镗床的) 导向架

guide bolt 导向螺栓

guide book (1) 入门书; (2) 参考手册, 参考书, 指导书, 说明书, 指南

guide bracket (1) 导架, 导座; (2) 固定罐道钢夹子

guide bucket (涡轮机的) 固定叶片组, 导向片组

guide bush 导轴衬, 导套, 导环, 导衬

guide bush for exhaust valve 排气阀导套

guide bush for inlet valve 进气阀导套

guide bush for tierod 贯穿螺栓导套

guide cam 导向凸轮

guide card 引导卡 [片]

guide check 导颊板

guide clearance 导向部间隙, 导向间隙, 导承间隙

guide comb 篦形板, 导梳

guide coupling 导管连接器

guide device 导向装置

guide dial inside micrometer 支承式带表盘内径千分尺, 支承式带表盘内径千分表

guide disc 导盘

guide disk 导盘

guide element 导杆

guide face 导向面, 导轨面, 导面

guide field 引导 [电] 场, 控制场

guide finger (1) 指针; (2) 导向销

guide flange 导缘

guide force 导向力

guide fork 导叉

guide frame (1) 导向框架, 导承枢, 导承架, 导架; (2) (线切割) 丝架

guide gear 导向齿轮, 导向装置

guide gib 导向颊, 窄导槽

guide grid 定向 [格] 栅

guide groove 导槽

guide hole 导孔

guide inside micrometer 支承式内径千分尺, 支承架内径千分尺, 支承架内径千分表

guide jetty (1) 导堤; (2) 导航排架

guide key 导向键

guide lever 基准杠杆, 导向杆

guide lifter 带导向槽升降器

guide light 灯光导航, 导灯

guide liner 导板衬片, 导轴衬

guide lines (1) 导引线, 分度线, 标线; (2) 指导路线, 指导原则

guide link 导杆

guide lip (轴承) 导向挡边

guide lug (履带板) 导向凸缘

guide margin 导边 [数据] 孔间距, 导向边宽度

guide mark 导板划伤

guide mechanism 导向机构

guide meridian 参考子午线

guide mill 有导向装置的轧机

guide nozzle 导轨割嘴

guide number 闪光指数

guide nut 导螺母

guide of rod 杆导承

guide pad (深孔钻的) 导向块

guide pile 定位桩, 导柱

guide pin 定位销, 导销, 导钉, 导柱

guide pipe 滑杆, 导杆

guide piston 导向活塞

guide piston complement for fuel pump 喷油泵导向活塞总成

guide plate (1) 导向隔板, 导向板, 导板; (2) 支承板

guide plug 导向插头

guide post (1) (冲, 压模的) 导柱; (2) 方向标, 路标

guide pulley 导向滑车, 导向轮, 压带轮, 导向辊, 导轮

guide rail 导轨

guide reamer 导向铰刀

guide rib (轴承) 导向挡边, 引导挡边

guide-ring 导向器叶栅,导流叶栅
guide ring 导向环,承磨环,减磨环,导环
guide rod 导航杆,滑杆,导杆
guide rod yoke 导杆轭
guide roll 导绳辊轴,导辊,托辊
guide roller 导向滚轮,导向滚柱,导向轮,导辊
guide rope 扶手绳,牵索,支索,钢缆,导缆
guide rope release mechanism 导索释放机构
guide rule 准则,导则
guide screw 传动螺杆,进给螺杆,导螺杆,丝杠,导杆
guide segment 扇形导板
guide shaft 导向轴,导轴
guide sheave 导向滑车,导向滑轮
guide sheet (电工用的)记事一览表
guide shoe (1)(平地机)转盘托板;(2)导块,导瓦
guide shoulder 导向台肩
guide sign 指路标志,向导标志,指示标志
guide slab 导板,导块
guide sleeve 导向轴套,导套
guide slide 导向滑块,导向滑板,导向滑座
guide slot (1)导向槽,导轨,(2)导缝
guide socket 定向插座,导口插座
guide sound 控制声
guide spade drill 有导径的深孔扁钻
guide specification 指导性规范
guide spindle 导轴,导杆
guide spindle bearing 导轴轴承
guide stem 导销,导杆
guide step 滑板托架脚蹬
guide strip 导向板,导轨
guide structure 导流建筑物
guide surface 导轨面,导面
guide tap 导向丝锥
guide thimble 导向套管
guide track (1)滚子导槽,(2)导轨
guide twist drill 有导径的深孔麻花钻
guide valve 导向阀
guide-valve slip 导阀滑片
guide vane (1)导向叶片,导流叶片,导叶,导翼;(2)导流片坝
guide vane apparatus 导向叶片装置
guide vane pump 导叶泵
guide-vanes (飞机)导向器叶片
guide wall (1)导流堤;(2)翼墙;(3)导航墙,导航堤
guide wavelength 波导管波长
guide way (1)导轨;(2)导向槽;(3)导向体;(4)引导,导向
guide wheel (1)导向轮,导轮;(2)[液压变扭器]定轮
guide wire (指示液面高低用的)准绳
guide work 导航建筑物,导航设施
guideboard 标板,路牌
guidebook 参考手册,说明书,指导书,入门书,入门,指南
guided 制导的,导向的,定向的
guided aircraft missile (=GAM) 空对地导弹,机载制导
guided aircraft rocket (=GAR) 空对空导弹,机载导弹
guided bend test 靠模弯曲试验,定形弯曲试验
guided bend tester 型板弯曲试验机
guided cutting 导向切削
guided earth satellite 可控地球卫星
guided electric wave 遵导波,循轨波
guided mine 制导水雷
guided missile (=GM) 导弹
guided missile armed destroyer 导弹驱逐舰
guided missile boat 导弹快艇
guided missile control (=GMC) 导弹制导
guided missile control facility (=GMCF) 导弹制导设备
guided missile countermeasure (=GMCM) 防导弹措施
guided missile group 导弹大队
guided missile squadron (=GM SQUAD) 导弹中队
guided missile system (=GMS) 导弹系统
guided motion 定向运动
guided propagation 导向传播
guided radar 导向雷达
guided round 导弹
guided shaving cutter 导向剃齿刀
guided space vehicle (=GSV) 制导的宇宙飞行器,制导宇宙飞船

guided target seeker
guided transmission 波导传输
guided wave 循轨波,定向波,被导波,导波
guided-wave radio 导波无线电
guided wave radio 导波无线电
guided way 导向部分,导轨,导轨
guideless 无指导的,无管理的
guideline (1)操作说明书,指南;(2)准则,方针;(3)导向图[表];(4)指导路线,方针,准则,指标;(5)导线,导绳;(6)线型波导管
guideline tensioner 导绳张力器,导索张力器
guidelines 指南
guidelines for drinking water quality (=GDWQ) (世界卫生组织发布的)饮用水指标
guidelines for selection and use 选择和使用指南
guidelines for the surveys of annex of marpol 73/78 (=GSAMARPOL) 73/78防污公约附则检验指南
guidelines on preparing the shipboard oil pollution emergency plan (=GPSOPEP) 制订船上油污应急计划指南
guidelines on the provision of adequate reception facilities in ports (=GPARFP) 港口提供充分接收设备指南
guidemark 划行器印迹
guidepost (1)导木;(2)标柱;(3)路标
guider (1)导辊;(2)导盘;(3)导向器,引导器;(4)导纱钩;(5)导星装置,导星镜
guiderod 导杆,导棒
guiderope 导绳,导索,调节索,诱导绳
guides 导轨
guides and guards (1)导卫装置;(2)导星装置
guideway (1)导轨;(2)导沟,导[向]槽;(3)连杆导向装置,导向装置,导向轴套;(4)引导;(5)定向线路
guiding (1)引导;(2)控制;(3)制导,导航,波导;(4)导向装置;(5)导杆;(6)导向,定向,(7)[望远镜]导星,星体跟踪;(8)指导[性]的
guiding barrier 墙网,导网
guiding base 制导站
guiding bush 导轴衬
guiding center 导向中心
guiding collar (1)导向垫圈;(2)导向轴环
guiding device 导向装置,引导装置
guiding edge (1)导向边缘;(2)导向边框;(3)导杆边
guiding element 导向元件,导向件
guiding force 导向力
guiding fork 导向叉
guiding groove 导槽,键槽
guiding hole 中导孔
guiding mechanism 导向机构,导向装置
guiding nut 导螺母
guiding pile 定向桩,导桩
guiding plunger 导向柱塞
guiding rail 导轨
guiding rule (1)样板,规板,量规;(2)规准;(3)指导法则
guiding surface 导向面,导轨面
guiding telescope 导星镜
guiding valve 导向阀,滑阀
Guillaume alloy 铁镍低膨胀系数合金
Guillaume metal 铜铋合金
Guillemin line (1)基利明仿真线;(2)基利明电路
guillotine (1)闸刀式剪切机,剪板机,剪断机,截断机,切断机,截切机,裁纸机;(2)镰刀,闸刀,轧刀
guillotine attenuator 刀型衰减器
guillotine cutting machine 闸刀式切纸机,闸刀式切布机
guillotine door 闸门(装于某些滚装船尾部)
guillotine shears 闸刀式剪切机,龙门剪床,剪板机
Guimbal's motor 吉布尔电动机
gulch-gold 砂金
gulf (1)海湾,湾;(2)深渊,深沟,沟壑;(3)旋涡
gullet (1)水落管,水槽;(2)锯齿间空隙,齿槽,锯沟;(3)狭窄的航道进口,水道;(4)切割锯齿,修整锯齿,开槽
gullet depth 喉深,槽深
gullet-saw 齿槽锯,钩齿锯
gullet saw 齿槽锯,钩齿锯
gullet-to-chip area ratios 容屑系数
gullet to chip area ratios 容屑系数
gulleting (1)切割锯齿;(2)修整锯齿
gulleting file 修槽锉

gulleting of rudder 镶舵入座

gulley (1)进水口,进水井,集水井,排水沟,深沟,小渠,冲沟;(2)开槽,开沟

gulley trap 进水口防臭阱,集水井存水隔间

gulls (俚)气球假目标雷达反射器

gully (1)进水口,进水井,集水井,冲刷沟,排水沟,深沟,小渠,沟渠,(2)峡谷;(3)海底狭沟;(4)开槽,开沟

gully drain (1)排水渠,下水道;(2)雨水口连接管

gully erosion 沟状冲刷,沟[状侵]蚀

gully grating 进水井栅栏,进水井栅格

gully hole 集水孔

gully pot 雨水井,排水井

gully trap 进水口防臭阱

gulp (1){计}字节组,字群,字组,位群,(2)复合信息组

gum (1)树胶,树脂;(2)橡胶,橡皮;(3)橡胶树;(4)弹性橡胶;(5)涂胶;(6)橡胶浸渍;(7)煤粉

gum acacia 阿拉伯树胶,阿拉伯树脂,涂胶

gum arabic 阿拉伯树胶

gum arabica 阿拉伯树胶

gum asafetida 阿魏胶

gum band 橡胶带

gum cement 橡胶结合剂,树胶结合剂

gum compound 纯胶料

gum damma 达码[树]胶

gum-dipped 橡胶浸渍的

gum dipping 浸胶,浸浆

gum-dragon 托拉甘树胶

gum duct 树脂道

gum dynamite 黄炸药

gum-elastic 弹性树胶,橡胶

gum elastic 弹性树胶,天然橡胶

gum formation 树脂形成,胶的形成,胶结

gum forming property of gasoline 汽油的成胶性能

gum inhibiting 生胶抑制剂

gum inhibiting index 生胶抑制剂质量指标,胶质阻抑指标

gum inhibitor 胶质抑制剂,生胶抑制剂

gum insert 隔离胶,油皮胶

gum-lac 橡胶树脂

gum lac 紫胶

gum level 胶质含量

gum mastic 玛帝树脂,玛帝脂,乳香

gum plastics 耐冲击性塑料

gum pocket 树胶囊

gum-producing substance 胶质形成物

gum producing substance 胶质形成物

gum-resin 橡皮树脂,胶树脂

gum resin 树脂胶

gum rosin 松香

gum rubber 天然橡胶,纯胶料

gum running 树胶热裂解,树胶熔炼

gum seam 全胶接缝

gum-solution [树]胶[溶]液

gum spirit 松节油

gum stock (1)纯胶料;(2)擦胶胶料;(3)热炼胶

gum strip 隔离胶,油皮胶

gum tape 胶带

gum tolerance 胶最高容许的胶质含量,胶质容许量

gum tragacant 黄芪胶

gum-tree 橡胶树

gum turpentine 树胶精油,脂松节油

gum turpentine oil 橡胶用溶剂汽油,松节油

gumbo (1)强粘土,粘泥;(2)粘土状的

gummed (1)涂橡胶的;(2)衬橡胶的;(3)橡胶浸渍的

gummed paper 胶纸

gummed tape 包装胶带

gummer (1)煤粉清除器,除粉器;(2)磨锯齿机,修锯机,锯锉机,锯锉;(3)标签粘贴器,涂胶机

gumminess (1)胶粘性,粘胶状,粘性;(2)树胶状,树胶质

gumming (1)除粉;(2)生成胶质状沉淀,胶质生成,树胶的分泌,结胶,浸胶,涂胶;(3)浸油,涂油;(4)胶接

gumming machine 上胶机,粘贴机

gummosity 胶粘性

gummous 有粘性的,胶粘的,

gummy (1)树胶状的;(2)树胶制的;(3)含有树胶的,涂有树胶的,含树胶的,胶质的,粘性的,粘的

gummy appearance 树胶状的,粘稠的

gummy oil 含胶质的油

gummy residue 胶状残渣,粘残渣

gummy sand {铸}含粘土多的砂,肥砂

gums 树胶

gumstower 除粉器

gumwater 阿拉伯胶溶液,胶水

gumwood 产树脂树的木材

gun (1)手提式武器,手枪,气枪,机枪,步枪,(2)大炮,火炮,炮身,炮筒;(3)喷燃器,喷射器,注射器,喷雾器;(4)润滑油泵,铆钉枪,喷油枪,注油枪,喷枪,喷头,(5)电子枪;(6)消防枪;(7)焊枪;(8)节气门,油门,风门,(9)汽锤

gun adapter 油枪嘴

gun-barrel (1)枪管,枪筒;(2)炮管,炮筒

gun barrel (1)气体分离器,沉淀罐;(2)炮筒,枪筒

gun barrel tank 气体分离器,沉淀罐

gun boring (1)(阴螺纹)去[牙]顶;(2)炮身镗削

gun boring machine 炮身镗床

gun brass 炮铜

gun breech 炮尾

gun-bus 备炮飞机

gun camera 手提式摄影机,瞄准照相机,空中照相机,照相枪

gun car 铁道运炮车

gun carriage 炮架

gun carrier 炮车

gun-case 枪囊

gun charger 装弹机

gun cotton 硝化纤维,火[药]棉,硝棉

gun crew 炮手班,炮手

gun directing radar 炮瞄雷达

gun director 炮火射击指挥仪

gun drill (1)炮身钻床,枪管钻;(2)单槽钻[床];(3)枪孔钻,深孔钻

gun drilling machine 枪孔钻床,深孔钻床

gun-driven 用铆钉枪打的

gun-driven rivet 枪铆铆钉

gun emplacement 炮位

gun-filled 利用加油枪加注的

gun-fire (1)号炮;(2)炮火

gun fore-end 枪前托

gun glaze 喷用腻子

gun group 炮身组件

gun handguard 枪护木

gun-harpoon 用射鲸炮射出的鱼叉

gun hoist 吊弹机

gun hose 喷射器软管,喷枪软管

gun-house 炮塔内的炮室

gun-howitzer 平曲两用枪,加农榴弹炮

gun lathe 炮身车床

gun-launched 由炮发射的

gun launcher 火箭炮

gun laying (=GL) (火炮)瞄准

gun-laying radar 枪炮瞄准雷达

gun laying radar (=GLR) 炮瞄雷达

gun line (1)抛射绳;(2)炮轴线

gun-lock 枪机,闭锁机

gun metal (=GM) 锡锌青铜,锡青铜,炮铜

gun metal bush 炮铜轴衬

gun mike 强定向传声器,枪式传声器

gun mount 炮架

gun parallax 方位差

gun pendulum 弹道摆

gun perforator 射孔

gun pit 火炮掩体

gun platform 炮座

gun-pointing radar 炮瞄雷达

gun port (军舰的)炮门,炮眼

gun pressure 膛压

gun reaction 炮反座力

gun-room 枪炮陈列室

gun sight 瞄准装置,瞄准器标尺

gun slide 火炮滑板

gun-stock 枪托

gun stoppage 射击故障

gun tackle　神仙葫芦，1/1绞辘，起重滑车
gun tackle purchase　（两个小型单滑车组成的）双联吊杆
gun tap　枪式丝锥，螺尖丝锥
gun type burner　总装式燃烧器
gun welder　焊接钳，焊枪
gunar　舰用电子射击指挥系统
gunbarrel　(1)沉淀罐；(2)气体分离器；(3)枪筒，炮筒
gunboat (=GB)　(1)自动卸载[小]车，[自]翻斗车；(2)斜井[提升]箕斗，卷扬斗，料斗；(3)炮艇，炮舰
guncarriage　炮架
guncotton　纤维素六硝酸酯，硝化纤维素，强棉药，火[药]棉，硝棉
guncreting　喷[射]灌[浆]混凝土，压[力]灌[浆]混凝土
gundeck　火炮甲板
gunfire　(1)炮击，炮火；(2)号炮
gunfire control TV　炮瞄准电视
gungo　油污
Gunite　冈纳特可锻铸铁，钢性铸铁，灰口铁
gunite　(1)喷射灌浆，喷射水泥，喷涂；(2)喷射水泥砂浆，喷射灌浆，喷射法；(3)水泥枪，喷枪
gunite coat　喷浆保护层
gunite layer　喷浆层
gunite lining　水泥喷射灌浆
gunite material　喷浆材料
gunite process　喷浆法
gunited concrete　喷射浇灌的混凝土
guniter　灌浆机操作工，灌浆工
guniting　喷浆法，喷射水泥（用水泥枪）
gunjet　喷水器，喷枪
gunk　(1)（合成反应中生成的半固体废料）有机废料，泥状材料，泥状物质；(2)预混料
gunlayer　瞄准手，射击手
gunlock　闩锁机，枪机
gunlub　舰炮防盾
gunman　枪炮工人
gunmetal　锡锌青铜，铜锡合金，锡青铜，炮合金，炮铜
gunmetal cage　[锡锌]青铜保持架
gunmetal gray　铁灰色
gunmetal mounting　炮架
gunmetals　炮铜合金（铜89%，锡5-20%，锌2-6%，磷0.2%）
Gunn altimeter　电容式测高计
Gunn diode　耿氏二极管
Gunn effect integrated oscillator　体效应集成振荡器
Gunn effect poweer amplifier　体效应功率放大器
Gunn oscillator　体效应振荡器
Gunn-type electroluminescent device　耿氏电致发光器件
gunnage　火炮数量
gunned　带枪的
gunnel (=gunwale)　上甲板与舷相交线，船舷的上缘，护舷材，舷缘
gunner　火炮瞄准手，射击员，射击手，枪手，射手
gunnery　(1)枪炮操作；(2)射击学，射击技术；(3)重炮
gunnies　粗麻布
gunning　射击
gunning putty　压注油灰
gunning stick　定向架
gunniting　喷射法，喷浆，喷射水泥
gunny　(1)粗黄麻布，粗麻布；(2)麻布袋，麻袋；(3)枪炮长
gunny bag　麻袋
gunny needle　麻包针
gunny sack　[粗]麻布
gunpoint　枪口
gunport　射击孔，炮门，炮眼
gunpowder　有烟火药，黑火药，火药
gunpowder granular　火药
gunprobe　炮射探测系统
gunship　护航直升飞机
gunship aircraft　武装运输机，强击直升机
gunshot　(1)炮声，炮击；(2)射程；(3)枪弹，炮弹
gunsight　(1)射击瞄准器具，炮瞄准器，瞄准装置，瞄准器，标尺；(2)瞄准线
gunsight aiming point (=GGAP)　瞄准点
gunslinging　枪击
gunsmith　枪炮工人，军械工人
gunsmithy　军械车间
gunstock　枪托

gunstocking　船首尾木甲板边板
gunter　(1)氏测链，氏尺规（长66英尺）；(2)船中桅
gunter iron　船中桅压铁
gunter yard　（小艇的）三角帆滑动上桅
Gunter's chain　长66英尺的测链
gunwale　(1)上甲板与舷相交线，船舷的上缘，甲板边缘，舷的边缘，船缘，舷边，舷边；(2)护舷材
gunwale angle　舷边角材，舷边角钢
gunwale angle bar　舷边角钢
gunwale bar　舷边角材，舷边角钢
gunwale capping　舷缘材
gunwale down　舷缘着水
gunwale plate　舷缘衬板
gunwale rail　（救生艇）舷缘扶手，舷缘栏杆，舷边栏杆
gunwale strake　舷缘列板
gunwale tank　舷侧水柜，舷缘水柜
gunwale to　舷缘着水
gunwale under　舷边没入水面以下
gunwhale　船舷上缘
gurdy (=gurgite)　起网滚筒，卷绳车
gurgoyle　滴水嘴
gurlet　丁字斧
gusetron　（具有高压起动阳极的）汞弧整流器
gush　(1)涌出，喷出；(2)喷油井
gusher　(1)喷油井；(2)喷射，喷油，喷穴
gushet　网眼花纹
gushing　喷出的，涌出的，迸出的
gusset　(1)联接板，结点板，节点板，加力片；(2)隔板；(3)角[撑]板，撑板，扣板；(4)V型掏槽，装角撑板
gusset at margin plate　（内底）缘板扣板
gusset felt　箱衬纸板
gusset piece　联接板
gusset plate　角撑板，节点板，结点板，联接板，扣板，角片
gusset stay　结点牵条，角板撑条，扣牵条，结节撑，角撑
gusseted　装有角撑板的
gussetted multiwall paper bag　装有角撑板的多层纸袋
gust　(1)阵风，阵雨；(2)阵发的事物
gust gradient distance　突风梯度距离
gust induced acceleration　阵风引起的加速度
gustsonde　阵风探空仪
gut　(1)水蒸汽小管；(2)（复）内容，实质，本质；(3)耐久力，效力
gut issue　实质性问题，关键问题
gut question　实质性问题，关键问题
gutta　古塔波胶，杜仲胶
gutta-jelutong　节路顿胶
gutta-percha (=GP)　古塔波胶，杜仲胶
gutta-percha cable　古塔波胶绝缘电缆，杜仲胶海底电缆，杜仲胶绝缘电缆
guttameter　滴法张力计
guttapercha　马来树胶，古塔波胶
guttapercha cable　橡胶绝缘电缆
guttapercha ring　树胶圈
guttapercha tree　杜仲树
guttate　有斑点的，具液滴的，滴状的
gutter　(1)甲板水沟，排水沟，出料槽，流槽，水槽，沟，槽；(2)（喇叭形）焊管拉模，炮管拉模；(3)通风口，雨水口，孔道；(4)导火线，导火索；(5)导脂器，漏斗；(6)[锻模的]飞边沟；(7)角形火焰稳定器
gutter angle　（舷侧）排水沟角钢，舷端角钢
gutter dented　排水沟瘪
gutter drainage　明沟排水
gutter grating inlet　格栅式进水口
gutter ledge　舱口木盖承梁
gutter-plough　犁式挖沟机
gutter waterway (=GWW)　（舷侧）排水沟
gutter waterway angle　（舷侧）排水沟角钢
gutteral　带有完善的拦截接收机的机上反干扰寻觅器，机载干扰台侦察器
gutterway　(1)配油沟；(2)排水沟，水沟
guttiform　点滴形的，滴状的
guy　(1)张索，牵索，稳索，支索，拉索，吊索；(2)加固，拉住，拉紧；(3)拉条，拉线；(4)拉条杆，拉杆；(5)钢缆；(6)天线拉线；(7)用支索撑住，使稳固，加固
guy anchor　(1)缆钮锚；(2)拉线桩
guy block　牵索滑车

guy cable   拉索

guy chain   牵链, 拉链

guy clamp   拉线夹板

guy-derrick   牵索起重机, 桅杆起重机

guy derrick   桅缆式动臂起重机, 牵索起重机, 桅杆起重机

guy derrick crane   桅缆式动臂起重机, 牵索转臂起重机

guy eye   牵索眼板

guy insulator   拉线绝缘子, 支线绝缘子

guy line   (1)绷绳, 稳索, 牵索, 牵绳; (2)堵漏毡上角索, 堵漏毡吊索

guy line reel   定位索卷筒

guy rod   (1)拉杆, 支杆; (2)拉线桩

guy-rope   钢缆, 牵索

guy rope   稳索, 牵索, 支索, 张索, 拉线, 钢缆, 长绳

guy span   吊长件货物如钢轨、木材索具

guy stake   系索桩

guy strand   单股定绳

guy stub   系索柱, 拉线

guy tackle   稳索绞辘

guy tackle rigging   牵索索具

guy tightener   紧索轮

guy wall   舷墙

guy winch   牵索绞车

guy-wire   牵索, 支索, 钢缆, 拉线

guy wire   (吊杆的)稳索, 张索, 牵索, 支索, 拉线, 钢缆, 长绳

guyed antenna mast   拉线式天线杆

guyed mast   拉线电杆, 拉线杆

guyed pole   拉线杆

guyed tower platform   拉索塔平台

guying   牵索调位

guzzo   (意)一种渔帆船

guzzono   (意)一种渔帆船

GV (=Gate Valve)   闸阀

GV (=Give)   给

GV (=Give-way Vessel)   被让路船

GV (=Giveway Vessel)   让路船

GV (=Grand Vitesse)   (法语)捷运货物列车

GV (=Grid Variation)   网络偏差

GVN (=Given)   已给

GVW (=Gross Vehicle Weight)   车辆毛重

GW (=Gale Warning)   大风警报, 强风警报

GW (=Gross Weight)   总重量, 毛重

GW (=Guarantee, Warrant)   保证

GWC (=Good Weather Condition)   良好天气条件, 良好天气

GWW (=Gutter Waterway)   (舷侧)排水沟

GY (= Galley)   船上厨房

GY (=Geophysical Year)   地球物理年

GY (=Gray)   灰色

GY (=International Geophysical Year)   国际地球物理年

gyassa   (阿)远海驳

gybe   (1)改变帆、航道等方向; (2)航道的改变, 帆向改变

gylot   陀螺罗经操舵仪

gymbals   (钟)万向支架

gyn   一种三脚起重装置

gyps   石膏

gypseous   石膏的

gypsous   石膏的

gypsum   石膏

gypsum carrier   石膏运输船

gypsum powder   石膏粉

gypsy 或 gipsy   绞车副卷筒, 卧式铰盘, 锚机滚筒, 绞缆筒, 绞绳筒

gypsy chain   环形传动链

gypsy head   绞缆筒

gypsy spool   绞盘

gypsy wheel   绞缆卷筒, 副卷筒, 锚链轮

gypsy winch   小型绞车

gypsyhead   绞绳筒

gyr- 或 gyro-   (词头)(1)环, 圆的; (2)旋转的; (3)陀螺的

gyradisc   (1)转盘式; (2)转盘式破碎机

gyradius   惯性半径

gyral   旋转的, 环流的, 循环的, 涡流的, 涡旋的

gyrate   (1)转动, 旋转, 回转; (2)回转盘旋的, 卷起来的

gyrating   转动的, 旋转的, 回转的

gyrating mass   回转质量

gyration   (1)旋转, 回转, 回旋, 环动, 转动; (2)螺旋运动, 陀螺运动;

(3) 旋涡形

gyrator   (1)回转器, 回旋器, 旋转器, 旋转子; (2)回相器; (3)波道 Y 环形器

gyrator circuit   不可逆电路, 回转器电路

gyrator element   微波回转元件

gyratory   (1)旋转的, 回转的, 环动的; (2)旋回破碎机, 圆锥破碎机

gyratory breaker   旋转式破碎机, 环流式轧碎机, 环动式碎石机

gyratory crusher   转盘式粉碎机, 转盘式细轧机, 旋转式破碎机, 旋回破碎机, 圆锥破碎机, 旋回石机

gyratory direction   环形运动方向, 回转方向

gyratory intersection   环形交叉

gyratory motion   回转运动

gyratory screen   偏心振动筛, 旋转筛

GYRE (=Gyrocompass Error)   陀螺罗经差

gyre   (1)旋转, 回转; (2)回旋, 涡旋, 环流; (3)环流圈; (4)旋转体

gyro   (1)回转[式]罗盘, 陀螺罗盘, 陀螺仪表, 陀螺仪, 回转仪, 陀螺, (2)旋转, 回转; (3)自动旋翼飞机, 自转旋翼飞机; (4)陀螺的, 回转的

gyro-   (词头)旋转, 回转, 环动, 圈

gyro accelerometer   陀螺加速器

gyro adjust   罗经校正器

gyro adjuster   (无线电测向仪)罗经校正器

gyro and autopilot test   陀螺仪和自动导航仪试验

gyro angle setter   陀螺角度装定器

gyro angle setting regulator   陀螺角装定器

gyro angle unit   陀螺角度仪装置

gyro antihunt   陀螺仪减摇振装置

gyro automatic navigation   陀螺自动导航

gyro automatic navigation system   陀螺自动导航系统

gyro axis   陀螺罗经轴

gyro-axle   回转轴

gyro ball   (陀螺罗经的)陀螺球, 回转球

gyro bearing   (1)陀螺仪方位, 陀螺方位; (2)回转器方向, 旋转方向

gyro bias   陀螺偏差, 陀螺偏置

gyro bus   回转轮蓄能公共汽车, 电动公共汽车

gyro case   陀螺组合件的外壳

gyro-compass (=GC)   陀螺罗经, 回转罗盘, 电罗经

gyro compass   陀螺罗盘, 回转罗盘, 陀螺罗经, 电罗经

gyro-compass bearing (=GB)   陀螺罗经方位, 电罗经方位

gyro-compass course (=GC)   陀螺罗经航向, 电罗经航向

gyro-compass error (=GE)   陀螺罗经误差

gyro control installation   陀螺仪控制装置

gyro control unit   陀螺罗经控制箱

gyro course recorder   陀螺罗经航向记录器

gyro drive system   陀螺驱动系统

gyro dyne aircraft   直升飞机

gyro erected navigation   陀螺导航系统

gyro erected optical navigation (=GEON)   陀螺光学导航

gyro erected optical navigation system   光学陀螺导航系统

gyro error (=GYRE 或 GE)   陀螺罗经误差

gyro error angle   陀螺误差角

gyro flux-gate compass   陀螺感应同步罗盘

gyro flux gate compass   陀螺感应同步罗盘, 磁通闸门陀螺罗盘

gyro flywheel   陀螺转子

gyro-frequency   旋转频率, 自旋频率, 回转频率, 陀螺频率

gyro frequency   旋转频率, 回转频率, 陀螺频率

gyro gain   陀螺增益

gyro graph   (1)(船首偏荡)陀螺指示图; (2)转数图示器

gyro-gun sight (=GGS)   陀螺仪型射击瞄准器

gyro horizon   陀螺水平仪, 陀螺地平仪

gyro horizon indicator   陀螺地平仪

gyro hydraulic steering control   陀螺液压操舵控制

gyro hydraulic steering system   陀螺液压操舵装置

gyro indication   陀螺仪指示

gyro integrator   罗经积分器, 陀螺积分器

gyro-interaction   (游离层对微波的)回转交扰作用

gyro-level   陀螺水平仪, 陀螺倾斜仪

gyro level   陀螺水准仪

gyro log   (船首偏荡)陀螺记录器

gyro-mag (=gyro-magnetic compass)   陀螺磁罗盘

gyro magnetic compass   陀螺磁罗经, 陀螺磁罗盘

gyro magnetic effect   回转磁效应

gyro magnetic period   回转磁周期

gyro magnetic ratio   回磁化

677

gyro magnetic resonance 回旋磁共振
gyro mechanism 陀螺定向仪，陀螺机构
gyro-meter type tachometer 回转计式转速计
gyro-mixer 环动拌和机，回转拌和机，回转搅拌机
gyro moment 陀螺力矩
gyro motor 陀螺电动机，陀螺电机，陀螺马达
gyro oil 陀螺仪用润滑油
gyro output angle 陀螺输出角
gyro output axis pickup 陀螺输出轴信号传感器
gyro pickoff angle 陀螺传感角度
gyro pilot 陀螺罗经自动舵，，自动驾驶仪，自动舵
gyro pilot steering 陀螺驾驶仪操舵，自动操舵
gyro pitch and roll recorder 纵横摇陀螺记录器
gyro plane 旋翼机
gyro reference system (=GRS) 陀螺基准系统
gyro relaxation heating 回旋弛豫加热
gyro repeater 陀螺罗经复示器，，分[陀螺]罗经
gyro room 陀螺[主]罗经室
gyro-rotor 回转体
gyro rotor 陀螺转子，回转体
gyro rudder 陀螺自动驾驶仪
gyro setting mechanism 陀螺定向角装定器
gyro-sextant 回转式六分仪，陀螺六分仪
gyro sextant 回转式六分仪，陀螺六分仪
gyro shaft 回转轴
gyro ship stabilizer 陀螺船舶防摇器
gyro sight 陀螺瞄准器
gyro sphere height indicator 陀螺球高度指示器
gyro spin axis 陀螺自转轴，陀螺旋轴
gyro spinning and unlocking mechanism 陀螺定向仪旋转和解锁机构
gyro-stabilized 陀螺稳定的
gyro stabilized 陀螺稳定的
gyro stabilized instrument 陀螺稳定仪表
gyro stabilized magnetic compass 陀螺稳定磁罗经
gyro stabilized solar satellite 陀螺稳定太阳卫星
gyro stabilized system 陀螺稳定装置
gyro stabilizer 陀螺防摇装置，陀螺稳定器，陀螺减摇器
gyro stat 陀螺稳定器，陀螺仪，回转仪，回转轮
gyro static compass 回转式罗经
gyro static effect 陀螺稳定效应
gyro static stabilizer 回转稳定器
gyro steering gear 陀螺操舵装置
gyro system 陀螺系统
gyro torque 回转[力]矩
gyro vector axis 陀螺转轴
gyro vibration absorber 陀螺振动阻尼器，陀螺减振器
gyro wander 陀螺漂移
gyro wheel 陀螺罗经转子
gyroaxis 回转[轴]轴，陀螺轴
gyrobearing 陀螺方向，陀螺方位
gyrobus (1)飞轮车；(2)无轨气垫
gyroclinometer 回转式倾斜计
gyrocompass 回转式罗盘，陀螺罗经，陀螺罗盘，陀螺仪，回转罗盘，回转罗经，电罗经
gyrocompass alignment 陀螺罗经校准
gyrocompass and autopilot 陀螺仪和自动舵
gyrocompass bearing 陀螺罗经方位，电罗经方位
gyrocompass course 陀螺罗经航向，电罗经航向
gyrocompass equipment 陀螺罗经设备
gyrocompass error 陀螺罗经误差
gyrocompass feeding 陀螺罗经馈电
gyrocompass log 陀螺罗经日志
gyrocompass north 陀螺罗北
gyrocompass repeater 陀螺罗经复示器
gyrocompass room 陀螺罗经室
gyrocompass supply 陀螺罗经馈电
gyrocompass system 陀螺罗经系统
gyrocompassing 陀螺平台指北
gyrocon 高功率微波放大器
gyrocopter 自转旋翼机
gyrodamping 回转阻尼
gyrodine 装有陀螺的直升飞机，装有螺桨的直升飞机
gyrodozer 铲斗自由倾斜式推土机
gyrodynamics 陀螺动力学

gyrodyne 旋翼式螺旋桨飞机，旋翼式直升飞机
gyrofrequency 回转频率
gyrograph 陀螺漂移记录器，转数指示器，转数记录器，旋转测度器，记转器，测转器，转速器
gyrohedron 五边二十四面体
gyrohorizon (1)陀螺地平仪，回转水平仪；(2)陀螺仪水平，人为地平，假地平
gyroid 螺旋二十四面体，五角二十四面体
gyroidal 螺旋形的，回转的
gyroide 转动反演轴
gyrojet 小型火箭筒
gyrolevel 陀螺测斜仪
gyromagnetic 回转磁的，旋磁的，陀磁的，磁力的
gyromagnetic effect 回转磁效应，旋磁效应
gyromagnetic frequency 回转磁频率，旋磁频率
gyromagnetics 旋磁学
gyrometer 陀螺测试仪，陀螺测速仪
gyropendulum 陀螺摆
gyropilot 陀螺自动驾驶仪，陀螺驾驶仪，回转驾驶仪
gyroplane 自转旋翼机，旋升飞机，旋翼机
gyropter 旋翼飞机
gyrorepeater 回转复示器
gyroresonance 回转共振，旋磁共振
gyrorotor 陀螺转子，回转体
gyrorudder 陀螺自动驾驶仪
gyroscope (=GYRO 或 GS) (1)陀螺仪，环动仪，回转仪，旋转仪，回转器，回旋器；(2)[火炮]旋转机；(3)鱼雷方向仪；(4)陀螺器件
gyroscope autopilot 陀螺自动驾驶仪
gyroscope force 回转力
gyroscope rotor 陀螺仪转子
gyroscope transducer 陀螺传感器
gyroscope wheel 回转轮
gyroscopes-rate-bomb-direction system (=GRBDS) 陀螺仪-速度-轰炸-方向系统
gyroscopic 回旋运动的，陀螺仪的，回转仪的，回转器的，回转的，回旋的，陀螺的
gyroscopic accelerometer 陀螺加速器
gyroscopic action 陀螺作用
gyroscopic angular deviation detector 陀螺角磁差灵敏元件
gyroscopic apparatus 陀螺仪，回转仪
gyroscopic clinometer 陀螺横倾指示器，陀螺倾斜计
gyroscopic compass 方向陀螺仪，陀螺罗经，回转罗经
gyroscopic control 陀螺控制
gyroscopic couple 陀螺力偶，回转力偶
gyroscopic deflection 陀螺罗盘偏转
gyroscopic drift 陀螺漂移
gyroscopic drift indicator 陀螺偏航指示器
gyroscopic effect 陀螺效应
gyroscopic force 回转力，环动力
gyroscopic inertia 陀螺惯性，定轴性
gyroscopic instrument 陀螺仪表
gyroscopic integrator 陀螺积分仪，陀螺积分器，回转积分器
gyroscopic method 陀螺法
gyroscopic moment 陀螺力矩，回转力矩
gyroscopic motion 陀螺运动，回转运动
gyroscopic pitching couple 陀螺俯仰力偶
gyroscopic precession 陀螺进动，进动性
gyroscopic stabilizer 陀螺防摇装置，陀螺稳定器
gyroscopic stable platform 陀螺稳定平台
gyroscopically-controlled 用陀螺仪操纵的
gyroscopics 陀螺力学
gyrose 波状的，环状的，波纹的
gyrosextant 陀螺六分仪
gyrosight 陀螺瞄准器，回转瞄准器
gyrosphere 回转球
gyrostabilization 陀螺仪的稳定，回转致稳[作用]
gyrostabilization unit 陀螺稳定部件，回转稳定部件
gyrostabilized 陀螺稳定的
gyrostabilizer 陀螺稳定器，陀螺安定器，回转[仪]稳定器
gyrostat (1)陀螺仪，回转仪；(2)回转轮；(3)[鱼雷]纵舵机；(4)[船用]回转稳定器
gyrostatic (1)陀螺仪的；(2)陀螺学的，回转学的
gyrostatic stabilizer 回转稳定器
gyrostatics 回转仪静力学，陀螺静力学，陀螺学，回转学

gyrosyn 陀螺同步罗经, 陀螺感应罗盘, 陀螺同步罗盘
gyrosystem (1) 陀螺系统；(2) 陀螺装置
gyrotransverse mechanism 转塔回转机构
gyrotron (1) 振动陀螺仪；(2) 陀螺振子；(3) 回旋管
gyrotrope (1) 交换机；(2) 电流变向器
gyrotropic 向陀螺性的
gyrounit 陀螺部件, 陀螺环节, 陀螺组

gyrous 环形的, 回状的
gyrowheel 陀螺仪转子
gyrus 螺纹
GZ (=Grid Azimuth) 坐标方位角
GZ (=Righting Arm of Stability) 复原力臂
GZT (=Greemwich Zone Time) 格林区时

679

H

H A (=home automation) 家庭自动化
H-amplifier 水平放大器,偏转放大器
H-antenna 双垂直偶极天线,H 形天线
H-armature H 形电枢
H bar 宽缘工字形型钢
H bar control 横条信号控制,水平条控制
H-beacon H 型信标 (指非方向性归航信标,输出功率为 50-200W)
H-beam 宽缘工字钢
H beam 宽缘工字梁
H-beam pile 工字桩
H-bend H 型弯曲 (指波导管轴向的平滑变化)
H-block 调整间隙垫板
H-bomb (=hydrogen bomb) 氢弹
H Br (=Brinell hardness) 布氏硬度,球测硬度
H-cable 屏蔽电缆,H 型电缆
H-carrier system H 型载波系统(指提供一个载波信道的低频载波系统)
H-class insulation H 类绝缘材料
H-column 工字柱,工形柱
H-component 水平分量
H-constant H 常数 (当全速时,电机动能与容量之比)
H display 目标仰角显示,分叉点显示,H 型显示
H-drill H 形钻头
H-frame H 型支架,H 型电杆
H GALV (=hot galvanized) 热 [浸] 镀锌的
H-girder 工字梁
H-head 氢弹头
H-hinge 工字铰链
H hour 特定军事行动开始时刻,进攻发起时刻
H-iron (1) 宽缘工字钢,工字铁;(2) 氢还原的铁粉
H-loading 设计公路桥的一种标准荷载
H-magnetometer 水平强度磁强计,H 磁强计
H-matrix 混合矩阵,H 矩阵
H-mode (1) 横向电波,H 波,TE 波;(2) H 模
H mode (1) 横电波,H 型波;(2) H 模
H-network H 形 [四端] 网络,H 型电路
H-pad H 形衰减器,H 形衰耗器
H-parameter H 参数,混合参数
H-pole H 形电杆
H-post 工字杆
H-quantum model 重量子模型,H 量子模型
H-scope 分叉点显示器,H 型显示器,H 型指示器
H-section (1) [网络的]H 形节;(2) 工字形断面;(3) 宽缘工字钢
H-section attenuator H 型衰减器
H-section steel 宽翼缘工字柱
H service "H"业务 (美国联邦航空局中同地面站使用非方向性无线电信标有关的业务)
H-shaped iron 宽翼缘工字柱
H-system 两个地面站雷达引导系统
H system H [导航] 制
H to H 头对头
H-type mode H 传播模,H 型波,TE 模
H value 氢离子浓度
H-variometer (1) 水平强度磁变计,H 磁变计;(2) 水平磁力仪
H-wave (1) 横电磁波,H 型波;(2) 水力波
Habann magnetron 分瓣阳极磁控管
Haber ammonia process 哈伯制氨法

habiliment (1) 装备,设施;(2) 装饰品
habilimentation 服装工业,服装工艺
habilitate (1) 投资,准备;(2) 取得资格,授以资格
habit (1) 习惯;(2) 习性;(3) 常态;(4) 晶形
habit of the crystal 晶体特征形状,晶体惯态,晶体外形
habit-plane 惯态平面,惯析面
habitat (1) 产地;(2) 生境
habituate 使……习惯于
habitude 习惯,习性,惯例
habitus (1) 习性,常态;(2) 脑力,智力
hachure (1) 影线;(2) 刻线;(3) 痕迹;(4) 用影线表示
hachures 阴影线
hack (1) 镀钢用錾,削平;(2) 作标记,刻;(3) 刻痕,切口;(4) 砍、劈工具;(5) 鹤嘴锄,十字镐;(6) 格架,晒架
hack-file (1) 刀锉;(2) 手锯
hack hammer (=hammer hack) 劈石斧,斧形锤
hack saw 弓形锯,弓锯,钢锯
hack sawing machine 弓锯床
hack watch 航行表
hackbarrow 运砖手推车,运砖车,运砖架
hacked bolt 凹痕螺钉
hacker (1) 刨根工具;(2) 砍伐工
hacket 木工用斧
hacking (1) 干砖;(2) 开槽,开片
hacking knife 砍刀
hackle (1) 乱切,乱砍;(2) 梳麻机,梳麻台
hackling (1) 栉梳;(2) 粗砍,乱砍
hackling machine with automatic spreader and transferrer 自动节梳成条联合机
hackling machine with automatic strick turning motion 自动翻麻梳麻机
hackly 粗糙不平的,锯齿形的
hackney (1) 出租汽车;(2) 出租,用旧
hacksaw 弓 [形] 锯,钢锯
hacksaw blade 钢锯条,弓锯条
hacksaw cutter 钢锯铣刀
hacksaw frame 钢锯架
hacksaw machine 弓锯床,钢锯床
hadal (6000 米以下水层的) 超深渊
hade (1) 倾斜余角;(2) 偏斜;(3) 伸向
Hadego 海德哥标题字照相排字机
Hadfield maganese steel 哈德菲尔德高锰钢,哈氏高锰钢,奥氏体高锰钢
Hadfield steel 哈德菲尔德高锰钢,哈氏高锰钢,奥氏体高锰钢
hading 倾斜,偏垂
hadrodynamics 强子动力学
hadron 强子
hadron composite model 强子复合模型
hadronic decay 非轻子型衰变,强子衰变
hadroproduction 强 [子致产] 生
hafnium {化 } 铪 Hf
haft (1) 把手,柄;(2) 旋钮;(3) 装上把手,装上柄
haftplate 砧板
hag (1) 斧砍;(2) 切口,刻痕
hagioscope 斜孔小窗,窥视窗
Hahnium {化 }Ha (第 105 号元素)

hailer 高声信号器, 汽笛, 电笛

hair (1) 毛发; (2) 毛状金属丝, 发状金属丝, 微动弹簧, 十字丝, 叉线, 游丝; (3) 毛状物; (4) 极微; (5) 麻刀

hair belt 毛织皮带

hair breadth (1) 狭小距离; (2) 间不容发的

hair check 细裂纹

hair compass [微调] 弹簧圆规

hair crack [毛] 细裂缝, 细裂纹, 发裂, 发纹, 细纹

hair-cross (光学仪器的) 十字丝

hair cross 十字线, 瞄准线, 交叉丝, 叉线

hair dressing machine 梳毛机

hair-fibered 含有纤维粘合料的

hair felt 油毛毡

hair grease 毛填料润滑脂

hair hydrograph 毛发湿度计

hair hydrometer 毛发湿度表

hair kiln 纤维灶窑

hair-like 细的

hair line (1) 细实线; (2) 瞄准线, 十字线, 游丝

hair line crack 细裂纹, 发裂

hair line seams 发纹

hair pencil 毛笔

hair-pin (1) 细销; (2) V 型灯丝; (3) 发针形的, 发夹式的, 马蹄形的

hair pin 细销

hair-pin cathode 丝状阴极

hair-pin circuit 发针形电路

hair pin coupling loop 发夹式耦合环, U 型耦合环

hair-side (皮革) 毛面

hair side (传动带) 毛面

hair sieve (1) 细孔筛; (2) 粗毛滤网

hair space 字间最小间距

hair spring 游丝, 细弹簧

hair-trigger 微力触发器, 微火触发器

hair-trigger method 发状触发方法

hairbreadth (1) 发隙距离; (2) 长度单位 (等于 1/48 吋)

hairbrush (1) 发刷; (2) 毛刷

hairclipper 剪毛器

haircrack 发裂

haircuts 粘丝, 贴丝

hairfelt 油毛毡

hairiness 毛状, 多毛

hairlike crack 发丝状裂纹, 发裂

hairline (1) 极细线; (2) 细丝; (3) 瞄准具上的十字线, 瞄准线, 十字线; (4) 发样裂纹, 发裂, 发纹, 细缝

hairline crack 毛细裂纹, 细裂缝, 发裂

hairline pointer 指示器, 瞄准器

hairpin 发针

hairpin bend 发针形弯, U 字形弯, 回头弯

hairspace 用薄空铅排版

hairsplitting 作无益的琐细的分析

hairspring (1) 游丝; (2) 丝极; (3) 细弹簧

hake (1) 格架; (2) 牵引调节板

halation (1) 光晕, 晕影 (照相); (2) 晕光

halation by flection 反射晕光

halco 哈尔科铬钢 (碳 0.9%, 铬 3,6%, 余量铁)

Halcomb 哈尔库姆合金钢

Halcomb218 哈 尔 库 姆 218 合 金 钢 (碳 0.4%, 硅 1%, 铬 5%, 钒 0.35%, 钼 1.35%, 其余铁)

Halcomb 236 哈尔库姆 236 合金钢 (碳 0.3%, 硅 0.5%, 锰 0.35%, 钨 12%, 铬 12%, 钒 1%, 其余铁)

halcut 哈尔卡特铬钨钢 (碳 0.5%, 铬 1.3%, 钨 2.7%, 余量铁)

haldi 哈尔迪铬钢 (碳 2.25%, 铬 11.5%, 余量铁)

half (=hf) (1) 二分之一, 一半, 半个; (2) 一部分; (3) 相当地, 不完全, 不充分

half-adder 半加 [法] 器, 半加算计

half-adder binary 二进制半加器

half-adder-subtractor circuit 半加减电路

half-adjust 舍入

half-air (钻机) 关闭一半阀门供给压缩空气

half-amplitude duration 半幅值持续时间, 半幅宽度

half-and-half (1) 各半, 等量; (2) 两种成分各占一半的, 一半一半的, 同等的, 部分的

half and half joint 对拼接接头, 各半接头

half-angle 半角

half-arc (1) 半弧光灯的; (2) 半弧光灯

half-axle 半轴

half-axle gear 半轴齿轮

half-baked 半焙烧的, 半焙干的

half balance 不完全平衡, 半平衡

half-balk 顶板支梁, 支梁

half-bat 半砖

half-beam 半横梁

half-bearing 半轴承, 无盖轴承

half bearing 轴瓦

half-bent (枪支) 半击发

half-binding 半精装

half binding 半精装

half-black (1) 半完成的; (2) 半成品的

half-body 半体

half-body of revolution 半旋转体

half boiling 半脱胶, 半炼

half-bound 半精装的

half-box 无盖轴箱

half box 无盖轴箱

half-breadth (1) (船的) 中轴距离; (2) 半宽 [度]

half breadth (=HB) 半宽度

half-breadth plan 半宽图

half-bright 半光制的

half-burned 半烧的

half cage (轴承) 半保持架

half-cell (1) 半单元; (2) 半电池

half-center 半缺顶尖

half center 半缺顶尖

half-chord 半翼弦

half chronometer 半精密时计

half-circle protector 半圆分度器

half-circulation 半环流

half-cloth 半布面装订本

half-cock (1) 把击锤放到半击发状态, 枪上扳机的安全位置; (2) 安全装置

half cock 半击发状态

half-cocked 未充分准备好的, 未了解清楚的

half-coil spacing 半节线圈间距, 半圈间距

half compression cam 减压凸轮

half-conical center 半缺顶尖

half-cooked (1) 半熟的; (2) 准备不够的, 过早的

half-countersunk 半埋头的

half-coupler 半联节

half-coupling 半靠背离合器, 半联轴节

half crank 单臂曲柄

half-crossed belt 半交皮带, 直角挂轮皮带

half-crystal 半成品

half-cycle 半周

half-cupped fracture 半杯形断裂

half-current 半选电流

half current 半选电流

half-current pulse 半激励电流脉冲

half cut-off 半切断, 半断开, 半截止

half-cycle 半周 [期]

half-cycle dislocation 半位错

half deck 半甲板

half-decker 一层半客车

half-dipole 半偶极子

half-dislocation 半位错

half dislocation 半位错

half door 半截门

half-duplex (通讯) 半双工 [的], 半双向 [的], 半复式的

half duplex (=H/D) 半双工

half-duplex channel 单向通道

half-duplex operation (1) 半双工通信; (2) 半双工运用, 半双向操作

half-element displacement 半元位移

half-elliptic 半椭圆的

half-elliptic spring 弓形弹簧

half-excited core 半激励磁心

half-filled end-slots 半填充端部槽

half-fine 半精细的

half-finished (1) 半成品的; (2) 半精加工的, 半完成的, 半加工的

half-finished material 半成品

half-finished product 半成品,半制品

half-frequency 半频[率]

half-full 半满的

half gantry crane 单脚高架起重机,独脚高架起重机

half-ga(u)ge link 半距链节

half-gate (=offset gate) 补偿栅

half-hand 手枪枪把的球形底(改进的)

half-hard (=HFH 或 HH) (1)半硬的,半硬化的,中硬的;(2)中度硬度;(3)中硬金属

half-hard steel 半硬钢,中硬钢

half hatchet 短柄半斧

half header 半圆木大顶梁

half height (1)中线高度;(2)(轴承)半轴套高度

half-Hertz 半赫兹

half-hitch (绳索的)半结

half-hourly 每半小时[的]

half hunter 半双盖表

half-image 立体半视像

half-in-and-half-out of the water 半沉半浮的

half-integer (数学的)半整数

half-integral 半整数的

half-interval contour 半距等高线

half-interval search 区间分半检索

half-invariant 半不变式

half-knot (绳索的)半结

half knowledge 一知半解的

half-landing 全宽梯台

half-lap (1)半折叠的,半重叠的;(2)半叠盖,半叠线;(3)半周,半圈

half-lap coupling 半搭接联轴节

half-life (=half time) (1)半寿命,半寿期(2)放射性半衰期,半衰变周期,半衰减期;(3)半排出期,半存留期

half life period 半衰期

half-light 暗淡的光线

half-line (1){数}半[直]线;(2)射线

half line 半[直]线

half-line period 横扫频率半周期,半行[频]周期

half-line pulse 半行脉冲

half-load 半载荷,半负载

half-loaded 半装填的(指弹匣或弹带已装上,但弹未进膛)

half loading section 半节线圈区段

half-maximum line breadth 半峰[值]线宽度

682

half-Maxwell 半马克斯韦

half-measure 折衷办法

half measure 折衷办法

half-metal 半金属,类金属

half-mirror 半透明反射镜,半透明反射膜

half mirror 半透明反射镜,半透明反射膜

half-model 半模型

half moon 半月形物

half moon key 月牙键,半圆形键

half-normal 半当量浓度的,半正常的,半标准的

half-nut 对开螺母,开合螺母,开缝螺母

half nut 对开螺母,开合螺母,开缝螺母

half-nut cam 对开螺母凸轮

half-nut lever 对开螺母手柄

half-open 半开的

half-open tube 一端开口的管

half-pace (1)梯台;(2)凸窗高台

half-part moulding box 半分砂箱

half-peak breadth 半峰[值]宽度

half-period (1)半周期;(2)半衰期,半寿期

half-period average value 半周期平均值

half peripheral length of bearing liner 轴瓦半圆周长

half-pike 短柄锄

half-pitch 半斜的

half-plane 半平面

half-power (1)半幂;(2)半功率

half-range 半[值]宽度,半幅

half-rate message 半费电报

half-rater 小型挂帆游艇

half rear axle gear 后桥半轴齿轮

half-reversed (信号)半反位

half revolution 半转

half ripper 细木锯

half-roll (飞机)侧滚

half-round (1)半圆形,半圆;(2)半圆形的,半月形的

half-round bar 半圆钢

half-round chisel 半圆錾子

half-round drill 半圆钻,勺钻

half-round file 半圆锉

half-round head screw 半圆头螺钉

half-round scraper 半圆刮刀

half-saturated 半饱和的

half scale model 一比二模型

half-second 半秒[钟]

half-section (1)(滤波器)半节,半段;(2)半节网路

half section 半截面,半剖面

half-sectional view 半剖面图

half-servo brake 半伺服制动器

half-set T 字形支架

half-shadow 半影,半阴

half shell 半壳

half-shift register 半移位寄存器

half-side milling cutter 半侧铣刀,双面刃铣刀

half-silver 半银

half-silvered 半涂银的,涂半银的

half-sine pulse 半正弦波脉冲

half-sinusoid 半正弦曲线,正弦半波

half-size 原尺寸之半,缩小一半[的]

half-space (1)无限空间,半空间;(2)梯台;(3)休息平台

half-speed 半速

half-speed gear 半速齿轮

half-speed shaft 四冲程发动机凸轮轴,半速轴

half speed shaft 半速轴

half-stochastic acceleration 半随机加速[度]

half-stopped 半阻塞的

half-stuff 半成品,半纸料,纸浆

half-subtracter 半减法器

half sweep 单翼平铲

half-tap 不割断主导线的中心抽头

half-thickness 半厚度

half-thread 半螺纹

half-through truss 半穿式桁架,下承矮桁架

half-title 副标题

half-timbered 半木结构的,砖木结构的

half-time (1)半衰期;(2)半排出期

half-time emitter 半脉冲发送器

half time emitter (穿孔卡片的)中间发射器,中间发送器

half-time gear 半速齿轮

half-time shaft 半速轴

half tint 中间色调

half-title 简书名,副标题

half-tone (1)半色调,中间色调;(2)照相铜版

half tone 中间色调,半色调

half tone information 亮度梯度信息,灰度信息

half-track (=HTRK) (1)半履带;(2)半履带式的;(3)半履带式车辆;(4)半轨,(5)半磁迹

half-track tape recording 半磁迹磁带录音,半轨磁带录音

half-track unit 半履带行走机构

half-tracked 半履带式的,半链轨式的

half-turn (1)半周,半转;(2)半匝,半圈

half turn 半转

half-value layer 半衰减层,半值层

half-value period 半衰期,半寿命

half-volume 半容积,半体积

half-watt 半瓦[特]

half-wave (=HW) 半波

half-wave antenna 半波天线

half-wave dipole 半波振子

half-wave doubler 半波倍压器

half-wave doublet antenna 半波对称天线,半波偶极天线

half-wave element 半波辐射器,半波单元,半波振子

half-wave line 半波[长]线

half-wave plate 半波晶片

half-wave rectifier 半波整流器

half-wave zone 半波区

half-wavelength 半波长

half-way 半途[的]

half-way unit 半工业装置
half-width 半[值]宽[度],半值幅
half-write pulse 半写[入]脉冲
half-yearly (1)半年一度的;(2)每半年的
halfnut 对开螺母
halfshade 半影板
halftone 照相铜版
halftone ink 照相铜版印刷油墨
halftone output signal 半色调输出信号,浓淡点输出信号,半音输出信号
halftone storage tube 半色调存储管,"灰色"存储管
halide 卤化物
halite 石盐,岩盐
Hall coefficient 霍尔系数
Hall constant 霍尔常数
Hall effect 霍尔效应
Hall-flowmeter 霍尔流动性测量仪
Hall mobility 霍尔迁移率
Hall unit 霍尔元件
hallmark (1)(金银的)纯度,品质证明,检验烙印;(2)标志,特点;(3)盖上纯度检验印记,证明品质优越
Halman 哈尔曼铜锰铝合金电阻丝
halogen 卤素
halogen counter 卤素猝灭计数管
halogen element 卤族元素
halogenide 卤化物
halometer 盐量计,盐度表
Halon 聚四氟乙烯
halt (1)[转换]临界点,停止点;(2)停机;(3)停止,暂停,止住,阻挡,防止,拦截,捕获
halt instruction 停机指令
halt sign 停车标志
halt switch 暂停开关
halted state 暂停状态,停止状态
talter (1)平衡棒,平衡器;(2)缰绳,绞索;(3)束缚,抑制
halting 拦截,捕获,截击
halting problem 停机问题
Halvan tool steel 铬钒系工具钢(碳0.4%,锰0.7%,铬1%,钒0.2%,其余铁)
halve (1)二等分,对分,平分,减半,折半;(2)开半对搭,相嵌接合,重接
halved belt 交叉带
halved joint 相嵌接合,对搭接,重接
halver operator [二]等分算子
Havic 一种聚氟乙烯
halving (1)二等分,对分,等分;(2)半开接合,相嵌接合;(3)平分线
halving joint 嵌接
halving register 平分寄存器
halyard 升降索,扬帆索
ham-and-eggs 日常的
hame 卡箍
Hamilton metal 哈密尔顿合金,锌基轴承合金(铬3%,锑1.5%,铅3%,其余锌)
Hamilton standard motor 径向回转柱塞液压马达
Hamilton standards (=H-S) 哈密尔顿标准
Hamiltonian (1)哈密尔顿量;(2)哈密尔顿函数;(3)哈密尔顿算符,哈密尔顿算子
Hamme ton silver 龟裂花纹银色涂料
hammer (1)汽锤,锻锤,水锤,落锤;(2)小锤,榔头;(3)铆枪;(4)引铁;(5)锻造,敲打,重击,延伸;(6)锤成,锤击,锤打,锤炼,锤薄;(7)撞针,击铁;(8)冲击式凿岩机;(9)推敲,想出
hammer-apparatus (1)机械打桩机,打桩机;(2)机动桩锤,机械锤
hammer beam 悬臂托梁,橡尾小梁,托臂梁,护臂梁
hammer blow 锤击
hammer brace 橡尾梁斜撑
hammer break 锤形衔铁断路器
hammer cog 粗锻
hammer cogging 锻造开坯
hammer crusher 锤[击压]碎机
hammer-dressed 锤琢的,锤整的
hammer drifter 架柱式风钻
hammer drill 震击钻井装置,冲击式钻机,锤式轧碎机,锤式碎石机,冲钻机,凿石机
hammer flattener 平锤

hammer forging (1)自由锻造,锤锻;(2)锻造锻件
hammer grab 冲击式抓斗
hammer hand drill 手钻孔
hammer-harden (1)冷作硬化,锤硬;(2)冷锻加工,锤锻
hammer-head 锤头
hammer-head crane 塔式悬臂吊车,塔式起重机
hammer hook (枪)击锤锁扣,击锤卡钩
hammer line 桩锤吊索
hammer machine 锤击试验机
hammer-man 锤工,锻工,铁匠
hammer mill (1)离心式破碎机,锤式粉碎机,锤式研磨机,锤磨机;(2)锻工场
hammer-milling 锤碎
hammer milling 锤碎
hammer-out 锤伸,锤展
hammer piston 汽锤活塞
hammer post 悬臂托柱
hammer press 锻[造]压[力]机
hammer scale 锻造氧化皮,锻[铁]鳞,铁屑
hammer shears 手工剪
hammer-smith 锻工,锤工,铁匠
hammer spring 击铁弹簧
hammer test machine 锤击试验机
hammer tongs 锤锻夹钳
hammer track 锤状径迹
hammer welding 锻焊,锻接
hammer-wrought 锤锻的,锻造的
hammerblow 锤打
hammered 有锻痕的,锻过的
hammered glass 锻玻璃
hammerer (hammerman) 锻工
hammerhead (1)锤头,榔头;(2)倒梯形机翼,反尖形机翼
hammerhead crane 塔式起重机
hammerhead stall 跃升失速倒转
hammerheaded 有锤状头的
hammering (1)刀刃锤伸,锤击,锤打,锻造,锻打;(2)推敲,想
hammering press 锻压机
hammering spanner 单头开口爪扳手
hammering test 可锻性试验,锤击试验
hammerless (1)无冲击的;(2)(枪)无击锤的,无撞针的
hammermill 锤碎机,锤磨机
hammersmith (1)铁匠;(2)锻工
hamming 加重平均
hamming bound 汉明界
hamming check 海明校验
hamming code 误差检测及校正码,海明码,汉明码
hamming distance 汉明间距
hammock 吊床,吊铺
hammock chair 帆布椅
hamose 弯曲的,尖头的,钩头的
hampden 哈姆普顿高铬钢(碳2.1%,铬12.5,镍0.9%,其余铁)
hamper 障碍船具
hance arch 平圆拱
Hancock jig 联杆凸轮传动淘汰机,汉科克淘汰机
hand (1)工人;(2)手;(3)手动的;(4)指针;(5)柄,手柄;(6)技巧,手法;(7)笔迹,书法;(8)方,侧;(9)方面;(10)一手宽(约4吋宽);(11)枪托手腕部,握把,把手;(12)铰链的转动方向
hand adjustable reamer 手调铰刀
hand air pump 手动气泵
hand anvil 手砧
hand appliance 手动装置
hand-arbor press 手扳压床
hand-arm 手枪
hand arm 手枪
hand axle 手斧
hand-barring 手动盘车装置
hand barrow 手推车
hand bench grinder 手动台式磨床
hand bending machine 人工弯曲机
hand-bill (1)剪枝器;(2)铊镰
hand-book 手册,便览
hand boom 升高传声器的机架
hand-boring 手钻
hand boring 手钻

683

hand-brace 手摇曲柄钻
hand brace 手钻
hand-brake 手闸
hand brake 手[动]制动器, 手刹车, 手闸
hand brake band 手闸带
hand brake lever 手闸杆
hand brake lever arm 手制动杠杆臂
hand-breadth 掌幅, 一掌宽
hand-bridge 有栏杆的小桥
hand-broom 扫帚
hand calculator 手摇计算机
hand capacity (手)接触电容, 手电容
hand capstan 手摇绞盘
hand-car 手推车, 手摇车
hand car 手推车, 手摇车
hand carriage wheel 拖板手轮
hand cart 手推车
hand chaser 手动螺纹梳刀
hand chuck 手动卡盘, 手动夹块
hand chucking hole 卡盘扳手孔
hand-coded analyser 手[工]编[制的]分析程序
hand combination set 手持送受话器
hand composition 手工排字
hand computer 手摇计算机
hand control (=HC) 人工控制, 手工控制, 手动控制, 人工操纵, 手控
hand crane 手动起重机
hand-crank 手动曲柄
hand crank 手动曲柄, 手摇曲柄
hand-crusher 手摇破碎机
hand cultivator 手扶中耕机
hand cutting tool 手工工具
hand die 手锻模
hand-dipping 用手工测量罐内油量
hand-director 手指规
hand drawn (=HD) (1) 手工绘制的; (2) 手拉的
hand dredger 人力挖泥机
hand drill (1) 人工钻孔; (2) 手摇钻; (3) 手持式凿岩机
hand drill machine 手摇钻机
hand drive 手传动
hand-driven 以手带动的, 人工驱动的, 手动的
hand-driven maize sheller 手摇玉米脱粒机
hand duster 手动喷粉机, 手摇喷粉器
hand-dynamo 手摇发电机
hand-dynamometer 握力计
hand face shield (焊工的) 手持护目罩, 面罩
hand farm implement 手工农具
hand-fed 人工加料的
hand feed (1) 手进给, 手动进给, 手摇进给; (2) 手动进刀; (3) 人工加料; (4) 手动进给钻机; (5) 人工馈送
hand-feed punch {计} 人工输入穿孔机, 人工馈送穿孔机
hand feeding mechanism 手动进给机构, 手动进刀机构
hand file (1) 平板方锉, 手锉, 平锉; (2) 袖珍文件夹, 手夹
hand-filling 人工包装, 人工装填, 手工装煤
hand finisher 手工修整机
hand finishing 手工精削, 手工加工, 手工成形, 手工整修, 人工整修
hand-firing 人工燃烧
hand fit 压入配合
hand float [手]镘板
hand frame 人力纺织机
hand-gear 手动装置
hand gear 手动装置
hand generator (=HG) 手摇发电机
hand-glass 有柄[放大]镜
hand-goniometer 接触测角仪, 手持测角仪
hand grenade 手榴弹
hand grinding 手工磨削
hand gun duster 手动喷粉机
hand Hb tester 手锤布氏硬度计
hand hacksaw blade 手动弓锯条
hand hammer 小锤, 手锤
hand-headset assembly 手持头戴送受话器
hand-held 手提式
hand-held camera 便携式摄像机, 手提摄像机
hand held electric drill 手提电钻

hand-held portable electric tool 手提式轻便电力工具
hand-held welder 手动焊接机
hand-hole (1) 检查孔; (2) 筛孔, 孔; (3) 注入孔, 入孔; (4) 探孔
hand hole 手孔
hand holing (1) 人工打眼; (2) 人工掏槽
hand indexing 手动分度
hand inspection 手工检验
hand-jack 手动起重器, 手动千斤顶
hand jack 手动千斤顶
hand jig 手摇淘汰机
hand knob 捏手
hand ladle 长柄手勺, 手包
hand lamp 手提灯
hand lantern (=HL) 手提灯
hand lapping 手工研磨
hand lathe 手摇车床
hand-lens 放大镜
hand lens 简单显微镜, 放大镜
hand-level (1) 手水准; (2) 手持水平仪
hand level (1) 手水准; (2) 手持水准仪
hand lever 手柄, 手杆, 把手
hand-lever brake 手动杠杆制动器, 手刹车
hand-lever shifter 手动变速杆
hand lidar 手持式激光雷达
hand lift rack 搬运车
hand lift winch 手动起重绞车
hand-loaded 手工上料的, 人力加载的
hand lubrication (1) 手注油, 手工润滑; (2) 手工加油法
hand-machine 手动机
hand-made (1) 手工制造的, 手工的, 手制的, 人造的; (2) 手工制品
hand-mallet 手木锤
hand-manipulated 用手操作的
hand mapping camera 手提测图摄影机
hand mast 桅木
hand-me-down 现成的, 用旧的
hand measurement 手工测量, 手测量
hand microphone 手持式微音器, 手持式传声器, 手持式话筒
hand-microtelephone 手持[式]送受话器
hand microtelephone (=HMT) 手持微型电话机, 手持送受话器, 手机
hand-mill 手磨机
hand miller 手动铣床
hand milling 手动铣削, 手铣
hand milling machine 手动铣床
hand molding 手工造型法
hand-motion (1) 手开动, 手动; (2) 手带动
hand mower 手推割草机
hand nut (1) 蝶形螺母; (2) 滚花螺母
hand of doors [门]手向
hand of helix 螺线方向
hand of rotation 旋转方向
hand of spiral 螺旋方向
hand of tooth 齿线[螺旋]方向
hand off circuit 拉出电路
hand oiler 手注油器
hand oiling 手注油, 人工加油[法]
hand-operated 人工操纵的, 人工操作的, 人工驱动的, 手动控制的, 手操纵的, 手操作的, 手动的, 手摇的
hand-operated screw press 手动[式]螺旋压力机
hand-operated valve 手动阀
hand-operated vertical hydraulic press 手动立式液力压榨机
hand operating 徒手操纵, 人工操作
hand operation 手动操作, 手操作
hand-over 移交的, 转交的, 转换的, 交接的
hand-packed 手工夯实的
hand peening 手锤敲击硬化
hand-pick 精选, 手选
hand-picked (1) 第一流的, 精选的; (2) 手选的
hand plane 手刨
hand planer (木工用) 手刨床
hand planing machine 手刨床, 手动送料刨板机
hand plate 手推板
hand plate working 手工板金加工
hand plow 手推犁
hand plug gage 手规

hand plug tap　手[用]丝锥
hand pointer　手动压尖机
hand-power　手拉，手摇
hand precision reamer　精密手铰刀
hand-press　手[动]压机
hand press　手压机，手压床，手动压力机
hand-printed character recognition　{计}手写体字符识别
hand-pump　手力唧筒，手压泵，手动泵，手摇泵，手泵
hand pump (=HP)　手力唧筒，手抽机，手动泵，手压泵，手摇泵，手泵
hand-punch　便携式手动穿孔机，手动冲压机
hand punch　手冲床，手动穿孔机
hand push grease gun　手推黄油枪
hand rack　手工移针板
hand radar (=HR)　便携式雷达
hand rail (=GDR)　扶手，栏杆
hand railing　栏杆
hand rammer　手夯
hand reamer　手用铰刀，手铰刀
hand reaming　手铰孔
hand reaper　人力收割机
hand-receiver　手持式受话器，手持式接收机，手持[式]听筒
hand receiver　手持式受话器，听筒
hand regulating　手调节
hand rejector　护手安全装置
hand reset　(1)手动重调，人工重调；(2)手工具支托；(3)手动复位
hand rest　手工工具架
hand restoring　用手导回原处[的]，手动复位的
hand riveting machine　手铆机
hand rope　辅索
hand-run　机械制成而用手工修整的
hand-running　不中断地，连续地
hand sample　小样
hand-saw　手锯
hand saw　手锯，手板锯
hand-screen　手携式面罩，焊工面罩
hand-screw　(1)手旋螺钉；(2)手动起重器，手动千斤顶
hand screw　(1)元宝螺钉，蝶形螺钉，翼形螺钉；(2)手动起重器，千斤顶
hand-screw clamp　手旋夹
hand seeder　手摇播种机
hand set　(1)手持送受话器；(2)手工排字
hand set telephone　手摇电话机
hand shaking　(1)信号交换；(2)建立同步交换
hand shank　手柄，浇包把柄(铸造)
hand shear　手剪机
hand shield　焊工面罩
hand signal　手势信号
hand signal flag　手示信号旗
hand slide rest　手动刀架
hand-sort　用手工分类，手选
hand sowing machine　手摇播种机
hand speedometer　手持式测速器
hand specimen　手持标本
hand-spike　(1)瞄准辊；(2)炮脚架铁柄
hand spike　杠杆，撬棒
hand sprayer　手动喷雾器，手压喷洒器
hand steel brushes　手用钢丝刷
hand-stoked　手工加煤的
hand-stuff　人工填料，人工填充
hand tachometer　手携式转速器
hand tally　(手摇)计数器
hand-tamped　手捣的
hand tap　手用螺丝攻，手用螺丝锥，手用丝锥
hand taper pin reamer　手用锥销孔铰刀
hand taper reamer　锥形手铰刀
hand taper tap　手用锥形丝锥
hand tapping　手动攻丝，手工套扣
hand-taut　用手拉紧的
hand-tight　用手拉紧的
hand time　手工时间
hand tin snips　手用铁皮剪
hand-to-hand　一个接一个的，逼迫的
hand-to-mouth　随时用光的，不安定的
hand-tool　手工工具

hand tool　手工工具，手工用具
hand tool lathe　手摇工具车床
hand tool rest　(木工车床的)丁字[形]刀架
hand tooling　用手工压印图案
hand tractor　手扶拖拉机
hand transmitter-receiver　便携式收发两用机
hand trip gear　手动脱扣器
hand truck　(1)手推运货车，独轮小车，手推车；(2)机动运货小车
hand tub　手泵水槽
hand twiner　手工拈线机
hand-vice　手钳，老虎钳
hand vice　手钳，老虎钳
hand viewer　袖珍放大镜
hand vise　手钳，老虎钳
hand wheel　(1)手轮；(2)操作轮，操作盘
hand wheel-dressing tool　手动砂轮整形工具
hand wheel handle　手轮柄
hand wheel nut　手轮螺母
hand winch　手摇绞车，手动绞车
hand-work　精细工艺，手工
hand work　手工作业
hand-wound　手绕的
hand-wrought　手工制成的
handbag　手提包
handbarrow　手推车
handbell　手摇铃
handboard　硬质纤维板
handbook (=HB)　手册，指南，便览
handbook change notice (=HCN)　手册更改通知
handbook for helixform calculation　(美)螺旋成形法计算手册
handbook of instruction for aircraft designers (=HIAD)　飞机设计师须知
handbook of instruction for ground equipment designers (=HIGED)　地面设备设计师须知
handbow　手弓
handbreadth　一手之宽(2.5-4英寸)
handcar　四轮小车，轨道车，挂车，手推车，手摇车
handcart　手拉小车，手推车
handcraft　(1)手工艺品，手工业；(2)手艺；(3)用手工造
handcrafted　手工的
handed　(1)旋向；(2)有手的
handedness　旋向性
handelkvase　(荷)一种渔业运输船
hander　支持器，夹头，架，座
handfeed transplanter　手置式移栽机
handgrab　扶手
handgrip　(1)把，柄；(2)紧握
handguard　(1)护枪木；(2)刀手柄，护手
handgun　手枪
handhold　(1)柄，把；(2)旋钮，摇杆；(3)栏杆
handhole (=HH)　(1)检查孔；(2)筛眼，小孔，手孔，探孔；(3)注入孔，注入口，入孔
handicap　障碍，不利，困难，缺陷，不足
handicraft　(1)手工业；(2)技工；(3)手工艺
handicraftsman　手工艺人，手工业者
handie-talkie　手提式无线电话机，舰对岸手提无线电话机，手提式步谈机
handily　灵巧地，灵便地
handing　修改
handing room　输弹室
handiwork　(1)手工；(2)手工制品
handlability　(1)可运用性，可处理性；(2)可搬运性
handlance　(1)喷水器；(2)手压泵；(3)喷枪
handle　(1)手柄，曲柄，摇柄，摇杆，把手，拉手，捏手，铲柄；(2)手轮；(3)驾驶盘；(4)操纵，控制，处理；(5)搬运；(6)焊钳；(7){计}句柄
handle blank　柄杆材
handle change　(1)转速柱式变速，横杆式变速；(2)远距离控制，遥控
handle grip　手柄
handle head　句柄头
handle knob　捏手
handle lead　测深铅锤
handle lock nut　手柄锁紧螺母
handle "off"　关车手柄，停车把手
handle "on"　开车手柄，开动把手

685

handle position 手柄位置

handle socket 手柄窝

handle stud 手柄柱螺栓

handle-talkie 便携式双工电台,手持式步谈机

handleability 操纵性能,操作性能,控制能力

handleable 可控制的,可操作的,可装卸的,可搬运的

handlebar (1)手柄杆；(2)把手柄；(3)操纵柄

handler (1)操纵者；(2)输送装置,装卸装置；(3)近距离操纵机械手；(4)堆垛机；(5)拉索器；(6)装柄者；(7)(信息)处理机；(8)(信息)处理程序

handles 手柄,把手

handlewheel 驾驶盘

handline (1)细水龙带；(2)小测水锤绳

handling (1)处理,整理,修改；(2)装卸及内部输送作业,装卸,装载,转运,吊运,搬运,输送；(3)中间加工,再加工,操作,控制,操纵,调节,运用,使用；(4)维护,保养,检修,管理,看管；(5)移动,转动,转换,运转

handling and loading 搬装

handling and transportation (=H&T) 装卸与运输

handling bridge 桥型装卸机

handling charges 管理费用,手续费

handling device (1)操作器,操纵器；(2)传送装置

handling facility (1)装夹装置；(2)传送装置；(3)搬运设备

handling of labour 劳动力调配,劳工管理

handling of radioactive wastes 放射性废物处理

handling operation 服务,管理

handling property 使用性能,操纵性能

handling room (=HR) (1)操纵室；(2)输弹舱

handling speed 周转速度

handling time (1)装夹时间；(2)装卸时间；(3)处理时间

handload 用手装填的弹药

handloom 手织机

handmade 手工制造的

handmade paper 手抄纸

handmower 手推剪草机

handpicking 手选,手拣

handpiece (1)机头；(2)手持件

handplaced 手堆的,手铺的,手放的

handpress (1)手动压机；(2)手动印刷机

handprint 手纹,手印

handrail 扶手,扶栏,栏杆

hands-off (1)手动断路,手动开闸；(2)不干涉的,不插手的

hands-off speed (汽车的)离手速率

hands-on 亲身试验的,实习的

hands-on background (操作计算机的)工作经验

handsaw 手锯

handsel (1)初次试用；(2)试样

handset (1)包装式电话机,送受话机,听筒,手机；(2)手持小型装置

handset bit 活钻头

handshaking (1)交接过程,交接处理；(2)符号交换,信号交换

handshield 手持式焊工面罩

handsome (1)相当大的,可观的,优厚的；(2)操纵灵便的,灵敏的

handspike (1)手杆,推杆,推杠,杠；(2)瞄准杆；(3)绞盘棒；(4)炮脚架铁柄

handstamp (1)手戳；(2)手工打印标记

handwheel (1)驾驶盘,操纵盘；(2)转向轮；(3)手轮

handwork 手工加工,精细工艺

handworked 手工[制成]的

handwriting (1)手迹,笔迹；(2)手写物

handwrought 手工制作的,手工制成的

handy (1)方便的,合手的；(2)易操纵的；(3)手边的,近便的

handy-talkie [手持式]步谈机

handybilly (1)轻便泵,消防泵；(2)手摇泵,舱底泵

handyman (1)手巧的人；(2)操纵机

hang (1)悬,挂,垂,吊；(2)悬挂方式；(3)下垂状态；(4)阻塞,卡住；(5)倾斜；(6)意义；(7)计划；(8)用法；(9)间歇,间断；(10)悬料,挂料

hang about 在……近旁,靠近

hang around 在……近旁,靠近

hang back 退缩

hang behind 拖在后面

hang detect 暂停检测

gang fire (1)发火慢,滞火；(2)耽搁时间,发展缓慢

hang-iron 挂铁

hang off 挂断电话,放

hang on (1)(电话)不挂断；(2)随……而定,取决于,坚持,持续,依靠

hang out 挂出,伸出,探出

hang-over (1)释放延迟,拖尾；(2)残余[物]；(3)尾长部分

hang over (1)挂在……上面,突出于,笼罩,靠近,逼近,附着；(2)释放延迟

hang plate 倾斜板

hang to 紧贴着,粘着,附着,缠着

hang together (1)结合在一起,连在一起；(2)连贯,一致,符合

hang-up (1)中止,暂停,拖延；(2)意外停机；(3)挂料；(4)吊起

hang-up the receiver 把电话机挂上

hang upon (1)(电话)不挂断；(2)随……而定,取决于,坚持,持续,依靠

hangar (1)飞机棚厂,飞机库,设备库,棚厂；(2)把飞机放入库中

hangar block 机库区

hangar-deck (1)(航空母舰)棚厂甲板；(2)机库甲板

hangar deck (航空母舰的)棚厂甲板,机库甲板

hangar floor 飞机库地坪

hangarage 飞机库,飞机棚

hangarette 小[型]飞机库

hanger (1)悬挂器,吊钩,吊昂,钩子；(2)吊架,吊杆,悬架,悬杆；(3)吊轴承,支架,托架,梁托；(4)挂耳；(5)起锭器

hanger bearing 悬挂支承

hanger bolt 吊架螺栓

hanger deck [航空母舰上的]飞机库甲板

hanger-iron 挂铁

hanger-on (1)缠附物；(2)无极绳运输挂钩工

hanger rod 吊杆

hanger rope 吊绳,吊索

hangersmith 船上支撑管道吊架和托座的人

hangfire (枪)迟发火

hanging (1)悬挂,悬吊；(2)悬水准管；(3)悬料,挂料；(4)悬垂的,悬挂的

hanging barrel 无盖条盒,浮动条盒

hanging bridge 吊桥,悬桥

hanging clamp 船用固定夹

hanging guard 上卫板

hanging layer 上盘,顶板

hanging load 悬挂负荷

hanging-on (1)下受料平台；(2)坑内调车场,井底车场；(3)装罐水平

hanging rail 铰链横档

hanging scaffolding 悬空脚手架

hanging side 上盘,上层

hanging stage 悬空脚手架

hanging stairs 悬空楼梯

hanging stile (1)铰链挺；(2)窗档的竖边

hanging theodolite 悬式经纬仪

hanging truss 吊柱桁架

hanging-up (1)挂料；(2)捣矿机锤卡住；(3)工作架

hanging wall 上盘,顶板

hangsterfer [一种]通用切削油

hangtag 使用保养说明标签

hangwire 炸弹保险丝

hank (1)一束,卷；(2)丝绞；(3)支索环,卷线轴,帆环

hank knotting 打绞,绞丝

hank of cable 一盘电缆,电缆盘

hank reel 摇绞机

hank scouring machine 散纱洗涤机

hank spreading device 绷绞机

Hanover 汉诺威合金(一种硬轴承合金,锡87%,锑8%,铜5%)

haphazard (1)偶然性,任意性；(2)偶然事件；(3)没有计划的,不规则的,任意的

happen [偶然]发生,碰巧,偶然

happen on 偶然发现,偶然想到

happen to 偶然,碰巧

happen upon 偶然发现,偶然想到

happen what may 无论发生何事

happenchance 偶然事件

happening 偶然发生的事,事件

happenstance 偶然事件

harbor 或 harbour 港口,海港

harbor defense (=HD) 港口防御

harbor dues 港口税,入港税

harbour echo-ranging and listening device 海港超声波测听器

harbour equipment 码头装卸设备

harbour service 港口无线电业务,海岸电台业务,港务通讯,港口通讯

harcut 哈卡斯铬锰钢(碳 0.9-0.95%,锰 0.90-1.0%,铬 0.3-0.4%,余量铁)

hard (1)不可压缩的,防原子的,结实的,淬硬的,坚固的,硬质的,硬的;(2)激烈的,猛烈的,强烈的;(3)难忍受的,困难的,艰辛的,繁重的,刻苦的,勤劳的;(4)严厉的,严格的,苛刻的;(5)不容怀疑的,确实的;(6)(底片)反差强的;(7)坚固地,牢固地,接近地,非常,立即

hard adder 硬加法器

hard alloy 高强度合金,硬质合金

hard alloy ball 硬质合金球

hard alloy steel 硬质合金钢

hard-and-fast 不许变动的,一成不变的,严格的

hard arc 强电弧

hard axis 难[磁化]轴

hard asphalt 硬活沥青

hard black (=HB) 碳黑

hard-board 硬质纤维板,硬纸板

hard board 高压板

hard breakdown 刚性击穿,刚性破坏

hard brittle material 脆性材料

hard-burned 炽热焙烧的,高温焙烧的,硬烧的,炼制的

hard-burned refractory ware 硬烧耐火器材

hard carbon 固体碳粒

hard cash 现金,现款,硬币

hard cast iron 硬铸铁

hard casting 白口铸件,硬铸件

hard chromium (=HD CR) 硬铬

hard clamping 硬性固定,硬性箝位

hard-coal 硬煤

hard coal 无烟煤,硬煤

hard component (宇宙线)硬成分

hard copper 冷加工铜,硬铜

hard copy (=HC) (1)原始底图,复印文本,可读副本,硬副本,硬拷贝;(2)印刷记录

hard-copy peripherals 硬拷贝外围设备

hard core (1)核心元件,核心硬件;(2)硬核

hard currency 硬通货,硬币

hard direction 硬磁化方向

hard dirt particle 硬尘粒

hard disk drive 硬磁盘机

hard-drawing 冷拉

hard-drawn 冷拔的,冷拉的,冷抽的,硬拉的,硬抽的

hard drawn 硬拉的,冷拉的

hard-drawn aluminum wire 硬[拉]铝线

hard-drawn steel wire 冷拉钢丝

hard-drawn wire (=HDW) 冷拔[钢]丝,冷拉线,硬拉线

hard electron 高能电子

hard emplacement 防原子发射阵地,硬式发射阵地

hard evidence 铁证

hard faced 表面淬硬的,表面硬化的

hard-facing (1)表面硬化,表面淬火;(2)表面耐磨堆焊;(3)硬质焊敷层

hard facing (1)表面硬化,表面淬火;(2)硬质焊敷层,覆硬层;(3)加焊硬面法,镀硬面法

hard fat lubrication 油脂润滑

hard fibre bearing 硬刚纸轴承

hard film 对比度强的胶片,硬性底片

hard finish 硬饰面

hard goods 经久耐用的货物,耐用品

hard-grained 粗粒状的

hard finished 压光

hard-grained 有坚密纹理的

hard grained 粗粒的

hard grease 硬[润]滑脂

hard ground 硬防蚀剂

hard hat 安全帽,保护帽,潜水帽

hard head 硬质巴氏合金(锡 90%,锑 8%,其余铜)

hard image 对比度强的图像,黑白分明的图像

hard-laid 硬搓的,紧搓的

hard-land 使着陆的

hard landing 硬着陆

hard lay 硬捻

hard lead 铅锌合金,硬铅

hard-limiting repeater 硬限幅转发器

hard limiting transponder 硬限幅转发器

hard machine check 硬设备校验

hard-magnetic material 硬磁性材料

hard magnetic material 硬磁性材料

hard material 硬质材料

hard-meson technique 硬介子技术

hard metal 硬质合金,硬性金属

hard metal alloy 高强度合金,硬质合金

hard money 硬币

hard negative 强反差底片,硬色调底片

hard oil 铝皂[稠化的]润滑油

hard oscillation 强振荡

hard paraffin 石蜡

hard pedal (制动效率低的)硬踏板

hard-point (1)硬点;(2)结构加固点;(3)防原子发射场

hard point 硬[化]点

hard point defense 防原子反导弹基地,硬点防御

hard-pumped 难抽的

hard over [扳]满舵

hard radiation 贯穿辐射,硬辐射

hard-rolled 冷轧[的]

hard rubber 硬橡胶

hard scientist 自然科学家,硬科学家

hard sell 强行推销

hard service 重负荷工作

hard-set 牢牢固定的

hard shadow 清晰影子,清晰阴影

hard-shell 硬壳的

hard shower 穿透射流,硬射流,硬簇射

hard site 加固基地防御,地下设施

hard size 重施胶

hard-sized 重施胶的

hard-solder 硬焊

hard solder (1)铜焊药,铜焊料,硬焊料,硬钎料;(2)硬焊,铜焊

hard soldering 硬钎焊

hard spots 部分过硬,硬点,麻点

hard steel 硬钢

hard superconductor 硬超导体

hard surfacing (1)表面硬化处理,表面淬火;(2)加硬质覆盖层

hard tap 出渣口凝结

hard test 淬火后检查

hard-to-break 难以切断的

hard-to-drill 难钻进的

hard-to-get data 难得数据

hard-to-machine 难用机械加工的

hard-to-reach 难以接近的,难以达到的,难通过的

hard-to-start 难以启动的

hard-to-use 不好用的,难用的

hard top 金属车顶的汽车

hard tube 高真空电子管,硬性电子管,硬性 X 光管

hard-tube pulser 高真空电子管脉冲发生器,硬管脉冲发生器

hard tube pulser 电子管脉冲发生器

hard usage 不利的工作条件

hard ware 硬件,硬设备

hard-water 硬水

hard water 硬水

hard-wearing 耐磨的,经穿的

hard wire 高碳钢丝,硬钢丝

hard wire logic 硬线逻辑

hard-wire-oriented engineer 硬连线系统工程师

hard-wired 硬件实现的,硬连线的,电路的

hard-wired numerical control 硬连线数控器

hard-wrought 冷加工[的],冷锻[的]

Hardac cutter (美)淬硬刀体,精切刀盘

Hardas process 硬质氧化铝膜处理法

hardboard (1)高压板;(2)硬质纤维板,硬纸板,合成板

hardcore 核心硬件,硬核,硬心

harden (=hdn) (1)变硬,硬化,淬火,淬硬;(2)凝固,凝结,坚固;(3)增加硬度;(4)使不受热辐射伤害,使不受爆炸伤害

harden ability 可淬[硬]性,硬化性,淬透性

harden and grind (=H&G) 淬硬并磨削

harden and temper 调质

harden by itself 自身硬化

harden quenching 淬硬

hardenability　(1) 可硬化性,可淬硬性,可淬性,淬透性,淬火性;(2) 硬化[程]度,淬透度

hardenability band　渗透性带,H 带

hardenability characteristics　可淬硬特性,渗透性

hardenability of core　芯部渗透性

hardenability test　淬硬性试验,渗透性试验

hardenability value　淬硬性指数,硬化指数,渗透性指数

hardenable　可淬硬的,可硬化的

hardened　(1) 硬化的,淬火的,变硬的;(2) 硬式防护的

hardened and dispersed (=H&D)　硬化的和分散的

hardened and ground gear　淬硬磨光齿轮,淬火磨光齿轮

hardened and ground worm gear　淬硬磨光蜗轮,淬火磨光蜗轮

hardened and tempered　调质的

hardened and tempered steel　调质钢

hardened antenna　防原子天线,硬性天线

hardened area　淬硬区域

hardened case　表面渗碳硬化,淬硬层

hardened circuit　硬化电路

hardened electronics　固态电路电子学

hardened gear　淬火齿轮,硬化齿轮

hardened in oil　油淬的

hardened plate　淬硬钢板

hardened-steel　淬火钢,淬硬钢

hardened steel　淬火钢,淬硬钢

hardened steel bushing　淬火钢衬套

hardened steel roller　淬火钢滚轮

hardened surface　淬硬表面

hardened way　淬火导轨,淬硬导轨

hardened worm　淬硬蜗杆,淬火蜗杆

hardener　(1) 中间合金,硬化合金,母合金;(2)淬火物质,硬化剂,催化剂,固化剂,淬火剂;(3) 硬化成分;(4) 硬化机;(5) 硬化工

Hardenfast　哈登法斯特混凝土速凝剂

hardenhead　硬质巴氏合金

hardening　(1) 硬化,强化,淬火,淬硬,渗碳;(2) 凝固,凝结;(3) 增加穿透力,增加硬度;(4) 硬化作用;(5) 硬化剂;(6) 防原子化

hardening agent　淬火剂,硬化剂

hardening aluminum alloy　硬化铝合金

hardening and tempering　调质

hardening by cooling　冷却硬化

hardening by hammering　锤击硬化

hardening by high frequency current　高频淬火

hardening capacity of steel　钢的淬火性能

hardening conditions　淬硬条件

hardening crack　淬火裂纹

hardening distortion　淬火变形

hardening failure　淬裂

hardening flaw　淬火缺陷,淬火裂纹

hardening furnace　淬火炉,硬化炉

hardening liquid (=HL)　淬火液

hardening machine　淬火机

hardening of concrete　混凝土硬化

hardening of fat　油脂硬化,脂肪氢化

hardening of grease　润滑脂硬化

hardening of resin　树脂的硬化,树脂的凝固

hardening oil　淬火油

hardening operation　淬火操作,淬火工序

hardening plant　淬火装置

hardening process　(1) 淬硬法,硬化法;(2) 淬火工序

hardening strain　淬火应变

hardening tooth by tooth　(齿轮) 逐齿淬火

hardening treatment　淬火处理

hardenite 或 martensite　细马登斯体,细马氏体,硬化体

harder　压呢机,压坯机

hardglass　硬化玻璃,硬质玻璃

hardhat　安全帽,保护帽

hardhead　(1) 不纯锡铁化合物,锡铁合金,硬渣;(2) 硬质巴比合金

hardheaded　(1) 实事求是的,实际的;(2) 头脑冷静的

hardiness　(1) 适应性强;(2) 抵抗力,抗性;(3) 耐劳,耐寒

hardite　哈迪特镍铁合金

hardly　(1)几何没有,简直没有,几乎不,简直不;(2) 好容易才,大概没有,大概不,不十分,未必,仅;(3) 严厉地,苛刻地

hardly any　几乎什么……也不,几乎没有,几乎不,很少

hardly anybody　几乎没有什么人,简直没有什么人

hardly anything　几乎没有什么东西,简直没有什么东西

hardly anywhere　几乎没有什么地方,简直没有什么地方

hardly at all　几乎从不,难得

hardly ever　几乎从不,极难得,很少

hardly more than　不过是,仅仅

hardly so　很难认为是,不会是

hardly yet　几乎还没有,几乎尚未

hardmetal　硬性金属

hardnair　哈德奈尔铬钼钒钢 (1.3%C, 5%Cr, 0.3%V, 1.2%Mo, 1%Si, 余量 Fe)

hardness　(1) 硬度,刚度,强度;(2) 坚硬性,硬性,刚性;(3) 硬度指数,刚度指数,硬度数,刚度数,硬度值,硬度级;(4) 防原子能力;(5) 困难,难解

hardness ageing　加工时效,硬化时效

hardness, Brinell (=HBR)　布氏硬度

hardness checking apparatus　硬度检查仪

hardness depth　硬度深度

hardness indentation　硬度压痕

hardness meter　硬度计

hardness number　硬度值

hardness of radiation　辐射硬度

hardness of water　水的硬度

hardness penetration　淬硬深度,淬火深度,淬透深度

hardness ratio factor　硬度比系数

hardness-scale　硬度标度

hardness scale　(1) 硬度标度,硬率;(2) 硬度计

hardness solidness　硬度

hardness test　硬度试验

hardness tester　硬度试验仪,硬度试验机,硬度计

hardness testing　硬度试验

hardness testing machine　硬度试验机

hardness value　硬度值

Hardnester　锉式硬度试验器

hardometer　(回跳) 硬度计

hardpan　(1) 坚固的基础,硬质地层,硬土层;(2) 硬盘;(3) 底价

hardpoint　(1) 防原子发射场;(2) 结构加固点

hards　(1) 亚麻粗纤维,麻屑;(2) 毛屑;(3) 硬煤

hardsell　强行推销

hardset　(1) 固定的;(2) 困难的

hardship　艰难,辛苦,困苦

hardsite　防原子发射基地

hardsite missile base　(能防原子能的) 硬导弹基地

hardstand　(1) 硬地面停车场;(2) 硬场面停机场,停机坪

hardsurface　表面淬火

hardware (=HDW)　(1) 金属器具,金属元件,金属构件,金属附件,金属零件;(2) 计算机部件,硬结构件,实体器件,计算机,硬设备,硬件,设备,装备,机器,副件,元件;(3) 金属制品,小五金,金属皿,实物,成品,制品;(4) 导弹构件;(5) 金属造的军事装备,重兵器,重武器

hardware address control　机器地址控制

hardware assembler　硬件汇编程序

hardware-augmented software　增强硬件的软件

hardware check　计算机自动检验,硬设备检验,硬件检验

hardware cloth　钢丝网

hardware interrupt facility　硬件中断设备

hardware language　硬件语言

hardware-like compatibility　类硬件兼容性

hardware lockout　硬件锁定,硬件闭锁

hardware monitor　硬件监视器

hardware operation　机器操作

hardware priority interrupt　机器优先中断

hardwareman　(1) 五金工人;(2) 金属构件制造商,金属零件制造商,金属元件制造商,金属附件制造商,五金商

hardwood　硬木

hardwood bearing　硬木轴承

hardy　(1) 坚固的,坚硬的;(2) 方柄凿

hargus　哈古斯锰钢 (0.9%C, 1.2%Mn, 余量 Fe)

harm　(1) 不良影响;(2) 损害,伤害,危害,损伤

Harmet process　钢锭浇铸法

harmful　有害的

harmful gas　有害气体

harmful oscillation　有害振动,有害振荡

harmless　未受损害的,无害的

harmodotron　正交场毫米波振荡器,[生毫米波的] 电子束管,毫米波振荡管

harmonic (1) 谐波的, 调和的；(2) 谐波分量, 谐波；(3) 谐音
harmonic amplifier 谐波放大器, 谐频放大器
harmonic analysis 谐波分析
harmonic analyzer 谐波分析器, 谐波分析仪
harmonic approximation 谐振［子］近似
harmonic balancer 谐振平衡器, 谐振平衡器, 谐振抑制器
harmonic cam 简谐运动凸轮, 正弦运动凸轮
harmonic component 谐波成分, 谐波分量
harmonic converter 谐波变频器
harmonic current 谐波电流
harmonic curve 谐波曲线
harmonic distortion 非线性失真, 非线性畸变, 谐波失真
harmonic drive (1) 谐波传动装置；(2) 谐波齿轮传动
harmonic expansion (1) 付里叶级数展开, 谐波级数展开,
　　(2) 展成付里叶级数
harmonic filter 谐波滤波器
harmonic frequency 谐波频率
harmonic function 调和函数, 谐函数
harmonic gear 谐波齿轮
harmonic generator 谐波发生器, 谐波振荡器
harmonic leakage reactance 谐波漏电抗
harmonic-mean 调和中项, 调和平均值, 谐量平均值
harmonic motion 谐和运动, 简谐运动
harmonic motion cam 谐和运动凸轮
harmonic oscillation 谐和振荡, 谐振
harmonic oscillator (1) 正弦波发生器, 谐波发生器；(2) 谐波振荡器
　　简谐振荡器, 谐振子
harmonic output power 谐波输出功率
harmonic power 谐波功率
harmonic progression 调和级数
harmonic quantity 周期量, 谐和量, 谐量
harmonic resonance 谐波共振
harmonic response method 谐波响应法
harmonic ringer [电] 选频铃
harmonic ringing 调频信号, 选频信号
harmonic screw drive 谐波螺旋传动
harmonic series (1) 调和级数, 谐级数；(2) 谐音系列, 谐波系
harmonic series of sound (1) 谐音系列；(2) 声群系列
harmonic speed 谐和速度
harmonic synthesis 谐波合成, 谐波综合
harmonic trap 谐波抑止器, 去谐波器
harmonic vibration 谐和振动, 谐振
harmonic voltage 谐波电压
harmonic wave 谐波
harmonic wave generator 谐波发生器
harmonic wire projector (=HWP) 谐波定向天线
harmonical (1) 合谐的, 调和的；(2) 谐波的
harmonical progress (=HP) 调和级数
harmonically 和谐地, 调和, 调谐
harmonically balanced crank-shaft 谐波平衡曲轴
harmonically tuned deflection circuit 谐波调谐偏转电路
harmonics (1) 调和函数, 谐和函数, 谐函数；(2) 谐波, 谐量, 谐音, 谐频；
　　(3) 折叠
harmonious 调和的, 和谐的, 协调的, 相称的
harmonise 调和, 和谐, 一致, 协调, 调谐, 调整, 校准, 调准
harmonization (1) 谐和；(2) 调谐；(3) 调准
harmonize 调和, 和谐, 一致, 协调, 调谐, 调整, 校准, 调准
harmonograph 谐振记录器
harmonometer 和音计, 和声表
harmony (1) 谐和；(2) 调谐；(3) 调合
harmony of alignment 调和线向
harmony of lines 线条一致
harmophane 刚玉
harness (1) [带状] 装置, 装具；(2) 摩托车驾驶员全套衣帽装备, 安
　　全带, 吊带, 背带；(3) 导线系统, 电气配线, 导火线, 导线；(4) 线束；(5)
　　控制, 驾驶, 管理
harness lever 系杆
harness oil 皮革 [润滑] 油
harp (1) [刀架] 转盘；(2) 集电器滑轴夹；(3) 结构加热炉；(4) 竖
　　琴式管子；(5) 筛
harp-antenna 扇形天线
harp antenna 竖琴状天线, 扇形天线
harp arrangement 竖琴式, 平行式
harp-type cable stayed bridge 平行弦式斜缆桥, 竖琴式斜缆桥
Harpoon 标枪式导弹

harpoon 鱼叉, 标枪
harpoon gun 发射鱼叉的炮, 捕鲸炮
harpoon log 鱼镖式计程仪
harrier jet (英) 垂直起落飞机
harrow (1) 耙；(2) 耙路机；(3) 旋转式碎土机；(4) 含金泥的混合器
harrower 耙土机
harrowing 耙平
Harry Hopkins (英) "哈里霍普金斯"空降坦克
harsh (1) 粗糙的, 生硬的, 刚性的；(2) 严厉的, 苛刻的
harsh image 强对比图像, 鲜明图像, 硬图像
harsh mixture 干硬性混合料, 粗颗粒混凝土
harsh terms 苛刻的条件
harsh working 难以加工的
hartley 或 Hartley 信息单位(1 hartley = 3.323 bits, bit 为二进制单位)
Hartley band 哈脱莱吸收光带
Hartley circuit 哈脱莱振荡电路
Hartley oscillation circuit 电感耦合三点振荡电路, 电感三端振荡电路,
　　哈脱莱振荡电路
Hartree 哈特里 (原子单位制的能量单位, =110.5x10-21J)
Hartshone bridge 哈尔脱生电桥, 互感测量电桥
hartung 哈通钨钼钢
harvester 收获机, 收割机, 采集联合机
harvester oil 农机用润滑油
harvester stacker 堆垛机, 收获堆垛机
harvester-thresher 联合收割打谷机
harvesting machinery 收获机具
Harvey steel 固体渗碳硬化钢
Harscrome 哈司克拉姆铁铬合金 (铬 14%, 锰≥ 5%, 余量铁)
hascent surface 初生表面
hash (1)(显示器扫掠线上的)杂乱信号, 杂乱数据, 无用数据, 混乱信息,
　　无用信息；(2)(显示屏幕上的) 杂乱脉冲干扰, 噪声干扰；(3) 混字,
　　混合, 混列, 散列；(4) 用旧材料拼成的东西；(5) 反复推敲, 仔细考虑,
　　复述, 重申
hash-coded 散列编码的
hash coding 无规则编码, 随机编码
hash noise 由火花产生的噪声, 杂乱 [干扰] 噪声
hash total 无用数据总和, 无用数位总和, 混列总量
hashed value 散列值
hashing (造表和查表的) 散列法
hasp (1) 搭扣, 铁扣, 锁扣；(2) 钩；(3) 管线；(4) 纺锭
hasp iron 铁钩
hass 哈斯铝合金 (铜 4.5%, 锰 0.75%, 硅 1.0%, 余量铁)
hastelloy 耐盐酸镍基合金, 耐蚀镍基合金, 耐热镍基合金, 哈司特
　　镍合金
hasty map 速成图
hasty survey 快速测量
hat (1) 工作帽；(2) { 计 } 随机编码
hat-shaped omnidirectional antenna 圆柱形全向天线, 帽形全向天线
hatch (1) 人孔铁口, 升降口, 检查孔, 人孔, 窗口, 舱口, 开口；(2) 沉
　　箱的水闸室, 舱口盖, 闸门；(3) 格子门, 天窗；(4) 图谋, 策划；(5)
　　阴影线, 剖面线；(6) 画阴影线
hatch bar 封舱口闩条
hatch beam 舱口梁
hatch crane 舱口起重机
hatch whip 舱口吊杆吊索
hatcher (1) 船舷门；(2) 舱口
hatchet (1) 短柄斧, 斧头, 小斧, 刮刀；(2) 吊艇柱中支索
hatchet-face 斧头面
hatchet-stake 压弯金属板砧, 弯板标桩, 曲铁桩砧
hatchet stake 曲铁桩砧
hatching (1) 细的同心圆线, 剖面线, 阴影线, 影线；(2) 示波线图,
　　剖面 [线] 图, 影线图
hatching-out 以火星点燃混合物
hatchures 阴影线
hatchway (1) 升降口, 通道口, 舱口；(2) 闸门
hatted code 随机码
haul (1) 运输, 搬运；(2) 运输距离, 运程；(3) 运输量；(4) 拉, 拖, 曳；
　　(5) 改变方向；(6) 风向改变
haul-back (1) 拉回；(2) 拉线
haul cycle 运输周期
haul-off (1) 在压出机牵引辊上制取薄膜板；(2) 驶开, 退出, 脱离
haul seine 大拉网
haul-up 木踏板绳梯
haul yardage 运土方数, 土方量

haulabout 煤驳船

haulage (1) 运输，输送，供给；(2) 牵引；(3) 搬运，拖曳，拖曳；(4) 运输方式；(5) 牵引力；(6) 运输费

haulage business 搬运业

haulage gear 运输绞车

haulage in country 国内运输

haulage motor [电]机车

haulage rope 拖缆

haulageman 运输工

haulback 回拉线

hauler (1) 绞车；(2) 起重机；(3) 拉线；(4) 拖曳者；(5) 运输工，推车工，承运人；(6) 送钻头车，送钎工

hauling (1) 搬运，运输；(2) 牵引；(3) 拖，曳，拉

hauling capacity 牵引能量，牵引力，牵运力

hauling charges 运费

hauling drum 提升卷筒

hauling engine 牵引机车，牵运车

hauling equipment 运输设备，运输工具

hauling machine (1) 拖运机，牵引机；(2) 起网机

hauling scraper 拖曳刮土机，铲运机

hauling unit 运输设备，运输工具

hauling-up device 起重装置

hauling winch 绞车

haulm shredder 茎叶粉碎机

haunch 加强凸起部

haunch of arch 拱的托臂

haunch-up 拱起

haunched arch 加腋拱

haunched beam 托臂梁，加腋梁

Hauser alloy 郝氏易熔合金

Hausner process 高频镀铬法

haversine 半正矢

havoc 哈佛克硅钼钒钢（碳 0.5%，硅 1.0%，钒 0.2%，钼 0.5%，余量铁）

Havoc （美）中型轰炸机

hawk 镘灰板

Hawk 隼式导弹

hawkbill 坩埚钳，铁钳

hawkbill snips 曲刃剪

Hawkeye (1) 舰载空中早期警报飞机；(2) 用潜望镜侦察潜水艇的装置

hawkite 豪卡炸药，豪卡特

hawse (1) 有锚孔的船首部；(2) 锚链孔；(3) 锚与船头的水平距离；(4) 抛船首双锚的锚链状况

hawse bag 锚链孔塞包

hawse bolster 锚链孔唇口

hawse-hole 锚链孔

hawse hook 锚链孔肋板

hawser 钢丝绳，钢丝索，钢缆，锚链，缆索，缆绳，粗缆，粗绳

hawser bend 缆索捆绑结头

hawser clamp 绳索掣止器

Hay bridge 海氏电桥

hay cutter 干草切碎机

hay liner 自走式干草捡拾压捆机

hay-loader 干草装载机

hay loader 装草机

hay press 干草压捆机，压干草机

Hayes printer 海氏印字[电报]机，传真复印机

haymaker 牧草摊晒机

Haynes stellite 海氏钨铬钴合金，钴铬钨系合金

Haynes-Shockley method 海因斯-肖克莱法（测定半导体电阻率的一种方法）

Haynes 25 alloy 海纳 25 钴铬钨镍耐热合金（钴＜50%，铬 25%，钨 15%，镍 10%，碳 0.1%，铁 2%，锰 1.5%）

hayrack 有传动装置的雷达指示器，有传动装置的雷达信标，导向式雷达指向台，导向式雷达指标台

hatstack antenna "赫斯塔克"跟踪站天线

hayscales 干草磅秤

haystellite 硬质碳化钨合金

haywire (1) 临时电线；(2) 配备不足的，临时拼凑的

haywire wiring 临时布线

hazard (1) 易爆性，易燃性，危险性；(2) 危险，冒险

hazard-free circuit 无危险电路

hazard-free flip-flop 维持-阻塞触发器

hazard index (=HI) 危险指数

hazardless 无危险的

hazardous (=HAZD) 危险的

hazardous chemicals 危险的化学药品

haze 雾

haze factor 霾系数

hazefree 不混浊的

Hazeltine circuit 海兹丁中和电路

hazemeter 薄膜混浊度测量仪，能见度[测量]仪

haziness 模糊，朦胧

haziness of gasoline 汽油的浊度

hazy 多雾的，烟雾弥漫的

HE alloy 硅镁铝青铜

head (=HD) (1) 闸首，圆盘，浇口，冒口，头，盖，帽，罩；(2) 刀架，头部，端部，上部，前部，顶面，顶端，上端；(3) 标题；(4) 录音头，放音头，船头，泵头，测头，冲头，磁头，弹头；(5) 蓄水高度，压力头，水位差，扬程，水头，水压，落差，高差，压差；(6) 设备，装置；(7) 首长，领导，主任

head amplifier 前级视频放大器，摄像机放大器，微音机放大器，前置放大器

head-azimuth 磁头方位角

head banding 磁头条带效应

head beam 上横梁，顶横梁

head bearing 上端轴承

head block (1) 辙尖枕木，垫块；(2) 挡车器

head board (1) 护顶木板；(2) 顶板横梁端卡板；(3) 推出板

head-check pulse 磁头校验脉冲

head chip 磁头工作隙缝，磁头工作间隙

head circuit 头戴送受话器线路，耳机电路

head clamp 摇臂钻进给箱卡紧板，摇臂钻进给箱夹紧

head clamping lever 进刀架紧固手柄

head drum 磁头鼓

head effect 对地电容效应

head-end (1) 开始部分的，初步的，起点的，预备的；(2)（核燃料后处理的）首端，头端

head end (1) 机头布；(2) 邮政车

head-end drive 车头传动

head end operation [车辆]调头

head-end system 机车端供电系统

head end system 输入系统

head eraser 磁头消磁器，前置消磁器

head face 端面

head fall 水头跌落

head flag 磁头标记，起始标记

head fraction 最新馏出的馏份，头馏份

head gap 磁头空隙，头面间隙

head-gate 首部闸门，引水闸门

head gate 首部闸门，引水闸门，总闸门

head-house (1) 井口建筑物；(2) 隧道洞口棚架；(3) 候车室；(4) 温室控制闸；(5) 井楼

head joint (1) 端接；(2) 顶头缝

head knee 舷边材

head leader （磁带）引带

head log 设置在滑道前端底部的圆木

head mast 吊塔

head metal 冒口，切头

head meter 落差流量计，压差流量计

head motion (1) [织机]龙头运动；(2) 摇动机构

head-note 顶批，顶注，批注

head of axe 斧背

head of column 柱头

head of ingot 锭头

head of liquid 液柱压力，液位差

head of mill 下磨，磨底

head of rivet 铆钉头

head of reactor vessel 反应堆外壳的顶盖

head of water 水头

head-office 总公司，总机构，总局，总行，总店，总社

head office (=HO) 总公司，总机构，总局，总行，总店，总社

head-on 头对头[的]，迎面[的]，正面[的]

head-on photomultiplier tube 光电阴极光电倍增管，对正光电倍增管

head-on radiation 直接定向辐射，正面辐射，正向辐射

head-on wind 迎面风，逆风

head-page 扉页

head-per-track 每道一个磁头

head-per-track disk 每道一个磁盘
head phone 头戴式受话器，耳机
head pressure 推出压力，输送压力，水头压力
head pulley (1) 天轴轮，上滚轮，天轮；(2) 主动皮带轮，主滑轮
head race 引水槽
head-receiver 头戴式受话器，耳机
head receiver 头戴式受话器，耳机
head resistance 迎面阻力
head-rigging 前桅索具
head rod 第一连接杆
head room 峰值储备
head-rope (1) 重载绳，承重绳；(2) 支索；(3) 帆顶边绳，上网缘索，桅顶索
head sample 原矿试样
head sampling 进矿取样
head saw 原木锯
head schedule 标题字字体表
head screen 焊工面罩
head set (=HS) 头戴［式送］受话器，头戴式耳机
head sheave 天轴轮，端滑轮
head shot (=HS) 拍摄头部
head stack (1) ｛计｝多轨磁头，磁头组；(2) (记录) 标题集合
head stock (1) 主轴箱，床头箱，头架，头座；(2) 测量头
head stock center 头座顶尖，床头顶尖
head stock center collet 床头顶尖套筒
head support assemby 磁头组件
head tank (1) 原料罐，进料罐，进料桶；(2) 落差贮水池，高位水池，高位槽，压力槽，压头箱
head-telephone 头戴受话器
head-to-head 头接头的，头对头的
head-to-seat acceleration 反向加速度
head-to-tail 系统连接，头尾相接
head-to-tape contact 磁头磁带接触
head traverse bar 上横梁，顶梁，横杆
head traverse of radial drilling machine 摇臂钻进给箱横移
head valve 顶［置］阀
head wheel 磁头鼓
head wheel assembly 视频磁鼓组件
head wind 逆风，顶风
head work 脑力劳动
head yard 前桅上的横桁
headband 耳机头环，耳机头带
headband receiver 头带式耳机
headbeam 顶梁
headblock (1) 制动轮，闸瓦；(2) 顶梁
headboard 推出板
headbox (1) ［造纸机的］料箱，网前箱；(2) ［百叶窗］操纵机构罩壳
headchair 有头靠的椅子
header (1) 记录头，磁头，灯头，头部，首部；(2) 集水管，集水池，蓄水池，集气管，集流管，联管箱，水箱，水室，集管，母管，管座；(3) 钉头制造机，工具头制造机，顶锻机，顶镦机，镦锻机；(4) 内浇口；(5) 横梁，顶梁，顶盖，底板，端板(6) 掘进机，隧道掘进机(7)联合收割机的收割装置；(8) 晶体支架，(9) 铆接机，铆接工；(10) 标题，索引，首标；(11) 首长
header blank 镦锻坯件，镦锻坯料
header block 头段
header bolt 冷镦螺栓，冷镦粗栓
header box 卸粮拖车
header card 标题卡片，首标卡
header die 镦锻模
header face 端面
header fork 叉式摘穗器
header label 首标
header maker 镦锻机制造厂
header pipe 集管，总管
header plate 集管板
header record 标题记录，记录头
header-terminal capacitance 支架寄生电容，顶端电容
headfast 舰首缆，船首缆
headframe 井架
headgear (1) 井架；(2) 钻塔，井塔；(3) 提升天轮，滑轮装置；(4) 头戴受话器，头戴听筒，头带耳机
headgear sheave 天轴轮，天轮
heading (=HD) (1) 镦锻，镦头，镦锤，顶锻，镦粗；(2) 浇口布置法，(油桶的) V 形槽；(3) 方向，方位；(4) 航向，航线，航程；(5) 导入，注入；

(6) 报文首部，标题，项目，标目，题目
heading card 方位分度盘
heading die 镦粗锻模，顶锤模，镦锤模，锤粗模，锤扁模，镦锻模，镦粗模
heading driver 掘进工
heading error 对准目标的误差，对准误差，航向误差
heading flash 船首闪灯
heading joint 直角接［合］，端接［合］
heading machine 端部凸缘头镦锻机，螺钉头镦锻机
heading man 掘进工
heading marker (=HM) (1) 船首标志；(2) 航向指示器
heading of moving vehicle 运动体的指向
heading tool (1) 带孔型镦锻工具，钉头型锤，带孔型锤，镦锻工具；(2) 端部凸缘件
headlamp 照明灯，大灯，头灯，前灯
headless 无头的，无首的
headless screw 无头螺钉
headless set screw 无头止动螺钉
headless setscrew 无头止动螺钉
headless shoulder screw 无头轴肩螺钉
headletter 标题字
headlight (1) 飞机翼上的雷达天线；(2) 信号灯，照明灯，桅灯，头灯，前灯
headline (1) 主传动轴；(2) (书的) 页头标题，标题；(3) 船首帆索，船首缆，首缆，头绳；(4) 首锚钢管
headlong (1) 头向前［的］；(2) 急速，匆促，轻率
headman 工长，组长，工头
headmore 黑德莫尔铬钒钢 ($0.6\%C$, $1\%Cr$, $0.2\%V$, 余量 Fe)
headmost 最前面的，最先的，领头的
headmost ship 先头舰
headphone (1) 头戴受话器，送发话器，［头戴］耳机；(2) (流速仪) 听音机
headphone adapter 听筒套架，耳机塞孔
headpiece (1) 横梁，顶梁；(2) 矿工帽；(3) 流口；(4) 井口油水分离器；(5) 头戴受话器，耳机；(6) 上部，顶部；(7) 船首部装饰品
headpin 头柱
headpin bowling 头柱滚地球
headplate ［印人头像时的］轮廓版
headquarter 设总部
headquarters (1) 司令部，指挥部；(2) 司令部参谋人员；(3) 企业总部，企业总店
headrace 引水道，进水渠，前渠
headrail 船首栏杆装置
headrig 主装备
headroom (1) 顶部空间，头上空间，净空高度，净空；(2) 甲板间空间
heads (1) 头部镏分，最轻镏分；(2) 精矿
headsail 船首斜帆
headsaw 圆锯
headset 头戴受话器，耳机
headshell ［磁］头壳
headship 领导地位，领导身份
headsill ［门窗］上槛
headsman 推车工
headspring 水源，源
headstamp 标记印
headstay 前支索
headstick 三角帆顶角撑木
headsticks 井架
headstock (1)机床头座，床头箱，主轴箱，动力箱，车头箱，机头架，床头，车头，头架，头座；(2) 刨床头座，轮轴头架；(3) 测长机机头；(4) 悬挂架，悬挂架，井架
headstock cone 床头锥轮
headstock cone pulley 床头塔轮
headstock gear 启闭机
headstock housing 床头箱盖
headstock of grinding machine 磨床头
headstock rack pinion 床头箱齿条小齿轮
headstream 发源地，源头
headtree (1) 横梁，顶梁；(2) 井架；(3) 分叉杆；(4) 顶木托块
headwall 山墙，端墙
headwaters 水源
headway (1) 推进，移动，前进运动；(2) 净空高度，净空，净高；(3) 航行速度；(4) 时间间隔；(5) 列车运行图表；(6) 缠绕机构
headword 标题词

691

headwork (1) 井架;(2) 首部结构物;(3) 进水口工程;(4) 脑力劳动;
(5) 准备工作

heal bit 弹簧车刀

health and sanitary regulation 卫生检疫规定

health certificate 健康证

health of the reactor 反应堆的正常状态

heap (1) 炼焦堆,堆摊,堆积,堆集,累积,积聚,装载,堆,群;(2) 许多,
大量;(3) (破旧的)汽车

heap chlorination 堆摊氯化处理

heap coking 土法炼焦

heap leaching 堆摊浸滤,堆浸法

heap of tripod 三脚架头

heap roasting 堆烧法

heap sand 铸造用砂

heap symbol 大堆阵符号

heaped capacity 装载容量,堆积容量,加载量,堆载量

heaped load 堆集荷载

heapmeasure 堆量

heapstead 井架

hear (1) 听到,听说,听见,听取,得知;(2) 允许,同意,照准,承认

hearing 听觉,听闻

hearing aid 助听器

hearing loss 听觉失灵,听觉损失,听力损失

heart (1) 中心,核心,心;(2) 精华,要点,本质;(3) 心形物

heart and square 心形锉刀

heart-cam 心形凸轮

heart cam 心形凸轮

heart carrier (车床用的) 鸡心卡头,鸡心夹头

heart check 木心幅裂,内部裂纹

heart cut 中心馏份

heart-shaped cam 心形凸轮

heart tie 心材枕木

heart wheel 心形轮

heart wood 心材,心木

heart yarn 芯线

hearth (1) 燃烧室,坩埚,火床;(2) 锻造炉,熔铁炉,热熔炉,炉床,炉膛,
炉缸,炉底,炉边;(3) 壁炉地面;(4) 震源,焦点

hearth accretion 炉缸冷结,炉结块

hearth cinder 熟铁渣

hearth furnace 膛式炉,床炉

hearth layer 底层炉料

hearth level 炉底

hearth roaster 床式焙烧炉

hearth stone 炉石

heartwood 心材

heat (=HT 或 ht) (1) 热,加热,加热程度,温度;(2) 熔炼,熔化;
(3) 热学

heat absorber 热吸收器,吸热器

heat-absorbing 吸热的

heat absorbing glass 吸热玻璃

heat absorption 热吸收,吸热

heat-absorption capacity 热容量

heat accumulator 蓄热器

heat action zone crack (=HAZ crack) 热影响区域裂纹

heat effected zone (=HAZ) 热影响区

heat-agglomerating 加热烧结

heat aging (1) 加热时效处理,热时效;(2) 加热老化

heat alarm (1) 温升报警信号,过热警报信号,过热信号;
(2) 高温警报器

heat analysis 熔炼分析

heat balance 热平衡

heat blower 热风吹送机

heat-bodied oil 聚合油,叠合油,厚油

heat booster 增热器,升热器,助热器,加热器,热丝

heat capacity 热容量

heat carrier 载热体,载热介质

heat-carrying agent 载热体,载热介质

heat check 热龟裂

heat coil 热熔线圈,加热蛇管

heat colours [回] 火色

heat-conducting 传热的,导热的

heat conducting 导热的,热导的

heat conducting ability 导热能力

heat conducting property 导热特性,导热性能

heat conduction 热传导,导热

heat conduction problem 热传导问题

heat conductivity 热传导率,热导率,导热率,导热性

heat conductor 热导体,导热体

heat-consuming 耗热的,耗能的,吸热的

heat consumption 耗热量

heat content 含热量,热函,焓

heat control 热控制

heat convection 热对流

heat-convertible 可热转化的

heat convertible resin 热固树脂

heat crack 热裂,热裂纹

heat cycle (1) 热循环;(2) 机热 [模塑] 周期,熔炼周期

heat deforming 热变形

heat density 热能密度

heat diffusion 热扩散

heat dissipating ability 热消散能力

heat dissipation 热消散,热散逸,热耗损

heat distortion (=HDT) 热变形,热畸变

heat distortion point 热变形点

heat distortion temperature (=HDT) 热变形温度

heat distribution 热量分布

heat drop 热降

heat economizer 节热器

heat efficiency 热效率

heat-eliminating 使冷却 [的],消热

heat-eliminating medium 冷却介质

heat emission 热发射

heat endurance 耐热性

heat energy 热能

heat-engine 热力机,热机

heat engine 热力机,热机

heat-engine plant 火电厂

heat engineering 热力工程,热工学

heat equation 热流方程

heat equivalent of work 热功当量

heat erosion 热侵蚀

heat evolution 放热,散热,发热

heat exchange 热交换

heat exchange cycle 回热循环

heat-exchanger 热交换器

heat exchanger (=HT XGR) 热交换器,换热器,冷却器

heat expansion 热膨胀,热胀

heat expansion method 热装法,热胀法

heat-eye tube 红外线摄像管

heat fading (制动器的性能) 受热衰退

heat-flash 强热

heat flash 强热

heat flow 热流

heat-flow problem 热流问题

heat quard 绝热体

heat gun 煤气喷枪,热风器

heat-homer 有热感应自动引导头的导弹,热感应自动引导头,热
自动瞄准头

heat homing 红外线引导,红外线寻的

heat increment (=HI) 增热效,增生热

heat-indicating pigment 示温颜料

heat indicator 温度计

heat input 热量输入,热量耗费,供热

heat-insulated 绝热的,隔热的

heat insulating material 绝热材料,热绝缘材料

heat insulation 热绝缘,绝热

heat insulator (1) 热绝缘体,热绝缘子,绝热体;(2) 热绝缘材料,
保温材料

heat interchange 热交换,热互换

heat-intolerant 不耐热的

heat-isolated 绝热的,隔热的

heat-labile 不耐热的

heat lamp 红外加热灯,加热灯

heat lightning 闪电

heat load 热负载

heat loss 热消耗,热损耗,热损失

heat meter 温度传感器,热电偶

heat number (=Heat No.) 熔炼炉号

692

heat of absorption　吸收热, 吸热
heat of combination　化合热
heat of combustion　燃烧热, 总能
heat of compression　压缩热
heat of condensation　凝结热
heat of cracking　裂化热
heat of crystallization　结晶热
heat of decomposition　分解热
heat of dilution　稀化热
heat of dissociation　离解热
heat of emission　发射热
heat of evaporation　蒸发热
heat of food　食品所供热量
heat of formation　生成热
heat of friction　摩擦致热量
heat of fusion　(1) 熔化热, 熔解热; (2) 聚变热
heat of hardening　硬化热, 凝结放热量
heat of hydration　水化热
heat of ionization　电离热
heat of liquefaction　液体潜热
heat of liquid　液体含热量
heat of neutralization　中和热
heat of oxidation　氧化热
heat of reaction　反应热
heat of recombination　复合热
heat of solution　溶解热
heat of sublimation　升华热
heat of transformation　相变热
heat of vaporization　汽化热
heat of wetting　润湿热
heat output　(1) 输出热, 燃烧热; (2) 发热量
heat passive homing guidance　热辐射被动寻的制导
heat pick-up　热敏传感器
heat pipe　热 [导] 管
heat-power engineering　热力工程
heat power plant　热电厂, 火力发电厂, 火力发电站
heat power station　火力发电站, 热电站
heat pressing　热压
heat-proof　(1) 耐高温的, 耐热的; (2) 不透热的, 不传热的, 防热的, 抗热的, 保热的, 保温的, 隔热的; (3) 热稳定的, 热安定的, 难熔的
heat proof　耐热的
heat proof material　耐热材料
heat prover　废气和排出气体的分析器
heat pump　热泵
heat quantity　热量
heat radiation　热辐射
heat radiation pyrometer　光测高温计
heat rate　(1) 加热率; (2) 热消耗率
heat ray　热射线
heat reactivation　加热复活作用
heat-recovering　废热利用的, 热回收的
heat recovery　热回收
heat-reducing filter　滤热玻璃, 滤热片
heat regenerator　交流换热器, 换流节热器, 回热器
heat regulation　热量调节
heat regulator　热量调节器
heat release　放热
heat removal　除热, 放热, 冷却
heat-removing　引走热量 [的], 放热 [的], 除热 [的], 去热 [的]
heat reservoir　储热器, 蓄热器, 热库, 热源
heat-resistance　耐热性, 耐热力
heat resistance　耐热性, 耐热度, 抗热性, 热阻
heat resistance paint (=HRP)　耐热涂料
heat resistance plastic (=HRP)　耐热塑料
heat resistant (=HT RES)　(1) 热稳定的, 热安定的, 耐热的, 抗热的; (2) 不传热的, 难熔的, 耐火的
heat-resisting　耐热的, 耐火的, 难熔的
heat resisting (=HR)　耐热 [的]
heat resisting alloy　耐热合金
heat resisting casting　耐热铸件
heat resisting glass　耐热玻璃
heat resisting paint　耐热漆
heat resisting steel　耐热钢
heat-resistor　耐热器

heat responsive element　热敏元件
heat retainer　(1) 保热器; (2) 保热体
heat-retaining　(1) 贮热能力, 热保持; (2) 保热的, 蓄热的
heat run　耐热试验, 老化试验, 发热试验, 热试车
heat-seal　(1) 热封; (2) 熔焊, 熔接
heat seal　(1) 热封; (2) 熔焊, 熔接; (3) 热合法, 热封法
heat-seeking　热自动引导; 热寻的
heat-seeking guidance　红外线制导, 热制导
heat-sensitive　热敏的
heat-sensitive ferrite　热敏铁氧体
heat-sensitive paint　示温漆
heat-sensitive sensor　热敏传感器
heat sensor　热敏传感器, 热敏元件
heat-set　对……进行热定形, 热定形
heat set　热定形
heat-setting　加热凝固, 热凝
heat setting　热定形
heat setting bonding　热定形粘合
heat shield (=HS)　(1) 热屏蔽, 热屏; (2) 防热层
heat-shielded cathode　热屏蔽阴极, 保温阴极
heat shocks　热聚变
heat shrink ratio　热收缩比
heat sink　(1) 散热装置, 吸热装置, 散热器, 散热片; (2) 吸热, 热沉, 冷源
heat-sinking capacity　散热能力
heat spot　过热点
heat stability　热稳定性, 耐热性
heat-stabilized bearing　热稳定轴承, 抗回火性轴承
heat-stable　热稳定的, 耐热的
heat-stable oil　热稳定油, 耐热油
heat stagnation　热滞
heat storage unit　储热器
heat straightening　热矫正
heat stretch zone　热延伸区
heat supply　供热
heat tearing　热裂
heat test　耐热试验, 加热试验
heat tint　氧化膜色, 回火色
heat tinting　烘染
heat tolerance　耐热性
heat-tolerant　耐热的
heat-transfer　热传递, 传热
heat transfer　热传导, 热传递, 传热, 导热
heat transfer by convection　对流传热
heat transfer coefficient (=HTC)　传热系数
heat transfer computer　热传递计算机
heat transfer factor　传热因数
heat transfer rate　传热率
heat transmission　热传导, 传热
heat-treat　热……处理, 热处理
heat-treat distortion　热处理变形
heat-treatable　可热处理的
heat-treatable steel　可热处理的钢
heat-treated　热处理过的, [经过] 热处理的
heat-treated metal　热处理金属
heat-treated steel (=HTS)　热处理钢
heat treating　热处理
heat treating characteristics　热处理特性
heat-treating film　热处理膜
heat-treatment　热处理
heat treatment (=HT)　热处理
heat-treatment crack　热处理裂纹
heat-treatment distortion　热处理变形
heat treatment fixture　热处理夹具
heat-treatment of steel　钢的热处理
heat-treatment process　热处理过程
heat treatment protective coating　热处理保护涂料
heat-treatment shop　热处理车间
heat treatment temperature　热处理温度
heat-triggered　由于过热而自动操作的
heat unit　加热单位
heat up time　加热时间
heat value　发热量, 热值, 卡值
heat-variable resistor　热敏电阻 [器]

heat wave 红外线辐射波,热辐射波

heat writing oscillograph 热电式示波器

heated 加热的,受热的,烧热的

heated filament 旁热式灯丝

heated toothed wheel 加热齿轮

heater (=HR 或 HTR) (1)加热装置,加热元件,暖气设备,取暖设备,保温设备,加热器,加热炉,加热体,发热器,预热器,发热器,放热器,电热器;(2)热源;(3)加热导体,加热丝,发热丝,电热丝,灯丝,火炉,热子;(4)点火室,燃烧室;(5)熨面板;(6)加热工,煤气工

heater bias 灯丝偏压

heater car 供暖车

heater case 电热箱

heater cathode [旁]热[式]阴极

heater-cathode leakage 热丝-阴极泄漏

heater cathode leakage current 灯丝阴极间漏电电流

heater chain 热丝电路

heater circuit 加热电路,热丝电路

heater coil 加热线圈,加热盘管

heater current 灯丝电流

heater emission 热丝极发射

heater outlet couple 炉出口处热电偶

heater-shaped 三角形的,尖顶的

heater transformer 热丝变压器

heater-type 旁热形,旁热式

heater type thermistor 旁热式热敏电阻器

heater type tube 旁热式电子管

heater voltage 灯丝电压

heater wire 加热线

heaterless tube 直热式电子管

Heath Education Robot 教育用机器人

heating (1)加热,加温,升温,自热;(2)供暖,供热,取暖,采暖;(3)暖气取暖法,加热法;(4)白炽,灼热;(5)变热,发热,热透;(6)电热元件;(7)加热的,发热的,预热的,受热的,变热的

heating agent 加热剂

heating alloy 合金电热丝

heating and power center 热电站

heating and power plant 热电厂

heating and ventilation (=HV) 供暖与通风

heating area 加热面积

heating bath 加热池,热浴

heating bend test 加热弯曲试验

heating by proximity effect 邻近效应加热[法]

heating cabinet (=HC) 加热箱

heating capacity 发热量

heating coil (=HC) 蛇管加热器,加热线圈,加热旋管,热熔线圈,暖管

heating colour [回]火色

heating curve 加热曲线

heating cycle 加热循环

heating depth 加热深度

heating effect 热效应

heating element 加热元件,发热元件,生热器,加热器

heating equipment 加热装置

heating furnace 加热炉

heating generator 高频加热器,热发生器

heating inductor 加热电感器

heating load (1)热负载;(2)供热量

heating mantle 加热外罩

heating medium 载热介质,载热体

heating method 加热法

heating of the bottom 烘炉底

heating pipe 暖气管,供暖管

heating plant 供暖设备,供热装置

heating power (1)供热能力,供暖能力;(2)燃烧热,热值,卡值

heating resistor 加热电阻器

heating space 加热空间

heating surface (=HS) 加热表面,加热面

heating surface area 加热面积

heating stylus 热处理录音针,发热刻纹针,加热针

heating system 加热系统,暖气系统,供暖系统

heating test 加热试验

heating tongs 加热钳

heating training 热锻

heating unit 电热元件,发热体

heating-up (1)加热;(2)升温;(3)熔化

heating-up time 加热时间

heating value 发热量,热值,卡值

heating, ventilating and cooling (=HV&C) 供暖,通风与供冷

heating-wire 电炉丝

heating wire 电热线

heatless lehr 不加热玻璃退火炉,无热玻璃退火炉

heatronic 高频[率]电[价质加]热的

heatrola 枪,手枪

heatseeker 热跟踪头

heave (1)举起,拉起,抬起;(2)隆起,鼓起,胀起,凸起;(3)滑动,波动,起伏,升降;(4)剪力;(5)水平移动,提高,移动;(6)拉,曳

heave a ship about 使船急转,使船前进

heave a ship ahead 使船急转,使船前进

heave-ho (1)起锚,开船,动身,离境;(2)用力提升

heave ratio 冻胀比

heaven (1)天空;(2)宇宙法则

heaver (1)叉簧;(2)钩键;(3)抬运工

heavier than air (=HTA) 比空气重

heavily damped circuit 强阻尼电路

heavily doped crystal 高掺杂晶体,重掺杂晶体

heavily faulted crystal 高层错晶体

heaviness 有重量性,有质性,可称性

heaving line 引缆索

heaving pile 系缆

Heaviside function 海维赛函数,阶跃函数

Heaviside layer E 电离层,海氏层

heavy (=hvy) (1)重型的,重载的,太重的;(2)大型的;(3)大功率的;(4)粗的,浓的,厚的,稠的;(5)重量物;(6)实的;(7)韧性的

heavy airplane 重型飞机

heavy alloy 高密度合金,重合金

heavy anode 实心阳极

heavy-armed 带有重武器的,重铠装的

heavy armed 重武器装备的

heavy artillery (1)重型火炮;(2)重炮部队

heavy base layer 重掺杂基区层

heavy beating 重刀打浆

heavy bedded 厚铺

heavy-bodied 粘的,稠的

heavy bodied 粘滞的,粘的

heavy-bodied oil 高粘度油

heavy bomber 重型轰炸机

heavy boring 粗镗

heavy-buying 大量购入的,大量买进的

heavy case 厚渗碳层,厚硬化层

heavy castings 大型铸件

heavy chain 重型链,重载链

heavy chemical 重化学品

heavy chemical industry 重化学工业

heavy coated electrode 厚涂层焊条

heavy construction 大型工程

heavy corkscrews 重螺旋,大螺旋

heavy crane 重型吊车

heavy cruiser 重型巡洋舰

heavy-current 强电流

heavy current 大电流,强电流

heavy current engineering 强电工程

heavy-current slow-speed generator 大电流低速发电机

heavy cut (1)强力切削;(2)深挖;(3)深路堑

heavy-cut grinding 强力磨削

heavy cutting 厚件切割,厚件切削,重切削,深切削,深铣

heavy damping 高阻尼度,强阻尼

heavy drifter 重型风钻

heavy-duty (=HD) (1)强有力的,功率大的,大功率的;(2)受重载荷的,受重负荷的,重载的,重负的;(3)重型的,大型的,重的;(4)大容量的;(5)可在不良环境下工作的,经得起损耗的;(6)关税重的;(7)繁重工作条件,苛刻操作条件

heavy duty 重型

heavy-duty boiler 大容量锅炉

heavy-duty car 重型汽车

heavy-duty crane 重型起重机

heavy-duty cutter 重型切割器

heavy-duty disc harrow 重型圆盘耙

heavy-duty drill 重型钻床

heavy-duty drilling machine 重型钻床,高功率钻床

heavy-duty drive　重载传动，大功率传动
heavy-duty face lathe　落地车床
heavy-duty gear　重型齿轮，重负载齿轮
heavy-duty geared lathe　重型普通车床（全齿轮车床）
heavy-duty lathe　重型车床
heavy duty lathe　重切削车床
heavy duty loader　重型装载机
heavy duty lubricating (=HD)　高温高压用润滑油
heavy-duty machine　重型机床，重型机械
heavy-duty milling cutter　粗齿铣刀
heavy-duty oil　重负荷[工作用]机油，苛刻操作条件用油，重型油
heavy-duty plain cutter　重型普通铣刀
heavy-duty plough　深耕犁
heavy-duty preselect radial drilling machine　重型预选摇臂钻床
heavy-duty press　重型压力机，重型压床
heavy-duty radial drilling machine　重型摇臂钻床
heavy-duty rectifier　大功率整流器，强功率整流器
heavy-duty ripper cultivator with rigid tine　重型刚齿松土耕耘机
heavy-duty roughing tool　重型粗加工刀具
heavy-duty shaper　重型牛头刨
heavy-duty shaping machien　重型牛头刨
heavy-duty shears　重型剪切机
heavy-duty slab milling cutter　重型平面铣刀
heavy-duty spiketooth harrow　重型钉齿耙
heavy-duty travelling type radial drilling machine　可移式重型摇臂钻床
heavy-duty trawler　重型拖网渔船
heavy-duty truck　重型卡车
heavy-duty truck transmission　重型卡车传动装置，重型卡车变速器
heavy earthwork　大量土方工程
heavy-edge　边缘加厚的
heavy electrical plant　重型电器设备
heavy electron　重电子，介子
heavy element radioactive material electromagnetic separator (=HERMES)　(英)重放射性同位素电磁分离器
heavy enamel (=HE)　厚漆包的
heavy enamel single-cotton (=HEC)　厚漆包单层纱包的
heavy enamel single-glass (=HEG)　厚漆单层玻璃的
heavy ends　重尾馏分
heavy feed　重进刀，强进刀
heavy-fluid washer　重液洗选机
heavy force fit　重压紧配合
heavy fuel　重粘度燃料，重质燃料，柴油
heavy ga(u)ge　大型量规
heavy ga(u)ge wire　粗导线
heavy grade　大坡度，陡坡
heavy-handed　(操纵)动作粗暴的，笨拙的
heavy-headed　迟钝的
heavy hydraulic press　重型水压机
heavy hydrogen　重氢，氘
heavy in section　大截面
heavy industry　重工业
heavy intermittent test　断续重负载试验，重荷间歇试验
heavy ion accelerator　重离子加速器
heavy ion cyclotron　重离子回旋加速器
heavy ion demonstration experiment　重离子轻核聚变示范实验
heavy ion linac　重离子直线加速器
heavy ion linear accelerator (=HILAC 或 Hilac)　重离子直线加速器
heavy ion physics　重离子物理学
heavy ion plasma accelerator　重离子等离子体加速器
heavy iron　厚镀层热浸镀锌铁皮，厚锌层[镀锌薄]钢板
heavy keying fit　固定配合
heavy-laden　负重的，载重的
heavy layer　厚层，厚膜
heavy lifts　超笨重货物
heavy line　粗实线
heavy liquid　重质液体
heavy-load adjustment　重负载调整
heavy-load compensating device　重负载补偿装置
heavy loading　重负载
heavy lubricating oil　高粘度润滑油
heavy machine gun (=HMG)　重机枪
heavy maintenance　大修理，大修
heavy merchant mill　大型轧钢机

heavy metal　重金属
heavy mill　大型轧钢机
heavy oil　高粘度油，重[柴]油，杂酚油
heavy oil engine　重油发动机，重油机
heavy phase in　重相入口[萃取]
heavy plant　重工业厂矿
heavy plate　厚钢板
heavy point　(图形上)粗黑点
heavy polymer　高分子聚合物，重聚合物
heavy pressure　高压力，高压
heavy primaries　初级宇宙射线中的重核，重原初核
heavy-producing　高产的
heavy repair　大修理，大修
heavy repair shop　大修车间
heavy rimmed flywheel　重辋飞轮
heavy ring　承力环
heavy roughing cut　强力粗切削
heavy scale　厚氧化皮
heavy section　(1)厚壁断面；(2)大型材
heavy section casting　厚壁铸件
heavy section steel　大型型钢
heavy series　(轴承)重系列
heavy service car　大型服务车
heavy shade　饱和色
heavy soil　粘质土
heavy solids　(油中)机械杂质颗粒
heavy stain　(试验沥青时的)浓油斑
heavy statics　强烈天电干扰
heavy tank　重型坦克
heavy test　重负荷试验，重载试验
heavy traffic　拥挤的交通
heavy truck　重型卡车
heavy truck gear system　重型卡车齿轮传动系统
heavy vehicle　重型车辆
heavy-walled　厚壁的
heavy wares　重型物件
heavy water (=HW)　重水
heavy-water-moderated　有重水减速剂的，有重水慢化剂的，重水减速的
heavy weapons　重武器
heavy wear　严重磨损
Hecnum　铜镍合金(铜55-60%，镍40-45%)
hectare　公顷
hecto-　(词头)百 (=10^2)
hectobar (=hbar)　百巴(气压单位，=$10^7 N/m^2$)
hectog　百克
hectogamma　百微克
hectogram(me) (=hg)　公两，百克
hectograph　(复写机)胶版，胶印
hectol　百升
hectoliter　公石，百升
hectolitre (=hl)　公石，百升
hectom　百米
hectometer　百米
hectometre (=hm)　百米
hectometre wave　百米波，中波
hectonewton　百牛顿
hectostere　百立方米，百立米
hectowatt　百瓦[特]
hectowatt-hour　百瓦[特小]时
hectowatt hour (=hwh)　百瓦[特小]时
heddur　黑杜尔铝合金(飞机用，与硬铝相似)
hedgehopper　(1)掠地飞行的飞行员；(2)掠地飞行的飞机
heel　(1)齿根部分，跟面；(2)(锥齿轮)轮齿大端，轮齿大头，(3)底部，底脚，(4)竖轴下端；(5)船舶龙骨的后端，桅杆下端，柱脚；(6)钻孔口；(7)棱，缘，面，顶；(8)铁心底座；(9)后跟
Heel and Toe Method　(锥齿轮)大端-小端[切齿]法
heel bearing　(锥齿轮)大端接触区，外端接触区
heel block　(1)垫块，垫板；(2)艇架
heel boom　底脚吊杆
heel contact　(1)(锥齿轮的)大端接触；(2)踵形接触
heel end of tooth　(锥齿轮)轮齿大端端部
heel end slug　(继电器线圈)跟端缓动铜环
heel of metal　熔金属面

heel of tool 刀头跟面, 刀跟面
heel of tooth (锥齿轮) 轮齿大端, 轮齿大头, 齿跟面
heel piece (继电器的) 跟片
heel post [闸门的] 侧立柱, 门轴柱, [船的] 尾柱, 柱脚
heel pressure 跟压力, 踵压力
heel push fit 重推入配合
heel rope 杆底绳
heel slab 后部底板
heel tap (玻璃) 瓶底厚薄不均
heelboard 踵板
heeling (1) (船的) 倾侧, 倾斜, 倾角; (2) (铣头的) 偏转角; (3) 柱脚
heeling error 罗盘针因船体倾斜而产生的误差, 倾斜自差
heelpiece (1) (继电器的) 根片; (2) 铁芯底座
heelpost 门轴柱, 柱脚
heels slab 柱脚板
heels stay 防滑垫
height (=hgt 或 ht) (1) 高度, 海拔; (2) 标高; (3) 绝顶, 顶点, 极点; (4) 高地
height above sea level 海拔高度
height adjustment 高度调整
height block 高度块
height control (1) 微动气压计; (2) 高度变化传感器; (3) 高空控制; (4) 帧高低调整, 高度调整
height-dependent 随高度而变的
height-finder [飞行器] 高度测定器
height finder 测高计
height finder radar 测高雷达
height-gate turnoff 高度门电路断开
height gauge (1) 高度规, 高度尺; (2) 高度计, 测高仪, 测高计
height-index circuit 高度标示电路, 标高电路
height index circuit 标高电路
height-marker-intensity compensation 测高标记亮度补偿
height of a transfer unit (=HTU) 传递单位高度
height of arc 弧高
height of bed 底焦高度
height of burst (1) 炸高; (2) (核弹) 最佳炸高
height of capillary rise 毛细上升高度
height of catalytic unit (=FCU) 催化单位值
height of center 中心高
height of delivery 输送高度
height of drop 落差
height of equivalent to a theoretical plate 理论塔板高度
height of fall (1) 落锤高度; (2) 下落高度
height of free fall 自由落程
height of gain factor 高度增益系数
height of gravitational center 重心高
height of instrument (=HI) 仪器高度, 仪表高度
height of layer 料层厚度
height of lift (1) 上升高度, 提升高度; (2) (泵) 吸升高度
height of projection 射程高度
height of rail 轨高
height of roughness 粗糙度 (微观) 高度
height of table 工作台高度
height of thread 螺纹高度, 螺纹深度, 螺纹牙高 [度]
height of tooth 齿高
height of trajectory 弹道高
height-only-radar 单纯测高雷达
height pattern (垂直面内的) 垂直方向性, 垂直方向图
height series (轴承) 高度系列
height servo 高度伺服机械
height-time-width-method 高乘宽法
height to paper 活字高度
height-to-distance ratio (=HD) 高度距离比
height-to-time converter (脉冲) 高度 - 时间转换器
height-to-width ratio 高宽比
heighten (1) 升高, 加高, 增高, 提高, 增大, 增加, 加强; (2) 使 [颜色] 变深, 显著, 出色
heightening accuracy 高程精度
Heil tube 带状电子束速调管
heiligtag effect 干扰波引起的误差
held (工具的) 柄榫头
held for (=H/F) 替……保留
heldwater 吸着水, 粘滞水
helerobar 异量元素

heliarc 氦弧
heliarc cutting 氦弧切割
heliarc welder 氦 [弧] 焊机
heliarc welding 氦电弧焊
heliatron 螺线电子轨迹的微波振荡管, 螺线 [电子] 束微波振荡器
heliborne 由直升飞机输送的, 由直升飞机运载的
helical (1) 螺旋状的, 螺旋面的, 螺旋形的, 螺线的, 螺纹的, 螺形的, 斜齿的; (2) 螺旋线, 螺旋面, 螺旋状, 螺线
helical accelerator 螺旋线加速器
helical angle 螺旋角
helical-band friction clutch 螺旋带摩擦离合器
helical bevel gear 螺旋锥齿轮, 螺旋伞齿轮, 斜齿锥齿轮
helical burr 螺纹
helical cam 螺旋凸轮
helical coil 螺旋形线圈
helical contact ratio 螺旋接触比, 螺旋重叠系数
helical conveyer 螺旋输送机
helical conveyor 螺旋输送器
helical convolute 螺旋面
helical curve 螺旋曲线
helical cutter (1) 螺齿铣刀; (2) 螺旋切削装置
helical cylindrical gear pair 斜齿圆柱齿轮副
helical diagram 螺旋 [取向] 照相
helical field 螺旋波场
helical flash lamp 螺旋 [型] 闪 [光] 灯
helical flow turbine 螺旋流式涡轮机
helical flute 螺旋槽
helical fracture 螺旋状破裂
helical gear 螺旋齿轮, 斜 [齿圆柱] 齿轮
helical gear non-slip differential 斜齿轮自锁式差速器
helical gear pair 斜 [齿圆柱] 齿轮副
helical gear pair with circular-arc tooth profile 圆弧齿轮副
helical-gear pump 斜齿轮泵
helical gear shaft 斜齿轮轴, 螺旋齿轮轴
helical gear shaper cutter 斜齿插齿刀
helical gear speed reducer 斜齿轮减速器
helical gear tooth 斜齿, 螺旋齿
helical gear with circular-arc tooth 斜齿圆弧 [圆柱] 齿轮
helical gear with double-circular-arc tooth profile 斜齿双圆弧齿轮
helical gear with helical angle 带螺旋角的螺旋齿轮
helical gear with odd number teeth 奇数齿斜 [齿圆柱] 齿轮
helical gearing 螺旋传动, 斜齿轮传动 [装置]
helical groove 螺旋槽
helical guide 螺旋导轨
helical guideway 螺旋导轨
helical indexing spline 螺旋分度花键
helical involute gear 渐开线斜 [齿圆柱] 齿轮
helical involute gears (1) 渐开线斜 [齿圆柱] 齿轮副; (2) 渐开线斜齿轮装置
helical involute tooth 渐开线斜齿
helical involute tooth gearing 渐开线斜齿轮传动 [装置]
helical land (刀具) 螺旋刃带
helical lens 螺旋透镜
helical line 螺旋 [曲] 线
helical load distribution factor 螺旋载荷分布系数
helical mill 螺旋铣刀
helical milling 螺旋铣削
helical milling cutter 螺旋铣刀
helical motion 螺旋运动
helical motion cam 螺旋运动凸轮
helical oil groove 螺旋油槽
helical out lobe 螺旋 [外] 叶
helical overlap (螺旋齿的) 齿面重合量
helical pair 螺旋 [元件] 副
helical pinion 斜齿小齿轮
helical pinion shaper cutter 斜齿 [齿轮] 插齿刀
helical pitch 导程
helical potentiometer 螺旋线电位器
helical rack 斜 [齿] 齿条, 螺旋齿条
helical rack type cutter 斜齿条刀具, 斜齿齿条梳刀
helical rake angle (铣刀的) 轴向刀面角
helical resonator 螺旋共振器
helical rolling (1) 螺旋滚动; (2) 螺旋滚刀
helical scan recorder 螺旋扫描式磁带录像机

696

helical shaper cutter 斜齿插齿刀
helical spline (1) 螺旋花键；(2) 螺旋键槽
helical spline broach 螺旋花键拉刀
helical spread-blade 螺旋双面切削 [法]
helical spring 螺旋 [形] 弹簧，盘簧
helical spur gear 斜齿正齿轮，斜齿圆柱齿轮
helical structure 螺旋结构
helical surface 螺旋面
helical tooth 斜齿，螺旋齿
helical tooth cutter 螺旋齿铣刀
helical tooth element 斜齿母线，螺旋齿母线
helical tooth gearing 斜 [齿圆柱] 齿轮传动 [装置]
helical tooth milling cutter 螺旋齿铣刀
helical tooth rack 斜齿齿条
helical wheel 斜齿轮，螺旋齿轮
helical worm gear 螺旋蜗轮
helically 成螺旋形
helically grilled tube 连接弯管，伸缩管
helicaliy welded tube 螺旋缝焊接管
helically-wound 螺旋绕法的，螺旋绕制的
helices (单 helix) (1) 螺旋线，螺旋面，螺旋，卷线，(2) 螺旋线形；(3) 螺旋线数；(4) 螺旋弹簧，螺旋管，螺杆；(5) 行波螺旋线波导，螺旋波导
helicity 螺旋形，螺旋性
helicline 逐渐上升的弯曲斜坡
helicograph 螺旋规
helicogyre 或 helicogyro 直升飞机
helicoid (1) 螺旋面，螺旋体，螺圈，蜷面，(2) 旋涡形；(3) 螺旋面的，螺旋体的，螺旋状的，螺旋形的
helicoid bevel final drive 螺旋锥齿轮末端传动
helicoid conveyor 螺旋 [体] 式输送器
helicoid worm 圆柱蜗杆
helicoidal 螺旋面的，螺旋体的，螺旋状的，螺旋形的
helicoidal anemometer 螺旋桨式风速表
helicoidal area 螺旋面积
helicoidal saw 石工锯
helicoidal structure 螺旋 [形] 结构
helicoidal surface 螺旋面
helicoidal wheel 斜齿轮，螺旋齿轮
helicon (1) 螺旋波，(2) 重液体计数器
helicon gear 交叉齿轮
helicon gears (小齿轮是圆柱斜齿轮的) 柱螺杆齿轮副，交叉齿轮副
helicopt 用直升飞机载送，乘直升飞机
helicopter (1) 直升飞机，旋翼飞机；(2) 用直升飞机载送，乘直升飞机
helicopter carrier 直升飞机母舰
helicoptermanship 驾驶直升飞机，乘坐直升飞机
helicotron 螺线质谱仪
helics 螺旋构型
helide 氢化物
helidrome 直升飞机降落场，直升飞机场
helie (口) 直升 [飞] 机
heligyro (=heligiro) 旋翼直升 [飞] 机
helilift 用直升飞机运输
helimagnet 螺旋磁体
helimagnetism 螺旋磁性
helimail 直升飞机运送邮件
heliocentric 以太阳为中心的，以日心测量的，螺旋心的，日心的
heliocentric phase of the mission 沿日心轨道飞行阶段
heliocentric type reducer 行星齿轮减速器
heliochrome (1) 彩色照相法；(2) 天然色照片，彩色照片
heliochromic 天然色照相术的
heliochromy 天然色照相术
heliogram (=hg) 日光反射信号器发射的信号，回光信号
heliograph (1) 回光通信，反光通信；(2) 回光通信机；(3) 日照计，日光仪；(4) 日光反射信号器，太阳照相机
heliographic 日光反射信号的，日面的
heliography (1) 日光照相制版法；(2) 日光反射信号术
heliogravure 凹版摄影 [术]，凹版照相 [术]
heliogyro 直升飞机
heliolamp 日光灯
heliology 太阳研究，太阳学
heliometer 测日仪，量日仪
heliometric 量日仪的
heliometry 量日仪测量术
heliomicrometer 太阳测微计

helion α 质点，α 粒子，氦核
heliophotography 太阳摄影术
heliophysics 太阳物理 [学]
helioplant 太阳能利用装置
helios 高级轨道运行太阳观象台，日照器
helioscope 太阳观测镜，太阳望远镜，太阳目镜，回照器，量日镜
heliostat (1) 定日镜；(2) 日照器
heliotechnics 太阳能技术，日光能技术
heliotrope (1) 日光反射信号器，回光仪，回光器，回照器；(2) 淡紫色，紫红色
heliotropic 向日性，趋日性
heliotype (1) 胶版；(2) 胶版印刷
heliox 深水潜水呼吸剂，氦氧混合剂
helipad 直升飞机场
heliport 直升飞机站
helipot 螺旋线圈分压器
helisphere reflector 螺旋球面反射体
helispot 直升飞机降落场
helitank 直升水罐飞机
helitron 电子螺线管，电束管
helium {化} 氦 He
helium-atmosphere 氦 [气] 保护的
helium charging unit (=HCU) 充氦装置
helium compressor (=He COMP) 氦压缩机
helium fuel tank pressurization (=HFP) 氦燃料箱增压
helium group 氦族
helium leak detector 氦检漏器
helium neon gas laser (=HNGL) 氦氖气体激光器
helium permeation through glass 玻璃渗氦
Heliweld 氦气保护焊，赫利焊接
helix (复 helices 或 helixes) (1) 螺旋线，螺旋面，螺旋，卷线；(2) 螺旋线形；(3) 螺旋线数；(4) 螺旋弹簧，螺旋管，螺杆；(5) 行波螺旋线波导，螺旋波导
helix accelerator 螺旋波导直线加速器
helix angle (1) (齿轮) 螺旋角；(2) (伞齿轮的) 节面角
helix angle factor for tooth root stress 齿根计算应力的螺旋角系数
helix angle of the left flanks 左齿面螺旋角，左齿面倾斜角
helix angle of the right flanks 右齿面螺旋角，右齿面倾斜角
helix angle of tooth 轮齿螺旋角，轮齿倾斜角
helix angle on reference cylinder 分度圆柱上螺旋角
helix angle on the pitch cylinder 节圆柱上的螺旋角
helix angle tester 螺旋角检查仪，倾斜角检查仪
helix-coupled sealed-off tube 螺旋式封口管
helix correction 螺旋线修正
helix dislocation 螺旋线错位
helix grid 螺旋形栅极
helix heater 螺旋阴极
helix linear accelerator 螺旋波导直线加速器
helix migration 螺旋形位移
helix-milling 螺旋线铣削
helix of thread 螺纹螺旋线
helix recorder 螺旋扫描录像机
helix spread-blade cutting method 螺旋双面切削法
helix structure 螺旋结构
helix-to-coaxial-line transducer 螺旋同轴线匹配变换器
helixact 螺旋运动机构
helixact system (美) 一种复合螺旋法小批加工曲齿锥齿轮
helixform gears (美) 螺旋成形法切削的曲齿锥齿轮副
helixform method (美) 螺旋成形 [切削] 法 (加工曲齿锥齿轮)
helixform pair (美) 螺旋成形法切制的曲齿锥齿轮副
helixometer 窥膛镜
helldriver (1) 联合掘进机，掘进康拜因；(2) 机械装载机
hello girl 女电话接线员
helm (1) 转舵装置，驾驶盘，舵轮，舵柄，舵；(2) 驾驶，操舵，掌舵；(3) 指挥，掌握；(4) 舵偏离；(5) 枢机；(6) 舵的
helmaphrodite caliper 单边卡钳定心划规，内外卡钳
helmet (1) 机罩，烟罩，罩；(2) 蒸馏罐的上部；(3) 箍，环；(4) 盔式面罩，(电焊) 头罩，护面罩，飞行帽，工作帽，安全帽，头盔，钢盔；(5) 戴上护面罩，戴上安全帽
helmet radio (1) 飞行帽式无线电设备，钢盔式无线电设备；(2) 通信帽
helmet shield (1) 焊工面罩；(2) 工作帽，安全帽，飞行帽
helmet type diving apparatus 头盔式潜水装具
helmeted 带护面罩的，带安全帽的，带头盔的，头盔状的
Helmholtz 亥姆霍兹 (电偶极子层力矩单位，每平方埃 1 德拜)

Helmholtz coil　亥姆霍兹线圈, 探向线圈
Helmholtz coil circuit　亥姆霍兹定相电路, 探向线圈电路, 测向线圈电路
helmless　无舵船
helmport　(1) 舵轴承；(2) 舵轴孔, 舵杆孔
helmsman　(1) 舵手, 舵工；(2) 操舵机构
helmsmanship　操舵技术
help　(1) [有] 帮助, 援助, 协助, 救助, 有用；(2) 促进, 助长, 助力；(3) 忍耐, 避免, 抑制, 阻止
help in　帮助, 辅助, 促进
help on　帮助进行
help out　(1) 起辅助作用；(2) 帮助完成
help through　帮助完成
HELP　求助程序
helper　(1) 辅助机车；(2) 辅助机构, 辅助炮眼；(3) 救助者, 帮助者, 助手
helper spring　辅助弹簧, 附加弹簧
helper-up　推车工助手
helping　辅助的, 帮助的
helpless　不能自立的, 无助的, 无能的, 无效的, 无用的
helpmate　合作人员, 助理人员, 助手
helve　(1) 工具柄, 镐柄, 斧柄, 柄；(2) 给……装柄
helve hammer　杠杆锤, 捣锤, 摇锤
HEM method　直升飞机电磁勘探法, 水平线圈电磁法
HEM wave　混合型电磁波
hem　边缘, 折边, 卷边, 端, 边
hem machine　折边缝边机
hem shoe　闸瓦
hemacytometer　血球计数器
hematite　赤铁矿, 红铁矿
hemeraphotometer　昼光光度计
hemetic sealing technique　密封技术
hemi-pinacoid　半轴面
hemibase　半底面
hemicellulose　半纤维素
hemicolloid　半胶体
hemicontinuous　强弱连续的, 半连续的
hemicrystalline　半晶质的, 半结晶的
hemicycle　(1) 半圆 [形]；(2) 半圆形结构, 半圆室
hemicyclic　半 [循] 环的
hemiglyph　半竖槽, 半槽
hemigroup　半群
hemihedral　(1) 半面的；(2) 半面对称的
hemihedral form　半面晶形, 半面式
hemihedrism　(1) 半面像；(2) 半对称 [性]
hemihedron　半面体
hemihedry　(1) 半面体, 半面像；(2) 半对称 [性]
hemiholohedral　半全面的, 半全对称的
hemihydrate　半水合物
hemilens　菲涅耳半透镜
hemimorphic　半形的
hemimorphism　(1) 异极性；(2) 半对称性, 半形性
hemiprism　半棱柱
hemiprismatic　半棱晶的
hemipyramid　半棱锥体, 半锥
hemisection　一半切除, 对切
hemisphere　半天体, 半球
hemispheric　半球状的, 半球形的
hemispherical　半球状的, 半球形的
hemispheroid　(1) 半球状体, 半球体, 半球形；(2) 滴形油罐
hemitrioxide　三氧化二物
hemitrisulfide　三硫化二物
hemitrope　(1) 孪晶, 双晶；(2) 半体双晶的晶体
hemitropic　半体的
hemitropism　(1) 孪晶生成, 孪生；(2) 半向状态, 半向性
hemivariate　半变量
hemmer　(1) 缝边器；(2) 折边器；(3) 缝纫工
hemp binder　大麻割捆机
hempcomb　梳麻器
hendecagon　十一边形, 十一角形
henry　亨, 亨利 (H 电感单位)
henrymeter　电感计, 电感表, 亨利计
hepcat　测定脉冲间最大与最小时间间隔的仪器
hept-　(词头) 七
hepta-　(词头) 七

heptagon　七角形, 七边形
heptagonal　七角形的
heptahedron　七面体
heptastyle　七柱式
heptatomic　七原子的, 七原的, 七价的
heptavalent　七价的
heptode　七极管
her-function　开尔文函数
herbicide sprayer　除草 [剂] 喷雾器
Hercules alloy　铝黄铜 (铜 61%, 锌 37.5%, 铝 1.5%)
Hercules bronze　耐蚀青铜 (铝 2.5%, 锌 2%, 铜 85.5%, 锡 10%)
Hercules metal　铝黄铜 (铜 61%, 锌 37.5%, 铝 1.5%)
Hercules powder　矿山炸药
Hercules wire rope　大力神钢丝绳, 多股钢丝绳
Herculite　钢化玻璃
Herculoy　锻造铜硅合金, 硅青铜 (锌 1%, 硅 1.73-3%, 锰 0.25-1%, 锡 0-0.7%, 其余铜)
here　(1) 在这里, 向这里, 到这里；(2) 关于此事；(3) 在这点上；(4) 这时
here and now　此时此刻
here and there　到处, 处处
hereabout　在这一带, 在这附近
hereafter　(1) 今后, 此后, 以后, 将来；(2) 以下, 下文
hereat　于是, 因此
hereby　(1) 因此, 由此, 特此, 借此, 由是, 兹；(2) 在这附近
herefrom　由此
herein　在本书中, 在这当中, 在这里, 于此处, 此中
hereinabove　在上 [文]
hereinafter　在下 [文]
hereinbefore　在上 [文]
hereinbelow　在下 [文]
hereinto　到这里面
hereof　(1) 就此, 由此；(2) 在本文 [件] 中, 关于这个
hereon　在下面, 在下文, 在这里, 于此
hereto　关于这一点, 对于这个, 到这里, 至此
heretofore　(1) 到现在为止, 至今, 迄今, 至此；(2) [在此] 以前
hereunder　在下面, 在下文
hereupon　关于这个, 于是
herewith　(1) 与此一道, 随同, 同此, 并此；(2) 由此；(3) 用此方法
Hering furnace　赫林电炉 (炉料靠磁压流动)
Herman process　赫尔曼钢丝 [厚锌层快速] 热镀锌法
hermaphroditic connection　单一型插头 [座], 阴阳插头, 鸳鸯插头
hermetic　(1) 不透气的, 不漏气的, 气密的, 密封的；(2) 炼金术的, 奥妙的
hermetic integrating gyroscope (=HIG)　密封式积分陀螺仪
hermetic motor　密封式电动机
hermetic seal　(1) 气密封接, [真空] 密封；(2) 密封接头
hermetic-seal heater assembly　密封管座装置
hermetical　不透气的, 不漏气的, 气密的, 密封的
hermetically　不透气地, 密封地, 气密, 紧密
hermetically sealed　密闭式的, 密封的, 封闭的, 气密的
hermetically sealed cable　密封电缆
hermetically sealed intregrating gyro (=HIG GYRO)　密封的积分陀螺仪
hermetically sealed relay　密封式继电器
hermetization　密封, 封闭
Hermite　厄米特插值
Hermitian　厄米特 [式], 厄米的
Hermiticity　可化为厄米矩阵性, 厄米矩阵性, 厄米性
Heroult furnace　艾鲁式电弧炉
Herpolhode　(1) 空间极迹, 瞬心固迹；(2) 瞬心固定曲线
herpolhode cone　不动锥面
herpolhodograph　空间极迹图
Herreshoff furnace　窄轴式多膛焙烧炉
herring bone　人字形
herring bone tooth　人字齿
herringbone　(1) 人字形；(2) 人字形齿轮；(3) 交叉缝式；(4) 雄尾形接合
herringbone bridging　人字撑
herringbone earth　鱼骨形接地
herringbone gear　双螺旋齿轮, 人字齿轮
herringbone gear circular cutter　人字齿轮圆盘刀
herringbone gear cutting machine　人字齿轮切削机床
herringbone gear mechanism　人字齿轮机构

herringbone gear milling machine 人字齿轮铣床, 人字齿轮铣齿机
herringbone gear planing machine 人字齿轮刨齿机
herringbone gear shaper cutter 人字齿轮插齿刀
herringbone gear shaping machine 人字齿轮插齿机
herringbone gearing 人字齿轮传动 [装置]
herringbone gears (1) 人字齿轮副; (2) 人字齿轮传动装置
herringbone pinion 人字 [齿] 小齿轮
herringbone strutting 剪刀撑
herringbone system 人字形排水系统
herringbone tooth 人字齿
herringbone type evaporator V 型管蒸发器
herringbone wheel 人字齿轮
Herschel 赫歇耳 (光源的辐射亮度单位, 等于 1/π 瓦每球面度每平方米)
Herschel effect 赫歇耳效应
Hertz 赫兹, 赫 (Hz, 频率单位, 周 / 秒)
Hertz antenna (1) 赫兹天线; (2) 基本振子
Hertz compressive stress 赫兹压应力
Hertz contact pressure 赫兹接触压力
Hertz contact stress 赫兹接触应力
Hertz deflection 赫兹弹性变形
Hertz-doublet antenna 赫兹偶极天线
Hertz-Hallwachs effect 赫兹 - 霍尔瓦光电效应
Hertz maximum compressive pressure 最大赫兹压力
Hertz oscillator 电磁振荡器
Hertzian contact area 赫兹接触面积
Hertzian contact pressure 赫兹接触压力
Hertzian deformation 赫兹变形
Hertzian stress 赫兹应力
Hertzian stress at the pitch point 节点赫兹应力
Hertzian telegraphy 电磁波电报, 无线电报
Hertzian theory 赫兹理论
Hertzian vibrator 赫兹振子
Hertzian wave 赫兹电波, 电磁波
hesitation 临时停机
Hessian (1) 赫赛行列式, 赫赛函数; (2) 一种粗麻布
hetero-atom 杂原子
hetero-ion 杂离子
heteroatom 杂环原子, 杂原子
heteroatomic 杂原子的, 杂核的, 杂环的
heterobaric 原子量不同的, 异原子量的
heterocharge 混杂电荷, 异号电荷
heterochromous 不同色的, 异色的
heterochronous 差同步的, 异等时的
heterocomplex 杂络物
heterocompound 杂化合物
heterocrystal 异质晶体
heterocycle 杂环核, 杂环核, 杂环
heterocyclic (1) 杂原子的, 杂环的, 杂核的; (2) 杂环族化合物
heterodiode 异质结二极管
heterodisperse 非均相分散 [的], 多分散 [的], 杂散 [的]
heterodox 不合于公认标准的, 非正统和, 异端的
heterodoxy 违反公认标准, 异端
heterodyne (=HTN) (1) 本机振荡器, 差频振荡器, 拍频振荡器, 外差振荡器; (2) 外差作用, 外差法; (3) 成拍, 致差; (4) 外差的, 成拍的, 差拍的
heterodyne circuit 外差电路
heterodyne condenser 外差回路电容器
heterodyne converter 多差变频器
heterodyne frequency meter 外差式频率计
heterodyne method 外差法
heterodyne oscillator 外差振荡器
heterodyne receiver 外差 [式] 接收机
heterodyne wave analyser 外差式谐波分析器, 外差式波形分析器
heterodyning 外差作用, 他拍作用, 差拍变频, 外差 [法]
heteroepitaxial 异质外延膜
heteroepitaxy 异质外延
heterogel 杂凝胶
heterogeneity (1) 非均匀性, 不均匀性, 不纯一性, 多相性; (2) 异质性; (3) 异成分; (4) 杂质; (5) { 数 } 不同一性, 不纯一性, 不同性质, 复杂性, 杂色性, 杂拼性, 不均质, 杂质
heterogeneous (1) 多相的, 多色的, 多能的; (2) 非均匀的, 不均匀的, 混杂的; (3) { 数 } 非齐次性 [的], 不纯一的, 混杂的, 参差的
heterogeneous alloy 多相合金
heterogeneous body 不均匀体

heterogeneous computer 异质功能计算机
heterogeneous equilibrium 多相平衡
heterogeneous multiprocessor 异构型多处理机, 异质功率多处理机
heterogeneous strain 非均匀应变
heterogeneous structure 多相组织
heterogeneous system 非均匀体系
heterogenetic 不均匀的, 多相的, 异源的
heterogenic 异种的, 异质的
heterogenicity 不纯一性, 不均匀性, 多相性, 异质性, 异种性
heteroion 离子 - 分子复合体, 杂离子
heterojunction 异质结
heterojunction diode 异质结二极管
heterojunction laser 异质结激光器
heterojunction photovoltaci cell 异质结光电池
heterokaryon 异核体
heterolaser 异质结激光器
heterolysis (1) 异种溶解; (2) 外力溶解
heterometry 光密度曲线沉淀滴定法
heteromorphic (1) 异象的; (2) 多晶 [型] 的
heteromorphism (1) 同质异象, 同质异形, 多象; (2) 多晶 [型] 现象; (3) 异象现象; (4) 异态性
heteronuclear 杂原子的, 杂核的, 杂环的
heterophoria 隐斜视
heteropic 非均匀的, 非均质的, 无极性的, 非均性的, 异相的
heteropical 非均匀性的, 异相的
heteropolar 有极 [的], 异极 [的], 多极 [的]
heteropolar bond 有极键, 异极键
heteropolar D.C. linear motor 多极直流直线电动机
heteropolar generator 异极发电机
heteropolarity 有极性, 异极性
heteropolymer 杂聚物
heteropolymerization 杂聚合 [作用], 杂缩聚 [作用]
heteroscedastic { 数 } 异方差的
heteroscedasticity { 数 } 异方差性
heteroscope 斜视计, 斜视镜
heterosphere 非均匀气层, 非均质层 (在 80km 以上)
heterostatic 异位差的, 异势差的
heterosteric 异 [型空间] 配 [位] 的
heterostrobe (1) 零差频闸门, 零差频门, 零拍 [闸] 门; (2) 零差频选通
heterostucture 异质结构, 异晶结构
heterotope (1) 异 [原子] 序元素; (2) [同量] 异序 [元] 素
heterotopic 非同位素的, 异序的
heterotype 同类异性物, 同型异性物
heuristic (1) 直观推断 [的], 启发式的, 发展式的; (2) 促进的, 发展的
heuristic approach 试探步骤
heuristic method 启发性方法, 直观推断法, 探试法
heuristic procedure 启发式程序
heuristic program 试探程序, 探试程序
heuristic routine 试算解法程序, 助程序
heuristics { 计 } 试探性推断, 直观推断, 试探法
Heusler alloy 锰铝铜强磁性合金 (锰 18-26%, 铝 10-25%, 其余铜)
Heusler's magnetic alloy 铜基锰铝磁性合金 (锰 18-25%, 铝 10-20%, 其余铜)
Heveatex 天然胶乳
hew (1) 砍成, 削成, 切成, 砍, 伐, 劈, 斩; (2) 开凿, 开采, 开辟; (3) 坚持, 遵守
hew at 砍着
hew away 砍去, 斩去
hew down 砍倒
hew out 砍开
hewn timber 披材
hex 六角形, 六边形
hex- (词头) 六 [角的]
hex belt 六角皮带
hex head screw 六角头螺钉
hex-head screwdriver 内六角螺丝刀, 内六角起子
hex head set screw 六角头止动螺钉
hex inverter (1) 六位变换电路; (2) 六位反演器
hex key 六角键
hex nut 六角螺母
hex nut flute milling machine 六角螺母槽铣床
hex socket screw key 六角凹头螺钉键

699

hex wrench　六角扳手
hexadecimal　十六进[位]制的
hexadecimal notation　十六进位法
hexadecimal number　十六进制数
hexadecimal numeral　十六进制数
hexadecimal system　十六进制
hexagon (=Hex)　六边形，六角形，六方形，六角体
hexagon bar　六角铁条
hexagon bar iron　六角钢
hexagon bar key　六角杆键
hexagon bar steel　六角[条]钢
hexagon bed turret　六角转塔刀架
hexagon bolt　六角头螺栓
hexagon broach　六角拉刀
hexagon castle nut　六角槽顶螺母
hexagon die nut　六角板牙
hexagon head　六角头
hexagon head bolt　六角头螺栓
hexagon head screw　六角头螺钉
hexagon-headed bolt　六角头螺栓
hexagon nut　六角螺母
hexagon ring spanner　六角孔扳手，内六角扳手
hexagon slotted nut　六角有槽螺母
hexagon socket grub screw　六角凹头无头螺钉
hexagon socket set screw　六角凹头止动螺钉
hexagon wrench　六角扳手
hexagon wrench key　六角扳手键
hexagonal (=Hex)　(1)六角[形]的，六边[形]的；(2)六角晶系，六方晶系
hexagonal angle　六角形尺
hexagonal bar　六角[型]钢
hexagonal bolt　六角头螺栓
hexagonal close-packed　密排六方
hexagonal head wrench　六角头扳手
hexagonal-headed bolt　六角头螺栓
hexagonal-headed screw　六角头螺钉
hexagonal hollow set screw　六角凹头止动螺钉
hexagonal lattice　六角点阵
hexagonal lenticulation　六角透镜光栅
hexagonal nut　六角螺母
hexagonal pattern　六角晶格
hexagonal rod　六角[型]钢
hexagonal safety set screw　六角安全止动螺钉
hexagonal socket screw　六角凹头螺钉
hexagonal socket set screw　六角凹头止动螺钉
hexagonal steel　六角钢
hexagonal surface　六角面
hexagonal system　六方晶系，六角晶系
hexagonal turret machine　六角转塔车床
hexagram　六线形
hexahedral　六面体[的]
hexahedride　六氯化[合]物
hexahedron　六面体，立方体
hexahydrate　六水合物
hexahydric　六羟的，六元的
hexahydric acid　六元酸
hexahydro-　(词头)六氢化，加六氢
hexahydroxy-　(词头)六羟
hexaiodated　六碘化的
hexadiodo-　(词头)六碘[代]
hexakisoctahedron　六八面体
hexakisotetrahedron　六四面体
hexamer　六聚物
hexammine　六氨络合物
hexangular　六角的
hexaplanar　(1)平面六角晶，六角晶系；(2)六角平面的
hexaploid　六倍体
hexastyle　(1)六柱式的，有六柱的；(2)有六柱的建筑物
hexatomic　六原子的，六元的，六[碱]价的
hexavalence　六价，六元
hexavalency　六价，六元
hexavalent　六价的，六元的
hexavector　六[维]矢[量]
hexoctahedron　六八面体

hexode　六极管
hexoxide　六氧化物
hexphase　六相
hextetrahedron　六四面体
hexyl　六硝炸药，黑喜儿
hexyn　海克斯合成橡胶
heydeflon　聚四氟乙烯载体
HH-beacon　HH型信标(非方向性无线电归航信标)
hi-crop sprayer　高杆作物喷雾器
hi-fi (=high-fidelity)　高保真度，高逼真度，高灵敏度[的]
Hi-Fix　高定位台卡导航系统
Hi-Fix Decca　短程相位导航系统，短程台卡
hi-line　高压线
hi-lite (=high light)　(图像)高亮度部分
Hi-Lite Matrix　黑底高亮度矩阵
Hi-Lite permachrome tube　黑底彩色管
hi-lo-check　计算结果检查，高低端检查
Hi-LO set plug　不完全接触塞块法(检验螺纹旋入性的方法)
hi-low　高低范围
hi-mode bias testing　边缘测试
Hi-Q (=high-quality)　高品质因数，高质量因数
hi-rel component　高可靠性元件
Hi-Stren steel　低合金高强度钢
hi-strength　高强度
hi-temperature　高温
hi-volt (=high voltage)　高[电]压
hiatus　(1)中断，间歇，间断，间隙，裂缝，缝隙，空隙；(2)缺陷，缺失；(3)脱漏之处，脱文，脱字，漏句
hiccough　电子放大镜
hick belt　链带
hickey　(1)(电器上)螺纹接合器，螺纹接口；(2)弯管机，弯管器；(3)器械
hicore　不锈铬钼钢，表面硬化钢，希科钢
hidden　隐藏的，隐蔽的，秘密的
hidden abutment　埋式桥台
hidden arc welding　埋弧焊，潜弧焊
hidden contour line　不可见轮廓线
hidden danger　隐患
hidden line　阴暗线，隐线，虚线
hidden microphone　窃听器
hidden symmetry　隐含对称性
hidden transition line　不可见过渡线
hide　(1)隐藏，隐匿，遮掩，庇护，潜伏；(2)塑料板坯，皮革；(3)隐匿处
hide glue　皮胶
hide-out　隐匿处，隐匿所
hide rope　皮绳
hiding-place　储藏处
hiding power　(油漆等的)遮盖力，盖底力，被覆力
hiduminium　海度铝合金，铝铜镍合金，RR合金
Hidurax　海杜拉克斯铜合金(铝8.5-10.5%，镍0-5.5%，铁1.5-6%，锰0-6%，其余铜；或铝2-4%，铁1-3%，镍12-16%，其余铜)
hierarchial　体系的，谱系的，分层的，层次的，分级的，等级的
hierarchial file structure　{计}分级资料结构，分级文件结构
hierarchic　体系的，谱系的，分层的，层次的，分级的，等级的
hierarchical　体系的，谱系的，分层的，层次的，分级的，等级的
hierarchical control　多级控制
hierarchical data model　分级数据模型
hierarchical image understanding model　逐级图像理解模型
hierarchical level　分级级数
hierarchical monitor　分级监督程序
hierarchical structure　分级结构
hierarchization　等级化
hierarchy　(1)等级制度，等级体系，级别，阶层，分层，层次；(2)体系，体制，系统，谱系；(3)分级；(4)分级结构
hierarchy manager　分级管理程序
hierarchy of memory　分级存储器系统，存储层次
hiflash　高闪点油，高燃点油
Higgins column　半连续离子交换柱
high　(1)以最高速度转动的，高纬度的，高度的，高级的，高等的，高超的，高价的，高的；(2)大气压力的极大值，高气压，反气旋，高压；(3)高水准，高峰；(4)高速度转动
high ABM and MIRV　大规模配置反弹道导弹和分导多弹头导弹 (ABM=antiballistic missile反弹道导弹, MIRV=multiple

independent targeted re-entry vehicle 分导多弹头导弹, 重返大气层导弹运载工具）

high-abrasive material 耐磨材料

high accuracy 高精确度, 高准确度

high accuracy machine tool 高精度机床

high alloy steel 高合金钢

high-alpha transistor 高增益晶体管

high alphabet command decoder 高位指令译码器

high-altitude 高空的

high altitude Lp gas 高丁烷含量的液化石油气体 (Lp gas=liquified petrolieum gas 液化石油气）

high-altitude probe (=HAP) 高空探测

high-altitude sample (=HAS) 高空样品

high-altitude sampling program (=HASP) 高空取样计划

high altitude sounding projectile (=HASP) 高空气象火箭

high altitude space velocity radar (=HASVR) 高空空间速度雷达

high altitude VOR 高空甚高频全向信标 (VOR=very high frequency omnidirectional range 或 VFH omnirange 甚高频全向信标）

high-alumina 富矾土的

high-aluminous 高品位铝矾土的

high-amperage 大电流量, 高安培数

high-amperage arc 强流电弧

high-amplitude detector 高振幅检波器, 高电平检波器, 强信号检波器

high analysis 高分析量的

high and low pass filter 高低通滤波器, 带阻滤波器

high and low suction and drainage at the lowest point of the tank 高低吸口和在液舱最低点的排放口

high and low water alarm 水位报警器

high-angle 高角射击的, 高射界的, 高角的

high-angle fire 高射角射击

high-angle joint 大偏角万向节

high-angle missile 远程导弹

high angle missile 远程导弹

high angle shot 俯角拍摄

high-aperture lens 大孔径透镜, 强光透镜

high-apogee orbit （弹道）高远地点轨道

high area 高气压圈

high assay 高指标样品

high attenuation 高衰减量

high bainite 上贝氏体

high band TR 高频段磁带录像机 (TR=tape recorder 磁带录音机, 磁带录像机）

high beam 车前灯的远距离光束, 上方光束, 高光束

high bearing （轮齿的）齿顶部接触区, 齿顶部承载区

high boiler 高炉

high-boiling （1）高温沸腾; （2）高沸点的

high-boiling fraction 高温沸腾部分, 高沸点部分

high boiling point 高沸点

high boost 频率特性曲线上升, 高频分量提升, 高频部分升高, 高频补偿

high brass 优质黄铜, 高锌黄铜, 硬黄铜

high C circuit 大电容电路

high capacitance cable 高容量电缆

high-capacity 大容量 [的]

high capacity (=HC) 高载荷, 高负荷, 重载; （2）高容量

high-capacity bearing 大负荷轴承, 大承载力轴承

high capacity communication system (=HCCS) 高容量通讯系统

high-capacity hobber 重载滚齿机

high-capacity hydroelectric plant 大容量水电站

high-capacity machine unit 大容量机组

high-capacity motor 大型电动机, 高功率电动机

high-capacity turbine 大容量水轮机

high capacity tyre 重载轮胎

high-carbon 碳含量高的, 高碳的

high carbon (=HC) 高碳

high carbon alloy steel 高碳合金钢

high carbon coke 低灰分焦炭

high carbon steel (=HCS) 高碳钢

high carbon steel heat treated (=HCSHT) 热处理过的高碳钢

high cellulose type electrode 纤维素型焊条

high chroma colour [高] 饱和色

high-class （1）高质量的, 优质的, 优等的, 优良的; （2）高精度级的, 高级的

high-class cut 高精度切削, 高精加工

high-class gear 高精度齿轮

high-class machinery 高级机械

high-clearance sprayer 高隙喷雾器

high-coercive 高矫顽磁性的

high-coercitive 高矫顽磁性的

high-coercitivity 高矫顽磁力

high colour switching rate 彩色高频分量转换速率, 高速彩色转换率

high compressed steam (=HCS) 高度压缩蒸汽

high compression (=HC) 高压缩

high conductivity (=HC) 高电导率, 高电导性

high-confidence countermeasure 长时电子对抗

high contact （锥齿轮）高 [齿顶] 接触

high-contrast image 高对比度图像, 硬图像

high-copper （1）高铜; （2）含铜高的

high-creep strength steel 高蠕变强度钢

high-current （1）强电流; （2）强电流的

high current 强电流

high current beam 强流束

high-current microtron 强流微波加速器

high cut 深挖

high-cut filter 高阻滤波器

high-cycle 高频的

high-cycle efficiency 工作周期的高生产率

high-cycle fatigue 高周疲劳

high-definition 高清晰度

high definition 高清晰度

high-density （1）密度大的, 致密的; （2）高密度

high-density beam 强流束

high density electron beam optics 强流电子光学

high-density method 高电流密度锌电解法

high density polyethylene (=HDP 或 HDPE) 高密度聚乙烯

high dip 急剧下降, 急倾

high-dipping 急倾斜

high distortion 高度失真

high-ductility alloy 高韧性合金

high ductility steel 高韧性钢

high-dump wagon 高位倾卸式拖车

high-duty （1）重型的, 大型的; （2）高生产能力的, 高产的; （3）高能率 [的]

high-duty alloy (=HAD) 高强度合金

high duty alloy 高强度合金

high-duty boiler 高压锅炉

high-duty cast iron 高级优质铸铁

high-duty cycle betatron 高负载因子电子感应加速器

high duty fireclay 高耐火度粘土

high-duty lubricant 高温高压润滑油

high-duty metal (=HDM) 高强度金属

high duty pig iron 高级生铁

high-duty steel 高强度钢

high-early strength cement 快硬水泥, 早强水泥

high-early strength concrete 快硬混凝土, 早强混凝土

high efficiency (=HE) 高效率

high elastic deformation 高弹性变形

high-electron velocity camera tube 高速电子摄像管

high-energy （1）高能的; （2）高能粒子的; （3）水解时产生大能量的

high energy absorption 高能吸收

high-energy accelerator 高能加速器

high energy electron 高能电子

high-energy particle 高能粒子

high-energy physics 高能粒子物理学

high-energy proton detection experiment (=HEPDEX) 高能质子探测实验

high-energy rate forging 高速锻造

high energy rate forging (=HERF) （金属加工的）高能快速成型 (如水中放电成型, 爆炸成型, 电磁成型等）

high explosive (=HE) 高爆炸药, 烈性炸药, 猛炸药

high-fi （1）高灵敏度; （2）高保真度, 高逼真度

high-fidelity （1）高灵敏度 [的]; （2）高保真度 [的], 高逼真度 [的]

high fidelity 高保真度

high-field domain avalanche 高场畴雪崩

high-field domain avalanche oscillation 高场畴雪崩振荡

high-field domain functional device 高场畴功能器件

high field domain luminescence 高场畴发光

high field electroluminescence 强场电致发光

high filter （抑制声频范围的）高频噪声滤波器

high-fired 高温焙烧过的, 高温烧结的
high-flash oil 高闪点油
high flow shutoff valve (=HFSV) 高速关闭阀, 大断流阀
high-flying 高空飞行的
high flying 高空飞行
high-frequency (=HF) 高频 [率] 的, 高周波的, 高周率的
high frequency (=HF) 高频 [率]
high-frequency amplification 高频放大
high-frequency-amplification receiver 直放式接收机
high-frequency amplification receiver 直放式接收机
high-frequency amplifier (=HFA 或 HF amp) 高频放大器
high frequency band 高频带
high frequency bipolar transistor 高频双极晶体管
high-frequency broadcast station 超短波广播电台
high frequency carrier 高频载波
high frequency carrier telegraphy 高频载波电信
high-frequency choke (=HFC) 高频扼流圈
high-frequency choke coil 高频扼流圈
high frequency current (=HFC) 高频电流
high frequency direction finder (=HFDF) 高频测向器
high-frequency direction finding (=hfdf) 高频测向
high-frequency drying stove 电介质烘干炉, 高频干燥炉
high-frequency furnace 高频电炉
high-frequency generator 高频发电机
high-frequency heating 高频加热
high frequency induction quenching 高频感应加热淬火
high frequency instrument 高频仪表
high-frequency loss 高频损耗
high-frequency noise 高频噪声
high frequency of recombination (=Hfr) 高频重组
high-frequency oscillator (=HFO) 高频振荡器
high-frequency quenching 高频淬火
high-frequency resistance 高频电阻
high-frequency resistance welding 高频接触焊
high frequency sector (=HF SECT) 高频部分
high-frequency sky wave field strength 高频天波场强
high-frequency spectrum 高频光谱
high-frequency susceptibility 高频磁化率
high frequency telegraph transmitter (=HF telegraph transmitter) 短波电报发射机
high-frequency thyristor 高频可控硅
high-frequency transduction 高频传导
high-frequency transfer (HFT) 高频转移
high-frequency transformer 高频变压器
high frequency vibration 高频 [率] 振动
high-frequency welding 高频电焊
high furnace 竖炉
high-G 高冲击负载
high-G boost experiment (=Hibex) 高加速度助推器实验
high-gain amplifier 高增益放大器
high-gain tube 高增益管
high-gap compound 宽禁带化合物
high gear (1) 高速齿轮; (2) (变速箱) 高速档; (3) 直接传动
high-grade (1) 高品位的, 高级的, 优质的; (2) 浓缩度大的, 高浓缩的
high-grade ball (轴承) I 级精度球
high-grade cast iron 高级铸铁
high-grade matte 高品位锍
high grade plow steel (=HGPS) 高级锋钢
high-grade product 高级产品
high-grade steel 高级钢, 优质钢
high-hardness steel 高硬度钢
high harmonic wave 高次谐波
high-heat 高温的, 高热的, 耐热的, 难熔的
high heating value 高热值
high helix drill 高螺旋钻头
high impact 高冲击强度 [的], 耐冲击 [的]
high impact polystyrene (=HIPS) 高冲击强度聚苯乙烯, 耐冲击聚苯乙烯
high impact properties 高冲击性能
high-impedance 高阻抗的, 高电阻的, 高欧姆的
high impedance coil 高阻抗线圈
high impedance relay 高阻抗继电器
high impedance stage 高阻抗输入级
high-index coupling medium 高折射率耦合媒质

high-integration density 高集成度
high-intensity 高强度的, 高亮度的
high intensity (=HI) 高强度
high-intensity AGS accelerator 交变陡度强流同步加速器, 交变梯度强流同步加速器 (AGS=alternating gradient synchrotron 交变磁场梯度同步加速器, 变梯度回旋加速器)
high-intermediate-frequency receiver 高中频超外差 [式] 接收机
high joint 凸缝
high key 亮色调图像调节器
high leakage transformer 高漏泄变压器
high-level (1) 高标准的, 高标高的, 高级的, 高质的; (2) 高电平 [的], 高能级 [的]; (3) 放射性强的; (4) 高空的
high level (1) 高电平, 高能级; (2) 大气高层, 高空
high level data link control 高阶数据链控制
high level regulation 高电平调制
high-lift 高扬程, 高举
high lift blooming mill [上辊] 大升程初轧机
high-lift pump 高扬程水泵, 高压泵
high lift rock arm 高升程摇臂
high light 光线最强部分, 图像中最亮处, 辉亮部分
high-light laser 强光激光
high-light-to-low-light ratio 最强最弱亮度比, 对比度系数, 反差系数
high limit (1) 最大限度, 上限; (2) 最大尺寸, 上限尺寸
high limit of size 上限尺寸
high limit of tolerance 上限公差
high-link (1) 高链节; (2) [纺机] 凸头
high-load oscillating bearing 大负荷振动轴承
high-low bias check 高低偏压校验
high-low bias test 边缘检查, 边缘校验
high-low generator (=HL generator) (汽车照明用) 变速定压发电机
high-low lamp 变光灯泡, 明暗电灯
high low lamp 变光灯泡
high-low level control 双位电平调整器
high-low-range switch 高低量程转换开关, 高低频转换开关
high-low speed change 高 - 低变速
high-low voltmeter (电源) 高低压报警电压表, 高低压电压表, 多量程伏特计
high-luminance colour 强发光色, [高] 亮 [度] 色
high lustre coating 镜面光亮涂镀
high-lying resonance 高位共振
high-lying state 高能态
high manganese steel 高锰钢
high megohm resistance comparator 高阻比较器
high megohmmeter 超绝缘测试仪, 超高阻表
high melt (平炉) 高温熔炼
high-melting 高熔点的, 耐火的, 耐熔的, 难熔的
high-melting metal 高熔点金属, 难熔金属
high melting metal 高熔点金属, 难熔金属
high-melting point 高熔点
high milling (1) 精铣; (2) 精磨
high-mobility hole 高迁移率空穴
high-modulus graphic epoxy (=HMG/E) 高模数石墨环氧树脂
high-modulus glass fiber (=HMGF) 高模数玻璃纤维
high-mortality part 易损零件
high-mounted coil spring suspension 高挂式卷簧悬架
high-noise immunity logic (=HNIL) 高抗扰性逻辑
high-note buzzer 高音蜂鸣器
high-mu tube 高放大系数管, 高 μ 管
high-octane 高辛烷的
high-ohmic 高电阻的, 高欧姆的
high-order 高次的, 高阶的, 高位的, 高序的
high order change 高阶修正
high-order-corrected 高阶修正的, 高阶校正的
high-order derivative 高次导数
high-order transverse mode 高阶横波型
high-pair chain 高副 [传动] 链
high-pass (滤波器的) 高通的
high pass (=HP) (1) (滤波器的) 高通; (2) (卫星轨道的) 上部
high-pass filter (=hpf) 高通滤波器
high-peak current 高峰值电流
high-peaker (1) 高频补偿电路; (2) 高频峰化器
high peaker (1) 加重高频成分的设备 (2) 脉冲修尖电路, 高频峰化电路, 微分电路
high-performance (1) (发电机) 大功率的, 高性能的, 高速的; (2)

高准确度；(3) 优越性能；(4) 高效率的；(5) 高质量的

high performance (1) 高性能，高指标，优质；(2)(仪表的)高精确度，高精确性

high permeability material 高磁导率材料

high-pitched 高声频的，高音调的

high point (剃齿前刀具)增高齿顶

high point of an orbit 轨道远地点

high-pole 大圆材

high polishing 镜面抛光，高度抛光

high polymer 高聚合物

high-potential (1) 高电位，高电压；(2) 高势能，高位能

high potential (=HPOT) 高电位，高势能

high-power 大功率的

high power (=HP) 大功率

high power acquisition radar (=HIPAR) 大功率搜索雷达

high power capacity 大功率电容，高容量

high power drilling machine 大功率钻床，重型钻床

high power electric capstan 大功率电动绞盘

high-power field (=HPF 或 hpf) 高倍视域

high-power microwave assembly (=HPMA) 高功率微波装置

high power modulation method 高功率调制法，高电平调制法

high-power station 大电厂

high power travelling wave tube 大功率行波管

high power valve 大功率管

high-powered (1) 大功率 [的]，强功率 [的]，力量大的；(2) 光强的，很亮的；(3) 大型的

high-precision (1) 高度精确的，高精密的，高准确的，精密的；(2) 高精度

high precision 高精密度

high-precision gear 高精密齿轮

High Precision Shoran (=HIRAN 或 hiran) 近程无线电导航系统，精密短程定位系统，高精度肖兰

high-precision worm measuring instrument 高精度蜗杆检查仪

high-pressure (1) 高气压的，高压的；(2) 强行推销的；(3) 强制 [的]

high pressure (=HP) 高压

high pressure air (=HPA) 高压空气

high-pressure boiler 高压锅炉

high-pressure bottle 高压容器

high pressure combustion chamber (=hpcc) 高压燃烧室

high pressure compressor (=hpc) 高压压气机

high-pressure container 高压容器

high-pressure cylinder 高压气缸，高压油缸

high pressure flexible hose of approved type 认可型的高压软管

high pressure grease 高压脂

high-pressure high-density (=HPHD) 高压高密度的

high pressure lubricating oil pump 高压润滑油泵

high-pressure lubricator 高压润滑器

high-pressure mercury vapor lamp 高压水银灯

high pressure oceanographic equipment (=HIPOE) 高压海洋观测设备

high pressure oil pump 高压油泵

high pressure oxygen (=HPO) 高压氧

high-pressure pipe 高压管

high-pressure pipe flange 高压管法兰

high-pressure pump 高压泵

high-pressure shaft 高压轴

high-pressure spray 高压射流

high-pressure sprinkler 高压头喷灌机

high-pressure stage 高压级

high-pressure steam (=HPS) 高压蒸汽

high-pressure test (=HPT) 高压试验

high pressure turbine (=(=HPT) 高压涡轮

high pressure valve (=HPV) 高压阀

high-priced 高价的，昂贵的

high priced 价格昂贵的

high production rate 高生产率

high productive capacity 高生产能力

high-proof 含有酒精度高的

high-purity 高纯度 [的]，特纯 [的]

high-Q 高品质因数的，高 Q 的

high-Q circuit 高品质因数电路

high-Q filter 高品质因数滤波器，高 Q 滤波器

high quality (=HQ) (1) 高质量，优质；(2) 高品质因数

high-quality steel 优质钢，高级钢

high range 高量程

high-rate battery 高速放电电池组

high rate heating 高速加热

high-ratio gear 高速比传动齿轮，大传动比齿轮

high-ratio gearing 高速比齿轮传动 [装置]，大传动比齿轮传动 [装置]

high-ratio hypoids 高速比 (10：1-100：1) 准双曲面齿轮，大传动比准双曲面齿轮

high reduction hypoids 大减速比准双曲面齿轮

high-remanence 高顽磁性的，高剩磁的

high-resistance 高电阻的，高欧姆的

high resistivity layer epitaxy 高阻层外延

high-resolution 高分辨能力的，高分辨率的

high resolution infrared radiation sounder (=HIRS) 高分辨力红外辐射探测器

high resolution infrared radiometer (=HRIR) 高分辨度红外辐射计

high-riser (1) 高层办公大楼；(2) 单双两用活动床；(2) 小型自行车

high rupture capacity 高断裂强度

high scale 上部刻度，刻度上段，上刻度

High-sensicon 氧化铅摄像管

high-sensitivity 高灵敏度

high shift fork 高速换档叉

high shoulder drum 高肩转鼓

high-sighted 仰视的

high-silicon iron 高矽铁

high silicon sheet iron 高矽铁

high-sintering 高温烧结

high-solvency 高溶解力的，溶解力强的

high-speed (1) 高速调节；(2) 高速的，快速的

high speed (=HS 或 H/S) 高速 [度]

high-speed accounting machine (=HSAM) 高速计算机

high speed adjustment 高速调整

high-speed bearing 高速轴承

high speed bombing radar (=HSBR) 高速轰炸雷达

high-speed buffer register (=HSB) 高速缓冲寄存器

high-speed carry 高速进位

high-speed centrifuge 高速离心机

high-speed channel (=HSC) 高速通道

high-speed circuit breaker (=HSCB) 高速断路开关

high-speed computer 高速计算机

high-speed control 高速控制

high-speed controller (=HSC) 高速控制器

high speed cutter 高速刀具

high-speed cutting 高速切削

high-speed cutting tool 高速切削刀具

high-speed digital computer 高速数字计算机

high-speed digital integrated circuit 高速数字集成电路

high speed drilling attachment 高速钻孔附件

high speed drilling machine 高速钻床

high-speed exciter 高速励磁机

high speed facsimile 高速传真

high speed gear 高速齿轮

high speed gear unit 高速齿轮装置

high speed grinding 高速磨削

high-speed heat 高速加热

high-speed hobbing 高速滚削，高速滚齿

high-speed ion 高速离子

high-speed LEM 高速直线电机 (LEM=linear electromotor 直线电机)

high speed liquid chroma to graphy (=HSLC) 高速液相色谱法

high-speed loop 快速循环存取区

high speed machine tool 高速机床

high-speed memory 高速存储器

high-speed metal cutting 金属高速切削

high-speed microwave switch (=HSMS) 高速微波开关

high speed milling 高速铣削

high-speed milling attachment 高速铣削附件

high-speed milling machine 高速铣床

high-speed mixer 高速拌合机

high-speed motor 高速电动机

high-speed oscillogrraph 高速示波器

high-speed photography 高速摄影机

high-speed pinion 高速小齿轮

high speed planing machine 高速刨床

high-speed printer 高速打印机，高速印刷机

high-speed pump 高速泵
high-speed range 高速 [调整] 范围
high-speed relay 高速继电器,快速继电器
high speed repair 快速检修法
high-speed reverse 高速倒挡
high-speed ship 高速船
high-speed steel (=HSS) 高速工具钢,高速钢,锋钢
high-speed steel bit 高速钢车刀
high-speed steel drill 高速钢钻头
high-speed steel tool 高速钢车刀
high-speed switch 快速开关
high speed switching (=HSS) 高速转换
high-speed system (1) 高速系统;(2) 高速装置
high-speed testing technique 高速试验技术
high speed thread cutting attachment 高速螺纹切削附件,高速螺纹切削装置
high speed tool steel 高速工具钢
high-speed transients 快速瞬变现象
high speed universal lathe 高速万能车床
high-spin 自旋数值大的,高自旋的
high splitter 副变速器高档
high spot 突出部分,重点
high-stability 高稳定度,高度稳定 [的]
high stability 高稳定性
high standard 高标准
high steel 高碳钢,硬钢
high-strength 高强度的
high strength 高强度
high-strength bolt 高强度螺栓
high strength brass cage 高强度黄铜保持架
high-strength cast iron 高强度铸铁,高速铸铁
high-strength cement 高强度水泥,高标号水泥
high-strength graphite/epoxy (=HSG/E) 高强度石墨 / 环氧树脂
high-strength low-alloy (=HSLA) 高强度低合金
high-strength low-alloy steel 高强度低合金钢
high-strength material 高强度材料
high strength steel 高强度钢
high stress gradient 高应力梯度
high-technology 高等技术
high-temper steel 高温回火钢
high-temperature 耐高温 [的],耐热 [的]
high temperature (=HT) 高温
high temperature aging 高温老化
high temperature alloy 高温合金,耐磨合金
high-temperature annealing 高温退火
high temperature bearing 高温轴承
high temperature carbonization 高温碳化
high-temperature decomposition 高温分解
high temperature grease 高温脂
high temperature lubricant 高温润滑脂
high-temperature machining 高温切削
high-temperature material 高温材料
high temperature material (=HTM) 高温材料
high temperature photomultiplier 耐高温光电倍增管
high-temperature oxidation 高温氧化
high-temperature steel 耐高温钢,耐热钢
high-temperature strain gauge (=HTSG) 高温应变计
high-temperature strength 高温强度
high temperature tar 高温焦油
high temperature water (=HTW) 高温水
high tempering 高温回火
high-tensile 高强度的
high tensile alloy 高强度合金
high tensile cast iron 高强度铸铁
high-tensile steel (=HTS) 高强度钢
high tensile steel 高强度钢
high tensile strength 高拉伸强度
high-tension 高 [电] 压的
high tension (=HT) 高压
high-tension arc 高压电弧
high-tension cable 高压电缆
high-tension circuit 高压电路
high-tension coil 高压线圈
high-tension current transformer 高压电流互感器

high-tension distribution center 高压配电中心
high-tension line 高压线路
high-tension supply (=HTS) 高压电源
high-tension supply main 高压馈电干线
high-tension switch 高压开关
high-tension switchgear 高压开关设备
high-tension testing apparatus 高压试验设备
high-tension transformer 高压变压器
high-tension transmission line 高压输电线路
high-tension winding 高压绕组,高压绕线
high-test (1) 适应高度需要的,优质的,高级的;(2) 经过严格试验的;(3) 高挥发性的
high-threshold 高阈 [值] 的
high threshold logic (=HTL) 高阈 [值] 逻辑
high threshold logic circuit 高阈值逻辑电路
high-tin babbit 高锡巴比合金
high torque 大转矩,大扭矩
high-traction differential 高通过性差速器
high-transconductance gun 高跨导电子枪
high-turbine 大功率透平
high turbine 大功率涡轮机
high-type 高级 [的]
high-μ tube 高放大系数管,高 μ 管
high-usage trunk 高度使用的传输线,高度使用的中继线
high-vacuum 高 [度] 真空
high vacuum (=HV) 高 [度] 真空
high-vacuum fitting 高真空组件
high-vacuum installation 高真空装置
high vacuum orbital simulator (=HIVOS) 高真空轨道运行模拟器
high-vacuum pump 高真空泵
high vacuum pump 高度真空泵
high-vacuum tube 高真空管
high-velocity 高速,快速
high velocity (=HV) 高速,快速
high velocity aircraft rocket (=HVAR) 飞机发射高速火箭,机载高速火箭
high-velocity forging 高速锻造
high-velocity forming 高速成形
high-velocity jet machining 高速流体加工
high velocity liquid jet machining (=HVLJM) 高速射流 [机] 加工
high-velocity loop (=HVL) 高速度回路
high-velocity rocket (=HVR) 高速火箭
high-viscosity 粘性大 [的],高粘度,高粘性
high-volatile 高挥发性 [的]
high voltage (=HV) 高 [电] 压
high-voltage corona 高压电晕
high voltage direct current (=HVDC) 高压直流 [电]
high-voltage electrical apparatus 高压电器
high-voltage fence 高压电网
high voltage paper electrophoresis (=HVPE) 高压纸电泳
high voltage power supply (=HVPS) 高压电源
high-voltage pulse generator 高压脉冲发生器
high-voltage silicon rectifier stack 高压硅堆
high-voltage switch (=HVS) 高压开关
high-voltage tube 高压管
high volume (=HV) 高容量
high volume production 大量生产
high-water 水位达到最高点的
high water 高水位线
high water inequality (=HWQ) 高水位差
high water level 高水位
high-water line (1) 高水位 [线];(2) 最高水准;(3) 顶点
high-water mark (=HWM) (1) 高水位 [线];(2) 最高水准;(3) 顶点
high-way 高通导的
high webbed tee iron 宽腰 T 字钢
high wire 高钢索
high-yield 高产额
high yield 高产额
highball (1) (火车) 全速前进信号;(2) 高速火车;(3) 全速前进
highband (=HB) 高频带
higher 较高的,高等的,高级的,高度的,高次的,高阶的
higher algebra 高等代数学
higher ambient transistor 高温 [度] 稳定晶体管
higher bronze 铝铁镍锰高级青铜

704

higher cut-off frequency　上限截止频率
higher derivative　高阶导数,高阶微商
higher geometry　高等几何学
higher harmonic　高次谐波
higher isotopes　[较]重同位素
higher kinematic pair　[较]高(线接触运动)副
higher-level language　程序设计语言,高级语言
higher level language　高级语言
higher mathematics　高等数学
higher-mode coupling　高次波型耦合,高次谐波激励
higher order language　高级语言
higher pair　[较]高(线接触运动)副
higher pairing　[较]高(线接触运动)副传动
higher plane curve　高次平面曲线
higher-rated　(1)较高额定值的;(2)(发动机)增大推力的
higher slice　上部分层,上层
higher space　高维空间
higher-specific-speed Francis turbine　高比速混流式水轮机
higher standard　较高标准
highest attained vacuum　极限真空度
highest common factor (=HCF)　最大公因式,最大公因子
highest-points of single tooth contact　单齿啮合最高点
highest useful compression　最高有效压缩比
highest useful compression ratio (=HUCR)　最高有效压缩比
highfield　强[电]场的
highfield emission arc　高场致电子发射弧
highfield type booster　强场式升压机
highlight　(1)光线最强部分,最明亮部分,辉亮部分,闪亮点,强光;(2)照明效果;(3)显著部分,重点,要点;(4)着重,强调;(5)以强烈光线照射
highlight flux　最大光通量
highlight halo　摄影光轮
highlight illumination　图像最亮处照度,图像亮点照明
highlight signal　最亮信号
highline　(1)高压线;(2)高缆索,架空索;(3)天线
highly　高度地,非常,高,大,强,甚
highly absorbable particle　易吸收粒子
highly charged particle　多荷电粒子
highly compressed steam　高压蒸汽
highly-directional antenna　锐方向性天线
highly efficient regeneration　高度再生,完全再生
highly faired hull　流线型船身
highly-parallel arithmetics　高度并行运算
highly purified (=HP)　高度精制的
highly scientific approach　高度科学性方法
highly skilled worker　高度熟练技工
highness　高度,高价,高位,高
highs　(复)高频分量,高处
highwall-drilling machine　立式钻床
highway　(1)交通干线,公路,道路;(2)总线,航线,水路;(3)传输线,导线;(4)公用通道,信息通路,高通导
highway crossing signal　道口信号机
highway grade　平交公路
highway hopper　筑路斗式运料车
highway optimum processing system (=HOPS)　公路最优化程序系统
highwheeler　高速蒸汽机车
hilac　重离子直线加速器
hill holder　斜坡停车制动装置
hillside plough　双向犁
hilo　西拉镍钴钛合金(镍75%,钴18%,钛2%,铁5%)
hilt　(1)刀柄,柄,把;(2)装柄[于]
hind axle　后轮轴,后桥
hind wheel　后轮
hindered internal rotation　受阻内旋转
hindered rotation　受碍转动
hindered rotation potential　受碍旋转位能
Hindley hob　亨德莱滚刀,球面蜗轮滚刀,弧面蜗轮滚刀
Hindley screw　亨德莱蜗杆,球面蜗杆,弧面蜗杆
Hindley worm　亨德莱蜗杆,球面蜗杆,弧面蜗杆
Hindley worm gear　亨德莱蜗轮,球面蜗轮
Hindley worm toothing　亨德莱蜗杆啮合,球面蜗杆啮合,弧面蜗杆啮合
hindrance　(1)延滞,延迟,停滞;(2)干扰,障碍,阻碍;(3)开关阻抗
hinge　(1)活动关节,铰链,折叶,合叶,活页,门枢,节点;(2)铰接;(3)转折点,枢纽,枢机,重点,要点,主旨,关键;(4)透明胶水纸

hinge armature　枢轴衔铁
hinge clip　铰接夹
hinge eye　铰链枢轴孔
hinge joint　(1)铰链接合,关节连接;(2)铰式接缝;(3)铰接头
hinge line (=HL)　(1)铰合线;(2)枢纽线
hinge moment　铰接力矩
hinge of spring　簧节套
hinge pedestal　铰接垫座,铰链柱,铰柱脚,摇杆
hinge pillar (=HPLR)　铰链柱
hinge pin 铰链销,关节销
hinge pivot　铰链枢轴
hinge plate　铰合板
hinge region　铰链区
hinge spring　铰链弹簧
hinged arm　枢杆
hinged bar　铰接顶梁
hinged bearing　铰承座,铰支承
hinged bolt　铰接螺栓
hinged casing　铰接箱
hinged cover　铰链盖
hinged end　铰接端,铰链端
hinged eyebolt　球铰环头螺栓,有眼球铰螺栓
hinged flash gate　下降式活门,舌瓣
hinged four-bar straight line motion　铰接式四连杆直线运动装置
hinged frame　铰接框架
hinged hopper　铰式斗舱
hinged joint　(1)铰链接合,铰接;(2)铰式接缝,企口缝
hinged lid　铰链盖
hinged plate　铰链装合板,铰折板
hinged shaft　铰接轴
hinged shoe　铰支座
hinged tool holder　活节刀杆,铰链连接刀杆
hinged-type connecting rod　铰接连杆,活节连杆
hingeless　无铰链的
hingepost　铰接桥墩
Hinsdale process　一种钢锭铸造法
hip point　(桁架)上弦与斜端杆结点
hip token　模式化记号
Hiperco　海波可钴铁合金,磁性合金(钴35%,铬1%,余量铁)
Hiperloy　高导磁率合金
hipernik　海波[尼克]铁镍合金,高磁合金(镍50%,铁50%,少量锰)
hipersil　海波[西尔]硅铁合金,海波西尔磁钢
Hiperthin　海波金(一种磁性合金)
Hirox　希罗克斯电磁合金(铝6-10%,铬3-9%,锰0-4%,锆、硼少量,其余铁)
Hirth minimeter　一种单杠杆比较仪
Hishi-metal　覆乙烯金属板
histo-　(词头)组[织]
histoautoradiograph　组织放射自显影片
histoautoradiography　组织放射自显影术
histochemistry　组织化学
histochemograph　组织化学图
histogram　(1)频率分布器;(2)频率分布图,频率曲线,频率图;(3)长方形图,柱状图,直方图,矩形图
histogram linearization　直方图线性化
histogram recorder　无线电遥测摄影机,无线电遥测帧记录器
histological　组织的,有机的
histology　(1)有机体的组织,组织结构;(2)组织学
historadioautography　组织放射自显影术
historadiography　组织射线照相术,放射组织自显术
history　(1)时间关系图示法;(2)随时间变化;(3)(雷达)过去数据;(4)沿革,来历
histospectrophotometric　组织分光光度[学]的
histotome　组织切片机
hit　(1)相合,投合;(2)瞬断;(3)打击,打中,命中,击中;(4)碰撞,冲击;(5)找到,发现
hit-and-miss effect　时现时陷效应
hit and miss method　尝试法,断续法
hit-on-the-fly printer　飞击式打印机
hit the mark　命中目标,达到目的
hit the target　命中目标,达到目的
Hitab　噪声和背景信号的测定靶,噪声估值的靶和背景信号
Hitachi parametron automatic computer (=HIPAC)　(日)日立参变管电子计算机

Hitachi transistor automatic computer (=HITAC)　日立晶体管电子计算机

Hitachi turning dynamo (=HTD)　日立 [公司制的旋转] 电机放大器

hitch　(1) 系, 钩, 栓, 套, 爪; (2) 挂住, 钩住; (3) 牵引 [挂接] 装置, 联结装置, 悬挂装置, 挂结装置; (4) 工作机构偶然停止; (5) 索眼, 索结, 活结

hitch ball　球形接头

hitch coupling　端面齿联结

hitch feed　夹持送料, 断续给料

hitch frame　挂接装置主架

hitch-hiker satellite　母子卫星

hitch pin　挂接装置销子

hitch tamdem pavers　拖带式串联摊铺机

hitch yoke　连接叉

hitched　挂上钩的

hitcher　(1) 把钩工; (2) 钩具; (3) 牵引杆; (4) 罐笼司机

hitcher-on　罐笼装卸工, 装罐工, 推车工

hitching　(1) 联结, 系留; (2) 挂钩, 车钩

hitching post　系柱

hitter　铆钉枪, 铆枪

hitting accuracy　命中率

hitting time　到达时间

Hizex　高密度聚乙烯

Hmp grease　高温润滑脂, 高熔点润滑脂

Hmu mode　传播模

hob　(1) 毂, 轮毂; (2) 螺旋杆, 蜗杆; (3) 齿轮滚齿刀, 螺旋铣刀, 滚 [铣] 刀; (4) 滚铣, 滚齿, 滚切; (5) (树脂) 挤压母模, 元阳模

hob addendum　滚刀齿顶高

hob arbor　滚刀刀杆, 滚刀心轴

hob arbor counterbearing　滚刀心轴活动支承座

hob carriage　滚刀拖板

hob cutter　滚刀

hob dedendum　滚刀齿根高

hob feed　滚刀进给

hob flute　滚刀出屑槽

hob gash　滚刀齿槽

hob head　滚切主轴头, 滚刀座, 滚刀架

hob milling cutter　齿轮滚铣刀

hob of coarse pitch　大节距滚刀

hob outside diameter　滚刀外径

hob radius　滚刀半径

hob relief grinding machine　滚刀铲磨床

hob relieving grinding machine　滚刀铲磨床

hob rpm　滚刀转速

hob sharpener　滚刀磨床

hob sharpening machine　滚刀磨床

hob-sinking　切压 [制] 模

hob slide　滚刀架滑板

hob slide travel　滚刀架滑板行程

hob space　滚刀齿槽

hob tap　标准螺纹攻, 板牙丝锥

hob tester　滚刀检查仪

hob testing machine　滚刀试验机, 滚刀检查仪

hob thread　滚刀螺线

hob thread angle　滚刀螺线角

hob tooth　滚刀齿

hob-type magnetron　柑橘形磁控管

hobbed　滚铣的

hobbed gear　滚切齿轮, 滚铣齿轮

hobbed tooth　滚成齿

hobber　滚齿机

hobber with axial feed　带轴向进给的滚齿机

hobbing　(1) 滚削, 滚切, 滚铣, 滚齿; (2) 齿轮滚铣法; (3) 热压阳模法, 压制阳模法

hobbing cut　滚切, 滚齿

hobbing cutter　滚齿刀, 滚刀

hobbing feed　滚刀进给

hobbing machine　滚齿机

hobbing machine with axial feed　轴向进给滚齿机

hobbing method　滚切方法, 滚齿法

hobbing press　切压机

hobbing process　滚齿过程, 滚齿法

hobbing speed　滚削速度, 滚切速度

hobbing type milling cutter　滚铣刀

hobbing with radial feed　径向进给滚齿

hobbing with tangential feed　切向进给滚齿

hobnail　大头钉, 平头钉

hock　(1) 齿爪; (2) 吊钩

hoctonspheres　球形容器, 球形罐 (贮放加热低沸点液体)

hoddy-doddy　灯塔的旋转灯

Hodectron　(磁脉冲起动的) 汞气放电管

hodge-podge　(一种频率从 85 至 10^5 兆赫的) 干扰发射机

hodman　辅助工

hodograph　(1) 速矢端迹, 速矢端图, 速端曲线, 速矢端线, 矢端曲线; (2) (震波) 时距曲线; (3) 高空 [风速] 分析图; (4) 速度图, 根轨图

hodograph method　速度矢量 [端线] 法, 速度图法, 速度面法

hodograph plane　速端平面

hodograph transformation　速矢 [端线] 变换

hodometer　航线测距器, 自动计程仪, 路程表, 路程计, 里程计, 车程计, 计步器, 计距器, 轮转计

hodoscope　(1) 描迹仪, 描迹器; (2) 辐射计数器

hoe　(1) 耕耘机; (2) 锄, 铲, 挖, 掘

hoe drill　带锄式开沟器的条播机

hoeing　挖掘

hoeing implement for paddy field　水田中耕农具

hof-stage　(1) 热板; (2) (显微) 熔点测定器

Hoffmann oscillator　霍夫曼振荡器

hog　(1) 重型多刀磨碎机, 磨木机; (2) 端面铣床; (3) 中部拱起, 弯曲, 扭曲, 变形; (4) 干扰; (5) 扫底部船壳的帚状工具; (6) 用帚状工具清扫; (7) 弯头, 软管

hog chain truss　链式桁架

hog-leg (=hog's leg)　枪 (尤指手枪)

hog still　蒸馏塔

hogger　(1) 钻工; (2) 高速粗切削机床; (3) 火车司机

hogging　(1) [氧 - 乙炔] 切割; (2) 翘曲, 弯曲

hogging moment　负弯矩

hogginh of furnace tube　炉管凸起

hoghead　水泵缸套

hoghorn　帚形喇叭辐射器, 平滑匹配装置

hognose　有磨圆的切削刃的

hogshead　(1) 液量单位 (等于 238.5 升); (2) 大桶 (其体积等于 238.5 升至 530 升)

hohiraum　[用作] 黑体发射的空腔, 空腔, 空穴

hoist (=HO)　(1) 吊起机械, 起重葫芦, 起重设备, 起重机, 提升机, 升降机, 卷扬机, 升举器, 启闭机, 起动机, 吊车, 绞车, 绞盘, 滑车; (2) 升降舵; (3) 吊起, 绞起, 升起, 举起, 卷扬, 提高

hoist assemble　卷扬设备

hoist-away　起重

hoist belt　提升皮带

hoist bridge　升降桥, 绞车桥

hoist carriage　绞升料斗

hoist engine　卷扬机

hoist-hole　起卸口, 提升间

hoist incline　斜桥

hoist motor　起重动机, 升降电动机

hoist piston rod　起重机活塞杆

hoist pulley　(1) 起重滑轮; (2) 提升天轮

hoist pump　起重机油泵

hoist pump check valve　起重机油泵止回阀

hoist pump drive gear　起重机油泵主动齿轮

hoist pump drive shaft　起重机油泵主轴

hoist pump intermediate gear　起重机油泵中间齿轮

hoist reduction gear　起重机减速齿轮 [装置]

hoist tower　吊机塔, 起重塔

hoist winch brake　绞盘制动器

hoister　(1) 提升机, 卷扬机, 绞车; (2) 起重机, 吊车; (3) 提升机司机, 绞车司机; (3) 起重机司机, 吊车司机

hoisting　(1) 起重; (2) 提升

hoisting apparatus　起重设备

hoisting barrel　绞车滚筒

hoisting block　起重滑车

hoisting box　起重机驾驶室

hoisting bucket　(高炉) 料罐

hoisting cable　起重机钢索, 起重机绳, 起重索, 提升绳, 钢丝绳

hoisting capacity　起重能力

hoisting chain　起重链

hoisting crab　起重绞车

hoisting device　起重装置, 提升装置, 升降装置

hoisting drum　起重卷筒,起重转鼓,提升卷筒
hoisting equipment　起重设备
hoisting eye　吊环
hoisting force　起重力,提升力
hoisting gear　升降装置,提升绞车
hoisting gear brake　提升装置制动器
hoisting jack　起重器,千斤顶
hoisting line　起重绳
hoisting machinery　起重机械
hoisting mechanism　提升机构
hoisting pad　眼板,吊环
hoisting pulley　起重滑轮,提升天轮
hoisting ring　吊环
hoisting sheave　起重滑轮
hoisting tackle　起重滑车,辘轳
hoisting tongs　起重钳
hoisting tower　吊机塔
hoisting unit　绞盘,绞车
hoisting winch　绞盘,绞车
hoisting winch brake　绞盘制动器
hoistman　(1) 提升机司机; (2) 起重机司机,吊车司机
hoistphone　提升话筒
Hoke gauge　福克块规 (中间有孔,组合时用连接杆穿在一起)
Holborn circuit　超高频推挽振荡电路,荷尔邦振荡电路
hold　(1) 握住,抓住,托住,吊住,吸住,夹住,卡住,抓,握,拿;(2) 占有,保持,维持,支持,夹持,支撑;(3) 保存,保留,扣留,截获,抑制,阻止,阻滞,约束,延缓,延迟,收容,容纳,容,盛;(4) 固定,安装;(5) 柄;(6) 支点;(7) 同步,整步;(8) 有效,适用,成立;(9) 支持器
hold-all　(1) 工具箱,工具袋; (2) 手提包,手提箱
hold-back　(1) 退缩,缩进; (2) 阻止,抑制,箝制,牵制,扣留,保留,滞留; (3) (导弹等的) 保持装置,拉住装置
hold back　(1) 退缩,缩进; (2) 阻止,抑制,克制,压住,挡住; (3) 扣留,箝制,牵制; (4) 取消,隐瞒,保密
hold by　遵守,坚持,固执
hold-clear　保持开放装置
hold circuit　保持电路,自保电路,吸持电路
hold control　同步调整,同步控制
hold current　保持电流
hold depth　(轴承锁口的) 锁量
hold-down　(1) 缩减,控制; (2) 压紧装置,压具,压板,压块,夹板,夹子
hold down　(1) 使保持向下,按下,压下,压住,吸住,压制,抑制,压低,缩减; (2) 压紧装置,压具
hold-down bolt　压紧螺栓
hold-down clamp　压具
hold-down conveyor　夹持式输送器,夹压式输送器
hold-down gag　[剪切机的] 压紧装置
hold-down mechanism　压紧机构
hold everything　停止
hold fast　稳固,坚持
hold for　适用于
hold forth　给予,提出,提供,发表
hold frame　停帧,停格
hold good　有效,适用,成立
hold-in　保持同步
hold in　抑止,压止,阻止,压住
hold in balance　悬置未决
hold in memory　记住
hold in place　把……固定就位
hold in position　把……固定就位
hold-in range　同步范围,捕捉范围,同步带
hold in range　同步保持范围
hold in solution　溶解
hold in trust　保管
hold instruction　保存指令
hold lamp　占线指示灯
hold mode　保持状态
hold of pile　桩的打入深度
hold-off　(1) 瞄准点修正; (2) 脱出同步,失 [同] 步; (3) 离开; (4) 耽搁,延迟,推迟,截止; (5) 闭锁; (6) 释放
hold off　(1) 保持一距离,隔开,离开; (2) 脱出同步; (3) 拖延,耽搁; (4) 释放
hold-off diode　闭锁二极管,截止二极管
hold-off rectifier　偏压电源整流器

hold-on　(1) 拉住,抓牢; (2) 继续; (3) 支持住,维持住
hold on　使固定,支持,维持,拉住,抓牢
hold onto　束缚住,拉住
hold open　开着
hold out　(1) 提出,提供,伸出; (2) 展开,支持,维持; (3) 保留,扣留
hold-over　(1) 保持故障法; (2) 蓄冷
hold over　延期,展缓,保存
hold paint　货仓面漆,耐蚀漆
hold point　停止点
hold position　稳定位置
hold range　(1) 牵引范围,同步范围,保持范围,陷落范围; (2) 同步带
hold the attention of　使……注意
hold time　(导弹) 延期发射,延迟倒数
hold to　(1) 抓牢,紧握,坚持,固执,固守,不变; (2) 粘着,依附
hold-together　结合在一起,粘结住
hold together　结合,联合,合并
hold true　有效,适用,成立
hold-up　(1) 举起,提出; (2) 支持; (3) 阻塞,阻滞,抑制,阻碍,保持,保留,滞留; (4) 停止,停顿,停住,停车; (5) 储存,堆放,堆存; (6) 容器体积,滞留量,容纳量,藏量
hold up　(1) 举起,举出,提起,提出,提示; (2) 支持,支撑; (3) 仍然有效,继续,持续; (4) 阻碍,阻止,阻滞; (5) 停顿
hold water　(1) 不漏水; (2) 无懈可击,有条理
hold with　赞成,同意
hold yard　车辆停留场
holdback　(1) 缩进; (2) 抑制,阻碍; (3) 导弹保持装置,位持器; (4) 停止器
holdbeam　船舱横梁
holddown　(1) 扣底铁件,压紧板,连接板,夹板; (2) 压具; (3) 夹爪,把手; (4) 锚栓; (5) 卡泵
holddown nut　固脚螺母
holder　(1) 固定架,支架,托架,夹架,夹座,夹具; (2) 把手,柄,刀杆,刀柄; (3) 支承器,支持器,保持器,固定器,固定件,稳定器; (4) 电极夹,焊条钳,焊把; (5) 贮气器,储蓄器,容器,气柜,盒,罐; (6) 制动装置; (7) 间隔圈,夹圈,套圈; (8) 船舱工; (9) 持有人,占有者
holder of gas　储气罐
holder-on　(1) (压气铆钉) 气顶; (2) 船上铆工; (3) 铆钉抵锤
holder-up　(1) 铆钉抵座; (2) 铆工
holderbat　管子箍,管夹
holdfast　(1) 固着器,支架; (2) 夹钳; (3) 固接,夹紧,保持; (4) 钩子; (5) 夹,钳
holdfast coupling　固接联轴节,夹紧联轴节
holding　(1) 把握,支持,维持,夹持,固定,支撑,支承; (2) 保持,保存,保有,贮藏,储备,存储; (3) 保持时间; (4) 所有物,所有权,占有物; (5) {数} 解的确定过程; (6) 自动封锁,调整,定位,同步
holding bar　吸持棒
holding bay　港池式停机坪
holding beam　保持电子束,维持电子束,固定射束,稳定射束
holding brake　防松制动器,防松闸,止动闸,固定闸
holding capacitor　存储电容器,记忆电容器
holding capacity　容积
holding chuck　卡盘,夹盘
holding circuit　吸持电路,吸收电路,保持电路,维持电路,自保电路
holding coil (=HC)　保持线圈,吸持线圈
holding contact　吸持触点
holding control　同步调整,同步控制
holding current　吸持电流
holding device　固定装置,紧固装置,夹持装置,吸持装置,夹具
holding-down　(1) 压具; (2) 压紧
holding-down bolt　压紧螺栓,地脚螺栓
holding-down clamp　压具
holding-down device　压紧装置,压下装置
holding-down plate　压板
holding flange　固定法兰
holding force　矫顽力,自持力,吸持力
holding furnace　混合炉
holding gun　保存 [电荷的] 电子枪,保持电子枪,维持枪
holding hearth　保温炉
holding jaw　夹爪
holding latch　(1) 卡子,掣子; (2) 定位销
holding magnet　保持磁铁,吸持磁铁
holding needle　边纱握持针
holding nut　支承螺母,紧固螺母,紧定螺母
holding power　支撑力,支持力,握力

holding ring　调整环, 定位环
holding screw　紧定螺钉, 紧固螺钉
holding strip　夹条
holding tank　船上污水槽, 收集器, 收集槽, 存储器, 接受器
holding time　(1) 保温时间; (2) 夹持时间; (3) 占用时间, 吸着时间, 保留时间, 保持时间
holding-up　压顶 [铆钉头]
holding-up hammer　圆边击平锤, 铆钉抵锤
holding wire　信号线, 测试线, C 线
holdings　库存资料, 馆藏资料
holdman　舱内装卸工
holdor　全息数据存储器
hole (=hl)　(1) 开口, 缺口, 炉眼, 孔眼, 筛眼, 炮眼, 孔, 洞; (2) 钻孔; (3) 大型导弹地下井, 探井, 槽, (4) 空穴, 空子, 穴; (5) 频带空段, 频段死点, (6) (扫描中的) 无信号区, (雷达) 死区, (7) 通路, 电路, 管道, 管路, 孔道; (8) 烧损斑痕, 缺陷, 缺点, 漏洞
hole and shaft　孔与轴
hole-and-slot resonator　槽孔型谐振器
hole base system　基孔制
hole bases　基孔 [制]
hole-basis system　基孔制
hole-basis system of fits　基孔制配合, 配合 [制度] 的基孔制
hole blow　井喷 [干扰]
hole-bored axle　空心车轴
hole-bored axle from end to end　空心车轴
hole borer　挖穴机
hole boring cutter　镗孔刀
hole capture　空穴捕获
hole carrier　空穴载流子
hole-circle　孔圆
hole circle diameter　孔的分布圆直径
hole concentration　空子浓度
hole conduction　空穴传导, 空穴电导
hole count check　计孔检验
hole current　空穴电流
hole-depth indicator　孔深指示器
hole deviation　井斜 [角]
hole digger　钻孔器
hole drill　螺纹底孔钻, 螺孔钻
hole drilling　钻孔
hole enlarge　扩孔
hole enlarge tool　扩孔刀具
hole for setting explosives　炮眼
hole-gauge　内径规, 内量规, 塞规, 孔规, 验规
hole gauge　量孔规, 内径规, 塞规, 孔规
hole in soaking pits　均热炉坑
hole-in-the-center effect　中 [点] 空 [穴] 效应
hole-in-the-wall　小规模的, 不重要的, 简单的
hole injection　空穴注入
hole loading　炮眼装药
hole logging　[电] 测井
hole man　放炮工
hole mark　洞孔测标
hole mobility　空穴迁移率, 空子迁移率
hole noise　井孔干扰
hole-particle interaction　空穴 - 粒子相互作用
hole pattern　穿孔图案
hole placing　布置炮眼
hole plate　孔盘
hole probe　[电] 测井
hole punched device　冲孔装置
hole site　孔位
hole size　孔大小
hole stone　圆柱宝石轴承
hole table　孔白表
hole theory　空穴理论
hole tolerance　孔径公差
hole trap　空穴陷阱
holed　拉拔的, 拉制的
holeproof　不穿孔的, 无漏洞的
holer　打眼工, 凿岩工
holey　有孔的, 多孔的
holiday　漏涂漆
holidic　科学分析的

holing　(1) 打眼, 钻孔; (2) 掏槽
holistic masks　隐检字符
holl　(1) 穴; (2) 船的底层舱
hollander　(1) [荷兰式] 打浆机, 漂打机; (2) 荷兰人; (3) 荷兰船
Hollerith　霍尔瑞斯 [方式] (一种利用凿孔把字母信息在卡片上编码的方法)
Hollerith constant　霍尔瑞斯常数, 字符常数, H 常数
Hollerith type　霍尔瑞斯型, 字符型, H 型
Hollmann circuit　霍尔曼振荡电路
hollow　(1) 空心, 空腔, 空穴; (2) 孔; (3) 凹槽, 凹部, 坑槽; (4) 凹面的, 空心的, 空的; (5) 开槽刨
hollow arbor　空心柄轴
hollow axle　空心车桥, 空心轴
hollow ball　空心球
hollow ball bearing　空心球轴承
hollow beam　空心射束, 环状射束
hollow bit　岩心钻头, 取心钻头
hollow body　空心体
hollow boring bit　空心镗刀
hollow braid　空心带
hollow casting　空心铸件
hollow cathode　空心阴极
hollow cathode discharge tube　空心阴极放射管
hollow cathode electro bombardment　空心阴极电子轰击
hollow cathode lamp　空心阴极灯
hollow coil　空心线圈
hollow concrete　蜂窝状混凝土, 多孔混凝土
hollow conductor　空心导线, 中空导线
hollow copper wire　空心铜线
hollow core conductor　空心导线
hollow crankpin　空心曲柄销
hollow cylinder　空心圆筒
hollow drill　空心钻
hollow-drill shank　中空钻探钢, 空心钻钢, 六角钢, 钎子钢
hollow drill stem　空心钻杆
hollow-drill steel　中空钻探钢, 空心钻钢, 六角钢, 钎子钢
hollow drill steel　中空钻探钢, 空心钻钢, 六角钢, 钎子钢
hollow end(ed) cylindrical roller bearing　端穴短圆柱滚子轴承, 柔性轴承
hollow end(ed) roller　空穴滚子
hollow electron beam　空心电子束
hollow fraise　套筒形 [外圆] 铣刀, 套料铣刀, 空心铣刀
hollow gear　空心齿轮
hollow-ground　凹磨的
hollow guide　空腔波导管
hollow handle　空心手柄
hollow heart　空心
hollow ionization chamber　空电离室
hollow joint　凹缝, 空缝
hollow journal　空心轴颈
hollow key　空心键
hollow lead　滚刀的沟槽导程
hollow mandrel lathe　空心心轴车床
hollow metal (=HM)　空心金属
hollow metal door and frame (=HMDF)　空心金属门与构架
hollow mill　筒形外圆铣刀, 空心铣刀
hollow milling cutter　空心铣刀
hollow nose tongs　空端夹子
hollow output shaft　空心输出轴
hollow pinion　空心齿轴
hollow pipe　空心管子
hollow-pipe waveguide　空腔波导管, 空管波导
hollow prism　(1) 空心棱镜; (2) 空心柱
hollow punch　(1) 空心冲头; (2) 冲孔器
hollow reamer　空心铰刀
hollow rectangular guide　空腔矩形波导管
hollow rod　空心杆, 管状杆
hollow-rod drilling　空心钻杆钻进
hollow roller　空心滚子
hollow screw　空心螺钉
hollow section　空心断面
hollow shaft　空心轴
hollow shaft gear mechanism　空心轴齿轮机构
hollow shaft gear unit　空心轴齿轮装置

hollow shaft gearing 空心轴齿轮传动 [装置]

hollow shaft gears 空心轴齿轮传动装置

hollow shafting 空心轴 [系]

hollow-space oscillator 空腔振荡器, 空腔谐振器

hollow sphere 空心球 [体]

hollow spindle (1) 空心 [主] 轴；(2) 空心锭子

hollow square 空方阵

hollow stem 空心钻杆

hollow swage （锻工用的）陷型模, 甩子

hollow-type guide 空腔波导

hollow ware 凹形器皿

hollow wire 管状线

hollowing knife 弧刮刨

hollowness 空心度

Hollwack's effect 霍尔瓦克效应（一种光电效应）

holmia 氧化钬, 钬氧

holmic 钬的

holmium {化} 钬 Ho

holmium oxide 氧化钬

holo- （词头）全部, 完全, 全

holoaxial 全轴 [的]

holocamera 全息摄影机, 全息照相机

holocard 全息卡片

holocrystalline 全晶质的, 全晶的

hologram (1) 全息照相, 全光照相, 全息摄影；(2) 综合衍射图, 全息图；(3) 原样录像

hologram page 全息页面

hologram radar 全息雷达

holograph (1) 全息照相, 全光照相, 全息摄影, 全息摄像；(2) 全息图；(3) 亲笔文件, 手书

holographic 全息照相的, 全息摄影的, 全光照相的, 全光摄影的

holographic antenna 全息天线

holographic date storage 全息数据存储器

holographic filter 全息滤波器

holographic grating 全息光栅

holographic interferometer 全息干涉仪, 全光干涉仪, 全息干扰仪, 全光干扰仪

holographic interferometry 全息干涉度量学, 全息照相干涉测量 [法]

holographic lens 全息透镜

holographic microscope 全息显微镜

holographic nondestructive testing (=HNDT) 全息照相无损试验, 全息术无损检验

holographic panoramic stereogram 全息全景立体照片, 全光全景立体照片

holographic spectroscopy 全息光谱学

holographic stereomodel 全息立体模型

holographical 全息照相的, 全息摄影的, 全光照相的, 全光摄影的

holography 全息摄影术, 全息照相术, 全息术

holohedral 全对称的, 全面的, 多面的

holohedrism 全 [面] 对称性

holohedron 全面体

holohedry 全 [面] 对称, 全晶形, 全面像

holohemihedral 半对称晶体形, 全半面体的

hololaser 全息激光器

hololens 全息透镜, 全光透镜

hololock 全息锁

holomagnetization 全磁化

holometer 测高计

holometry 全息照相干涉测量术, 全光照相干涉测量术

holomicrography 全息显微照相术

holomorph 全形

holomorphic (1) 全形的；(2) {数} 全纯的

holomorphic function 正则函数, 解析函数, 全纯函数

holomorphism 全对称形态, 全面形

holonom space 完整空间

holonomic 完整的, 完全的

holonomic condition 完全性条件

holonomy {数} 完整

holophone 全息录音机

holophotal 全光反射的

holophote (1) 全光反射装置, 全射镜；(2) 全光反射系统

holoscope 全息照相机

holoscopic 近复消色差的

holosteric barometer 固体气压表, 空盒气压表

holotactic 全规整

holotape 全息录像带

holotape frame 全息磁带帧

holotype 完模标本, 全型

holoviewer 全息观察器, 全息阅读器

holsteel 空心钻钢

holster (1) 机架；(2) 机座；(3) 轧辊堆放架, 轧辊 [台] 架；(4) 手枪套

Holtz tube 霍尔兹 [放电] 管

Holtz's electrical machine 霍尔兹 [静电] 起电机

Holwach's effect 霍尔瓦克效应（一种光电效应）

Holweek valve 霍尔威克管, 可折管

holystone (1) 磨石；(2) 用磨石磨

holmal 整形的

holmaloidal curves 统一曲线系

holmaloidal surface 统一曲面系

holmaxial 等轴的

home (=HOM) (1) 自动导航, 自动导引, 自动引导, 自动寻的, 自动瞄准, 导航, 归航；(2) 本国产的, 国内的, 内部的, 本地的, 总部的, 局部的, 家用的, 家的；(3) 回复原位；(4) 精确配合；(5) 在本国, 在家, 回国, 回家；(6) 彻底地, 适切地, 到底

home address {计} 标识地址, 内部地址

home appliance gear mechanism 家用器械齿轮机构

home appliance gears 家用器械齿轮装置

home appliance tooth(ed) gear 家用器械齿轮

home automation (=HA) 家庭自动化

home broadcasting 国内广播

home cell 起始单元

home display key 自动显示电键

home equipment 国产设备

home freight 回头运费

home going motor 备用发动机

home industry 家庭工业

home key 原位键

home-made 本国制造 [的], 手工制的, 自制的, 国产的

home motor 家用电动机

home office 总公司, 总店, 总行

home-on-jam 干扰自动跟踪, 干扰寻的

home port 船籍港

home position 原来位置, 原始位置, 静止位置, 零位

home-produced 本国制造 [的], 手工制的, 自制的, 国产的

home products 本国产品

home quality （电视图像的）接收质量, 广播接收质量

home radar chain 地面雷达网

home radio 家用收音机

home range 活动领域

home record 原始记录, 起始记录, 引导记录, 内部记录

home recorder 局内收报记录器, 家用录音机

home roll 主滚筒, 主辊

home row [打字机] 原位排键

home scrap 本厂废钢, 厂内废钢, 返料

home signal 进站信号机

home television 家用电视, 民用电视

homedric 等平面的

homegrown 本国产的

homeloop 内部回路

homemade 本地生产的, 本地制造的

homenergic 等能量的

homeo- （词头）相同, 相等, 相似, 类似

homeocrystalline 等粒晶体的

homeokinesis 均等分裂

homeomerous 各部相等的

homeomorphic 异质同晶的, 同晶形的

homeomorphism 异质同晶现象, 同晶形现象, 同晶型性, 异物同形

homeomorphous 异质同晶的, 同晶形的

homeomorphy 异质同晶现象, 同晶形现象, 同晶型性, 异物同形

homeosmoticity 恒渗 [透压] 性

homeostasis 自动调节动态平衡, 稳衡

homeostat 同态调节器

homeostatic 稳态的

homeostatic control 稳态控制

homeostrophic 同向扭转的, 同方向曲曲的

homeothermal 恒温的, 同温的

homeotypic 同核分裂型的

homer (1) 自动引导导弹；(2) 自动引导设备
homestat 同态调节器
hometaxial-base transistor 轴向均匀基极晶体管，外延均匀基区晶体管
homeward freight 回程运费
homing (=HOM) (1) 自动引导，自动导引，自动寻的，自动跟踪；(2) 回复原位，归位，复位
homing action (1) 归航；(2) 膜片作用；(3)（选择器的）还原动作，还原作用
homing adapter (1) 归航附加器，测向附加器；(2) 自动引导装置，自动寻的装置
homing aid 自动寻的设备，辅助导航设备
homing antenna 自动引导[寻的]天线，航向[接收]天线，方位天线
homing all the way killer (=HAWK) 全程寻的瞄准器
homing beacon （无线电）归航台标
homing comparator unit (=HCU) 寻的对比装置
homing control [自动]瞄准，[自动]导引，自导
homing course 寻的航向，归航航线
homing guidance (=HG) 寻的制导，自动制导，自动引导
homing information 制导数据
homing missile 自导引导弹
homing movement 归航到原位的动作，还原动作
homing on 瞄准
homing on a target 寻的
homing on surface target 向地面目标导引，向地面目标制导
homing sequence 起始序列，引导序列
homing test vehicle (=HTV) 自动寻的试验飞行器
homing type line switch (1) 归位式寻线机，复原式寻线机；(2) 归位式选择器
hominization [机械等]人性化
homo- （词头）(1) 相同，相似，类似，共同，同一，同质，同型；(2) 连合，均匀；(3) 高，升
homo-chain polymer 均链聚合物
homo-ion 同离子
homo-ionic 同离子的
homo-treatment 均匀热处理
homocentric 同中心的，复心的
homocentric pencil of rays 同心光束
homocentricity 共心性
homocharge 同号电荷，纯号电荷
homochromatic 一种颜色的，同色的，均色的，等色的
homochronous 类同步的，同时的，同期的
homocycle 同素环，碳环，纯环
homocyclic 同素环的，碳环的
homodisperse 均相分散
homodromous 同向[运动]的
homodyne (1) 零差，零拍；(2) 自差法
homodyne circuit 零差式电路，对应式电路
homodyne demodulation 同载[波]解调
homodyne detector 零拍检波器
homodyne mixer 同步混频器
homodyning 零拍探测，零拍接收
homoenergetic 等能量的，均能的，同能的，高能的
homoenolate 高烯醇化物
homoentropic 均熵的，同熵的，高熵的
homoeoblastic 等粒变晶状
homoeomorphic 同形态的
homoepitaxy 同质外延
homofocal 共焦的
homogen （合金的）均质
homogeneity (1) 均匀性，均一性，均相性，一致性，同一性，等质性，同质性，均质性；(2) 齐次，均匀，均质
homogeneity test 同质性检验
homogeneization 均质化作用
homogeneous (1) 均匀的，均质的，等质的，均相的，均一的，同一的，划一的，齐一的，纯一的，一相的，单相的，对等的，类似的；(2){数} 齐次的，同次的，齐[性]的；(3) 单色的
homogeneous alloy 均质合金
homogeneous beam 均匀电子束，均匀射束，均匀注流
homogeneous boundary condition 齐次边界条件
homogeneous deformation 均匀变形，均匀形变
homogeneous degree 均匀度
homogeneous equation 齐次方程
homogeneous integral equation 齐次积分方程
homogeneous invariant 齐次不等式

homogeneous light 单色光，均匀光
homogeneous medium 均匀介质，均匀媒质
homogeneous mixture 均匀混合物
homogeneous phase 均相
homogeneous polynominal 齐次多项式
homogeneous radiation 均匀辐射
homogeneous radiation energy 均匀辐射能
homogeneous ray 单色射线
homogeneous reaction 均匀反应
homogeneous reactor (=HR) 均匀反应堆
homogeneous ring compound 碳环化合物
homogeneous space 齐性空间
homogeneous strain 均匀应变
homogeneous stress 均匀应力
homogeneous system （数据库用的）同机种系统，均匀系[统]
homogeneous target 无向性目标，均匀目标
homogeneous texture 均匀结构
homogeneous transformation 齐次变换
homogeneous tube （非焊接的）整个管
homogenization 均一性，均匀化，均质性，均质化，均化[作用]，等质化
homogenization treatment 正火处理
homogenize (1) 使均匀，使均质，变均匀，均匀化；(2) 扩散加热
homogenized grease 均化润滑脂
homogenizer 均质器，均化器，均浆器
homogenizing 均匀退火，扩散退火
homogenizing diffusion annealing 均匀化退火
homogenous 构造相同的，同形质的，相似的
homographic (1) 等交比[形]；(2) 等比对应的，对应的，单应的
homographic solution 对应解
homography (1) 对应[性]；(2) 列线图解法
homoiosmotic 等渗性的
homoiothermal 恒温的，同温的
homoiothermic 调温的
homoiothermism 保持恒温，温度调节
homojunction 同质结，单质结，同类结
homolateral 同侧的
homolog 或 homologue (1) 同系物，对应物，相似物；(2) 同调
homologate 同意，认可，批准
homological 相应的，相似的，类似的，对应的，对等的，同调的，同系的，同质的
homologically trivial 零调的
homologisation 均裂作用
homologise 使相应，使相同，使一致，使同系，使类似
homologization 均裂作用
homologize 使相应，使相同，使一致，使同系，使类似
homologous 相应的，相似的，类似的，对应的，对等的，同调的，同系的，同质的
homologous elements [下]同调元素
homologous gear 对应齿轮，同[传动]系齿轮
homolographic projection 等积投影
homologue (1) 同系物，对应物，相似物；(2) 同调
homology (1) 关系相同，同源，同系，同调；(2) 相同，相当，相应，对应，符合，对称；(3) 相互身影，透射变换，透射
homology type [下]同调型
homolosine projection 等面积投影
homolysis 均匀分解，均裂
homomerous 各部分相等的
homometric 同 X 光谱的，同度量的，同效的
homometrical 同 X 光谱的，同度量的，同效的
homomorph 同态[像]
homomorphic 同态的，同形的
homomorphism (1) 同态；(2) 异质同晶[现象]
homomorphous 同态的，同形的
homonym 异物同名
homoperiodic 齐周期的
homophase 同相
homopolar (1) 单极的，同极的，无极的；(2) 共价的
homopolar bond 单极
homopolar compound 同极化合物，无极化合物
homopolar dynamo 单极发电机
homopolar generator 单极发电机
homopolar motor 单极电动机
homopolycondensation 均向缩聚
homopolymer 均聚物，同聚物

homopolymerization　均聚合 [作用]

homoscedastic　同方差的

homoscedasticity　{ 数 } 同方差性

homospecific　同种 [特性] 的

homospecificity　同种特性,同特异性

homostasis　稳态,同态,平衡

homostrobe　零差频选通,零拍 [闸] 门,单闸门

homostructure　同质结构

homotactic　等效的

homotaxial　排列类似的,等列的

homotaxis　排列类似

homotherm　恒温海水层,等温层

homothermal　恒温的,同温的

homothermic　调温的

homothermism　保持恒温,温度调节

homothetic　[同] 位 [相] 似的

homotope　同族 [元] 素

homotopic　{ 数 } 同伦的,同位的

homotopic to a constant　零伦

homotopic to zero　与零同伦

homotopy　{ 数 } 同伦,伦移

homotropic　向同的

homotype　等模标本,同范,同型

homotypic　同型的

hondrometer　微粒特性测定计,粒度计

hone　(1) 珩磨,搪磨,磨光;(2) 珩磨头,搪磨头,磨孔器,(3) 磨石,油石;(4) 金属表面磨损;(5) 刮路器

hone of good grit　优质磨石

honer　珩磨机,搪磨机,搪磨器

honestone　磨刀石

honey centrifuge　摇 [蜂] 蜜机

honey-combed　蜂窝形,蜂窝状

honey press　压 [蜂] 蜜机

honeycomb　(1) 蜂窝状物,蜂窝结构,蜂窝格栅,整流器栅,整流器格,格状结构,蜂巢形,梳状;(2) (铸件的) 蜂巢状砂眼,蜂窝状砂眼;(3) 使成蜂巢状

honeycomb clinker　蜂巢状烧结块

honeycomb-coil　蜂房式线圈

honeycomb coil　蜂房式线圈

honeycomb crack　蜂窝状裂纹,网状裂纹,龟裂

honeycomb duct　导流管

honeycomb memory　蜂房式存储器

honeycomb seal　蜂巢状密封,蜂窝状密封,多孔密封

honeycombing　形成细孔

Hong Kong Airway (=SKA)　香港航空公司

Hong Kong Dollar (=SK$)　港元

honing　(1) 珩磨加工,珩磨,搪磨;(2) 金属表面磨损

honing cross-hatch angle　珩磨网纹交叉角

honing equipment　珩磨设备

honing head　珩刀架,珩头

honing machine　珩磨机,珩机

honing stick　珩磨油石,砂条

honing stone　珩磨油石,砂条

honing tool　珩磨头

honing tool expansion and contraction mechanism　珩磨头胀缩机构

honk　(1) 汽车喇叭声;(2) 揿 [喇叭]

honour agreement　承兑协议

hood　(1) 防护罩,排气罩,虹吸罩,机罩,烟罩,外壳,帽盖,盖,套罩,(2) 顶盖;(3) 车蓬,车盖;(4) (雷达荧光屏的) 遮光罩,遮光板,挡板,遮板;(5) 排气管,通风柜,通风管;(6) 覆盖,隐蔽,加盖,加罩

hood bump　发动机罩挡,车篷挡

hood catch　机罩扣

hood clock　有罩挂钟,有罩台钟

hood cover　机罩套

hood fastener　罩子挂钩,罩子钩扣,盖锁扣

hood for fumes　(1) 集气罩;(2) 烟罩

hood jettison　座舱盖抛放

hood lamp　机罩灯

hood latch　机罩键销,发动机罩卡销

hood pile cap　套式桩帽

hood pressure test　容器 [过压] 试验,护罩试验

hood side panel　机罩侧板

hood test　护罩试验

hook　(1) 钩,扣,环;(2) 犁子,夹子,卡子,箍圈;(3) 钩键;(4) 钩状

物,吊钩,铁钩;(5) 扫描光栅失真,线路中断,变形线;(6) 用钩连结,弯成钩形,钩住,挂上,弯曲

hook-and-butt joint　钩扣连接

hook-and-eye hinge　钩扣铰链

hook-and-liner　钩钓鱼船

hook angle　(刀具) 前角

hook block　带钩滑车

hook bolt　钩头螺栓

hook chain　钩链

hook face　曲面

hook foundry nail　型箱用钩头钉

hook ga(u)ge　(1) 钩形水位计,钩规,钩尺;(2) 管压力表

hook guard　保安器架,熔丝架

hook-headed spike　钩头道钉

hook-in　掘进,钩入,钩进,钩住

hook instrument　钩接式仪表

hook joint　(1) 钩接合;(2) 钩式接头

hook joint chain　钩接链

hook link chain　钩环节链,钩头链

hook-on　钩接式的,悬挂式的,钳形的

hook-on instrument　悬挂式仪表

hook pin　钩销

hook receiver　(卫星对接系统中的) 挂钩接头

hook reed　钩筘

hook release circuit　钩释放电路

hook rule　钩规,钩尺

hook screw　带钩螺钉

hook spanner　钩形扳手,钩扳手

hook steel　箍钢带

hook switch　(1) 钩键;(2) (电话机) 挂钩开关

hook-type　钩状的,钩形的

hook type meter　悬挂式仪表

hook up　(1) 挂钩;(2) 试验电路;(3) 电路耦合;(4) 中继,转播

hook-up wire　布线用电线

hook wrench　钩形扳手

Hookah type diving apparatus　水面供气式潜水装具

Hooke　(1) 虎克;(2) 万向接头,万向节

Hooke law　虎克定律

Hookean　虎克物体 (完全符合虎克定律的弹性固体)

hooked　弯成钩形的,有钩的,带钩的,钩头的

hooked bolt　钩头地脚螺栓,丁字头螺栓,钩头螺栓,带钩螺栓

hooked joint　密缝接合

hooked scraper　钩形刮刀

hooker　(1) 挂钩;(2) 挂钩工;(3) 码布机;(4) 双桅渔船

hooke's coupling　虎克接头,万向接头,万向节

hooke's joint　十字架式万向节,万向联轴节,万向接头

Hooke's law　虎克定律

Hooke's law of elasticity　虎克弹性定律

hookey　钩状的,多钩的

hooking iron　清缝凿

hooking-up　用成组吊钩吊起

hooking-up member　自动穿线板

hooklet　小钩

hookup　(1) 试验线路;(2) 电路耦合,接线图;(3) 中继电台联锁;(4) 悬挂装置

hookwrench　钩形扳手

hooky　钩状的,多钩的

hoop　(1) 环形物,轴环,垫圈,箍铁,箍钢,环箍,轮箍,卡箍,卡带,铁环;(2) 热轧带钢,带钢;(3) 集电刷,集电环;(4) 加箍,围绕

hoop antenna　圆柱形天线,圆环形天线

hoop cutter　折铁箍钳,折包钳

hoop driver　紧箍器

hoop-drop relay　落弓式继电器

hoop fastener　紧箍钉

hoop-iron　带钢,箍铁,箍钢

hoop iron　带钢,箍铁,箍钢

hoop-linked chain　连环链

hoop mill　带钢压延机,箍钢轧机

hoop pole　箍料

hoop reinforcement　环状钢筋

hoop steel　箍钢带

hoop stress　(1) 圆周应力,环向应力,箍应力;(2) 环形电压

hoop tension　环箍张力,环筋张力

hooped column　箍筋柱

hooper (1) 箍桶机；(2) 箍桶匠
hooping 环形钢筋，螺旋钢箍，环筋，箍筋，箍环
hoot-collector 开关式集电极
hooter (1) 警报器，吼鸣器；(2) 汽笛，警笛，号笛
hoover (1) 真空吸尘器；(2) 用真空吸尘器弄干净
hop (1) 跳跃，跳动，跳过，跳上；(2) 一段航程，起飞，飞行，飞过；(3) [电波] 反射；(4) 发动机超过额定马力；(5) 从空中截击飞机
hop off 起飞
hop propagation 电离层连续反射传播，跳跃传播
hop up （发动机）超过额定功率
hopcalite (1) （防毒面具中用的）钴、铜、银、锰等氧化物的混合物；(2) 二氧化锰与氧化铜 (3∶2) 的混合物；(3) 洁咖炸药
hopper (1) 削波器；(2) 给料机，给料器，布料器，布料箱，注入斗，装料斗，漏斗，屏斗，仓斗，贮斗，贮箱；(3) 斗仓；(4) 计量器，计量筒，接受器，接受阀；(5) 溶液槽，贮水器，贮煤器；(6) {计} 储存设备，送卡箱，盛卡器，储卡机；(7) 自动播种机；(8) 驳船，泥驳，泥舱；(9) 有倾卸斗的手推车，底卸式车，漏斗车；(10) 轻型飞机，直升飞机
hopper barge 自卸泥驳船，泥舱船
hopper bottom furnace 漏斗状炉底加热炉
hopper boy 翻搅器
hopper car 底卸式车，屏斗车
hopper chute 漏斗式斜槽，滑槽
hopper closet 带贮水槽的抽水马桶
hopper-cooled 连续水冷却的
hopper crystal 漏斗形晶体
hopper dredger 吸扬式挖泥船，泥舱式挖泥机船
hopper dryer 加料斗干燥器
hopper feed 料斗进料
hopper feedback 选料斗
hopper feeder (1) 料斗给料机；(2) 棉箱给棉机
hopper gritter 斗式铺砂机
hopper loader 斗式装料机
hopper-on-rails 行车式料斗
hopper-on-rails type 轨承行斗式
hopper scale 自动屏斗定量秤
hopper-shaped 料斗状的，斗形的
hopper spreader 斗式撒布机
hopper structure 漏斗结构
hopper throat 斗式卸料孔
hopper truck 斗式卡车，带斗卡车
hopper wagon 自动倾卸车
hopperfeed 加料斗进给
hoppet 提升吊桶
hopping (1) 电子跳动，跳动，跳跃；(2) 船身上弯
hopping film scanner 跳光栅式电视电影扫描器
hopping mechanism 电波跳跃反射机理
hopping model 跳跃模型
hoppit 提升大吊桶
hopscotch method 跳点法
Horace （英）实验性核反应堆
horary 每小时的，时间的
horicycle {数} 极限圆
Horigraph 简易立体测图仪
horismology 术语学
horizon (1) 水平线，水平；(2) 地平线，地平；(3) 水平仪，地平仪；(4) 垂直于铅锤线的平面，反射界面；(5) 视界，眼界，视距，范围
horizon marker 标准层，标志层，指示层
horizon range 水平距离，视线距离
horizon scan 水平搜索，水平扫描
horizon-sensor device 水平传感器
horizon transmission 直接视距传输
horizontal (=HOR) (1) 地平 [线] 的，水平的，卧式的，横向的，平 [向] 的；(2) 水平线，地平线，水平面
horizontal adjustment 水平调整
horizontal air pump 卧式气泵
horizontal-amplitude control 水平幅度调整，水平幅度控制，行幅度控制，行宽控制
horizontal and vertical parity check code （数据传输中用的）阵码
horizontal angle 水平角
horizontal arbor 水平柄轴
horizontal axis (1) 水平轴；(2) 水平轴线
horizontal axis bearing (=HAB) 水平轴轴承
horizontal axle 水平轴
horizontal band sawing machine 卧式带锯机，卧式带锯床

horizontal bar generator 横条 [信号] 发生器
horizontal beam 水平梁
horizontal bed type milling machine 卧式床身铣床
horizontal bed type milling machine with travelling column 立柱移动卧式床身铣床
horizontal belt 平置皮带
horizontal belt conveyer 平带运输机
horizontal bench drill 卧式台钻
horizontal bench milling machine 卧式台铣床
horizontal blackout period 行扫描熄灭脉冲时间，水平消隐脉冲周期，行消稳周期
horizontal blanking interval 水平熄灭时间，水平消隐时间，行消隐时间
horizontal block 卧式卷线筒
horizontal-boat zone refining 水平舟区熔提纯
horizontal boiler 卧式锅炉
horizontal boring 水平镗孔，水平镗削
horizontal boring and drilling machine 卧式镗钻床
horizontal boring and milling machine 卧式镗铣床，龙门铣床，卧式镗床
horizontal boring machine 卧式镗床
horizontal brace 横拉条
horizontal bracing 横拉条
horizontal brake drum boring machine 卧式制动鼓镗床
horizontal broaching machine 卧式拉床
horizontal center line (=HCL) 水平中心线
horizontal centering amplifier 水平定心放大器
horizontal centrifugal casting machine 卧式离心浇铸机
horizontal centrifugal pump 卧式离心泵
horizontal chucking multispindle lathe 卧式多轴夹盘车床
horizontal circle (1) 水平圆；(2) 水平刻度盘
horizontal circular sawing machine 卧式圆 [盘] 锯床
horizontal clearance 水平间隙，横向间隙
horizontal comparator 卧式比较仪，水平比测计
horizontal component 水平分量
horizontal component of cutter （锥齿轮机床）水平刀位
horizontal conveyer screen 卧式运输筛
horizontal coordinates 水平坐标，横坐标
horizontal corn binder 卧式玉米割捆机
horizontal counterblow hammer 卧式无砧座锤
horizontal cutter forage harvester 卧式切刀饲料收获机
horizontal deep-hole drilling machine 卧式深孔钻床
horizontal deep-hole lathe 卧式深孔车床
horizontal deflecting circuit 水平偏转电路
horizontal deflection amplifier 水平致偏放大器
horizontal-deflection plates 水平偏转板，X 板
horizontal dial feed 水平转盘送料
horizontal die slotting machine 卧式冲模插床
horizontal direction 水平方向，方位
horizontal discharge tube 水平偏转放电锯齿波形成电路
horizontal displacement 水平位移
horizontal drilling 卧式钻孔
horizontal drilling machine 卧式钻床
horizontal-drive signal 水平同步信号，行主控信号，行驱动信号
horizontal driving pulse 行起动脉冲
horizontal duplex drill 卧式双轴钻床
horizontal dynamic amplitude control 行频会聚信号振幅调整
horizontal edger 卧式轧边机
horizontal electrolytic forming machine 卧式电解成形机
horizontal engine 卧式发动机
horizontal equivalent (=HE) 水平距离，水平施测
horizontal external broaching machine 卧式外拉床
horizontal extruder 卧式挤压机，卧式挤出机
horizontal face plate 水平旋台
horizontal feed (1) 水平进刀；(2) 水平进给
horizontal filled weld 横向角缝角焊接
horizontal fillet welding 横向角缝焊接，水平角焊
horizontal fine boring machine 卧式精密镗床
horizontal fine lathe 卧式精密车床
horizontal flail slasher 水平甩链式茎杆切碎机
horizontal-flue 平烟道
horizontal force 水平力，横向力
horizontal forging machine 卧式锻造机
horizontal forming shoe 水平摆锻锤头

horizontal frame 水平框架
horizontal gear 平齿轮
horizontal gear hobbing machine 卧式滚齿机
horizontal hack sawing machine 卧式弓锯床
horizontal hack sawing machine with column 立柱卧式弓锯床
horizontal hobbing machine 卧式滚齿机
horizontal hold 水平同步，行同步
horizontal tunting 图像左右摆动，图像水平摆动
horizontal hydraulic jack 卧式油压千斤顶，卧式液压千斤顶
horizontal hydraulic press 卧式液力压榨机，卧式液压机
horizontal intensity 水平强度
horizontal interlace 隔行扫描
horizontal-interlace technique 隔行扫描技术
horizontal internal broaching machine 卧式内拉床
horizontal internal cylindrical honing machine 卧式内圆珩磨机
horizontal internal cylindrical grinding machine 卧式内圆磨床
horizontal intersection 水平交会
horizontal interval (=HI) 水平间隔
horizontal jig boring machine 卧式坐标镗床
horizontal kiln 水平窑
horizontal knee-and-column type milling machine 卧式升降台铣床
horizontal knee type milling machine 卧式升降台铣床
horizontal ladder 卧式梯
horizontal lathe 卧式车床
horizontal length measuring machine 卧式测长仪
horizontal line (=HL) 水平线
horizontal load 水平负载
horizontal micrometer 卧式测微计
horizontal milling 卧铣，平铣
horizontal milling head 水平铣头
horizontal milling machine 卧式铣床
horizontal momentum 水平动量
horizontal motion 水平运动
horizontal movement 水平运动
horizontal one-stage pump 卧式单级泵
horizontal opener 卧式开棉机
horizontal opposed engine 卧式对置发动机
horizontal ordinate 横坐标
horizontal organization 横向联合组织
horizontal oscillator 行扫描振荡器，水平振荡器
horizontal output transformer 水平输出变压器
horizontal parallax (=HP) 水平视差，地平视差
horizontal path 水平轨线
horizontal pendulum 水平摆
horizontal plane (=HP) 水平面
horizontal planer 卧式刨床
horizontal planing machine 卧式刨床，横刨机
horizontal plate-bending machine 卧式弯板机
horizontal polarization 水平极化
horizontal position 水平位置
horizontal positioning 水平定位
horizontal pressure 水平压力
horizontal projection 水平投影
horizontal projection echo sounder 水平回声探鱼仪，水平回声探测器
horizontal pull 水平拉力
horizontal pulling on machine 卧式套皮壳机
horizontal pump 卧式泵
horizontal punching machine 卧式冲床，卧式冲压机
horizontal ram knee type milling machine 卧式滑枕升降台铣床
horizontal ram milling machine 卧式滑枕铣床
horizontal reciprocating-table surface grinder 卧式往返工作台平面磨床
horizontal reel 卧式卷取机
horizontal resolution 水平分力
horizontal return tubular boiler 卧式回管锅炉
horizontal roll forging mechanical hand 水平辊锻机械手
horizontal roll stand 水平轧辊机座
horizontal rotary engine 卧式星形发动机
horizontal rotary-knife shredder mower 水平转刀式割草切碎机
horizontal rotating autoclave 卧式回转高压釜
horizontal saddle 水平鞍座
horizontal scanning 水平扫描，行扫描
horizontal scanning circuit 行扫描电路
horizontal scanning frequency 行扫描频率

horizontal screw pump 卧式螺旋泵，卧式螺杆泵
horizontal section 水平剖面
horizontal sensor (=HS) 水平传感器
horizontal separator 行同步脉冲分离器，水平同步分离器
horizontal setting 水平刀位，水平坐标调整
horizontal shading (1)水平阴影；(2)光栅两侧亮度差异
horizontal shaft 水平轴，横轴
horizontal-shaft current meter 横轴流速仪
horizontal-shaft double turbine 横轴式双水轮机
horizontal-shaft mixer 卧式混凝土拌和机
horizontal shaft turbine gears 卧式涡轮机齿轮装置
horizontal shaper 卧式牛头刨床
horizontal shaping machine 卧式牛头刨床
horizontal shear (=HS) (1)卧式剪床；(2)水平剪力，水平剪切
horizontal shifting 水平移动
horizontal-side control 行尺寸调整
horizontal situation indicator (=HSI) 水平位置指示器
horizontal sliding bar 水平滑杆
horizontal slotting machine 卧式插床
horizontal spacing 水平间隔
horizontal spindle 水平主轴，横轴
horizontal spindle box 水平轴座
horizontal-spindle surface grinding machine 水平轴平面磨床
horizontal static convergence magnet 水平静会聚磁铁
horizontal stripe 横条
horizontal surface 水平面
horizontal surface broaching machine 卧式外拉床
horizontal surface grinder 卧式平面磨床
horizontal surface grinding machine 卧式平面磨床
horizontal surface milling machine 单柱平面铣床
horizontal sweep 水平扫描
horizontal synchronization mode 行同步方式
horizontal table 水平工作台
horizontal takeoff/horizontal landing (=HTOHL) 水平发射/水平着陆
horizontal throw 水平行程
horizontal thrust 水平推力
horizontal tool head 水平刀架
horizontal tool post 水平刀架
horizontal travel of table 工作台水平移动
horizontal tube evaporator 横管蒸发器
horizontal-tube multiple-effect (=HTME) 水平管多效
horizontal type 卧式
horizontal type generator 卧式发电机
horizontal upsetter 平锻机
horizontal vertical mill 水平立辊万能轧机
horizontal vibration 水平振动
horizontal volute propeller pump 卧式蜗壳旋桨泵
horizontal warper 卧式整经机，水平整经机
horizontal water turbine 卧式水轮机
horizontal welding 横焊
horizontal wheelhead 卧磨头
horizontal whirler 卧式烘版机
horizontal wire rod reel 卧式线材卷取机
horizontality 水平状态，水平性质，水平位置
horizontally 水平地，打横
horizontally interlaced image (水平)隔行扫描图像
horizontally-polarized antenna 水平偏振天线，水平极化天线
hormogon 连锁体
hormogonium 连锁体
horn (1)垫铁，角柄，砧角，(2)操纵杆，电极臂，机臂，导板，(3)悬臂凹模，轴状凹模，(4)轴箱导框，(5)(带材端部缺陷的)鱼尾状长尖角，角质，角，(6)喇叭筒，喇叭形，喇叭，号角，(7)角状物，角制物，角质物，悬出物，(8)圆锥形扬声器，喇叭形扬声器，(9)(天线的)圆锥形辐射体，喇叭形辐射体，漏斗形天线，喇叭形天线，号角形天线，(10)报警器，集音器，(11)使(船的框架)与龙骨成直角，装角于，把角截去
horn antenna 喇叭形天线，号角天线
horn anvil 角砧
horn arrester 角隙避雷器
horn block (1)角块，(2)(机车的)轴箱架
horn-break fuse 号角形开关
horn-break switch 号角形开关，锥形开关
horn card 角质风向盘
horn centre 圆形垫

horn-cyclide 角形圆纹曲面
horn-fed paraboloid
horn feed (1)喇叭天线馈电；(2)喇叭形辐射器
horn fuse 角式保险器
horn gap (1)（放电器的）角形火花塞；(2)角隙
horn-gap lightning 角隙避雷器
horn-gap switch 角隙开关
horn-gate 角状浇口，牛角浇口
horn gate 角状浇口，牛角浇口
horn gear 移锤轮
horn-hunter 侦声器
horn lever 角状杆
horn lightning arrester 角隙避雷器
horn loudspeaker 号筒式扬声器
horn mouth 喇叭口
horn-parabolic antenna 喇叭-抛物面天线
horn press 筒形件卷边接合偏心冲床
horn radiator 喇叭形辐射器
horn-rimmed 角质框架的
horn-rims 角质眼镜
horn socket 角形打捞器，锥形管套
horn spacing 悬臂距离
horn spoon 牛角制检金器
horn sprue 角状浇口，牛角浇口
horn-subreflector 喇叭副反射器装置
horn timber 悬船尾中纵材
horn-type 喇叭形的，号筒式的
horn-type antenna 喇叭形天线
horn-type loudspeaker 喇叭形扬声器
hornblock (1)角块；(2)（机车的）轴箱架
hornbook 初学入门书，ABC 初级教程
horned 有角的，角状的
horned nut 冠形螺母，齿轮螺母，花螺母
horning 竖立肋骨，竖立舱壁
horning press 筒形件卷边接合偏心冲床
hornless 无喇叭的，无角的
horns of a groove （唱片）纹槽角刺
horny (1)角的，多角的；(2)角制的；(3)坚硬如角的，角状的，角质的
horocycle 极限圆
horography (1)计时；(2)计时业

714

hologe 钟表
horologer (1)钟表研究者；(2)钟表制造者，钟表商
horologic (1)钟表测时法；(2)钟表制造技术
horological gear （微型）计时齿轮，钟表齿轮
horologist 钟表技师，钟表专家
horologium 钟表，钟塔
horology (1)时计制造学,钟表制造学,时计学；(2)时计制造术,钟表制造术,测时术
horosphere 极限球面
horse (1)马；(2)（刮板造型用）马架,支架,搭架,掘架,架子,台架；(3)炉底凝块,炉底结块,底结,炉瘤；(4)夹层；(5)绳索,铁杆
horse boat 大牲畜运输船
horse box 运马棚车
horse hoe 马耕机
horse pistol 马枪
horse-power (1)马力,功率；(2)马拉传动,畜力驱动
horse power (=HP) 马力
horse-power-hour 马力小时
horse power hour 马力小时
horse-power nominal (=HPN) 公称马力,标称马力
horse power requirement 需用马力
horse-shoe bar 蹄铁钢
horse shoe clamp 蹄形夹，U 形夹
horse shoe electromagnet 马蹄形电磁铁
horse shoe magnet iron 马蹄形磁铁
horse shoe riveter 马蹄形铆钉机
horse shoe washer 马蹄形垫圈，开口垫圈
horsepower (1)马力；(2)功率
horsepower characteristics 功率特性
horsepower nominal 标称马力, 名义马力
horsepower rating (以马力计算的) 额定功率
horse's head (1)挂轮架；(2)大换向齿轮
horseshoe (1)马蹄铁；(2)蹄铁形物
horseshoe plate 舵杆筒马蹄形封板

Horton multispheroid 多弧水滴形油罐
Horton sphere （可以加压的)球状气体贮罐
Horton spheroid 水滴形油罐，球形油罐
hose (1)挠性[导]管,皮带管,胶皮管,软管,柔管,蛇管；(2)水龙带
hose bib (=HB) 软管龙头
hose bit 筒式钻头
hose car [消防]水管车
hose cart 运载消防软管用的轮式车辆
hose clamp 软管夹
hose company 消防队
hose connection 软管连接
hose connection valve (=HCV) 软管连接阀
hose coupler 软管接头
hose coupling nipple 软管用接头
hose-down 用软管卸油,放油
hose down 用水龙带冲洗,用软管洗涤,用软管卸油
hose nozzle 水龙带接头,软管喷嘴
hose-proof 防水的
hose-proof enclosure （电机的)防溅渗外壳
hose-proof machine 防水式电机
hose-reel pack 软管卷组
hoseman 消防人员
hosepipe 水龙软管,蛇[形]管
hosing 用软管浇水,冲刷
Hoskin's metal 一种耐热耐蚀高镍合金(镍34-68%,铜10-19%,其余铁)
hospitable reception 热情的接待
hospital relay group 故障线收容继电器群
hospitality requirement 招待费
host (1)基体,基质,晶核；(2)基质材料；(3)许多,多数,大群
host-based support program 供主机用的支援程序
host-crystal 基质晶体,主体晶体,结晶核,主晶
host crystal 基质晶体,主体晶体,结晶核,主晶
host-ion interaction 基质离子互作用
host-language system 主语言系统
host language system 主语言系统
host lattice (1)基质点阵；(2)主晶格
host media 基底介质,主介质
host processor 主处理机
host subscriber 主机用户
host-to-host protocol 主机到主机协议
host-to-IMP control information 主机到接口报文处理机的控制信息
hostler (1)机动司机；(2)机车维修者,机器维修工
hostler's control 机车维修工控制装置
hot (1)激烈的,强烈的,厉害的,危险的,有害的,热的,热；(2)高压电线的,有电压的,有电流的,通电的；(3)有高放射性的,有强放射性的；(4)不接地的
hot-air blast 热鼓风
hot-air drier 热风干燥机
hot air furnace 热空气炉,热风炉
hot-air oven 热气灭菌器,烘箱
hot air sizing machine 热风式浆纱机
hot atom 高能反冲原子,热原子
hot-atom chemistry 热原子化学
hot background 加强背景照明
hot-bar shears 条钢热剪机
hot-bath quench aging 热浴淬火时效
hot-bath quenching 热浴淬火
hot bed （轧钢）冷床
hot-blast 热[鼓]风
hot-blast air 热风
hot-blast cupola 热风化铁炉
hot blast heater 热风炉
hot blast stove 热风炉
hot blast valve 热风阀
hot-box (1)（火车上的)热轴；(2)过热的轴承箱,过热的轴颈箱,热芯盒
hot box 由于摩擦作用而过热轴颈轴承箱
hot box process 热芯盒造型法
hot brick （钢锭模上的)保温帽砖
hot brittle iron 热脆钢
hot brittle material 热脆材料
hot brittlement 热脆
hot bulb engine 热球式发动机
hot cap 暖罩

hot camera　在拍摄中的摄像机
hot carrier　热载流子
hot-cast　热铸
hot-cathode　热阴极
hot cathode　热阴极
hot-cathode discharge tube　热阴极放电管
hot-cathode gas filled rectifier　钨氩管整流器
hot-cathode grid glow tube　热阴极栅控辉光管
hot-cathode mercury-arc rectifier　热阴极水银整流管
hot cell　(1)高放射性物质工作屏蔽室,热室;(2)热单元;(3)热电池
hot chamber machine　热室压铸机
hot charging　热装料
hot chisel　热凿,热錾
hot clearance　热态间隙
hot-coining　热精压,热压花
hot cold work　(在临界温度下的)中温加工
hot column stabilizer　稳定塔
hot cooling　沸腾冷却
hot crack　热裂纹
hot crimping　热卷边,热弯边
hot cure　热硫化
hot curing　热硫化
hot curve　(制动器)热态有效性(与踏板力的关系)曲线
hot deformation　热变形
hot-die　热压模
hot die forging　热模锻
hot die steel　热锻模钢
hot dimpling machine　热压波纹机
hot dip　热镀,浸镀,热浸
hot-dip alloying　热浸合金过程
hot-dip aluminizing　热镀铝
hot-dip coating　热镀层
hot-dip galvanized　热镀锌的
hot-dip galvanized pipe　热镀锌管
hot-dip galvanized steel wire　热镀锌钢丝
hot dozzle　[钢锭]帽头,保温帽
hot drawing　热拉伸,热拔
hot drawing wire　热拉钢丝
hot-drawn　热拉的,热拔的
hot ductility　热延性
hot electron　[过]热电子
hot end　高电位端,热端
hot extraction process　真空熔化气体分析法,热萃取法
hot extrusion　热挤压,热压
hot-feed remote controlled pump　热蚀遥控泵
hot finished rod　热轧盘条
hot floor　平底干燥器
hot-forging　热锻
hot forging　热锻造,热锻
hot-forming　热压成型,热加工,热冲压
hot forming　热加工成形,热加工成型
hot forming property　热成形性能
hot-galvanize　热镀锌
hot-galvanizing　热电镀,热镀锌
hot galvanizing　热镀锌
hot-gas　高温气体,热气
hot gas line　(1)热气管线;(2)排出管
hot-gas reflow soldering　热气流焊接
hot gas welding　热风焊接,气焊
hot hardness　热硬性
hot hardness tester　高温硬度试验机
hot headers　热镦机
hot heading　热镦粗
hot holes　热空穴
hot house　(1)温室,暖房;(2)干燥室
hot ingot peeling machine　热钢锭剥皮机
hot investment casting　精密铸造,蜡模铸造
hot iron　铁水
hot isostatic pressing　热等静压压制
hot-junction　热接点
hot junction　热接点,热端
hot laboratory　(1)强放射性物质研究实验室,热实验室;(2)原子核研究所
hot-laid　热铺[的]

hot light　电视演播室内最重要的灯光,热光,主光
hot line (=HL)　(1)带电线路,热线;(2)作用线,工作线
hot-line job　带电操作,带电作业,热线作业
hot line job　带电操作,带电作业,热线作业
hot-line work　带电操作,带电作业,热线作业
hot line work　带电操作,带电作业,热线作业
hot machining　高温切削
hot magnetron　热阴极磁控管
hot material　强放射性材料
hot-metal　熔融金属
hot metal　熔融金属,液态金属
hot-metal process　(电冶)热装法
hot-metal sawing machine　热锯机
hot-mould　热模塑
hot moulding　热模压
hot-neck　[轧钢机]滚棒轴头
hot neck　轧钢机滚棒轴头
hot-neck grease　轧钢机滚棒轴头润滑油
hot oil expression　热压油法
hot oven　烘烤炉
hot pack　热包裹法
hot-pack method　热装罐法
hot-papa　[航空母舰上]抢救失事飞机人员
hot patch　热补丁,热补
hot patching　热补
hot peening marquenching　热锻分级淬火
hot-pilot　熟练飞行员
hot-plate　(1)加热[铁]板,热板;(2)电炉;(3)煤气灶
hot plate　(1)加热[铁]板,热板;(2)电炉;(3)煤气灶
hot-plate magnetic stirrer　热板磁扰动器
hot-plate test　热板试验
hot-platinum halogen detector　热铂卤素探漏器
hot polymerized (=HP)　高温聚合的
hot polymerized rubber　高温聚合橡胶
hot-press　(1)加热压平机,热榨油机,热压机;(2)热压
hot press (=HP)　(1)热压机;(2)烘衣室
hot-press arrangement　热压装置
hot press forging　热模锻
hot-press ram　热压冲杆
hot-pressed alloy　热压合金
hot-pressed bronze　热压青铜
hot-pressed part　热压零件
hot-pressed product　热压制品
hot-presser　热压机操作工
hot-pressing　热压
hot pressing　热压
hot-pressing tool　热压工具
hot-pressure welding　热压焊
hot production　热加工生产
hot-quenching　热淬
hot quenching　热浴淬火,分级淬火,热淬
hot rack　热钢材冷却台架,(轧钢)冷床
hot rail　禁火标识
hot reeling machine　旋进式热轧机,热卷取机,热管材整径机
hot reflux　热回流
hot reserve　暖机预备
hot-rock　(口)熟练飞行员,熟练工人,熟练人员
hot-roll　热轧
hot roll　热轧,热辊
hot-rolled　(1)(纸)热滚研光;(2)热轧的,热压的,热碾的
hot rolled (=HR)　热轧的
hot-rolled band　热轧带材
hot rolled band　热轧带钢
hot-rolled bar　热轧条材
hot-rolled gear　热轧[制]齿轮
hot-rolled pipe　热轧管
hot-rolled steel　热轧钢
hot rolled steel (=HRS)　热轧钢
hot-rolling　热轧
hot rolling　热轧
hot rolling method　热轧法
hot rolling mill　热轧机
hot rubber　热聚合橡胶
hot-run table　热金属辊道

715

hot run table　热金属辊道

hot saw　热锯

hot scarfing　(1) 高温修切边缘；(2) [热] 烧剥

hot-seat　飞机弹射椅

hot-set　热固

hot set　(1) 热 [凝] 固；(2) 热作用具，热锻用具

hot shears　热剪

hot shoe　闪光灯插座

hot-short　(1) 不耐热的，热脆性的，热脆 [的]，红脆的；(2) 快速货运；(3) 高速飞机，高速车辆；(4) 熟练工人

hot short　热脆

hot-shortness　热脆性

hot shortness　热脆性，热脆

hot shot　过热

hot splicer　热接片机

hot spot　(1) 强放射性沾染带，高放射性区，辐射最强处，潜在危险区；(2) 局部加热点，过热部位，过热点，热部位，热点；(3) 腐蚀点；(4) (水银整流器) 阴极斑点，阴极辉点，亮点

hot-spots　热点

hot-spotting　局部加热，预先加热，预热

hot spotting　热点

hot spraying　热喷涂

hot start　高电流起弧

hot-stretch　热拉伸

hot-strip　热轧钢材，热轧带钢，热轧带材

hot strip　热轧钢带

hot-strip ammeter　热片安培计

hot-strip mill　热轧带钢机

hot strip mill　扁钢热轧机，带钢热轧机

hot-strip reels　热轧带钢卷取机

hot strength　热强度

hot stuff man　热料工

hot suitman　飞机消防员

hot swaging　热型锻

hot tap　(钢锭的) 热帽

hot-target　(口) 重要打击目标，首要打击目标

hot tear　热撕裂

hot tension test　高温拉力试验

hot test　高温试验

hot-tinting　(1) 氧化膜色；(2) 回火色，火色

hot-top　(1) (鼓风炉熔炼) 热炉顶，保温帽；(2) 冒口

hot top　(1) (鼓风炉熔炼) 热炉顶，保温帽；(2) 冒口

hot-trimming　热修整，热精整

hot tube expanding machine　热扩管机

hot upset machine　热镦锻机

hot vacuum　热真空

hot vehicle　导弹，火箭

hot vulcanization　热硫化

hot wall　火墙

hot-wall tube furnace　热壁管式炉

hot-water　热水的

hot water (=HW)　热水

hot-water bag　(1) 热水袋；(2) 加热垫

hot-water boiler　热水锅炉

hot-water bottle　热水瓶

hot-water calorifier　热水供暖器

hot water circulating (=HWC)　热水循环

hot-water heating　(1) 热水供暖；(2) 水暖设备

hot-water line (=HWL)　热水管

hot-water radiator　热水散热器

hot water return (=HWR)　热水回路

hot weld　热焊

hot-wire　(1) 热电阻线，热阻丝，热线；(2) (汽车起动时) 短路打火；(3) 热电阻线的，热线式的，热阻丝的

hot wire　(1) 有电电线，热电阻线，热线，热丝；(2) 皮拉尼真空计

hot-wire ammeter　热线式安培计

hot wire anemometer (=HWA)　热线风速表

hot-wire arc lamp　热线弧光灯

hot-wire detector　热线式检波器

hot-wire meter　热线式仪表

hot-wire microphone　热线式话筒

hot-wire oscillograph　热线 [式] 示波器

hot-wire saw　热线锯

hot-wire wattmeter　热线式瓦特计

hot-work　热加工，热作

hot work　热加工，热作

hot work tool steel　热锻模具钢

hot-workability　热加工性

hot worked　热加工的

hot working　热加工，热作

hot-zone　热带，热区

hotbed　(1) 温床；(2) (轧钢的) 冷床

hotblast stove　热风炉

hotching　跳汰机产物，跳汰机选矿

Hotchkiss　(1) 订书机；(2) 霍契基斯重机枪，霍契基斯炮

Hotchkiss drive　(汽车) 钢板弹簧承推驱动，霍契基斯传动装置

Hotckkiss　哈气开斯重机枪

hotel car　餐卧车箱

hotel floor　平底干燥器

hothouse　干燥室，温室，暖房

hotline　(1) 核爆炸烟云热线；(2) 热线

hotmelt　热熔粘合剂

hotness　(1) 热；(2) 热感

hotshot　(1) 高速飞机，快车，快船；(2) 熟练飞行员，熟练工人；(3) 向热气流发射试验

hotspots　热点

hotspur　郝司波铬镍钢

hotswage　热环锻，热旋锻

hotwell　(凝气器的) 热水井，凝结冰箱

Houdryforming　胡得利重整

hound　(1) 桅肩；(2) 斜撑杆，斜杆；(3) 驱动

hound band　桅箍

hounding　桅主段

hour (=Hr 或 hr)　(1) 小时，钟头；(2) 时间，钟点，时刻；(3) 目前，现在

hour-angle　时角

hour angle　相位角，时角

hour-circle　时圈

hour circle　(1) 时圈；(2) 时标盘

hour-glass　(计时的) 砂漏，水漏

hour-glass effect　航海雷达站在近海岸工作的误差，船舶雷达站靠岸误差，颈缩效应

hour-glass roller　凹面滚子

hour-hand　时针

hour hand　时针

hour-long　一小时长的

hour on stream　操作时间

hour rack　时齿条

hour to stream　操作时间

hourglass　(1) 砂漏，水漏；(2) 砂漏或水漏所测得的时间间隔

hourglass shaped tooth　凹形齿

hourglass worm　球面蜗杆，包络蜗杆

hourglass wormgear　球面蜗轮，包络蜗轮

hourglass wormgearing with double enveloping　双包络球面蜗杆传动

hourglass wormgearing with single enveloping　单包络球面蜗杆传动

hourglass wormgearing with straight sided teeth　具有直线齿廓的球面蜗杆传动

hourless　无时间限制的

hourly (=HRLY)　(1) 以钟点计算的，每小时地，常常；(2) 小时制功率

hourly capacity　每小时生产能力

hourly output　每小时产量

hourly variation factor　时变化系数

hourmeter　小时计

hours (=hrs)　小时 [数]

hours of combustion　燃烧时间

hours of observation　观测时间

hours of use　使用时间

hours underway　航海时间

house　(1) 房子，房屋，房间，家，室；(2) 仪器罩，遮蔽罩，箱，罩，库；(3) 甲板上的建筑，车间，工段，场所，厂房，机构，商号，商店，商行，家庭；(4) 收藏，容纳，包含，覆盖，遮蔽，遮盖，关闭，挡住，放置，安置，布置

house analog　计算热平衡的模拟装置

house brand　工厂牌号

house-brand gasoline　普通品种汽油，汽油正规品种

house cable　室内电缆

house-car　箱车

house car　箱车，棚车

house connecting box　用户分线箱

house drain 房基排水管
house dust 室内尘埃
house flag ［轮船］公司旗
house generating set 用户发电机组
house generator 自备发电机
house keeping （程序的）内务操作
house-keeping instruction 整理指令，辅助指令
house-keeping operation 辅助操作
house lead-in 进户线
house machine 厂用机组
house moss 室内尘埃
house paint 民用漆，房屋漆
house painter 房屋油漆工
house-service circuit 厂用电路
house-service consumption 厂用电损耗
house-service equipment 厂用电设备
house-service meter 普通用户电度表，家庭用仪表
house-service network 厂用电力网
house service wires 进户线
house substation 厂用变电所，专用变电所
house-supply 室内使用
house supply 厂用电
house telephne 内部电话
house telephone system 内部电话交换系统
house trailer 宿营车
house transformer 厂用变压器
house trap 排水管存水弯
house turbine 厂用涡轮机
house-wife program 内务程序
houseboat 旅游船
housed 封装的
housed joint 藏纳接头
household 一般用途的，普通的，家用的
household appliance 家用电器
household demand 生活用电需要量
household electric appliance 家庭生活电器用具
household stuff 家具和陈设品
household water filter 家庭滤水器
householder 户主
housekeeping （1）服务性工作，整理工作，辅助工作，保管；（2）｛计｝内务操作，内务处理
housekeeping instruction 辅助指令，内务指令，整理指令
housekeeping operation 程序加工操作，辅助操作，整理操作，内务操作
housekeeping package 整理组装，成家组装，内务组装
houselet 小房子
houseline 重型捆扎绳，家用绳，三股绳
houseman （1）石油加工工厂控制室操作者；（2）软管喷水工；（3）压气软管检查工
housephone 内线电话
houseroom 卧室
housing （1）齿轮箱，曲柄箱，包装箱，箱体，壳体，外壳，阀壳，外套，外罩，护罩，（2）房屋，住宅，住房；（3）厂房，机房；（4）电刷架，型芯架，骨架，支架，机架，框架，构架，机体，机座，座，（5）屏蔽套，炉套，（6）轴承座，轴承盖，轴承壳，轴套，（7）垫圈，卡箍，（8）榫眼，凹部，孔槽，塞孔，槽，沟，腔，（9）遮蔽物，遮盖物，（10）（复）润滑部位
housing base 轧机牌坊的轨座
housing bearing seat 箱体轴承座［面］
housing block 轴承箱组（包括轴承和箱体）
housing boring locating （轴承）箱体内孔定位
housing-box 过热的轴颈箱
housing box 轴箱，壳箱
housing cost 保管费用
housing fit （轴承）箱体配合
housing of pump 泵体，泵壳
housing pin 压紧螺丝
housing plate 箱体端盖，箱体座板
housing screw 压紧螺钉，压下螺丝
housing shoulder （轴承）箱体台肩
housing tolerance 壳体公差
housing washer （轴承）外圈，活圈
housing washer with aligning seat （轴承）有调心座的活圈，球面外圈
housing window 轧机牌坊
hover ［直升飞机］悬停盘旋
hover-jet plane 悬停喷气式直升机

hoverbarge 气垫驳船
hoverbus 内河气垫交通艇
hovercar 飞行汽车，气垫车
hovercraft （1）气垫车，气垫船，气垫艇，腾空艇；（2）气垫飞行器，悬浮运载工具
hoverferry 气垫渡船
hovergem 民用气垫船
hoverheight （1）［气垫船］垫升高度；（2）［潜水艇］悬浮高度
hoverliner 巨型核动力气垫船
hovermarine 海上腾空运输艇，气垫船
hoverpad 气垫船或气垫火车的金属底板，气垫底板
hoverpallet 气垫起重移位器
hoverplane 直升飞机，直升机
hoverport 气垫船码头，气垫船港口
hovership 气垫登陆艇，气垫船
hovertrain 气垫火车，气垫列车，飞行火车
how （1）用什么方法，怎样，怎么；（2）为什么，为何；（3）多少，多么；（4）尽可能，是
howe truss 豪式桁架
howel 桶匠用的凸底刨
Howell Bunger valve 锥形阀
however （1）无论如何，即使……也，不管，虽然；（2）但是，可是，然而，仍
howitzer 曲射炮，榴弹炮
howl （1）啸声，蜂鸣；（2）颤噪效应，声反馈；（3）再生
howl repeater 啸声增音机
howl-round 声反馈
howler （1）高声信号器，噪鸣器，振鸣器，汽笛；（2）警报器；（3）大错
howler circuit 噪鸣电路
howling （1）啸声，噪鸣，蜂鸣；（2）颤噪效应，声反馈；（3）再生；（4）极端的
Howorth test 研磨试验
howsoever 无论如何，不管怎样，纵使，也
hoy （1）沿海供船；（2）装载大体积货物的驳船，重型货驳
Hoyt alloy 霍伊特合金，锡基轴承合金（锡91%，锑6.8%，铜2.2%）
hub （1）旋翼叶毂，轮毂，转轮体；（2）短管接头，衬套，套壳，套节，（3）轴，柄，（4）插座，插孔，（5）切压母模，冲头，（6）中心，中枢
hub bore 毂孔
hub borer 毂孔镗床
hub brake 轮毂制动器
hub cutter 带毂刨齿刀
hub diameter 轮毂直径
hub docking 毂套对接
hub extrusion 轮毂突出部
hub face 毂面
hub flange 轮毂凸缘
hub liner 毂衬
hub micrometer ［镗床装刀用］中心千分尺
hub of gear 齿轮毂
hub puller 轮毂拉具
hub sleeve 轮毂衬套
hub spacer 内隔圈
hub-type gear 毂型齿轮
hub-type shaper cutter 筒形插齿刀
hub wrench 轮毂扳手，轮毂螺母扳手
hub yoke （四轮驱动车辆）前轮轮毂万向节叉
hubber （1）冲压机；（2）冲压工
hubbing 切压模型［法］，压制阴模法，高压冲制
hubcap 轴端盖，毂盖
hud 壳，外皮
hue （1）色调，色彩，色泽，色相，色度，混合；（2）形式，样子；（3）噪杂声
hue control 色调调节
hue shift 色调偏移
hue wave length 主波长
Huey test （1）晶间腐蚀试验；（2）不锈钢耐蚀试验
huff （1）吹胀，喷气，吹气；（2）提高……价格
huff-duff 高频无线电测向［仪］
Hugoniot 休斯继电器
hulk （1）平底船，大船；（2）笨重的船，废船，破船，残骸，外壳；（3）笨重地移动，显得巨大
hulking 庞大的，笨重的
hull （1）外壳，外部；（2）船壳，船体，船身；（3）车盘，骨架；（4）机身，本身；（5）薄膜
hull-borne［水翼船、气垫船的］排水状态

hull cell 薄膜电池
hull insurance 机身保险
huller 剥壳器具, 脱壳机, 脱皮机, 脱粒机, 去壳机, 去皮机
huller gin 带铃壳籽棉轧花机
hulling (1) 去壳；(2) 造船身的材料
hulling machine 脱壳机
hum (1) 嗡嗡声, 交流声, 杂音；(2) 馈电路频率干扰
hum-balancing resistor
hum bar 图像波纹横条, 哼声条, 交流带
hum-bucking coil 抗交流声线圈, 哼声抑制线圈
hum cancel coil 交流声消除线圈, 反交流声线圈
hum filter 交流声滤波器, 哼声滤波器, 平滑滤波器
hum free 无交流声 [的], 无哼声 [的]
hum level 交流声电平
hum measurement 背景噪声测量, 哼声测量
hum noise tester 声测试器
hum-to-signal ratio 交流声信号比, 哼声信号比
human 人类 [的], 似人 [的]
human-caused error 人为误差
human dynamic response 人体动态响应
human engineering (=HE) (1) 环境工程学, 工程心理学；(2) 机械设备利用学, 运行工程学；(3) 人事管理
human error 人为误差, 主观误差
human factor engineering (=HFE) 环境因素工程学
human factors operations research laboratories (=HFORL) 环境因素运筹研究实验室
human information-processing system 人对信息的处理系统
human observer 观测者
human operation 人工操作
human operator 操作员
human-oriented language
human simulation 人的模拟, 人工智能模拟
humanly 在人力所及范围, 从人的角度, 用人力
humanoid (1) 具有人类特点的；(2) 人形机
humber I (英)"亨伯 I"装甲汽车
humberette (英)"亨伯莱梯"轻型侦察装甲汽车
hume duct 混凝土冷却管道, 钢筋混凝土管, 休漠管道
hume pipe 混凝土冷却管道, 钢筋混凝土管, 休漠管道
humectant (1) 湿润器, 湿润剂, 保湿剂, 致湿物；(2) 含水加入剂
humectation 润湿, 增湿, 致湿
humic 腐殖的
humic acid 腐殖酸
humic coal 腐殖煤
humid 湿润的, 湿的
humid air 湿空气
humid analysis 湿法分析
humid ether 含水醚, 湿醚
humid volume 湿空气比容, 湿容积
humidification (1) 湿润, 增湿, 加湿, 弄湿；(2) 增湿作用, 湿润性
humidifier 湿润器, 增湿器, 加湿器
humidify 使湿润, 使潮湿, 弄湿, 加湿, 增湿, 调湿
humidifying and air conditioning equipment 水淋式空 [气] 调 [节] 设备
humidifying test 吸湿试验
humidiometer 湿度计
humidistat 恒湿调节器, 湿度调节器, 恒湿器, 恒湿箱, 保湿箱
humidity (1) 水份含量, 湿度；(2) 潮湿, 湿
humidity cabinet 湿度箱
humidity control 湿度调节
humidity-dependent resistor 湿敏电阻器
humidity drier 湿式干燥器
humidity relative (=HR) 相对湿度
humidizer 增湿剂, 加湿剂
humidness 湿度, 湿气
humidometer 湿度表
humidor 蒸汽饱和室, 保湿气恒湿室, 保润盒
humidostat 恒湿 [度调节] 仪, 湿度调湿仪
humit 温湿
humiture 温湿度
hummer 蜂音器, 电磁器, 哼声器
humming 齿轮噪声, 嗡嗡声, 蜂鸣音, 蜂鸣声
humming arc 哼弧
humming elimination 交流声消除

hump (1) 隆起；(2) 曲线顶点, 峰值
hump frequency 包络波频率
hump rail brake 驼峰刹车器
hump resonance 共振峰
hump speed 界限速度
hump voltage (频率特征曲线) 凸起电压, 驼峰电压
humpage hob 镶齿滚刀
humped 驼峰式的, 隆起的
hunch (1) 圆形隆起物, 厚片, 大片, 大块；(2) 主观臆断, 主观臆测, 预感, 直觉；(3) 弯成弓状；(4) 向前移动
hunch pit 渣坑
hundred (1) 一百；(2) 百个
hundred cubic feet (=HCF) 百立方英尺
hundred-percent 百分之百的, 完全的
hundred-proof 纯正的, 真实的
hundred weight 英担(英 =112 磅, 美 =100 磅)
hundred's place 百位
hundredth (1) 第一百；(2) 百分之一
hundredth-normal 百分之一当量浓度
hundredweight 英担(英 =112 磅, 美 =100 磅)
hung load 悬挂负荷
hung-up 专心于
hunt (1) 探求, 搜索；(2) 振动, 振荡；(3) 偏航
hunt after 搜寻
hunt and peck 看一个键按一下的打字
hunt down 搜索, 搜寻
hunt effect 摆动效应
hunt for 搜寻
hunt out 寻出
hunt up 搜寻, 寻找
hunter-killer (1) 海空联合反潜艇的；(2) 猎潜艇
hunting (1)振动, 振荡, (2)寻找故障, 寻找平衡, (3)搜索, 搜寻, (4)偏航, (5)不规则振荡, 寄生振荡；(6) 摆动, 波动, 摇动, 晃动；(7) (同步电机的) 速度偏差；(8) 趋于自激振动的倾向, 自动振动过程, 自摆过程
hunting cog 追逐齿
hunting contact 寻线器接点
hunting gear 随动装置
hunting link 活动链环
hunting loss 摆动损失
hunting of governor 调节器的摆动
hunting oscillator 不规则振荡器, 搜索振荡器
hunting time (=HT) 自动选线时间, 寻找时间, 摆动时间
Huntington dresser [组合] 星形修正工具
hurds (印花机上的) 刮浆机
hurdy-gurdy 手摇卷扬机, 卷筒车, 绞车
hurl barrow 手推车
hurlbarrow 手推车
hurling pump 旋转泵
hurley 双轮手推车
Hurricane 旋风式战斗驱逐机
hurricane deck 最上层甲板, 飓风甲板
hurricane drier 快速热风烘燥机
hurricane globe 防风罩
hurricane-lamp 防风灯
hurricane lamp 防风灯
hurry-up wagon 应急修理车, 抢修车
hurrying 人工运输
Hurst and Driffield curve 曝光特性曲线, H-D 曲线
hurt 损伤, 伤害, 损害, 危害, 使伤, 致伤
hurter 保护台架, 防护短柱, 缓冲物, 防护物
Hurter and Driffield curve 曝光特性曲线
hush 套管
hushing 用水清洗
hushing tube 消声管
husk (1) 外皮, 壳；(2) 大圆锯心轴的支架, 圆锯框
Husman metal 一种锡基轴承合金, 胡斯曼合金(锡 11%, 铜 4.5%, 铅 10%, 锌 0.4%, 其余锡)
Hutchinson metal 一种铋锡合金(用于热电偶, 锡 10%, 铋 90%)
Hutchinson tar tester 赫金生氏焦油粘度计
Huxford circuit 赫克福 [超短波] 振荡电路
Huygens' principle 惠更斯原理
Hy-rib 一种钢丝网
hy-therm 耐热的, 抗热的
Hy-Tuf steel 高强度低合金钢(碳 0.25%, 锰 1.3%, 硅 1.5%, 镍 1.8%,

钼 0.4%，其余铁）

hyaline （1）玻璃［状］的，透明的；（2）玻璃质

hyalinization 透明化作用

hyalocrystalline 透明晶体的

hyaloid 玻璃状的，透明的

Hyatt roller bearing 海厄特滚子轴承，挠性滚子轴承，弹簧滚柱轴承

HyB Net 混合线圈平衡网络

Hybnickl 改良的 18-8 不锈钢（加入 3% 铝）

hybrid （1）混合［式］的，桥接的，差接的；（2）混合计算机；（3）混合电路，混合网络；（4）混合波导连接，［波导］混合接头，桥接岔路；（5）连接点，节点；（6）等差作用；（7）混频环，混合物

hybrid airborn navigation computer 混合式航空计算机

hybrid analog computer 混合模拟计算机

hybrid bearing 球轴承与静压轴承组合

hybrid bridge circuit 差动式桥路

hybrid circuit （1）混合电路；（2）波导管 T 形接头

hybrid coil 等差作用线圈，桥接岔路线圈，混合线圈，差动线圈

hybrid computer （模拟 - 数字）混合［式］计算机，复合计算机

hybrid computer link (=HYCOL) 混合［式］计算机线路

hybrid-coupled 双 T 形接头耦合的

hybrid digital analog computer (=HYDAC) 混合式数字模拟计算机

hybrid frequency 混合频率

hybrid graphical processor 混合信息处理机，模数信息处理机

hybrid IC 混合［式］集成电路

hybrid integrated circuit 混合［式］集成电路

hybrid junction 混合连接

hybrid library 混合程序库

hybrid main program 混合主程序

hybrid metal 石墨化钢

hybrid module 混合微型组件，混合微膜组件

hybrid multiplex modulation 复合调制

hybrid multiplex modulation system （1）复合调制方式，多重调制方式（2）复合调制系统，多重调制系统

hybrid multivibrator 复合式多谐振荡器

hybrid parameter 混合参数，混合参量

hybrid-propellant combination 固 - 液态混合燃料

hybrid regulator 混合调节器

hybrid set （1）混合机组；（2）混合线圈；（3）二、四线变换装置

hybrid system 复合系统，混合系统，混杂系统

hybrid transistor-diode logic 混合式晶体管 - 二极管逻辑电路，混合晶体三 - 二极管逻辑电路

hybrid T T 形波导

hybrid TV 拼合电视机

hybrid-type （1）混合式的，混合型的；（2）桥接岔路型，差动式，复式

hybrid vehicle 多动力型汽车，双动力型汽车

hybridism 混染作用，混合性，混成

hybridization 混合，混成

hybridize 混成

hycar 丁二烯 - 丙烯腈共聚物，合成橡胶

Hycomax 铝镍钴系永久磁钢（镍 21%，钴 20%，铝 9%，铜 2%，其余铁）

hyconimage tracking sensor 成像跟踪传感器

hydathode 排水孔，排水器

hydatoid （1）玻璃体膜；（2）水状液的

hydr- （词头）流体，氢［化］，水

hydra 湿水型

hydra-headed 多中心的，多分支的，多头的

hydra-leg 液压凿岩机腿

hydra-matic 油压自动式［的］，液压自动式［的］，液力自动式［的］

hydra-matic transmission 油压自动控制传动装置

Hydra-metal 海德拉合金钢（碳 0.3%，铬 3.5%，钨 9-10%，其余铁或碳 0.26%，铬 3%，钨 9-10%，钼 0.5%，镍 2.5%，其余铁）

hydra-rib bearing 液体预过盈轴承

hydrabarker 水力剥皮机

hydrability 水化性

hydraclone 连续除渣器

hydrafil 氢氧化铝

hydrafiner 水化精磨机，高速精浆机

hydraguide 油压转向装置

hydralignum 飞机螺旋桨木料

hydrant (=hydt) （1）给水龙头，配水龙头，取水管；（2）消防龙头，消防栓，给水栓

hydrapulpter 水力碎浆机

hydrargyrate 水银的，含汞的

hydrargyria 水银中毒，汞中毒

hydrargyrism 水银中毒，汞中毒

hydrargyrosis 水银中毒，汞中毒

hydrargyrum ｛化｝水银，汞 Hg

hydratable 能水合的

hydrate （1）水合物，水化物，含水物；（2）水合［作用］，水化［作用］；（3）使成氢氧化物，使成水合物，水合

hydrate of aluminium 氢氧化铝

hydrate of barium 氢氧化钡

hydrate of lime 石灰的水化物，熟石灰

hydrated 水合的

hydrated form 水合式

hydration 水合［作用］

hydration heat 水合热

hydration water 结合水

hydratisomery 水合同分异构

hydrator 水化器，水合器

hydrature 水合度

hydraucone 喇叭口

hydrauger 水力螺旋钻

hydrauger method 水冲钻探法

hydraulic (=hyd) （1）水力的，水工的，水压的，液力的，液压的；（2）水力学的；（3）水硬的

hydraulic accumulator （1）液压蓄能器；（2）蓄水池

hydraulic actuating cylinder 液压动作缸

hydraulic actuator 液压作动器，液压动作筒，液压促动器，液压执行机构

hydraulic air pump 射水抽气器

hydraulic amplifier 液压放大器

hydraulic analog 液压模拟

hydraulic autolift 液压汽车升降器

hydraulic back pressure valve 液压背压阀，水保险器

hydraulic backhoe （铲土机）液压反铲

hydraulic borehole stress-meter 液压钻孔应力计

hydraulic boring lathe 液压镗床

hydraulic boring machine 液压镗床

hydraulic brake （1）液压制动器，液力制动器；（2）闸式水力测功器；（3）液力闸，水力阀

hydraulic brake with vacuum power 真空助力液压制动器

hydraulic bronze 耐蚀铅锡黄铜（铜 82-83.75%，锡 3.25-4.25%，铅 5-7%，锌 5-8%）

hydraulic buffer 液压缓冲器，液压减振器

hydraulic capstan 水力绞盘

hydraulic capsule 液压传感器

hydraulic cell 液压传感器

hydraulic cement 水硬性水泥

hydraulic chip washing and carrying system 水力排屑装置

hydraulic chuck 液压卡盘

hydraulic circuit 液压循环管路，液压回路，液压管路，油路

hydraulic circular sawing machine 液压圆锯床

hydraulic clamp 液动压板

hydraulic clamping device 液力夹持装置

hydraulic classification 水力分级

hydraulic classifier 水力分粒机

hydraulic clutch 液力耦合器，液压离合器

hydraulic compressor 水力压缩机

hydraulic computer 液力计算机

hydraulic control 液力控制，液压控制

hydraulic control device 液压控制装置

hydraulic control valve(=HCV) 液压控制阀

hydraulic controlled bulldozer 液压操纵推土机

hydraulic controlled scraper 液压式铲运机

hydraulic copying attachment 液压仿形刀架

hydraulic copying head 液压仿形头

hydraulic coupling 液压联轴节，液力耦合器，水力联轴节

hydraulic crane 液压起重机

hydraulic cyclone 水力旋转分粒机

hydraulic cylinder 液压缸

hydraulic cylinder hoist 液压圆筒式启闭机

hydraulic design （1）液压设计，液压计算；（2）水力工程设计

hydraulic differential 液压差速器

hydraulic dredger 水力挖泥机，水力挖泥船，疏浚机

hydraulic drift net capstan 液压流网绞盘

hydraulic drill 液压钻孔

hydraulic drilling 液压钻孔

hydraulic drive 液压传动, 液力传动
hydraulic driven 液压传动的, 液力传动的
hydraulic drop hammer 液压落锤
hydraulic dynamometer 水力测功器, 水力测功机, 水力测力器, 水力功率计
hydraulic electrogenerating 水力发电
hydraulic elevator 水力提升机, 液压升降机
hydraulic engine 水力发动机
hydraulic engineering 水利工程
hydraulic equipment 液压元件
hydraulic evapotranspirometer 水力式土壤水分蒸腾计
hydraulic excavator 水力挖掘机, 疏浚机
hydraulic excavator digge r 液力挖掘机
hydraulic extruder 水压挤出机
hydraulic feed (1) 液压进刀; (2) 液压输送
hydraulic filter 液压滤油器
hydraulic flanging press 液压翻边压力机
hydraulic flow 湍流
hydraulic fluid 液压用液体, 液压油
hydraulic forging 水压锻造
hydraulic forging press 液压锻压机, 水力锻压机, 锻造水压机
hydraulic gantry crane 水力桥式起重机, 液压高架起重机
hydraulic gear 液压传动装置
hydraulic generator 水轮发电机
hydraulic gland 水封套
hydraulic governor 液动调速器
hydraulic grade 水力梯度, 水压线, 液压线
hydraulic gradient line 液压梯度线
hydraulic gun 水枪
hydraulic hammer 水压锤
hydraulic hoist 水力提升机
hydraulic hook 液压挂钩
hydraulic index 水硬率
hydraulic jack (1) 液压千斤顶, 油压千斤顶, 液力起重器, 液压起重器; (2) 液压油缸
hydraulic lathe 液压车床
hydraulic-lift 水力升降机, 液力升降机, 液压升降机
hydraulic-lift scraper 液压提升式铲运机
hydraulic lifting system 液压提升系统
hydraulic lime 水硬石灰
hydraulic line 水面线
hydraulic lip packing 液压带唇形密封件
hydraulic loader 液力装载机
hydraulic lock 液压锁紧装置
hydraulic locomotive 液压机车
hydraulic longline gurdy 液压延绳钓机
hydraulic machine 水压机, 液力机械
hydraulic machinery 水力机械
hydraulic main 总水管
hydraulic maintenance panel (=HMP) 液压维护板
hydraulic mangle 水压轧机
hydraulic mining 水力采矿
hydraulic mining giant 水力开采水枪
hydraulic mockup (=HMU) 水力模型, 液压模型
hydraulic modulus 水硬率
hydraulic mo(u)lding machine 水力造型机, 液压造型机
hydraulic motor 液压电机, 液压马达, 液压发动机
hydraulic mule 液力供压机
hydraulic navvy 水力挖泥机
hydraulic oil 液压油
hydraulic oil gear 液压传动装置
hydraulic oil press 液压榨油机
hydraulic oil pump discharge line (=HPDL) 液压油泵泄放管路
hydraulic oscillating cylinder 液压摆摆油缸
hydraulic packing 液压填密
hydraulic pipe 液压管
hydraulic pipe bender 液压弯管机
hydraulic pipe-line 输水管路
hydraulic piston 液压活塞
hydraulic planer 液压刨床
hydraulic plate bender 液压弯板机
hydraulic plunger 液压柱塞
hydraulic plunger elevator 液压柱塞升降机
hydraulic pneumatic (=hyd pneu) 液力气力的, 液压风动的

hydraulic pneumatic panel (=HPP) 液压气动控制台
hydraulic power 水力
hydraulic power packs 液压动力装置
hydraulic power plant 水力发电厂, 水电站
hydraulic power pool 水力发电贮水池
hydraulic power project 水力发电工程
hydraulic power scheme 水力发电枢纽
hydraulic power station 水电站
hydraulic power supply (=HPS) 水力的动力供应, 液力的动力供应
hydraulic preservation oil 液压防护油
hydraulic press 液压机, 油压机, 水压机
hydraulic pressure 液压 (水压和油压)
hydraulic pressure ga(u)ge 液压计
hydraulic pressure indicator 液压表
hydraulic pump 液压泵, 水压泵
hydraulic pump discharge (=HPD) 液压 [系统用的] 泵 [的] 泄放
hydraulic pumping unit (=HPU) 液压泵装置
hydraulic punching machine 液压冲床
hydraulic purse seine winch 液压围网起网机
hydraulic rack limitor 液压齿条限位器
hydraulic radius 水力半径
hydraulic rail pulling device 油压拉轨机
hydraulic ram (1) 水压机活塞, 液 [力] 压头, 液压油缸, 液压作动筒; (2) 压力吸扬机, 水力夯锤
hydraulic relief valve (=HRV) 液压安全阀
hydraulic retarder 液压减速器, 液力辅助制动器
hydraulic riveter 液压铆接机, 水压铆机
hydraulic riveting machine 液压铆接机, 液力铆机
hydraulic robot 液压机器人
hydraulic rock drill 水力凿岩机
hydraulic rope-geared elevator 液压绳轮升降机, 液压绳索升降机
hydraulic rotary table 液压 [旋转] 工作台
hydraulic seal 液压密封, 液体密封, 水封
hydraulic selector 液压开关, 液压选择器
hydraulic selector valve (=HSV) 液压选择阀
hydraulic servo 液压伺服机构
hydraulic servo-motor 液压伺服电动机
hydraulic servo system 液压伺服机构
hydraulic set 水力装置
hydraulic shape 过水形状
hydraulic shaper 液压 [式] 牛头刨床
hydraulic shear 液压剪床
hydraulic shock absorber 液压减振器, 液压缓冲器
hydraulic slave cylinder 液压随动油缸
hydraulic slide unit 液压滑台
hydraulic speed governor 液压调速器
hydraulic sprayer 液压喷雾器, 水力喷雾器
hydraulic stacker 液压堆垛机
hydraulic starting 液压起动
hydraulic steering 液压传动控制, 油压操舵机
hydraulic steering brake 液压转向加力器
hydraulic suction dredge 吸泥船
hydraulic surface grinding machine 液压平面磨床
hydraulic swivel head 液压转盘
hydraulic system (=HS) 液压系统
hydraulic system control handle 液压系统操纵手柄
hydraulic system fluid tank 液压系统油箱
hydraulic tamping machine 液压捣固机
hydraulic tappet 液压杆
hydraulic technology 液压技术
hydraulic telemotor 液压遥控马达
hydraulic temperature control (=HTC) 液压温度控制 [器]
hydraulic test 液压试验, 水压试验
hydraulic test bench (=HTB) 液压试验台
hydraulic test chamber (=HTC) 液压试验室
hydraulic test system 液力试验系统
hydraulic torque converter 液压扭矩变换器, 液压变扭器
hydraulic torquemeter 液压扭矩计
hydraulic tractor 液压传动拖拉机
hydraulic transmission 液压传动 [装置]
hydraulic transmission box 液压变速箱
hydraulic transmission gear 液压传动装置
hydraulic traverse cylindrical grinder 液压外圆磨床
hydraulic trawl winch 液压拖网起网机

hydraulic tubing　液压管
hydraulic turbine　水轮机
hydraulic unit　液压机构
hydraulic valve　调水活门，液压阀，水压阀
hydraulic vane pump　水力叶轮泵
hydraulic variable-speed coupling　液压变速联轴器
hydraulic variable-speed drive　液压变速传动
hydraulic variable-speed mechanism　液压变速机构
hydraulic vent filter　储油器通气管过滤器
hydraulic vibrator　液压振动器
hydraulic winch　水力绞车
hydraulical　(1)水力的，水工的，水压的，液力的，液压的；(2)水力学的；(3)水硬的
hydraulically　用液压方法，用水压方法，水力原理，液压原理
hydraulically actuated wet multiplate clutch　液压作动湿式多片离合器
hydraulically-ally profitable section　水力上的经济断面
hydraulically automatic　液压自动式，油压自动式
hydraulically operated clutch　液动离合器
hydraulically operated equipment (=HOE)　液压设备，液动设备
hydraulically powered winch　水力传动绞盘
hydraulically-tuned　水力调谐的
hydraulician　水利工程师，水力学家
hydraulicity　(水泥)水凝性，水硬性
hydraulicker　操纵水力机械的人
hydraulicking　(1)水力开采，水力冲挖，水力挖土；(2)液体阻塞
hydraulics (=hyd)　(1)应用流体力学，水力学；(2)液压系统
hydrazinium　镊
hydrazonium　镊
hydric　含羟的，含氢的，水生的
hydric oxide　水
hydric sulphate　硫酸
hydride　氢化物
hydrade cell　胶[态]金[属]粒光电管
hydride process　氢化处理
hydride transfer　氢负离子转移
hydriding　氢化
hydridometallocarborane　氢化金属碳硼烷
hydriodide　氢碘化物
hydrion　氢离子，质子
hydrionic　氢离子的
hydro　(1)水上飞机，滑行艇，飞翔船；(2)水力发电所；(3)水电的
hydro-　(词头)(1)氢化的；(2)氢的；(3)流体，水
hydro-abrasion　液压研磨
hydro-aeroplane　水上飞机
hydro air　液压气压联动[装置]
hydro-airplane　水上飞机
hydro-biplane　水上双翼飞机，双翼水上飞机
hydro-clipper mower　液力剪切式割草机
hydro cope　液压平衡
hydro-core-knock-out　水力型芯打出机
hydro-coupling　液压联轴节
hydro-cushion　(1)液压平衡，液压缓冲；(2)液压衬垫
hydro-cushion type relief valve　液压平衡式安全阀
hydro-cylinder　油液压缸，液压缸，油缸
hydro-denitrification　液氨脱氮
hydro-densimeter　含水密实度测定仪
hydro-development　水力开发
hydro-drillrig　液压钻车
hydro-extractor　(1)水抽出器，脱水机，脱水器；(2)离心机，挤压机
hydro-forming machine　液压成形机
hydro-junction　水利枢纽，水力枢纽
hydro-mechanization　水利机械化
hydro-metallurgical　湿法冶金的，湿冶的，水冶的
hydro-metallurgy　湿法冶金，水冶
hydro-monoplane　单翼水上飞机，水上单翼机
hydro-motor　(1)液压马达，油马达；(2)射水发动机，水压发动机
hydro-peening　喷水清洗，冲洗
hydro-power　水[力发]电
hydro-sail-plane　水上滑翔机
hydro-ski　(1)带撬的滑行艇；(2)帮助水上飞机起飞的水翼
hydro-skimmer　气垫运输工具
hydro-spinning　液力旋压
hydro-stabilizer　(1)水上安定面；(2)水上稳定器

hydro-structure　水工结构
Hydro-T-metal　海德罗T锌合金(钛0.080-0.160%，铜0.40-0.70%，锰0.002-0.010%，铬0.003-0.020%，其余锌)
hydro-tracer head　液压仿形头
hydro-vac　油压真空制动器
hydro-vacuum　油压真空
hydro-vacuum brake　真空加力式油压制动器，油压真空制动器
hydroabrasive　流体磨粒磨损
hydroacoutic　(1)水下音的，水声的；(2)声音在水中传播的，液压声能的
hydroaeroplane　水上飞机
hydroatnmospheric　水与空气的
hydroballistics　水下弹道学
hydrobarometer　测水深行
hydrobel　海特罗伯尔炸药
hydroblast　水力清砂，水力清理
hydroblasting　水力清砂，水力清理
hydrobomb　深水炸弹
Hydrobon　催化加氢精制
hydrocal　流体动力模拟计算器
hydrocaoutchouc　氢化橡胶
hydrocarbon　碳氢化合物，烃
hydrocarbon binding material　碳氢结合料
hydrocarbon black　石油炭黑
hydrocarbon cement　烃类胶结料
hydrocarbonaceous　[含]碳氢化合物的，[含]烃的
hydrocarbonate　酸性碳酸盐，碳酸氢盐
hydrocarbonic　碳氢化合物的，烃的
hydrocarbonylation　氧化法，氧化合成
hydrochemical　水化学的
hydrochemistry　水质化学
hydrochloric　氢氯酸的，氯化氢的，盐酸的
hydrochloric acid　氢氯酸，盐酸，
hydrochloric ether　氯化烃
hydrochloride　氢氯化[合]物，盐酸化[合]物，盐酸盐，氯化氢
hydrochlorinated rubber　盐酸橡胶
hydrochlorination　氯氢化反应
hydrochock　液压支垛
hydroclamp　液压夹具
hydroclassifying　水力分粒法
hydrocleaning　水力清洗
hydroclone　水力旋流器
hydrocolloid　水解胶体
hydrocone　液压锥形罩
hydrocone type　喷管式，虹吸式
hydroconion　喷雾器，喷洒器
hydroconsolidation　水固结作用
hydrocooler　水冷却器
hydrocooling　用水冷却，水冷处理
hydrocracker　加氢裂化器
hydrocracking　加氢裂化，氢化裂解
hydrocrane　水力起重机
hydrocyanation　氢氰化[作用]
hydrocyanic　氢氰化的
hydrocyanic acid (=HCN)　氢氰酸，氰化氢
hydrocyanic ester　氰酯，腈
hydrocyanide (=HCN)　氢氰化物，氢氰酸盐
hydrocycle　水上脚踏车
hydrocyclone　锥形除渣器，水力旋流器
hydroderivating　加氢衍生
hydrodesulfurization (=HDS)　(1)加氢脱硫[法]；(2)加氢脱硫过程，氢化脱硫作用
hydrodesulfurizing　加氢脱硫
hydrodiascope　(1)充液贴目镜；(2)散光矫正镜
hydrodrill　水力钻机，液压钻机
hydroduct　水汽波导
hydrodynamic　与流体动力学有关的，流体动力[学]的，流体的，水力的，水压的，水动的
hydrodynamic bearing　流体动压轴承
hydrodynamic drive　液力传动，液压传动
hydrodynamic form　流线型
hydrodynamic gas bearing　动压气体轴承
hydrodynamic gauge　动水压力计
hydrodynamic journal bearing　动压液体轴承，动压滑动轴承，油膜轴承

hydrodynamic lubrication　流体动压润滑, 流体动力润滑, 流体润滑, 液动润滑
hydrodynamic mechanism　流体动力机构
hydrodynamic noise　水动力噪声, 流动噪声
hydrodynamic pressure　流体动压力
hydrodynamic shift　液力变扭自动换挡
hydrodynamic transmission　液体动力传动的
hydrodynamic wave　水力波, H 波
hydrodynamicist　流体动力学家
hydrodynamics (=hydrodyn)　流体动力学, 液体动力学, 水动力学
hydrodynamometer　流速计, 水速计, 流量计
hydroejector　水力喷射器, 水抽子
hydroelasticity　(1) 流体弹性; (2) 流体弹性理论, 液动弹性力学
hydroelectric (=hydroelec)　(1) 水力发电的, 水电的; (2) 液压电动的
Hydroelectric Board　水电局
hydroelectric development　水电开发
hydroelectric generating set　水力发电机组, 水轮发电机组
hydroelectric generator　水力发电机
hydroelectric plant　水力发电厂, 水电站
hydroelectric potentiality　水电蕴藏量
hydroelectric power　水力发电
hydroelectric power station　水力发电站, 水电站
hydroelectric resource　水电资源
hydroelectric station　水力发电站
hydroelectric use of water　水力发电用水
hydroelectricity　水电
hydroelectricity generation　水力发电
hydroelectrometer　水静电计
hydroenergetic　水能学的
hydroenergy　水能
hydroexpansivity　水膨胀性
hydroextracting　脱水
hydroextraction　水力提取
hydrofeeder　液压 [控制] 进给装置
hydrofil　碳酸钙、氢氧化铝混合物
hydrofine　加氢 [催化] 精制, 氢化提纯
hydrofinishing　加氢精制
hydroflap　水下舵, 水襟翼, 水下翼
hydrofluoric　氟化氢的, 氢氟酸的
hydrofluoric acid　氢氟酸
hydrofluoric ether　氟代烃
hydrofluoride　氢氟化物, 氢氟酸墢
hydrofluorination　氢氟化作用
hydrofoil　(1) 水翼船; (2) 水翼艇的双翼, 水翼; (3) 防摇鳍
hydrofoil cascade　水力翼栅
hydroform　液压成形, 临氢重整
hydroform method　液压成形法
hydroformate　临氢重整生成物, 临氢重整汽油
hydroformer　临氢重整装置
hydroformer vessel　临氢重整反应器
hydroforming　(1) 油液挤压成形, 液压成形法; (2) 加氢重整, 临氢重整
hydrofracture　水力压裂
hydrofracturing　水破碎
hydrofuge　(1) 不透水的, 脱水的, 防湿的; (2) 拒水的
hydrogalvanic　液电的
hydrogasification　高压氢碳气化, 氢化煤气法, 加氢液化, 加氢气化
hydrogasoline　加氢汽油
hydrogel　水凝胶
hydrogen　(1) { 化 } 氢 H; (2) 氢气
hydrogen atomic oscillator　氢原子振荡器
hydrogen bomb　氢弹
hydrogen-bonded　氢键键合的
hydrogen brazing　氢焊
hydrogen brittleness　氢蚀脆性, 氢 [蚀致] 脆
hydrogen chloride　氯化氢
hydrogen clock　氢原子钟
hydrogen-containing　含氢的
hydrogen-cooled machine　氢冷式电机
hydrogen cooler　氢冷却器
hydrogen cracking　氢压下裂化, 加氢裂化
hydrogen discharge tube　氢放电管
hydrogen electrode　(1) 氢电极; (2) 氢焊条

hydrogen embrittlement　氢 [蚀致] 脆
hydrogen fluoride (=HF)　氟化氢
hydrogen gas filled thyratron　充氢闸流管
hydrogen-in-petroleum test　石油中氢含量测定
hydrogen index　氢指数
hydrogen ion　氢离子
hydrogen ion potentiometer　氢离子电位计
hydrogen lamp　气灯
hydrogen-like　类氢的, 似氢的
hydrogen nitride　氨 NH3
hydrogen peroxide　过氧化氢
hydrogen refining　加氢精制
hydrogen reforming　临氢重整
hydrogen-rich　富氢的
hydrogen scale　氢标度
hydrogen spectrum　氢光谱
hydrogen sulfide　硫化氢
hydrogen-sulfide-proof steel　抗硫化氢钢
hydrogen sulphide　硫化氢
hydrogen test　测氢试验
hydrogen-type corrosion　氢式腐蚀
hydrogen-unlike　非氢状的, 不象氢的
hydrogen value　氢值
hydrogen welding　氢焊
hydrogenable　可氢化的
hydrogenant　(1) 加氢的, 氢化的; (2) 还原的
hydrogenate　(1) 使与氢化合, 用氢处理, 使还原, 使氢化, 加氢; (2) 氢化物
hydrogenated　用氢处理的, 用氢饱和的, 氢化 [了] 的, 加氢的
hydrogenation　氢化 [作用], 加氢 [作用], 水合, 水化
hydrogenation unit　加氢装置
hydrogenator　氢化器
hydrogencarbonate　碳酸氢盐
hydrogeneration　水力发电
hydrogenerator　水力发电机, 水轮发电机
hydrogenesis　氢解作用, 聚水作用, 聚水现象
hydrogenic　类似氢的, 水生的, 水成的
hydrogenic model　氢模型
hydrogenide　氢化物
hydrogenisator　氢化蒸压器
hydrogenium　金属氢
hydrogenization　加氢 [作用]
hydrogenize　(1) 与氢化合, 氢化; (2) 还原
hydrogenized　氢化了的
hydrogenolysis　[加] 氢 [分] 解作用, 用氢还原
hydrogenous　(1) 含氢的, 水生的, 水成的; (2) 氢的
hydrogenous coal　含水量高的煤, 褐煤
hydroglider　水上滑翔机
hydrograph　(1) 流量速度计算仪, 自记水位计; (2) 流量图, 水位图
hydrographic survey　水文测量
hydrographic vessel　水文测验船
hydroiodic acid　氢碘酸, 碘化氢
hydroiodination　碘氢化反应
hydroisobath　潜水位等值线
hydroisohypse　等深线
hydroisopleth　等水值线
hydrojet　液力喷射, 水力喷射, 喷液
hydrokeel　侧壁式气垫船
hydrokinematics　流体运动学
hydrokinetic　流体动力的, 液体动力的
hydrokinetical　流体动力学的
hydrokinetics　流体动力学, 液体动力学, 水动力学
hydrol　二聚水分子, [单] 水分子
hydrolabil　对水不稳定的, 非水稳的
hydrolabile　液体不稳定的, 水份不稳定的, 易变的
hydrolastic　(1) (汽车的) 液力补偿悬挂, 液力平衡悬架; (2) 液压平衡的, 液压稳定的
hydroline　吹制油
hydrolith　氢化钙
hydrolization　水解
hydrolocation　水声定位
hydrolocator　水声定位器
hydrologic　水文 [学] 的
hydrologic balance　水分平衡

hydrologic cycle 水分循环
hydrological gauge 水位计
hydrology 水文学
hydrolube 氢化润滑油
hydrolysate 水解产物
hydrolysis 水解作用,加水分解
hydrolysis constant 水解常数
hydrolyst 水解催化剂
hydrolyte 水解质
hydrolytic 加水分解的,水解的
hydrolytic dissociation 水解电离
hydrolyzate 水解产物,水解液
hydrolyze 进行水解,水解
hydrolyzed 水解的
hydrolyzer 水解器
hydromagnetic 磁流体[动]力学的
hydromagnetic oscillation of the plasma 等离子体的磁流体振荡
hydromagnetic wave 磁流波
hydromagnetics [电]磁流体[动]力学
hydromagnetism 水磁学
hydroman 水力控制器,液压操纵器
hydromanometer 流体压力计,测压计
hydromatic 液压自动传动
hydromatic drive 油压式自动换排,水力传动
hydromatic process 液压自动工作法
hydromatic propeller 液压自动变距螺旋桨
hydromatic welding 控制液压焊接
hydromechanical 流体力学的
hydromechanical control system 液力机械式控制系统
hydromechanical transmission 液力机械变速器,液力机械传动装置
hydromechanics 流体力学,液体力学,水力学
hydrometallurgy 湿法冶金[学],湿冶
hydrometamorphism 水热变质
hydrometeor 水气凝结体
hydrometer (1)液体比重计,比重计;(2)流速表,流速计;(3)石油密度计
hydrometer of constant immersion 定浮比重计
hydrometer of variable immersion 变浮比重计
hydrometric(al) 测定液体比重的,测定比重的,比重计的
hydrometry (1)液体比重测定[法],测比重法;(2)水文测量[学],流速测定;(3)测湿法
hydromex 海特罗麦克斯炸药
hydromine 水力开采矿井,水力机械化矿井
hydromining 水力开采
hydromucker 水力装岩机,液压装岩机
hydronalium 铝镁[系]合金
hydronaut 深水潜航器驾驶员,深潜艇艇员
hydronautics 海洋勘探器工学,海洋工程学
hydrone 铅钠合金(铅66%,钠34%)
hydronic 循环加热的,循环冷却的
hydronics 循环加热系统,循环冷却系统
hydronitrogen 氮氢化合物
hydronitrous acid 氢化亚硝酸,次硝酸
hydronium 水合氢离子
hydroperoxidation 氢过氧化[作用]
hydroperoxide 过氧化氢物
hydrophil 吸水的,吸湿的,亲水的
hydrophile 亲水胶体,亲水物
hydrophilia 吸水性,亲水性,吸湿性
hydrophilic 保持湿气的,亲水[性]的,吸水的
hydrophilicity 亲水性
hydrophilism 吸水性,吸湿性
hydrophily 亲水性
hydrophobicity 疏水性
hydrophoby 疏水性,憎水性
hydrophone (1)水[中]听[音]器,水下扩音器,水下测音器,水听器,水声器;(2)漏水检查器,含水听诊器;(3)水中地震检波器,海洋检波器
hydrophore (1)采水样器;(2)测不同海深的温度计
hydrophorograph 液体流压描记器
hydrophosphate 磷酸氢盐
hydrophotometer 水下光度计
hydroplane (1)水上飞机;(2)水面滑走快艇,水翼船,滑行艇;(3)(潜水艇的)水平舵,水翼;(4)乘水上飞机,水面滑行

hydroplanetary transmission 液力行星变速器,液力行星传动装置
hydroplaning 车轮空转,打滑
hydroplaning speed 液面滑行速度
hydroplant 水电站
hydroplastic corer 氢化塑料取芯器
hydropneumatic (=HPN) 液压气动的
hydropneumatic die cushion 液压气动模具缓冲器
hydropneumatic recoil system 液气后座系统
hydropneumatics 液体气动学,流体气动学
hydropneumatolytic 液压汽化的
hydropolymer 氢化聚合物
hydropolymerization 氢化聚合作用
hydropower 水力发电,水电
hydropower station 水电站
hydropower tunnel 水力发电隧道
hydropress 水压机,液压机
hydropretreating 加氢预处理
hydroprocessing 加氢操作,加氢处理
hydroprotoxide 氢氧化物
hydropulse 水下脉动式喷射发动机
hydrorefining 加氢精制
hydroreforming 临氢重整
hydrorubber 氢化橡胶
hydrosandblast 水砂清砂
hydroscience 水科学
hydroscope (1)温度计,水气计,验湿器,检水器;(2)水力测试器,液压测试器;(3)水中望远镜,深水探视仪
hydroscopic 湿度计的,吸水的,吸湿的,吸潮的
hydroscopicity 吸水性,吸湿性,吸着度
hydroseal 液压密封,液封,水封
hydroseparator 水力分级机,水力分离机,液力分离器,分水机
hydrosetting 湿定形,热定形
hydrosilation 硅氢化作用
hydrosilicate catalyst 氢化硅酸盐催化剂
hydrosilicon 硅氢化合物
hydrosizer 水力分级器
hydroski 水上飞机水翼
hydroskis 水上飞机的可伸缩水翼
hydrosol [脱]水溶胶,[脱]水溶体,水悬胶体,液悬体
hydrosoluble 可溶于水的,水溶性的
hydrosolvent 水溶剂
hydrosound underwater profiler 水下回声地震剖面仪
hydrospace 水下空间
hydrospark forming process 水中放电成形法,电水锤成型法
hydrosphere 地球周围的水,地球水面,水气
hydrostable 对水稳定的,抗水的
hydrostat (汽锅)防爆装置,水压调节器,液体防溅器,定水位器,警水器
hydrostatic (1)静水[力]学的,静水压力的,水静力的,静水的;(2)流体静力[学]的,液压静力的,静流体的
hydrostatic accelerometer 流体静力加速仪
hydrostatic and range transmission (拖拉机)带大速比机械式副变速箱静液压传动
hydrostatic balance 液体比重计,比重天平,静水天平,比重秤,比重器
hydrostatic bearing 流体静力轴承,流体静压轴承
hydrostatic depth-control gear 静水深度计
hydrostatic drive 静液压传动,静液压传动装置
hydrostatic extrusion 液力静挤压
hydrostatic ga(u)ge 静水压力计,静压压力计,液压计
hydrostatic head 静水头
hydrostatic journal bearing 流体静力轴承
hydrostatic levelling apparatus 流体静力水准测量仪
hydrostatic lubrication 流体静压润滑,流体静力润滑
hydrostatic planetary gear reduction 静液压行星齿轮减速
hydrostatic press 水压机,液压机
hydrostatic pressing 静水压
hydrostatic pressure 液体静压力,流体静压力,流体静压强,静水压力,液压
hydrostatic roller conveyor 静液压滚柱输送机
hydrostatic slideway 液体静压导轨
hydrostatic strength 流体静力强度
hydrostatic stress 流体静应力
hydrostatic test [静]水压试验

723

hydrostatic transmission　(1)静液压传动装置；(2)液体静力传送，流体静压传送，[静]液压传动

hydrostatical　(1)静水[力]学的，静水压力的，水静力的，静水的；(2)流体静力[学]的，液压静力的，静流体的

hydrostatics (=hyd)　流体静力学，液体静力学，水静力学

hydrosulfate　(1)酸性硫酸盐，硫酸氢盐；(2)硫酸化物

hydrosulfide　氢硫化物

hydrosulfite　亚硫酸氢盐

hydrosulphate　(1)酸性硫酸盐，硫酸氢盐；(2)硫酸化物

hydrosulphide　氢硫化物

hydrosulphite　亚硫酸氢盐

hydrosulphuric acid　氢硫酸，硫酸氢

hydrosynthesis　水合成[的]

hydrotasimeter　电测水位计，电测水位指示器

hydrotator-thickener　水力浓缩槽

hydrotaxis　向水性，趋水性，趋湿性

hydrotechnics　(1)水利工程学，水力学；(2)水利技术

hydrotechnological　水力工程学的，水力工艺学的，水工学的

hydrotherm　热液

hydrothermal　水热作用的，热液的，热水的

hydrothermal synthesis　水热合成

hydrothermic　热水的，温水的

hydrothermograph　水热仪

hydrothermostat　水柱式恒温器

hydrotimeter　水硬度计

hydrotimetric　水硬度的

hydrotorting　加氢干馏

hydrotransport　水力运输

hydrotreat　氢化处理

hydrotreatment　加氢处理

hydrotrencher　水力挖沟机，液力挖沟机，液力挖壕机

hydrotrope　[助]水溶物

hydrotropic　(1)水溶的；(2)向水的

hydrotropic solution　水溶溶液

hydrotropism　向水性，感水性，感湿性

hydrotropy　水溶助长性

hydroturbine　水轮机

hydrous (=hyd)　含[结晶]水的，含氢的，水合的，水化的，水状的

hydrovac brake　真空助力液压制动器，液压真空制动器

hydrovacuum brake　真空助力液压制动器，液压真空制动器

hydrovalve　(1)液压开关，液压活门，液压阀，水阀；(2)水龙头

hydrovane　(1)潜艇升降舵；(2)(飞机的)着水板，水翼

hydroviscose　氢化粘胶

Hydrox　水蒸气爆破筒

hydroxide (=hydx)　氢氧化物

hydroxide ion　氢氧根离子，羟离子

hydroxidion　羟离子

hydroxy　氢氧化物，氢氧基，羟[基]

hydroxy-acid　含氧酸，羟酸

hydroxygen　液态氧和氢组成的二元燃料，液态羟燃料

hydryzing　(防止表面氧化的)氢气热处理

hydyne　一种火箭发动机用燃料

hyetograph　(1)雨量记录表，雨量计；(2)雨量图

hyetographic　雨量计的

hyetometer　雨量计，雨量表

hyetometry　雨量测定[法]

Hyfil　海菲尔(一种玻璃纤维的商标名)

hygral equilibrium　湿度平衡

hygrechema　水声，水音

hygristor　(1)湿敏电阻，湿敏元件；(2)湿变电阻器

hygro-　(词头)湿[气]，液体

hygroautometer　自动记录湿度计，自记湿度计

hygrodeik　露点湿度计，图示湿度计，湿度表

hygrogram　湿度自记曲线，湿度图

hygrograph　(1)自记湿度计，湿度记录器，湿度记录仪，湿度仪；(2)湿度记录表

hygrokinesis　湿动态，感湿性

hygrol　胶状汞，胶状汞，汞胶液

hygrology　湿度学

hygrometer　湿度表，湿度计

hygrometric　(1)湿度的；(2)湿度测量术的

hydrometrograph　湿度描记器

hygrometry　湿度测定法，测湿度法，测湿法

hygronom　空气湿度参考测定仪，湿度仪

hygroscope　湿度仪，湿度计，湿度器，验湿器，测湿器，湿度表

hygroscopic　(1)湿度计的，湿度器的；(2)吸湿性的，吸水的，收湿的

hygroscopic material　吸湿性材料

hygroscopic property　吸湿性

hygroscopical　(1)湿度计的，湿度器的；(2)吸湿性的，吸水的，收湿的

hygroscopicity　(1)吸湿性，吸水性，收湿性，水湿性；(2)吸湿度，吸湿率

hygroscopy　湿度测定[法]，潮解性，吸水性

hygrostat　湿度恒定器，湿度调节器，湿度检定箱，恒湿器，测湿器，测湿计

hygrotaxis　趋湿性

hygrothermal　(1)温湿的；(2)水分和热量组合的

hygrothermograph　温湿自记器，温湿计，湿度仪

hygrothermoscope　温湿仪

hygrotropism　向湿性

hylogenesis　物质生成

hylogeny　物质生成

hymm　"海姆"合金(一种高磁导系数的磁性合金)

Hymm-88　一种磁性合金的商品名

hyoid　U字形的

hyp　亥普(衰减单位，等于1/10奈)

Hypalon (即 chlorosulfonated polyethylene)　氯磺酰化聚乙烯合成橡胶，一种硫化塑料，海帕伦

hyper-　(词头)过多，过大，过度，在上，特，高，极，超

hyper-cardioid microphone　超心形传声器

hyper-eutectic　高级低共熔体的，超低共熔体的，过共晶的，过低熔的，过共熔的

hyper-eutectoid　(1)高级低共熔体，超低共熔体[的]，过共析体；(2)含碳高于0.80%的钢

hyper-eutectoid steel　过共析钢

hyper-filtration　(1)超滤作用，高滤；(2)反渗透[法]，超滤法

hyper Graeco-Latin square　{计}超格勒拜-拉丁方格

hyperacoustic　[特]超声[波]的

hyperacoustic quenching　超声[频]淬火

hyperaltitude cryogenic simulator　超高空深冷模拟器

hyperarithmetic　超算术的

hyperballistics　超高速弹道学

hyperbar　高气压

hyperbaria　气压过高

hyperbaric　高比重的，高压的

hyperbola (复hyperbolas或hyperbolae)　双曲线

hyperbola of higher order　高阶双曲线

hyperbolic (=HYP)　双曲线的，双曲面的

hyperbolic bevel gearing　双曲面锥齿轮传动

hyperbolic coordinates　双曲坐标

hyperbolic curve　双曲线

hyperbolic cylinder　双曲柱面

hyperbolic Doppler (=HYPERDOP)　多普勒双曲线

hyperbolic escape arc　双曲[线]弹道升弧

hyperbolic function　双曲[线]函数

hyperbolic gear　双曲线齿轮，双曲面齿轮

hyperbolic gearing　双曲面齿轮传动装置

hyperbolic guidance　双曲线制导

hyperbolic horn antenna　双曲线喇叭天线

hyperbolic lens　双曲透镜

hyperbolic lines　双曲性线

hyperbolic logarithm　双曲对数，自然对数

hyperbolic space　双曲空间

hyperbolic systems　双曲型[方程]组

hyperbolic transformation　双曲变换

hyperbolic velocity excess　双曲线轨道运行的剩余速度

hyperbolic wheel　双曲线齿轮

hyperbolical　双曲线的，双曲面的

hyperbolical gear　[准]双曲面齿轮

hyperbolical spiral　双曲螺线

hyperbolical wheel　[准]双曲面齿轮

hyperbolicity　双曲率

hyperbolograph　双曲线规

hyperboloid　双曲线面，双曲线体，双曲面

hyperboloid gear　双曲面齿轮

hyperboloid gearing　双曲面齿轮传动[装置]

hyperboloid of one sheet　单叶双曲线面

hyperboloid of revolution　回转双曲线面，旋转双曲线面

hyperboloid of rotational symmetry　旋转对称双曲面

hyperboloid of two sheets　双叶双曲线面

hyperboloidal　双曲面的
hyperboloidal gear　双曲面齿轮
hyperboloids　双曲面
hypercap　变容二极管的
hypercap diode　变容二极管
hypercharge　（1）加压过大，对……增压；（2）超荷 [量]
hyperco　海波可（一种高导磁率和高饱和磁通密度的磁性合金，由钴、铬和铁合成）
hypercoagulability　高凝固性
hypercoagulable　高凝固的
hypercomplex　超复数的，超复杂的
hypercomplex number　结合代数
hyperconcentration　超浓缩
hyercone　超锥
hyperconical　超锥的
hyperconjugation　超共轭 [效应]，超联结，超结合
hypercritic　超临界的
hypercritical　超临界的
hypercube　超正方体，超立方体
hypercycle　超循环
hypercycloid　圆内旋轮线
hypercylinder　超柱形，超柱面，超柱体
hyperdimensional　多维的
hyperdisk　管理磁盘
hyperdistention　膨胀过度
hyperdrive　（假想的）可超过光速的推进系统
hyperelastic deformation　超弹性变形
hyperellipsoid　超椭圆体
hyperelliptic　超椭圆的
hyperergy　高反应性
hypereutectic　过共晶的，过共晶体，过低熔的
hypereutectic alloy　过共晶合金
hypereutectoid　（1）过共析，高级低共熔体；（2）过共析的
hyperexponential distribution　超指数分布
hyperfiltrate　超滤
hyperfiltration　逆渗透，超过滤
hyperfine　超精细的
hyperfine magnetic field　超精细磁场
hyperfine structure (=HFS)　超精细结构
hyperfluid　超流动的，超流体的
hyperfluidity　超流动性
hyperformer reactor　钴 - 钼催化剂上重整反应器，超重整反应器
hyperfragment　超原子核，超裂片
hyperfrequency　超高频
hyperfrequency waves　超高频波
hyperfunction　机能增强
hypergeometric　超几何的，超比的
hypergeometric distribution　超几何分配
hypergeometry　多维几何学
hypergol　（1）自燃 [式] 火箭燃料，双组份火箭燃料；（2）用自燃燃料的发动机，用自燃燃料的推进系统
hypergolic (=HYP)　自行着火的，可自燃的，自 [点] 燃的，自发火的
hypergolic fuel　双组份火箭燃料
hypergon　拟球心阑透镜组
hypergraph　超图
hypergravity　超重
hyperharmonic　超调和的
hyperinflation　恶性通货膨胀
hyperloy　高导磁率铁镍合金，海波洛伊
hypermal　高导磁率铁铝合金，海波摩尔
hypermalloy　高导磁率铁镍合金，海波摩洛伊（镍 40-50%，其余铁）
hypermanganate　高锰酸盐
hypermatic　（润滑剂）过粘的
hypermatrix　矩阵的矩阵，分块矩阵，超矩阵
hypermicroscope　超显微镜
hypermultiplet　超多重 [谱] 线，超多重态
Hypernic　海波镍铁合金（含镍 50%）
Hypernik　海波镍铁合金（含镍 50%）
hypernomic　超规律的，过度的
hypernormal　（1）超常态；（2）超常的
hypernclear　超核的
hypernucleus　超原子核，超核
hyperon　超子
hyperorthogonal　超正交的

hyperosmotic　高渗的
hyperoxic　含氧量多的，氧过多的
hyperoxidation　氧化过度
hyperoxide　过氧化物
hyperparaboloids　超抛物体
hyperparaboloids of birevolution　双转超抛物体
hyperpermeability　渗透力过大，渗透性过高
hyperphoria　上视
hyperphysical　与物质分离的，超自然的，超物质的
hyperplanar　超平面的
hyperplane　超平面
hyperpolarizability　超极化率
hyperpolarization　超极化
hyperpolarize　使高度极化
hyperpressure　超压
hyperpure　超纯的，高纯的
hyperquadric　超二次曲面 [的]
hyperquantization　超量子化，二次量子化
hyperrectangle　超矩形
hyperreflexia　反射过强，反射增强
hyperresonance　共鸣过强，反响过强
hyperscope　濠沟 [用] 潜望镜
hypersensibility　过敏性
hypersensitive　（1）敏感的，过敏的；（2）非常敏感的，超灵敏的
hypersensitivity　超灵敏性，超灵敏度，超感光度
hypersensitization　超增感，超敏感
hypersensitized　超高度灵敏的，超感光的
hypersensitizer　超增感剂
hypersensitizing　超敏化
hypersensor　超敏断路器
hypersil　海泼尔磁性合金
hypersolid　多维固体
hypersonic　（1）高超音速的，特超音速的，高超声速的，特超声速的；（2）超声频的，超音频的
hypersonic aerodynamics　高超声速空气动力学，特超声速空气动力学
hypersonic flow condition　特超声速流状态
hypersonic similarity law　特超声速相似定律
hypersonic speed　特超声速
hypersonic transport (=HST)　特超音速飞机（五倍于音速以上）
hypersonics　特超声速空气动力学，特超声学
hypersorber　活性吸附剂，超吸器
hypersorption　超吸附法，全吸收 [方法]
hyperspace　深空 [宇宙] 空间，多维空间，多度空间，超空间
hyperspatial　多维空间的
hyperspecilization　高度专门化
hypersphere　多维球面，超球面
hyperspherical　超球面的
hyperstatic　超静定的，超稳定的
hyperstaticity　超静定性，静不定性
hyperstrange particle　超奇异粒子
hyperstress　超应力
hyperstructure　超级结构
hypersurface　多维曲面，超曲面
hypersusceptibility　超敏性
hypersyn motor　超同步电机
hypersynchronous　超同步的
hypertape control　快速磁带控制 [器]
hypertape unit　快速磁带部件
hypertension　压力过高，张力过强
hypertherm　发热治疗机，人工发热器
hyperthermic treatment　升温处理
hyperthermocouple　超温差电偶
hyperthermometer　超高温温度表，超高温温度计
hypertorus　超环面，超锚环
hypertoxic　剧毒的
hypertoxicity　剧毒性
hypertriangular noise　超三角形噪声
hypertron　超小型电子射线加速器
hypervelocity　特超声速，超高速
hyperventilation　过度通风，换气过度
hyperviscosity　粘滞性过高，粘性过大，粘性过度
hypervisor　管理程序
hypervolume　超体积
hypesound　特超声

725

hypex 海派克斯喇叭, 低音加强号筒

hyphen 连字符 [号] (即 "-")

hyphenate 用连字符连接

hypisotonic 低渗透的

hypo- (词头) 次, 低, 亚, 在下, 轻, [过] 少

hypo-eutectic 亚共晶 [的]

hypo-eutectoid 亚共析 [的]

hypoboric 低比重的, 低气压的, 低压的

hyborism 低气压病

hyboropathy 低气压病, 高空病

hypocentre (复 hypocentrum) (原子弹的) 爆炸中心在地面的投影点, 震源

hypocentrum 震源

hypochloric acid 次氯酸

hypochlorite 次氯酸盐

hypochlorous acid 次氯酸

hypochromasia 着色不足

hypochromatism 着色不足

hypocrystalline (1) 半结晶; (2) 半晶质 [的]

hypocycloid 圆内旋轮线, 内圆滚线, 内摆线, 次摆线, 内摆圆, 次摆圆

hypocycloid curve [旋轮] 内摆线

hypocycloid of four cusps 四尖圆内旋轮线, 四尖内摆线

hypocycloidal 内摆线的

hypocycloidal tooth 内摆线齿

hypodispersion 平均分布

hypoelastic 次弹性的

hypoelasticity 次弹性, 亚弹性

hypoelliptic 圆内椭圆的

hypoergy 低反应性

hypoeutectic 低级低共熔体 [的], 次低共熔 [的], 亚共晶 [的]

hypoeutectic alloy 亚共晶合金

hypoeutectoid (1) 亚共析 [的]; (2) 低级低共熔体, 低易融质, 低碳

hypoeutectoid steel 亚共析钢

hypogravity 低重

hypoid [准] 双曲面齿轮的

hypoid bevel gear [准] 双曲面齿轮, 准双曲线齿轮

hypoid gear 直角交错轴双曲面齿轮, 准双曲线齿轮, 偏轴伞齿轮

hypoid gear combination [准] 双曲面齿轮组合件

hypoid gear dimension [准] 双曲面齿轮尺寸

hypoid gear drive [准] 双曲面齿轮传动

Hypoid gear Formate method with Modified roll (美) 在带有滚比修正的机床上用成形法精切双曲面齿轮的一种切齿工艺

Hypoid gear Formate method with Tilt (美) 在带刃倾角的机床上用成形法精切双曲面齿轮的一种切齿工艺

Hypoid gear Formate with Unitool method (美) 在带有大刀倾角的机床上用统一刀盘成形法加工双曲面齿轮的一种切齿工艺

Hypoid gear Generated with modified roll method (美) 在滚比修正的机床上用固定安装法展成双曲面齿轮的一种切齿工艺

Hypoid gear Generated with Tilt method (美) 在带刀倾角的机床上用固定安装法展成双曲面齿轮的一种切齿工艺

Hypoid gear Generated with Unitool method (美) 在带大刀倾角的机床上用统一刀盘展成双曲面齿轮的一种切齿工艺

hypoid gear pair [准] 双曲面齿轮副

hypoid gear rougher [准] 双曲面齿轮粗切机

hypoid gearing [准] 双曲面齿轮啮合, [准] 双曲面齿轮传动

hypoid gears [准] 双曲面齿轮副

hypoid generator 准双曲面齿轮加工机床

hypoid grinder [准] 双曲面齿轮磨床

hypoid grinding machine [准] 双曲面齿轮磨床

hypoid lapper [准] 双曲面齿轮研磨机

hypoid lubricant [准] 双曲面齿轮润滑剂

hypoid offset [准] 双曲面齿轮轴偏置

hypoid pinion [准] 双曲面小齿轮

hypoid rear axle gearing 后桥 [准] 双曲面齿轮传动装置

hypoid rougher [准] 双曲面齿轮粗切机

hypoid tester [准] 双曲面齿轮检查仪

hypoid tooth [准] 双曲面齿

hypomonotectic 亚偏晶

hypoosmotic 低渗的

hypophasic 低相性的

hypophosphite 次磷酸盐

hypopotential 电活动性不足, 电位过低

hyporeactive 低反应性

hyposcope 军用望远镜, 蟹眼望远镜

hyposmosis 低渗透

hypostatic 本质的, 实在的, 实体的

hyposteel 亚共析钢

hypostoichiometric 次化学计量的

hyposynchronous 低于同步的, 次同步的

hypotenuse (直角三角形的) 斜边, 弦

hypotenuse of a right triangle 直角三角形的斜边

hypothermal 高温热液

hypothesis 假设, 假想

hypothesize 假设, 假定

hypothetic 有前提的, 假说的, 假设的, 假定的, 假想的

hypothetic hinge 假铰

hypothetical 有前提的, 假说的, 假设的, 假定的, 假想的

hypothetical axis 假想轴线

hypothetical computer 理想计算机, 假想计算机

hypothetical distribution 假想分布

hypothetical machine 理想机器

hypothetical memory 虚拟存储器

hypothetical order code 假想指令码

hypothetical reserves 推测储量, 假定储量

hypotrochoid 长短辐圆内旋轮线, 内旋迹线, 内旋螺线

hypro 海普拉铬钢 (碳 1.5%, 铬 14%, 余量铁)

hypsogram 电平图

hypsographic 测高 [学] 的

hypsographic curve 等高线, 等深线

hypsography (1) 地形测绘学, 测高学, 测高术, 测高法; (2) 表示不同高度的地形图, 有立体感的地形图

hypsometer (1) 沸点测高仪, 沸点测高计, 沸点测定计, 沸点气压计; (2) 三角测高器

hypsometric 沸点测高法的, 测高学的, 测高术的, 测高的

hypsometric curve 高程曲线, 等高线, 等深线

hypsometry (1) 沸点测高学; (2) 沸点测高法, 沸点测高术, 沸点测定法; (3) 高程测量

hypsothermometer 沸点测高计

hypsotonic 增加水表面张力的, 界面不活动的

hyrad "海拉特" (一种聚乙烯高频电介质, 能耐 300℃ 高温)

hysol 环氧树脂类粘合剂

hysteogram 直方图

hysteresigraph 磁滞曲线记录仪, 磁滞曲线绘制仪, 磁滞回线记录仪

hysteresimeter 磁滞测定器, 磁滞测试仪, 磁滞计, 磁滞仪, 滞后计

hysteresis (1) 迟滞性, 滞后性; (2) 滞后现象, 滞后作用, 滞后量; (3) 磁滞 [现象]; (4) 平衡阻碍

hysteresis coefficient 滞后系数

hysteresis clutch 迟滞离合器

hysteresis curve 滞后曲线, 磁滞回线

hysteresis damping 滞后作用阻尼

hysteresis effect 滞后效应

hysteresis error 磁滞误差, 滞后误差, 滞环误差, 回程误差

hysteresis free 无磁滞, 灭磁滞

hysteresis loop 迟滞封闭曲线, 迟滞回线, 磁滞回线, 滞后回路, 滞后回线

hysteresis loss coefficient 迟滞损耗系数

hysteresis loss resistance 磁滞损耗等效电阻

hysteresis-meter 磁滞测定器

hysteresis motor 磁滞式电动机

hysteresis of transformation 相变滞后

hysteresis set 磁后变形

hysteresis steel 低磁滞硅钢

hysteresis torque 磁滞转矩

hysteresiscope 磁滞回线显示仪

hysteresisograph 迟滞曲线记录仪, 磁滞曲线绘制仪, 磁滞测定仪

hysteretic 滞后的, 磁滞的

hysterocrystalline 次生结晶

hysterocrystallization 次生结晶作用

hysterometer 滞后试验仪

hysterset 功率电感调整 (用电抗线圈调整功率)

hystoroscope 磁性材料特性测量仪

Hytensyl bronze 海坦西尔黄铜 (锌 23%, 锰 3%, 铁 3%, 铝 4%, 其余铜)

hyther 湿热作用

hythergraph 温湿图

hytor compressor 海托尔抽压机

hytron "海特龙" 大型电子管 (一种电子管的商品名)

hyzone 三原子氢, 重氢, 氚

Hz 赫 [兹], 每秒周数

I

I-bar　[窄型]工字钢
I-beam　工字梁,工字钢
I beam　工字梁
I-column　工字柱
I-demodulator　I 信号解调器
I gal (=imperial gallon)　(英)加仑
I-gauge　工字形极限卡规
I-girder　工字[大]梁
I-groove　平头槽,I 型槽
I indicator　径向距离方位显示器
I-iron　工字铁,工字钢
I-iron shearing machine　工字铁剪机
I-layer　固有电导层,无杂质层
I layer　固有电导层,无杂质层
I owe you (=IOU)　借据
I PROP (=ionic propulsion)　离子推进
i-region　本征区
I-scan　I 型扫描
I scope　径向图形扫描的三度空间显示器,I 型显示器
I-section　(1) I 形剖面,I 形截面;(2)工字钢
I-shape　工字形[的]
I-sideband　I[信号]边带
I-signal　I[色差]信号
I-spin double　同位旋二重态
I-steel　工字钢
I-strain (=internal strain)　内张力
I-V characteristic　伏安特性
I-variometer　倾角可变电感器
iaser　红外微波激射器
iatron　投影电位示波器
IC (=integrated circuit)　集成电路
IC array　集成电路阵列
IC calculator　集成电路计算器
IC computer　集成电路计算机
IC logic　集成电路逻辑
IC memory system　集成电路存储系统
IC tester　集成电路测试机
icand (=multiplicand)　被乘数
ice　(1)冰;(2)结冰;(3)用冰覆盖,使冰冷;(4)渣壳
ice-accretion indicator　积冰指示器
ice-axe　破冰斧
ice-boat (=ice breaker)　破冰船
ice-box　冷藏箱
ice-breaker　破冰设备,破冰船
ice-canoe　冰上小艇,滑冰艇
ice car　运冰车
ice-chest　冷箱,冰库
ice chisel　冰錾
ice cream freezer　制冰淇淋机
ice crusher　碎冰机
ice-formation condition　结冰条件
ice-free　不冻冰的,无冻的
ice ga(u)ge　测冰仪
ice glass　冰花状玻璃
ice gouge　凿冰器
ice-house　冰室,贮冰库

ice house　冷库
ice-machine　制冰机
ice machine　制冰机,冰冻机
ice-making machine　制冰机
ice paper　[制图用]透明纸
ice pick　冰凿,冰镐
ice plant　制冰装置
ice point　冰点
ice tongs　(1)冰钳;(2)冰夹
ice-warning indicator　结冰警告器
iceboat　(1)冰上滑艇;(2)破冰设备,破冰船
icebox　冷冻机,冰箱
icebreaker　(1)破冰设备,破冰船;(2)桥墩护槛
icehouse　(1)冰室,冰库;(2)制冰厂
icepoint　冰点
icer　冷藏工人
ichnography　平面图[法]
ichthyoid　(1)流线型的,鱼状的;(2)流线型体
icon　图像,插图
iconic　图像的
iconic representation　图像表示
icono-　(词头)[映]像
iconography　(1)插图,图解;(2)径迹图
iconolog　光电读像仪
iconometer　(1)反光镜,测距镜;(2)光像测定器,量影仪
iconometry　量影学
iconoscope (=ico)　积储式摄像管,光电摄像管,光电析像管,光电显像管,电子摄像管,光电发像管,送像管,伊康努管,送像装置
iconoscope film camera　光电显像管电视电影摄像机
Iconotron　移像光电摄像管
icosahedron　正二十面体
ID saw　内径锯 (ID=inside diameter 内径)
idea　(1)思想,理想,概念,观念;(2)想法,想象,主意,打算,计划,目的,意见
Ideal　铜镍合金(铜 55-60%,镍 45-40%)
ideal　(1)理想的,标准的;(2)理想;(3)典型;(4){数}理想数
ideal black-body　理想黑体
ideal characteristics　理想特性曲线
ideal crystal　理想晶体
ideal cycle　理想循环
ideal efficiency　理想效率
ideal engine　理想发动机
ideal equivalent power flow　理想的当量功率流线
ideal filter　理想滤波器
ideal fluid　理想流体
ideal form　理想形状
ideal formula　理想公式
ideal function　理想函数,广义函数
ideal gas　理想气体
ideal grade　(磨具的)理想硬度
ideal integrator　理想积分器
ideal lines　理想直线,假直线
ideal lubricant　理想润滑剂
ideal mating surface　理想配合面
ideal network　无损耗网络,理想网络
ideal point　理想点,假点,伪点

727

ideal receiver 理想接收机
ideal section 理想剖面
ideal solution 理想溶液
ideal structure 理想结构
ideal superconductor 理想超导体
ideal thermal radiator 理想热辐射器
ideal thrust coefficient 理想推力系数
ideal transformer 理想变压器
ideal value 理想值
ideal voltage amplifier (=IVA) 理想电压放大器
idealine 糊状粘结剂
idealisation 理想化, 简化, 约化
ideality (1) 理想状态, 理想性质; (2) 想象力
idealization 理想化, 简化, 约化
idealize 作理想化解释, 使之于理想, 形成理想, 理想化, 观念化
idealized computer 理想化计算机
idealized machine 理想化电机
idealized pattern 理想化模式
idealized system 理想化系统
ideally 理论上, 概念上, 理想地, 完美地
ideally perfect crystal 理想完美晶体
idealoy "理想化" 坡莫合金
ideate 形成概念, 想象, 设想
ideation 想象, 设想
ideational 联想力的, 观念的, 思想的
idem (1) 同样的; (2) 同上; (3) 上述的
idemfactor (1) 等幂矩阵, 幂等矩阵, 幂等因子; (2) 归本因素
idempotence 等幂性, 幂等性
idempotent (1) 等幂, 幂等; (2) 等幂的
identation 凹痕
idential 恒等, 恒同
identic 相同的
identical (1) 恒等的, 恒同的, 同一的, 同样的, 同等的, 相同的, 相等的; (2) 恒等式
identical element 单位元素
identical equation 恒等式
identical graduation 同一刻度, 同一分度
identical map 等角投影地图
identical particle 全同粒子
identical permutation {数} 元排列
identical points 对合点
identical relation 恒等式, 全等式
identically 同一, 同样, 相等, 全等, 恒等
identically equal 全等, 恒等
identically vanishing 恒等于零
identicalness 恒等性
identifiability 可识别性
identifiable 可看作是相同的, 可证明是同一的, 可识别的, 可区别的, 可鉴别的, 可辨认的
identifiable point 易辨认点
identification (=ident) (1) 叠合, 粘合; (2) 检验, 识别, 辨别, 辨认, 确认, 确定, 认证, 证实, 核对, 查明, 鉴定, 鉴别, 验明, 判断, 判读; (3) 认同作用, 同一, 等同, 恒等; (4) 标志符号, 标识符号, 标定符号, 标记符号, 表示法, 打印; (5) {计} 号码装订
identification and control (=I&C) 识别与控制
identification beacon 识别标志
identification burst 识别字符组
identification card (=ID) 身份证
identification circuit 识别电路
identification code of rolling bearing 滚动轴承编号
identification light (=id it) 识别灯光
identification mark (=IMK) 识别标志, 商标标志, 鉴定特征, 记号
identification markings 打印标号, 认识标记
identification of burst signal phase 色同步信号相位识别
identification of position (=IP) 位置的确定
identification resolution chart 清晰度测试卡
identification sign 识别记号
identification signal 识别信号
identification symbol 标志代号
identification testing 鉴定试验
identifier (1) 文献编号, 标志符号, 标识符号, 识别符号, 标识符, 名称, 名标; (2) 鉴别器, 识别器, 辨识器; (3) 鉴定试剂; (4) 鉴定人, 检验人; (5) (自动电话) 查定电路
identifier count 识别符计数

identifier list 识别符表
identifier location 标识位置
identify (1) 识别, 辨别, 鉴别, 鉴定, 确定, 验明, 区别; (2) 鉴定为同一, 视为同一, 使同一, 使等同, 使一致; (3) 标志, 标记, 标识
identify code 识别电码, (穿孔带的) 验证码
identify-disc 证明牌, 辨别牌
identify element 全同元件
identifying 识别, 辨别, 鉴别, 鉴定, 确定, 验明, 区别
identifying code 识别码
identifying plate 标号牌
identity (1) 恒等式, 恒等 [性]; (2) 完全相同, 同一性, 相同, 一致; (3) 本体, 本性, 个性, 身份; (4) {数} 恒等运算, 恒等变换
identity code 识别码
identity crisis 认同的转折点
identity declaration {计} 等同说明
identity element 恒等元素, 单位元素
identity gate 全同门, 符合门
identity group 单位元素群
identity matrix 单位矩阵
identity operation 恒等运算
Identometer 材料鉴别仪
ideoelectric 非导体
ideogenetic 意识性的, 观念性的
ideogram 表意文字, 表意符号
ideograph 理想图, 标准图
ideological 思想体系的, 思想上的, 观念的, 意识的
ideology 思想体系, 思想方式, 思想意识, 意识形态, 观念形态
idio- (词头) 自身, 自发, 原有, 专有, 特殊, 同
idioblast 自形变晶
idioblastic 自形变晶的
idiochromatic photoconductor 本质光电导体
idioelectric 非导体
idiograph (1) 个人签名; (2) 商标
idiographic (1) 个人签名的; (2) 商标的; (3) 具有独特特点的, 独特的
idiomatic 符合语言习惯的, 惯用的
idiomatical 符合语言习惯的, 惯用的
idiomatically 按照习惯用法
idiomorphic 自形的
idiomorphic-granular 自形粒状
idiophanous 自现干涉圈
idiostatic 同电位的, 等位差的, 同势差的
idiostatic method 同势差连接法, 同位差连接法
idiot-proof 安全可靠的, 容易操作的, 简明的
idiot's lantern (英俚) 电视机
idle (1) 空转, 空载, 无功; (2) 空转的, 空载的, 空位的, 怠速的, 无功的, 无效的; (3) 慢车的, 慢速的; (4) 空转状态; (5) 慢速轧制
idle battery 无负荷电池, 闲置电池
idle call {计} 空调用
idle capacity (1) 备用容量, 储备容量; (2) 备用电容; (3) 空转功率
idle circuit 空载电路, 无效电路
idle coil 空置线圈, 闲圈
idle component (1) 无功分量; (2) 虚部
idle condition 空闲状态
idle contact 间隔接点, 空接点, 闲点
idle current 无效电流, 无功电流
idle drum 导向鼓轮, 怠转鼓轮
idle frequency 未调制频率, 空闲频率, 中心频率, 闲频
idle gear (1) 空转齿轮, 空转轮, 惰轮; (2) 中间齿轮, 过桥齿轮
idle hour 窝工时间, 停机时间
idle microphone 空闲传声器, 哑静话筒
idle motion 空载运动, 空程运动, 空转
idle needle 怠速针阀
idle operator lamp 空位指示灯
idle position 空转位置
idle pulley 空转皮带轮, 皮带惰轮, 皮带游轮, 皮带张紧轮
idle revolution 空转转数
idle roll 传动轧辊, 空转轧辊, 从动轧辊
idle roller (1) 惰轮; (2) 导辊, 托辊
idle route indicator 路由示闲器
idle-run 空运转, 怠转
idle run fluctuation 空转波动, 怠转波动
idle run torque 空转扭矩
idle running 空行程, 空转, 怠转, 空程
idle slot detector 空报文槽检测器

idle space　有害空间

idle speed　空转速度，怠转速度

idle speed adjustment　空转调整

idle state　静止状态

idle station　空工位

idle stroke　空行程，慢行程，慢冲程

idle time　空闲时间

idle travel　空行程，自由行程

idle two-way selector stage indicator　双向选组级示闲器

idle wheel　张紧皮带轮，空转轮，空载轮，惰轮

idle work　无功，虚功

idleness　空闲时间，空闲率

idler　(1) 空转轮，过桥轮，支持轮，跨轮，惰轮，闲轮；(2) 引导轮，导轮，中间轮，中界轮；(3) 张紧皮带轮，张紧轮；(4) 张力辊，导 [向] 辊，托辊；(5) 支承滚轴；(6) 空车，空载，无效，无功；(7) 闲置信号

idler arm　空转 [轮] 臂

idler circuit　空闲电路，空载电路，空闲回路，空载回路

idler collar　引导轮轴承环

idler frequency　空闲频率，闲频

idler gear　空转齿轮，惰轮

idler gear shaft　空转齿轮轴

idler guide　引导轮导承

idler pulley　空转 [皮带] 轮，惰轮，滚轮

idler reverse gear　反转 [用] 惰轮，反转中间齿轮

idler roller　(1) 履带托带轮，托链轮，张紧轮；(2) 惰轮；(3) 张力辊，惰辊，托辊，导辊

idler shaft　惰轮轴，空转轴

idler shaft constant mesh gear　空转轴常啮合齿轮

idler shaft gear　空转轴齿轮

idler spring　空转轮弹簧，(履带) 导向轮张紧弹簧

idler sprocket　惰链轮，空转链轮，(履带) 张紧轮

idler sprocket spindle　张紧链轮轴

idler wheel　(1) (传动带) 张紧轮；(2) 空转轮，惰轮

idling　(1) 空转，惰转，空载，无载，空车；(2) 空载运行；(3) 怠转，怠速；(4) 低速轧制；(5) 慢车，慢速；(6) 无效，无功

idling adjustment　空转调整

idling conditions　怠速状况

idling fluctuation　怠速波动

idling frequency　无效频率，闲频

idling gear　空转齿轮，惰轮

idling loss　空载损失

idling rpm　慢车 [每分钟] 转数

idling speed　空转速度，空载速度，无负载速度，怠速

idling torque　空转扭矩，怠速扭矩

idotron　光电管检验器

ier (=mutiplier)　(1) 乘数，乘式，乘子；(2) 乘法器，倍增器

if　(1) 如果，倘若，假使，假设；(2) 虽然，即使，既然；(3) 只要……，总……，……的时候；(4) 是……还是，是不是，是否；(5) 表示愿望

if-A-then-B-gate　B "或" A 非门

if-A-then-Nor-B gate　"与非" 门

if any　即使有 [也很少]

if anything　假如有的话，甚至可能，甚至于还

if clause　条件子句，如果子句

if ever　如果有过的话，要是曾经

if necessary　如有必要

if not　要不然，即使不

if not available, notify this office at once (=INOAVNOT)　如果没有，请立刻通知本处

if only　只要……就好了

if possible　如有可能

if so　如果这样的话

if statement　条件语句，如果语句

if-then　{计} 如果则，蕴含

if-then gate　A "或" B 非门

IFF (=identification, friend or foe)　敌我识别

IFF signal decoding　识别信号译码

iffy　富于偶然性的，可怀疑的，有条件的，未确定的

Igamid　依甘德 (德国一种聚酰胺系塑料商品名)

Igatalloy　钨钴硬质合金 (钨 82-88%，钴 3-5%，碳 5.2-5.8%，其余铁)

Igclite　一种聚氯乙烯塑料

igedur　伊盖杜尔铝合金

Igelit　一种聚氯乙烯塑料

ignitability　易燃性，可燃性

ignitable　易着火的，易燃的

iglite　聚氯乙烯塑料

igneous　靠火力的，熔融的

igneous concentration　煅烧富集

igneous metallurgy　火法冶金 [学]

ignitability　可燃性，着火性

ignitable　有着火的，可燃的

ignite　使燃烧，点火，点燃，发火，着火

ignited residue　烧余残渣

igniter (=ign)　(1) 点火装置，发火装置，引爆装置，发火电极，点火电极，引燃电极，发火器，点火器，点火极，引燃器，引燃管；(2) 点火药，点火剂，发火剂，引火剂；(3) 放炮器，起爆器，电嘴；(4) 触发器，触发极

igniter drop　引火极电压降，起弧极电压降

igniter test chamber (=ITC)　点火器试验间

ignitibility　可燃性

ignitible　可着火的，可燃的

igniting　点火，引火，开炉，点炉

igniting fuse　传爆信管

igniting primer　起爆药包，放炮器，雷管

ignition(=I 或 ign)　(1) 点火，点燃，着火，发火，燃烧；(2) 灼热；(3) 起爆装置

ignition accelerator　柴油着火加速剂

ignition anode　点火极，触发极，起弧极

ignition charge　点火药

ignition circuit　点火线路

ignition coil　点火线圈

ignition control compound (=ICC)　(包装用语) 易燃化学品

ignition delay　点火延迟

ignition detector (=ign det)　发火检测器

ignition fuse　导火线

ignition interference　火花干扰，点火干扰

ignition lag　延迟点火

ignition lock　点火闩

ignition loss　烧损

ignition of gas generator　燃气发生器点火

ignition plug　电嘴

ignition plug　火花塞，电嘴

ignition point　(1) 燃烧点，着火点，发火点；(2) 点火瞬间

ignition scope　点火检查示波器

ignition switch　点火开关

ignition system　点火装置，点火系统

ignition temperature　着火温度，燃点

ignition timer　点火定时器

ignition timing　点火定时

ignition transmission line (=ITL)　发火传输线

ignition tube　烧灼管

ignition voltage　点火电压

ignitor　(1) 点火装置，发火装置，引爆装置，发火电极，点火电极，引燃电极，发火器，点火器，点火极，引燃器，引燃管；(2) 点火药，点火剂，发火剂，引火剂；(3) 放炮器，起爆器，电嘴；(4) 触发器，触发极

ignitor discharge　点火极放电

ignitor electrode　点火 [电] 极

ignitor oscillation　引燃极振荡

ignitron　(1) 点火器，发火器，点火管，引燃管，发火管，放电管；(2) 水银半波整流管

ignitron pulse　触发脉冲，起动脉冲

ignorable　可忽略 [不计] 的，可忽视的

ignorable coordinates　可忽视坐标，循环坐标

ignorance　不内行，不知，无知

ignorant　无知识的，不知道的，外行的

ignorant end of tape　钢卷尺的活动端

ignorant error　出于无知的错误

ignore　(1) 符号，记号；(2) 无效，无作用；(3) 无作用字符，无动作码；(4) 忽略不计，略去不计，不管，不顾，(5) {计} 不问，忽视，无视，抹煞

ignore character　无作用字符，无操作符号，无用符号，无用字符，非法符

ignore gate　"无关与" 门，无关门，略去门

ignore instruction　无效指令，否定指令

ikon　图像，插图，像

Ilgner　可变电压直流发电装置

Ilgner set　可变电压直流发电机组，发电机电动机组

Ilgner system　可变直流发电方式

ilk　(1) 相同的，同一的；(2) 同类，等级

ill　(1) 不健康的，病的；(2) 有害的，不良的，拙劣的，坏的；(3) 难以处理的，麻烦的，(4) 不完全，不完美，不充分，恶劣，坏；(5) 几乎不；(6) 不幸，灾难，灾祸

ill-condition　病态条件
ill-conditioned　{计}病态的
ill-conditioned matrix　病态矩阵
ill-defined　不定的
ill-effect　不良作用
ill-equiped　装备不良的
ill-founded　无理由的
ill-judged　判断失当所引起的
ill management　管理不善
ill-posed　提法不当的,不适当的
ill-set　放置不当的
ill-sorted　不配对的,不相称的
ill-timed　不合时宜的,不适时的
illegal　(1)不合法的,非法的,违法的;(2)非法代码
illegal character　不合法字符,非法字符,禁用字符
illegal code　禁码
illegal command　非法指令,无效指令
illegal-command check　不合法指令检验,非法字符校验,禁用组合检验
illegalize　宣布……为非法,使非法
illegibility　难以辨认性
illegible　难以阅读的,难以辨认的,难读的
illegitimacy　不符合惯例,不合逻辑,不合理,非法[性]
illegitimate　(1)不符合惯例的,不合逻辑的,不合理的,非法的;(2)宣布……为非法
ILLIAC　伊利阿克IV计算机
ILLIAC-II assembler　伊利阿克-II汇编程序
illicit　不正当的,非法的,违法的,禁止的
illinium　{化}玛II(元素76号之旧名)
illiquid　不能立即兑现的,无流动资金的,非现金的
illiquidity　非兑现性
illium　伊利镍铬合金(镍61%,铬21%,铜6%,钼5%,其余铁)
illogic　不合逻辑,缺乏逻辑
illogical　不合逻辑的,缺乏逻辑的,不合理的,无条理的,无意义的,不通的
illuminability　可照明性
illuminable　可被照明的
illuminance (=illuminancy)　(1)[光]照度;(2)照明度,施照度
illuminant　(1)发光物,施照体,施照器,照明装置,光源;(2)发光的,照明的,照耀的;(3)施照剂
illuminate　(1)照明,照亮,照射,点亮;(2)装饰;(3)说明,阐明,启发;(4)使受辐射照射
illuminated barrier　照明式围栏
illuminated body　受照体
illuminated diagram switch board　照明配电盘
illuminated dial　照明度盘
illuminated dial ammeter　照明度盘式安培计,光度盘式安培计
illuminated dial instrument　刻度盘照明仪表
illuminated electrode　受照电极
illuminated track model　照明轨道模型
illuminating engineering　照明工程[学]
illuminating flare　照明弹
illuminating mirror　经纬仪上的反光镜
illuminating oil　灯油
illuminating power　照明本领,照度
illuminating projectile　照明弹
illumination (=ill)　(1)照明设备;(2)照明,照射,照亮,发光,光照;(3)照[明]度,亮度,辉度;(4)照明学;(5)电光饰,灯饰;(6)说明,阐明,解说,解释,启发
illumination desk　调光台
illumination efficiency　照明效率
illumination frequency　照射信号频率
illumination intensity　照度
illumination level　照度级
illumination mirror　照明镜
illumination of objective　物镜照明度
illumination photometer　勒克斯计,照度计
illumination zone　照明范围,可见范围
illuminator　(1)照明装置,照明器,施照体,施照器,发光器,发光体;(2)照[明]灯;(3)反光镜,反光板;(4)照明系统,光源
illuminator level　照明高度
illumine　照明,照亮,照耀,启发
illuminometer　照度计,流明计,照度表
illuminophore　发光团
illusion　(1)幻觉,幻视;(2)假象

illusive　产生错觉的,虚构的,虚幻的
illustrate (=illus)　图解,插图,(用图解,举例)说明
illustrated　图解的
illustrated book　有插图的书
illustrated parts breakdown (=IPB)　附有图解说明的零件破坏情况
illustrated parts catalog (=IPC)　带图解的零件目录册
illustration (=illus)　(1)实例,例示,例记,例证;(2)具体说明,注解;(3)例图,图例,插图,图解,图表
illustrative　说明的,解说的,例证的,直观的
illustrative diagram　原理图,解说图
illustrative problem　例题
illustrator　举例说明者,图解者,插图者
illuvial　淀积的
illuviation　淀积作用
ilmenite　铝电解研磨法
iluminite　(1)铝电解研磨法;(2)电解抛光氧化铝制品
im-　(词头)(1)不,非;(2)在内
ima　最下的
image　(1)像,图像,影像;(2)相似;(3)反射,映像;(4)反射信号;(5)想象;(6)描写;(7)精确备份文件
image acceleration　图像转移加速器
image amplifier　(1)图像放大器;(2)荧光倍增管,荧光增强管,
image-amplifier iconoscope　扩像光电摄像管
image amplifier iconoscope　像增强光电摄像管,像增强光电析像管
image analysis　图像分析
image analyzer　图像扫描器,析像器
image antenna　镜像天线,虚天线
image aspect ratio　图像宽高比
image attenuation　图像衰减,镜频衰减,影像衰减,对等衰减
image black　黑色电平
image boundary　图像边界
image by inversion　反演像
image channel　图像通道
image charge　镜像电荷
image coding　影像编码
image construction　求像
image converter　图像光电变换器,光电图像变换管,光电变换器,[图]像转换器,变换管
image converter tube　变像管,像转换管
image current　镜像电流
image data　图像数据
image deflection scanning　移像扫描
image device　成像器件
image difinition　图像清晰度
image dissection　图像分解
image dissector　[光电]析像管,析像器
image dissector tube　光电析像管,析像管
image distortion　图像失真
image duration　帧周期
image effect　镜像效应
image element　像素,像点
image enhancement　图像增强
image enlarger lamp　图像放大灯
image flattening lens　像场修正透镜
image formation　成像
image frequency　影像信号频率,图像频率,镜像频率,视频,镜频
image furnace　聚焦炉
image geometric error　图像几何误差
image iconoscope　移像式光电摄像管
image impedance　镜像阻抗,影像阻抗,对像阻抗,对等阻抗
image integrating tracker　图像[信号]累积跟踪器,电视形心跟踪器
image intensifier　像亮化器
image intensifier orthicon　增强式超正析像管
image intensifier tube　像增强管
image interference　电视干涉,影频干涉,图像干涉,镜像干涉,像频干涉,虚源干涉
image intermediate frequency amplifier　图像中频放大器
image inversion　图像转换
image isocon　分流正析像管
image jitter　图像跳动
image method　镜像法
image multiplier　像倍增器
image orthicon　移像式正析像管,图像正析像管,超正析像管,正摄像管
image-orthicon tube (=IO-tube)　超正析像管

image output transformer　图像信号输出变压器, 帧扫描输出变压器
image phase constant　(1) 影像相位常数; (2) 传输常数的虚部
image photocell　图像光电管, 图像摄像管, 光电摄像管
image pick-up device　摄像器
image pick-up tube　电视摄像管
image point　像素, 像点
image processing　图像处理
image quality indicator (=IQI)　像质计
image ratio　镜频相对增益, 图像比
image reconstructor　显像管, 复像管
image reconstructor tube　图像组成管, 显像管
image recovery mixer　镜频回收混频器
image registration　图像配准, 光栅重合
image rejecting IF amplifier　抑制像频干扰的中频放大器
image rejection　镜像干扰抑制, 图像载波抑制
image rejection filter　镜像滤除滤波器
image reproducer　像重现装置
image response　(1) 镜像响应, 像频响应, 镜频响应; (2) 像频通道特性
image scale　图像比例尺, 像标
image section　(电子) 移像部分
image sensor　图像传感器
image shotpoint　虚爆炸点, 虚炮点
image slicer　星象切分器
image source　虚震源
image stage　图像传输部分
image storage device　录像设备
image to frame ratio (=IFR)　像帧比
image transcription　图像录制
image transsformation　图像变换
image tube　显像管, 移像管, 摄像管
image vericon　(移像) 正析摄像管, 移像直像管
image viewing tube　图像管
image white　图像白色, 白电平
image with weakened contours　轮廓模糊的图像
imageable　可以描摹的, 可以想象的
imageplumbicon　移像式氧化铅视像管
imager　成像器
imagery　(1) 成像, 摄像, 映像, 雕像, 刻像; (2) 雕像制品; (3) 立体像, 群像; (4) 图像法, 显像术
imagewise　成影像的
imaginable　想象得到的, 可想象的
imaginal　想象力的, 想象的, 形象的
imaginaries (imaginary 的复数)　虚数
imaginary　(1) 假想的, 设想的, 虚构的, 想象的; (2) { 数 } 虚数 [的]
imaginary accumulator　虚数累加器
imaginary axis　假想轴, 虚轴
imaginary circle　假想圆, 虚圆
imaginary circular arc　假想圆弧, 理想圆弧
imaginary component　(1) 无功部分, 无功分量, 电抗部分, 电抗分量; (2) 虚数部分, 虚数成分, 虚数分量, 虚部
imaginary cone　假想圆锥
imaginary curve　假想曲线
imaginary cylinder　假想圆柱
imaginary elliptic cylinder　虚椭圆柱面
imaginary generating gear　假想铲形齿轮
imaginary line　(1) 假想线; (2) 虚线
imaginary load　假想负载, 假想载荷, 虚载
imaginary mass　假想质量
imaginary number　虚数
imaginary part　虚部
imaginary-part operation　虚部运算
imaginary pitch circle　假想节圆
imaginary plane　假想平面
imaginary point　虚点
imaginary quantity　虚量
imaginary representation　假想图示
imaginary root　虚根
imaginary sharp ring corner　(轴承) 假想套圈尖角, 理想套圈尖角
imaginary surface　(齿轮) 假想曲面
imagination　(1) 想象; (2) 创造力, 想象力; (3) 空想, 假设, 假想
imaginative　想象力的
imaginative faculty　想象力
imaginative power　想象力

imagine　想象, 设想, 料想, 猜想, 推测, 捏造
imagineering　人工复制, 模拟
imaging　成像
imbalance　失去平衡, 不稳定性, 不平衡
imbed　夹在层间, 放入, 嵌入, 嵌镶, 嵌进, 埋入, 灌封
imbedding　(1) 埋置, 置入; (2) { 数 } 嵌入
imbedding method　嵌入法
imbibant　吸涨体
imbibe　(1) 吸入, 吸收, 吸取, 吸液, 浸透, 透入, 渗入; (2) 吸液膨润; (3) 感受
imbibing　吸收作用, 吸液作用
imbibition　吸入, 吸收, 吸取, 吸水, 吸液, 透入, 浸渗, 浸透, 浸润, 浸渍
imbibition process　吸液印相法
imbricate　使叠盖, 使搭盖
imbricated conductor　分层导体
imbricated texture　磷状结构
imbrication　瓦状叠覆, 鳞形
imbue　(1) 浸透, 浸染; (2) 使吸入, 使吸湿, 灌注
Imhoff cone　(测定沉淀性物质用的) 英霍夫锥形管
Imhoff tank　双层沉淀池, 英霍夫池, 隐化池
imitability　可模仿性
imitable　可模仿的
imitate　模仿, 模拟, 仿造, 仿制, 仿效, 仿真, 仿形, 伪造
imitation (=imit)　(1) 模仿; (2) 模拟, 仿真, 仿形, 模拟; (3) 仿造器, 仿制品, 复制品, 赝品; (4) 仿造, 仿制, 仿效, 人造
imitation art paper　仿造铜板纸, 仿造艺术纸
imitation gold　装饰用铝铜合金 (铝 3-5%, 其余铜)
imitation jewel　人造宝石
imitation kraft　仿造牛皮纸
imitation leather　人造革, 假皮
imitation stone　人造石
imitative (=imit)　模仿的, 模拟的, 仿造的, 仿制的, 仿效的, 仿造的
imitator　(1) 仿真器, 模拟器; (2) 模拟程序; (3) 模仿者, 仿造者
immaculate　无瑕疵的, 无斑点的, 无缺点的, 洁白的, 洁净的
Immadium　高强度黄铜铜 55-70% ,锌 25-42% ,铁 1.5-2.0% ,少量锰,锡)
immalleable　无韧性的, 无展性的
immanence　(1) 包含, 含蓄; (2) 内在 [性], 固有 [性]
immanency　(1) 包含, 含蓄; (2) 内在 [性], 固有 [性]
immanent　内在的, 存在的, 固有的, 含蓄的
immarginate　无边缘的
immaterial　(1) 非物质的, 非本质的, 无形的; (2) 不重要的, 不足道的
immaterial points　非要点
immateriality　(1) 非物质 [性], 无形 [物]; (2) 不重要
immaterialize　使无实质, 使无形
immature concrete　未凝固水泥
immeasurability　不可计量性, 不可测量性
immeasurable　不可计量的, 不可衡量的, 不能测量的
immediacy　(1) 直接性; (2) 紧急的事物
immediate　(1) 直接的; (2) 最接近的, 极近的, 紧接的, 密接的; (3) 立即的, 即刻的
immediate access　{ 计 } 即时存取, 快速存取, 立即访问
immediate-access storage　即时存取存储器
immediate-action　速动的, 快速的, 瞬时的
immediate address　立即地址, 直接地址
immediate addressing　立即寻址, 立即定址, 零级定址
immediate cause　直接原因, 近因
immediate data　直接数据
immediate delivery　[立] 即交 [货]
immediate error　暂误
immediate instruction　零地址指令, 立即指令
immediate movement　立即位移
immediate oxygen demand (=IOD)　直接需氧量
immediate predecessor　直接先趋块
immediate shipment　[立] 即装 [运]
immediate subordinate　直接从属
immediate successor　紧接后元, 跟随元
immediately　(1) 立即, 立刻, 马上; (2) 直接地, 紧接地
immediateness　直接性
immemorial　人所不能记忆的, 远古的
immense　(1) 无限的, 无边的, 广大的, 巨大的, 极大的; (2) 无限空间, 无限数目
immensely　广大地, 巨大地, 无限地, 非常, 很
immenseness　无限性

immensity (1) 大得无法计量的数量, 巨大无边; (2) 极大之物, 无限空间

immensurability 无法计量性

immensurable 不可计量的, 不可衡量的, 不能测量的

immerge (1) 浸入, 浸渍, 浸没, 沉入, 沉没; (2) 专心于, 埋头于, 投入, 陷入

immerse (1) 浸入, 浸渍, 浸没, 沉入, 沉没; (2) 专心于, 埋头于, 投入, 陷入

immerseable 可浸入的, 可浸没的

immersed electron gun 浸没式电子枪

immersed method 水浸法

immersed nozzle 潜入式喷嘴

immersed tube 沉管

immersible (1) 可浸的, 浸入的, 沉没的; (2) 防水的, 密封的

immersion (1) 浸入, 浸没, 浸水, 水浸; (2) 浸渍, 浸润, 浸液, 浸油, 油浸

immersion freezer 浸液致冷器

immersion furnace 浸渍式保温锅

immersion heater 浸入式加热器, 浸没式加热器, 浸入式热水器

immersion lens 浸没透镜

immersion liquid-quenched fuse 液体灭弧熔断器

immersion technique 水中扫描术, 浸液扫描术

immersion test 浸入试验

immersional heater 浸没式加热器

immersional wetting 浸润作用

immethodical 没有方法的, 无秩序的, 无条理的, 杂乱的

imminence (1) 危急, 迫切; (2) 迫近的危险

imminent 即将来临的, 危急的, 急迫的, 燃眉的, 迫切的, 逼近的

immiscibility 不可混合性, 不混溶性, 难混溶性

immiscible 不混溶的, 非混合的, 非搅拌的

immiscible droplets 非混和的液滴

immiscible metal 难混熔金属

immiscible with water 和水不混溶的

immission 注入, 排入, 注射

immitigable 不能缓和的, 不能减轻的

immittance 导抗, 阻纳

immix 混合, 搀和, 卷入

immixable 不能混合的, 不能混和的

immixture (1) 混合作用; (2) 混合性; (3) 紧密混合物

immobile 不机动的, 稳定的, 固定的, 不动的, 不变的, 静止的

immobile hole 束缚空穴

immobility 不动性, 固定性

immobilization (1)不动, 制动, 固定, 定位; (2)降低流动性, 活动抑制; (3) 缩小迁移率

immobilize (1) 使无机动性, 使不动, 使固定; (2) 停止流通

immobilized spindle 备用轴

immoderate 无节制的, 不适中的, 过多的, 过度的, 过分的

immoderateness 不适度性质

immoderation 不适度

immodest 不适当的

immovability 不活动性, 不变性

immovable (1) 不可移动的, 不可改变的, 固定的, 紧固的, 不动的, 不变的; (2) 不动产

immovable fitting 紧固配合

immovable load 不动负荷

immovable suport 固定刀架

immune 不受影响的, 无响应的, 可避免的, 免除的

immune from interference (1) 抗干扰的; (2) 免除干扰

immune set {数} 禁集

immunity and privilege 豁免权和特权

immunity to vibration 抗振性

immuno-electromicroscopy 免疫电子显微镜检查法

immutability 不可改变性, 不变性, 不易性

immutable 不可改变的, 不变的

IMO pump 叶莫螺旋泵, 三螺杆泵

imp 加强, 增大, 补充

impact (=IMP) (1)碰撞; (2)撞击, 冲击; (3)力的冲量, 冲力; (4)动能; (5) 振动; (6) 着陆, 降落; (7) 装填, 压紧; (8) 压接

impact avalanche transit time diode (=IMPATT) 碰撞雪崩渡越时间二极管

impact bending 冲击挠曲

impact bomb 碰炸炸弹

impact breaker 冲击式碎石机

impact brittleness 冲击脆性, 碰撞脆性

impact cleaning 冲击清理, 抛丸清理

impact coefficient 冲击系数

impact crusher 冲击式破碎机, 冲击式碎石机

impact damper 缓冲器, 减震器

impact drill 冲击式钻机, 冲击钻

impact ductility 冲击韧性

impact effect 冲击作用

impact elasticity 冲击弹性, 冲击韧性

impact elasticity test 冲击韧性试验

impact elasticity tester 冲击韧性试验机

impact endurance test 反复冲击试验

impact energy absorption value 冲击能吸收值

impact erosion 冲击腐蚀

impact-excited transmitter 脉冲激励发射机

impact extruding press 冲击挤压压力机

impact extrusion 冲击挤压, 冷挤冲, 冲压

impact extrusion press 冲击挤压机

impact fatigue 冲击疲劳

impact fatigue testing machine 冲击疲劳试验机

impact fluorescence 碰撞荧光, 轰击荧光

impact hardness 冲击韧性, 冲击硬度

impact landing load 硬着陆负载

impact line printer 击打式行式打印机

impact load 冲击载荷, 冲击负荷, 冲击负载

impact load stress 冲击 [荷载] 应力

impact machine 冲击试验机

impact modulator 对冲型放大元件

impact of nuclear energy on industrial construction 核能对工业建设的促进

impact of the recoil 反冲

impact paper 压敏纸

impact pendulum 摆锤冲击试验

impact point (=IP) 弹着点, 命中点, 降落点

impact prediction area 预测弹着区, 预测命中区

impact predictor (=IP) 弹着点预测器

impact pressure 冲击压力, 冲压压力

impact printer 击打式打印机

impact prognosticator (=IP) 弹着点预示器

impact property 冲击性能

impact recorder 冲击记录器

impact screen 振动筛

impact strength [抗]冲击强度, 耐冲击强度, 碰撞强度

impact stress 冲击应力

impact stroke 冲击行程

impact switch (=IS) 碰撞式开关

impact test 冲击试验, 碰撞试验

impact tester 冲击试验机

impact testing apparatus 冲击试验机

impact testing machine 冲击试验机

impact toughness 冲击韧性

impact transmitter 脉冲发射机

impact value 冲击值

impact wreckage 碰撞破坏

impact wrench (1) 击式扳手, 套筒扳手, 机动扳手; (2) 冲头

impacted 受冲击的

impacted medium (打印机的) 击打介质

impacter (1) 无砧座 [模] 锻锤, 卧式锻锤机; (2) 冲击式打桩机; (3) 冲击器, 锤碎机; (4) 硬着陆宇宙飞船

impaction 撞击, 碰撞, 冲击, 压紧, 压接, 装紧, 嵌塞, 嵌入, 阻塞

impacto 音帕克托镍锰钼钢

impactometer

impactor (1) 无砧座 [模] 锻锤, 卧式锻造机; (2) 撞击式打桩机; (3) 冲击器, 锤碎机; (4) 硬着陆宇宙飞船

impages 门栏杆

impair (1) 削弱, 损害, 断裂, 损伤, 损坏, 减少, 减弱, 减损, 障碍; (2) {数} 奇数; (3) 不成对的, 奇数的

impairment (1) 损伤, 损害, 毁损, 破坏; (2) 缺损, 减损

impale 刺穿, 钉住

impalement 围栏, 栏栅

impaler 插入物, 插入架

impalpability 摸不着, 无形, 细微

impalpable (1) 感触不到的, 摸不着的, 细微的, 微粒的, 无形的; (2) 难以理解的, 难以识别的

impansion [面积] 缩减

impar 不成对的, 无对偶的, 奇数的

imparity 不平均, 不均衡, 不同等, 差异

impart (1) 给与, 分给; (2) 告诉, 通知, 传达, 传递, 透露, 产生

impartial 公平的, 无私的

impartiality 公平, 无私

impartibility 不可分割性, 不可分性

impartible 不可分割的, 不可分的

impassability 不可通性, 阻塞, 堵塞

impassable 不可通行的, 不能通过的, 不渗透的

impassibility 无感觉

impassible (1) 无感觉的; (2) 不受伤害的; (3) 不通的

impaste 用浆糊封, 使成糊状

impasto 厚涂颜料

impayable 超越一般限度的, 极贵重的, 无价的

impedance (1) 电抗, 阻抗; (2) 表观电阻, 交流电阻, 全电阻; (3) 管阻

impedance angle 阻抗相角

impedance bond 轨端抗流线圈, 阻抗联结器, 阻抗结合

impedance bridge 阻抗测量电桥

impedance characteristic 阻抗特性

impedance checker 阻抗测试器

impedance circle 阻抗圆

impedance coil 阻抗线圈, 电抗线圈, 扼流圈

impedance coupling 扼流圈耦合, 阻抗耦合

impedance diagram 阻抗图

impedance drop 阻抗降

impedance match(ing) 阻抗匹配

impedance matrix 阻抗矩阵

impedance of listening 收听干扰

impedance of slot 槽阻抗, 缝隙阻抗

impedance parameter 阻抗参数

impedance relay 阻抗继电器

impedance roller (磁带录音机中的) 机械阻抗滚子, 惰轮

impedance scale 阻抗比例尺

impedance screw 节流螺钉

impedance triangle 阻抗三角形

impedance voltage 阻抗电压

impedanceless generator 无阻抗发生器

impedancemeter 阻抗计

impede 妨碍, 阻碍, 障碍, 阻止

impeded drainage 不良排水

impediment 遭到障碍的动作

impediment of listening 收听干扰, 收听阻碍

impedimeter 阻抗计

impedimetry 阻抗滴定法

impediography 超声阻抗描记术

impedometer 波导阻抗测量仪, 阻抗测量仪, 阻抗计

impedor 产生阻抗的电路元件, 两端阻抗元件, 阻抗器, 感抗器

impel (1) 推进, 推动, 激励; (2) 强迫, 迫使, 驱使, 促成; (3) 冲动, 刺激; (4) 抛, 投

impellent (1) 推进的, 推动的, 推的; (2) 推动力, 推动物; (3) 发动机, 推进器

impeller (=IMP) (1) (水轮机的) 轮子, 水泵转子, 转子叶片, 叶轮, 转子; (2) 旋转混合器, 叶轮激动器, 推动器, 推进器, 抛砂机; (3) 涡轮; (4) 压缩器; (5) 刀盘

impeller blade 叶轮叶片

impeller breaker 叶轮式破碎机

impeller head 抛丸器, 抛丸头

impeller impact breaker 叶轮冲击式破碎机

impeller of pump 泵叶轮

impeller passage 叶片间距

impeller pump 转子泵, 叶轮泵

impeller shaft 叶轮轴

impeller suction 叶轮式吸水口

impeller type chopper 叶轮式切碎机

impeller type flow transmitter 叶轮式流量传感器

impeller type pulverizer 叶轮式粉磨机

impeller type root chopper 叶轮式块根切碎机

impeller type turbine 叶轮式水轮机

impeller vane 叶轮叶片

impeller with two side discs 闭式叶轮

impellor (1) (水轮机的) 轮子, 水泵转子, 转子叶片, 叶轮, 转子; (2) 旋转混合器, 叶轮激动器, 推动器, 推进器, 抛砂机; (3) 涡轮; (4) 压缩器; (5) 刀盘

impend (1) 挂, 吊; (2) (事件、危险等) 逼近, 即将来临, 即将发生

impend over (1) 临到; (2) 挂, 吊

impendence (1) 挂, 吊; (2) 紧迫, 危急

impendency (1) 挂, 吊; (2) 紧迫, 危急

impending 即将发生的, 即将来临的, 迫切的

impending motion 临界运动

impending skid 急刹车滑行, 紧急滑行

impending skidding 急刹车滑行, 紧急滑行

impenetrability 不透过性, 不渗透性

impenetrable 不透水的, 密封的, 防水的

impenetrate 贯通, 深入, 渗透

impenetration 贯穿, 渗入, 渗透

imperative (1) 不可避免的, 必不可少的, 绝对必要的, 强制性的, 命令的, 紧急的, 迫切的; (2) 不可避免的事, 必须履行的责任, 规则, 命令

imperative duty 紧急任务

imperative instruction 执行指令, 实行指令

imperative necessity 迫切需要

imperceptibility 看不见, 极微, 细微

imperceptible 难以觉察的, 看不见的, 极轻微的, 细微的

imperfect (=imperf) (1) 不完全的, 不完整的, 不完善的, 不良的, 有缺陷的; (2) 不标准的, 不理想的, 非理想的, 不良的; (3) 缩小的, 减弱的

imperfect contact 不完全接触, 不良接触

imperfect crystal 不完整晶体, 非完美晶体

imperfect dielectric 非理想介质

imperfect earth 不完善接地, 接地不良

imperfect gas 非理想气体

imperfect magnetic circuit 不全磁路

imperfect tape 不良磁带, 缺陷带

imperfectibility 不完善性, 不完整性

imperfectible 不可能完善的

imperfection (1) 缺陷, 缺点, 弱点, 毛病, 疵病; (2) 不完全性, 不完整性, 不完善性, 非理想性, 不足; (3) 机械误差; (4) 不完整度

imperfection of crystal 晶体缺陷

imperfectly 不完善, 不完全, 不完美

imperforate (=imperf) 无孔隙的, 无气孔的, 不穿孔的

imperforation 无开孔性质, 无开孔状态, 无孔状态, 闭锁状态, 不通

imperial (1) 帝国的; (2) 英国度量衡制的, [英国] 法宝标准的; (3) 特大的, 宏大的; (4) 特等品, 特大品

Imperial Chemical Industries (=ICI) 英国化学工业公司

imperial gallon (=IG 或 imp gal) 英制加仑

imperial sizing 英制尺寸

imperial smelting furnace 铅锌鼓风炉

imperial standard 英国标准

imperial standard gallon (=ISG) 英国标准加仑

imperial standard wire (=IWG) 英国标准线规

imperial standard wire gauge (=ISWG) 英国标准线规

imperil 使陷于危险, 危害, 危及

imperious (1) 紧迫的, 迫切的; (2) 不随意的, 强制的; (3) 不透 [水] 的

imperishability 永恒性质, 永恒状态

imperishable 经久不衰的, 永久的, 不灭的, 不朽的

impermanence 非永久性质, 非永久状态, 暂时性

impermanency 非永久性, 暂时性

impermanent 非永久的, 暂时的

imperme (1) 不渗透性, 不透性; (2) 不透水性, 防水性

impermeability 不透过性, 不渗透性

impermeability test 不透水试验, 水密试验, 抗渗试验

impermeability to gas 不透气 [性]

impermeabilization 使具有不渗透性

impermeable 不可渗透的, 不能透过的, 不透水的, 密封的, 防水的

impermeable to water 不透水

impermeator (气缸的) 自动注油器

impermephane 透明保护敷料

impermissibility 不容许的性质, 不容许的状态

impermissible 不允许的, 不许可的

imperscriptible 没有文件证明的, 非官方的, 非正式的

impersonal (1) 和个人无关的, 非个人的; (2) 不具人格的

impersonal force 非人力的

impersonality (1) 和个人无关的; (2) 非人格性

impertinence (1) 无礼; (2) 不得要领, 不切题, 不适当, 不恰当, 不适合; (3) 离题

impertinency (1) 无礼; (2) 不得要领, 不切题, 不适当, 不恰当, 不适合; (3) 离题

impertiment　(1)不得要领的,不恰当的,不适合的,不中肯的,不相干的,无关的;(2) 离题的

impervious　(1)不能透过的,不可渗透的,不透水的,不透性的,抗渗的;(2) 不受干扰的

impervious to　密封的,不透水的,防水的

impervious to moisture　防潮的

imperviousness　不透过性,不透水 [性]

impetrate　求得,恳求

impetus　(1)推动力,原动力,(2)动量,冲量;(3)脉冲;(4)震动,推动,冲击,激励

impinge　(1) (表面)撞击,冲击,撞击,打击;(2)紧密接触;(3)影响

impinge against　撞击,冲击

impinge on　(1) 碰撞,冲击,(2) 同……抵触,侵害;(3) 紧密接触

impinge upon　(1)碰撞,冲击;(2) 同……抵触,侵害;(3) 紧密接触

impingement　(1)撞击,冲击,冲撞,打击,轰击;(2) 弹跳,回跳,反跳;(3) 动力附着;(4) 水锤

impingement angle　入射角

impingement attack　浸蚀,腐蚀,滴蚀

impingement black　烟道炭黑

impingement erosion　冲击腐蚀

impinger　(1)碰撞取样器,撞击 [取样] 器;(2)冲击滤尘器,撞击集尘器;(3) 空气采集器

impinging　(1) 碰撞;(2) 弹跳,回跳,反跳

implant　(1) 插入,嵌入,注入,掺杂,安放;(2) 插入物

implant electronics　内植电子器件

implantation　插入

implantation equipment　掺杂设备

implanted-channel　(半导体工艺) 注入沟道

implastic　不易放入模子里的,不可塑的

implate　用钢板盖上

implausibility　(1) 令人难以置信的性质,令人难以置信的状态;(2) 不可置信的事物

implausible　难以置信的

implement　(1) 机具,工具,用具,器械,仪器;(2) 农具

implemental　作器具用的,起作用的,补助的,有助的

implementation　(1)提供器具,工具,器具,仪器;(2) {计} 执行过程,执行程序;(3) 履行,执行,实现,完成,作

implementation language　工具语言,实现语言

implementer　(1) {计} 设备;(2) 履行者,执行者,实现者

implementor　(1) {计} 设备;(2) 履行者,执行者,实现者

impletion　充满

implicant　[蕴含] 项,隐含数

implicate　(1) 使缠住,纠缠;(2) 暗示,含蓄

implication　(1)牵连,关系;(2) 蕴含,含义,含蓄,意义;(3)本质,实质;(4) 推断,结论

implication of material　实质蕴涵

implicative　含蓄的,包含的,关联的,牵连的

implicit　(1) 不明显的,隐含的;(2) 固有的;(3) 绝对的,无疑的

implicit address　隐 [式] 地址

implicit computation　隐函数法计算

implicit declaration　隐式说明

implicit differentiation　隐微分法

implicit function　隐函数

implicit-function generation　隐函数生成

implicit synchronizing signal　内隐同步信号

implicity　含蓄的性质,含蓄的状态

implied　暗指的,含蓄的

implied addressing　蕴含地址,重复选址,重复定址

implied agreement　默示协议

implied AND circuit　线接与门电路,隐与门电路,幻与门电路

implied DO　隐循环

implied-OR　"或"

implode　向内破裂,内向爆炸,爆聚,压破

imploding　爆聚的

exploit　管制资源开发

imploiter　管制资源开发的人

implosion　(1) 从外向内的压力作用,压破,压碎,挤压,冲挤;(2) 内向压爆,内心爆炸,内向爆炸,向心爆炸,内破裂,内爆炸,爆聚

implosion guard　(电视接收机) 防爆玻璃

implosive　(1) 挤压震源,内破裂;(2) 破裂声

imply　(1) 含有……意思,意思是,意味着,暗示,暗指;(2) 包含,含有,储蓄,蕴含

imponderability　(1) 不可称量 [性];(2) 无重量,失重

imponderable　(1)不能称的,不可量的;(2)无法估计的,无法估价的;

(3) 不可量物;(4) 无重量的, 极轻的

imponderableness　不可称量性

imporosity　(1)不透气性,无孔性;(2) 结构紧密性

imporous　无孔隙的

import　(1) 输入,引入,导入,移入,进口;(2) 含有……意思,意味着,表明,说明;(3) 对……有重大关系,对……是重要的;(4) 进口商品,进口货

import duty　进口税

import licence　进口许可证

import permit　进口许可证

import quota　进口限额

import surplus　入超

import tax　进口税

importable　可进口的

importance　重要性,重大,价值

important　(1)重要的,重大的,严重的,显著的;(2) 许多的,大量的

importation　(1) 输入,传入;(2) 进口商品,输入品,进口货

importer　进口商

imports duty　进口税

impose　(1) 使……负担,将……强加于,安放,施加,强使,责成;(2)利用,采用;(3) 发生影响;(4) 整版,排版,装版

impose on　施加影响,强加,利用

impose upon　施加影响,强加,利用

imposed load　作用荷载

imposed rotation method　旋转就位法

Imposite　一种不溶于松节油的天然沥青

imposition　(1) 安放,置放,施加,覆盖,印上;(2) 版税,税款,负担;(3) 强迫接受,强加,责成;(4) 整版,排版

impositor　幻灯放映机

impossibility　不可能性

impossible　不会发生的,不可能的,办不到的

impossibly　不可能地,办不到地

impost　(1) 进口税,捐税;(2) 把进口商品分类以估税

impost bureau　税务局

impotence　无力,无能,无效

impotency　无力,无能,无效

impotent　不起作用的,无力的

impound　(1) 蓄水;(2) 扣押,没收

impounded surface water　聚集的表面水

impounding reservoir　蓄水池

impoundment　(1) (在贮水池中) 集水,蓄水;(2) 蓄水量

impoverish　使无力,使枯竭

impoverished rubber　失去弹性的橡胶

impoverishment　合金成分的损失,合金中元素的损耗

impracticability　不实用性,不能实行

impracticable　不能使用的,不能实行的,不切实际的,不实用的,不现实的,无用的

impractical　不能实行的,不切实际的,不实用的,不现实的

imprecise　(1)不精确的,不精密的;(2) 非确切的,不确切的

imprecise interruption　非确切中断

imprecision　不精密度,不精确性

impreg　树脂浸渍木材,浸渍处理材,浸渍木

impregnability　浸透本领,浸透性 [能]

impregnable　(1) 坚固的;(2) 可渗透的

impregnant　浸渍剂,渗透剂

impregnate　(1)注入,灌注,浸渍,浸透,内渗,浸润,浸染,渗透;(2)充满,饱和,包含;(3) 浸透的,饱和的,嵌装的;(4) 浸渍树脂

impregnate tie　浸油轨枕

impregnated cable　绝缘浸渍电缆

impregnated carbon　渍制炭极

impregnated cathode　浸渍式阴极

impregnated paper insulated (=ipi)　浸制纸绝缘的

impregnated tape　含粉磁带,浸渍磁带

impregnated-tape metal-arc welding　焊剂绳金属弧焊

impregnating　(1) 浸渍,浸渗;(2) 浸染;(3) 浸透

impregnating coil　渍制线圈

impregnating compound　浸渍化合物,防腐剂

impregnating oil　浸渍油

impregnating wood　浸灌防腐木材

impregnation　(1) 浸渍,浸渗;(2) 浸染;(3) 注入;(4) 浸透

impregnation-accelerator　浸透促进剂,助透剂

impregnator　浸渍机

imprescriptible　不受惯例约束的,不受法令约束的

impress (1) 刻记号,刻划,施加,外加,附加,盖印,压印;(2) 印记,记号,压痕,痕迹;(3) 给予影响,使铭记,记住;(4) 传递,发送;(5) 从外部电源加电压到线路上;(6) 特征

impressed force (作用于动力系统元件的) 外力,作用力

impressed voltage 外加电压

impressed watermark 压纹

impressibility 可压印性

impressible 易受影响的,可铭记的,可印的

impressio (复 impressiones) 压迹

impression (1)压痕,印痕,印记,印象;(2)压印,盖印,印刷;(3)感应;(4)凹槽;(5)印刷品,印图;(6)模型型腔,印模,模槽;(7)模压;(8)底色,漆层

impression control 字迹轻重控制

impression cylinder 压印滚筒

impressionability 可印性,敏感性,易感性

impressionable (1)感受性强的,易受影响的,敏感的;(2)可塑的,易刻的,易印的

impressional 印象上的

impressive 给人深刻印象的,难忘的

imprest (1) 预付款的;(2) 预付的

imprimitive 非本原的,非原始的

imprimitive matrix 非素矩阵

imprint (1) 刻上记号,盖印,压印;(2) 痕迹;(3) 特征

imprinter 刻印机,戳印机,印刷器,刻印器,印码器

imprinting 印迹作用

improbability 未必确实的,不大可能的

improbable (1) 不像会发生的,未必确实的,似不可信的;(2) 不可几的,非概然的

impromptu 无准备的,临时的

improper (1) 不妥当的,不正当的,不适应的,不合理的,不合式的,不规则的,非正常的;(2) 不正确的,错误的,假的

improper character 非正常字符,非正式符号,非法字符,禁用字符

improper code 非法代码

improper conic 退化二次曲线

improper faction 假分数,可约分数

improper function 非正常函数,异常函数

improper fraction 可约分数,假分数

improper integral 非正常积分,反常积分,异常积分,奇异积分,广义积分

improper packing 包装不良

improper rotation 非正常旋转,异常旋转,反射旋转

impropriety 不适当,不正当,不正确

improvability 改进可能性,可改进性

improvable 可以改进的,能改良的

improve (1) 改进,改善,改良,增进;(2) 好转,进步;(3) 矫正,软化;(4) 利用

improve on 对……加以改进

improve upon 对……加以改进

improved cylinder 带缩口部的枪管

improved wood 压缩木材

improvement (1) 改进,改良,改善,增进,好转;(2)矫正;(3) 改进措施

improvement trade 加工贸易

improver (1) 改良者,改善者;(2) 添加剂,改进剂,促进剂

improver of viscosity index 粘度指数改进剂

improvidence (1) 无远见;(2) 不节约,不经济

improvident (1) 无远见的;(2) 不节约的,不经济的

improving furnace [铅]精炼炉

improving of lead 铅的提纯

impsonite 一种焦油沥青

impulsator 脉冲发生器

impulse (=IMP) (1)脉冲,脉动;(2)动量,冲量;(3)冲击,冲动,跳动,推动,推进;(4)推力,冲力;(5)激励,激磁,激发;(6)发生脉冲

impulse acceleration 脉冲加速度

impulse attenuation 脉冲衰减

impulse charge 推动炸药

impulse circuit 脉冲电路

impulse coding 脉冲编码

impulse counter 脉冲计数器

impulse current 脉冲电流

impulse current generator 冲击电流发生器

impulse current shunt 冲击分流器

impulse drive 脉冲传动装置

impulse excitation 脉冲激励

impulse excited circuit 脉冲激励电路

impulse excited oscillator 脉冲激励振荡器

impulse force 冲力

impulse frequency 脉冲频率

impulse frequency method [脉]冲[电]流频率法

impulse function 冲击函数,脉冲函数,δ 函数

impulse inertia 脉冲惯性

impulse load 脉冲负荷

impulse machine 自动电话拨号盘

impulse modulation (=IM) 脉冲调制

impulse motion 脉动,挠动

impulse movement core 脉冲机芯 (一种钟的机芯)

impulse noise 脉冲噪声

impulse noise generator 脉冲噪声发生器

impulse of motion 推动,推进

impulse pallet (1) 推力钻 (精密时计平衡轮的滚轴上的掣子钻石);(2) 圆盘钉

impulse phase-locked loop 脉冲锁相环

impulse power 脉冲功率

impulse radiation 脉冲辐射

impulse ratio 冲击系数,脉冲比,断续比

impulse reactance 冲击电抗

impulse reaction turbine 冲击-反击式水轮机

impulse recorder 脉冲记录器

impulse regenerator 脉冲再生器

impulse response 脉冲响应

impulse sequence 脉冲序列

impulse shaper 脉冲形成器

impulse slice circuit 脉冲限制电路

impulse spring (继电器中的) 脉动簧

impulse stroke 工作冲程

impulse tachometer 脉冲式转速计,冲击式转速计

impulse test 脉冲[状态]试验,脉冲电压试验

impulse time division system 时[间]分[隔]多路通信制

impulse train 脉冲序列

impulse transmitter tube 脉冲发射管

impulse trap 冲力汽水阀

impulse turbine 冲击式汽轮机,冲击式水轮机,冲击式透平,冲动涡轮

impulse voltage 冲击电压

impulse voltage divider 冲击分压器

impulse voltage generator 冲击电压发生器

impulse-voltage test 冲击电压试验

impulse voltage test 冲击电压试验

impulse water turbine 水斗式水轮机

impulse wave 冲击波

impulse waveform 冲击波形

impulse welding 脉冲焊接

impulse X-radiation 韧性 X 辐射

impulser 脉冲调制器,脉冲传感器,脉冲发送器,脉冲发生器

impulsing (1) 发出脉冲,发生脉冲;(2) 冲击激磁,激励;(3) 脉冲发送

impulsing relay 脉冲继电器

impulsion (1) 冲量,冲击,冲动,推动;(3) 推力,冲力;(4) 脉冲

impulsive 有推动力的,脉冲的,冲击的,撞击的

impulsive discharge 脉冲放电

impulsive force 冲力

impulsive function 脉冲函数

impulsive load 脉冲荷载,脉冲负载,短时负载

impulsive motion 冲击运动

impulsive transfer maneuver 冲力转轨动作

impulsiveness 冲动的性质,冲动的状态

impulsor {数}非共面直线对

impunctate 非点状的,无细孔的

impunity 不受损害,不受损失

impure 不纯的,污染的,掺杂的,掺假的,杂质的,混合的

impurity (1) 杂质,夹杂物,不纯物;(2) 污染,沾染,污垢

impurity activation 杂质激活

impurity band 杂质能带

impurity band conduction 杂质带传导

impurity band mobility 杂质带迁移率

impurity concentration 杂质浓度

impurity conduction 杂质传导,杂质导电

impurity conductivity 杂质导电性,杂质导电率

impurity diffusion 杂质扩散

impurity level (1) 杂质能级,不纯度;(2) 杂质能量

imput (1) 输入,引入,导入;(2) 需用功率,输入功率,输入电压;(3)

输入设备,输入项目,输入端;(4)输入电路;(5)输入信号;(6)输入额,输入量,输入数;(7)消耗量,进料量,给料量;(8)进料,进给,供给,给料;(9)把数据输入计算机

imputrescibility 不腐败性

imputrescible 不会腐败的

imref 密费,准费密能级,倒费密(能级)

in (1)在……里,在……方面,就……而论;(2)用……,以……,按……;(3)往……里,到……里;(4)作为……表示,由于,为了,以便;(5)构成各种词组

in- (词头)(1)在内,向内,向,进,入;(2)非,无

in a hurry 匆忙中

in a measure 多少有点,稍为

in a moment 过了不多久,片刻

in a word 用一句话来说,总[而言]之

in accord with 与……一致,与……契合,合乎……

in accordance with (=IAW) 和……一致,符合,依照

in accordance with metric or decimal systems and units of S.I. system 符合米制或十进制和公制单位

in all 总计

in-and-in 互锁,互卷入

in-and-out 自由出入的,时好时坏的,暂时性的

in and out 弯弯曲曲地,时进时出

in-and-out bolt 贯穿螺栓

in-and-out loss 输入-输出损耗

in-and-out plating 内外搭接列板,内外搭接制

in-and-out type heating furnace 分批装料出料的室式[加热]炉

in as far as 在……范围内,就……而论,到……程度

in-band 合规频带

in-between (1)在中间;(2)中间性的

in between 在中间

in-block 两个或更多汽缸铸在一起

in bond 海关仓库交货价,存海关关栈

in-bridge (1)跨接;(2)加分路,旁路;(3)并联

in bridge (1)跨接;(2)加分路,旁路;(3)并联

in bulk (=I/B) (1)成块,成堆;(2)散装

in camera 不公开,秘密

in-cavity 内共振腔

in charge (=i/c) 负责,主管

in-circuit (1)线路中的;(2)内部电路

in-circuit emulator 连线仿真程序

in-company 公司内的

in compliance with (=ICW) 依照

in-connection 输入连接,内连接

in-connector 内连接器,内接符

in-core 堆[芯]内

in-core flux monitor 堆芯通量监测器

in-core loop 堆芯回路

in-country 国内的

in-depth 深入的,彻底的,全面的

in-diffusion 内扩散

in due course (=IDC) 在适当时候,及时地

in duplicate 一式两份

in-fan (1)输入,扇入;(2)输入端

in-feed centerless grinding 切入无心磨

in-field (1)入射场;(2)安装地点,运用处

in-gate (1)内浇口;(2)输入门;(3)入口孔

in gear 啮合

in good order 情况良好,整齐

in itself 就其本身而言,在本质上,完全地,本来

in kind 以实物

in lieu of (=ILO) 代替

in lieu there of (=ILT) 替代,改用

in-line (1)[液压]进油[管]路,纵侧线;(2)串联;(3)联机;(4)在一直线上,排成行[的],一字形[的],一列式[的],一列[的],平行[的],串联的,联机的,轴向的

in-line antenna 并行馈电双环形天线,宽频率天线,八木天线

in-line arrangement 纵向配置,轴向配置,直线排列,顺排

in-line assembly (元件的)成行装配

in-line booster (1)轴向加力器,轴向加速器;(2)序列式增压器

in-line colour picture tube (电子枪)一字排列式彩色显像管

in-line combination 单排组合

in-line data processing 成簇数据处理

in-line engine 直排发动机

in-line engine crankshaft 直列式发动机曲轴

736

in-line filter 串联式过滤器,在管线中的滤器

in-line function 直接插入函数,内[部]函数

in-line gears 同轴齿轮

in-line heads 垂直校准的磁头

in-line hologram 一列式全息图,同轴全息图

in-line needle valve (=INV) 直列针阀

in-line offset 离开排列

in-line pin 排齐销

in-line procedures 直接插入子程序,联机程序

in-line processing 在管道中处理

in-line production 流水线生产

in-line quick coupling 准直快速接头

in-line relief valve (=ILRV) 直列减压阀

in-line shadow-mask tube 一字型荫罩管

in-line steering gear 直列式转向机构

in-line stripe tube 一字排列式条形[荧光]屏显像管,一字型枪条形屏显像管

in-line subroutine 直接插入[式]子程序,内子程序

in-line system 成簇数据处理系统

in-line tuning 同频调谐

in-line type 一字排列式

in-list {计}内目录

in-mesh (齿轮)[相互]啮合

in metric system 用米制

in-milling 横向铣削

in-motion shifting 不停车换档

in-movement 横向进磨运动

in operation (=i/opn) 正在操作

in order (=IO) 有秩序的,整齐的

in order to 为了,以便

in our favor 以我方为抬头

in-out box 输入-输出组件,输入-输出盒

in-parallel 并联的

in parallel (1)并联;(2)平行地

in particular 尤其是

in-person 现场的,亲身的

in-phase 同相[位]的

in phase 同相的

in-phase component 同相部分,同相分量

in-phase opposition 反相的

in-phase potentiometer 同相电位计

in-pile 反应堆内部的

in-pile loop 堆内回路

in-place 部署适当的

in-place test 现场试验,实地试验

in-plant 厂内的

in-plant system 近距系统

in-point (磁带)编辑[起]点

IN-pointer 输入指示器

in-print 在印刷中,付印

in-process 加工过程中的,处理过程中的,加工中的

in-process defect 生产过程中产生的缺陷,制造缺陷

in-process inspection 生产过程中的检验

in-process measurement 加工测量

in-process product 中间生成物,中间产物

in-pulp electrolysis 矿浆[直接]电解

in quadrature 正交

in-real {计}内真值

in-register 互相对准,互相配准,叠合精确

in register 配准,重合

in response to 为了响应,以响应,应……

in round numbers 用整数表示

in-row 行内的

in rows 一排排地,成排地

in-rudder 内侧舵

in running order [正常]工作状态

in-series 串联地

in-sheets 待装订

in-situ 在正常位置上,在自然位置上,在原位置,在现场,在原地,在原处

in situ 在正常位置上,在自然位置上,在原位置,在现场,在原地,在原处

in situ combustion 地下燃烧

in-situ measurement 原位测量

in situ porosity　原始孔隙率
in-situ test　现场试验
in so far as　在……范围内，就……而论，到……程度
in some respects　在某些方面
in-space　宇宙中，空中
in-space rendezvous　航天会合，空间会合，深空会合
in-state　"入"态
in-step　(1) 相位一致的，同相位的，同步的；(2) 同级的
in-step condition　相同条件
in stock　备有现货，尚有存货
in that　由于，因为
in the large　全局的
in the mud　清晰度不良，音量过少
in the past　[在] 过去
in the small　局部的
in total　总计
in-transit buffering　{计} 内传送缓冲
in triplicate　一式三份
in-trunk　入中继，来中继
in trunk　入中继
in unrestricted waters　在无限航区
in-use performance　(1) 使用效率；(2) 使用性能
in-vacuo　在真空内，在真空中
in vain　无效，徒然
inability　无能，不能，无力
inabsorbability　不可吸收性
inaccessibility　易接近性，不可及性
inaccessible　不能接近的，不能达到的，不能进入的，达不到的，进不去的，难接近的
inaccessible value　不可达值，不可及值
inaccuracy　(1) 不精密性，不精密度，不准确性，不精确性，不准确度，不精确度；(2) 错误，误差，偏差，疏漏
inaccuracy of dimensions　尺寸不合格
inaccurate　不精密的，不精确的，不准确的，不正确的，有误差的，错误的
inaction　(1) 不活动，不活泼，不活跃，无行动，无作用；(2) 停工，停车，故障
inaction period　无作用期间，钝化周期
inactivate　(1) 使不活动，减除活性，，失去活性；(2) 钝化；(3) 使不旋光
inactivating　钝化，失效
inactivation　钝化 [作用]
inactive (=inact)　(1) 反应缓慢的，不灵活的，不活泼的，钝性的，惰性的，迟钝的；(2) 不旋光的；(3) 稳定的，不动的，静止的；(4) 不起作用的，失效的，无效的；(5) 非放射性的，无活性的
inactive block　静态分程序
inactive DO loop　非现用循环
inactive file　非现用文件，待用文件
inactive leg　(弹道) 被动段
inactive line　虚描线，虚扫行
inactive machine　停用的机器
inactive state　待用状态，关闭状态
inactiveness　不活动性
inactivity　(1) 无功率；(2) 不活动性；(3) 化学钝性，反应缓慢性
inadaptability　不适应性，不适用性，不适配性
inadaptable　(1) 不能适应的，无法适应的；(2) 不可改编的
inadaptation　不适应，不适用
inadequacy　(1) 不相适应，不适当，不充分，不适合；(2) 机能不全，不完全，不足够；(3) 闭锁不全，关闭不全
inadequate　(1) 不相适应的，不适当的，不充分的，不适合的，不完全的；(2) 不足够的，不充分的，缺乏的
inadequate picture height　图像高度不足
inadherent　不粘结
inadhesion　不粘性
inadhesive　不能粘结的
inadmissibility (=inadmissability)　不接受性，难允许，难承认
inadmissible　不能允许的，不能承认的，不能采纳的
inadvertence　(1) 粗心大意行为；(2) 疏忽的结果
inadvertent　不当心的，不注意的，无意中的，非故意的，疏忽的，偶然的
inadvertent destruct (=IDS)　导弹在飞行时故障爆炸
inadvisability　不可取性
inadvisable　不妥当的，不可取的
inagglutinability　不可凝结性
inagglutinable　不能凝结的

inalienability　不可分割性
inalienable　不可分割的
inalium　因阿铝合金 (硅 0.5%，镁 1.2%，镉 1.7%，余量铝)
inalterability　不可改变性，不变性
inalterable　不 [能] 变 [更] 的
inang　一种阿鲁群岛小渔船
inaperture　无孔隙的
inapplicability　不适用性，不应用性
inapplicable　不能应用的，不能适用的
inapposite　不适合的，不适当的，不恰当的，不相称的，不相干的
inappreciable　微不足道的，毫无价值的，不足取的
inappreciation　不正确评价
inapprehensible　难以理解的，难了解的，难领会的
inapprehension　不了解，不理解
inapprehensive　不意识到危险的，缺乏了解的
inapproachable　(1) 不可接近的，难接近的；(2) 无可比拟的
inappropriate　不适当的，不恰当的，不相称的，不合宜的
inappropriate to the season　不合时宜的
inapt　(1) 不适当的，不恰当的；(2) 不巧妙的，不熟练的，拙劣的
inaptitude　(1) 不适当，不合适；(2) 不相称；(3) 不熟练，拙劣，无能
inarmoured　非铠装的
inarmoured cable　铝皮电缆，未铠装电缆
inarray　内部数组
inarticulateness　不清晰性
inartificial　非人造的，不加工的，天然的
inasmuch as　因为，由于
inattention　漫不经心，不注意，疏忽
inattentive　不注意的，疏忽的
inaudibility　不可听性
inaudible　听不见的，无声的
inband distortion　频带内失真
inband frequency assignment　带内频率分配
inbeing　内在的事物，本质，本性
inblock　整块，整体，单块
inblock cast　整体铸造
inblock casting　整体铸件，单体铸件
inboard (=INBD)　(1) 在船舱内，在舷内，在船内；(2) 在内舷；(3) 内纵的，内侧的，船内的，舱内的，艇内的，舷内的，机内的，弹上的
inboard meshing of starter pinion　起动机小齿轮 (与飞轮齿圈内啮合)
inboard pod　近机身舱
inboard profile　船内纵剖面图
inboard turning　内旋，内转
inboard universal joint　半轴内侧万向节
inborn　自然生成的，天生的
inbound　(1) 入站；(2) 归航的；(3) 内地的，内埠的
inbreathe　吸入，灌输，启发
inbuilt　埋没的，固定的，装入的，嵌入的
incalculability　不可数性，无数，无量
incalculable　(1) 不可数的，数不清的，无数的，极大的；(2) 不能预计的，预料不到的，难预测的；(3) 靠不住的，不确定的，易变的
incandesce　烧致白热，使白热化，灼烧
incandescence　白热，白炽，灼热，炽热
incandescent　(1) 白热的，白炽的，灼热的，炽热的；(2) 极亮的，发光的，灿烂的
incandescent arc lamp　白炽弧光灯
incandescent cathode　白炽阴极
incandescent lamp　白炽灯 [泡]
incandescent light　白炽灯
incandescent lighting　白炽照明
incanous　灰白的
incanus　灰白色
incapability (=INCAP)　无能状态，无能
incapable　(1) 无能 [力] 的，不会的，不能的；(2) 无资格的，无用的
incapacitate (=INCAP)　使失去资格，使不适合，使无能
incapacitation　(1) 使无能力，使无资格，使不能；(2) 使不适合
incapacity　显示无能状态，无能力，无资格，不适当
incapsuled　[被] 包围的，有被膜的
incarbonisation　碳化作用
incase　(1) 装在外壳内，装箱内；(2) 嵌入，封闭，包围，包裹
incasement　(1) 包装，装箱；(2) 包装物，外壳，外套，壳层，包皮，箱，袋，膜
incautious　不谨慎的，不慎重的，不注意的，不当心的
incendiary　(1) 燃烧作用；(2) 可燃物，(3) 燃烧弹
incendiary bomb　燃烧弹

incendive 可引起着火的, 易燃的

incenter 三角形的内切圆的圆心, 四面体的内切球的球心, 内 [切圆] 心

incentive (1) 刺激的, 诱发的; (2) 诱因, 动机

incentive force 鼓动力

incept (1) 开始; (2) 接收, 取

inception (1) 初始位置; (2) 开始, 初始, 起始, 开端, 发端; (3) 创立, 创办

inceptive 开始的, 开端的

inceptor 开始者, 初学者

incertitude (1) 不确实, 不确定, 无把握, 无自信, 疑惑; (2) 不安全, 不稳定

incessancy 不间断性, 不停, 不息, 不断

incessant 不间断的, 不停的, 不息的, 不断的

inch (=in) (1) 英寸, 吋 (=25.4mm); (2) 少量, 少许; (3) 一点一点测量; (4) 渐近, 渐动

inch bore 英制孔径

inch by inch 一点一点地, 逐渐地

inch changing gear 变攻角机构

inch-cut 切断长

inch dimension 英制尺寸

inch-dimension bearing 英制轴承

inch measuring gear 侧攻角装置

inch-ounce 英寸 - 盎司 (功或力矩单位)

inch per minute 英寸 / 分

inch per second 英寸 / 秒

inch-pound 英寸 - 磅

inch screw die 英制螺纹板牙

inch screw tap 英制螺纹丝锥

inch screw thread 英制螺纹

inch series 英制尺寸系列

inch series bearing 英制 [尺寸系列] 轴承

inch size 英制尺寸

inch system screw thread 英制螺纹

inch thread 英制螺纹

inch tool 寸凿

inched 有特定英寸数的, 英寸长的

incher (1) 小管; (2) 以特定英寸数作为量纲的东西, 具有特定英寸口径的大炮

inches penetration per year (=ipy) 每年腐蚀深度, 英寸 / 年

inches per minute (=ipm) 每分钟英寸数, 英寸 / 分

inches per revolution (=ipr) 英寸 / 转数

inches per second (=ips) 每秒钟英寸数, 英寸 / 秒

inching (1) 低速运转, 平稳移动, 微调整, 微动, 寸动, 寸进, 点动, 缓动, 渐动, 蠕动; (2) 精密送料; (3) 低速转动发动机; (4) 模型紧闭前缓慢施压的方法, 瞬时断续接电

inching control 微调节

inching feed 点动进给

inching grinding 缓进给磨削

inching switch 微动开关

inching valve 微动阀

inchoate 才开始的, 不完全的, 初期的

inchoative 开始的

incidence (1) 入射, 进入; (2) 入射角, 安装角, 倾角, 迎角, 冲角; (3) {数} 关联, 接合; (4) 影响范围, 影响方式, 影响程度, 发生率

incidence angle 入射角

incidence axiom 关联公理

incidence number 关联数

incidence of light 光线入射

incidence of stabilizer 稳定器倾斜角

incidence space 关联空间

incidence wire 倾角线

incident (1) 入射的; (2) 偶发事件, 从属事件, 事变, 事故; (3) {数} 关联; (4) 易发生的, 偶发的, 难免的, 附带的; (5) 输入的, 传入的, 入射的; (6) 关联的

incident angle 入射角, 倾斜角, 仰角

incident field intensity 入射场强

incident field strength 入射场强度

incident light 入射光

incident power 入射 [波] 功率, 正向功率

incident ray 入射线

incident with one another 相互关联

incidental (1) 易发生的, 偶然的, 附属的, 附带的, 附随的, 伴随的; (2) 较不重要的, 非主要的; (3) 附随事件; (4) (复) 临时费, 杂费

incidental device 应急器件

incidental FM 寄生调频 (FM=frequency modulation 频率调制, 调频)

incidental to 易发生的, 附随的

incidentally (1) 偶然地, 突然地; (2) 随便说说, 附带说说

incidentals time {计} 非主要工作时间

incinderjell 凝固汽油

incinerate (1) 烧成灰, 焚化; (2) 煅烧

incineration (1) 焚化, 焚烧, 烧尽; (2) 煅烧; (3) 烧灼灭菌法

incineration house 垃圾焚化站

incinerator (=INC) (1) (放射性废料) 燃烧炉; (2) 焚烧炉, 焚化炉, 化灰炉; (3) 煅烧装置, 煅烧炉

incipience 开始, 发端, 初步, 初期, 早期

incipient 最初的, 开始的, 原始的, 起始的, 初始的, 早期的

incipient cause 远因

incipient crack 初期裂纹, 初裂

incipient crystal 晶胚

incipient failure 起始故障, 初期故障, 初发故障, 早期故障, 早期损坏, 早期失效, 初始破坏, 初期破坏

incipient fusion 初熔

incipient melting 初熔

incipient wear 初期磨损

incircle 内切圆

incisal 切开的, 切割的

incise (1) 切割, 切开, 切入; (2) 雕刻, 蚀刻

incising (1) 切割, 切开, 切口, 切入, 缺口; (2) 雕刻; (3) 刀痕

incision (1) 切割, 切开, 刻口, 切口, 刻; (2) 雕刻; (3) 刀痕

incisive 切入的, 锐利的, 尖锐的

inclinable (1) 易倾向……的; (2) 可使倾斜的, 可倾斜的, 可倾的

inclinable magnetic chuck 可倾吸盘

inclinable table 可倾工作台

inclination (=IN) (1) 倾斜度, 倾度; (2) 磁倾角, 倾斜角, 倾角, 斜角, 偏角; (3) 斜坡, 斜度; (4) 偏差, 偏转; (5) 弯曲; (6) 水平差; (7) 倾向

inclination angle 倾斜角

inclination error 倾斜误差

inclination error of parallelism of axes 在 X 方向轴心线的不平行度误差

inclination of an orbit 轨道交角

inclination of bearing parting face 轴承对口面平行度

inclination of orbit 轨道交角

inclinator 倾斜器, 倾倒器, 倾倒架

inclinatorium 矿山罗盘, 倾斜仪, 磁倾仪, 测斜器, 测斜仪

incline (1) 斜面, 斜坡; (2) 倾斜; (3) 倾度, 斜度

incline conveyer 倾斜式输送器

incline grade 倾度

inclined 倾斜的

inclined angle of table 工作台倾斜角

inclined ball mill 倾斜球磨机

inclined conveyer 倾斜式输送器, 倾斜运输机

inclined elevator 倾斜升料机

inclined force 斜力

inclined gap frame press 斜式凹座压力机

inclined grate 倾斜炉栅

inclined ladder (=IL) 倾斜的梯

inclined line 斜线

inclined manometer 斜管压力计

inclined mounting 倾斜安装

inclined parallelopiped 斜角平行六面体

inclined plane (1) [倾] 斜面; (2) 倾斜轨道

inclined position 倾斜位置

inclined-shaft tubular turbine 斜轴贯流式水轮机

inclined ship lift 斜面升船机

inclined sine curve 倾斜正弦曲线

inclined stress 斜向应力

inclined surface 斜面

inclined tube evaporator 斜管蒸发器

inclined-tube manometer 斜管压力计

inclined vise 可倾虎钳

inclining tooth gear 斜齿齿轮

inclinometer (1) 磁倾仪, 磁倾计; (2) 测斜仪, 测斜计, 测斜器, 倾斜器, 倾斜仪, 倾斜计, 倾角计; (3) (机工) 测角器, 量角器; (4) 量坡仪, 井斜仪

inclose (1) 包围, 围绕, 围进; (2) 包装, 包入, 封进, 封闭, 密闭, 隔绝; (3) 闭口槽

inclosed 封闭式的, 闭合的, 密闭的, 内闭的, 封闭的, 封装的, 包装的

inclosure (=incl) (1) 包裹体, 罩, 壳; (2) 围绕, 封入, 包围

includable 可包括在内的
include (=incl) (1)包括,包含;(2)包住,关住;(3)算入,计入
included angle 夹角,内角
included angle of thread 螺纹夹角
included slag 夹渣
includible 可包括在内的
including (=INC 或 incl) 包括,包含
including its equipment 包括其设备
inclusion (1)包括,包含;(2)掺杂,夹杂;(3)夹杂物,渗杂物,杂质,夹渣;(4)包含关系,蕴含;(5)包裹体,内含物
inclusion gate 或非门,蕴含门
inclusion relation 包含关系
inclusion theorem 包含定理
inclusions at high stress points 高应力点的杂质
inclusive (=INC 或 incl) 包括在内的,计算在内的,包含的
inclusive disjunction (1)或;(2)可兼析取
inclusive NAND 同与非逻辑,同与非运算
inclusive NOR circuit 或非[逻辑]电路
inclusive-NOR-gate "或非"门
inclusive-OR "或",含或,包含逻辑和
inclusive-OR gate "或"门
inclusive routine 相容程序
Inco chrome nickel 镍铬耐热合金,因科镍合金
Inco nickel 因科镍
incoagulability 不可凝固性,不凝性
incoagulable 不可凝结的,不凝聚的
incoalation 煤化作用
Incochrome nickel 镍铬耐热合金,恩科镍合金
incoercibility 不可压缩性
incoercible 不能用压力使之液化的,不可压缩的,不可压制的,不可控制的
incogitability 不可想象性,不可理解性
incognizable 不能认识的,不可认识的,不可辨别的,不可知的
incognizance 缺乏了解,缺乏认识
incognizant 缺乏了解的,缺乏认识的,没意识到的,不认识的
incognoscibility 不可认识性
incogruous {数}不同余的
incoherence 或 incoherency (1)缺乏内聚力,不粘结性,无内聚性;(2)非相干性,不相干性,非相参性;(3)不连贯性,无条理
incoherent (1)非相干的,不相干的,不相关的,不相参的;(2)无粘性的,无内聚的,不胶结的
incoherent hologram 非相干光全息图
incoherent illumination 非相干照明,断续照明
incoherent rotation 非一致转动
incoherent scattering 非相干散射,不相参散射,杂乱散射
incoherentness 不粘结性,无内聚性,不连性
incohering 非相干的
incohesion 不粘结性,无内聚性,不连性
incohesive 无内聚力的
incoincidence 未能符合,未能一致
Incoloy 耐热镍铬铁合金,因科洛伊合金
incombustibility 不可燃性
incombustible (1)不能燃烧的,不燃性的,防火的;(2)不燃物
income 收入,所得,进款,进项
income account (1)收益帐,进款帐;(2)损益计算书
income tax 所得税
incomer 进来者,新来者,后继者
incoming (=INC 或 i/c) (1)输入;(2)入射;(3)进来,进入,进料,到达,收入;(3)引入的,进入的,输入的,射入的,入射的
incoming call 来话呼叫,呼入
incoming carrier 输入载波,进入载波
incoming circuit 入中继电路,输入电路,入局电路
incoming connector 输入接线器
incoming feeder 输入馈[电]线
incoming first selector 输入第一选择器
incoming level 接收电平,输入电平
incoming line (=INC) 输入线,进线
incoming mirror 光入射镜
incoming panel 进线配电盘
incoming pulse 输入脉冲
incoming register link (=IRL) 入局记发器链路
incoming repeater 来向增音机
incoming selector 入局选择器
incoming side 啮合齿面

incoming signal 输入信号
incoming solar radiation 日照,日射
incoming stone (轧石机的)进给石料
incoming sync pulse 输入同步脉冲
incoming teletype (=ITT) 输入电传打字机
incoming traffic 入局通信量
incoming trajectory 弹道的最末段
incoming transmission 入局信号传输,节目输入
incoming trunk 入中继线
incoming trunk circuit for toll recording and information 记录查询入中继器电路
incoming vessel 进[港]口船舶
incomings and outgoings 收支
incommensurability (1){数}不能通约的,不能用同一单位计算,不可通约性,无公度;(2)不相称性
incommensurable (1){数}无公约数的,不可通约的,无公度的;(2)无共同尺度的,无共同单位的,不能测量的,不能比较的,不合理的;(3)不配与……比较的
incommensurate (1)不相称的,不相应的,不适当的,不充足的;(2)无共同单位可计算的,不成比例的,不能相比的,不能通约的
incommunicable 不能表达的,不能传达的,不能联系的
incommutability 不可交换性,不可变换性
incommutable 不能交换的,不能变换的
incompact 不紧凑的,不紧密的,不结实的,松散的
incomparability 不可比性
incomparable 无共同衡量基础的,不能比较的,不可比的,无比的,无双的
incompatibility (1)不相容性,不相合性,非兼容性,不兼容性,不协调性,互克性;(2)不亲和性,不能并存,性质相反,不能配合,矛盾
incompatibility problem 不兼容问题
incompatible (1)不相容的,不兼容的,不相合的,不一致的,不协调的;(2)不能溶合在一起的,配合禁忌的,性质相反的,不亲和的,互斥的,矛盾的
incompensation 补偿不足
incompetence (1)不合格,不适当,无能;(2)机能不全,闭锁不全,关闭不全
incompetency (1)不合格,不适当,无能;(2)机能不全,闭锁不全,关闭不全
incompetent (1)不合格的,不适当的,无能的;(2)机能不全的;(3)法律无效的
incompletability 不能结束性,不能完成性
incomplete (=I) (1)不完全的,不完善的,不完备的,未完成的,未完的;(2)不足的;(3)不闭合的
incomplete blocks 不完全区组
incomplete circuit 不闭合电路,开路
incomplete combustion 未完全燃烧
incomplete lubrication 不完全润滑
incomplete mixing 拌和不匀
incomplete reaction 不完全反应,未完全反应
incomplete task log (=ITL) 未完成任务记录
incompleted thread 不完整螺纹
incompleteness 不完全性,不完全状态
incompletion 没有完成,未完成
incomplex 缺乏复杂性
incompliance 不顺从性,缺乏韧性
incomposite 不能合成的,不能复合的
incompossibility 不可共存性
incompossible 相互不可能的
incomprehensibility 不可理解性
incomprehensible 不能理解的,不可思议的,莫测
incomprehension (1)缺乏理解,不理解,不了解;(2)无理解力
incomprehensive (1)没有理解力的,理解不深的;(2)范围不广的,包含很少的
incompressibility 不可压缩性,非压缩性
incompressible 不可压缩的,不能压缩的,不易压缩的,坚硬的
incompressible fluid 非压缩流体,不可压缩流体
incomputable 不可计算的,不可数的
inconceivability (1)不可想象性;(2)不可想象的事物
inconceivable 不可想象的,不可理解的,不可思议的,难以相信的,想不到的
inconcinnity 不适合,不调和
inconclusive (1)缺乏确定性的,非最后的,不确定的;(2)无说服力的;(3)没有结论的,无结果的
incondensable (1)不能冷凝的,不能浓缩的,不冷凝的;(2)不能

缩减的

incomductivity　（1）非电导率性，无传导性，不电导性；（2）无传导力的

Inconel　因科镍铬合金（镍 80%，铬 14%，其余铁）

Inconel metal cage　因科耐热合金保持架

Inconel X　X 镍铬铁耐热合金

inconformity　不一致，不符合

inconformity with　和……不一致

inconfused　不混淆的，不乱的

incongruence　（1）不适合，不和谐，不协调；（2）不相容性，一致性，异元性

incongruent　（1）{数}不同余的；（2）关于分子化合物的熔点的，不适合的，不调和的，不一致的，不相容的，异元的

incongruity　不调和性，不一致性

incongruous　（1）{数}不同余的；（2）不适合的，不适宜的，不调和的，不合适的；（3）不对称的，不相容的；（4）不合理的，不一致的

inconsecutive　（1）不连续的，不连贯的；（2）前后不一贯的，前后矛盾的

inconsequence　（1）不连贯性，不一贯性，不连贯；（2）前后不符，前后矛盾，不合逻辑；（3）不重要

inconsequent　（1）不合逻辑的，不连贯的，前后矛盾的，不相干的；（2）无关紧要的，无价值的

inconsequential　（1）无关紧要的，无意义的，不重要的；（2）无关紧要的事物

inconsiderable　不值得考虑的，价值不大的，不重要的，微小的，琐碎的

inconsiderate　不加思索的，考虑不周的，粗心的，轻率的

inconsistence　（1）不相容性，不一致性，非一性；（2）不协调，不合理，矛盾

inconsistency　（1）不相容性，不一致性，非一性；（2）不协调，不合理，矛盾

inconsistent　（1）不合逻辑的，不一致的，不协调的，不合理的，不相容的，矛盾的；（2）反复无常的，常变的

inconsistent with　与……不一致，与……不协调，与……不符合

inconsonant　不协调的，不和谐的，不一致的

inconspicuous　不引人注意的，难以察觉的，不显著的

inconstancy　（1）{数}非恒定性；（2）{计量}不稳定性；（3）变化无常的实例，不规则

inconstant　不恒定的，无规则的，易变的

inconsumable　（1）烧不完的，（2）消耗不掉的，用不完的；（3）非消费性的，不能直接消费的

incontestable　无可争辩的，无可否认的，不容置疑的

incontestable evidence　无可否认的证据，铁证

incontinent　（1）不能自制的，无力控制的；（2）不能容纳的，不能保持的；（3）仓促地，立即，即刻

incontrollable　不能控制的，难控制的

incontrovertible　无可争辩的，无疑的，明白的

inconvenience　（1）使不便，使麻烦，打扰；（2）不便之处，不合适，麻烦事

inconvenient　不方便的，不便利的，不合适的，麻烦的

inconvertibility　不能交换性，不能转换性，不可转化性，不可逆性

inconvertible　（1）不能交换的，不能变换的，不能转换的，不能倒换的，不可转换的；（2）不能反转的，不可逆的

incoordinate　不配合的，不协调的，不同等的，非对等的

incoordination　（1）不协调性，缺乏协调，不配合；（2）不等同

incoordination load　不匹配负载

incorporable　能结合的，能合并的

incorporate　（1）插入，引入，（2）输入，加入，存入，编入，（3）使结合，使联合，使混合，使掺合，使合并；（4）使组成公司，结社；（5）包括有，综合有，安装有，含有，（6）使具体化，体现，（7）紧密结合的，合为一体的，一体化的，合并的，结合的，联合的；（8）组成的，公司的；（9）掺合的，混合的

incorporated　（=INC 或 incor）（1）合并的，结合的；（2）股份有限的

incorporation　（1）结合，联合，掺合，混合，加入，掺入，引入；（2）合并，并入；（3）输入，存入；（4）团体，公司

incorporation into　并入

incorporator　（1）合并者；（2）公司创办人

incorporeal　（1）无实体的，无形的；（2）非物质的

incorrect　（1）不正确的，不对的，错误的；（2）不恰当的，不妥当的

incorrectness　不正确性

incorrelate　不相关的，非相关的

incorrespondence　缺乏一致，缺乏和谐

incorrespondency　缺乏一致，缺乏和谐

incorrigibility　难以纠正性

incorrigible　不能改正的，难以矫正的

incorrodable　不受腐蚀影响的

incorrodible　抗腐蚀的，抗侵蚀的，不腐蚀的，不锈的，防锈的

incorrosive　不腐蚀的

incorrupt　未沾污的，无差错的，无改动的

incorruptibility　（1）坚固性，耐用度；（2）不腐败性

incorruptible　不易腐蚀的

incrassate　（1）变粗的，变厚的，膨胀的；（2）浓缩

incrassation　浓厚化，浓缩

increase (=INC)　（1）增加，增大，增多；（2）增量

increase current metering　增流计量

increase in volume　体积增加

increase of the function　函数的增量

increase of voltage　升压

increaser　（1）增速;（2）联轴节缩小套节，异径接头;（3）连轴齿套;（4）异径接管

increasing　增加，增大

increasing-amplitude test　递增应力幅试验

increasing function　递增函数

increasing gear　增速齿轮 [装置]

increasing gear unit　增速齿轮装置

increasing of service life　延长使用寿命

increasing oscillation　增幅振荡

increasing series　递增级数

increasing wave　增幅波

incredibility　不能相信

incredible　难以置信的，不可相信的，惊人的，非常的

incredulity　不相信，怀疑

incredulous　不相信的，怀疑的

increment　（1）增加，增大，增长，生长；（2）增量，增值；（3）余差；（4）修整量

increment angle　齿端角

increment delivered power　供电增量

increment deviation　增量偏差

increment motion　附加运动

increment of a function　（1）函数的差；（2）函数的增量

increment of load　负载增加

increment of velocity　速度增量

increment type　递增型

incremental　增加的，增量的，增值的，增长的，递增的

incremental address　增量地址，加 1 地址

incremental analysis　阶段增量分析

incremental angular step　步进角度增量

incremental capacitor　精确调整电容器，精确校正电容器，微量可调电容器

incremental coder　增量编码器

incremental complier　逐句编译程序，可增编译程序

incremental computation　增量计算

incremental computer　增量计算机

incremental connector　加长连接件

incremental differential pressure system (=IDPS)　增量压差系统

incremental digital computer　增量数字计算机

incremental digital recorder　增量式数字记录器，步进数字录音机

incremental display　增量显示

incremental duplex　增量双工

incremental equivalent　增量等效

incremental frequency shift　增量频移

incremental gain　微变量增益

incremental hysteresis loss　增量磁滞损失，磁滞损耗增量，滞后损耗增量，微增磁滞损耗

incremental induction　增量电感

incremental iron loss　增量铁损

incremental load　载荷增量，附加载荷

incremental method　增量法

incremental negative resistance　负微分电阻

incremental permeability　微分磁导率，增量磁导率，磁导率增量

incremental plotter　不连续曲线描述器，增量式绘图仪，增量绘图器

incremental portion　（特性曲线）增加部分，上升段

incremental printer　有行距隔空的打印机

incremental quadruplex telegraphy　增流式四路多工电报

incremental recorder　步进记录器，级进记录器，级间记录器，连续记录器

incremental tape drive　增量磁带机

incremental theory　增量理论

incremental transducer　压差式传感器

incremental tuner　电感抽头式调谐器，增量式调谐器，步进式调谐器

incrementary ratio 增量比

increscent 渐增的, 渐盈的, 增大的

incrust (1) 覆以硬壳, 用皮包裹; (2) 镶嵌; (3) 包壳, 结垢, 结渣

incrustant 水垢

incrustation (1) 表面装饰; (2) 水垢, 水锈, 结垢, 积垢; (3) 水锈; (4) 锈, 铁锈; (5) 生成渣壳, 外皮, 外壳, 硬壳, 硬层; (6) 用外皮包覆, 结硬壳

incrystallizable 不能结晶的

incubator 定温箱, 恒温箱, 保温箱

incumbency (1) 责任, 义务; (2) 覆盖 [物]; (3) 任职, 任期, 职权

incumbent (1) 负有责任的, 负有义务的; (2) 凭依的; (3) 压在上面的, 重叠的, 叠覆的; (4) 现任的, 在职的

incumber 妨碍, 阻碍, 阻塞, 塞满, 堆满

incumbrance (1) 妨害, 妨碍, 阻碍; (2) 障碍物

incuneation 楔入, 嵌入

incur 遭受, 承担

incurable 不能改正的

incursion (1) 侵入, 袭击; (2) 进入, 流入

incursive (1) 侵入的, 袭击的; (2) 流入的

incurvate (1) 使 [向内] 弯曲; (2) 弯曲的, 凹入的

incurvation (1) 内曲 [现象], 内凹; (2) 挠度

incurvature 内曲率

incurve (1) 使向内弯曲; (2) 弯曲, 内弯

incurved 弯成曲线的, 弯曲的, 内曲的, 内弯的

incus 音卡斯合金钢 (碳 0.55%, 锰 0.7%, 铬 0.7%, 镍 1.75%, 钼 0.7%, 余量铁)

incuse 印铸, 压印 (硬币, 模型等)

indalloy [英达洛依] 焊料, 铟银焊料

indally [英达洛依] 焊料, 铟银焊料

indate 有效期

indecipherable 破译不出的, 难辨认的, 难懂的, 模糊的

indecision 犹豫不决

indecisive (1) 犹豫不决的; (2) 非决定性的, 非结论性的; (3) 非清楚标明的, 不明确的, 模糊的

indecomposable 不可分解的, 不可分的

indeed (1) 的确, 确实, 实在; (2) 实际上, 真正地; (3) 当然, 固然; (4) 甚至

indefatigability 坚持不懈, 不屈不挠, 不疲倦

indefatigable 坚持不懈的, 不屈不挠的, 不疲倦的

indefeasibility 不可取消性

indefeasible 不能取消的, 不能废除的

indefectibility 完美无缺性, 完好性

indefectible (1) 不易损坏的; (2) 无缺点的, 无瑕疵的, 完美的; (3) 永存的

indefensibility 不可防御性

indefensible 无法防御的, 不可防御的, 难以防御的

indefinability 难以表达性, 难下定义性

indefinable 难以确切表达的, 难以下定义的, 模糊不清的, 难限定的, 不明确的

indefinite (=indef) (1) 不明确的, 未确定的, 无穷的, 无限的, 不定的; (2) 模糊的; (3) 不定的事物

indefinite chill roll 无限冷硬轧辊

indefinite equation 不定方程

indefinite integral 不定积分

indefinite scale 任意比例尺

indefinitely 在长时期内, 无限期地, 无穷的

indefinitely-small 无穷小 [的]

indefiniteness { 数 } 不定性

indelibility 难以磨灭性, 不可消除性

indelible 不能消除的, 不能涂抹的, 不能擦掉的, 不可磨灭的, 持久的

indelicacy (1) 粗鲁不雅的性质; (2) 粗鲁不雅的事物

indemnification (1) 使免受损失, 使安全, 保障; (2) 赔偿 [物]

indemnify (1) 保护, 保障; (2) 赔偿, 补偿, 偿付

indemnity (1) 保证, 保障, 保险, 保护 (2) 赔偿, 补偿, 赔款; (3) 赔偿物, 赔偿金, 罚金; (4) 赦免, 免罚

indemonstrability 无法表明的性质, 无法证明的性质

indemonstrable 无法表明的, 无法证明的

indent (1) 压凹痕, 压印; (2) 压痕, 刻痕, 齿痕; (3) 凹槽, 穴; (4) 做齿形; (5) 刻成锯齿状, 使犬牙交错, 用榫眼接牢, 使凹进, 使弯入, 刻凹槽, 压印; (6) 订单 (=Ind 或 ind.) 双联订单, (国外) 订货单, 契约, 合同

indent bar 刻痕钢筋

indent number (=ind. No.) 订单号

indent upon M for goods 向 M 订货

indentation (1) 压印, 压痕, 压入, 刻痕, 切痕, 印压, 印痕, 凹痕; (2) 呈锯齿形, 凹槽, 凹陷, 凹入, 凹处, 凹部, 底凹, 凹坑, 压坑, 缺口; (3) 斜切; (4) (印刷) 缩进, 缩行, 空格, 弯入; (5) 成穴 [作用]

indentation cup 小圆穴

indentation depth 压痕深度

indentation hardness 压痕硬度

indentation hardness test 压痕硬度试验

indentation of contours 围道的刻凿

indentation recovery 压痕回复

indentation test 球印硬度试验, 压痕试验, 印痕试验

indented 犬牙交错的, 有齿的, 齿状的, 齿形的, 带齿的

indented beam 错口式组合梁, 锯齿式组合梁

indented joint (1) 齿合接缝, 齿接合; (2) 印痕试验

indented roller 凹纹压路机, 凹纹路碾

indented steel wire 齿纹钢丝

indenter (压痕试验的) 压头, 压陷器, 刻压机

indenting 切口, 刻槽

indention (1) 压印, 压痕, 压入, 刻痕, 切痕, 印压, 印痕, 凹痕; (2) 呈锯齿形, 凹槽, 凹陷, 凹入, 凹处, 凹部, 底凹, 凹坑, 压坑, 缺口; (3) 斜切; (4) (印刷) 缩进, 缩行, 空格, 弯入; (5) 成穴 [作用]

indenture (1) 压印, 压痕, 压入, 刻痕, 切痕, 印压, 印痕, 凹痕; (2) 呈锯齿形, 凹槽, 凹陷, 凹入, 凹处, 凹部, 底凹, 凹坑, 压坑, 缺口; (3) 斜切; (4) (印刷) 缩进, 缩行, 空格, 弯入; (5) 成穴 [作用]; (6) 双联合同, 契约, 凭单

independence (1) 独立性, 无关 [性]; (2) 不依靠, 独立, 单独, 自立, 自主

independent (=INDEP 或 ind) (1) 独立, 无关; (2) 不依靠的, 独立的, 单独的, 独自的, 自立的, 自主的; (3) 单动的, 分动的; (4) { 数 } 无关的, 分别的

independent adjustment 单独调整

independent assortment 独立分配, 自由组合

independent chuck 单独移爪卡盘, 分动卡盘, 单动卡盘, 四爪卡盘

independent component 独立组份

independent contact 单独接触

independent drive (动力输出轴的) 独立传动

independent drive oscillator 主动式振荡器, 他激振荡器

independent equation 独立方程

independent evidence 充分的证据

independent excitation 单独激励, 他激 [励]

independent feed mechanism 单独进给机构

independent front suspension (汽车) 前轮独立悬挂

independent function 独立函数

independent measurement 单独测量

independent motor drive 单独电 [动] 机传动

independent power take-off 独立式动力输出轴

independent power take-off clutch 独立式动力输出轴离合器

independent pump 单动泵

independent screw chuck 分动螺旋卡盘, 四爪卡盘

independent side band (=ISB) 独立边 [频] 带

independent suspension 独立悬挂

independent time-lag relay 定时限继电器

independent type transfer machine 单能机组合自动线, 单机联线

independent variable (=IV) 独立变量, 自变量, 自变数

independent wire rope core (=IWRC) 独立的钢丝绳芯, 钢丝绳的钢丝绳芯, 绳式股芯

independent wire rope core wire rope 绳式股芯的钢丝绳

independent wire strand core wire rope (=IWSC wire rope) 钢芯钢丝绳

independently 独立地, 任意地, 自由地

independently excited cavity 自激空腔共振器

independently of 与……无关, 不取决于

indescribability 难以形容性

indescribable 难以描述的, 难以描写的, 难以形容的, 不明确的, 难说的, 模糊的

indestructibility 不损坏性, 不可毁性, 不灭性

indestructibility of matter 物质不灭定律, 物质不灭

indestructible 不可毁灭的, 破坏不了的, 牢不可破的, 耐久的, 不灭的

indestructibleness 不可损坏性

indetectable 不可探测的

indeterminable 无法决定的, 无法确定的, 不能解决的, 不能查明的, 不能决定的, 不定的

indeterminacy (1) 测不准, 不确定, 不固定, 模糊; (2) 不确定性, 不确定度

indeterminate (1) 不确定的, 不固定的, 未决定的, 未定的; (2) 无法预先知道的, 仍有疑问的, 不明确的, 模糊的; (3) 无结果的; (4) { 数 } 未定元

indeterminate analysis 不定解析, 不定分析
indeterminate coefficient 待定系数, 不定系数, 未定系数
indeterminate engineering item (=IEI) 未确定的工程项目
indeterminate equations 不定方程组
indeterminate force 不定力
indeterminate form 不定式
indeterminate load 不定 [向] 负载
indeterminate principle 测不准原理
indeterminate stress 不定应力
indeterminate structure 超静定结构
indeterminateness 不定性
indetermination (1) 模糊不清, 不确定, 不明确; (2) 不定性
indeterminism 不可预测, 不可预言
index (=ind) (1) 检索, 索引, 目录, 指示, 指南, 指引; (2) 指标; (3) (铣床) 分度头; (4) 指数, 系数, 比数, 分数; (5) 指针, 针盘; (6) 指示器, 定位器; (7) 分度, 换位, 转位; (8) 加索引, 记号码, 参见号; (9) 率; (10) 变址
index bar 标杆
index beam 指引射束, 引示射束
index bit (1) 变址位; (2) 索引比特
index-breeding 指数选择
index cam 分度凸轮
index card 索引卡片
index center (1) 转度虎钳 (用于牛头刨); (2) 光学分度顶尖架 (万能工具显微镜的)
index change gear 分度配换齿轮, 分度交换齿轮
index chart 海图索引图
index chuck 分度卡盘
index compound 母体化合物
index contour 注数字等高线
index correction (=IC) (1) 仪表刻度校正, 仪表误差校正; (2) 指数校正; (3) 指标校正
index crank 分度头曲柄
index cylinder 分度油缸
index dial 指度盘, 指示盘, 刻度盘, 标度盘, 拨盘
index disk 分度盘
index entry 附标入口
index equipment 分度装置
index error (=IE) (1) 分度误差; (2) 指数误差, 指标误差, 指示误差; (3) 读数差
index feed 分度进给
index file 索引文件
index finger 食指
index ga(u)ge 分度规, 指示计, 指示表
index gap 分度间隙
index gear 分度齿轮, 分度 [交换] 齿轮
index glass 分度镜, 指示镜, 标镜
index hand 指针
index head 铣床分度头, 分度头, 分度器
index head slide 分度头溜板
index head without differential device 无差动装置分度头
index hole 分度孔, 定位孔
index intensity 标记亮度
index interval [切齿] 分度跳越齿数
index law 指数律
index lever 分度杆
index line 分度线, 刻度线
index liquid 标记液体, 折射率液
index machine (1) 分度机; (2) 索引机
index manual (=IM) 索引手册
index map 索引图, 接图表
index mark 分度符号, 分度线
index mechanism 分度机构
index mirror 标镜
index name 足标名
index number 指数
index of a circuit 线路指数
index of correction 校正指数, 改正指数
index of discharge 流量指数
index of dispersion 分散率
index of friction 摩擦指数
index of inertia 惯性指数, 惰性指数
index of performance 性能指标
index of plasticity (=IP) 塑性指数

index of quality 质量指标
index of radicals 根式的指数
index of refraction 折射率
index of sensitivity 灵敏度指数
index of speciality 特性指数
index of stability 稳定率
index of teeth 轮齿分度
index of zone 晶带指数
index part 变址部分
index pawl 分度爪
index percent 指数率
index pin 分度机构定位销, 分度销, 指度销
index-pin holder 分度手柄
index pin knob 分度销钮
index plane 标志面, 标准面
index plate 分度盘, 分度板, 标度盘, 变速盘
index plate lock plunger 分度盘锁销
index plate with holes [分度] 孔盘
index plunger 分度销
index point 标定点
index positioning mechanism 分度定位机构
index property 特性
index qualifier 变址修改
index ratio 分度比
index register 变址寄存器
index ring 分度环, 分度圈
index screw 分度螺杆, 分度丝杠
index sleeve 分度套筒, 分度筒
index table 分度工作台, 转位工作台
index table machine 转位加工机床, 多面回转工作台式组合机床
index thermometer 有刻度有温度计
index time 转位时间
index tolerance 分度公差
index trip cam 分度跳动凸轮
index tube 引示管
index turnnion 分度回转鼓轮
index unit (1) 分度装置; (2) 指示装置
index variable 下标变量
index wheel 分度轮
index word (1) 变址字; (2) 下标字; (3) 索引字
index worm 分度蜗杆
index worm gear 分度蜗轮
index worm gear pair 分度蜗轮副
index wormgear set 分度蜗轮副
index wormwheel 分度蜗轮
indexable 可转位的, 可分度的
indexable insert tip dual-face lapping machine 可转位刀片双端面研磨机
indexable insert tip negative rake grinding machine 可转位刀片负倒刃磨床
indexable insert tip periphery grinding machine 可转位刀片周边磨床
indexation 指数化
indexed address 变址地址, 结果地址
indexed file structure 加索引文件结构, 附标文件结构, 定位文件结构
indexed list 加下标表, 变址表, 索引表
indexed plane 标高平面
indexed system 加标系
indexer (1) 分度器; (2) 编索引者
indexing (1) 分度; (2) 分度头; (3) 分度法; (4) 检索, 索引, 标引; (5) 作记号, 加索引, 加下标, 加标记; (6) 指数, 指度; (7) 指向; (8) 转换角度, 转位, 换档; (9) 变址数, 变址, 改址; (10) 搜索
indexing accuracy 分度精度
indexing application unit 变位单元, 变址器
indexing attachment (1) 分度附件; (2) 分度装置, 分度机构
indexing cam 分度凸轮
indexing center (1) 分度顶尖; (2) 分度中心
indexing change gear 分度配换齿轮
indexing circuit 指引电路
indexing disc 分度盘
indexing-drum machine 分度鼓轮式组合机床
indexing equipment 分度装置
indexing error 分度误差
indexing feed (1) 分度进给; (2) 分级进给

742

indexing fixture 分度夹具
indexing gap 分度间隙
indexing gear 分度齿轮
indexing gear constant 分度机构常数
indexing head (1) 分度头；(2) 读数器
indexing hole 分度孔
indexing intensity 标记亮度
indexing jig 分度钻模
indexing machine 分度机
indexing mechanism 分度机构
indexing method 分度法
indexing operation (1) 分度操作；(2) 寻址操作
indexing pawl 分度爪
indexing plate 分度盘，刻度盘
indexing plate lock plunger 分度盘锁销
indexing plunger 分度销
indexing positioning mechanism 分度定位机构
indexing ratio 分度比
indexing register 变址[数]寄存器，指数寄存器
indexing screw 分度螺杆，分度丝杠
indexing shaft 分度轴
indexing slots (印刷电路板) 插头定向槽
indexing spindle 分度主轴
indexing table 等分回转工作台
indexing time 分度时间
indexing trip cam 分度跳动凸轮
indexing type milling fixture 分度式铣削夹具
indexing wheel 分度轮
indexing wheel lock plunger 分度轮锁销
indexing wheel pusher and puller 分度轮推拉器
indexing worm 分度蜗杆
indexing worm gear 分度蜗轮
indexless 无索引的
indexometer 折射率计
indexterity 缺乏技巧，缺乏灵活
India 通信中用以代表字母 i 的词
india ink (1) 黑墨；(2) 墨汁
India paper 凸版纸，字典纸
India-rubber 印度橡胶
India rubber (=IR) 橡胶，橡皮
india-rubber (1) 天然橡胶；(2) 橡胶擦
india-rubber cable 橡胶绝缘电缆，胶皮电缆
India-rubber covered (=IRC) 橡胶绝缘的
India-rubber insulated (=IRI) 橡皮绝缘的
india rubber wire (=I.R. wire) 橡胶绝缘线
Indian ink 墨[汁]
Indian paper 凸版纸，字典纸
Indian parallel ETOL system 印度并行 ETOL 系统
indicate (=ind) (1) 指示，显示，表示，预示，暗示，指出，表明，象征；(2) 简要说明，简[单叙]述；(3) 使成为必要，需要
indicated 指示的，显示的，指明的，表明的
indicated airspeed 表速
indicated altitude 计示高度
indicated horse power (=IHP) 指示马力，指示功率
indicated horsepower 指示马力，指示功率
indicated horsepower-hour (=ihp-hr) 指示马力/小时
indicated horsepower perhour 指示马力/小时
indicated Mach number (=IMN) 指示马赫数，仪表马赫数
indicated mean effective pressure (=IMEP) 指示的平均有效压力，计示有效平均压力
indicated noise meter 噪声指示计
indicated power 指示功率
indicated pressure 指示压力
indicated value 指示值
indicated weight 标[明]重[量]
indicated work 指示功
indicating 指示，显示，表明
indicating calipers 指示卡规
indicating controller (=IC) 指示控制器
indicating device 指示装置，指示器
indicating flow meter (=IFM) 指示流量计
indicating ga(u)ge 指示表，指示计
indicating head 仪表刻度盘
indicating instrument 指示仪表，指示仪器，指示仪

indicating lamp 指示灯
indicating light 指示灯，信号灯
indicating measuring instrument 指示式测量器具
indicating mechanism 指示机构
indicating micrometer 指示千分尺，指示测微计
indicating plug gage 内径千分表
indicating potentiometer 指示电位计
indicating range 指示范围
indicating recorder 指示记录仪，指示记录器
indicating snap gage 外径千分表
indicating-type detector 指示式探测器
indicating wattmeter 指示瓦特计
indication (1) 表示法，示度，示值，示数，指标；(2) 指示，显示，表示，展示，暗示；(3) 读数；(4) 发出信号，给信号；(5) 信号设备；(6) 象征，迹象，征兆，征候，标记
indication error 示值误差，示数误差，指示误差，读数误差
indication of oil 油显示
indication of target 目标指示
indication range 指示范围，显示范围
indicative (1) 指示的，表示的，显示的，预示的；(2) 表示象征的，象征的，陈述的
indicative abstract 指示性简述，指示性摘要
indicator (=I 或 ind) (1) 指示测量仪表，指示器，显示器，示功器，示压器，目视仪，计数器，计量表；(2) 指示表，千分表，指针；(3) 指示符，指示灯，指示牌，标志器，标记；(4) 示踪原子，标记原子，指示物，指示剂，示踪剂；(5) 指示，指令；(6) 指示值；(7) 经济统计数字
indicator air speed (=IAS) 仪表空速，指示空速
indicator board 指示板
indicator button 指示器按钮
indicator card (1) 指示图，示功图；(2) 标示卡；(3) 指示器
indicator chart 指示符图，指示字图
indicator diagram (1) 示功图；(2) 指示器图表；(3) 器示压容图，蒸汽压图
indicator dial 指示表刻度盘，指示盘
indicator drum 示功器滚筒
indicator gear 指示器传动机构
indicator horizon 标准层位，指示层
indicator lamp 指示灯
indicator light 指示灯
indicator-off 指示指令断开
indicator-on 指示指令接通
indicator paper 试纸
indicator plate 指示板
indicator pointer 指示器指针
indicator reading 指示器读数
indicator term 指示语句
indicator test 示功图测定
indicator tube 指示管
indicatory 指示的，表示的
indicatrix (1) 特征曲线，指示图形，指标线；(2) 指示线，指示面，指示量；(3) 畸变椭圆；(4) 折射率椭球；(5) 光率体
indicatrix of optic diaxial crystal 二轴晶光率体
indices (单 index) (1) 标出；(2) 标高；(3) 高程；(4) 记号，标志，注记；(5) 分数
indicia (单 indicium) 表示，记号，征候
indicial 单位阶跃的，指数的，指示的
indicial admittance 过渡导纳
indicial equation 指数方程
indicial transfer function 指数传递函数
indicium (复 indicia) 表示，记号，征候
indifference (1) 不关心，不重视，冷淡；(2) 无关紧要，不重要，琐事，小事；(3) 无差别；(4) 不分化，中性，惰性；(5) 无亲和力
indifferency (1) 不关心，不重视，冷淡；(2) 无关紧要，不重要，琐事，小事；(3) 无差别；(4) 不分化，中性，惰性；(5) 无亲和力
indifferent (1) 中性的，惰性的，惯性的；(2) 无关紧要的，质量不高的，无作用的，无差异的，平常的，一般的；(3) 无亲和力的，未分化的；(4) 不关心的，冷淡的
indifferent electrolyte 协助电解物
indifferent equilibrium 随遇平衡，中性平衡
indiffusible 不扩散的，未扩散的
indiffusion 向内扩散
indigenous (1) 本土的，土产的，国产的；(2) 固有的，天生的，生成的
indigenous equipments and methods 土设备和土办法

indigenous fuel 当地燃料

indigenous graphite 析出石墨

indigested (1) 考虑不充分的, 条理不清的, 杂乱的; (2) 未消化的, 不消化的

indigestible (1) 难理解的, 难体会的; (2) 不消化的

indigestion (1) 难理解, 难体会; (2) 消化不良, 不消化

indigo 靛蓝, 靛青

indigo blue 靛蓝色

indigo copper 铜蓝

indigometer 靛蓝计

indirect (1) 经由某个中间物的, 非直接的, 间接的, 迂回的, 不正的; (2) 不坦率的, 不诚实的

indirect activities 辅助业务

indirect address 间接地址

indirect addressing 间接寻址

indirect analog 非直接模拟型, 函数型模拟, 间接模拟

indirect-arc furnace 间接电弧炉

indirect band gap 间接带隙

indirect band-gap semiconductor 间接跃迁半导体

indirect clutch 间接传动离合器, 间接离合器

indirect condenser 间接冷凝器

indirect contact 间接接触

indirect control 间接控制

indirect descent 旁系

indirect drive 间接传动 [装置]

indirect expense 间接费

indirect fire 间接瞄准射击

indirect flow meter 间接流量计

indirect frequency modulation 间接调频

indirect-gap semiconductor 间接跃迁半导体

indirect heat exchange 间接热交换

indirect heater 间接加热器

indirect heating (=IH) (1) 间接加热, 旁热; (2) 间接取暖

indirect illumination 反射照明, 间接照明

indirect indexing 间接分度

indirect input 间接输入

indirect laying 间接瞄准

indirect light 间接光, 反射光

indirect lighting 间接照明

indirect lightning stroke 间接雷击

indirect measurement 间接测量, 间接量度, 间接度量

indirect method 间接法

indirect mounting 间接组合

indirect output 间接输出, 脱机输出

indirect process 间接冶炼法

indirect radiation 间接辐射, 地物辐射

indirect selection 间接选择

indirect steam 间接蒸汽

indirect transfer to a planet 间接行星航行

indirect transit trade 间接转口贸易

indirect transmission 间接传动

indirect waste (=IW) 间接废物

indirect welding 单面点焊

indirection 非直接行动, 非直接运动, 间接

indirectly 间接地

indirectly controlled variable 间接被控变量

indirectly heated cathode 旁热式阴极

indirectly heated tube 旁热式热敏电阻器

indiscernibility 难以辨别性

indiscernible 不能分辨的, 分辨不出的, 难辨别的

indiscerptibility 不可再分性

indiscreet 不慎重的, 不明智的, 轻率的

indiscrete 不分开的, 紧凑的

indiscretion 不慎重, 轻率

indiscriminate (1) 不加选择的, 不加鉴别的, 无差别的, 无区别的, 无选择的, 普通的, 普遍的; (2) 杂乱的

indiscrimination (1) 不可区别性; (2) 未加区别的状态

indispensability 不可缺少性, 必要, 必需

indispensable (1) 不可缺少的, 必不可少的, 必需的, 必要的; (2) 避免不了的, 不可推卸的, 责无旁贷的; (3) 必需物品

indispose (1) 使不倾向于, 使不能, 使不愿; (2) 使不合适

indisposition 不适当, 不适合, 不适意

indisputability 无可争辩性

indisputable 无可争辩的, 无可置疑的, 明白的

indissolubility 不可溶解性, 不分解性, 不均匀性, 永久性

indissoluble (=indissolvable) (1) 不溶解的, 难溶解的, 不溶的; (2) 不能分解的, 不能分离的; (3) 永久不变的, 永恒的, 稳定的

indissolvable 不溶解的

indistinct (1) 不易区别的, 难辨认的, 模糊的, 不清的; (2) 不确定的

indistinction 无识别性, 无分别性

indistinctive 不显著的, 无特色的, 无差别的

indistinctness 不清晰度, 不清晰, 模糊

indistinguishability 不可分辨性

indistinguishable 不能区别的, 不能辨别的, 不易察觉的, 难区分的, 无特征的

indistributable 不可分配的, 不可散布的

inditron 指示管, 字码管, 示数管, 氖灯

indium {化}铟 In

indium antimonite 锑化铟

indium-enriched 加铟

indium-phosphorus-arsenic photocathode 磷砷化铟光电阴极

indivertible 难使转向的, 不能引开的

individual (1) 单独的, 单一的, 独立的, 个别的, 分别的; (2) 独立单位, 个人, 个体; (3) 个人的, 个体的; (4) 特殊的, 独特的, 独自的, 专用的

individual acceptance test (=IAT) 个别验收试验, 单独验收试验

individual account 分户账目

individual adjacent transverse pitch deviation 相邻端面周节偏差

individual adjustment 单独调整

individual background controls 各路背景控制

individual calling 个别呼叫

individual camera 单一背景航空摄影机, 单独摄影机

individual cast 分块铸造, 分开铸造, 分割铸造

individual cleared for access to classified material (=ICFATCM) 经审查可接触保密材料的 [个] 人

individual component 单独元件, 分立元件

individual consumer 个体用户

individual construction 单独结构

individual division 单式分度, 单分度

individual drawing system 单独制图制, 单独图形制

individual drive (1) 单独电机传动, 单独传动; (2) 独立传动 [装置], 单独拖动 [装置]

individual error 单项误差, 个别误差

individual lead 单独引入线

individual lighting 独立供电照明

individual line 专用线路, 用户线路

individual modulation 个别调制

individual motor 单独电机

individual pitch error 周节误差

individual proficiency training (=IPT) 个人熟练程度训练

individual reflection 单次反射

individual reliability test (=IRT) 单件可靠性试验

individual style 独特风格

individual training (=IT) 个别训练

individualistic 单个的, 专用的

individuality (1) 单独性, 个性, 个体, 个人; (2) 单个的存在, 个别存在状态, 独立存在状态; (3) 特征, 特性, 特色

individualization (1) 个体化行动, 个性化; (2) 作为个体存在; (3) 差别

individualize (1) 使各个互不相同, 使适应个别需要, 使有特性, 个别化; (2) 表面区别; (3) 一一列举, 分别叙述

individually (1) 一个一个单独地, 个别地, 逐一地, 各自; (2) 明白地, 明显地; (3) 以个人资格

individuate (1) 使各个互不相同, 使适应个别需要, 使有特性, 个别化; (2) 表面区别; (3) 一一列举, 分别叙述

individuation 个性发生, 个体化, 个别化

individuum (复 individua 或 individuums) (1) 个别事例; (2) 不可分割的统一体

indivisibility 不可分割性, 不可分性

indivisible (1) 不可分割的, 不可分的; (2) { 数 } 除不尽的数, 除不尽的, 不可约的, 极微的; (3) 极微分子, 极小物

indivision 未分开的状态

indoor (1) 室内的, 户内的, 内部的; (2) 室内

indoor antenna 室内天线

indoor hydro-electric station 室内式水电站

indoor substation 室内变电站

indoor temperature 室内温度, 室温

indoor transformer 室内型变压器, 室内变压器

indoor wiring 室内布线

indoors 进入室内, 在室内, 在屋里, 在家

indox 英多克斯钡磁铁 (一种永磁材料)

indraft (1) 引入, 流入, 吸入, 吸气, 吸风, 进汽; (2) 向内的气流, 向内的水流, 内向流; (3) 吸入物

indraught 流入, 吸入

indrawing (1) 吸入, 吸进, 向里; (2) 牵入, 凹入

indubitability 不容置疑的性质, 不容置疑的情况

indubitable 不容置疑的事, 无疑的, 确实的, 明白的

induce (1) 诱导, 诱发, 引起, 导致, 导出; (2) 感应, 感生, 电感; (3) {数} 归纳

induced 感应的, 诱导的

induced action 感应作用

induced activity 感应放射性, 人工放射性

induced change 感应电荷

induced circuit 被感应线路

induced current 感应电流

induced decomposition 诱导分解

induced draft (=ID) 引导通风, 抽风

induced draft fan 吸风机, 引风机

induced drag 诱导阻力

induced effect 诱导效应

induced electromotive force 感应电动势

induced electrooptic axis 感应电光轴

induced emission 诱导放射, 感应发射, 受迫发射

induced environment 外界感应环境

induced equation 诱导方程

induced failure 诱发故障

induced magnetic anisotropy 磁感应各向异性

induced mapping 导出映射

induced noise 感应噪声

induced polarization 激发极化

induced polarization method 激发极化法

induced polarization susceptibility (=IP susceptibility) 激发极化灵敏度

induced porosity 次生孔隙

induced reaction 诱导反应

induced voltage 感应电压

inducement 诱导, 诱因, 动机

inducer (1) 诱导器, 诱发物, 诱发剂, 诱导物, 诱导体; (2) 电感器; (3) (压缩机等的) 进口段, 导风轮, 导流轮, 叶轮

inducible 可归纳的

inducing charge 施感电荷

inducing circuit 感应电路

inducing current 施感电流

induct (1) 引入, 引导, 引进, 吸入, 导入; (2) 感应; (3) 使初步入门, 传授, 介绍

inductance (=ind) (1) 电感; (2) 电感器; (3) 自感系数, 感应系数, 感应现象, 感应性; (4) (发动机) 进气

inductance amplifier 电感耦合放大器

inductance bridge 电感电桥

inductance-capacitance (=IC) 电感量 - 电容量

inductance-capacitance-resistance (=ICR) 电感 - 电容 - 电阻

inductance-capacitance-resistance system(=ICR-system) 电感 - 电容 - 电阻系统

inductance coefficient 电感系数, 感应系数

inductance coil 电感线圈, 感应线圈

inductance connecting three point type oscillator 电感三点式振荡器

inductance meter 电感测定器

inductance of connections 连接导线的电感

inductile 没有延性的, 低塑性的, 不曲的

inducting circuit 施感电路

induction (=ind) (1) 感应现象, 感应密度, 感应, 电感, 磁感; (2) 引入, 引导, 进入, 诱导, 诱进, 诱发; (3) 归纳法, 归纳; (4) 吸气, 进气, 吸入; (5) 初次经验, 入门; (6) 前言, 序言, 绪论

induction brake 感应制动器

induction brazing 感应加热钎焊

induction bridge 感应电桥, 电感电桥, 感抗电桥

induction by current 电流感应

induction by simple enumeration 简单枚举法

induction coil 感应线圈

induction compass 感应式罗盘

induction current 感应电流

induction density 感应密度

induction electric survey (=IES) 感应 - 电测井

induction field 感应电场, 感应磁场

induction fluid amplifier 引流型放大元件

induction furnace 感应熔化炉, 感应电炉, 感应炉

induction generator 感应 [式] 发电机

induction hardened gear 感应硬化齿轮, 感应淬火齿轮

induction hardening 感应 [加热] 硬化, 感应 [加热] 淬火, 高频硬化, 高频淬火

induction hardening steel 感应硬化钢

induction heat-treatment 感应热处理

induction heater 感应加热器

induction heating 感应加热 [法]

induction heating equipment 感应加热装置

induction hum 感应噪声

induction instrument 感应式仪表

induction ion laser (=IIL) 感应离子激光器

induction machine (1) 感应起电机; (2) 感应电机

induction manifold 进气歧管

induction meter 感应电度表

induction motor (=IM) 感应电动机, 异步电动机

induction period (=IP) (1) 感应周期; (2) (油) 诱导期; (3) (发动机) 进气阶段

induction-permeability curves 磁通 - 磁导率曲线

induction pipe 进口管, 送水管, 送气管, 进气管, 吸入管, 导入管

induction port 进气孔口

induction quenching 感应加热淬火

induction regulator (=IR) 电感式电压调整器, 感应式 [电压] 调节器, 感应调压器

induction relay 感应式继电器

induction screen 磁屏

induction sheath 磁屏

induction shifter 感应移相器

induction signalling (1) 电感应通信; (2) 电感应信号制

induction spark coil 电火花感应线圈

induction stroke 进气冲程, 吸气冲程

induction torquemeter 感应转矩计

induction valve 吸入阀, 吸气阀, 进气阀, 进气门

inductionless 无电感的, 无感应的

inductionless conductor 无感导体

inductive (1) 电感的, 感应的, 有感的; (2) 引入的, 吸入的, 进入的, 诱导的; (3) {数} 归纳的; (4) 感应阻力; (5) 电磁粘性阻力; (6) 序言的, 导言的

inductive AEM system 感应式航空电磁系统 (AEM=aeroelectromagnetic 航空电磁的)

inductive assumption 归纳假设

inductive branch 感应支路

inductive choke 电感线圈, 扼流圈

inductive component 电感性分量

inductive coupler 电感耦合器

inductive coupling 电感耦合

inductive hypothesis 归纳假设

inductive inference 归纳推理

inductive loading 加感

inductive logic 归纳逻辑

inductive meter 感应式仪表

inductive method 归纳法, 感应法

inductive post 电感性型心

inductive reactance 有感电抗, 感抗

inductive reasoning 归纳推理

inductive tuning 电感调谐

inductively 感应地, 借助于电磁耦合

inductively loaded antenna 加感天线

inductivity (1) 介电常数; (2) 绝对电容率, 感应率, 电容率

inductogram X 线照片

inductolog 电感法电测井

inductomeric effect 动态诱导效应

inductometer 可变电感器, 电感表, 电感计, 亨利计

inductopyrexia [感应] 电发热 [法]

inductor (1) 感应元件, 感应机, 感应器, 电感器; (2) 增加化学反应速率的物质, 诱导器, 诱导物, 诱导体, 诱导剂; (3) 感应线圈, 电感线圈, 自感线圈; (4) 感应体; (5) 手摇发电机, 磁石发电机

inductor form 线圈架, 线圈管

inductor loudspeaker 感应式电磁扬声器

inductor microelement 微型电感元件
inductor scroll 涡形诱导管, 涡形吸管
inductor type synchronous alternator 感应式交流同步发电机
inductorium 鲁门科夫感应线圈, 火花感应线圈, 电感线圈
inductosyn 感应式传感器, 感应同步器
inductosyn angle readout 感应同步角读出
inductotherm 感应电热器
inductothermy 感应电热法
inductuner 电感调谐器, 电感调谐设备, 感应调谐设备, 感应调谐装置, 电感调谐装置
indue 赋予, 授予
indurance (1) 耐久力, 忍耐力; (2) 耐久性, 耐久度, 持久性, 持续性; (3) 持续时间, 续航时间; (4) 耐疲劳强度, 抗磨强度, 强度, 寿命
indurascent (1) 变硬的; (2) 硬化
indurate 使坚固, 使变硬, 硬化, 硬固, 固结
induration (1) 硬化, 硬结, 变硬, 固结; (2) 结块; (3) 硬性
indurative 变硬的, 硬结的
indurescent 渐硬的
industrial (=I 或 ind) (1) [工业] 生产的, 工业上的, 工业用的, 工业的; (2) 工业工人, 产业工人, 工业公司, 工业家
industrial alcohol 工业乙醇
industrial analysis 工业分析, 工艺分析
industrial and technological information bank (=INTIB) 工业和技术资料库
industrial architecture 工业建筑
industrial arts 工艺
industrial carrier 工业运输工具
industrial chemistry 工业化学
industrial city 工业城市
industrial company 工业公司
industrial computer 工业控制计算机
industrial control 生产过程控制
industrial control analog device 工业控制模拟设备
industrial control component 工业控制部件
industrial design (1) 工业设计; (2) 设计图
industrial district 工业区
industrial electron tube 工业电子管
industrial electronics 工业电子学
industrial engineer (=IE) 工业工程师
industrial engineering (=IE) (1) 工业工程; (2) 制造工程学, 工业工程学; (3) 工业管理学, 企业管理学; (4) 工业生产组织技术
industrial engineering institute (=IEI) 工业工程学院
industrial furnace 直接弧光式电炉, 工业用电炉
industrial gears 工业用齿轮装置
industrial installation 工业生产设备
industrial instrumentation 工业测量仪表
industrial interference 工业干扰
industrial lighting 工业照明
industrial lube (=INDLUB) 工业润滑油
industrial measurement instrument 工业测量仪表
industrial microcomputer 工业用微计算机
industrial noise 工业噪声
industrial park 工业区
industrial power supply 工业供电
industrial psychology 工业心理学
industrial relations 劳资关系
industrial robot 工业机器人
industrial railroad 工业铁路支线
industrial-scale 工业规模的, 大规模的
industrial security committee (=ISC) 工业安全委员会
industrial security manual (=ISM) 工业安全手册
industrial service (=IS) 工业 [使] 用
industrial sewage 工业污水
industrial standards (1) 工业标准; (2) 工业 [标准] 样品
industrial telemetering 工业遥测术
industrial television (=ITV) 工业电视
industrial television camera 工业电视摄影机
industrial viscosity classification 工业润滑油粘度分类
industrial waste 工业废料
industrial waste water 工业废水
industrial water 工业用水
industrial workers 产业工人
industrialization 工业化
industrialize 使工业化

industrially 工业上, 产业上
industrialness 工业性, 产业性
industrials 工业股票
industrials average 工业股平均价格指数
industrious 勤劳的, 勤奋的, 刻苦的
industry (=ind) (1) 工业, 企业; (2) 工业行业, 产业, 实业; (3) [整体的] 生产活动, 生产; (4) 勤劳, 勤奋
industry developed equipment (=IDE) 工业上研制的设备
industry standard item (=ISI) 工业标准项目
industry standard specifications (=ISS) 工业标准规格
indwell 内在, 存在
inearth 置于地内, 埋
inedited 未经编辑的, 未曾发表的, 未出版的
ineffable 难以形容的, 无法表达的, 说不出的
ineffaceable 不能消除的, 抹不掉的
ineffective (1) 效率低的, 无效的, 无益的, 无用的, 无能的; (2) 不起作用的, 不适合的, 不适当的
ineffectively 无效地
ineffectiveness 无结果, 无效
ineffectivity 无效性
ineffectual 不成功的, 无效的, 无益的
ineffectuality 无效性, 无益性
inefficacious 无实效的, 无效力的, 无效验的, 不灵的
inefficacy 无效力, 无效验
inefficiency 效率低, 效率差, 无效, 无能, 无益, 无用
inefficient (1) 效率低的, 效率差的, 无效的, 无力的, 无能的, 无益的, 无用的; (2) 不经济的, 不熟练的, 不胜任的, 不称职的; (3) 效率低的人
inelastic (=inel) (1) 无伸缩性的, 无弹力的, 无弹性的, 非弹性的, 不弯曲的; (2) 无适应性的, 不能变通的
inelastic buckling 非弹性屈曲
inelastic collision 非弹性碰撞
inelastic deformation 非弹性变形
inelastic region 非弹性区
inelastic scattering 非弹性散射
inelastic torsion 非弹性扭转
inelasticity (1) 非弹性, 无弹性, 刚性; (2) 无适应性
inelegance 不精致, 粗糙
ineligibility 不合格性
ineligible (1) 无资格的, 不合格的, 不可取的; (2) 不能入选的
ineloquent 无说服力的
ineluctable 必然发生的, 不可避免的
inenarrable 难以描述的
inept (1) 不符合要求的, 不适当的; (2) 不称职的, 无能的
inequable 不相等的, 不均匀的
inequal 不相等
inequality (1) 不平度, 不平坦; (2) 不相等, 不平均, 不平衡, 不均匀, 不相合, 不适应, 不 [相] 同, 差别, 互异, 变动; (3) { 数 } 不等性, 不等式, 不等量
inequigranular 不等粒状 [的]
inequilateral 不等边的
inequitable 不公正的, 不公平的
inequivalence 不等效, "异"
inequivalve (1) 两瓣大小不等的, 不等壳瓣的; (2) 两壳大小不等的
ineradicable 根深蒂固的, 不能根除的
inerrable 绝对正确的, 不会错的
inerratic 按一定轨道运行的
inert (1) 惰性, 惯性; (2) 惰性的, 惯性的; (3) 不起化学作用的, 无活动力的, 无反应的, 无作用的, 不活泼的, 中和的, 中性的, 无效的; (4) 惰性气体, 惰性组份
inert-atmosphere furnace 惰性气体保护炉, 惰性气体加热炉
inert filler 惰性填料
inert fluid fill (=IFF) 惰性流体填充
inert gas 惰性气体
inert gas arc spot welding 惰性气体保护电弧点焊
inert-gas-filled 充有惰性气体的
inert gas spot welding 惰性气体保护焊
inert solvent 惰性溶剂
inertance (1) 迟滞, 惯性, 惰性; (2) 声质量
inertia (1) 惰性, 惯性; (2) 惯性值, 惯量; (3) 缺乏活动性, 不活泼, 不活动; (4) 惰力, 无力
inertia balance 惯性平衡, 动平衡
inertia coefficient 惯性系数
inertia constant 惯性常数
inertia-controlled shock absorber 惯性控制的减震器

inertia couple 惯性力偶

inertia cycling test 惯性循环载荷试验

inertia drive 惯性驱动装置

inertia dynamometer （离合器、制动器）惯性试验台

inertia effect 惯性作用，惯性效应

inertia factor 惯性系数

inertia force 惯性力

inertia governor 惯性调速器，惯性调节器

inertia immunity sync circuit 惯性同步电路

inertia lag 惯性滞后

inertia lock 惯性自锁

inertia mass 惯性质量

inertia moment 惯性矩，转动惯量

inertia motion 惯性运动

inertia pole 惯性极

inertia pressure 惯性压力

inertia property 惯性

inertia space 惯性空间，惯性作用区

inertia starter 惯性起动机

inertia stress 惯性应力

inertia tachometer 惯性转速表

inertia torque 惯性转矩，惯性扭矩

inertial （1）惯性的，惰性的，惯量的；（2）不活泼的，反应慢的

inertial Cartesian coordinates 笛卡尔惯性坐标，惯性直角坐标

inertial damping 惯性阻尼

inertial force 惯性力

inertial frame （1）惯性坐标系；（2）惯性读数系统

inertial guidance (=IG) 惯性[段]制导，被动段制导

inertial guidance system (=IGS) 惯性制导系统

inertial information 惯性制导系统数据

inertial instrument system 惯性仪表制导系统

inertial load 惯性载荷

inertial-mass 惯性质量

inertial measurement 惯性测量装置

inertial navigation 惯性导航

inertial navigation and guidance (=ING) 惯性导航与制导

inertial navigation system (=INS) 惯性导航系统

inertial reference and control system (=IRCS) 惯性参考与控制系统

inertial system 惯性系

inertial timing switch (=ITS) 惯性定时开关

inertialess 无惯性的，无惰性的

inertialess steerable communication antenna (=ISCAN) 无惯性方向图可控通信天线

inertialessness 无惯性

inertness （1）{化}化学惰性，反应缓慢性；（2）惯性，惯量，惰性

inerts 惰性物质，惰性气体，惰性组份

inescapable 不可逃避的，不可避免的，推卸不了的，必然发生的

inessential （1）无关紧要的，不紧要的，不重要的；（2）非物质性的，非本质的，非本性的，无实质的

inessentiality 无关紧要的性质

inestimable 无法估计的，难估量的，难评价的，极贵重的，无价的

inevitability 不可避免，必然性

inevitable 不可避免的，必然发生的，料得到的

inexact 不精确的，不精密的，不正确的，不准确的，不严格的，不仔细的

inexactitude 不精确，不精密，不正确，不准确

inexcusable 不可原谅的，无法辩解的

inexecutable 不能实行的，办不到的

inexertion 不尽力，不努力

inexhaustibility 不可耗尽性，无穷无尽，源源不绝

inexhaustible 用不完的，无穷的

inexhaustive 不详尽的，不彻底的

inexistence 不存在的事物

inexistent 不存在的

inexorable 不屈不挠的，坚决的，无情的

inexorable law 不可抗拒的规律

inexpansibility 不可膨胀性

inexpedience 不适当，不明智

inexpedient 不适当的，不明智的

inexpensive 花费不多的，廉价的，便宜的

inexperience 缺乏经验，不熟练，外行

inexperienced 缺乏经验的，不熟练的，外行的

inexperiency 缺乏实际经验

inexpert 不熟练的，不老练的，业余的，外行的

inexplicable 不能说明的，不可解释的，莫明其妙的，费解的

inexplicit 模糊不清的，含糊的

inexplorable 不能勘查的，不能探险的

inexplosive 不爆发的，不爆炸的，不破裂的

inexpressible 无法表达的，难以形容的，说不出的

inexpressive 不表现的，无表示的

inexpugnable 攻不破的，不动摇的

inextensibility 不可延展性，不可延展性，不可伸长性，非延伸性，非延展性，无伸展性

inextensible 不能扩张的，不能伸展的，不能拉伸的，伸不开的

inextensional 不可开拓的，非伸缩的

inextinguishable 不能消灭的，不能扑灭的，不能遏制的

inextractable 不可提取的

inextricable 不能解决的，不能摆脱的，不能避免的，解不开的

infall （1）下降，下倾，降落，塌陷，崩陷；（2）进水口

infallibility 无拒绝性，无[失]误性，绝无错误，确实性

infallible （1）没有错误的，绝对正确的，确实可靠的，不会错的；（2）不可避免的，必然的

infallible powder 确发炸药

infan （1）输入[端]；（2）扇入

infantry （1）步兵（总称）；（2）步兵团

infantryman 步兵

infaust 不良的，不利的，不吉的

infeasibility 不可行性，不可能性

infeasibility form 不可行形式

infeasible 不能实行的，不可能的

infect 使受影响

infection （1）影响；（2）抛掷产生雷达干扰的金属带

infectious 有影响的，有损害的

infeed （1）馈电；（2）横向进磨[法]，切入磨法；（3）横切；（4）横向进给，横切进给，切入进给；（5）进给机构

infeed cam 横进给凸轮

infeed grinding 横向进给磨削，横向磨削[法]，切入磨削[法]

infeed grinding method 切入磨削法

infeed method 切入法

infeed method grinding 切入磨削法

infeed interference （1）（切齿时）顶切干涉；（2）装配时径向干涉

infeed rate 横切比例，切入率，送进率

infeed stroke 横向行程

infelicitous 不恰当的，不合适的，不幸的

infer （1）推理，推论，推导，推断，推知，结论；（2）意味着，意思是，表示，暗示，含意，指明，指出；（3）猜想，臆测

infer-coat 二道底漆

inferable 可推论的，可推断的，可推想的，可指出的，可暗示的

inference （1）推断，推论，推理；（2）结论，论断，演绎

inferent 传入的，输入的

inferential （1）推理上的，推论上；（2）间接的

inferential flow meter 间接流量计

inferential liquid-level meter 间接液面计

inferior （1）低品质的，低等的，低级的，劣等的，劣质的，下等的，劣等的；（2）下级；（3）次品

inferior angle 下线角

inferior arc 劣弧

inferior conjunction 下耦合

inferior field 无穷域

inferior figures 下附数字

inferior good 次等商品

inferior limit 最小尺寸，最小限度，下限

inferior mirage 下蜃景（超短波反常传播）

inferior quality 低档

inferior to none 最优，第一

inferior valve 下壳

inferiority 低劣的状况

inferred-zero instrument 无零点的仪器

inferrible 可推论的，可推断的，可推想的，可指出的，可暗示的

infidel （1）不精确的，不正确的，不真实的；（2）不保真的，失真的

infidelity （1）不精确，不正确，不真实；（2）无保真性，不保真，失真

infill 填充，填满

infill panel 内镶板

infilling 填充物

infiltrant 渗渗剂，浸渗剂，浸渍剂

infiltrate （1）渗入，透入，吸入，渗透，渗过，渗滤，渗漏，渗流，穿过，透过，（2）过滤，浸润，抽取；（3）渗入物

infiltration （1）渗入，渗滤，渗流，透入，漏入，穿透，渗透，浸润，浸渗，

浸渍；(2) 渗入物, 浸润物, 吸水量

infiltration gallery　集水管道

infiltration-pseudomorphosis　充填假象

infiltration water　过滤水

infiltrometer　透水性测定仪, 渗透计, 测渗仪

infimum (=inf)　下确界

infinite (=INF 或 inf)　(1) 无穷大, 无限大, 无限; (2) 无限长的, 无限远的, 无限量的, 无穷大的, 无穷远的, 无穷的, 无限的, 无尽的, 无边的, 巨大的; (3) 不定的

infinite baffle　(扬声器的) 无限反射极

infinite-baffle speaker system　无障板扬声器系统

infinite conducting medium　无限大导电媒质

infinite decimal　无尽小数

infinite display (=INF display)　无限长显示

infinite integral　无穷积分

infinite length　无限长

infinite life　持久寿命设计, 无限寿命设计

infinite loop　无限循环, 死循环

infinite-pad method　(光符识别用) 无穷反衬法

infinite pitch circle radius　无限节圆半径

infinite point　无限远点, 无穷远点

infinite radius　无限半径

infinite rays　平行射线

infinite reflux　无限回流, 全回流

infinite regress　无穷回归

infinite series　无穷级数, 无尽级数

infinite-sheeted region　无限页区域

infinite speed variation　无级调速

infinite state automata　无限状态自动机

infinite-valued　无限多个值的, 无限赋值

infinite variable gear box　无级变速齿轮箱

infinite variable speed mechanism　无级变速装置, 无级变速器

infinitely　无法计量地, 无限地, 无穷地

infinitely great　无穷大

infinitely long motor　无限长电机

infinitely small　无穷小

infinitely small area　无穷小面积

infinitely small calculus　微积分 [学]

infinitely small force　无穷小力

infinitely variable　无级变速的

infinitely variable speed adjustment　无级变速调整, 无级变速调整

infinitely variable speed transmission　无级变速传动装置, 无级变速器

infinitely variable speeds　无级变速

infinitely variable transmission　无级变速传动装置, 无级变速器

infinitesimal　(1) 无限小的, 无穷小的, 极微小的; (2) 无限小量, 无穷小量, 极小量, 微元

infinitesimal analysis　无限小分析, 微元分析

infinitesimal calculus　(1) 微积分 [学]; (2) 微分运算, 积分运算

infinitesimal dipole　无限小偶极子, 单元偶极子

infinitesimal disturbance　微振动, 微扰

infinitesimal element　无穷小元素

infinitesimal geometry　微分几何 [学]

infinitesimality　无穷小性质

infinitive (=inf)　(1) 不定的; (2) (动词) 不定式

infinitude　(1) 无限, 无穷; (2) 无限量, 无穷数

infinitude of outer space　无限的外层空间

infinity (=inf)　(1) 无穷不连续点, 无限, 无穷, 无数; (2) 无限性, 无穷性, 无限大, 无穷大, 超限数, 无止境; (3) (刻度盘的) 刻度值, 终值; (4) 大量, 大宗

infirm　不坚定的, 不牢靠的, 不生效的

infirmatory　不牢靠的, 无力的

infix　(1) { 计 } 插入表示; (2) 镶进, 嵌入, 插入, 穿入, 灌输; (3) 中加成分, 插入词, 中缀

infix form　中缀式

infix notation　中缀表示法

infix operator　中缀运算符, 中介运算符, 插入算符

inflame　(1) 使炽热, 燃烧, 着火, 点火, 引燃; (2) 使火上加油, 激怒, 激动

inflamer　(1) 燃烧器; (2) 燃烧物

inflammability　易燃性, 可燃性, 燃烧性, 点燃性, 引燃性

inflammability limit　着火极限

inflammable (=INFL)　(1) 易着火的, 可燃的, 易燃的; (2) 易燃物, 可燃物

inflammable air　可燃气体, 氢气

inflammable gas　易燃气体

inflammable liquid　易燃液体

inflammableness　易燃性

inflammation　(1) 着火, 发火, 发光, 燃烧; (2) 点火, 点燃; (3) 起爆

inflammatory　易着火的, 易燃的

inflatable　(1) 可膨胀的, 可吹胀的, 可充气的, 可打气的, 可吹气的; (2) 可充气物品, 吹制material

inflate　(1) 使膨胀, 使胀大, 打气, 充气; (2) 加压, 升高; (3) 使通货膨胀

inflated　胀大的, 膨胀的

inflated slag　多孔熔渣

inflated tyre　充气轮胎

inflater　(1) 增压泵, 压送泵; (2) 充气机, 打气筒, 吹胀器, 气胀器; (3) 充气者

inflation　(1) 膨胀, 打气, 充气; (2) (气体的) 补给, 填充; (3) 均匀伸长; (4) 通货膨胀

inflation inlet　充气进口

inflation pressure　充气压力, 气胀压力

inflation ratio　吹胀比

inflationary　[通货] 膨胀的

inflationary spiral　膨胀螺旋

inflator　(1) 增压泵, 压送泵; (2) 充气机, 打气筒, 吹胀器, 气胀器; (3) 充气者

inflect　(1) 使向内弯曲, 使弯曲, 使反曲, 使屈折; (2) 弯曲; (3) 语形变化

inflected　内折的

inflection　(1) 向内弯曲, 反弯; (2) 弯曲, 挠曲; (3) 偏差; (4) 偏转, 偏移, 偏斜; (5) { 数 } 回折, 拐折

inflectional normal　拐法线

inflective　弯曲的, 屈折的

inflector　(粒子束的) 偏转器, 偏转板

inflexed　内折的

inflexibility　(1) 不弯曲性, 非挠性, 不挠性, 刚性; (2) 刚度, 劲度; (3) 不可压缩性

inflexible　(1) 不可弯曲的, 不可伸缩的, 非挠性的, 刚性的; (2) 不可改变的, 固定的

inflexion (=inflection)　(1) 向内弯曲, 弯曲, 挠曲; (2) 偏差; (3) 偏转, 偏移, 偏斜; (4) { 数 } 回折, 拐折, 拐点, 凹陷

inflexion point　转折点, 反弯点, 回折点, 拐点

inflict　使遭受, 使承受, 予以

inflight　(1) 进入目标, 飞向目标; (2) 正在飞行的, 飞行中的

inflight calibrate (=ifc)　进入目标校正

inflight control　飞行控制

inflight guidance system　弹上制导系统

inflight refueling (=IFR)　飞向目标加燃料, 空中加油

infloat switch　[带] 浮子开关

inflow　(1) 入流, 进流; (2) 入流量, 进流量, 给水量; (3) 渗透, 渗滤

inflow current　内流电流, 正极电流

influence　(1) 影响效应, 影响力; 影响, 干扰, 效应; (2) [电] 感应

influence coefficient　影响系数, 干扰系数

influence electricity　感应 [静] 电

influence factor　影响系数

influence function　影响函数

influence fuse　不接触式信管

influence line　影响线

influence of gravity　重力影响

influence of Reynold's number　雷诺数影响

influencing factor　作用因素, 影响因素

influent　(1) 流入的, 注入的, 进水的; (2) 流入液体, 进入流, 流体, 液体, 渗流

influent seepage　渗透, 渗漏

influential　施加影响的, 有影响的, 感应的

influx　(1) 流入, 注入; (2) 流入量, 给水量

influxion　流入, 注入

infobond　双面印制线路板点间连线自动操作装置

infold　(1) 包进, 包含; (2) 折叠

inform　(1) 通知, 通告, 告知, 传达, 告诉; (2) 鼓舞, 鼓吹

informal　非正式的, 非正规的, 非形式的, 不规则的

informal axiomatics　非形式公理学

informal axiomation　非形式公理学

informal method　非形式法

informal report (=IR)　非正式报告

informal state diagram　非形式状态图

748

informal syntax tree　非形式语法树

informality　非正式

informant　提供消息者, 提供情报者

informatics　信息控制论, 信息科学, 信息学, 资料学

information (=inf 或 info)　(1) 信息; (2) 数据; (3) 情报, 消息, 资料, 知识; (4) 新闻, 报导, 通知, 报告, 通报

information-carrying medium　载有信息的媒质

information circuit　信息电路

information content　平均信息量, 信息内容

information desk　查询台, 问讯处

information display rate　信息显示速度, 记录速度

information encoding　信息编码

information-handling capacity　信息处理能力

information link　通信链路

information operator　查询台话务员

information-oriented language　面向信息的语言

information processing　信息处理

information processing language (=IPL)　信息处理语言

information processor　信息处理机

information rate changer　(磁带语言录音) 还音速率变换器

information read wire (=IR-wire)　信息读出线

information retrieval (=IR)　情报检索, 信息检索

information retrieval language (=IRL)　信息检索语言

information retrieval technique (=IRT)　信息检索技术

information science　信息科学, 资料学

information source with memory　有记忆信源

information storage and retrieval (=ISR)　信息存储和检索

information-storing device　信息存储装置

information theory　信息论

information trunk　查询线

information word　计算机字, 信息元

information-write wire　信息写入线

information write wire (=IW-wire)　信息写入线

informational　信息的, 指示的, 消息的, 情报的

informative　提供消息的, 提供情报的, 情报的, 资料的

informative abstract　信息摘要, 信息萃取, 重点提取

informed　有情报根据的, 消息灵通的, 有知识的

informing　启发性的, 指导的, 有教益的

informosome　信息体

infra　(拉) 在下, 以下

infra-　(词头)"下, 次, 亚"之意

infra-acoustic　下部吸音, 亚声的, 次声的

infra-acoustic telegraphy　次声频电报, 亚声频电报

infra-audible　次声频的, 亚声频的

infra-black　黑外的

infra focal image　焦内图像

infra-orbital　亚轨道的

infra-red　(1) 红外辐射; (2) 红外区; (3) 电磁波谱的红外段

infra-red counter-countermeasures (=IRCCM)　红外线反对抗措施

infra-red distancer　红外测距仪

infra-red drying　红外线干燥

infra-red gas analyzer (=IRGA)　红外线气体分析器

infra-red heating　红外加热

infra-red illumination　红外光照明

infra-red lamp　红外线灯

infra-red light　红外光

infra-red oven　红外线烘箱

infra-red photography　红外线摄影

infra-red ray　红外线

infra-red sensitive material　红外光敏材料

infra-red sensor　自动红外导航头

infra-red spectrum　红外 [线] 光谱

infra-red technique　红外技术

infra-red technology　红外技术

infra-red thermometer　红外线温度计

infra-red vidicon　红外摄像管

infra-red wave　红外波

infra-refraction　红外折射

infrabar　低气压

infrablack　黑外 (电视信号幅度在图像的黑色水准之外)

infraconnection　内连

infraction　违法, 违背, 犯规

infradyne　超外差的, 低外差的

infraframe coding　帧内编码

infraluminescence　红外发光

infrangible　不可分离的, 不可违背的, 不可破的

infranics　红外线电子学

infraparticle　红外粒子

infrared (=IFR 或 IR)　(1) 对红外辐射敏感的, 产生红外辐射的, 红外线的, 红外区的, 红外的; (2) 红外线, 红外区

infrared acquisition aid　利用红外线探测

infrared-aimed lidar (=IR-aimed lidar)　红外瞄准激光雷达

infrared camera system (=ICS)　红外线照相系统

infrared camouflage-detection camera　伪装 [目标] 探测 [用] 红外摄像机

infrared countermeasures (=IRC)　红外线对抗措施

infrared excess　红外辐射特性, 红外超

infrared eye　红外线自动引导头

infrared filter (=IR filter)　红外滤光器, 红外滤光片

infrared heat-seeking system　红外线引导系统, 热引导系统

infrared heater (=IRH)　红外线加热器

infrared homing system (=IHS)　红外线自动引导系统

infrared interferometer spectrometer (=IRIS)　红外线干涉分光计

infrared lamp (=IRL)　红外线灯

infrared laser (=IRLAS)　红外 [线] 激光器

infrared lens (=IRL)　红外透镜

infrared lock-on　红外制导系统跟踪, 红外锁定

infrared inspection　红外检验, 红外探伤

infrared lamp　红外线灯

infrared maser　红外激射器

infrared measuring system (=IMS)　红外测量系统

infrared micro-radiometry (=IRMR)　红钱微波辐射测量 [学]

infrared missdistance equipment　红外脱靶距离测量装置

infrared nondestructive testing (=IRNDT)　红外线非破坏性试验

infrared over-the-horizon communication　超视距红外通信

infrared radiation thermometer (=IRT)　红外辐射温度计

infrared-radiometer (=IR-radiometer)　红外辐射计

infrared range and detection equipment　红外雷达

infrared rays　红外线, 热射线

infrared research information symposium (=IRIS)　红外线调研资料讨论会

infrared seeker　红外线寻的制导导弹 [弹头]

infrared spectroscopy (=IRS)　红外线光谱学

infrared-system (=IR-system)　红外系统

infrared temperature profile radiometer (=ITPR)　温度廓线红外线辐射计

infrasil　一种红外硅材料牌号

infrasizer　超微粒空气分级机, 细粒淘分机

infrasonic　(1) 次声的, 微声的; (2) 超音频的

infrasonics　次声学, 次声

infrasound　次声

infrastructure　(1) 下部结构; (2) 底层结构, 下层构造, 基底

infratrochlear　滑车下的

infratubal　管下的

infrequency　很少发生, 稀有, 稀少

infrequent　很少发生的, 不寻常的, 不常见的, 稀有的, 稀少的

infrequently　偶尔

infriction　涂擦法

infringe　(1) 违反, 违背; (2) 侵犯, 侵害, 破坏

infringement　违章

infructuous　无效果的, 徒劳的

infumation　熏干法

infunde　注入, 倒入

infundibular　漏斗的

infundibulate　漏斗形

infundibule　漏斗形

infundibuliform　漏斗状的

infundibulum　漏斗

infusa　(单 infusum) 浸剂

infuse　(1) 注入, 灌注, 灌输; (2) 浸渍, 泡制

infuser　浸渍器, 浸出器, 注入器

infusibility　(1) 不溶性; (2) 难溶性, 不熔状态

infusible　(1) 难熔的, 不熔的, 难溶的, 不溶的; (2) 能注入的

infusion　(1) 注入; (2) 注入物; (3) 浸渍, 浸入; (4) 浸剂; (5) 泡制

infusion process　浸渍法

infusum (复)infusa)　浸剂

ingate　(1) 直浇口, 入口孔; (2) 输入门

ingather　收集, 聚集

749

ingeminate 重复,反复,重申

ingenious 有发明能力的,有创造才能的,机敏的,灵敏的,精巧的,灵巧的,巧妙的,精致的

ingenuity (1)机敏,灵敏,精巧,灵巧的,巧妙;(2)设计新颖,创造性,独创性

ingest 吸入,吸收

ingestion 把空气、气体或液体注入引擎里

ingoing 进来的,深入的

ingoing particle 入射粒子

ingoing splice (磁带)编辑[起]点

ingoldsby car 重型卸料车

ingot (1)金属锭,锭,块,条;(2)钢锭,铸锭,浇锭;(3)坯料,初轧坯

ingot adapter 锭料转接装置,取锭器

ingot bar 锭块,铸块

ingot blank 锭坯

ingot bogie 送锭车

ingot case 锭型

ingot charger 装锭机

ingot chariot 送锭车

ingot conditioning 锭料修整

ingot crane 吊锭吊车

ingot dogs 锭钳

ingot gripper 钢锭夹钳

ingot iron (1)钢锭;(2)工业纯铁,铁锭,锭铁;(3)低碳钢

ingot lathe 钢锭车床

ingot mold 钢锭模,铸模,锭型

ingot mold milling machine 钢锭模铣床

ingot pattern 钢锭模型[偏析],方框型偏析

ingot pit 均热炉

ingot-retracting 曳锭

ingot slab 扁钢锭

ingot steel 钢锭,锭钢,铸钢

ingot stripper 脱模机,脱锭机

ingot tilter 翻锭机

ingot tipper 翻锭机

ingot tongs 锭钳

ingot tumbler 翻锭机

ingot withdrawing device 锭模分离装置

ingotism (1)巨晶(钢锭结构的缺陷);(2)(铸件或钢锭的)树枝状结晶;(3)钢锭偏析

ingotted 铸成锭的

ingrain (1)固有的;(2)固有的品质,本质

ingrained 根深蒂固的

ingredient (1)[混合物的]组成部分,成分;(2)配料,原料,拼份,拌料;(3)要素

ingress (1)进入,侵入,流入,浸入;(2)进口处,入口,入内,进路,通道;(3)进入权,入境权

ingress pipe 导入管

ingress transition 侵入过渡层

inhabited satellite 载人卫星,载生物卫星

inhalant (1)吸入剂,吸入孔,吸入器;(2)吸入的

inhalation (1)吸入;(2)吸入剂,吸入物;(3)吸入法

inhalator (1)气雾吸入器;(2)吸入器;(3)人工呼吸器

inhale (1)吸入,吸进;(2)吸气,吸烟

inhaler (1)吸气泵;(2)空气过滤器,滤气器;(3)吸气器,吸入器,吸入管;(4)防毒面具;(5)吸入者

inharmonic 不调和的,不协调的,不和谐的,非调谐的

inharmonic frequency component 非调谐部分

inharmonical 不调和的,不协调的,不和谐的,非调谐的

inharmonious 不调和的,不协调的,不和谐的

inharmony 不调和,不和谐

inhaust 吸入,流入,吸

inhere 生来即存在于,属于,固有,原有,含有

inherence (1)固有,具有,内在;(2)基本属性

inherency 内在性,固有性

inherent 内在的,固有的,特有的,常有的,本来的,本征的,原始的,原有的,固着的

inherent contradictions 内在矛盾

inherent error 固有误差

inherent grain size 原始晶粒度,本质晶粒度

inherent laws 内部规律

inherent parameter 主要参数,基本参数,固有参数,本征参数

inherent regulation (内部)自动调节,固有调节

inherent spurious amplitude modulation 固有伪调幅,剩余调幅

inherent stability 固有稳定性

inherent store 自动取数存储器

inherent stress (1)固有应力,内在应力;(2)预应力,初应力

inherent vice 内部缺陷

inherent viscosity 内在粘度,特性粘度

inherent viscosity number 特性粘度数

inherited error 遗留误差,原有误差,固有误差,累积误差

inhesion (1)内在,固有;(2)内在性,固有性

inhibit (1)抑制,禁止,防止,阻止,制止,停止;(2)封闭绕组;(3)防腐蚀;(4)否定

inhibit circuit 禁止电路,截止电路,阻通电路

inhibit current 禁止电流

inhibit current pulse 阻塞电流脉冲,禁止电流脉冲

inhibit gate (1)禁止门;(2)截止面

inhibit line 闭塞信号传输线,截止线

inhibit pulse 禁止脉冲

inhibit signal 禁止信号

inhibit winding 封闭绕组,禁止绕组,保持线圈

inhibit wire 禁止线

inhibited admiralty metal 防腐蚀海军金属

inhibited emission 禁戒反射,抑制发射

inhibited oxide oil 抗氧化油

inhibited pulse 被禁止脉冲

inhibited red fuming nitric acid (=IRFNA) 加阻蚀剂的红发烟硝酸

inhibiter (1)防腐蚀剂,抗氧化剂,抗老化剂,反催化剂,抑制剂,抑止剂,阻化剂,阻止剂,阻缓剂,阻聚剂,缓蚀剂,防锈剂;(2)抑制器,禁止器;(3)抑制因素,抑制作用,抑制因子,抑制物;(4)(火药)铠装;(5)约束者,禁止者

inhibiting (1)(火药柱)铠装;(2)加抑制剂

inhibiting input (=INH) 制止输入,禁止输入

inhibition (1)抑制,抑止,遏制,制止,禁止,防止,阻止;(2)延迟,延缓;(3)阻碍,阻滞;(4)反催化,负催化,阻化

inhibition gate (1)禁止门;(2)封闭脉冲

inhibitive (1)有阻化性的,禁止的,抑制的;(2)抑制剂,阻化剂

inhibitor (1)防腐蚀剂,抗氧化剂,抗老化剂,反催化剂,抑制剂,抑止剂,阻化剂,阻止剂,阻缓剂,阻聚剂,缓蚀剂,防锈剂;(2)抑制器,禁止器;(3)抑制因素,抑制作用,抑制因子,抑制物;(4)(火药)铠装;(5)约束者,禁止者

inhibitor gate 禁门

inhibitor of oxidation (=oxidation inhibitor) 氧化抑制剂

inhibitory (=I) 禁止的,阻止的,抑制的,迟滞的

inhibitory coating 保护层,防护层

inhibitory-gate {计}"与非"门,禁[止]门

inhomogeneity (1)非均匀性,不[均]匀性;(2)不同一,不纯一,不同质,不同类;(3)复杂性;(4)多相性;(5)杂色性,杂拼性;(6)异质性

inhomogeneous (1)非均匀的,不均匀的,不纯一的;(2)不均值的;(3)非同质的,不同类的;(4)非均相的,多相的;(5)非齐次的,杂拼的

inhomogeneous coordinates 非齐次坐标

inhomogeneous flow 不均匀流动

inhour 核反应的单位(1/周期小时),倒时数

iniquity 不公正,不正直

inimical 有害的,不利的

inimitable 不能模仿的,无以伦比的,无双的

initial (=I) (1)初始[的],开头[的],固有的;(2)起线;(3)词首的;(4)首字母

initial acceleration 发射瞬间加速度,初始加速度

initial allowance 机械加工留量

initial approximation 一次近似

initial attribute 初值表征

initial azimuth angle 发射时弹道倾斜角,起飞上升角

initial bed 底料层

initial boiling point (=IBP) 初沸点,初馏点

initial breakdown (1)初次压轧;(2)轧件,毛坯

initial capacitance 初电容

initial charge 初电荷

initial condition 原始条件,起始条件,初始条件,初值条件

initial contact 起始接触

initial conversion ratio (=ICR) 初始换算系数

initial cooling 初冷却,预冷

initial cost 初置费用,创业成本,原始成本,生产成本,原价

initial creep 初蠕变

initial current 初电流

initial data 原始数据,初始数据,开始数据,起算数据

initial deformation 初始变形

initial eccentricity　原始偏心度
initial energy　起始能量
initial engine test (=IET)　初期的发动机试验
initial error　起始误差
initial flight path　弹道起始段
initial inverse voltage　起始反向电压
initial line　(1) 起始线，始线，始边；(2) 初始行，开始行；(3) 极轴
initial load　初载，初始负荷，预［加］负荷，预紧
initial magnetic permeability　起始磁导率
initial operating capacity (=IOC)　初始作战能力
initial order　起始指令
initial orders　起始程序
initial permeability　初磁导率，起始导磁率
initial pitting　初始点蚀，初始麻点
initial point (=IP)　起始点
initial position　起点，零位
initial power　启动功率
initial powered trajectory　弹道主动段
initial pressure　初始压力，初压
initial price　牌价
initial reading　初次读数，起始读数
initial record　起始记录
initial reserve　初期储备
initial resistance　初阻力
initial running-in　初始磨合，初始跑合
initial satisfactory performance test (=ISPT)　初次符合要求的性能试验
initial scoring　(1) 初始胶合；(2) 初始粘着撕伤
initial scuffing　初始划伤
initial segment　初始线［段］，前节
initial side　起算边
initial speed　初始转速，初始速度
initial state　初始状态
initial strain　初始应变，初应变
initial stress　初应力，预应力
initial stress method　初应力法
initial tangent modulus　原切模数
initial task index (=ITI)　起始任务指标
initial temperature　起始温度，初温
initial tension　初张力
initial thrust　起始推力
initial transient　初始瞬值
initial value　起始值，初值，始值
initial vapour pressure (=IVP)　起始蒸汽压力
initial velocity (=IV)　初始速度，初速［度］
initial voltage　初始电压，初电压
initial wear　初期磨损，磨合期的磨损
initial wear surface　初期磨损面
initial word　首字母缩略词，初始字
initialism　首字母缩略词，字首缩略词
initialization　起始，设定，初值，预置
initialize　起始，设定，初值，预置
initialized　(1) 起始的，预备的；(2) 准备工作，预备步骤
initializer　初始程序
initially　最初，起初，开头
initially twisted beam　扭曲线型梁
initiate　(1) 开始，起始，着手；(2) 发动，起动，启动，起爆，起燃，激发，激励；(3) 引进；(4) 促使
initiate button　启动按钮
initiate key　启动键
initiate poll　起动询问
initiating laser　主控激光器，主振激光器
initiating pulse　起动脉冲，触发脉冲
initiating trigger　(1) 起动触发器；(2) 起动触发脉冲
initiation (=init)　(1) 起动，起爆，起燃；(2) 开始，创始，起始；(3) 引发，引起，发生，产生；(4) 激发，激磁，励磁
initiation area discriminator　初始区域鉴别器，起始区判别器
initiation combustion　起动，发火
initiation control device　起始控制程序
initiation of anode effect　阳极效应的发生
initiation of combustion　(1) 发火；(2) 起动
initiation signal　起始信号
initiation system　起爆系统
initiative　(1) 创始；(2) 着手；(3) 初步阶段，发端

initiator　(1) 激磁机，励磁机；(2) 起动器，起始器；(3) 起爆器，引爆器，点火器；(4) 起爆药，引发剂，接触剂；(5) 起动因子，起始因子；(6) 发送端
initiator program　起始程序
initiator-terminator　启动 - 终止程序
initiatory　起始的，创始的，初步的
inject (=INJ)　注射
injectable　(1) 可注射的；(2) 注射物质
injected carrier density　注入射流子密度
injected signal　外输入信号，注入信号
injection (=INJ)　(1) 注入，射入；(2) 注射；(3) 发射；(4) 喷射；(5) 加压；(6) 注频；(7) 进入轨道；(8) 贯入
injection burn　(飞行器) 入轨烧毁
injection carburetor　喷射式汽化器
injection circuit　混频器输入电路，(信号) 注入电路
injection condenser　喷水凝气器，喷射冷凝器
injection corridor　射入轨道的走廊
injection cup　喷嘴头，喷头
injection cylinder　压射气缸
injection grid　注频栅极，注入栅极
injection into translunar flight　进入越过月球轨道飞行
injection junction laser　半导体二极管激光器，注入式激光器
injection laser　注入式激光器
injection locking technique　注频同步技术
injection lubrication　注射润滑
injection luminescent diode　注入式发光二极管
injection machine　注射成型机
injection mold　塑料注射成型机，注塑模具，注模
injection-mo(u)lded tooth gear　注射模塑齿轮
injection molding　注射模型法，注［射型］模法，注模
injection molding machine　注射成型机，注射成形模
injection nozzle　喷嘴
injection pipe　喷射管
injection pressure　注射压力，喷射压力
injection pump　喷射油泵，喷油泵，喷射泵
injection valve　喷射阀
injection well　注入井
injective module　内射模
injector (=INJ)　(1) 注射器；(2) 注入器，注水器，注油器；(3) 蒸汽喷射泵，喷射器，喷射头；(4) 喷油器，喷油嘴，喷嘴，喷头；(5) 发射器，引射器；(6) 灌浆机；(7) 注入极，注射极
injector blowpipe　低压喷焊器
injector condenser　喷射冷凝器
injector mixer　注射混合器
injectron　高压转换管
injudicial　判断不当的，不慎重的，不明智的
injunction　强制令，命令，指令，禁令
injunctive　命令的
injurant　伤害物，伤害剂
injure　损伤，损害，伤害，危害，毁坏
injured　受损害的
injured powder　变质炸药
injurer　伤害者
injurious　有损的，有害的
injury　(1) 损伤，损害，伤害，危害，毁坏；(2) 伤痕；(3) 障碍
injury-free　无工伤事故的
injustice　非正义，非公正
ink　(1) 墨水；(2) 印色；(3) 油墨
ink black　墨黑色
ink film　彩色软片
ink fog printer　墨水雾［式］印刷机
ink-in　着墨，上墨水线
ink in　上墨水线，上墨
ink-jet printer　墨水喷射印刷机
ink knife　油墨刮刀
ink mist recording　印迹记录
ink over　上墨水线，上墨
ink-pad　印泥，印台
ink-pencil　颜色铅笔
ink-recorder　油墨印码机，笔写记录器
ink reflectance　墨迹反射
ink ribbon　(记录用) 纸带
ink roller　记录辊筒
ink vapour recorder　自动图示记录仪，油墨记录器

ink-vapour recording　喷墨记录
ink-writer　印字机
inkbottle　墨水瓶
inked ribbon　油墨色带
inker　(1) 印码机, 印字机; (2) 墨辊, 墨滚
inkiness　漆黑
inking　印色, 注墨水, 着墨
inkless　无墨水的, 无墨汁的
inkling　(1) 暗示; (2) 细微的迹象
inkometer　(1) 墨水粘度计; (2) 油墨粘度计
inkpad　印泥
inkpot　墨水瓶
inkslinger　记录员, 作家
inkspot　墨水点
inkstand　墨水台
inkstandish　墨水瓶架
inkwriter　油墨印码器, (电报) 印字机
inky　(1) 墨水似的, 漆黑的; (2) 给墨水弄污的; (3) 小型聚光灯
inky cap　墨盖
inlaid　镶嵌的
inlaid caption　插入字幕
inlaid work　镶嵌细工, 镶嵌工作
inland bill　国内汇票
inland place of discharge　内陆卸货地点
inland telegraph　国内电报
inlay　(1) 嵌入, 镶嵌, 插入; (2) 插入物, 嵌体; (3) 内置法, 嵌入法; (4) 镶嵌工艺, 镶嵌图案, 镶嵌制作; (5) 镶嵌用的材料, 型材; (6) 衬垫, 里衬
inlay clad plate　双金属层板
inlayer　内层
inlaying　镶嵌
inlead　引入 [线]
inleakage　(1) 渗入, 漏入, 漏泄; (2) 泄漏量; (3) 贯穿内部
inleakage of air　空气漏入, 空气渗入
inleakage of radioactivity　放射性贯穿内部
inlet (=IN 或 INL)　(1) 输入孔, 放入孔, 进入口, 注入口, 进气口, 进水口, 浇口, 进口, 入口; (2) 注入, 引入; (3) 进汽道, 进水道; (4) 输入量, 进入量; (5) 插入物, 镶入物, 镶嵌物; (6) 引入线
inlet airflow　进气量
inlet blade angle　叶片入口角
inlet cam　进气凸轮, 吸进凸轮
inlet chamber　进气室
inlet circuit　输入端电路
inlet close (=INC)　进气停止
inlet connection　(1) 进气管接头, 进口接头; (2) 进气管连接, 入口连接
inlet elbow　喷管
inlet manhole (=IMH)　人孔入口
inlet manifold　进气歧管
inlet of pass　孔型入口侧
inlet of ventilating system　通风系统的进气口
inlet outlet　进出口
inlet pipe　进入管
inlet port　进气孔口, 进气口, 进汽口, 进水口
inlet shaft　输入轴, 主动轴
inlet side　入口侧, 入口端, 真空侧
inlet temperature　进气温度
inlet time　集流时间
inlet triangle　[涡轮] 入口速度三角形
inlet valve (=IV)　进给阀, 进水阀, 进油阀, 进水口, 进油口, 进气阀, 进气门
inline booster　序列式增压器
inline plane　斜平面
inlying　在内的, 内部的
inmost　最内部的, 最深处的
innage　(1) 油罐充油, 充液量; (2) 剩 [余] 油量
innards　内部结构, 内部机构
innate　内在的, 固有的, 先天的, 生来的
innavigable　不便航行的, 不通航的
inner (=I)　(1) 内部的, 在内的, 里面的, 内侧的; (2) 接近靶心部分, 内部, 里面
inner artillery zone (=IAZ)　高射炮防空禁区
inner bearing　内轴承
inner bottom　内底
inner brake　内闸

inner case of seal　油封金属内圈
inner-cased　有内套的
inner circle　内圆
inner circle of toroid　圆环面内圈
inner circumference　内圆周
inner column　内立柱, 内柱
inner computer　内部计算
inner conductance　内电导
inner conductor　内导线
inner cone　(锥齿轮) 内锥, 前锥, 小端辅助圆锥
inner cone distance　小端锥距, 内锥距
inner core　焰心
inner cutting angle　(以枪孔钻钻尖为准的) 内导角之余角
inner dead point (=IDP)　(发动机的) 内死点
inner diameter (=ID)　内直径, 内径
inner diameter of rolling block　(圆柱齿轮滚齿机) 滚圆盘直径
inner electron　内层电子
inner end　(1) 内端; (2) (锥齿轮) 小端
inner end of axle　车轴内端
inner end of tooth　(1) (齿轮) 轮齿内端; (2) (锥齿轮) 轮齿小端
inner face　内面
inner flame　内层焰, 内焰
inner flue　内烟道
inner function　内函数
inner gear　内齿轮
inner gearing　(1) 内齿轮啮合, 内啮合; (2) 内齿轮传动
inner grid　控制栅, 调制栅, 内栅 [极]
inner hexagon spanner　内六角扳手
inner jib　内侧船首三角帆
inner layer　内层
inner lift arm and tappet assembly　内提升臂及挺杆总成
inner marker (=IM)　内部指点标
inner marker signal　主无线电信标信号
inner memory　运算存储器, 内存储器
inner oil seal　内油封
inner oil seal ring　内油封环
inner packing　内包装
inner pilot valve (=IPV)　内伺服阀, 内控制阀, 内导阀
inner planet(ary) gear　内啮合行星齿轮
inner point　内点
inner post　船尾柱内柱
inner product　内积, 标积
inner punch　内冲头
inner race　(滚珠轴承) 内座圈
inner race fretting　内圈 [微动] 崩蚀, 内圈 [微动] 磨蚀
inner resistance drop (=IR drop)　欧姆电阻上电压降, 电阻压降, 内阻压降
inner ring　(1) 内圈, 内环; (2) (轴承) 内 [套] 圈, 内座圈, 内圈滚道
inner ring race grinding　(轴承) 内圈滚道磨削
inner ring riding cage　(轴承) 内圈引导保持架
inner ring run-out　(轴承) 内圈径 [向] 摆 [动]
inner ring spacer　(轴承) 内 [圈] 隔环
inner ring with cage and roller assembly　无外圈轴承
inner ring with double raceway　双滚道内圈, 双滚道紧圈
inner ring with rib　(滚子轴承) 带挡边内圈
inner ring with ribs　(滚子轴承) 带双挡边内圈
inner ring with single raceway shoulder　(轴承) 分离型内圈
inner roller　(齿轮泵) 内齿轮
inner rotor　(1) 内转子; (2) (齿轮泵) 内齿轮
inner screw　内螺旋, 阴螺旋
inner shaft　内轴
inner shoe　内支承块, 内托板
inner sleeve　内套筒
inner slide　内滑块
inner space　内部空间
inner spiral angle　(锥齿轮) 小端螺旋角, 小端倾斜角
inner spring　内弹簧
inner stress　内应力
inner support　内支架
inner surface　内表面
inner track　内磁道
inner tube　(1) 内管; (2) 内胎; (3) 锭胆
inner V-ways　内 V 型轨道
inner viscosity　结构粘度

inner width　内宽, 净宽

innermost　最内部的, 最里面的, 最深处的

innermost core electron　最内层电子

inness　内在性

innocuity　无害, 无毒

innocuous　无害的, 无毒的, 安全的

innominatal　无名的

innominate　无名的

innovation　(1) 合理化建议；(2) 技术革新, 改变, 创新；(3) 新计划, 新方法, 新制度

innovational　革新的, 创新的

innovative　革新的, 创新的

innovator　革新者, 创新者, 改革者

innovatory　革新的, 创新的

innoxious　无毒的, 无毒的

innumerability　不可数性

innumerable　数不清的, 无数的

inobservance　不注意, 忽视, 违反

inoculant　孕育剂, 变质剂

inoculated cast iron　孕育铸铁

inoculating crystal　晶种, 籽晶

inoculation　(1) 变质处理, 孕育处理；(2) 孕育 [作用], 加入孕育剂, 加孕育剂法

inodorous　无气味的

inoffensive　无害的

inolameter　日射计

inoperable　(1) 不能实行的, 行不通的；(2) 不能操作的

inoperation　停止工作, 不工作, 不操作

inoperative　(1) 不起作用的, 不工作的；(2) 不生效的, 无效果的, 无益的；(3) 无法使用的, 不能再用的

inopportune　不合时宜的, 不及时的, 不合适的

inordinance　不规则, 紊乱

inordinate　(1) 无节制的, 无限制的, 过度的；(2) 无规则的, 无规律的, 异常的, 紊乱的

inordinate wear　过度磨损, 异常磨损

inordinately　无规则地

inordinateness　不规则性, 紊乱

inorfil　无机纤维

inorganic (=inorg)　无机的

inorganic chemistry　无机化学

inorganization　无组织状态, 缺乏组织

inosculate　(1) 使接合, 使缠结；(2) 使密切结合, 接合

inoxidability　不可氧化性

inoxidizability　不可被氧化性, 抗氧化性

inoxidizable　不能氧化的, 耐腐蚀的, 抗氧化的

inoxidize　使不受氧化作用

inpayment　订金

inperfect field　不完全域

inphase　同相

inphase component　同相分量

inphase opposition　反相的

inplane　面内的

inpolar　内极点

inpolar conic　内极二次曲线

inpolygon　内接多边形

inpolyhedron　内接多面体

inpouring　注入, 倾入

input (=I)　(1) 输入, 引入, 导入；(2) 需用功率, 输入功率, 输入电压；(3) 输入设备, 输入项目, 输入端；(4) 输入电路；(5) 输入信号；(6) 输入额, 输入量, 输入数；(7) 消耗量, 进料量, 给料量；(8) 进料, 进给, 供给, 给料；(9) 把数据输入计算机

input absolute noise level　输入端等效噪声电平

input adaptive　输入自适应

input admittance　输入导纳, 入端导纳

input amplifier　输入放大器

input angle　入射角

input angular velocity　输入角速度

input area　输入块

input attachment　输入装置

input axis (=IA)　输入轴

input bias current (=IBC)　输入偏压电流

input block　(1) 输入信息组, 输入数据组, 输入块；(2) 输入部件；(3) 输入存储区

input buffer　输入缓冲器

input capacitance　输入电容

input cavity　输入谐振器, 前置选择器

input characteristic　输入特性

input circuit　输入电路

input control valve　输入控制阀, 输入调节阀

input crank　主动曲柄

input data　输入数据

input device　输入设备

input element　主动零件, 主动元件

input end　输入端

input equipment　输入设备

input expander　输入扩展电路

input gear　主动齿轮

input horsepower　输入马力

input impedance　输入阻抗

input lever　主动杠杆

input-limited　受输入限制的

input limiter　输入限制器

input link　主动连接杆

input magazine　(卡片) 输入箱, 送卡箱

input magazine card hopper　卡片输入箱

input member　主动零件, 主动元件

input motion　输入运动

input offset current　输入失调电流

input offset voltage　输入补偿电压

input-output　输入 / 输出

input output analysis　输入输出分析

input-output characteristics　输入输出特性, 振幅特性

input-output control busy (=IOC busy)　输入输出控制占用

input-output control system (=IOCS)　输入输出控制系统

input-output cross correlation theorem　输入输出相关定理

input-output device　输入输出设备

input-output isolation　输入输出隔离度

input-output statement　输入输出语句

input-output torque ratio　输入输出扭矩比率

input/output (=I/O 或 I-O)　(1) 输入 / 输出；(2) 输入 / 输出装置；(3) 输入 / 输出数据；(4) 输入 / 输出方式

input parameter　输入参数

input part　主动零件

input pinion　主动小齿轮

input portion　输入端

input power　输入功率

input program　输入程序

input program tape　程序输入带

input pulse　输入脉冲

input queue　输入队列

input reader　(1) 输入阅读程序；(2) 输入阅读器

input resistance　输入电阻

input rolling cam　吸入 [行程] 滚子凸轮

input rolling lever　吸入 [行程] 滚子杠杆

input rotating cam　吸入 [行程] 回转凸轮

input rotating lever　吸入 [行程] 转子杠杆

input rotating member　吸入 [行程] 回转元件

input shaft　输入轴, 主动轴

input shaft bearing　输入轴轴承, 主动轴轴承

input shaft of winch　绞盘输入轴

input side　输入端

input speed　(1) 输入转速；(2) 主动轴转速

input speed range　输入转速范围

input torque　输入转矩, 输入扭矩

input torque limiter　输入转矩限制器, 输入扭矩限制装置

input transformer　输入变压器, 输入变量器

input-transformerless (=ITL)　无输入变压器的

input UHF aerial　特高频天线输入接点, 特高频天线输入端 (UHF=ultra high frequency 特高频)

input unit　(1) 输入装置；(2) 输入机, 输入设备；(3) 输入单位

input variable　输入变量

input velocity　输入速度

input voltage　输入电压

input work　输入功

inquest　询问, 调查, 查询

inquire　(1) 访问, 询问, 查询, 打听；(2) 追究, 探究, 调查

inquire about　查问, 询问

inquire after　问候

753

inquire and subscriber display　询问终端显示器

inquire for　访问, 询问

inquire into　探问, 研究, 调查

inquire out　问出, 查出

inquirer　询问者, 调查者, 查询者

inquiring　好钻研的, 好询问的

inquiry　(1) 询问, 查询; (2) 调查, 审查, 研究, 探究, 追究; (3) 咨询

inquiry application　(计算机的) 研究应用, 咨询应用

inquiry office　问讯处

inquisition　调查, 研究

inquisitor　(1) 飞机"敌 - 我"询问机, 询问机; (2) 询问雷达信标辅助装置; (3) 调查员

inradius　内半径

inrush　(1) 开动功率, 起动功率, 起动冲量; (2) 流入, 涌入; (3) 侵入; (4) 突然塌落

inrush of air　紧急进气, 空气流入, 放气, 吸气

inrushing　流进的, 吸进的, 冲入的

insanitary　不卫生的

insatiability　不可满足性

insatiable　不能满足的, 无限制的

insatiate　永不满足, 无限制的

insaturation　未饱和性

inscape　内在的特性, 内在的特质

inscattering　内散射

inscience　缺乏知识, 无知识

inscribable　可刻的, 可雕的

inscribe (=INSC)　(1) 使内接, 使内切; (2) 刻, 铭; (3) 给…登记, 给…注册

inscribed　内接的

inscribed angle　内接角

inscribed circle　内接圆, 内切圆

inscribed circle diameter　(圆柱滚子组) 内接圆直径

inscribed cone　内接圆锥

inscribed polygon　内接多边形

inscribed triangle　内接三角形

inscriber　{计} 记录器

inscription (=INSC)　(1) 编入名单, 注册, 题词; (2) 标题, 铭文, 符号, 画线

inscriptive　铭刻的, 题字的

inscroll　把……载入卷册, 把……记录下来

inscrutability　不可理解性, 不可测知性

inscrutable　不可思议的, 不可理解的, 不可测知的

insculpt　具凹点的

insculptate　雕空的, 挖空的, 具凹点的

inseam　内接缝, 内缝 [线]

insection　(1) 切开, 切断, 切口; (2) 齿纹, 锉纹

insecure　不安全的, 不牢靠的, 不可靠的, 无保障的, 不稳定的, 危险的, 易坍的

insecurity　不安全性, 不牢靠, 无保障

insensibility　不灵敏度, 不灵敏性

insensible　(1) 不敏感的; (2) 不关心的; (3) 无意义的

insensitive　灵敏度低的, 不灵敏的

insensitiveness　不灵敏性, 不灵敏度, 不敏感

insensitivity　不灵敏性, 钝性

inseparability　不可分性

inseparable　(1) {数} 不可分离的; (2) 不可分割的, 分不开的, 不可拆的

inseparable bearing　整体轴承

inseparable polynomial　不可分多项式

inseparate　不分开的, 不分离的, 相连的

insequent　斜向的

insert　(1) 衬垫, 垫块; (2) 插入物, 嵌入物, 接入物, 引入物, 代入物, 嵌入件, 镶套, 镶件, 镶片, 刀片; (3) 带座轴承, 轴瓦, 轴衬, 芯棒; (4) 插入, 放入, 嵌入, 镶入, 夹入, 按入, 引入, 接入, 植入, 介入, 写入, 代入; (5) 内冷铁; (6) 卡盘; (7) 金属型芯, 嵌镶件, 嵌镶物; (8) 电极头

insert bit　镶刃刀头

insert blade core drill　镶齿扩孔钻

insert blade end mill　镶齿端铣刀

insert blade reamer　镶齿铰刀

insert blank　镶刃刀头

insert broach　镶齿拉刀

insert cartridge　(1) (耳机、传声器的) 极头; (2) 拾声器的换能元件; (3) 插入式盒

insert chaser die　镶齿螺纹梳刀板牙

insert chip　镶装刀片

insert core　组合泥芯, 插入泥芯, 穿皮泥芯

insert earphone　插入式耳机, 小型耳机

insert ga(u)ge　塞规

insert liner　镶嵌式轴衬

insert map　插图, 附图

insert punch　嵌入冲头

insert ring　(1) 垫圈; (2) 插入环; (3) 可熔镶块

inserted　被镶入的, 被嵌入的

inserted bearing　带座外球式轴承

inserted blade core drill　镶齿扩孔钻

inserted blade cutter　镶齿刀盘

inserted blade end mill　镶齿端铣刀

inserted blade reamer　镶齿铰刀, 镶刃铰刀

inserted broach　镶齿拉刀

inserted carbide　镶齿硬质合金刀片

inserted chaser die　镶齿螺纹梳刀板牙

inserted chaser tap　镶齿螺纹梳刀丝锥

inserted chip　镶装刀片

inserted component　分立元件

inserted-cutter type of bar　镗杆

inserted die　镶齿板牙

inserted drill　硬质合金钻头

inserted end mill　镶齿端铣刀

inserted fraise　镶齿铣刀

inserted hob　镶片滚刀

inserted joint　[管端] 套筒接合

inserted journal　装入的轴颈

inserted piece　嵌入加强块, 砂型骨

inserted pin　(1) 插销; (2) 挡料销

inserted reamer　镶齿铰刀

inserted side milling cutter　镶齿三面刃铣刀

inserted sleeve　镶入式衬套, 嵌入式套筒

inserted tap　镶齿丝锥

inserted teeth hob　镶齿滚刀

inserted tongue　嵌入舌片

inserted tool　硬质 [合金] 刀具

inserted tooth　镶齿

inserted tooth broach　镶齿拉刀

inserted tooth cutter　镶齿三面刃圆盘铣刀, 镶齿铣刀

inserted-tooth facing milling cutter　镶齿平面铣刀

inserted tooth hob　镶齿滚刀

inserted tooth milling cutter　镶齿式铣刀

inserted tooth milling cutter grinding machine　镶齿铣刀盘刃磨床

inserter　(1) 插入器, 插件, 隔板; (2) 数据输入装置; (3) 插入物, 隔离物; (4) 插入者

insertio　附着

inserting machine　零件自动插入机

insertion　(1) 嵌入, 插入; (2) 安置, 存放; (3) 输入, 导入, 引入

insertion into earth orbit

insertion piece　插入件, 嵌入件, 插件, 垫片

insertion spanner　镶接扳手

inservice　在使用中进行的, 在职期间进行的

inset　(1) 插入晶; (2) 斑晶; (3) 镶嵌, 嵌入; (4) 插入物, 嵌入物, 镶嵌物; (5) 插图, 附图, 插页

inset-type　嵌入式 [的]

inshoot　内曲线球

inshore　近海, 沿岸

inshot　跃进装置, 跃升

inside (=I)　(1) 内部, 内面, 内侧, 里面; (2) (游标卡尺的) 内卡脚, 内径; (3) 内部的东西, 内含物, 内容, 内幕, 内情; (4) 中部, 中间; (5) 内侧的, 里面的, 秘密的; (6) 在内部, 在里面

inside air temperature (=IAT)　内部温度

inside and outside grinding　(1) 内外磨削; (2) 内外磨法

inside antenna　机内天线, 室内天线

inside back cone　内背锥

inside band　型砂加固圈, 活动内托条

inside blade　内切刀齿, 内侧刀齿

inside broach　内拉刀

inside cal(l)ipers　内测径规, 内径规, 内卡规, 内卡钳

inside cal(l)ipers micrometer　内卡钳千分表

inside chaser　内螺纹梳刀, 阴螺纹梳刀

inside clearance　内间隙, 内余隙

inside clinch　内活结套圈, 内绳扣

inside corner　内角

inside crank　内曲柄

inside crankshaft　内曲轴

inside cutter　内切刀盘

inside cutting blade　(锥齿轮)内刀片,内切刀齿,内齿坯凸面刀片

inside cylinder　(1)内圆柱面;(2)内齿轮圆柱;(3)内气缸

inside dial indicator　内径千分尺,内径指示表

inside diameter (=ID)　内[直]径

inside dimension (=ID)　内部尺寸

inside drill　侧孔电钻

inside drive center　内拨顶尖

inside end-face grinder for needle bearing races　轴承套圈端面磨床

inside-engaged gear　内[啮合]齿轮

inside face　内表面

inside finish　内部装修

inside-frosted lamp　内表面闷光灯泡,内磨砂灯泡,浮白灯泡

inside gage　内径量规

inside gearing　内啮合

inside groove　内槽

inside indicator　内径测微指示计

inside information　内部消息

inside lap　内余面

inside layer (=IL)　内层

inside lead　内螺纹导程

inside lead gauge　内螺纹导程仪,内螺纹螺距仪

inside length (=IL)　内部长度

inside lock　(前轮)内转角

inside micrometer　内径千分尺,内径测微仪,内径测微计

inside nonius　内径卡尺

inside-out　里面向外翻[的]

inside-out filter　外流式过滤器

inside-out type cell　内锌外炭式干电池

inside pitch line length　齿根高度

inside plain calipers　内卡规,内卡钳

inside plant　室内设施,室内线缆

inside point diameter　(锥齿轮)刀盘内切刀尖直径

inside primary (=IP)　初级线圈里面的一端

inside race　(1)(轴承)内座圈;(2)内套

inside radius (=IR)　内半径

inside recess　内凹座

inside rolling circle　内滚圆

inside saw　内径锯

inside secondary (=is)　次级线圈的内末端

inside stuff　内部资料

inside surface　内表面

inside taper ga(u)ge　(1)内锥度量规;(2)内圆锥管螺纹牙高测量仪

inside track　里圈

inside turn　内转弯

inside width (=iw)　内宽

insight　洞察力,自知力,理解,领会,见识

insignificance　(1)无足轻重的性质,无足轻重的状态;(2)无意义,无价值,无效;(3)不重要,轻微

insignificancy　(1)无足轻重的事,无关紧要的人;(2)无意义,无价值,无效;(3)不重要,轻微

insignificant　(1)无足轻重的,无意义的,无价值的,无用的,无效的;(2)不重要的,轻微的,小的

insincere　(1)不真诚的,不诚恳的;(2)不可信的,虚伪的

insinkability　不沉性

insist　(1)坚决主张,坚决要求,坚持,强调;(2)认为

insistence　坚决主张,坚决要求,坚持,强调

insistent　(1)坚持的,强要的;(2)迫切的,显著的

insition　移入物,添加物

insofar as 或 insofaras　就……一点上来说,在……情况下,在……范围内,在……限度内,到这样的程度,既然,因为

insolameter　日射计

insolubility　(1)不溶[解]性,非溶解性;(2)不可解性

insolubilization　不溶解[过程]

insolubilize　降低可溶性,降低溶解度,[使]不溶解

insolubilizer　不溶粘料

insolubilizing　溶解度降低,使不溶解

insoluble　(1)不溶解物的,难以溶解的,不溶解的,不溶性的,不溶的;(2)不能解决的,不能解释的,难以理解的,不可解的;(3)不溶[解]物[质]

insoluble residue (=IR)　不溶解残渣

insolvability　不可溶解性,不可解性

insolvable　不能解决的,不能解答的

insolvency　无支付能力,无力偿还,倒账,破产

insolvent　(1)无偿债能力的,破产的;(2)无偿债能力者,破产者

insomuch　到……程度,如此

insomuch as　因为,由于

insonate　使受超高频声波的作用

insonation　受超高频声波的作用

insonification　声透射,声照射

insonified zone　(水下)声音传播区,有声区

insonify　声穿透

insorb　吸收

insorption　吸收

inspect　(1)检验,检查,检修,试验,探伤;(2)观察,视察,调查,审查

inspect and repair as necessary (=IRAN)　检查并按需要加以修理

inspect and repair only as necessary (=IROAN)　仅在必要时检修

inspecting　检查,检验

inspecting engineer　验收工程师,检验工程师

inspecting mechanic　检查机械师

inspecting stand　检查台,检验台

inspection (=INSP)　(1)检查,检验,校验,验证,探伤,审查,查看,检修,验收,目测;(2)监督,校对,证明;(3)观察,视察,参观,调查,研究

inspection and checkout (=I&C)　检查与测试

inspection and measuring station　检测工位

inspection by X-ray　X射线检验

inspection car　铁路轨道检查车

inspection certificate　检查证明书

inspection committee (=IC)　检查委员会

inspection cover　检视盖板,观测盖板,检查孔盖,人孔盖

inspection declined!　谢绝参观!

inspection department　检查处,检验处

inspection device　检验装置

inspection enlarger　检验放大仪,检验放大机

inspection ga(u)ge (=INGA)　检验测具,检验量规,检验规

inspection glass　检视孔玻璃,观察镜

inspection hole　检验孔,检查孔,检测孔,观察孔

inspection hole cap　检查孔盖,窥视孔盖

inspection instrument　检查仪器,鉴定仪器

inspection jig　检查用夹具,检验夹具

inspection machine　检验设备

inspection manual (=IM)　检验手册

inspection memorandum　检查记录,检验记录

inspection of　对……检查,检查

inspection of refinery equipment　炼油厂设备检查

inspection on　对……检查,检查

inspection operation sheet (=IOS)　检验作业表

inspection pit　检修坑,检车坑,修车坑,检查坑,检验井,探坑,探井

inspection port　检查孔

inspection report　检查报告,鉴定报告

inspection requirements manual (=IRM)　检查要求手册

inspection routine　检查程序

inspection satellite　观察卫星,识别卫星

inspection schedule　(1)检查程序;(2)检查日程

inspection sheet　检查单

inspection specifications　检验技术条件

inspection tag (=IT)　检查标签,检验标签

inspection technique　检查技术,检验技术

inspection test　检查试验

inspection visual aid (=IVA)　检验用观察器具

inspector (=I 或 INSP)　(1)检查员,检验员;(2)鉴定者

inspector general (=IG)　总检查员

inspector of material (=INSMAT)　材料检验员

inspectorate　检查员的职责

inspector's micrometer caliper　检验用千分卡尺

inspector's rejection (=IR)　检验员的拒收,检验员的驳回

inspector's report (=IR)　检验员的报告

inspectoscope　(1)金属裂缝探伤器,探伤镜;(2)X光透视违禁品检查仪,检查镜

inspersed　渗入的

insphere　把……围入圈内,放置球中,使成球形,包围

inspiration　(1)进气,吸气,吸入;(2)蒸浓[法];(3)启发,灵机;(4)鼓舞,鼓励

inspiration stroke　进气冲程,吸气冲程

inspirator　(1)呼吸器,吸入器;(2)喷气注入器,喷射器,注射器,注

水器,喷注器

inspirator burner　注射燃烧器

inspiratory　吸气的,吸入的

inspire　(1)吸气,进气,注入,灌注,灌输;(2)激起,启发,引起,产生;(3)授意

inspirometer　吸气测量计,吸气计

inspissant　(1)蒸浓的,浓缩;(2)浓缩剂

inspissate　(1)蒸浓;(2)使浓厚,使浓缩;(3)加厚,变厚

inspissated oil　浓缩石油

inspissation　(1)浓缩作用,蒸浓[法];(2)浓厚化,增稠

inspissator　蒸浓器,浓缩器

instability　(1)不稳定性,不安定性;(2)不稳定度,不安定度;(3)不恒定性

instability in pitch　纵向不稳定性,纵向不安定性

instable　不稳定的,不安定的,易变的

instal　(1)安装,安置,装配,装置,装入,拧入,插入,按入,接入,陈列,设置,建立;(2)使就职,任命

installating　安装

installating mechanic　安装机械师

installation　(1)安装,装配,调整,设置,设立,(2)装置,装备,设备,设施,结构,台,站;(3)计算法;(4)任命,就职

installation and checkout (=I&C)　安装与检测

installation and maintenance (=I&M)　安装与维修

installation, assembly or detail (=IAD)　装置、组合件或零件

installation cost　设备投资

installation diagram　安装图,装配图

installation dimension　安装尺寸

installation drawing　安装图

installation error　安装误差

installation exercise (=IX)　安装作业

installation instruction　安装规程,安装说明

installation location　安装位置

installation of track　轨道铺设

installation parts list (=IPL)　安装零件清单

installation position　安装位置

installation production order (=IPO)　设备生产订货

installation tape number　磁带安装信号

installation time　安装时间

installation work　安装工程

installational　安装的

installed, calibrated and checked (=IC&C)　已安装,校准和检测

installed capacity　设备容量

installer　(1)支座;(2)安装工,安装者

installment　(1)分期付款;(2)安装,装配;(3)一部分

installment plan　分期付款购货法

instamatic system　飞机订票系统

instance　(1)实例,例子,例证,实例,事例,范例;(2)样品,样本;(3)阶段,步骤,;(4)场合,情况;(5)请求,要求,建议,提议;(6)用例子说明,举例,引证

instancy　(1)迫切性,坚持性;(2)临近,急迫,紧急;(3)即时,瞬间

instant (=INST 或 inst)　(1)瞬时的,迫切的,立刻的,立即的,直接的,紧迫的,紧急的迫切的;(2)瞬间,瞬时,即时,即刻

instant bandwidth　瞬时带宽

instant center　瞬心

instant line of action　瞬时啮合线,瞬时接触线,瞬时作用线

instant on system　瞬间接通制,即时接通制

instant operating characteristic　瞬态特性

instant polar axis　瞬时极轴

instant replay　(1)可即时播放的录像;(2)慢镜头重演

instant rotation　瞬时旋转

instant-start　瞬时接入,瞬时起燃

instant switch (=inst switch)　瞬时开关

instant thin-layer chromatography (=ITLC)　瞬时薄层色谱法

instant transverse line of action　瞬时端面啮合线

instantaneity　瞬时性,即时性,即刻性

instantaneous (=I 或 INST 或 inst)　瞬时的,即时的,立刻的,即刻的,同时的

instantaneous acting relay　瞬动继电器,瞬时继电器

instantaneous action　瞬时作用

instantaneous amplitude　瞬振幅

instantaneous annealing point　瞬时退火点

instantaneous automatic gain control (=IAGC)　瞬时动作的自动增益调整,瞬时自动增益控制

instantaneous automatic volume control (=IAVC)　瞬时动作的自动

音量控制

instantaneous axis　瞬时轴,瞬时轴线

instantaneous axis of rotation　瞬时转动轴,瞬时旋转轴线

instantaneous cap　瞬时起爆雷管,同步起爆雷管

instantaneous center　瞬时中心,瞬心

instantaneous center of rotation　瞬时旋转中心

instantaneous center of turn　(1)瞬时转向中心;(2)瞬时旋转中心

instantaneous combustion　瞬时燃烧

instantaneous compressor　瞬时压缩器

instantaneous couple　瞬时力偶

instantaneous current　瞬时电流

instantaneous deviation control (=IDC)　瞬时动作的偏移控制

instantaneous deviation indicator　瞬偏指示器

instantaneous efficiency　瞬时效率

instantaneous electromotive force　瞬时电动势

instantaneous exposure　自动快速曝光

instantaneous failure rate　瞬时失效率

instantaneous field　瞬时场

instantaneous frequency stability　瞬时频率稳定度

instantaneous frictional power loss　瞬时摩擦功率损耗

instantaneous line of action　瞬时啮合线,瞬时接触线,瞬时作用线

instantaneous linear velocity　瞬时线速度

instantaneous load　瞬时负载

instantaneous loading　瞬时加载

instantaneous measurement　瞬时测量,瞬时测度

instantaneous overload　瞬时过载

instantaneous phase　瞬时相位

instantaneous point of contact　瞬时啮合点

instantaneous point of tangency　瞬时切点

instantaneous power　瞬时功率

instantaneous reactivity　瞬时反应性

instantaneous readout detector (=IRO detector)　瞬时读出检波器

instantaneous recording　即录音,瞬时录像

instantaneous recovery　瞬时回复

instantaneous relay　瞬时动作继电器

instantaneous rotation　瞬时旋转

instantaneous sample　采样信号瞬时值,瞬时采样

instantaneous speed　瞬时速度

instantaneous state of velocity　速度瞬时状态,速度瞬时值

instantaneous stress-strain curve　瞬时应力 - 应变曲线

instantaneous transverse line of action　瞬时端面啮合线,瞬时端面作用

instantaneous trip　瞬时切断

instantaneous value　瞬时值

instantaneous velocity　瞬时速度

instantaneous voltage　瞬时电压

instanter　立即,马上

instantiate　用具体例子说明,例示

instantiation　例示

instantly　立刻,马上

instantness　立刻性

instantize　使立即可用

instantizing　速溶化

instantograph　即取照相,快照

instanton　瞬子

Instaseal　防漏粗粘粉

instate　(1)授予职权,授予资格,任命;(2)安置

instauration　恢复,修复,重建

instaurator　重建者,创立者

instead　不是……而是,代替,当作

instead of　代替着

instil　(1)滴注,滴入,滴下;(2)浸染;(3)逐渐灌输

instillation　(1)滴注,注入,滴入,灌输;(2)滴注物,滴注法,滴剂;(3)浸润物

instillator　滴注器,滴入器

instinct　(1)本能,本性,直觉;(2)充满的,生动的

instinctive　本能的,直觉的,天生的,自然的

institute (=I 或 INST 或 inst)　(1)高等院校,专科学校,学术团体,学术会议,研究所,研究院,学会,学院;(2)建立,设立,设置,制定,开始,着手,创始,实行;(3)[基本]原理,原则,公理,规则,定则;(4)民法

Institute for Advanced Computation (=IAC)　(美)高级计算机研究所研制的系统,IAC 系统

Institute for Atomic Research (=IAR)　(美)原子能研究所

Institute of Aeronautical Engineers (=IAeE)　(英)航空工程师协会

756

Institute of British Foundrymen　英国铸造工作者协会
Institute of Electrical and Electronic Engineers (=IEEE)　(美) 电气及电子工程师学会
Institute of Electrical Engineers (=IEE)　(英) 电气工程师协会
Institute of Electronic and Radio Engineers (=IERE)　电子与无线电工程师学会
Institute of Environment Engineers (=IEE)　环境工程师协会
Institute of fuel (=IF)　英国燃料学会
Institute of Highway Engineers (=IHE)　公路工程师协会
Institute of Management Sciences (=IMS)　管理科学学会
Institute of Mathematical Statistics　(美) 数学统计学会
Institute of Measurement and Control (=IMC)　测量与控制研究学会
Institute of Mechanical Engineers　(美) 机械工程师协会
Institute of Navigation (=ION)　导航学会
Institute of Petroleum (=IP)　(英) 石油学会
Institute of Radio Engineers (=IRE)　无线电工程师协会
Institute of Structural Engineers　(英) 结构工程师协会
Institute of the Aeronautical Science (=IAS)　(美) 航空科学院
Institute of the Motor Industry　(英) 汽车工业联合会
Institute of Traffic Engineers (=ITE)　交通工程师学会
institution (=I 或 INST 或 inst)　(1) 研究所, 机关, 机构, 学会, 学院, 协会, 院, 会; (2) 建立, 设立, 设置, 制定, 规定; (3) 制度, 惯例; (4) 公共设施
Institution of Aeronautical Engineers (=IAE)　(英) 航空工程师学会
Institution of British Engineers　英国工程师协会
Institution of Chemical Engineers (=IChemE)　化学工程师协会
Institution of Electrical Engineers (=IEE)　(英) 电气工程师协会
Institution of Mechanical Engineers (=IME)　(英) 机械工程师协会
Institution of Plant Engineers　(英) 设备工程师协会
Institution of Production Engineers　(英) 生产工程师协会
Institution of Structural Engineers　(英) 结构工程师协会
institutional　(1) 设立的, 制定的; (2) 制度的, 规定的; (3) 公共机构的, 研究所的, 学校的, 学会的; (4) 原理的
institutionary　(1) 设立的, 制定的; (2) 制度的, 规定的; (3) 公共机构的, 研究所的, 学校的, 学会的; (4) 原理的
institutionalize　使制度化
institutor　设立者, 制定者
instoscope　目视曝光计
instroke　(1) 排气行程, 压缩行程; (2) 内向冲程, 压缩冲程, 排气冲程
instron　拉伸强度试验机
instruct　(1) 教育, 教导, 讲授; (2) 指示, 指导, 指挥; (3) 说明, 通知, 命令
instructed　接到通知的, 得到指示的, [被] 委派的
instruction　(1) 说明书, 说明, 指南, 须知; (2) 指令, 指示; (3) 程序, 守则, 细则, 规程; (4) 码; (5) 讲授, 教导, 教育
instruction address　指令地址
instruction address register　指令地址寄存
instruction book　说明书
instruction card　说明卡
instruction character　指令字符, 控制符, 操作符
instruction check indicator　指令校验指示器
instruction code (=IC)　指令代码, 指令码
instruction constant　无用指令, 伪指令
instruction counter　指令计数器
instruction cycle　指令周期
instruction deck　指令卡片组
instruction diagnostic　指令诊断机
instruction display　示数显示器
instruction element　指令元件
instruction fetch　取指令
instruction for use　使用说明书
instruction format　指令格式
instruction inspection (=ii)　指令检查
instruction manual　使用手册
instruction of technical operation　技术操作规程
instruction processor　指令处理机
instruction register　指令寄存器
instruction repertoire　指令系统
instruction repertory　指令表, 指令系统
instruction retry　指令重复执行
instruction sequence　指令序列, 控制序列
instruction set　指令系统
instruction sheet　说明卡, 样本
instruction storage　指令存储区

instruction stream　指令流
instruction time　指令脉冲持续时间, 指令执行时间, 指令取出时间, 指示时间
instruction unit　指令部件
instruction work　指令字
instructional　教学的, 教育的
instructional map　教学图
instructional television (=ITV)　教学电视
instructions for assembly　装配说明书, 组装说明书, 装配规程, 组装规程
instructions for maintenance　维修说明书, 维修规程
instructions for mounting　安装说明书, 安装规程
instructive　指导性的, 启发性的, 有益的
instructive television　教育电视
instructor　指导者
instrument (=INST 或 inst)　(1) 航空仪表, 测试仪, 量测仪, 仪器, 仪表, 工具, 器具, 器械, 装置, 设备; (2) 手段, 方法; (3) 文件, 证书, 契约; (4) 用仪器装备, 装备仪表; (5) 提交法律文件给
instrument analysis　[用] 仪器分析
instrument approach chart (=IAC)　仪表进场图
instrument autotransformer　仪器用自耦变压器, 仪表用自耦变压器, 测试用自耦变压器
instrument bearing　仪器轴承
instrument board　仪器操纵板, 仪器板, 仪表板
instrument calibration procedure (=ICP)　仪表校准程序
instrument compressed air (=ICA)　仪表压缩空气
instrument control　仪表控制
instrument control racks (=ICR)　仪表控制架
instrument development laboratories (=IDL)　仪表研制改进实验室
instrument discriminator　仪表鉴别器
instrument drawing　机械制图
instrument error　仪表误差, 仪器误差, 器具误差
instrument flight　仪表飞行
instrument flight condition　仪表飞行状态, 盲目飞行情况
instrument flight rule (=IFR)　仪表飞行规则
instrument for automatic sequence control　自动顺序控制仪表
instrument for measuring water temperature　水温测量仪器
instrument for quality analysis of water　水质分析仪器
instrument glass　仪表玻璃
instrument glass dial　仪器玻璃标度盘
instrument ground optical recorder system
instrument-head　测量仪表头部, 测量仪表端
instrument head (=IH)　仪表头部, 测量头, 测量端
instrument industries　仪表制造业
instrument landing　无线电导航着陆, 仪表引导着陆, 仪表指示着陆, 盲目着陆
instrument landing approach system (=ILAS)　仪表着陆进场系统
instrument landing system (=ILS)　仪表着陆系统, 盲目着陆系统
instrument light　仪表 [操纵] 板照明指示灯, 仪表灯
instrument mechanic　仪表机械师
instrument misslevel　仪器水准面不平
instrument multiplier　仪表扩 [量] 程器
instrument note (=IN)　仪表 [使用] 说明
instrument of evaporation observation　蒸发观测仪器
instrument of flow measurement　流量量测仪器
instrument of flow velocity measurement　流量量测仪器
instrument of ga(u)ge observation　水位观测仪器
instrument of precipitation observation　降水观测仪器
instrument of ratification　批准书
instrument panel　仪表面板, 仪表板, 仪表盘
instrument payload　仪表有效载荷
instrument pool laboratory (=IPL)　仪器统筹实验室
instrument power supply (=IPS)　仪表动力供应
instrument program　仪表程序
instrument recording camera　仪表记录摄影仪
instrument recording photography　仪表记录照像
instrument relay　仪表继电器
instrument servo　仪表伺服系统
instrument shunt　仪表分流器, 电流扩程器
Instrument Society of America (=ISA)　美国仪表学会
instrument station　测站
instrument technology　检验仪表工艺学
instrument test repair laboratory (=ITRL)　仪器检测修理实验室
instrument transformer　仪表用变压器, 仪表用互感器

instrument type relay　仪表式继电器

instrument with suppressed zero　无零位刻度仪表

instrumental (=I)　(1) 仪器的, 仪表的, 器械的; (2) 作为手段的, 作为工具的, 作为媒介的, 能起作用的, 有帮助的

instrumental analysis　[用] 仪器分析

instrumental conditioning　机械反应

instrumental constant　仪器常数

instrumental drawing　仪器绘图, 仪器制图, 机械绘图, 机械制图

instrumental drift　仪器零点漂移

instrumental error　仪表误差, 仪器误差, 器具误差

instrumental learning　机械认识

instrumental resolution　仪器的鉴别能力

instrumental satellite　测量卫星

instrumentality　(1) 工具, 手段, 媒介; (2) 成为手段的性质, 媒介物, 调节物

instrumentarium　整套器械

instrumentation　(=I 或 INST 或 inst) (1) 仪表测量设备, 仪表测试设备, 测量装置, 测量仪表, 检测仪表, 测试设备, 量测仪器, 检测仪器, 量测工具, 检测工具, 装备仪器, 专用仪器, 仪器, 设备; (2) 仪器的应用, 仪器使用, 仪表使用, 仪器制作, 器械操作; (3) 仪表化; (4) 仪器制造学

instrumentation and calibration network (=ICN)　仪表与校准网络

instrumentation and control (=I&C)　仪表与控制

instrumentation calibration and checkout (=IC&C)　测量仪表校准和检验

instrumentation checkout station (=ICS)　仪表检测站

instrumentation console　操纵台, 仪表台, 仪表柜, 仪表盘

instrumentation control center (=ICC)　仪表控制中心

instrumentation development team (=IDT)　仪表研制小组

instrumentation digital on line transcriber (=IDIOT)　仪表数字 [式] 在线复制装置

instrumentation engineering　(1) 仪表工程; (2) 仪表工程学

instrumentation operation　器械操作

instrumentation operations station (=IOS)　仪表操作台

instrumentation radar　靶场测量雷达

instrumentation sensor　仪表装置传感器

instrumentation ship　(1) 仪表测量船; (2) 浮动测量

instrumentation system　测量系统

instrumentation technique　仪器测试技术

instrumented bending test (=IBT)　装有测试仪表的弯曲试验

instrumented glider　带有测量设备的滑翔导弹

instrumented satellite　测量卫星

instrumenting　装备有仪器, 检测仪表装置

instrumentorium　全套器械, 整套器械

insubjection　不受支配

insubmersibility　不可沉没性, 不沉性

insubstantial　(1) 无实体的, 无实质的, 非实在的; (2) 不坚固的, 不牢的, 薄弱的

insuccation　浸渍 [法], 浸渍, 泡制

insuccess　没有成功

insufferable　不能容忍的, 难以忍受的

insufficiency　不充分, 不足, 缺乏

insufficient　不能胜任的, 不适当的, 不足的, 不够的

insufficiently burnt　未烧透的

insufflate　吹入, 吹进, 吹上, 喷注

insufflation　(1) 吹进, 吹入; (2) 吹入法, 吹气法, 灌气法; (3) 吹入剂

insufflator　吹入器, 吹药器

insulac　电绝缘漆

insulance　绝缘电阻, 介质电阻

insulant　绝缘物质, 绝缘材料, 绝缘电阻

insular　隔绝的, 孤立的

insulate (=INS)　(1) 使绝缘, 使绝热; (2) 隔离, 隔绝, 隔热, 隔音, 保温; (3) 使孤立

insulated　(1) [被] 绝缘的; (2) 绝缘纸

insulated aluminium wire　绝缘铝线

insulated anticathode　绝缘对阴极

insulated body　包覆绝缘层, 被绝缘体

insulated clip　绝缘夹线板

insulated copper wire　绝缘铜线

insulated core transformer (=ICT)　绝缘铁心变压器

insulated eye　绝缘孔眼

insulated gate field effect transistor　绝缘栅场效应晶体管

insulated hanger　绝缘吊线

insulated hook　绝缘钩

insulated pliers　绝缘钳

insulated power cable engineers association (=IPCEA)　绝缘电力电缆工程师协会

insulated return　绝缘回线

insulated-return power system　绝缘回路供电制

insulated-return system　绝缘回流制

insulated screw-eye　绝缘螺钉眼

insulated-substrate monolithic circuit　绝缘基片单片电路

insulated supply system　不接地电源

insulated wire　绝缘线

insulating　(1) 绝缘; (2) 绝缘的, 绝热的, 介电的, 保温的, 隔音的

insulating ability　绝缘性能

insulating barrier　绝缘隔层

insulating board　绝缘板

insulating bolt　绝缘螺栓

insulating brick C-22　保温砖载体

insulating cement　绝缘胶

insulating clamp　绝缘端子

insulating cleat　绝缘夹板

insulating condenser　隔直流电容器

insulating couple　绝缘接头

insulating efficiency　绝缘效率

insulating joint　绝缘接头

insulating layer　绝缘层, 绝热层, 保温层, 隔热层

insulating material　绝缘材料

insulating oil　绝缘油

insulating particles　绝缘粒子, [电] 介质粒

insulating paste　绝缘胶

insulating power　绝缘本领

insulating property　绝缘性质

insulating ring　绝缘环

insulating sleeve　绝缘套管, 保温套

insulating stand　绝缘台

insulating tape　绝缘包布, 绝缘胶带

insulating transformer (=IT)　隔离变压器

insulating tube　绝缘管, 瓷管

insulating varnish　绝缘清漆

insulating washer　绝缘垫圈

insulating wax　绝缘蜡

insulation　(1) 绝缘; (2) 绝缘材料, 绝缘体; (3) 绝热, 隔热, 保温; (4) 隔离, 隔声, 隔音; (5) 孤立

insulation board　绝热板, 隔板

insulation breakdown　绝缘击穿

insulation breakdown tester (=IBT)　绝缘击穿试验器

insulation current　绝缘电流, 漏电流

insulation joint　绝缘接线

insulation laminate　绝缘层

insulation material of vibration　防震材料

insulation of vibration　振动绝缘

insulation porcelain　绝缘瓷

insulation protection　绝缘保护

insulation resistance (=IR)　绝缘电阻

insulation strip　分隔带

insulation tape　绝缘用胶带

insulation test　绝缘试验

insulation testing set　绝缘测试仪

insulation workshop　保温车间

insulativity　(1) 绝缘性, 绝缘度; (2) 体积电导率, 比绝缘电阻

insulator　(1) 绝缘器; (2) 绝热体, 绝缘体, 绝缘子, 隔电子, 隔离物, 隔振子; (3) 绝缘材料, 绝缘物, 非导体, 电介质, 电介体, 介质

insulator arc-over　绝缘子放电, 绝缘子闪络

insulator arcing horn　绝缘子角形避雷器

insulator arrangement　绝缘子排列

insulator bracket　绝缘子托架

insulator break down　绝缘子击穿

insulator cap　绝缘子帽

insulator rating number　绝缘子额定数

insulator strength　绝缘子强度

insulcrete　绝缘 [混凝土] 板

insullac　绝缘漆

insult　损伤, 伤害

insuperable　(1) 不能克服的, 不能排除的; (2) 无法逾越的, 不可遏制的; (3) 不可战胜的, 无敌的

insupportable　(1) 不能容忍的, 难以忍受的; (2) 没有理由的, 无根

据的

insuppressible 抑制不住的

insurable 保险的

insurance (=ins.) (1) 保险；(2) 保险费

insurance certificate 保险凭证

insurance claim 保险索赔

insurance indemnity 保险赔偿

insurance policy 保险单

insurance premiums （保险人付给保险公司的）保险费

insurant 被保险人，受保人

insure 保险，保障，保证

insurer 保险公司，保险商，承保人

insurmountable 不可克服的，难超越的

insusceptibility 不易感受性

insusceptible (1) 不灵敏的，(2) 不可证明的

insweept (1) 前端缩窄的；(2) 流线型的；(3) 流过，扫过

insymbol 内部符号

intact (1) 未受扰动的，未受触动的，原封不动的；(2) 完整无损的，无损伤的，整体的，完整的

intagliated 凹刻的，凹雕的

intaglio 凹雕

intaglio printing 凹版印刷

intagliotype 凹版法

intake (=INT 或 int) (1) 摄取，吸收，吸入，输入，引入，进气，吸气；(2) 进料；(3) 被消耗能量，输入能量，引入量，进风量，吸入量，输入端；(4) 进气装置；(5) 入口导管汇集装置，通风孔，进入口，进水口，进气口；(6) 浇口；(7) 需求功率

intake manifold 进气歧管

intake of water works 取水口，自来水进水口

intake open (=IO) 进 [气] 口开启

intake pressure 进气压力

intake rate 入流率

intake resistance 进气阻力

intake screen 进料滤网

intake silencer 消声器，消音器

intake stroke 进气冲程

intake valve 进给阀，进气阀

intake velocity 进水速度

intaking (1) 取水，(2) 吸水

intandem （轧钢机）串联，串列

intangibility (1) 不可捉摸的性质，不可捉摸的状态；(2) 捉摸不定的事物

intangible (1) 不能触摸的，无实体的，无形的；(2) 难以确定的，难弄明白的，不现实的；(3) 模糊的，空虚的

intangible assets 无形资产（如专利权，商誉等）

intangible in value 无实际意义的

intarometer 盲孔千分尺

intarsia (1) 细木镶嵌装饰；(2) 细木镶嵌制作艺术

intarsist 细木镶嵌工

integer (1) 整体，总体；(2) 整数；(3) { 计 } 整型

integer field 整字段

integer integral number 整数

integrability 可积分性，可积性

integrability condition 可积条件

integrable 可积 [分] 的

integrable function 可积函数

integral (=INT 或 int) (1) 总体，整体，整数；(2) 积分；(3) 积分的，累积的；(4) 总体的，整体的，完整的，完全的，整个的；(5) 整数的；(6) 构成整体所必要的，组合的，组成的，集成的，合成的，综合的，主要的，必备的；(7) 制造成的；(8) 全悬挂的；(9) 计算机中由整数表示数量的固定小数点制

integral action 积分作用

integral algebraic 代数整的

integral bearing housing 整体轴承箱体

integral-blade cutter 整体刀盘

integral cage （轴承的）整体保持架

integral calculus 积分学

integral cam shaft 整体凸轮轴

integral cast handle 固定手把

integral casting 整体铸造

integral cavity klystron 内腔式速调管

integral-cavity TR tube 连腔式保护放电管

integral circuit package 组合电路组件，组合微型电路

integral computer 整体计算机

integral counterweight 整体式平衡重

integral crank shaft 整体曲轴

integral curve 积分曲线

integral-differential analyzer (=IDA) 积分微分分析器

integral differential equation 积分微分方程

integral discriminator 积分鉴别器

integral distribution curve 累积分布曲线

integral domain 整域

integral element 积分元素

integral equation 积分方程

integral error squared (=IES) 积分误差平方

integral flange of axle shaft 与半轴成一体的凸缘

integral geometry 积分几何学

integral governing 积分调节

integral inequality 积分不等式

integral inner ring （轴承）整体内圈

integral key 花键

integral key shaft 花键轴

integral logarithm 积分对数

integral mesh 结合网

integral metal 整体轴承，浇铸轴承 [合金]

integral-mode controller 积分型控制器

integral of absolute error (=IAE) 绝对积分误差

integral of differential equation 微分方程的积分

integral of error (=ierfe) 误差函数补数的积分

integral operation 积分运算

integral operator 积分算子

integral outer ring （轴承）整体外圈

Integral pump 英蒂格拉尔轴向柱塞泵

integral representation 积分表示

integral rotor 整体转子，整锻转子

integral slot winding 整数槽绕组

integral spline(d) shaft 整体花键轴

integral surface 积分曲面

integral time 积分时间

integral-transform method 积分变换法

integral transform method 积分变换法

integral transformation 积分变换

integral turning 整体运动

integral type power steering 整体式动力转向机构

integral variable 积分变数

integral vector 积分矢量

integrality 完整性

integralization 整 [体] 化

integrally 整体地

integrally closed 整闭

integrand 被积函数，被积式

integrant 组成部分，成分，要素

integraph 积分描图仪，积分曲线仪，积分仪，积分器

integrate (=INTGR) (1) [求] 积分；(2) 使结合顾整体，使综合成整体，使一体化，集成，合成，积成，汇集，综合；(3) 总和，合计，累计，累积，积累；(4) 完全的，完整的，综合的

integrate theory with practice 使理论联系实际

integrated 积分的，综合的，集成的

integrated advanced avionics for aircraft (=IAAA) 飞行器用先进集成航空电子学

integrated automated test system 组合型自动测试系统

integrated automatic test system 综合自动测试系统

integrated belt system 整套的输送带系统

integrated brightness 累积亮度

integrated cancellation ratio (=ICR) 累积对消系数，累积对消率

integrated chroma processing 集成电路色度 [信号] 处理

integrated circuit (=IC) 积分整体电路，集成电路

integrated-circuit capacitor 集成电路电容器

integrated circuit colour pattern generator 集成 [电路] 彩色图案信号发生器

integrated circuit die (=IC die) 集成电路晶片

integrated-circuit package 集成电路封装

integrated circuit package 集成电路组件

integrated circuit resistor 集成电路电阻器

integrated circuit tester (=ICT) 集成电路测试器

integrated communication 综合控制系统

integrated communication system 综合通信系统

Integrated Communications Agency 联合通信总局

integrated community view {计}统合公共意向
integrated component circuit (=ICC) 积分组件电路,整体元件电路,集成元件电路
integrated computer 混合计算机
integrated computer telemetry (=ICT) 集成电路计算机遥测技术
integrated console 集中控制台,联控台
integrated contractor (=IC) 综合承包人
integrated control system 综合控制系统
integrated cooling for electronics (=ICE) 电子设备综合冷却
integrated cross-section 积分截面
integrated data processing (=IDP) 统一数据处理,综合数据处理,集中数据处理,整体数据处理
integrated device 集成半导体器件,集成器件
integrated directional coupler 集成定向耦合器
integrated electronic processor 集成电路加工器
integrated electronics 集成电子学
integrated emulator 集成仿效程序
integrated environmental control (=IEC) 综合环境控制
integrated file adapter 整体文件存储衔接器
integrated flight instrumentation system (=IFIS) 综合飞行仪表系统
integrated industrial system 完整的工业体系
integrated incident light 入射总光通量
integrated injection logic (=IIL) 集成注入逻辑
integrated injection logic circuit 集成注入逻辑电路
integrated injection logic instruction set 集成注入逻辑指令集
integrated injection logic microcomputer 集成注入逻辑微计算机
integrated iron and steel works 钢铁联合企业
integrated light intensity 积分光强度,集束光强度
integrated low noise microwave transistor amplifier 集成低噪声微波晶体管放大器
integrated manufacturing software system 综合制造软件系统
integrated manufacturing system 集成制造系统,综合制造系统
integrated material handling (=IMH) 综合的材料处理
integrated mica 整片云母
integrated microelectronic circuit (=IMC) 集成的微电子电路
integrated monitor panel (=IMP) 综合监控台
integrated navigation computer 综合导航计算机
integrated oil company 大型石油[联合]公司
integrated operating system 集中操作系统
integrated optical density (=IOD) 集成光密度
integrated personnel information report (=IPIR) 综合人事资料报告
integrated power divider 集成功率分配器
integrated power hybrider 集成功率合成器
integrated production line 集成生产线,综合生产线
integrated project 综合计划,综合项目
integrated radiant emittance 总辐射[能流密]度
integrated reliability data system (=IRDS) 综合的可靠性数据系统
integrated reliability test program (=IRTP) 综合的可靠性试验计划
integrated support requirements (=ISR) 综合的辅助要求
integrated survey 综合考察
integrated task index (=ITI) 综合任务指标
integrated test requirement outline (=ITRO) 综合测试要求大纲
integrated thermal flux (=ITF) 积分热中子通量
integrated trajectory system 多站综合测轨系统
integrated transistor 集成晶体管
integrated ultra-high frequency power transistor amplifier 集成超高频晶体管放大器
integrated unit flip-flop 集成单元触发器
integrating (=INTGR) (1)积分,积累,集成,结合;(2)积分的,集成的
integrating accelerometer 积分加速[度]表
integrating ahead 向前积分
integrating amplifier 积分放大器
integrating capacitor 积分电容器,存储电容器
integrating circuit 积分电路
integrating comb method 冲量法,汇集排管法
integrating condenser 积分电容器
integrating counting circuit 积分计数电路
integrating detector 脉冲平均值检波器,积分检波器
integrating device 积分装置,积分器,累计器
integrating digital voltmeter (=IDV) 积分数字电压表
integrating divider 积分脉冲选择器
integrating dosimeter 累计剂量计
integrating element 积分元件

integrating factor 积分因子
integrating filter 积分滤波器
integrating frequency meter 积量频率计,累计频率计
integrating galvanometer 积分电流计
integrating gear (1)积分传动齿轮;(2)积分传动装置
integrating gyroscope 积分陀螺仪
integrating instrument 积算仪器,积分器
integrating ionization chamber 累积电离室
integrating meter 积分[计算]仪,积分器,积分计
integrating manometer 累计压力计
integrating photometer 积分光度计
integrating sphere 累计球
integrating system 积分制
integrating tachometer 累积式转数计
integration (1)集成[化],综合,组合,结合,集合,总合;(2)平均值测量,积分[法],求积,积算;(3)累积[信号];(4)整体化,合成,同化,集中
integration and checkout (=I&C) 集成与检测
integration assembly and checkout (=IAC) 集成装配与检查
integration by decomposition 分解求积[分]法
integration by partial fraction 部分分数积分法
integration by parts 部分积分法
integration by reduction 归约积分,渐化式
integration by substitution 代换积分法
integration by successive reductions 递推积分法
integration circuit 积分电路
integration constant 积分常数
integration in the complex plane 复面积分法
integration noise reducer 抗干扰积分装置
integration of circuits 电路集成
integration of instruments 仪器综合使用,仪器综合利用
integration of operation (1)联合作业;(2)操作上的联合性
integrative 整体化的,一体化的,综合的
integrator (=INTGR) (1)积分电路;(2)积分描图仪,积分装置,积分元件,积分仪,积分器,积分机,累积器,积算器,求积器;(3)体表[测量]计
integrator-amplifier 积分放大器
integrator circuit 积分电路
integrity (1)完全,完整;(2)完整性,完全性,综合性,统一性;(3)不间断性;(4)正直,诚实
integro-difference equation 积分差分方程
integro-differential 积分微分的
integrometer 惯性矩面积仪,矩求积仪
integronics 综合电子设备
integument 覆盖物,外皮,外壳,包皮,被膜
intellect (1)思维能力,理解力,智力;(2)理智,才智;(3)知识分子,有才智的人,知识界
intellection (1)智力活动,思维作用,思考,推理,理解;(2)概念,观念
intellectronics 人工智能电子学,智能电子学
intellectual 有智力的,用脑筋的,聪明的,理智的,知识的
intellectual faculties 智能
intellectual work 脑力工作
intellectuality 智力,智能
intellectualize 使理智化,推理,思考
intelligence (1)情报,消息;(2)知识,智力,智能;(3)瞄准信号,引导信息,指令
intelligence bureau 情报部门,情报处,情报局
intelligence data 情报数据,侦察数据
intelligence data handling system (=IDHS) 情报数据处理系统
intelligence department 情报部门,情报处,情报局
intelligence division (=ID) 情报司,情报科
intelligence documentation center (=IDC) 情报文献中心
intelligence platform [航天]侦察站
intelligence quotient (=I.Q.) 智商
intelligence robot 智能机器人
intelligence signal 情报数据信号,信息信号,载波信号
intelligence summary (=INTSUM) 情报摘要
intelligencer 情报员,间谍
intelligent 可执行部分电脑工作的,理解力强的,有智力的,有才智的,明智的,聪明的
intelligent automation 智能自动机
intelligent behavior 智能行为
intelligent cable 灵巧电缆,智能电缆

intelligent cable processor　智能电缆处理器

intelligent capability　智慧能力

intelligent channel　智能通道

intelligent disc　智能磁盘

intelligent disc software　智能磁盘软件

intelligent instrument　智能仪器

intelligent machine　智能机器

intelligent printer　智能印刷机

intelligent terminal　灵活的终端设备,智能终端[设备]

intelligential　智力的,情报的

intelligentsia　知识分子(总称),知识界

intelligentzia　知识分子(总称),知识界

intelligibility　(1)可理解性,可懂度,明了度;(2)清晰度

intelligible　可理解的,易懂的,可懂的,明白的,清晰的,概念的

Intelsat 或 INTELSAT(=international telecommunication satellite)　国际通信卫星

intend　(1)意思是,想要,打算,企图;(2)预定,指定,设计,计划;(3)意味着,意指,表示,

intendance　(1)行政管理部门;(2)监督,管理

intendancy　(1)监督管理区;(2)监督人员,管理人员

intendant　监督人,管理人,经理

intended　(1)计划中的,打算中的,预计的,预期的;(2)故意的,有意的

intended for　供……用,预定给,打算给,想用作

intended life　规定使用寿命

intendment　含义,意图

intense　(1)强烈的,激烈的,剧烈的,紧张的,高度的;(2)(底片)银影密度高的,厚的

intense colour　浓色,亮色

intense heat　(1)急剧加热;(2)高温

intense magnetic field (=IMF)　强磁场

intensely　强烈地

intensification　(1)强化,加强,增强,加剧,加深;(2)加厚[法]

intensification pulse　照明脉冲,增强脉冲,加亮脉冲

intensified diode array camera　硅靶视像管

intensified image　增亮图像

intensified photomultiplier　增强式光电倍增管

intensified viscosity　强化粘度

intensifier　(1)增强剂,加深剂,加厚剂;(2)加强物,增强器,倍增器,倍加器,放大器,扩大器,增压器;(3)照明装置;(4)放大器级面谐振电路,中间放大电路;(5)强化因子

intensifier ebsicon　硅靶增强摄像管,微光摄像管

intensifier electrode　后加速电极,增强电极,加速电极

intensifier image orthicon　增强式超正析像管,移像直像管

intensifier plumbicon　增强型氧化铅摄像管

intensifier pulse　增辉脉冲,增辉脉冲

intensifier SEC camera tube　增强式二次电子导电摄像管

intensifier stage　增强级,放大级

intensifier vidicon (=Intensicon)　增强光电导摄像管,增强硅靶视像管

intensify　(1)增加强度,使强烈,变强烈,增强,加强,加剧,加厚;(2)使更尖锐

intensifying gate　(1)增强门电路;(2)照明脉冲

intensifying pulse　增辉脉冲

intensifying ring　(1)辅助极,加速极;(2)增光环

intensifying screen　光增强屏,增感屏,增光屏

intensimeter　(1)X射线强度计;(2)声强计

intension　(1)强度;(2){数}内函;(3)刻度;(4)程度

intensitometer　X射线曝光计,X射线强度计

intensity (=INT 或 int)　(1)强度;(2)应力;(3)能通量密度,密度,集度;(4)亮度,光强,(5)(照片底片的)明暗度,厚度;(6)强烈地,激烈地,剧烈地

intensity control　强度控制

intensity in transmission　透射强度

intensity level　(1)强度级;(2)亮度电平,亮度级

intensity modulation　(1)亮度调制;(2)高强调制;(3)射线电子束调制

intensity of breaking　拉[伸]应力,断裂应力

intensity of combustion　燃烧强度

intensity of compressive stress　压缩应力强度,压应力强度

intensity of current　电流强度

intensity of electric field　场强

intensity of gravity　重力强度,重强

intensity of illumination　照明强度,照度

intensity of induced magnetization　磁化强度

intensity of light　光强,光度,照度

intensity of light source　光源强度

intensity of magnetization　磁化强度

intensity of polarization　极化强度

intensity of pressure　压强

intensity of radiation　辐射强度

intensity of sound　音强,声强

intensity of spectral line　谱线强度

intensity of stress　应力强度

intensity of vibration　振动强度

intensity of wave　波的强度

intensity reducer　减强器

intensive　(1)强烈的,强度的,强化的,增强的,加强的,紧张的;(2)密集的,集约的,集中的;(3)深入细致的,彻底的,充分的;(4)内涵的;(5)加强器,加强剂

intensive investment　集约投资

intensive mixer　转筒混合机

intensive neutron generator linac (=ING linac)　(加)强中子发生器直线加速器

intensive parameter　强度参数

intensive quantity　强度量

intensive readings　精读材料

intensive reflector　加强反光器

intensive type mixer　转筒混合机

intent　(1)企图,意图,意向,目的,意义,含义;(2)集中的,专心的,坚决的

intention　(1)意图,意向,目的,企图,动机,用意;(2)意义,意旨;(3)概念;(4)内延型,集约型,集约化

intentional　故意的,有意的

intently　专心地

inter　(拉)在……中间,在内

inter-　(词头)(1)间,中间,在其中;(2)相互的,交互的;(3)在各部分之间,在……间进行的;(4)在两个极限间的

inter-block gap　组间间隔

inter-call telephone　选呼电话机,内部电话

inter-cell　注液电池

inter-combination　相互组合

inter-cut　(1)交切镜头;(2)插播

inter-industry equilibrium　工业部门间平衡

inter nos　(拉丁语)在我们之间,不得外传

inter-office cable　局间电缆

inter-office trunk　局间中继线

inter-office voucher (=IOV)　内部凭单

inter-organization board for information system and related activities (=IOB)　政府间资料系统及有关活动委员会

inter-process annealing　工序间退火

inter-range instrumentation group　靶场仪表组

inter-record　记录间的,字区间的

inter-record gap　字区间隔

inter-record gap time　间录时间

inter-regional　地区间的

inter-row　行间的

inter se　(拉丁语)在他们之间,不得外传

inter-sync　内同步

inter-telomerization　共调[节]聚[合反]应

inter-train pause　脉冲休止间隔

inter-wiring　电路布线

interaccelerator　中间加速器

interact　(1)相互作用,相互影响,相互制约,相互配合,相互联系;(2)交相感应;(3)反应

interact on each other　互相作用,互相影响,互相制约,互相配合

interact with　与……互相配合

interactant　相互作用物,反应物

interacting activity　相互制约活动,交互式活动

interacting simulator　人机对话模拟器

interacting space　相互作用空间,相制空间

interaction　(1)相互作用,相互影响,相互制约,相互配合,相互耦合,相互连接;(2)交互作用,交互影响,交相感应,干扰;(3)干涉

interaction circuit　互作用电路,相制电路

interaction cross section　交互作用截面

interaction effect　互相作用效应

interaction factor　交互作用因素

interaction formula　交接公式

interaction impedance　转移阻抗,互阻抗

761

interaction of radio waves　无线电波互作用
interaction with interelectrode　极间互作用
interactive　(1) 相互作用的, 相互影响的, 相互配合的, 相互干扰的, 交互的; (2) 人机对话的, 人机联供的
interactive computing　交互计算
interactive controller　人机联系控制器
interactive data editing facilities　对话数据编辑设施
interactive display controller　人机联系显示控制器
interactive mode　交互方式, 对话方式
interactive query　人 - 机对话式查询, 交互查询, 相互查询
interactive system　交互式系统
interactivity　相互作用过程
interadaptation　相互适应
interagglutination　交互凝集
interalloy　中间合金
interangular　角间的
interanneal　中间退火
interannealing　中间退火
interarea　主面, 基面
interassimilation　粒间同化 [作用]
interassociation　相互联系
interastral　星际的
interatism　整合论
interatomic　原子间的
interattraction　相互吸引
interavailability　相互利用, 相互达到
interaxial　轴线间的, 轴间的
interaxial angle　轴间角, 轴肩角
interaxis　两轴线之间的空间
interaxle　轴间的, 车桥间的
interaxle differential　车桥间差速器
interaxle shaft　双驱动桥桥间传动轴
interband　(1) 中间带; (2) 带间的
interband magneto-optic effect (=IMO)　带间磁光效应
interbank　管排间的, 管束间的
interbase current　基极间电流
interbase resistance　基极间电阻器
interbed　互层, 夹层
interbedded　夹层的, 镶嵌的, 混合的
interblend　混合为一
interblock　(1) 信息记录组, 信息记录区, 字组间隔, 字区; (2) 中间封锁
interblock space　信息组的组间间隔
interbody　介体
interburner　中间补燃加力燃烧室
interburning　中间补燃加力
interbus　联络母线, 旁路母线
intercalary　插入的, 添加的, 夹层的, 中间的, 居间的, 间介的, 间生的
intercalate　插入, 添入, 添加
intercalated bed　夹层
intercalation　(1) 插入, 嵌入, 夹杂; (2) 隔行扫描; (3) 插入事物, 夹层
intercalibrate　相互校准, 定标
intercalibration　相互校准
intercardinal　(1) 罗盘上点间的点; (2) 位于两个主要点的, 基点间的
ontercarrier　(1) 内载波的, 互载的; (2) 载波差拍
intercarrier noise suppression　载波差拍噪声抑制, 载波间噪声抑制
intercarrier sound signal　载波差拍伴音信号, 内载波伴音信号, 中频伴音信号
intercarrier sound system　内载波伴音系统, 内载波伴音制
intercarrier system　内载波接收方式
intercell communication　单元间通信
intercept (=INTCP)　(1) 截断, 截取, 切断, 遮断, 阻断, 截止, 阻止, 防止; (2) 截击, 拦截; (3) 截段, 截距, 截差; (4) 相交, 交叉, 交切, 贯穿, 折射; (5) 侦听, 窃听, 监听; (6) 交叉点, 交点
intercept ground optical recorder　地面遮断光学记录器, 探针式跟踪望远镜
intercept heading　截击航向
intercept of a line　线的截距
intercept of a plane　面的截距
intercept receiver　监听接收机, 截听接收机, 侦察接收机
intercept station　监听站, 截听站, 侦察站
intercept tape　斩录带
intercept trunk　监听中继线
intercept valve　中间截止阀, 起动调汽阀, 截流阀

intercepted drain system　截流式排水系统
intercepter　(1) 拦击机, 截击机; (2) 截击机雷达站, 截击机雷达台, 截击机雷达, 拦截导弹; (3) 窃听器; (4) 中间收集器, 截断装置, 遮断器, 阻止器, 拦截器, 截流板; (5) 拦截的人, 拦截物
intercepter fighter　歼击机
interception　(1) 拦截, 截获, 截击, 截取, 截住, 遮断, 截断, 切断, 阻断, 阻隔, 阻止, 中止; (2) 相交, 交叉, 跨越, 折射; (3) 雷达侦察, 窃听, 侦听; (4) 测方位, 定方位, 探向
interception above target　上层目标截获
interception noise　电流再分布起伏噪声
interception of radiation　辐射截获, 辐射捕获
interception points　截获点, 中继点
interceptor　(1) 拦击机, 截击机; (2) 截击机雷达站, 截击机雷达台, 截击机雷达, 拦截导弹; (3) 窃听器; (4) 中间收集器, 截断装置, 遮断器, 阻止器, 拦截器, 截流板; (5) 拦截的人, 拦截物
interceptor control system　截击控制系统
interceptor drain　截水沟
interceptor fire control radar　截击炮瞄雷达
interceptor missile (=IM)　拦截导弹, 防空导弹
interceptor plate　(1) 翼缝扰流板; (2) 窃听器
interceptor valve　阻止阀, 截断阀
interchain　链间的
interchange (=i/c)　(1) 互换, 交换, 交替, 切换, 替换, 更迭, 交流, 轮流, 换接, 换置, 换向, 换极, 转接; (2) 交换机; (3) 交通式立体交叉, 交换道, 枢纽; (4) 转运
interchange of air　空气交换, 换气
interchange of energy　能量交换
interchange of heat　热量交换
interchange point　货物转运站
interchange track　货运车辆的运行轨道
interchangeability　可互换性, 可交换性, 可交替性, 可替代性, 互换性
interchangeability and replaceability (=I&R)　可互换性与可置换性
interchangeability and replaceability committee (=IRC)　可互换性与可置换性委员会
interchangeability and replaceability wording list (=IRWL)　可互换性与可置换性用语表
interchangeability and replaceability working list (=IRWL)　可互换性与可置换性工作单
interchangeability and replacement (=I&R)　可互换性与置换
interchangeability design change request (=IDCR)　互换性设计更换申请
interchangeable (=intchg)　(1) 可互换的, 可交换的, 可更换的, 可代替的, 交替的, 通用的; (2) 可拆卸的
interchangeable assembling　互换性装配
interchangeable assembly　[可] 互换性装配
interchangeable bearing　可互换轴承
interchangeable bits　可互换刀头
interchangeable body　可互换车身, 标准车身
interchangeable cutter　可 [互] 换刀片刀具
interchangeable cycloidal gear　可互换摆线齿轮
interchangeable gear system　可互换齿轮系统
interchangeable gears　可互换齿轮
interchangeable manufacturing　可互换生产
interchangeable metal　可互换轴承合金, 可换轴承合金, 可换合金
interchangeable parts　可互换零件, 通用配件
interchangeable program tape　可互换程序带
interchangeable substitute (=INS)　可互换的代用品
interchangeable type bar　可更换 [字符] 的打印条, 可换字锤
interchangeable with (=I/W)　可与……互换的
interchangeableness　互换性
interchangeably　可交换地, 可互换地
interchanger　交换器, 交换机
interchannel　信道间的, 通道间的
interchannel crosstalk　路际串音
interciencia　国际科学学会
intercity circuit　城市间通信电路, 长途通信电路
intercity network　城市间电网
intercity television system　城市间电视传输系统
interclass　组内的
interclass correlation coefficient　组内相关系数
interclass variance　组内方差
interclude　阻隔, 阻拦, 间断
intercoagulation　相互凝聚, 相互凝结
intercollegiate　大学之间的, 学院之间的

intercolumnar　柱间的, 塔间的

intercolumniation　(1) 柱间距离定比, 分柱法; (2) 柱间, 塔间, 柱距

intercom　(1) 对讲电话, 对讲机; (2) 艇内通信系统

intercombination　相互组合

intercommunicate　互相联系, 互相通讯, 互通, 相交, 相通

intercommunicating set　[内部] 互通电话机, 对讲电话

intercommunicating system　内部通话系统, 对讲电话系统

intercommunicating telephone set　[内部] 互通电话机, 对讲电话

intercommunication (=intercom)　(1) 内部通信联络系统, 双向通信, 多向通信, 飞机间通信, 站间通信; (2) 内部通话设备, 对讲电话装置, 交谈装置, 对讲机

intercommunication plug switchboard　人工小交换台

intercommunication system (=ICS)　(1) 双向通信系统, 内部通信系统; (2) 内部通话制, 内部通信制, 相互通信制

intercommunication system with telephone　电话内线

intercommunication telephone　对讲电话

intercommunicator　内部通信机

intercommunion　相互作用, 交流

intercommunity　互通性

intercomparison　相互比较, 互相比较

intercompilation　(程序) 编译间

intercondenser　(1) 中间电容器, 中介电容器; (2) 中间冷凝器, 级间冷凝器

interconnect　(1) 相互连接, 横向连接, 内连; (2) 互相联系, 互相结合, 互联

interconnected circuit　耦合电路

interconnected control　互联控制

interconnected power system　联合电网

interconnected systems　联络系统

interconnecting　相互连接, 中间连接, 互连

interconnecting cable　连接电缆, 中继电缆

interconnecting device　转接设备, 转接器

interconnecting feeder　中继馈 [电] 线

interconnecting linkage　互连杆系, 连接杆

interconnecting nut　中间连接螺母

interconnecting plug　连接插头

interconnecting wiring diagram　接线图, 布线图, 装配图, 连接图

interconnection　(1) 相互连接, 相互耦合, 互连, 互接, 内连, 内接; (2) 中间接入, 互相联系, 互相耦合, 互联, 联接, 联锁; (3) 联络线

interconnection board　底板

interconnection diagram (=ID)　相互联系图, 接线图

interconnection flexibility　互连灵活性, 互连挠性

interconnection of power system　电力系统互连

interconnector　(1) (连接两个动力系统的) 联络线, 内部连线; (2) 中继馈 [电] 线; (3) 联络装置, 转接器

interconnexion　(1) 相互连接, 相互耦合, 互连, 互接, 内连, 内接; (2) 中间接入, 互相联系, 互相耦合, 互联, 联接, 联锁; (3) 联络线

intercontinental　大陆间的, 洲际的

intercontinental aerospacecraft range unlimited system (=ICARUS)　航程无限的洲际宇宙火箭

intercontinental ballistic missile (=ICBM 或 IBM)　洲际弹道导弹

intercontinental ballistic missile system(=ICBMS)　洲际弹道导弹系统

intercontinental ballistic vehicle (=IBV)　洲际弹道兵器

intercontinental bomber　洲际轰炸机

intercontinental missile (=ICM)　洲际导弹

interconversion　相互转换, 变换, 互换, 互变

interconvertible　可相互变换的, 可互相转换的, 可互换的

intercoolant　中间冷却剂, 中间冷却液

intercooled　中冷的

intercooler (=INCLR)　(1) 中间冷却器; (2) 中间冷却剂

intercooling　中间冷却

intercoordination　相互关系, 相互联系, 相互耦合, 相互协调

intercorrelation　组间相关, 组间关联

intercostal　(1) 加强肋; (2) 肋间的

intercoupling　(1) 相互耦合, 寄生耦合, 互耦; (2) 协调

intercourse　(1) 互相交换, 交流, 交际, 来往, 交通; (2) 中断期间

intercovertible　可相互交换的

intercrescence　(晶体) 连生, 共生, 附生

intercross　相互交叉, 交叉

intercrystalline　晶粒间的, 晶间的, 沿晶界的

intercrystalline barrier　晶间势垒

intercrystalline brittleness　晶间脆性

intercrystalline corrosion　晶间腐蚀, 晶界腐蚀, 晶间侵蚀

intercrystalline crack　晶间裂缝, 晶间裂纹

intercrystalline deterioration　晶间变质, 晶间恶化

intercrystalline failure　晶间损坏, 晶间破坏

intercrystalline rupture　晶间破裂, 晶 [粒] 间断裂

intercrystallization　相互结晶的过程

intercurrent　在过程中发生的, 中间的, 间发的, 介入的

intercutting　镜头交切

intercycle　内部周期, 循环间隔, 循环区间, 中间循环

intercycle cooler　循环中间冷却器

intercylinder (=INTCYL)　中间汽缸

interdendritic　枝晶间的

interdendritic corrosion　枝晶间腐蚀, 显微腐蚀

interdendritic shrinkage　枝晶间收缩

interdendritic shrinkage porosity　枝晶间缩松, 显微缩松

interdepartmental　部际的, 部间的

interdepartmental communication (=IDC)　部门间通信

interdepartmental correspondence (=IDC)　部门间通信

interdepend　互相依赖, 互相依存

interdependence　(1) 相互依赖, 相互依存, 相互关系, 相互关联, 相互耦合; (2) 相互依赖性, 相依性, 相关性

interdependence coefficient　完全消耗系数, 依存系数

interdependent　相互依赖的, 互依的

interdependent function　相依函数

interdetermination　互为因果的关系

interdialling　局间拨号

interdict　(1) 禁止, 停止, 制止, 闭锁, 阻断; (2) 禁令

interdiction　(1) 禁止, 停止, 闭锁, 阻断; (2) 拦阻

interdiction fire　无距离拦阻射击

interdictory　禁止的, 制止的

interdiffuse　互相扩散, 互相弥散, 漫射

interdiffusion　相互扩散, 相互弥散, 互扩散

interdigital　指状组合型的, 交指型的, 叉指式的, 指间的

interdigital magnetron　交错阳极磁控管, 交叉指型磁控管, 交指磁控管

interdigital structure　交叉指型结构

interdigitated transistor　交指型晶体管

interdigited bipolar transistor　梳状双极晶体管

interdigited structure　交叉指型结构

interdisciplinary　各学科之间的, 边缘学科的, 综合学科的, 多学科的

interdisciplinary subject　边缘学科

interdot flicker　点间闪烁, 隔点闪烁

interelectrode　[电] 极间 [的]

interelectrode capacity　极间电容

interelectrode leakage　极间泄漏

interelectrode space　极隙空间

interelectrode transit-time　极间渡越时间

interelectronic　电子间的

interelement　元件间的, 元素间的

interest-free　无息的

interest rate　利率

interface　(1) 接口程序, 接口设备, 接口; (2) 分界面, 交界面, 相界面, 共界面, 内界面; (3) 互作用面, 接触面, 转换面, 接合面, 面际, 面间, 面线; (4) (人 · 机通讯用的) 连系装置, 连接装置; (5) 连接电路; (6) 连接作用, 相互关系, 相互联系, 相互作用

interface circuit　接口电路

interface condition　交接条件, 交界条件

interface control　界面控制

interface control dimension (=ICD)　界面控制尺寸, 接口控制尺寸

interface control drawing (=ICD)　界面控制图, 接口控制图

interface control module　接口控制模块

interface design　接口部件设计

interface equipment　接口设备

interface error control　接口错误控制

interface layer　中间层

interface layer resistance　层间电阻, 内面阻

interface location　联络站, 中间站

interface logic　接口逻辑

interface message processor protocol (=IMP protocol)　接口信息处理机协议, 接口报文处理机协议

interface of contact　接触界面

interface reaction　界面反应

interface routine　接口程序

interface unit　连接器件

interfacial　(1) 两表面间的, 离合面间的, 面际的, 边界的; (2) 分界表面的, 界面间的, 界面上的, 界面的

interfacial agent　界面活性剂
interfacial angle　面间角,面交角
interfacial area　界面面积
interfacial contact　面间接触,分界处表面接触
interfacial energy　界面能
interfacial film　界面膜
interfacial friction　界面摩擦,面际摩擦
interfacial phenomenon　界面现象
interfacial polycondensation　界面缩聚
interfacial polymerization　界面聚合作用
interfacial tension (=IT)　界面张力,面间张力,相间张力
interfacility transfer trunk　设备连接中继线
interfacing　(1)分界面;(2)接口技术,连接;(3)相互联系的,相邻的,相关的,邻界的;(4)近似的
interfelting　固态扩散
interfere　(1)干涉,干预,干扰,扰乱,妨碍;(2)抵触,冲突;(3)过盈
interfere in　干涉,打乱,扰乱
interfere with　与……冲突,干扰,妨碍
interference (=INTFER)　(1)干涉,干扰,干预,扰乱,扰动,串扰,妨碍,抵触,冲突;(2)相互影响;(3)过盈;(4)过盈量;(5)阻碍物
interference angle　干涉角,过盈角
interference coefficient　干涉系数
interference comparator　光干涉比长仪
interference control monitor (=ICM)　干扰监控器
interference current　干扰电流
interference drag　干涉阻力
interference effect　干扰作用
interference elimination　干扰消除
interference figure　干涉图
interference fit　过盈配合,干涉配合,静配合,压配合
interference-free　抗干扰的,无干扰的,抗扰的,无扰的
interference frequency　干扰频率
interference guard band　抗干扰保护频带
interference inverter　(1)干扰补偿器;(2)噪声限止器,杂波抑制器
interference level　干扰电平,干扰极
interference of equal inclination　等倾角干涉
interference of flank　齿面的干涉
interference of light　光的干涉
interference of sound　声的干涉
interference of tooth　(轮)齿的干涉
interference of waves　波的干涉
interference pattern　干涉图[样]
interference point　干涉点
interference preventer　防干扰装置
interference refractometer　干涉折射计
interference rejection　(1)抗干扰度,抗扰性;(2)反干扰能力
interference-spectroscope　干涉分光镜
interference spectrum　干涉光谱
interference value　(轴承)过盈值
interference wave　干涉波,干扰波
interference wear　干涉磨损
interference with reception　接收干扰
interference with transmission　传输干扰
interferent　干扰物
interferential　干涉的,干扰的
interferogram　干涉图
interferograph　干涉图记录仪
interferometer　(1)干涉仪,干涉计;(2)干扰仪,干扰计
interferometer micrometer　干涉式测微计
interferometer plate　干涉仪片
interferometer radar　干涉雷达
interferometer strain gage　干涉式应变计
interferometer system　干涉仪定位法
interferometer with coherence background　相干背景干涉仪
interferometric　干涉[测量]的,干涉计的,干扰计的
interferometric laser source (=ILS)　干涉度量的激光器
interferometric manometer　干涉真空计,干涉压力计
interferometry　(1)干涉量度学;(2)干扰测量法,干涉测量法
interferoscope　(1)干涉镜;(2)干扰显示器
interferric space　铁心间隙
interfibrous　纤维间的
interfield cut　场逆程切换,场间切换
interfile　(1)文件间的,资料间的;(2)把文件归档
interfinger　(1)楔形夹层,指状夹层;(2)相互贯穿,指状交错

interfingering　相互贯穿
interfix　(1)互插;(2)互辍,间辍
interflex　电子管和晶体检波器的组合
interflow　(1)交流,互通;(2)互相参透,相互流,合流,混流,混合,汇合;(3)换向时阀口间的流量,过渡流量
interfluent　合流的,混流的,汇合的,交流的,交错的
interfold　交互折叠的
interfuse　使渗入,使混入,使灌入,使混合,使融合,使渗透,使弥漫,使充满
interfusion　混合行为,混合结果
intergalactic　星系际的
intergalactic space　星际间空间,星系际空间
intergovernmental　政府间的
Intergovernmental Maritime Consultative Organization (=IMCO)　联合国政府间海事协商组织
intergrade　(1)中间等级,中间形式,中间级;(2)过渡阶段,中间期
intergranular　(1)间粒状的;(2)晶粒间的,晶格间的,粒间的
intergranular corrosion　内在晶粒状腐蚀,晶间腐蚀,晶间侵蚀,晶界腐蚀,粒状腐蚀
intergranular crack　晶间裂缝,晶间裂纹
intergranular crack growth　晶间裂纹增长
intergranular crack propagation　晶间裂纹扩散
intergranular diffusion　粒间扩散
intergranular oxidation　晶间氧化
intergranular space　粒间空隙
intergranule　颗粒之间,晶粒之间,粒间
intergreen interval　绿灯信号时间距
intergrind　相互研磨
interground addition　研磨添加剂
intergrowth　交互生长,共生,附生
interhemispheric　半球间的
interim　(1)中间,暂时,临时,间歇;(2)间歇的,期间的;(3)预先约定的,有条件的,暂定的,暂时的,临时的
interim engineering order (=IEO)　临时工程指示
interim hydraulic supply (=IHS)　临时液力供应
interim maintenance engineering order (=IMEO)　临时维修工程指令
interim report　临时性报告,阶段报告,中期报告
interim spare parts list (=ISPL)　临时备件[清]单
interim specification　暂行规范
interim system procedure (=ISP)　临时系统程序
interim technical order (=ITO)　临时的技术指示
interindividual　人与人之间的
interinhibitive　交互抑制的
interionic　离子间的
interionic distance　离子间距
interior (=INT 或 int)　(1)内部,内侧,内地,里面;(2)内部的,内侧的,内面的,里面的,国内的,室内的;(3)内心的,本质的
interior angle　内角
interior angle of the same side　同旁内角
interior ballistics　内弹道学
interior communications (=IC)　内部通信联络,飞船内人员通信,相互通信,站间通信
interior decoration　室内装饰,内部装饰
interior design　内部设计,室内设计
interior designer　内部设计师,室内设计师
interior diameter　内直径,内径
interior extent　内延
interior function　内函数
interior label　内部标号
interior lighting　内部照明,室内照明
interior load　中部荷载,板中荷载
interior magnetic field　内在磁场
interior mapping　开映像
interior measure　内测度
interior node　内结点
interior product　内积
interior screw　内螺旋
interior spring　内弹簧垫子
interior thickness　中部厚度
interior wire　室内线
interior wiring　室内布线,室内路线
interiority　(1)在内部;(2)内在化
interiorize　使……深入内心
interiorness　内在性

interjacency 处在中间状态
interjacent 在中间的, 居间的
interjaculate 弧形地射出去
interject （突然）插入
interjection 突然插入的动作
interjectory 插入的
interjoint 相互联接
interjoist (1)跨距, 跨度；(2)搁栅间
interjunction 两个或多个事物的联接
interkinesis 分裂晶期
interknot 连结在一起
interlaboratory 实验室之间的
interlace (1)交错, 交替, 交织, 交叉, 交加, 内叉, 组合, 分解, (2)夹层；(3)交错存储, 交错操作, 隔行扫描, 隔行析像, 隔号[存储], 间行, 间隔；(4)连续存贮排号
interlace operation {计}交错操作, 交叉作业
interlace sequence 隔行顺序, 场顺序
interlaced burst pattern （正负半期对称）交错[的正弦]脉冲群图
interlaced parabolas 交织抛物线
interlaced scanning （电视）隔行扫描
interlacement 交叉, 交替
interlacing (1)交错, 交替, 交织, 交叉, (2)交错存储, 交错操作, 交叉编织, 缠结, (3)隔行扫描, 隔行分解, 隔行, 间行
interlacing of lines 路线交织
interlamellar spacing 层间距
interlaminar 层间的
interlaminated 层间的
interlamination 层间
interlanguage (1)相互语言, 中间语言；(2)中间代码
interlap (1)相互重叠；(2)内搭接, 内覆盖
interlard (1)把不相干的东西插入, 插入其中；(2)使混杂, 使夹杂
interlattice 居间点阵
interlattice ion 点阵间的离子
interlattice point distance 点阵间距
interlay 中垫, 垫衬
interlayer (1)层间的；(2)层间, 夹层, 隔层, 间层, 界层
interlayer contact 层间接触
interlayer continuity 层间连接
interlayer temperature 层间温度
interleaf 插入空白纸, 插入纸；(2)中间层, 夹层
interleaf frication （汽车弹簧钢板的）板片间摩擦力
interleave (1)交错关联, 交错, 交替, 交织, 交插, 交叉；(2)隔行扫描, 隔行, 隔段, 隔号；(3)插入空白纸, 交叉存取；(4)分解, 分析, 分界
interleaved additional channel (微波通信)插入波道, 插入通道
interleaved reduction gear 嵌入式减速齿轮[装置]
interleaved transmission 交错传输
interleaved transmission signal 频谱交错传输信号
interleaved windings 交错绕组
interleaving (1)交替, 交织；(2)隔行扫描；(3)交叉存取
interleaving paper 衬垫纸
interlens 镜间层
interlensing 透镜状夹层
interlight 使间歇地点燃
interline (1)在行间插入, 写在行间, 印在行间；(2)隔行书写, 隔行印刷；(3)行间虚线
interline flicker 行间闪烁
interline freight 铁路联运货物
interline waybill 联运货物路程单
interlinear 写在行间的, 印在行间的
interlink (1)把……互相连结起来, 结合, 链接, 互连, 互连, 连环, 连锁；(2)链节
interlinkage 相互连接, 互连, 连接, 联接, 链接, 连环, 结合, 交链
interlinkage flux 链接磁通
interlinkage magnetic flux 交链磁通
interlinked 连环的
interlinking (1)键合, 成链；(2)[磁通的]交链；(3)联锁
interlobe 叶间的
interlock (=INTLK) (1)联锁, 互锁, 闭锁, 嵌锁, 内锁；(2)结合, 连续, 连接, 联动, 连动, 同步, 闭塞；(3)联锁转辙器, 联锁结构, 联锁装置, 联锁设备, 互锁设备, 保险设备, 保险开关, 联锁器, 锁口；(4)联锁法；(5)相互关系, 相互联系, 交替工作
interlock circuit 联锁电路
interlock relay 联锁继电器
interlock spring 互锁弹簧

interlock system (1)联锁系统；(2)联锁制, 锁相制, 同步制
interlock welding 联锁焊
interlocked grain 交错纹理
interlocked type waveguide 联锁波导管, 可弯波导管, 软波导管
interlocker 联锁装置, 联锁器
interlocking (1)联锁, 互锁, 交锁, 闭锁, 锁定, 闭塞, 关闭, 锁结；(2)联锁法；(3)可联动的, 联锁的；(4)相互关系；(5)联锁装置, 闭塞装置
interlocking angle （三镜摄像机）锁角
interlocking cutter 组合铣刀, 交错齿铣刀, 联锁刀
interlocking device 联锁装置, 联锁机构
interlocking disk 联锁圆盘
interlocking disk mill cutter 交错齿盘形铣刀
interlocking disk type cutter 交错齿盘形铣刀
interlocking electromagnet 联锁电磁铁
interlocking frame 互联机构
interlocking gear 互联机构, 互锁机构
interlocking gear for differential 差速器联锁齿轮
interlocking machine 联锁机
interlocking mechanism 联锁机构
interlocking method (1)联动方法；(2)联锁法；(3)电锁闭法
interlocking milling cutter 组合错齿槽铣刀, 交齿铣刀
interlocking motor 自动同步机
interlocking relay 联锁继电器
interlocking shaft 联锁轴, 互锁轴
interlocking side cutter 组合侧面刃铣刀, 交齿侧铣刀
interlocking side milling cutter 交齿侧铣刀
interlocking signals 联锁信号
interlocking surface 嵌锁式面层
interlocking switch system 联锁开关系统
interlocking tooth 交错齿, 交齿, 错齿
interlocution 对话, 会话, 对答, 交谈
interlocutor 参加谈话者, 对话者
interlocutory 对话的, 插话的, 插入的
interloper (1)无船舶执照的船, 走私船；(2)无执照营业者
interlude 中间程序, 辅助子程序, 小子程序
interlunation 空档
Intermag conference 国际磁学会议
intermedia (单 intermedium) 中间物, 中间体, 媒介物
intermediary (1)中间的, 居中的, 居间的, 媒介的, 中段的, 过渡的；(2)中等的；(3)中间体, 中间物, 媒介物, 中介物, 中间人；(4)中间形态, 中间阶段, 半成品；(5)手段, 工具
intermediary drive pinion 中间传动小齿轮
intermediary gear (1)中间齿轮, 惰轮；(2)中档齿轮
intermediary language 中间语言
intermediary load increment 中等载荷增量
intermediary location 中间位置
intermediary pinion 中间小齿轮
intermediary shaft 中间轴
intermediary speed 中速
intermediary trade 中间贸易, 居间贸易
intermediate (=I 或 INT 或 int) (1)中间的, 居间的, 居中的, 辅助的；(2)中级的, 中等的, 中继的, 中频的, 中速的；(3)中间轮, 空转轮, 中速轮；(4)中间产品, 半成品；(5)中间层, 中间体, 中间物, 媒介物；(6)中间联接；(7)中型轿车
intermediate alloy 中间合金
intermediate altitude communication satellite 中高空通信卫星
intermediate amplifier 中间放大器
intermediate annealing 中间退火, 工序间退火
intermediate arbor support 中间刀杆支架, 中间柄轴支架
intermediate axle (1)中间轴；(2)中间桥
intermediate axle bevel gear 中桥锥齿轮
intermediate axle bevel pinion 中桥小锥齿轮
intermediate axle differential 中轴差速器
intermediate base (1)中型管座；(2)中间基
intermediate battery supply board 中间电池配电盘
intermediate cable (1)中继线路；(2)中间电缆, 配线电缆
intermediate circuit (=IC) 中间电路
intermediate coarse spinning machine 二道粗纺机
intermediate code 中级编码
intermediate computer 中间计算机
intermediate control change 中间控制变换
intermediate coupling 中间耦合, 中介耦合
intermediate credit 中期信贷

intermediate data set　中间数据集
intermediate distributing frame (=IDF)　中间配线架
intermediate drive　中间传动
intermediate-energy proton　中能质子
intermediate film　电视［速用］胶卷
intermediate flange　对接法兰，过渡法兰
intermediate-frequency (=IF 或 if)　中频
intermediate frequency (=IF 或 if)　中频［率］
intermediate frequency amplifier　中频放大器
intermediate frequency combining (=IF combining)　检波前合并，中频合并
intermediate frequency modulation　中频调制
intermediate frequency oscillator　中频振荡器
intermediate frequency preamplifier (=IFP)　中频前置放大器
intermediate-frequencyreceiver　超外差式接收机，中频式接收机
intermediate frequency rejection　中频抑制
intermediate frequency rejection ratio　中频抗拒比
intermediate frequency strip (=IF strip)　中频放大器组，中放部分
intermediate frequency transformer (=IFT)　中频变压器，中频变量器
intermediate gear　(1) 中间齿轮，惰轮; (2) 第二速度齿轮，中挡齿轮，中速齿轮，［第］二挡齿轮
intermediate gear braccket　中间齿轮托架
intermediate gear quardrant　挂轮架
intermediate gear segment　挂轮架
intermediate gear yoke　挂轮架
intermediate gearbox　中间减速器
intermediate heat exchange (=IHX)　中间热交换
intermediate heat exchanger (=IHE)　中间热交换器
intermediate image spectrometer　中间成像能谱计
intermediate integral　中间积分
intermediate journal　中间轴颈
intermediate language　中间语言
intermediate-level　中等能级
intermediate member　(1) 中间元件; (2) 中间环节
intermediate object program　中间结果程序
intermediate objective lens (=IOL)　中间物镜
intermediate oxide　两性氧化物
intermediate-period seismograph　中周期地震仪
intermediate phase　居间相
intermediate pinion　中间小齿轮
intermediate plate　中间板
intermediate power amplifier (=IPA 或 ipa)　中间功率放大器
intermediate pressure (=IP)　中等压力
intermediate pulley　中间皮带轮
intermediate range　中程
intermediate-range ballistic missile　中程弹道导弹
intermediate range ballistic missile (=IRBM)　中程弹道导弹
intermediate range order　中间程序
intermediate reactor　中子反应堆，中能反应堆
intermediate relay　中间继电器
intermediate repeater　(1) 中间增音机; (2) 中转站
intermediate resistance　接触电阻，中间电阻
intermediate rolling circle　中间滚圆
intermediate series　(轴承) 不定系列
intermediate shaft　中间轴，副轴
intermediate shaft bearing　中间轴轴承
intermediate-size homogeneous reactor (=ISHR)　中等尺寸均匀反应堆
intermediate slide　中间刀架，中刀架
intermediate smooth (=IS)　中等光滑度
intermediate speed　中速，第二速，第二挡
intermediate state　中间状态，中间态
intermediate steering　中间转向杆，转向纵拉杆
intermediate stiffener　中间加劲杆
intermediate stock　居间的砧木
intermediate storage　中间存储器
intermediate structure　贝茵体组织，中间组织
intermediate subcarrier　辅助副载波
intermediate support　(1) 中间支承; (2) 插座
intermediate tap　中间螺丝攻
intermediate toll center (=ITC)　长途电话中心局，长途汇接局
intermediate total　中计
intermediate-type arbor support　中间刀杆支架，中间柄轴支架
intermediate value theorem　介值定理
intermediate water belt　隔水带

intermediate water zone　隔水层
intermediate wave　中频波
intermediate wheel　(1) 中速齿轮，第二速度齿轮，二挡齿轮; (2) 中间齿轮，过桥齿轮
intermediate yoke gear　大挂轮架惰轮
intermediately　在中间
intermedium (复 intermedia)　中间物，中间体，媒介物
intermedius　中间的，中部的
intermembranous　膜间的
intermesh　互相配合，互相啮合
intermeshed　多网格的，多分支的
intermeshed scanning　隔行扫描，间隔扫描
intermetallic　金属间［的］
intermetallic compound　金属互化物，金属间化合物
intermetallic compound semiconductor　金属间化合物半导体
intermetallics　金属互化物，金属间化合物
intermicellar　微晶间的，胶束间的
intermigration　相互迁移
interminable　无止境的，无限的，无穷的
intermingle　使互相混合，掺杂
intermingling　混合［物］
intermiscibility　互溶性，互混性
intermission　中止，中断，间歇，暂停
intermit　使暂停，使中止，中断，间歇，间息
intermitted ramjet　脉冲式冲压喷气发动机
intermittence　(1) 间歇性，周期性; (2) 间歇，间断
intermittence effect　间歇效应
intermittency　间歇现象，间歇性
intermittency effect　间歇效应
intermittency lighting effect　继续照明效应
intermittent (=INTMT)　(1) 间歇的，间断的，中断的，断续的，脉动的; (2) 周期性的; (3) 急冲的，急撞的
intermittent action　间歇动作
intermittent cam　断续凸轮
intermittent control　间歇控制
intermittent current　断续电流，间歇电流
intermittent cut　间歇切削
intermittent discharge　间歇放电
intermittent disconnection　断续断线
intermittent drive　间歇式传动［装置］
intermittent duty　间歇运行
intermittent earth　断续接地，间歇接地
intermittent fault　断续短路
intermittent feed　(1) (刀具的) 间歇进刀; (2) 间歇进料
intermittent firing　间歇燃烧
intermittent force　脉动力
intermittent gear　间歇齿轮
intermittent gearing　间歇齿轮传动［装置］
intermittent handling　间歇操作
intermittent index(ing)　逐齿分度，间断分度
intermittent life　间歇寿命
intermittent light　断续光
intermittent load　断续载荷，间歇载荷，间歇负荷，间歇负载
intermittent loading　断续加载
intermittent mechanism　间歇机构，分度机构
intermittent motion　(1) 间歇运动; (2) 间隙运动
intermittent motion mechanism　间歇运动机构
intermittent movement　间歇运动，间歇移动
intermittent operation　间歇运转，间歇工作，断续运行
intermittent pairing　间歇对偶
intermittent pulse　间歇脉冲
intermittent rating　短时出力
intermittent recorder　打点式记录器，间歇记录器，断续记录器
intermittent scanning　间歇扫描
intermittent shock load　断续性冲击负荷，间断性冲击负荷
intermittent sine-wave oscillator　间歇正弦波振荡器
intermittent sprocket　间歇链轮
intermittent spur gear　间歇正齿轮
intermittent stress　周期应力
intermittent take-up motion　间歇式卷取装置
intermittent transfer　间歇式传送
intermittent unit　断续装置
intermittent weld　断续焊，间断焊［缝］
intermittent welding　断续焊接

766

intermittent wheel　间歇齿轮, 间歇轮
intermittent working　间歇工作
intermitter　间歇调节器
intermittor　间歇调节器
intermix　(1) 使混合, 使掺合, 使搅拌, 使拌和; (2) 密炼机
intermix stage　混频级
intermix tape　混用磁带
intermixture　(1) 混合料, 混合物; (2) 混合剂, 混合液
intermodal　综合运输的, 联运的
intermodulation　互 [相] 调 [制], 交叉调制, 相互调谐, 内调制, 交调, 互调
intermodulation crosstalk　互调串话
intermodulation distortion　互调失真
intermodulation effect　交叉调制作用, 交叉调制效应, 互调制作用, 互调制效应
intermodulation frequency　交互调制频率, 相互调制频率
intermodulation interference　互调干扰
intermodulation noise measuring instrument　互调噪声测量装置
intermolecular　(作用于) 分子间的
intermolecular force　分子间力
intermolecular interaction　分子间相互作用
intermundium　星际空间
internal (=INT 或 int)　(1) 内部的, 内面的, 内在的, 国内的, 机内的; (2) 本质, 本性; (3) 内部零件, 内部部件
internal angle　内角
internal antenna　室内天线, 机内天线
internal-back gearing　内啮合后齿轮传动 [装置]
internal bevel gear　内锥齿轮, 内伞齿轮
internal bevel gearing　内锥齿轮传动 [装置]
internal bias　内部偏移
internal bisector　角平分线, 内分角线
internal boring　内镗孔
internal brake　内制动器, 内闸
internal break　内裂
internal breed ratio　内部再生率
internal bremsstrahlung (=IB 或 IBS)　内韧致辐射
internal broach　内拉刀
internal broacher　内拉床
internal broaching　(1) 内表面拉削, 内拉削; (2) 内拉法
internal broaching machine　内拉床
internal calibration　内校准
internal caliper ga(u)ge　内径卡规
internal center drilling　内中心钻孔
internal centerless grinder　内圆无心磨床
internal centerless grinding　内圆无心磨削
internal centerless grinding machine　内圆无心磨床
internal characteristics　固有特性
internal chill　内冷铁
internal-chilled cast iron　内冷铁, 白口铁, 麻口铁
internal circuit　内电路
internal clearance of a bearing in operation　轴承工作游隙
internal clutch gear　离合器内齿轮
internal-combustion　内燃的
internal combustion　内燃
internal combustion engine (=ICE 或 ice)　内燃机
internal combustion power plant　内燃机发电站
internal combustion turbine　燃气轮机
internal common tangent　内公切线
internal common tangent plane　内公切面
internal conductor　内部导体
internal connection (=IC)　内部连接
internal contracting brake　内缩式制动器
internal conversion　内转换
internal conversion pair　内转换电子偶
internal correction voltage (=ICV)　内部校正电压, 极间校正电压
internal crack　内部裂缝, 内裂纹
internal cutting off　内切断
internal cylindrical gear　内啮合圆柱齿轮
internal cylindrical gearing　内啮合圆柱齿轮传动 [装置]
internal cylindrical grinding　内圆磨削
internal cylindrical grinding machine　内圆磨床
internal cylindrical grinding machine with vertical spindle　立式内圆磨床
internal cylindrical honing　内圆珩磨

internal cylindrical honing machine　内圆珩磨机
internal cylindrical turning　内圆车削
internal damping coefficient　内阻尼系数
internal diameter (=ID)　(1) 内圆直径, 内直径, 内径; (2) (齿轮) 根圆直径; (3) (内齿轮) 齿顶圆直径
internal dispersion　内色散
internal division　内分
internal drilling　内钻孔
internal dynamic factor　内 [部] 动力载系数
internal electrolysis　内电解法
internal element　内部零件
internal e.m.f.　内电动势 (e.m.f.=electromotive force 电动势)
internal energy　内能
internal expanding brake　内胀式制动器
internal expansion brake　内胀式闸
internal exposure　内照射
internal external gear clutch　内外齿离合器
internal external upset (=IEU)　(钻探管的) 内外加厚
internal field emission (=IFE)　内场致放射
internal fissure　内裂缝
internal flow counter　内源流动计数器
internal flush (=IF)　(钻探管用工具接头的连接方式的) 内平型
internal focusing　内调焦
internal force　内力
internal friction　(1) 内摩擦; (2) 内耗
internal friction of fluid　流体内摩擦
internal function register　状态字寄存器, 内操作寄存器
internal gage (=itga)　内径规, 塞规
internal gas　内气体源计数器
internal gear　内啮合齿轮, 内齿轮
internal gear drive　内啮合齿轮传动装置
internal gear grinder　内齿轮磨齿机
internal gear mechanism　内啮合齿轮机构
internal gear motor　内啮合齿轮液压马达, 内齿轮马达
internal gear pair　内啮合齿轮副, 内齿轮副
internal gear pump　内啮合齿轮泵
internal gear shaving machine　内 [啮合] 齿轮剃齿机
internal gear sleeve　[四、五档] 内齿啮合套
internal gear tester　内齿轮检查仪
internal gear tip circle　内啮合齿轮齿顶圆
internal gear unit　内啮合齿轮装置
internal gear wheel　内齿轮
internal gearing　(1) 内啮合; (2) 内啮合齿轮传动 [装置]
internal gearset　内啮合齿轮传动装置
internal geneva mechanism　内啮合槽轮机构
internal grinder　内圆磨床
internal grinder for bearing races　轴承套圈内圆磨床
internal grinding　内圆磨削, 内径磨削
internal grinding attachment　内圆磨削夹具, 磨内圆装置
internal grinding head　内圆磨砂轮主机头, 内圆磨头
internal grinding machine　内圆磨床
internal grinding spindle　内圆磨砂轮轴
internal groove　内槽
internal groove sidewall　(唱片) 纹槽侧壁
internal guidance　自主引导, 自主控制
internal helical gear　内啮合斜齿轮
internal hexagon head screw　内六角头螺钉
internal impedance　内阻抗
internal keyboard　内键盘
internal keyway　内键槽
internal leakage　内部泄漏, 内部漏泄
internal limit ga(u)ge　内径极限规, 极限塞规
internal lubrication　内部润滑 [法]
internal machining operation　内部机加工, 内部切削加工
internal measurer　内径测量仪
internal measuring instrument　内径测量仪器
internal milling cutter　内面铣刀
internal mold　内模
internal noise　内噪声
internal oblique tooth gearing　内啮合斜齿轮传动 [装置]
internal operation　内表面加工
internal output admittance　输出端内部导纳, 阳极输出导纳
internal output impedance　实际输出阻抗, 内输出阻抗
internal photoelectric effect　内光电效应

internal picket fence　泡室内篱式计数器系统
internal pinion　内小齿轮, 内齿轮
internal pipe size (=ips)　管子内径, 管的内径
internal pipe thread (=IPT)　管子内螺纹
internal point　螺丝攻实心孔, 定心孔
internal point division　内分点
internal pressure　内部压力, 内压力, 内压强
internal Q　空载品质因数
internal ratio　内比
internal reamer　内孔铰刀
internal reaming　内铰孔
internal recessing　内开槽, 内起槽
internal reflection　内反射
internal reflection spectrometry (=IRS)　内反射光谱测定法
internal reflux　内回流
internal resistance (=IR)　(1)内阻力, 内阻；(2)内部电阻, 内电阻
internal resistance force　内阻力
internal reversing gears　内回动齿轮装置
internal ring　内环
internal screw　内螺旋
internal screw thread　内螺纹
internal serration　内细齿
internal shaping　内成形
internal shaving　内啮合齿轮剃齿, 内齿轮剃齿
internal shield (=IS)　内部屏蔽
internal shoulder boring　内肩镗孔
internal shoulder turning　内肩车削
internal single contact point　内齿单啮合点
internal slot　内槽
internal snap ring　(轴承)锁圈
internal spiral angle　小端螺旋角
internal spline　内花键
internal spur gear　内啮合正齿轮
internal stability number　内固数
internal storage　内存储器
internal straight boring　内直线镗孔
internal straight tooth gear　内啮合直齿轮
internal straight tooth gearing　内啮合直齿轮传动[装置]
internal straight turning　内直线车削
internal strain　内应变
internal stress　内应力
internal stripping plate　漏模型板, 漏模底板
internal surface (=IS)　内表面
internal taper　内锥度
internal taper boring　内锥形镗孔
internal taper turning　内锥形车削
internal tapered hole　内锥形孔
internal tapping　内攻丝, 内套扣
internal thread (=IT)　内螺纹
internal thread broaching　内螺纹拉削
internal thread broaching machine　内螺纹拉床
internal thread grinder　内螺纹磨床
internal thread grinding　内螺纹磨削
internal thread grinding attachment　内螺纹磨头
internal thread grinding machine　内螺纹磨床
internal thread root diameter　内螺纹外径
internal threading　内螺纹车削
internal threading tool　内螺纹车刀
internal tongue　内舌片
internal tooth　内齿
internal tooth wheel　内啮合齿轮, 内齿轮
internal toothing　内啮合
internal traffic　国内运输
internal tube capacity　极间电容, 管内电容
internal turning　内圆车削
internal upset (=IU)　(钻探管的)内加厚
internal vibrator　插入式振捣器
internal voltage　内电压
internal wheel　内啮合齿轮, 内齿轮
internal work　(1)内加工；(2)内功
internal worm gearing　内蜗杆啮合
internality　内存的性质, 内存的状态
internalization　(1)内存化的行为；(2)内部化, 内在化
internalize　使内部化, 使内在化

internally　在内[部]
internally coherent　内部相参的, 内部相干的
internally fired boiler　内燃锅炉
internally-programmed computer　内程序计算机
internally stored program (=ISP)　内存储程序
internally tangent　内切线, 内切
internally vibrated concrete　插入振捣混凝土
international (=INT 或 int)　(1)国际间的, 世界的；(2)国际[性]组织；(3)单桅帆船
International Academy of Astronautics (=IAA)　国际宇宙航行学院
International Air Transport Association (=IATA)　国际航空运输协会
international airport (=IAP)　国际机场
international algebraic language (=IAL)　国际代数语言
international alphabet numerical code　国际第二号电码
international ampere　国际安培(等于 0.999835 安培)
international analysis code (=IAC)　国际分析电码
international annealed copper standard (=IACS)　国际退火铜标准
International Association for Bridge and Structural Engineering (=IABSE)　国际桥梁和结构工程协会
International Association for Hydraulic Research (=IAHR)　国际水力研究协会
International Association for Testing Materials (=IATM)　国际材料试验协会
International Association of Independent Tanker Owners (=INTERTANKO)　国际独立油轮所有者协会
International Association of Machinists (=IAM)　国际机械师协会
International Astronautical Federation (=IAF)　国际星际航空联合会
International Astronomical Union (=IAU)　国际天文学联合会
International Atomic Energy Agency (=IAEA)　国际原子能机构
international bomber　洲际轰炸机
international brittleness coefficient (=IBC)　国际亮度系数
International Bureau for Physico-Chemical Standards (=IBPCS)　国际理化标准局
International Bureau of Weights and Measures (=IBWM)　国际计量局
International Business Machine Corp. (=IBMC)　(美)国际商业机器公司
International Business Machines Corporation (=IBMC)　(美)国际商业机器公司
International Centre for Industry and Environment (=ICIE)　国际环境和工业中心
International Civil aviation Organization (=ICAO)　国际民用航空组织
International Code Signal　国际电码信号
International Commission on Radiological Protection (=ICRP)　国际放射性辐射防护委员会
International Commission on Radiological Units and Measurements (=ICRU)　国际放射单位和计量委员会
international communication　国际通信
International Computation center (=ICC)　国际计算中心
international conventions　国际惯例
International Council of Scientific Unions (=ICSU)　国际科学联合会理事会
international critical tables (=ICT)　国际科技常数手册, 国际判定表
International Development Association (=IDA)　国际开发协会
international die　公制螺丝钢板
international direct distance dialing (=IDDD)　国际直通长途电话
international distress code　国际遇险呼救电码
international distress frequency　国际遇险呼救频率
International Electric Corporation (=IEC)　国际电气公司
International Electronics Manufacturing Co. (=IEMC)　国际电子仪器制造公司
International Electrotechnical Commission (=IEC)　国际电工委员会
International Energy Agency (=IEA)　国际能源机构
International Exchange　国际电话局
international fair　国际博览会
International Federation for Information Processing (=IFIP)　国际信息处理联合会
International Federation for the Heat Treatment of Material　国际材料热处理联合会
International Federation of Automatic Control (=IFAC)　国际自动控制联合会
International Federation of Computer Science (=IFCS)　国际计算机科学联合会

768

International Federation of Information Processing (=IFIP)　国际信息处理联合会

International Federation of Information Processing Societies (=IFIPS)　国际信息处理学会联合会

International Federation of Surveyors (=IFS)　国际测量员联合会

International Frequency Registration Board (=IFRB)　国际频率注册委员会

International Gas Union (=IGU)　国际气体工业联合会

International Geophysical Year (=IGY)　国际地球物理年, 国际地球观测年

International Institute for Applied System Analysis (=IIASA)　国际应用系统分析研究院

International Institute for Environment and Development (=IIED)　环境与发展国际研究所

International Institute of Environmental Affairs (=IIEA)　国际环境事务研究所

International Institute of Production Engineering Research　国际机械生产技术研究协会

International Institute of Welding (=IIW)　国际焊接学会

International Iron and Steel Institute (=IISI)　国际钢铁学会

international law　国际法

International Lead Zinc Research Organization (=ILZRO)　国际铅锌研究组织

international map　国际百万分之一地图

International Mathematical Union (=IMU)　国际数学联合会

International Metallographic Society (=IMS)　国际金相学会

International Monetary Fund (=IMF)　(联合国) 国际货币基金组织

International Morse Code　国际莫尔斯电码

international normal atmosphere (=INA)　国际标准大气压

international nuclear information system (=INIS)　国际核资料系统

international ohm　国际欧 [姆](等于 1.000495 欧姆)

International Organization for Standardization (=IOS)　国际标准化组织

International Patent Institute　国际专利协会

International Patent Service　国际专利供应社

International Permanent Bureau of Motor Manufacturers　国际汽车制造业常设局

International Petroleum Industry Environment Conservation Association (=IPIECA)　国际石油工业环境保护协会

international pipe standard (=IPS)　国际管子标准

International Pipe Standards　国际管材标准

international practical scale of temperature (=IPST)　国际实用温标

international practical temperature scale (=IPTS)　国际实用温度温标

International Primary Aluminum Institute (=IPAI)　国际原生铝研究所

International Radio Union (=IRU)　国际无线电协会

International Radium Standard Commission (=IRSC)　国际镭标准委员会

International Register of Potentially Toxic Chemicals (=IRPTC)　可能有毒化学品国际登记中心

International Resistance Co. (=IRC)　国际电阻公司

International rubber hardness degrees (=IRHD)　国际橡胶硬度标度

International Rule for the Interpretation of Trade Terms (=Incoterms)　(国际商会编写的) 国际贸易条件解释通则

International Science Organization (=ISO)　国际科学组织

International Scientific Radio Union (=ISRU)　国际科学无线电联合会

International Scientific Vocabulary (=ISV)　国际通用科技词汇

international screw die　公制螺丝钢板, 公制螺丝板牙

international screw tap　公制螺丝攻

international servant　国际机构职员

International Society for Testing Materials (=ISTM)　国际材料试验学会

international standard atmosphere (=ISA)　国际标准大气压

international standard book number (=ISBN)　国际标准书号

international standard meter　国际米原器

International Standard Method　国际标准分类法

international standard metric thread　国际标准米制螺纹, 国际标准公制螺纹

international standard serial number (=ISSN)　国际标准期刊编号

international standard thread (=IST 或 INTSTD THD)　[标准] 公制螺纹, 国际标准螺纹

International Standardization Association　国际标准化协会

International Standardization Organization (=ISO)　国际标准化组织

International Standardization Organization V-notch impact test　国际标准化组织标准 V 型缺口 [试样] 冲击试验

International Standards　国际标准

International Standards Association (=ISA)　国际标准协会

International Standards Organization (=ISO)　国际标准协会

International Standards Organization sieves (=ISO sieves)　国际标准 [试验] 筛

international symbol　国际符号

International System of Electrical Units　国际电工单位制

international system of unit　国际单位制, 公制

international telecommunication　国际通信

international telecommunication service　国际通信业务

International Telecommunication Convention　国际无线电通信会议

International Telecommunication Union (=ITU)　国际电信联盟, 国际电信协会

International Telephone and Telegraph Corporation (=ITT)　(美) 国际电话 [与] 电报公司

International Teletype Code　国际电传打字机电码

international telex service　国际用户电报业务

international temperature scale (=ITS)　国际温标

international test sieve series　国际成套试验筛

International Time Bureau　国际时间局

International Tolerance (=IT)　国际 [标准] 公差, 国际容限

International Trade Organization (=ITO)　国际贸易组织

International Union for Conservation of Nature and Natural Resources (=IUCN)　国际自然及自然资源保护联盟

International Union for Water Research (=IUWR)　国际水事研究联合会

International Union of Architects (=IUA)　国际建筑师联合会

International Union of Chemistry (=IUC)　国际化学联合会

International Union of Geodesy and Geophysics (=IUGG)　大地测量与地球物理学国际联合会

International Union of Geography (=IUG)　国际地理学联合会

International Union of Geological Sciences (=IUGS)　国际地质学联合会, 国际地质科学协会

International Union of Geology and Geophysics (=IUGG)　国际地质学与地球物理学联合会

International Union of Pure and Applied Chemistry (=IUPAC)　国际理论化学和应用化学联合会

International Union of Pure and Applied Physics (=IUPAP)　国际理论物理和应用物理联合会

International Union of Radio Sciences (=IURS)　国际无线电科学联合会

International Union of Theoretical and Applied Mechanics (=IUTAM)　国际理论力学和应用力学联合会

international unit (=IU)　国际单位

International Unit System　国际单位制

international waters　公海

international watt　国际瓦 [特]

International Working Group on Monitoring or Surveillance (=IWGM)　政府间监测或监察国际工作组

internationalize　国际化

internationally　国际上

internationally allocated band　国际分配频段, 国际协定频段

internode　波腹 [间的], 节间

internuclear　原子核之间 [的], 核间的

internuclear double resonance (=INDOR)　核间双共振

internucleon　核子之间 [的]

internus　内 [部] 的

interoceptor　内 [部感] 受器, 内纳器

interocular distance　眼距

interoffice　局间的

interoffice communication　机关间通信

interometer　[光] 干涉仪

interoperable　彼此协作的

interoperation　互易运算

interorbital　轨道间的

interorbital transfer operation　轨道变换操作, 变轨操作

interosculate　互相连通, 联系, 混合

interosculation　互相结合

interparticle　粒子间的, 颗粒间的

interparticle collision　粒子间碰撞

interpass　层间的

interpellation　催告，质问

interpenetrate　(1) 相互贯通，相互贯穿；(2) 互相渗透

interpenetrating　互相贯穿的，穿插的

interpenetration　(1) 交截细工，(2){数}相互贯通；(3) 完全渗透；(4) 相互渗入，互相贯通，互相贯穿，互相渗透，互相渗入，穿插，混晶

interpenetration twin　互穿孪晶

interpersonal　人与人之间的

interphase　(1) 相间的；(2) 金属互化物，中间相，界面，际面，(3) 分裂晶期

interphase reactor　中心抽头扼流圈，中间抽头扼流圈

interphase transformer　相间变压器

interphone (=INPH)　内线自动电话机，内部对讲电话机，内部通话设备，内部通讯装置，内部通话机，机内电话机，互通电话机，内部电话，对讲[电话]机

interphone amplifier　内部对讲电话增音器，直通电话增音器

interphone control station (=ICS)　内部电话管理站

interphone system　内部互通电话设备，内部通信设备

interplanar　平面间的，晶面间的

interplanar crystal spacing　晶面距离

interplane　(1) 机内的；(2) 中间翼

interplane radio　飞机间通信无线电装置，航空无线电通信

interplanetary　行星际的，宇宙的，星际的

interplanetary ballistic missile (=IPBM)　星际弹道式导弹

interplanetary communications (=IPC)　星际通讯

interplanetary flight　星际航行

interplanetary monitoring probe satellite (=IMP)　星际监视探测人造卫星

interplanetary navigation　星际导航

interplanetary probe　(1) 宇宙探测；(2) 行星际探测火箭；(3) 行星际站

interplanetary space　行星际空间，宇宙空间，太空

interplanetary travel (=IPT)　星际航行

interplant　工厂之间的，厂际的

interplant operations directive (=IPOD)　工厂之间的作业指示

interplant shipping notice (=ISN)　厂际装运通知单

interplant transfer record (=IPTR)　厂际调拨记录

interplate　板块间的

interplay　相互作用，相互影响

interpolar　两极间的，两端间的

interpolate　(1) 插入，内插，内推，插；(2) 插入值；(3) 加添，添改，窜改

interpolater　(1)[海底电报]转发器；(2)(穿孔卡片的)分类机，校对机；(3) 分数计算器；(4) 插入器，内插器，补插器，间插器；(5) 插入者，窜改者

interpolating function　插值函数

interpolating oscillator　内插振荡器

interpolation　(1) 插入法，插值法，插补法，内插法，内推法；(2) 插值，(3) 内插，内推，插入，补入，嵌入，添改，窜改；(4) 插入物

interpolation by central difference　中差插值法

interpolation by continued fractions　用连分式的插值法

interpolation by proportional parts　比例插值法

interpolation error　内插误差

interpolation form of displacement models　插值形式的位移模型

interpolation technique　插入法，间插法

interpolator　(1)[海底电报]转发器；(2)(穿孔卡片的)分类机，校对机；(3) 分数计算器；(4) 插入器，内插器，补插器，间插器；(5) 插入者，窜改者

interpole (=I)　(1){电}换向极，辅助极，插入极，极间极；(2) 辅助整流极，附加磁极，补偿磁极；(3) 极间的

interpole coil　(1) 整流极线圈，极间极线圈，附加线圈；(2) 补偿绕组

interpole core　附加极铁芯

interpole machine　有整流磁极的电机

interpole space　极间空隙

interpole winding　附加极绕组

interpoles　中间极

interpolymer　异种高聚物共聚物，共聚物，互聚物

interpolymerization　共聚作用

interpose　(1) 置于……之间，放入，插入，介入；(2) 提出异议，调停，干涉，干预

interpose type formwork　(钢管) 承插式支架

interposition　(1) 放在当中，插入，介入；(2) 提出异议，调停，干涉，干预；(3){电}互联，中间接入；(4) 插入物

interposition circuit　席间电路，席际电路

interpret　(1) 解析，说明，阐明；(2) 翻译，口译，译码，判读；(3) 把……理解为；(4) 表现；(5) 整理实验结果

interpretable　可解释的，可翻译的，可判读的

interpretation　(1) 说明，描述，注释，解释，释义；(2) 翻译，译码；(3) 实验结果整理，实验结果分析；(4) 判断；(5) 译解，判读

interpretative　翻译的，解析的，说明的

interprete　(1) 翻译，译码；(2) 解释，说明

interpreted as　被解析为

interpreter　(1) 翻译程序，解析程序；(2) 翻译机，翻译器，解析器，译码器，译码机，转换机；(3) 解说员，讲解员，翻译者，判读员，译员

interpreter code　解析码，，翻译码，象征码，伪码

interpretive　翻译的，解析的，说明的

interpretive code　解释语言

interpretive language　解释语言

interpretive programming　解释程序编制

interpretive routine　解释程序

interpretor　(1) 翻译程序，解析程序；(2) 翻译机，翻译器，解析器，译码器，译码机，转换机；(3) 解说员，讲解员，翻译者，判读员，译员

interpretoscope　译释显示器，判读仪

interprocess　工序间[的]

interprocess communication　进程[间]通信

interprocessor bus drive　处理机间的总线驱动器

interprogram communication　程序间的通信

interproject　工程与工程之间的

interpulsation　间脉动

interpulse　(1) 脉冲间；(2) 次脉冲

interpupillary　眼镜片中心距离，瞳孔间距

interquartile range　四分位数间距

interreaction　相互作用，相互反应

interrecord gap (=IRG)　记录间隔，字区间隔

interreduplication　间期复制

interreflection　相互反射，来回反射，反复反射

interrelate　使相互有关，使互相联系

interrelated task　互相关任务

interrelation　(1) 相互关系，内在关系，相互联系；(2) 干扰

interrelationship　(1) 相互关系，内在关系；(2) 相互联系，相互影响；(3) 干扰

interrogate　提出问题，询问，质问，审问

interrogate interrupt　询问中断

interrogation　(1) 询问(对一个应答器发出一个脉冲)；(2) 访问，质问，审问，疑问；(3) 疑问句，问号

interrogative　询问的，疑问的，质问的，疑惑的

interrogator　(1) 询问器，问答器，问答机；(2) 探测脉冲；(3) 讯问者，质问者

interrogator-responder (=IR)　询问 - 应答器，问答器，应答器，应答机

interrogator response-transponder (=IRT)　询问脉冲转发器，问答脉冲转发器

interrogator transponder (=IT)　问答机

interrogatory　(1) 表示讯问的符号，表示讯问的信号；(2) 讯问；(3) 讯问的，疑问的，质问的

interrupt　(1) 遮断，中断，切断，间断，打断，阻断，断开，断续，(2) 阻止，中止，停止，妨害，打扰；(3) 缺口，裂口，间隔；(4) 中断信号

interrupt address register　中断地址寄存器

interrupt button　中断电钮

interrupt code　中断码

interrupt control routine　中断控制程序

interrupt flip-flop　中断触发器

interrupt instruction　中断指令

interrupt mode　中断方式

interrupt-oriented system　中断用系统

interrupt routine　中断程序

interrupt sensing　中断识别

interrupt stacking　中断保存

interrupted　被打断的，被遮住的，被阻止的，断开的，间断的，中断的，中止的，断续的，间歇的，不通的

interrupted continuous wave (=ICW)　中断等幅波，断续等幅波

interrupted current　断续电流

interrupted cut　间歇切削，断续切削

interrupted cutting edge　(刀具) 间断切削刃

interrupted discharge of traffic　交通中断，车流中断

interrupted division　间歇分度

interrupted drive　间歇式传动

interrupted drive transmission　功率流中断的换挡变速器

interrupted earth　断续接地

interrupted feed　断续进给

interrupted gear　间歇 [运动] 齿轮, 断续运动齿轮

interrupted hardening　分级淬火

interrupted key　间断键

interrupted load　断续载荷

interrupted projection　分瓣投影

interrupted quenching　(1) 断续淬火, 分段淬火, 分级淬火；(2) 双介质　　　　　　　　　　　　　　　　　　淬火

interrupted screw　分瓣螺钉

interrupted spot weld　间断点焊

interrupted thread tap　间歇式丝锥

interrupted type milling cutter　间歇式铣刀

interrupted wave (=IW)　断续电波

interrupter (=INT 或 int)　(1) 接触断路器, 断续器, 断路器, 断流器, 断电器, 中断器, 斩波器, 开关；(2) 间歇 [运动] 齿轮, 断续齿轮；(3) 中断程序；(4) 引信保险隔板；(5) 障碍物

interrupter gear　间歇 [运动] 齿轮, 断续齿轮

interrupter vibrator　断续 [式] 振动器

interruptibility　可中断性, 中断率

interruptible　可中断的, 可续的

interruptible power　可断续电功率

interrupting capacity (=IC)　(1) 断路容量, 遮断容量；(2) 截断能力

interrupting pulse　断路脉冲, 遮断脉冲

interruption　(1) 断续, 断路；(2) 中继, 停歇；(3) 遮断, 间断, 中断, 打断, 阻断

interruption of chain　链的断裂

interruption of contact　断电路, 断接

interruption status　中断开放状态

interruptions per minute (=ipm)　每分钟中断次数

interruptions per second (=IPS)　每秒钟中断次数

interruptive　中断的, 遮断的, 打断的, 阻碍的

interruptor　(1) 接触断路器, 断续器, 断路器, 断流器, 断电器, 中断器, 斩波器, 开关；(2) 间歇 [运动] 齿轮, 断续齿轮；(3) 中断程序；(4) 引信保险隔板；(5) 障碍物

interruptory　中断的, 遮断的, 打断的, 阻碍的

intersatellite　卫星间的, 卫星际的

interscan　中间扫描

interscendental　半超越的

interscene　插入镜头

intersect　(1) 横切, 横断；(2) 交切, 交错, 交叉, 相交；(3) 交点；(4) 相交而成的曲线

intersect a target　捕获目标, 目标夹获

intersecting　相交, 交叉

intersecting axis　交叉轴 [线], 相交轴 [线]

intersecting axis gears　相交轴齿轮副

intersecting axles　相交轴, 交叉轴

intersecting beam　交叉束, 对碰束

intersecting body　相贯体

intersecting gill spreader　重针延展机

intersecting lines　交线

intersecting point (=IP)　转角点, 交 [会] 点

intersecting point of axes　(相交轴) 轴线交点

intersecting shaft　相交轴

intersecting storage rings　交叉 [对撞] 存储环

intersectio　(1) 交切, 交叉；(2) 交切点

intersection (=INT 或 int)　(1) 横切, 横断；(2) 相交, 交叉；(3) 交线, 交点；(4) 交会；(5) { 数 } 相互贯通, 交集；(6) 逻辑乘积, 逻辑乘法, "与"

intersection accuracy　相交点精度, 拦截精度

intersection angle　交叉角

intersection at grade　平面交叉

intersection chart　交织图, 网络图

intersection gate　{ 计 } 与门

intersection of solids　相贯体

intersection point　交点

intersection point revolution　交点转动

intersection ring　交环

intersectional friction　交叉摩擦阻力

intersector curve　横断曲线

intersector flow　部门间流量

intersegmental　段间的, 节间的

intersequential variability　序列变率

intersertal　(1) 斑状晶间的；(2) 填隙的

interservice　军种间的

interservice data exchange program (=IDEP)　军种间资料交换计划

intersheathes　金属层间

intersite　发射场间, 位置间, 站间

intersite communications　导弹部队内部通信设备

intersite control and communications system (=ICCS)　场地间管理与通信系统

intersite error　位置误差

intersite user communication　各地用户间通信

intersociety　学会之间

intersolubility　互溶性, 互溶度

interspace　(1) 中间, 空间；(2) 间距, 间隔, 间隙, 空隙, 净空；(3) 用间隔隔开, 填充……间隙, 留空隙

intersperse　(1) 交替, 更迭；(2) 引入, 插入；(3) 散布, 散置, 散开, 分散；(4) 点缀

intersperse in time　随时间而散布

interspersed　散布的

interspersed matter　铺撒料, 铺撒物

interspersion　散布, 散置, 点缀

interspread gang punching　散张卡片叠穿孔

intersputnik　苏联全球卫星通信系统

interstage　中间阶段, 级间 [的], 级际 [的], 中间的, 段间

interstage amplifier　中间放大器

interstage amplifier section　中间放大级

interstage coupling　级间耦合, 极间耦合

interstage network　级间网络

interstage punch　奇数行穿孔, 隔行穿孔, 行间穿孔

interstage transformer　级间变压器

interstage valve　联动阀, 中间阀

interstand　中间机座

interstation　电台间的, 台间的, 站间的, 台际的

interstellar　星际 [间] 的, 宇宙的

interstellar communication (=ISC)　星际通信

interstellar travel (=IST)　星际航行

interstep pulse　行间脉冲

interstice　(1) 间隙, 空隙, 裂缝；(2) 晶格节点间位；(3) 时间间隔

interstice wire　中介心线

interstitial　(1) 间隙原子, 填隙原子, 填隙子；(2) 结点间, 节间；(3) 裂缝间的, 填隙式的, 间隙式的, 空隙的, 孔隙的, 间隙的, 缝隙的, 填隙的, 隙间的, 中间的；(4) 晶格节点间缺陷

interstitial atom　结点面原子, 填隙原子

interstitial flow　渗流

interstitial hydride　晶隙氢化物, 填充氢化物

interstitial impurity　间隙杂质

interstitial site　间隙位置

interstitial solid solution　浸渍固体溶液, 填隙式固溶体, 间充固溶体

interstitial structure　填隙式结构

interstitial texture　填充结构

interstitialcy　(1) 晶格间原子的形式, 间隙原子的产生, 填隙子对, 堆原子；(2) 结点间, 节间

interstock　中间砧木

interstratification　层间作用

interstratified　层间的, 间隔的

interstream　分水岭, 分水界

interstrip pulse　行间脉冲

intersymbol　符号间, 码间

intersymbol error　符号交错

intersystole　收缩期间

intertangling　卷曲, 缠绕, 交织

interterminal switching　枢纽间调车

intertexture　(1) 交织；(2) 交织物

intertie　交接横木, 交叉拉杆

intertoll trunk　长途台间中继线

intertooth space　齿槽, 齿沟, 齿间

intertown bus　长途公共汽车

intertraction　吸溜作用

intertripping　联锁跳闸

intertube　(1) 管间的；(2) 偏平流的

intertube burner　偏平流燃烧器, 管间燃烧器

interturn　匝间的

intertwine　使缠绕在一起, 缠绕, 编织, 交纽

intertwining　编织, 缠结

intertwist　缠结, 缠绕, 搓合

intertype　(1) 自动排印机；(2) 英特泰普整行排铸机, 整行铸排机

interunit wiring　部件间的接线

interuniversity　大学间的

interurban　市际的，市间的，长途的

interval (=INTERV)　(1) 间隔，间隙，间节，间断，间距，空隙；(2) 中断期间，周期；(3) 时间，时限，时段；(4) 区间，区域，节间；(5) 中间，间歇；(6) 距离，范围；(7) 行程；(8) 实数集的全体；(9) 插入部分

interval abutting one another　毗连区间

interval between graticule wires　十字丝距

interval change method　(求地层厚度变化的) 角不整合法

interval contraction　区间收缩

interval estimation　区间估计

interval function　区间函数

interval linear programming　区间线性规划

interval of convergence　敛于收敛区间

interval overlapping one another　相叠区间

interval sequence　信号灯显示时间序列

interval solutions　区间解

interval timer　时间间隔测量器，区间计时器，计时器

interval topology　区间拓扑

interval transit time　间隔传播时间，声波时差

interval valued extensions　区间值扩展

interval vector valued function　区间值向量函数

interval velocity　层速度

intervallic　(1) 间隔的，间歇的；(2) 悬殊的

intervallum　间隔带

intervalometer　时间间隔测量器，时间间隔读出仪，时间间隔计，时间间隔表，时间调整器，间隔定时器；(2) 定时发火器；(3) 曝光节制器

intervals of expectancy　预估重现期

intervalve　(1) 电子管间的，中间管的，闸阀间的，级间的；(2) 中间电子管

intervalve transformer (=IVT)　管间变压器

intervane　翼间的

interveined　横断的

intervene　(1) 插进，插入，介入，介于，居中；(2) 干预，干涉，参与

intervenient　(1) 插入的，介入的；(2) 干涉的，干预的；(3) 插入物，介入物，干涉者

intervening　(1) 插入；(2) 中间的，中介的

intervening blank spaces　中间真空区，中间空间

intervening portion　交错位置，错位

intervening releveling　穿插复测水准

intervening sequence　简插顺序

intervening statement　中间语句

intervention　插入，介入，干涉，干预，妨碍

intervention button　应急按钮

intervention switch　应急保险开关，紧急保险开关

interview　会面，会谈，会见，接见，探询，访问

intervisibility　通视

intervolve　互相盘绕，缠绕，卷进，互卷

interweave　使紧密结合，使混杂，使组合，使交织，交叉，织进

interwind　相互盘绕，互卷

interwinding　(1) 绕组间的；(2) 中间绕组

interwinding capacity　绕组间电容

interword　字间的

interword gap　字间间隔

interword space　字间间隔

interwork　互相配合，互相连合，交互影响

interworking　相互作用

intestine　内部的，国内的

intimate contact　(1) (缺了润滑油的) 直接接触；(2) 紧密接触

intimate mixing　均匀搅拌，均匀拌和

intimation　告知，通知，暗示，提示

intitule　加标题于，给……命名

into　(1) 进入……之内，到……里，向内；(2) 变成，化成，转成，转化；(3) 除；(4) 乘

intolerable　(1) 不可容忍的，不可耐的，不允许的；(2) 过度的，过分的，极端的

intolerance　(1) 不能容忍；(2) 无耐受力，不耐性

intolerant　不能容忍的

intorsion　(1) 缠绕，曲折；(2) 内扭转，内旋

intort　向内弯

intorted　组结，缠卷

intoxation　中毒

intra　音特拉钨钢 (1.2%C, 1.3%W, 余量Fe)

intra-　(词头) 在内，内部，内

intra-annular　环内的

intro-array　内陈列的

intra-atom　原子之内，原子内部

intra-atomic　原子内的

intra-city　市内的

intra-office　局内的

intra-office and line transmitter　局内外两用发报机

intra-office communication　办公室内部通信

intra-office connection　局内连接

intra-office reperforator (=IRP)　局内收报凿孔机

intra-office transmitter (=IT)　局内发报机，局内发信机

intra vane type pump　双重叶片泵，内叶片泵

intracavity　腔内，内腔

intracell　晶格之内，晶格内部

intraclass　同类的

intraconnection　(1) 内连，互连；(2) 内引线

intracrystalline　晶体内的

intractability　难处理性，难加工性，难操作性，难消性

intractable　难处理的，难加工的，难操作的，难消除的

intrados　内弧面

intraductal　管内的

intraformational bed　层内夹层

intraframe coding　帧内编码

intragalactic　星系内的

intragranular　晶体内的，晶粒内的，颗粒内的

intragroup　组内的

intramolecular　分子内的

intramolecule　分子内部

intran　透红外的

intransitive　(1) 非可递的，非可迁的，非传递的，反传递的；(2) 不及物的；(3) 不及物动词

intransmissibility　不能传送性，不能传输性

intranuclear　原子核内部

intranucleon　核子内部

intraplanetary space　行星轨道与太阳之间的空间

intrapulse　脉冲内的

intrasite communication　导弹场内部通信

intrasite communications　导弹发射场内部通信设备

intrasonic　超低频 [的]

intrasystem　发生在系统内部的，系统内的

intravane type pump　内叶片泵

intravehicular　宇宙航行器内的

intravibrator　插入式振捣器

intrench　(1) 挖壕，深挖；(2) 用壕沟保护；(3) 侵占，侵犯；(4) 牢固树立，确定，确立

intricacy　(1) 错综复杂；(2) 难懂；(3) 错综复杂的事物

intricate (=INTRC)　(1) 错综复杂的，缠结的，交错的，交叉的；(2) 难懂的

intrinsic　(1) { 半 } 本征的，本征电导的；(2) 内在的，内部的，内蕴的，内裹的，内存的，固有的，本质的，本能的，本身的；(3) 实质的，实在的，真正的；(4) 原设计的

intrinsic accuracy　内在精度

intrinsic conductivity　本征导电性

intrinsic curve　禀性曲线，包络丝

intrinsic energy　本征能，固有能，内蕴能，能含量

intrinsic equation　内蕴方程

intrinsic error　基本误差，固有误差

intrinsic excitation　本征激发

intrinsic factor　内因子

intrinsic impedance　固有阻抗，本征阻抗，内裹阻抗

intrinsic magnetic moment　内裹磁矩

intrinsic motivation　内在动机

intrinsic pressure　内在压力

intrinsic Q　无载Q值

intrinsic repulsive field　内裹斥力场

intrinsic semiconductor　无杂质半导体，本征半导体，纯半导体

intrinsic speed　特性速度，本征速度，理论抽速

intrinsic stand-off ratio　本证空载比，本征空位比，本征偏离比

intrinsic state　固有状态，内蕴状态，内裹状态

intrinsic viscosity (=IV)　特性粘度，固有粘度，内粘度

intrinsic viscosity number　特性粘度数

intrinsic wave length　固有波长

intro-　(词头) (1) 在内，进入；(2) 向中，向内

introduce　(1) 引进，插入，输入，传入，掺入；(2) 导入，引导；(3) 介绍，提出，提倡，推广，推销；(4) 引起，造成，导致

introducer　(1) 导引器；(2) 创始人, 提出者, 介绍人

introducing　引起, 引发, 引入, 造成

introduction　(1) 引进, 引入, 传入, 输入, 插入, 带入, 混入, 加入；(2) 介绍, 提倡, 提出, 推广, 引用, 采用；(3) 引言, 前言, 绪言, 导言, 绪论；(4) 入门, 初步

introductive　(1) 介绍的, 引导的；(2) 前言的, 绪言的

introductory　(1) 介绍的, 导引的；(2) 导言的；(3) 初步的, 开端的

introductory remarks　开场白, 绪言

introfaction　加速浸泡 [作用]

introfier　加速浸泡剂

introflection　向内弯曲

introflexion　向内弯曲, 内弯, 内曲

intromission　准许

intromit　准许……进入, 插入, 输入, 送入

intromittent　(1) 输送的, 输入的；(2) 插入

introscope　内部检视器, 内孔窥视仪, 内壁检验仪, 内腔检褪仪, 内壁显微镜

introspection　自我测量

introspective program　{计} 自省程序

introversible　可向内卷的, 可向内曲的

introversion　内向曲的, 内向弯的, 内向翻的

introversive　内向弯的, 内向翻的

introvert　(1) 使向内, 使内弯, 使内翻, 使内曲；(2) 成为内奇的

intrude　(1) 硬挤进；(2) 侵入, 突入, 干涉, 打扰, 妨碍

intruder　(1) 入侵飞机, 入侵导弹；(2) 入侵者

intrusion　(1) 侵入, 侵袭, 突入, 注入, 干涉, 妨碍；(2) 材料的下沉

intrusive　侵入的, 插入的, 干涉的, 妨碍的

intrust　委托, 委任, 信托, 托付

intuit　(1) 由直觉知道；(2) 直觉, 直观

intuition　(1) 直觉知识；(2) 直觉, 直观, 直感

intuitional　直觉的, 直观的

intuitive　由直觉得到的, 直觉的, 直观的

intumesce　(1) 膨胀, 扩大, 隆起；(2) 泡沸

intumescence　(1) 膨胀；(2) 隆起 [物]

intumescent　膨胀的, 膨大的, 隆起的

inturned　向内翻转的

intwine　盘绕, 缠绕, 缠住, 绕住

intwist　搓, 捻, 绞, 缠

inunction　(1) 涂油 [膏], 软膏；(2) 涂擦剂；(3) 涂擦法

inundator　(1) 涨溢仪；(2) 浸泡器

inure　使习惯于, 使生效, 使适用

inutile　无价值的, 无用的, 无益的

inutility　(1) 无用性, 无益 [性]；(2) 废物

invaginate　(1) 使反折, 使凹入, 使缩入, 使套入, 使陷入；(2) 套叠

invagination　(1) 反折, 凹入, 套入, 陷入；(2) 凹入部分, 反折处；(3) 套叠

invalid　不成立的, 作废的, 废弃的, 无用的, 无益的

invalid key　无效键, 无用键

invalidate　使作废, 使无效, 使无力

invalidation　无效力, 无用

invalidity　(1) 无效；(2) 丧失工作能力, 无力

invaluable　非常宝贵的, 非常贵重的, 无法估计的, 无价的

invaluableness　非常有价值的性质, 非常有价值的状态

Invar 或 invar　因瓦铁镍合金, 因瓦合金, 铁镍合金, 仪器钢, , 不变钢, 不胀钢, 殷钢 (镍 36%, 铁 64%)

invar plotting scale　殷钢绘图尺

invar steel　微胀钢

invar tape　殷钢卷尺

invariability　永恒不变的性质, 永恒不变的状态, 不变性

invariable　(1) 恒定的, 不变的, 一定的；(2) 不变量, 不变数, 常数

invariable system　不变体系

invariably　永恒地, 不变地, 一定, 必定, 总是

invariance　不变性, 不变式

invariance of power　功率不变性

invariant　(1) 不变式, 不变形；(2) 常数因子, 标量不变量, 标量张量, 无向量, 不变量, 标量；(3) 不变形的, 无变度的, 恒定的；(4) 音瓦里铁镍合金 (镍 47%, 铁 53%)

invariant equilibrium　无变度平衡, 不变平衡

invariant in space-time　时空不变式

invariant in time　不随时间而变化的

invariant of stress　应力分量不变式, 分应力不变式

invariant subgroup　正规子群

invaro　因瓦劳合金钢, 因瓦劳锰铬钨矾钢 (碳 0.85-0.95%, 锰 1.0-1.25%, 铬 0.4-0.6%, 钒 0.25%, 钨 0.5%, 余量铁)

invasin　扩散因子

invent　(1) 发明, 创造；(2) 想出, 虚构, 捏造

invention　(1) [新] 发明, 创造；(2) 创造力；(3) 虚构, 捏造；(4) 发明物

inventive　有创造力的, 发明的

inventiveness　(1) 发明创造能力, 创造力；(2) 创造性

inventor　发明家, 发明者, 创造者

inventory　(1) 机器清单, 存货清单, 存货报表, 清册, 目录, 报表；(2) 库存量, 投料量, 装料量；(3) 总量, 总数；(4) 设备, 机器, 用品；(5) 资源；(6) 负载, 装料；(7) 编制目录, 编制清单, 清理, 清点, 清查, 登记, 调查, 存储

inventory and allocation (=I&A)　存货单与分配

inventory control　编目控制

inventory control point (=ICP)　存货控制点

inventory management　库存管理

inventory record　财产目录登记

inventory survey　现况调查

inventory transfer receipt (=ITR)　物资转移收条

inveracity　不真实, 虚假

inverse (=INV)　(1) 反相, 反转, 倒置, 逆, 反,；(2) 反数, 反量, 倒数；(3) 相反的, 反向的, 反相的, 倒相的, 倒位的, 倒置的, 颠倒的, 倒转的, 反转的, 反的, 逆的；(4) 相反, 反面；(5) { 数 } 逆矩阵, 逆元素, 逆量；(6) 反对的；(7) 使成反面, 使倒转

inverse amplification factor　(1) 放大因数倒数；(2) (电子管的) 渗透因数；(3) 控制率

inverse analytic function　解析反函数

inverse back coupling　负反馈, 负回授

inverse cam　反转凸轮, 反 [驱动] 凸轮

inverse chill　内心白口, 反白口

inverse correlation　逆相关, 负相关

inverse cubic law　立方反比率

inverse current　反向电流

inverse distance　与距离成反比的数, 距离倒数

inverse edge　逆棱

inverse factorial　反阶乘积

inverse feed　反向进给

inverse feedback　负反馈, 倒反馈

inverse function　反函数

inverse gas liquid chromatography (=IGLC)　逆气 - 液色谱法

inverse image　逆像, 倒像, 原像, 倒影

inverse integrator　逆积分器

inverse interpolation　逆插法

inverse lever　反向 [变速操纵] 杠杆, 反向手柄

inverse matrix　(1) 矩阵反演, 矩阵求逆；(2) 逆矩阵

inverse metal mashing　反型金属掩蔽法

inverse network　(1) 倒数网络, 反演网络；(2) 反演电路, 回路

inverse of a matrix　矩阵反演

inverse of a number　某数的倒数

inverse of multiplication　乘法逆运算

inverse operation　反运算

inverse optically　难视度

inverse parallel　(闸流管晶体) 反并联

inverse perk voltage　最大反向电压, 反峰电压

inverse penetration coefficient　反渗透率

inverse photo resist　反型光致抗蚀剂

inverse point　反演点

inverse position computation　后方交会计算

inverse power method　逆幂法

inverse proportion　反比 [例]

inverse proposition　反命题

inverse ratio　反比 [例]

inverse-ratio curve　反比率曲线

inverse relation　反比关系

inverse repulsion motor　反推斥电动机

inverse resonance　电流谐振, 反谐振

inverse signal　返回信号

inverse signal feedback　相反信号极性反馈, 负反馈

inverse sine　反正弦

inverse-square　平方反比律的

inverse-square law　平方反比律

inverse square root　平方根的倒数

inverse strength dependent on temperature　强度与温度成反比的关系, 温度越高强度越低

inverse substitution　逆代换

inverse symmetric tensor 反对称张量
inverse taper 反梯形
inverse theorem 逆定理
inverse-time 与时间成反比的, 反比时限的
inverse time 反比时间, 逆比时间, 反比时限, 逆比时限
inverse-time definite-time limit relay 定时限 - 反时限继电器
inverse-time delay 逆时延迟, 反时滞
inverse time delay 逆时延迟
inverse time limit characteristic 反比时限特性
inverse time limit relay 反比时限继电器
inverse time relay 反比时间继电器
inverse transformation 反变换, 逆变换
inverse transistor 换接晶体管, 逆晶体管
inverse trigonometric function 反三角函数
inverse vector 逆矢量
inverse voltage 反向电压, 逆电压
inverse volume 容积的倒数
inversed circuit 倒相电路, 反演电路
inversely 逆向地, 相反地, 反之
inversely as the square of 与……的平方成反比
inversely proportional 成反比的
inversion (1)反演变换, 反演, 反型, 反相; (2)反量; (3)反向, 反映, 反转, 逆转, 逆风, 逆位, 反影, 逆转, 倒转, 倒置, 倒向, 倒位, 倒像, 颠倒; (4)转换, 交换, 换流, 变流; (5)转化, 变化; (6){数}反演, 求逆, 逆变, 逆增; (7)(四联杆机构的)机架变换; (8)颠倒现象, 倒置物; (9){计}"非"逻辑, "非"门
inversion casting (1)翻箱铸造; (2)翻炉浇铸
inversion layer 逆温层, 反型层
inversion level (激光)反转能级
inversion mechanism 反转机理
inversion of a series 级数的反演
inversion of an integral 积分的反演
inversion of kinematic chain 运动链换向, 运动链变换
inversion of the image (1)图像转换; (2)倒像
inversion of the population ratio 粒子数反转
inversion of variables 变量反演
inversion point 转换点, 转化点, 反演点
inversion spectrum 反转谱
inversional 颠倒的, 反向的, 反演的
inversive 倒转的, 反演的, 逆的
inversor (1){数}反演器; (2){光}倒置器; (3)控制器
invert (=INV) (1)使颠倒, 使倒转, 使倒装, 使倒置, 使倒频, 使倒相, 使反向, 使反演, 使反转, 使翻转; (2)转化, 转换, 转回; (3)转化的, 转换的, 转回的, 相反的, 逆的, 倒的; (4)管道内底的
invert elevation 管道内底标高程
invert form 仰拱模板
invert grade 管道内底坡度
invert level 管道内底标高
invert range finder 倒像测距仪
inverted (1)反转的, 倒转的; (2)颠倒的, 反向的; (3)内外翻转的, 倒置的, 倒立的
inverted amplifier 倒相放大器
inverted cam 从动凸轮
inverted commas 引号
inverted crosstalk 频率倒置串音
inverted cylinder 倒置气缸
inverted Darlington 倒置式达林顿复合电路
inverted difference 翻转差分
inverted engine 倒缸发动机
inverted evaporation 反向蒸发, 向下蒸发
inverted field pulses 帧频倒脉冲
inverted filter 反滤层
inverted frame pulses 帧频倒脉冲
inverted hour (=IH 或 inh) (1)反时针的; (2)倒时的
inverted L antenna 倒 L 形天线
inverted neutrodyne (高频调谐放大器的)反转中和
inverted order 倒序排列
inverted pulse 反极性脉冲, 反相脉冲, 倒脉冲
inverted pyramid antenna 倒角锥天线, 漏斗形天线
inverted-ram press 下压式压机
inverted sequence 逆序
inverted siphon 倒虹吸管
inverted slider-crank 可反转滑块 - 曲柄 [机构]
inverted T-slot 倒 T 形槽

inverted tooth chain 可逆动齿链
inverted Vee slide 倒 V 形滑块
inverted Vee slideway 倒 V 形导轨
inverted well 吸水井
invertendo 反比定理
inverter (=I 或 IV 或 INVTR) (1)变换器, 变压器, 变流器, 变频器; (2)倒相电路, 变换电路, 非电路, {计}非门; (3)转换开关; (4)反向旋转换流器, 电流换向器, 反向器, 换流器, 逆变器, 倒相器, 倒换器, 交换器, 逆变器; (5){数}反演器; (6)离子变频管
inverter loop 反向回路, 反相环路
inverter matrix 反相器矩阵
inverter open collector 收集极开路的反相器
inverter transistor 倒相晶体管
inverter unit 倒相部件, 倒向部件, 倒相器, 转换器
invertibility 可逆性
invertible 被翻过来的, 被颠倒的, 可逆的, 相反的
invertible operator 可逆算子
inverting (1)[电流]换向; (2){数}反演
inverting amplifier 倒相放大器, 反相放大器
inverting element 变换元件, 换能元件, 反相元件, 倒转元件
inverting input 倒像输入
inverting telescope 倒像望远镜
invertometer 反演体
invertor (1)变换器, 变压器, 变流器, 变频器; (2)倒相电路, 变换电路, 非电路, {计}非门; (3)转换开关; (4)反向旋转换流器, 电流换向器, 反向器, 换流器, 逆变器, 倒相器, 倒换器, 交换器, 逆变器; (5){数}反演器; (6)离子变频管
invest (1)使带有, 授予, 赋予; (2)包围, 笼罩; (3)投入, 投资, 花费
invest material 覆盖材料
invest shell casting method 熔模壳型铸造法
invested mould 熔模铸型
investigate (1)调查研究; (2)探查, 审查; (3)勘测, 试验
investigation (1)研究, 调查; (2)仔细检查, 探查, 探索, 探求, 审查; (3)勘测, 试验
investigative 研究的, 调查的, 审查的
investigator (1)勘测员, 试验员; (2)侦察员; (3)研究者, 调查者, 审查者
investigatory 研究的, 调查的, 审查的
investing 熔模铸造
investiture (1)授权; (2)覆盖物; (3)装饰
investment (1)熔模铸造, 蜡模铸造; (2)投入资本, 投资, 花费; (3)授予, 包围, 覆盖; (4)被覆物, 包覆物
investment casting (1)蜡模浇型法, 失蜡铸造, 蜡模铸造, 熔模铸造, 失蜡型; (2)蜡模精密铸造法, 失蜡铸造法, 蜡模铸造法, 熔模铸造法
investment casting process 失蜡铸造法, 熔模铸造法, 蜡模铸造法, 精密铸造法
investment compound (铸模用的)耐火材料
investment pattern [可]熔模
investor 投资者
invigilate 监视
invigilation 监视
invigilator 监视器
inviolable 不能违反的, 不能违背的, 不可侵犯的
inviolate (1)不可侵犯的; (2)无损的
inviscid (1)非粘滞性的, 无粘性的; (2)不能展延的, 无韧性的; (3)非半流体的
invisibility 不可见性
invisible (1)不可见的, 看不见的, 无形的; (2)未反应在统计表上的
invisible green 深绿
invisible ink 隐显墨水
invisible line 稳线, 虚线
invisible loss 看不见的损失, 蒸发损失
invisible spectrum 不可见光谱
invitation for bid (=IFB) 招标
invitation to bid 招标
invitation to tender 招标
invite tenders 招标
invoice (=inv 或 INV) (1)装货清单, 发货单, 发票; (2)货物托运
invoice-book (1)发货单存根; (2)进货簿
invoice number (=Inv. No.) 发票号
invoice specification 发票明细单
invoked block 已调用分程序, 被调用分程序
involatile (1)不挥发的; (2)不挥发性
involuntary 非故意的, 不随意的, 不自觉的, 无意的, 无心的, 偶然的

involuntomotory 不随意运动的

involute (1) 渐开线,渐伸线,切展线,包旋线;(2) 渐开,渐伸;(3) 包旋式的;(4) 渐开的,渐伸的,内旋的,内卷的;(5) 错综 [复杂] 的,纷乱的;(6) 卷起,内卷;(7) 恢复原状,复旧;(8) 消失,消散,退化,衰退

involute action 渐开线啮合

involute angle 渐开线角

involute annular gear 渐开线内齿轮

involute base circle 渐开线基圆

involute bevel gear 渐开线锥齿轮

involute bevel gearing 渐开线锥齿轮传动 [装置]

involute cam 渐开线凸轮

involute cam mechanism 渐开线凸轮机构

involute contact ratio 渐开线接触比

involute coupling 渐开线联轴节

involute curve 渐开线曲线

involute cutter 渐开线铣刀

involute cylinder 渐开线圆柱

involute cylinder gear 渐开线圆柱齿轮

involute direction 渐开线方向

involute equalizer 螺旋式均压线

involute fine-pitch system 渐开线小径节制

involute flank 渐开线齿面

involute fraise 渐开线铣刀

involute function 渐开线函数

involute gear 渐开线齿轮

involute gear cutter 渐开线齿轮铣刀,渐开线齿轮刀具

involute gear fraise 渐开线齿轮铣刀

involute gear hob 渐开线齿轮滚刀

involute gear pump 渐开线齿轮泵

involute gear system 渐开线齿形制

involute gear teeth 渐开线齿轮齿

involute gear tooth 渐开线齿轮齿

involute gear tooth cutter 渐开线齿轮齿 [铣] 刀具

involute gearing (1) 渐开线齿轮啮合;(2) 渐开线齿轮传动 [装置]

involute generating portion of the hob tooth 滚齿刀渐开线展成 [切齿] 部分

involute generator 渐开线展成机床

involute geometry 渐开线几何特性

involute heart cam 渐开线心形凸轮

involute helical gear 渐开线斜齿轮

involute helical tooth surface 渐开线螺旋齿面

involute helicoid 渐开线螺旋面

involute helicoid worm 渐开线蜗杆,ZI 型蜗杆

involute helicoid worm (type ZK) 渐开线蜗杆,ZK 型蜗杆

involute hob 渐开线滚刀

involute interference point 渐开线干涉点

involute line of action 渐开线啮合线

involute measurement 渐开线测量

involute motion 渐开线运动

involute of (a) circle 圆的渐开线

involute polar angle 渐开线极角

involute profile 渐开线齿形

involute profile error 渐开线齿形误差,渐开线齿廓误差

involute profile measuring machine 渐开线检查仪

involute properties 渐开线性能

involute rack 渐开线齿条

involute rack tooth 渐开线齿条齿

involute roll angle 渐开线滚动角

involute serration 渐开线细齿

involute serrations 渐开线 [细] 花键

involute shape 渐开线形

involute spline 渐开线花键

involute spline broach 渐开线花键拉刀

involute spline gauge 渐开线花键量规

involute spline hob 渐开线花键滚刀

involute spur gear 渐开线正齿轮,渐开线直齿轮

involute straight tooth gearing 渐开线直齿轮传动 [装置]

involute system 渐开线齿形制

involute teeth 渐开线齿

involute tester 渐开线检查仪

involute testing machine 渐开线检查仪

involute to a circle 圆的渐开线

involute tooth 渐开线轮齿,渐开线齿形

involute tooth form 渐开线齿形

involute tooth profile 渐开线齿廓

involute tooth wheel 渐开线齿轮

involute triangle 渐开线三角形

involute wheel tooth 渐开线轮齿

involute worm 渐开线蜗杆

involute worm (tooth) gearing 渐开线蜗杆传动 [装置]

involution (1) 乘方,自乘,幂;(2) 对合变换,对合;(3) 包卷,内卷,内转,回旋;(4) 内包,内涵;(5) 向内弯曲,渗透;(6) 退化,衰退;(7) 复旧,复位

involution of high order 高阶对合

involutometry 渐开线几何特性,渐开线几何学

involutory 对合的,内卷的

involve (1) 包含,包括,含有,涉及,累及;(2) 牵涉到,有关系;(3) 使卷入,使陷入,遍及,席卷,包围,笼罩;(4) 占用,使用,用到;(5) 就是,即是;(6) 不可缺少,免不了,促成,需要;(7) 把……乘方,自乘

involved (1) 所包含的,所涉及的,所论述的,所研究的,有关的;(2) 难以理解的,[形式] 复杂的

involved with 涉及

involvement (1) 包含;(2) 缠绕,卷入,牵连;(3) 混乱,困难;(4) 牵连到的事物,复杂的情况

invulnerable (1) 不会受伤害的,破坏不了的;(2) 无懈可击的,无法反驳的

inwale 内护舷纵材

inwall 内壁,内衬

inward (1) 向内的,内部的,内在的,里面的,固有的,进口的,输入的;(2) 向内,内部,里面,实质;(3) 进口商品,进口税

inward bound 向内行驶

inward bound light 内向光

inward charges 入港费

inward curve 内弯曲线

inward flange 内凸缘

inward flow turbine 内流式涡轮机

inward normal 内向法线

inward thrust 内推力

inward-tipping 向内倾斜的

inwardly 向中心,在内部,向内

inwardness 本性,本质,实质,内质

inwards (1) 向内的,内部的,内在的,里面的,固有的,进口的,输入的;(2) 向内,内部,里面,实质;(3) 进口商品,进口税

inwash 水力充填

inweave 使交织,使织入

inwrap (1) 包裹,包围,围绕,笼罩;(2) 使专心,吸引住

inwrought (1) 织入的,缝入的;(2) 与……紧密混合的,嵌有……的,嵌进……的

iod- (词头) 碘

iodate (1) 碘酸盐;(2) 用碘处理,向……加碘

iodation 碘化作用

iodic 碘的

iodic acid 碘酸

iodid flux 碘熔剂

iodide 碘化物

iodide-process 碘化物热离解法,碘化物法

iodimetric 定碘量的

iodimetry 碘还原滴定,碘量滴定法

iodinate 碘处理,碘化

iodination 碘化作用

iodine {化} 碘 I

iodine coulombmeter 碘 [极] 电量计

iodine number 碘值

iodine value (=i.v.) 碘值

iodism 碘中毒

iodo- (词头) [含] 碘 [的]

ion 离子

ion accelerator 离子加速器

ion-atmosphere 离子雾

ion backlash 离子反流

ion-baffle 电离阱

ion beam 离子束,离子注

ion beam cleaning 离子束清洗

ion beam evaporation 离子束蒸发

ion beam imaging 离子束成像

ion beam machining (=IBM) 离子束加工

ion beam polishing 离子束抛光

ion-beam scanning　离子束扫描
ion-bombardment　离子轰击
ion bunch(ing)　离子聚束
ion-chamber detector　电离室型探测器
ion collector　离子收集极, 离子收集器
ion column　离子柱
ion concentration　离子浓度
ion cyclotron　离子回旋加速器
ion density　离子密度
ion detector　离子探测器
ion-drag accelerator　离子拖带加速器
ion drift technique　离子漂移法
ion engine　离子发动机
ion-exchange　离子交换
ion exchange (=IX)　离子交换 [作用]
ion-exchange capacity　离子交换能力
ion-exchange chromatography (=IEC)　离子交换色谱法
ion-exchange column (=IEC)　离子交换柱
ion-exchange membrane (=IEM)　离子交换膜
ion-exchange resin　离子交换树脂
ion exchange resin (=IER)　离子交换树脂
ion-exchanger　离子交换剂
ion exchanger　离子交换剂
ion exclusion　离子排斥
ion focusing　离子聚焦
ion ga(u)ge　离子压强计
ion-getter pump　离子吸气泵
ion getter pump　离子吸气泵
ion grid theory　离子栅极说
ion gun　离子枪
ion implantation　离子注入法
ion implantation technique　离子注入工艺
ion-induced　离子感生的
ion machining　离子加工
ion meter　电离压力表, 电离压强计, 射线力计, 离子计
ion microprobe analysis method　离子微探针分析法
ion microscope　离子显微镜
ion migration　离子徙动
ion-milling　离子碾磨
ion-nitriding furnace　离子渗氮炉
ion noise　离子噪声
ion-optical　离子光学的
ion oscillation　离子振荡
ion-pair　离子对, 离子偶
ion pair　离子对, 离子偶
ion plating film　电离镀膜
ion propulsion　离子推进
ion-pulse ionization chamber　离子脉冲电离室
ion pump　离子泵
ion-radical　离子基
ion radical　离子基
ion repeller　离子反射器
ion resonance　离子共振
ion rocket　离子火箭发动机
ion sieve　离子筛
ion-sorption pump　离子吸泵
ion-sound wave　离子声波
ion source　离子源
ion spectrum　离子光谱
ion-thrustor　离子 [起飞] 加速器
ion trajectory　离子轨道
ion trap　离子阱
ion-trap gun　离子阱电子枪
ion triplet　三重离子
ionic (=I)　离子的, 游离的
ionic bombardment　离子轰击
ionic bond　离子键
ionic catalyst　离子催化剂
ionic centrifuge　离子离心机
ionic charge　离子电荷
ionic cleaning　离子轰击清除, 放电清除
ionic conduction　离子传导, 离子导电
ionic crystal　离子型结晶, 离子性晶体
ionic crystal semiconductor　离子晶体半导体

ionic current　离子电流
ionic discharge　电离放电
ionic drive (=IDRV)　离子推进
ionic emulsifying agent　离子乳化剂
ionic-heated cathode　离子加热阴极
ionic heating　离子加热
ionic link　离子键
ionic mobility　离子迁移率
ionic polarizability　离子极化率
ionic reaction　离子反应
ionic reflection　离子致折射
ionic semiconductor　离子半导体
ionic strength μ　离子强度 μ（表示溶液中电场强度的大小）
ionic tube　离子管
ionicity　电离度
ionisation　(1) 离子电渗作用, 电离 [作用], 离子化 [作用], 游离 [作用]; (2) 离子形成; (3) 电离化
ionite　离子交换剂
ionitriding　(1) 离子渗氮; (2) 离子渗氮法, 离子氮化法
ionium　{ 化 } 镭 Io, 钍 -230
ionizability　电离本领, 电离度
ionizable　被离子化的, 电离的
ionization　(1) 离子电渗作用, 电离 [作用], 离子化 [作用], 游离 [作用]; (2) 离子形成; (3) 电离化
ionization arc-over　离子飞弧
ionization by collision　碰撞电离
ionization by electron impact　电子碰撞时的电离作用
ionization by light　光致电离
ionization chamber (=IC)　电离室, 电离箱
ionization compensation method　电离补偿法
ionization counter　电离计数器
ionization cross-section detector　电离截面检测器
ionization current　电离电流
ionization curve　电离曲线
ionization detector　电离探测器
ionization device　电离装置
ionization electrode　电离电极
ionization equilibrium　电离平衡
ionization ga(u)ge　(1) 电离压力计, 电离压强计; (2) 电离真空计; (3) 电离管规
ionization in air　空气中的电离
ionization in depth　深度电离, 电离按深度分布
ionization in tube　管内电离
ionization interference　电离干扰
ionization loss　电离损失
ionization of gas　气体电离
ionization potential　电离电势, 电离电位
ionization radiation　电离辐射
ionization series　电离序
ionization voltage　电离电压
ionize　使电离 [成离子], 游离化, 离子化, 致电离
ionized　离子化的, 电离的
ionized acceptor　离子化受主
ionized donor　离子化施主
ionized gas laser (=IGL)　离子化气体激光器
ionized gas readout　气体电离式显示
ionized layer　电离层
ionized molecular　离化分子
ionizer　(1) 电离器, 电离剂; (2) 催 [电] 离素
ionizing particle　致电子粒子
ionizing power　[致] 电离本领
ionocolorimeter　氢离子比色计
ionogen　(1) 可离子化的基团, 可电离基团; (2) 电解质, 电解物
ionogenic　离子生成的, 致电离的, 离化的
ionogenic system　潜离子体系
ionogram　(1) 电离层高频特性曲线图, 电离层特性图, 电离图; (2) 电子层回波探测
ionography　(1) 电色谱法, 载体电泳图法; (2) 电离射线照相法; (3) 离子谱法
ionoluminescence　离子发光
ionomer　(1) 离子 [交换] 聚合物, 含离子键的聚合物, 离聚物; (2) 聚乙烯的一类链型
ionomer resin　离子键树脂
ionometer　(1) 氢离子浓度计, 离子计; (2) X 射线强度计

ionometry　X线测量法
ionopause　电离层顶 [层]
ionophilic　亲离子的
ionophone　离子扬声器
ionophore　离子载体
ionophoresis　离子电泳 [作用], 电泳
ionoscope　存储摄像管
ionosonde　(1) 电离层探测装置, 电离层探测器; (2) 电离层探测站; (3) 电离层测高仪
ionosorption　离子吸收
ionosphere　电离层, 电离圈, 离子层
ionosphere satellite　电离层卫星
ionosphere scattering　电离层散射
ionospheric　电离层的
ionospheric cross modulation　电离层交叉调制
ionospheric-path　电离层传播途径的
ionospheric probe　电离层探针
ionospheric radio propagation　电离层电波传播
ionospheric reflection　电离层反射
ionospheric refraction　电离层折射
ionospheric scatter　电离层散射, 前向散射
ionospheric storm　电离层暴
ionospheric wave　电离层反射波
ionotron　静电 [离子] 消除器
ionotropic　离子移变的, 向离子的
ionotropy　离子移变 [作用], 互变 [异构] 现象
ionsheath　离子套
iontoquantimeter　X射线量计, 离子 [定量] 计
iontoradeometer　X射线量计, 离子计
iontron　静电 [离子] 消除器
iota　无限小的数量, 很小的程度
iporka　艾波卡 (低温绝缘材料)
ipsi-lateral　同侧的
ipso facto　(拉) 根据事实本身, 照那个事实, 事实上
ipsolateral　同侧的
ipsophone　录音电话机
ir-　(词头) 不, 无, 非
iraser (=infra-red amplification by stimulated emission of radiation)　红外线量子放大器, 红外微波激射器, 红外激光器
iraurite　铱金
irides (单 iris)　(1) 膜片, 隔片, 隔膜, 隔板, 隔圈, 挡板; (2) 入射光瞳, 可变光圈, 可变光阑, 彩帘光阑, 锁定光阑, 锁光圈; (3) 窗孔
irdome　可通过红外线的整流罩, 红外导流罩, 红外穹门, 线罩
iridioplatinum　铱铂合金
iridium　{ 化 } 铱 Ir
iris (复 irises 或 irides)　(1) 膜片, 隔片, 隔膜, 隔板, 隔圈, 挡板; (2) 入射光瞳, 可变光圈, 可变光阑, 彩帘光阑, 锁定光阑, 锁光圈; (3) 窗孔; (4) 伊丽思 (美国的研究火箭)
iris action　阻隔作用
iris-capping shutter　光圈 - 加盖快门
iris corder　(红外线电子) 瞳孔仪
iris-coupled filter　瞳孔耦合滤波器
iris diaphragm　(1) 可变光阑; (2) 虹彩隔片, 虹彩器; (3) (波导中的) 膜片, 虹膜
iris setting indicator　控制光阑位置指示器
iris stop　(1) 可变光阑, 虹彩光阑; (2) (波导中的) 膜片
iris wipe　圆圈式划切, 圆圈切换
iriscorder　红外线电子瞳孔仪
irising　调整光阑, 遮光
iron (=I)　(1) 铁; (2) 铁器; (3) 铁制的, 铁色的, 铁似的, 铁的; (4) 烙铁, 熨斗; (5) 铸铁芯铁; (5) (复) 铁粉
Iron Age　铁器时代
iron and steel complex　钢铁联合企业
Iron and Steel Institute (=ISI)　钢铁学会
iron-arc　铁弧
iron band　钢带, 铁箍
iron bar　钢条
iron-base bearing　铁基粉末冶金轴承
iron-base bushing　铁基粉末冶金轴套
iron black　黑锑粉, 铁黑
iron body bronze mounted　铸铁体青铜座的
iron-bound　包铁的
iron cake　铁渣
iron carbide　碳化铁

iron-carbon　铁碳合金
iron-carbon alloy　铁碳合金
iron-carbon diagram　铁碳平衡图
iron-carbon equilibrium diagram　铁碳平衡图
iron carbonate　碳酸铁
iron carbonyl　五碳酰铁, 羰基铁
iron casting　铸铁件
iron cement　铁胶合剂
iron chill　冷铁
iron chink　鱼清理机
iron circuit　铁磁路
iron-clad　(1) 包覆的金属, 金属覆层; (2) 铠装的, 装甲的
iron clad　铠装的
iron-clad coil　铁壳线圈
iron clad coil　铁壳线圈
iron-clad proof　铁证
iron clamp　铁夹
iron-cobalt alloy　铁钴合金
iron-cobalt magnetic alloy　铁钴磁性合金
iron-cobalt-nickel alloy　铁钴镍合金
iron-compass　铁指南针
iron-constantan (=IC)　铁康铜
iron constantan　铁康铜
iron constantan thermocouple　铁康铜热电偶
iron-copper　铁铜合金
iron-copper alloy　铁铜合金
iron-core (=i-c)　(1) 铁心; (2) 型心铁
iron core　铁芯, 铸铁芯铁
iron-core choking coil　铁心轭流圈
iron core coil　铁心线圈
iron core loss　铁心损耗
iron cutting saw　截铁锯
iron-dog　狗头钉
iron down　矫直, 压平
iron dust　铁屑
iron-dust core　铁粉心
iron filings　铁锉屑, 铁屑
iron for concaved planes　凹刨刨刀
iron-foundry　铸铁车间, 铸铁厂, 翻砂厂
iron foundry　炼铁车间, 铸铁车间, 铸铁厂
iron-free　含铁量少的, 无铁的
iron gray　铁灰色 [的]
iron grey　铁灰色 [的]
iron-grid resistance　铁网电阻
iron grill　铁丝格子
iron-hand　机械手
iron hat　(1) 钢盔; (2) 安全帽
iron horse　火车头
iron hydroxide　氢氧化铁
iron ingot　铁锭
iron leg　段铁
iron loss　金属烧损, 铁损失, 铁 [芯] 耗
iron loss test　铁损试验
iron man　(1) 钢铁工人; (2) 安装铁轨工人; (3) 可代替人工的机器; (4) 通用摄像机
iron-master　铁器制造业者
iron melt　铁水
iron-melting furnace　化铁炉, 熔铁炉
iron mike　自动驾驶仪
iron mold　锈痕
iron-monger　金属器具商, 小五金商
iron-mongery　(1) 五金器具; (2) 五金业, 五金店
iron nickel alloy (=INA)　铁镍合金
iron-nickel-chromium　铁镍铬合金
iron-nickel storage battery　铁镍蓄电池
iron-notch　出铁口
iron-oilite　多孔铁
iron-ore　铁矿
iron ore　铁矿
iron-ore cement　矿渣水泥
iron out　熨平, 矫平
iron-oxide　氧化铁
iron oxide　氧化铁
iron-oxidizer　铁氧化剂

iron-oxygen 铁氧系
iron pig 生铁
iron pipe 铁管
iron pipe size (=IPS) 铁管内径, 铁管尺寸
iron pipe thread 铁管螺纹
iron plate 铁板
iron prop 铁柱
iron putty 铁油灰
iron-pyrite 黄铁矿
iron red 红色氧化物颜料, 铁红
iron rust 铁锈
iron-sand 铸铁砂
iron scale 铁锈
iron scrap (1) 废铁；(2) 废铸铁
iron sheet 铁皮
iron shield 铁屏蔽
iron-sided 装甲的
iron sight 机械瞄准具
iron skull 铁路锅炉工
iron socket 铁套节
iron solder 铁焊料
iron stained 生锈的, 锈蚀的
iron stand 烙铁架
iron stone 铁矿
iron sulfide 硫化铁
iron tower 铁塔
iron-vane instrument 铁片式仪表
iron-ware (1) 铁器；(2) 五金店
iron ware 铁器
iron wire 铁丝
iron worker 钢铁工人
iron works 钢铁厂, 炼铁厂
ironability 耐熨烫性
ironac 埃朗纳高硅耐热耐蚀铸铁, 埃朗纳高硅钢
ironback 壁炉背部的铁板
ironclad 装甲舰
ironer (1) 烫衣机, 轧液机, 轧布机；(2) 烫衣工
ironic 铁的
ironical 铁的
ironing (1) 变薄拉深, 挤拉法, 压薄, 冲薄；(2) 熨烫, 熨平, 压平, 烙边
ironing board 烫衣台, 烫衣板
ironing machine 熨压器
ironless 无铁［芯］的
ironmaking 炼铁
ironmaking forge 炼铁
ironmaster 铁器制造商
ironmongery (1) 五金店；(2) 铁器
ironmould (1) 铁锈色；(2) 使生锈
ironside (英) "勇士" 轻型侦察装甲汽车
ironsmith 铁匠, 铁工, 锻工
ironstone 铁石, 铁矿
ironstone china 硬质陶器
ironware 家用铁器, 铁制物品, 铁器
ironwire 铁丝
ironwood 坚硬的木料, 硬木, 铁木
ironwork (1) 铁制部分, 铁制品；(2) 锤铁, 锻铁, 磨光铁；(3) 铁工
ironworker 钢铁工人, 铁器工人
ironworking 铁加工
ironworks 铁厂
irony 铁似的, ［含］铁的
irradiance (1)辐射［通量］密度, 辐照度, 辐照率；(2)射出光线, 发光；(3) 光辉, 灿烂
irradiance measuring system (=IMS) 辐照度测量系统
irradiancy 发射光线的性质, 发射光线的状态
irradiant (1)光辉的, 灿烂的, 辉煌的；(2)射出光线的, 照耀的, 辐照的
irradiate (1)照射, 照耀, 光照, 发出, 射出, 辐照, 辐射, 放射；(2)(用紫外线、X 射线等)处置, 发光, 光渗, 扩散；(3)启发, 阐明
irradiate energy 发送出的能量
irradiated plastics 照射塑料, 辐照塑料, 光渗塑料
irradiated to saturation 活化到饱和的
irradiation (1)光渗, 光线, 光照, 光晕；(2)热线放射, 辐射, 辐照, 照射, 照光, 发光, 放热, 扩散；(3) 辐照度；(4) 启发, 阐明
irradiation bomb 辐照源
irradiation damage 辐照损伤

irradiation sickness 辐射病, 射线病
irradiative 有放射力的
irradiator 辐射体, 辐射器, 辐射源, 辐源
irradicable 不能根除的
IR-radiometer 红外辐射计
irradome 红外整流罩
irrational (1) 不合理的, 无理性的, 荒谬的；(2){ 数 }无理数, 无理量, 无理的, 不尽的
irrational equation 无理方程
irrational function 无理函数
irrational number 无理数
irrational root 无理根
irrational system of units 无理单位制
irrationality (1) 不合理, 无条理；(2) 无理性
irrationalize 使不合理, 使无条理
irrationally 不合理地, 无条理地
irrealizable 不能实现的, 不能达到的
irrecognizable 不能认识的, 不能辨认的, 不能承认的
irreconcilability 不可调和性, 不可和解性
irreconcilable 不能调和的, 难和解的, 不相容的, 矛盾的
irreconcilable as fire and water 水火不相容的
irrecoverable 不能恢复的, 不能挽回的, 不能补救的
irrecoverable error 不可校正的错误
irrecusable 排斥不了的, 不能拒绝的
irredeemable 不能矫正的, 不能改变的, 不能恢复的, 不能挽回的, 不能偿还的, 不能兑现的
irreducibility (1){ 数 }不可约性, 既约性；(2) 非还原性
irreducibility test 不可约判别法
irreducible (1) 不能缩减的, 不能削减的, 不能降低的, 不能缩小的, 不能变小的；(2){ 数 }不可还原的, 不可简化的, 不可约的, 既约的；(3) 不能复位的, 难以复位的, 不能分解的
irreducible equation 不可约方程, 既然约方程
irreducible fraction 既约分数
irreducible function 不可约函数, 既约函数
irreducible minimum 最小限
irreducible water saturation 残余水饱和率, 残余水饱和度
irredundant 不可缩短的, 不能少的
irreflexive 非自反的, 反自反的, 漫反射的
irreflexive relation 非自反关系, 反自反关系
irrefragable 不能反驳的, 不能否认的, 不可争辩的, 无可非议的, 无法回答的, 无疑的
irrefrangible (1) 不可折射的；(2) 不可违犯的
irrefutable 无可辩驳的, 驳不倒的
irregardless (1) 不注意的, 不关心的, 不留心的, 不重视和, 不考虑的, 不顾的；(2) 不顾一切地, 无论如何, 不管怎样
irregular (=irreg) (1) 不规则的, 不对称的, 不均匀的, 无规律的, 不定期的；(2)不整齐的, 有凹凸的；(3)不合常规的, 非正规的, 非正式的, 非正则的；(4) 有缺陷的, 等外的；(5) 等外品
irregular birational transformation 非正则双有理变换
irregular chattering 不规则反跳, 不定反跳
irregular contour 不规则轮廓
irregular crystal 不规则晶体
irregular curves (1) 不规则曲线；(2) 不规则曲线规
irregular error 偶然误差
irregular fluctuation 不规则脉动
irregular formed gear 变态齿轮
irregular fracture 不规则断口, 不平断口
irregular geomagnetic field 不规则地磁场
irregular liner 不定期航船
irregular motion 不规则运动
irregular profile (1) 不规则齿廓；(2) 不规则外形
irregular running 不稳定运动, 不规则运转
irregular section 不规则剖面
irregular soundings 不定点测深
irregular surface 不规则表面
irregular waveguide 异形波导
irregular wear 不均匀磨损, 不规则磨损
irregularia 非正规装置
irregularity (1) 凹凸不平, 不平整性；(2) 不可调节性, 不均匀性, 不均度；(3) 不规则性, 不规律性, 不对称性, 不一致性, 不平衡性, 不正确性；(3) 不均度；(4) 非正则性, 奇异性, 奇点
irregularly (1) 不规则地, 非正规地；(2) 凹凸不平地
irregularly-shaped hole milling 异形孔铣削
irregulation 不规则误差

irrelative 非相关的, 不相干的, 没关系的

irrelevance (1) 非相关性; (2) 不相干的事, 不相干, 不相关; (3) {计} 不恰当组合

irrelevancy (1) 非相关性; (2) 不相干的事, 不相干, 不相关; (3) {计} 不恰当组合

irrelevant 与当前问题无关的, 不相干的, 不恰当的, 不切合的, 不切题的, 不中肯的

irrelevant pattern indication 假象

irremediable 不能补救的, 不可弥补的, 难改正的

irremediable defect 永久性损坏, 永久性缺陷

irremissible (1) 不可原谅的, 不能宽恕的, (2) 不可避免的

irremovability 不可移动性, 不可除去

irremovable 不能移动的, 不能除去的

irreparable 不能修理的, 不能恢复的, 不能挽回的, 不能弥补的, 无可挽救的

irreparableness 不可恢复性

irreplaceable (1) 不能调换的, 不能更换的, 无法替换的, 不能代替的; (2) 不能恢复原状的, 无法补偿的

irrepressibility 不可压制性

irrepressible 控制不住的, 约束不了的

irreprochable 无可指责的, 无可非议的, 无错误的, 无瑕疵的, 无缺点的, 无过失的

irreproducible 不能复制的, 不能再生的

irresistibility 不可抗拒性

irresistible 不可抵抗的, 不可抗拒的, 不可阻挡的, 压制不住的

irresolute 摇摆不定的

irresolution 摇摆不定

irresolvable 不可能被分解的, 不能分离的, 不能解决的

irrespective 不考虑的, 不顾的, 不管的, 不问的

irrespective of percentage 单独海损全赔, 无免赔率

irrespirable 不能呼吸的, 不可吸入的

irresponsibility 无责任性

irresponsible (1) 不负责任的, 无责任 [感] 的, 不可靠的; (2) 不负责任的人

irresponsive (1) 无反应的, 无感应的; (2) 无回答的, 无答复的

irretention (1) 无保持力; (2) 不能保持, 不能保留

irretentive 不能保持的, 不能保留的

irretractive 不能收缩的

irretrievability 不可恢复性

irretrievable (1) 不可挽回的, 无法弥补的, 无法挽救的; (2) 不能恢复的

irreversibility 不可逆性, 不可回溯性, 不可倒置性

irreversibility of gears 齿轮组的不可逆性

irreversible 不可逆 [转] 的, 不能翻转的, 不能倒转的, 不能倒置的, 不能倒退的, 不能取消的, 不可改变的

irreversible absorption current 衰减传导电流

irreversible cell 不可逆电池

irreversible cycle 不可逆循环

irreversible deformation 不可恢复的变形

irreversible permeability 不可逆磁导率

irreversible process 不可逆过程

irreversible steel 不可逆钢

irreversible steering 不可逆转向机构

irreversible transformation 不可逆变形

irreversible worm 自锁蜗杆, 止回蜗杆

irrevocability 不可取消性

irrevocable (1) 不能取消的, 不能撤销的, 不能废止的, 不能改变的, 不能挽回的; (2) 最后的

irrigation (1) 灌溉, 灌注; (2) 冲洗 [法]; (3) 冲洗剂

irrigation efficiency 水的有效利用系数

irrigation network 排灌网

irrigation pipe trailer 灌溉管拖车

irrigator 喷灌机, 冲洗器

irrotational (1) 不旋转的, 非旋转的; (2) 无旋涡的, 非旋涡的; (3) (矢量场) 有势的

irrotational deformation 无旋变形

irrotational motion 无旋运动, 无旋转运动, 非旋转运动

irrotational strain 无旋应变

irrotationality (1) 无旋涡现象, 无旋性, 无涡性; (2) (矢量场的) 有势性

IR-system 红外系统

Irrupt 侵入, 闯入

irruption 突入, 冲入, 闯入, 侵入

irruptive 突入的, 冲入的, 闯入的, 侵入的

Irtran-1 艾尔特兰 -I 红外透射材料 (氟化镁)

irtron 红外光射电源

is cleared for access to classified material up to and including (=ICFATCMUTAL) 准予接触到包括某级在内保密材料

is- (词头) [相] 同, [相] 等

is-symbol {计} 是符号

isa (用作电阻合金的) 锰铜

isabellin 锰系电阻材料 (铜 84%, 锰 13%, 铝 3%)

isabelline 灰黄色的

isabnormal 等异常线

isabnormal line 等异常线, 等偏差线

isacoustic curve 等响线

isacoustic lines 同强震声线

isagoge 导言, 绪论

isagogics 入门研究

isallobar 大气压等变化线, 等变压线

isallobaric 等变压的

isallotherm 等变温线

isametral 等温度较差线, 等偏差线

isanabaric centre 等升压中心

isanabase 等基线

isanabat 等上升速度线

isanakatabar 等气压较差线

isanemone 等风速线

isanomal 等距常线

isanomaly (=iso-anomaly) 等异常线, 等异线

isarithm 等值线

isarithmic line 等值线

isasteric 等容的

isatron 石英稳定计时比较器, 质谱仪

isenerg 等内能线

isenthal automatic voltage regulator 爱生塔尔自动稳压器, 振荡型自动稳压器

isenthalp 等焓线, 节流曲线

isenthalpic (1) 等焓线, 等热函线; (2) 等焓的

isentrope 等熵线, 等熵面

isentropic (1) 等熵线; (2) 等熵的

isentropic change 等熵变化, 绝热变化

isentropics 等熵线

isentropy 等熵

isinglass (1) 鱼 [明] 胶; (2) 云母; (3) 白云母薄片

iso- (词头) (1) 相等, 相同, 同等, 均匀; (2) (同分) 异构

iso-abnormal 等异常线

iso-amplitude 等变幅线

iso-deflection 等挠度

iso-ionic point 等离子点

iso-osmotic 等渗 [透压] 的

iso-strain diagram 等应变图

iso-strength interval 等强线间距

iso-stress 等应力

iso-surface 等面的

iso V-notch impact test 国际标准化组织标准 V (型) 缺口 [试样] 冲击试验

isoanabaric 等升压的

isoanabase 等基线

isoanakatabar 等气压较差线

isoanomaly 等异常线

isoatmic 等蒸发线

isoaurore 极光等频 [率] 线

isoazimuth 等方位线

isoballast 等压载的

isobar (1) 等压线; (2) 同质异位素, 同量异位素, 异序元素; (3) {数} 等权

isobar-isostere 等压等体积度线

isobar polynomial 等权多项式

isobaric (1) 不发生气压变化的, 等压线的, 等压的, 恒压的; (2) 同原子量异序的, 同量异序的, 同量异序的, 同质异位的; (3) {数} 等权的

isobaric covariant 等权共变式, 等权共变量

isobaric line 等压线

isobaric nucleus 同量异位核

isobaric resonance 同质异位素共振

isobaric spin 同位旋

isobaric state 同质异位态, 共振态

isobaric surface 等压面
isobarism 同质异位性
isobary 同质异位性
isobase 等基线
isobath (1) 等水深线；(2) 等深度线
isobathic 等深的
isobathytherm (1) 等温深度线，等温深度面；(2) 海内等温线
isobaths 等深线
isobestic point 等吸收点
isobilateral 二侧相等的，等双边的，等面的
isoboson 等玻色子数
isobutene 异丁烯
isobutene rubber [聚] 丁烯合成橡胶
isobutylene 异丁烯，异丁撑
isobutylene isoprene rubber (=IIR) 异丁橡胶
isobutylene resin 异丁树脂
isocaloric 等能的
isocandela 等烛光，等光强
isocandle line 等烛光线
isocarb 等含碳量线
isocatabase 等降线
isocatalysis 异构催化 [作用]
isoccetylene 异乙炔
isocenter (1) 等角点；(2) 航摄失真中心
isochasm 极光等频 [率] 线，等极光线
isochore (1) 等体积线，等容线；(2) 等时差线
isochoric 等体积的，等容的
isochromate 等色线
isochromatic (1) 等色线；(2) 等色的，同色的，单色的；(3) 正色的
isochromatism 等色性
isochron 等时值线
isochronal 等时的
isochronal line 同 [时感] 震线
isochrone (1) 同时线，等时线；(2) 等稳线；(3) 瞬压曲线
isochrone diagram (星际航行) 等时间图
isochronic 同时完成的，等时的
isochronism (1) 同时性，等时性；(2) [运转速率的] 均匀性；(3) 等时值；(4) 等时振荡，同步
isochronism speed governor 同步调速器
isochronization 使等时
isochronograf 等时仪
isochronograph (1) 等时图；(2) 等时计
isochronon 等时钟
isochronous (1) 同时完成任务，等时的；(2) 同步的，同谐的
isochronous cyclotron 等时性回旋加速器
isochronous governor 同步调节器
isochronous modulation 同步调制
isochronous oscillation 等时振荡
isochronous vibration 等时振动
isoclinal (1) 等倾的，等斜的；(2) 等斜线，等向线；(3) 等磁倾线
isocline 等斜线，[磁针] 等倾线，等向线
isocline line 等斜线
isoclinials 等磁倾线
isoclinic 等磁倾线的，等倾线的，等倾的，等向的
isoclinic equator 地磁赤道
isoclinic line 等 [磁] 倾线
isocolloid 同质异性胶，胶质质
isocompound 异构化合物
isocon 分流直像管，分流正析像管
isoconcentrate 等浓度线
isoconcentration 等浓度
isocorrelate 等相关线
isocosm 宇宙线等强度线
isocount (1) 等计数率线，等放射性线，等脉冲线；(2) 等计数
isocurlus 等涡流强度线，等旋涡强度线
isocycle 等原子环，等环核
isocyclic (1) 等节环的；(2) 同素的；(3) 碳环的
Isod machine 伊佐德冲击试验机
isodef 等少量百分率线
isodense 等密度曲线
isodensitometer 等密度计
isodesmic {晶} 各向同点阵的，等链的
isodiametric 等 [直] 径的
isodiaphere (1) 等超额中子核素；(2) (复) 同差异素

isodiapheric 同差素的
isodiff 等改正线，等差线
isodiffusion 等漫时
isodimesric 等长宽的
isodimorphism 同二晶 [现象]，同二型 [现象]
isodisperse 等弥散的，单分散的
isodrome governor 等速调速器
isodromic (1) 恒值的，等速的；(2) 同航线
isodrosotherm 等露点线
isodynam 等磁力线，等风力线
isodynamic (1) 等磁力线的，等磁力的，等热力的，等能的；(2) 等磁力线
isodynamic earphone 等相电动耳机
isodynamic line 等 [磁强] 力线，等磁力线
isodynamogenic 产生等力的，等力性的
isodyne 等力线
isoelastic 等弹性的
isoelasticity 等弹性
isoelectric 具有或表示零电位差的，零电位差的，等电离的，等电位的，
isoelectric focusing 等电子聚焦
isoelectric point (=IP) 等电点，等电离点
isoelectrofocusing 等电聚焦
isoelectronic 等电子的
isoelectronic focusing 等电子聚焦
isoelectronic ion 等电子离子
isoelectronic recombination center 等电子复合中心
isoelectronic sequence 等电子序数
isoenergetic 等能 [量] 的
isoenergetical 等能 [量] 的
isoentrope 等熵线
isoentropic 等熵的
isofermion 等费米子数
isoflux 等 [中子] 通量
isogal 等重力线，[重力] 等伽线
isogam (1) 等磁场强度线，等磁力线；(2) 等重力线，等重线
isogams 等重力线，重力等差线
isogel 等凝胶，同构异量质凝胶
isogenetic 同源的
isogeopotential 等大地势线
isogeotherm 地下等温线，等地温线
isogon (1) 等磁偏线；(2) 同风向线；(3) 等角多角形
isogonal (1) 等方位线，等磁偏线，等角线，等偏线；(2) 角度不变的，保角的，等角的
isogonal conjugate points 等角共轭点
isogonal line 等方位线，等磁偏线，等角线
isogonalit {数} 等角变换，保角变换
isogonic (1) 等 [磁] 偏的；(2) 等偏角线，等磁偏线，等偏线；(3) 等偏线的，等偏角的
isogonic curve 等方位线，等磁偏线
isogonic line 等磁偏线
isogonism (1) 等角现象；(2) 准同型性
isogor 等油气比
isograde 等梯度线，等变度，等量线
isogradient 等梯度线
isogram 等值线图
isograph (1) 万能尺；(2) (解代数方程用) 求根仪；(3) 等线图
isogrid 地磁等变线
isogriv (1) 等重力线；(2) 等坐标磁偏线
isogrive 等格角线，等磁角线
isogyre 等旋干涉条纹，同消色线
isohel 等日照线
isohume 等湿度线
isohydric 等氢离子的
isohygromen 等湿度线
isohygrotherm 等水温线
isohypse 等高 [度] 线，水平线
isoinhibitor 同效抑制剂
isoinversion 等反演
isoionic point 等离子点
isokatanabar 等气压较差线
isokom 等粘线
isol 孤点元
isolability 可隔离性
isolantite 艾苏兰太特 (陶瓷高频绝缘材料)

isolate (1)使绝缘,使孤立,使脱离,隔绝,封锁,隔离,隔开,分离,游离,断开,切断;(2)使离析,使析出,排出;(3)提取物,抽数;(4)纯分离体;(5)(故障的)查出;(6)绝缘的,隔离的,孤立的
isolate bus (1)绝缘汇流排,隔离汇流排;(2)绝缘母线
isolated 隔离的,孤立的
isolated amplifier 隔离放大器,缓冲放大器
isolated beam 独立梁
isolated busbar 相间隔离母线,隔相母线
isolated camera 专注摄像机
isolated compound 离散元件,离散分量,绝缘部件
isolated echo 孤立回波体
isolated electric power station 孤立电厂
isolated flyspeck (光学符号识别用)孤立黑斑
isolated foundation 防震基础,隔离基础,独立基础
isolated-gate FET 隔离栅场效应晶体管,绝缘栅效应晶体管(FET=Field Effect Transistor 场效应晶体管)
isolated gate field effect transistor (=IGFET) 隔离栅场效应晶体管,绝缘栅效应晶体管
isolated neutral system 非接地制
isolated outputs 去耦输出
isolated pitting 分散的点蚀
isolated system 非接地制
isolater (1)隔离装置,隔离器;(2)单向导电体,绝缘物,绝缘体,绝缘子,绝热体,隔振体,隔音体;(3)隔离开关;(4)(微波)单向器,单面波导管,单向波导管;(5)去耦装置,去耦器;(6)整流元件;(7)隔离物,隔离者
isolateral 等边的,同侧的
isolating capacitor 隔直流电容器;(2)级间耦合放大器
isolating condenser (1)隔直流电容器;(2)级间耦合放大器
isolating link 隔离开关
isolating switch 切断开关,断路器
isolating transformer 分隔变压器
isolating valve 隔离阀
isolation (1)分离,隔离,游离,脱离;(2)离析,析出,排出;(3)隔绝,绝缘,隔声,去耦;(4)孤立,单独;(5)介质;(6)查出[故障]
isolation barrier 隔离屏障
isolation booth 隔声间,隔音室
isolation capacity 诊断能力
isolation diffusion 隔离扩散
isolation information system 分割信息系统
isolation leakage 隔离漏电流
isolation method (1)隔离法;(2)(漏抗)分离计算法
isolation mounting 隔振装置
isolation transformer 隔离变压器
isolatism 孤立性
isolative 隔离的
isolator (1)隔离装置,隔离器;(2)单向导电体,绝缘物,绝缘子,绝热体,隔振体,隔音体;(3)隔离开关;(4)(微波)单向器,单面波导管,单向波导管;(5)去耦装置,去耦器;(6)整流元件;(7)隔离物,隔离者
isolead curve 等提前量曲线
isoline 等直线,等值线,等价线,等高线,等深线,等温线,等位线
isolit 纸绝缘材料,绝缘胶纸板
isolite 绝缘胶木纸,艾索莱特
isolith 隔离式共块集成电路,隔离式共片集成电路,隔离式单片集成电路
isolong 等径度改正线
isolux curve 等照度线
isolux line 等照度线
isolychn 亮度面,发光线
isomagnetic (1)等磁力线;(2)等磁力的
isomagnetic line 等磁线
isomer 异构体,异构物
isomeric 同质异能的,同分异构的
isomeric nucleus 同质异能核
isomeric transition (=IT) 同质异能跃迁,同质异构转化
isomeride 同分异构体
isomerism (1)同质异能性;(2)[同分]异构[现象]
isomerization 异构化[作用]
isomerized rubber 异构化橡胶
isomeromorphism 同分异构同形性
isomerous (1)同分异构的,同质异能的;(2)等基数的
isometric (1)等比例的,同尺寸的,等大的,同大的;(2)等体积的,等容[积]的;(3)等轴[晶]的;(4)等角的,等周的,等量的,等度的,

等径的;(5)等距[离]的;(6)同质异能的;(7)立方的;(8)非等渗的;(9)等容线
isometric drawing (1)等角图;(2)等距画法;(3)正等轴侧图,等角投影图,等距离图,等量图,等度图
isometric line (1)等值线;(2)等容平行线,等容线
isometric parallel 等容平行线,等值平行线
isometric projection 等角投影,等矩投影
isometric space 等距空间
isometric surface 等距曲面
isometric system 立方[晶]系,等轴晶系
isometric view 等轴侧投影
isometrical (1)等比例的,同尺寸的,等大的,同大的;(2)等体积的,等容[积]的;(3)等轴[晶]的;(4)等角的,等周的,等量的,等度的,等径的;(5)等距[离]的;(6)同质异能的;(7)立方的;(8)非等渗的;(9)等容线
isometrical drawing 等角投影图
isometrical projection 等角投影
isometrics 等体积线,等容线
isometrography 等角线规
isometropia 等折光性
isometry 等矩,等轴,等容
isomorph 同晶型体,同形,同构
isomorphic (1)同构的,同态的,同形的;(2)类质同晶[型]的,类质同像的,同[晶]型的,同素体的;(3)一一对应的
isomorphism (1)同[晶]型性,同形[性],同构;(2)类质同晶型[现象],类质同像,类质同晶
isomorphous (1)同晶的,同晶型的,同态的,同构的,同形的;(2)类质同晶[型]的,类质同像的
isomorphous substance 类质同晶型体
isonomalis 磁力等差线
isoorthotherm 等正温线
isopach 等厚线
isopachite 等厚线
isopachous 等厚的
isoparametric 等参数的
isoparametric element 等参元
isoparametric formulations 等参数表示
isopen 同相线
isoperibol 恒温环境
isoperimetric 等周的
isoperm (1)恒磁导率铁镍钴合金;(2)等渗透率图;(3)等渗透率线
isophagy 自体溶解,自溶
isophase 等相线
isophasm (of pressure) 变压等直线
isophonic 等音感的,等声强的
isophonic contour 等声强曲线,等音感曲线
isophote 等照度线
isophotometer 等照度计
isopic (1)同相的;(2)相同的
isopiestic (1)等压线;(2)等压的
isopiestics 等压线
isoplanar 同平面的,等平面的
isoplere 等体积线,等容线
isopleth (1)等值线;(2)等浓度线
isopleth of brightness 等亮度线
isopleth radiation 辐射等值线
isoplethal 等值线
isopolar 等极化线
isopolymorphism 等[同质]多晶型现象,同多形现象
isoporic (1)等磁变线;(2)等磁变的
isoporic line 等磁变线
isopotential 等位线,等势线,等[电]位,等[电]势
isopotential surface 等电位面
isopreference curve 等优先曲线
isopressor 增压能力相等的,等加压的
isoptic curve 切角曲线
isopulse (1)等脉冲线,等计数率线,等放射性线;(2)衡定脉冲[的]
isopulse conyour 等脉冲线,等计数率线,等放射性线
isopulse curve 等脉冲线,等计数率线,等放射性线
isopycn 等体积线,等容线
isopycnal 等密度线,等密线
isopycnic 等密度面,等密面
isopyknic 等体积的,等容的
isoquot 等比力点

isorad 等拉德线（放射性的等量线）
isoradical 等放射线
isorheic (1)等粘液；(2)等粘的
isorotation 等旋光度
isorrhopic 等价的，等值的
isorubber 异构橡胶
isoscalar 同位旋标量
isosceles （三角形）等边的，等腰的
isosceles crank-and-rocker mechanism 等边曲柄摇臂机构
isosceles double-crank 等边双曲柄
isosceles drag-link 等边连杆［机构］
isosceles slider-crank 等边滑块－曲柄［机构］
isosceles triangle 等腰三角形
isoscope 同位素探伤仪，眼动测位仪
isoseismal (1)等震线；(2)等震的
isoseismic 等震的
isoseisms 等震线
isosensitivity 等灵敏度
isoshear 等切变线
isosinglet 同位旋单态，电荷单态
isosite 等震线
isosmotic 等渗［压］的
isosmoticity 等渗［透性］
isosol 同构异量质溶胶，等溶胶
isospace 同位旋空间，电荷空间，同空间
isosphere 等球体
isospin 电荷自旋，同位旋
isospinnor 同位旋旋量
isospray 氯乙烯均聚物
isostasy ［压力］均衡
isostath 等密度线
isostatic 等压的，均衡的，均匀的
isostatic adjustment 均衡补偿
isostatic compensation 均衡补偿
isostatic correction 均衡补偿
isostatic depression 均衡下降
isostatic equilibrium 均衡平衡
isostatic movement 均衡运动
isostatics (1)［主应力］倾度线；(2)等压线
isoster (1)等体积度线；(2)等体积线，等容线
isostere (1)［电子］等排物，等配物；(2)等密度线，等比容线；(3)同电子排列体
isosteric (1)电子等排的，等比容的，等体积的；(2)等比容线
isosteric surface 等体［积］度面
isosterism 电子等配性
isostructural 类质同晶型的，等结构的，同构的，同型的
isostructuralism 等结构性，同结构性
isostructure 同构造，同结构，等结构
isosulf 异构硫
isosurface 等值面
isosynchronous 等同步的
isotach 等速度曲线，等风速线
isotachophoresis 等速电泳
isotachyl 等［风］速线
isotactic 全同［立构］，等规的
isotactic sequence 全同［立构］序列
isotacticity 全同［立构］规整度
isotaxy 等规聚合
isoteniscope 蒸汽［静］压力计
isothene 等气压平衡线
isotherm 等温线，恒温线
isothermal (=isoth) (1)等温线，等温，同温；(2)等温［线］的，同温线的，等温的，同温的
isothermal annealing 等温退火
isothermal change 等温变化
isothermal compression 等温压缩
isothermal efficiency 等温效率
isothermal expansion 等温膨胀
isothermal gas chromatography (=IGC) 等温气象色谱法
isothermal layer 同温层
isothermal line 等温线
isothermal normalizing 等温正火
isothermal quenching 等温淬火
isothermal transformation 等温变化

isothermalcy 等温层结构稳定性
isothermality 等温条件，等温
isothermic 等温的，同温的
isothermobath 断面等水温线，深水等温线，等温槽
isothermohypse 等温高度
isothermy 等温条件，等温
isothyme 等蒸发量线
isotime 等时线
isotimic 等值的
isotomeograph 地球自转测试仪
isotomic 等渗压的
isotone (1)同中子异荷素，同中子异位素，同中子核素，等中子［异位］素；(2)等渗压性，等渗张性
isotonic (1)单调递增的，等渗压的，等渗张的；(2)等中子［异位］的；(3)发相同声音的
isotonic concentration 等渗浓度，等压浓度
isotonicity 等张［力］性，等渗性
isotope 同位素
isotope-activated 被同位素激活了的
isotope-dilution analysis (=IDA) 同位素分析法
isotope discrimination 同位素鉴别
isotope dispenser 同位素计量器
isotope-enriched 同位素富集的
isotope exciter light source (=IELS) 同位素激发器光源
isotope milker 同位素发生器
isotope ratio tracer (=IRT) 同位素比示踪剂
isotope separation apparatus 同位素分离器
isotope separation power (=ISP) 同位素分离率
isotopic (1)同位［素］的；(2)｛数｝合痕的
isotopic amplitude 同位旋振幅
isotopic atomic weight (=IAW) 同位素原子量
isotopic examination 同位素检查
isotopic flux 同位素通量
isotopic number 中［子］质［子数］差
isotopic spin 同位旋
isotopic tracer 同位素示踪剂
isotopic weight (=IW) 同位素的原子量
isotopical (1)同位［素］的；(2)｛数｝合痕的
isotopics 同位素组成
isotopism (1)｛核｝同位素性［质］，同位素学；(2)｛数｝合痕
isotopomer 同位素标记化合物
isotopy (1)同位素学；(2)同位素性质
isotoxin 同族毒素
isotrimorphism 三重同形性，同晶型性
isotron ［高压电场］同位素分离器，同位素分析器
isotrope (1)各向同性晶体；(2)各向同性；(3)均质
isotropic (1)单折射的，迷向的，均质的；(2)各向同性的，全向性的，无向性的
isotropic body 各向同性体，均质体
isotropic line 极小［直］线，迷向［直］线
isotropic material 各向同性材料
isotropic-plane 极小［平］面，迷向［平］面
isotropic symmetry 同位旋对称［性］，均质对称
isotropic unipole antenna 各向同性天线，非定向天线，全向天线
isotropism 各向同性［现象］
isotropous (1)各向同性的，同方向的，等向性的；(2)单折射的
isotropy (1)各向同性，均质性，无向性，全向性，等向性；(2)单折射
isotype (1)同模；(2)反映统计数字的象征性图表
isotypic ｛晶｝同型的
isotypical ｛晶｝同型的
isotypism 同型性
isovector 同位旋矢量，等矢量
isovel 等速度曲线，等速线
isovelocity 等［风］速线
isovels 等速线
isovois 等体积线，等容线
isovols 等体积线，等容线
isovolumetric 等体积的，等容的
isowarping (1)等挠曲的；(2)等挠曲线
israds 等辐射线
issuable (1)可提出抗辩的，可争论的；(2)可发行的；(3)可能产生的
issuance 发行，发给，颁布
issue (1)液体的排放；(2)发行［物］；(3)争论点，问题
issue a statement 发表声明

issue an order　发布命令

issue from　由……得出，由……产生，由……引起

issue in　(1) 导致，造成；(2) 流出，发出，放出；(3) 引流口，出口；(4) 发行，出版；(5) 问题，论点；(6) 结局，结果

issueless　无可争辩的，无结果的

issuing of bill of lading　出具提单

issuing velocity　射出速度

ISTEG bar　钢筋用钢

iswas　简单的计算装置

it　(1) 它；(2) 这，那

it-plate　石棉橡胶板

italic (=it)　(1) 斜体的；(2) 斜体字

italicise　用斜体字印刷

italicize　用斜体字印刷

italicized (=it)　用斜体字印刷的

italicis (=it)　用斜体

italsil　意大利硅铝合金 (硅 5%，铝 95%)

item　(1) 项目，项次，条目，条款；(2) 元件，零件，实体，物品，产品；(3) 字集，字组；(4) 信息单位，单元单位；(5) 作业，操作；(6) 同样地，同上，又

item advance　按项目前进，项目前进法，项目前移，提出项目

item by item　逐项地，逐个地

item-by-item sequential inspection　逐个顺序检验，逐项顺序检查

item characteristic code (=ICC)　项目特征符号

item counter　操作次数计数器

item description (=ID)　项目说明

item identification number (=IIN)　项目识别号

item number (=Item No. 或 I/N)　项目 [编] 号，项次号

item of velocity　速度项

item operation trouble report (=IOTR)　项目运转故障报告

item study listing (=ISL)　项目研究编目

itemization　逐条记明的行为

itemize　逐条列举，公项列记，详细记明，详细说明，分类，分条，分项

itemized invoice　详细发票

itemized schedule　项目一览表

items on hand (=IOH)　手头存货

ITEP linac (原苏联) 理论和实验物理研究所直线加速器

iteral　导管的，通路和

iterance　反复地说，重复，重述

iterancy　重复性，反复性

iterate　(1) 重复，重申，重述；(2) 累接，迭代

iterated　多重函数，叠函数

iterated electrical filter　多节滤波器，累接滤波器，链形滤波器

iterated extension　多重扩张

iterated function　多重函数，叠函数，累函数

iterated integral　叠积分，累积分

iterated interpolation　迭代插值法

iterated interpolation method　迭代插值法

iteration　(1) 重复，反复，循环；(2) 反复地讲，重述，重申；(3) 逐步逼近法，叠代法，迭代法，累接法

iteration factor　重复因子，迭用因子

iteration function　叠代函数

iterative　反复的，重复的，迭代的，迭接的，累接的，复接的

iterative circuit　链形 [滤波] 电路，累接电路，迭代电路

iterative circuit computer (=ICC)　累接电路计算机

iterative computation　迭代计算

iterative filter　累接滤波器

iterative impedance　累接阻抗，叠接阻抗，交等阻抗

iterative method　迭代法，反复计算法

iterative operation (=IO)　迭代操作

iterative problem　重复的算题

iterative statement　迭代语句

iterative structure　叠合结构

iterative test generator　叠接式测试生成程序

iteratively faster　快速迭代

iteroparity　重生，再生，新生

iteroparous　重生的，再生的

itinerary　(1) 航海日程表，旅行指南；(2) 行程，路线；(3) 路线的，旅行的，巡回的；(4) 连续拍摄

itinerary lever　电锁闭控制杆

itinerary map　航线图，路线图

itinerate　巡回

itineration　巡回

Itron　伊管 (一种荧光显示管)

itsy-bitsy　极小的

Ivanium　依瓦尼姆铝合金

ivory　(1) 象牙雕刻物，象牙制品，象牙；(2) 高级白纸板，象牙纸，厚光纸；(3) 乳白色，象牙白，象牙色；(4) 象牙色的，乳白色的

ivory board　象牙白纸板

ivory-white　乳白色的

ixodynamics　粘滞动力学

ixometer　油汁流度计

Izett steel　伊 泽 特 非 时 效 钢 (碳 0.01%，锰 0.5%，硅 0.04%，铝 0.05%，氮 0.07%，其余铁)

izod impact test　悬臂梁式冲击试验，悬臂梁式碰撞试验

izod notch　V 型缺口，V 型切口

izod test　伊佐德冲击试验，悬臂梁式冲击试验

izod value　摆式冲击量

izzard　字母 Z

J

J　(1) J 字形；(2) 平衡 Y 轴的单位矢量；(3) 函数行列式

J alloy　J 耐热合金 (钴 60%，铬 23%，钼 6%，钛 2%，锰 1%，碳 2%，其余铁)

J-antenna　半波天线，J 型天线

J-carrier system　宽带载波系统，J 型载波制

J-display　环型距离显示，J 型显示

J-FET (=junction type field effect transistor)　结型场效应晶体管

J-L coupling　拉卡耦合，J-L 耦合

J metal　J 钴铬 [高] 耐热钢 (钴 60%，铬 20%，其余铁)

J-N (=jet navigation)　喷气航行

j-number　虚数

J-plane analyticity　角动量平面解析性

J-scan　J 扫描 (有径向偏移的圆形扫描)

J scope　圆环显示器，J 型显示器

JA (=joint agent)　联合代理人

jab　突然冲击，猛碰

jabega　一种围网划桨渔艇

Jacama metal　铅基轴承合金 (铅 71%，锡 10%，其余锑)

jacinth　(1) 桔红色宝石，红锆石；(2) 桔红色

jack　(1) 螺旋起重器，千斤葫芦，千斤顶，倒链；(2) 传动装置，随动装置；(3) (收放) 作动筒，动力油缸；(4) 手动气锤，手持风锤，手持铜锤；(5) 增加，提高；(6) 弹簧开关，簧片结点，按钮；(7) 支撑物，支柱；(8) 塞孔，插孔，插口，插座；(9) (用千斤顶) 顶起，举起，扛；(10) 套料

jack and circle　钻头装卸器

jack arch　平拱

jack arm　起重平衡臂

jack base　插孔板，塞孔板

jack block　(1) 帆升降滑车；(2) 顶升构件法

jack bolt　起重螺栓，调整螺栓，定位螺栓

jack box　{电} 插接箱

jack-carrying frame　千斤顶载架

jack chain　(1) 起重链；(2) 循环齿链

jack chuck　活络卡盘

jack creel　活动筒子架

jack cylinder　千斤顶油缸

jack-down　[用千斤顶] 降下

jack down　降下

jack-engine　小型蒸汽机

jack engine　辅助发动机，小型蒸汽机

jack fastener　插口线夹

jack frame　末道粗纱机

jack-hammer　(1) 风镐；(2) [手持式] 凿岩机；(3) 凿岩锤

jack hammer　(1) 轻型手持式凿岩机，风镐；(2) 凿岩锤

jack hammer drill　撞钻，冲钻

jack-head pump　副泵，随动泵

jack-in-the-box　(1) 螺杆千斤顶，螺旋千斤顶，螺旋起重器；(2) 钢轨弯曲矫直机；(3) 差动传动装置，差动齿轮；(4) 虎钳；(5) 压榨螺杆；(6) 粗纱机差动装置

jack-in unit　插换部件

jack-king (=J-K)　(触发器的) 主从

jack-king flip-flop　主从触发器，J-K 触发器

jack-knife　(1) 大折刀；(2) 用大折刀切

jack-knifing　牵引机器相对拖拉机的转角

jack-ladder　(1) 木踏板绳梯，索梯；(2) 运木斜槽

jack ladder　木踏板绳梯，索梯

jack lagging　(1) 支拱板条；(2) 砌筑壳体用的模板

jack-lamp　安全灯

jack lamp　安全灯

jack-leg　(1) 技术不高明的，外行的；(2) 不择手段的；(3) 权宜之计的

jack lever　顶重杠杆

jack lift　起重吊

jack line　千斤绳

jack-of-all-trades　能做各种事情的人，万能博士

jack-of-one-trade　只懂得本行业务的人

jack pad　千斤顶垫座

jack panel　插孔面板，塞孔板，接线板，转插板

jack per line　(电话) 同一号码，同号

jack per station　(电话) 不同号码，异号

jack-plane　(1) 粗刨，大刨；(2) 台车

jack plane　粗刨，大刨

jack-post　轴柱

jack post　轴柱，撑柱

jack presser　[圆形] 花压板

jack-prop　顶柱

jack-pump　油矿泵

jack rail bender　轨道弯曲器

jack reacting against wall　支墙起重器

jack rope　挂帆索

jack-screw　螺旋千斤顶，螺旋顶重器，起重螺旋

jack screw　(1) 起重螺丝，起重螺柱，起重螺旋，顶重器；(2) 螺旋千斤顶，千斤顶螺杆，千斤顶螺旋

jack shaft　(1) (变速箱) 传动轴，驱动半轴，中间轴，主动轴，副轴；(2) 起重器轴

jack spool　粗纺大筒杆

jack spring　推片弹簧，底脚弹簧

jack staff　船首旗杆

jack stand　千斤顶架

jack star　(铸工清理滚筒中的) 五角星

jack stringer　外纵梁，小纵梁

jack strip　插口簧片

jack switch　插接开关，弹簧开关

jack timber　短撑木

jack truss　小桁架，半桁架

jack-up　(1) [用千斤顶] 顶起，顶高，起重；(2) 增长；(3) 海上钻井塔

jack up　顶起，起重

jack-up pile driver　顶起式打桩机

jack with handle　手摇顶车器

jackal　飞机所带干扰敌机无线电通信的设备

jackass　锚链孔塞

jackass bark　(1) 三桅帆船；(2) 四桅帆船；(3) 多桅帆船

jackass brig　双桅帆船

jackbar　钻机支柱

jackbit　可拆式钻头，活钻头

jackbit insert　(1) 切刀，刀具；(2) 刃口

jackdrill　凿岩机

jacked pile　压入 [式] 桩

jackengine　辅助发动机，小型蒸汽机

jacket　(1) 外套，水套，汽套，护套，套管，套筒，套壳，夹套，外壳，弹壳，盒，盖，罩，膜；(2) 保护罩，蒙皮；(3) 挡板；(4) 铸坑；(5) 救生衣；(6) 用汽套护着，给……装套

jacket cooling　水套冷却，套管冷却

jacket core　水套 [型] 芯

jacket cylinder　有套汽缸

jacket gage　片基量规
jacket space　套管空间，护套空间
jacket valve　套层阀
jacket water (=JW)　水套冷却水
jacketed　置于壳内的，外覆以套的
jacketed cable　包皮电缆
jacketed cylinder　带水套的汽缸
jacketed evaporator　套层蒸发器
jacketed lamp　双层灯
jacketed pump　加套泵
jacketing　(1)蒙套，包壳，封装；(2)套式冷却；(3)套式加温；(4)套筒，外套，蒙套
jacketfield　插孔板
jackfurnace　修钎炉
jackhammer　(1)锤击式凿岩机，手持式凿岩机；(2)凿岩锤，气锤；(3)风镐
jacking　(1)套料；(2)四道粗纺机；(3)[用千斤顶]顶起，扛起
jacking accessible cable-connections　张位斜缆接合
jacking base　顶推基座
jacking beam　反作用梁，顶梁
jacking block　千斤顶垫块
jacking cycle　顶进周期
jacking delivery motion　走车牵伸输出运动
jacking force　顶推力
jacking frame　托架
jacking machine　(制革用)起皱机
jacking of foundation　基础抬升
jacking of pile　千斤顶顶桩
jacking of roof　顶板支护
jacking oil　顶轴油
jacking oil pump　顶油泵
jacking platen　千斤顶压板
jacking pocket　千斤顶座孔
jacking screw　顶起螺旋，螺旋千斤顶
jacking stress　张拉应力，顶进应力
jacking strut　顶进支杆
jackknife　(1)大折刀；(2)用大折刀切
jackknife bridge　折叠桥
jacklamp　安全灯
jackleg　风动钻架，轻型钻架，凿岩机把
jacklift　起重托架
jacklight　篝灯
jackmill　锻钎机
jackrod　钻杆
jackscrew　(1)起重螺旋，起重螺杆；(2)螺旋千斤顶，螺旋顶重器；(3)螺旋正牙螺
jackshaft　(1)变速箱传动轴，中间轴，副轴；(2)凿岩机顶柱
Jackson　(美)"杰克逊"自行反坦克火炮
Jackson alloy　铜锌锡合金(铜 63-63.9%，锌 30.5-35.6%，其余锡)
Jackson belt fastener　杰克逊皮带扣
jackstay　(1)撑杆；(2)飞艇轴上固定索，船帆支索，桅桁支索，系帆缩帆索，分隔索，挂物索，支索
jackyard　辅助帆横桁，纵帆斜顶杆
jackyarder　(1)[四角斜桁]辅助帆；(2)四角帆小船
Jacob　木踏板绳梯，铁踏板绳梯，索梯
Jacob alloy　铜硅锰合金(铜 94.9%，硅 4%，锰 1.1%)
Jacob chuck　贾各卡盘
Jacobi alloy　雅可比合金(锡 85%，锑 10%，铜 5% 或铅 85%，锡 5%，锑 10% 或铅 63%，锡 27%，锑 10%)
Jacobi method　雅可比法
Jacobian determinant　雅可比行列式，导数行列式
Jacobian matrix　雅可比矩阵
Jacob's staff　罗盘支杆
Jacquard　加卡织机，提花织机
Jacquard loom　杰克德式织布机
Jae metal　铜镍合金(铜 30%，镍 70%)
jaegt　(挪)一种运鱼帆船
jaff　复式干扰
jag　(1)锯齿状缺口，V 字形凹口；(2)锯齿状突出物，尖锐突出物，参差；(3)使成锯齿状，刻上缺口；(4)传真失真
jag-bolt (=rag-bolt)　棘[地脚]螺栓
jag bolt　棘螺栓
jagged　(1)锯齿状的，有缺口的；(2)参差不齐的，凹凸不平的
jagged edges　凹凸状边缘，锯齿状边缘

gagging wheel　刻锯齿花饰轮
jaggy　锯齿状的，有缺口的，不整齐的
jaloppy　破旧汽车，破旧车辆，破旧飞机
jalopy　破旧汽车，破旧车辆，破旧飞机
jalousie　[固定]百叶窗，遮窗
Jalten　锰铜低合金钢(碳 0.25%，锰 1.5%，硅 0.25%，铜 0.4%，其余铁)
jam　(1)抑制，堵塞，阻塞，滞塞，塞满，；(2)干扰，扰乱；(3)挤住，咬住，卡住，夹住，楔住，楔进，挤进，压住，滞住，停住，压紧，挤紧，楔紧，夹紧；(4)发生故障，转不动，障碍，失真；(5)压碎
jam-free　无干扰的，抗干扰的
jam-packed　塞得紧紧的
jam nut　保险螺母，防松螺母，锁紧螺母，安全螺母，扁螺母
jam-resistant　抗干扰的
jam rivetter　气动铆[接]机，窄处铆机
jam-to-signal (=j/s)　噪声信号比
jam-to-signal ratio　噪声信号比，干扰信号比
jam-up　交通阻塞
jam weld　对头焊接
jamb　(1)门窗框边，侧柱；(2)壁炉撑条
jamb extension　侧柱盖板
jamb guard　侧柱护铁
jamb liner　窗边框筒子板
jamb lining　窗框度头板
jamb post　门窗侧柱
jamb wall　门窗侧墙
jamb wall cleat　防松系索耳，甲板羊角
jambo　凿岩机[手推]车，钻车
jambs　炉壁撑条
Jamin's interference　雅满干涉仪
jammed　挤住不动的，被卡住的，塞满的
jammer　(1)人为干扰发射机，人为干扰台，扰乱台，干扰器；(2)车载吊车，车载起重机；(3)车载吊车司机，车载起重机司机；(4)主柱，主座；(5)U 形钢丝芯撑，簧丝芯撑
jammer finder　测定干扰源距离的雷达，干扰机探测雷达
jammers tracked by azimuth crossings　方位交叉跟踪干扰源
jamming　(1)不灵活，咬住，卡住，夹住；(2)挤紧，阻塞，堵塞；(3)接收干扰，人为干扰，电子干扰，干扰噪音，抑制，抑止
jamming effectiveness　干扰对信号比，干扰有效性
jamming equipment　干扰设备
jamming immunity　抗干扰
jamming intensity　干扰强度
jamming of a drilling tool　钻卡
jamming station (=J.St)　干扰台
jamming vulnerability　低抗扰性
jamproof　抗干扰的，防干扰的
Janet　卫星散射通信设备
Janney coupler　詹尼式车钩
Janney motor　轴向回转柱塞液压马达
Janney pump　轴向回转柱塞泵
Janov schema　雅诺夫横式
Jansen system　詹森系统(能在负载时调整电压的变压器系统)
Jansky noise　宇宙噪声
jap　手持式凿岩机
Japan (=JAP)　(1)日本漆，亮漆；(2)漆器；(3)日本瓷器
Japan Air Lines (=JAL)　日本航空公司
Japan Information Center of Science and Technology (=JICST)　日本科技情报中心
Japan National Railway standard (=JRS)　日本国有铁道规格
Japan wax　漆蜡
Japanese Engineering Standards (=JES)　日本技术标准规格
Japanese Industrial Standard Gauge (=JISG)　日本工业标准线规
Japanese Industrial Standards (=JIS)　日本工业标准，日本工业规格
Japanese lacquer　深黑漆，亮漆
Japanese Patent (=JAPP)　日本专利
Japanese Society of Mechanical Engineers (=JSME)　日本机械工程师学会
Japanese Standard Time (=JST)　日本标准时间
japanned　(1)涂漆织物，漆布；(2)漆过的，油过的
japanned leather　漆革
japnner　油漆工，漆匠
japanning　(1)涂漆，上漆；(2)涂黑
japanning oven　涂漆用炉
jar　(1)蓄电池壳，电瓶，容器，瓶，罐，缸，罩；(2)加耳(等于 1/900 微法)；(3)振动，冲击；(4)噪声，噪音，杂音；(5)容器罩；(6)(复)套接震动钻杆；

(7) 冲击钻,震击器;(8) 发噪声

jar flotation　容器浮选法

jar-proof　防震的

jar ram moulding machine　振动制模机

jar tester　震动试验器

jar-to-signal　噪声与信号之比

Jarno taper　贾诺锥度

jarring　(1) 振动,颤动,抖动;(2) 炸裂声,震声

jarring effect　振动效应

jarring machine　振动机

jarring motion　振动,震动,颤动

jarring moulding machine　振实 [式] 造型机

jars　震动连接器,震击环

jatex　浓 [缩橡] 浆

jato 或 JATO (=jet-assisted take-off)　(1) 起飞用火箭助推器,火箭起飞助推器,起飞加速器;(2) [喷气] 助飞器;(3) 助飞

jato bottle　喷气起飞助推器

jato-ramjet　有助推器的冲压喷气发动机

jato unit　(1) 起飞助推系统;(2) 起飞加速装置,助飞装置

javellization　次氯酸钠消毒净水 [法],漂白粉消毒法

Javex　次氯酸钠

jaw　(1) 量爪,卡爪,量脚,夹爪,爪;(2) 颚板,颚;(3) 凸轮;(4) 虎钳牙,虎头钳,钳口,钳子,钳;(5) 夹紧装置,夹爪 [头],夹片;(6) 销,键;(7) 滑块,游标;(8) 定位销,定位槽;(9) (破碎机) 齿板;(10) 叉头

jaw bit　叉头横杆

jaw brake　爪形制动器,爪闸

jaw-breaker　颚式碎石机,颚式轧碎机,颚式破碎机

jaw breaker　颚式碎石机,颚式轧碎机

jaw chuck　爪式卡盘,爪形卡盘

jaw-clutch　颚式离合器

jaw clutch　爪颚式离合器,爪式离合器,牙嵌式离合器,颚形离合器,颚式离合器

jaw coupling　爪盘联轴器,爪盘联轴节,牙嵌式联轴器,爪形连结器,爪形联接器

jaw crusher　颚式压碎机,颚式破碎机,颚式碎石机,颚式轧碎机

jaw of coupling head　连接轴的铰接叉头

jaw of pile　桩靴

jaw of spanner　扳手钳口

jaw of the chair　轨座颚

jaw of vice　虎钳口

jaw opening　爪开口

jaw plate　钳口板,颚板

jaw rope　斜桁端颚索箍

jaw spanner　爪形扳手

jaw vice　虎钳,钳子

jaw wedge　立式导承调整楔

jawing　用水灌注

jaype　(1) 喷气发动机;(2) 喷气飞机

jayrator　移相段

jear　吊桁索

jedding　解丁斧

jedding ax　深孔石斧

jeep　(1) 吉普车;(2) 小型侦察联络飞机;(3) 小型水陆两用车,小型航空母舰

jeep-ambulance　野战卫生车

jeepney　菲律宾小型公共汽车

jeer　桁索

jeer-block　帆索滑车

jeer block　桁索滑车

jegong　(印尼) 一种独木舟

jeheemy　登陆救援设备

jehu　(出租汽车或公共汽车) 司机

jeitera　一种渔船

jell　凝胶

Jellet　耶雷 [半荫] 棱镜

jellied　胶凝了的

jellied gasoline

jellies　凝胶剂

Jellif　镍铬电阻合金

jellification　胶凝,冻结,凝结

jellify　使成胶状,使成胶质

jelling　胶凝,冻结,凝结

jelly　(1) 胶体物质,胶体,胶质;(2) 胶冻;(3) 半透明滤光板,透明冻胶,

jelly bomb　汽油弹

jelly-filled capacitor　胶体填充电容器,充糊电容器

jelly-impregnated　胶质浸渍的

jelly-like　胶状的

jelly mould　胶模

jellygraph　胶版

jellyprint　胶纸印相

Jelutong　节路顿胶,明胶

jemmy　(1) (铸造用) 起模杆;(2) 铁撬棍,短铁撬,铁钎,铁撬;(3) 煤车

Jena glass　耶拿光学玻璃

jenny　(1) 移动起重机,移动吊车,卷扬机;(2) 划线规;(3) 詹尼纺纱机

jenny scaffold　活动脚手架

jenny wheel　单滑轮起重机

jeopardise　使遭遇危险,使受危害,危及

jeopardize　使遭遇危险,使受危害,危及

jeopardy　危难,危险

jerk　(1) 振动冲击,冲击;(2) 急牵,急引,猛拉;(3) 急撞,急扭;(4) 突然跳动,跳动,急跳,反跳,反射

jerk a rope　把绳子猛地一拉

jerk load　猛拉负荷

jerk-pump　高压燃油喷射泵

jerk pump　凸轮驱动脉动式喷油泵,脉动泵

jerk up　突然提起,突然抛上

jerkily　不平稳地,颠簸地

jerkiness　运动的不均匀性,运动的不平稳性,跳动,颠簸

jerking motion　冲击运动,断续运动,颠簸运动,冲撞,振动,跳动,蠕动

jerky motion　跳跃运动,爬行,蠕动

jerky rotation　不均匀旋转

jerican　(一种装五加仑的) 金属制液体容器

jerque　(英) 检验,检查 (指检查船舶文件和货物)

jerquer　(英) 海关检查员

jerry　偷工减料的,权宜之计的

jerry-built　偷工减料建造的

jerrybuild　偷工减料地建造

jerrybuilder　偷工减料的营造商,偷工减料的建筑物

jerrybuilding　偷工减料的建筑 [工程]

jerycan　(一种装五加仑的) 金属制液体容器

Jessop H40　杰索普 H40,铁素体耐热钢 (碳 0.25%,锰 0.4%,硅 0.4%,铬 3.0%,钨 0.5%,钼 0.5%,钒 0.75%)

jet　(1) 喷射流,射流,注流,喷出,喷射,喷注,喷气,流,束;(2) 喷射器,喷雾器;(3) 出气喷口,尾喷口,喷口,喷嘴,喷管;(4) 射线流,簇射;(5) 喷气式飞机,喷气发动机;(6) 发动机尾喷管,连接管,套管,支管,管端,筒;(7) 实验段气流,实验段断面;(8) 喷气式发动机推进

jet aeroplane　喷气飞机

jet agitator　喷射式搅拌器

jet aircraft　喷气式航线客机

jet airplane　喷气飞机

jet area　喷嘴面积,射流截面

jet assist　(1) 喷气助推器;(2) 喷射加速

jet atomic　原子喷气的

jet barker　高压喷水剥皮机

jet bit　喷射式钻头

jet-black　漆黑的

jet black　炭黑,烟黑

jet blade　喷气发动机叶片,涡轮导向器叶片,喷嘴环叶片

jet-blower　喷射送风机

jet blower　喷气鼓风机

jet boat　喷水推进艇

jet brake　喷射制动

jet boundary　射流边界

jet-burner　喷灯

jet carburetor　喷雾式汽化器

jet centrifugal pump　喷射式离心泵

jet chimney　蒸汽管道

jet coal　长焰煤

jet condenser　喷水凝汽器,喷水凝结器,喷射冷凝器

jet conveyor　抛掷式输送器,喷射运输器

jet cooling　喷液冷却,喷射冷却

jet cutter method　喷浆挖掘法

jet deep-well pump　喷射式深井泵

jet deflection control (=JDC)　喷流偏斜控制

jet diffusion pump 喷射扩散泵

jet disintegration 喷流分裂,射流碎化

jet drilling 热力打眼,火力凿岩

jet-drive 喷气传动,喷气推动

jet-driven 喷气推动的

jet dyeing machine 喷射染色机,喷染机

jet eductor 喷射器

jet efflux 射流

jet electro-plating 喷射电镀

jet electrolysis-plating method 喷射电镀法

jet engine 喷气式发动机,喷气发动机

jet engine field maintenance (=JEFM) 喷气发动机外场维修

jet-engine parts 喷气发动机零件

jet etch 喷腐蚀

jet exhauster 喷射抽气机,喷射真空泵,引射器

jet exit 尾喷管

jet-fighter 喷气歼击机,喷气战斗机

jet fighter drone 无从驾驶喷气战斗机

jet-flow 射流,喷流

jet flow 射流

jet fuel 喷气发动机燃料

jet gas turbine 喷气燃气透平,喷气燃气轮机

jet generator 喷注式[超声波]发生器

jet hardening 喷射淬火

jet head 喷气头

jet impact mill 喷射冲击磨机

jet lag 高速飞行时引起生理节奏的破坏

jet leg 高速时滞反应

jet molding 喷模法,射塑

jet motor 喷气[式]发动机

jet mill 喷射碾机

jet noise 喷射噪声,喷流噪声

jet nozzle (1)喷嘴;(2)尾喷管,喷射管

Jet-O-Mizer 喷射式微粉磨机

jet of flame 火焰[锥体]

jet orifice 喷口

jet perforator 喷射式穿孔机

jet piercing machine 热力穿孔机

jet piercing method 热焰喷射钻孔法

jet pile 射水沉桩

jet pilot (=JP) 喷气机驾驶员

jet pipe (1)射流管;(2)尾喷管,喷射管,喷口管,喷管

jet pipe temperature (=JPT) (发动机)尾喷管温度

jet-plane 喷气式飞机

jet plane 喷气式飞机

jet power 喷射发动机推进功率

jet power unit 喷气动力装置

jet-powered 喷气发动机推进的,装有喷气发动机的,喷气动力的

jet process 水冲成粒法,水淬法

jet-propelled (=JP) 喷气发动机推动的,喷气发动机推进的,喷气推进的,喷气式的

jet propelled 喷气发动机推进的

jet-propelled carrier 喷气运载工具

jet-propeller 喷气式推进器,喷气式螺旋桨

jet propeller 喷气式推进器,喷气式螺旋桨

jet-propulsion 喷气推进法

jet propulsion 喷气推进

jet propulsion laboratory (=JPL) 喷气推进实验室

jet pump (1)喷射式泵,喷射泵,射流泵;(2)喷注油机

jet runway 喷气式飞机跑道

jet skirt (喷嘴与扩散泵壳密封的)喷嘴下裙,背裙

jet spread 喷射分散

jet stack (1)喷气管,喷射管;(2)射流流线

jet-stream 喷气流,射流

jet stream 喷气流,射流

jet-stream wind 喷射气流

jet study (=JS) 喷气机研究,射流研究

jet thrust 喷射推力

jet tip 喷口

jet tool 水力冲击钻井用具

jet turbine 喷射式涡轮机

jet-type washer 喷射式清洗机

jet vane (1)喷气导流控制片;(2)燃气舵

jet velocity 射流速度

jetavator 射流偏转舵

jetblower 喷气鼓风机,喷射送风机

jetboat 喷气快艇

jetborne 喷气式飞机载运的

jetburner 喷射口,火口

jetcrete 喷枪喷射水泥浆,喷浆

jetereting 混凝土喷射浇注

jetevator (1)喷气流偏转器,导流片;(2)转动式喷管[罩]

jetevon 喷流舵

jetliner 喷气式客机,喷气式班机

jetocopter 喷气式直升机

jetometer 润滑油腐蚀性测定仪

jetomic 原子喷气的

jetport 喷气式飞机机场

jetsam (1)沉锤;(2)被抛弃的东西,投弃货物

jetstream 喷射水流

jettean 喷水口

jetted pile 射水沉桩

jetter 喷洗装置,喷洗器

jetting (1)注射,喷射,喷注,灌射;(2)冲孔;(3)水力钻探

jetting drilling 水力钻探

jetting fill 水冲法填土

jetting method 水力钻探法,射水沉没法

jetting piling 水力沉桩法

jetting process 水冲法

jettison (=JET 或 jtsn) (1)抛弃;(2)抛弃货物,掷荷

jettison device 弹射装置,弹射器

jettison gear 放油装置,投弃装置

jettisonable 可分离的,可抛开的,可抛弃的

jettisonable nose 可分离的火箭头部

jettisoning (1)投下,抛下,抛掉;(2)放下

jettron 气动开关

jetty (1)防坡堤,导流堤,突堤;(2)栈桥;(3)伸出,突出

jewel (1)宝石;(2)宝石轴承;(3)嵌宝石,镶宝石

jewel bearing 宝石轴承,仪表轴承

jewel block (1)球滑车;(2)帆桁端滑车

jewel post 钻柱柱

jewel stylus 钻石唱针

jeweling (=jewelling) 宝饰,装饰

jewelled 宝石轴承的,装有宝石的

jeweller (1)高灵敏度科学仪器修理工,宝石匠;(2)宝石商,珠宝商

jewellery (1)宝石,珍宝;(2)珠宝工艺品

jewelry 珠宝

jewelry alloy 饰用合金

jezail 吉赛尔步枪

Jezebel "杰泽贝尔"空投声纳浮标

jib (1)拉紧锁,扁栓,榫;(2)人字起重机的桁,起重机臂,起重杆,吊杆,挺杆,旋臂,悬臂,臂;(3)镶夹条,镶条,夹条;(4)凹字楔;(5)截盘;(6)船首三角帆

jib and cotter 合楔

jib arm 旋臂,摇臂,悬臂

jib arm of crane 起重机臂

jib barrow 支梁式手推车

jib-boom 起重臂

jib crane 转臂式起重机,悬臂式起重机,挺杆起重机,动臂起重机,摇臂起重机,旋臂吊机,旋臂吊车,摇臂吊车

jib door 稳门

jib-end 卸料悬臂端

jib guy 船首侧支索

jib-halyard 船首三角帆张帆索

jib-hank 船首三角帆挂帆环

jib-header 船首三角帆

jib-iron 船首三角帆挂环

jib-length 悬臂长度

jib loader 旋臂装载机,摇臂装料机

jib neting 三角安全网

jib-o-jib 三角辅助帆,第二斜帆

jib sheet 船首三角帆帆脚索

jib topsail 桅顶小三角帆

jib traveler 三角帆滑环

jibcrane 旋臂式起重机,挺杆吊车

jibet 起重杆

jibhead (1)截盘头;(2)船首支帆小铁条

jibs 船首三角帆

jibstay 船首三角帆支索
jig (1)机床夹具,夹紧装置,夹具,卡具;(2)焊接平台,装配架,机架;(3)钻模,工模,靠模[工作法],模型,模具,样板;(4)清洗;(5)分类,区分;(6)跳汰机,筛选机;(7)洗煤机;(8)辊染机;(9)衰减波群,衰减波串;(10)用夹具加工
jig-adjusted 粗调的
jig-borer 坐标镗床
jig borer (1)坐标镗床;(2)坐标镗头
jig-boring 坐标镗削
jig boring 坐标镗削
jig-boring machine 坐标镗床
jig boring machine 坐标镗床
jig bush 钻套
jig bushing 钻套
jig drill 钻模钻床
jig drilling machine 坐标钻床
jig grinder 坐标磨床
jig grinding machine 坐标磨床
jig key 钻模键
jig-mill 靠模铣床,仿形铣床
jig mill 坐标铣床
jig plate 夹具板,钻模板
jig point 基点
jig saw 竖锯,细锯,线锯
jig-topmast (四桅船的)后中桅
jig washer 跳汰洗矿机
jigwasher 跳汰洗选机
jigged-bed 跳汰床
jigged-bed absorption column 跳汰床吸附塔,跳汰床离子交换柱,脉动离子交换柱
jigger (1)起重滑车,小滑车,滑车组,盘车,辘轳;(2)跳汰机;(3)跳汰机工,辊染机工;(4)振动器;(5)减辐振荡变压器,可变耦合变压器,阻尼振荡变压器,衰减变压器,高周率变压器,耦合器;(6)交轴卷染机,皮革轧印机;(7)镂花锯,钢丝锯;(8)刮毛机,刮布机;(9)船尾小桅,船帆,后帆
jigger bars [路面]搓板带
jigger coupling 电感耦合
jigger pump [啤酒]计量泵
jigger saw 往复式竖线锯
jiggering 拉坯成形,盘车拉坯
jigging (1)跳汰选矿;(2)用夹具加工;(3)振动,簸选,筛;(4)跳动的
jigging conveyor 往复摇动式运输机,振动式输送器,簸动式输送器,摇动式输送器,振动运送机
jigging motion 颠簸运动
jigging screen 振动筛
jiggle 轻轻跳动,轻轻摇晃,轻拉,轻推
jiggly 不平稳的,摇晃的
jigsaw 锯曲线机,竖锯
jigtank 跳汰机选槽,跳汰箱
jilalo (非)一种浅吃水敞甲板货运帆船
jillion (1)不计其数的,非常多的;(2)数量不明确的大数字
jim-crow 弯轨器,挺器
jim crow 轨条挠曲器,弯轨器,挺器
jimcrow 轨条挠曲器,弯轨机,挺器
jimmy (1)料车,煤车;(2)铁撬棍,短撬棍
jingle (1)丁当声;(2)小铃,电话
jingle bell (1)信号铃;(2)门铃
jink 矿车连接器,车钩
jinker 运木车
jinny 自动倾斜路用的固定起重机,固定绞车
jitney (1)收费便宜的公共汽车;(2)小型电动载重车;(3)(镍币的)五分
jitter (1)[信号的]不稳定性;(2)跳动,擅动,振动,抖动
jitter bug 图像不稳定故障
jitterbug (1)图像不稳定故障,图像跳动;(2)跳动,抖动;(3)(砂光机的)手动摆移柄
jittered pulse recurrence frequency 脉冲重复频率规则变化,脉冲重复频率跳动
Jo blocks 约氏量块
job (1)加工件,工件,零件,部件;(2)编译程序工作,汇编程序工作,工作,工程,任务,施工,作业;(3)职务,职位,职业;(4)工地;(5)零工,散工,包工;(6)事件,事情,问题,作用;(7)成品,成果;(8)加工,承包,分包

788

job action command 作业处理命令
job analysis (1)工作过程分析,作业分析;(2)职业分析
job assignment memo (=JAM) 工作分派备忘录
job breakdown 工作细目分类
job card 作业卡片
job case 零件印刷字盘
job change analysis (=JCA) (1)工作改变分析;(2)工件变换分析
job change request (=JCR) 工作更改申请
job class {计}作业分类,题目分类,作业类别,题目类别
job control language (=JCL) 作业控制语言
job control macro 作业控制宏指令
job-cured 现场养护的
job data sheet (=JDS) 工作数据表,工件数据表
job description (=jd) 作业说明书,作业说明
job estimate (=JE) 工作的估计
job experience training (=JET) 工作经验的训练
job input device 作业输入装置
job input stream 作业输入流
job instruction (=JI) 工作说明[书]
job instruction manual (=JIM) 工作说明手册
job library 作业库
job location 施工现场,施工场所
job lot 成批出售
job-lot production 成批生产,批量生产
job management 作业管理
job mix 现场拌合,工地拌合
job-mixed 现场拌制的,工地配合的
job number 工号
job operation 加工方法
job operational manual (=JOM) 工作的业务手册
job order (=JO) 工作授权证明书,工作单,任务单
job order number (=JON) 工作单编号,加工单编号
job order supplement (=JOS) 工作单附录,加工单附录
job-oriented manual (=JOM) 与工作有关的手册
job-oriented organizational structure (=JOOS) 与工作有关的组织结构
job-oriented terminal{计}面向作业的终端
job out 分包出去
job output device 作业输出装置
job output stream 作业输出流
job parts list (=JPL) 工作零件清单
job-placed concrete 现场浇捣混凝土
job planing 刨削
job-poured concrete 现场浇捣混凝土
job practice 施工方法
job press 零件印刷机
job processing {计}作业处理,作业加工
job processing control {计}作业处理控制
job program(me) 作业程序,加工程序,工作程序
job queue 作业排队
job rate 生产定额
job responsibility transfer (=jrt) 工作责任转移
job schedule 工程进度
job scheduler 作业调度程序
job scheduling 作业调度
job sequence 加工[指令]序列,加工程序
job-sequencing module {计}作业定序模块
job shop (1)[机械]加工车间;(2)修理车间
job shop sheet 工作指标卡
job shop simulation {计}作业安排模拟
job site 施工现场,工地
job specification (=JS) (1)施工规范;(2)工作说明书
job-stack system 作业堆栈系统
job stacking 成批作业
job step 工作步骤,加工步骤,作业段,作业步
job task 作业任务,工作任务
job task analysis (=JTA) 工作任务分析
job throughput {计}作业处理能力,作业吞吐量
job ticket (1)作业单;(2)工作授权证明书
job training standards (=JTS) 工作训练标准
job-work (1)包工,散工;(2)零件印刷
job work (1)单件生产;(2)订货制作;(3)包工,散工
jobber's drill 临时工钻
jobber's reamer 机用精铰刀,机用铰刀

jobbing　重复次数很少的工作, 重复性很少的工作, 做临时工

jobbing chases　零件印刷版框

jobbing foundry　中心铸造车间

jobbing machine　零配[生产]机器

jobbing mill　小型型钢轧机, 零批轧机

jobbing pulley　张紧轮, 导轮

jobbing shop　修理车间

Jobbing system　(美)一种加工弧齿锥齿轮的零配制, 单配法

jobbing work　(1)单件生产; (2)临时工, 散工

jobless　无职业的, 失业的

jobsite　工作地点, 现场

jockey　(1)导向轮, 导轮, 张紧轮, 惰轮; (2)连接装置; (3)振动膜, 膜片, 薄膜; (4)操作, 驾驶, 移动; (5)自动释车器, 连接绳抓叉; (6)操作工, 驾驶员, 司机

jockey pot　活动坩埚

jockey pulley　张力惰轮, 张力辊, 张紧辊, 张紧轮, 支持轮, 导轮, 惰轮, 辅轮

jockey relay　抗漂移继电器

jockey roller　张力辊, 张紧辊, 张紧轮, 支持轮, 导辊, 导轮, 惰轮, 辅轮

jockey weight　微动法码

jockey wheel　张紧轮, 导轮

jog　(1)凹入部, 凹凸面, 凹凸处, 嵌合, 接合, 啮合; (2)粗糙面; (3)振动, 微动, 摇动, 轻推, 轻撞, 轻摇; (4)精密送料, 缓慢走刀, 慢进给; (5)(合金状态图的)停顿在温度线上; (6)突然转向; (7)滑移阶, 位错阶, 割阶

Jog-Log　电磁海流计

jog-through　振动槽式输送器

jog trot　(1)缓行; (2)单调的进程; (3)常规

jogged　接合的, 拼合的, 啮合的, 嵌合的

jogger　(1)推杆, 顶杆; (2)撞纸机

jogging　(1)电动机的快速频繁起动; (2)快速反复起动的马达电路; (3)微动, 渐动, 轻摇, 轻推, 轻动

jogging control　微动控制

joggle　(1)定缝销钉; (2)啮合扣; (3)榫接, 接榫; (4)摇动, 摇摆, 抖动, 轻摇, 推; (5)偏斜, 扭曲, 下陷

joggle beam　榫接梁, 拼合梁

joggle joint　啮合接

joggle piece　啮合件

joggle plating　曲折列板

joggle post　啮合木柱

joggle truss　拼接桁架

joggle work　镶接工作

joggled　榫接的

joggled beam　拼接梁, 镶合梁, 榫接梁

joggled joint　啮合接, 榫接, 弯合

joggled lap joint　压肩接头

joggled timber　斜头原木

joggler　榫接机操作工

joggler truss　拼接桁架, 独柱梁

jogglework　啮合工作, 镶接工作

joggling　(1)抖动; (2)卷边

joggling die　镦粗模

joggling machine　折曲机

joggling table　振动试验台, 振动台

joggling test　折曲试验

johnboat　平底舢版

JOHNNIAC open-shop system　{计}琼尼阿克开放系统(一种分时系统)

Johnson block　约翰逊块规

Johnson bronze　约翰逊青铜, 轴承青铜

Johnson counter　环形计数器

Johnson effect　约翰逊效应

Johnson gage block　约翰逊块规

Johnson noise　约翰逊噪声, 散粒效应噪声, [电阻]热噪声, 热[激]噪声

Johnson noise voltage　散粒噪声电压, 热噪声电压, 约翰逊电压

Johnson power meter　微分功率表

Johnson valve　高落差水轮机阀, 针型阀门, 约翰逊阀

Johnson's bronze　约翰逊青铜, 轴承青铜

join　(1)并集; (2)联接, 联合, 结合, 联结, 连接, 并接, 编接; (3)接合处, 接合点, 接合线, 接合面; (4)焊接, 粘连; (5)接合程序; (6)录音磁带的拼接处, 连接处, 连接线, 连接物, 接缝; (7)参加, 加入

join battle　参加战斗

join by fusion　熔接, 熔焊

join gate　{计}或门

join-homomorphism　保联同态

join homomorphism　保联同态

join on skew　斜向接

join on the bevel　斜向接

join operation　联合运算

join the discussion　参加讨论

join two points　把两点连接起来

join up　(1)连接起来; (2)接合处; (3)接入, 咬合

join up with　与……连接在一起, 与……结合

joinder　连接, 结合, 联合, 汇合

joined　(1)接合的; (2)加入的, 参与的

joiner　(1)木工; (2)装配工, 安装工; (3)刨床; (4)联系者

joinery　(1)细木工, 细木作; (2)细木工制品; (3)细木工车间; (5)细木工技术

joining　(1)接合, 连接, 结合, 拼接; (2)接缝; (3)装配; (4)木工工作

joining by mortise and tenon　榫槽接合, 榫眼接合

joining by screw　螺丝接合

joining flange　连接法兰盘

joining magnetic tape　磁带粘接

joining nipple　接合螺管

joining of timber　木材联接

joining of two dissimilar metals　两种不同金属并到一起

joining on butt　对头接[合]

joining plane　修面刨

joining-up　咬合, 连接

joining up　联结, 接线

joining-up differentially　差接

joining-up in parallel　并接

joining-up in series　串接

joining with key　键连接

joining with passing tenon　穿榫接合, 榫接

joining with peg-shoulder　直榫接[合]

joining with swelled tenon　扩榫接合

joint　(1)连结, 连接, 接合, 结合, 铰接, 焊接; (2)接头, 接口; (3)接合点, 接合面, 接合处, 粘结处, 胶结处, 胶合处, 接点, 结点, 节点, 节理; (4)分型面, 接缝, 焊缝; (5)联轴节, 组件; (6)关节, 铰链, 枢; (7)连接的, 接合的, 结合的, 共同的, 共有的, 合办的, 同时的

joint acceptance plan (=JAP)　联合接收计划

joint action　接合作用, 接头作用

joint advanced study group (=JASG)　联合高级研究组

joint aging time　粘合期

Joint Air Photographic Intelligence Board (=JAPIB)　航空照相联合情报局

Joint Army and Navy Specification　(美)陆海军联合技术规范

Joint Army-Navy (=JAN)　陆海军联合[的]

Joint Army-Navy-Air force (=JANAF)　陆海空三军联合[的]

Joint Army-Navy-Air Force Publication　(美)陆海空三军联合汇刊

joint assembly　接合汇编

joint axis　接合轴

joint bar　连接板, 鱼尾板

joint between three members　三联接头

joint block　接头凸爪

joint bolt　连接螺栓, 接合螺栓, 结合螺栓, 插销螺栓

joint-box　电缆接线箱, 接线盒

joint box　(1)电缆接线箱; (2)连接套筒

joint buildup sequence　焊道熔敷顺序

joint cap　接合盖帽, 密封盖

joint center　(万向节的)十字头

joint-chair　接合座板, 接轨垫座, 接座

joint chair　接合座板, 接轨垫座, 接座

joint circuit　联合线路

joint cleaning　清缝

joint clearance　接合间隙

joint close　合缝

joint closure　塞接缝, 填缝

Joint Committee on Atomic Energy (=ICAE)　(美)原子能联合委员会

joint communications　联合通信设备

joint communications center (=JCC)　联合通信中心

joint communications electronic nomenclature system (=JCENS)　联合电子通信术语系统

Joint Communications Electronics Committee (=JCEC)　联合电子通信委员会

joint communique　联合公报

joint compound (=JC)　密封剂

joint condition time　粘合期

Joint Congressional Committee on Atomic Energy (=JCCAE)　（美）国会的原子能联合委员会

joint coupling　(1) 活节联结器，万向接头，万向节，联接器；(2) 电缆接头套管，接续套管；(3) 偶接

joint cross　（万向接头的）十字头，十字轴，十字叉

joint current　总电流

joint-cutting　切缝［的］

joint denial gate　｛计｝或非门

joint distribution　联合分布，连合分布

joint efficiency　接合效率，连接效率

joint electronic communications nomenclature system (=JECNS)　联合电子通信术语系统

joint end　球铰端［头］

joint enterprises　合营企业，联合企业

joint entropy　相关平均信息量，相关熵

joint face　接合面，对接面

joint face of a pattern　分模面，分型面

joint fastening　钢轨连接板

joint filler　填缝料，嵌缝料

joint filling　嵌缝，填缝

joint-fissure　裂缝

joint fitting　接头装配，轴节装配，接头配件

joint flange　联结法兰，接头凸缘

joint-forming　接缝成型，接缝成形

joint gap　接缝宽度，接缝间隙，轨缝间隙

joint gate　(1) 分型面内浇口；(2) ｛计｝或门

joint hinge　接合铰链

joint impedance　结点阻抗，总和阻抗

joint installation plan (=JIP)　联合安装计划

joint institute for nuclear research (=JINR)　联合原子核研究所

joint intelligence center (=JIC)　（美）联合情报中心

joint intelligence committee (=JIC)　（美）联合情报委员会

joint intelligence group (=JIG)　联合情报组

joint lever　连接杆，曲杆

joint loosening　接头松动

joint mark　(1) 接合符号；(2) 接合痕迹

joint meter　测缝仪

joint molecule　接合分子

joint nuclear accident coordination (=JNACC)　联合原子核事故协调中心

joint observation　联合观测

joint occupancy plan memorandum (=JOPM)　联合占用计划备忘录

joint of framework　节点

joint on square　直角接［合］

joint opening　缝口，缝隙

joint operating agreement (=JOA)　协同工作协议

joint operating procedure (=JOP)　联合操作程序

joint operation plan (=JOP)　联合操作计划

joint operation procedure report (=JOPR)　联合操作程序报告

joint operation procedure memorandum (=JOPM)　联合操作程序备忘录

joint operations center (=JOC)　联合操纵中心，联合控制中心

joint packing　(1) 接合密封垫，填充垫圈；(2) 接合填密

joint penetration　接头熔深，接头焊透

joint pin　接合销，连接销，接合针，铰链销

joint pipe　接合管，连接管

joint plane　(1) 节理平面；(2) 分界面

joint plate　接合板

joint pole　汇接电杆，共架电杆，同架电杆

joint probability　联合概率

joint project office (=JPO)　联合项目办公室

joint research and development board (=JODB)　联合研究与发展委员会

joint resistance　总和电阻，合成电阻

joint ring　接合密封环，接合填密环，接合垫圈

joint rod　连杆

joint runner　接缝填料

joint rust　节锈

joint sheet　接合垫片，填密垫片

joint slack　连接套筒，联轴器

joint sleeve　连接套

joint spacer　接缝隔片

joint spalling　缝口碎裂，缝口低陷

joint spider　（万向节的）十字叉，十字头

joint state-private enterprise　公私合营企业

joint statement　联合声明

joint-stock　股份组织的，合股的，合资的

joint-stock enterprise　股份公司

joint stock enterprise　合营企业，合股公司

joint-stool　折叠椅子

joint strap　带状结点，带状接头

joint task force (=JTF)　联合机动部队，联合特遣部队

joint task group (=JTG)　联合任务小组

joint tongue　滑键，榫舌

joint trunk　综合长途台座席

joint use (=JU)　(1) 共同使用；(2) 同［电］杆架设，共用

joint variation　连变分

joint venture　合资经营，合营

joint washer　密封垫圈，衬垫

joint wire　连接线

joint with dovetail groove　鸠尾榫槽接合

joint with single cover plate riveting　单搭板铆钉对接

joint yoke　叉轴，万向节轴叉

jointbar　连接板，鱼尾板

jointbox　电缆接线箱，电缆交接箱，接线盒

jointbox compound　(1) 电缆套管填充剂；(2) 接线盒材料

jointed　有接缝的，连接的，联合的，共同的

jointed connecting rod　铰接连杆

jointed connection　铰接

jointed shaft　铰接轴

jointer　(1) 接合器，连接器，接线器；(2) 连接［导线］工具，修边刨，接缝刨，接触刨，长刨；(3) 锯齿锉；(4) 管子工人，连接工，磨石工；(5) 接合铁件，接合物；(6) 接缝器，涂缝镘，填缝器

jointer ga(u)ge　接缝规，长刨量规

jointer plane　长刨

jointing　(1) 填缝，填料，封泥，垫料；(2) 接合，连接，接缝，接榫，接续，接法；(3) 焊接；(4) 接合头，接头；(5) 垫片；(6)（薄板轧制时的）折叠，合板

jointing clamp　接线夹

jointing compound　密封剂

jointing machine　接合机，接榫机

jointing material　接合密封材料，接合填密材料，填料

jointing nipple　接合螺管

jointing plane　修边刨

jointing-rule　接缝划线尺，接榫规

jointing rule　接榫规

jointing sleeve　连接套［管］

jointless　无法兰连接的，无［接］缝的，无接头的

jointless structure　无缝结构

jointly　共同地，联合地，连带地

jointly and severally assume no liability　集体或单独地均不承担责任

jointly stationary random process　联合平稳随机过程

jointure　(1) 连接；(2) 接合处

joist　(1) 小梁，托梁，托梁座；(2) 工字钢，工字梁，型钢；(3) 搁栅，地板梁

joist bearing　托梁支承，托梁承座

joist ceiling　搁栅平顶

joist pass　工字钢孔型

joist shears　型钢剪切机

joist steel　工字钢，梁钢

jolle　双桅小艇

jolly　陶瓷成型机

Jolly　耐火砖成型机

jolly-boat　(1) 船载小工作艇；(2) 竞赛小艇

jollying　盘车拉坯

jolt　振动，振摇，振击，振实，颠簸，摇动

jolt capacity　振击能力，撞击能力

jolt molding　震实造型

jolt molding machine　振动造型机，振实造型机

jolt moulding machine　振动造型机

jolt-packed　振实的

jolt-packing　振动填料，振动填筑

jolt ramming　振［动］捣［击］

jolt-ramming machine　震实造型机

jolt ramming squeezer　冲击机

jolt-squeeze　振［实挤］压的

jolt squeeze moulding machine　振压造型机

jolt squeeze pattern drawing machine　起模式震压造型机

jolt squeeze rollover pattern drawing machine　翻转起模式震压造型机

jolt squeeze ratalift moulding machine　翻转式震压造型机

jolt squeeze stripper machine　漏模式振压造型机

jolt vibrator　摇动式振捣器

jolt-wagon　(美中部)农用车辆

jolter　震实造型机,振筑器

jolting knock-out grid　振击落砂架

jolting machine　(1)镦锻机;(2)震实造型机

jolty　振摇的,颠簸的,摇动的

Jominy curve　顶端淬火曲线

Jominy distance　顶端淬火距离

Jominy test　顶端淬火试验

jordan　(1)锥形精磨机;(2)低速磨浆机

jordan refiner　锥形精浆机

Josephson tunnelling logic device　约瑟夫逊隧道逻辑器件

jostle　(1)拥挤,推挤,冲撞,碰撞;(2)贴近;(3)竞争,争夺

jot　(1)把……记录下来;(2)一点,少许,少量,小额

jotter　笔记簿

joule　焦耳

Joule effect　焦耳效应

Joule heat　焦耳热量

Joule-lenz law　焦耳-楞次定律

Joule-Thomson expand　焦耳-汤姆逊膨胀

Joulemeter　焦耳计

Joule's law　焦耳定律

jounce　使震动,使摇动,使摇晃,使颠簸

journal (=jour)　(1)止推轴颈,端轴颈,轴颈,辊径,枢轴,支耳;(2)数据通信系统应用记录;(3)航海日记,日记账本,日记,日志;(4)笔记;(5)杂志,期刊

journal bearing　径向轴承,轴颈轴承

journal bearing housing　轴颈轴承箱体

journal-box　轴颈箱

journal box　轴颈轴承箱,轴颈箱,轴箱

journal box guide　轴箱导框

journal box lid　轴箱盖

journal box slide　轴箱滑板

journal box yoke　轴箱架

journal brass　轴颈铜衬

journal bronze　轴颈轴承青铜

journal collar　轴颈环

journal for axial load　轴向负载轴颈,颈向负载轴颈

journal for radial load　轴向负载轴颈,径向负载轴颈

journal function　日志功能,日志程序

journal packing　轴颈密封圈,轴颈填密

journal pin　轴颈销

journal rest　轴颈支承

journal tape　数据应用记录带,会计记录带

journal with collar　有环轴颈

journalize　记入分类帐,记入日记

journey　(1)路程,航程;(2)移动

journey-man　(1)熟练工,计日工,临时工,短工;(2)斜井罐笼工

journey-work　临时工,短工,散工

joy-riding aircraft　游览飞机

joy stick　操纵杆,驾驶杆,驾驶盘

joystick　(1)十字显示器操纵手柄,远距离操纵手柄;(2)控制手柄,控制杆,操纵杆,驾驶杆,驾驶盘;(3)十字线跟踪环

joystick control　跟踪导弹的控制系统

joystick lever　球端杆

joystick pointer　操纵杆式指示器

joystick signal　摇控台发出的信号

jpto (=jet-propelled take-off)　喷气助推起飞

jubilee truck　小型货车,轻轨料车

jubilee wagon　小型侧翻式货车,小型货车

juction exchange　中断局

judas　监视孔,窥视孔

judas window　监视孔,窥视孔

judder　(1)震颤,跳颤,抖动;(2)强烈振动声,震颤声;(3)位移;(4)不稳定

judge　(1)下结论,鉴定,判断,断定,审查,认为;(2)井下量尺

judge between right and wrong　判断是非

judge by　从……判断,根据……推测

judge from　从……判断,根据……推测

judge of　判断,评价

judgematic　善于识别的,敏锐的,明智的

judgematical　善于识别的,敏锐的,明智的

judgement　鉴定,判断,审查

judgement sample　判断样品

judging distance (=JD)　目测距离

judicious　(1)有见识的,明智的,合宜的;(2)敏锐的,审慎的

judsonite　杰德森炸药

jug　(1)水壶,大罐;(2)发动机汽缸;(3)地音探测器

jug handle　(从蒸馏锅中引出的)操作用管线

jug-handled　不均称的,单方面的,片面的

jug hustler　放线员,放线工

jug line　大线

jugged　齿形,锯齿形

juggernauts　过重的欧洲大陆大卡车,货柜车

juggie　放线员,放线工

juggle　(1)歪曲,窜改,颠倒;(2)捏造,欺诈;(3)木段

juggle black and white　颠倒黑白

juggle the figures　窜改数字

juggler　斜柱

juice　(1)电流;(2)汽油

juicer　(1)照明灯;(2)灯光技师;(3)榨汁机,挤汁器

juke-box　投币式自动电唱机

jukebox　自动电唱机

Jules own version of international algorithmic language (=JOVIAL)　国际算法语言的朱尔斯文本

Julliett　通讯中用以代表字母 j 的词

Jumann circuit　格子式滤波电路

jumble　(1)混合,掺杂;(2)搞混乱,搞杂乱,混杂

jumbo　(1)活动开挖架;(2)隧道运渣车,隧道盾构,巨型设备,钻车;(3)大型喷气式客机;(4)(高炉)渣口冷却器

jumbo base　大号[管]基

jumbo boom　(1)重型吊杆;(2)重型吊车

jumbo jet　巨型喷气[客]机

jumbo loader　凿石装车联合机

jumbo roll　(1)巨型卷筒纸;(2)大辊纸

jumbo windmill　巨型风力发动机

jumbo work　船中切断加长工程

jumboising　加大尺寸

jumbolter　杆柱钻机,锚杆钻车

jumbos　橇

jump　(1)跳跃,跳动,跳过,越过;(2)第一类间断点,阶差;(3)(薄板轧制时的)折皱[缺陷];(4)突变,突增,突升,猛增,跳变,跃变,跃迁,水跃;(5)定起角;(6){计}指令转移,条件转移;(7)跨接,跳线,出轨;(8)跳伞

jump a leg　窜相位

jump correlation　跳点对比

jump counter　跃进式脉动计数器

jump coupling　跳合联轴节

jump cut　(1)(电视片)跳越剪辑;(2)跳动

jump-down satellite　脱离轨道的卫星

jump drilling　撞钻,索钻

jump feed　(1)快速越程;(2)(仿型切削)中间越程,跳跃进给,跳跃进刀

jump frequency　跳步频率,跃迁频率

jump function　跃变函数

jump grading　间断级配,跳越级配

jump if not　{计}条件转移,若非则转移

jump in brightness　亮度落差,亮度跃变,亮度突变

jump in potential　电势[跳]跃值,电位[跳]跃值,电位跳变,电位跃变

jump instruction　{计}跳转指令,转移指令,跳变指令,跳越指令

jump joint　对头接合,对接

jump-off　垂直起飞

jump-offer　直升飞机

jump operation　{计}转移操作

jump order　{计}转移指令,跳变指令,跳越指令

jump ring　扣环,卡簧

jump-sack　降落伞

jump saw　升降圆截锯

jump scanner　跳光栅式[电视摄影]扫描器

jump scrape　跳动刮板

jump seat　折叠式座位,活动座位

jump-spark　跳火

jump spark　跳[跃]火[花]

jump steepness 阶跃陡度
jump suit 伞兵跳伞服
jump test 可锻性试验
jump transfer {计}转移
jump valve 回跳阀
jump weld 直角对焊, 平头焊接
jump welded tube 对缝焊管, 焊缝管
jumper (1)跳动器械, 跳动钻, 长钻, 长凿; (2)掣轮爪, 棘爪, 掣子; (3)冲击钻杆, 桩锤; (4)手工钎子, 开眼钎子, 穿孔凿; (5)桥形接片, 跨接线, 跨接片, 搭接片, 跳[接]线, 连接端; (6)(跃障后自动回位的)跃障器; (7)工作服; (8)跳跃者
jumper bar 撞杆, 冲杆
jumper-boring bar 撞钻, 撞钻
jumper cable (1)跨接电缆, 分号电缆; (2)跨接线, 连接线
jumper field 跨接线排
jumper indicator 分号表
jumper list 配线表, 分号表
jumper stay 制动支索
jumper-top blast pipe 顶阀鼓风管
jumper tube 跨接管
jumper wire 跨接线, 跨搭线, 跳线
jumperboring bar 撞钻, 撞钻
jumping (1)突变现象, 跃迁, 跃变, 跳动, 跳跃; (2)跳动的, 跳跃的
jumping circuit 跳线路
jumping correspondence 跳动对应
jumping division 跨齿分度, 跳齿分度
jumping drill 跳动钻
jumping-off place 出发点
jumping relay 跳动继电器
jumping-up 镦粗
jumpy 急剧变化的, 跳跃性的, 跳动的
junction (=jct 或 junt) (1)接合, 连接, 连结, 跨越, 联ससो; (2)接合处, 接合点, 连接点, 联络点, 会合点, 联轨点, 交叉点, 会交点, 合流点, 结点, (3)合流, (4)接头, 接点, (5)接续[线], 中继[线], 中继线, 中继站, 汇接局; (6)枢纽站, 联轨站, 交叉口, 枢纽; (7)[半导体]结; (8)焊接, 钎焊, 熔焊
junction at equilibrium 平衡结
junction battery 结型电池
junction bench mark 连测水准标点
junction block 接线块, 连接段
junction board 接续台, 连接台
junction bolt 接合螺栓
junction box (=JB) (1)联轴器; (2)集管箱, 套管; (3)接线盒, 分线盒, 接线箱
junction box header 换热器的管束箱
junction cable 中继电缆
junction call 中继呼叫
junction capacitance 结电容
junction capacity 结电容器
junction center (=JC) 中心站
junction center station 枢纽站
junction circuit 连接线路
junction compensator 冷端补偿器
junction cord 中继塞绳
junction current 结电流
junction curve 过渡曲线, 连接曲线, 缓和曲线
junction diode 面接型二极管, 结式二极管, 结型二极管, 面结二极管
junction electroluminescence 结电致发光
junction field effect transistor (=JFET) 结栅场效应晶体管, 结型[电]场效应晶体管
junction filter (1)结型滤波器; (2)高低通滤波器组合
junction flexode 面接型变特性二极管
junction hole 中导孔
junction isolation 结绝缘
junction laser 注入型激光器, 结型激光器
junction leakage 结漏电流
junction leakage of current 结漏电流
junction line 中继线, 联接线, 渡线
junction loss 中继线损耗, 汇接损耗
junction monolithic capacitor 单晶结电容器
junction motion {化}交联点运动
junction piece 连接杆
junction plane 过渡层平面, 结平面
junction plate 接合板, 连接板, 接线片

junction point 连接点, 接合点, 接点
junction pole 接线杆, 分线杆, 分线柱
junction rectifier 结型二极管
junction resistance p-n结晶体管电阻, 接触电阻, 结电阻
junction station 汇接站, 联轨站, 枢纽站, 中继站
junction surface 接合面
junction symbol 连接符号
junction transistor 面结型晶体管, 结式晶体管
junction transposition 接线换位
junction wave 中继波
junctor (1)联络线; (2)连接机, 联络机
junctura 结合, 接合, 接缝
juncture (1)接合, 连接; (2)连接点, 接合点, 接合处, 接缝; (3)焊接点, 焊头, 接头
Jungner cell 杨格涅蓄电池
junior (1)年少的; (2)低级的, 初级的; (3)新出现的, 新颖的; (4)强点光源
junior beam (1)轻型钢坯, 小钢坯; (2)次梁
junior machine 新式机床
junior officer (=JO) 下级官员
junior range circuit 辅助测距电路
junk (1)小块废铁, 金属片, 厚片, 碎片, 块; (2)废料堆, 旧缆绳, 冒充物, 废物, 旧货, 假货; (3)中国式帆船, 舢舨; (4)绳索下脚; (5)廉价汽车, 旧汽车; (6)无意义信号, 无用数据, 无用书; (7)当作废物, 丢弃, 丢掉
junk-bottle 黑色厚玻璃瓶
junk ring (1)活塞顶密封环; (2)填料函压盖, 密封环, 密封圈, 压环, 衬圈
Junker's engine 容克式发动机
Juno (美)卫星运载火箭, 朱诺
Juno cathode 卷状阴极
Jupiter 美国地对地中程导弹; (2)弧光灯
jupper 手打眼钢钎
jury (1)临时的, 应急的, 备用的; (2)审查委员会, 评判委员会; (3)审查员
jury-mast 应急桅杆
jury pump 备用泵
jury repairs 临时应急修理
jury rig (1)临时应急装置; (2)应急索具
jury-rudder 应急舵
jury-strut 应急支柱
jury strut 应急支柱, 辅助支柱
jus (拉)法律(包括法律原则及所保证的权利)
jus cogens (拉)强制性法规
jus gentium (拉)国际法
jus legitimum (拉)合法权利
just (1)有根据的, 正确的, 正当的, 合理的, 公正的; (2)正确, 恰好, 正好, 刚好; (3)好容易才, 仅仅; (4)不过是, 只是; (5)刚才; (6)究竟, 到底, 实在, 简直; (7)请……稍等, 请……试试
just about 差不多, 几乎
just as 正如……一样, 正当……的时候
just-as-good 代用的
just as it is 完全照原样, 恰好如此
just like 几乎与……一样, 正如……一样
just noticeable difference (=JND) 刚好能觉察出的差别, 最小可辩差异
just now 此刻, 现在, 刚才, 方才
just over (1)比……稍多, 稍多于; (2)刚刚结束
just perceptible difference 最小可辩差异
just size 正确尺寸
just so 正是这样, 一点不错
just started 刚开始
just the same 完全一样, 并无差别, 仍然, 还是
just the same as saying 就是说
just the thing 正是所需之物, 正合用
just then 就在那个时候
just tolerable noise 最大容许噪声, 最大容许杂波
justape 整行磁带全自动计算机
justice (1)公正, 公平, 公道, 正当, 正义, 合理; (2)妥当性; (3)审判[员], 司法[官]
justifiable 无可非议的, 可证明的, 有理由的, 合理的, 正当的
justifiable expenditure 正当费用
justification (1)整行位置, 对齐, 齐行; (2)认为有理, 认为正当, 正当理由, 证明, 理由; (3)合理性; (4)整版, 装版, 对齐, 调整
justification service digit 调整服务数字
justificative 认为正当的, 认为有理的

792

justificatory 认为正当的, 认为有理的

justified (=j/s) 证明是正确的

justified margin （1）合理余裕度, 合理余量；（2）边缘调整

justifier （1）装版工；（2）装版衬料；（3）证明者, 辩解者

justify （1）证明是……正确的, 证明是正当的；（2）认为有理, 说明, 辩护；（3）整版, 装版, 对位, 对齐, 调整

justifying space 齐行楔

justifying type writer 齐行打字机

justly 公正地, 正当地, 严密地

justness 公正, 正当, 正确

justo major 大于正常, 过大

justo minor 小于正常, 过小

Justowriter 照相排字机

jut （1）突出, 凸出, 伸出；（2）凸起部, 突出部, 突起部, 伸出部, 悬臂, 尖端

jute 电缆黄麻包皮, 黄麻纤维

jute rope 黄麻绳

jutter （1）震动, 摇动；（2）抖纹（螺纹缺陷）

jutting-off-pier 悬臂桥墩

jutty 小矿车

juxtapose 把……并列, 并置

juxtaposition 并列, 并置

K

K (1) K 形的东西，K 字形；(2) 平行于 Z 轴的单位矢量

K-band K 频带，K 波段 (频率 11-36x109Hz，波长 2.73-0.83cm)

k-binding energy K 层结合能

k-bracing K 形联结杆，K 形撑架

k-carrier system K 载波系统

k-conversion K 壳层的内转换，K[内] 转换

k-crossing K 形交叉

K-display (1) 位移距离显示，K 型显示；(2) 方位 - 方位误差显示 [器]

K-electron K 层电子

K-electron capture K 层电子俘获

K-factor (1) 径向压溃强度系数；(2) 倍增因子；(3) K 因数；(4) 增殖系数，增殖因数

K-gun 深弹发射器

k-index K 指数 (磁扰强度量)

K-level K 能级

K-line K 线 (由于 K 电子层的电子激发，原子的 X 射线谱上产生的特性线条)

K-M image 电子衍射图像，K-M 图像

K-map 双维度显示图

K-meson K 介子，重介子

K Monel K 蒙乃尔合金 (镍 63%，铜 30%，铝 3.5%，铁 1.5%)

k-rating factor k 额定因子，k 额定因数

k-rating graticule k 值格线 [片]

k-resonance k 介子共振

K-scan K 型扫描，等信号扫描

K-scope 移位距离显示器，K 型显示器

K scope 移位距离显示器，K 型显示器

K-series [光谱线的]K 系列，K[线] 系 [列]

K-shell 围绕原子核最内的电子层，二电子壳层，K[电子] 层，K[壳] 层

K-space 波矢量空间，动量空间，K 空间

K-step metabelian group K 步亚贝尔耳群，K 步亚交换群

K-truss K 形桁架

K-value (1) 粘度值，K 值；(2) 增殖系数，K 系数

Kahlbaum iron 卡尔巴姆纯铁

kaiser roll 开式辊，开氏辊

kaiserzinn 锡基合金 (锡 93%，锑 5.5%，铜 1.5%)

Kald method 卡尔德转炉炼钢法

KALDO quality 氧气斜吹转炉 [生产的] 质量

kaleidophon(e) 光谱仪，示振仪

kalfax film 紫外感光定影胶片

kali 氧化钾，苛性钾

kali salt 钾盐

kalimeter (=alkalimeter) [旋罗特] 碳酸定量器，碱定量器

kalinor 碳酸钾、氯化钾混合物

kalium {化} 钾 K

kalk 石灰

kallirotron 负电阻管，负电阻管

kallitron (振荡器) 卡利管

Kallitype 铁银印像法

kallman filtering 卡尔曼滤波

kallmash alloy 锡基合金

kaltleiter 正温度系数半导体元件

kalvar 卡尔瓦光致散射体，卡尔瓦记忆装置

Kalzium metal 铝钙合金

Kamagraph 油画复印机

Kamash alloy 锡基合金 (铜 12.5%，铅 1.2%，其余锡或铜 3.7%，锑

7.5%，其余锡或锡 85%，锑 5%，铜 3.5%，锌 1.5%，铋 1.5%)

kamikaze (1) 日本敢死飞行员，神风飞行员；(2) 神风号飞机

kampilan (=campilan) 大刀，弯刀

kampometer (1) 视场测量仪，视场计；(2) 热辐射计

kanner' timplate 一种薄锡层镀锡薄钢板

Kanthal 坎萨尔铬铝钴耐热钢 (铬 25%，铝 5%，钴 3%，其余铁)

Kanthal alloy 铬铝钴铁合金 (铬 2%，铝 5%，钴 1.5-3%，其余铁)

Kanthal DR DR 精密级电阻丝 (铁 75%，铬 20%，铝 4.5%，钴 0.5%)

Kanthal Super 坎萨尔高级电阻丝

Kanthal wire 坎萨尔铁铬铝电阻丝 (铬 23%，铝 5%，钴 3%，其余铁)

kanthals 坎萨尔斯铬铝电热丝

kaon 重介子，K 介子

kaonic 含有或产生 K 介子的

kaplan turbine 开普兰式水轮机，转桨式水轮机

kapnometer 烟密度计

kapp line 卡普线

kapp method 直流电机效率试验法，电机温升测试法

karat (1) 开 (量金单位，纯金为 24 开)

karbate (耐蚀衬里材料) 无孔碳

karlson system 卡尔逊 [电话收费] 制

karlsruhe cyclotron (德) 卡尔斯鲁厄回旋加速器

karma 镍铬系精密级电阻材料，卡马电阻材料，镍铬合金 (镍 73%，铬 21%，铝 2%，其余铁)

Karma alloy 高电阻镍铬合金，卡马镍铬电阻丝 (铬 20%，铁 3%，铝 3%，硅 0.3%，锰 0.15%，碳 0.06%，其余镍)

karmalloy 卡马镍铬电阻丝

Karmarsch alloy 锡基轴承合金 (锡 85%，锑 5%，铜 3.5%，锌 1.5%，铋 1.5% 或锡 12.5%，铝 1.2%，其余锡或锑 7%，铜 3.7%，其余锡)

Karmash alloy 锑铜锌轴承合金

karnaugh map 卡诺夫图

karolus system 卡罗勒斯电极系统

Karrusel 卡路赛尔旋轮式擒纵调整器

karry-crane [航空母舰] 移动应急吊车

kart 小型汽车，赛车

karton 厚纸

karyometry 核测定法

kaskade contactor (=cascade contactor) 级联接触器

Kastel 卡斯特尔离子交换树脂

kata- (1) 向下，在下；(2) [错] 误；(3) 完全，彻底；(4) 反对

kata factor 降幂因数，卡他因数

kata thermometer 凯特温度计

katabatic 空气向下运动的

katallobar 负变压线

katallobaric 负变压的

katalysis 催化，触媒

kataphoresis 电粒降泳，电泳

katathermometer 冷却温度计，低温温度计，卡他温度计，冷却率温度表

kate-isallobar 等负变压线

katergol 液体火箭燃料

katharometer 导热池鉴定器，导热析气计，热导计

katharometry 热导率测量术

kathet- 垂直的

kathetometer 高差计

kathetron 一种有外栅极的三极管，外控式三极汞气整流管，辉光放电管

794

kathion (=cation) 阳离子

kathode (=cathode) 阴极

kation (=cation) 阳离子, 正离子

katogene 破坏作用

katogenic 分解的

katolysis 不完全分解, 中间分解

katyusha 卡秋莎 (火箭炮)

kaufman method 螺钉镦锻法

kayser 凯塞 (波数的单位, 波长的倒数, 其能量为 123.9766×10^{-6} eV)

kbar 千巴

kbps 千位 / 秒

kbyte 千字节, 1024 字节

hcal 千卡, 大卡

kedge (1) 小锚; (2) 抛小锚移船

kedge anchor 小锚

keel (1) (船舶的) 龙骨板, 龙骨, 龙筋; (2) 船底组合件, 龙骨船, 艇船; (3) 平底煤驳; (4) 标准煤驳 (重量单位, =21.8 长吨); (5) 挪威长船; (6) 使倾覆

keel-block (1) 铸锭; (2) 底座; (3) 艇架; (4) 龙骨垫木, 龙骨墩, 龙骨台; (5) 基尔试块 (做力学试验试样)

keel block (1) 铸锭; (2) 底座; (3) 艇架; (4) 龙骨垫木, 龙骨墩, 龙骨台; (5) 基尔试块 (做力学试验试样)

keel-boat 有龙骨的内河货船, 龙骨船

keel-line 首尾线, 龙骨线

keel line 首尾线, 龙骨线

keel molding (1) 龙骨加强型; (2) 龙骨线脚

keel piece 龙骨件材

keel surface 飞机垂直安定的翅面

keelage 入港税, 停泊税

keelblock (1) 龙骨墩, 艇架, 底座; (2) 铸锭; (3) 基尔试块

keelboat (1) 浅水龙骨船; (2) 龙骨式游艇

keelek 小锚

keeler 平底浅盆

keeler polygraph 基勒氏多种波动描记器, 测谎器

keelless 无龙骨的

keelson 或 kelson 内龙骨

keen (1) 锋利的, 锐利的, 尖锐的; (2) 敏捷的, 敏锐的; (3) 厉害的, 强烈的, 激烈的; (4) 渴望有; (5) 廉价的

keen alloy 铜基合金 (铜 75%, 镍 16%, 锌 2.3%, 锡 2.8%, 钴 2%, 铝 0.5%)

keen edge 利刃

keen-edged 刀口锐利的, 锋利的

keene's cement 干固水泥

keenly 敏锐地, 强烈地, 锐利地, 渴望地, 廉价地

keenness (1) 锋利; (2) 尖锐程度, 尖锐性; (3) 锐度, 敏度

keep (1) 使保持, 使继续, 使持续; (2) 保持, 维持, 保存, 保管, 保留, 贮备, 备有; (3) 保卫, 保护; (4) 经营, 管理, 经销, 照料, 顾及; (5) 抑制, 制止, 扣留, 妨碍; (6) 遵守, 保守, 履行; (7) 记载, 记入, 记住; (8) 支持零件; (9) (下承轴的) 盒底

keep-alive 点火电极, 保弧, 维弧, 保活

keep-alive circuit 保弧电路, 维弧电路, "保活" 电路

keep-alive contact 电流保持接点, 保弧触点

keep-alive current 电离电流, "保活" 电流

keep-alive electrode 保弧阳极, 维弧阳极, 保弧电极, 维弧电极

keep-alive voltage 激励点火, 保活电压, "点燃" 电压

keep back (1) 阻止……向前, 留在后面, 不前进; (2) 不告诉, 隐瞒

keep down (1) 排小写字母; (2) 抑制, 控制, 消除, 减少, 缩减

keep from 使……不, 使免于, 防止, 阻止, 禁止

keep hold of 抓住不放

keep in 扣留, 压住, 抑制

keep in a cool place 在冷处保管

keep in mind 考虑到, 记住

keep in touch with 与……保持接触

keep off (=KO) 防止接近, 不接近, 避开, 挡住

Keep Off! (=K. O.) 不保留此物!

keep off 防止……接近, 不接近, 避开, 挡住

Keep oil off the lenses 别让 (仪器的) 透镜沾油

keep on 继续 [进行], 接连 [不断], 反复

keep out (=KO) 勿入内

keep pin 扁销, 开口销, 止尾销, 固定销

keep relay 保护继电器, 止动继电器

keep the lubricating oil clean 使润滑油保持清洁

keep the machine running 让这台机器继续转动

keep time (1) 准时, 及时; (2) 合拍子; (3) 记时

keep to 坚持, 保持, 遵守

keep up (1) 大写首字母; (2) 保持, 遵守, 维持, 支持

keep up with 不落后于, 跟上

keep upright！ 切勿倒置!

keep watch 留心, 注意

keeper (1) 柄, 把, 架; (2) 保持器, 保持件, 保持片, 定位件, 夹头, 夹子, 卡籍; (3) 锁紧螺母, 止动螺母, 扣紧螺母; (4) 定位螺钉; (5) 竖向导板, 带扣, 门闩, 刹车; (6) 永久磁铁衔铁, 卫铁; (7) 吸气剂; (8) 保管者, 看守人, 持有人, 负责人, 记录员

keeper of a magnet 保磁用衔铁

keeper of magnet 保磁用衔铁

keeping (1) 看守, 保管, 保存, 管理, 维持, 保持, 贮存, 堆放, 堆存; (2) 遵守; (3) 一致, 协调; (4) 图书保管

keeping priority {计} 保持优先

keeps 罐座, 罐托

keeve 漂白桶, 大俑

keg (1) 装 25 磅炸药的小圆钢桶; (2) 小桶 (容量为 30 加仑以下); (3) 木桶浮标

keg float 桶浮标, 浮桶

kei-function 开尔文 kei 函数

KEK linac (日) 高能物理所直线加速器

kelcaloy method 高级合金钢冶炼法

kelene 氯 [代] 乙烷

kel-F 聚三氟氯化乙烯聚合物

keller furnace 凯勒式电弧炉

keller machine 自动机械雕刻机

kellering 仿形铣

kellog hot-top method 钢锭顶部电加热保温法

Kellogg crossbar system (1) 凯洛格纵横制, 自动交换制; (2) 凯洛格交叉式, 凯洛格坐标式

Kelly 凯氏方钻杆

Kelly ball test 凯氏球体贯入试验

Kelly bar 凯氏方钻杆

kelmet 油膜轴承合金, 油膜轴承

kelmet bronze 油膜轴承合金, 铅青铜

kelson 内龙骨

kelvin 开 [尔文] (热力学温度单位)

Kelvin 绝对温度度数, 开氏绝对温标

Kelvin absolute scale 开氏绝对温标

Kelvin balance 开尔文电天平

Kelvin bridge 开尔文电桥

Kelvin bridge method 开尔文电桥法

Kelvin bridge ohmmeter 开尔文电桥式欧姆计

Kelvin degrees 绝对温标度数, 开氏度数 (°K)

Kelvin double bridge 开尔文双臂电桥

Kelvin effect 开尔文效应

Kelvin guard-ring capacitor 开尔文保护环电容器

Kelvin method 开尔文法

Kelvin scale 开尔文温标, 开氏温标, 绝缘温标

Kelvin temperature 开氏温度, 绝对温度

Kelvin temperature scale 开氏温标

kemet 钡镁合金 (吸气剂)

kemler metal 铝铜锌合金 (锌 76%, 铝 15%, 铜 9%)

ken (1) 知识范围, 认识范围; (2) 眼界, 视野

Kndall effect 肯德尔效应, 假象效应

kenel 型芯, 芯子

kenetron 大型热阴极二极电子管

kennametal 钴碳化钨硬质合金, 钨钛钴类硬质合金, 肯纳硬质合金

kennedy key 方形切向键

Kennelly-Heaviside layer 肯涅利 - 亥维赛层, E 电离层 (高度 110-120km)

kenning (1) 认识, 知道; (2) 小部分, 微量

keno- (词头) 空 [间], 共 [通], 新

kenopliotron 一种有热阴极的高真空四极管, 二极 - 三极电子管

kenotron [高真空] 大型热阴极二极管, 高压二极整流管, 高压整流二极管, 二极整流管

kenotron recitifier [高压] 二极管整流器

kent 制图纸, 绘图纸

kentanium 硬质合金

kentite 三硝甲苯炸药, 钾硝, 铵硝

kentledge 压载铁, 压舱铁, 压重料

kentuchky 肯图铜钢 (结构钢)

kep (1) 夹子, 夹器; (2) 门扣, 拉手; (3) 窗钩

kep interlock 罐托联锁系统

kepler 千克

keps 罐座,罐托

ker- (词头)角

ker-function [汤姆逊]ker 函数,开尔文 ker 函数

keramic 陶瓷的

keramics 陶瓷

keratoid cusp {数}甲种尖点

keratol 涂有硝棉的防水布

keratometer (韦塞里)角膜曲率计

keraunophone 闪电预示器

kerchsteel 克期砷铜(结构钢)

kerf (1)切断沟,劈痕,切口,锯口,截口;(2)切断,切开;(3)锯槽,锯缝,割缝,切缝

kerites 煤油沥青

kermet 克美特合金(一种用于飞机等的减摩轴承合金,33-37%Pb,0.8%Fe,2%Ni 或 Ag,其余为 Cu)

kern 核心

Kern method 克恩涂料粘附性试验

kern of section 截面核心,截面中心

kern oscillation 核振荡

kernel (1)核(数学);(2)影响函数;(3)原子核;(4)核心;(5)(铸工)泥心,型心;(6)稳定电子群;(7)零磁场强度线;(8)影响函数

kernel language 核心语言

kernel test program 核心检测程序

kerosene 或 kerosine (1)煤油;(2)火油

kerotenes 焦化沥青质,油焦质

Kerr cell 光电调制器,克尔盒

Kerr effect 电介质闪光电效应,克尔效应

Kerr magneto-optic effect 克尔磁光效应

kersey 一种粗绒布

kerus 克鲁司钨钢(0.7%C,14%W,余量 Fe)

kerve (1)底槽,掏槽,截槽,拉槽;(2)切缝

kesternich test 耐蚀试验

kestner evaparator 长管式无循环蒸发器

ket 右矢,刃(矢量)

ketos 克托斯铬锰钨钢

Ketter diode 变容二极管

kettle (1)小汽锅,锅,勺;(2)吊桶

kevatron 千电子伏级加速器

kevel (1)盘绳栓;(2)石工锤

796

kew pattern barometer 寇乌式气压表,定槽式气压表

key (1)键,电键,按钮,开关,叉簧键;(2)楔;(3)钥匙;(4)扳手;(5)凸轮;(6)销;(7)键控;(8)锁上,插上;(9)关键,要害;(10)索引,部首,检索表;(11)关键码;(12)答案

key address 键地址

key aggregate 嵌缝集料,塞缝集料

key atom 钥原子

key base 键座

key bed (1)键座,键槽;(2)标准层,分界层

key bit 钥匙头

key-board (=K-b) 键盘

key board 电键板,按钮板,键盘

key-bolt 键螺栓,螺杆销

key bolt 键螺栓,螺杆销

key boss 键轮毂

key cabinet 电话控制盒,电键控制盒

key card puncher 卡片穿孔机

key chuck 钥匙式卡盘

key click 电键喀嗒声

key-click filter 电键声滤除器

key clip 穿钥式扣板

key-colour 基本色

key columns 关键列

key component 主要组份,关键组份

key-course 控制层

key cut 基本挖掘

key diagram (1)概略原理图,原理草图,解说图,总图;(2)索引图

key-disk machine 键控磁盘机

key-drawing 索引图,解释图

key drawing 例图

key drift 键冲头

key-drive 键传动,键控

key drive 键传动

key-drive taper nose spindle 键传动锥端轴

key-drive tapered spindle nose 键传动锥形轴端

key driver 键起子,销起子

key drop 钥匙孔盖片

key ended trunk line 端接电键中继线

key filter 键路火花消除器,键路火花消除器,键噪滤波器

key-generator output 选通脉冲发生器输出

key groove (1)键槽;(2)楔形角

key group 指示组

key head 键头

key holder 键座

key hole (1)键槽;(2)锁眼;(3)电键插孔

key hole calipers 键槽卡钳

key-hole saw 键孔锯

key horizon 标准层,基准层,标志层

key-in (1){计}键盘输入,通频带,通过区;(2)插上,嵌上

key-in region 通过区[域]

key industry 关键工业,基本工业,主要工业

key instruction 主导指令,引导指令

key job 关键工作

key joint 键接

key letter 关键字母

key lever 主控握柄,主控手柄,电键杆

key lifting screw 键升降螺杆

key lights 主光

key line 符号注解行

key link 主要环节

key machine (1)键控机;(2)主导机械

key map (1)原理草图,解说图,总图;(2)索引图

key metal 母合金

key money 小费

key nut 键螺母

key of joining 接缝企口,缝销

key off 切断

key on 接通

key-operated brake 楔形制动器

key-out 切断,断开,阻挡

key panel 键盘

key pin (1)键销;(2)钥匙销轴

key pipe 钥匙插管

key plan (1)原理草图,解说图,总图;(2)索引图

key plate (1)炉顶上放炉盖的部分;(2)钥匙孔金属护板;(3)主版

key plug 钥匙身

key point 关键点,要点

key-point investigation 重点调查

key post 主要职位

key protection 存储键防护,存储键保护

key protrusion 榫舌

key-pulse 选通脉冲

key pulse (=KP) 键控脉冲

key punch 键控穿孔机

key punch machine 键控穿孔机

key relay 键控继电器

key routing 电键选路

key sample 标准样品

key screw 螺丝把

key search 关键字检索

key-seat 键槽

key seat 键槽,销座

key seat cutter 键槽铣刀

key seat milling machine 键槽铣床

key seater 键槽铣刀

key-seating 开键槽

key seating 开键槽

key seating attachment 铣键槽附件

key seating machine 开键槽机

key seating milling machine 键槽铣床

key seating slot 键槽,销座

key seating slotting machine 键槽插床

key seats 键槽

key sender 电键发送器,按钮电键

key-sending 用电键选择,用电键拨号

key set 电键,按键

key shelf 键架

key slot　键槽, 销座
key slotter　键槽插床
key slotting machine　键槽插床
key socket　(1) 电键插座；(2) 旋钮灯口
key sorting　分类标记
key sound　键音
key source　译码索引, 电码本
key station　(1) 主控台, 主台；(2) 基本观测站, 控制站, 中心站
key stock　键料
key switch　电键开关, 按钮开关, 钥匙开关, 琴键开关
key tape load　键带信息输入
key telephone system　键选电话系统
key thump　击键噪声
key-to-disk　键盘 - 磁盘输入器
key to foreiga trade in metal　金属外贸入门
key to the code　电码索引
key tube　键控管
key-type drill chuck　键式钻夹, 扳手夹, 紧钻头夹
key verify　键盘检验
key-verify unit　键校对机
key way　键槽, 销座
key way cutter　键槽铣刀
key way pull broach　键槽拉刀
key-way tool　键槽插刀
key well　(1) 基准钻孔；(2) 关键井, 基准井
key word　关键字, 索引字, 标号字, 引导字
key word out of context (=kwoc)　关键词索引
key word out of title (=kwot)　标题关键词索引
key wrench　套筒扳手
keyband　电键组
keyboard　(1) 电键盘, 键盘, 键组, 字盘；(2) 按钮式斜面台；(3) 钥匙挂板；(4) 电键板, 开关板, 按钮；(5) 用键盘写入
keyboard computer　键盘计算机
keyboard computer printer　计算机键盘印字机, 计算机键盘打印机
keyboard entry　键盘输入
keyboard inquiry　键盘询问
keyboard jack　键盘接头
keyboard lock-up　键盘锁定
keyboard perforator (=KP)　键盘穿孔机, 键盘凿孔机
keyboard punch　键盘穿孔机
keycoder　键盘编码器
keyed　(1) 键控的, 有键的；(2) 锁着的
keyed access method　键取数法
keyed AGC　定时自动增益控制, 键控自动增益控制, 键控自动增益调整 (AGC=automatic-gain -control 自动增益控制)
keyed amplifier　键控放大器
keyed attribute　信息标号属性
keyed burst-amplifier stage　键控彩色同步脉冲放大级
keyed clamp　键控箝位, 定时箝位
keyed clamp circuit　键控箝位电路
keyed detector　键控检波器
keyed file structure　关键字式文件结构
keyed girder　键合梁
keyed joint　楔形键
keyed on crank　楔装曲柄
keyed oscillator　键控振荡器
keyed rainbow signal　键控彩虹信号
keyer　(1) 键控器, 控制器, 调制器；(2) 定时器, 计时器；(3) 电键电路, 电钥电路
keyer multivibrator　键控多谐振荡器, 起动多谐振荡器, 启动多谐振荡器
keyer pulse　键控脉冲
keyer start　键控起动
keyer tube　键控管
keyframe　键架, 键盘
keyhole　(1) 键孔, 键槽；(2) 钥匙孔, 锁孔, 锁眼；(3) 基准钻孔；(4) 基准井, 通道；(5) 椭圆弹孔
keyhole charpy impact test specimen　钥匙形缺口冲击试样
keyhole notch　锁眼式刻槽
keyhole saw　键孔锯
keyhole specimen　有刻痕的冲击试块
keying　(1) 用键固定, 用键锁住, 用键锁紧, 键控换向, 键控, 钥控；(2) 调制；(3) (电话的) 选择, 拨号；(4) 键控的；(5) 楔住, 楔紧, 销结；(6) 自动开关, 按键

keying absorber　键控火花吸收器
keying action of aggregate　骨料的锁结作用
keying amplifier　键控放大器
keying by　键控旁通
keying chirps　电键啾啾声
keying circuit　脉冲消除电路, 键控电路, 开关电路
keying level　键控电平, 动作电平, 吸动电平
keying method　键控式
keying rectifier　键控整流器
keying sequence　密码索引序列
keying signal　键控信号, 启闭信号
keying strength　咬合强度
keying unit　键控部件
keying wave generator　键控信号发生器
keyless　无钥匙的, 无键的, 无缝的
keyless drill chuck　自紧 [式] 钻夹具
keyless ringing　(1) 插塞式自动振铃, 无键振铃；(2) 无钥信号
keyless socket　无开关灯口
keyman　(1) 报务员；(2) [企业中] 主要人物, 关键人物
keynote　(1) 基调；(2) 主旨, 要旨, 重点；(3) 基本方针
keypoint　关键点
keypunch　(1) 键控穿孔；(2) 键控式穿孔机, 键盘式穿孔机
keypuncher　穿孔机操作员, 穿孔员
keypunching　{ 计 } 穿孔
keys　六方导管
keyseat (=KST)　(1) 键槽, 销槽；(2) 铣键槽, 插键槽
keyseat rule　键槽尺
keyseater　(1) 键槽插床, 键槽铣床, 铣键槽机；(2) 键槽铣床操作工
keyseating　键槽加工
keyseating broaching machine　键槽拉床
keyseating milling machine　键槽铣床
keysender　电键发送器
keysent　用电键发送器拨号
keysets　(1) 转接板, 配电板；(2) 电键
keyshelf　电键盘, 键座
keyslot　键槽
keystone　(电视) 梯形失真
keystone distortion　梯形失真, 梯形畸变, 楔形畸变
keystone plate　波纹钢板
keystone scanning　梯形扫描
keystone strand wire rope　楔表面钢丝绳
keystoning　梯形失真, 梯形畸变
keystroke　按键动作
keyswitch　按键开关
keytainer　钥匙夹套
keyway (=KWY)　(1) 键槽；(2) 棒槽, 锁槽；(3) 凹凸缝
keyway broach　键槽拉刀
keyway broaching　键槽拉削
keyway broaching machine　键槽拉床
keyway cutting machine　开键槽机
keyway cutting tool　键槽切削刀具
keyway milling　键槽铣削
keyway milling machine　键槽铣床
keyway planer　键槽刨床, 刨槽机
keyway planing machine　键槽刨床
keyway slotting machine　键槽插床
keyway slotting tool　键槽插刀
keyway tool　键槽插刀
keyword　关键字
keywords　(1) 电码字；(2) 关键词, 关键字；(3) 分类项目, 分类字
keywords in context　文件标题字, 文献分类检索字
keywords out of context　文件标题字, 文献检索字
khasaba　一种阿拉伯货运帆船
kialu　一种南美洲划艇
kibble　(1) 木桶, 吊桶；(2) 把……碾成碎块, 粗磨
kibbled　碎块的, 粗碾的
kibbler　(1) 吊桶工；(2) 破碎机, 粉碎机, 压碎机
kibitka　俄罗斯篷车
kick　(1) 反抗, 对抗；(2) (指仪表指针) 急冲, 跳动, 抖动, 翻动, 突跳, 反击, 反冲；(3) (发动机的) 起动；(4) 轴向压力, 反冲力, 反应力, 弹力；(5) 汽油的发动性, (石油产品的) 初馏点；(6) (枪炮) 后座力；(7) 纵向收缩；(8) 航向偏转, 逆转；(9) 抛出, 抛掷；(10) 回底
kick-back　(1) 退还；(2) 折头, 佣金, 酬金, 回扣；(3) (枪炮) 后座, 后座力

kick back (1)退还；(2)折头,佣金,回扣；(3)逆转,倒转,反转,反冲,返程；(4)换向小齿轮

kick circuit 脉冲电路,急跳电路,急冲电路,突跳电路

kick-down [汽车]换低挡,[发动机]调低速

kick down (1)自动跳合；(2)下倾,下弯

kick-down limit switch 自动跳合限位开关

kick down limit switch 自动跳合限位开关

kick down switch 自动跳合开关

kick-in arm 进料拨杆

kick-off (1)放液,排液；(2)(口)卫星脱离运载火箭

kick off (1)分离,断开,切断；(2)出油,井喷

kick-off mechanism 解脱装置,分离机构

kick-off point 造斜部位,造斜点

kick-on (1)不归位式寻线机跳接；(2)跳出

kick on 跳出

kick-out 反冲出,踢出

kick out 反冲出,踢出

kick over 起动,发动

kick-pedal 脚登起动踏板

kick pedal 摩托车足登起动踏板

kick starter 反冲式起动机,突跳式起动机,反冲式起动器,脚踏起动器,发动杆

kick the casing head 向油槽车压注空气,从油槽车下部排除石油气

kick transformer 急冲变压器,突跳变压器,脉冲变压器,回归变压器

kick-up (1)向上弯曲；(2)翻车器,翻罐笼

kick up 急剧提高汽油辛烷值

kick-up frame 特别降低车辆重心的车架,上弯车架

kick wheel 脚动陶轮

kickback 后滑,回跳,回弹,碰回,反冲

kickback pulse 回扫脉冲

kickback type of supply 脉冲电源

kicker 喷射器,抛掷器

kicker baffle 导向隔板

kicker magnet 冲击磁铁

kicker port 排气孔

kicker stone 侧刃金刚石

kicking coil 反作用线圈,扼流线圈

kicking down (1)钢绳冲击钻法；(2)(下令)开钻

kicking field 快速脉冲场,冲击场

kickoff (1)不归位式寻线机跳开；(2)分离,断开；(3)拨料机,甩出机,推出机

798

kickoff arm (冷床的)出料推杆

kickpipe 防踢管

kickplate 门脚护板,踢板

kickpoint 转折点

kicksort 振幅分析

kicksorter (1)脉冲振幅分析器,振幅分析器；(2)分选仪

kicksorting of pulses 脉冲振幅分析

kickstand (自行车或摩托车)车支架,撑脚架

kickup 船尾明轮船

kiddie car 小型三轮脚踏车

kidney joint (1)挠性接头；(2)气隙耦合器

kier 精炼锅,漂煮锅

kikekunemalo 漆用树胶,漆用树脂

Kikuchi line 菊池线(电子束入射于晶体时由电子散射所产生的谱线)

kilhig 推杆

kilkenny coal 无烟煤

kill (1)减轻,削弱,抑制,消去,消除,消色,消像,抵消,衰减,中和,涂掉,删除,除去；(2)变纯；(3)去激励,切断电流；(4)爆炸性气体,瓦斯；(5)加脱氧剂,去氧,脱氧,镇静；(6)杀害,致命,破坏,摧毁,消灭,击落,击沉；(7)刹住,停住,截断,切断,断开；(8)小压下量轧制,平整；(9)沉积,沉淀；(10)使记录等于零,完全消耗,使失效

kill mechanism 杀伤机制,衰减机理,抑制机理,断开机理

kill off (1)除去；(2)消灭,歼灭,杀光

kill out (1)除去；(2)消灭,歼灭,杀光

kill probability (=KP) 摧毁概率

kill string 压井管柱

kill the voltage 在电网短路时使发动机停止发电

kill-time 消磨时间的

kill time 消磨时间

killed 已断路的,已停电的,饱和的,镇静的,脱氧的

killed lime 失效石灰

killed line 断线

killed spirit 焊接用的药水,焊酸

killed steel 全脱氧钢,镇静钢

killed switch 断路器开关

killed wire (机械处理过的)去弹性钢丝

killefer (=killifer) 牵引深耕机

killer (1)限制器,抑制器,熄灭器,断路器；(2)扼杀剂；(3)吸收器；(4)(一种在电子轰击下变暗物质称为)斯考脱弗尔,消光杂质,消光剂；(5)瞄准器

killer boat 捕鲸快艇

killer circuit (1)抑制电路,熄灭电路；(2)抑制器电路,消色器电路

killer satellite 野战卫星

killer ship 捕鲸快艇

killer stage 彩色通路抑制级

killer switch 断路器开关,限制器开关

killer triode 抑制器三极管

killer tube 抑制管

killing (1)致死的,杀伤的；(2)破坏的,摧毁的；(3)切断的,断开的；(4)加脱氧剂,镇静[的],脱氧[的]

killing agent 镇静剂,脱氧剂

killing of colour reproduction 停止彩色重现

killing of fluorescence 荧光消抑

killing period 镇静期,脱氧期

killock (1)小艇锚,锚；(2)石锚

kiln (1)窑,炉；(2)干燥器,干燥炉,烘干炉；(3)烘干,焙烧

kiln-dried (=KD) 炉中烘干的

kiln-dried wood 烘干木材,窑干木材

kiln-dry 烘干,干燥

kiln drying 窑内烘干

kiln evaporator 窑式脱水器

kiln liner 窑衬

kiln placing 装窑

kilnboy 干燥程序自动控制记录器

kilneye 窑孔,窑口

kilning 烧窑,烘窑

kilnman 窑工

kilo (1)千克,千升,千米,千；(2)通讯中用以代表字母 k 的词

kilo- (词头)千

kilo-ampere 千安[培]

kilo-character (=kc) 千字符

kilo-oersted 千奥[斯特](磁场强度单位)

kilo-ohm 千欧[姆]

kilo-watt-ampere (=KWA) 千瓦安[培]

kilo-X-unit (=KX) 千X单位(1X单位约等于10^{11}cm)

kiloampere 千安[培]

kilobar 千巴

kilobarn 千靶[恩]

kilobaud 千波特

kilobit 一千位,一千个二进制数字,千比特

kilobyte (=kb) 一千个字节,千字节

kilocalorie 千卡[路里],大卡

kilocoulomb 千库[仑]

kilocurie (=kc) 千居里(放射性强度单位)

kilocycle (=kc) 千赫[兹],千周

kilocycles per second (=kcs 或 kcps 或 kc/sec) 千赫/秒

kilodyne 千达因

kiloelectron-volt 千电子伏[特]

kiloelectron volt 千电子伏[特]

kilogamma 千微克

kilogauss (=KG) 千高斯

kilogram 或 kilogramme (=kg) (1)千克,公斤；(2)千克力

kilogram-calorie 千克-卡[路里]

kilogram force 千克力

kilogram-meter (=kgm) 千克米

kilogram-metre 千克米

kilogram net weight 千克净重

kilogramme equivalent 千克当量

kilogramme-meter (=kgmt) 千克米

kilogrammeter 千克米

kilogrammetre 千克米

kilograms per cubic meter (=kg/cum) 千克/米^3

kilograms per minute (=kg p m) 千克每分钟,千克/分

kilogray 千戈瑞 (=103Gy)

kilohertz 千赫[兹]

kilohm 千欧姆

kilohyl 千基尔(公制工程质量单位)

kilojoule (=kj) 千焦 [耳]

kilol 千升

kilolambda 千微升

kiloline 千磁力线

kiloliter 千升

kilolitre (=kl) 千升

kilolumen (=klm) 千流明

kilolumen-hour 千流明 [小] 时

kilolux 千勒 [克司]

kilomega (=km) 千兆 (10^9)

kilomegabit 千兆位, 十亿位

kilomegacycle (=KMC) 千兆赫, 千兆周

kilomegawatt (=kmw) 吉 [伽] 瓦特

kilomegawatt-hour (=kmwh) 吉 [伽] 瓦小时

kilometer (=km) 千米, 公里

kilometer per hour (=KPH) 千米每小时, 千米 / 小时, 公里 / 小时

kilometer-ton 千米 - 吨

kilometre 千米, 公里

kilometre post 里程标

kilometre stone 里程碑

kilometre wave 千米波, 长波

kilometre-ton 千米吨

kilomol 或 kilomole 千摩尔

kilonewton (=KN) 千牛顿

kiloparsec 千秒差距 (=3262 光年)

kilopascal (=KP) 千帕斯卡 (10^3N/m2)

kilopoises (=kps) 千帕 (粘度单位)

kilopound 千磅

kilopounds per square inch (=Ksi) 千磅 / 平方英寸

kilorad 千拉德 (吸收辐射剂量单位)

kiloroentgen (=Kr) 千伦琴

kilorutherford 千卢 [瑟福]

kilostere 千立方米, 千斯脱

kiloton (=KLT 或 Kt) 千吨

kilotron 整流管

kilovar (=kvar) 无功千伏安, 千乏

kilovar-hour (=kvarh) 无功千伏安小时, 千乏 [小] 时

kilovar-hour meter 千乏时计

kilovar instrument 千乏表

kilovolt (=KV) 千伏 [特]

kilovolt-ampere (=KVA 或 Kva 或 kva) 千伏安 [培]

kilovolt-ampere-hour 千伏安小时

kilovolt ampere-hour (=kvah) 千伏安小时

kilovolt ampere-hour meter (=KV AH meter) 千伏安小时表

kilovolt-ampere rating 千伏安额定容量

kilovolt meter 千伏表, 千伏计

kilovolt peak 千伏峰值

kilovoltage 以千伏计的电压, 千伏电压

kilovoltampere 千伏 [特] 安 [培]

kilovoltmeter 千伏电压表, 千伏计

kilovolts peak (=KVp) 千伏 [特] 峰值

kilowatt (=KW) 千瓦 [特]

kilowatt-day (=Kwd) 千瓦 / 天

kilowatt-hour (KWH 或 kwh 或 kw-h 或 kw-hr) 千瓦小时, 时, 一度电

kilowatt hour 千瓦小时, 时, 一度电

kilowatt-hour meter 千瓦时计, 电度表, 电度计, 电表

kilowatt-meter 电力计, 千瓦计

kilowatts reactive (=Kwr) 无功千瓦

kiloword (=Kw 或 Kword) 一千个字, 1024 个字

kilter 或 kelter 秩序, 整齐

kilurane 千由阑 (放射性能量单位)

kimograph 转筒记录仪

kind (1) 种类, 品种, 型式, 属, 族, 级, 等; (2) 性质, 本质, 特性; (3) 物品

kind of oil 油的品种

kindle (1) 点火, 点燃, 着火, 燃烧, 烧着; (2) 发亮, 照亮, 照耀; (3) 激起, 引起

kindling (1) 点火, 着火, 燃烧; (2) 发亮; (3) 引火物

kindling point 燃点

kindling temperature 着火温度, 燃点

kindred (1) 相似的, 类似的, 近似的; (2) 同种性质的, 同种类的, 同源 [的]

kindred effect 邻近效应, 同源效应

kindred type 类似型式

kine (1) (电视) 显像管; (2) 屏幕录像; (3) (速度的一种 CGS 单位) 凯恩

kine- (词头) (1) 运动, 活动; (2) 电影

kine bias (彩色电视) 像偏

kine-klydonograph 雷击的电流 - 时间特性曲线记录仪

kine oscilloscope 电视显像管示波管

kinegraphic control panels 远距离控制板

kinema 电影 [院]

kinema camera 电影摄影机

kinema colour 彩色电影

kinemacolour 彩色电影, 彩色片

kinemadiagraphy 电影照相术

kinematic 运动学的, 动力学的, 运动的

kinematic analysis 运动 [学] 分析

kinematic behavio(u)r 运动特性

kinematic chain 运动链系

kinematic characteristic curve 运动特性曲线

kinematic coefficient of viscosity 运动粘滞系数

kinematic design 机动设计

kinematic deviation 运动偏差

kinematic diagram 运动图

kinematic element 运动件

kinematic energy 动能

kinematic function of gears 齿轮运动函数

kinematic geometrical condition 运动几何条件

kinematic geometry 运动几何学

kinematic link 传动连接杆, 运动链, 链节, 链杆

kinematic mechanism 运动机构

kinematic mold 运动模型

kinematic pair 运动副, 运动对偶

kinematic scheme 传动系统图, 运动系统

kinematic train 传动系统

kinematic viscosity (=KV) 运动粘滞率, 运动粘滞性, 动 [力] 粘滞度, 流动粘度, 运动粘度, 动态粘度, 比密粘度, 动粘度

kinematic viscosity scale 运动粘度表

kinematical 运动学的, 动力学的, 运动的

kinematically 运动学上

kinematically acceptable solution 满足运动条件的解 [答]

kinematics 机构传动学, 运动学, 运动论

kinematics of machinery 机械运动学

kinematics of machines 机械运动学

kinematograph (1) 电影摄影机, 活动电影机, 电影放映机; (2) 运动描记器; (3) 活动电影, 电影制片技术; (4) 制成电影, 摄影

kinematographic 电影放映的, 电影上的

kinematography (1) 电影摄影术, 电影摄影学; (2) 活动影片, 电影电影

kinemograph (1) 转速图表; (2) 流速坐标图; (3) 活动影片

kinemometer (1) 感应式转速表, 灵敏转速计, 灵敏转速表; (2) 流速计, 流速表

kinephoto 显像管录像, 屏幕录像

kinephoto equipment 屏幕录像设备

kineplex 动态滤波多路

kinergety 运动能量

kinescope (1) (电视机的) 显像管, 电子显像管; (2) 显像管录像, 屏幕录像; (3) 眼折射计; (4) 屏幕录像记录片

kinescope grid 显像管控制栅极, 显像管调制栅

kinescope recorder 屏幕录像装置, 屏幕录像机

kinescope recording 屏幕录像

kinesimeter 运动测量器, 感觉探测器

kinesiodic 运动路径的, 运动道的

kinesiometer 运动测量器, 皮肤感觉计

kinesis 动态, 运动, 动作

kinestate 运动状态

kinetheodolite (1) (用以跟踪导弹和人造卫星的) 机动式经纬仪; (2) 电影经纬仪, 摄影经纬仪

kinetic (1) 动的, 运动的, 动力的; (2) 动力学的

kinetic coefficient 动摩擦系数, 运动系数

kinetic-control 动态控制

kinetic energy (=KE) 动能

kinetic equation 分子运动方程式, (大气) 动力公式

kinetic equilibrium 动态平衡, 动力平衡

kinetic factor 动力因数

kinetic friction　动摩擦

kinetic friction coefficient　动摩擦系数

kinetic friction(al) force　动摩擦力

kinetic head　流速水头

kinetic heat effect　动热效应

kinetic hypothesis　分子运动假设

kinetic metamorphism　动力变质

kinetic molecular theory　分子运动理论, 分子运动学说

kinetic moment　[运]动力矩

kinetic parameter　动力[学]参数

kinetic-potential　运动势

kinetic potential　运动势

kinetic pressure　动压力

kinetic pump　动力泵

kinetic simulator　动态特征仿真器, 动态特性模拟器

kinetic tank　活动油箱

kinetic theory　(1)气体分子运动论; (2)热的分子运动论

kinetic viscosity　动力粘度, [运]动粘度

kinetic viscosity index (=KVI)　动力粘度指数, 运动粘度指数

kineticity　动力学家

kinetics　动力学, 运动学

kinetics of machinery　机械动力学

kinetics of machines　机械动力学

kineto-　(词头)运动

kinetocamera　电影摄影机

kinetogenic　引起运动的, 促动的

kinetogram　电影

kinetograph　活动[摄影]电影机, 电影放映机, 电影摄影机, 活动摄影机

kinetographic　描记运动的

kinetonucleus　动核

kinetophone (=kinetophonograph)　有声活动电影机

kinetoplast　(1)动核, 动质; (2)动质体, 毛基体, 动基体, 激动体

kinetoscope　活动电影放映机, 人体运动电影照相机

kinetoscope film　电影胶卷

kinetostatics　运动静力学

kinetron　电子束管

king　特大的, 中心的, 主的

king and queen post truss　立式字桁架

king bolt　(1)中心主轴; (2)中心销

king lever　主握柄

king mechanism　制动机构

king oscillator　主振荡器

king-piece　(桁架)中柱, 主梁, 主柱

king piece　(桁架)中柱, 主梁, 主柱

king pile　(1)主桩; (2)中桩

king-pin　中央螺丝闩, 中枢销, 主销

king pin　(1)转向[节]主销, 转向节销, 转向销, 中枢销, 中心销, 大王销, (2)滚针; (3)关节销; (4)[中心]立轴; (5)中心人物, 关键人物

king pin angle　主销倾角

king-pin bearing　(1)凸轮推力回转轴承; (2)止推销轴承, 止推枢轴承

king-pin thrust bearing　中心立轴推力轴承

king plank　甲板中心纵列板

king-post　支柱

king post　(1)桁架中柱; (2)主柱; (3)吊杆柱

king-post truss　柱撑式三角桁架

king post truss　单柱桁架

king-rod　(1)大螺栓; (2)[桁架的]中柱, 钢制拉杆, 腹杆

king rod　(1)大螺栓; (2)[桁架的]中柱, 钢制拉杆, 腹杆

king-size　超过标准长度的

king-size tanker　大型油轮, 超级油轮

king-size tooth(ed) gear　大齿轮

king-sized　(1)超过标准长度的, 特长的, 特大的; (2)非常的, 特别的

king spoke　舵轮主手柄

king-tower　[塔式起重机的]主塔, 吊机塔中柱

king-truss　有中柱的桁架

kingbolt　(1)大螺栓, 主螺栓; (2)中枢销, 主销; (3)中心立轴

kingdom　领域, 界

kinghoren metal　金格哈恩黄铜, 铜锌合金(铜58.5%, 锌39.3%, 铁1.15%, 锡0.95%)

kingpin　(1)转向主销, 转向节销, 大王销; (2)滚针; (3)关节销; (4)中心主轴; (5)中心人物, 关键人物

kingpin telt　转向主销内倾角

kingpost　(1)主梁, 主杆, 主柱, 主柱; (2)[桁架]中柱; (3)吊杆柱

kingpost truss　单柱桁架

Kingston valve　(船舶)通海阀

kingtruss　有中柱的桁架, 主构架

kink　(1)活套, 套索, 铰链, 环, (2)纽结, 弯结, 纠结, 绞结, 纠缠, 死扣; (3)扭曲, 弯曲, 曲折, 扭折; (4)转折点, 折点, 拐点, 结点; (5)(薄板缺陷)边部浪; (6)(结构、设计)缺陷

kink in surge line　喘振线上的转折点

kink mark　折痕

kink of curve　曲线的弯折

kinker　(打结器的)扭结轴

kinking　(1)(放电缆或电线时)缠线; (2)屈曲, 压曲

kinking of a wire　(1)缠线; (2)线组折

kinking of hose　软管扭接

kinks　操作指南

kinky　(1)非常规的; (2)绞结的, 弯曲的

kino　(1)开诺(一种充有氖气的二极管); (2)胺树胶; (3)电影院

kino lamp　显像管

kinocentrum　中心体

kinoform　开诺全息照片, [位]相衍[射成像]照片

kinoin　奇诺树脂

kinology　运动学

kinoplasm　动质

kinship　(性质)类似, 近似

kintal　[一]百千克

kinzel test piece　焊接弯曲试验片

kip　千磅

Kipp oscillation　基谱振荡

Kipp oscillator　单振子

Kipp relay　基普继电器

kipp phenomenon　跳跃现象

kipp-pulse　选通脉冲

kipp relay　冲息多谐振荡器, 单稳多谐振荡器, 双稳态多谐继电器

kips 或 KIPS (=kilo pounds)　千磅

Kirchhoff law　基尔霍夫定律

Kirchhoff's first law　基尔霍夫第一定律

Kirchhoff's formula　基尔霍夫公式

Kirchhoff's law　基尔霍夫定律

kirf　截槽

kirjime　一种里海西岸尖头平底船

kirk　十字镐

kirkifier　一种线性整流器

kirksite　(模具用)锌合金(铝3.5-5%, 铜3%, 锌93%)

kirn　人工打眼

kirner　手工冲击钻

Kirsite　锌合金(铝3.5-5%, 铜4%, 镁1%, 其余锌)

kirve　掏槽, 截槽

kish　(1)初生石墨, 结晶石墨, 结集石墨, 集结石墨, 片状石墨; (2)石墨分离, 漂浮石墨, 残留金属, 渣壳

kish lock　石墨集结

kish slag　石墨渣

kiss　缝口, 接缝

kiss coating　单面给胶涂层法

kiss core　预埋型芯

kiss gate　压边浇口

kiss impression　轻压印刷

kiss-roll coating　轻触辊式涂敷

kiss-roll pressure　接触压力

kiss-roll printing　凸纹辊筒印花

kisser　氧化铁皮斑点

kist　支架工的工具箱

kit (=Kt)　(1)工具箱, 工具袋, 用具包; (2)整套元件, 配套元件, 配套零件, 全套元件, 全套零件; (3)[一组]仪表, 成套仪表, 整套工具, 全套工具, 配套工具, 随身工具

kit-bag　工具袋, 帆布袋

kit shortage notice (=KSN)　成套器件短缺通知, 成套仪器短缺通知, 成套工具短缺通知, 成套零件短缺通知

kitchen　(1)厨房; (2)全套餐具

kitchen range　炉灶

kitchenette　小厨房

kitchenware　厨房用具, 炊具

kite　(1)风筝式气球, 风筝, 筝帆; (2)浮锚; (3)风筝式飞机, 轻型飞机, 飞机

kite-airship　系留汽艇

kite-ascents　风筝探测
kite-balloon　风筝气球, 系留气球
kite balloon　风筝气球, 系留气球
kite-camera　俯瞰图照相机
kite-flying　(1) 开空头支票；(2) 东拼西凑
kitemeteorograph　风筝式气象记录器
kittereen　双轮马车
kittle　(1) 难对付的, 难处理的, 麻烦的；(2) 灵巧的
Kitty cracker　小型裂化器
kiver　(英) 浅容器, 木盆
kjeks　(挪) 一种沿海手钓渔船
klamp　护舷木
klarzell　克拉泽尔塑料片
klaxon (=claxon)　电喇叭, 警笛
klaxon-horn　电喇叭, 警笛
kleptoscope　潜望镜
klieg light　强弧光灯, 溢光灯
Klieglight　克利格灯, 强弧光灯, 溢光灯
kliegshine　强弧光灯光, 溢光灯光
Klingeln burg gearing　(原联邦德国) 克林根堡制准渐开线锥齿轮
Klinostat　缓转仪
klirr　非线性失真, 波形失真
klirr-attenuation　失真衰减量
klirr factor　非线性谐波失真系数, 波形失真系数, 畸变系数
klirr factor meter　失真系数计
klirrfactor　非线性谐波失真系数, 非线性畸变系数, 波形失真系数, 畸变因数
klischograph　电子刻版机
klitjiran　(印尼) 一种渔船
klydonogram　(1) 克里顿诺图, 脉冲电压记录图；(2) 脉冲电压显示照片
klydonograph　克里顿诺仪, 浪涌电压记录器, 脉冲电压记录器, 脉冲电压拍摄机, 过电压摄测仪
klystron　速度调制管, 速调管
klystron amplifier　速调管放大器
klystron mount　速调管座
klystron oscillator　速调管振荡器
knack　(1) 技巧, 诀窍, 窍门, 妙诀；(2) 习惯
knag　木节, 木瘤
knaggy　多节的
knap　打碎, 砸碎, 敲碎, 轧碎, 敲, 打
knapper　(1) 碎石锤；(2) 碎石工
knapping hammer　碎石锤
knapping machine　碎石机
knapsack　(1) 帆布背包, 背箱；(2) 盛液筒, 背罐
knapsack algorithm　渐缩算法
knapsack sprayer　背负式喷雾器
knapsack station　背囊式电台, 轻便台
knar　木节, 木瘤
knead　揉成团, 揉搓, 揉碎, 揉混, 揉和, 混合, 搅拌
kneadable　可揉捏的, 可塑的
kneaded eraser (=kneaded rubber)　橡皮擦, 橡皮
kneaded structure　捏合结构
kneader　捏合机, 捏和机, 碎纸机
kneader type mixer　搓揉式混砂机, 搅拌机
kneading action　揉搓作用, 混合作用
kneading compactor　揉压机
kneading machine　搓揉式混砂机, 搅拌机, 捏合机
kneading mill　捏和机, 混砂机, 搅拌机
kneading-trough　揉合槽, 揉合钵
knee　(1) 弯头管, 弯头, 弯管, 曲管, 肘管；(2) 扶手弯头, 膝形托, 膝状物, 合角铁, 曲材, 肋材；(3) 膝形角；(4) 特性曲线拐点, 曲线弯曲处, 曲线弯点, (5) 托架, 支架, (6) (铣床的) 升降台
knee-action　(前轮) 上下膝杆动作的
knee action　(1) (前轮) 膝 [形] 杆动作, 膝 [形] 杆作用；(2) (汽车) 分开式前桥的摆动, 断开轴的摆动
knee action suspension　独立悬挂
knee action wheel　膝 [形] 杆作用独立悬挂车轮, 肘动轮
knee-and-column　(铣床的) 升降台
knee-and-column milling machine　升降台铣床
knee bend　(1) 弯管接头, [管子] 弯头；(2) 肘形弯管；(3) 折弯
knee-brace　斜撑, 角撑, 隔撑
knee brace　(1) 膝形拉条；(2) 斜撑, 角撑, 隔撑
knee bracing　斜撑, 角撑, 隔撑

knee bracket　膝形托架
knee brake　曲柄制动器
knee clamp　膝形夹头
knee colter　膝形犁刀, 弯头犁刀
knee desk　两头沉写字台
knee-girder　肘状梁
knee-high　高及膝的
knee-hole　(桌子等) 容膝空档
knee-hole table　写字台, 书桌
knee-iron　隔铁, 角铁, 角钢
knee iron　角补强铁, 隔铁, 角铁, 角钢
knee-joint　弯头接合, 肘接, 臂接
knee joint　弯头接合, 肘接, 臂接
knee-jointed　肘连接的
knee loss　弯头损失, 屈折损失
knee mortar　掷弹筒
knee of curve　曲线弯曲处, 曲线的拐点
knee of head　船头悬伸木
knee piece　(1) 斜撑；(2) 曲块, 曲片
knee pipe　(1) 曲管, 弯管；(2) 弯头
knee plate　肘板
knee point　曲线弯曲点, 曲线拐点
knee sensitivity　拐点灵敏度
knee table　三角桌
knee timber　曲衬形木料
knee-toggle lever　肘节杠杆, 曲杆
knee tool　膝形刀架, 弯头刀架
knee type　升降台
knee type miller　升降台铣床
knee type milling machine　升降台铣床
knee voltage　(曲线) 膝处电压
kneeroom　座前空档
knick point　裂点
knickknack　(1) 小家具；(2) 小装饰物, 琐碎物
knife　(1) 刮刀, 刨刀, 刀；(2) 切割器, 刀片, 刀具, 刮板；(3) 刀口, 刃口；(4) 手术刀, (5) 用刀切, 劈开
knife arbor　圆盘刀片心轴, 圆盘刀刀杆
knife cheeks　裁纸夹板
knife coulter　直犁刀
knife-edge　(1) 刀口, 刃口；(2) 刀形支承, 刃 [形] 支承；(3) 刀形边缘, 刃形边缘；(4) 刃形铁片
knife edge　(1) 刀口, 刃刃；(2) 刀口支承, 刀形支承, 刃 [形] 支承；(3) 刃形边缘, [刃形] 支棱
knife-edge bearing　刀口支承, 刃 [形] 支承
knife edge bearing　刀口支承, 刃 [形] 支承
knife-edge contact　(1) 闸刀式开关；(2) 闸刀式触点, 刀口触点
knife edge contact　刀口触点
knife edge die　切断模
knife edge follower　刀形随动件
knife-edge load　线荷载
knife-edge obstacle　楔形障碍物
knife edge pivot　刀形枢轴
knife edge support　刀形支承, 刃形支承
knife-edged　(1) 极锋利的；(2) 极精密的
knife file　刀 [形] 锉
knife-fold　刀式折页
knife gate　缝隙浇口, 压边浇口, 刀子浇口
knife grinder　(1) 磨刀装置, 磨刀机；(2) 磨刀石, 砂轮；(3) 磨刀工
knife holder　刀夹, 刀架
knife key　有刀头的罗盘起子
knife-lineattach　刀切形磨蚀
knife-machine　磨刀机
knife machine　磨刀机
knife mill　切碎机
knife of switch　开关闸刀
knife pass　切深孔乳
knife rest　[餐桌上的] 刀架
knife stone　磨刀石
knife switch (=KS 或 kn sw)　刀形开关, 闸刀开关
knife test for plywood　胶合板刀齿试验
knife tool　修边刀具
knife with two handle　双柄拉刨
knifing　切深 [轧制]
knifing-pass　切深孔型

knifing pass (1) 切深孔型；(2) 切深孔机

knight 系缆柱

knight engine 套阀发动机

knighthead (1) 船首辅肋材；(2) 船首三角形纵壁

knit (1) 编，结，组；(2) 缚紧，接合

knit goods 针织品

knit in 织进，织入

knit up (1) 织补；(2) 结束

knitted 编结的，针织的

knitter (1) 编织机，针织机；(2) 编织者

knitting action 交织作用

knitting frame 针织机

knitting-machine 编织机，针织机

knitting machine 编织机

knitting-needle 织针

knittles 双股绳索

knitwear 针织品

knob (1) 球形把手，圆形把手，球形捏手，球形柄，旋扭，按钮，捏手，手柄；(2) 调节器；(3) 头部，球块；(4) (多肉缺陷的) 肥边，铸瘤，(5) 门拗；(6) 鼓形绝缘子

knob-a-channel mixer 多路分调 [旋钮] 混合台，多路调音台

knob-and-tube wiring 穿墙布线

knob and tube wiring 瓷柱瓷管布线法

knob down 按下按钮

knob insulator 鼓形绝缘子，鼓形隔电子

knob lock 球把门锁

knob of key 键扣

knob-operated control 旋钮式调整，旋钮控制

knob operated control 旋钮式调整，旋钮控制

knob wiring 瓷柱布线

knobbed (1) 有节的，多节的；(2) 圆头的

knobbing rolls 压辊发动机

knobble (1) 小球形突出物，小圆块，小节，小瘤，节瘤，(2) 小压下量轧制，开坯；(3) 压平 [表面的] 隆起

knobbled iron 熟铁

knobbling (1) 小压下量轧制，开坯；(2) 压平 [表面的] 隆起；(3) 用锤击击碎

knobbling fire 搅铁炉

knobbling rolls 压轧辊

knobbly 圆形突出物的，有节的

knoblike 球状的

knock (1) 打击，打成，碰撞，撞击，打击，爆震，振动，敲打，敲成，(2) 爆震，爆击，爆轰，爆燃，震动，敲击；(3) 机器运转不规律，(发动机) 停歇；(4) 破坏，消灭，击落；(5) 顶销；(6) 爆震声，敲击声；(7) 敲击信号

knock-about 快帆船

knock characteristic 抗震性

knock-compound 抗震剂

knock compound 抗震剂

knock down 拆开，拆卸，撞倒

knock-down chain 可拆链

knock-free 非爆震的，无爆震的

knock hole 定位 [销] 孔，顶销孔

knock in 敲入，打入

knock intensity 爆震强度

knock lock 球拗门锁

knock meter 爆震计，测震计，爆燃仪

knock-off (1) 敲击，敲落，(2) 自动停机，中止，停止；(3) 安全装置，碰撞自停装置；(4) 停工时间，(5) 可连接的

knock off 敲落

knock-off bit 可卸钻头

knock-off cam 停汽凸轮，停机凸轮

knock-off core 易割冒口，易割片

knock-off stud 停车螺栓

knock-on (1) 被打出的粒子，打出的粒子；(2) δ 粒子；(3) 弹跳，回跳，反跳，撞出

knock-on collision 对头碰撞，直接碰撞

knock-out (1) 打出，敲出，击出，击平，(2) [塑料] 脱模

knock-pin (1) (塑料模) 顶 [出] 杆，顶销；(2) 定位销

knock pin (1) (塑料模) 顶 [出] 杆，顶销；(2) 定位销

knock rating 防爆率，爆震率

knock-reducer 抗震剂，减震剂

knock reducer 抗震剂，抗爆剂

knock-sedative 抗震的，抗爆的

knock-test 抗震性试验，爆震性试验

knock-test engine 抗爆性试验机，辛烷值试验机，测爆机

knock value 抗震值

knock wave 冲击波

knockability (型芯) 出砂性

knockabout (1) 单桅帆船；(2) 船首无横杆的帆船

knockdown (1) 易于拆卸的，能拆卸的；(2) 不可抵抗的，压倒的；(3) 最低价的，(4) 易拆之物；(5) 击倒，降低

knocked 拆卸的，打出的

knocked-down 船在大风下的横倾状态

knocked down (=KD) 拆卸的，解体的

knocked-on [被] 打出的

knocked-on atom 被打出的原子

knocked-on electron 击出的电子，撞击的电子，冲击的电子

knocker (1) 信号铃锤；(2) 门环，门锤；(3) 爆震燃料，爆震剂

knocker-out (1) 反向撞角；(2) 落砂工

knocking (1) 敲击，爆击，敲落，敲、击；(2) 爆震，震动；(3) 震性；向顶，(4) 水锤，(5) 敲击信号

knocking-bucker 采石器

knocking combustion 爆震燃烧

knocking-out (1) 打出，敲出；(2) 碰撞位移

knockings 爆震

knockmeter 爆震计，测震计，爆燃仪

knockout (1) 落砂工作，打泥芯，落砂，出芯，脱箱；(2) [压床] 打料棒；(3) 拆卸工具，脱模装置，拆卸器，脱模机，脱模器，顶器，出件器；(4) 倒出铸件和壳，出坯，打箱，分离，(5) [塑料] 脱模，脱壳；(6) 挡板式气液分离器；(7) 喷射器，抛掷器，分液器，凝聚器；(8) 打出，敲出，排出，凿出，抖出

knockout box 气体分离箱

knockout coil 一种水冷的分凝盘管

knockout cylinder 顶件油缸

knockout drum 分离鼓

knockout grid 落砂架，落砂栅

knockout machine 取出机，落砂机，脱模机

knockout pad 堆件盘

knockout pin (1) (压铸壳型) 顶出杆，顶件杆；(2) (熔模铸造) 顶出针

knockout plate 脱模板，甩板

knockout press 脱模力，甩力

knockout process 撞击过程

knockout stroke 出坯冲程

knockout tower 分离塔

knockouts 分液器，凝聚器

knockrating 抗爆值，爆震率，防爆率

Knoop hardness 努氏硬度，努普显微硬度

Knoop indentation 努普压痕试验

Knoop indentation microhardness test 努氏 [刻痕] 微硬度试验

Knoop indenter 努普压头

Knoop number 努氏硬度值

Knoop scale 努氏硬度标度

knop 圆形把手，圆形捏手，拉手，捏手，电钮，门拗

knot (=Kn 或 Kt) (1) 球形把手；(2) 节 [疤]；(3) 结节扣，绳结，纽结，症结，结点，(4) 节(测航速单位 =1 海里 / 小时或 1.85 千米 / 小时)；(5) 关键，要点

knot hole (木) 节孔

knot strength (钢丝绳芯的) 打结强度，结节强度

knot wood 有节木料

knothol mixer 隔膜混合器

knothole (木头上的) 节孔

knotter (1) [纸浆] 结筛；(2) 打结器，除节机；(3) 结网工

knotting strength 打结强度

know 知道，懂得，通晓，了解，认识，认出，识别，区别，辨别，分辨，经历

know-all 无所不知的人，知识里手

know-how (1) 实际知识，实践知识，知识水平，专门技能，专门技术，专门知识，技巧，经验，体验；(2) 技术情报；(3) 窍门，诀窍

know how (1) 专门技能，专门知识，生产经验；(2) 技术情报；(3) 能够

know-it-all 无所不知的人

know-nothing 一无所知的，不可知论的

know-nothingism 不可知论

know right from wrong 分辨是非

know-why 技术知识的原理

knowability 可知性

knowable 能认识的，可了解的，可知的，易知的

knowing (1) 有知识的，知道的，认识的，通晓的；(2) 聪明的，故意的，

(3) 漂亮的

knowingly　有意识地, 故意地, 机警地

knowledge　(1) 知道, 理解, 了解, 通晓; (2) 知识, 学识, 学问, 认识, 经验, 见闻, 消息, 资料

knowledgeable　有知识的, 有见识的, 博学的

known　(1) 大家知道的, 已知的, 有名的; (2) 已知数, 已知物

known datum point (=KDP)　已知基准点

known quantity　已知量

known number　已知数

knuckle　(1) 万向接头, 转向节, 关节, 肘节, 铰链, 枢轴; (2) 车钩, 钩爪, 钩舌; (3) 铰链接合

knuckle and sock joint　活节连接, 链球形连接

knuckle arm　(1) 关节[杆]臂; (2) 转向节臂, 转向杆臂, 万向臂

knuckle bearing　(1) 球形支座, 铰式支座, 铰座; (2) 关节轴承

knuckle bushing　关节衬套

knuckle center　万向节十字轴

knuckle centre　万向接头十字轴

knuckle drive flange　关节传动凸缘

knuckle-gear　圆齿齿轮

knuckle gear　圆[顶]齿齿轮

knuckle-gearing　圆齿齿轮装置

knuckle gearing　圆齿齿轮装置

knuckle-joint　(1) 叉形铰链接合; (2) 肘形接头, 叉形接头, 铰接

knuckle joint　(1) 叉形铰链接合; (2) 叉形铰链接头, 叉形接头, 关节接头, 肘接头, 铰接

knuckle joint end　球铰端头

knuckle-joint knurler　关节压花刀

knuckle-joint press　曲柄连杆式压力机

knuckle joint press　肘杆式压力机

knuckle line　(船) 棱角线

knuckle man　挂钩工

knuckle pin　万向接头插销, 转向节销, 接头销, 关节销, 肘销, 钩销

knuckle pin angle　关节销内倾角

knuckle pivot　转向节支销, 关节销

knuckle post　转向节柱

knuckle press　曲柄连杆式压力机

knuckle rod　转向横拉杆, 活节杆

knuckle screw　圆螺纹

knuckle screw thread　圆螺纹

knuckle spindle　转向节指轴, 转向节销

knuckle stop screw　关节止动螺钉

knuckle thread　圆螺纹

knuckle thrust bearing　关节推力轴承, 关节止推轴承, 转向节止推轴承, 转向节推力轴承

knuckle-tooth　圆[顶]齿

knuckle tooth　圆顶齿, 圆齿

knuckle wheel　圆顶齿齿轮

knuckling　突球

Knudsen burette　氯度滴定管

Knudsen flow　分子流, 努森流

Knudsen gauge　努森压力计, 努森规

Knudsen number (=Kn)　努森数

Knudsen pipet　努森移液管

Knudsen rate of evaporation　最大蒸发率, 努森蒸发率

knurl　(1) 滚花, 压花, 压纹, 刻痕, 刻纹; (2) 压花刀; (3) 圆形按钮, 圆形旋钮; (4) 隆球饰, 硬节, 隆起, 瘤

knurl wheel　滚花轮

knurled (=knld)　滚花的, 压花的

knurled deflector　凸形导向器

knurled nut　滚花螺母, 滚花螺帽

knurled roll　滚花滚筒

knurled screw　滚花螺杆

knurled thumb screw　滚花螺杆

knurling　(1) 滚花, 压花; (2) 滚花刀, 压花刀; (3) 刻痕

knurling roll　滚花滚筒

knurling tool　(1) 滚花刀具, 压花刀具, 滚花工具; (2) 压花滚轮

knurlizer　滚花机

knurlizing machine　(1) 滚花机; (2) 活塞修复机

knurr　硬节, 瘤

koalmobile　无轨自行矿车

kob type circuit　桔形电路

kobitalium　考毕特铝合金 (铜 1-5%, 镍 0.2-2.0%, 锰 0.25-0.20%, 铁 1-2%, 硅 0.5-2.0%, 镁 0.4-2.0%, 钛 0.08-0.12%, 余量铝)

Koch resistance　科赫电阻 (一种光敏电阻)

kochenite　琥珀树脂

kochmara　一种俄国沿海纵帆船

Kodachrome　柯达彩色胶片

Kodachrome slide　柯达幻灯片

Kodak　柯达照相机

Kodak photo resist (=KPR)　柯达光致抗蚀剂

Kodak special plate (=ksp)　柯达特种底片

Kodak thin film resist (=KTFR)　柯达薄膜抗蚀剂

Kodaloid　硝酸纤维素

kodatron　一种气体放电管

Koepe pulley　戈培轮, 摩擦轮

Koepe wheel　戈培轮, 摩擦轮

kogel process　(路面防滑的) 热处理

Kohlenhobel　刨煤机

Kohlrausch bridge method　考劳希电桥法 (特殊电阻的测量法)

Kohler illuminator　柯勒照明器

kohua　科华炉

koku　(1) 干衡单位, 等于 5.12 蒲式耳; (2) 液衡单位, 等于 47.65 加仑; (3) 船只用单位, 等于 10 英尺^3

kele-kole　(印尼) 一种带双浮体小艇

kolek　马来西亚矩形帆船

kolekan　(印尼) 一种半甲板二桅帆船

kolekstock　一种瑞典尖首方尾渔艇

kollag　固体润滑油

kollergang　轮碾机, 辗砂机, 混辗机

kollermill　轮碾机, 辗砂机, 混辗机

kolyseptic　防腐的

kominuter　粉碎机, 磨矿机

Konal　考纳尔镍钴合金 (镍 70-73%, 钴 17-19%, 镍 2.5-2.8%, 余量铁)

Kone　双纸盆扬声器

Konel　考涅尔代用白金, 康乃尔合金 (镍 73.03%, 钴 17.6%, 钛 8.8%, 硅 0.55%, 铝 0.26%, 锰 0.16%)

konik(e)　科尼科镍锰钢

konimeter 或 coniometer)　空气尘量器, 灰尘计数器, 计尘器, 尘度计

koniogravimeter　空气尘量器, 灰尘计数器, 计尘器, 尘度计

koniology　微尘学

koniscope 或 coniscope　计尘器, 尘粒镜, 检尘器

konisphere　尘圈, 尘层

konitest　计尘试验

konometer　尘埃计算器, 大地尘埃计

konoscope　锥光仪

konoscopic observation　会聚偏振光对晶面两次折射特性的观测

Konstantan (=constantan)　康铜, 镍铜合金

Konstruktal　康斯合金

konting　一种印尼木渔船

kooman's array　库曼氏天线阵, 松树天线阵

koplon　高湿模量粘胶纤维

Kopol　化石树脂

kornish boiler　水平单火管锅炉

Koron　聚氯乙烯

koronit　科罗那特, 科罗炸药

koroseal　氯乙烯树脂, 氯乙烯塑料

Koster magnet steel　科斯特钴钼磁钢

kotron　硒整流器

kotschmara　一种俄国沿海纵帆船

koval　考瓦尔铝合金 (硅 1.0%, 铁 0.3%, 锰 0.7%, 镁 0.65%, 余量铝)

Kovar　科伐镍基合金, 铁镍钴合金 (镍 29%, 钴 17%, 铁 54%)

Kovar-glass seal　科伐铁镍钴合金与玻璃密封 [焊接]

Kozanowski oscillator　克扎诺斯基振荡器 (BK 振荡器的一种)

krad　克拉 (γ 辐射单位)

kraemer system　克雷默控制方式 (控制感应电动机速度的一种方法)

kraft paper　牛皮纸

kraft pulp (=KP)　硫酸盐纸浆

kraft semi chemical pulp (=kscp)　硫酸盐半化学浆

kraftpaper　牛皮纸

kralastic　克拉拉斯蒂克 (热塑性 A 型 ABS 树脂)

kranenburg method　直接水压式成形法 (凹模中加水, 工件直接受水压, 可以深拉深)

Kranz Triplex method　可锻铸铁制造法

kratometer　棱镜矫视器

krarup cable　均匀加感电缆, 连续加感电缆

krarupization　均匀加感, 连续加感

krarupize　均匀加感, 连续加感

Krebs unit　克雷布斯单位 (测量稠度的单位, 特别用于颜料)

kreosote 杂酚油

krephane 氯乙烯均聚物

kristallization 结晶

Krith 克瑞(气体重量单位等于氢在标准状况下一升的重量，1krith=0.0896g)

Kroll corrosive liquid 氢氟酸腐蚀液

Kroll method 镁还原四氯化物法，钛化合物还原法，锆化合物还原法

kromal 克劳马尔钼高速钢(碳 0.7%，钼 9%，铬 4%，钒 1.25%，余量铁)

kroman (印尼)一种活动甲板木船

kromarc 可焊[接]不锈钢

kromax 克劳马科斯镍铬合金(镍 80%，铬 20%)

kromore 克劳模镍铬合金(镍 85%，铬 15%)

Kromscope 加成法彩色图像观察仪，克罗姆斯科普观察仪

Kron network 克朗四端网络

Kronecker delta 克罗内克符号

krovan 克劳凡铬钒钢(碳 0.9%，铬 1%，钒 0.2%，其余铁)

Krupp austenite steel 奥氏体铬镍合金钢

Krupp furnace 粒状碳电阻炉

Krupp triple steel W4Cr4V2Mo2 高速钢

Krupp-Renn method 克鲁普转炉炼铁法(粒状还原铁法)

kryogenin 冷却剂

kryometer 低温计

kryoscope 凝固点测定计

kryoscopy (=cryoscopy) [溶液]冰点测定法，凝固点测定

kryotron (1)冷持元件；(2)低温管，冷子管

kryptol 电极粒状物，硅碳棒，粒状碳

kryptol furnace 炭粒炉

kryptol stove 碳棒电阻炉

krypton {化}氪 Kr

krypton-arc lamp (=Kr-arc lamp) 氪弧灯

krypton ion laser (=KIL) 氪离子激光器

krypton lamp 氪灯

kryptoscope 荧光镜

krystalglass (1)富铅玻璃；(2)富铅玻璃器；(3)结晶

krytron 弧光放电充气管

krytron circuit 克里管电路(用雪崩管电路产生高压锯齿波)

KS magnet 永久磁铁

KS steel KS 钢，钴钢

KTN pyroelectric detector 铌酸钽酸钾热电探测器

kubbook (荷)一种帆渔艇

kudastre (菲)一种沿海双桅、带双浮体的帆船

kuff (荷)一种沿海小帆船

kufil 库非银铜

kumanal 铜锰铝标准电阻合金，库曼铜锰铝合金

kumanic 库马铜锰镍铝合金(铜 60%，锰 20%，镍 20%)

Kumial 含铝铜镍弹簧合金(铝 1-2.5%，镍 5.8-13.5%，铜 84.0-92.9%)

Kumium 高电[热]导率铜铬合金，库米铬铜(含铬 0.5% 的铜)

kundt tube 孔脱管(一种声速测量器)

Kunheim metal 稀土金属与镁的合金，发火合金

Kunial 库尼阿尔铜镍铝合金，含铝铜镍弹簧合金

Kunifer 铜镍合金

kunnifer 库尼镍铜(含镍 5% 及铁 1% 的铜)

kupfelsilumin 硅铝明合金

kuppe (1)导流罩；(2)透声穹室

kupper solder 铅焊料(锡 7-15%，锑 7-9.5%，其余铅)

kupramite 防氨面罩

kurie (1)治疗，(2)纠正，矫正，解决；(3)处理，处置，加工，消除；(4)养护；(5)硫化，熟化，塑化，固化，硬化，结壳，凝固

Kuromore 镍铬耐热合金(镍 85%，铬 15%)

kuron (美)库朗橡胶弹性织物

kurtosis (1)(曲线的)尖峰值，峰态，峭度；(2)(分布曲线中的高峰程度的)突出度

kustelite 金银矿

kutern 库特碲铜(含碲 0.5% 的铜)

kutter 一种北海及波罗的海渔帆船

kuttern 铜碲合金

kvassar 一种瑞典渔帆船

kwak 一种风帆拖双网渔船

kyanise 氯化汞浸渍木材防腐，用升汞浸渍木材防腐

kyanising 氯化汞防腐[法]，水银防腐[法]，升汞防腐[法]，汞剂防腐[法]

kyanize 氯化汞浸渍木材防腐，用升汞浸渍木材防腐

kyanizing 氯化汞防腐[法]，水银防腐[法]，升汞防腐[法]，汞剂防腐[法]

kybernetics 控制论

kymogram 转筒记录图，记波纹图，记波图，描波图，记录图

kymograph (1)转动记录器，转筒记录器，旋转自记仪；(2)波形自录器，波形记录器，波形自记器，记波器，描波器；(3)X 射线记波器；(4)角功表

kymography 波形自动测量法，转筒记录法，记波法

kyphotone 驼背矫正器

kyrtometer (=cyrtometer) 曲面测量计，曲度计

kytoon 风筝气球，系留气球

L

L (1) L 形；(2) 复制字母 L 的铅字；(3) 印模等的 L 形物；(4) 高架铁路

L-band L 波段 (390-1550MHz, 波长 76.9~18.3cm)

L-bar (1) 角板；(2) 角钢

L-beam (不等边) 角钢

L-binding energy L 层结合能

L-capture 核对 L 层电子的俘获，L 层电子俘获

L-cathode 金属多孔阴极，多孔隔板阴极，莱门扩散阴极，L 型阴极

L-conversion L 变换

L-display L 型显示器

L display 方位 - 方位误差显示 [器], 双方位显示 [器], L 型显示 [器]

L-driver (=learner-driver) 学习汽车驾驶员

L-electron L 层电子

L-iron 角钢，角铁

L-level L 能级

L-line L 谱线，L 线

L-meson 轻介子，L 介子

L-satellite 月球卫星

L scope 双向距离显示器，L 型显示器

L-series (光谱线的) L 系

L-shell L 电子层，L 壳层，L 层

L-square 直角板，[直] 角尺

L-waves 长波

La Bour centrifugal pump 拉布离心泵

La Mont boiler 拉蒙特锅炉

labdanum (gum) 劳丹胶

labe- (词头) (1) 把手；(2) 抓住；(3) 接受；(4) 斑点

labefaction 动摇，衰弱，衰落，恶化，崩溃，灭亡

labefaction 动摇，衰弱，衰落，恶化，崩溃，灭亡

label (1) 标签，标牌，标志，标记，标识，标号，纸条，签条；(2) 示踪，示迹；(3) 工厂牌号，工厂商标；(4) 信息识别符，电码符号，称号；(5) 记录单；(6) 贴商标，做记号

label area (唱片) 片心区，标签区

labeled 同位素标记的，标记的，示踪的

labeler 贴标签机

labeling 加标签，加标记

labeling machine 贴标签机

labeling scheme 代码电路，标号方案

labeling reader 标记卡阅读器，标号卡阅读器

labelled 同位素标记的，标记的

labelled atom 标记原子，显踪原子，显迹原子，示踪原子

labelled common block 有标号的公用块

labelled compound 含示踪原子的化合物，标记化合物

labelled statement 有标号语句

labeller 贴标签机

labelling 加标签，加标记

labelling machine 贴标签机

labelling method 标号计算法

labid- (词头) (1) 镊子，钳；(2) 把手

labidometer (=labimeter) 胎头测量钳

labile (1) 不坚固的，不稳定的，不安定的，易变的，易错的；(2) 可适应的；(3) 易滑脱的，滑动的

labile emulsion 不稳定乳胶，不稳定乳液，易变乳胶，易变乳液

labile equilibrium 不稳定平衡

labile oscillator 遥控振荡器，易变振荡器

labile state 不稳状态，易变状态

lability 不稳定性，不安定性

labilization 易变作用，不稳定

labilize 活化

labilized hydrogen atom 活化的氢原子

labitome 有刃钳

labor (1) 劳动，勤劳；(2) 吃力的工作

labor capacity 劳动生产率，工率

labor day 工作日

labor intensive 劳动集约型的，劳动密集型的

labor power 劳动力，人力

labor protection 劳动保护

labor-serving 减轻劳动的，节省劳力的，省工的

labor serving 节约劳动力，省力，省工

laboratorial 实验室的

laboratorian 检验师，化验员

laboratories command guidance system (=LCGS) 实验室指挥制导系统

laboratory (=LAB 或 lab) (1) 实验室，试验室，化验室，研究室；(2) 熔炼室，炉膛；(3) 化学厂，药厂

laboratory instrument 实验室仪表

laboratory oscillator 实验室振荡器

laboratory procedure 实验室研究方法，实验程序，实验步骤

laboratory reactor (=LR) 实验室反应堆

laboratory reagent (=LR) 实验室试剂

laboratory report (=LR) 实验室报告

laboratory-scale 试验用的，规模的，小型的

laboratory shop 试制车间

laboratory sifter 振动筛分机

laboratory simulation test 实验室模拟实验

laboratory sole 炉底，炉床

laboratory system (=LS) 实验室 [坐标] 系统

laboratory test 实验室试验

laborer (1) 劳动者，工人；(2) 不熟练工 [人]

laboring 摇晃，颠簸，摆动

laborious (1) 艰巨的，艰难的，艰苦的，辛苦的，费力的，麻烦的；(2) 勤劳的

laborious test method 繁复的试验方法

labour (1) 劳动，工作，努力，苦工，(2) 劳动人民，劳动者；(3) 劳动力，熟练工，(4) 详细论述；(5) 在困难中前进

labour badly (机器) 吃力地工作

labour capacity 劳动生产率，工率

labour power 劳动力，人力

labour-serving 减轻劳动的，节省劳力的，省工的

labour serving 节约劳动力，省力，省工

labour union 工会

labourage 工资

laboured 吃力的，困难的，缓慢的

labourer (1) 劳动者，工人；(2) 不熟练工 [人]

labourer relief 劳动救济

labouring 劳动的，困难的

laboursome 吃力的，费力的

labs 洗印厂

labware 实验室器皿

labyrinth (1) 曲径式密封，曲折密封；(2) 迷宫；(3) 曲径

labyrinth and annular groove composition seal　由曲路密封与油封槽组合的密封装置

labyrinth and oil groove composition seal　由曲路密封与油封槽组合的密封装置

labyrinth bearing　曲路密封轴承,曲径式密封轴承,迷宫式密封轴承

labyrinth box　迷宫式密封箱

labyrinth compressor　迷宫式压缩机

labyrinth gland　(1)迷宫式压盖;(2)迷宫式密封装置

labyrinth land packing　迷宫气封

labyrinth oil retainer　迷宫式集油器

labyrinth packing　(1)迷宫式密封,迷宫式气封;(2)迷宫式填充物;(3)迷宫式密封件,曲路填料密封,曲径式填料密封,迷宫式填料密封;(4)曲折阻漏,曲折轴垫

labyrinth ring　曲路密封环,曲径式密封环,迷宫式密封环

labyrinth seal　曲路密封,曲径式密封,迷宫式密封

labyrinth seal using pressed steel sealing washer type　2冲压钢片曲路密封

labyrinth seal with band　(轴承)带罩曲路密封

labyrinth seal with stuffing box　曲路密封与端盖密封组合装置

lac　虫漆,假漆,虫胶,虫脂,紫胶

lac-la(c)ke (=lac dye)　虫漆染料

lac varnish　光漆

lacca　虫漆,虫胶,虫脂

laccate　封蜡样的,漆样的

laccol　虫漆酚,漆酚

lacdye　虫胶染料

lace　(1)束带,带子;(2){计}卡片全形穿孔,全条穿孔;(3)皮带接合;(4)皮带卡子,皮带扣;(5)束紧,系紧

lace bar　缀条

lace punch　全穿孔

laced beam　空腹梁,缀合梁,花格梁

laced belt　接头皮带

laced card　全穿孔卡片

laced spring type flexible coupling　回纹弹簧式挠性联轴节

lacer　系紧用具

lacerability　易被撕裂性

lacerable　易撕裂的,可撕破的,易划破的

lacerate　(1)划破,撕裂,劈裂;(2)伤害;(3)划破的,撕裂的

lacerating machine　拉力试验机

laceration　(1)划破,划伤,撕裂,劈裂;(2)裂口,破口;(3)切削

lacerative　划破的,撕裂的

Lachman treating process　用氯化锌精制裂化汽油法

806

lachrymatory bomb　催泪弹

lacing　(1)束带,导线;(2)夹紧;(3)卡片全形穿孔,全穿孔

lacing bar　缀条

lacing board　系板板,布缆板

lacing course　拉结层,带层

lacing frame　绕丝框

lacing hole　纹板串连孔

lacing leather　束紧皮带

lacing stand　绕丝架

lack　没有,不够,不足,缺乏,缺少,无

lack of alignment　中心线偏斜,准线偏斜

lack of balance　不平衡[性]

lack of exercise　缺少活动力

lack of penetration　未熔穿,未焊透

lack of registration　配准不佳,对准不佳

lack of resolution　清晰度欠佳,析像力不足,鉴别力损耗

lack of true color rendering　彩色显示不够真实

lack of uniformity　不均匀性,不均衡性,不平衡性

lacker　(1)[真]漆,亮漆;(2)涂漆,喷漆

lacking　缺少的,不足的

lackluster　(1)无光泽的,暗淡的;(2)无生气的,平凡的

lacklustre　(1)无光泽的,暗淡的;(2)无生气的,平凡的

laconic　简洁的,精炼的

laconical　简洁的,精炼的

laconicism　简洁语句,警句

Lacour motor　拉库尔电动机

lacquer (=laq)　(1)硝基漆,蜡克漆,真漆,亮漆,清漆,油漆;(2)漆器,漆膜;(3)涂漆,喷漆;(4)涂漆镀锡薄钢板;(5)坚硬漆状沉积,(发动机)胶膜;(6)使表面光洁,抛光

lacquer coat　漆涂层

lacquer-coated steel sheet　涂漆薄钢板

lacquer disc　录音胶片,蜡克盘,胶盘,漆盘

lacquer enamel　珐琅,瓷漆

lacquer film capacitor　喷漆薄膜电容器

lacquer master　录声胶片,蜡克主盘

lacquer oil　喷漆[用]油

lacquer original　蜡克原盘,原版

lacquer putty　整面用油灰,腻子

lacquer sealer　漆封剂

lacquer solvent　助溶剂,潜溶剂

lacquer thinner　漆冲淡剂

lacquered plate　涂漆镀锡薄钢板

lacquered wire　漆包线

lacquerer　[油]漆工

lacquering　(1)涂漆,喷漆,上漆;(2)漆涂层;(3)漆沉积,成漆

lacquerless　无漆的

lacrosse　军事测距系统

lactometer　乳汁密度计,乳汁比重计

lacuna　(复 lacunae)(1)脱漏;(2){数}缺项,缺损;(3)空隙,间隙,裂隙,隙孔,小孔,穴;(4)缺失

lacunal　(1)凹窝状的,多小孔的,空隙的,间隙的;(2){数}缺项的

lacunar　花格平顶,凹格花板

lacunary　(1)多小孔的,孔穴的,空隙的,间隙的;(2)有缺陷的;(3){数}缺项的

lacunary function　缺项函数

lacunary series　缺项级数

lacunary space　缺项空间

lacunose　有间隙的,脱漏多的

lacustrine　淡水的,水的

ladar 或 LADAR (=laser detection and ranging)　激光雷达

ladder　(1)梯,梯子;(2)梯式,梯形;(3)耙(分级机装置之一);(4)(挖泥船)斗架;(5)(线圈)脱散,抽丝

ladder attenuator　梯形衰减器,链式衰减器

ladder chain　钩环链

ladder circuit　梯形电路

ladder control　多级控制

ladder dredge　多斗挖泥机

ladder escape　安全梯

ladder excavator　梯式挖掘机

ladder marking　梯形蚀痕,搓板式蚀痕

ladder network　梯形网络

ladder on wheels　带轮梯

ladder polymer　梯形聚合物

ladder rack　阶梯齿条

ladder secondary LLM　梯形次级直线悬浮电机

ladder stay　梯子架

ladder stop　防脱散

ladder strip cage　(轴承焊接)框形保护架

ladder track　梯形线

ladder trencher　多斗式挖沟机

ladder truck　带梯消防车,有梯卡车

ladder-type　梯形的

ladder type circuit　梯形电路

ladder-type filter　梯形滤波器,多节滤波器

ladder type network　梯形网络,梯型网络

ladderlike　梯[子]状的

laddertron　梯形管

laddertype filter　梯形滤波器

laddertype network　梯形网络

ladderway　梯子道,有梯子道的隔间

Laddic　拉蒂克多孔磁心(一种多孔磁性逻辑元件)

lade　(1)加负担于,载荷,装载,装;(2)获得,取得,塞满,汲出,吸取,吸出,吸;(3)把……压倒;(4)支墩,墩;(5)水道,沟槽

laden　装着货的,充满了的,装满的,装载的

laden in bulk　散货

laden weight　车辆总重量,装载重量

lading　(1)荷载,载重,加荷;(2)货物;(3)装船,装车;(4)重量,压力;(5)汲取

lading door　装料门

ladle　(1)盛钢桶,钢水包,铁水包,浇铸包,长柄勺,铸勺,铸桶,渣桶,抬包;(2)戽斗;(3)铲;(4)掏弹药勺,取弹勺

ladle addition　罐内加料

ladle analysis　盛钢桶分析,桶样分析,熔炼分析,炉前分析

ladle crane　铁水包吊车

ladle heel　浇包结瘤,死铁

ladle lip　浇包嘴

ladle of the bottom pour type　底流式桶

ladle pit　出钢坑

ladle sample　桶［中取］样

ladle spout　浇包嘴

ladle test　桶样试验

ladle-to-ladle　一勺一勺地

lady　(俚) 探照灯控制设备

lady-aviator　女飞行员

laevo-　(词头) (1) 在左方, 向左方; (2) 左旋的

laevo-configuration　左旋构型

laevo-rotation　左旋

laevogyrate　逆时针的, 左旋的

laevorotary　逆时针旋转的, 左旋的

laevorotatary　逆时针旋转的, 左旋的

laevorotation　逆时针旋转, 左旋

Lafferty gauge　(1) 拉弗蒂真空规, 磁控规; (2) 热阴极

lag　(1) 滞后, 落后, 延迟, 磁滞, 时滞, 移后; (2) 惯性, 惰性; (3) 外套板, 桶板, 覆盖材料; (4) ［输送机］槽面焊板

lag angle　滞后角

lag bolt　方头螺栓

lag characteristic　延迟特性, 余辉特性

lag coefficient　滞后系数

lag compensator　滞［后］超［前］补偿器, 零极点补偿器

lag intake　迟［关］进汽［门］

lag lead compensator　滞［后］超［前］补偿器, 零-极点补偿器

lag of flight instrument　飞行仪表迟差

lag of higher order　高次谐波滞后

lag phase　停滞阶段, 延迟期, 停滞期

lag pile　加套桩

lag screw　方头尖螺丝, 方头螺钉

lag window　落后窗

laggard　迟缓的, 落后的

lagged pile　加套桩

lagged type　滞后型

lagger　(1) 滞延指数; (2) 防护套覆盖, 外套覆盖

lagging　(1) 支拱板条, 横板, 横挡板, 衬板, 背板; (2) 滞后, 落后, 移后, 延迟, 迟滞差矩; (3) 护热衣, 防护套, 保温套, 外套; (4) 绝缘层, 隔热层, 保温层; (5) 套筒; (6) 刻纹; (7) 迟缓的, 落后的; (8) 凹凸不平的, 粗糙的

lagging capacity　滞后［功率］容量

lagging commutation　滞后换向

lagging cover　(1) 粗涂, 粗镀; (2) ［汽锅的］包衣

lagging current　滞后电流

lagging device　滞相装置, 滞后装置, (相位) 滞后器

lagging edge　(1) 延迟反馈; (2) 后缘［脉冲］下降边, ［脉冲］后沿

lagging jacket　汽缸保温套

lagging load　(1) 滞后载荷; (2) 电感性负载; (3) 电流滞后负载

lagging phase　滞后相位

lagging phase angle　滞后相位角, 滞后相角

lagging water　缓流水流

Lagrange interpolation　拉格朗日插值法

Lagrange invariant　拉格朗日不变量

Lagrange's equation　拉格朗日方程［式］

Lagrange's equation of motion　拉格朗日运动方程［式］

Lagrangian　拉格朗日函数

Lagrangian function　拉格朗日泛函

Laguerre transformation　拉盖尔变换

laid　放置, 敷设, 铺

laid-dry　干砌的

laid fabric　无纬织物

laid-grain reel　倒伏作物拔禾轮

laid length　敷管长度

laid line　直纹线条

laid paper　直纹纸

laid-up　拆卸修理

laid wire　直纹网

laid wire rope　普通扭纹钢丝索

laitier　浮渣

lakampiara　(马) 一种双浮体帆艇

lake　沉淀色料

lake colours　色淀染料

laker　湖上航行的船

lakes　色淀

Lala　铜镍合金, 康铜 (铜 45%, 镍 55%)

Lalande cell　拉兰得电池 (碳锌电极碱性电池)

lamagal　镁铝耐火材料 (镁 60%, 铝 40%)

lamb　(1) 翼形螺帽, 蝶形螺帽, 元宝螺帽; (2) 操舵盘, 盘

Lamb shift　兰姆移位

Lambda　(1) 希腊字母 λ, 读"蓝达"; (2) 微升 (1/1000 毫升, 容量单位); (3) (力) 拉姆达; (4) 聚酯纤维

lambert　朗伯 (亮度单位)

Lambert　朗伯 (亮度单位)

Lambert project　朗伯投影

Lambert's law　朗伯定律, 余弦定律

lame　(1) 损坏了的, 不完全的, 有缺点的, 停止的; (2) 无说服力的; (3) 使不完全, 使不中用, 使不充分, 使停止; (4) 金属薄板, 金属薄片

lame bearing　(齿轮) 跛足接触, 顶侧接触

lame contact　(锥齿轮) 跛足接触

lamel　(1) 薄片, 薄板; (2) 薄层

lamel cathode　薄板阴极

lamella (复 lamellae)　(1) 薄片, 薄板; (2) 薄层

lamellar　(1) 成薄层的, 成薄片的, 层式的, 多层的; (2) 层纹状的, 薄片状的, 多片的;

lamellar air-heater　片式热风机

lamellar field　片式场, 非旋场

lamellar filter　片式滤清器

lamellar flow　片流

lamellar fracture　片状断裂面, 层状断口

lamellar graphite　片状石墨

lamellar growth　片状生长

lamellar magnetization　薄片磁化

lamellar martensite　片状马氏体

lamellar membrane　片层膜

lamellar pearlite　片状珠光体

lamellar solid lubricant　层状固态润滑剂

lamellar structure　(1) 片层结构, 层状结构, 薄层结构, 叠层结构; (2) 层状组织

lamellarity　薄片状, 带状

lamellated　成层的, 层状的

lamellated belt　多层带

lamellated chain　(1) 选片链; (2) 无声链; (3) 齿链

lamellated fracture　层状断裂面, 层状断口

lamellated leaf-spring　选片弹簧

lamellated phenolic resin gear　酚醛树脂叠层胶合齿轮, 胶木齿轮

lamellated plastic composition cage　层压塑料保持架

lamellated shim　多层填隙片, 叠片垫片

lamellation　(1) 层理, 页理; (2) 形成或分成薄片的动作, 层化

lamelliform　薄片形的

lameness　不完全, 不完备, 残缺

Lame's constant(s)　拉梅常数 (弹性体表示应力应变关系的两个常数)

lamiation　层组合

lamies　层演替系列组合

lamin- (lamini-, lamino-)　薄层, 薄片

lamina (复 laminae)　(1) 层状体, 窄隙; (2) 薄片, 薄板, 薄膜; (3) 薄层, 叠层, 纹层, 底层

lamina cribrosa　筛板

lamina explosion proof machine　窄隙防爆式电机

laminable　可成为薄层的, 可成为薄板的, 可成为薄片的, 易展的

laminac　成型用聚酯树脂

laminae (单 lamina)　(1) 层状体, 窄隙; (2) 薄片, 薄板, 薄膜; (3) 薄层, 叠层, 纹层, 底层

laminagram 或 laminogram　X 射线体层照片

laminagraph 或 laminograph　断层照相机

laminal　(1) 层式的, 层状的, 层流的; (2) 薄铁片的, 薄层的, 薄片的, 薄板的; (3) 分层的, 多层的, 成层的, 片状的, 叠层的, 层理的; (4) 由层状体组成的, 由薄片组成的

laminar　薄片状的, 层状的

laminar air navigation and anti-collision system (=lanac)　无线电空中导航及防撞系统, 兰那克导航系统

laminar film　片状膜

laminar flow　层流

laminar flow control (=LFC)　层流控制

laminarization　层［流］化, 层状

laminary　(1) 层式的, 层状的, 层流的; (2) 薄铁片的, 薄层的, 薄片的, 薄板的; (3) 分层的, 多层的, 成层的, 片状的, 叠层的, 层理的; (4) 由层状体组成的, 由薄片组成的

laminate　(1) 分成薄片, 分层, 成层; (2) 层压, 层叠; (3) 用薄板覆盖, 制成层压板, 制成胶合板, 制成薄板, 包以薄片; (4) 层压制件, 层压材

料，层压塑料，薄片制品，层压板；(5) 由薄板叠成的，由薄板覆盖的，薄板状的，薄片状的，分片的，分层的；(6) 绝缘层

laminate molding 层 [压模] 塑法
laminate pearlite 片状珠光体
laminate structure 层状结构，片状结构
laminate synthetic high voltage (=LSHV) 层状合成高电压的
laminated 分成薄层的，分成薄片的，成层的，层压的，层状的，分层的，迭层的，叠层的，叠片的，薄片的
laminated armature 叠片电枢
laminated board 层压板
laminated contact 分层片触点
laminated core 叠片铁芯，叠片磁芯
laminated disc 叠层录声盘，分层录声盘
laminated ferrite memory 叠片铁氧体存储器
laminated glass [塑胶] 夹层玻璃
laminated insulation 层状绝缘，多层绝缘物
laminated magnet 迭片磁铁
laminated mica 云母片
laminated panel 夹层胶压镶板
laminated plastics (=LP) 多层塑料，层压塑料
laminated polyethylene film (=LP) 分层聚乙烯片
laminated record 多层录音盘
laminated safety glass 叠层胶合安全玻璃，层压安全玻璃
laminated shield 层状屏蔽，叠层屏蔽
laminated shim 叠层调整片，薄层填隙片，叠层垫片
laminated spring 叠板弹簧钢板，叠片 [弹] 簧
laminated structure 胶合板结构，片状结构，层状结构
laminated teflon (=LT) 层状聚四氟乙烯
laminated thermosetting plastics (=LTP) 层压热固 [性] 塑料
laminated timber 胶合板
laminated wood (1) 胶合板；(2) 叠层木板
laminating (1) 层压法；(2) 层压，层合；(3) 包以薄片；(4) 分成薄层，卷成薄片
laminating press 层压压机
laminating resin 层压树脂
lamination (1) 交替片组，铁心片，迭片，叠片；(2) 层压，层合，层叠，层理；(3) 纹理；(4) 分层，成层，起层，夹层；(5) 叠合，剥离，起鳞；(6) 叠片结构，层压结构
lamination coupling 圆盘联轴节
lamination factor 叠装系数，层叠系数，叠层因数
lamination of pole 磁极 [冲] 片
laminative 组织成层状的，层状质地的
laminator 层合机
lamiboard 薄层板
laming 薄层，薄片
laminiferous (1) 薄板的，薄层的；(2) 由薄层组成的，由薄膜组成的
laminogram 深层 X 光像，体层照片
laminograph (1) X 射线断层摄影机，X 射线分层摄影机，深层 X 光机；(2) 体层照相机
laminography X 射线分层 [摄影] 法，分层伦琴照相研究，体层照相术
laminose (1) 层式的，层状的，层流的；(2) 薄铁片的，薄层的，薄片的，薄板的；(3) 分层的，多层的，成层的，片状的，叠片的，层理的；(4) 由层状体组成的，由薄组成的
laminous (1) 层式的，层状的，层流的；(2) 薄铁片的，薄层的，薄片的，薄板的；(3) 分层的，多层的，成层的，片状的，叠片的，层理的；(4) 由层状体组成的，由薄组成的
laminwood 叠层木，胶合木
lamipore 层压多孔金属材料
lamp (1)照明器，发光器，电灯，灯泡；(2)自然光源；(3)各种形式加热器，[电子]管，[真空]管
lamp adapter (1) 电灯泡附件，灯头；(2) 灯座适配器
lamp arrangement 照明器布置
lamp bank 白炽电灯组，变阻灯排，电灯组排
lamp bank signal 灯列信号
lamp base (1) 灯座，灯头；(2) [电子管] 管底，管基
lamp-base cement 灯泡 [与铜头的] 粘合剂
lamp-black (1) 灯烟，油烟，煤烟，黑烟，(2) (用作型芯涂料的) 灯黑，锅黑
lamp black (1) 灯烟，油烟，煤烟，黑烟，(2) (用作型芯涂料的) 灯黑，锅黑
lamp body 灯身
lamp bracket 灯插座，灯托架
lamp bulb [玻璃] 灯泡
lamp cap 管帽

lamp characteristic 电子管特性 [曲线]
lamp circuit 电灯线路，照明电路
lamp condenser lens 光源聚光透镜
lamp cord 电灯软线
lamp cover 灯罩
lamp current 电灯电流
lamp display panel 灯光显示牌
lamp efficiency 发光效率，灯效率
lamp fitting 灯光组件
lamp globe 圆灯罩
lamp holder 灯头
lamp holder switch 灯头开关
lamp house [矿] 灯房，灯罩，光源
lamp-iron 伸出挂灯用的铁棍
lamp lens 灯玻璃
lamp load 电灯负载，灯光负载
lamp plug 电灯插头，灯插头
lamp radar 目标照射雷达
lamp receiver 电子管接收机
lamp receptacle 管座
lamp shade 灯罩
lamp-socket 灯 [插] 座
lamp socket (1) 灯 [插] 座；(2) 管座
lamp switch 电灯开关
lamp switch knob 灯开关钮
lamp synchroscope 同步指示灯
lamp system constant voltage generator 照明系统定压发电机
lamp test 灯试法
lamp trimmer 矿灯清理工
lamp voltage regulator 白炽灯稳压器
lamp wire (1) 灯线；(2) 灯丝
lamparo 一种地中海围网渔船
lampblack 灯黑
LAMPF linac (美) 洛斯 - 阿拉莫斯介子物理研究所直线加速器
lampholder 灯架插头，灯座，管座
lamphole 灯孔
lamphouse (仪器上的) 光源
lamping 用紫外线勘探荧光矿物
lampion 小油灯
Lampkin circuit 小型电子管电路
Lampless 未点灯的，无灯的
lamplight 灯光
lampman 矿灯维修工
lamppost 路灯柱，灯杆
lamproom 灯房
lampshade 灯罩
lampstand 灯柱子，三角架，底座
lampwick 灯芯，灯捻
lampworking 烧拉玻璃
Lan-cer-Amp 镧铈钕镨钇稀土合金
lan-chute 精选溜槽
lanac (=laminar air navigation and anti-collision system) 无线电空中导航及防撞系统，兰那克导航系统
Lancashire boiler 水平双火筒锅炉，兰开夏锅炉
Lancaster 兰喀斯特式 [飞] 机
Lance 矛式导弹
lance (1)长矛；(2)渔猎枪；(3)双刃小刀，柳叶刀，小刀；(4)喷枪，喷杆；(5) 喷氧管，喷水器，吹管；(6) 用风枪吹除，用金属杆清扫；(7) 切开，切缝
lance pipe 矩形缩管，钻管
lance point (1) 钻点，(2) 枪尖
lancet (1) 砂钩，提钩；(2) 折角条；(3) 柳叶刀，小刀，小枪
lancewood 枪木
lancha (1) 扬帆摇桨艇；(2) 内河货船；(3) 汽艇；(4) 一种巴西沿海帆艇
lancinate 撕裂，刀割，刺
lancing (1) 氧断，气切割；(2) 切缝
land (1) 齿顶面；(2) (轴承套圈挡边) 台面；(3) 刀刃厚度；(4) 刀棱面，刃带；(5) 齿刃，齿廓；(6) 油封面；(7) 纹间表面；(8) 沉淀；(9) 陆地，地面
land-air 陆空联合的，地对空的
land-and-water 水陆两用的，两栖的
land-barometer 陆用气压表
land-based 在地面起飞降落的，陆地基地的，地面基地的，岸基的

land-based range 陆地靶场
land cable 登陆电缆
land carriage 陆[上]运[输]
land casing 下套管
land clearance (刀具)周刃隙角
land cruiser 长途汽车
land drag seismic cable 陆上地震拖缆,
land drain 地面排水沟
land gear 起落架
land league 陆里格(陆地长度单位,1陆里格等于3英里)
land leveler 平地机
land lines (=LL) 陆上运输线,陆上通信线
land-locked 被陆地包围的,陆封的
land mark 地面标记,界标
land measure 土地丈量单位
land mile 法定英里(=1609米)
land-mine 地雷
land-mobile 陆上机动的,陆地机动的
land mobile (=LM) 地上移动式
land-mobile communication 地面固定点与动点间通信
land mobile station 地面流动电台
land of cutting tool 刀刃棱面,刀刃刃带
land plane 地面整平机
land radar station 陆上雷达站
land return 地面反射
land riding (轴承套圈挡边)台面引导
land riding cage (轴承套圈挡边)台面引导保持架
land station 陆上电台
land storage tank 地上油罐
land surveyor 土地测量员
land tie 着地拉杆
land-to-water contrast 干湿对比率
land wide of the face (刀具)倒棱宽
land wide of the flank (刀具)刃带宽
land width 刃背宽,齿背宽
land yard (英)长度单位(等于或略大于1杆)
landau (1)后部可开合的小汽车,敞篷轿车;(2)顶盖可开合的四轮马车
landaulet (1)小型轿车;(2)小型四轮马车
landaulette (1)小型轿车;(2)小型四轮马车
landcarriage 陆[上]运[输]
landchain 土地测链(每链66英尺)
landed mould 凸缘塑模
lander (1)司罐工,把钩工;(2)罐座,罐托;(3)出铁槽,出钢槽,出渣槽,斜槽,槽;(4)着陆器,着陆舱,登陆车
landfall (1)返陆过程,降落;(2)土崩
landfast [岸上]系缆柱
landfill 废渣埋填
landforce 地面部队,陆军
landing (=ldg) (1)装货处,装卸处,着陆处,登陆处,车场,平台;(2)贮木场;(3)楼梯平台,罐笼装卸台,斜井口地面平台;(4)登陆,着陆,降落,(5)(电子)下降,降落,到达,(6)接地,(7)罐笼座,(8)搭接缝
landing aid 着陆辅助设备
landing aid spaceborne radar (宇宙飞船)船载着陆辅助雷达
landing area 飞机场,着陆场,降落场
landing area flood-light system 机场照明系统
landing beacon 着陆信标
landing beam 着陆信标射束
landing beam transmitter 跑道定位标发射机,着陆信标发射机
landing boat 船形起落架
landing-call push 楼层呼叫电钮
landing certificate 关栈卸货证明书
landing charges 起货费
landing-charges 起货费
landing-craft 登陆艇
landing craft (=LC) 登陆艇
landing craft control (=LCC) 登陆艇的控制
landing craft mechanized (=LCM) 机械化登陆艇
landing craft, personnel large (=LCPL) 大型人员登陆艇
landing craft, personnel with ramp (=LCPR) 带滑轨的人员登陆艇
landing craft, rubber large (=LCRL) 大型橡皮登陆艇
landing craft, rubber small (=LCRS) 小型橡皮登陆艇
landing craft, support small (=LCSS) 小型支援登陆艇
landing craft, tank armoured (=LCTA) 装甲坦克登陆艇

landing craft, vehicle (=LCV) 车辆登陆艇
landing craft, vehicle and personnel (=LCVP) 车辆及人员登陆艇
landing direction finding station (=L.D.F.stn) 降落测向台
landing-direction light 降落导向灯
landing effect 射击效率,射击效应,着陆效应
landing field 飞机场,着陆场,降落场
landing flap 着陆阻力板,着陆襟翼
landing flare 机场着陆照明灯火,着陆照明弹
landing flood light 降落泛光灯
landing floodlight 降落探照灯
landing footprint (宇宙飞船的)预定落点
landing-gear 飞机起落架,起落装置,着陆装置,降落装置
landing gear (=LG) 飞机起落架,起落装置,着陆装置,降落装置,起落架
landing ground 飞机场,着陆场,降落场
landing light 降落导向灯
landing mark 降落指向标
landing mat 金属道面板
landing mats 装拆式起降跑道,飞机起降跑道
landing of beam (1)(在荧光屏上)电子束射击点,着陆点,到达点;(2)(电子束)着靶,电子束着靶
landing operation 着陆操作
landing-place (1)着陆处;(2)卸货处
landing rocket 着落火箭
landing-ship-tank 登陆艇
landing ship, support (=LSS) 支援登陆舰
landing ship, tank (=LST) 坦克登陆舰
landing ship, utility (=LSU) 通用登陆舰
landing shock absorption 着陆减震
landing speed (最低)着陆速度
landing-stage 浮[动]码头,栈桥
landing stage 浮动平台,浮码头,趸船,栈桥
landing strip 可着陆地区,起落跑道,起落区,着陆带
landing T T形着陆标志,T字布
landing tee T形着陆标志,T字布
landing wires 降落张线
landing vehicle (=LV) 登陆车辆
landing vessel, infantry (=LVI) 步兵登陆舰
landing vessel, tank (=LVT) 坦克登陆舰
landis chaser 切向螺纹梳刀
landis type grinder 莱迪斯式磨床
landless plated hole 无边镀金孔
landline (1)运转线;(2)陆海界线,陆空界线;(3)陆上通讯线,陆上运输线,陆上线路
landman 测量员,测量工
landmark (1)界标;(2)[导航的]陆标,路标;(3)文物建筑;(4)里程碑
landplane 陆上飞机
landsat 地球资源技术卫星,陆地卫星
landscape lens 观景[透]镜
landship 大型运货车
landysh 一种洗涤剂
lane (1)点双曲线,零双曲线;(2)海上航道,单行车道,车道,跑道,通道;(3)空中走廊,航路,航道,航线;(4)(定位系统)篮
lane capacity 车道通行能力
lane flow 车道车流
lane line [路面]分道线
lane-route 海洋航线
lang-lay (钢丝绳的)同向捻法,顺捻
lang lay 同向捻
Lange lay 兰格捻(钢丝线捻向与钢丝绳捻向相同)
Langevin-Debye equation 朗之迈-德拜方程
Langevin vibrator 兰杰文振动片(一种能工作于超音频的X切割式石英振动片)
langley (=LY) 兰勒(太阳辐射的能量通量单位,克卡/厘米平方)
language (=lang) (1)语言;(2)术语,用语,语法;(3)[机器]代码;(4)[数学的]符号组
language assembler 语言汇编程序
language character set 语言字符集
language conversion program 语言转换程序
language converter 语言转换器
language data processing (=LDP) 语言数据处理
language-dependent parameter {计}相依语言的参数
language-independent macroprocessor {计}独立地语言的宏处理程序

language processor　语言加工程序
language teaching system (=LTS)　语言教学系统
language translation (=LT)　语言翻译
language translation system (=LTS)　语言翻译系统
language translator　语言翻译程序
languet　簧片,指键
languid　簧舌
languor　逐渐衰弱,消沉
lansign　语言符号
lantern　(1)信号灯,号志灯,挂灯,提灯,手灯,街灯,灯笼,灯具,灯;(2)信号台;(3)幻灯[机];(4)网状芯屑骨,外壳,罩;(5)(灯笼式)天窗
lantern gear　针轮大齿轮
lantern glass　灯笼玻璃
lantern light　(1)提灯,挂灯;(2)[灯笼式]天窗
lantern pinion　灯笼式小齿轮,针轮小齿轮,滚柱小齿轮
lantern ring　套环
lantern slide　幻灯片
lantern wheel gearing　针轮传动,(灯笼式)滚柱齿轮传动
lanthana　氧化镧
lanthanide　(1)镧族元素,稀土元素,镧系;(2)镧[系卤]化物
lanthanum　{化}镧 La
lanthanum bromate　溴酸镧
lanthanum flint glass　镧火石玻璃
Lanx cast iron　一种特殊高级铸铁(碳2.8-3.2%,硅0.8-1.2%,磷0.3%,锰0.6-0.8%,硫<0.13%,其余铁)
lanyard　短索,牵索
lanyard microphone　颈挂式扬声器
Lanz cast iron　珠光体铸铁
Lanz pearlite process　铸型预热浇铸法
lap　(1)研磨,抛光,擦光,擦准,压榨,磨光,磨合,磨配,磨准;(2)磨光工具,研磨盘,研磨具,研具;(3)搭叠,互搭,搭头;(4)(管材缺陷的)折叠,重叠,折痕,互搭;(5)余面;(6)盖板;(7)涂刷漆膜时的局部增厚,结疤;(8)使部分重叠,加绝缘
lap belt　座位安全带
lap bogey　棉卷运输车
lap diameter　研磨盘直径
lap dissolve　(1)(电影、电视)淡入,淡出;(2)慢转化,叠化
lap dovetail　互搭燕尾榫,搭接鸠尾榫
lap drag　叠板刮路机,叠板路刮
lap end　[清棉机的]成卷侧
lap former　成卷机,条卷机
lap gate　缝隙式浇口,压边浇口
lap guard　防绕
lap guide　导卷架
lap-joint　接头接合,搭接
lap joint　(1)搭接,叠接;(2)搭接接头,互搭接头;(3)搭接缝
lap-jointed　搭接的
lap-jointed sheet　搭接板
lap length　搭接长度
lap mark　折皱
lap of coil　曲管卷
lap of splice　搭接长度
lap-over　搭接
lap position　[滑阀的]遮断位置,重叠位置,搭接位置
lap rest　棉卷架
lap riveting　(1)搭接铆,互搭铆;(2)叠式铆接
lap scarf　互搭楔接
lap seam　搭接缝
lap shaver　削匀机
lap splice　互搭接头
lap stand　棉卷托架
lap switching　通断切换
lap-welded　搭焊的
lap welding　叠式焊接,搭头焊接,搭接焊,搭焊
lap winding　(1)叠绕组;(2)叠绕法
lap work　搭接
lap wound armature　叠绕电枢
laparoscope　腹腔镜
laparotome　剖腹刀
lapel microphone　佩带式传声器,佩带式活筒,小型话筒
Laplace equation　拉普拉斯方程[式],调和方程
Laplace field　拉普拉斯场
Laplace operator　拉普拉斯算子
Laplace transform　拉普拉斯变换

Laplace transformation　拉普拉斯变换
Laplace's force　拉普拉斯力
Laplace's law　拉普拉斯定律
Laplacian　拉普拉斯算符,拉普拉斯算子,调和量算符,调和量算子,拉氏算符
lapless　无余面的,无重叠的
lapped　(1)研磨过的,磨过的,磨光的;(2)搭接的,互搭的,重叠的,叠式的
lapped face　研磨[过的]表面
lapped finishing　研磨,配研
lapped gear　研磨齿轮
lapped joint　叠式接合
lapped splice　重迭接合
lapper　(1)研[磨工]具,研齿机,研磨机,磨床,研具;(2)清棉机;(3)成卷机;(4)成网机
lappet　导钩板,叶子板
lapping　(1)搭接,重叠;(2)成卷;(3)研磨,精研,抛光,磨光,擦光,擦准,刮;(4)余面;(5)磨片;(6)压榨
lapping agent　研磨剂
lapping allowance　研磨加工留量
lapping burn　研磨烧伤
lapping cloth　衬布
lapping compound　研磨剂
lapping gear　研磨齿轮
lapping in　研合
lapping joint　搭接
lapping liquid　研磨液
lapping lubricant　研磨润滑剂
lapping machine　研磨机,精研机,磨准机,磨床
lapping machine for valve-seat　气门座研磨机
lapping paste　研磨膏
lapping plate　(1)精研板,研磨板;(2)搭接板
lapping powder　研磨粉,研磨剂
lapping procedure　研磨程序
lapping ring　精研圈,精研环
lapping stick　研磨条,研磨棒
lapping switch　断-通开关
lapping wheel　研磨轮
lapse　(1)大气中正常温度梯度,垂直梯度;(2)时间经过,推移,推迟,消逝,过去,间隔;(3)跌落,降落,下降,压降,递减,衰落,衰退,失效,消失,作废,终止;(4)干扰,中断;(5)向下滑动,流动;(6)错误,误差,偏离
lapse line　递减线
lapse rate　递减率
lapstrake (lapstreak)　搭接式结构小船
lapwork　搭接[工]
lacque　光漆
lacquer　[涂]漆
larboard　(1)左舷;(2)左舷方面的,朝左舷
lard　(1)猪油;(2)半固体油;(3)用油脂润滑,涂油;(4)使充实,修改,润色
lard oil　(研磨用的)猪油
lardy　多脂肪的,猪油的
large (=lge)　(1)巨大的,广大的,远大的,大的;(2)大规模的,大量的,广泛的,夸大的
large-acceptance spectrometer　大接受角谱仪
large aggregate concrete　大粒料混凝土
large-and-small-diameter cutter　大小直径铣刀
large-angle scanning　(1)宽角扫描;(2)大角度散射
large-aperture seismic array (=LASA)　大孔径地震检波器组合,大跨度地震检波器组合
large apertures (=LA)　(相机)大光圈
large artificial nerve network (=LANNET)　(高级逻辑电路的)大型人工神经网络
large bore washer　(推力轴承的)活圈
large calorie　千卡[路里],大卡
large-capacity　大容量的,高容量的
large-capacity memory　大容量存储器
large compared with　比⋯⋯大的
large core memory　大容量磁芯存储器
large deformation　大变形
large deviation　大偏差
large-diameter　大直径的,大号的
large diameter of taper element　圆锥滚子大端直径
large-duty　高生产率的,产量高的

810

large electron-positron 大型正负电子对撞机
large electronic display (=LED) 大型电子显示器
large electronic display panel (=LEDP) 大型电子显示器面板
large electronic panel (=LEP) 大型电子设备控制板
large end addendum （锥齿轮）大端齿顶高
large end dedendum （锥齿轮）大端齿根高
large end face （轴承）大端面
large end pitch diameter （锥齿轮）大端节圆直径
large face plate 大花盘
large-headed nail 大头钉，图钉
large gear 大齿轮
large grain (=LG) 大颗粒
large group connection 多组合连接
large injection 大量注入
large integrated monolithic array computer (=LIMAC) 大规模集成化单片阵计算机
large lot production 大量生产，大批生产
large massive gear wheel 大型齿轮
large objective for night observation 夜间观察用的广角物镜
large optical cavity laser (=LOC) 大光腔激光器
large order 难以完成的事情
large outside diameter center washer （轴承）中活圈
large panel structure 大型板材建筑物
large power 大功率
large quantity production 大量生产
large ring (=LR) 大圆环
large-scale (1)工业规模的，大规模的，大型的；(2)大比例的，大尺度的；(3)大量的，大批的
large scale 大比例尺，大尺度
large scale compound integration (=LSCI) （电路的）大规模混合集成
large-scale computer 大型计算机
large scale computer (=LSC) 大型计算机
large-scale digital computer 大型数字计算机
large-scale experiment (1) 放大尺寸的模型试验；(2) 大规模试验
large scale hybrid integrated circuit (=LSHI) 大规模混合集成电路
large-scale industry 大规模的工业，重工业
large scale integrated circuit 大规模集成电路
large-scale integration (=LSI) 大规模集成化
large-scale integration circuit 大规模集成电路
large-scale manufacture 大规模制造，大规模生产
large-scale model 放大比例的模型
large scale programming 大型规划
large-screen 大银幕，宽银幕
large screen display (=LSD) 大屏幕显示
large screen display system (=LSDS) 大屏幕显示系统
large-screen receiver 宽屏电视接收机
large-screen television 宽屏幕电视
large-screen television projector 宽屏幕电视放映机
large-signal 大信号
large signal 强信号
large signal analysis 大信号分析
large-size 大型的
large-size bearing 大型轴承
large-size drill 大型钻床
large-size planer 大型刨床
large-size vertical lathe 大型立车［床］
large-sized 大尺寸的，大型的，大号的，大块的
large-solid-angle counter 大立体角计数器
large steam turbine-generator (=LST-G) 大型汽轮发电机组
large-tonnage 大吨位的，大产量的
large-tonnage product 大量产品
large volume capacitor 大容量电容器
larger gear 大齿轮（齿轮中较大的，与 pinion 相对）
larger word data processing (=LWD) ［数据处理］大字
largish 比较大的，稍大的
larimer column 工字钢组合柱
larmatron 准参数电子束放大器，电子注准参量放大器，拉马管
Larmor precession 拉莫尔旋进
Larmor theorem 拉莫尔定理
larmotron 直流激励四极放大器
Larruping Lou （美）"拉鲁平路"滚轮式扫雷坦克
larry (1) 小车，推车，斗底车，称量车；(2) 紧绳车；(3) 摇车
laryngo-microphone 喉头送话器，喉头微音器，喉式传声器
laryngophone 喉头送话器，喉头微音器，喉式传声器，喉听诊器

laryngoscope 喉镜
lasability 可激射性
lasable 能受激光照射的，可激射的
lase (1) 激光辐射，产生激光，放射激光，光激射；(2) 激射光
lasecom 激光光转换器，激光转换器
laser (=light amplification by stimulated emission of radiation) (1)光［受］激［发］射器；(2) 受激射光，激光；(3) 激光器；(4) 光量子放大器
laser accelerometer 激光加速度计
laser acquisition 激光探测
laser action 激光作用
laser activity 激光性能
laser-addressed memory 激光选址存储器
laser aid 激光装置
laser alignment 激光准直误差
laser altitude 激光测高
laser altitude gage 激光测高计
laser amplifier 激光放大器
laser anemometer 激光风速计
laser avoidance device 激光报警器
laser bandwidth 激光带宽
laser beam 激射光束，激光光束，激光束
laser beam cutting machine 激光切割机
laser beam deflection 激光束偏转
laser beam diameter 激光束直径
laser beam drilling machine 激光打孔机
laser beam focusing 激光束聚集
laser beam guidance 激光［束］制导
laser beam image reproducer (=LBIR) 激光束图像重现器
laser beam machine tool 激光加工机床
laser beam machining 激光加工
laser beam modulation 激光束调制
laser beam riding 激光［束］制导
laser beam splitter 激光分光镜
laser beam welding 激光［束］焊接
laser bistable device 双稳态激光装置
laser boring 激光打孔
laser-bounce 激光反射
laser breakdown 激光击穿
laser camera 激光照相机
laser carrier 激光载波
laser ceilometer 激光测高仪
laser coagulator 激光凝聚器
laser coating 激光镀膜
laser communication system (=LCS) 激光通信系统
laser computer 激光计算机
laser computing machine 激光计算机
laser control 激光控制
laser created plasma 激光等离子体
laser current transformer 激光变流器
laser cut-out machine 激光切割机
laser cutting 激光切削，激光切割
laser data display equipment 激光数据显示器
laser data line 激光谱数据传输线路
laser demodulator 激光解调器
laser designator 激光指示器
laser detection system 激光探测系统
laser detector diode (=LDD) 激光检波器二极管
laser device 激光器
laser diode 激光二极管，激光器二极管
laser discharge tube (=LDT) 激光放电管
laser discrimination radar system (=LDRS) 激光鉴别雷达系统
laser distance measuring instrument (=LDMI) 激光测距仪
laser distance measuring system (=LDMS) 激光测距系统
laser-Doppler fluid-flow velocimeter system 激光多普勒液流速度计系统
laser-Doppler-velocimeter (=LDV) 激光多普勒速度计
laser earthquake alarm 激光地震报警器
laser-EDP setup 激光电子数据处理装置 (EDP =Electronic Data Processor 电子数据处理器)
laser emission 激光辐射
laser-emulsion storage 激光乳胶存储器
laser energized explosive device (=LEED) 激光激励爆炸装置
laser energy 激光能［量］

laser energy monitor (=LEM)　激光能量监控器
laser enrichment　激光耦合
laser etalon　激光标准具
laser extensometer　激光延伸计
laser flash lamp (=LFL)　激光闪光 [信号] 灯
laser flash tube (=LFT)　激光闪光管
laser focusing system　激光聚集系统
laser frequency　激光频率
laser frequency doubling　激光倍频
laser guidance　激光引导
laser guidance equipment　激光制导装置
laser guidance technique　激光制导技术
laser-guided-missile control　激光导弹控制
laser gyro　激光陀螺仪
laser gyroscope　激光器陀螺
laser harmonic　激光谐波
laser hole drilling　激光钻孔
laser hole drilling system (=LHDS)　激光钻孔系统
laser homing control　激光寻的控制
laser image converter (=LIC)　激光 [光电] 变换器, 激光 [光电] 变像器
laser in-flight obstacle detection device (=LIODD)　激光飞向目标障碍探测装置
laser-induced　激光感应的, 激光感生的, 激光引发的
laser-induced breakdown　激光击穿
laser induced breakdown　激光击穿
laser induced generation　激光感应振荡
laser-induced thermal etching　激光蚀刻
laser initiating explosive device (=LIED)　激光起爆爆炸装置
laser intelligence　激光信息
laser interference filter (=LIF)　激光干扰滤波器
laser interferometer　激光干涉测量法
laser intrusion-detector (=LID)　激光入侵探测器
laser ion　激光离子
laser level　激光水平仪
laser level gage　激光水准器
laser leveler　激光水准器
laser lever　激光器杠杆
laser light　激光
laser light source (=LLS)　激光光源
laser lighting　激光照明
laser locator　激光定位器
laser locking　激光同步
laser mapping　激光测绘
laser mass spectrometer (=LMS)　激光质谱仪
laser master oscillator (=LMO)　激光主控振荡器
laser material　激光材料
laser memory　激光存储器
laser memory circuit　激光存储电路
laser microspectral analysis　激光微光谱分析仪
laser milling gauge (=LMG)　激光铣规
laser modulation　激光调制
laser navigation(al) equipment　激光导航仪
laser noise　激光噪声
laser obstacle avoidance sensor　激光防撞传感器
laser oscillator　激光振荡器
laser output　激光输出
laser penetration　激光穿透
laser-photochromic display　激光照射变色彩色显示, 激光光色显示
laser photocoagulator　激光凝聚器
laser pickoff　激光接收器
laser pickoff unit　激光接收器
laser piercing power　激光穿透能力
laser plasma　激光等离子气体, 激光等离子体, 激光等离子区
laser plasma tube　激光等离子体管
laser power　激光功率
laser probe　激光探针
laser process machine　激光加工机床
laser processing　激光加工
laser produced plasma　激光等离子体
laser pulse　激光脉冲
laser pump　激光泵
laser-pumped ruby maser　激光泵激红宝石量子放大器
laser-pumped laser (=LPL)　激光 - 抽运 - 激光

laser-quenching　激光淬火
laser quenching　激光淬火
laser radar　激光雷达
laser radiation detector　激光辐射探测器
laser range-finder　激光测距仪
laser range finder (=LRF)　激光测距仪
laser ranging　激光测距
laser ranging bombing system (=LRBS)　激光测距投弹系统
laser ranging device　激光测距仪
laser ranging sensor　激光测距仪
laser ranging system (=LRS)　激光测距系统
laser ray bonding　激光 [束] 焊接
laser recorder　激光记录仪
laser reflector　激光反射器
laser rendezvous beacon　轨道会合激光信标
laser rotational sensor　激光转动传感器
laser scanner technique　激光扫描技术
laser-scope　激光观察器, 激光显示器
laser-seeker　激光自导导弹
laser search and secure observer　激光探测器
laser sensor　激光传感器
laser shutterable image sensor (=LSIS)　激光快门影像传感器
laser sight　激光瞄准器
laser signal device (=LSD)　激光信号装置
laser slicing machine (=LSM)　激光切片机
laser space communication　空间激光通信
laser spot welder (=LSW)　激光点焊机
laser storage capacity　激光存储容量
laser strainmeter　激光应变计
laser surveillance　激光监视
laser switch　激光开关
laser system (=LS)　激光系统
laser target designator receiver (=LTDR)　激光目标指示器接收机
laser target recognition system (=LTRS)　激光目标识别系统
laser technique　激光技术
laser technology　激光技术
laser terrain avoidance sensor　激光防撞传感器
laser terrain follower (=LTF)　激光地形跟踪装置
laser terrain following radar　激光测高雷达
laser terrain following system (=LTFS)　激光地形跟踪系统
laser theodolite　激光经纬仪
laser TV camera　激光电视摄像机
laser tracking　激光跟踪
laser transceiver device　激光收发装置
laser transmitter　激光发射机
laser triggered switch　激光触发开关
laser trimming　激光微调
laser tube　激光管
laser-tube cavity　激光管谐振腔, (气体) 激光腔
laser vector velocimeter　激光矢量速度计
laser welder　激光焊机
laser welder unit (=LWU)　激光焊接装置
laser zenith meter　激光垂直仪
lasereader　激光图表阅读器
lasering　产生激光 [的], 激光作用
laserium　激光天象仪
lasermetrics　激光计量学
laserp oto　激光照片传真
lash　(1) 冲击; (2) 联结, 联接, 耦合; (3) 空隙, 齿隙, 游隙, 余隙, 空余; (4) 捆扎, 绑紧, 系住
lash method　震动法
lash-on　[在无极绳上] 用绕车链挂车
lash rope　(美) 捆扎包裹的绳子
lash-up　(1) 临时试验装置, 临时做成的器械; (2) 装置, 计划, 安排
lasher　(1) 捆扎用缆线; (2) 蓄水池; (3) 装石工, 清石工
lasher-on　(1) 无极绳运输的挂车工; (2) 挂链工
lashing　(1) 联接, 耦合; (2) 捆索, 绑索; (3) 系绑件
lasing　能产生激光 [的], 激光作用
lasing ability　光激射能力
lasing action　激光作用
lasing behavio(u)r　激光性能
lasing efficiency　光量子振荡器有效系数, 激光效率
lasing emitter　激射放射体
lasing fiber　激光 [光学] 纤维

lasing light emitter 激光发射体, 相干光源, 激光源
lasing mode 激发模
lasing safety 激光防护
lasso 套圈, 套索
last (1)耐久力, 耐久性, 继续, 持续, 延续, 维持, 支持, 延长; (2)结局, 终结; (3)最近过去的, 紧接前面的, 最后的, 最终的, 最近的, 末尾的, 仅余的; (4)最新流行的, 最新的; (5)结论性的, 权威性的, 极端的; (6)最不适合的, 最不可能的, 最不希望的, 最坏的; (7)最后, 最近, 上次, 末尾; (8)所用的时间为, 寿命可达, 寿命是
last amplifier 终端放大器, 末级放大器
last contact point 最后接触点
last current state 最后当前状态
last cut 最后镏份
last finishing pass 终轧孔型
last in 递序换算
last in, first out (=LIFO) 后入先出
last-in first-out list {计}后进先出表
last-in first-out store 后进先出存储器
last-marked character 最后标记字符
last-minute 紧急关头的
last-named 最后提到的
last number (=LNR) 末号
last party release 双方[话终]拆线
last significant figure 末位有效数字
last trunk capacity (=LTC) 终端中继线容量
last word (1)决定性说明, 定论; (2)最先进品种, 最新形式
lastics 塑料, 弹料
lasting (1)持续性; (2)持久的, 耐久的, 永恒的, 永久的, 永存的; (3)稳定的, 固定的, 耐磨的
lasting quality 耐久性能
lastly 最后, 终于, 末了
lat-long computer 经纬度计算机, 导航计算机
latch (1)压紧装置, 止动销, 止动爪, 弹簧销, 弹[簧]键, 闩锁, 门闩, 锁闩, 窗闩; (2)棘轮爪, 掣子, 卡齿, 挡器, 卡铁; (3)凸轮, 闸门, 活门, (4)弹簧锁, 门锁, 搭扣, 碰锁, 闭锁, 插销, 挂钩, 把手; (5)插孔, 塞孔, 插口; (6){计}门闩电路, 锁存电路, 寄存器, 锁存器; (7)上插锁, 上碰锁, 闩上, 栓上, 锁住, 系固, 抓住, 占有; (8)理解
latch bolt 碰簧销
latch circuit 闩锁电路, 门闩电路, 锁存电路
latch clutch 掣子离合器
latch drive 闭锁驱动
latch gear 锁销机构, 弹键机构
latch gear casing 弹键装置箱
latch hook 弹簧钩, 锁钩, 挂钩, 掣子, 卡子
latch-key 弹簧锁钥匙, 碰锁钥匙
latch-lock 弹簧锁, 碰锁
latch needle 舌针
latch needle machine 舌针针织机
latch needle warp knitting 舌针经编机
latch nut 防松螺母, 锁紧螺母
latch pin (1)棘轮掣子销; (2)插销
latch rod 掣子拉杆
latch screw 弹键螺钉
latch shoe 止止把弹簧架
latch stop 止铁挡
latch-up (1)封闭, 闭锁, 锁定; (2)计算器闭锁
latched system 译密码装置
latches circuit 门闩电路
latching (1)闭塞装置; (2)封闭, 封锁, 锁住, 碰锁, 搭锁, 闭塞, 关闭, 闭锁; (3)绳眼扣
latching circulator 锁式环流器, 自销循环器
latching circuit 闭锁电路
latching current 最大接入电流, 闭锁电流, 保持电流
latching driver 闭锁激励器
latching full adder 闩锁全加法器, 闭锁全加器
latching semiconductor diode (=LSD) 闭锁半导体二极管
latchkey 弹簧锁钥匙
latchstring 上闩索
late (1)后期的, 迟的, 晚的; (2)最近的, 近来的; (3)延迟的, 滞后的; (4)不久前, 以前, 先前, 近来, 新近, 迟, 晚
late gate (电路)后闸门, 晚期波门
late ignition 延迟点火
late-model 新型的
late pulse 后跟踪门脉冲, 后波门

late release (绿灯)推迟显示
laten 使变迟
latence (1)潜在因素, 潜伏, 隐伏, 潜隐, 潜在; (2){计}等数时间, 取数时间, 等待时间; (3)(计算机)执行时间
latency (1)潜在因素, 潜伏, 隐伏, 潜隐, 潜在; (2){计}等数时间, 取数时间, 等待时间; (3)(计算机)执行时间
latency time 等数时间, 等待时间
lateness 迟, 晚
latensification 潜像之加强, 潜影强化
latent (1)隐藏性的, 潜在的, 潜藏的, 潜伏的; (2)联系的
latent defect clause in bill of lading 提单上的潜在缺陷条款
latent energy 潜能
latent fatigue 潜在疲劳
latent heat (=LH 或 lat.ht.) 潜热
latent heat of vaporization 汽化潜能
latent image 潜像, 潜影
latent image memory (=LIM) 潜像存储器
latent polarity 潜极性
latent root 特征根, 本征根, 隐伏根
latent solvent 惰性溶剂
latent vector 特征向量, 本征向量
later (1)侧面; (2)侧面的; (3)更后的, 较后的, 后面的, 下面的; (4)更迟的, 较迟的, 新近的, 新式的; (5)以后, 过后, 更迟
later arrivals 续至波
later on 后来, 以后, 下面, 下文
laterad 向侧面, 侧向
lateral (=lat) (1)垂直于速度矢量方向的, 横向的, 横侧的, 水平的, 侧向的, 侧面的, 单面的, 外侧的, 侧生的, 旁边的, 支线的; (2)侧面部分, 侧面, 侧向, 侧部; (3)纵向平联结系; (4)横向排水沟, 分支管, 支线; (5)梯度电极系测井, 梯度曲线
lateral adjustment 横向调整, 侧向调整
lateral area 侧面积
lateral axis 横轴线
lateral bending 横向弯曲
lateral blue convergence assembly 蓝侧位会聚装置
lateral bracing 水平支撑
lateral clearance 侧向净空
lateral clinometer 侧向倾斜仪
lateral contraction (1)横向收缩, 侧向收缩, 横收缩; (2)缺口的缩颈
lateral corrected tooth thickness 横向修正齿厚
lateral correction 方向修正量, 偏差修正
lateral corrosion 侧面腐蚀
lateral curve 梯度电极系[测井]曲线, 梯度测井曲线
lateral curve spacing 梯度电极系电极距
lateral-cut 横波纹
lateral-cut recording 横刻录音
lateral damping 侧倾阻尼, 滚动阻尼
lateral deflection (1)横向挠曲; (2)侧向偏转, 横向偏转
lateral deformation 横向变形, 旁向变形
lateral deviation 侧偏[转]
lateral displacement 横向位移, 水平位移, 垂直于矢量方向的位移
lateral distribution 水平分布, 横向分布
lateral face 侧面
lateral feed 横向进刀, 横向进给
lateral flexure 横向挠曲
lateral force 水平分力, 横向力, 侧向力, 侧力
lateral freedom 横向运动自由度
lateral grinding 横向磨削
lateral guidance 盲目降落导航
lateral illumination 侧向照明
lateral inversion 图像倒置, 左右颠倒
lateral load 横向载荷, 横向负荷
lateral load transfer 载荷横向转移
lateral magnification 水平放大率
lateral magnifying power 水平放大系数, 线性放大系数, 放大倍数
lateral mode 横向模, 横模
lateral motion 横向运动
lateral movement 横向运动
lateral oscillation 横向振荡, 横向摆动
lateral pace 侧面
lateral photo-effect 侧向光电效应
lateral plan 侧面视图, 侧视图
lateral plate 侧板
lateral pressure 横向压力, 侧压力, 旁压力, 旁压强, 侧压强

lateral profile　横剖面图
lateral range　横向距离,偏航距离
lateral refraction　旁向折射,旁侧光
lateral relieving device　横向铲齿装置
lateral resistance　旁侧阻力
lateral restraint　侧向约束
lateral rigidity　横向刚性
lateral runout　(1)端面跳动,水平方向跳动;(2)横向偏移,侧向偏移,
　　侧摆
lateral spreading　宽展
lateral stability　横向稳定性,侧向稳定性
lateral stabilizer　侧向稳定杆
lateral stiffness　横向刚性
lateral strain　横向应变
lateral strength　横向强度
lateral stress　横向应力
lateral strut　横支柱
lateral surface　侧面
lateral thrust　横向推力,横向载荷
lateral vibration　横向振动
lateral view　侧视图
laterality　(1)偏重一个侧面,在侧面的状态;(2)一侧优势,一侧性
lateralization　侧枝化
lateralize　使限于一侧,使向一侧
laterally　在侧面,横向地
laterlog　横向测井
latero-　(词头)侧,旁
laterodeviation　侧向偏斜,侧偏
lateroduction　侧转,侧展,侧旋
laterolog　横向测井
laterology　横向测井记录,钻孔电阻记录
lateroposition　偏侧变位
laterotorsion　侧转旋,侧外旋,侧扭,旁扭
lateroversion　侧转,侧倾,旁转
latest　最新式样
latest finish date (=LFD)　最迟的完成日期
latex (复latices)　(1)天然橡胶乳液,人造橡胶乳液,橡胶浆,胶乳;(2)
　　乳胶液,乳状液
latex for dipping　浸渍用胶乳
latex paint　乳胶漆,胶乳漆
latexed　浸了胶乳的,渍浆的
814
latexometer　胶乳比重计
lath　(1)抹灰板条,挂瓦条,板条,条板;(2)用板条覆盖,用板条衬里,
　　钉条板,钉板条
lath nail　板条钉
lathe　(1)车床,镟床;(2)用车床车削,用车床加工
lathe accessories　车床附件
lathe bed　车床床身
lathe carriage　车床刀架,车床拖板
lathe carrier　车床鸡心卡头,鸡心卡头
lathe center　车床顶尖
lathe center point　车床顶尖端
lathe chuck　车床卡盘
lathe control system (=LCS)　车床控制系统
lathe cutting tool　车床切削刀具
lathe design　车床设计
lathe dog　车床轧头,鸡心夹头,卡箍
lathe drill　卧式车床,卧式钻床
lathe frame　车床床架,车床床座,车床架
lathe grinding　车床磨削
lathe-hand　车工
lathe head　车床床头架,车床头架
lathe lapping　车床研磨
lathe live center　车床活动顶尖
lathe mandrel　车床心轴
lathe operation　车床操作
lathe operator　车工
lathe spindle　车床主轴,车床轴
lathe sword　笛座脚
lathe tool　车刀
lathe tool sharpening machine　车刀刃磨床
lathe turner　车工
lathe turning　车床车削
lathe turret　车床转塔刀架

lathe with lead screw　丝杆车床
lathe work　车工工作
lathe worm　车制的蜗杆
lathed ceiling　板条平顶
lather　(1)肥皂泡沫,泡沫;(2)涂肥皂泡沫,起泡沫,发泡沫
lathing　(1)钉板条;(2)板条筛网
lathing hatchet　[钉]板条斧
lathwork　板条工作
lathy　板条状的,细长的
lati-　(词头)宽,阔
latices (单latex)　(1)天然橡胶乳液,人造橡胶乳液,橡胶浆,胶乳;(2)
　　乳胶液,乳状液
laticiferous　有乳液的,出乳液的
laticiferous vessel　胶乳容器
laticometer　胶乳比重计
latics　胶乳,橡浆
Latin square　{数}拉丁方
Latin square method　{数}拉丁方格法
Latinize　使具有拉丁文形式,译成拉丁语,使拉丁化
latish　稍迟的,稍晚的
latitude (=lat)　(1)纬度,纬线;(2)纬度角;(3)纵坐标增量,黄纬,纵
　　距;(4)范围
latitudinal　纬度方向的,纬度的
Latour single-phase commutator motor　拉图单相分激整流式电动机
latrix (=light accessible transistor matrix)　光存储晶体管阵列,光取
　　数晶体管阵列,光可入内的晶体管矩阵
latten　(1)热轧金属薄板,热轧薄板,金属薄板,合金薄板,镀锡铁板,
　　镀锡铁片;(2)金属箔;(3)类似黄铜的合金片,黄铜片
Lattens　拉丁锌铜合金
latter　(1)末了的,末尾的,后面的,后者的;(2)近来的,最近的,现
　　今的
latter-day　现代的,当今的,当代的,以后的
latterly　在后期,在末期,近来,最近
lattermost　最后的
lattice　(1)晶格;(2)网络结构,网格结构,斜条结构,承重结构,格
　　子,格网,栅格,格构,格状,格架;(3)点阵,串列;(4)格构式
　　桁架腹杆,支承桁架;(5)磁铁布局;(6)做成网格状,缀合,双缀
lattice array　点阵列
lattice bar　格条
lattice beam　格构梁,花格梁
lattice circuit　网格电路,X型电路
lattice coil　多层线圈,蜂房线圈,网络线圈
lattice column　格式框架,格柱
lattice defect　晶格缺陷
lattice dislocation　晶格错位
lattice disturbance　光栅结构的破坏
lattice filter　桥形网络滤波器,桥式滤波器,格型滤波器
lattice flow　叶栅中流动
lattice force　晶格结合力
lattice frame　格式框架
lattice homomorphism　格同态
lattice imperfection　晶格缺陷
lattice isomorphism　格同构
lattice-like　花格形的,格构的
lattice-like structure　晶格[状]结构
lattice mast　构架杆
lattice network　(1)桥形网络,点阵网络,X形网络;(2)网格形线路
lattice of infinite　无限格子,无限栅格
lattice operation　格运算
lattice-ordered　有序格的,格序的
lattice-ordered group　格序群
lattice-ordered ring　格序环
lattice-plane　晶格面,点阵面
lattice-point　格点的,网点的,阵点的
lattice point　格点,网点,阵点
lattice search　格点搜索法,格点寻优法
lattice-site　(1)点阵位;(2)格点
lattice square　格形方[区组]
lattice truss　格构桁架
lattice type filter　桥形滤波器,X形滤波器
lattice-type network　X形网络
lattice type wave filter　桥接滤波器
lattice-vibration　点阵振动
lattice vibration　晶格振动

lattice web　花格腹板
lattice-work scanner　格形扫掠天线
lattice-wound coil　蜂房式线圈
lattice wound coil　蜂房式线圈,格子[绕法]线圈
latticed　有格子的,格子形的,格状的,格构的,花格的
latticed girder　格构梁,花格梁
latticed stanchion　缀合支柱
latticework　网格,格子,格构
latticing　成网格状,缀合,双缀
lattix　光取数晶体管阵列
Laue diffraction　劳埃衍射
Laue method (X 射线分析)　晶体法,劳埃法
launch　(1)发射,弹射,入射,射击,投掷;(2)使升空,起飞;(3)舰载汽艇,
　　敞篷汽艇,大舢板,小汽艇,小船,游艇;(4)使[船]下水,入水
launch airplane　火箭运载机
launch analysis (=LA)　发射分析
launch angle condition evaluator (=LACE)　发射角情况估计器
launch automatic checkout equipment (=LACE)　发射自动校正设备
launch cell　(导弹)发射井,发射掩蔽所
launch complex (=LC)　导弹发射场综合设施,全套发射设备
launch complex facilities console (=LCFC)　全套发射设备控制台
launch complex instrumentation (=LCI)　全套发射仪表
launch control (=LC 或 L/C)　发射控制
launch control and checkout system (=LCCS)　发射控制与校正系统
launch control and monitoring system (=LCMS)　发射控制与监察系统
launch control center (=LCC)　发射控制中心
launch control console (=LCC)　发射控制台
launch control design (=LCD)　发射控制的设计
launch control equipment (=LCE)　发射控制设备
launch control facility (=LCF)　发射控制设备
launch control monitor (=LCM)　发射控制指示器
launch control panel (=LCP)　发射控制仪表板
launch control sequence (=LCS)　发射控制程序
launch control simulator (=LCS)　发射控制模拟器
launch control subsystem (=LCS)　发射控制子系统
launch control system (=LCS)　发射控制系统
launch corridor (=LC)　发射通道
launch crew member (=LCM)　发射班人员
launch equipment (=LE)　发射设备
launch facility (=LF)　发射设备
launch-on-time　(宇宙飞行的)发射时间,起飞时间
launch operator's console (=LOC)　发射操纵者仪表台
launch pad　发射坪,发射台
launch plane　导弹运载飞机,发射飞机
launch reference point (=LRP)　发射参考点
launch research data　(导弹)实验发射数据
launch signal responder (=LSR)　发射信号应答器
launch simulator　发射模拟器
launch site (=LS)　发射场
launch success indicator (=LSI)　发射成功指示器
launch test vehicle (=LTV)　发射试验导弹
launch vehicle (=LV)　(1)活动发射装置,运载工具;(2)运载火箭
launch window　[火箭]发射最佳时间,发射时限,发射窗
launcher (=LNCHR)　(1)发射装置,发射器,发射架;(2)起动装置
launcher air filtration facility (=LAFF)　发射器空气过滤设备
launching　(1)(船)下水;(2)滑曳;(3)起飞,升空,腾空;(4)投射,
　　发射,入射,施放;(5)起动,发动;(6)激励;(7)传送
launching booster　起飞助推器
launching cost　投产费用
launching cradle　(1)发射架,弹射架;(2)随船架
launching erection　滑曳装置
launching grease　船用下水滑脂
launching lug　发射托架,发射环
launching nose　滑曳导线
launching of caisson　沉箱下水
launching oil　船下水润滑油
launching-pad　(1)发射台;(2)起始点;(3)跳板
launching phase　(1)发射段,加速度,主动段;(2)发射时间范围
launching ramp　倾斜发射装置
launching range　(1)发射场,靶场;(2)射程
launching site　(1)发射阵地,发射场;(2)发射场上的各种设备
launching trolley　滑曳空中吊车
launching-tube　(水雷或鱼雷的)发射管
launching vehicle　发射装置

launching ways　(船)下水滑道
launchway　下水台,溜放台
launder　(1)流水槽,洗灌槽,水槽,流槽;(2)导管;(3)出铁槽,出钢槽,
　　出渣槽,洗煤槽;(4)槽洗机;(5)浆洗,清洗,洗
launderability　可洗涤性,耐洗涤性
launderometer　耐洗牢度试验仪
laundromat　自助洗衣场
laundry　洗衣房,洗衣处
laundry equipment　洗衣机
laundry machine　洗衣机
laundry soap　洗涤用皂
laundry tray　洗衣池
laundry tub　洗衣池
Lauritsen　劳里芬验电器
lautal　劳塔尔铜硅铝合金(铜 4.5-5.5%,硅 0.2-0.5%,余量铝或铜
　　4.5%,硅 0.75%,锰 0.75%,余量铝)
lav　厕所
lavabo　水箱
lavalier cord　(颈挂式传声器用)颈绳
lavalier microphone　颈挂式传声器
lavatory　(1)洗涤;(2)洗脸间,厕所;(3)洗脸盆
law　(1)定律,规律,律;(2)法律,法规,法令,法则,规则,定则,守则;
　　(3)原理,规程
law of apparition of prime　素数分布律
law of association　结合律
law of averages　大数定律,大数法则
law of Biot-Savart-Laplace　毕奥 - 萨伐尔 - 拉普拉斯定律
law of causality　因果律
law of causation　因果律
law of chance　机遇律,机会律
law of chemical change　化学变化[定]律
law of combining proportions　化合比例[定]律
law of combining weight　化合量定律
law of conservation　守恒定律
law of conservation of angular momentum　角动量守恒定律,动量矩
　　守恒定律
law of conservation of energy　能量守恒定律,能量不灭定律
law of conservation of mass　质量守恒定律,质量不灭定律
law of conservation of matter　质量守恒定律,质量不灭定律,物质守恒
　　定律,物质不灭定律
law of conservation of momentum　动量守恒定律
law of constant proportion　定比定律
law of contradiction　矛盾定律
law of cosines　余弦定律
law of degradation of energy　能量退降定律
law of distribution of errors　误差分布定律
law of distribution of molecular velocities　分子速度分布律
law of double logarithm　叠对数定律
law of Dulong and Petit　杜郎和伯替定律
law of dynamical similarity　动似定律
law of elasticity　弹性定律
law of electric network　网络定律(克希荷夫定律)
law of electromagnetic induction　电磁感应定律(法拉弟定律)
law of electrostatic attraction　静电吸引定律
law of equivalent proportions　当量[比例定]律
law of errors　误差[定]律
law of excluded middle　排中律
law of exponents　指数定律
law of extreme (light) path　极端光程定律(光程最短定律)
law of force　力律
law of gas diffusion　气体扩散[定]律
law of gas reaction　气体反应[定]律
law of gearing　(齿轮)啮合定律
law of geometrical crystallography　几何结晶结构[定]律
law of great number　大数定律
law of Guldberg and Waage　古德柏和瓦治定律,质量作用定律
law of heating action of current　电流热作用定律
law of impact　碰撞定律
law of independent propagation of light　光的独立传播[定]律
law of indices　指数律
law of inertia　惯性定律,惰性律
law of inverse squares　平方反比定律
law of isomorphism　类质同晶[定]律
law of iterated logarithm　叠对数定律

law of least time 最短时间律
law of mass action 质量作用定律
law of molecular concentration 分子浓度［定］律
law of motion 运动定律，运动律
law of multiple proportion 倍比定律
law of nations 国际公法
law of octaves 八行周期律
law of parity 宇称定律
law of partial pressure 分压定律，分压律
law of perdurability of matter 物质守恒定律，物质不灭定律
law of periodicity 周期律
law of phase 相律
law of photochemical equivalent 光化当量定律
law of photochemistry 光化学定律
law of photochemistry equivalent 光化学当量定律
law of photoelectricity 光电定律
law of probability 概率论，几率论
law of propagation of errors 误差传播定律
law of radiation 辐射定律
law of rational indices 有理指数定律
law of reciprocity 互反律，倒易律
law of reflection 反射定律
law of refraction 折射定律
law of resistance 电阻定律
law of signs 记号律，符号律
law of similarity 相似定律
law of similitude 相似律，同比律
law of sines 正弦定律
law of specific heat 比热定律
law of superposition 重叠律
law of tangents 正切定律
law of the mean 平均律
law of the mean value 平均值定律，中值定律
law of thermodynamics 热力学定律
law of total current 全电流定律
law of universal gravitation 万有引力定律，引力律
law of volumes 气体体积定律，盖吕萨克定律
lawbreaker 违法者
lawbreaking 违法［的］
lawful 法律上的，合法的，法定的
lawless 非法的，违法的，不法的
lawn-mower 割草器，割草机
lawn mower （1）草坪剪草机；（2）雷达噪声限制器
lawn sweeper 草坪清理机
lawnmower （1）射频前置放大器；（2）割草机；（3）割草机式记录器
Lawrence Radiation Laboratory translator (=LRLTRAN) 劳伦斯射线实验室的翻译程序
Lawrence tube 劳伦斯管（一种栅控式彩色显像管）
lawrencium 〔化〕铹 Lw
lawyer 法学家，律师
lax （1）松弛的，缓慢的；（2）不小心的，疏忽的；（3）不严格的，不精密的，不精确的
laxation 松弛，放松，缓慢
laxity （1）松弛性，松散性；（2）疏密度；（3）松弛，放松；（4）不严格，不正确，疏忽
laxly 缓慢地
lay （1）（齿轮）啮合接触斑痕方向；（2）位置；（3）层次，方向，状态；（4）绳索的）股数，捻向，捻距，绞距，扭转，搓，绞，捻，编；（5）放置，布置，安置，装置，安排，敷设，放下，消除，压平，摆，搁；（6）敷设，覆盖，打底，铺，涂；（7）瞄准，对准；（8）绞绳圈距
lay-barge 装管驳船
lay about 作准备，努力干
lay-aside （1）放在一边，放下，搁置；（2）备用车道，停车处；（3）铁路侧线
lay aside 使不能工作，撒开，放弃，放下，停止，搁置，保留，贮藏
lay away 使不能工作，撒开，放弃，放下，停止，搁置，保留，贮藏
lay bare 揭示，暴露
lay by 保留，延缓
lay-days 装卸时间
lay days 装卸期限，装卸时间
lay down （1）卸下（2）敷设，建设，（3）贮；（4）提出
lay edges 空白边
lay emphasis 强调，着重
lay for 等待

lay hands on 抓住，找到，占有，伤害
lay in 贮藏，贮备
lay of cutting 切削层
lay of line 路线
lay of the case 活字在活字盘中的位置
lay-off 停工期间，中止活动，关闭，休息
lay off （1）卸荷；（2）中止，制止，停止，停工；（3）下料，放样
lay-off period 观察期，停用期
lay on （1）用铁管输送；（2）涂；（3）铺放
lay-on roller 压带轮
lay open 显示，揭露，切开，割伤
lay-out 规划
lay out （1）设计，计划，绘样，放样，标明，注明；（2）陈列，布置，布局，展开，摆开，摊开；（3）定位，定线，划分，划线；（4）算出；（5）使用；（6）投资，花费
lay out constant 测绘缩放比例常数，数位分配常数，划线常数
lay out machine 测绘缩放仪
lay over （1）覆盖，涂，敷；（2）延期；（3）胜过，压倒
lay panel 平纹镶板
lay ratio （1）绞距系数，绞组系数；（2）电缆绞距与芯线平均直径之比，电缆敷设比
lay shaft 平行轴，中间轴，并置轴，逆转轴，副轴，侧轴，对轴
lay stress on 强调，着重，重视
lay sword 筘座脚
lay the dust 除尘，灭尘
lay the foundation of （1）打基础，奠基；（2）开始
lay the grain （1）砑光，整光；（2）上浆
lay time 装卸期限，装卸时间
lay to 把……归于，努力干，使停下
lay tongs 长柄管钳
lay-up （1）铺叠；（2）预裁坯料；（3）扭绞
lay up （1）贮藏；（2）铺砌，卧置，建立；（3）停用，搁置
lay waste 毁坏
lay weight on 强调，着重，重视
layboy （1）自动折纸机；（2）接纸台，堆纸台，码纸台
laydays 装卸时间，停泊时间
laydown （1）沉积作用；（2）沉淀作用；（3）搁置，放下；（4）铺设，建造
layer (=lyr) （1）夹层，分层，薄层，薄片；（2）涂层，镀层；（3）焊层；（4）层次；（5）铺设机，铺放机，编绳机；（6）放置者，设计者，铺筑者，瞄准手
layer bearing metal 多层轴承合金
layer board 托板
layer build dry cell 叠层式干电池
layer-built 分层的
layer-built cell 成层电池，分层电池，叠层电池
layer-by-layer winding 叠层绕组
layer-coloured 测高的，示高的
layer equivalency 当量层厚
layer-for-layer winding 叠层绕组
layer-growth rate 膜生长速度
layer insulation 层间绝缘
layer lattice 层形点阵
layer level 层次分级
layer-line （X光）层线
layer of carbon 碳渣层
layer of cloth 布［绝缘］层
layer of oxide 氧化层，氧化膜
layer protective glass 玻璃氧化膜，玻璃保护层
layer short 层间短路
layer short circuit 层间短路
layer splice （电缆）顺层编接，顺层连接
layer structure 层状结构
layer-to-layer signal transfer （录音带）层间传递，层间串扰
layer to layer signal transfer 层间信号传递，层间信号串扰
layer type cable 分层电缆
layer winding 分层绕组
layer-wound solenoid 层绕螺线管
layerage 压条法
layered 成层的，层的，片的
laying （1）（衬）垫；（2）铺设，敷设，装设，布置，安装；（3）瞄准；（4）初涂底层；（5）绞合，搓，捻
laying depth 埋置深度
laying effect 敷设效应
laying of cable 电缆铺设，铺设电缆

laying-off　(1) 停工；(2) 下料

laying off　测设

laying off an angle　角的测设

laying off curves　曲线的测设

laying-out　敷设线路, 敷设管道

laying out　(1) 划线；(2) 划定

laying out a line　划 [定路] 线

laying-out table　划线台

laying work　铺设工程

laylight　(1) 平顶窗；(2) 平顶灯

layman　(1) 分纸器；(2) 非专业人员, 外行

layoff　(1) 驶离；(2) 放样

layout (=LO)　(1) 设计, 配置, 布置, 分布, 分配, 安排, 编排, 规划, 计划, 布局, 陈列, 排列;(2) 设计图, 外形图, 示意图, 轮廓图, 电路图, 线路图, 布置图, 配置图, 平面图, 设备图, 规划图, 草图, 略图;(3) 轮廓外形, 轮廓, 外形, 草案, 方案;(4) 加工过程, 加工流程, 结构形式, 制造形式, 打印格式, 版式, 形式;(5) 定位, 定线, 划线, 划分, 划定, 区分, 放样, 打样, 绘样;(6) 铺设 [线路];(7) 执行, 实行, 完成;(8) 数法表;(9) 全套装备, 一套器具, 一套工具;(10) 模型, 方案, 译本, 说法

layout character　打印格式符号, 格式控制符号, 布局控制符号, 打印格式字符, 格式控制字符, 布局控制字符

layout chart　观测系统图

layout circle　配置圆

layout constant　数位分配常数

layout design　线路图设计, 图纸设计, 草图设计

layout drawing　配置图

layout for drill　钻孔划线

layout line　配置线, 区划线

layout location　定线

layout machine　测绘缩放仪

layout of district　区域规划

layout plan　(1) 平面图；(2) 设计, 规划

layout procedure　设计程序

layout table　设计图表

layout work　(1) 设计;(2) 设计图案;(3) 划线工作

layoutshaft　副轴, 对置轴, 中间轴, 平行轴

layoutshaft bearing　(变速器) 中间轴轴承

layoutshaft gear cluster　中间轴齿轮组, 中间轴宝塔齿轮

layover　(1) 终点停车处;(2) 中断期间, 逗留期间;(3) 津贴

layshaft　传动轴, 中间轴, 平行轴, 并置轴, 逆转轴, 副轴, 侧轴, 对轴

layup　(1) (电缆的) 扭绞, 绞合, 扭转;(2) 接合处, 接头;(3) 敷层, 成层, 结层;(4) 树脂浸渍增强材料

lazy　(1) 惰的;(2) 缓慢的, 迟钝的

lazy arm　(1) 吊臂;(2) 小型传声器支架

lazy board　木制支架

Lazy Dog　(美) "懒狗" 炸弹

lazy eight　麻花 8 字, 柔 8 字, 懒 8 字

lazy element　惰性元素

lazy guy　(船上的) 吊架稳索

lazy H antenna　双偶极子 H 型天线, 双平衡偶极子天线

lazy-jack　屈伸起重机

lazy painter　靠船系艇索

lazy pinion　空转小齿轮, 惰轮

lazy stream　缓流

lazy thermometer　迟感温度表

lazy-tongs　(1) (自由活塞燃气发生器的) 同步机构;(2) 长柄钳, 惰钳

lazy tongs　(1) (自由活塞燃气发生器的) 同步机构;(2) 多绞式伸缩钳, 惰钳

LC (=inductance-capacitance)　电感 - 电容

L/C ratio　[电] 感 [电] 容比

LCF-meter　感容频率计

LCR (=inductance-capacitance-resistance)　电感 - 电容 - 电阻

LCR meter　电感电容电阻测定计, 电感电容电阻测试器, LCR 三用表

LD quality　氧气顶吹转炉 [生产的] 质量

LD steel　氧气顶吹转炉钢

LD-Vac process　氧气顶吹转炉 - 真空脱碳脱气法

Le chateller flask　拉萨德利尔比重瓶

leach　(1) 浸出, 浸析, 浸滤, 沥滤;(2) 沥滤器;(3) 滤灰池, 滤缸

leach away　滤除

leach out　浸出, 渗漏, 淋溶, 溶滤, 洗出

leachability　可沥滤性

leachable　可沥滤的, 可滤取的, 可滤去的, 浸出的, 析出的

leachate　浸出液, 沥滤液

leached surface　渗漏面, 淋溶面

leaching　(1) 沥滤 [法], 沥取 [法], 浸滤, 浸取, 浸析, 浸出;(2) 固 - 液萃取;(3) 浸析作用;(4) 浸析物, 沥滤物

leaching agent　助滤剂

leaching basin　滤水池

leaching by agitation　搅溶法

leaching liquor　沥滤液, 浸提液

leaching-out　沥滤出, 浸出, 洗出

leaching rate　渗出率, 放毒率

leaching solution　沥滤液, 浸提液

leaching well　渗水井

lead　(1) (螺纹的) 导程, 导距, 距离;(2) 导线, 引线, 导管;(3) 导引, 引导, 导;(4) 提前修正量, 超前角, 超前;(5) [led] 含铅的;(6) 铅 Pb, 铅锤, 铅块, 铅框, 铅筒, 测锤;(7) 铅笔芯;(8) 传爆元件;(9) 弹丸, 射弹

lead accumulator　铅蓄电池

lead acid battery (=LAB)　酸性铅蓄电池组

lead-acid cell　铅酸电池

lead-acid type battery　铅酸型蓄电池

lead-and-oil paint　油铅油漆

lead angle　螺旋升角, 螺旋角, 导程角, 超前角, 前置角, 导角, 升角

lead-angle course　有超前角导引的航向

lead angle for self-locking　自锁导程角, 自锁升角

lead angle of thread(s)　螺纹导程角

lead angle of worm　蜗杆导程角

lead attachment　(1) 引线焊接;(2) 引线连接 [法]

lead-baffled collimator　铅闸准直仪

lead base　铅基白色轴承合金

lead base alloy　铅基合金

lead base bearing alloy　铅基轴承合金

lead-base grease　铅皂润滑脂

lead base grease　铅皂润滑脂

lead basin　(炼铅膛式炉的) 炉膛

lead bath　(1) 铅浴槽, 镀铅槽;(2) 铅浴

lead bath furnace　铅浴炉

lead bath quenching　铅浴淬火

lead battery　铅蓄电池

lead beam　引导波束, 瞄准波束

lead block　(1) 导块;(2) 导向滑轮, 导向滑车

lead bonding　(1) 引线焊接;(2) 引线接合 [法]

lead brass　铅黄铜

lead bronze (=LDBZ)　铅青铜

lead bullion　粗铅

lead-burn　铅熔接

lead burning　铅焊

lead cable borer　铅电缆蛀虫

lead cam　导程凸轮

lead capacitance　引线电容

lead cell　铅蓄电池

lead-circuit　超前电路

lead coated metal (=LCM)　涂铅的金属

lead coating　(1) 包铅;(2) 铅皮

lead code　前导码

lead colic　铅中毒性绞痛

lead computer　(火箭射向目标用) 导引计算机

lead-covered　镀铅的, 铅包的

lead covered (=LC 或 L/C)　铅包的

lead covered wire　铅包线, 铅皮线

lead cutting edge　(面铣刀) 外锋导缘角

lead cutting edge angle　(面铣刀) 外锋导缘角

lead drier　铅催干剂

lead encasing of hose　软管铅套

lead engineer (=LE)　首席工程师

lead error　导程误差, 节距误差, 螺距误差

lead foil　铅箔

lead frame bond　引线框式键合

lead-free　不含四乙铅的, 无铅的

lead free glass (=LFG)　无铅玻璃

lead ga(u)ge　导程检查仪, 导程规, 螺距规

lead glass　铅玻璃

lead gray　铅灰色

lead grill　电池铅板

lead-hammer　铅锤

lead-hammer gravity weight　铅锤

lead hardening　铅浴淬硬

lead hole　导孔

lead impedance　引线阻抗
lead-in　(1) 引入端，输入端，引入线，引入线；(2) 引入，输入
lead in　输入，引入，导入
lead-in and change-over　(调度电话) 引入转换架
lead-in cable　输入电缆
lead-in groove　(录声的) 盘首纹，引入 [纹] 槽
lead-in inductance　引 [入] 线电感
lead-in insulator　引入线绝缘子
lead-in pole　引入杆
lead-in screw　(1) 引入螺钉；(2) 引入磁带
lead-in spiral　(1) 输入螺旋线；(2) 输入磁带；(3) (录声的) 盘首纹
lead-in wire　引入线，联络线
lead inductance　引线电感
lead into a common main　接入共用总管
lead joint　(1) 填铅接合；(2) 填铅接缝
lead-lag　超前滞后
lead limit switch　行程限位开关
lead-line　测深索，锤条
lead line　(1) 从泵到油罐之间的管线，接受管；(2) 测深绳
lead-lined　铅衬里的，铅衬的，衬铅的，挂铅的
lead lining　铅内衬
lead loss　铅 [皮损] 耗
lead monoxide　氧化铅
lead nail　铅钉
lead network　超前网络
lead of bushes　电刷超前
lead of crossing　辙叉导距
lead of screw　螺旋导程
lead of threads　螺纹导程
lead of valve　阀导柱
lead of worm　蜗杆导程
lead off　(1) 开头，开始；(2) 带头，领头；(3) 导出，引出；(4) 排除
lead on　诱使……继续下去，引诱
lead on to　引 [导] 到，导致
lead-out　(1) 引出线，管线；(2) 引出，导出，输出；(3) (唱片) 盘尾纹
lead out　(1) 开始；(2) 带头，领头；(3) 导出，引出；(4) 排除
lead-out groove　盘尾纹
lead-out wire　引出线
lead-over groove　(唱片) 盘中纹
lead oxide　氧化铅
lead-oxide camera tube　氧化铅摄像管
lead paint　铅涂料
lead patenting　铅浴等温淬火
lead pig　铅锭
lead pipe　铅管
lead plate　铅板
lead-pot furnace　铅浴炉
lead pursuit　引导追踪方式
lead-pursuit approach　沿追踪曲线接近
lead quenching　铅浴淬硬
lead resistance compensator (=LRC)　导线电阻补偿器
lead riser　引线头
lead screen　铅屏蔽
lead-screw　推动螺杆，导螺杆，丝杠
lead screw　(1) 丝杠，丝杆，螺杆，导杆；(2) 推动螺杆；(3) (唱片) 引入 [纹] 槽
lead screw drive　丝杠传动，螺杆传动
lead screw gear　丝杠交换齿轮
lead screw measuring machine　丝杠测量仪
lead-screw pair　丝杆副
lead screw tester　丝杆检查仪
lead seal　铅封
lead sealing　铅封
lead sealing pliers　铅封 [用] 钳
lead sensitivity　受铅性
lead-sheathed cable　铅包电缆
lead-sheathed steel-tape (=lsst)　铅包钢带铠装的
lead-sheathed wire　(1) 铅包电缆
lead-sheathing　(1) 铅皮；(2) 包铅
lead sheathing　铅包 [皮]
lead sheet (=LS)　铅板，铅皮，铅片
lead smelter　铅熔炼炉
lead-soap lubricant　铅基润滑剂
lead solder　铅焊料

lead storage battery　铅蓄电池
lead sulfate　硫酸铅
lead sulfide thin film (=LSTF)　硫化铅薄膜
lead tempering　铅浴回火
lead tester　导程检查仪
lead-tight　铅密封的
lead-time　(1) 研制周期，研制期限；(2) 发展周期
lead time　(1) 前置时间，超前时间；(2) 产品设计至实际投产的时间，订货至交货时间
lead tin overplate　(薄壁轴瓦的) 铅锡镀层
lead tolerance　四乙铅容许含量，容许铅含量
lead track　引入线，牵出线
lead tree　树枝状铅，铅树
lead-up　导致物
lead up　加铅
lead up a gasoline　汽油加铅
lead up to　逐渐导致
lead water　水稀释的古拉德萃取液
lead welding　铅焊
lead wire　(1) 铅丝；(2) 导线，引线；(3) 引入线，引出线
lead-wire compensation　引线补偿
lead zirconate-titanate ceramics　锆钛酸铅陶瓷
leaded　(1) 加铅的；(2) 镀铅的；(3) 含铅的；(4) 填铅的；(5) 衬铅的；(6) 乙基化的
leaded brass　铅黄铜
leaded bronze　铅青铜
leaded bronze casting (=LBC)　铸铅青铜
leaded-glass　镶铅玻璃
leaded joint　铅连接
leaded up gasoline　乙基化汽油，加铅汽油
leaded zinc oxide　含铅氧化锌，含铅锌白，铅化锌白
leaden　(1) 铅的；(2) 包铅的，铅制的，铅色的；(3) 质量差的，低劣的；(4) 笨重的，沉重的
leader　(1) 引导部分，片头，带头；(2) 引带，引线，引导；(3) 导管，导杆，导柱；(4) 排水管，落水管；(5) { 数 } 首项；(6) 先导指数；(7) 指引线，虚线，点线，连点；(8) 指导者，领导者
leader cable　主电缆
leader hook　水落管箍
leader mill　精整轧机
leader pipe　水落管
leader stroke　先导闪击
leadership　(1) 领导，指挥，指导；(2) 统帅能力；(3) 领导人员
leadfair　(船舶) 导缆装置
leading　(1) 引入的，导入的，引导的，导向的，主导的，定向的；(2) 加铅条；(3) 前置的，前面的，超前的；(4) 引导，前引，领先，超前，提前，前置量；(5) 铅制品，铅细工，铅框，铅片，铅皮，铅条；(6) 塞铅条，加铅；(7) 乙基化
leading axle　引导轴，导轴
leading black　(信号前的) 黑尖头信号，超前黑色
leading block　(1) 导块；(2) 导向滑车
leading bow　前集电弓
leading brake shoe　自紧制动蹄片
leading card　先例，榜样
leading coefficient　首项系数
leading control　前置量控制
leading current　超前电流
leading diagonal　主对角线
leading dimensions　主要尺寸，主要轮廓
leading edge (=LE)　(1) (凸轮) 上升面；(2) (转子发动机密封片) 前棱；(3) (螺旋桨) 导边；(4) 前缘，前沿；(5) (脉冲的) 上升边；(6) (叶片的) 进气边
leading-edge pulse time　(脉冲) 前沿上升时间
leading end　引导端，前端
leading equilibrium pulse　前平衡脉冲，前均衡脉冲
leading flange　(传动带) 导轮缘
leading-in　(1) 导入，引入；(2) 引入线，输入端
leading-in cable　引入电缆，进局电缆
leading in phase　相位超前
leading-in pole　引入极
leading-in wire　(1) 引入线，导入线，引线；(2) 引药线
leading light　导航标灯，导航灯
leading line　导航线
leading load　电容性负载
leading mark　方向标，标志

leading-out　引出线
leading out　引出线
leading phase　超前相位
leading pile　定位桩,导桩
leading pole　(1) 导磁极;(2) 领头极点
leading pole-tip　磁极前端
leading screw　导螺杆,丝杠,丝杆
leading-screw bearing　传动丝杆轴承
leading screw lathe　丝杠车床
leading sheave　导向滑轮,惰轮
leading shoe　主制动蹄,紧蹄
leading spurious signal　首要乱真信号,超前乱真信号
leading surface　先导工作面(如凸轮上升面或制动器中自紧蹄片的表面)
leading tap　(1) 机用螺丝攻,机用丝锥;(2) 螺母丝锥
leading tape　(录音机的) 引带
leading thread　芯线
leading transient　前沿瞬变特性
leading truck　前导转向架
leading wheel　主动轮,驱动轮,导轮
leading white　超前白色
leading zero　先行零
leadless　无引线的,无导线的
leadless inverted device (=LID)　无引线变换器,无引线变流器
leadline　测深绳,测井线,水砣绳
leadman　测深手
leadoff　(1) 开始,开端,着手;(2) 开始的,领头的
leads　铅条
leadsman　测深员
leadsman's platform　测深台
leadscrew　丝杠
leadscrew cutting lathe　丝杠车床
leadscrew grinding machine　丝杠磨床
leadscrew milling machine　丝杠铣床
leadscrew nut pair　丝杠副
leadscrew turning machine　丝杠车床
leadsman　探测者
leadwood　铅木
leadwork　(1) (炉子的) 铅衬;(2) 铅制品
leadworks　铅矿熔炼厂,制铅工厂
leady　铅制的,含铅的,铅色的,铅的
leaf　(1) 叶片,叶瓣,叶饰,薄片;(2) 金属箔,锡箔;(3) 铰链折叶,门扉,(4) 小齿轮的齿,(铣刀杆上的) 调整垫,轮齿;(5) 薄板,薄层,薄膜,(6) 弹簧片,簧片;(7) 过滤片;(8) 蔓叶线;(9) 节流门,活门;(10) 瞄准尺
leaf and square　造型刀
leaf bridge　开合桥
leaf electrometer　箔片静电计,箔验电器
leaf filter　叶滤机
leaf gauge　隔距片
leaf of a laminated spring　叠板簧片
leaf of Descartes　笛卡尔蔓叶线
leaf of diaphragm　(1) 光阑薄片;(2) 光圈瓣
leaf of hinge　合页片
leaf spring　(1) 扁簧,片簧;(2) 钢板弹簧,板簧
leaf spring center bolt　钢板弹簧中心螺栓
leaf spring hanger　钢板弹簧挂架
leaf spring shackle　钢板弹簧吊耳
leaf tip insert　弹簧片端部嵌块
leaf-valve　瓣状活门,叶片阀,簧片阀,舌阀
leaf valve　瓣状活门,叶片阀,簧片阀,舌阀
leafage　叶饰
leafing　金属粉末悬浮 [现象],浮起,漂浮
leaflet　(1) 散页的印刷品,活页,传单,广告;(2) 小叶,叶片
leafy　叶状的,多叶的
leaque　(1)里格(长度名,在英美为三哩);(2)平方里格的土地面积单位;(3) 种类,范畴,(4) 联合会,同盟,联盟
league table　(英) 对照表,对比表
leak (=LK)　(1) 渗漏,漏泄,渗滤,渗流,渗透,泄放,泄漏,漏出,漏损,漏水,漏气,漏油,漏孔,漏洞,漏隙,(2)漏出量,漏出物,渗漏处,裂缝,漏道,孔,穴;(3) 泄漏电阻,漏磁,漏电;(4) 耗散,泄露,泄密;(5) 不紧密连接;(6) 分支,分路
leak alarm　渗漏报警器
leak check　检查漏气
leak clamp　防止输送管漏失的管箍,修理夹
leak detecting　检漏法

leak detection　紧密性检查,检查漏泄
leak detector (=LD)　(1) 渗漏检测器,漏漏检测器,泄漏探测器,检漏仪,检漏器,探漏器;(2) 与地短路指示器,接地指示器,漏电指示器
leak finder　泄漏探测器
leak-free　密封的,密闭的
leak free　密封的
leak hole　漏孔
leak hunting　寻漏
leak-in　漏入
leak-off　漏泄水的,漏泄气的
leak-out　漏出,跑火
leak preventive　防漏剂
leak proofness　气密性
leak test　气密性试验,密封试验,漏电试验,检漏试验,漏泄试验
leak test pressure　漏泄试验压力
leak-tested　密封度试验的,防漏试验的
leak tester　检漏器
leak-through　泄漏
leak-tight　无漏损的,防漏的,密封的,严密的,不漏的,不透的
leak to ground　接地漏泄
leakage　(1)渗漏,漏漏,漏泄,泄放,漏损,漏出,漏失,漏逸,渗漏,渗透,渗入,渗出,渗流,溢出,漏入,漏失;(2)漏磁,漏电,漏气,漏水,漏油;(3)渗滤,过滤,滤波,(4) 损耗,耗散,(5) 许可的漏损率,漏泄量,漏出量,漏失量;(6) 空隙
leakage coefficient　(1) 漏磁系数;(2) 漏电系数;(3) 漏泄系数,渗漏系数,泄放系数,漏损系数
leakage conductance　漏泄电导,漏电导
leakage conductor　线路避雷器
leakage current　漏泄电流,漏电流
leakage detecting　检漏
leakage discharge　漏泄放电
leakage end　漏磁端
leakage factor　渗漏系数
leakage flux　漏磁通 [量],漏通量
leakage hum　漏泄哼声
leakage indicator　漏泄指示器,检漏计,示漏器
leakage inductance　漏电感
leakage line　磁漏线
leakage loss　渗漏损失,泄漏损失,漏电损失
leakage magnetic field　漏磁场
leakage magnetic flux　漏磁通 [量]
leakage of charge pattern　电荷图案漏泄,电位起伏
leakage of current　电流漏泄
leakage of electricity　漏电
leakage of electricity into the ground from power lines　电从输电线漏到地下
leakage power　耗散功率,泄漏功率,漏过功率
leakage proof fit　气密配合
leakage pulse　漏过脉冲,泄漏脉冲
leakage rate　漏电率
leakage reactance　漏磁电抗,漏电抗
leakage resistance　漏泄电阻,漏电阻
leakage surface　漏电表面
leakage test　(1) 漏电试验;(2) 渗漏试验;(3) 紧密性试验
leakage track　漏电痕迹
leakage transformer　漏磁通变压器,恒压变压器
leakance　(1) 漏泄 [性];(2) 漏泄电导,漏电,电漏;(3) 漏泄 [传导] 系数
leakance per unit length　单位长度的漏泄电导
leaker　(1) 不严密部件,渗水铸件,漏泄构件,漏气构件,有漏元件;(2) (熔模) 漏铁水;(3) (水压试验时的) 出汗;(4) 漏泄处,漏孔
leakiness　[接头] 不密实,不致密性,泄漏程度,泄漏
leaking　(1) 渗滤,渗漏,漏泄;(2) 不密封的,易泄漏的;(3) 透水性,耗散
leaking-out　脱出,逃出
leakless　不渗漏的,密封的,防漏的
leakproof　不透水的,不漏电的,防漏的,密封的,紧密的,不透的
leakproof pump　密封泵
leakproofness　密封性,气密性,密闭度
leaky　(1) 漏电现象;(2) 易渗漏的,漏孔的,漏隙的,漏洞的,漏泄的,漏水的,漏电的;(3) 裂缝的,开缝的,不密的,松的
leaky grid detection　栅漏检波
leaky grid detector　栅漏检波器

819

leaky joint　不密封的接缝,渗漏的接缝
leaky-mode　漏模
leaky-pipe antenna　波导裂缝天线,波导裂隙天线,波导裂开天线
leaky-wave antenna　漏波天线
leaky wave antenna　漏波天线
leaky waveguide　(天线)有纵隙波导,开槽波导,开缝波导,纵缝波导,漏隙波导
lean　(1)倾斜,偏斜,歪曲,弯曲;(2)使倾向于,使偏向于,使趋向于;(3)未充满,缺肉[缺陷];(4)斜坡;(5)使分化;(6)含量少的,劣质的,弱的,贫的
lean-burn　微弱燃烧的
lean coal　劣质煤
lean flammability　可燃性下限
lean gas　贫气
lean material　选矿后的废石
lean oil　吸收油,解吸油,脱吸油,贫油
lean solution　稀溶液,废液
lean-to　襟翼(飞机)
leaning　倾斜的
leaning-out effect　贫乏效应
leaning thread　梯形螺纹
leaning wheel grader　车轮可倾式平地机
leanness　贫乏,贫瘠
leans　飞行器倾倒的幻觉
leap　(1)迅速行动,跳跃,跳过;(2)跳越距离,移位,错动
leap year　闰年
leapfrog　(1)动力夯,火力夯,机动夯;(2)用动力夯夯;(3)跃过
leapfrog circuit　跳耦电路
leapfrog method　时间中心差法,跳步法,跳点法
leapfrog test　跳步检验
leapfrogging　(1)间断勘探;(2)雷达测距脉冲的相位和重复频率跳变
learies　报损量,报废量
learn　(1)学习,练习,记忆,记住;(2)弄清楚,认识到,知道,听到,听说,查明,获悉
learnable　可学得的
learned　(1)有学问的,博学的;(2)经过训练学到的,学术上的
learned society　学会
learner　学习者,初学者
learning　(1)学习,学问,学识,知识;(2)博学
learning machine　学习机
leasable　可租借的
lease　(1)租约,租契;(2)租借权,租借物;(3)租借期限;(4)租借,出租
lease agreement　租赁协议
lease line (=LL)　租用线,专线
lease tank　油矿油罐
lease tankage　油矿油罐
leased circuit　专用线路
leased circuit connection　租用电路连接
leased circuit data transmission service　租用数据传输服务
leased facility　租用设备
leased line　专用线路,租用线路
leased-line network　租用专线通信网,租用专线网络,专线网络
leased telegraphy　租线电报
leasehold　租借的
leaseholder　租借人,承租人
leaser　分纱机
leash　(1)皮条,皮带;(2)综束,综把;(3)用皮带系住,束缚,抑制
least　(1)最小的,最少的,最低的,最后的;(2)最小[限度],最下位,最少[量]
least common denominator (=lcd)　最小公分母
least common factor (=LCF)　最小公因子
least common multiple (=LCM)　最小公倍数
least cost estimating and scheduling (=LESS)　最低成本估计与预定
least count　最小读数
least harmonic majorante　最小调和优函数
least limit　最小极限
least material condition　最小实体状态
least material size　最小实体尺寸
least mean square (=LMS)　最小均方
least perceptible chromaticity difference (=LPD)　最低可见色度差
least radius　最小半径
least radius of gyration　最小回转半径
least residue　最小剩余

least significant bit (=LSB)　最低[有效]位
least significant difference (=LSD)　最小显著差别,最低位差
least significant digit (=LSD)　最低[位]有效数字,最小有效数,最低有效位,最低数位,最低位,最右位
least significant end　最低端,最末端
least splitting field　最小可分域
least square (=LS 或 LSQ)　最小二乘方,最小平方
least-square fitting　最小二乘拟合[法]
least-time path　最短时程,最小时程
least value　最小值
least voltage coincidence detector (=LVCD)　最小电压重合探测器
leastways　无论如何,至少
leastwise　无论如何,至少
leather (=lth)　(1)皮革制品,皮革,皮带;(2)皮革制品的,皮革的,皮带的;(3)用皮革包盖,制成皮,用皮擦,钉皮
leather belt　皮带
leather cloth　人造革,防水布,油布,漆布
leather collar　皮垫圈
leather colour　(1)皮革色;(2)染革染料
leather coupling　皮带联轴节
leather cup　皮碗
leather gasket　皮革圈
leather hard　半干状态
leather machine belting　[机用]皮带
leather packing　(1)皮革垫料,皮垫;(2)皮革填充
leather seal　皮带密封圈,皮封垫
leather-soled　皮底的
leather washer　皮垫圈,皮衬垫
leatherboard　仿皮革纸板
leatheret(te)　人造革,人造皮,假皮
leathern　皮革质的,革制的,皮的
leatheroid　人造革,薄刚纸,纸皮
leatherware　皮革制品
leathery　似革的,革质的,坚韧的
leave　(1)离开,离去,脱离,舍去;(2)动身,出发;(3)遗留,留下,剩下,丢下,放下,搁置,放置,保存,保留,递交,交付,委托
leave alone　不管,不理,听任
leave behind　(1)丢在后面,遗留,留下;(2)超过
leave it at that　适可而止,到此为止
leave much to be desired　还有许多有待改进之处,许多地方不尽人意,有不少缺点
leave no means untried　用尽方法
leave no stone unturned　用尽方法
leave nothing to be desired　最好不过,尽善尽美
leave off　不再使用,不继续,停止,放弃
leave out　不包括在内,不考虑,省去,忽略,遗漏,离开
leave out of account　不把……计算在内,不考虑,不管,不顾
leave out of consideration　不把……计算在内,不考虑,不管,不顾
leave over　推迟处理,延后处理,延期,剩下,留下
leave room for　留下……余地
leave slack in the manhole　把备用电缆留在人孔内
leave something as it is　听任其自然发展
leave something to be desired　有些地方不能令人满意
leave the matter to take its own course　听其自然
leave the pass　出孔型
leave the track　出轨
leaven　(1)使发酵;(2)发生影响,使渐变,使活跃
leavening　(1)使发酵;(2)引起渐变的因素,影响;(3)气味,色彩
leaving energy　出口能量
leaving momentum　出口动量,输出动量
leaving side　(齿轮)非工作面
leaving whirl velocity　离开叶轮的圆周分速度
leavings　残余,残渣,残油,渣滓,屑
Lebesque theorem　勒贝格定理
Leboul effect　勒步耳效应
Lecher　勒谢尔线
Lecher line　勒谢尔线
Lecher wire　勒谢尔线
Lechesne alloy　莱契森铜镍合金(铜 60-40%,镍 10-40%,铝<0.2%)
Leclanche cell　勒克朗谢电池
lectotype　选型
Lectromelt furnace　还原熔炼电弧炉
lecture　(1)演讲,讲座,讲义;(2)严责,教训,训诫,谴责
lecture experiment　演示实验

lecturer (1) 学术报告者, 讲演者; (2) 讲师
ledaloyl 铅石墨和油的合金 (用于自润轴承)
ledbit 有铅垫板的沥青防水层
Leddel alloy 莱登锌合金 (铜 5-6.5%, 铝 5-6.5%, 其余)
Leddicon 氧化铝视象管, 雷迪康管, 铝靶管
Ledebur bearing alloy 锌基轴承合金 (锡 17.5%, 铜 5.5%, 其余锌)
Ledeburite 莱德布尔体, 莱氏体
Ledeburite alloy 莱氏体合金
ledex 跳光机构
ledge (1) 凸出部分, 突出部分, 突起边缘, 凸缘, 凸耳, 边缘; (2) 横档; (3) 壁架, 棚架, 层; (4) 铸模注入口
ledge joint 搭接接合
ledge wall (1) 下盘; (2) 底板
ledge waterstop 坚岩止水器
ledgement (1) 展开图; (2) 横线条
ledger (1) 垫衬物, 卧木, 卧材, 横木, 横杆, 横档, 底板, 牵杆; (2) 模板檩条; 分类账, 分户账, 总账; (3) 注册, 登记
ledger account 分类账
ledger balance (1) 分类平衡器; (2) 收支平衡
ledger blade 前毛机上的固定刀片
ledger board (1) 栏顶板; (2) 脚手架, 脚手板; (3) 栏杆的扶手; (4) 木架的隔层横木
ledger paper 账簿纸
ledger plate 固定板
ledger strip 横木条
ledger wall 下盘
ledkore 有铅垫板的沥青防水层
ledloy 雷得含铅钢
Ledrite 铅黄铜 (铜 61%, 锌 35.6%, 铅 3.4%)
Lee-McCall system 一种锚固预应力混凝土高强钢筋的方法
leech line 起帆索
leechrope 天篷边索, 帆缘索
Leeds-Northrup pyrometer 望远镜型光电高温计
Leeflange 甲板 π 形帆架
leer (=lehr) [玻璃] 缓冷炉, [玻璃] 退火炉
leeway (1) 风压角, 风压差; (2) 偏航; (3) 时间的损失, 落后; (4) 可允许的误差, 允许的变量, 允许偏离范围, 偏差; (5) 安全界限
lefkoweld 环氧树脂类粘合剂
left (1) 左边, 左; (2) 左图; (3) 左面的, 左方的, 左边的, 左侧的; (4) 左舷
left-aligned 向左对准的
left-and-right hand end mill 左旋和右旋端铣刀
left angle 左角
left annihilator 左零化子
left association 左结合
left bracket 左括号
left circular polarization 左旋圆极化
left-component (1) 左边部分; (2) 左侧数
left congruence relation 左同余关系
left continuous function 左连续函数
left conveyor reverse cover 左侧输送机回动盖
left copying tool post 左仿形刀架
left corner bottom-up 左角自底向上
left cut tool 左切刀
left cutting binder 左割捆机
left deviative 左导数, 左微商
left distributive law 左分配律
left divisor of zero 左零因子
left-field 边线
left flank 左侧齿面 (齿轮齿顶向上并放在观察者前面的位置)
left-hand (1) 用左手的, 左手的, 左方的, 左面的, 左边的, 左侧的, 左向的, 左转的, 左旋的; (2) 靠左行驶
left hand (1) 左, 左边的; (2) 左旋的, 左向的; (3) 左侧面, 左手方, 左手向
left-hand adder 左侧数加法器, 左位加法器
left-hand continuity 左方连续性
left-hand crankshaft 左旋曲轴
left-hand curve 左旋曲线
left-hand cut 左旋切削
left-hand cutter 左旋刀盘
left-hand deviative 左导数, 左微商
left-hand digit 左边的数字, 左侧数 [字], 左位, 高位
left hand drive (=LHDR) 左座驾驶, 左御式
left-hand end mill 左旋端铣刀

left-hand gear 左旋齿轮
left-hand helical gear 左旋斜齿轮, 左旋螺旋齿轮
left-hand helical tooth 左旋斜齿
left-hand helix 左旋方向螺旋线, 左螺旋线
left-hand hob 左旋滚刀
left-hand lay 反时针方向纽绞, 左旋扭绞, 左捻
left-hand lead 左旋导程
left-hand limit 左方极限
left-hand loom 左手织机
left-hand lower deviative 左方下导数
left-hand machine 左侧操作机床
left-hand member 左边部分
left-hand mill 左旋铣刀
left-hand pinion 左旋小齿轮
left-hand plough 左翻犁
left-hand/right hand 左旋 / 右旋
left-hand rotation 左向旋转
left-hand rotation reamer 左切铰刀
left-hand rule 左手定律, 左手定则
left hand rule (=LHR) 左手定律, 左手定则
left-hand screw thread 左旋螺纹
left-hand side 左侧
left-hand side back link 左端回指连线
left-hand singularity 左半平面奇异性
left-hand spiral bevel gear pair 左旋齿的螺旋锥齿轮副
left-hand subtree 左侧子树
left-hand thread 左旋螺纹
left-hand tool 左削车刀, 反手车刀, 左削刀, 左切刀
left-hand tool bit 左削刀头
left-hand tooth 左旋齿
left-hand turn 左向旋转
left-hand uper deviative 左方上导数
left-hand worm 左旋蜗杆
left-hand zero bevel gear 左旋零度 [螺旋角] 锥齿轮
left-handed (=Lh 或 l.h.) (1) 逆时针旋转的, 向左旋转的, 反时针的, 左旋的, 左向的, 左方的, 左手的; (2) {数} 左侧
left-handed coordinate system 左旋坐标系
left handed crystal 左 [旋结] 晶
left-handed helical gear 左旋斜齿轮, 左旋螺旋齿轮
left-handed modes 左旋圆极化
left-handed nut 左旋螺母
left-handed propeller 反时针转螺旋桨
left-handed rotation 左向旋转, 左旋
left-handed screw (1) 左旋丝杠, 左旋螺杆, 左旋螺钉; (2) 左旋螺旋
left-handed space 左旋坐标空间
left-handed spring 左旋弹簧
left-handed system 左手系
left-handed thread 左旋螺纹
left-handed trihedral 左旋三面体
left-in-place 留在原地的
left-invariant 左不变式
left inverse 左逆元
left-justified character 左对齐字符
left justified clause 左对齐子句
left-justify 左侧齐行
left justify 左侧调整, 左对齐
left-laid (钢丝绳) 左捻的
left-leaning 左倾的
left linear set 左线性集
left lower quadrant (=LLQ) 左下象限
left module 左模
left multiplication 左乘法
left-of-centre 中间向左的
left-off 不用的, 脱掉的
left-off movement 左转驶出行驶
left projective space 左射影空间
left radical 左根基
left rear (=LR) 左后
left recursion 左递归
left-right 左到右的, 左右的
left right (=L/R) 左右
left-right indicator (=LRI) 左右指示器
left rudder 左舵口
left shift 左移位

left side (=LS)　左边

left-sided completely reducible　{数}左完全可约

left spiral pinion　左螺旋小齿轮

left-to-right parser　左到右分析算法

left translation　左推移

left-turn　左转弯的

left upper extremity (=LUE)　左上极端

left view　左视图

left wing (=LW)　左翼

left worm　左旋蜗杆

lefthand drive　(1) 左旋驱动；(2) 左侧传动装置

leftmost　最左的

leftmost bit　最左位

leftmost tree　最左树

leftover　剩余物，废屑，废料

leftovers　废物，废料，屑料，屑物

leftward　左面的，左侧的，向左面，在左边

leftward weld　左焊

leg　(1) (机床的) 床脚，腿柱，管脚，支柱，支脚，底脚；(2) 支管，竖管，立管，肘管，分支，分节，(3) (变压器中一相的) 铁心，角铁；(4) 圆林；(5) (三角形的) 勾股，角尺，(6) (三相系统的) 相位，(7) 立支柱，臂柱，支架，支承，支杆，支臂，臂；(8) 支路，支线，引线；(9) 结构，构成，成分，部分；(10) 子程序过程，子程序路线；(11) 围壁

leg band　腿箍

leg bridge　以立柱作支承的梁式桥

leg function　曲线段

leg of angle　角铁的肢，角边

leg of circuit　电路一臂，电路支路，电网支路

leg of filled weld　角焊的角边，角焊缝的焊脚

leg of frame　框架边

leg piece　立柱，撑柱

leg pipe　短铸铁送风管，冷凝器气压管

leg vice　[长腿] 虎钳，老虎钳

legal　(1) 法律上的，合法的，规定的，法定的，正当的；(2) 法定权利

legal competency　合法权力，法定资格

legal limit　法宝速率限制

legal program　合法程序

legal required field intensity　规定场强，指定场强

legal responsibility　法律上的责任

legal sentential form　合法句型

legal service area　广播服务区，广播区域

legal-size　法定尺寸的，规定尺寸的

legal tender　合法货币

legal unit　法定单位

legal volt (=LV)　法定伏特，国际伏特

legal wheel load　法定轮载

legality　(1) 法律性，合法性；(2) (复) (法律上的) 义务

legalization　使合法，合法化，公认，批准，认可

legalize　使成为法定，使合法化，批准，公认

legally　[在] 法律上，合法地

legend (=leg)　(1) 图表符号，符号表，代号；(2) 图例，图注；(3) 附图叙述性材料，说明书，传说，铭文

legendary　传说的，传奇的

legendary data　附注资料，注记

Legendre function　勒让德函数

Legendre polynomial　勒让德多项式

Legendrian　勒让德多项式

legger　织袜统机

legginess　多次反射

legging　起粘丝，拉丝

leggy　多相位的

legibility　(1) 清晰度；(2) 字迹清晰；(3) 易解，易读

legibility distance　可读距离

legible　可识别的，清楚的，明了的，易读的

legislate　制定法律，立法

legislation　(1) 制定法律，立法；(2) 法规，法律，法制

legislative　(1) 立法的；(2) 立法权；(3) 立法机关

legislature　立法机关，议会

legitimacy　(1) 合法性；(2) 正当，正当

legitimate　(1) 合法的；(2) 正当的，正统的，正规的，合理的，真实的，允许的，(3) 认为正当，认为合理，证明有理，使合法

legitimation　合法化，正当，合理

legitimatize　认为正当，认为合理，使合法，使合理

legitimize　认为正当，认为合理，使合法，使合理

legroom　(飞机或车辆上) 供乘者伸腿的面积

legs of a right triangle　直角三角形的两股，勾股

lehr (=leer)　[玻璃] 缓冷炉，[玻璃] 退火炉

lehr loader　连续式玻璃退火炉的装载机

Leibniz' formula　莱布尼兹公式

Leibniz' theorem　莱布尼兹理论

Lemarquand　铜锌基锡镍钴合金(锌37%,锡9%,镍7%,钴8%,其余铜)

lemel　金属屑

lemery　硫酸钾

lemery salt　硫酸钾

lemma (复 lemmate 或 lemmas)　(1) 辅助定理，辅助命题，预备定理，辅理，引理；(2) 注释词表；(3) 命题，主题，标题，题词

lemniscate　{数}双纽线

lemniscate function　双纽线函数

lemniscate reception　双纽线方向性图接收，圆形方向图接收

Lenard ray　勒纳德射线(通过薄金属板由真空管放射出的阴极射线)

lend　(1) 借给，出租，贷与，贡献；(2) 提供，给予，添加

lend aid to　支持，帮助

lend assistance to　支持，帮助

lend itself to　对……有用，有助于，适用于，适合于

lend out　借出

lendable　可供借 [贷] 的

lender　出借者，借方

lending　(1) 借给，借出，出租；(2) 借出物，租借物，附属物；(3) 借出的

length (=LENG 或 LB 或 lg 或 lgth)　(1) 直线长度，记录长度，长度，字长，块长；(2) 距离，路程，截距；(3) 节，段，根；(4) 持续时间，期间，期限；(5) 绝对量，模；(6) 程度，范围，宽度

length bar　棒规，量棒

length between perpendiculars (=LBP)　(1) 垂直线间的距离；(2) (船舶) 两柱间长

length block　字块长度

length-breadth ratio　长宽比

length, breadth, height (=LBH)　长、宽、高

length controller　定尺器

length-diameter ratio　长度 - 直径比，长径比

length feed　纵向进刀，纵向进给

length-ga(u)ge　长度计，长度规

length ga(u)ge　长度计，长度规

length machined　机切长度

length-mass-time (=LMT)　长度 - 质量 - 时间 (单位制)

length measuring machine　测长机

length modulation　脉宽调制，长度调制

length of action　啮合长度

length of addendum path of contact　齿顶高啮合线长度，齿顶高啮合轨迹长度

length of approach path　啮入线长度

length of arc　弧长

length of base　基线长 [度]

length of common normal　公法线长度

length of contact　接触弧长，啮合弧长

length of cut　切削长度

length of delay　延迟值

length of embedment　埋入长度

length of engagement　啮合长度

length of entire arc of action　啮合弧全长

length of entire path of action　啮合轨迹全长，啮合线长

length of fit　(1) 配合长度；(2) [螺纹] 旋入长度

length of haul　运距

length of hub　毂长

length of lay　捻距

length of lead　引线长度

length of life　[使用] 寿命

length-of-life test　寿命试验

length of line of action　啮合线长度

length of mean turn (=LMT)　匝的平均长度

length of normal　法线长度，法距

length of normal line　法线长度，法距

length of oil　油的延展长度

length of path of action　啮合轨迹长度，啮合线长度

length of path of addendum contact　齿顶高啮合线长度，齿顶高啮合轨迹长度

length of path of approach　啮入线长度

length of path of contact　啮合线长度，啮合轨迹长度，接触线长度

length of path of deddendum contact　齿根高啮合线长度，齿根高啮合轨

迹长度

length of path of recess　啮出线长度

length of penetration　渗透深度

length of perpendiculars (=Lpp)　垂直距离

length of recess path　啮出线长度

length of run　(1) 运程；(2) 滑走长度

length of runoff　缓和长度

length of saw blade　锯条长度

length of side　边长

length of apenned chord　公法线长度

length of stroke (=LS)　冲程长度, 行程长度, 升降长度

length of tangent　切距

length of tangent line　切线长度, 切距

length of the active cutting edge　(刀具) 作用切削刃长度

length of the active cutting edge profile　(刀具) 作用切削刃截形长度

length of the intervals　间隔时间

length of thread　螺纹长度

length of tooth　齿高

length of travel　行程

length of twist　(线膛兵器) 缠度长

length of wagon　车身长 [度]

length of waterline (=LWL)　[吃] 水线长度

length of working surface of table　工作台面长度

length overall (=LOA)　总长度, 总长, 全长

length-preserving　{ 数 } 等距的

length rod　测杆

length scale　长度规

length setting fixture　长度调整夹具, 长度调整装置

length stop　纵向 [行程] 止动器

length-to-diameter ratio (=L/D)　长度直径比

length waterline　(船舶) 水线间长

Length×Width×Height　长 × 宽 × 高

lengthen　延长, 拉长, 伸长, 放长, 接长, 变长, 延伸

lengthened　延长的, 伸长的

lengthened code　延长码

lengthened pulse　加宽脉冲

lengthener　伸长器, 延长器

lengthening coil　加长线圈

lengthening inductance　加感线圈

lengthening piece　接长杆件

lengthsman　长度测量员

lengthways　长度方向的, 纵长的, 纵 [向] 的

lengthwise　纵向的

lengthwise bridged bearing　(齿轮) 纵向桥形接触区

lengthwise crowning factor　齿宽鼓形齿系数

lengthwise curvature change　纵向曲率修正

lengthwise curvature factor　齿宽曲率系数

lengthwise direction　齿长方向, 纵向

lengthwise ease-off　齿长方向修正

lengthwise movement　纵向运动

lengthwise section　纵断面

lengthwise travel rate of table　工作台纵向移动速率

lengthwise x width x height　长 x 宽 x 高

lens　(1) 放大镜, 透镜, 物镜, 镜片, 镜头；(2) 透镜组, 透镜体；(3) 灯玻璃；(4) 摄影, 拍摄

lens-adapter rings　透镜适配圈

lens-antenna　透镜天线

lens antenna　透镜天线

lens-barrel　镜筒

lens bending　透镜配曲调整

lens cone　镜筒

lens covering a small angle of field　(1) 窄视角透镜；(2) 窄视角物镜

lens covering a wide angle of field　(1) 宽视角透镜；(2) 宽视角物镜

lens curvature　透镜曲率

lens-detector cell　聚焦红外线探测器元件, 透镜 - 探测器组件

lens drum scanner　透镜轮扫掠器

lens efficiency　透镜分辨能力, 透镜天线效率

lens honer　物镜遮光罩

lens hood　透镜帽

lens in　聚焦

lens-mount　透镜框架

lens mount　透镜架

lens of extreme aperture　(1) 最大相对孔径物镜；(2) 临界孔径物镜

lens of variable focal length　可变焦距透镜

lens of wide aperture　(1) 大相对孔径物镜；(2) 宽孔径透镜

lens paper　拭镜纸

lens placode　晶状体基板

lens pyrometer　透镜高温计

lens screen　光阑

lens-shaped　透镜形的

lens shutter　透镜快门, 透镜光闸

lens spectrometer　透镜分光计

lens speed　物镜直径与焦距比, 透镜速率

lens stereoscope　立体透镜

lens strength　透镜光焦度

lens-to-screen distance　透镜与荧光屏间距离

lens truss　叶形桁架, 鱼形桁架

lens-vesicle　晶状体泡

lens with automatic diaphragm　自动光阑透镜

lensed　有透镜的

lensing　透镜作用, 透镜状的

lenslet　小晶 [状] 体, 小透镜

lensometer　检镜片计, 焦度计

lentic　静水的

lenticle　透镜体

lenticonus　圆锥形晶状体

lenticula　小光学透镜

lenticular　双凸透镜状的, 凹凸式胶片的, 两侧凸的, 扁豆状的

lenticular beam　扁豆形梁, 鱼形梁, 组合梁

lenticular film　双凸透镜状胶片, 柱镜胶片

lenticular plate　微透镜板

lenticular truss　叶形桁架, 鱼形桁架

lenticulated screen　透镜状屏幕

lenticulation　(1) 透镜光栅；(2) 双凸透镜形成法；(3) 透镜光栅膜制造方法

lenticule　微透镜

lentiform　透镜形的

lentil-headed screw　扁头螺钉

lentoid　(1) 透镜状结构；(2) 透镜状的

lentor　伦托 (CGS 制的运动粘度单位, 即现在的 stoke 泡)

Lenz's law　楞次定律

Lenz's rule　楞次定则

lentous　有粘性的, 粘着的

Leonard control　发动机电动机组控制, 伦纳德控制

Leonard dynamo　变速用直流发电机

leotropic　左旋的

Lepel quenched spark-gap　盘形淬熄火花放电器

Lepeth cable　铅聚乙烯包皮电缆

lepmokurtic distribution　尖峰态分布

lepol kiln　列波罗 [水泥] 回转窑

leptokurtosis　尖峰态

leptometer　比粘计

lepton　轻粒子, 轻子

lepton-production　轻子致产生

lepton-hadron universality　轻子 - 强子普适性

leptopel　微粒

leptoscope　测膜镜, 薄膜镜

lesion　(1) 故障, 损坏, 损伤, 毁坏；(2) 伤害, 伤痕

less　(1) 更少, 更小, 较小, 较少, 较次, 稍少, 稍小；(2) 不足的, 缺少的

less certain　不太有把握, 不太保险

less-common metal　稀有金属

less developed country (=LDC)　不发达国家

less likely　可能性较少, 不太可能

less noble metal　次贵重金属

less persistence　短余辉

less than　小于

less-than-carload (=LCL)　零担的

less than carload (=LCL)　少于一车的 [货] 量

less-than condition　{ 计 } 小于条件

less-than-truckload　卡车零担的

less than truckload (=LTL)　小于卡车载重 [量]

less-well calcined　煅烧不良的

lessee　承租人, 赁借人

lessee company　租赁公司

lessen　(1) 使减少, 使变少, 使变小, 使缩小, 使减轻, 使衰减；(2) 使较不重要, 使较无价值, 轻视, 贬低

lessening　减少, 降低, 缩减

lesser　较小的, 更小的, 较少的, 更少的, 次要的

lesser calorie　小卡

Lessing ring　李圣环,圆环

lessivation　洗涤

lesson　(1) 功课,课程;(2) 经验,教训

lessor　出租人

lesspollution　无污染,无公害

let　(1) 使流出,进入,通过,泄,放;(2) 假定,假设,允许,许可,让,使,许;(3) 借出,出租;(4) 订合同,被承包,包给

let alone　(1) 更不用说;(2) 听任,不理

let by　避让,让过

let-down　(1) 放下;(2) 排出;(3) 下降,减低

let down　(1) 松弛放下,减速下降,减速降落;(2) 排出;(3) 使失望,不支持

let drop　(1) 丢下;(2) 泄露;(3) 画 [垂直线]

let fly　射出,发出,击出

let-go　(1) 层压塑料缺陷脱层,分层,起层,离层;(2) 脱胶,剥离,脱开,放开,释放

let go　(1) 放手,松手,放开,释放;(2) 发射

let in　放进,放入,插入,嵌入

let in for　使遭受,使陷入

let loose　释放,放出,发出

let off　(1) 放出,放掉;(2) 熄灭;(3) 免除;(4) 准许……停止工作

let-out　(1) 出路;(2) 空子

let out　(1) 放出,放泄,放松,放宽,放长,放大;(2) 泄露;(3) 出租

let pass　不追究,忽视

let ride　放任,不管

let slide　不关心

let slip　(1) 松开,放走;(2) 错过

let through　使通过,许通过,让通过

let up　(1) 减弱,减小,减慢;(2) 松弛,停止,放手,松开

letdown　(1) 下降,降低;(2) 程序下降;(3) 堆积

letgo　释放

lethal　致命的,致死的,死亡的

lethal area　杀伤区域

lethal dose　致死剂量

lethal weapon　致命武器

lethality　(1) 杀伤力,死亡率;(2) 致命性,杀伤性,损害性

lethargic　不活泼的,无生气的,迟钝的

lethargical　不活泼的,无生气的,迟钝的

lethargy　(1) 衰减系数;(2) 不活泼,无生气

Letraset　拉突雷塞印字传输系统

letter (=LTR)　(1) 字母,文字,字句,符号;(2) (复) 通知书,许可证,证书,文集,字体,信件,函件,电报,通讯;(3) 用字母分类标明,按文字分类,加标题

letter-base system　文字基准制

letter board　存版架

letter-case　文书夹

letter case　(1) 字母盘;(2) 分信箱

letter character　字母符号

letter code　字母电码

letter contract (=LC 或 L/C)　书面合同

letter descriptor　文字描述符

letter disc　字盘

letter-head　(1) 信纸上端文字;(2) 专用信纸

letter of advice　发货通知书,汇款通知书

letter of agreement (=LOA)　协议书

letter of credit (=LC 或 L/C)　信用证

letter of credit term　信用证条款

letter of guarantee (=L/G)　信用保证书

letter of indication　印鉴证明书

letter of intent　意向书

letter of introduction　介绍信

letter of offer and acceptance (=LOA)　交货验收单

letter of the law　法律 [上的] 条文

letter paper　信纸

letter-perfect　完全正确的

letter-phone　书写电话机

letter punches　字母钢冲

letter-sheet　(1) 信纸,信笺;(2) 邮筒

letter shift　换字母挡

letter sizes　代表尺寸的字母

letter sorting machine (=LSM)　分信机

letter string　字母行,字母串

letter telegram (=LT)　字母电报

letter text　字母电文

letter type code　字母型代码

letter-weight　镇纸,信秤

letter-writer　书信复写器

lettered　印有文字的,印有字母的,有学问的

lettered dial　字母拨号盘

lettered message　标志上的文字通告

letterform　印刷字体的设计

lettering　(1) 写法,字体,字法;(2) 注记,写字,印字,刻字;(3) 编字码

letterpaper　信纸,信笺

letterpress　(1) 凸版印刷机;(2) 活版印刷,凸版印刷;(3) 拷贝机,复印机

letters　字体

letters patent　特许证书,专利证

letterset　胶版印刷,间接凸印,凸版胶印,活版胶印

letterwood　字木

letting-down　(1) 下滑;(2) 松弛回火

letting-out　放长法,拉长

letup　(1) 量的减少;(2) 质的下降;(3) 停止,中止,放松,减小;(4) 成层,起层

leucoscope　(1) 光学高温计;(2) 白色偏光镜,色光光度计,感色计,感光计

leval alloy　铜银共晶合金

levecon (=level control)　信号电平控制,位面控制,级位控制

level (=lvl)　(1) 水平,水准,水位,标准,指标,标高;(2) 水平面,水平线,平面,台面,液面,水面;(3) 电平,磁平,声平;(4) 能级,位级,等级,级别,地位,含量,层次,阶层,范围,领域,级,层;(5) 高度,深度,程度,强度,密度,浓度;(6) 水准测量,水平尺,水平仪,水准器;(7) 找平,校平,拉平,均衡;(8) 均匀不变的,平均分布的,同高度的,同水平的,平衡的,水平的,相等的,相当的,相齐的,均匀的,等位的

level above threshold　阈上声级

level alarm high low (=LAHL)　液面上下限警报

level alarm recorder　液面报警记录器

level bar　水平尺,水准尺

level bed　平床

level book　水准簿

level bridge　平桥

level capacity　(存储器的) 级容量

level compensator　电平补偿电路,分层补偿器

level-compounded (=flat-compounded)　平复激 (发电机)

level control (=LC)　(1) 液面控制,位面控制;(2) 级位控制;(3) 信号电平控制,信号电平调节,箱位电平调节

level control station　电平调整台

level controller　液面控制器

level correction　水平校正,气泡校正

level crossing　平面交叉,水平交叉

level-dependent gain　电平相关增益

level detection　电平检测

level diagram　(1) 电平图;(2) 分层流图

level difference　电平差,声级差

level differential mechanism　校正用差动机构

level-dyeing property　均染性

level-enable flip-flop　电平启动触发器

level-enable signal　电平启动信号

level filter　(油) 液面控制器

level fluctuation　层次起伏

level ga(u)ge (=LG)　液面指示器,水准仪,水平仪,水平规

level ga(u)ging　级位检验

level glass (=LG)　液面视镜

level heat　(1) 水平行程;(2) 安全运转

level indicated control (=LIC)　液面指示控制

level indicating alarm (=LIA)　液面记录警报计

level indicator　(1) 水平仪;(2) 液面指示器,液位指示器

level instrument　水准仪,位面计

level line　水准线,水平线,等高线

level loader　水平式装载机

level-luffing crane　鹅头伸臂起重机

level lug　校平耳

level-meter　(1) 水平指示器,水位指示器,水平仪;(2) 电平指示器,电平表

level meter (=LM)　(1)水平指示器,水位指示器,液位指示器,水平仪;(2)电平指示器,电平表,电平计

level monitor　液面监察器
level multiple　弧层复联线束
level net　水准网
level number　层 [次] 号 [码]
level of addressing　定址级数
level of burst　炸点
level of control (=control level)　管理水平, 管理指标
level of defect　缺陷程度
level of efficiency　效率等级
level of feeling　感觉级
level of free convection (=LFC)　自由对流高度
level of illumination　照明等级
level of nesting　(程序的) 嵌套层 [次]
level of noiseless running　无噪音运转的音级, 运转的噪音级
level of quietness of operation　无噪音操作的音级
level of significance　(1) 有效水平, 有效级, 有效指标; (2) 危险率
level of subsoil water　地下水位
level-off　恢复水平, 整平, 矫直
level one variable　一级变量
level oscillator　电平振荡器
level overload　(操作) 定额过载
level party　水准组
level pressure　定压进给
level recorder (=LR)　电平记录仪, 能级记录仪, 声级记录仪, 液面记录仪
level recording controller (=LRC)　液面记录调节器
level shift amplifier (=LSA)　电平移动放大器
level shift diode　电平移动二极管
level sight glass　玻璃视油规, 油位观察孔, 油位检视孔
level signal　电平信号
level surface　水准面, 水平面, 液面
level switch (=LS)　信号电平开关, 箝位电平开关, 箝位电平转换
level tester　水准管检定器, [校] 水准器
level-theodolite　水准经纬仪
level theodolite　水准经纬仪
level trier　水准检定器
level trigger (=LT)　电平触发器
level-Trol　特罗耳液位调节器
level tube　水准测管
level-up　(1) 找水平, 拉平; (2) 使整齐, 平衡
level-up wedge　补坑楔入料
level vial　水平玻璃管
level watching　看平, 找平
level width　能级宽度
level-wind　水平绞线器
leveler　整平器, 平地机
leveling　(1) 水准测量, 水平调节, 测平, 整平, 调平, 矫正, 矫直, 矫平, 平整, 调整; (2) 电平; (3) 均化, 均涂, 均染; (4) 流平性, 匀饰性
leveling control system (=LCS)　调平控制系统
levelness　水平度
levelled reference error　水平参考误差
leveller　(1) 平路机; (2) 钢板矫平机, 整平器, 校平器, 调平器, 矫平机, 矫直机, 水平仪; (3) 水平测量员, 水准测量员; (4) 均化剂, 均涂剂
levelling　(1) 几何水准测量, 大地水准测量, 水准测量; (2) 找平, 校平, 调平, 整平, 调正; (3) 矫正, 矫直; (4) 均衡
levelling action　均涂作用
levelling adjustment　水平调整
levelling agent　均化剂
levelling along the line　路线水准测量
levelling base　水准面, 基准面
levelling block　调水平用楔块, 可调式垫铁, 校正垫铁, 水平校正块, 水平压块, 衬平垫块, 校正平台
levelling bulb　平液球管, 水准球管
levelling cylinder　调平油缸
levelling device　液面控制装置
levelling factor method　系数修正法
levelling gage　水准仪
levelling instrument　水准仪, 水准器
levelling lug　校平耳
levelling machine　(1) 矫正机, 矫平机, 平整机; (2) 平路机
levelling party　水准测量队
levelling pole　水准尺
levelling process　水准测量
levelling properties　均涂性能

levelling rod　水准尺, 水准杆
levelling rule　平尺
levelling screw　(1) 校平螺旋, 水准螺旋; (2) 水平调整螺杆, 校平螺杆
levelling set　水准测定装置
levelling support　校平架, 水准架
levelling tape　测平用皮尺
levelling-up　整平, 拉平, 平整, 均衡
levelman　水平测量人员, 水准手
levelmeasurement　标高测量
levelness　水平度, 水平性
levelometer　水平仪
lever　(1) 手柄, 把手, 工具, 手段, 杆, 柄; (2) 控制杆, 操纵杆, 旋转杆, 杠杆, 拉杆; (3) 摇臂, 力臂, 臂; (4) 用杠杆移动, 用杆操纵
lever actuation　杠杆作用
lever-and–screw coupling　杠杆 - 丝杆联结器
lever arm　杠杆臂, 转臂
lever arm of gear　齿轮转臂
lever blocking device　握柄闭锁装置, 杠杆式闭塞装置
lever brace　挺穿孔器
lever bracket　杆托
lever brake　杆式制动器, 刹车杆, 杆闸
lever change　变换手柄 [位置], 变速杆变速
lever chuck　带臂夹头
lever clamp　杠杆夹具, 偏心夹具
lever contact　杆式接点, 活动接点
lever control　杠杆操纵
lever-crank linkage　杠杆曲柄联动机构
lever crank mechanism　杠杆曲柄连杆机构, 摆杆曲杆四杆机构
lever faucet　上作用水阀
lever fork　杠杆叉形头
lever frame　握柄台
lever fulcrum　杠杆支点
lever head　杠杆头
lever jack　(1) 杠杆千斤顶; (2) 导纱杆
lever key　拔键
lever lock　手柄定位挡块, 杠杆定位挡块
lever motion　杠杆运动
lever of crane　起重机臂
lever of stability　回复力臂, 稳定力臂
lever of the first kind　第一类杠杆
lever of the third order　第三类杠杆
lever pin　杠杆销, 手柄销
lever press　杠杆式压力机, 杠杆式压床
lever punch　杠杆式冲孔机, 杠杆式冲压机, 杠杆冲床
lever quadrant　手柄扇形定位齿板
lever reversing gear　杠杆回动装置
lever riveter　杠杆式铆接机
lever rule　杠杆定理
lever shaft　(1) 杠杆轴; (2) 曲柄轴, 曲轴
lever shears　杠杆式剪切机, 杠杆式剪床
lever spring　可动支持弹簧, 杠杆弹簧
lever stop　(1) 杠杆式止动器; (2) 手柄行程挡块
lever switch (=LS)　杠杆 [操纵] 开关
lever system　杠杆系统, 杠杆机构
lever tail　握柄尾杆
lever transmission　(1) 杠杆传动; (2) 变速杆式变速器
lever tumbler　制栓杆
lever-type　(1) 杠杆式, 压杆式; (2) 杠杆的
lever-type dial indicator　杠杆式千分表, 杠杆式百分表
lever-type grease gun　压杆式黄油枪
lever with roller　带滚子杠杆
lever with ovoid grip　卵形手柄
lever-wood　美洲铁木
leverage　(1) 杠杆机构, 杠杆装置; (2) 杠杆作用, 杠杆传动, 机械效率, 杠杆效率, 杠杆率; (3) 杠杆臂长比, 力臂比, 杠杆率; (4) 杠杆系; (5) 扭转能力, 扭转力矩; (6) 效力, 力量, 影响
levers　杠杆系
leverstand　联动柄
leviathan　(1) 大型洗衣机; (2) 巨型远洋轮
leviathan washer　大洗涤机
levigable　可研末的, 可研碎的
levigate　(1) 澄清, 洗净; (2) 磨细; (3) 光滑的
levigation　(1) 粉碎, 磨细, 水磨; (2) 澄清, 洗净

levigator (1) 水磨机；(2) 研末器；(3) 澄清器
levin 电闪
levis 平滑的，轻的
levitate 使升在空中，使飘浮，使悬浮，浮动，浮起
levitating field 浮力场
levitation 浮起，漂浮，升空
levitation force of LLM 直线悬浮电机的升浮力
levitation melting 悬浮熔融，悬[空]熔[化]法，浮熔法
Levitron 环状结构装置，莱维特朗，漂浮器
levity 轻力，轻
levo- (词头) (1) 在左方，向左方，向左，左；(2) 左旋[的]，
levo-compound 左旋化合物
levoclination 左偏，左倾
levogyral 左旋的
levogyrate 左旋的
levogyration 左旋
levogyric 左旋的
levoisomer 左旋异构体
levorotary 左旋的
levorotation 左旋
levorotatory 左旋的
levotorsion 左旋，左倾
levoversion 左转
levy (1) 征收，征集，征用，征税，抽税；(2) 征收额
levy tax 征税
lewatit C 羧酸阳离子交换树脂
lewatit DN 磺酚阳离子交换树脂
lewatit KSN 磷化聚苯乙烯阳离子交换树脂
lewatit M1 弱碱性阴离子交换树脂
lewatit M2 强碱性阴离子交换树脂
lewis 起重爪，吊楔，雄榫
lewis bolt 棘螺栓，路易斯螺栓
Lewis form factor 路易斯齿形
lewis hole (1) 燕尾槽；(2) 吊楔孔
Lewis number 路易斯数
Lewisite 用降落伞投下的干扰雷达发射机，降落伞式雷达干扰发射机
lewisson (=lewis) 吊楔
Lexan plastic detector 聚碳酸酯塑料探测器
lexical 辞典的，词汇的，词法的
lexicographer 词典编纂者
lexicographic 字典编辑上的，字典式的
lexicographic order 字典顺序
lexicography 字典编辑[法]
lexicology 词汇学
lexicon (1) 专门词汇，字典，词典，语汇；(2) 概要，简编，叙述，记录，记载
Ley 一种锡铅轴承合金 (锡 75-80%，铅 20-25%)
Leyden jar 莱顿瓶
Li Chrosorb 多孔硅胶
liability (1) 倾向性；(2) 责任，义务；(3) 赔偿责任，负担，负债，债务；(4) 不利条件
liability for damages 损害赔偿的责任
liability for maintenance 维修义务
liability of cracking 易裂性
liable (1) 有[法律]责任的，有义务的；(2) 应受的，应付的；(3) 有……倾向的，易于……的，(4) 可能的，大概的
liaison (1) 联络，联系，协作；(2) 联系人
liaison call sheet (=LCS) 联络通话单
Liar 光学物镜，光学镜头
lib 千克
liber (1) 韧皮，内皮；(2) 韧皮绳，内皮绳，(3) 韧皮织物，内皮织物，(4) 记录簿
liberate 释放，放出
liberation 释放，放出，游离
libra (复 librae) (1) 重量磅 (lb)；(2) 镑 (货币单位)
librarian (=Lib) (1) 收编程序，程序库管理程序；(2)[磁]带管理员
librarianship 图书馆管理业务，图书馆事业
library (=Lib) (1) 图书馆，藏书楼；(2) 收藏品，藏书；(3) 程序库，库
library and directory maintenance 程序库和目录的维护
library function 集合函数，库函数
library function routine 库函数程序
library name (1) 库名；(2) 程序库中一段源程序名

library routine 程序库程序，库存程序
library subroutine 库存子程序，子程序库
library support 程序库供应，程序库支援
library tape 程序库带，库存磁带
librate (1) 振动，摆动；(2) 平均，平衡
libration (1) 振动，摆动；(2) 天平动，天秤动；(3) 平均，平衡
libratory 保持平衡的，振动的，摆动的
libriform fibre 韧型纤维
licence (1) 许可，特许，容许，准许，批准，认可；(2) 许可证，特许证，检查证，执照，牌照，证书；(3) 发许可证
licence holder 领受许可证人，许可证执有人
licence lamp (汽车) 牌照灯
licence light (汽车) 牌照灯
licence plate (汽车) 牌照
licence tag (汽车) 牌照灯
licenced 得到许可的，得到批准的，领有执照的
licencee 特许权受让方
licencer 发许可证者，发执照者
license (1) 许可，特许，容许，准许，批准，认可；(2) 许可证，特许证，检查证，执照，牌照，证书；(3) 发许可证
licensed 得到许可的，得到批准的，领有执照的
licensee 许可证买方，购证人，引进方，接受方
licenser 发许可证者，发执照者
licensor 发许可证者，发执照者，许可证卖方，售证人，许可方，输出方
licensure 许可证的发给
Lichtenberg alloy 利登彼格铅锡铋易熔合金 (铋 50%，铅 30%，锡 20%)
licit 合法的，正当的
lick (1) 冲洗，擦洗，卷烧，吞没；(2) 超越，克服，打败；(3) 匆忙；(4) 少量；(5) 速度，步速
lick in to shape 整顿
lick-up (造纸) 自动落筒，自动落卷
licker 吸油器
licker-in [梳棉机] 刺毛辊，卷取器
lid (1) 密封盖，盖头，盖，罩，帽；(2) 凸缘；(3) 盖板 (梳棉机的)；(4) 撑架楔；(5) 大气温度逆增，温度逆增的顶点，初始逆温高度；(6) 制止，取消，取缔；(7) 给……装盖
lidar (=light detection and ranging 或 laser radar) (1) 激光定位器；(2)[激]光[雷]达；(3)[激]光探测和测距
lidded 有盖子的，有覆盖的，盖着的
lidless 没有盖的，没有罩的，
lie (1) 平放，躺，卧；(2) 保持……状态，位于，在于，位置，方向，状态；(3) 停驻，停泊；(4) 伸展，展现；(5) 造成错觉的事物，诺言，假象
lie at anchor 锚泊
lie at single anchor 单锚停泊
lie detector 测谎器
lie in 取决于，位于，处于，在于，在，是
lie off 渐停工作
lie on 在……上，随……而定，是……责任，依赖
lie open 暴露着，开着
lie over 等待以后处理，延期，搁延，缓办
lie to (1) 集中全力于；(2) 滞航
lie under 遭受，受到
lie up 停止使用，入坞
lie upon 在……上，随……而定，是……责任，依赖
lieu (1) 场所；(2) 替代
life (1)[使用] 寿命，使用期[限]，操作年限，耐用度，耐用性，耐久性；(2) 生命力，生命；(3) 连续操作时间，延续时间，贮存期；(4) 弹性；(5) 活体模型，原形，实物
life adjustment factor 寿命修正系数
life belt 安全带，保险带，救生带
life-buoy 救生圈
life car 救生箱
life curve 使用期限的特性曲线，寿命曲线
life cycles 疲劳寿命循环次数
life dispersion 寿命离散，[疲劳] 寿命统计分散度
life dispersion coefficient 寿命分散程度
life dog 升降夹具
life expectancy 预期使用寿命，预计使用寿命，预期寿命，估计寿命
life exponent 寿命指数
life factor 寿命系数
life-flare 救生闪光信号
life float (=LF) 救生浮体

life formula 寿命计算[公]式
life-jacket 救生衣
life jacket (=LJ) 救生衣
life length 使用寿命
life-length distribution 使用寿命统计分布
life-line 救生线,救生索
life line 安全线,救生带,保险带,安全带
life of a loan 借款期限
life of bottom 炉底寿命
life of contract 合同有效期
life of tyre in kilometers 轮胎里程寿命(以千米计)
life performance 寿命特性
life period (1)寿命；(2)存在时期
life-preserver 救生带
life preserver 救生工具
life raft 充气救生艇,救生筏
life repair cost 全使用期内修理费
life-saving 救生的
life size 和实物一样大小[的],原尺寸,原大小
life-span (1)个人寿命；(2)有机体平均生命期
life test [使用]寿命试验,耐久试验
life tester 寿命试验机
life testing 寿命试验
life time 使用期限,寿命
life-time lubrication 一次润滑(保证全寿命期的润滑)
life-vest 救生背心,救生衣
lifebelt 救生带,安全带,保险带
lifeboat (=LB) 救生艇,救生船
lifeboat falls 吊艇滑车组
lifebuoy 救生圈
lifejacket 救生衣
lifeless 无生命的,无生气的
lifeless rubber 无弹力橡皮
lifeline (1)救生索；(2)生命线
lifesaver 救生员
lifesaving 救生
lifesized 实物大小的,原尺寸的,原大[的]
lifespan (1)正常运行时间,存在时间；(2)平均生命期,寿命
lifetime (1)寿命；(2)使用寿命,使用期限；(3)(反应堆)连续操作时间,持续时间；(4)离子寿命,亚原子寿命
lifetime killing impurity 限制寿命的杂质
lifetime of the state 能态寿命
lifetime of the transition of an atom (能级间)原子跃迁寿命
lifework 毕生工作,终生事业
lift (1)提升,起吊,举起,提起,吊起,抬起,隆起,升起,上升,提升,起吊,起重,提高,挖起,掘起,消散,除去,解除,撤销；(2)黑电平升降,升举高度,上升高度,升程,扬程,行程,冲程,高度；(3)升力,浮力,举力；(4)爬山缆车,升降机,起重机,启门机,卷扬机,升液器,电梯,吊车；(5)起落机构,提升机构,提升装置,帆桁吊索,提臂,位杆；(6)空中供应线,运送,空运；(7)擒纵机构；(8)清偿,偿付
lift a ban 开放
lift-and-carry transfer device 抬起步进式工件输送带
lift and conveyer 升降输送机
lift arm 提升臂
lift beam furnace 升降杆送料炉
lift block 起重滑车
lift bridge 升降桥,吊桥
lift cam 升降凸轮
lift car annunciator 电梯位置指示器
lift cargo 承运货物
lift chain 升降链
lift conveyor 升运器
lift counter 往返行程计数器,往返冲程计数器
lift-drag ratio 升阻比
lift efficiency 举升能力,升力特性
lift force 升力
lift gate 升降闸门
lift ground 蚀刻剂
lift hammer 落锤
lift hook 吊钩
lift level (黑色)升降电平
lift line 提升管线
lift linkage 升降机构杆系
lift loading 升力分布

lift lock 单级船闸,井式船闸
lift motor 电梯用电动机
lift of a valve 阀升程
lift of cam 凸轮升程,凸轮升度
lift of gas 气体升力
lift of pump 泵压头高度,泵的扬程
lift of the pump suction 泵的吸高
lift-off (1)起飞,发射,离地；(2)卸下,初动
lift off (=L/O) (1)起飞；(2)卸下
lift-on/lift-off (=LO/LO) system 吊上吊下法,吊装法
lift plane 垂直偏移平面,竖直偏移平面
lift pot 升液斗,提升罐
lift-pump 提升泵,升液泵,升水泵
lift pump 抽水泵,提升泵
lift range 升程
lift rod pin 提升杆销
lift screw 起重螺杆
lift set 升高组
lift shaft 升降机井,提升轴
lift-slab technique 升板技术
lift span 升降式桥孔
lift station 抽水站
lift stop 提升限位器,提升挡块
lift system 提升系统,提升机构
lift-to-drag ratio (=LD) 升阻比
lift-truck 装有提升机的卡车,自动装卸车
lift truck 升降式装卸车,自动装卸车,铲车,叉车
lift-type 悬挂式[的]
lift-type disk 升式盘
lift-type valve 升式阀
lift-type valve cock 升式阀旋塞
lift-up 兴起,升起,升高
lift-up door (=LUD) 提门门,上推门
lift-valve 提[升]阀
lift valve 提升阀
lift van [货物]装卸箱
lift wall 提升闸墙,闸室墙
liftability (型砂的)起模性
liftboy 开电梯的工人
lifter (1)起重设备,升降机,起重机,推料机；(2)提升装置,提升机构,起落机构；(3)凸轮,挺杆；(4)吸收器,提升器,举器；(5)抬刀机构,升降台,升降杆；(6)举扬物；(7)电磁铁的衔铁；(8)(铸)砂钩,提钩
lifter flight 升举刮板
lifter lever (车钩的)下锁销杆
lifter-loader 升运装载机
lifter roof 升降顶
lifter winch 起重绞车
liftering 逆滤波
lifting (1)举起,提升,上升,升高,提高；(2)起重；(3)逆滤波
lifting ability 起重能力
lifting appliance 升降设备,提升装置
lifting barrier 升降式栏木
lifting beam (吊车)天秤
lifting block 起重滑车
lifting body 宇宙飞行及高空飞行两用机
lifting bolt 吊环螺栓
lifting brake 起重制动器
lifting bridge 升降桥,吊桥
lifting cam 升降凸轮
lifting capacity 升举能力,提升量
lifting chain 升降铰链
lifting curve (凸轮)升程曲线
lifting device 起重装置
lifting dog 抓钩
lifting drum 起重机卷扬筒
lifting electromagnetic 起重电磁铁
lifting eye (=LE) 吊环,吊耳,吊眼
lifting eyebolt 吊环螺钉,起吊螺钉
lifting finger 翻钢装置,回转装置
lifting force 起重力,升力,举力
lifting frame 吊运架
lifting gear 起重装置,升降装置
lifting gearing 提升传动机构,起落传动机构
lifting guard 井口防护栏

lifting hook　起重钩,吊钩
lifting injector　吸引喷射器
lifting-jack　千斤顶,起重器
lifting jack　千斤顶,起重器,举重器,起重机
lifting lever　提升杆
lifting-line　承载线,升力线
lifting lug(s)　吊耳,吊环
lifting magnet　(1)起重磁铁,磁铁盘;(2)磁力起重机
lifting mechanism　提升机构,升降机构,起重机构
lifting motion　提升运动,上升运动
lifting of concrete　混凝土在拆模时的剥落
lifting-out device　(1)推料器;(2)顶出器
lifting pipe　上升分线管
lifting plate　平台升降台,提升平台,升降平台
lifting platform　平台升降台,提升平台,升降平台
lifting power　举高能力,举重力,起重力
lifting rack　提升齿条
lifting rig　提升装置
lifting ring　吊环
lifting rod　提升杆,起重杆
lifting roller　升起滚
lifting rope　吊绳
lifting-screw　螺旋起重器
lifting screw　(1)升降螺杆,千斤顶螺杆;(2)螺旋起重器
lifting speed　提升速度
lifting strap　提升带
lifting superorbital entry
lifting table　[平行]升降台
lifting tackle　起重滑车
lifting web　升运带
lifting winch　提升绞车,卷扬机
liftman　开电梯的工人
liftoff　发射,起飞
ligament　扁钢丝,灯丝,带线
ligan　系浮标的投海货物
ligancy　配位数
ligand　向心配合体
ligand field　配位场
ligand field stabilization energy (=LFSE)　配位场稳定能
ligarine (=ligroine)　(1)饱和轻汽油馏分;(2)石油醚
ligasoid　液气悬胶
ligature　(1)结合物,连接物;(2)捆绑;(3)连线;(4)簧片卡子
light (=LT)　(1)光学,日光,光;(2)信号;(3)发光体,天体,灯光,灯标,灯塔,照明,(4)天窗,车窗;(5)信号灯,指示灯,电灯,色灯;(6)不显著的,明白的,清楚的,轻的;(7)阐明,解释
light-absorbent　吸光料
light absorption line　光谱吸收线
light activated　光激发的,光敏的
light activated element　光敏元件
light activated SCR (=LASCR)　光激硅可控整流器,光触发开关 (SCR=silicon controlled rectifier 硅可控整流器)
light activated silicon switch (=LASS)　光触发开关
light-activated switch (=LAS)　光激转换开关,光敏开关
light activated switch (=LAS)　光激转换开关,光敏开关
light-addressed light valve　光寻址光阀
light ageing　光致老化
light aggregate concrete　轻集料混凝土
light-alloy　轻合金的
light alloy　轻[金属]合金
light-alloy casting　(1)轻合金铸件;(2)轻合金铸造
light-alloy piston　轻合金活塞
light amplifier　光放大器
light and shade　光与影,明暗
light and signal equipment　灯具和信号装置
light annealing　光亮退火
light antenna　光束导向天线,光天线
light antitank weapon (=LAW)　轻型反坦克武器
light-armed　轻武器装备的
light band　光带
light barrier　挡光板,光垒
light beacon　光信标,灯塔
light-beam　光束,光柱,光注
light beam　(1)光束,光柱,光注;(2)灯光,光线
light beam pick up　光注拾声器

light beam pickup (=LBP)　光束传感器
light beam remote control　光束式遥控
light bias　(1)光偏置,光偏移;(2)光线背景;(3)轻微漏光;(4)点亮,照明
light blue　淡蓝的
light bomb　照明弹
light bomber　轻型轰炸机
light bracket (=LB)　轻型托架
light bridge　灯光调整电桥
light button　光按钮
light car　小型汽车
light case (=L/C)　轻外壳
light casting　轻型铸件,薄小铸件
light cell　(1)光电元件;(2)光电管,光电池
light characteristic　光传输特性,光亮度特性
light check　检验灯
light chloride　轻质氯化物
light chopper　光线断续器,截光器,遮光器
light coal　瓦斯煤,轻煤,气煤
light coated electrode　薄皮焊条
light coating　薄药皮,薄涂层
light collector optics　聚光镜
light-coloured　轻度着色的,淡色的,浅色的
light-conducting fibers　光导纤维
light-cone algebra　光锥代数
light construction　轻型结构
light control　光量控制,灯光调节,照明调节
light-coupled　光耦合的
light-coupled semiconductor switch　光耦合半导体开关
light crane　灯光升降架
light cross　光柱
light current　(1)光电流,弱电流;(2)视频电流
light-current engineering　弱电工程
light-curve　光变曲线
light curve　光变曲线
light cut　轻切削,浅切削
light cutting　浅切
light dark　光的浓淡分布,光的明暗
light-day　光日(约160亿英里)
light day　光日(约160亿英里)
light dependent resistor (=LDR)　光敏电阻
light difference (=LD)　光差
light diode　光发射二极管,发光二极管
light displacement　轻载排水量
light distribution　配光
light distribution box (=LDB)　轻配电箱
light distribution curve　光强分布曲线
light dividing device　分光装置
light dope　轻掺杂
light drive fit　轻打入配合,轻迫配合
light-duty　(1)轻型的,轻的;(2)轻工作制;(3)小功率状态的,小功率的
light-duty engine　轻型发动机
light-duty lathe　轻型车床
light-duty machine　轻型机床,轻型机械
light-duty series　轻型系列
light effect of ultrasound　超声光效应
light electric transducer　光电换能器
light emission　光发射
light emitting diode (=LED)　光发射二极管,发光二极管
light-end products　轻质产品
light engine　(1)单机;(2)列车机车
light engine oil　轻质机油
light equation　(1)光差;(2)光变方程
light equipment (=LE)　(1)照明设备;(2)轻型装备
light excitation　光激发
light fastness　耐光性,耐光度,耐晒性
light fillet　浅角焊缝
light filter　滤光器
light finishing cut　(1)完工切削,精加工;(2)精制,光制
light fixture　电灯器具,电灯组件
light flux　光通量
light flux meter　光通量计
light flux sensitivity　光束灵敏度

light focusing fiber guide 聚光纤维波导
light force fit 轻压配合
light fugitive 不耐光的
light gathering power 聚光本领
light-gauge 薄的, 细的
light gauge 轻量型钢
light gauge plate 薄板
light-gauge sheet 薄钢板
light gauge sheet 薄[钢]板
light grade 低标号
light-grasp 望远镜的聚光本领
light guide (1) 光[波]导, 光控制, 光制导; (2) 光导向设备
light gun 光电子枪, 光笔, 光枪
light head 光电传感头
light heating coherence 轻微烧粘
light hoisting gear 轻型起重机, 轻型提升机
light hoisting tackle 轻型起重滑车
light hole 轻空穴
light homer 光学自动跟踪设备
light homing 光学跟踪, 光学导航
light homing guidance 光[辐射]制导
light hopper wagon 混凝土斗车, 底开车, 漏斗车
light house 灯塔
light image converter 光像变换器
light incident 入射光
light index (=LI) (1) 液面指示器, 指示波器; (2) 液化指数, 液弹性; (3) 光照指数
light indicator 灯光指示器
light industry 轻工业
light intensity 光强
light intermittent test 轻负载断续试验, 轻荷间歇试验
light ion 轻离子
light isotope 轻同位素
light lathe 轻型车床
light level 亮度级, 光强级
light load (=LL) 轻负荷, 轻[负]载
light load adjustment (1) 轻负载调节, 轻载调整; (2) (在电子计算机内) 摩擦补偿调节
light lock (=LL) 暗箱口的避光装置, 暗室口的避光装置
light lubricating oil 轻质润滑油
light machine gun (=LMG) 轻机关枪
light maintenance 小[维]修
light metal 轻合金
light metal alloy 轻金属合金
light-metal casing 轻金属壳体
light metallurgy of light weight metals 轻金属冶金学
light metals (=LM) 轻金属
light meter (1) 小型便携式照度计, 曝光表; (2) 电表
light microguide 轻型导光管
light microphone 光敏传声器
light microsecond 光微秒
light military electrical equipment (=LMEE) 轻型军用电气设备
light mixing 光信号混合
light modulated discharge tube 光调制气体放电管
light modulation 光调制
light-month 光月 (约 5000 英里)
light-negative (1) 负光电导性; (2) 负光电效应的, 光负的, 光阻的
light negative 负光电导性
light off 照明终止
light oil 低粘度润滑油, 轻质油, 轴油
light on 照明开始
light overhaul 小修
light-panel 轻型方格
light paste 软膏
light pattern (1) (录音的) 光带; (2) 光图案
light pen 光写入头, 光笔
light pen control (=LP-control) 笔控制
light pen tracking 光笔跟踪
light pencil 光束
light period 光照期
light petroleum 石油醚
light-pipe 光导管, 导光管
light pipe 光导管
light plate 中钢板

light-positive 正光电导性 (在光的作用下, 电导性增加), 空穴导光性
light-press fit 轻压配合
light press fit 轻压配合
light pressure 光压
light-producing 发磷光的, 发光的
light-projector 发光器
light proof louver (=LPL) 不漏光的放气窗, 不漏光的放气孔
light pulse 光脉冲
light quantity 光通量
light quantum 光[量]子
light radiation sensor (=LRS) 光辐射敏感元件
light rail-way 轻便铁道
light railway 轻便铁道
light railway 轻型铁路, 窄轨铁路
light-ranging 光测距
light ray 光线
light-reflecting 反光的
light region 亮区
light relay 光电继电器
light repair [货车] 小修
light resistance 耐光性, 耐光度
light-resistant 耐光性的, 耐光的
light resistant 耐光的
light resistor 光敏电阻器
light running 轻载运转
light-running fit 轻转动配合
light running fit 轻转动配合
light-scattering photometer 散光光度计
light section (1) 小型型钢, 小型材; (2) 小断面
light-section method 光切法, 光断法
light-section mill 小型型钢轧钢机
light-seeking 光自动寻的
light-seeking device 光自动引导头, 光敏器件, 光电元件
light seeking device 光自动引导头, 光敏器件
light sensation 感光, 光敏
light-sensitive 感光的, 光敏
light-sensitive detector 光敏探测器
light sensitive diode 光敏二极管
light-sensitive layer 光敏层
light sensitive relay (=LSR) 光敏继电器
light sensitive resistor (=LSR) 光敏电阻器
light sensitive tube (=LST) 光敏管
light sensitivity 光敏度, 光敏性
light series 轻系列
light service 轻负载工作
light sheet 薄钢板
light shock 轻度冲击
light shot 小爆破
light show 彩色光
light-shutter tube 光快门管
light signal 灯光信号, 灯示信号
light-sized 小尺寸的, 小号的
light source (=LS) 光源
light splitter 光束分裂器, 分光器
light splitting 分光
light-spot 光点
light spot 光点, 光斑
light spot scanner (=LSS) 光点扫描器
light-spot scanning 光点扫描
light spot scanning 光点扫描, 飞点扫描
light-spot type meter 光点指示式仪表
light stability 光稳定性, 耐光性
light stand 灯台
light storage device 光存储器件
light-struck 光照射的, 漏过光的
light switch (=LS) 电灯开关, 照明开关
light-tight 不透光的, 防光的
light-to-current conversion 光电变换
light tone 亮色调
light-tracer 曳光弹
light tracer 曳光弹
light transfer by fiber optic 纤维光学传递
light trap (1) 阻光通道; (2) 阻光器, 挡光器; (3) 光捕集器

light truck　轻型载重汽车
light tube　光调制管
light-up　点火
light-valve　光阀
light valve　光阀
light van　灯光搬运车
light velocity　光速
light warning radar (=LWR)　轻便警戒雷达
light-water-moderated　普通水［作］减速［剂］的
light-water reactor (=LWR)　轻水反应堆
light watt　（光通量单位）光瓦特
light wave　光波
light-week　光周（约1150亿光英里）
light weight (=Lt wt)　重量小的,轻的
light weight grader　轻型平地机
light weight I-beam　轻型工字钢
light weight measurement and inclining test　（船舶）空船重量测定和倾斜试验
light weight section　轻型型钢
light weight sectional steel　轻型型钢
light weight steel　轻型钢材
light weight steel shape　冷弯型钢,轻型钢材
light well　采光井
light wheel tractor　轻型轮式拖拉机
light wood　易燃木材
light year (=ly 或 lt-yr)　光年
light-yellow　淡黄
lighten　(1)照明,照亮,点亮,发亮,变亮;(2)减轻,减少,变轻,缓和
lightener core　简化泥芯
lightening　发光,闪电
lightening hole　(1)发光孔;(2)点火孔;(3)减［轻］重［量］孔
lighter　(1)照明器,发光器;(2)打火机,点火机,点火器,引燃器,引燃极;(3)点火物,点火者;(4)驳船,驳运
lighter than air (=lth)　比空气轻
lighterage　(1)驳运费,驳船费;(2)驳船装卸,驳船运送;(3)驳运船
lighterage free　不负责驳船费
lightfast　不褪色的,耐晒的,耐光的
lightfastness　耐光性
lightguide　光导向装置
lightguide tube　（电视）投影管
lighthouse (=LH)　(1)灯塔,灯台;(2)拍摄示波管荧光屏图像的设备,曝光台
lighthouse diode　灯塔二极管
lighthouse of collimated particles　准直粒子旋转束
lighthouse tube　灯塔管
lighting　(1)照明技术,布光,照明;(2)采光;(3)点燃,点火,起动
lighting cable　照明电缆,电灯线
lighting circuit　照明电路
lighting consumer　照明用户
lighting consumption　照明耗量
lighting current　照明电流
lighting demand　照明需量
lighting device　照明装置
lighting engineering　照明工程［学］
lighting equipment　照明设备
lighting fitting　装灯配件
lighting fixture　照明器材
lighting fixtures　照明器具
lighting for accommodation　（船舶）居住舱照明
lighting for deck　甲板照明
lighting for engine room and other technical room below main deck　主甲板下机舱和其他专门舱室的照明
lighting installation　照明设备,照明装置
lighting load　照明负载
lighting meter　照明电度表
lighting-off　点火
lighting peak　照明尖峰
lighting power　照明率,亮度
lighting standard　照度标准
lighting switch　照明开关,灯开关
lighting tariff　照明电价
lighting-up　点燃,点火
lighting well　进光穴
lighting wiring　照明布线

lightish　(1)（颜料）有点淡的,淡色的;(2)不太重的,较轻的
lightless　不发光的,无光的,暗的
lightly　不紧密地,松弛地,轻微地
lightly canceled (=LC)　轻率删掉的
lightly coated electrode　薄涂焊条
lightly covered　轻度覆盖的
lightly doped　轻掺杂的
lightmeter　光度计,照度计
lightness　(1)轻微;(2)色觉亮度,明度,亮度
lightning (=Ltg)　(1)闪电,打闪;(2)闪电机;(3)一种赛艇
lightning-arrester (=lightning conductor, lightning rod)　避雷针
lightning arrester (=LA)　(1)避雷针;(2)避雷装置,避雷器
lightning-conductor　(1)避雷针;(2)避雷装置,避雷器
lightning conductor　(1)避雷针;(2)避雷导线
lightning discharge　雷闪放电
lightning flash-over　雷电闪络
lightning generator　人工闪电发生器,脉冲发生器
lightning guard　避雷针
lightning oscillator　脉冲振荡器
lightning protecting engineering　避雷技术
lightning protection　避雷装置
lightning protection engineering　避雷工程学
lightning protection equipment　雷电保护装置
lightning protector　避雷器
lightning recorder　天电［干扰］记录器
lightning-rod　(1)避雷针;(2)避雷装置,避雷器
lightning rod　避雷针
lightning stroke　雷击
lightning surge　雷电冲击［波］,雷电过电压,雷［击电］涌
lightning switch　避雷开关
lightplane　轻型飞机
lightplot　舞台照明法
lightproof　(1)耐光性,耐晒性;(2)不透光的,遮光的
lights　(1)缺胶制品;(2)欠压制品
lightship　灯塔船
lightshow　光展示
lightwave　光波
lightweight　重量轻的,轻质的,轻的
lightweight aggregate　轻骨料
lightweight concrete (=LWC)　轻混凝土
lightweight construction　轻型结构
lightweight gain (=LWG)　增重
lightweight insulating concrete　轻质绝缘混凝土
lightweight radar set (=LRS)　轻型雷达装置
lightweight inertial navigation system (=LINS)　轻型惯性导航系统
lightwood　易燃木头,轻材
lightyear　光年
lign- (=ligni-, ligno-)　(1)木材;(2)木质,木素
lignification　木化作用,木质
lignocellulose　木质纤维素
lignous　木质的
lignum　(1)木材;(2)木质组织
likable　值得喜欢的,可爱的
like　(1)相等的,相同的,同样的,同类的,类似的;(2)和……一样,如同,像;(3)相似的事物,同类事物
like electricity　同号电
like-new　像新的
like numbers　｛数｝同类数,同名数
like polarity　同极性
like pole　同性极,同名极
like terms　同类项
likeable　值得喜欢的,可爱的
likelihood　(1)可能性,相似性,似然,似真,可能,象有;(2)可能发生的事物,可能成功的迹象
likelihood function　｛数｝似然函数,逼真函数
likelihood ratio　似然比
likeness　(1)复制品,抄本;(2)相象,类似;(3)形象,外形,外观,外表,形状
liker-in　刺毛辊
likewise　(1)同样,照样,也,又;(2)而且,也
limb　(1)外缘,边缘,臂,翼,叶;(2)［天平水平］度盘,测角器,分度盘,针盘;(3)分度弧,分度圈;(4)零件,部件;(5)电磁铁心,线圈心;(6)芯柱,管柱,管脚,插脚,管角;(7)刻度算尺,测角器,量角器
limb brightening　临边明亮

limb darkening　临边昏暗
limb-flare　边缘耀斑
limb of magnet　电磁铁铁心
limb of electromagnet　电磁铁铁心
limbal　[边]缘的
limber　(1)富于弹性的,易弯曲的,柔软的,可塑的;(2)使柔软;(3)(船底龙骨两侧的)污水道,通水孔;(4)前车,车轴
limber board　污水沟活动盖板
limberness　可塑性
limberoller　柔性滚柱
limbic　[边]缘的
limbless　无翼的
limbus　边缘,缘
lime　(1)石灰;(2)用石灰处理;(3)涂胶
lime-ash　灰渣
lime-base grease　钙基脂
lime blue　石灰蓝
lime bright annealed wire　中性介质中退火的钢丝
lime-burning kiln　石灰窑
lime carbonate　碳酸钙
lime chloride　氯化钙
lime coating　涂石灰
lime deposit　碳酸钙沉淀物,锅垢
lime ferritic electrode　碱性焊条
lime-glass　氧化钙玻璃,石灰玻璃
lime glass　氧化钙玻璃,石灰玻璃
lime grease　钨基润滑脂
lime-kiln　石灰窑
lime pit　(1)石灰采石场,石灰坑;(2)石灰窑
lime putty　石灰膏
lime-roasting　石灰焙烧
lime rock　石灰石
lime-sand brick　硅石砖,灰砂砖
lime-soda-base grease　钙钠混合脂
lime sower　石灰撒施机
lime spreader　石灰撒施机
lime stone　石灰石
lime-trap　(氯化设备真空系统用的)石灰捕集器
lime wash　刷白,涂白
lime white　石灰浆
limed　用石灰中和的,用石灰处理的
limekiln　石灰窑
limelight　(1)灰灯光;(2)石灰灯;(3)把光集中于,使显著
limestone　石灰岩
limen　(复 limina)声差阈,色差阈
limes　边界,界量,限度
limes inferiores　下极限
limes superiores　上极限
limestone　石灰石
limewater　石灰水
limina　(单 limen)阈
liminal value　极限值
liming　用石灰处理,石灰中和,石灰澄清,加石灰,涂石灰,刷石灰,浸灰法
liming process　浸灰法
liming tank　[加]石灰槽
liminometer　反射阈计
limit (=LIM 或 lm)　(1)极限,限度,范围,区域;(2)限制,限定;(3)极限尺寸,极限值,公差;(4)界限,边界;(5)极点
limit analysis　极限分析
limit bridge　通-断桥式指示器,窄限电桥
limit capacity　极限容量
limit circle　极限圆
limit curve　极限曲线
limit-cycle　极限周值,极限环
limit cycle　极限循环
limit design　极限载荷设计,最大强度设计,极限设计,荷载设计,强度设计
limit deviation　极限偏差
limit distribution　极限分布
limit dog　限位挡块,限位器,限制器,终点块
limit elastique　屈服极限
limit express　特别快车
limit function　极限函数,有界函数

limit-ga(u)ge　极限量规
limit ga(u)ge　极限量规,极限规
limit ga(u)ge system　极限量规制
limit gap gauge　间隙极限验规
limit gauging　极限测量法
limit governor　极限调速器
limit group　极限群
limit-in-mean　均值极限,平均极限
limit in mean　均值极限,平均极限
limit indicator　极限指示器,限幅指示器,限流指示器
limit inferior　下极限
limit load　极限载荷,极限荷载
limit load design　极限载荷设计
limit matrix　极限矩阵
limit minimum stress　最小极限应力
limit number　极限数
limit number of teeth　极限齿数
limit of accuracy　精度极限
limit of action　啮合极限
limit of audibility　可闻极限,能听度
limit of brightness　亮度极限
limit of compression　压缩极限
limit of convergence　收敛极限
limit of diffusion　扩散极限
limit of elasticity　弹性极限
limit of error　误差极限,误差限度,误差范围
limit of explosion　爆炸极限
limit of fatigue　疲劳极限
limit of flammability　可燃性极限
limit of flocculation (=LF)　絮状沉淀极限
limit of friction　摩擦极限
limit of function　函数极限
limit of impurity (=loi)　杂质极限,杂质限度
limit of integration　积分上下限,积分范围,积分限,积分域
limit of loading　载荷极限,加载极限
limit of precision　精密极限
limit of proportion　比例极限
limit of proportionality　比例极限
limit of resolution　分辨限度,可辨限度
limit of seed size　晶种粒度范围
limit of sequence　序列极限
limit of size　尺寸极限
limit of stability　安定极限,稳定极限
limit of temperature rise　温升极限
limit of the objective　目标界限
limit of tolerance　公差极限
limit of visibility　可见限度,能见度极限
limit of wear　磨损极限
limit orbit　极限轨道
limit ordinal number　极限序数
limit plug ga(u)ge　极限塞规
limit point　极限点
limit point width　极限刀尖距
limit position　极限位置
limit power　极限功率
limit priority　极限优先权
limit process　极限法
limit register　界限寄存器
limit screw　限位螺钉,止动螺钉
limit signal　有限信号,限定信号
limit size　极限尺寸
limit snap ga(u)ge　极限卡规
limit solid solution　饱和固溶体,有限固溶体
limit speed　极限速度,极限转速
limit sphere　极限球
limit stop　限位挡块,终点挡块,限位器,限制器
limit switch (=LS)　限位开关,限制开关,行程开关,终端开关,极限开关
limit switches　终点开关
limit system　公差制,配合制,极限制
limit theorem　极限定理
limit thread ga(u)ge　极限螺纹规
limit thread snap ga(u)ge　极限螺纹卡规
limit time　截止时间
limit value (=LV)　极限值

limit velocity　极限速度
limitable　可求极限的,可限制的
limitans　界膜
limitary　有限[制]的,界限的
limitation　(1)限制,限界,限定,限度,限幅,制约,界限,边界;(2)极限;(3)条件的限制,局限性;(4)缺点,缺陷;(5)能力有限
limitation of groove　轧槽极限
limitation of length　长度极限
limitation of length of path　(1)冲程限度;(2)路程限度
limitation of length of stroke　(1)冲程限度;(2)路程限度
limitative　限制[性]的,有限制的,限定的
limitator　限制器
limitcator　电触式极限传感器
limited (=Ld 或 Ltd)　(1)最大时间,极限,时限;(2)有限[制]的,[被]限定的,限制的;(3)速度快的,特别的
limited company　有限公司
limited enverse domain　有限后域
limited express　特别快车
limited function　有界函数,有限函数,囿函数
limited gain amplifier telecommunication　有限增益放大遥控通信
limited-liability company　股份有限公司
limited output current　极限输出电流
limited production (=LP)　有限生产
limited range　限界,限度
limited rotation hydraulicactuator　有限转动液力促动器
limited set　有界差,有界集,囿集
limited signal　有限信号
limited slip differential　高摩擦式差速器,限止滑动差速器
limited slip gear oil　高摩擦式差速器齿轮油,防止滑动差速器齿轮油
limited space-charge accumulation (=LSA)　限制空间电荷积累
limited variation　有界变差
limiter (=LIM 或 Limit)　(1)限制装置,限制器,限动器,限动件;(2)限幅器
limiter cap　限止螺钉防松帽
limiter circuit　限幅电路,限幅电路
limiting　(1)极限;(2)限制,约束;(3)限制的,限定的,限幅的,界限的,极限的,制约的,约束的
limiting amplifier　限幅放大器,限幅增幅器,限制放大器
limiting case　极限情况
limiting concentration　极限浓度
limiting condition　极限条件
limiting current　极限曲线
limiting curve　极限电流
limiting date (=LIMDAT)　限制日期
limiting device　限制装置,限制器,限位器
limiting dimension(s)　极限尺寸,净空
limiting diode　限幅二极管
limiting error　极限误差
limiting factor　限制因素
limiting feedback　限制反馈
limiting feedforward　限制前馈
limiting frequency　极限频率
limiting function　极限函数,有界函数
limiting intensity　极限强度
limiting level　限幅电平
limiting line　极限线,分限线
limiting mean　均质极限
limiting member　限动件
limiting number　极限数
limiting of resolution　(1)鉴别力限度,分辨力限度;(2)分辨能力限制,清晰度限制
limiting point　极限点,限制点,聚点
limiting position　极限位置
limiting pressure　极限压力
limiting quality　极限品质
limiting radial load　极限径向负荷
limiting range of stress　应力极限范围
limiting resistor　限流电阻
limiting revolution　极限转数
limiting slot width　槽宽极限尺寸,槽宽公差
limiting speed　极限速度,极限转速,限制速度
limiting static friction　极限静摩擦
limiting strength　极限强度
limiting strength value　极限强度值

limiting stress　极限应力
limiting surface　界面
limiting temperature　极限温度
limiting thrust load　极限推力负荷
limiting torque　极限转矩,极限扭矩
limiting value　极限值
limiting valve　限制阀
limiting velocity-diode　限速二极管
limiting viscosity　特性粘度,真实粘度,固有粘度,内在粘度
limiting viscosity number (=LVN)　特性粘度数
limiting voltage　限幅电压
limitless　无限制的,无限期的
limitron　电子比较仪
limits of deviation　极限偏差
limits of size　尺寸极限,极限尺寸
limits of validity　有效范围
limnigraph (=limnograph)　自记水准计
limnimeter　自记湖泊水位计
limnograph　自记水位计
limo　大型轿车
limousine　(1)大型高级轿车,轿车;(2)交通车
limp　柔软的,易曲的,无力的
limp base　半硬基地,地下基地
limpen　变软,弯曲
limpet　水下爆破弹
limpid　清澈的,透明的
limpidity　清澈,澄清,透明
limpness　柔软性
limy　胶粘的,胶的
linable　排成一直线的
linac (=linear electron acccelerator)　线性[电子]加速器,直线[性]加速器
linac with prebunching　预群聚加速器
linage　(1)排成一直线,排成行;(2)(印刷品等)每页行数
linasec　纸孔带加工装置
linatex　防锈胶乳
linatron　利纳特朗波导加速器,直线回旋加速器,波导加速器
linch pin　(1)开口销,保险销,车轴销;(2)制轮楔;(3)关键
linchpin　(1)制轮楔,轮辖;(2)车轴销,开口销,保险销,销;(3)关键
Lincoln type milling machine　林肯铣床
Lincoln weld　焊剂层下自动焊,埋弧自动焊
Lincoln's weld　焊剂层下自动焊,埋弧自动焊
lincrusta　油毡纸
Lindemann glass　林德曼玻璃,透紫外线玻璃
line (=LN)　(1)直线,曲线,线条,线路,路线,界线,航线,线;(2)管线传送带,输送管线,管路,管道,管线,导管;(3)金属线,电线,铁丝;(4)传送带,交通线,铁路线,铁路,铁轨,前线,战线;(5)系列,系统,行,列,组,排;(6)范围,方面,轮廓,外形;(7)方法,方式,方针;(8)(复)设计;(9)界线,界限;(10)扫描线,光谱线,质谱线;(11)细绳,带子,索
line amplifier　(1)水平扫描放大器;(2)线路放大器
line-and-grade stakes　放样桩
line assembly (=LA)　装配线装配
line asynchronous　电源异步,行异步
line-at-a-time printer　宽行打印机,行式打印机,行式印刷机
line-at-a-time printing　宽行打印
line at infinity　无穷远线
line axle　驱动轴
line bank　接线排,触排
line battery　线路电池
line belt　传送带
line blanking　回程电子束熄灭,行消隐
line borer　同心镗削机
line boring　(1)直线镗削;(2)直线钻孔,成行钻孔
line boring machine　钻轴机
line break　输送管线断裂
line breaker　主线路接触器
line busy (=LB)　占线
line capacity　线路容量
line characteristic impedance　传输线特性阻抗
line charge　线电荷
line-charge model　线荷模型,磁荷模型,电荷模型
line check　小检修,检查
line checking　线形细裂

832

line circuit　用户线电路，外线电路
line concentrator (=LC)　线路集中器
line code　一行代码
line communication　有线通信，直线通信
line concentrator　集线装置
line conductor　导线
line-cone　线圆锥
line congruence　线汇
line conic　线素二次曲线，二次曲线
line connection equipment　线路联接设备
line constant　线路常数
line contact　线接触
line control routine　线路控制程序
line corona　线状电晕
line crawl　爬行
line current　线路电流，线电流
line data set　行式数据集
line defect　线路缺陷
line deletion character　删行字符
line diagram　线路图
line drilling　软弱界面钻孔，成行钻孔
line driver　(1){计}行驱动线；(2)总线驱动器，路线激励器，行激励器
line driving amplifier (=LDA)　行信号激励放大器，线路激励放大器
line drop　线路电压降
line drop compensator (=ldc)　线电压降补偿器
line editor　行编辑程序
line element　(1)线[元]素；(2)波行折皱滤清元件
line engraving　(1)线条版；(2)线条凸版照相制版法
line fail detection set　线路故障探测装置
line fault　线路故障
line feed (=LF)　(1)线路馈电；(2)送纸速率；(3)换行，移行，走行
line feed signal　移行信号
line feet (=LF)　沿长度方向的英尺数，纵英尺
line fill　线路占用率，线路利用率
line filling　充满足限
line filter　线路滤波器
line finder　(1)线寻找器，寻线器；(2)行定位器
line firing　线状烧烙
line flow assembly order (=LFAO)　流水作业线装配指令
line-focus　线状焦点
line focus　行聚焦
line frequency　行频
line gage　线规
line gap　线路避雷器
line gauge　倍数尺
line generation　向量产生
line generator　线产生器
line graph　折线图
line guidance　直线[运动]导轨
line-haul　长途运输
line heating　带钢加热
line hydrophone　线列水听器
line image　行式映像
line impedance matching　线路阻抗匹配
line impedance stabilization network　线路阻抗稳定网络
line inclusion　链状夹杂物
line-indices　反射线指数
line integral　线积分
line interlace　隔行扫描
line jump scanning　隔行扫描，跳行扫描
line keystone waveform　行频梯形[失真]补偿波形
line lamp　呼叫灯，呼号灯
line level　传输线某点的电平，沿[传输]线电平
line lightning arrestor　线路避雷器
line linearity　[行]扫描线性
line lock　电源同步，电源锁定，行同步，行锁定
line log amplifier　线性对数放大器
line loss　线路损耗
line material　线路器材
line mechanism　直线[运动]机构
line microphone　线列传声器
line milling　直线铣削
line misregistration　行位不正

line motion　直线运动
line of action　(1)作用线；(2)(沿齿廓的作用线)啮合线，接触线
line of aim　瞄准线
line of balance　对称线
line of bearing　方位线
line of bore　枪膛轴线
line of centers　连心线，联心线，中心连线，中心线
line of codes　编码线
line of collimation　视准轴，视准线，视直线
line of communication (=LOC)　通信线路
line of contact　(1)(沿齿宽的)接触线；(2)(电机的)中性线
line of credit　信贷额度
line of curvature　曲率线
line of cut　切削线
line of deflection　挠曲线
line of departure　抛掷线，射线
line of dip　斜向线，倾向线
line of direction　(1)观测线；(2)方向线
line of distance　视轴
line of electrostatic induction　静电感应线
line of elevation　仰线
line of engagement　接触线，啮合线
line of equal scale　同比例线
line of equidistance　等距线
line of fall　落线
line of feedback coupling　回授耦合线
line of ferrite　铁素体带
line of fire　射向
line of flight　飞行弹道，飞行路线，航线
line of flotation　吃水线
line of flow　流线
line of flux　(磁)通量线
line of force (=LOF)　力[的作用]线
line of gravity　重力线
line of impact　弹着线
line of incident　入射线
line of induction　感应线
line of influence　影响线
line of intersection　[相]交线
line of level　水准线
line of magnetic induction　磁感应线
line of magnetic force　磁力线
line of magnetization　磁化线
line of motion　运动线
line of nodes　交点线
line of normal curvature　法向曲率线
line of obliquity　斜线
line of oils　油组
line of parallelism　平行性的线
line of position (=LOP)　位置线，目标线，定位线
line of pressure　压力线
line of principal stress　主应力线
line of production　(1)生产流程；(2)生产线
line of projection　投影线
line of propagation　传播方向线
line of quickest descent　最速下降线
line of ram stroke　滑枕行程线
line of reference　参考线，基准线
line of rupture　破裂线，断裂线
line of same dip　等倾线
line of segragation　偏析区
line of shearing　剪应力线
line of shearing stress　剪应力线
line of shortest length　最短线
line-of-sight　视线
line of sight (=LOS)　瞄准线，瞄准距，视线
line-of-sight distance　直视距离
line of sight range　直接瞄准范围
line-of-sight reception　视距信号接收
line of singularity　奇异线，奇线
line of site　目标线
line of slide　滑动线
line of solidification　凝固线
line of striction　垂足限线，腰曲线

line of teeth 齿顶线
line of thrust 推力线
line of turning tool travel 车刀移动线
line of vision 视线, 视向
line of wave 波线
line of weakness 弱线
line of zero moment 零距直线, 零距线
line operated 运营铁路线
line oscillator 行扫描振荡器
line output 行扫描输出
line output stage 线扫描周期
line-output transformer 行扫描输出变压器
line pan 运输机机槽
line pattern 光谱图
line period 线路功率
line pipe 干线用管, 总管
line power 线路功率
line pressure 气压系统操作压力, 液压系统操作压力, 输送管压力
line print (=LPR) 行式打印
line printer 行式印刷装置, 宽行打字机, 宽行印字机, 行式印刷机, 行式印刷机, 行录制器
line production 流水 [线] 作业, 流水 [线] 生产
line pump [向] 管线 [中] 泵送
line reaming 直线铰削, 铰同心孔
line rectifier circuit (=LRC) 线性整流器电路
line relay (=LR) 线路继电器
line relay system 有线中继制
line resistance 线路电阻
line rules 线路维修规则
line-scan 行扫描
line-scan circuit 行扫描电路
line scan tube (=LST) 行扫描管
line scanner system (=LSS) 用户线扫描器电路系统
line scanning imaging device 行扫描成像装置
line scanning period 行扫描周期
line segment 线段
line selector 线路选择器, 行数选择器, 终接器
line series 线列
line shaft (驱动) 总轴, 动力轴, 天轴
line shafting 天轴传动轴系
line shipping 定期航运
line showing finishing allowance 线示加工留量
line skew 行位偏斜
line space lever 移行杠杆
line speed 电子射线沿行移动速度, 流程速度, [直] 线速度
line stabilization network (=LSN) 行稳定网络
line stabilized oscillator (=LSO) 行稳定振荡器
line staff structure 工厂生产 [管理] 组织
line standard 线标准
line-start motor 直接起动电动机
line starter 线路起动器
line starter motor 直接起动电动机
line stretcher (=LS) (1)线耦合装置, 线扩充器, 拉线器; (2)延长器; (3)电话插塞
line switch (1)寻线机; (2)线路开关, 电路开关
line sync pulse 行频 [率] 同步脉冲
line synchronization 行同步
line synchronizing pulse (=LSP) 行同步脉冲
line tape 卷尺
line telegraphy (=LT) 有线电报
line telephony 有线电话
line test trunk (=LTT) 线路试验中继线
line-to-ground (1)线路接地; (2)从导线到大地的, 线路对地的, 线地间的; (3)单极的
line-to-line (1)从导线到导线的, 导线间的, 两线间的, 行间的; (2)两极的; (3)线间短路; (4)混线
line-to-neutral (1)从导线到中性点的, 相的; (2)单极的
line transformer 线路变压器
line transmitter (=LT) 中继发报机, 线路发报机
line trigger 电源触发
line type modulation (=LTM) 线式调制
line-up (1)垫整, 调整, 校整, 调节; (2)使平直, 使均匀; (3)同相轴; (4)洗印程序卡; (5)序列, 阵容, 联盟
line up 同相排齐

line-up test 综合试验
line-voltage 引电压, 线电压
line voltage distribution 线电压分布
line voltage monitor (=LVM) 线电压监控器
line-voltage regulator 电源电压调节器
line voltage regulator (=LVR) 线电压调节器
line voltage start 线电压起动
line welding 线焊接
line wiper 线路弧刷
line wire 线路导线, 外线
line with lead 衬铅
line with rubber 衬胶
line with shielding 屏蔽线路
lineage (1)排成一直线, 排成行; (2)行数; (3)系统, 系, 族; (4)线状腐蚀坑
lineage line 系属线
lineal 直线性的, 直线的, 线状的, 线性的
lineal element 线素
lineal shrinkage 线性收缩
lineament (1)轮廓, 面貌, 线条; (2)棋盘格式
linear (=lin) (1)沿轴作用的, 长条形的, 直线型的, 线性化的, 直线的, 线性的, 线状的, 带状的, 沿线的, 长度的, 纵的; (2)平直; (3)一维的, 一次的
linear acceleration 线性加速度
linear accelerator [直] 线性加速器
linear actuator 直线运动促动器
linear actuators 线性致动器
linear algebra 线性代数
linear amplifier [直] 线性放大器
linear anode current 线性输出电源
linear approximation 线性逼近
linear axiom 线性公理
linear behavio(u)r 线性性质
linear bounded automation 线性有限自动机
linear characteristics 线性特性
linear circuit 线性电路
linear combination 线性组合
linear combination of atomic orbitals (=LCAO) 原子轨道 [函数的] 线性组合
linear compound 直链化合物
linear construction 直尺作图法
linear control system 线性控制系统
linear correlation 线性相关
linear coupler 线性耦合器
linear current [直] 线性电流
linear decision function (=LDF) 线性判定函数
linear decrease voltage 线性下降电压
linear deflection 线变位
linear deformation 线性变形, 线性形变
linear dependence 线性关系, 线性相关
linear dependence coefficient 线性相关系数
linear detection 线性检波, 直线性检波
linear detector 线性检波器
linear difference equation 线性差分方程
linear differential equation (=LDE) 线性微分方程式
linear differential vector (=LDV) 线性微分矢量
linear differential vector equation (=LDVE) 线性微分矢量方程
linear dimension 线性尺寸
linear discriminant function (=LDF) 线性判别式函数
linear displacement 线性位移
linear displacement gauge (=LDG) 线性位移测量计
linear distance 直线距离
linear distortion 线性失真
linear elastic fracture mechanics (=LEFM) 线性弹性断裂力学
linear electric constant 线路电气常数, 线性电气常数
linear electric motor 直线电动机
linear electrical constants of a uniform line 均匀线路的线性常数
linear element (1)线性元件; (2)线性元素, 弧元素, 微弧
linear energy transfer (=LET) 线性能量传递, 能量直线传输, 单位长度射程的能量损失
linear equation 一次方程 [式], 线性方程
linear expansion 线 [性] 膨胀
linear expansion coefficient 线 [性] 膨胀系数
linear extension 线性伸展

834

linear extrapolation　线性外插法
linear feet per minute (=LFM)　纵英尺/分钟
linear filter　(1)线性过滤器；(2)线性滤波器
linear flash tube (=LFT)　线性闪光管
linear flow　层流,线流
linear foot (=LINFT)　延英尺
linear form module　线性形式模,齐式模
linear frequency modulation　线性调频
linear friction　线性摩擦
linear function　线性函数,一次函数
linear graph　线状图
linear inch　线性英寸
linear increase voltage　线性上升电压
linear independence　线性无关
linear indexing table unit　移动工作台
linear-induction motor (=LIM)　线性感应马达
linear inductosyn　线性位移感应式传感器,直线运动感应式传感器
linear instantaneous value (=LINIVA)　线性瞬时值
linear integrated circuit (=LIC)　线性集成电路
linear interpolation　线性内插法,线性插值法
linear interpolation method　线性内插法
linear large scale integrated circuit　线性大规模集成电路
linear least squares (=LLS)　线性最小二乘方
linear-limited　受线性限制的
linear line complex　线性线丛,一次线丛
linear livitation machine　直线悬浮电机
linear load　单位长度负荷,单位长度荷载
linear measure　(1)长度测量；(2)测量的系统
linear measurement　线性测量
linear mechanism　直线运动机构
linear memory　线存储器
linear meter　延米
linear migration　直线回游,直线迁移
linear minimization　线性极小化
linear model　线性模型
linear modulation (=LM)　线性调制
linear motion　直线运动,线性运动
linear motion actuator　音圈式电机,直线电机
linear motion bearing (ball circulating type)　直线运动轴承(球循环形)
linear motion (lower) pair　直线运动[低]副
linear motion tool　直线运动刀具
linear motor　直线电动机
linear multiple accelerator　直线倍增加速器
linear network　线性网络
linear objective function　线性目标函数
linear optimization　线性优化
linear oscillating motor　直线振荡电动机
linear partial differential equation　线性偏微分方程
linear passive coupling network　线性无源耦合网络
linear pinch-machine　直线箍缩机
linear pitch　直线节距
linear point-set　线性点集,一维点集
linear polarization (=LP)　线偏振
linear potentiometer　线性电位计
linear products　定尺钢材,定尺产品
linear program part　程序直线部分
linear programming (=LP)　线性规划
linear rectifier　线性整流
linear recurrence relation　线性递推关系
linear regression　线性回归
linear regulator　线性调节器
linear relationship　线性关系
linear relative motion　相对直线运动
linear reluctance motor　线性磁阻电动机
linear resistance flowmeter　线性电阻流量计
linear resistor　线性电阻器
linear scale　(1)线性标尺,间间距标尺；(2)直线标度；(3)长度比例
linear seal ring　纵向密封环
linear selection memory (=LSM)　字选存储器
linear selection storage　线选存储器
linear selenium photocell (=LSPC)　线性硒光电池
linear selsyn　直线自整角机
linear sequential machine (=LSM)　线性序列机
linear sequential network (=LSN)　行顺序网络

linear servo actuator (=LSA)　线性伺服执行机构
linear shrinkage　线性收缩
linear simultaneous equation　线性联立方程
linear sliding pair　直线滑动副
linear speed　线性速度
linear stepper motor　直线步进电动机
linear store　线存储器
linear sweep　直线扫描
linear synchronous motor　直线同步电动机
linear system　线性系统
linear system analysis (=LISA)　线性系统分析
linear time base　直线时基,直线时间轴
linear time-variant channel　线性时变信道
linear-to-linear transmission　线性传递
linear topological space　拓扑线性空间
linear transducer　线性换能器
linear transform　线性变换
linear transformation　线性变换,一次变换
linear transformer　线性变压器
linear transmission channel (=LTC)　线性传输通路,线性传输电路
linear unit　线性器件
linear variable differential transformer (=LVDT)　线性可调差接变压器
linear variable resistance　线性可变电阻
linear variable transformer (=LVT)　线性可变变压器
linear vector equation (=LVE)　线性矢量方程
linear vector function (=LVF)　线性矢量函数
linear velocity (=LV)　线[性]速度
linear velocity transducer (=LVT)　线性速度传感器
linear vibration　线性振动
linear waveshaping circuit　线性波整流电路
linear xenon flash tube (=LXFT)　线性氙闪光管
linear xenon tube (=LXT)　线性氙管
linear yard (=LY)　延码
linearisation　直线化,线性化
linearise　直线化,线性化
linearity　直线度,直线性,线性度
linearity circuit　线性化电路
linearity control　线性控制
linearity error　线性误差
linearity sleeve　行线性环,行校正环
linearity test set (=LTS)　线性试验装置
linearization　直线化,线性化
linearize　直线化,线性化
linearizer　线性化电路
linearizing　直线化,线性化
linearizing resistance　线性化电阻
linearly　成直线地,线性地
linearly dependent vector　线性相关矢量
linearly polarized light　平面偏振光,线偏振光
linearly-polarized wave
　平面极化波,线性极化波,平面偏振波,线偏振波
lineated　许多平行线条的,有线的
lineation　(1)画构造线,画线纹,划线；(2)线状构造,轮廓,线条,线理
lined　(1)镶衬板的,衬里的；(2)带格子的；(3)用线划分的,排成行的
lined borehole　衬壁钻孔
lined paper　格记录纸
lined with vinyl or polyethylene sheet　衬有乙烯片或聚乙烯片
lineman　拉线工
lineman's detector　携带式检电器
linemen's pliers　线路工钳,钢丝钳
linen　(1)亚麻制品,亚麻布；(2)亚麻线；(3)亚麻的
linen bakelite　纤维胶木
linen paper　布纹纸
linen-tape　布卷尺
lineograph　划线规
lineoid　超平面
lineolate　具细线条的,有细纹的
liner　(1)轴瓦,衬瓦；(2)混凝土模板,混凝土模壳,密封垫,横梁,垫片,垫料,衬板,衬套,衬筒,衬里,衬面,衬圈,衬料；(3)套筒,套管,衬管；(4)缸套；(5)嵌入件,嵌入物,镶条；(6)直线规；(7)炉衬；(8)覆面层；(9)定期轮船,班轮,邮船,班机；(10)[直线加速器的]共振器
liner backing　轴承衬支座

liner bushing （钻模）衬套
liner material 炉衬材料,衬里材料
liner-off 号料工,划线工
liner plate 垫板
liner tube 衬管
lines of ferrite 铁素体带
lines per minute (=LPM) 行/分钟
lines per second (=LPS) 行/秒钟
lines per sq. cm 磁力线/平方厘米
lineshaft 传动轴,天轴,主轴
lineshape 谱线形状
linesman 放样工
linesman space lever 称行杠杆
linestarter 全[电]压起动器
lineups 同相轴
linewidth (1)行距,行宽,线幅,线宽;(2)谱线宽度
lingo 专门术语,行话
lingot 金属锭
linguistics 语言学
liniment 擦剂,涂抹油,涂抹剂
lining (1)覆面层,涂层,衬层,衬料,炉衬,砖衬,镶衬;(2)隔板,挡板,
    衬板,衬里,衬垫,衬套,衬片,套筒;(3)摩擦片;(4)轴承瓦片,轴瓦;
    (5)按线校准,轴瓦找正,找正,定心
lining alloy [轴承]衬合金
lining bar 垫杆,样棒
lining board 衬板
lining brake 衬面制动器,衬面闸
lining brick 衬里砖
lining cement 制动带粘合剂
lining fading (制动器)摩擦片性能衰退
lining life (1)摩擦片寿命;(2)缸套寿命
lining materia l[轴承]衬材料
lining metal [轴承]衬金属
lining of door casing 门框
lining of shaft 炉身内衬
lining-out plough 移植犁
lining pad 摩擦垫块
lining-up (1)内衬;(2)准备,制备;(3)准备制造,预加工,试制
lining up 对准中心,使平直,使均匀,校正,调整
linishing 条带研磨,擦光
linishing machine 砂带磨光机
836
link (=LK) (1)接合连线,[连]接线;(2)连接设备,连接部件,连
    接指令;(3)连接环,铰接头,连接件,连接片,连接物,连续片,月牙板,
    连杆,联杆,拉杆,铰链,链节,链带,滑环,环节,钢箍;(4)连接,
    连结,耦合,接合,结合,联合,咬合,通信,联络;(5)连锁,键合,链合,键;
    (6)隔离开关;(7)网络带,耦合线,中继线;(8)无线电微波接力线路,
    无线电通信线路
link access procedure 链接程序
link and pin coupler 杆销联结器
link arm 连杆臂,斜拉杆,连臂
link bar 铰接顶梁
link belt 链带
link belt chain 钩头链
link block (1)连接滑块,导块;(2)复接塞孔排;(3)连接分程序
link brake 木质蹄片的带式制动器
link bushing boring machine 连杆瓦镗床
link chain 板式送节链,扁节链,片节链,平环链
link circuit 链[耦电]路,中继电路
link connection (1)杆件连接;(2)铰接
link controller (=LC) 无线电通信线路控制器
link controller connector (=LCC) 无线电通信线路控制连接器
link coupling (1)环卡联轴节;(2)环节耦合,链耦合,圈耦合
link-edit 连接编辑
link emitter 环形发射极
link feed tooth 送链齿
link field 连接字段
link fuse 带接线片熔丝片
link gear 联杆机构
link group 通信线路群
link guide 链接导向器
link hanger 摇枕吊
link insulator 串式绝缘子
link lever 提环杆,连杆,摇杆
link lifter 月牙板吊杆

link line 连路线
link mechanism 联杆机构,连杆机构,联动机构
link mechanism with turning pair 带回转副的联动机构
link-motion (1)连杆运动机,链动机;(2)连杆运动
link motion 联杆运动,连杆运动,链系运动
link motion drive 联杆传动
link order 连接指令,耦合指令,链合指令,返回指令
link pin (1)(悬挂装置)拉杆连接销;(2)铰链销,联杆销,联结销;(3)
    丝杆销子
link plate 月牙板夹板,链接板
link polygon 索多边形
link press 连杆式压力机
link receiver 中继接收机,接力接收机
link relative 环绕比
link ring 连接环
link rod (1)联杆,球铰联杆;(2)连接杆
link routine 连接程序
link saddle 月牙板鞍,月牙座板,滑动鞍
link speed (链传动)线速度
link stop 链制动
link stopper 挡块,撞块
link terminal simulator (=LTS) 连接终端模拟器
link-transmitter 强方向射束发射机
link-up 接上,连接
link work (1)(链系;(2)杆系;(3)联动装置
link worming 链环缠绕
linkage (1)杆系,链系,(2)拉杆传动装置,联动装置,悬挂装置,连杆机构,
    联杆机构,联动机构,杠杆机构,连杆组,连环套,拉杆,推杆,臂;(3)连接,
    连结,连系,连锁,连合,联系,联锁,耦合,接线,接合;(4)连接指令;(5)
    联动,联锁,连锁,(6)链合,键合;(7)磁链,链系,匝,连
linkage check chain 悬挂装置限位链,悬挂装置保险链
linkage check rod 悬挂装置锁定杆
linkage coefficient 环绕系数
linkage computer 连续动作[式]计算机,连接运算计算机,联动
    计算机
linkage drawbar 牵引板
linkage editing 连接编辑
linkage editor (1)连接编辑程序;(2)连接编辑;(3)装配程序
linkage geometry 杆系几何学
linkage group 连锁群
linkage guide 联动导轨
linkage mechanism 杠杆机构,联动机构
linkage-mounted 悬挂式的
linkage of fold 褶皱连锁
linkage pitman 悬挂装置铰接轴
linkage pivot 连结销轴
linkage system 杆系,联杆机构,联动机构,联动装置
linkage transmission 联杆传动
linkage type power steering 杠杆式动力转向机构
linkage winch 悬挂式绞车
linkage with turning pair 带转动副的联动机构
linked complex 环绕复形
linked subroutine 链式子程序,闭型子程序,闭合子程序
linked switch 联动开关
linker 连接编辑程序,连接程序,编辑程序
linker-delinker 装链机
linking (1)连接,接合,联合,联锁,耦合,咬合,缝合;(2)套口,连圈
linking bar 联杆
linking coefficient 环绕系数
linking member (1)连接杆;(2)粘合剂
linking route 连接路线
linking satellite 对接卫星
linking segment subprogram (=LSS) 连系段子程序
linking-up 连接
linking-up ship 联络舰
linking-up station 中继电台
linkwork (1)杆系;(2)链系;(3)联动机构,联动装置
linkwork with turning pair 带转动副的联动机构
linoleum 油毡,油布,漆布
linoleum base (=LB) 油毡底层
linotape 浸漆绝缘布带,黄蜡带
linotron (1)莱诺特朗照相排字机;(2)莱诺特朗[阴极射线]管
linotype 莱诺铸排机,铸造排字机
linotype-cast 莱诺铸排机铸排

linotype metal 莱诺排铸机铅字用合金, 活字合金 (铅 84-86%, 锑 11-12%, 锡 3-5%)
linotyper 铸字工
linseed oil 亚麻油
lintel (=LNTL) 过梁, 横梁
linter 棉绒除去器, 剥绒机, 轧毛机, 轧棉机
Linz-Donawitz process 氧气顶吹转炉炼钢法
Linz-Donawitz with ARBED and CNRM 喷石灰粉炼钢法
lion indicator (跨于活塞销上, 观测连杆变形的) 跨规
Liouville's function 刘维尔函数
lip (1)唇形结构, 凸出部,(轴承)挡边, 凸缘, 唇部;(2)法兰盘, 端面板; (3) 悬臂, 支架;(4) 电缆吊线夹板, 百叶窗片, 鱼鳞板;(5) 切削刃, 刀刃;(6) 喷口, 嘴;(7) 有铰链的溜槽延伸部分, 挖土机舌瓣, 挖斗前缘;(8) 边, 缘, 界
lip angle 钻缘角, 楔角, 唇角
lip clearance 钻缘隙角, 背角, 后角
lip grinder for roller bearing inner races 轴承内圈挡边磨床
lip grinder for roller bearing outer races 轴承外圈挡边磨床
lip hat section steel 带缘帽型钢
lip height 唇缘高度
lip loss 进口边缘损失
lip microphone 唇式碳粒传声器, 唇式传声器, 微音器
lip mike 唇式传声器
lip on inner ring (轴承) 内圈挡边
lip on outer ring (轴承) 外圈挡边
lip on tyre 轮箍唇
lip-pour ladle 带嘴浇包, 唇铸桶, 转包,
lip pour ladle 转包
lip relief angle 钻缘后角
lip ring packing 带唇密封件, 环形密封件
lip screen 分级筛
lip-type packing 唇缘密封圈
lip-type seal 唇形密封环, 唇形油封
lip z steel 带缘 Z 型钢
lipa 油脂
lipid 脂类, 脂质
lipoid 类脂物, 类脂体, 脂类
lipolysis 脂类分解 [作用]
lipolytic [分] 解脂 [肪] 的
Lipowitz alloy 利波维兹合金, 低温易熔合金 (作保险丝用, 铅 35.5%, 锡 10.2%, 铋 44.6%, 镉 9,7%)
lipped 有嘴的, 唇状的,
lipped joint 唇状接合, 半搭接
lipreder 线性预测声码器
lipstrike 栓眼板
liquamatic 水力驱动的
liquate 熔析, 离析
liquation 熔析
liquefacient (1)溶解性的, 冲淡的, 液化的;(2)溶解物, 解凝剂, 稀释剂, 液化剂
liquefaction (1)液化 [作用], 液体的状态;(2)变成液态, 溶解, 溶化, 熔解;(3) 冲淡, 稀释
liquefiable 可液化的, 能熔化的
liquefied air 液化气
liquefied gas 液化气
liquefied natural gas (=LNG) 液态天然气
liquefied petroleum gas (=LPG) 液化石油气
liquefier (1) 液化器, 液化机;(2) 液化剂;(3) 稀释剂;(4) 液化器操作工
liquefy (1) 变成液态;(2) 冲淡, 稀释;(3) [气体] 液化
liquefying 液化
liquefying gas 液化气体
liquefying-point 液化点
liquescence 可液化性, 可冲淡性
liquescency [可] 液化性, 可冲淡性
liquescent 可液化的, 可冲淡的
liquid (=liq 或 lq) (1)液态物质, 液体, 流体, 液态;(2)液态的, 液力的, 液压的, 流动的;(3) 不稳定的, 易变的
liquid air 液态空气
liquid air cycle engine (=LACE) 液态空气循环发动机
liquid-air trap 液气分离瓣
liquid annealing 盐浴退火
liquid assets 流动资产
liquid-bath 熔液池, 浴池, 熔池

liquid bleach 液体漂白剂
liquid brake 液力制动器, 液压制动器, 液动闸
liquid brightener (镀镍) 光亮水
liquid brush rectifier 电解电刷整流器
liquid capacitor 液体介质电容器, 液体电容器
liquid carbon dioxide 液态二氧化碳
liquid-carburizing 液体渗碳
liquid carburizing 液体渗碳
liquid cell 液体电池
liquid chromatography (=LC) 液相色谱法, 液体色谱法
liquid clutch (1) 液力离合器, 液体离合器;(2) 液体联轴节
liquid column gauge (=LCG) 液柱压力计
liquid column monometer (=LCM) 液柱压力计
liquid combination 液体混合燃料
liquid compass 充液 [体] 罗盘, 湿式罗盘
liquid-compressed steel 液态挤压钢, 加压凝固钢
liquid condenser 液体介质电容器
liquid contraction 液态收缩
liquid controller 液体控制器
liquid coolant 冷却液
liquid-cooled 液冷的
liquid-cooled engine 液冷发动机
liquid cooling 液冷式内燃机
liquid cooling 液体冷却
liquid counter 液体计数器
liquid crystal (=LX) 液晶
liquid crystal display 液晶显示器
liquid crystal memory 液晶存储器
liquid cyclone 液体分尘器, 液体分流器
liquid-damped compass 液体阻尼罗盘
liquid-dielectric capacitor 液态电解质电容器
liquid dimmer 液体减光器
liquid-displacement meter 液体排代计
liquid drier 液体干燥剂, 液体催干剂
liquid drill 液流式播种机
liquid-drop model 液滴模型
liquid-expansion thermometer 液体温度计
liquid-filled motor 充液式电动机
liquid-filled thermometer 液体温度计
liquid-film coefficient 液膜传递系数
liquid-film resistance 液膜阻力
liquid filter 液体滤光器
liquid-fired 烧液体燃料的
liquid-flow equation 液体流动方程
liquid flow equation 液体流动方程
liquid flow zone 流动态区
liquid friction (1) 液体摩擦, 湿摩擦;(2) 粘结料抗滑阻力, 液相阻力
liquid fuel 液体燃料, 液态燃料
liquid-fuel rocket engine 液体燃料火箭发动机
liquid fuse (1) 充油保险丝, 液体保险丝;(2) 液体熄弧保安器;(3) 液体信管
liquid fuse unit 液体保安器, 液体熔断器
liquid gas (=LG) 液化气体
liquid-gas applicator 液气注施机
liquid gold 金水
liquid grease 液体润滑脂
liquid growth 液相生长
liquid head 液柱头
liquid helium (=LHE) 液态氦
liquid honing 液体研磨
liquid honing machine 液体研磨机
liquid hydrogen (=LH) 液态氢
liquid hydrogen container (=LHC) 液态氢容器
liquid-hydrogen pump 液氢泵
liquid hydrogen vessel (=LHV) 液氢容器
liquid-in-glass thermometer 液体温度计
liquid-in-metal thermometer 金属壳液体温度计
liquid insulator 液体绝缘材料
liquid-junction potential 液体接触电位
liquid junction potential (=LJP) 二液体边界电位差, 二液界限位差, 液界电位差
liquid laser 液体激光器
liquid level control (=LLC) 液 [位] 面控制
liquid level gage 液位计

liquid level indicator (=LLI)　液面计, 液面指示计, 液面指示器
liquid level sensor (=LLS)　液面传感器
liquid limit apparatus　液限仪
liquid line　液相线
liquid-liquid chromatography (=LLC)　液 - 液色谱法
liquid logic circuit　液态逻辑电路
liquid lubricant　液态润滑剂
liquid lubrication　液体润滑
liquid magnetic bubble　液态磁泡
liquid manometer　液柱压力计, 液体压力计
liquid manure separator　液肥分离器
liquid marsh gas (=LMG)　液化沼气
liquid measurer　(1) 液量单位；(2) 液体测量器
liquid medium　液体介质
liquid metal　液态金属
liquid-metal fuel (=LMF)　液态金属燃料
liquid-metal fuel cell　液态金属燃料电池
liquid-metal-fueled reactor (=LMFR)　液态金属燃料反应堆
liquid-metal heat (=transfer fluid)　液态金属传热流体
liquid-metal MHD generator　液态金属磁流体发电机
liquid metal welding　浇注补焊
liquid metals (=LM)　液态金属
liquid methane (=LM)　液态甲烷
liquid methane gas (=LMG)　液态甲烷
liquid mirror　液体镜
liquid motor　液体火箭发动机
liquid mud pump　泥浆泵
liquid nitrogen (=LIN)　液化氮, 液 [态] 氮
liquid nitrogen quenching　氮化处理
liquid-operated　液动的, 液压的
liquid oxygen (=LO)　液氧
liquid oxygen pump　液氧泵
liquid packing　水力压紧, 液 [密] 封
liquid paraffin　液态石蜡
liquid petrolatum　液体矿脂
liquid phantom　液相
liquid-phase　液相的
liquid phase　液相
liquid phase reaction　液相反应
liquid piston rotary compressor　液体活塞式旋转压气机
liquid potential　液 [体接触] 面电位差
liquid power　液体燃料, 汽油
liquid-pressure scales　液压秤
liquid-proof　不透水的
liquid propane gas (=LPF)　液态丙烷
liquid propellant (=LP)　液体火箭燃料, 液体推进剂
liquid propellant missile (=LP)　液体燃料火箭
liquid propulsor　液体火箭发动机
liquid quenching　液体淬火处理
liquid rectifier　电解整流器
liquid regulating resistor　液体 [介质] 可变电阻器
liquid resistance　液体电阻
liquid rheostat (=LRh)　液体变阻器, 液浸变阻器
liquid rocket (=LR)　(1) 液体燃料火箭；(2) 液体火箭发动机
liquid scintillation counter　液体闪烁计数器
liquid scintillation counting (=LSC)　液体闪烁计数
liquid scintillation spectrometer (=LSS)　液体闪烁分光仪
liquid scintillator　液体闪烁体
liquid seal　水封器, 液封, 水封
liquid-sealed　液封的
liquid sensor (=LS)　液体传感器
liquid shrinkage　液态收缩
liquid slag　熔融渣
liquid sludge pump　液体厩肥泵
liquid-solid chromatography (=LSC)　液固色谱法
liquid state　液态
liquid steel　钢水
liquid storage tank (=LST)　液体贮藏箱
liquid surface acoustical holography　液面声全息术
liquid surface interferometer　液面干涉仪
liquid tachometer　液体转速计
liquid thermal follower (=LTF)　液温跟踪装置
liquid-tight　液体不能透过的, 不透过液体的, 液密的
liquidate　(1) 使变成液体, 熔 [化分] 离, 液化, 熔解, 熔析；(2) 清理,

清除, 偿还, 消灭, 取消
liquidated damages　违约罚金
liquidation　(1) 清理, 清算；(2) 液化, 溶 [化分] 离法
liquidensitometer　液体密度 [校正] 计
liquidity　(1) 流动性, 液性；(2) 清偿能力；(3)（国际）支付手段
liquidity index (=LI)　液性指数, 液化指数, 流性指数
liquidize　使液化
liquidness　液体性, 液态, 液状
liquidoid　液相
liquidometer　液面测量计, 液体流量计, 液位计, 液面计
liquidum　液体
liquidus　(1) 沸点曲线, 液相线, 液线；(2) 液体的, 液相的, 液态的
liquidus line　液相线
liquification　液化作用, 熔化, 溶解, 稀释
liquifier　液化器, 液化剂, 稀释剂
liquify　液化, 熔化, 溶解, 稀释
liquogel　液状凝胶, 液体胶
liquor　(1) 液态物质, 液体, 流体；(2) [水] 溶液, 母液, 碱液, 液剂；(3) [蒸馏] 酒；(4) 用液态物质处理, 浸在液中, 使溶解
liquor condensate　冷凝液
liquor finish draw　湿法拉制
liquor finishing　钢丝染红处理
liquor fluid　液体
liquor room　配液室
liquored　涂油的, 上油的
liquoring　涂油, 上油
lira　里拉 (意大利货币单位)
lisimeter　测渗计
lisoloid　[内] 液 [外] 固胶体, 固体胶体
lissome　柔软的, 敏捷的, 轻快的
list　(1) 价目单, 目录, 清单, 名册, 名单；(2) 说明；(3) 数据表册, 明细表, 一览表, 表 [格], 表册, 报表, 列表；(4) 镶边 (5) 倾向性, 倾斜, 倾侧；(6) 带形材料, 条形材料；(7) 栅栏
list edge　（板材边缘上的）锡瘤, 毛翅
list entry　登记输入口
list of drawing (=LD)　图纸目录
list of errata　正误表, 勘误表
list of finished plan　完工图纸清单
list of prices　牌价表
list of material (=L/M)　材料表, 材料单
list of the plan for approval　送审图纸清单
list processing　编目处理, 表处理
listen　(1) 收听, 倾听, 听取；(2) 听从, 服从
listen for　等着听, 听听
listen-in　监听, 收听
listen in　收听, 倾听, 监听, 偷听
listen in to　收听……广播
listen to　倾听, 服从
listener　(1) 听声器；(2) 听音员, [倾] 听者, 听众
listener-in　无线电收听者
listening　监听, 倾听, 收听
listening device　听音机
listening gear　听音器
listening-in　收听, 监听
listening period　收听周期
listening position　监听台
listening-post　听音哨
listening post　(1) 情报收集中心, 听音哨, 潜听哨；(2) 能监听无线电通讯的短波无线电台
listening room　监听室, 试听室
listening station　(1) 侦察电子器材位置的无线电接收站, 监听站；(2) 侦听雷达站
lister　(1) 制目录表, 制表人, 编目者；(2) 双壁开沟犁, 沟播机
lister cultivator　沟播地中耕机
lister planter　沟播机
listerine　一种防腐溶液
listing　(1) 锉饰边缘；(2) 边材；(3) 列入表中, 列表, 编目, 编排, 排列, 一览；(4) 倾斜, 横倾；(5) 镶边
listing spooler　列表假脱机系统
listless　不留心, 不注意
Liston chopper　利斯顿式机械换能器
lit　明亮的, 点着的
litaflex　泡沫石棉
liter　公升

literal (1) 文字的, 文字上的, 字面上的, 逐字的；(2) 文字常数；(3) {计} 字面上保持原始程序样子的目的程序, 文字上的错误, 程序文字, 印刷错误, 字面值
literal code 文字编码
literal coefficient 文字系数
literal equation 文字方程
literal translation 直译
literalise 照字面解释, 拘泥字面
literalize 照字面解释, 拘泥字面
literally (1) 照字义, 字面上, 逐字地；(2) 真正地, 完全地, 简直, 实在
literation 缩略字
literature (1) 文学, 著作, 文献；(2) 印刷品
literature cited 参考文献, 引用文献
literature search 文献检索
liters per minute (=LPM) 公升 / 分钟
lithanode (铅蓄电池中) 过氧化铝
litharge 氧化铅, 黄铅
Lithcarb atmosphere 锂蒸汽保护气氛
Lithergol 液固混合推进剂
Lithia 氧化锂, 锂氧
Lithicon storage tubes 硅存储管
lithium 〔化〕锂 Li
lithium base(d) grease 锂基润滑脂, 锂基脂
lithium ion drift semiconductor (=LIDS) 锂离子漂移半导体
lithium-loaded 用锂饱和的, 载锂的
lithium sulphate (=LH) 硫酸锂
lithiumation 饮用水加锂, 锂化
litho 印刷用纸
litho-blue 蓝色石印墨
litho oil 石印油
litho-paper 石印纸
lithocon 硅存贮管
litholine 石油, 原油
lithophotography 光刻照像术
lithoprint (1) 用胶印法印刷；(2) 平版印刷品
lithotriptor 碎石器
lithotrite 碎石钳
lithotype (1) 利索型照相排字机；(2) 照相凸版, 珂罗版
litmus-paper 石蕊试纸
litre 公升
litter (1) 轿子；(2) 废物, 垃圾
litter bag 废物袋
litter-bin 废物箱, 垃圾箱
litter bin 废物箱
litter carrier 运粪车
litteriness 杂乱
littery 不整洁的, 杂乱的, 零乱的, 碎屑的
little (1) 小；(2) 短时间, 短距离；(3) 小型的, 细小的
little-Abner 轻便小型防空警戒雷达
Little David (美)"小大卫"反坦克"鱼雷"
little end (连杆等的)小头
little-fuse bolometer 保险丝式测辐射热计, 电阻测辐射热计
little-Joe 由发射处的无线电控制的近炸信管炸弹
little-known 不出名的
littleness 细小, 短小, 少量
littrow prism spectrograph 利特罗棱镜摄谱仪
litz wire 绞合线
litzendraht (=litz wire) 编织线, 绞合线, 李兹线
liuto 一种沿海渔艇
livability 生命力
livable 适于居住的, 有价值的
live (1) 有生命的, 活动的, 活的；(2) 相位的；(3) 有能量的, 有电压的, 带电的；(4) 有效的；(5) 实况转播；(6) 生活, 生存, 存在, 实践, 经历
live axle 主动轴, 传动轴, 驱动轴, 动轴, 活轴
live beam pass 开口梁形轧槽
live-bottom furnace 炉底通电电弧熔炼炉, 单电极电弧熔炼炉
live-box 活水箱
live broadcast 实况转播
live camera 现场摄像机
live center 回转顶尖, 活顶尖, 活顶针, 活顶夹
live circuit 放射性回路, 带电电路
live colour camera 实况转播彩色电视摄像机
live conductor 有压线

live contact 带电接触
live crude 充气原油
live-end 混响壁反射板
live end (1) 带电端, 有电端, 加电端, 加压端；(2) 有效端
live firing 实际发射
live graphite 含铀块石墨
live lever 活动杆, 浮动杆
live line 有电线, 带电线, 火线
live load (=LL) 工作负载, 工作负荷, 有效负荷, 实用负载, 动力负载, 活负载, 动负载, 活载
live-load moment 活负载力矩
live machine 可使用机器
live oil (1) 新鲜石油, 新采石油；(2) 流动石油, 充气石油
live pass 工作孔型
live pickup [电视] 室内摄影
live power take-off 独立式动力输出轴
live practice 实弹练习
live program 直播节目
live question 当前的问题
live radar information 运转 [着的] 雷达信息
live rail 载电轨
live recording 现场录音, 同期录制
live-roll conveyor 自由滚动输送器
live-roll table 传动辊道
live roller 传动辊, 转动辊
live-roller gear 传动辊道
live-rollers 转动辊
live rolls 滚轴运输机
live-room [交] 混 [回] 响室
live room [交] 混 [回] 响室
live round 实弹
live shell 实弹
live spindle 旋转主轴, 旋转心轴
live steam 直接蒸汽, 新蒸汽
live stress 活载应力
live studio 具有较好混响装置的播音室
live television broadcast 现场电视广播
live time 实况转播时间
live transmission 实时传输
live trap test 活水舱试验, 活水箱检验
live truck lever 转向架移动杠杆
live well 活水舱
live wire 带电电线, 通电电线, 载电线, 火线
liveload 工作负载, 实用负载, 动负载, 活负载
lively (1) 明亮的, 清晰的；(2) 强烈的, 旺盛的；(3) 鲜丽的；(4) 有生气的；(5) 急速弹回, 急弹的
liveness 混响度
livesteam 新蒸汽
livid 青灰色的, 铅色的
lividity 青灰色, 铅色
living (1) 有生命的, 现存的, 现代的, 活着的, 生动的, 逼真的；(2) 在活动中的, 使用着的, 起作用的；(3) 生活, 生存, , 活动
living polymer 活性聚合物, 活性高聚物
living quarters 宿舍
living room 起居室
living van 宿营车
lixator 浸滤桶
lixivial (1) 浸滤了的；(2) 去了碱的
lixiviant 浸滤剂, 浸出剂
lixiviate (1) 浸滤, 浸提；(2) 去碱
lixiviating (1) 浸滤, 浸提；(2) 去碱作用
lixiviation 浸出的工艺过程, 浸滤作用
lixivious (1) 浸提了的, 浸滤了的；(2) 去了碱的
lixivium (1) 浸滤液；(2) 灰汁, 碱汁
Lloyd's (英国)劳埃德船级协会
Lloyd's average bond 劳埃德协会海损分担协议, 劳氏海损契约
Lloyd's breadth 劳氏宽度
Lloyd's certificate 劳氏证明
Lloyd's depth 劳氏深度
Lloyd's length 劳氏长度
Lloyd's Register 劳埃德船舶年鉴
Lloyd's rule 劳氏规范
Lloyd's scantling numeral 劳氏船体构件尺寸指数

ln　自然对数

lo-ex　低膨胀系数铝硅合金

loacha　中国帆船

load (=LD)　(1) 荷载, 荷重, 载荷, 负荷, 负载, 负重, 负担; (2) 装载, 加载, 加感; (3) 压力, 受力; (4) 重物, 重锤; (5) 装填, 装料, 装货, 装药, 装弹, 装满, 充填; (6) 寄存, 内存, 输入; (7) 装载量, 工作量, 发电量, 进给量; (8) 电力输出, 电力消耗, 输入; (9) {计} 装入指令, 装入, 输入, 写入, 输入, 寄存

load adjuster　载荷调整器

load admittance　负载导纳

load allocation　负荷配置, 载荷配置

load amplitude　载荷振幅

load-and-go　(程序) 装入立即执行, 装入并执行

load and go　(1) (程序) 装入立即执行; (2) 独立运算

load and linkage editor　装入连接编辑程序

load angle　载荷角

load anticipator　载荷预测计

load application　施加载荷, 加载

load-applying unit　加载设备

load arm　负载臂

load at first crack　初现裂缝载荷, 开裂荷重

load automatic　随负载变化自动作用的

load axle　负载轴

load-back method　负载反馈法

load balance　负载平衡

load barrel　缠索筒

load-bearing　承载的, 承重的, 受荷的

load bearing　承载, 承重

load bearing capacity　承载能力, 承载量

load bearing frame　承重支架

load-bearing tile　承重砖瓦

load brake　(1) 提升机构制动器, 过载制动器, 超载制动器, 超重制动器; (2) 重锤闸

load break switch　负载断路开关

load button　加负载按钮, 输入按钮

load by human crowd (=load from crowd)　人群重量荷载

load calculation　载荷计算

load capacitor　负载电容器

load capacity　承载能力, 负荷能力, 载荷容量, 负载容量, 载重量

load card　凿孔卡

load carrier　装载车

load-carrying　载重的, 负荷的

load-carrying ability　载重能力, 承载能力, 载重量

load-carrying capacity　承载能力试验

load-carrying covering　承载外壳

load-carrying member　承载构件

load-carrying skin　承载蒙皮

load cell　(1) 载荷传感器, 测力传感器, 测压仪, 压力盒; (2) 液体负载管; (3) (石料压力试验用) 加载筒

load chain　载重链

load characteristic　负载特性

load characteristic curve　负载特性曲线

load chart　负荷图

load classification number (=L.C.N)　载荷分类指数

load coefficient　载荷系数

load coil　加感线圈

load compensation　负载补偿

load compensation diode transistor logic (=LCDTL)　负载补偿二极管晶体管逻辑

load component　载荷分量

load concentration　载荷集中

load condenser　负载电容器

load control　载荷调节, 负载调节

load curve　载荷特性曲线, 负载 [变形] 曲线, 载荷曲线, 负载曲线, 荷重曲线

load cycle　负载循环, 负荷周期

load date counter　送入数据计数器

load deflection　加载挠曲

load-deflection curve　载荷 - 挠性曲线刚度特性

load deformation curve　负载变形曲线, 应力应变曲线, 载荷变形曲线

load deformation curve diagram　负载变形曲线图

load device　加载装置, 载荷装置

load diagram　负荷曲线

load dispatcher　供电调度员, 配电员

load dispatching board　供电配电盘, 馈电盘

load displacement　(船) 装载排水量, 满载排水量

load distance　运距

load distribution　负荷分布, 载荷分布

load distribution factor (=LDF)　负载分布系数, 载荷分布系数

load distribution line　载荷分布图

load disturbance　负荷挠动

load double precision (=LDP)　双倍精度寄存

load-draft　(船) 载货吃水

load-draught　(船) 载货吃水

load draught　(船) 满载吃水

load drum　负荷卷筒

load-duration curve　载荷持续曲线

load-factor　负载因数, 负载系数

load factor (=LF)　(1) 载荷因数, 负载因数, 负载系数, 荷载系数, 负荷系数, 负荷率; (2) [客] 机座位利用率; (3) 装填因子

load fluctuation　载荷波动

load fluctuation factor　载荷波动系数

load frame　加载构件

load-free speed　无负载速度, 无载荷速度, 空转速度

load ga(u)ge　载重计, 测载器, 测荷仪

load gear tooth　负荷轮齿

load hauled　拖运荷重

load hopper　装料漏斗

load impedance　负载阻抗

load in bulk　散装荷载

load in unit area　单位面积载荷

load increment　载荷增量

load index　载荷指数

load indicator　装入指示器, 测力计, 功率计

load inductance　导线电感

load influence zone　载荷影响区 [域]

load insensitive device　负载不敏感元件

load intensity　载荷强度

load interaction　载荷相互作用

load level　载荷等级

load-leveler shock absorber　载荷调平式减振器

load limit　负载极限

load limiter　载荷限制器

load limiting device　载荷限制装置

load limiting resistor (=LLR)　限制负载的电阻器

load-line　(船) 载货吃水线

load line　(1) 载荷曲线; (2) 负载线 (负荷加于轴承的接触点中心线); (3) 载货吃水线

load loss　负载损失

load maintainer　载荷稳定器

load matching　负载匹配

load matching switch (=LMS)　负载匹配开关

load meter　轮载测定仪, 落地磅秤, 测荷仪, 载荷计

load mode　传送方式, 载入方式, 装入方式

load module　(1) 寄存信息段, 寄存信息块; (2) 输入程序片; (3) 装配组件

load-MOST　作负载用的金属氧化物半导体晶体管

load negative operation　存负操作

load normal to surface　垂直于 [齿] 表面的力

load-off　卸荷, 卸载

load-on　加荷, 加载

load path　载荷路线

load peak　载荷峰值, 负载峰值, 负荷尖峰, 最大载荷

load-penetration test　载荷贯入试验

load-per-trip　(车辆或装载车) 每次运载量

load per second　电波每秒通过的加感线圈数

load pick-up　载荷传感器

load point　(1) 荷载作用点, 负载点; (2) {计} (磁带) 信息起止点, 输入点

load point marker　输入点标志, 读写位置标记

load power　载荷功率, 负载功率

load pressure brake　载荷压迫制动器

load radius　负载半径

load range　载荷调节范围, 负荷调节范围

load rate　单位载荷, 单位荷载, 荷载率

load rating　额定负荷, 设计载荷, 承载能力

load ratio (=LR)　(1) 载荷比, 重量比; (2) 有效载荷

load ratio adjuster　有载电压调整装置

load ratio control　有载电压调节
load ratio control transformer　有载电压调整变压器
load ratio voltage regulator　有载电压调整器
load-reaction brake　载荷反作用制动器
load real address　送实地址
load regulation　负载调节
load regulator　负载调节器
load resistance　负载电阻
load running　满载运转
load saturation curve　负载饱和半径
load-sensing unit　(1) 载荷传感元件；(2) 载荷传感装置
load sensitive device　负载敏感元件
load setting gear　载荷给定装置
load-sharing　均分负载
load sharing　载荷分配
load sharing factor　载荷分配系数，载荷分配率
load sharing factor for tooth root stress　齿根应力载荷分配系数
load sharing matrix switch　均分负载矩阵开关
load sharing network (=LSN)　负载分配网络
load sharing ratio　载荷分配比
load sharing switch　均分负载开关
load-shedding　(1) 分区停电；(2) [电源过载时] 切断某些线路的电源
load shedding　甩电荷
load shedding system　分 [级卸] 载系统
load side　(链或钢丝绳) 负载端
load-slip curve　载荷 - 滑动曲线
load spectra　荷重光谱
load speed　负载速度，负载转速，工作速度
load stress　负载应力，荷载应力，工作应力
load-supporting　承载的
load switch　负荷开关
load test　负载试验，负荷试验，载荷试验，加载试验
load test on pile　桩载试验
load time　存入时间
load torque　负载转矩，荷载扭矩
load transfer　载荷传递
load-transfer device　输送装置，输送器
load transfer switch (=LTS)　负载传输开关
load transmission　(1) 负载传动；(2) 载荷传动装置
load up　加负载
load-up condition　负荷状态
load variation　载荷变化
load verification　载荷校准，负荷校准
load voltage　负载电压，工作电压
load zone　载荷区，负荷区
load water line (=LWL)　载重吃水线
load water plane　船舶载重水面线
load wear index (=LWI)　载荷磨损指标
loadability　承载能力，载荷能力，满荷能力
loadable　适于承载的，可受载的
loadage　载重量，装载量，搭载量，积载量，货重
loadamatic　随负荷变化自动作用的，随负载变化自动作用的
loadamatic control　负载变化自动控制
loadascreen　筛分装载机
loaded　(1) 加了载的，受荷载的，有负载的，装着化的，加感的，荷重的，加重的；(2) 阻塞了的 (如滤器)；(3) 加了填料的，填料的；(4) 饱和了的
loaded antenna　加载天线
loaded beam　承载的梁
loaded cable (=LC)　加感电缆，加载电缆
loaded circuit　加载电路，加感电路
loaded condition　负载情况，负载条件
loaded core logic　加载磁芯逻辑
loaded governor　重锤式调速器
loaded impedance　加载阻抗
loaded length　负载状态下的长度，载荷长度
loaded line　加感线路
loaded loop antenna　加感环形天线
loaded-potentiometer function generator　加载电位计函数发生器
loaded push-pull amplifier　加载推挽放大器
loaded quality factor　负载品质因素
loaded rubber　填料橡胶
loaded sheets　填料纸
loaded state　受载状态，负载状态

loaded stock　填料
loaded surface　负载面
loaded to capacity　满载
loaded weight　装载重量
loaded with a concentrated load　施以集中载荷
loaded workpiece　负载工件
loader　(1) 自动存储送料设备，自动储存送料装置；(2) 装货器，加载器，装载机，装卸机，装填机，装填器，承料器，搬运器；(3) 装料设备，装料机，装料器，加料器，装弹器，(4) 寄存程序；(5) 输入程序，引导程序，引入程序，装入程序，装配程序；(6) 输入器，装入器；(7) 搬运工，装卸工
loader and unloader　上下料装置
loader boom　横梁式装料机
loader bucket link　装载机铲斗联杆
loader-digger　挖掘装载机，装载挖掘机
loader-dozer　装载推土两用机
loader routine　{ 计 } 输入程序，装入程序
loading (=ldg)　(1) 加负荷，加负载，载荷，装重，装货，加力，加荷，加载，负载，荷载，荷重；(2) 装载 [的]，装填 [的]，装运 [的]，加料的，加重 [的]，装料 [的]；(3) 上料，送料，填料；(4) 线圈加感，加感 [的]；(5) 充电 [的]；(6) 饱和；(7) { 计 } 装上磁带盘，输入，装入，存入，存放；(8) 气体中灰尘的聚集，填料 [磨具] 堵塞，填充物；(9) 铀离子吸附于树脂上
loading and unloading　装卸
loading area　负载面积
loading attachment　装载装置，上料装置
loading-back　相互作用的载荷，负荷反馈
loading capacity　承载能力，负荷容量
loading charges　装船费，装货费
loading chart　(1) 载荷分布；(2) 载荷分配图
loading coefficient　承载系数
loading coil　加感线圈，负载线圈，延长线圈，加长线圈
loading coil spacing　加感线圈节距
loading condition　负载条件
loading conveyor　装料输送带
loading diagram　载荷图
loading disk　加感圆盘
loading district　负荷区
loading equipment　(1) 装载设备；(2) (试验台) 加载装置，加力装置
loading error　(1) { 计 } 负载误差，加载误差，输入误差；(2) 装配误差，装入误差
loading factor　承载系数，装载系数，储备系数，安全系数
loading frame　加荷载架
loading ga(u)ge　载重标准，量载规
loading groove　(1) 装料槽；(2) (轴承) 装球口
loading hat　加感线圈帽
loading hopper　装料斗，进料漏斗
loading in bulk　散装
loading limit　负载极限
loading line　灌油管线
loading list　(集装箱) 装货清单
loading manhole　(地下线路) 装设加感线圈的进入孔
loading material　加感材料，加载材料，填料
loading moment　加载力矩
loading pattern　载荷图谱，载荷模型
loading plate　装载板，承载板
loading platform　加载台，装料台
loading program　(零部件试验) 加载范围，输入程序
loading range　载荷范围，加载范围
loading rig　加载装置
loading routine　输入程序，装入程序
loading space　负载空间，装载物体积
loading station　装料工位
loading table　装卸台
loading value　载荷值，加载值
loading zone　(1) 载荷作用区域；(2) 装载区
loadmaster　空中理货员
loadometer　(1) 荷载计，载荷计，测荷仪，测荷计，测压计，测力计；(2) 轮载测定器；(3) 落地秤，落地磅
loadstar　(1) 注意的目标，指导原则；(2) 北极星
loadstone　(1) 磁性氧化铁，天然磁铁；(2) 磁铁矿；(3) 吸引物
loam　粘土和砂等的混合物，粘土砂泥，麻泥
loam beater　揉麻泥工具
loam board　泥型板
loam cake　上盖

loam casting　砌砖铸造, 麻泥［型］铸造
loam core　泥芯
loam mold　粘土型, 泥型
loam mould　粘土型, 泥型
lob　盛珍贵物品的容器
lobe　(1) 凸出部分, 凸起部,（凸轮）凸角, 凸尖, 突齿；(2) 油楔；(3)
　　［浅］裂片, 圆裂片；(4) 波瓣, 瓣；(5) 叶形轮, 瓣轮, 叶型, 叶片；(6)
　　正弦的半周；(7) 天线辐射图
lobe chamber　翼室
lobe pattern　波瓣图, 方向图
lobe plate　凸轮板, 突起板
lobe switching　（天线）波瓣转换, 波束转换
lobed pain bearing　多楔滑动轴承
lobed plate　凸轮板
lobed ring　X 型密封圈
lobed rotor motor　凸轮转子［液压］马达
lobed wheel　叶形轮, 瓣轮
lobing　(1) 天线射束的控制, 天线波束的控制, 天线扫掠；(2) 制导波
　　束转动, 天线转换；(3)（圆柱的）凸角
lobing antenna　等信号区转换天线, 波束可控天线
lobing frequency　锥形扫描时的调制频率
lobing modulation　扫描调制
lobster　飞机上的反干扰探寻设备, 飞机上反干扰雷达设备
lobster shift　午夜班
local (=LOC 或 LCL)　(1) 局部［的］, 当地的, 地方的, 本地的；(2) 本
　　机［的］, 本身的；(3)｛数｝轨迹的；(4) 局限性, 地方性；(5) 场所,
　　地点
local access　地方支路入口
local action　局部作用
local adjustment　测站平差, 局部平差, 局部调整
local algebra　定域代数
local amplifier　本机放大器
local area network　区域网络
local-at-fracture extension　［试样的］集中破断伸长, 局部相对破
　　断伸长
local base vector　局部基向量
local batch processing　本地成批处理, 就地成批处理
local battery (=LB)　本机电池, 自给电池, 局部电池
local battery apparatus (=LBA)　磁石电话机
local battery magneto call telephone exchanger (=LBMCTX)　用手
　　摇发电机呼叫的磁石式电话交换机
local battery signalling (=LBS)　磁石式电话信号设备, 磁石式电话振铃
local battery supply (=LBS)　磁石式电话电源
local battery switchboard (=LBS)　磁石式电话交换机
local battery system (=LBS)　磁石式
local battery telephone (=LBT)　磁石式电话
local battery telephone exchanger (=LBTX)　磁石式电话交换机
local battery telephone set (=LBTS)　自给电池电话机, 磁石式电话机
local battery telephone switchboard (=LBTS)　磁石式电话交换机
local battery with buzzer calling telephone exchanger (=L.B.W.Buz.
　　Cal.T.X)　用蜂鸣器呼叫的磁石式电话机
local buckling　局部压屈
local burst mode　｛计｝局部分段式
local busy　局部占用
local busy condition　市话占线
local cable　局内电缆, 市话电缆
local call　市内电话
local canonical parameter　局部典范参数
local carburization　局部渗碳
local cartesian coordinates　局部卡迪儿坐标［系］
local cell　局部电池
local channel　本地信道
local checker　本机振荡器检验器
local circuit　局部电路
local coefficient group　局部系数群
local coil　本地线圈, 本机［振荡］线圈
local color　局部光彩
local connection　市内通话
local contraction　局部收缩
local control　(1) 局部控制；(2) 局部控制器
local control hydraulic panel (=LCHP)　局部控制液力操纵板
local controller　局部控制器
local convergence　局部收敛性
local coordinate system　局部坐标系

local coordinates　局部坐标
local corrosion　局部腐蚀
local coupling　局部耦合, 定域耦合
local criterion　局域准则
local crystal oscillator　本机晶体振荡器
local current　局部电流
local deformation　局部变形
local delivery (=LD)　当地交货
local derivation　局部导数
local discharge　局部放电
local-distant switch　本地-远距离转换开关, 近程-远程开关
local distortion　局部变形
local effect　局部效应
local elastic deformation　局部弹性变形
local elongation　局部伸张, 局部伸长
local equation　局部方程
local error　局部误差
local exchange　市内电话局
local exchange center　地区内部交换中心
local feedback (=LFB)　局部反馈, 本机反馈, 本机回授
local field theory　定域场论
local frequency　本振频率
local hardening　局部淬火, 局部淬硬, 局部硬化
local heating　局部加热
local heating coherence　局部烧粘
local hodograph　局部速度图
local homomorphism　局部同态
local hour angle (=LHA)　地方时角
local instability　局部不稳定
local jack　应答塞孔
local Lagrangian　定域拉格朗日量
local lighting　局部照明
local line system　市内线路制
local mapping degree　局部映射度
local maximum　局部极大
local mean time (=LMT)　地方平［均］时, 当地时间
local minimization　局部极小化
local minimum　局部极小
local optima　局部最优
local oscillation(s)　本机振荡, 本身振荡, 本振
local oscillator (=LO)　本机振荡器
local oscillator filter (=LOF)　本机振荡器滤波器, 本振滤波器
local oscillator frequency (=LOF)　本机振荡器频率
local oscillator radiation　本振辐射
local-oscillator tube　本机振荡管
local overheating　局部过热
local oxidation of silicon (=LOCOS)　硅的局部氧化
local parameter　局部参数
local phase-portrait　局部相图
local phenomena　局部现象
local plug　局部转换开关
local pressure　局部压力
local program　局部程序
local projection　局部凸起
local property　局部性质
local quench　部分淬火, 局部淬火
local random set of numbers　局部随机性集合
local rate　本航线率
local ray cone　局部射线锥
local reception　本地接收
local-remote relay　本地, 远区转换继电器
local resonance　本机谐振
local restriction　局部约束
local rounding error　局部舍入误差
local secondary line switch　用户第二级寻线机
local section　局部剖面
local sender　本地发射机
local service airline　地方航线
local side　（接输入输出装置的）终端设备连接器
local signal　本地信号, 本局信号
local solution　局部解
local source　地方台信号源, 本地信号源
local standard time (=LST)　地方标准时［间］, 区［域］时［间］
local station　本地广播台, 市内电话局, 本地电台

local storage 局部存储器
local strain 局部应变
local stress 局部应力
local subcarrier 本机副载波
local supplies 当地供应物,当地料源
local switch 本机开关,局部开关
local switch board 市内交换机
local switching center 局部转换中心,局部交换中心
local synchronous signal 本机同步信号
local system of groups 局部群系
local telephone 市内电话
local telephone network 市内电话网
local tensor product 局部张量积
local thickness of the cut 切削层局部厚度
local time (=LT) 本地时间
local TOCCO process 局部高频淬火
local traffic 市内通话
local train 普通列车,慢车
local triangle 局部三角形
local transmission line 短距离传输线,市区传输线
local transmitter 本地发射机
local trunk 市内中继线
local trunk line 短距离中继线,地区中继线,局内中继线
local UHF oscillator 特高频本机振荡器 (UHF=ultra high frequency 特高频,超高频)
local unconformity 局部不整合
local value 局部值
local variable 局部变形
local yield 局部屈服
local zone time (=LZT) 地 [方] 区时
localise (1)测定位置,确定位置,测定部位,确定部位,定位,定域,(2)使局部化,局部化,地方化,限制; (3) 集中
localised 局部的,局限的,定域的,固定的
locality (1)定域,区域,(2)特定地点,所在地,场合,位置,方向,现场,场所,当地; (3) 空间位置的确定,(4) 局部,(5) 定域性
locality assumption 定域性假设
localizability 可局限性,可定位性,可定域性
localizable 可限制于局部的,可定位的,可定域的
localization (1)定位,定域,(2)固定,限制,局限,(3)确定位置,位置测定,(4)部位,位置,(5)局部化
localization of disturbance
localization of faults 确定故障点,故障位置测定
localization of sound
localizator (1)定位器,探测器,(2)飞机降落用无线电信标,定位信标,指向标; (3) 抑制剂
localize (1)测定位置,确定位置,测定部位,确定部位,定位,定域,(2)使局部化,局部化,地方化,限制; (3) 集中
localized 局部的,局限的,定域的,固定的
localized attack 局部腐蚀
localized contact （鼓形齿）局部接触
localized corrosion 局部腐蚀
localized fatigue failure 局部疲劳失效
localized grinding temper 局部磨削回火烧伤
localized high temperature 局部高温
localized lengthwise tooth contact 轮齿直向局部接触
localized necking 局部颈缩
localized network 局部网络
localized relative slip 局部相对滑移
localized stress 局部应力
localized tooth bearing 轮齿局部接触区
localized tooth contact 轮齿局部接触
localized tooth profile 鼓形齿廓
localizer (=LCZER) (1)定位器,探测器,(2)飞机降落用无线电信标,定位信标,指向标; (3) 抑制剂
localizer antenna 定位器天线
localizer sector 飞机降落用无线电信标区,定位器扇形区
locally 　{ 数 }局部的
locally available material
locally bounded 局部有界的
locally compact 局部紧的
locally compact group 局部紧群
locally compact space 局部紧空间
locally connected 局部连通的
locally connected set 局部连通集

locally convex 局部凸出
locally convex space 局部凸空间
locally finite 局部有限
locally finite complexes 局部有限复形
locally homomorphism 局部同态
locally isomorphic 局部同构的
locally isomorphism 局部同构
locally pathwise connected space 局部弧连通空间
locally simply connected 局部单连通的
locally solvable group 局部可解群
locally totally bonded group 局部全有界群
locally uniformized 局部单值化
localness 局部状态,局部性质
locant 位次,位标
locate (1)设置,安排,(2)定位,位于; (3)探测,判明
locate a flaw 确定缺陷位置
locate mode 定位方式,定位形式
locate statement 定位语句
locater (1)测位器,定位器,定位仪; (2)探测器,勘定器,搜索器; (3) 定位销,定位子; (4) 定位程序,探测程序
locating (1)定位,定线,放样,安装,(2)定位法
locating bearing 推力轴承,定位轴承,有止动挡边的轴承
locating center punch 定位中心冲 [头]
locating collar （轴承）紧固套,定位套
locating device （工件的）定位装置
locating distance 安装距
locating element 定位要素
locating elements 定位元件,定位件
locating face (1)（锥齿轮）定位面; (2)（安装）基准面
locating pin (1)（工件的）定位销; (2)（跨棒测量的）测针
locating point 定位点
locating ring 定位环,定位圈,止动环
locating shoulder 定位台肩
locating slot （工件的）定位槽
locating snap ring （轴承）定位止动环
locating stud 定位销,定位螺柱
locating surface （工件的）定位面
locating tab 定位销
location (=LOC) (1)定位,定线,装配,安装,测定,测位,安置,配置; (2)探测; (3)现场部位,位置,地点,地段,场所; (4){ 计 }存储单元,地址,选址; (5)定域; (6)定位线; (7)（复）定位件
location bearing 定位轴承
location, command and telemetry (=LCT) 定位,指挥与遥测
location counter 定位计数器,地址计数器,单元计数器,指令计数器
location device 定位装置
location duty 定位能力
location equation 定位因素,定位方程
location-free procedure 与位置无关的程序
location free procedure 浮动过程
location hole 定位孔
location indicator 定位指示器
location layout 定位布置
location of apparatus 仪器配置
location of components 零件配置
location of faults 故障探测,损坏处测定,故障位置测定
location of mistakes 　{ 计 }错误勘定,寻觅错误
location of root 勘根法,寻根法
location of table at coordinates 工作台坐标定位
location of work piece 对准工件位置
location parameter 定位参数,位置参数,测定参数
location pin 定位销
location problem 布局问题
location sound recording 现场录音
location stack register (=LSR) 位置组号寄存器
location survey 定线测量,勘测
location tolerance 定位公差,位置公差,安装公差
locator (1)测位器,定位器,定位仪; (2)探测器,勘定器,搜索器; (3) 定位销,定位子; (4) 定位程序,探测程序
locator middle (=LM) 中间定位器
locator of pipe 摆管器
locator variable 定位变量,位置变量
loci (单 locus) (1){ 数 }几何轨迹,点的轨迹,轨迹,轨线; (2)空间位置,所在地,部位,限位,地点,地方; (3)根轨图,矢量图,圆图,位点,色点,焦点; (4)座位; (5)优点

843

lock (1) 锁定装置，锁合装置，保险装置，保险器，锁片，锁头，锁；(2)制动销，制动楔，止动器，掣子，挡块；(3)闭塞器，塞头；(4)联锁，固定，锁定，锁住，闭锁，阻塞，闩，锁；(5)同步；(6)水闸，闸门，船闸，闸；(7)锁气室，汽塞；(8)牵引；(9)保险栓，枪机；(10)闭锁锻造

lock ahead unit 先行控制部件
lock-and-block system 联锁闭塞制
lock-and-follow scanner 同步跟踪扫描装置
lock ball 锁球
lock barrel 锁心柱
lock bolt (1)防松螺栓，锁紧螺栓，止动螺栓，止动销；(2)定位螺栓
lock clamp 销轴锁紧
lock corner 锁紧角
lock down [木排]扎锁木
lock file 封锁文件
lock-filers clamp 虎钳夹，虎钳头
lock for sweep 扫描同步
lock gate 闸门
lock handle 止动柄，闭锁柄
lock-in (=LKN) 锁定，同步
lock in (1)锁定，锁住；(2)同步；(3)(张弛振荡器的)捕捉
lock-in circuit 强制同步电路，自保[持]电路，锁定电路
lock-in gear 闭锁机构
lock-in synchronism 锁定同步，进入同步，牵入同步
lock in synchronism 锁定同步，进入同步，牵入同步
lock-in type tube 同步电子管，锁式管
lock input 同步输入
lock into the target 捕捉目标，截获目标
lock joint 锁紧接合，固定接合
lock knob 销钮
lock lifter 锁销提臂
lock magnet 吸持磁铁
lock mechanism 锁定机构，止动机构
lock nut 防松螺母，锁紧螺母，锁定螺母，制动螺母，保险螺母
lock oil 原油
lock-on (=LO) (1)锁住，销定，销位；(2)跟踪目标，跟踪，捕捉，捕获；(3)手柄；(4)密封水底通道
lock-on circuit (1)自动跟踪电路，[强制]同步电路，锁定电路，受锁电路；(2)符合线路
lock-on counter 同步计数器，锁定计数器，跟踪计数器，同步计数管，锁定计数管，跟踪计数管
lock-on relay 同步继电器
lock open (电力开关)闭锁在断开状态中
lock out 闭锁，锁住
lock-out circuit 保持电路，闭塞电路
lock-out pulse 失步脉冲
lock-over circuit 双稳态电路
lock pin 固定销，保险销，锁销
lock plate for bearing 轴承锁片
lock plunger 锁销
lock rail (=LR) 门销档
lock ring 锁环
lock rod 锁杆
lock room 隔音室，锁定区
lock-screw 锁紧螺钉，夹紧螺钉
lock screw 锁紧螺钉
lock seam 卷边接缝，锁接缝
lock seam sleeve 接缝套管
lock seaming dies 卷边接合模
lock set 成套门锁
lock sheet piling bar 带锁口的钢板桩
lock stop 止动销，停止销
lock strike [门]锁栓眼板
lock test (1)(起重机)最大扭矩试验，全制动试验；(2)锁定试验，牵引试验，束缚试验
lock test by low frequency 低频牵引试验
lock the recloser open 把自动开关锁在开的位置，使自动开关断开开锁
lock unit (1)锁合装置；(2)同步器
lock-up (=LKUP) 锁住
lock up (1)闭锁，锁住，固定，封闭，封固；(2)潜藏，储藏，储存
lock-up clutch (液力耦合转变为机械耦合的)锁止离合器
lock-up cock 锁闭开关
lock-up pawl 棘爪
lock-up stress 锁紧应力
lock valve 保险阀

lock washer (=LKWASH) 锁紧垫圈，弹簧垫圈，止动垫圈，防松垫圈
lockage (1)过闸用水量；(2)过闸船只升降垂直距离
lockaid gun 开锁器
lockbox 有锁箱
locked (=LKD) 关闭的，上锁的，堵塞的
locked chain 固定链系
locked closed (=LC 或 L/C) 锁闭的
locked-coil wire rope 锁丝钢丝绳
locked coil wire rope 密封钢丝绳
locked cone friction clutch 锁止圆锥离合器
locked groove (录音盘上的)同心[纹]槽，闭纹，闭槽，锁槽
locked in stress 内应力
locked-in torque (闭式循环试验台中的)加载扭矩
locked open (=LO) 锁定开着的
locked-seam 潜缝的
locked train reduction gear 功率分流减速齿轮[装置]
locked-up stress 残余应力
locked-wire rope 锁丝钢丝绳
locker (=LKR) (1)可锁闭容器；(2)锁扣装置，上锁装置，锁夹；(3)车轮锁具
locker paper 冷藏包装纸
locker room 衣帽间，更衣室
locking (=LKG) (1)锁住，锁紧，锁定，闭锁，关闭，堵塞，钉扎；(2)制动，锚固，止动，联锁，同步；(3)连接，接合，啮合；(4)同步跟踪，捕捉，捕获，跟踪；(5)止动的
locking angle 啮合自锁角
locking arbor 锁定刀片，锁紧刀杆
locking arm 锁臂
locking arrangement 锁紧装置
locking ball (拨叉的)定位钢球
locking bar 锁杆
locking bit 封锁位
locking bolt 防松螺栓，锁紧螺栓
locking cam 锁紧凸轮
locking circuit (1)强制同步电路，自保持电路，锁定电路，吸持电路；(2)自保线路
locking clamp 保险夹
locking cock 锁闭开关
locking collar 锁紧环，锁圈
locking control voltage 同步控制电压
locking cylinder 锁紧缸
locking device (1)锁紧装置，锁扣装置，锁定装置，闭塞装置，止动装置；(2)保险设备
locking differential 带差速锁的差速器，锁止式差速器，闭塞差速器
locking dog 锁紧夹头，止动爪，锁定爪，栓
locking dowel 锁紧销
locking escape 封锁换码，锁定转义，封锁
locking gasket 保险垫片
locking gear 锁紧机构，定位机构
locking joint 带锁紧机构的铰接
locking key (1)止动按钮，锁定键，锁键；(2)锁定开关
locking lever 联锁杆，锁定手柄，锁紧杆
locking lip 轴承制动唇
locking magnet 吸持磁铁，锁定磁铁
locking mandrel 锁定心轴，锁紧心轴
locking mechanism 锁定机构，锁紧机构，闭锁机构，锁闭机构，制动机构
locking nut 防松螺母，锁紧螺母
locking pawl 锁定掣子，止动爪
locking pin 锁紧销
locking plate 锁片
locking relay 闭锁继电器
locking ring 锁环
locking screw 锁紧螺丝，止动螺丝
locking signal 锁定信号，同步信号，禁止信号
locking spring 锁紧弹簧，锁簧
locking stud 止动销，止动螺柱
locking thread form 防松螺纹样式
locking tongue 锁定舌片
locking-type plug 锁式插头
locking washer 锁紧垫圈，止动垫圈，防松垫圈
locking wire 锁紧用钢丝，锁定钢丝
locking-type plug 锁式插头
locking yoke 锁紧轭，锁紧叉

lockkeeper 船闸管理员

lockless 无船闸的, 无锁的

lockloop 锁定环, 锁环

lockmaking 制锁

locknut 防松螺母, 锁紧螺母, 锁紧螺帽, 自锁螺母, 自锁螺帽, 止动螺帽, 对开螺母

locknut bearing 锁紧螺帽座

lockout (1) 封锁, 闭锁, 锁定; (2) 切断, 分离; (3) 停止, 停工, 停作, 闭厂; (4) 同步损失, 失步; (5) 加压舱

lockout mechanism 闭锁机构

lockout relay 连锁继电器, 锁定继电器, 保持继电器

lockover 翻转锁定

lockpin 锁销

lockrail 装锁横木

lockroom 隔音区, 锁定区

lockscrew 锁紧螺母

locksman 船闸管理员

locksmith 锁匠

locksmithery 制锁厂

lockstep 前后紧接

lockup (1) 锁上行动, 被锁状态; (2) 上锁保管; (3) 锁住, 锁定, 闭

lockwasher 锁紧垫圈, 防松垫圈

lockwire 安全锁线

lockwork 锁的机构, 锁的零件

loco [牵引] 机车, 火车头

locomobile (1) 锅驼机; (2) 自动机车; (3) 自动推进的

locomote 走动, 移动, 行进

locomotion (1) 运转; (2) 移动, 行动; (3) 运动, 动作

locomotive (=loco) 机车, 火车头

locomotive boiler 机车锅炉

locomotive crane 机车起动机, 机车吊车

locomotive engine 火车头, 机车

locomotive for negotiating curve 转向机构

locomotive oil 汽缸油

locomotive shop 机车车间

locomotiveness 变换位置方向, 位置变换性能

locomotivity 运动能力, 移动能力

locomotory 有运动能力的, 移动的, 运动的

loctal 锁式的

loctal base 锁式管底, 锁式管座

locus (复 loci) (1) {数} 几何轨迹, 点的轨迹, 轨迹, 轨线; (2) 空间位置, 所在地, 部位, 限位, 地点, 地方; (3) 根轨图, 矢量图, 圆图, 位点, 色点, 焦点; (4) 座位; (5) 优点

locus in quo 当场, 现场

locus of discontinuity 不连续轨迹, 不连续轨线

locus of impedance 阻抗轨迹

locus of journal center 轴心轨迹

locus of point 点的轨迹

locus of radius (=L/R) 半径的轨迹

locy grease 机车润滑脂

lodar 罗达远程精确测位器

loder 装填器

lodestar (1) 北极星; (2) 注意的目标, 指导原则

lodestone 天然磁铁, 极磁铁矿, 磁石

lodge (1) 传达室, 小屋, 棚屋, 帐篷; (2) 搭挂; (3) 进入而固定, 射入, 打进, 堵塞, 沉淀, 沉积, 积聚, 堆积; (4) 提出, 交付, 存放

lodge a claim 索赔

lodgement (1) 沉淀, 沉积, 堆积, 储存; (2) 立足点, 存放处, 存放物, 沉积物

lodging knee 梁后水平肘材

lodging van 宿营车

lodgment 储存

lodox 微粉末磁铁

loft (1) 室; (2) 输送机道; (3) 模线, 型线板; (4) 放样间; (5) 抛掷, 发射

loft antenna 顶棚天线, 屋顶天线

loft-dried 风干的

loft-drier 箱式干燥器, 干燥箱

lofting (1) 理论模线的绘制, 放样; (2) 支架上的垫料

loftman 放样工, 放样员

log (1) 运行日记, 保养日记, 履历书, 记录; (2) 程测仪, 测程器, 计程仪, 测速计, 航速计, 里程表; (3) 对数符号; (4) 测井, 录井; (5) 电测图; (6) 作记录; (7) 原木, 圆木, 木材, 木料; (8) 下支撑, 锁定件; (9) {计} 存入, 记入, 联机

log amplifier 对数放大器

log arithmic diode 对数二极管

log band saw 原木成材带锯机

log book (=LB) 履历书, 日记, 记录

log chip 扇形计程板

log conversion voltmeter (=LCVM) 对数变换伏特计

log data 钻井记录, 测井曲线

log-down {计} 注销

log drum {计} 记录鼓

Log-Electronics 电子晒像控制设备

log frame 垂直锯架, 多锯机

log frequency sweep 对数式频率扫描

log H 曝光量对数

log haul-up 曳木机

log i-f amplifier 对数中频放大器

log-in 登记, 注册, 录入, 记入

log jack 原木起重机

log line 计程仪绳

log loader 原木装载机

log-log 重对数

log-log paper 双对数坐标纸

log-log plot 双对数坐标图

log-log scale 重对数图尺, 重对数尺度

log-off {计} 注销

log out 运行记录

log paper 对数坐标纸

log-periodical antenna 对数周期天线

log pile 圆木桩

log-raft 木筏

log rule 原木材积表

log saw 原木锯

log scale 对数标尺, 计算尺

log screw 方头木螺丝

log sensitivity 对数灵敏度

log sheet 记录卡片, 对数纸, 记录表

log-ship 扇形计程板, 手持测程器

log slip 木材滑道

log spiral 对数螺旋线

log tables 对数表

log tooth 有齿链节

log voltmeter converter (=LVC) 对数刻度伏特计变换器

log washer 洗矿机, 分级槽

log yarder 圆木码垛机

logafier 对数放大器

logarithm (=lg) [常用] 对数

logarithm integral 积分对数

logarithmic 对数性的, 对数式的, 对数的

logarithmic amplifier 对数放大器

logarithmic attenuator 对数衰减器

logarithmic computation 对数计算

logarithmic coordinates 对数坐标

logarithmic curve 对数曲线

logarithmic decrement 对数减缩量, 对数衰减率

logarithmic differentiation 对数微分

logarithmic diode 对数 [变换] 型二极管

logarithmic distribution 对数分布

logarithmic horn 对数号筒, 对数纸盆

logarithmic integral 对数积分

logarithmic mean difference (=lmd) 对数平均 [湿度] 差

logarithmic mean temperature difference (=LMTD) 对数平均温差

logarithmic normal distribution 对数正态分布

logarithmic oscilloscope 对数示波器

logarithmic paper 对数坐标纸, 对数纸

logarithmic scale 对数刻度, 对数标度, 对数标尺, 对数尺

logarithmic series 对数级数

logarithmic sine 正弦对数

logarithmic singularity 对数性奇 [异] 点

logarithmic strain 对数应变

logarithmic table 对数表

logarithmic trigonometric function 对数三角函数

logarithmic viscosity number 比浓对数粘度

logarithmic voltmeter 对数刻度伏特计, 对数伏特计

logarithmically 用对数, 对数地

logarithmicity 对数性

logarithmoid　广对数螺线

logbook　(1)记录卷册；(2)航行日记簿

loge (=natural logarithm to the base e)　(以 e 为底的) 自然对数

logetronography　电子滤波技术，电子选频术

logged thickness　钻井记录厚度

logger　(1)有对数指示的测量仪，对数标度仪，测井仪；(2)工艺参数自动分析记录仪，代表读数自动记录装置，自动记录器，记录仪；(3)注册器；(4)装原木机器，筏木工

logger program　记录程序

logger system　记录系统

logging　(1)记录仪表读数，记录试验结果，记录调谐位置，记录，登记；(2)电测，测井；(3){计}存入，记入，联机；(4)阻塞

logging in　请求联机

logging out　退出系统

logic　(1)逻辑，逻辑学；(2)计算机的逻辑部分，逻辑电路，逻辑线路，逻辑运算；(3)逻辑上的，逻辑的，合理的；(4)逻辑性，推理 [法]；(5)威力，压力，力量

logic add　逻辑加，"或"

logic algebra　逻辑代数

logic-arithmetic unit　(1)逻辑运算单元；(2)逻辑运算器

logic behaviour　逻辑特性

logic block　逻辑块

logic card　逻辑板

logic circuit　逻辑线路，逻辑电路

logic coincidence element　逻辑"与"元件

logic comparison　逻辑比较

logic-controlled sequential computer　逻辑控制时序计算机

logic core (=logicor)　逻辑磁芯

logic decision　逻辑判定

logic diagram　逻辑框图

logic difference　逻辑异

logic flow chart (=LFC)　逻辑操作程序图，逻辑操作流程图

logic high level　逻辑高电平

logic-in-memory　逻辑存储器

logic instruction　逻辑指令

logic low　逻辑低 [电平]

logic module　逻辑微型组件

logic multiply　逻辑乘

logic of modality　模态逻辑

logic of relation　关系逻辑

logic operation　逻辑操作

logic product gate　'与'门

logic shift　逻辑位移

logic sum　逻辑相加

logic swing　逻辑摆幅

logic switch　逻辑开关

logic symbol　逻辑符号

logic system　逻辑系统

logic theory (=LT)　逻辑理论

logic unit　(1)逻辑单元；(2)逻辑部件；(3)运算器

logic value　逻辑值

logical　逻辑上的，逻辑学的，逻辑的，合理的

logical add　逻辑加

logical addition　逻辑加法

logical address space　逻辑地址空间

logical algebra　逻辑代数

logical analysis　逻辑分析

logical assignment statement　逻辑赋值语句

logical block　逻辑单元，逻辑部件，逻辑组合，逻辑块

logical calculus　逻辑演算

logical circuit　逻辑电路

logical combination　逻辑组合

logical comparison　逻辑比较

logical computer　逻辑计算机

logical connective　逻辑连结，逻辑连结符

logical connector　逻辑连结符

logical constant(s)　逻辑常数

logical decision　逻辑判定

logical design　逻辑设计

logical device table　逻辑装置表

logical diagram　逻辑图

logical difference　逻辑异

logical drawing　逻辑图

logical element　逻辑元件

logical equation　逻辑等式

logical expression　逻辑表达式

logical file　逻辑文件

logical flow chart　逻辑流程图

logical function　(1)逻辑功能；(2)逻辑函数

logical gate　开关门电路

logical IF statement　逻辑条件语句

logical implication　逻辑特征

logical information　逻辑性信息

logical integrated circuit　逻辑集成电路

logical interdependence　逻辑隶属关系

logical interface　逻辑接口

logical I/O　逻辑输入 / 输出 (I/O=input/output 输入 / 输出)

logical level　逻辑电平

logical link layer　逻辑链路层

logical matrix　逻辑矩阵

logical multiplication　逻辑乘法

logical multiply　逻辑乘，"与"

logical network　逻辑网络

logical operation (=LO)　(1)逻辑运算；(2)逻辑操作

logical operation unit　逻辑操作部件

logical operator　逻辑算子

logical opposite　逻辑反面

logical OR　逻辑"或"

logical order　逻辑指令

logical organization　逻辑结构

logical orientation　逻辑定向

logical product　逻辑乘积

logical program　逻辑程序

logical simulation　逻辑模拟

logical storage structure　逻辑存储结构

logical sum　逻辑和

logical symbol　逻辑符号

logical unit　逻辑装置，逻辑部件，逻辑元件

logical value　逻辑值

logical variable　逻辑变量

logicality　逻辑性

logicalization　逻辑化行动

logically　合乎逻辑地，逻辑上

logically compatible　逻辑相容

logically equivalent　逻辑等价，逻辑等值，逻辑等效

logically integrated FORTRAN translator (=LIFT)　逻辑集成公式翻译程序

logically true　{计}逻辑正确，逻辑真实，永远真确，永真

logicism　逻辑主义

logico-　逻辑的

logico-mathematical　逻辑的和数学的

logicor　逻辑磁芯

logistic　(1)数理逻辑，符号逻辑，逻辑斯谛，计算术；(2)逻辑的，对数的，计算的，比例的

logistic curve　增加曲线，对数曲线

logistic spiral　对数螺线

logistics　(1)数理逻辑；(2)输给系统

logit　分对数

logitron　磁性逻辑元件

lognormal　对数正态

lognormal distribution　对数正态分布，对数正常分布

logometer　(1)电流比 [率] 计；(2)比率表；(3)对数计标尺

logon　(1)信息单位；(2)注册；(3)计入

logotype　(1)洛格铅字合金；(2)连合活字；(3)标识

logout　事件发生文件，记录事件发生，事件记录，运行记录，注销

logrolling　搬运木材，滚木材

logs　钻井记录，测井记录

logway　集材道，筏道

logy　(1)弹性不足的；(2)卡住

logy casing　难下的套管柱

Lohys　洛伊斯硅钢片 (含硅 2%，透磁性很高，可做变压器铁心等)

loid　(1)万能锁卡；(2)用万能锁卡开门

loiter　(1)待机，耽搁；(2)指定高度不定方向的巡航

loktal base　锁式管座

Lola　(斯坦福粒子高频分离器模型) 罗拉

loll　负稳性横倾

lolongate　竖伸的

lone　(1)单独的，孤独的；(2)独立的

lone electron　孤立电子

lone electron pair　未共 [享] 电子对

lone flight　单独飞行

lone pair　未共 [享] 电子对

lone pair electron　未共 [享] 电子对

long (=LG)　(1) 长的, 高的; (2) 长距离的, 长时间的, 长久的, 长期的, 长远的, (3) 长距离, 长时间, 长期, 全长; (4) 冗长的, 缓慢的, 多位的; (5) 长期以来, 长久, 始终

long acceleration　长期加速度

long addendum　长齿顶高, 径向正变位齿顶高 (X > 0)

long addendum gear　长齿顶高齿轮, 径向正变位齿轮 (X > 0)

long-and-short addendum　高度变位 (X1=-X2) 长短齿顶高

long-and-short addendum gearing　高度变位齿轮传动装置, 等移距变位齿轮传动装置

long-and-short addendum system　高度变位齿形制, (X1 +X2=0) 变位零齿形制, 等移距变位齿形制, 长短齿顶高齿轮系

long and short arm suspension　长短臂悬架装置

long and short dash line　点划线

long and two-short dash line　双点划线

long-arm –short-arm linkage　长短臂转向杆系

long base line radar (=LOBAR)　长扫描行雷达

long-base-multiple-blade drag　长底盘多刃刮路机

long baseline interferometry (=LBI)　长基线干涉量度学

long bearing　(齿轮) 过长接触区, 过长承载区

long burst　长时间的脉冲

long-chain　长链

long column　长柱

long contact　(锥齿轮) 过长接触

long counter　全波计数器, 长计数器, 全波计数管, 长计数管

long credit　长期信贷

long cylindrical roller　长圆柱滚子

long cylindrical roller bearing　长圆柱滚子轴承

long-dated　长期的, 远期的

long-decayed　长半衰期, 长寿命

long delay (=LD)　长时延迟

long-distance　(1) 远距离的, 长距离的, 远程的, (2) 长途电话的, 长途的

long distance (=LD)　远距离

long-distance aids　远距无线电导航设备, 远程无线电导航设备, 远程导航设备

long-distance cable　长途电缆

long-distance call　长途电话, 长途呼叫

long distance call (=LDC)　长途电话, 长途呼叫

long-distance line　长途线路

long-distance service　长途通信

long-distance telegram　长途电报

long-distance telephone　长途电话

long distance telephone (=L.D.Tel)　长途电话

long-distance telephone call　长途通话

long-distance telephone communication　长途电话, 长途通信

long-distance telephone exchange　长途电话局

long distance traffic　长途通信 [业务]

long distance transmission　长距离输电

long distance transmission line　长距离输电线路, 长途输电线

long distance trawler　远洋拖网渔船

long distance xerography (=LDX)　远距离静电印刷术

long dozen　比一打多一个

long-drawn　拉长的, 长期的

long-drawn-out　拉长的, 长期的

long-duration　长期 [荷载]

long duration (=LD)　长持续时间

long-duration satellite　长寿命运转恒星

long-duration test　连续载荷试验

long duration test　耐久试验

long-dwell cam　长停歇凸轮 (同心曲线占大部分的凸轮

long echo　延迟回波

long eye auger　深眼木钻

long feed　纵向进给, 纵向进刀

long flat nose pliers　尖嘴钳

long floating point　多倍精度浮点

long glass　航海望远镜

long-half-life　长半衰期的, 长寿命的

long-haul　长距离的, 长距离的, 远程的

long haul　(1) 远程运送, 长运距, 长距离; (2) 相当长时期

long haul call　长距离通话, 长途通话

long haul toll transit switch (=LTS)　长途电话转换开关

long heel-short toe bearing　(锥齿轮) 大端长, 小端短接触区

long hundred　一百二十

long hundred-weight　长担 (=112 磅)

long-irradiated　长时间照射的

long-lasting　长寿命的, 耐用的, 耐久的

long lead time (=LLT)　(1) 超前时间; (2) 产品设计至实际投产时间, 订货至交货时间

long lead time items (=LLTI)　超前时间项目

long-life　使用期限长的, 经久耐用的, 长寿命的

long life　长使用寿命, 长期使用

long-life gear　耐用齿轮, 耐久齿轮

long-life machine　耐用机械

long-life oil　长效机油, 长效润滑油

long-life tube　长寿命管

long-line　(预应力) 长线法

long-line currents　电流线

long-line effect　长线效应

long-line prestressed concrete　长线法预应力混凝土

long-line production process　加预应力法, 长线法

long-line travelling-wave antenna　长线行波天线

long-linearity controller　远距线性调整器

long link chain　长环节链

long-lived　(1) { 核 } 长寿命的, 长半衰期的; (2) 使用期限长的, 经久耐用的, 长寿命的

long normal　长电位电极系测井, 长电位曲线

long-nose pliers　长头钳

long note　远期票据

long number　多位数字, 长数

long offset recording　大偏移距记录

long oil　长油

long oil varnish　油性清漆

long-on　供应充足的, 丰富的

long pair twist quad　长线对搓合四芯线组

long-period (=LP)　长周期

long period dynamic stability　长周期动态稳定性

long-playing (=LP)　(1) 长间隙; (2) 长期振动; (3) 密纹唱片; (4) 密纹的

long playing　慢转

long-playing record　慢转唱片, 密纹唱片

long precision　{ 计 } 多倍精度, 多倍字长

long price　高价

long pulse laser (=LPL)　长脉冲激光

long-radius　大半径 [的]

long radius　大半径, 长半径

long-range　(1) 具有长作用半径的, 作用半径大的, 远程作用的, 长距离的, 长程的, 远的; (2) 广大范围的, 广泛的, 长期的, 长远的

long range (=LR)　远距离通信, 长距离, 远射程, 远程

long-range coupling　远程耦合

long-range freighter　远程战斗机

long-range interceptor (=LRI)　远程截击机

long-range missile　远程战略导弹

long-range navigation (=LRN)　远程导航

long-range parameter　长程序参数

long-range particles　长射程粒子

long-range patrol aircraft (=LRPA)　远程巡逻飞机

long-range planning (=LRP)　远景规划

long-range radar (=LRR)　远程雷达

long-range radar input (=LRI)　远程雷达输入

long-range reconnaissance air-plane　远程侦察机

long-range rocket　远程火箭

long range submarine communications　远程潜水艇通信

long-rectangular-wave generator　长矩形脉冲发生器, 长矩形波发生器

long response time　慢反应时间

long-run　长期的

long-run test　长时间运转试验, 连续载荷试验, 长期试验, 寿命试验

long run test　长期试验, 连续试验

long sheet　记录上策, 记录表

long-short addendum　高度变位齿轮, 等移距变位齿轮, 带长齿顶高的齿轮

long-shot　(1) 远拍摄; (2) 甚小的

long shot (=LS)　远摄

long shunt 外并联
long shunt winding 长并激绕组
long side 长边
long-sighted 有远见的, 视力好的
long sleeve 长套筒
long-slot coupler 长耦合器
long-standing 长期存在的, 长期间的
long stroke 长冲程
long-sustained 持续的, 持久的
long-tackle block 长形滑车
long-tailed pair (1)差动放大器; (2)发射极耦合晶体管对, 长尾对; (3)阴极耦合推挽级
long taper (=LGTPR) 长锥体
long-term 长期的, 远期的, 长远的
long-term after-image 长期保留残像
long-term behaviour 长期使用性能
long-term effect 长期效应
long-term frequency drift 长期频率漂移
long term/frequency modulation (=LT/FM) 长期频率调制
long-term frequency stability 长期频率稳定度
long-term properties 持久性能
long term tape recorder (=LTTR) 长期磁带录音机, 长期磁带录像机
long-term test 长期试验, 寿命试验, 连续载荷试验
long-term trade agreement 长期贸易协定
long-term usage 长期使用
long term vibration (=LTV) 长期振动
long thread and collar (=L.T. a.C.) (套管)长螺纹和接头
long-time 长期的, 持久的
long-time base 测长距扫描, 长时基
long-time diffusion 长时间扩散
long time load 持久载荷, 持久负载
long time stability 长期稳定性
long-time strength 持久强度
long-time test 持久试验, 耐久试验
long toe-short heel bearing (齿轮)内长外短接触区
long ton (=LT 或 LTON 或 lg tn) 长吨, 重吨, 英吨(等于2, 240磅, 等于1016.5kg)
long tonne 长吨(等于1016.5kg)
long tooth 长齿
long tooth bearing (齿轮)过长接触区
long trunk call 长途呼叫
long tube vertical (=LTV) 长立管
long wave (=LW) 长波
long-wave antenna 长波天线
long-wave band 长波段
long-wave receiver 长波接收机
long-wave transmitter 长波发射机
long wavelength infrared illuminator (=LWII) 长波红外线发光体
long wavelength infrared radiation (=LWIR) 长波红外线辐射
long wheelbase grader 长车架自动平地机
longboat 大舢板, 大艇
longdallog washer 回转板洗矿机
longer-lived 寿命较长的
longest-lived 寿命最长的
longeron (=longn) 机身大梁, 纵梁, 桁梁, 翼梁, 大梁, 桅杆
longeval 长命的, 耐久的
longevity (1)耐久性, 长久性; (2)使用期限持久性, 使用寿命, 寿命
longevity test 寿命试验
longhole (1)深孔; (2)炮眼
longholing 深钻进
longimetry (1)长度测量, 长度测定; (2)测距法
longisection 纵剖面
longish 稍长的
longitude (=long) (1)长度; (2)经度, 黄经
longitudinal (=long) (1)纵向的, 纵的, 轴向的; (2)经度的
longitudinal adjustment 纵向调整
longitudinal automatic spindle milling machine 立式单轴自动铣床
longitudinal axis (1)纵向轴线; (2)纵轴
longitudinal bending 纵向弯曲
longitudinal bracing 纵向支撑
longitudinal buckling 纵向弯曲
longitudinal bulkhead (船舶)纵向舱壁
longitudinal clearance 纵向余隙
longitudinal comparator 纵向比较仪

longitudinal contraction 纵向收缩
longitudinal copying 纵向仿形, 纵向靠模
longitudinal correction 齿向修形, 沿齿宽方向修正
longitudinal crack 纵向裂缝
longitudinal current 纵向电流
longitudinal curvature 齿向曲率, 纵向曲率
longitudinal deformation 纵向变形
longitudinal direction 纵向
longitudinal displacement 纵向位移
longitudinal dividing machine 长刻线机
longitudinal electric field 纵向电场
longitudinal electromagnetic force 纵向电磁力
longitudinal expansion joint (=LEJ) (1)纵向伸缩接头; (2)纵向伸缩缝
longitudinal extension 纵向伸长
longitudinal feed 纵向进给, 纵向进刀
longitudinal feed gear (1)纵向进给机构; (2)纵向进刀机构
longitudinal feed mechanism 纵向进给机构
longitudinal force 纵向力
longitudinal form error 纵向齿形误差, 齿向误差
longitudinal form waviness 纵向齿形波度, 齿向波度
longitudinal grinding 纵向磨削
longitudinal horizontal bracing 纵向水平支撑
longitudinal load (1)纵向载荷, 纵向负载; (2)齿向载荷, 沿齿宽方向载荷
longitudinal load distribution factor 齿向载荷分布系数, 沿齿宽载荷分布系数
longitudinal magnetic field 纵向磁场
longitudinal magnetic focus 纵向磁场聚焦
longitudinal magnetization 纵向磁化
longitudinal magnification 纵向放大
longitudinal member 纵向构件
longitudinal metacentric height (船舶)纵稳距
longitudinal milling 纵向铣削
longitudinal modification device 齿向修形装置
longitudinal modification template 齿向修形样板
longitudinal motion 纵向运动
longitudinal movement 纵向运动, 纵向移动
longitudinal oscillation 纵向振荡, 纵向振动, 纵向振摆
longitudinal position of center of buoyancy (=LPCB) 浮力中心的纵向位置
longitudinal position of center of floatation (=LCF) 浮力中心的纵向位置
longitudinal position of center of gravity (=LCG) 重心的纵向位置
longitudinal profile 纵剖面, 纵断面, 纵截面
longitudinal redundancy check 纵向沉余检验
longitudinal reinforcement 纵向钢筋
longitudinal scan 纵向扫描
longitudinal section (=LS) 纵剖面[图], 纵断面, 纵截面
longitudinal separation
longitudinal shape error 纵向齿形误差, 齿向误差
longitudinal shaving 纵向剃齿
longitudinal shear 纵向剪切, 纵剪切
longitudinal sleeper 纵向轨枕
longitudinal slide 纵向滑板
longitudinal sliding motion 纵向滑动
longitudinal stability 纵向稳定性
longitudinal static stability (=LSS) 纵向静态稳定性
longitudinal stay 纵撑
longitudinal stop 纵向行程止动器
longitudinal strain 纵向应变, 纵应变
longitudinal stress 纵向应力
longitudinal system 纵构架式
longitudinal table travel 纵向工作台移动
longitudinal tool post 纵向刀架, 纵刀架
longitudinal tool rest 纵向刀架, 纵刀架
longitudinal travel of threading tool rest 车丝刀架纵向行程
longitudinal traverse 纵向移动
longitudinal vibration 纵向振动
longitudinal view 纵向视图
longitudinal warping 纵向翘曲, 纵向弯翘
longitudinal wave 纵波
longrange bomber 远程轰炸机
longstop (1)检查员; (2)检查机

longtrunk call 长途呼叫

longwall 长工作面

longwall-shortwall coalcutter 万能截煤机

longways 纵长地

longwise 纵长地

lonneal [钢丝绳]低温回火

look (1)看的行为,看的动作;(2)用眼观察,弄明白,查看,注意,留神;(3)预期,期待;(4)外观,样子,式样,模样,面貌

look about 警戒,查看,寻找,考虑

look after (1)照料,关心,注意,监督;(2)寻求

look ahead 预作准备,超前

look-ahead adder 前视加法器

look ahead control 先行控制

look ahead for 为……作准备,预见到,预期

look ahead to 为……作准备,预见到,预期

look around (1)到处找找,环视,环顾;(2)仔细考虑,调查,察看

look as if 看起来像,似乎,仿佛

look-aside memory {计}后备存储器

look at (1)着眼于,注视,看;(2)考察,考虑,检查,审阅

look-at-me 中断信号

look-at-me function 中断功能

look back (1)往后看,回顾,追溯;(2)停止不前,畏缩

look-back test 回送检查

look-down 俯视目测

look down 俯视

look down on 轻视

look down upon 轻视

look for 寻找,寻求,期望,期待,查看

look forward to 指望,期待,展望

look-in (1)看望的行为,观察;(2)成功的机会

look in 往里看,看望

look into 窥视,观察,调查

look like 好像是,像

look on 面向,看作

look out (1)往外看;(2)注意,提防,照料,找出

look-out angle 视[界]角

look-out station 观察站

look-over 粗查,察看

look over (1)从……上面看,过目;(2)查阅,检查;(3)忽略

look round (1)到处寻找,环视,环顾;(2)仔细考虑,调查,察看

look-see 一般调查

look sharp 非常留心,赶快

look-through (1)透视;(2)监听

look through (1)仔细审核,彻底调查;(2)透过……观察;(3)通读,浏览

look to (1)往……看,注意;(2)指望

look to see 查看一下

look toward (1)倾向,指向,趋向;(2)为……作准备,往……看;(3)预期到,期待

look-up (1)检查,查找,寻找,搜索,探求,探取,探索,扫掠;(2)查表

look up (1)检查,探求,查阅,查寻;(2)仰视

look-up method 检查方法

looker 检查员

looker-on 旁观者

looker-over 检验工

looking glass 镜玻璃,镜子,窥镜

lookout (=LKT) (1)了望员,了望哨;(2)监视哨;(3)警戒

loom (1)织布机;(2)翼肋腹部,桨柄;(3)保护管,保护套

loom motor 织机用电机

loom oil 重锭子油,织机油

loop (1)环形天线,封闭系统,回线,回路,电路,闭环,线圈;(2)环道,环路,周线,圈;(3)循环;(4)弹簧;(5)组[形]弧,曲线,波腹,腹点,弯曲;(6)孔眼,小眼,环,匝,框;(7){计}程序中一组指令的重复,循环;(8)旁通导管;(9)把导线连成回路,使作环状飞行,翻筋斗,成旋涡;(10)防止活套折叠,形成活套,活套轧制

loop a line 环路法连接线路

loop aerial 环形天线

loop ager 悬环式蒸化器,悬环式老化器

loop alignment error (环状天线引起的)方位误差,环形[天线]调整误差

loop amplitude 圈图振幅

loop antenna 环形天线,回路天线

loop asymptote 回环渐近线

loop bar 环头杆

loop body 循环本体,循环节

loop box (1){计}变址寄存器;(2)环路箱

loop capacitance 耦合环电容

loop chain 环链,无端链

loop check (=L/C) 回路检查

loop checking system 回路校验系统,回线校验系统,回送校验系统

loop circuit 闭回路,封闭线

loop coil 环形线圈

loop control 穿孔带指令控制,环路控制

loop-coupled 回路连接的,环耦合的

loop coupling 回线耦合,感应耦合

loop cut 纽形剖线

loop detector 环线式测车器

loop dial 环线制拨号盘

loop-excitation function 回线激发函数

loop expansion pipe 膨胀管圈,张力弯,补偿器

loop feeder 环形馈电线

loop feeding 环形供电

loop filter 环路滤波器

loop-free 无回路的,无循环的

loop gain (=LG) [控制]回路增益

loop head 循环入口,循环头

loop hinge 环扣铰链

loop impulse (自动交换机的)回线脉冲

loop inductance 环路电感

loop inversion 循环反演

loop knot 环圈结

loop lifter 撑套器,防折器

loop line 环形线路,回路,环线,回线,圈线,周线

loop-locked 闭环的

loop of retrogression 逆行圈

loop oscillograph 回线示波器

loop range 环形天线式全向无线电信标

loop receiver 环形天线接收机,探向接收机

loop resistance 环路电阻,回路电阻

loop scavenging 回流换气法

loop seal 环[形]封[口],盘封

loop size {计}积带长度

loop space 闭路空间

loop stitch 环形线迹

loop stop 循环停机

loop storage (1)环状磁带存储;(2)闭环存贮器

loop strength 互扣强度

loop table 转环台,循环表

loop tape recorder 循环磁带录音机

loop test 环线试验

loop track 环形线路

loop traverse 闭合导线

loop wheel 弯纱轮,成圈轮

loop wheel machine 台车

loop wire 环线,回线

looped filament 环形灯丝,环状灯丝

looper (1)打环装置,环顶器;(2){轧}活套挑,撑套器,防折器;(3)缝袜头机,套口机,撑套器,套口机,弯纱轮

looper gear 活套支持器

loopful 全环的

loophole (1)弹射孔,枪眼;(2)了望孔,透光孔,换气孔,环眼,窥孔;(3)出口

looping (1)使成环,环,圈;(2)并联装置;(3)旁通管道设施;(4)回路,回线;(5)闭合导线观测,循环操作

looping channel (1)卷取槽,卷料槽;(2)环轧

looping-in (1)环形安装;(2)形成回路,形成环路

looping mill 线材滚轧机,环轧机

looping mill rolling 环轧

looping test (钢丝)打结试验

looping trough 围盘

loose (1)松弛,疏松,松;(2)没有固定的,未紧固的,松散的,松弛的,松动的,疏松的,不紧的;(3)无负荷的,空转的,空载的;(4)未加束缚的,无拘束的,不稳定的,自由的,游离的;(5)不精确的,不严密的,不严格的,不确切的,不明确的,粗糙的;(6)可换的,插入定位销,活动定位销;(7)插入定位销,活动定位销;(8)释放,松开,解开,放松

loose anti-coupling 弱反耦合

loose bush 可换衬套,活动衬套

loose bushing 游滑轮衬套

loose cable　松包电缆
loose cavity plate　带空腔活动模板
loose change gear　可变换变速齿轮,可互换变速齿轮
loose circuit　松耦合电路,弱耦合电路
loose collar　活动环,松紧环
loose connection　松动连接
loose constraint　松弛约束
loose contact　不良接触,接触不良,接触松动,松接触
loose coupling　(1)松联轴节;(2)松弛耦合,松耦合,疏耦合,弱耦合;(3)松联结,活接
loose drum　自由旋转筒
loose eccentric　游动偏心轮
loose fit　(1)松动配合,松配合,(2)宽装
loose flange　(1)松套法兰盘;(2)松动凸缘,松套凸缘,松凸缘
loose-flowing　缓流的
loose frame type　活套框架式
loose framing　过疏成帧
loose goods　松散货物
loose headstock　尾转尾座,后顶针座,随转尾座
loose-jointed　可拆开的,活络的
loose-joint butt　可拆铰链
loose joint hinge　活铰链
loose-jointed　可拆开的,活络的
loose-leaf shim　活页垫片
loose list　松弛表
loose measure　粗测,松量
loose membrane　(1)疏松膜;(2)疏松层滤器
loose needle roller　(无保持架)散装滚针
loose oil(ing) ring　游滑轮注油环
loose oxidation products　不稳定氧化物
loose-packed　不严密包装的,散装的
loose packed　散装
loose pattern　粗制模型,实物模型
loose piece　木模活块,芯盒活块
loose pin　活动定位销,插入式定位销,导向销,定心销
loose-pin butt　活销铰链
loose pinion　(套在轴上)空转小齿轮,惰轮
loose-plate transfer mold　活板式传递塑模
loose pulley　(1)游滑轮,空转轮,游轮,惰轮;(2)独立滑车
loose ring　游环,松圈
loose roller　自由转动滚轮,游轮,惰轮
loose running fit　松转配合,松动配合
loose running of bearing　轴承间隙过大情况下运转
loose-side　(传动带、链)从动边,松边
loose side　松面
loose shot (=LS)　松摄
loose socket　平滑离合器
loose tongue　嵌入榫,合板钉
loose washer　活圈
loose wheel　[游]滑轮
loosely　(1)松散地,松弛地,宽松地,(2)不精确地,不严格地,大概
loosely bound　检结合的,不密的
loosely-spread　未捣实的
loosen　弄松,松开,解开,分散,放松,松宽,松散,松弛,弛缓
loosened concrete　已损坏的混凝土
loosened oxide　疏松的氧化层,碎磷
looseness　(1)松动,松度,不严密,(2)松弛性,松弛度,松散性
loosening　(1)松开,松动,放松,松懈,减弱,(2)松散,解散,(3)解集
lopper　(1)峰值限制器,限幅器;(2)斩波器,砍除器;(3)二英尺柄修枝剪
lopping　(发动机)不均匀转动,晃动,不稳
lopping shears　修枝大剪刀
loprotron　整流射线管,射束开关管
lopsided　(1)倾向一方的,倾斜的,歪斜的,(2)不平衡的,不对称的,不均称的,偏重的
lopsided diagram　偏重图
Lorac (=long-range accuraccy system)　远程精密导航系统,精密无线电导航系统,双曲线相位导航系统,劳拉克导航系统,劳拉克定位系统
Lorad (=long-range detection)　劳拉德远距离探测系统,劳拉德方位测定器,远程精确测位器
Loran (=long-range navigation)　(1)远程双曲线导航系统,远程无线电导航系统,劳兰系统;(2)劳兰远程仪
Loran chart　劳兰航海图
Loran cytac　劳兰 C 导航装置

Loran guidance　劳兰制导,远程制导
Loran indicator　远距导航指示器,劳兰显示管
Loran inertial system　劳兰远航仪惯性系统
lore　(特殊科目的)知识,(特殊的)学问
Lorentz coil　洛伦兹线圈,笼形线圈
Lorentz condition　洛伦兹条件
Lorentz convention　洛伦兹规范
Lorentz-covariant　洛伦兹协变式,洛伦兹协变量
Lorentz force　洛伦兹力
Lorentz transformation　洛伦兹变换
Lorentzian　洛伦兹函数
loretin　试铁灵
Lorhumb　罗伦导航网的时间变更线
loricated pipe　内部涂有沥青的管子
lorry　(1)手车,货车,推料车,矿车;(2)运货汽车,载重汽车,运输车,平台四轮车,卡车(美国用 truck)
lorry loader　自动装卸车,自动装卸机
lorry-mounted　悬挂在载重汽车上的,悬挂在汽车底盘上的
lorry-mounted crane　随车起重机,起重汽车,汽车吊
lorry rail　手车轨道
lorry track　手车轨道
lorry tyre　载重轮胎
lorryborne (=lor)　卡车运输的
losable　能被失去的,易失的
lose　(1)失去,失落,损失,丧失,遗失,丢失;(2)减少,降低;(3)错过,漏过,摆脱,迷失,失败
lose an opportunity　错过机会
lose no time in　不失时机,抓紧时间,及时
lose sight of　看不见,忘记,忽略
lose time　失去时机,延误
loser　(1)损失者,失败者,失主;(2)损失物
losing　损失[的],失败[的]
losing lock　失锁
loss　(1)吸收损失,损失,损耗,损害,损伤,漏失,亏损,烧损,衰减;(2)减小,减少,降低,下降;(3)丧失,遗失,丢失,漏失,错过;(4)废料;(5){计}拒服式
loss and damage (=L&D)　损失和损坏
loss angle　损耗角
loss behind the shock　激波后压力损失
loss by radiation　辐射损失,散热损失
loss by resolution　溶失量
loss call　未接通的呼叫
loss coefficient　损失系数,损耗系数
loss-delay system　等待‐延滞系统,混合系统
loss due leakage　漏损
loss due to friction　摩擦损失
loss factor　损失系数,损耗系数,损耗因数
loss-free　无损耗的
loss free conditions　无损失条件
loss in efficiency　效率损失,效率降低
loss in weight (=LIW)　重量损失,失重
loss measurement　损耗测量
loss modulation　耗损调制,吸收调制
loss of charge　充电损失,电荷减少
loss-of-charge method　电荷漏减法
loss of circulation　循环损失
loss of compression　(1)压缩损失;(2)(气流)压力损失
loss of contrast　对比度损失
loss of elevator effectiveness　升降舵效率损失,升降舵效率下降
loss of energy　能量损失
loss of friction　摩擦损失
loss of head　水头损失,水压损失,压头损失,落差损失,位损
loss of hearing　听觉损失
loss of heat　热损失,散热
loss of life　使用寿命降低,使用期缩短,寿命缩短
loss of machine　电机损耗
loss of magnetic reversals　反复磁化损失
loss of material　材料损失
loss of memory　记忆缺失
loss of momentum　动量损失
loss of phase　断相
loss of picture lock　图像失锁
loss of power　功率损失,动力损失,电源损耗
loss of pressure　压力损失,压力下降

loss of pressure head　压力损失,水头损失
loss of resolution　失去分辨能力
loss of signal　信号丢失
loss of signal strength　信号强度衰减
loss of significant figures　有效数字损失,有效数字损耗
loss of synchronism　同步性破坏
loss of synchronous machine　同步机损耗
loss of vacuum　真空损失
loss of weight　失重
loss on heating　加热损失
loss-on-heating test　加热损失试验
loss on ignition　烧失量,烧蚀
loss resistance　损耗电阻
loss tangent　(1)耗损角正切,损耗因素;(2)耗损角正切值
loss through shock wave　激波中压力损失
loss through standing　储存时损失
loss time　损耗时间,空载时间
losser　衰减器
losser circuit　损耗电路
lossless　无损耗的
lossless cable　无损电缆
lossless line　无损线
lossless wave equation　无损耗波动方程
lossmaker　(1)亏本生意;(2)亏本企业
lossy　有损耗的,有损的,漏失的,耗散的
lost　(1)未被利用的,浪费的,徒劳的;(2)损失的,损耗的,磨损的,失去的,失掉的,错过的;(3)分离开的
lost balloon　测风气球
lost count　漏失计数,漏计数
lost head　切头
lost head nail　大头钉
lost material　磨损的材料,损耗的材料
lost motion　(1)无效运动,无效运转,空运转,空转,空动,游动;(2)齿隙差
lost pulse　漏失脉冲
lost surface　磨掉的面层
lost velocity head　速度头损失
lost wax　失蜡铸造
lost-wax moulding　熔模法造型,失蜡法造型
lost wax process　失蜡铸造法,精密铸造法,熔模铸造法
lost work　无效功,虚功
lost dielectric　有损介质
lot　(1)地区,地段,分段,场地;(2)批量,大量,许多,组,套,批,堆;(3)种,类,群;(4)分配器;(5)划分,分配,分给;(6)抽签,签
lot diameter variation　批直径变动量,批直径变化值
lot mean diameter　批量平均直径
lot number (=Lot No. 或 LN)　批号
lot plan　地段图
lot production　成批生产,大批生产,批量生产
lot size　批量
lot tolerance failure rate (=LTFR)　批内允许损坏率
lot tolerance fraction relibility deviation (=LTFRD)　(质量控制的)批内允许可靠率偏差
lot tolerance percent defective(=LTPD)　批量允许不良率,允许批量不良率,批内允许次品率
lotio　洗液,洗剂
lotion　(1)洗涤剂,涂剂,洗液;(2)洗净
Lotus alloy　洛特斯铅锑锡轴承合金(铅75%,锑15%,锡10%)
loud　高声的,大声的,响亮的
loud dot　响点
loud-hailer　强力扬声器
loud-speaking telephone　扬声电话机
loud trailer　大功率指向性扬声器
loud speaker　喇叭
loudness　响度
loudness contour　等响线
loudness contour selector (=LCS)　等响线选择器
loudness control circuit　响度控制电路
loudness control switch　响度控制开关
loudness scale　响度等级
loudness unit (=LU)　响度单位
loudspeaker (=LS)　扩音器,扬声器,喇叭
loudspeaker microphone　(内部通信用)对讲机
loudspeaker monitor　监听扬声器

loudspeaking telephone receiver　扩音受话器
lougre　(法)一种三桅纵方帆船
lounge　躺椅
lounge car　没有娱乐室的客车
loup　不定形铁块
loupe　放大镜
louver　(1)(汽车的)放热孔,放气孔;(2)放气窗,放气孔,百叶窗;(3)发动机盖;(4)防直射灯罩
louver board　开孔散热板,散热片
louver brightness　防直射灯罩亮度
louver lighting　隔栅照明,散光照明
louvered (=lvd)　有固定百叶窗的
louvre　(1)(汽车的)放热孔,放气孔;(2)放气窗,放气孔,百叶窗;(3)发动机盖;(4)防直射灯罩
louvres　熏房顶的通风调节器
love seat　双座椅
low (=LO)　(1)最低限度,低速齿轮,最小分数,低水平,低频,低端,初速,低;(2)低级的,低度的,低的,弱的,小的;(3)下部的,不足的,少的,轻的
low ABM and high MIRV　小规模配置反[弹道]导弹和大规模配置分导多弹头导弹(ABM=antiballistic missile 反[弹道]导弹),(MIRV=multiple independentyl target re-entry vehicle 分导多弹头导弹)
low access　慢速存取
low accuracy (=LOAC)　低精确度,低准确度
low-activity　低放射性水平[的],弱放射性[的]
low-alloy　低合金的
low-alloy steel (=LAS)　低合金钢
low-alloy tool steel　代合金工具钢
low-alloyed　低合金的
low altitude (=LA)　低空
low altitude coverage radar (=LACR)　低空有效探测范围雷达
low-altitude defence　低空防御
low-altitude dish　低仰角天线,低辐射天线
low-altitude short-range missile (=LASRM)　低空近程导弹
low-and-high-pass filter　高低通滤波器,带阻滤波器,带除滤波器
low and high shift lever　变速杆
low and medium frequency (=LMF)　低频及中频
low-angle　小俯冲角的
low-attenuation range　低衰减范围
low baking　低温烘烤
low bandwidth　低带宽
low beam　[车头的]短焦距光
low bearing　(齿轮)靠齿根部的接触区
low bit test (=LBT)　低位试验
low-blast furnace　低压鼓风炉,低压高炉
low-boiler　低沸化合物
low-boiling　低温沸腾的,低沸点的,沸点低的
low-boom　[桁架]下舷
low bracket gasoline　低辛烷值车用汽油
low brake　低速制动器,低速闸
low brass　(1)下半轴瓦;(2)软黄铜
low-built　低构架的
low built car　低重心车辆
low-built chassis　重心低的底盘
low calorific value (=LCV)　低热值
low-capacitance cable　低电容电缆
low capacitance cable　小容量电缆
low-carbon　含碳低的,低碳的
low carbon (=LC 或 L/C)　低碳[的]
low carbon steel　低碳钢
low channel antenna　低频道天线
low-compression　低压缩的
low compression ratio (=lcr)　低压缩比
low contact　(锥齿轮)低齿根接触
low counter gear　低速副轴齿轮
low-current amplifier　弱电流放大器
low-cycle mechanical fatigue　低循环机械疲劳,低周机械疲劳
low damping　弱阻尼
low definition　低清晰度
low definition television　低清晰度电视
low-density　低密度的,密度低的
low-density code　低密度码
low-density method　低电流密度[锌电积]法
low density polyethylene (=LDPE)　低密度聚乙烯

851

low distortion 轻度失真

low doped 轻渗杂的

low-duty (1) 小功率的, 小容量的, 轻型的; (2) 小功率工作状态

low-duty-cycle switch 短时工作开关, 瞬时转换开关

low efficiency (=LE) 低效率

low-e circuit 小电容电路

low emission 弱放射, 弱发射

low-end 低等的, 低级的

low-energy 非穿透的, 低能的, 软的

low-energy electron diffraction (=LEED) 低能量电子衍射法

low-energy orbit 最佳轨道

low enrichment ordinary water reactor (=LEO) 低浓缩普通水反应堆

low-expansion 低膨胀系数的, 小膨胀系数的

low-expansion alloy 低膨胀合金

low expansion alloy 低膨胀合金

low expansion material 低膨胀系数材料

low explosive (=LE) 低级炸药

low-factor line 低功率因数线路

low-flash (1) 低闪点的, 低温发火的; (2) 低温发火, 低温闪蒸

low-freezing 低凝结点的, 低凝固点的, 低结晶温度的

low-frequency 低频率 [的], 低频 [的]

low frequency (=LF) 低频率, 低频

low-frequency acquisition and ranging (=LOFAR) 低频搜索与测距

low-frequency amplification 低频放大

low-frequency amplifier (=LFA) 低频放大器

low frequency amplifier 低频放大器

low-frequency band 低频带

low frequency choke (=LFC) 低频扼流圈

low-frequency choke coil 低频扼流圈

low-frequency compensation 低频补偿

low frequency correction (=LFC) 低频校正

low frequency current (=LFC) 低频电流

low frequency decoy (=LFD) 低频假目标

low-frequency distortion 低频失真

low frequency disturbance (=LFD) 低频干扰

low-frequency field 低频场

low-frequency filter (=lff) 低频滤波器, 低通滤波器

low-frequency generator 低频发电机

low-frequency iron core inductance (=lfici) 低频铁芯电感

low-frequency limit 低频极限

low-frequency modulation 低频调制

low frequency modulation (=LFM) 低频调制

low frequency omnidirectional radio range (=LOR) 低频全向无线电信标

low frequency omnidirectional range (=LOR) 低频全向作用距离

low-frequency oscillator 低频振荡器

low frequency oscillator (=LFO) 低频振荡器

low-frequency padder 低频微调电容器

low-frequency power amplifier 低频功率放大电路

low frequency radio telescope (=LOFT) 低频射电望远镜

low-frequency response 低频响应

low-frequency start 低频起动

low frequency-to-medium frequency ratio (=LF/MF) 低频对中频比率

low-frequency transduction (=LFT) 低频传导

low-frequency transformer 低频变压器

low frequency vibration (=LFV) 低频振动

low-gain channel 低增益通道

low-gear 慢速齿轮, 低速齿轮

low gear (=LG) (1) 低速齿轮, 低速挡; (2) 第一速率, 低速率

low-grade 低品位的, 低质量的, 低级的, 低档的, 次等的, 劣等的

low grade 低品位, 低质量, 低级, 低档

low-grade ore 贫矿石

low-gravity 低比重的

low-gravity fuel 低比重燃料, 轻燃料

low-hardness steel 低硬度钢

low-head 低扬程的, 低压头的

low head 低水头, 低压头

low-head hydroelectric power station 低水头水电厂

low-hearth 精炼炉床

low-heat cement 低热水泥

low-heat-duty clay 低熔点粘土

low heat value =LHV 低热值

low-helix drill 平螺旋钻

low-high speed change 低 - 高变速

852

low hybrid resonance (=LHR) 低 [频] 混合共振

low hysteresis rubber (=LHR) 低滞后橡胶

low-impedance coupling 低阻抗耦合

low inductance synchro 低电感自动同步机

low inertia clutch (=LIC) 低惯性离合器, 小惯性离合器

low input voltage conversion and regulation (=LIVCR) 低输入电压变换及调节

low input voltage converter (=LIVC) 低输入电压变换器

low input voltage regulation (=LIVR) 低输入电压调节

low-intensity (=LI) 低强度的

low intensity 低强度

low-intensity steel 低强度钢

low-intensity test reactor (=LITR) 低中子密度试验性反应堆

low key 暗色调图像调节键, 低音调键

low key lighting 阴暗色调照明

low key tone (图像) 阴暗色调

low-lead 含铅少的, 低铅的

low-level 低放射性水平的, 低标准 [的], 低标高 [的], 低水平 [的], 低能级 [的], 低电平 [的]

low level (=LL) 低放射性水平的, 低标准, 低标高, 低水平, 低能级, 低电平

low-level amplifier 低电平放大器

low-level bus 低底盘公共汽车

low level code 初级程序, 初级码

low-level cracking 轻度裂化

low level current mode logic (=LCML) 低电平电流型逻辑

low-level defence 低空防御

low-level detection (1) 低能级检测, 低空探测; (2) 低电平信号的检波, 低功率检波

low level logic (=LLL)

low level modulation 低电平调制

low-level railway 地下铁路

low level slicer 低电平限幅器

low-lift (水泵) 低压的

low-lift pump 低压泵

low lift pump 低压泵

low-light 低照度的

low-light level pick-up 微光摄像管

low-light level night vision device 微光夜视仪

low-light level television 微光电视

low light level television (=LLLTV) 微光电视

low-light level television camera 微光电视照相机

low limit 最小尺寸, 下限尺寸, 最小限度, 下限

low-limit frequency 最低频率

low limit of size 下限尺寸

low limit of tolerance 下限公差

low limit tolerance 下限公差

low-loss 低损耗的

low-low 超低挡

low-low gear ratio (变速器和副变速器均挂低挡时) 低挡总传动比

low-low speed 主副变速器均挂低挡速度

low-lying excited state

low machinability 低切削性

low manganese steel 低锰钢

low-melt alloy 低熔点合金, 易熔合金

low-melting 低熔点的, 易熔的

low-melting alloy 低熔点合金, 易熔合金

low-melting-point 低熔点

low melting point (=LMP) 低熔点

low-moisture 低水分的

low-mounted coil spring suspension 低挂式卷圈弹簧悬架

low nitrogen phosphorous steel 低氮磷钢

low-noise 噪声水平低的, 低噪音的, 低噪声的, 无噪声的

low-noise amplifier 低噪声放大器

low-noise level transformer 低噪声变压器

low-noise travelling wave tube 低噪声行波管

low-oil alarm 机油油面过低信号report警, 低油位警报

low-order 低阶的, 低位的, 低次的

low order 低阶, 低位, 低次

low-pass (=LP) 低通 [的]

low pass 低通

low-pass filter 低通滤波器

low pass filter (=LPF) 低通滤波器

low-pass filter section 低通滤波器节

low-performance equipment　低性能设备
low-phosphorous　低磷的
low phosphorous pig iron　低磷铸铁
low pitch cone roof　低倾度锥形顶盖
low potential　低电势, 低电位
low power (=LP)　(1) 低功率, 小功率；(2) 低倍率
low-power factor circuit　小功率因数电路
low power load　小功率负载
low power logic (=LPL)　低功率逻辑电路
low-power modulation　小功率调制
low power research reactor (=LPRR)　小功率研究反应堆
low-power test (=LPT)　小功率试验
low-power transistor　小功率晶体管
low power water boiler (=LOPO)　小功率沸腾式反应堆
low-powered　(1) 小功率的, 低功率的；(2) 装有小型发动机的
low powered VOR (=LVOR)　低功率甚高频全向信标 (VOR= 甚高频全向信标, 其英文全称为 very high frequency omnidirectional range 或 VHF omnirange)
low-pressure (=LP)　(1) 低压的；(2) 低气压, 低压
low pressure　低压
low pressure angle　小压力角
low pressure bubble　低压涡
low pressure combustion chamber (=lpcc)　低压燃烧室
low pressure compressor (=lpc)　低压压气机
low pressure expansion machine　低压膨胀机
low pressure filter (=LPF)　低压滤器
low pressure gun　低压油枪
low pressure heating boiler (=LPHB)　低压加热锅炉
low pressure oxygen (=LPOX)　低压氧气
low-pressure test　低压试验
low-pressure turbine　低压汽轮机, 低压涡轮机
low pressure turbine (=LPT)　低压汽轮机, 低压涡轮机
low-proof　低酒精成分的
low-purity　污染了的, 低纯度的, 不纯的
low-quality　低质量的
low radio frequency　低射频
low-range gear ratio　副变速器低档各传动比
low-rank fuel　低级燃料
low-rate code　低 [信息] 率码
low reactance-resistance ratio　低电抗电阻比
low-reading thermometer　低温温度计
low-resistance　低电阻的, 低阻力的
low resistance ohmmeter (=LRO)　低电阻欧姆表
low resolution infrared radiometer (=LRIR)　低分辨力红外射线探测仪
low-response　(1) 低响应；(2) 低灵敏度
low shrink (=LS)　低收缩
low-side roller-mill　低面滚磨机
low-silicon　低硅的
low-sintering　低温烧结的
low-sounding horn　低音喇叭
low-speed　低速的
low speed (=LS)　低速
low speed adjustment　低速调整
low speed gear　低速齿轮, 低速挡
low speed heavy cut　低速重切削
low speed logic (=LSL)　低速逻辑电路
low speed neutron　慢中子
low speed pinion　低速小齿轮
low speed printer (=LSP)　低速印字机, 低速印相机
low speed rolling　低速轧制
low speed switch (=LSS)　低速开关
low splitter　副变速器低挡
low steel　低碳钢
low stress grinding (=LSG)　低应力研磨
low-suction controller　抽吸过程中的最低压力调节器
low sun gear　低速行星齿轮, 低速太阳轮
low tape　纸带将完标志
low target (=LT)　低目标
low technology　低等技术
low temperature (=LT 或 lo-temp)　低温
low temperature annealing　低温退火
low temperature brittleness　低温脆性, 冷脆性
low-temperature carbonization　低温碳化

low temperature coefficient (=LTC)　低温系数
low temperature cooling (=LTC)　低温冷却
low-temperature device　(1) 低温设备；(2) 低温元件
low-temperature electronics　低温电子学
low-temperature grease　低温脂
low-temperature lubrication　低温润滑
low-temperature measurement　低温测量
low temperature passivation (=LTP)　低温钝化
low temperature rubber (=LTR)　低温橡胶
low temperature tempering (=LTT)　低温回火
low-temperature welding　低温焊接
low tempering　低温回火
low-tension　{电} 低电压的
low tension (=LT)　{电} 低压
low-tension arc　低压电弧
low-tension battery (=LTB)　低压电池
low-tension cable　低压电缆
low-tension coil　低压线圈
low-tension motor　低压电动机
low-tension power board (=LPB)　低压电源板
low-tension winding　低压绕组
low-test　低挥发性的
low-test gasoline　低级汽油
low thermal expansion (=LO-X)　低热膨胀
low-thermo metal　低熔点合金
low torque (=LT)　低转矩
low vacuum　低度真空, 低真空
low-valence　低价
low-valency　低价
low-valent　低价的
low velocity　低速度, 低速
low-velocity electron　低速电子
low-velocity scanning　低速电子扫描
low velocity scanning (=LVS)　低速扫描
low-velocity tube　低速扫描阴极射线管
low velocity zone (=LVZ)　低速带
low visicosity (=LV)　低粘度
low visicosity index (=LVI)　低粘度指数
low-volatility fuel　低挥发分燃料, 重质燃料
low-voltage　低电压的
low voltage (=LV)　低电压
low voltage bias (=LVB)　低压偏压
low voltage capacitor (=LVC)　低压电容
low-voltage coil　低压线圈
low-voltage fast (=LVF)　低压快速的
low voltage neon (=LVN)　低压氖 [光灯]
low-voltage plate (=LVP)　低电压 [极] 板
low-voltage protection (=LVP)　低电压防护
low-voltage power supply (=LVPS)　低压电源
low-voltage release (=LVR)　低电压释放 [机构]
low voltage tube　低电压管, 低压管
low voltage tubular (=LVT)　低电压管状的
low-voltage winding　低压绕组
low volume (=LV)　低容量
low-water　低水位的
low water (=LW)　低水位
low water datum (=LWD)　低水位基准面
low water mark (=LWM)　低水位标记
low-wing　低翼, 下翼
lowball　偏低估价
lowband (=LB)　低频带
lowbell　小铃
lowboy　低柜
lowbrass　低锌黄铜
lower (=LWR)　(1) 较低的, 较近的, 早期的；(2) 下面的, 下部的, 下层的, 下级的, 下等的, 低级的；(3) 使低, 放低, 降低, 降落, 跌落, 减低, 减弱, 减少, 削弱
lower accumulator　下限累加器
lower approximate　偏少近似值
lower bearing　下轴承
lower boom　系艇杆
lower bound　下界, 低界
lower boundary　下边界
lower bridge　下桥楼

lower calorific value 低发热值
lower-case (1)小写的；(2)小写字
lower case (1)小写字母盘；(2)小写[字]体
lower control limit (=LCL) 控制下限
lower crankcase (1)下曲轴箱；(2)油底壳
lower curve 下曲线
lower cut 粗切削
lower cutting position 下切削位置
lower dead center 下死点
lower dead point 下死点
lower deck (1)下甲板；(2)士兵舱；(3)副标题
lower deviation 下偏差
lower deviation of base tangent 公法线长度下偏差
lower deviation of center distance 中心距下偏差
lower deviation of teeth thickness 齿厚下偏差
lower deviation of tolerance 下偏差
lower die 下压模
lower explosive limit (=LEL) 爆炸下限
lower extreme point 下端点
lower figure of merit (=LFM) 低品质因数,低灵敏度
lower gate 下闸门
lower half (=LH) 下半部
lower half assembly (=LH) 下半部组装
lower kinematic pair (链系的)低运动副
lower lapping plate 下研磨盘
lower left (=LL) 下左
lower limb 下边缘
lower limit (=LL 或 L/L) (1)下限尺寸,最小尺寸；(2)下限
lower limit of ultimate strength 最小极限强度
lower limit of variation 偏差下限
lower link 下拉杆
lower mast 下桅
lower melting alloy 易熔合金
lower nut 下螺母
lower pair (链系的)低副,面接对偶
lower-pair chain 低副传动链
lower pairing (机构的)低副
lower plastic limit 塑性下限,下塑限
lower pressure limit 低压极限
lower range 低量程
lower right (=LR) 下右
lower saddle 下滑座
lower sample 下层试样
lower seat 下承座
lower segment 下段
lower shaft 下轴
lower sideband (=LSB) 下边带
lower slide 下刀架
lower state 低能态
lower table 下工作台
lower tool post 下刀架
lower track wheel 履带支重轮
lower trip point (=LTP) 下解扣点
lower variation 下变差
lowerator 降落机
lowering 降低,下降,低下
lowering furnace 下移烧结炉
lowering of running accuracy 运动精度降低
lowermost 最低的,最下的
lowest common denominator 最小公分母
lowest common multiple 最小公倍数
lowest effective power (=LEP) 最低有效功率
lowest observed frequency (=LOF) 最低测得频率
lowest order 最低数位,最低位
lowest position of cross rail 横梁最低位置
lowest possible frequency (=LPF) 最低可能频率
lowest required radiated power (=LRRP) 所需的最低辐射功率
lowest usable frequency (=LUF) 最低可用频率,最低使用频率
lowest useful high frequency (=LUHF) 最低可用高频
lowly 低地,下地,普通,平凡
lowpass 低通的
Lowrer 罗兰导航系统
lows 低频
Lowson technique 高频设备调谐技术,洛森技术

lox (1)液[体]氧[气]；(2)加注液氧
loxic 扭转的,斜弯的,斜扭的
loxocosm 地球运行仪
loxodograph 航向记录仪
loxodrome 罗盘方向线,等角航线,恒向线
loxodrome curve 斜驶曲线
loxodromic 斜航的,斜驶的
loxodromic line (1)等角线；(2)等角航线,斜航线,斜驶线
loxodromic spiral 斜驶螺线
loxodromics 斜航法
loxosis 斜位
loxotic 倾斜的,斜弯的
loxygen 液氧
lozen 菱形窗格玻璃
lozenge (1)菱形；(2)菱形物
lubarometer 大气压测量仪
lubber line 航向标线,校准线
lubber's hole 桅斗人孔口,桅楼升降口
lubber's line 方向仪上的参考线,留伯斯线,校正线
lube (1)润滑材料,润滑物质,润滑油,润滑物；(2)润滑
lube cut 润滑油馏分
lube distillate 润滑油馏分
lube extract blend 润滑油中提出的混合物
lube oil 润滑油
lube oil cooler 润滑油冷却器
lube oil pump 润滑油泵
lube oil system 润滑系统
lube stock 润滑油原料,润滑油料
lubed-for-life bearing 一次润滑轴承
lublon 四氟乙烯均聚物
luboil 润滑油
Lubral 卢伯拉尔铝基轴承合金
lubri-seal bearing 阻油环轴承,带密封圈的轴承
lubricant (1)润滑材料,润滑油,润滑脂,润滑剂,润滑液,冷却液,油膏,牛油；(2)猪油和硬脂酸的混合油；(3)防止摩擦的,润滑的
lubricant additive 润滑剂的添加剂
lubricant application device 润滑液供给装置
lubricant base 润滑油基油,润滑油基础部分
lubricant carrier 润滑油载体,蓄油层,载油体
lubricant compatibility 润滑剂相容性,润滑剂可混用性,润滑剂配伍性
lubricant cooling agent 冷却液
lubricant discharge 润滑油流出
lubricant film 润滑油膜,润滑膜
lubricant housing 润滑部位
lubricant oil 润滑油
lubricant retaining shield 护油罩
lubricant tester 润滑剂试验仪,润滑剂检验仪,润滑剂分析器
lubricate (=LUB) 起润滑作用,加润滑油,注油,涂油,上油,润滑
lubricated 润滑的
lubricated friction 有润滑摩擦
lubricated point 润滑点,润滑部位
lubricated wear test 有润滑磨损试验
lubricating (=LUB) 润滑
lubricating arrangement 润滑装置
lubricating capacity 润滑能力
lubricating coupler 润滑器
lubricating cup 润滑油杯
lubricating device 润滑装置
lubricating felt 润滑毡
lubricating felt wick 润滑油毡心
lubricating film 润滑油膜
lubricating gas 润滑气体
lubricating gear 润滑机构,齿轮式润滑泵
lubricating grease 润滑油脂
lubricating groove 润滑槽
lubricating gun 滑油枪,滑脂枪
lubricating hole 润滑油脂孔,润滑孔,注油孔
lubricating jelly 凝胶润滑剂
lubricating method 润滑法
lubricating nozzle 润滑油枪
lubricating-oil 润滑油
lubricating oil (=LO) 润滑油,润滑脂,滑脂
lubricating oil cooler 润滑油冷却器
lubricating oil gun 润滑枪

lubricating oil pump (=LOP)　润滑油泵
lubricating oil purifier　润滑油滤清器
lubricating oil strainer　润滑油过滤网, 润滑油滤网
lubricating oil wedge　润滑油楔
lubricating pad　润滑垫
lubricating point　润滑部位, 润滑点
lubricating property　润滑性能, 润滑性质
lubricating pump　润滑油泵
lubricating quality　润滑性能, 润滑质量
lubricating screw　黄油枪
lubricating system　(1) 润滑系统；(2) 润滑装置, 供油装置
lubricating tool　润滑工具
lubricating wick　润滑油芯
lubrication (=LUB)　(1) 润滑, 油润, 注油, 加油, 上油；(2) 润滑作用, 润滑法
lubrication by oil circulation　循环润滑
lubrication by splash　飞溅润滑
lubrication chart　润滑系统图
lubrication device　润滑装置
lubrication engineering　润滑技术
lubrication factor　润滑系数
lubrication failure　润滑故障, 润滑失效 (因润滑中断或润滑不当引起的损坏)
lubrication groove　润滑油槽, 润滑槽
lubrication hole　润滑孔, 注油孔
lubrication influence factor　润滑作用系数, 润滑影响系数
lubrication interval　润滑间隔期, 润滑间隔时间
lubrication mode　润滑模式, 润滑方式
lubrication nipple　润滑油喷嘴
lubrication oil　润滑油
lubrication oil tank　润滑油箱
lubrication point　润滑部位, 润滑点
lubrication pressure regulation　润滑压力调节
lubrication schedule　定期润滑表
lubrication standard　润滑标准
lubrication system　润滑系统
lubricative quality　润滑性能, 润滑质量
lubricator　(1) 润滑装置, 注油器, 润滑器, 加油器, 油壶, 油杯, 油嘴；(2) 润滑油剂, 润滑剂；(3) 防喷管, 防溅盆；(4) 润滑工, 加油工
lubricator oil strainer　润滑油滤器
lubricious　(1) 光滑的；(2) 不稳定的
lubricity　(1) 润滑性, 含油性, 油性；(2) 润滑能力, 光滑；(3) 油脂质；(4) 不稳定性
lubricity additives　油性润滑添加剂
lubrification　润滑, 涂油
lubritorium　汽车加润滑油站
lubro-pump　油泵
Lucalox　芦卡洛克斯烧结 [白] 刚玉, 熔融氧化铝
lucency　透明状态, 透明性
lucero　英国 IFF 及 Eureka-Rebecca 导航系统中应用的询问器 - 应答器
lucid　肉眼可见的, 透明的, 透彻的, 清楚的, 易懂的
lucidity　(1) 明白, 清晰, 透明, 清澈；(2) 洞察力, 清醒度
lucidus　光泽的
luciferin　荧光素
luciferous　(1) 光辉的, 发光的, 发亮的；(2) 有启发的
lucigen　喷雾发出强光的喷灯或气炬
lucimeter　亮度计
lucite　(1) 人造荧光树脂, 丙烯酸树脂；(2) 人造玻璃,
lucite tube　透明塑料管
lucium　稀土元素混合物
luck　(1) 不可预测的力量；(2) 幸运
Ludenscheidt　芦丁切伊特锡基合金 (锡 72%, 锑 24%, 其余铜)
Luder's line　吕德尔线
ludlow typograph　勒德洛铸排机
Ludox　硅溶胶
Ludwig hardness　路氏硬度
luff　(1) 纵帆前缘；(2) 倾角, 倾斜, 俯仰；(3) 船首弯曲部；(4) 改变吊杆外伸长度, 使起重机吊杆起落；(5) 转船首向风行驶
luff tackle　纵帆滑车
luff upon—luff　通索上的纵帆滑车
luffer boards　百叶窗, 窗板
luffing　起重杆的升降, 俯仰运动, 上下摆动
luffing crane　俯仰式起重机
lug　(1) 凸出部分, 加厚部分, 突出部, 突起点, 突起边, 凸起部, 耳状物,

凸台, 凸耳, 凸缘, 凸块, 突耳, 挂耳, 吊耳, 突缘, 肋；(2) 耳状柄, 手柄, 搭子, 吊环, 悬臂, 把, 环；(3) 拖拉, 拉丝；(4) 套管衔套, 铜接线片, 接线头, 接线片, 焊片, 焊耳, 接管, 套管, 夹子, 钳；(5) 圆形螺帽；(6) 抓地板, 抓地爪, 耳轴, 轮爪
lug angle　辅角钢
lug bolt　(1) 扁尾螺栓；(2) 凸耳螺栓
lug cover pail　有盖桶
lug foresail　前桅斜桁帆
lug hook　吊耳钩
lug-latch　(1) 挡器；(2) 定位销；(3) 掣子
lug latch　(1) 擒纵器, 挡器；(2) 钩, 爪
lug plate　(1) 接线片, 接线板；(2) 焊片, 焊耳
lug pole　挂杆
lug terminal (=LT)　接线片
lug-type chain　抓地齿防滑链
lug washer　爪形止退垫圈, 带耳止退垫圈, 带耳止退垫片
luggage-rack　行李架
luggage-van　行李车
lugangle　节点板上的短角钢
lugger　斜桁四角帆帆船
lugs　(1) 止动装置, 钎柄；(2) 停车装置
lugsail　斜桁四角帆
Lukopren C1000　硅橡胶
lukwarm　有点温热的, 微温的
lull　(1) 暂时停息, 减弱；(2) 活动暂时减少
lulu　(美)"猫头鹰"式深水炸弹
lumarith　留马利兹, 防蚀涂料, 防蚀层
Lumatron　热塑光阀 (一种有存储的高分解力投影显示件)
lumber　(1) 成材, 木材, 木料, 木板, 方材, 圆木；(2) 锯制板, 锯木, 锯材；(3) 碎屑；(4) 无价值, 多余
lumber drying　木材干燥
lumber jack　木材起重架
lumber kiln　木材干燥窑, 烘木炉
lumber-mill　锯木厂, 制材厂
lumber mill　锯木厂
lumber room　废旧物品堆放室
lumber wagon　(美) 一种无簧长车箱
lumber yard　贮木场
lumberg　光尔格 (光能单位, $=10^{-7}$ lm.s)
lumberman　伐木工
lumen (=lm 或 lu)　流明 (光通量单位)
lumen efficiency　流明效率, 发光效率
lumen fraction　(1) 相对照明, 相对亮度；(2) 相对光通量
lumen-hour　流明小时
lumen hour (=LUH)　流明小时
lumen output　流明输出, 光输出, 光强
lumen per watt (=L/W)　流明 / 瓦
lumen range (=lm)　流明范围
lumen-second　流明秒
lumenmeter　流明计, 照度计
lumens per watt (=lpw)　流明 / 瓦
lumerg (=lumberg)　流米格 (光能单位)
lumeter　照度计
lumicon　流密康 (一种具有很大的光放大和高分辨能力的电视系统)
luminaire　照明设备, 发光设备, 发光体, 光源
luminance　(1) 发光密度, 发光度, 亮度, 光度, 辉度；(2) 发光率
luminance channel　亮度通道
luminance curve of eye　眼睛灵敏度曲线
luminance delay line　亮度延时线
luminance-free signal　去亮信号
luminance function　(1) 可见度函数, 亮度函数；(2) 可见度曲线
luminance function of the eye　人眼光谱灵敏度, 视感度特性
luminance gain　亮度增益
luminance modulation　亮度调制
luminance signal　亮度信号
luminancy　亮度
luminant　发光的, 发亮的
luminary　(1) 发光体, 照明 [器], 灯光；(2) 光的
luminescence　发光, 冷光, 荧光, 磷光
luminescent　发光的
luminescent activator　荧光激活剂
luminescent counter　闪烁计数管, 发光计数管
luminescent material　发光材料
luminescent screen　荧光屏

luminiferous 发冷光的, 传光的
luminiferous ether 光以太
luminite 矾土水泥
luminizing 荧光合剂覆盖层, 荧光涂敷
luminogen 激活发光的
luminography 发光绘图法
luminometer 光度计, 照度计, 发光计, 照明计
luminophor(e) 发光体, 发光团
luminoscope 荧光仪
luminosity (1)发光本领, 集光本领, 发光度, 集光度, 光强, 光度, 亮度, 照度; (2)发光体, 发光物; (3)可见度; (4)发光, 光明, 光辉, 辉点
luminotron 发光管, 辉光管
luminous (=LUM) (1)集光度的, 发光的, 发亮的, 夜光的, 明亮的; (2)有启发的, 明白的, 明了的, 明晰的, 清楚的
luminous beacon 灯标
luminous body 发光体
luminous dial 闪光标度盘
luminous diode 发光二极管
luminous edge (显像管)遮光边框, 框架
luminous efficiency 发光效率, 流明效率
luminous emittance 发光度
luminous energy 光能
luminous exitance 光束发散度, 光的出射率
luminous flame 光[火]焰
luminous flux 光通量, 光束, 光流
luminous flux density 光通量密度
luminous flux per watt 发光率 (光通量/瓦)
luminous intensity 发光强度, 光强度, 照度, 光力
luminous paint 发光油漆, 发光涂料
luminous point 光点
luminous power (1)发光功率; (2)发光本领, 发光能力, 光力
luminous ray 光线, 光束
luminous reflection factor 光反射率
luminous sensitivity 光照灵敏度, 感光灵敏度
luminous standard 测光标准, 光度标准
Lumizip 照相排字机
lumophor 发光材料, 发光体
lumnite 柳密尼特 (一种快凝水泥)
lump (1)块, 团; (2)块煤; (3)族; (4)归并在一起, 合在一起, 集总, 集中, 总括, 概括; (5)成块, 成团; (6)装卸货物; (7)浓缩, 浓化; (8)一大堆, 大量, 多数
lump coal 块煤
lump of fuel 燃料块
lump-sum 一次总付的
lump sum (=LS) 总数, 总额, 总计
lump-sum contract 总包合同, 包工契约
lump work 包工
lumped 集总的, 总括的, 集中的
lumped capacitance 集总电容, 集中电容
lumped capacity 集总电容, 集中电容
lumped circuit 集中参考电路, 集总常数电路
lumped constant 集总常数
lumped constant circuit 集总常数电路
lumped device 集总器件
lumped element 集总元件
lumped impedance 集中阻抗, 集总阻抗
lumped inductance 集总电感
lumped inertial effect 集总惯性作用
lumped load 集总负载
lumped loading 集总加载
lumped magnet 集块磁铁
lumped model 集总模型
lumped parameter 集总参考, 集中参考, 概括性参考
lumped parameter integrated circuit 集总参考集成电路
lumped parameter system 集中参数系统, 分块参数系统
lumped reactance 集总电抗
lumped resistance 集总电阻
lumped resistor 集总电阻器
lumped resonant circuit 集总参数谐振电路
lumped voltage 集总电压
lumper (1)码头工, 装卸工; (2)承包商, 包工头
lumpiness 块度, 粒度
lumping (1)集总, 集中; (2)集总分裂, 集总裂变; (3)浓缩, 成块, 成团, 块状, 堆积

lumping of uranium 铀的块状分布, 铀集总位置
lumping weight 十足重量, 足重
lumps of wood 木块
lumpy 成块的, 块的
lumpy line 集总恒量线路
lunanaut 登月宇航员
lunar (1)月球的, 似月的, 月形的; (2)[含]银的
lunar bug 小型载人月球飞行器
lunar caustic 硝酸银, 银丹
lunar circumnavigation 环月飞行
lunar communication back line 月球-地球通信线路
lunar craft 登月飞行器
lunar departure 月面发射
lunar escape 月球轨道逃逸点, 脱离月球引力区
lunar excursion module (=LEM) 月球探测飞船
lunar excursion vehicle 登月飞船, 登月舱
lunar exploration module (美阿波罗飞船的)登月舱
lunar extended stay spacecraft 长时登月飞船
lunar impact 在月球上硬着陆
lunar-impact camera 月面降落[电视]摄像机
lunar landing 在月球上着陆, 登月
lunar lift-off 从月球上起飞
lunar module (=LM) 登月舱
lunar orbiter spacecraft (=LOS) 月球轨道飞行器
lunar probe 月球探测器
lunar radar 月球探测雷达
lunar receiving laboratory (=LRL) 月球标本实验所
lunar reconnaissance module (=LRM) 月球探测用宇宙飞船
lunar robot vehicle 月球自动操纵车
lunar rover 月行车
lunar rover vehicle 月面车
lunar roving vehicle (=LRV) 月球车
lunar seismometer 月震计
lunar shuttle 往返地-月间的飞船
lunar time 太阴时
lunar year 太阴年
lunarium 月球运行仪
lunarnaut 登月宇航员
Lundin hitch point searcher 伦丁故障点搜索器
lune 二角形, 弓形, 半月形
lune of a sphere 球面二角形, 球面弓形
lunette (1)凹凸两面透镜; (2)牵引环
lunik (1)月球火箭, 月球卫星; (2)月球探测站; (3)月球探测器
lunk 选取中继线
lunokhod 月球车, 月行车
Luanov tree 鲁巴诺夫树 (一种低温译码器)
lurch (1)突然倾斜; (2)摆动, 摇摆; (3)趋势, 趋向
lurching (1)倾侧, 摇摆; (2)潜伏
lurching of locomotive 机车摆动
lure (1)引诱, 吸引, 诱惑; (2)诱惑物, 吸引力
Lurgi metal 铅基钙钡轴承合金 (钙0.5-1%, 钡2-4%, 其余铅)
lurker 诱鱼灯船
lusec (=micro-liters per second) 流西克 (升/秒)
luster (=lustre) (1)光泽, 光亮; (2)虹采釉, 光瓷; (3)闪光, 发光, 使有光泽, 上釉
luster glass 彩虹玻璃
luster sheet 抛光薄板
lustering 上光
lusterless 无光泽的
lusterware 光瓷
Lustrae 醋酸纤维素塑料
lustrex 苯乙烯塑料
lustrous 有光泽的, 闪光的, 光辉的
lutation 密封
lute (1)密封胶泥密封粘土, 密封橡皮圈; (2)封闭器; (3)涂油; (4)直规; (5)镘板
lute in 封入, 塑入, 嵌入
lutecium {化}镥 Lu
lutetium {化}镥 Lu
luting (1)用泥封闭, 腻子, 油灰; (2)浓缩
lux (=Lx) 勒克司 (即米烛光)
lux candle 米烛光
lux gauge 勒克斯计, 照度计
lux-hour 勒时

lux-second 勒秒
luxemberg effect 卢森堡效应
luxistor 光导管
lux(o)meter 光度计,照度计,勒克司计
luxon 特罗兰,光束子,国际光子(视网膜照度单位)
lyate (两性)溶剂阳离子
lyate ion 溶剂阴离子
lyddite 立德炸药
lydianite 试金石
lye 碱液,碱水,灰汁
lye change 废碱液
lye dissolving tank 溶碱槽
lye tank 碱液槽
lye vat 碱液槽
lyear 光年
lying (1)天窗;(2)横卧;(3)虚伪,谎话;(4)假的
lying days 卸货日
lying light 天窗
lying panel 平纹镶板
lying side 下盘
lying wall 下盘,底盘
Lyman tube 赖曼放电管
Lymar 光子铅板
lyo- (词头)溶,离
lyo-luminescence 液晶发光
lyogel 液凝胶,冻胶
lyolysis 溶解[作用],液解

lyometallurgy 溶剂冶金,萃取冶金
lyonium (两性)溶液阳离子,溶剂合质子
lyophil 冷冻干燥的
lyophil appratus 低压冻干器
lyophile (1)亲液胶体,亲液物;(2)亲液的
lyophilic 亲液的
lyophilic colloid 亲液胶体
lyophilisation 冷冻真空干燥法,低压冻干法,升华干燥,冷冻干燥,冻态干燥,冷冻脱水
lyophilization 冷冻真空干燥法,低压冻干法,升华干燥,冷冻干燥,冻态干燥,冷冻脱水
lyophilize 冻干
lyophilizer 冷冻干燥器,冻干器
lyophilizing 冻干
lyophobe 疏液胶体,疏液物,憎液物
lyophobic 疏水的,疏液的,憎液的,憎水的
lyosol 液溶胶
lyosorption 吸收溶剂[作用]
lyotrope 感胶离子,易溶物
lyse 溶解,溶化,分解
lysimeter 渗漏测定计,液度计,渗水计,测渗计
lysis 溶解,溶化
lysol 煤酚皂溶液,杂酚皂液
lytic 溶解的
lytomorphic 溶解变形的
LZS field theory 莱曼 - 齐默曼 - 西曼度克场论

M

M-body 麦克斯韦体
M-carcinotron M型返波管
M channel 主通道, M通道
M-curve 大气校正折射率与高度的关系曲线, M曲线
M-derived filter M导出式滤波器, M推演式滤波器, M导型滤波器
M-discontinuity 莫霍不连续面
M discontinuity 莫霍不连续面, 莫霍界面
M display (1) 距离显示, M型显示; (2) 距离显示器, M型显示器
M-ENG 多发动机的
M-I bus 存储输入汇流线, 存储[器]输入总线
M-quenching 马氏体淬火
M-S flip-flop 主从触发器
M shape cage (轴承) M形保持架
M-shell M壳层
M-system M系 (一种测量粗糙度方法)
M-type carcinotron M型返波管(电子束与电场和磁场相垂直的行波管)
Maag gear 马格齿轮
Maag gear cutter 马格插
Maag gear grinder 马格齿轮磨床, 马格磨齿机
Maag gear shaper 马格刨齿机
MAAG gearing (瑞士) 马格公司的齿轮齿形[制]
Maag grinding 马格磨齿机
Maag grinding machine 马格磨齿机
Maag type gear grinding machine 马格(双砂轮)磨齿机
maccaboy (一种飞机用的)雷达干扰探测器
Mace (1) 一种伤害性压缩液态毒气; (2) 向……喷射伤害性压缩液态毒气
macerals 煤的基本微观结构, [煤的]显微组份
macerate (1) 浸渍, 浸解, 浸化, 浸软; (2) 浸渍物; (3) 损耗
macerater 浸渍机, 浸渍器, 纸浆制造机
maceration (1) 浸渍[作用], 浸解[作用], 浸化[作用]; (2) 损耗
macerator 浸渍机, 浸渍器, 纸浆制造机
Mach (=M) 马赫 (速度单位)
Mach front 马赫波前, 马赫阵面, 马赫锋
Mach metal 马赫铝镁合金(镁, 其余铝)
Mach meter 马赫计, 马赫表
Mach number 速度与音速的比值, 马赫数
Mach number computer 马赫数计算机
Mach-number-varied 随马赫数变化的
Mach stem effect 马赫效应
mache 马谢(量镭的单位, 空气或溶液中所含氡的浓度单位)
machinability 可[机]加工性, 机械加工性能, 切削加工性, 可切削性, 机制性
machinability annealing 改善加工性的退火
machinability index 切削性能指数
machinability rating (=MR) 机加工性参考, 切削性能指数
machinability ratio 切削性比, 相对切削性
machinability test 切削性试验, 可加工性试验
machinable (1) 可[用机器]加工的, 可用机械的, 可加工的; (2) 可用机器判读的, 机器可读数据
machinable carbide 可切削硬质合金
machinable hardness 可机加工性, 可机加工硬度
machinable medium 机器可读的存储媒体
machinate 图谋, 策划
machine (=mach 或 MC) (1) 机器, 机械, 器械, 机床; (2) 机器加工, 机械加工; (3) 运输工具; (4) 军用器具; (5) 加速器

machine address 机器地址
machine adjustment 机床调整
machine aided cognition 计算机辅助识别
machine analysis display (=MAD) 机器分析显示
machine arithmetic 机器运算
machine attendance 机器保养, 机床保养
machine attention 机器保养, 机床保养
machine base 机器底座, 机床座, 机座
machine bolt 机器螺栓
machine-building 机械制造的, 制造机械的
machine building (1) 机器制造, 机械制造; (2) 机器制造工业
machine building industry 机器制造业
machine-building plant 机器制造厂
machine carbine 卡宾枪
machine-casting 用机器铸造[的], 机器浇铸
machine casting 机器铸造, 机械铸造, 机器浇铸
machine center to back (锥齿轮机床) 轴用轮位
machine-cleaning 机械清洁的, 机械清除的
machine code 机器代码, 指令表
machine codes 机器编码
machine cognition 机器识别
machine component 机器构件, 机器零件, 机械零件
machine computation 机器计算
machine construction 机器结构, 机械结构
machine control 电视电影机控制
machine controller 电机控制器
machine countersink 机用锥铰刀
machine cover 机器盖, 机盖
machine cut 机械方法截槽, 机器切割, 机割
machine-cut gear 机加工齿轮
machine-cut tooth 切削齿, 机加工齿
machine cutting tool 机床切削工具
machine cycle 机器工作周期, 机器计算周期
machine-dependent 与机器相关的, 依赖机器的
machine design 机器设计, 机械设计
machine dimensions 机器尺寸, 机床尺寸
machine direction (纸) 纵向
machine drawing (1) 机械制图, 机械画, 工程图; (2) 工程机械图, 机器图纸
machine drill 钻床, 钻机
machine efficiency 机器效率
machine element 机器零件, 机械零件, 机械元件, 机件
machine equation (计算机) 运算方程
machine erection 机器安装, 机床安装
machine factory 机器厂
machine file 机器锉
machine finish (=MF) (1) 机加工精度; (2) (造纸) 纸机装饰
machine finishing 机械精加工, 机器精制, 机械光制
machine for cutting spiral bevel gear 螺旋锥齿轮加工机床
machine for cutting straight bevel gear 直齿锥齿轮加工机床
machine for graduating circle 度盘刻度机
machine for parquetry work 镶木机
machine for testing material 材料试验机
machine for testing torsion 扭转试验机, 扭力试验机
machine foundation 机器基础
machine frame 机架, 机框

machine-glazed (=MG)　机器研磨的, 机器砑光的
machine group (=MACHGR)　机群, 机组
machine gun　确 (=MG) 机关枪
machine-gun microphone　强指向性传声器, 机枪形传声器
machine-gun mike　直线式传声器
machine hand　机械手
machine handle　机器手柄
machine head　主轴箱, 床头
machine hours　机器运转时间
machine in normal service　常用机器
machine-independent　与机器无关的, 独立于机器的
machine-independent language　独立于机器的语言
machine-independent solution　与机器无关的解法
machine instruction　机器指令
machine instruction code　机器指令码
machine intelligence　机器智能
machine interruption　机器中断
machine-language　计算机语言, 机器语言
machine language (=ML)　计算机语言, 机器语言, 机械语言
machine language program (=MLP)　机器语言程序
machine-laying　机械化敷设
machine learning　机器学习
machine logic　机器逻辑
machine-made　机制的, 刻板的, 机械的
machine-made brick　机制砖
machine maintenance　机器保养
machine maker　(1) 机器制造厂, 机械工厂; (2) 机器制造者
machine manufacturer　机器制造厂, 机械制造厂
machine manufacturing　(1) 机器制造, 机械制造; (2) 机器制造工业
machine mass　机床质量
machine member　机器构件, 机件
machine-minder　照看机器的人
machine mixer　搅拌机
machine mixing　机械拌和
machine mold　机器模型
machine molding　机器造型
machine moulding　(1) 机器造型; (2) 造型机
machine movement schematic drawing　机器运转示意图
machine net weight　机器净重
machine oil　机器润滑油, 机油
machine operation (=MO)　机器操作
machine operator　机床工人, 机床操作者
machine-oriented language　面向机器的语言
machine output　机床产量
machine overall dimension (length x width x height)　机床外形尺寸 (长 x 宽 x 高)
machine part(s)　机器零件, 部件, 机件
machine parts grinding　机件磨削
machine pin　机用销
machine pistol　自动手枪
machine program　机器程序
machine program control　机床程序控制
machine proof　机器打样
machine property　机加工性, 切削性
machine quality　机加工性, 切削性
machine ram　机床滑枕
machine-readable　可直接为计算机所使用的, 机器可读的
machine readable　机器可读的
machine-readable data　机器可读数据
machine readable data　机器可读数据
machine-readable medium　机器可读入 [的数据] 媒体
machine reamer　机用铰刀, 机铰刀
machine recognizable　机器可识别的
machine records (=MR)　机器记录
machine repair shop　机修车间
machine rest　试射用枪架
machine rifle　自动步枪
machine ringing　铃流机振铃, 自动振铃, 自动信号
machine riveting　机器铆接, 机械铆接
machine room　(1) 机械室, 机房; (2) 印刷车间
machine root angle　(锥齿轮) 机床根锥角, 轮坯安装角, 回转扳角
machine run　机器运转
machine saw　机用锯
machine screw (=MS)　机器螺丝, 机器螺钉, 机用螺钉

machine script　机器可读数据
machine sensible　机器可读的
machine-sensible information　机器可读信息
machine sequence　机器序列
machine setting　机器调定, 机床调定, 机床调整, 机床安装
machine-shaping　加工成形
machine shop　机工车间, 金工车间, 机械车间, 修配车间
machine shot capacity　机器压射容量
machine spare　机器备件
machine specification　机床说明书
machine speed　机器速度, 机速
machine-spoiled time　机器故障时间, 机器损坏时间, 机器浪费时间
machine steel (=MS)　机器钢, 机件钢
machine surface　机器表面
machine switching A board　半自动局 A 台
machine switching system　(1) 机械自动接线制; (2) 机用丝锥
machine tap　机用丝锥, 机用螺丝攻
machine tape reel　机器磁带盘
machine taper pin reamer　机用锥销孔铰刀
machine time　计算机时间, 运转时间, 作业时间
machine-tool　机床, 工具机
machine tool　工作母机, 机械工具, 工具机, 机床
machine tool accessory　机床附件
Machine Tool Builder Association (=MTBA)　机床制造业联合会
machine tool control　机床控制
machine tool drive　机床传动 [装置]
machine-tool engineering　机床工程 [技术]
machine-tool industry　机床工业
machine-tool plant　机床厂
machine-tool tooth(ed) gear　机床齿轮
machine-tool works　机床厂
machine-tooled　机械制造的, 机加工的
machine-tractor station (=MTS)　机器拖拉机站
machine translation (=MT)　机器翻译
machine unit (=MU)　(1) 运算装置, 运算部件, 运算单位; (2) (模拟机的) 机器单位; (3) 机器单元
machine upkeep　机器保养
machine variable　[计算机] 运算变量, 计算机变量
machine vice　机用虎钳, 机床虎钳
machine washer　平垫圈
machine welding　机械化焊接, 机器焊接
machine word　计算机信息元, 计算机字, 机语
machine work　机械加工, 切削加工, 机加工
machine works　机器厂, 机械厂
machine-wound　以绕线机绕制的
machineability　可 [机] 加工性, 机械加工性能, 切削加工性, 可切削性, 机制性
machineable　(1) 可 [用机器] 加工的, 可用机械的, 可加工的; (2) 可用机器判读的, 机器可读数据
machined　已加工的, 机加工的
machined cage　(轴承) 机加工保持器, 实体保持架
machined datum surface　机加工基准面
machined edge　经机械加工的边
machined-metal molding　金属合模压制法
machined seal　车制密封装置
machined surface　已加工面, 机加工面
machinegun　(1) 机枪; (2) 用机枪扫射
machinehours　机器运转时间
machineless　机加工能力不足的, 不用机器的
machinelike　像机器一样的, 机器似的
machineman　(1) 机器操作工, 机器维修工; (2) 凿岩机操作工; (3) 印刷工; (4) 钻石工
machinery (=mach 或 machin)　(1) 机械设备, 机械装置, 机械部分, 机械, 机器, 机床; (2) 机械制造, 机器制造; (3) 机件, 机构, 工具; (4) 机械作用, 运转部分; (5) 手段, 方法
machinery alarm　机械报警
machinery arrangement　(1) 机械布置; (2) 发动机布置
machinery bronze　机用青铜
machinery certificate (=MC)　机器执照
machinery element　机械零件
machinery foundation　机械基础
machinery iron casting　铸铁机器件, 机器铸件
machinery repairman (=MR)　机械修理员
machinery retrieval system (=MARS)　机械补救系统

859

machinery survey 机器设备的检查

machinescrew 金属螺丝, 机螺丝

machineshop (1) 机械车间, 机工车间, 机器房；(2) 机械厂

machinework (1) 切削加工, 机加工；(2) 机 [械] 工；(3) 机械制品

machining (1) 机械加工, 机器加工, 切削加工, 制造, 操作, 处理；(2) 开动机器

machining accuracy 机械加工精度, 机加工精度

machining allowance (1)机加工留量, 切削留量, 机制裕度, 加工余量；(2) 机加工许可误差, 制造公差

machining centers 多工序自动数字控制机床, 加工中心

machining constant 切削常数

machining dimension 机械加工尺寸

machining drawing 机械加工图纸, 机械图

machining effect 机加工效应

machining efficiency 机加工效率, 切削效率

machining mark 机加工痕, 切削刀痕

machining of metal 金属切削加工

machining process (1) 机加工方法；(2) 机加工过程

machining property 机加工性能

machining quality 机加工性, 可切削性

machining set-up 机加工装置

machining stock allowance 机械加工余量, 机械加工裕量

machining stress 机加工残余应力, 加工应力

machining symbol 机械加工符号

machining technology 机加工工艺, 机加工技术

machining time 机加工时间

machining tool 机加工工具, 切削工具, 切削刀具

machinist (=mach) 机械工人, 机械师, 机工

machinist's file 机工锉

machinist's level 机工水平仪

machinist's hammer 机工锤

machinist's level 机工水平尺

machinist's microscope 工具显微镜

machinist's rule (1) 机工规尺；(2) 划线机

machinist's vise 机工虎钳

machinofacture 机加工产品, 机械制造

Machmeter 马赫计, 马赫表, M 表

machometer 马赫 [数] 表, M 表

Macht metal 铜锌合金 (铜 60%, 锌 38-38.5%, 其余铁)

mack 烟囱桅

Mackenite metal 镍铬铁系耐热合金, 镍铬系耐热合金

Mackensen bearing 麦肯森式动压轴承, 麦肯森式滑动轴承

mackintosh (1) 防水胶布；(2) 胶布雨衣

Mack's cement 麦克斯水泥 (一种无水石膏水泥)

Macleod gauge 麦氏压力计, 麦氏真空计

macro (1) 宏观组织的, 宏观的, 宏大的, 常量的, 粗视的, 低倍的, 极厚的, 长的, 大的；(2) 成批使用的；(3) 宏指令, 宏功能

macro- (词头)(1) 宏 [观], [大] 量, 常规, 粗视, 长；(2)巨大的, 大的；(3) 长的

macro-architecture 宏体系

macro-assembler 宏汇编程序

macro-axis 长对角轴, 长轴

macro-call {计}宏调用

macro check 宏观分析, 宏观检查, 低倍检查, 肉眼检查

macro-chemistry 常量化学

macro code 宏代码

macro command 宏指令

macro control statement 宏控制语句

macro cracks 宏观裂纹, 宏观裂缝, 宽裂纹, 宽裂缝

macro declaration 宏说明

macro definition 宏指令定义, 宏定义

macro-diagonal 长对角轴

macro eddy currents 宏涡流

macro element 宏组件

macro-etching 宏观腐蚀, 宏观浸蚀, 低倍浸蚀

macro expansion 宏指令扩展, 宏扩展

macro expansion algorithm 宏扩展算法

macro facility 宏指令

macro filming 微距摄影

macro-generating program 宏功能生成程序

macro-grain 宏观晶粒, 粗晶粒

macro instruction 广义指令, 宏指令

macro-library 宏程序库

macro library 宏程序库

860

macro-modelling 宏观模型试验

macro-modular computer 宏模组件计算机

macro motion 宏观运动

macro name 宏功能名字

macro null statement 宏空语句

macro-order 宏指令

macro order 宏指令

macro oriented business language (=MOBL) 事务管理用宏语言

macro-programming 宏程序设计

macro-pyramid 长轴锥面

macro qualitative analysis 常量定性分析

macro streak flaw test 断面缺陷肉眼检验, 粗条痕裂纹检验

macro structure 宏观结构, 宏观组织, 低倍组织, 粗视组织

macroanalysis 常量分析

macroanalytic 常量分析的

macroassembler 宏汇编程序

macroassignment statement 宏赋值语句

macroatom 大原子

macroaxis (晶体的) 长对角轴, 长同

macroblock 宏模块

macrobody 宏功能体

macrocall 宏调用

macrocausality 宏观因果关系, 宏观因果性

macrochemical 常量化学的

macrochemistry 常量化学

macrocinematograph 放大电影摄影机, 放大电影放映机, 微距电影摄影机, 微距电视摄影机

macrocinematography 放大电影摄影术, 微距电影摄影术, 低倍影片拍摄术

macroclastic 粗屑的

macrocode 宏代码, 宏编码

macrocoding 宏编码

macroconstituent 常量成分

macrocorrosion 宏观腐蚀, 大量腐蚀

macrocosm 宏观世界, 宇宙

macrocosmos 宏观世界, 宇宙

macrocrystal 粗晶

macrocrystalline (1) 粗粒结晶, 粗晶质；(2) 大粒结晶的

macrocyclic (含 15 个原子以上的) 大环的

macrodispersoid 粗粒分散胶体

macrodome (晶) 长轴坡面, 大坡面

macroeffect 宏观效应

macroelement (1) 常量元素；(2) {计} 宏元素, 宏组件

macroergic 高能 [量] 的

macroetch 粗视组织浸蚀, 宏观腐蚀, 宏观浸蚀

macroetching 粗形浸蚀, 宏观浸蚀

macroexamination 宏观考查, 宏观审查, 宏观研究

macroexerciser 宏观检查程序, 宏观运用, 宏观检验

macroexpansion 宏 [指令] 扩展

macrofactography 断口宏观检验, 断口低倍检验

macrofarad 兆法拉

macrofeed 常量馈给, 常量进给

macrogel 大粒凝胶

macrogeneration 宏生成, 宏产生

macrogenerator 宏功能生成程序

macrograin 宏观晶粒, 粗晶粒

macrograph (1)宏观检查, 肉眼检查；(2)低倍照相图, 宏观图, 原形图, 肉眼图；(3) 粗视组织照相, 宏观照相, 放大照相；(4) 放大照片, 放大相片

macrographic 低倍照相的, 宏观的

macrographic examination 粗视组织检查, 宏观检查

macrography (1) 肉眼检查；(2) 宏观照相, 低倍照相；(3) 实物放大照相术

macrohardness 宏观硬度

macroheterogeneity 宏观不均匀性

macroimage 低倍放大影像

macroinstruction 宏指令

macroion 高 [分子] 离子, 大 [分子] 离子, 重离子

macrolanguage 宏语言

macrolibrary 宏程序库, 宏库

macrologic 宏逻辑

macromeritic 粗晶粒状的, 粗晶粒的

macrometer 宏观度量计, 测距器, 测远器

macromethod 大量分析, 宏观分析, 常量法

macromolecular 高分子的,大分子的

macromolecule 高分子,大分子,高聚物

macrooscillograph 常用示波器,标准示波器

macroparameter 宏观参数,宏观变量,宏参量,宏参数

macroparticle 宏观粒子

macrophotograph 实物放大相,放大照相,放大照片

macrophotography 实物放大照相术,微距摄影术

macrophysics 宏观物理学

macropinacoid 长轴[轴]面

macroporosity 宏观孔隙率,大孔隙率,宏观孔隙,肉眼孔隙,大孔性

macroporous 大孔[隙]的

macroprecipitation 常量沉淀

macroprism 长轴柱

macroprocedure 常量法

macroprocessor 宏处理程序,宏加工程序

macroprogram 宏[观]程序

macroprogramming 宏程序设计

macroprototype 宏指令记录原形

macropyramid 宏棱锥体,长轴锥

macrorheology 宏观流变学

macroroentgenogram X线放大照片

macroroentgenography X线放大照相术

macros 宏命令,宏指令

macrosample 常量试样

macroscale 宏观尺度,大尺度,大规模

macroscheme 宏功能方案

macroscopic 低倍放大的,肉眼能见的,宏观的,统观的,粗视的,大范围的

macroscopic stress 宏观区域应力,第一类内应力

macroscopic test 宏观检验,低倍检验,直观检验

macroscopic-void 大空洞,大孔

macroscopy 宏观检查,肉眼检查,粗视检查

macrosection 金属断面所示组织图,磨片组织图,宏观磨片

macrosegregation 宏观偏析,区域偏析,严重偏析

macroseismograph 强震仪

macroshape 宏观[几何]形状,表面形状

macroshot 微距摄影

macroshrinkage 宏观缩孔

macroskeleton 宏程序纲要

macroslag inclusion 宏观夹杂熔渣,宏观夹渣

macroslip 宏观移动,宏观滑移

macrosome 粗粒体,巨粒

macrosonics 强声学

macrostate 宏观状态

macrostatement 宏语句

macrostrain 常量应变,宏应变,宏胁变

macrostress 宏观区域应力,宏观组织应力,宏观应力,常量应力

macrostructural 宏观结构的

macrostructure (1)宏观结构,肉眼可见的组织,宏观组织,金相组织,低倍组织,粗视组织;(2)宏观结构,粗显构造

macrosuccessor 宏功能后继[符]

macrosystem 宏系统

macrotome 大切片机

macrotrace 宏追踪,宏探索,宏查找

macroturbulence 大尺度素动,宏观素流

macroviscosity 宏观粘度

macrovoid ratio 大孔隙率,大孔隙比

macroweather 宏观天气

maculation 斑点

macyscope 补色眼镜,红绿眼镜

made (1)人工造的,特制的;(2)完成的,制成的;(3)捏造的

made block 组成滑车

made course 真航向

Made in China 中国制造

made mast 箍合木桅

made-to-order 定制的

made-up (1)人工的,制成的,预制的;(2)编制的,配制的,组成的;(3)决定了的

madid 潮湿的,湿润的

madisonite 炉渣石

madistor (1)磁控型半导体等离子体器件,低温半导体开关器件;(2)晶体磁控管;(3)磁控等离子开关

madrier 军用厚橡木板

mag (俚)磁电机

mag-dynamo 永磁直流发电机组

mag-ion pump 磁控离子泵

Magal 铝镁合金

magaluma 马伽铝镁合金(镁3.4%,锰0.15%,余量铝)

magamp (=magnetic amplifier) 磁[力]放大器

magazine (=MAG) (1)(自动送料)储料匣,(吹芯机的)储砂筒,料斗,料箱;(2)自动储存送料装置,卡片存储装置;(3)库房,仓库;(4)杂志;(5)字模箱盒,记录纸箱,卡片箱,工具箱,暗盒,暗箱;(6)军械库,弹药库,燃烧室,弹仓,弹匣,弹盘

magazine camera 自动卷片照相机,图片摄影机

magazine change 换片盒

magazine feeding 自动储存送料

magazine feeding attachment 自动储存送料附件

magazine loader 自动储存送料装置

magazine slide 片盒导板

magazine stove 自动加煤火炉

magazine tool holder 库房工具架

magazine type automatic lathe 料斗式自动车床

magazine-type changer 储料进给台,储存装料台

Magclad 双镁合金板

magdynamo 高压永磁发电机,直流发电机组,磁石发电机

magdyno 高压永磁发电机,直流发电机组,磁石发电机

magenta (1)品红色;(2)品红,洋红

magic (1)幻术,魅力;(2)幻术的,魅力的

magic box 幻箱

magic chuck 快换夹具

magic eye 电眼

magic hand 机械手

magic lamp 幻灯

magic line 调谐[指示]线

magic number 幻数

magic square (1)纵横图;(2)幻方

magic T (1)T型波导支路;(2)混合接头

magic tee (1)T型波导支路;(2)混合接头

magic veil 电视屏遮光罩

magicore 高频铁粉芯

magistery (1)沉淀物;(2)变质力

magmeter 一种直读式频率计(0-500赫)

magna negligentia (拉)重大过失

magnacard 磁性凿孔卡装置

magnadur 玛格纳多尔磁性合金

magnaflux (=M) (1)磁[铁]粉探伤,磁力探伤法,磁粉检查法;(2)磁粉探伤机;(3)电磁探矿法;(4)磁通量;(5)用磁力探伤法检查,磁力探伤

magnaflux inspection 磁粉探伤检查,磁力探伤检查

magnaflux method (裂缝及缺陷的)磁通量检测法

magnaflux steel 航空用高强度钢

magnaflux test 磁力探伤检验

magnaflux testing 磁粉检查试验,磁通量试验

Magnaformer 玛格纳重整装置

Magnaforming 玛格纳重整

Magnaglo 玛格纳络磁性粉末

magnal base 十一脚管底,十一脚管座

magnalite 马格纳莱特铝合金,铝基铜镍镁合金(铝94.2%A,铜2.5%,锌0.5%,镁1.3%,镍1.5%)

magnalium 马格纳里铝镁合金(含镁2%-31%),铝镁铜镁合金,磁性合金

magnamite 石墨碳纤维

magnatector 测卡点仪

magne-switch 磁[力]开关

magneblast 磁灭弧[的]

magnechuck 电磁卡盘,电磁吸盘

magneform 磁力成型

magneplane transportation 磁[力]飞机运输

magner 无功功率,无效功率

magnescope (=magnascope) 放像镜(放大图像用),变倍幻灯

magnesia (1) 镁氧；(2) 氧化镁 MgO

magnesia cement 镁氧水泥

magnesia chrome 镁铬合金

magnesia-insulated metal sheathed wire 氧化镁绝缘金属铠装电缆

magnesia mixture 镁剂

magnesian 含镁的

Magnesil 用作磁放大器芯子的磁性合金，马格尼西合金

magnesite 镁砂，菱镁矿

magnesium {化} 镁 Mg

magnesium alloy 镁合金

magnesium-base alloy 镁基合金

magnesium carbonate 碳酸镁

magnesium cell 镁电池

magnesium-copper sulphide rectifier 镁-氧化铜整流器

magnesium ferrite 镁铁氧体

magnesium gearbox 镁制齿轮箱

magnesium lamp 镁光灯

magnesium light 镁光

magnesium oxide 氧化镁

magnesium-rare earth 稀土-镁合金

magnesium-reduced 镁还原的

magnesium-reduction 镁还原

magnesium ribbon 镁带

magnesium titanate ceramics 钛酸镁陶瓷

magneson 试镁灵

magnestat 磁调节器，磁放大器

magnesyn (转子上有永久磁铁的) 磁自动同步机

magnesyn compass 磁同步 [远读] 罗盘

magnet (=M) (1) 磁铁，磁石，磁体；(2) 有吸引力的人或物

magnet- (词头) (1) 磁力；(2) 磁性，磁的；(3) 电磁的

magnet 磁铁，磁石，磁体

magnet band 磁带

magnet base 磁力座，磁性座

magnet bell 磁石电铃，极化电铃

magnet coil 电磁 [铁] 线圈，励磁线圈

magnet core 磁铁芯，磁芯

magnet crane 磁力起重机

magnet erasing 磁抹音

magnet exciting coil 励磁线圈

magnet gap 磁隙

magnet feed 磁性传动

magnet housing 磁铁壳

magnet meter 磁通计

magnet pole 磁极

magnet-siren 磁号笛

magnet stand 磁性表架，磁力表架，磁带

magnet steel 磁 [性] 钢

magnet stopper 电磁制动器

magnet-type uncoiler 电磁直头式开卷机

magnet-valve 电磁阀

magnet valve 电磁阀

magnet wire (1) 磁导线；(2) 磁性钢丝，录音钢丝

magnetic (=MAG) (1) 可磁化的，磁性的，磁学的，磁体的，磁铁的，磁的；(2) 磁性物质，磁性体

magnetic-acoustic 磁声的

magnetic action 磁性作用

magnetic activity 地磁活动 [性]

magnetic after effect 磁后效应，剩磁效应，磁后效

magnetic ageing (ageing=aging) 磁性陈化，磁性老化

magnetic airborne detector (=MAD) 飞机用磁场检测计，机上磁场探测计

magnetic alloy 磁性合金，磁合金

magnetic amplifier (=magamp) 磁放大器

magnetic amplitude (1) 磁化曲线幅度；(2) 磁方位角

magnetic analog computer 磁模拟计算机

magnetic analysis 磁力分析法，磁分析

magnetic analyzer 磁分析器

magnetic and germanium integer calculator (=MAGIC) 磁和锗整数计算机

magnetic anisotropy 磁各向异性

magnetic anisotropy energy 磁各向异性能量

magnetic annealing 磁场退火

magnetic annealing effect 磁退火效应，磁致冷却效应

magnetic annular shock tube (=MAST) (风洞研究用) 磁性环形激波器

magnetic anomaly detection 近点角磁性探测

magnetic anomaly detection (=MAD) 磁场异常探测

magnetic armature loudspeaker 舌簧式扬声器

magnetic artifacts 人工磁效应

magnetic attraction 磁吸引

magnetic axis 磁轴

magnetic balance 磁平衡

magnetic-beam-switching tube 磁旋管

magnetic beam-switching tube (=MBST) 磁旋管

magnetic bearing (=MB) (1) 磁力支承，磁力轴承；(2) 磁方位；(3) 磁象限角

magnetic belt 磁带

magnetic biasing 磁偏法，磁偏

magnetic blast breaker 磁吹断路器

magnetic blow 磁性熄弧

magnetic blow-out 磁性熄弧

magnetic blow-out arrester 磁性熄弧避雷器

magnetic blow-out circuit breaker 磁性熄灭弧断路器

magnetic blow-out lightning rod 磁性灭弧式避雷器

magnetic blowout arrester 磁吹避雷器

magnetic blowout valve type arrester 磁吹阀式避雷器

magnetic body 磁体

magnetic brake (=MB) 电磁制动器，磁力制动器，电磁闸

magnetic blow-out 磁性熄弧

magnetic blow-out circuit breaker (=MBB) 磁吹断路器

magnetic bridge 测量导磁率的电桥，磁桥

magnetic bubble 磁泡

magnetic card 磁卡片

magnetic card memory 磁卡存储器

magnetic card storage 磁卡存储器

magnetic cartridge 磁性拾音器心座，电磁式拾音头

magnetic cast iron 磁性铸铁

magnetic cast steel 磁性铸钢

magnetic cell 磁存储单元，磁元件

magnetic chuck 电磁卡盘，电磁吸盘

magnetic circuit 磁路

magnetic circular dichroism (=MCD) 磁性圆二色散

magnetic cloud chamber 磁云室

magnetic clutch 电磁离合器，磁性离合器

magnetic coating 磁层

magnetic coating anchorage (磁带) 磁层粘牢度

magnetic coating resistance 磁层电阻

magnetic coil 磁力线圈

magnetic combination switch 磁组合开关

magnetic compass 磁罗盘，罗盘仪

magnetic compass pilot 磁罗盘驾驶器

magnetic conductance 磁导

magnetic conductivity 磁导率，磁导性，导磁性

magnetic conductor 磁导体

magnetic contactor (=MCtt) [电] 磁接触器，电磁开关

magnetic control injection electron gun 磁控注入式电子枪

magnetic controller 磁控制装置

magnetic convergence circuit 磁会聚电路

magnetic coolant separator 磁力冷却液分离器

magnetic cooling 磁致冷却

magnetic-core 磁芯

magnetic core (=MC) 磁芯

magnetic-core antenna 磁芯天线

magnetic core array 磁芯体

magnetic-core circuit 磁芯电路

magnetic core logical circuit 磁芯逻辑电路

magnetic core matrix 磁芯矩阵

magnetic core memory (=MCM) 磁芯存储器

magnetic core sense amplifier 磁芯读出放大器

magnetic-core shift register storage 磁芯移位寄存器

magnetic core stack 磁心体

magnetic-coupled 磁耦合的

magnetic coupling (1) 电磁联轴节，电磁耦合器；(2) 电磁接头；(3) 磁耦合

magnetic crack detection 磁力裂纹探伤

magnetic crane 磁力起重机

magnetic cup 磁屏

magnetic-current 磁流，磁通

magnetic current 磁流
magnetic-current antenna 磁性天线
magnetic curve 磁异常曲线, 磁化曲线, 磁测曲线
magnetic cutter 磁刻纹头
magnetic damping 磁阻尼
magnetic deflecting field 磁偏转场
magnetic deflection (1) 磁偏转, 磁场致偏, 磁致偏转; (2) 磁偏角, 磁倾角
magnetic deformation 磁性变形, 磁致伸缩
magnetic delay line 磁延迟线
magnetic density 磁场强度
magnetic detection 磁探测
magnetic detector 磁性探测器, 磁性检波器
magnetic detectoscope 磁力探伤
magnetic deviation 磁偏
magnetic dial gauge (1) 磁性度盘式指示器; (2) 磁性指示表, 磁性千分表, 磁性百分表
magnetic dip 磁倾角
magnetic dip angle 磁倾角
magnetic dipole 磁偶极子
magnetic-dipole field 磁偶极场
magnetic-dipole moment (=M) 磁偶极矩
magnetic direction indicator (=MDI) 磁航向指示器
magnetic-disc 磁盘
magnetic disc 磁盘
magnetic disc memory 磁盘存储器
magnetic disc pack 磁盘组
magnetic disc recording 磁盘录像
magnetic disc storage 磁盘存储器
magnetic disk 磁盘
magnetic displacement 磁位移
magnetic displacement recorder 磁位移记录器
magnetic disturbance 磁扰
magnetic domain 磁畴
magnetic domain device 磁畴器件
magnetic domain nucleation 磁畴成核
magnetic domain structure 磁畴结构
magnetic domain theory 磁畴理论
magnetic domain wall 磁畴壁
magnetic drag tachometer 磁感应式转速计
magnetic drill press 电磁钻床
magnetic drum (=MD) 转鼓状电磁分离器, 磁力滚, 磁鼓
magnetic-drum computer 磁鼓计算机
magnetic drum controller (=MDC) 磁鼓控制器
magnetic-drum data processing machine 磁鼓数据处理机
magnetic drum data processing machine (=MDDPM) 磁鼓数据处理机
magnetic drum digital differential analyzer (=MADDIDA) 磁鼓数字微分分析器
magnetic-drum macroorder 磁鼓宏指令
magnetic drum macroorder (=MD-Macr) 磁鼓宏指令
magnetic-drum memory 磁鼓存储器
magnetic-drum receiving equipment (=MADRE) 磁鼓接收装置
magnetic-drum storage 磁鼓存储器
magnetic earphone 电磁式耳机
magnetic-electric (=ME) 磁 - 电
magnetic electron lens 磁电子透镜
magnetic element 磁性元件
magnetic elongation 磁致伸长
magnetic energy 磁能
magnetic energy density 磁能密度
magnetic energy storage 磁能存储器
magnetic-energy-storage spot welder 磁能存储式点焊机
magnetic equator 地磁赤道
magnetic equipotential 等磁势
magnetic equivalent current system 等磁效电流系
magnetic eraser 消磁器
magnetic excitation 磁力激发
magnetic exploration 磁性探矿
magnetic fault find method 磁性探伤法
magnetic-field 磁场
magnetic field 磁场
magnetic field balance 磁测用磁秤
magnetic field coil 磁场线圈

magnetic field cooling 磁场中冷却
magnetic field configuration 磁场形态
magnetic field intensity 磁场强度
magnetic field of a rectangular coil 矩形线圈的磁场
magnetic field strength 磁场强度
magnetic field weakening control 磁场削弱控制
magnetic figure 磁力线图, 磁场图形
magnetic-film 磁 [性薄] 膜
magnetic film 磁性声带片, 涂磁胶片, 磁膜
magnetic film logic device 磁膜逻辑器件
magnetic film unit 磁膜单元
magnetic figure 磁力线图
magnetic flaw detecting 磁力探伤
magnetic flow 磁流量
magnetic fluid power plant 磁流体发电厂
magnetic-flux 磁通 [量]
magnetic flux 磁通量, 磁通
magnetic flux density 磁通密度
magnetic flux distribution 磁通分布
magnetic flux intensity 磁通强度
magnetic-flux-leakage 磁漏, 漏磁
magnetic flux test 磁力探伤检验, 磁力线检验, 磁流试验
magnetic focused image intensifier 磁聚焦像增强管
magnetic focusing 磁聚焦
magnetic focusing indicator 磁聚焦指示管
magnetic force 磁力
magnetic frequency detector (=MFD) 磁监频器
magnetic frequency multiplier 磁性倍频器
magnetic friction 磁摩擦
magnetic gap 磁隙
magnetic gear 磁力离合器, 电磁摩擦联轴节
magnetic gear shift 磁力换档
magnetic generator 永磁发电机
magnetic geophysical method 地球物理磁测法
magnetic head 磁头
magnetic heading (=MH) 磁航向方位
magnetic holding device 电磁夹具, 磁性吸持器
magnetic hum [感应] 交流哼声, 磁哼声
magnetic hysteresis 磁滞 [现象]
magnetic hysteresis loop 磁滞回线
magnetic hysteresis loss 磁滞损耗
magnetic ignition 磁石电机点火法
magnetic indication flowmeter 磁流量计
magnetic induction 磁感应强度
magnetic induction accelerator 磁感应加速器
magnetic induction density 磁感应密度
magnetic induction intensity 磁感应强度
magnetic induction plasma engine (=MIPE) 磁感应等离子体发动机
magnetic inductive capacity 导磁率
magnetic inductivity 导磁系数, 导磁率
magnetic ink 磁性墨水
magnetic ink character recognition (=MICR) 磁墨水字符识别
magnetic ink character reader (=MICR) 磁墨水字符读出器, 磁字阅读机
magnetic inspection 磁力检查, 磁性探伤
magnetic interrupter 磁断续器
magnetic IP 磁激发极化法
magnetic iron 磁铁
magnetic jack 磁力联接器
magnetic lag 磁化滞后, 磁滞后
magnetic layer 磁层
magnetic leakage 磁漏
magnetic leakage coefficient 磁漏系数
magnetic leakage transformer 磁漏变压器
magnetic levitation system 磁悬浮装置
magnetic line of force 磁力线
magnetic linkage 磁通匝连数, 磁链
magnetic locator 磁性探测器
magnetic logic computer (=MAGLOC) 磁逻辑计算机
magnetic loudspeaker 磁性扬声器, 磁力扬声器
magnetic-mechanical (=MM) 磁 - 机械的
magnetic master 原版磁带
magnetic material 磁性材料
magnetic-matrix switch 磁性矩阵开关, 磁膜开关

magnetic measurement 磁性测量
magnetic memory 磁存储器
magnetic-memory plate 磁性存储板
magnetic mercury switch 磁性水银开关
magnetic metal membrane 金属磁性薄膜
magnetic metal-oxide semiconductor type field effect transistor (=MAGFET) 磁的金属氧化物半导体场效应晶体管
magnetic method 磁[测]法, 选磁法
magnetic microphone 电磁式扬声器
magnetic microscope 磁显微镜
magnetic mirror 磁镜
magnetic mirror field 磁反射镜场, 镜面对称场, 反射场
magnetic modulator (=MAG MOD) 磁调制器
magnetic moment (=M) 磁矩
magnetic moment of electron 电子磁矩
magnetic multipole radiation 磁多极辐射
magnetic needle 指向针, 磁针
magnetic north (=MN) 磁北
magnetic number 磁量子数
magnetic observatory 地磁观测所
magnetic-optic effect (=M-O effect) 磁光效应
magnetic oscillator 磁控振子
magnetic oxide 四氧化三铁
magnetic-particle 磁粉
magnetic particle coupling 磁粉式离合器, 磁粉联轴节
magnetic particle indication 磁粉成像
magnetic-particle inspection 磁粉探伤, 磁力探伤
magnetic particle inspection (=MPI) 磁粉检验
magnetic path 磁路
magnetic pattern 磁粉成像
magnetic peeler 磁激发管
magnetic permeance 磁导
magnetic permitivity 磁导率
magnetic perturbation 磁扰
magnetic pick-up device 电磁拾声器
magnetic pickup 电磁式拾音器, 变磁阻拾音器, 磁拾声头
magnetic-plane characteristic 磁场平面特性
magnetic plate memory 磁板存储器
magnetic plated wire 镀磁线
magnetic player 磁放声机
magnetic polarity 磁极性
magnetic pole 磁极
magnetic potential 磁势, 磁位
magnetic potential difference 磁位差
magnetic potential gradient 磁位梯度
magnetic powder 磁粉
magnetic powder clutch 磁粉离合器
magnetic powder-coated tape 涂粉磁带
magnetic powder pattern 磁粉图样
magnetic powder test 磁粉检验, 磁粉探伤
magnetic power 磁场功率, 磁力
magnetic power transmission system 电磁离合器传动系统
magnetic pressure 磁压
magnetic printing 复印效应, 磁复印
magnetic printthrough 磁带复印效应
magnetic pulley 磁力分离滚筒
magnetic pulse 磁脉冲
magnetic-pulse 磁脉冲
magnetic quenching 磁猝灭
magnetic reactance 磁抗
magnetic recording 磁录音
magnetic recording head 录声磁头, 录音磁头
magnetic recording material 磁录音材料
magnetic recording medium 磁[性]载声体
magnetic recording reproducer
  磁放声机, 磁性录音重放机, 磁性录音机
magnetic recording reproducing head 录放磁头, 复合磁头
magnetic remanence 剩余磁感应, 剩余磁通密度, 顽磁, 剩磁,
magnetic reproducing head 放声磁头, 放音磁头
magnetic resistance 磁阻
magnetic-resistance 磁阻
magnetic resistance semiconductor 磁阻半导体
magnetic resolution 磁分辨
magnetic resonance 磁共振

magnetic resonance accelerator 磁共振加速器
magnetic retentivity 顽磁
magnetic reversal 反方向磁化, 倒转磁化, 反磁化
magnetic Reynold's number 磁雷诺数
magnetic rotation 磁转偏光, 磁致旋光
magnetic saturation 磁性饱和, 磁饱和
magnetic scanning 磁偏转扫描
magnetic screen 磁屏幕, 磁屏
magnetic semiconductor 磁性半导体
magnetic separation 磁力分离, 磁性分离, 磁选
magnetic separator 磁力选矿机, 磁选机
magnetic shell 磁壳
magnetic shield 磁屏蔽
magnetic shield gun 磁屏蔽电子枪
magnetic shift register 磁元件移位寄存器
magnetic shunt 磁分路
magnetic sound recording 磁性录音
magnetic sound recording film 磁录音胶片
magnetic sound-recording level 录音磁平
magnetic sound talkie 磁录式有声电影
magnetic speaker (=Mg. SP.) 永磁扬声器
magnetic spectrometer (=MS) 磁谱仪
magnetic starter 磁力起重器
magnetic steel 永久磁钢, 磁性钢, 磁钢
magnetic steering 磁导向
magnetic stirrer 磁性搅拌器, 电磁搅拌器
magnetic storage (=MS) 磁存储器
magnetic storm 磁暴
magnetic stress 磁应力
magnetic stress tensor 磁应力张量
magnetic substance 磁性材料, 磁性体
magnetic surface 磁鼓带面
magnetic susceptibility 磁化率, 磁导率, 透磁率
magnetic suspension 磁悬浮, 磁悬法
magnetic survey 磁测
magnetic switch (=MS) 磁力开关, 磁开关
magnetic synchro (=MS) 磁同步
magnetic-tape 磁带
magnetic tape (=MT) 磁带
magnetic tape and magnetic drum (=MTD) 磁带磁鼓
magnetic tape cassette equipment 盒式磁带机
magnetic tape control unit (=MTCU) 磁带控制装置
magnetic tape drum memory 磁带磁鼓存储器
magnetic tape file unit 磁带外存储元件
magnetic tape handler (=MTH) 磁带信息处理机
magnetic tape macroorder 磁带宏指令
magnetic tape memory 磁带存储器
magnetic tape read 磁带[输入]机, 读带机
magnetic tape reader 磁带输入机, 磁带读出器, 磁带记录器, 磁带机
magnetic tape recorder (=MTR) 磁带记录器
magnetic tape recorder end (=MTRE) 磁带记录器终端
magnetic tape recorder start (=MTRS) 磁带记录器始端
magnetic tape reel 一盘磁带
magnetic tape "Selectric" typewriter (=MT/ST) 磁带电动打字机
magnetic tape station 磁带[机]记录台
magnetic tape storage 磁带存储器
magnetic tape system (=MTS) 磁带系统
magnetic tape terminal (=MTT) 磁带引头
magnetic tape to microfilm (=MT/MF) 磁带/缩微胶卷
magnetic tape transport 磁带传送
magnetic tape unit (=MTU) 磁带装置, 磁带机
magnetic tape video recording equipment 磁带录像设备
magnetic testing 磁力探伤
magnetic thickness ga(u)ge 磁测厚计
magnetic thickness tester 磁性镀层厚度测厚仪, 磁性测厚仪
magnetic thin film 磁薄膜
magnetic thin film memory 磁膜存储器
magnetic torque 磁转矩
magnetic track 磁道
magnetic transducer 磁换能器
magnetic transition temperature 磁性转变温度, 居里点
magnetic transmission 磁力传动
magnetic trap 磁收集器
magnetic tube (=MT) 磁偏转电子射线管, 磁控制管

magnetic unit　磁组

magnetic V block　V 型磁铁, V 型磁块

magnetic valve　磁力阀

magnetic variation　磁性变化

magnetic vector potential　向量磁位

magnetic vice　磁性虎钳, 磁性卡钳

magnetic virgin state　未磁化状态, 无残磁状态

magnetic viscosity　磁粘性

magnetic vise　磁性虎钳, 磁性卡钳

magnetic voltage stabilizer (=MVS)　磁稳压器

magnetic wall thickness gauge　壁厚磁测仪

magnetic wave　磁波

magnetic wave-detector　磁性检波器

magnetic wedge　磁性楔

magnetic wire　磁线, 录音钢丝

magnetic worktable　磁性工作台

magnetic yoke　磁偏转系统, 磁轭

magnetically　磁铁作用, 磁场作用, 用磁力, 磁性上

magnetically active　磁致旋光的, 磁性的

magnetically aged　磁性老化的, 磁性陈化

magnetically confined　磁场约束, 磁约束的

magnetically confined laser　磁约束激光器

magnetically hard　磁硬的

magnetically soft　磁软的

magnetically soft alloy　软磁合金

magnetics　(1) 磁 [力] 学; (2) 磁性元件, 磁性材料

magnetisability　磁化率, 磁化能力, 可磁化性

magnetisable　可磁化的

magnetisation　(1) 磁化, 起磁; (2) 激励; (3) 磁化作用; (4) 磁化强度

magnetise　磁化, 起磁, 激磁, 励磁, 受磁, 激励, 吸引

magnetiser　(1) 磁化装置, 激磁装置, 充磁装置, 磁化器, 磁化机, 起磁机, 充磁器; (2) 传磁物, 感磁物, 导磁体

magnetism (=MAG)　(1) 磁性; (2) 磁力; (3) 磁学

magnetist　磁学家

magnetite　四氧化三铁锈层, 磁铁矿, 磁石

magnetive fill　镁砖填料

magnetizability　磁化能力, 可磁化性

magnetizable　能产生磁性的, 能磁化的

magnetization　(1) 磁化, 起磁; (2) 激励; (3) 磁化作用; (4) 磁化强度

magnetization curve　磁化曲线

magnetization direction　磁化方向

magnetize　磁化, 起磁, 激磁, 励磁, 受磁, 激励, 吸引

magnetizer　(1) 磁化装置, 激磁装置, 充磁装置, 磁化器, 磁化机, 起磁机, 充磁器; (2) 传磁物, 感磁物, 导磁体

magnetizing　磁化, 激励, 起磁

magnetizing apparatus　充磁器

magnetizing coil　磁化线圈

magnetizing current　磁化电流, 起磁电流, 激磁电流, 励磁电流

magnetizing current and reactance　磁化电流和电抗

magnetizing field　起磁场

magnetizing force　磁化力, 起磁力

magnetizing inductance　磁化电感

magnetless magnetron　无磁铁磁控管

magneto (=MAG)　(1) 磁石发电机组, 永磁发电机, 磁电机; (2) 磁石式 [的], 永磁式 [的]

magneto-　(1) 磁力; (2) 磁性, 磁的; (3) 电磁的

magneto-beamed tube　磁聚束电子管

magneto bearing　分离型向心推力球轴承, 磁电机型球轴承, 磁电机轴承

magneto bell　磁石电铃, 磁铁电铃, 极化电铃

magneto breaker arm　磁电机断电 [器] 臂

magneto call telephone exchange　磁石式电话交换机

magneto-chemistry　磁化学

magneto coupling　电磁联轴节

magneto detector　磁石检波器

magneto-diode　磁敏二极管

magneto diode　磁敏二极管

magneto dynamo　(点火用) 高压永磁发电机, 直流发电机组

magneto-electric　磁电的

magneto-electric ignition　磁电点火

magneto-electric tachometer　电磁式转速计

magneto exploder　磁石雷管

magneto field scope　磁场示波器

magneto-generator　磁石发电机

magneto generator　手摇发电机, 永磁发电机

magneto grease　磁电机润滑脂

magneto gyrocompass　磁力回转罗盘, 磁回转, 磁陀螺

magneto-hydrodynamic lubrication　磁流体动压润滑

magneto-hydrodynamic theory　磁流体理论

magneto ignition　磁电机点火

magneto ignition system　磁石发电机点火

magneto impulse coupling　磁电机起动冲击式联轴节

magneto microphone　电磁式送话器

magneto-motive force　磁动势

magneto-motive potential　磁动势

magneto-ohmmeter　配置磁石发动机的欧姆表, 永磁发电机式欧姆表, 摇表

magneto-optical　磁光的

magneto-optical rotation　磁致旋光

magneto-optical semiconductor laser　磁光半导体激光器

magneto-optical shutter　磁光快门

magneto-optics　磁光学

magneto plumbite　氧化铅铁淦氧磁体

magneto resistance　磁致电阻, 磁阻

magneto-Seebeck effect　塞贝克磁效应

magneto starter　磁力起重器

magneto switchboard　磁石式交换机

magneto system　磁石式电话制, 磁石式, 磁石制

magneto system exchange　磁石式交换机

magneto-telephone　磁石电话

magneto-telephone set　磁石电话机

magneto-thermoelectric　磁热电的

magneto thermoelectric effect　磁热电效应

magneto-turbulence　磁流体湍流, 磁性湍流

magneto-turbulent　磁性湍流的

magneto-type　磁式 [的]

magneto-type ball bearing　磁式球轴承, 磁电机用滚珠轴承

magnetoactive medium　磁活性介质

magnetoaerodynamics　磁 [性] 空气 [动力] 学

magnetobell　交流电铃

magnetobrems　磁韧致辐射

magnetocaloric　磁 [致] 热的

magnetocardiograph　心磁描记器

magnetochemical　磁化学

magnetochemistry　磁化学

magnetoconductivity　磁致电导率, 磁导率, 磁导性

magnetocrystalline　磁晶 [体]

magnetodielectric　磁性电介质

magnetodynamic pick-up head　动磁拾音头

magnetodynamics　磁动力学

magnetodynamo　(点火用) 高压永磁发电机, (充电用) 直流发电机组

magnetoelastic　磁致弹性

magnetoelasticity　磁致弹性

magnetoelectret　磁驻极体

magnetoelectric　磁电的

magnetoelectric ignition　磁电机点火

magnetoelectric machine　永磁电机

magnetoelectric scope　磁电式示波器

magnetoelectricity　磁电学, 电磁学

magnetoemission　磁致发射

magnetofluiddynamic　磁流体力学的

magnetofluiddynamics　磁流体 [动] 力学

magnetogasdynamic　磁性气体动力学的

magnetogasdynamics (=MGD)　磁 [性] 气体动力学

magnetogenerator　磁 [石发] 电机, 永磁电机

magnetogram　磁强记录图, 地磁记录图, 磁力图

magnetograph　(1) 地磁强度记录仪, 磁强自动记录仪, 磁强记录仪, 磁针自记仪, 磁针自记器, 磁强计, 磁变仪; (2) 磁象仪

magnetohydrodynamic (=MHD)　磁流体动力学的

magnetohydrodynamic generation　磁流体发电

magnetohydrodynamic generator (=MHD)　磁流体动力发电机

magnetohydrodynamical (=MHD)　磁流体动力学的

magnetohydrodynamics (=MHD)　磁流体动力学, 地磁水动力学

magnetoionic　磁离子的, 磁电离的

magnetoionic wave component　磁电离波分量, 磁离子波分量

magnetology　磁学

magnetomechanical　磁机械的, 磁力学的, 磁力的

magnetometer　(1) 磁力仪, 磁力计, 磁强计; (2) 地磁仪

magnetometer survey　(1)磁法勘探,磁法测量;(2)磁强计测绘
magnetometer vehicle detector　磁力干扰式车辆检测器
magnetometric　磁力的,磁性的
magnetometry　磁力测定,磁强测定,测磁强术,测磁学
magnetomotance　磁通势
magnetomotive　(1)磁力作用的,磁动力的;(2)磁势
magnetomotive force (=mmf)　磁动势,磁通势
magneton　磁子(磁矩原子单位)
magnetooptics　磁光学
magnetopause　磁层顶
magnetophone　磁带录音机,磁带录音器,磁石扩音器,磁录声机,
　磁电话筒
magnetophoto-reflectivity　磁光反射系统
magnetophotophoresis　磁光致迁动,磁致光泳
magnetopiezoresistance　磁致压电电阻
magnetoplasmadynamic (=MPD)　磁等离子体动力学的,磁激等
　离子气体
magnetoplasmadynamic generator　磁等离子体发电机
magnetoplasmadynamics　磁等离子体动力学
magnetor　磁电机
magnetoreceptive　感受磁的
magnetoresistance　(1)磁致电阻,磁控电阻,磁磁电阻,磁阻;
　(2)磁阻效应
magnetoresister　磁敏电阻器
magnetoresistive　磁[致电]阻的
magnetoresistivity　磁致电阻率
magnetoresistor　磁致电阻器,磁控电阻器
magnetoscope　验磁器
magnetosheath　磁鞘
magnetosonic wave　磁声波
magnetosphere　磁[性]层
magnetostatic　静磁的
magnetostatic electron lens　静磁场电子镜
magnetostatic energy　静磁能
magnetostatic field　静磁场
magnetostatic focusing　静磁聚焦透镜
magnetostatic resonance　静磁共振
magnetostatics　静磁学
magnetostriction (=M/S)　磁致伸缩,磁力控制
magnetostriction delay line　磁致伸缩延迟线
magnetostriction oscillator　磁致伸缩振荡器
magnetostrictive　磁致伸缩的
magnetostrictive resonator　磁致伸缩谐振器
magnetostrictor　磁致伸缩体,磁致伸缩振子
magnetoswitchboard exchange　磁石式交换机
magnetotail　磁尾
magnetotelephone　磁石式电话,永磁电话
magnetotelluric　大地电流的
magnetotellurics　大地电磁学
magnetotropic　磁回归线的
magnetotropism　向磁性运动,向磁性
magnetoturbulence　磁流体湍流,磁湍流
magnetoviscous　磁粘性的
magnetrol　磁放大器
magnetrometry　磁力测定术
magnetron (=MAG)　磁控电子管,磁控管
magnetron amplifier　磁控型放大管
magnetron beam switch (=MBS)　磁控管射束转换
magnetron frequency　磁控管频率
magnetron optics　磁控型电子光学系统
magnetron oscillator　磁控管振荡器
magnetron power source　磁控管电源
magnetron pulling　磁控管牵引频率,磁控管频[率]牵[引]
magnetropism　向磁性,应磁性
magnetspheric　地磁的
magnettor　一种磁性调制器的商业名称
magni-　(词头)大
magni-scale　放大比例尺
magnico　马格尼可铁钴镍合金(铜3%,铝8%,镍14%,钴24%,
　铁51%)
magniferous　含镁的
magnification　(1)放大,扩大,增大,增加;(2)放大倍数,放大
　率,倍率
magnification coefficient　放大系数

magnification for rapid vibrations　速振动放大
magnification in depth　轴向放大率
magnification of circuit　谐振锐度,谐振点电压升高倍数,电路放大率,
　电路放大倍数
magnification ratio　伸缩比,放大比
magnified view　放大图
magnifier　(1)放大器;(2)放大[透]镜
magnify　放大,增加
magnifying　增加,升高,放大,放大率
magnifying-glass　放大镜
magnifying glass　放大镜,简单显微镜
magnifying lens　放大透镜,凸透镜
magnifying power　放大能力,放大率
magnistor　(一种具有电子管特性的铁陶瓷元件)磁变管,磁开关
magnistorized　应用磁变管的,磁存储的
magnitude (=MAG)　(1)量度,量级,数量,数值,量值;(2)尺寸,大小,
　程度;(3)长度;(4)[矢量的]模,绝对量;(5)幅度,长度,宽窄;(6)
　强度;(7)等级,级级,震级;(8)光度;(9)重大,重要,巨大,广大
magnitude contours　等值线
magnitude of current　电量强度,电流量,电流值
magnitude of force　力的大小
magnitude of load　负荷量,负载量
magnitude of physical quantity　物理量值
magnitude of stresses　应力值
magnitude portion　尾数部分
magno　(1)镁氧;(2)镁;(3)马格诺合金
magnolia metal　铅锑锡合金,轴承合金
magnon　磁性材料中自旋波能量子,磁量子,磁振子
magnon emission　磁振子发射
Magnorite　硅镁耐火耐火砖
magnoscope　电听诊器
Magnox　(1)镁诺克斯合金;(2)镁诺克斯型元件;(3)镁诺克斯型气
　冷堆
Magnuminium　锰铝镁基合金
magslep　(1)无触点式交流自动同步机,遥控自动同步机,遥测自动同
　步机;(2)无触点式自整角机;(3)旋转变压器
magslip　(1)无触点式交流自动同步机遥控自动同步机,遥测自动同步机
　(2)无触点式自整角机;(3)旋转变压器
magslip resolver　无触点式自整角机解算器,同步解算器
Maguel　(后张法中)高强度钢丝的张拉锚固法
mahownah　(土)一种可倒桅货运帆船
mail-box　(1)信箱区;(2)邮箱,信筒
mail box (=MB)　邮箱,信筒
mail car　邮车
mail cover　邮封
mail-facsimile apparatus　信函传真机
mail order (=MO)　通信订购,邮购
mail-order selling　邮购销售
mail rocket　邮政火箭
mail transfer (=M/T)　信汇
mailbox　(1)公用邮箱;(2)住户邮箱
mailed　装甲的,披甲的
mailer　(1)小邮船;(2)邮件包装物;(3)邮寄广告单
mailgram　邮信机
mailing list　发送文件清单
Maillechort　铜镍锌合金(铜65-67%,镍16-20%,锌13-14%,其余铁)
mailplane　邮航机
main　(1)干线,电力线,馈电线;(2)总管道,主管道,总管,干管;(3)
　电力网(4)主要部分,主桅,主帆
main alarm (=MA)　主报警信号
main amplifier　主放大器
main and auxilliaries　主机与辅机
main and auxiliary engines　主机与辅机
main and return cam　主回凸轮,强力回程凸轮
main bang　主脉冲信号,领示脉冲,探索脉冲,放射脉冲,主surge波
main bang suppression (=MBS)　(雷达发射机)直接抑制波,主脉冲信号
　抑制,控制脉冲抑制
main bar　主钢筋
main base　(1)中间底座;(2)控制点,主基点
main battery (=MB)　主电池
main bearing　(1)主轴承;(2)转轴
main bearing boring bar　主轴承镗杆
main bearing reamer　主轴承铰刀
main bearing stud　主轴承螺栓

main belt　主传动带
main blower　主鼓风机
main bottom　基座
main box　主轴承瓦
main brace　(1) 主斜撑；(2) 主转桁索
main cable　(1) 主干电缆；(2) 载重索, 主索
main cam shaft　分配轴
main carriage　纵动刀架拖板, 主刀架拖板, 纵动刀架
main casting　主要铸件
main characteristics　主要特性
main circuit　主电路
main circulation pump　主循环泵
main cock (=MC)　主旋塞
main coil　主线圈
main combustion chamber　主燃烧室
main cone　主锥
main connecting rod　主连杆
main contactor　主接触片
main control console (=MCC)　中央控制台, 主控制台
main control room　主控制室
main control unit　主控制盘
main controller　主控制器
main course　大横帆
main crab　主起重绞车
main crank　主曲柄
main current relay　主电流继电器
main cutting edge　主切削刃
main cycle　大周期
main cylinder　主油缸
main deck　(船舶的) 主甲板
main deck accommodation　主甲板居住舱
main direction　主方向
main dispatching centre　电视台切换中心, 主调度中心
main display console (=MDC)　主显示台
main distributing frame (=MDF)　总配线架, 总配线板
main distribution board　总配电盘
main drag conveyer　主牵引运输机
main drain　(1) 排水总管；(2) 舱底水总管
main drive　主传动 [装置], 主传动机构, 主动机构, 中央传动
main drive gear　主传动齿轮, 主动齿轮
main drive gear bearing　主传动齿轮接触区
main drive motor　主 [传] 动电动机
main drive pinion　主 [传] 动小齿轮
main drive shaft　主传动轴
main drive wheel　主 [传] 动轮
main driving　主 [传] 动机构
main driving axle　主 [传] 动轴
main driving wheel　主 [传] 动轮
main eccentric　分配偏心轮
main electrical circuit diagram　电器主接线图
main element　主振子
main energy　主要能源
main engine　主机
main engine and auxiliary engine instrumentation　主机仪表与辅机仪表
main engine and thruster instrumentation　主机 [仪表] 和侧推器仪表
main engine cutoff (=MECO)　主发动机停车
main engine load　主机负载
main exchange　电话总局, 交换总机
main excitor (=Mex)　主激磁机, 主励磁机
main feeder (=MF)　主馈 [电] 线, 干线
main field winding　主磁场绕组
main firing　电源引爆
main flux　主磁通 [量]
main frame　主机架, 主框架, 底盘
main-frame computer　主计算机
main fuse　主保险丝
main gate generator　主门脉冲发生器
main-generator　主发电机
main generator　主发电机
main-hatch　中部舱口, 升降口
main hatch　主舱口
main hollow spindle　主空心轴

main instruction buffer　主指令缓冲器
main jet　(1) (汽化器的) 高速用喷嘴；(2) 主喷嘴
main journal　主轴颈
main landing gear　主起落架
main lead　电源线
main-line　干线, 主线, 正线
main line　干线, 主线
main magnetic flux　主磁通
main maximum　主最大值
main member　主构件
main memory　主存储器
main mill　主轧机
main motion　主运动
main motor　主电动机, 主电机
main motor contactor　主电动机接触器
main motor power　主电 [动] 机功率
main movement　主运动
main muffler　主消声器
main oil pipe　主油管, 总油管
main parameter　主参数
main pedestal　主轴架
main pinion　主动小齿轮
main pipe　主管道
main plane　主平面
main pole　主磁极
main pole core　主磁极铁芯
main pole gap　主磁极间隙
main pole piece　主磁极靴
main post　主柱
main power source　主电源
main program　主程序
main pulse generator　主脉冲发生器
main pulse reference group　主基脉冲群
main pump　主泵
main retarder　主减速器
main riser　主立管
main routine　主程序
main shaft　主轴
main shaft bearing　主轴轴承
main shaft differential gear　主轴差速齿轮
main shaft gear　主轴齿轮
main shaft nut　主轴螺母
main shaft sleeve　主轴套筒, 主轴套
main shaft sleeve clamp lever　主轴套筒夹紧手柄
main shoe casting　主滑脚铸件
main shut-down system　主停机系统
main slide　主滑板
main speed reduction box　主减速箱
main spindle　主轴
main spindle box　主轴箱, 床身箱
main spindle hand feed　(1) 主轴手动进给；(2) 主轴手动进刀
main spindle head　主轴箱, 床头箱
main spindle quill　主轴套管
main spring　主弹簧, 主发条
main station　总站
main stem　铁路干线, 干线
main storage　中央存储器
main stream　主流, 干流
main structure　主结构
main-supply　(1) 供电干线；(2) 主供油管；(3) 电源的, 交流的
main supply　干线电源, 市电电源
main-supply radio set　交流接收机
main support surface　主承面
main surface　主表面, 主面
main sweep　主扫描
main switch (=MS)　总开关, 主开关
main switch board　总开关盘
main switchboard　总配电板
main technical data　主要技术数据
main title　主字幕
main-topmast　主中桅
main transformer　主变压器
main transformer station　主变电所
main transmission　主传动 [装置], 主变速器

867

main transmitter 主发射机

main-truck 主桅冠

main wales 舷侧主列板

main-water 自来水

main winding 主绕组

main yard 主帆桁

mainbody (1) 主要部分, 主体, 主力; (2) 正文

maincenter 中枢

mainframe (1) 电脑主机, 计算机; (2) 主机架, 主构架; (3) 主机机柜

mainframe memory 主体存储器

mainframe program 主机程序

mainline 干道, 干线

mainmast 主桅

mains 电力网

mains antenna 照明网, 电源线, 天线

mains cord 电源软线

mains frequency 电源频率

mains-frequency coreless induction furnace 工频无芯感应炉

mains hold 帧扫与电源频率同步, 与电源同步

mains hum pattern 交流干扰图像

mains-operated instrument 交流电源仪表

mains-operated receiver 交流电源接收机

mains power supply 电力网供电

mains set 用交流电的收音机

mains side 电源侧

mains supply 干线电源, 市电电源

mains switch 电源开关

mains voltage 电源电压, 干线电压, 供给电压

mainshaft bearing 主轴轴承

mainshaft bearing oil seal 主轴轴承油封

mainshaft bearing roller 主轴轴承滚柱

mainshaft differential gear 主轴差速齿轮

mainshaft driven gear 主轴从动齿轮

mainshaft sliding gear 主轴滑动齿轮

mainshaft speed 主轴转速, 第二轴转速 (变速器的)

mainshaft synchronizer gear 主轴同步齿轮

mainsheet 主帆帆脚索

mainspring (1) 钟表弹簧, 主发条, 大发条, 主弹簧; (2) (枪的) 击针簧

mainspring winder 主发条卷线器

mainstay (1) 主支索, 主支撑; (2) 主要台柱, 大桅牵条

mainstream (1) 主流, 干流; (2) 主要倾向

mainswitch 主开关, 主电门

maintain (1) 保存, 保留, 含有; (2) 制止, 抑制; (3) 运用, 运转, 开动; (4) 照管, 维护, 维修, 保养

maintainability 运转的可靠性, 保持能力, 保养性能, 维护性能

maintainable 可维修的, 可保养的, 可支持的, 可维持的, 可保持的

maintained tuning fork 音叉振荡器

maintainer (1) 养护工, 维修人员; (2) 养路机

maintaining furnace 保温炉

maintenance (=MAIN 或 maint) (1) 维护, 维修, 保养; (2) 保持, 维持

maintenance analysis (=M/A) 维护分析

maintenance and operations (=M&O) 维护与操作

maintenance and repair (=M/R) 维护与修理

maintenance and service (=MS) 使用与维修, 维修和使用

maintenance and supply (=M&S 或 MANDS) 维护与供应, 保养与供给

maintenance and test (=M&T) 保养与试验

maintenance, assembly and disassembly (=MAD) 维护, 装配与拆卸

maintenance control number (=MCN) 维修管理号

maintenance control report (=MCR) 维修管理报告

maintenance cost 维修费用, 保养费用, 维护费用

maintenance depot 修配厂, 保养厂

maintenance down time 修复时间

maintenance engineering analysis (=MEA) 维修工程分析

maintenance engineering order (=MEO) 保养工程规则

maintenance expense 维修费用, 保养费用, 维护费用

maintenance facilities 纵使设备, 维修工具

maintenance-free 无需维护的, 无需维修的

maintenance free 无需维护的, 无需维修的

maintenance ground equipment (=MGE) 技术维护地面设备

maintenance inspection 维护中的检查

maintenance instruction (=MI) (1) 维护指令; (2) 维护说明书, 维修说明书

maintenance intervals 技术保养周期, 维修周期

maintenance man 维修工

maintenance manual (=MM) 维修手册

maintenance of close contact (=MCC) 保持密切接触

maintenance of equipment 设备维修

maintenance of true bearing (=MTB) 保持真实方位

maintenance operation 维修作业

maintenance overhaul 经常修理

maintenance panel 维护控制板, 维护面板

maintenance parts list (=MPL) 维修部件清单, 维修零件表

maintenance point (=MP) 维修点

maintenance prevention (=MP) 安全设施, 安全措施

maintenance program 维护和谐

maintenance regulation 技术保养细则

maintenance repair 日常维修

maintenance, repair, and operation (=MRO) 维护、修理和运转

maintenance, repairs and replacement (=MRR) 维护, 修理和更换

maintenance schedule 维修计划, 维修日程

maintenance standby time 维修准备时间

maintenance time 维修时间

maintenance tool 维修工具

maintenance unit (=MU) 维修单元

maintenance work 维修工作

maintop 主桅楼

maintopman 主桅手

maist (苏格兰) 最多的, 最大的, 最高的, 大概的, 大多数的

major (=Maj) (1) 第一流的, 较重要的, 主要的, 关键的, 多数的, 重点的, 较大的, 较多的, 较长的, 较优的; (2) 专业科目, 主科; (3) 专门研究, 主修; (4) 主修的

major arc 大弧, 优弧, 副弧

major axis (椭圆) 长轴 [线], 主轴

major axis of Hertz contact ellipse 赫兹接触椭圆长轴

major calorie 大卡

major component 主要部分

major cycle 主循环, 大循环, 大周期

major diameter (1) 大直径, 外径; (2) (椭圆) 长径

major diameter fit of spline 花键外径配合

major engine overhaul (=MEO) 发动机总检修, 发动机大修

major flank (刀具) 主后面

major fraction thereof 其主要部分, 其大部分

major function 优函数, 强函数

major industry 大型工业, 重点工业

major item repair parts list (=MIRPL) 主要项目修理零件单

major key 主关键字

major line 主线

major metal 主要金属

major-minor deflection (显示用显像管的) 主 - 副偏转

major overhaul 总检修, 大修理, 大修

major part 较大部分

major parts 主要零件, 主要部件, 主要部分

major path 优路线, 主通道

major principal stress 最大主应力, 第一主应力

major program proposal (=MPP) 主要计划的建议

major project (1) 重点工程, 重点项目; (2) 大规模计划, 大型计划

major repair 大修理, 大修

major semiaxis 大半轴, 长半轴

major specification 主要规格

major system kit 成套子系统 (微计算中的成套硬件和软件)

major terms (专利) 常用名词表

major total 主要统计值, 总计

major thrust face 主承推面

majorant(e) 强函数, 优函数, 控制函数

majorant series 强级数, 优级数, 长级数

majority 大部分, 大多数, 过半数, 多数

majority carrier emitter 多数载流子发射极

majority-decision element 择多判定元素

majority-logic decodable code 择多逻辑可解码, 择多逻辑可译码

majority-rule decoding algorithm 择多解码算法, 择多译码算法

majorization 优化

majorizing sequence 优化序列

make (1) 建造, 生产, 制造, 制作, 加工; (2) 构成, 组成; (3) (电路的) 闭合, 接通

make a calculation 计算

868

make a change　改变
make a circuit　接通电路
make a glass rod electrified　使玻璃棒带电
make a hole　钻个孔,打个洞,凿个洞
make a pattern　压出花纹,刻出花纹
make a price　开价,定价
make a recording　录音
make a sketch　绘制草图
make after all others operate　其他接点都动作后闭合
make against　与……相反,不利于,妨碍
make an angle of 30° with the horizon　与水平线成 30° 的夹角
make an impression　留下痕迹
make-and-break　(1)先接后离,接与断,断续,闭开,接离,通断;(2)断续器
make and break　(1)通断;(2)电流断续器
make-and-break cam　电路通断凸轮
make-and-break contact　闭开接点
make-and-break current　断续电流
make-and-break key　开关键
make as if　假装,装作
make as through　假装,装作
make away with　带走,除去,摧毁,用光
make before all others operate　其他接点都动作前闭合
make-before-break (=MBB)　选闭合后断开,先接后离,先闭后开,合断
make-break (=M-B)　闭合 - 断开
make-break operation　通 - 断操作
make break system　先接后离方式
make-busy　闭塞,占线
make busy key　闭塞电键
make certain　弄清楚
make certain of　把……弄清楚,确定,查明
make-contact　(1)闭合接点,闭路接点;(2)接通
make contact　(1)闭合接点;(2)接通,闭合
make dead　断开,断路,切断
make delay　(继电器)动作迟延
make delivery　交货
make-do　(1)临时措施,权宜之计;(2)临时移动装置;(3)临时调档;(4)暂时代用品;(5)权宜的,暂时的
make fast　把……固定,把……栓紧,把……关紧
make for　有利于,促成,增进,助长,造成,产生
make good (=MG)　(1)修理,恢复;(2)补偿,弥补;(3)履行,保持,完成,实现,达到;(4)证明……是正确,证实
make hole　进尺
make impulse　接通电流脉冲
make it　成功
make like　模仿,假装
make measurements　测量,量测
make metals　熔炼金属
make much of　充分利用,重视,理解
make offer (=MO)　提建议
make or buy (=M/B)　自制或买
make out　(1)发现,看出,读出;(2)说明,证明;(3)了解,理解;(4)起草,书写;(5)扩大,进展,完成
make over　(1)转让,移交;(2)更正,更新,修改,改造
make percent　接通百分比,闭合百分比
make port　入港
make-position　闭合位置
make position　闭合位置
make power　产生动力,发电
make readings　取读数
make ready　垫板
make real　兑现
make setts　配组
make suitable substitution (=MSS)　作适当的替代
make sure　使……确定,弄明白,确信
make the best of　充分利用
make through with　完成
make-up　(1)组成,制成;(2)整版;(3)补足
make up　(1)补充,补偿;(2)修理,装配,配制,制作;(3)配合,混合;(4)形成,组成,等于,占;(5)草拟,编辑,编造;(6)解决,收拾,整理,包装,连接
make up for　补偿,弥补
make-up time　纠错时间
make up to　接近,补偿

make use of　利用
make weight　补足重量
maker　(1)制造厂,承包厂,制造者,制造工,工人;(2)公司;(3)成品;(4)接合器,接通器;(5)出票人
maker-up　(1)制品装配工;(2)排版工
maker-up of charge　配料
make-up rail　标准短轨
make-up time　纠错时间,补算时间
makers-up　(1)组成者,配制者,包装者,缝制者;(2)制品装配者;(3)服装工人
makeshift　(1)临时措施,权宜之计;(2)临时移动装置;(3)临时调档;(4)暂时代用品;(5)权宜的,暂时的
makeup　(1)组成,构造;(2)翻印材料;(3)代用品
makeup man　(1)拼版工人;(2)备料工人
makeup room　包装间
makeup rule　拼版用隔条
makeweight　相抵消之物
making　(1)制造,制,作;(2)构造,结构;(3)质,性质(复数)
making an opening through　凿通
making-capacity　闭合容量,接通容量,接通能力,闭合能力
making capacity　闭合容量
making contact　闭合接点
making current　接通电流
making gap by arc　(电弧)隙加工
making hole　钻进,进尺
making iron　捻缝凿
making overlapping run　多层焊
making time　闭合时间
making-up　(1)制作,修理,装配;(2)包装;(3)补偿,补充;(4)拼版
mal-　(词头)不良,不,非
mal-load distribution factor　偏载分系数
maladjusted　调整不良的,校正不良的,不适应的,失调的,失配的
maladjustment　不匹配,不协调,不一致,调整不良,失调,失配
maladminister　对……管理不善
malakograph　软化率计
malalignment　(1)轴心不对准,轴线不对准,不成一直线,不对准(直线);(2)相对偏差;(3)不同轴性,不平衡性,相对位偏,偏心率
malapropos　(1)不合时宜的,不适合的,不适当的;(2)不适合的东西
malaxate　(1)揉和;(2)捏揉;(3)拌合
malaxation　(1)揉和;(2)捏揉;(3)拌合
malaxator　(1)揉和机,揉面机;(2)捏土机,碾泥机
malcomising　不锈钢表面热氮化处理
malcomize　不锈钢表面氮化处理
malcompression　未压紧
malconfirmation　(1)不均衡性,不成比例性;(2)畸形,不完整的形状
malcrystalline　过渡形结晶的,残晶的
maldeploy　错误部署
maldistribution　分布不均,分布不匀,非均匀分布
male (=M)　(1)阳的,凸的;(2)插入式配件,公插头;(3)凸模
male adapter　(1)外螺纹过渡管接头;(2)管接头凸面垫圈
male cone　外圆锥
male contact　插头接点,插头塞
male cross　阳十字接头
male die　内螺模,阳模
male dovetail　榫舌
male elbow　阳肘节
male fitting　(1)外螺纹配件;(2)阳模配合
male flange　凸缘法兰
male force　模塞,阳模
male ga(u)ge　内径量规,塞规
male pin　(1)锁钉,端钉;(2)端轴颈
male plug　插头,插销
male rotor　凸形螺旋转子,凸形转子
male screw　(1)阳螺旋,外螺旋,公螺旋,柱螺旋;(2)螺钉
male screw thread　阳螺纹,外螺纹
male splines　外花键,轴花键
male surface　被包容面
male T　外螺纹三通管接头
male tank　重型坦克
male thread　阳螺纹,外螺纹,公螺纹
male to female (=MF)　阳件与阴件,插销与插座
maleability　可压延性,可锻性,可塑性,延展性,加工性,韧性,展性
malefic　有害的
maleic resin　马来树脂

malformation 不正常的部分, 畸形
malformation-crystal 残缺晶
malformed 畸形有, 残缺的
malfunction (=mal) (1) 不正常工作, 不正常动作, 不正常起动, 不规则起动, 故障, 失灵, 事故; (2) 功能不正常, 动作失调, 错误动作
malfunction alarm 功能故障信号, 机构失灵信号
malfunction analysis detection and recording (=MADAR) 故障分析探查与记录
malfunction detection and recording system 故障探测与记录系统
malfunction detection system (=MDS) 故障探测系统
malfunction routine 错误检查程序, 查找故障程序, 定错程序
malfunction shutdown 故障停车
maline tie 用绳索把电缆固定到吊线上, 绳索轧结
mall 手用大锤
mallaunching 发射不灵, 不成功的发射
malleability 可压延性, 可锻性, 可塑性, 延展性, 加工性, 韧性, 展性
malleabilization 锻化
malleabilizing 韧化
malleable (=MALL) 可压制的, 可延展的, 可锤展的, 延伸性的, 可锻的, 韧性的, 展性的
malleable cast iron (=MCI) 可锻铸铁, 韧性铸铁
malleable casting 可锻铸铁铸件, 韧性铸件
malleable casting iron 可锻铸铁
malleable iron (=MI) 可锻铸铁, 韧性铁
malleable iron pipe (=MIP) 韧性铁管
malleable pig iron 可锻生铁
malleable steel 韧性钢, 展性钢, 软钢
malleable wrought-iron 韧性熟铁
malleableize 使具有展性, 可锻化, 韧化
malleableness 可压延性, 可锻性, 韧性, 展性
malleablizing (1) 可锻化的; (2) 退火; (3) 脱碳
malleate 锤薄, 压延, 锻
malleation 锻痕, 锻
mallet 木槌, 大锤, 手锤, 短锤
mallet alloy 黄铜 (铜 25.4%, 锌 74.6%)
mallet perforator 锤式冲孔机, 锤式穿孔机, 锤击穿孔机
Mallory metal 无锡高强度青铜
Mallory sharton alloy 钛铝锆合金
Malloy 镍钼铁超 [级] 导磁合金
malm 砂 [粘] 土混合料, 石灰砂子混合料
malobservation 观测误差, 观察误差
maloperation 不正确操作, 不正常运转, 不规则作用
Malott 马洛特易熔合金
Malotte's metal 马洛特合金
malposition 位置不正, 错位
malpractice 业务技术事故
Maltese cross (1) 十字机构, 马氏机构, 间歇机构; (2) 星形轮, 掣子
malthoid 油毡
mammy chair 运人吊椅
mamoty 土铲
man (1) 配备人员; (2) 使载人; (3) 操作
man-assignment 人力分配, 人力配置
man-carried 可携带的, 轻便的, 便携的
man-carrying 有人驾驶的, 载人的
man-caused 人为的
man earth-return spacecraft 载人再返地球飞船
man day (=M/D) 人日
man-hour (=MH 或 M/H) 人 [工小] 时, 工时
man hour 工时
man-induced 人工诱发的, 人为的
man lock 人口闸, 气闸
man-machine 人 [与] 机器的
man-machine communication 人机通信
man-machine control system 人机控制系统
man-machine digital system 人机数字系统
man-machine interaction 人机对话
man-machine reliability 人机可靠性
man-machine simulation 人机模拟
man-machine system 人 - 机器 [通信] 系统, 人机系统
man-made (=MM) 人工的, 人造的, 人为的
man-made earth satellite 人造地球卫星
man-made fiber 人造纤维, 化学纤维
man-made interference jamming 人为干扰
man-made noise 人为噪声, 工业噪声, 人为干扰, 工业干扰

man-made satellite 人造卫星
man-made statics 人为静电干扰
man-minute 人工分钟
man-of-war 军舰
man-pack 便携式无线电收发装置, 单人可携带的
man-pack television unit 便携式电视装置
man-portable 手提式的, 轻便的
man rack 平板卡车上的工房
man-rate (对火箭或宇宙飞船的安全载人飞行进行) 安全评定
man-rated 适于人用的
man-roentgen-equivalent 人体伦琴当量
man shaped walking machine 人形步行机
Man-Ten steel 低合金高强度钢
man-time 人次
manage (1) 管理, 处理, 办理, 经营; (2) 使用, 控制, 支配, 操纵, 驾驶
manageability 可使用性, 可驾驶性, 可操纵性, 可管理, 可处理
manageability of the flame 火焰可调节性
manageable 易管理的, 易处理的, 易操纵的, 易控制的, 易驾驭的
management (1) 管理, 处理, 办理, 组织; (2) 驾驶, 操纵, 控制, 操纵, 支配; (3) 管理部门, 管理处, 经理部, 厂方, 资方
management information 管理信息
management information system (=MIS) 管理信息系统, 信息控制系统, 经营情报系统
management science 管理科学
management software 管理软件
management support utility 管理后援应用程序
management television (=MTV) 管理用电视
manager (=Mgr) 公司经理, 管理人, 领导者
managerial 管理的, 办理的, 处理的, 经理的
managerial data 管理资料, 管理数据
managerialist 管理学家
managership 管理人身份, 经理身份
managing 处理的, 管理的, 经营的
managing director (1) 总经理; (2) 常务董事
manauto (旋钮, 开关) 手动 - 自动, 手控 - 自控
mancage 乘人罐笼
mancar 乘人矿车
mandatory (1) 委托的, 委任的; (2) 命令的, 指示的; (3) 强制性的; (4) 代理人, 代办者
mandatory level 标准等压面
mandrel (1) 紧轴 (2) 主轴, 心轴, 静轴, 轴胎, 轴柄, 心棒, 心杆, 圆棒; (3) (涂有有放射质的) 半导体阴极金属心, 型芯, 铁心, 芯子, 冲子; (4) 鹤嘴锄, 丁字镐, 卷筒; (5) 拉延; (6) 随心轴转动; (7) (压力机的) 滑块
mandrel coiler 筒式卷取机
mandrel diameter 心轴直径, 型芯直径
mandrel down coiler 心轴式地下卷绕机, 辊式地下卷绕机
mandrel mill 芯棒式无缝管轧机
mandrel press 心轴压机
mandrel stripper 脱芯机
mandrel test 紧轴压入试验, 卷解试验
mandrelling 拉延
mandrels for pipe bending 弯管用的心杆
mandril (1) 紧轴 (2) 主轴, 心轴, 静轴, 轴胎, 轴胎, 心棒, 心杆, 圆棒; (3) (涂有有放射质的) 半导体阴极金属心, 型芯, 铁心, 芯子, 冲子; (4) 鹤嘴锄, 丁字镐, 卷筒; (5) 拉延; (6) 随心轴转动; (7) (压力机的) 滑块
mandrin 细探针
mane 鬃毛
manengine 坑内升降机
maneton (1) 曲轴颈, 轴颈; (2) 可卸曲柄夹板; (3) 曲臂夹紧螺栓
manetostrictor 磁致伸缩
manetotropism 向磁性运动
maneuver (1) 操纵法, 操纵, 运用, 对付; (2) 机动; (3) 动作, 程序, 运用, (4) 策略, 策划
maneuver load 机动载荷
maneuver margin 机动限制
maneuverability 可操纵性, 操纵灵敏性, 可运用性, 灵敏性, 机动性, 灵活性
maneuverable 容易驾驶的, 容易操纵的, 可操纵的, 机动的, 灵活的
maneuvering board 操船图解板
maneuvering test 操纵 [性] 试验
manganal 锰合金钢, 含镍高锰钢, 锰钢 (含镍 3%, 锰 12%, 碳 0.6%- 0.9%)
manganeisen 锰铁合金
manganese {化}锰 Mn

manganese alloy　锰合金

manganese boron alloy　锰硼合金

manganese brass　锰黄铜

manganese bronze　锰青铜，锰合金

manganese cast iron　锰铸铁

manganese copper alloy　锰铜合金

manganese-copper-nickel　锰铜镍合金

manganese dry cell　锰干电池

manganese-iron　锰铁合金

manganese-iron alloy　锰铁合金

manganese ore　锰矿

manganese phosphor　锰激活磷光体

manganese sesquioxide　三氧化二锰，氧化锰

manganese silicon steel　锰硅钢

manganese spring steel　锰弹簧钢

manganese steel　锰钢

manganese tool steel　锰工具钢

manganese-zinc ferrite　锰锌铁氧体

manganesian　[含]锰的

manganic　六价锰的，三价锰的

manganic acid　锰酸

manganides　锰系元素

manganiferous　含锰的

manganin　(1)锰铜合金；(2)锰镍铜合金；(3)锰铜镍线

manganin alloy　锰镍铜合金，锰铜

manganin wire　锰铜线(锰13%，铜87%)

manganous　二价锰的，亚锰的，含锰的，锰似的

manganous chloride　二氯化锰

mangcorn　混合粒

mangelinvar　钴铁镍锰合金(钴35%，铁35%，镍20%，锰10%)

manger　(1)饲料槽；(2)锚链船的泄水孔底板

manger board　挡浪板

mangetofluid　磁流体

mangle　(1)压榨机，轧液机，熨平机；(2)光泽机；(3)橡胶辊压机，轧布机；(4)钢板矫正机，钢材矫直机，轧板机；(5)铝板模压制机

mangle gear　门格齿轮，滚销齿轮，钝齿齿轮

mangle gearing　往复正压传动

mangle wheel　(1)门格齿轮；(2)研光轮

mangler　(1)研光机；(2)(橡胶)压延机；(3)切碎机；(4)绞肉机；(5)轧机操作人员

Mangol　芒果尔锰铝合金

Mangonic　芒果尼克锰镍合金(镍97%，锰3%)

manhandle　人工操作，人力操作，人力推动，人力开动，人力转运

manhole　(1)进入孔口，检查窗口，工作口，进入口，检查孔，检修孔，维修孔，人孔；(2)升降口，清检孔，清扫孔，舱口；(3)检查井，进入井，探孔，探井

manhole dog　人孔盖压板

manhours (=mhs)　人工小时，工时

manic　铜镍锰合金(锰15-20%，镍9-21%，其余铜)

manifest　(1)表明，证明，(2)表示，显示，显露；(3)显现，显出，现出；(4)作用在于，表现为

manifestation　(1)表明，表示；(2)表现形式，体现；(3)现象，象征；(4)公开声明

manifestative　显然的，明了的

manifestly　明白地，明显地，显然

manifesto　(1)发表宣言，发表声明；(2)宣言，声明，布告

manifold (=mfo)　(1)多歧接头，集合管，集气管，集流箱，进气管，多支管，歧管，导管，总管，管道，管线，联箱；(2)集流；(3)多阀箱体，复式接头，油路板；(4)多元综合体；(5)各种各样的，有多种用途的，做成多份的，多方面的，多数的，多倍的，许多的，(6){数}拓扑空间，拓扑面，流形，簇

manifold branch　歧管

manifold condenser　多管冷凝器

manifold exhaust　歧管排汽

manifold heater　多管加热器，多管蒸汽炉

manifold paper　打字纸，复印纸

manifold pressure (=MP)　管道内压力，歧管压力

manifold vacuum　歧管真空

manifold waveguide　分歧波导管

manifold with boundary　带边流形

manifolder　复写机，复印机

manifolding　(1)复写，复印，复制；(2)歧管装置，支管装置

manila　马尼拉麻，马尼拉纸，蕉麻纸

manila gold　铅黄铜

manilla　马尼拉麻，马尼拉纸，蕉麻纸

manilla paper　马尼拉纸(电缆绝缘纸)

manilla rope　粗麻绳，白棕绳，吕宋绳

manipulate　(1)键控，操作，控制，处理；(2)计算，运算，使用，利用；(3)打键，键控；(4)变换；(5)(轧钢)翻侧

manipulated variable　控制变量，操纵量

manipulater　(1)操纵装置，操作装置，机械手，控制器，操纵器，操作器；(2)操作者，操作机工，操纵型机器人；(3)压力表；(4)键控器，发报机，电键；(5)推床

manipulating key　手动键

manipulation　(1)操纵，操作，控制，处理；(2)转动，回转；(3)计算，运算，使用，利用；(4)变换；(5)(轧钢)翻侧；(6)钢管工艺试验的总称

manipulation of electrode　(焊条)运条焊

manipulative　(用手)操作的，操纵的，控制的，管理的，手工的，手控的

manipulative indexing　对应索引，相关索引

manipulator　(1)操纵装置，操作装置，机械手，控制器，操纵器，操作器(2)操作者，操作机工，操纵型机器人；(3)压力表；(4)键控器，发报机，电键；(5)推床

manipulator ginger　机械手抓手

manipulator for turning ingots　翻侧钢锭的推床

manipulator-operated　机械手控制的

manipulator rack　推床齿条

manipulatory　(用手)操作的，操纵的，控制的，管理的，手工的，手控的

manned　有人驾驶的，有人操作的，有人操纵的，有人管理的，载人的

manned balloon　载人气球

manned craft　载人飞行器

manned lunar outpost　载人地球 - 月球飞船

manned reconnaissance satellite (=MRS)　有人驾驶的侦察卫星

manned satellite　载人卫星

manned satellite inspection system (=MSIS)　载人卫星检查系统

manned space flight (=MSF)　载人的宇宙飞行，载人空间飞行

manned space vehicle (=MSV)　载人宇宙飞船

manned spacecraft center (=MSC)　载人宇宙飞船中心

manned vehicle　载人飞行器

manner　(1)方法，方式，样式；(2)风格，样子；(3)习惯，惯例；(4)种类

manner of origin　起源形式，成因形式

Mannessman piercing mill　曼内斯曼式穿孔机

Mannheim gold　曼海姆金(锌10%，锡1%，其余铜)

manning　人员配备

manning table　人员配备表

manocryometer　融解压力计，加压熔点计

manoeuvrability　可操纵性，可运用性，操纵灵敏性，灵敏性，机动性，灵活性

manoeuvrable　容易驾驶的，容易操纵的，可操纵的，机动的，灵活的

manoeuvre　(1)操纵法，操纵，运用，对付；(2)机动；(3)动作，程序，运用，(4)策略，策划

manoeuvreability　可操纵性，可运用性，操纵灵敏性，灵敏性，机动性，灵活性

manoeuvreable　容易驾驶的，容易操纵的，可操纵的，机动的，灵活的

manoeuvring reentry vehicle (=MARV)　机动重返大气层运载工具

manograph　(1)液体压力记录器，压力记录器，记压器；(2)示功器

manometer (=MANO)　压力表，压力计，流体压强计，流体压力计

manometer pressure　表压

manometer tube gland　压力管

manometer tube gland　压力管塞

manometric　(1)测压的，感压的；(2)流体压力计的，用压力计量的；(3)压力的，压差的

manometric bomb　密闭爆发器

manometric flame　感压焰

manometric fluid　测压液

manometric liquid　测压液

manometric method　测压法

manometric thermometer　压差温度计

manometrical　(1)测压的，感压的；(2)流体压力计的，用压力计量的；(3)压力的，压差的

manometrically　压力上

manometry　容积的压力测量，压力计测量，测压术

manoscope　气体密度测定仪，流压计

manoscopy　气体密度测量，气体密度测定，气体容量分析，流压术

manostat　流体压力器，压力稳定器，恒压器，稳压器

manpower (=M/P)　劳动力，人力

871

manpower estimate (=ME) 劳动力估计

manrope [舷梯] 扶索

manrope knot 扶手结

mansbridge capacitor 金属化纸介电容器, 卷式电容器

mantel 壁炉梁, 壁炉架, 壁炉台, 壁炉罩, 壳

mantel-piece 罩套构件

mantelpiece 罩套构件, 壁炉台

mantissa (1)[对数的]尾数; (2)[浮动小数点后的]数值部分; (3)假数

mantle (1)机套, 套筒, 外皮, 外壳, 罩盖; (2)(汽车的)白炽丝罩; (3)覆盖层, 盖层, 面层, 表层; (4)(高炉)环梁壳; (5)壁炉台

mantle cone 破碎机可动圆锥

mantle filter 罩式滤器

mantle-grade 灯罩级品位

mantle head 可动破碎圆锥颈

mantle pick-up 罩套构件

mantle pillar (高炉)环梁柱

manu- (词头)手

manual (=M) (1)手册, 指南, 细则; (2)袖珍本, 说明书, 便览; (3)手动的, 手工的, 手控的, 人工的; (4)键盘

manual-acting 手工操作的, 手动的

manual acting 人工操作的, 用手操作的

manual adjustment 手调

manual amendment (=MANAM) 手工修理

manual-automatic 人工-自动的, 手动-自动的, 半自动的

manual-automatic relay 手动-自动[控制]转换继电器

manual backup 手动后备调节装置, 人工接替

manual compensation 手动补偿

manual computation 笔算

manual control (=M/C) 手动控制, 手动操作, 人力控制, 人工控制, 手控

manual controller 人工控制器

manual cutting 人工切割

manual date (=MD) 手册资料

manual desk 人工交换台

manual direction finder (=MDF) (无线电)手动探向器

manual exchange (=man.X) 人工电话交换机, 人工交换机

manual extinguisher 手提式灭火器

manual feed (1)手动进给; (2)手动进刀

manual following 手控跟踪

manual frequency control (=MFC) 手动频率控制

manual fuel cutoff (=MFCO) 手控燃料切断

manual gain control (=MGC) 手动增益控制, 人工增益调整

manual gear shifting (1)手动换档, 手动变速; (2)手动变速装置

manual grinding 手动磨削

manual hydraulic intensified vice 手动液压增力虎钳

manual indexing 手动分度

manual input (=MI) (1)人工输入; (2)(防空雷达)地面观测员送入的信号

manual input processing program (=MIP) 人工输入处理程序

manual input unit 人工输入设备

manual labour 体力劳动, 手工

manual low-voltage power supply (=MLVPS) 手控低压电源

manual mode 手动方式

manual number generator 手控输入设备, 人工输入设备

manual of engineering instructions (=MEI) 技术细则手册

manual of operations (=MANOP) (1)战斗使用条例; (2)操作手册

manual office 人工局

manual operated (=MNL) 用手操作的, 手控的

manual operating 手动

manual operation 手动操作, 人工操作, 人工控制, 手动

manual output (=MO) 手动输出

manual program 人工程序

manual pumping unit 手动抽水机

manual ram reverse 滑枕反向手操纵

manual rate-aid tracking 人工速度辅助跟踪

manual reaper 人力收割机

manual reconfiguration 人工改变系统结构

manual record 人工记录

manual regulation 手控

manual ringing 人工振铃

manual safety switch (=MSS) 手控的安全开关

manual setting 手动调整, 手动调定

manual shaft turning device 手动盘车装置

manual shift 人工换档

manual spinning 人工旋压法

manual switch (1)手控开关, 人工开关; (2)自动控制器的人工辅助运行装置

manual switching 人工切换

manual synchronization 人工同步

manual system 手动系统

manual telegraph set 人工电报机

manual telegraph transmitter 手控发报机

manual telephone set 人工电话交换机

manual telephone exchange 人工电话交换台

manual telephone switchboard 人工电话交换台

manual telephone system 人工电话系统

manual toll switchboard 长途人工接续台

manual transmission 手换档变速器

manual tuning 人工调谐

manual type 手动式

manual voltage regulator 人工电压调节器

manual volume control (=MVC) 手动音量调节

manual weld 手工焊

manual welding 人工焊接, 手工焊接

manual word generator 手控数字存储器

manually 手动地, 手控地, 手工地, 人工地, 用手

manually controled 人工控制的

manually-operated 人工操作的, 手操纵的, 手动传动的

manually operated (=MO 或 mo) 人工操作的

manually-operated turning gear 手动盘车装置

manually operated valve 手动[操纵]阀

manuals of engineering practice (=MEP) 工程实践手册

manufactory 制造厂, 工厂

manufacturability 可制造性, 工艺性

manufacturable 可制造的

manufactural 制造[业]的

manufacture (=manuf 或 MF) (1)制造, 生产, 加工; (2)产品, 制品; (3)制造业

manufacture of iron and steel by fusion 钢铁熔炼

manufacture of iron and steel by melting 钢铁熔炼

manufactured (=mfd) 生产的, 制造的, 人造的

manufactured abrasive 人造磨料

manufactured aggregate 人造集料

manufactured article 制品

manufactured by…… (=mfd. by) 由……制造

manufactured gas 人造煤气

manufactured product 制成品, 产品

manufacturer (=MFR 或 Mfr.) 制造厂, 制造者, 工厂主, 厂商

manufacturer agents 厂家代理

manufacturer's certificate 厂商证明书

manufacturing (1)生产, 制造; (2)生产的, 制造的, 工业的

manufacturing accuracy 制造精度

manufacturing and inspection record (=M&IR) 制造与检查记录

manufacturing assembly drawing (=MAD) 制造装配图

manufacturing change note (=MCN) 制造更改说明

manufacturing change point (=MCP) 制造更改要点

manufacturing change request (=MCR) 制造更改申请单

Manufacturing Chemists Association (=MCA) (美)化学品制造协会

manufacturing cost 制造成本

manufacturing data 制造数据

manufacturing defect 制造缺陷, 加工缺陷

manufacturing deficiency 制造缺陷, 加工缺陷

manufacturing dimension 制造尺寸, 加工尺寸

manufacturing directive (=MD) 制造命令

manufacturing district 工业区

manufacturing engineering (1)制造工艺, 制造技术; (2)制造工程学

manufacturing equipment 工艺装备

manufacturing firm 制造商

manufacturing industry 制造工业

manufacturing inspector (=MI) 制造检验员

manufacturing integrity test (=MIT) 制造完整性试验

manufacturing machine 生产机械

manufacturing manual (=MM) 制造手册

manufacturing method 制造方法

manufacturing miller 专业化生产铣床, 无升降台铣床, 生产型铣床, 专用铣床

manufacturing-oriented 与生产有关的, 从事生产的

manufacturing parts list (=MPL)　制造部件清单

manufacturing plan sheet (=MPS)　生产计划图表

manufacturing planning change (=MPC)　制造计划改变

manufacturing procedure　制造程序,制造过程

manufacturing process　制造过程,制造法

manufacturing process specifications (=MPS)　生产过程详细说明

manufacturing process specifications manual (=MPSM)　生产过程详细说明手册

manufacturing program(me)　生产计划

manufacturing quality control (=MQC)　制造质量控制

manufacturing reference line (=MRL)　制造参考线

manufacturing requirement　生产技术要求,制造技术要求

manufacturing schedule　生产进度[表]

manufacturing sequence　制造程序

manufacturing shop　专业化[生产]车间

manufacturing specification request (=MSR)　生产规范要求

manufacturing standards manual (=MSM)　制造标准手册

manufacturing status (=MS)　生产现状

manufacturing system　生产系统

manufacturing technique　制造工艺,生产技术

manufacturing tolerance　制造公差

manumotive　手动的,手推的

manumotor　手推车

manure loader　装肥机

manure spreader　撒肥机

manuscript (=MS)　(1)手抄本,手稿,原稿,底稿;(2)(工件的)加工图;(3)用写的,手抄的

manuscript map　编辑原图

manuscripts (=MSS)　手稿,原稿

manway　人孔

manway compartment　井筒梯子隔间

many　(1)许多,多数;(2)许多人,多数人

many-angled　多角的

many-element laser (=MEL)　多元激光器

many-one　多对一

many-one correspondence　{数}多一对应

many-one function table　多一函数表

many-purpose　多种用途的

many-sided　多方面的,多边的,多角的

many-stage　(1)多级的,多段的;(2)多串的,多串联的

many-to-one　多对一

many-turn　多匝的

many-turn secondary coil　多匝副圈

many-valley　(半导体)有多谷形能带的,多谷[型]的

many-valued　多值的

many-valuedness　多值性

many-ways　多方面,种种

many-wise　多方面,种种

map　(1)地图,图;(2)在地图上标出,用地图表示,绘图,制图,绘制,测绘;(3){数}映像,映射;(4)(地址)变换;(5)测定位置

map address　变换地址

map board　图板

map border　图廓

map-control　地图定位程序

map crack　网状裂纹,龟裂

map delineation　地图清绘

map development　图件绘制,构图

map distance (=MD)　水平距离,图上距离,测地距离,图距

map-like radar display　地图形雷达显示

map margin　图廓

map measurer　量图仪,曲线仪

map scale　地图比例尺

map title　图名

map tracer　航向图描绘仪

mapland　制图区域

mappable　可用图表示的

mappable unit　图幅

mapped　映像缓冲区

mapper　(1)测绘装置,测绘仪,绘图仪;(2)映像程序;(3)制图者,绘图者

mapping　(1)绘图,测绘,制图;(2)映像,映射;(3)变换;(4)通信;(5)符合,对应;(7)龟裂

mapping camera　测绘摄影机,地图摄影机

mapping degree　映射度,映像度

mapping device　布局设备,规划设备,变换装置,测绘装置

mapping ensemble　映射集

mapping language　映像语言

mapping of a set in another　映入

mapping of a set onto another　映成

mapping space　映射空间

mapping table　变换表,变址表

mapping with order preserving　保序映像

mappist　制图员,制图者

mar　(1)损坏,损伤,损害,毁坏,破坏;(2)擦伤,划痕;(3)障碍,缺点

maraging　马氏体时效处理,高强度热处理,时效硬化

maraging steel　马氏体时效钢,高镍合金钢,特高强度钢

marble　(1)大理石;(2)大理石制品

Marble corrosive liquid　(钢材显微组织检查用的)硫酸铜盐酸腐蚀液

marble fracture　石板状断口

marble switchboard　大理石配电盘

marbled　装大理石的

marbling　大理石仿造

marcomizing　不锈钢表面氮化处理

Marconi beam antenna　马可尼定向天线

Marconi detector　马可尼检波器

Marconi type antenna　马可尼天线

Marconigram　马可尼无线电报机

marcus　大铁锤

Marcy mill　马西型球磨机

mare clausum　(拉丁语)领海

mare liberum　(拉丁语)公海

mareograph　自记水位计,水位记录仪,潮汐自记仪

Marform process　橡皮模压制成形法

margin　(1)边缘,界限;(2)页边,空白;(3)余量,余地,余额;(4)储备量,安全系数;(5)限界,差距;(6)裕度,幅度;(7)校正能力;(8)保证金,押金,赚头,垫头

margin capacity　备用容量

margin design　边限设计

margin lights　窗边窄玻片

margin microswitch　微型限位开关

margin of drill　钻锋圆边

margin of energy　能量储备,后备能量

margin of error　最大容许误差,误差界限,误差界线,误差量

margin of power　功率极限,动力裕度,功率储备

margin of safety (=MS)　安全裕度,安全限度,安全系数,强度储备,安全率,可靠度

margin of stability　稳定储备量,稳定系数,稳定限度,稳定界线

margin of tolerance　公差范围,允差

margin-perforated　(凹口)边缘穿孔的

margin-punched　边缘穿孔的

margin release key　(打字机)空白限制器释放键

margin stop　(1)空白限制器;(2)极限挡块

margin to seam　缝头

margin tolerance　公差,允差

margin voltage　容限电压

margin width　刃带宽

marginal　(1)在栏外空白处的,图廓的,傍侧的,侧面的,边缘的,边部的;(2)栏外的;(3)界限的,边限的,边界的,边际的;(4)临界的,限界的;(5)容限的,极限的;(6)决定性的

marginal adjustment　边界调整,边限调整,边际调整

marginal amplifier　边频放大器,边带放大器

marginal analysis　限界分析,边际分析

marginal bar　边缘钢筋,护栏

marginal capacity　边限容量,备用容量

marginal check (=MC)　边缘检查,边缘检验,边限检验,边缘校验,边界检查,界限检验

marginal data　图例说明

marginal discharge　尖端放电

marginal effect　边缘效应

marginal focus　边缘焦点

marginal groove　无声槽,哑槽

marginal note　图边注记

marginal punched card　边缘穿孔卡

marginal ray　边缘射线,周边光线

marginal reinforcement　边缘钢筋

marginal relay　定限继电器

marginal stability　临界稳定性

marginal utility　边际效用

marginal unit 临近损坏的部件，即将报废的部件

marginal vacuum 容许真空

marginal value 临界值

marginalia (1)（复）页边说明，旁注；(2) 次要的东西

marginalize 忽略，排斥

marginally (1) 在空白处，在边上，在栏外；(2) 在一定程序上，或多或少地

marginally punched card 边沿穿孔卡

marginate 有边[缘]的

marginated 有边[缘]的

margination texture 蚀边结构

marigraph 验潮计

marine (1) 海军陆战队船舶，远洋船队，总船只；(2) 船用的，海运的，海上的；(3) 海军部，水兵

marine acoustics 水声学

marine aircraft 海上航空器

marine aircraft experiment establishment (=MAEE) 海军飞机实验研究中心

marine architect 船舶设计师

marine beacon 航路信标

marine cable 海底电缆

marine chronometer 船用精确时计

marine communication 航海无线电通信

marine corps 海军蓝色

marine corrosion 海水腐蚀

marine diesel engine 船用柴油机

marine-disaster [在]海[上遇]险

marine electric range 船用电灶

marine electronics 航海电子学

marine engine 船用发动机

marine engineer 造船工程师

marine engineering 轮机工程

marine epicyclic gearing 船用行星齿轮传动装置

marine gear (1) 船用齿轮；(2) 船用传动装置

marine gearing housing 船用变速箱体

marine glue 船用胶

marine insurance 海上保险，水险

marine insurance certificate 海运保险凭证

marine insurance policy (=M.I.P.) 海上保险单，水险单

marine league 航海里格

marine leg 船用卸粮机

marine propulsion 船用推进装置

marine radar 船用雷达，海用雷达，航海雷达

marine radio 航海用无线电台

marine railway 船排

marine reversing gear 船用换向齿轮机构

marine store (1) 船[上用]具，船舶物料；(2) 旧缆绳，旧物料；(3) 船舶用品商店

marine stores 船[上用]具

marine telephone set 船用电话机

marine type turbine 船用涡轮机

mariner 海员，船员，水手

mariner's card 海图

mariner's compass 船舶用罗盘，航海罗盘，航海罗经

mariner's needle 罗盘针

Marino Process 马里诺钢丝电镀锌法

mariposite 铬硅云母

maritime 海洋的，海事的，海运的，航海的，海员的

maritime affairs 海运事务

maritime arbitration 海事仲裁

maritime climate 海洋性气候

Maritime-Custom 海关

Maritime gas-cooled reactor critical experiment (=MGCR-CX) 海上气冷反应堆临界试验

maritime international law 国际海洋法

maritime law 海洋法

maritime mobile service 海上移动业务

maritime perils 海上遇险，海事

maritime power 制海权

maritime radio navigation service 海上无线电导航业务

maritime satellite 海事卫星

Mark (德)马克（货币单位）

mark (=M 或 MK) (1) 标记，标志，记号，符号，标号，商标；(2) 痕迹，斑迹，斑渍，划痕，斑点；(3) 特征，特性，征象；(4) 作标记，标识，刻度；(5) 型号；(6) 照准标，方位标，目标，靶子；(7) 指标；(8) 界限，限度，标准；(9) 印象，影响，注意

mark and space impulse 传号和空号脉冲

mark number 标号

mark of reference 参照符号

mark-pin 测杆

mark post 标杆

mark register 时标寄存器，记时寄存器

mark scan(ning) 特征扫描，标志扫描，符号扫描

mark scraper 划线器

mark-sense 标记读出，符号读出

mark-sense character reader 符号识别读字机

mark sensed card 符号读出卡片，标记读出卡片

mark sensing 符号读出，标记读出，读出孔

mark sheet 特征表，标号表，标记图

mark spacing 符号间隔

mark-to-space ratio 脉冲信号荷周比，标记点空比，传号 - 空号比，标空比

mark-up (1) 标高；(2) 涨价

marked (=mkd) (1) 有标志的，有记号的，加印记的，标定的；(2) 明显的，显著的

marked capacity (=MC) 标定载[货]量

marked cycle 标号循环

marked difference 显著的区别

marked for (=M/F) 作了标记以供……，被指定

marked page reader 标记页面阅读器

marked point 标志点，觇标点

marked route 有标志路线

markedly 明显地，显著地

markedness 显著

marker (=M 或 MKR) (1) 划线规，划行器，划印器；(2) 标志信号发生器，距标发生器，指示器，标志器，显示器，标识器，标号器，记分器，打印机；(3) 标志信标，指点标，指路标，指向标；(4) 标志员，信号员，打印工，划线工，号料工；(5) 示标电台；(6) 记号，信号，标记，标志，信标，频标，示标，旗标，路标，时标，标杆；(7) 标准层，指示层

marker antenna 无线电信标天线

marker beacon 无线电指标示，无线电信标台，标志信标，示标电台

marker buoy 浮标

marker clamp 标志信号电平箝位线路

marker generator 标志[信号]发生器

marker group 标识群

marker lamp 识别信号灯，标记灯

marker light indicator (=MLI) 标志灯光指示器

marker oscillator 标志脉冲发生器，频标信号发生器

marker pip displacement 标记点移动

marker post (反射式)导向标

marker pulse 标识脉冲，频标脉冲，标记脉冲，信号脉冲，传号脉冲，同步脉冲

marker register 时标寄存器，标识寄存器，标志寄存器

marker selector 标志脉冲选择器，频标[脉冲]选择器

marker space (唱片)分隔器

marker sweep generator 扫描标识发生器，扫描信号发生器

market (=mkt) (1) 买卖，交易；(2) 市面，行情，市价，市场，行业，销路；(3) 马克特（一种黄铜牌号）

Market brass 马克特黄铜（铜 65%，锌 35%）

market order 现市订单，市价定购

market place 市场

market pot 熔铝锅

market price 市场价格，市价

market size 市场尺寸，商品尺寸，商品规格

market value (=MV) 市场价值，通行价，市价，市值

marketable 市场[销售]的，销路好的

marketable cathode cobalt 商品阴极钴

marketable value 有销售价值[的]，市场价值[的]

marking (1) 打印[字]，作标记，作记号，作标志，加记号；(2) 标记，标志，标识，记号，符号；(3) 划线；(4) 条纹；(5) 熄灭，消隐，遮没，选除；(6) 记号的排列，设计，布局

marking awl 划线盘

marking compound 涂色剂，显迹剂

marking current 符号电流，传号电流

marking device (1) 印花机，压花机，压纹机，压印器；(2) 记录设备；(3) 标示器；(4) 划线规

marking frequency 标记脉冲频率

marking-ga(u)ge 划线规

marking ga(u)ge　划线规

marking-hammer　印锤

marking-ink　打印墨水

marking ink　(1) 打印墨水；(2) 划线蓝铅油

marking-iron　烙印铁

marking iron　烙印铁

marking machine　印字机

marking-off　划线

marking off　划线

marking-off pin　划线针，划针

marking-off plate　划线板

marking-off table　划线台

marking-on　划线

marking on　划线

marking-out　做标记，划线，定线

marking-out table　划线台

marking pin　测杆，标杆

marking point　标志点

marking press　压印机，刻印机，压痕机

marking signal　标记信号

marking stake　电缆标石

marking stud contact　标志接点

marking tool　划线工具

marking wave　传号波，符号波，记录波，标记波

Markite　导电性塑料

marks (=mks)　货物包装标记

Marles-Bendix Varamatic power steering gear　扭杆转阀整体式动力换向器

marline　细索，绳索

marline clad wire rope　包麻钢丝绳

marline tie　绳索扎结 (用绳把钢丝绳固定到吊线上)

marquenching　马氏体等温淬火，马氏体分级淬火，热浴淬火

marry　(1) 连接；(2) 绞结；(3) 接长 (不嵌入接长)

marsh gas　沼气

marsh gas power generation　沼气发电

marstraining　马氏体常温加工

marstressing process　马氏体形变热处理

martemper　(1) 马氏体等温淬火，间歇淬火，分级淬火；(2) 分级回火

martempering　(1) 马氏体等温回火，中间等温回火；(2) 马氏体等温淬火，间歇淬火，分级淬火，热浴淬火

martens hardness　马氏硬度

martens test　马氏 [塑料热弯变形] 试验

martensite　马氏体，马丁体

martensite cold working　马氏体冷作处理

martensite deformation point (=Md point)　塑性加工时马氏体变形点，Md 点

martensite finish(ing) point (=Mf point)　马氏体转变终止点，下马氏点，Mf 点

martensite lattice　马氏体晶格

martensite start point　马氏体转变开始温度

martensite starting point (=Ms point)　上马氏点，Ms 点

martensite steel　马氏体钢

martensite tempering　马氏体回火

martensitic　马氏体的

martensitic cast iron　马氏体铸铁

martensitic hardening　马氏体淬火，淬成马氏体

martensitic matrix　马氏体基体

martensitic range　马氏体转变区

martensitic stainless steel　马氏体不锈钢，马氏永磁钢

martensitic starting point (=Ms oint)　上马氏点，Ms 点

martensitic structure　马氏体组织

martensitic transformation　马氏体式变化，马氏体相变

Martin (=M)　马丁炉，平炉

Martin automatic data-reduction equipment (=MADRE)　马丁自动数据处理设备，信息简缩变换设备

Martin furnace　马丁炉，平炉

Martinel steel　硅锰结构钢

Martini　马提尼步枪

Marvibond method　(氯乙烯叠层金属板的) 滚压叠层法

marworking　奥氏体过冷区加工法，形变热处理

marx regeneration process　强碱再生过程

Marx's circuit　马克斯式脉冲电压发生器电路

mascot guidance　顺利制导

mase　产生和放大微波，激射

maser (=microwave amplification by stimulated emission of radiation)　受激辐射微波放大器，微波量子放大器，微波量子激射器，微波激射器，脉塞，脉泽

maser action　微波激射作用

maser generator　量子振荡器

maser interferometer　脉塞干涉仪，激射干涉仪

maser oscillator　微波激射振荡器，量子振荡器，分子振荡器，脉泽振荡器

maser preamplifier　脉塞前置放大器

mash　(1) 磨碎，压碎，捣碎；(2) 混合

mash hammer　小铁锤

mash seam weld　流压焊

mash seam welding　滚压电阻缝焊，压薄滚焊

mash weld　滚焊

masher　压榨机，榨蔗机，磨碎机，捣碎机

mask　(1) 掩模，掩样，掩字；(2) 伪装，遮蔽，(3) 防护面具，面具，面罩，(4) 隐字；(5) 更换字符，提取字符，抽出字符，折取字符，掩码；(6) 光刻掩模，屏框；(7) 时标

mask alignment　掩模校准，掩模对准，掩模重合，掩模调整，掩模对位

mask artwork　掩模原图

mask bit　屏蔽位

mask etch　掩蔽腐蚀

mask focusing colour tube　荫罩聚集彩色显像管

mask image signal　图像化装信号

mask index register (=MXR)　时标变址寄存器

mask layout　掩模设计

mask line　(电视) 分帧线，(电影) 分格线

mask microphone　面罩式传声器

mask off　屏蔽掉，掩蔽掉

mask pattern　掩模图案，点阵结构，晶架

mask register　时标寄存器，计时寄存器，参考寄存器，选择寄存器

mask set　一套掩模，掩模组

mask signal generator　屏蔽信号发生器

mask target　对准标记

mask voltage　屏蔽电压，障板电压

maskant　保护层

masked　(1) 戴着面罩的；(2) 屏蔽着的，掩蔽着的，遮蔽着的

masked diffusion　掩蔽扩散

masked ROM　带掩蔽的只读存储器 (ROM =Read-only Memory 只读存储器)

masked state　屏蔽状态

masked wheel　带罩棘轮

masked valve　屏蔽式阀

masking (=MASK)　伪装，掩蔽，遮蔽，掩模

masking amplifier　(彩色信号比) 校正放大器，掩蔽放大器，化装放大器

masking aperture　掩蔽孔径，通光孔径，限制孔径

masking audiogram　掩蔽声波图，声掩蔽听力图

masking of sound　声的掩蔽

masking paste　防渗碳涂料

masking plate　荫罩板

maskless　无遮蔽的，无屏蔽的，无掩模的

masonite　绝缘纤维板

masque　面具，面罩

mass (=M)　(1) 质量；(2) 物质；(3) 成批，大量，整体，大块；(4) 聚集，密集，结集

mass-action　质量作用，分量作用，浓度作用

mass action　质量作用，分量作用，浓度作用

mass analyser　质量分析器

mass analyzer　质量分析器，质谱分析器，质谱仪

mass analyzing magnet　质量分析磁铁

mass asignment　质量数测定

mass-balance　物料平衡

mass balance　(1) 质量平衡，物料平衡；(2) 平衡重 [量]，配重

mass cache memory　大容量超高速缓冲存储器

mass carrier　[火箭发动机中的] 工质

mass center　质量中心，重心

mass concrete　大体积混凝土，大块混凝土

mass control　质量控制

mass curve　累积曲线

mass data　大量数据

mass defect　质量亏损

mass diagram　积分曲线

mass-energy　质 [量] 能 [量]

mass-energy equation 质能相当性
mass equation 质量方程
mass-filter 滤质器
mass-float 惯性浮体
mass flow 质量流量
mass flow lifting （催化剂）密相向上输送
mass flow technique 流体化床粒子的输送技术
mass flowrate 质量单位流量,质量比流量
mass-force 惯性力
mass force 惯性力
mass hardness 全部过硬
mass holography 质量全息术
mass load 质量载荷,质量负荷,惯性载荷,惯性负载
mass-luminosity law 质量 - 亮度 [关系] 定律
mass-manufacture 大量制造
mass-market 大量销售的,大量买卖的
mass memory 大容量存储器,信群存储
mass-memory unit 大容量存储单元,信群存储单元
mass moment of inertia 质量惯性矩
mass motion 整体运动
mass movement 整体运动,块体移动
mass number （原子）质量数
mass of electron at low velocity (=mo) 低速电子质量
mass on chemical scale 化学标度质量,化学原子量
mass on physical scale 物理标度质量,物理原子量
mass optical memory (=MOM) 大容量光存储器
mass point 质点
mass polymerization 本体聚合法,大块聚合法
mass-produced 工业性生产的,大量生产的,大批生产的,成批生产的
mass production 大量生产,成批生产,批量生产,大量制造
mass ratio 质量比,相对质量,始末质量比
mass-reflex 总体反射,总体分光
mass resistivity 质量电阻比,质量电阻率,体积电阻率,比电阻
mass run 大量生产
mass-sensitive quantity 质量灵敏值,随质量而变的值
mass sensitive separator 质量敏感分离器
mass-separator （1）质量分离器；（2）同位素分离器
mass separator （1）质量分离器；（2）同位素分离器
mass service system with delay
mass-spectrogram 质谱图
mass-spectrograph 质谱仪
mass spectrograph 质谱仪
mass spectrographic analyzer 质谱分析器
mass-spectrography （1）质谱学；（2）质谱分析法,质谱测量法
mass spectrography 质谱法,质谱分析
mass-spectrometer 质谱分析器,质谱仪
mass spectrometer (=ms) 质谱测定计,质谱分析器,质谱测定计,质谱仪
mass-spectrometric 质谱仪的
mass-spectrometric detection (=MSD) 质谱检定 [法]
mass spectrometric thermal analysis (=MTA) 质谱热分析法
mass-spectrometry （1）质谱学；（2）质谱测量；（3）质谱分析
mass-spectrum 质谱
mass spectrum (=MS) 质谱
mass storage 大容量存储
mass-storage device 大容量存储器
mass surface 质量面
mass-synchrometer 高频质谱仪,同步质谱仪
mass synchrometer 同步质谱仪
mass-transfer 质量交换,质量传递,传质
mass transfer 质量交换,质量传递,质量转移
mass-transfer coefficient 质量转移系数
mass transfer in liquid phase 液相传质
mass transit （1）公共交通工具（总称）；（2）公共交通
mass unit (=MU) 质量单位
mass velocity 质量速度
massenfilter 滤质器
massing （1）块化；（2）总体；（3）集中,聚集
massive 块状的
massive nuclear retaliation (=MNR) 大规模核还击
massive structure 块状结构
massless particle 无质量粒子
mast （1）电线杆,天线柱,天线塔,系留塔,桅杆,铁塔,电杆,杆,柱；（2）起重杆；（3）轻便支架,支架,支柱,支座,支撑；（4）圆柱体

mast antenna 桅杆天线,杆式天线,铁塔天线
mast arm （照明）灯具悬臂
mast crane 桅杆起重机,桅式吊机
mast jacket 转向柱套管
mast timber 桅木
master （1）主要设备,主导装置,主机；（2）校对规,靠模；（3）主要的,基本的,标准的,校对的,校正的,仿形的,靠模的,精通的,熟练的,高明的,高超的,总的；（4）工长,技师；（5）主管,领导；（6）舰长；（7）控制,征服；（8）熟练,精通；（9）多桅船；（10）主盘模型,原版,主片
master alloy 中间合金,母合金,主合金
master altimeter 校正用高度计
master and articulated connecting rod assembly 主副连杆总成
master antenna 主 [接收] 天线,共用天线
master antenna television (=MATV) 共用天线电视,主天线电视
master bar 校对棒,标准棒,多用棒,主控棒,母条
master bevel gear （1）主锥齿轮；（2）标准锥齿轮
master blade 基准刀齿
master brightness control 亮度主控
master builder 营造工长,营造师
master busy （电话）主线占线
master cam 主凸轮
master change notice (=MCN) 总更改通知
master change record (=MCR) 主要更改记录
master check 校正,校对
master checking gear 校正齿轮,标准齿轮,基准齿轮
master-chip integrated circuit 母片集成电路
master clock （1）主时钟母钟,主钟,母钟；（2）时标脉冲,时钟脉冲,主脉冲；（3）时钟信号；（4）同步脉冲发生器,主控振荡器；（5）主同步电路
master clock-pulse generator 母时钟脉冲发生器
master clutch 主离合器
master connecting rod 主连杆
master console 主控制台,监督台
master container 主集装箱
master contrast control 对比度主控制
master-control 中心控制,中央控制,整个控制,总控制,总操纵,主控
master control (=MC) （1）中心控制,中央控制,主控制,总控制,主控；（2）主控程序,主调整
master control automation 主控自动化
master control board 主控板
master control electric apparatus 主令电器
master control panel 主控制盘,主控屏
master control program (=MCP) 主控程序
master control room 中心控制室,主控 [制] 室
master control routine 主控程序
master control set (=MCS) 主控装置
master controller (=MCtr) 主令控制器,主控 [制] 器
master curve （1）通用曲线,叠合曲线,主曲线,总曲线；（2）量板
master cylinder （制动器）总泵,主油缸
master data 基本数据,不变数据
master data control console (=MDCC) 主要数据控制台
master die 标准板牙,标准模
master dividing gear 标准分度齿轮
master drawing （光学仿形）发令图,样图
master drum （1）检查筒,控制箱；（2）圆柱形靠模
master equation 主方程
master equipment list (=MEL) 主要设备清单
master equipment list index (=MELI) 主要设备清单索引
master external memory 主外存储器
master file （1）主外存器；（2）主文件,主资料
master form 靠模,仿形模,原模
master frequency 基本频率,主频 [率]
master gauge （1）校对量规,标准规,校正规（2）标准测量仪,标准仪表（3）总压计,总表
master gear （1）（供检查用的）校正齿轮,标准齿轮,基准齿轮；（2）主 [传动] 齿轮
master group 主群
master hand 能手
master instruction tape (=MIT) 主指令带,主控带
master international frequency list (=MIFL) 国际频率总表
master international frequency register (=MIFR) 国际频率总登记
master jaw 卡爪座
master jig 总装装配架
master key （1）总电键；（2）万能钥匙,总钥匙

master keying system 主键控系统

master lead screw for tapping 攻丝靠模

master leaf 钢板弹簧主片

master link (1)主连接杆；(2)闭合链节

master mask 母掩模，母版

master matrix 主盘模型

master mechanic (1)技工；(2)技工能手

master memory 主存储

master meter 标准仪表，基准仪表，基准电表，检验表，主表

master-meter method 以标准仪表检验同类仪表的方法，标准仪表比较检验法

master meter method 标准仪表[比较]检验法

master monitor 主监视器，主监察器

master mould 原始模型，标准模型，母模

master negative (唱片模板)头版，主底片

master nozzle 校对喷嘴，测量喷嘴

master of computer science (=MCS) 电脑科学硕士

master of engineering (=M.Eng) 工程硕士

master of science (=MS) 理科硕士

master oscillator (=MO) 主控振荡器，主振荡器

master-oscillator radar set 主振器控制雷达

master-oscillator set 主控振荡器

master parts reference list (=MPRL) 主要部件参考表

master pattern 双重收缩模型，原始模型，标准模型，金属芯盒，母模型

master picture monitor 图像主监视器

master piece 样件

master pilot 主控导频

master pin (1)主销；(2)中心立轴

master plan (1)总平面图，总布置图，总图；(2)总体规划，总计划

master plate 通用型板，坐标型板，靠模板，样板，主板

master PPI 主平面位置显示器，主平面位置指示器(PPI=plan position indicator[雷达]平面位置显示器，平面位置指示器)

master profile template 仿形样板，靠模样板

master program 主规划

master program tape 主程序带

master pulses 主控脉冲

master radar station (=MRS) 基本雷达站，主雷达站

master reticle 掩模原版，掩模网版

master-ring 锁心套圈

master ring (1)标准套圈；(2)校对环规

master roller 主凸轮滚子，触轮

master routine 主程序

master sample 标准样板，标准样品

master scale 标准秤

master scheduler 主调度程序

master sequencer (=MS 或 M/SEQ) 主程序装置

master series number (=MSN) 总编号

master set 校对调整，校正调整

master-slave 主从的，仿效的

master-slave flip-flop (=M-S flip-flop) 主从触发器

master-slave manipulator 随动机械手

master slave system 主从方式，主从系统

master slice 母片

master stamper 原模，压模

master station (=MS) 主控台，主控站，主台，总机，总台，总站

master stop 总停止

master subswitcher 校准用副转换开关，主辅助开关，主控分开关

master supervisory and alarm frame (=MSAF) 集中监视警报装置

master switch (=MS 或 MASW) (1)主控开关，总开关；(2)主控寻线机，主控寻线器

master switcher 校准用转换开关，主转换开关

master synchronization pulse 主同步脉冲

master synchronizer 主同步器

master tap 标准螺丝攻，标准丝锥，板牙丝锥

master tape 主带

master tape control (=MTC) 主带控制

master tape loading (=MTL) 主带负载

master tape validation (=MTVAL) 主带确认

master telephone transmission reference system 主电话传输基准系统

master template 标准样板，主样板

master test connector (=MTC) 集中测试用终接器

master timer (=MT) (1)主脉冲发生器；(2)主要时间延迟调节器，主要定时装置，主要计时器

master timing and control circuit (=MTCC) 主计时及控制电路，主定时及控制电路

master track bushing 履带闭合节衬套

master track link 履带闭合链节

master track pin 履带闭合销，履带销，链轨销

master TV system 共用天线电视接收系统，主电视系统

master valve 控制阀，导阀，主阀

master wheel (1)(供检查用的)校正齿轮，标准齿轮；(2)主齿轮

master workpiece 仿形样板，靠模样板

master worm gear generating machine 加工分度蜗轮的展成机床

master worm wheel 标准蜗轮，主[分度]蜗轮

masterbatch 原批

masterbuilder 营造师，监工，工头

masterclock 时钟脉冲，母钟

masterdom 控制权，控制力

masterhood (1)精通，控制；(2)首长身份，职位，职务

masterkey 万能钥匙，总电键

masterly 熟练的，高明的，巧妙的

masterpiece (1)样件；(2)杰作

mastership (1)主权；(2)精通；(3)控制；(4)身份，职位，职务

masterslave computer 主从计算机

masterslave flip-flop 主从触发器

mastery (1)精通，熟练，技巧；(2)控制，掌握；(3)优势，优胜

masthead 杆顶，柱顶，桅顶

masthead light (船舶)桅顶灯

mastic 胶粘水泥，胶粘剂，树脂

mastic cement 胶脂水泥

mastic gum 胶粘剂

mastic insulation 玛蒂脂绝热层

mastic-lined 胶泥衬里的

mastic joint (=MJ) 玛蒂脂接缝，胶泥接缝

masticability 可撕捏性

masticable 可撕捏的，可捏和的

masticate (1)撕捏，捏和；(2)(橡胶)素炼

masticator (1)割碎机；(2)捏和机，撕捏机；(3)素炼机

masticatory 撕捏的，捏和的

mat (1)垫层，垫块，垫物；(2)钢筋网，栅网；(3)底板，甲板，吸盘；(4)罩面，表面，面层；(5)编织物，织物；(6)未抛光的，无光泽的，不光滑的，粗糙的，毛面的

mat base 垫层

mat coat 保护层，面层，罩面

mat-covered 有保护层的，有盖的

mat foundation 底板基础

mat fracture 无光泽断口

mat glass 磨砂玻璃，毛玻璃

mat layout 织物敷层

mat metals 未抛光的金属

mat reinforcement 钢筋网，钢丝网

mat surface (照相纸的)布纹面

mat type 编绕式的

mat-vibrated 表面振捣的

matadore 无人驾驶飞机

Mataline (1)钴铜铝铁合金(钴35%，铜30%，铝25%，其余铁)；(2)含油轴承

match (1)比赛，竞争，较量；(2)对照，对比，比较；(3)匹配，相配，搭配；(4)装配，选配，配对，配套，配合，耦合，偶会，结合；(5)与……相适应，与……相对应，与……相称，使协调，使一致，使相等，使平直，使均调，使均整，微调

match bit 符合位

match-board 模型板

match board 模板，型板

match boarding machine 灌板机

match casting 镶合浇铸

match exponents 对应幂，对阶

match-filtering 匹配滤波

match gate {计}"同"门，匹配门

match gear 同直径啮合齿轮副，配合齿轮

match grinding 配磨自动定寸磨削

match joint (1)企口接合，舌槽接合，合榫；(2)企口接缝，舌槽接缝

match line 对口线

match mark 配合记号，配合符号，配装标记，选装标记

match-marking 装配编号

match marking 配合记号

match-merge 符合归并

match-merge operation (数据)并合操作

877

match plane　开槽刨, 槽刨
match plate　(1) 模板, (2) 双面型板, 对型板, 分型板
match plate dies　模板铸模
match-terminated line　负载匹配传输线, 匹配
match together　重合
match wheel　配对齿轮, 共轭齿轮
matchable　(1) 对等的, 相配的; (2) 敌得过的, 匹敌的
matchboard　[假] 型板, 模板
matchboarding　铺假型板
matched　配合好的, 相称的, 一致的, 协同的
matched attenuator　匹配衰减器
matched bearing　成对 [安装] 轴承
matched cam　共轭凸轮
matched coil　匹配线圈
matched data　配对数据, 匹配数据
matched filter　匹配滤波器
matched groups　配比组, 匹配组
matched horn　配音喇叭
matched impedance　匹配阻抗
matched lenses　匹配透镜
matched load　匹配负载
matched pair　选配零件副
matched pair transistor　配对晶体管, 对偶晶体管
matched parting　双面型板的分型面
matched pulse intercepting　匹配脉冲监听 [器]
matched resistance　匹配电阻
matched shedding cam　共轭开口凸轮
matched transmission　匹配传输线
matcher　制榫机, 匹配机
matcher-selector-connector (=MACTOR)　匹配 - 选择 - 连接器
matchhead fuse　药线引信
matching　(1) 配合, 相配; (2) 调整, 微调, 垫整; (3) 匹配, 选配; (4) {轧} 双合, 配合, 拟合
matching autotransformer　匹配自耦变压器
matching circuit　匹配电路
matching control　自动选配装置
matching device　配对装置
matching error　匹配误差
matching flange　接合凸缘
matching hole　装配孔, 销孔
matching impedance　匹配阻抗
matching joint　(1) 舌槽接合, 企口接合, 合榫; (2) 舌槽接缝, 企口接缝
matching mark　配合标记, 配装标记, 配合记号
matching network　匹配网络
matching of exponents　对阶
matching of pulses　脉冲调整, 脉冲校准, 脉冲均调, 脉冲均整
matching of stages　各级的协调
matching of tyre　轮胎配合
matching operation　匹配运算, 配对操作
matching parts　配合件, 匹配件, 配件
matching plug　匹配插头, 耦合元件
matching point　(1) 配合标记; (2) 平衡工作点
matching requirement　配合条件, 装配要求
matching section　匹配段
matching sizing　配磨自动定位尺寸, 配磨自动定寸
matching stimuli primaries　比色计原色
matching stub　匹配短线
matching surface　配合面
matching transformer　匹配变压器, 匹配用变量器
matching trap circuit　匹配陷波电路
matching unit　(1) 匹配装置, 连接器; (2) 配件
matching window　(1) 调配膜片; (2) 匹配窗
matchjoint　舌槽接合, 企口接合, 合榫
matchless　无敌的, 无双的, 无比的
matchlock　旧式毛瑟枪, 火绳枪
matchmaking　(1) 火柴制造; (2) 媒介
matchmark　配合符号
matchwood　制火柴杆的木材, 火柴杆; (2) 细木片, 碎木
mate　(1) 一对中的一个, 啮合零件, 配对件; (2) 配对, 啮合, 拼合, 配对, 成双, 搭配, 联接, 相连; (3) 啮合部分, 接合面, 拼合面; (4) 副船长, 大副; (5) 助手, 副手, 伙伴, 同事
mated　成对的, 成双的
mated-film memory　耦合膜存储器
material (=mtl 或 Mat' l 或 MAT' L.)　(1) 原料, 材料, 物料; (2) 物

质, 物资, 剂; (3) 部件, 设备; (4) 用具, 器材; (5) 资料, 内容, 题材, 品名; (6) 必需品; (7) 制作; (8) 实质性的, 实体的, 物质的, 物资的, 重要的, 主要的, 重大的
material analysis data (=MAD)　材料分析资料
material and labo(u)r　材料与人工
material and process　材料与加工
material and processes (=M&P)　材料与工序
material axis　实轴
material bulletin (=MB)　器材公报
material certificate　材料检验合格证, 材料合格证
material composition test　材料成分试验
material constant　材料常数
material control (=MC)　材料控制
material cost　材料费
material difference　重大差别, 本质差别
material elasticity factor　材料弹性系数
material engineering　材料工程学
material engineering manual (=mem)　材料工程手册
material factor　材料系数
material handling crane　运料吊车
material handling machine　装卸机械
material implication　实质蕴涵
material improvement project (=MIP)　材料改进计划
material identification and accounting code (=MIAC)　材料识别和计算码
material inspection (=MI)　材料检查
material inspection report (=MIR)　材料检查报告
material line　实质线
material list (=ML)　材料清单, 材料明细表
material-man　材料供应人, 物质供应人
material manual and material memorandum (=MM&M)　材料手册和材料备忘录
material mark　材料记号, 材料代号
material of construction　结构材料
material of engineering　工程材料
material particle　物质粒子
material pass (MP)　材料通行证
material point　质点
material process and inspection specification (=MP&IS)　物质处理与检验规格
material rejection report (=MRR)　材料退回报告
material reliability report (=MRR)　材料可靠性报告
material removal rate　材料切除率
material requested (=MATRE)　所需材料
material requested is not available (=MATNO)　[所需的] 材料现在缺货
material requirement list (=MRL)　材料要求清单
material requirement summary (=MRS)　材料要求总结
material requisition (=MR)　(材料的) 领料单, 材料申请
material returning slip　退料单
material review (=MR)　材料审查
material review board (=MRB)　材料审查委员会
material review record (=MRR)　材料审查记录
material review reports (=MRR)　材料审查报告
material review standards (=MRS)　材料审查标准
material saving　节约材料
material shaft　材料运送竖井
material specification (=MS)　材料规格
material specification manual (=MSM)　材料规格手册
material specifications (=MS)　材料的技术条件, 材料规格
material strength　材料强度
material test　材料试验
material testing　材料试验
material testing laboratory (=MTL)　材料试验室
material testing machine　材料试验机
materialisation　(1) 物质化, 质化; (2) 具体化, 实现
materialise　(1) 使物质化, 使具体化; (2) 使成为现实, 实现
materiality　(1) (复) 物质, 实体; (2) 物质性, 实体性, 重要性, 重大
materialization　(1) 物质化, 质化; (2) 具体化, 实现
materialize　(1) 使物质化, 使具体化; (2) 使成为现实, 实现
materially　(1) 物质上, 实质上, 实际上; (2) 显著地, 重大地, 大大地
materialman　材料供应商, 材料供应者
materials and engineering test reactor (=METR)　材料和工程试验反应堆

materials and process requirements　材料与加工条件

materials handling　材料搬运

materials inspection and receiving report (=MIRR)　材料检验与接收报告

materials physical testing program (=MPTP)　材料的物理试验计划

materials requisition　领料单

materials testing reactor (=MTR)　材料试验反应堆

materials testing report (=MTR)　材料试验报告

materiel　(法) (1) 装备；(2) 作战物资

mathematic　(1) 数学 [上] 的, 数理的；(2) 可能性极小的；(3) 正确的

mathematical (=math)　(1) 数学 [上] 的, 数理的；(2) 可能性极小的；(3) 正确的

mathematical analysis　数学分析

mathematical analyzer numerical integrator and computer (=MANIAC)　数学分析数值积分器和计算机

mathematical array　数组

mathematical control model　数学控制模型

mathematical expression　数学表达式

mathematical forecast　数值预报

mathematical induction　数学归纳法

mathematical instruments　数学仪器, 数学装备

mathematical logic　数理逻辑

mathematical model　数学模型

mathematical power　乘方

mathematical programming　数学规划, 线性规划

mathematical simulation　数学模拟

mathematical statistics　数理统计学

mathematical treatment　数学处理, 数学解

mathematician (=math)　数学家

mathematicization　数学化

mathematics (=math)　数学, 运算

mathematics of computation　计算数学

mathematization　数学化

Mathesius's metal　马氏铝锶 [轴承] 合金, 铅 - 碱金属合金

mating　配对 [的], 配合 [的], 共轭 [的], 相啮 [的]

mating cam　共轭凸轮

mating flank　相啮齿面, 共轭齿面

mating gear　配对齿轮, 共轭齿轮

mating gear teeth　相啮轮齿

mating gearing　共轭齿轮传动 [装置]

mating member　配对件, 配合件

mating part　配对零件, 配装件, 配件

mating parts　配件

mating pinion　配对小齿轮, 相配小齿轮

mating pitch plane　共轭节面

mating profile　配对齿廓, 共轭齿廓

mating size for hole　孔的作用尺寸

mating size for shaft　轴的作用尺寸

mating sizing　配磨自动定位尺寸

mating standoff　锥度螺纹配留量

mating surface　啮合 [表] 面, 配合 [表] 面, 共轭面, 拼合面

mating tooth(ed) gear　配对齿轮, 共轭齿轮

mating tooth surface　啮合齿面

mating type　接合型

mating worm　配对蜗杆

mating wormwheel　配对蜗轮

matrices (单 matrix)　(1) {数} 矩阵, 方阵, 母式, 真值表, 行列；(2) 基体, 本体, 母体, 基质, 基块；(3) 容器；(4) 原模, 阴模, 字模, 板模, 胎模, 模型, 铸型, 纸型, 版型, 型片；(5) 结合料, 填料, 填质；(6) 矩阵变换电路；(7) 原色, 本色

matricon　阵选管 (一种产生字符的阴极射线管)

matrix (复 matrices 或 matrixes)　(1) {数} 矩阵, 方阵, 母式, 真值表, 行列；(2) 基体, 本体, 母体, 基质, 基块；(3) 容器；(4) 原模, 阴模, 字模, 板模, 胎模, 模型, 铸型, 纸型, 版型, 型片；(5) 结合料, 填料, 填质；(6) 矩阵变换电路；(7) 原色, 本色

matrix algebra　矩阵代数

Matrix alloy　铋锑铅锡合金 (铅 28.5%, 锑 14.5%, 铋 48%, 锡 9%)

matrix amplifier　矩阵放大器, 换算放大器

matrix analysis　矩阵分析

matrix brass　模型黄铜

matrix cathode　阴模式阴极

matrix circuit　矩阵变换电路

matrix complier　矩阵编译程序

matrix-decoding method　矩阵译码法

matrix element　(1) 矩阵元件；(2) (电视) 转译电路元件, 矩阵电路元件

matrix encoder　矩阵式编码器

matrix equation　矩阵方程

matrix gain control　(1) 矩阵 [换算] 放大器增益控制；(2) 放大系数调整电位器

matrix gate　(1) 矩阵门；(2) 译码器

matrix manipulation language　矩阵处理语言

matrix matching　阵列分配

matrix memory　矩阵 [式] 存储器

matrix metal　(粉末烧结中的) 粘结金属

matrix network　矩阵网络

matrix notation　矩阵符号表示 [法]

matrix operations　矩阵运算

matrix pattern　矩阵模式

matrix printer　(1) 矩阵式打印机, 针极打印机, 点矩阵打印机, 字模印刷器, 版型印字机；(2) 触针打印式

matrix storage　矩阵 [式] 存储器

matrix trace　矩阵的迹

matrix unit　(1) 矩阵单元；(2) 光谱矩阵电路；(3) 换算设备

matrixer　矩阵电路, 变换电路

matrixing　(1) 矩阵变换；(2) [彩色电视] 色坐标变换矩阵化

matrixing function　矩阵函数, 矩阵功能

matrizant　矩阵积分级数

matroos-pipe type horn　烟斗形喇叭, 烟斗形号筒

matsushita pressure diode　(松下) 压敏二极管

matt　(1) 底板；(2) (油漆) 无光；(3) 无光泽的, 无光的, 暗淡的；(4) 不光滑的, 粗糙的；(5) 使无光泽

matt-finish structural facing units (=MFSFU)　无光泽饰面构件, 毛面饰面构件

matt paint　无光涂料, 无泽涂料

matt-surface　粗面

matt surface　无 [光] 泽 [表] 面, 毛面

matte finish　无光光洁度

matte surface　无光面, 毛面

matted　无光洁的, 毛面的

matted crystal　晶子, 雏晶

matter　(1) 物体, 物质, 物料；(2) 材料；(3) 实体, 实质, 要素, 成分；(4) 事情, 事件, 问题；(5) 原因, 根据, 理由

matter-of-course　当然的

matter-of-fact　事实的, 实际的, 平凡的, 乏味的

matter of fact　事实上

matting　(1) 编织物；(2) 无光泽表面；(3) 炼锍, 造锍；(4) (焊前) 清洗工序

matting furnace　锍熔炼炉

Mattisolda　银焊料

mattock　鹤嘴斧

mattress　垫子, 柴排

mattress antenna　多层天线, 多列天线, 床垫形天线

mattress array　矩阵式天线阵, 多排天线, 多层天线阵, 天线反射阵

mattress pole stiffener　柴排支杆, 柴排加劲杆

mature　(1) 期满的, 完成的；(2) 稳定, 老化 (指磁铁)

maturing　磁稳定 (指永久磁铁的人工老化)

maturity　(支票, 汇票等) 到期

maturity of one year　一年期

mauger　(1) 不顾, 不管；(2) 虽然

maugre　(1) 不顾, 不管；(2) 虽然

maul　(1) 木头锤, 大锤；(2) 用大锤和楔劈开

mavar　参量放大器, 脉伐

MAVAR (=microwave amplification by variable reactance)　[利用] 可变电抗的微波放大

MAVAR (=mixer amplification by variable reactance)　参量放大器, 可变电抗混频放大器, 低噪声微波放大器, 脉伐

MAVAR (=modulating amplifier by variable reactance)　[利用] 可变电抗的调制放大器

mavin　专家, 内家

max. (=maximum)　最高值 [的], 最大量, 最大的

max-flow min-cut theorem　{计} 最大流最小截定理

maxi　(1) 最大量, 最大值；(2) 最大的, 最高值的

maxi-min criterion　极大极小判据, 最大极小判据

maxi-order　大订单

maxi-taxi　巨型出租车

maxim　(1) 数学公理；(2) 准则, 原理, 格言；(3) 一种老式机关枪

maxima (单 maximum)　(1) 极大值, 最大值, 最高值；(2) 最大限度的,

最高限度的，极大限度的，最大值的，最高值的，极大值的，最大量的，最高量的，最大数的，极大点的，最大的，极大的；(3) 极点，顶点

maxima of regular waves in the principal phase 主震最大波

maxima of wave of the end portion 尾震最大波

maximal 极大的，最大的

maximal operator 最大算子

maximal principle 最大值原理

maximal ratio combiner 最大比率并合器

maximal value 极大值

maximation 极大化

maximin 极大化极小

maximisation 最大值化，极大值化

maximise (1) 使达到最大限度，使达到最大值，使极大化，极限化；(2) 充分重视

maximization 最大值化，极大值化

maximization over discrete 离散集合上的最大化

maximize (1) 使达到最大限度，使达到最大值，使极大化，极限化；(2) 充分重视

maximizer 达到极大，极大化

maximum (复 maxima) (1) 极大值，最大值，最高值；(2) 最大限度的，最高限度的，极大限度的，最大值的，最高值的，极大值的，最大量的，最高量的，最大数的，极大点的，最大的，极大的；(3) 极点，顶点

maximum acceleration 最大加速度

maximum accumulated pitch error 最大累积周节误差

maximum admissible bar stock diameter 棒料最大许可直径

maximum admitted diameter of work 工件最大许可直径

maximum admitted weight of work 工件最大许可重量

maximum air concentration (=MAC) 最大空气浓度

maximum allowable concentration (=MAC) 最大容许浓度

maximum allowable operating temperature (=M. A. O. T) 最高操作温度

maximum allowable sample size (=M. A. S. S.) 最大试样量

maximum allowable speed 最大容许速度

maximum amplitude filter (=MAF) 最大振幅滤波器

maximum antenna current 最大天线电流

maximum available gain (=MAG) 最大可达增益，最大可用增益

maximum average power output 最大平均功率输出

maximum averaging time 最大平均时间

maximum backlash allowance 最大侧隙允差

maximum ball diameter 最大钢球直径

maximum bar diameter 最大棒料直径

maximum beam centre e. i. r. p values 波束中心最大等效各向同性辐射功率值

maximum boring depth 最大镗孔深度

maximum boring diameter 最大镗孔直径

maximum capacity 最大能力，最大容量

maximum ceiling absolute (=MCA) 绝对最高升限

maximum chucking diameter 最大装夹直径

maximum circular milling diameter 最大圆周铣削直径

maximum circular saw blade diameter 最大圆锯片直径

maximum clearance (1) 最大齿隙；(2) 最大间隙

maximum continuous rating (=MCR) 最大持续功率

maximum continuous revolution (=MCR) 最大持续转速

maximum contrast 最大对比度

maximum credible accident (=MCA) 最大设想事故

maximum cross adjustment of tailstock 尾座最大横向调整量

maximum cumulative pitch error 最大累积周节误差

maximum current 最大电流

maximum current density 最大电流密度

maximum cut 最大切削量

maximum cutter travel 刀具最大行程

maximum cutting capacity 最大切削容量

maximum cutting rate 最大切割率

maximum cutting thickness 最大切割厚度

maximum deflection 最大偏转

maximum demand indicator 最大需量指示器

maximum demand meter 最大需量计

maximum demand power meter 最大耗量功率计，最大需量功率计

maximum density fuming nitric acid (=MDFNA) 最高密度发烟硝酸

maximum design distance 最大设计距离

maximum diameter of bar 最大棒料直径

maximum diameter of broach sharpened 最大刃磨拉刀直径

maximum diameter of drill sharpened 最大刃磨钻头直径

maximum diameter of gear cut 齿轮切削最大直径

maximum diameter of hob sharpened 最大刃磨滚刀直径

maximum diameter of hole 最大孔径

maximum diameter of milling cutter sharpened 最大刃磨铣刀直径

maximum diameter of saw blade sharpened 最大刃磨锯片直径

maximum diameter of slotting saw 开槽锯最大直径

maximum diameter of tap sharpened 最大刃磨丝锥直径

maximum diameter of thread cut 螺纹切削最大直径

maximum diameter of turning crank pin 最大曲拐销车削直径

maximum diameter of work 工件最大直径

maximum diameter of workpiece 工件最大直径

maximum diehead threading diameter 最大套丝直径

maximum dielectric strength 最大介电强度

maximum dimensions of work ground 磨削工件最大尺寸

maximum dimensions of workpiece 工件最大尺寸

maximum distance between centers 最大中心距

maximum distance between chuck and table 卡盘至工作台最大距离

maximum distance between chucks 卡盘间最大距离

maximum distance between spindle axis and table 轴心线至工作台面最大距离

maximum distance between turret and chuck 回转刀架至卡盘（主轴端面）最大距离

maximum distance of spindle nose to baseplate working surface 主轴端面至底座工作面最大距离

maximum distance of spindle nose to table surface 主轴端面至工作台面最大距离

maximum distortion 最大失真

maximum dividing depth 刻线最大深度

maximum dividing length 刻线最大长度

maximum dividing speed 刻线最大速度

maximum draft （船舶）最大吃水深度

maximum draught （船舶）最大吃水深度

maximum drilling depth 最大钻孔深度

maximum drilling diameter 最大钻孔直径

maximum drilling diameter by the air of tailstock 用尾座钻孔最大直径

maximum effort (=ME) 最大努力

maximum elevation 最大仰角

maximum engine take-off power (=METO) 发动机最大起飞功率

maximum equivalent conductance 最大等效电导

maximum except take-off power (=METO) 除起飞外额定最大功率

maximum external honing diameter 最大珩磨直径

maximum face width of external gear 外齿轮最大齿宽，外齿轮最大面宽

maximum feeding length 最大送料长度

maximum flexural strength 最大弯曲强度

maximum flow 最大流量

maximum-frequency 最大频率

maximum friction force 最大摩擦力

maximum gain 最大增益

maximum gauge (1) 最大厚度；(2) 最大直径

maximum gear ratio 最大传动比

maximum generating watt 最大发电量

maximum gradient 最大坡度

maximum grinding depth 最大磨削深度

maximum grinding diameter 最大磨削直径

maximum grinding diameter of hole 最大磨削孔径

maximum grinding diameter on centers 中心最大磨削直径

maximum grinding height 最大磨削高度

maximum grinding length 最大磨削长度

maximum grinding major diameter of internal thread 最大内螺纹磨削孔径

maximum grinding thickness 最大磨削厚度

maximum grinding wheel diameter 最大砂轮直径

maximum grinding width 最大磨削宽度

maximum gross 最大载重量

maximum head water 最高水位

maximum height 最大高度

maximum height of opening 机床开口最大高度

maximum height of workpiece 最大工件高度

maximum helix angle 最大螺旋角

maximum honing depth 最大珩磨深度

maximum honing diameter of hole 最大珩磨孔径

maximum honing length 最大珩磨长度

maximum honing width 最大珩磨宽度

maximum horsepower　最大马力, 最大功率

maximum index error　最大分度误差

maximum inscribed circle diameter of throwaway　最大刀片内切圆直径

maximum instantaneous value　最大瞬时值

maximum interference　(1) 最大干涉；(2) 最大过盈

maximum inverse peak current　最大反峰电流

maximum lapping depth　最大研磨深度

maximum lapping diameter　最大研磨直径

maximum lapping diameter of hole　最大研磨孔径

maximum lapping height　最大研磨高度

maximum lapping length　最大研磨长度

maximum large area contrast　大面积极限衬比度

maximum lathe tool thickness　最大刃磨车刀厚度

maximum lathe tool width　最大刃磨车刀宽度

maximum length of bar feeding　棒料最大进刀长度

maximum length of bore ground　磨削内孔径最大长度

maximum length of broach sharpened　最大刃磨拉刀长度

maximum length of hob ground　磨削滚刀齿最大长度

maximum length of turning axle　车轴最大长度

maximum length of workpiece　最大工件长度

maximum likelihood (=ML)　(1) 最大似然法；(2) 最大可能性

maximum likelihood coding　最大似然编码

maximum likelihood decoding　最大似然解码

maximum likelihood detection　最大似然检测

maximum-likelihood detection　最大似然检测

maximum likelihood estimate (=MLE)　最大似然估计, 最大可能性估计

maximum limit　极大极限

maximum limit of size　最大极限尺寸

maximum linear anode current　最大线性输出电流

maximum load　最大载荷, 最大负载

maximum machining depth　最大加工深度

maximum machining diameter　最大加工直径

maximum machining diameter of hole　最大加工孔径

maximum machining height　最大加工高度

maximum machining length　最大加工长度

maximum machining thickness　最大加工厚度

maximum machining width　最大加工宽度

maximum mass of electrode　最大电极质量

maximum mass of workpiece　最大工件质量, 工件最大质量

maximum mass of workpiece between centers　顶尖间工件最大质量

maximum mass of workpiece with face plate　花盘悬卡工件最大质量

maximum material condition　最大实体状态 (MMC)

maximum material removal rate　最大材料去除率

maximum material size　最大实体尺寸

maximum milling depth　最大铣削深度

maximum milling diameter　最大铣削直径

maximum milling height　最大铣削高度

maximum milling length　最大铣削长度

maximum milling width　最大铣削宽度

maximum-minimum governor　两级限速器

maximum minimum property　极大极小性

maximum modulating frequency　最大调变频率

maximum module　最大模数

maximum module of gear cut　切削齿轮的最大模数

maximum module to be cut　最大切削模数

maximum moment　最大力矩

maximum momentary speed　瞬时最大速度

maximum number of revolution　最高转数

maximum number of strokes per minute　每分钟行程最大级数

maximum number of teeth　最多齿数

maximum observed frequency (=MOF)　最高观察频率, 最大观测频率

maximum opening between jaws　钳爪最大张开度

maximum operating frequency　最高操作频率

maximum oscillating frequency of table　工作台最高振荡频率

maximum oscillating stroke of table　工作台最大振荡行程

maximum oscillation frequency　最高振荡频率

maximum output　(1) 最大输出功率, 最大输出量；(2) 最高产量, 最高产率

maximum outside diameter of gear cut　切削齿轮的最大外径

maximum overall efficiency　最高总效率

maximum peak forward voltage　最大正向峰值电压, 最大顺向峰压

maximum peak inverse voltage　最大反向峰值电压, 最大反向电压

maximum peripheral speed of grinding wheel　砂轮最大圆周速度

maximum permissible concentration (=MPC)　最大容许浓度

maximum permissible displacement　最大允许位移

maximum permissible dose (=MPD)　最大允许剂量

maximum permissible dosis　最大允许剂量

maximum permissible exposure (=MPE)　最大允许照射

maximum permissible intake (=MPI)　最大允许进入量

maximum permissible level (=MPL)　(辐射) 最大允许能级

maximum permissible swing　最大容许栅压荡限

maximum permissible swing angle　最大容许回转角度, 最大容许摆角

maximum picture frequency　最高图像频率

maximum pitch rolled　最大滚丝距

maximum planing height　最大刨削高度

maximum planing length　最大刨削长度

maximum planing width　最大刨削宽度

maximum plate input　最大屏极输入

maximum potential　最高电势, 最高电位

maximum power　最大功率

maximum power output (=MPO)　最大功率输出

maximum pressure　最大压力

maximum pressure boost (=mpb)　最大增压

maximum pressure governor　最高压力调节器

maximum principal strain　最大主应变

maximum principle　最大值原理

maximum quietness　最小噪声

maximum rating　最大额定值

maximum ratio　(1) 最大速比；(2) 最大比率

maximum ratio combiner　最大比率并合器

maximum receiving efficiency　最高接收效率

maximum recording level　最大记录磁平

maximum relay　过载继电器

maximum relief　最大铲磨量

maximum relieving depth　最大铲齿深度

maximum relieving length　最大铲齿长度

maximum relieving module　最大铲削模数

maximum relieving travel　刀架最大铲程

maximum revolution　最大转数

maximum rigidity　最大刚度, 最大刚性

maximum rise angle of cam　凸轮最大升角

maximum rotating diameter　最大旋转直径

maximum safe capacity　最大安全容量

maximum safety temperature　最高安全温度

maximum sawing diameter　最大锯削直径

maximum sawing or filing thickness of work　工件锯割或锉削最大厚度

maximum sawing thickness　最大锯削厚度

maximum sawing throat　最大锯削喉深

maximum sawing width　最大锯削宽度

maximum scale　最大刻度, 最大标度

maximum section of cutting tool　刀具最大割面

maximum section of planing tool　刨刀最大截面

maximum service life (=MSL)　最大使用寿命, 最大工作寿命

maximum service limit (=MSL)　最大使用限度

maximum shear stress　最大剪切应力

maximum shear theory　最大剪应力理论

maximum signal method　最大信号法

maximum size　最大尺寸

maximum size aggregate (=MSA)　最大粒径骨料

maximum size of plate cut　冲剪板最大尺寸

maximum slotting length　最大插削长度

maximum smoothness　最大平稳性

maximum speed　(1) 最高速度, 最大速率；(2) 最高转速

maximum speed of revolution　最大转速

maximum speed of spindle　主轴最高转速

maximum spindle traverse　主轴最大横向行程

maximum spiral angle　最大螺旋角

maximum statical limiting value　静态最大极限值

maximum strain　最大应变

maximum strain theory　最大应变理论

maximum stress (=MS)　最大应力

maximum stress theory　最大应力理论

maximum stroke of cutter　刀具最大行程

maximum stroke of ram　滑枕最大行程

maximum support clearance　最大支承间隙

maximum surge current 最大涌浪电流
maximum swing diameter 最大回转直径
maximum swing diameter of work over bed 车床床面上加工最大直径
maximum swing diameter of work over carriage 车床在刀架上面
　　最大加工直径
maximum swivel of table 工作台最大回转度数
maximum swivel of tool slide 刀架最大回转度数
maximum table speed 工作台最大速度
maximum tapping diameter 最大攻丝直径
maximum temperature 最高温度
maximum term 极大项
maximum test torque 最大试验转矩
maximum theoretical length of approach path 啮入线最大理论长度
maximum thickness of lathe tool sharpened 最大刃磨车刀厚度
maximum thickness of work(piece) 工件最大厚度
maximum thread diameter 最大螺纹直径
maximum thread diameter of circular die sharpened 最大刃磨圆板
　　牙直径
maximum tight (=MAXT) 最紧密
maximum-to-average-power ratio 最大功率与平均功率之比
maximum torque (=MT) 最大转矩, 最大扭矩
maximum tracking error (=MTE) 最大跟踪误差
maximum transmission ratio 最大传动比
maximum transmitting efficiency 最高发射效率
maximum travel of carriage 拖刀架最大行程
maximum travel of cross slide 横刀架最大行程
maximum travel of headstock 主轴箱最大行程
maximum travel of spindle 主轴最大行程
maximum travel of tool slide 刀架最大行程
maximum travel of turret slide 回转刀架最大行程
maximum travel of vertical slide 立刀架最大行程
maximum traverse of boring spindle 镗刀杆最大横向行程
maximum traverse of tailstock center sleeve 尾座顶尖套筒最大行程
maximum turning diameter 最大车削直径
maximum turning diameter of thread 最大车削螺纹直径
maximum turning diameter over bed 床面上最大车削直径, 床面上
　　最大加工直径
maximum turning height 最大车削高度
maximum turning length 最大车削长度
maximum turning length of thread 最大车削螺纹长度
maximum type (带有装入滚珠孔型的) 重负荷 (轴承)

maximum type ball bearing 有装球缺口和保持架的球轴承
maximum undistorted power output 最大无畸变输出功率
maximum usable frequency 最大可用频率, 最高可用频率
maximum usable writing speed 最大有效记录速度
maximum value 最大值
maximum value of alternating current 交流峰值
maximum value oc contact ratio 重合度最大值, 最大接触比值,
　　最大重迭系数值
maximum visibility 最大可见度
maximum voluntary ventilation (=MVV) 最大随意通风
maximum width 最大宽度
maximum width cut by single-side planing 单式边刨刨削最大宽度
maximum width of face 表面最大宽度
maximum width of gear ground 磨削齿轮最大宽度
maximum width of lathe tool 最大刃磨车刀宽度
maximum width of workpiece 最大工件宽度
maximum work 最大功
maximum working pressure (=MWP) 最大工作压力
maximum working space 最大工作空间
maximum working voltage (=MWV) 最大工作电压
maximum workpiece weight 工件最大重量
maxipulse 最大脉冲法
Maxite (=W18Cr4V1CO4) 高速钢
maxivalence {化} 最高价
maxterm 极大项
maxwell (=Mx 或 M) 麦 [克斯韦] (磁通量单位)
Maxwell 麦克斯韦
Maxwell bridge 麦克斯韦电桥
Maxwell equation 麦克斯韦方程
Maxwell stress tensor 麦克斯韦应力张量
Maxwell-turn 麦 [克斯韦]- 匝
Maxwellian distribution 麦克斯韦分布
maxwellmeter 麦克斯韦计, 磁通量测定计, 磁通计

Maxwell's field equation 麦克斯韦电磁场方程
Maxwell's law 麦克斯韦定律
Maxwell's law of velocity distribution 麦克斯韦速度分布定律
Maxwell's mean free path 麦克斯韦平均自由行程
Maxwell's stress tensor 麦克斯韦应力张量
may (1) 可能, 或许; (2) 可以, 不妨; (3) 能够, 可以; (4) 但愿
may be issued (=MBI) 可以发布的, 可以发行的, 可以发出的
may be retained until unserviceable (=MBRUU) 可保留到不合
　　用时 [为止]
Mayari R R 低合金耐热钢 (碳 < 0.12%, 铬 0.2-1%, 镍 0.25-0.75%,
　　铜 0.5-0.7%, 锰 0.5-1%)
maybe (1) 大概, 多半, 或许; (2) 疑虑
mayday 无线电话中求救信号 (等于无线电报中的 SOS)
mayer 迈尔 (热容量单位)
mayonnaise 低温 渣
mazak 或 MAZAK 马扎克锌基合金, 压铸锌合金 (锌的纯度 99.9
　　9%)
maze 辐射防护曲径入口, 迷宫式入口
maze domain 迷宫形磁畴
mazout 重油
mazut 重油
McGill metal 麦吉尔铝铜合金 (铝 9%, 铁 2%, 其余铜)
Mcleod gauge 一种测量高度稀薄气体压力的压力计麦克里德气压计,
　　麦克里德真空计, 麦氏真空计
mcps(=MC/S) 每秒兆周
meacon (1) 干扰信号发生设备, 假象雷达干扰设备, 虚造干扰设备; (2)
　　发出错误信号干扰, 产生干扰信号, 假象雷达干扰, 虚造干扰
meaconing 虚造干扰设备
mean (=M) (1){ 数 } 平均数, 平均值, 平均量, 中数, 中项; (2) 平均的,
　　中间的, 中等的, 劣等的, 下等的, 平常的, 中点的; (3) 意思是, 意味着,
　　意指, 表示, 打算, 计划, 意欲; (4) 对……是重要的, 具有意义; (5) 预定,
　　指定; (6) 中央, 中间, 当中
mean absolute deviation 平均绝对偏差
mean absolute error (=mae) 平均绝对误差
mean aerodynamic center (=MAC) 平均气动力中心
mean aerodynamic chord (=MAC) 平均气动力弦
mean affine curvature 仿射平均曲线, 仿射中曲线
mean annual efficiency 全年平均效率
mean anomaly 平均近点角, 平均异常
mean axis 平均轴, 中轴
mean ball diameter deviation (轴承) 平均球直径偏差
mean bore diameter 平均内径
mean bore diameter deviation 平均内径偏差
mean brightness 平均亮度
mean carrier 平均载波, 中间载波
mean carrier frequency 平均载波频率
mean circular thickness (齿轮) 平均弧齿厚, 中点弧齿厚
mean code length 平均电码长度
mean cone distance 平均锥距, 中点锥距
mean continuity 中数连续
mean conversion ratio (=MCR) 平均换算率
mean corpuscular diameter (=MCD) 平均颗粒直径
mean curvature 平均曲率, 中曲率
mean depth 平均深度
mean deviation (=MD) 平均偏差, 平均误差, 平均偏移
mean diameter 平均直径
mean difference 平均差
mean down time (=MDT) 平均空闲时间, 平均停机时间
mean dynamic head 平均动压头
mean effective diameter 平均有效直径
mean effective horsepower (=mehp) 平均有效功率, 平均有效马力
mean effective pitch 平均有效螺距
mean effective pressure (=MEP) 平均有效压力, 有效均压
mean effective temperature 平均有效温度
mean effective value 平均有效值, 均方根值
mean effort 平均作用力
mean elongation 平均延伸量
mean error 平均误差, 标准误差, 均方误差, 中误差
mean evolute 中点渐屈线
mean failure rate (=MFR) 平均故障率
mean flow rate 平均流速
mean-free error time 平均无故障时间
mean-free path 平均自由通路
mean free path (=MFP) 平均自由行程, 平均自由通道

mean frequency　中频

mean geometrical distance　几何平均距离

mean heat capacity　平均热容

mean hemispherical candlepower (=MHSCP)　平均半球烛光

mean hemispherical intensity　半球面平均烛光

mean horizontal candle-power (=MHCP)　平均横向烛光

mean hours　平均小时

mean impulse indicator　平均脉冲指示器

mean incidence　平均冲角

mean indicated pressure (=MIP)　平均指示压力

mean indicator　平均指示器

mean length of turn (=mlt)　匝的平均长度

mean level (=ML)　平均高度,平均水平,平均电平,平均能级

mean-level AGC　平均电平式自动增益控制 (AGC=automatic gain control 自动增益控制)

mean level detection system　平均电平检测制

mean life　平均使用期限,平均寿命

mean line (=ML)　平均线,等分线,中心线,中线

mean load　平均载荷,平均负荷,平均负载,中点载荷

mean magnetizing curve　平均磁化曲线

mean normal circular pitch　平均法向周节,中间法向周节

mean normal diametral pitch　中间法向径节

mean normal module　中间法向模数

mean normal section　中间法向截面

mean orbit　平均轨道

mean output　平均出力

mean outside diameter　平均外径

mean outside diameter deviation　平均外径偏差

mean parallax　平均视差

mean parameter　平均参数

mean particle size　平均粒度

mean piston speed　平均活塞速度

mean pitch　平均螺距

mean pitch radius　中间节圆半径

mean place　平均位置

mean point　中点

mean point of impact (=MPI)　平均弹着点

mean point of three points　三点的中点,形心,重心

mean position　平均位置

mean power　平均功率

mean pressure　平均有效压力,平均压力

mean pressure suction head (=MPSH)　平均压力吸引高度,平均抽吸压头

mean probable error　平均概率误差

mean profile line　(轴承)平均轮廓线

mean proportional　比例中项

mean pulse time　平均脉冲时间

mean radial error　平均径向偏差

mean reduction ratio　平均破碎比

mean relative deviation　平均相对偏差

mean residual　平均残差

mean resistance　平均阻力

mean ring width　(轴承)套圈平均宽度

mean roller diameter　(轴承)平均滚子直径

mean roller diameter deviation　平均滚子直径偏差

mean rotation　平均旋度

mean roughness　平均粗糙度

mean size　平均尺寸,平均大小

mean specific pressure　平均比压

mean speed　平均速度

mean spherical candle-power (=MSCP)　平均球面烛光

mean spiral angle　中点螺旋角,平均螺旋角,平均倾斜角

mean-square　均方

mean square (=MS)　均方[值]

mean-square deviation　均方偏差

mean square deviation　均方偏差

mean square displacement　均方位移

mean square distance　均方距离

mean-square error　均方误差,均方差

mean square error (=MSE)　均方误差

mean-square error criterion　均方误差准则

mean square error efficiency (=MSEE)　均方误差效率

mean square error inefficiency (=MSEI)　均方误差低效率

mean square of weighted deviates (=MSWD)　加权偏差的均方

mean-square root　均方根

mean square speed　均方速度

mean square value　均方值

mean strain　平均应变

mean stress　平均应力

mean temperature　平均温度

mean temperature difference (=MTD)　平均温[度]差

mean terms　中项,内项

mean-time-between-failure　平均稳定时间,平均故障间隔时间

mean time between failure (=MTBF)　故障间隔平均时间,平均故障间隔时间,平均失败间隔时间,平均无故障时间

mean time between maintenance (=MTBM)　维修平均间隔时间

mean time between repair (=MTBR)　修理平均间隔时间

mean time between replacement (=MTBR)　更换平均间隔时间

mean time relaxation　平均弛豫时间

mean time to catastrophic failure (=MTCF)　大故障前平均时间

mean-time-to-failure (=MTTF)　故障前平均时间,平均初次出现故障时间,平均初次失效时间,平均无故障时间

mean-time-to failure　平均初次出现故障时间,平均初次失效时间,平均无故障时间

mean time to first failure (=MTFF 或 MTTFF)　平均首次出故障时间,首次故障前平均时间

mean-time-to-repair　平均修复时间

mean time to repair (=MTR 或 MTTR)　修理前平均时间

mean time to restore (=MTR 或 MTTR)　修复前平均时间

mean transit time (=MTT)　平均过渡时间

mean turning moment　平均转[动]矩

mean-value　平均值,平均数

mean value (=MV)　平均值,平均数

mean value control system　平均位置调节器

mean value of deviation of base tangent length　公法线长度误差平均值

mean value of deviation of teeth thickness　齿厚误差平均值

mean value periodic quantity　周期变量平均值

mean variation (=mv)　平均偏差

mean-velocity　平均速度

mean velocity　平均流速,平均速度

mean water level (=MWL)　平均水平面,平均水位,常水位

mean width ratio (=mwr)　平均宽度比

meander　曲流,曲折,曲径

meander line　曲折线

meandering　(1)曲折的,弯曲的;(2)曲流,曲折,曲径

meandering movement　弯曲移动

meandrine　有螺旋形面的,有回旋面的,弯弯曲曲的

meandrous　弯弯曲曲的,螺旋形的

meaning　(1)意义,意思,意味,含义;(2)意图,企图,目的;(3)有意味的,有企图的,

meaningful　合乎逻辑的,有意义的

meaningless　无意义的,无目的的

meaningly　有意思的,故意的

meanness　(1)平均,普通,中等,中间;(2)劣等的

means　(1)方法,方式,措施,手段,途径;(2)工具,用具,设备,装置;(3)资产,收入

means of communication　通信工具

means of delivery　输送方式,输送工具

means of labo(u)r　劳动手段

means of light signalling　光信号工具,光信号通信设备

means of line communication　有线通信工具

means of payment　支付手段

means of production　生产资料,生产手段

means of transit　运输工具

means of transportation　运输工具

means specific heat　平均比热

means specific pressure　平均比压

means-test　经济调查

meantime　(1)在那当中,期间;(2)当时,其时,,同时;(3)中间,其间

meanwhile　(1)在那当中,期间;(2)当时,其时,,同时;(3)中间,其间

measurability　可测性

measurable　(1)可量测的,可计量的,可度量的,可测量的,可测度的;(2)适度的,适当的

measurable distance of　接近,逼近,临近

measurable function　可测函数

measurable quantity　可测量

measurand　被测对象,测量变量,待测量,被测量

measuration　量测,度量,测量,测定,计量

measure (=M 或 meas)　(1)测量,量测,计量,度量,测定;(2)量度,尺度,尺寸,范围,程度;(3)量具,量器,比例尺;(4)措施,手段,步骤;(5)约数;(6)求积法

measure against erosion　防浸蚀措施

measure algebra　测度代数

measure analysis　量测分析,容量分析

measure brief　尺码证明

measure expansion　体[积膨]胀

measure function　测度函数

measure of a point-set　点集的测量

measure of capacity　容量

measure of curvature　曲率的测度

measure of discontinuity　不连续性测度,不连续性量度

measure of effectiveness (=moe)　有效性度量

measure of precision　精确量度,精密程度,精确度

measure of skewness　偏度

measure off　量出,区划

measure out　量出,划出,计量,量好,配好

measure plate　量板

measure preserving transformation　保测变换

measure space　测度空间

measure to　量测到

measure up to　够得上,符合,达到,满足,胜任

measure with　够得上,符合,达到,满足,胜任

measure zero　零测度

measured　(1)根据标准的,已测量的,已计量的,测定的,实测的;(2)仔细考虑过的,有分寸的,慎重的

measured drawing　实测图

measured hole　测量孔

measured lubrication　计量润滑

measured pressure　测得[的]压力

measured profile　实测纵断面

measured quantity　被测[的]量

measured rate system　计次收费制

measured relieving capacity　精密[的]减压能力

measured service　计次制

measured value (=MV)　实测数值,测量值,实测值

measuredness　被测状态,被测性

measureless　无限的,巨大的,非常的

measureman　测量工

measurement (=mt 或 MST)　(1)测量,测定,丈量,度量,量度,计量;(2)度量[衡]制,计量制,测量法,计量法;(3)测量尺寸,尺寸,大小,量度,宽度,深度,高度,长度;(4)面积,容量,容积,体积;(5)计算单位,测量结果;(6)(复)规范

measurement across profile　(齿轮)跨齿距

measurement cargo　体积货物(按体积计算的货物)

measurement device　测量设备

measurement goods　体积货物

measurement of angle　角度测量,测角

measurement of backlash　间隙测量

measurement of oxide layer thickness　氧化层厚度测试

measurement of power　功率测定,测功

measurement of quantity　量的测定,计量,量方

measurement over balls　(齿轮)跨球测量值

measurement over pins　(齿轮)跨棒测量值

measurement range　测量范围,量程,测程

measurement signal　测量信号

measurement standard　计量标准

measurement standards laboratory (=MSL)　测量标准实验室

measurement test　测试

measurement ton (=MTON)　容积吨,尺码吨(合四十立方尺)

measurement tonnage (=MEASTON)　容积顿位,装运顿位

measurement translator　测试变频器

measurement unit (=MU)　(1)测量单位;(2)测量仪器

measurement update　(1)测量校正,(2)校正观测量

measurer　(1)计量仪表,测量仪器,测量器具,测量元件,量器,量具;(2)测量员

measures and weights　度量衡,权度

measuring (=meas)　(1)测量,测定,度量;(2)测量的,测定的,量测的,计量的;(3)实验测定

measuring accuracy　测量精度,测量准确度

measuring addendum　测量齿顶高

measuring apparatus　测量装置,测量仪器

measuring appliance　测量用具,测量设备,仪表

measuring attachment　测量附件,测量装置

measuring bar　量杆

measuring basis　测量基准

measuring bin　量料斗

measuring bridge　测量用电桥

measuring buret(te)　量液滴定管

measuring by repetition　复测法,复线法

measuring case depth　测量表面渗碳深度

measuring case depth for steel　钢的表层硬化深度测定法

measuring-chain　测链

measuring column　(温度计的)水银柱

measuring compressor　计测空气压缩机

measuring cylinder　量筒

measuring device　测量仪表,测量装置,测量器件,量具

measuring dial　测量表,指示表

measuring diode　测量用二极管

measuring element　测量元件

measuring equipment　测量设备

measuring error　测量误差

measuring flask　容量瓶,量瓶

measuring force　测量力

measuring gage　量规

measuring glass　(玻璃)量筒,量杯

measuring grid　方格测试片,测量格片

measuring head　测试头,测量头,测头

measuring hopper　定量[料]斗

measuring implement　测量仪器,量具

measuring in space　立体测量

measuring installation　测量设备

measuring instrument　测量仪器,测量仪表,测量器具,量具

measuring instrumentation　测量仪表

measuring jaw　量爪,测爪

measuring junction　(热电偶)测量结,热接点,高温接点

measuring key　测试电键

measuring-line　测线,测绳

measuring load　测量负荷

measuring machine　量具测准机,测长机,测量机,量皮机

measuring mark　测标

measuring means　测量方法

measuring method　测量方法

measuring microscope　测量显微镜

measuring pin　(1)(齿轮)跨棒;(2)油量控制针

measuring pin diameter　跨棒测量直径值

measuring pipet(te)　带刻度吸管,量液吸移管

measuring platform　观测台

measuring point　计量起点,测量点,测点

measuring pressure　测定压力,计示压力

measuring probe　测量探针

measuring procedure　测量程序,测量方法

measuring process　测量过程,测量方法

measuring projector　轮廓投影仪

measuring range　测量范围,测定范围,量程

measuring resistance　标准电阻,测量电阻

measuring rod　量杆,测杆

measuring-rule　量尺

measuring scale　比例尺,刻度尺,标尺,量尺

measuring staff　测杆

measuring-tape　卷尺,皮尺,测尺

measuring tape　卷尺,皮尺,测尺

measuring technique　测量技术

measuring tool　测量工具,量具

measuring tooth thickness　测量齿厚

measuring transducer　测量传感器

measuring unit　(1)计量单位,测量单位;(2)测量装置

measuring voltage　测量电压

measuring wheel　测[周]轮,里程计

meat　(1)内容,实质,(2)(释热元件的)燃料部分

meat-and-potatoes　重点[的],基本[的]

mecano　密卡诺玩具组件

mecarta　胶木

mechan-　(词头)(1)机器,机械;(2)机械的,力学的

mechanic (=mec)　(1)机械工人,机械师,机械员,机修工,机工,技工;(2)机械似的,用机械的,机械的,机动的,自动的,手工的

mechanic engineman 技工

mechanic feed 机动进给

mechanical (=mech 或 mechan) (1) 机械学的,机械制的,[用]机械的,机动的,自动的;(2) 机械工程的,物理学的,力学的;(3) 机械部分,作用部件,机构,结构

mechanical action (1) 机械动作;(2) 机械作用

mechanical activation 机械活化

mechanical actuation 机械致动,机械促动

mechanical admittance 力导纳

mechanical advantage 机械利益,机械效益

mechanical analog(ue) (1) 机械模拟;(2) 力学模拟

mechanical analog computer 机械模拟计算机

mechanical analysis (1) 机械分析,力学分析,动力分析;(2) 粒径级配分析

mechanical appliance 机械设备,机械用具

mechanical aptitude test (=MAT) 人机对话的适应性试验

mechanical automation 机械自动化

mechanical axis (1) 机械轴;(2) 晶体 Y 轴

mechanical balance 机械平衡

mechanical bank 机械存储器

mechanical blowpipe 自动焊[割]炬

mechanical bolt 螺钉

mechanical brains 人工脑

mechanical brake 机械制动闸,机械制动器,机力闸

mechanical break-down 机械故障,机械损坏

mechanical buffing 机械抛光

mechanical caging 机械锁定

mechanical capacitance (1) 机械容量;(2) 机械电容

mechanical characteristics 机械性能,机械特性

mechanical checkout (=mech C/O) 机械校正

mechanical clearance 机械间隙

mechanical comparator 机械比较仪,机械比较器,机械比长仪

mechanical compliance 力顺

mechanical computer 机械计算机

mechanical condition 机械条件

mechanical contact 机械接触

mechanical control 机械控制,机械操纵

mechanical cooling 机械冷却,鼓风冷却

mechanical copying attachment 机械仿形附件,机械靠模附件

mechanical cutting 机械切削

mechanical cycling (=MC) 机械循环

mechanical damage 机械损伤,硬伤

mechanical damper 机械振荡器,机械阻尼器

mechanical damping 机械阻尼

mechanical defect 机械缺陷

mechanical deformation 机械变形

mechanical depolarization 机械退极化

mechanical description 机械说明书

mechanical design 机械设计

mechanical dictionary 自动化词典,机械词典,机器词典

mechanical differential 机械差动器

mechanical differential analyzer 机械微分分析机

mechanical digger 挖掘机

mechanical draft 机械通风

mechanical-draft cooling tower 机械通风冷却塔

mechanical draught 机械通风

mechanical drawing 机械制图,机械图样,机械图,工程图

mechanical drive 机械传动[装置]

mechanical drive system 机械传动系统

mechanical egg washer 机械式洗蛋机

mechanical efficiency (=ME) 机械效率

mechanical/electrical (=M/E) 机/电的

mechanical elevator (矿料) 升运机

mechanical energy 机械能

mechanical engineer (=ME 或 M. Eng) 机械工程师

mechanical engineering 机械工程,机械工程学

mechanical equilibrium 机械平衡

mechanical equipment 机械设备,机械装备,机械装置

mechanical equivalent 功当量

mechanical equivalent of heat 热功当量

mechanical erosion 机械浸蚀

mechanical error 机械误差

mechanical excitation 机械激发

mechanical failure 机械失效,机械损坏

mechanical feature 机械性能,机械特性

mechanical feed press 机械进给式压力机

mechanical feedback 机械反馈,机械回授

mechanical filter (=MF) 机械过滤器,机械滤波器

mechanical finger 机械手抓手

mechanical finisher (混凝土路面) 修整机

mechanical finishing 机械精加工

mechanical float (混凝土路面) 墁平机

mechanical fog-horn (船舶用) 机械雾笛

mechanical follow-up 机械随动装置,机械联动机构

mechanical force 机械力

mechanical frequency 机械频率

mechanical friction 机械摩擦

mechanical friction torque 机械摩擦扭矩

mechanical hydraulic control 机械液压式控制

mechanical hysteresis 力学滞后

mechanical impedance 机械阻抗,力学阻抗,力阻抗

mechanical industry 机械工业

mechanical interface 机械接口

mechanical interlocking 机械联锁,机械锁紧

mechanical interrupter 机械断续器

mechanical jack 机力千斤顶,机力起重器

mechanical jamming 机械干扰

mechanical joining 机械连接

mechanical joint 机械连接

mechanical kinematics 机械运动学

mechanical kinetic energy 机械动能

mechanical kinetics 机械动力学

mechanical language structure 机械语言结构

mechanical lapping 机械研磨

mechanical lever 机械杠杆

mechanical lift 机械升力

mechanical limit 机械极限

mechanical linkage (1) 机械连接;(2) 机械联动装置

mechanical load 机械载荷,机械负载

mechanical loader 机械装载机

mechanical loading mechanism 机械加载机构

mechanical locking 机械锁定的

mechanical loss 机械损耗,机械损失

mechanical lubrication 机械润滑

mechanical manipulation 机械操作

mechanical metallurgy 机械冶金学

mechanical micromanipulator 微型机械操纵器,微型机械手

mechanical modulator 机械调制器

mechanical molding 机械造型

mechanical moment 机械力矩

mechanical motion 机械运动

mechanical movement 机械运动

mechanical ohm (力阻抗单位) 力欧姆

mechanical-optical comparator 机械光学比较仪

mechanical oscillation 机械振动

mechanical output 机械功率,机械输出

Mechanical Packing Association (=MPA) 机械包装协会

mechanical part (=MP) 机械部分

mechanical parts 机械零件,机械部分

mechanical pencil 自动铅笔

mechanical pilot 自动操纵器,自动驾驶仪

mechanical planter 种植机

mechanical plating 机械喷镀

mechanical power 机械动力

mechanical power loss 机械功率损失

mechanical press 机械压力机,机械冲床

mechanical properties 机械性能,力学性质

mechanical property 机械性能,力学性质

mechanical propulsion 机械传动[装置]

mechanical pulp 机械纸浆

mechanical pump 机械泵

mechanical quantity 力学量值,力学参数

mechanical reactance 力学反作用力,力抗

mechanical record 机械记录

mechanical reduction gear 齿轮减速装置

mechanical refining 机械调质

mechanical refrigeration 机械制冷

mechanical register 机械记录器

mechanical reliability 机械可靠性
mechanical reliability report (=MRR) 机械可靠性报告
mechanical remote control 机械遥控
mechanical repair shop 机修工厂,机修车间
mechanical research report (=MRR) 机械研究报告
mechanical resistance 机械阻力,力阻
mechanical resonance 机械共振
mechanical responsiveness 机械灵敏度
mechanical reversibility 机械可逆性
mechanical rubbing test 机械摩擦试验
mechanical ruggedness 机械强度,机械坚固耐用性
mechanical safety 机械保险装置
mechanical scale 机械称
mechanical scanning 机械扫描
mechanical seal(ing) 机械密封 [装置]
mechanical separation 机械分离
mechanical servo 机械随动系统,机械伺服系统
mechanical setting 机械镶嵌
mechanical shaper 机械牛头刨床
mechanical shock 机械冲击
mechanical shovel (1) 机械装载机;(2)(单斗)挖土机,机铲
mechanical slide unit 机械滑台
mechanical sowing 机播
mechanical specialities (=MS) 机械特性
mechanical stability 机械稳定性
mechanical stage (显微镜的)镜台,机械台
mechanical stiffness 力劲
mechanical stimulus 机械激振
mechanical stirrer 机械搅拌器
mechanical stoker 机动加煤机,自动加煤机
mechanical stoppage 机械故障停车
mechanical strain 机械应变,机械胁变
mechanical strength 机械强度
mechanical stress 机械应力
mechanical system (1) 机械系统,力学系统,力学体系,机工系;
    (2) 机械方式
mechanical tandem 自动转接,自动中继
mechanical tapping machine 机械放流设备
mechanical technology 机械工艺学
mechanical telemetry 机械遥测
mechanical terms 机械术语
mechanical test 机械性能试验,力学试验
mechanical time fuse (=MTF) 机械定时引信
mechanical torque converter 机械变扭器
mechanical transmission 机械传动
mechanical transport (=MT) 机动车运输,机械运输,机力运输,
    汽车交通
mechanical treatment 机械加工,机械处理
mechanical trip (1) 机械跳闸装置;(2)机械自动停车器
mechanical tuning range 机械调谐范围
mechanical twin 机械孪晶
mechanical type power steering 机械式动力转向
mechanical unit (1) 机械单位;(2)机械装置
mechanical units 力学单位
mechanical variable speed drive 机械变速传动装置
mechanical ventilation 机械通风
mechanical verification 机械检验
mechanical vibration 机械振动
mechanical viscosity 机械粘度
mechanical wear 机械磨损
mechanical welding 机械焊接
mechanical work 机械功
mechanical working properties 机械加工性能
mechanical wrench 机动扳手
mechanical yielding prop 机械让压支柱
mechanical zero 机械零位,机工零点
mechanically 机械地,用机械
mechanically-actuated 机动的
mechanically actuated power meter 机械驱动式功率计
mechanically capped steel 机械封顶钢
mechanically clamped tool 机械夹固车刀
mechanically controlled tube 机械控制电子管
mechanically driven 机械驱动的
mechanically driven interrupter 机械传动装置断续器,机械

驱动断续器
mechanically-minded 有机械知识的,懂得机械的
mechanically operated 机械操纵的
mechanically propelled 机 [械推] 动的
mechanically refrigerated milk cooler 机械化冷冻式牛奶冷却器
mechanically scanned guidance system 机械仿形导向系统
mechanicalness 机械性,自动
mechanician (1) 机械师;(2) 机械技术人员,技工,机工
mechanico- (词头)机械的
mechanicochemical 机械化学的
mechanics (mech 或 mechan) (1)机械学,机构学,力学;(2)机械;(3)
    机理;(4)机械部分,机构,结构;(5)例行手续,手艺,技巧
mechanics of bulk materials handling 散装材料起重运输机械
mechanics of elasticity 弹性力学
mechanics of fatigue 疲劳力学
mechanics of friction 摩擦机理
mechanics of machinery 机械力学
mechanics of material(s) 材料力学
mechanics of solid 固体力学
mechanics of structure 结构力学
mechanisation 机械化
mechanise (1) 实现机械化,使机械化,机械化;(2)用机械装备,用
    机械制造,使用机械
mechanism (mech 或 mechan) (1) 机械装置,机械结构,机构;(2)
    机械学,机构学;(3)机械作用,作用原理,作用过程,结构方式,机制,
    机理,体制;(4)进程,历程;(5)技巧,手法
mechanism box 机构箱,机构壳体
mechanism compartment 机构壳体
mechanism configuration 机构形状,机构外廓
mechanism element 机构元件,机构零件
mechanism for nonuniform transmission of motion 非均速传动机构
mechanism for periodic motion 周期性运动机构
mechanism for stopping spindle at the fixed position 主轴准停机构
mechanism link 机构 [传动] 环节
mechanism of combustion 燃烧过程,燃烧原理
mechanism of convex at central section 中凸机构
mechanism of diaphragm (1) 光阑结构;(2) 隔膜机理
mechanism of fracture 断裂机理,破坏机理
mechanism of motion 运动机理
mechanism of poisoning (树脂)中毒机理
mechanism of polymerization 聚合历程
mechanism of reaction 反应历程
mechanism of roasting 熔烧机理
mechanism of rolling fatigue 滚动疲劳机理
mechanism of vibration 振动机理
mechanism of wear 磨损机理
mechanism schematic 机构原理图
mechanismic 机械装置的,机构的,机理的
mechanist 机 [械技] 工,机械师
mechanistic 机械学的,机械论的
mechanization 机械化
mechanization of equation 方程式的机械编排
mechanize (1) 实现机械化,使机械化,机械化;(2)用机械装备,
    用机械制造,使用机械
mechanized 机械化的
mechanized accountant 机械计算装置
mechanized agriculture 机械化农业
mechanized data 机械可读数据
mechanized force (=Mechs) 机械化部队
mechanized press line 机械化冲压生产线
mechanized production of electronics (=MPE) 电子设备的机械化
    生产
mechanized storage and retrieval (=MSR) (数据处理)机械化存储
    与检索
mechanized transport 机械化运输
mechanizer 进行机械化的人
mechano- (词头)(1)机器,机械;(2)机械的,力学的
mechano-chemical wear 机械化学磨损
mechano-chemistry 机械化学
mechano-electric transducer 机电换能器
mechano-electronic (=ME) 机 [械] 电 [子] 的
mechano-electronic switching system 机械电子交换机
mechanocaloric 用机械方法使温度产生变化的,热 [力] 机 [械] 的,
    机械致热的,功 - 热的

mechanoceptor 机械感受器

mechanochemistry 机械化学

mechanogram 机械记录图

mechanograph 机械复制品，模制品

mechanography 机械复制法，模制法

mechanology 机械学知识，机械学论文

mechanomorphic 机械作用的，似机械的

mechanomorphism 机械形态学说

mechanomorphosis 机械变态

mechanomotive force 交变机械力的均方根值（单位牛顿）

mechanooptical vibrometer 机械光学振动计

mechanoreception 机械感受

mechanoreceptor 机械性刺激感受器

mechanostriction 机致伸缩，力致伸缩

mechanotron 机械电子传感器，力学电子传感器

mecometer 婴儿长度计

meddle 参与，插手，干涉，干预

medevac [用] 救伤直升飞机 [运送]

medi- (=medio-) (词头) (1) 中间地；(2) 中间的，居间的；(3) 正中的，中部的

media (单 medium) (1) 介质，介体，媒介；(2) 平均数；(3) 方法，手段；(4) [传动] 机构

mediad 朝着中线，朝着中平面，向中

medial (1) 中间的，中央的，居中的，当中的；(2) 大小适中的，平均的，普通的

medial bed 中床身

medial telescope 中间补偿望远镜，休卜曼望远镜

medially 居中地

median (=MED) (1) 中位数，中心数值，中值，中数；(2) 中，正中；(3) 中线；(4) 中央的，中间的

median discharge 中流量，常流量

median energy 平均能量

median level 中值电平

median line 中线

median point (1) 中点值，中点；(2) 重心

median section (1) 中截面；(2) 中段

median segment 中节

median size 中等大小，中等尺寸，中等粒度

median year 平均年

mediant 中间数

mediate (1) 处于中间，介乎其间；(2) 中间的；(3) 作为引起……媒介，传递

mediate counter gear 中速副轴齿轮

mediate friction [润滑油] 层间摩擦

mediately (1) 在中间，居中；(2) 间接地

mediating agent 催化剂，媒剂

mediatize (1) 置于中间；(2) 合并，并吞；(3) 使成为附庸

mediator 催化剂，媒剂，媒质，介体

medicator 涂药器

medicoal 活性炭

mediocre 质量中等的

mediography (一种特别项目的) 多种材料表

meditate (1) 企图，考虑，计划，策划；(2) 沉思，熟虑

medium (=M 或 MED) (复 mediums 或 media) (1) 介质，介体，媒介；(2) 平均的，中等的，中间的；(3) 手段，方法；(4) [传动] 机构，[传动] 装置，工具；(5) 平均数，平均值

medium access memory 中速存取存储器

medium alloy steel 中合金钢

medium-altitude communication satellite (=MACS) 中高度通信卫星

medium and high frequency direction-finding station (=MHDF) 中频及高频无线电测向台

medium and very high frequency direction-finding station (=MVDF) 中频及甚高频方位测定站

medium artillery 中型火炮

medium automotive maintenance 汽车中修

medium bomber (=MB 或 M/B) 中程轰炸机

medium-breaking 中度裂化，中裂的

medium bronze 中青铜

medium-burned 中温烧成的

medium-capacity plant 中容量电站

medium carbon steel 中碳钢，中硬钢

medium carbon-steel gear 中碳钢齿轮

medium cast iron 中铸铁

medium casting 中铸件

medium-curing 中级处理的，中凝的

medium diamond-point knurling rolls 中金刚钻压花滚刀

medium-distance aids 中程无线电导航仪

medium-drying 中速干燥的

medium-duty (1) 在一般运行条件下的，正常工作情况的；(2) 中型的，中等的；(3) 中批生产，中等生产

medium duty (=MD) 中等负荷，中等负载

medium-fast sweep 中等扫描

medium fit 中级精度配合

medium force fit 中级压紧配合

medium frequency (=MF) 中频

medium-frequency direction finder (=M/FD/F) 中频测向器

medium-frequency direction finding (=MDF) 中频方向探测

medium frequency direction finding (=M/FD/F) 中频测向

medium frequency induction quenching 中频感应淬火

medium-frequency wave 中波

medium frequency wave 中波

medium grain 中等颗粒

medium-grained 中级粒度的，中粒度的

medium-granular 中颗粒的

medium-hard 中硬度的

medium hard (1) 中硬的；(2) 中硬度

medium hard steel 中硬钢

medium hardening 中速硬化的

medium-heavy lathe 中型车床

medium heavy loading 中等加载

medium, high, and very high frequency direction-finding station (=MHVDF) 中频、高频及甚高频无线电测向台

medium-high frequency (=MHF) 中 - 高频

medium-high frequency waves 中短波

medium impedance 中间阻抗

medium-lived 中等寿命的，中等耐久的

medium maintenance (=MM) 中修

medium NOR 中间 "非" 电路

medium of circulation 流通的媒介，通货

medium oil varnish 中油性清漆

medium-persistance phosphor 中等余辉的磷光体

medium plane 中心面，中面，腰面

medium play (=MP) 中等游隙

medium-pointed (1) 中点的；(2) 中度削凿加工的

medium power homer (=MH) 中功率寻的设备，中功率归航指点标

medium power loop range (=MRL) 中功率回路测距

medium-power objective 中等倍数物镜

medium power reactor experiment (=MPRE) 中等动力反应堆试验

medium-pressure 中等压力的，中压的

medium pressure (=MP) 中等压力

medium-range 中程的，近程的

medium range (=MR 或 MRG) 中发射距离，中射程，中程，近程

medium-range ballistic missile (=MRBM) 中程弹道 [式] 导弹

medium-range missile 中程导弹

medium repair 中修

medium resolution infrared radiometer (=MRIR) 中分辨红外辐射计

medium-scale (1) 中比例尺的；(2) 中型的；(3) 中等规模的

medium scale integrated circuit 中规模集成电路

medium scale integration (=MSI) 中规模集成

medium section 中型材

medium series (轴承) 中系列

medium-setting 中裂的，中凝的

medium shock 中等冲击

medium short wave 中短波

medium shot (=MS) (电视、电影) 中摄

medium size 中等尺寸

medium size bearing 中型轴承

medium-sized (1) 中型容量的，中等尺寸的，中等大小的，中型的，中号的；(2) 中颗粒的

medium-soft 中等软度的，半软的，中软的

medium speed 中速

medium speed memory 中速存储器

medium standard frequency (=MSF) 中波标准频率，标准中频

medium steel (=MS 或 med. s.) 中碳钢，中硬钢

medium strength 中等强度

medium structure 中粒结构

medium sweep 中速扫描

medium tank (=MTK) 中型坦克

medium tar 中质焦油沥青,中质柏油

medium tempering 中温回火

medium tenacity 中等韧性

medium-term (1) 中项 [的];(2) 中期 [的]

medium tone 中间色调,半色调

medium transmission 平均传动比,平均齿数比

medium-type 中型的

medium voltage (=MV) 中 [等电] 压

medium wave (=MW) 中波

medium wave antenna 中波天线

medium wave band 中波段

medium wave broadcast transmitter 中波广播反射机

medium wave receiver 中波接收机

medium wave transmitter 中波发射机

medium-weight 中重的

medium-width steel strip 中等宽度带钢

mediumsize computer 中型计算机

medley (1) 混合的,混杂的;(2) 混合物,杂拼物;(3) 使混杂

meehanite cast iron 孕育铸铁,变性铸铁,密烘铸铁,加制铸铁

meehanite metal 密烘铸铁

meet (1) 遇见,会见,相遇;(2) 相交义,相交,相会,相合,会合,接触,
会聚;(3) 交切点,(4) 符合,适合,满足,获得,(5) 对付,应付,对抗

meet a condition 满足条件,具备条件

meet a criterion 符合标准,满足标准,达到标准

meet an objective 达到目的

meet in 会聚于,会交于,兼备,共存

meet particular circumstances 对付具体的情况

meet the case 符合所提出的要求,满足所提出的要求,适合,合和

meet the condition 满足条件,具备条件

meet the cost of 对付……的代价

meet the necessity 符合,适合

meet the need for 满足对……的需要

meet the needs of 满足……的需要

meet the problem 解决问题

meet the requirements 符合要求,满足要求

meet the requirement of specifications 适合技术规范要求

meet the requirements of the specific Classification Society 满足
指定的船级社要求

888

meet the specification 合乎规格,合乎规范

meet together 集合,会合

meet up with 追上,赶上,遇着,碰见

meet with stresses 承受应力

meeting (1) 会合,集合,接合;(2) 连接点,交会点,交叉点,汇合点,
合流点

meeting of minds 谅解

meeting-place 合流点

meeting point 交汇点,交切点

meetly 适当地,适宜地,恰当地

meetness 适当,适宜,恰当

meg 小型绝缘试验器

mega (=M) (1) 兆,百万 (=10^6);(2) 大

mega- 词头,(1) 兆,百万 (=10^6);(2) 强,大

mega bar 兆巴

mega-corporation 特大企业

mega electron-volt (=MEV) 百万电子伏特,兆电子伏 [特]

mega ohm 兆欧

mega-ton equivalent (=MTE) 百万吨当量

mega watt 兆瓦特

megabar (=MB) 兆巴

megabarye 百万巴里,兆巴 (压力单位)

megabit (=MB) (1) 百万二进制数字;(2) 百万位,兆位;(3) 百万
比特,兆比特

megabit memory 兆位存储器

megabit per second (=MB/S) 兆位 / 秒

megabus 兆位总线

megabus architecture 兆位总结构

megabusiness 超巨大企业

megabyte 兆字节

megacalorie (=Mcal) 百万卡,兆卡

megacoulomb 兆库仑

megacurie (=Mc) 百万居里,兆居里

megacycle (=MC) 百万周,兆周,兆赫

megacycle computer 兆周计算机

megacycles (=megs) 百万周,兆周,兆赫

megacycles per second (=MC 或 MCS 或 mcls 或 mcps)
兆周 / 秒,兆赫 [兹] (10^6)

megadyne 兆达 [因]

megaerg 兆尔格

megafarad 兆法 [拉]

megafog 警雾 [信号] 扩音器,雾信号器

megagauss 兆高斯 (磁感应单位)

megagon 多角形

megahertz (=MHz) 兆赫 [兹],兆周 / 秒

megahertz computer 兆赫计算机

megajet 特大喷气客机

megajoule (=MJ) 百万焦耳,兆焦耳

megaline 兆力线 (磁通单位,=10^6 麦)

megalograph 显微图形放大装置

megaloscope 显微幻灯,放大镜

megamega 百万兆,兆兆

megamega cycle 兆兆周,兆兆赫

megamegacycle (=mmc) 兆兆赫,=10^{12} 赫

megameter (=MM) (1) 高阻表兆欧表迈格表摇表(2) 大公里=1000km)

megampere 百万安 [培],兆安 [培]

meganewton (=MN) 兆牛顿

megaparsec 百万秒差距,兆秒差距

megapascal (=MP) 兆帕斯卡 (=$10^6 N/m^2$)

Megaperm 梅格珀姆镍锰铁高导磁率合金 (镍 65%,铁 25%,锰 10%)

megaphone (1) 扩音器,喇叭筒;(2) 用扩音器讲,用喇叭筒讲

megaphonia 声音响亮,扩音

megaphonic 扩音器的

megapoise 百万泊,兆泊 (粘度单位)

megapulse laser 兆瓦脉冲激光器

Megapyr 梅格派洛铁铝铬电阻合金

megarad 兆拉德

megaroentgen 兆伦琴

megarutherford 兆卢 [瑟福]

megascope (1) 粗视显微镜;(2) 扩大照相机,显微幻灯

megascopic (1) 借助低倍放大镜可见的,宏观的,粗视的,放大的,粗
大的;(2) 肉眼可见的,肉眼可识别的;(3) 显微照相的

megasecond (=ms 或 megs) 兆秒

megaspheric 显球型的

megasweep 摇频振荡器

megatemperature 高温

megathermal period 高温期

megaton (=MT 或 megt) (1) 百万吨,兆吨;(2) (核爆炸力计算单位的)
百万吨级

megatonnage 百万吨级

megatron 塔形 [电子] 管

megavar (=MVar) 兆乏

megavolt (=MV) 百万伏 [特],兆伏 [特]

megavolt-ampere (=MVA) 兆伏安

megavoltage 百万伏 [特],兆伏 [特]

megawatt (=MW 或 megw) 兆瓦 [特]

megawatt early warning (=MEW) 兆瓦级远程警戒雷达

megawatt early warning station 兆瓦级远程警报站

megawatt-days (=Mwd) 兆瓦日

megawatt-hour (=megwh) 兆瓦 [特]- 小时

megawatt hour 兆瓦时

megerg 兆尔格 (=0.1 焦耳)

megger (1) 高阻表,兆欧表,迈格表,摇表;(2) 绝缘试验器,测高阻计,
兆欧计,高阻计;(3) 制片厂监督

meggers lamp 高频电源水银灯,梅格斯灯

megohm (=MΩ) 百万欧,兆欧 [姆]

megohm bridge 高阻电桥,兆欧电桥

megohm meter 兆欧 [姆] 表

megohmite 整流子云母片,绝缘物质

megohmmter 兆欧表,兆欧计,高阻计,摇表,迈格表

megomite 整流子云母片,绝缘物质

meio- (词头) 小的

meiobar 低压等值线,低压区

meiosis (1) 减少;(2) 减数分裂

meiotic 减数分裂的

Meissner effect 迈斯纳效应

Meissner method 迈斯纳 [无线电操纵] 法

mejatron 特殊观察用扁形显像管

mekapion 电流计

mekometer 晶体调制光束精密测距仪, 光学精密测距仪, 测距器

mekydro 液压齿轮

melamine 三聚氰胺, 密胺

melaminoplast 三聚氰胺塑料, 密胺塑料

melanotype 铁板照相

melatopes 光轴影

meldometer 高温温度计, 熔点测定计

melinite 麦宁炸药

meliorate 改正, 改良, 改进, 改善, 修正

melioration 改正, 改良, 改进, 改善, 修正

meliority (1) 改正, 改良, 改善, 进步, 卓越, (2) 优越性

melmac 三聚氰胺树脂, 密胺树脂

melodeon 侦察接收机

melon seed file 瓜子形锉刀

mellow (1) 柔软的; (2) 使软

melt (1) 熔化, 熔融, 熔炼, 熔解, 溶解, 溶化; (2) 熔化物 [质], 熔融液, 熔体, 熔料, 熔态; (3) 软化, 变软; (4) 消失, 消散

melt away 熔掉, 溶掉, 消失, 消散

melt-back 反复熔炼法, 回熔

melt back 反复熔炼, 回熔

melt diffusion transistor 熔融扩散晶体管

melt down 熔化, 熔毕, 熔毁, 熔掉, 销毁

melt down analysis 熔毕分析

melt down time 熔毕时间

melt flow index (MFI) 熔融流动指数

melt-grown 熔化 [态] 长成的

melt-growth 熔融法生长

melt into (1) 熔入, 熔到, 熔成; (2) 溶入, 溶到, 溶成

melt into air 消失

melt into distance 消失在远方, 消逝

melt number 熔化号

melt-off 熔耗的

melt per hour 每小时熔量

melt-pulling 熔体拉制, 熔体拉伸

melt pulling method 熔融淬火法

melt-quench transistor (回熔区) 聚冷晶体管

melt run 熔合线

melt-stoichiometry 熔体计量

melt up 熔化, 熔毕, 熔毁, 熔掉, 销毁

melt water structure 溶水构造

meltability 可熔性, 熔度

meltable 可熔化的, 易熔的

meltableness 可熔性, 熔度

meltage 熔解量, 熔解物

meltallizing 熔射

meltdown 熔化, 熔毕, 熔毁, 熔掉, 销毁

melted iron 铁水

melter (1) 熔化器, 熔炉; (2) 熔炼工, 炉工

melter products (有色) 半成品

melting (1) 熔化, 熔解, 熔炼, 熔融, 溶解, 溶化; (2) 熔炼法; (3) 熔化的, 溶化的

melting band 融化带

melting bath 熔池

melting coefficient 熔化系数

melting-condition 熔化条件

melting conditions 熔化条件, 熔化情况, 炉气

melting current 熔化电流

melting-down 熔化, 熔毕, 熔掉

melting-down power 熔化能力

melting efficiency 熔化效率, 熔敷效率

melting furnace 熔炼炉

melting heat 熔化热, 熔解热

melting loss 熔炼损失, 熔炼损耗, 熔火损失, 熔损, 烧损

melting period 熔化期

melting-point 熔化温度, 熔点

melting point (=MP 或 mpt) 熔化温度, 熔点

melting-pot 熔 [化] 锅, 坩埚, 熔炉, 熔锅

melting range 熔化区域

melting rate 熔化速度, 熔化率

melting ratio (冲天炉、高炉) 熔化金属与材料之比, 铁焦比

melting stage 熔化期

melting temperature 熔化温度, 熔解温度

melting time 熔化时间

melting under a white slag 白渣熔炼

melting unit 熔化设备

melting welding 熔焊

melting zone 熔化层

meltshop 熔炼车间

meltwater 熔融液

member (=M 或 mem) (1) 构件, 机件, 元件, 零件, 成件, 部件, 杆件, 焊件; (2) 组成部分, 结构要素; (3) { 数 } 元, 项, 分子, 端, 边; (4) { 化 }[环中] 原子数, 链节, 环节, 节; (5) 接线

member aggregate 元结合

member by member 逐项

member in bending 受弯构件

member in compression [受] 压杆 [件], 受压构件, 受压机件, 压杆

member in shear 受剪构件

member in tension 受拉构件, 受拉杆件, 拉杆

member in torsion 受扭构件

member of an equation 方程式的项

membership (1) 会员资格; (2) 全体会员, 全体成员; (3) 会员数, 成员数

membrane (=MEMB) (1) 膜, 隔膜, 膜片, 隔板, 防渗护面; (2) 振动片; (3) 光圈; (4) 表层; (5) 羊皮纸

membrane analogy 薄膜模拟

membrane-curing 薄膜养护的

membrane curing 薄膜养护

membrane-curing compound 薄膜养护化合物, 薄膜养护剂

membrane electrode 膜电极

membrane equation 薄膜方程

membrane equilibrium 膜渗平衡

membrane filter 膜滤器

membrane filtration (=MF) 薄膜过滤

membrane potential 膜电势

membrane pressure ga(u)ge 膜片式压力计

membrane process [离子交换] 膜法

membrane pump 薄膜泵

membrane resistance 膜电阻

membrane tension 薄膜张力

membrane theory 薄膜比拟理论

membrane wall 膜式水冷壁

membrane waterproofing (=MWP) 隔膜防水

membranelle 微膜

membraneous 薄膜的, 膜质的, 膜状的

membranous 薄膜的, 膜质的, 膜状的

memento (1) 警钟; (2) 备忘手册; (3) 提醒人注意的东西

memistor (1) 电解存储器; (2) 存储器电阻; (3) 记忆神经元模型, 人工记忆神经元

memnescope (观察非周期性过程用的) 瞬变示波器, 储存管式示波器

Memocon 电子计算机的一种形式

memoir (1) (学术) 报告, 论文; (2) 论文集, 纪要; (3) 传记, 传略, 自传

memometer 记忆测验器

memomotion (1) 时间比例标度变化; (2) 按时摄影, 慢速摄影

memorability 应记住的事情, 重大, 著名, 显著

memorable 值得记忆的, 重大的, 著名的, 显著的

memoranda (单 memorandum) (1) 备忘录, 笔记本, 便笺; (2) 摘要

memorandum (=mem) (1) 备忘录, 笔记本, 便笺; (2) 摘要

memorandum and articles of association 条例及组织章程, 公司组织章程

memorandum bill of lading 备忘提单

memorandum-book 备忘录

memorandum of an association 公司章程

memorandum of deposit (=M/D) 存款单, 送款票

memoric instruction 记忆指令

memorisation 记忆, 记录, 存储

memorise (1) 内存化, 内存储式; (2) { 计 } 存储元件, 存储器; (3) 信号累积器

memoriser 存储器

memorization 记忆, 记录, 存储

memorize (1) 内存化, 内存储式; (2) { 计 } 存储元件, 存储器; (3) 信号累积器

memorizer 存储器

memory (1) 存储 [量], 记忆 [力], 记录, 回忆; (2) 记忆系统, 记忆装置, 存储元件, 存储器; (3) 信息累积器

memory access 存取器

memory address 存储地址

memory address register　存储地址寄存器
memory-address register store (=MARS)　存储地址寄存器存储
memory allocation　存储器配置
memory-allocation overlays　存储器分配重复占位区
memory allocation subroutine　存储分配子程序
memory allocator　存储分配程序
memory array　存储器阵列
memory band　存储体
memory block　存储组件,存储块,存储区
memory board　存储板
memory buffer (=MB)　存储缓冲器
memory buffer register, even (=MBRE)　存储缓冲寄存器,偶
memory buffer register, odd (=MBRO)　存储缓冲寄存器,奇
memory cache　存储的超高速缓存
memory capacity　存储[器]容量,记忆容量
memory cell　存储单元
memory center　记忆中枢
memory circuit　存储电路,记忆电路
memory control (=MC)　存储控制
memory core　存储磁芯
memory-cycle　存储周期,存取周期
memory cycle　存储周期
memory device　存储器件
memory disc　存储盘
memory-data register (=MDR)　存储 - 数据寄存器
memory dump　存储器清除,信息转储
memory effect　记忆效应,存储效应,惯性
memory exchange　(1)存储交换;(2)存数互换
memory function　记忆功能
memory gate generator (=MGG)　存储门发生器
memory hierarchy　分级存储器系统
memory in metal　金属存储器
memory-information register (=MIR)　存储信息寄存器
memory lockout register (=MLR)　存储保持寄存器,存储闭塞寄存器
memory-map list　存储器安排表,存储器内容表
memory page　存储页面
memory plate　存储器板,磁芯板
memory print-out　存储信息转储
memory-reference instruction　访问存储器指令
memory reference order　存储访问指令
memory register (=MR)　存储寄存器
memory-scope　存储式同步示波器,长余辉示波器
memory scope　存储式同步示波器,长余辉示波器
memory space　存储空间,存储量
memory span　记忆长度
memory stack　存储体
memory synchroscope　存储式同步示波器,长余辉示波器
memory system (=MS)　存储系统
memory test computer (=MTC)　检测存储器的计算机
memory transfer　[存储内容]转储
memory tube　记忆管,存储管
memoryless channel　无记忆信道,无存储信道
memorytron　[阴极射线式]存储管,记忆管
memoscope　存储管式示波器,记忆管式示波器
memotron　[阴极射线式]存储管,记忆管
mend　(1)修理,修补,加强;(2)改进,改善,改良;(3)修正,改正,纠正,订正,校正;(4)恢复,复原;(5)加快
mend fuses with M　用 M 换作保险丝
mend the fire　加添燃料
mend the mould　修型,补型
mend up　修补
mendable　可修好的,可改正的
mendeleev's law　门捷列夫定律,周期律
mendelevium　{化}钔 Md
mender　(1)修理工;(2)修订者,修正者;(3)(复)有缺陷的电镀制品,废品板材,报废板材
mendery　修理店
mending　修补工作
mending up of the moulding　修补铸型
meniscoid　凹凸透镜的
meniscus　(1)弯月面;(2)凹凸透镜
meniscus lens　凹凸透镜
meniscus shaped lens　弯月形透镜
meniscus telescope　弯月形透镜望远镜

menotaxis　不全定向
menstruum　溶剂,溶媒
mensurability　可测性
mensurable　(1)可度量的,可测量的;(2)有固定范围的
mensural　关于度量的
mensuration　(1)测量,测定,量法,量度;(2)求积法
mention　提及,提到,说及,说到
mention a few atoms　举几种原子
mention of　提及,讲到
mentor　(1)指导者,顾问;(2)教练,师傅
Meny oscillator　梅尼振荡器
meral　梅拉尔含铜铝镍合金(铜3.2%,镁0.8%,锰0.3%,镍1%,余量铝)
mercerization　(1)丝光处理,丝光作用;(2)碱化,浸碱作用
mercerizer　丝光机
mericerizing machine　丝光机
mercantile　(1)商业的,商人的,商用的;(2)贸易的
mercantile marine　商船(总称)
mercast　水银模铸造
Mercator chart　麦卡托航用图
mercerisation　(1)丝光处理,丝光作用;(2)浸碱作用,碱化
mercerization　(1)丝光处理,丝光作用;(2)浸碱作用,碱化
merchandise (=mdse)　(1)商品,货物;(2)交易,买卖
merchant　(1)批发商,贸易商,商人;(2)商业的,商人
merchant bar　小型型钢
merchant bar iron　商品条钢
merchant-bar mill　条钢轧机
merchant captain　[商船]船长
merchant copper　商品铜
merchant fleet　商船队
merchant furnace　工厂熔炼炉
merchant iron　商品型钢,条钢
merchant marine　商船[船员]
merchant mill　条钢轧机
merchant rate　商业汇价
merchant seaman　[商船]船员
merchant service　海上贸易,海运,商船
merchant ship　商船
merchant-ship reactor (=MSR)　商船用反应堆
merchant steel　商品[条]钢
merchant vessel (=M/V)　商船
merchant wire　钢丝制品
merchantable　有销路的,商品的
merchantman　商船船员
merchromize　水银铬化
Merco bronze　默科青铜(铜88%,锡10%,铅2%)
mercoid　水银开关,水银转换开关
Mercoloy　铜镍锌耐蚀合金(铜60%,镍25%,锌10%,铁2%,铅2%,锡1%)
Mercomatic　前进一级后退一级[汽车用]变速机
mercurate　(1)使与水银化合,用汞处理,汞化;(2)汞化产物
mercuration　加汞作用,汞化作用
mercurial　水银的,汞的
mercurial barometer　水银气压计
mercurial gauge　水银压力计
mercurial poisoning　水银中毒
mercurial thermometer　水银温度计
mercurialism　水银中毒,汞中毒
mercuriality　活泼,灵活,易变
mercurialization　汞化
mercurialize　用水银处理,受水银作用
mercurially　活泼地,灵活地,用水银
mercuriate　用水银处理,用汞处理,汞化
mercuric　水银的,汞的
mercuric chloride　氯化汞
mercuride　汞化物
mercurimetric　汞液滴定的
mercurimetry　汞液滴定法
mercurizate　用汞处理,加汞,汞化
mercurization　汞化
mercurize　用汞处理,加汞,汞化
mercurochrometric surveys　汞量测量
mercurous　水银的,汞的
mercurous chloride　氯化亚汞,一氯化汞
mercury　{化}汞 Hg,水银

mercury absolute pressure　水银柱 [绝对] 压力
mercury air-pump　汞 [汽] 泵
mercury-arc　汞弧
mercury arc　汞弧
mercury-arc lamp　水银弧光灯, 水银灯, 汞弧灯
mercury arc lamp　水银弧光灯, 水银灯, 汞弧灯
mercury arc power converter　汞弧功率变换器
mercury-arc rectifier　汞弧整流器
mercury arc rectifier　汞弧整流器
mercury-cathode　汞阴极
mercury chloride　氯化汞
mercury circuit breaker　汞断路器
mercury column　水银柱, 汞柱
mercury connection　(1) 水银联接；(2)（环形）水银开关
mercury contact relay　汞接继电器
mercury cyanide　氰化汞
mercury gauge　水银压力计
mercury-in-glass thermometer　汞柱玻璃温度计, 水银温度计
mercury manometer　水银压力计
mercury-motor meter　水银电动式仪表
mercury-pool cathode　水银槽阴极, 汞池阴极
mercury rectifier (=MR)　水银整流器, 汞弧整流器
mercury-sealed　汞封 [口] 的
mercury storage　汞存储器
mercury-tank rectifier　(1) 汞槽整流管, 汞弧整流管；(2) 汞槽整流器, 汞弧整流器
mercury thermometer　水银温度表, 水银温度计
mercury thermostat　汞控恒温器
mercury turbine　水银涡轮机
mercury-vapo(u)r　水银蒸汽的, 汞汽的
mercury vapo(u)r (=mv)　汞汽
mercury vapour lamp　人工太阳灯, 荧光灯, 水银灯, 汞汽灯
mercury-vapour rectifier　汞弧整流器
mercury vapour rectifier　汞弧整流器
mere　(1) 仅仅, 只；(2) 边界, 界线
merely　仅仅, 不过, 只
merge　(1)溶合, 融合, 溶解；(2)吸收, 吸取；(3)消失, 沉没, 吞没, 埋入；(4) 合并程序, 数据合并, 合并, 归并, 吞并, 合流；(5) 联接, 拼接；(6) 汇合, 组合, 配合, 交汇
merge generator　分类归并生成程序
merge into　(1) 合并成, 归并成, 汇合成；(2) 溶解在……之中
merge-sort　归并分类
merged transistor logic (=MTL)　合并晶体管逻辑, 并合晶体管逻辑
mergee　合并的一方
mergence　消失, 沉没, 没入, 吸收, 合并, 结合
merger　(1) 合并, 归并；(2) 联合组织, 联合企业, 托拉斯
merger diagram　状态合并图
merging　(1) 溶合, 联接；(2) 吸收, 吸取；(3) 消失, 沉没, 吞没；(4) 合并, 归并
merging intersection　汇合交叉口
merging sort　[归] 并 [种] 类
meridian　(1) 子午线, 子午圈, 经线；(2) 中天；(3) 顶点, 绝顶；(4) 子午线的, 切向的, 顶点的
meridian altitude　子午圈高度, 中天高度
meridian circle　天文纬度仪, 子午仪
meridian plane　子午面, 经圈面
meridian spacing　经差
meridian stress　经线应力
meridian transit　中天
meridianus　子午线, 经线
meridional　子午线的, 子午圈的, 切向的, 经线的, 最高的
meridional circulation　经向环流
meridional image surface　子午像面
meridional plane　子午 [平] 面
meridional ray　子午光线
meridional tangent ray　正切光线
merit　(1) 灵敏；(2) 特征, 优点；(3) 价值；(4) 指标, 标准, 准则
merit factor of an amplifier　放大器的质量因素
merit number　（金属的）价值指数
merit rating　(1) 性能评价, 质量评定；(2) 质量评价指数, 质量评价指标
mero-　(词头) 部分, 局部, 缺
merocrystalline　半晶质, 半结晶
merry-go-round　(1) 转台, 转盘；(2)"走马灯"式预应力钢丝连续

张拉设备；(3) 故意拖延
merry-go-round windmill　转塔式风力发动机
mersion　沉入, 浸入
mesa　(1) 台面；(2) 台面式晶体管
mesa bipolar transistor　台面双极晶体管
mesa diode　台面型晶体二极管
mesa etch　台面蚀刻, 台面腐蚀
mesa etching　台面型晶体管蚀刻法, 台面蚀刻
mesa (type) transistor　台 [面] 式晶体管
mesh　(1) 啮合；(2) 筛目, 筛号, 网格, 网眼；(3) 网络回路, 网络；(4) 孔, 槽, 座；(5) 网状物
mesh alignment error　啮合对准性误差
mesh analysis　网孔分析, 筛分析
mesh anode　网状阳极
mesh-belt　织带
mesh-belt conveyor　网带式输送器
mesh bipolar transistor　网状双极晶体管
mesh cathode　网状阴极
mesh circuit　网孔电路, 网形电路, 网状电路, 网格电路, 回路
mesh-connection　多角形接线法, 网状结线, 网状连接
mesh connection　多角形接线法, 网状结线, 网状连接, 网形接法
mesh-controlled storage Digisplay　网控型存储型迪吉斯莱管
mesh coordinate　网络坐标, 网格坐标
mesh current　网孔电流, 槽路电流
mesh cycle　啮合周期
mesh electrode　网状电极
mesh equation　网孔方程
mesh filter　筛网过滤器
mesh-generation code　网格制备编号
mesh grid　网状栅极
mesh impedance　网孔阻抗
mesh instability　啮合不稳定性
mesh lines　网格线
mesh number　网号, 筛号
mesh of cable network　电缆网路分布区
mesh pin　[网] 目板
mesh points　网格点
mesh procedure　网络法
mesh reinforcement　网状钢筋, 钢筋网
mesh screen　筛子, 网筛, 网孔
mesh side cutter　啮合侧铣刀, 组合侧铣刀
mesh size (of flux)　粒度
mesh-star connection　三角星形接线法
mesh voltage　环形连接法线电压, △ 连接法线电压, [多相制] 线 [间] 电压
mesh with A　与 A 啮合
meshed　网状的, 格状的, 有孔的, 啮合的
meshed anode　网状阳极
meshing　(1) 啮合, 咬合；(2) 钩住, 搭住, 结网
meshing backlash　啮合侧隙
meshing bevel gear　啮合锥齿轮, 啮合伞齿轮
meshing condition　啮合条件
meshing elasticity　啮合弹性
meshing engagement　啮合
meshing gear　啮合齿轮
meshing interference　（齿轮）啮合干涉
meshing pattern　啮合印痕, 啮合斑痕
meshing position　啮合位置
meshing zone　啮合区
meshwork　(1) 网络, 网；(2) 网状物, 网织品；(3) [网] 筛
mesial　中央的, 中间的, 当中的, 正中的
mesic　介子的
mesic atom　介原子
mesionic　介 [子] 离子的
Mesnager impact test　梅氏冲击试验
mesochromois　平均同步的
mesocolloid　介胶体
mesodynamics　介子动力学
mesomeric　内消旋的, 中介的
mesomeric ion　中介离子
mesomeric state　中介态, 稳态
mesomorphic phase　晶态液体, 液晶
mesomorphic state　介晶态
mesomorphis　介晶

mesomorphism 中性结构,介晶态
mesomorphous 介晶的
mesomorphous phase 晶态液体,液晶
mesomorphous state 介晶态
meson (=mesotron) 介子,重电子
meson beam guiding system 介子束导向系统
meson cyclotron 介子回旋加速器
meson field 介子场
meson shower 介子簇射
mesonic 介子的
mesonic atom 介原子
mesopore 间隙孔
mess (1) 混乱,凌乱;(2) 肮脏,污秽;(3) 失败,弄槽;(4) 膳食,餐
mess about 摆弄,拖延
mess around (1) 浪费时间,拖延;(2) 干涉
mess room (船上)餐厅
mess-up 紊乱,混乱
mess up 陷入困境,搞乱,弄槽
message (=msg) (1) 消息,情报信息,(2) 电报;(3) 通话,通信,文电
message-beginning character 报文开始符
message center 通信中心
message exchanger 信息交换装置
message for delivery 待送电报,待送情报
message heading sender 报文格式器
message meter 通话计次器
message rate 计次价目,消息率
message register (=MR) 通话计次器
message routing 报文路径选择,报文路由选择
message source 信息源
message-switching 信息交换,信息转接,数据转接,信息转换,数据转换
message throughput 信息总工作量
message time stamping 信息记时
message-to-noise ratio 信噪比
message unit call 近郊区通话
messenger (1) 电缆吊绳,吊线缆,悬缆,挂索,吊索,悬索;(2) 钻孔取样器
messenger cable 承力吊索,悬缆线,吊线
messenger call 传呼
messenger chain 连续链节
messenger clamp 吊线缆夹
messenger trip 投递路线
messenger walk 投递路线
messenger wire 承力吊索,悬缆线,吊线
messenger wire clamp 吊线夹
messgear 餐具
messhall 餐厅
messhouse 餐厅
messmotor 积分电动机,积分马达
meta- (词头)(1)中间,中位,间位;(2)后,亚,元,介,偏,变;(3)超越;(4)总的
meta-aluminate 偏铝酸盐
meta compact 亚紧
meta-derivative 间位衍生物
meta-directing 间位指向的
meta-element 母体元素,过渡元素,过渡金属
meta language 元语言,超语言
meta-metalanguage {计}元元语言
meta-orientating 间位定向的,间位指向的
meta-orientation 间位定向
meta-position 间位
meta-substitution 间位取代[作用]
metabolons 一种放射性物质的裂变产物
metabond 环氧树脂类粘合剂
metacenter (=M) (浮体)定倾中心,稳定中心
metacentre (=M) (浮体)定倾中心,稳定中心
metacentric 定倾中心的,稳心中心的
metacentric height 定倾中心高度,稳心高度
metacharacter 元字符
metachemical 原子结构[化]学的
metachemistry 原子结构[化]学,超化学
metachromatic (因生锈或温度变化而)变色的,因光异色的
metacolloid 结晶胶体,偏胶体
metacompound 间位化合物,取代化合物

metacryst 次生晶,变晶
metacryst inclusion 变晶色体
metacrystal (1) 变晶的;(2)(复)变斑晶
metacrystalline 不稳晶的,变晶的,亚晶的
metacyclic 亚循环的
metacyclic equation 亚循环方程
metadyne (1)(一种直流电机用以供调整电压或变压的)微场扩流发电机,(2)微场电机放大器,旋转式磁场放大器
metadyne control 微场扩流发电机控制
metadyne generator 微场扩流发电机
metadyne transformer 微场扩流发电机变压器
metafilter 层滤机
metafiltration 层滤
metage 容量或重量的官方检定,称量
metagnostics 不可知论
metainstruction 中间指令
metal (=MET) (1)金属制品,金属,五金,合金;(2)铸铁(溶液);(3)轴承合金,轴承轴瓦,轴承衬瓦;(4)(复)轨道,轨条;(5)用金属镀,盖以金属;(6)(一舰的)总炮数,炮火力
metal allowance 金属加工留量,加工余量
metal alloy 金属合金
metal-alumina-oxide-silicon (=MAOS) 金属-氧化铝-氧化物-硅
metal-alumina-semiconductor (=MAS) 金属氧化铝半导体
metal-alumina-silicon (=MAS) 金属-氧化铝-硅
metal anchor slots (=MAS) 金属锚槽
metal antenna 金属天线
metal arc cutting 金属电弧切割,金属极电弧切断
metal-arc welding 金属[极]电弧焊
metal arc welding 金属电弧焊接,金属电弧熔焊,金属极电弧焊
metal awning-type window (=MATW) 金属遮蓬形窗
metal-back 金属衬垫,金属壳,金属背
metal back 金属衬垫,金属壳,金属背
metal back tube (1)金属敷层显像管,铝背显像管;(2)金属敷层电子射线管,铝背电子射线管
metal backed seal 金属衬背密封环
metal backing (1)金属垫层,金属壳,金属背,金属底;(2)(电子射线管)金属敷层
metal-base transistor 金属基体晶体管
metal base transistor 金属基体晶体管,金属基底晶体管
metal bath 金属浴
metal-bearing 含[有]金属的
metal belt fastener 金属带扣
metal-Braun tube 金属显像管
metal break out 铸型裂口,漏铁水,跑水,漏箱
metal brush 钢丝刷
metal card memory 金属卡片存储器
metal casement window (=MCW) 金属竖铰链窗
metal casting pattern 金属铸模
metal-ceramic 金属陶瓷的
metal ceramic 金属陶瓷
metal ceramic coating 金属陶瓷涂层
metal-chelated 金属整合的
metal-clad 金属包层,金属包盖
metal clad 金属包层
metal coating (1)金属镀层[法],包镀金属[法];(2)金属保护层,金属涂层
metal conduit 金属导管
metal cone (阴极射线管的)锥形金属壳
metal content (润滑油)金属成分
metal core 金属芯子,金属型芯
metal-core carbon 金属心碳棒
metal corner bead (=MCB) 金属墙角护条
metal covered door (=MCD) 金属外包门
metal cut saw 切金属用锯,金工锯
metal-cutting 金属切削
metal-cutting machine 金属切削机[床]
metal-cutting machine tool 金属切削机床
metal-cutting tool 金属切削刀具
Metal-Cutting Tool Institute (=MCTI) 金属切削刀具研究院
metal defect detection 金属探伤
metal derby 金属块
metal detector 金属探测器
metal dip brazing 金属浸渍钎焊
metal dish 金属盘

metal distribution ratio 金属分布比
metal drawing 金属拉拔
metal electrode (1) 金属电极；(2) 金属极电弧焊条
metal element 金属滤清元件
metal eliminator 金属杂物分离机, 磁选机, 磁选器
metal-enclosed 密闭在金属壳中的, 有金属包壳的, 金属铠装的
metal feeder 铅锭进料装置
metal-fiber 金属纤维
metal fiber 金属纤维
metal filament (=MF) 金属灯丝
metal filler 焊条
metal film resistor 金属薄膜电阻器
metal fines 金属细粉
metal finishing 金属精整, 金属表面处理
metal fittings 小五金
metal-flashing (=METF) 金属盖片
metal-foil 金属箔
metal foil 金属箔
metal-foil paper 金属箔纸
metal forming 金属成形
metal forming machine tool 金属成形机床
metal fouling 炮管碎片
metal fouling solution (炮筒用) 除铜液
metal-free 不含金属的, 无金属的
metal-fuelled 液态金属燃料的
metal gathering 镦粗
metal gauze 金属网, 钢丝网
metal gear 金属齿轮
metal glass 金属玻璃
metal-grade 金属品位, 金属级
metal grade 金属品位, 金属级
metal-grill (=METG) 金属格栅
metal hack saw 金属弓锯
metal halide lamp 金属 化物灯
metal hose 金属蛇管, 金属软管
metal impurities 金属杂质
metal indicator 金属指示剂
metal-inert-gas underwater welding (=MIG underwater welding) 金属焊条惰性气体水下焊接
metal inertia gas welding (=MIG welding) 金属焊条惰性气体保护焊, 气体保护金属电极电弧焊
metal inspection 金属检验
metal-insulator-piezoelectric semiconductor (=MIPS) 金属-绝缘压电半导体
metal-insulator-semiconductor (=MIS) 金属绝缘体半导体
metal-insulator-silicon condenser (=MIS condenser) 金属-绝缘体-硅电容器
metal interface amplifier (=MIA) 金属界面放大器
metal jumper 金属条
metal lath 金属网, 钢丝网
metal lens 金属透镜
metal-lined 有金属衬里的, 金属铺衬的
metal lining 镀覆金属
metal locator 金属探测器
metal loss 金属损失
metal loss on ignition 金属烧损
metal luster 金属光泽
metal machining 金属加工
metal master (录音) 原始主盘, 金属主盘
metal mesh 金属网, 钢丝网
metal milling machine 金属铣床
metal mixer 混铁炉, 混铁罐, 混铁包
metal-modified 金属改性的
metal mold (=METM) 金属型, 金属模
metal movement 金属移动
metal negative (录音) 原始主盘, 金属主盘
metal-nitride-oxide-silicon semiconductor (=MNOS) 金属-氮化物-氧化物-硅半导体
metal-nitride-silicon (=MNS) 金属-氮化物-硅 [结构]
metal notch 金属流出口
metal-on-glass plate 敷金属玻璃板
metal or plastic (=M-P) 金属或塑料
metal-organic 金属有机物的, 有机金属的
metal-oxide 金属氧化物, 金属绝缘膜

metal oxide (=MOX) 金属氧化物, 金属绝缘膜
metal oxide film resistor 金属氧化物薄膜电阻器
metal oxide magnet core 金属氧化物磁芯
metal-oxide-semiconductor (=Mos) 金属-氧化物-半导体, 金氧半导体
metal-oxide-semiconductor dynamic memory 金属氧化物半导体动态存储器
metal-oxide-semiconductor field effect transistor 金属氧化物-半导体场效应晶体管
metal-oxide-semiconductor flip-flop 金属氧化物半导体触发器
metal-oxide-semiconductor integrated circuit 金属-氧化物-半导体集成电路
metal-oxide-semiconductor memory 金属氧化物半导体存储器
metal-oxide-semiconductor silicon-on-sapphire (=MOSSOS) 采用蓝宝石硅的金属氧化物半导体 [器件]
metal-oxide-semiconductor static memory 金属氧化物半导体静态存储器
metal-oxide-semiconductor transistor (=Mos) 金属氧化物半导体晶体管
metal-oxide-semiconductor type field-effect transistor (=MOSFET 或 MOST) 金属氧化物半导体场效应晶体管
metal-oxide-semiconductor type integrated circuit (=MOSIC) 金属氧化物半导体集成电路
metal-oxide-semiconductor type logic circuit (=MOSL circuit) 金属氧化物半导体逻辑电路
metal-oxide-silicon integrated circuit (=Mos) 金属-氧化物-硅集成电路
metal oxide silicon transistors (=MOST) 金属氧化硅晶体管
metal "P" band "P"金属镶边
metal pad 金属液层
metal particle 金属微粒, 金属末
metal partition (=METP) 金属隔板
metal parts (=MPTS) 金属零件, 金属部件
metal patch bullet 破甲弹
metal pattern 金属模
metal penetration 金属渗透 [到砂粒间], 机械砂粒
metal physics 金属物理学
metal-plate 金属板, 金属片, 铁板
metal plate 金属板
metal-plate lens 金属片透镜
metal-plate lens antenna 金属板透镜天线
metal plug 出铁口冻结
metal polish 金属抛光
metal positive (唱片) 第一模盘, 母版, 二版
metal-powder 金属粉末
metal powder 金属粉
Metal Powder Association (=MPA) 金属粉末协会
Metal Powder Industries Federation (=MPI 或 MPIF) 金属粉末工业联合会
metal powder magnet 金属粉末磁铁
metal processing 金属加工 [法]
metal raceway 电线保护用铁管
metal rectifier 金属整流器
metal reinforced plastic cage (轴承) 嵌装金属骨架的塑料保持架
metal removal 金属切削
metal removal factor 金属切削率
metal removal rate 金属切削率
metal removing efficiency 金属切削效率
metal ring oscillator 金属环振荡器
metal rolling door (=MRD) 金属滑动门
metal roof (=METR) 金属顶
metal run out 漏铁水, 漏箱, 跑水
metal-salt 金属盐
metal saw (1) 金属锯, 金工 [用] 锯；(2) 锯片铣刀
metal sawing machine 金属锯床, 弓锯床
metal scavenger 金属净化剂
metal-semiconductor 金属-半导体的
metal-semiconductor barrier 金属半导体势垒
metal-semiconductor contact 金属半导体接触
metal-semiconductor field effect transistor (=MESFET) 金属-半导体场效应晶体管
metal shape 金属型材
metal sheet 金属板
metal-shield wire 金属屏蔽线
metal shingles (金属) 鱼鳞板

metal skin　金属皮
metal slitting cutter　金属开槽铣刀
metal slitting saw　金属开槽锯,切缝铣刀
metal spacer　金属隔片
metal special shape　金属异型材
metal spinning　金属旋压[法]
metal spinning lathe　金属旋压车床
metal spray　金属喷镀
metal spraying　(1)金属喷镀,喷金;(2)金属喷镀法
metal strap　金属带条
metal strip (=METS)　金属[扁]条
metal strip oscillator　金属片振荡器
metal structure　金属组织,金属结构
metal surface wear　金属磨损
metal test　金属试验
metal thick nitride semiconductor (=MTNS)　金属-厚氮化物-半导体
metal-thick nitride-silicon (=MTNS)　金属-厚氮化物-硅
metal-thick oxide-nitride-silicon　金属-厚氧化物-氮化物-硅
metal thick oxide semiconductor (=MTOS)　金属-厚氧化物-半导体
metal-thick oxide-silicon (=MTOS)　金属-厚氧化物-硅
metal to ceramic sealing　金属陶瓷封接
metal-to-metal　金属对金属的,金属和金属的
Metal Treating Institute (=MTI)　金属处理学会
metal treatment　金属处理
metal tube　金属壳电子管
metal turbulence　液态金属混流
metal turning　金属车削
metal turning lathe　金属切削车床,金工车床
metal work　金[属加]工
metal working　金属加工,金工
metal working machine　金属加工机床,金工加工机床
metal working machinery　金属加工机械,金工加工机械
metal working production　金属加工生产
metal working tool　金工工具
metalanguage　元语言
metalate　使金属化
metalation　金属原子取代,金属化作用
metalclad　(1)金属包层的,金属包盖的,金属铠装的,装甲的;(2)金属包护,金属包盖,金属皮
metaler　钣金工
metalform　(混凝土)金属模板
metalikon　[金属]喷涂,喷镀
metaling　(1)金属喷镀,金属包镀,敷金属,喷金属;(2)金属化
metalinguistic　{计}元语言的
metalist　金属工人
metalization (=metallization)　(1)金属化,导体化;(2)喷镀金属,金属喷镀
metalize (=metallize)　使金属化,喷镀金属,喷涂金属
metall (=metallurgy)　冶金学
metallation　金属取代
metalled　金属的
metaller　钣金工
metallic　(1)金属性的,金属质的,金属制的,金属的;(2)产金属的
metallic absorption　金属吸收
metallic area of wire rope　钢丝绳的有效金属断面
metallic bond　金属键
metallic carbon brush　金属石墨电刷,金属碳刷
metallic cathode　金属阴极
metallic cementation　渗金属
metallic channel　(1)有线电路;(2)金属槽,导线槽
metallic circuit　金属电路
metallic coating　金属涂层
metallic component　金属零件
metallic conductivity　金属导电性,金属电导率
metallic conductor　金属导[电]体
metallic conduit　金属管
metallic crystal　金属晶体
metallic delay lens antenna　金属延迟透镜天线
metallic detector　金属探测器
metallic diaphragm　金属薄膜
metallic electrode arc lamp　金属电极弧光灯
metallic film　金属薄膜
metallic graphite brush　金属石墨刷
metallic-grey　银灰色的

metallic insulator　(1)金属绝缘子;(2)四分之一波管回线
metallic link belt (=MLB)　金属链带
metallic luster (=metallic lustre)　金属光泽
metallic material　金属材料
metallic mold　金属铸型,金属模
metallic packaging　金属封装
metallic packing　金属垫料,金属填料
metallic paint　(1)金属粉漆,闪光漆;(2)金属涂料
metallic pattern　金属模
metallic rectifier　金属整流器,干片整流器
metallic resistance material　金属电阻材料
metallic return circuit　金属线回路,双线回路
metallic speech-path switching element　金属接点式话路开关元件
metallic sponge　海绵[状]金属
metallic standard　金本位,银本位
metallic stuffing　金属填料
metallic tape　金属卷尺,钢卷尺,[钢]皮尺
metallic thermocouple　金属热电偶
metallic thermometer　金属温度计
metallic valence　金属价
metallic wear　金属磨损
metallicity　金属特性,金属性
metallicize　金属化
metallics　金属粒子,金属物质
metallics of charge　装料中的金属物质,装料中的金属部分
metallide　(1)电解电镀;(2)金属化物
metalliferous　含金属的,产金属的
metalliferous mineral　金属矿物
metallike　似金属的
metallikon　[液态]金属喷涂法,金属喷镀法
metalline　(1)含金属物质的,含金属盐的含金属的,产金属的,金属性的,金属似的,金属质的,金属制的;(2)具有金属光泽的;(3)梅达林铜钴铝铁合金(铜30%,钴35%,铝25%,铁10%)
metalling　(1)金属喷镀,金属包镀,敷金属,喷金属;(2)金属化
metallisation (1)使具有导电性,导体化,金属化;(2)喷涂金属[法],喷涂金属粉,金属喷镀
metallise (=metallize)　(1)喷镀金属,喷涂金属,敷金属,盖金属,金属化;(2)使与金属化合,使具导电性,使金属化,使导体化
metallised (=metallized)　镀金属的,敷金属的,金属化的,镀膜的
metallising　金属喷镀
metallist　金属工人
metallization　(1)使具有导电性,导体化,金属化;(2)喷镀金属[法],喷涂金属粉,金属喷镀
metallization pattern　金属化互连图,金属化图形
metallize　(1)喷镀金属,喷涂金属,敷金属,盖金属,金属化;(2)使与金属化合,使具导电性,使金属化,使导体化
metallized aluminium　包铝
metallized carbon　金属渗浸碳,金属浸渍碳
metallized filament　金属化灯丝
metallized film resistor　涂金属膜电阻器
metallized glass　喷镀金属玻璃,金属化玻璃
metallized high resistance　金属膜高电阻
metallized mylar capacity　金属膜电容器
metallized paper (=MP)　敷了金属的纸
metallized plastic　镀金属塑料
metallized screen　金属膜荧光屏,金属化荧光屏,金属背荧光屏
metallizer　金属上包覆陶瓷时粘结用金属粉末,金属上包覆陶瓷时粘结用合金材料,喷镀金属器
metallizing　(1)金属喷镀,敷金属法,喷镀金属,喷涂金属,金属化,导体化,镀涂层,喷镀,喷涂;(2)镀镜
metallizing temperature　金属涂覆温度,金属化温度
metallo-　(词头)金属的
metallo-metric　金属量[的]
metallo-metric survey　金属量测量
metallo-optics　金属光学
metalloceramics　金属陶瓷
metallochemistry　金属化学
metallochrome　金属着色剂
metallograph　(1)金相仪;(2)金相照片;(3)(带照相设备的)金相显微镜,金相显微摄影机;(4)金属表面的电子显微照相,金属表面的射线照相;(5)金属版
metallographer　金相学家
metallographic　金相学的

metallographic analysis　金相分析

metallographic examination　金相检验

metallographic structure　金相组织

metallographic test　金相试验

metallographical　金相 [学] 的

metallographical microscope　金相显微镜

metallographical technology　金属塑性加工工艺学

metallographist　金相学家

metallography　金属结构研究, 金相学, 金属学

metallography laboratory　金相实验室

metalloid　(1) 非金属, 类金属, 准金属; (2) 非金属元素

metalloidal crystal　类金属晶体

metallometer　金属试验器

metallomicroscope　金相显微镜

metalloplastic　金属修补术的

metallorganic　金属有机物的, 有机金属的

metallorganics　金属有机物

metalloscope　金相显微镜

metalloscopy　(1) 金相显微镜检验; (2) 金属反应检查法

metallostatic　金属静力学的

metallostatic pressure　金属静压力

metallothermic method　金属热还原法

metallothermics　金属热还原

metallotrophy　金属移变作用

metallurgic　冶金学的, 冶金术的, 冶金的

metallurgical (=MET 或 metal.)　冶金学的, 冶金术的, 冶金的

metallurgical burn　冶金烧伤

metallurgical certificate　冶金专业证书

metallurgical coke　冶金焦, 高炉焦

metallurgical compatibility　冶金相容性

metallurgical defect　冶金缺陷

metallurgical microscope　金相显微镜

metallurgical society (=MS)　冶金学会

metallurgical technology　金属工艺学

metallurgist　冶金工作者, 冶金学家, 冶金师

metallurgy (=MET 或 metal. 或 metall)　冶金学, 冶金术, 熔炼

metallurgy cell　金相闸, 金相箱

metallurgy of copper　铜冶金学

metallurgy of iron and steel　钢铁冶金学, 黑色金属冶金学

metallurgy of nickel　镍冶金

metallurgy of non-ferrous metals　有色金属冶金 [学], 非铁冶金

Metallux　微型金属薄膜电阻器

metalock　(铸锻件) 冷修补法

metalogic　元逻辑

metalogical　元逻辑的

metaloscope　金相显微镜

metaloscopy　金相显微 [镜] 检验

metals　钢轨

metals and alloys　金属与合金

Metals Engineering Institute (=MEI)　金属工程研究院

metalsmith (=ME 或 MSMTH)　金属技工, 金工

metalster　金属膜电阻器

metalware　金属器皿, 金属制品

metalwork　(1) 制造金属件, 金属制品, 金属件; (2) 金属制造, 金属加工, 金工

metalworker　金 [属加] 工工人

metalworking　(1) 金属加工, 金属制造; (2) 制造金属件; (3) 金属制造的

metalworking manufacturing industry　金属加工制造工业

metamagnet　亚磁体

metamagnetism　变磁性

metamathematics　元数学

metamember　元成分, 元成员

Metamic　梅氏金属陶瓷, 铬 - 氧化铝金属陶瓷 (铬 70%, 三氧化二铝 30%)

metamict　晶体因辐照而造成的无定形状态, 蜕晶质, 混胶状

metamorphic　改变结构的, 变质的, 变态的, 变形的, 变成的, 变化的

metamorphism　变质作用, 变质程度, 变形, 变态

metamorphose　使变化, 变形, 变性, 变质, 变态, 变成

metamorphoses (单 metamorphosis)　变化, 变形, 变性, 变质, 变态

metamorphosis (复 metamorphoses)　变化, 变形, 变性, 变质, 变态

metamorphotic　变形的, 变质的, 变态的

metamorphous　变形的, 变质的, 变态的

Metanometer　甲烷指示计

metanotion　{ 计 } 元概念

metanthracite　石墨

metaosmotic　亚渗透的

metaphrase　逐字翻译, 直译

metaphrastic　逐字逐句翻译的, 直译的

metaphysics　(1) 元物理 [学]; (2) 形而上学

metaplasia　组织变形, 组织转化

metapole　无畸变点, 等角点

metaproduction　{ 计 } 元产生式

metaprogram　元程序, 亚程序

metascope　(1) 携带式红外线探测器, 红外线指示器, 红外线显示器; (2) 红外线夜视望远镜

metasilicate　硅酸盐

metasilicic acid　硅酸

metastability　(1) 亚稳度; (2) 亚稳性

metastabilization　亚稳定化

metastable　(1) 亚稳定的, 亚稳的; (2) 亚稳, 介稳度

metastable austenite　介稳奥氏体

metastable diagram　介稳平衡图

metastable level　亚稳能级, 亚稳电平

metastable limit　亚稳极限

metastable state　准稳定状态, 亚稳态

metastructure　次显微组织

metasymbol　元符号

metatheorem　元定理

metatheory　元理论

metathesis (复 metatheses)　复分解, 置换反应

metathetic(al)　复分解的, 置换的

mete　(1) 分配, 给予; (2) 测量, 衡量

mete-stick　量尺

mete-wand　计量基准

mete-yard　计量基准

meteor-scatter system　流星余迹散射通信系统

meteosat　气象卫星

meter　(1) 调节液体流量的装置, 测量仪表, 表头, 计, 表, 仪; (2) 米, 公尺; (3) 计数器, 计算器, 计量器; (4) 用仪表计量, 用仪表测量, 量度; (5) 记录, 统计, 登记

meter-ampere　米 - 安 [培] (天线电流动量单位)

meter angle (=MA)　[一] 米 [距离] 视角

meter bridge　滑线电桥, 滑臂电桥

meter-candle　勒 [克斯], 米烛光 (照度单位)

meter candle (=MC)　勒 [克斯], 米烛光 (照度单位)

meter-candle-second (=mcs)　米烛光 / 秒

meter case　仪表外壳, 仪器盖罩

meter constant　计数器常数, 校正常数, 仪表常数

meter correcting factor　仪表校正因数

meter dial　仪表 [刻] 度盘, 表盘

meter display　仪表指示

meter error　仪表误差

meter full scale　刻度范围, 最大量程

meter glass　刻度烧杯, 量杯

meter-in　在压力管路中的液压调节

meter-in circuit　入口节流式回路

meter in circuit　接入仪表的电路

meter-in system　进油路节流调速式

meter instrument　计量仪器

meter key　滑线电键

meter-kilogram　米 - 千克, 米 - 公斤

meter-kilogram-second　米 - 千克 - 秒制的, 米 - 公斤 - 秒制的

meter, kilogram, second and ampere system (=MKSA)　米 - 千克 - 秒 - 安单位制

meter-kilogram-second units (=MKS)　米 - 千克 - 秒单位制

meter loss　表头损失

meter-monitored　有仪表监视的

meter movement　仪表的测量机构

meter-out　(1) 不接入仪表; (2) 在回流管中的液压调节, 出口节流

meter-out circuit　出口节流式回路

meter out circuit　不接入仪表的电路

meter panel　仪表盘

meter per second　米 / 秒

meter rate　计示消耗量

meter reading　仪表读数, 计示读数

meter relay　指针式继电器, 记录继电器, 计数继电器

meter regulator　计量器, 定量器

895

meter rule　米尺

meter run　仪表长度

meter scale　米尺

meter screw　公制螺纹,米制螺纹

meter sensitivity　仪表灵敏度,计算灵敏度

meter series　公制系列,米制系列

meter-stick　量尺

meter supplying method　按表供电法,按量供电法

meter system line　按量供电制线路

meter taper　公制锥度[规]

meter-ton-second units　米 - 吨 - 秒单位制

meter transformer　仪表用变压器

meter-type relay　电流计式继电器

meter water column　米水柱(压力单位)

meter water equivalent　米等效水深

meter wheel　测量轮

meterage　(1)计量,测量;(2)量表使用费,计量费,测量费

metered　测量的,测定的,计量的

metered curb　装有停车计时的路缘

metered flow　计量流量

metered flow of oil　配量油流

metered lubrication　计量润滑

metergasis　机能变化,功能变化

metergy　机能变换

metering　(1)测量,计量,配量,测定,计数;(2)实验测定;(3)记录,
登录;(4)统计;(5)调节[燃料],限油

metering auger　配量螺旋

metering block　配量阀组

metering button　计量按钮

metering characteristic of nozzle　喷管流量特性

metering control　排种装置调节器

metering device　计量仪表,测量仪表,计量装置,测量装置,配量装置,
量器,量具,量斗

metering digit　数字记录

metering equipment　测量仪器,测量仪表

metering float　转子

metering function　限流作用

metering hole　定径校准孔,定径孔

metering installation　计量装置

metering jet　(1)测油孔;(2)针阀调节喷嘴

metering nozzle　定径喷嘴

metering of fuel　燃料配量

metering orifice　测流量孔

metering pin　(1)定径销,量油杆;(2)量针

metering pump　计量泵

metering relay　记录继电器

metering rod　量油杆,油尺

metering screw　计量螺杆,计量螺旋

meterman　电度表检查员,仪表调整者,读表者

metermultiplier　仪表量程倍增器

meters-feet conversion table　米 - 英尺换算表

meters per hour (=mph)　米 / 小时

meters per minute (=MPM)　米 / 分钟

meters per second (=MPS 或 M/S)　米 / 秒

M/S (=meters per second)　米 / 秒

metes and bounds　(1)边界,分界;(2)确立的范围

metewand　测量杆

meteyard　测量杆

methanator　甲烷转化器

methane (=METH)　甲烷

methanite　米桑奈特炸药

methanometer　甲烷指示器

methanophone　甲烷信号器,瓦斯警报器

methanol　甲醇

method　(1)方法,方式,手段,技术;(2)规律,秩序,顺序,程序,条理,
系统;(3)整理,整顿;(4)分类法

method by condensation　压缩法

method by inversion　逆点法

method by series　方向观测法,系统观测法

method by stair-case wave　阶梯波形法

method by trial　试合法

method of adjustment　配合法

method of agreement　契合法

method of analysis　解析法

method of approach　[逐]渐[趋]近法,[逐次]渐近法

method of approximation　近似[算]法

method of average　平均法,统计法

method of calculation　计算法

method of calibration　校准法

method of characteristics　特性线法

method of coincidence　切拍法,符合法

method of column analogy　柱比法

method of compensation　补整法

method of concomitant variation　共变法

method of constant deviation　恒偏法

method of correlates　联系数法

method of design　设计方法

method of descent　降维法

method of development　展开法

method of difference　差分法,差异法

method of dimensions　维量法,因次法

method of double sight　复觇法

method of drawing　绘图法

method of exchange of members　构件交换法

method of exhaustion　穷举法

method of finite difference　有限差分法

method of fixed　定点法

method of frequency sweep　频率扫描法

method of images　镜像法,反映法

method of impregnation　浸制法

method of induction　归纳法

method of isocline　等倾法

method of iteration　迭代法,选代法

method of joints　节点法

method of least squares　最小二乘法,最小平方法

method of lubrication　润滑方法

method of measuring errors　误差测量法

method of middle area　中间法

method of minimum square　最小二乘[方]法

method of moment distribution　弯矩分配法

method of moving average　平均移动法

method of operation (=MO)　操作方法,工作规范

method of progressive hand　连续手动法

method of projection　投影[方]法

method of quadrature　求积[分]法

method of reduction of dimensions　降维法

method of reduction of order　降阶法

method of release control　复原方式

method of repetition　复测法

method of residues　消减法,扣除法,剩余法

method of roasting　焙烧法

method of section　断面法,截面法

method of smelting　熔炼法

method of solving　解法

method of starting　起动法

method of static testing　静态试验方法,实验台上试验方法

method of substitution　替代法,代换法,置换法

method of successive approximation　逐渐趋近法,逐渐接近法,逐渐
近似法

method of successive displacement　逐次置换法

method of successive division　辗转相除法

method of superposition　叠加法,叠合法

method of tangent offsets　切线支距法

method of the minimum squares　最小二乘法

method of traversing elastic curve　变位导线法

method of trials and errors　连续接近法,逐步逼近法,试探法,试误法,
尝试法

method of undeterminate coefficient　未定系数法,待定系数法

method of weighted mean　加权平均法

method of weighting　权重法

method of working　工作法

method using drift cancelled oscillator　漂移补偿振荡器[法]

method utilizing lines adjustable length　线长变换法

methodic　(1)有秩序的,有规律的,有条理的,有系统的,有组织的;(2)方
法的

methodical　(1)有秩序的,有规律的,有条理的,有系统的,有组织的;(2)
方法的

methodization　系统化

methodize 使有系统,使系统化,分门别类,定秩序
methodological 方法论的,方法学的,分类法的
methodologist 方法学家,方法论者
methodology (1)一套方法,分类[研究]法,方法论;(2)方法学;(3)操作法,工艺
methods engineer 程序工程师
methods improvement program (=MIP) 方法改进程序
methods of instruction (=MOI) 指导方法
methods time measurement (=MTM) 操作方法时间测量,工时定额测定法
methoxide 甲氧基金属,甲醇盐
metibond (1)环氧树脂类及无机粘合剂,酚醛;(2)金属粘合[工艺]
metralac 胶乳比重计
metraster 曝光表
metre 或 meter(=M) 米,公尺
metre full scale 最大量程
metre-ton-second (=MTS) 米-吨-秒(单位制)
metrechon 双电子枪存储管
metric (1)公制的,米制的,公尺的;(2)度量的,测量的,量度的,度规的;(3)度量标准,度规,量度,尺度
metric atmosphere 公制气压
metric bore 公制内径,公制孔
metric carat (=MC) 克拉
metric centner 公担
metric coarse thread 公制粗牙螺纹
metric convention 米制公约
metric differential geometry 初等微分几何
metric dimension 公制尺寸,米制尺寸
metric field 度规场
metric fine thread 公制细牙螺纹
metric gear 公制齿轮
metric grain 米制格令
metric horse power 公制马力
metric hundredweight 公担
metric measure 公制计量,米尺计量
metric module 公制模数
metric module pitch (=MMP) 公制模数节距,公制标准齿节
metric photograph 透视相片,透视摄影
metric pitch 公制节距
metric plate camera 度量用硬片摄影机
metric scale 米尺
metric screw gauge 公制螺距规
metric screw thread 公制[粗牙]螺纹
metric series 公制尺寸系列
metric series bearing 公制系列轴承
metric size 公制尺寸,米制尺寸
metric space 度量空间
metric system (=MS) 公制,米制
metric taper 公制锥度,公制退拔
metric tensor 度量张量
metric thread 公制螺纹
metric ton (=t 或 mt. 或 M/T 或 MT) 公吨,米制吨,千公斤
metric transformation 度量交换
metric unit(s) (=MTU) 公制单位,米制单位
metric-wave 米波
metric waves 米波
metrical (1)度量的,测量的,计量的;(2)度规的
metrical character 度量性状,计量性状,数量性状
metrical information 可度量信息,测量信息
metrical instrument 计量仪表,计量仪器
metrical scale 公制尺度
metrical transitivity 度规传递性,度量可移性
metrically 度量上
metrication 米制化
metrizable 可度量的,可量化的
metrization (1)公制化,米制化,度量化;(2)引入度量
metro 地下铁道
metrograph 汽车速度计
metrohm 带同轴电压电流线圈的欧姆计
metrolac 胶乳比重计
metrological 度量衡学的,计量学的
metrological characteristics 计量特性
metrologist 度量衡学家,计量学家
metrology (1)度量衡学,计量学,测量学;(2)度量衡制,计量制

metron 密特隆(计量信息的单位)
metronome 节拍器
Metrosil 含有碳化硅和非线性电阻的半导体装置
Mexican graphite 墨西哥石墨
Meyer hardness 迈氏硬度
Mezzera counter acting open width washing machine 梅氏逆流平洗机
Mf point 马氏体转变终止温度
mgal 毫伽(加速度单位)
MH-ratio beacon 小功率无线电信标
mho 姆欧(电导单位)
mho-impedance relay 姆欧阻抗继电器
mho relay 姆欧继电器
mhometer 姆欧计,电导计
mica 云母
mica capacitor 云母电容器
mica cloth 云母片
mica diaphragm 云母膜片
mica don 云母电容器具
mica-paper 云母纸
mica plate 云母[试]板,云母片
mica ring 云母圈
mica sheet 云母片
mica splitting 云母片剥离,剥片云母
mica-supported screen 云母衬底屏幕
mica tuning condenser 云母调谐电容器
mica washer 云母垫圈
micadon 云母电容器
micalex 米卡列克斯,云母玻璃(绝缘材料)
micanite 云母板,人造云母,绝缘石
micarta 米卡塔(酚产品的商品名)
Michel-type bearing 米切尔氏轴承
Michelson-type laser 米切尔森型激光器
Michelson's interferometer 米切尔森干涉仪
mickey 雷达设备,雷达手
mickey-mouse 简捷近似法
micra (单 micron) (1)微粒,微子;(2)微米,公丝,10^{-6} 米;(3)百万分之一;(4)微米汞柱
micrify 缩小尺寸,缩微
micro (=M) (1)微小的,微型的,微量的,微细的,微观的;(2)微米,10^{-6} 米;(3)百万分之一(10^{-6});(4)测微计,千分表
micro- (词头) (1)小,微,细;(2)百万分之一,10^{-6};(3)显微,扩大,放大
micro-absorption 微[量]吸收
micro absorption detector 微吸附检测器
micro-adjustment 微量调整,微调
micro-adjustment of cutting depth 切削深度微量调整
micro-ampere-meter 微安计
micro analysis 微量分析,显微分析
micro analytical standards (=MAS) 微量分析标准
micro-application manual 微应用手册
micro-assembly 微系集,微组合
micro bar 微巴
micro bearing 微型轴承
micro-burner 小型本生灯,小型燃烧器,微灯
micro-chad 微查德(等于 10^{10} 中子/米^2/秒)
micro channel electron multiplier image intensifier tube 微通道式电子倍增像增强管
micro-chilling 微粒激冷,粉粒细化晶粒法(在钢液中加入金属粉粒使金属细化)
micro-chronometer 测微计时表
micro circuit chip 微型电路切片
micro computer system 微型计算机系统
micro-control 精密调节器,精密控制器
micro-corrosion 微观腐蚀
micro corrosion 显微腐蚀
micro-crack 细微裂纹,微观裂纹,显微裂纹
micro crack 微裂
micro-cracking 微观开裂
micro crystal 微晶体
micro-dictionary 小型词典,微型词典
micro-dosi metric instrumentation (=MDI) 微剂量测量仪
micro-drill 微型打孔,微量钻削
micro-drive 微小驱动,微动

897

micro drive　微传动, 微驱动, 微动, 微激
micro-economic model　小经济模型
micro eddy currents　微涡流
micro-elastometer　测微弹性仪
micro electrode　微小电极
micro electronic radar array (=MERA)　微电子学雷达相控阵
micro-estimation　微量测定 [法]
micro-etching　微观浸蚀
micro filming　显微胶卷, 缩微胶卷
micro-filtration　超滤 [作用]
micro-flaw　显微裂纹, 发裂纹
micro flaw　发裂纹
micro flip-flop　双稳态触发电路, 微型触发电路
micro-fluctuation　微观脉动
micro-functional circuit (=MFC)　微功能电路
micro-fuse　微型保险丝, 细保险丝
micro-galvanometer　微量电流表, 微量检流表, 微量电流计
micro-gasification　微气泡
micro gel　微粒凝胶
micro-gram(me)　微克
micro-H　微 H 圆形无线电导航法
micro H　微 H 圆形无线电导航法
micro honer　微型珩磨头
micro inch　百万分之一英寸, 微英寸
micro-interferometer　显微干涉计, 显微干涉仪, 干涉显微镜
micro inverse　微型梯度曲线, 微电极系测井
micro-irradiation　微束照射
micro laterolog　微电极横向测井, 横向微测井, 微横向测井
micro-level　微级
micro-machine　(1) 微型电机; (2) 微型机械
micro micro ammeter　微微安培计
micro-microgram　皮克, 10^{-12} 克
micro mist　微粉
micro module　超小型器件, 微型组件
micro module package　超小型器件, 微型组件
micro motion　微观运动
micro-ohm　微欧 [姆], 10^{-6} 欧 [姆]
micro-omega　微奥米伽 (定位系统)
micro-oscillation　微观波动, 微振动
micro package　超小型器件, 微型组件
micro-pitting　微观点蚀, 微型点蚀
micro-photoelectric photometer　微光电光度计
micro plasma welding　微束等离子焊接, 微弧等离子焊接
micro-polarimeter　测微偏振计
micro-porous rubber　微孔橡胶
micro-pressure-ga(u)ge　千分压力计, 微压计
micro-profilometer　显微轮廓仪
micro-projection　显微映像, 显微投影, 显微投射
micro-projector　显微映像器, 显微投影器, 显微投射器
micro-reaction　微量反应, 细微反应
micro-reproduction　缩微复制品
micro-respirometer　微量呼吸器
micro-rheology　微观流变学
micro-ribbon connector　微矩形插头座
micro-roentgen　微伦琴, 10^{-6} 伦琴
micro-safety burner (=micros)　安全微灯
micro screw　测微螺旋
micro-section　微观截面
micro-segregation　显微偏析
micro segregation　微量离析
micro slide　(显微镜的) 载物片
micro-sliding friction　微小滑动摩擦
micro-strain　微小变形, 微应变
micro strip　微波传输带
micro structure　显微组织, 微观组织
micro-telescope　显微望远镜
micro-television　微型电视, 袖珍电视
micro test　显微检验, 高倍检验
micro-titration　微量滴定 [法]
micro-unit　微量单位
micro wax　微晶石蜡
micro welding　微型焊接, 显微焊
micro wire　细丝, 悬丝
microacoustic system　微声系统

microadd　微量添加, 微量填加
microadjuster　微量调整器, 微量调节器, 精密调节器, 测微调节器, 微调装置, 精调装置
microadjustment　微量调整, 测微调整, 精密调整, 微调, 精调
microalloy　微量合金
microalloy diffused-base transistor (=MADT)　微合金扩散 [基极] 晶体管
microalloy transistor (=MAT)　微合金晶体管
microammeter　微安 [培] 计, 微安表
microamp(ere) (=μA)　微安 [培]
microanalyser (=microanalyzer)　微量分析仪, 微量分析器, 显微分析器
microanalyses (单 microanalysis)　微量分析, 显微分析, 微量化学分析
microanalysis (复 microanalyses)　微量分析, 显微分析, 微量化学分析
microanalytic　微量分析的
microanalytical　微量分析的
microanalyzer　微量分析仪, 微量分析器, 显微分析器
microanaphoretic　微量阴离子电泳的
microarchitecture　微体系结构
microautograph　显微放射自显影照相
microautography　显微放射自显影术
microautoradiogram　显微放射自显影相片, 显微放射自显影照相
microautoradiograph　微射线自动照相机
microautoradiographic　微射线自动照相的
microautoradiography　微射线自动照相术
microbabbit bearing　细晶粒巴氏合金轴瓦
microbalance　微量天平, 微量称
microbar　微巴
microbarm　气压微扰动
microbarogram　微压记录图
microbarograph　微气压记录仪, 微压计
microbarometer　微气压记录表, 精测气压计, 微气压计, 微气压表
microbeam　微光束
microbibliography　缩微目录
microbioscope　微生物显微镜
microbit　微位
microbody　微体
microbonding　微焊
microbore　(1) 精密微调刀头, 精密 [微调] 镗刀头; (2) 小孔, 微孔
microboring head　精密 [微调] 镗刀头, 微调镗刀头
microbranch address　微转移地址
microburette　微量滴定管
microburner　小型燃烧器
microbus　微型公共汽车, 小型公共汽车
microcache　微程序缓冲存储器, 微程序缓存
microcal(l)iper　千分卡钳, 千分尺, 测微计, 测微器
microcal(l)ipers　千分尺
microcalorie　微卡 [路里], $=10^{-6}$ 卡
microcalorimeter　微热量计
microcalorimetry　微量热学, 微观量热法
microcam　微型摄影机
microcamera　(1) 微型照相机; (2) 显微摄影机
microcanonical　微正则的
microcapacitor　微电容器
microcapillary　微 [毛] 细管
microcard　缩微卡片, 阅微相片, 显微卡
microcartridge　(1) 微调镗刀; (2) 微调夹头; (3) 微动卡盘
microcataphoretic　微量阳离子电泳的
microcator　指针测微计, 弹簧头测微计
microcausality　微观因果性
microcavity　微 [形空] 腔
microcentric grinder　特种无心磨床
microchannel image intensifier　微通道像增强器
microchannel plate　微通道板
microchannel-plate-intensifier　微通道像增强视像管
microcharacter　显微划痕硬度试验计
microchecker　(杠杆式) 微米校验台, 微动台
microchemical　微量化学的
microchemical-analysis　微量 [化学] 分析, 微化分析
microchemistry　微量化学, 痕量化学
microchip computer　微片计算机
microchronometer　精密时计, 测微时计, 测微计时表, 微计时器, 瞬时计
microcinematography　显微电影摄影术, 显微电影术

microcircuit 微型线路, 微型电路
microcircuitry 微型电路技术, 微型电路学
microcirculation 微循环
microclastic 微碎屑状的, 细屑质
microcleanliness 显微清洁度
microcode (1) 微程序设计, 微程序; (2) 微操作码, 微编码, 微指令, 微 [代] 码
microcoding 微编码设计, 微程序设计, 微编码
microcollar 微动轴环
microcolorimeter 微量比色计
microcolorimetry 微量比色法
microcombustion method 微量燃烧法
microcommand 微命令
microcomponent 微元件
microcomputer 微型 [电子] 计算机
microcomputer bipolar set 一套双极型微计算机电路
microcomputer instrument 微型计算机仪器
microcomputer machine control 微型计算机机床控制
microcomputer prototyping system 微型计算机样机系统
microcomputer support devices 微型计算机支持设备
microcomputer terminal 微型计算机终端
microconcrete 微粒混凝土
microcone penetrometer 微型针入度计
microconstituent 微量成分, 微观组份
microcontext 最小上下文
microcontrast 显微衬比
microcontrolled modem 微控制调制解调器
microcontroller 微型控制器
microcopier 缩微片复印机
microcopy (1) 缩微复制品, 显微照片, 缩微照片; (2) 显微照相, 缩影印刷, 缩微复制
microcorrosion 微观腐蚀, 显微腐蚀
microcosm (1) 微观世界; (2) 缩图, 缩影
microcosmic 微观世界的, 缩图的
microcoulomb 微库 [仑]
microcoulomb detector 微库仑检测器
microcoulombmeter 微库仑计, 微电量计
microcoulometer 微库仑计, 微电量计
microcoulometry 微库仑分析法, 微库仑滴定法
microcrack 产生微裂纹, 细微裂纹, 显微裂纹, 微观裂纹, 微小裂纹, 微裂缝, 微疵点
microcracking in martensite 马氏体中的显微裂纹
microcrazing (陶瓷烘烤时的) 显微裂纹
microcrith (作为单位的) 氢原子量, 微克立司 (一个氢原子)
microcrystal 微晶体, 微晶
microcrystalline 显微晶质
microcrystallite 微晶 [粒]
microcrystallography 显微结晶学, 微观晶体学
microcrystalloscopic 微晶学的
microcurie 微居里, 10^{-6} 居里
microdefect 微缺陷
microdensitometer (1) 微显像测密度计, 显微光密度计, 微观光密度计, 微密度测定计; (2) 测微密度计, 微 [量] 密度计
microdensitometry 微量黑度测量法
microdetection 微量测定
microdetector 微量测定器, , 微动测定器, 灵敏电流计
microdetermination 微量测定 [法]
microdiagnostics 微诊断程序, 微诊断法
microdial 精密刻度盘, 精密标度盘, 精密分度盘, 精确刻度盘
microdiecast 精密压铸
microdiffraction 微衍射
microdilatometer 微膨胀计
microdimensional 微尺寸的
microdisk transistor 微片型晶体管
microdispersoid 微粒分散胶体
microdissection 显微解剖 [法]
microdist(ancer) 精密测距仪
microdistillation 微量蒸馏
microdot (1) 网点; (2) 微粒的; (3) 缩微照片
microdrawing 微型图
microdrum 测微鼓, 微分筒
microdynamometer 微型测力计
microeconomics 微观经济学
microeffect 显微效应, 微观效应

microelectrode 显微电极
microelectrolysis 微量电解
microelectrolytic 微量电解的
microelectronic 超小型电子的, 微电子 [学] 的
microelectronic circuit 微电子电路
microelectronic device (=MED) 微电子设备, 微电子器件
microelectronic integrated circuit 微电子集成电路
microelectronic integrated test equipment (=MITE) 微电子集成试验装置
microelectronic modular assembly (=MEMA) 微电子学微型组件装置
microelectronic reliability 微电路可靠性
microelectronic technique 微电子技术
microelectronics 超小型电子学, 微电子学, 微电子技术
microelectrophoresis 显微电泳法
microelement (1) 超小型元件, 微型元件, 微型组件; (2) 微量元素
microenergy switch 微量转换开关, 微动开关
microerg 微尔格
microetch 显微蚀刻, 显微浸蚀
microexamination 显微 [镜] 检验, 微观考察, 微观观察, 微观研究, 微观检验
microfacies 微相
microfarad (=MFD 或 μf) 微法 [拉]
microfaradmeter 微法拉计, 微法计
microfeed 微量进给, 微量走刀, 微动送料
microferrite 微波铁淦氧
microfiber 微纤维
microfiche (=MF) 显微照相卡片
microfiche system 微型记录系统
microfield 微指令段, 微场
microfilm (=MF 或 mcflm 或 MM) 缩微胶卷, 缩微胶片, 缩微照片, 缩微影片, 显微影片, 微薄膜
microfilm processor 缩微胶片显像器
microfilm reader 显微阅读器
microfilm recorder 缩微胶片摄影机, 缩微胶片记录器
microfilmer 缩微电影摄影机
microfilming 微型胶片录像
microfilmography 缩微胶片目录
microfilter 微型滤波器, 微量过滤器
microfine 成为微粒的, 由微粒组成的
microfinishing 精密磨削, 精滚光
microfissure 微裂纹
microfissuring 微裂隙
microflare 微喷发
microflash 高强度瞬时光源
microflaw 微裂纹, 发裂纹
microflip-flop 微型触发电路
microfluidal 显微流态学
microfluorometer 测微荧光计
microfluorophotometer 显微荧光光度计
microfluoroscope 显微荧光镜
microflute 微槽, 小槽
microfluxion 微流结构
microfocus 显微测焦
microforge 显微拉制仪
microfork 显微操作叉
microform (1) 缩微过程, 缩微复制法; (2) 缩微胶片, 缩微版本; (3) 缩微复制材料, 缩微复制品, 缩微印刷品
microform display device 微型显示装置
microformer 伸长计
microfractography (1) 断口显微检验, 断口高倍检验; (2) 断口显微照相术; (3) 显微断谱学
microfusion 微量熔化
microgap 微 [间] 隙
microgasburner 微型煤气灯
microgram(=mcg, μg) 微克
microgram-atoms 微克 - 原子
microgramme (=mcg, μg) 微克
microgranular 微晶粒状 [的]
micrograph (1=micro) (1) 显微照片, 缩微照片, 显微图, 微观图; (2) 显微放大器, 微动描记器, 微写器; (3) 显微摄影机
micrographic (1) 显微 [照相]; (2) 微写的
micrographic catalog retrieval (=MCR) 缩微 [胶卷] 目录检索
micrographic test 显微检验
micrographics 缩微制图材料的生产, 显微摄影业, 显微绘图业

micrography (1) 显微照相术, 显微绘图术；(2) 显微检验, 显微检查；(3) 微写

microgrid 微细网眼, 微网册, 微网格

microgroove 密纹 [的], 细纹 [的]

microgroove record 密纹唱片

microgroove recording 密纹录音

microguide 微型导管

microhardness 显微硬度

microhardness tester 显微硬度计

microheight ga(u)ge 高度千分尺

microhenry (=MHY) 微亨 [利], $=10^{-6}$ 亨 [利]

microhm 微欧 [姆], $=10^{-6}$ 欧 [姆]

microhm-centimetre 微欧 - 厘米

microhmmeter 微欧姆计

microholograph 微型全息照相

microholography 微型全息照相术, 显微全息照相术

microhoning 精珩磨

microimage (1) 缩微影像, 微像；(2) 录在胶片上的

microimpurity 微量杂质

microinch 百万分之一英寸, 微英寸 (等于 0.0254 微米), 10^{-6} 英寸

microinch finishing 精加工

microincineration 微煅烧

microindicator 纯杠杆式比较仪, 测微指示器, 指针测微器

microinhomogeneities 微观不均匀性

microinstability 动力论不稳定性, 微观不稳定性, 动量不稳定性

microinstruction 微指令, 微程序

microinstrument 显微器具

microinterferometer 显微干涉仪

microinvasion 近距离转移

microionophoretic 微离子漂移的

microjet (1) 微型喷气发动机；(2) 微射流

microlamp 小型人工光源, 显微镜用灯, 微灯

microlaterolog 微侧向测井

microlayer transistor 微层晶体管

microlens 微距镜

microlesion 微小损伤

microlite 微晶

microliter (=mcl 或 μl) 微升, $=10^{-6}$ 立升

microlith 微晶

microlithic 微晶的

microlitic 微晶的

microlitre (=mcl 或 μl) 微升, $=10^{-6}$ 立升

Microlock 丘辟特导弹制导系统

microlock (1) 卫星遥测系统；(2) 微波锁定, 微波锁相

microlock station 微波锁相遥测站

microlog 微电极测井

microlog continuous dipmeter 连续式微电极测斜仪

micrologic 微型逻辑 [的]

micrologic-dot 微逻辑点

micrology 微工艺学, 微元件学, 显微学

microlug 球化率快速测定试棒

microlux (1) 微勒克斯 (照度单位, $=10^{-6}$ 勒)；(2) 杠杆式光学比较仪, 杠杆式光学比长仪

microm 微程序只读存储器

micromachining 微量切削加工, 微切削加工, 微型机制

micromag 一种直流微放大器

micromagnetometer 测微强磁计, 微磁磁力仪

micromanipulation 显微操作, 显微操纵, 精密控制

micromanipulator (1) 显微操作设备, 精密控制器, 微操作设备, 显微操纵器, 显微操作器, 微型操纵器；(2) 显微检验装置；(3) 小型机械手

micromanometer 精测流体压力计, 微气压计, 微压力表, 微压力计, 测微压力计, 测微气压计

micromation 微型器件制造法, 微型化工艺, 缩微法

micromation microfilm (=MMF) 微型化缩微胶卷

micromatrix 微矩阵

micromechanics 微观力学

micromechanism 微观机构

micromerigraph 微粒沉降测定仪, 空气粉尘粒径测定仪

micromeritic 微晶粒状 [的], 粉末状的

micromeritics (1) 粉末工艺学, 微晶学, 测微学, 微尘学；(2) 微标准学

micromesh 微孔 [筛]

micrometer (=MIC) (1)[光学] 小角度测定仪, 测微器, 测微计, 测微表, 测距器, 千分尺, 千分卡 [尺]；(2) 微米, 10^{-6} 米；(3) 显微测量

micrometer adjusting screw 微调螺钉, 千分丝杠

micrometer calipers 千分测径规, 螺旋测微器, 千分卡尺, 千分卡规

micrometer collar (1) 千分尺套圈；(2) 微米轴环

micrometer cutting depth adjustment 千分表切削深度调整

micrometer depth ga(u)ge 深度千分尺, 深度千分卡规

micrometer dial 测微刻度盘, 千分刻度盘, 微米刻度盘, 测微仪, 测微表, 千分表

micrometer-driven tuning mechanism 测微计调谐机构

micrometer eyepiece 测微目镜

micrometer for inside diameter 内径千分尺

micrometer ga(u)ge 测微规

micrometer head 千分卡头, 测微头

micrometer length stop 千分尺长度档

micrometer microscope 测微显微镜

micrometer ocular 测微目镜

micrometer screw 测微螺旋, 千分丝杠

micrometer slide caliper 测微滑动卡尺

micrometer space 千分尺能伸缩的隔套

micrometer spindle 微米轴

micrometer stand 千分尺架, 千分尺座

micrometer stop 千分尺定位器

micrometer tooth rest (磨工具用的) 微米支齿点

micrometer with dial gauge 带表千分尺

micrometer with vernier 游标千分尺

micrometering (1) 显微测量, 微测量, 测微法；(2) 测微数量

micromethod 微量 [测定] 法

micrometre 微米 (百万分之一, 用 μ 或 μm 表示)

micrometric 测微计的, 测微的

micrometry (1) 测微法；(2) 测微数量

micromho 微姆欧, 微姆, 10^{-6} 姆欧

micromicro 微微, 皮 (10^{-12})

micromicroammeter 皮安培计

micromicrofarad (=mmf) 微法 [拉], 皮法 [拉], 10^{-12} 法 [拉]

micromicron 皮米, $=10^{-12}$ 米

micromil 毫微米, 纳米, $=10^{-9}$ 米

micromillimeter 微毫米, 纳米, $=10^{-9}$ 米

micromillimetre 微毫米, 纳米, $=10^{-9}$ 米

microminiature 超小型的, 微型的

microminiature packaged circuit 超小型装配电路

microminiature relay (=MR) 超小型继电器

microminiature tube 超小型电子管, 微型管

microminiaturisation (=microminiaturization) 超小型化, 微型化

microminiaturise (=microminiaturize) 超小型化, 微型化

microminiaturization 超小型化, 微型化

microminiaturize 超小型化, 微型化

micromodification 微改

micromodular program 微模程序

micromodule (=MM 或 MMOD) 超小型器件, 超小型组件, 微型组件, 微模组件, 微型元件, 超小型器件, 微模

micromodule and digital differential analyzer machine (=MADDAM) 微型组件及数字微分分析机

micromodule electronics 微模电子学

micromodule equipment 微型装置, 微型组件

micromorphology (1) 材料的显微结构, 微形态结构, 微形态分析；(2) 微观形态学

micromotion 分解动作, 微动

micromotor 超小型电动机, 微型电动机, 微型马达, 微电机

micromotoscope 显微电影摄影机, 微动摄影装置

micromount 显微载体

micron (1) 微粒, 微子；(2) 微米, 公丝, 10^{-6} 米；(3) 百万分之一；(4) 微米乘柱

micron cubic feet per hour (=mfh) 微米 / 立方英尺 - 小时 (压力升高单位)

micron hob 小模数滚刀

micron micrometer 千分尺

micron order 精密级

microneedle 微针状体, [显] 微针

micronic element 微孔滤清元件

micronics 超精密无线电工程

microniser (=micronizer) 声速喷射微粉机, 超微粉碎机, 微粒化设备, 喷射式磨机, 微粉磨机 (细化粉末的喷射磨专用)

micronization 微粉化

micronize 使成为微小粒子, 使微粉化

micronizer 声速喷射微粉机, 超微粉碎机, 微粒化设备, 喷射式磨机, 微粉磨机

micronormal 微电位

microobject 显微样品

microobjective 显微物镜

microoperation 微操作

microorder 微指令

microoscillation 微观波动

microoscillograph 超小型示波器, 显微示波器, 测微示波器, 微型示波器

microosmometer 微渗透压强计, 微渗压计

micropane 玻璃缩微片

micropantograph 缩微片缩放仪

microparticle 微观粒子

microphenomenon 微观现象

microphone (=M 或 MIC 或 mic 或 MK) 扩音器, 传声器, 送话器, 微音器, 麦克风, 话筒

microphone amplifier 传声器放大器

microphone arm 传声器臂

microphone carbon powder 传声器用碳精粉

microphone disturbance 传声器干扰效应, 颤噪效应

microphone effect 传音器效应, 颤噪效应, 微音效应

microphone equipment 话筒设备

microphone hummer 话筒蜂音器

microphone noise 话筒噪声

microphone response 话筒频率响应

microphone switch (=Mic. SW) 话筒开关

microphone transformer 传声器变压器

microphone transmitter 送话器

microphonic (1) 传声器的, 扩音器的, 送话器的, 微音器的; (2) 颤噪的

microphonic bars 颤噪效应条纹

microphonic effect 颤噪效应, 话筒效应, 微音效应

microphonic noise 传声器引起的杂音, 颤噪噪音, 微音噪声

microphonicity 颤噪效应引起的噪声, 颤噪声

microphonics (1) 颤噪效应, 颤噪声; (2) 微音扩大学, 微音扩大术

microphonism 传声器效应, 送话器效应, 颤噪效应, 颤噪声

microphonoscope 微音听诊器, 扩音听筒

microphony 颤噪效应, 颤噪声

microphoresis 微量电泳

microphoto 显微照片

microphotocopy 阅微相片, 显微卡

microphotodensitometer 微光密度测定器, 显像密度测定器

microphotoelectric 微光电的

microphotogram (1) 分光光度图, 缩微照相图, 显微照相图; (2) 显微传真电报

microphotogrammetry 分光光度术

microphotograph (1) 缩微相片, 显微照相; (2) 缩微照片, 显微照片, 显微印片, 缩微胶卷; (3) 显微镜传真

microphotographic 显微镜传真的

microphotographic apparatus (1) 显微镜传真装置; (2) 显微照相机

microphotography (1) 显微照相, 显微摄影; (2) 显微照相术, 显微晒印法

microphotolithographic technique 显微光刻技术

microphotometer 测微光度计, 显微光度计

microphotometric 测微光度计的, 显微光度计的

microphotometry 显微光度术

microphysical 微观物理的

microphysics 微观物理学

micropipe 多微孔性, 微裂缝, 微管

micropipette 微量吸移管, 微量滴管

microplasma 微等离子体, 微等离子区

microplastometer 微[量]塑性计

microplate 微板, 微片

micropolarimeter 测微偏振计

micropolariscope 偏光显微镜, 测微偏振镜, 偏光显微镜

micropole diffusor 小孔消声器

micropollution 微量污染

micropore (1) 小孔; (2) 微孔

microporosity (1) 多微孔性, 显微孔隙度; (2) 微观疏松, 显微疏松, 微裂缝, 微孔; (3) 微管

microporous 微孔性的, 多微孔的

microporous plastic sheet 微孔塑料薄膜

microposition 微定位

micropositioner 微动台

micropot 微[型]电位计

micropotentiometer 微[型]电位计

micropowders 微细研粉末, 超细粉

micropower 微功率, 小功率

micropower integrated circuit 微功效集成电路

micropressure 微压

microprint 缩微印刷品, 显微印制卡

microprinted circuit 微型印刷电路, 微型印制电路

microprism 微棱镜

microprobe [显]微探针, 微探头

microprobe technique [电极]探微技术

microprobing 微区探查

microprocedure 微量过程

microprocess 微观过程

microprocessing unit 微处理机

microprocessor (1) 微信息处理机, 微处理机, 微处理器; (2) 微型计算机

microprocessor-based programmer 采用微处理机的程序编制器

microprocessor prom programmer 微处理机 prom 编程器

microprogram 微程序设计, 微程序控制

microprogram control 微程序控制

microprogram unit 微程序部件

microprogrammability 可编微程序性, 微程序控制

microprogramable 可编微程序的, 微程序控制的

microprogramme 微程序设计, 微程序控制

microprogrammed 用微程序控制的

microprogrammed data processor (=MCDP) 微程序控制数据处理机

microprogrammed lexical processor 微程序词汇处理器

microprogrammer (1) 微程序编制器; (2) 微程序设计员

microprogramming 微编码设计, 微程序设计, 微程序控制, 微编码

microprogramming language 微程序设计语言

microprogramming simulation 微程序设计模拟

microprojection 显微投影, 显微映像

microprojector (1) 显微放映机; (2) 显微幻灯; (3) 显微投影器

micropulsation 微脉动

micropulser (1) 矩形脉冲发生器, 矩形波发生器, 微脉冲发生器; (2) 矩形波振荡器

micropulverizer 微粉磨机

micropunch (1) 微穿孔; (2) 微穿孔机

micropycnometer 微型比重瓶

micropyrometer (1) 微测高温计, 精测高温计, 显微高温计, 微型高温计, 小型高温计; (2) 微小发光体测温计, 微小发热体测温计, 微温计

microquartz 微石英

microradiautography 显微放射自显影术

microradiogram X 射线显微照片, 显微射线照相

microradiograph (1) 显微射线照相, X 射线显微照相, X 射线照相; (2) X 光照相检验

microradiography (1) 显微射线照相术, X 射线显微摄影术; (2) X 光照相检验[法]

microradiometer 微型辐射计, 微量辐射计, 显微辐射计

microray 微射线, 微波

microreaction 显微反应, 微量反应, 细微反应

microreader 显微阅读器

microrecord 缩微复制文献

microrecording 缩微文献复制术, 微记录

microrefractometry 显微法折射率测量

microrelay 微动继电器

microreproduction 缩微片复制

microresistivity log 微电阻率测井

microresistor 微电阻器

microrespirometer 微呼吸测定计

microrheology 微观流变学

microroughness 微粗糙度

microroutine 微例行程序

microrutherford 微卢[瑟福], =10^{-6} 卢

micros (1) 显微镜检查法; (2) 显微术, 显微法

microscale (1) 千分度盘; (2) 微刻度, 微标度, 微尺度; (3) 微量; (4) 小规模

microscan 细光栅扫描, 显微扫描

microscanning 细光栅扫描

microscope (=MIC) (1) 显微镜, 显微计; (2) 微观

microscope camera 显微照相机

microscope carrier stage 显微镜载物台

microscope-micrometer 显微测微计

microscope-viewed 显微镜观察的

microscopic 用显微镜可见的，高倍［放大］的，显微镜的，显微的，微观的，极微的，极细的

microscopic capacity change detecting circuit 微容量变化检测电路

microscopic cross-section 微观截面

microscopic examination 显微镜检验，金相试验，微观检验

microscopic inspection 微观检验，微观检查

microscopic stress 微观的区域应力，第二类应力

microscopic stresses 显微应力

microscopic test 显微镜检验，金相试验，微观检验

microscopical 用显微镜可见的，高倍［放大］的，显微镜的，显微的，微观的，极微的

microscopically 用显微镜，显微镜下，显微地

microscopist 显微镜工作者

microscopy (1) 显微镜检查法；(2) 显微术，显微法

microscratch 微痕

microscreen 微孔筛网

microsecond (=M/sec) 微秒，=10^{-6} 秒

microsecond meter 微秒表

microsection (1)金相切片，显微断面,(2)显微镜检查用薄片，显微薄片，显微磨片，显微切片

microsegregation (1) 树枝状偏析，枝晶间偏析，显微偏析，晶内偏析，微观偏析；(2) 微观分凝

microseisms 微震动，微震，脉动

microseismograph 微震计，微动计

microseismometer 微震计

microseismometry 微震测定法

microsensor 微型传感器

microshrinkage 枝晶间缩孔，显微缩孔，微观缩孔

microsize (1) 微小尺寸，自动定寸；(2) 微型

microslide 显微镜载片，承物玻璃片

microslip 微量滑移，微观滑移，微滑

microsnap gauge 手提式卡规

microsoftware 微软件

microsome 微［粒］体

microsound 微声

microsound scope 微型示波器，小型测振仪

microspec function 特定微功能，微专用功能

microspectrofluorimeter 显微荧光分度计

microspectrograph 显微摄谱仪

microspectrometry 显微测谱术，显微光谱学

microspectrophotometer 显微分光光度计

microspectroscope 显微分光镜

microspectroscopy (1) 显微分光术，显微测谱术；(2) 显微光谱分析；(3) 显微光谱学

microspheric 微球状的

microspherulitic 微球粒状的

microspike 微端丝

microspindle 千分尺轴，千分螺杆

microstat 显微镜载物台

microstate 微观状态

microstep 微步

microstone 细粒度油石

microstoning 超精加工

microstorage 微存储器

microstrain 微小变形，微应变

microstrainer 微孔滤网，微量滤器，微滤机，微滤器

microstress 微应力

microstress gage 微应力计

microstrip 微波传输带，缩微胶卷，磁带

microstrip line 微波带状线路

microstroke 微动行程

microstructural 显微结构的，微观结构的，微型结构的

microstructure (1) 显微组织，微观组织，(2) 显微结构，晶晶结构，微观结构，微型结构

microsubroutine 微子程序

microswitch (=MSW) 微型开关，微动开关，小型开关

microsyn 精密自动同步机，微动同步器，微型同步机，微动协调器

microsystem 微型系统，微观体系

microtacticity 微观规整性

microtape 缩微胶卷条带

microtasimeter 微压计

microtechnic 精密技术，显微技术

microtechnique 精密技术，显微技术

microtelephone 微型听筒，小型话筒，微型话筒

microtelevision 微型电视

microtensiometer 测微张力计

microtest 精密试验

microtext 缩微文本，缩微版

microthermistor 微热敏电阻

microthermoluminescent dosimeter 微热释光剂量计

microthermometer 精密温度计，微温度计

microtitrimetry 微量滴定法

microtome (1) 检镜用薄片切断器，检镜用刀；(2) 显微切片机，切片刀

microtome section （切片机）切片

microtomy 检镜用薄片切断术，［显微］切片技术，切片法

microtonometer 微测压计

microtoroid 微型环芯

microtransparency 透明的缩微复制品

microtron 电子回旋加速器，微波加速器

microtronics 微电子学

microtube 微型管

microtubule 微细管道，微管

microturbulence 小尺度湍流，微小涡动，微湍流

microtwinning 微孪晶

microuniverse 微观世界

microup 超小型电子管

microvac(uum) 高真空 (10^{-3}-10^{-8} + 托)

microvariations 微变化，小扰动

microvariometer 微型变感器

microvibrograph 微示振计，微震计

microviscometer 微型粘度计，微粘度计

microviscosimeter 微粘度计

microviscosity 微粘度

microvoid 微孔

microvolt (=MV) 微伏［特］，=10^{-6} 伏［特］

microvoltameter 微库仑计，微电量计

microvolter 交流微伏计，微伏表

microvoltmeter 微伏表，微伏计

microvoltometer 微伏［特］计

microvolts per meter 每米微伏数

microvortex 小尺度涡，微涡

microwarm stage 显微镜加温台

microwatt (=MW) 微瓦［特］

microwatt electronics 微瓦功率电子学，微瓦电子学

microwave (=MW 或 MCRWV) 超高频波，微波(从 10^3 至 3×10^5 兆赫)

microwave aerial 微波天线

microwave amplification by stimulated emission of radiation 量子放大器

microwave and optical generation and amplification (=MOGA) 微波及光学发生与放大

microwave antenna 微波天线

microwave avalanche 微波雪崩［二极］管

microwave band 微波波段

microwave beacon (=MW/BCN) 微波信标

microwave circuit 微波电路

microwave detector 微波检波器

microwave diode 微波二极管

microwave diplexer 微波双工器

microwave early warning (=MEW) 微波远程警戒，微波预警，早期预警

microwave early warning radar 微波远程警戒雷达

microwave electronics (=ME) 微波电子学

microwave engineering Labs (=MELabs) 微波工程实验室

microwave field effect transistor 微波场效应晶体管

microwave filter 微波滤波器

microwave filters using quarter wave couplings 四分之一波长耦合式微波滤波器

microwave gas discharge duplexers 微波气体放电天线开关

microwave hologram 微波全息图

microwave hybrid integrated circuit 微波混合集成电路

microwave integrated attenuator 微波集成衰减器

microwave integrated circuit (=MIC) 微波集成电路

microwave integrated circuitry (=MIC) 微波集成电路学

microwave integrated circulator 微波集成环行器

microwave integrated controller 微波集成控制器

microwave integrated limiter 微波集成限幅器

microwave integrated parameter 微波集成参量放大器

microwave integrated phase-shifter 微波集成移相器

microwave integrated power oscillator 微波集成功率振荡器

microwave integrated protector 微波集成保护器

microwave integrated semiconductor duplexer 微波集成半导体双工器

microwave integrated semiconductor switch 微波集成半导体开关

microwave interferometer 微波干涉仪

microwave isolator 微波隔离器

microwave low-noise bipolar transistor 微波低噪声双极晶体管

microwave low-noise field effect transistor 微波低噪声场效应晶体管

microwave-modulated 微波调制的

microwave monolithic integrated circuit 微波单片集成电路

microwave oscillating diode (=MOD) 微波振荡二极管

microwave phase shifter 微波移相器

microwave photomixing 微波光电混频

microwave power amplifier 微波功率放大器

microwave power bipolar transistor 微波功率双极晶体管

microwave radar 微波雷达

microwave radar receiver 微波雷达接收机

microwave radar relay 微波雷达中继

microwave radio relay communication system 微波接力通信系统

microwave radiometer 微波辐射计

microwave receiver 微波接收机

microwave rectifier 微波整流器

microwave region 微波波段

microwave relay unit (=MRU) 微波中继装置

microwave remote sensor 微波遥感器

microwave repeater system 微波中继系统

microwave ST link equipment （由演播室到发射台的）微波接力线路装置

microwave station (=MWS) 微波站

microwave survey system (=MSS) 微波探测系统

microwave technique 微波技术

microwave telephone 微波电话

microwave theory and technique (=MTT) 微波理论与技术

microwave tower in the sky 转播卫星

microwave tracking radar (=MCW tracking radar) 微波跟踪雷达

microwave transistor 微波晶体管

microwave tube 微波[电子]管

microwave zone position indicator (=MZPI) 微波区位置显示器,微波目标指示器

microweigh 微量称量

microwelding 显微电焊,微件焊接

microyield strength (=MYS) 微屈服强度

micrurgical technique 显微操作术

mid (1)中部的,中间的,居中的；(2)中间,中

mid- (词头)中

mid-air 在空中的,在半空的

mid-band frequency 频带中心频率,波段中心频率

mid-blue 淡蓝的

mid-board (1)中间纸板；(2)中隔板；(3)间壁

mid-boiling point (=MBP) 平均沸点

mid-chord 弦线中点

mid-coil 半线圈

mid-contour 中值等深线

mid cradle 中摇架

mid-depth 厚度中点,厚度中心

mid-diameter 平均直径

mid-engined (汽车)发动机在机身中部的

mid-focal length 平均焦距,中焦距

mid-frequency 中心频率,中频

mid-frequency loudspeaker 中音扬声器

mid-gap line 禁带中间线

mid-gear (1)中间齿轮,中档；(2)死点位置

mid gear 中间齿轮

mid-height 高度的一半

Mid-IR 中红外[线]

mid-lift link 中间提升杆

mid-line (=ML) 中线

mid-line capacitor 对数律电容器,可变电容器

mid-ordinate 中[央纵]距

mid-part 中[间砂]箱

mid per cent curve 50%曲线

mid-plane 中平面,中截面

mid-plane of toroid 圆环面的中间平面,超环面的中间平面,超环面的中截面

mid-point 中心值,中点值,中点

mid-position 中间位置

mid-range (1)中距；(2)波段中心；(3)中心值,中点值

mid region stretch （图像处理的）中间灰度扩张

mid-section (1)节中剖,段中剖,中间截面,中间剖视；(2)半节的,半段的

mid section 中间截面,中间剖视

mid-section impedance 半节阻抗

mid-series (1)串中剖；(2)半串联

mid-series characteristic impedance 串中剖特性阻抗

mid-series termination 半T端接法

mid-shunt (1)并中剖；(2)半并联

mid-shunt derived filter 半并联推演式滤波器

mid-shunt termination 半π端接法

mid-side 侧面的中央

mid speed 中速

mid-square method 平方取中法,中平方法

mid-tap 中心抽头

mid-value 中值

mid-value of class 组中点

mid-wing （飞机）中翼

midair 空中,上空

midar 或 MIDAR (=microwave detection and ranging) (1)微波探测与测距；(2)近程移动目标显示雷达

MIDAS (=missile defense alert satellite system) 导弹防御警戒卫星[系统],米达斯卫星[系统]

MIDAS (=missile detection alarm system) 导弹探测预警系统

MIDAS (=missile intercept data acquisition system) 导弹拦截数据获取系统

midazimuth 平均方位[角]

midband 波段中心,中频[带]

midband noise figure 波段中心噪声系数

midbandwidth 中心带宽

midchannel 水路的中段

midco 一种四刃的钻头

midcourse 弹道中心,弹道中段,中途

midcourse burn 弹道中段火箭发动机的开动,（发动机）中途点火

midcourse guidance (1)中程制导；(2)航程引导

middle (=M) (1)中间,中部,中位；(2)中间的,中等的,中部的,居中的

middle bearing 中轴承

middle-bracket 中间等级的

middle break 中断

middle circle of toroid 圆环面的中间圆,超环面的中性圆

middle-class （品质）中等的,普通的,中流的

middle-condenser circuit 低通滤波器T形节

middle cone （锥齿轮）中点[圆]锥面,中锥

middle convex grinding 中凸磨削

middle distance 中距离

middle distillate 照明灯油,柴油

middle entry 中间项

middle gear (1)中间齿轮；(2)中档

middle girder 中主梁,中间梁

middle gouge 弧口中凿

middle half 中间二分之一,四分中二

middle hardness 中等硬度

middle infrared spectroscopy 中程红外光谱学

middle-key picture 色调适中的图像

middle line 中心线,中线

middle marker 中点指标

middle of raceway （轴承）滚道中位,滚道中点

middle ordinate 中央纵距,中距

middle plane 中心面,中面,腰面

middle point (=MP) 中点

middle position 中间位置

middle post 桁架中柱

middle price 平均行市

middle-sized (1)中等大小的,中等尺寸的；(2)中型的

middle space 星际空间

middle speed (1)中间速度；(2)中挡

middle-square method 平方取中法,中平方法

middle square method 平方取中法

middle surface 中曲面

903

middle tap (丝锥的) 第二锥
middle term 内项，中项
middle third 三分中一，中三分
middle tooth 主齿
middle wheel (1) 中间轮；(2) 中速轮
middling (1) 中号的，中级的，中等的；(2) 第二流的；(3) 中间产物，中间产品，中级品，中等货
middlings (1) 中等材，中级材；(2) 粗废胶粒
midface 中间面
midfeather (1) 中间间隔；(2) 中隔板，挡板，承板；(3) 中间壁
midget (1) 小型的；(2) 小型设备，小零件，小型物，微型物；(3) 微型汽车；(4) 小型焊枪，微型焊炬；(5) 小尺寸的，微型的，小型的
midget capacitor 小型电容器
midget circuit tester 小型电路试验器
midget condenser (=MC) 小型电容器
midget inductor 小型电感器
midget motor 小型电动机
midget plant (1) 小型工厂；(2) 小型设备，小型装置
midget receiver 小型接收机
midget relay 小型继电器
midget super emitron 小型超光电摄像管
midget tester 小型万用表
midget tube 小型管
Midgley (辛烷值测定机中指示爆震的) 传感器
midheight-deck bridge 中承 [式] 桥
midline 中线
midline-center 以中线为中心的
midmost 正中 [央] 的
Midop 测量导弹弹道的多谱勒系统
midperpendicular 中垂线
midplane 中平面
midpoint (1) 中点；(2) 中性点
midpoint crossing 区间交叉口
midposition 中心位置，中间地位
midpotential 等电位的
midrange (1)中等长度范围,变量范围中点,(2)变量范围中点,射程中段,波段中点,中点,(3) 中间部分；(4) 算术平均值，极值中数，中列数
midrange forecast 中期预报
midrange horn 中音号筒
midrange speed (1) 中间速度；(2) 中档
midshaft 中间水平
midship (1) 船身中部，船身中央，船中段；(2) 船纵中
midship frame 船纵中肋骨
midship spoke 正中舵柄
midships 船身中央，船身中部
midspan 中跨
midspan moment 中间跨弯矩
midst 正中，中央，中间，中
midterm (1) 中间的；(2) 中项
midwater trawl 中层拖网
midway 中间的，中途的
midwing monoplane 中单翼飞机
might (1) 可能，或许；(2) 可以；(3) (表示假设) 要是可以，说不定可以；(4) 是不是可以，本该，理应，何不；(5) 力量，势力，权力，兵力，能力，威力，气力，体力；(6) 大量，很多
mightily 强有力地，强烈地，非常，极其
mightiness 强大，有力，高位
mighty (1) 强大的，有力的；(2) 巨大的，非常的，非凡的
mighty midget 微型磁放大器
Mighty Mouse (美国设计的一个高中子通量密度反应堆的名称) 巨鼠
mighty post 顺序动作连续冲压压力机
migmatisation 混合作用
migmatization 混合作用
migra iron 米格拉生铁
migrate 徙动，移动，迁移
migrating (1) 徙动，移动，转移；(2) 徙动的，移动的，转移的
migration 徙动，移动，转移
migration current 移动电流
migration of electrons 电子徙动
migration of ion 离子徙动
migration potential 移动电势
migration rate 迁移速度
migratory aptitude 移动性，倾向性
mike (1) 千分尺，测微器；(2) 传声器，微音器，送话器，话筒；(3) 用

千分尺测量
mike technique 微音技术
mikra 或 mikras (单 micron) (1) 微粒，微子；(2) 微米，公丝，10^{-6}米；(3) 百万分之一；(4) 微米汞柱
Mikro-tester 米克洛硬度试验机
Mikrokator 扭簧式比较仪
Mikrolit 一种陶瓷刀具
Mikrolux 杠杆式光学比较仪，杠杆式光学比长仪
mikron (1) 微粒，微子；(2) 微米，公丝，10^{-6}米；(3) 百万分之一；(4) 微米汞柱
Mikrotest 组合杠杆可调式比较仪
mil (1) 密耳 (千分之一英寸，即 0.00254mm)；(2) 角密耳 (360/6400 =3.375')；(3) 千
mil-foot 密耳 - 呎 (电阻单位)
mil formula 角密度计算公式，密位计算公式
mil-graduated 千分之一分度，密位分度
mil rule 角密度尺，密位尺
milar (=mylar) 聚脂薄膜
milar film 聚脂薄膜
mild (1) 柔软的，软性的，适度的；(2) 低碳的
mild agitation 轻度搅动
mild alloy 软合金
mild base 弱碱
mild-carbon steel strip 低碳钢带
mild carburizer 软合金渗碳剂
mild-clay 软质粘土
mild cracking 轻度裂化
mild detonating fuse (=MDF) 温和的爆炸导火索
mild drawn wire 软拉钢丝
mild-duty operating condition 轻型运转状态
mild extreme pressure lubricant 中度特压润滑剂中度耐高压润滑剂,含中度活性抗氧化添加剂的润滑剂
mild heat treatment (=MHT) 适度热处理
mild iron 软铁
mild oxidation 轻度氧化
mild quench(ing) 软淬火
mild sheet steel 软钢板
mild steel (=MS) 低碳钢，软钢
mild steel fire box 软钢板火箱
mild steel plate 软钢板
mild steel shank 软钢手柄
mild steel sheet 软钢皮
mild wear 轻度磨损
mildly 缓和地，轻度地
mildly detergent oil 中级去垢油
mildness 缓和，柔软，适度
mildsteel 低碳钢，软钢
mile (=M 或 mi) 英里，哩
mile meter 里程表，里数计
mile of line 线路英里
mile of standard cable (=MSC) 英里标准电缆
mile per gallon (=M/G) 英里 / 加仑
mile post 里程标，里程碑
mile-recorder 里程记录器
mileage (=mge 或 mil) (1)汽车消耗一加仑汽油所行的平均里程,英里数,里程；(2) 按英里计费
mileage counter 里程表
mileage-recorder 里程记录器
mileage recorder 里程记录器，里程表
mileage table 里程表
mileage tester 燃料消耗量试验机，里程试验机
mileometer 里程计，路码表
milepost (=MP) 里程碑，里程标
miles operated 行驶里程
miles per gallon (=mpg) 英里 / 加仑
miles per hour (=M/H 或 mph) 英里 / 小时
miles per hour per second (=M/H/S 或 mphps) 每秒每小时英里数，英里 / 小时 / 秒
miles per minute (=MPM) 英里 / 分钟
miles per second (=MPS) 英里 / 秒
milestone (1) 历史上重大事件，里程碑；(2) 路标
milimetre 毫米，公厘，=10^{-3}米
militance (1) 战斗准备，战斗性；(2) 交战状态
militancy (1) 战斗准备，战斗性；(2) 交战状态

militarily 从军事角度，在军事上

militarism 军国主义

militarist (1) 军国主义者 [的]；(2) 军事学家 [的]

militarization 军国主义化，军事化

militarize 军国主义化，军事化

military (=mil) (1) 军事的，军队的，军用的，陆战的，陆军的；(2) 军队，军部，军人，陆军

military academy (=MA) 军事学院

military agency for standardization (=MAS) 军事标准化研究局

military air defense warning net (=MADW) 军事防空警报网

military amateur radio system (=MARS) 军事业余无线电爱好者网

military electronics 军用电子学

military engineer (=ME) 军事工程师，工程兵

military engineering 军事工程 [学]

military environment microprocessor 军用微处理机

military equipment 武器，武装

military force 军事力量，武装部队，兵力

military industry technical manual (=MITE) 军事工业技术手册

military intelligence (=MI) 军事情报

military production specifications (=MPS) 军用生产规格

military qualified products list (=MQPL) 军用合格产品单

military radar 军用雷达

military rest time computer (=MRTC) 军事"静寂"时间计算机

military radio section 军用无线电设备

military satellite (=MILSAT) 军事卫星

military serial number (=MSN) 军事编号

military service (1) 军事部门，兵种；(2) 兵役

military specification (=MS 或 MILSPEC) 军用规格

military specifications (=MS) 军用规范

military standard (=MS 或 MILSTD) 军用标准

military station 军用电台

military strength 兵力，武力

military system engineering 军事系统工程

military transport (=MT) 军运

military transport communication network (=MTCN) 军用运输通信网

militate (发生)影响，起作用，妨碍

militate against 不利于，妨碍，冲突

militia (=mil) (1) 民兵；(2) 国民警卫队

militiaman (1) 民兵；(2) 国民警卫队员

milk (1) 乳，浆；(2) 蓄电池有气泡

milk agitator 牛奶搅拌器

milk and cream pump 牛奶与奶油泵

milk bottle capper 奶瓶装盖机

milk bottle washer 奶瓶清洗机

milk can conveyor 奶桶输送机

milk cooling equipment 牛奶冷却设备

milk cooling unit 牛奶冷却装置

milk drier 牛奶干燥机

milk glass 乳白玻璃

milk lorry 牛奶运输车

milk of lime 石灰乳液，石灰浆

milk production equipment 牛奶加工设备

milk pump 奶泵

milk quartz 乳色石英

milk sap 乳状液

milk scale (1) 乳白度；(2) 乳量计

milk scale buret(te) 乳白刻度滴管

milk weighing machine 奶秤

milker (1) 电池充电用低压直流电机；(2) 子同位素发生器；(3) 挤奶器

milkglass 乳白玻璃

milkglass scale 毛玻璃标度盘

milkiness 乳白色，乳状

milking (1) 子同位素从母体分离，溶离，提取；(2) 乳浊；(3) 蓄电池个别单元充电不足；(4) 补充的，末端的

milking generator 电池充电用低压直流电机

milking machine 挤奶机

milking machine pump 挤奶装置泵

milking of daughter activity 子体物质放射性分离，子系放射性分离

milkwhite 乳白色的

milky glass 乳白玻璃

milky quartz 乳石英

mill (=MI) (1) 研磨机，碾磨机，粉碎机；(2) 铣床，铣刀；(3) 铣削，铣平，切削；(4) 碾磨，碾碎，磨细，磨碎，研压，碾压，滚轧，轧制，滚花；(5) 轧制设备，滚轧机，轧钢机；(6) 轧钢车间，轧钢厂；(7) 制造厂，碾磨厂，工厂，工场，磨坊；(8) 轮机；(9) 清理滚筒，清选机；(10) 千分之一英寸；(11) 千分之一美元，密尔；(12) 搅拌

mill auxiliaries 附属机械，附属设备

mill barrel 磨矿机滚筒，磨碎机筒

mill bed plate 磨底盘，底盘

mill blank 夹层纸板

mill board 封面纸板，麻丝板，硬纸板

mill building 厂房

mill cinder 轧屑

mill coil 热轧 [窄] 带钢

mill construction 耐火木结构

mill cost 工厂生产费 (包括原料、运输、包装、保险等费用的总和)

mill culls 下脚料

mill-cut saw machine 磨切锯机

mill edge 热轧缘边，轧制边

mill-engine 压榨机，压轧机

mill engine 压榨机，压轧机

mill exhauster 排粉机

mill file 扁锉

mill finish (=MF) (1) 轧制表面光洁度；(2) 精整整磨轧，精轧，轧光，压光，滚光，挤光

mill floor 车间地面

mill for rolling break-downs 钢坯轧制，粗轧机

mill for rolling center disc type wheels 车轮轧机

mill for rolling circular shapes 圆钢轧机

mill for rolling light sections 小型钢轧机

mill for rolling section 型钢轧机

mill for rolling shapes 型钢轧机

mill glazed (=MG) 铣光的

mill groove 碾槽

mill hardening 轧制余热淬火

mill housing 轧机机架

mill join 卷筒纸接头

mill knife 磨刀

mill limit 轧制公差

mill line 轮碾机

mill liner 磨矿机衬里

mill loss 压榨损失

mill machine 滚轧机

mill motor 压延用电动机

mill operator 滚轧工人，轧钢工

mill pinion [人字] 齿轮座的齿轮轴

mill race 水车的进水槽，水车用水流

mill ream 工厂纸令

mill retting 工业浸渍

mill roll 原纸辊

mill roll opening 滚隙

mill run (1) 研磨实验；(2) 普通产品，普通事物；(3) 出材量

mill saw 框锯

mill scale 热轧钢锭表面的氧化皮，轧制氧化皮，轧制铁鳞，轧屑

mill sheet (1) 制造工艺规程，制造工艺表；(2) 制造厂产品记录；(3) 钢材成分力学试验结果记录表，材料成分分析表

mill star (清理滚筒用) 星形铁，三角铁

mill stone 磨石

mill surface 磨碎面

mill table 工作辊道，升降辊道

mill-tail 水车的出水槽

mill tail 水车的出水槽

mill tap 轧制铁磷

mill train 轧机机组，轧机机列，轧道

mill-type lamp 防震灯泡，耐震灯泡

mill type motor (轧机) 补助用电动机

mill wheel 磨坊水轮

mill work 磨光工作，光面工作

millability 可轧性，可铣性

millable 适合锯的，可轧的，可铣的

millbar 熟铁初轧条

millboard 厚纸板，硬纸板

millconstruction 工厂建筑，耐火构造

millcourse 磨槽

milldam 水车用贮水槽，水闸

milled (1) 铣成的；(2) 棱面带槽纹的，滚花的；(3) 磨碎了的，研压的，

905

压紧了的

milled cloth　毡合织物

milled edge　铣成边 [的]

milled edge thumb screw　铣边翼形螺钉

milled helicoid　铣削成的螺旋面, 铣削出的螺旋面

milled helicoid worm　锥面包络圆柱蜗杆, ZK 型蜗杆

milled nut　[周缘] 滚花螺母

milled ring　滚花环

milled rubber　捏炼了的橡胶

milled screw　滚花头螺钉, 有槽螺钉

milled tooth　铣成齿

milled twist drill　麻花钻

miller　(1) 铣床用工具；(2) 铣工；(3) 工厂经营者, 磨坊主；(4) 制粉厂

miller borer　铣镗两用床

Miller bridge　密勒电桥

Miller code　密勒代码

Miller indices　密勒指数

Miller integrator (=MI)　密勒积分器

millesimal　千分之一的, 千分的

millhand　(1) 研磨工；(2) 制粉工；(3) 纺纱工

milli- (=M)　(词头) 毫 (千分之一)

milli-ammeter　毫安表, 毫安 [培] 计

milli-ampere-meter　毫安计

milli-inch (=mil)　密耳 (等于 0.001 吋)

milli-micron　毫微米

milli-square foot (=MSF)　千分之一平方英尺

milliammeter　毫安表, 毫安计

milliamp(ere)　毫安 [培], =10^{-3} 安 (单位 mA)

milliampere men　弱电工程师

milliampere second (=MAS)　毫安秒

milliamperemeter　毫安表, 毫安计

milliamperage　毫安 [培] 数

milliangstrom　毫埃, =10^{-13} 米

milliard　十万万, 十亿, =10^9

milliarium　距离单位 (=1.48 千米)

milliary　标有英里数的

millibar (=MB 或 mB)　毫巴, =10^{-3} 巴

millibar-barometer　毫巴气压表

millibarn　毫靶 [恩], 10^{-3} 靶 [恩]

millicoulomb　毫库 [伦]

millicron　毫微米, =10^{-9} 米

millicurie (=mc 或 mCi 或 mcurie)　毫居里

millidarcy (=md)
　千分之一达西, 毫达西 (渗透性的度量单位), 10^{-3} 达西

millidegree　毫度, =10^{-3} 度

millier　(法语) 百万克, 公吨

millifarad (=MF)　毫法拉, =10^{-3} 法拉

milligal (=mgal)　毫伽, =10^{-3} 伽

milligamma　毫微克, =10^{-9} 克

milligauss (=mG)　毫高斯

milligoat　对方向不灵敏的辐射探测计

milligram (=mg 或 mgm)　毫克, =10^{-3} 克

milligram-atom　毫克原子

milligram equivalent (=ME)　毫克当量

milligram-hour　毫克小时

milligram-ion　毫克离子

milligram-molecule　毫克分子

milligram per square decimeter per day (=mdd)
　毫克 / 分米^2.天 (腐蚀速度单位)

milligramequivalent (=MEQ)　毫克当量

millihenry (=mh)　毫亨 [利], =10^{-3} 亨 [利]

millihour (=mh)　毫小时

millijoule　毫焦 [耳]

millilambda　毫微升, =10^{-9} 升

millilambert (=ml)　毫朗伯, =10^{-3} 朗伯 (亮度单位)

milliliter (=ml)　毫升, =10^{-3} 升

millilitre (=ml)　毫升, =10^{-3} 升

millilux　毫勒 [克斯], =10^{-3} 勒 [克斯]

millimass unit (mmu)　千分之一原子质量单位

millimeter (=mm)　毫米, 公厘, =10^{-3} 米

millimeter-milliradian　(束流发射度单位) 毫米 - 毫弧度

millimeter of mercury (=mmHg)　毫米汞柱, 毫米水银柱

millimeter partial pressure (=mmpp)　毫米分压

millimeter wave　毫米波

millimeter wave communication　毫米波通信

millimeters of mercury (=mmHg)　毫米汞柱, 毫米水银柱

millimetre (=mm)　毫米, 公厘, =10^{-3} 米

millimetre wave　毫米波

millimetric　毫米的

millimetric wave　毫米波

millimetric wave band　毫米波段

millimho (=mmho)　毫姆 [欧]

millimicra (单 millimicron)　(1) 纤米, 毫微米, =10^{-9} 米；(2) 毫微克

millimicro　纤毫微, =10^{-9}

millimicrofarad　毫微法 [拉], =10^{-9} 法拉

millimicromicroammeter　毫微微微安 [培] 计

millimicron (=mmu 或 mmn) (复 millimicra)　(1) 纤米, 毫微米, =10^{-9} 米；(2) 毫微克

millimicrosecond　毫微秒, =10^{-9} 秒

millimol　毫克分子, 毫模

millimolar　毫克分子的

millimole (=mmole)　毫克分子量

millimu　毫微米, =10^{-9} 米

milling　(1) 铣削加工, 铣齿；(2) 铣法；(3) 滚花, 轧制；(4) 碾碎, 碾磨, 研磨, 磨碎, 碾碎, 粉碎, 磨矿, 制粉；(5) 选矿；(6) 缩绒粘合

milling action　磨碎作用

milling and boring machine　铣镗床

milling and drilling machine　铣钻床

milling arbor　铣刀杆, 铣刀轴

milling attachment　(1) 铣削附件；(2) 铣削装置

milling chuck　铣夹头

milling-cutter　铣刀

milling cutter　铣刀

milling cutter arbor　铣刀杆, 铣刀轴

milling cutter diameter　铣刀直径

milling cutter shank　铣刀柄

milling cutter spindle　铣刀轴

milling cutter tooth form　铣刀齿形

milling fixture　铣削夹具, 铣床夹具

milling flutes　铣槽

milling gear tooth　铣齿轮齿

milling head　铣削头, 铣刀头, 铣头

milling head travel　铣头行程

milling-machine　(1) 铣床；(2) 切削机, 研磨机

milling machine　(1) 铣床；(2) 磨削机, 切削机, 研磨机

milling machine accessory　铣床附件

milling machine arbor　铣床刀轴

milling machine dog　铣床轧头

milling machine operation　铣削操作, 铣床操作

milling machine operator　铣工

milling machine parts　(1) 铣床零件；(2) 铣床部件

milling machine shop　铣工车间

milling machine speed dial　铣床转速刻度盘

milling machine spindle　铣床主轴

milling machine upright　铣床立柱

milling machine with table of fixed height　床身式铣床

milling machine with table of fixed height with horizontal spindle
　卧式床身式铣床

milling machine with table of fixed height with vertical spindle　立式床身式铣床

milling machine with table of variable height　升降台铣床

milling machine with table of variable height with horizontal spindle　卧式升降台铣床

milling machine with table of variable height with vertical spindle
　立式升降台铣床

milling mark　铣削刀痕

milling of groove(s)　铣槽

milling of ores　处理矿石, 选矿

milling off　研光

milling operation　铣削操作

milling planer　龙门铣床

milling shop　铣工车间

milling slide　铣刀架

milling spindle　铣轴

milling spindle diameter　铣轴直径

milling-tool　铣刀

milling tool　铣削工具, 铣刀

milling tool spindle 铣削工具主轴
milling vice 铣床虎钳,铣床台钳
milling work 铣工工作
millinile 毫反应性单位,=10^{-5} 的反应率
millinormal (=nM) 毫克当量的,毫规度的
millioersted 毫奥 [斯特],10^{-3} 奥 [斯特]
milliohm 毫欧 [姆],=10^{-3} 欧 [姆]
milliohmmeter 毫欧计,毫欧表
million (=M) 百万,兆
million cubic feet (=MCF) 百万立方英尺,兆立方英尺
million-electron-volt 兆电子伏,百万电子伏特,=10^6 电子伏特
million electron volt 兆电子伏,百万电子伏特,=10^6 电子伏特
million gallon per day (=MGD) 百万加仑 / 日
million instructions per second (=MIPS) 每秒钟执行一百万条指令
million ton (=MTON) 百万吨
million units (=MU) 百万单位
million US gallon per day (=M-GDP) 百万美国加仑 / 日
million volts (=MV 或 megv) 百万伏 [特]
millionfold [成] 百万倍 [的]
millions upon millions of 千百万的
millionth 百万分之一 [的],第百万个 [的]
millioscilloscope 小型示波器
milliosmol 毫渗压单位,微渗透粒子,毫渗透分子,毫奥斯莫
milliosmolarity 毫渗量
milliosmole 毫渗压单位,微渗透粒子,毫渗透分子,毫奥斯莫
milliphot 毫辐透(照度单位,=10^{-3} 流明 / 厘米平方)
millipoise 毫泊,=10^{-3} 泊(粘度单位)
millipore 微孔 [隙] 的
millipore filter 微孔滤器
millirad 毫拉德(放射性物质剂量单位)
milliradian 毫弧度,=10^{-3} 弧度
millirem 毫拉德当量
milliroentgen 毫伦 [琴],=10^{-3} 伦 [琴]
millirutherford 毫卢 [瑟福],=10^{-3} 卢 [瑟福]
milliscope 金属液温度报警器
millisecond (=ms 或 msec) 千分之一秒,毫秒
millisecond counter 毫秒计数器
millitorr (真空单位)毫托
millival 10 克当量 /100 升
millivalve voltmeter 电子管毫伏计,电子管毫伏表
millivolt (=mV) 毫伏 [特]
millivolt-ammeter 毫伏安计,毫伏安表
millivoltmeter 毫伏特计,毫伏特表
milliwatt (=mW) 毫瓦 [特]
milliwatt logic (=MWL) 毫瓦逻辑
milliwattmeter 毫瓦表
millman (1) 轧钢工,滚轧工人;(2) 木工,木匠;(3) 炼胶工
millpond 磨坊贮水池,水车用贮水池
millpool 水车用贮水池
millpost 风车立柱
millrace 水车的进水槽,水车用水流
millrun (1)未分等级的,未经检查的,未经检验的;(2)普通的,平均的;(3) 水车用水流
millscale 热轧钢锭表面的氧化皮,轧制铁磷
millscrap [轧材的] 切头
millstone 磨石
millstream 水车用水流,水沟
millwork (1)工厂机器的设计,工厂机器的安装,机器的运行;(2)工厂机器;(3)工厂的木制品;(4)光面工作,磨光工作
millwright (1)机械安装工,机械装配工,机器管理人,装配工 [人],磨轮机工,轮机工;(2)磨坊建设者,水车设计人
milrule 弦线量角器,密位量角器
milscale 千分尺,千分度盘
MILTRAN 一种军用数字仿真语言
mimeograph (1)誊写板;(2)滚筒油印机,油印机
mimesis 模仿,模拟,拟态
mimetic 模仿的,模拟的,拟态的,类似的,伪对称的
mimetic crystal 拟晶
mimetic crystallization 拟晶结晶
mimetic twining 拟双晶
mimetism 模仿 [性],拟态
mimic (1)模拟的,模仿的,仿造的,拟态的,假的;(2)直观的;(3)仿造物,仿制品
mimic bus 模拟母线,模拟线路

mimic buses (发光)模拟电路
mimic colouring 保护色
mimic diagram 模拟现场活动的监视屏
mimic-disconnecting switch 模拟断路器
mimic transmission line 模拟输电线
mimical (1)模拟的,模仿的,仿造的;(2)直观的
mimicry (1)模仿,模拟,仿制,拟态;(2)仿制品
MIMID architecture 多指令多数据结构
min-cut 极小截
Minalith 木材防腐剂(兼作滞火剂用)
Minalpha 锰钢标准电阻丝合金(锰 12%,镍 2%,其余钢)
Minargent alloy 明纳金特合金(一种铜镍合金)
mincer 粉碎机,绞肉机
mind (1)精神,意志;(2)头脑,内心,才智,智力;(3)愿望,想法,思想;(4) 记忆,回忆
Mind you 请注意
minded (1)有……意图,有意;(2)重视……的,关心……的
minder 看守人,守护人,照料人
mindless 不注意的,无意识的
mine (1)矿井,矿山,矿床,矿;(2)火箭炮弹,水雷,鱼雷,地雷;(3)烟火;(4)宝藏,源泉,资源;(5)地雷坑,坑道,火坑
mine avoidance sonar 探雷声纳
mine-barrage 雷幕
mine-bumper 雷阵突破舰
mine car 矿车
mine-chamber 雷室
mine detecting sonar 探雷声纳
mine-detector (1)地雷探测器,地雷搜索器,侦雷器,探雷器;(2)金属探测器
mine detector 探雷器
mine-dragging 扫雷工作
mine-dredger 扫雷机,扫雷艇
mine effect 地下爆发效力
mine field 雷区
mine-fills chamber 充填砂仓
mine fire truck 矿山消防车
mine fuse 水雷,信管
mine group 布雷队
mine haulage 矿山运输
mine hoist 矿井提升机
mine hunting 探雷
mine-layer (1)布雷舰,布雷艇;(2)布雷飞机
mine locator 探矿仪
mine machine oil 矿山机油
mine mouth power plants 坑口火力发电厂
mine occluded gases 已吸留瓦斯
mine run coal 原煤
mine shaft cable 矿井电缆
mine skips 矿用提升箕斗
mine support section 矿山支撑 [用] 型材
mine-sweeper 扫雷艇
mine-sweeping 扫雷
mine sweeping 扫雷
mine telephone set 矿用电话机
mine-thrower 迫击炮,掷雷筒
mine thrower 迫击炮,掷雷筒
mine-timber 坑木
mine track devices 矿山轨道运输安全装置
mine vessel 水雷舰
mine-watching 水雷探识
mine-worker 矿工
minelayer (=ML) 布雷舰艇
minelaying 布雷的
minelite 采矿炸药
miner (1)矿工;(2)采煤康拜因,联合采矿机;(3)地雷工兵
mineragraphy (金属)矿相学
mineral (1)矿物,矿石;(2)无机的;(3)(复)矿泉水,苏打水
mineral acid 无机酸
mineral aggregate 矿质集料,矿料,骨料,石料
mineral binder bond 无机粘结料
mineral black (1)石墨;(2)含石墨的天然颜料;(3)黑色氧化铁
mineral bloom 晶簇石英
mineral butter 凡士林,矿脂
mineral-chemistry 矿物化学

mineral coal 煤
mineral coke 天然焦
mineral compound 无机化合物
mineral condenser 无机介质电容器
mineral cotton 矿碴棉
mineral detector 矿石检波器，晶体检波器
mineral-dressing 选矿
mineral earth-oil 石油
mineral fat 地蜡
mineral fiber 矿物纤维
mineral-filled asphalt 填充细矿料的地沥青，掺填料地沥青
mineral flax 石棉毡
mineral grease 矿物 [油] 脂
mineral lake 铬酸锡玻璃
mineral matter 矿物质
mineral oil (1) 矿物油，石油；(2) 液体石蜡
mineral paper 纸煤
mineral physics 矿物物理学
mineral pitch 地沥青，柏油
mineral product 矿产
mineral purple 氧化铁
mineral resin 矿物树脂，沥青
mineral resources 矿物资源
mineral rubber 矿物胶
mineral salt (1) 无机盐；(2) 矿盐
mineral seal oil 重质煤油，重质灯油
mineral spirits 矿油精
mineral surveyor 矿山测量员
mineral tar 软沥青，矿柏油
mineral varnish 石漆
mineral water 矿泉水
mineral wax 地蜡
mineral wool (1) 矿物棉，矿渣棉，玻璃棉；(2) 矿质毛，石纤维
mineralisation 矿化，成矿
mineralise 使含矿物，矿化，成矿，探矿
mineralization 矿化，成矿
mineralize 使含矿物，矿化，成矿，探矿
mineralized 矿藏丰富的
mineralized state 无机状态
mineralizer (1) 矿化物，矿化剂；(2) 探矿者，采矿者
miner's inch 矿工英寸
miner's lamp 矿灯
miner's truck 矿车
miner's wagon 矿车
minesweeper 扫雷艇
minery 矿井，矿山
mingle (1) 混合，混杂，混入，掺杂；(2) 参加，加入
mini (1) 缩影，缩图；(2) 缩型，模型；(3) 小型计算机，微型汽车
mini- (词头) 缩，微，小 [型]，短暂
mini-amplifier 小型放大器
mini-amplifier-modulator 小型调制放大器
mini-computer 小型计算机，小型机
mini-floppy disk 小软盘
mini full-facer 小型全断面隧洞掘进机
Mini-log 单元式晶体管封装电路
mini max 极小极大
mini-plant [实验室规模试生产用] 小型设备，中间工厂，实验工厂
Mini-SOSIE 最小编码低能脉冲序列法 (SOSIE= 地震探测法，索西)
miniature (=MINAT) (1) 缩影 [图]，(2) 缩小的模型，微型，(3) 小型照相机，微型物；(4) 尺寸小的，小尺寸的，小规模的，袖珍的，小型的，微型的，微小的，缩小的
miniature base 小型灯座，小型管底
miniature bearing 超小型轴承，微型轴承
miniature book 袖珍本
miniature camera 小型照相机
miniature cap 小型管帽，灯头
miniature capacitor 小型电容器
miniature circuit breaker (=MCB) 微型电路开关
miniature combine 小型联合收割机
miniature component [超] 小型元件
miniature device 小型器件
miniature electronic autocollimator (=MINEAC) 微型电子准直仪
miniature electrostatic accelerator (=MESA) 微型静电加速计
miniature fluxgate magnetometer (=MFM) 微型磁通量闸门磁强计

miniature inertial navigation system (=MINS) 微型惯性导航系统
miniature lamp 小型灯泡，指示灯
miniature motor 小型电动机
miniature photomultiplier 小型光电倍增管
miniature switchboard 小型配电盘
miniature tooth-induction 最小齿磁感
miniature transformer 小型变压器
miniature tube 小型 [电子] 管，微型管
miniature type 小型
miniaturisation 小型化，微型化
miniaturise 使小型化，使微型化
miniaturization 小型化，微型化
miniaturize 使小型化，使微型化
miniaturized circuit 小型化电路
miniaturized component 小型元件
miniaturized integrated telephone equipment (=MITE) 微型集成电话设备
miniaturized integrating gyro (=MIG) 小型化积分陀螺仪
minibar 小型条信号
minibike 小型摩托车
minibulker 小型散货船
minibus 小型公共汽车
minicab 小型出租汽车
minicam 小型照相机，微型照相机
minicamera 小型照相机，微型照相机
minicar 小型汽车，微型汽车
minicard 缩印资料卡，缩微字符卡，小型卡片
minicartridge 小型盒式磁带
minicom 小型电感比较仪
minicomponent 小型元件
minicomputer 小型计算机，微型计算机
minicrystal 小型晶体，微型晶体，微晶
minidiode 小型二极管
miniemulator 小型仿真程序
minification [尺寸] 缩小率，[尺寸] 缩小，缩小尺寸，减少，削减
minifier 缩小镜
minifocused log 微聚焦测井
minify 缩小 [尺寸]，弄小，减少，减小，缩减，削减
minigroove 密纹
minihost 小型主机
minikin (1) 最小铅字；(2) 微小的
minilog 微电极测井
minilog-caliper 微电极测井
minim (1) 量滴；(2) 最小的，微小的
minima (单 minimum) (1) 极小值，最小值，最小限，最小量；(2) 极小的，最小的，最低的
minimag 米尼麦格微型磁力仪
minimal 极小的，最小的，最低的，极微的
minimal-access 最快存取，最快访问
minimal access coding 最快访问编码，最快取数编码
minimal access program 最短存取时间程序，最快存取程序，最快取数程序
minimal-access programming 最快存取程序设计，最快取数程序设计
minimal-access routine 最快存取程序
minimal condition 极小条件
minimal curve 极小曲线，迷向曲线
minimal effective dose (=MED) 最小有效剂量
minimal function 极小函数，最低函数
minimal inhibitory concentration (=MIC) 最小抑菌浓度
minimal-latency coding (1) 最快存取编码；(2) 最短耽搁的程序设计
minimal latency coding 最快访问编码，最快取数编码
minimal latency routine 最快取程序，最快存程序
minimal line 极小 [直] 线，迷向 [直] 线
minimal path 最短程
minimal plane 极小 [平] 面，迷向 [平] 面
minimal point 极小点
minimal polynomial 最小多项式
minimal principle 极小值原理
minimal value 极小值
minimality 最小 [性]
minimalization (1) 极小化；(2) 取极小值
minimax (1) 极小化极大，极大极小，最大最小；(2) 鞍点
minimax approximation 极大极小逼近
minimax criterion 极小化最大准则

908

minimax design   极限设计

minimax method   极大极小法

minimax principle   极大极小原理

minimax property   极小极大性

minimax solution of linear equations   线性方程组的极值解

minimax theorem   极大极小值定理

minimeter   (1)[指针]测微计,指针测微器,测微仪;(2)米尼测微仪,米尼表;(3)千分比较仪;(4)空气负压仪

minimisation (=minimization)   极小化,求函数极小值,最简化

minimise (=minimize)   使达到最小值,使趋于最小值,求……最小值

minimization   (1)极小化,最小化,最简化;(2)求函数极小值,化为最小值,化为极小值

minimization of total potential energy   全位能最小法

minimize   使达到最小值,使趋于最小值,求……最小值

minimized   减至最小的,化为最小的

minimizing   极小化,使趋于最小值

minimizing sequences   极小化序列

minimodule   微型组件

minimum (=M或min)   (1)最小限度,最低限度,极小值,最小值,最小限,最小量,极小量,;(2)极小的,最小的,最低的,最少的

minimum-access   最快存取,最快取数,最优存取

minimum access   最快存取,最快取数

minimum accessory power supply (=MINIAPS)   最小辅助电源

minimum adjustable table speed   工作台最小调整速度

minimum airborne digital equipment (=MADE)   最少的机载数字式仪表

minimum axial motion   最小轴向相对运动

minimum backlash allowance   最小侧隙允差

minimum capacity   零点电容,最小电容,起点电容

minimum clearance   最小间隙,最小余隙

minimum condition   极小条件

minimum core hardness   最小心部硬度

minimum-cost cutting speed   最经济切削速度

minimum-cost estimating (=MCX)   估计最少费用

minimum critical heat flux ratio (=MCHFR)   最小临界热通量比,最小烧毁比

minimum-delay coding   最小延迟编码

minimum delay coding   最小延迟编码

minimum departure from nucleate boiling ratio (=MDNBR)   最低偏离泡核沸腾比,最小烧毁比

minimum detectable limit (=MDL)   最低[可]察觉限度

minimum diameter of thread   螺纹最小直径

minimum disruptive voltage   最低击穿电压

minimum discernible signal (=MDS)   可辨别的最小信号

minimum distance between turret and chuck   回转刀盘至卡盘[主轴端面]最小距离

minimum-distance code   最小间隔码

minimum elevation (=ME)   最小仰角

minimum external honing diameter   最小珩磨外[直]径

minimum facewidth   最小齿宽

minimum film   最小油膜厚度

minimum firing power   (放电管的)最小着火功率

minimum function   极小函数

minimum grinding diameter   最小磨削直径

minimum grinding diameter of hole   最小磨削孔[直]径

minimum honing diameter of hole   最小珩磨孔[直]径

minimum honing length   最小珩磨长度

minimum horse power   最小马力

minimum impulse pulse (=MIP)   最小冲击脉冲

minimum interference   最小过盈,最小干涉

minimum ionization   最小电离

minimum latency   最快存取

minimum latency programming   最快存取程序设计

minimum latency routine   最快存储程序

minimum length cut   最小切削长度

minimum life section   危险截面

minimum limit   极小极限

minimum limit of size   最小极限尺寸

minimum machining diameter   最大加工直径

minimum maximum property   极小极大性

minimum module   最小模数

minimum number of tooth   最少齿数

minimum oil film thickness   最小油膜厚度

minimum orbital unmanned satellite of the earth (=MOUSE)   不载人的最小人造地球卫星(仪表重量在50kg以下)

minimum period   低限时间,最小时间

minimum photographic distance   最近拍摄距离,近摄距离

minimum point   极小点

minimum principle   极小值原理

minimum problem   极小值问题

minimum range   (1)最小作用距离,最近距离,最短距离;(2)最小量程;(3)最小射程

minimum reacting dose (=MRD)   最小反应剂量

minimum redundancy code   最小剩余度码

minimum relay   低载继电器

minimum revolutions   最低转数

minimum running current   最小工作电流

minimum Rockwell hardness (=md)   最小洛氏硬度

minimum safe distance (=MSD)   最小安全距离

minimum safe height of burst (=MSHB)   爆炸的最小安全高度

minimum sampling frequency   最低抽样频率

minimum signal method   最小信号法

minimum size   最小尺寸,下限尺寸

minimum space station spacings   太空电台最小间隔

minimum speed   最低转速

minimum speed of spindle   主轴最低转速

minimum steady feed rate   最小稳定进给量

minimum stock allowance   最小加工留量

minimum thermometer   最低温度计,最低温度表

minimum threshold power   最小阈值

minimum tree problem   最小树问题

minimum trigger field   最小触发电场

minimum turning circle   最小回转圆,最小转弯圆

minimum turning diameter   最小车削直径

minimum turning radius   最小转弯半径

minimum usable writing time   最小有效记录时

minimum value   最小值,极小值

minimum value of contact ratio   接触比最小值,重叠系数最小值

minimum variance unbiased (=MVU)   极小方差无偏

minimum variance unbiased estimate (=MVUE)   极小方差无偏估计

minimum variance unbiased linear estimator (=MVULE)   极小方差无偏线性估计量

minimum visual signal (=MVS)   最小视频信号

minimum working current   最小动作电流,最小工作电流

minimum working excitation   最小动作磁动势

mining   (1)采矿,矿业;(2)敷设地雷,敷设水雷;(3)矿用的,采矿的

mining car   矿车

mining core tube   采矿机身管,岩心管

mining effect   爆炸效力

mining engineer (=ME)   采矿工程师

mining industry   [采]矿[工]业

mining machine   采矿机,采掘机

mining machinery   矿山机械,采矿机械

mining survey   矿山测量

mining system   坑道工事

mininoise   低噪声的

minioscilloscope   小型示波器

minipad   小垫片

minipore   小孔

miniprinter   小型印字机

miniprints   缩印品

miniprocessor   小型处理机

minipump   微型真空泵,小型真空泵

minispread   小排列

ministerial order   政府定购

ministrant   助理[的],辅助[的]

ministration   帮助,服务

ministrative   帮助的,服务的

Ministry of Defense (=MOD)   国防部

ministry of technology (=Min Tech)   技术部

minisub   小型潜水艇

minitelevision   小型电视机

miniterm   最小项

minitrack   (1)电子跟踪系统;(2)卫星跟踪系统

minitransistor   小型晶体管

minitrim   微调

Minitron   米尼特朗数字管

minitube   小型电视机

minituner 小型调谐器

minitype 小型, 微型

minitype voltage regulator diode 微型稳压二极管

minium 四氧化三铅, 红铅, 红丹, 铅丹

miniumite 铅丹

minivalence 最低化合价

miniwatt 小功率

Minofar 米诺发合金, 餐具锡合金 (一种锡基合金, 锑 17-20%, 锌 9-10%, 铜 3-4%, 其余为锡)

minolith 防火防腐剂

minometer (1) 微放射计; (2) 袖珍剂量计用的充电计数仪

minor (=mi 或 min) (1) 较小的, 小数的, 小的, 短的, 轻的; (2) 次要的, 辅助的, 不重要的, 局部的; (3) {数} 子 [行列] 式, 余子式; (4) 子 [行列] 式的; (5) 选修科, 次要科目

minor arc 主弧, 小弧, 劣弧

minor axis (椭圆) 短轴 [线]

minor bend (1) 微弯波导; (2) 短弯头

minor betterment 次要改善, 局部改善

minor-caliber 小口径

minor crane 小型起重机

minor-cycle 小周期, 短周期, 小循环

minor cycle 小周期, 短周期, 小循环

minor cycle counter (=MCC) 短周期计数器

minor details [次要] 细节

minor determinant 子行列式

minor deviation 最小偏差

minor diagonal 次对角线

minor diameter (1) 小直径; (2) (螺纹) 底径, 内径; (3) (椭圆) 短径

minor diameter fit 内径配合

minor diameter fit of spline 花键内径配合

minor diameter of thread 螺纹内径

minor element 微量元素, 痕量元素

minor enterprises 中小企业

minor exchange (1) 分交换机; (2) 电话支局

minor face 短边

minor filament 微光灯丝, 小光灯丝

minor flank (刀具) 副后面

minor function 下函数

minor hysteresis loop 局部磁滞回线

minor inconsistence 小量不一致

minor inconsistency 小量不一致

minor inorganics 微量无机成分

minor inspection 小检查

minor light 弱烛光灯

minor lob (天线方向图的) 副波瓣, 旁瓣, 后瓣

minor loop 局部磁滞回路, 局部磁滞回线, 小磁滞回线, 小循环

minor metal 次要金属, 稀有金属

minor of a determinant 子行列式

minor office 分局, 支局

minor overhaul 小修

minor path 劣路线

minor principal stress 最小主应力, 第二主应力

minor radial 次要辐射线

minor relay station 小转发站

minor repair 小修

minor semiaxis 小半轴, 短半轴

minor spiral 小螺旋

minor term 小项

minor total 次要的总计量, 小计

minor trough 副槽, 小槽

minorante 弱函数, 劣函数

minority 少数

minority carrier 少数载流子

minority carrier emitter 少数载流子发射极

minority impurity 少数杂质

Minovar 米诺瓦合金, 低膨胀高镍铸铁 (含 34-36%Ni 的低膨胀铸铁)

Minovar metal 米诺瓦合金

mint-condition 崭新的

mint-weight (货币的) 标准重量

minterm 小项

minterm form 小项形式

minterm-type 小项型

minuend 被减数

minus (1) 阴极的, 阴电的, 负的, 减去的, 零下的; (2) 负极, 阴极; (3) {数} 负数, 负量, 减号, 负号, 减法; (4) 零下; (5) 减去, 失去, 去掉; (6) 不足, 不利, 损失, 缺点, 缺陷

minus caster 负后倾角

minus charge 负电荷, 阴电荷

minus deflection 负偏斜

minus earth 负极接地, 阴极接地

minus effect 不良效果, 反效果, 负作用

minus electricity 负电, 阴电

minus grade 下坡, 降坡

minus involute (齿轮) 负渐开线

minus ion 负离子, 阴离子

minus material 次品

minus No.3 material 小于 3 筛号的材料

minus phase 反相, 负相

minus screw (1) 一字槽头螺钉; (2) 左旋螺纹

minus side 减侧, 负侧

minus sight 前视

minus sign 减号, 负号

minus tolerance 负 [公] 差

minus zone 负数区

minuscule (1) 小写字母; (2) 很不重要的, 很小的

minute (=M 或 mi 或 min) (1) 角度的弧分, 分钟, 分; (2) (复) 会议记录, 议事要录; (3) 备忘录, 笔记; (4) 一会儿, 瞬间, 刹那; (5) 微小的, 详细的, 精密的; (6) 测定……的精确时间, 将……列入会议记录

minute adjustment 精密调节

minute-book 记录簿, 记事簿

minute bubbles 小气泡

minute crack 微细裂纹, 发形裂缝, 细裂缝, 发裂

minute dirt particle 微粒尘埃, 细粉尘

minute finish 抛光至镜面光泽

minute-hand (钟) 分针, 长针

minute hand (钟) 分针, 长针

minute irregularities 微小的不平整处

minute loop antenna 微环形天线, 小环形天线

minute mark 分记

minute of arc 弧分

minute pinion 分针小齿轮, 分轮齿轴

minute projections (1) 极微小突出部分; (2) 摩擦面的粗糙度

minute quantity 极少量

minute-sized 尺寸微小的, 微小尺寸的

minute wheel 分针轮, 跨轮

minutely (1) 每分钟发生的, 连续的; (2) 微小地, 详细地, 精密地, 精确地

minuteness (1) 微小, 详细; (2) 精密, 精确

minutes of talks 谈话记录

minutia (复 minutiae) 细节, 细目, 琐事

minutiae (单 minutia) 细节, 细目, 琐事

Minvar 镍铬 [低膨胀] 铸铁 (镍 29%, 铬 2%, 其余铁或镍 36%, 铬 2%, 其余铁)

mio- (词头) 减少, 不足, 减缩

miobar 微巴

Mipolam 麦波郎 (聚氯乙烯型塑料专用名)

mipor 多微孔的

mipora 米波拉 (一种保温材料)

Mira 米拉铜合金 (一种铜基合金, 铜 74-75%, 铅 16%, 锑 0-0.68%, 锡 1-8%, 镍 0.25-1%, 锌 0-0.6%, 其余铁)

Mira alloy 米拉合金

Mira metal 米拉耐酸合金

mirabilite 米拉比莱铝合金 (镍 4.1%, 铅 0.04%, 硅 0.3%, 铁 0.4%, 钠 0.04%, 其余铝)

miralite 米拉来特铝镍合金 (铝 96%, 镍 4%)

miran (=missile ranging) 测定导弹弹道的脉冲系统, 导弹射程测定系统, 米兰系统

mired (=microreciprocal degree) 迈尔德 (色温单位)

mirror (1) 倾斜镜, 反射镜, 反光镜, 反射器, 反射物; (2) 借鉴; (3) 反映, 反射, 映出; (4) 镜式的

mirror arc 带反射镜弧光灯, 镜弧灯

mirror backed fluorescent screen 带反射镜的荧光屏, 背面敷铝的荧光屏, 背面反射式荧光屏

mirror ball 小型球面反射镜

mirror-bright 像镜一样发光的, 镜的

mirror coating 反射镜涂膜

mirror drum 镜面筒

mirror effect 镜像效应

910

mirror electrodynamometer 反射镜式功率计,镜式电测力计,镜式力测电流计

mirror element 镜像元,像素

mirror extensometer 反光伸长计,反光延伸仪,镜示伸长计,镜示延伸仪

mirror face 镜面

mirror field 磁反射镜场,镜面对称场,反射场

mirror finish (1)镜面光洁度;(2)镜面磨削

mirror finished surface 镜面加工面

mirror finishing 镜面精加工,镜面磨削

mirror galvanometer 镜式电流计,镜式检流计

mirror grinding 镜面磨削

mirror-image 镜像

mirror image 镜像

mirror instability 磁镜不稳性

mirror iron 镜铁

mirror-lined 内镜面镀层的,背面镜反射膜的

mirror machine (1)带有磁镜的热核装置;(2)磁镜机构

mirror method 镜像法

mirror oscillograph 镜式示波器

mirror-phone 磁气录音机

mirror polish 镜面抛光

mirror pyrometer 镜式高温计

mirror reading 镜示读数法

mirror reflection 镜面反射

mirror scale 镜面度盘,镜面标度

mirror shot (利用)反射镜摄影的,反射镜合成摄影

mirror-smooth 镜面一样光滑的,平滑如镜的

mirror stereoscope 反光立体镜

mirror-symmetric 镜面对称的,反转对称的

mirror symmetry 镜面对称

mirror torsiograph 框式扭矩仪,镜式扭力记录仪

mirror turning 镜面车削

mirror-writing 倒写

mirrored (1)镀金属的,镀膜的,镜面化的;(2)装有镜子的,当镜子用的

mirrorless 无反射镜的

mirrorlike 如镜的,似镜的

mirrorscope 取景器

MIRV (=multiple independently targeted re-entry vehicle) (1)分导多弹头重返大气层导弹;(2)改装为分导多弹头导弹,用多弹头分导重返大气层运载工具去装备

MIRV warhead 分导多弹头重返大气层导弹弹头

MIRVing 改装为分导多弹头导弹

mis- (词头)错,误,不利,不准

mis-act 行为失检,行动错误,执行不力

mis-adjustment 误调

mis-classification 错误分类

mis-trip 解扣失误,错解扣,误解扣

misadjustment 不准确的调整,不准确的调节,失调,误调

misadministration 管理失当

misadventure 不幸事件,意外事件,灾难

misaim 灯光不正确投射,失准

misalignment (1)不对中,不对准,不重合,不符合,不一致,位移,偏移,偏差;(2)直线不重合度,中心线不重合度,不同轴性,不同心度,不平行度;(3)不规则排列;(4)调整不当,校整不当;(5)角度误差,误差方向;(6)安装误差,对准误差,失调,不正;(7)非直线性,非准直性;(8)偏心率

misalignment voltage 失调电压,失配电压,失谐电压

misapplication 不正确应用,不正确使用,误用,错用,滥用

misapply 不正确使用,不正确应用,误用,错用,滥用

misapprehend 误解,误会

misapprehension 误解,误会

misapprehensive 误解的,误会的

misappropriate 误用,滥用

misappropriation 误用,滥用

misarrange 不正确安排,安排不当,布置不当,配置不当,排错

misarrangement 不正确配置,错误布置

misbecome 不适于……

misbelief 误信

misc (=miscellaneous) 杂项

misc (=miscible) 易混合的,可溶合的

miscalculate 计算误差,误算,算错

miscalculation 计算误差,不正确计算,算错

miscall 错叫,误称

miscarriage (1)错误,误差;(2)管理不周,不成功,失误,失败;(3)(信件)误投

miscarry (1)产生错误,产生误差;(2)未送至目的地,误投;(3)不成功,失败

miscella 混合油

miscellaneous (1)混杂的,混合的;(2)各种各样的,多方面的,各种的;(3)其他

miscellaneous business 杂务

miscellaneous element 其他元件,混杂元件

miscellaneous goods 杂货

miscellaneous small parts (=msp) 各种小零件

miscellany (1)混合,混杂;(2)混合物

misch metal (1)含铈的稀土元素合金;(2)稀土金属混合物;(3)铈[镧钕错]合金

mischance (1)不幸事件,灾难;(2)故障,障碍

mischcrystal 固溶体,混晶

mischief (1)损害,危害,伤害,灾害,灾祸;(2)故障,毛病

mischmetal (1)含铈的稀土元素合金;(2)稀土金属混合物;(3)铈[镧钕错]合金

miscibility (1)混合性,可混性;(2)可混物

miscibility gap 混溶裂隙

miscible 可混合的,可溶混的,可拌和的

misclosure 闭合差

Misco metal 镍铬铁耐蚀合金,米斯科合金(镍30-65%,铬12-30%,其余铁)

miscoding 密码编错

miscolour 着色不当,着错色

miscommunication 劣质通信

misconceive 对……有错误观念,误解,误会,错认

misconception 概念不清,看法错误,误解,错觉

misconduct 处理不当,办理不当,办错

misconnection 误接,接错

misconstruction 解释错误,误解,误会,曲解

misconstrue 误解,误会,曲解

misconverged kinescope 电子束发散式显像管

misconvergence (1)收敛失效,收敛不足,无收敛,失收敛;(2)会聚失调,不会聚,失聚

misconvergence of beams 电子束失会聚,电子注失聚,射束分散,射束分开,波束分散

miscount 计算错误,错算,误算

miscreate 误造,错造

miscuts 切割错误

misdate 记错日期,填错日期

misdealing 做错

misdeem 估价错误,判断错误,错认为,错认

misdelivery 发货错误,误投

misderive 错误得出,错误推论

misdescribe 记述错误,误记

misdescription 记述错误,误记

misdial 拨错电话号码

misdirect (1)指导错误,指示错误,方向指错;(2)错误处置,使用不当,写错,错用

misdoubt 不相信,怀疑,担心

mise 协定,协约

misemploy 错误使用,误用

miser (1)钻探机,凿井机;(2)钻湿土用大型钻头,管形提泥钻头,锥钻头

misering 钻探

misestimate 不正确评价,错误评价

misfeed (1)传送失效,误传送,误输送,误馈送,错送,送错,给错;(2)供弹故障

misfire (1)未能起[电]弧,未能放电;(2)点火不良,不发火,不点火

misfire detonation 拒爆

misfiring 不发火,不点火

misfit (1)配合不良,配错,错合;(2)不吻合,不适合;(3)不配合零件

misfit dislocation 不匹配位错

misfit energy 错配能

misfocus 散焦

misfocusing 散焦

misform 作成奇形怪状

misframing 帧失步

misgovern 对……管理不当

misguidance 错误的引导,错误的指导

misguide 对……指导错误,使误入歧途
misguided 被引导错误的,误入歧途的
mishandle (1) 不正确运用;误操作;(2) 处理错,用错
mishandling (1) 不正确运转,违反运行规程,误操作;(2) 处理错,使用错
mishap 意外事故,损坏,灾祸,灾难
mishear 听错
misinform 传错消息,使误解,误传
misinformation 传错消息,错误报导,误传
misinterpret 错判断,误以为,误解,误释,释错
misjudge 判断错误,估计错误
misjudgement 判断错误,估计错误
misland 弄错起卸港,卸错
mislay 遗失,误置,丢弃
mislead 误入歧途,带错,领错,引错,误解
misleading 使人误解的
mismachined [机械]加工不当的
mismanage 管理不善,处理错误,办错
mismatch (1) 失配,错配;(2) 失谐,失调;(3) 未对准,不重合,不匹配,不协调,不符合,有误差,偏移;(4) 零件错配;(5) 配合不符;(6) {铸} 错箱
mismatch contact ratio 失配重叠系数
mismatch error 失配错误
mismatch loss 失配损失,失配损耗
mismatched generator 失配信号发生器,失配振荡器
mismatched line 不拟合曲线
mismatching (1) 失配,错配;(2) 失谐;(3) 不配合;(4) 失配系数
mismatching loss 失配损耗
mismate 组合不当,配合不当,错配合,误配
misname 误称,叫错
misnomer 名称使用不当,用字错误,误称
misoperation (1) 不正确操作,操作不当,误操作,误动作;(2) 失去平衡,故障;(3) 异常运用
misorientation 取向错误,定向误差,定向误差,迷失方向
misoriented 取向错误的,方向定错的,方位定错的
mispairing 缺对,错配
misphase 分相
misphasing 相移
misplace (1) 放错位置,错放,误放,误置,错位;(2) 误给
misplaced winding 偏位绕组
misplacement 错位
misplug 插塞错误,误插
mispointing 错定位
misprint 打印错误,印刷错误,误印
misproportion 不成比例,不均称,不平衡,不相称
misquotation 引述错误,误引
misquote 引述错误,误引
MISRE (=microwave space relay) 微波空间中继
misread (1) 错读,读错;(2) 解释错误,测量错误
misregister 记录不准确,指示不准确,显示不准确
misregistration (1) 配准不良,对准不良,错误配准;(2) 记录失真,记录错误;(3) 重合失调;(4) 误读;(5) {计} 位置不正
misregistry 图像重合失调
misremember 记忆错误,忘记
misreport 错报,误报
misrepresent (1) 误称,误传,曲解,歪曲;(2) 错误表示
misroute 不正确指向,错误指向,误转
misrun (1) 未铸满,浇不足,潜流;(2) 残缺铸件,缺肉
misrun casting 有缺陷铸件
MISS (=man-in-space simulator) 人在宇宙空间的模拟装置
miss (1) 未打中,未射入,未命中,不中;(2) 损失,失去,失掉,失踪,失误,失败;(3) 未觉察,未领会;(4) 遗漏,脱漏,漏掉,省掉;(5) 未赶上,错过
miss chucking [错] 误夹 [紧]
miss cost 漏警代价
miss distance indicator (=MDI) 脱靶距离指示器
miss feed 错误进给
miss-fire 瞎炮
miss-fire shot 瞎炮眼
miss match 不重合,失配
miss punch 错位冲孔
miss punching 导向不良
miss the bus 错过机会
miss the point 不得要领

missdistance 误差距离,失误距离,脱靶距离
missdistance information 脱靶量信息
missed heat 不合格熔炼
missend 送错
missense 误义
misshape 使成异形
misshapen 残缺不全的,奇形怪状的,畸形的,异形的
missile (=MSL) (1) 火箭,导弹,飞弹,炮弹;(2) 信号弹,照明弹;(3) 发射物,抛射体,弹性体,射体;(4) 投射器;(5) 可发射的
missile air conditioning system (=MACS) 导弹空气调节系统
missile assembly facility (=MAF) 导弹安装设备
missile base 导弹基地
missile-bearing beam 导弹方位引导波束
missile body (=MB) 导弹体
missile-borne 导弹上的
missile-borne package 弹载部件
missile car complex 导弹发射列车,铁路综合发射设备
missile control system 导弹控制系统
missile decoy 诱惑导弹
missile electronics 导弹电子学
missile failure (=MF) 导弹故障
missile flight control system (=MFCS) 导弹飞行控制系统
missile flight indicator (=MIFI) 导弹飞行指示器
missile flight safety system (=MFSS) 导弹飞行安全系统
missile ground equipment (=MGE) 导弹地面设备
missile guidance 导弹制导
missile guidance and control (=MGC) 导弹制导与控制
missile guidance computer (=MGC) 导弹制导计算机
missile guidance set (=MGS) 导弹制导设备
missile guidance system (=MGS) 导弹制导系统
missile guidance system test set (=MGSTS) 导弹制导系统测试设备
missile handling trailer (=MHT) 导弹运载拖车
missile impact locating system (=MILS) 导弹弹着点测定系统
missile industry (=MI) 导弹工业
missile launcher 导弹发射器
missile-mounted retro-reflector 弹载后向反射器
missile not fully equipped (=MNFE) 未完全装备好的导弹,未完全安装好的导弹
missile-operation control 导弹导引
missile plane (1) 飞弹;(2) 导弹运载飞机
missile power panel (=MPP) 导弹动力控制台
missile production center (=MPC) 导弹生产中心
missile range gate 导弹距离跟踪波门
missile-range instrumentation radar 导弹靶场测量雷达
missile review board (=MRB) 导弹审查委员会
missile safety set (=MSS) 导弹安全设备
missile-silo 导弹发射井
missile site 导弹发射场
missile site radar (=MSR) 导弹发射场雷达,导弹场雷达
missile skin (=MS) 导弹外壳
missile standard manual (=MSM) 导弹标准手册
missile static test site (=MSTS) 导弹静态试验场
missile station (=MS) 导弹站
missile subsystem (=MSS) 导弹的子系统
missile system (=MS) 导弹系统
missile system drawing number (=MSDN) 导弹系统的图纸号码
missile systems test (=MST) 导弹系统的试验
missile-target engagement range 导弹截击目标距离
missile targeting equipment (=MTE) 导弹瞄准目标设备
missile test (=MT) 导弹试验
missile test and readiness equipment (=MTRE) 导弹试验与准备装置
missile track radar (=MTR) 导弹跟踪雷达
missile tracking system 导弹跟踪系统
missile trajectory measurement system (=MISTRAM) 导弹轨迹测量系统
missiledom 导弹世界
missileer 导弹专家
missileman (1) 火箭发射手,导弹操作手;(2) 导弹专家
missilery 导弹设计技术,导弹发射技术,导弹技术
missileskin (=MS) 导弹外壳
missing (1) [发动机] 不发火,故障;(2) 遗漏,未命中,未打中;(3) 损失,失去,失踪;(4) 失踪的,失落的,缺少的,错过的
missing mass 丢失质量
missing of ignition 不着火

missing order　缺序

missing plot technique　缺区补助技术

missing pulse　漏脉冲, 脉冲遗漏

mission　(1) 飞行任务, 使命, 任务; (2) (汽车的) 变速箱; (3) 代表团, 使团, 使节, 使馆, 特使; (4) 派遣

mission data reduction (=MDR)　使用数据简化

mission-dependent equipment　专用飞行设备

mission-independent equipment　通用飞行设备

mission-oriented network　面向任务的网络

mission success rate　使用成功率

misspend　浪费, 滥用, 误用

mist　(1) 雾; (2) 油雾

mist arrester　吸雾器

mist drain device　吸雾器

mist fan motor　喷雾吹风马达, 喷雾吹风电动机

mist lubrication　油雾润滑

mist separator　湿气分离器

mist spray　喷雾

mist spray damping machine　喷雾给湿机

mistakable　易被误解的, 易错的

mistake　(1) 错误; (2) 弄错; (3) 用错

mistaken　误解的, 错误的

misterm　误称

mistermination　(端接) 失配, 失谐

mistime　估计错时间, 不同步

mistimed　不合时宜的

mistiming　误时

mistiness　不明了, 模糊

mistlike　薄雾状的

mistranslate　译错, 误译

mistranslation　译错, 误译

mistrust　不相信, 不信任, 怀疑

mistune　失调谐, 误调谐, 失谐, 失调

mistuning　失调谐, 误调谐

misty　模糊的, 朦胧的

misunderstand　误会, 误解, 曲解

misunderstanding　误会, 误解, 曲解

misusage　错用, 误用, 滥用

misuse　错用, 误用, 滥用

miswork　工作出错

miswrite　[书] 写错 [误]

Mitchell　B-25 型轰炸机

Mitchell drive　双向等量运动皮带传动

Mitchell thrust bearing　米歇尔止推轴承

miter 或 mitre　(1) 节锥成 45° 角的圆锥; (2) 成 45° 角斜接, 斜角缝; (3) 成 45° 角斜接面; (4) 斜接面, 斜接规, 斜角缝, 斜接缝, 斜接

miter angle　(锥齿轮) 45° 角

miter bend　斜面弯管

miter block　斜锯架

miter box　轴锯箱

miter cap　楼梯扶手柱头饰垫

miter clamp　斜接夹

miter cutting　斜角锯断, 斜切割

miter dovetail　斜楔榫

miter end (=ME)　(45°) 斜接端

miter ga(u)ge　斜接规

miter gate　人字闸门

miter gear　等径正交锥齿轮 (传动比为 1 的正交锥齿轮), 等径伞齿轮

miter gears　等径正交锥齿轮副

miter joint　斜削接头, 斜面接合

miter plane　斜角刨

miter post　斜接柱

miter rod　斜角棒

miter saw　斜切锯

miter sill　斜梁

miter square　(1) 斜角规; (2) 固定角规, 角规

miter valve　锥形阀

miter wheel　等径正交锥齿轮

miter wheel gearing　等径正交锥齿轮 [传动] 装置

mitered　成 45° 角斜接的

mitis　(1) 可锻铁; (2) 铸造用可锻铁的

mitis casting　(1) 可锻铁铸造; (2) 可锻铁铸件

mitis metal　可锻铁

mitre 或 miter　(1) 节锥成 45° 角的圆锥; (2) 成 45° 角斜接, 斜角缝; (3)

成 45° 角斜接面, 45° 角接口, 45° 接合; (4) 斜接面, 斜接规, 斜角缝, 斜接缝, 斜接

mitre block　斜锯架

mitre-box　(木工用) 45° 角尺, 轴锯箱

mitre cramp　斜接夹

mitre gate　人字闸门

mitre-gear　等径正交斜齿轮, 等径伞齿轮

mitre gear　等径正交斜齿轮, 等径直角斜齿轮, 等径伞齿轮

mitre joint　斜角连接, 斜削接头, 斜面接合

mitre plane　斜角刨

mitre saw cut　斜面锯木规

mitre sill　人字门槛

mitre square　斜角尺, 角曲尺

mitre valve　锥形阀

mitre welding　斜接焊接

mitre-wheel　等径伞齿轮, 正交斜齿轮

mitre wheel　等径伞齿轮

Mitron　电子调谐式柱形磁控管, 电压控制调谐磁控管, 宽带磁控管, 米管

Mitsche's effect　银 - 铜合金特殊时效硬化, 米谢效应

Mitsubishi's balancing machine　三菱 [公司] 平衡试验器

mitten　手套

mix　(1) 混合, 拌合, 溶合, 配合, 搅拌; (2) 配料, 配制; (3) 混合物

mix-crystal　混 [合] 晶

mix design　混合料成分设计, 混合料配合比设计, 配料设计

mix gate　"或" 门

mix-in-place　就地拌和, 路拌

mix muller　混合碾压机, 搅拌碾压机, [摆轮式] 混砂机

mix-preparation　[混凝土] 拌和物配制

mix preparation　[混凝土] 拌和物配制

mix seal　混合料封层, 拌合式封层

mix selector　(1) 选料器; (2) 配料者

mix-up　(1) 混和, 拌和; (2) 混合物

mixable　[可] 溶混的

mixed　(1) 混合的, 掺合的, 拌和的; (2) 各式各样的, 交叉着的, 混淆的

mixed accelerator　(1) 混合催速剂; (2) 联合加速器

mixed amine fuel (=MAF)　混合胺燃料

mixed amplifier (=MA)　混合放大器

mixed-base　混合基数的

mixed base　混合料基层, 混合底子, 混合基

mixed base crude　混合基原油

mixed-base notation　混合基数法, 混合计数法, 混合基编码

mixed-base number　混合基数

mixed-bed exchanger　混合床树脂交换器

mixed blanking　复合消稳

mixed cold　冷拌和

mixed contact　混合接触

mixed-continuous group　{计} 连续混合群

mixed coupling　混合耦合

mixed crystal　混合晶体, 固溶晶体, 混频晶体

mixed decimal　带小数的数

mixed exponent　带分数指数

mixed feed　混合进料法

mixed firing　混合燃烧

mixed fission products (=MFP)　混合裂变产物

mixed fission products generator (=MFPG)　混合裂变产物发生器

mixed flow (=MF)　混合 [气] 流, 混流式

mixed flow compressor　混流式压缩机

mixed-flow turbine　混流式水轮机

mixed flow turbine　混流式透平, 混流式水轮机

mixed fraction　带分数

mixed gas producer　混合煤气发生器

mixed grain (=MG)　多种粒径的, 混合颗粒的

mixed grain size　混晶粒度

mixed-grained　多种粒径混合的

mixed high frequency　混合高频

mixed high technique　(彩色电视) 混合高频发射技术

mixed highs　三信号的高频分量混合物, 混合高频分量, 混合高频信号

mixed highs system　混合高频系统, 高频混合制

mixed-highs transmission　混合高频传送, "灰色" 传送

mixed hydrazine fuel (=MHF)　混合联氨燃料

mixed hot　热拌和

mixed-in-place　就地拌和的, 工地拌和的

mixed-in-transit　自动 [搅拌] 机搅拌

mixed joint　混合接头
mixed lubricant　混合的润滑油
mixed lubrication　混合润滑
mixed number　带分数
mixed oil film region　混合油膜区
mixed paint　调和漆
mixed-phase　混波相位
mixed plant　混合式电站
mixed-powder　混合粉沫
mixed pressure turbine　混压涡轮机,混压透平
mixed radix　混合进位制,混基
mixed-radix notation　混合基数记数法
mixed radix number　混合基数
mixed spectrum superheat reactor (=MSSR)　混合光谱过热反应器
mixed spectrum superheater (=MSS)　混合光谱过热器
mixed spectrum superheater critical experiment (=MSSCE)　混合光谱过热器临界试验
mixed syncs　复合同步
mixed tube　混频管,混波管
mixed turbine　混流式涡轮机
mixed-up　混合的,拌合的
mixed video　混合视频
mixed widths (=MW)　混合宽度
Mixee　米克斯粉末混合度测量仪,米克斯粉末混合度测量器
mixer　(1)混合装置,混合容器,混合器,混料器,调和器,搅拌器,混合机,搅拌机,拌和机,混砂机,混料箱,溶解机;(2)混铁炉,混铁罐,混炼器;(3)混频器,变频器,混频管,换频管;(4)(超外差接收机)第一检波器,混合控制台,混频管,换频管;(5)喷燃器;(6)混合阀
mixer action　混频[器]作用
mixer-agitator tank　拌和机搅拌缸
mixer amplification by variable reactance　可变电抗混频放大器,低噪声微波放大器
mixer amplifier　混频放大器
mixer car　搅拌机车
mixer circuit　混频电路
mixer crystal　混频晶体
mixer diode　混频[器]二极管
mixer-duplexer　混频‐天线转换开关两用器,混频双用器
mixer filter　混频器滤波器
mixer-granulator　混合制粒机
mixer-lorry　移动式拌和机,汽车式搅拌机
mixer-settler　混合沉淀器,混合沉降器,混合澄清器,混合澄清槽
mixer tube　混频管,混波管
mixing　(1)混合,混炼;(2)搅拌,拌和;(3)混频,变频,混波;(4)混合对称化循环,混合物的形成,混合物的生成;(5)溶解
mixing at site　就地拌和,工地拌和,现场拌和
mixing chamber　混合室,混气室,预燃室,拌和室,搅拌室
mixing circuit　"或"电路,混频电路
mixing drum　滚筒式混砂机,叶板式混砂机,鼓形混砂机,拌和鼓,拌和筒
mixing ladle　混铁罐,混铁包
mixing-mill　混磨机
mixing mill　(1)混砂机,混砂碾;(2)混合辊;(3)炼胶机
mixing platform　搅拌台
mixing proportion ratio　混合比例,配合比
mixing resistor circuit　电阻混频电路
mixing roll　(1)混合辊;(2)混炼机
mixing screw　螺旋混合器
mixing speed　拌和速度,混合速度
mixing tube　混合管,混频管,混波管
mixing unit　(1)成套拌合设备,拌合厂;(2)混频器部件,混频器部分
mixing valve　混合阀
mixometer　拌和计时器
mixt.　(1)混合;(2)混合物,混合体,混合剂;(3)配料;(4)炉料
mixture　(1)混合;(2)混合物,混合体,混合剂;(3)配料;(4)炉料
mixture calculation　配料计算
mixture control assembly　混合气控制装置,混合比调节装置
mixture length　混合流程
mixture making　配料[计算]
mixture of gases　气体混合物
mixture ratio　混合气成分比,混合比,配合比
mixture specification　(混合料的)配料规范
MK magnet　铁镍铝组成的永磁性材料,MK磁铁
MK steel　镍铝钴铁合金永磁钢,MK钢

ML programmer　用机器语言的程序设计员
mneme　记忆力
mnemic　记忆的
mnemon　记忆单位
mnemonic　(1)帮助记忆的,记忆的;(2)记忆存储器,记忆装置,记忆符号,助记符号;(3)记忆法,记忆术
mnemonic center　记忆中枢
mnemonic code　记忆码,助记码
mnemonic instruction code　助记忆指令码
mnemonic operation code　助记操作码
mnemonic symbol　助记符号
mnemonics　记忆法
Mo-permalloy　含钼镍铁导磁合金,钼波马合金(镍78.5%,铁17.7%,钼3.8%)
Mo-perminvar alloy　钼波民瓦尔合金
mob (=mobile)　(1)移动式的;(2)汽车
mob (=mobilization)　流动作用,动员
mob (=mobilized)　动员的,调动的
MOBIDAC (=mobile data acquisition system)　移动式数据获取系统
Mobidic (=mobile digital computer)　移动式数字计算机
mobile　(1)原动力;(2)可移动的,活动的,可动的,易动的,机动的,运动的,自动的,流动的,移动的,动态的,游离的,游动的;(3)活动装置的,可携带的,轻便的,灵活的;(4)可动装置,活动装置,运动物体,汽车;(5)汽车的;(6)常变的,多变的
mobile aerial target (=MAT)　流动的空中目标
mobile antenna　移动式天线
mobile antisubmarine warfare target (=MASWT)　流动的防潜艇军事目标
mobile artillery　移动火炮
mobile base (=MB)　可动基底
mobile belt　活动带
mobile belt-trough elevator　移动式斗带升运机
mobile checkout and maintenance (=MOCAM)　流动检查与维修
mobile checkout station (=MCS)　流动检查站
mobile cleaner-grader　移动式清选分级机
mobile crane　汽车式起重机,移动式吊车,移动式起重机
mobile data acquisition system (=MOBIDAC)　移动式数据获取系统
mobile defect　(晶体格子的)活动缺陷
mobile digital computer　移动式数字计算机
mobile electron　流动电子,移动电子
mobile engine test stand　移动式发动机试验台
mobile equilibrium　动态平衡
mobile filling　从上自重流下充填法
mobile fire controller (=MFC)　可移动的射击指挥仪器
mobile gamma irradiator (=MGI)　活动式伽玛(γ)辐射器
mobile gas turbine　移动式燃气轮机
mobile gate　活动栅门
mobile grain drier　移动式谷物干燥机
mobile grease　铅皂润滑脂,低粘度润滑脂
mobile hoist　移动式吊车
mobile home　移动车房
mobile hydraulic crane　移动式液压吊车
mobile hydraulic jack　移动式液压千斤顶
mobile installation with automatic tranverse for spray irrigation　移动式喷灌装置
mobile lab　流动实验室
mobile liquid　低粘度液体,流性液体
mobile load　活动荷载,活载
mobile loader　移动式装载机
mobile lubrication equipment　移动式润滑设备
Mobile Medium-range Ballistic Missile (=MMRBM)　机动中程弹道导弹
mobile moisture　游离水分
mobile motor driven centrifugal pump　移动式机动离心泵
mobile nuclear power station　流动核电站
mobile oil　内燃机润滑油,发动机润滑油,机[器]油,流性油
mobile radio　移动式无线电通信
mobile radio unit (=MRU)　移动式无线电站,流动无线电台
mobile receiver　轻便接收机,便携式接收机
mobile-relay station　移动中继站
mobile remote control　移动式遥控机械装置
mobile remote-controlled robot (=MOBOT)　移动式遥控机械装置
mobile repair shop　活动修理站,修理车
mobile robot　移动式遥控装置

mobile service　移动电台通信
mobile sprinkler line　移动式喷灌机管道
mobile station　移动[式]电台, 便携式电台
mobile substation　流动变电所, 移动变电所
mobile surface vehicle (=MSV)　机动的地面运输设备
mobile television　移动式电视设备
mobile television channel　移动式电视信道
mobile TV receiver　移动式电视接收机, 汽车式电视接收机
mobile television unit　电视转播车
mobile toolbar　自动底盘
mobile tracking mount　随动跟踪装置
mobile transformer　移动式变压器, 车式变压器
mobile transmitter　移动式发射机
mobile unit (=MU)　(1)移动式设备; (2)移动单元, 活动单元
mobile-unit truck　可移动装置车, 电视车
mobile video recording unit　录像车
mobile workshop　修配车间
mobility　(1)可动性, 活动性, 能动性, 行动性, 机动性, 游动性, 流动性, 移动性, 变动性; (2)流动率, 迁移率; (3)淌度
mobility safety index　流动安全指数
mobility-type analogy　一种电声 - 机械动态模拟, 导纳型模拟
mobilizable　可移动的, 可活动的
mobilizable resistance　流动阻力, 机动阻力, 通行阻力
mobilization　活动, 移动, 动员, 运用, 动用, 流动
mobilize　动员, 调动, 动用, 运用, 使流通, 使活动, 松动
mobilize all positive factors　调动一切积极因素
mobiljumbo　自行钻车
mobiloil　(汽车)润滑油, 机器油, 流性油
mobilometer　流变计, 流淌计, 淌度计
MOBOT (=mobile remote-controlled robot)　移动式遥控机械装置
mobot (=mobile robot)　移动式遥控装置, 人控机器人, 流动机器人
Mock gold　莫克金 (铜 12%, 铂 12%, 镍 64%, 银 12%, 或铜 71%, 铂 25%, 锌 4%)
Mock platina 或 Mock platinum　高锌黄铜 (锌 55%, 铜 45%)
Mock silver　莫克白银, 铝锡合金 (铝 84%, 锡 10.2%, 磷 0.1%, 其余铜)
mock-up　模型飞机 (木制的或塑料制的)
mock up (=MU)　(足尺的) 模型
mock-up reactor　模拟反应堆
mock-up test　模拟试验, 模型试验
mock vermilion　基性铬酸铅
mockup (=M/U)　(1)实体模型; (2)样品, 样机, (3)等效雷达站; (4)伪装工事, 伪装物; (5)制造模型; (6)模型的
mockup test　模型试验
modal　(1)模态的; (2)出现频率最高的, 最常见的, 最普通的, 典型的, 众数的; (3)形式上的, 方式上的, 式样的, 形态的
modal balancing theory　模态平衡理论
modal logic　模态逻辑
modal operator　模态运算子
modal sensitivity (=MS)　最常规灵敏度
modal speed　最常见的速率
modal system　模态系统
modal value　出现频率最高的值, 最常见的值
modality　(1)形式, 方式, 程式, 模式; (2)模态; (3)理疗设备
mode (=M)　(1)形式, 型式, 形状, 式样; (2)模型; (3)方式, 模式, 格式; (4)方法, 手段; (5)外形, 种类; (6)固定振荡图像, 振荡型, 振荡模, 传输模, 传输型; (7)波模, 波型; (8)出现频率最大的值, 频率最高的数值, 最可几值, 最频值, 众数, 众值
mode chart　振荡模图表, 模式图, 波型图
mode competition　波模竞争
mode configuration　模式结构
mode confinement　模限制
mode control　模式控制
mode conversion interference　模转换干涉
mode coupled laser　模式耦合激光器
mode coupling　模态耦合, 波型耦合
mode crossing　波型交叉, 波模交叉
mode discriminating interferometer　模式鉴别干涉仪
mode filter　振荡模滤波器, 杂模滤除器
mode jump　振荡模跳变, 波模跳变, 模跳
mode-locked laser　锁模激光器
mode-locked train　模式同步列阵
mode locking　振荡模锁定, 波模锁定, 波模同步, 波型同步
mode of decay　衰变型
mode of magnetron　磁控管振荡模

mode of metal transfer　熔滴过渡形式
mode of motion　运动方式, 运动形式
mode of operation　工作原理, 工作方法, 操作方法, 工况
mode of oscillation　(1)振荡方式; (2)振荡模型, 振荡型
mode of propagation　传播模, 传播形式
mode of resonance　谐振[类]型, 谐振模式
mode of vibration　振动模式, 振动方式
mode oscillation　模式振荡
mode pattern　模式花样
mode purity　波型纯净度, 波模纯度
mode-reconversion　振荡型再变换, 波型再变换
mode repulsion　模态互斥
mode selection switch (=MSS)　模型选择开关
mode selector　波形选择器
mode separation　波模频率间隔, 模式分隔, 波型间隔, 波模分离
mode shape survey (=MSS)　波型测量
mode spacing　模间隔
mode suppression　模抑制
mode switch　工作状态转换开关, 波型转换开关, 波模转换开关
mode transducer (=MT)　模变换器
mode voltage　模电压
model (=M 或 MOD)　(1)模型, 标本, 样品, 样机, 样式, 样板, 靠模原型, 典型, 试样; (2)模式, 式样; (3)型号, 型式; (4)模型的, 模拟的, 典型的, 标准的, 模范的; (5)摘要, 梗概; (6)跑车型汽车
model analysis　模型分析, 模拟分析法
model and series (=M&S)　型号及批号
model basin　船模试验池
Model bevel gearing　(原民主德国)模度厂等高弧线齿轮
model cam　样板凸轮, 标准凸轮
model change　产品变化, 产品更新, 型号改变
model computer　积木式计算机
model equation　模型方程
model experiment　模型实验, 模型试验
model for quality assurance　质量保证模式
model investigation　模型[实验]研究
model law　模型定律
model logic　模拟逻辑
model machine　样机
model network　模拟网络
model number　(1)型号; (2)序数
model of a quadric　二次曲面模型
model of gear　齿轮模型
model of vibration　振动模型
model plastic　模型塑料
model predication　模型预测法
model response　模型频率特性
model Reynolds number　模型雷诺数
model rigging　模型装配
model room　模型车间, 模型室
model run　同型产品总产量
model scale　模型比例尺
model selector　模型选择器
model set　模型组, 模型
model support　模型架
model symbol　模型符号
model test　模型试验, 模拟试验
model test tank　船模试验池
modeler　模型制造者, 造型者, 塑造者
modeling　(1)制造模型, 模型制作, 模型试验; (2)模拟, 模拟试验; (3)仿形, 靠模; (4)仿形切削; (5)模型化; (6)雕塑
modeller　模型制造者, 造型者, 塑造者
modelling　(1)制造模型, 模型制作, 模型试验; (2)模拟试验, 模拟; (3)仿形, 靠模; (4)仿形切削; (5)模型化, 造型, 成型; (6)雕塑
modelling bar　(缩放仪)比例杆
modelling light　立体感灯光
modelocker　锁模器
modem (=modulator-demodulator)　调制反调制装置, 调制器 - 反调制器, 调变解调器, 调制解调器
modem chip　单片调制解调器
moder　脉冲编码装置, 脉冲信码装置
moderate (=M 或 mod)　(1)中等的, 中级的, 中度的, 适度的; (2)有节制的, 缓和的
moderate accuracy　中等精度
moderate cracking　中度裂化

moderate directivity antenna 方向性天线
moderate-energy 中能
moderate-length 中等长度, 中等距离
moderate operating conditions 中等使用条件, 中等工作条件
moderate or greater (=MOGR) 中等或较大
moderate oven 中温炉
moderate scoring 中度粘着撕伤, 中度胶合
moderate shock 中等[程度]冲击
moderate shock loading 中等冲击载荷
moderate-sized 中等大小的, 中型的
moderate speed (=MS) 平均速度, 中等速度, 中速
moderate visibility 中常能见度
moderate wear 中等[程度]磨损
moderated 减速的, 慢化的
moderately 适度地, 适中地, 普通地, 中等地
moderately rapid 常速的
moderately slow 微慢的
moderately soluble 中等溶度的, 易溶解的
moderating ratio (1)减速系数, 慢化系数; (2)减速比
moderation (1)减速, 慢化, 缓和, 节制; (2)延时作用; (3)适度, 适中, 中等; (4)稳定
moderation of neutrons 中子慢化, 中子减速
moderative 减速的, 慢化的
moderator (1)(反应堆中的)减速剂, 慢化剂, 缓和剂, 阻滞剂, 缓和器; (2)减速器
moderator-coolant 减速冷却剂
moderator-reflector 慢化反射层
modern (=mod) (1)现代的, 近代的; (2)新式的, 时髦的; (3)现代人
modern connector 结合环, 环结件
modern control theory 现代控制理论
modern conveniences (住房内的)现代设备, 新式设备
modern-day 今日的, 目前的
modern-day digital computer 现代数字计算机
modern electrical equipment 现代电器设备
modern inventions and discoveries 现代的发明与发现
modern times 现代
modernisation (=modernization) 现代化
modernise (=modernize) 使成现代式, 用现代方法, 使现代化
modernism 现代主义, 现代方法, 现代式
modernistic 现代风格的, 现代式的
modernity 现代风格, 现代性
modernization 现代化
modernize 使成现代式, 用现代方法, 使现代化
modernly 用现代式, 在现代
modest (1)合适的, 适合的, 适度的, 适当的, 适中的, 有节制的, 普通的; (2)谨慎的
modest capacity memory 小容量存储器
modest capacity storage 小容量存储器
modest intent 一般要求
modesty (1)适度, 适当, 适中, 节制, 中肯; (2)谨慎
modesty panel 桌前遮腿挡板
modi (单 modus) (1)方法, 方式, 样式; (2)工作步骤, 程序
modicum 一点点, 少量, 适量
modifiability 可变更性
modifiable 可变更的, 可改进的, 可调整的, 可缓和的, 可减轻的
modification (=mod) (1)变位, 修正, 修改; (2)改造, 改装, 改型, 改进, 改善, 改良, 改建; (3)变质, 变型, 变形, 变化, 变动, 变换, 变体, 变态; (4)调整; (5)缓和, 减轻, 限制, 限定; (6)变质处理, 孕育处理, 改善处理
modification by irradiation 辐照变性
modification coefficient (齿轮)变位系数
modification factor 变位系数
modification kit (=MK) 成套改装器材, 改装用附带工具, 改进的设备, 改型工具, 附加器, 附件
modification kit order (=MKO) 改装用附带工具订货[单]
modification of orders 指令变换, 指令变化, 指令改变, 指令修改
modification review board (=MRB) 改型审查委员会
modification summary (=MS) 改进总结
modification system 变位[齿形]制
modification task outline (=MTO) 改型工作大纲
modificative (=modificatory) 修正的, 改进的, 调整的, 缓和的, 减轻的
modificator 变质剂, 孕育剂
modified (=mod) (1)(齿轮)变位的, 修正的; (2)变更的, 变质的,

改进的, 改良的, 修正的, 修改的; (3)重建的
modified alloy 改良合金, 变质合金
modified alpax 变质铝硅合金, 改性硅铝合金, 变质硅铝明合金, 改性硅铝明合金
modified AND circuit 改进式"与"电路, 模拟"与"电路
modified austempering 变质等温淬火
modified binary code 反射二进码, 循环码
modified cast iron 孕育铸铁
modified cement 改良水泥
modified coefficient 修正系数, 变位系数
modified constant potential charge 准恒压充电法(恒定电压经过电阻充电)
modified contact ratio (锥齿轮)齿面修正(成鼓形齿)后的总重合度
modifies continuous wave (=MCW) 修改的连续波
modified cube 开槽方块, 凹槽方块, 人工方块, 模方
modified diode transistor logic (=MDTL) 改进的二极管晶体管逻辑
modified gear 修正齿轮, 变位齿轮
modified impedance relay 变形阻抗继电器, 修正阻抗继电器
modified index 修正指数
modified involute 修正渐开线, 变位渐开线
modified involute gear 渐开线修正齿轮
modified lead cam 修正导程凸轮
modified line 修正线, 变线
modified monel metal (=MMM) 改良型蒙乃尔合金, 镍铜锡铸造合金
modified oil 加添加剂的油
modified roll 修正滚动
modified-roll mechanism 补充旋转运动机构, 滚动修正机构, 变滚动比机构, (滚齿机)差动机构
modified roll mechanism 补充旋转运动机构, (滚齿机)差动机构
modified silumin 变质铝硅合金, 改性铝硅合金, 变质硅铝明合金, 改性硅铝明合金
modified-tooth gear 修正齿齿轮, 变位齿齿轮
modified-tooth gear system 变位齿齿轮装置
modified treatment 调质处理
modified-underpass shaving 对角线剃齿
modified velocity 改正流速
modifier (=mod) (1)修改量; (2)调节器, 补偿器; (3)改良剂, 调节剂, 变性剂; (4)镜相器; (5)改变装置, 改变因素; (6)(火箭火药的)改良成分; (7){计}变址数; (8)调节者, 修改者
modifier formulas 修正公式
modifier register 变址寄存器, 修改寄存器
modifier spark advance 发火提早装置
modifier store 变址数寄存器
modify (=mod) (1)变位, 修正, 修改; (2){计}变址; (3)变更, 变化, 变换, 变形, 变质, 变态, 改变, 改进, 改良, 改善; (4)调整; (5)缓和, 减轻, 限制, 限定; (6)变质处理, 孕育处理, 改善处理
modifying agent 改良剂, 改善剂, 修改剂, 变换剂
moding 振荡模的, 传输模的, 波模的, 模变, 跳模
moding circuit 模电路
modiliform 蜗轴状的, 毂状的
MODS (=Manned Orbital Development Station) 载人轨道研究站
modul 模量, 模数
modulability 调制能力, 调制本领
modular (1)按标准型式设计的按标准尺寸设计的按标准型式制造的, 按标准尺寸制造的, 制成标准组件的, 预制的; (2)模数的, 模块的, 系数的, 模的, 比的, 率的; (3)标准化程度; (4)模面, 模量
modular algebra 模式代数
modular analysis, speed up, sampling, and data reduction (=MASSDAR) 模数分析、加快、抽样和数据简化
modular angle 模角
modular boring machine tool 镗削组合机床
modular circuit 模块电路
modular computer 模块化计算机
modular connector 组合式接插件
modular construction 标准组件结构, 部件结构, 单元结构
modular conveyor 长途运输机
modular design 积木化设计
modular design method 定型设计法
modular design of electronics (=MDE) 电子设备的积木化设计
modular drilling machine tool 钻削组合机床
modular element of fixture 组合夹具元件
modular fixture 组合夹具
modular function 模函数
modular information processing equipment (=MIPE) 积木式信息处

理设备

modular invariant 模不变式

modular machine tool 组合机床

modular machine tool and transfer line 组合机床及组合机床自动化

modular machine tool for drilling and boring 镗削类组合机床

modular milling machine tool 铣削组合机床

modular programming 模块程序设计

modular ratio 弹性模量比,弹率比

modular representation 模表示

modular structure 模块结构

modular structure microcomputer 积木结构式微计算机

modular supercomputer 模块化巨型[计算]机

modular system 模数制

modular tapping machine tool 攻丝组合机床

modular transformation 模变换

modular unit 可互换标准件

modular unit for transfer lines 自动线通用部件

modular units for modular machine 组合机床通用部件

modular X-ray quantometer (=MXQ) 标准型伦琴剂量计

modularity (1)标准性模式,模化程度,模型性,模块化,积木性,模件性;(2)调制性,调制率

modularization [使]积木化,[使]模件化

modularize 使积木化,使模件化

modularized hardware 模块化硬件

modularized program 模块化程序设计

modularized receiver 定型接收机

modulate (1)调制,调整,调节,调幅,调谐;(2)使变频,使转变

modulated 已调制的(调幅,调频等)

modulated amplifier (=MA) 受调放大器,被调制放大器,已调波放大器

modulated antenna 调谐驻波天线

modulated braking 均衡制动

modulated continuous wave (=MCW) 已调制的连续波

modulated current 已调[制]电流

modulated pulse amplifier (=MPA) 被调制的脉冲放大器

modulated signal 已调[制]信号

modulated sinusoid 已调正弦波

modulated tube [被]调制管

modulated vibration 调制振动

modulated voltage 已调电压

modulated wave 已调波,受调波

modulated wave amplifier 已调波放大器

modulating (1)调制;(2)调制的

modulating amplifier 调制放大器

modulating choke 调幅扼流圈,调制扼流圈

modulating current 调制电流

modulating pulse 调制脉冲

modulating signal 调制信号

modulating valve 液压控制随动阀

modulating wave 调制波

modulation (=MOD 或 mod) 调制,调节,调整,调谐,调幅,转调,变调,变换,缓和

modulation characteristic 调制特性

modulation circuit 调制电路

modulation demodulation (=M-D) 调制-解调

modulation depth 调制深度

modulation distortion 调制失真

modulation efficiency (=ME) 调制效率

modulation efficiency factor 调制效率系数

modulation element 调制元件

modulation factor 调制因数

modulation frequency ratio 调制频率与载[波]频[率]之比

modulation function 调制函数

modulation index 调制指数

modulation meter 调制深度测量计,调制度测试器,调制度测量仪,调制计,调制[度]表

modulation noise 调制噪声

modulation of continuous wave 调制连续波

modulation product 调制分量,调制积

modulation transfer function (=MTF) 调制传递函数

modulation type compensation 调制型补偿

modulation valve 调制管

modulator (=M 或 MOD) (1)抗振机构;(2)韦内特[圆筒]调制器,抑扬调节器,调制器,调幅器,调整器,调节器,调变器;(3)韦内特栅极,

调制电极,调制栅极

modulator band electrical system out (=M. Bes. out) 调幅器带通滤波器输出

modulator band filter (=MBF) 调幅器带通滤波器

modulator band filter in (=MBF in) 调幅器带通滤波器输入

modulator band filter out (=MBF out) 调幅器带通滤波器输出

modulator carrier 调制器载[波]频[率]

modulator circuit 调制[器]电路

modulator-demodulator 调制解调器

modulator element 调制[器]元件

modulator oscillator (=mod. osc.) 调制器振荡器

modulator tube 调制管

modulatory 调制的,调整的,调节的

module (=M) (1)齿轮模数,模数,模量,模块,模;(2)系数,因数,率,比;(3)可互换性标准件,微型组件单元,积木式组件,微型组件,模件,组件,单件;(4)基本单位,计量单位,流量单位;(5)存储单元区,程序片,存储体,指令组;(6)外设组件;(7)可变组件;(8)圆柱的半径[量]度;(9){数}加法群,阶;(10)舱

module gear 模数制齿轮

module of elasticity 弹性系数,弹性模数

module of gear 齿轮模数

module of resilience 回弹系数,回能模数

module of rigidity 刚性系数,刚性模数,刚性模量

module of torsion 扭转弹性模数

module system (齿轮)模数制[齿形]

moduler circuit 微型混合集成电路,微型组件电路

moduli (单 modulus) (1)模运算,模,模数,模量;(2)系数,因数,指数,比率,比;(3)微型组件,模件;(4)基本计量单位

modulo (1)模[数];(2)按模计算;(3)对模;(4)模数殊余数,模量殊余数(计算机中被特殊数目除后之余数)

modulo-n adder 模 n 加法器

modulo-n check 模 n 检验,按模数校验

modulo-n sum 模 n[的]和数

modulo-nine's checking 模 9 的检验

modulo-2 counter 二进位计数管,二元计数管

modulo-two sum gate {计}按位加门,异门

modulometer 调制计,调制表

modulus (复 moduli) (1)模运算,模数,模量,模差;(2)系数,因数,指数,比率,比;(3)微型组件,模件;(4)基本单位,计量单位

modulus in shear 剪切模数

modulus in tension 拉伸模数

modulus of a machine 机械效率

modulus of continuity 连续模

modulus of crushing 压毁模量

modulus of decay 衰减系数

modulus of elasticity 弹性模数,杨氏模数,弹性模量,弹性系数

modulus of elasticity in shear 剪切弹性模数

modulus of elongation 抗拉模量,伸长系数

modulus of foundation 基础模量

modulus of logarithm 对数的模

modulus of periodicity 周期的模

modulus of plasticity 塑性模量,塑性模数

modulus of regularity 正则模

modulus of resilience 回弹系数,回能模数,回跳模数,回弹模量,弹能模量

modulus of rigidity 刚性模量,刚性模数,刚性系数

modulus of rupture 挠曲强度,极限强度,断裂模量,断裂模数,弯折模量,挠折模量,折断系数

modulus of section 截面模量,剖面模数

modulus of shearing 剪切模量

modulus of sliding movement 滑动模数

modulus of torsion 扭转弹性模量,扭转弹性模数,扭曲模量

modulus of toughness 韧性模数

modulus of transverse elasticity 横向弹性模数,剪切模数

modulus of volume expansion 体积弹性模数

modus (复 modi 或 moduses) (1)方法,方式,样式;(2)工作步骤,程序

modus operandi 工作方式,运用法,方法,做法

modus ponendo tollens 用肯定来否定式,取拒式

modus ponens (肯定前件的)假言推理,取式

modus tollendo ponens 用否定来肯定式,拒取式

modus vivendi 暂行协定,暂行条约,权宜之计

moe (=measure of effectiveness) 有效性度量

Moelinvar 莫林瓦合金

917

MOF (=maximum observed frequency)　最大观测频率

MOGA (=microwave and optical generation and amplification)　微波及光学发生与放大

mogas (=motor gasoline)　车用汽油

mogister (=mos shift register 或 metal-oxide-semiconductor shift register; mos=metal-oxide-semiconductor)　金属氧化物半导体

mogul base　大型 [电子] 管底 [座], 大型插座

mogullizer　真空浸渗设备

Mohawk babbit alloy　莫霍克巴比特合金

Mohm　莫姆 (力迁移率的一种单位, 等于力欧姆的倒数)

Mohole　莫霍钻探, 超钻探

Mohr balance　莫尔比重天平

Mohr cubic centimeter　莫尔毫升

Mohr envelope　莫尔 [应力图] 包络线

Mohr pinchcock　莫尔弹簧夹

Mohr strain circle　莫尔应变圆

Mohr's circle　莫尔圆

Mohr's clamp　莫尔夹, 弹簧夹

Mohr's clip　莫尔夹, 弹簧夹

Mohr's liter　莫尔升

Mohr's rupture envelope　莫尔破裂包络线

Moh's hardness　莫氏硬度

Moh's hardness scale　莫氏硬度计

Moh's scale number　莫氏硬度值

Moh's scale of hardness　莫氏硬度表

Mohshardness　莫氏硬度

Mohs' scale number　莫氏硬度值

Mohs' scale of hardness　莫氏硬度计, 莫氏硬度标

MOI (=methods of instruction)　指导方法

MOI (=moment of inertia)　转动惯量, 惯性矩

moiety　二分之一, 等分, 一半, 半个

MOIL (=motor oil)　马达油, 机油

moil　鹤嘴锄, 十字镐

moirè　(1) 波动光栅, 莫尔条纹, 乱真纹, (2) 波纹的

moirè fringe　莫尔干涉条纹

moirè fringe counting system　乱真干涉条纹计数方式, 边纹计数方式

moirè image　莫尔像

moirè pattern　莫尔图形, 波纹图形, 乱真图案, 乱真纹图

moirè technique　莫尔法

moirèpattern　波纹图形

moist　潮湿的, 湿的

moist adiabat　湿绝热线

moist air　湿 [空] 气

moist chamber　[保] 湿室, 湿气室

moist closet　保湿室

moist colours　湿颜料

moist-cured　保持湿润的, 湿气处理的, 湿养护的, 湿治的

moist-curing　保持湿润 [状态], 湿润处理

moist curing　湿润处理, 湿养护, 湿治

moist room conditions　湿室条件

moist steam　饱和蒸汽, 湿蒸汽

moisten　变湿, 弄湿, 浸湿

moistener　喷水装置, 润湿器

moistening　加湿, 湿润

moistening of air　空气加湿

moistening of mixture　混合物的润湿

moistness　潮湿, 湿度, 水分

moistograph　[自记] 湿度计

moistometer　[自记] 湿度计

moisture　水分, 水汽, 湿气, 潮气, 潮湿, 湿度

moisture apparatus　测湿器

moisture barrier　防潮层, 防湿层

moisture-bearing　含水分的

moisture capacity　含水量, 湿度

moisture combined ratio　湿度结合比, 加水燃比

moisture-conditioned　润湿的

moisture content　含水量, 湿度

moisture curve　湿度 [变化] 曲线

moisture-density control　湿 [度] 密 [度] 控制

moisture eliminator　脱湿器, 干燥器, 去湿器

moisture equivalent　含水当量, 持水当量

moisture-excluding efficiency　湿气排除效率

moisture film　湿膜, 水膜

moisture-free　不含水分的, 干燥的, 无水的, 脱湿的, 不潮的

moisture-holding capacity　保水量, 持水量

moisture index (=MI)　含水量指数, 水分指数

moisture-laden　含水分的, 饱水的, 湿透的, 潮透的

moisture meter　湿度计

moisture permeability　透潮性, 渗潮性

moisture-proof　防湿, 防潮, 防潮性, 耐湿性, 耐湿度

moisture proof　防潮湿

moisture-proof membrane　防潮膜

moisture-proof twisted cord　防潮双绞软线

moisture proofing　防潮

moisture protection　防潮

moisture regain　回潮性, 吸湿性, 回潮, 吸湿

moisture-repellent　防水的, 防潮的

moisture repellent　防潮的, 抗湿的

moisture-resistance　耐湿的

moisture-resistant　(1) 防潮的, 耐湿的, 抗湿的; (2) 水稳定的

moisture retention　保水性, 吸湿性

moisture-retentive　吸湿的, 吸水的

moisture room　湿气室, 保湿室

moisture sampling　水分取样

moisture sensitive resistance material　湿敏电阻材料

moisture-solid relationship　含水量 - 密实度关系, 水分 - 固体关系

moisture teller　水分测定仪

moisture test(ing)　含水量试验, 水分试验, 湿度试验

moisture-tight　不透水的, 防潮的, 吸湿的

moisture trap　除潮器

moisture vapor transmission rate (=MVTR)　湿气传透率

moistureless　没有水分的, 没有湿气的, 干燥的

moistureproof　不透水的, 防湿的, 防潮的, 防水的, 耐湿的

moisturize　增加水分, 增加湿度, 恢复水分

MOIV (=mechanically operated inlet valve)　机械控制进给阀

MOL (=machine-oriented language)　适用于机器的语言, 面向机器的语言

MOL (=manned orbiting laboratory)　载人轨道实验室

mol (=mole)　(1) 摩尔克分子, 克模; (2) 衡分子

mol concentration　克分子浓度

mol fraction　克分子分数

mol. wt (=molecular weight)　克分子量

molal　(重量) 克分子浓度的, (重量) 克分子的, 重模的

molal concentration　(重量) 克分子浓度, 重模浓度

molal conductance　克分子电导

molal depression constant　(重量) 克分子冰点下降常数

molal elevation constant　(重量) 克分子沸点上升常数

molal solution　(重量) 克分子溶液, 重模溶液

molal surface　克分子表面积

molal volume　克分子体积

molal weight　克分子量

molality (=M)　(重量) 克分子浓度, 单位重量的摩尔浓度, 重摩浓度

molar　(1) 克分子浓度的, 克分子的, 摩尔的, 容模的; (2) 质量上的

molar concentration　(体积) 克分子浓度, 容摩浓度

molar conductance　摩尔电导

molar conductivity　克分子磁化率

molar fraction　体积克分子分数

molar heat capacity　克分子热容

molar polarizability　克分子极化率

molar ratio　克分子比

molar solution (=MS)　克分子溶液, 容模溶液

molar volume　克分子体积

molar weight　克分子量

molarity　(体积, 容积) 克分子浓度, 单位升的摩尔浓度

mold 或 mould　(1) 铸型, 铸模; (2) 造型, 压铸; (3) 模具, 模型; (4) 模压品; (5) 纸型, 样板, 曲线板, 图样

mold cathode　模制阴极

mold lining　坩埚衬里

mold loft　放样间

mold loftman　放样员

mold release　离型剂, 分型剂, 分型粉, 脱模剂

mold releasing agent　脱模剂

mold resister　模制电阻器

mold shift　(造型) 错箱

moldability (=mouldability)　可塑性, 成型性

moldable (=mouldable)　可 [以模] 塑的

moldboard (=mouldboard)　模板, 型板, 样板, 底板, 平板

moldboard plow　铧式犁

918

molded (=moulded) 铸造的, 模制的
molded brake lining 制动器模压, 模压制动带, 摩擦衬片
molded cage 压铸保持架
molded cathode 模制阴极
molded depth (船) 型深
molded insulator 模制绝缘子
molded metal bearing 浇铸式合金轴承
molded part 模制件
molded plastic gear 压铸塑料齿轮
molded press 压铸机
molded tube 模制管
molder 或 moulder (1) 模塑工, 造型工, 制模工, 铸工; (2) 薄板坯, 开坯切头, 毛轧机
moldery 或 mouldery 造型车间
molding 或 moulding (1) 造型 [法], 制型, 翻砂, 模型, 模压, 制模; (2) 压制件, 模制品, 嵌条; (3) 船骨尺寸
molding board 造型板
molding book 放样书
molding box 型箱, 砂箱
molding-die 压模
molding die 铸模, 金属模
molding flank 型箱, 砂箱
molding floor 翻砂车间
molding force 压制力
molding lining 型衬
molding machine 造型机, 制型机, 制模机, 铸模机, 切模机
molding method 造型法
molding pressure 模制压力
molding sand 型砂
molding shrinkage 模制件收缩量
molding time 成型时间
moldman 铸模工
moldproof 或 mouldproof 不透霉的, 防霉的
moldwash 铸型涂料
moldy 或 mouldy (1) 发霉的; (2) (空投) 鱼雷, 水雷
Mole 莫尔式管道测弯仪
mole (=M) (1) 摩尔克分子, 克模; (2) 衡分子
mole conductivity 克分子电导率, 分子导电系数
mole drain 地下排水沟, 暗渠
mole drainage 地下排水工程
mole-electronics 分子电子学 (电子器件超小型化技术)
mole electronics 摩尔电子学
mole fraction 克分子份数
mole number 克分子 [系] 数
mole per cent 克分子百分数
mole plough 开沟犁
Mole thermopile 摩尔热电偶
molectron 集成电路, 组合件
molectronics (=mole electronics) 分子电子学 (电子器件超小型化技术)
molecula (复 moleculae) 克分子, 分子
molecular (1) 分子的; (2) 克分子的
molecular acoustics 分子声学
molecular amplifier 分子放大器
molecular bioelectronics 分子生物电子学
molecular biology 分子生物学
molecular biophysics 分子生物物理学
molecular circuit 分子电路
molecular clock 分子钟
molecular conductance 分子流导, 分子态气导
molecular conductivity 克分子电导率, 分子导电系数
molecular current 分子电流
molecular dimension 分子大小
molecular distillation 分子蒸馏, 高真空蒸馏
molecular electronic technique 分子电子技术
molecular electronics (=ME) 分子电子学
molecular electronics for radar application (=MERA) 分子电子学在雷达中的应用
molecular force 分子力
molecular formula 分子式
molecular fraction 克分子份数, 克分子百分数
molecular grating 分子晶格
molecular infrared ray tracer (=MIRT) 分子化红外线示踪器
molecular-ion 分子离子
molecular lattice 分子晶格

molecular layer 分子层
molecular motion 分子运动
molecular number 分子序数, (分子内) 原子序数和
molecular orbit (=mo) 分子轨道
molecular orbital (=MO) (1) 分子轨道; (2) 分子轨函数
molecular oscillator 分子振荡器
molecular parameter index (=MPI) 分子参数索引
molecular polarization 分子极化
molecular pump 分子泵, 高真空泵
molecular rotational resonance (=MRR) 分子旋光共振
molecular sieve 分子筛
molecular still 分子蒸馏器, 高真空蒸馏器
molecular structure 分子结构
molecular theory 分子理论
molecular volume 克分子体积
molecular weight (=MW) 分子量
molecularity 分子性
moleculary 克分子的, 分子的
molecule (1) 分子; (2) 克分子
molecule-deep 分子厚度的
molecule-ion 分子离子
molecules of reactant 试剂分子, 燃料组分分子
molefraction 克分子份数, 克分子比
moletron 分子加速器
moletronics =molecular electronics 分子电子学
molion 分子离子
Mollier chart 莫氏蒸汽图, 焓熵图
Mollification 软化
mollifier (1) 软化剂, 缓和剂, 软化药; (2) 软化器
moloxide 分子氧化物
molten 铸造的, 浇铸的, 熔化的, 熔融的
molten alumina 熔融氧化铝
molten aluminum 熔融铝
molten bath are welding 熔池电弧焊
molten bubble [吹塑薄膜] 热膜泡
molten bullion 熔融粗铅
molten-cast refractory 熔融浇铸耐火材料
molten charge 热装料
molten condition 熔融状态
molten copper 熔融铜
molten drop 熔融滴
molten electrolyte 融态电解质
molten filler 热贯填料
molten iron 铁水
molten-lead 熔铅
molten lead 熔铅
molten matte 熔融冰铜
molten metal 已融金属, 熔融金属, 金属熔液
molten mixture 熔融混合物
molten pad 熔融减摩垫
molten salt bath 熔融盐槽
molten-salt container 熔融电解槽
molten-slag 熔渣
molten slag 液态熔渣, 红渣
molten slag electrolysis refining 熔融电解精炼
molten soldering 软焊料
molten state 熔化状态
molten steel 钢水
molten surface 熔液表面
molten test sample 熔液试样
molten zone moving mechanism 熔区移动机构
molugram 克分子
moly-B 钨钼合金
molybd- (=molybodo-) (词头) 钼
molybdate 钼酸盐
molybdena 氧化钼
molybdena-alumina catalyst 钼铝催化剂
molybdenate 钼酸盐
molybdenic 三价钼的, 钼的
molybdenised lubricants 钼化润滑剂 (耐高压、高温的润滑油)
molybdenosis 钼中毒
molybdenous 二价钼的
molybdenum {化} 钼 Mo
molybdenum alloy 钼合金

molybdenum-base alloy 钼基合金
molybdenum base composition 钼合金制品
molybdenum chrome alloy steel 钼合金钢
molybdenum coating 钼敷层
molybdenum-copper 钼铜合金
molybdenum copper 钼铜合金
molybdenum crucible 钼坩埚
molybdenum dioxide 二氧化钼
molybdenum disulfide lubricant 二硫化钼润滑剂
molybdenum feed retainer 钼隔料网
molybdenum filament 钼丝
molybdenum-foil diaphragm ga(u)ge 钼箔薄膜压力计
molybdenum-free steel 无钼钢
molybdenum gate 钼栅
molybdenum high speed steel 钼高速钢
molybdenum iron 钼铁
molybdenum-liner 钼衬里
molybdenum-permalloy 钼镍铁导磁合金, 钼坡莫合金
molybdenum permalloy 钼镍铁导磁合金, 钼坡莫合金
molybdenum permalloy dust core 钼坡莫合金粉磁芯
molybdenum-silver 钼银合金
molybdenum-silver composite material 钼银复合材料
molybdenum-silver contact material 钼银电接触器材
molybdic 正钼的, 三价钼的
molybdic acid 钼酸
molybdic oxide 三氧化钼
molybdous 二价钼的, 亚钼的
molykote 二硫化钼润滑脂
MOM (=mass optical memory) 大容量光存储器
moment (1) 矩, 力矩, 挠矩, 弯矩, 转矩, 磁矩, 动量, 动差; (2) 瞬时, 瞬间, 片刻, 时刻; (3) 因素, 要素; (4) 时机, 机会; (5) 重要, 紧要
moment about point M 对 M 点的矩
moment arm 矩臂
moment at support 支点弯矩
moment axis 力矩轴, 转轴
moment balance 力矩平衡
moment center 力矩中心
moment coefficient 力矩系数, 转矩系数, 动差系数
moment coefficient of combination 组合 [系统] 的力矩系数
moment curve (1) 力矩曲线, 挠矩曲线, 弯矩曲线; (2) 力矩图, 弯矩图
moment derivative coefficient 力矩导数系数
moment diagram 力矩图
moment-distribution 弯矩分配 [法]
moment distribution 力矩分布, 弯矩分布
moment function 矩量母函数, 矩量生成函数, 矩函数
moment-generating function 矩生成函数
moment generating function 矩量生成函数, 矩量母函数
moment in axial plane 轴向平面力矩
moment in roll 倾侧力矩, 滚动力矩
moment method 力矩法
moment of a family of curves 曲线族的矩量
moment of area 几何面矩
moment of area of transverse 横剖面积力矩
moment of couple 力偶矩
moment of deflection 挠曲力矩, 屈曲力矩
moment of dipole 偶极矩
moment of flexure 弯曲力矩, 屈曲力矩, 弯矩
moment of force 力矩
moment of friction 摩擦力矩
moment of gyration 回转力矩, 转动惯量, 惯性动量, 惯性矩
moment of impulse 冲量矩
moment-of-inertia 转动惯量, 惯性力矩
moment of inertia (=MOI) 转动惯量, 惯性力矩, 惯性矩
moment of inertia method 惯性力矩法
moment of mass inertia 质量惯性力矩
moment of momentum 动量矩, 角动量
moment of overturning 倾覆力矩
moment of processing 进动力矩
moment of resistance 阻力矩, 抵抗力矩
moment of rotation 转 [动] 矩
moment of rupture 断裂力矩
moment of span 跨矩
moment of stability 安定力矩, 稳定力矩
moment of statics 静力矩

moment of torque 转矩, 扭矩
moment of torsion 扭 [转力] 矩
moment of truth 关键时刻
moment test 弯矩试验
moment variation 力矩变化
moment with respect to aerodynamic centre 绕焦点力矩, 空气动力中心力矩
momenta (单 momentum) (1) (线性) 动量, [总] 冲量; (2) 冲力, 动力, 动向; (3) 势头, 力量
momental (1) 力矩, 矩; (2) 惯量的, 动量的, 力矩的
momentarily (1) 一瞬间, 刹那间, 瞬息间, 暂时; (2) 时时刻刻, 每时每刻
momentary 短时间的, 瞬时的
momentary connection 瞬时接通
momentary contact (=MC) 瞬时接触
momentary duty 瞬时负载
momentary interruption 瞬时断路
momentary load 短暂载荷, 瞬时载荷, 瞬时负载
momentary overload 瞬时过载, 瞬时超载
momentary torque 瞬时扭矩
momently (1) 一瞬间, 刹那间, 瞬息间, 暂时; (2) 时时刻刻, 每时每刻
momentous 重大的, 重要的, 严重的
momentum (复 momenta) (1) (线性) 动量, [总] 冲量; (2) 冲力, 动力, 动向; (3) 势头, 力量
momentum effect 冲力作用, 冲力效应
momentum energy vector 动能矢量
momentum flow vector 动量流矢量, 通量矢量
momentum of electron 电子动量
momentum of the jet 喷流动量
momentum spectrum (1) 动量谱; (2) 动量分布
MON (=monitor) 监听装置, 监视装置
MON (=monitoring) 监听, 监视, 监控
mon- (词头) 单, 一
monacid 一价酸的
monad (1) 单一, 单元, 单位, 单值, 单体, 单轴, 个体; (2) 单原子元素, 一价元素, 一价基, 一价物; (3) 不能分的, 不可分的
monadic (1) 单一的, 单元的, 单值的, 单体的, 一元的; (2) 单原子元素的, 一价元素的
monadic operation (1) 单值操作; (2) 一元运算, 单值运算
monadic operator 一元算子
monadical (1) 单一的, 单元的, 单值的, 单体的, 一元的; (2) 单原子元素的, 一价元素的
monatomic 单原子的, 单质的, 一价的
monatomic acid 一元酸, 一价酸
monatomic base 单价碱, 一价碱
monatomic gas 单原子气体
monatomic molecule 单原子分子
monavalent 一价的, 单价的
monaxial 单轴的
mond gas 蒙德煤气, 半水煤气
Mondel's law 孟德尔定律
mondial 几乎遍布全世界的, 全世界范围内的
Monel 蒙乃尔合金
Monel-lined 镍铜合金衬里的
Monel lined 蒙乃尔合金衬里的
Monel metal 蒙乃尔合金, 蒙乃尔高强度耐蚀合金, 蒙乃尔高强度良延性抗蚀合金
Monel metal cage 蒙乃尔合金保持架
Monelmetal 蒙乃尔高强度耐蚀合金, 蒙乃尔合金
monergol (=monoprepellant) 单相液体火箭推进剂, 单一组成喷气燃料, 单元推进剂
monetary 金钱的, 金融的, 货币的
monetary crisis 货币危机
monetary system 货币制度
monetary telephone (=MT 或 M. Te 或 Mon.T.) 投币式公用电话机
monetary unit 货币单位
money (1) 金钱, 货币; (2) 财产, 财富; (3) 金额, 款项
money down of hand 现金, 现款
money-earning 营业的, 盈利的
money income 现金收入
money-market 金融市场, 金融界
money-order 汇兑, 汇票
money out of hand 现金, 现款
money rates 利息

money-saver 省钱物

money standard 货币本位

moneying-out 现金付款，付给现金

monic 首项系数为1的，首一的

monic equation 首一方程

monica [飞]机尾[部]警戒雷达

Monimax 莫氏马科斯合金，钼镍铁合金，高导磁合金（镍47%，钼3%，其余铁）

Monimax alloy 莫氏马科斯合金

monism 一元论

monistic (1)一元论的；(2)(溶液中)未电离的，未游离的

monistical (1)一元论的；(2)(溶液中)未电离的，未游离的

monition 警告，劝告

monitor (=MON) (1)监视，监听，监控，检查；(2)监听接收机，监测装置，监测器，监控器，监听器，监视器；(3)控制测量仪表，检验器，控制器，记录器，传感器，指示器，警报器；(4)稳定装置，控制装置，检查装置，保护装置，安全装置，保险设备；(5)重型装甲舰，低舷大炮舰；(6)机床刀架转塔；(7)转架喷嘴，喷射口，喷水枪；(8)监督程序；(9)监听员；(10)通风顶，采光顶

monitor and control unit (=M&CU) 监控设备

monitor counter 检验计数器

monitor desk 监视台

monitor display 监视显示

monitor inspection (=MI) 监督检查

monitor message 监控信息

monitor operating system 监视操作系统

monitor operator 电台监听员

monitor printer 监控打印机，监视打印机

monitor program 监督程序，监视程序

monitor recorder (=MR) 监察记录装置

monitor signal 监视信号

monitor station 监听台

monitor tube 监视[显像]管

monitor winding 监听线圈

monitored control system 监[督]控[制]系统

monitorial 警告的，劝告的

monitoring (=MON) (1)监测，监视，监听，监控，监察；(2)控制，操纵；(3)剂量测定

monitoring alarm and control system for machinery 机械的监控报警系统和控制系统

monitoring circuit 监听电路

monitoring coil 检音线圈

monitoring element 监控元件

monitoring, identification and correlation (=MIC) 监视、鉴别和相关

monitoring key 监听键

monitoring loudspeaker 监听扬声器

monitoring of engine speed 发动机转速监控

monitoring printer 监控打印机，监听复印机

monitoring radio receiver 监听接收机

monitoring receiver 监控接收机

monitoring recorder 录音监听设备，监视记录器

monitoring station 监测电台，监控电台

monitoring system 监控系统，监视系统

monitoring test 监查试验

monitors' desk 长途监听台，班长台

monitory 警告的，劝告的

monkey (1)活扳手，活螺丝扳手；(2)心轴；(3)打桩落锤，打桩锤，撞锤，锤头；(4)熔玻璃坩埚；(5)绳索运输用车夹，起重机小车；(6)渣口

monkey block 起重小滑车

monkey boat (英)半甲板小艇

monkey bridge 天桥

monkey-chatter 交叉失真，邻道干扰，串话

monkey chatter 交叉失真，邻道干扰，串话

monkey cooler 渣口冷却器，渣口水箱，渣口水套

monkey device 凸轮式固定停车器

monkey driver 卷提式打桩机，锤式打桩机

monkey-engine 卷提式打桩机，锤式打桩机

monkey engine 卷提式打桩机，锤式打桩机

monkey foresail 前桅方帆

monkey gaff 信号旗斜杆

monkey hammer 落锤

monkey island 罗经平台

monkey jack 打桩起重器

monkey ladder 轻便船梯

monkey line 放小艇用绳索

monkey rail 船尾楼栏杆

monkey screw wrench 活扳手

monkey spanner 万能螺旋扳手，活[动]扳手，螺丝扳手，活旋钳

monkey spar 小桅杆，小横桁

monkey tail (栏杆扶手的)卷尾形扶手端

monkey tail bolt 卷尾插销

monkey winch 手摇小绞车

monkey-wrench 活动扳手，螺丝扳手，活旋钳

monkey wrench 万能螺旋扳手，活动扳手，螺丝扳手，活扳手，管子钳

mono (1)单的；(2)单声道的，单音的

mono- (词头)单，一，单一的

mono-axial loading 单轴加载

mono-control 单控制，单调节

mono-ion 单价离子

mono-objective binocular microscope 单物镜双筒显微镜

Mono ump 莫诺泵

monoatomic 单原子的

monoatomic acid 一元酸，一价酸

monoatomic base 单价碱，一价碱

monoatomic semiconductor 单质半导体

monoaxial 单轴的

monobar conveyor 单链输送带

monobed ion exchange 混合树脂离子交换，单床离子交换

monobloc 单元的，单块的，整体的

monoblock (1)单元[的]，单块[的]，单体[的]，整体[的]，整块[的]；(2)联成整体的机组，单元机组；(3)铸成整体壳体，整体汽缸座

monoblock casting (1)整体铸件；(2)整体铸造，单体铸造，整块铸造

monoblock cylinder 整体汽缸

monoblock engine 整体汽缸发动机

monoblock forging 整锻

monoblock projectile 实心弹

monoblock rotor 整体转子

monoblock unit (1)单元机组；(2)整块组件

monobrid circuit 单片混合电路

monocable 架空索道

monocarbide 一碳化物

monocell 单电池

monocentric 单心的

monochloride 一氯化物

monochord 音响测定器，单音听觉器，弦音计，听力计

monochromat 单色透镜，单色物镜

monochromatic television 单色电视，黑白电视

monochromaticity 单色性

monochromator (1)单色光镜；(2)单色仪，单色器；(3)单能化器

monochrome (1)黑色影片，黑色图像，单色影片，单色照片；(2)单铬；(3)黑白的，单色的

monochrome band 单色波段

monochrome picture tube 黑白显像管

monochrome receiver (set) 黑白电视接收机

monochrome scale 黑白标度

monochrome television 黑白电视，单色电视

monochrome television camera 黑白电视摄像机

monochrome voltage 单色信号电压

monochromic 单色的

monochromic television 单色电视，黑白电视

monochromical 单色的

monocle 单片眼镜

monocleid (=monocleide) 单锁柜

monoclinic 单结晶的，单斜[晶系]的

monoclinic prisms 单斜棱晶

monocoil 单线圈[的]，单线管[的]

monocolour 单色

monocontrol 单一控制，单一调节

monocoque (1)无大梁结构，硬壳式结构；(2)硬壳式机身，硬壳机身

monocoque body 无骨架式车身，单壳体车身

monocord 单塞绳，单软线

monocord switchboard 单塞绳交换机

monocord system trunk board 单塞绳式中继台

monocrystal 单晶[体]，单晶丝

monocrystalline 单晶质的，单晶的

monocular (1)单透镜的，单目镜的，单目的，单筒的；(2)单筒望远镜，单筒装置

monocular hand level 单眼手水准

monoculture 单一经营, 单一种植
monocycle (1) 独轮车; (2) 单环; (3) 单周期, 单循环
monocycle position modulation (=MPM) 单周期脉冲位置调制
monocyclic (1) 单环的, 一环的; (2) 单周期的, 单循环的
monocyclic-start 单周期起动
monocyclic-start induction motor 单周期起动感应电动机, 单相感应电动机
monodirectional 单向的
monodisperse 单分散 [性], 等弥散的
monodispersity 单分散性
monodrome 单值
monodromic 单一性的, 单值的
monodromy 单值性
monoenergetic (=monoergic) 单能的, 单色的, 单频的
monofier 振荡放大器, 莫诺管
monofile 单文件
monofilm 单分子层, 单分子膜, 单 [层] 膜
monofluoride 一氯化物
monoformer 函数电子射线变换器, 光电单函数发生器
monofrequency 单频辐射
monofrequent 单频 [率] 的
monofuel 单元推进剂, 单元燃料
monogen 单价元素, 一价元素
monogram 拼合文字
monograph (1) 单篇论文, 专题论文, 专论; (2) 记录; (3) 图 [集]
monohedral 单面的
monohedron 单面体
monohydrate 一水合物, 一水化物
monoiodide 一碘化物
monojet 单体喷雾口 (多个喷雾口的集合体)
monokinetic 单能的, 单色的, 单频的
monolayer 单原子层, 单分子层, 单层 [的]
monolayer emitter 单层发射体
monolayer plain bearing 单层滑动轴承
monolever 单手柄
monolever switch 单手柄十字形开关, 单柄四向交替开关
monolith 整体 [料], 整块, 单块
monolithic (1) 整件浇灌的, 整体的; (2) 单片的; (3) {计} 单块
monolithic circuit 单块电路, 单片电路
monolithic converter 整体式变换器
monolithic device 单块器件
monolithic ferrite memory 叠片铁氧体存储器
monolithic ferrite storage 叠片铁氧体存储器
monolithic graphite cell 整体石墨电解槽
monolithic hybrid circuit 单片混合电路
monolithic integrated circuit (=MIC) 单块集成电路, 单片集成电路
monolithic layout 单块电路设计
monolithic memory 单片存储器
monolithic mo(u)ld 整体铸型
monolithic patch 整体修炉
monolithic power device 单块功率器件
monolithic refractory 整体耐火材料
monolithic storage 单片存储器
monolithic substrate 单块衬底
monolithic system technology (=MST) {计} 单片系统工艺
monolock 单锁
monomark 注册标记, 符号, 略符, 略名
monomer 单 [分子物] 体, 单基物, 单聚物; (2) 单元结构
monomer-polymer 单体聚合物
monomer reactivity 单体活性, 聚合活性
monomer reactivity ratio 单体竞聚率
monomeric 单体的, 单元的
monomeric unit (1) 单体单元, 基体; (2) 链节
monometallic (1) 单金属的; (2) 单本位 [制] 的
monometallic balance 单金属摆轮
monometallic standard 单本位制
monomial (1) 单项式; (2) 单项式的, 单列项的, 一项的
monomolecular (1) 单个分子的; (2) 单层分子的
monomolecular film 单分子层
monomolecular layer 单分子层
monomorph (1) 单晶 [形] 物; (2) 单晶的
monomorphic 单一同态的, 单形 [态] 的
monomorphous 单一同态的, 单 [晶] 形的
monomotor 单发动机

monomultivibrator 单稳态多谐振荡器
monooxide 一氧化物
monophase (1) 单相; (2) 单相 [位] 的
monophone 小型话筒, 送受话器, 收发话器
monophonic 单波道声音重发, 单路的, 单音的
monophonic recorder 单声道录音机
monohoto 莫诺照相排字机
monopinch (1) 单脉冲抗干扰 [法]; (2) 单收缩
monoplane (1) 单翼 [飞] 机; (2) 单平面
monopolar 单极的
monopolar antenna 单极天线
monopolar D.C. dynamo 单极直流发电机
monopolar induction type relay 单极感应继电器
monopole (1) 孤立磁极, 单极 [子]; (2) 孤立电荷
monopole automatic gas cutter 自动光学曲线追踪气割机
monoprint 油涂料印刷品
monopropellant 单一组份的液体火箭燃料, 单元火箭燃料, 单元喷气燃料, 单元推进剂, 一元推进剂, 火箭燃料, 喷气燃料, 单元燃料
monopulse 单脉冲
monopulse sensor 单脉冲传感器
monopulse tracking 单脉冲跟踪
monoradical 单价基
monorail (1) 单轨铁路, 单轨, 独轨; (2) 单轨吊车
monorail chain block 单轨链滑车
monorail conveyor 单轨吊运器
monorail hoist 单轨电动滑车
monorail-tramway 单索道
monorail way 单轨铁道
monorailway 单轨铁道, 单轨
monoray locator 探雷器
monoreactant 单元燃料, 单一反应物
monorefringent 单折射的, 单折光的
monorobot 小型会计机
monoscience 单项科学, 专门学科, 单科, 专论
monoscope (1) 单像管; (2) 存储管式示波器
monoscope camera 单像管摄像机
monoscope equipment 单像管设备
monoscope instrument 单镜头式仪器, 摄影测图仪器
monoseaplane 单翼水上飞机
monoshell 单壳
monosilicate 单硅酸盐
monosize-distribution 单一粒度分布
monospar 单梁
monospindle 单轴
monospindle boring machine 单轴镗床
monosplines 单项仿样函数, 单项样条函数
monostability 单稳状态
monostable 具有一种稳定位置的, 单稳态的, 单稳式的
monostable blocking oscillator 单稳间歇振荡器
monostable ciruit 单稳 [态] 电路
monostable multivibrator 单稳态多谐振荡器
monostable trigger 单稳态触发器
monostable trigger-action circuit 单稳态触发电路
monostatic radar 单基地雷达, 有源雷达
monostatic sonar 收发声纳
monosulfide 一硫化物
monotechnic (1) 单种工艺的, 单种科技的; (2) 专科学校
monotectic 偏晶体 [的], 偏共晶 [的]
monotectic alloy 偏晶合金
monotectic mixture 偏晶体混合物
monoterminal 单 [电] 极的
monothetic 单原则的, 单原理的
monotone {数} 单调 [的]
monotone decreasing 单调递减
monotonic 单调的
monotonic convergence 单值收敛
monotonic loading 简单负荷, 单冲荷载
monotonic operator 单调算子
monotonicity 单调性, 单一性, 无变化
monotonous 单调的, 无变化的, 千篇一律的
monotony 单调性, 单一性, 千篇一律
monotron (1) 莫诺特龙速调管, 无反射极速调管, 直越式速调管, 直射式速调管; (2) 莫诺特龙硬度检验仪
monotron hardness test 莫诺特龙硬度试验

922

monotropic 单向转变的，单变的，单值的

monotropic function 单值函数

monotube 单管，独管

monotube boiler 单管锅炉

monotype (1) 单型；(2) 莫诺排铸机，自动排字浇 [印] 机，自动排铸机，自动铸字机，单字排铸机；(3) 单版画

monotype metal 莫诺排铸机铅字用合金，铅字合金 (铅 77%，锑 15%，锡 8%)

monotype operator 莫诺排铸机排字工

monotype set system 莫诺排铸机字宽计量制

monotypic (1) 单一类型的，单型的；(2) 单代表的；(3) 自动排铸的

monounsaturate 单一不饱和油脂

monovalence (=monovalency) (化合的) 单价，一价

monovalent (化合的) 单价的，一价的

monovariant 单变 [量] 的，单变度的

monovibrator 单稳多谐振荡器

monowheel 单轮

monox 氧化硅

monoxide (=monooxide) 一氧化物

montage (1) 剪辑，蒙太奇；(2) 安装，装配

montage amplifier 剪辑放大器

Monte Carlo method (=MCM) (数据处理) 蒙特卡罗法，统计检验法

Montegal 蒙蒂盖尔合金，镁硅铝合金 (镁 0.95%，硅 0.8%，钙 0.2%，其余铝)

Montegal alloy 蒙蒂盖尔合金

montejus 压气升液器，蛋形升液器

month sight (=m/s) 见票后……月支付

monthly consumption 月耗电量

monthly inspection 每月检查

monthly load curve 月负载曲线

monthly load factor 月负荷率

monthly maximum load 月最高负载

monthly report of progress (=MRP) 进展月报

monthly status report (=MSR) 情况月报

months after payment (=M/P) 支付后……月

moon (1) 月球；(2) [人造地球] 卫星

moon-adapter 月球车

moon craft 月球探测器

moon-flight 登月飞行

moon-knife 月牙刀

moon rocket 月球火箭

moon seismograph 月震仪

moonbuggy 月球车

mooncraft 月球飞船

Mooney unit (橡胶可塑性的) 穆尼单位

Mooney viscosimeter 穆尼粘度计

moonik (原苏联的) 月球火箭，月球卫星

moonlight 月光的

moonlight gasoline 自机器油箱内漏出的汽油，月光汽油

moonman 登月太空人

moonmark 月球陆标

moonport 月球火箭发射站

moonquake monitor 月震监测器

moonscooper 月球标本收集飞船，宇宙车

moonscope [人造] 卫星观测 [望远] 镜

moonship 月球飞船

moonshot (1) 月球探测器；(2) 向月球发射

moontrack 卫星跟踪

moor light 停泊灯

Moore lamp 摩尔灯

Moore light 摩尔灯

Moore tube 摩尔管 (装饰广告用的一种放电管)

mooring (1) 停泊，系泊，锚泊，系留，下锚；(2) (复) 系船设备，系船用具

mooring-buoy 系船浮筒

mooring buoy 系船浮标

mooring drag 活动锚

mooring equipment 系泊设备

mooring guy 系留索

mooring line (船舶的) 系泊缆绳

mooring-mast 系留塔

mooring mast 系留塔

mooring pile 锚定桩

mooring-post 系留柱

mooring stall 浮台

mooring swivel 双锚锁环

mooring wire rope 锚用钢丝绳

Moorse chain 美式无声链

Moorson Rule 摩逊法则

Moorson ton 摩逊吨

Moorwood machine 浸镀锡机

moot 悬而未决的，不切实际的，未解决的，争论的

moot point 悬而未决的问题，争论之点

mooted 悬而未决的，有疑问的，未决定的

mop (1) 拖把，拖布，墩布；(2) 擦光辊，抛光轮，布轮

mop-up (1) 擦干，揩干，扫除；(2) 结束，做完；(3) (线路) 全程

mop-up equalizer 扫余均衡器

MOPA (=master oscillator power amplifier) 主控振荡器的功率放大器

MOPA (=modulated oscillator power amplifier) 调制振荡器的功率放大器

MOPAT (=master oscillator, power amplifier transmitter) 主控振荡器、功率放大器式发射机

mope pole 支撑管道用杆

moped (一种装有小型电动机的) 机动自行车

mopstick 拖把柄

MOPTARS (=multi-object phase tracking and ranging system) 多目标相位跟踪和测距系统

MOR (=modulus of rupture) 断裂模数

moratorium 延期偿付权，延期付款命令，延期付款期间，暂停

mordant 金属腐蚀剂，酸洗剂，金箔粘着剂

more (1) 更多，更加，更甚，再；(2) 额外，另外，附加，多余

more and more rapidly 越来越快地

more important 更重要的

more or less 或多或少

more specifically 更具体地说

more than (1) 多过，大过；(2) 不只是，不止，不仅

more than enough 过分的，很多的

more than ever 多余的，更加，越发

moreover 况且，并且，加之，此外，又

Morgan mill 摩根式小型轧机

Morgoil 铝锡合金轴承 (锡 6.5%，硅 2.5%，铜 1%，其余铝)

morgue 资料室，图书室

morning-glory horn 指数式喇叭，蜿展喇叭

morpho- (词头) 形状，形态

morphology (1) 词法，语法；(2) 组织，结构；(3) 词态学，形态学；(4) 表面几何形状，表面波度

morphology of martensite 马氏体形态学

morphometry 形态测量学

morphotropism 变晶现象

morphotropy 变晶影响，变形性

morrison bronze 青铜 (铜 91%，锡 9%)

Morse 莫尔斯 [电码]

Morse alphabet 莫尔斯电码

Morse code 莫尔斯电码

Morse-coded 莫尔斯电码的

Morse lamp 信号灯，探照灯

Morse receiver 莫尔斯收报机

Morse standard taper ga(u)ge 莫氏标准锥度塞规

Morse taper 莫氏锥度

Morse taper ga(u)ge 莫氏锥度规

Morse taper reamer 莫氏锥形铰刀，莫氏锥度铰刀

Morse taper shank drill 莫氏锥柄钻 [头]

Morse taper shank twist drill 莫氏锥柄麻花钻头

Morse tapered hole 莫氏锥形孔

Morse twist drill 莫氏麻花钻

Morse's cone 莫氏圆锥

mortality curve 使用寿命曲线

mortar (1) 迫击炮；(2) 砂浆，灰浆

mortar-board 灰浆板，镘板

mortar mill 砂浆料粉碎机，砂浆拌和机

mortar mixer 砂浆拌和机

mortar-voids 砂浆空隙

mortgage 抵押，保证

mortgage deed 抵押契据

mortise 或 mortice (1) 榫眼，榫槽，孔道，孔；(2) 槽，沟，槽道；(3) 凿榫；(4) 切削；(5) 固定，安定

mortise and tenon　公母榫, 镶榫
mortise and tenon joint　镶榫接合
mortise chisel　榫凿
mortise hole　榫眼
mortise joint　榫接
mortise lock　插锁
mortise wheel　嵌齿轮
mortiser　(1) 凿榫机; (2) 凿榫人
mortising　接榫
mortising machine　制榫机, 凿眼机
mortising slot machine　凿槽机
Morton-Haynes method　摩尔顿 - 海因兹法 (测量半导体载流子寿命的一种典型方法)
Morton tube　摩尔顿小极间距三极管
Mos (=metal-oxide-semiconductor)　金属 - 氧化物 - 半导体, 金氧半导体
Mos (=metal-oxide-semiconductor transistor)　金属氧化物半导体晶体管
Mos (=metal-oxide-silicon integrated circuit)　金属 - 氧化物 - 硅集成电路
mosaic　(1) 嵌镶, 镶嵌; (2) 嵌镶结构, 嵌镶式; (3) 嵌镶图; (4) 感光嵌镶幕, 嵌镶光电阴极
mosaic area　嵌镶幕面, 颗粒幕面积
mosaic block　嵌镶块
mosaic crack　龟裂
mosaic crystal　嵌镶晶体, 嵌镶结晶
mosaic electrode　嵌镶光电阴极, 颗粒电极
Mosaic gold　铜锌合金, 装饰黄铜 (铜 65%, 锌 35%)
mosaic pavement　嵌花地面
mosaic screen　感光嵌镶屏
mosaic structure　晶体嵌镶结构, 亚结构
mosaic surface　(1) 嵌镶表面; (2) 感光镶嵌屏
mosaic texture　镶嵌结构
mosaic tile　彩色瓷砖, 嵌镶瓷砖
mosaicer　镶嵌工
MOSFET (=metal-oxide-semiconductor type field-effect transistor)　金属氧化物半导体场效应晶体管
MOSIC (=metal-oxide-semiconductor type integrated circuit)　金属氧化物半导体集成电路
MOSL circuit (=metal-oxide-semiconductor type logic circuit)　金属氧化物半导体逻辑电路
mosquito boat　[鱼雷] 快艇, 驱潜艇
mosquito-craft　鱼雷快艇
mosquito craft　鱼雷快艇
mosquito fleet　鱼雷舰队
MOSSOS (=metal-oxide-semiconductor silicon-on-sapphire)　采用蓝宝石硅的金属氧化物半导体 [器件]
MOST (=metal-oxide-semiconductor type field effect transistor)　金属氧化物半导体 [场效应] 晶体管
MOST (=metal oxide silicon transistors)　金属氧化硅晶体管
most　(1) 最大限度的, 最高的, 最大的, 最多的, 最优的; (2) 大多数, 大部分; (3) 最; (4) 非常, 很
most accurately　最准确地
most and least　毫无例外, 统统, 都
most effective　最有效的, 高效的
most engineering materials　大多数工程材料
most excellent (=ME)　最优的
most-favoured-nation clause　最惠国条款
most important of all　最重要的
most interesting　非常有趣的, 很有趣的
most likely　很可能
most of　大部分, 大多数
most of all　尤其是, 首先, 最
most probable　最大公算的, 最可几的, 最或然的
most probable number (=MPN)　最可能的数目, 最大可几量
most probable position (=MPP)　最可能的位置
most significant bit (=MSB)　(1) 二进数制位, 最高位; (2) 最有效的二进制码
most significant character　最高位字符
most significant digit (=MSD)　最高有效数字, 最高 [有效] 位, 最左位, 有效位
most significant end　最高端, 最前端
most suitable field intensity　最适应场强度
most used　最常用的

most useful　最有用的
most worthy (=MW)　最有价值, 最值得
mostly　(1) 几乎全部, 主要地, 基本上, 大部分, 多半; (2) 大概
MOT (=motor)　电动机, 马达
Mota metal　莫特合金, 内燃机轴承合金, 锡基高强度轴承合金 (锡 85-87%, 铜 4-6%, 锑 8.5-9.5%)
mote　(1) 尘埃, 微尘, 微粒, 微屑; (2) 小缺点, 瑕疵
moth　(1) 摧毁雷达站用的导弹; (2) 一种比赛帆船
mother　(1) 母模, 母盘; (2) 航空母舰, 飞机运载器, 载运飞机; (3) 根本, 源泉; (4) 本国的, 母的
mother aircraft　运载飞机, 飞机运载器, [航空] 母机
mother alloy　母合金
mother batch　母份, 第一批
mother-board　母板
mother crystal　母晶
mother current　主流, 母流, 本流
mother earth　地面, 大地
mother glass　基样玻璃, 样品玻璃
mother-gun　主炮
mother liquid　母液
mother-liquor　母液
mother liquor　母液
mother machine　工作母机, 机床
mother metal　母金属, 基体金属
mother missile　运载导弹
mother nut　主螺母
mother oil　原油
mother plate　第一模盘, 母模, 母盘, 模板, 样板,
mother rod　主连杆, 母连杆
mother set　母版
mother-ship　(1) 航空母舰, 护卫舰; (2) 航空母舰供应船, 登陆艇母舰; (3) 运载飞机
mother ship　航空母舰, 登陆艇母舰
mother stock　母份, 第一批
mother substance　母体
mother water　母液
mother wit　天生的智力, 常识
mothproof　(1) 防蛀的; (2) 加以防蛀处理, 防蠹加工
mothproof finish　防蠹加工
mothproofer　防蠹剂
motile　有动力的, 活动的, 运动的, 能动的
motility　活动性, 运动性, 机动性, 可动性
motion　(1) 开动, 运动, 移动, 摆动, 窜动; (2) 运行, 运转, 移位, 输送, 行进, 行程, 冲程, 活动, 动作; (3) 运转机械, 运动机构, 机械装置
motion analyzer　运动分析器
motion curve　运动曲线
motion cycle　运动循环
motion-derived voltage　动生电压
motion derived voltage　动生电压
motion diagram　运动图
motion link　(1) 运动链系; (2) 导向装置
motion of the beam　光束运动, 光束行程, 光束辐射
motion of translation　线性运动, 平移运动
motion of uniform velocity　匀速运动, 等速运动
motion picture camera　电影摄影机
motion picture projector　电影放映机
motion plate　动横板
motion power engineering　运动动力工程
motion program　运动程序
motion register　运转寄存器
motion study　运动研究, 动作研究
motion work　(1) 运动传动机构; (2) 辅助齿轮组; (3) 走针转动件
motional　运动的, 动态的, [由运] 动 [产] 生的
motional admittance　动态导纳, 动生导纳
motional emf　运动电 [动] 势 (emf=electromotive force 电动势)
motional feed back (=MFB)　动圈反馈方式
motional feedback amplifier　动反馈放大器
motional impedance　动态阻抗, 动生阻抗
motional waveguide joint　活动波导管连接
motionless　不活动的, 固定的, 静止的
motitation　抖动, 颤动, 摇动
motivate　(1) 推动, 激发, 促使; (2) 启发, 诱导
motivation　(1) 激发, 诱导, 动力, 动机; (2) 机能
motivator　(1) 操纵机构, 操纵装置; (2) 操纵面; (3) [飞行器的] 舵

motive (1) 活动的；(2) 移动的；(3) 不固定的；(4) 原动的，起动的，发动的；(5) 动机，动因，目的，主题

motive force 原动力，驱动力

motive power (1) 原动力，推动力；(2) 驱动功率

motive power machine 动力机械

motiveless 无目的的，没有理由的

motivity (1) 原动力，发动力；(2) 备用能力，储能

motobloc 拉床，拉丝机，拉拔机

motocar (=motorcar) 汽车，电动车，自动车，机动车厢

motocycle (=motorcycle) 摩托车，机器脚踏车

motofacient 促动的，发动的

MOTOGAS (=motor gasoline) 动力汽油

motometer 转速计，转速表，转数计

motor (1) 电动机，马达；(2) 液压马达；(3) 内燃机，发动机，原动机，拖动机，助推器，传动器；(4) 机动车，汽车；(5) 机械能源，运动源；(6) 双矢旋量；(7) 用汽车驱动，乘汽车，开汽车；(8) 电动机驱动的，发动的，原动的，运动的，汽车的

motor-alternator 电动机交流发电机 [组]

motor alternator 电动交流发电机

motor amplifier 电动 [机] 放大器，电机放大器

motor-armature 电动机电枢

motor-assisted 有发动机辅助推进的

motor barrel 条盒发动机

motor base 电动机底板

motor battery 电动机电池

motor bearing 电机轴承

motor beltdrive 电动机皮带传动 [装置]

motor bicycle 摩托车

motor bicycle oil 摩托车油

motor-blower 电动鼓风机

motor-boating 类似汽艇发动机声的干扰噪声

motor-bogie 机动转向架，自动转向架

motor-borne [由] 汽车运输的

motor-booster 电动升压机，电动升压器

motor-breaker 电动机驱动断续器

motor-bug 机动小车

motor cabinet 电 [动] 机座位

motor capacity 电动机容量

motor-car 汽车

motor car 汽车，电动车

motor case 电 [动] 机壳

motor casing (1) 电 [动] 机壳；(2) 摩托车外胎

motor cavity 电 [动] 机座位

motor center 运动中枢

motor characteristic 电动机特性 [曲线]

motor circuit 动力电路

motor-coach 长途汽车，公共汽车

motor coach 长途汽车，公共汽车

motor-commutator 电动机整流子

motor control 电动机控制

motor control center (=MCC) 电动机控制中心

motor-converter (1) 电动交流器，串级交流器，旋转换流器；(2) 电动变换器

motor converter (1) 电动机 - 发电机组；(2) 电动变流器

motor-convertor (1) 电动机 - 发电机组，电动发电机；(2) 电动变流器，单枢换流器

motor cooling 电动机冷却

motor depot 汽车站，汽车场

motor dory 摩托艇，汽船

motor-drawn 机械牵引的，汽车牵引的，机动的

motor-drive 电动机驱动

motor drive (=MD) 电动机驱动，电动机拖动，电机驱动，马达驱动

motor-drive circuit 电机驱动电路

motor drive lathe 电动车床

motor-drive oil lifter 电动油压升降机

motor-driven 电动机驱动的，汽车牵引的，机械牵引的，电动的，机动的，自动的

motor-driven cable-winch 电动电缆绞车

motor-driven interrupter 电动机驱动断续器

motor-driven pump 电动泵

motor-driven switch 电动机驱动开关

motor driven welding machine 电动旋转式焊机

motor driving shaft 电动机驱动轴

motor duct 高架箱形桥

motor dynamo 电动直流发电机

motor dynamometer 电动机功率计

motor eccentricity 电机偏心率

motor efficiency 电动机效率

motor element 电动机元件

motor enclosure 电 [动] 机壳

motor end plate (=MEP) 发动机端板

motor-field 电机磁场

motor-field control 电动机磁场控制

motor ferry 汽船轮渡

motor-field 电机磁场

motor flusher 洒水车

motor frame 电动机架

motor gasoline (=mogas) 车用汽油，动力汽油

motor-gen 电动发电机 [组]

motor-generator (=M-G) 电动发电机 [组]

motor generator (=MG) 电动发电机

motor-generator set (=m.-g. set) 电动发电机组

motor generator set 电动发电机组

motor glider 电动滑翔机

motor-grader 自动平地机

motor grader 自动平地机

motor hoist 电动提升机，电 [动] 葫芦

motor-interrupter 电动机驱动断续器

motor launch (=ML) 汽艇，摩托艇

motor load 电动机负载

motor magnet 电动电磁铁

motor maker 电机厂

motor-man 司机，驾驶员

motor meter 电动机式电度表，电动机型仪表，电磁作用式仪表，感应式电表

motor mower 机动割草机

motor-oil 电动机油，润滑油，机油

motor oil (=MOIL) 发动机润滑油，电动机润滑油，车用机油，马达油，机油

motor-omnibus 公共汽车

motor-operated 发电机传动的，电动机带动的

motor-operated switch 电动断路器

motor-operated transfer switch (=MTS) 电动机转换开关

motor pendulum 电动摆

motor pitch 电动机节距

motor plant 汽车制造厂

motor plough 自走犁

motor powered vehicle 机动车辆，机动运输工具

motor protection against overheat 电动机过热保护

motor pump 机动泵

motor reducer 马达减速器

motor-roller 机动压路机，机碾

motor roller (1) 单独传动辊道；(2) 机动压路机

motor rotor tester 电机转子试验装置

motor sailer 机帆船

motor scooter 低座小摩托车

motor selector (=MS) 机动制选择器

motor ship (=MS) 电动机推进飞行器，内燃机船，汽船

motor siren 马达报警器，电动警笛，电笛

motor slide rails 电 [动] 机导轨

motor speed 电 [动] 机转速

motor speed control 电动机转速控制

motor spirit (车用) 汽油

motor starter 电动机起动器，马达起动器

motor sweeper 扫路机

motor switch 电动开关

motor switch oil 油开关用润滑油，电动开关油

motor tanker (=MT) 内燃机油槽船

motor timer 电动机驱动计时器，电动机驱动定时装置，电动机时间继电器

motor torpedo boat (=MTB) 鱼雷快艇

motor-torque 发动机转矩，电动机转矩

motor-torque generator 同步驱动发电机

motor transport (=MT) 汽车运输

motor-trolley 轨道车，轨行摩托车

motor truck 载重汽车，卡车

motor type insulator 马达形绝缘子，防震绝缘子

motor type relay 电动机型继电器

motor uniselector　机动旋转式寻线机
motor unit　电动机组
motor v-belt　电动机三角皮带, 电动机 V 型皮带
motor-vehicle　汽车
motor vehicle　汽车, 自动车, 机动车辆
motor-vehicle-use　汽车使用
motor vessel (=MV)　内燃机船, 汽船
motor voltage drop (=MVD)　发动机电压降
motor-wagon　小型运货汽车
motor wagon　电动货车
motor-winch　电动绞车
motor winch　机动绞车
motor winding type electroclock　用电动机上弦的电钟
motor wiring　电动机布线
motor with air cooling　风冷式发动机, 风冷式电动机
motor with reciprocation　反转电动机
motor with self-excitation　自激式电动机
motor with self excitation　自激式电动机
motor with separate excitation　他激式电动机
motor with water cooling　水冷式发动机, 水冷式电动机
motor works　(1) 汽车工厂; (2) 发动机厂
motor wrench　管子钳
motor yacht (=MY)　摩托快艇
motorable　可通行汽车的
Motorama　新车展览
motorbicycle　摩托车, 机器脚踏车
motorbike　摩托车, 机器脚踏车
motorboat (=MB)　(1) 自动艇, 汽船, 汽艇, 小艇; (2) 乘汽艇
motorboating　(1) 乘汽艇; (2) (低频寄生振荡的) 汽船声
motorborne　汽车拖运的, 汽车运送的
motorbus　公共汽车, 大 [型] 客车
motorcab　出租汽车
motorcar　汽车, 电动车, 自动车, 机动车厢
motorcar interference　汽车发动机干扰
motorcar set　汽车无线电设备, 汽车收音机
motorcycle (=MC)　(1) 机器脚踏车, 摩托车; (2) 骑摩托车
motordynamo　电动直流发电机
motorfan　电扇
motorgenerator　电动发电机 [组]
motorgrader　自动平地机
motorial　(引起) 运动的, 原动的
motoring　(1) 汽车运输; (2) 电动回转
motoring run　发动机冷磨合
motoring test　电动回转试验 (发动机性能试验的一种方法)
motorisation　机械化, 机动化, 摩托化, 电气化
motorise　(1) 使机械化, 使机动化, 使电气化; (2) 以汽车装备, 给安装发动机
motorised　装有发动机的, 摩托化的, 机动的
motorist　自驾汽车旅游者
motorium　运动中枢
motorization　机械化, 机动化, 摩托化, 电气化
motorize　(1) 使机械化, 使机动化, 使电气化; (2) 以汽车装备, 给安装发动机
motorized (=mtz)　装有发动机的, 摩托化的, 机动的
motorized cover　机动罩
motorized keyboard　电动键盘
motorlaunch　汽艇
motorless　无发动机的
motorless flying　滑翔飞行
motorlorry　载重汽车, 运货汽车
motormaker　汽车制造厂, 汽车制造商
motorman　驾驶员, 司机
motormeter　电动机型积算表, 电磁作用式仪表, 电动式电度计, 电动式电度表, 汽车仪表
Motorola automatic sequential computer operated tester (=MASCOT)　莫托洛拉自动顺序计算机控制测试器
Motorola Emitter Coupled Logic (=MECL)　莫托洛拉发射极耦合逻辑
motorplane　动力飞机
motorscooter　低座小摩托车, 小型机车
motorship　内燃机船, 汽船
motorspirit　(车用) 汽油
motorsquadron　汽车队
motorstarter　(电动机的) 起动器, 发动器
motortruck　载重汽车, 运货汽车

motortype　电动机型的, 马达型的
motorway　汽车道, 快车道, 公路
motory　[引起] 运动的
motron　伺服机构
MOTS (=module test set)　模件试验装置
Mott barrier　莫特势垒二极管
Mott-Nabarro effect　莫特 - 纳巴罗效应
mottle cast iron　麻口铁
mottled cast iron　麻口铸铁, 杂晶铸铁
mottled pig iron　麻口 [生] 铁
mottling　麻点
MOTU (=mobile optical tracking unit)　可动的光学跟踪设备
Mould 或 mold　(1) 铸模, 铸型, 压模; (2) 纸型, 样板, 曲线板, 图样; (3) 模具, 模型; (4) 模压品
mould assembling　合箱, 扣箱
mould blower　吹型机
mould board　型板, 模板, 样板, 底板, 平板
mould carriage　运模车
mould case　模型箱, 模制箱, 模制壳
mould cathode　模制阴极
mould clamps　砂箱夹子, 铸型夹, 马蹄夹, 紧固夹, 卡具
mould cope　盖箱, 上型
mould core　模芯
mould cure　模型硫化
mould drag　下 [半] 箱, 底箱
mould-drying　烘模
mould form impression　模型型腔
mould gasket　压制填密片, 成型的填密片
mould impression　模型内腔
mould insulation　模制绝缘材料
mould jacket　套箱, 型套
mould joint　分型面
mould line (=ML)　(表示船壳形状的) 型线, 模线
mould loft　(造船厂的) 放样台, 放样间
mould press　压模机
mould pressing　模压
mould release　脱模剂, 离型剂, 分型剂, 分型粉
mould section　半型
mould shift　错箱
mould shrinkage　脱模后收缩, 成型收缩, 脱模收缩, 模塑收缩
mould stripping　拆模
mould train　模组
mould unloading　卸模, 脱模, 下模
mould venting　扎出气孔
mould wash　铸模涂料
mould weight　压铁
mouldability　可 [模] 塑性, 成型性
mouldable　可 [以模] 塑的
mouldboard　(1) 推土板; (2) 犁壁; (3) 型板, 模板, 样板, 底板, 平板
moulded cathode　模制阴极
moulded chime lap joint　塑口互搭接头
moulded core　模压铁粉芯, 模制铁粉芯
moulded facing　(离合器的) 热模 [压] 制表面镶片
moulded goods　模制品
moulded-in-place　就地制模, 现场制模
moulded insulator　模制绝缘子
moulded lens　模制透镜, 模压透镜
moulded mica　人造云母, 云母板
moulded powdered ferrite　模制粉末铁淦氧
moulded resin　模制树脂
moulded specimen　(1) 模制试样, 成型试样; (2) 结构扰动的试样
moulded tube　模制管
mouldenpress　自动压机
moulder　(1) 模型工, 造型工, 模塑工, 制模工, 铸工; (2) 开坯切头, 薄板坯, 毛轧机, 毛轧板, 造型物, 翻砂物; (3) 电铸版
moulder's blacking bag　型面粉袋
moulder's brad　造型的通气针, 砂钉
moulder's hammer　造型木锤, 锤头
moulder's mallet　型木锤, 锤头
moulder's peel　造型用铁铲, 砂铲
moulder's rule　[模型工] 缩尺
moulder's shovel　造型用铁铲, 砂铲
moulding 或 molding　(1) 造型 [法], 模塑 [法], 制型, 翻砂, 模压, 压制, 模制; (2) 嵌条, 线脚, 线条; (3) 模制零件, 压制件, 铸造物, 模塑物,

926

塑造物；(4) 倒角；(5) 型工

moulding board 造型平板, 翻砂平板, 翻箱板, 模板, 样板
moulding box 型箱, 砂箱
moulding cutter 成形刀具
moulding-die 塑型模, 压模
moulding flask 型箱, 砂箱
moulding floor 翻砂车间
moulding in cores 组芯造型
moulding machine 铸模机, 制模机, 造型机, 切模机, 线条机
moulding material 成型材料, 造型材料, 模制材料
moulding mixture 造型混合料, 型砂
moulding powder 塑料粉, 压型粉
moulding practice 造型法, 翻砂
moulding press 模压机
moulding sand 造型混合料, [造] 型砂
moulding surface 陶形曲面
moulding time 成形时间
moulding tolerance 模制公差
moulding water content 成型含水量, 塑性湿度
mouldproof 不透霉的, 防霉的
mouldy [空投] 鱼雷, 水雷
moulinet 风扇刹车, 扇闸
mount (=MT) (1) 固定, 安装, 装配, 架设, 装置, 封固, 悬挂, 镶嵌；(2) 固定架, 装配台, 支架, 支座, 底座, 底架；(3) 电子管脚；(4) 装置, 机构；(5) 测定, 确定, 制定, 规定, 建立, 确立；(6) 粘贴
mount checker 管脚检验器
mount M in N 把 M 安装在 N 上, 把 M 镶嵌在 N 上
mount M on N 把 M 安装在 N 上
mount M to N 把 M 安装到 N 上
mount up (1) 安装, 装配；(2) 增加
mountable 可安装的, 可装配的, 可固定的
mountain-artillery 山炮
mountain battery 山炮队
mountain cork 石棉
Mountain goat 声波定位器, 声纳
mountain-gun 山炮
mountain leather 石棉
mountain paper 纸石棉
mounted (=MTD) (1) 安装的, 装配的, 固定的, 悬挂的；(2) 机动的
mounted frame cultivator 悬架式耕耘机
mounted load carrier 悬挂式装载机
mounted rotary cultivator 悬挂式旋耕机
mounted spares 安装备用件
mounter (1) 安装工, 装配工, 组装工, 裱装工, 镶嵌工；(2) (装置缩微复制品用的) 夹套
mounting (=MTG) (1) 安装, 安置, 装置, 装配, 固定, 封固, 悬挂；(2) 机架, 支架, 台座, 机座, 支座, 框架, 吊架, 底架；(3) 附装物, 固定件, 配件, 构件, 零件；(4) 钢筋
mounting adjustment 安装调整
mounting base 安装基座, 安装支座
mounting bolt 安装螺栓, 装配螺栓
mounting clip 装配夹
mounting cost 安装费
mounting deflection 安装挠曲, 装配偏斜
mounting diagram 安装图
mounting distance 安装距
mounting distance error 安装距误差
mounting factor 安装系数
mounting fixture 安装夹具, 装配夹具, 固定夹具
mounting flange 装配法兰, 安装盘
mounting holder 装配支架
mounting hole 安装孔, 固定孔
mounting jig 装配夹具, 安装架
mounting load 安装负荷
mounting location 安装位置
mounting of panel 配电盘安装
mounting pad 安装 [凸] 台, 垫块
mounting pad for machine tool 机床调整垫块
mounting panel 安装板, 支持板, 接线板, 置架板
mounting plate 装配平台, 安装板
mounting ring 装配环
mounting sleeve (轴承) 安装套, 固定套
mounting space 安装距离, 安装空间
mounting surface 安装面, 基准面

mounting torque 安装转矩
mountings (1) 固定件, 配件, 零件；(2) 托架, 装架；(3) 望远镜附件
Mouray solder 锌基铝铜焊料 (铝 6-12%, 铜 3-8%, 锌 80-91%)
mouse (1) 小火箭；(2) 鼠标
mouse beacon 可控指向标, 控制信标
mouse mill 静电动机
mouse roller 附加传墨辊
mouse station 在目标处给飞机指示位置的雷达台, 指挥台, 控制台
mousetrap (1) 带孔的木制排水管；(2) 鼠笼式打捞器；(3) 瞬射弹, 反潜弹
mousing-hook 防脱钩
Mousset silver alloy 穆塞特银合金
mouth (1) 口, 开度；(2) 排出口, 进 [入] 口, 进 [入] 孔, 进入管, 进气管；(3) 喇叭口；(4) 狭窄部分, 收敛部分
mouth annealing 浇口退火
mouth-gag 开口器, 张口器
mouth of blast pipe 吹风管口
mouth of pipe 管口
mouth of plane 刨 [削] 口
mouth of shears 剪刀开口, 冲剪口
mouth of the entrance 入口截面
mouth of the tongs 钳口
mouth of tongs 钳口
mouth piece 送话口, 管口, 套口
mouth stretcher 管口扩张器
mouth-to-airway method 口对导管法
mouthing 漏斗形开口, 承口, 套口
mouthpiece (1) 管口, 接口；(2) 管接头, 套管, 套筒
movability 可流动性, 可能性, 可动性, 迁移率
movable 可 [移] 动的, 活动的, 动的
movable and rotary tool spindle 移转式工具主轴
movable antenna 移动式天线
movable-armature loudspeaker 动舌簧扬声器
movable barricade 可动屏蔽
movable bearing plate 可动方位盘, 探向器
movable bed 活动床台, 可动床台
movable block 移动滑车
movable bridge 活动桥, 开合桥
movable center 弹性顶尖
movable coil 可转线圈, 可动线圈
movable computer 移动式计算机
movable contact (1) 滑动接点, 滑动触点, 活动接点, 活动触点, 可动触点；(2) 活动接触头
movable core 可动铁芯, 可动型芯
movable-core transformer 可动铁芯变压器
movable coupling 活动联轴节
movable crane 桥式吊车
movable eccentric 可动偏心轮
movable element 活动元件
movable fit 动配合, 松配合
movable fixture for turning two holes 移动式两孔车夹具
movable guide vane 可动导叶
movable jaw 活爪
movable joint 活节
movable link 可动联杆
movable load 活载, 动载
movable member 可动件
movable propeller blade 可动螺旋桨叶
movable propeller turbine 轴流转桨式水轮机
movable pulley 动滑轮
movable shield 可动屏蔽
movable singular point 可移奇 [异] 点
movable staircase 自动楼梯, 活动楼梯
movable support (1) 随动刀架, 跟刀架；(2) 可动支架
movable table 活动工作台
movable tool head 活动刀架
movable trihedral 流动三面形
movable types 活字
movable-vane 可动叶片 [式的]
movable vane 旋转叶片, 动叶片
movable vice jaw 活动钳口
move (1) 移动, 运动, 流动, 摆动, 摇动, 搬动, 开动, 转动；(2) 措施, 步骤, 手段
move about 动来动去

move along　往前移动, 前进, 推进
move area　机场飞行区域
move aside　移到旁边, 除去
move away from　离开……而去
move for　提议, 要求
move heaven and earth　竭尽全力
move mode　传送方式
move off　开走, 离去, 起动, 开动
move on　继续前进, 向前移动
move onto　移到……上
move out　向外移动, 开走, 移走, 搬走
move over to　移到
move through　经过, 通过
move up　向上移动, 上升
moveable　可[移]动的, 活动的, 动的
movement　(1)运动, 动作, 移动; (2)可动机构, 运动机构, 测量机构(仪表的), 机械装置; (3)动程
movement area　行动区域
movement controller　动作控制器
movement ga(u)ge　测动仪
movement of molten zone　熔区移动
movement of void　(区域熔炼)空段移动
mover　(1)推进装置, 发动机, 原动机, 推进器, 马达; (2)机器; (3)推动力, 原动力; (4)可动的
mover stair　自动楼梯
movie camera　电影摄像机
movie film　电影[胶]片
Movil　莫维尔(聚氯乙烯合成纤维商品名)
moving　(1)运动, 移动, 流动; (2)位移; (3)活动的, 运动的, 移动的
moving arm disk　移动臂磁盘, 移动头磁盘
moving armature　动衔铁
moving-armature loudspeaker　动片式扬声器, 舌簧式扬声器
moving average　流动平均数
moving axis　动轴
moving-bed　移动床
moving blade　转动叶片, 动叶片
moving block　移动滑车
moving brush　活动电刷
moving centrode　活动瞬心轨迹, 移动中心轨迹
moving-coil　(1)可转线圈, 可动线圈; (2)动圈式的
moving coil (=MC)　(1)动圈式线圈, 旋转线圈, 可转线圈; (2)动圈
moving-coil instrument　动圈式仪表
moving-coil meter　动圈式电表
moving coil microphone　电动式传声器, 动圈式传声器
moving-coil pick-up　动圈式拾音器, 电动拾音器
moving-coil receiver　动圈式受话器
moving-coil relay　动圈式继电器
moving-coil seismograph　动圈式地震仪
moving-coil speaker　动圈式扬声器
moving-coil type　动圈式
moving-coil type ammeter　动圈式安培计
moving-conductor　动导体式
moving-conductor electromagnetic seismograph　动导体电磁地震仪
moving-conductor loudspeaker　动圈式扬声器
moving field　移动[电磁]场
moving floor conveyor　活动底式输送器
moving force　原动力, [活]动力
moving gaseous medium　气流介质
moving head disk　移动头磁盘
moving instantaneous centerline　活动瞬心线
moving-iron　动铁式(指话筒或扬声器)
moving iron　动铁, 软铁
moving-iron meter　动铁式仪表
moving iron type instrument　动铁式仪表
moving jaw　活动钳口
moving load　移动荷载, 活载荷, 动载荷, 活载
moving-magnet　可动磁铁, 动磁式
moving magnet　可动磁铁, 动磁铁式
moving magnet type instrument　动磁铁式仪表
moving-mass　移动质量
moving-needle　可动磁针式, 动针式
moving pad type half track　移动履带式半履带
moving parts　运动机件, 运动件
moving period　帧移动时间, 运动期间

moving picture studio　电影制片厂
moving primary LEM　初级移动的直线电机(LEM=Line Electric Motor直线电机)
moving rack　活动齿条
moving roller path　活动支承钢轨
moving seal　动密封
moving singularity　可去奇点
moving speed of ram　滑枕移动速度
moving speed of table　工作台移动速度
moving speed of tool post　刀架移动速度
moving-staircase　自动楼梯, 活动楼梯
moving staircase　自动楼梯, 活动楼梯
moving-stairway　自动楼梯, 活动楼梯
moving stop　移动挡板
moving system　运动系统, 运动机构
moving-target　活动目标, 动靶
moving target indication (=MTI)　活动目标显示
moving-target indication radar　活动目标显示雷达
moving target indicator (=MTI)　活动目标显示器
moving trihedral　流动三面形
moving type box printer　字盒打印机
moving vane　旋转叶片, 回转叶片, 动叶片
moving wave　行波
moviola　音像同步装置
Movyl　莫维尔(一种聚氯乙烯合成纤维)
mower　(1)割草机; (2)收割机
mowing machine　割草机
MOX (=metal oxide resistor)　金属氧化物电阻
moyle　鹤嘴锄, 十字镐
Moyno pump　莫伊诺单螺杆泵
MSM (=thousand feet surface measure)　(木材)千英尺表面尺寸
MT magnet　铁铝碳合金磁铁
mu　百万分之一, 微米, 用 μ 表示 (10^{-6})
mu-antenna　μ 型天线
mu-beta measurement　μ-β[增益和相角]同时测试
mu constant　放大系数, μ 常数
mu-factor　放大系数, 放大因数, 放大率
mu-H-curve　导磁率-磁场强度曲线
mu-mesic atom　μ 介原子
mu-metal　镍铁高导磁合金, 铁镍铜锰铬磁性合金, μ 合金, μ 金属
mu-meter　侧滑测定仪
mu-metron　微米测微表
mu metron　微米测微表
mu oil (tong oil)　桐油
mu-tuning　动铁调谐, 磁性调谐
muck　(1)熟铁扁条; (2)废渣, 废屑, 废料
muck bar　熟铁扁条
muck car　土斗车, 泥车
muck mill　熟铁扁条粗轧机
muck rolls　熟铁扁条轧辊
muck shifter　废渣装运机
muck-up　一团糟
mucker　(1)装岩机, 抓岩机; (2)装岩机司机, 装岩工
mud　(1)泥浆, 沉渣; (2)冲洗液, 浆; (3)涂料
mud cleaning machine　清泥机
mud cock　排泥旋塞
mud-cracking　大龟裂
mud daub　修补裂缝
mud guard　(汽车的)挡泥板
mud gun　泥炮, 泥枪
mud hole　排泥孔, 排渣孔
mud jack　压浆泵
mud jacking　压浆
mud log　泥浆电阻率测井, 泥浆测井
mud meter　含泥率计
mud mixer　粘土拌和机, 碾泥机
mud press　滤泥机
mud pump　泥浆泵, 抽泥泵
mud residue　泥渣, 残渣
mud saw　磨料锯
mud settler　泥浆沉降器, 沉渣机
mud valve　泥浆泵排出阀, 排泥阀
mudapron　挡泥板, 叶子板
mudguard　挡泥板, 叶子板

mudhole　排泥孔,排渣孔

mudjack　压浆泵

mudpump　泥浆泵,抽泥机

muff　(1) 套筒,衬套,轴套,套管;(2) 燃烧室外筒,保温套

muff chuck　套筒卡盘

muff clamp　套筒卡盘

muff clamp chuck　套筒卡盘

muff-coupling　套管式接合,套接

muff coupling　套筒联轴节,套管联轴节

muff-joint　套筒连接

muff joint　套筒接头

muffle　(1) 马弗炉,隔焰炉;(2) 消声器,消音器

muffle burner　马弗炉喷燃器

muffle furnace　马弗炉,隔焰炉,回热炉,套炉

muffle kiln　马弗式窑,隔焰窑

muffle roaster　马弗培烧炉

muffle wall　马弗炉壁

muffler　(1) 消音器,消声器;(2) 马弗炉;(3) (汽车) 回气管

muffler explosion　消声器爆声

muffler tail pipe　回气管尾管

mule　(1) 走锭细纱机,走锭纺纱机,纺棉机,纺纱;(2) 小型电动机车,轻型牵引机,后推机车;(3) 平底船;(4) 卸货板;(5) 集流器;(6) 样板,规

mule carriage　走车,游架

mule pulley　可调惰轮

mule traveller　爬行吊车

muler　(1) 研磨机;(2) 碾碎机,碾砂机

muley saw　去角锯

mull-buro　轮碾式移动混砂机,轮碾式轻便混砂机

muller　(1) 辗轮式混砂机,摆轮式混砂机,研磨机,碾砂机,粉碎机;(2) 滚轮,搅棒

mully belt　转角皮带

mulser　乳化机

MULT (=multiple)　多 [元],多 [重],复 [合]

MULT (=multiplier)　倍频器

multangular　多角的

Mult-Au-matic vertical spindle automatic chucking machine　多工位卡盘立式自动车床

multi-　(词头) (1) 多方面的,多重的;(2) 多倍,多次,多层,多级,多段

multi-access　(1) 多路存取,多路访问;(2) 多路进入

multi-address　多地址

multi-address code　多地址码

multi-address computer　多地址计算机

multi-address instruction　多地址指令

multi-address instruction code　多地址编码

multi-address order code　多 地址指令码

multi-alkali　多碱

multi-alkali photocathode　多碱光电阴极

multi-alkali photoelectric surface　多碱金属的光电性表面

multi-amplifier　多级放大器

multi-angular　多角 [度] 的

multi-aperture　多孔的

multi-aperture device (=MAD)　多孔磁芯器件,多孔器件

multi-aperture reluctance switch (=MARS)　多孔磁阻开关

multi-axial loading　多轴加载

multi-axial stress　多轴应力

multi-band (=MB)　多频带

multi-beacon　多信标

multi-beam　(1) 多电子束,多光束,多束;(2) 复光柱

multi-beam holography　多光束全息术

multi-channel (=M/C)　多路

multi-channel data recorder (=MDR)　多道数据记录器

multi-channel rotary transformer (=MCRT)　多道可转动变压器

multi-channel voice frequency (=MCVF)　多路话音频率

multi-circuit　多线路的

multi-class sender　万用记发器,万用记录器

multi-collar thrust bearing　多环式推力轴承

multi-combination meter　多用途复合仪表

multi-combustion chamber　多个燃烧室

multi-computer　多计算机

multi-concentric　多层同心的

multi-concentric arrangement type winding　多层同心式绕组

multi-connector　复式连接器

multi-cutting bar　多刀搪杆

multi-crystal　多晶的

multi-crystal focusing spectrograph　多晶聚焦摄谱仪

multi-cylinder　多气缸的,多缸式的

multi-cylinder engine　多缸式发动机

multi-cylindered　多气缸式的

multi-daylight press　多层压机

multi-development method　多次展开法

multi-diameter boring cutter　多直径镗孔铣刀

multi-direction vibration table　多方向振动试验台

multi-directional　多向的

multi-disc　多片

multi-disc clutch　多片离合器

multi-disc friction clutch　多片摩擦离合器

multi-drill　(1) 多轴钻;(2) 多钻头

multi-drill head　多轴钻床主轴箱

multi-drill head machine　多轴钻床,排钻床

multi-effect　多效的

multi-electrode　多电极的

multi-engine (=ME)　(1) 多曲柄式发动机;(2) 多发动机的

multi-expansion　多次膨胀 [式]

multi-focus　多电极聚焦

multi-frequency (=MF)　多频

multi-frequency code signalling (=MFC)　多频编码信号方式

multi-frequency dialing (=MFD)　多频拨号

multi-frequency outgoing sender (=MFOS)　多频发送器

multi-frequency receiver (=MFR)　多频接收机

multi-frequency sender (=MFS)　多频记发器,复频发送器

multi-frequency-shift keying (=MFSK)　多频移键控

multi-functional integrated circuit　多功能集成电路

multi-harmonic　多重调谐的

multi-hop　(电波) 多次反射

multi-industry　多种工业的

multi-input　多端输入

multi-jack　复接插孔,复式塞孔

multi-job　多重工作,多道作业

multi-layer insulation (=MLI)　多层绝缘

multi-layer printed circuit board (=MLPCB)　多层印刷电路板

multi-legs　复式

multi-legs intersection　复式交叉

multi-lens camera (=MLC)　多镜头摄影机

multi-level control system　多级控制系统

multi-level logic circuit　多级逻辑电路

multi-line telephone (=MLT)　多路电话

multi-lingual　多种语言的

multi-list processor　多道程序处理机

multi-load　多负载

multi-lobe axial piston-type motor　平面多用凸轮轴向活塞式 [液压] 马达

multi-lobe radial piston-type motor　圆周多用凸轮径向活塞式 [液压] 马达

multi-loop　多网格的,多分支的

multi-machine system　多电机系统

multi-member cam mechanism　多构件凸轮机构

multi-member crank mechanism　多构件曲柄机构

multi-metered call　复式计次呼叫

multi-mu valve　变 μ 管

multi-muller　双碾盘连续混砂机

multi-nitriding　多段氮化法

multi-nozzle　多喷嘴,多喷管

multi-office area　多局制电话区

multi-operated　多操作者同时操作的

multi-operator welding set　多站电焊机

multi-order　多阶的

multi-orifice　多孔板 [的]

multi-part　由几部分组成的

multi-path core　多路磁芯

multi-pawl ratchet gearing　多爪棘轮传动 [装置]

multi-plane　多翼飞机

multi-plate　多片,多盘

multi-plate condenser　多 片电容器

multi-plate friction clutch　多盘摩擦离合器

multi-ply　多层的,多股的

multi-ply plywood　多层夹板

multi-ply tyre　多层外胎

multi-polar coordinates　多极坐标

multi-ported valve 多通阀

multi-program computer 多程序计算机

multi-programming 多道程序设计

multi-programming with a variable number of tasks (=MVT) 可变任务数量的多道程序设计

multi-punch press 多头压力机,多头冲床

multi-purpose 多用途的,多功能的

multi-purpose farm vehicle 多用途农用车

multi-purpose grinding machine 万能磨床

multi-purpose programming language (=MPPL) 多用途程序语言

multi-region 多种区域,多区的,多带的

multi-resonant 多谐振荡的,多谐的

multi-rib grinding (螺纹)多线磨削

multi-ring 多环的,多核的

multi-roll 多滚柱,多辊

multi-roll bearing 滚针轴承,滚柱轴承

multi-scale (1)多次计数;(2)通用换算,(3)多刻度

multi-seater (1)多座飞机;(2)多座的

multi-section filter IF amplifier circuit 多节滤波器中频放大电路 (IF=intermediate frequency 中频,中间频率)

multi-shotfiring 成组发爆

multi-span elastic rotor system 多跨弹性轴系

multi-speed 多级变速[的],多速[的]

multi-speed drive 多级变速传动

multi-speed drum switch 多速鼓轮开关

multi-speed motor 多速电机

multi-spindle 多轴的

multi-spindle automatic lathe 多轴自动车床

multi-spindle drilling machine 多轴钻床

multi-spindle head 多轴箱

multi-spindle horizontal automatic bar lathe 多轴[卧式]棒料自动车床

multi-spindle horizontal clucking lathe 多轴[卧式]卡盘自动车床

multi-spindle machining 多轴切削[加工]

multi-spindle milling machine 多轴铣床

multi-spindle semi-automatic lathe 多轴半自动车床

multi-spindle vertical internal cylindrical honing machine 多轴立式内圆珩磨机

multi-spindle vertical semi-automatic lathe 多轴立式半自动车床,立式多轴半自动车床

multi-stage 多级的

multi-stage rocket 多级火箭

multi-start 多头[的],多线的,复线的

multi-start screw thread 多头螺纹,多线螺纹

multi-start thread 多头螺纹,多线螺纹

multi-start worm 多头蜗杆

multi-step control 多步控制

multi-subscriber time-shared computer system (=MSTS) 多用户分时计算机系统

multi-tap (1)多插头插座,转接插座;(2)多插头的,多抽头的

multi-task 多重任务

multi-tension 多向拉伸

multi-terminal network 多端网络

multi-thread(ed) screw 多头螺纹

multi-tool 多刀[的]

multi-tool camshaft lathe 多刀凸轮轴车床

multi-tool chucking lathe 卡盘多刀车床

multi-tooth coupling 多齿联轴器,多齿联轴节

multi-tooth cutter 多齿铣刀

multi-tube 多管的

multi-turn 多螺线的,多圈的,多匝的

multi-turning head 多位刀架

multi-tuning antenna 多路调谐天线

multi-type wheel 多次印字轮

multi-unit power transmitting tube 多单元功率发射管

multi-unit-steerable antenna 多元可转天线

multi-unit tube 多极管,复合管

multi-use grinding machine 多用磨床

multi-user operating system 多用户操作系统

multi-valley semiconductor 多能谷半导体

multi-valued logic 多值逻辑

multi-valued switching theory 多值开关理论

multi-valuedness 多值性

multi-variable control system 多变量控制系统

multi-vibrator 多谐振荡器

multi-wash 多层洗涤

multi-weapon 多种武器

multi-wheeler 多轮汽车,多轴汽车

multi-zone relay 分段限时继电器

multiaccelerator 多重加速器,多重接合器

multiaccess 多用户访问

multiaction computer (=MAC) 多作用计算机

multiadapter 多用附加器

multiaddress 地址[的],多位置[的]

multiaerial system 多天线系统,多振子系统

multianalysis 多方面分析,全面分析,详细分析

multiangular 多角的

multianode 多阳极[的]

multianode mercury-arc rectifier 多阳极汞弧整流器

multiar circuit 多向振幅比较电路,多向振幅鉴别电路,多向鉴幅电路,(雷达)多距电路

multiaspect (1)多方面,多方向,多方位,(2)多标号

multiaxis spin test inertia facility (=MASTIF) 多轴旋转试验的惯性设备

multiband 宽频带,多频带,多波段

multiband post acceleration tube 多级后加速管

multiband tube 带状荧光屏管,多频带管

multibank (1)多排的;(2)复台式,复接排

multibar crank mechanism 多曲柄机构

multibarrel 多管[式]的,多筒[式]的

multibarreled (1)多喷嘴的;(2)(武器)多身管的

multibeacon 三重调制指点标,三重调制信标,组合信标,多信标

multibeam antenna 多波束天线

multibearing 多支承的,多支座的

multibilayer 多组双层

multiblade (1)多刀的;(2)多叶片的,复叶的

multiblade blower 多叶片送风机

multibladed 多叶的,复叶的

multibreak (1)多重开关;(2)多断点的(同时在几点断开电路或灭弧)

multibreak switch 多断点开关

multibucket 多斗[式]

multibulb 多[灯]泡的,多管的

multibulb rectifier 多汞弧整流器,多管臂整流器

multiburst generator 多波群脉冲发生器,频率脉冲发生器

multiburst signal 多频率脉冲群信号,正弦波群信号

multicamerate 多室的,多腔的

multican 多分管的

multicarbide 多元碳化物,复合碳化物

multicarrier transmitter 多载波发射机

multicasting 立体声双声道调频广播

multicathode 多阴极的

multicavity 多共振器的,多腔的,多盒的,多室的,多槽的

multicavity klystron 多腔速调管

multicavity magnetron 多腔磁控管

multicell (=multicellular) 多单元的,多网格的,多管的,多孔的,多室的,复室的

multicentered 多心的

multichain 多链的

multichain condensation polymer 星形缩[合]聚[合]物

multichamber 多室,多层

multichambered 多室的,多腔的

multichannel 多重管道的,多波道的,多频道的,多通道的,多信道的,多路的,多槽的

multichannel analog-to-digital data encoder (=MADE) 多路模拟-数据编码器

multichannel memory system (=MCMS) 多道存储系统

multichannel record 多声道唱片

multichannel recording oscillograph 多回线示波器,多路录波器

multicharge 混合炸药,多种炸药

multichip (1)多片[状]的;(2)多片

multichip circuit (=MCC) 多片电路

multichip IC 多芯片集成电路(IC=integrated circuit 集成电路)

multichip integrated circuit 多芯片集成电路

multichip microcircuit 多片微型电路

multichromatic spectrophotometry 多色分光光度计

multicircuit 多电路的,多线路的

multiclone 多管式旋流除尘器,多管式旋风收尘器,多[管]旋风器,多聚尘器

multicoat 多层，复层
multicoil 多线圈的，多绕组的
multicollinearity 多次共线性
multicolo(u)r 多色的，彩色的
multicolo(u)red 多色彩的
multicompany 多种经营的
multicomponent 多组分的，多成分的，多［组］元的
multicomponent admixture 多成分掺合料，复合掺合料
multicomponent circuits (=MCC) 多元电路
multicomponent plasma (=MCP) 多元等离子体
multicompression 多级压缩
multicomputer 多机组，多计算机系统
multicomputing 多值计算
multicomputing unit 多运算器
multiconductor 多导线，多导体
multiconductor cable 多芯电缆
multiconductor plug 多线插头
multicone synchronizer 多锥面同步器
Multiconn 麦帖康（一种移像光电摄像管）
multiconstant 多常数
multicontact 多接点的，多触点的
multicontact relay 多接点继电器
multicore (1) 多芯线的；(2) 多磁芯的
multicore cable 多芯电缆
multicore magnetic memory 多磁心存储器
multicoupler 多路耦合器
multicrank 多曲柄
multicurie 多居里的
multicut (1) 多刀切削；(2) 多刀的
multicut lathe 多刀车床
multicutter 多刀［具］
multicycle 多循环的，多周期的
multicyclone (1) 多管式旋风，多管式旋流；(2) 多级旋风分离器
multicyclone dust collector 多管式旋流除尘器
multicylinder engine 多缸发动机
multidecision game 多步判决对策
multideck 多层的
multideck sinking platform 多层凿井吊盘
multideck table 多层摇床
multidemodulation 多解调电路
multidiameter 阶梯状轴的，多直径［的］
multidiameter reamer 多径铰刀
multidigit 多位［的］
multidimensional 多尺寸测量用的，通用的，多维的，多面的
multidirectional 多［方］向的
multidirectional drive 多向传动
multidisciplinary 多种学科的
multidomain 多畴
multidraw 多点取样
multidrop communication network 多站通信网络
multiduty 多用途的
multiecho 多次回声，多重回声，颤动回声
multielectrode counting tube 多电极计数管
multielectrode tube 多极管
multielectrode tube converter 多极管变频器
multielectrode voltage stabilizing tube 多极稳压管
multielement 多元［素］的，多元件
multielement antenna 多振子天线
multielement array 多元天线阵
multiemitter 多发射极
multiemitter transistor (=MET) 多发射极晶体管
multiengine (1) 多曲柄式发动机；(2) 多发动机的
multiengined 多发动机的
mutlifactor 复因子
multifarious 各种各样，五花八门的，多样性的，多方面的
multifarious aspects 各个方面，多方面
multifeed 多点供油的
multifilament 多灯丝的，多纤维的，复丝的
multifile search 多重资料检索，多文件检索
multifinger 多触点的
multifinger contactor 多触点接触器
multiflame 多焰
multiflash (1) 多闪光装置；(2) 多灯闪光；(3) 多闪光的
multiflow 多流的

multiflying punch 多针穿孔
multifold 多倍的，多重的
multiform 多种形式的，多种的，多样的
multiform function 多值函数
multiformity 多形性
multiframe 复帧
multifrequency 多频率的，宽频带的，复频的
multifrequency generator 多频振荡器
multifrequency key pulsing (=MFKP) 多频键控脉冲
multifrequency signalling system 多频信号制
multifrequency sinusoid 正弦波谐波
multifrequency system 多频制
multifuel 多种燃料的
multifunction 多功能的，多效的
multifunction additive 多效添加剂
multifunction array radar 多功能相控阵雷达
multifunction sensor (=MFS) 多功能传感装置，多功能探测装置
multifunction system 多功能系统
multifunctional 多功能的
multigang switch 多联开关
multigap 多火花隙
multigap head 多隙磁头
multigap plug 多［火花］隙火花塞
multigauge (=MG) 多用量测仪表，多用测量仪表，多用检测计，复式测量仪，多用规
multigrade 多等级的，多品位的，多级的
multigrade oil 多级通用润滑油
multigraph (1) 组合旋转排字印刷机；(2) 油印机
multigraph paper 复印纸，烛纸
multigrate 复炉，多炉
multigreaser 多点润滑器
multigrid 多栅［极］的
multigrid detection 多栅检波
multigrid tube converter 多栅管变频器
multigroove 多槽
multigroove friction clutch 多槽摩擦离合器
multigroup 多群的，多组的
multigun 有数个电子枪的，多管的，联装的（兵器），多枪的
multigun cathode ray tube 多枪［式］阴极射线管，多枪显像管，多束示波管
multigun oscilloscope tube 多枪示波管
multiharmonograph 多谐记录仪
multiheaded 多弹头的
multihearth 多层炉
multihole 多孔［的］
multiholed 多孔的
multihop propagation 多反射传播，多跃传播
multihull 多体船
multiimage 分裂影像，重复图像，多重图像，复像，多像
multiinjector 多喷嘴
multijet 多喷嘴的
multijunction 多结
multikey 多键［的］
multikeyway 多键槽
multikeyway shaft 多键槽轴
multilaminate 多层的
multilamp beacon 多灯信标
multilasered optical radar 多元激光雷达
multilated gear 阶梯［形］齿轮
multilateral 多方面的，多边的，多侧的
miltilateral trade negotiation 多边贸易谈判
multilateral treaty 多边条约
multilayer (1) 多层的；(2) 多层膜
multilayer bearing 多层轴瓦
multilayer board 多层［印刷］板
multilayer circuit board (=MLCB) 多层电路板
multilayer coil 多层线圈
multilayer filter 多层滤光片
multilayer gas-discharge display panel 多层气体放电显示板
multilayer heater 多层灯丝
multilayer phosphor screen 多层荧光屏
multilayer welding 多层焊
multilayer winding 多层绕组
multilead 多引线的，多入线的

multileaved　多片式

multileaved spring　多片式弹簧

multilength　多倍长度的

multilength arithmetic　多倍长度运算

multilength working　多倍长工作单元,多倍字长工作,多倍精度工作

multilens　多物镜

multilevel　多水平 [面] 的,多层的,多级的

multilevel address　间接地址

multilevel addressing　多级定址,多级寻址

multilevel approach　多水平法

multilevel interconnection generator (=MIG)　多电平互连信号发生器

multilevel interrupt　多级中断

multiline　复式线路,多线

multiline production　分类生产法,多线生产法

multilineal　多线的

multilinear　多 [重] 线性的

multilink chain　并联片节链

multilith　(1) 简易影印机,小胶印机;(2) 简易平版印刷品

multilobe　多叶片的,多瓣的

multilobe printer　多瓣型打印机

multiloop　多分枝的,多回线的,多回路的,多网络的,多圈的,多匝的,多环的

multiloop servo system　多环路伺服系统

multiloop stability　多环稳定

multimachine　多机

multimachine assignment　(单人)多机操作任务

multimass　多质量

multimedia　多种手段 [的],多种方式 [的]

multimeter　(1) 万用表,复用表;(2) 多量程测量仪表,多用途计量器,多量程电表,通用测量仪器,万能测量仪器;(3) 多次测量,多次计量,多点测量

multimetering　(1) 多点测量,多次测量;(2) 多重读数,复式读数,复式计数,复式计次;(3) 多次计算,多点计算

multimicrocomputer　多微计算机

multimicroelectrode　微电极线

multimicroprocessor　多微处理机

multimillion-fibre　多束纤维

multimodal　多峰

multimodal distribution　多重模态分布

multimode　多波型,多模态,多方式

multimode cavity　多波型共振腔,多模共振腔

multimode laser　多模激光器

multimodel transport operator (=MTO)　多种方式联运经营人

multimolecular　多分子的

multimotored　几个发动机的

multinitride　(1) 多次氮化 [处理];(2) 多元氮化物,复合氮化物

multinodal　多节点的

multinode　多节的

multinominal　多项式 [的],多项的

multinominal theorem　多项式定理

multinormal distribution　多维正态分布

multinuclear　多核的,多环的

multinucleate　多核的,复核的

multioffice　多局制

multioperation machine　多工序机床

multioutlet　多引线

multipack　多件头商品小包

multipacting　次级电子倍增,次级电子发射

multipacting plasma　多碰等离子体

multipactor　(1) 次级电子倍增效应;(2) 高速微波功率开关

multipactor effect　电子二次倍增效应,多碰效应

multipactoring　次级电子倍增,次级电子发射

multiparameter　多参数,多参量

multiparty line　合用线,同线

multipass　(1) 多次通过的,多通道的,多次行程的;(2)(螺纹)多头的

multipass compiler　多次 [扫描] 编译程序

multipass sort　多次扫描分类

multipass welding　多道焊

multipath　(1) 多路径,多途径;(2)(螺纹)多头的

multipath core　多路磁芯

multipath reduction factor (=MRF)　多路降低因数,多路缩减系数

multipath signal　多路径传播信号,多程信号

multiphase　多相 [的]

multiphase current　多相电流

multiphase motor　多相电动机

multiphase system　多相制

multiphasic　多方面的,多相的

multiphonic stereophony　多路立体声

multiphoton　多光子

multiplace　(1) 多位数的;(2) 多座

multiplane　(1) 多翼飞机;(2) 多翼的;(3) 多平面的

multiplane camera　动画摄影机

multiplane-multispeed balance　多平面多转速平衡法

multiplate　多片

multiplaten　多层的

multiple (=MULT)　(1) 复式的,多数的,多倍的;(2) 相联成组,复联,并联,复接;(3) 多倍,多重;(4) 多路系统,多次线路;(5) 复接线束,复式塞孔盘;(6) 多倍坯料,多倍板厚;(7) 成为多重,成为多倍

multiple access　多路存取,多址联接,多址通信

multiple access computer (=MAC)　多路存取计算机

multiple access device (=MAD)　多路存取装置

multiple action　多重作用

multiple-address　多 [重] 地址

multiple address code (=MAC)　多地址码

multiple-alternative detection　多择检测

multiple antenna　多单元天线,复合天线

multiple-aspect indexing　多方向索引,多方位索引

multiple attributive classification　多属性分类

multiple-band receiver　多波段接收机

multiple bank　复接排

multiple bar joint　多杆活动关节

multiple barrel　火箭发动机组

multiple beam　多光束,复光束,复光柱

multiple-beam interferometry　多光束干扰

multiple beam interval scanner (=MUBIS)　多射束间隔扫描器

multiple beam klystron (=MBK)　多注速调管

multiple bell pier　复钟式桥墩

multiple belt　(1) 多层皮带;(2) 多条皮带 [传动]

multiple-blade　多叶片的,多刀的

multiple bond　重键

multiple box culvert　多孔箱涵

multiple-bridge　群桥

multiple-burst correction　多突发纠正

multiple-cable　复电缆

multiple capacitor　多联电容器

multiple-carbide　多元碳化物

multiple-cavity　多腔的,多孔的,多室的

multiple centre joint　多条中线缝

multiple circuit　多级电路,倍增电路,复接电路

multiple clutch　复式离合器

multiple coat　多层,复层

multiple-cog belt drive　多槽带传动

multiple coil　多极螺旋

multiple-coincidence　多次重合

multiple-colour phosphor screen　多层色彩荧光屏

multiple-column　多柱式

multiple component units　配套无线电零件,无线电组件

multiple compound train　多列轮系

multiple computer complex (=MCC)　复式计算机并联

multiple connection　复接

multiple-connector　多路流程图

multiple-contact　多触头的,多触点的,多接点的

multiple contact (=MC)　(1) 多点接触;(2) 复式接点

multiple-contact switch　多触点开关,多接点开关

multiple copy (=MC)　多份复制 [品]

multiple-core　多芯的

multiple correlation　多　重相关,复合相关

multiple correlation coefficient　多重相关系数

multiple curve　多重点曲线

multiple-cut　多刀,多刃

multiple cut　多刃切削,多刀切削

multiple cutter head　(六角车床的)多刀刀杆

multiple-cutter lathe　多刀车床

multiple cutting edge countersink　多刃锥口钻

multiple-cutting-edge-tool　多刃刀具

multiple cutting edge tool　多刃刀具

multiple daylight press　多层压机

multiple-deck　（甲板）多层的
multiple degree of freedom　多自由度
multiple detector　多重探测器
multiple diameter drill　阶梯钻头
multiple die　复式模，复锻模
multiple die press　多模冲床
multiple-disc　多盘，多片
multiple disc　多盘
multiple-disc brake　多片式制动器，多盘闸
multiple disintegration　倍速蜕变
multiple-disk　多盘，多片
multiple-disk clutch　多片离合器，多盘离合器
multiple disk clutch　多片式 [摩擦] 离合器
multiple disintegration　倍速蜕变 [作用]
multiple distribution　(1)多路配线，并联配线，复接配线；(2)多路配电，并联配电，复接配电；(3)多路接线，并联接线，复接接线
multiple distribution system　复配电制，并列制
multiple drill　多轴钻床
multiple drill head　多轴钻床主轴头
multiple drill press　多轴钻床
multiple drilling　多孔钻法
multiple drilling machine　多轴钻床
multiple drives　多轴传动
multiple-duct conduit　多孔管道
multiple earth　多重接地
multiple earth system　多重接地系统
multiple-edged tool　多 [刀] 刃刀具
multiple-effect　多效
multiple effect　多方面效应，多效性
multiple-electrode　多电极
multiple-electron　多电子
multiple-element kinematic chain　多构件运动链
multiple error　多重误差，多级误差，多次误差
multiple-error-correcting　多差校正
multiple expansion　多级膨胀，多次膨胀
multiple-explosure　多次曝光
multiple-explosure hologram　多曝全息图
multiple extrema　多重极值 (单 extremum 极值)
multiple feed　多电源供电
multiple feeder　复蚀 [电] 线
multiple field　复式塞孔盘，复接线弧
multiple-film　多重片
multiple filter　多节滤波器，多重滤波器，复式过滤器
multiple firing　齐爆
multiple-frequency　倍频，多频
multiple frequency　多重频率，倍频
multiple gear mechanism　多级齿轮传动装置，多轴齿轮机构
multiple gearing　多级齿轮传动 [装置]，多级 [变速] 传动
multiple gears　多级齿轮 [传动] 装置
multiple generator　乘积发生器
multiple glide　复滑移
multiple-grid　多栅
multiple groove bearing　多油槽轴承
multiple grooved wheel　多槽轮
multiple-gun tube　多电子束管，多枪管，多束管
multiple head broaching machine　复式拉床
multiple-hole　多孔的
multiple-hop　多次反射
multiple image　多重图像，叠影，复像
multiple independent re-entry vehicle　多弹头分导导弹
multiple independently targeted re-entry vehicle (=MIRV)　(1) 分导多弹头重返大气层导弹；(2)改为分导多弹头导弹，用多弹头分导重返大气层运载工具去装备
multiple induction loop　多次归纳循环
multiple information retrieval by parallel selection (=MIRPS)　通过并行选择的多次信息恢复
multiple input terminal equipment (=MITE)　多端输入终端设备
multiple inputs　多端输入
multiple-ionized　多次电离的
multiple jack　复式插孔，复式塞孔
multiple jet　多孔喷嘴
multiple keys　花键
multiple-layer sandwich radome　多层结构天线罩
multiple length　倍尺

multiple-lift　多层的，多式的
multiple lift packing　散装
multiple line　多重线，复式线
multiple-link kinematic chain　多环节运动链
multiple linkage　重键
multiple links　重键
multiple load input　多载荷输入
multiple-machine-head　多切削头，多加工头
multiple manometer　组合压力计
multiple mechanism　复式机构，多级传动机构
multiple member cam mechanism　多构件凸轮机构
multiple member crank mechanism　多构件曲柄机构
multiple modulation　多重调制，多级调制，复调制
multiple mould　叠箱造型，多巢压模
multiple-moulding　多次模塑法，多模
multiple-nozzle　多喷嘴的
multiple on course signal　多航向信号
multiple on-line　多路联机
multiple operation　(1) 多道工序操作；(2) 平行作业，并联运行
multiple-operator　多操作者同时工作的
multiple operator welding machine　多站电焊机
multiple-order pole　多阶极点
multiple-part　由几部分组成的
multiple-part mould　多箱铸型
multiple-part pattern　多开模
multiple partition　多效分配
multiple-pass　多 [行] 程，多路
multiple-path　多路
multiple-path coupler　多路耦合器，多孔耦合器
multiple periodicity　多重周期
multiple phase ejectors (=MPE)　多相喷射器
multiple-pin　(1) 多测针的，多针的；(2) 多刀 [式]
multiple-pin-hole　复针孔
multiple-piston　多活塞
multiple-piston pump　多活塞泵
multiple-piston rotary pump　多活塞回转泵
multiple-plate　多层板的，多盘的，多片状的
multiple-plate brake　多片式制动器，多盘闸
multiple-plunger　多柱塞
multiple-plunger pump　多柱塞泵
multiple-point　多 [重] 点的
multiple point　(1) 多重点；(2) 多刃
multiple-point piston reduction　多级减速
multiple-point recorder　多信道记录器，多路记录器，多点记录器
multiple-point tool　多刃刀具
multiple point tool　多刃刀具
multiple position circuit　并席电路
multiple power transmission path　多传输线路
multiple precision　多倍精度
multiple precision arithmetic (=MPA)　多倍精度计算
multiple priming　并联起爆
multiple printing machine　多种形式打印机
multiple-processing　多重处理
multiple processor system　多处理机系
multiple production　多次发生，多重发生，重复发生
multiple-programming　多重程序 [设计]，多级程序设计，多道程序设计
multiple projection welding　多点凸焊
multiple proportions　倍比
multiple-pulse　多脉冲
multiple punch　(1) 多次穿孔，复孔穿孔；(2) 多冲头床，多模冲床
multiple punching machine　多头冲床，多头冲压床
multiple purpose machine　多用机床
multiple purpose project　综合利用工程
multiple-purpose tester　万能试验器，万能测试器
multiple radiation　多波束辐射
multiple ram forging method　多压头锻造法
multiple random variables　多维随机变量
multiple-range transmission　带多档大速比副变速器的变速器
multiple rectifier　复合电路整流器
multiple re-entry vehicle (=MRV)　多弹头重返大气层运载工具
multiple reflection　多次反射
multiple regression analysis　多重回归分析
multiple reperforator transmitter system (=MRTS)　复式凿孔机发

933

射系统
multiple resistance welding　多点电阻焊
multiple resonance　复共鸣,复共振,复谐振
multiple return path　多重返回路径
multiple rhombic antenna　菱形天线网
multiple-roll　多滚筒,多辊
multiple-rotor　多转轴,多转子
multiple ruby laser (=MRL)　复式红宝石激光器
multiple-scale system　多刻度系统
multiple screw thread　多头螺纹
multiple selector valve　多位置换向阀,多位置配油阀
multiple-series　并联-串联,串并联,复联,混联
multiple shearing machine　复式剪床
multiple signal　多次信号,多重信号,复现信号
multiple-sintering　多次烧结
multiple sling chain　多尾链
multiple sound track　多重声道,复声道
multiple-speed　多速的
multiple-speed gear　多速传动装置,多档传动装置
multiple-speed gearbox　多级变速箱
multiple-speed transmission　(1) 多速传动;(2) 多级变速器
multiple-spindle　多轴的
multiple spindle automatic chucking machine　多轴卡盘式自动车床
multiple spindle automatic lathe　多轴自动车床
multiple spindle automatic machine　多轴自动机床
multiple spindle bearing　复式锭子轴承
multiple spindle boring machine　多轴镗床
multiple spindle broaching machine　多轴拉床
multiple spindle drill head　多轴钻削头
multiple spindle drill unit　多轴钻削头 [装置]
multiple spindle drilling machine　多轴钻床
multiple spindle head　多轴箱
multiple spindle honing machine　多轴珩磨机
multiple spindle lathe　多轴车床
multiple spindle machine　多轴机床
multiple spindle milling machine　多轴铣床
multiple spindle surface super-finishing machine　多轴平面超精加工机床
multiple spindle vertical internal honing machine　多轴立式内圆珩磨机
multiple spindle vertical lathe　多轴立式车床
multiple spindle wood lathe　多轴木工车床
multiple spline　花键
multiple spline shaft　花键轴
multiple splined hole　花键孔
multiple splined shaft　花键轴,多键轴
multiple-spot　多点的
multiple spring　复式弹簧
multiple-stable-state　多稳态的
multiple-stage　多级式的,多层的,多段的
multiple-stand　多机座的,多机架的
multiple-start　多头的,多线的,多线路的
multiple-start screw thread　多头螺纹,多线螺纹
multiple-start thread　多头螺纹,多线螺纹
multiple-start worm　多头蜗杆
multiple station　多工位
multiple station modular machine tool　多工位组合机床
multiple stepped cone　多级锥轮
multiple-story　多层
multiple strand　多线的,多股的
multiple strand chain　多级链,多股链
multiple stratification　多层化
multiple-structure　多层结构
multiple-surface　多面的
multiple-switch　复接机键的,多开关的
multiple switch　多刀开关,多重开关
multiple switchboard　复接式人工交换机
multiple system　复式系统,多级系统,多机系统,多路系统,并联式,复式
multiple-tank　多 [储] 罐
multiple-target system　多目标测距系统
multiple tariff meter　多种价目计算器
multiple thread　多头螺纹,多线螺纹,复螺纹
multiple thread hob　多头螺纹滚刀

934

multiple thread mill　多头螺纹铣刀
multiple-thread milling cutter　多头螺纹用铣刀
multiple thread screw　多头螺杆
multiple thread worm　多头蜗杆
multiple-threaded　多头螺纹的,多线螺纹的
multiple-threaded screw　多头螺杆
multiple-threaded worm　多头螺纹蜗杆
multiple-tool　多刀的
multiple tool block　多刀刀架
multiple tool holder　多刀刀架
multiple tool lathe　多刀车床
multiple tool planing　多刀刨削
multiple tool slide　复式刀架滑台
multiple tooling　多刀切削
multiple tooth contact　多齿啮合
multiple-track　多线轨道的,多信道的,多路的
multiple track cam　多工作面凸轮
multiple track radar (=MTR)　多路跟踪雷达
multiple-track range (=MTR)　(1) 多信道无线电信标;(2) 多方向性信标台
multiple transfer (=MT)　多极转移
multiple-trigger generator (=MTG)　多触发脉冲发生器
multiple truss　复式桁架
multiple-tube　多管式,多管的
multiple-tuned　多重调谐的,复式调谐的
multiple tuned-antenna　双调谐天线
multiple tuned antenna　复调谐天线
multiple-turn　多匝的
multiple turn　多螺线的,多圈的,多匝的,多转的
multiple-turn cylindrical cam　多次轴向凸轮,多次筒形凸轮
multiple-twin　扭绞多芯的,复对的,双绞的
multiple-twin quad　双股四芯电缆
multiple twin quad　双股四芯电缆,扭绞四芯电缆
multiple twin type　扭绞四芯式,双绞式,复对型
multiple-unit　(1) 联结的,活节的;(2) 多元的,复合的,联列的;(3) 多发动机的,多机组的,多车厢的
multiple unit control　多元控制
multiple unit steerable antenna　方向可控式多元天线,多元可转天线
multiple-unit train　多车厢列车
multiple unit valve　多路阀
multiple-V belt　多列三角皮带
multiple-value function　多值函数
multiple-valued　多值的
multiple valued　多值的
multiple valve　复合 [电子] 管
multiple Vee-belt drive　多列三角皮带传动
multiple Vee gear　多 V 形槽摩擦轮
multiple wear wheel　修复车轮,翻新车轮
multiple web　多肋式 [的]
multiple-wheel　多轮
multiple-wick oiler　多点润滑器
multiple winding　并联绕组,复绕组
multiple-wire antenna　多束天线
multiple-wire multiple-power submerged arc welding　多丝埋弧焊
multiple-zone refining　多熔区的区域提纯
multipled　(1) 复式的,复接的;(2) 多重的,多倍的;(3) 并联的
multiplediscbrake　多盘式刹车
multiplerow seeder　多行播种机
multiplet　(1) 多重谱线,多重项;(2) 多重态;(3) 多重谱线的
multiplet rule　多重谱线定则
multiplewire submerged arc welding　多丝埋弧焊
multiplex (=MPX 或 MX)　(1) 多倍投影制图仪;(2) 多路传输,多路通信,多路复用(电工);(3) 倍数的,倍增的,倍加的,复式的,复合的,复接的;(4) 复路制,多工制
multiplex broadcasting　多路广播
multiplex circuit　复接电路
multiplex communication　多路通信
multiplex demodulation　多路通信解调
multiplex interferometric Fourier spectroscopy (=MIFS)　多重干扰傅里叶光谱 [学]
multiplex mode　多路工作方式
multiplex modulation　多路通信调制器
multiplex printing apparatus　多工印字机
multiplex printing telegraph　多工印字电报

multiplex SLAR　多频率双极化合成孔径雷达
multiplex system　多路制, 多工制
multiplex telegraph　(1) 多路电报, 复式电报; (2) 复式电报机
multiplex telegraphy　多路电报学
multiplex telephony　多路电话
multiplex time division system　时间分割多路通信制
multiplex transmission　多路传输
multiplex transmitter　多路通信发射机, 多道通信发射机
multiplex winding　复叠绕组
multiplexed message processor (=MMP)　多路传输的消息处理机
multiplexed operation　多重操作
multiplexer (=MUX)　(1) 多路调制器, 多路扫描器, 多路转换器, 路扫描装置, 多路扫描器; (2) 信号连乘器, 信号倍增器, 信号倍加器, 信号倍频器, 扩程器; (3) 转换开关; (4) 乘数; (5) (电视) IQ 信号混合器, 能调制多路输入 / 输出的缓冲器
multiplexer and terminal unit (=MTU)　多路调制器和终端装置
multiplexer channel　多切换器通道, 多路通道
multiplexing　(1) 复用; (2) 倍增, 倍加; (3) 多路调制, 多路转换, 多路化
multiplexing equipment (=MUX)　多工设备
multiplexor (=multiplexer)　(1) 多路调制器, 多路扫描器, 多路转换器, 多路扫描装置, 多路扫描器; (2) 信号连乘器, 信号倍增器, 信号倍加器, 信号倍频器, 扩程器; (3) 转换开关; (4) 乘数; (5) (电视) IQ 信号混合器, 能调制多路输入 / 输出的缓冲器
multipliable　可增加的, 可加倍的, 可乘的
multiplicable　可增加的, 可加倍的, 可乘的
multiplicand　被乘数
multiplicand divisor register (=MDR)　被乘数 - 除数寄存器
multiplicate　(1) 多重的, 多倍的, 多次的, 多数的, 多样的; (2) 复合的, 复式的; (3) 并联的
multiplication　(1) 乘法, 乘积, 相乘; (2) 按比例增加, 放大, 增加, 增多, 倍增, 倍加, 放大
multiplication by constants　乘常数, 乘常量
multiplication by stages　分级倍增
multiplication by variables　乘变数, 乘变量
multiplication circuit　乘法电路
multiplication constant　乘法常数, 倍增常数
multiplication factor　(1) 倍增因数, 放大因数; (2) 乘数
multiplication of complex numbers　复数乘积
multiplication of series　级数相乘, 级数乘法
multiplication table　乘法表
multiplicational　乘法的, 相乘的, 增加的, 倍加的, 倍增的
multiplicative　乘法的, 倍增的, 倍加的, 增加的, 相乘的
multiplicative arrays　乘积阵
multiplicative axiom　(乘法) 选择公理
multiplicative channel　相乘信道
multiplicative function　积性函数
multiplicative identity　乘法单位元
multiplicative inverse　乘法逆元素
multiplicative mixing　相乘混频
multiplicative noise　相乘噪声
multiplicator　(1) 乘数, 系数, 因数; (2) 乘法装置, 乘法器, 放大器, 倍增器, 扩程器; [光电] 倍增管
multiplicatrix　倍积
multiplicity　(1) 相重数性, 相重数, 阶; (2) 多重性, 重复性; (3) 复数, 多数
multiplicity factor　多重性因数
multiplicity of drives　多种形式传动
multiplicity of poles　(1) 极点的阶; (2) 极点的相重数
multiplicity of power transmission paths　多条传输线路
multiplicity of root　(1) 根的阶; (2) 根的相重数
multiplicity of zero　(1) 零点的阶; (2) 零点的相重数
multiplier (=MULT)　(1) 系数, 乘数, 乘式, 乘子, 因数; (2) 乘法装置, 倍率器, 扩量程器; (3) 乘法器, 放大器, 倍增器, 倍增管; (4) 扩程电阻器
multiplier amplifier　倍增放大器
multiplier coefficient unit　系数相乘器
multiplier-detector　倍增管 - 探测器
multiplier-divider unit　乘法器 - 除法器部件, 乘除数单元
multiplier electrode　倍增电极
multiplier field　乘数字段
multiplier kinescope　倍增式显像管
multiplier linkage　加力杆系
multiplier phototube (=MP)　电子倍增光电管, 光电倍增器 [管]

multiplier-quotient　乘商
multiplier-quotient register (=MQR)　乘数 - 商寄存器
multiplier quotient register (=MQ)　乘数 - 商寄存器
multiplier register　乘数寄存器
multiplier rule　乘数法则
multiplier spot　电子倍增光点
multiplier travel-wave photo diode　行波光电倍增二极管
multiplier tube　电子倍增管
multipling　复接
multiply　(1) 乘, 乘法; (2) 倍数的, 倍量的; (3) 增加, 放大, 扩大
multiply and add (=MAD)　乘和加
multiply and round (=MLR)　乘和舍入
multiply-connected　多重连通的
multiply connected　多连通的
multiply periodic　多重周期的
multiply periodic motion　多重周期运动
multiply time　乘法时间
multiply transitive　多 重传递的
multiplying arrangement　放大设备
multiplying channel　复用信道
multiplying circuit　乘法电路
multiplying coil　扩程线圈, 倍示线圈
multiplying constant　常倍数
multiplying digital analog converter　数 [字] - 模 [拟] 相乘变换器
multiplying factor (=MF)　倍增因数, 放大率, 倍率
multiplying gauge　放大压力计, 倍示压力规
multiplying gear　增速传动装置
multiplying glass　放大镜
multiplying level balance　倍数杠杆天平
multiplying manometer　倍示压力计
multiplying power　放大率, 倍率
multiplying punch　按比例扩大穿孔机, 计算穿卡机
multiplying unit　乘法器
multiplying wheel　增速 [齿] 轮
multipoint　多位 [置] 的, 多点的
multipoint circuit　多端线路
multipoint tool　多刃刀具
multipolar　多极的
multipolar dynamo　多极电机
multipolar machine　多极电机
multipolar synchro　多极自整角机
multipolarity　多极性
multipole (=MP)　多极, 复极
multipole radiation　多极辐射
multipole switch　多刀开关
multipollutant　多种污染物
multipolymer　共聚物, 多聚物
multiport　多端网络, 多端口
multiposition　多位置
multiprecision　多倍精度
multiprecision arithmetic　多倍精度运算
multipressure　多压的
multipriority　多优先级, 多优先权
multiprobe　多探针, 多探头
multiprocessing　多道处理, 多重处理
multiprocessor　多重处理机, 多重处理装置
multiprocessor system　多处理系统
multiprogram　多重程序, 多道程序
multiprogrammed　多道程序的
multiprogramming　多重程序设计, 程序复编
multiprogramming with a fixed number of tasks (=MFT)　任务数量固定的多道程序设计
multiproject automated control system (=MACS)　多元自控系统
multipropellant　多元推进剂, 多元燃料, 多组分燃料
multipunch press　多头冲床
multipurpose　多用途的, 通用的
multipurpose automatic data analysis machine (=MADAM)　多功能自动数据分析机
multipurpose grease　多用途润滑脂
multipurpose integrated electronic processor (=MIEP)　多用途综合电子信息处理机
multipurpose oil　多用途机油
multipurpose test equipment (=MPTE)　多用途试验设备
multiradix computer　多基数计算机

935

multirange (1) 多量程的, 多刻度的; (2) 多范围的; (3) 多波段的

multirange instrument 多量程仪表

multirate 多费率的

multiread feed 多读馈送

multiread feeding 多次读入输送

multireflector 多层反射器

multireflex 多次反射

multiregion gun 多区电子枪

multiring 多核的, 多环的

multiroll 多辊的

multirotation 旋光改变, 变旋光, 变旋

multirow 多排的, 多列的, 多行的

multirow bearing 多列轴承

multirunning 多道程序设计

multiscaler (1) 多路定标器, 多用定标器, 万能定标器; (2) 通用换算线路

multiscrew extrusion machine 多螺杆挤压机

multiseater 多座机

multisecond 多秒钟

multisection 多节的, 多段的

multisection filter 多节滤波器

multisegment 多节的, 多段的, 多瓣的

multisegment magnetron 多瓣阳极磁控管, 多腔磁控管

multiselector 复接选择器

multiserial 多列的

multiseries 多系列的, 混联的

multishaft 多轴的

multishift 多班 [制] 的

multishift operation 同时间进行数种问题的运算

multishock (1) 激波系; (2) 多激波的

multishoed 多蹄式

multislot 多槽

multispan 多跨

multispar 多梁

multispecimen 多试件

multispeed (1) 多级变速的, 多速的; (2) 多级变速传动; (3) 多速传动装置

multispeed control action 多速控制作用

multispeed gear arrangement 多速齿轮装置

multispeed motor 多速电动机

multispeed power take-off 多速动力输出

multispeed transmission (1) 多速传动; (2) 多速变速箱, 多速变速器, 多档变速器

multisphere 多弧

multisphere wheel magnetron 多腔环形磁控管

multispheroid 多类似球形体

multispindle 多轴的

multispiral 多螺旋的

multispot array 多元基阵

multispot welding machine 多点焊接机

multistability 多稳定性

multistable 多稳定的, 多稳态的

multistage 分阶段进行的, 多级的, 多级式, 多段的, 多阶的, 级联的

multistage amplification 多级放大

multistage amplifier 多级放大器, 级联放大器

multistage centrifugal pump 多级式离心泵

multistage compression 多级压缩

multistage compressor 多级压缩机

multistage-crystallization 多级结晶

multistage pump 多级泵

multistage rocket 多级火箭

multistage sampling 多级取样法

multistage turbine 多级透平, 多级涡轮, 多级叶轮机

multistaged 多级的, 多阶段, 多阶的

multistaging 增加级数

multistand 多机座, 多机架

multistandard 多标准

multistatic radar 多基地雷达

multistation 多站, 多台

multistation communication network 多站通信网络

multistation moulding machine 多工位造型机

multistep 多步的, 多级的, 阶式的

multistep cone pulley 多级塔轮

multistep method 多步法

multistep modulation 多级调制

multistepped hole 多级阶梯形内孔

multistrand 多股的

multistream 多股流的, 多管的

multistream heater 多管加热炉

multiswitch 复接机键

multisystem 多系统

multisystem test equipment (=MTE) 多系统试验设备

multitalent 多才多艺的, 多面手

multitap 多抽头的

multitasking 多道操作

multiterminal (1) 多端的, 多接头的, 多接线端子的; (2) 多端网络

multitester 万能表, 万用表

multitone 多频音, 多频声

multitone circuit 多音电路

multitone transmission system 多周波传送系统

multitool (1) 多刀工具; (2) 多刀的, 多刃的

multitool head (1) 多刀刀具头; (2) 多刀刀具支架

multitool holder 多刀刀架, 多刀刀杆

multitool turning 多刀车削

multitool turning head 多刀扶动刀架

multitooth 多齿 [的]

multitooth broach cutter 多齿拉刀

multitooth tool 多齿刀具

multitoothed 多齿的

multitrace oscilloscope 多迹示波器, 多线示波器

multitrack 多信道, 多声道, 多磁道

multitrack range 多信道无线电信标, 多道无线电指向标

multitrack recording 多声道录音

multitron 甚高频脉冲控制的功率放大器, 甚高频功率管

multitube (1) 多管的; (2) 多真空管, 多电子管

multitubular 多管式

multitubular boiler 多管锅炉, 焰管锅炉

multiturn 多匝的, 多圈的, 多转的, 多螺线的

multiunit 多 [单] 元的, 多部件的, 复合的

multiunit antenna 多振子天线, 多元天线

multiunit tube 多极管, 复合管

multivalency 多价

multivalent 多价的, 多叶的

multivalent function 多叶函数

multivalued 多值的

multivalve 多电子管的, 多管的

multivane 多叶轮的, 多叶的

multivariable 多变量的, 多变数的

multivariant (1) 多方案的; (2) 多自由度的; (3) 多参数的

multivariant quality inspection 多参数质量检验

multivariate 多变量的, 多变数的, 多元的, 多变的

multivariate analysis 多变量分析

multivariate distribution 多维分布, 多元分布

multivariate exponential distribution (=MVE) 多元指数分布

multivariate interpolation 多变元插值

multivator 多用自动测试仪, 万能自动测试仪, 复式变换器

multivector 多重矢量, 多重向量, 交错张量

multivelocity 多速的, 变速的

multiverter 复式变换器, 晶体管变换器

multivertor 复式变换器

multivibrator (=MV) 多谐振荡器

multivibrator circuit 多谐振荡器电路

multivibrator-divider 多谐振荡器式分频器

multiviscosity 稠化

multiviscosity oil 高粘度机油, 稠化机油

multivoltage 多电压的

multivoltage accelerator 倍压加速器

multivoltage generator 多电压发电机

multivoltmeter 多量程电压表, 多量程伏特计

multiwave 多波段的

multiway (1) 多方向的; (2) 多路的; (3) 多脚管座; (4) 多孔的, 复合的, 多位

multiway intersection 复合交叉口

multiway socket 多脚管座

multiway type 多主轴式, 多加工形式

multiwheel (1) 多轮的; (2) 多 [砂] 轮

multiwheeler 多轮汽车

multiwire 多线的, 多芯的, 复线的

multiwire antenna　多束天线
multizone　多区的,多域的
mundic　磁性硫化铁
Mungoose metal　曼古司合金,铜镍锌合金
municipal power plant　公用发电厂
muniment　契约,证书,记录
muniment room　文件室,档案室
munition　军需品,军用品,必需品,军火,弹药
municipal power supply system　公用电力系统
munjack　硬化沥青
Munsell colo(u)r system　芒塞尔色表坐标系
Munsell value　芒塞尔色度值
muntenite　黄树脂
muntz　熟铜
Muntz metal　蒙知黄铜,铜锌合金
Murex hot-crack test　穆勒克斯热裂试验
muriatic acid　盐酸
murolineum　木材防腐剂
mush　噪声干扰,颤噪
mush area　不良接收区,干扰地区
mush winding　软绕组
Mushet steel　高碳素锰钢,自硬钢,马歇钢,钨钢
mushroom button　菌形按钮
mushroom cam　蕈状凸轮
mushroom follower　曲面随动件,菌形随动片
mushroom tappet　(凸轮)蕈状挺杆
mushroom reinforcement　环辐钢筋
mushroom type cam　蕈状凸轮,盘形凸轮
mushroom valve　菌形阀
mushroom ventilator　蘑菇形通风筒
mushroomed (=mushroom-shaped)　蘑菇形的,菌形的,辐射环式的,环辐式的
mushy　(1) 性能失灵的;(2) 多孔隙的
Musily silver alloy　穆西利银合金
musket　滑膛枪
musket-shot　步枪子弹
musketry　步枪射击术
muster　(1) 集合,集中,召集;(2) 鼓起;(3) 样品;(4) 检验,检阅;(5) 花名册,清单
mutability　可突变性,易变性,不定性
mutable　可变的,易变的,反复的,不定的
mutate　变化,更换,转变
mutation　变化,更换,转变
mutatis mutandis　(拉)作必要的修改后
mutator　(电)[静止式]变流器
mute　(1) 噪声抑制,静噪;(2) 无声的;(3) 消音器,弱音器
mute antenna　仿真天线
mute control　无噪声调整,静噪控制
Mutegun　(铁水口)堵眼机,堵眼器
Mutemp　铁镍合金
mutilated gear　不完整齿轮
mutilation　损坏,损伤
muting circuit　噪声抑制电路,镇静电路
muting sensitive　低敏的
muting switch　静调谐开关,无噪声开关
mutual　相互的,共同的
mutual action　互相作用,相互作用
mutual affinity　相互吸引,亲和力

mutual agreement　双方协定,相互协定
mutual anchorage　(钢筋混凝土内的钢筋)互搭,搭接
mutual approach　(轴承两滚动体)互相接近压缩量
mutual attraction　相互吸引
mutual calibration　互相校准
mutual capacitance　互电容
mutual capacity　互电容
mutual characteristic　屏栅特性
mutual circuit　双向通话电路,互通电路
mutual-complementing code　互补码
mutual component　共同元件
mutual conductance　互导,跨导
mutual constraint of variational form　变分形式的相互制约
mutual effect　相互作用
mutual flux　互[感]磁通
mutual impedance　转移阻抗,互阻抗
mutual-inductance　互感
mutual inductance　互感
mutual induction (=MI)　互感[应]
mutual inductor　互感线圈,互感[应]器
mutual information　交互信息
mutual interference　互相干扰,互相干涉
mutual interlocking gear　互锁机构
mutual radiation impedance　天线互辐射阻抗
mutual reactance　互电感
mutual reactor　耦合电抗器
mutual repulsion　相[互推]斥
mutual resistance　互导的倒数,互电阻
mutual solubility　互溶性,互溶度
mutuality　相互关系,相关
mutually　相互,交互
mutually coupled coils　互相耦合线圈
mutually disjoint　互不相交
mutually equilateral polygons　互等边多角形
mutually exclusive　互不相交的,不相容的,互斥的
mutually synchronized　相互同步的
mutually synchronized network　互同步网络
muzzle　喷口,喷嘴,枪口,炮口,腔口
muzzle velocity (=MV)　出口速度,腔口速度,初速
Mykroy　米克罗依(绝缘材料)
Mylar　聚脂树脂,聚脂薄膜
Mylar capacitor　聚脂树脂电容器
Mylar film　聚脂薄膜,密拉薄膜
myriabit　万位
myriabit memory　万位存储器
myriadyne　万达[因]
myriagram(me)　万克,十公斤
myrialiter (=myrialitre)　万[公]升
myriameter (=myriametre)　(1) 万米,万公尺,十公里;(2) 超长
myriametric　万公尺的,万米的,超长的
myriametric wave　超长波(波长>一万米,频率<3万赫兹)
MYS (=microyield strength)　微屈服强度
mystery　(1) 神秘,秘密,奥秘;(2) 诀窍,秘诀;(3) 白金、锡、铜合金;(4) 手工业,手艺
mystery control　神秘控制(即无线电控制)
MZPI (=microwave zone position indicator)　微波区位置显示器,微波目标指示器

N

N-bomb 核弹
N-channel field effect transistor N 沟道场效应晶体管
N-channel MOS integrated circuit N 沟 MOS 集成电路
N-component 核作用成分, N 成分
n-compound 正构化合物, 标准化合物, n- 化合物
n-digit product register n 位乘积寄存器
n-fold pole n 阶极点
n-hedral angle n 面角
N-pole 北极, N 极
n-value 多值的
N-war 核战争
n-way switch N 路开关
N-weapon 核武器
Na-K alloy 钠钾 [共晶] 合金
nab 锁簧凸肩
nabby (英) 一种敞甲板帆船
Nabit 硝甘炸药
Nabrre-herring creep 纳巴罗 - 赫林蠕变
nacelle (=NAC) (1) 短舱, 吊舱; (2) 发动机舱
Nada 纳达抗变色铜合金 (一种铜基合金, 铜 91.75%, 镍 3.75%, 锡 3.75%, 钼 0.75%)
Nada alloy 纳达铜合金
nadir (1) 最低温度; (2) 最下点, 最低点, 最弱点; (3) 一种吃水浅的马来亚渔船
nagega 一种伊里安岛单浮体小艇
nagar 尼罗河上游的一种货船
nahang 一种印尼渔船
nahlock 圆块
nail (1) 铁钉, 钉子, 钉; (2) 纳尔 (长度单位, ≈5.715cm)
nail bearing 针形轴承
nail-connected girder bridge 钉板梁桥
nail-extractor 拔钉钳, 起钉钳
nail extractor 拔钉器, 起钉器
nail-hammer 钉锤
nail hammer 羊角锤, 拔钉锤
nail head bonding 钉头式接合 [法]; (2) 球焊
nail-headed 钉头形的, 楔形的
nail-machine 制钉机
nail-making machine 制钉机
nail nippers 拔钉钳, 起钉钳
nail-puller 起钉钳
nail puller 起钉钳, 拔钉钳子, 拔钉器, 冲钉器
nailable 可受钉的, 可打钉的
nailable concrete 受钉混凝土
nailcrete 受钉混凝土
nailed truss 钉固桁梁
nailer (1) 制钉工人; (2) 钉钉板
nailery 制钉厂
nailhead 钉头
nailhead bonding (1) 钉头式接合; (2) 钉头焊, 球焊
nailing 敲钉用的, 受钉的
nailing block 受钉块, 钉条
nailing concrete 受钉混凝土
nailing machine 打钉机
nailing plug 受钉块, 钉条
nailing strip bracket 地板梁托

nailless 没敲钉的
nailpicker 检钉器
Nak 钠钾共晶合金 (钠 56%, 钾 44%)
nake (1) 无保护的, 无绝缘的, 无遮蔽的, 无壳的, 裸露的; (2) 无注释的, 明白的, 如实的
naked 裸露的, 裸的
naked electrode 裸焊条
naked eye 肉眼
naked fire 活火
naked flame 无遮盖火焰, 活火焰
naked hands 空手
naked light (1) 没有灯罩的灯, 无遮盖光线; (2) 明火
naked radiator 无保护罩散热器
naked wire 裸线
naked transfer of technology 纯粹的技术转移, 技术本身的转移
nalavelgau 一种单浮体小艇
Nalcite 离子交换树脂
Nalcite HCR 碘化聚苯乙烯阳离子交换树脂
Nalcite SAR 强碱性阴离子交换树脂
Nalcite WBR 弱碱性阴离子交换树脂
namable 可命名的, 可起名的, 可指名的, 有名的
Namco chaser 组合板牙平板梳刀
name (1) 名 [字], 名称, 代号; (2) 名义, 名声, 名誉; (3) 给……命名; (4) 指定, 列举, 举出, 说出, 叫出, 提出; (5) 命名, 任命
name brand 名牌货
name of commodity 货名
name of goods 货名
name of part 部件名称, 零件名称, 品名
name of the manufacturer 制造商名称
name plate (=NP) 铭牌, 名牌, 厂 [名] 牌
name unknown (=NU) 名字不详
nameable 可命名的, 可起名的, 可指名的, 有名的
nameboard 船名板
named 标着名称的, 被指名的, 指定的
nameless (1) 没有署名的, 不知名的, 无名的; (2) 难以形容的, 说不出的
namely 换句话说, 就是, 即
nameplate 厂名牌, 铭牌, 名牌, 商标
NAND (=NOT AND) {计} "与非"
NAND circuit "与非" 电路
NAND element "与非" 元件
NAND operator "与非" 算子
nano- (词头) 十亿分之一, 毫微, 纤 (10⁻⁹)
nano-and-micro relief 粗糙度
nanoammeter 毫微安计
nanoamp(ere) 毫微安 [培], =10⁻⁹ 安 [培]
nanocircuit 超小型电路, 毫微电路
nanofarad (=nF) 毫微法 [拉], =10⁻⁹ 法 [拉]
nanogram (=ng) 纤克, 毫微克, =10⁻⁹ 克
Nanograph 镜面仪表读数记录用随动系统
nanohenry (=nH) 毫微亨 [利], =10⁻⁹ 亨 [利]
nanometer 毫微米, =10⁻⁹ 米
nanon 毫微米, =10⁻⁹ 米
nanoprocessor 毫微秒处理机
nanoprogram 毫微程序
nanoscope 毫微秒示波器, 超高频示波器

nanosecond 毫微秒，=10-9 秒
nanowatt 毫微瓦特，=10-9 瓦［特］
nanowatt electronics 毫微瓦电子学
napalm (1) 凝固汽油；(2) 用凝固汽油弹轰炸，用喷火器攻击
napalm bomb 凝固汽油弹
naphtha 粗汽油，原油，石油
naphthalene 萘
naphthalide 萘基金属
naphthene base oil 环烷基油
napier 奈培（衰减单位）
nappe separation 射流分离，水舌脱离
Narite 一种铝青铜
Narite alloy 纳丽特合金
Narm tape 纳姆合成树脂粘合剂
narmco 环氧树脂类粘合剂
narmtape 酚醛树脂-丁腈橡胶膜状粘合剂
narrow (1) 窄的，狭小的；(2) 有限的，受限制的；(3) 严密的，精细的；
(4) 狭窄部分；(5) 使窄，弄窄，变窄，收缩，缩小，限制
narrow-angle picture tube 小偏转角显像管
narrow angle lighting fittings 深照型照明器
narrow-band 窄频带的
narrow band 窄［频］带
narrow-band charactascope 窄频带频率特性观测设备
narrow-band frequency modulation (=NBFM 或 NFM) 窄带调制，窄带调频
narrow-band-long-wave omnidirectional range 窄频带长波全向无线电信标
narrow-band spectrum 窄带谱
narrow-base 窄基底，窄基区
narrow base 窄基底，窄基区
narrow-beam 高度方向性的（指天线），狭窄射线，窄束
narrow bearing （齿轮节圆附近）过窄接触区
narrow-bore tube 窄直径管
narrow cam roller 窄型厚壁外圈的向心球轴承
narrow contact （齿轮）过窄接触
narrow-deviation frequency-modulated transmitter 窄频移调频发射机
narrow flame 舌焰
narrow gate 窄选通脉冲，窄门电路，窄闸门
narrow-gate circuit 窄选通脉冲电路，窄门电路
narrow-gate multivibrator 窄门多谐振荡器
narrow-gate range potentiometer 精确距离电位计
narrow-gauge (1) 窄轨距；(2) 窄轨的
narrow gauge (=NG) 窄轨距（轨间距在四呎八吋半以下）
narrow gauge railway 窄轨铁路
narrow guide 窄导轨，窄导槽
narrow gun 窄径电子枪
narrow-meshed 部分啮合的
narrow-mouth(ed) 细口的
narrow-narrow gate 超窄选通脉冲
narrow-necked 细颈的，细口的
narrow pitch line bearing （节圆附近）过窄齿面接触［区］
narrow profile bearing （齿轮）窄形接触［区］
narrow rule 狭规，窄尺
narrow tube 小直径管
narrow-type bearing 窄系列滚动轴承
narrowing 缩小，收缩，变窄
narrowing chain （织机）收针链条
narrowing circuit ［脉冲］变窄电路，脉冲锐化电路
narrowing of directional pattern 方向图变窄
narrowing of pulse 脉冲压缩
narrowing shaft （织机）收针轴
narrowing stud （控制链条的）收针凸头
narrowness 狭窄，狭小
nascent hydrogen 初生态氢，初生氢
nascent neutron 初生中子
nascent oxygen 原子态氧
nascent state 初生态，方析态
nascent surface 初生表面
Nash pump 纳氏泵
Nasmith pile-driver 内史密斯打桩机
nat 奈特（一种度量信息单位）
nation 国家，民族，国民
national (=NAT) (1) 国家的，全国的，国立的，国有的；(2) 国家标准

的；(3) 国民的
National Academy of Engineering (=NAE) 国家工程院
National Academy of Sciences (=NAS) （美）国家科学院
National Accelerator Laboratory (=NAL) 国立加速器实验所
National Aeronautical Association (=NAA) 全国航空协会
National Aeronautical Establishment (=NAE) 国家航空研制中心
National Aeronautics and Space Administration (=NASA) （美）国家航空和航天管理局
national aerospace standard (=NAS) 美国国家航空及宇宙航行空间标准
national aircraft standard (=NAS) （美）国家飞机标准
National Association of manufacturers (=NAM) （美）全国制造商协会
National Aviation Facilities Experimental Center (=NAFEC) 全国航空设备试验中心
national bank 国家银行
National Bureau of Standards (=NBS) （美）国家标准局
National Carbon Co. (=NC) （美）国家炭精公司
national center 全国电话总局
National Central Library (=NCL) （英）国立图书馆
national certificate (=NC) 国家合格证
national channel 全国波道
National Committee on Radiological Protection (=NCRP) 全国防辐射委员会
national coarse thread (=NC) （美）国家标准粗牙螺纹，美制粗牙螺纹
national defense 国防
national economy 国民经济
National Educational TV & Radio Center (=NETRC) （美）全国教育电视与无线电中心
National Electric Light Association (=NELA) 国家电灯协会
National electrical code (=NEC) （美）全国电气规程（包括线路和设备的架设及安装）
National electrical Manufacturers Association (=NEMA) （美）全国电气制造商协会
National Electronic Manufacturing association (=NEMA) 国家电子制造联合会
National Electronics Conference (=NEC) （美）全国电子学会议
national emergency steel specification (=NESS) 国家特种钢规格
national extra fine thread (=NEF) （美）国家标准极细牙螺纹
National fine thread (=NF) 美国标准细牙螺纹
National Fire Protection Association (=NFPA) （美）国家防火协会
national flag （船舶用）国籍旗
National Flight Data Center (=NFDC) （美）国家飞行资料中心
National Fluid Power Association (=NFPA) （美）全国流体动力协会
National form thread 美国标准螺纹牙型
National internal straight pipe thread 美国［标准］直管内螺纹
National locknut pipe thread 美国锁紧螺母直管螺纹
National Lubricating Grease Institute (=NLGI) 国立润滑脂研究所
National Machine Tool Builders Association (=NMTBA) 全国机床制造商协会
National Patent Commission 美国国家专利委员会
National Patent Council (=NPC) 美国全国专利委员会
National Physical Laboratory (=NPL) （英）国家物理实验室
National Physics Laboratory (=NPL) （美）国家物理实验室
National Pipe (=NP) 美国标准管
National pipe thread (=NPT) 美国标准管螺纹
National Reactor Testing Station (=NRTS) （美）全国反应堆测试站
National Research Council (=NRC) （美）国家科学研究委员会
National round thread 美国［标准］圆螺纹
National Science Foundation (=NSF) （美）国家科学基金会
National Security Agency (=NSA) （美）国家安全局
National Security Council (=NSC) （美）国家安全委员会
National Space Program (=NSP) （美）国家宇宙空间计划
National Space Surveillance Control Center (=NSSCC) （美）国家宇宙空间观察控制中心
National special thread 美国特种螺纹
national standard (=NS) 国家标准
national standard arbor 国家标准柄轴
national standard supergrid 国家超级电力网
National Standard thread 美国标准螺纹
national standard thread 美国标准螺纹
National Standards Association (=NSA) （美）国家标准协会
National straight pipe coupling 美国接头直管［标准］螺纹
National straight pipe thread 美国直管螺纹

National straight pipe thread for mechanical joints 美国机械接头直管螺纹

national supergrid 国家超级电力网

national taper 国家标准锥度

national taper pipe (=NTP) 美国标准锥管

National Taper Pipe thread 美国标准锥管螺纹

National Technical Information Service (=NTIS) （美）国家技术情报服务处

National Technical Processing Center (=NTPC) （美）国家技术处理中心

National Television System Committee (=NTSC) 美国国家电视系统委员会

National thread for press-tight joints 美国压密接头螺纹

nationality (=NAT) (1)国籍; (2)民族; (3)国民; (4)国家

native (=NAT) (1)天然的, 天生的, 自然的; (2)本土的, 本国的, 土产的

native and foreign 国内外的

native asphalt 天然地沥青

native copper 自然铜

native gold 原金

native home 原产地

native metal 自然金属

native sulphur 天然硫

native system demand 本系统需量

natrium 〔化〕钠 Na

natrium brine 钠盐水

natrium lamp 钠蒸汽灯

natrium lead 含钠铅合金

natriumiodide 碘化钠

natron 含水苏打, 碳酸钠, 氧化钠, 泡碱

natty (1)整洁的, 干净的; (2)清楚的; (3)敏捷的

natural (=NAT) (1)非人造的, 自然的, 天然的; (2)固有的, 本来的, 本能的, 天赋的, 必然的, 物质的; (3)常态的, 正常的, 普通的; (4)预期的; (5)逼真的

natural abrasive 天然磨料

natural admittance 固有导纳

natural ageing/aging 自然时效, 自然老化

natural alignment diagram 自然列线图

natural angular frequency 固有角频率

natural attenuation 固有衰减

natural base (1)生物碱; (2)自然对数之底

natural-born 天生的, 生来的

natural boundry 自然边界

natural capacitance 固有电容

natural circulation 自然循环

natural circulation boiler 自然循环锅炉

natural circulation type cooling system 自然循环冷却系统

natural colo(u)r 天然色, 自然色, 彩色

natural colo(u)r reception 天然色接收

natural colo(u)r television 彩色电视

natural convection (=NC) 自然对流

natural cooling 自然冷却

natural crack 自然裂缝

natural crystal 天然晶体

natural current (1)中性线电流; (2)自然电流, 地电流

natural damping 自然阻尼

natural detector 矿石检波器

natural diamond bearing （齿轮）正常菱形接触[区]（凸齿面齿根短, 齿顶长, 凹齿面齿根长, 齿顶短）

natural dissipated power 固有消耗功率

natural draft 自然通风

natural draft boiler 自然通风锅炉

natural draft cooling tower 自然通风冷却塔

natural draft drier 自然通风干燥机

natural equation 自然方程

natural equivalence 自然等价

natural flow station 自流发电站

natural frequency 自然频率, 固有频率, 振动频率

natural-function generator (1)自然函数编辑程序, 解析函数编辑程序; (2)解析函数发生器

natural function generator 自然函数发生器

natural gas 天然气, 石油气

natural gas liquid (=NGL) 液态天然气, 气体汽油

natural hardness 原硬度

natural homorphism 自然同态

natural impedance 特性阻抗

natural key 自然分类特征

natural language 自然语言

natural law 自然律

natural limit 自然极限

natural logarithm 自然对数

natural magnet 天然磁铁

natural magnetism 天然磁性

natural mapping 自然映射

natural model 自然模型

natural modes 自然模

natural motion 固有振荡, 自然振荡

natural moulding sand 天然型砂

natural multiple 自然倍数

natural number 自然数

natural oil cooling 自然油冷却

natural oscillation 自由振荡, 自振固有振荡, 基本振荡, 本征振荡, 自由振动, 自由摆动

natural oscillation frequency 固有振荡频率

natural parameter 特性参数

natural pattern 实样模, 实物模

natural period 固有周期

natural process 自然过程

natural projection 自然投影

natural proportional limit 自然比限

natural quartz 天然石英

natural rectifier 矿石检波器

natural rubber (=NR) 天然橡胶

natural scale (1)实物尺寸, 实物大小, 自然尺寸; (2)自然级数; (3)固有容积, 自然量, 固有量; (4)普通比例尺, 自然比例尺; (5)直径比率

natural science 自然科学

natural sine 正弦真数

natural size 自然尺寸, 实物尺寸, 原尺寸, 原大小

natural stabilizing treatment 自然稳定化热处理, 自然时效

natural steam power plant 地热[力]发电厂

natural steel 天然硬度钢

natural step length 自然步长

natural system 自然系统

natural taper 固有锥度, 正常锥度

natural trigonometrical function 三角函数的真数

natural vibration 自然振动, 固有振动, 自由振动

naturalist 自然科学工作者

naturalize (1)使习惯于, 使适应; (2)使加入国籍; (3)采用, 采纳

naturally (1)自然地, 天生地, 生来; (2)必然地, 不用说, 当然; (3)容易地

naturalness (1)自然; (2)纯真; (3)逼真度

nature (1)特性, 性质, 本性; (2)自然[界]; (3)实际, 实况; (4)种类, 品种, 类别, 级; (5)树胶

nature of electricity 电的性质

nature of friction 摩擦性质

nature study 自然研究

naught (1)无; (2)〔数〕零

nautical 航海的, 海上的, 船舶的, 海员的

nautical chart 航海图

nautical air miles per pound of fuel (=NAMPPF) 每磅燃料的航空英里数

nautical mile (=NM) 海里 (=1883.2m)

nautical receiving set 水听器

nautical scale 海图比例尺

nautical term 航海用语

nautilus 一种潜水器

Nautophone 高音雾笛, 雾信号器, 电动雾笛

navaglide 飞机盲目着陆系统

navaglobe 远程无线电导航系统

navaho 超音速巡航导弹

navaid (1)助航设备, 助航装置, 导航设备; (2)助航系统

naval (1)海军的, 军舰的; (2)海洋的, 船舶的, 船用的, 船运的

naval action 海战

naval air development center (=NADC) 海军航空研制中心

naval air development unit (=NADU) 海军航空研制单位

naval air experiment station (=NAES) 海军航空实验站

Naval Air Material Center (=NAMC) （美）海军航空材料中心

Naval Air Station (=NAS) （美）海军航空试验站

naval architecture　造船工程
naval blockage　海上封锁
Naval Boiler and Turbine Laboratory (=NBTL)　(美国) 海军锅炉及涡轮试验所
naval brass　海军黄铜
naval bronze　海军青铜
naval construction　舰艇建造
Naval Electronic Lab (=NEL)　(美国) 海军电子研究所
naval engagement　海战
naval forces　海军部队
naval hydrodynamics　海洋流体力学
naval ordnance (=NO)　舰艇军械
naval port　军港
naval power　海军力, 制海权
naval reactor facility (=NRF)　海军反应堆设备
naval stores　海军补给品, 船用品, (2) 松脂类原料, 松脂制品
naval tank　船模试验池
naval wireless service　海军无线电台
naval yard　海军工厂, 造船厂
navamander　编码通信设备, 编码通信系统
navar　(1) 导航雷达; (2) 无线电空中航行操纵系统, 指挥飞行的雷达系统
navar principle　空中导航原理
navar scope　飞行用导航显示设备, 飞行用导航显示器
navar screen　导航屏幕
navar-screen system　导航屏幕系统
navarchy　海军力
navarho　一种远程无线电导航系统
navarscope　机载雷达示位器, 导航设备, 导航仪
navarscreen　导航屏幕
navarspector　导航指示器, 导航谱
nave　(1) 衬套, 轴套; (2) 轮毂
nave boring machine　镗毂机
nave of wheel　轮毂
naviation　海军航空 [兵]
navicular　船形的, 舟状的
Navier-stokes equation　纳维 - 斯托克斯方程
navig =navigation　(1) 导航; (2) 航行术, 航海术; (3) 航运, 航行
navigability　可操纵性, 灵活性, 适航性
navigable　适于航行的, 可航行的, 可通航的
navigable pass　航道
navigable semicircle　可航半圆
navigable waterway　通航水道
navigate　(1) 驾驶, 导航, 领航; (2) 航行
navigating jack 或 navigatingofficer　领航员
navigation　(1) 导航, 领航; (2) 航行术, 航海术; (3) 海上交通, 航运, 航空, 航行; (4) (总称) 船舶
navigation aid　导航设备
navigation and signal light　导航灯与信号灯
navigation by space referencees　天体导航
navigation by triangulation　三角测量导航法
navigation canal　通航运河
navigation-coal　汽锅用煤, 锅炉煤, 蒸汽煤
navigation coal　锅炉煤, 蒸汽煤
navigation computer　导航计算机
navigation coordinate　导航坐标
navigation countermeasures and deception (=NAVCM)　导航对抗与伪装
navigation department　航海系
navigation fix　领航坐标
navigation information center (=NIC)　航行情报中心
navigation instrument　导航仪表, 导航仪器
navigation light　导航灯
navigation lock　船闸
navigation opening　港口
navigation radar (=NR)　导航雷达
navigation radar equipment　导航雷达装置
navigation radar station　导航雷达站
navigation radio facilities　导航无线电装置
navigation satellite (=navsat)　导航卫星
navigation satellite system (=NSS)　卫星导航系统
navigational　导航的, 航海的, 航行的, 航空的
navigational aid　导航设备, 助航设备
navigational aid to bombing (=NAB)　轰炸用雷达

navigational computer　导航计算机
navigational light　航行灯
navigational microfilm projector (=NMP)　导航显微胶片投影仪
navigational radar (=NR)　导航雷达
navigational satellite　导航卫星, 航海卫星
navigational time reference (=NTR)　航行的时间基准
navigator　(1) 自动导航设备, 导航仪, 领航仪; (2) 导航系统; (3) 导航员, 领航员, 航行员
navigator-bombardier　领航轰炸员
navigator bombardier　领航轰炸员
navigator fix　导航定位
navigraph　一种领航表
Navimeter　纱线卷装硬度测定计
naviplane　(法) 一种两栖气垫运输工具
navsat (=navigation satellite)　导航卫星
navvy　挖凿机, 挖泥机, 掘土机
navvy barrow　运土手推车, 土车
navvy pick　挖土镐
navy　(1) 舰队; (2) 海军人员; (3) 海军部
navy bronze　海军青铜 (铜 88%, 锡 6%, 铅 1.5%, 锌 4.5%)
Navy Department (=ND)　海军部
navy ordnance (=NORD)　海军军械
navy radar　海军雷达
navy receiver　船用接收机, 海军接收机
navy socket　海军用电子管座
navy teletype exchange　海军电传打字交换机
NB (=Americacn standard buttress threads)　美国标准锯齿螺纹
NBTL test　重油热稳定试验, NBTL 试验
NC (=numerical control)　数控
NC dividing head　数控分度头
NC machine tool　数控机床
NC machine tool with automatic tool xhanger　自动换刀数控机床
NC rotary table　数控工作台
NDT drop weight temperature　NDT 落锤试验温度 (NDT=nondestructive testing 非破坏性试验)
near (=nr)　(1) 近, 接近, 邻近; (2) 接近的, 近似的, 仿制的; (3) 左侧的; (4) 靠拢, 驶近; (5) 差不多, 几乎, 大约
near abrupt junction　近突变结
near-by echo　邻近回声, 邻近回波
near-by interference　近区干扰
near-capacity condition　接近极限能量的情况
near-commercial scale　接近工业规模
near-critical　近临界的
near delivery　近期交货
near distance　近距离
near-earth　近地球的
near echo　近 [程] 回波
near-end crosstalk　(电话) 近端串话, 近端串音
near-end interference　近端干扰
near face (=NF)　邻近面
near field　近场
near-field pattern　近场方向图
near-infrared　近红外 [线]
near infrared (=NIR)　近红外线
near-infrared radiation　近红外辐射
near-infrared ray　近红外线
near-level grade　水平波
near misses　些微误差, 近距脱靶
near-monochromatic radiation　近单色辐射
near-point　近点
near-print　复制本
near prompt　近瞬时 [的]
near side (=NS)　(1) 正面; (2) 正面图
near-sonic　接近音速的, 跨音速的
near sonic　近音速的, 近声速的
near-sonic speed　近音速
near-spherical　近似球形的, 类球状的
near-term　目前的, 短期的
near-thermal　近热 [能] 的
near translation　逐字直译
near-ultraviolet radiation　近紫外辐射
near-ultraviolet rays　近紫外线
near work　精密的工作
nearby　附近的, 临近的, 接近的, 靠近的

nearby future 最近的将来

neat (1)整洁的,整齐的;(2)未掺杂的,净的,纯的;(3)简洁的,简练的,精巧的,精致的;(4)平滑的,精致的

neat line 内图廓线,图表边线,准线

neat oil 净油,不掺水油

neat size 净尺寸

neatline 图表边线,准线

nebulize 喷雾

nebulizer 喷雾器,雾化器

necessary 必要的,必需的

necessary bandwidth 必要带宽

necessary condition 必要条件

necessary protection ratio 必要保护率

necessitate (1)使成为必要,以……为条件,需要;(2)迫使,强迫

necessity (1)必要性,必然性;(2)需要,必需,急需

necessity and contingency 必然性和偶然性

neck (1)[端]轴颈,辊颈,管颈,颈,座;(2)直径缩小的部位,弯颈,细颈,缩颈;(3)环形槽,凹槽,环槽;(4)短管;(5)形成轴颈,截面收缩,断面收缩,颈缩,凹缩,缩小;(6)(锻件下料时的)冲槽

neck bearing 弯颈轴承

neck bush 弯颈衬套,内衬套,轴颈套,底箱

neck collar 轴颈环,轴承环

neck-collar journal 带环轴颈

neck-down 颈缩

neck down 闸门泥芯,缩颈泥芯

nech grease 轴颈用润滑脂

neck-in (1)[边缘]向内弯曲;(2)内缩量

neck journal 轴颈

neck journal bearing 轴颈轴承

neck of hook 钩柄

neck of shaft 轴颈

neck of tube [电子]管颈

neck-out [边缘]向外弯曲

neck ring 颈环

neck shadow 管颈阴影(图像偏移至屏外)

neck telephone 喉头送话器

neck tube (摄像管的)玻璃外壳,颈管

neckbreaking speed 危险速度

necked 收缩的,缩小的,拉细的

necked-down core 易割帽口芯片,颈缩芯片,隔片

necked-in [边缘]向内弯曲

necked-out [边缘]向外弯曲

necked section 收缩断面

necking (1)[颈状]收缩,缩颈;(2)[拉力试验试样]横断面缩小,[锻件下料时]冲槽;(3)形成细颈,辊颈加工,收口凹颈;(4)小直径的部位,颈部

necking bit 退刀槽车刀,切槽车刀

necking cutter holder 退刀槽刀杆,切槽刀杆

necking down 局部断面收缩,缩颈

necking-in 缩头

necking-in operation 割缺口

necking point 缩颈点

necking tool 颈槽加工刀具,退刀槽工具,切槽工具

need (1)需要,必须,必需,必要;(2)缺乏,不足;(3)(复)必需品,要求

need complementarity 需求的互补

needle (1)指示器,指示针,指针,探针,唱针;(2)(轴承)滚针;(3)磁针,罗盘针;(4)放射性物质容器;(5)卡片分选针;(6)阀针;(7){焊}穿炉引杆

needle annunciator 指针示号器

needle bar cam lever (纺机)针床凸轮杆

needle beam 横梁

needle bearing 滚针轴承,针式轴承

needle bearing bushing 滚针轴承衬套

needle bearing housing 滚针轴承壳

needle-bearing shell 滚针轴承冲压外圈

needle-bearing universal joint 滚针轴承十字架式万向节

Needle bronze 一种铅青铜(铜84.5%,锡8%,锌5.5%,铝2%)

needle-bushing 滚针导套

needle cam 针凸轮

needle deflection (仪表)偏摆

needle-density 针入密度

needle etching 针刻

needle file 针锉,什锦锉

needle force 针压力

needle galvanometer 磁针电流计,指针检流计

needle gap 针隙

needle gun 撞针枪

needle holder 测针夹持器,指针夹持器,针托

needle indicator 指针式指示器

needle instrument telegraph 针示电报机

needle jet 针阀调节喷嘴

needle knuckle bearing 滚针关节轴承

needle-like 针状的

needle lubricator 针孔润滑器,针孔油枪

needle nose pliers 尖嘴钳

needle-point 针尖

needle point 针尖

needle race 滚针座圈,滚针道

needle roller 针状滚柱,滚针

needle roller and plate cage assembly (轴承)滚动导板

needle roller bearing 滚针轴承

needle roller bearing for universal joint (汽车)万向节滚针轴承

needle roller bearing with self-regulating clearance 游隙可调的滚针轴承

needle roller bearing with variation in clearance 游隙可调的滚针轴承

needle roller bearing without inner ring 无内圈(有保持架)滚针轴承

needle roller cage (轴承)滚针保持架

needle roller cam follower 滚轮滚针轴承,凸轮从动件滚针轴承

needle roller complement bore diameter 辅助滚针直径

needle roller shell-type bearing 带冲压外圈的滚针轴承

needle roller thrust bearing 推力滚针轴承

needle roller tracks (轴承)滚针滚动导板

needle roller with ball ends 球头滚针

needle roller with cave ends 弧头滚针

needle roller with conical ends 锥头滚针

needle roller with flat ends 平头滚针

needle roller with spherical ends 圆头滚针

needle roller with stepped ends 阶梯形滚针

needle shaft 针状轴

needle-shaped 针状的

needle-slot screen 细缝筛

needle stem 喷针杆,针阀杆

needle telegraph 针示电报机

needle trade 缝纫业

needle type milling chuck 滚针铣夹头

needle valve 针[状]阀

needled steel 针状组织的钢

needling 横撑木

neg(=negative) 阴性的,阴极的,负的

neg(=negligible) 可忽略的,很小的

negacyclic code 负循环码

negaohm 一种负温度系数的金属电阻材料(氧化铬与氧化铜的混合物)

negate (1)拒不接受,使无效,不存在,取消,否定,否认,拒绝;(2)对……施以"非"操作,求反,"非"

negater (1)换流器,倒换器;(2)"非"门

negater spring 反旋弹簧

negation (1)拒不接受,使无效,否定,否认,拒绝,反对;(2)不存在,虚无;(3)对……施以"非"操作,求反,非

negation gate "非"门

negation symbol "非"符号

negative(=neg) (1)拒不接受,使无效,否定,否认,拒绝,反对;(2)阴性的,带负电的,负性的,负的;(3)负数,负值;(4)阴电极,负电,阴电;(5)反面;(6)否定的,否认的,反对的,反面的,拒绝的

negative acceleration 负加速度,减速度,降速

negative acceleration motion 减速运动

negative acknowledge 否认

negative addendum modification 齿顶的高负变位

negative admittance convertor(=NAC) 负导纳变换器

negative after image 负余像,负残像

negative AGC 反向自动增益控制(AGC=automatic gain control 自动增益控制)

negative allowance (1)负留量;(2)过盈,负容许误差,负公差

negative AND gate {计}"与非"门

negative angle 负角

negative bias 负偏压

negative bias voltage 负偏压

negative booster 降压机,降压器

942

negative brush-lead　电刷的后退
negative cam-controlled dobby　（纺机）消极式凸轮控制多臂机
negative camber　内曲面
negative carry　负进位
negative caster　（主销）负后倾角
negative catalysis　负催化 [作用]，缓化 [作用]
negative characteristic　(1) 负特性；(2) 下降的特性曲线
negative charge　负电荷
negative clamp　负向箝位
negative clipping　负向削波
negative-connected　接在负线上的，接于负极的
negative-control thyratron　负压控制闸流管
negative crystal　(1) 空晶；(2) 负晶
negative current　反向电流，负电流
negative cutoff grid voltage　负截止栅压
negative damping　负阻尼
negative damping factor　负阻尼系数
negative definite　负定的
negative direction　反方向，逆向
negative displacement　(1) 负位移；(2) 负排量
negative displacement pump　负排量泵
negative distortion　枕形失真，负失真，负畸变
negative electricity　负电，阴电
negative electrode　负 [电] 极，阴 [电] 极
negative electron　阴电子，负电子
negative electron affinity device (=NEAD)　负电子亲和力器件
negative error　负误差
negative exponent　负指数
negative feedback (=NF 或 NFB)　负反馈，负回授
negative feedback amplifier　负反馈放大器
negative feedback circuit　负反馈电路
negative feedback control　负反馈控制
negative feedback oscillation　负反馈自激
negative film　底片
negative force　负力
negative form　负晶形
negative ghost　黑白颠倒的图像，黑白颠倒的鬼影，负鬼影，负重像
negative glow　阴极辉光，负辉区
negative-glow lamp　辉光放电灯
negative glow lamp　负辉灯
negative-going　负向的
negative-going reflected pulse　负向反射脉冲
negative-going signal　负向信号
negative ignore gate　{ 计 } 无关非门
negative impedance　负阻抗
negative impedance converter (=NIC)　负阻抗变换器
negative input positive output (=NIPO)　负输入正输出
negative justification　负码速调整
negative limiting　负向限幅
negative logic　负逻辑
negative modulation　负 [极性] 调制
negative moment　负力矩
negative number　负数
negative pattern　底片图案，负片图案
negative peak　反峰
negative-phase relay　反相继电器
negative-phase-sequence component　反相序分量
negative-phase sequence component　反相序分量
negative-phase sequence current　反相序电流
negative-phase sequence impedance　反相序阻抗
negative photoresist　负性光致抗蚀剂，负性胶
negative photropism　背光性
negative plate　(1) 阴极板，负极板；(2) 底片
negative polarity　负极性
negative pole　阴极，负极
negative-positive-negative (=NPN)　负 - 正 - 负
negative-positive-zero　负 - 正 - 零
negative pressure　负压 [力]
negative profile displacement　齿廓负变位 (x < 0)
negative proposition　否定命题
negative pulse　负脉冲
negative rake　（刀具）负前角，负倾角
negative reaction　负反力
negative reinforcement　负弯矩钢筋，负压力钢筋，负挠钢筋

negative replca　复制阴模
negative-resistance bridge　测量负电阻电桥，负阻电桥
negative-resistance effect (=NRE)　负阻效应
negative-resistance element (=NRE)　负阻元件
negative-resistance oscillator　负阻振荡器
negative rotation　反向回转
negative segregation　负偏析，反偏析
negative sequence　负序，逆序
negative sequence component　负序分量
negative sequence field impedance　负序磁场阻抗
negative sequence impedance　负序阻抗
negative sequence power　负序功率
negative sequence reactance　负序电抗
negative shear　负剪力
negative side rake angle　(1)（刀具）负刃倾角，负旁锋刀面角；(2) 负侧斜度
negative sign　负号
negative skewness　负斜对称
negative slip　负打滑率，负滑转率
negative stress　负应力
negative supply　负压电源
negative tappet　单向挺杆，负挺杆
negative temperature　零下温度，负温度
negative temperature coefficient unit (=NTC-unit)　负温度系数元件
negative terminal　负极接线柱，负极端子，负极，负端
negative thread　阴螺纹
negative transmission　负调制传送，负调制输送，负极性传输，负极性输送
negative triggering pulse　负触发脉冲
negative voltage feedback　电压负反馈
negative wave　空号波，负波
negative well　渗水井
negative work speed　负工件转速
negative working photoresist　负性感光胶
negative writing　底片记录，负片记录
negativity　{ 电 } 负性
negator　(1){ 计 } "非" 元件，倒换器；(2) "非" 电路
negatoscope　(1) 底片观察盒，看片箱；(2) 看片灯，读片灯
negatron　(1) 负电子，阴电子；(2) 双阴极负阻管，负阻管，负电子管
negentropy　[负] 平均信息量，负熵
negion　阳向离子，阴离子
neglect　(1) 忽略，忽视，疏忽；(2) 遗漏
neglect of duty　失职
neglectable 或 negligible　微不足道的，可忽略的，不计的
neglected　被忽视的
negligible (=neg)　微不足道的，可忽略的，不计的，
negotiability　可转移性，可流通性，流通能力
negotiable　可转让的，可谈判的，可协商的，可流通的，可通行的
negotiable B/L (B/L=bill of lading)　可转让提单
negotiable bills　可流通的证券
negotiate　(1) 商议，商定，谈判，协商，交涉；(2) 处理；(3) 流通，转让；(4) 克服，通过，越过
negotiated amount　议付金额
negotiation　(1) 商议，谈判，交涉，协商；(2) 流通，转让，议付
negotiation for……　……的谈判
negotiator　商议者，谈判者，协商者，交涉者
negotiatory　商议的，谈判的，交涉的
neighbo(u)r　邻近
neighbo(u)rhood　(1) 邻域；(2) 邻近，近处
neighbo(u)rhood system　邻域系，邻域组
neighboring curve　邻曲线
neighboring points　邻点
neighboring region　邻区域
neighboring vertices　邻近顶点
neither-NOR gate　{ 计 } "或非" 门
nematic　向列的，丝状的
nematic phase　向列相
Nemay (=Negative Effective Mass Amplifier and Generator)　奈迈（负有效质量放大器与振荡器）
neodymium　{ 化 } 钕 (Nd)（音女，第 60 呈元素）
neodymium glass　含钕玻璃
neodymium pentaphosphate laser　过磷酸钕激光器
Neogen　一种镍黄铜
neolite　耐欧特（耐磨橡胶化合物的美国商名）

Neomagnal 铝镁锌耐蚀合金 (铝 90%，镁 5%，锌 5%)
neon (1)〔化〕氖 Ne；(2) 霓虹灯，霓虹光
neon arc lamp 热阴极氖灯，氖光灯，氖[弧]灯，氖弧光灯，霓虹灯
neon bulb 霓虹灯，氖管
neon computing element 氖气计算元件
neon diode 氖二极管
neon diode counter 氖二极管计数器
neon filled tube 氖光管
neon glim lamp 氖光灯，霓虹灯泡
neon glow lamp 氖辉光放电管，氖辉光灯
neon-grid screen 氖栅屏
neon indicator (=NI) 氖管指示灯，氖管指示器，氖灯指示器
neon lamp 霓虹灯，氖管，氖灯
neon light 霓虹灯，霓虹信号灯
neon light regulator 氖灯方向指示器
neon lighting 氖管照明
neon oscillator 氖管振荡器，霓虹灯
neon sign 氖灯光信号，氖灯广告
neon-sign installation 氖灯广告牌装置
neon spark tester 氖光试验器
neon stabilizer 氖管稳定器，氖管稳压管，氖气稳压管
neon tester 氖测电笔，氖测电器
neon timing lamp 氖气测时灯
neon tube 氖管，霓虹灯
neon tube lamp 氖管灯
neon-tube installation 氖管装置
neon-tube transformer 氖灯变压器
neon tuning-indicator 氖示谐管
neon voltage regulator 氖电压指示器
neon-xeon gas laser 氖 - 氙气体激光器
neonalium 涅昂铝铜合金 (含 63%Cu)
neoplex 聚硫橡胶
neoprene 尼奥普林氯丁橡胶，氯丁二烯橡胶，聚氯丁橡胶
neoprene rubber 氯丁橡胶
neoprene synthetic rubber 氯丁合成橡胶
neotron 充气式脉冲发生管，霓特隆
neper (=napier) 奈培 Np (衰减单位，等于 0.868 分贝)
nepermeter 奈培计
nephelometer (1) 浑浊度表，浊度计，比浊计，比浊表；(2) 烟雾计；(3) 能见度测定仪，测云计
nephelometric method 比浊法
nephelometry (1) 散射测浊法，浊度测定法，比浊法；(2) 测云速和方向法
nephograph 云摄影机
nephometer 云量仪，量云器
nephoscope 测云器 (测高度、速度、方向等)，测云镜，云速计
nephrite 软玉
neptunium 〔化〕镎 Np
neptunium series 镎系
Nergandin 内甘丁黄铜
Nernst effect 加热金属在磁场中产生电位差的效应，能斯脱效应
Nernst glower 能斯脱灯，氧化钍白炽灯
Nernst's theorem 能斯脱定理
Nertalic method 耗极电弧焊法
nerviness 回塑性
nerviness of rubber 橡胶的回塑性
nesa glass 奈塞玻璃
nesacoat 氧化锡薄膜电阻
Nesbitt method 纳氏粒铁直接冶炼法
nesh (=hot short) 热脆
nesistor 双极场效应晶体管，负阻器件
Nessler tube 奈斯勒比色管
nesslerization 奈氏比色法，等浓比色法
nest (1) 塞孔座；(2) 多联齿轮，塔式齿轮；(3) 束，群，套，组；(4) 程序套，数据套
nest of intervals 区间套
nest of tubes 电子管组，管簇
nest spring 复式弹簧，双重螺旋弹簧
nestable 可上套的
nestable pipe 套管
nested 套装的，嵌套的，嵌入的，内装的，成堆的
nested block 〔计〕嵌套分程序
nested domain 域套
nested gear unit 套装塔式齿轮装置，连身齿轮组件

nested intervals 区间套
nested loop 嵌套循环
nested-type reduction gear 塔式减速齿轮 [装置]
nesting 配套，嵌套，箱套，分套，分组
nesting loop 嵌进回路
nesting operation 上推下推操作
nesting storage 叠式存储器，后进先出存储器，堆栈式存储器
nesting work of strip 冲片排列法
net (1) 曲线网，通信网，格网，网织品；(2) 无线电网；(3) 水道铁丝网；(4) 伪装网；(5) 总的，纯净的，净的，纯的；(6) 网状物，网状组织；(7) 网格，网路；(8)（晶体）点阵平面
net absolutely 绝对净重
net absorption 净吸收量
net amplitude 合成振幅，合成幅度，净振幅，净幅度
net attenuation 实际衰减量，净衰减量
net boundary 网格边界
net calorific value 净发热值，低热值
net charge 净电荷
net computing time 净运算时间
Net Control Station (=NCS) 无线电网控制局
net conveyor 运网机
net cutting power 净切削功率
net dead weight (=NDW) 净载重量
net dependable capacity 净可靠 [供电] 能力
net depth meter 网深仪
net-depth telemeter 网深遥测仪
net depth telemeter 网位仪
net donor concentration 净施主浓度
net drum 卷网滚筒
net dry weight 净干重
net duty of water 净用水率
net effect 合成串音，净效应
net efficiency (1) 总有效效率，净效率，总效率；(2) 有效作用系数
net energy (=NE) 净能
net face width 净齿宽，有效齿宽
net feed-drive power 净进给传动功率
net function 网格函数
net generation 净发电量
net hauler 起网机
net head 有效水差，有效水头，净水头，净落差
net heating value (=NHV) 净热值
net horse power 净马力，有效马力，净功率
net horsepower 净马力，有效马力，净功率
net information content 净信息内容
net interchange 净交换量
net-layer (1) 布网舰；(2) 海军小船
net load 净载荷
net loss 净损耗，净损失
net making machine 制网机
net monitor 网位监视仪
net motion 有效运动
net of curves 曲线网
net output 净输出
net plane 点阵平面
net point 网格点
net positive suction head (=NPSH) 净吸引压头，静吸收压差
net power 净功率，净动力，有效功率
net power flow 净功率流
net present value (=NPV) 净当前值
net pressure head 可利用压头
net price 净价，实价
net puller 拉网机
net pump suction head (=NPSH) 泵的静吸压头
net reactance 净电抗，纯电抗
net region 网格区域
net result 最终结果
net return 纯收益
net section 净截面，净断面，有效截面，有效断面
net sectional area 有效截面面积
net-shaped 网状的
net-spar 水雷防御网用杆
net structure 网状结构，网状组织
net temperature drop 有效温度降
net tender 布网船

net theoretical work 净理论功

net thrust 净推力

net tolerance 净公差

net ton 短吨, 美吨, 净吨 (=2, 000 磅)

net ton kilometers per train kilometer 平均列车重量

net tonnage (=NT) 净吨数

net traffic 净运输量

net transmission equivalent 传输线净衰减等效值

net transport 净搬运量, 净输送量

net vision 网上电视

net weight (=Net wt. 或 nt.wt.) 净重

net worth 净资产, 净值

net work 净功, 纯功

netreel 卷网机

netsonde 网位仪

netted 用网包的, 用网捕的, 网状的

netted texture 网状结构

netting (1) 进行 [无线电] 联线; (2) 网细工, 结网

netting crack 龟裂

netting gear 网具

netting machine 织网机

nettling (1) 结绳; (2) 扎结绳结

netty 网状的

network (=NET) (1) 网, 网络; (2) 电力网; (3) 网状物

network analog 网格模拟, 网络模拟

network analyser 网络分析器

network analysis 网络分析

network analysis for systems application program (=NASAP) 系统应用程序用网络分析 (计算机程序)

network analysis program 网络分析程序

network analyzer (1) 网络分析器; (2) 网络分析计算机

network awareness 网络识别

network capacitance 网络电容

network cementite 网状渗碳体

network chart 网络图, 网线图

network commutator 网络换向器

network element 网络元件

network flow routine 网络流程程序

network-forming ion 成网离子

network impedance 网络阻抗

network information system 网络信息系统

network intelligence 网络智能

network job processing 网络作业处理

network layout 电力网布置图

network lock-up 网络锁死

network loss 网络损失, 电力网损失

network map 网络图, 电力网图

network match 网络匹配

network-modifying ion 变网离子

network of nuclear missile bases 核导弹基地网

network of pipe lines 管道网

network of pipes 管网

network plan 网络布置图, 电力网布置图

network protection 网络保护, 电力网保护

network relay 电力网继电器

network secondary distribution system 电力网二次配电系统

network source 电力网电源

network stability 电力网稳定度

network strategy 网络策略

network structure 网络结构, 网状结构, 网状组织

network supply 电力网供电

network synthesis 网络综合

network system 网络系统

network technique 网络技术

network terminating unit 网络终端装置

network theory 网络理论

network traffic 网络信息流通量

network transformer 网络变压器

Neumann band 诺埃曼带 (铁素体中的机械孪晶)

Neumann boundary condition 诺埃曼边界条件

Neumann's formula 诺埃曼公式

Neumann's principle 诺埃曼原理

Neuristor 纽瑞斯特 (一种 PnPn 结构的负阻开关)

neuter (=neut) 中性的, 无性的

neutral (=neut) (1) 中和的, 中性的, 中间的, 无作用的; (2) 不带电的; (3) 中性物质, 中性粒子, 未带电粒子, 中性线; (4) { 电 } 中性, 中线; (5) 中立的, 随遇的

neutral angle 中心角, 缓和角

neutral armature 中性电枢, 中性衔铁

neutral auto-transformer 中性点接地自耦变压器

neutral axis (=NA) (1) 中性轴; (2) 中性轴线, 中和轴线

neutral bus 中性母线, 中性汇流条

neutral colo(u)r 不鲜明的颜色, 中和色, 无色彩, 灰色

neutral colo(u)r filter 中性滤色镜, 中性滤色器

neutral compensator 中性点补偿器

neutral conductor 中性导体, 中性 [导] 线, 平衡线, 中线

neutral current 中性线电流

neutral density filter 中性密度滤光器

neutral earthing 零点接地, 中点接地

neutral element 中间元素, 零元素

neutral equilibrium 随遇平衡, 中性平衡

neutral filter 中性滤光片, 中性滤光器

neutral fraction (=NF) 中性部分, 中性镏分

neutral ground 中 [性] 点接地

neutral grounding 中点接地

neutral gyroscope 自由陀螺仪

neutral impedor 中性点接地二端阻抗元件

neutral line 中性线, 中和线, 中立线

neutral metal 中性金属

neutral oil 中性油

neutral plane 中和平面

neutral point (=NP) 中性点, 中和点, 节点

neutral point displacement 中性点位移 (星形接地)

neutral-point earthing 中性点接地

neutral-point solid ground 中性点直接接地

neutral-point transformer 中性点变压器

neutral position 空档 [位置], 中立位置, 中和位置, 中性位置

neutral pressure 中性压力

neutral reactor 中性线接地电抗器, 中性点接地扼流圈, 中性点接地电抗器, 中和扼流圈

neutral refractory 中性耐火材料

neutral region 中性区域

neutral relay 中性线继电器, 中和继电器, 无极继电器

neutral salt-bath electric furnace 中性盐浴电炉

neutral speed 平衡速率

neutral surface 中立面, 中性面, 中性曲面

neutral switch 中性线开关

neutral-tongue relay 中性舌簧继电器

neutralator 中线补偿器, 中间补偿器

neutralisation (1) 中和作用; (2) 抑制, 抵消, 使失效; (3) 中和, 平衡 (消除高频放大器板 - 栅电容的影响)

neutralise (1) 使失效, 抑制, 抵消; (3) 中和, 平衡 (消除高频放大器板 - 栅电容的影响)

neutrality (1) 中性; (2) 中和; (3) 稳定平衡, 临界稳定

neutrality condition 中性条件, 中和条件

neutralization (1) 中和作用; (2) 抑制, 抵消, 使失效; (3) 中和, 平衡 (消除高频放大器板 - 栅电容的影响)

neutralization equivalent 中和当量

neutralization number 中和值

neutralization test 中和试验

neutralization value 中和值

neutralize (1) 中和; (2) 使失效, 抑制, 抵消; (3) 中和, 平衡 (消除高频放大器板 - 栅电容的影响)

neutralized radio frequency amplifier 中和射频放大器

neutralizer (1) 缓冲器, 中和器, 平衡器; (2) 中和剂, 中和池

neutralizing (=neut) 中和, 平衡

neutralizing capacitor (=NC) 中和电容器

neutralizing coil 中和线圈

neutralizing condenser 中和电容器, 平衡电容器

neutralizing filter 中和滤波器, 抵消滤波器

neutralizing resistance 补偿电阻, 中和电阻

neutralizing transformer 中和变压器

neutretto 中 [性] 介子

neutrin 微中子

neutrino 中微子, 微中子

neutro- (词头) 中和, 中性

neutrodon 中和电容器, 平衡电容器

neutrodyne (1) 衡消接收法, 中和接收法; (2) 中和式高频调谐放大器 (3) 平衡式

945

neutrodyne circuit 平衡式电路, 中和电路, 平差电路

neutrodyne receiver 中和 [式] 接收机, 衡消接收机

neutron 中子

neutron-activated [被] 中子激活的

neutron activation analysis (=NAA) 中子激活分析, 中子放射性分析

neutron-bombarded [被] 中子轰击的

neutron capture 中子俘获

neutron capture-produced 俘获中子而产生的

neutron collimator 中子准碰撞

neutron converter 中子转换器

neutron counter 中子计数器

neutron counter tube 中子计数管

neutron-deficient 中子不足的, 缺中子的

neutron diffract meter 中子衍射计

neutron diffraction apparatus 中子衍射装置

neutron diffraction camera 中子衍射照相机

neutron-fissionable 中子 [作用下] 可裂变的

neutron instrumentation 中子检测仪表

neutron-irradiated [被] 中子照射的

neutron-magic 具有中子幻数的

neutron moisture meter 中子湿度计

neutron monochromator 中子单色器

neutron howitzer 中子发射器

neutron-optical 中子光学的

neutron-physical 中子物理的

neutron producer 中子产生器

neutron-rich 中子过剩的, 富中子的

neutron scintillator 中子闪烁器

neutron-sensitive [对] 中子灵敏的

neutron soil moisture probe 中子土壤水分探测器

neutron-tight 不透中子的

neutron tight 抗中子的

neutronics 中子 [物理] 学

neutrons from fission 裂变中子, 分裂中子

neutrons per absorption 每吸收一个中子后放出的全部中子

neutrons per fissions 每次裂变所放出的全部中子 [数]

neutrons scattered from aluminium 被铝散射的中子, 铝核散射的中子

neutrosonic receiver 中和式超外差接收机

neutrovision 中子摄像显示装置

never (1) 从来没有, 从来不, 永远不, 未曾; (2) 绝对不, 决不, 毫不; (3) 一点也没有, 一点也不

never-ending 无止境的, 不断的

never-failing 不变的, 不绝的, 不尽的

new (1) 新发现的, 新发明的, 新式的, 新颖的, 新奇的, 新造的; (2) 重新的, 更新的; (3) 新近的, 现代的; (4) 另加的, 附加的; (5) 最近, 新近

New Bide 纽比特 (硬质合金商品名)

New British Standard Wire Gauge (=NBS) 英国新标准线规

new cap 楼梯扶手处中柱

new construction 新建工程

new experimental low energy reactor (=NERO) 新型小功率实验性反应堆

new face (1) 新产品, 新手; (2) 新式的, 新颖的

new independent wire rope core (wire rope) (=NIWRC) 新型带钢丝芯的 (钢丝绳)

new integrated range timing system (=NIRTS) 新型集成测距定时系统

new-look 最新样式

new-made 新建的, 重新做的

new mode 新样式, 新方法

new-model 改造, 改编, 改组, 改建

new model 新型号, 新式样

new orders 新订货量

new programming language (=NPL) 新程序语言

new style 新型号, 新式样

New-Zealand Standard Specification (=NZSS) 新西兰标准规格

Newall system 纽尔制 (公差配合基孔制)

newbuild 新建, 新造, 重建

newbuilt 新建的, 新造的, 重建的

newfashioned 新流行的, 新式的

newfound 新发现的

Newloy 牛洛铜镍合金 (64%Cu, 35%Ni, 1%Sn)

newton 牛顿 (千克秒制中的力的单位, $=10^5$ 达因)

Newton alloy 一种铋铅锡易熔合金 (铋 50%, 铅 31.2%, 锡 18.8%)

Newton metal 一种低熔点合金 (铋 56%, 铅 28%, 锡 16%)

Newtonian fluid 牛顿流体

Newtonian mechanics 牛顿力学

Newtonian telescope 牛顿望远镜

Newton's alloy 牛顿易熔合金

Newton's approximation 牛顿近似法

Newton's identities 牛顿恒等式

Newton's law 牛顿万有引力定律

Newton's second law 牛顿第二定律

Newvicon 碲化锌镉视像管

next assembly (=N/A) 下次装配

nexus (1) 连系, 互连, 连接, 连锁, 接合, 结合; (2) 联络, 关系, 网络; (3) 连杆; (4) 融合模; (5) 节, 段

ni-carbing 气体表面硬化法

Ni-hard 含镍铬铁, 镍铬冷硬合金铸铁

Ni-resist 镍铜铬耐蚀铸铁, 耐蚀高镍铸铁, 耐蚀镍合金 (含 14%Ni, 6%Cu, 2%Cr, 1.5%Si, 3.0%C)

Ni-Span (alloy) 镍铬钛铁定弹性系数合金

Ni-speed 一种能控制硬度和内应力的高淀积 [速] 率的镀镍过程

Ni-tensilorin 镍铸铁

Ni-vee 尼微铜基合金

Niag 尼阿格黄铜, 含铅黄铜 (铜 46.7%, 锌 40.7%, 铅 2.8%, 镍 9.1%, 锰 0.3%)

nib (1) 尖, 尖头, 尖端; (2) 字模, 孔模; (3) 眼孔; (4) 楔; (5) 凸出部, 突边

nibbed 装了尖头的, 削尖了的, 插入了的

nibbed bolt 尖头螺栓

nibbler 步冲轮廓机, 毛坯下料机, 板料切锯机

nibbler shears 缺陷切除剪

nibbling 复杂零件的分段冲裁, 步冲轮廓法

nibbling machine 复杂零件的分段冲裁冲床, 步冲轮廓机

nicaloi 尼卡罗铁镍合金 (一种磁性合金铁 53%, 镍 47%)

nicaloy 尼卡洛伊铁镍合金 (铁 51%, 镍 49%)

Nicalloy 一种高导磁合金 (镍 49%, 其余铁)

nicarbing (=ni-carbing) 碳氮共渗, 渗碳氮化, 气体碳氮共渗, 气体表面硬化法, [气体] 氮化

niccolic 高镍的, 三价镍的

Nichicon 电容器

Nichols-Herreshoff furnace (双层中心轴的大型) 多膛熔烧炉

nichrome (1) 镍铬 [耐热] 合金 (镍 60%, 铬 12%, 锰 2%, 铁 26%); (2) 镍铬铁高电阻合金; (3) 镍铬合金膜

nichrome coating 镍铬合金镀层

nichrome film 镍铬合金膜

nichrome heating coil 镍铬丝加热线圈

nichrome powder 镍铬合金粉末

nichrome resistance wire 镍铬电阻丝

nichrome steel 镍铬耐热钢

nichrome wire 镍铬耐热合金线, 镍铬电热丝

nichrome-wound furnace 镍铬丝电阻炉

nichrosi 镍铬硅合金

Nichrosi 一种高硅镍铬合金 (铬 15-30%, 硅 18%, 其余镍)

nick (1) 刻痕, 刻槽, 裂痕; (2) 缺口, 裂口, 断口, 切口; (3) 缝隙; (4) 微凹

nick action (钢丝绳股中钢丝的) 交咬作用

nick bend test 刻槽弯曲试验, 刻槽挠曲试验

nick break test 缺口冲击试验, 切口冲击试验

nickalloy 尼卡洛伊高导磁铁镍合金

nicked fracture test 刻槽弯曲断裂试验

nicked teeth milling cutter 切齿铣刀

nicked tooth 刻齿痕

nickel (1) {化} 镍 Ni (第 28 号元素); (2) 镀镍

nickel alloy grain roll 麻口镍铸铁合金

nickel alloy steel 镍合金钢

nickel amalgam alloy 镍汞合金

nickel anode 镍阳极

nickel bare welding filler metal 镍焊丝

nickel base 镍基底

nickel-base alloy 镍基合金

nickel base alloy (=NBA) 镍基合金

nickel brass 镍铜锌合金

nickel brass alloy 镍铜锌合金

nickel brazing 镍铜钎焊

nickel-bronze 镍青铜

nickel bronze 镍青铜

nickel-bronze alloy　镍青铜合金
nickel-cadmium cell　镍镉电池
nickel-carbon alloy　镍碳合金
nickel-carbon thermocouple　镍碳热电偶
nickel carbonyl　羰基镍
nickel cast iron　镍铸铁
nickel-cemented　镍结碳化的
nickel cemented tantalum carbide　镍钽硬质合金,镍钽金属陶瓷
nickel-cemented titanium carbide　镍钛硬质合金,镍钛金属陶瓷
nickel-cemented tungsten carbide　镍钨硬质合金,镍钨金属陶瓷
nickel-chrome　镍铬合金
nickel-chrome steel　镍铬钢
nickel chrome steel　镍铬钢
nickel-chromium iron　镍铬铁
nickel chromium iron　镍铬铁
nickel chromium manganese steel　镍铬锰钢
nickel-chromium molybdenum steel　镍铬钼钢
nickel chromium-nickel thermocouple　镍铬 - 镍热电偶
nickel-chromium resistor　镍铬电阻器
nickel chromium steel　镍铬钢
nickel chromium steel　镍铬钢
nickel-chromium thin film　镍铬薄膜
nickel-clad　钢板包镍板 [法]
nickel-clad copper　镍镀铜
nickel clad copper　镀镍铜
nickel coat　镍表皮,包镍
nickel-cobalt alloy　镍钴合金
nickel-copper alloy　镍铜合金
nickel copper alloy (=NCA)　镍铜合金
nickel-copper ferrite　镍铜铁氧体
nickel covered welding electrode　镍药皮焊条
nickel dam　(轴瓦上巴氏合金与铅青铜之间的) 镍层
nickel foil　镍箔
nickel-iron　天然镍铁
nickel-lined　衬镍的
nickel manganese cast steel　镍锰铸钢
nickel manganese steel (=NM)　镍锰钢
nickel molybdenum alloy　镍钼合金
nickel-molybdenum steel　镍钼钢
nickel molybdenum steel　镍钼钢
nickel molybdenum thermocouple　镍钼热电偶
nickel oreide　镍黄铜 (铜 63-65.5%,锌 30.5-32.75%,镍 2-6%)
nickel pellets　镍粒
nickel-plate　镀镍,覆镍
nickel plate (=NP)　镍板
nickel-plated　镀镍的
nickel plating　镀镍
nickel powder　镍粉
nickel shot　成粒的镍,镍珠
nickel-silver　镍银
nickel silver　铜镍锌合金,锌白铜,镍银,德银
nickel silver alloy　镍银合金
nickel steel (=NS)　镍钢
nickel-tin bronze　镍锡青铜
nickel-tungsten　镍钨 [耐酸合金]
nickel tungsten alloy　镍钨合金
nickel-zinc　镍锌铁氧体
nickel-zinc ferrite　镍锌铁氧体
nickelage　镀镍
nickelate　镍酸盐
nickelbrass　镍黄铜
Nickelex　光泽镀镍法
Nickelin　镍格林合金,铜镍锌合金,铜镍锰高阻合金
Nickeline　锡基密封合金 (锡 85.4%,锑 8.8%,铜 4.75%,铅 0.43%,锌 0.28%),镍银,德银
nickelizing　镍的电处理
Nickeloid　镍劳特合金 (一种铜镍耐蚀合金,镍 40-45%,其余铜)
nickelous　二价镍的
nickelous ammine　低镍氨络合物
Nickeloy　(1) 镍铁合金;(2) 铝铜镍合金
nickelplate　镀镍
nickelsteel　镍钢
nickeltype　镀镍电铸版
nicking　刻痕

nicking tool　刻刀
nickings　煤屑,焦屑
Nickoline　尼克林铜镍合金 (镍 20%,铜 80%)
Nicla　尼克拉黄铜 (一种铅黄铜,锌 39.41%,铜 40-46%,铅 1.75-2.5%)
Niclad　包镍钢板,覆镍钢板,合轧镍钢板 (镍板与软钢在一起所轧制成的钢板),包镍耐蚀高强度钢板
nico　尼可合金
Nico metal　尼科铜镍合金,耐蚀铜镍合金
nicochrome　镍铬合金
nicofer　镍可铁
Nicol　尼科尔棱镜,偏光镜
Nicol crossed　正交尼科尔棱镜
Nicol prism　尼科尔棱镜,棱晶
Nicral　一种铝合金 (铬 0.25-0.5%,铜 0.25-1%,镍 0.5-1%,镁 0.25-0.5%,其余铝)
Nicrite　一种镍铬耐热合金 (镍 80%,铬 20%)
Nicrobraz　尼科罗镍基合金,镍铬焊料合金 (适用于奥氏体钢和高铬不锈钢,镍 65-70%,铬 13-20%,少量硼)
Nicrosilal　尼克罗西拉尔镍铬硅 [合金] 铸铁 (碳 1.8%,硅 6%,镍 18%,铬 2%,锰 1%,余量铁)
Nida　尼达青铜 (拉制用青铜,铜 91-92%,锡 8-9%)
nielloed　发了黑的,涂黑的,发黑处理的 (金属表面处理)
Nife accumulator　镍铁蓄电池
Nife battery　镍铁蓄电池
Nife cell　镍铁电池
nife core　镍铁合金磁芯,镍铁带
night alarm　夜警
night alarm bell　夜警铃
night alarm circuit　夜 [间报] 警电路,夜铃电路
night alarm cutoff (=NAC)　夜间警报切断
night alarm key　夜警电键
night alarm relay　夜警继电器
night bell　夜铃
night bolt　弹簧插销,保险插销
night duty　夜班
night error　夜间误差
night glasses　夜用望远镜
night illumination　夜间照明
night key (=NK)　夜铃电键
night latch　弹簧锁
night load　夜间负载
night observation (=NO 或 nit obsn)　夜间观察
night position　夜班台
night service　夜间业务
night-service connection　夜间接续
night shift　夜班
night-sight　夜间瞄准器
night sight distance　夜间视距
night signal　夜间信号
night-television　微光摄像电视,夜光电视
night-visibility　夜间能见度
night vision　(1) 夜 [间] 视 [觉];(2) 微光摄像电视
night vision instrument　夜视仪
night-work　夜间工作
nightglasses　夜用望远镜
nightlatch　弹簧锁
nightshift　(1) 夜班;(2) 夜班工人 (总称)
nighttime　夜间
nightviewer　红外线观察器,夜间观察器
Nihard　(1) 镍铬冷硬铸铁;(2) 镍铬冷硬铸件
Nike　(美) 奈克地对空导弹
Nike-Ajax　(美) 奈克 I 型地对空导弹
Nike-Hercules　(美) 奈克 II 型地对空导弹
Nike-X　(美) 奈克 -X 反弹道导弹系统
Nike-Zeus　(美) 奈克一宙斯反弹道导弹系统,奈克 III 型地对空导弹
Nikrothal　精密级镍铬电阻丝合金
nikslium　镍铝青铜
nil　无,零
nil ductility transition (=NDT)　零延性转变
nil-factor　零因子
nil-load　空转
nil method　零位法
nil norm　最低限额
nil ring　幂零元素环

nil-segment 零线段
nil segment 零线段
nile 奈耳（反应性代用单位）
Niles type gear grinding machine （原民主德国）尼尔斯型［锥形砂轮］磨齿机
nilex 尼雷克斯镍铁合金（含 36% 左右的 Ni，膨胀系数非常低）
nill 铁屑
Nilo 镍铬低膨胀系数合金
nilometer (=niloscope) 水位计
nilpotent ｛数｝幂零
nilpotent group 幂零群
nilpotent operator 幂零算子
Nilvar 尼尔瓦合金（一种与因瓦合金相似的低膨胀合金，含镍 36%）
Nimol 耐蚀高镍铸铁
Nimonic (alloy) 尼莫尼克镍铬合金（铬 20%，钛 2%，铝 2%，余量镍）
nine (1) 九；(2) 九个单位；(3) 九个一组
nine-element (kinematic) chain 九构件［运动］链
nine-line conic 九线二次曲线
nine nines 九个 9（表示纯度，99.9999999）
nine-point approximation 九点逼近
nine point conic 九点二次曲线（表示半导体材料纯度）
nine spindle milling machine 九轴铣床
nine test 九验法
nines check 模九校验
nine's complement 十进制反码，九的补码
nineteen 十九
nineteenth 第十九
ninetieth 第九十
ninety 九十
ninety column card 九十列［穿孔］卡片
niobic 铌的
niobium ｛化｝铌 Nb（第 41 号元素）
niobium alloy 铌合金
niobium capacitor 铌电解电容器
nioro 金镍低熔合金
niostan 尼奥斯坦超导材料
nip (1) 切断，剪断，摘取，挟，箝，挤，咬［入］；(2) 压缩，压轧；(3) 虎钳；(4) 两辊之间的辊隙；(5) 阻碍，制止；(6) 底切槽；(7) 滚距
nip action （钢丝绳股中钢丝的）交咬作用
nip angle 咬入角
nip guard 压区防护板，压区挡板
nip off 剪断，摘掉
nip roll 光泽辊，压辊
Nipkow('s) disk 尼普科夫扫描盘
nipotent 幂零
nipper (1) 各种夹具，夹子，镊子，剪钳，钳；(2) 护手；(3) 送钻头工，送钎工
nipper cam 钳板凸轮
nipper shaft 钳板轴
nipper swivel 挖花钳子
nippers (1) 钳子，镊子，剪钳；(2) 上钳板；(3) 拔针器
nipple (=npl) (1) 黄油嘴，滑脂嘴，滑脂嘴；(2) 接管，短管接，管接头，螺纹接套，螺纹接头，连接管；(3) 喷灯喷嘴，火门
nipple cutter 管接头切断机
nipple taper hole boring machine 管接头锥孔镗床
nipple thread turning machine 管接头车丝机
Nippon 日本
Nippon electric automatic computer (=NEAC) 日本制造的电气电子计算机
Nippon Electric Company (=NEC) 日本电气公司
Nippon Electro-technic Committee (=NEC) 日本电工委员会
Niranium 钴镍铬齿科用铸造合金
nis matte 镍锍，镍冰铜
nisiloy 镍硅（孕育剂）
nit 尼特，nt（亮度单位）
Nital 硝酸乙醇腐蚀液
niter =nitre (1) 硝酸钾；(2) 硝酸钠
Nitinol 镍钛诺（一种非磁性合金）
nitometer 尼特计，亮度计
niton ｛化｝氡 Nt
nitra-lamp 充气［电］灯泡
nitralising （钢板涂搪瓷前）硝酸钠溶液浸渍处理法
Nitralloy (steel) 氮化合金钢，渗氮钢，氮化钢
nitramex 奈特拉麦克硝铵炸药

nitramine 硝胺
nitramite 奈特拉麦特硝铵炸药
nitramon 尼特拉芒炸药，硝胺炸药
nitrate (1) 硝酸盐；(2) 硝酸酯；(3) 硝化；(4) 硝酸［根］
nitrate of lime 硝酸钙
nitrate of potash 硝酸钾
nitrated 硝化了的
nitrated asphalt 硝化地沥青
nitrating 渗氮［法］，氮化
nitration (1) 硝化［作用］；(2) 氮化，渗氮［法］
nitration case 渗氮层，氮化层
nitrator 硝化器，硝化机
nitre =niter (1) 硝酸钾；(2) 硝酸钠
nitre cake 硝酸氢钠
nitric 含氮的，氮的
nitric acid ｛化｝硝酸 HNO3
nitric oxide 一氧化氮
nitridation 渗氮，氮化
nitride (1) 氮化，渗氮，硝化；(2) 氮化物
nitride hardened gear 渗氮硬化齿轮
nitride hardening 渗氮硬化，氮化
nitride hardening agent 渗氮硬化剂
nitrided case 氮化层
nitrided crankshaft 氮化曲轴
nitrided gears 氮化齿轮装置，渗氮齿轮装置
nitrided steel 氮化钢，渗氮催
nitrided tooth gear 氮化齿轮，渗氮齿轮
nitrides 氮化物
nitriding 氮化［法］，渗氮
nitriding steel 氮化钢，渗氮钢
nitriferous 硝化了的，用硝酸处理的
nitrification ［氮的］硝化［作用］
nitrifying 硝化的
nitrile butadiene rubber (=NBR) 腈基丁二烯橡胶
nitrile-chloroprene rubber (=NCR) 腈基氯丁橡胶
nitrile rubber 腈橡胶
nitrile silicone rubber (=NSR) 腈硅橡胶
nitrite (1) 亚硝酸盐；(2) 亚硝酸酯；(3) 亚硝酸根
nitrizing 氮化［法］，渗氮
nitro- （词头）硝基
nitro-alloy 氮化合金，渗氮合金
nitro-metal 硝基金属
nitro power 硝化火药
nitro-shooter 施氨水机
nitrocarburization 氮碳共渗
nitrocellulose (=NC) 硝化纤维素
nitrocotton 硝化棉
nitrodope 硝化涂料，硝基清漆
nitroexplosive 硝化火药
nitrogelatine 硝化明胶炸药
nitrogen (1) ｛化｝氮 N；(2) 氮气
nitrogen-absorption 氮吸附
nitrogen base 氮碱
nitrogen-burst 氮爆搅动
nitrogen case-hardening 渗氮表面硬化
nitrogen-containing alloy 含氮合金
nitrogen control unit (=NCU) 氮气控制设备
nitrogen-filled 充氮的
nitrogen fixation 氮气固定，固氮
nitrogen-fixing 氮气固定的，固氮的
nitrogen-free 无氮的
nitrogen gas container 氮气瓶
nitrogen hardening 渗氮硬化
nitrogen heat exchange (=NHE) 氮热交换
nitrogen lamp 氮气灯
nitrogen-scaled transformer 充氮变压器
nitrogen supply system (=NSS) 供氮系统
nitrogen supply unit (=NSU) 供氮设备
nitrogen tetroxide (=NTO) 四氧化二氮
nitrogenation 氮化［作用］
nitrogenize (1) 硝化；(2) 氮化
nitrogenized (1) 硝化了的；(2) 氮化了的
nitrogenous 含氮的
nitroglycerin(e) (=NG) 甘油三硝酸脂，硝化甘油

948

nitroglycerine explosive 硝化甘油炸药

nitrometer 测氮管，氮气计

nitron
    (1) 试硝酸剂，硝酸灵；(2) 尼特隆（聚丙烯腈纤维素），尼脱塑料

nitrone 奈特龙炸药

nitropel 奈特罗炸药

nitrosification 亚硝化作用

nitrosilal 尼丑西拉尔镍硅铸铁（镍 18%，硅 6%，少量铬，余量铁）

nitrous acid 亚硝酸

nitrous oxide 氧化亚氮

nivan 尼凡镍铬钒钢

Nivarox 尼瓦洛克斯合金

niveau 水平仪

nivometer 雪量器

NIXIE 冷阴极字符显示管

nixie decoder 数码管译码器

nixie light 数字管

nixie readout 数码管读出装置

nixie tube 数字管，数码管

NK winding 静电容最小的绕法

NO.=No. (来自拉丁文 nomero) 第…号，编号，号码

no (1) 没有，无；(2) 不是，并非，决非；(3) 不，否，非

no- （词头）无，空，不，非

no-account 没价值的，没用的

no-address computer 无地址计算机

no-address instruction (=NAI) 无地址指令

no-being 不存在的，不实在的

no carbon required (=NCR) 不需要碳

no-carry {计} 无进位 [的]

no change (=NC 或 N/C) 没有改变，无变化

no-charge 免费的

no charge (=NC) (1) 免费；(2) 未充电；(3) 未装载

no-charge machine-fault time 机器故障免费时间

no charge machine-fault time 机器故障免费时间

no-clearance tappet 无间隙挺杆

no commercial value (=n. c. v. 或 ncv) 无商业价值

no connection (=NC) (1) 没有联系；(2) 不连接

no-contact band 非接触带，不接触带

no-contact pickup 无触点检波器

no-convertible currencies (=NCC) 非兑换货币

no-core reactor 无铁芯扼流圈

no-cost 免费的

no cost (=NC) 无代价

no cost item (=NCI) 无代价项目

no-count 没有价值的

no-creep type baffle 非蠕爬型障板

no-current protection 无电流保护装置

no date (=ND 或 n.d.) 无日期

no-delay base （电话的）立即接通制

no-delay toll method 即时通话法

no-doubt 没有疑问，当然

no doubt 当然，无疑

no-draft forging 无脱模斜度锻件

no drawing (=ND) 无图纸

no-dressing （砂轮的）不修整

no-excitation detection relay 无激励检测继电器

no-failure life 无故障工作寿命

no-fault 不追究责任的

no-feedback (=NFB) 无反馈，无回授

no-fines concrete 无细料的混凝土

no-fixed date (=NFD) 无固定日期

no-float 很好配合，没有间隙，不浮动的

no-fuse switch 无保险丝的开关

No Foam 消泡剂

no-gimbal lock (=NGL) 无常平架锁定（用于陀螺定向基准）

no-go (=NG) 不通过的，不过的

no-go ga(u)ge 不通过规，不过端量规

no-go side （量规）非通过端

no good (=NG) 不行，不好，无用

no hang-up 立 [刻] 接 [续] 制通信

no-lead gasoline 无铅汽油

no-leak 无泄漏的，不泄漏的

no-leakage 无泄漏

no limit (=N/L) 无限

no-lines 全部占线，无空线

no-load (1) 无载荷，空载 [的]，空载 [状态]；(2) 零负载转，空转

no load 无载，空载

no-load characteristics 空转特性，空载特性

no-load current 空载电流

no-load curve 空载 [特性] 曲线

no-load friction 空载摩擦

no-load loss 空载损失，空载损耗

no-load magnetizing current 空载磁化电流

no-load Q 无载时的 Q 值

no-load running 无负载运转，无载 [荷] 运转，空 [载] 运转

no-load speed 无载 [荷] 速度，空载速度，空转速度

no-load speed governor 空载调速器

no-load test 无载 [荷] 试验，空载试验

no-load torque 无载扭矩，空转扭矩

no-load work 空转摩擦功，无载功

no-man 无人的

no-man control 无人控制，无人操纵

no-mirror 无反射镜

no-mixing cascade 理想级联

no of pcs (=number of pieces) 件数

no orders 无订单，无汇票

no parallax 无视差

No parking! 不准停车

no pull 零位张力，无张力

no radio (=nordo) 表明飞机上没有无线电设备的信号

no-raster 无光栅，无扫描

no record (=N/R) 无记录

no requirement (=NR) （规格）无要求

no roll (1) 无滚子的；(2) （汽车坡路停车）防滑机构

no-roll roughing （齿轮）无滚粗切，仿形法粗切

no skid road 不滑路面

no slip angle 临界咬入角

no-slip drive 无滑动传动，非滑动传动

NO Smoking 禁止吸烟

no spares ordered (=nso) 未订购备件

no-spark 无火花

no-spin differential mechanism 无自转差速器

no spring 无弹簧

no spring detent 带定位装置式，无弹簧带爪式

no step metallization 无台阶的金属化

no strength temperature (=NST) 无强度温度

no-strings 无附带条件的

no taper 无锥度

no time lost (=ntl) 立即

no-touch (1) 无接触，不接触；(2) 无触点

no touch (1) 无接触，不接触；(2) 无触点

no touch relay 无触点继电器

no-torque shift （自动变压器）扭矩中断换档

no trunks 全部占线，无空线

no-voltage 无电压

no voltage 零电压

no-voltage circuit-breaker 无电压自动断路器

no-voltage relay 无电压继电器

no voltage relay (=NVR) 无电压继电器

no-voltage release 无压电释放

NOAA 诺阿卫星

bob (1) 球形门柄；(2) 冒口

nobbing (=hobbling) (1) 压轧熟铁块，挤压，粗轧；(2) 铆钉模

nobelium {化} 锘 No (第 102 号元素)

nobility 贵金属性

noble (1) 贵的 (金属等)；(2) 惰性的

noble gas 惰性气体

noble metal 贵金属

nociceptor 损伤感受器

nocifensor 防伤害系统

nocticon 电子倍增硅靶视像管

noctisor 暗视器

nocto-television 红外线电视

nocto television 红外线电视，暗电视

nocto-vision 红外线电视

noctovision 红外线电视

noctovisor 红外线电视发射机，红外线摄像机，红外线望远镜

nocturnal (1) 夜间发生的；(2) 夜间时刻测定器

nocturnal cooling 夜间冷却
nocturnal radiation 夜间辐射
nocufensor 外伤防御器
nocuous 有害的，有毒的
nod (1)上下摆动，摆动，摇摆，点头；(2)倾斜
nodal (1)波节的，节点的，结点的，交点的，节的；(2)枢纽的，中心的，关键的；(3)部件的，组合件的
nodal analysis 节点分析法，结点分析法
nodal carriage 测节轨运器
nodal cubic 结点三次线
nodal cyclide 结点四次圆纹曲线
nodal displacement 结点位移
nodal equation 节点方程，结点方程
nodal increment 截距
nodal line 波节线，交点线，结点线，节线
nodal method 节点法
nodal point 会聚点，结点，节点，交点，叉点
nodal point degree-of-freedom 节点自由度
nodal quartic 结点四次线
nodal set 结点集
nodal slide 测节器
nodal surface 节面
nodal type 波节式
nodal value 结点值
nodalizer 振荡波节指示器，波节显示器
nodding (1)章动；(2)摆动的，低垂的，点头的
node (1)节点，结点，交叉，结；(2)交点，线交点，轨迹交点，轨道交点；(3)波节，波点，(4)重点
node branch 节点分支
node computer 节点计算机
node-locus 结点轨迹
node locus 结点轨迹
node of orbit 轨道交点
node pair-method 节点电位法
node-shift method 角[度偏]移法
nodes 交点
nodi (单 nodus) (1)[结]节；(2)难点；(3)错综复杂
nodical 交点的
nodoc 密码子补体，倒密码子，反密码子
nodose 有节的，结节多的
nodoubtedly 无疑地
nodular 结节的
nodular cast iron 球状石墨铸铁，球墨铸铁，可锻铸铁，韧性铸铁
nodular cementtite (=spheroidal cementite) 粒状渗碳体
nodular graphite 团状石墨
nodular graphite iron 球状石墨铸铁，球墨铸铁，可锻铸铁，韧性铸铁
nodular powder 球状粉末
nodular troostite 团状屈氏体，细珠光体
nodularization 球化
nodularizer 球化剂
nodularizing agent 球化剂
nodulation 生节，有节
nodule [不规则的]球结节，球，粒
nodulize 烧结，粘结，熔结
nodulizer 球化剂，成粒剂
nodulizing (1)烧结的，熔结；(2)烧结的，熔结的，粘结的；(3)球化退火
nodulizing agent 球化剂
nodulous (=nodulose) 球状的
nodulous cementtite 球状渗碳体
nodus (复 nodi) (1)[结]节；(2)难点；(3)错综复杂
noematic 思考的，思想的
noesis 认识，识别，智力
noetic 认识的，识别的，智力的
nohow 无论如何不，决不，毫不
Noil 诺伊尔青铜(一种锡青铜，锡 20%，铜 80%)
noise (1)干扰，噪声，杂音；(2)发噪音
noise abatement 噪声抑制，杂讯减低，减噪
noise absorbing circuit 噪声吸收电路，消噪声电路
noise amplifier 噪声放大器
noise amplifier circuit 噪声放大电路
noise analysis 噪声分析
noise analyzer 噪声分析器
noise and number index (=NNI) 噪声和数值指标

noise and vibration 噪音与振动
noise attenuation 噪声衰减[量]
noise audiometer 噪声听度计
noise autocorrelation 噪声自相关
noise background 声底数值，背景噪声
noise balancing circuit 平衡静噪电路，噪声衡消电路
noise balancing system 噪声平衡系统
noise band 噪声频带
noise behind the signal 调制噪声
noise blanker 噪声熄灭装置，噪声遮没器
noise canceller circuit 噪声消除电路
noise-canceling microphone 听讲传声器，近讲话筒
noise channel 噪声通道
noise characteristics 噪声特性
noise circuit 有噪声电路
noise clipper 噪声限制器
noise coefficient 噪声系数
noise compensation 噪声补偿
noise compensation method 噪声补偿法
noise component 噪声成分
noise conductance 噪声声导
noise control 噪声控制，噪音控制
noise criterion (=NC) 噪声标准，噪声判据
noise criterion curve 噪声判据曲线
noise current 噪声电流
noise current generator 噪声电流发生器
noise density 噪声密度，噪音密度
noise depending on construction factor 结构因素决定的噪声
noise depending on operational factor 使用因素决定的噪声
noise depending on technological factor 工艺因素决定的噪声
noise detector 噪声探测器
noise diode (=NODE) 噪声二极管
noise discharge tube 噪声放电管
noise distortion 噪声失真，噪音畸变
noise distribution 噪声分布
noise dosimeter 噪声剂量计
noise elimination 消声，灭声
noise eliminator 噪声消除器，消音器
noise energy 噪声能量
noise equivalent flux (=NEF) 噪声等效通量
noise equivalent flux density (=NEFD) 噪声等效通量密度
noise evaluation test (=NET) 噪声估计试验
noise factor (=NF) 噪声系数，噪音系数，杂讯度
noise field 噪声场
noise field intensity 噪声场强度
noise filter 噪声滤波器，静噪滤波器
noise figure (=NF) 噪声指数
noise figure meter 噪声指数计
noise-free bearing 低噪声轴承
noise-free receiver 低噪声接收机
noise frequency 噪声频率
noise fringe 干扰边纹，噪扰带
noise generator 噪声发生器，噪音发生器，杂音发生器
noise grade 杂音等级
noise immunity 抗噪声性，抗扰度
noise index (=NI) 噪声指数
noise insulator factor 隔噪声因数，隔音系数，隔音度
noise interference 杂音干扰
noise jamming 噪声干扰
noise killer 静噪器
noise klystron 噪声速调管
noise lamp 杂讯灯
noise lamp ignitor 杂讯灯引燃器
noise level (1)噪声电平，噪音电平，干扰电平，噪声水平；(2)噪声强度，噪声级，噪音级
noise level meter 噪声位准计
noise-level test 噪声强度测定
noise like signal 似噪声信号
noise-like signals 似噪声信号
noise limit 噪声极限
noise limitation 噪声限度
noise limited receiver 噪声限制接收机
noise limiter 噪声限制器，噪音限制器，静噪器
noise load ratio (=NLR) 噪声负载比

950

noise loading　噪声负载
noise loading ratio　噪声负载比
noise margin　噪声容限
noise measurement　噪声测量
noise-measurement technique　噪声测量技术
noise measuring set　噪声测定装置
noise-meter　噪声测试器, 噪音测定表, 噪音电平表, 噪音级表, 噪音表, 噪声计
noise meter　噪声计, 噪声仪, 声级计, 噪音表
noise-modulated　噪声调制的
noise monitor junction　杂讯监测接头, 噪声监测接头
noise objective　杂讯标限
noise-operated gain adjusting device (=NOGAD)　噪声控制增益装置
noise photoelectron　噪声光电管
noise power　噪声功率
noise power ratio (=NPR)　噪声功率比
noise pulse　噪声脉冲
noise ratio (=NR)　噪声比
noise receiver　杂讯接收机, 噪声接收机
noise rectifier　噪声整流器
noise reducing　减噪声的, 静噪的
noise-reducing antenna system　降低噪声的天线系统
noise reduction　噪声降低, 减声
noise reduction coefficient　噪声降低系数, 噪声减少系数, 减噪系数, 杂音消减系数
noise resistance　噪音电阻
noise-shielded　防噪声的
noise silencer　噪声抑制器, 静噪器
noise source　噪声声源
noise spectroa　噪声谱
noise spectrum　杂讯谱, 噪声频谱
noise spike　杂讯尖
noise squelch　噪声消除器, 噪音消除器
noise stability　噪声稳定度
noise standard　噪声标准
noise-stop　抗噪声的, 减噪声的, 静噪的
noise strength standard　噪声强度标准
noise subpressing　噪声抑制
noise subpression　噪声抑制, 噪声消除
noise subpression capacitor　噪声遏止电容器
noise subpression control　噪声抑制控制
noise subpression resistor　噪声遏止电阻器
noise subpressor　噪声遏止器, 噪声抑制器, 消声器, 消音器
noise supression control (=NSC)　噪声抑制控制
noise survey　噪声测绘
noise temperature　噪声温度
noise temperature of antenna　天线噪声温度
noise temperature ratio (=NTR)　噪声-温度比
noise test　噪声试验
noise testing instrument　噪声试验仪
noise thermometer　噪声温度计
noise threshold　杂讯临限
noise transmission impairment (=NTI)　电路噪声干扰
noise trap　静噪器
noise voltage　噪声电压
noise voltage generator　噪声电压发生器
noise weighting　噪声评定
noisefree　无噪声的
noiseful　喧闹的
noisekiller　噪声抑制器, 噪声消除器, 噪声吸收器, 静噪器
noiseless　噪声水平低的, 无噪声的, 无噪音的, 无干扰的, 低噪声的, 无声的, 无杂波的, 静的
noiseless action　无声操作
noiseless drive　无声传动
noiseless recording　无噪音录音, 无噪音录像
noiseless running　无噪声运转
noiseproof　防杂音的, 防噪声的, 隔音的, 隔声的, 抗噪的
noisily　喧闹的
noisiness　噪声特性, 噪声量, 噪声
noisy　有噪声的, 有干扰的, 嘈杂的
noisy channel　噪声信道
noisy mode　干扰形式, 噪音形式, 杂波形式
noisy run　无噪声运转
noload position　空档 [位置]

Nomag　非磁性高电阻合金铸铁 (镍 9-12%, 锰 5-7%, 硅 2.0-2.5%, 碳 2.5-3.0%)
nomenclature (=NOM)　(1) 术语, 名称, 专门用语, 名词汇编; (2) 科技词汇命名法, 系统命名法, 命名法
nominal (=NOM)　(1) 公称的, 标称的, 标度的; (2) 名义上的, 额定的; (3) 微小的, 极小的; (4) 按计划进行的, 令人满意的
nominal addendum　公称齿顶高
nominal angle of contact　公称接触角, 名义接触角
nominal area　(齿轮) 名义接触面积, 名义面积
nominal ball diameter　(轴承) 球的公称直径
nominal band　标称频带, 标称波段
nominal bore diameter　公称内径
nominal candle-power　标称烛光
nominal capacity　额定容量
nominal center distance　名义中心距
nominal center distance of rack gear　齿条传动名义中心距
nominal cross-sectional area of the cut　切削层公称横截面积
nominal current density　额定电流密度
nominal deviation　公称偏差, 标称偏差
nominal diameter　(1) 公称直径, 标称直径, 名义直径, 通称直径; (2) 中值粒径
nominal dimension　公称尺寸, 名义尺寸
nominal error　公称误差, 名义误差
nominal figure　公称值, 标称值
nominal frequency　额定频率
nominal horse-power　公称马力, 额定马力
nominal horse power (=NHP)　额定马力, 标称马力
nominal horsepower　公称马力, 标称马力, 额定马力
nominal inside diameter　通称内径
nominal insulation voltage　额定绝缘电压
nominal life　公称寿命, 名义寿命
nominal light flux　额定光通量
nominal line width　标准行宽, 标称行宽
nominal load　公称负荷, 名义负荷, 额定负荷
nominal low-voltage　额定低压
nominal margin　标称容限
nominal output　(1) 公称输出, 名义输出, 标称输出, 额定输出, 额定出力; (2) 标称生产率, 额定产量
nominal output power　公称输出功率
nominal outside diameter　公称外径
nominal pipe size (=NPS)　管子公称尺寸, 标称管尺寸
nominal pitch (=NP)　公称螺距, 公称节距, 标称齿距
nominal pitch diameter　公称节 [圆直] 径
nominal pitch diameter of cutter　铣刀公称节圆直径
nominal pitch ratio　公称螺距比
nominal power　公称功率, 名义功率, 额定功率
nominal power consumption　额定电力消耗
nominal pressure　公称压力, 名义压力, 标称压力, 额定压力
nominal pressure angle　名义压力角
nominal pressure angle of cutter　刀具名义压力角, 刀具齿形角
nominal price　名义价格, 定价
nominal pull-in torque　标称牵入转矩
nominal ram pressure　滑枕公称压力
nominal range of use　额定使用范围
nominal rating　标准规格, 标称规格, 标称定额, 额定出力, 额定值
nominal revolution　名义转数
nominal ring width　(轴承) 套圈名义宽度
nominal service condition　额定使用条件
nominal short-circuit capacity　额定短路电容
nominal short-circuit voltage　额定短路电压
nominal size　公称尺寸, 标称尺寸, 名义尺寸, 额定尺寸
nominal size of pipes　管材的公称尺寸
nominal speed　(1) 公称速度, 公称转速, 标定速度; (2) 正规最大车速, 最大速率, 名义速率, 象征速率
nominal speral angle　公称螺旋角, 名义螺旋角
nominal standard　公称标准
nominal strain　公称应变, 名义应变
nominal stress　公称应力, 名义应力
nominal sum　微小的数值, 微小的数目
nominal tangential force　名义切向力
nominal thickness　公称厚度, 公称齿厚
nominal thickness of the cut　切削层公称厚度
nominal torque　公称转矩, 名义转矩, 额定转矩
nominal transformation ratio　公称变换比

nominal transformer ratio　标称变换系数, 标称变压比
nominal value　(1) 公称值, 名义值, 标称值, 额定值; (2) [票] 面 [价] 值
nominal voltage　标称电压, 名义电压, 额定电压
nominal wage　名义工资
nominal weight　额定重
nominal weight of fall parts　落件公称重量
nominal width of the cut　切削层公称宽度
nominal working condition　额定工作条件
nominally　有名无实地, 名义上, 标称
nominate　提名, 推荐, 指定, 任命
nominative　按指定的, 被提名的, 被任命的, 指名的
nominator　(1) 分母; (2) 提名者, 推荐者, 任命者
nominee　被提名者, 被推荐者, 被任命者
nomogram　列线图, 诺谟图, 线示图, 列线图解, 计算图表
nomograph　列线图, 诺谟图, 线示图, 计算图表, 图解
nomographic chart　列线图, 算图
nomography　诺谟术, 列线图学, 列线图解 [法], 图算法, 计算图表学
nomotron　开关电子管
non　非, 不, 无
non-　(词头) (1) 非, 不 [足]; (2) 无, 未
non-absorbent　无吸收性的
non-absorbing　不吸收的
non-abstractive　非抽提性的
non-acceptance　不验收, 不接收, 不答应
non-actinic　不起光化作用的
non-active　{ 核 } 稳定的, 非放射性的
non-adaptability　不适于
non-additive　非积算的, 非求和的, 非相加的, 非综合的
non-adhesion wear　非附着磨损
non-adiabatic　非绝热的
non-adiabatic change　非绝热变化
non-adiabatic process　非绝热过程
non-ageing　未老化的, 不 [会] 老化的, 无时效的
non-ageing steel　无时效钢
non-agglomerating　不粘结的, 不熔结的
non-aging　未老化的, 不老化的, 无时效的
non-agitating truck　途中不搅拌的混凝土运送车
non-air-entrained concrete　不加气混凝土
non-alcoholic　不含酒精的
non-align　非列线
non-alloyed steel　非合金钢
non-amplified　未放大的
non-analytic function　非解析函数
non-antagonistic　非对抗性的
non-aqueous　非水的, 非水的
non-aqueous titration (=NAT)　非水滴定 [法]
non-arcing　不发火花的, 无火花的, 不打火的, 无弧的
non-articulated arch　无铰拱
non-asphaltic　非沥青的, 无沥青的
non-associated gas　非缔合天然气
non-associating　不缔合的
non-associative algebra　非结合代数
non-atomic　无原子的
non-attendance　缺席, 不到
non-attended station　无人值班转播站, 无人监视台, 无人值班台
non-attention　不当心, 疏忽
non-attenuating wave　等幅波
non-automatic　非自动的
non-automatic tripping　非自动跳闸的
non-available (=n.a.)　无资料, 未查到, 不详
non-axial　非轴向的
non-axial trolley　旁滑接轮
non-baking coal　不焦结煤
non-bearing structure　非承压结构
non-binary code　非二进制码
non-binary switch theory　非二进制开关理论
non-bituminous　非沥青的, 无沥青的
non-bloated　无胀性的, 不膨胀的
non-blocking　不闭塞的
non-bonded prestressed reinforcement　不粘着的预应力钢筋
non-break A.C. power plant　无中断交流电源设备
non-browning　不被放射线照射变黑的
non-burning model　不燃烧的 [发动机] 模型

non-caking (=non-agglomerating)　不粘结的, 不熔结的, 不结块的, 无粘性的
non-capacitive　非容性的, 无电容的
non-capillary　无毛细的, 非毛细的
non-cash transactions　非现金交易
non-causality　非因果关系
non-cellulosic material　非纤维质材料
non-centered　无心的
non-central　无心的, 偏心的
non-central F　非中心 F 分布
non-centric　离开中心的, 非中心的, 无中心的
non-circular　非圆形的
non-circular copying turning　非圆仿形车削
non-circular gear　非圆齿轮
non-circular gear hobbing machine　非圆齿轮滚齿机
non-circular turning　非圆车削
non-circulatory　非循环的
non-classical　非经典的
non-closed　无包封的, 开的
non-coherent　无粘聚力的, 不粘聚的, 松散的, 不附着的, 非相干的
non-coherent integration　非相干积分
non-coherent rotation　非一致转动
non-cohesive　无粘聚力的, 不粘聚的, 松散的, 不附着的, 非相干的
non-cohesive material　非粘性材料, 松散性材料
non-cohesive soil　非粘性土, 非粘结性土
non-coking　非焦化的, 非焦结的
non-coking coal　非焦化煤, 干烧煤
non-collinear　非共线的
non-collinear point　非共线点
non-color　原色 [的]
non-commercial　非商业性的, 非贸易的
non-commercial traffic　非商业性交通, 无货车能将
non-committal　不表示意见的, 不承担义务的
non-commutability　不可互换性
non-commutable　不可互换的, 不可互易的
non-commutative　非交换的, 非可换的
non-commutativity　不可互换性
non-commuting　非对易的
non-comparable　非可比的
non-comparative　非可比的
non-compensable　不能补偿的
non-compensatory transactions　非补偿性交易
non-compliance　违约行为, 不履行, 不同意, 不答应, 不顺从
non-concentrated　非集中的, 分布的
non-concordant cable　不吻合索
non-concordantly oriented　非协合定向的
non-concurrent　非共点的, 不集中于一点的
non-condensable　非冷凝的
non-condensing (=NC)　不冷凝的, 不凝结的, 非凝汽的
non-conducting　不传导的, 不导电的, 不传热的, 绝缘的
non-conducting hearth furnace　绝缘底电炉
non-conducting transistor　不通导晶体管
non-conducting voltage　不导电电压, 截止电压
non-conduction　不传导
non-conductor　绝缘材料, 绝缘体, 电介质, 电介体, 非导体
non-conformal surface　异曲表面
non-conforming shape factor　非保形因数
non-conformity　不适合, 不整合, 不一致
non-constancy　(1) { 计量 } 不稳定性, 不恒定性; (2) { 数 } 非恒性
non-contact　无触点, 无接触
non-contact longitudinal recording　无触点纵向记录
non-contact seal　非接触式密封
non-contact seal with inside flinger　带内溅挡圈的非接触密封
non-contact seal with outside flinger　带外溅挡圈的非接触密封
non-contentious　不会引起争论的, 非争论性的
non-continuable　{ 数 } 不可延拓的
non-conventional machine tool　特种加工机床
non-conventional metal machining　特种金属加工
non-convergent　非收敛的
non-convertible currencies (=NCC)　非兑换货币
non-coplanar forces　不同平面力系
non-correlated　非相关的, 不相关的
non-corrodible　非腐蚀性的, 抗 [腐] 蚀的
non-corrosive　非腐蚀性的, 无腐蚀性的, 抗 [腐] 蚀的, 不锈的

non-corrosive grease 无腐蚀性润滑脂
non-corrosive steel 不锈钢,不腐蚀钢
non-corrosiveness 非腐蚀性
non-countable 不可数的
non-critical 非临界的
non-cross-linked polymer 非交联聚合物
non-crystal 非晶体的
non-crystalline material 非晶材料
non-crystalline oscillator 非晶体振荡器
non-crystallizable 不结晶的
non-cutting 非切削的
non-cutting movement 非切削运动
non-cutting shaping 无切削成形
non-cutting stroke 非切削行程,空行程
non-cutting working 无切削加工
non-cyclic code 非循环码
non-cyclic variation 非周期变化
non-data input 非数据输入
non-decimal base 非十进制基数
non-decimal system 非十进制系统
non-defective 合格品,良品
non-deflecting 不变形的,不挠曲的
non-deformability 非变形能力
non-deformable 不可变形的
non-deforming 不变形的
non degeneracy 非简并度
non-degeneracy 非简并度
non-degenerated curve 常态曲线
non-degradable waste 不可降解废料
non-deleterious 无害的
non-delimiter 非定义符,非定界符
non-delivery (1)未交货;(2)无法投递
non-dense 非密的,疏的
non-denumerable 不可数的
non-depth turning 无切屑车削
non-derogatory (1)非减价的;(2)非损的
non-destructive inspection 非破坏性检查,无损检验
non-destructive measuring 不破坏测量法,非损伤测定法
non-destructive readout 不破坏读出
non-destructive read-write (=NDRW) 非破坏性读写
non-destructive test 无损坏试验,非破坏性试验,无损检验,无损探伤
non-destructive testing (=NDT) 非破坏性检验
non-destructive testing by photograph 全息无损探伤
non-destructive testing method 无损探伤法,无损检验法
non-determinacy 不确定性
non-developable ruled surface 非可展直纹曲线
non-deviated 非偏析的
non-diathermic 非透热的,非导热的
non-differentiable 不可微分的
non-differential method (齿轮)无差动滚齿法
non-diffusible hydrogen 非扩散氢
non-dimension 无因次,无量纲
non-dimension coefficient 无因次系数,无量纲因素
non-dimensional 无量纲的,无因次的
non-dimensional coefficient 无量纲系数
non-dimensional parameter 无因次参数,无量纲参数
non-dimensionalized 无量纲化的,无因次的
non-directional 无方向性的,非定向的,不定向的,与方向无关的
non-directional antenna 不定向天线,非定向天线
non-directional current protection 非方向电流保护装置
non-directional radio beacon (=NDB) 无指向性无线电信标,全向无线电信标
non-directive 无方向性的,无定向的,非定向的,不定向的
non-directive antenna 非定向天线
non-disable instruction 能执行的指令
non-discoloring 不变色的
non-discrete valuation 非离散赋值
non-dissipative network 无耗[散电]网络
non-disturbed motion 无扰运动
non-drying oil 非干性油
non-ductile fracture 无塑性破坏
non-elastic 无伸缩性的,没有弹性的,非弹性的
non-elasticity 无伸缩性,非弹性
non-electric 不用电的,非电的

non-electric magnetic chuck 非电磁吸盘,非电磁卡盘
non-electrolyte 非电解质,不电离质
non-elimination 不排除,不消除,不消灭
non-embedded 非埋藏的,露天的
non-enumerable 不可计数的,无数的
non-enumerable set 不可数集
non-equilibrium (1)非平衡,不平衡,失平衡;(2)非平衡的
non-equilibrium carrier 非平衡载流子
non-equilibrium flow 不平衡流,非定常流
non-equilibrium state 非平衡状态
non-equilibrium writing 非平衡记录法
non-equivalence 非等价,"异"
non-equivalence gate {计}"异"门
non-equivalence interruption "异"中断
non-erasable storage 固定存储器,只读存储器
non-error system 无误差制
non-essential (1)二级的,次级的,副的;(2)辅助的,补充的,补助的;(3)非本质的,不重要的,次要的,非必需的
non-essential singularity 非本性奇点
non-execution 未执行
non-existence 不存在的,不实在的
non-existence code 不存在的代码,非法代码
non-existent 不存在的,空的
non-expanding exit nozzle 非扩散排气喷嘴,圆筒形喷嘴,圆筒形排气管
non-expansion 不膨胀
non-expansive condition 不膨胀条件,不胀状态
non-expendable 多次应用的,可回收的,能恢复的
non-explosive 不爆炸的,防爆的
non-explosive capacitor 防爆电容器
non-extruding 不挤凸的,不凸出的
non-fading modifier 不衰退孕育剂,不衰退变质剂
non-ferrous (金属)非铁的,有色的
non-ferrous alloy 非铁合金,有色金属合金,有色合金
non-ferrous castings 有色金属铸件
non-ferrous foundry 有色金属铸造厂,有色金属铸造车间
non-ferrous material(s) 有色金属材料
non-ferrous metal 非铁金属,有色金属
non ferrous metal 非铁金属,有色金属
non-fertile reflector {核}非转换材料的反射层
non-fireproof construction 非防火建筑
non-firm power 特殊电力,备用电力,备用功率
non-flame 不燃性
non-floating rail 固定栏杆
non-flowing 不流动的
non-fluctuating 非脉动的
non-fluid oil (=NFO) 不流动润滑油,厚质机油,润滑脂
non-forced circulating lubrication 非压力环流润滑
non-fouling 不污油的,不污染的
non-freezing 不冻的,耐寒的
non-friction guide 非摩擦导轨,滚动导轨
non friction guide 非摩擦导轨,滚动导轨
non-frost-susceptible 不冻的,对霜冻不敏感的
non-fulfillment 不履行,不完成
non-fuse breaker (=NFB) 无保险丝断路器,无熔丝断路器
non-fusibility 抗熔性
non-gear-element dimension 非齿轮要素尺寸,结构尺寸
non-gear member 非齿轮构件
non-generated gear 非范成齿轮,非切削齿轮
non-generated ratio 非展成比
non-generated tooth 非范成轮齿
non-generating cutter 非展成法刀盘
non-generating period 非发电时期
non-glare 无眩光
Non-gran 南格兰青铜(铜87%,锡11%,锌2%)
non-ground neutral system 不接地中线制
non-grounded 不接地的,非接地的
non-grounded neutral system 不接地中线系统
non-gyromagnetic 非旋磁的
non-harmonic 非谐波的
non-hazardous 不危险的,安全的
non-heat isolated 非隔热的
non-hermetic 不气密的,不密闭的
non-holographic magnetooptic memory 非全息照像磁光存储器

non-holonomic 不完整的
non-homing 不归位
non-homing switch 不归位机键
non-homing type line switch 不归位寻线机
non-homogeneity 不均匀性
non-homogeneous 非齐次的, 非均匀的, 不均匀的, 多相的, 混杂的, 杂拼的, 不均的
non-homogeneous differential equation 非齐次微分方程
non-homogeneous medium 非均匀介质
non-Hookian 非线性弹性的, 非胡克 [定律] 的
non-hydraulic cement 非水硬性水泥
non-hydrocarbon 非烃的
non-hygroscopic 不吸潮的
non-hypergol 非自燃的, 不自燃的
non-ideal 不理想的, 非理想的
non-identical 不恒等的, 不全同的
non-identity 不同一性
non-ignitable 耐火的, 防火的, 不燃的
non-impact printer 非击打式印刷机
non-individual body 连续体
non-inductive (=NI) 非电感的, 无电感的, 无感应的, 无感抗的, 非诱导的
non-inductive capacitor 无 [电] 感电容器
non-inductive circuit 无感电路
non-inductive coil 无感线圈
non-inductive load 无感负载
non-inductive resistance 无感电阻
non-inductive shunt 无感分流器
non-inductive winding 无感绕组 [法]
non-inert impurity 非惰性杂质, 活泼杂质
non-inertia 无惯性
non-inflammability 不 [可] 燃性
non-injector 不吸引喷射器
non-integrable 不可积分的
non-integral slot winding 非整数槽绕组
non-integral quantity 非整数量
non-interacted 无相互作用的, 不相连的
non-interacting 不相互影响的, 无相互作用的
non-interacting control 不互相影响的控制
non-interacting control system 非相互控制系统
non-interactive 不相关的, 不交互的, 非交互的
non-interchangeable 不能互换的
non-interchangeable bearing 不可互换轴承
non-intercooled 无中间冷却的
non-interference 不互相干扰, 不干涉, 不干扰, 无干扰
non-interference coefficient of gear profile 齿廓不干涉系数
non-intervention 不干涉
non-inverting input 不倒相输入
non-involute 非渐开线
non-ionic 非离子的, 非电离的
non-ionic micelles 非离子胶束
non-ionized 非电离的
non-ionizing 不 [致] 电离的
non-ionizing radiation (=NIR) 非电离辐射
non-irradiated 未 [经] 照射的
non-isochronous (1) 非同步的, 不同步的; (2) 不规则的, 不均的
non-isoentropic 非等熵的
non-isoelastic 非等弹性的
non-isologous transformation 非对望变换
non-isometric 非等距的
non-isothermal 非等温的
non-isotropic 各向异性的
non-lead-covered cable 无铅包电缆
non-level 非水平的
non-lifting 无升力的
non-lifting injector 不吸引喷射器
non-linear (=NL) (1) 非直线 [型] 的; (2) 非线性的
non-linear capacitor 非线性电容器
non-linear resistance (=NLR) 非线性电阻
non-linear system (=NLS) 非线性系统
non-linearity 非线性
non-linearized 非线性化的
non-liquefying 非液化 [性] 的
non-load-bearing concrete 不受载混凝土

non-loaded 非加感的, 无载的, 空载的
non-loaded cable 无负载电缆
non-loaded circuit 无负载电路
non-local 非局部的, 非区域的, 全部的, 全体
non-localized 非定域的, 非局限的, 未定位的
non-locating 不定位 [的], 浮动 [的]
non-locating bearing 不定位轴承, 滚动轴承
non-locking 非锁定, 不联锁
non-locking escape 不封锁换码
non-locking key 自动还原电键, 非锁定电键
non-locking press-button 自动还原按钮
non-locking shift character 不封锁移位符
non-loss 无损耗
non-luminous 不发光的, 不闪耀的
non-machine-fault time 非机器故障免费时间
non-machining surface 非加工面, 不加工面
non-magnetic (1) 无磁性的, 非磁性的; (2) 非磁性物, 无磁性钢
non-magnetic body 非磁体
non-magnetic metal 非磁性金属
non-magnetic steel (=NMS) 非磁性钢, 无磁 [性] 钢
non-magnetic substance 非磁性物质
non-maneuverable 非机动的
non-matched data 不匹配数据
non-mathematical program 非数学程序
non-mechanical 非机械的
non-mechanized 非机械化的
non-melt 非熔化的
non-metal 非金属
non-metal material 非金属材料
non-metallic (=NM) (1) 非金属的; (2) (复) 非金属物质, 非金属夹杂物
non-metallic coating 非金属涂层
non-metallic fusion point 非金属烧结点, 非金属物软化点
non-metallic gear 非金属齿轮
non-metallic inclusions 非金属夹杂物
non-metallic luster 非金属光泽
non-metallic material 非金属材料
non-metallic resistor 非金属电阻器
non-metering 无读数的, 不计量的, 不计数的
non-migratory 不迁移的
non-minimum phase 非极小相
non-miscibility 不混溶性
non-miscible 不可溶混的, 不可混合的
non-mobility 固定性, 不动性
non-modular space 非模空间
non-modulation system 非调制方式
non-moving 静止的, 不动的
non-multiple 非复式的
non-multiple switchboard 无复接交换机, 简式交换机
non-mutilative 非破坏性的
non-natural 非天然的, 人造的, 人工的
non-negative 非负的, 正的
non-negotiable bills of ladding 副本提单
non-Newtonian 反常粘性的, 非牛顿的
non-Newtonian substance 非牛顿物质, 剪应变对剪应力之比不是常数的物质
non-Newtonian viscosity 非牛顿粘度
non-normal 非正规的, 不垂直的
non-normal equation 非模方程
non-normality 非正态性, 不垂直
non-normality of M to N M 与 N 不垂直
non-nuclear 非核的, 通常的, 普通的
non-nuclear weapons 非核武器, 常规武器
non-null class 非空类
non-numeric item 非数值项
non-numeric literal 非数值文字
non-numerical 无数值的, 无数字的
non-numerical data processing 非数值数据处理
non-numerical line switch 无号寻线机
non-numerical operation 非数字操作
non-occupied 空缺的, 未占的
non-official 非正式的
non-ohmic contact 非欧姆接触
non-ohmic resistor 非欧姆电阻器

non-oleaginous　非油质的, 非油性的
non-opening die　非开合模
non-operating current　不工作电流
non-operating instruction　无操作指令, 空指令
non-operative　不工作的, 不动作的, 无效的
non-orientable　不能定向的
non-orientation　无定向
non-oriented　无定向的
non oriented　不取向的
non-original (=NO)　非原件
non-orthogonal　非正交
non-oscillatory　不振动的, 不振荡的, 不摆动的
non-overflow　非溢流
non-overlapping　不相重叠的
non-overlapping classes　互不覆盖类
non-overloading　无超载 [的], 不超载 [的]
non-oxidation　无氧化
non-oxidizability　不可氧化性
non-oxidizable　不可氧化的
non-oxidizing　无氧化性 [的]
non-pallet transfer machine　直接输送式组合机床自动线
non-parabolic　非抛物线形的
non-parallelism　(1) 不平行度; (2) 不平行性
non-passing sight distance　停车视距
non-passing zone　禁止超车区
non-paying　无力支付, 拒绝支付, 不支付
non-peak hour　非高峰小时, 平时
non-penetrating　不穿透的, 非贯穿的
non-perfect　不完全的, 不理想的
non-performance　不履行的, 不实行的, 不完成的
non-periodic　非周期性的, 无周期的, 非振荡的, 非配谐的
non periodic　非周期性的, 非定时的
non-periodic function　非周期函数
non-periodic variation　非周期变化
non-persistent　(1) 不安定的, 不稳定的;(2) 不恒定的, 不固定的
non-phantom circuit　非纯幻像电路
non-planar　非平面的, 空间的, 曲面的
non-plane motion　曲面运动
non-plastic　无塑性的
non-polar　非极性的
non-polar bond　非极性键
non-polarised (=non-polarized)　不极化的, 非极化的, 非偏振的
non-polarity (=NP)　无极性
non-polarizable　不可极化的, 不可偏振的
non-polarized　不极化的, 非极化的, 非偏振的, 未极化的
non-polarized relay　非极化继电器, 无极继电器, 中和继电器
non-polishing　不易磨光 [的], 耐磨 [的]
non-pollution　无污染
non-porosity　无孔性
non-porous　无气孔的, 无细孔的
non-positive　(1) 非正的, 负的;(2) 不硬的, 柔软的;(3) 可挠的, 弹性的
non-potable water　非饮用水
non-power　不作功的
non-preformed　未预先成形的, 松散的
non-pressure treatment　(木材防腐) 无压力处理 [法]
non-pressure welding　不加压焊接
non-pressurized　在常压下工作的, 不加压的
non-print instruction　禁止打印指令
non-prismatic beam　非等截面梁
non profit institutions　非营利机构
non-propelled　非自动推进的, 非自动给料的
non-protective　无防护的
non-raceway burning　(鼓风炉) 无空窝燃烧
non-radiating　不辐射的
non-radiation　不辐射
non-radiative　不发射的, 不辐射的
non-ramming airscoop　非冲压空气口
non-random access　非随机存取
non-rational functions　非有理函数
non-rattling　减震
non-reactive　(1) 非电抗性的;(2) 无反馈的
non-receipt　未到货, 未收到
non-reciprocal circuit　不可逆电路

non-recoil　(1) 无反冲;(2)(枪炮) 无后坐
non-recommended　非推荐的
non-recording gauge　非自记水位计
non-recoverable　不可回收的
non-reflection　无反射, 非反射
non-reflexive　非自反的
non-reflexive relation　非自反关系
non-refrigerated　无冷却的
non-refuelling　不加油
non-regeneratability　不可更新性
non-register controlling selection　直接选择
non-registered　无记录的
non-registering　无记录的, 不计数的
non-regular　非正则的
non-regulated discharge　未调节的流量
non-regulated transformer　不可调变压器
non-reinforced　无钢筋的
non-relativistic　非相对论性的
non-relevant document　非关联文件
non-relevant indications　假象
non-removable　不可拆卸的, 非可去除的
non-removable metal　不可拆卸轴承合金衬套
non-removable tape　永久磁带
non-residue　非剩余
non-resistance　无电阻, 无电耗, 无阻力
non-resonant　非谐振的, 不谐振的, 非共振的
non-restoring method　不恢复法
non-retractable　不能伸缩的, 不能缩进的
non-return　不返回的, 止逆的, 止回的
non-return finger device　非反向安全装置, 单向安全装置
non-return-to-zeo　不归零的
non-return-to-zero change　异码变化不归零制
non-return to zero method　不归零法
non-return valve (=NRV)　止回阀, 单向阀, 单向活门
non return valve　止回阀, 单向阀
non-reversibility　不可逆性
non-reversible　不可逆的, 不能反转的, 不可调换的, 不能互换的
non-reversible clutch　不可逆离合器
non-reversing　不可逆的, 不能反转的, 不可调换的, 不能互换的
non-rigid　非刚性的
non-rotating　非回转的
non-rotating test　非转动试验
non rotating wire rope　不旋转钢丝绳
non-rotational　非转动的, 无旋的
non-round　非圆的
non-rubbing seal　非接触式密封
non-rubbing surface　非摩擦表面
non-rust steel　不锈钢
non-rusting　不 [生] 锈的, 防锈的, 抗蚀的
non-salient pole　稳极
non-salient pole alternator　非凸极式发电机, 稳极同步发电机
non-salient pole machine　稳 [磁] 极机, 非突极机
non-salient pole synchronous generator　稳极同步发电机
non-sampling　非抽样 [的]
non-saponifying　不皂化的
non-saturatd　非饱和的, 不饱和的
non-saturatd switch circuit　非饱和式开关电路
non-saturating　不可饱和的
non-scanning antenna　不转动天线, 固定天线
non-scouring velocity　不冲流速
non-selective　非选择性的, 无选择的, 无差别的
non-self-aligning bearing　非调心轴承
non-self-cleaning　非自清的
non-self-ignition　非自燃的
non-self embedding grammar　非自嵌入文法
non-self-maintained　非自持的, 非独立的
non-self-maintained discharge　非自持放电
non-self-quenching　非自猝灭的
non-separable　不可分离的
non-separated　非分离的, 不可分的
non-separating　不分开的, 不分离的, 粘着的
non-septate　无隔的
non-sequence　不连续
non-sequential operation　非时序操作

non-series-parallel 非串并联的, 非混联的
non-settling 不沉降的
non-shattering 不易脆的, 不震裂的, 不碎的
non-shielded cathode 非屏蔽阴极
non-shorting 未闪络的, 非短接的
non-shrink(ing) 抗缩的
non shrink cement 抗缩水泥
non-sine 非正弦
non-sine-wave 非正弦波
non-sinusoidal 非正弦的
non-sinusoidal current 非正弦电流
non-sinusoidal curve 非正弦曲线
non-sinusoidal voltage 非正弦电压
non-sinusoidal wave 非正弦波
non-skid (1)防滑装置; (2)不滑动的, 防滑的
non-skid agent 防滑剂
non-skid tyre 防滑轮胎
non-slaking 不水解的
non-slip 无滑动的, 防滑的, 不滑的
non-slip drive 无滑动传动, 非滑动传动
non-slipping 无滑动的
non-soap grease 非皂基脂, 无皂基润滑脂
non-soap viscosity index improver 非皂增稠剂
non-solidified 不牢固的
non-soluble 不溶解的, 不可溶的
non-sparking 不产生火花的, 不燃的
non-special 非特殊的
non-spectral colour 谱外色
non-specular surface 非镜面
non-spherical 非球形的
non-spinning 不旋转的
non-sprayable 不可喷雾的, 不可喷涂的
non-square matrix 非方形矩阵
non-stage transmission 无级变速器
non-staining 不污染的
non-stallable 非失速的
non-standard motor 非标准型电动机
non-static (1)无静电荷的; (2)不引起无线电干扰的
non-stationary 非永久性的, 非稳定的, 非定常的, 不固定的, 移动式的
non-steady 不稳定的, 非定常的
non-steady motion 不稳定运动, 非稳定运动
non-stop 不间断的, 不停的
non-stop chuck 不停车卡盘, 非停机卡盘
non-storage 非积储式的, 非存储式的
non-storage camera tube 非积储式摄像管
non store type 非存储式
non-strip(ping) 防剥落的
non-structural 不用于结构上的, 不作结构材料的
non-substituted 未取代的
non-swelling 非膨胀性的, 不膨胀的, 不胀的, 不溶胀的, 不浸胀的
non-symmetric 不对称的, 非对称的
non-symmetric line 不对称线
non-symmetrical profile 非对称轮廓
non-symmetrical profile curvature 非对称齿廓曲线
non-symmetrical relation 非对称关系
non-synchronous 非同步的, 不同步的, 异步的
non-synthetic 非合成的
non-tacky 非粘性的, , 不粘的
non-tapered key 非锥形键
non-technical 非技术性的
non-telescopic 不能伸缩的
non-terminal 非终结符号, 非终极符号
non-terminating decimal 无尽小数
non-threshold logic (=NTL) 无阈值逻辑
non-threshold logic circuit 非阈值逻辑电路
non-tight door (=NTD) 非密门, 轻便门
non-tilting 非倾侧[式]的
non-time-delay 瞬息作用
non-toothed zone 非啮合区域
non-toxic 无毒的
non tracking 耐漏电流的, 无径迹的, 非跟踪的
non-traditional machine tool 特种加工机床
non-traditional machining 特种加工
non-transition metal 非过渡金属

non-transitive 非传递的
non-transparency 不透明度, 不透明性, 不透光性
non-transparent 不透明的
non-trivial grammer 非无效文法
non-tunable 不[能]调谐的, 不可调的
non-turbulent 非扰动的, 非紊流的
non-type 不标准的
non-uniform 不均匀的, 非均质的, 不一致的, 不等的, 变化的, 多相的
non-uniform beam 变截面梁
non-uniform distribution of domain structure 非均匀磁畴结构
non-uniform electric field 不均匀电场
non-uniform electromagnetic field 不均匀电磁场
non-uniform encoding 非线性编码
non-uniform flow 变速流, 紊流
non-uniform friction 不均匀摩擦
non-uniform function 非单值函数
non-uniform magnetic field 不均匀磁场
non-uniform motion 不均匀运动, 变速运动
non-uniform progressive phase shift (=NUPPS) 非均匀递增相移
non-uniform scale 不等分标尺
non-uniform velocity 变速
non-uniformity 非均匀性, 不均匀性, 不均质性, 异质性, 多相性
non-uniformity coefficient 不均匀系数
non-unity 非同式的
non-usable routine 非应用程序
non-use 不形成习惯, 不使用, 放弃
non-useful surface 非承力面
non-utility 不用, 无用
non-variant 不变的, 恒定的
non-vibrating 不振动的
non-vibrator 无振子
non-viscous 非粘性的, 无粘性的, 无摩擦的, 理想的(指液体或气体)
non-visibility 零能见度, 模糊
non-visible contour line 不可见轮廓线
non-visible transition line 不可见过渡线
non-volatile (1)不挥发的; (2)长存的(指磁记录), 永久的, 固定的
non-volatile matter 非挥发物
non-volatile memory 永久存储器, 固定存储器
non-volatile storage 永久性存储器, 固定存储器
non-volatility (1)不挥发性; (2)长存性(指磁记录)
non-vortex 无涡流的, 无旋的
non-washed 不冲洗的
non-water-tight 不防水的, 透水的
non waterproof (=NWP) 未经耐火处理的
non-watertight 透水的, 漏水的
non-weighted code 非加权码, 无权码
non-weldable 不可焊接的
non-wettability 不可湿性
non-wettable 不可湿润的, 不浸润的
non-wetting 不湿润的, 非浸润的
non-working flank 非工作齿面
non-working profile 非工作齿廓
non-working stroke 非工作行程, 空行程
nonacidfast 非抗酸性的
nonactinic 无光化性[的], 非光化[的]
nonactivated 非放射性的, 未激活的, 未活化的
nonadditivity 非相加性, 非叠加性
nonadjustable 不可调节的
nonagenary 九十进制[的]
nonagglomerating 不烧结的, 不熔结的, 不粘结的
nonagon 九边形
nonalloyable 不能成合金的
nonaqueous 非水的
nonarithmetic shift 非算术移位, 循环移位
nonary 九进的, 九个一组的
nonautonomous system 非自控系统
nonaxiality 不同轴度
nonbasic variable 非基本变址
nonbeneficial 无益的, 有害的
nonblock code 非分组码, 非块码
noncircular 非圆的
noncircular gear 非圆[形]齿轮
noncircular plain bearing 非圆滑动轴承
nonclaim 在法定时间内未提出要求

nonclashing gearset　　(1) 常啮合齿轮组；(2) 带同步器的齿轮组
nonclastic　非碎屑的
noncoherent rotation (=NR)　不相干传动
noncoincidence　不一致
noncombustible　(1) 不燃的；(2) 不燃物
noncompetitive　非竞争性 [的]
noncompliance　不同意，不答应，不顺从
noncondensing　不冷凝的，不凝结的，非凝汽的
noncondensing engine　排气蒸汽机
nonconductor　非导体，介电体，绝缘体
nonconfidence　不信任
nonconformable　不一致的，不整合的
nonconformity　不合格，不符合
nonconjunct (=NAND)　{ 计 }"与非门"
nonconjunction　（数理逻辑）"与非"
nonconjunction gate　{ 计 }"与非"门
nonconservation　不守恒 [性]
nonconservative　非保守的，非守恒的
nonconservative concentration　非保守浓度
nonconsumable　非自耗的，不消耗的
nonconsumable melting　非自耗 [电极] 熔炼
noncontact　无触点，无接触
noncontact longitudinal recording　无触点纵向记录
noncontacting pick-up　无触点传感器
noncontacting switch　无触点开关
noncontinuous　不连续的，间断的
noncooperative　非合作的，不合作的
noncoplanar　非共面 [的]，异面的
noncorresponding control　无静差调节
noncorrodibility　耐腐蚀性，抗腐蚀能力
noncorroding　抗腐蚀的
noncorrosive metal (=NCM)　无腐蚀性金属
noncorrosive steel　不锈钢
noncorrosivity　无腐蚀性
noncracking-sensitive　不产生裂纹的
noncriticality　非临界性
noncrossed gears　滚动啮合齿轮
noncryogenic　非低温的，非深冷的
noncrystalline　非晶态的，非晶质的，非结晶的，不透明的
noncrystalline siliceous material　非晶 [质] 硅质物
noncubic　非立方的
noncutting stroke　空行程
noncyclic　非周期的，非循环的
noncyclic code　非循环码
nondecomposable　不可分解的
nondecomposable matrix　不可分解矩阵
nondecreasing function　非下降函数，非减函数
nondeforming tool steel　不变形工具钢
nondegenerate　非简并的，非退化的，常态的
nondegenerated curve　常态曲线
nondescript　形容不出的，没有特征的，不可名状的，难区别的
nondestructive　不破坏 [性] 的，不破坏的，无损的
nondestructive evaluation (=NDE)　非破坏性鉴定
nondestructive examination (=NDE)　非破坏性检查
nondestructive inspection (=NDI)　非损毁性检查，非破坏性试验
nondestructive reading memory　不破坏读出的存储器
nondestructive readout (=NDRO)　不破坏 [信息] 读出，无损读出
nondestructive test　无损探伤，无损检验，非破坏性检验
nondestructive testing and inspection (=NDTI)　非破坏性试验和检查
nondetonating combustion　无爆震燃烧
nondisjunction　不分开现象，不分离，（数理逻辑）"或非"
nondisjunction gate　{ 计 }或非门
nondispersive　非色散的，非分散的
nondraining　不泄放的
nondurables　非耐用品
nondusty　不起尘的
none　谁都不，谁也没有，毫不
none at all　一点也没有
none but　除……外都没有，谁也不，仅，只
none else　没别人，无他
none other but　不外乎是，恰恰是，正是
none the less　还是，仍然
none the worse (for)　丝毫不受影响，依然如故
noneffective (=NE)　无效的

nonelectrogenic　非电生的
nonelectronic　非电子的
nonempty finite set　非空有限集
nonempty finite string　非空有限串
nonempty set　非空集合
nonenveloping type of worm gears　非包络蜗轮副
nonepitaxial　（晶体）非外延 [生长] 的
nonequality gate　{ 计 }"异"门
nonequalizing differential　非等扭矩差速器
nonequivalence element　{ 计 }"异"元件
nonequivalence gate　{ 计 }"异"门
nonequivalent　非等效的
nonesuch　无以匹敌的人（或物），典型
nonet　九重线
nonex　（透紫外线）铅硼玻璃
nonexponential　非指数的
nonexposed　未接触的，未暴露的
nonextractable　不可萃取的
nonfade lining　耐高温摩擦衬片
nonferrous (=nf)　非铁的
nonferrous alloy　非铁合金，有色金属合金
nonferrous metal　有色金属
nonfission　不裂变的
nonfissionable　不可分裂的，不裂变的
nonflame　非火焰，无焰
nonflammable　不可燃的，不易燃的，非自燃的
nonflexible line　刚性线
nonfractionating distillation　非分馏蒸馏
nonfractionation sedimentation　不分割沉降，非分别沉降
nonfreezing　防冻的
nonfuel-bearing component　不载 [核] 燃料的元件
nonfunctional element　（齿轮）非功能要素
nongro　南格罗镍铁合金 (约含 36%Ni)
nongroup code　非群码
nonhappening　无关紧要的事
nonhoming　不归位
nonhomocentricity　非共心性
nonhomogeneous force　不均衡力
nonhomogeneous linear equation　非齐次线性方程
nonhydrated glass (=NG)　非水化玻璃
nonhygroscopic (=NH)　不吸湿的，防潮的
nonhypergolic　非相混自燃式的
nonimmersed electron gun　非浸没式电子枪
nonincreasing function　非增函数
nonindexed command　非变址命令
noninflammable　非自燃的，不自燃的，不起燃的
noninflammable oil　非燃性油
noninflammable oil-filled transformer　非燃性合成油浸变压器
noninjurious　无害的，无毒的 (指燃料)
nonintelligence terminal　非智能终端
noninteracting　不互相影响
nonintersecting –nonparallel axes　非相交非平行轴，交错轴
nonintersecting nonparallel axis gears　非相交非平行轴的齿轮
noninvariance　非不变性
noninvertible knot　不易散纽结
noninverting amplifier　同相放大器
nonionic　非离子物质
nonionics　非离子表面活性剂，非离子剂
nonirradiated　未 [受] 辐照的
nonisoelastic　非等弹性的
nonisothermality　非等温性
nonisotropic　非各向同性的，各向异性的
nonius　游标 [尺]
nonlead(ed)　不含四乙铅的，无铅的
nonlinear　非线性的，非直线的
nonlinear differential equation (=NDE)　非线性微分方程
nonlinear distortion of scanning　扫描非线性畸变
nonlinear element　非线性元件
nonlinear optical phenomena　非线性光学现象
nonlinear relation　非线性关系
nonlinear time base　非线性时基，非线性时间轴
nonlinear vibration　非线性振动
nonlinear wound potentiometer　线绕非线性电位器
nonlinearity　非线性

nonlocalizability 不可定位性
nonlocalizable 不可定位的
nonluminous 不发光的, 不闪耀的, 无光的
nonmagic nucleus 非幻核
nonmagnetic watch 防磁手表
nonmetal 非金属, 准金属
nonmetalliferous 非金属的
nonmicrophonic 无颤噪效应的
nonmoderator 非减速剂, 非慢化剂
nonmultiple switchboard 简式交换机
nonnavigable 不通航的
nonnegativity conditions 非负性条件
nonnegligible 不可忽视的, 重大的
nonnegotiable (1) 不可谈判的, 无商议余地的; (2) 禁止转让的, 不可流通的
nononode 九极管
nonofficial (=NO) 非正式的
nonoil 石油以外的
nonopaque 透 X 线的, 透光的
nonoperable instruction 非操作指令
nonorbitable 无轨道的
nonorthogonality 非正交性
nonoscillating 不振动的, 不振荡的, 不摆动的
nonpacket mode 非包方式
nonparallel axes 不平行轴, 相交轴
nonparallel crank mechanism 不平行曲柄机构
nonparallel shaft 不平行轴, 相交轴
nonparametric 非变量性的, 非参数的
nonparticipating 不参加的
nonpassage 不通, 闭塞
nonpersistent 非持久性的
nonphase-inverting 不反相的
nonplanar gears 非共面齿轮
nonplanar network 不同平面网络
nonplate-like 不象板状的, 非板状的
nonpolar 非极性的, 无极性的
nonpolarity 非极性, 无极性
nonpolarizable electrode 非极化电极
nonprecision 无精确下滑要求
nonpredetermined 非预先决定的
nonpressurized 正常压力下工作的, 不加压的
nonprimitive 非原始的, 非派生的
nonprimitive code 非本原码, 非原始码
nonprint code 非打印码
nonprocedural language 非过程语言
nonproductive 非生产性的, 无生产力的, 不生产的
nonproductive operation 辅助操作
nonprogramed halt 非程序停机
nonprogressive pitting 非扩展性点蚀
nonproliferation 禁止核扩散, 防止核扩散, 不扩散
nonpulverulent residue 不脆残渣, 非粉状残渣
nonquantized 非量子化的
nonradial 非径向的
nonradiative 不辐射的
nonradioactive 非放射性的
nonradiogenic 非放射产生的
nonrandom 非随机
nonreactive (=NR) 不起反应的, 无回授的, 非电抗 [性] 的, 无抗的
nonreactive circuit 无抗电路
nonreactive load 非电抗性负载
nonreactive relay (=NR) 非电抗性继电器
nonreactivity 无反应性, 无反敏性
nonrealistic 不能实现的, 不现实的
nonreciprocal 非互易的, 非交互的, 单向的
nonreciprocal circuit 不可逆电路
nonrectification 非整流性, 不能整流
nonreflecting 不反射的
nonrefractive 非折射的
nonregenerable 不能再生的
nonreheat 无中间再过热的
nonreinforced concrete pipe (=NRCP) 无钢筋的混凝土管
nonrelevant document 非关联文件
nonrepeatability 不可重复性
nonresonant circuit 非谐振电路

nonresonating transformer 非谐振变压器
nonresuperheat 无中间再过热的
nonreturn-to zero (=NRZ) 不归零
nonreverted gear train 输出轴与输入轴不共线的齿轮系
nonrigid 非刚性的, 非硬质的, 非硬式的, 软式的
nonrigid airship 软式飞艇
nonrigid mounting 非刚性安装, 挠性安装
nonrotation 转动缺失, 未旋转
nonroutine maintenance (=NRM) 非日常维护
nonsaline 无盐份的, 淡的
nonsaponifying oil 非皂化润滑油
nonsaturable 不饱和的
nonsaturated 不饱和的, 非饱和的, 未饱和的
nonscheduled 不定期的
nonscheduled maintenance time 非规定的维修时间
nonsealed fluid coupling 变量液力耦合顺, 变量流体联轴节
nonsegregation-alloy 无偏析合金
nonsequence 不连续
nonsequential stochastic programming 无顺序随机规划
nonsettling 不沉淀的, 不沉积的
nonshared control unit 非公用控制器
nonshorting contact switc 无短路接触开关
nonsignificant 无足轻重的, 无意义的
nonsilting velocity 不淤 [积] 流速
nonsingular 非奇异的, 非退化的
nonsingular code 非奇异码
nonsingularity 非奇异性
nonskid (1) 防滑的, 不滑动的; (2) 防滑轮胎, 防滑装置, 防滑器
nonslip differential 自动联锁自由轮式差速器
nonslip shifting 不停车换档
nonslipping spur 防滑块
nonsludging oil 不 [汽化] 沉积的润滑油
nonsoltware support 非软件支援
nonsolute 非溶质
nonspace-sensitive 对空间不敏感的
nonspecification 非规范, 无规格
nonspinning 非自转
nonspinning differential 自动联锁自由轮式差速器
nonstable 不稳定的
nonstandard (=NON STD) 非标准的
nonstandard analysis 非标准分析
nonstandard gear system 非标准齿轮制
nonstandard part (=NSP) 非标准件
nonstatic 不产生无线电干扰的, 静电荷不积聚的, 无静电荷的, 无静电干扰的, 非静止的
nonstationarity 非平稳性
nonsteady 不稳定的, 不定常的
nonstick(ing) 没有粘性的, 不会粘着的, 不粘附的, 不粘合的, 灵活的
nonstoichiometric 非化学计量的
nonstoichiometry 非化学计量, 非化学计算, 偏离化学计量
nonsystematic code 非系统码
nontainting 无污染的
nonthermal 非热能的
nontight (=NT) 非密封
nontranslational 非平移的
nontrivial solution 非无效解
nonuniform beam 变截面梁
nonuniform revolving output 非匀速回转输出
nonuniform transmission of motion 非匀速传动
nonuniformity 非均匀性, 不均匀性, 不均质性, 多相性, 异质性
nonuniformity coefficient 不均匀系数
nonuple 九倍的, 九重的, 九个一组的, 九个一套的
nonvalent 不能化合的, 无价的, 惰性的
nonvanishing (1) 不等于零的, 不为零的, 非零的; (2) 不消失的
nonvariant 无变量的, 不变的, 恒定的
nonvertical photograph 非竖直像片
nonvirgin neutron 非原子核
nonvoid subset 非空子集
nonvolatilized 未挥发掉的
nonwelding 不焊合的
nonwhite noise 非白噪声
nonzero (1) 非零值; (2) 非零的
nonzero digit 非零位
nook 工作面的外露角, 角落

nor　(1) 也不，也没；(2) 并且……也不

NOR (=Not or)　{计}"或非"，或非门

NOR circuit　{计}"或非"电路

NOR-element　{计}"或非"元件

NOR element　{计}"或非"元件

NOR-function　{计}"或非"作用

NOR-logic　{计}"或非"逻辑

NOR logic　{计}"或非"逻辑

NOR-operation　{计}"或非"运算

NOR operation　{计}"或非"运算

NOR-operator　{计}"或非"算子

Noral　铝锡轴承合金(锡 6.5%，硅 2.5%，铜 1%，其余铝)

Norbide　一种碳化硼

Nordel　一种合成橡胶

nordo (=no radio)　表明飞机上没有无线电设备的信号

noria　(1) 无极链式提水斗，戽[水]车；(2) 多斗挖土机

norium　{化}铷(旧称)

norm　(1) 规范，规格，标准，准则，典型；(2) 平均值，定额，定量，限额，当量；(3) {数} 范数；(4) 模方；(5) 标准矿物成分

norm of a matrix　矩阵的范数

norm of reaction　反应范围

norm reducing method　减模法

norm-residue　范数剩余

norm ring　赋范环

normability　可模性

Normagal　铝镁耐火材料(三氧化二铝 40%，氧化镁 60%)

normal (=NORM)　(1) 法线，垂直线，法面，法距；(2) 法向的，垂直折，正交的；(3) 垂直，正交，(4) 标准，(5) 正常的，正规的，标准的；(6) 规度的；(7).标准值

normal acceleration　法向加速度，正交加速度，标准加速度

normal acceleration polygon　法向加速度多边形 [矢图]

normal adjacent pitch error　相邻法向齿距误差

normal algebra　正规代数

normal algebraic variety　正规的代数簇

normal algorithm　正规算法

normal-air　标准空气

normal amount of stock removed　正常切削量

normal angle　法角

normal axis　法向轴线

normal back cone radius　法向后锥半径

normal band　基带

normal barometer　标准气压计

normal base pitch　法向基圆齿距，法向基节

normal base tangent length　法向公法线长度

normal base thickness　法向基圆齿厚，基圆柱法面齿厚

normal bend　法向弯管，法线弯管，垂直弯管，90°弯管

normal binary　正规二进制

normal brightness　正射亮度

normal calomel electrode (=NCE)　标准甘汞电极

normal capacity　正常电容

normal cathode drop　正常阴极电压降

normal cell　标准电池

normal center distance　正常中心距

normal chain　正规链

normal chordal addendum　法向齿顶高

normal chordal (tooth) thickness　法向弦齿厚

normal circular pitch　法向周节

normal circular thickness　法向弧齿厚

normal class　(轴承) G 级精度，普通精度

normal class tolerance　普通等级公差

normal close　(阀) 常闭，常断

normal coefficient　正规系数

normal combustion　(混合物) 正常燃烧

normal complex　正规复形

normal component　(1) 法向分量，法线分量，正交分量，垂直分量；(2) 标准部件

normal concrete　普通混凝土

normal conditions　正常状态，标准状态，正常条件，常规条件

normal cone　(锥齿轮的) 法锥

normal consistency　正常稠度

normal contact　正规触点，正确触点

normal continued fraction　正规连续分数

normal coordinates　直角坐标，正规坐标，简正坐标，正规坐标

normal correlation　正态相关

normal covering　正规覆盖

normal crest width　法向齿顶宽

normal cross-section　正常截面

normal cross section　垂直断面，正剖面，法向截面，横截面

normal cross section area of the cut　切削层公称横截面面积

normal current　正常电流

normal curve　正规曲线

normal curve of error　正态误差曲线

normal cut　标准切割，X 切割晶体，X 切割

normal depth　正常深度

normal diametral pitch (=ndp)　法向径节，规定径节

normal direct-line fluorescence　正常直跃线荧光

normal direction　法线方向

normal direction of rotation　正常转向

normal discharge　正常放电

normal distortion　正规失真

normal distribution　正态分布，正常分布，法向分布，高斯分布

normal division algebra　正规可除代数

normal divisor　不变子群，正规子群

normal domain　正规数域

normal electrode　标准电极

normal electrode potential　标准极势

normal electron emission　正常电子发射

normal end clearance angle　(刀具) 前锋正后隙角

normal end rake angle　(刀具) 前锋正刀面角

normal end relief angle　(刀具) 前锋正后让角

normal equation　正规方程，标准方程 [式]

normal error integral　正规误差积分

normal extension　正规开拓

normal force　法向力，正交力

normal force coefficient　法向力系数

normal form　正规形式，标准形式，法线式，范式

normal form of a manifold　流型的范式

normal frequency　正常频率

normal frequency distribution　正态频率分布

normal fuel oil tank (=NFOT)　额定燃油舱

normal function　正规函数

normal grease　普通脂

normal helix　法向螺线，法面螺线，正交螺旋线

normal horse power　额定马力，标称马力

normal hydrogen electrode (=NHE)　标准氢电极

normal hyperbolic equation　模双曲方程

normal illumination　正常照明

normal incidence　法线入射，正入射

normal individual base pitch error　法向基节误差

normal inspection　常规检查，正规检查

normal integral　正规积分

normal kurtosis　正规峰态

normal jet　(1) 标准气动量规；(2) 普通喷嘴，标准喷嘴

normal law　正态法则

normal line　法线

normal load　(1) 法向负载，垂直负载，垂直载荷；(2) 正常负载，额定负载，标称负载

normal magnetic flux density　正常磁通密度

normal magnetic induction　正常磁感应

normal magnetization curve　正常磁化曲线

normal mapping　正规映射

normal metric module　公制法向模数

normal mode　正规方式

normal-mode helix　简正模螺旋线

normal mode of oscillation　正规振荡方式

normal mode of vibration　正规振动方式，简正振动方式，简正振动型

normal-mode theory　简正波理论

normal mode vibration　简正振动

normal module　法向模数，法面模数

normal network cause　正常网络条件

normal number　正规数

normal open　(阀) 常开，常通

normal open circuit　常开电路

normal opened contact　正常开接点，常开触点，动合接点

normal opening　正常开度

normal operating conditions　正常工作状态

normal operating losses (=NOL)　正常运行损失

normal operation　(1) 正常运转，正常操作；(2) 正常运算

normal operator　正规算子
normal order　良序
normal output　正常输出[功率],正常出力
normal overload　正常超载
normal PA　法向压力角(PA=pressure angle 压力角)
normal permeability　标准磁导率,正常磁导率
normal photoeffect　正常光电效应
normal pin　垂直销,止动销
normal pitch (=NP)　(1)法向节距,法向齿距;(2)标准间距,标准行距
normal pitch diameter　法向分度圆直径
normal pitch error　法向齿距误差
normal pitch line　法向节线
normal pitch on path of contact　法向基节
normal plane　(齿轮)法[向平]面,垂直面
normal point　正位点
normal population　正规总体
normal position　正常位置,静止位置
normal power level (=NPL)　额定功率级,正常功率电平
normal pressure (=NP)　正常压力,法向压力
normal pressure and temperature (=NPT)　标准压力与温度,恒温常压
normal pressure angle　法向压力角,正常压力角
normal probability curve　正态概率曲线
normal probability paper　正态概率[绘图]纸
normal process　正态过程
normal profile　法向齿廓
normal profile angle　(刀具的)法向齿形角,法向齿廓角
normal profile contact ratio　法向齿形重合度
normal propagation　正常传播
normal quantities　正态量
normal radar (=NR)　正规雷达
normal random number　正规随机数
normal random process　正规随机过程
normal random variable　正态随机变量,正规随机变数
normal range (=NR)　正常范围
normal rated power　额定功率
normal rated thrust (=NRT)　额定推力,标称推力
normal rating　正常额定值
normal reference profile　法向基准齿廓
normal refraction　正常折射
normal region　正规区域
normal relief angle　(刀具的)法向后角
normal response　正规响应
normal revolutions　正常转数
normal running　(1)正常运动;(2)正常运转,正常使用
normal running fit　正常动配合,转动配合
normal samples　正规样本
normal sampling inspection　常规抽检
normal sand　标准砂
normal section　(齿轮)法向截面,正截面,正剖面,正断面,正截口
normal sectional area　法向截面面积
normal segragation　正常偏析,冷却偏析
normal sensibility　标准灵敏度
normal series　正规列
normal set　{数}良序集,正规集
normal setup　正常配位,正常配置
normal shear　垂直剪切力
normal side clearance angle　(刀具的)旁锋留隙角
normal side rake angle　(刀具的)旁锋正刀面角
normal side relief angle　(刀具的)旁锋正后让角
normal size　标准尺寸,正常尺寸
normal solution　当量溶液,标准溶液,规长溶液,规定溶液
normal space　正规空间
normal spectrum　匀排光谱,正常谱
normal speed　(1)正常速度;(2)正常转速
normal-stage punch　正规穿孔
normal starting torque　额定起动力矩
normal state　正常状态
normal station　正规测站
normal stockastic process　正态随机过程
normal strain　法向应变
normal stress　法向应力,垂直应力,正应力
normal structure　(钢的)标准组织
normal subgroup　正规子群
normal surface　垂直面,正交面,法面

normal temperature　[正]常温[度]
normal temperature and pressure (=NTP)　标准温度和压力,常温常压
normal tensor　正规张量
normal test　常规试验,标准试验
normal thread angle　垂直螺纹角
normal thrust　垂直推力
normal tilt　(锥齿轮机床)法向刀倾角
normal tip relief　法向齿顶修缘
normal to a curve　曲线的法线
normal to a hyper-surface　超曲面的法线
normal to a hypersurface　超曲面的法线
normal to a surface　曲面的法线
normal tolerance class　普通公差等级
normal tooth　法向齿[形]
normal tooth load　法向齿[形]载荷
normal tooth thickness　法向齿厚
normal transformation　正规变换
normal transmitted load　法向传递载荷
normal value　标准值,正常值,正规值
normal valve　定位阀
normal variation　正规变差
normal vector　法向矢量
normal velocity　法向速度,正交速度
normal vibration　垂直振动
normal wear　正常磨损
normal wedge　(刀具)工作法楔角,法楔角
normal width　标准宽度
normal work　正常工作,正常运转
normalcy (=normality)　(1)规定浓度,当量浓度,规度;(2)正常状态标准,标准状态,正规性,正常性;(3)垂直
normalisation (=normalization)　(1)正规化,标准化,规格化,正常化,归一化;(2)(热处理)消除内应力,正火
normalise (=normalize)　(1)正规化,标准化,规格化,正常化,归一化;(2)(热处理)消除内应力,正火
normalised(=normalized) normalized　标准化的,正规化的,规范化的
normality　(1)规定浓度,当量浓度,规度;(2)正常状态标准,标准状态,正规性,正常性;(3)垂直
normalizable　可规范化的
normalizable function　可规范函数
normalization　(1)正规化,标准化,规格化,正常化,归一化;(2)(热处理)消除内应力,正火
normalization factor　正规因子
normalize (=NORM)　(1)标准化,规格化;(2)正规化
normalized　标准化的,正规化的,规范化的
normalized admittance　归一化导纳
normalized cofactor　正规余因子
normalized condition　(1)正规条件,归一条件;(2)正火状态
normalized crossed product　正规化的交叉乘积
normalized distribution　正规化分布
normalized equation　正规化的方程
normalized floating-point number　规格化浮点计位数
normalized form　标准形式,标准型
normalized function　规范化函数
normalized impedance　归一化阻抗,标准阻抗
normalized inverse deviative　正规反导数
normalized matrix　正规化矩阵
normalized steel　正火钢
normalized tempering　正常回火
normalized variable　正规化变量
normalizer　(1)标准化部件,规格化部件;(2)规格化装置,正规化子
normalizing　(1)正常煺火,常化,正火;(2)校正;(3)标准化,规格化;(4)正常化
normalizing condition　正规条件
normalizing operation　正火作业
normalizing treatment　正火处理
normally closed (=NC)　原位闭合的,常闭合的,常断开的,常闭的
normally closed auxiliary contact　常闭辅助触点
normally closed contacts　常闭触点
normally loaded　正常负载的
normally open (=NO)　原位断开的,常开的,静开的
norman　U形螺栓,U形环
normative　标准的,规范的,正常的
normatron　模型计算机,典型计算机
normed　{数}赋范的

normergic 反应正常的
Normes Francaises (=NF) 法国标准
Normobaric 正常气压的
normoxic 含氧量正常的
norol 无滚子的汽车坡路停车防滑机构
north pole 北极
northing 真北与指示器所指的偏差, 北距, 北偏
Norton gear 诺顿 [机构] 齿轮, 塔式变速齿轮, 三星齿轮
Norton type gear(box) 诺顿式 [变速] 齿轮箱 (只有一个传动齿轮)
Norton's theorem 诺顿定理
Norton's theory 诺顿理论
nose (1) 前部, 前端, 前缘, 端, (2) 机头, 船头, 弹头, (3) [主轴] 头, [凸轮] 头, (4) 突头, 突出部, 伸出部分, 鼻突头, (5) 喷嘴, (6) 挡板
nose angle (刀具) 鼻角, 刀尖角
nose bar 凸杆, 撑杆
nose bit 手摇扁钻
nose circle (1) [轴] 圆端, (2) [凸轴] 凸起圆弧
nose cone (=NC) 前锥体, 头锥, 鼻锥, 头部, 弹头
nose-dive (1) 垂直俯冲, 前部下倾, (2) (价格) 暴跌
nose down 向下降落, 下冲, 俯冲
nose end 管口端, 孔端
nose fairing 头部整流罩
nose fuse (=NF) 弹头引信
nose-heaviness 头 [部荷] 重度
nose-heavy 头重
nose heavy 机头下沉, 头重
nose-high 机头向上的平飞
nose key 鼻形楔, 凸形键
nose-loader 头部加载的运输机
nose-low 机头向下的平飞
nose of cam 凸轮鼻端, 凸轮尖
nose of chisel 凿子品
nose of punch 冲头端部, 凸模头部
nose of tool 刀尖
nose of wing [机] 翼前缘
nose-on intercept 迎头拦截
nose-piece 喷嘴
nose piece (1) 侧头管壳, 喷嘴, (2) 换镜旋座
nose-pipe 放汽管口
nose radius 刀尖半径, 端点半径
nose ribs 前缘肋
nose-spike 头部减震针, 顶针
nose-up 昂头飞
nose up (机首) 向上, 上仰
nose wheel 前轮
nosed (1) 头部的, (2) (送轧坯料的) 楔形前端
noseless 无喷嘴的
nosepiece (1) 接线头, 顶, 端, (2) 侧头管壳, 喷嘴, 管口, (3) (显微镜的) 换镜旋座, 旋转盘, 镜鼻
noseplate 前底板, 分线盘
nosing (1) 机头整流罩, 头部整流罩, (机身) 头部, (2) 护轨鼻铁, 梯级突边, (3) 摇架
nostro account 银行间转账账户
not 不, 未, 非, 无
not above (=N/A) 不超过
not affected (=N/A) 未受影响的
not applicable (=N/A) 不适用的
not available (=N/A) 弄不到的, 无效的, 未利用的
not complied with (=N/C/W) 未依照……
not dated (=ND 或 n.d.) 无日期
not dated at all (=nda) 根本无日期
not detected (=ND) 未探测出
not earlier than (=NET) 不早于……
not elsewhere mentioned (=NEM) 别处未曾提及
not exceeding (=n/e) 不超过
not fit for issue (=NFFI) 不宜发表
not for sale (=NFS) 不出售的, 非卖品
not-go end (塞规) 不通端, 不过端, 止端
not-go ga(u)ge 不过端量规, 不通过规, 止端规
not-go limit 不通过极限
not-go side 不过端, 止端
not-good (=NG) 不行, 不好, 无用
not in contract (=NIC) 不在合同内
not in store (=NIS) 无存货

not in this contract (=NITC) 不在此合同中
not later than (=nlt) 不迟于
not less than (=nlt) 不少于
not more than (=nmt) 不多于
not operational (=NO) 非运行的, 不用的
not otherwise (=N/O) 其他情况下就不这样, 未另行……
not otherwise indexed by number (=NOIBN) 别处无数字索引
not otherwise specified (=NOS) 未另行规定的
not otherwise stated (=NOS) 未另行说明的
not-releasable to foreign nations (=NOFORN) 不可向国外发表
not required (=N/R) 不需要的
not-reversible 不可逆的, 不能反转的
not specifically provided for (=nspf) 非专供……
not to be noted (=N/N) 不用记录
not to mention 更不用说
not to scale (=NTS) (1) (仪表或仪器) 超出量程, (2) (制图) 不按比例
not too well 不太好
not used for production (=NUFP) 不用于生产
not watertight (=NWT) 不是不漏水的
not yet 还没有, 尚未, 还不
NOT {计} "非"
NOT-AND gate {计} "与非" 门
NOT-both gate {计} "与非" 门
NOT-carry {计} "非" 进位
NOT carry {计} "非" 进位
NOT-circuit {计} "非" 电路
NOT circuit {计} "非" 电路
NOT function {计} "非" 功能
NOT-gate {计} "非" 门
NOT gate {计} "非" 门
NOT operator {计} 求反算子
notarial 公证人的, 公证的
notarial certificate 公证人证明
notarize (1) 公证人证明, (2) 公证
notary 公证人
notation (1) 符号, 标志, 标记, 记法, 注释, (2) 记数法, 计算法, 计数制, (3) 代号, 符号表示法, (4) 备忘录, 笔记
notation system 记数系统
notch (1) 切口, 凹口, 槽口, (2) 凹槽, 刻痕, 开槽, (3) 选择器标记
notch acuity 缺口烈度, 缺口锐度, 切口锐度
notch adjusting 刻痕调整, 标记调整
notch angle (冲击试件的) 切口角度, 刻槽角
notch bar test 缺口敏感性试验
notch bend cantilever specimen 切口弯曲悬臂试样
notch bend test 切口弯曲试验
notch block 凹槽滑车
notch bluntness 切口钝性
notch board 凹槽侧板
notch brittleness 切口脆性, 缺口脆性, 冲击脆性
notch curve 切口曲线, 下凹曲线, 阶形曲线
notch cutting 切槽
notch depth 切口深度
notch diplexer [锐截止式] 天线共用器
notch ductile 切口韧性, 缺口韧性
notch ductile steel 耐冲击钢
notch ductility 切口韧性
notch effect 切口效应, 缺口效应, 刻痕效应, 凹缺作用
notch embrittleness 切口脆性
notch fatigue test 切口疲劳试验
notch filter 频率特征曲线下凹的滤波器, 陷波滤波器, 阶式过滤器
notch ga(u)ge 缺口式流量计
notch generator 标志发生器, 信号发生器
notch graft 嵌接, 刻接
notch grinder 磨槽机
notch groove 刻槽
notch gun (高炉的) 泥炮
notch impact strength 缺口冲击强度
notch pin 缺口销, 凹口销
notch plate 扇形棘轮板
notch ratio 凹口比, 换级比
notch sensitiveness 切口敏感性
notch sensitivity 缺口敏感性, 切口敏感性, 切口灵敏度, 台阶敏感性
notch sensitivity test 切口脆性试验
notch sharpness 切口锐性, 切口锐度

notch spacing 切口间距, 缺口间距
notch spin disk 有凹槽的旋转盘
notch strength analysis 切口强度分析
notch toughness 缺口韧性, 冲击韧性, 刻击韧性
notch toughness test 冲击韧性试验
notch wedge impact 楔击缺口冲击试验
notch wheel 棘轮
notchback 客货两用车
notchboard 凹板, 搁板
notched 有凹口的, 有凹槽的, 有刻痕的
notched bar 凹口试件
notched-bar cooling bed 齿条式冷床
notched bar impact test 切口试样冲击试验
notched-bar test 切口弯曲试验
notched bar value 缺口冲击值
notched beam 开槽梁
notched belt 凹槽皮带
notched cutter tooth 有凹槽的刀齿
notched disc(disc=disk) 周缘凹口盘
notched dowel pin 带槽定位销
notched flange 有槽凸缘
notched impact strength 切口冲击强度
notched index(ing) plate 带槽分度板, 带槽分度圆盘, 有度槽轮
notched plate 带槽圆盘, 槽板
notched pulse 缺口脉冲
notched segment 扇形齿轮, 齿弧, 齿扇, 月牙轮, 带齿的弧形零件
notched sill 齿槛
notched specimen 切口试样, 缺口试样, 刻槽试件
notched tensile specimen 切口拉伸试验
notched wheel 棘轮
notcher 刻痕器
notching (1) 做凹槽, 开槽; (2) 多级的 (指继电器)
notching curve 阶梯曲线, 下凹曲线
notching diplexer 锐截止式天线共用器
notching filter 陷波滤波器, 阶式滤波器
notching press 冲缺口压力机, 切槽压力机, 沟槽冲床, 冲槽机
notching punch 局部落料冲头, 凹口冲头
notching relay 多级式继电器, 加速继电器
notching up 操纵杆加速操作
note (1) 符号, 记号; (2) 注解
note amplifier 声调放大器
note book 记录簿, 笔记簿
note form 记录格式, 记录表格
note frequency 声频
note keeper 记录员
note of hand 期票
note officielle (法语) 正式照会
note verbale (法语) 普通照会
notebook 记录簿, 记录本
notekeeper 记录员
notekeeping 记录
noteless 不引人注意的, 不著名的
notepaper 信纸, 信笺
notes 短期债券
notes for a text 正文的注释
notes on a text 正文的注释
notes to a text 正文的注释
noteworthy 值得注意的, 显著的
nothing 没有任何东西, 什么也没, 空, 无, 零
nothing but 只不过是, 不外是, 简直是
nothing else but 只不过是, 不外是, 简直是
nothing less than 只不过是, 不外是, 简直是
nothing more than 只不过是, 不外是, 简直是
nothing short of 完全是, 无非是, 除非
notice (1) 情报, 消息, 通知, 警告, 预告, 通告, 呈报; (2) 公告, 布告; (3) 注意到, 注意, 提及, 通知; (4) 注意事项
notice of change (=NOC) 更改通知单
notice of delivery paid 已付款收货通知单
notice of exception (=NOE) 例外情况通知
noticeable 引人注意的, 显著的
noticeboard 布告牌
notifiable 应通知的, 应报告的
notification 通知书, 通知单, 通告, 布告
notified party 被通知人

notify 通知, 通告, 公告, 报告, 警告, 宣告
noting 注释 [法], 计算法
nought 没有价值的东西, 零, 无
novalite 诺瓦铝合金 (一种铜铝合金 85%Al, 12.5%Cu, 1.4%Mn, 0.8%Fe, 0.3%Mg)
novel tube 诺瓦型电子管, 标准九脚小型管
Novikov gear 诺维柯夫齿轮, 圆弧齿轮
Novikov gear hob 诺维柯夫齿轮滚刀, 圆弧齿轮滚刀
Novikov gear system 诺维柯夫齿轮装置
Novikov gear tooth system 诺维柯夫 [圆弧] 齿形制
Novikov gearing 诺维柯夫 [圆弧] 齿轮传动 [装置]
Novikov-type gears 诺维柯夫 [圆弧] 齿轮副
Novikov-Wildhaber gearing 诺维柯夫 - 韦尔哈巴齿轮传动
Novokonstant 标准电阻合金
novolac (=novolak) (线型) 酚醛清漆
novolac expoxy 酚醛环氧树脂
nowel (1) (铸) 下型箱, 下型, 下模; (2) 型心; (3) 阻力
nox 诺克司 (光照度单位)
nozzle (1) 喷射器, 喷油嘴, 喷嘴, 喷口, 喷管; (2) 水管嘴, 接管嘴; (3) 出铁口, 铸口, 注口; (4) 排气管; (5) 接管组, 管接口, 管接头, 连接管, 套管; (6) 发动机尾喷管, 出气喷口, 尾喷口; (7) 波导出口
nozzle angle 喷嘴角
nozzle area coefficient 喷嘴面积系数
nozzle block 喷嘴组
nozzle body 喷嘴管体
nozzle box 喷嘴阀箱
nozzle closure 喷嘴隔板
nozzle coefficient 喷嘴系数
nozzle configuration 喷口形状
nozzle control unit (=NCU) 喷管控制设备
nozzle control valve 喷嘴控制阀
nozzle cross-section 喷嘴截面
nozzle diaphragm (1) 燃气轮机喷嘴隔板; (2) (固体火箭发动机的) 喷管挡栅板
nozzle drier 热风喷嘴烘燥机
nozzle efficiency 喷嘴效率
nozzle-end 喷管端部分, 喷口部分
nozzle excit 喷管出口
nozzle filler bolck 喷管胀圈
nozzle filter 喷嘴过滤器
nozzle fittings 喷嘴配件
nozzle flowmeter 喷管流量计
nozzle gap control (=NGC) 喷管间隙的控制
nozzle loss 喷嘴损失
nozzle meter 管嘴式流速计
nozzle mixer 喷嘴混合器
nozzle neck 喷嘴颈
nozzle needle 喷油器针阀, 喷嘴针阀
nozzle noise 喷嘴噪声
nozzle of air supply 进气喷嘴
nozzle orifice disk 喷嘴垫圈
nozzle plate 喷嘴板
nozzle regulator 喷嘴调节阀
nozzle ring (1) 环形喷嘴; (2) 涡轮导向器; (3) 喷管箍环, 喷嘴环
nozzle screen 喷嘴滤油网
nozzle shape 喷管形式
nozzle spindle 喷嘴心轴
nozzle test motor (=NTM) 喷管试验发动机
nozzle tester 喷射器性能试验装置
nozzle throat 喷管喉部
nozzle valve rod 喷嘴阀杆
nozzle vane (=NV) 涡轮叶片
nozzle velocity (=NV) 喷嘴速度
nozzle wrench 喷 [油] 嘴扳手
nozzleman 喷枪操作工, 喷砂工, 喷水工
nozzling 打尖锤头
NPN transistor NPN 晶体管
nu-bronze 努青铜
Nu-gild 饰用黄铜 (锌 13%)
Nu-gold 饰用黄铜 (锌 12.2%)
nubilose 喷雾干燥器
Nubrite 光泽镀镍法
nuckonic steering 放射性敏感元件操作装置
nuclear (=NCR) (1) 原子核的, 原子能的, 核物理的, 有核的, 含核的, 核子

的；(2) 核心的，中心的，主要的

nuclear aircraft　核动力飞机
nuclear-armed bombardment satellite (=NABS)　核轰炸卫星
nuclear atom　核型原子
nuclear bomb　核 [炸] 弹
nuclear cement log　核水泥测井
nuclear center　核心
nuclear chemistry　核化学
nuclear control　核反应控制
nuclear detection system (=NUDETS)　核探测系统
nuclear device (=ND)　核装置
nuclear disintegation　原子核蜕变
nuclear electric power generation　原子能发电
nuclear emulsion recovery vehicle (=NERV)　核乳胶照相回收飞行器
nuclear energy　原子内部能量，原子能，核能
nuclear energy power generation　核能发电
nuclear energy research vehicle (=NERV)　原子能实验用飞行器
nuclear engine　核发动机
nuclear engine assembly checkout (=NEAC)　核发动机装配检查
nuclear engine for rocket vehicle application (=NERVA)　火箭飞行器用的核发动机
nuclear engineering test facility (=NETF)　原子工程试验设备
nuclear engineering test reactor (=NETR)　核工程试验反应堆
nuclear explosion　核爆炸
nuclear explosion pulse reaction (=NEPR)　核爆炸脉冲反应
nuclear fission　核裂变，核分裂
nuclear flight propulsion system (=NFPS)　核动力飞行推进系统
nuclear fusion　核熔融反应，核聚变
nuclear gas turbine　核能燃气轮机
nuclear gauge　核子计数器
nuclear heat　核热
nuclear liquid-air cycle engine (=NULACE)　核液态空气循环发动机
nuclear magnetic double resonance (=MNDR)　核磁双共振
nuclear magnetic resonance (=NMR)　核磁共振
nuclear magnetic resonance specrum　核磁共振谱
nuclear magnetism log (=NML)　核磁测井
nuclear material　核材料
nuclear measurement　核子放射量测
nuclear missile　核导弹
nuclear mockup　核反应堆模型
nuclear Overhauser effect (=NOE)　核磁欧氏效应
nuclear paramagnetic resonance (=NPR)　原子核顺磁共振
nuclear physics　核物理学
nuclear pile　核堆
nuclear power　核动力
nuclear power demonstration reactor (=NPDR)　核动力示范反应堆
nuclear power plant　原子能电站
nuclear power station　原子能电站，核电站
nuclear-powered　核动力的
nuclear powered gas turbine　核动力燃气轮机
nuclear-powered submarine　核潜艇
nuclear-propelled　带有核推进器的
nuclear propulsion (=NCR PROP)　(1) 核 [能] 推进；(2) 核发动机
nuclear-pure　核纯的
nuclear quadrupole resonance (=NQR)　核四极矩共振
nuclear radiation counter　核辐射计数器
nuclear reaction　核反应，原子反应
nuclear-reaction energy　核反应能
nuclear reactor　核反应堆，核反应器
nuclear rocket development program　核火箭发展计划
nuclear rocket engine (=NRE)　核火箭发动机
nuclear sediment density meter　核子沉淀物比重计
nuclear ship (=NS)　核动力船
Nuclear Standards Boards (=NSB)　原子核标准委员会
nuclear submarine　核潜艇
nuclear test　核子放射性试验
nuclear test gauge (=NTG)　核燃料元件反应性快速测量仪
nuclear test reactor (=NTR)　试验性核反应堆
nucleary　核的，成核的，核心的，主要的
nucleartipped　有核弹头的
nucleate　(1) 起核作用，形成晶核，成核，集结；(2) 有核的
nucleated　有核的
nucleating centre　成核中心
nucleation　(1) 核子作用，核晶作用，成核，核化；(2) 晶核形成，形成

核，集结

nuclei (=nucleus)　核的中心，核心
nuclei of crystallization　晶核
nucleid　类原子核
nucleiform　核形的
nucleoid　核当量，类核
nucleometer　放射能计数器，核子计
nucleon　核子，粒子
nucleonic　核物理的，核子的
nucleonics　应用核物理，原子核工程，核子学
nucleus (nuclei 的单数)　(1) 核，核心；(2) 中心，心
nucleus formation　(1) 原子核生成 [作用]；(2) 晶核生成 [作用]
nucleus initialization program　核心程序的初始程序
nucleus of a set　{ 数 } 集的核 [心]
nucleus of crystal　结晶中心，晶核
nucleus of crystallization　结晶核
nude　(1) 裸露的；(2) (契约等) 无偿的
nude gauge　无壳真空规，裸规
nugatory　没有价值的，无效的
nugget　(1) 天然贵金属，金块，块金；(2) (点焊) 熔核，点核；(3) 极好的
nuisance　(1) 噪扰；(2) 有害作用，公害；(3) 损失
nuisance parameters　多余参数，多余参量
nuisance variable　有害变量
nuisance vibration　有害振动
nuke　(俚) (1) 核动力发电站，核武器；(2) 用核武器攻击
null　(1) 无效的，无价值的；(2) 零的；(3) "空白"符号，空位；(4) 零点，零位
null adjustment　(1) 零位调整；(2) 零校准装置
null algebra　零代数
null amplifier　指零放大器
null and void　无效，作废
null angle　零位偏角
null astatic magnetometer　衡消无定向磁强计
null balance device　衡消装置
null balance recorder　零示式平衡记录器
null carrier method　载波零点法
null character　空字符，零字符
null character string　空字符串
null circle　零圆
null circuit　零电路
null class　零类，空类
null current circuit　零电流电路
null curve　零曲线
null cycle　空转周期
null detection　零值测试，零值指示
null detector　零值检验器，零指示器，检零器
null direction　零向
null direction detector　零向检测器
null displacement　零位移
null divisor　零因子
null element　零元素
null ellipse　零椭圆，点椭圆
null ellipsoid　零椭面
null fill-in　零值补偿，零插补
null filter　零位滤波器
null flux linear induction motor　零磁通型直线感应电机
null flux system　零磁通系统
null function　零函数
null gate　零门
null geodesic　零测地线
null hypothesis　零假设，虚假设，原假设
null indicator　零位指示器，零示器
null-instrument　零点指示器，零位仪器
null instrument　平衡点测定器，零位仪表
null line　零线
null link　空链接
null matrix　零矩阵
null method　消衡法，零点法，零示法
null method of measurement　零差测量法
null offset　零点偏移
null path　零通路
null plane　零面
null point　零点

963

null ray 零射线
null reference system 零基准值
null ring 零环
null sequence 零序列, 零序
null series 零级数
null-set 零集, 空集
null set 零集, 空集
null setting 调零装置
null setting device 零位装置
null sharpness 消声锐度
null signal radar 解除信号雷达
null solution 零解
null space 零空门
null state 零状态
null statement 空语句
null string 空行
null symbol 零符号
null system 零系
null tensor 零张量
null test method 零点测试法
null torque 零位力矩
null transformation 零变换
null-type bridge 零示式电桥, 指零电桥
null value 零值
null vector 零向量
nullification (1)压制, 抑制, 抑止;(2)使无效, 废弃, 取消
nullified 无效的, 消除的, 取消的
nullifier 废弃者, 取消者
nullify (1)使无价值, 使无效, 作废, 取消, 废除;(2)使等于零, 使为零
nullity (1)零度数, 零维数;(2)独立的闭合路数;(3)无效;(4)不存在, 无用的
nulloffset 零点偏移
nullreading 零读数
nullvalent (1)零价的;(2)不起反应的, 不活泼的
Nultrax 直线运动感应式传感器, 线位移感应式传感器
number (=Nr 或 Num) (1)数字, 数目, 数量, 数值, 总数;(2)号码, 编号, 号;(3)序数, 系数, 指数;(4)用数字标记, 加编号, 加号码;(5)计数, 总计, 计算, 计入, 算入
number address code 数地址码
number and range of spindle speed 主轴转速级数和范围
number bus 数码总线, 数字总线
number-crunching 数据捣弄
number cutter (按压力角编号的)套数齿轮刀具
number density 数量密度(用以说明每单位体积物质的克分子数)
number generator 数码发生器, 信号发生器
number group (=NG) 号码组
number group connector (=NGC) 号码组接线器
number information 查号台查号
number language 数字语言
number-letter 数字和字母的
number line 实数直线
number marking 号码标志
number not in directory 保密号码, 号码簿中找不到的号码
number of alternation 交变次数
number of altitude 高程注记, 标高
number of ampere turn of magnetic circuit 磁路安匝数
number of ampere-turns 安[培]匝数
number of autocycle 自动循环周期
number of axial feeds 轴向进给量级数
number of ball per row (轴承)每列钢球数量
number of both longitudinal and cross feeds 纵横向进刀量种数
number of clutchings and declutchings (离合器)离合作用次数
number of complexion 配容数
number of conditions 条件数
number of cross feeds 横向进给量种数, 横向进刀量种数
number of cutter spindle speeds 刀具主轴转速级数
number of diametral pitch thread 径节螺纹种数
number of dips 浸蚀种数
number of division 分度数, 刻度数
number of element types (=NET) 部件型号
number of engine 发动机号数
number of feeds 进给量种数, 进刀量种数, 进给量级数, 进刀量级数
number of flutes relieved 铲齿槽数
number of gears (1)齿轮数;(2)(变速器)档数

number of holes for holding cutting tools 夹紧刀具孔级数
number of lamina 层片数
number of leads 螺纹线数
number of leaves 叶片数
number of lines of force 磁力线数
number of longitudinal feeds 纵进给种数, 进刀量种数
number of magnetic flux interlinkage 交链磁通数
number of metric threads cut 公制螺纹头数
number of module threads cut 模数螺纹头数
number of motors 电机数量
number of oscillations 振动次数, 振动频率
number of phases 相数
number of ply 层数
number of pole-pairs 极对数
number of poles 极数
number of ram strokes per minute 每分钟滑枕冲程数
number of replication 重复次数, 反复次数
number of reversals 颠倒次数, 反转次数
number of revolutions [旋]转数
number of revolutions of per minute 每分钟转数
number of revolutions per unit time 单位时间转数
number of rollers per row (轴承)每列滚子数量
number of rows of balls (轴承的)钢球列数
number of rows of rollers (轴承的)滚子列数
number of rubs (磨损试验时)摩擦循环次数
number of sample 抽检数
number of sample bearings 抽检轴承数
number of samples 样品组数, 样本组数
number of scanning lines 扫描行数
number of sets of sample 采样的组数, 样品组数
number of slots 槽数
number of speeds 转速级数, 速度数, 档数
number of spindle speeds 主轴转速级数
number of spindles 轴数
number of spring leaf 弹簧片数
number of stages 级数
number of starts (蜗杆, 螺纹)头数
number of steps 级数
number of steps of speeds 转速级数, 变速级数
number of strain cycles 应变循环数
number of stress cycles 应力循环数
number of stroke per minute 每分钟行程数, 每分钟冲程数
number of strokes of shaping cutter 插齿刀具主轴冲程数
number of taper 锥度[级]数
number of teeth (=nt) 齿数
number of teeth in crown gear 冠轮齿数
number of teeth in mate 啮合齿数
number of teeth spanned by the gage (量仪)跨齿数
number of theoretical plates (=NTP) 理论盘数, 理论板数
number of threads 蜗杆头数, 螺纹扣数
number of threads per centimeter 每厘米螺纹扣数
number of threads per inch 每吋螺纹扣数
number of threads per unit length 单位长度螺纹扣数
number of transfer unit (=NTU) 传递性单位数目
number of trips 程数
number of turns (1)转数;(2)匝数;(3)(弹簧)圈数
number of turns per centimeter 每厘米螺纹圈数
number of turns per inch 每英寸螺纹圈数
number of turns per unit length 每单位长度螺纹圈数
number of twists 扭曲次数
number of vibration 振动数
number of Whitworth thread cut 惠氏螺纹头数
number of windings 匝数, 转弯数
number one 第一号, 第一流
number plane 实数平面
number plate (1)编号牌;(2)号码盘, 号数板
number range 数值范围
number recorder 号码记录器
number representation system 数制, 数系
number scale 记数法
number switch 数字开关
number system 数系
number-unobtainable tone (电话)空号音
numbering (1)编号;(2)数字, 号码, 号数

numbering directory　号码簿
numbering machine　编号机，号码机，自动记号机
numbering of cable conductors　电缆芯线的编号
numbering scheme　编码制
numbering stamp　编号印字机
numbering system　编号系统
numberless　无号数的，无数的
numbers (=Nos 或 Numb)　号 [数]
numer center　多工序自动数字控制机床
numer mite　数字控制钻床
numer representation system　记数系统
numer scale　记数法
numerable　可数的
numerable covering　可数覆盖
numeracy　数量观念强
numeral (=Num)　(1) 数字的，数的；(2) 数字，数码，数词；(3) 代表数目的，示数的
numeral order　编号次序
numeral system　数系
numeralization　数字化，编码化，数字式
numerals　数码
numerary　数的
numerate　(1) 计算，读数，数；(2) 命数法
numeration　(1) 计算 [法]，读数 [法]；(2) { 计 } 命数法，数系；(3) 编号
numeration table　数字表
numeration system　记数系统，数字制
numerator　(1) (分数的) 分子；(2) 计算者，计算机，计数器；(3) 回转号码机，信号机，示号机
numeric　(1) 数目字的，数字的，数值的，用数字表达的；(2) 数字；(3) 分数；(4) 不可通约数
numeric bit data　数字位数据
numeric character data　数字字符数据
numeric code　数字码
numeric coding　数值编码
numeric conversion code　数字转换代码，数值转换代码，数值变位码
numeric data　数字数据
numerical　(1) 数字的，数值的，数量的，数的；(2) 用数表示的，表示数量的
numerical-alphabetic　(1) 字母数字的；(2) 字符
numerical analysis　数值分析
numerical aperture (=NA)　数值孔径，数值口径
numerical approximation　近似数值，数值近似
numerical assembling machine　数控装配机
numerical calculation　数值计算
numerical calculus　数值计算
numerical coding　数字编码
numerical computation　数值计算
numerical constant　数值常数
numerical control (=NC 或 N/C)　数字控制，数控
numerical control cutting machine　数控切削机
numerical control device　数字控制装置
numerical control machine　数控机床
numerical control press　数控冲床
Numerical Control Society (=NCS)　(美国) 数字控制学会
numerical data　数字数据
numerical determinant　数字行列式
numerical differentiation　数值微分
numerical digit　数位
numerical equation　数字方程 [式]
numerical evaluation　数值计算
numerical expression　数值表达式，数式
numerical-field data　数字域数据
numerical forecast　数值预报
numerical-graphic method　数值图解法
numerical information　数字信息
numerical integration　数值积分
numerical invariants　不变数
numerical measure　数量
numerical method　数值计算法，数值 [方] 法
numerical order　数字次序，号数
numerical procedure　计算方案
numerical reading　读数
numerical readout　数值读出

numerical selector　用户号码选择器
numerical signal　数值信号
numerical solution　数值解
numerical simulation　数值模拟
numerical statement　统计
numerical strength　舰艇数，飞机数，兵力，人数
numerical switch　号控机
numerical symbol　数符号
numerical system　数系
numerical term　数值项
numerical value　数值
numerical variable　数字变量
numerically　根据数字，数字上，数值上
numerically-controlled dividing　数控分度头
numerically-controlled machine　数字控制机
numerically-controlled machine tool　数 [字] 控 [制] 机床
numerics　数据
numeroscope　数字记录器，数字显示器，示数器
numerous　为数众多的，大批的，很多的，多次的，无数的
numerous errors　无数的错误
Nural　努拉尔铝合金
Nuremberg gold　铜铝金装饰 [用] 合金 (金 2.5%，铝 7.5%，铜 90%)
nursemaid　(口) 护航歼击机
nursery bed planter　苗床播种机
nursery planter　苗圃播种机
nut　螺 [钉] 帽，螺母
nut and bolt (=NAB)　螺母和螺栓
nut-and-sector steering gear　螺母齿扇式转向器
nut bolt　带帽螺栓，螺钉
nut clamp　螺母夹
nut collar　螺母垫圈
nut driving machine　拧螺母机
nut forging machine　螺母锻造机
nut former　螺母锻压机
nut lathe　螺母车床
nut lock　螺母锁紧，螺母保险
nut lock bolt　螺母锁紧螺栓
nut-lock washer　[螺母] 锁紧垫圈，止动垫圈
nut locking　螺母锁紧
nut-locking device　螺母锁紧装置，螺母固定装置
nut machine　螺母机
nut mandrel　螺母心轴
nut piercing　螺母冲孔
nut planking machine　自动高速螺母 [制造] 机
nut-runner　上螺母器
nut runner　自动螺丝扳手，螺帽扳手
nut seat　螺母支承面
nut shaping machine　螺母成型机，螺母加工机
nut switch　螺帽 [形] 开关
nut tap　螺帽螺纹攻，螺帽螺纹锥，螺帽丝锥，螺母丝锥
nut tapper　螺母攻丝机
nut tapping attachment　螺母攻丝装置
nut tapping machine　螺母攻丝机，攻螺母机
nut torque　螺母扭矩
nut wrench　螺母扳手，螺帽扳手
nutate　章动，下垂，下俯
nutating action　章动作用
nutating antenna　盘旋馈入天线
nutating-disk meter　圆盘式旋转流量计
nutating feed　盘旋馈电
nutating gear hydraulic motor　章动齿轮液压马达
nutating piston-type hydrid motor　活塞式章动齿轮液压马达
nutation　(1) 章动；(2) 垂头，下垂，下俯，点头
nutation angle　(雷达) 盘旋角
nutation of inclination　倾角章动
nutator　盘旋馈入装置
nutator bolt　带帽螺栓，螺钉
nutator bone　舟骨
nutch　上下真空滤器
nutsch filter　吸滤器
nutted　上了螺帽的，上了螺母的
nutting　上螺母，拧螺母
nuvistor　超小型抗震 [电子] 管
Nykrom　高强度低镍铬合金钢

965

Nylafil　玻璃纤维增强尼龙
Nylaglas　玻璃纤维增强尼龙
Nylasint　耐拉辛（尼龙 66 细粉），烧结用尼龙粉末材料
Nylatron　石墨填充酰胺纤维
nylon　尼龙，尼绒，耐纶，酰胺纤维
nylon-coated metal　尼龙覆面钢
nylon coating　尼龙涂层
nylon cord　尼龙绳
nylon epoxy　耐纶环氧
nylon fabric　尼龙织物
nylon fiber　尼龙纤维
nylon gasket　尼龙填料

nylon molded gear　尼龙铸造齿轮
nylon plastics　尼龙塑料
nylon roller pump　尼龙滚子泵
nylon tube　尼龙管,耐纶管
nylon wire　尼龙丝
Nylux　尼龙
Nyquist criterion　奈奎斯特判据
Nyquist diagram　奈奎斯特线图
Nyquist inteval　奈奎斯特间隔
Nyquist instability　奈奎斯特不稳定性
nystagmograph　眼球震颤描记器
Nytron　碳氢 [化合物] 硫酸钠清洁剂

966

O

O- carcinotron　O 型返波管

O-ring　O 型密封圈, O 型环, 密封圈

O-ring felt seal　O 型毡封圈

O-ring packing　O 型环密封件, O 型环油封, 橡皮圈

oak　橡木, 橡树

oak block　橡木垫块

Oakite　一种碱性除油剂

obconic (=obconical)　倒圆锥形的

obdeltoid　倒三角形的

oberhoffer solution　钢铁显微分析用腐蚀液

Oberon　控制炸弹的雷达系统

object　(1) 物体, 物品, 实物, 实体; (2) 目标, 目的, 对象; (3) 客体; (4) 科目, 课程, 项目; (5) 反对, 对立

object angle　物角

object beam　物体光束

object carrier　载物体, 物架

object code　(汇编程序的) 结果代码, 目的码

object computer　目标计算机, 执行计算机

object distance　目标距离, 物距

object focal point　物焦点

object function　原函数, 目标函数

object-glass　物镜

object glass　物镜

object language　结果语言, 目标语言

object-lens　物镜

object lens　物镜

object-line　轮廓线, 外形菀, 等高线

object line　可见轮廓线, 外形线

object marking　固定物标示

object micrometer　物镜测微器

object module　结果模块程序, 目标模块程序

object of study　研究对象

object plane　物面

object-plate　检镜片

object plate　检镜片

object program　目的程序, 目标程序, 结果程序

object program library　目标程序库

object-side　{ 光 } 物方和, 前方的

object space　物体空间, 物体方位, 物方

object-staff　(测量的) 准尺, 函尺

objection　(1) 不承认, 反对, 异议; (2) 缺陷, 缺点; (3) 障碍, 妨碍

objectionable feature　不良的形态, 缺点

objective　(1) 客观的, 真实的; (2) 客观事物, 目标, 对象, 客体; (3) 物镜, 接物镜, 对物镜; (4) 目的, 方针

objective aperture　物镜孔 [径]

objective evidence　客观证据

objective function　目标函数

objective lens　物镜

objective magnification　物镜放大率

objective measurement　客观量度

objective-micrometer　物镜测微计

objective plane　目标平面

objective prism　物镜棱镜

objective program　目的程序, 结果程序

objectively　客观地

objectiveness　客观 [性]

objectivity　客观性

objectless　没有目的的, 没有对象的

oblate　扁 [圆] 的

oblate ellipsoid　扁椭面, 扁椭球, 扁椭圆体

oblate spheroid　扁球

oblate spheroidal coordinates　扁球面坐标

oblateness　扁圆形, 扁率

oblatoid　类扁球形的

obligate　(1) 使负义务, 使负责任, 强迫, 强制; (2) 受约束的; (3) 完全不可避免的, 必需的, 必要的, 主要的

obligation　(1) 义务, 职责, 责任; (2) 契约, 证书, 债务

obligatory　(1) 受限制的, 约束的, 强制的; (2) 必须履行的, 要求的, 义务的

obligatory point　约束点

oblige　(1) 责成, 强迫, 要求; (2) 应……的要求而做, 使满足

oblique (=obl)　(1) 非垂直的, [倾] 斜的, 斜交的, 斜角的, 斜线的, 斜面的, 歪的; (2) 间接的; (3) 倾斜, 歪曲; (4) 倾斜物

oblique angle　[倾] 斜角 (包括锐角和钝角)

oblique axis　斜轴线

oblique bearing　(齿轮) 倾斜接触 [区], 倾斜承载 [区]

oblique bevel gear　斜齿锥齿轮

oblique bevel gear mechanism　斜齿锥齿轮机构

oblique bevel gear pair　斜齿锥齿轮副

oblique bevel gearing　斜齿锥齿轮传动 [装置]

oblique collision　斜 [向] 碰 [撞]

oblique cone　斜锥

oblique conical gear　斜齿锥形轮

oblique contact　(齿轮) 倾斜接触

oblique coordinate　斜角坐标

oblique crank　斜曲柄, Z 形轴

oblique crossing　斜 [形] 交 [叉]

oblique cut　斜切口

oblique cutting　斜刃切削

oblique cutting edge　斜切削刃

oblique drawing　斜视图

oblique engagement　倾斜啮合

oblique filled weld　斜交角焊缝

oblique-in (tooth) bearing　(齿轮) 内对角接触 [区], 内对角承载区

oblique-incidence coating　斜入射涂敷, 斜入射镀膜

oblique line　斜线

oblique meshing　倾斜啮合

oblique notching　开斜槽

oblique-out (tooth) bearing　(齿轮) 外对角接触 [区], 外对角承载区

oblique pillow-block bearing　斜支座 [推力] 轴承

oblique plane　斜平面

oblique plotting machine　倾斜测图仪

oblique plummer-block bearing　斜支座 [推力] 轴承

oblique projection　斜投影

oblique ray　斜射线

oblique section　斜剖面, 斜断面

oblique shock front　斜交激震波面

oblique shock wave　斜激波

oblique slide　斜滑块

oblique stress　斜应力

oblique system　斜角系

oblique T joint　斜接 T 形接头

oblique teeth cylindrical gear　斜齿圆柱齿轮

oblique tenon　斜榫
oblique tooth　斜齿
oblique tooth bearing　轮齿斜接触 [区], 轮齿斜承载 [区]
oblique wave　斜向波
obliqueness　(1) 倾斜, 斜向; (2) 斜度, 斜角
obliquity　(1) 倾斜, 歪斜, 斜向; (2) 斜度, 斜角; (3) 倾斜位置, 位置不正, 斜面
obliquity factor　倾斜因素
obliquity of action　作用斜度
obliterate　(1) 磨损, 擦伤; (2) 破裂; (3) 平整, 轧光; (4) 清除, 消除, 擦去, 删去
obliterated data　擦除数据
obliteration　(1) 消灭, 消失; (2) 闭塞
obliterator　涂沫器
obliviator　弹性影响函数
oblong　(1) 长方形 [的], 椭圆形 [的], 伸长 [的], 拉长 [的]; (2) 拉长的图案
oblong hole　长方形孔, 长椭圆形孔
oblong-punched plate　长方眼钢板
obscure glass　不透明玻璃, 闷光玻璃
obscure wire glass　不透明络网玻璃
obsequent　逆向的
observability　可观察性, 可观测性, 能观测性
observable　(1) 可观察到的, 可以察觉的, 可探测的; (2) 可观测量, 可观察量, 观察符号, 观察算符
observable pulse　可观察脉冲
observation　(1) 观察, 观测, 探测, 实测; (2) 检查, 实验, 监视, 注视; (3) 遵守, 遵循, 执行, 实行; (4) (复) 观察结果, 观察报告, 观测值
observation and listening (=O&L)　观察和窃听
observation board　观测板
observation check　外形检查
observation circuit　监查电路, 监视电路, 监听电路
observation desk　试验台, 观测台
observation error　观测误差, 观察误差
observation point　观测站, 观测点
observation port　观察口, 检查孔
observation post　观测所
observation station　观测站, 观测所
observation window　观察窗, 观测孔
observational　观察的, 观测的, 监视的
observational error　观测误差
observatory　(1) 观察台, 观测台, 观测所; (2) 天文台, 气象台
observe　(1) 观察, 观测, 探测, 监视, 注视; (2) 觉察, 注意, 知道; (3) 遵守, 保持
observed data　观测数据, 实验数据
observed pressure　观测压力
observed profile　观测剖面图
observed reading　观测读数, 测量值
observed temperature　观测温度
observed value　观测值, 观察值
observer　(1) 观察器; (2) 侦察机; (3) 观察者, 观测者
observing apparatus　观测仪表
observing station　观测站
observing tower　观测塔
obsolescence　逐渐过时, 逐渐陈旧, 逐渐废弃
obsolescent　渐要废弃的, 渐要不用的
obsolete　废弃物, 陈旧的, 作废的
obstacle　(1) 障碍物; (2) 障碍, 阻碍, 干扰, 妨碍
obstacle detection　障碍探测
obstacle diffraction loss　障碍绕射损耗
obstacle indicator　障碍指示器
obstacle with sharp shoulder　有棱角的物体
obstruct　障碍, 阻塞
obstruct the view　妨碍视线
obstructer (=obstructor)　障碍物
obstruction　(1) 障碍物; (2) 阻塞, 闭塞; (3) 妨碍, 障碍, 干扰
obstruction buoy　障碍物浮标
obstruction-guard　(机车的) 排障器, 护栏
obstruction lamp　障碍物标志灯
obstruction light　航行阻障警告灯
obstruction of the ignition tube　发火管阻塞
obstruction to vision　能见度变坏
obstructive　(1) 障碍的, 阻碍的, 妨碍的; (2) 障碍物
obstructor　阻塞者, 阻碍者, 障碍物

obtain　(1) 获得, 得到, 达到; (2) 存在, 成立; (3) 流行, 通行
obtain an experiment　获得经验
obtainable　能达到的, 能获得的
obtainment　获得
obtund　变钝, 缓和
obturage　密闭, 封严
obturate　紧塞住, 闭塞, 气密
obturation　充塞
obturator　(1) 密封装置, 密封零件, 气密装置, 密闭件; (2) 闭塞器, 阻塞器, 紧塞具, 封闭体, 封闭器, 填充体, 塞子; (3) 阻塞物, 充填体
obturator ring　闭塞环, 活塞环
obtuse　(1) 钝的, 不尖的, 不锐利的; (2) 钝角
obtuse angle　钝角
obtuse angle bevel gear　钝角锥齿轮, 内啮合锥齿轮
obtuse-angle bevel gearing　钝角锥齿轮传动 [装置]
obtuse-angled　钝角的
obtuse triangle　钝角三角形
obumbrant (=obumbrans)　悬垂的
obus　炮弹
obversion　(1) 转换, 回转, 翻转; (2) { 数 } 变换, 折算
obvolvent　包围的, 包装的
occasion　(1) 时机, 机会, 场合, 时刻; (2) 原因, 诱因; (3) 理由, 根据, 必要, 需要; (4) 引起, 发生
occasion demands　遇必要时, 有需要时, 及时
occasion requires　遇必要时, 有需要时, 及时
occasional　(1) 非经常发生的, 偶然的, 临时的; (2) 非经常的, 不多的; (3) 必要时使用的, 备不时之需的
occasional electrons　偶发电子
occasional lubrication　非正规润滑
occasional moulding pit　{ 铸 } 通气造型坑, 造型地坑, 硬砂床
occasionality　偶然性
occlude　(1) 包藏, 保持, 回收; (2) 闭锁, 封锁, 关闭; (3) 阻塞, 闭塞; (4) 断气, 停气; (5) 吸留气体, 吸气, 夹杂; (6) 咬合
occluded foreign matter　夹附杂质
occluded gas　吸留气体, 包气
occluded oil　吸着油
occluded water　吸留水
occluder　咬合器
occlusal disharmony　不谐咬合
occlusio　闭塞, 闭合, 咬合
occlusion　(1) 包藏, 保持, 回收; (2) 闭锁, 封锁, 关闭; (3) 阻塞, 堵塞, 闭塞; (4) 断气, 停气; (5) 吸留气体, 吸气, 夹杂; (6) 咬合
occlusive　咬合的, 闭合的, 闭塞的
occlusor　闭合体, 闭塞体
occult　掩蔽, 隐藏
occulter　遮光体
occupancy　(1) 占有, 占用; (2) [能级] 占有度
occupant coefficient　使用率
occupation　(1) 占有; (2) 职业, 工作, 事务, 从事
occupation number　占有数
occupation probability　占有概率
occurrence　(1) 存在; (2) 事件, 事故; (3) 产地
ocean B/L　海运提单 (B/L=bill of lading 提单)
ocean floor drilling (=OFD)　洋底钻井
ocean liner　远洋定期客轮
ocean ports　海港
ocean tramp　不定航线的远洋货轮, 远洋不定期货船
ocean voyage　航海
oceanology　海洋开发技术
ocpan　锡基白合金 (锡 80-90%, 锑 10-15%, 铜 5%, 铅 < 0.025%)
octa-　(词头) 八
octad　(1) 八价物; (2) 八价元素; (3) 八个一组, 八个一套
octadic　八进位 [的], 八价 [的], 八个一组 [的]
octagon (=OCT)　八边形物体, 八边形
octagon bar　八角棒材
octagon ingot　八角钢锭
octagonal (=OCT)　八边形的, 八角形的
octagonal bar steel　八角条钢, 八角型钢
octagonal steel bar　八角条钢
octahedral　八体面的, 八面的
octahedral crystal　八面晶体
octahedron　八面体
octal　(1) 八进制的, 八进位的; (2) 八面的, 八角的, 八边的; (3) 八脚的

octal base 八脚管座
octal digit 八进位数位
octal notation 八进制记数法
octal number 八进位数字
octal socket 八脚管座
octal system 八进制
octamer 八聚物
octamonic amplifier 八倍频放大器
octane 辛烷, 辛烷值
octane number (汽油) 辛烷数
octane promoter 抗爆剂
octane selector 辛烷值选择器, 早火或晚火调整装置
octane value 辛烷值
octangular 八角的
octanium 欧克达合金 (40%Co, 20%Cr, 15.5%Ni, 15%Fe, 7%Mo, 2%Mn, 0.15%C, 0.03%Be)
octant (1) 八分圆 (圆周的八分之一, 即45°的弧); (2) (航海) 八分仪
octant error 八分圆误差
octantal 八分仪误差
octantal error 八分仪误差
octantal in form (测向器的) 八分误差
octapole 八极
octarius 液磅 (等于1品脱或八分之一加仑)
octastyle 八柱式
octavalence (=octavalency) 八价
octavalent 八价的
octave 倍频程
octave band 倍频[程]带
octavo 八开本 (一张折成八页的版本)
octet(te) (1) 八位二进制数字, 八位二进信息; (2) 八角 [体]; (3) 八位元组; (4) 八重线
octillion (1)(英)百万的八乘幂($1x10^{48}$);(2)(美、法)千的九乘幂($1x10^{27}$)
octivalence (=octovalence) 八价
octivalent 八价的
octode 八极管
octodecimo 十八开本, 十八开纸
octodenary 十八进制的
octoid "8" 字形啮合
octoid form "8" 字形
octoid gear (锥齿轮) "8" 字形啮合齿轮, 奥克托齿轮, 球面渐开线锥齿轮
octoid gearing (锥齿轮) "8" 字形啮合
octoid tooth 啮合线为 "8" 字形的齿, 奥克托齿
Octoil 辛基油
Octoil-S S- 辛基油
octonal (=octonary) 八进制的, 八进位的, 八位数的, 八进制系统
octonary number system 八进制
octopole (=octupole) 八极 [的]
octopole radiation 八极辐射
octovalence 八价
octovalent 八价的
octual sequence 八进制序列
octuple (1) 八维的, 八倍的, 八重的; (2) 加至八倍
octuple press 八重印刷机
octuple space 八维空间
octupole 八极 [的]
ocular (1) 目镜; (2) 目镜的; (3) 视觉的; (4) 用视觉的, 凭视觉的
ocular blind 目镜光阑
ocular estimate 目测法
ocular estimation 目估
ocular micrometer 测微目镜, 目镜测微计
ocular piece 目镜
ocular prism 目镜棱镜
ocular thread 目镜蛛丝
ocular witness 目击者, 见证人
Oda metal 铜镍系合金 (铜45-65%, 镍27-45%, 锰1-10%, 钛0.5-3%)
odd (1)奇数的, 单数的; (2)不成对的, 零散的, 额外的, 多余的, 过量的; (3)附加的, 补充的; (4)畸形的, 奇怪的; (5)偶然的, 临时的; (6)非凡的; (7)单行本 (书)
odd-charge nucleus 奇电荷核
odd charge nucleus 奇电荷核
odd-controlled gate {计} 奇数控制门
odd coupling 奇偶合

odd element 奇元素
odd-even 奇偶的
odd-even check 奇偶校验, 奇偶检验
odd-even counter 奇偶计数器, 二元计数管
odd-even flip-flop (=O-E FF) 奇 - 偶双稳
odd-even logic 奇偶逻辑
odd function 奇函数
odd hand 临时工
odd harmonic 奇次谐波
odd helical gear 奇数齿斜齿轮
odd jobs 临时工作, 零工
odd-leg calipers 单脚规
odd-line interlacing scanning 奇数隔行扫描
odd-mass nucleus 奇质量核
odd number 奇数
odd number of threads 螺纹奇数
odd-odd 奇奇
odd-parity 奇数奇偶校验, 奇字称
odd-parity check 奇数奇偶校验
odd parity check 奇数同位校验
odd parts (1) 多余的零件; (2) 废零件; (3) 残余物, 残留物
odd permutation 奇排列, 奇置换
odd-pitch screw 非标准螺纹螺钉
odd-shaped 畸形的
odd-shaped work 畸形工件
odd sheets 不合规格的纸张
odd-side (铸) 副箱
odd-side board 模板
odd-side pattern 向外凸的半个型板
odd-sized 尺寸特殊的
odd substitution 奇代换
odd symmetry 奇对称
odd test 抽试, 抽验
odd thread 奇螺纹
odd tooth number 奇数齿数
oddharmonic function 奇调和函数
oddly even 奇数和偶数的积
oddly odd 奇数和奇数的积
oddment (1) 残渣, 残余物; (2) 库存物; (3) 零碎物件, 零头, 碎屑
odds (1) 差别, 区别; (2) 不等式
odds and ends 零碎物件, 残余
odevity {数} 奇偶性
odograph 自动计程仪, 航程记录仪, 里程表, 路码表, 计步器, 测距仪
odometer (1) 自动计程仪, 里程表, 里程计, 速度表, 速度计, 测距器, 计步器, 测探仪; (2) 测试计, 轮转计, 计程轮
odometer drum drive gear 里程鼓传动齿轮
odometry 测程法, 测距法
odontograph (1) 画线规; (2) 牙面描记器
odontograph method 画齿法
odontoid 齿形的, 齿状的
odontometer 渐开线齿形公法线测量仪
odontorine 牙锉
odorant 有气味的
odorator 喷香水器
odoriferous 有气味的
odorimeter 气味计
odorizer 充气味设备, 加气味 (如香气等) 设备
odorometer 气味计
odorous 有气味的
odorousness 气味浓度
odour (1) 气味; (2) 声誉, 人望, 名气
odourless 无气味的
oeolotropic 各向异性的
Oerlikon 欧力根 (瑞士一家兵工厂)
Oerlikon bevel gear 欧力根制 [延伸外摆线] 锥齿轮
Oerlikon gearing 欧力根制 [延伸外摆线] 锥齿轮啮合
Oersted 奥斯特 (磁场强度单位)
oerstedmeter 磁场强度计, 奥斯特计
of account 有价值 [的], 重要 [的]
of great price 十分宝贵的, 价值很高的
of itself 自然而然, 自动地, 自行, 本身, 单独
of late 近来
of the closet 不切实际的
off (1) 断开; (2) 截止, 关闭; (3) 偏离; (4) 外的, 旁的

off-angle 斜的
off-angle drilling 钻斜孔法
off-axis 轴外的, 离轴的, 偏轴的
off-axis angle 偏轴角
off-axis error 离轴误差
off-axis microwave holography 离轴微波全息术
off-balance 不平衡 [的], 失去平衡 [的]
off-bar 把……阻挡在外面
off-bear 卸载, 移开, 除去, 取走
off-bearer 卸货工
off-bearing conveyor 侧向输送器
off-beat (1) 次要的, 临时的; (2) 非传统的, 不规则的, 自由的
off-bottom （离开炉底）全部熔化
off-camera 在镜头之外
off camera 在镜头之外的
off-center (=off-centre) 偏离中心的, 偏移中心的, 中心错位的, 不平衡的, 不对称的, 偏心, 偏差
off-centered 偏离中心的
off-centered coil 偏压线圈
off-centering 中心偏移, 偏心
off-centering winding 偏心绕组
off-centre 偏离中心的, 偏移中心的, 中心错位的, 不平衡的, 不对称的, 偏心, 偏差
off-centre circuit 偏移电路, 偏心电路
off-centre coil 偏心线圈
off-color 颜色不合规格的
off-contact (1) 开路触点; (2) 触点断开
off-course 偏离航线
off-cut (1) 不正常大小的, 不标准大小的; (2) 切余钢板, 下脚料, 边角料, 切余板, 切余纸
off-cycle 非周期的
off-cycle defrosting 中止循环法除霜
off-design 偏离设计值的, 偏离设计条件的, 超出设计规定的, 非设计的 [工况], 非计算的
off-design behavior 非设计工况, 非计算工作规范
off-design condition 非设计情况, 非设计计算
off-diagonal 非对角线的, 对角线外的
off-dimension 尺寸不合格的
off-duty (1) 未当班的, 不值班的; (2) 未运行的 (指设备), 不起作用的, 备用的; (3) 失职
off-effect 散光效应, 光止效应, 中止效应
off-fiber 散光纤维
off-gas 废气
off gas 废气
off-gauge 不按规格的, 不合量规的, 不标准的, 非标准的, 不合格的, 不均匀的, 等外的
off-gauge material 不合标准材料, 短尺轧材
off-gauge plate 不合格板, 等外板
off-grade (1) 不合格; (2) 等外品
off-ground 停止接地, 中断接地, 接地中断
off-grounded 未接地的, 接地中断的
off-heat 熔炼不合格, 熔炼废品, 废品 [钢]
off-highway truck 禁止在马路上通行的过重载重汽车
off highway truck 越野载重车
off-hour 非工作时间 [的]
off-interval 关闭间隔
off-iron 铸铁废品
off-key 不合适的, 不正常的
off-limits (1) 超出范围的; (2) 禁止入内
off-limits file 隔离文件
off-line (1) 脱机 [的]; (2) 脱线 [的], 离线 [的]; (3) 脱扣 [的]
off-line and on-line control 脱机与联机控制
off-line computer 脱机计算机
off-line equipment 脱机设备, 离线设备, 外部设备, 间接装置
off-line memory 脱机存储器
off-line monitor 脱机监听器
off-line operation 脱机操作, 离线操作, 独立操作, 脱扣操作
off line operation (=OLO) 离线操作
off-line process 脱机处理, 脱扣处理
off-line processing 脱机处理
off-line test 离线试验
off-line working 脱机工作, 离线工作
off-load (1) 卸载, 卸荷, 卸货, 卸下; (2) 非载荷的
off-loader 卸载机, 卸载器

off-lying 离开的, 偏移的, 遥远的
off-melt 熔炼不合格, 熔炼废品, 废品 [钢]
off-mike 在离扩音话筒较远处, 不用扩音话筒时
off mike 离线传声器, 离开话筒
off-normal 不正常的, 离位的, 偏位的, 偏离的, 越界的
off-normal contact 离位接点
off-normal lower 下限越界
off-normal spring 离位簧
off-normal upper 上限越界
off oil 不合格油品, 次等油
off-on wave generator 键控信号发生器, 键控信号振荡器, 启闭波发生器
off-path 不正常通路 [的]
off-peak 非开峰点的, 非峰值的, 非高峰的, 非最大的, 正常的, 额定的
off-peak energy 非峰值电能量
off-peak hours 非峰荷时间
off-peak load 非峰值负载, 非最大负载, 非正常负载
off-period { 半 } 闭塞时间, 封闭时间
off-port flame 喷嘴外部的火焰
off-position (1) 切断位置, 断开位置, 断路位置, 关闭位置, 关闭状态, 不工作状态, 非操作位置, "关" 位置; (2) 开始时的位置, 静位
off position 断路位置
off-print (1) 翻印; (2) 单行本
off product 副产物
off-punch 不定位穿孔, 偏穿孔
off-rating (1) 不正常条件, 非标准条件; (2) 不正常状态, 非标准状态; (3) 超出额定值
off-region 滤波器阻带, 阻带
off-resonance (1) 失谐衰减; (2) 非共振
off-scourings 废物
off-screen 离开屏幕
off-set 偏置
off-set screw driver 偏置起子
off-set socket wrench 弯头套筒扳手
off-shell particle 离壳层粒子
off-site 装置外
off-site production inspection (=OPI) 现场外的生产检查
off-size 尺寸不合格, 非规定尺寸, 非规定大小, 不合尺寸
off-smelting 熔炼不合格, 熔炼废品
off smelting 熔炼废品
off-sorts 等外品
off soundings 测锤不达的
off-specification 不合格
off-stage 离开屏幕的, 幕后的
off-standard 非标准
off-state 断路状态的, 断开状态的, 静止状态的, 截止状态的,
off-state time 断开时间
off-stream (1) 停工 [的], 停运 [的], 停用 [的]; (2) 侧镏份
off-stream pipe line 停用管线, 备用管线, 旁流管线
off-stream unit 停用设备
off-sulphur 去硫的
off-system unit 外制单位
off-test 未经检验的, 未规定条件的
off-test product 不合格产品
off-take 泄水处
off-the-air signal 停播信号
off-the-cutoff 无准备的, 当场的, 临时的, 任意的
off-the-highway tire 越野轮胎
off-the-line 解列, 停运
off-the-rack 预先做好的, 现成的
off-the-record 不留记录的, 不可引述的, 非正式的, 秘密的
off-the-shelf 非指定设计的, 现成的, 现有的, 现用的, 成品的, 预制的, 畅销的
off-time 不正常时间, 非正常状态, 非规定时间, 停止时间, 关机时间, 断电时间
off time 关机时间
off transistor 不透导晶体管, 截止晶体管
off-tube (1) 带有断开电子管的; (2) 闭锁管, 断开管, 截止管
off-tune 失调 [谐] 式的
off-tune type discriminator 失谐 [电路推挽] 式鉴频器
off-voltage 断开电压
off-white 灰白色的, 纯白的
offal 废物, 废料, 废品, 次品, 碎屑, 垃圾
offcenter 中心错位, 偏心

offcut 背板

offence (1) 攻击, 进攻; (2) 过错, 违反, 冒犯; (3) 令人讨厌的事物

offence and defense 进攻和防御

offenceless 没有过错的, 不攻击的

offend (1) 犯错误误, 违反, 违背; (2) 触怒, 触犯

offend against 违反, 不合

offender (1) 故障的所在处, 事故的原因; (2) 肇事者

offending 犯错误的, 损坏了的, 不精细的

offense (=offence) (1) 攻击, 进攻; (2) 过错, 违反, 冒犯; (3) 令人讨厌的事物

offer (1) 提供, 给予; (2) 提出, 提议; (3) 报价, 出价, 作价, 要价; (4) 插入, 嵌入, 填入; (5) 呈现, 出现, 发生

offer a suggestion 提出建议

offer an economic advantage 具有经济上的优点

offer for sale 供销售, 供出售

offer high drag 产生很大阻力

offer opposition to 抵抗, 反抗

offer resistance to 对……产生阻力, 抵抗

offering 插入的, 嵌入的, 填入的

offering connector 插入连接器, 介入终接器

offering distributor 插入式分配器

offhand (1) 无人管理的, 自动的; (2) 没有准备的, 随便的; (3) 立即, 马上; (4) 手工成型, 手持工件

offhand grinding 偏手磨削

office (=off.) (1) 办公室, 办事处, 营业所, 事务所, 商号, 公司; (2) 局, 处, 科, 室; (3) 职务, 职责, 职位, 公职

office accommodation 办公用具

office automation 办公室自动化

office-bearer 公务员, 官员

office-building 办公楼

office building 办公楼

office cable 局内电缆

office-clerk 办事员, 职员

office code 控制电码

office-copy 公文 (正本)

office engineer 内业工程师

office equipment 总机

office-holder 公务员, 官员

office-hours 办公时间, 营业时间

office hours 办公时间, 营业时间

office line 局内线

office machine 事务用计算机

office of aerospace research (=OAR) 宇宙空间研究室

office of air research (=OAR) 航空研究室

office of air research automatic computer (=OARAC) 航空研究用自动计算机局

Office of Naval Research (=ONR) (美) 海军研究局

office of science and technology (=OST) 科学与技术处

office operations 室内作业

office pole 进局电杆

office procedure 管理方法

office telephone 公务电话机

office work 室内工作, 内业

officer (1) 公务员, 官员, 职员; (2) 高级船员

officer's car 公务车

official (1) 官方的, 正式的, 公务的, 法定的, 公认的; (2) 公务员, 官员, 职员

official acceptance 正式验收

official acceptance test 正式验收试验

official authority 官方, 当局

official call 公务通话

official gold price 官方黄金价

official hours 规定的时间

official letter 公文

official master drawing 正式原图

official note 公文

official price 官方牌价, 官价

official rate 法定汇价, 官价

official sea trial (船舶) 正式试航

official seal 公章

official submission 公开投标

official telephone 公务电话

official test 正式试验, 验收试验

officialese 公文用语

officially 公务上, 正式, 公然

officiate 行使, 担任, 主持

officinal 法定的

offscouring(s) 垃圾, 废渣, 废物, 污物

offscum 废渣

offset (1) (齿轮) 偏置 [距], 轴偏置; (2) (角接触球轴承) 偏移量, 补偿位移; (3) 位置修正, 位置补偿; (4) 失调, 倾斜; (5) 残余变形, 残余偏差; (6) 船体尺码表, 型值; (7) 阴阳榫接缝; (8) 横向移动的, 偏移的, 偏置的, 偏离的, 位移的; (9) 补偿的; (10) 可拆除的, 拖挂的

offset above center 上偏置

offset angle 偏置角, 偏斜角, 偏角, 斜角

offset-axes gears 偏轴齿轮

offset below center 下偏置

offset bend 平移弯管, 平移 Z 形管

offset beveloid (具有变厚渐开线轮齿的) 偏轴锥形齿轮

offset beveloid gear 偏轴锥形渐开线齿轮, 偏轴变厚螺旋齿轮

offset cam 推杆中心凸轮, 偏置凸轮, 偏心凸轮, 支凸轮

offset carrier 偏置载频, 偏离载波

offset Cassegrain antenna 偏置卡塞格伦天线

offset coefficient 偏移系数

offset clamp 偏颈夹头

offset course computer 偏航向计算机

offset crank mechanism 偏心曲柄机构

offset crank shaft 偏置曲柄轴, 偏心曲柄轴

offset crankshaft 偏置曲轴

offset current 补偿电流, 失调电流

offset cylinders 偏置气缸 (其中心线偏离曲轴中心线)

offset dial 补偿度盘, 时差度盘

offset dimension 偏置尺寸

offset direction 偏移方向, 偏移航向

offset distance 支距偏移, 偏 [置] 距, 支距

offset driveline 偏置的传动系统

offset electrode 偏心式电极

offset error 偏移误差

offset face gear 偏轴面齿轮

offset frequency 偏频

offset hand lever 偏颈手摇把

offset hexagon bar key 偏颈六角杆键

offset hitch 支钩

offset inverted slider-crank mechanism 偏置可逆向滑块曲柄机构

offset link (1) 奇数链接头链节, 偏置链节; (2) 曲线连接杆

offset link plate 偏置链节板

offset machine 胶版 [印刷] 机

offset mechanism 偏置齿轮机构

offset method (1) 偏装法, 支距法; (2) 永久变形应力测定法, (测定屈服点) 残余变形法

offset-mho relay 偏置姆欧继电器

offset of tooth trace (斜齿锥齿轮) 齿线偏移量, 斜齿切线半径, 齿线偏心距

offset oil 印刷油

offset paraboloid reflector antenna 偏置抛物面反射器天线

offset pipe 偏置管, 迂回管

offset piston pin 偏置活塞销

offset plotting 支距观测法

offset point 偏移点

offset press 胶板印刷机

offset printing 胶板印刷, 平面印刷

offset roller 胶印滚筒

offset scale 支距尺

offset screwdriver 偏置螺丝起子

offset scriber 偏头划 [线] 针, 弯头划针

offset shaft 偏置轴

offset slider-crank 偏置滑块曲柄

offset socket wrench 弯头套筒扳手

offset stacker 分选接卡机, 偏移接卡箱

offset stacking 偏移叠卡法

offset staff 偏距尺

offset tool 鹅颈刀, 偏刀

offset toolholder 偏置刀架

offset voltage 补偿电压, 偏移电压, 偏置电压, 失调电压

offsetting (1) 支距测法; (2) 偏置, 偏置法; (3) 偏位, 位移, 倾斜, 离心率, 斜率; (4) 抵消, 抵偿

offsetting distance 偏心距离

offsetting transactions 抵偿交易

offshoot 分支,支路,支线
offshore 离开海岸的,在近海处的,在海面上的
offshore drilling 海上钻探,海上钻井
offshore exploration 海上勘探
offshore nuclear power plant 近海核电站
offshore oil delivery 海底油管输送,海上输油
offshore purchases 国外采购,海外采购
offshore unloading 海底管道卸载
offside (1) 右侧 [的],右边 [的];(2) 后面,反面;(3) 出口侧
offside of bearing 轴承的 (润滑油) 出口边
offside tank 右油箱
offspring (1) 产物,结果;(2) 次级粒子;(3) 支系
offtake (1) 减去,取去,扣除;(2) 排出 [口],出口;(3) 分接头,排气管,支管,分支
offtime 非定时
offtime report 非定时报告
offtrack 偏离轨道,出轨,出线
offtracking 出轨
offtype 不合标准的
oft 时常,常常
oft-repeated 多次重复的
oft-stated 常说的
often 经常,往往,屡次,再三
ofttimes 时常
Ogalloy 含油轴承(铜 85-90%,锡 8.5-10%,石墨 0-2%)
ogee 双弯曲形的,S 形的
ogee clock S 形曲线造型的座钟
ogee curve 双弯曲线,S 形曲线
ogee washer S 形垫片
ogival 尖顶式的,蛋形的
ogive 累积频率曲线,分布曲线,尖顶部
ohm 欧姆,Ω (电阻单位)
ohm ammeter 欧安计
ohm-cm 欧姆 - 厘米 (厘米 - 克 - 秒制的电阻率)
ohm ga(u)ge 电阻表,欧姆表
ohm-meter 欧姆米
ohm range 欧姆量程
ohmage 用欧姆表示的电阻或阻抗,欧姆电阻数
ohmal 欧姆铜合金,铜镍锰合金 (87.5%Cu,9%Mn,3.5%Ni)
ohmammeter 欧 [姆] 安 [培] 计
ohmer 欧姆表,欧姆计 (测量绝缘电阻的仪表)
ohmic 欧姆的,电阻的
ohmic conductor 非导体
ohmic contact 欧姆接触 [点],电阻 [性] 接触
ohmic electrode 欧姆 [性] 电极
ohmic leakage 漏电阻
ohmic loss 欧姆损耗,电阻损耗
ohmic resistance 欧姆律电阻
ohmmeter (=OHM) 欧姆表,欧姆计,电阻表
Ohm's law 电阻定律,欧姆定律
oil (1) 石油,油类,油;(2) 润滑油,机油;(3) 浸在油中,加油,注油,上油,涂油,浇油,润滑;(4) 油脂熔化
oil additive 机油添加剂
oil and water emulsion 油水乳浊液
oil atomizer 油雾化器,喷油器
oil baffle 挡油板,挡油圈
oil barge 油驳
oil basin 贮油器,油箱,油罐,油池
oil-bath 油浴,油槽
oil bath 油槽 [刀具的] 冷却油流,油浴,油槽
oil bath air cleaner 油浴式空气滤清器
oil-bath clutch 油浴式离合器
oil-bath filter 油浴式过滤器
oil-bath lubrication 油浴润滑
oil bath lubrication 油浴润滑
oil-bearing 载油的,含油的
oil blackening (钢的) 发蓝,蓝化
oil blast explosion chamber 喷油灭弧室
oil body 润滑油的粘度,润滑油的稠度,
oil bodying 油的聚合
oil borne abrasion 油中杂质引起的磨蚀
oil bottle 油瓶,油杯
oil bowl 油杯
oil box 油箱

oil brake 油压制动器,液压制动器,油压闸
oil-break fuse 油熔断器
oil brush 油刷
oil buffer 油压缓冲器,液压缓冲器
oil burner (1) [重] 油燃烧器,燃油器;(2) 燃油锅炉的轮船;(3) [耗油大的] 汽油发动机
oil-burning 燃烧油的
oil can (1) [机] 油壶,加油壶,小油桶;(2) 运油车
oil capacitor 油浸电容器
oil capacity 容油器
oil-carrier 油船
oil carrier (1) 油船,油轮;(2) 油槽车
oil-catch ring 挡油圈
oil-catcher (1) 盛油器,储油箱;(2) 油滴接斗
oil chamber (1) 储油器;(2) 润滑油槽
oil change period 换油周期
oil channel 润滑油道,油槽
oil check 油 [压] 止回阀
oil chuck 液压卡盘
oil churning 油起沫
oil circuit 油路
oil circuit breaker 油断路器,油开关
oil circulating lubrication 油循环润滑法
oil circulating system 油循环系统
oil circulation system 油循环系统
oil cleaner 滤油器,净油器,机油滤清器,润滑油过滤器
oil clearance 油膜间隙,机油间隙 (如轴颈与轴承间的)
oil cloth lubrication 油布润滑
oil clutch 油压离合器
oil collecting tray 集油盘
oil collector 润滑油收集器,集油器
oil colour 油质颜料,油漆
oil column 加油柱
oil composition 机油成分
oil compression cable 油浸电缆
oil condenser 浸油电容器
oil conduit 油管
oil consumption 耗油量,油耗
oil container 储油器
oil-containing 含油的
oil-contaminated 油污染的
oil content 含油量
oil control 润滑油调节,油压控制
oil control ring 润滑油控制环,活塞油环,护油圈
oil-cooled 油冷却 [的]
oil-cooled PERMA clutch (拖拉机) 油冷"珀马"离合器
oil-cooler 机油冷却器,机油散热器
oil cooler [机] 油冷却器
oil-core 油泥芯
oil cracker 油裂化器
oil cup 油杯
oil current breaker 油开关
oil cut-off valve 断油阀
oil cut-off valve stem 给油停闭阀杆,断油阀杆
oil cylinder 油缸
oil damper 油压缓冲器,液压缓冲器,油减震器,油阻尼器
oil damping 油阻尼,油制动
oil delivery pipe 供油管
oil depot 油库
oil detection 石油勘查
oil diffusion pump (=ODP) 扩散油泵
oil dip rod 油位测量杆,量油杆
oil dip rod tube 油位测量杆套管,量油尺套管
oil dipper 油匙
oil dipstick 油位测量杆,量油尺
oil dispenser 油分配器
oil drain 放油孔,放油口,放油嘴,排油孔,排油口,排油嘴
oil drain hole 排油口,放油孔,放油嘴
oil drain interval 换油期限,放油期限,换油时间间隔
oil drain period 换油期限,放油期限
oil drain plug 放油塞,泄油塞,排油螺塞
oil dressing 浇沥青,浇油
oil drilling platform 石油钻井平台
oil drip 滴油器

972

oil drip plug　放油塞
oil-driven pump　油动泵
oil duct　油沟, 油道, 油路, 油导管, 输油管
oil ejector　注油器
oil ejector pump　油喷射泵
oil eliminator　油分离器
oil engine　重油机, 柴油机
oil expeller　(1) 机油分离器；(2) 螺旋榨油机
oil extractor　油分离器
oil feed　给油, 加油
oil feed component　给油元件, 给油部件
oil feed pump　给油泵
oil feeder　(1) 调油器；(2) 给油器
oil feeding system　给油系统
oil-field equipment　油田设备
oil-field rotary bit　油井旋转钻头
oil-filled　充油的, 油浸的
oil filled (=OF)　油浸的, 充油的
oil-filled cable　充油电缆
oil-filled bushing　油浸套管
oil-filled condenser　油浸电容器
oil filler　油料加入器, 注油器, 给油器, 加油器, 加油口
oil filler pipe　注油管, 加油管
oil filler plug　加油塞
oil filler point　注油孔, 注油口, 加油部位
oil filling　加油, 注油
oil filling hole　机油加入口
oil filling opening　注油口, 加油口
oil filling port　注油口, 加油口
oil film　油膜
oil film bearing　油膜轴承
oil film light valve　油膜光阀
oil film stiffness　油膜刚度
oil film test　润滑油膜 [强度] 试验
oil film viscosity　油膜粘度
oil film whirl　油膜振荡
oil filter　机油滤清器, 滤油器
oil filter by-pass valve　机油滤清器旁通阀
oil filter gasket　滤油器垫密片
oil filter housing　机油滤清器外壳
oil filter outlet pipe　滤油器出油管
oil filter press　滤油压缩机
oil-fired　用液体燃料发动的, 用液体燃料工作的, 燃烧油的
oil firing　烧油
oil flow　油流量
oil flow in bearing　轴承润滑油流量
oil fog lubrication　油雾润滑
oil-free　无油的
oil fuel (=OF)　油燃料
oil fuse　油浸保险丝
oil-gage　油量计
oil gage　油量计, 油位表, 油规, 油比重计, 油压计
oil gage rod　油面测杆
oil gallery　油沟, 回油孔, 总油道
oil-gas　石 [油] 气
oil gas　油气
oil-gas lamp　油气灯
oil gas seal transformer　充油封闭式变压器
oil gauge　油比重计, 油量计, 油量杆, 油位表, 油规, 油尺
oil gauge rod　油面测杆
oil gear　液压传动装置, 油齿轮
oil gear pump　回旋活塞泵
oil gilding　涂金
oil grade　机油品位, 机油等级, 油的粘度号
oil grinding machine　油磨机
oil groove　(1) 滑油槽, 油槽, 油沟, 油道；(2) (轴承) 阻油槽, 阻油沟
oil-groove milling cutter　油槽铣刀
oil guard　防油器
oil gun　油枪
oil hardened gear　油淬硬齿轮
oil hardened steel　油淬硬钢
oil-hardening　油淬火
oil hardening　油冷淬火, 油冷淬硬
oil hardening steel　油淬火钢

oil-heated　燃油加热的, 燃烧油的
oil-heated brooder　油炉加热育雏器
oil heater　油加热器
oil holder　润滑器, 注油器, 油杯
oil-hole　(1) 油孔；(2) 油位表
oil hole　油孔
oil hole cover　[润滑] 油孔盖
oil hole drill　油孔钻
oil horizon　油层
oil hose　油软管
oil hulk　油驳船
oil hydraulic motor　油马达
oil hydraulic press　油压机
oil hydraulic pump　油压泵
oil hydraulic system　油压系统
oil-immersed　油浸没的, 油浸的
oil-immersed breaker　油浸式断路器
oil-immersed multiplate disk brake　油浴多片式制动器
oil-immersed self-cool　油浸自然冷却 [式的]
oil-immersed transformer　油浸变压器
oil-immersed water-cool　油浸水冷式
oil immersion　油浸
oil immersion test　油浸试验
oil-impregnated　用油浸渍的, 浸过油的
oil-impregnated bearing　含油轴承
oil-impregnated metal　含油轴承合金
oil in storage　储油
oil-in-water type　水包油型
oil indicator　示油器
oil injection　喷油
oil injection lubrication　喷油润滑
oil injection nozzle　喷油嘴
oil inlet　进油口
oil insulator　油类绝缘体
oil jack　油压千斤顶
oil-jet lubrication　喷油润滑
oil keeper　油承
oil layer　油层
oil leakage　机油渗漏, 漏油
oil length　含油率
oil-less bearing　无油轴承
oil level (=OL)　油位, 油面
oil level gage　油位表, 油位计, 油位指示器
oil level gage glass　玻璃油位计, 玻璃油位表
oil level indicator　油位指示器, 示油器
oil level rod　量油杆
oil level stick　油位测量杆, 量油尺
oil leveler　油位表, 油标
oil lift　油压支承
oil lighter　油点火器
oil-limiter　限油器
oil-line　油管
oil line　输油管线, 油管路, 油管, 油道
oil-loading　盛石油的
oil lubricant　润滑油
oil lubrication　油润滑
oil manometer　[机] 油压 [力] 表, 油压计
oil meter　量油计
oil mist　油雾
oil mist lubrication　油雾润滑, 喷油润滑
oil mist lubrication device　油雾润滑装置
oil mist lubrication separator　油雾分离器
oil mist lubricator　油雾润滑器
oil motor　液压电动机, 液压马达, 油马达
oil-mull technique　油膜法
oil nozzle　喷油嘴
oil of vitriol　[浓] 硫酸
oil operated transmission　油压传动, 液力传动
oil outlet　出油口
oil-overflow　充满油的
oil pad　油垫
oil pad lubrication　油垫润滑
oil paint　油漆, 油涂料
oil pan　油底盘

oil pant　(1) 油盘；(2) 切屑盘
oil-paper　油浸纸,蜡纸
oil paper　绝缘纸,油纸
oil pipe　[输]油管
oil pipeline　输油管,油管路
oil piping　油管路
oil-plant　炼油厂
oil plug　油塞
oil pocket　油腔,油槽
oil pot　油杯,油罐
oil pour point　机油倾点,机油流动点
oil-press　榨油机
oil press　(1) 油压机,液压机；(2) 榨油机
oil pressure (=OP)　油压
oil pressure adjusting valve　油压调节阀
oil pressure brake　油压制动器,油压阀
oil pressure control relay　油压控制继电器
oil pressure cylinder　压力油缸
oil pressure ga(u)ge　油压表,油压计
oil pressure indicator　油压指示器
oil pressure lubrication pump　压力润滑泵
oil pressure pump　油压[力]泵
oil pressure regulator　油压调整器,油压调节器
oil pressure relief valve　油压溢流阀,油压安全阀,机油限压阀
oil pressure sender unit　油压传感器,机油压力器
oil pressure valve　油压阀
oil pressure warning unit　油压报警器
oil primer　油性底层涂料,油质底漆
oil processing　制油法
oil-proof　防油的,不透油的,油密的
oil proof　防油的,耐油的
oil pump (=OP)　油泵
oil pump body　油泵体
oil pump capacity　油泵容量
oil pump case　油泵箱
oil pump drive gear　油泵主动齿轮
oil pump drive shaft　油泵主动轴
oil pump driven gear　油泵从动齿轮,机油泵从动齿轮
oil pump gasket　油泵垫密片
oil pump gear　油泵齿轮
oil pump housing　油泵外壳,油泵壳体
oil pump motor　油泵电动机,油马达
oil pump purifier　油泵净油器
oil pump regulating valve　油泵调节阀
oil pump screen　油泵滤网
oil pump strainer　机油泵集滤器
oil pump testing device　油泵试验装置
oil pump washer　油泵垫圈
oil pumping can　泵式油壶
oil purifier　油净化器,净油器
oil quantity indicator　油量指示器
oil quench　油淬火
oil-quenching　油急冷,油淬火
oil quenching　油[冷]淬火
oil quenching bath　淬火油池,淬火油槽
oil radiator　机油散热器
oil receiver　盛油器,储油器,油盘
oil recess　油腔
oil refinery　炼油厂
oil regulator　油量调节器
oil-relay system　油动伺服机构
oil release valve　机油减压阀,减压阀
oil relief valve　油溢流阀,油压安全阀
oil removing　除油
oil reserves　石油储藏量,含油量
oil reservoir　(1) 盛油器,储油器；(2) 油滴接斗；(3) 贮油箱,油箱,油槽,油罐
oil resistance　耐油性,抗油性
oil resistant asbest packing sheets　耐油石棉橡胶板
oil-resisting　不透油的,防油的,耐油的
oil retainer　(1) 润滑油保持环,挡油器,护油圈；(2) 滤油网
oil retainer washer　护油圈
oil-retaining ability　(润滑面)保油能力
oil-retaining property　(润滑面)保[持润滑]油性能

oil return hole　回油孔
oil return line　回油管
oil return pipe　回油管
oil ring　[阻]油环,护油圈
oil ring bearing　油环轴承
oil ring lubrication　油环润滑
oil ring roller　油滚柱
oil saving bearing　含油轴承
oil scavenger　回油器
oil scavenger pump　回油泵
oil scraper　(1) 刮油环；(2) 刮油刀
oil screen　油滤网,滤油网
oil-seal　油[密]封
oil seal　油封
oil seal housing　油密封套
oil seal lip　油封件唇部
oil seal ring　油封圈
oil seal with lip facing inward　内向油密封圈
oil seal with lip facing outward　外向油密封圈
oil seepage　油露头,油渗,油苗
oil separator　分油器
oil separator muffler　分油器
oil servo-motor　油动机
oil shield　防油罩,护油罩
oil shows　油显示
oil sight glass　机油观察孔,油位检视孔
oil siphon　油虹吸管
oil site　润滑部位,润滑点
oil skipper　油匙,油勺
oil slick　油膜
oil slinger　抛油环
oil sludge　油泥
oil-softener　油类软化剂
oil soluble　可溶于油的,油溶性的,油溶的
oil space　油槽
oil-splash lubrication　溅油润滑
oil spray　(1) 油雾喷射器；(2) 喷油雾
oil sprayer　(1) 油雾喷射器,喷油器；(2) 油雾喷射者
oil squirt　注油器
oil-squirt hole　(连杆下端的)机油喷射孔
oil stone　油石
oil storage tank　储油箱
oil strainer　滤油网
oil suction pipe　吸油管
oil sump　油底壳,油底盘,机油盘,油沉淀池,油池,油槽
oil supply　供油[系统]
oil supply line　(1) 供油管,供油线；(2) 操作油管
oil supply system　供油系统
oil sure relief valve　油压安全阀
oil switch (=OS)　[充]油开关
oil syphon lubricator　虹吸注油器
oil syringe　油枪
oil-tank　油箱
oil tank　(1) 油箱,油罐；(2) 油船,油轮
oil tank car　油箱车
oil tank wagon　油箱车
oil-tanker　(1) 油轮；(2) 运油车
oil tanker　运油船
oil tanning　油鞣
oil tappet　油压挺杆
oil tar　焦油
oil-temper　油回火
oil temperature regulator　油温调节器
oil-tempering　油回火
oil tempering　油浴回火,用油回火
oil tester　油料试验机,验油机,验油器
oil thermometer　油温表
oil thief　取油样器
oil-thrower　抛油环,抛油圈,抛油器,甩油圈,挡油圈
oil-tight　不透油的,油密的,油密的
oil tight　油密封
oil-tight gear case　油密封齿轮箱
oil-tight test　油密封试验
oil-transferring　石油输送,输油

oil transformer 油冷变压器
oil-trap 集油槽,捕油器
oil tray 油盘
oil-treated 用油处理过的
oil treated gear 油淬齿轮
oil treatment 沥青处理
oil trip 断油跳闸
oil trough 润滑油槽,油槽
oil tube 油管
oil tube drill 油管钻头
oil tubular capacitor 油浸管状电容器
oil type servo motor 油压式伺服电动机
oil-type steering clutch 油浸式转向离合器
oil valve 油阀
oil varnish 油基清漆,清油漆
oil vessel 油容器
oil viscosity 油的粘度
oil volume adjustment 油量调整
oil water emulsion 乳化液
oil water separator 油水分离器
oil-way 润滑油槽,加油孔,注油孔,油路
oil way 油道,油路
oil-well 油井
oil well 油井
oil whip 油膜振荡(指特大幅涡动)
oil whirl 油膜振荡,油膜涡动,油膜旋涡(包括小幅涡动)
oil wick 润滑油引芯,油芯,油绳
oil wiper 刮油器
oilcloth (1)亚麻仁油油毡,油毡;(2)油布
oildag 石墨润滑剂,石墨滑油,胶体石墨,石墨膏
oildom (1)石油工业;(2)油区
oildraulic strut 油液支柱
oiled 上油的,油过的,涂油的,油化的
oiled cloth 绝缘油布
oiled linen 油布
oiler (1)输滑油器,涂油机,给油器,加油器,注油器,油壶,油杯;(2)润滑工,加油工,加油员,机械员;(3)油井;(4)狄塞尔发动机,柴油发动机;(5)加油船,运油船,运油车,油船
oilery (1)生产油料的工厂;(2)油的产物
oilfeeder 压力注油壶
oilgear (1)液压传动装置;(2)润滑齿轮,甩油齿轮
oilgear motor 径向回转柱塞液压马达
oilgear pump 回转活塞泵
oilhole [润滑]油孔,油眼
oilhose 输油软管
oilhydraulic engineering 液压工程,油压工程
oiliness 润滑性,[含]油性,油质
oiliness additive 油性添加剂
oiling (1)润滑;(2)加油,上油,供油,注油
oiling grease 注油脂
oiling machine 注油器,注油机
oiling of paper 纸的上油工序
oiling ring 注油环,注油圈
oiling roller 给油辊
oiling station 涂油装置
oiling system (1)加油系统,润滑系统;(2)润滑设备
oilite 含油轴承合金,石墨青铜轴承合金
oilite bushing 含油轴套
oilless 不需加油的,未经油润的,无油的,缺油的
oilless bearing 自润滑轴承(包括含油轴承,固体润滑轴承,塑料轴承等)
oilless metal 自动润滑轴承,石墨润滑轴承,含油轴承
oillet 孔眼,视孔
oillite 含油轴承合金
oilometer 石油储存器,油罐
oilostatic 油压的
oilproof 不透油的,防油的,耐油的
oils 油类
oilskin 油布
oilstone 油石
oiltight (=OT) 不透油,不漏油
oiltight case 油密箱体
oilway 油路
oily (1)油的,含油的,油性的,油质的;(2)多油的,油滑的;(3)加油润滑的,涂有油的,浸过油的,油滑的

oily bilge water separator 油舱底油水分离器
Oker 铸造改良黄铜(铜72%,锌24.5%,铁2.32%,铅1.1%)
old 过时的,老的,旧的
old-fashioned 旧式的,过时的
old hand 熟练工人,老手
old horse 炉底结块
old-metal 废金属
old metal 废金属
old model 旧型号,旧式的
old pipe 旧管子
old sand 旧[型]砂
old silver 旧银器色
old-style 老式的,旧式的
old vehicle 旧车辆
Oldham's coupling 奥尔德海姆联轴节,欧氏联轴节,十字形联轴节
oldhand 熟练工人,熟手
Oldsmology 铜镍锌合金(铜45%,锌39%,镍14%,锡2%)
oleaginous 含油的,润滑的,油质的
oleaginousness 含油量
olefin 烯烃
oleflant 成油的,生油的
oleic 油的
oleiferous 油性的,含油的,润滑的
olienes 油水比
oleo 油
oleo- (词头)油
oleo buffer 油压缓冲
oleo damper 油压减震器,油压缓冲器
oleo fork 油压缓冲叉
oleo-gear 油压减震器
oleo gear 油压减震器
oleo-leg 油液空气减震柱
oleo oil 人造黄油
oleo shock absorber 油压减震器
oleo-soluble 油溶性的
oleo-strut 油压减震器
oleomargarin(e) 人造黄油,代黄油
oleometer 油比重计,油纯度计,油量计,检油计
oleophylic 亲油的
oleorefractometer 油折射计
oleoresin 含油树脂
oleosol 固体润滑油,润滑脂,油溶胶
oleostearin(e) 油硬脂,压制脂
oleostrut 油液空气减震柱,油压减震柱,油缓冲支柱
oleosus 润滑的,油状的
olesome 油滴颗粒
oligodynamic 微量活动的,微动力的
oligodynamic action 微力动作
oligodynamic effect 微动力效应
oligodynamics 微动力学,微动作用
oligoelement 少量元素
oligometallic 少量金属的
oliver 脚踏铁锤,冲锻锤模
oliver filter 鼓式真空过滤机,鼓式真空过滤器,真空圆筒滤器
Olsen memory 奥尔存储器
Olsen tester 奥尔逊试验机
omega (1)希腊字母Ω,ω;(2)奥米伽远程导航系统,奥米伽全球导航系统;(3)末尾,最终,终局,结局,结论
omega positioning and locating equipment (=OPLE) 奥米伽定位设备
omega-spring 定位弹簧,Ω形弹簧
omega steel 奥米伽高硅钢(碳0.69%,硅1.85%,锰0.7%,钒0.2%,钼0.45%)
omegatron 真空管残余气体测量仪,高频质谱仪,奥米伽器
omegatron gauge 回旋真空规
omegatron tube 回旋计管
omissibility 省略
omission 省略,删除,遗漏
omission of examination 漏验
omit 略去
omitted value 省略值
omni-antenna 全向天线
omni antenna 全向天线
omni-bearing-distance navigation 全方位-距离导航,方位与距离综合导航

omni distance 至无线电信标的距离，全程
omni-factor 多因数
omni range (1) 全向无线电信标；(2) 短距离定向设备，全向导航台
omnibearing 全方位的，全向的
omnibearing converter 全向转换器
omnibearing-distance system (=OBD) 全方位距离导航系统（由指点标和测距器构成的极坐标导航系统）
omnibearing indicator (=OBI) 全向无线电导航指示器
omnibearing range 全方位无线电信标
omnibearing selector 全向选择器
omnibus (1) 公共汽车；(2) 总括的，混合的；(3) 多用的，多项的，公用的
omnibus bar 汇流条，母线
omnibus calculator 多用计算装置
omnibus tie line 汇接局直达连接线
omnidirectional 全向的，无定向的
omnidirectional antenna 全向辐射天线，非定向天线
omnidirectional beacon 全向无线电信标
omnidirectional collector 各向等面积收集器
omnidirectional counting rate (=OCR) 全向计数速度
omnidirectional digital radar 用相干接受的超远程雷达
omnidirectional radio range 全向无线电信标，无定向无线电信标
omnidirectional range (=ODR) 全向无线电信标
omnidirectional solar cell 全向太阳电池
omnidirectional system 无定向制
omnidistance 飞机至无线电信标的距离，全程
omnifarious 各种各样的，五花八门的
omniforce 全向力
omnigraph [发送电报电码的] 自动拍发机，缩图器
omniguide antenna 全向辐射槽缝式天线
omnilateral pressure 全侧向压力
omnimate 简化的自动生产设备
omnimeter 全方位测量仪，全向经纬仪
omnipotence 全能
omnipresence 普遍存在
omnirange (1) 全向无线电信标，全方向，全程；(2) 短距离定向设备，全向导航台
omniscience 无所不晓
Omnitape 转录器
omnitron 全粒子加速器，全能加速器
omnium 总额，全部
omphalos 中心点，中枢，核
omtimeter 高精度光学比较仪
on (接触、覆盖) 在……上
on account (=o/a) 作为分期付款，暂记账上
on-air light 播发信号灯
on-air tally circuit 广播标示电路
on an average 均匀算来
on and off 断断续续，不时地
on-and-off switch 通断开关
on and on 不断地，不停地，继续地
on-axis 同轴的
on-board 在船上，在飞机上
on-board bill of lading 已装船提单
on both sides of 在……两侧
on business 因公
on center 在中心
on centres 中心间距
on-course 在航线上
on-course beam 航线无线电波束
on-course detector 航向照准指示器
on-course trajectory 飞向目标的轨迹
on duty [在] 值班
on examination 一经调查 [就]
on-fiber 给光型纤维
on fire 燃烧着，着火
on-gauge 标准的，合格的
on gauge 标准的，合格的
on gauge plate 合格板 [材]
on-impedance 开态阻抗
on-interval 接通间隔
on-job 在工地的
on-job lab 工地实验室
on-job trials 工地试验

on-line (1) 联机的，载线的，联用的；(2) {计} 与主机联在一起工作的，主机控制的；(3) 在线的，直接的；(4) 联机，在线
on line 在线，联机
on-line alarm 在线报警
on-line analog output (=OAO) 在线模拟量输出
on-line analysis 联机分析
on-line central file 联机中央文件
on-line computer system 联机计算机系统
on-line control system 在线控制系统
on-line data processing 联机数据处理
on-line data reduction 联机数据简化，在线数据处理
on-line debugging 联机程序的调整
on-line disk file 联机磁盘文件
on-line equipment 联机设备
on-line machine 联机计算机
on-line maintenance 不停产检修
on-line memory 联机存储器，在线存储器
on-line model 在线 [操作] 模型
on-line operation 联机操作
on line operation (=OLO) 在线操作
on-line real-time operation 联机实时操作
on-line storage 联机存储器，在线存储器
on-line system 联机系统
on-line test 在线试验
on-load 装载，加载，负载
on load 在应力状态下，在负载下，加载 [荷]
on-load refueling {核} 不停堆换料
on-load regulation 带荷调节
on-load speed 承载速度
on-load tap changing transformer 负载时分接头转换变压器
on-load voltage ratio adjuster 加载电压调整装置，负载电压调整装置
on-mike 靠近话筒，正在送话
on-off 时断时续的，双位置的，开 - 关的，离合的，通断的，起停的
on-off action "通 - 断" 作用，开关作用，"开关" 式动作
on-off control "通 - 断" 控制，双位 [置] 控制，开关控制，起停控制，离合控制，接通控制，断开控制，继电器式控制
on-off element 开关元件
on-off gauge 开关测量器，通断测量器
on-off keying 开关键
on-off mechanism 开 - 关机构，接合与分离机构
on-off modulation 电键调制
on-off servo mechanism 开 - 关伺服机构
on-off servomechanism 开 - 关随动机构，开关控制伺服机构，开关伺服系统，启闭式伺服系统
on-off system 开关系统
on-off tests 接通断开试验
on-off thermostat 自动控制恒温器，自动控制恒温箱
on order 向……订购
on our estimate 根据我们的估计
on-peak 最大的，最高的，峰值的
on-position (1) 接通位置，接入位置，工作位置，励磁位置，关闭位置，闭合位置，动作位置；(2) 制动状态，工作状态，合闸状态，通电状态；(3) 插入位置，停车位置，吸起位置
on position 合闸状态，通电状态
on-power refueling {核} 不停堆换料
on-premise standby equipment 应急备用设备
on record 记录在案的，登记的，记录上
on request 函索 [即寄]，备索
on sale 出售 [的]
on sale or return 可售出或退还
on signal proving 关闭信号检查
on-site (1) 装置内；(2) 现场，就地；(3) 现场的，就地的，当地的，原地的
on site 在工地，原地，就地
on-state 接通状态，接通时的，开态
on-state resistance 接通时的电阻
on-stream 在生产中的
on-stream maintenance 运转中维修
on-stream pigging 不拆卸的清洗
on-target detector 目标命中指示器，目标照准指示器
on-test 试验开始的，试验进行中的
on test 合格
on-the-air 正在广播，正在工作（发射机），正在发射（电波）
on the floor （车辆）脱轨

976

on-the-farm performance testing　现场生产性能测定
on-the-fly printer　高速旋转印字机，飞击式打印机
on the intake stroke　在吸入冲程
on-the-job　在工作中的，在职的
on-the-road mixer　就地拌和机
on-the-road requirement　（车辆）使用要求
on-the-run　仓促而成的，临时的
on the same term　以同样条件
on-the-shelf　滞销的，搁置的，废弃的
on-the-spot　现场的，当场的
on-time　(1) 接通持续时间；(2) 工作时间；(3) 及时，准时
on time　接通时间
on-track　搬上轨道
on transistor　通导晶体管
on trial　经试验后，在试验中
on-tube　接入电路的电子管，接通电子管
on-vehicle equipment (=OVE)　在飞行器上的设备
once again　再一次，重新
once and again　反复不断地，再三，屡次
once and away　只此一次地，永远地
once and for all　只此一次，一劳永逸地，彻底地，断然
once more　再一次，又重新
once or twice　一两次
once-over　匆促的检查，浏览一遍，一过了事
once-run oil　原镏油
once-through　(1) 单向流动的，单程的，直通的，直流的；(2) 单流强制循环，强制循环
once-through design　一次设计，单向流动结构，直流方案
once-through flowsheet　一次循环工艺图
once-through lubrication　单程润滑
once-through operation　非循环操作，非循环过程，一次操作，一次运算，单循环
once-through reactor　燃料单一循环反应堆，燃料直流冷却反应堆
oncometer　器官体积测量器
oncost　杂费
oncotic pressure　胶体渗透压
ondograph　高频示波器，[电容式]波形记录器，波形描记器
ondometer　波形测量器，波长计，频率计，测波计
ondoscope　辉光管振荡指示器，示波器
ondulateur　时号自记器
ondulation　波[浪式运]动
ondule　径向波纹
one adder (=OA)　加 1 加法器
one-address　单地址[的]，一次地址[的]
one-address code　一地址码
one address code　单地址码
one-and-half head video tape recorder　1.5 磁头磁带录像机
one and only　唯一的
one-at-a-time operation　时分操作
one-bearing　单轴承的
one being accomplished the orders to stand void　凭其中一份完成交货责任后，其余均作废
one-belt reversing countershaft　可逆转单带轮副轴
one block　整体，一体
one-centered arch　单心拱，圆拱
one chuck(ing)　一次装卡
one-circle fluid coupling　开式循环液力耦合器
one circuit set　单调谐电路接收机
one coat　单层
one-column matrix　单列矩阵
one-core-per-bit memory　每位一个磁芯存储器
one-course　单层的
one-cycle multivibrator　单周多谐振荡器
one degree of freedom　一个自由度
one-digit adder　半加法器
one-digit time　数字周期
one-dimension (II) memory organization　一度重合存储器结构
one-dimensional　一元的，一维的，一次的，单因次的，线性的，单向的
one-dimensional model　一维模型
one-dimensional space　一维空间
one-dimensional stress　一元应力
one-direction　单向的
one-direction self aligning ball thrust bearing　单列径向推力轴承
one-direction thrust ball bearing　单向推力球轴承，单向止推滚珠轴承

one-direction thrust bearing　单向推力轴承、单向止推轴承
one-directional load　单向载荷，单向负荷
one-division　一分度
one-effect　给光效应
one-eighty　旋转 180 度
one electron gun　单电子枪
one flank gear rolling tester　齿轮单面啮合检查仪
one-for-one　一对一
one-for-one exchange algorithm　一对一交换算法
one-for-one translation　一对一的翻译
one gate　{计}"或"门
one-generator　单发生器
one-half　二分之一
one half　一半
one-half period rectification　半波整流
one-hinged arch　单铰拱
one-hour rating　一小时额定出力
one hour rating　一小时定额
one hundred million　一亿
one-hundred percent modulation　百分之百调制
one hundred thousand　十万
one-jet　单喷嘴的，单喷口的
one-kick　单次的，一次的，一次有效的
one-layer　单层的，一层的
one-level　一层的，一级的
one-level formula　一级公式
one-level method　一级方法
one-level storage　一级存储器，单级存储器
one-lever control　单杆控制
one-lip hand ladle　单嘴手持铸勺
one-lunger　(俚) 单缸发动机
one-man　单人的，单独
one-man flask　手抬砂箱
one-many function table　"一 - 多"函数表
one minute wire　一种能在硫酸铜溶液中浸渍一分钟的钢丝
one-motor travelling crane　单电动机吊车
one number time　数的周期
one-off　单件的
one-one　一[对]一
one-one mapping　一一映射
one-out-of-ten code　{计}"十中取一"码
one-parameter　单参数的
one-pass broach　一次拉成的拉刀
one-pass complier　一遍编译程序
one-pass machine　(1) 联合 (一次行程完成全部工作的) 机床；(2) 联合筑路机
one-phase　单相的
one-piece　整体的，不可分开的，单片的，单块的
one-piece crankshaft　整体曲轴
one-piece flywheel　整体飞轮，非组合飞轮
one-piece-forged　整锻的
one-piece forged　整锻的
one-piece housing　整体壳体，整体轴承箱体
one-piece pattern　整[体]模
one-piece resin cage　（轴承）整体树脂保持架
one-piece runner　整体式转轮
one-pip area　（荧光屏上的）单脉冲区
one-point distribution　一点分布
one-point pick-up　单点拾音器，单点电视摄像管
one-point wavemeter　定点波长计
one-port　两端网络
one price　同一价格
one-quadrant multiplier　单象限乘法器
one-quarter　四分之一
one rule　一根直尺
one-sample test　单样本检验
one-seater　单座汽车，单座飞机
one-setting　一次调整
one setting　一次调整
one-shield bearing　单防尘盖轴承
one-shot　(1) 一次使用，一次起动，只有一次的，{计}一次通过(编程)；(2) 单镜头拍摄；(3) 冲息，单冲，(4) 单稳多谐振荡器
one shot　{计}一次通过(编程序)
one-shot camera　分光摄影机

977

one-shot circuit　单触发电路
one-shot device　一次有效装置
one-shot forming　一次形成
one-shot job　一步作业
one-shot lubricating system　集中润滑系统
one-shot multiplier　串 - 并行乘法器
one-shot multivibrator　单冲多谐振荡器，单稳多谐振荡器
one-shot operation　单步操作
one-shot trigger circuit　单程触发电路
one-shot type　单层式 (表面处理)
one-side self-discharger　单侧自卸装置
one-sided　单侧的，单面的，单向的
one-sided step junction　单边突变结
one-sided view　片面见解，偏见
one-size　均一尺寸的，同样大小的，同粒度的，等大的
one-spool engine　单轴式发动机，单转子发动机
one-spot tuning　单纽调谐，同轴调谐
one-stage labyrinth seal　单级曲路密封
one-start screw　单头螺纹
one start screw　单头螺纹
one-step job　一步式快速连结器
one-step operation　单步操作
one-step quick attaching coupler　单拐曲轴
one-story furnace　单层炉
one-stroke　一次行程，单行程
one stroke　一次行程，单行程
one third　三分之一
one-time pad　一次装填
one-to-one　一对一，一比一
one-to-one assembler　一对一汇编程序
one-to-one correspondence　一一对应
one-to-one ratio gear　等直径齿轮
one-to-partial select ratio　一与部分选择 (输出) 比
one-to-zero ratio　一与零 (输出) 比
one-ton brass　锡黄铜
one touch switcher　单触自动转换开关
one-track　单轨的
one-tube receiver　单管接收机
one-unit plant　单机组电站
one-valued　单值的
one-velocity　单速度的
one-wattmeter method　单瓦特计法
one-way　(1) 单向的，单程的，单路的，单面的；(2) 垂直圆盘犁
one way　单向
one-way accelerator　单向加速器
one-way channel　单向信道
one-way circuit　单向电路
one-way clutch　单向离合器
one-way communication　单向通信
one-way drive　单向传动
one-way feed　单向进给
one-way fired pit　单侧烧嘴均热炉，单向均热炉
one-way laser unit　单向发射的激光装置
one-way line　单向线路
one-way plough　单向圆盘犁
one-way reinforcement　单向钢筋
one-way reversible telegraph operation　一路可逆电报操作
one-way sign　单向通行标志
one-way signal　单向信号
one-way thrust bearing　单向止推轴承
one-way transmission　单向传递
one-way valve　单向阀，止回阀
one-writing system　写 "1" 系统
one-year policy　一年保单
one-zone drawframe　单区拉伸机
Onera method　氟化物渗铬剂铬化法
one's carry　个位进位
one's complement　{计} 一的补码，二进制反码
onfall　攻击，袭击
onflow　(1) 流入，进气；(2) 支流
onlap　上覆层，上超
onlooker　旁观者，目击者
onlooking　旁观的
only　(1) 独一无二的，单独的，仅有的，唯一的；(2) 最适当的，最好的，

无比的；(3) 单独地，仅仅，只是，不过；(4) 结果却，反而，不料；(5) 但是，可是
only a matter of　只不过是，仅仅是
only for　要是没有
only if　只有……才，只有在……才，唯一的条件是
only just　好容易，刚刚才
only not　几乎跟……一样，简直是，差不多
only that　要是没有，要不是，若非
only too　非常，极其
onomasticon　专门词汇，术语
onozote　加填料的硫化橡胶
onroll　向前滚动
onrush　向前冲，突击，猛冲，奔流
onset　开始，动手，发动，进攻，攻击，发作
Ontario　铬合金工具钢 (碳 1.48%，铬 11.58%，钒 0.29%，钼 0.75%，锰 0.29%，硅 0.34%)
onto　在……上，到……上，向
onus　义务，负担，责任，过失
onward　向前的，前进的
onward movement　前进运动
onward transmission　转交
onwardness　向前移动
onym　术语
ooze　(1) 渗出，漏出，滴出，泄漏；(2) 泥浆，软泥
ooze sucker　渗水吸收器，吸泥器
oozing　渗出，渗漏
OP magnet　(铁钴氧化物) 烧结磁铁，强顺磁性磁铁
opacification　浑浊化，不透明
opacifier　(1) 遮光剂；(2) 不透明剂，遮光剂
opacimeter　显像密度计，光密度计，不透明计，黑度计，暗度计
opacity　(1) 不透 [明] 性；(2) 不透明度，混浊度；(3) 不透度；(4) 不透明系数
opal　(1) 乳白的；(2) 乳色玻璃
opal glass　乳白玻璃
opalescence　乳光，乳色
opalescent　乳白光的，乳色的
opaline　(1) 乳白玻璃；(2) 发乳白光的，乳白色的
opaque　(1) 不透明的，不透光的；(2) 不传导性的 (对电、热等)，隔音的；(3) 不透明，黑暗；(4) 无光泽的，昏暗的，浊的；(5) 不透明体，不透明照片，遮光涂料
opaque body　不透明体
opaque detector　不透明探测器
opaque glass　不透明玻璃
opaque mask　不透明屏幕
opaque photocathode　不透明光电阴极
opaque projector　反射型 [电视] 放映机
opaque telop　图片放映机
opaque to nucleons　对于核子不透明的
opaqueness　(1) 不透明性；(2) 不透明度；(3) 不透光性；(4) 不透度
OPDAR (=optical direction and ranging) 光学定位和测距，光雷达
opeidoscope　声音图像显示仪
open (=OPN)　(1) 打开，张开，解开，展开，断开，开启，开放，开拓，开通；(2) 无包封的，开口的，敞式的，无盖的；(3) 断路的，断开的；(4) 有空隙的，多孔的，疏松的；(5) 公共的，公开的；(6) 不设防的，未解决的，未决定的
open a mine　开矿
open account　未结算的账，赊账
open-air　露天的，室外的
open air　(1) 露天，户外；(2) 空气
open-angle　张开角
open annealing　敞开退火，黑退火
open antenna　户外天线
open arc　开弧
open arc furnace　明弧炉
open arc lamp　明弧灯
open arc welding　明弧焊
open area factor　(筛子的) 开孔面积系数
open beading　波纹板冲压法
open bearing　开式轴承，对开轴承
open belt　开口皮带，开式皮带
open-belt drive　开式带传动
open belt drive　开口皮带传动
open bids　开标
open block square　空心矩形尺

open body　敞车身
open-book account　未结账目
open bracket　开括号
open bridge　敞式桥
open bundle　无限维管束
open burning coal　非结焦性煤
open butt joint　开口对接，明对接
open caisson　开口沉箱
open car　敞 [蓬汽] 车
open cardan shaft　万向节开式传动轴
open carrier　(升运器) 杆条式链
open cathode　开顶阴极
open cavity　开口穴
open cell　开路电池
open center　中心开口，开式
open center rest　开式中心架
open channel　明沟
open chock　开口导缆钳
open circle　开圆
open-circuit　开路的，断路的
open circuit　(1) 断路，开路；(2) 开路电路，开式回路，开环回路；
　　(3) 开式流程
open circuit characteristic　空载特性，开路特性
open-circuit characteristic curve　开路特性曲线
open-circuit current　开路电流
open-circuit impedance　开路阻抗
open-circuit jack　开路插孔
open-circuit line　开路线
open-circuit output resistance　开路输出电阻
open-circuit transfer impedance　开路转移阻抗
open-circuit transition　开路换接过程
open-circuit voltage　开路电压
open circuit voltage　空载电压，开路电压
open-closed-open (=OCO)　开 - 关 - 开
open-closed subset　开闭子集
open coat　疏上胶层，疏涂层
open code　开型码
open-coil　开路线圈
open coil　开路线圈
open collet　弹簧套筒夹头
open complex　开复形
open computation shop　开放式计算站
open conduit　明管道
open cooling　开式冷却
open-core transformer　开口铁心变压器
open-core type　开口铁芯式，空心式
open core type　开口铁芯式，空心式
open covering　开覆盖
open cure　自由硫化作用
open cut(ting)　明鉴
open cycle　开式循环，开循环
open-cycle engine　开式循环发动机
open-cycle gas turbine　开式循环燃气轮机
open-cycle magnetichydrodynamic generation　开式循环磁流体发电
open deck equipment　露天甲板设备
open defect　明显缺陷
open-delta　开口三角形 (连接)，V- 形 (连接)
open delta connection　V 形连接
open-diaphragm loudspeaker　开放式膜片扬声器
open-die　开式模
open-die forging　敞开式模锻
open dump body
open dovetail　明鸠尾榫
open-end　开口的，开端的，开放的
open end　开口端
open-end drawn cup needle roller bearing without inner ring　只有
　　冲压外圈的滚针轴承 (穿孔型)
open end effect　开端效应
open-end wrench　开口平扳手，开口扳手，开口钳
open-ended　(1) 开口端；(2) 开端的，开放的
open-ended design　可扩展设计 (即适应未来发展的设计)
open-ended line　终端开路线
open-ended spanner　开口扳手，开口钳
open fire　明火

open fissure　开口裂缝
open-flame furnace　有焰炉
open flames　开放性火焰
open flash　全孔径闪光
open flow　敞喷
open flow capacity　敞喷能力
open-flow system　开管系统，放流型
open-flume water turbine　开式水轮机
open-flux-path　开磁路
open form　开形，敞式
open formula　开公式
open frame　开式框架
open-frame tool carrier　自动底盘
open front　前开口，前开式
open fuse　(1) 敞式保险丝，明保险丝；(2) 裸装导火索
open gate　通门
open gear pair　开式齿轮副
open gearing　开式齿轮传动 [装置]
open gears　开式齿轮装置，无外壳齿轮装置
open-graded　开式级配的，松级配
open-graded mix　开级配混合料，松级配混合料
open grain　大孔隙性，大孔隙率
open-grain structure　多孔式结构，粗晶组织
open grain structure　多孔式结构，粗晶组织，结晶粗大
open-grained　粗粒的
open-grid　栅极开路，自由栅，悬栅
open hash method　开散列法
open hash technique　开散列技术
open hawse　敞口式锚链孔
open hearth (=OH)　平炉
open-hearth furnace　平炉，马丁炉
open hearth furnace　平炉
open-hearth furnace plant　平炉炼钢厂
open-hearth process　平炉炼钢法
open-hearth steel (=OHS)　平炉钢
open heater　敞口热水器
open height　开口高度
open-hook link chain　钩头链
open integration formula　开型积分器
open interval　开区间
open-jawed spanner　开口爪扳手
open jig　开式钻模
open-joint　有间隙接头
open joint　(1) 开口接合，明缝；(2) 露缝接头，开缝接头
open jointed pipe　明接管
open joints　开缝接头
open kernel　开核
open kinematic pair　开式运动副
open letter of credit　无特殊条件的信用证
open line　开通路线，架空明线，明线
open link　开式 [传动] 链节
open link chain　开式链，开口链
open loop (=OL)　开口回路，开环，开路
open-loop control　开路控制，开环控制
open-loop reaction　开环反应
open-loop transfer function　开环传递函数
open-loop voltage gain　开环电压增益
open machine　敞开式电机
open-magnetic circuit　开磁路
open mapping　开映射
open model　开模型
open mold　敞式铸型，敞开铸型，闸型
open-mouthed　敞口的，大口的
open nozzle　开式喷嘴
open-pan mixer　开锅式拌和机
open pass　开口 [式] 孔型
open-plan　开敞布置
open plug　开路插头
open point　不密贴尖轨
open polygon　开多边形
open programmer　自由程序设计员
open propeller shaft　(万向节) 开式传动轴
open question　未解决的问题
open-reel　开盘式 (录像机)

open region　开区域
open return bend　分枝弯管接
open riser　明冒口
open-routine　直接插入程序，开型程序
open routine　直接插入程序，开型程序
open sand　开式级配砂，多孔隙砂，粗砂
open sand casting　(1) 明浇铸造，地面浇铸，明浇；(2) 敞浇铸件
open section　开口断面
open set　开集
open setting　开放装窑法
open shop　开放式程序站，开放式计算站，开放式机房
open-side boring and milling machine　悬臂镗铣床
open-side grinding and milling machine　悬臂磨铣床
open-side grinding and planing machine　悬臂磨刨床
open-side milling and planing machine　悬臂铣刨床
open-side milling machine　悬臂铣床
open-side milling machine with a fixed arm　定臂铣床
open-side planer　单臂龙门刨，单臂刨
open side planer　单臂龙门刨，单臂刨床，单柱刨床
open-side planing machine　悬臂刨床
open side type　侧敞开式，单柱式
open-side type milling machine　悬臂式铣床
open sight　缺口表尺
open-slot　敞式槽，开槽
open slot　开口槽，开槽
open-socket　开式索接
open space　空间隙
open spandrel rib　空腹肋
open spanner　开口扳手
open specification　公布细则
open spindle bearing　开式锭子轴承
open star　开星形
open steam　直接蒸汽
open-steel　沸腾钢
open steel　不完全脱氧钢，沸腾钢
open stitch　开口线圈
open string　开行
open subcomplex　开子复式
open subprogram　直接插入子程序，开型子程序
open subroutine　直接插入子程序，开型子程序
open switch　不密贴尖轨
open system　开放式系统，开环系统，开环制
open tank method　敞柜法
open test pit　样洞，探坑
open texture　多孔隙组织，稀松组织
open-textured　不密实的，多孔的
open time　断开时间，间隔时间
open tolerance　宽公差
open tolerance by 0.005 inch　把公差放宽 0.005 英寸
open tongue　不密贴尖轨
open-top　敞口式的，开口式的
open traverse　不闭合导线，开路导线
open tube　开管
open-tube vapor growth　开管法气相生长
open tubular column　开口管柱
open-type　敞开式的，开式的
open type　敞 [开] 式的
open type bearing　非密封轴承
open-type induction motor　开式感应电动机
open type machine　开敞式电机
open type rack　单面机架，开式机架
open vat　还原液 [浸染] 槽
open washer　(1) 开口垫圈，开缝垫圈，C 形垫圈；(2) 弹簧垫圈
open-web　空腹的
open-web girder　空腹大梁
open wire　明线
open-wire circuit　架空明线线路
open-wire line　明线
openable　能开的
opened　断开的，开路的
opened-coil　(退火前) 松 [开的带] 卷
opened coil annealing　松卷退火
opener　(1) 开启工具，开箱器，开具；(2) 直头机，板直机，直弯机；(3) 开棉机；(4) 开启者

opening (=OPNG)　(1) 孔口，开口；(2) 开度，口径；(3) 缝隙；(4) 断开，断路，开路，切断；(5) 打开，开放，开启，开发，开拓；(6) 辊缝
opening angle　开度角，孔径角
opening between rolls　轧辊间距离
opening by concentrated acid　浓液分解法
opening die　(1) 自由式板牙头；(2) 模头
opening for spark plug　火花塞口
opening-limiting device　(导叶) 开度限制装置
opening of bids　开标
opening of cock　旋塞开度，管塞口
opening of groove　轧槽轮廓
opening of jaws　卡盘卡爪张开量
opening of the telescope　望远镜视野
opening of wrench　扳手钳口
opening out　开拓
opening pressure　开启压力
opening time　断开时间，动作时间
opening velocity　断开速度
opens　露出的裂隙，气孔，空洞
openside planer　单柱刨床
operability　可操作性，适用性
operable　可操作的，可行的，实用的
operameter　运转计，转速计
operand　运算数，运算量，运算域，运算对象，操作数，基数
operand queue　操作数队列
operand word　操作数字
operant　(1) 有效验的，有效果的，工作的；(2) 操作人员，工作人员
operate (=OPR)　(1) 操作，操纵，控制，驾驶，管理，经营；(2) 运行，运转，工作，动作，开动，起动，转动，转移；(3) 运算，计算；(4) 作战，飞行；(5) 作用，影响；(6) 完成，引起，决定；(7) 动手术，开刀
operate a machine　开动机器，操作机器
operate a printer　使指针移动
operate miss　操作误差，控制误差，运算误差
operate power　操作功率，运行功率
operate time　吸动时间，闭合时间
operated　运行了的，工作了的，动作了的，管理了的，开动的，起动的
operated digits　被加数的数位，被操作的数位
operated stack register (=OSR)　操作栈寄存器
operating (=OPR)　(1) 操作；(2) 运转；(3) 操作的，操纵的，控制的，工作的，运转的，运行的；(4) 有作用的，有效的，管理的，经营的
operating arm　操纵臂，操纵杆
operating board　(1) 工作台；(2) 控制盘，操作盘
operating breakboard　工作台
operating center distance　实际中心距，操作中心距
operating characteristic　(1) 操作特性，工作特性，运行特性，使用特性；(2) 作业特征曲线
operating characteristic curve　作业特征曲线
operating characteristic function　运算特征函数
operating characteristic of electrical apparatus　电器特性
operating characteristics　操作特性，运转特性，运行特性，工作特性
operating chart　运行图
operating clearance　操作间隙，(轴承) 运转游隙，操作游隙
operating condition　运转状态，操作条件
operating contact　工作接点
operating control　(1) 操作控制装置，操纵装置；(2) 运算控制装置
operating cost　生产费用，使用费，保养费
operating crank　(1) 导向曲柄；(2) 起动手柄，操作手摇曲柄，操纵手摇曲柄
operating current　工作电流，吸持电流，吸动电流
operating cycle　(1) 运转周期；(2) 工作循环
operating device　操作装置，操纵装置
operating distance　(1) 作用距离，有效距离；(2) 无线电测量距离
operating duty　工作状态
operating efficiency　工作效率
operating engineer　施工工程师
operating forepressure　工作前级压强，操作前级压强
operating frequency　操作频率，动作频率，工作频率
operating gear　操纵机构，控制机构
operating handle　操纵杆
operating height　飞行高度
operating house　开关房，工作室
operating instruction manual　操作说明书，使用说明书，操作手册，操作规程
operating instructions (=OI)　使用说明 [书]，操作规程

operating item counter 操作次数计数器
operating key 控制键
operating lever 操纵杆, 操作杆
operating lever connecting yoke 操作杆连接架
operating life 使用寿命, 使用期限, 工作寿命
operating line (1) 作业线; (2) 操作线
operating load 工作载荷, 工作负荷
operating maintenance 日常维修, 日常检修, 小修
operating manual 操作说明书, 使用说明书, 操作手册, 操作规程
operating means 工质 (指泵中工作液体)
operating mechanism 运转机构, 操作机构, 工作机构, 传动机构
operating method 使用方法, 操纵方法, 操作法
operating mode 工况
operating module 工作模数, 节圆模数, 啮合模数
operating movement 工作运动
operating of discontinuity 不连续控制动作
operating parameter 运用参数
operating P.D 啮合节径, 工作节径 (P.D=pitch diameter 节径)
operating personnel 管理人员
operating pitch angle 工作节角
operating pitch circle 工作节圆
operating pitch cone 工作节圆锥
operating pitch cylinder 工作节圆柱
operating pitch diameter (of engagement) 啮合节圆, 工作节圆
operating pitch diameter circle 啮合节圆, 工作节圆
operating pitch point 啮合节点, 工作节点
operating point 工作点
operating position (1) 操纵位置; (2) (齿轮节圆) 啮合位置
operating power 工作功率
operating pressure 工作压力, 操作压力
operating procedure (=OP) 操作程序
operating process 操作方法, 工艺
operating property 运转性能
operating radius 作用半径
operating range (1) 工作范围, 作用范围, 运转范围; (2) 有效距离, 作用距离, 工作间隔
operating rate (1) 工作速度; (2) 运算速度
operating rate at 50% of capacity 百分之五十的开工率
operating record 操作记录
operating refinery 石油加工厂
operating regulations 操作规程, 操作条例
operating repairs 日常维护检修
operating resistance 工作电阻
operating rod 操作杆, 传动杆
operating rod arm 操作杆臂
operating room 操作室, 操作室
operating rules 使用规则, 运转规定, 操作规程
operating sequence 操作程序
operating shaft 运转轴臂, 操作轴臂
operating speed 运转速度
operating stress 使用应力
operating stroke 工作行程
operating strut 操纵杆
operating switch 工作开关
operating system (=OS) 操作系统, 控制系统
operating system-management 操作系统管理
operating temperature 工作温度, 操作温度
operating threshold 工作限, 工作阈
operating time 操作时间, 运行时间, 动作时间, 工作时间, 作业时间
operating time log (=OTL) 运转时间记录
operating time record tag (=OTRT) 运转时间记录标签
operating torque 工作扭矩
operating transducer 操纵传感器
operating unit (1) 操作部件, 运算部件; (2) 调节机构
operating valve 操作阀
operating variables 运用变数, 工作参数
operating voltage 工作电压
operation (=OPR) (1) 运转, 运行, 操作, 实施; (2) 工作, 作业, 工序; (3) 动作, 作用, 效果, 机能; (4) 运算, 计算, 运筹; (5) 控制, 启动
operation-address register 运算地址寄存器
operation and maintenance (=O&M) 使用与保养, 使用与维修
operation and maintenance activities (=O&MA) 使用和维修活动
operation board 操作盘, 控制盘
operation card 工艺卡

operation characteristics of gear tooth 齿轮的工作特性
operation code {计} 操作码, 运算码
operation control 操作控制, 运转控制
operation control console 操作控制台
operation-control switch 操作控制开关
operation controller 运算控制器
operation data 运算数据
operation decoder 操作译码器, 运算译码器
operation drawing 加工图
operation efficiency 工作效率, 使用效率
operation factor 运算率
operation frequency 操作频率, 工作频率
operation guide computer 制导计算机, 导向计算机
operation inspection log (=OIL) 操作检查记录
operation instructions 操作说明书
operation mode 工作方式
operation of melting 熔化操作
operation of rolling 轧制过程
operation pressure 工作压力
operation principle 工作原理, 操作原理
operation range 工作范围, 运转范围
operation ratio 运算率
operation record (=OR) 操作记录
operation register 操作寄存器, 运算寄存器
operation schedule (1) 作业程序; (2) 工作时间表
operation sequence (1) 操作工序, 工序; (2) 运算程序
operation sequence control (1) 操作序列控制, 操作工序控制; (2) 运算程序控制
operation sheet (1) 操作卡片, 工序卡; (2) 运算卡片; (3) 使用说明书
operation specifications 操作规程
operation switching cabinet (=OSC) 操作转换箱
operation system 业务系统
operation test 操作试验, 运转试验
operation time 运算时间
operation transform pair 运算变换对
operational (=OPRNL) (1) 工作的, 操作的, 运转的, 使用的; (2) 计算的, 运算的; (3) 作战的
operational address instruction 功能地址指令
operational admittance 运算导纳
operational amplifier (=op amp) 操作放大器, 运算放大器
operational beacon 工作信标
operational calculus 运算微积分
operational character 运算符号, 控制字符, 操作符
operational characteristics 使用特征
operational checkout 操作上的检查
operational data (1) 运转数据, 工作数据; (2) 运算数据
operational development (1) 产品改进性研制; (2) 操作改进
operational hardware (=OH) 操作硬件
operational impedance 运算阻抗
operational integrator 运算积分器
operational life 使用年限
operational load 工作载荷, 运转载荷
operational maintenance instruction (=OMI) 操作维护指南
operational mathematics 运算数学
operational method 运算方法
operational performance 操作性能, 使用性能
operational pressure angle 啮合角
operational pressure transducer (=OPT) 操作上压力传感器
operational process 运算工序
operational procedure 操作程序
operational reactance 运算电抗
operational ready date (=ORD) 操作上准备完毕的日期
operational reliability 使用可靠性, 运转可靠性, 运行可靠性, 工作可靠性, 运算可靠性
operational report (=OR) 操作报告
operational research 运筹学
operational rule 运算律
operational sequence 操作工序, 工作程序, 工序
operational site 运行位置
operational spare (=OS) 操作上的备件
operational speed (1) 运转速度, 工作速度; (2) 操作速度; (3) 运算速度
operational suitability testing (=OST) (1) 操作适应性试验; (2) 作战适用性试验

operational symbols　运算符号
operational system test (=OST)　操作系统试验
operational test　操作试验，运转试验
operational test set　工作状态测试设备
operational unit　操作部件
operational use time　有效工作时间
operational vibration (=OV)　操作上的振动（正弦振动与随机振动的一种组合，5-2000 周期每秒）
operations analysis　运筹分析
operations control panel (=ocp)　操作控制面板
operations directive (=OD)　操作指示
operations per minute (=o.p.m.)　每分钟动作的次数
operations requirements (=OR)　操作要求
operations research (=OR)　运筹学
operative　(1) 操作的，动作的，运转的，工作的，作业的，实施的；(2) 运算的；(3) 有效力的，现行的
operative weldability　{焊} 操作工艺
operator (=OPR)　(1) 操作人员，操作者，操作工，操纵者，装配工，驾驶员；(2) 操作机构，伺服机构，执行机构，控制器；(3) 运算子，算子，算符；(4) 操作码
operator dial　话务员用拨号盘
operator distance dialing　话务员用长途拨号盘
operator guide system　操作机械制导系统
operator in charge　带班员，领班员
operator license　驾驶执照
operator notation　算子符号
operator on duty　值班员
operator part　操作码部分
operator precedence　算符优先
operator's cab　值机室
operatory　工作室
operon　操纵子
ophiuride　(数学) 蛇尾线
ophthalmodiastimeter　眼距测量计
ophthalmodynamometer　视力测量计
ophthalmometer　眼科检查镜，眼膜曲率计
ophthalmoscope　眼膜曲率镜，检眼镜
ophthalmotonometer　(测眼内压力的) 眼压计
ophthalmotrope　机械眼
opisometer　曲线计，计图器
opportunity　机会，机遇
opposed (=OPP)　(1) {电} 不同性的；(2) {磁} 不同极性的，不同号的；(3) 对面的，相反的
opposed auxiliary seal　(轴承) 反向唇
opposed cylinders　对置式气缸
opposed diode　对接二极管
opposed-piston　对置活塞
opposed piston　对置活塞
opposed piston engine　对置活塞发动机
opposing coil　反作用线圈
opposing connection　对绕
opposing current　对向流，逆流
opposing electromotive force　反电动势
opposing torque　反抗转矩
opposite (=OPP)　(1) 相反的，相对的，对面的，对置的；(2) 对立面；(3) 在……对面，在……相反方向
opposite angles　{数} 对 [顶] 角
opposite arc　反向弧
opposite change　180 换向，对换
opposite crank　对置曲柄
opposite direction　相反方向，相对方向，对向，反向
opposite edge of a polyhedron　多面体的对棱
opposite electricity　异性电
opposite faces　对立面
opposite flank　异侧齿面
opposite-flow　逆流的
opposite forces　对向力，反向力
opposite hand　反方向
opposite orientation　反定向
opposite point　对点
opposite pole　异极性
opposite pressure　反压力
opposite sense　反指向
opposite sequence　逆顺序，逆序列

opposite set cutter turning　反装刀车削
opposite side　对边
opposite sign　反号，异号
oppositely　在相反的位置，面对面，背对背，反向地，相反地
oppositely charged particles　电荷相反的粒子
oppositely directed　方向相反的，反向的
oppositely oriented　反向定向的
oppositely sensed　反指向的
oppositeness　反对，对抗
opposition　(1) 反接；(2) 反相，移相；(3) 相对，对立，对向，对置；(4) 反作用，反对，对抗；(5) 障碍物
opposition method　反接法
oppositipolar　对极的
opsiometer　视力计
opt　选择，挑选
optacon　(激光) 盲人阅读器
optar　光测距仪
optic　(1) 镜片；(2) 光学的，旋光的，视觉的
optical (=OPT)　(1) 光学的，光导的；(2) 旋光的；(3) 视觉的
optical accessory　光学附件
optical activity　旋光性，旋光度
optical ammeter　光学电流计
optical ardometer　光学高温计
optical art　光效应艺术
optical automatic ranging (=OPTAR)　光学自动测距计
optical axis　光轴
optical bench　光工具座
optical bevel protractor　光学斜角规
optical block　光学装置
optical cavity　光学共振器，光学谐振腔
optical center　光心
optical character reader (=OCR)　光学文字识别机，光学符号阅读器，发光字母读出器，光字符读出器，光字符阅读机
optical character recognition common language　光学符号识别通用语言
optical character recognition (=OCR)　光学符号识别，光符识别
optical character recognition equipment　光学符号识别机，光符阅读机
optical character recognition system　光符识别系统
optical communication　光通信
optical comparator　光学比较仪，光学比较器
optical contour grinder　光学曲线磨床
optical coupling　光耦合
optical curve grinding machine　光学曲线磨床
optical direction and ranging (=OPDAR)　光学定位和测距，光雷达
optical distance　光程
optical dividing head　光学分度头
optical-electricity encoder　光电编码器
optical electron　光学电子
optical excitation　光激发
optical fiber　光导纤维
optical filter　滤光器，滤光镜，滤色镜，
optical flat　(1) 光学平玻璃，光学平晶；(2) 光学平面样板
optical focus switch　光学聚焦转换开关
optical frequency amplifier　光频放大器
optical glass　光学玻璃
optical grating　光栅
optical guidance　光学导航
optical head　(投影仪) 光度头
optical heterodyne radar　光频外差雷达
optical holography　光学全息术
optical horizon　直视地平线
optical illusion　光错觉，光幻视，错视
optical image　光学图像
optical index　光指标
optical indicator　光学指示器，光线指示器，测微显微镜
optical instrument　光学仪器
optical inversion　偏振转向
optical isolator　光频隔离器
optical jig boring machine　光学坐标镗床
optical lens　光学镜头
optical lever　光学杠杆
optical light filter　光学滤波器，滤光器，滤光镜，滤色镜
optical log　光学测程仪，光学测程器

optical mark reader (=OMR)　光学标志读出器, 光学指示读出器
optical maser　量子放大器, 光脉泽器, 激光器
optical maser radiation weapon (=OMRW)　光学脉泽辐射武器
optical material　光学材料
optical measurement　光学测量
optical measuring machine　光学测量仪
optical memory　光［学］存储器
optical memory glass semiconductor　光存储玻璃半导体
optical mixing　光混频
optical parallel　(1) 光学平晶, 平行平晶; (2) 光学平行计
optical path　光程
optical pattern　反光图案, 光带图形
optical phased array　光频整相阵列, 光学相控阵
optical phonon　光频声子
optical probe (=OP)　光学探头
optical projector　光学投影仪, 光学投影机
optical pumping　光学泵作用, 光学泵汲取, 光学泵抽动, 光泵激
optical pyrometer　光学高温计, 光测高温计
optical radar　光雷达
optical radiation weapon　光辐射武器
optical range　光测距离, 光视距
optical reader　光阅读机, 光输入机
optical record　光学记录
optical rotary table　光学回转工作台
optical rotatory dispersion (=ORD)　旋光色散谱
optical rotation　旋光度, 旋光性
optical screen　光屏
optical screen-scale location device　光屏 - 线纹尺定位装置
optical screen-scale positioning device　光屏 - 线纹尺定位装置
optical sight　光学瞄准镜
optical signal　光信号
optical sound recorder　光录声机
optical sound talkie　光电式有声电影
optical spectroscopy　光谱学
optical spectrum　光谱
optical square　光直角定规, 直角转光器, 直角旋光器
optical surveillance system (=oss)　光学监视系统
optical system　光学系统, 光具组
optical tape reader　光电纸带输入机
optical technology satellite (=OTS)　光学技术卫星
optical-tracker system　光跟踪系统
optical tracking　光跟踪
optical transfer function (=OTF)　光传递函数
optical transistor　光敏晶体三极管
optical view finder　(摄影机) 光学寻像器, (照相机) 取景器
optical wave　光波
optical yardstick　光码尺
optically　光学上, 用视力
optically active　旋光的
optically denser medium　光密媒质
optically inactive　不旋光的
optically ported CRT　光窗式示波管 (CRT =cathode-ray tube 阴极射线管, 示波管)
optically thinner medium　光密媒质
opticator　(1) 光学扭簧测量仪; (2) (仪表的) 光学部分
optician　光学仪器制造商, 眼镜商
opticist　光学家, 光学技工
opticity　光偏振性, 旋光性
optics　(1) 光学系统, 光学; (2) 光学器件, 光学部件; (3) 光学的, 旋光的; (4) 视觉的, 视力的
optidress　光学修正
optidress projector scope　光学修正投影显示器
optima (单 optimum)　(1) 最佳的, 最优的, 最适宜的; (2) 最佳值, 最优值, 最适宜; (3) 最佳条件, 最优
optimal　(1) 最佳的, 最适宜的; (2) 最理想的
optimal-adaptive　最优适应
optimal approximation　最佳逼近
optimal basic feasible solution　最优基本可行解
optimal basic solution　最优基本解
optimal control　最优控制, 最佳控制
optimal control equation　最优控制方程
optimal control system　最佳控制系统
optimal design　最优化设计
optimal filter　最优滤波器

optimal ray　最优射线
optimal reverberation time　最佳混响时间
optimal solution　最优解
optimal sorting　优分
optimal stochastic control　最优随机控制
optimal value　最优值
optimal vector　最优向量
optimality　最优性
optimality criterion　最优判别
optimality equation　最优性方程
optimalizing control　最优 [化] 控制
optimat　最优规范
optimater　光电比色计
optimatic　光电式高温计
optimeter　光度计, 光学比较仪, 投影比较仪, 光电比色计
optimeter tube　光学比较仪光管, 光较管
optiminimeter　光学测微仪
optimisation (=optimization)　(1) 最优化, 最佳化, 优选 [法]; (2) 最佳条件选配, 最佳条件选择, 最优特性确定, 求最佳参数
optimise (=optimize)　使最优化, 使最佳化, 确定最佳特性, 最佳数值选定, 最佳参数选定
optimistic　最有利的
optimistic time estimate　最短时间估计
optimity　最佳的条件或事实
optimizable　最优化的
optimizable loop　可优化循环
optimization　(1) 最优化, 最佳化, 优选 [法]; (2) 最佳条件选配, 最佳条件选择, 最优特性确定, 求最佳参数
optimization method　最优化方法
optimization of parameters　最佳参数选择
optimization of vertical curves　竖曲线最优设计
optimization techniques　最优化技术
optimization theorem　最优化定理
optimization theory　最佳理论, 优化理论, 优选理论
optimize　使最优化, 使最佳化, 确定最佳特性, 最佳数值选定, 最佳参数选定
optimized quadruple　优化四元组
optimizer　优化程序
optimizing controller　最佳控制装置, 最佳控制器
optimum (复 optima)　(1) 最佳的, 最优的, 最适宜的; (2) 最佳值, 最优值, 最适宜; (3) 最佳条件, 最适条件, 最佳状态
optimum allocation　最优分配
optimum angle　最佳角
optimum bias　最佳偏角, 最佳偏磁
optimum capacity　最佳能力
optimum characteristic　最优化特性, 最佳特性
optimum code　最佳编码, 最优编码, 最优代码
optimum coding　最佳编码
optimum conditions　最有利条件, 最佳状态
optimum contact angle　最佳接触角
optimum control　最佳控制, 最优 [化] 控制
optimum coupling　最佳耦合
optimum cutting condition　最佳切削条件
optimum cutting speed　最佳切削速度
optimum decoding　最佳译码
optimum design　最佳设计
optimum distribution　最优分布
optimum efficiency　最佳效率
optimum estimation　最优估计
optimum filter　最佳滤波器
optimum frequency　最佳频率
optimum gain frequency　最佳增益频率
optimum goodness factor　最佳品质因数
optimum gradient method　最佳斜量法
optimum interval interpolation　最优点插值
optimum linear filtering　最佳线性滤波, 最佳线性过滤
optimum mechanism　最佳机构
optimum number　最佳数
optimum operating point　最佳运算点
optimum output　最佳输出
optimum performance　最佳性能, 最佳特性
optimum policy　最佳策略
optimum practical gas velocity (=OPGV)　最佳实际气体流速
optimum predication　最佳预测

983

optimum programming　最佳程序设计
optimum receiver　最佳接收机
optimum relaxation parameter　最优松弛因子
optimum relay servomechanism　最佳继电器随动系统
optimum response　最佳响应
optimum reverberation　最佳 [交] 混 [回] 响
optimum seeking method　优选法
optimum sensitivity　最佳灵敏度
optimum setting　最佳调整
optimum speed　最佳速率, 临界速率
optimum strategy　最优策略
optimum switch surface　最佳开关面
optimum switching function　最优开关函数
optimum switching line　最佳开关线路
optimum temperature　最佳温度, 最适温度
optimum value　最佳值, 最优值
optimum velocity　最适速度
optimum water temperature　最适水温
optimum working efficiency (=OWE)　最佳工作效率
optimum working frequency (OWF)　最佳工作频率
optimum zero-lag filter　最佳无滞后过滤器
option　(1) 选择, 取舍; (2) 任意, 随意, 任选 [项]; (3) 选择功能
option dealing　优先期货交易
option switch　选择开关
optional (=OPT)　(1) 任意的, 随意的; (2) 不是必须的; (3) 可供选择的
optional equipment　任选设备, 附加设备, 备用设备
optional extras　任选附件
optional gear ratio　可变齿轮速比
optional stop instruction　随意停机指令
optional test　选择性试验, 选择项目试验
optional unit　(额外计价的) 选用部件, 任选部件
optiphone　特种信号灯
opto-　(词头) 眼, 视
opto-acoustic　光声的
opto-electronic element　光电元件
opto-minimeter　光学测微计
optoelectronic　光电子的
optoelectronic diode　光电子二极管
optoelectronic reader　光电读数头
optoelectronic scanning　光电扫描
optoelectronics　光 [学] 电子学
optoisolator　光隔离器
optomagnetic　光磁的
optometer　测眼仪, 视力计
optophone　盲人光电阅读器, 光声 [对讲] 器, 视音机
optotransistor　光晶体管
optron　光导发光元件
optronic　光导发光的
optronics　光电子学
opus (=work)　著作, 作品
or　(1) 或者; (2) 就是, 即
or else　不然就, 要不就, 否则
or otherwise　或相反 (的情况)
or rather　或者说得正确些, 确切地说
OR　{ 计 } "或" (一种逻辑运算符)
OR/AND　{ 计 } "或 / 与"
OR circuit　"或" 线路, 或门电路
OR element　"或" 元件
OR else　"或", "异", 按位加
OR else circuit　"按位加" 电路
OR function　"或" 函数
OR gate　"或" 门
OR logic　"或" 逻辑
OR-NOR　{ 计 } "或 - 非或"
OR-NOT　{ 计 } "或非"
OR NOT　{ 计 } "或非"
OR operation　"或" 运算, "或" 操作
OR operator　"或" 算符
OR output　"或" 输出
OR tube　"或" 门管
oral sucker　口吸盘
oralloy　橙色合金
orange　(1) 桔色; (2) 橙色的, 桔色的

orange-peel bucket　瓣形戽斗
orange-peel excavator　三瓣式戽斗挖土机
orb　(1) 球; (2) 轨道; (3) 做成球, 弄圆, 卷, 包围
orb-ion pump　弹道离子泵, 轨旋离子泵
orbed　(1) 球状的, 圆的; (2) 十全的, 圆满的
orbicular　正圆形的, 球状的, 圆的
orbit　(1) 轨道, 弹道; (2) 沿轨道飞行, 环绕; (3) [活动] 范围
orbit-motion　轨道运动
orbit period　绕轨道一周的时间, 运行周期
orbit-transfer　轨道转移
orbit trimming　轨道修正, 轨道调整
orbital　(1) 轨道的, 弹道的, 范围的; (2) 单电子轨道波函数, 轨函数; (3) 边缘的, 核外的
orbital angular momentum　轨角动量
orbital electron capture　轨道电子俘获
orbital period (=OP)　轨道周期
orbital rendezvous procedure (=ORP)　轨道会合程序
orbital rendezvous radar (=ORR)　轨道会合雷达
orbital scientific station (=oss)　轨道科学站
orbital space station (=oss)　轨道空间站
orbital stability　轨道稳定性
orbital vehicle reentry simulator (=OVERS)　人造卫星重返 [地球] 模拟器
orbiter　轨道飞行器, 轨道卫星
orbiting　沿轨道飞行, 沿轨道运行, 轨道运动, 旋转运动, 转圈, 绕转
orbiting astronomical observatory (=OAO)　天体观测卫星
orbiting solar observatory (=OSO)　太阳观测卫星
orbitron　奥比特隆管, 弹道式钛泵, 轨旋管
orbitron ion pump　弹道 [式] 离子泵
order　(1) 级, 阶; (2) 等级, 品级; (3) 次序, 顺序, 程序, 常态; (4) 命令, 指令, 指示; (5) 量级; (6) 规则, 规定, 规程; (7) 订货, 订 [货] 单; (8) 指数, 序数, 序列, 排列; (9) 调配, 管理, 处理, 整顿, 整理, 安排; (10) 指令计算机
order bill of lading　提示提单
order-book　订货簿
order button　指令按钮, 信号钮, 命令钮
order chec　记名支票
order cheque　记名支票
order code　指令码, 运算码
order-complete set　有序完备集
order confirmation　订货确认书
order-disorder　有序 - 无序, 规则 - 不规则
order drawing　外注图
order equipment　联络装置
order-form　订货单, 订货用纸
order form　订货单, 订单
order format　指令格式
order-function　序 [次] 函数
order function　序 [次] 函数
order ideal　阶理想
order-isomorphism　序同构
order isomorphism　序同构
order limit　顺序极限
order M from N　向 N 订购 M
order number　指令编号
order of a curve　曲线的阶
order of a determinant　行列式的阶
order of a differential equation　微分方程的阶
order of a group　群的阶
order of a magnitude　数量级, 绝对值的大小
order of a matrix　矩阵阶
order of a permutation　排列的阶
order of a rational fraction　有理分式的阶
order of a singular point　奇点的阶
order of a tensor　张量的阶
order of accuracy　精度等级, 精确度
order of an element in a group　群元素的阶
order of an equation　方程式的阶
order of connection　联接次序, 接通次序, 连接顺序
order of contact　(1) 接触度; (2) 相切阶
order of crystallization　结晶次序
order of diffraction　衍射级, 绕射级
order of discontinuity　不连续阶
order of interference　干涉级

984

order of infinitesimals　无穷小阶
order-of-magnitude　数量级, 绝对值的大小, 绝对值的阶
order of magnitude　数量级, 数值次序, 绝对值的大小, 绝对值的阶, 十倍数因子
order of matrix　矩阵阶
order of perturbation　摄动级
order of poles　极点的阶, 极点的相重数
order of purity　纯度等级
order of reaction　反应级 [数]
order of reflection　反射级
order of spectrum　光谱级
order of stressing　张拉次数
order of the reflected rays　反射线的次数
order of triangulation　三角测量等级
order of units　位数
order of zeros　零点的阶, 零点的相重数
order on a bank　银行汇票
order parameter　有序参数
order policy (=O. P.)　记名保单
order-preserving　保序
order preserving　保序
order register (=OR)　指令寄存器
order sheet　订货单, 订单
order structure　指令结构
order tank　(计算装置的) 顺序存储器
order-type　序型
order type　序型
order wire　传号线, 联络线, 记录线, 指令线
order wire circuit　传号电路
order-writing　写出指令
orderboard　命令牌信号
ordered　有序的
ordered aggregate　有序集
ordered chain complex　有序制复形
ordered complete set　有序完备集
ordered complex　有序复形
ordered convex mapping　有序凸映射
ordered couple　有序数偶
ordered domain　有序畴
ordered field　有序域
ordered group　有序群
ordered lattice　有序晶格
ordered orientation　有规则取向
ordered pair　有序偶
ordered set　有序集, 良序集
ordered simplex　有序单形
ordered state　有序状态
ordered structure　有序结构
orderer　订货人
ordering　次序关系
orderliness　有秩序, 整齐
orderly　有顺序的, 有规则的, 整齐的
orderly derivate　有序的导数
ordering　(1) 排列次序, 次序关系, 有序化, 排列, 按序, 整顿, 调整; (2) 命令; (3) 订货
ordering bias　排序偏差, 序列偏离
ordering by merging　合并排序, 并入过程
ordering effect　建序效应
ordering process　有序处理法
ordering relation　次序关系
orders　(1) 订货量; (2) 订单
ordinal　(1) 序, 序数; (2) 次序的, 顺序的, 依次的
ordinal numbers　{ 数 } 序数
ordinal relation　顺序关系
ordinal sum　{ 数 } 序数和
ordinance　(1) 法规, 法令, 章程, 布告; (2) 规格
ordinance load　规定荷载
ordinance regulating carriage of goods by sea　海运法令
ordinal number　序数
ordinarily　(1) 通常, 普通, 大概; (2) 正常地
ordinary　(1) 普通的, 平常的, 规定的, 规则的, 平常的, 原始的; (2) 平常, 正常
ordinary binary　普通二进制
ordinary bond　单价键

ordinary charcoal tinplate　一般厚锡层镀锡薄钢板
ordinary construction　(1) 一般构造; (2) 普通建筑
ordinary cutting tool　普通切削刀具
ordinary differential　常微分
ordinary differential equation　常微分方程
ordinary gear train　(1) 普通齿轮系; (2) 轴线位置固定的齿轮 [传动] 装置
ordinary grade　普通等级
ordinary grade ball　(轴承) II 级精度球
ordinary lay　(钢丝绳) 普通绞扭
ordinary low-carbon steel　普通低碳钢
ordinary maintenance　日常维修
ordinary portland cement (=OPC)　普通水泥, 硅酸盐水泥
ordinary pressure　常压
ordinary subroutine　常用子程序
ordinary superphosphate　过磷酸钙
ordinary temperature　常温
ordinary tool steel　碳素工具钢, 普通工具钢
ordinary twin type　普通对绞多心型
ordinary valence　主要化合价
ordinate　(1) 纵坐标, 竖坐标; (2) 竖标距, 纵距; (3) 有规则的, 正确的
ordinates　纵坐标
ordination　(1) 整理, 整顿, 排列, 分类; (2) 规格, 规则, 命令
ordination number　原子序数
ordnance　(1) 武器, 军械, 大炮, 火炮; (2) 军用品; (3) 军械库
ordnance aerophysics laboratory (=OAL)　军械航空物理实验室
ordnance dial recorder and translator (=ordrat)　试射弹信息处理计算机
ordnance engine　军用型发动机
ordnance handling instructions (=OHI)　军械操作说明
ordnance map　军用地图
ordnance pamphlet (=OP)　军械小册子
ordnance safety switch (=oss)　军械安全开关
ordnance special training (=OST)　军械特殊训练
ordnance specification (=OS)　军械详细说明
ordnance standard (=OSTD)　军械标准
ordnance suitability test (=OST)　军械适应性试验
ordnance survey　(陆军) 地形测量
ordnance technical intelligence agency (=OTIA)　军械技术情报机构
ordnance tractor　架炮车
ordnance vehicle　军用车辆
ordonnance　(建筑物) 布局, 配置, 安排
ordrat (=ordnance dial recorder and translator)　试射弹信息处理计算机
ordus　有序线
ore　矿石
ore assay　矿石分析, 试金
ore burdening　配料
ore crusher　碎矿机
ore furnace　熔矿炉
orecarrier　矿石船
oreide　高铜黄铜
oreing　高碳钢的矿石脱碳法
organ　(1) 机件, 工具; (2) 机构; (3) 元件, 元素, 部分; (4) 器官
organ gun　联装火炮
organic　(1) 结构的, 组织的, 机体的, 器官的; (2) 有机物的, 有机的; (3) 有组织的, 有系统的; (4) 根本的, 固有的
organic analysis　有机分析
organic binder bond　有机粘结剂
organic chemistry　有机化学
organic compound　有机化合物
organic electrolyte　有机电解液电池
organic-extraction　有机萃取
organic facing　(离合器) 有机材料衬面
organic glass　有机玻璃
organic lining　有机材料摩擦衬片
organic luminophor　有机发光体
organic matter　有机质
organic mercury　有机汞
organic plastic　有机塑料
organic selection　有机选择
organic semiconductor　有机半导体
organic substance　有机物质

organic synthesis　有机[物]合成

organisation (=organization)　(1)组织,编制;(2)机构,体制;(3)有机体;(4)团体,协会;(5)有机体,有机化

organise (=organize)　(1)组织,构成,编制,筹备,成立;(2)使成有机,使有条理

organism　(1)机构,结构,构造,组织;(2)有机组织,有机体,有机物

organizable　可变为有机体的,可组织的

organization　(1)组织,编制;(2)机构,体制;(3)有机体;(4)团体,协会;(5)有机体,有机化

organization chart　组织图表

organization structure　组织结构

organization table (=OT)　编制表

organize　(1)组织,构成,编制,筹备,成立;(2)使成有机,使有条理

organizer　组织者,创办者

organizing　(1)组织,编制;(2)创立

organo-　(词头)有机

organo-metal　有机金属化合物

organo-metallic compound　有机金属化合物

organogel　有机凝胶

organogenic　有机生成的

organogenous　有机生成的

organometallic compound　有机金属化合物

organosilicon　有机硅

organosol　有机溶胶

orichalc　含锌多的黄铜

oricycle　极限圆

orient　(1)摆正方向,排列方向,定方位,定向,取向,定标,调整;(2)确定地址;(3)上升的;(4)开始发生的

orient core　方位中心

orientability　可定向性

orientable　可定向的

orientate (=orient)　(1)摆正方向,排列方向,定方位,定向,取向,定标,调整;(2)确定地址;(3)上升的;(4)开始发生的

orientation　(1)取向,定向,定位;(2)校正方向,测定方位;(3)定向度;(4)排列

orientation diagram　方位图,定向图

orientation line　标定线

orientation of crystal　晶体取向

orientation of cutting edge　(刀具)切削刃方位

orientation of face　(刀具)前面方位,前面工作方位

orientation of flank　(刀具)后面方位,后面工作方位

orientation of space　空间的取向

orientation of the cutting edge　(刀具)切削刃工作方位

orientation of the plane table　平台仪定向

orientation polarization　取向极化,定向极化

orientator　飞行感觉模拟器

oriented　(1)定方位的,摆正方向的,面向的,取向的;(2)以东方为标准定方位的;(3)与……有关的,有关……的,从事于……,根据……制成的

oriented circle　有向圆

oriented rod　定向杆

oriented specimen　定向试品

orienting　定向,定位

orientometer　结构取向性测定器

orientor　定向器

orifice　(1)孔,小孔,孔口;(2)阻尼孔,节流孔;(3)喷管,喷孔,喷嘴;(4)孔板,隔板;(5)遮光板,照相机的调整光圈;(6)筛眼

orifice anode　环状阳极

orifice check valve　量孔节流单向阀

orifice column　筛板塔

orifice meter　孔板流量计,孔流速计,量水孔

orifice-metering coefficient　孔板流量计系数

orifice plate　(1)孔板;(2)光阑;(3)节流板

orifice-plate flowmeter　孔板流量计

orifice tank　量测孔腔

orificing　节流

origin　(1)起点,始点,出发点;(2)(坐标)原点;(3)起源,由来;(4)起始地址

origin and destination (=O-D)　起讫点

origin of coordinates　坐标原点

origin of fire　弹道起点

origin of force　力作用点,着力原点

origin of inversion　逆数原点

origin of involute　渐开线始点

origin of target noise　目标噪声源

origin of trajectory　弹道起点

origin of vector　矢量原点

original　(1)原有的,原始的,原本的,最初的,固有的;(2)原文,原稿;(3)模型,原型;(4){数}原函数

original bills of lading (=original B/L)　正本提单

original car　原车(未经更换部件的车)

original clearance　原始间隙,原始游隙

original cost　原价

original cost to date　现值

original data　原始数据

original design (=OD)　原设计

original design cutoff (=ODC)　原设计截止

original drawing　原图

original grid　原形光栅

orignal ground level　原始地面高程

original interstice　原始间隙

original life　新机使用寿命,初修前的使用寿命

original material　原[材]料

original measurement　原始测量值

original mechanism　原始机构(有作用线及臂的一般机构)

original negative　原底片,原版

original nucleus　原始核

original point　原[始]点

original position　原始位置,起始位置

original premium (=O. P.)　原始保险费

original print routine　原始打印程序

original shape　原样

original size　原来尺寸

original state　原始状态

original table　原始表

original treatment　初次处理,原来处理

original tooth profile　原始齿廓,基本齿廓

original value　原始值,初始值

originality　(1)原来,原始,原本,固有,本源;(2)独创性,创造性

originate　(1)起源,发源,发端,起点,起因,发生,开始,出现;(2)引起,产生;(3)首创,创始,发起,发明

originating toll center (=OTC)　去话长途电话中心局

originating toll circuit (=OTC)　去话长途电路

originating trunk (=OT)　发送中继线

originating trunk center (=OTC)　去话长途电话中心局

origination　(1)起点;(2)起源,起始;(3)首创,创始

originator　创作者,发明者,创办人,发起人

origine　(拉)(1)发端,起源;(2){数}原点

orismology　定义学,术语学

Orlikon　(瑞士)地对空导弹

orlop　(1)最下层甲板;(2)锚链

orlop deck　最下层甲板

ormolu　(1)铜锌锡合金,锌青铜(锌0-25%,锡6-17%,其余铜);(2)镀金物

ormolu varnish　镀金漆

ornament　(1)装饰;(2)装饰品

ornamental　(1)装饰[用]的,增光的;(2)装饰品

ornamental moulding　艺术造型

ornamentalize　装饰

ornamentation　装饰[品]

ornithopter　扑翼飞机

oroide　金色铜(铜锌锡合金,锌16.5%,锡0.5%,铁0.3%,其余铜)

orometer　山岳气压计,山岳高度计

orrery　天象仪,太阳系仪

Orsat apparatus　奥萨特气体分析器,烟气分析器

orth-　(词头)(1)正,原;(2)垂直,直[线];(3)邻位

Orthatest　(蔡司)奥托比较仪

orthicon (=orthiconoscope)　正析像管,正摄像管,低速电子束摄像管,直线性光电显像管,直向管

ortho-　(词头)(1)正,原;(2)垂直,直[线];(3)邻[位];(4)正形,矫形

ortho-acid　原酸,正酸

ortho-axis　正[交]轴

ortho-compound　邻位化合物

ortho-effect　邻位效应

ortho-helium　正氦

ortho-iodine　正碘

ortho-isomer　邻位异构物

ortho-isomeride 邻位异构物
ortho-position 邻位
ortho-molecule 正分子
ortho-state 正态
orthobaric density 本压密度
Orthocartograph 正射投影测图仪
orthocenter (=orthocentre) 垂心
orthocline 直倾型
orthodiagonal 正轴的
orthodiagram 透视图
orthodiagraph 正摄像仪
orthodox (1) 正统的, 传统的; (2) 惯例的, 习俗的
orthodox material 正常材料
orthodox scanning 正则扫描
orthoferrite 正铁氧体
orthoflow 正流
orthogon 长方形, 矩形
orthogonal (1) 正交的, 垂直的, 直角的, 矩形的; (2) 波向线
orthogonal axes 正交轴 [线]
orthogonal circle 正交圆
orthogonal component 正交分量, 垂直分量
orthogonal coordinate 直角坐标, 垂直坐标, 正交坐标
orthogonal curve 正交曲线
orthogonal curvilinear coordinates 正交曲线坐标
orthogonal expansion 正交函数展开
orthogonal function 正交函数
orthogonal joint 正交接合
orthogonal lattice 直角点阵
orthogonal matrix 正交矩阵
orthogonal parity check sum 正交奇偶校验和
orthogonal points 正交点
orthogonal processor 正交处理机
orthogonal projection 直角投影, 正交投影
orthogonal section 正 [交] 剖面
orthogonal signal 正交信号
orthogonal signal set 正交信号集
orthogonality 相互垂直, 正交 [性], 直交 [性]
orthogonality polarization 正交极化
orthogonality relation 正交关系
orthogonality system 正交系
orthogonalizable 可正交化的
orthogonalization 正交化
orthogonalize 使相互垂直, 使正交, 正交化
orthogonalized parity check equation 正交奇偶校验方程
orthogonalizing process 正交化步骤
orthograph 正投影图, 正视图, 正射图
orthographic(al) 直线的, 直角的, 用直线投影的, 用直线划的
orthographic projection 正交投影, 正投影
orthography (1) 正射法, 正投影法; (2) 剖面; (3) { 数 } 正交射影
orthohelium 正氦
orthohexagonal 正六方的
orthohexagonal axis 六角正交轴 [线]
orthohydrogen 正氢
orthokinesis 正动态
orthokinetic 同向移动, 同向徙动
orthokinetic coagulation 同向凝结, 正动凝结
orthomapper 正射投影测图仪
orthometric 严格垂直的
orthometric correction 竖高改正
orthometric drawing (1) 正视图; (2) 正视画法
orthomode transducer (=OMT) 直接式收发转换器, 正交模变换器
orthomorphic 正角的, 等角的, 正形的
orthonik 或 orthonol 具有矩形磁滞环线的铁心材料, 镍铁磁心材料
orthonormal (1) 规格化正交, 标准化正交的, 规格化正交的; (2) 正规化 [的], 标准化 [的]
orthonormal function 标准正交函数, 规范正交函数, 归一化正交函数
orthonormal vectors 正交单位向量
orthonormality 正交规一性, 正规化, 标准化
orthonormalization 正交归一化
orthonormalize 使正规化, 使标准化, 规格化正交
orthophoric 正位的, 直视的
orthophot 正射投影装置
orthophoto 正射像片
orthophotogaph 正射投影像片

orthophotomap 正射投影像片组合图
orthophotomosaic 正射投影像片镶嵌图
orthophotoscope 正射投影纠正仪
orthopinacoid 正交轴面
orthopole 正交极, 垂直极
orthopositronium 正阳电子素 (由一个正电子和一个负电子结合而成的准稳定体系)
orthopter 平齐翼飞机, 扑翼飞机
orthoptic 切距的
orthoptic circle 正交圆, 切距圆
orthoptic curve 正交曲线, 切距曲线
orthoradial 直辐射的
orthoradioscopy X 射线正摄像术
orthorhombic 正交晶的, 斜方晶系的, 正菱形的
orthorhombic system 正交晶系, 斜方晶系
orthoscope 正像计, 水检眼镜
orthoscopic 无畸变的, 直线式的, 平直的
orthoscopicity 保真显示度, 保真显示性
orthoscopy 无畸变
orthoselection 直向选择, 定向选择
orthosilicate 原硅酸盐
orthosilicic acid 原硅酸
orthosis 整直法, 矫正法
orthostatic 正态的, 直立的
orthostereoscope 双筒立体显微镜
orthostichy 直列线
orthostyle 直线形列柱式
orthotectic 正溶的
orthotelephonic response 正交电话响应
orthotest 杠杆式比较仪
orthotics 器械矫正学
orthotist 矫正器修配者
orthotomic 面正交的
orthotomy 面正交性
orthotron 正交场行波管
orthotropic 正交各向异性的
orthotropic plate 正交异性板
orthotropy 正交各向异性, 异面异弹性
orthotype 定向型
Ortman coupling 奥特曼联轴节
Orton cone 标准测温熔锥, 奥顿耐火锥
Osaka tube 奥萨卡振荡管, 反射速调管
Osaki diode 隧道二极管
Oscar (1) (美国) 左轮手枪; (2) (俗) 潜艇
osciducer 振荡传感器
oscillate (1) 振荡, 振动, 摆动, 波动, 脉动, 颤动; (2) 摇摆, 动摇, 游移; (3) 发杂音
oscillating (1) 振荡 [的]; (2) 振动 [的], 摆动 [的]
oscillating agitator 摇摆式拌和机
oscillating arc 振荡电弧
oscillating arm 摆动臂, 拐臂
oscillating audion 振荡三极管
oscillating axle 摆动轴
oscillating axle shaft 摆动式半轴, 摆动式车轴
oscillating bearing 摆动轴承
oscillating block slider crank mechanism 摆动滑块曲柄机构
oscillating cam 摆动凸轮
oscillating cam gear 摆动凸轮盘
oscillating colour sequence (=OCS) 周期变化彩色序列, 振荡彩色顺序
oscillating component 摆动分量
oscillating contour 振荡回路
oscillating conveyor 摆动式输送机, 振动式输送机
oscillating coupler mechanism 摆动联轴节机构
oscillating crank 摆动曲柄
oscillating crank lever 摆动曲柄杆
oscillating crystal 振荡晶体
oscillating current 振荡电流
oscillating discharge 振荡放电
oscillating engine 摆缸式发动机
oscillating fan 摆动电扇, 摇头电扇
oscillating flashboard 舌瓣闸门
oscillating flow 脉动通量
oscillating follower 摆动随动件
oscillating follower cam system 摆动随动凸轮机构

oscillating frequency 振动频率,振荡频率
oscillating function 振动函数
oscillating granulator 振动碎粒机
oscillating gear (纺机)扇形摆动齿轮
oscillating grinding 振荡磨削,微量纵摆磨削(工作台只作微量往复运动)
oscillating groove grinding machine (轴承)摆动式沟道磨床
oscillating hitch 摆关节连接装置
oscillating hysteresis 振荡滞后
oscillating impulse 振荡脉冲
oscillating isolation 隔振
oscillating joint 快速旋转连接
oscillating lever 摆动杆
oscillating load 振动负荷,振荡负荷,摆动负荷
oscillating meter 振动式仪表
oscillating mill 振动研磨机
oscillating mode 振荡模式,振荡型
oscillating motion (1)振动,振荡,摆动;(2)摆动装置
oscillating motion mechanism 摆动机构
oscillating motor 摇动[油]马达,摆动油缸
oscillating movement 振动,摆动
oscillating output member 摆动输出构件
oscillating output motion 摆动输出运动
oscillating piston pin 连杆小头活塞销
oscillating pump 摆动泵
oscillating quantity 振荡量
oscillating regulator 振荡调节器
oscillating rock shaft (缝纫机)摆轴
oscillating rod 摆杆
oscillating sander 摆动式砂带磨床,往复式砂带磨床,振动式磨光机
oscillating shaft (缝纫机)下轴
oscillating sink region 振荡中断区域
oscillating slider crank 摆动式滑块曲柄
oscillating spindle lapping machine 摆轴精研机
oscillating stresses 交变应力
oscillating thinner 振动式间苗机
oscillating traverse motion 往复摆动运动
oscillation (=OSC) (1)振荡摆动,震动,振动,振荡,摆动,颤动;(2)上下升降,波动,变动
oscillation amplitude 振荡幅度,摆幅,振幅
oscillation angle 摆动角
oscillation at a point 在一点上振幅
oscillation bearing 摆动轴承
oscillation circuit 振荡回路
oscillation constant 振荡常数
oscillation damper 减振器
oscillation damping 振荡阻尼,减震,消振
oscillation due to discharge 放电振荡
oscillation frequency 振荡频率,振动频率
oscillation loop 振荡波腹
oscillation measurement 振动测量
oscillation mode 振荡模式,振动方式
oscillation of a function 函数的振幅
oscillation of friction 摩擦振动
oscillation period 振动周期
oscillation suppressor 振荡抑制器
oscillation transformer 振荡变压器
oscillation tube 振荡管
oscillator (=OSC) (1)振动子,振子;(2)摆动器,振动发生器;(3)振荡器;(4)加速器
oscillator amplifier 振荡放大器
oscillator amplifier unit 振荡放大器
oscillator coil 振荡器线圈
oscillator crystal 振荡器晶体
oscillator density 振子密度
oscillator in hard operation 振荡器的强用
oscillator in soft operation 振荡器的弱用
oscillator out 振荡器输出
oscillator oven 振荡器恒温槽
oscillator padder 振荡器微调电容器
oscillator priming 振荡器触发
oscillator tube 振荡管
oscillator with ceramic filter 陶瓷滤波器振荡器
oscillatory 振荡的,振动的,摆动的,摇动的,

988

oscillatory degrees of freedom 振荡自由度
oscillatory discharge 振荡放电
oscillatory motion 摆动,振动
oscillatory occurrence 振荡现象
oscillatory process 振荡过程
oscillatory response 振荡干扰
oscillatory system 振荡系统
oscillatory tooth bending stress 振动齿弯曲应力
oscillatory wave 振动波
oscillatron 示波管
oscillector 振荡[频率]选择器
oscillight 电视接收管,显像管
oscillion 三极振荡管,振荡器管
oscillistor 半导体振荡器
oscillogram 波形图,示波图,振荡图
oscillogram trace reader 示波图读出器
oscillograph (=OSC) (1)快速脉冲记录仪,振动描记器,示波仪,示波器;(2)波形图,示波图,振荡图
oscillograph trace 示波图
oscillographic tube 示波管
oscillography 示波术,示波法
oscillometer (1)振动测定器,振动描记器,示波器,示波计;(2)摆动仪;(3)脉动仪
oscillometric 振动描记法的,示波[计]的
oscillometry 振动描记术,示波测量术,高频指示
oscilloprobe 示波器测试头,示波器探头
oscilloreg 激光 X-Y 高速记录器
oscilloscope (=OSC) 示波器,示波仪,示波管,录波器
oscilloscope camera 示波器摄影机
oscilloscope photograph 示波器照相
oscilloscope trace 示波图
oscilloscope tube 示波管
oscilloscopy 示波术
oscillosynchroscope 同步示波器
oscillotron 阴极射线示波管,电子射线示波管,示波管
oscitron 隧道二极管振荡器
osculate (1)相切,密切;(2)接触;(3)有共同点
osculating 密切的
osculating circle 密切圆
osculation (1){数}超密切,密切;(2)接触
osculatory 密切的,相切的,接触的
osculometer 密切曲率计
osculum (复 oscula) 出水孔,小口,细孔
Osmayal 欧斯马铝锰合金(含锰约1.8%)
osmiridium (1)铱锇合金;(2)铱锇矿
osmiridium pen alloy 铱锇笔尖合金
osmium {化}锇 Os(第76号元素)
osmium lamp 锇丝灯
osmograph 渗透压记录仪
osmolality 重量克分子渗透压浓度
osmolarity 克分子渗压浓度,同渗容模,渗透性
osmole 渗透压克分子,渗透压摩尔
osmometer 渗透压力计,渗透计,渗压计
osmometry 渗透压力测定[法],渗透压测量学
osmondite 奥氏体变态体(淬火钢400℃回火所得的组织)
osmophilic 耐向渗透压的
osmoreceptor 渗透压感受器
osmoregulation 渗透[压]调节
osmoregulator X射线透射调节器,渗压调变生器
osmoregulatory 调节渗透的
osmos tube 渗透管,X射线管硬度调节装置
osmoscope 渗透试验器,渗透仪
osmose (=osmosis) 渗透[作用]
osmose tube 渗透管
osmosize 渗透
osmotaxis 趋渗性
osmotic 渗透的
osmotic balance 渗透天平
osmotic potential 渗透势
osmotic pressure 渗透压力,渗透压强,浓差压
osmotic shock 渗透的猝度
osmoticum (复 osmotica) 渗压剂
osmotropism 向渗性
osnode 自密切点

osophone 助听器, 奥索风

osram 锇钨灯丝合金, 灯泡钨丝

osram cadmium lamp 钨丝镉蒸汽灯, 镉电极管

osram lamp 钨丝灯

Ostwald gravimeter 奥斯特瓦尔特比重计

Ostwald viscometer 奥斯特瓦尔特粘度计

other (1)其他的, 其余的, 其次的, 另外的, 别的; (2)对面的, 相反的, 不同的; (3)用别的方法, 另外, 别样

other-than-co-channel interference 不同信道干扰

otherwhere(s) 在某一个地方, 在别处

otherwise (1)在其他方面, 在不同的情况下, 另外, 别样; (2)按另一种方法, 用其他方法, 换句话说; (3)其他性质的, 别样的; (4)要不然, 否则

otherwise known as 换个说法, 或者称为

otherwise than M 除 M 之外, 与 M 不同, 不像 M

otiose 没有用[处]的, 不需要的, 不必要的, 多余的, 无效的

otophone 助听器, 奥多风

otophonum 助听器

otoscope 检耳镜

Otto cycle 四冲程循环, 奥图循环, 奥托循环

Otto cycle engine 四冲程循环内燃机, 四冲程发动机, 奥托[循环]发动机

Otto engine 四冲程发动机

ounce 盎司, 英两

ounce metal 高铜黄铜, 铜币合金(铜 84-86%, 锌、锡、铅各 4-6%, 镍<1%)

ouncer transformer 小型变压器, 袖珍变压器

out (1)外部的, 外面的, 在外的, 伸出的, 输出的; (2)断开的; (3)偏离的; (4)移动的, 移位的; (5)陈旧过时的, 不入时的; (6)不可能的, 不流行的

out- (词头) (1)向外, 在外, 远, 出; (2)超过

out amplifier 输出放大器

out-and-in bond 凹凸砌合

out-and-out 完全的, 彻底的, 明显的

out board 外侧

out-break (1)破裂, 断裂, 中断; (2)爆发

out-burst (1)尖头信号, 脉冲; (2)爆发

out-connector [流程图]接出操作符

out-diffusion 外扩散

out diffusion 向外扩散

out-draw 外拉伸

out-expander 输出扩展电路

out-fan 输出, 扇出

out-field 出射场, 外场

out flow pressure 流出压力

out focus 焦点失调, 焦点不准, 不聚焦

out-gas 除气, 去气

out-gassing 除气作用, 去气作用

out-gate (1)(电路)输出开关, 输出门; (2)冒口

out-milling 对向铣切, 异向铣切, 迎铣

out movement 对向运动, 退磨运动

out of alignment 不对准的, 不同轴的, 不平行的

out-of-balance 失[平]衡的, 不平衡的

out of balance 失去平衡, 不平衡

out-of-band 频带外的

out of blast 停风

out of center 离开中心, 偏心

out of character 不相称, 不符合

out-of-commission 损坏, 不起作用

out of condition 保存不好, 无用, 损坏

out of contact with 不与……接触, 跟……隔绝

out-of-control (1)管理出界; (2)失控

out of control 不加控制的, 失去控制[的]

out of course 无秩序, 紊乱

out of danger 脱[离危]险

out-of-date 过时的, 陈旧的, 落后的

out of date 过时的, 老式的, 落后的

out-of-door 户外的, 露天的

out of door 露天的

out-of-doors 在户外, 在露天

out of doors 户外, 露天

out of doubt 无疑, 确实

out of fashion 不流行的, 老式的

out of fix (钟表)不准

out of flat 不平度, 不平

out-of-focus 焦点失调的, 焦点不准的, 不聚焦的, 散焦的, 模糊的

out of focus 焦点失调, 焦点不准, 散焦, 离焦

out-of-frame 帧频失调

out of frame 帧频失调, 失调帧

out of gas 燃料用完, 缺油

out-of-gauge 不合规格的

out of gauge 不合规格, 超限

out of gear (1)齿轮脱开; (2)不工作的, 切断的; (3)有毛病, 失常

out-of-gear worm 开合蜗杆, 脱落蜗杆

out of it (1)弄错, 搞错; (2)与……无关, 不在内的, 错误的

out of keeping with 和……不相合, 与……不相称

out of level 不平坦, 倾斜, 起伏

out of measure 过度, 非常, 极

out of mesh (齿轮)脱离开的, 切断的

out-of-mesh clearance (起动马达与飞轮齿圈)不啮合时的轴向间隙

out of necessity 由于必要, 出于必要

out-of-operation 不工作的, 不[能]运转的, 失去功能的, 失效的, 切断的

out of operation (1)停止操作的, 不能运转, 停止运转; (2)失效的, 切断的, 停运的

out-of-order (1)出故障的, 出毛病的, 不正常的, 失效, 损坏; (2)无[顺]序[的], 混乱的

out of order (1)发生故障, 有毛病, 损坏; (2)不按规则, 混乱

out-of-phase 与相位不符合的, 与相位不重合的, 相位移动的, 不同相的, 异相的, 失相的, 脱相的

out of phase 不同相, 异相, 脱相

out-of-phase component 异相成分

out-of-phase current 异相电流

out-of-phase signal 异相信号

out-of-phase voltage 异相电压

out-of-pile 反应堆外的

out of place (1)不在适当的位置; (2)不相称的, 不适当的

out-of-plumb 不垂直的

out of plumb (1)不垂直; (2)不合规矩

out-of-pocket cost 实际费用(即现金支出), 实际成本

out-of-pocket expenses 零星杂项费用

out-of-position 乱位的

out of position 不适当的位置, 不正确的位置

out-of-print 绝版

out of print 绝版

out-of-range 出界的

out of range 越界, 溢出

out of range number 超位数

out-of-reach 达不到的

out of reason 毫无理由, 无故

out-of-repair 失修的, 破损的

out of repair (1)失修, 损坏; (2)处于不正常状态的

out-of-round 不圆的

out of round 径向跳动, 不圆

out of round in bore 内孔不圆

out-of-roundness 不圆度, 椭圆率

out of roundness 椭圆度, 不圆度

out-of-season 不合时令, 过时

out of season 不合时令, 过时的

out-of-service (1)损坏的, 毁坏的, 报废的; (2)不在工作中的, 被切除的(如电气设备)

out of service 不能工作的, 不能使用的

out-of-service time 停台时间

out of service time 超出工作时间, 失效时间, 修理时间

out-of-shape 形状不规则的, 形状遭到破坏的, 变形的

out of shape 失去正常状态的, 走样, 变样

out of shot 在射程之外

out of sight 看不见的

out-of-size 尺寸不合规定的

out of size 不合规定尺寸的, 非正常大小的

out-of-square 倾斜的, 歪的

out of square (1)不正, 歪斜; (2)不成直角的

out-of-step 不同步的, 失步的, 不合拍的

out of step 不同步, 失步

out of stock 缺货

out of syn 不同步, 失步

out of sync 不同步, 失步

out of synchronism　不同步，失步
out of the ordinary　非凡的
out of the question　毫无可能的，做不到的
out of the reach　不能达到，难以接近，力所不及
out of the sphere of　出乎……范围之外
out-of-the-way　(1)不寻常的，异常的，奇特的；(2)边远的
out of the way　(1)脱离常规，异常；(2)向旁边
out of time　不合时宜，误时，过时
out of tolerance　超差
out of touch　失去联系，不接触
out of traverse　脱离动程
out-of-trim　失配平
out of true　不正确，不精确
out-of-tune　失调
out of tune　不能控制，不和谐，失调
out-of-use　无用的，陈旧的
out of use　不能使用[的]，无用，报废，废弃
out-of-work　(1)不[能]工作的，停止不动的，失效的；(2)切断的；(3)失业的
out of work　(1)不能工作的，有毛病的；(2)失业
out-off of supply　停止供电
out-operator　"出"算子
out orbit　外层轨道
out-phase　相位不重合，非符合相位，不同相，异相
out phase　不同相，异相
out-phasing modulation　反相调制
out-primary　初级线圈端，初级绕组端，初级绕组线头，原绕组线头
out-put (=OP)　输出
out race　外座圈
out-rigged　带有舷外支杆的
out rigger　悬臂梁
out-rudder　外侧舵
out seal　外部密封
out size　特大型，特大号
out-state　"出"状态
out-station　野外靶场，外场
out stroke　排气冲程
out switch　输出开关
out symbol　外部符号
out-to-out (=OTO)　[总]外廓尺寸，外到外，总尺度，全长，全宽
out-to-out distance　外包尺寸
out-trunk　出中继[线]，去[向]中继[线]
out valve　泄水阀门
out worker　外包工
outage　(1)排出量；(2)放出孔，排气孔，排油孔，排液孔，排出孔，排出口；(3)储运损耗量，减耗量；(4)预留容积，预留空间(油罐或油槽为了避免液体膨胀)，保险机构；(5)供电中断，电流中断，停电，断电；(6)故障停工，运转中断，运动中断，停止，停机，停歇，间歇；(7)(发动机关闭后的)油箱内的剩余燃料；(8)船外发动机，舷外挂机艇，外侧
outband　横叠式的
outboard　(1)电动机装于外部的，船外的，舷外的，机外的，外侧的；(2)电动机装于舷外的船，外装电动机，外侧；(3)向船外，向舷外
outboard bearing　伸出轴承，外置轴承
outboard meshing of starter pinion　起重机小齿轮(与飞轮齿圈)外锥啮合
outboard motor　(1)外装电动机；(2)艇外推进机
outboard universal joint　半轴外侧万向节
outbound engine lead　机车出库线
outbound freight house　发送货仓
outbound platform　发送站台
outbound signaling　发车信号
outbound train made up　自编出发列车
outbreak　(1)破裂，断裂，中断；(2)突然蔓延，爆燃，爆发
outbuildings　附属房屋
outburn　(1)烧完，烧光；(2)燃烧时间过长
outburst　(1)(复)脉冲，尖头信号；(2)闪光，爆发，爆炸，爆燃；(3)喷出
outcase　外壳
outclass　超过，胜过，高过，优于
outclimb　在爬升上超过，爬升优势
outcome　(1)结果，结论，结局，成果，效果，最后；(2)输出[量]，产量；(3)开始，出发；(4)排气口，流出口，排出口，出[口]孔
outcome function　出现函数
outcoming electron　出射电子，逸出电子

outcoming signal　输出信号
outconnector　(1)引出接续线；(2){计}(流线)改接符，外连接器
outcruiser　在巡洋舰的数量上超过
outcurve　向外拐弯
outcut　切口
outdated　不流行的，过期的，过时的，陈旧的
outdegree　输出端数
outdevice　输出设备
outdiffusion　向外扩散
outdive　在俯冲中超越
outdo　优于，过高，高出，超过
outdoor (=out of door)　(1)户外的，野外的，露天的，室外的，敞开的；(2)外部的，外面的，表面的
outdoor antenna　室外天线
outdoor arrester　室外避雷器
outdoor distributing box　室外配电箱
outdoor facility　室外设备
outdoor handle　门外手柄
outdoor location　(1)露天设备，室外装置；(2)室外安装
outdoor phase modifier　室外调相机
outdoor power plant　露天发电厂
outdoor station　露天发电厂
outdoor substation　室外配电变电所，露天变电所
outdoor temperature　室外温度
outdoor tuning coil　室外调谐线圈
outdoor type　户外式的，室外式的，露天式的
outdoor type bushing　室外线用套管
outdoor type generator　室外发电机，露天发电机
outdoor type switch gear　室外开关装置
outdoor type turbo-generator　露天式涡轮发电机
outdoors　(1)户外，野外；(2)在户外，在野外
outdrill　超钻
outer(s)　(1)外线，边线(在多线系统中)；(2)外部的，外边的
outer addendum　(锥齿轮)大端齿顶高
outer angle　外角
outer arbor support　外刀杆支架，外柄轴支架
outer atmospheric temperature (=OAT)　外层大气温度
outer bearing　外轴承，伸出轴承
outer border　外图廓
outer brush　外刷
outer bushing　外轴套，外衬套
outer case of seal　油封金属外壳
outer casing　(1)外[罩]壳，容器；(2)外胎
outer-cavity　外腔[式]的
outer cavity klystron　外腔式速调管
outer chordal addendum　(锥齿轮)大端弦齿高
outer chordal thickness　(锥齿轮)大端弦齿厚
outer circumference　外圆周
outer coating　外部敷层，外层
outer column　外[立]柱，后柱
outer computer　外部计算机
outer conductor　(同轴电缆的)外导线，外导体
outer cone　外锥
outer cone distance　(锥齿轮)外锥距，大端锥距
outer corner　(钻头)转角
outer cover　外壳
outer cutting angle　外导角的余角
outer cylinder　外筒
outer dedendum　(锥齿轮)大端齿根高
outer diameter　(1)外径；(2)大端直径
outer diameter of rolling block　(圆柱齿轮滚齿机)滚圆盘直径
outer edge　外刃，外刀口
outer electrode　外电极
outer electron　外层电子
outer end　(1)外端；(2)大端
outer end of table　工作台外端
outer face　(1)外面；(2)反面
outer face of spindle　主轴外表面
outer-field　外层的，外侧的
outer-field generator　外层旋转发电机
outer flame　外层[火]焰
outer gearing　(1)外传动装置；(2)外齿轮装置
outer housing　外箱体，外壳体，外罩
outer inspection　外观检查

outer layer 外层

outer linearization 多线性化

outer locator 外部探测器,外部定位器

outer marker (=OM) 外指点标,指示符号

outer marker beacon (=OMB) 外部无线电指点标,外部无线电信标

outer multiplication 外乘法

outer normal 外法线

outer panel (=OP) 外翼段

outer-product 向量积,矢[量]积

outer race (轴承)外座圈,外圈,外环

outer raceway (轴承)外滚道

outer rim 外轮缘,外轮辋

outer ring (轴承)外圈,外座圈

outer ring flange (轴承)外圈止动挡边,外圈止推挡边

outer ring riding cage (轴承)外圈引导保持架

outer ring spacer (轴承)外[圈]隔[离]圈

outer ring with aligning seal (轴承)球面外圈

outer ring with cage and roller assembly 无内圈[滚子]轴承

outer ring with double raceway 双滚道外圈,双滚道活圈

outer ring with ribs (滚子轴承)双挡边外圈

outer ring with single raceway shoulder (轴承)分离型外圈

outer rotor (1)外转子;(2)(齿轮泵的)外轴承

outer satellite gear 外行星齿轮

outer shaft 外轴

outer-shell 外壳的,外层的

outer-shell electron 外层电子

outer shoe 外托板,外支块

outer sleeve 外套筒,外轴套

outer-space missile 外层空间导弹

outer spiral angle (锥齿轮)大端螺旋角,外螺旋角

outer stay 外撑条,外拉条

outer string 楼梯外侧斜梁

outer support 外支架,后立柱

outer support block 辅助滑板

outer support table (车床)尾座

outer-tank attachment 箱外坚固件

outer top land (锥齿轮)大端齿顶面

outer track contacts (轴承)外滚道接触点

outer view 外部视图,外观图

outer wall 外壁

outer wheel path (=owp) 外行车轨道

outer working depth (锥齿轮)大端工作齿高

outerbuoy 港外浮标

outerface (磁带、纸带的)外面

outermapping radius 外映射半径

outermost 最外层的,最外面的,最头的,最远的

outerspace 宇宙空间,星际空间,外部空间,外层空间

outface 外面(磁性穿孔磁带)

outfall 流出口,排出口,出口

outfall ditch 排水沟

outfan 输出,扇出

outfire 灭火,熄火

outfit (1)备用设备,成套仪器,成套装置,成套装备,备用工具,附属装置,工具,备件;(2)装配,装备;(3)供给,准备,配备;(4)(船舶)舾装

outfitting standard 舾装标准

outflow (1)流出;(2)流出量

outflow conditions 流动出口条件

outfly 飞越,飞过

outfoot 追过,赶过

outgas 排气,除气,放气,漏气

outgassing 排气,除气,放气,漏气

outgassing rate 除气率

outgo (1)支出,费用;(2)出发;(3)流出,出口;(4)退出;(5)超过,超越,胜过,优于;(6)结果,产品

outgoing (1)出发的,流出的;(2)用过的,无用的;(3)退去的;(4)输出的;(5)支出

outgoing cable 输出电缆,出局电缆

outgoing call 呼叫,去话

outgoing carrier 输出载波

outgoing gauge 轧后厚度

outgoing junction 输出连接

outgoing level 发送电平,输出电平

outgoing line (=OGL) [引]出线

outgoing materials 选取的产物,取试样

outgoing neutron 出射中子

outgoing panel 馈电盘

outgoing position 去话台,甲台

outgoing relay set (=OGRS) 出局中继器

outgoing repeater 去向增音机

outgoing rural line (=OGRL) 区内出线

outgoing rural selector (=OGRS) 区内出线选择器

outgoing secondary line switch 出中断第二级寻线机

outgoing side of rolls 轧辊出料的一面

outgoing signal (回声探测仪)发出信号

outgoing tall center (=OGTC) 去话长途电话中心局

outgoing tall circuit (=OGTC) 去话长途电路

outgoing trunk (=OGT) 出[话]中继线,去话中继线

outgoing trunk center (=OGTC) 去话长途电话中心局

outgoing trunk circuit (=OGTC) 去话长途电路,出中继电路

outgoing wave 输出波,辐射波

outgrowth (1)增生的;(2)(自然的)结果,副产品;(3)附晶生长,过生长

outhaul 驶帆索

outhaul cable 开启桥升吊索

outhauler 曳绳

outlast (1)超过服务期限;(2)更经久,更持久,更耐用

outlay (1)基建投资,基本费用,成本,经费,支出;(2)支付,花费;(3)外置

outleakage 泄漏

outlet (1)管道排出段,出口管,排泄管;(2)排气口,排水口,排油口,输出口,出口;(3)出口截面,排泄孔;(4)流出,排出,放出,输出,溢出;(5)输出端,引出端,引出段;(6)销路

outlet box 引出盒,引出箱,分线盒,分线箱,接线盒,接线箱,出线匣

outlet bucket 出口反弧段,出口唇

outlet coupled hydrostatic differential transmission 输出分流式静液压差速传动(部分输出扭矩来自机械传动)

outlet entrance 泄水孔

outlet line 输出线路,引出线

outlet line filter 输出线路滤波器

outlet of the pass 孔型出口侧

outlet opening 排出口,排出孔,出水孔

outlet pipe 出口管,排出管,泄水管,放水管

outlet pressure 出口压力

outlet sleeve 出口套管,加压套管

outlet sluice 排水闸

outlet temperature 出口温度,终点温度

outlet tile 出口瓦管

outlet triangle (涡轮)出口速度三角形

outlet union 出口接头

outlet valve 放出阀,排泄阀,排水阀,泄水阀

outlet velocity 流出速度,出口速度

outlet water 废水

outlet work 排水工程

outlets capacity 出线容量

outline (1)外形,轮廓,剖面;(2)外形图,轮廓图,示意图,略图,简图,草图;(3)大纲,提纲,纲要概要;(4)轮廓线,外形线,回线,外线,周线

outline drawing 轮廓图,外形图,草图,略图

outline light (被摄物)轮廓照明灯,轮廓光

outline map 外形图,轮廓图,草图,略图

outline of process 生产过程简图,过程梗概

outline of scanned area 扫描面积的轮廓,(扫描区域)目标轮廓

outline of tooth 轮齿轮廓,轮齿外形

outline of video signal 视频信号轮廓,视频信号包线

outline sketch 略图

outlive 寿命胜过,比……经久

outlook (1)外观,眼界,视野,远景;(2)前途,展望,形势;(3)观点,看法,见解;(4)看守,警戒

outlying 远离的,在外的,远隔的,边远的,外围的,分离的,无关的

outlying switch 远距道岔锁闭器

outmaneuver 机动优势

outmilling 对向铣切,异向铣切,迎铣

outmoded 不流行的,废弃了的,过时的

outmost (=outermost) 最外层的,最外面的,最头的,最远的

outness 客观性,外在性

outnumber 数量上超过,多于

outnumbering 超出数,超过

outpace (1)在速度上超过;(2)胜过

outperform (1)工作性能好于,运转能力优于,优越,胜过;(2)

超额完成

outpolar 外配极的

outpour 流出,泻出

outprimary 原线圈端

outproduce 在生产上胜过

output (1)输出[端],输出量,输出功率,输出扭矩,输出信号;(2)产量,产额,生产[效]率;(3)出产品;(4)计算结果

output admittance 输出导纳,出端导纳

output amplifier 输出放大器,末级放大器

output amplitude 输出振幅

output angular velocity 输出角速度

output area 输出区

output axis (=OA) 输出轴

output block (1)输出部件;(2)输出缓冲器;(3)输出区

output brushes 输出电刷

output buffer 输出缓冲器

output bundle 输出束

output capacitance 输出电容

output carrier 输出载波

output cathode 输出阴极

output characteristic 输出特性

output choke 输出端扼流圈

output choke coil 输出端扼流圈

output circuit 输出电路

output coefficient 输出率,利用系数

output connection 输出接线

output coupling device 输出耦合装置

output data 输出数据

output demodulator 输出解调器

output digit 输出数位

output disturbance 输出端干扰

output due to input 由于输入而产生的输出,决定于输入的输出

output element 输出构件,输出装置

output end 输出端

output equipment 输出设备

output filter 输出滤波器

output flange 输出轴法兰

output gap 输出隙

output gear 输出轴齿轮,从动齿轮

output hallow shaft 空心输出轴

output hub 输出轴毂

output impedance 输出阻抗

output impulse 输出脉冲

output in metal removal 出屑量

output in stock removal 出屑量

output indicator 输出指示器

output information 输出信息

output-input ratio 输出输入功率比,有效系数,效率

output instruction 输出指令

output interelectrode capacitance 输出端极间电容

output interface adapter 输出接口器

output jack 输出孔塞

output lead 输出端,引出线

output lever 从动杠杆

output link 输出轴运动链,从动联杆

output member 输出传动件,从动件

output meter 输出测量计,输出计,输出表

output motion 输出运动

output network 输出网络

output of a cupola 冲天炉的熔化率

output of column 塔的生产能力,塔产物物料平衡

output of hearth area 单位炉床面积产量

output order 输出指令

output parameter 输出参数

output pentode 输出五极管

output per day [每]日产量

output pinion 输出轴小齿轮,从动小齿轮

output polarity 输出端[信号]极性

output portion 输出端

output power 输出功率

output power meter 输出功率计

output power of visual transmitter 图像发射机输出功率

output printer 输出记录器

output pulsation 输出波动

output pulse 输出脉冲

output queue 输出队列

output quota 产品定额

output range 输出范围

output rate (1)生产率,产量;(2)出屑率

output rate per hour 每小时出[屑]率

output rating (1)输出[功]率;(2)产量

output register 输出寄存器

output resistance 输出电阻

output resonance circuit 输出谐振电路

output routine 输出程序

output section 输出区

output shaft 输出轴

output shaft propeller 螺旋桨轴,动力输出轴

output side 输出端

output signal 输出信号

output speed (1)输出速度;(2)被动轴转速

output stacker 输出接卡箱

output stage 输出级

output standard 生产定额,劳动定额

output storage 输出区

output strobe pulse 输出选通脉冲

output subroutine 输出子程序

output sun gear 从动太阳轮

output table 输出台

output terminal 输出端

output test (1)输出功率试验;(2)生产能力试验

output-to-output crosstalk 测量远端串话

output torque 输出扭矩,输出转矩

output triode 输出三极管

output transformer (=OT 或 OPT) 输出变压器,输出变量器

output transformerless (=OTL) 无输出变压器

output transformerless circuit 无输出变压器电路

output tube 输出管

output unit 输出装置

output vector 输出向量

output volume 排量

output voltage 输出电压

output waveguide 输出波导

output winding 输出绕组,输出线圈

output work 输出功

output work queue {计}文件输出排队

output writer {计}文件输出改写程序

outrage 违反

outrange (无线电通信)超出作用距离范围,超出量程,超航程

outrank 等级超过,级别高于

outreach (1)(起重机的)极限伸距,起重机臂,悬臂;(2)超过,胜过,优于;(3)伸出,延展,范围

outride 行驶速度快过

outrigged 有舷外装置的

outrigger (1)起重臂,稳定支撑;(2)承力外伸支架,外伸叉架,承力支架,悬臂梁;(3)舷外铁架,外架(支持飞机用的),支架,[外伸]叉架,构架

outrigger jack 支撑起重器,撑脚千斤顶

outrigger scaffolds 挑出脚手架

outrigger shaft 延伸轴,伸长轴

outrigger wheel 挑出轮

outright (1)完全地,彻底地,全部地,总共地;(2)公开地,坦白地,公然,断然;(3)即时,立即,马上,当场;(4)彻底的,完全的,十分的,明白的

outrival 胜过,打败

outrun 超过,追过,赶过

outrush 高速流出,高速流出的射流,出口压力头

outsail 航行快过

outscriber 输出记录机

outset 开头,开端,开始

outshine 亮过

outshoot 射出,突出,凸出,伸出

outshore 远离海滨,海上

outshot (1)凸出部分;(2)等外品,废品

outside (1)外部,外表,外面,外侧,外观,表面;(2)外部的,外面的,外侧的,外观的,表面的;(3)在……外面;(4)(游标卡尺的)外卡脚;(5)极端,极限

outside air 外界空气

outside air temperature (=OAT)　外面空气温度
outside antenna　室外天线
outside appearance　外观, 外形, 外表
outside axle box　轴颈箱
outside bearing　外轴承, 伸出轴承
outside blade　外切刀齿, 外切刀片
outside broadcast　实况转播, 室外转播
outside broadcast car　电视转播车
outside calipers　外卡规, 外卡钳
outside chance　不大可能的机会
outside chaser　外螺纹梳刀, 阳螺纹梳刀
outside circle　上齿面圆, 齿顶圆
outside clinch　外活套结
outside cone　外圆锥, 顶锥
outside cutter　外切刀盘, 外切刀片
outside cylinder　外圆柱, 顶圆柱
outside diameter (=OD 或 O. D.)　外直径, 外径
outside diameter of gear　齿轮外径, 齿轮顶径
outside diameter of housing washer　(轴承)活圈外径
outside diameter of inner ring　(轴承)内圈外径
outside diameter of outer race　(轴承)外座圈外径
outside diameter of outer ring　(轴承)外圈外径
outside diameter of thread　螺纹外径
outside dimension (=OD 或 O. D.)　外径尺寸, 外部尺寸
outside dimensions　外廓尺寸
outside drawing　外形图, 外观图
outside driving center　(车床)外拨顶尖
outside end of arbor　柄轴外端
outside estimate　最高的估计
outside face (=OF)　外表面
outside ga(u)ge　外径量规
outside gouge　外弧口凿
outside helix　(螺旋齿的)顶圆螺旋线
outside helix angle　(螺旋齿的)顶圆螺旋角
outside help　外援
outside housing　外箱体, 外壳
outside-in　从外侧至内侧的, 从外缘向中心的
outside in　从外侧至内侧的, 从外缘向中心的
outside-in filter　过滤物自外延流经过滤介质至中心的过滤器
outside-in recording　向心录音法
outside indicator　外指示剂
outside lap　进气余面, 外余面
outside lead angle　齿顶圆导程角, 外端导程角
outside lead gauge　外螺纹导程仪, 外螺纹螺距规
outside lining　框架外部构件
outside measurement　外形尺寸
outside micrometer　外径千分尺, 外径测微计
outside network　外部管网
outside of tubes　(换热器的)管间空间, 管外
outside pitch line length　齿顶高度
outside plain calipers　外卡钳
outside point diameter　(锥齿轮刀盘)外切刀尖直径
outside price　最高价格
outside primary (=OP)　初级线圈外端
outside procured part　外购的部分
outside purchase inspection (=OPI)　外购品检查
outside quality control (=OQC)　外部质量控制
outside race　外座圈
outside radius (=OR)　(1)齿顶圆半径; (2)外半径
outside rolling circle　外滚圆
outside seal　外部密封
outside secondary (=OS)　次级线圈外端
outside shell　外壳
outside single-point thread　单刃外螺纹刀具
outside spiral angle　(锥齿轮)大端螺旋角
outside surface　外表面
outside taper　外锥度
outside taper gauge　外锥锥管螺纹牙高测量仪
outside tappet　外侧踏盘
outside-the-station equipment　站外设备
outside thread　外螺纹
outside view　外形图, 外观图
outside widening　外侧加宽
outside wiring　室外布线

outside work　户外工作
outsider　(1)旁观者, 局外人; (2)没有专门知识的人, 外行
outsight　观察[力]
outsize　非标准尺寸的制品, 特大型号
outsized　特别大的
outsmart　比……聪明, 机智胜过
outsole　基底, 外底, 脚
outspent　过度消耗的, 用过了的, 废的
outspread　(1)扩张, 展开, 散布, 传播; (2)扩张的, 展开的
outsqueezing　压出, 榨出
outstanding　(1)引人注意的, 杰出的, 显著的, 突出的; (2)未完成的, 未解决的, 未偿还的, 未付的
outstanding amount　未清金额, 待结金额
outstanding balance　未用的余额
outstanding claim　未偿还债务, 现存债务
outstanding features　突出的特点
outstanding leg of angle　角钢的伸出肢
outstanding problems　未解决的问题
outstanding issue　悬而未决的问题
outstanding share capital　现存股本, 现存资本
outstation　野外靶场, 外场, 支所, 分局
outstep　走过, 超过, 夸大
outstretch　伸长, 伸开, 拉长, 扩张, 伸展
outstrip　使超前, 使提前, 超出, 超过, 超前
outstroke　排气冲程, 向外冲程
outsubmarine　在潜艇的数量上超过
outtake　通风道, 烟道
outthrow　扔出, 抛弃
outthrust　(1)冲出的, 突出的; (2)突出物
outtravel　在速度上超过
outturn　(1)产量; (2)纸张样品
outturn sample　报样
outturn sheet　纸样
outvalue　比……有价值
outvoice　声音压过
outwale　舷侧列板
outward　(1)外部的, 外面的, 外形的, 外表的, 外界的, 表面的; (2)向外的, 外向的; (3)物质的, 客观的; (4)明显的, 公开的; (5)外部, 外表
outward-bound　开往国外的, 出航的
outward derivative　外导数, 外微商
outward eye　肉眼
outward flange　外凸缘, 外法兰
outward-flow turbine　外流式水轮机
outward form　外表, 外形, 外貌
outward passage　出航
outward run　[走锭细纱机的]出车
outward seepage　向外渗出
outward things　周围的事物, 外界
outward thrust　[向]外推力
outward trunk (=OWT)　外中继线, 外干线
outwardly　(1)在外面, 向外面, 从外面; (2)外表上, 表面上
outwardness　客观存在, 客观性
outwards　在外部, 向外部, 向国外, 外表上, 表面上
outwash　刷净, 刷去, 清除
outwatch　到看不见为止, 看得更久
outwear　(1)耗尽, 用完; (2)经久耐用
outweigh　重[量超]过,
outwell　(1)倒掉, 倒去; (2)铸造
outwit　智胜
outwork　(1)外围防御工事; (2)户外工作; (3)工作胜过
outworker　外勤人员
outworks　户外工作
outworn　(1)已废除不用的, 陈旧的, 过时的; (2)磨坏的, 破损的
OV　硅酮固定液(商品名)
oval　(1)椭圆孔型的, 椭圆的, 蛋形的; (2)椭圆形
oval and round method　圆钢椭圆 - 圆形孔型系统轧制法
oval and square method　圆钢椭圆 - 方形孔型系统轧制法
oval belt fastener　椭圆皮带扣
oval cable　椭圆形电缆
oval chain　椭圆形链条
oval counter rivet　椭圆埋头铆钉
oval-eccentric gearing　椭圆偏心齿轮传动
oval file　椭圆锉

oval fillister-head screw　凸槽椭圆头螺钉
oval fillister head screw　球面圆柱头螺钉
oval flange　椭圆形凸缘，外凸缘，外法兰
oval gasket　椭圆形垫片
oval gear　椭圆齿轮
oval head screw　椭圆头螺钉
oval head rivet　椭圆头铆钉
oval piston　椭圆活塞
oval rivet　椭圆头铆钉
oval screw　椭圆头螺钉
oval strand　椭圆形股绳
ovalisation (=ovalization)　成椭圆形
ovality　椭圆度，卵形度
ovalizing balance　椭圆摆轮
ovalizing deflection　椭圆变形
ovaloid　(1) 卵形面；(2) 似卵形的
oven　(1) 烘炉，火炉，烤炉；(2) 干燥机，干燥器，干燥箱，烘箱；(3) 干热灭菌箱，热气消毒器，恒温器，恒温箱，恒温槽
oven-dried　烘干 [的]
oven dry　绝干，烘干
oven loss test　炉热损失试验，加热损失试验
oven tar　焦炭炉焦油沥青
oven-test　炉热试验，耐热试验
oven test　耐热试验
ovenstone　耐火石
ovenware　烤 [炉用] 盘
over　(1) 越过；(2) 在……上面；(3) 全面，到处，遍；(4) 以上；(5) 过度的，过多的，超过的，外面的，上面的，完成的，过去的
over-　(词头) (1) 过度，超，太；(2) 在外部，在上面
over-all yield　总产量
over allowance　上容差
over-and-over addition　逐次加法，反复加法，重复相加
over-and-under controller　自动控制器
over arm　横臂，横杆，悬臂，悬梁
over arm brace　(卧铣) 横梁支架
over arm support　撑杆，支架
over balance　超出平衡，失平衡，过平衡
over ball dial measurement　节圆直径钢球测量法
over ball diameter　钢球外点直径，跨球外点直径 (节径钢球测量法所测尺寸)
994
over beam　过梁
over blow　(转炉) 过吹，(高炉) 加速鼓风
over blowing　过吹
over brace　横杆支架，横杆支柱
over burdening　装料过多，超载
over-capacity　生产能力过剩，设备过剩，开工不足
over-car antenna　车上天线
over-center engagement　上偏置啮合
over-center mechanism　偏心自销机构
over charge　(1) 超载，过载，超装；(2) 加料过多，过量充电
over coalcutter　上部截槽截煤机
over-commutation　过度整流
over compound dynamo　过复励发电机
over compound excitation　过复励，过绕激
over compounded　(1) 过复励的，过复激的；(2) 过配合的
over control　超调现象
over correction　过分改正
over-cure　(1) 过分硫化；(2) 过热
over cure　(1) 过分硫化；(2) 过热
over current relay　过载继电器
over damping　过度阻尼，过度衰减
over discharge　过放电
over-dissipation　过量耗散
over-distension (=over-distention)　膨胀过度
over drive　超速传动，增速传动，超速
over-driven worm set　上置蜗杆传动装置
over-electrolysis　电解过度
over-estimate　过高估计，估计过高
over excitation　过激励，过励磁
over excite　过激励，过励磁
over exposure　过分露光，过曝
over-feed stoker　火上加煤机
over feed stoker　火上加煤机
over feeding　给料过多

over flow　溢流
over focus　过焦点
over head turning　反装刀车削
over heat protective relay　过热保护继电器
over-heating　过热烧损，过热
over-ignition　点火过头
over inflation　过度打气
over length　过长
over load　过量负载，过量充电
over load clutches　安全离合器，过载离合器
over modulation　过 [量] 调 [制]
over modulation capacity　过调制容量
over-neutralization　过度中和
over oiling　加油过度，用油过度
over pickling　浸渍过量，酸浸过度
over pin　(节圆直径滚柱测量法的) 跨棒，跨针，滚柱
over pin dial　跨棒测齿厚仪，跨针测齿厚仪
over pin diameter　跨棒直径，滚柱 [外母线] 直径
over-pin gear measurement　(齿轮) 跨棒测量
over point　蒸馏首滴温度，初馏点
over power relay　过负荷继电器
over pressure (=OP)　超压力，过压
over-production　生产过剩
over production　超产
over-punching　上部穿孔区穿孔，加穿孔
over rate characteristic　过量率特性，过定额特性，(阀门) 压力增量特性
over reach　延长动作
over-reach interference　越站干扰
over reduction　过度还原
over reinforced　(混凝土) 钢筋过多，过度加筋
over-relaxation　过度弛豫
over ride　超控 [程]
over road stay　跨马路拉线
over-rolls measurement　(齿轮) 跨棒测量
over-rope　上绳
over-run　过度运行，过限运动
over running clutch　超越离合器，超速离合器
over running torque　超速运转扭矩
over speed　超速
over speed drive　超速传动
over strain　过度应变
over stress　过度应力
over stretch　过度伸长
over-taring　逾限皮重
over temperature trip device　超温限制器
over-the-counter market　场外交易
over-the-counter trading　现货交易
over-the-horizon radar (=OTH radar)　超视距雷达
over top　超高速
over torque　过转矩
over travel　越程
over type worm gear　上置蜗杆式蜗轮蜗杆传动机构
over-under　使用过度
over-use　过度使用
over-voltage (=OV)　过 [电] 压
over-valuation　高估
over weight　过重
overabound　极多，过多
overabundance　过多，过剩
overabundant　过多的，过剩的
overacidity　过酸度
overact　过度，过分
overactive　过度活化的，过于活泼的，过多的，过分的
overactivity　过度活化性，过于活泼
overage　(1) 人工时效过度，过时效，过老化；(2) 超出的，过多的，过剩的
overaging　(1) 过 [度] 时效 [的]，过老化 [的]；(2) 超出的，过多的
overagitation　过度搅拌
overalkalinity　过碱度
overall (=OA)　(1) 外廓的，全部的；(2) 总体的，综合的；(3) 工作外衣
overall accuracy　综合准确度，总准确度，总精度
overall attenuation　总衰减，净衰减，全衰减
overall characteristics　总特性

overall coefficient 综合系数,总系数
overall design 总体设计
overall diameter 总直径,全径
overall dimensions (=oad) 外形尺寸,轮廓尺寸,外廓尺寸,最大尺寸,总尺寸,全尺寸
overall efficiency 总有效利用系数,综合效率,整机效率,总效率
overall error 总误差
overall flaw detection sensitivity (超声波)相对探伤灵敏度
overall frequency response 总频率响应
overall frequency response characteristic 总频率响应特性
overall gain 总增益
overall gear ratio 总齿数比
overall harmonic distortion 整机谐振失真
overall height 总高度,总高,全高
overall length 总长度,总长,全长
overall load 总载荷,总负荷
overall loading 满负载
overall mean velocity 断面平均流速
overall measurements 总测量尺寸,总量度
overall operational costs 总运行费,全部使用费
overall pattern 总体图式
overall performance 总质量指标,综合性能
overall pinion facewidth 小齿轮总齿宽
overall pressure ratio 总压比
overall project 全面方案,综合计划
overall pulse 全脉冲
overall quality 综合质量
overall relative slip 全相对滑动,全面相对移动
overall reliability 综合可靠性
overall size 总尺寸,全尺寸,外廓尺寸
overall solution 总体解法,共同解法
overall speed 运转速度
overall structure 整体结构
overall system adjustment 整系统调整,综合调整
overall test 整机试验,静态试验,总试验
overall thickness 总厚度
overall transfer characteristics 总传输特性
overall utilization 总利用率
overall view 总图,全图
overall weldability 使用可焊性
overall width 总宽度,总宽,全宽
overall width of inner rings (轴承)内圈子总宽度(成对安装时)
overall width of outer rings (轴承)外圈总宽度(成对安装或双列轴承)
overalls (1)全部的;(2)工作服
overamplification 过分放大,过量放大,放大过度
overannealing 过度退火
overarm 横杆,横臂,横梁,悬臂,悬架
overarm brace (卧铣)横梁支架
overarm support 悬梁支架,撑杆,支架
overbake 烘培过度,过烘,过烧,过烤,烧损
overbalance (1)超[出]平衡,失[去平]衡,过[度]平衡,不平衡;(2)过重,超重,超过
overbanking 翻摆
overbar 划在上面的横线,上划线
overbased 高碱性的
overbate 过度软化,过度减弱
overbear (1)压碎;(2)压服,克服
overbearing 非常之大的,压倒的
overbed table 跨床台
overbend 过度弯曲
overbending 过度弯曲
overbias 过偏压
overbiased 过偏压的
overblow (1)(转炉)过吹;(2)(高炉)加速吹风
overblown steel (转炉)过吹钢
overboard (=OB) 向船外,在船外
overboard-dump 卸载
overbottom pressure 余压
overbreak 过度断裂,裂面过大,超挖,超爆,过碎
overbreak control 超爆破控制
overbreakage 超挖度
overbreaking 过碎
overbridge 跨线桥,上设桥,天桥,旱桥
overbridge magnetic separator 过桥式磁铁分离机

overbunch 过聚束
overbunching 过聚束
overburden (1)超负荷,超负载,装载过度,过载,超载;(2)覆盖层;(3)剥离
overburden drilling (=OD) 盖层钻孔
overburden pressure 积土压力,超载
overburden removal 剥离
overburdensome 超载的,过载的,过重的
overburn 烧毁,烧损,过烧
overburned 过度焙烧的
overburning 烧损,烧毁
overburnt 过烧的
overcalender 过度研光
overcapacity (1)超负荷;(2)后备生产率;(3)过剩的生产能力
overcarbonate 充碳酸气过饱和
overcarbonation 充碳酸气过饱和
overcast 支撑架空管道支架
overcaster 锁边工,包边工
overcasting 转载,转运
overcasting staff 测量杆
overcenter clutch 偏心自销常开式离合器
overcenter dry-type clutch 偏心自销常开离合器
overcenter multiple-disk wet power take-off clutch 自销常开多片湿式动力输出离合器
overcharge (=O/C) (1)充电过多;(2)过重,过载,超载;(3)加料过多;(4)额外收费,多计价款
overclass 扩类
overclassification 分级过高,分等过高
overclimb 气流分离,失速
overcoat (1)防护层,涂层;(2)涂刷
overcoating (1)保护涂层,外敷层;(2)涂刷
overcoil 摆轮游丝的末圈
overcoiler 游丝调整工
overcolor (=overcolour) 着色过浓
overcome 克服,胜过,压倒,压服
overcome friction 克服摩擦力
overcommited 过分受束缚的
overcommutation 过[度]整流,加速换向
overcompacted 过度压实的,压得过密的
overcompensate 补偿过度,过[度]补偿
overcompensation 补偿过度,过度]补偿
overcompound 过复励,过复绕
overcompound dynamo 过复励发电机
overcompound excitation 过复[绕激]励
overcompound generator 过复激式发电机
overcompounding (1)过复励,过复激;(2)过配合
overcompression 过[度]压缩
overconsolidated 过度固结的
overconsolidation 超固结作用,过度固结,超固结,超压密
overconstrained 约束过多的,无解的
overcontrol 过度控制,过分操纵
overconvergence 过[度]收敛,过会聚
overcook (1)焙烧过度,绝干;(2)过度损坏
overcool 过[度]冷[却]
overcooling 过[度]冷[却]
overcoppered (铜导线)加大截面的,用铜过多的
overcoring 套芯
overcorrection 重新调整,再调整,过调[节],过校正,过矫正
overcount 计数过度
overcouple 过耦合
overcoupling 过耦合
overcrack 过度裂化
overcracking 过度裂化
overcritical 过于危险的,超临界的,过临界的
overcross (1)上跨交叉;(2)跨越
overcrossing (1)上跨交叉;(2)天桥
overcorrection 过矫正
overcoupling 坚固耦合
overcover 遮盖物
overcrowding 过拥挤,过密
overcrust 用外皮包,盖壳
overcure 过[分]硫化,过[度]熟[化]
overcuring 过熟化
overcurrent 过量电流,过载电流

overcurrent ground system　过电流继电保护方式,过载继电保护方式
overcurrent relay　过电流继电器,过载继电器
overcurrent trip coil (=OTC)　过电流解扣线圈
overcut　(1) 过度调制；(2) 割断,切断；(3) 超径切削
overcutter　顶槽截煤机
overcutting　(1) 过调制；(2) 割断,切断；(3) 过度切割,过度刻划
overdamp　过度阻尼,阻尼过度,过度衰减,强衰减
overdamped　过阻尼的,强衰减的
overdamping　衰减过度,剩余阻尼,过阻尼
overdelicate　过于精致的,超灵敏的
overdense　过密的
overdepth　超出深度,外加深度
overdesign　安全系数大的设计,过于安全的设计,过度复杂的设计,保险设计,超裕度设计
overdetermination　超定[性],过定[性],超定[度],过定[性]
overdetermined　超定的,过定的
overdevelop　(1) 显影过度；(2) 过度发展,过度发达
overdeveloped　显影过度的
overdeveloped barrier　过分发展的势垒
overdevelopment　湿影过度(摄影)
overdeviation　过频偏
overdilution　过分冲淡
overdimensioned　超尺寸的,全尺寸的
overdimensioning　选择参数的裕度
overdischarge　(1) 过[量]放电,过[量]卸料；(2) (活塞发动机的) 提前排气
overdistillation　另侧的蒸馏
overdo　(1) 做得过火,做过；(2) 过熟
overdominance　过显性
overdoor　(1) 门顶装饰；(2) 门上的
overdoping　(半导体) 过掺杂
overdose　(1) 过度剂量；(2) 用药过量,倒药过量
overdraft (=overdraught)　(1) 过度通风,上部通风[装置]；(2) 轧件上弯,过压缩(轧压时),下压力；(3) 过度抽吸；(4) 透支 (=OD 或 O.D.)
overdraw　(1) 张拉过度；(2) 超支,透支
overdress　过度装饰
overdried　过[分]干[燥]的
overdrilling　超钻
overdrive (=OD)　(1) 超速[档],超速传动[装置],增速传动[装置]；(2) 过压；(3) 激励过度,过激,过载

overdrive capacitor　过激励电容器
overdrive clutch　超速离合器,超转离合器
overdrive condenser　过激励电容器
overdrive idler gear　超速空转齿轮
overdrive gear　超速传动齿轮,增速齿轮,超速齿轮,超速档
overdrive lever　超速档换档杆
overdrive stationary gear　超速固定齿轮
overdrive system　超速传动系统
overdriven　(1) 激励过度的,过激的；(2) 超速传动的；(3) 过载的
overdriven amplifier　过激励放大器,过压状态放大器,过载放大器
overdriven pentode　过激励五极管
overdriving　过激励,过调制,过驱动,过载
overdriving lock　超速锁
overdry　过度干燥,过[分]干[燥]
overdrying　过干[的]
overdub　(1) 加录；(2) 加录的音响,叠录
overdue　过期的,过时的,误点的,迟到的
overdue bill　到期未付票据
overdye　(1) 套色；(2) 再染
overedger　包缝机
overemphasis　过于强调,偏重
overemphasize　过分强调
overestimate　估计过高,过度估价,过于重视
overestimation　估计过高,过度估价,过于重视
overexcavate　超挖
overexcitation　(1) 过度激励,过度激发,过激励,过激磁,过励磁；(2) 过调制,过载
overexcite　(1) 过度激励,过度激发,过激励,过激磁,过励磁；(2) 过调制,过载
overexcited　(1) 过度激发的；(2) 过励磁的
overexert　用力过度,过于用力,加力过多
overexertion　用力过度,过于努力
overexpansion　过[度]膨胀

overexpose　(照相) 感光过度,曝光过度
overexposure　(1) 过度曝光,曝光过量；(2) 过度照射；(3) 过度辐照
overextend　延伸过长
overfall　(1) 溢流,外溢,溢出,浸溢；(2) 溢出口,溢水口
overfamiliar　太熟悉的
overfatigue　疲劳过度
overfeed　过分供给,过分进给,过分馈送,加料过多,过量进料,过装料
overfeed-firing　上饲式燃烧
overfeed stoker　火上加煤机
overfelt　压制毛毡
overfill　过量填注,过满
overfilled　过充满的(轧制缺陷)
overfinish　过度修整
overfire　过度燃烧,过热,烧毁,烧损
overfiring　过烧
overflash　闪络,飞弧
overflight　飞越
overflow　(1) 溢出,泄出,过满,涨满；(2) 溢流；(3) 溢流管,溢流口,泄出管；(4) 上溢,溢位；(5) 过载,超过业务量
overflow area　溢出区
overflow call　全忙呼叫,溢呼
overflow check　溢出检查
overflow check indicator　溢出检查指示器
overflow contact　全忙接点
overflow handling　溢出处理
overflow indicator　溢出指示器
overflow lip　溢口
overflow meter　全忙计数器,溢呼计数器,溢呼表
overflow mould　挤压模,溢流模
overflow pipe　溢出管,溢水管,溢流管,排水管
overflow position　溢出位
overflow pulse　溢出脉冲,溢流脉冲
overflow record　溢出记录
overflow tank　溢流舱
overflow traffic　溢出话务
overflow valve　溢流阀
overflowing　溢流[物]
overflux　(1) 过磁通,加强磁通；(2) 超额通量
overformed　过冶成的
overfreight　载货过多,过载
overfrequency　超过额定频率,倍升频率,超频率,过频率
overfueling　燃料供给过量,过量给油
overfueling of engine　发动机加油过量
overfulfill　超额完成
overfull　太满的,充满的
overgas　(煤气加热炉) 过量供给燃气,过吹
overgassing　[燃烧中] 超量供给燃气,过度析出气体,过吹
overgate capacity　(水轮机的) 超开度容量
overgauge　(1) 正偏差轧制,放尺；(2) 超过规定尺寸的,等外的
overgear　高速挡
overgild　镀金
overglass　玻璃灯罩
overglaze　面釉,复釉
overgrind　研磨过度,过度粉碎,过度磨细
overgrinding　研磨过度[的],过度粉碎[的],过度磨细[的]
overground　(1) 磨过度的；(2) 地面上的
overgrowth　增长
overhand　(1) 从上面支撑；(2) 倒台阶的,支撑的
overhand knot　反手结
overhang　(1) 悬置的,悬垂的,吊架,外伸,(2) 悬臂式的,外伸的,吊挂的；(3) 灯具悬伸距,外伸量,悬垂物；(4) 上架式安装法
overhang arm　外伸臂,悬臂
overhang crane　吊装式起重机,高架起重机
overhang crank　外伸曲柄,轴端曲柄
overhang grinding wheel　外伸砂轮
overhang-mounted pinion　悬臂安装的小齿轮
overhang mounting　吊挂式安装,悬臂式安装
overhang roll　悬辊
overhang wheel　外伸轮
overhanging　在轴端的,悬伸的,突出的
overhanging arm　外伸臂
overhanging beam　悬臂梁,伸臂梁,
overhanging hammer　单臂锤
overhanging length　伸出长度

996

overhanging pendant switch　外伸悬垂式按钮

overhanging pile driver　伸臂式打桩机

overhanging rail　悬臂轨

overhardening　(1) 硬化；(2) 过硬的

overhaul　(1) 大修,检修,修理,拆修,拆检,彻底检查,检查；(2) 超运 [距]

overhaul and repair (=O&R)　检修与修理

overhaul charge　(1) 修理费；(2) 超运费

overhaul distance　超运距

overhaul life　大修间隔期,大修周期

overhaul period　大修周期

overhaul stand　大修台

overhauling　(1) 彻底检查,大修,拆修,翻修；(2) (电机) 负加载；(3) 过牵引

overhead (=OH)　(1) 高架的,架空的,头上的；(2) 在头顶上,在头顶；(3) 杂项开支,管理费,总经费,经常费；(4) 总的,经常的

overhead arm locking lever　跨臂锁紧手柄

overhead beam　上层织轴

overhead bits　附加位

overhead bright stock　塔顶流出的高质量油

overhead cabin　高架仓

overhead cable　高架线,架空线,飞线

overhead cable line　架空电缆线路

overhead cam shaft　上凸轮轴

overhead camshaft　顶置凸轮轴,上置式凸轮轴,架空凸轮轴

overhead charges　杂项开支,杂项费用,管理费,经常费

overhead clearance　跨线桥净空

overhead conductor　架空导线,架空电线

overhead convection type　向上对流式

overhead conveyer　高架运送机

overhead conveyor　高架输送带,吊挂输送机

overhead cost　非生产费用,杂项开支,管理费,经常费,杂费

overhead countershaft　天轴

overhead crane　桥式起重机,桥式吊车

overhead crossbar　跨头横杆

overhead crossing　立体交叉,高架交叉,上跨交叉

overhead cylinder stock　汽缸油头镏份

overhead distillate　头镏份

overhead door　升降门

overhead-drive press　上传动压力机

overhead driving gear　上主动齿轮,天轴主动齿轮

overhead earth wire　架空地线

overhead expense　管理费,经常费,杂项开支

overhead feeder　架空馈线

overhead ground wire　架空避雷针,架空地线

overhead irrigation　喷灌

overhead line　架空线 [路],高架线

overhead line shaft　顶置式天轴,架空动力轴

overhead man　高空操作工

overhead manipulator　大型万能机械手,架空式机械手

overhead pilot bar　顶架导向杆

overhead pipe　架空管道,高架管道

overhead position welding　仰焊

overhead power line　架空电力线路

overhead rail　吊轨

overhead railway　高架铁路

overhead structure　顶上部结构

overhead supply　接触网馈电

overhead suspension　架空悬置

overhead system　架空线路系统,架线式,高架式

overhead-taken　自塔顶取出的

overhead tank　压力罐,压力槽

overhead telephone line　架空电话线

overhead tie　横梁

overhead time　额外时间

overhead transmission gear　架空传动齿轮 [装置]

overhead transmission line reconnaissance　架空线路巡线

overhead traveller　桥式起重机,桥式吊车

overhead travelling crane　高架移动式起重机,桥式吊车,行车,天车

overhead travelling drilling machine　悬臂钻床

overhead trolley conveyor　悬挂式运输机,吊链运输机

overhead truck scale　[架空] 车秤

overhead valve (=OHV)　上置汽门,顶置汽门,顶阀

overhead vapours　塔顶引出的蒸汽

overhead view　俯视图,顶视图

overhead weld　仰焊

overhead welding　仰焊

overhead wire　架空 [导] 线

overhead worm　上置 [锥] 蜗杆

overheap　堆积过多,装载过度

overhear　(1) 串音；(2) 偶然听到,偷听

overheat　(1) 过 [分加] 热,变得过热；(2) 过度回火

overheated　过热的,过烧的

overheater　过热器

overheating　过热

overhit　过量射击

overhours　加班时间

overhung　悬臂 [式] 的,悬垂的,外伸的,凸出的

overhung bearing　悬吊轴承

overhung crank　外伸曲柄

overhung door　吊门

overhung mounted gear　悬臂安装轴承

overhung mounting　外伸安装,悬臂式安装

overhung pinion　外伸小齿轮

overhung turbine　悬臂式涡轮机

overhungs　(直线电机的) 外伸缘

overhydrocracking　深度加氢裂化

overincandescence　过度灼热,过度白热

overinflation　打气过度

overirradiation　过度辐射,过度辐照

overirrigation　过度灌注

overjet　覆盖

overjump　(1) 飞越,越过；(2) 忽略,无视

overkill　用过多的核力量摧毁,重复命中

overlade　装载过多,过负荷,超载,过载

overladen　装载过多,装货过多

overlagged　过调 (感应式电度表相位滞后)

overlaid seam　搭缝

overlap (=OL)　(1) 重叠,交叠,重合；(2) 重合度；(3) 搭接,互搭；(4) 焊瘤,飞边；(5) 跳火花,飞弧

overlap angle　(齿轮) 纵向作用角,纵向重合角,轴面重合度对应角,齿线重合角

overlap arc　(齿轮) 纵向作用弧,纵向重合弧

overlap changeover　交叉转换

overlap coefficient　(齿轮) 重合系数

overlap cut　重叠切削

overlap integral　重叠积分

overlap joint　搭接

overlap length　(斜齿轮的) 齿线重合弧长度,重叠长度

overlap method　重叠法

overlap of knives　剪刃重叠量

overlap ratio　(齿轮) 纵向重合度,沿齿线方向的重合度,齿宽重合度

overlap shift　(自动变速器换档过程中) 各档搭接换档

overlap transistor　覆盖式晶体管

overlap welding　搭接焊

overlap X　扫描光点 X 方向重叠

overlap Y　扫描光点 Y 方向重叠

overlapped　重叠的,重复的,交迭的

overlapped joint weld　搭头焊缝,搭接焊缝

overlapped operation　重叠操作

overlapping　(1) 重叠,搭接；(2) 飞弧,跳火花；(3) 同时进行

overlapping boards　鱼鳞板

overlapping capacity　过载容量,过载能量

overlapping curve　(1) 重合曲线；(2) 磨削交叉花纹,网纹

overlapping of lines　行重叠

overlapping of orders　级的重叠,阶叠加

overlapping phase　重叠相位

overlapping pulse　重叠脉冲

overlapping roller conveyer　双层滚轴输送机

overlapping tooth action　重合轮齿啮合线

overlay　(1) 覆盖层,涂层,镀层；(2) 覆盖,堆焊；(3) 压制,压倒；(4) 调节印刷表面压力；(5) 共用存储区；(6) 交换使用存储区；(7) 程序段落,程序分段,程序重叠

overlay clad plate　层叠式双金属板

overlay metallizing　重叠敷镀金属

overlay segment　(程序的) 重叠段

overlay strategy　覆盖策略

overlay supervisor　覆盖管理程序

overlay transistor (=OT) 覆盖式晶体管, 层叠 [式] 晶体管
overleap (1) 越过, 跳过, 跳出; (2) 忽略, 省去
overlength 剩余长度, 过长
overlift 锁闩上拉限位装置
overline (1) 划在上面的线, 上划线; (2) 跨 [路] 线的
overline bridge 天桥
overload (1) 过负载, 过载, 超负荷, 超载; (2) 装载过重; (3) 过度充电
overload breakage 过载断裂, 超负荷断裂
overload capacity 过载能力, 过载容量, 超载能力
overload characteristics 过载特性, 超载特性, 超负荷特性
overload circuit breaker 过载断路器
overload clutch 安全离合器
overload coupling 安全联轴节, 防超载联轴节
overload distortion 过载失真
overload efficiency 过载效率, 超载效率
overload factor 过载系数, 超载系数, 超负荷系数
overload friction clutch 防超载摩擦离合器
overload indicator 过载指示器
overload level 过载电平, 过载级, 超荷级
overload margin 过载定额, 超载储备
overload operation 过载运转, 超负荷运行
overload point 过载点
overload prevention device 过载保护装置, 过载防止装置
overload protection 过载保护, 超负荷保护
overload protection device 过载保护装置, 防超载装置
overload provision 超载规定
overload relay (=OR) 过载继电器
overload release 超载松脱器, 过载释放器
overload relief valve 超载安全阀
overload running 过载运转
overload safety stop 过载自停装置
overload test 过载试验, 超载试验, 超负荷试验
overload time relay (=OTR) 过载限时继电器
overload trip 超载断开机构
overload valve 过载阀, 过载活门
overload wear 过载磨损, 超载磨损
overloader 翻转式装载机, 斗式装载机
overloading (1) 装载过度, 超载, 过载; (2) 充电过度; (3) 过激励, 过调制

overlock machine 锁缝机
overlong 过长的
overlook (1) 俯视, 俯瞰; (2) 监督, 监视, 指导, 照顾; (3) 忽视, 忽略
overlooker 检查员, 监督员, 视察员
overlower 过度降低
overlubricate 过量润滑
overlubrication 过量润滑, 超量润滑
overlying 覆盖, 叠加, 重叠
overlying deposit 表沉积层
overman (1) 工长, 组长; (2) 配置人员过多
overman bit 管形钻头
overmany 过多的
overmasted 桅杆太长, 桅杆过重
overmaster 压服, 征服, 克服, 胜过
overmastication 过度研磨
overmatch (1) 过匹配; (2) 胜过, 优于
overmatching 过匹配
overmatter 排列过密
overmature 过熟的
overmaximal 超最大值的
overmeasure (1) 余量, 裕量, 容差, 剩余, 过量; (2) 估量过大, 高估
overmelt 过度熔炼, 熔炼过度
overmill 过度捏合
overmilling 过度捏合
overmix 过度混合, 拌和过度
overmixing 过度混合, 拌和过度
overmoded pipe 多模光导管
overmoderate 过度慢化, 过度缓和
overmodulation 过调制
overmull 过混 (混砂时间过长)
overmulling 过混
overneutralizing 过补偿
overnormal 超常
overoxidation 过度氧化

overoxidize 过度氧化
overoxidized heat 过氧化熔炼
overpack 第二层包装
overpass (1) 上跨桥, 天桥; (2) 立体交叉; (3) 通过; (4) 优于, 超过
overpay 多付
overpayment 付款过多
overpeak 过调尖锋
overpickling (板、带材等) 过酸洗
overplate 覆盖层上的镀层
overplated alloy bearing 镀有耐磨合金层的合金轴瓦
overplugging 额外插入
overplus 超出的数量, 过剩, 过多
overpole (熔炼) 还原过度
overpoled copper 还原过度的铜
overpopulation (1) 超密度; (2) 过数 (能级)
overpotential (1) 超电势, 超电位, 超电压, 过电压; (2) 过压极化, 极化
overpour gate 上溢式闸门
overpower 对需求功率估计过高, 功率高估
overpower relay 过功率继电器, 过负荷继电器
overpowering 对需求功率估计过高, 功率高估
overpressure (1) 过剩压力, 过载压强, 超压 [力]; (2) 瞬时压力 (指爆破所产生的大于大气的压力), 压力上升; (3) 超大气压; (4) 过压缩
overpressure method 过压试验法
overpressure resistant 耐压的
overpressure turbine 反击式水轮机
overpressurization 产生剩余压力, 过量增压, 使过压
overpressurize 产生剩余压力, 过量增压, 使过压
overprime (1) 燃料过量注入; (2) 使装满, 使充满
overprimed 过量注入的
overprint 附加印刷, 加印, 复印
overprinting (1) 附加印刷; (2) 预印 (字符)
overproduce (1) 生产过剩; (2) 超定额生产
overproduction 生产过剩
overproof(ed) 超过标准 [的], 超差 [的]
overprotection 过度防护, 过度保护, 过分保护
overpunch 顶部穿孔, 部位穿孔, 附加穿孔
overpunching {计} 上部穿孔, 附加穿孔, 三行区穿孔, 补孔修改法
overquench 过冷淬火, 淬火过度
overquenching 过冷淬火, 淬火过度
overradiation 辐射过度
overrange 超出额定范围, 超出正常范畴, 过量程的
overranging 超出, 超过
overrate 估价过高, 定额过高, 过高评价, 过定额, 逾限率
overrating voltage 过电压, 过压
overreach (1) 伸得过长; (2) 超越, 越过, 赶上, 追上; (3) 延长时间, 延长动作
overreact 反作用过强, 过度反应
overread (1) 从头读完, 通读; (2) 读过度
overreduce (1) 过度还原; (2) 过度缩小; (3) 过度简化
overreduction (1) 过度还原; (2) 过度缩小; (3) 过度简化
overrefine 过度精制
overrefining 过度精制, 过度精炼
overregulate 过调节
overregulation 调整过头, 调节过头
overreinforce 钢筋过多, 超筋的
overrelaxation 过度松弛, 过度弛豫, 超松弛
overresonance 过共振
overrich (混合气体的) 过浓, 过富
overrich mixture 过富混合气
override (1) 超过, 超越, 越过, 胜过, 压倒, 克服; (2) 盈余, 过载, 过量负荷 (测量仪器的); (3) (操纵) 取代机构, 人工代用装置; (4) 不考虑, 不顾, 拒绝, 废弃, 滥用
override control 越权控制
override facility 人控功能
overriding (1) 过载, 过量负荷 (测量仪器的); (2) 支配性的, 首要的
overriding clutch 超越离合器
overrigid (构件) 沉余的, 多余的
overripe 过于成熟的
overripe wood 过老木材
overroad 跨路的
overroad stay 跨路拉线
overroasting 焙烧过度, 过烧
overroll 过度碾压

overrule　(1)宣布无效,驳回,不准,拒绝,废弃;(2)统治,克服,压倒

overrun　(1)超过正常范围,超过限度,超速,超出;(2)超限运动,超越量,超出量,超程;(3)消耗过度;(4)覆盖,溢流,泛滥,蔓延;(5)超额出材率

overrun a signal　(1)冒进信号;(2)冒进信号机

overrun clutch　超越离合器

overrun coupling　超越联轴节

overrun shift　(自动变速器)滑行时换档

overrunning clutch　超速离合器,超越离合器,单向离合器

overrunning clutch drive　单向离合器驱动

overrunning coupler　超速离合器,超越离合器,单向离合器

overrunning force　发动机制动力

overs　(1)筛除物,筛渣;(2)多余印数,超印数;(3)加放纸,伸放数

oversail　突出,凸出,伸出

oversanded　含砂过多的,多砂的

oversanded mix　多砂混合料

oversaturate　过饱和的

oversaturation　过饱和

overscanning　过扫描

oversea transmission　远洋传递

oversee　(1)监视,监督,管理,照料;(2)省略,忽视,错过

overseer　(1)监督者,管理人,监工;(2)监视程序

oversensitive　过分灵敏的,过于敏感的

oversensitivity　超灵敏度,过敏

overset　翻转,倾倒,推翻

overshadow　(1)使蒙上阴影,覆盖,遮蔽;(2)保护

overshine　比……亮,使……黯然失色

overshoot (=overswing)　(1)过调节,过调整,过调量;(2)过辐射;(3)脉冲跳增,尖头信号,过渡特性的上冲,峰突,过冲,(4)溢出,逸出,(5)超出规定,超越度

overshoot clipper　过冲限制器,峰突限制器

overshoot distortion　过冲失真

overshoot of an instrument　仪表指针偏转过头

overshoot pulse　过冲脉冲

overshoot ratio　尖头信号相对值

overshootability　超越可能性,过调可能性

overshot　(1)上部比下部突出的,上击式的,上射式的;(2)打捞法,抓取;(2)打捞筒

overshot wheel　上射水轮机

overside　(1)从船边[的],越过边缘;(2)唱片反面

oversight　(1)误差;(2)观察,监督,监视,看管;(3)忽略,疏忽,失察

oversimplification　过于简化

oversimplify　过于简化

oversize (=OS)　(1)超过尺寸,尺寸过大,超差;(2)有裕度的(如功率),安全系数过大的;(3)加大尺寸;(4)筛上产品,筛上物,筛上料

oversize abrasive wear　过大磨损

oversize drum　加大尺寸制动鼓

oversize factor　超大颗粒系数

oversize material　过大的材料

oversize piston　加大活塞

oversize product　超过一定尺寸的产品,过大的产品,筛上物

oversize section　过大剖面

oversize valve stem　加大尺寸气门杆

oversize vehicle　大载重量汽车,超型车辆

oversized　尺寸过大的,超差的

oversizing　选择参数的裕度

overslip　(1)滑过,通过;(2)忽略,看漏,错过

overslung worm　上置[锥]蜗杆

overspeed　(1)超速运行,超速运转,超速,过速;(2)过额转速

overspeed clutch　超速离合器

overspeed control system (=OCS)　超速控制系统

overspeed emergency governor　超速危急保安器,(透平)危机遮断器

overspeed gear ratio　超速档传动比

overspeed governor　超速调节器

overspeed limiting gear　超速限制器

overspeed protection　(1)防超速装置;(2)过速保护,防止过速

overspeed protection controller　超速保护控制器

overspeed temperature (=OST)　超速温度

overspeed test　超速试验

overspeed trip　超速断开器

overspeed trip gear　超速脱扣装置,超速保安器

overspeeding　超速转动,超转速

overspend　花费过多,开销过大,用尽,耗尽

overspill　溢出物

overspray　(1)过度喷涂;(2)喷溅性

overspread　覆盖,布满,涂

oversquare engine　缸径大于行程的发动机

overstability　过度稳定性,超稳定性,超安定性

overstable　超稳定的,很稳定的

overstaggered　超参差失调的

overstain　过度染色

overstand　定向

overstate　夸大,夸张

overstay　停留超过限度

oversteer　过度操纵,过度转向

overstep　越过界限,超越,越过,横越

overstock　过度贮备,存货过剩,供应过多,充满,充斥

overstokering　上给燃料,上给煤

overstory　上层,顶层

overstrain　(1)超限应变,逾限应变,过度应变;(2)残余应变;(3)疲劳过度;(4)瞬态失真

overstrain aging　过冷作时效,过应时效

overstrained　过度变形的

overstraining　逾限应变,超负载

overstress　(1)超限应力,逾限应力,过度应力;(2)过[负]载,超载;(3)过电压

overstressed area　过度应力区

overstressing　(1)过度应力,逾限应力,超限应力;(2)超限加载,过应力负载,超负载

overstretch　过度伸长,过拉伸

overstroke　扳过头

overstrom table　菱形淘汰盘,菱形摇床

overstrung　过度变形的,紧张过度的,过敏的

overstuff　(1)装填过度;(2)涂油过多

overstuffed　多油的,涂油过多的,装填过多的

oversulfur　加硫过量

oversulfuring　加硫过量

oversulfuring of gasoline　汽油加硫过量

oversupply　供应过度,供给过多

overswelling　沸腾,冒槽

overswing　(1)偏转过头,偏转过度;(2)过冲,上冲

oversynchronous　超同步的

overt　(1)展开的,开着的;(2)公平的,坦白的,直率的,明显的;(3)外表的,外观的

overt act　明显的行为

overtake　(1)超越,超过,超车;(2)突然袭击,突然降临;(3)压倒,打垮

overtaking　超过,超车

overtaking rule　超车规则

overtared　过度沉重包装的

overtask　使做过重的工作,加重负担

overtax　(1)使负担过重;(2)抽税过重;(3)过载(如线路或馈电线)

overtaxing　(1)使负担过重;(2)抽税过重;(3)过载(如线路或馈电线)

overtemper　过度回火

overtemperature　过热温度,过热

overtension　(1)电压过高,过电势,过电压,过压;(2)超限应力,过应力;(3)过压极化,极化

overthrow　(1)倾覆,破坏,使瓦解,废除;(2)天桥

overthrow distortion　过冲失真

overtime (=OT)　(1)加班时间,超限时间;(2)超时的

overtime premium　加班费

overtire　[使]过度疲劳

overtone　泛[倍]频,谐波

overtone crystal unit　谐波晶体振子

overtop　过高,高出,超过

overtravel　(1)多余行程,超行程,越程;(2)过调[量],重调,再调整

overtravel protection　越程保护

overtree sprinkler　树冠喷灌机

overturn　倾覆,翻转,倒转

overturning effect　倾覆作用

overturning moment　倾覆力矩

overturning skip　翻斗

overuse　使用过度,过度使用,用过头,滥用

overvaluation　估计过高,高估

overvalue　估计过高,高估

overventilation　换气过度

overvibration　振动过度

overview　(1)观察,概观;(2)综述,概述,概要

999

overvoltage (1) 过激励电压；(2) 过电压，超[电]压，过压
overvoltage-proof 有过电压保护的，耐过电压的
overvoltage protective device 过压保护装置
overvoltage protective system 过压保护系统
overvoltage relay 过压继电器
overvolting 供以较高电压
overvulcanization 过度硫化，硫化过度
overvulcanize 过度硫化
overwater 水面上的
overweight (1) 过重，超重，超载，超额；(2) 超重
overweight vehicle 大载重量汽车，超重汽车
overweighted 载重过多的，重量超过的，超载的
overweld 过焊
overwet (1) 使过湿；(2) 过湿的
overwind (1) 附加绕组；(2) 卷得过紧，过卷；(3){轧}上卷式
overwinder 过卷开关
overwinding 附加绕组
overwork (1) 使过疲劳，使工作过度；(2) 使用过度
overwrap 外包装纸
overwrite (1) 写在上面，写得过多；(2){计}改写，重写
overwriting error 重写错误
overwrought 紧张过度的，过劳的
overzoom 气流分离，失速
oviform 卵形体
ovionic 按奥夫辛斯基效应工作的半导体组件
ovoid 卵形体
ovoid grip 卵状柄
ovonic 双向的
ovonic electroluminescence (=OVEL) 双向场致发光
ovonic memory switch (=OMS) 双向存储开关
ovonic threshold switch (=OTS) 双向阈值开关
ovonics 交流控制的半导体元件，双向开关半导体器件
Ovshinsky glass semiconductor 奥氏玻璃半导体
Ovskinsky semiconductor 奥氏半导体
owe (1) 归因于，归功于；(2) 对……负有义务，欠……的债
owing 该付的，未付的，欠着的
owing to 归因于，由于，因为
own (1) 自己的，自身的，固有的，独特的；(2) 拥有，具有，占有，所有；(3) 同意，承认
own code {计}专用码，固有码，扩充工作码，特有子程序

own coding (1) 扩充工作码，自编码；(2) 自编的
own quantity 固有量
own type 固有型，自身型
owner (1) 所有者，物主，业主；(2)（船舶）船东；(3){计}文件编写人
owner indicator 自显指示剂
owner record 主记录
owner's representative 船东代表
ownership 所有权，主权
Oxally 包层钢
oxbow U字形弯曲
Oxford （英）"牛津"装甲运输车
oxhide 牛皮
oxicracking 氧化裂解
oxid (=oxide) 氧化物
oxidability [可]氧化性，氧化能力
oxidable [可]氧化的
oxidant 氧化剂
oxidant agent 氧化剂
oxidant recorder 氧化剂记录器
oxidate (1) 氧化物沉积；(2) 使氧化
oxidated 氧化了的
oxidation (1) 氧化作用，氧化过程；(2) 氧化层，氧化
oxidation film 氧化膜
oxidation growth rate 氧化增长速率
oxidation-inhibited grease 氧化抑制润滑脂
oxidation-inhibited oil 含抗氧化剂的润滑油
oxidation inhibitor 防氧化剂，抗氧化剂
oxidation of lubricating oil 润滑油的氧化
oxidation polymerization 氧化聚合
oxidation preventive 防氧化剂
oxidation-proof 抗氧化作用的，抗腐蚀的
oxidation rate 氧化速度
oxidation-reduction 氧化还原作用，氧化还原反应链

oxidation reduction catalyst 氧化还原催化剂
oxidation reduction titration 氧化还原滴定
oxidation resistance 抗氧化能力
oxidation-resistant (1) 抗氧化剂；(2) 抗氧化的
oxidation-resistant steel 高耐热氧化钢，耐热不起皮钢，热稳定钢，抗氧化钢，不锈钢
oxidation-resisting steel 不锈钢
oxidation retarder 氧化抑制剂
oxidation stability 氧化稳定性，氧化安定性
oxidation surface 氧化表面
oxidation technology 氧化工艺
oxidation type semiconductor 氧化型半导体
oxidation value 氧化值
oxidative 氧化的
oxidative attack 氧化侵蚀
oxidative breakdown 氧化损坏
oxidative wear 氧化磨损
oxide 氧化物，氧化皮，氧化层
oxide cathode [敷]氧化物阴极
oxide-coated 涂覆氧化物的，表面氧化的
oxide coated filament 敷氧化物灯丝
oxide coating 氧化性涂料
oxide core 氧化铁铁芯
oxide etch 氧化腐蚀
oxide film 氧化膜
oxide-film arrester 氧化膜避雷器
oxide film capacitor 氧化膜电容器
oxide film condenser 氧化膜电容器，电解电容器
oxide film treatment 氧化膜处理
oxide-free 不含氧化物的，无氧化物的
oxide-fuelled 氧化物作为燃料的
oxide inclusions 氧化物夹杂
oxide layer 氧化层
oxide lines 线状氧化物
oxide magnet 氧化物磁铁
oxide-mask pattern 氧化层掩蔽图案
oxide of alumina 氧化铝
oxide of chromium 氧化铬
oxide of tin 氧化锡
oxide profile 氧化层外形
oxide resistor 氧化物电阻
oxide semiconductor 氧化物半导体
oxide treatment 氧化处理
oxide tool 陶瓷刀具
oxides 氧化物
oxidic 氧化的
oxidiferrous 含氧化物的
oxidimetry 氧化测定[法]，氧化还原滴定[法]
oxidisability (=oxidizability) (1) 可氧化性；(2) 氧化度
oxidisable (=oxidizable) 可氧化的
oxidisation (=oxdization) 氧化作用，生锈
oxidise (=oxidize) 使氧化，使生锈
oxidizability (1) 可氧化性；(2) 氧化度
oxidizable 可氧化的
oxidization 氧化作用，生锈
oxidize 使氧化，使生锈
oxidize nozzle 氧化剂喷嘴
oxidize pump impeller 氧化剂泵叶轮
oxidized [被]氧化的
oxidized surface 氧化表面
oxidizer 氧化剂
oxidizer-cooled 氧化剂冷却的
oxidizer distributor 氧化剂分配器
oxidizer-to-fuel ratio 氧化剂与燃料比
oxidizer tanking panel (=OTP) 氧化剂装箱控制板
oxidizing 氧化的
oxidizing agent 氧化剂
oxidizing flame 氧化焰
oxidizing process 氧化过程，精炼
oxidizing reaction 氧化反应
oxido- （词头）氧化，氧撑
oxido-indicator 氧化还原指示剂
oxido-reaction 氧化还原[作用]
oxido-reduction 氧化还原

oximeter 光电血色计
oxo- (1) 氧代；(2) (在无机化合物中通常指) 氧络
oxo-compound 氧基化合物
oxo-process 氧化合成, 氧化法
oxo-reaction 含氧化合物合成, 含氧化合物反应
oxo solvent 含氧溶剂
oxo-synthesis 氧化合成
oxonium compound 四价氧化合物
oxonium ion 水合氢离子
oxy- (1) 氧化；(2) 氧 [代]；(3) 含氧的；(4) 羟基
oxy-acetylene 氧 - 乙炔 [气]
oxy-acetylene cutter 氧乙炔切割器, 气割枪
oxy-acetylene cutting 氧乙炔切割, 气割
oxy-acetylene flame 氧乙炔焰
oxy-acetylene welding 氧乙炔焊
oxy-acid 含氧酸
oxy-arc cutting 氧气电弧切割
oxy-coal gas flame 氧煤气火焰
oxy compound (1) 氧基化合物；(2) 羟基化合物
oxy-flux cutting 氧熔剂电弧切割
oxy-lung 封闭循环式氧呼吸器
oxy-propane cutting 氧丙烷切割
oxyacetylene 氧乙炔
oxyacetylene blowpipe 氧乙炔吹管, 氧乙炔焊炬
oxyacetylene cutter 氧乙炔切割器, 气割枪
oxyacetylene cutting 氧乙炔切割, 气割
oxyacetylene scarfing machine 氧乙炔火焰清理机
oxyacetylene torch 氧乙炔喷焊炬, 氧乙炔割炬
oxyacetylene welding 氧乙炔焊 [接], 气焊
oxyacetylene welding outfit 氧乙炔气焊机
oxyacid 含氧酸, 羟基酸
oxyarc 吹氧切割弧
oxyaustenite 氧化奥氏体, 氧化 γ 铁固熔体
oxycalorimeter 耗氧热量计, 氧量热计
oxycatalyst 氧化催化剂
oxychloride 氯氧化物
oxychloride cement 氯氧水泥
oxydant (双组元推进剂中的) 含氧成分
oxydation (=oxidation) 氧化 [作用]
oxydic 氧化的
oxygen (1){化}氧 O_2；(2)氧气 O_2
oxygen-acetylene welding 氧乙炔焊, 气焊
oxygen analysis 定氧分析
oxygen analyzer 氧气分析器
oxygen-bearing 含氧的
oxygen blast 氧气炼钢, 吹氧
oxygen-blown 吹氧的
oxygen-blown converter 吹氧转炉
oxygen bomb calorimeter 氧弹测热器
oxygen bottle 氧气瓶
oxygen-carrying ion 含氧离子
oxygen-containing 含氧的
oxygen controller recorder 氧调节记录器
oxygen converter 氧气转炉
oxygen converter gas recovery 纯氧顶吹转炉烟气回收
oxygen converter process 氧气转炉炼钢法
oxygen cylinder 氧气瓶
oxygen cutter 氧气切割机
oxygen deficit 缺氧
oxygen depletion 缺氧
oxygen-enriched 增氧的
oxygen-enriched air blast 富氧鼓风
oxygen evaporator 液氧的气化器
oxygen explosive 液氧炸药
oxygen-free 不含氧的, 无氧的

oxygen free copper 无氧铜
oxygen gas 氧气
oxygen lance 氧气割炬, 氧气切割器
oxygen laser 氧激光器
oxygen machining 氧气切割
oxygen-poor 缺氧的
oxygen probe 氧探针
oxygen-rich 富氧的
oxygen-sensitive 对氧灵敏的
oxygen steel 氧气吹炼的钢
oxygen steelmaking process 氧气炼钢法
oxygen tank 储氧箱, 储氧罐
oxygen welding 氧 [气] 焊接
oxygenant 氧化剂
oxygenate (1) 用氧处理, 氧化, (2) 充氧, 用氧饱和
oxygenated (1) 氧化处理的; (2) 充了氧的, 氧化了的, 用氧饱和了的
oxygenated asphalt 氧化沥青
oxygenated water 充氧水
oxygenation 充氧 [作用]
oxygenator 充氧器
oxygenerator 制氧机
oxygenic 含氧的, 似氧的, 氧的
oxygenium 氧 [气]
oxygenize 氧化
oxygenizement (1) 氧化 [作用]；(2) 充氧 [作用]
oxygenolysis 氧化分解 [作用]
oxygenous 氧气的, 氧的
oxygon 锐角三角形
oxyhydrate 氢氧化物
oxyhydrogen 氢氧爆炸气, 爆炸瓦斯, 氢氧 [气]
oxyhydrogen blowpipe 氢氧吹管, 氢氧气焊炬
oxyhydrogen cutting 氢氧焰切割
oxyhydrogen flame 氢氧焰
oxyhydrogen welding 氢氧焰焊接, 氢氧 [焰] 焊
oxyluciferin 氧化荧光
oxyluminescence 氧发光
oxymeter 量氧计
oxymuriate 氯氧化物, 氯酸盐
oxyn 氧化干性油
oxynitrate 硝酸氧化物, 含氧硝酸盐
oxynitride 氮氧化合物
oxypolymerization 氧化聚合 [作用]
oxysalt 含氧盐
oxysulfate 含氧硫酸盐
oxysulfide (=oxysulphide) 氧硫化物, 硫氧化物
oxytaxis 趋氧性
oxytrichloride 三氯氧化物
oylet 孔眼, 视孔
oyster 透镜形零件
oz cast iron 铈硅钙球墨铸铁
ozalid paper 氨熏晒图纸
ozalid print 氨熏晒图
ozonation 臭氧化 [作用]
ozonator 臭氧发生器, 臭氧化器
ozone 臭氧
ozonedegradation 臭氧降解 [作用]
ozonidate 臭氧剂
ozonidation 臭氧化 [作用]
ozonide 臭氧化物
ozonization 臭氧化作用
ozonize 臭氧化处理, 臭氧化
ozonizer 臭氧消毒机, 臭氧发生器, 臭氧化器
ozonometer 臭氧计
ozonoscope 臭氧测量器

P

P-band P 波段, P 频带
P-branch 负分支, P 分支
P-channel field effect transistor P 沟道场效应晶体管
P-channel MOS integrated circuit P 沟道 MOS 集成电路
P-compound 对位化合物, P 化合物
P-conducting 空穴传导的, P 型传导的
P-cycle matrix P 循环矩阵
P-doped [有]P 型杂质的
P-doped layer P 型区
P-electron P 层·电子(核外第六层电子)
P-harmonic function P 调和函数
P-N junction p-n 结
P. O. box 插塞式电阻电桥箱
P-scope 平面位置显示器, P 型显示器
P-type semiconductor 空穴半导体
P-wire (=PW) 塞套引线, 专用线, 测试线, "C" 线
pace (1) 步调, 步速, 速度; (2) 步测; (3) 步距, 步; (4) 整速, 定速
pace car 开路车
pace counter 记步器
pace lap 试车圈
pacemaker (1) 领航舰; (2) 心律电子脉冲调节器, 心房脉冲产生器, [心脏电子] 起搏器
pacer (1) 步测者, 领步人; (2) 定速装置, 调搏器
pach- (词头) 厚 [度]
pachimeter 弹性切力极限测定计, 测重机
pachometer (=pachymeter) 测厚计, 测厚器
Pachuca tank 空气搅拌浸出槽
pachymeter (=pachometer) 测厚计, 测厚器
Pacific converter Pacific 丝束直接成条机
pacific iron 桁端铁箍
Pacific standard time (=PST) 太平洋标准时间
pacing (1) 步测, 整速, 定速; (2) 有决定性的, 基本的
pacing factor 决定性因素, 决定性条件, 基本因素, 基本条件
pacing item 决定性因素, 决定性条件, 基本因素, 基本条件
pack (1) 填塞, 装填, 充填, 堆积; (2) 包, 束, 捆; (3) 装箱, 包装, 包扎, 密封; (4) 组合件, 部件, 组件; (5) 节点; (6) 数的合并, 压缩
pack alloy 压铸铝合金
pack annealing [闷] 箱退火, 堆叠退火, 堆垛退火, 成叠退火
pack artillery 伞降火炮
pack-carburizing 固体渗碳, 装箱渗碳
pack carburizing 固体渗碳, 包围渗碳法
pack fong 铜镍锌合金
pack-hardening 装箱渗碳硬化, 装箱表面硬化, 渗碳
pack hardening 装箱渗碳硬化
pack heating furnace 叠板板加热炉
pack-house 仓库, 堆栈
pack of radium 镭源
pack-rolled 叠轧的
pack-sintering 装箱烧结
pack-thread 包装线, 包扎绳
pack unit (1) 装箱部件, 部件, 组件; (2) 小型无线电收发机
pack up (1) 打包; (2) 出故障
packability 可包装性
package (=Pkg 或 Pk.) (1) 包装, 封装, 外壳, 管壳; (2) 标准部件, 组件, 成套, 装置, 机组; (3) 密封元件, 密封装置; (4) 打包, 装箱, 包装, 捆; (5) 组装; (6) 包装费, 打包费; (7) 聚束

package capacitance 管壳电容
package circuit 浇注电路
package deal (1) 整批交易, 一览子交易; (2) 整套工程
package dissipative resistance 管壳耗散电阻
package drawing 机组总成图
package electric circuit 浇注电路
package-model 小尺寸的, 小型的
package powerplant 小型移动式火力发电站
package reactor 装配式反应堆
package shell 组装外壳
package tape 插入式纸带
package terminal 封装引出线端
package transistor 密封式晶体管
package tube 永磁磁控管, 封装管
packaged 成套的, 小型的, 典型的, 快装的, 袖珍的, 综合的
packaged boiler 快装锅炉, 装置锅炉
packaged deal (1) 整批交易, 一览子交易; (2) 整套工程
packaged design 组装结构
packaged drive 整体式传动装置
packaged gas turbine 快装式燃气轮机 [组]
packaged plant 可移动装置, 小型装置, 密封装置
packaged transfer 成套转让
packaged transistor 密封式晶体管, 封装晶体管
packaged unit 可移动装置, 小型装置, 密封装置
packager 打包机, 包装机
packaging (=pkg) (1) 封装, 包装, 包封, 装箱; (2) 填塞, 填满; (3) 装配
packaging and preservation 包装与保存
packaging density 组装密度, 装配密度, 封装密度
packaging machine 封装机
packaging technology 封装工艺
packed (1) 含有充填物的, 填充 [了] 的; (2) 包装了的
packed absorption column 填充吸收塔
packed array {数} 合并数组
packed cell 组式电池, 积层式电池
packed column 填充塔, 填充柱
packed decimal number format 组合式十进制数格式
packed extraction column 填充提取塔
packed joint 堵塞缝, 包垫接头
packed solid 充实固体, 密集固体
packed weight (=PW) 装入量, 装填量
packer (1) 包装机, 打包机, 捆扎机; (2) 垫, 填料; (3) 包装员, 包装者; (4) 堵塞器, 拍克; (5) 捣实器, 夯具
packet (1) 包, 束; (2) 数据包; (3) [定期] 邮轮, 班轮
packet-day (1) 邮件截止日; (2) 邮船开船日
packet type switch 组合开关
packhouse 包装产品工厂
packing (1) 填充 [物], 衬料; (2) 密封圈, 密封垫, 垫板, 衬垫, 垫木, 垫料, 垫; (3) 密封, 油封; (4) 填料函, 填密环, 胀圈, 盘根; (5) 包装, 装箱, 打包; (6) 包装用材料, 防震材料; (7) 节点; (8) 堆积, 结块
packing agent 渗碳剂
packing block 衬层, 垫板, 垫块, 填料
packing bolt 填密螺栓
packing box (1) 填料箱, 填密函; (2) 包装箱, 运输箱, 货箱
packing brake 独立式基础制动
packing carrier 皮带盘垫套

packing case (1)填料箱,填密函;(2)包装箱,运输箱,货箱
packing charges 装箱费,包装费
packing cord 油封填料绳,油封填充软线,填塞绳
packing-course 填层的
packing course 嵌片层,填层
packing density 密封密度,包装密度,封装密度,组装密度,存储密度,记录密度,夯实密度,充填密度
packing disk 密封盘,密封垫片
packing expander 垫料胀圈
packing factor 填充因数,堆积因数,记录因子,存储因子
packing felt 毡垫,毡衬
packing fraction 敛集率
packing gland (1)填料函;(2)密封压盖,填料[压]盖,填密封盖;(3)密封套,密封衬垫
packing grease 密封润滑脂
packing house 包装工场
packing layer 密封层
packing leather 皮碗
packing list 装箱[清]单,装箱明细表,包装明细表
packing lubrication 填充润滑
packing maker 密封接合器
packing mark 包装标志
packing material (1)密封材料,填密材料,填充材料;(2)包装材料;(3)填充物
packing measurement 装箱尺寸
packing-needle 打包针,捆针
packing nut 密封螺母
packing nut wrench 填密螺母扳手
packing of concrete in forms 向模中浇灌混凝土拌合料,在模板中浇混凝土
packing of orders 指令组合
packing of pipe joints 管道接头填塞,管缝堵塞,填塞管接缝
packing-paper 打包纸
packing paper (1)垫纸;(2)包装纸
packing piece 密封填料,密封垫片,衬垫物,垫块,衬片
packing plate 垫板
packing pot 渗碳灌
packing-press 压装机,打包机
packing press 压缩打包
packing ring 密封环,填密环,胀圈,(软管连接器)垫圈
packing-sheet 包装布
packing sleeve (填料用)圆环轴套
packing slip 包装脱落
packing space 填密空间
packing up 包装
packingless 不能密封的,无密封的
packless (1)未包装的,未加封的;(2)无衬垫密封的,未充填的,未填实的,松散的
packplane 货舱可更换的飞机
packthread 打包线
pact 合同,契约,条约,协定
Pacteron 铁碳磷母合金(压制铸铁粉末时加入的液相形成剂)
paction 合同,契约,条约,协定
pad (1)轴承瓦块,衬垫,衬套,垫块,垫片,垫圈,垫,(2)减震器,衰减器,衰耗器,延长器,(3)填料,垫料,(4)填塞,(5)凸台,凸缘,法兰[盘],(6)底座,基座,台基,[发射]台,(7)浸轧,轧染(纤维),(8)焊接区,焊接点,焊盘,(9)冒口残根,(10)底漆,涂底
pad bearing 填料轴承
pad block 垫块,衬垫,垫铁
pad control 衰减器控制
pad-crimp 皮革成型机
pad finishing 浸轧加工法
pad footing 衬垫基础,基脚
pad hook 板柄钩
pad-ink 打印油墨,打印色
pad lubrication 垫垫润滑,毡垫润滑,油垫润滑
pad lubricator 垫式润滑器
pad-out 填充
pad relay 衰减器继电器
pad-rol 轧卷染色
pad safety report (=PSR) 发射台安全报告
pad saw 小圆锯
Padar (=passive detection and ranging) 被达,[一种]无源雷达,无源探测定位装置(一种轰炸机用的无源探测系统)

padded 填塞的,充填的,装有填料的
padded card 垫薄纸的卡片
padded door 衬垫门
padder (1)微调电容器,垫整电容器(2)(在槽上装有滚子的平整织物的)着色机
padding (1)堵塞,填充,垫料,填料,衬垫;(2)连接,结合;(3)调整,垫整;(4)去耦;(5)跟踪,统调
padding capacitor 微调电容器
padding condenser (=PC) 垫整电容器
padding trough 浸槽,轧槽
paddle (1)桨状物,桨叶,轮叶,叶片,叶;(2)搅料桨,搅料棒;(3)以搅料棒搅拌;(4)划槽加工,划槽处理;(5)闸门,开关;(6)踏板
paddle-beam 明轮壳的大梁
paddle beam 明轮架
paddle-boat 明轮艇
paddle box 明轮罩
paddle door 闸门
paddle-float 桨片
paddle-hole (水闸的)水量调节口
paddle mixer 转臂式混砂机,桨叶式混砂机,桨叶式拌和机,叶片式混砂机
paddle-shaft 明轮轴
paddle shaft 桨叶轴,叶轮轴
paddle-steamer 明轮汽船
paddle track 桨叶,履带
paddle-tumbler 皮革洗濯桶,划槽
paddle type agitator 桨式搅动器
paddle-wheel 径向直叶风扇轮,叶片轮,桨轮
paddle wheel 桨轮
paddled conveyor chain 刮板输送链
paddler 明轮船
paddling (1)桨搅拌;(2)[搅拌]棒搅拌
paddling process 搅拌法
paddy (1)矿用火焰灯;(2)手用打眼工具,伸缩式钻头
paddy field boat 水田船
paddy field cultivator 水田中耕机
paddy field harrow 水田耙
paddy field planter 水稻直播机
paddy field plough 水田犁
paddy-pounder 碾米机
paddy riddle 水稻筛选机
padeye 垫板孔眼
padlock (1)荷包锁,挂锁,扣锁;(2)锁以挂锁
page (=P) (1)页;(2)标明页码;(3)记录
page address {计}页面地址
page boundary 页界
page composer 页面编排器,页组合器,组页器
page cord 捆版线
page frame 页面
page frame number 页面坐标号
page gauge 版面量规
page printer 页式印刷机,纸页式印字电报机
page printer telegraphy 纸页式印字电报
page printing telegraphy 纸页式印字电报
page proof 拼成版的校样
page reader 页式阅读机
page table 页面表
page teleprinter 纸页式电传打字机,页式电传打印机
page through 翻阅
page turning capacity {计}页面操作能力,页面转换能力
paginal (=paginary) 每页的,对页的
paginal translation 逐页对照翻译
paginate 标记页数,加页码
pagination 标记页数,加页码
paging (1)页控制法,分页,调页,页式;(2)分片
pagoscope 测霜仪
paid (=Pd.) 付讫
paid cash book 现金支出账
paid cheque 付讫支票
paid-up 已付的
paid-up policy 保费已付保单
pail 桶,罐,壶
pain phosphorus 块状磷
paint (1)涂料,油漆,颜料;(2)上油漆,上涂料,涂漆;(3)画;(4)描绘,

描述

paint brush 油漆刷

paint brush with long handle 长柄油漆刷

paint-burner 旧颜料烧除器

paint can 漆罐

paint-coat 涂层

paint-coated (1)涂油漆的；(2)染画的

paint coating 涂漆

paint filler 油漆填料,油漆底层

paint for wet conditions 适湿颜料,耐湿涂料

paint marking 涂漆标线

paint mill 涂料碾盘

paint-mixer 颜料混合器

paint mixer 调漆机

paint-on technique 涂抹技术

paint-pit 颜料盘

paint pot 油漆罐

paint primer 油漆底涂料

paint-remover 颜料消除剂

paint remover 去漆剂

paint roller 油漆滚筒

paint specification 油漆规格书

paint spray booth 喷漆房

paint sprayer 喷漆器

paint stripper 去漆剂

paint vehicle 油漆媒液

paintbox 颜料盒

paintbrush 漆刷

paintcoat 涂层

painted (1)着了色的,上了漆的,彩色的；(2)假装的

painter (1)油漆工具；(2)油漆工[人],着色者；(3)画家；(4)系[艇]索

painter's naphtha 漆用石脑油,白节油

painting (1)着色,涂漆；(2)涂料,颜料,油漆；(3)图画,油画,绘画

paintpot 盛漆容器

paintwork [油]漆工

pair (1)成对,配对；(2)对偶,配偶,副；(3)一对,一双,一副；(4)双室的,双腔的；(5)电缆的对绞；(6)双层轧制,叠轧,双合,摆；(7)电线对；(8)运动

pair-annihilation [电子]偶的湮没,湮灭

pair-bond 配对结合

1004

pair conversion 成对转换

pair-density function 对密度函数

pair diode 配偶二极管

pair emission 对发射

pair gearing 配对啮合

pair mechanism 运动副机构

pair-oar 双桨艇

pair of aerials 成双天线,复合天线

pair of bellows 手用双吹风器

pair of compasses 圆规

pair of elements 一副零件

pair of faults 层错对

pair of gears 齿轮副

pair of gears in mesh 啮合齿轮副

pair of nippers 尖嘴钳,剪丝钳,钳子

pair of quadratic forms {数}二次齐式对,二次型对

pair of steps 梯子,绳梯

pair of tongs 钳子

pair production 电子偶的产生,对产生

pair transistor 双晶体管

pair tube 对偶管

paired 配对的,成对的

paired blush 双电刷

paired cable 双股电缆,双线电缆

paired comparison test 成对对比检验

paired engine 双列[火箭]发动机

paired lattice 成双晶格

paired multiplier 乘二乘法器,成对乘法器,双乘法器

paired nucleons 成对核子

paired pulse 成对脉冲

pairing (1)成对,成双,配对,配偶,对偶,并行；(2)电缆芯线对绞,薄板坯的摆合；(3)产生对偶；(4)双层轧制,叠轧

pairing element 运动副元件

pairing function 配对函数

pairing of interlaced field (电视)隔行帧配置,隔场配对

pairwise (1)对偶,成双,成对,双双；(2)两个两个的,成对的,成双的

pairwise orthogonal 两两正交

paktong 白铜

pal (1)帕耳(固体振动强度的无量纲单位)；(2)伙伴

palagonite 橙玄玻璃

palau 巴劳合金(一种 金钯合金,80%Au,20%Pd)

pale (1)淡色的,浅色的,暗淡的,微弱的,弱光的；(2)栅栏,栅桩；(3)界限,范围

pale blue 淡蓝

pale fencing 栅栏,围墙

pale oil 浅色润滑油

pale yellow 浅黄色

palid 巴里特合金(一种含砷及锑的铅基轴承合金)

palification 用桩加固地基,打桩

palinal 后移的,向后的

palindromic sequence 回文顺序

paling (1)木栅,围篱；(2)打桩

palirrhea 再度漏液,反流,回流

palisade (=palisado) (1)木栅,栅栏,桩；(2)用栅栏围绕

Palium 铝基轴承合金(铜,铅,锡,镁,锰,锌,其余铝)

palladium {化}钯 Pd(音把,第 46 号元素)

palladium contact point 钯接触点

palladium-copper 铜(一种钟表用的合金,75% Pd, 25%Cu)

palladium-gold 金,热电偶合金

palladium-silver 银

palladium tube 管

pallador 铂热电偶

palladous 亚钯的

pallesthesiometer 水下扬声器

pallet (1)运送托板,装货夹板,平板架,货架；(2)(棘轮)掣子,棘爪；(3)锤垫；(4)(组合机床)随行托板；(5)集装箱,集装架,集运器；(6)制模板,托板,托架,托盘；(7)调节瓣；(8)(直线烧结机用)烧结小车；(9)抹灰盘,抹子,刮铲,泥刀,镘板；(10)锤垫,衬垫,衬板,滑板；(11)衔铁

pallet box 托盘搬运箱

pallet-carrier 托盘货运轮船

pallet carrier 集装箱运输车

pallet charger 交换工作台

pallet conveyor 集装箱输送机,板式输送机,板式运送机

pallet-load 托盘装载货

pallet-molding 砂模制砖法

pallet truck 码垛车

palletise (=palletize) 垫以托板,放在托板上,夹板装载,码垛堆积

palletization (1)(输送)托板化,货盘化；(2)装ع夹板化

palletized transfer lines 随行夹具输送式组合机床自动线

palletizer 堆列[铺设]机

palletron 高压电子谐振器

palletwarmer 棘爪加温器

palliate (1)减轻,缓和；(2)掩饰,辩解

palliation (1)减缓[物]；(2)掩饰,辩解

palliative 防腐剂,减尘剂,减轻剂

palliator 防腐剂,减尘剂,减轻剂

pallograph 船舶振动记录仪

Paloid gear (原联邦德国)准渐开线齿锥齿轮,爬螺锥齿轮

palm 掌状物,手掌,手心

palm grip hand knob 星形手钮

palm push fit [手掌]推入配合

palmary 最优秀的,最重要的,最有价值的

Palmer scan 帕尔默扫描

palmeter 帕尔计

palnut 一种单线螺纹锁紧螺母

palpitation 颤动,抖动

palstance 角速度($\omega=2\pi f$)

paltry 没有价值的,微不足道的,不重要的

pamphlet 规范细则,小册子,单行本

pan (1)盘状物,天平盘,容器,底壳,底盘,槽,池；(2)底座,垫木；(3)抖动板,平板；(4)研磨盘；(5)全,总

pan- (词头)全,总,泛

pan-algebraic curve 泛代数曲线

pan cake formed coil 扁平线圈

pan conveyer 平板输送机,平板运输机,盘式运输机

pan conveyor 盘式输送机

pan crusher 碾盘式破碎机

pan focus 全焦点

pan furnace 罐炉

pan head bolt 锅头螺栓, 皿形头螺栓

pan head screw 大柱头螺钉, 皿形头螺钉

pan mill (1) 碾盘式碾磨机, 碾碎机; (2) 磨石

pan of balance 天平盘

pan rivet head 锅形铆, 皿形铆

pan scale (1) 盘秤; (2) 锅垢

pan-shaped 盘形的

pan-type vehicle 盘式卸载车

pan vibrator 振动盘

panactinic 全光化的

panadapter (=panoramic adapter) 扫调附加器, 景象接收机, 全景接收机

panalarm (1) 报警设备; (2) [有灯光和振铃装置的全] 报警系统

panalyzor 调频发射机的综合测试器, 调频发射机联合测试仪

pancake (1) 扁平形, 平卷形; (2) 平螺旋状的, 扁平的; (3) 使扁平

pancake coil 扁平线圈, 盘形线圈, 平卷线圈, 扁平感应圈, 高频感应圈

pancake engine 水平对置式发动机

pancake helix 扁平螺旋线圈

pancake landing 失速平坠着陆

pancake reactor 扁饼式反应堆

pancake synchro 扁平型同步机

pancake worm-gear hob 扁平蜗轮滚刀

pancaked core 扁平堆芯

pancaking 平坠着陆, 平坠, 平降

panchromate 全整色

panchromatic 全色的, 泛色的, 色的

panchromatic film 全息胶片, 全色薄膜

panchromatic rendition 全色重显

panchromatize 使成全色的, 使成泛色的

panchromatograph 多能色谱仪

pancratic 泛放大率的, 可随意调整的 (透镜), 随意调节的

pancratic lens 活动透镜

pane (1) 方格; (2) 窗格玻璃; (3) 锤头, 锤尖; (4) 嵌玻璃, 镶玻璃; (5) 螺帽的侧面

panel (1) 仪表板, 配电板, 控制板, 控电板, 安装板, 操纵台, 操纵盘, 操纵屏, 面板; (2) 配电盘, 仪表盘, 仪表盘, 表盘; (3) 镶板, 嵌板, 底板, 镶条, 座, 盘, 片; (4) 节间, 翼段, 翼片, 叶片; (5) 组, 批

panel bed 控制板底座

panel board 仪表操纵板, 仪表板, 配电板, 配电盘, 配电箱, 面板, 图板, 镶板

panel body 带棚车厢, 厢式车身

panel display 平板显示

panel door 镶板门

panel form 格形模板

panel girder 格子梁, 花梁

panel heating 板壁供暖

panel jack 面板插口

panel length 节间长度

panel lighting 板式照明

panel load 节间荷载

panel meter 嵌镶式仪表

panel-mounted 装在面板上的

panel mounting 面板安装, 配电盘装配

panel on operational meteorological satellite (=POMS) 军用气象卫星上的控制板, 军用气象卫星上的仪表板

panel point 桁架节点, 节点

panel radiator 嵌入式散热器

panel rivet 盘头铆钉

panel room 配电盘室

panel saw 板条锯

panel strip 压缝条, 嵌条

panel truck 四面有挡板的小型货车

panel type ammeter 面板型电流表

panel type automatic switch board 面交型自动交换机

panel-type board (1) 有复式塞孔盘的交换台; (2) 分组接线板

panel-work 构架工程, 镶格工作

panel work 构架工程, 镶格工作

panelboard 电气仪表板, 配电板

panelled ceiling 嵌板平顶

panelling (1) 嵌板细工, 门心板, 镶板面; (2) 分段法

panhandle 锅柄

panhard rod 横向定位杆

panhead 锥形头, 锅形头

panhydrometer 液体比重计, 通用比重计

panhygrous 全湿的

panic 紧急的, 惊慌的

panic bolt 太平门栓

panic button 紧急保险开关

panic dump 应急转储

panic stop 急刹车

panidiomorphic 全自形的

panlite 聚碳酸酯树脂

pannonit (1) 硝铵, 硝酸甘油, 食盐混合炸药; (2) 彭浪炸药

pano- (词头) 全, 总, 泛

panodic 四周放射的, 多向传导的

panoram (1) 全景; (2) (电影和电视的) 全景镜头, 全景装置

panorama (1) 全景装置, 全景镜, 全景图, 全息图; (2) 遥镜头, 遥摄; (3) 通盘考虑, 概观

panorama dolly 安放全景装置的矮橡皮轮车

panoramic (1) 全景的, 全像的; (2) 频谱扫调指示的

panoramic camera 全景照相机, 全景摄影机

panoramic comparison 扫调比较, 全景比较

panoramic receiver 侦察接收机, 扫调接收机, 全景接收机

panoramic sight 周视瞄准镜

panoramic technique 全景技术

panoramic view 全景

panotrope 电唱机

panphotometric 全色测光的

panradiometer 全波段辐射计, "黑" 辐射计

panseri alloy 硅铝合金 (硅 11.5%, 镍 4.5%, 镁 0.4%, 铜 0.6-1.6%, 其余铝)

pant (1) 脉动, 波动, 晃动, 振动; (2) (复) 整流罩

pantagraph (=pantograph) (1) 偏移位置标绘仪比例绘图器比例绘图仪, 缩图器, 缩放仪, 放大尺, 放大器; (2) 架式受电弓, 导电弓, 导电架

pantagraph engraving machine 缩放仪刻模铣床

pantal 潘达尔铝合金

pantechnicon (1) 大型仓库, 家具仓库; (2) 家具搬运车

pantelegraph 传真电报

pantelegraphy 传真电报学

pantelephone 灵敏度特高的电话机, 无失真电话机

pantile 波形瓦

panting 振动, 脉动, 波动, 晃动, 拍击

panting action 脉动作用

panting beam 补强梁

panting frame 加强框, 加强架

Pantodrill 自动钻床, 万能钻床

pantograph (1) 偏移位置标绘仪, 放大器缩放仪, 比例绘图器, 比例绘图仪, 缩图器, 缩放仪, 放大尺, 放大器; (2) 架式受电弓, 导电弓 [架], 导电架

pantograph center distance 缩放仪中心距

pantograph collector 架式集电器, 架式受电弓

pantograph copying grinder 缩放仪式仿形磨床

pantograph dividing machine 缩放刻线机

pantograph ratio 缩放比

pantograph ratio mechanism 比例机构

pantograph ratio range 刻模比例范围 (缩放比范围)

pantography 缩放图法

pantometer 万能测角仪, 经纬测角仪

pantomorphic 具有各种形态的, 变化自由的

pantomorphism 全对称现象, 全对称性, 全形性

pantoon 浮船

pantoscope 大角度照相机, 大角度透镜, 广角照相机, 广角透镜

pantoscopic 大角度的, 广角的

pantoscopic camera 全景照相机, 全景摄影机

pantry (船上) 餐具室, 配餐室, 备餐间

panzer (1) 装甲的, 铠装的; (2) 铠装输送机, 装甲车, 坦克车, 战车

panzer mast 钢管连接用电极

panzer troops 装甲部队

panzeractinometer 温差电感光计

paper (1) 记录纸, 纸; (2) 论文; (3) (复) 文件, 证件, 记录; (4) 理论上的, 纸上的, 书面的; (5) 用砂纸擦光, 用砂纸磨光, 用纸包; (6) 砂纸; (7) 证券, 纸币, 票据

paper advance mechanism 走纸机构

paper-and-pencil error 书写错误, 笔算错误

paper base 纸带盘座

paper belting 纸质传动带
paper-boat 防水纸艇
paper cable 纸绝缘电缆
paper chromatography (=PC) 纸色谱法
paper calculations 纸上计算, 理论计算
paper capacitor 纸[介]质电容器
paper clip 弹簧夹, 纸夹
paper condenser 纸[介]质电容器
paper-core screened cable 纸绝缘隔离电缆
paper-cored cable 纸芯电缆
paper-cutter 裁纸器
paper cutter 切纸机
paper cutting machine 切纸机
paper electrophoresis 纸电泳
paper-file 插纸器, 纸夹
paper finger 纸夹
paper-glosser 纸面加光[泽]机
paper guide 导纸板, 输纸机
paper-insulated 纸绝缘的
paper insulated cable 纸绝缘电缆
paper-insulated enamel wire 纸绝缘漆包线
paper-insulated sheathed cable 纸绝缘铅皮电缆
paper insulated underground cable 纸绝缘地下电缆
paper insulation 纸绝缘
paper-knife 裁纸刀
paper-laying mechanism 纸带铺设装置
paper location 纸上定线, 图上定线
paper loop 纸带轮
paper-machine 造纸机
paper machine 抄纸机, 造纸机
paper-making 造纸
paper method 纸上作业法, 室内作业法
paper-mill 造纸厂
paper money 纸币
paper partition chromatography (=PPC) 纸分配色谱法
paper phenol 酚醛纸
paper pulp insulated cable 纸浆绝缘电缆
paper-punch 纸张穿孔器
paper ribbon insulated cable 纸带绝缘电缆
paper roller 记录纸卷筒
paper sleeve 纸套管
paper slew (打印机)超行距走纸
paper-tape 纸质磁带
paper tape (=PT) 纸带
paper tape code 纸带码
paper-tape coil 纸带卷
paper-tape decode 纸带译码器
paper tape macro 纸带宏指令
paper tape micro 纸带微指令
paper-tape parity check 纸带奇偶同位检验
paper-tape punch 纸带穿孔机
paper-tape punch control unit (PTPC) 纸带穿孔机控制器
paper-tape reader 纸带读出机, 纸带读取机, 纸带阅读机, 纸带输入机
paper-tape reader control unit (PTRC) 纸带阅读机控制器
paper-tape transcriber 纸带抄录机, 纸带读数机
paper throw 超行距走纸, 纸带空甩, 跑纸
paper to bearer 不记名票据
paper to order 可转让票据
paper-weight 压纸器, 纸镇
paper winder 卷纸机
paper work 书面工作, 资料工作, 文件工作
paperboard 纸板, 厚板
papercore plywood 纸心胶合板
papered 纸包的
papermaking 造纸, 制纸
papery 纸质的, 纸状的
papier-mâchè (法)纸壳子,制型纸,混凝纸(压制盒、盆的纸质可塑材料)
papier-mâchè mould (法)纸型
pappe 纸板
papriformer 巴白列造纸机
papyraceous 纸质的
papyrograph (1)复写器;(2)复写版, 简易胶版
par 同程度, 同等, 等量, 等价, 平价, 平均, 定额, 标准, 常态
para (rubber) 帕拉[橡]胶

para- (1)对(位次);(2)仲(作词头用);(3)副
para-compound 对位化合物
para-curve 抛物线
para-dye 偶合染料
para-electric (1)顺电的;(2)顺电材料
para-flare-chute (1)照明降落伞;(2)伞投照明弹
para-state 仲态
paraballoon 抛物形天线, 充气天线
parabola 抛物线
parabolic(al) 抛物线的, 抛物面的
parabolic antenna 抛物面天线
parabolic asymptotes 渐近抛物线
parabolic condenser 抛物面聚光器
parabolic curve 抛物曲线
parabolic cylinder 抛物柱面
parabolic cylinder antenna 抛物柱面天线
parabolic detection 抛物线检波, 平方律检波
parabolic disk 抛物柱面反射器
parabolic governor 抛物线调节器
parabolic horn 抛物线形喇叭筒
parabolic load 抛物线型分布荷载
parabolic microphone 抛物面传声器, 抛物面反射传声器
parabolic mirror 抛物面反射镜, 抛物柱面镜
parabolic of convergence 收敛抛物线
parabolic of higher order 高阶抛物线, 高次抛物线
parabolic path 抛物线轨迹
parabolic point 抛物点
parabolic reflector 抛物柱面反射器, 抛物柱面反射镜
parabolic-reflector microphone 抛物面反射镜式传声器
parabolic-shaped collector 抛物面形聚光镜
parabolic torus antenna 抛物环面天线
parabolic transformation 抛物型变换
parabolic velocity 抛物线[轨道运动]速度, 第二宇宙速度
paraboloid (1)(天线、反射器的)抛物面;(2)抛物体;(3)抛物面天线, 抛物面反射器, 抛物面镜
paraboloid of revolution 回转抛物面
paraboloidal 抛物线体的, 抛物面的
paraboloidal mirror 抛物面镜
paraboloidal reflector 抛物面反射器
parabomb 伞投炸弹
paraborne 降落伞空投的, 降落伞的
parabrake 减速伞, 制动伞
parabscan 抛物面扫描器
paracentral 旁中心的, 近中心的
parachor (克分子)等张比容, 等张体积
parachute (1)断绳防坠器, 保险器, 降落伞;(2)跳伞, 伞降, 空投
parachute-braked landing (=PBL) 降落伞制动式着陆, 减速伞着陆
parachute descent 降落伞降下
parachute flare 伞投照明弹
parachute set 带降落伞无线电台
parachute tower 跳伞塔
parachute troops 伞兵[部队]
parachutism 降落伞装置, 跳伞法
paracompact {数}仿紧的
paracompact space 仿紧空间
paracon 聚脂类橡胶质
paraconductivity 顺电导[性]
paraconformity 准整合
paracoumarone resin 聚库玛隆树脂
paracrate 伞投容器
paracril 丁腈橡胶
paracrystal 不完全结晶的, 次晶, 仲晶
paracrystalline 类结晶的, 次晶的, 仲晶的
paractasia 膨胀过度
paractasis 膨胀过度
paradrafter 针排位伸机
paradropper 伞兵运输机
paraelectric state 仲电态, 顺电态
paraffin (1)石蜡;(2)链烷[属]烃
paraffin-base oil 石蜡基石油
paraffin copper wire 浸蜡铜线
paraffin paper 蜡纸
paraffin paper condenser 蜡纸电容器
paraffin wire 石蜡绝缘线, 浸蜡线

paraffine　(1) 石蜡；(2) 烷属烃
paraffinic oil　石蜡基油料
paraffinicity　链烷烃含量, 石蜡含量
paraffinoid　蜡质样的
paraffinum　石蜡
paraflow　一种抗凝剂
parafocus　仲聚焦
parafocusing spectrometer　仲聚焦光谱计
paraglider　滑翔降落伞
paragon　(1) 典型, 模范；(2) 一百克拉以上的大金刚石
Paragon steel　锰铬钒合金钢(锰1.6%,铬0.75%,钒0.25%,其余铁,碳)
paragraph (=Par)　(1) (文章的) 节, 段；(2) 尺寸段
paragutta　假橡胶, 合成树胶
parallactic　视差的
parallactic displacement　视差位移
parallactic ellipse　视差椭圆
parallactic error　视差误差
parallactoscopy　视差镜术
parallax　(1) 视差；(2) {几何} 倾斜 [线]
parallax error　视差误差, 判读误差
parallax of coordinate　坐标视差
parallax of cross-hairs　交叉瞄准线视差
parallax range transmitter　视差校正发射机
parallaxometer　视差计
parallel (=PAR)　(1) 平行的, 并行的, 同一方向的；(2) 平行线, 平行号, 相似物；(3) 平行, 并联, 并列；(4) 同样的, 类似的；(5) 平行垫铁, 垫块, 垫片；(6) 平台架, 滑板
parallel accumulator　并行累加器
parallel-action multi-spindle horizontal bar lathe　多轴平行作业棒料自动车床
parallel-action multi-spindle vertical semi-automatic lathe　立式多轴平行作业半自动车床
parallel adder　并行加法器
parallel alignment　平行度调准
parallel antenna　平行天线
parallel-arc furnace　并联电弧炉
parallel arithmetic unit　{计}并行 [算术] 运算器
parallel axes　平行轴 [线]
parallel-axes gears　平行轴齿轮, 圆柱齿轮
parallel-axiom　平行公理
parallel axis epicyclic gearing　平行轴的周转轮系
parallel-axis gears　平行轴齿轮
parallel-axis shaving　平行轴剃齿
parallel-axis theorem　平行移轴定理
parallel bars　平行杆
parallel block　平行垫铁, 平行台
parallel branch　并联支路
parallel-by bits　{计} 位并行
parallel-by-character　字符并行
parallel by character　并行字符
parallel by word　并行 [单] 字
parallel-capacitor circuit　并联电容电路
parallel carrier　平行夹头
parallel carry　并行进行
parallel cascade action　{计}并联串级动作,
parallel case　同样的例子
parallel circuit　并联电路
parallel circuit power transmission system　并联电路输电方式
parallel clamp　(1) 平行垫铁；(2) 平行夹头
parallel combination　并联组合
parallel connection　并联
parallel connection method　并联接法
parallel construction　并联结构, 平行结构
parallel control　平行控制
parallel coupling　并联耦合, 平行连接
parallel course computer　并行航线计算机
parallel crank　平行曲柄
parallel crank (kinematic) chain　平行曲柄 [运动] 链
parallel crank mechanism　平行曲柄机构
parallel curves　平行曲线
parallel cut　(晶体) 平行切割, Y 切割
parallel depth of tooth　等高齿
parallel displacement　平行位移
parallel entry　并行输入

parallel experience　类似的经验
parallel-faced type of gauge　平行面规
parallel feed　(1) 平行进给, 平行进刀；(2) 并联馈电, 平行馈电
parallel feeder　平行馈电 [线]
parallel file　平行锉, 直边锉
parallel flow　平行射流流动, 平行流, 并流, 层流, 直流
parallel-flow turbine　并流叶轮机
parallel flow turbine　并流涡轮
parallel force　平行力
parallel gauge　平行规
parallel gear　平行轴齿轮, 圆柱齿轮
parallel-gear drive　(1) 平行轴齿轮传动, 圆柱齿轮传动；(2) 平行四连杆传动, 铰接平行四边形传动
parallel gear system　平行轴齿轮装置
parallel gears　平行齿轮
parallel girder　平行梁
parallel-groove clamp　平行双槽线夹
parallel hand tap　等直径丝锥
parallel helical gear　平行轴线的斜齿齿轮, 斜齿圆柱齿轮, 平行螺旋齿轮
parallel helical gear pair　平行轴线的斜齿齿轮副, 斜齿圆柱齿轮副
parallel hob　等 [直] 径滚 [铣] 刀
parallel hobbing cutter　`圆柱形齿轮滚刀, 径向切入滚刀
parallel in　并联输入, 并行输入
parallel in banks　并排成列
parallel inductance loading　并联电感负载
parallel induction　并联诱导
parallel instance　同样的例子
parallel interface　并行接口
parallel jaw　平口虎钳爪
parallel key　平键
parallel laid wire rope　平行捻钢丝绳
parallel laminate　平行叠层板
parallel lift linkage　平行四边形悬挂装置
parallel light　平行光束
parallel line　平行线 [路]
parallel lines　平行直线
parallel logic circuit　并行逻辑电路
parallel machine　并联机, 并行机
parallel machine file　平行机用锉
parallel mechanism　平行机构
parallel memory　{计}并行存储器
parallel misalignment　平行错位
parallel mixing circuit　并联混合电路
parallel mixing modulation　并联 [混合] 调制
parallel motion　(1) 平行运动, 水平移动；(2) 四连杆机构运动
parallel motion mechanism　平行运动机构
parallel network　并联 T 形网络
parallel operation　(1) 平行操作；(2) 并联运转
parallel oscillation　并联振荡
parallel-parallel logic　{计}并行 - 并行逻辑
parallel phase resonance　并联相位共振
parallel pin　等直径销, 平行销
parallel-plane　平面平行的
parallel planer　平行刨床
parallel planing machine　平行刨床
parallel-plate　平行板
parallel plate　平行板
parallel-plate capacitor　平行板电容器
parallel-plate condenser　平行板电容器
parallel plate condenser　平行板电容器, 平行片电容器
parallel plate micrometer　平行玻璃测微器
parallel printer　并联打印机
parallel processing system　并行处理系统
parallel processor　并行处理机
parallel programming　并行程序设计
parallel projection　平行投影
parallel reamer　平行铰刀, (圆柱)直槽铰刀
parallel register　并行寄存器
parallel regulation　并联调节
parallel regulator　分流调节器
parallel resistance　并联电阻
parallel resonance　并联谐振
parallel resonance circuit　并联谐振电路

parallel resonance filter　并联谐振滤波器
parallel resonance impedance　并联谐振阻抗
parallel-resonant　并联谐振的
parallel ring type register　平行环式寄存器
parallel rod　平行连杆
parallel-rod tuning　平行杆调谐
parallel rods screen　平行杆筛
parallel roller　平行滚柱,圆柱滚柱(长径比大于1)
parallel-roller bearing　平行滚柱轴承
parallel roller bearing　平行滚柱轴承
parallel rule　平行定规,平行尺
parallel ruler　平行定规,平行尺
parallel running　并行运转,并联运转,并联运行
parallel running of generator sets　发电机组并车运行
parallel section(s)　平行剖面
parallel-serial　并-串行,并-串联,复联,混联
parallel serial　并-串行,并-串联,复联,混联
parallel-serial computer　并串行计算机
parallel-serial connection　并联-串联
parallel-serial register　并串行寄存器
parallel series　并-串行,并-串联,复联,混联
parallel shaft reduction gear　平行轴减速齿轮
parallel shafts　平行轴
parallel shank type shaper cutter　圆柱柄插齿刀
parallel shaving　平行剃齿
parallel shaving method　轴向剃齿法
parallel shears　平行剪
parallel shim　(铣刀盘)平行垫片
parallel-stays　平行[性]拉线
parallel stays　平行拉线
parallel stock guide　平行导料装置
parallel storage　平行存储器
parallel straight frame　平行直梁式车架
parallel summing network　并联加法网络
parallel surface　平行曲面,平行面
parallel surface grinding machine　双端面磨床
parallel switching relaying system　并联开关继电系统
parallel table　对照图表
parallel test　替换检定
parallel to grain　顺纹
1008 parallel-to-serial converter　并联-串联变换器,并行-串行变换器
parallel to serial converter　并-串变换器
parallel to 10 seconds of arc　平行度达10秒弧度的
parallel translation　平行移动
parallel transmission　并行传输
parallel transmission unit (=PTU)　并行传输设备
parallel-tube amplifier　电子管并联放大器
parallel-tuned circuit　并联调谐电路
parallel-type inverter　并联式变流器
parallel-type worm　圆柱蜗杆
parallel uniformity　平行不整合,假整合
parallel vice　平口虎钳
parallel wave　平行波
parallel wing　长方形机翼,等截面机翼
parallel wire　平行双线,双线式明线
parallel wire system　平行线系统
parallel wound　并激绕法,并绕,复绕[法]
paralleled　并行的,并联的
parallelehedra　平行面体
parallelepipedal　平行六面体的
parallelepiped(on)　平行六面体
paralleling　并行,并联
parallelism　(1)平行度,平行性;(2)类似,对应,比较;(3)并行论,
　　二重性
parallelism of thrust and drag curves　推力和阻力曲线的比较
parallelism of tooth　轮齿[齿向]平行度
parallelizability　可平行[化]性质
parallelizable　可平行化的
parallelization　平行化
parallelize　使平行[于],平行放置
parallelly　平行地
parallelogram　平行四边形
parallelogram identity　平行四边形恒等式
parallelogram law　平行四边形定律,平行四边形法则

parallelogram linkage steering　平行四边形杆系转向机构
parallelogram mechanism　平行四边形机构
parallelogram of forces　力的平行四边形
parallelogram of velocities　速度的平行四边形
parallelogram steering linkage　平行四边形转向杆系
parallelogramming deflection　平行四边形变形
parallelohedron　平行多面体
parallelometer　平行四边形检仪器,平行仪
parallelopipedon (=parallelepipedon)　平行六面体
paralleloscope　平行镜
parallelotope　(1)超平行体;(2)超平行六边形
parallelotropic　并行趋向的
parallels　平行线,平行号
parallels of a surface of revolution　回转面的平行圆
parallels test　平行试验
parallergy　副变态反应
paraloc　参数器振荡电路
paralyse (=paralyze)　(1)使无力,使无效,使瘫痪;(2)关闭
paralyser (=paralysor)　阻化剂,阻滞剂
paralysis　(1)闭塞,闭锁,截止,停顿,间歇;(2)毫无力量,无能力,
　　瘫痪
paramagnet　顺磁[性]物质,顺磁材料,顺磁体
paramagnetic　顺磁[性]的
paramagnetic resonance (=PMR)　顺磁共振,顺磁谐振
paramagnetic substance　顺磁物质,顺磁性体,顺磁质
paramagnetic susceptibility　顺磁磁化率
paramagnetically-doped　顺磁法掺杂的
paramagnetism　顺磁性
paramarines　海军伞兵
parambulator　计程车
parameter (=PARAM)　(1)特征数据,补助变数,计算指标,独立变量,
　　参数量,参数项,参数,参量,参变数;(2)半晶轴,标轴;(3)(根据
　　基底时间、劳动力、工具、管理等的)工业生产预测法
parameter amplifier　参量放大器
parameter delimiter　参量定义符
parameter of distribution　分布参数
parameter of electric machine　电机参数
parameter of material　材料参数,物料参数
parameter of regularity　正则性参数
parameter potentiometer　参数电位计
parameter-transformation　参数变换
parameterize　决定……参数
parameterized　参数化的
parametral plane　参变平面,标轴平面
parametric (=PARAM)　参数的,参量的
parametric amplification　参数放大,参量放大
parametric amplifier (=PA)　参数放大器,参量放大器
parametric analysis　参量分析
parametric damping　参量阻尼
parametric diode　参数二极管,参量放大二极管
parametric equation　参数方程[式]
parametric frequency divider　参量分频器
parametric frequency multiplication　参量倍频
parametric line　参数曲线,坐标线
parametric method of frequency stabilization　参量稳频法
parametric mixer　参量混频器
parametric singular point　参数奇点,流动奇点
parametric surface　参数曲面
parametric technique　参量技术
parametric up-converter　参数向上变换器
parametric variation　参数变化
parametrix　拟基本解奇异函数
parametrization　参数化[法]
parametrize　决定……参数
parametron　(1)参量元件,参变元件,参感元件,参变管;(2)参数激励子,
　　参数器
parametron logical circuit　参数器逻辑电路
parametron shift reggister　变参数移位寄存器
paramorph　同质异晶体,同质异晶物
paramorphism　(1)全变质作用;(2)同质异像;(3)同质异晶现象
paramp (=parametric amplifier)　参量放大器
Paranox　巴拉诺克斯(一种润滑油多效添加剂)
parapet　(1)栏杆,护栏;(2)人行道
parapet gutter　箱形水槽

paraphase 倒相

paraphase amplifier 倒相［推挽］放大器，分相放大器，双相放大器

paraphernalia (1) 随身用具，零星用具；(2)（机械的）附件，设备，装置，工具

paraphrase (1) 解释……意义，释义；(2) 意译

paraplan reduction gear 平行轴行星式减速齿轮

paraplane 滑翔降落软翼机

paraplex 增塑用聚酯

parasite (1) 寄生元件，无源偶棚子；(2) 寄生［振荡］

parasite current 寄生电流

parasite drag 寄生曳力

parasites (1) 寄生振荡；(2) 寄生反射器，寄生天线

parasitic 寄生的

parasitic absorption 寄生吸收

parasitic air 窑炉缝隙吸入的空气

parasitic amplitude modulation 寄生调幅

parasitic amplitude modulation suppression 寄生调幅抑制

parasitic antenna 寄生天线

parasitic capacitance 寄生电容

parasitic circuit 寄生电路

parasitic effect 寄生效应

parasitic element 寄生单元，寄生元件，无源元件，无源振子

parasitic emission 寄生发射

parasitic error 寄生误差，粗误差

parasitic feedback 寄生反馈

parasitic ferromagnetism 寄生铁磁性

parasitic isolation capacitance 寄生隔离电容

parasitic light 杂光

parasitic moment 寄生弯矩，次弯矩

parasitic oscillation 寄生振荡

parasitic oscillation stopper 寄生振荡抑制器

parasitic phase modulation 寄生调相

parasitic phenomenon 寄生现象

parasitic P-N-P transistor 寄生 -PNP- 晶体管

parasitic reactance 寄生电抗

parasitic signal 寄生信号

parasitic suppressor 防寄生装置

parasitic thermoelectromotive force 寄生温差电动势

parasitics ｛电｝寄生现象，干扰

parasol 伞式单翼机

parataxis 互补性

parataxy 挠平行性

paraton(e) 帕拉顿（一种粘度添加剂）

paratonic 外力或外因促成的，由光热等刺激而生的

paratriptic 防止损耗的，防衰减的

paratrooper 伞兵运输机

paratroops 伞兵部队

paratype 副型的，异型的

paravane (1) 滑翔降落软翼机；(2) 防水雷器，防潜艇器，扫雷器，破雷卫

paraxial 旁轴的，等轴的，近轴的

paraxial region 近轴范围，旁轴区

parbuckle (1) 重物起吊具；(2) 双圈单吊索，上下索

parcel (1) 小包；(2) 部分，分部；(3) 组，批，群，块；(4) 盘丝

parcel-gilt 局部镀金的

parcelling 绳索包布

parcenter 等地中心

parch (1) 干透，焦干；(2) 烘

parch crack 切边裂纹，拉裂，干裂

parchment (1) 羊皮纸文件；(2) 植物羊皮纸，羊皮纸；(3) 垫衬沥青纸毡

parchment imitation 仿羊皮纸

parchment paper 假羊皮纸，硫酸纸

parchmentizing 浓硫酸处理（使皮纸化）

parchmoid 仿羊皮纸

parchmyn 仿羊皮纸

parchmyn paper 油光纸

parclose (1) 屏障，(2) 隔离幕

Pardop (=passive ranging Doppler) 被动测距的多普勒系统

pare (1) 削，修，剥，刮；(2) 逐渐减少，削减

paren (=parenthesis) (1) 括弧，圆括号；(2) 插句

parent (1) 本源，根源，(2) 原始的，原有的，原来的，起始的；(3) 母原子，母元素，原始核，母核，母体

parent aircraft 运载飞机，母机

parent crystal 原始晶体，母晶

parent element 母体元素

parent ion 母离子

parent lattice 基质晶格

parent map 基本图

parent material 原材料，母料

parent metal ｛焊｝基体金属，底层金属，母材，基料

parent molecule 母分子

parent nucleus 母核

parent population 母体

parenthesis (1) 括弧，圆括号；(2) 插句

parenthesis-free notation 无括号标序记号，无括号表示法

parenthetic(al) 作为附带说明的，括弧中的，插入的，弧形的，弓形的

parenthetically 顺便地说，作为插句

parer 削皮器

parergon （复 parerga)(1) 副业；(2) 附属装置，辅助装饰；(3) 补遗，附录

parfacal 正焦点的，齐焦的

pari causa （拉）同等权利

paring 刨花，切片，切屑

paring chisel 削凿刀，削錾

paring gouge 削面凹凿

paring iron 修蹄刀

paring knife 削皮刀

paring-off 修边

paring plough 线耕机

parison 玻璃半成品，型坯

parity (1) 字称性，字称；(2) 同等，均等，平等，相等，同格，同位；(3) 类似，相同；(4) 等价，等值，等额，平价，比价，比值，比率；(5) 整数的奇偶性，奇、偶函数，奇偶校验；(6) {计}奇偶性，奇偶误差

parity bit 奇偶检验位

parity character 奇偶符号

parity check 奇偶检验，奇偶校验，同类校验，均等核对

parity check code 奇偶监督码

parity conservation 字称守恒

parity error ｛计｝奇偶检验误差

parity experiments 字称实验

parity indicator 奇偶显示器

parity price 平价

parity rate 比价

parity value (1) 票面价值；(2) 平价

park (1) 停车场，停机坪，放置场；(2) 材料库；(3) 停放，放置，停车，排列，布置，安顿，整顿

Parker kalon screw 金属薄板螺钉

parkering 磷酸盐处理

parkerise (=parkerize) 磷酸盐被膜处理，磷酸盐保护膜处理，金属防锈处理，磷化处理

parkerizing 磷酸盐处理

parking (1) 停车；(2) 停车场，停机坪

parking area 停车场

parking ban 禁止停车

parking brake 停车制动器，停放制动器，停车闸

parking brake cam 停车制动器凸轮

parking meter 停车收费计，停车计时器

Parkinson's vice 巴氏虎钳

parlance 说法

parley 谈判，讨论，会谈

parlor car 豪华铁路客车

parlour 起居室，接待室，会客室，休息室，营业室

parochial 有局限性的，有限的，狭隘的

parochor （克分子）等张比容，等张体积

parol 石蜡燃料

paroline 液体石油膏

paronite 石棉橡胶板

parquet (1) [铺] 镶木地板；(2) 镶木细工的

parquetry 镶木细工，镶木地板，镶木工作

Parr metal 一种镍铬铜耐蚀合金

Parscope [气象雷达] 示波器

parse [文法] 分析

parsec (=parallax second) 秒差距（表示天体的单位，视差为一秒的距离，等于 3.26 光年）

parser （句型）分析程序

parsing algorithm 分析算法

Parson brass 锡基锑铅铜合金（锡 74-76%，铜 3.0-4.5%，铅 14-15%，锑 7-8%)

Parson bronze 一种锰黄铜

Parsons Mota metal 锡基锑铜轴承合金（锡86-92%，铜3-5%，锑4.5-9%）

Parsons turbine 帕森斯涡轮机

part (=P) (1) 零件，部件，元件，工件；(2) 组合件，配件；(3) 部分，成分，要素；(4) 作用；(5) 局部；(6) 分开，分成部分

part and parcel 组成部分，基本部分

part and parcel of 主要部分，组成部分，本质

part assembling drawing 部件装配图

part assembly 零件装配

part assembly drawing 零件装配图

part by part 逐项，详细

part control number (=PCN) 零件控制数，元件控制数，部件控制数

part correlation coefficient 部分相关系数

part drawing 零件图

part from 离开

part-length rod {核} 局部控制棒，短控制棒

part load 部分载荷，部分负载，不满载

part-load performance 部分负载状态，不满载状态

part-number [零] 件号 [码]

part number (=P/N) [零] 件号 [码]

part of a series 级数的部分

part per billion 十亿分之一

part program 零件加工程序，零件程序

part requirement card (=prc) 零件规格卡片

part section 局部剖面

part section view 局部剖面图

part sectional view 局部剖面图

part sectioned view 局部剖面图

part shipments prohibited 禁止分运

part-time 非全时的，兼任的，零星的

part throttle shift （自动变速器）部分油门换档

part transfer (=PT) 零 [部] 件传递

part-transistorized 部分晶体管化的

part winding start 部分绕组起动

part with 离开，放弃，出让

partable 可分开的

partake (1) 分享，分担，参与，参加；(2) 有几分，有点儿，略带

partaker 有关系的人，分担者，参与者

partan algorithm 平行切线 [算] 法

partan method 平行切线法

parted 裂口的，裂缝的，分开的，部分的

partial (1) 部件的，零件的；(2) 不完全的，局部的，部分的；(3) 单独的，分别的，个别的；(4) {数} 偏导数，偏微分的，偏的

partial abrasion 局部擦痕

partial arrangement drawing 零件配置图，配置零件图

partial assembly drawing 零件装配图，装配分图

partial-automatic 半自动的

partial automatic 半自动的，部分自动的

partial automation 部分自动化

partial auxiliary view 局部辅助投影图

partial bearing 半轴承

partial carry 部分进位

partial coherence 部分相干，局部相干

partial condenser 分凝器

partial conductor 次导体，畸性 [光电] 导体

partial critical mass 次临界质量

partial cross section 局部截面

partial delivery 分批交货，零批交货

partial derivative 偏导数，偏微商

partial difference 偏差

partial differential 偏微分的

partial differential equation 偏微分方程

partial differentiation 偏微分法

partial differentiation equation 偏微分方程

partial discharge 部分放电

partial dislocation (1) 部分错位；(2) 部分位错

partial distillation 部分蒸馏，局部蒸馏

partial earth 部分接地

partial elasticity 不完全弹性

partial engagement 局部啮合

partial enlarged view 局部放大视图

partial error 局部误差

partial field 分场

partial film lubrication 部分油膜润滑

partial firing 部分点火

partial flow 分流

partial flow filter 支管过滤器

partial fraction 部分分数，部分分式

partial-fraction expansion 部分分数展开

partial general view 零件装配图，装配分图

partial hydrodynamic lubrication 局部流体动压润滑

partial-image 分图像

partial increment 偏增量

partial integration 部分积分

partial journal bearing 对合轴承，半圆轴承

partial linear differential equation 线性偏微分方程

partial load 部分载荷，部分负荷，部分荷载，局部载荷，局部负载

partial mixing 部分混合

partial-one output signal 半选 "1" 输出信号

partial node 次节，不全节

partial potential 化学势

partial pressure (=PP) 局部压力，部分压力，分压力，分压强

partial products 部分乘积

partial resonance 部分谐振

partial-select input pulse 半选输入脉冲

partial shipment 分批装运，分批装船

partial summation 部分求和，和差变换

partial transform 部分变换式，偏变换式

partial vacuum 部分真空

partial variance 偏方差

partial volume 部分容积

partial wiring diagram 部分接线图

partially 不完全地，局部地，部分地

partially differentiate 偏微分

partially elastic 部分弹性

partially reversed stress 非对称反向载荷应力

partially separate system （排水系统）部分分流

partially silvered mirror 半涂银镜 [面]

partially synchronized transmission 部分同步变速器

partibility 可分状态，可分性，可劈性

partible 可分的

participant (1) 参与者，参加者，共享者；(2) 参与的，有关的

participate 参与，参加，分享，共享

participation 参与，参加，分享，共享

participator 参与者，合作者

particle (1) 颗粒，微粒，粒子；(2) 质点；(3) 极小量

particle accelerator 粒子加速器

particle-and-force computing method (=PAFM) 质点和力计算法

particle encounter 粒子碰撞

particle gradation 颗粒分级作用

particle in cell computing method (=PICM) 在格网中的质点计算法

particle path 质点轨迹

particle-size 粒度，粒径

particle size 颗粒尺寸，颗粒大小，粒径

particle size analyzer 粒度分析器

particle size distribution 粒度分布，粒子大小分布

particle transfer {焊} 熔滴过渡

particle velocity 质点速度，粒子速度

particleboard 碎料板

particolour 杂色

particolo(u)red 五光十色的，杂色的

particular (1) 特别的，特殊的，独特的，个别的，分项的；(2) 详细资料，详细数据，详细说明，摘要，细节，细目，事项，项目；(3) 特解，特例，特色

particular average 单独海损

particular resonance 局部谐振

particular solution 特解

particular system of signal receiving 特种信号接收方式

particular tare 实际皮重

particularity (1) 特殊性，特质；(2) 特殊事物，特殊情况，细节；(3) 精确，考究，详细，细目，单个

particularize 特别指出，逐一列举，特殊化

particularization (1) 列举；(2) 特殊化；(3) 特殊情况限制，特殊情况应用

particularly 详细地，特别，格外，尤其，显著

particulate (1) 颗粒物质，微粒，粒子；(2) 气溶胶粒子；(3) 粒子组合的，微粒状的，散粒的

1010

particulate copper　颗粒性铜

particulate organic carbon (=POC)　颗粒性有机碳, 分散有机碳, 散式有机碳

particulate solids　（催化剂的）粉碎固体粒子

parting　(1) 割断, 分割, 切断；(2) 分开, 分离, 分裂, 裂开；(3) 铸模结合处, 砂箱分界线, 分离工序, 分型面, 分离剂, 脱模剂；(4) 夹层；(5) 裂理

parting agent　脱模分离涂料, 模型润滑剂, 分型剂

parting cell　分金槽

parting compound　分型剂, 脱模剂, 离型剂, 隔离粉, 分离砂

parting device　分离装置, 分隔装置, 分隔设备

parting down　阶梯形分型面, 挖割 [不平分型面], 修型

parting face　分离面

parting flange　分开面法兰

parting gate　分型面上的内浇口

parting line (=PL)　接合线, 分界线, 分模线, 分型线

parting plane　分割面, 接合面

parting planing tool　切断刀

parting powder　分型剂, 脱模剂, 离型剂, 隔离粉, 分离砂

parting pulley　拼合轮, 对开轮

parting sand　分离砂

parting slotting tool　切断插刀

parting tool　(1) 切断刀具, 切割刀具, 割断刀, 切刀, 割刀, 截刀；(2) 开裂工具

partinium　帕其尼阿姆铝铜合金 (88.5%Al, 7.4%Cu, 1.7%Zn, 1.1%Si, 1.3%Fe)

partition　(1) 隔离；(2) 分配, 分布, 分割, 分段, 分开, 分类, 分区；(3) 隔离壁, 隔开物, 分隔物, 纸隔板, 隔板, 挡板, 隔膜；(4) 划分, 区分；(5) 整数分割

partition board　隔板

partition capacitance　部分电容

partition function　划分函数, 配分函数

partition gas chromatograph　分离气组份分析器

partition in tower　蒸馏塔隔板

partition insulator　绝缘导管, 隔板绝缘体

partition method　分类法

partition noise　电流分配噪声

partition of load　负载分布, 负荷分配

partition of theorem　分割定理

partition of unity　单位分解

partition test　分段检验, 分拆检验

partition value　分割值, 划分数

partition wall　隔墙, 间壁

partitioned　分配的, 分布的, 隔离的, 分隔的, 分段的

partitioned file access　分区文件存取

partitioned logic　分块逻辑

partitioned matrices　分块矩阵

partitioning　(1) 划分, 区分, 分配；(2) 分割, 割开

partitioning device　{化} 分配设备

partitioning of matrices　矩阵分块

partitive　部分的, 局部的

partly　部分地, 局部地, 一部分

partly ordered set　半序集 [合]

partly-mounted　部分悬挂的, 半悬挂式的

partner　(1) 配对齿；(2) 合伙人, 合作人, 伙伴, 股东, 配偶

partnership　(1) 合伙, 合营, 合股, 协力；(2) 合伙组织, 公司

partnership agreement　合伙合同

partnership contract　合伙合同

parts　(1) 组合件, 零件, 机件, 部件, 工件, 配件；(2) 部分；(3) 几分之几

parts and component manual (=PCM)　零 [配] 件与元件手册

parts catalogue (=P/C)　零件目录, 部件目录, 配件目录, 元件目录

parts counter　零件计数器

parts feeder　拾取定向料斗, 送料器

parts list　零件明细表, 零件目录, 零件 [清] 单

parts memo (=PM)　零件备忘录

parts number　零件号码

parts per billion (=PPB 或 ppb)　十亿分之几, 十亿分率, 千兆分之几

parts per hundred (=PPH)　百分之几

parts per hundred million (=PPHM)　亿分之几

parts per million (=PPM 或 ppm)　百万分之几, 百万分率

parts per thousand (=ppt)　千分之几

parts per trillion (=ppt)　万亿分之几

parts provisioning breakdown (=PPB)　零件供应中断

parts rack　零件架

parts requirement list (=PRL)　零件规格一览表, 需用零件表

parts requisition and order request (=PROR)　零件请购与订货申请书

parts selection matching　零件选配

parts tack　零件架

party　(1) 班组；(2) [整体的一] 部分；(3) 方面；(4) 用户

party-line　共用电话线路, 同线电话

party line (=PL)　(1) 合用线；(2) 同线电话

party telephone　载波电话, 共线电话

parvafacies　分相

pascal　帕（斯卡）, pa (压强单位, =1 牛顿 / 米 2)

Pascal's law　帕斯卡定律

Pascal's principle　帕斯卡原理

Pascal's triangle　帕斯卡三角形

pass　(1) { 轧 } 轧辊型缝, 孔型, 轧槽, 轧道, 道次；(2) 通道, 通路, 通过, 途径, 经过, 烟道；(3) 传递, 传达；(4) 通行证, 护照；(5)（刀具）通切层；(6) { 焊 } 焊道, 焊蚕；(7) 合格, 及格

pass across　横穿

pass along　传递, 传播

pass angularity　[菱形] 孔型的顶角

pass away　经过, 过去, 终止, 度过

pass-band　通频带

pass band　通频带

pass-band limiting switch　[通] 带宽 [度] 限制器

pass band width　通 [频] 带宽度

pass beyond　超越, 越过, 通过

pass-by　旁路, 旁通

pass by　绕过, 忽略, 过去

pass by value　按值传送

pass capacitor　旁路电容器

pass filter　滤过器

pass for　被认为是, 被当作, 冒充

pass into　进入, 变成, 化为

pass line　受装索

pass on　继续前进, 通过, 传递, 转到

pass off　发生, 经过, 结束

pass out　出去

pass-out steam turbine　旁路汽轮机

pass over　越过, 绕过, 放过, 传给, 忽略

pass-over mill　递回式轧机

pass round　绕

pass schedule　轧制规范, 轧制方案, 轧制计划, 孔型系统, 孔型安排

pass sheet　付印清样

pass shooting　飞越射击

pass-test　测试通过, 检验合格

pass the test　测试通过, 检验合格

pass-through　传递口

pass through　穿过, 经过, 流过, 经历

pass to　转到, 传到

pass up　(1) 向上运动, 向上移动；(2) 拒绝, 不理

pass-versus-concentration curve　通过次数与浓度关系曲线

pass word　通行字

passable　可通行的, 可通过的

passage　(1) 通道, 通路, 流道；(2) 通过, 经过, 穿过, 透射, 流通；(3) 通气道, 通水道；(4) 管出入口, 孔口；(5) 阀柱塞槽；(6) 行程；(7) 轧制次数, 道次

passage boat　班轮

passage of chip　切屑排出

passage of current　电流通路

passage of cuttings　切屑排出

passage of flow disturbance　扰流传布

passage of heat　热通道, 传热

passage of time　时间的推移, 时间的流失

passage-way　通路, 通道

passageway　通道

passameter (=passatest)　外径指示规, 外径精油仪, 杠杆式卡规

passband　通 [频] 带

passenger aircraft　航线客机

passenger elevator　载客电梯

passenger extra　临时客车

passenger ferry　旅客轮渡

passenger lift [乘客] 电梯

passenger liner　航线客机

passenger plane　客机

passenger service　客运服务

1011

passenger ship 客轮

passenger steamer (=PS) 客轮

passenger stock 客运车辆

passenger train 客车

passenger tyre 轻轮胎

passer 成品检查员

passimeter (1)内径指示规,内径测微计,内径精测仪,杠杆式内径指示计；(2) 自动售票机；(3) 步数计,计步器,计程器

passing (1) 经过 [的], 通过 [的], 通行 [的]；(2) 议定, 核准；(3) 目前的, 现在的；(4) 透射, 穿过, 推移

passing band 传输频带, 通频带

passing load 瞬时荷载

passing-over 超过, 超出

passing punch 预冲孔冲头

passing signal 通过信号

passing strake 全通列板

passivant 钝化剂

passivate {冶}钝化

passivated mesa (=PM) 钝化台面式晶体管

passivated mesa transistor (=PMT) 钝化台面型晶体管

passivating 形成保护膜, 保护膜的形成, 钝化 [作用]

passivation 钝化 [作用]

passivation effect 钝化效应

passivation planar transistor 钝化 [平面] 晶体管

passivator 钝化剂

passive (1) {电}无源 [的]；(2) 反应缓慢的, 不活泼的, 钝态的；(3) 不消耗化学能的, 被动的, 消极的

passive-active cell 钝化 - 活化电池

passive antenna (1) 无源天线, 无激励天线, 寄生天线；(2) 天线无源振子

passive detector 无源探测器, 辐射指示器, 探测用接收机

passive electric circuit 无源电路

passive element 无源元件, 被动元素

passive hardness 耐磨硬度, 钝态硬度

passive metal 惰性金属, 有色金属

passive network 无源网络

passive relay station 无源中继台, 无源中继站

passive satellite 无源卫星(利用人造卫星作为反射体, 进行宇宙通讯)

passiveness 被动的状态, 被动性

passivity (1) 化学活性不大的状态, 钝性, 钝态；(2) 无源性；(3) 被动 [性], 消极

passkey (1) 万能钥匙；(2) 碰锁钥匙

passless 没有路的, 走不通的

passometer (=passimeter) (1) 内径指示规, 内径测微计, 内径精测仪, 杠杆式内径指示计；(2)自动售票机；(3) 步数计, 计步器, 步测计, 计程器

passport (1) 证明书, 说明书, 护照；(2) 手段

password 允许通过字

past (=P) 过去的, 结束的, 卸任的, 老练的

past master 老手, 能手

paste (1) [软]膏, 糊剂, 胶；(2) 粘贴, 涂胶；(3) 混合剂；(4) 玻璃质混合物,(蓄电池的) 有效物质

paste board [胶]纸板

paste carburizing 膏剂渗碳

paste cutting compound 冷却切削工具用的糊状物, 糊状切削润滑剂

paste for printing 印刷油膏

paste-forming properties 成浆性

paste lubricant 润滑膏, 糊状润滑剂

paste mold 衬碳模

paste resin 糊状树脂

paste shrinkage 水泥浆收缩

pasteboard 厚纸板

pasted 胶的, 膏的

pasted filament 钨膏灯丝

pasted plate 糊制蓄电池极板, 涂浆极板

paster (1) 粘胶器, 涂胶纸；(2) 自动接纸装置

pasteurisation (=pasteurization) 巴氏灭菌法, 低热灭菌

pasteuriser (=pasteurizer) 巴氏灭菌器, 巴氏消毒器

pasting (1) 表糊；(2) 粘合, 胶合；(3) 胶合的；(4) 涂胶

pasty 糊状的, 粘性的

pasty iron {冶}糊状铁

pasty lubricant 润滑膏, 糊状润滑剂

patache (1) 小型递送船；(2) 帆船队的补给船

patch (1) 在钢板上打补钉；(2) 插入程序补码(校正错误, 改变程序)；(3)

临时性线路, 临时性电路, 插接线；(4) 修补, 补钉, 连接板, 盖板, 搭板

patch bay 插头安装板, 插接架, 接线架

patch board 转接插件, 转接板, 接线板, 接线盘, 配电盘

patch board verifier 接线板检验器

patch bolt 补件螺栓

patch box 弹丸盒

patch budding 片接

patch cord 插入线, 塞绳柔软, 中继塞绳, 连接电缆

patch-in 插入

patch of carbon 局部积炭

patch-panel 接线板, 转接板

patch panel 接插板, 接线板, 转插板

patch-program plugboard 变动程序接线板, 变程板

patch repair 补坑

patch thermocouple 接触热电偶

patch up 修补

patchboard 转接插件, 接线板, 接线盘, 配电盘, 转插板

patchcord 插入线, 柔软塞绳, 中继塞绳, 连接电缆

patcher 修补工, 装饰工

patchily 质地不均地, 不规则地

patching (1) 修理, 修补；(2) 炉衬修补, 砂型修补, 泥芯修补；(3) (临时性) 接线

patching board 接线板

patching cord 柔软塞绳, 连接电缆

patching curve 插入 [曲]线

patching gun 修炉衬喷枪

patching-in 临时性接线

patching material 补炉堵塞料, 修补材料

patching panel 配电板

patching operation 修补工作

patching-out 挖衬垫

patchplug 转接插头

patchwork (1) 修补工作；(2) 拼凑物；(3) 拼缀物

patchy (1) 有斑点的, 杂凑的；(2) 质地不均的, 不均匀的；(3) 修补成的

patency 不闭合, 开放

patens 分开的, 开展的

patent (1) 专利特许证, 专利权, 专利证, 专利品, 专卖权, 特许状, 执照；(2) 特许的, 专利的；(3) 批准或获得专利；(4) 专利件；(5) 明显的, 显著的, 展开的, 开放的, 未闭的；(6) (钢丝) 韧化处理, 铅淬淬火

patent base 特殊版台

patent certificate 专利执照

patent coated paper 特制光纸

patent co-operated treaty (=PCT) 专利合作条约

patent drier 爆漆, 漆头

patent fee 专利费

patent leather [黑]漆皮

patent office (=PO) 专利局

patent right 专利权

patent royalty 专利权使用费

patent specification 专利说明

patentable 可取得专利的

patented claim 专利申请

patented wire 铅淬钢丝

patentee 专利权所有人

patenting 索氏体化处理, 派登脱处理, 铅浴淬火

patenting wire 铅淬火钢丝

patentizing 铅淬火

patentizing furnace 铅淬火炉

patently 明白地

patentor 专利许可者

patera 接线盒, 插座

paternoster elevator 链斗式提升机, 链斗式升料机

path (1)路程, 路径, 路线, 途径；(2)射程, 行程, 行程, 轨迹, 径迹, 航迹；(3) 通路, 电路, 线路, 道路, 弹道, 轨道, (4) 分支；(5) 轧辊型缝

path coordinate 轨迹坐标

path correlation 轨迹变换

path curvature 轨迹曲率

path curve 轨线

path difference 路径差, 程差

path-gain factor 通路增益系数

path-generating mechanism 轨迹创成机构

path loss 路径损耗

path of action (齿轮) 啮合轨迹, 啮合线

path of consecutive cuts 连续切削线
path of contact 接触线, 啮合线, 接触轨迹, 接点轨迹
path of crank pin 曲柄销钉行程
path of cutter 切削轨迹
path of integration 积分路线, 积分途径
path of load 伸臂差距 (起重伸臂最大与最小变幅差距)
path of motion 运动轨迹
path of percolation 渗流通径, 渗径
path of quickest descent 最快下落路线
path of shear 切屑的裂程
pathfinder (1) 装有雷达的领航飞机, 导航飞机; (2) 航向指示器, 航迹指示器, 导引装置, 导航雷达, 导航器; (3) 导航人员, 开拓者, 探险者
pathfinding 寻找目标, 领航, 导航
pathway (1) 路径, 通路, 小路, 小径; (2) 轨道, 弹道; (3) 航线
patina (金属的) 氧化表层, 铜绿, 铜锈
patinated 布满铜绿的, 生锈的
patination 布满铜绿, 生绿锈
patinous 有锈的
patler 柱脚
patrimonial sea 承袭海 (专用经济区域)
patrix (1) 阳模, 上模; (2) 母字模
patrol (1) 巡逻, 巡视, 巡查, 侦察; (2) 巡逻队, 巡逻者
patrol car 巡逻车
patrol grader 养路用平地机
patrol maintenance 巡回养护
patrol torpedo boat 鱼雷快艇
patron (1) 赞助人; (2) 顾客, 主顾
patronage (1) 保护, 赞助, 资助; (2) 支持, 培养, 鼓励
patronize 赞助, 资助, 照顾, 光顾
patten (1) 柱基, 柱脚; (2) 狭板条, 平板
pattern (1) (齿轮) 接触斑迹; (2) 模型, 模式, 模板; (3) 典型, 榜样, 样品, 试样, 标本; (4) 型式, 样式, 程式, 式样, 花样, 规范, 制度; (5) 方向图, 图案, 图像, 图样, 图形, 图表, 花纹, 帧面; (6) 特性曲线; (7) 晶体点阵, 晶体结构, 晶格; (8) (天线) 辐射图, 波瓣图, 光栅; (9) 喷漆直径
pattern-bomb 定形轰炸
pattern cam 主凸轮
pattern coating 木模涂层
pattern cracking 网状裂缝
pattern cutting 切削下的粉末样品
pattern design 模型设计
pattern die 型模
pattern displacement 光栅位移, 图像变位
pattern distortion 图像畸变, 图像失真, 光栅失真, 像差
pattern draft 起模斜度, 拔模斜度
pattern draw 脱模, 起模
pattern drawing machine 起模机
pattern drawing mechanism 起模机构
pattern generator 直视装置信号发生器, 测试图案发生器, 图形发生器
pattern half 半分模型
pattern lay-out 图案设计
pattern-maker 模型工, 翻砂工
pattern maker 模型工, 制模工, 木模工
pattern maker's contraction 制模收缩, 固态收缩
pattern maker's lathe 木工车床
pattern maker's rule 制模尺, 缩尺
pattern-making 制模工作
pattern making 模型制造, 木模制造, 模工工作
pattern master 主模型, 母模型
pattern match 假箱, 假模
pattern metal 金属模型材料, 模型金属
pattern mill 模型铣床
pattern of intricate external shape 复杂模型
pattern of meshing 啮合斑迹
pattern of radioactive decay 放射性蜕变类型
pattern of symbol 符号模式
pattern of vortex 涡线结构, 涡线图
pattern of vortex line 涡线形状
pattern plate 模板
pattern-propagation factor 场方向性相对因数, 传播方向性因数
pattern recognition 图像识别, 图样识别
pattern recognizer 模式识别机
pattern screw 起模螺钉
pattern-sensitive fault 特殊数据组合故障
pattern-shop 制模车间, 模型车间

pattern shop 制模车间, 模型工场
pattern taper 取模斜度, 取模角度
pattern tooth (刨齿或磨齿) 样板
pattern-word [密码字] 模式字
patterning 制作布线图案, (集成电路的) 图案形成, 图像重叠, 图案结构, 图形
patternmaker 模型制造者, 制模工, 木模工
patternmaker's contraction 制模收缩, 固态收缩
patternmaker's lathe 木工车床
patternmaker's rule 制模尺, 缩尺
patternmaking (1) 制模; (2) 制作图案
pattinsonization 粗铅除银精炼法
Patton M46 (美) "巴顿 M46" 中型坦克
patulous 张开的, 展开的, 胀开的, 扩展的, 开放的
Patzold's condition 最大介质损耗的条件
pauci- (词头) 微, 少
paucidisperse 少量分散
paucity 微量, 少量
paul 探照灯
paulin 浸透树脂的帆布, 焦油帆布, 防水帆布, 蓬布
Pauli's method 电阻变化法, 波利法
paulopost 后期生成的, 变质生成的
pause 中止, 暂停, 间歇
pause instruction 暂停指令
pause statement 暂停语句
pave (1) 铺砌, 铺料, 铺石; (2) 安排, 准备
pavement (1) 铺面, 路面; (2) 底板
paver (1) 铺砌工; (2) 铺料机, 铺路机
paver boom 桁梁
pavier (=paver) (1) 铺砌工; (2) 铺料机, 铺路机
pavilion (1) 大帐篷, 更衣室, 休息所; (2) 搭帐篷
paving 铺面, 铺砌
paving machine 铺路机
pavio(u)r (1) 铺面工人; (2) 铺路机; (3) 一种特硬的铺面砖
pawl (1) 制轮爪, 止动爪, 掣爪, 掣子, 卡子, 棘爪, 爪; (2) 用爪止住
pawl ball 掣子球
pawl casing 棘爪罩
pawl coupling 爪形联轴节
pawl lever 棘轮爪杆, 爪杆
pawl mechanism 棘轮机构, 棘爪机构
pawl pin 棘轮掣子销, 爪销
pawl pivot 掣子枢销
pawl rod 掣子拉杆
pawl spring 制动弹簧, 制动簧片
pawl type transfer device 掣爪式工件输送带
pawl washer 带鼻防松垫圈, 爪式垫圈
pawl wheel 棘轮
Paxboard (=Paxfelt) 一种绝缘材料
Paxolin 巴素林 (层压塑料, 主要为酚醛塑料的商名), 酚醛层压塑料
pay (1) 支付, 偿还, 还清; (2) 给予, 付出, 付给, 付款; (3) 报酬, 工资; (4) 收费的, 自费的, 工资的
pay a high price for 为……付出很高代价
pay a price 付出代价
pay a visit 参观
pay-as-you-go 按程收费, 分期付款
pay-as-you-go-plan 按程收费计划, 分期付款计划
pay-as-you-see television [计时] 收费电视, 投币式电视
pay-as-you-view [计时] 收费电视, 投币式电视
pay attention to 注意
pay back 偿还, 报答
pay down 用现金支付, 即时支付
pay for 负担费用, 付……代价, 补偿
pay in 缴款
pay in advance 预付款
pay-list 工资单
pay load (=PL) 有效载荷, 有效负载, 最大重量, 静载重量
pay money down 付现金
pay lip service to 口头上承认
pay-off (1) 送料, 续料; (2) 送料装置
pay off 偿还, 付清, 遣散, 责罚, 收效
pay off a debt 还清欠款, 清欠
pay on delivery (=POD) 货到付款
pay one's way 支付应承担的费用, 自己出钱, 不负债, 不赔钱
pay out (1) 支付, 偿还, 补偿; (2) 报复, 责罚; (3) 放松, 放出, 释放

pay quantity　付款工程量,结账工程量
pay-sheet　工资
pay station　公用电话台
pay station board　公用电话台
pay station circuit　公用电话机电路
pay station line　公用电话线
pay television　收费电视
pay up　付清,付讫
payable　(1)可付的,应付的;(2)合算的,有利的
payable on demand　即付汇票,见票即付
payable to bearer　付持票人,付来人
payably　有利地
payback loudspeaker　播音室扬声器
paycheck　工资
payee　收款人,受款人
payer　付款人,给付者
paying　(1)有利可图的,合算的;(2)支付;(3)填缝;(4)放送绳链;(5)(用以涂盖船缝或缆索的)防水材料
paying-in ship　缴款通知
paying-off　(1)放线;(2)开卷,松卷
payload (=PLD)　(1)有效载荷,有效载重,有效负荷;(2)有用载重,有效载重,静载重量;(3)仪表舱;(4)负运费的货物,工资负担
payload capacity　(1)有效载荷;(2)(车身)有效容积
payload-structure-fuel weight ratio　有效负荷、结构和燃料的重量比
payload volume　有效负载体积
payload weight　有效载荷重量
payloader　运输装载机
payment　(1)支付,付款,偿还,缴纳,报酬,(2)惩罚
payment against documents　凭单支付,凭单付款
payment at sight　见票即付
payment by installment　分期付款
payment by wire　电付
payment five days after arrival of goods　货到后五日付款
payment five days after sight　见票后五日付款
payment forward　预付货款
payment in advance　预付
payment in full　一次付清,全付,付讫
payment in kind　实物支付
payment on account　赊账
payment on deferred term　分期付款,延迟付款
payment on installment　分期付款
payment on terms　定期付款
payment order　支付委托书
payment upon arrival of shipping documents　单到付款
payment voucher　付款凭单
payoff　(1)清算,偿清,支付;(2)成果,结果,报酬,效益;(3)放线装置,松卷装置;(4)性能指标;(5)决定的
payoff function　支付函数
payoff reel　展卷机
payroll　计算报告表,工资单
pea harvester　豌豆收获机
pea picker　豌豆收摘机
peacock　一种轰炸机目标导航系统的大型发射机,飞机无线电发射机系统
peak　(1)顶,峰;(2)齿顶,齿尖,尖点;(3)高峰,波峰,尖峰;(4)峰值,巅值,最大值,最高点;(5)锚爪;(6)引入尖脉冲
peak AGC　峰值自动增益控制(AGC=automatic gain control 自动增益控制)
peak amplitude　峰值振幅
peak-and-hold　峰值保持
peak-average ratio　峰值均值比
peak black　黑白电平峰值
peak capacity　峰值容量,最大容量,最大输出功率
peak cathode current　峰值阴极电流
peak charge effect　峰值充电效应
peak-charging effect　峰值充电效应
peak chopper　峰值斩波器
peak clipper　峰值削波器,峰值限幅器
peak clipper circuit　峰值限制电路,限幅电路,削峰电路
peak clipping　削峰
peak contact　齿顶接触,齿顶啮合
peak current　巅值电流
peak curve　尖顶曲线
peak data-transfer rate　瞬时数据传输率

peak density periods　高峰[负荷]时间
peak detection　巅值检波
peak detector　巅值检波器,幅值检波器
peak-detector circuit　峰值检波电路
peak dose rate (radiation) (=PDR)　(辐射)最高剂量率
peak efficiency　最高效率
peak envelope power (=PEP)　峰值包迹功率
peak factor　峰值因数,峰值系数,振幅因数,巅因数
peak flux density　最大磁通密度,峰值磁通密度
peak force　最大力
peak forward anode voltage　正向峰值阳极电压,阳极正向峰压
peak forward voltage　正向峰值电压
peak-frequency deviation　最大频率偏移
peak-holding　峰值保持,极值保持
peak in time series　时间序列的凸点
peak indicator　峰值指示器
peak induction　陡化感应
peak inverse current　反峰值电流
peak inverse voltage (=PIV)　峰值反向电压,反峰压
peak level　峰值电平,峰值级
peak load　峰值载荷,峰值负载,最大载荷,最高负载,最高载重,尖峰负荷,高峰负荷,峰负载,峰荷
peak load plant　峰荷电厂
peak-load power station　最大功率发电站
peak-load station　峰[值]负载发电厂
peak moment in transmission　传动系的高峰力矩
peak of load　最大负载
peak of negative pressure　负压力峰值
peak operation　最高速运转
peak output　最大输出功率
peak overshoot　尖峰超越量
peak-peak　峰值中的最大值,峰-峰
peak-peak value　峰-峰值,峰间振幅值,巅间振幅值
peak plate current　极板电流峰值
peak point　最高点
peak point current　峰值电流
peak power (=PP)　峰值功率,最大功率,巅值功率,尖峰出力
peak power limitation　最大功率限制
peak power meter　峰值功率计
peak power output　最大功率输出,最大输出功率
peak pulse voltage　脉冲峰压
peak-reading diode voltmeter　二极管峰值伏特计,二极管峰值电压表
peak-reading voltage　峰值电压
peak-reading voltmeter　峰值伏特计,峰值电压表
peak response　最大灵敏度
peak reverse voltage (=PRV)　(半导体)峰值反向电压
peak separation　脉冲间距
peak signal　最大信号
peak speed　最高速度
peak sound pressure　峰值声压
peak-to-average ratio　最大值与平均值之比
peak-to-peak (=PP)　(1)由极大值到极小值,峰值到峰值,正负峰间值;(2)正负峰间波动,双倍振幅;(3)峰峰之间的
peak to peak (=PP)　由极大到极小,正负峰间值
peak-to-peak amplitude　峰-峰振幅
peak-to-peak current　峰-峰电流
peak-to-peak detector circuit　峰间检波电路
peak-to-peak ripple voltage　波纹电压全幅值
peak-to-peak signal　波纹电压峰-峰值,信号全幅值,峰间幅值,峰-峰差值
peak-to-peak value　峰-峰差值,峰间幅值
peak-to-peak voltmeter　双倍振幅电压表,峰值电压表,峰-峰电压表
peak-to-valley ratio　峰值与谷值之比,峰谷比
peak-to-zero　从峰值到零,从最大值到零,峰零时间
peak torque　峰值转矩,最大扭矩
peak transformer　峰值变压器
peak type diode detector　二极管峰值检波器
peak value　峰值
peak voltage (=PV)　峰值电压,最大电压,峰压
peak watthour meter　巅值电度表
peak white　"白色"峰值
peak white limiter　"白色"信号峰值限制器
peak white limiting circuit　"白色"电平限制电路
peaked　有峰值的,尖顶的,最大的,多峰的

peaked amplifier 建峰放大器, 峰化放大器 (特征曲线高频部分升高的放大器)

peakedness (1)巅峰性, 巅峰, (2){数}正过剩, 峰态, 峭度

peaker (1)微分电路, 脉冲修尖电路, 峰化电路; (2)高频补偿电路; (3)加重高频设备, 锯齿电压中加入脉冲设备; (4)脉冲整形器, 脉冲锐化器, 峰化器

peakflux density 最大磁通密度

peaking (1)高频建峰, 高频补偿; (2)加以微分, 微分法; (3)扫描补偿; (4)脉冲修尖, 脉冲峰化, 脉冲加强, 引入尖脉冲, 将频率特性的高频部分升高; (5)求峰值, 峰化, 将频率特性的高频部分升高

peaking capacity 额定最大容量

peaking circuit 信号校正电路, 峰化电路, 锐化电路, 微分电路

peaking coil 扫描信号校正线圈, 校正线圈, 补偿线圈, 建峰线圈, 峰化线圈

peaking effect 峰值化效应, 建峰效果

peaking resistance 直线化电阻, 峰化电阻

peaking transformer 峰值变压器

peaking voltage 尖峰脉冲电压

peakload 峰值负载, 巅值负载, 高峰负荷, 尖峰负荷, 最大荷载

peakology 峰值分析, 峰值论

peaks in time series 时间序列的峰点

peaky (1)多峰的, 有峰的 (指曲线); (2)尖头的, 尖顶的, 尖的

peaky curve 有最高值曲线, 峰形曲线, 有峰曲线, 尖顶曲线

peamafy 坡莫菲高导磁率合金

peanut capacitor 花生型电容器

pear-push 悬吊 [式] 按钮

pear-switch 梨形拉线开关, 悬吊开关

pearl (1)珍珠, (2)灰白色

pearl ash 粗碳酸钙

pearl curve 珍珠线

pearl glue 颗粒胶

pearling mill 碾米厂

pearlite (铸铁的) 珠光体, 珠层铁, 珠层体, 珠粒体

pearlite colong 珠光体团

pearlitic 珠光体的, 珠层 [铁] 的, 珠粒 [体] 的

pearlitic iron 珠光体可锻铸铁

pearlitic structure 珠光体组织

pearlyte 珠光体

peat 泥煤

peat-tar 泥煤焦油

peaty 泥煤的

peavey 搭物杆, 长撬棍, 钩棍

pebble (1)用球磨机磨碎; (2)(轧制金属的) 粒状表面, 粗表面, 粗纹

pebble mill 球磨机

peck (1)配克 (松散物体的度量单位, 在英国等于9.09公升, 在美国等于8.80公升); (2)挖, 掘

peck feed 分级进给

pecked 满是点状痕迹的

pecker (1)替续器, 接续器, 舌形部, 簧片; (2)穿孔器, 穿孔针; (3)鹤嘴锄, 十字镐

pecking motor 步进电动机

pectinate 梳状的, 齿形的

pectinated 梳状的, 齿形的

pectination 梳状物, 梳理

pectisation 凝结

pectise (1)胶凝化, 凝胶化; (2)明胶化

pectization 胶凝作用

pectograph 胶干图形

pectography 胶干图形学

peculiar (1)独特的, 特有的, 特殊的, 特异的, 特种的, 奇怪的; (2)特有财产, 特权

peculiar and nonstandard items 特殊的与非标准的项目

peculiar motion 本动

peculiar setup 特殊配置

peculiarity (1)独特状态, 独特性; (2)特征, 特性, 特质, 特色, 奇特, 奇异

pecuniary 金钱上的

pecuniary condition 经济情况, 财政情况

pecuniary embarrassment 财政困难

pecuniary considerations 财力

pecuniary resources 财力

pedal (1)蹬脚板, 踏板, 踏脚, 脚盘, 脚蹬; (2){数}垂足线, 垂足面; (3)垂足的; (4)踏板的, 脚踏的, 脚的, 足的

pedal accelerator 脚踏加速器, 加速踏板

pedal arm 踏板臂

pedal bale breaker 天平式松包机

pedal brake 脚踏制动器, 脚踏闸, 脚刹车

pedal circuit 踏板电路

pedal clearance 踏板间隙

pedal crank 踏板曲柄

pedal curve 垂足线, 垂直线

pedal cycle 自行车

pedal-dynamo 脚踏发电机

pedal evener 天平杆横轨

pedal free play 踏板自由行程

pedal gear 踏板齿轮

pedal generator 踏板发电机

pedal line 垂足线

pedal push rod knob 踏板杆头

pedal rail 天平杆给棉调节器

pedal reverse 踏板行程余量 (踏下后离地板的距离)

pedal-rod 踏板拉杆

pedal rod 踏板杆

pedal shank 踏板杆身

pedal stop 踏板限位器

pedalian 足的

pedalier 脚踏键盘

pedalis 一脚长 (=1英尺)

peddle car 零担车

peddling 不重要的, 琐碎的

pedestal (=PED) (1)底座, 支座, 台座, 基座, 架座, 垫座; (2)轴箱导板, 轴箱夹板, 轴箱导框, 轴箱架, 轴承台, 轴承座, 托架, 轴架, 支架; (3)焊接凸点, 焊接立柱; (4)消隐脉冲电平, 熄灭脉冲电平, 熄弧脉冲电平; (5)支承部分, 桥梁支座; (6)分离式轴承, 分离式轴台

pedestal base 基础

pedestal bearing 架座轴承, 托架轴承

pedestal bearing type 托架轴承式

pedestal body (1)轴架; (2)支座

pedestal cap 轴架帽, 轴承盖

pedestal desk 台柱式书桌

pedestal for block instrument 闭塞器座

pedestal generator 基准电压发生器, 基座形电压发生器

pedestal grinder (1)(轻型) 立柱磨床; (2)落地砂轮机

pedestal horn 轴架导板

pedestal level 熄灭脉冲电平, 基准电平, 封闭电平, 台阶电平, (图像信号和同步信号的) 区分电平

pedestal pile 扩底桩

pedestal ring 座圈, 封圈

pedestal sign (可移动的) 柱座标志

pedestal voltage 基座形脉冲电压, 平顶脉冲电压

pedestrian (1)步行者, 行人; (2)行人的, 步行的, 普通的, 日常的, 平凡的, 平淡的

pedestrian overcrossing 人行天桥

pedestrian overpass 人行天桥

pedestrian walk way 人行道

pedicab 三轮车

pediment arch 三角拱

pedimented 人字形的

pedimeter 步数计, 步程计, 计步器, 计程器

pedometer 间距规, 步程计, 计步器, 计程器, 里程计

pedomotor 用脚驱动的机器, 运用脚力的器械, 足动机

pedrail (1)(拖拉机等) 履带; (2)履带拖拉机

peek-a-boo (1){计}(一组卡片的) 相同位穿孔; (2)文献检索系统

peel (1)(锻造操作机的) 钳杆; (2)装料杆, 推杆; (3)粗加工, (铸件的) 凿净; (4)剥皮, 剥落, 剥去, 剥壳, 脱壳, 脱去

peel strength 撕裂强度, 剥离强度, 拉伸强度

peel test 剥离试验

peeler (1)削皮机, 去皮机, 剥皮机, 脱壳机, 削皮器; (2)坯料剥皮机, 坯料修整机, 坯料清理机; (3)反射器; (4)刨煤机; (5)铁棒

peeling (1)坯料剥皮, 坯料修整, 剥皮, 去皮; (2)凿净铸件, 铸件清砂; (3)(热处理引起的) 铸件表皮, 渣皮, 脱皮, 剥落, 剥离, 鳞剥, 落砂; (4)脱釉

peeling machine 钢锭修整机, 钢锭剥皮机

peeling off 剥离, 剥落

peeling test 剥落试验, 剥离试验

peelings 废胎面胶

peels 废胎面胶

peen (=pene) (1)(锤的) 尖头, 锤头, 锤顶, 扁头砂冲; (2)用锤轻打

使钢材表面硬化,进行喷丸处理,用锤敲击,锤击

peen hammer 尖锤,斧锤

peen hardening 弹射硬化,锤击硬化,喷射硬化

peen pin 夯砂锤,桩实杆

peen plating (金属粉末)扩散渗镀法

peen rammer 夯砂锤,桩实杆

peening (1)喷射加工硬化法,喷丸硬化,锤击硬化;(2)用锤尖敲击,模锻,锤锻;(3)撞坑(变形),锤痕

peening knocking 敲击

peening machine 喷丸机,喷砂机,锤击机

peening of tooth surface 齿轮表面喷丸硬化

peening shot 喷射用钢丸

peening wear 冲击磨损

peep (1)窥视孔;(2)吉普车(美俚);(3)出现

peep hole 检视孔,窥视孔,观察孔

peep-sight 圆孔形照门,照门

peep sight 觇孔照门

peep window 检视孔,窥视窗

peepdoor 窥视孔

peephole 观察孔,观察窗,视孔,窥孔

peephole mask 窥孔掩码

peer (1)同等,匹敌;(2)比得上;(3)窥视,盯着;(4)隐现

peerless 无比的,无双的

Peerless alloy 镍铬高电阻合金(镍78.5%,铬16.5%,铁3.0%,锰2.0%)

peg (1)金属钉,栓钉,铁钉,木栓,木钉,木桩,销;(2)钉住,钉,挂,夹;(3)插头,插塞;(4)方位物,测标,测桩,标记,标高

peg-and-socket 栓窝式

peg-and-worm steering gear 蜗杆销钉式转向器,凸轮销钉式转向器

peg count 占线计数

peg counter meter 通话计时器

peg cutter 削钉刀

peg gate 下浇注口,直水口,反水口

peg adjustment method 两点校正法,桩正法

peg rail 分布桩模条,分布桩

peg rammer 风冲子

peg stay 套栓窗撑

peg switch 计towards转换开关,栓钉开关,栓转电闸

peg tooth 爪形锯齿

peg top (1)梨形陀螺;(2)外倾舷侧

peg welding 柱栓焊接

peg wheel 纹钉提花轮

peg wire 螺母防松用铁丝

pegamoid 一种人造皮革,防水布

pegged (1)以木钉钉住;(2)以木钉标划的

pegging (1)磨光工艺;(2)销子连接

pegging-out (1)打桩,标桩,立桩,标界;(2)定线,放线

pegging plan 纹板图

pegging rammer 型砂捣锤

pegmatitic structure 伟晶结构

pegtop 螺旋形的

pein (=peen) (1)(锤的)尖头,锤头,锤顶,扁头砂冲;(2)用锤轻打使钢材表面硬化,进行喷丸处理,用锤敲击,锤击

peirameter 牵引功率计

Peirce-Smith converter 皮氏卧式转炉,内衬镁砖的转炉

peixtropy 冷却结晶作用

pek 油漆,涂料

pelage 砂纸,砂皮

pelagic 远洋的,大洋的,海洋的,水层的

pellet (1)颗粒,弹丸,小球;(2)压[成]片,压丸;(3)片状器件,圆形木楔,击针;(4)小子弹;(5)[反应堆燃料]芯块

pellet bonder 球式接合器

pellet extrusion (粉末冶金的)粉末挤压成型法

pellet mill 制片机

pellet test (钢材的)火花鉴别法

pellet type arrester 丸形避雷器

pelleted concentrate 颗粒精料

pelleter 颗粒饲料机,压片机,制片机,制粒机

pelleting property 成片性能

pelletize 造球,制粒

pelletizer 制片装置,制粒机,制粒窑,造球机,制丸机

pelletizing 制成丸子

pelletizing plant 渣块压制设备,造球设备,制粒设备

pelletron accelerator 珠链式静电加速器

pelletron heavy ion accelerator 珠链式重离子静电加速器

pellicle (1)薄层,薄皮,表皮,薄膜,膜;(2)[照像]软片,胶片

pellicular 薄膜的,表膜有

pellicular electronics 薄膜电子学

pellicular water 薄膜水

pellide (1)胶片,膜;(2)照像胶片

pellionex 离子交换膜

pellisieve 薄膜分子筛

Pellosil 二氧化硅膜

Pellosil HS 薄膜二氧化硅凝胶

pellucid (1)透明的,发亮的,闪光的;(2)透彻的,清澈的

pellucidity 透明度,透明性

pellucidness (1)透明性;(2)透明度;(3)透光度

pellumina HS 薄膜氧化铝珠

Pellux 一种脱氧剂

pelorus 哑罗经,罗经刻度盘,航行方向盘,方位仪

pelt (1)毛皮,生皮;(2)强烈打击,投掷

pelter 投掷器

Peltier cross weld 珀耳帖交叉焊接

Peltier electromotive force 珀耳帖电动势

Pelton turbine 珀耳顿水轮机,冲击式水轮机,水庐式水轮机,水斗式水轮机

Pelton wheel 珀耳顿水轮机,冲击式水轮机

peltry (1)风箱;(2)皮囊

pemmican 文摘,提要

pemosors (=multilayer copolymer) 多层共聚物

pen (1)笔尖,笔头,笔;(2)记录头,写头;(3)写[作];(4)修理潜艇的船坞或船台,水闸,水坝;(5)栏,圈,棚

pen-and-ink recorder 自动记录器,自动收报机

pen-and-paper 书写的,书面的,纸上的

pen arm 笔尖杆

pen automatic recorder 笔式自动记录仪

pen carriage 笔架(自动记录的)

pen container 牲畜集装箱

pen machine 划线机

pen metal 笔尖合金,含锡黄铜(铜85%,锌13%,锡2%)

pen motor 记录笔驱动电机

pen record oscillograph 笔录示波器

pen recorder 描笔式记录器,笔尖划线记录器

pen scribe 笔尖划线法

penaid (=penetration aid) 突破辅助装置,突防装置,突防手段

penak 琥珀色树脂

penalise (=penalize) 降低,恶化,变劣

penalty (1)惩罚,罚款,负担,代价,补偿;(2)(质量、性质的)恶化,损失,损坏

penalty function 补偿函数

pence conversion equipment 12单位穿孔卡片装置,便士转换装置

pencil (1)窄射线束,电子束,光束,线束,射束;(2)光线锥,辐射锥;(3)记录头,写头;(4)铅笔;(5)左轮手枪,药管

pencil beam 锐方向性射线,尖向束

pencil-case 铅笔盒

pencil compass (铅笔式)圆规

pencil core 管状泥芯,通气芯

pencil diamond 玻璃刀

pencil gate 管状内浇口

pencil in 暂定,草拟

pencil of circles 圆束

pencil of conics 二次曲线束

pencil of curves 曲线束

pencil of flame 起动火焰,发射火焰

pencil of forms 形束

pencil of light 光束

pencil of lines 线束

pencil of matrices 矩阵束

pencil of plane 面束

pencil of quadrics 二次曲面束

pencil of rays 光线锥,光束

pencil of spheres 球束

pencil rocket (高空气象观测用的)小型火箭

pencil rod 细棒料

pencil tube 超小型管,笔形管

pencil tube amplifier 超小型管放大器

pencil type milling cutter 笔形倒角铣刀

pencil(l)ed (1)用铅笔写的;(2)光线锥的,聚束的,辐射的

1016

pencil(l)ing　铅笔迹, 细线

pencraft　书法, 文体, 著述

pend　(1) 悬垂, 吊着；(2) 悬而未决, 未定

pendant　(1) 悬置, 吊挂, 吊架, 吊架, 悬挂物, 下垂物, (2) 钩环垂环；(3) 悬架式操纵台, 悬架按钮台；(4) 吊灯 [架]；(5) 附属物, 附录

pendant control　控制板

pendant control box　悬垂式按钮站, 悬吊开关盒

pendant control station　悬垂式按钮站

pendant control switch　悬垂式按钮站, 吊灯开关, 悬吊开关

pendant cord　吊灯线

pendant point　悬挂点

pendant push　悬吊按钮, 悬吊开关

pendant signal　吊灯信号

pendant switch　悬垂式按钮站, 吊灯开关, 拉线开关

pendant-type luminaire　悬挂式照明设备

pendant-type panel　悬垂式按钮站

pendant wire　(流速仪测流时的) 测索

pendency　垂下, 悬垂, 未决, 未定

pendent　(1) 悬垂的, 悬挂的, 悬吊的, 吊着的, 悬空的, 下垂的；(2) 悬而未决的, 不完全的

pendent drop apparatus　悬滴法表面张力测定仪

pendero-motive force　有质动力

pending　(1) 下垂的, 悬挂的；(2) 悬而未决的, 未决的, 不定的；(3) 在……期间, 在……中, 在……之前, 直到

pendulant　(1) 摆动的, 振动的；(2) 悬挂的

pendular　(1) 摆动的, 振动的；(2) 悬挂的

pendulate　摆动, 振动, 振摇

pendulation　摆动

pendule　摆钟

pendulette　小摆钟

pendulosity　摆动状态, 摆动性

pendulous　(1) 摇摆的, 摆动的, 振动的；(2) 悬挂的, 悬垂的, 吊着的

pendulous accelerometer　摆式加速度计, 悬垂式加速计

pendulous-gyro integrating accelerometer　悬垂陀螺积分式加速器

pendulous gyroscope　摆式修正陀螺仪

pendulous integrating gyro (=PIG)　摆式修正积分陀螺仪

pendulous integrating gyro accelerometer (=PIGA)　摆式 [修正] 积分陀螺加速表

pendulous vibration　悬摆振动

pendulum　(1) 摆动, 摆；(2) 摆锤, 钟摆；(3) 振动体, 振动子

pendulum arm　摆杆

pendulum bearing　(1) 摇摆支承, 摆动支座；(2) 摆动轴承

pendulum circular saw　摆动圆锯

pendulum clinometer　摆式斜度仪, 摆式测坡仪

pendulum clock　摆钟

pendulum conveyer　摆式运送机

pendulum hardness　摆测硬度, 冲击硬度

pendulum impact test　摆锤冲击试验

pendulum impact tester　摆锤冲击试验机

pendulum linkage　(1) 摆动链；(2) 摆动式联动机构

pendulum mill　摆式轧机

pendulum motion　摆动运动, 钟摆运动, 摆动

pendulum oscillation　摆振

pendulum pump　摆泵

pendulum relay　振动子继电器

pendulum-resistant　摆锤式阻尼的

pendulum saw　摆锯

pendulum shaft　摆轴

pendulum stanchion　摇轴支座

pendulum-type tachometer　摆式转速计

pendulum viscosimeter　摆锤粘度计

pendulum watch　摆轮钟

pendulum wire　垂线

pene (=peen)　(锤的) 尖头, 锤头

penetrability　(1) 透明性, 透明度；(2) 能穿透性, 能贯穿性, 能贯入性, 穿透本领, 贯穿本领；(3) 渗透性, 渗透力

penetrable　(1) 可穿透的, 能贯穿的；(2) 可渗透的, 能透过的, 不密封的

penetralia　(1) 最内部；(2) 密室

penetrameter (=penetrometer)　(1) X 光硬度测量计；(2) (射线) 透度计, (射线) 穿透计, 贯入度计, 针入度测定计, 针入度计, 刺入度计, 贯穿计, 贯入仪；(3) 稠密度计

penetrance　(1) 穿透性, 透过, 透射, 贯穿；(2) 放大因数倒数, 穿透率

penetrant　(1) 渗透性, 渗透剂, 渗入剂, 着色剂；(2) 穿透的, 渗透的

penetrant inspection　着色检查, 着色探伤

penetrant method　(超声波探伤的) 透过法

penetrant test　渗透试验

penetrate　(1) 透入, 渗入, 贯入, 进入；(2) 透视, 贯穿；(3) 浸染, 弥漫, 充满

penetrating　(1) 穿透的, 渗透的, 贯穿的；(2) 敏锐的, 透彻的；(3) 刺激性的, 尖的

penetrating agent　渗透剂

penetrating fluid　渗透液, 浸注液

penetrating power　贯穿本领, 穿透力, 贯入力, 渗透性, 穿透率

penetrating quality　渗透性, 穿透性

penetrating study　透彻的研究

penetration　(1) 渗透, 穿透, 透过, 贯穿；(2) 穿透度, 贯入度, 针入度, 穿透率；(3) 刺入, 侵入；(4) 机械粘砂；(5) 熔深, 焊深, 焊透

penetration bead　(焊接) 根部焊道

penetration coat　贯入层, 浇灌层

penetration coefficient　渗透率

penetration cooling　(叶片) 渗透冷却

penetration depth　(1) 渗透深度, 透入深度, 贯入深度；(2) 焊透深度

penetration fighter　远程战斗机

penetration fracture curve　淬火深度 - 断面结晶粒度曲线, P-F 曲线 (表示淬火硬化能力的曲线)

penetration frequency　穿透频率

penetration hardness　压痕深度

penetration index (=PI)　针入度指数, 贯入度指数

penetration of a grease　润滑油脂针入度

penetration of current　透入深度

penetration of hardness　淬硬深度

penetration of light　透光

penetration of pile　沉桩

penetration of potential barrier　势垒的透过, 势垒的穿透

penetration of the tool　吃刀深度, 进刀深度

penetration speed　钻机穿进速度

penetration surface course　灌沥青面层

penetration test　针入度试验, 穿透试验

penetration test vehicle (=PTV)　穿透试验飞行器

penetration treatment　灌沥青处理

penetration twin　贯穿孪晶

penetrative　有穿透能力的, 贯穿的, 穿透的, 穿入的, 透入, 贯入的

penetrativeness　贯穿本领, 穿透本领

penetrativity　(1) 穿透性；(2) 穿透情况

penetrator　(1) 针入度计, 穿透器；(2) 硬度计测试头, 压头；(3) (闪光焊) 过烧, 烧化

penetrology　透射学

penetrometer　(1) X 光硬度测量计；(2) (射线) 透度计, (射线) 穿透计, 贯入度计, 针入度测定计, 针入度计, 刺入度计, 贯穿计, 贯入仪；(3) 稠密度计

penetron　(1) 利用 γ 射线的材料；(2) 透射密度测量仪, γ 透射测厚仪, γ 射线穿透仪, 厚度测定器；(3) 电压穿透式彩色管

penholder　钢笔杆, 笔架

peniotron　日本式快波简谐运动微波放大器

pennant　(1) 短索；(2) 信号旗, 小旗, 尖旗

pennant diagram　尖旗图 (连续梁图解法)

penning ionization gauge (=PIG)　潘宁电离真空规, 冷阴极电离真空规

penny crack　饼状裂纹

pennyweight　英钱 (=1/20 盎司, =1.5552 克)

pennyworth　(1) 一便士的东西, 少量；(2) 交易 [额]

penotro-viscometer　贯入式粘度计, 针入式粘度计

pensile　(1) 悬垂的；(2) 伸出的, 斜出的

Pensky-Martens flash-point　彭马氏闪点, 闭式闪点

penstock　(1) 压力输送管, 压力钢管, 压力水管, 引水管道, 压头管线, 进气管, 管道, 水管；(2) 救火龙头, [节制] 闸门, 给水栓, 闸门, 水闸；(3) 短铸铁送风管

penstock courses　压力水管管节

pentac lens　五元透镜

pentacle　五角星 [形]

pentad　(1) 五个一组；(2) 五价物, 五价元素

pentadecagon　十五边形

pentagamma function　五 γ 函数

pentagon　五角形, 五边形

pentagonal　五角 [形] 的, 五边形的

pentagonal prism　五角棱镜

pentagram (=pentacle)　五角星 [形]

pentagraph (=pentograph)　(1) 放大图形；(2) 比例绘图仪, 缩放仪
pentagrid　五栅管, 七极管 (超声外差接收机的变频管)
pentagrid converter　五栅变频管
pentagrid of converter　变频器用五极管
pentahedra　五面体
pentahedral　有五面的, 五面体的
pentahedron　五面体
pentamethide　有机金属化合物
pentamirror　五面镜
pentaoxide　五氧化物
Pentaphane　膜状氯化聚醚塑料
pentaprism　五棱镜
pentaspherical coordinates　五球坐标
pentatomic　五原子的
pentatron　具有两组电极和公共阴极的真空管 (如双三极管, 双五极管, 阴极射线管等), 五极二屏管
pentavalence　五价
pentavalent　五价的
penthrit(e)　季戊炸药, 奔斯乃特, 奔士力
pentode　五极管
pentode generator　五极管振荡器
pentode transistor　晶体管五极管
pentolite　彭托利特 (一种混合炸药名)
penton　片通 (一种氯化聚醚塑料)
penton-rubber　氯化聚醚塑料橡胶
pentoxide　五氧化物
penumbra　半 [阴] 影, 半部合影, 半暗部, 画面浓淡相交处
penwiper oboe　轰炸引导系统中机上大功率发射机回答器之 10cm 接收机
people mover　快速交通工具
pep　(1) 劲头, 锐气, (2) 打气, 加油
pep up the gasoline　添加气体汽油于重质汽油
pepper-and-salt　椒盐式的, 有黑白相间的
pepperbox　改进了的 oboe 轰炸引导系统中机上大功率发射机回答器之 10cm 接收机
peptizate　胶溶体
peptization　胶溶 [作用], 分散 [作用], 塑解, 解胶
peptizator　胶溶剂, 胶化剂
peptize　使胶溶, 塑解
peptizer　胶溶剂, 塑解剂
peptizing agent　胶溶剂
per　(1) 每, 每一; (2) 由; (3) 以
per-　(词头) (1) 通过, 遍及, 完全, 极, 超, 甚; (2) {化} 过, 高
per annum　每年
per capita　按人头
per cent (=PC)　百分数, 百分比, 百分率
per cent consolidation　固结百分数
per-foot-of-hole　每英尺钻孔
per gross　按毛重
per gross ton (=PGT)　每登记吨的, 按体积吨计 (100 立方英尺为 1 体积吨)
per hour (=pH)　每小时
per inch　每英寸
per minute (=PM)　每分钟
per minute revolution (=PMR)　每分钟转数
per month (=PM)　每月
per paragraph (=pp)　每节
per piece (=pp)　每件, 每个
per procuration (=pp)　委任代理
per sample (=ps)　每种试样
per second (=ps)　每秒
per square yard (=PSY)　每平方码
per unit　每单位
per unit system　单位法
per week (=PW)　每周
per word (=PW)　每字
peracid　过酸 [类]
peracidity　过酸性
peradventure　(1) 也许, 或者; (2) 可能性, 偶然, 疑问
peralkaline　过碱性
peraluman　皮拉铝合金, 优质铝镁锰合金
peraluman 2　二号铝镁锰合金
peraluman 7　七号铝镁锰合金
perambulation　巡视, 查勘, 踏勘

perambulator　(1) 测程计, 测程器, 测距仪, 间距规；(2) 手推车；(3) 巡视者
perbasic　高碱性的
perbunan　丁腈橡胶, 别布橡胶
percarbonate　过碳酸盐
perceivable　可感觉到的, 可觉察的, 可见的, 明白的
perceive　(1) 感觉, 发觉, 觉察; (2) 领会, 理解, 看出
perceived noise decibels (=PNdB)　可闻噪声分贝
percent (=pct)　百分率, 百分数, 百分比, 百分之几, 每百
percent articulation　(传声) 清晰度
percent by volume　体积百分数, 容积百分数
percent by weight　重量百分数
percent concentration　百分浓度
percent consolidation　固结百分率, 固结度
percent contrast　百分对比度, 相对对比率
percent defective　不合格品率, 不合格率, 废品率
percent error　百分 [数] 误差
percent of pass　合格率, 通过率
percent rated wattage　额定瓦特百分之……
percent reactance drop　百分电抗压降
percent reduction　压缩率, 还原率
percent size　(筛分后) 大小区分率
percent test　挑选试验
percentage　百分数, 百分率, 百分比, 百分含量
percentage by volume　容积浓度百分数, 体积百分率
percentage by weight　重量百分数
percentage composite　百分数成分
percentage conductivity　百分导电率
percentage coupling　耦合百分数, 耦合系数
percentage differential relay　百分率差动继电器
percentage elongation　伸长百分比, 伸长百分率, 延伸率
percentage error　百分误差
percentage humidity　湿度百分数, 饱和度
percentage loss　百分率损失, 损失率
percentage modulation meter　调辐度测试器
percentage of accuracy　百分准确度
percentage of articulation　清晰度百分数
percentage of contraction　收缩率
percentage of error　误差百分率
percentage of loss　损耗率
percentage of moisture (=pcm)　湿度百分数, 含水率
percentage of voids　空隙百分率, [相对] 空隙率, 空隙效应
percentage of wear　磨损百分率
percentage of wear and tear　折旧率
percentage reactance　百分电抗
percentage recovery　采收率
percentage reduction of area　断面收缩率
percentage speed variation　速度变化率
percentage tare　百分比皮重
percentagewise　从百分比来看, 按百分率
percentile　按百等分分布的数值, 百分比下降点, 百分之一, 百分位数, 分布百分数
percentile curve　[用百分数表示的] 分布曲线
perceptibility　理解力, 感受性, 能知觉
perceptible　可感觉到的, 可认知的, 易感的, 明显的
perception　感觉, 察觉, 知觉, 理解, 感受, 体会
perception of relief　立体感
perception of solidity　立体感觉
perception-reaction time　感觉反应时间
perception time　感应时间, 觉察时间
perceptive　有理解力的, 有知觉的
perceptivity　理解力, 知觉
perceptron　视感控器, 感知器, 感知机
perceptual　感性的, 知觉的
perch　(1) 连杆, 主轴, 架; (2) 机动车车轴上安放弹簧的衬垫; (3) (英国丈量单位) 杆; (4) 安全位置, 有利地位, 高位
perch bolt　汽车 [弹簧] 钢板螺栓
perchance　偶然, 或许, 万一
percher　检验工, 验布工
perching　夹刮 [法]
perchlorate　高氯酸盐, 过氯酸盐
perchloride　高氯化物
perchlorination　全氯化
perchloroethylene　全氯乙烯

perchloromethane 四氯化碳

perchromate 过铬酸盐

percipience 知觉, 感觉, 理解, 敏悟

percipient 感觉的, 理解的

Percival circuit 噪声抑制电路, 噪声抑止电路

percolate (1)渗出液, 滤出液; (2)渗滤, 渗透, 渗出, 渗流, 渗漏; (3)渗过, 滤过, 透过, 穿过

percolate down through 透过……而下渗

percolating (1)渗透, 滤透, 渗流; (2)滤过几层的吸着物

percolating filter 渗透滤器

percolation (1)渗透, 渗漏, 渗滤, 渗流; (2)滤过吸着层

percolation apparatus 渗透仪, 渗滤仪

percolation ratio 渗滤率

percolator 渗滤浸出器, 渗流器, 渗滤器, 过滤器, 滤池

percrystalline 过晶质

percrystallization 透析结晶[作用]

percussion (1)撞击, 打击, 冲击, 击发, 碰撞; (2)(由冲击产生的)振荡, 振动

percussion boring 冲击探钻, 冲击钻孔

percussion cap 炸药帽, 雷管

percussion core 顿钻取岩心

percussion drill (1)冲击式钻机; (2)冲击, 撞钻, 顿钻

percussion drilling 冲击钻探, 冲击钻孔

percussion-grinder 撞碎机

percussion lock 击发机

percussion mark 冲击痕

percussion rock drill 冲[击岩心]钻

percussion table (1)振动台; (2)碰撞式摇床

percussion test 冲击试验

percussion wave 撞击波

percussion weld 冲击焊接

percussion welder 冲击焊机

percussion welding (1)冲击焊, 储能焊; (2)锻焊, 锻接

percussive 冲击的, 撞击的

percussive boring 冲击钻探, 冲击钻孔

percussive force 冲击力

percussive welding 冲击焊

perdistillation 透析蒸馏[作用]

perdurability (1)延续时间; (2)耐久性, 持久性

perdue 看不见的, 隐藏的, 潜伏的

perdure 持久的, 耐久的, 永久的

perduren 硫化橡胶

peremptory (1)不许违反的, 绝对的, 断然的, 强制的; (2)独断的

perennial 一年到头的, 不断的, 持久的, 长久的, 常年的

perester 过酸酯

perfect (1)理想的, 完全的, 完备的, 完美的, 精确的; (2)非粘性的(指气体或液体)

perfect binder 无线装订机

perfect code 完备码

perfect combustion 完全燃烧

perfect condition 理想状态

perfect conductor 理想导体

perfect correlation 完美相关

perfect crystal 理想晶体, 完整晶体, 完美晶体

perfect crystal technique (=PCT) 完整晶体技术

perfect diamagnetism 完全抗磁性

perfect dielectric 理想介质

perfect differential 完全微分, 完整微分

perfect diffuser 全漫射体, 全漫射面, 理想扩散体, 全扩散体

perfect elastic body 理想弹性体

perfect elastic material 完全弹性体, 理想弹性体

perfect elasticity 理想弹性, 极限弹性

perfect fitting 完全配合

perfect fluid 理想流体

perfect gas 理想气体, 完美气体

perfect lens 理想透镜

perfect lubrication 完全润滑, 理想润滑

perfect magnetic conductor 全导磁体

perfect modulation 完全调制

perfect polarization 理想极化

perfect press 两面印刷机

perfect radiator 完全辐射体

perfect solution 理想溶液

perfect square 完全平方, 整方

perfect switch 理想开关

perfect transfer press 全连续自动压力机

perfectible 可以完成的, 可以完善的

perfecting press 双面印刷机

perfection 完整性, 完全, 完善, 完美, 熟练

perfective 完美的, 完善的

perfectly 完全地, 完美地

perfectly aligned seat 对准座

perfectly black body 完全黑体

perfectly diffusing plane 全扩散面

perfectly elastic 完全弹性的

perfectly elastic material 理想弹性材料

perfectness 完全性, 完整性

perfector 双面印刷机

perferrite 亚铁酸盐

perflation (=ventilation) (1)[自然]通风, 换气; (2)吹气引流法, 吹入法

perflecto-comparator 反射比较仪

perflectometer (1)反射比较仪; (2)反射显微镜, 反射头

perflow 半光泽镀镍法的添加剂

perfluocarbon 全氟化碳

perfluorination 全氟化作用

perfluoro-carbon 全氟化碳

perfluoro-compuond 全氟化物, 过氟化物

perfluoroallene 全氟丙二烯

perfluorocyclobutane 全氟环丁烷

perfluorokerosene (=PFK) 全氟煤油

perfluoropropane 全氟丙烷

perfoot 极点, 顶点

perforate (=PERF) (1)穿孔, 钻孔, 冲孔, 打孔, 打眼, 凿孔; (2)多孔冲裁, 多孔冲切

perforated 多孔的, 冲孔的

perforated casing 滤管

perforated chaplet 箱式泥芯撑

perforated electrode 多孔电极

perforated panel 多孔板

perforated pipe 穿孔管, 多孔管

perforated plate 多孔板

perforated plate column 多层孔板蒸馏塔, 多层孔板分馏塔, 筛板塔

perforated slag 多孔熔渣

perforated stone 多孔石, 滤水石

perforated strip-metal chaplet 盒形铁皮芯撑

perforated tape 穿孔纸带

perforated tape reader {计}穿孔带读数器

perforating 穿孔, 钻孔

perforating action 成孔作用

perforating-machine 穿孔机, 打孔机

perforating machine 穿孔机

perforating tool 穿孔工具

perforating typewriter 凿孔打字机

perforation (1)穿孔, 凿孔, 钻孔, 冲孔, 打眼; (2)齿孔, 孔眼, 孔洞; (3)射孔

perforative 有穿孔力的, 穿得过的, 穿孔的

perforator (=PERF) (1)穿孔机, 冲孔机, 穿孔器, 打孔器, 凿孔机, 钻孔器; (2)凿岩机; (3)射孔器

perforator slip tape 凿孔纸条

perforce (1)强制, 用力; (2)必然, 必定, 务必

perforce of 靠……的力量

perform (1)进行, 执行, 实行, 履行, 完成, 做; (2)运行, 使用

perform a task 执行任务

perform an experiment 做实验

perform calculations 完成演算, 进行运算

perform the agreement 履行协议

perform the integration 求积分

perform work 做功

performable 可执行的, 可完成的

performance (=PERF) (1)工作特性, 性能, 特性, 功能; (2)工作, 运转, 操作, 动作; (3)实行, 完成, 执行, 履行; (4)生产率, 效率; (5)制品, 成品

performance analysis 性能分析

performance and cost evaluation (=PACE) 性能与成本估计

performance characteristics (1)工作特性, 动作特性, 性能特性; (2)性能表征参数

performance chart 工作特性图, 动作特性图, 工作图, 操作图

performance computation　性能计算

performance curve　工作特性曲线,性能曲线,运行曲线

performance data　(1)性能数据,运转数据,运行数据;(2)工作特性,动态参数

performance depreciation　性能降低

performance diagram　技术性能图

performance evaluation (=PE)　性能估算

performance evaluation test (=PET)　性能鉴定试验

performance figure　性能指标,质量指标

performance index (=PI)　性能指数,工作指数,作用指数,性能指标

performance measurement　工作状况的测定,性能测定

performance number (=PN)　特性数,性能值,功率值

performance of propellant　推进剂性能,燃料性能

performance on the test bed　试验台试验性能

performance parameter　性能参数

performance period　执行周期,运行时间

performance proof cycle　性能检验周期

performance ratio (=PR)　性能系数,特性比

performance requirement　性能要求

performance specifications　(1)性能规格;(2)性能说明书

performance standard　(1)技术性能标准;(2)生产定额

performance test　(1)性能试验,性能测试,运行试验,使用试验;(2)作业测验,工作测验

performer　(1)执行器;(2)执行者

performeter　(1)有自动调谐的控制谐振器;(2)动作监视器,工作监视器

performing unit　执行元件

perfusate　灌注液

perfuse　灌注,充满,撒满

perfusion　灌注,充满

perfusive　易散发的,能渗透的

pergameneous　似羊皮纸的,羊皮纸的

pergament　[假]羊皮纸

pergamentaceous　似羊皮纸的,羊皮纸的

pergamyn　羊皮纸

pergamyn paper　耐油纸

Perglow　光泽镀镍法的添加剂

perhaps　(1)也许,或许,多半,恐怕,大概;(2)假定,假设

perhapsatron　或许器(一种环形放电管)

perhumid　过湿的

perhydrate　过水合物

perhydride　过氢化物

perhydro-　(词头)全氢化

perhydrol　强双氧水(含30%过氧化氢)

perhydrous coal　含氢量超过一般水平的煤(如:烛煤)

peri-　(词头)(1)邻近,周围,环[绕一周];(2){化}迫位

peri-compound　迫位化合物

pericentral　中心周围的

percentre　近中心点

pericon　(红锌及黄铜的)双晶体

pericyloid　周摆线

perielectrotonus　周围电紧张

perifocus　近焦点

perigee (=PER)　(弹道)最低点,近地点

perigon　周角(360°)

perihelion　(1)近日点;(2)最高点,极点

perikinetic　与布朗运动有关的

perikinetic coagulation　异向凝结[作用]

perikon detector　双晶体检波器,红锌矿检波器

peril　(1)危险;(2)灾祸;(3)损失

perimeter　(1)周长,周边,周围,界界;(2)圆度;(3)视野计,听野计

perimeter acquisition radar (=PAR)　环形目标指示雷达,远程搜索雷达,环形雷达,帕尔雷达

perimeter of a circle　圆的周长

perimeter shear　周剪力

period　(1)周期,循环;(2)时间间隔,时期,期间;(3)半衰期;(4)年限,寿命;(5)反应堆时间常数;(6)句点

period in arithmetic　分位法

period indicator　周期指示器

period meter for nuclear reactor　原子反应堆周期计,回声计时器

period of a.c.　交流周期

period of a circulating decimal　小数的循环节

period of a permutation　置换的阶,排列的阶,置换的周期,排列的周期

period of design　设计年限

period of element　元素周期,元素的阶

period of half change life　半变衰期

period of repeating decimal　小数的循环节

period of an element in a group　群元素的阶,群元素的周期

period of approach　啮入的时间,啮入期间

period of contact　闭合期间

period of design　设计年限

period of discharge　放电时间,放电周期

period of element　元素周期,元素的阶

period of engagement　接合持续时间,啮合时间

period of grace　宽限期

period of half change　(1)半变期,半衰期;(2)半寿期

period of half life　(1)半变期,半衰期;(2)半寿期

period of notice　预见通知期限

period of oscillation　振动周期,振荡周期

period of service　使用期间

period of simple harmonic motion　简谐运动的周期

period of vibration　振动周期

period of waves　波动周期

period per second　赫[兹],周/秒

period permanentmagnetic focusing　周期永磁聚焦

period section　周期断面型钢

periodate　高碘酸盐

periodic　(1)周期性的,周期的,定期的,定时的;(2)间歇的,间断的,断续的;(3)高碘的

periodic acid　高碘酸

periodic acting force　周期作用力

periodic antenna　调谐驻波天线,周期性天线

periodic calibration　周期校准

periodic chain　{化}周期链

periodic change　周期变化

periodic chart　周期表

periodic check　定期校验,定期检查

periodic chemical reaction　间歇化学反应

periodic circuit　周期性电路

periodic classification　周期分类

periodic current　周期电流

periodic damping　周期阻尼,振动衰减

periodic decimal　循环小数

periodic discharge　周期性放电

periodic dumping　周期转储

periodic duty　(1)周期性载荷;(2)周期运行,循环工作,循环使用

periodic electric focusing　周期电场聚焦

periodic electrostatic focusing　周期静电聚焦

periodic error　周期性误差

periodic feed　周期进给

periodic-field beam focusing　周期场电子束聚焦

periodic force　周期力

periodic fraction　循环小数

periodic function　周期函数

periodic inspection　(1)定期检验,定期检查;(2)定期检修,小修

periodic interference　周期性干扰

periodic key　周期索引

periodic kiln　间歇窑

periodic law　周期律

periodic line　梯形网络,链路

periodic load　周期性载荷,周期负荷

periodic lubrication　周期润滑,定期润滑

periodic maintenance　定期维修,定期养护

periodic mechanism　周期运动机构

periodic motion　周期运动

periodic permanent magnet (=PPM)　周期性永久磁铁

periodic phenomena　周期现象

periodic properties　周期性能

periodic-pulse voltage　周期脉冲电压

periodic quantity　周期量

periodic rating　周期性负载能力

periodic repair　定期修理,定期检修

periodic resonance　周期共振

periodic signal　周期信号

periodic table　[元素]周期表

periodic test　定期试验

periodic variation　周期变化

periodic velocity disturbance　周期性速度变动

periodic verification　周期检定

periodical (=periodic)　不时发生的,周期性的,定期的,定时的,循环的,间歇的,间断的,断续的

periodical fraction　循环小数

periodical magnetic field　周期性磁场

periodical magnetic field　周期性磁场

periodically　间歇地,周期地,定期,按时

periodically operated switch　周期动作开关

periodically-pulse voltage　周期脉冲电压

periodicity　(1) 周期性,定期性,循环性,间歇性,周期数;(2) 频率,周率,周波

periodicity factor　周期因子

periodicity modulus　周期模数

periodite　高碘化物

periodization　周期化

periodmeter　周期计,频率计

periodogram　周期 [曲线] 图

periodogram analysis　周期曲线图分析,周期解析法,谐波分析

periodometer　傅里叶分析仪,调和分析仪

periods per second (=pps)　每秒钟的周期数,周 / 秒

perioscope　扩视镜,视野计

peripheral　(1) {计} 外部设备,外围装置,辅助设备,附加设备;(2) 周围的,周边的,外部的,圆周的,周缘的,外表面的,非本质的

peripheral acceleration　圆周加速度,节线加速度

peripheral angle　(铣刀) 外周角

peripheral cam　圆周凸轮

peripheral clearance　周边间隙

peripheral clearance angle　(铣刀) 外周留隙角

peripheral control program　外部设备控制程序

peripheral cutting edge angle　(铣刀) 外周锋缘角

peripheral discharge mill　周缘出料槽

peripheral equipment (=PE)　外部设备,外围设备,辅助设备

peripheral-face milling　周边 - 端面铣削

peripheral field　外围视野

peripheral force　圆周 [切向] 力

peripheral grinding　周边磨削

peripheral interchange program　外部交换条件

peripheral jet (=PJ)　圆周喷射

peripheral leakage　(齿轮泵) 周缘泄漏

peripheral load　圆周载荷,切向载荷

peripheral milling　周边铣削

peripheral milling cutter　外周铣刀

peripheral pressure　圆周压力,切线压力

peripheral processor　外围处理机

peripheral ratio　缘速比

peripheral relief angle　(铣刀) 外周后让角

peripheral speed　圆周速度,边缘速率,周速

peripheral teeth　周边铣齿

peripheral velocity　圆周 [线] 速度

peripheral vision　边界视力,视觉边限

peripheral widening　周缘增宽

peripheric　周围的,周边的,圆周的,四周的,末梢的

peripheric blister　蜂窝气孔

peripheric velocity　边周速度

periphery　(1) 周长,周围,周边,周线;(2) 圆柱体的表面,圆周;(3) 范围

periphery cam　盘形凸轮

periphery turbine pump　有周缘叶片的透平泵

periphonic　多声道的

periplanatic　全平面的

peripolar　极周的

periprinter　凹槽墨辊

peripteral　(运动物体的) 周围气流的

periscope (=PERIS)　潜望镜,窥视窗

periscope binoculars　潜望镜式双筒望远镜

periscope depth range (=PDR)　最大潜望深度

periscopic　(1) 用潜望镜的,潜望镜式的;(2) 大角度的

periscopic range finder　潜望镜测距仪

periscopic rangefinder　潜望镜测距仪

periscopical　(1) 用潜望镜的,潜望镜式的;(2) 大角度的

perish　腐蚀掉,破坏,毁灭

perishability　(1) 易腐烂性;(2) [信息的] 消耗

perishable　(1) 易腐败的,易坏的,不经久的,脆弱的;(2) 易腐品,易坏物

perished metal　过烧金属

perished steel　过渗碳钢

perisphere　(1) 中心周球,星外球,大圆球;(2) 势力范围

peristalsis　蠕动

peristaltic　(1) 有压缩力的,蠕动的;(2) 起于两导体之间的,在两导体之间发生的

peristasis　环境

peritectic　(1) 包晶 [体] 的;(2) 转熔的

peritectic reaction　包晶反应,转熔作用

peritectoeutectic　包晶共结

peritectoid　(1) 包晶体;(2) 转熔体

peritoneoscope　腹腔镜

peritrochoid　外摆线圆

peritron　荧光屏可移动的阴极射线管,三维显示阴极射线管

perk　(1) 动作灵敏;(2) 竖起,振作;(3) 详细调查,窥视;(4) 过滤,渗透

Perking brass　铸造用锡青铜(铜 76-80%,锡 20-24%)

perking switch　快动开关,速断开关

perklone　全氯乙烯 (商品名)

perlit　波利特铸铁,高强度珠光体铸铁

perlite　珠光体

perlitic structure　珠光体组织,珠光结构

perlon　聚酰胺纤维,贝纶

perma　层压塑料

permachon　扫描转换管

Permachrome　一种彩色显像管

permaclad　碳素钢板上覆盖不锈钢板的合成层板

permafil　电容器内灌注物

permag　清洁金属用粉

permaliner　垫整电容器

permalloy　强磁性铁镍合金,透磁合金,坡莫合金,透磁钢

Permalon　偏氯乙烯树脂

permanence　永久性,持久性,耐久性,稳定性,稳定度,安定性

permanence axis　恒轴线

permanence condition　不变条件

permanence of sign　号的承袭

permanence of size　尺寸稳定性

permanence theories　永恒说

permanency　(1) 永久性,持久性,耐久性,稳定性,稳定度,安定度;(2) 永久的事物

permanent (=PERM)　(1) 永久的,持久的,经久的,耐久的,恒定的,稳定的,固定的,不变的;(2) 常设的,常务的

permanent casting　硬模浇铸

permanent center　固定中心,永久中心,不变中心

permanent committee　常设委员会

permanent contraction　永久收缩

permanent coupling　固定联轴节,刚性联轴节,永久联轴节

permanent current　持恒电流,恒定电流

permanent deflection　永久挠度,永久挠曲

permanent deformation　永久变形,余留应变

permanent dentition　恒齿系

permanent dipolemoment　永偶极矩

permanent distortion　永久畸变,残留变形

permanent dynamic speaker　永磁电动式扬声器

permanent echoes (=PE)　地物回波

permanent elongation　永久伸长,永久延伸,残留延伸

permanent expansion　永久膨胀

permanent extension　永久伸长

permanent field　恒定场

permanent flow　定常流动,稳定流

permanent friction loss　永久摩擦损失

permanent gas　永气体

permanent hard water　永硬水

permanent internal polarization (=PIP)　永久内部极化

permanent load　永久负载,长期负荷,不变载荷,稳定载荷,恒载

permanent lubrication　(1) 持久润滑,恒定润滑;(2) 一次润滑

permanent-magnet　永磁的

permanent magnet (=PM)　永久磁铁,永磁铁,永磁体

permanent-magnet alloy　永磁合金

permanent magnet chuck　永久磁性吸盘,永久磁性卡盘

permanent magnet dynamic　永磁动圈式

permanent-magnet dynamic loudspeaker　永磁动圈式扬声器

permanent magnet dynamic loudspeaker　永磁动圈式扬声器

permanent magnet dynamic speaker　永磁电动式扬声器

permanent magnet field　永磁场
permanent-magnet-field generator　永磁[场]发电机
permanent-magnet focus　永磁聚焦
permanent-magnet machine　永磁发电机,永磁电机
permanent-magnet material　永磁[性]材料
permanent-magnet moving-coil instrument　永磁动圈式仪表
permanent-magnet moving coil instrument　永磁动圈式仪表
permanent-magnet moving coil type meter　永磁动圈式仪表
permanent-magnet moving-iron instrument　永磁动铁式仪表
permanent-magnet receiver　永磁受话器
permanent-magnet speaker　永磁扬声器
permanent magnetism　永磁性
permanent magnetization　永久磁化
permanent manned orbital station (=PMOS)　载人永久轨道站
permanent memory　(1)永久记忆;(2)永久性存储器,固定存储器
permanent mold　永久铸模,金属铸模,永久铸型,金属造型,耐用铸模,永久模,硬模
permanent mold casting　(1)金属型铸造,永久型铸造;(2)金属型铸件
permanent moment　永矩
permanent mould　永久铸模,金属铸模,永久铸型,金属铸型,耐用铸模,永久模,硬模
permanent pit　永久造型坑
permanent pump　主抽水泵
permanent repair　大修理,永久修理,治本修理
permanent resistor　固定电阻[器]
permanent seat　固定座
permanent set　永久应变,永久变形,残余变形
permanent stability　永久稳定性,耐久性
permanent storage　固定存储器
permanent strain　永久变形
permanent tooth　恒齿
permanent way　轨道
permanent work　永久性工程
permanently　永久地,持久地
permanently convergent series　永久收敛级数
permanganate　高锰酸盐
permanganic acid　高锰酸
permanite　波马奈特钴钢(含17%Co)
permant　波曼特铁镍合金(36%Ni)
permatron　磁[场]控[制]管,贝尔麦特管
permax　波马克司镍铁合金
permeability　(1)贯穿率,穿透率,穿透性;(2)可渗透性,渗透度,渗气性,透气性,渗透率,浸透率;(3)磁导系数,磁导率
permeability apparatus　透气率测定仪,透气计
permeability cell　透气管
permeability coefficient　渗透系数,磁导系数
permeability curve　磁导率曲线
permeability for gas　气体渗透率,透气性
permeability meter　透气率测定仪,透气计
permeability of heat　透热性,导热性
permeability of vacuum　真空磁导率
permeability to heat　透热性,导热性
permeability-tuned inductor　导磁率调谐电感线圈
permeability tuning　磁导系数调谐,磁性调谐
permeable　可渗透的,可穿透的,渗透性的,不密封的
permeable bed　透水层
permeable layer　透水层
permeable membrance　可透膜
permeable plastics　可透塑料
permeace　磁阻的倒数
permeameter　(1)渗透性试验仪,渗透计;(2)磁导率计(测量磁导率),磁导仪
permeametry　渗透测粒法
permeance (=P)　(1)(磁阻的倒数)磁导,导磁率,导磁性;(2)渗入,透过,弥漫,充满
permeate　渗入,渗透,渗过,穿过,透过,透入
permeation　渗透[作用],贯穿,渗入,渗气,透过,浸透
permelting　常融[作用]
permendur(e)　波明德铁钴磁性合金(50%Co,1.8-2.1%V,余量Fe)
permenorm　波曼诺铁镍合金(用于磁放大器,镍50%,铁50%)
Permet　波梅特铜钴镍合金铜镍钴永磁合金(铜45%,镍25%,钴30%)
permillage　千分率,千分比

Perminvar　波民瓦尔铁镍钴合金(一种高导磁率合金,镍45%,钴25%,铁30%)
permissibility　容许度
permissible　(1)[可]容许的,准许的,许可的,安全的;(2)许用炸药
permissible angular misalignment　允许角偏差
permissible amount of variation　允许变化值,允许变动量,允许尺寸差
permissible current　容许电流
permissible cutting speed　容许切削速度
permissible deflection　允许挠曲度
permissible deviation　允许偏差
permissible error (=PE)　允许误差,容许误差
permissible explosive　安全炸药,合格炸药
permissible feed　(1)容许进给;(2)容许进刀
permissible light　安全灯
permissible limit　容许极限
permissible load　容许载荷,容许负载
permissible motor　防爆电动机,紧闭电动机
permissible revolution　容许转数
permissible speed　容许速度,容许速率
permissible stress　许用应力,容许应力
permissible temperature　容许温度
permissible tolerance　容许公差
permissible tooth bending stress　许用轮齿弯曲应力
permissible value　容许值
permissible variation　容许变化值,容许变化量,允许尺寸差
permissible wear　容许磨损
permissibly　容许地,准许地,许可地
permission　(1)正式同意,允许,容许,许可,准许,同意,答应;(2)容许度
permissive　(1)许可的,容许的;(2)随意的
permissive block　容许闭塞制
permit　许可,容许,准许,允许,答应
permite aluminium alloy　耐蚀铝硅合金(铜0-5%,硅1.5-7.5%,铁0-1%,镁0-0.4%,其余铝)
permittance　(1)电容值,电容;(2)电容性电纳;(3)许可,容许
permitted band　允许能带,导带
permitted explosure　安全炸药,许用炸药
permittimeter　电容率计
permitivity　绝对电容率,介电常数,介电系数,电容率
permitivity of a medium　介质的电介常数
permitivity ratio　介电常数比
permixion　混合
permmeter　透气性试验仪
permolybdate　过钼酸盐
permometer　连接雷达回波谐振器用的设备
permselective　选择性渗透的,选择性穿透的
permselectivity　选择透过性
permutability　换排性,[可]置换性,交换性,转置性
permutable　(1)可变更的,可交换的,可代换的,可置换的;(2){数}可排列的
permutation　(1){数}[重]排列,置换;(2)重新配置,交换,互换;(3)重新配置;(4)蜕变,嬗变
permutation decoding　排列译码
permutation group　置换群
permutation matrix　置换矩阵
permutation representation　置换表示
permutation table　置换表
permutator　(1)机械换流器,交换器,变换器;(2)转接开关,转换开关
permute　(1)(水)[滤砂]软化;(2)改变……序列,置换,交换,排列
permuted code　{计}置换码
permuted-title index　循环置换标题索引
permutit　(1)软水砂;(2)一类离子交换树脂
Permutit A　强碱性阴离子交换树脂
Permutit H-70　羧基阳离子交换树脂
Permutit Q　碘化聚苯乙烯阳离子交换树脂
Permutit W　弱碱性阴离子交换树脂
permutite　人造沸石,软水砂,滤水砂
permutoid　{化}交换体
permutoid reaction　交换[体沉淀]反应
pernicious　有害的,致命的
pernickety　(1)要求极度精确的;(2)需要十分小心对待的,难对付的
Pernot furnace　佩尔诺炼钢炉
peroikic　多主晶的
perolene　载热体,热交换有机液体(联苯,联苯醚混合液)

peromag 过氧化镁

perorate 下结论,作结束语

peroration 结论,结束语

peroxidate 过氧化物

peroxidating 过氧化

peroxidation 过氧化反应

peroxide 过氧化物

peroxide of barium 过氧化钡

peroxide of hydrogen 过氧化氢

peroxidize 使变成过氧化物,过氧化

peroxyl 过氧化氢

perpend (1) 铅垂直线;(2) 细细考虑,注意

perpendicular (=perp) (1) 垂直,正交;(2) 垂直的,正交的;(3) 与水平面垂直相交的线,铅垂线,竖直线;(4) 垂直面;(5) 反射面法线,入射法线,入射轴;(6) 垂规

perpendicular bisector (1) 垂直平分线,中垂线;(2) 垂直平分面

perpendicular cut 垂直切割

perpendicular displacement 垂直相交位移,直交位移,正交位移

perpendicular distance 垂直距离

perpendicular line 垂直线,正交线

perpendicular magnetization 垂直磁化

perpendicular movement 垂直运动

perpendicular plane 垂直面

perpendicular separation 垂直间隔

perpendicular to grain 横纹,逆纹,截纹

perpendicularity (1) 垂直,正交;(2) 垂直性,正交性,垂直度

perpendicularly 垂直,笔直

perpetual 永久的,永恒的,不变的,不间断的

perpetual motion 永恒运动

perpetual motion machine 永动机

perpetual screw 无限螺旋蜗杆,轮回螺旋蜗杆

perpetually 永远地,永久地

perpetuate 使永存,保全,维持

perpetuation 永存,永恒

perpetuity 永久,永恒,永存,不朽

perplex 使复杂化,使为难,使困惑,使混乱

perplexing 错综复杂的,使人困惑的

perplexity 令人困惑的事物,迷惑,混乱,复杂

perpusillous 极小的

perquadrat 加大样方

perquisite (1) 额外所得,津贴;(2) 小费;(3) 特权享有的东西

perquisition 彻底搜查

perradius 正幅管

perron (1) 升降口;(2) 露天梯级,阶

Perrotine 波若丁印花机

persecute 困扰,难住

perseverance 坚忍不拔,坚定,坚持

perseverant 能坚持的

perseveration 持续动作

persevere 坚持

persevere to the end 坚持到底

Pershing 潘兴导弹

persiennes 百叶窗

persist (1) 坚持;(2) 继续存在,持续,持久,耐久

persistence (1) 持久性,持久度,稳定性,持续;(2) 余辉保留时间,余辉持续时间,余辉时间

persistance characteristic 持久特性,残留特性,留特性,余辉特性

persistance length 相关长度,余辉长度

persistence of energy 能量守恒

persistence of light radiation (1) 光辐射惯性;(2) 余辉

persistence of pattern 图像持久性

persistence of screen 荧光屏余辉的持久性

persistence of vision 视觉暂留

persistence screen 余辉荧光屏

persistency (1) 持久性;(2) 持久度

persistent 有永久性的,持久的,不变的,稳固的

persistent agent 长效剂

persistent gas 持久毒气

persistent state 回归状态

persistent waves 等幅波;连续波

persister (=persistor) (1) 冷持管;(2) 双金属存储元件,冷持存储元件

persistron 持久显示器

persnickety (=pernickety) (1) 要求极度精确的;(2) 需要十分小心对待的,难对付的

person 个体,人[员]

person-to-person (1) 个人对个人地,面对面地;(2) 个人的

persona (复 personae) 人

personage (1) 个人;(2) 人物,要人

personal 个人的,本人的,人身的,私自的,专用的

personal automation 个人自动化

personal circuit 专用线路

personal communication 私人通信,未发表资料

personal considerations 考虑不同人的不同情况

personal equipment data (=PED) 携带式设备资料,小型设备资料,专用设备资料

personal error 人为误差

personal factor 人为因素

personal injury 人身伤害

personal radio 携带式收音机,小型收音机

personal tax 直接税

personal television 小型电视接收机

personality 品格,个性,人物

personalize (1) 使人格化,体现;(2) 标出姓名

personally 就个人来说,作为个人,亲自

personhood 个人特有的品质与特点,个性

personification (1) 人格化;(2) 典型,范范,体现

personify (1) 使人格化;(2) 体现,表现

personnel (1) [全体] 人员,全体职员;(2) 人事

personnel administration 人事管理

personnel and training 人员与训练

personnel management 人事管理

personnel requirements data (=PRD) 人员要求资料

personnel skill levels (=PSL) [全体] 人员技术水平

persorption 吸混 [作用],多孔性吸附

perspective (1) 在中心透视的,透视 [图] 的,投影的;(2) 在中心透视,透视;(3) 远景,展望,前途;(4) 正确观察能力,眼力;(5) 整体各部分的比例,联系;(6) 望远镜,透镜

perspective diagram 透视图

perspective drawing 透视图

perspective formula 透视 [分子] 结构式

perspective geometry 透视几何,投影几何

perspective plane 透视平面

perspective projection 透视投影,立体投影

perspective representation (1) 透视图表示;(2) 余辉残留图像显示

perspective view 透视图

perspectivism 透视法原理

perspectivity (1) 透视 [性];(2) 明晰度;(3) 透视对应

perspectograph 透视纠正仪

perspex 皮尔斯培克斯塑料,(一种介电)有机玻璃,防风玻璃,塑胶玻璃,不碎透明塑胶

perspicacious 判断理解力强的,敏锐的

perspicacity 判断理解力强,敏锐

perspicil 一种光学玻璃

perspicuity 明白,明晰,清楚

perspicuous 意思明白的,表达清楚的

persuadable 可相信的,可说服的

persuade (1) 使相信,使信服;(2) 说服,劝说,促使

persuader (1) 威慑物;(2) (超正析像管的)电子偏转板,阻转电极

persuasion (1) 说服,劝说,信念;(2) 种类,性别;(3) 派别,集团

persuasive (1) 有说服力的;(2) 动机,诱因

persulfate (=persulphate) 过硫酸盐,高硫酸盐

persulfide (=persulphide) 过硫化物

persymmetric 广对称的

pertain (1) 从属于,附属于;(2) 与……有关,关于;(3) 适合,相称,匹配

pertaining (1) 为……所固有的,有关系的,附属的;(2) 关于;(3) 附属 [物]

pertinacious (1) 坚持的;(2) 固执的

pertinax 烧结纳克斯胶,酚醛塑料,胶纸板

pertinence (=pertinency) 适当,恰当,相关,切题

pertinent (1) 适当,恰当的,贴切的,中肯的;(2) 与……有关的,相干的,相应的;(3) (复) 附属物

pertinent data 相应的资料

pertungstate 高钨酸盐

perturb (1) 干扰,扰乱,扰动;(2) 紊乱

perturbable 易被扰动的

perturbance 干扰,扰动,扰乱,微扰

perturbation (1) 微扰,干扰,扰乱;(2) 扰动,摄动,波动;(3)

失真，断裂，破坏

perturbation calculus 小扰动法计算

perturbation method 扰动方法，微扰法，摄动法

perturbation of velocity 速度变动

perturbations of daily schedule {计} 每日故障记录表

perturbator 扰动器

perturbing body 摄动体

pertusate 具穿孔的，具孔洞的

pertuse 具穿孔的，具孔洞的

pertused 穿孔的，有孔的

pertusion (1) 穿孔；(2) 孔，眼

perusal (1) 细读，精读，阅读，研讨；(2) 肉眼观察，目测

peruse 细读，精读，阅读，研讨

pervade 漫延，弥漫，渗透，遍及，盛行，充满

pervaporation (1) 全蒸发过程；(2) 过蒸气化 (从半透析袋或渗析膜向外蒸发)

pervasion (1) 渗透状态，透过，渗透；(2) 弥漫，漫延，充满

pervasive pervade 漫延的，弥漫的，渗透的，充满的

perveance (1) 电子管电导系数，空间 - 电荷因子；(2) 导流系数

perveance of a multielectrode tube 多极管的导电系数

perveance of a multielectrode valve 多极管的导电系数

perverse 坚持错误的，反常的，荒谬的

perversion (1) 误用，曲解，颠倒，反常；(2) 反像

perversive 误用的，曲解的，颠倒的，反常的

perversor 逆归一化四元数

pervert 使反常，误用，曲解，歪曲

perverted image 反像

pervertible 易被误用的，易被曲解的，易反常的

pervial 可透水的，能透过的

pervibration (混凝土) 内部振捣

pervibrator 插入式振捣器，内部振捣器

pervious (1) 透光的，透水的，可透的，有孔的，能通过的，能透过的；(2) 可渗透的，可浸渗的，弥漫的

pervious bed 透水层，渗透层

pervious course 透水层，渗透层

perviousness (1) 可透性，透水性；(2) 渗透性，渗透度

perzirconate 高锆酸盐

pesticon (=photoelectron stabilized photicon) 移像光电稳定摄像管

pestle (1) 碾锤，捣锤，研棒，槌；(2) 研碎，捣

pestle mill 捣锤

pet cock 小旋塞，小龙头

pet valve 小型旋塞，小型阀

petal 瓣

petal cage (轴承) 菊形保持架

petcock 排泄开关，小型旋塞，手压开关，减压开关，小活栓，小龙头，油门

peter 停止，消失，耗尽

petersen coil (=PC) 消弧电抗线圈，灭弧线圈

petition 申请书，请求书，诉状

petitioner 请求人

petoscope 运动目标电子探测器

petrochemical (1) 石油化学的；(2) 石油化学产品

petrochemical industry 石油化学工业

petrochemical plant 石油化工厂

petrochemistry 石油化学

petrol (= 美 gasoline) (1) 浑发油，汽油；(2) 石油发动机燃料，石油产品

petrol filler lid 汽油加注口盖，加汽油口盖

petrol motor 汽油发动机

petrol-resistance 耐汽油性

petrolat 矿脂，凡士林

petrolatum 轴承包装油，石蜡油，凡士林，矿脂

petrolatum album 白凡士林，白矿脂

petrolax 液体矿脂

petrolene 含沥青溶剂油，石油烯，软沥青

petroleum 石油 [产品]

petroleum benzin 轻质汽油

petroleum ether 石油醚

petroleum jelly 凡士林，矿脂

petroleum lubricant 石油润滑剂

petroleum oil 石油润滑油

petroleum oil and lubricants (=POL) 石油与润滑油

petroleum oil and lubrication (=POL) 石油与润滑 [作用]

petroleum specialties 特殊石油产品

petroleum spirit 溶剂汽油，石油精，汽油

petroleum sulfonate 石油磺酸盐

petrolic 石油的

petroliferous 含石油的

petrolift 燃料泵，油泵

petrolin(e) 石油淋 (一种碳化氢)，石蜡

petrolization 石油处理

petrolize (1) 用石油浸渍；(2) 用石油处理

petromortis 汽车烟中毒

petronol 液体石油脂

Petropols 石油树脂

Petropons 石油干性油

petrosapol 石油软膏

petroscope 运动目标电子探测器

petticoat 有圆锥口的软膏，裙状绝缘子，裙状物

petticoat insulator 裙状绝缘子

petticoat of insulator 绝缘子外裙

petticoat spark plug 裙罩式火花塞

petticoats (绝缘子的) 裙

pettiness 微小，琐碎

petty 次要的，次等的，小规模的，琐碎的，微小的

petuntse 白铜瓷

peucine 沥青，树脂

peucinous 沥青性的，树脂的

pewter (1) 铅锑锡合金，锡锑铜合金，锡铅合金，锡基合金，加锑或铜而硬化的光亮合金；(2) 用白镴制成的器皿和容器

pexitropy 冷却结晶作用

Pexol 强化松香胶

pez 地沥青，焦油

Pfanhauser platinizing 磷酸盐电解液镀铂

PGS alloy (=platinum gold silver alloy) 铂金银接点合金 (金 69%，铂 6%，银 25%)

pH (=potential of hydrogen) (氢离子浓度倒数的对数) pH 值

pH-controller pH 调节器，pH 计

pH-meter 氢离子浓度测定仪，酸碱计，pH 调节器，pH 计

pH-recorder 氢离子浓度记录器，pH 记录器

pH-stat 恒 pH 槽

pH-value 氢离子当量浓度负对数值，pH 值

phacoid 透镜状的

phacometer 透镜折射率计

phaenotype 表型，显型

phaeton 敞 [开] 式汽车，大蓬车，游览车

phaneric 显晶的

phanerocrystalline 显晶质

phanotron 热阴极充气二极管

phantastron (1) 固态延迟管；(2) 延迟脉冲电路，幻像延迟电路，准确脉冲延迟线路；(3) 幻像多谐振荡器

phantastron circuit 幻像电路

phantastron delay circuit 幻像延迟电路

phantastron divider 准确脉冲延迟电路分频器，幻像电路分频器

phantom (1) 幻影，幻像，影像；(2) 仿真，模型；(3) 幻路；(4) 线路内 (通过电容的) 寄生信号；(5) 部分剖视图 [的]；(6) 假想的，外表的

phantom antenna 仿真天线，假天线

phantom balance 幻像电路平衡

phantom circuit 幻像电路，仿真电路，模拟电路

phantom crystal 先成晶体，幻晶体

phantom drawing (=phantom view) 部分剖视图，经过透明壁的内视图，显示内部的透视图

phantom signal 幻像信号

phantom target 幻像目标，假目标

phantom view 部分剖视图，经过透明壁的内视图，显示内部的透视图

phantoming 构成幻路

phantophone 幻像电话

pharoid 辐射加热器

pharos (1) 航标灯，灯塔；(2) 光通量

pharosage (1) 光通量密度；(2) 照度

phase (=pH) (1) 相位，相角，相；(2) 金相，位相，周相，波相，物相；(3) 形势，状态，方面，侧面，部分，步骤，局面；(4) 定相，调相；(5) 周相；(6) 阶段，时期

phase advancer 进相机

phase-and-amplitude equalizer 幅相均衡器

phase-and-amplitude indicator 相 [位和振] 幅指示器

phase angle 相 [位] 角，相 [移] 角

phase belt 相带

phase bit　{计}定相位
phase change　相变,换相
phase-change lubrication　相变润滑
phase-change switch　换相开关,变相开关
phase changer　相位变换器,换相器,变相器
phase-coherent　相位相干的
phase coherent　相位相干
phase coil　相位线圈
phase coincidence　同相
phase constant　相移常数,相位常数,周相常数
phase-contrast　(1)相衬显微镜的;(2)相差衬托,相衬
phase contrast　相差衬托
phase contrast microscope　相衬显微镜
phase-control　相位控制
phase control　相位控制
phase converter　变相机
phase crossover　相位交点
phase data recorder (=PDR)　相位数据记录器
phase-delay　相位延迟
phase demodulation　相位解调,鉴相
phase demodulator　相位解调器,鉴相器
phase-detecting　检相
phase-detecting element　相位检测元件,相敏元件
phase detecting principle　检相原理
phase detector　[周]相检波器,鉴相器
phase-detector tube　鉴相管
phase deviation　移相变位,相位偏差
phase diagram　信号运行图,金相图,相位图,平衡图
phase dictionary　阶段字典
phase difference　相位差
phase discriminator　相位解调器,监相器
phase discriminator type detector　监相式检波器
phase displacement　相位移
phase distribution of field　场相位分布
phase-down　逐步缩减,停止,关闭,解列
phase down　分阶段减少,逐步减少
phase fault　相间短路,相位故障
phase fluctuation　位相波动
phase focusing　调相聚焦
phase front　相[位波]前,波阵面
phase-in　投入,启动,并列
phase indicator　相位指示器
phase-insensitive　对相位变化不灵敏的
phase insensitive　对相位改变不灵敏的
phase inversion　相位颠倒,倒相
phase-inverter　倒相器
phase inverter　倒相器
phase inverter circuit　反相电路
phase inverter type cabinet　倒相式扬声器闸
phase lag(ging)　相位滞后
phase lead　相位超前
phase library　阶段库
phase lock　相位同步,同相,锁相
phase-lock detector　锁相检波器
phase-locked　相位同步的(在相位上同步的),相位额定的,
　锁相的,同相的
phase locked detection (=PLD)　相位锁定检波,相位同步检
　波,同相检波
phase locked detector (=PLD)　相位锁定检波器,相位同步检
　波器,同相检波器
phase-locked filter　锁相滤波器
phase-locked frequency discriminator　锁相监频器
phase-locked loop (=PLL)　相位同步回路,锁相环路
phase-locked oscillator　锁相振荡器
phase locked oscillator (=PLO)　相位同步振荡器,锁相振荡器
phase locking　锁相
phase locking method of frequency stabilization　锁相稳频法
phase logic　阶段逻辑
phase margin　允许相位失真,相位余量,相位容限,稳定界限,
　相补角
phase method　相位法
phase-microscope　[位]相显微镜
phase microscope　相衬显微镜
phase modifier　调相机,调相器

phase-modulated　调相的
phase-modulated signal　调相信号
phase modulation (=PM)　相位调制,调相
phase-modulation constant　调相常数
phase-modulation receiver　调相接收机
phase-modulation wave　调相波
phase modulator　调相器
phase name　阶段名
phase of distillation　蒸馏阶段,蒸馏过程
phase of exploration　勘察阶段
phase of flocculation　絮凝相
phase-out　操作或生产的逐步结束,停止,中止,闭关,解列
phase-out of some research and development work　停止某些研
　究与试制工件
phase-out production　停产
phase-plate　相板
phase quadrature　相位正交,90°相差
phase-regulated rectifier　可控相位整流器
phase reversal　相位颠倒,倒相
phase-reversal coding　反相编码
phase-reversal transformer　倒相变压器
phase-reverser　倒相器
phase-reversing connections　反相连接
phase-rotation relay　反相继电器
phase rule　相位规则,相律
phase-sensitive　[对]相[位灵]敏的
phase sensitive　相敏的(对相位改变灵敏的)
phase sensitive converter (=PSC)　相[位灵]敏变换器
phase sensitive detection system　相位灵敏探测系统
phase sequence indicator　相序指示器
phase shift　相位移动
phase-shift frequency curve　相频特性曲线
phase-shift keying (=PSK)　移相键控,相移键控
phase shift network (=PSN)　相移网络
phase-shift oscillator　移相式振荡器
phase shift trigger　移相触发器
phase-shifted　不同相的,异相的
phase shifter　移相器
phase-shifting capacitor　移相电容器
phase-shifting transformer　移相变压器
phase-splitter　分相电路,分相器
phase splitter　分相电路,分相器
phase-splitting circuit　分相电路
phase-splitting device　分相装置
phase-swept interferometer　扫相干涉仪
phase-switcher　移相器
phase time modulation (=PTM)　相时调制,调相时
phase-to-phase　两相之间的,两线之间的,相位对相位的,相位间的
phase transformation　相变
phase transformer　相位变换器,变相器
phase transition　相[转]变
phase-unstable　相位不稳定的
phased　定相的
phased-array radar　相控阵雷达,天线阵雷达
phased array radar　相控阵雷达,天线阵雷达
phased laser array　同相光激射器阵列
phasemass　相位量(传输量的虚部,单位为度或弧度)
phasemeter　相位计,相差计
phaser (=phase shifter)　(1)移相器;(2)相位器,相位计;(3)声
　子量子放大器,声子激射器;(4)(自由活塞发动机)活塞同步器
phaseshift　相[位]移,移相
phasigram　相图
phasing　相位调整,整相,定相(定相位关系)
phasing adjustment　定相调整
phasing back　相位逆转,反相
phasing capacitor　定相电容器
phasing circuit　定相电路
phasing current　均衡电流,定相电流
phasing-in　同步
phasing signal　校正信号
phasing switch　调相开关
phasing transformer　移相变压器,相移变压器,移相变换器,相位变
　换器,变相器
phasing voltage　定相电压

phasitron (1) 调频管；(2) 调相用真空管，调相管

phasmajector 发出标准视频信号的电视测试设备，标准视频信号发生器，简单静像管，静像发射管，单像管

phasograph 测量相位畸变的电桥

phasometer 功率因数表，相位计

phasor 相位复数矢量，彩色信息矢量，复相矢量，复数量，相图

phasotron 同步回旋加速器，稳相加速器

phasotropy 氨基氢振动异构 [现象]

phenol (1) 石碳酸，苯酚；(2) 酚

phenol fibre 碳酸纤维，酚纤维

phenol oil 苯酚润滑油

phenol (formaldehyde) resin 酚醛树脂

phenol resin laminate 酚醛树脂层板

phenolic 醛酚的，[苯]酚的

phenolic bearing 酚醛树脂轴承，苯酚轴承

phenolic (formaldehyde) resin 酚醛树脂

phenolic gear 酚醛塑料齿轮

phenolic plastic 酚醛塑料

phenolics 酚醛塑料

phenolite 费诺利 (一种酚醛塑料)

phenolplast 酚醛塑料

phenolsulphonic acid process 苯酚磺酸电镀锡法

phenomena (单 phenomenon) 现象，征兆

phenomenon (复 phenomena) 现象，征兆

phenoplast 酚醛塑料

phenoweld 改性酚醛树脂粘合剂

phenoxide 苯氧化物，苯酚盐

phenoxy resin 苯氧 [基] 树脂

phial 管 [形] 瓶，小玻璃瓶，长颈小瓶

phialides (单 phialis) 管 [形] 瓶

Phillips driver 十字螺丝起子，十字槽螺丝刀

Phillips gauge 冷阴极电离真空管

Phillips head screw 菲氏螺钉，十字槽螺钉

Phillips ion gauge (=PIG) 菲利浦斯电离计

Phillips screw 带十字槽头螺钉

Phillips screw driver 菲氏螺丝刀，十字槽螺丝刀，十字槽螺丝起子

philsim 菲尔西姆合金，炮铜 (铜 86.25%，锡 7.4%，锌 6.35%)

phlegma 冷凝液

phlogistication 除氧 [作用]

phlogiston 燃素

phon 方 (响度单位，等于 1 分贝)

phon meter 音量计，噪声计

phonal [声] 音的

phonation 发出语言信号，发声

phonautograph 声波振动记录仪，声波记振仪

phone (1) 电话机，送受话器，耳机；(2) 打电话；(3) 单音，音素

phone jack 听筒塞孔，耳机插孔

phone meter 通话计数器，测声计

phone operator 电话接线员

phoneme 语音，音位，音素

phonemeter 通话次数计，通话计数器，测声计

phonendoscope 扩音听诊器

phonetic 语音 [学] 的

phonetic code 语音代码

phonetic keyboard 速写键盘

phonetic speech power 语音功率

phonetic typewriter 口授打字机，语音打字机

phoneticize 用语音符号表示

phonevision 电话电视 (以电话网传送电视的系统)

phoney (1) 伪造的，假的；(2) 假货

phonic (1) 语言的，声音的，有声的；(2) 语音学，声学

phonic motor 蜂音电动机

phonic wheel 音轮

phonics 声 [音] 学

phoning 电话学

phonily 虚假地

phoniness 虚假

phonmeter 声强度计

phono (1) 声音；(2) 留声机，[电] 唱机 (=phonograph)

phono- (词头) 说话，声，音

phono amplifier 电唱机放大器，音频放大器

phono-bronze 铜锡系合金

phono motor 电唱机或录音机用电动机

phono-radio 电唱收音机

phono-terminated laser 声子激光器

phono travelling wave amplifier 声子行波放大器

phonocardiograph 心音描记器

phonochemical 声化学的

phonochemistry 声化学

phonodeik 声波显示器，声波显示仪

phonoelectrocardioscope 心音心电直视描记器

phonofilm 有声电影

phonogram (1) 话传电报；(2) 录音片，录声片；(3) 录音室

phonograph 留声机，电唱机

phonograph adapter 电唱 [机] 拾音器

phonograph connection 留声机连接，拾声器与声频放大器连接

phonograph head 留声机的喝头

phonograph pick-up 留声拾音器

phonograph record 唱片

phonograph recorder disc 唱片

phonographic(al) (1) 表音的，音标的；(2) 速记的

phonographic recorder 录音机，录声机，录声器，录音器

phonography (1) 表音学，发音学；(2) 表音速记法

phonometer (=sonometer) 音强度计，声强度计，声响度计，声强计，测音计，测声计

phonometry 声强测量法，声强测定法，测声术

phonomotor 电喝机马达，电唱机用电动机，录音机上的电动机，声发动机

phonon 声子 (晶体点阵振动能的量子)

phonon-drag 声子 - 曳引

phonon-induction relaxation 声子诱导弛豫

phononmaser 声子激射器

phonophone 振子频率调节器

phonophore (1) 扩音听诊器；(2) 报话合用机

phonophote 声波发光机

phonophotography 声波照相法，声波照相术

phonoplug 信号电路中屏蔽电缆用插头

phonopore 报话合用机 (在同一线路上同时发报和通话的机器)

phonoprojectoscope 声音投映示波器

phonoreception 声感受

phonoreceptor 感音器，感声体

phonorecord 唱片

phonoscope (1) 声波自动记录仪 (记录振动波形)；(2) 心音波照相器；(3) 验声器，微音器

phonosensitive 感音的，声敏的

phonostethograph 听诊录音机

phonosynthesis 声合成

phonotaxis 趋声性

phonotron 收信放大管系列名称

phonotropism 向声性

phonotype 音标铅字

phonotypy 表音印刷法，表音速记法

phonovision (=phonevision) 电话电视

phonovision system 电话 - 电视系统，传真电话系统，有线电视

phonovision transmitter 电话电视发射机

phonozenograph (1) 声波测向器，声测角仪；(2) 水声定位器

phony (=phoney) (1) 伪造的，假的；(2) 假货

Phoral 铝磷合金

phoresis 电泳现象

phoro-optometer 综合屈光检查仪

phorogenesis 平移作用

phorometer 隐斜视计

phoronomics [纯] 运动学

phoropter (=phoroptor) 综合屈光检查仪

phos- (词头) 光

phos-bronze 磷青铜

phos-copper 磷铜焊料 (含磷 7-10%)

phosgenation 光气化 [作用]

phosgene 碳酰氯，光气

phosgene bomb 光气弹

phosgenic 发光的

phosgenismus 光气中毒

phosph- (词头) 磷

phosphate (1) 磷酸盐；(2) 磷酸脂

phosphate coating 磷酸盐处理，磷化处理

phosphate crown glass 磷 [酸盐] 晃玻璃

phosphate-ligand 磷酸盐配合体

phosphate of ammonia 磷酸铵

phosphate of lime 磷酸钙

phosphatic 磷酸盐的,含磷的

phosphatic deposit 磷质沉积

phosphatic sediment 磷质沉积

phosphatide 磷[酸]脂

phosphating (金属表面)磷酸盐处理,磷化处理,防锈处理,渗磷

phosphatization 磷化

phosphatizing 磷化处理,磷化,渗磷

phosphide 磷化物,磷酯

phosphite 亚磷酸盐,亚磷酸酯

phosphor (1)磷光体,磷光质,发光体,发光质,荧光体;(2)黄磷;(3)
发光材料,荧光粉

phosphor bronze 磷青铜

phosphor-bronze wire 磷青铜线

phosphor-copper 磷铜

phosphor dot 磷光点,荧光点

phosphor removal 脱磷

phosphor screen 荧光屏,发光板

phosphorated 含磷的

phosphoresce 发磷光

phosphorescene 磷光[性],荧光

phosphorescene aftergrow 磷光余辉

phosphorescene analysis 磷光分析

phosphorescene spectrum 磷光谱

phosphorescent (1)发磷光的,磷光性的;(2)磷光质

phosphorescope 磷光镜

phosphoretic steel 磷钢

phosphoric 五价磷的,含磷的,磷的

phosphoric acid 磷酸

phosphoric pig iron 高磷生铁

phosphorimeter 磷光计

phosphorimetry 磷光测定法

phosphorisation 增磷

phosphorization 磷化作用,增磷

phosphorize 引入磷元素,磷化

phosphorizer (1)钟罩(在金属熔液中添加易蒸发或低融点金属时用
的工具);(2)增磷剂

phosphoro- (词头)磷的

phosphorometer 磷光计

phosphoroscope 磷光持续时间测定器,磷光计,磷光镜

phosphorosilicate glass 磷硅玻璃

phosphorous (=P) 三价磷的,亚磷的,含磷的

phosphorous acid 磷酸

phosphorous copper 磷铜

phosphorous pentoxide 五氧化二磷

phosphorous test for lubricating oil 测定润滑油中磷含量的亚磷酸法

phosphorous tin [含]磷锡

phosphorus (1){化}磷 P(第 15 号元素);(2)磷光体,发光物质

phosphorus diffusion 磷扩散

phosphorus kickback {冶}回磷

phosphorus oxychlorite 三氯氧化磷,磷酰氯

phosphorylate 磷酸化

phosphorylating 磷酸化

phosphorylation 磷酸化[作用]

phot (=pH) 辐透(照度单位,等于 1 流明/平方厘米)

phot- (词头)(1)光致,光敏;(2)摄像,摄影;(3)光电;(4)光子;(5)
光化[学的]

phot-hour 辐透时

phot-second 辐透秒(曝光单位)

phote 辐透(照度单位)

photelometer 光电比色计

photetch 光蚀刻,光刻[技术]

photic (1)光线的,发光的,感光的,受光的,光的;(2)透光的

photic zone 透光层

photicon 高灵敏度摄像管,光电摄像管,辐帖康管

photics 光电现象学

photion 充气光电二极管

photistor (=photo transistor) 光敏晶体三极管,光电晶体管

photo (1)光;(2)光致,光电,光敏;(3)照相,相片

photo- 词头 (1)光电,光;(2)照相;(3)感光的

photo-achromatism 照相消色差

photo-actinic [发]光化射线的

photo-addition 光化加成作用,光化加成反应

photo-amplifier 光电放大器

photo-audio generator 光电式音频信号发生器

photo-beat 光频差拍法,光拍

photo-cell 光电管,光电池

photo-ceram 摄制图案美化陶瓷

photo-ceramic 用摄制图案美化陶器的,陶器照相的

photo-ceramics 用摄制图案美化陶瓷的技术,陶器照相术

photo-charting 摄影制图

photo-chemistry 光化学

photo-chlorination 感光氯化[作用]

photo chromic micro image (=PCMI) 光变色显微图像

photo-communication 光通信

photo composing 光学排字

photo-conductivity 光电导性

photo copier 照相复印器,照相拷贝

photo-copy 照相复制

photo-elasticity 光弹性

photo elasticity 光测弹性学

photo-electric (=PE) 光电的

photo-electric cell 光电管

photo-electricity 光电学

photo-electro-luminescence 光控电致发光

photo-electro-type 光电铸版

photo-electromagnetic effect 光电磁效应

photo-electronics 光电子学

photo-elimination 光致消除

photo-emulsion [照相]乳胶

photo-equilibrium 光平衡

photo-etching 照相蚀刻法

photo-eyepiece 投影目镜

photo-fabrication 照相化学腐蚀[零件]制造法,光刻法,光工

photo-ferro-electrics 光铁电体

photo-FET 光控场效应晶体管 (FET =field effecct transistor
场效应晶体管)

photo finish 摄影终点

photo-flash 闪光灯

photo-glyptography 照相凹版印刷术

photo-gram 传真电报

photo-hardening 光硬化[作用]

photo-inactivation 光钝化作用,光不激活性

photo-induced 光子所引起的,光诱导的,光感生的,光致的

photo induced strain 光感应变

photo-intelligence 摄影侦察

photo-interconversion 光致互转换

photo-interpretation 相片判读,相片辨认

photo-ionization 光致电离,光化电离

photo-isomerization 光致异构化

photo-lithography 摄影平版术

photo-logy 光学

photo-magneto-electric effect 光磁电效应

photo-meter (1)光度计;(2)曝光表

photo-nitrification 光硝化作用

photo-offset 照相胶印法

photo-optical 光学照相的

photo-optics 光学照相

photo-oxide 光氧化物

photo pot 光穴

photo-prezo-electric effect 光压电效应

photo-recombination 光致复合

photo-recovery 光重激活,光再生

photo-reproduction 照相复制术

photo request (=PR) 摄影要求

photo-SCR 光激活半导体可控整流器 (SCR =(semiconduc
torcontrolled rectifier 半导体可控整流器)

photo-second 辐透秒(曝光单位)

photo-sensing marker 摄影读出标记

photo-sensitized initiation 光敏引发

photo-sensor 光传感器

photo-signal 光电流信号

photo-signal channel 光信号通路

photo-signals 光[电流]信号

photo-tape 光电穿孔带

Photo-Tape 介质带摄像机

photo-tape reader (=PTR) 光电带读出器,光电纸带阅读器,光带读
出器

photo-theodolite 摄影经纬仪
photo transistor 光敏晶体[三极]管
photo-type reader 光电穿孔带读出器
photoabsorption 光[电]吸收
photoactinic [发出]光化射线的,能产生光化作用的
photoactivate 使有光敏性,使感光,光激活,光敏化,用光催化
photoactivation 光激活,光活化
photoactive 光敏的,光活的,感光的
photoactive substance 感光物质
photoactor 光电变换器件,光敏器件,光电开关
photoaddition 光化加成作用
photoadsorption 光致吸附
photoageing 光致老化
photoaging 光致老化
photoalidade 像片量角器,像片量角仪
photoammeter 光电电流表,光电安培计
photoamplifier 光电放大器
photoanalysis 光电分析
photoangulator 摄影量角仪
photoassociation 光缔合
photoautoxidation 光自动氧化
photobase 摄影基线
photobattery 光电池
photobehavior 感光行为
photobiology 生物光学
photobleaching 光致漂白,光褪色
photocamera 照相机
photocapacitance 光致[电]容变[化],光电容
photocarrier 光生载流子
photocartograph 摄影测图仪
photocartography 摄影制图
photocatalysis 光催化[作用],光接触作用,光化[学]催化
photocatalyst 光[化学]催化剂,光触媒
photocathode (=PC) 光电阴极,光电发射体
photocell (=PC) (1)光发射元件,光电元件;(2)光电发射管,光电管,光电池,电眼
photocell amplifier 光电管放大器
photocell pick-off 光电管传感器,光电管发送器
photocell sensitivity 光电管灵敏度
photocentre 光心
photoceramic 陶器照相的,用摄制图案美化陶器的
photoceramics 陶瓷照相术,用摄制图案美化陶器的技术,陶瓷印相法
photocharger 图书复制照相机
photocharting 摄影制图
photochemical 光化[学]的
photochemical cell 光化电池
photochemical effect 光化效应
photochemical reaction 光化反应
photochemigraphy 利用化学和照相方法制作线条锌凸版的方法
photochemiluminescence 光化学发光
photochemistry 光化学
photochlorination 光化学氯化作用
photochopper 光线断路器,遮光器
photochromatic 彩色照相的
photochromatic film 彩色软片,照相软片
photochrome (1)彩色照相;(2)彩色相片
photochromic (1)光致变色的,光彩色的,光色[敏]的;(2)光敏材料
photochromic paper 光色相纸
photochromism 光致变色现象,光致变色性,光色敏性
photochromoscope 三色叠加镜
photochromy 彩色照相[术]
photochronograph (1)活动物体照相机,活动物体相片;(2)恒星中天摄影仪,照相记时仪
photochronography 活动物体照相术,照相记时术
photocinetic 光致运动的
photoclino-dipmeter 摄影测斜仪
photoclinometer 照相倾斜仪
photocoagulation (1)光焊接;(2)光[致]凝结,光[致]凝聚
photocoagulator (1)光凝聚器;(2)光凝结器
photocollography 胶版制造术
photocolorimeter [光]比色计
photocolorimetry 光比色法,光色度学
photocombustion 光燃烧
photocommunication 光通信

photocompose 照相排版,光学排版,照相排字
photocomposing machine 照相排字机
photocomposition 照相排版,光学排版
photocon 光[电]导元件,光导器件
photoconductance 光电导[值]
photoconducting 光[电]导的,光正的
photoconducting device 光电器件
photoconduction (1)光电导;(2)光电导性,光电导率;(3)闪光电效应
photoconduction effect 光电导效应
photoconductive 光电导的
photoconductive cell (1)光[电]导管,光电导电池;(2)光敏电阻
photoconductive detector 光电管指示器
photoconductive effect 光电导效应
photoconductive film 光电导薄膜,光敏薄膜
photoconductive layer 光电导层
photoconductive property 光电导特性
photoconductive resistance 光敏电阻
photoconductive tube 光[电]导管,视像管
photoconductivity 光电导性,光电导率
photoconductor (=PC) (1)光电导体;(2)光敏电阻
photoconverter 光转换器
photocopier 照相复印机,影印装置
photocopy (1)照相复制品,影印副本,照相版;(2)照相复制
photocreep 光蠕变
photocrosslinking 光致交联
photocurrent 光电流
photocurrent carrier 光电载流子
photod 光电二极管
photodarlington 光敏达林顿放大器
photodechlorination 感光去氯[作用]
photodecomposition 感光分解作用,光致分解
photodegradable 可光降解的
photodegradable polymer 光崩解高聚物
photodegradation 光[致]降解[作用]
photodensitometer 光密度计,光稠计
photodensitometry 光密度分析法
photodepolarization 光去极化
photodestruction 光[化]裂解(聚合物)
photodetachment 光致分离,光电分离
photodetection (1)光电探测,光检测;(2)照相检测[法],摄影检测
photodetector 光电探测器,光接收器
photodevelopment 光显影
photodichroic 光[致]二向色的
photodichroism 光二[向]色性
photodichromic memory 光致二向色存储器
photodielectric effect 光致介电效应
photodiffusion 光扩散
photodimer 光二聚物
photodimerization 光二聚[作用]
photodiode [半导体]光电二极管,光控二极管,光敏二极管
photodisintegration (1)光电崩解,光电蜕变,光致蜕变,光致离解,光致分解,光解作用;(2)γ射线引起的核反应,光核反应
photodissociation 光致离解,光致分离,光致分解,光解作用,光化学离解
photodosimeter 光电剂量计
photodraft 照相复制图
photodromy 光动[现象]
photoduplicate (1)照相复制;(2)照相复制本
photoduplication 照相复制过程,照相复制法
photodynamic 在光中发荧光的,光动力的,光促的,光[感]力
photodynamics 光动力学
photoeffect 光[电]效应
photoelastic 光[测]弹[性]的
photoelastic analysis 光弹性分析
photoelastic behavio(u)r 光弹[性]特性
photoelastic effect 光弹性效应
photoelastic experiment 光弹性实验
photoelastic fringe pattern 光弹条纹花样
photoelastic gage 光弹性应变仪
photoelastic polariscope 光弹性偏振光器
photoelastic stress analysis 光弹应力分析
photoelastic study 光弹性研究
photoelastic test 光弹性试验

photoelasticity 光[测]弹性[学],光致弹性
photoelasticity birefringence 光弹性双折射
photoelasticity isochromatic fringe 光弹性等色条纹
photoelasticity method （研究构件应力分布的）光弹性法
photoelectret 光驻极体
photoelectric 光电的
photoelectric absorption 光电吸收
photoelectric alignment collimator (=PEAC) 光电准直仪,定线准直仪
photoelectric amplifier 光电放大器
photoelectric autocollimator 光电[式]自准直仪
photoelectric brightness 光电亮度
photoelectric cartridge 光电式拾音头
photoelectric cell (=PEC) 光电元件,光电池,光电管
photoelectric circuit 光电电路
photoelectric colorimeter 光电比色计
photoelectric conductivity 光电导电率
photoelectric control 光电控制
photoelectric controller 光电控制器
photoelectric counter 光电计数器
photoelectric crystal 光电晶体
photoelectric current 光电流
photoelectric detection 光电探测,光电检测
photoelectric double slit interferometer 光电狭缝干涉仪
photoelectric effect 光电效应
photoelectric efficiency 光电效率
photoelectric emission 光电发射,光电放射
photoelectric fatigue 光电疲劳
photoelectric flue gas detector 光电烟气探测器
photoelectric function generator 光电式函数发生器
photoelectric illuminometer 光电照度计
photoelectric indicator 光电指示器
photoelectric infrared radiation 近红外幅照
photoelectric inspection 光电检查
photoelectric instrument 光电仪器
photoelectric integrator 光电积分器
photoelectric ionization 光电电离
photoelectric material 光电材料,光电物质
photoelectric method 光电法
photoelectric micrometer 光电式测微计
photoelectric microphotometer 光电测微光度计
photoelectric motive force 光[电]电动势
photoelectric paper tape reader 光电纸带阅读器
photoelectric photometer 光电光度计
photoelectric pick-up 光电拾音器
photoelectric pyrometer 光电高温计
photoelectric reader 光电读出器,光电读数头,光电输入机
photoelectric regulator 光电调节器
photoelectric relay 光电继电器
photoelectric scanner (=PES) 光电扫描器
photoelectric scanning 光电扫描
photoelectric sensing 光电读出,光电显示
photoelectric sensitivity 光电灵敏度
photoelectric sensor 光电传感器
photoelectric smoke detection 光电烟气探测
photoelectric tape reader 光电穿孔带读出器
photoelectric threshold 光电效应界限,光电阈
photoelectric timer [自动]光电定时器
photoelectric tracer 光电跟踪器
photoelectric transformer 光电变换器
photoelectric translating system 光电变换系统
photoelectric tube 光电管
photoelectric tube amplifier 光电管放大器
photoelectric type ammeter 光电式电流计
photoelectric viewing tube 光电显像管,移象管
photoelectric yield 光电子产额
photoelectrical 光电的
photoelectricity (1) 光电学；(2) 光电[现象]
photoelectroluminescence 光控场致发光,光控电致发光,光致发光,光电发光
photoelectrolytic 光电解的
photoelectrolytic cell 电解光电池
photoelectromagnetism 光电磁
photoelectrometer 光电[比色]计

photoelectromotive 光电动的
photoelectromotive force 光电电动势
photoelectron 光电子
photoelectron-stabilized-photicon 移像光电稳定摄像管
photoelectron stabilized photicon (=pesticon) 移像光电稳定摄像管,光电子稳定式摄像管,光电子稳定式辐帖康
photoelectronics 光电子学
photoelement 光电元件,光电池管,光电管,[阻挡层]光电池,光生伏打电池
photoelement with external photoelectric effect 外光电效应光电管
photoelement with internal photoelectric effect 内光电效应光电管
photoemf 光电动势
photoemission (=photoelectric emission) 光电子发射,光电子放射,光致发射,光电发射
photoemissive 光电发射的
photoemissive cell 光电发射管,外光电效应光电管
photoemissive effect 光电发射效应,外光电效应
photoemissivity 光电发射能力,光电子发射能力,光电发射率
photoemitter (1) 光电[子]发射体,光电[子]发射器；(2) 光阴极；(3) 光电源
photoemulsion 照相乳剂
photoenergetics 光能力学
photoengraving (1)(凸版的)照相制版,照相感光制版；(2)照相制版印刷,照相凸版印刷；(3) 光机械雕刻,光刻技术,照相蚀刻,光腐蚀,光刻
photoesthetic 感光的,光觉的
photoetch 光刻技术,光刻
photoetch head 光刻装置
photoetch pattern 光刻图案
photoetched 光刻的
photoetchevaporation mask 光刻蒸发掩模
photoetching 光[蚀]刻
photoexcitation 光致激发,激励
photoexcited 光激的
photoexciton 光激子
photoextinction 消光
photoeyepiece 投影目镜
photofabrication 光化学腐蚀制造法,光电加工,光电制造
photofet (=photo field effect transistor) 光控场效应晶体管
photofinisher 照相洗印员
photofission 光致[核]裂变(γ 射线引起的核裂变)
photofixation 光固定
photoflash (1) 照相闪光灯,脉冲灯；(2) 闪光灯照片；(3) (镁) 闪光
photoflash bomb 闪光弹
photoflash lamp 照相用闪光灯
photoflood (摄影用) 超压强烈溢光灯,摄影泛光[灯]
photoflood bulb 超压强烈溢光灯泡
photoflood lamp 照相用泛光灯
photofluorogram 荧光图像照片,荧光屏照片,荧光照相,荧光图
photofluorograph 荧光照相器
photofluorography 荧光照相(成像于荧光屏的照相)
photofluorometer 光电荧光计
photofluoroscope 荧光屏照相机,荧光屏
photofluoroscopy 荧光屏照相术(从荧光屏摄取相片的方法)
photoformer (1) 光电管振荡器；(2) 阴极发射管(用于模拟计算机)；(3) 光电函数发生器
photogalvanic effect 光电效应
photogel 摄影明胶
photogelatin 感光底片胶,照明胶
photogene (眼中所留的) 残像,余像
photogenerator 光电信号发生器,半导体发光器
photogenic (1) 发光的,发磷光的；(2) 由于光而产生的；(3) 适宜于摄影的
photoglow tube 充气光电管
photoglyph 照相雕刻版,光刻版
photogoniometer (1) 像片量角仪,光电测角仪；(2) 照相测量经纬仪,摄影经纬仪
photogram (1) 摄影测量图,测量照片,黑影照片,传真照片；(2) 传真电报
photogrammeter 摄影经纬仪
photogrammetric 摄影测量[学]的
photogrammetric camera 测量摄影机
photogrammetric instrumentation (=PI) 摄影测量设备,摄影测量仪表
photogrammetric stereo-camera 测量立体摄影机

photogrammetric triangulation 摄影三角测量
photogrammetry 摄影测绘[学]，摄影测量[学]
photogrammetry by intersection 交会摄影测量
photograph (1)照片，像片；(2)摄影，照相
photograph axes 像片轴，摄影轴
photograph distance 航摄像片距离
photograph perpendicular 摄影机主光轴
photograph transmission system 传真传输制
photographable 可拍摄的
photographer 摄影者
photographic(al) (1)摄影的，照相的；(2)详细的，逼真的
photographic astrometry 照相天体测量学
photographic barograph 摄影气压计
photographic camera 照相机
photographic density 照相密度，照片密度，底片黑度
photographic emulsion 照相乳剂
photographic enhancement 图像增强
photographic film 照相底片，胶片，胶卷
photographic finder 探像器
photographic fog 灰雾
photographic latent image 照相潜像
photographic memory 照相存储器
photographic negative 照相底片
photographic paper 印像纸
photographic photometer 照相光度计，曝光表
photographic plate (=pp) 照相底片，胶片
photographic positive (晒出的)正片
photographic reader 照相读出器
photographic recorder 光录声机，胶片记录器
photographic recording 照相记录
photographic refractor 折射天体照相仪
photographic sensitivity 照相灵敏性，感光度
photographic sound recorder 影片录音机，光学录音机
photographic sound recording head 光录音头
photographic storage {计}永久性存储器，照相存储器
photographic telescope 照相望远镜
photographic typesetter 摄影排字机
photographic zenith tube 照相天顶筒
photographically 用照相方法，照相似地
photographing 照相
photographone 光电话
photography (1)摄影；(2)照相术，摄影学
photogravure (1)照相凹版印刷；(2)影印凹版，照相凹版，影写版
photogrid (金属冷加工过程的)坐标变形试验[法]
photogun 光电子枪
photogyration 光回转[效应]
photohalide 感光性卤化物
photohalogenation 光卤化[作用]
photohead 光学绘图头，光电传感头，曝光头
photoheliogram 太阳照片，金色照片
photoheliograph 太阳照相仪
photohmic 光欧[姆]的
photohole 光[空]穴
photohyalography 照相蚀刻术
photoimpact 光电脉冲，光控脉冲，光冲量
photoinduced Hall effect 光生霍尔效应
photoinduction 光诱导，光感应
photoinjection 光注入
photointaglio 照相版的，影印版的
photointelligence (=PI) 照相情报
photointerpreter (1)相片识别器，相判装置；(2)照片判读员
photoionization 光致电离，光化电离
photoisomer 光致同分异构体
photoisomerism 感光异构[现象]
photokinesis (1)光激运动，光动；(2)趋光性，光动性
photokinetic 趋光的
photokinetic threshold 光动性阈值
photoklystron 光电速调管
photokymograph 摄影描波器
photolabile 光致不稳定的，对光不稳定的，不耐光的
photolability 光致不稳定状态，光致不稳定性
photolayer 摄影灵感层，光敏层
photoline 光线
photolithograph (1)影印石版，照相平版印刷品；(2)用照相平版印刷

photolithographic 照相平版印刷的，光刻的
photolithographic process 照相制版工艺，光刻工艺
photolithography 照相平版印刷术，影印法，光刻[蚀]法
photolocking 光锁定
photolofting 照相放样
photolog 摄影记录
photologging 摄影记录
photology 物理光学，光的科学
photolometer 光电比色计
photoluminescence 光致发光，光激发光，荧光
photoluminescent 光致发光的，光激发光的，荧光的
photolysis 光[分]解[作用]
photolyte 光解质，光解物
photolytic 光[分]解的
photom (=photometry) 光度学，计光术
photoma 闪光
photomacrograph (1)宏观照相；(2)宏观照片，低倍[放大]照片
photomacrography 低倍放大摄影，宏观照相术，宏观摄影术
photomagnetic 光磁的
photomagnetic effect 光磁效应
photomagnetism 光磁性
photomagnetoelectric 光磁电的
photomagnetoelectric effect (=PME 或 pme) 光电磁效应
photomap (1)空中摄影地图；(2)摄制空中地图，制作影像地图
photomapper 立体测图仪
photomapping 相片测图
photomask 光掩模，遮光模
photomask set 光掩模组
photomasking 光学掩蔽的，感光掩蔽
photomaton (立即可取相片的)自动摄印机
photomechanical (1)光[学]机械的；(2)照相工艺的，照相制版的
photomechanical effect 光机械效应
photomechanics 照相制版印刷术，照相制版工艺
photomeson 光[生]介子，光[致]介子
photometer (1)光度计，曝光表，测光仪，分光计；(2)用光度计检查
photometer screen 光度计屏
photometering 光度测量
photometric 测光的，光测的，计光的，光度的
photometric cube 光度立方体，测光用立方体
photometric data 测光数据，光测数据
photometric method 光度测定法
photometric quantity 光度值
photometric scale 光度标
photometric standard 光度标准
photometric test plate 测光试验板
photometric unit 光度单位
photometry (1)光度测定[法]，测光法；(2)光度学，测光学
photomicrograph (1)显微照相，显微拍照，拍摄显微照片；(2)显微照片，放大照片，金相照片
photomicrograph apparatus 显微照相装置
photomicrography 显微照相术，显微摄影术，显微检验术
photomicrometer 显微光度计
photomicrometrology 显微摄影测量术
photomicroscope (1)显微摄影机，显微照相机；(2)照相显微镜，摄影显微镜
photomicroscopy 显微照相术
photomilling 光铣法
photomixer 光电混频器，光混合器
photomixing 光混频，光混合
photomodulator 光调制器
photomonate 综合照片
photomontage (1)集成照片制作法，照片剪辑；(2)相片镶嵌图，像片略图
photomorphosis 光形态发生[变化]
photomosaic (1)光电镶嵌器电视摄像管，嵌镶光电阴极，感光嵌镶幕；(2)照片拼接
photomotion 光激活动
photomotograph 肌动光电描记器
photomultiplier (=PM) 电子倍增管，光电倍增器，光电倍增管
photomultiplier counter 光电倍增管计数器，闪烁计数器
photomultiplier detector 光电倍增探测器
photomultiplier tube 光电倍增管
photomultiplier with a control grid 栅控光电倍增管
photomultiplier with extended cathodes for 2π sensitivity 四面窗

光电倍增管

photomultiplier with high quantum efficiency　高效率光电倍增管

photomultiplier with low noise　低声光电倍增管

photomultiplier with wide spectral response　宽光谱光电倍增管

photomuon　光生 μ 介子，μ 光介子，μ 介子，光 μ 子

photomural　大幅照相

photomutant　光敏突变体

photon　(1) 辐射量子；(2) 光量子，光电子，光子

photon avalanches　光子雪崩

photon bombardment　光子轰击

photon bunching　光子束

photon counter　光子计数器

photon counting　光子计算法

photon coupled　air (=PCP)　光子耦合对

photon detector　光子探测器

photon drag effect　光 [子] 牵 [引] 效应

photon engine　光子发电机

photon gain　光子增益

photon log　光子测井

photon noise　光子噪声

photon noise limit　光子噪声极限

photon rocket　光子火箭

photon spaceship　光子飞船

photon target scoring system (=PTSS)　光子靶计算系统

photonastic　倾光性的

photonasty　倾光性，感光性

photonegative　(1) 光负性 (照度增加时，光电导率下降)；(2) 光阻的

photonegative effect　负光电效应

photonephelometer　光电浊度计，光电混度计

photoneutron　光激中子

photoneutron source　光中子源

photonics　光子学

photonoise　光噪声

photonon　光钟

photonuclear　光核的

photonuclear excitation　光致核激发

photonuclear yield　光核反应产额

photonucleation　光致晶核形成

photooscillogram　光波形图

photooxidant　光氧化剂

photooxidation　感光氧化 [作用]，光致氧化 [作用]

photooxydation (=photooxidation)　感光氧化作用，光致氧化 [作用]

photopair　照片对

photoparametric　光参数的

photoparamp (=photoparametric amplifier)　光参数放大器

photopathy　光刺激反应性

photopeak　光 [电] 峰

photoped　光度计头

photoperiod　光 [照] 周期

photoperiodic　光周期的

photoperiodicity　光照周期性

photoperiodism　光周期现象，光周期性

photopermeability　渗透光性，透光

photoperspectograph　摄影透视仪

photophase　光照阶段

photophone　光 [线] 电话机，光声变换器，光音机

photophor　磷光核

photophore　{医} 内腔照明器，发光器

photophoresis　光致单向移动，光致漂移，光致迁动，光泳现象

photophosphorescence　光致磷光

photopic　适应光的

photopion　光 π 生介子，π 光介子

photoplane　摄影飞机，航摄飞机

photoplast　简易相片量测仪

photoplastic　光范性的

photoplastic effect　光范性效应

photoplastic recording　光 [热] 塑记录

photoplasticity　光塑性

photoplate　照相底片，乳胶片，胶片

photopolarimeter　光偏振表

photopolymer　光敏聚合物，干膜

photopolymerisable　光聚合的

photopolymerization　光 [致] 聚 [合] 作用，光化学聚合作用

photopositive　正光电导性 (在光作用下，电导增加)，光导的

photopotential　光生电位

photopotentiometer　光电电位计

photopredissociation　光致预离解

photopret　相片判读仪

photoprint　照相复制品，晒印照片，晒印相片，影印，照片，像片

photoprocess　光学处理，光学加工

photoproduced　光形成的，光致的

photoproduced mesons　光子形成的介子，光生介子

photoproduct　光致产品，光化产品，光生产物

photoproduction　光致产生，光致作用，光生

photoproton　光激质子，光致质子

photopsia　火花幻视，闪光幻觉

photopsy　光幻觉

photoptometer　光觉计，光敏计，光度计

photoptometry　辨光测验法，光觉测验法

photoradar　光雷达

photoradio　图像无线电，无线电传真

photoradiogram　无线电传真照相，无线电传真电报，无线电传真照片，无线电传真图片

photoreaction　光致反应，光化反应

photoreactivation　光照活化作用，光致复活 [作用]，光重激活，光再生

photoreader　光电读出器，光电读数器，光电输入机

photoreading　光 [电] 读数，光电读出，像片判读

photoreception　光感受，感光

photoreceptor　光感受器，感光器，感光体

photorecon (=photoreconnaissance)　(空中) 摄影侦察，照相侦察

photoreconnaissance (=PR)　摄影侦察，照相侦察

photoreconnaissance satellite　侦察卫星

photoreconversion　光致再转换

photorecord　摄影记录

photorecorder　摄影记录器，自动记录照相机

photorecording　摄影记录制作，光电录音制作

photorectifier　(1) 光电检波器；(2) 光电二极管

photoreduce　照相缩小

photoreductant　光化还原剂

photoreduction　(1) 光致还原，光化 [学] 还原；(2) 照相缩版，照相缩小

photorefraction　光反射照相

photorelay　光控继电器，光电继电器，光开关

photorelease　光致释放

photorepeater　照相复印机，光重复机，分步重复照相机，精缩照相机

photoreport　配以图文的报导照片

photoreproduction　照片复制

photoresist　光致抗蚀剂，光敏抗蚀剂，感光性树脂，光阻材料，光刻胶，感光胶

photoresistance　(1) 半导体光电效应，内光电效应；(2) 光敏电阻，光导层

photoresistance cell　内光电效应光电管，光敏电阻，光电阻管

photoresistive　光阻的

photoresistor　光敏电阻器，光敏变阻管

photoresorance　光共振

photorespiration　光呼吸 [作用]

photoresponse　(1) 感光反应，光响应；(2) 光电灵敏度，光电活度

photoroentgenography　[X 射线] 荧光照相法

photos-relay　光控继电器

photoscan　光扫描图

photoscanner　光扫描器

photoscanning　光扫描

photoscintigram　闪烁照相图

photoscope　透视镜，荧光屏

photosculpture　照相雕刻法

photosedimentation　测光沉淀 (粒径分析方法)

photosensibilisator　照相增感剂

photosensibilization　光敏 [化] 作用

photosensitive　能感光的，光敏的

photosensitive cathode　光敏阴极

photosensitive diode　光敏二极管

photosensitive paper　感光纸

photosensitiveness　光敏性

photosensitivity　感光灵敏度，感光性，光敏性

photosensitization　(1) 光敏增感作用；(2) 光化学敏化；(3) 光致敏化 [作用]，光敏作用

photosensitize　使具有感光性，使光敏，使感光

photosensitized　光敏的

photosensitizer 照相增感剂, 光敏材料, 光敏剂, 感光剂
photosensor (1) 光敏器件, 光敏元件；(2) 光电传感器, 光感受器
photoset 自动照相排版
photosetting 自动照相排版, 自动薄膜排版
photosignal 光信号
photosource 光源
photosource of neutrons 光中子源
photospallation 散裂光核反应, 光致散裂反应, γ 量子作用下的散裂反应
photosphere (1) 光球；(2) 太阳或恒星的发光表面
photospot (摄影)聚光[灯]
photostability [对]光稳定性, 耐光性
photostable [对]光稳定的, 不感光的
photostage 光照阶段
photostar (1) 发光星体, 光星；(2) 发出光的
photostat (1)直接影印制品,影印副本,影印法；(2)用直接影印机复制,照相复制；(3) 直接影印机
photostated copies 直接影印本
photostatic copy 影印本
photostereograph 立体测图仪
photostimulation 光刺激[作用]
photostudio 照相馆, 摄影棚
photosummator 光电累进器
photosurface 感光面, 光敏面
photoswitch (1) 光控继电器, 光电继电器；(2) 光控开关, 光电开关, 光开关
photosynthesis 光[化]合[成]作用, 光能合成
photosynthetic 光合[作用]的
photosynthetic oxygen-generator illuminated by solar energy (=POISE) 由太阳能照射的光合氧气发生器
photosyntometer 光合计
photosystem 光合系统
phototactic 趋光[性]的
phototaxis 趋光性
phototelegram 传真电报
phototelegraph (1)[发送]传真电报；(2) 传真电报机
phototelegraphic apparatus 传真电报机
phototelegraphy (1) 传真电报术, 传真电信, 电传真；(2) 光通讯；(3) 光遥记术
phototelephone 光[传]电话, 光线电话, 传像电话
phototelephony (1) 光线电话, 光电电话, 传真电话, 传像电话；(2) 光电话学
phototelescope 照相望远镜
phototheodolite 照相经纬仪, 摄影经纬仪, 照相量角仪, 测照仪
photothermal 辐射热的, 光热的
photothermionic 光热离子的
photothermoelasticity 光热弹性
photothermomagnetic 光热磁性的
phoththermometry 光测温学, 光计温术
photothermy 辐射热作用, 光热作用
photothyristor 光闸流管
phototimer (1) 延时光控继电器, 曝光自控器, 光电定时计, 光电定时器；(2) 控时照相机, 摄影计时器；(3) 曝光自控器, 曝光计, 曝光表
phototiming (1) 光同步, 光调步；(2) 曝光定时, 光计时
Phototitus 福透泰特斯光阀
phototonus (1) 光敏性；(2) 光感应
phototopography (=photographic surveying) 摄影测绘[术], 摄影地形测量学
phototoxic 光辐照损害的, 光线损害的, 光毒性的
phototoxis 光辐照损害, 放射线损害, 光线损害
phototransformation 光致转换, 光转化[作用]
phototransistor 光电晶体三极管, 光敏晶体三极管, 光电晶体管
phototransmulation 感光分解[作用]
phototriangulation 摄影三角测量
phototriode 光敏三极管, 光电三极管, 光电晶体管
phototroller 光控继电器
phototron 矩阵光电管
phototronics (1) 矩阵光电子学；(2) 矩阵光电管
phototropic 向光[性]的
phototropism (1) 向光性, 趋光性；(2) 光色互变
phototropy 光致色互变[现象], 光电互变, 光色随入射光波长的变化
phototube (=PT) 光电元件, 光电管, 光电池
phototube circuit 光电管电路
phototype 摄影制版法

phototypesetter 照相排字机
phototypesetting 照相排版, 照相排字
phototypesetting machine 照相排字机
phototypography 照相排字印刷术
phototypy 珂罗版制版术
photounit 光电元件
photovalve 光电发射元件, 光电发射管
photovaristor (1) 光敏变阻管；(2) 光敏电阻
photoviscoelasticity 光粘弹性
photovision 电视
photovision relaying 电视转播
photovisual 对光化射线和最强可见光线有同样焦距的
photovisual achromatism 光化视觉消色差性
photovisual abjective 拟视照相[物]镜
photovoltage 光[生]电压
photovoltaic 光[生]伏[打]电池的, 光致电压的, 光电[池]的
photovoltaic cell 阻挡层光电池, 光生伏打电池
photovoltaic effect 光[生]伏[打]效应
photovulcanization 光硫化[作用]
Photox 氧化铜光电池
photoxide 光氧化物
photoxylography 照相木版印刷术, 雕版
photozincograph (1) 照相锌凸版印刷品；(2) 用照相锌凸版印刷, 用照相锌凸版复制
photozincography 照相锌凸版制造术
Photran 光激可控硅
photronic [用]光电池的
photronic cell [硒]光[伏]电池
phrase 短语, 词组, 措辞
phaseogram (=phaseograph) 表示短语的速记符号
phreatic discharge 潜水排出
phreatic divide 潜水分水界
phreatic explosion 蒸气喷发
phreatic fluctuation 潜水面升降
phreatic high (1) 潜水动态；(2) 曲线峰点
phreatic water 深井水
phugoid (1) 长周期振动, 低频自振动；(2) 长周期的
phugoid motion 长周期运动
phugoid oscillation 长周期振荡
physical (1) 物质的, 物理的, 体力的；(2) 有形的, 实际的；(3) 自然的
physical absorption 物理吸附
physical address 实在地址
physical change 物理变化
physical circumstance 实际情况, 具体情况
physical components of the total force 总切削力的物理分力
physical constant test reactor (=PCTR) 物理常数实验反应堆
physical construction 机械结构, 物理结构
physical contact 直接接触, 体接触
physical depreciation 有形损耗
physical design (机械的)结构设计, 物理设计
physical dimensions 外形尺寸
physical environment 自然环境
physical error 物理误差
physical I/O (=physical input output) 实际输入输出
physical input output 实际输入输出
physical life 实用寿命
physical name 实体名字
physical pendulum 复摆
physical property 物理性能, 物理性质
physical record 实际记录
physical science 自然科学
physical-test 物理性能试验
physical tracer 物理指示剂
physical wear 物理磨损, 有形磨损
physical weathering 物理风化[作用], 机械风化[作用]
physically (1) 实际上, 物质上, 物理上；(2) 按照自然规律, 就物理意义讲
physicist 物理学家
physico- (词头) (1) 物理[学], 自然[界]；(2) 与物理有关；(3) 与物理结合的
physico-chemical 物理化学的
physico-metallurgical 物理冶金的
physico-metallurgy 物理冶金
physicochemical 物理化学的

physicochemical machining　物理化学加工, 特种加工

physicochemical process machine tool　特种加工机床

physicochemistry　物理化学

physics　物理学

physics engineering and chemistry (=PEC)　物理工程与化学

physics of superhigh energies　超高能物理学

physiograph　生理仪

physiosis　膨胀, 气胀

physisorption　物理吸附作用

pi　(1) 希腊字母 Πlπ；(2) 圆周率 π

pi-bond　π 键

pi-electron　π 电子

pi-filter　π 型滤波器

pi-mesic atom　π 介原子

pi-meson　π 介子

pi-mode　π 型 (磁控管振荡型)

pi-network　π 网络, π 型电路, π 型滤波单元

pi-plane　π 平面

piano　钢琴

piano card stamper　键式打纹版机

piano machine　(1) 踏花机；(2) 纹版穿孔机, 轧纹版机

pianoforte　钢琴

pianola　自动钢琴

pianotron　电子钢琴

piccopale　皮可帕勒石油树脂

piccovar　皮可瓦尔石油树脂

pick　(1) 尖锐小工具, 丁字镐, 鹤嘴锄, 风镐；(2) 敏感元件, 传感器, 发送器；(3) 挑选, 选择, 检选, 采集, 收集, 抓取, 拾取, 摘取；(4) 截齿, 掘, 挖, 凿

pick-a back conveyor　可伸缩运输机

pick axe　鹤嘴锄

pick feed　(三位仿形铣削的) 周期进给

pick hammer　风镐

pick-mattock　鹤嘴锄

pick mattock　鹤嘴锄

pick-off　(1) 敏感元件, 传感器, 发送器；(2) 自动脱模装置, 出件器, 拣拾器；(3) 飞机稳定性自动校正仪；(4) 截止, 脱止, 拾取, 采取, 摘去

pick off　(1) 发送器；(2) 拾取, 采取, 摘去

pick-off diode　截止二极管

pick-off gear　可互换齿轮, 变速齿轮, 选速齿轮

pick-off gear box　挂轮箱

pick on　挑选, 挑剔

pick out　衬托 [出], 区别 [出], 挑选, 选择, 分类, 分选, 分辨

pick-pocket　小货船

pick-test　抽样检查, 取样试验

pick test　抽样检查, 抽样试验

pick-up　(1) 传感器, 传感头, 敏感元件, 感受元件, 受感器；(2) 读出 [装置], 测量仪表；(3) 拾音, 拾波；(4) 拾音器, 拾波器, 捡拾器, (电唱机) 唱头；(5) 突然加速能力, 加速性能, 加速度, 加快；(6) 电视摄像管, 电视发射管, 发射器；(7) 粘着；(8) (电路或无线电的) 干扰, 截听(电话)；(9) 启动量(使继电器触点闭合或断开的最小电流或电压)；(10) 灵敏度, 敏感度, 干扰；(11) 固定夹具, 固定器；(12) 信息的存储单元, 待取单元

pick up　(1) 挖掘, 拾起, 托起, 采集, 吸收；(2) (电极头) 粘连, 粘着；(3) {焊} 熔入；(4) 探测出, 感受到, 接收到, 读出；(5) 整理, 恢复；(6) 加速

pick-up antenna　拾取信号天线, 接收天线

pick-up arm　拾音器臂, 拾取臂

pick-up attachment　取料工具主轴

pick-up camera　摄像机

pick-up cartridge　拾声器心

pick-up chain　喂送链, 拣拾链

pick-up channel separation　拾音器声道分隔

pick-up circuit　拾波电路, 拾音器电路

pick up coil　拾波线圈

pick-up compliance　拾音器顺性

pick-up dipole　接收振子

pick-up factor　拾波因数

pick-up head　传感器头

pick-up hole　通气孔

pick-up pump　真空泵

pick-up sensitivity　拾音器灵敏度

pick up speed　加快速度

pick up the bott　打开出铁口

pick up the heat　热的回收利用

pick up the suction　抽真空

pick-up tongs　拾件钳

pick-up truck　轻型卡车

pick-up voltage　起始电压, 接触电压, 拾取电压

pick-up with electron zoom　变倍率摄像管

pickaback　重叠安装的

pickaroon (=picaroon)　搭钩杆

pickaxe　鹤嘴斧

picked　(1) 挑选的, 精选的；(2) 挖掘的；(3) 有尖峰的, 尖的；(4) 有光芒的, 光的

picked out　手选的

picker　(1) 手选工, 捡拾者；(2) 筛子；(3) 拣选机, 捡出器, 采摘机, 收获机；(4) 取模针；(5) 清棉机, 松棉机；(6) 鹤嘴锄, 十字镐

picket　(1) 尖桩, 木桩；(2) 警戒哨, 哨兵；(3) 用桩围住；(4) 设置警戒哨

picket ship　雷达警戒飞机, 雷达哨舰

picketboat　雷达哨艇

picketline　警戒线

pickhammer　风镐

pickholder　截齿座

picking　(1) 凿掘, 掘, 刨；(2) 采集, 摘取, 拣选, 挑选, 选择；(3) 未烧透的砖；(4) 清棉；(5) 挑选物, 可捡物

picking box　检麻台, 拣麻台

picking nozzle　引纬喷嘴

picking-out　拣出, 手选, 拣选

picking tongs　剔杂钳, 修布钳

pickle　(1) 酸洗, 酸蚀, 浸渍；(2) (浸渍用的) 盐水, 酸洗液, 稀酸液；(3) 空投鱼雷

pickle brittleness　酸蚀脆性

pickled and oiled　酸洗并加油

pickler　(1) 酸洗设备, 酸洗装置；(2) 酸洗液

pickling　酸洗, 酸蚀, 酸浸, 浸酸

pickling bath　酸洗池

pickling line　酸洗机组

pickling oil　防锈油

pickling tub　酸洗池

picklock　撬锁工具

picknometer (=pycnometer)　(1) 比重瓶；(2) 比重管, 比重计；(3) 比色计

pickoff　(1) 拾取；(2) 发送器, 传感器；(3) 敏感元件

pickup (=pick-up)　(1) 传感器, 传感头, 敏感元件, 感受元件, 受感器；(2) 读出 [装置], 测量仪表；(3) 拾音, 拾波；(4) 拾音器, 拾波器, 捡拾器, (电唱机) 唱头；(5) 突然加速能力, 加速性能, 加速度, 加快；(6) 电视摄像管, 电视发射管, 发射器；(7) 粘着；(8) 截听 (电话)；(9) 启动量 (使继电器触点闭合或断开的最小电流或电压)；(10) 灵敏度, 敏感度, 干扰；(11) 固定夹具, 固定器；(12) 信息的存储单元, 待取单元

pickup brush　集电刷, 集流刷

pickup coil　电动势感应线圈, 耦合线圈, 拾波线圈, 拾音线圈, 吸引线圈, 测向线圈

pickup current　拾音器电流, 接触电流, 起动电流, 触动电流, 吸引电流

pickup gear　钩起装置

pickup hitch　自动联结器

pickup hole　(压力) 测量孔, 通气孔

pickup line　警戒线

pickup loop　耦合圈, 耦合环, 耦合匝, 拾波环

pickup of engine　发动机的加速性能

pickup plate　{计} (接收) 信号板

pickup point　起吊点

pickup probe　拾取探针, 检拾探针

pickup truck　轻型卡车

pickwheel　(织机的) 卷取齿轮

picnometer　(1) 比重瓶；(2) 比重管, 比重计；(3) 比色计

pico-(=micromicro-)　(词头) 皮 [可], 沙, 微微 (=10^{-12})

picoammeter　皮 [可] 安培计, 微微安培计

picoampere　皮 [可] 安 [培], 微微安 [培] (=10^{-12} 安培)

picofarad　皮 [可] 法 [拉], 微微法 [拉] (=10^{-12} 法 [拉])

picogram　微微克, 沙克, 皮 [可] 克 (=10^{-12} 克)

picohenry　皮 [可] 亨 [利] (=10^{-12} 亨利)

picojoule　皮 [可] 焦耳 (=10^{-12} 焦耳)

picologic　皮 [可] 逻辑电路, 微微逻辑电路

picometer　皮 [可] 米 (=10^{-12} 米)

picopicogram　=10^{-24} 克

picoprogram(ming)　皮 [可] 程序设计, 微微程序设计

picosecond 皮 [可] 秒, 微微秒 (10^{-12} 秒)

Pictest 杠杆式千分表, 靠表, 拔表

pictogram 曲线图, 图表, 图解

pictograph 统计图表

pictorial 用图表示的, 由图片组成的, 有插图的, 图片的, 图解的, 图像的

pictorial computer 图解式计算机, 帧型计算机

pictorial computer with course 图示航行计算机, 图示航线计算机

pictorial detail 图像细节

pictorial deviation indicator (=PDI) 图示偏差指示器

pictorial diagram 实物形象图, 实物电路图

pictorial display 图像显示

pictorial holography 图像全息术

pictorial information 图像信息

pictorial position indicator of radar (=PPIR) 雷达图像位置显示器

pictorial view 示图, 插图

pictorialization 用图表示

pictorialize 用图表示

pictorially 用 [插] 图

picture (1) 透视图, 投影图, 插图；(2) 图画, 图像, 照片, 图片, 图形, 图表；(3) 形象, 概念, 描述, 实况, 情况；(4) 摄影镜头

picture channel 图像信道

picture charge 图像电荷, 电荷图像

picture charge pattern 图像电位起伏图

picture contrast 图像对比

picture control 图像调整

picture control coil [图像] 定心线圈, 图像控制线圈

picture distortion 图形畸变

picture element 像素, 像点

picture facsimile apparatus 图像传真机

picture frame [显] 像 [帧] 面, 画框, 图片

picture frequency 图像频率, 帧频

picture image 照相图像

picture image frequency amplifier 图像信号频率放大器

picture information 图像信息

picture lock 图像同步

picture monitor 图像监视器

picture of large image scale 大面积成像

picture-phone 图像电话, 可视电话

picture phone 电视电话, 可视电话

picture point 像素, 像点

picture poor in contrast 小对比度图像

picture ratio 图像纵横比

picture receiver 图像信号接收机, 电视接收机

picture recording 录像

picture reproducer 图像重显设备, 影像再现装置, 显像设备, 放映机

picture rich in detail 多元成像, 清晰图像

picture signal band 图像信号频带

picture size 图像尺寸

picture sticking 图像保留

picture synthesis 图像合成

picture telegraphy 传真电报术

picture transmission 图像传送, 传真

picture tube 显像管

picture video detector 图像视频检波器

picture with high definition in the corner 高角清晰度图像

Picturectron 一种电子束管

picturephone 电视电话

pictures per minute (=PPM) 图像 / 分钟

pictures per second (=pps) 图像 / 秒钟

picturization 图画表示法

picturize 用图表示

piddling 不重要的, 微小的

pidgin (1) 混杂语言；(2) 工作, 事务

pie 饼式线圈, 饼式绕组, 盘形绕组

pie coil 饼式线圈

pie graph 圆形图解

pie winding 饼式绕组

piece (=PC.) (1) 块, 件, 片, 个；(2) 一套, 一组, 一联；(3) 段, 部分；(4) 特定材料制件, 零件, 作件；(5) 修理, 修补；(6) 装置武器

piece beam (织机) 卷布辊

piece handling time 工件装卸时间

piece job (1) 单件生产；(2) 计件工作

piece mark 零件标号

piece number 件号

piece of information 信息单元

piece of water 蓄水池

piece of work 工件

piece part 零件

piece price 计件价格

piece production 单件生产

piece-rate 计件工资制

piece rate 计件工资

piece roller 卷布辊

piece-ups 接头数

piece wage 计件工资

piece work (1) 单件生产；(2) 计件工作

piecemeal (1) 一件一件地, 渐进地, 零碎地, 逐点, 逐件, 逐段, 逐片, 逐渐, 逐次；(2) 片段, 分块

piecemeal determination 逐段确定法

piecemeal replacement 零星更换, 逐渐更换

piecer (1) 接头工；(2) 接经器

pieces (=pcs) 份, 个, 工件

piecewise 分段的, 分片的, 逐段的

piecewise linear iteration 逐段线性迭代

piecewise smoothing subroutine 分段校平子程序

piecework (1) 计件工作；(2) 单件生产

piecing-up 接头

pied 杂色的

pier (1) 码头, 桥墩, 支墩, 闸墩；(2) 突栈桥；(3) 窗间壁；(4) 垂直的支承结构构件；(5) 结构底座

pier drilling 桩桥钻井, 水上钻井

pier glass 窗间镜

pier process 水煤气发生过程

pier shaft 墩身

pier stud 墩柱

pier table 桥墩顶台

pierce (1) 穿孔, 冲孔, 钻孔, 穿轧；(2) 贯穿, 贯通, 渗透；(2) 工艺孔

pierce circuit 振荡器电路

pierce punch 工艺孔冲头, 冲孔冲头

pierced 穿孔的

pierced aluminum plank (=PAP) 冲孔的铝板

pierced ring 冲压孔环, 穿孔圈

piercer (1) 锥子；(2) 冲头, 芯棒；(3) 钻孔器, 冲孔机, 穿孔轧机, 自动轧管机；(4) 冲床, 压力机, 冲孔机；(5) 冲孔, 钻孔

piercing (1) 冲孔, 钻孔；(2) 穿孔

piercing die 穿孔模, 冲孔模

piercing drill 穿心钻

piercing machine 钻孔机

piercing mill 穿孔机

piercing point bar 芯棒

piercing press 穿孔机, 冲孔机

piercing saw 钢丝锯

piercing tool 穿孔工具, 冲孔工具

Pierott metal 锌基轴承合金(锡 7.6%, 铜 2.3%, 锑 3.8%, 铅 3%, 其余锌)

piesimeter 压力计

piesometer 压力计

piestic 压力计的, 压强计的

piestic high 测压水位变化曲线峰点

piezo- (词头) 压, 压力, 压电

piezo-crystallization 加压结晶

piezo-effect 压电效应

piezo-electric transverse effect 横向压电效应

piezo-luminescence 压电发光, 压致发光

piezo-oscillator 晶体 [控制] 振荡器, 压电振荡器

piezobirefringence 压力下双折射, 形变双折射

piezocaloric 压热的

piezocaloric effect 压热效应

piezochemistry 压力化学, 高压化学

piezochromatism 受压变色

piezocoupler 压电耦合器

piezocrystal 压电晶体

piezocrystallization 加压结晶

piezodialysis 加压渗析

piezodielectric 压电介质的

piezoelectric (1) 压电的；(2) 压电材料

peizoelectric compliance 压电顺度

peizoelectric converse effect 反压电效应

peizoelectric crystal　压电晶体
peizoelectric gauge　压电计, 压电仪
peizoelectric modulus　压电系数, 压电模量, 压电模数
peizoelectric oscillator　压电振荡器, 晶体控制振荡器
piezoelectricity　(1) 压电 [现象], 压电学; (2) 压电效应
peizoelectrics　(1) 压电学; (2) 压电体
piezogauge　压力计
piezoglypt　烧蚀坑, 鱼鳞坑, 气印
piezoid　压电石英片, 石英晶体
piezoisobath　加压等深线
piezolighter　压电点火器
piezoluminescence　压致发光
piezomagnetic　压 [电] 磁的
piezomagnetic effec　压磁效应
piezomagnetism　压磁现象
piezometamorphism　压力变质作用
piezometer　(1) 流体压力计, 测压器, 测压计, 测压管, 压缩计, 压强计, 水压计; (2) 材料压缩性测量计
piezometerring　环形流压计
piezometric　测压水位的, 测压计的, 流压计的, 量压的
piezometric level　压力计平面, 测压管水位, 水平压面
piezometric line　自由水面线
piezometric ring　压力计环
piezometric tube　测压管
piezometry　(流体) 压力测定
piezophony　压电送 [受] 话器, 晶体送 [受] 话器
piezoquartz　压电晶体, 压电石英
piezoreaistance　压力电阻效应, 压电电阻, 压敏电阻
piezoresistive　压敏电阻的, 压阻 [现象] 的
piezoresistivity　压电电阻率
piezoresistor　压电电阻器, 压敏电阻器
piezoresonator　压电谐振器, 晶体谐振器
piezotransistor　压电晶体管
piezotropy　压性
pig　(1) 生铁; (2) 铁锭, [金属] 锭, [金属] 块, 铸块; (3) 铸床内的铸模或槽铁; (4) 管道除垢器, 除垢刮板; (5) 陶质容器; (6) 铅罐
pig breaker　生铁打碎机, 铁块破碎机, 铸锭破碎机, 锭料破碎机
pig-casting machine　生铁浇铸机
pig casting machine　生铁铸锭机
pig copper　粗铜锭, 生铜
pig moulding machine　生铁铸锭机
pig-iron　坯铁, 毛铁, 生铁
pig iron　生铁, 铸铁
pig lead　生铅, 铅锭
pig metal　金属锭
pig tongs　铸锭钳子
pig-up　生铁增碳
pig up　生铁增碳
pigboat　潜水艇 (美俚)
pigeon hole　(钢锭内) 空穴
pigeonhole　(1) 小出入孔; (2) 文件 [分类] 架; (3) 把文件分类, 分类记存
pigging　生铁
pigging-back　生铁增碳
pigging-up　生铁增碳
piggyback　自动分段控制的, 机载的, 机上的
piggyback control　分段控制, 级联控制
piggyback operation　子母车运输
piggyback pod　动力舱
piggyback traveler　背负式起重行车
piglet　小锭
pigment　(1) 颜料; (2) 色料, 着色粉, 涂剂
pigmental　颜料的
pigmentary　颜料的
pigmentation　颜料淀积 [作用], 染色, 着色
pigmentum　涂剂
pigpen　塔顶台板栏杆
pigtail　(1) 软导线, 输出端, 引出端, 引线, 抽头; (2) 电刷与刷握联接用的软电缆, 猪尾形线, 螺旋形金属丝; (3) 螺旋管段
pike　(1) 尖点, 尖头, 尖铁, 矛; (2) 尖头工具, 十字镐, 鹤嘴锄
pike pole　杆钩, 杆叉
pilage　砂布, 砂纸
pile　(1) 堆, 叠, 垛; (2) 桩柱, 桩; (3) 箭头; (4) 核反应堆, 电堆; (5) 电池组; (6) 用桩支撑, 打桩; (7) 打成捆, 挤

pile-activated　以反应堆为动力的
pile-bent　桩排架
pile charring　{ 冶 } 土法炭化
pile-down　反应堆逐步停止工作
pile-drawer　拔桩机
pile drawer　拔桩机
pile-driver　打桩机, 桩架
pile driver　打桩机
pile driver crane　打桩起重机
pile driving　打桩
pile-engine　打桩机
pile engine　打桩机
pile extractor　拔桩机
pile ferrule　桩箍
pile follower　送桩
pile footing　桩承底脚
pile-hammer　打桩机
pile hammer　打桩机
pile-head　桩头
pile in layers　分层堆积, 重叠堆积
pile jetting　水冲法沉桩, 射水沉桩
pile line operation　流水线操作
pile monkey　桩锤
pile of lumber　堆积材
pile of wood　堆积材
pile oscillator　堆振荡器
pile pier　桩 [式桥] 墩
pile plank　[企口] 板桩
pile-planking　(1) 板桩墙; (2) 站台
pile ring　桩箍
pile rolling process　周期式轧管法
pile-screwing capstan　螺旋柱式绞盘
pile shearer　剪绒头机
pile sheathing　打板桩
pile-up　(1) 堆积, 积聚, 积累, 积存, 堆, 垛; (2) 碰撞
pile-up effect　脉冲堆积效应
pile winding　分层叠绕绕组
piled　堆积的, 成堆的
piler　堆垛装置, 堆积机, 堆集机, 堆垛机, 垛板机
pileus winding　分层叠绕绕组
pilework　(1) 打桩工程; (2) 桩结构
Pilger mill　皮尔格无缝钢管轧机
pilgrim rolling process　周期式轧管法
pilgrim step　间歇步动
pilgrim-step mechanism　间歇步动装置
pilgrim-step motion　间歇步伐运动, 间歇步动
piling　(1) 打桩; (2) 堆积
piling bar　钢桩
piling beam　钢板桩
piling home　把桩打到止点
piling machine　堆布机
piling of dislocations against obstacles　位错在障碍前边的塞积
piling plan　桩位布置图
piling-up　[发动机进气管] 积存汽油
pill　(1) 小球, 丸, 片; (2) 制成丸, 成球
Pill Box　箱式起球试验仪
pill heat　{ 冶 } 首次熔炼
pill transformer　匹配变换器
pillar　(1) (桅杆起重机的) 中心支柱, 栋梁, 台柱, 导柱, 支柱, 柱, 座, 墩; (2) 用柱支撑, 用柱加固; (3) (显微镜) 基柱
pillar bearing　柱支座
pillar-bolt　柱形螺栓, 螺撑
pillar-bracket　柱上保持架
pillar-bracket bearing　柱上托架轴承
pillar bracket bearing　柱式轴承架
pillar crane　转柱起重机
pillar drill　柱式钻床, 立钻
pillar drilling machine　柱式钻床, 立钻
pillar harrow　柱式耙
pillar shaper　柱架刨床, 牛头刨床
pillar-shaping machine　柱架刨床, 牛头刨床
pillar support　柱基座, 柱基
pillar switch　柱式开关
pillar type column　圆立柱

pillar type vertical drilling machine 圆柱立式钻床
pillaret 小柱
pillaring (高炉) 冷料柱
pillbox antenna 抛物盒天线, 抛物柱面天线
pillion (1) (摩托车) 后座; (2) 头熔渣锡
pillow (1) 枕块, 轴枕, 轴衬, 轴瓦, 衬板, 铜衬; (2) 轴承座, 垫座, 垫板, 垫块, 垫
pillow block 枕式轴承箱体, 立式轴承箱体, 轴承座, 轴承盒, 轴台
pillow block bearing 架座
pillow-block cap 枕式轴承箱盖, 立式轴承盖
pillow-block flange 轴台凸缘
pillow-block frame 枕式轴承箱架, 立式轴承箱架
pillow-block housing 枕式轴承箱体, 立式轴承箱体
pillow-block unit 枕式轴承箱组带枕式轴承箱体的外球面轴承
pillow joint 球形接合
pillow pivot 球面中心支枢
pillow test 枕形抗裂试验
pillowphone 无声辐射的听筒, 枕式受话器, 枕式听筒
pilot (1) 导向器, 导向轴, 导杆; (2) 调速装置, 控制器, (机车) 排障器, 伺服阀; (3) 主控的, 引导的, 先导的, 导向的, 前导的; (4) 控制的, 操纵的, 驾驶的, 辅助的, 检查的, 试验的, 实验的; (5) 指示灯; (6) 引示波; (7) 驾驶员, 飞行员, 领航员, 舵手; (8) 引示线, 测量线
pilot advance 超前导航
pilot bar 排障器条, 排障杆
pilot balloon 测风气球
pilot bearing 导 [向] 轴承
pilot bell 监视铃
pilot boring 先行试钻
pilot bracket 指示灯插座, 指示灯灯座
pilot brush 选择器电刷, 领示电刷, 控制刷, 测试刷, 辅助刷
pilot cable 引导电缆, 引示电缆
pilot calculation 试算
pilot carrier 引示载波, 导频
pilot carrier frequency 导频频率
pilot carrier frequency shift 导频频移
pilot carrier relay 引示载波继电器, 导频继电器
pilot casting (校验型板用) 标准铸件
pilot cell (1) 控制元件; (2) 引示电瓶, 指示电池, 领示电池, 领示电瓶
pilot channel 引示通信电路
pilot chart 领航图
pilot circuit 控制电路, 导频电路
pilot connection 控制连接
pilot control 导频控制, 领示控制
pilot-controlled (1) 导频控制的, 领示控制的; (2) 飞行员控制的
pilot direction indicator (=PDI) 飞机驾驶员航向指示器
pilot drive 导洞开挖
pilot exciter 辅助励磁机, 副激磁机, 引示激磁机, 导频励磁器
pilot experiment 中间实验
pilot flag (船舶用) 引航旗
pilot frame 排障器构架
pilot frequency 领示频率, 导频
pilot frequency oscillator 引示频振荡器
pilot furnace 中间工厂试验炉
pilot generator 辅助发电机
pilot hand wheel 先导轮
pilot heading 超前导洞
pilot hole 导向孔, 定位孔, 装配孔, 辅助孔
pilot house 操纵室, 领航室
pilot indicator (=PI) 导频指示器
pilot investigation 试点调查
pilot ion 比较离子, 领示离子
pilot jet 引导射口, 起动喷嘴
pilot jetting 前驱水射
pilot lamp (=PL) 指示灯, 监视灯, 信号灯, 度盘灯, 领航灯
pilot level 导频电平
pilot lever 控制手柄
pilot light (1) 领航信号灯, 搜索探照灯, 领示灯; (2) 指示灯光, 信号光
pilot model 试选样品, 先导模型, 领示模型
pilot motor 伺服电动机, 辅助电动机
pilot navigator 领航驾驶员
pilot nut 导枢帽
pilot-operated (1) 由伺服电动机控制的; (2) 驾驶员操纵的
pilot operated valve 液压控制动作阀, 导阀控制换向阀
pilot operation 引导操作

pilot oscillator 导频振荡器
pilot pin 定位栓, 定线栓, 导销
pilot pin operating limit switch 导销操纵的行程开关
pilot piston (1) 导向活塞; (2) 导柱
pilot-plant (1) 小规模试验性工厂, 中间 [试验性] 工厂; (2) 试验生产装置, 试验设备, 实验装置
pilot plant (1) 试验性设备, 试验性生产装置; (2) 试验性工厂, (试验用的) 中间工厂
pilot-plant-scale 半工业试验规模的, 中间工厂规模的
pilot production 试验性生产, 试产, 试制
pilot project 试验计划, 中间试验
pilot reactor 示范性反应堆, 中间规模反应堆
pilot reamer 导径铰刀
pilot relay 引示替续器, 导频信号继电器, 辅助信号继电器, 控制继电器, 主控继电器
pilot sample 试制样品, 试选样品
pilot scheme 试验计划
pilot screw 支持螺丝
pilot sensor 导频传感器, 引频感测器
pilot signal 导频信号, 控制信号, 领示信号
pilot sleeve 导向套筒
pilot spark 指示火花
pilot step 排障器脚蹬
pilot studies 探索研究
pilot survey 试验调查
pilot switch 导频开关, 辅助开关, 领示开关
pilot tap 带导柱丝锥
pilot test 小规模试验
pilot trench 导沟
pilot truss 脚手架的桁架
pilot-tube 指示灯
pilot valve [先] 导阀, 分油活门, 控制阀, 伺服阀, 辅助阀
pilot wheel 方向盘操纵轮, 先导轮
pilot wire 辅助导线, 控制线, 操作线, 领示线
pilot wire transmission regulator 领示线自动增益调整器
pilotage (1) 目视飞行术, 领航术, 驾驶术; (2) 领航费, 领港费; (3) 领航, 驾驶, 响导
pilotage chart 领航图
piloted 有人驾驶的
pilotherm (双金属片控制的) 恒温器, 双金属片恒温控制器
pilothouse 操舵室, 驾驶室
piloting (1) 领港, 驾驶, 操纵, 调节, 控制; (2) 半工厂性检查
pilotless 无人驾驶的, 无人操纵的
pilotless aircraft (=PAC) 无人驾驶飞机, 飞航式导弹
pilotless high-altitude reconnaissance plane 无人驾驶高空侦察机
pilotless missile [弹道] 导弹
pilotless plane (=PP) (1) 无人驾驶飞机; (2) 飞航式导弹
pilotness fighter 遥控战斗机
pimples (塑料) 起小突起
pimpling 凸起 (反应堆燃料表面小的凸起)
pin (1) 销钉, 销, 栓; (2) 枢轴, 短轴; (3) 针, 柱, 棒, 跨棒, 测棒, 量棒 (测量齿轮用); (4) 管脚; (5) 引线; (6) 插头
pin and ball trunnion type universal joint 销和球十字头万向节
pin and bush type track 套销式履带
pin-and-plug assembly 管脚 - 插头装置
pin bar 渗碳钢丝
pin bearing 销轴承, 滚柱轴承, 枢承
pin board 插塞控制板, 插接板, 插销板, 转接板, 接线板
pin board programming 插接式程序设计
pin bolt (1) 销钉, 销; (2) 带 [开尾] 销螺栓
pin bracket 销子座
pin bush 定位销套, 定心销套
pin-bushing joint (链) 销套联结
pin center 销 [中] 心
pin clamp 销插口
pin clutch 带剪切销的安全离合器
pin compatible 管脚互换性
pin-connected 铰接的, 销接的, 枢接的, 栓接的
pin connected 铰接的, 销接的, 枢接的, 栓接的
pin-connected joint 铰接点
pin-connected truss 铰接桁架
pin connection (1) 螺栓连接, 销连接; (2) 管脚连接
pin console typewriter 针式控制台打字机
pin cushion distortion (显示用显像管) 枕形畸变

pin diameter 跨棒直径，量棒直径
pin drafter 针梳牵伸机，针梳机
pin drift 销子冲头
pin drill 针头钻，销孔钻
pin-electrode 针状电极
pin face wrench 叉形带销扳手
pin file 钟表锉刀，针锉
pin filler 栓钉垫
pin fin 钉头
pin for fixing tie rod 系杆插销
pin gauge 销规，栓规
pin gear 针[齿]轮
pin gear shaper 针齿轮刨齿机
pin gearing 针齿轮啮合，钝齿啮合
pin guard 销钉防护器，纹钉保护器
pin handle T形销柄
pin hinge 销铰链
pin hole 销[钉]孔，针孔
pin hole camera 针孔照相机
pin hole grinder 销孔磨床
pin-hole lens 膜孔透镜
pin holes (1)销钉孔，引线孔，插孔，气孔，塞孔，针孔；(2)小分层（薄板缺陷）
pin insulator 针形绝缘子，装脚绝缘子
pin insulator problem 针形绝缘子问题
pin jack 管脚插孔
pin joint 销链接合，铰链接合，枢接合，销连接，铰链，铰接，枢轴
pin-jointed track 铰接履带
pin key 销键
pin lift 顶杆（指手工造型机系统）
pin lift moulding machine 顶杆造型机
pin link (链)销子链节
pin measurement 跨棒测量
pin metal 销钉用黄铜
pin method gear inspection 棒法测齿，圆销测齿
pin nut 销螺母
pin of universal joint 万向节销
pin on the pole 电杆穿钉
pin packing 枢孔填板
pin plate 栓接板，枢板
pin point （多孔镀铬的）点状孔隙
pin punch 销子冲头
pin punching register 针穿孔寄存器
pin rack 销齿条，针齿条
pin rammer 三角头夯锤，扁头夯锤，风铲
pin rocker bearing (1)铰接支座；(2)柱枢轴摆动轴承
pin roller （测量齿厚或节圆直径用的）跨棒滚柱
pin seal 销钉连接
pin-shaped electrode 针状电极
pin spanner 叉形扳手，带销扳手
pin splice 销钉拼接板
pin spot-light 细光束聚集灯
pin tooth 销齿
pin toothing 圆柱销齿啮合，钝齿啮合
pin truss 枢接构架
pin type bearing test 销型承载试验
pin type cage 直销保持架
pin type insulator 针形绝缘子，装脚绝缘子
pin-up 可钉在墙上的，钉在墙上的东西
pin-up lamp 壁灯
pin vice 针钳
pin vise 针钳
pin wheel 针轮
pinacoid （晶）平行双面式[结晶]端面，平行双面式，轴面体，轴面
pinboard 插塞控制板，插接板，插销板，转接板，接线板
pinboard programming 插接式程序设计
pincer 钳形动作的，钳子的
pincer spot welding head X形点焊钳
pincers 拔钉钳，钢丝钳，镊子
pincette 小镊子，小钳子，小镢
pinch (1)夹紧，夹断，紧压，压折，压榨，箍缩，收缩，颈缩，挤压，折皱，变薄；(2)等离子线柱；(3)收缩效应，尖灭，(4)管脚；(5)微量，一撮
pinch bar 撬棍，撬杆
pinch clamp 弹簧夹

pinch cock 弹簧夹，节流夹
pinch effect 收缩效应，夹紧效应
pinch nut 锁紧螺母
pinch-off 夹断（场效应晶体管），夹紧
pinch-off current 夹断电流
pinch-off effect 箍断效应
pinch-off frequency 夹断频率
pinch-off point 夹断点
pinch-off voltage 夹断电压
pinch off voltage 夹断电压
pinch-out 尖灭，变薄
pinch pass 精冷轧，轻冷轧
pinch pass mill 平整机
pinch pass rolling 光整冷轧，平整
pinch plane 扭面
pinch plasma 收缩等离子体
pinch-point 饱和蒸气与冷却剂量最小温差点，窄点，扭点
pinch-point 饱和蒸气与冷却剂量最小温差点，窄点，扭点
pinch-preheated 利用放电收缩预热的
pinch-roll 夹紧辊
pinch roll 夹紧辊，夹送辊，摩擦辊，导布辊
pinch roller 夹送轮，夹送辊，压带轮，紧带轮，压轮
pinch screw seal 压紧接封
pinchbeck (1)铜锌合金，金色铜；(2)冒牌货；(3)波纹[管]状的
pinchbeck tube 波纹管
pinchcock 弹簧夹，节流夹，活嘴夹，管夹
pinched 压紧的，夹紧的，受箍缩的，收缩的
pinched resistor 扩散至窄电阻[器]
pincher (1)（条钢的）折叠缺陷；(2)（薄板的）折印[缺陷]
pincher tree 折皱（带钢缺陷）
pinchers 夹锭钳，剪线钳，铁钳，钳子
pinching out (1)压出，变薄；(2)冷拔
pinching screw 固定螺栓，夹紧螺栓
pincushion 枕形失真
pincushion correction circuit 枕[形]校[正]电路，失真校正电路
pincushion distortion （光栅）枕形失真，枕形畸变，正畸变
pincushion magnet 枕形失真调整磁铁
pine tree 水平偶极子天线阵，松树式天线阵
pine-tree crystal 松枝状结晶，枝晶
pineapple (1)黄色炸药炸弹，(2)轨道中间的导绳滚柱
pinetree crystal [树]枝[状]晶[体]
pinetree marking 松枝印痕（带钢表面缺陷）
pinetree oil 松树油
pinetree structure 枝晶组织
pinfeed form 针孔传输形式
pinfire 销子发火的火器
ping (1)中频声脉冲，声纳脉冲，水声脉冲；(2)声纳设备的脉冲信号，声脉冲信号
ping jockey 雷达兵，声纳兵
ping-pong 往复转换工作，往复式
pinger (1)声脉冲发生器，声脉冲发送器，声波发射器，声信号发生器；(2)浅穿透高功率换能器；(3)（机上）音响信标
pinging noise 传声器效应噪声，颤噪噪声
pinging sonar 脉冲声纳
pinguid 多脂肪的，多油的
pinhead 针头，钉头，微小东西
pinhead blister 微气孔
pinhead diode 针头型二极管
pinhole (1)针眼（钢锭缺陷），细缩孔，细孔隙，针孔，销孔，栓孔，插孔；(2)气泡，气孔，小孔，孔眼，疏松
pinhole grinder 销孔磨光器
pinhole honer 销孔珩磨机
pinhole lens 针孔透镜
pinhole porosity 针孔状疏松
pinhook 针钩
pinion 副齿轮，小齿轮，韶轮
pinion bore 小齿轮孔
pinion carrier 行星小齿轮转臂轴，小齿轮架
pinion cutter 小齿轮刀具，小齿轮铣刀，插齿刀
pinion cutter shaping 插齿
pinion diameter 小齿轮直径
pinion drive 小齿轮传动
pinion drive shaft 小齿轮传动轴
pinion face angle 小齿轮齿面角

pinion facewidth　小齿轮齿宽

pinion-file　锐边小锉

pinion file　锐边小锉

pinion flange of final drive　最终传动接盘, 末端传动接盘

pinion gear　主动齿轮, 游星齿轮, 小齿轮

pinion gear shaft　小齿轮轴

pinion gear shaper　小齿轮刨齿机

pinion-gearing　小齿轮传动装置

pinion gearing　小齿轮传动装置

pinion location　(1) 小齿轮定位; (2) 小齿轮位置

pinion mate　小齿轮啮合对

pinion mean radius　小齿轮平均半径

pinion of final drive　最终传动小齿轮, 末端传动小齿轮

pinion pin　行星小齿轮轴

pinion pitch diameter　小齿轮节径

pinion preload　小齿轮预载荷

pinion rack　齿板, 齿臂, 齿杆

pinion root diameter　小齿轮根直径

pinion roughing cutter　小齿轮粗加工刀具

pinion rpm　小齿轮转速

pinion shaft　小齿轮轴

pinion shaft gear shaving machine　[小齿轮] 轴齿轮剃齿机

pinion shank　小齿轮柄

pinion-shaped cutter　插齿刀

pinion-shaped cutting tool　小齿轮成形刀具, 插齿刀

pinion single tooth contact factor　小齿轮单齿啮合因数

pinion speed　小齿轮转速

pinion stand　小齿轮支架

pinion stem　小齿轮轴

pinion stop　小齿轮轴向位移挡块

pinion strength　小齿轮强度

pinion tip　小齿轮齿顶

pinion tooth　小齿轮轮齿

pinion torque　小齿轮扭矩

pinion-type cutter　插齿刀

pinion unit　(1) 齿轮装置; (2) 齿轮传动系

pinion wheel　小齿轮

pinion with internal spline　花键孔小齿轮

pinion with plus involute　渐开线正变位小齿轮

pinking (=knocking)　震性, 震爆声

pinking roller　压花滚刀

Pinkus metal　铜合金

pinlock　销子锁

pinnace　舰载机动艇, 方尾纵帆艇, 小汽船, 小艇, 舢板

pinnacle　(1) 尖顶, 尖峰, 塔尖; (2) 顶点, 顶峰, 极点; (3) 信号柱帽, 信号柱顶; (4) 置于尖顶上, 放在最高处

pinnacle nut　六角槽顶螺母

pinned end　栓接端

pinned joint　销连接, 枢接, 铰接

pinning　(1) 销连接; (2) 上开口销; (3) 销住, 锁住, 打小桩支撑; (4) (锉屑) 填塞

pinning force　钉扎力

pinning-in　销入

pinpoint (=PP)　(1) 精确定位的, 精确定点的, 极精确的, 极准确的, 细致的, 详尽的; (2) 极尖的顶点, 针尖; (3) 精确决定位置, 精确定位, 精确测定, 定点爆炸; (4) 微小的, 细微的; (5) 精确的方位点, 定点

pinpoint accuracy　高精确度, 高准确度, 高度精确性

pinpoint convection　单点对流

pinpoint hole　针孔

pinpoint program　非常详细的程序表

pinpoint technique　精密技术

pinpoints of light　一点点光

pint (=P)　品脱 (英制等于 0.57 公升, 美制等于 0.47 公升液体)

pintle (=pintel)　(1) 枢轴, 立轴, 配流轴; (2) 铰链销, 铰接销; (3) 扣针, 扣钉; (4) 舵针; (5) (火炮前车的) 尾钩

pintle atomizer　舌针喷嘴

pintle chain　(1) 套节链, 铰接链; (2) 扁节链

pintle hook　牵引钩

pintle lock pin　链节销的锁销

pinwheel　(1) (俚) 直升飞机; (2) 靶中心; (3) 针轮; (4) 彩色焰火轮; (5) 洗皮筒

Piobert effect　皮奥伯特效应 (冷轧, 冷加工时, 金属表面产生晶格滑移现象)

Piobert line　皮奥伯特效应产生的金属表面线状缺陷

pioloform　聚乙烯醇缩醛

pion　π 介子

Pioneer　一种耐蚀镍合金 (镍 38%, 其余铬, 钼, 铁)

Pioneer metal　镍铬铁合金 (镍 38%, 铬 20%, 铁 35%, 钼 3% 或镍 35%, 铬 25%, 铁 35%, 钼 5%)

pioneer telephone　原始的电话

pioscope　乳脂测定器

pip　(1) 尖头脉冲信号, (广播) 报时信号, 峰值; (2) (雷达) 反射点; (3) 标记, 记号; (4) 筒, 管

pip coding　脉尖编码

pip displacement　标记位移, 标记移动

pip integrator　脉冲积分器, 脉尖积分器

pip matching　反射脉冲调整, 脉冲刻度校准, 标记调节

pip matching circuit　脉冲标志均衡电路, 标点匹配电路

pip-squeak　(1) 不重要的东西; (2) 控制发射机的钟表机构

pipage (=pipeage)　(1) 管道系统, 管子; (2) 用管子输送, 管道运输; (3) (用管) 输送费

pipe　(1) 输送管, 管道, 管子, 管导, 导管; (2) 内径为基准的管; (3) (铸件) 缩孔, 缩管, 浇锭漏斗管; (4) 最大桶 (容量为 105 英加仑或 126 美加仑); (5) (带钢表面缺陷) 重皮; (6) 滚边, 卷边, 镶边; (7) 用管道输送, 用同轴电缆传送, 装管道

pipe arrangement　(1) 管道布置; (2) 管系

pipe away　发出开船信号

pipe bender　弯管机

pipe bending machine　弯管机

pipe box　管套

pipe capacity　管道通过能力, 管道容量

pipe carrier　管架

pipe casing　套管

pipe cavity　缩孔

pipe chuck　管子卡盘

pipe chute　斜管

pipe clamp　管夹

pipe clip　管夹

pipe close　管塞

pipe connection　管接头

pipe coupling　管 [子] 接头, 联管节

pipe cut-off machine　管子切断机

pipe cutter　切管机

pipe cutters　截管器, 切管机

pipe cutting machine　截管机, 管子加工机床

pipe diameter　管径

pipe die(s)　管模

pipe down　压低声音

pipe drain　(1) 管式排水; (2) 排水管

pipe drawing　管拉拔, 拔管

pipe earth　导管接地

pipe end threading machine　管端螺纹加工机床

pipe expander　扩管机, 胀管器

pipe fabrication institute (=PFI)　制管研究所

pipe fitter　管道安装工, 管道修理工

pipe fitting　管配件, 管接头

pipe fitting cut-off machine　管子接头切断机

pipe fitting thread turning machine　管接头车丝机

pipe fitting threading auto-lathe　管接头车丝机

pipe fittings　管配件, 管附件, 管接头, 管件

pipe flaring tool　管子扩口工具, 管口扩张器

pipe friction　管 [壁] 摩擦

pipe furnace　管式炉

pipe gang　管道工程队

pipe grid　管状栅极

pipe gripper　管扳手

pipe grout　管内灌浆

pipe hanger　吊管架, 吊管钩

pipe header　联管箱

pipe in　用电讯传送

pipe-insert　水管套座

pipe-jacking　顶管

pipe joint　管接头, 管节

pipe joints　管的接合

pipe knee　管弯头, 弯头管, 肘管

pipe lathe　管子 [加工] 车床

pipe laying　管道铺设, 安装管道

pipe-laying crane 铺管机

pipe line 管路

pipe-line maintenance 管道维护

pipe line under the ocean (=PLUTO) 英吉利海峡输油管,海底输油管

pipe liner 套管,管套

pipe locator 管道定位器,探管仪

pipe material 管子材料,管材

pipe material list 管材清单

pipe-mill 钢管轧机

pipe-mover (喷灌装置)管道移动器

pipe network 管网

pipe offset "乙"字形连接管

pipe orifice 管口,管孔

pipe pendant lamp 管吊灯

pipe reamer 管铰刀

pipe ring 管环

pipe run (1)管道装置;(2)管路[系统];(3)管道

pipe sizing 管道尺寸的选择,管道计算

pipe sleeker 管子砂型镘刀,圆柱内壁镘刀,船形镘刀

pipe smoother 管子砂型镘刀,圆柱内壁镘刀,船形镘刀

pipe spool 短管

pipe-still 管式蒸馏釜

pipe still 管式蒸馏装置,管式炉

pipe stopper 管塞

pipe-strap 管子支吊架

pipe strap 管卡

pipe support 管[道]支架,管架

pipe system 管道系统

pipe tap 管螺纹丝锥,管用丝锥,管子丝锥

pipe tap drill 管螺纹丝锥钻

pipe tee 丁字形管节,T型管节

pipe thread 管[端]螺纹

pipe thread cutting machine 管螺纹机

pipe thread turning machine 管子车丝机

pipe threading auto-lathe 管子车丝机

pipe threading machine 管螺纹机,管子切丝机

pipe twist 修管器,管钳

pipe type cable 管式电缆

pipe valve 圆形闸门滑板,(涡轮传动用)管阀

pipe vice 管子虎钳

pipe-ventilated 管道通风的

pipe wall 管壁

pipe wrench 管子扳手,管[子]钳

pipeage (=pipage) (1)管道系统,管子;(2)用管子输送,管道运输;(3)(用管)输送费

piped end (钢锭的)收缩头部分

piped service (剧场专用的)有线电视

piped steel 有缩孔的钢

piped water 管子给水

pipefitter 管道安装工,管工

pipelayer (1)管道敷设机,铺管机;(2)管道安装工,铺管工

pipeless 无管的

pipeline (=PL) (1)供给系统,输油管,输送管,管系,管路,管道;(2){计}流水线;(3)情报来源;(4)商品供应线,补给线,输送线;(5)装管道,用管道输送

pipeline computer 流水线计算机

pipeline oil (=PLO) 管道油

pipeline organization 流水线结构

pipeline processor 管道导管处理机

pipeliner 管道安装工,管路专家,铺管工

pipelining (1)管道敷设,管道安装,管路输送,管线安装,管线敷设;(2)流水线操作

pipeloop 环形管线,循环管线,管圈

pipeman (=pipemen) 管道安装工,铺管工

piper (1)管道工;(2)送风管;(3)缝纫机的滚边器;(4)瓦斯泄放缝

pipet (=pipette) (1)吸移管,吸量管,吸液管,移液管,细导管,滴[球]管,吸管;(2)漏斗形装置

pipet analysis 吸管分析法

pipethread protector 管螺纹保护

pipette (=pipet) (1)吸移管,吸量管,吸液管,移液管,细导管,滴[球]管,吸管;(2)漏斗形装置

pipette degassing by lifting 真空虹吸除气

pipettor 吸移管管理器

pipework (1)管道系统,管道工程,管道布置;(2)输送管线,管件

piping (1)管路导管系统,管道系统,管道布置,管系,管路;(2)导管;(3)敷设管道,装管子,配管,接管;(4)管系总长;(5)沿管道输送,管流;(6)钢锭管状病,气泡缝,缩孔,收缩;(7)烧锭成管,液缩成管;(8)卷边,滚边,(9)滚热,沸腾;(10)尖声

piping and instruments diagram (=PID) 管路及仪表布置图

piping diagram 管道布置图,管系图,管路图

piping drawing 管系图,管路图,配管图,布管图

piping hanger 吊管子钩

piping hot 滚烫的

piping insulation 管路绝热,管路隔热

piping of concrete 用管子运送混凝土

piping plan 管系图,管路图

piping voice 尖锐的声音

pipkin (有横柄的)小金属锅

pipology 尖头信号学

pipper 枪的环形瞄准中心,准星

pipy 有管状结构的,管形的

Pirani-gauge 皮拉尼真空规

Pirani gauge 皮拉尼真空计,皮拉尼压力计,热压力计,皮拉尼计

Pirani tube 皮拉尼管(测真空度用的电阻管)

Pirani type booster 皮拉尼式增压机

pissasphalt 软沥青

pistol (1)信号手枪,手枪;(2)焊接工具;(3)金属喷镀器,手持喷枪

pistol grip 手枪式握把

pistol shot 手枪射程

piston 活塞,柱塞

piston accumulator 活塞式蓄压器

piston attenuator 活塞式衰减器

piston barrel 活塞筒

piston body 活塞体

piston bolt 活塞螺栓

piston boss 活塞[销]毂

piston bush 活塞衬套

piston clearance 活塞间隙

piston crank mechanism 活塞曲柄机构

piston crown 活塞顶[部],活塞头

piston cup 活塞[皮]碗

piston cup expander (制动分泵)皮碗胀簧

piston cylinder 活塞筒

piston displacement (1)活塞位移(气缸的工作容积);(2)活塞排量(气缸的工作容量)

piston engine 活塞[式]发电机

piston expander 活塞底缘扩张器

piston expansion engine 活塞式膨胀机

piston force 活塞力

piston gauge 活塞式压力计,活塞压力规,活塞油压表

piston groove 活塞槽

piston head 活塞顶[部],活塞头

piston induced force 活塞[驱动]力

piston knock 活塞爆击

piston mechanism 活塞机构

piston motor 活塞液压马达,柱塞马达

piston only 活塞本体

piston packing 活塞圈,盘根

piston path diagram 活塞冲程图

piston pin 活塞销[钉]

piston pin boss 活塞销座

piston pin end 活塞销止动螺钉

piston pin extractor 活塞销拉出器

piston pin hole 活塞销孔

piston pin hole reamer 活塞销孔铰刀

piston pressure gauge 活塞压力表

piston pump 活塞泵

piston-rack 活塞齿条机构

piston refrigerator 活塞式制冷机

piston ring 活塞涨圈,活塞环

piston ring back clearance 活塞环背隙

piston ring compressor 活塞环压缩机

piston ring end gap 活塞环端隙

piston ring expander 活塞环衬簧,活塞衬环

piston ring file 活塞环锉

piston ring free gap 活塞环自由间隙

piston ring gap 活塞环间隙

piston ring grinding machine 活塞环磨床

piston ring groove 活塞环槽
piston ring lands 活塞环岸 (环槽间的区域)
piston ring pliers 活塞环 [拆装] 钳
piston ring seal 活塞环式密封圈
piston ring slot 活塞环槽
piston ring top land 活塞端环槽脊, 活塞环槽脊
piston ring tool 活塞环拆卸器
piston ring working gap 活塞环开口间隙, 活塞环工作间隙
piston-rod 活塞杆
piston rod 活塞杆
piston rod extension 活塞尾杆
piston rod guide 活塞杆导承
piston seal 活塞密封环, 活塞封油环
piston skirt 活塞裙, 活塞侧缘
piston skirt clearance 活塞裙间隙
piston slap 活塞松动 [声]
piston speed 活塞速度
piston spring 活塞弹簧
piston stop washer 活塞抵冲垫圈
piston stroke 活塞冲程, 活塞行程
piston supercharger 活塞增压器
piston thrust 活塞推力
piston tongs 活塞钳
piston travel 活塞行程, 活塞冲程
piston valve 活塞 [止回] 阀
piston vise 活塞虎钳
piston wall 活塞壁
piston work relax 活塞松动
pistonphone 活塞式测声仪, 活塞式发声仪 (测声强用), 活塞发声器
pit (1)凹点,凹痕,凹穴,陷窝,砂孔,缩孔；(2)铸锭坑,浸蚀坑,检修坑,料坑,探坑,凹坑,地坑；(3)浸蚀麻点,锈斑；(4)接受箱；(5)均热炉,地下温室
pit bank 井口出车台
pit corrosion 点蚀, 穴蚀
pit furnace 坑炉
pit lathe 落地车床, 地坑车床
pit liner 凹槽衬垫
pit man (1)锯木工, 矿工；(2)连接杆, 连杆
pit of wood cell [木材细胞] 纹孔
pit planer 落地刨床, 地坑刨床
pit run (1)毛料；(2)未筛的
pit sampling 槽探取样
pit-saw 长锯
pit saw 大锯, 坑锯
pit scale 落地磅秤, 矿山秤
pit skin 表面气孔, 桔皮
pit sweeper 窑井清理 [输送] 机
pit type 立柱可移式龙门型, 地坑型
pitch (=P) (1)(齿轮)齿距,齿节,节距,周节；(2)(螺纹)螺距；(3)间距,铆距,辊距；(4)(绕组)节距；(5)(船只)纵向颠簸,纵倾,纵摇,倾斜,斜度,坡度；(6)俯仰角,纵倾角,纵摇角,斜角；(7)硬柏油脂,沥青,树脂；(8)顶点,极点；(9)高度,强度,程度
pitch-angle 镜角
pitch angle (1)(锥齿轮)节圆锥角,节锥角；(2)(轴承)中心角；(3)螺距角；(4)倾斜角,俯仰角
pitch apex 节锥顶 [点]
pitch apex beyond crossing point 节锥顶点位于交错轴交点之外
pitch apex to back 节锥顶点至定位基面距离, 顶基距
pitch apex to crown 节锥顶点至齿顶圆距离, 顶冠距
pitch arc 分度弧
pitch axis 飞机横轴, 俯仰轴
pitch block 节圆柱
pitch block diameter 节圆柱直径
pitch chain 短环链, 节 [间] 链
pitch-chord ratio 节弦比
pitch circle (=PC) 节距圆, 节圆
pitch circle circumference 节圆圆周
pitch circle diameter (1)(轴承滚动体)中心圆直径；(2)(齿轮)节圆直径
pitch coal 沥青煤, 烟煤
pitch cone (锥齿轮)节锥
pitch cone angle (锥齿轮)节锥角
pitch cone apex 节锥顶 [点]
pitch cone apex to crown (锥齿轮)顶冠距

pitch cone diameter 节锥直径
pitch cone line 分度圆锥母线
pitch cone radius 节锥半径, 锥距
pitch control (1)节距调节,节距控制；(2)螺旋桨桨距调节机构；(3)俯仰控制,纵向操纵；(4)色调控制
pitch correcting unit 校正装置
pitch corrector 校正装置
pitch curve 啮合曲线, 节线
pitch cylinder 节圆柱 [面]
pitch datum 俯仰角读数基准
pitch diameter (=PD) (1)(齿轮)节圆直径,节径；(2)(螺纹)中径；(3)(电缆的)平均直径,层心直径
pitch diameter of thread 螺纹中径
pitch diameter ratio 螺距直径比
pitch-dipping 急倾斜
pitch disk (齿轮加工设备的)节径盘
pitch down (飞机)俯冲
pitch element 节面母线
pitch error (1)(齿轮)周节误差,齿距误差；(2)(螺纹)螺距误差
pitch error measuring unit 周节误差测量仪
pitch error on a span of K pitch 跨 K 个周节的周节累积误差
pitch face 斜凿面
pitch ga(u)ge (1)齿距规,节距规,周节规；(2)螺纹样板,螺距规
pitch gear 径节 [制] 齿轮
pitch helix 周节螺旋线,节距螺旋线
pitch helix angle 节圆螺旋角
pitch in 开始努力工作, 努力投入工作
pitch indicator 节距指示器
pitch into 着手投入
pitch lead angle 节圆导程角, 升角
pitch line (1)(齿轮的)齿距线,节线；(2)螺距线；(3)中心线,分度线；(4)绝缘线
pitch line acceleration 节线加速度
pitch line movement 节线运动
pitch line speed 节线速度
pitch line velocity 节线速度
pitch measurement 齿距测量
pitch number 齿距数,节数
pitch of boom (起重机、挖土机)臂的倾斜角
pitch of centers (1)顶点高度；(2)轴心高度
pitch of chain 链节距
pitch of corrugation (1)波纹高跨比；(2)(波状物的)波峰间距
pitch of cutter 铣刀齿节
pitch of cutter teeth 铣刀齿节
pitch of drill(s) (多头钻床)钻头轴距
pitch of gear 齿轮齿距, 齿轮齿节
pitch of holes (1)孔间距,孔距；(2)钻井倾角
pitch of pipes 管子斜度
pitch of propeller 螺旋桨螺距, 桨距
pitch of rivet(s) 铆钉间距
pitch of roughness (表面光洁度)波峰距
pitch of screw 螺距
pitch of sleepers 轨枕中心距
pitch of strand 扭矩, 绞距
pitch of teeth 齿距
pitch of the teeth 齿距
pitch of thr ad 螺 [纹] 距
pitch of waves 波距, 波长
pitch of weld 焊缝中心距, 焊线距
pitch of worm 蜗杆的周节
pitch on 偶然选定, 决定
pitch on base cylinder 基圆柱周节
pitch on metal 浸涂沥青的软金属
pitch period 齿节周期
pitch plane 节平面
pitch plane of generation 展成的节平面
pitch play 齿隙
pitch point (齿轮)啮合节点,节点
pitch radius 节圆半径,节径
pitch ratio 螺距直径比,节距直径比
pitch recorder 音调记录器,音高记录器
pitch speed 节距速度
pitch stick 节距调整杆
pitch surface 节曲面,齿节面

pitch tester　节距检验器

pitch thread　齿节螺纹

pitch time　间隔时间

pitch tolerance　齿距公差

pitch trim compensator (=PTC)　(1) 螺旋桨桨距调整补偿器；(2) 俯仰配平补偿器；(3) 色调调整补偿器；(4) 音调调整补偿器

pitch-up　自动上仰

pitch upon　偶然选定

pitch variation　齿距变化，相邻齿节差

pitch wheel　径节制齿轮

pitchblack　漆黑的

pitchboard　楼梯踏步三角定线板

pitchdown　(飞机) 俯冲

pitched　涂树脂的

pitcher　(1) (用以产生俯仰力矩的) 俯仰操纵机构；(2) 瓷渣

pitchfork　干草叉，音叉

pitching　(1) (船只) 前后颠簸，纵向角振动，纵向颠簸，纵摇，纵倾，俯仰；(2) 倾斜的，有坡的，陡的

pitching angle　节锥角

pitching-borer　开眼钎子

pitching-in　(1) 切入 [量]，吃刀；(2) 切口；(3) 空刀距离

pitching velocity　俯仰变化速度

pitchometer　(1) 螺距测量仪，螺距规；(2) 节距规

pitchout　突然转弯，突然动作

pitchover　(火箭垂直上升后) 按程序转弯

pitchup　上仰

pitchwheel　相互啮合的齿轮

pitchy　沥青的

pitchy lumber　多树脂的木材

pitcho　皮澡低合金工具钢

pitfall　毛病，缺陷，失误

pith　(1) 核心，重点，要点；(2) 体力，精力

pith-ball electroscope　木髓球验电器

pithily　简练地，有力地

pitho　皮澡低合金工具钢

pithole　(1) 管中腐蚀部位；(2) 深隙

pithy　简练的，精辟的，有力的

pitman　(1) 连接杆，联接杆，结合杆，连杆，摇杆；(2) 转向垂臂，转向器臂；(3) 钳工，机工

pitman arm　(1) 联接杆臂，连臂；(2) 转向 [垂] 臂

pitman arm shaft　转向 [垂] 臂轴

pitman coupling　拉杆连接头，联杆头

pitman head　(1) 转向垂臂球头；(2) 联杆头；(3) (机车) 摇杆头

pitman shaft　联接杆轴，转向臂轴

pitman shaft housing　(1) 联接杆衬套；(2) 联杆瓦

pitometer　皮托压差计，皮托管测压器，流速计，管流计，皮托计，皮托管

pitometer log　水压计程仪

pitot　空速管，全压管，皮托管

pitot bomb　(1) 动压管容器；(2) 皮氏弹

pitot curve　总压曲线

pitot hole　总压孔

pitot loss　总压损失

pitot meter　皮托计，空速计

pitot-static difference　总压和静压差

pitot static tube　皮托静压管

pitot tube　皮氏流速测定管，流速管，皮托管，毕托管

Pitran　压电晶体管 (商品名)

pitsaw file　半圆锉

pitted　有凹痕的

pitted area　点蚀面积

pitted skin　表面针孔，明气孔

pitted surface　凹凸不平表面，有凹痕表面

Pitters gauge　皮塔斯块规

pitting　(1) 小孔，凹痕，锈斑，锈痕；(2) (金属) 点 [状腐] 蚀，麻点腐蚀，局部腐蚀，接触斑点，腐蚀坑，麻点，蚀损；(3) {焊} 烧熔边缘；(4) (耐火材料的) 软化；(5) 井筒附近的水泵等机械设备

pitting corrosion　点状腐蚀，点蚀，孔蚀

pitting crack　点蚀疲劳裂纹

pitting endurance　耐点蚀性

pitting fatigue　引起点蚀的接触疲劳，点蚀疲劳

pitting fatigue life　点蚀疲劳寿命

pitting fatigue resistance　耐点蚀疲劳性，耐点蚀疲劳强度

pitting limit　点蚀限度

pitting of contact　接点烧坏

pitting resistance　抗点蚀性，耐点蚀性

pitting test　点蚀试验

pitting type failure　点蚀型失效

pitwood　坑木

pitwork　井筒水泵设备

pivot　(1) 支枢，支点，枢轴，轴销，转轴，心轴；(2) 轴尖，轴颈；(3) 旋转中心，摆动中心，回转运动；(4) 中心点，要点，中枢，枢组；(5) 主元 [素]，基准；(6) 装在枢轴上，绕枢轴转动

pivot about　围绕……旋转，以……为轴转动

pivot arm　枢杆

pivot axis　枢轴线

pivot bearing　(1) 中心支承，轴尖支承；(2) 立式止推轴承，枢轴承

pivot bridge　开合桥，旋开桥

pivot center　(1) 转动轴线，摆动轴线；(2) 转动件旋转轴，摇摆轴

pivot element　主元素

pivot end　尖头，尖端，顶端

pivot gun　(1) 旋转炮；(2) 主炮

pivot joint　球形枢轴颈

pivot journal　枢轴颈，轴尖

pivot knuckle joint　枢轴铰链接合

pivot location　支承点定位

pivot lug　钩耳，吊耳

pivot of arm　杆枢

pivot of tongue　尖轨枢轴

pivot on A　以 A 为枢 [轴] 转动

pivot pier　开合桥墩跨

pivot pin　(1) 枢销，枢轴；(2) 转向主销

pivot-point　中心点，枢轴点，支点

pivot point　支点

pivot-point screw　枢轴螺旋

pivot point layout　垂直定位法

pivot protection　护桩

pivot shaft　(1) 铰销枢轴；(2) 支承轴；(3) 转向节销

pivot socket　枢 [轴] 承

pivot span　开合桥跨，旋开孔

pivot spindle　铰链销

pivot stud　枢轴，铰销

pivot suspension　枢轴支承

pivot transmitter　枢轴式发射机

pivot type angular contact ball bearing　冲压碗形向心推力球轴承，杯形向心推力球轴承，盘形向心推力球轴承

pivot type bearing　(1) 铰链支座；(2) 枢轴支承，回转轴承；(3) 摆动支座

pivot upon A　以 A 为轴转动

pivotal　(1) 枢轴的，中枢的；(2) 非常重要的，关键性的

pivotal axis　枢轴轴

pivotal interval　枢轴间隔

pivotal line　枢轴线

pivoted　在枢轴上转动的，旋转的

pivoted armature　枢轴衔铁

pivoted bearing　枢轴承

pivoted caliper disk brake　铰接卡钳盘式制动器

pivoted connection　枢轴连接，铰接

pivoted detent　枢轴掣子，枢轴止动器

pivoted dog　支枢锁簧

pivoted end column　铰支柱

pivoted gate　转动式弧形闸门

pivoted lever　回转杆

pivoted loop　回转环

pivoted relay　支点继电器，旋转继电器，枢轴继电器

pivoted shoe　(轴承) 可倾轴瓦，摆动轴瓦

pivoted shoe bearing　可倾瓦轴承，摆动瓦轴承

pivoted window (=PW)　[枢轴式] 摇窗

pivoting　(1) (=pivot operation) 枢轴式运算；(2) 绕公共轴线旋转，绕轴旋转

pivoting bearing　(1) 关节轴承；(2) 摆动轴承；(3) 中心支承，枢支承

pivoting high　枢轴旋转高度

pivoting motion　(1) 旋转运动；(2) 摆动

pivoting point　转动中心

pivoting slide rest　回转刀架

pix　(1) (=picture) 图像；(2) 焦油，沥青

pix carrier　图像载频，图像载波

pix detector　视频检波器

pixdetector　视频检波器

pk 电离常数倒数的对数值

place (1)地方,地区,地带,地段,地点,场所,处所;(2)工作区,部位,位置,区域;(3)放置,安置,排列,装入;(4)空间,容积,距离;(5){数}数位,次序,步骤,座位,名次,余地

place an order 订购

place an order for machines with a factory 向工厂订购机器

place at ground potential 接地

place brick 未烧透的砖,半烧砖

place coefficient 作用位置系数

place in circuit 接入电路

place in operation 使工作,使运转,开动

place in the circuit 接入电路

place of application of force 力的作用位置

place of assembly 装配场

place of delivery 交货地点

place of origin 原产地

place out of service (1)停止工作;(2)使[电路]闭塞

placeability (混凝土的)可灌注性,和易性

placed material 填料

placeholder 占位符号

placement (1)方位,部位,位置,布置,放置;(2)有规则的分布或排列,布局,安排;(3)堆放,填筑;(4)键接

placement density 铺筑密实度

placement policy 布局规则

placement rule 布局规则

placer (1)放置者,投资者;(2)放置器,敷设器,灌筑器,灌注机;(3)矿砂,砂金

placer gold 砂金

placing (1)装置,安置,设置;(2)带入,引进,介绍,导

plagiotropic 斜向的

plagiotropism 斜向地性

plain (1)简单的,普通的,无钢筋的,简陋的,简易的;(2)平坦的,平凡的,平常的,平滑的,光滑的,平的;(3)清楚的,明白的,直率的,十足的,彻底的;(4)平面

plain-and-ball bearing 滑动和球联合轴承

plain antenna 直接耦合天线

plain bar 光[面]钢筋,无节纹钢筋,扁钢

plain bar type gauge 普通杆式规

plain barrel pass 平孔型

plain barreled roll 平辊

plain basic steel 普通碱性钢

plain bearing 普通轴承,滑动轴承

plain bearing axle box 普通轴承箱,滑动轴承箱

plain bearing bore 滑动轴承孔

plain bearing half-liner 轴瓦

plain bearing housing 滑动轴承座

plain bearing pillow block 普通轴承台

plain bed lathe 普通床身式车床

plain bevel gear 普通锥齿轮,普通伞齿轮

plain block 平块

plain bumper 振实机,振动台

plain bush(ing) 滑动轴衬,普通轴衬,轴套

plain butt joint 无筋平接缝

plain butt weld (平边)对接焊

plain cal(l)iper ga(u)ge 普通卡规

plain-carbon steel 碳素钢

plain carbon steel 普通碳钢

plain chart 平面海图

plain cement 纯水泥

plain center-type grinding machine 普通中心式磨床

plain clamp 普通夹具

plain concrete 普通混凝土,无钢筋混凝土

plain conductor 裸线

plain connecting rod 普通连杆

plain contracting seal 平面密封圈

plain corner joint 平头角焊接

plain coupler 普通套管接头

plain crosshead guide 平型十字头导框

plain cup wheel 杯形砂轮

plain cushion 平垫

plain-cut nippers 普通剪钳

plain cut-out 保险丝,熔丝

plain cutter 圆柱铣刀,平铣刀,辊刀

plain cutter holder 普通刀架,粗刀架

plain cylindrical form 普通圆柱形

plain cylindrical plug gauge 普通圆柱塞规,普通柱形测孔规

plain deflector 平面折流器

plain dividing apparatus 普通分度装置

plain dividing head 普通分度头,水平分度头

plain-dressing 光面修整

plain drill 扁头凿子

plain elbow 不带边弯头

plain end (无螺纹)光管端

plain end steel pipe 平端钢管

plain-end tube 平[管]端管子(非车丝管),光管

plain end tube 平端管

plain-ended screw 平端螺钉

plain equal cross 不带边同径四通

plain equal side outlet tee 不带边同径二向三通

plain equal tee 不带边同径三通

plain external grinding machine 普通外圆磨

plain eyebolt 普通有眼螺栓

plain face (=PF) 光面,素面

plain fit 三级精度配合

plain fixed gap ga(u)ge 普通固定式间隙规

plain flange 平面法兰,对接法兰

plain-frame core box 框形芯盒

plain-friction bearing 滑动轴承

plain ga(u)ge 普通量规

plain girder 实腹梁,光面梁,板梁

plain glass 防护白玻璃

plain gravity slide 纯动力滑动

plain grinder 普通磨床,外圆磨床

plain grinding machine 普通磨床,外圆磨床

plain grinding wheel 普通砂轮

plain helical milling cutter 普通螺旋铣刀

plain hole 光孔

plain hollow mill 普通空心铣刀

plain indexing 普通分度[法]

plain ironcopper alloy 纯铁铜合金

plain jolter 振实机,振动台

plain journal bearing (1)滑动轴承,普通颈轴承;(2)单金属滑动轴承

plain knife 平刃刀片

plain labyrinth packing 平齿型迷宫气封

plain live axle 普通动轴

plain live rear axle 普通传动后轴

plain loom 平纹织机

plain mandrel 普通心轴

plain metal (1)普通金属;(2)滑动轴承

plain miller 普通铣床

plain milling cutter 圆柱平面铣刀,圆柱铣刀,平[面]铣刀

plain milling machine 普通铣床,平面铣床

plain mineral oil 普通矿物油

plain metre joint 平斜接

plain nut 普通螺母

plain oil cup 普通油杯

plain pedestal 整体轴承座

plain pin 平销

plain plate 平钢板

plain plug 不带边管堵

plain reducing cross 不带边异径三通

plain rest 普通刀架,简易刀架

plain ring 平垫圈,平环

plain ring ga(u)ge 普通环规

plain roll 平面轧辊

plain saw bench 简单台锯

plain-sawed (1)平锯的;(2)平锯木

plain screw 平螺钉

plain seal 普通密封,平密封

plain self-aligning bearing 自位滑动轴承

plain service 普通检修

plain shaft 普通轴,光轴

plain side-milling cutter 普通侧铣刀

plain slide rest 普通刀架

plain snap gauge 普通外径规,普通卡规,卡规

plain spindle 轻型主轴

plain spiral milling cutter 普通螺旋铣刀

1042

plain square cut off ends 端部切平齐
plain stage 普通载物台,平[工作]台
plain stem (螺栓或螺钉的)无螺纹节
plain straight wheel 普通盘形砂轮
plain stripper 带漏板的造型机
plain surface 光滑平面,平表面
plain surface grinder 平面磨床
plain surface grinding machine 平面磨床
plain taper attachment 普通锥形附件
plain taper sunk key 普通锥形埋头键
plain tappet 平纹踏盘
plain-thermit 粗铝热剂
plain thermit 铝热剂
plain thrust bearing 止推滑动轴承
plain tile 无楞瓦,平瓦
plain tool rest 普通刀架
plain transfer line 直接输送式组合机床自动线
plain triangle 三角定规
plain triple valve 普通三通阀
plain turning lathe 无丝杠车床
plain type 普通式,简易型
plain type breaker 普通型断路器,简单型断路器
plain V-slide V形导槽
plain vice 简式老虎钳,普通虎钳,平口虎钳
plain view drawing 平面图
plain vise 普通虎钳
plain washer 普通垫圈,平垫圈
plain wheel 普通砂轮
plainness 不平度
plait 折叠,打褶,卷起,编,织
plait mill 卷取机,卷料机
plait point (熔解温度)临界点
plaited 褶叠的,编成的
plaiter [桨板自动]折褶机,折叠机,折布机,码布机
plan (1)计划,规划,设计,草案,方案;(2)平面图,布置图,规划图,
  示意图,设计图,轮廓图,水平投影,草图,简图,图样,式样;(3)时间表,
  进程表,程序表,图表,(4)布置,设计,部署
plan for 打算,作计划
plan for approval 送审图[纸]
plan of sewerage system 排水管道布置
plan of site 总布置图
plan of wiring 线路图,布线图
plan on 打算,想要
plan out 布置,策划,部署
plan position indicator (=PPI) (雷达)平面位置显示器,环视扫描显
  示器,平面位置[雷达]指示器
plan position indicator scope 平面位置[雷达]显示器
plan sheet 平面图[幅]
plan view 俯视图,平面图
plan view drawing 平面图
plan with contour lines 等高线图
planar (1)在同一平面内的,一个平面上的,平面的,平的,(2){数}
  二维的,二度的
planar articulated quadrilateral 平面四联杆机构
planar bipolar transistor 平面双极晶体管
planar cam 平板凸轮
planar cathode 平板阴极
planar construction 平面结构
planar crank mechanism 平面[运动]曲柄机构
planar curve 平面曲线
planar defect 平面缺陷
planar diode 平板型二极管
planar electrode tube 平板电子管
planar element 平面元[素]
planar epitaxial method 平面外延法
planar factor 晶面因数
planar four-bar linkage 平面四联杆系
planar four-bar linkwork 平面四联杆链
planar four-link mechanism 平面四联杆机构
planar glide 平面滑动
planar iris 平面可变光阑
planar junction 平面结
planar kinematic chain 平面[运动]链
planar kinematics 平面运动学

planar mechanism 平面[运动]机构
planar method 平面法
planar motion 平面运动
planar motion mechanism 平面运动机构
planar motor 平面发电机
planar orientation 沿面取向
planar pair 平面[运动]副
planar reflector billboard array (1)平面反射器同相多振子天线;(2)
  平面反射器横列定向天线阵
planar solution 平面解
planar transistor 面接触型晶体管,平面型晶体管
planchet (1)圆片,圆垫,圆板;(2)货币坯料
planchet casting 用型板铸造
Planck constant 普朗克常数
plane (1)[水]平面,表面;(2)投影;(3)平刨,镫刀;(4)刨削,刨平,
  弄平,整平;(5)飞机,机翼,翼;(6)程度,水平,阶段,级;(7)平坦
  的,平坦的
plane angle 平面角
plane antenna 平面形天线,平顶天线
plane at infinity 无穷远平面
plane bearing 平面轴承
plane cam 平面凸轮
plane cam-coupler mechanism 平面凸轮式联轴节机构
plane cathode 平板形阴极
plane-concave 平凹[的]
plane-concave head-on photomultiplier 凹镜窗式光电倍增管
plane-concave lens 平凹透镜
plane-convex 平凸[的]
plane configuration 平面构形
plane curve 平面曲线
plane-cylindrical 平面-柱面的
plane deformation 平面变形
plane diagram 平面图
plane electrode 平面电极
plane figure 平面图
plane flow 平面流
plane four bar mechanism 平面四杆机构
plane fracture 平面断裂,平面破裂
plane geometry 平面几何
plane girder 平面桁架
plane grating 平面光栅
plane-grating spectrograph 平面光栅摄谱仪
plane grinding 平面磨削
plane harmonic motion 平面谐波运动
plane hologram 平面全息图
plane inclined angle 平面夹角
plane involute 平面渐开线,平面渐伸线
plane iron (1)刨刀;(2)刨铁
plane it smooth 把它刨平
plane-jaw vice 平口[虎]钳
plane kinematics 平面运动学
plane lapping 平面研磨
plane layout 平面布置
plane link 平面杆
plane miller (1)平面铣床;(2)龙门铣床
plane milling 平面铣削
plane milling machine 平面铣床
plane mirror 平面镜
plane motion 平面运动
plane of a flat pencil 线束的面
plane of action (一对齿轮)啮合[平]面,作用[平]面
plane of cleavage 裂开面,劈开面
plane of collimation 视准线
plane of coordinates 坐标面
plane of crystal 晶体表面
plane of datum 基准面
plane of delineation 图像平面,投影平面
plane of direction 瞄准面
plane of disruption 断裂面,折断面,破碎面
plane of field 场镜面
plane of fixation 注视[平]面,固定平面
plane of flexure 挠曲面
plane of floatation 浮面
plane of fracture 破裂面,折断面

plane of gravity　重心面
plane of homology　透射面
plane of incidence　投影面，入射面
plane of load　载荷平面
plane of oscillation　振动面
plane of perspectivity　透视平面
plane of polarization　(1) 偏振面；(2) 极化 [平] 面
plane of projection　投影面，射影面
plane of reference　基础平面，参考面
plane of reflection　折射面，反射 [平] 面
plane of refraction　折射面
plane of revolution　旋转面
plane of rotation　转动面
plane of rupture　破裂面，断裂面
plane of saturation　饱和 [平] 面
plane of sharpest focus　锐聚焦面
plane of shear　剪切面，剪力面
plane of sight　视准面
plane of sliding　滑动面
plane of survey　测量平面
plane of symmetry　对称面
plane of tangency　切面
plane of vibration　振动面
plane of vision　视平面
plane of weakness　危险截面，薄孔截面
plane-of-weakness joint　弱面缝，假缝，槽缝
plane oxidation process　平面氧化工艺
plane-paralleled　成平行面的，平面平行的
plane-paralleled capacitor　平行板电容器
plane pencil　平面束
plane pitch surface　节平面
plane plate　平面绘图仪，平板仪
plane polariscope　平面偏振光镜
plane polarized light　平面偏振光
plane polarized wave　平面偏振波
plane-position indicator (=PPI)　平面位置显示器，环视扫描显示器，平面示位图
plane position indicator (=PPI)　平面位置显示器，环视扫描显示器，平面示位图
plane radio　航空无线电台
plane roll　滚轧面
plane section　剖面
plane set-hammer　方锤
plane-spherical　平面 - 球面的
plane stock　刨床架
plane strain　平面应变
plane strain fracture　平面应变断裂
plane stress　平面应力
plane stress fracture　平面应力断裂
plane substrate　平面衬底
plane surface　平面
plane-table　平板仪
plane table　(1) 平板绘图器，平板仪，测绘板，图板；(2) 大平板
plane-table alidade　平板照准仪
plane table survey　平板测量
plane-tabling　平板仪测量
plane tabling　平板仪测量
plane tooth　削成齿
plane upsetting　(锻造) 平面镦粗
plane wave　平面波
planed edge　刨边
planed joint　刨光接头
planed timber　光面木料
planeload　飞机负载量
planeness　平面度，平整度
planer　(1) [龙门] 刨床，木工刨床；(2) 整平机，刨路机，刨煤机，路刮；(3) 刨工
planer center　刨床转度卡盘
planer cutting tool　刨床切削刀具
planer drilling machine　龙门钻床
planer ga(u)ge　刨规
planer head　刨床架
planer knife sharpener　木工刨刀刃磨机，磨刨机
planer parts　刨床部件，刨床零件

planer slide　刨床滑板，刨床刀架
planer table　刨床工作台
planer tool　刨刀
planer type boring and milling machine with horizontal spindle　刨台卧式铣镗床
planer type grinder　卧式磨床
planer type horizontal boring and milling machine　刨台卧式铣镗床
planer type miller　卧式铣床，龙门铣床
planer type milling machine　卧式铣床，龙门铣床
planer type surface grinder　龙门平面磨床
planer work　刨工工作
planet　行星齿轮
planet cage　行星传动箱
planet carrier　(齿轮) 行星齿轮架，行星齿轮机构转臂
planet gear　行星齿轮，行星轮
planet Geneva mechanism　行星槽轮机构，行星十字轮机构，行星马氏间歇机构
planet pinion　行星小齿轮
planet ring　行星齿圈
planet wheel　行星齿轮
planet worm gearing　行星蜗杆传动 [装置]
planetabling　平板仪测量
planetarium　(1) 太阳系模型，行星运行仪，太阳系仪，天象仪；(2) 放映天象的装备
planetary　(1) 行星齿轮的；(2) 行星式的；(3) 轨道的
planetary cage　行星传动装置箱
planetary cam　行星凸轮
planetary carrier　行星齿轮机构转臂，行星齿轮架
planetary efficiency　行星齿轮装置效率
planetary electron　轨道电子
planetary gear　行星齿轮
planetary gear drive　行星齿轮传动 [装置]
planetary gear train　行星 [齿] 轮系
planetary gear transmission　(1) 行星齿轮传动；(2) 行星齿轮变速器
planetary gearing　行星齿轮传动 [装置]
planetary gears　行星齿轮装置
planetary gearset　行星齿轮组
planetary Geneva mechanism　行星槽轮机构，行星十字轮机构，行星马氏间歇机构
planetary grinding　行星磨削
planetary hub reduction　行星齿轮轮毂减速
planetary lapping　行星研磨
planetary milling　行星式铣削
planetary motion　行星运动
planetary-parallel reduction gear　行星平行轴减速齿轮
planetary pinion　行星小齿轮
planetary plate　行星盘
planetary reducer　行星齿轮减速器，行星减速齿轮 [装置]
planetary reduction gear　行星减速齿轮
planetary rocket launcher platform (=PRLP)　行星火箭发射台
planetary rotating speed　行星转速
planetary set　行星齿轮组
planetary speed reducer　行星减速器
planetary steering device　行星齿轮转向装置
planetary steering gear　(1) 行星转向齿轮；(2) 行星转向装置
planetary thread miller　行星式螺纹铣床
planetary thread milling machine　行星式螺纹铣床
planetary train　行星齿轮系
planetary transmission　(1) 行星齿轮传动 [装置]；(2) 行星齿轮减速器，行星变速器
planetary worm gearing　行星蜗轮传动 [装置]
planetesimal　微 [行] 星 [的]
planetoid　类似行星的物体，小行星
planetokhod　星际飞行船
planform　(1) 平面图；(2) 机翼平面形状，外形，轮廓；(3) (钢的) 结构形状
plani-　(词头) 平 [面]
Planicart　立体测图仪
Planicomp　解释测图仪
planiform　平面的
planigram　层析 X 射线照相图
planigraph　X 射线断层摄影机
planigraphy　层析 X 射线照相法，层析 X 射线摄影法，平面断层摄影法
Planimat　精密立体测图仪

planimegraph 面积比例规,缩图[仪]器
planimeter [平面]求积仪,面积仪,面积计,测面仪,积分器
planimetering 平面测量,面积测量
planimetric(al) 平面测量的
planimetric arm 平面导杆
planimetric map 无等高线地图,平面图
planimetric position 平面位置
planimetry 测面积学,面积测量学,平面几何
planing (1)刨削,刨平,刨法,整平,修平,弄平;(2)滑行;(3)(复)刨屑
planing and shaping 刨削
planing angular surface 斜面刨削
planing blade 刨刀[片]
planing capacity 刨削容量
planing generator 范成法刨齿机,滚切法刨齿机
planing generator cutting method (锥齿轮)范成法刨齿
planing hammer 平锤
planing horizontal surface 水平面刨削
planing length 刨程
planing machine (1)刨床;(2)(刨木板的)轻便刨床;(3)阀座刨床
planing machine operator 刨工
planing machine with a single column 悬臂刨床
planing operation 刨削操作
planing slide bearing 刨台导轨
planing tool 刨刀
planing-type generating machine 刨削式范成加工机床
planing vertical surface 垂直面刨削
planings 刨屑
planish (1)使平整,铲平,碾平,磨平,辊平,锻平,刨平,弄平;(2)锤光,研光,磨光,抛光,轧光,精轧;(3)使发光泽
planished 轧平的,辊平的,压平的,锤平的
planished sheet 精轧薄板,平整薄板
planisher (1)精轧孔型,光轧孔型;(2)平整机,打平器,打平锤;(3)精轧机座,平整机座
planishing 精轧
planishing hammer 打平锤
planisphere 平面球形图,平面天体图
planispiral 平面螺线的,螺旋的,螺线的
Planitop 立体测图仪
planitron 平面数字管
planizer 平面扫描头
plank (1)木板,板条,厚板;(2)木板制成物;(3)支持物,基础
plank drag 木板刮路器,木板路刮
plank floor 木地板
plank frame 木框
planker 壳板装配工
planking (1)铺板;(2)板材,地板;(3)船壳板
planksheer (1)甲板边板,船缘木,舷缘材;(2)游艇甲板的流水沟
planless 没有明确目标的,无计划的,无方案的
planned 有计划的,有系统的,有组织的,有秩序的,安排好的,部署好的
planned preventive repair 计划预修
planned stop 随意停机指令
planner 设计人员,规划工作者,计划员,策划者
planning (1)计划,规划,设计;(2)分配,分布
planning and estimating 设计与估计
planning card index (=PCI) 设计卡片索引
planning change board (=PCB) 计划更改委员会
planning change notice (=PCN) 计划更改通知
planning change request (=PCR) 计划更改申请
planning check request (=PCR) 计划检查申请
planning information (=PI) 设计资料
planning network 设计网,规划网
planning programming and budgeting system (=PPBS) 计算规划和预算系统
planning reference (=PR) (1)设计标准;(2)设计参考资料
planning research corporation (=PRC) 设计研究公司
planning study (=PS) 计划研究,规划研究
planning summary sheets (=PSS) 计划一览表
planning survey 规划调查
plano- (词头)平[面],扁平,流动
plano-boring and milling machine 龙门镗铣床
plano-concave 一面平一面凹的,平凹的
plano-concave lens 平凹透镜

plano-conformity 平行整合
plano-convex 一面平一面凸的,平凸的
plano-convex lens 平凸透镜
plano-cylindrical 平面圆柱的
plano-grinding and milling machine 龙门磨铣床
plano-milling machine 龙门铣床
plano-milling machine with a fixed cross rail 定梁龙门铣床
plano-orbicular 一面平一面作球形的,平圆的
planocentric gearing [少齿差]行星齿轮传动
planoconic 平锥形的
planographic printing 平板印刷
planography 平板印刷
planogrinder 龙门磨床
planoid 超平面
planoid gear 偏轴准平面齿轮(大轮直齿)
planoid-gear drive 偏轴准平面齿轮传动
planoid-gear system 偏轴准平面齿轮系
planoid gears (具有直线齿廓的)偏轴准平面齿轮副
planoid gearset (具有直线齿廓的)偏轴准平面齿轮组
planometer 平面规,测平仪,测平器
planometry 测平法
planomiller 龙门刨式铣床,龙门铣床
planomilling machine 龙门刨式铣床,龙门铣床
planoparallel 平行平面板
planose 平展的
planox =(plane oxidation process) 平面氧化工艺
plans and programs 计划与程序
plans with details of natural ventilation 自然通风详图
plant (1)工厂,车间,企业,电站;(2)整套设备,机械设备,工厂设备,机组总成,成套设备;(3)性能指标;(4)站,室;(5)设置,设立,装置
plant bulk 装置的[轮廓]尺寸
plant capacity (1)工厂生产能力,工厂设备能力,工厂生产量;(2)设备容量,电站容量
plant consumption 工厂用电消耗
plant conditions 生产条件
plant effluent 工厂废水
plant engineering 设备安装使用工程,设备运转技术
plant engineering department 工厂设备科
plant engineering inspection (=PEI) 工厂工程检验,工厂设备检验
plant engineering shop order (=PESO) 工厂机加工任务单
plant equipment 工厂设备,固定设备
plant factor (1)发电厂利用率;(2)工厂设备利用率
plant layout 车间布置
plant management (1)企业管理;(2)工厂管理
plant mix 厂拌混合料,厂拌
plant-mixed 工厂搅拌的
plant network 厂用电力网
plant piping 工厂管道系统
plant setting machine 插秧机
plant-scale 工业规模的,大规模的
plant-scale equipment 生产用设备,工厂用设备
plant test 工业设备试验,工厂试验
plant use factor 厂用率
plant without storage 无库容的电站
Plantè-type plate 普兰特式[蓄电池]极板,铅极板
planter (1)种植器,种植机,播种机;(2)安装人;(3)下检波器装置
planting machine 植树机
planting spade 移植铲
plantmix 厂拌
planum 平面,面
plasma 等离子体区,等离子[气]体
plasma display 等离子[体]显示
plasma focus 等离子体焦点
plasma frequency reduction factor 等离子频率降低系数
plasma jet (=PJ) (1)等离子体喷注,等离子流;(2)等离子体发动机;(3)等离子枪
plasma jet machining (=PJM) 等离子射流加工
plasma laser 等离子体激光器
plasma linac 等离子体直线加速器(linac=linear [electron] accelerator 线性[电子]加速器)
plasma-pump laser 等离子体泵光激射器
plasma torch 等离子体焊炬
plasma-type waveguide 等离子体型波导

plasmacoupled device 等离子体耦合器件

plasmagram 等离子体色谱图

plasmaguide [充] 等离子体波导管

plasmapause 等离子体层顶

plasmatron (1) 等离子体发生器, 等离子流发生器, 等离子体管, 等离子体 [加速] 器; (2) 等离子 [体] 电焊机

plasmoid 等离子体状态, 等离子粒团, 等离子簇

plastalloy 细晶粒低碳结构钢, (烧结永久磁铁用) 铁合金粉沫

plastelast 塑弹性物, 弹性塑料

plaster 灰泥, 涂层, 粘贴

Plaster brass 普拉斯特黄铜 (铜 80-90%, 其余锌)

plaster casting 石膏型铸造法

plaster concrete 石膏混凝土

plastering 涂灰泥, 粉刷, 粘贴

plasthetics 合成树脂, 塑胶制品

plastic (1) 可塑的, 塑性的, 易塑的, 粘滞的, 柔顺的; (2) 合成树脂, 塑料, 塑胶, 电木; (3) 人工合成的, 合成树脂的, 塑料的, 塑造的, 造型的, 成型的, 人造的

plastic adjustment 塑性 [变形后的] 平衡

plastic analysis 塑性分析

plastic arts 造型艺术

plastic-backed magnetic tape 塑料磁带

plastic bearing (1) 塑性轴承; (2) 塑料轴承

plastic body 塑性体

plastic bronze 轴承铅青铜, 塑性铅青铜 (一种高铅轴承青铜)

plastic cable 塑料绝缘电缆

plastic cage (轴承) 塑料保持架

plastic cement 塑料粘结料, 塑胶

plastic clay grinding mill 塑性粘土碾磨机

plastic condenser 塑料 [介质] 电容器

plastic conduit 硬质塑胶管

plastic deformation 塑性变形

plastic design (材料力学) 极限设计

plastic dip coating 塑料浸涂层

plastic drain layer 塑料排水管敷置机

plastic effect (相位失真) "浮雕" 效应, 立体效应, 立体感

plastic explosive 可塑炸药

plastic-film-capacitor (=pfc) 塑料膜电容器

plastic film condenser 塑料膜电容器

plastic film covered wire 塑料薄膜包线

plastic flow 塑性流动, 塑性流变, 塑流

plastic flow of steel 钢的塑性流动, 钢的塑流

plastic gasket compound 塑料衬垫密封膏

plastic gear 塑料齿轮

plastic grip 电木夹子

plastic index 塑性指数

plastic injection machine 塑料注塑机

plastic laminates 层压塑料

plastic lead 塑性铅 (环氧树脂与铅粉沫混合物, 用于修补铸件缺陷)

plastic limit 塑性极限, 塑限

plastic limit test 塑限试验

plastic material (1) 塑料; (2) 可塑材料, 塑性材料

plastic metal 高锡含锑轴承青铜, 塑性合金 (指约含 10%Sb 的锡锑青铜轴承合金)

plastic moulding press 塑料制品成形 [压力] 机

plastic modulus 塑性模量

plastic mould 塑料模具

plastic name plate 塑料铭牌

plastic package 塑料封装

plastic packaging 塑料包装封装

plastic packing 塑料填密, 塑胶填密

plastic parts 塑料零件

plastic pattern 塑料模型

plastic pipe 塑料管

plastic pipe joint 塑料管节

plastic product (=PP) 塑料产品

plastic range 塑性范围

plastic read-only disc {计} 只读磁盘

plastic remover 塑料薄膜揭除机

plastic sheath cable 塑料外皮电缆

plastic slip 塑性滑移

plastic-stage 塑性状态的, 塑性阶段的

plastic stage 塑性状态, 塑性阶段

plastic strain 塑性应变, 塑变

plastic theory 塑性理论

plastic theory method 塑性理论法

plastic theory of limit design 极限塑性理论设计

plastic tooling arts laboratory 塑料加工技术实验室

plastic torsion 塑性扭转

plastic tubing 塑料管

plastic veneer 塑料饰面

plastic work done 塑性功

plastic working (1) 塑性加工; (2) 塑料加工

plastic yield 塑性屈服, 塑性变形, 塑变值, 塑 [性] 流 [动]

plastic yielding 塑性屈服, 塑性变形, 塑 [性] 流 [动]

plastic yieldpoint 塑 [料] 流点

plasticate 塑炼, 塑化, 增塑

plastication 塑炼 [作用], 塑化作用, 塑炼, 增塑

plasticator [螺杆] 塑炼机, 压塑机

plasticimeter 塑性计

plasticine 造型材料, 蜡泥塑料, 代用粘土, 型砂

plasticise (=plasticize) 使成为可塑, 增塑, 增韧, 塑炼

plasticiser (=plasticizer) 增塑剂, 增韧剂, 塑化剂, 柔韧剂

plasticism 造型学

plasticity (1) 可塑性, 塑性, 柔性; (2) 塑性学; (3) 粘性; (4) 适应性

plasticity coefficient 塑性系数

plasticity number (=PN) 可塑性指数

plasticity retention index (=PRI) 塑性保持指数

plasticization (1) 范性化, 塑性化; (2) 塑化 [作用], 增塑 [作用], 塑炼

plasticize 使成为可塑, 增塑, 增韧, 塑炼

plasticizer 增塑剂, 增韧剂, 塑化剂, 柔韧剂

plasticizing 塑化, 增塑, 塑炼

plasticon 聚苯乙烯薄膜

plasticord 塑度计

plasticostatics 塑性体静力学

plastics (1) 塑料, 塑胶; (2) 塑料制品

plastics technical evaluation center 塑料制品技术鉴定中心

plasticviscosity 塑粘性

plastification 塑性化, 增塑

plastifier 增塑剂

plastify 增塑, 塑化

plastifying 塑性化, 增塑

plastiga(u)ge (测量曲轴轴承和连杆轴承间隙用的) 塑料线性间隙规, 塑料测隙片

plastigel 塑性凝胶, 增塑凝胶

plastilock 用合成橡胶改性的酚醛树脂粘合剂

plastimeter 塑度计, 可塑计

plastimetry 可塑度测定法, 塑性测定法, 测塑法

plastipaste 塑性糊 [状物]

plastique 可塑炸弹

plastisol 塑性溶胶

plasto-elastic (1) 塑弹性的; (2) { 晶 } 范性弹性的

plasto-elasticity 弹塑性力学

plasto-hydrodynamic lubrication 塑性流体动压润滑

plastocene 油泥

plastoelastic deformation 弹塑性变形

plastogel 塑性凝胶

plastograph 塑性变形 [曲线] 图描器, 塑性变形记录仪

plastomer 塑性体, 塑料

plastometer 塑性计, 塑性仪, 塑度计

plastometry 塑性测定法

plastosol 塑料溶胶

plastrotyl 普拉斯特罗蒂尔硝胺树脂炸药

plat (1) 平面图, 地区图, 地段图; (2) 地区, 地段; (3) 绘制地图, 编, 织

platability 可镀性

plate (=P) (1) 玻璃板, 模板, 挡板, 平板, 板, 片, 盘, 碟; (2) 铭牌, 标牌; (3) 电容器反, 蓄电池板极, 电极板, 阳极板, 屏极; (4) 中厚钢板, 钢板, 钢皮, 板材, 板块, 钢坯; (5) 电镀, 镀, 敷; (6) 感光板, 底片, 胶片, 照片, 图片, 图板, 铅版; (7) 钢轨, 平台, 底座; (8) 用板固定, 覆以金属板, 装钢板

plate aerial 平板天线

plate baffle [多层] 障板

plate battery 阳极电池 [组], 极板电池

plate beam 板梁

plate bender 弯板机

plate bending machine 板材弯曲机, 弯板机

plate bending roll 弯板机

plate bending rolls　弯曲滚板机，卷板机
plate brake　板式制动器
plate bulb　球头扁钢
plate by-pass capacitor　极板旁路电容器
plate calender　平板纸砑光机
plate cap　阳极帽，板极帽
plate capacitor　平行极板电容器
plate circuit　阳极电路，板极电路
plate-circuit detector　板极检波器
plate circuit detector　板极检波器
plate clutch　盘式离合器，片式摩擦离合器，圆片离合器
plate condenser　平板电容器
plate connector　组合插座
plate coordinate system　像片坐标系
plate-coupled　板极耦合的
plate coupling　盘式联轴节，圆盘联轴节
plate crystal　片状晶体
plate-current　板流的
plate-current cut-off　板流截止
plate cut-off　阳极截止
plate cut-off current　板极截止电流
plate cylinder　印版滚筒
plate decoupling　板极去耦
plate-decoupling element　板路元件
plate detection　板极检波
plate dryer　多层干燥器
plate edge planing machine　板料边缘刨床，刨边机
plate efficiency　（电子管）阳极效率，（泵的）板效率，理论盘与作用盘的比值
plate electrode　板极
plate feeder　圆盘给料器
plate-filament capacity　板丝间电容
plate fin cooler　散热片式冷却器
plate finish　平板加工
plate follower　阳极输出器，板极输出器
plate for fixing work　固定工件夹板
plate ga(u)ge　(1) 板规 (测板厚度)；(2) 样板
plate girder　[铁] 板梁
plate glass　玻璃板
plate glazing　平板压光
plate grid　板极网栅，第二栅极，帘栅极，阳栅
plate-grid capacitor　板极 - 栅极电容器
plate-grid capacity　板栅间电容
plate guard　护板
plate heat exchanger　板式换热器
plate inverse voltage　板极反电压
plate jig　板式钻模，平板式夹具
plate joint　平板接合
plate link　板制链节，平链 [节]
plate link chain　平滑板链，板环链，板链
plate lock　板锁
plate-lug　极板凸块 (蓄电池极板凸出小块，接出用)
plate-machine　制皿机
plate making　制板
plate metal　碎片铸铁
plate micrometer　公法线千分尺
plate mill　(1) 钢板轧机，板材轧机，厚板轧机，轧机机；(2) 钢板轧制厂
plate-modulated (=PM)　阳极调制的，板极调制的
plate modulation　阳极调制，板极调制
plate nut　带铆接凸缘螺母
plate of a laminated spring　叠板簧板
plate of distributor　分配器圆盘，分配盘
plate orifice　盘形孔板
plate oven　展平炉
plate paper　凹版纸
plate power unit　阳极电源装置
plate press　平面凹版印刷机
plate proof　铅板打样
plate-pulsed transmitter　板极脉冲调制发射机
plate punching machine　冲孔机
plate rail　(1) 板轨，平轨，(2) 盘架
plate-resistance bridge　板阻电桥
plate roll stand　钢板滚轧机
plate roller　滚板机

plate rolling machine　钢板滚轧机
plate scrap　下脚板料，废板料，料头
plate-shear test　平板 - 剪切试验
plate shearing machine　剪板机
plate shears　剪板机
plate slab mill　板坯轧机
plate squaring shear　门式剪板机
plate spring　板簧
plate steel　钢板
plate-steel case　钢板机壳
plate stiffener　加劲板
plate straightening rolls　整直滚板机，板材矫直机
plate tank　板极振荡回路，阳极振荡回路，阳极槽路
plate-to-plate　板 [极] 间的
plate-to-plate calculation　逐板计算
plate tower　多层蒸馏塔
plate tuning oscillator　板极调谐振荡器
plate-type exchanger　平板式热交换器
plate type guard　护板
plate type regenerator　板式热交换器
plate type thread rolling machine　板式滚丝机
plate valve　片状阀，板阀，片阀
plate vibrator　板式振动器，振动板
plate-voltage indication　板压指示
plate washer　平板垫圈
plate way　板轨铁路
plate wheel　碟形砂轮，盘轮
plate wire　镀线
plate with cadmium　镉靶
plate work　板金加工，板金工工作
plate-working machine　钢板精整机
plateau　(1) 平稳时期，平稳状态，停滞时期；(2) 曲线的平稳段，曲线的平直部分，平顶，台阶；(3) 坪 (辐射计数管计数率对电压的特性曲线的平直部分)
plateau characteristic　坪特性
plateau equation　平稳方程
plateau honing　平顶珩磨
plateau voltage　台阶电压，坪电压
plateaux　(plateau 的复数)
plated　覆以金属板的，电镀的，镀的
plated beam　叠板梁
plated construction　板结构
plated-detection　极板检波
plated metal　电镀金属
plated part　电镀零件
plated-through-hole (=plated-thru-hole)　金属化孔，镀通孔
plated wire store　镀线存储器
plated with brass　镀了黄铜的
plateholder　干片夹，硬片夹
platelayer　铺路工
platelet　片晶，薄层
platelike　片状的，层状的，板状的
platellite　片状体
platen　(1) 压板卷筒，压纸卷筒，印字压板，压磨板；(2) 压板，模板，型板，滚筒；(3) 机床工作台，焊机床面，电极台板，台板；(4) 滑块，冲头；(5) 屏式 [的]，屏
platen base　床台
platen press　平板印刷机
platen superheater　屏式过热器
platen-type　屏式的
plater　(1) 锅炉片制造工人，金属板工，板金工，冷作工；(2) 喷镀工，电镀工；(3) 涂覆装置，涂镀装置，涂层装置
plates　(1) 板材；(2) 片状体
platfond　天花板，顶棚
platform　(1) 工作台，导航台，装卸台，平台，站台，秤台；(2) 脚手架，台架，圆盘，转盘，炮床；(3) 平台式的，(4) 放在台上；(5) 铂重整
platform alignment　平台校准
platform and stake racks truck　平台栏 [杆] 车
platform balance　磅秤，台秤，地磅 [秤]
platform body　平台车身
platform bridge　天桥
platform-car　平台车，台车
platform car　平板货车，平台车
platform-carriage　平板四轮车

1047

platform carriage 平板四轮车
platform combine 平台式联合收获机
platform conveyor 平台 [式] 输送机, 板式输送机
platform-crane 月台起重机
platform crane 平台起重机
platform drier 平台式干燥机
platform gantry 平台式龙门架
platform hoist 挖掘吊盘绞车
platform lift 收割台起落机构
platform lorry 平板车
platform pivot arm 收割台 [枢接] 提升臂
platform scale (1) 地磅；(2) 台秤
platform spring 平台弹簧
platform tilting mechanism 收割台倾斜机构
platform trailer 平板拖车, 平台拖车
platform truck 平板大卡车, 平板拖车
platform truck scale 汽车地磅
platform type 平台式
platform-type vibrator 振动台
platform vibrator 板式振动器, 振动板, 振动台
platform wagon 平车
platform weighing machine 台式称量机, 台秤
platformer 铂重整装置
platforming 铂重整
platforming process 铂重整过程
platina 未加工的天然铂, 白金
platinammines 铂氨铬合物类
platinate 铂酸盐
platine (装饰用) 锌铜合金 (锌 57%, 其余铜)
plating (1) 电镀金属, 电镀术, 电镀, 镀敷, 喷镀, 涂敷, 镀层；(3) 压延加工；(4) 外覆的金属板, 覆以金属板, 金属板, 船壳板, 包蒙皮, 装甲；(4) 熨平, 印纹
plating action 电镀作用, 镀敷作用
plating balance 电镀槽自动断流装置
plating bath (1) 电镀槽, 镀金槽；(2) 电镀电解液, 镀浴
plating-out 电解法分离, 镀层分离, 镀层析出
plating process 电镀工艺, 电镀法, 喷镀法
plating room 电镀间
plating residue 电镀残渣
platini- (词头) 白金, 铂
platinic [四价] 铂的, 白金的
platinic acid 铂酸
platinic chloride 四氯化铂
platiniferous 含铂的
platiniridium 铂铱自然合金
platinite 铁镍合金, 代铂合金, 代铂钢, 代白金, 赛白金
platinization 镀铂 [作用]
platinize 在……上镀铂, 使与铂化合, 披铂
platinized asbestos [披] 铂石棉
platinized carbon electrode 镀铂碳电极
platinizing 镀铂
platino 金铂合金 (含铂 11%)
platinode 伏打电池的阴极
platinoid (1) 假铂, 假白金, 赛白金；(2) 白金状的, 铂状的；(3) 镍铜锌合金电阻丝；(4) 铂系合金
platinoid solder 镍铜锌焊料 (铜 47%, 锌 42%, 镍 11%)
platinoid wire 铜镍锌合金丝
platinoide 镍铜锌合金
platinoiridita 铂铱
platinoiridium 铂铱合金
platinor 普拉蒂诺尔代用白金 (45%Cu, 18%Pt, 9%Ag, 9%Ni, 18% 黄铜)
platinotron (1) (雷达用) 大功率微波管, 高原管；(2) 铂管 (M 型返波放大管)；(3) 磁控放大管, 磁控稳频管
platinotype 铂黑印片术, 铂黑照片
platinous 二价铂的, 亚铂的
platinous thorium cyanide 氰亚铂酸钍 (用于制荧光屏)
platinum 白金, 铂 Pt (第 78 号元素)
platinum-black 白金黑粉
platinum black 铂黑
platinum catalyst 铂催化剂
platinum crucible 白金坩埚
platinum gold silver alloy 铂金银接点合金 (金 69%, 铂 6%, 银 25%)
platinum iridio 铂铱耐蚀耐热合金 (铱 5-30%, 其余铂)
platinum-lamp (1) 有白金丝的白炽电灯；(2) 有白金螺旋丝的白金

酒精灯
platinum metals 铂系金属
platinum-plated 镀铂的
platinum plating 镀铂
platinum-sponge 海绵白金
platinum sponge 铂绵
platinum thermometer 铂丝温度计
platinum wire 白金丝, 铂丝
plation (1) 板极控制管；(2) 金铂合金
platnam 普拉特纳姆镍铜合金 (54%Ni, 33%Cu, 13%Sn)
platometer (=planimeter) 测面仪, 面积仪
Platreater 芳香烃浓缩物加氢精制设备
platten (1) 弄直, 弄平, 敲平；(2) 制成平板, 制箔
platter (1) 小底板, 母板；(2) 大浅盘
platy 扁平状的, 板状的, 片状的
play (1) 游隙, 间隙, 隙缝；(2) 窜动 [量], 活动, 运动, 游动；(3) 摆动 (继电器衔铁)；(4) 起作用, 动作；(5) 闪动, 晃动, 浮动, 扫掠；(6) 发射, 喷射, 照射, 放出, 排出；(7) 处置, 使用, 发挥
play adjustment (1) 游隙调整；(2) 隙缝调整
play-by-play 详细叙述的, 详尽的
play movement 接头间隙
play of valve 阀隙
play-off beam 抹迹射束
play-over 直接播放
play pipe 喷射管, 游管
playback 放声, 放音
playback amplifier 放音放大器
playback button 放音按钮
playback head (1) 留声机的唱片, 唱机头；(2) 复合磁头, 放音磁头
playback loudspeaker 播音室扬声器
playboy (口) 夜间歼击机
player 留声机, 唱机
please note (=PN) 请注意
please turn over (=P. T. O.) 请见背面, 见反面, 见下页)
pleins pouvoirs (法语) 全权证书
plenary 充分的, 完全的, 绝对的
plenish 给 [房屋] 安装设备
plenitude (1) 充分, 完全；(2) 充足, 充实, 丰富
plenum (1) 充实, 充满；(2) 送气通风, 强制通风, 进气增压, 高压；(3) 压力通风系统；(4) 封闭的空间, 增压室, 正压室, 风室；(5) 增压的, 压气的, 流入的
plenum box 充气箱
plenum chamber (=PC) 增压室
plenum fan 送气风扇
plenum process 打气通风法
plenum system 压力通风系统
plenum ventilation 压力通风, 打气通风
pleomorphic 多晶的
pleomorphism [同质] 多晶形 [现象], 同质异形 [现象]
plexicoder 错综编码器
plexiglass 普列克斯玻璃, 耐热有机玻璃, 化学玻璃
pliability 柔韧性, 可挠性, 可弯性, 可锻性, 可塑性, 受范性
pliability test 弯曲试验, 韧性试验
pliable 易受影响的, 柔韧性的, 易挠的, 可弯的, 可挠的
plicate(d) 有褶裥的
plication 褶皱, 皱纹
plidar (=polychromatic lidar) 多色激光雷达
plident system 优先进线式信号联动系统
pliers (=plyers) 老虎钳, 克丝钳, 扁嘴钳, 夹钳, 手钳, 钳子
pliers spot welding head X 形点焊钳
plight (1) 境况, 困境；(2) 誓约；(3) 保证
plim [使] 膨胀
Plimsoll line mark (船身) 载重线标志 (干舷标志), 载货吃水线
plinth (1) 底座；(2) 接头座；(3) 方形底部
plio- (词头) 更多, 多
pliobar 高压等值线
pliobility 弯曲弹性, 可弯性
pliobond (1) 功率电子管；(2) 合成树脂结合剂 (由酚醛树脂与合成橡胶组成)
pliodynatron 负互导管 (屏栅压高于阳压的四极管)
pliofilm 氯化橡胶薄膜, 氯化橡胶软片, 防潮胶膜
plioform 乙酸纤维素, 普利形 [塑料]
pliotron (1) 带有控制栅极的负阻四极管, 多栅 [极] 管, 三极真空管, 功率三极管, 功率电子管；(2) 空气过滤器

1048

pliovic 一种聚氯乙烯

plioweld 橡胶与金属结合法

plodder 螺旋挤压机,蜗压机

plodding 模压

plomatron 一种具有控制栅的汞弧整流器,栅控汞弧管

plot (1)曲线[图],图表,图形,图示,图案,图;(2)标绘[图],绘图,标图;(3)测绘板,绘图板;(4)划曲线,作图;(5)(秘密)计划,策划;(6)划分,区分;(7)内容,情节,结构

plot-observer 测绘员

plot of data 数据图

plot pen 描图笔

plot plan 位置图,地区图

plotmat (=plotomat) 自动绘图机

plottable error 展绘误差

plotted point 标出点

plotter (1)标图板;(2)坐标自记器,图形显示器,地震剖面仪,记录仪;(3)绘图员,标图员,计划员;(4)绘图仪,绘图器,标绘器,描绘器,绘迹器,绘图机,笔录仪,笔绘仪

plotter pen 绘图笔

plotter unit 雷达制图器,绘迹仪

plotting (1)划曲线,绘图,制图,标图,作图;(2)标绘,标定;(3)测绘,标绘,记录;(4)计算刻度,求读数;(5)标示航线,标定

plotting board (1)绘图板,测绘板,标图板,曲线板;(2)输出函数表;(3)标航线盘,描绘盘

plotting of an angle by chords 弦线绘法

plotting of an angle by tangents 切线绘法

plotting of the triangulation point 三角点展绘

plotting office (=PO) 绘图室

plotting paper 方格绘图纸,绘图纸,方格纸,比例纸

plotting scale 制图比例[尺],[绘图]比例尺,刻度尺

plotting symbols 填图符号

plotting table 图表,输出函数表

plough (=plow) (1)犁形器具,刨煤机,扫雪机,开沟机,平地机,平土机;(2)手动切书机,沟刨,槽刨;(3)搅拌棒,刮板

plough bolt 皿头方颈螺栓,防松螺栓

plough bottom 犁体

plough coulter 犁刀

plough groove 沟槽

plough-tail 犁柄,犁尾

ploughing 开槽,挖沟

ploughshare 犁铧头,犁铧铲

ploughshare section 犁铧钢

plow (=plough) (1)犁形器具,刨煤机,扫雪机,开沟机,平地机,平土机;(2)手动切书机,沟刨,槽刨;(3)搅拌棒,刮板

plow drill 耕耘条播机

plow planer 沟刨

plow press 切书边机

plow steel 锋钢

plowshare (=ploughshare) 犁铧头,犁铧铲

ploy (1)活动,职业,工作;(2)手法

pluck (1)采摘,拔;(2)拉,拽,扯;(3)抓住

pluck down 拖下,破坏,拆毁

pluck off 撕去,扯去

pluck out 拔出

plucker 拔取装置,摘取装置,采集装置

plug (1)针形接点,电插销,插塞,插头;(2)火花塞,软木塞,塞子,塞盖,栓塞,孔塞,管塞,泥塞,旋塞,销钉,栓;(3)消防龙头,给水栓,消防栓,开关,龙头;(4)塞住,堵孔;(5)反接制动;(6)抑制;(7)转炉底;(8)楔形块,心棒,衬套,芯杆;(9)炉结块,死铁;(10)带插头接点的,插入式的,柱形的;(11)插入,插上

plug adapter 插接塞式接合器,插塞式转接器,插塞

plug and feather 旋塞与滑键

plug and socket 插塞和插座

plug board 插头板,插线盘,插接板

plug bond 插头接线

plug bush 塞套

plug cock 活栓龙头,旋塞,油塞

plug connector 插塞式连接器,插塞接头

plug contact 插头

plug cord 插头软线,塞绳

plug cut-out 插塞式保险器

plug drawing 钢管定径拉拔法,短芯棒拔制

plug drill 插入式钻

plug ended trunk line 端接插塞中继线

plug flow 活塞式流动

plug for filling hole 注入孔塞

plug for water pipe 水管塞

plug fuse 插塞式熔丝

plug gap 火花塞的火花隙

plug gauge 塞规

plug-hole 塞孔

plug-in (1)插入,插座;(2)带插头接点的,组合式的,可更换的,插入式的,插换式的,更换式的,插上的,嵌入的

plug in (1)把插塞插入;(2)插入式的,带插头接点的

plug-in amplifier 插入式放大器

plug-in board 插件

plug-in bobbin 插入式线圈管

plug-in card 插件

plug-in circuit card 插件

plug-in coil 插入式线圈,插换线圈

plug-in components 插换式元件,插件

plug-in device 插入式器件,插塞装置

plug-in discharge tube 插入式放电管

plug-in duct 插入式配线导管

plug-in frier 电炒锅

plug-in inductor 插入式线圈

plug-in strip 闸刀

plug-in system 插入部件,插入单元,插[换]件

plug-in type relay 插入式继电器

plug-in unit 插入元件,插入单元,插[换]件

plug in unit 插件

plug jet 气动测头,气动塞规

plug key 插塞式开关,插塞电键

plug lines 芯棒划痕(拉拔缺陷)

plug mill 芯棒轧管机

plug of clay {冶}泥塞

plug pipe tap 塞状管丝锥

plug reamer 塞形铰刀

plug receptacle 插座

plug roll process 芯棒轧管法

plug screw 螺塞

plug screw ga(u)ge 螺纹塞规

plug seat 插孔

plug-selector 塞绳式交换机

plug sizing 塞规尺寸控制

plug socket 插座

plug switch 插头开关

plug tap 中丝锥,二锥,二攻

plug thread ga(u)ge 螺纹塞规

plug-type 插入式的,插头型的,插头式的

plug type resistor 插塞式电阻器

plug up 塞紧

plug valve 旋塞阀

plug welding 塞焊

plugboard 配线板,接线板,插塞盘

plugboard chart 插接图

pluggable 可插入的

pluggable unit 插件

plugged 塞紧的

plugged impression 嵌块,活块

plugged program 插入程序

plugged program computer 插入程序计算机

plugged-program machine 插入程序计算机

plugger (1)(手持式)凿岩机;(2)充填器

plugger program 插入程序

plugging (1)堵塞;(2)反接制动,反向制动,逆流制动

plugging chart 插接图

plugging chisel 嵌缝凿

plugging of cloth 滤布孔的堵塞

plugging relay 防逆转继电器,防反转继电器

plugging-up 闭塞,堵塞

plugging-up line 闭塞线

plugging up of absorber 吸收塔的堵塞

plughole 插孔

plugman 司泵工

plumb (1)测[深铅]锤,铅锤,吊锤,垂球,悬锤,钟锤;(2)悬线,垂线,吊线;(3)垂直[的],铅直[的],竖直[的],笔直[的];(4)用铅锤检查垂直度,用铅锤测量[水深],使垂直,安装铅管,铅封,灌铅;(5)

铅弹；(6) 探测, 查明

plumb-bob 垂线铊, 铅锤, 测锤

plumb bob 铅锤, 测锤, 垂球, 铅球

plumb cut 垂直切面

plumb joint (1) 焊接头；(2) 填铅接合

plumb level 铅锤水准仪

plumb-line 铅垂线

plumb line 铅垂线, 垂直线, 准绳

plumb post 垂直支柱

plumb rule 垂线尺, 垂规

plumb-stem bow 竖直首柱船首

plumbagine 石墨 [粉]

plumbaginous [含] 石墨的

plumbago 石墨 [粉], 炭精, 笔铅

plumbago crucible 石墨坩埚

plumballophane 铅磷英石

plumbate 高铅酸盐

plumbean [正] 铅的

plumbeous 正铅的, 似铅的, 含铅的, 铅色的, 重的

plumber 管子工, 白铁皮工 [人], 铅管工

plumber block 轴台

plumber white 铜锌镍合金

plumber's black 管工黑油

plumber's furnace 焊料熔化炉

plumber's snake 清除管道用铁丝

plumber's soil 管工黑油

plumber's solder 管锡焊料

plumbery (1) 管工车间, 铅管工厂, (2) 铅器

plumbic 四价铅的, 高铅的, 含铅的

plumbicon 氧化铅摄像管, 光导摄像管, 氧铅视像管, 铅靶管

plumbiferous 含铅的

plumbing (1) 波导设备, 波导管；(2) 管道阀门系统, 液压管道系统, 燃料管道, 铅管系统, 铅管工程, 铅管制造, 铅管敷设；(3) 铅垂测量, 铅锤, 垂准, 测深, (4) 管道工程；(5) 管道, 导管

plumbing arm 垂臂

plumbing fittings (1) 卫生设备；(2) 卫生工程

plumbism 铅中毒

plumbite [亚] 铅酸盐 (二价的)

plumbless 深不可测的

plumbline (1) 铅垂线；(2) 用铅垂线测量, 用铅垂线检查垂直度, 探测, 检查

plumbness 垂直

plumbous 二价铅的, 亚铅的

plumbsol 银锡软焊料 (银锡合金中加入少量的铅, 熔点 220-250℃)

plumbum {化} 铅 Pb

plummer (1) 承载台, 轴台；(2) 垫块

plummer-block 止推轴承

plummer block 轴承台, 轴承架

plummer block bearing 立式轴承箱组

plummet (1) 铅线铊, 铅锤, 测锤, 吊锤, 垂球；(2) 铅垂线, 准绳, (3) 钟摆

plummet level 定垂线尺

plump (1) 溶胀, 膨胀；(2) 使鼓起

plumper (1) 除酸剂；(2) 除酸工人

Plumrite 普鲁姆里特黄铜 (铜 85%, 锌 15%)

plums 填料

plunge (1) 插入, 伸入, 倾入, 投入, 浸渍, 浸入, 浸没, 陷入, 埋入, 钻入, 切入, 插进, (2) 大坡度倾斜, 下降；(3) 倒转, (4) 颠簸, 冲击, (5) 倾角, 补角

plunge-cut 全面进给法, 全面进刀法

plunge-cut grinding 全面进磨法, 切入磨法

plunge-cut grinding machine 切入式磨床

plunge-cut method 切入 [式] 法

plunge cutting feed 切入式磨削, 横向进给磨削, 全面进给法, 全面进刀法, 全面滚切

plunge feed 全面进给法, 全面进刀法

plunge feed shaving method 径向剃齿法

plunge grinding 全面进磨法, 横磨

plunge-into a difficulty 陷入困境

plunge method 切入法

plunge milling 切入铣削

plunger (1)(轮胎) 气门嘴柱塞, 阀挺杆, 柱塞, 活塞, 滑阀, 插棒, , (2) 插入件, 止动销, 锁销, 撞针 [杆], 销, (3)(铸) 压实器, 搅拌器, 掺和器, 钟罩, 冲杆, 模冲, 冲头, 阳模, 滑键, (4)(电磁铁的) 插棒式铁心, (线

圈的) 可动铁心, (波导管的) 短路器；(5)(弄通堵塞管道用的) 揣子, (浸入水中的) 浮子；(6) 手揿橡皮泵

plunger armature 活塞衔铁

plunger bucket 柱塞泵中没有活门的栓塞

plunger chip 冲头

plunger coupling 滑动套万向接头, 柱塞联轴器

plunger gear (油泵) 柱塞齿圈

plunger jet 气动量塞

plunger latch (变速器) 拨叉轴互锁锁

plunger lift 柱塞泵中没有活门的栓塞

plunger pump 圆柱式泵, 滑阀泵, 柱塞泵

plunger rack 柱塞传动机构齿条

plunger relay 插棒式继电器

plunger retainer [塑料] 阳模环, 阳模套板

plunger rod 柱塞杆, 冲头杆, 插杆

plunger tappet 柱塞挺杆

plunger type brake 柱塞式磁铁闸

plunger type instrument 铁芯吸引式测试仪器, 插棒铁心式仪表

plunger type over current 柱塞式过流继电器

plunging (1) 压入法, 钟罩法, 切入, 插入, 进入, 倒转 (测量)；(2) 向前猛冲的, 突然往下的, 跳进的

plural 两个以上的, 多于一个的, 复数的

plural gel 复合凝胶

pluralism 复数, 多种

plurality (1) 复数性, 多元；(2) 较大数, 大多数

plurality of controls 控制的复杂性, 复杂控制

plurality of register circuits 复杂记发器线路

pluralize 复数形式表示, 使成为复数

pluramelt 包 [不锈钢] 层钢板

pluri- (词头) 多

pluripolar 多极的

pluripotent 多能的

pluripotential 多能的

plus (1) 正号, 加号, 正数, 正量, 正极；(2) 零以上；(3) 阳性电的, 正的, 加的；(4) 加；(5) 标准以上的, 附加的, 多余的

plus deflection 加偏斜

plus driver 十字螺丝起子

plus earth 正极接地, 阳极接地

plus effect 正效果

plus grade 上升坡

plus involute 正渐开线

plus ion 正离子

plus lap (阀的) 正重叠, 正遮盖

plus material [筛] 面料

plus mesh (颗粒) 大于筛孔, 正筛孔

plus-minus 正负, 加减, 调整

plus minus 正负, 加减

plus-minus screw 调整螺丝

plus or minus 加或减

plus screw 十字槽螺钉

plus sign 正号, 加号

plus tolerance 正公差

plush loom 长毛绒织机

plush range 长毛绒整理机组

plusminus screw 调整螺丝

plussage (=plusage) 超出量

pluto (1) 放射性检查计；(2) 海上搜索救援飞机

plutonium {化} 钚 Pu (音不, 第 94 号元素)

plutonium bomb 钚弹

plutonium reactor 生产钚的反应堆, 钚反应堆

plutonium recycle program (=PRP) 钚再循环工作程序

plutonium recycle test reactor (=PRTR) 钚燃料再循环研究用反应堆

pluviograph [自记] 雨量计

pluviometer 雨量器, 雨量计

pluviometer-association 累计雨量器

pluviometric(al) 雨量器的, 量雨的

pluviometry 雨量测定法

pluvioscope 雨量计

ply (1) 层片, 板；(2) 叠

ply-constructed belt 分层棉织胶带

ply metals 包层金属板, 复合金属板, 双金属复合板, 双金属

ply separation 分离层层析

ply steel 复合钢, 覆层钢, 多层钢

ply wood cage 层压胶木保持架

plycast 熔模壳型

plyer 拔管小车, 拔管夹钳, 拉管台, 拔管台

plyers (=pliers) 老虎钳, 克丝钳, 夹钳, 手钳, 钳

plyform 制胶合板用模板

plyglass 纤维夹层玻璃, 胶合玻璃

plying (1) 合股, 拼线; (2) 通过, 胶合, 折, 弯

plying traveller 捻线钢丝圈

plying-up 贴合, 重合

plymax 镶铝装饰用胶合板, 金属贴面胶合板

plymetal (1) 夹金属胶合板, 涂金属层板, 金属面胶合板; (2) 包覆金属, 双金属

plywood 胶合板, 层压板, 夹板, 压板, 粘板

pneolator 人工呼吸器

pneudraulic (=pneumatic hydraulic) 气动液压的

pneudyne 气动变向器

pneulift 气动升降机

pneuma-lock 气动夹紧, 气动锁紧

pneumascope 呼吸运动描记器

pneumatic (1) 可充气的, [有] 气体的, 气压的, 气压的, (2) [有] 压缩空气推动的; (3) 有气胎的; (4) 气体力学的; (5) 气力的, 气动的, 风动的, 风力的; (6) 气压轮胎, 气胎

pneumatic accumulator 气力蓄能器

pneumatic actuator 气动执行机构

pneumatic analog 气动模拟

pneumatic analog computer 气动模拟计算机

pneumatic atomization 气力喷雾

pneumatic auxiliary console (=PAC) 气动辅助支架

pneumatic arm 气动臂

pneumatic bearing 气动轴承, 空气轴承

pneumatic brake 气 [压] 制动器, 气动闸, 气刹车, 气闸, 风闸

pneumatic buffer 空气缓冲器

pneumatic caisson 气压沉箱

pneumatic carrier 气力输送管

pneumatic caulker 气动铆锤

pneumatic caulking tool 风动捻缝工具

pneumatic cell (1) 气动式电池, 空气电池, 铬电池; (2) 气体探测管; (3) 气拌池

pneumatic checkout unit (=PCU) 气动检测装置

pneumatic chipper 气凿

pneumatic chipping hammer 气力锤, 气压锤, 风錾, 风铲

pneumatic chipping machine 气动錾平机

pneumatic chisel 气凿

pneumatic chuck 气动卡盘

pneumatic circuit 气压管路

pneumatic clamp 气动卡具, 气动压板

pneumatic classifier 气流分级机, 气力式造粒机

pneumatic cleaning 气流式清选

pneumatic clutch 气动离合器

pneumatic compactor 气夯

pneumatic concrete placer 气压混凝土浇灌机

pneumatic control 压缩空气控制, 气动控制, 气动调节, 风控, 气控

pneumatic control instrument 气控仪表

pneumatic control panel (=PCP) 气动控制盘, 气动控制台

pneumatic control system 气动控制系统

pneumatic control valve 气动控制阀

pneumatic controller 气动控制器, 气动调节器

pneumatic conveyer (1) 气力输送机, 气动输送机, 风力输送机; (2) 气动输送带

pneumatic crane 风动起重机, 气动吊车

pneumatic cranking 气动起动

pneumatic cushion 气垫, 气枕

pneumatic cushion shock absorber 气垫减震器

pneumatic cut-off winder 气压自停卷布机

pneumatic cylinder 气压缸

pneumatic cylinder cock 气筒旋塞

pneumatic die cushion 气力模垫, 气枕

pneumatic digger 风铲

pneumatic digital computer 气动数字计算机

pneumatic discharge 气动卸料

pneumatic discharge vehicle 气动卸载式载重汽车

pneumatic discharger 气动卸料机

pneumatic dispatch 气动递送

pneumatic distribution unit (=PDU) 气压输送分配器

pneumatic drill 气动钻, 压气钻, 风 [动] 钻

pneumatic drilling machine 气动钻机

pneumatic driver 风动打桩机

pneumatic element 气动元件

pneumatic elevator 气流式升运机

pneumatic feed 气动排种机

pneumatic finisher 气力修整器, 压气修整器

pneumatic ga(u)ge (1) 气动量规; (2) 气动测量仪表

pneumatic grain conveyor 气流式谷物输送机

pneumatic grinder 风动手提砂轮机

pneumatic gripping 气动夹钳

pneumatic gun 气枪

pneumatic hammer [空] 气锤, 风锤

pneumatic hand rive 气动铆锤, 铆钉枪 t

pneumatic hey conveyer 气流式干草输送机

pneumatic high-speed beetle 气压高速捶布机

pneumatic highspeed duster 气力式快速喷雾器

pneumatic hoister 气力绞车

pneumatic hydraulic 气动液压的

pneumatic hydraulic test console (=PHTC) 气动液压试验控制台

pneumatic interlocking 气动联锁

pneumatic jack (1) 气动千斤顶, 压气千斤顶, 气压千斤顶; (2) 气动起重机

pneumatic key 气动键

pneumatic knockout 气动落砂机

pneumatic lift 气力升降机

pneumatic loudspeaker 气动扬声器, 气流传声器

pneumatic machinery 气动机械

pneumatic mechanical forming 气动机械成形

pneumatic micrometer 气动量仪

pneumatic molding machine 气动造型机

pneumatic nebulizer 气动雾化器, 气动喷雾器

pneumatic nozzle link 气压调节杆

pneumatic parameter 气压参数

pneumatic perforator 气压凿孔机

pneumatic pick 气动挖掘机, 风动镐

pneumatic picker 气吸式收摘机

pneumatic pile 气压桩

pneumatic pounds 气压磅数

pneumatic press 气动压力机

pneumatic pressure 气压

pneumatic pressure regulator 气动调压器

pneumatic pressurizing 气动密合

pneumatic pump 气压泵, 压气泵, 空气泵

pneumatic punching machine 气动冲床

pneumatic pyrometer 气动高温计

pneumatic rabbit hole 风动传送装置孔道

pneumatic refractometer 气动折射计

pneumatic regulation unit (=PRU) 气动调节设备, 气动调节装置

pneumatic regulator 冷气调节器

pneumatic relay 气动继电器, 气动替续器

pneumatic release valve 气压释放阀

pneumatic riveter 气动铆锤机, 铆钉枪

pneumatic riveting 气力铆接, 气动铆接

pneumatic riveting gun 气动铆钉枪

pneumatic riveting hammer 气铆锤

pneumatic riveting machine 风动铆机

pneumatic robot 气动机器人

pneumatic rock drill 风钻

pneumatic roll marking machine 气压辊式打印机

pneumatic rotary table 气动旋转工作台

pneumatic sand rammer 气动型砂捣碎机

pneumatic sander 气动喷砂机

pneumatic scrubber 气动洗涤器

pneumatic seeder 气吸式播种机

pneumatic separation 气力分选

pneumatic separator 风力分选机, 风力选矿机, 气力式分选机

pneumatic servodrive 气压助力传动

pneumatic servomotor 气压伺服电动机

pneumatic shaker 气力抖动器

pneumatic shock absorber 气动式减振器, 气力减振器

pneumatic shock absorber strut 气压减振柱

pneumatic shot blasting machine 喷丸清理机

pneumatic signal 气动信号

pneumatic single-pen recorder 气动单针记录器

pneumatic sprayer　气力喷雾器
pneumatic starter　气动起动机
pneumatic steel　(1) 喷气炼钢, 气法炼钢; (2) 转炉钢
pneumatic supply subsystem (=PSS)　压缩空气供应支系统
pneumatic switch　气动开关
pneumatic system　气动系统
pneumatic system automatic regulator (=PSAR)　气动系统自动调节器
pneumatic system manifold regulator (=PSMR)　气动系统歧管调节器
pneumatic test console (=PTC)　气动试验控制台
pneumatic test sequencer (=PTS)　气动测试程序装置
pneumatic test set (=PTS)　气动测试设备
pneumatic test stand　气压试验台
pneumatic thickener　气压脱水机, 气压浓缩机
pneumatic time delay relay　气动延时继电器
pneumatic toggle press　气动肘杆压力机
pneumatic tool　气动工具, 气压工具, 风动工具
pneumatic traction　气力牵引
pneumatic trough　集气槽
pneumatic transfer devices　气动移动装置
pneumatic transmission system　气动传输系统
pneumatic transmitting rotameter　气动传送旋转流量计
pneumatic trough　集气槽反置的, 集气槽水封的
pneumatic tube (=PT)　压缩空气 [输送] 管, 气压运输管, 气压输物管, 气动风管, 压气管, 输气管
pneumatic type tractor mounted air-blast sprayer　拖拉机悬挂式气力弥雾器
pneumatic tyre　充气轮胎, 内 [车] 胎, 气胎
pneumatic tyre rim　气胎轮缘
pneumatic unit head　气动动力头
pneumatic valve　气压阀, 气动阀, 阻气阀
pneumatic ventilation　压力通风
pneumatic vibratory knockout　气动落砂机, 气动振动器, 振动落砂机
pneumatic vice　气动虎钳
pneumatic weighting　气流加压
pneumatic wrench　风动扳手
pneumatically applied mortar　喷 [射砂] 浆
pneumatically-operated dial feed　气动转盘送料
pneumatically-operated direction valve　气动操纵换向阀
pneumatically-operated equipment (=POE)　气动装置
pneumatically-operated switch　气动开关
pneumatically placed concrete　喷混凝土
pneumatics　(1) 气体力学, 气动力学; (2) 气动装置; (3) 轮胎
pneumatics technique　气动技术
pneumatization　气腔形成
pneumatized　含有气腔的, 充气的
pneumato-　(词头) 空气, 气体, 呼吸
pneumato-hydraulic coppying head　液压仿形头
pneumato-hydro tracer　液压仿形头
pneumato-static slideway　气体静压导轨
pneumatology　气体力学
pneumatolysis　气化 [作用], 气成
pneumatometer　呼吸气量测定计, 呼吸量计
pneumatometry　呼吸气量测定法
pneumatophore　载气体, 氧气囊, 浮囊
pneumatosphere　电子 [控制气动 [的]
pneumeractor　测量石油产品质量的记录仪, 液量计
pneumo-　(词头) 空气, 气动, 呼吸
pneumo-oil switch　气动 - 油压开关
pneumodograph　呼吸气量描记器
pneumodynamics　气体动力学
pneumograph　呼吸描记器
pneumohydraulic　气动液压的
pneumohydraulic technique　气动液压技术
pneumonics　压气 [射流自动] 学
pneumoscope　呼吸力描记器
pneumotachograph　呼吸速度描记器
pneusometer　肺活量计
pneutronic　电控气压的, 气动电子的
poaptor　(纵向力) 操纵装置, 操纵机构
pock　[使有] 痘痕, [使有] 麻点
pock mark　麻点, 痘痕 (不锈钢退火缺陷)
pocket　(1) (轴承) 兜孔, (2) 穴, 槽, 窝, 凹处; (3) 袖珍的; (4) 气孔, (5) 贮器, 容器, 袋, 盒, 壳, 套, 罩; (6) 集料架, 料仓, 小船室, 煤库; (7) 压缩的, 紧凑的, 小型的, 袖珍的; (8) 压制, 抑制, 阻挠, 搁置, 侵吞, 盗用

1052

pocket ammeter　便携式安培计
pocket bearing　油盘轴承
pocket book　笔记本, 袖珍本, 手册
pocket chronometer　精密计时怀表
pocket computer　携带式计算机, 袖珍计算机
pocket conveyor　窝眼带式输送机, 袋式输送机
pocket feeder　转叶式给料器, 星形给料器
pocket hole　盲孔
pocket-knife　小折刀
pocket lamp　手电筒
pocket pistol　小手枪
pocket plum　小型型芯座
pocket radio　(1) 携带式收音机, 小型收音机; (2) 袖珍式无线电设备, 小型无线电设备
pocket-size　袖珍型的, 袖珍式的, 小型的
pocket tape　钢皮卷尺
pocket voltage　便携式伏特表
pocketed oil　(齿轮泵) 齿间困油
pocketscope　轻便阴极示波器, 轻便示波器
pockhole　气孔, 缩孔
pockmark　麻点, 痘痕 (不锈钢退火缺陷)
pod　(1) 荚形钻; (2) 推进毂罩, 导流罩; (3) 可分离的舱, 发射架, 短舱, 吊舱, 容器; (4) (螺旋钻, 钻头的) 纵槽, (手摇钻的) 钻头承窝, 有纵槽的螺旋钻; (5) 装吊舱
pod bit　有纵槽的钻头
podded nacelle　翼下发动机吊舱
podger　小打孔器
podoid　心影
podoid of a curve　心影曲线
podoid of a surface　心影曲面
podoidal transformation　心影变换
poecilitic　嵌晶状的
poecilosmoticity　变渗性, 透压性
poecilothermia　变温性
poid　(1) 膺正弦线, 形心 [曲线]; (2) 瞬心轨迹
poidometer　巨重快测计, 称重计, 重量计, 加料计
point　(1) 方位点, 点, 位置, 部位; (2) 尖, 尖端, 端点, 末尾; (3) 指向, 指针; (4) 刀尖; (5) 瞬时, 时刻; (6) 问题, 要点, 论点, 条款; (7) 目的
point aggregate　凝合点组
point angle　钻头角, 锥尖角, 顶角
point at infinity　无穷远点
point-blank　近距离平射, 在一条直线上
point by point　逐一, 逐点, 详细
point-by-point integration　逐点积分
point-by-point scanning　逐点扫描
point cathode　点阴极
point charge　点电荷
point circle　齿顶圆
point conic　点素二次曲线
point-contact　点接触的
point contact　点接触
point-contact diode　点接触二极管
point-contact photocell　点接触型光电管
point counter　点端式计数器, 尖端式计数管
point cut-off　切断点
point cycle　(自动机的) 穿孔频率, 穿孔周期
point design　解决关键问题的设计, 符合规范要求的设计
point-device　非常精密 [的], 完全正确 [的]
point diameter　(1) 刀尖直径; (2) (螺纹的) 前端直径
point dipole　点偶极子
point down　(1) (六角钢的) 顶角直轧; (2) 尖头朝下, 棱角朝下
point-duty　值勤, 站岗
point dwell　[移动] 停止点
point effect　尖端效应
point electrode　尖端极, 点电极
point estimate　点估计量
point estimation　点估计法
point filament　尖端灯丝
point-focused　聚焦成点状的
point ga(u)ge　(1) 轴尖式量规, 测针, 点规, 量棒; (2) 针形水位计
point gearing　点啮合
point-group　点集, 点群
point hardening　局部淬火
point-instant　点 - 瞬时

point insulating (=PI)　点绝缘
point interference　尖顶干涉
point-junction transistor　点结型晶体管
point-like　点状的
point-load　(1) 集中荷载, 点荷载；(2) 点电荷负载
point load　点负荷
point locator　探穴仪
point lug　道岔尖轨耳铁
point matching method　点匹配法
point micrometer　点测头千分尺, 点测微计
point of action　作用点
point of application　(1) 施力点, 加力点, 着力点；(2) 作用点
point of attachment　联结部位, 联结点
point of blade　叶片尖端
point of break　折断点
point of burst　(1) 爆裂点；(2) 炸点
point of center　顶尖轴
point of chain　链破裂点, 链断裂点
point of collision　碰撞点
point of compression　压缩点
point of contact (=POC)　(配对齿轮的瞬时) 接触点, 啮合点, 切点
point of contraflexure　反弯点
point of crossing　交叉点, 交点
point of curvature (=PC)　曲线起点
point of curve　曲线始点, 曲线起点
point of descent　落点
point of detonation　爆震点
point of discontinuity　不连续点, 突变点, 间断点
point of divergence　分支点
point of emergence　[射线] 出点
point of engagement　啮合点
point of entry　输入点
point of exact neutrality　准确中和点
point of flammability　闪点
point of fluidization　液态化起点, 流化点
point of force application　力作用点, 施力点, 加力点, 着力点
point of force concurrent　力交汇点
point of fracture　断裂处
point of fusion　熔点
point of higher singularity　高阶奇异点
point of hyperosculation　超密切点
point of ignition　燃烧点, 着火点
point of impact　弹着点
point of impingement　[喷流的] 碰撞点
point of incidence　入射点
point of increase　增点
point of inflection　转折点, 反弯点, 拐点
point of inflexion　反曲点, 弯曲点, 拐点
point of instantaneous motion　瞬心
point of interception　截击点
point of interruption　中断点
point of intersection (=PI)　相交点, 交叉点, 交截点, 交点
point of ionization　电离点
point of irradiation　辐照点, 照射点
point of linear invariability　线性不变点
point of load　载荷点
point of load application　负载作用点
point of magnetic modification　磁变态点
point of maximum intensity　最大强度点
point of mixing　混合点
point of no return　无还点, 临界点
point of observation　观测点
point of onset of fluidization
point of origin (=p of o)　原点
point of oscillatory discontinuity　振动间断点, 摆断点
point of osculation　密切点
point of recalescence　再辉点
point of reference　(1) 参考点；(2) 水准点, 基准点, 基点；(3) 控制点
point of reflection　反射点
point of release　排泄点
point of reverse curvature (=PRC)　反曲率点
point of sale (=POS)　出售点
point of self-oscillation　自振点
point of separation　(气流) 分离点

point of sight　(1) 视点；(2) 瞄准点
point of slippage　(机车牵引试验) 打滑点
point of solidification　凝固点
point of stall　失速点
point of striction　垂足限点, 腰点
point of support　支点
point of suspension　吊挂点
point of switch (=PS)　(1) 转换点；(2) 转撤器尖
point of take-off　(馏出物自蒸馏塔的) 取出点
point of tangency (=PT)　切点
point of tangent　切点
point of the compass　罗盘的主方位, 罗经点
point of tongue　尖轨端
point of transition　转移点
point of undulation　波动点
point of view　着眼点, 观点, 见解
point of weld　焊接点
point of zero moment　零力矩点
point out　指出, 指示
point particle　质点
point position　点的位置
point position coincidence　重合 [位置] 点
point position reduction　转换 [位置] 点, 转换中心
point projection X-ray microscope　点投影式 X 射线显微镜
point rail　尖轨
point scriber　尖划线针
point series　点系列
point set　{数} 点集
point-shapedness　点状
point spectrum　离散谱, 点谱
point-supported　定点支承的
point symmetry　点对称
point-to-point (=PTP)　(1)(无线电通信)定向的；(2)点至点的, 逐点的；(3) 定向无线电传送, 干线无线电通信, 点位控制；(4) 两点之间
point-to-point controlled robot　点位控制机器人
point-to-point data link (=PPDL)　定点数据传输装置
point-to-point method　逐点测定法
point-to-point speed　直线运动速度, 平移速度
point tongue　道岔尖轨
point tool　凿头
point tooth gearing　点啮合
point toothing　点啮合
point transistor　点式晶体管
point trough　转撤器轮缘槽
point up　(1) 着重说明, 使突出, 强调；(2) 向上, 朝上, 冲上
point welding　点焊 [接]
point width　(双面刀盘) 刀顶距, 错刀距
point width taper　(锥齿轮) 齿沟底锥度, 齿底收缩, 刀尖宽锥度
point-wise discontinuous function　点态不连续函数, 概连续函数
pointed　有尖端的, 尖锐的, 尖角的, 尖顶的, 尖的
pointed box　尖底箱, V 型箱
pointed cone　尖锥
pointed drill　尖钻
pointed end　尖端, 尖头, 顶端, 波峰
pointed file　尖锉
pointed finish　点凿面
pointed hammer　尖锤
pointed journal　锥形轴颈
pointed peaky pulse　尖顶脉冲
pointed screw　尖端螺钉
pointed tip　尖头电极
pointed tool　尖头刀具
pointed tooth　尖齿
pointer　(1) (钟、表的) 指针, 指示器；(2) 转撤器；(3) 瞄准器；(4) 查表器；(5) 指示位；(6) 地址计数器；(7) 瞄准手；(8) 勾缝工具
pointer address　指示字地址
pointer counter　指针式计量装置
pointer counterbalance　指针平衡器
pointer dial　指尖式计数盘, 标度盘
pointer type　指针式
pointer type indicator　指针式指示器
pointing　(1)削尖, 弄尖, 磨尖, 压尖, 轧尖；(2)指示, 指点, 瞄准, 对准, 定向, 定标, 指向；(3) 标点；(4) 嵌填, 勾缝
pointing chisel　点凿

pointing error　指向误差, 定向误差, 瞄准误差, 指示误差
pointing machine　锻尖机, 轧尖机
pointing stuff　勾缝料
pointing tool　倒棱工具
pointing trowel　勾缝刀
pointless screw　平端螺钉
pointolite　钨丝弧光灯, 点光源
points　配给 [的]
pointsman　扳道工, 转辙手, 扳闸手
pointwise　逐点的
pointwise discontinuous function　点态不连续函数, 概连续函数
poise (=P)　(1) 泊 (粘度单位)；(2) [使] 平衡, [使] 均衡；(3) 砝码, 秤砣, 重量
poised state　平衡状态, 稳态
poiser　(1) 氧化还原反应缓冲剂, 平衡剂, 均衡剂；(2) 平衡棒
poising callipers　平衡卡规
poison　(1) 毒物, 毒化；(2) 有害的中子吸收剂, 反应堆残渣, 抑制剂；(3) 有毒的；(4) 使中毒, 毒害, 沾污, 阻碍, 抑制
poison for catalyst　反接触剂, 催化毒
poison gas　毒气
poison-resistant　抗中毒性, 催化剂抗硫化物中毒性
poison tower　{化} 除毒塔
poisoning　中毒
poisoning of cathode　阴极毒化, 阴极污染
poisonous　(1) 有毒的；(2) 中毒的
Poisson accident process　泊松事故随机程序
Poisson distribution　{数} 泊松分布
Poisson process　泊松过程
Poisson ratio　横向变形系数, 泊松比
Poisson's equation　泊松方程
Poisson's number　波桑值, 泊松数
Poisson's ratio　波桑比, 泊松比, 横向变形系数
poke　(1) 刺, 插；(2) 拨火, 添火, 透炉, 搅拌
poke welding　手动挤焊, 手推点焊
poker　(1) 搅拌杆；(2) 拨火棒, 火钳, 通条
poker arm　升降杆支臂
poker bar　钎 (清理风口棒)
poker vibrator　(混凝土用) 插入式振荡器
poking　拨火, 添火, 透炉, 棒插
poking bar　拨火棒, 通火钩
poking hole　搅拌孔
polar　(1) 极性 [化] 的, 极性的；(2) 极线, 极面, 极性；(3) 极轨道的, 地极的, 磁极的, 南极的, 北极的；(4) {数} 配极的, 极线的, 极坐标的
polar action　极性效应
polar activation　极性活化
polar adjustment　极性调整
polar angle　极角
polar arc　极弧
polar axis　(1) 装置的旋转轴；(2) 极坐标的参考线
polar bond　极性键
polar cap absorption (=PCA)　极冠吸收
polar chin molecule　有极链分子
polar code　极性码
polar compound　极性化合物
polar control　极坐标法控制
polar coordinate　极坐标
polar coordinate tube　极坐标管
polar coordinates robot　极坐标机器人
polar crystal　极性晶体
polar curve　极坐标曲线, [配] 极 [曲] 线
polar diagram　极坐标图, 极线图
polar distance (=P)　极距
polar equation　极坐标方程式
polar form　极形
polar hodograph　极坐标式速度图, 极坐标分析图
polar indicator　极性指示器
polar involute function　极坐标渐开线函数
polar keying　极性键控
polar light　极光
polar line　极线
polar modulation　极性调制
polar molecule　极性分子, 极化分子
polar moment　极矩
polar moment of inertia　极惯性矩, 惯性极矩

polar net　(金属结晶的立体) 极坐标投影法, 极网
polar normal　极法线
polar orbit　极轨道
polar orbiting geophysical observatory (=POGO)　极地轨道地球物理观测台
polar origin　极原点
polar planimeter　定极求 [面] 积仪
polar plot　极坐标图
polar project　极投影
polar radiation pattern　极辐射图
polar reciprocal　极对演, 配极
polar reciprocal surface　配极曲面
polar relay　极化继电器
polar semiconductor　极性半导体
polar-sensitive　对电流方向灵敏的, 极向灵敏的, 极化的
polar substance　有极性物质
polar timing diagram　极坐标正时相位图
polar tractrix　螺形曳物线
polar transformation　配极变换
polar vector　极向量
polari-　(词头) 极
polarimeter　(1) 旋光测定计, 旋光计, 旋光仪, 偏振计, 偏光计, 极化计；(2) 偏光镜
polarimetric　测定旋光的, 测定偏振的, 测定极化的
polarimetry　(1) 旋光测定法, 偏振测定法, 测偏振术；(2) 偏振面转动测量, 用偏振光研究, 偏光计量
polarine　一种马达润滑油
Polaris　(1) 北极星；(2) 北极星式核潜艇, 北极星式导弹
polaris aurora　极光
Polaris test vehicle (=PTV)　北极星试验导弹
Polaris tractical missile (=PTM)　北极星战术导弹
polariscope　(1) 光测偏振仪, 偏振光镜, 偏旋光镜, 极化光镜, 起偏振镜, 偏极光器, 偏光仪, 旋光计；(2) 偏光镜
polariscope tube　偏振光镜管
polariscopy　旋光镜检法
polarise (=polarize)　[使] 两极分化, [使] 极化, [使] 偏振
polariser (=polarizer)　(1) [起] 偏振器, [起] 偏振镜, [起] 偏光镜, 极化镜, 极化器, 起偏器, 起偏镜；(2) 偏振滤片
polaristrobometer　偏光计, 旋光计
polarite　坡拉炸药
polariton　电磁声子, 极化声子, 偏振子
polarity　(1) 极性现象, 偏光性, 极化, 配极；(2) (晶体管的) 极性；(3) 正相反
polarity-coincidence correlator　极性重合相关器
polarity direction relay　有极选择继电器
polarity effect　极化效应
polarity indicator　极性指示器
polarity inverting amplifier　倒相放大器
polarity mark　极性标记
polarity of picture signal　视频信号极性, 图像信号极性
polarity of transformer　变压器极性, 变压器绕线方向
polarity of video signal　视频信号的极性
polarity reversal　极性反转
polarity-reversing switch　(信号、电流、电压) 极性转换开关, 极性反转开关
polarity reversing switch　极性转换开关
polarity splitter　极性分离器, 分极器
polarity test　极性试验
Polarium　钯金合金 (钯 10-40%, 铂少量, 其余金)
polarizability　极化强度, 极化率, 极化度, 极化性
polarizable　可极化的
polarization　(1) 极化强度, 极化作用, 两极分化；(2) 极化 [度], 偏振 [度]；(3) 配极变换；(4) 偏振化作用, 偏振极, 偏振光；(5) (印刷电路板) 定位
polarization analyzer　偏振光分析仪, 极化分析器, 检偏振镜, 检偏光镜
polarization-asymmetry ratio　极化不对称率
polarization by reflection　反射极化
polarization cell　极化电池
polarization current　极化电流
polarization effect　极化效应
polarization error　极化误差
polarization fading　极化衰落
polarization microscope　偏光显微镜
polarization of dielectric　电介质的极化

polarization of electromagnetic waves 电磁波的极化,电磁波的偏振
polarization of light 光的偏振
polarization of medium 媒质的极化
polarization of radio waves 无线电波的偏振
polarization photometer 偏光光度计
polarization plane 极化平面
polarization potential 极化电位
polarization selectivity 偏振选择性
polarization switch 变极点火开关,极化[转换]开关
polarize [使]两极分化,[使]极化,[使]偏振
polarized ammeter 极化安培计
polarized electromagnet 极化电磁铁
polarized light 极化光,偏振光
polarized light analog 偏振光模拟
polarized meter 极化表
polarized plug 极化插头
polarized products 极化产物
polarized relay (=PR) 极化继电器
polarized-relay armature 极化继电器衔铁
polarized return-to-zero recording 极化归零记录
polarized secondary clock 有极子钟,极化子钟
polarized sounder (=PS) 极化音响器
polarized-vane ammeter 极化叶片式安培计
polarizer (1)[起]偏振器,[起]偏振镜,[起]偏光镜,极化镜,极化器,起偏器,起偏镜;(2)偏振滤片
polarizing angle 起偏振角
polarizing coil 极化线圈
polarizing filter 极化滤波器
polarizing operator 配极算子
polarizing prism 起偏振[棱]镜
polarizing spectacle 偏光镜
polarogram 极谱[图]
polarograph (1)极谱记录器,极谱仪,旋光计;(2)方形波偏图
polarographic 极谱[法]的
polarographic analysis 极谱分析[法],极化分析[法]
polarographic wave 极谱波
polarography (1)极谱[分析]法;(2)极谱学
polaroid (=polarization filter) [人造]偏振片,[人造]偏光板,起偏振片
polaroid analyzer 偏振分析器,极化分析器,检偏振器
Polaroid camera 波拉罗伊德照相机,显胶片照相机
polaroid polarizer 人造起偏振镜,偏振光镜,极化镜
polaroid sector 扇形偏振片
polaron 极化子,偏振子
polaroscope 偏振光镜
polarotaxis 趋极光性
polaxis 极轴
pole (=P) (1)磁极,电极,地极,天极,极;(2)电杆,测杆,花杆,支柱,杆,棒;(3)极点,顶点,极端;(4)杆(长度单位,=5.5码);(5)[用杆]支撑,架线路,立杆;(6){冶}插树,插青,[青木]还原,[青木]除气
pole-and-chain 撤柱机,回柱机
pole arc 磁极弧
pole-arm 线担
pole brace 电杆支撑
pole bracket 悬臂支架,支架,撑架,悬臂
pole-car 铁路杆车
pole-chain 极链
pole change 极变
pole change motor 极变换电动机
pole changer 换向开关,转向开关,换流器,换极器
pole changes 极变换
pole changing 换极
pole changing motor 变极电动机,换极电动机
pole changing switch (=PCS) 换极开关,换极器
pole core 磁极铁芯
pole derrick 墙装动臂式起重机
pole-distance 极距
pole dolly 辘车
pole-effect 电极效应
pole-face 极面,极端
pole face 极面,极端
pole-figure 极像图
pole fittings 电杆附件
pole-fleeing force (向赤道的)离极力

pole float 长杆浮标,浮标杆
pole-footing 杆根
pole height 电杆高度
pole-hook 杆钩
pole indicator 极性指示器
pole jack 拔杆机
pole-lathe 足踏木车床
pole light 路灯
pole line 架空线路,架空电线,电杆线
pole line scheme [电]线路图
pole mast 单杆桅
pole-mounted 安装在电杆上的
pole mounted oil switch 电杆上油开关,柱上油开关
pole of a circle 圆的极点
pole of F(s) 复变数函数 F(s) 的极点
pole of orbit 轨道极点
pole of order n n 阶极点
pole of rotation 自转极
pole-piece 磁极片,极靴
pole piece 极片
pole-pitch 磁极距
pole pitch 极距
pole plate 承橼板
pole position 有利的地位
pole pruner 长杆修枝剪刀
pole shoe 磁极片,极靴
pole shoe spreader 极靴撑
pole span 杆挡
pole-star (1)指导原理,指导原则;(2)有吸引力的中心,目标;(3)北极星
pole step 上杆脚板,上杆脚钉
pole-strength 磁极强度,极强
pole strength 磁极强度,极强
pole strip 炮眼间隔距规
pole switch 架空安装开关,极柱式开关,杆上开关
pole terminal 极靴
pole tester 电杆试验器
pole-tip 极尖
pole trailer 电线杆拖车
pole tough pitch 火精铜插树精炼铜
pole transformer 杆上安装变压器,电杆上变压器,架杆[式]变压器,杆装变压器
pole triangle 极三角形
pole winding 磁极绕组
pole with strut 双撑杆
polectron 聚乙烯咔唑树脂
poled 已接通的,连接的,连接的,插入的
poleless 无电杆的,无极的
poleless transposition 无[电]杆交叉
polemoscope 军用望远镜
polepiece 磁极片
polesaw 长柄锯
polhode (1)瞬心轨迹线,心迹线;(2)本体极迹
police (1)修正,(陀螺仪的)校正;(2)监督执行,管辖,控制
policy (1)方针,策略,政策;(2)保险证券,保险单,凭单
poling (1)架线路,立杆;(2)支撑;(3){冶}插树,(青木)还原,除气;(4)调整电极,成极
poling board 电缆沟的壁板,撑板
poling board method 插板法
poling down {冶}插树还原
polish (1)精加工,磨光,抛光,抛光,打光,研磨,琢磨,擦亮;(2)抛光剂,擦亮剂,擦光油,磨料;(3)光泽;(4)虫胶清漆,擦光漆,泡立水
polish off 很快结束,草草了事
polish resistant aggregate 抗磨光集料,防滑集料
polish up 完成,修饰,改良
polished 抛光的
polished bolt 抛光螺栓
polished glass 磨光玻璃
polished specimen 抛光试件
polished surface 精加工表面,抛光面
polished to a mirror finish 抛光至镜面光泽
polisher (1)抛光机,磨光器,抛光器;(2)抛光剂,打光剂,擦亮剂;(3)抛光工,打磨工;(4)(水处理)终端过滤器
polishing (1)抛光,擦亮,打光;(2)研光,磨光;(3)(齿轮跑合)抛光

polishing agent　抛光剂
polishing ball　抛光[用]钢球
polishing barrel　抛光筒,串筒
polishing clamp　抛光夹
polishing cloth　抛光布
polishing compound　抛光剂
polishing cone　抛光锥
polishing cream　抛光膏
polishing drum　抛光筒
polishing file　抛光锉
polishing iron　铁磨光器
polishing lathe　抛光机,擦光机,磨光机
polishing material　抛光材料,抛光剂
polishing paper　抛光纸
polishing powder　抛光粉
polishing roll　抛光辊,轧光辊
polishing tool　抛光工具
polishing wax　擦车蜡
polishing wheel　抛光轮,磨光轮
polissoir　抛光设备
polital　波利达铝合金(1.1%Si, 0.75%Mg, 0.4%Mn, 0.15%Ni, 余量Al)
politure　抛光,光泽
politus　光滑的
poll　(1)(锤的)宽平端;(2){计}终端设备定时询问,登记,挂号,转态,换态,查询
poll pick　锤镐
polling　(1)登记,注册;(2){计}终端设备定时询问,转态过程,换态过程,查询
Pollopas　脲醛树脂
pollutant　(1)污染物[质],粘污物,污染剂;(2)散布污染物质者
pollutant emission　污染发散物
pollutant substance　污染物质
pollute　弄脏,污染,沾污,败坏
polluted　被污染的,被沾污的
polluter　(1)污染物质;(2)污染者
pollution　污染,沾污,弄脏,腐败,公害
pollution-free　无污染的
pollutional　污染的
pollutive　造成污染的
polology　(1)散射矩阵极点残数的确定;(2)定极学
polonium　钋Po(第84号元素)

1056

poly　多,聚,复
poly-　(词头)多,聚
poly-β-alanine　聚β-氨基丙酸,耐纶-3,尼龙-3
poly cell approach　多元近似法,多单元法
poly domain　多圆域
poly light　多灯丝灯泡
poly-plane　多翼飞机
poly-tungstate　多钨酸盐
poly water　多聚水
polyacetal　聚[缩]醛[树脂]
polyacetaldehyde　聚乙醛
polyacid　(1)缩多酸,多元酸;(2)多酸的
polyacrylate　聚丙烯酸脂
polyacrylic resin　聚丙烯酸树脂
polycrylonitrile　聚丙烯腈
polyact　多幅肋的
polyad　(1)多零件组合,多元件组合;(2)多价物;(3)多价的
polyaddition　加[成]聚[合作用],加成反应
polyagglutination　多凝集反应
polyaldehydes　聚醛
polyallomer　异质同晶聚合物
polyamide (=PA)　聚酰胺
polyamide fiber　聚酰胺纤维
polyamide gear　聚酰胺齿轮,尼龙齿轮
polyamide resin　聚酰胺树脂
polyangular trade　多角贸易
polyateral　多边形的
polyatomic　(1)多原子的,(有机)多元的;(2)多碱的;(3)多酸的
polyatomic acid　多元酸
polyatomic alcohol　多元醇
polyatomic gas　多原子气体
polyatomic molecule　多原子分子
polyatron　多阳极计数放电管

polybase　聚多碱,混合基
polybase crude oil　混合基石油
polybasic　(1)多碱的,多元的;(2)多原子的
polybasic acid　多价酸,多元酸
polyblend(s)　塑料橡胶混合物,聚合混合物,共混聚合物,复合高聚物,聚合物共混体,高聚物混合体
polybond　聚硫橡胶粘合剂
polybutadiene　聚丁二烯
polybutadiene acrylic acid copolymer　聚丁二烯丙烯酸共聚物(固体火箭燃料)
polybutadiene acrylonitrile　聚丁二烯丙烯腈
polybutene　聚丁烯
polybutene oil　聚丁烯合成润滑油
polybutylene (=polybutene)　聚丁烯
polycarbafil　玻璃纤维增强聚碳酸酯
polycarbonate (=PC)　聚碳酸酯,多碳酸盐
polycarbonate cage　聚碳酸酯保持架
polycarbonate capacitor　聚碳酸酯电容器
polycarbonate film condenser　聚碳酸酯薄膜电容器
polycenter　多中心
polycentered　多中心的
polycentric　多中心的
polychlor　聚氯
polychloroprene　聚氯丁烯,氯丁橡胶
polychloroprene rubber　氯丁橡胶
polychlorotrifluoroethylene　聚三氟氯乙烯
polychrestic　有多种用途的,多能的
polychroism　各向异色散,多向色性,多色[现象]
polychrom　聚四氟乙烯载体
polychromate　(1)多铬酸盐;(2)多色物质
polychromatic　多色的
polychromatism　多色性
polychromator　多色仪
polychrome　(1)多色的,彩饰的;(2)多色,彩色
polychrome television　彩色电视
polychromic　多色的
polycoagulant　凝聚剂
polycomplex　络聚剂
polycomplexation　络聚[作用]
polycompound　多组份化合物
polycondensate　缩聚[产]物
polycondensation　聚缩作用
polyconic projection　多圆锥投影,多圆锥射影
polycore cable　多芯电缆
polycrystal　多晶[体]
polycrystalline　多晶体的,多结晶的,复晶的
polycrystalline material　多晶体材料,多晶物质,多晶体
polycrystallinity　多晶结晶度,多晶性
polycycle　多旋回
polycyclic　{化}多环的,多周的,多相的
polycyclic compound　多环化合物
polycyclic group　多循环群
polycyclic hydrocarbon　多环烃
polycylinder　(1)多圆柱[体],多柱面;(2)多气缸
polydiene　聚二烯
polydirectional　多[方]向[性]的
polydirectional core loss　多方向性铁损
polydisperse　多分散的,杂散的
polydispersity　聚合度分布性,多分散性,杂散性
polydomain　{数}多畴
polydynamic　多动态的
polyedron　多面体
polyelectrode　多电极
polyelectrolyte　聚合电解质,高分子电解质
polyelectron　多电子
polyene　多烯,聚烯
polyenergetic (=polyergic)
polyenergetic neutron radiation　多能量中子辐射
polyepoxide　聚环氧化物
polyester　聚酯
polyester capacitor　聚酯电容器
polyester fibres　聚酯纤维
polyester film　聚酯薄膜,聚酯胶片,聚酯软片
polyester resin　聚酯树脂

polyester synthetic lubricant　聚酯合成润滑剂
polyesteramide　聚酰胺酯
polyesterification　聚酯作用, 聚酯化
polyether　聚醚, 多醚
polyethylene (=PE)　聚乙烯
polyethylene coated (=PEC)　聚乙烯涂敷
polyethylene dielectric　聚乙烯介质
polyethylene fiber　聚乙烯纤维
polyethylene foamed (=PEF)　聚乙烯泡沫
polyethylene insulated cable　聚乙烯绝缘电缆
polyethylene insulated conductors cable　聚乙烯绝缘电缆
polyethylene insulated wire　聚乙烯绝缘线
polyethylene oil　聚乙烯 [润滑] 油
polyethylene tube　聚乙烯管
polyethyleneglycol　聚乙二醇
polyfilla　一种赛璐珞填缝料
polyflon　聚四氟乙烯 [合成] 树脂
polyfluoroacrylate　聚氟代丙烯酸酯
polyfluorochromatism　多荧光色差, 荧光多色性
polyfoam　泡沫塑料
polyform　聚合重整
polyformaldehyde　聚甲醛, 缩醛树脂
polyformaldehyde cage　聚甲醛保持架
polyforming　聚合重整
polyfunctional　多功能的, 多机能的, 多作用的, 多函数的, 多重性的
polyfunctional catalyst　多重性催化剂
polyfunctional exchanger　多功能团交换剂
polyfurnace　聚合炉
polygas　聚合汽油
polygen　多种价元素
polygenesis　多元性
polygenetic　多种物质构成的, 多元的, 多源的
polygenous　(1) 多源的; (2) 多元性
polyglass　苯乙烯玻璃, 苯乙烯塑料
polygon　(1) 多边形, 多角形; (2) 多面体, 多棱体; (3) [测量] 导线
polygon circumscribed about a circle　圆外切多边形
polygon hob　多棱零件滚刀
polygon lathe　多边形仿形车床, 非圆仿形车床
polygon method　折线法
polygon milling attachment　多边形铣削附件
polygon mirror　多角镜, 光学多面体
polygon of forces　力多边形
polygonal　多边形的, 多角形的
polygonal angle　导线角
polygonal coil　多角形线圈
polygonal curve　多角曲线
polygonal function　多角形函数, 折线函数
polygonal graph　多角图
polygonal line　折线
polygonal topchord　多边形上弦杆
polygonal truss　多边形桁架
polygonic function　多角函数
polygonization　多边形化, 多角化, 多边化
polygonometry　(1) 多角形几何; (2) 多角法
polygonous　多角的, 多边的
polygram　(1) 多边图形; (2) 多种波动描记图, 多能记录图; (3) 多字母 [组合]
polygraph　(1) 复写器; (2) 多种波动描记器, 多路描记器, 多道生理仪, 多能记录仪, 测谎器; (3) 著作集, 论集
polygraphic(al)　复写的
polygroove　多槽的, 多沟的
polyhedra (单 polyhedron)　(1) 多面体; (2) 可剖分空间
polyhedral　多面 [体] 的, 多面角的
polyhedral angle　多面角, 立体角
polyhedral function　多面体函数
polyhedrometry　多面测定法
polyhedron (复 polyhedra)　(1) 多面体; (2) 可剖分空间
polyhedrous　多面的
polyhomoeity　多均匀性
polyhybrid　(电路) 多混合
polyhydrate　多水合物
polyimede　聚酰亚胺
polyimede cage　聚酰亚胺保持架
polyion　高分子量离子, 聚离子, 多离子

polyiron　树脂羰基铁粉, 多晶形铁
polyisobutene　聚异丁烯
polyisobutylene　聚异丁烯
polyisobutylene rubber　聚异丁烯橡胶
polylaminate　多层的
polylateral　多边形的, 多角形的
polylight　多灯丝灯泡
polyliner　多孔衬套
polylycol grease　聚 [乙] 二醇润滑脂
polymer　聚合体, 聚合物, 多聚物, 高聚物
polymer-analogue　聚合物系类
polymer gasoline　聚合汽油
polymer-homologue　同系聚合物
polymer impregnated concrete (=PIC)　聚合物浸渍混凝土
polymer-isomer　聚合物 [同分] 异构体
polymer-isomeric　聚合物 [同分] 异构的
polymer plant　聚合装置
polymer plastic　聚合物塑料
polymer-variable condenser　有机薄膜可变电容器
polymeric　聚合的, 复合的
polymeric 2-chlorobutadiene　聚氯丁二烯, 氯丁橡胶
polymerid　聚合物, 聚合体
polymeride　聚合物, 聚合体, 多聚物, 高聚物
polymerisate　聚合物
polymerise (=polymerize)　[使] 聚合
polymerism　聚合 [现象]
polymerizate　聚合 [产] 物
polymerization　(1) 叠合; (2) 聚合作用, 聚合反应,
polymerization accelerant　聚合促进剂
polymerization degree　聚合度
polymerization plant　聚合厂
polymerization process　聚合过程
polymerization product　聚合产品
polymerize　[使] 聚合
polymerized filter　聚合物滤色器
polymerizer　聚合剂, 聚合器
polymerous　聚合状的
polymetamorphism　多相变质
polymeter　(1) 多能湿度表, 多能气象仪, 温湿表; (2) 复式物性计, 多能测量仪, 多测计 (联合测量二种以上物理性质所用的装置)
polymethylmethacrylate　聚甲基丙烯酸酯
polymict　具有多坐标数的
polymolecular　多分子的
polymolecularity　多分子性
polymolybdate　多钼酸盐
polymorph　多晶型物, 多形物, 多形体
polymorphic　多种组合形式的, 多晶型的, 多形 [态] 的
polymorphism　(1) 多形现象, 多形变态, 同质异相; (2) 多晶型 [现象], 多形 [性] 现象
polymorphous　多晶型的, 多形的
polymorphy　多晶型现象
polynary　多元的
polynary system　多元系
polynome　多项式
polynominal　项式 [的]
polynominal approximate　多项式近似
polynominal computer　多项式计算机
polynominal expansion　多项式展开
polynominal expression　多项式
polynominal ideal　多项式理想
polynominal in several elements　多元多项式
polynominal of degree N　N 次多项式
polynosic　高湿模量粘胶纤维
polynuclear　多核的, 多环的
polynucleate　多核的
polyode valve　多电极管
polyolefin(e)　聚烯烃
polyolefine resin　聚烯烃树脂
polyoxy　聚氧
polyoxybutylene　聚氧化丁烯
polyoxymethylene　聚氧化甲撑, 聚甲醛
polypak　二乙烯苯共聚物, 苯乙烯
polypetaly　离瓣式
polyphase　多相 [的]

polyphase alternator　多相[交流]发电机
polyphase circuit　多相电路
polyphase commutator machine　多相整流子电机
polyphase converter　多相换流器
polyphase current　多相电流
polyphase equilibrium　多相平衡
polyphase induction motor　多相感应电动机
polyphase inverter　多相变流器
polyphase kilo-watt-hour meter　多相电度表
polyphase meter　多相测试仪表
polyphase motor　多相电动机
polyphase power　多相功率
polyphase rectifier多　相整流器
polyphase shunt motor　多相并激电动机
polyphase symmetrical system　多相对称系统
polyphase synchronous generator　多相同步发动机
polyphase transformer　多相变压器
polyphase winding　多相绕组
polyphasecurrent　多相电流
polyphaser　多相机
polyphyllous　多叶的
polyplanar　多晶平面[工艺]
polyplane　多翼飞机
polyplant　聚合装置
polyplexer　天线收发转换开关,天线转接开关,天线互换器
polypolarity　多极性
polyporous　多孔的
polypropylene (=PP)　聚丙烯
polypropylene condenser　聚丙烯电容器
polyprotonic　多元酸
polyprotonic acid　多元酸
polyptychial　多层的,复层的
polyradical　聚合基
polyranger　多量程仪表
polyreaction　聚合反应
polyrod antenna　介质天线(聚苯乙烯棒状辐射元)
polysalt　聚合盐
polysemous　有多种解释的,多义的
polysemy　有多种解释,多义性
polyset　聚酯树脂(商品名)
polysilicate　多硅酸盐
polysilicon　多晶硅
polysilicone　有机硅聚合物
polyskop　扫频显示信号发生器
polysleeve　多信道的,多路的
polyslip　几个平面滑移,复滑移
polyslot winding　多槽绕组
polysoap　高分子表面活性剂
polyspast　滑车组,复滑车
polyspeed　(1)多种速度的,多速的;(2)可平滑调速的,均匀调节速
　　度的
polysphygmograph　多导脉波描记器
polystage　多级的
polystage amplifier　多级放大器
polyster　聚酯
polystyle　多柱式,多柱的
polystyrene　聚苯乙烯(高频绝缘材料)
polystyrene capacitor　聚苯乙烯电容器
polystyrene film capacitor　聚苯乙烯薄膜电容器
polystyrene-sulfonic acid type cationite　聚苯乙烯磺酸型阳离子交换
　　剂,磺化苯苯乙烯阳离子交换树脂
polystyrol　聚苯乙烯(高频绝缘材料)
polysulfide (=polysulphide)　聚硫化物,多硫化物
polysubstitution　多取代[作用]
polysulfide　多硫化合物
polysulfide rubber　硫化橡胶,硫合橡胶,聚硫橡胶
polysulfone (=polyphone)　聚砜
polysulfone cage　聚钒保持架
polysulfuration　聚硫化作用
polysynthesis (=polysynthetism)　多数综合,高级综合
polytechnic　(1)多种科技的,多种工艺的;(2)综合性工艺学校,工业大学,
　　工业学校
polytechnic college　工业大学
polytechinc exhibition　工艺展览馆

polytechinc school　工艺学校,科技学校
polytechnical (=polytechnic)　(1)多种科技的,多种工艺的;(2)综
　　合性工艺学校,工业大学,工业学校
polytechnical research and development (=PRD)　综合性技术研究
　　与发展
polytechnization　综合技术化
polytene　(1)聚乙烯纤维;(2)复合的,多线的
polytetrafiuoroethylene　聚四氟乙烯
polytetrafiuoroethylene bearing　聚四氟乙烯轴承
polytetrafiuoroethylene cage　聚四氟乙烯保持架
polytetrafiuoroethylene capacitor　聚四氟乙烯电容器
polythene　聚乙烯(高频电缆绝缘材料)
polythermal　多种燃料的
polythermal carrier　多种燃料货船
polytope　(1)多面体;(2)可剖分空间
polytrope　(1)多变性,多元性;(2)多变过程,多变曲线
polytrope effect　多变效率
polytrope index　体积压缩指数,多变指数
polytropic(al)　(1)多方的;(2)多变
polytropic curve　多变循环曲线
polytropic efficiency　多变[循环]效率
polytropic expansion　多变膨胀
polytropic exponent　多变指数
polytropic gas　多方气体
polytropy　多变性
polytype　(1)多[种类]型;(2)多晶型物
polytypic　多型体的
polyunit　叠合装置
polyurea fiber　聚脲纤维
polyurethane(s)　聚氨基甲酸酯,聚氨酯类,聚亚胺酯
polyurethane bearing　聚氨酯轴承
polyurethane resin　聚氨基甲酸酯树脂
polyvalency　多价
polyvalent　多价的
polyvinyl　(1)乙烯基聚合物;(2)聚乙烯的
polyvinyl acetal　聚乙烯醇缩醛
polyvinyl acetate (=PVA)　聚乙酸乙烯酯
polyvinyl alcohol (=PVA)　聚乙烯醇
polyvinyl butyral (=PVB)　聚乙烯醇缩丁醛
polyvinyl carbazole resin　聚乙烯咔唑树脂
polyvinyl chloride (=PVC)　聚氯乙烯
polyvinyl corer (=PVC)　聚乙烯取芯器
polyvinyl dichloride (=PVDC)　聚二氯乙烯
polyvinyl fluoride (=PVF)　聚氟乙烯
polyvinyl formal (=PVF)　聚乙烯醇缩甲醛
polyvinyl formal wire　聚乙烯醇缩醛线
polyvinyl formate　聚甲酸乙烯酯
polyvinyl methyl ether (=PVME)　聚乙烯基.甲基醚
polyvinyl resin　聚乙烯[基类]树脂
polyvinylchloride　聚氯乙烯
polyvinylchloride fiber　聚氯乙烯纤维
polyvinylchloride film　聚氯乙烯薄膜
polyvinylene　聚乙烯撑,聚次亚乙基
polyvinylether　聚乙烯醚
polyvinylidene　聚乙二烯
polyvinylidene chloride (=PVDC)　聚偏二氯乙烯
polyvinylidene fluoride　聚偏二氟乙烯
polywater　聚合水,多元水,反常水
polyzonal spiral fuel element (=PSFE)　螺旋肋多区释热元件
Pomet　(极靴用的)烧结纯铁,纯铁粉烧结材料
pommel　(1)球端,圆头,球饰;(2)[压铸]柱塞,[压出]柱塞
pompier　(1)救火梯;(2)救火队员用的
pompom　多管高射机关炮,大型机关炮
poncelet　百千克米,百公斤米
Poncelet wheel　下射曲叶水轮
pondage factor　调节系数
ponder　(1)衡量,估量;(2)考虑,沉思
ponderability　有重量性,可称性,有质性
ponderable　(1)有重量的,可称的;(2)可衡量的,可估量的,能估计的;
　　(3)可考虑的情况,可估量的事物,有重量的东西
ponderal　重量的
ponderal index　估量指数
ponderance (=ponderancy)　(1)重量;(2)重要,严重
ponderation　考虑,衡量,估量,沉思

ponderator 有重量可称体
pondere 按重量
ponderomotive force 有质动力
ponderosity 有重量性,可称性,有质性
ponderous 笨重的,沉重的,冗长的
pontil (取熔融玻璃用的)铁杆
ponton (=pontoon) (1)起重机船,趸船;(2)浮桥,浮船,浮筒,浮囊;(3)潜水钟,沉箱;(4)浮码头;(5)架设浮桥
pontoneer (=pontonier) 架设浮桥的人,工兵
pontoon (1)起重机船,平底船,趸船;(2)浮桥,浮船,浮筒,浮囊;(3)潜水钟,沉箱;(4)浮码头;(5)架设浮桥
pontoon bridge 浮桥
pontoon crane 水上起重机
pontoon swing bridge 开合浮桥,旋浮桥
pony (1)小型轧机中间机座;(2)辅助的,附加的;(3)小型的,矮的
pony car 小型轿车
pony engine 小火车头
pony girder 矮大梁
pony ladle (铸用)小浇包,浇勺
pony mixer 小型搅拌机
pony press 预压辊,预榨辊
pony roll 卷线管,盘卷,筒子,卷轴
pony roll cutter 切盘纸机
pony rougher 第二架粗轧机,预轧机
pony roughing 粗轧机上轧制
pony roughing pass (轧制)中间道次
pony-size 小尺寸的,小型的
pony support 小型支架
pony truck 双导轮转向架,小型转向架,小车
pony truss 矮桁架
pony wheel 导轮,小轮
pood 普特(原苏联重量单位,=16.38kg)
pool (1)穴,坑,槽,池,浴;(2)联合电力系统;(3)汞弧整流器中的汞;(4)集中备用的物资,备用物资贮存处;(5)联营,合营,组合,合伙,统筹,共享;(6)集中控制
pool car 合用汽车
pool cathode 电弧放电液体阴极,汞弧阴极
pool-cathode rectifier 汞弧阴极整流器
pool conveyer 环形输送机
pool conveyor 环形输送带
pool furnace 反射炉,床炉
pool melt(ing) 浴熔
pool of mercury 水银槽
pool test reactor (=PTR) 游泳池式试验性反应堆
pool the experience 交流经验
pool the interests 合作
pool together efforts 能力合作
pool train 联营列车
pool van 合用有蓬货运车
pooled sample 有意选择的事例
pooled variance 合并方差
poop (1)尖锐脉冲;(2)船尾部,船尾[楼],后船楼;(3)情报资料,消息;(4)喇叭声,啪啪声;(5)冲打,疲乏
poop cabin 尾楼舱室
poop deck 尾楼甲板
poop royal 船尾楼上最高一层甲板
poop sheet (官方)书面声明,材料汇编
poor (1)不良的,粗劣的,低劣的,劣质的,差的;(2)贫瘠的,贫的;(3)弱的,稀的,薄的
poor-compactibility 低成型性
poor conductor 不良导体
poor contact 不良接触
poor efficiency 低效率
poor focus 不良聚焦
poor gas 贫燃料气
poor geometry 几何学的不良条件
poor hand 生手
poor mixture 劣质混合物,贫混合物
poor oil 劣质油
poor visibility 不良能见度
poor workmanship 工程质量低劣,手艺低劣
poorish 不大充分的,不大好的
poorly 无结果地,贫乏地,拙劣地
poorly light 光线很暗的

poorness (1)贫乏,不足;(2)粗劣,低劣
pop (1)发出爆裂声;(2)突然行动,突然发生,突然出现,突然提出;(3)发射,弹射;(4)间歇振荡;(5)通俗的,流行的,大众的;(6)回火逆燃;(7){计}上托,退栈
pop a question 突然提出质问
pop down 突然放下
pop gate 管状内浇井,雨淋式浇口,笔杆浇口
pop in 突然进入
pop-off (1)溢流冒口,出气口;(2)(烘烤时)爆脱的搪瓷
pop-off flask 可拆式砂箱,可开式砂箱,装配式砂箱,铰链式砂箱
pop out 突然灭掉,突然伸出
pop safety valve 紧急安全阀
pop-up (1)发射,弹射,弹出;(2)弹跳装置,弹起装置;(3)暗冒口,上托
pop-up indicator 机械指示器
pop valve 紧急阀,突开阀
popouts 气孔,坑穴
poppet (1)(车床的)随转尾座,随转尾架;(2)(提升阀的)提动头;(3)船舷桨架垫片,装轴台,托架,垫架,支架;(4)菌状活门,菌状气门,圆盘阀,提动阀,提升阀,管阀
poppet-head (车床的)随转尾座
poppet head 随转尾架,顶尖架
poppet relief valve 提动式溢流阀
poppet valve 菌形气门,提升阀,提动阀,菌形阀
poppethead 车床尾座
popping (收音机)故障性杂音,爆音
popular 受欢迎的,有声望的,大众的,通俗的,一般的,普遍的,通用的,流行的
popular electron microscope 普及型电子显微镜
popular science 大众科学
popular science readings 科普读物
population (1)组族,集团,群,组,族,种;(2)多数,个数,数目,总数;(3)密度,填满数;(4)总体,全体
population mean 总体平均值
population of level 能级个数,能级填满数
population of parameters 参数组,参数群
population parameters 总体参数(全部采样数据的表征值)
population proportion 总体比例
population standard deviation 总体标准偏差
Porapak (1)聚苯乙烯型色谱固定相;(2)多孔性聚合物微球
Poraris (美)"北极星"弹道导弹
Porasil 多孔微球硅胶,多孔硅胶珠
porcelain (1)瓷制品,瓷器,陶瓷;(2)瓷制的,精美的,易碎的,脆的
porcelain bushing 陶瓷套筒,瓷套管
porcelain-clad 有瓷套管的
porcelain-clad type circuit breaker 瓷绝缘子式断流器
porcelain clay 瓷土
porcelain cement 瓷器粘结剂
porcelain crucible 瓷坩埚
porcelain enamel 搪瓷
porcelain funnel 瓷漏斗
porcelain glaze 瓷釉
porcelain insulator 瓷[质]绝缘子,瓷绝缘物,瓷瓶
porcelain insulator for interior wiring 室内配线用瓷绝缘子
porcelain lined 瓷衬的
porcelain paper 瓷面纸
porcelain tube 绝缘瓷管
porcelain type oil circuit breaker 瓷管型油断路器
porcelainous 陶瓷的,瓷器的
porcellaneous 陶瓷的,瓷器的
porcellanous 陶瓷的,瓷器的
porch (1)[脉冲的]边沿,边缘,黑电平肩;(2)入口处,门口,走廊
Porcupine 配备干扰发射机的B-29型飞机
pore (1)微孔,细孔,气孔,小孔,管孔;(2)孔隙,间隙,缝;(3)注视,凝视;(4)钻研,思考
pore conductivity 微孔电导率
pore-creating 造孔
pore-forming material 造孔剂
pore multiple 复管孔
pore-plate 孔板感觉器
pore pressure 孔隙[水]压力
pore pressure gauge 孔隙水压力计
pore ratio pressure curve 压缩曲线(孔隙比与压力关系曲线)
pore-solids ratio 孔隙固体比

pore space 孔隙
pore tension 孔隙压力
pore volume 孔隙容积
pore volume of catalyst 催化剂孔隙度
pore water 孔隙水
pore water pressure 孔隙水压力
pore water pressure ga(u)ge 孔隙水压力计
pored 有孔的
porefilling 填孔
poriness 多孔性,孔隙率,疏松性
poristic system of circles 圆的内接外切系
poromaster process 微孔塑料薄膜制造法
poromer 透气性合成革
poromeric (人造革)透气的
poromerics 合成多孔材料
porometer 气孔计
porometry 气孔测量法
poroplastic 多孔而可塑的,多孔塑性的
poroscope 孔隙检验仪
porosimeter 孔率计,孔度计,孔隙计,孔性计
porosint 多孔材料
porosity (1)孔隙度,孔隙率,孔隙性,孔积率,气孔率,疏松度;(2)多孔性,孔隙性;(3)疏松,缩孔,气孔,砂眼;(4)多孔部分
porosity apparatus 孔率仪
porosity ratio 孔隙比
porosity test 吸潮试验
porosity tester 气孔度测验器,孔率检验器
porosity unit (=PU) 孔隙度单位
porous (1)似海绵状的,疏松的,多孔的,有孔的,气孔的;(2)能渗透的,能透水的;(3)疏松的素烧瓷体,素烧瓷的
porous acoustic absorption material 多孔性声吸收材料
porous bond 多孔粘结料
porous cell 素烧瓶,多孔杯
porous ceramics 多孔性陶瓷
porous-concrete pipe 多孔混凝土管
porous cooling 多孔冷却
porous diaphragm 多孔隔膜
porous filter 多孔过滤器
porous-free 无孔的
porous iron-copper bearing 多孔铁铜轴承
porous iron-lead-graphite bearing 多孔铁铅石墨轴承
porous material 多孔性材料
porous metal 多孔金属
porous plate 素烧瓷板,多孔板
porous pot 素烧瓶
porous surface 多孔表面
porousmetal 多孔金属
porousness (=porosity) (1)孔隙度,孔隙率,孔隙性,孔积率,气孔率,疏松度;(2)多孔性,孔隙性;(3)疏松,缩孔,气孔,砂眼;(4)多孔部分
porphyrization 粉碎[作用]
porphyrize 粉碎,细研,磨成粉
porphyroblast 斑状变晶
porrect (1)伸出;(2)伸出的,平伸的,延长的
port (1)通路,门;(2)入口,汽门,水门,孔;(3)极对;(4)港口;(5)(船舶)左舷,舷窗,舱口,舷窗窗板,舱口盖板;(6){电}端口;(7)射击孔,炮眼,枪眼
port authority office 港务局
port bow 左舷船首
port-cullis 吊闸
port dues 入港税,入港费
port light (船舶)左舷灯
port of arrival 到达港
port of call 停靠港
port of debarkation (=PD) 目的港,到达港
port of delivery 交货港,卸货港
port of departure 出发港
port of destination 目的口岸,目的港
port of entry 进口港
port of embarkation (=PE) 发航港,启航港
port of loading 装货口岸,装运口岸,发运港
port of registry 船籍港
port of sailing 启航港
port of shipment 装货港
port of unloading 卸货港

port office 港务局
port timing 汽门定时
port trust 港务局
portability (1)可携带性,轻便性,能移动;(2){计}可移植性
portable (1)手提式的,可携带的,可移动的,可搬动的,移动式的,便携的,轻便的;(2)手提式收音机,手提式电视机,手提式打字机
portable air compressor 移动式空气压缩机
portable boiler 轻便锅炉,可搬式锅炉
portable blower 轻便鼓风机
portable bridge 携带式电桥
portable boom conveyor 轻便臂式输送机
portable boring machine 轻便镗床,移动式镗孔缸机
portable camera 轻便摄像机
portable cantilever floor crane 轻便悬臂起重机
portable conveyor 轻便输送机
portable counter 轻便计数管
portable crane 轻便起重机
portable data medium 便携式数据记录媒体
portable derrick crane 轻便转臂吊车
portable drilling and tapping machine 轻便钻孔攻丝机
portable duster 轻便喷粉机
portable electric drill 轻便电钻,便携式电钻
portable electric tool 轻便电力工具
portable engine 轻便发动机
portable fence 活动栅栏
portable fire extinguisher 手提灭火器
portable fitting 轻便配件
portable floor crane 轻便落地吊车
portable grinder (1)轻便磨床,移动式磨床;(2)手提式砂轮机
portable heater 轻便加热器
portable interface bond detector (=PIBD) 手提式界面接合探测器
portable lathe 轻便车床
portable lighter 轻便灯,行灯
portable machine 轻便机器
portable machine tool 轻便工具机
portable planer 轻便刨床
portable plant 移动式设备
portable pyrometer 轻便高温计
portable railway 轻便铁路
portable radio 手提收音机
portable resistance welder 移动式接触焊机
portable riveter 轻便铆接机
portable saw 轻便锯机
portable screen (1)活动屏幕;(2)活动滤筛
portable sensor verifier (=PSV) 手提式传感验孔器
portable slotting machine 轻便插床
portable spot welder 轻便点焊机,移动式点焊机
portable substation 流动变电所
portable switcher 轻便转撤器
portable tachoscope 手提转速计
portable tape recorder 便携式磁带录音机
portable test equipment (=PTE) 手提式测试装置
portable test instrument 携带式测试仪器
portable testing set 便携式测试仪,手提式测试器
portable tripod 轻便三角架
portable type crank grinder 轻便曲柄磨床
portable unit 便携式装置
portable universal drilling machine 轻便万能钻床
portable universal radial drilling machine 移动万能摇臂钻床
portable winch 轻便绞车
portage (1)搬运运输;(2)运费;(3)货物;(4)水陆联运
portal (1)排出口,流出口,,出孔,入口;(2)(起重机)门座,门架,桥门
portal bracing 桥门联结系,桥门撑架
portal clearance 入口净空,桥门净空
portal crane 门座起重机,龙门吊车
portal frame 门式钢架,龙门架,门架
portal-frame structure 门架[式]结构
portal frame travel 门架行程
portal jib crane 龙门吊车
portal-type frame 龙门架
portative (1)可以拆下来的,可携带的,可搬运的,轻便的;(2)用作支撑的,有力搬运的
portative force 起重力

1060

portcrane 左方起重机

portcullis (1)吊门；(2)用吊门开关,装吊门

ported (1)装有汽门的,装有排气口的,装有喷口的；(2)用汽门关闭的

portend 预示,预兆,警告

porter (1)搬运车,轮式车；(2)搬运工

portfire 点火装置,导火筒,引火具

portfolio 文件夹,纸夹

porthole (1)观察口,观察孔,窥视孔,射击孔,气孔；(2)汽门,孔道,隙；(3)炮眼；(4)装货口,舱口,弦窗

portion (1)部分,区段；(2)将……分成几份,分配

portion of a series 级数的部分

portion-wise addition 分批添加

Portland blast-furnace cement 高炉矿渣波特兰水泥,矿渣硅酸盐水泥,波特兰矿渣水泥

Portland cement 硅酸盐水泥,波特兰水泥,普通水泥

portlast 船舷上缘,舷墙栏杆

portlight 船窗

portmanteau 多用途的,多性质的

portside 左舷

porty 大型芯座

pose (1)姿态,姿势；(2)装腔作势,伪装；(3)提出,造成

pose a condition 提出条件

pose a question 提出问题

pose limitation on 使……受限制

posiode 正温度系数热敏电阻

posion 阳向离子,阴离子

posistor 正温度系数热敏电阻器

posit (1)布置,安置,安排；(2)假定,断定

positex 阳性橡浆,阳性乳胶,阳电荷乳胶

position (=P) (1)位置,方位,地点,场所；(2)安置,配置,布局；(3)位置控制,定位,(4)状态,形势,姿势,境地,情况；(5)座席,地位,职位,立场,见解,态度,看法,(6)作用线,负载线；(7)校正时钟

position and velocity 位置及速度

position angle 方位角

position, attitude, trajectory-control (=PATC) 位置,状态,轨迹控制

position balance system 位置平衡系统

position bar 定位尺

position buoy (1)指示浮标；(2)雾灯

position busy relay 座席用占线继电器

position clock 长途台计时钟,座席钟

position coder 位置编码器

position control cam 位调节凸轮

position control lever assembly 位调节杆总成

position controller 位置控制器

position dialling system 话台拨号系统

position error 位置误差

position-filar micrometer 位丝测微计

position filar micrometer 位丝测微计

position finder (=PF) 测位仪,测位器

position-finding 位置测定,定位(确定一个发射台的位置)

position finding 定位,测位

position fixing 定位[置]

position gauge 检位规,验位规,测位规

position head 位置水头,落差,势头,位头

position indicator 位置指示器,示位器

position isomer {化}位置异构物

position-isomeric 位置异构物的

position isomerism 位置同分异构现象

position light 位置灯光,航行灯,锚位灯

position light signal 位灯信号机

position meter 通话计次器,通话计时器

position micrometer 方位测微计

position modulation 脉位调制

position of axes 轴线位置

position of circle 度盘位置

position of engagement 啮合位置

position of equilibrium 平衡位置

position of strength 实力地位

position paper 专题报告

position pickoff 位置传感器

position pulse 定位脉冲

position sampler 脉位采样器

position selector valve 方向控制阀,位置选择阀,换向阀

position-sensitive 对位置灵敏的

position sensor 位置传感器

position system (远距离测定)定位系统

position transducer 位置传感器

position type telemeter 位置式遥测计

position vector 位矢

positional 位置[上]的,地位的,阵地的

positional code 位置电码

positional error 位置误差

positional notation 位置表示法,位置记数法,按位记数法

positional sensitivity 位置灵敏度

positional tolerance 位置公差

positioned weld 定位焊

positioned welding 用胎具焊接

positioner (1)远程位置调节器,位置控制器,定位装置,定位器；(2)反馈放大器,反馈装置；(3)角位置指示器；(4)(焊接用)转动换位器,转胎,胎具,夹具；(5)工件转台,操纵机

positioning (1)调到一定位置,位置调节,位置控制,位置调整,定位,调位；(2)转位,换位；(3)配置,布置；(4)固位装置

positioning accuracy 定位准确度,定位精度

positioning device 定位装置

positioning dowel 定位销

positioning error 定位误差

positioning for size 按大小排位

positioning motor 位置控制电动机

positioning of beam 射束位置调准

positioning pin 定位销

positioning rule 定位尺

positioning screw 定位螺钉

positioning servo system 定位伺服系统

positioning sleeve 定位套

positionner 定位装置,定位器

positions 道岔位置表示器

positivation 正[值]化

positive (=P) (1)正电的,正极的,阳性的,阳极的,阳向的,正的,阳的;(2)阳极[板]；(3)确定的,确实的,确信的,可靠的,正确的,合理的,肯定的,绝对的,实际的,实在的,完全的,纯粹的；(4)正面,正片,正像,正量,正数,正压；(5)刚性[连接]的,强制[传动]的

positive acceleration motion 正加速运动

positive addendum modification 正[值]齿顶高变位

positive after image 正余像,正残像

positive afterimage 正余留成像

positive allowance 正容差,正留量,间隙

positive bias 正偏流,正偏压

positive birefringence 正双折射

positive block 绝对闭塞

positive blower 旋转鼓风机,正压鼓风机

positive cam 确动凸轮

positive camber 外曲面

positive carrier 正电荷载流子,调制载波,正载波,空穴

positive caster 正后倾角

positive charge 正电荷,阳电荷

positive circulation cooling system 压力式水冷却系统

positive clamping 正向箝位

positive clutch 刚性离合器,摩擦离合器,强制离合器,正离合器

positive collar 凸辊环

positive column 阳极柱,辅助柱

positive confinement 无漏泄的储存

positive control (1)直接操纵；(2)可靠控制

positive cooling 辅助冷却

positive crankcase ventilation 曲柄箱强制通风

positive crankcase ventilation system 曲柄箱强制通风系统

positive crystal 正晶体

positive current 正电流

positive damping 正阻尼

positive definite 正定的,正正的

positive definiteness covariance 正定协方差

positive delivery of oil 油类的压力输送

positive deviation 正偏差(大于公称尺寸的偏差)

positive direction 正向

positive discharge 脉动流出

positive displacement 正位移

positive-displacement compressor 容积式压气机

positive displacement compressor 变容压缩机

positive displacement grout pump 排液灌浆泵

1061

positive-displacement meter　正位移液体计量器, 正压移动计
positive displacement pump　排液泵, 变容泵
positive draft　人工通风, 压力通风, 正压通风
positive drive　(1) 正传动;(2) 确切传动, 啮合传动, 不打滑传动
positive drive belt　正传动皮带
positive-drive cam　正传动凸轮
positive driven supercharger　机械传动的增压器
positive driving　确定传动
positive electricity　正电, 阳电
positive electrode　正电极, 阳电极, 正极
positive electron　正电子, 阳电子
positive feed　强制送料, 机械进料
positive feed-back saw-tooth wave circuit　正向补偿锯齿波电路
positive feedback　正反馈, 正回授
positive feedback amplifier　正反馈放大器
positive feeder　正馈电线
positive force　正力
positive gearing　直接啮合, 直接传动 [装置]
positive glow　阳极辉光
positive-going　依正方向前进的, 朝正向变化的, 正向的
positive-going pulse　正脉冲
positive-going sawtooth wave　正向锯齿波
positive grid　正栅极
positive-grid characteristic　正栅极特性
positive grid current　正栅极电流
positive-grid oscillator　正栅极振荡器
positive help　有益的帮助
positive hole　(半导体的) 空穴, 空子
positive hologram　正全息图
positive honing　刚性加压珩磨, 强制珩磨
positive infinitely variable (=PIV)　正无级变速
positive infinitely variable drive　正无级变速传动 [装置]
positive infinitely variable driving gear　正无级变速传动装置
positive infinitely variable mechanism　正无级变速传动机构
positive input-negative output (=PINO)　正输入 - 负输出
positive integer　正整数
positive ion　正离子, 阳离子
positive ion mobility　阳离子迁移率
positive law　成文法, 人为法
positive light modulation　正极性光调制
positive limiting　正向限幅
positive-locking differential　带差速锁的差速器
positive logic　正逻辑
positive modulation　正极性调制
positive mold　全压式塑模
positive moment　正力矩
positive motion　强制运动, 无滑运动, 正运动, 确动
positive motion cylindrical cam　正运动圆柱形偏心轮
positive motion disk cam　确动盘形凸轮
positive movement　相对向上移动
positive negative logic　正负逻辑
positive number　正数
positive optical activity　正旋光性
positive order　正指令
positive overlap　实际重叠
positive phase　正相序
positive-phase sequence component　正相序分量
positive-phase sequence impedance　正相序阻抗
positive-phase sequence reactance　正相序电抗, 正序电抗
positive photoresist　正性光致抗蚀剂, 正性胶
positive plate　正极板, 阳极板
positive pole　(电的) 正极, 阳极
positive potential　正电势, 正电位
positive pressure　正压力, 正压
positive-pressure exhauster　正压排气器
positive prime　离心吸入, 自然回水
positive print　(白底的) 蓝图, 正像复印品
positive proof　确证
positive puncch stripper　正冲头退料器
positive radial rake angle　正径向斜角
positive rake　(1) (刀具) 正前角;(2) 前倾度
positive reactance　感抗
positive reaction　(1) 正反力;(2) 阳性反应, 正反应
positive receiving　正信号接收, 正像接收

positive refraction　正折射
positive replica　复制阳模
positive reply　肯定的答复
positive resistance　正电阻
positive root　正根
positive sense　正指向
positive sequence reactance　正序电抗
positive shear　正剪力
positive side rake angle　(刀具) 正傍锋刀面角
positive sign　正号
positive signal　正信号
positive tappet　双向挺杆, 正挺杆
positive temperature coefficient (=PTC)　正温度系数
positive temperature coefficient thermistor (=PTC thermistor)　正温度系数热敏电阻
positive terminal　正极接线柱
positive thread　切制螺纹, 阳螺纹
positive transmission　正极性传输
positive triggering pulse　正触发脉冲
positive valence　正价
positive value　正值
positive ventilating　压力通风, 强制通风
positive wire　正极引线, 正极导线
positive work　正功
positive-working photoresist　正性感光胶
positively　(1) 确实地, 积极地, 确定, 必定, 断然, 绝对;(2) { 数 } 正
positively biased　正偏压的
positively matrix　正定矩阵
positively oriented curve　正定向曲线
positivity　(1) 确实, 确信;(2) 正性
positon　正子 (正电子的旧称)
positor　复位器
positrino　正微子
positron　电子的反粒子, 正电子, 阳电子, 反电子, 正子
positron annihilation　正电子湮没, 阳电子湮没
positron annihilation energy　阳电子湮没能
positron decay　阳电子衰变
positron disintegration　正电子锐变, 阳电子锐变
positron-electron case　阳电子 - 电子鞘
positron-electron scattering　正负电子散射, 阳阴电子散射
positron emission　正电子发射, 阳电子发射
positron microtron　阳电子微波加速器
positron radiation　正电子辐射, 阳电子辐射
positron theory　正电子理论, 阳电子理论
positronium　正电子素, 阳电子素, 电子偶素
possibilities for improvement　改进的可能性, 可改进之处
possibility　(1) 可能性, 或然性;(2) 可能发生的事
possibility of trouble　事故率, 故障率, 障碍率
possible　(1) 可以接受的, 可允许的, 可能的, 潜在的, 或然的, 合理的;(2) 可能性, 潜在性;(3) 可能出现的事物;(4) (复) 必需品
possible error　可能误差
possible reserve　可能储量
possibly　(1) 可能地, 合理地;(2) 或许, 也许;(3) 无论如何, 不管怎样, 尽可能
post　(1) 标杆, 杆, 柱, 桩;(2) 支座, 支撑, 支柱;(3) 接线端子, 接线柱;(4) 岗位, 站, 台, 所;(5) 记录;(6) 在后;(7) 告示, 贴;(8) 邮递, 邮政, 邮车, 邮件
post-　(词头) (1) 后 [置] 的, 在……以后, 继, 次;(2) 邮政
post-absorption　吸收完毕 [状态], 后吸收
post-accelerating electrode　(阴极射线管) 后加速电极
post-acceleration　(1) (电子束) 偏转后加速, 后段加速;(2) 加速后的
post-acceleration oscilloscope tube　后加速示波管
post-alloy diffusion transistor (=PADT)　柱状合金扩散晶体管
post-amplifier　后置放大器
post amplifier　后置放大器
post-and-block　柱与板
post-and-lintel　连梁柱
post-and-paling　木栅栏
post-and-panel structure　立柱镶板式结构
post-annealing　焊后退火, 氧割后退火
post annealing　(焊缝的) 焊后退火
post binder　螺柱活页装订夹
post-blast(ing)　爆破之后
post bracket　交叉柱托架, 柱形托架, 角柱托架

post-buckling behaviour　后期压曲特性
post-chlorination　后加氯处理
post-combustion　后燃
post-condenser　后冷凝器,后凝缩器
post-construction treatment　工后处理
post-cracking　次生裂缝,后发开裂
post crane　转柱式起重机
post cure　二次硬化,二次硫化,二次熟化
post-curing　二次硬化,二次硫化,二次熟化,辅助硬化
post-deflection acceleration　(电子束)偏转后加速
post deflection acceleration　(电子束)偏转后加速
post deflection accelerator (=PDA)　后置偏转加速器
post-detector　(1)后置检波器;(2)检波器后的
post-detector filtration　检波后滤波,检波后滤除
post driver　竖杆机
post-edit　算后编辑,后置编辑
post-edition　{计}最后校定
post-editor　算后编辑
post-elastic behavior　弹性后效
post-emulsification penetrant　乳化性渗透液
post-equalization　后均衡校正,[频应]复元
post-exposure　后曝光,闪光
post factor　后因子
post factum　事后
post fence　柱式护栏,护柱
post forming　热后成型,二次成型
post-free　邮资付讫的,免付邮费的,邮费在内的
post-ginning cleaner　轧后净棉机
post hanger bearing　柱[式吊]架轴承
post heat treatment grinding　热处理后磨削
post hole borer　匙形取土器
post hole digger　匙形取土器
post indicator valve (=PIV)　后指示器阀
post-installation　安装后的,装配后的
post-installation review　安装后检测,运行考核
post insulator　柱形绝缘子,装脚绝缘子
post-maximum　峰后时间
post note　汇票
post office bridge　邮局式电桥
post office department (=POD)　邮政部门
post office position indicator (=POPI)　邮局位置指示器
post-ozonation　臭氧作用后
post prism　棱柱
post-processing　(1)后加工,后处理;(2)错后处理;(3)后部工艺
post-processor　(1)后处理程序;(2)后信息处理机,后处理机
post processor　后信息处理机
post production service (=pps)　生产后的维修
post-stressing　(1)后加应力;(2)后张的
post-tensioned　后加拉力的,后张的,后拉的
post-tensioned concrete　后张法预应力混凝土
post-tensioned slab　后张(预应力混凝土)板,后加拉力板
post-tensioning　后加拉力[的],后张[的],后拉[的]
post testing　事后试验
post-time　邮件到达时间,邮件截止时间
post tool holder　柱形刀架
post transcription control　转录后调控
post-treatment　继续处理,后处理
post-write　{计}写后的
post-write disturbed pulse　存入后干扰脉冲,写后干扰脉冲
postabsorption　吸收完毕状态
postacceleration　偏转后加速
postadaption　新环境适应,事后适应
postage　邮费,邮资
postage free　免付邮资,邮费付讫
postage meter　邮政计算器
postage paid (=pp)　邮资付讫,邮费已付
postatomic　原子能发现之后的,第一颗原子弹爆炸之后的,释放原
　子能之后的
postattack　攻击后的
postattack analysis　攻击结果分析
postaxial　轴后的
postbaking　后烘干,后烘焙
postboost　关机后的,主动段以后的,被动段的
postcrack stage　(疲劳)裂纹产生后的使用期,(疲劳)裂纹产生后的

试验期
postcritical　超过临界点的
postdate　(1)倒填日期,事后日期,预填日期,填迟日期;(2)接在……
　后面
postdated check　过期支票
postdefecation　后澄清
postdeflection　(1)偏转后聚焦,(2)后偏转,偏转后的
postdepositional　沉积[作用]后的
postdetection　(1)后置检波;(2)检波后的,检验后的
postdetection combining　检波后合并
postdetection integration　检定后积分,检波后积分
postdetector filtration　检波后滤波,检波后滤除
postdistillation bitumen　镏余沥青
postdose　业已辐照,已辐照,辐照后的
posted price (=PP)　标价
postedit　算后编辑
postemphasis　(调频机中)后加重,去加重,减加重
postequalization　去加重,减加重
posterior
　(1)时间上在后的;(2)逻辑上必然随之发生的;(3)位于后面的
posteriority　在后性质,在后状态
posterization　等日照线法
postexpose　后曝光
postfactor　后因子
postform　把(加工后的薄板材料)再制成一定形状
postforming　后成形
postheating　焊后加热[工序],随后加热
posthydrolsis　后水解
postignition　后着火
postil　注解,边注
postimpulse　脉冲后的
postindustrial　脱工业化的,信息化的
posting interpreter　转换解释器
postinjection　(1)入轨后,引入后;(2)补充喷射
postirradiation　已辐照,辐照后
postless steering　无转向机构的转向器
postmill　单柱风车
postmortem　(1)算后检查[程序];(2)事后的调查分析,事后的剖析
postmortem analysis of　对……事后的分析
postmortem dump　{计}停机后输出,算后打印,算后转储
postmortem method　{计}算后检查法
postmortem program　{计}算后检查程序
postmortem routine　事后剖析程序
postmultiplication　[自]右乘
postoptimality problem　优化后问题
postpaid (=PP)　邮费付讫的
postpayment　以后付款
postponable　可以延缓的
postpone　推迟,延期,搁置
postponement　延期,延缓,搁置
postposition　放在后头,后置,后位
postprocessing　以后的加工,进一步加工
postreduction　后减数
posts and timbers　柱子与支架
postscript (=PS)　(1)附言,又及,再者;(2)附录
postselection　后选择
postselector　有拨号盘的电话
poststressed　后加应力[的],后张的
poststressed concrete　后张拉预应力混凝土
postsynaptic potential　突触后电位
postsynchronization　后同步
posttension　后张
posttensioned　后加拉力[的]
posttest　事后试验
postulate　(1)假定法则,假设,假定,公设,设定;(2)主张,要求;(3)
　以……为前提;(4)先决条件,必要条件,基本原理,基本要求
postulate for certain conditions　要求某些条件
postulate of induction　归纳法公设
postulation　假定,公设,要求
postulation formula　假定公式
posture　姿势,姿态,体态,态度,形势
postwar　(1)战后的;(2)在战后
postzone　后带
pot　(1)容器,器皿,罐,釜,锅,壶,钵,盆,盒,箱,槽;(2)坩埚,熔锅,

釜；(3)电位计,分压器；(4)置于罐中,装罐,罐封；(5)删节,摘录；(6)抓住,捕获,射击

pot annealing　装罐退火,装箱退火,密闭退火
pot arch　坩埚预热炉,加温炉
pot bearing　锅状支承
pot burner　一种油类燃烧器
pot clay　陶土
pot cooling unit (=PCU)　舱内冷却设备
pot core　壶形铁心,罐形铁心
pot crusher　罐式压碎机
pot furnace　坩埚炉,地坑炉,罐炉
pot galvanizing　热镀锌
pot gas　烧硫炉气体
pot head　(1)电缆终端套管；(2)配电箱
pot head tail　交接箱[电缆]引入口,配线盒进线孔
pot hole　坑洞
pot insulator　罐形绝缘子
pot joint　滑块式万向节
pot kiln　(1)地坑窑；(2)坩埚窑
pot lead　石墨
pot-life　(粘胶剂)适用期,(燃料的)罐贮寿命
pot life　(粘胶剂)适用期,(燃料的)存罐时间
pot melting furnace　炉熔罐
pot metal　(1)低级黄铜；(2)(含锌锡的)铜铅容器合金；(3)锅罐铸铁；(4)坩埚熔制的玻璃,有色玻璃
pot metal glass　有色玻璃
pot mill　球磨机,球形磨,罐磨机
pot motor　一种高转速电动机(9000r/min)
pot of spinning machine　(1)纺丝罐；(2)精纺[机]罐
pot signal　一种小型旋转式固定信号机
pot sleeper　生铁凸盘,钢制凸盘
pot steel　坩埚钢
pot still　罐式蒸馏器
pot transfer glass　在坩埚中冷却的光学玻璃
pot-type reactor　罐式反应堆
pot valve　罐阀
pot wheel　碗形砂轮
potable　可饮的
potamometer　水力计
potash　氢氧化钾,碳酸钾,钾碱,草碱(俗名)
potash bulb　钾碱球管仪
potash glass　钾玻璃
potassa　氢氧化钾,苛性碱
potassium　{化}钾 K(第19号元素)
potassium acid carbonate　酸式碳酸钾
potassium alum　[铝]钾矾,明矾
potassium-base alloy　钾基合金
potassium bichromate　重铬酸钾
potassium carbonate　碳酸钾
potassium chlorate　氯酸钾
potassium chloride　氯化钾
potassium chloroplatinate　氯铂酸钾
potassium cyanite　氰化钾
potassium dichromate　重铬酸钾
potassium dihyrogen phosphate　磷酸二氢钾
potassium ferricyanide　铁氰化钾
potassium hydroxide　氢氧化钾,苛性钾
potassium mica　钾云母
potassium nitrate　硝酸钾,钾硝,火硝
potassium oxalate　乙二酸钾,草酸钾
potassium permanganate　高锰酸钾
potassium phosphate　磷酸钾
potassium silicate　硅酸钾
potato chopper　马铃薯切碎机
potato masher　(1)产生无线电干扰的天线,干扰雷达的天线；(2)木柄手榴弹
potato planter　马铃薯栽植机
potato raiser　马铃薯挖掘机
potato slicer　马铃薯切片机
potch　漂洗
potcher　漂洗槽,漂白机
poteclinometer　连续倾斜仪,连续测斜计
potence (=potency)　(1)强有力的性质,强有力的状态；(2)效力,效能,效应,效验；(3)潜能,潜力,能力；(4){数}基数,势；(5)说服力,力量

potency of a set　集的势
potent　强有力的,有说服力的,有效力的,有效验的
potentia　能力,力
potential (=POT 或 pot)　(1)电位,电势,电压；(2)位势,位能,势能,潜力；(3)潜在的,可能的,电位的,势能的,势差的,位差的,无旋的；(4)位函数,势函数；(5)潜在产量,蕴藏量,资源
potential accident cause　事故征候
potential antinode　电位波腹,电压波腹
potential barrier　势垒,位垒
potential cautery　潜在烧灼
potential coil　电压线圈,分压线圈
potential crack　可能潜在的裂缝,可能潜在的开裂
potential current transformer (=PCT)　(仪用)变压变流器,变压器和变流器的组合
potential device (=PD)　电位器
potential difference (=PD)　电位差,电势差
potential difference meter　电位差计
potential distribution　电位分布
potential divider　分压器
potential-divider network　分压网络
potential drop　电压降,电势降,位降,势降
potential due to source　点源势
potential electrode　电位电极
potential energy　位能,势能
potential energy of deformation　变形位能
potential energy of twist　扭转位能
potential equalizing wire　均压线
potential field　势场,位场
potential flow　位流
potential gum　原在胶,潜在胶
potential head　位置水头,位能位差,势头,位头
potential hill　势垒,位垒
potential hole　势穴
potential infinity　潜无穷
potential minimum　最低电位
potential motion　有势运动
potential rate of evaporation　可能蒸发率
potential regulator　电势调节器
potential source　电压源,电势源
potential transformer (=PT)　电压互感器,仪表用变压器,测量用变压器,变压器
potential trough　势坑,势阱
potential well　势阱,位阱
potentiality　(矢量场的)有势性,可能性,无旋性,潜势,潜能,潜力
potentialize　使成为势能,使成为位能,使成为潜在的
potentialization　[使]成为势能,[使]成为位能
potentially　可能地,大概地,潜在地
potentialoscope　电势[存贮]管,记忆示波管
potentiate　使更有效力,加强
potentiation　势差现象
potentiator　(药力)增强剂
potentiometer (=pot)　(1)补偿电位计,电位滴定计,电位差计,电位计,电位器,电势计；(2)分压器
potentiometer chain　(1)分压链；(2)电位计电路
potentiometer control　电位器控制
potentiometer controller　电位器控制器
potentiometer function generator　电位计函数发生器
potentiometer method　电位差计法
potentiometer oil　电势差计油
potentiometer pyrometer　(1)热电温度计；(2)高温电位差计
potentiometer resistance　电位计变阻器,分压变阻器
potentiometer titration　电势滴定
potentiometric　电位测定的,电势测定的
potentiometric amplifier　电势放大器,电位放大器
potentiometric analysis　电势分析,电位分析
potentiometric determination　电势测定法
potentiometric differential titration　电势差示滴定[法]
potentiometric method　电势滴定法
potentiometric microanalysis　电势差法微量分析
potentiometric titration　电位滴定
potentiometric titrimeter　电位滴定计
potentiometry　电势测定法,电势分析法,电位测定法,电位分析法,电位计术
potentiostat　恒电位电解器,潜态电位测定器,电势恒定器,电压稳定器,

恒电势器，稳压器

potentiotitration 电位滴定法

potentize 增强，强化

potette 无底坩埚

pothead (电缆) 终端套管

pothole 凹处，坑，穴

potholing 挖坑，挖洞

potier reactance 保梯电抗

potin 铜锌锡合金

potline 铝电解槽系列

potline current [电解槽] 系列电流

potofed 光控场效应晶体管

potometer 蒸腾计，散发仪

potoven 均热炉，坩埚炉，地坑炉

potroom 电解车间

potsherd 陶瓷碎片

potshot (近距离) 射击

potstick 搅拌棒

potted (1) 防水包装的，罐装的，罐封的，封装的；(2) 有坑洞的

potted capacitor 封闭式电容器

potted coil 屏蔽线圈，密封线圈

potter (1) 陶工；(2) 罐头制造工

potter's wheel 辘轳

pottery (1) 陶器；(2) 陶器制造术；(3) 陶器制造间，陶瓷厂，制陶厂

pottery clay 陶土

pottery ware 陶器

potting (1) 陶器制造，制陶；(2) 装罐，装缸，装壶，装瓶；(3) 密封，罐封，铸封，封装，埋嵌，浇灌；(4) 绝缘混合物的浇罐，浇入混合剂

potting compound 灌注混合物

potty 微不足道的，不重要的，容易的，琐碎的

pouch (1) (轴承包装用) 袋，盒；(2) 放入袋中

Poulsen arc 浦耳生电弧

Poulsen arc converter 浦耳生电弧振荡器 (达 100kHz 数量级)

pounce (1) 吸墨粉，印花粉，去油粉；(2) 穿孔，抓

pounce paper 磨光纸

pound (1) 磅 (英重量单位，=0.4536kg)；(2) 英镑 (货币单位)

pound-foot 磅 - 英尺 (扭矩测量单位，等于 0.1383 公斤米)

pound-force per square foot 磅 / 平方英尺

pound-inch 磅 - 英寸

pound-lock 闸门

pound-molecule 磅分子

pound per cubic foot 磅 / 立方英尺

poundage (1) 以磅计算的重量，磅数；(2) 以镑收税，以镑计费

poundal 磅达 (英制力的单位，=0.138255N)

pounder (1) 一磅重之物；(2) 捣具

pounding of valve seat 阀座砰击

pounding out of lubricant 润滑油 [自润滑点] 挤出

pounds per brake horse-power (=pbhp) 磅 / 制动马力

pounds per cubic foot (=ppcf) 磅 / 立方英尺

pounds per foot (=ppf) 磅 / 英尺

pounds per gallon (=ppg) 磅 / 加仑

pounds per hour (=PPH) 磅 / 小时

pounds per minute (=PPM 或 ppm) 磅 / 分钟

pounds per second (=pps) 磅 / 秒钟

pounds per square foot 磅 / 平方英尺

pounds per square inch 磅 / 平方英寸

pounds per square inch absolute 绝对压强 (磅 / 平方英寸)

pounds per square inch differential 压差 (磅 / 平方英寸)

pounds per square inch gauge 计示压强剩余压强表压磅/平方英寸)

pounds per square inch of area 磅 / 平方英寸面积

pour (1) 浇铸，浇注；(2) 倾倒

pour cold 低温浇注

pour concrete 浇注混凝土

pour plate 灌浇平板

pour point (1) (润滑剂) 倾点，流动点；(2) 固化点，凝固点；(3) 浇注点

pour-point depressor 倾点下降剂，降凝剂

pour point test 倾点试验，流点试验，倾倒试验

pour steel 浇铸钢水

pour test 倾点试验，流点试验，倾倒试验

pour-welding 熔焊，熔补

poured into centrifugal 离心浇铸

poured short 未浇满，浇不足

pouring (1) 浇铸，浇注；(2) 溢出，放出，倒出

pouring basin 浇铸槽，外浇口，浇口杯，转包

pouring box 冒口保温箱，浇口箱

pouring can 灌油罐，灌缝器

pouring gate 浇铸口

pouring hall 浇铸车间，铸锭车间

pouring head 浇口

pouring house 铸造浇铸场

pouring-in 浇入，注入

pouring jacket 套箱

pouring joint 灌注缝

pouring point 浇铸点

pouring temperature 浇铸温度

pouring time 浇铸时间

pouring weight 压铁，重块

pourparler (法) 预备性谈判，谈判前磋商，非正式谈判

pourtest 倾点试验，流点试验

powder (1) 粉状制品，粉末，粉料，粉剂；(2) 磨成粉，磨碎，研粉，研末；(3) 火药，炸药；(4) 推动力，爆炸力

powder and shot (1) 子弹；(2) 军用品

powder B B 火药

powder bag 炸药包

powder barrel 火药桶

powder-blower 吹粉器

powder blower 喷粉器

powder blue (1) 氧化钴；(2) 浅蓝色

powder camera 粉末照相机

powder-cart 弹药车

powder cart 弹药车

powder-chamber 药室

powder chamber 药室

powder charge 弹射筒，火药柱

powder compacting 粉末压制

powder consolidation 粉末固结

powder coupling 粉末离合器

powder cutting 氧熔剂切割，粉末切削

powder diagram (1) 粉末照相；(2) 粉末图

powder diffraction 粉末衍射

powder-dredger 撒粉器

powder emery 金刚砂

powder factory 火药制造厂

powder-flag 危险旗

powder-flask 火药罐

powder forging 粉末锻造

powder-hose 导火索，导火线

powder hose 导火索，导火线

powder keg (金属制的) 小型火药箱，小型炸药箱

powder-like 粉状的

powder-magazine 火药库

powder magazine 火药库

powder magnet 粉末磁铁

powder metal 粉末金属

powder metal bearing 粉末金属轴承

powder metal gear 粉末金属齿轮

powder metal molding 粉末金属模铸 [法]

powder metal press 粉末金属制品成形压力机

powder-metallurgy (=PM) 粉末冶金

powder metallurgy 粉末冶金 [学]

powder metallurgy bearing 粉末冶金轴承

powder metallurgy gear 粉末冶金齿轮

powder metallurgy gear performance 粉末冶金齿轮性能

powder-mill 火药厂

powder monkey 装填炸药的爆破工

powder paint 粉末涂料

powder photography 粉末照相术

powder ring 环形药包

powder rocket 固体燃料火箭

powder rolling process 粉末轧制法

powder strip 金属粉末轧制带材

powder train 导火药

powder washing 氧熔剂表面清理

powder weld process (将金属粉末与焊药粉混合烧焊的) 粉末焊接法

powdered 弄成粉末状的，研成粉末状的

powdered bearing 粉末冶金轴承

powdered charcoal 木炭粉

powdered clutch　粉末冶金离合器
powdered coat　粉煤
powdered crystal method　粉末晶体法
powdered ferrite　粉状铁氧体
powdered graphite　石墨粉
powdered iron coil　铁粉心线圈
powdered lubricant　粉质润滑材料,润滑粉
powdered-metal (=PM)　粉末金属
powdered part　粉末冶金材料
powdering　(1) 洒粉,粉碎,粉化;(2) 分型粉
powderless etching　无防蚀粉蚀刻法
powderman　炸药管理员
powdery　粉末化了的,粉状的
powdex　(1) 粉末树脂;(2) 粉末树脂过滤器
powdiron　多孔铁(铜 0-10%,其余铁)
power (=P)　(1) 可用能,动力,电源,电能,能源,电力,能力;(2) 生产率,功率,功效,效率,能量,容量,力量;(3) 装发动机,驱动,拖动,带动,发动,(4){数} 乘方,基数,幂;(5) (电子透镜的)光强,(透镜)放大率,放大倍数;(6) 发动机;(7){计} 升幂
power absorption testing　功率吸收试验
power-actuated　(1) 电力驱动的;(2) 机械传动的
power amplification　功率放大
power amplifier (=PA)　功率放大器
power and lighting　动力与照明
power-angle curve　功角曲线
power arbor　动力刀杆
power assisted shift transmission　伺服加力换档变速器
power at the drawbar　(拖拉机)牵引功率
power at the power takeoff　动力输出轴功率
power auger　机动钻机,动力钻机,机钻
power axle　(1) 驱动轴,主动轴;(2) 传动轴
power board　配电板,交换板
power-boat　摩托艇,汽艇,汽船
power bracket　功率的范围
power-brake　机闸
power brake　(1)动力制动器,加力制动器,机力制动器;(2)测力制动器,测功器;(3) 自动控制器
power breeding reactor (=PBR)　动力增殖反应堆
power bus-bar　电力母线
power cable　强电流电缆,电力电缆,输电线
power capacitor　电力电容器
power capacity　功率
power capacity of gear　齿轮的动载能力
power car　(1) 动力车,(2) 具有运行控制设备的铁路车辆;(3) 动力舱
power carrying capacity　功率极限容量,容许功率
power chuck　动力卡盘
power circuit　(1) 功率流;(2) 动力线路;(3) 电源线路,电力网
power circulating gear testing　闭式齿轮试验装置
power circulating gear testing machine　闭式齿轮试验机
power circulation　(1) 功率循环;(2) 压力循环
power clutch　机力操纵离合器,机动离合器
power clutch cylinder　离合器的动力缸
power component　有功部分,有功分量
power consumer　电力用户
power-consuming　消耗动力的,消耗功率的,耗电的
power consumption　功率消耗,动力消耗,电力消耗
power control　功率调节,动力控制
power control room (=PCR)　动力控制室,功率控制室
power cross feed　自动横向进给,自动横向进刀
power current　强电流
power curve　功率曲线
power cut　切断电源,停电
power cut-off　[发动机]熄火,停止工作,关车
power cylinder　动力油缸
power demand　需用功率
power density　功率密度
power detection　强信号检波,功率检波
power directional relay (=PDR)　功率方向继电器,电力方向继电器
power dissipation　功率耗散
power distributing substation　配电变电所
power distribution　配电,供电
power distribution control (=PDC)　配电控制
power distribution plan (=PDP)　动力分配计划,配电计划
power distribution reliability　供电可靠性

power distribution system (=PDS)　动力分配系统,配电系统
power distribution trailer　配电拖车
power distribution unit (=PDU)　(1) 动力分配装置,配电装置;(2) 配电部件
power dive　带油门俯冲
power-dividing differential　非等扭矩差速器
power down feed　自动向下进给,自动向下进刀
power drag line shovel　机动索铲挖土机
power drain　耗用功率
power drill　机动钻床,机力钻床
power-driven　(1) 机械传动的;(2) 电力驱动的,电动的
power driven (=PD)　(1) 机械传动的,动力传动的;(2) 电力驱动的,电动的,机动的
power-driven arrangement　动力驱动装置
power-driven gear　(1) 动力驱动齿轮;(2) 动力传动装置,电力传动装置
power-driven spindle　电力传动轴
power driver　(1) 分流器;(2) 扭矩分流变扭器;(3) 不等扭矩差速器;(4) 机动打桩机
power driver circuit　功率驱动器电路
power drum　动力卷筒,卷取机,卷料机
power dump　切断功率供给,切断电源
power duster　动力喷粉机
power economy　电力节省
power efficiency　(1) 出力效率,效率,功率;(2) 有效功率系数,能量利用系数,功率系数
power end　电力端
power engineer　电力工程师
power engineering　动力工程,电力工程
power equipment　动力设备,电力设备,电源设备
power estimation　动力估计,马力估计
power export　能量输出
power extractor　动力分离机,动力摇密机
power factor (=PF)　功率系数
power factor capacitor　功率因数补偿电容器
power factor compensation　功率因数补偿
power factor improvement　功率因数改善
power factor indicator (=PFI)　功率因数指示器
power factor meter (=PFM)　功率因数计,功率因数表
power factor regulating relay　功率因数调节继电器
power factor regulator　功率因数调节器
power failure　电源故障,停电
power feed　(1) 机动进给,动力进给,自动进给;(2) 自动进刀,(3) 功率输送,馈电;(4) 机动供料
power feed reverse lever　自动进给换向杆,自动进刀换向杆
power feed section　供电段
power feeding system　电力馈送方法
power filter　电源滤波器
power float　机动镘板
power flow　功率通量,能流通量,功率流,动力流,能流
power flow diagram　功率流示意图
power-flow distribution　能流分布
power flow planer　电动刨床
power formula　乘方公式
power frequency　电源频率,工业频率,市电频率
power function　幂函数
power gain　功率增益
power gain tester　功率增益测量仪
power gear　机动齿轮
power gear mechanism　机动齿轮机构
power gear unit　机动齿轮装置
power gearing　机动齿轮传动[装置]
power gears　机动齿轮装置
power generating machine　动力机械
power generation　发电
power generation assembly (=PGA)　发电设备
power generation dispatching　发电调度
power glide　(希波雷汽车自动变速机的)平稳圆滑的动力传动装置
power grid　高压电力网
power gun　机力[注]油枪
power hack saw　电动弓锯
power hack saw blade　电动弓锯条
power hammer　动力锤,机动锤
power handling capability　功率使用容量

power headstock　动力床头箱
power hoe　机力锄
power-house　发电厂,发电站,动力室
power house　动力车间,发电站
power-house exhaust facility (=PEF)　发电厂排气装置,动力厂排气装置
power indicator　动力指示器
power indicator light　功率指示灯
power input　功率输入
power interference　电源干扰
power interlocking device　电力连锁装置
power interruption　供电中断
power inverter　功率变换器
power jet　动力喷嘴,动力喷口,主射口
power landing　带油门着陆
power-lathe　动力车床
power lathe　普通车床,机动车床
power-law　按幂函数规律的,幂定律的
power-law decay　幂函数式衰减
power lead　电力引入线,电源线
power-level　功率电平,发射电平,电平
power level　功率电平,功率级,电平
power-lift　动力提升,动力起落
power lift　动力升降机,动力提升机
power-lift mechanism　(1) 动力升降机构;(2) [悬挂装置] 提升机构
power lift plough　自动升降犁
power-lifter　动力提升机构,动力起落机构
power lifter　动力升降机构,动力提升机构
power-line　电力线,电源线,输电线
power line　电力线,电源线,输电线,火线
power line carrier (=PLC)　输电线载波,电力线载波
power line filter　电源滤波器
power line interference　电力线干扰
power line voltage　电源电压
power loading control (=PLC)　动力负载控制
power-locking differential　摩擦片式自锁差速器
Power-Lok differential　摩擦片式自锁差速器
power long feed　自动纵向进给,自动纵向进刀
power loss　功率损耗,动力损耗
power machine　动力机械
power machinery　动力机械
power-making　产生动力的,发电的
power margin　功率储备,动力限度
power-measuring circuit　功率测量电路
power meter　功率计,瓦特表
power monitor (=PWR MON)　功率监视器
power network　电力网,供电网
power NOR　大功率"或非"电路
power of a number　指数
power of a point with respect to a circle　点对圆的幂
power of a test　检定的功率
power of absorption　吸收本领
power of attorney　代理证书,授权书,委托书
power of cohesion　内聚力
power of gravity　重力
power of stereoscopic observation　立体视能
power of test　测试能力,检测能力
power of work　工作强度
power-off　(1) 切断电源的,关油门的;(2) [发动机] 停车,停电
power-off protection　断电保护
power-off relay　电源切断继电器,电源变换继电器,停电用 [转换] 继电器
power off relay　停电用电源转换继电器
power-on　(1) 接通电源的;(2) 开油门的
power-operated　(1) 发动机操纵的,动力操纵的,机力操纵的,机械传动的,机动的,电动的,自动的;(2) 具有补助能源的
power-operated feed　自动进给,自动进刀
power-operated rotary table　机动回转工作台
power operation　机械操作
power oscillation　功率振荡
power oscillator (=PO)　功率振荡器
power-output　功率输出
power output (=PO)　功率输出
power-output amplifier　功率输出放大器

power output shaft　动力输出轴
power overlap　动力重叠
power-pack　电力部分,电源部分
power pack　动力单元,电源组
power package　动力组
power panel　电源板,配电板
power per pound　每磅功率 (指引擎单位重量的功率)
power pipe cutter　动力节管机
power plant (=PP)　(1) 发电厂,发电站,动力厂;(2) 动力设备,动力装置
power plant for emergency　备用发电设备
power plant for mobile radio apparatus　移动式无线电机用电源
power point　(1) 电源插座,墙边插座;(2) 动力点
power pole　电力柱,电杆
power press　机械传动压力机,动力压床
power producer　动力源
power-producing　供应动力的
power-proportional differential　非等扭矩差速器
power pulses　功率波动
power rapid traverse lever　自动快送横动杆
power rating　额定功率,功率定额
power ratio　功率比
power receiving equipment　受电设备
power rectifier　功率整流器
power rectifying equipment　电源整流器装置
power reel　机动卷绕机
power relay　功率继电器,电力继电器
power remote control panel (=PRCP)　功率遥控配电盘
power requirement　(1) 能量需要量,所需能量,电力需要;(2) 功率需要量,所需功率
power reserve　功率储备
power response　功率响应
power return　自动返回,自动回行
power reverse　动力反向,动力回动
power reverse gear　动力回动装置
power rotary table　动力旋转工作台
power running　电力转动
power saw　机动锯,动力锯,电锯
power scheme　电站规划
power screw　(1) 传力螺钉;(2) 传动螺钉
power section　(1) 动力部分;(2) 电源部分
power selsyn　功率自动同步机,电力自动同步机
power selsyn motor　动力自动同步机
power selsyn system　动力自动同步系统
power sensor　功率传感器
power series　幂级数
power-series solution　幂级数解法
power servomechanism　动力伺服机构
power set　(1) 动力调整;(2) 动力装置
power setting　(1) 动力调整;(2) 动力装置
power shaft　动力轴,传动轴
power shift independent power take-off　伺服控制独立式动力输出
power shift speed　(1) 动力换挡速度;(2) (自动变速器) 功率流不间断换挡时的速度
power shift transmission　动力换挡变速器
power shifting　用伺服机构换挡,动力换挡
power shovel　动力挖掘机,单斗挖土机,动力铲,机铲
power slide feed　自动滑行进给,自动滑行进刀
power source　动力源,功率源,电源,能源
power-spectral　功率谱的,能力谱的
power spectrum　功率 [频] 谱,能谱
power spinning　强力旋压
power splitter　功率分配器,功率分流器
power stall　带油门失速
power standing-wave ratio (=pswr)　功率驻波比,功率驻波系数
power-station　发电厂
power station　动力厂,发电厂,发电站,动力站
power steering　(1) (汽车的) 动力转向装置,液压转向装置;(2) 自动转向,动力转向
power steering rack　动力回转齿条,转向加力齿条
power stroke　工作行程,工作冲程,动力冲程,作功冲程
power supply (=PS)　(1) 动力供应,电力供应,供电;(2) 动力源,电源
power supply cable　供电电缆
power supply contract　供电合约

1067

power supply flutter 电源电压脉动
power supply ripple 电源波纹
power supply subsystem (=PSS) 电源子系统
power supply system 电源系统
power supply unit (1) 动力供应设备, 动力供应单元, 供电设备, 发电机; (2) 电源部分
power supply voltage 供电电压
power swing phenomenon 指针振摆现象
power switch 电源开关
power-switching circuit 功率转接电路
power switching distribution unit (=PSDU) 功率转换分配装置, 电源转换配电器
power system 动力系统
power-take-off (1) 动力输出轴装置; (2) 动力输出轴; (3) 分出功率
power take-off (=PTO) (1) 动力输出, 功率输出; (2) 动力输出轴; (3) 动力输出装置, 取力箱
power take-off clutch 动力输出轴离合器
power take-off control lever 动力输出轴操纵杆
power take-off coupling (=pto coupling) 动力输出轴联轴节
power take-off drive gear 动力输出轴传动齿轮
power take-off drive shaft 动力输出传动轴
power take-off gear 动力输出齿轮, 取力齿轮
power take-off opening (变速器壳体的) 动力输出孔
power take-off operating handle 动力输出轴操纵手柄
power take-off shaft 动力输出轴
power take-off shaft guard 动力输出轴护罩
power take-off shift lever 动力输出轴接通杆
power take-off speed 动力输出轴转速
power takeoff driven(=pto driven) 动力输出轴传动
power takeoff power (=pto power) 动力输出轴功率
power tamper 机动夯, 动力夯
power termination (1) (终端) 功率负载; (2) 吸收头
power test 动力试验, 功率试验
power tester 功率测定器, 功率测试器, 功率计, 瓦特表
power thresher 动力脱粒机 (thresher=thrasher)
power tiller 动力耕作机
power tool 电动工具
power-train 动力系
power train (1) 传动系; (2) 动力传动装置, 动力列车
power train computerized model 传动系电子计算模型
power train efficiency 传动系效率
power transfer 动力分配装置
power transfer clutch 分动箱接通前轮的离合器
power-transfer relay 电力传输继电器, 故障继电器
power transformer (=PT) 电力变压器, 电源变压器, 功率变换器
power transformerless power amplifier 无电源变压器扩音器
power transistor 功率晶体管, 晶体功率管
power transmission (1) 动力传动, 动力传送; (2) 电力传输, 电力输送, 输电
power transmission chain 动力传动链
power transmission line 电力传输线
power transmission screw 动力传动螺杆
power transmission shaft 动力传动轴
power transmission system 电力传动系统, 电力输送系统
power transmitting capacity 传动能力
power transmitting screw 自动传动螺杆
power transmitting type of thread 螺纹动力传动
power traveling wave tube 功率行波管
power triangle 功率三角形
power tube 功率 [电子] 管, 功率放大管
power unit (=pu) (1) 机械装置, 动力装置, 动力单元, 动力设备, 动力部件, 动力机组, 动力头; (2) 油机发电机, 发电机组, 电源设备, 供电设备, 电源部件, 电源部分; (3) 执行机构, 执行部件; (4) 能量单位, 功率单位
power v-type field effect transistor 大功率 V 型场效应晶体管
power valve 增力阀
power vice 动力虎钳
power washer 机动清洗机, 动力清洗机
power-wasting 耗能的
power-weight ratio 功率 - 重量比
power wheel drive 动力 [轮] 驱动
power yield (1) 功率产额; (2) (电解) 电能效率
powerboat 汽艇
powered (1) 被供 [给] 能量的, 补充能量的, [被] 供电的; (2) 装有

发动机的, 有动力装置的, 用动力推动的, 机力操纵的, 产生动力的, 机动的, 自动的, 主动的, 动力的
powered phase 主动段
powered toolframe 自动底盘
powered wheel 驱动轮
powerforming 功率重整, 动力重整
powerful (1) 强有力的, 有势力的, 强大的; (2) 有功效的; (3) 大功率的, (透镜) 大倍数的
powerful electromagnetic chuck 强力 [电磁] 吸盘
powerhouse 动力车间, 动力厂, 发电站, 动力间, 电厂
powering 动力估计, 马力估计
powerless 无力的, 无能的, 无效的
powerman 发电机专业人员
powerplant (1) 动力装置, 发动机; (2) 动力厂, 发电厂
powershift 动力换档, 伺服换档
powerswitch 电源开关
Poynting vector 能流密度矢量, 玻印亭矢量
practicability 可行性, 实用性
practicable (1) 行得通的, 可实行的; (2) 切合实际的, , 切实可行的, 实际使用的, 可用的, 适用的, 实用的; (3) 可通行的
practical (1) 实事求是的, 实际 [上] 的, 事实上的, 实践的, 实地的; (2) 切实可行的, 有实效的, 实用的, 应用的, 有用的; (3) 有实际经验的, 注重实际的, 注重实践的
practical activities 实践活动
practical capacity 实际容量
practical chemistry 实用化学
practical computer 实际计算机
practical duty 实际能率
practical efficiency 实际效率
practical envelope demodulator 实际包络线解调器
practical life 实际 [使用] 寿命
practical proposal 切实可行的建议
practical question 现实问题, 实际问题
practical situation 实际情况
practical system of units 实用单位制
practical unit 实用单位
practicality (1) 实践性, 实际性, 实用性; (2) 实用主义; (3) 实物, 实例
practically (1) 实际上, 实质上, 实用上, 事实上; (2) 从实际出发, 通过实践; (3) 差不多, 几乎, 简直
practically impossible 几乎不可能
practically-minded 有实际经验的, 有实践经验的
practice(s) (1) 实地应用, 实施, 实行, 实习, 实践; (2) 操作规程, 实际操作, 实际演算, 实验操作; (3) 习惯, 惯例, 常例, 常规; (4) 熟练, 老练, 策略; (5) 营业, 开业
practise (1) 实践, 实施, 实行; (2) 练习, 训练, 实习; (3) 养成习惯, 惯做
practise economy 实行节约
practised 经验丰富的, 熟练的, 老练的
practising 从事活动的, 开业的
practitioner 专业人员, 老手
praetersonics 极超短波晶体声学, 高超声波学, 特超声学
pragmatize 使实际化, 使现实化, 合理地解释
pram (1) 手推车, 滚车, 小车; (2) 轻型平底艇, 平底船
Pramaxwell 波拉麦克斯韦 (磁束的实用单位)
Prandtl-body 普朗特体, 弹塑性体
prang (1) 投弹命中, 轰炸; (2) [使] 飞机坠毁; (3) 撞, 击
prank (1) (机器的) 不正常转动, 不正常动作; (2) 装饰, 点缀
praseodymium {化} 镨 Pr (第 59 号元素)
pratique (海港) 检疫证书
Pratt truss 平行弦桁架, 普腊特桁架
pravity 故障, 障碍
praxis (1) 实践, 实用, 应用, 运用; (2) 实例, 惯例, 习惯, 常规; (3) 行为, 举止
Praying Mantis (英) "螳螂" 装甲运输车
pre- (词头) 前, 先, 预, 在上
pre-absorption 预吸收
pre-acceleration 预加速, 先加速, 前加速
pre-adaptation 预适应
pre-admission 预进气
pre-aeration 预曝气
pre-aging 预老化
pre-amp 前置放大器
pre-amplifier 前置放大器

pre-amplifier stage　前置放大级
pre-annealing　事先退火,预退火
pre-augered　预钻的
pre-blanking　{电视}预熄灭,预匿影
pre-blast　在爆破之前
pre-breakdown　(电流)击穿前的,预击穿的
pre-buckling　预弯曲,预翘曲
pre-burning　预燃,预烧,老化
pre-coating　(漆)预涂层
pre-collector　前级除尘器,预净除尘器
pre-column　预置柱
pre-compaction　初步压块,预压
pre-compression　预压缩
pre-cracked Charpy test　开裂前缺口冲击试验,开裂前夏普试验
pre-deflection　预偏转
pre-distorting network　预矫正网络
pre-distortion　预矫正
pre-drawing　预拉伸
pre-dry　预先干燥
pre-echo　前置回声,前回波
pre-edit　{计}预先编辑,事先编辑
pre-edition　{计}预先编辑
pre-editor　{计}预先编辑
pre-emergency　应急[的],备用[的],辅助[的]
pre-emphasis　预增频,预加重
pre-engineered　使用预制部件建造的
pre-equalizer　前置均衡器
pre-estimate　预测,预算
pre-etching　预先腐蚀
pre-evaporation　初步蒸发,预蒸发
pre-evaporator　初步蒸发器,预蒸发器
pre-existent　先在的,先有的,前存的
pre-expander　预扩展器
pre-exposure　预曝光
pre-fade listening　预听,试听
pre-grinding　预磨[削]
pre-grinding paste　预磨削用研磨膏
pre-hardening　预硬化,初凝
pre-IF amplifier　前置中频放大器(IF=intermediate frequency 中频)
pre-incubation　预保温
pre-information　预先获悉
pre-injection　预先灌浆法
pre-ionization　预先电离
pre-ionized　预电离的,先电离的
pre-irradiated　预先照射的,先辐照的
pre-irradiation　预辐照,先辐照,辐照前
pre-knowledge　预先了解
pre-leaching　浸出之前,预浸出
pre-leader pass　{轧}成品再前孔型
pre-liquefier　初步液化器
pre-magnetization　预磁化
pre-main sequence　主序前
pre-maximum　初始极大值,极大前瞬
pre-multiplication　自左乘
pre-oiling　预先润滑,预先加油
pre-operational test　预试验,空转试验
pre-oscillation　预振荡
pre-oval　{轧}粗轧椭圆孔型
pre-polish(ing)　预抛光
pre-preg　(1)预浸处理;(2)聚酯胶片,半固化片
pre-pressing-die-float　预压浮沉模,预压弹簧模
pre-process　预先加工,预处理
pre-processing　(1)加工前的,处理前的;(2)预加工,预处理
pre-processor　(1)预加工程序;(2)预加工器,预处理器
pre-production　试制
pre-profiling　预成型,预压型
pre-programmed　既定程序的
pre-punch　预先打孔,预先穿孔
pre-relativity　相对论前[时期]
pre-set backlash　预调侧隙,预定侧隙
pre-set control　程序控制
pre-setting measuring instrument　预调试测量器具
pre-setting period　预凝[结]时期
pre-shaping　预先成形

pre-shearing　预剪
pre-slotting　预开槽
pre-spark　预火花
pre-springing　(焊接件)预弯
pre-stressed concrete wire　预应力混凝土结构用钢筋
pre-stretching　预先拉伸
pre-sub(script)　左下标
pre-superheater　第一级蒸汽过热器,预过热器
pre-super(script)　左上标
pre-TR　前置收发两用机,前置发射机-接收机(TR=transmitter-receiver 收发两用机)
pre-travel　预行程
pre-triggering pulse　预触发脉冲
preabsorption　预吸收
preacceleration　预加速,前加速
preaccelerator　(1)前加速器;(2)预注入器
preaccentuator　(1)预增强器,预加重器;(2)预频率校正电路
preacquain　预先通知,预告
preact　(1)提前,超前;(2)提前修正量,提前量;(3)预作用
preadaptation　预先适应
preadmission　预进[气]
preaeration　预曝气
preag(e)ing　人工老化,预老化,预时效
prealloy(ing)　预合金
preamble　(1)导言,序言;(2)引导程序,预程序;(3)段首标记;(4)预兆性事件
preamplification　前置[级]放大,提前放大,预先放大
preamplifier　前置放大器,增音器
preamplifier stage　前置放大级,预放级
preanalysis　事前分析,预分析
preanodize　预阳极化
prearrange　预先安排,预定
prearrangement　预先安排,预定
preassemble　预先组装,预先安装,预装配
preassembled　预先安装的,预先装配的
preassembly　预装配,预组装
preassigned　预先指定的,预先分配的,给定的,预定的
preatomic　原子能前之前的,利用原子能之前的
prebake　预烘干的,预熔烘的,预熔
prebaked anode　预熔阳极
prebath　前浴
prebend　预[先]弯[曲]
preblend　预先混合,预拌
preboiler　预热锅炉
prebook　预订,预约
preboring　初步钻探,初勘
prebox　前置组件
prebreaker　预碎机
prebreakdown　击穿开始
prebuilt　预制,预建
prebunched　预聚束的
prebuncher　预聚束
preburnish check　(制动器)磨合前检查试验
preburnish effectiveness test　(制动器)磨合前效能试验
precalcined　初步锻烧的
precalculated　预先计算好的
precarburization　预先碳化,预先渗碳
precarious　(1)不稳定的,不确定的,不确定的,不安全的,危险的;(2)根据不充足的,靠不住的,可疑的
precast　(1)预浇铸[的],预制[的];(2)装配式的,厂制的
precast bridge　装配式桥
precast concrete　预制混凝土
precast-prestressed　预制预应力的
precast reinforced concrete　预制钢筋混凝土
precast-segmental　装配式预制的
precast slab　预制板
precast unit　预制构件
precaution　(1)预防措施,保护措施,预防方法,防备;(2)预先警告,使提防,注意,小心,警惕,警戒
precautionary measures　预防措施
precedable　可能发生的,可能被超先的
precede　(1)居先,先于,领先;(2)优先,优于
precedence (=precedency)　(1)领先,先于;(2)优先,优于
precedence matrix　上位矩阵

precedent 先例,前例,惯例,条件
precedented 有先例的
preceding 以前的,前面的,上述的
preceding stage 前级
precensor 预先审查
precensorship 预先检查
precept (1)[技术]规格,方案;(2)格式,格言;(3)命令书,教训,警告
preception 警告,教训
precess 进动,旋进
precessing track {计}先期存储道
precession (1)向前的运动,向前的运行,拖动,旋进,进动;(2)先行,前行,进行
precessor 进动自旋磁体,旋进磁铁
prechamber 预热室真空室,预燃室,前置室
precharge (1)预加压;(2)预先充电
precheck 预先校验,预先检查
prechlorination 预加氯气处理,预氯化
prechoose 预选
preciding endorser 前背书人
precinct (1)范围,周围,附近;(2)境界
precious (1)贵重的,宝贵的,珍贵的;(2)过分讲究的,彻底的,完全的,非常的,极的
precious alloy 贵金属合金,精密合金
precious metal(s) 贵金属
precious stone(s) 宝石
precipitability (1)沉淀度,沉淀性;(2)临界沉淀点
precipitable 可沉淀的,可淀析的,可析出的
precipitant (1)沉淀物;(2)沉淀剂
precipitate (1)使沉淀,使凝结;(2)沉淀物;(3)用力投掷,掷下;(4)加速,促使
precipitated copper 沉淀铜,泥铜
precipitating 起沉淀作用的,导致沉淀的
precipitation (1)沉淀作用;(2)淀析,析出,凝结,分凝,分离,分层,分裂;(3)沉淀物,降水量
precipitation cone 沉淀圆锥,置换圆锥
precipitation gauge 量雨筒,量雨计
precipitation-hardening 沉淀硬化,弥散硬化
precipitation hardening 沉淀硬化,析出硬化,时效硬化
precipitation hardening steel 沉淀硬化钢
precipitation heat treatment 沉淀硬化热处理,人工时效热处理
precipitation number 沉淀值
precipitation particles 沉淀粒子,析出粒子
precipitation static 降物静电
precipitation tank 沉淀池
precipitation treatment 沉淀硬化处理,人工时效处理
precipitative 沉淀的
precipitator (1)静电沉积器,沉淀器;(2)静电除尘器,电除尘器,聚尘器;(3)电滤器;(4)沉淀器操作人员,沉淀工;(5)沉淀剂
precipitin 沉淀素
precipitometer 沉淀计
precipitophore 沉淀载体
precipitron 一种静电滤尘器 (商名)
precise (1)准确的,精确的,精密的;(2)明确的,正确的
precise casting 精密铸造
precise casting by (the) lost wax process 失蜡精浇铸
precise form 精密成形
precise fractionation 精密分馏
precise gauge 精密量规
precise instrument 精密仪器
precise interruption 确切中断
precise level 精密水准仪
precise leveling 精密水准测量
precise meaning 确切的意义
precise measurements 精确的尺寸,精确的度量
precise measuring equipment 精密测量设备
precise offset carrier 准确偏置载波,准确补偿载波
precise order 严格的命令
precisely (1)精确地,准确地,正确地,明确地,确切地;(2)严谨地,陈规地
preciseness 精确,准确,确切,明确
precision (1)精确度,准确度,精密度,精确性,精度;(2)精确,正确,精密;(3)精确的,精密的
precision accuracy 精度

precision adjustment 精密调整
precision aids 精密测试仪
precision analog computing eqquipment (=PACE) 精密模拟计算机设备
precision approach radar (=PAR) 精确着陆雷达,精测临场雷达
precision balance 精密天平
precision balanced hybrid circuit 精密平衡混合电路
precision ball 精密滚球,0级精度球
precision bearing 精密轴承
precision bench drill 精密台钻
precision bench lathe 精密台式车床
precision bombing 精确轰炸
precision boring bar 精密镗刀杆
precision boring head 精密镗头
precision boring machine 精密镗床
precision cast gear 精密铸造齿轮
precision casting (1)精密铸造,熔模铸造;(2)精密铸件,熔模铸件
precision casting for lost wax process 失蜡精铸
precision casting process 精密铸造法
precision cut gear 精密切削的齿轮,精加工齿轮
precision cutting tool 精密[切削]刀具
precision depth recorder (=PDR) 精密深度记录仪,精密回声测深仪
precision drilling 精密钻孔
precision drilling machine 精密钻床
precision forging 精密锻造
precision gauge block 精密块规
precision gear 精密齿轮
precision gearing 精密齿轮传动装置
precision graphic recorder (PGR) 精密深度记录仪,精密图像记录器
precision grinder 精密磨床
precision grinding machine 精密磨床
precision hand tapping 精密手动攻丝
precision hand tapping machine 精密手动攻丝机
precision index worm 精密分度蜗杆
precision instrument 精密仪表,精密仪器
precision lathe 精密车床
precision lead screw 精密丝杆
precision level 精密水准仪
precision location 精确定位
precision machine tool 精密机床
precision-machined 精密机械加工的,精加工的
precision-machined plate 精加工板
precision-machined surface 精加工面
precision machinery 精密机械
precision machining 精密机械加工
precision measure 精确度量
precision measurement 精确测量,精确度量
precision measurement equipment laboratory (=PMEL) 精密测量设备实验室
precision measuring instrument 精密测量仪器
precision measuring tool 精密量具
precision meter 精密计量具
precision milling machine 精密铣床
precision net 精密网络
precision nut tapper 精密自动螺母机,精密自动螺帽攻丝机
precision of analysis 分析[结果]的精确性
precision position 精确定位
precision positioning 精确定位
precision potentiometer 精密电位计
precision prescribed 要求精度
precision product 精密产品
precision regulator 精密调节器
precision scale 精密线纹尺
precision scanning 精测扫描
precision standard 精密标准
precision surface grinding machine 精密平面磨床
precision sweep 精密扫描
precision technology (=PT) 精密加工工艺,精密制造学
precision template 精密样板
precision test 精度检验
precision tolerance 精密公差,精确公差
precision tool (1)精密工具;(2)精密刀具
precision tool-room lathe 精密工具车床
precision traverse setting device 精密定程装置

precision type instrument　精密仪器
precision voltage reference (=PVR)　精确电压基准
precision wave-meter　精密波长计
precision waveform　正确波形
precleaner　空气初级滤清器, 粗滤器, 粗选机, 预清机
precleaning　预清洗, 预清洁
preclosed operator　准闭算子
precludable　能预防的, 能阻止的, 能排除的
preclude　(1) 预防, 排除, 消除, 清除, 防止, 杜绝; (2) 使不可能, 阻碍, 妨碍
preclude all doubts　消除一切疑虑
preclusion　(1) 预防, 排除, 消除; (2) 防止, 阻止, 妨碍
preclusive　排除的, 阻止的, 妨碍的, 预防的
precoagulation　预凝结
precoat　(1) 预涂层, 预涂, 预敷, 预浇, 上底, 打底; (2) 底漆, 涂层; (3) 过滤介质层; (4) 形成滤层, 形成滤垫
precoat filter　预涂助滤剂的过滤器
precoated base　预涂基层
precoated sand　复模砂
precoating　(1) [油漆] 上底, 预涂层, 底漆; (2) 熔模涂料
precognition　(1) 预先审查; (2) 预知, 预见
precoking　预焦化
precombustion　在前置燃烧室内燃烧, 预燃
precombustion chamber　预燃室
precomminution　预粉碎
precompensation　预先补偿
precompiler　预编译程序
precompiler program　预编译程序
precompose　预先构成, 预作
precompressed　预压的
precompression　预 [加] 压 [力], 预 [先] 压缩
precompressor　预压器, 填装器
precompressor cooling (=PCC)　预压机的冷却
precomputed　预先计算的
preconceive　事先想好, 预想
preconceive ideas　先入之见
preconcentration　预富集, 预精选, 预浓缩
preconception　(1) 先入之见, 偏见; (2) 预想
preconcert　预先商定, 预先同意
precondensation　预凝结
precondenser　预冷凝器
precondition　(1) 先决条件, 前提; (2) 预先处理, 预先安排; (3) 预空调
preconditioner　预调节器
preconditioning　(1) 预处理; (2) 预调制, 预调节, 预空调; (3) 悬浮液处理 (使悬浮粒子增大以加速过滤)
preconduction current　预传导电流
preconsideration　预先考虑, 预先考察
preconsolidate　预先固结, 前期固结
preconsolidation　预先固结, 前期固结
preconstruction stage　施工前阶段
precontamination　初期污染, 初期沾染
precontract　预约规定
precontrol　预先控制
precook　预煮
precool　预先冷却, 提前冷却
precoolant　预冷剂
precooler　预 [先] 冷却器, 前置冷却器
precooling　预冷却
precorrection　预先校正
precorrosion　预腐蚀
precrack stage　(1) [疲劳] 裂纹产生前的试验期; (2) [疲劳] 裂纹产生前的使用期
precritical　临界前的, 亚临界的, 次临界的
precure　预塑化, 预熟化, 预硫化, 预固化
precuring　(1) 预塑化, 预硫化, 预固化; (2) 预固化胶
precurrent　提前发生的, 预先发生的
precursive　(1) 开端的, 初步的; (2) 预兆, 先兆
precursor　(1) 前兆, 预兆; (2) 预报器; (3) 初级粒子, 原始粒子, 前驱波; (4) {数} 前趋
precursor compound　原始化合物
precursory　(1) 开端的, 初步的; (2) 预兆, 先兆
precut　预制
precut lumber　预开木材

predate　把日期填早, 早填日期
predecessor block　前驱块, 先行块
predecomposition　预分解
predefecation　初步澄清
predefine　预先规定, 预先确定
predefined process　预定处理, 预定过程
predeflection　偏转之前
predegassing　预先除气, 预先脱气
predeposition　预淀积
predesign　预先设计, 概略设计, 草图设计, 预先计划
predesign and system analysis (=PDSA)　草图设计与系统分析
predesignate　(1) 预先指定; (2) 预先规定
predesigned　给定的, 预定的
predestinarian　与预定论有关的, 相信预定论的, 预定论的
predestinarianism　预定论
predestinate　(1) 预先确定, 预定的; (2) 注定
predestinational　与预定有关的, 预定的
predestine　预先指定, 预先决定
predetection　检波前的, 检验前的
predetection combining　检波前合并
predetector　预检波器
predeterminate　预定的, 先定的
predetermination　预测, 预定, 预算, 预计
predetermine　预先决定, 预先注定
predetermined counter　预置计数器
predetermined formula　预定公式
predetermined nucleation　预成核作用
predetermined orientation　预先定向
predetermined time system (=PTS)　预定时间系统, 预测时间法
predetermined value　预定值
predeterminism　先决论
predetonation　预爆轰, 预爆震
predicability　可断定性
predicable　(1) 可以被论证的, 可断言的, 可断定的; (2) 可断定的事物, 属性, 范畴
predicament　(1) 困境, 险境, 境遇; (2) 种类, 范畴
predicate　判定, 断定, 断言
predication　断定, 判断, 推算, 预测
predicative　论断性的, 断定的
predicatory　断定的
predict　预言, 预测, 预计, 预告, 预报
predictability　可预计性, 可预测性, 可预言性
predictable　可预言, 可预示, 可预测
predicted data　预记数据
predicted impact point (=PIP)　预示的弹着点
predicted life　预计寿命
predicted-pulse-shape network　预测脉冲形状网络
predictibility　可预报性, 可预告性
predicting filter　前置滤波器, 预测滤波器, 预报过滤器
prediction　(1) 预告, 预测, 预报, 预言, 推算; (2) 前置量, 超前
prediction curve of wave propagation　电波传播预报曲线
prediction filter　预测过滤器
prediction of performance　性能设想
prediction of settlement　沉降预计
prediction-substraction coding　预测减法编码
predictive　预言性的, 预兆的, 预先的
predictive coding　预测编码
predictive crash sensor　预测碰撞探测器
predictive differential quantizer (PDQ)　预测差分量化器
predictor　(1) 预测器, 预报器; (2) 预报函数, 预示公式, 预测值; (3) 高射炮射击指挥仪, 活动目标预测器; (4) 预报者, 预言者
predictor circuit　预测电路
predictor formula　预测公式
prediffusion　预扩散
predigestion of data　{计} 数据的预先加工
predischarge　(1) 预放电; (2) 预排气; (3) 预先卸载
predispose　(1) 预先安排, 预先处理; (2) 先倾向于, 使易接受
predisposition　倾向性, 诱因
predissociation　预离解作用, 预分离, 预分解
predistillation　(1) 初步蒸馏, 预蒸馏; (2) (发生炉出气管的) 干馏作用
predistorter　(1) 前置补偿器; (2) 预修正电路, 预矫正电路
predistortion　频应预矫, 预矫正, 预失真
predistortion circuit　预失真电路
predistribution　初步分配, 预先分配, 预先分布

predominance (1) 数量优势, 优越, 卓越, 优势, 支配; (2) 显著, 突出

predominant (1) 最显示的, 主要的, 卓越的, 突出的, 有力的, 流行的, 多数的; (2) 占优势的, 支配的

predominate (1) 居支配地位, 起支配作用, 主要的, 主导; (2) 占优势, 突出

predominating constituent 主要成分

predominatingly 占优势地, 突出地, 为主

predomination (1) 优越, 卓越, 优势, 支配; (2) 显著, 突出

predose (1) 辐照前, 照射前; (2) 前剂量

predraining method 预先抽水法

predrive (1) 预驱动, 预激励; (2) 前级激励

predry 预干燥

predryer 预干器

preece 泼里斯 (电阻率单位)

Preece test 普里斯 [钢丝] 镀锌层的硫酸铜浸蚀试验, 镀锌层厚度和均匀度测定试验

preejection 弹射前的

preelect 预选

Preelection 预先选择, 优先选择, 预选, 预定

Preelectric 在普遍用电以前的

preemphasis 预加重, 预补偿, [频应] 预矫

preemphasis circuit 预加重电路

preencase 预先包装, 预先包裹

preengage (1) 预约; (2) 先占, 先得

preengineered 预制标准的

preengineering 工程预科的

preequalization (频应) 预矫

preessential 首要的, 最本质的

preestablish 预先设立, 预先制定

preeutectic 先共晶的

preevacuate 预排气, 预抽

preevaculated chamber 预抽真空室

preexamination 预先检查

preexamine 预先检查

preexist 先在, 先存

preexist imperfection 前在不完整性

preexpose 预曝光

prefab (1) 预制的, 预构的; (2) 预制品

prefabricate (1) (工厂) 预制, 装配; (2) 预制品

prefabricated parts 预制构件

prefabrication 工厂预制

preface (1) 序言, 前言, 绪言; (2) 开端

prefactor (数学) 前因子

prefailure life 失效前的寿命, 损坏前的寿命, 预计失效寿命

prefatorial (=prefatory) (1) 位于前面的; (2) 序言的, 引言的

prefer (1) 优先补偿; (2) 把……提升到, 提出, 建议, 申请, 推荐, 介绍; (3) 更喜欢

preferable 更可取的, 优越的, 较好的

preference (1) 选择; (2) 优先, 优待, 特惠, 偏爱, 特选, 喜欢

preference-temperature 适宜温度

preferential (1) 有选择性的, 优先的, 优惠的; (2) 优先权

preferential duties 优惠关税

preferential etching 择优浸蚀, 择优腐蚀

preferential floatation 优先浮选

preferential tariff 优惠关税

preferential treatment (1) 优先处理; (2) 优 [惠] 待 [遇]

preferment (1) 提升, 升级; (2) 优先权; (3) 提出; (4) 有利可图的职位

preferred (=pfd) 优先选用的, 择优的, 优先的, 选优的, 较好的, 从优的, 可取的

preferred axis 从优轴

preferred coordinates 特定坐标 [系]

preferred dimension 优先尺寸

preferred direction 优先定向

preferred direction of magnetization 易磁化方向

preferred module 优先模数

preferred numbers 标准数目, 从优数

preferred orientation 最佳取向, 择优取向, 从优取向

preferred pitch 优选节距

preferred plan 最佳规划, 最佳方案

preferred value 优选值

prefetch {计} 预取

prefiguration (1) 预示, 预兆, 预想; (2) 原型

prefigure 预示, 预兆, 预想, 预见, 预言

prefill 预先充满, 预装填

prefill circuit 预先充油油路

prefill surge valve 满油补偿阀, 充液补偿阀

prefill valve 预充液阀, 满油阀

prefilter (1) 前置过滤器, 预过滤器; (2) 前置滤光片, 初步过滤

prefire 预先点火, 预先烘培, 先焙烧, 预烧

prefiring (1) 预先点火, 预烧; (2) 点火前的, 起动前的

prefix (1) 预先指定, 加前缀; (2) (电视) 脉冲超前, 前束; (3) 前缀

prefix notation 无括号表示法, 无括号标序法, 无括号标序记号

prefix of a radiotelegram 关于无线电报等级的标识

prefixion (=prefixure) (1) 绪言, 序; (2) 前缀

preflashing 预闪

preflex 预加弯力, 预弯

preflex beam 预弯梁

preflight (=PF) 为起飞作准备的, 飞行前的

preflooding 开始溢沸

preflush flow counter 预先冲洗流动计数管

prefluxing 预涂熔剂

prefocus 预先聚焦, 预先调焦, 预聚焦, 初聚焦

prefocusing 预 [先] 聚焦, 初聚焦

prefogging 预曝光

preform (1) 预先形成, 预先成形, 预先定型, 初步加工, 预成型, 预制, 预塑; (2) 进行初步加工; (3) 初步加工的成品, 塑坯预塑, 预型件, 锭料, 盘料, 压片

preform molding 塑坯模制法

preformation 预先形成

preformative 预先形成的

preformed joint 预制缝, 预塑缝

preformed joint filler 预塑式嵌缝板, 预制填缝料

preformed wire rope 预成型钢索

preformer (1) 预压机; (2) 制锭机

preforming 预成型

preforming press (1) 压片机; (2) 制锭机

prefractionation 初步分馏, 预分馏

prefractionator 初步分馏塔, 预分馏塔

preframe 预装配

preframed 预拼装的

prefreezing 预先冻结

prefused eutectic 预熔共晶

pregrounding 初压碎

pregroup modulation 前波群调制

pregummed paper 预涂胶纸

preheat 预先加热, 初步加热, 预热

preheated forehearth 混合剂预热

preheater 预热器

preheating 预热

preheating of the mixture 混合剂的预热

preheating zone 预热带, 预热区

prehension 领会, 理解, 抓住, 握住

prehydration 预先饱水, 预先水化

prehydrolysis 预加水分解

preignite 提前点火, 预点火

preignition 提前点火, 过早点火, 预点火, 预燃, 早燃

preignition chamber 预燃室

preimage 逆像

preimpregnated 预浸渍的

preinducer 前诱导剂

preinjector (1) 预注入器; (2) 前加速器

preinstall 预设

preinstallation test 装配前试验

prejectometer 投影式比较测长仪

prejudge 预先判断, 预计, 预估

prejudgement 预先判断

prejudication 预先判断

prejudice (1) 偏见, 成见; (2) 侵害, 伤害, 损害, 不利

prejudiced 有偏见的, 偏心的

prejudiced opinion 偏见

prejudicial 造成损害的, 有损于……的

preknock 预爆震

preknock pulse (=PKP) 爆振前脉冲

preknow 事先知道, 预知, 先知

prelase 超前激射, 预激射

prelaser (1) 激光照射前的; (2) 激光敏感剂

prelaunch 发射前的, 准备发射的

prelimer 石灰混合器
preliminarily 预先地
preliminary (1) 初步的,初级的,初始的;(2) 预先的,预备的,序言的,开端的;(3) 事先接触,初步行动,准备措施,准备工作,预先,预试;(4) 前端,序言
preliminary acceptance (=PA) 初步验收
preliminary ag(e)ing (橡胶、塑料等) 预先老化
preliminary agreement 初步协议
preliminary calculation 初步计算,预算
preliminary design (=PD) 初步设计,原始设计,预先设计,准备设计
preliminary design review (=PDR) 初步设计检查,初步设计评审
preliminary dimension 初定尺寸,预定尺寸
preliminary engineering inspection (=PEI) 初步工程检验
preliminary estimate 预先估算
preliminary evaluation (=PE) 预先估计
preliminary filter 初步过滤
preliminary grinding 初磨,预磨
preliminary heat 预热
preliminary heat treatment 预热处理
preliminary impulse 前发脉冲
preliminary investigation 初步调研
preliminary line 初测导线
preliminary list of items 暂定项目表
preliminary maintenance analysis report (=PMAR) 初步维修分析报告
preliminary measures 初步措施
preliminary operating and maintenance instructions (=POMI) 预备操作与维护说明书,预备操作与维修说明书
preliminary operation 试运转,试运行,试转
preliminary pile assembly (=PPA) 实验性反应堆
preliminary remarks 前言
preliminary sea trial 预试航
preliminary sizing 粗筛选
preliminary sketch 初步设计,草图
preliminary stress 预应力
preliminary survey 初测
preliminary test 初步试验
preliminary working 初加工,预加工
preload (1) 预加载荷,预加负荷,初始负载,预加应力,预加载,预载荷;(2) (轴承) 预紧 [度],预压;(3) 预先加料,预装入,预装填
preload test 预加载荷试验
preloaded bearing 预紧 [的滚动] 轴承
preloaded rubber bushing 预紧橡胶衬套
preloading (1) 预先负载,初始负载,预加载 [荷],初负载;(2) (轴承) 预紧
prelubricated 预润滑的
prelubricated bearing 预润滑轴承,密封轴承
prelude (1) (软件) 序部,首部,过程标题;(2) 序言;(3) 前兆
preludial (1) 序言的;(2) 先导的
prelum press (1) 加压,压;(2) 加压器
prelusive 序言的,前兆的,先导的
premagnetization 预先磁化
premakeready 预垫版
premastery 预先掌握
premature (1) 过早的,未成熟的,不到期的;(2) 早熟的;(3) 过早爆炸的炮弹
premature contact 过早接触
premature explosion 过早爆炸
premature failure 过早失效,早期破坏
premature wear 过早磨损
premediate 预先考虑,预先计划,预谋
premelting 预熔,预化
premetallic 在知道金属的用途之前的
Premi-Glas 金属化玻璃纤维
premise (1) 前提,前言;(2) 假定,假设,根据;(3) 先决条件
premiss 前提
premium (1) 质量改进的,特级的;(2) 高级,优质;(3) 额外费用,保险费,佣金;(4) 奖金,奖品
premium engine oil 高级车用机油
premium fuel 优质燃料
premium gasoline 高级汽油
premium-grade 高级的
premium motor oil 高级车用汽油

premium-priced fuel 高价燃料
premium rate 保险费率
premix (1) 预先混合,预先拌合,预混,预拌;(2) 预混合料,预拌合料,预混合物
premix burner 预混合型燃烧器
premix mo(u)lding 预混模制
premixed aggregate 预拌集料
premixer 预先混合器
premixing 预混合,预拌
premodification {计} 预先修改
premodulation 预调制
premolded expansion joint (=PEJ) 预制的胀缩接头,预塑的胀缩接头
premonition 预 [先的警] 告,预感,预兆,前兆
premonitor (1) 预先警告者;(2) 预兆,征象
premonitory 预 [先警] 告的,预兆的,前兆
premould (1) 预先模制,预塑,预铸;(2) 塑料片,锭剂
premoulded 预先模制的,预铸的,预塑的,预制的
premoulded pile 预制桩
premoulding 预先铸模
premultiplication 自左乘
prenex normal form {数} 前束范式
prenotice 预先通知
prenotion 先入之见
prentice hand 生手
preoiler 预先加油器,预润滑器
preoperative 操作前的
preoperative control 预定位控制
preordain 预先规定,预先注定
preoscillation current 起振前电流
preoxidation 预氧化
prepack 预先包装,预先装填
prepackage 预先包装,预先装填
prepackaged concrete 预填骨料混凝土
prepacked bearing 预加润滑脂的轴承
prepaging {计} 预约式页面调度
prepaid (=PP) 预先付讫的
prepaid expense 预付费用
preparable 可准备的,可预备的,可配制的,可作出的
preparate 准备好了的,现成的,预制的
preparateau 实验室助手
preparation (1) 准备,预备;(2) 配制,制备,调制;(3) 预先加工,准备工作;(4) 装料,填料,试液;(5) 配制品,制剂
preparation godet 上油盘,导丝盘
preparation of grease 润滑脂的制备
preparation of program 程序设计
preparation of specimen 制造样品
preparation routine 准备程序
preparative 预备的,准备的,制备的,初步的
preparator (1) 选矿机,精选机;(2) 选矿厂;(3) 准备者,筹备者
preparatory 准备的,预备,筹备的,初步的
preparatory measures 初步措施
preparatory pass 成品再前孔
preparatory steps 准备步骤,准备措施
preparatory treatment 预先准备,预处理
prepare (1) 准备,预备;(2) 装备,配备;(3) 制定,制订,布置,配制,调制,精制,制备
prepare for the worst 从坏处打算,准备万一
prepare to undertake a task 为承担某项任务而作准备
prepared (1) 有准备的,准备好的;(2) 特别处理过的,事先准备好的,精制的
prepared edge (焊前) 坡口加工面
prepared for use (=PFU) 备用 [的]
prepared sizes 制备粒度
prepared tar 精制的焦油
preparedness 作好准备,有准备
preparer 调制机
preparing facility (=PF) 准备设施
preparing specification 制定规范
prepay 预付,先付
prepay-set 投币式公用电话机
prepayable 可预付的
prepayment 预付款
prepayment coin box telephone 预付式投币公用电话
prepayment meter 预付式电度表

1073

prepayment watthour meter　预付式电度计
prepense　预先考虑过的，故意的
preplace　预置
preplan　预先计划，规划
preplanned search　预先计划搜索
preplastication　预塑炼
preplasticizer　预增塑剂
preplasticizing　预塑化
preplot　预定表
prepolarized　预极化的
prepolymer　前聚［合］物，先聚合物，预聚物，前聚物
prepolymerization　预聚合
preponderance (=preponderancy)　(1) 重过，较重，偏重；(2) 优势
preponderant　占优势的，较重的，偏重的，压倒的
preponderate　(1) 超过，胜过，大过，重过，过重，偏重；(2) 占优势，压倒
preponderate in number　数量上占优势
preponderation　在天平一端增加重量
preposition　(1) 放在前面，预先放好；(2) 前面的位置；(3) 前置词，介词
prepositional　前置词的，介词的
prepossess　使先影响，使先具有，使充满
preposterous　不合理的，颠倒的，反常的，荒谬的
prepotency　优越的力量，优势
prepotent　优越的，优势的
prepotential　前电位的
prepreference　最优先的
prepreg　(1) (抑制电路板用) 半固化片；(2) 预浸渍制品，预浸料；(3) (增强塑料) 预浸料坯
prepressing　(1) 预压，(2) (复) 预压坯块
preprint　(1) 预印；(2) 预先印好的；(3) 预印本
preprocess　预加工，预处理
preprocessor　(1) 先行处理机，预加工处理机；(2) 预处理程序
preproduction　(1) 试验性生产，小批生产，试生产，试制；(2) 生产前试验的，生产前的
preproduction missile　投入生产前的导弹，试验导弹，试制导弹
preproduction test (=PPT)　投产前试验，生产前试验，试制性试验
preproduction test procedure (=PPTP)　生产前试验程序
preproduction-type test　生产前试验
preprogram　预编程序
prepulse　前脉冲
prepulsing　发送超前的脉冲，预馈脉冲
prepump　前级泵，预抽泵
prepurging　洗炉 (光亮退火等热处理时清除炉内气体)
prequalify　预先具有资格，预先具有条件
prequenching　预淬火
prereacted　预加反应的
preread disturb pulse　读前干扰脉冲
prerecord　预先录制，预先录下，预记录
prerecorded tape　预录磁带
prereducing　预先还原
prereduction　(1) 预先还原；(2) 前减数
prerefining　预先精炼，初步提纯
preregister operation　预信号操纵
preregulator　前置调节器
prerelativistic　在相对论之前的
prerelease　(蒸汽机) 提前排气
prerequisite　(1) 必须预先具备的，先决条件的，必要的，首要的；(2) 先决条件，必要条件，前提
prerinse　预清洗
preroast　预先焙烧，初步焙烧
prerotation　预旋，预转
prerun　预试
prerupt　突然中断
presage　预先警告，预示，预兆，前兆，预知，预感，预言
prescaler　预定标器
prescaling　预引比例因子
prescience　预知，先见
prescient　有先见之明的，预知的
prescientific　近代科学出现以前的，科学方法应用前的
prescind　孤立地考虑，不加考虑
prescore　先期录声，先期录音
prescreening　预先筛分
prescribe　规定，指示，指令，命令，指挥

prescribed　给定的，预定的
prescribed load　规定载荷，额定载荷
prescript　命令的，法令的，规定的，指示的
prescription　(1) 质量要求，惯例，传统；(2) 命令，法规，法则，规定，方案，指示，说明
prescription balance　药剂天平
prescriptive　(1) 规定的，指示的，命令的；(2) 约定俗成的，惯例的
Presdwood　普列斯德式板材
presedmentation　预先沉淀，预沉降
preselect　预先决定，预选，选择，既定
preselection　预先选择性，前置选择法，预选定，预选送，预选
preselection counter　预选计数器
preselection mechanism　预选机构
preselective　预选式的
preselective gear box　预选变速器
preselector　(1) 预选装置，预选机构，预选机，预选器 (电话)；(2) 高频预选滤波器，(3) 前置选择器
preselector control　预定位控制，预选器控制
preselector gearbox　预选式 [齿轮] 变速箱
preselector mechanism　预选机构
preselector valve　预选阀
presence　(1) 出现，存在；(2) 面前，眼前；(3) 出席，到场，在场；(4) 态度，风度
presence bit　{计} 内存指示位，存在位
present　(1) 引导，导向；(2) 送出，发出；(3) 现在的，现存的，现今的，当今的，目前的；(4) 出席的，到场的，在场的
present company　出席者，在场人
present position indicator (=PPI)　目前位置指示器
present section　本节
present worth (=PW)　现 [在价] 值
presentable　可介绍的，可推荐的，适于赠送的
presentation　(1) 指示，表示，图像，显示，扫描，描绘；(2) 重发；(3) 提出，呈现，表现，存在；(4) 报告书，呈文，赠送，文献；(5) 出席，代表，引见，说明，介绍
presentation copy　赠送本
presentation of a plan　计划的提出
presentation of flicker film　底板闪光显示
presentation of information　数据输出
presentation on a screen　荧光屏上的图像，荧光屏显示
presentational　直觉的，表象的，观念的
presentative　起呈现作用的，抽象的
presentee　被推荐者，被接见者
presenter　推荐者，提出者，赠送者
presentient　预感的
presentiment　预感
presentive　直 [接表] 示的
presently　(1) 目前，现在；(2) 一会儿，不久，即刻
presentment　(1) 陈述，叙述，描写；(2) 呈现，展示，提出
preservable　可保存的，可保藏的，可保管的，可保护的
preserval　保存，保留
preservation　(1) 防腐作用；(2) 保存，保藏，保持，保护，保管，储藏，堆放，(3) 维持，维护；(4) 防腐，预防
preservative　(1) 有保存力的，保存的，保藏的，防腐的，防护的，预防的；(2) 防腐剂，防蚀剂，保存剂；(3) 预防法
preservative agent　防腐剂
preservative engine oil　防护机器油
preservative substance　防腐剂
preservative oil　防护油
preservatize　加防腐剂，用防腐法，保藏
preservatory　(1) 储藏所，保藏所；(2) 保存的
preserve　(1) 保藏；(2) 保存，保管，保护，保持；(3) 防腐，防护，维护，维持；(4) 护目镜，防风镜，遮光眼镜
preserved plywood　防腐胶合板
preserved timber　木材防腐
preserver　(1) 保护人，保管员，保存者；(2) 保护物
preserving　(1) 保藏；(2) 保存；(3) 防腐
preset　(1) 待工作的 (指一个系统或一只管子等)；(2) 给定程序的，半固定的，给定的，预定的，预调的；(3) 预先装置，预先调整，预调，微调，初调，预置；(4) 安装准备工序，安装步骤，安装程序，(5) 按预定程序轧制，按预定图象轧制
preset adjustment　预调
preset automatic equalizer　预置式自动均衡器
preset capacitor　半可变电容器，预调电容器，微调电容器
preset control　程序控制，预调控制，预置调整

preset controller 预置控制器
preset decimal counter 十进制计数器,预置计数器
preset device 自动导航仪,预置机构
preset digit layout 预先给定的数位格式
preset governor 预置调节器
preset guidance system 自律式程序制导系统,给定程序制导系统, 预置制导系统
preset mechanism 程序机构
preset oscillator 预调振荡器
preset parameter 预置参数,预定参数
preset regulation 预选装置调节,预调
preset time 给定时间
preset-time counting 在给定时间间隔内的计数
preset tool 预调刀具,预置刀具
presetting 预先调整,预定,预测
presetting circuit 预调 [谐] 电路
presetting machine 预调机床
presetting period 预凝 [结] 时期
preshaped 预先成形的
preshaping 预先成形,预先形成
preshaved gear 剃 [齿] 前齿轮
preshaving 剃前
preshaving cutter 剃前 [齿轮] 刀具
preshaving hob 剃前滚刀
preshaving pinion cutter 剃前插齿刀
preshaving shaper cutter 剃前插齿刀
preshoot (1) 前置尖头信号,前冲,预冲;(2) 倾斜,下垂
preshot 爆破前
preshrunk 落水后不会再缩的,已预缩的
preside 主持,主管,负责,指挥
preside at a meeting 主持会议
presinter 预先烧结,初步烧结,压缩前烧结
presintering 压结前烧结,初步熔结,预烧结
presizing 填孔处理
presoak (1) 预浸;(2) 预浸液
presort 预分拣
prespiracular 气孔前的
presplitting 预裂法
press (1) 压力机,压锻机,压制机,压缩机,压榨机,模制机,叠压机, 压捆机,打包机,压床,冲床;(2) 印刷机,印刷厂,印刷业;(3) 加压, 冲压,冲制,压制,压缩,压锻,压紧,压榨,压平,压印,压碎,模压;(4) 压,按,挤,推;(5) 柜,橱;(6) 夹具
press bond 压力接合,压端连接,压焊
press box (轧花机的) 压棉箱
press brake 弯板机,弯边机
press-button 按钮,电钮
press button control 按钮控制器,按钮站
press control 按钮控制器,按钮站
press copy 复印本
press cure 加压硫化
press die 冲压模
press drill (1) 压力钻;(2) 压沟式播种机
press finishing 压光,滚光
press-fit 压 [入] 配合
press fit (1) 压 [入] 配合;(2) 压力装配
press fit diode 压入配合二极管,压装二极管
press fit felt seal 带盖毡封圈
press for mould extrusion 铸型落砂冲锤机
press-forging 压锻
press forging (1) 压力锻造;(2) 锻压件
press-in 压入
press key 按键,按钮
press machine 压床
press mandrel 压进心轴
press mold 用于制造玻璃的铸铁模型
press mold method 压铸法,压模法
press-off (1) 针织机针脚的跳针;(2) 针织次品;(3) 脱套,拷针
press-pate machine 压榨机,脱水机
press plunger 压力机冲件
press polish 加压抛光,高度光泽
press proof 机样,清样
press pump 压力泵,压榨泵
press ram 压力机压头,压力机滑块
press reader 机样校对员

press roll 加压辊,加压轮,压辊
press-talk system 按键通话方式,(电话) 按讲制
press tempering 加压回火
press type resistance weld 顶压式接触焊机
press wheel 压土轮
press working 压力加工
pressable 能压的
pressafiner (=pressofiner) 螺旋压榨机
pressboard 绝缘用合成纤维板,压制板,厚纸板
pressductor 压力传感器
pressed 加压的,压制的,压缩的,模压的,模制的,冲压的,挤压的
pressed air 压缩空气
pressed-base seal 冲压平底密封,冲压平底封接
pressed brick 压制砖
pressed cage 冲压保持架
pressed concrete 压制混凝土
pressed-core cable 压心电缆
pressed distillate 冷榨去蜡油
pressed glass 铸压玻璃
pressed housing 冲压轴承箱体
pressed loading 加压负载
pressed machine brick 机压砖
pressed oil 冷榨油
pressed or machined plate composition labyrinth seal (轴承) 由冲 压或车制盖组合的曲路密封装置
pressed-out boss 压制毂
pressed permalloy powder 压制坡莫合金粉
pressed piece 冲压件
pressed sampler 压入式取土器
pressed shield (轴承) 冲压防尘盖
pressed steel 压制钢件
pressed steel hook chain 模压钩头链,冲压钩头链
pressed thread 滚丝
pressed ware 压制器皿
pressed work 压力加工
pressel 悬挂式电铃按钮
presser (1) 加压器,压实器,压紧器,压榨机,压机;(2) 承压滚筒, 锭翼压撑,锭壳叶;(3) 模压工,冲压工,压机工,打包工
presser bar (缝纫机的) 压脚杆
presser cut 花压板
presser pad (1) 锭翼压撑;(2) 烫衣机毡制衬垫
presser shore 加压承索套
pressing (1) 模压制品,冲压件;(2) 施加压力的过程,压制,压榨,压滤, 压干,冲压,挤压,加压
pressing bend method 压力弯曲方法
pressing in 压进
pressing-in method (测定材料硬度的) 压入法
pressing lap 冲压折叠,冲压皱皮
pressing paper 粗面滤纸
pressing plant (1) 冲压厂;(2) 冲压设备
pressing tool 冲压工具,冲压模具
pressiometer 压力计
pressman (1) 冲压工 [人],模压工;(2) 印刷工人
pressometer 压力测量计
pressor 加压的,增压的,升压的
pressoreceptor 压力感受器
pressostat 恒压器,稳压器
presspahn 压制板,压板,纸板 (一种纤维绝缘材料)
presspaper 厚纸板
pressroom 印刷室
pressrun 耐印力
pressite 普列斯塑料
pressural 由压力引起的,与压力有关的,压力的
pressure (=P) (1) 压力,压强;(2) 电压;(3) [大] 气压 [力];(4) 压缩, 压迫,压挤,按,榨;(5) 对……施压,加压于;(6) 增压,密封,蒸煮
pressure above the atmospheric 超过大气压力
pressure accumulator 蓄压器
pressure-actuated 压力传动的
pressure altimeter 气压测高表
pressure altitude 气压高度
pressure and thermal equilibrium 压热平衡
pressure-and-vacuum release valve 油罐的呼吸阀
pressure angle 压力角
pressure angle at a point Y Y 点的压力角

pressure angle at tip diameter　顶圆的压力角
pressure angle correction　压力角修正
pressure angle error　压力角误差
pressure angle for tooth stress　齿根强度计算的压力角
pressure angle of basic rack　基本齿条的齿形角
pressure angle of cutter　刀具的压力角
pressure at right angle　垂直压力
pressure atomizing burner　压力喷雾燃烧室
pressure back　(航摄仪的)压平板
pressure bar　夹紧杆,夹紧棒,压力棒
pressure bleeder　(液压制动系)压力放气器
pressure blower　压力通风器
pressure-boiler　液体高热器
pressure boiler　蒸压器,密蒸器
pressure bottle　耐压瓶
pressure box　压力水箱
pressure-break　[层压塑料内的]压裂缝
pressure build-up　压力增大
pressure cabin　气密座舱,增压舱
pressure cable　加压电缆
pressure canner　高压制罐锅
pressure capsule　压力传感器
pressure car　气罐车
pressure-cast　加压铸成的,压力铸造的
pressure casting　压力浇铸,压力铸造,压铸
pressure cell　(1)压[力]敏[感]元件;(2)压应力计,压力盒,压力室
pressure-change　气压变化
pressure coefficient　压力系数
pressure cone apex　(单列向心推力轴承或单列圆锥滚子轴承)负荷作用点,压力作用点
pressure contact　压力接触
pressure control unit sequencer　压力控制设备程序装置
pressure control valve (=PCV)　压力调节阀,调压活门
pressure-controlled　压力控制的
pressure-cook　用加压蒸煮器蒸煮
pressure-cooker　加压蒸煮器,高压锅
pressure cooker　加压蒸煮器,高压锅,压力锅
pressure cooling　压力冷却,加压冷却,压流冷却
pressure core barrel　保压取心筒
pressure-creosoted　加压浸油的
pressure curve　压力曲线
pressure device　加压装置,加压设备
pressure die-casting　(1)压模铸造,压力铸造;(2)压[力]铸件
pressure differential　压差
pressure dimension　压力因次
pressure disk　止推垫圈,缓冲垫圈
pressure distillate　裂化馏出油
pressure distillation　加压蒸馏
pressure distribution　压力分布
pressure distribution panel (=PDP)　压力分配控制板
pressure dro　压降,压差
pressure element (=PE)　压力元件,承压件
pressure-equalizer　均压线
pressure equalizer　压力补偿器,均压器
pressure-equalizing valve　均压阀,等压阀
pressure exerted by masses　惯性压力
pressure fan (=PF)　压力通风器,压力风机,压力风扇,鼓风机,送风机,压风机
pressure-feed　压力输送的,压力进给的,压力给料的,压力喷洒的,加压装料的,高压供给的
pressure feed　(1)压力进给,压力给料,加压装料,加压送料;(2)高压供给,压力喷洒,加力供给
pressure-feed air bearing　静压空气轴承
pressure-feed lubrication　压力润滑,压差润滑,强制润滑
pressure-feed oiling　压力加油,压力润滑
pressure filter　压力过滤器,压滤器
pressure filtration　加压过滤
pressure flaking　加压剥离
pressure gas　压缩气体
pressure gauge　(1)流体压力计,液压计,压力表,压力计,压强计,气压计;(2)压力传感器
pressure gauge pick-up　压力感受器
pressure gain　压力增益
pressure gear pump　压力齿轮泵

pressure gradient　压力梯度,压力陡度
pressure-gradient transducer　压差换能器
pressure-grouted　压力灌浆的
pressure gun　黄油枪
pressure-head　水压落差,压头
pressure head　(1)(泵的)扬程,压头,水头,压位差,水位差;(2)压力冒口,发生冒口,气弹冒口;(3)测压计的头部,压力盖,规管
pressure-height　(气压计的)气压高度
pressure hole　测压孔
pressure hose　耐压软管,高压软管
pressure hulk　耐压壳体,耐压舰体
pressure hydrophone　压强型水听器,声压水听器
pressure increment　压力增量
pressure indicator (=PI)　压力指示器,压力表
pressure inlet　接管嘴,增压管
pressure intensity　压强
pressure level　声压级
pressure lock　空气阀
pressure lubrication　压力润滑
pressure lubrication system　压力润滑系统
pressure manometer　差动式压力计,差示压力计,压力计,压力表
pressure measuring unit (=PMU)　测压力装置
pressure medium　液压介质
pressure-metamorphism　压力变质
pressure meter　压力计
pressure microphone　声压传声器
pressure nozzle　感压管
pressure of contact　接触压力
pressure of rolling　滚轧压力
pressure oil　压力油
pressure oil tank　压力油箱,高压油箱
pressure-operated　压力操纵的,气动的
pressure-operated equipment (=POE)　气动装置
pressure operated switch(=POS)　气动继电器,气动开关
pressure pad　压紧垫片,压紧台
pressure per unit area　单位面积压力
pressure per unit face　单位面宽压力
pressure period　受压期间
pressure pickup　压力传感器
pressure pipe　耐压管
pressure piping　压缩空气管道,压力管系,耐压管线,压送管道,增压导管
pressure piston　推压[作用]活塞
pressure pitman　受压联接杆
pressure plate　压力板
pressure-plotting　压力分布图绘制,绘制压力分布图
pressure-plotting model　测分布压力的模型
pressure point　压迫点
pressure polishing　压[力抛]光
pressure port　压气入口,压力孔,压力腔,泄压门
pressure-proof (=PP)　耐压的
pressure proof　耐压的
pressure propagation　压力传播
pressure pump　压力泵,增压泵
pressure quenching　压力淬火,加压淬火
pressure ratio　压[力]比,增压比
pressure-recorder (=pressure register)　记压器
pressure reducer　减压装置,减压阀
pressure reducing valve (=PRV)　减压阀
pressure regulating valve　调压阀,调压活门
pressure regulation exhaust　(1)压力调节排气[口];(2)压力调节排气装置
pressure regulator　压力调节器,压强调节器,电压调整器,电压调节器,调压器,减压器
pressure release surface　释压面,软表面
pressure relief valve　减压阀,安全阀
pressure-relief vent　减压孔
pressure-resistant　承受住[一定]压力的
pressure responsive device　压敏装置
pressure ring　压环
pressure roll　压辊
pressure roller　加压轮
pressure saucepan　长柄压力锅
pressure seal　加压密封

pressure-sensing 压力传感的, 压力感受的, 压力指示的
pressure-sensing device 压力传感装置
pressure-sensitive element 压[力灵]敏元件
pressure-sensitive pad (压力量测器)压力灵敏块
pressure-sizing {冶}精压
pressure spike 压力尖峰
pressure spot 压力点
pressure spring 压力弹簧
pressure-stabilized 内压稳定的
pressure stage 压力阶段
pressure-staged (汽轮机)有压力级的
pressure stress 压[缩]应力
pressure suit (高空飞行用)增压服, 加压服
pressure surface (1)压力面, 加压面, 受压面, 作用面; (2) (螺旋桨的) 推进面
pressure switch (=PS) 压力开关, 压力继电器, 压力感受器
pressure system 压力系统
pressure system automatic regulator (=PSAR) 压力系统自动调节器
pressure system control (=PSC) 压力系统控制
pressure system manifold manual regulator (=PSMMR) 压力系统歧管手动调节器
pressure tank 压力油槽, 带压贮槽, 高压箱, 压力箱
pressure tap 压力计接口, 取压分接管, 测压孔
pressure tar 裂化焦油
pressure technique 高压技术
pressure test (=PT) 压力试验
pressure thermit welding 加压铝热焊接, 加压铸焊
pressure thermite welding 压力熔焊
pressure-tight (1)密闭的, 密封的; (2)压力下不渗透的, 受压不透气的, 压力密闭的, 气密的, 耐压的
pressure tight cast 致密铸件
pressure-tightness 不渗透性, 气密性, 密闭性
pressure transducer 压力传感器
pressure transient 压力瞬变过程
pressure traverse 压力横向分布
pressure treatment (木材防腐)压力处理, 加压蒸炼
pressure tube 耐压力橡皮管, 压力连接管, 测压管, 压力管
pressure turbine 反击式水轮机, 高压涡轮机
pressure-type capacitor 压强式电容器, 充氮电容器
pressure type cooling 加压式冷却, 压力冷却
pressure unit (1)压强型器件; (2)扬声器半球形振膜; (3)增压装置; (4) 压强单位
pressure vacuum ga(u)ge 真空压力器
pressure valve 压力阀, 增压阀
pressure-velocity 压力-速度
pressure-velocity factor 压力速度乘积值, PV 值
pressure-velocity limit 压力速度极限
pressure-velocity value 压力-速度乘积值
pressure-vessel 压力容器
pressure vessel 压力容器, 锅炉
pressure viscosity 受压粘度
pressure viscosity coefficient [受]压粘[度]系数
pressure-viscosity factor [受]压粘[度]系数
pressure-volume diagram (=PV diagram) 压力-比容图, P-V 图
pressure-volume-temperature (=PVT) 压力-体积-温度
pressure-volume-temperature formula 压力体积温度公式
pressure wave 压力波
pressure wear 受压磨损
pressure wedge 油压楔
pressure welding 压力焊[接], 压焊
pressure-wire 电压线
pressuregraph 气压记录器, 压力自记器, 压力曲线图
pressurization (1)压力输送, 挤压; (2)气密, 密封; (3)增压, 升压, 加压, 压紧; (4)耐压; (5)高压密封法
pressirization and propellant 增压与燃料
pressurization control panel (=PCP) 增压控制台, 增压调节台
pressurization control unit (=PCU) 增压控制装置
pressurization distribution panel 增压分配控制台
pressurization systems regulator manifold (=PSRM) 增压系统调速器歧管
pressurize (1)提高压力, 产生压力, 增压, 加压, 升压; (2)加压密封; (3)使压入, 使压缩, 使耐压
pressurized 加压的, 增压的
pressurized accelerator 高压壳内的加速器

pressurized air 压缩空气
pressurized air-lubrication 压力空气润滑
pressurized blast furnace 加压鼓风机
pressurized cabin 气密座舱, 增压舱
pressurized capsule 增压舱
pressurized chamber 增压室
pressurized compartment 密封舱, 加压室
pressurized cooling 压力冷却
pressurized crankcase (二冲程发动机)密封曲柄箱
pressurized reservoir 外部加压式储油器, 密闭式储油器
pressurized sphere injector (=PSI) 加压球体喷射器
pressurized still 受压蒸馏釜
pressurized tank 高压箱
pressurized water distributor 压水喷水机
pressurized water reactor (=PWR) 加压水[冷却]反应堆
pressurizer (1)压力保持装置; (2)加压器, 增压器
pressurizing (1)压力升高, 加压; (2)压进, 压入, 密合
pressurizing cable 充气电缆, 气密电缆
pressurizing non-return valve 增压单向活门
pressurizing window (电缆)密封封口, 气密口
presswork (1)压力加工, 印刷作业; (2)压制成品, 冲压成品
prestage (1)前置级; (2)火箭初步点火
prestart 起动前
prestart panel (=PSP) 起动前操纵台
prestarting 起动前的
prestarting inspection 起动前检查
prestone 普列斯东 (一种低凝固点液体乙二醇防冻剂)
prestore {计}预[先]存储
prestored microprogram 预存储微程序
prestored query 预存询问
prestoring 预先存储
prestrain 预加应变, 预加负载, 预加载
prestrain strain 预应变变形
prestress (=PS) 预加应力, [施加]预应力, 预拉伸
prestress forming 预模压加热蠕变成型
prestressed 预加应力[的], 预应力的, 预受力的, 预拉伸的
prestressed concrete (=PC) 预应力混凝土
prestressing 预应力
prestressing force 预应力
prestressing with bond 内传力法预加应力 (有握裹力的预加应力)
prestressing with subsequent bond 复传力法预加应力 (加应力后使钢筋粘着的预加应力)
prestressing without bond 外传力法预加应力(无握裹力的预加应力)
prestretching 预先拉伸
presumable 可假定的, 可推测的, 可能的
presumbly 估计可能, 推测起来, 大概
presume (1)推定, 推测; (2)假定, 假设, 设想, 认为; (3)寄希望, 指望
presumed revolutions 假设转数
presumedly 据推测, 大概
presuming 自以为是的
presumption (1)推测, 推论, 假定, 假说, 设想; (2)先决条件, 作出根据, 理由, 证据; (3)可能性, 或然性; (4)自以为是
presumptive (1)推测的, 推定的; (2)假定的, 预期的, 设想的
presumptive address 预定地址, 基本地址, 假定地址, 基准地址
presumptive instruction 假定指令
presumptuous 自以为是的
presuperheater 预过热器
presuperheating (蒸气)预过热
presuppose (1)预先假定, 推测, 预想, 预料; (2)先决条件是, 先须有, 包含着, 含有
presupposition (1)预先假定, 假说, 预想, 预料, 推测; (2)先决条件, 前提
presuppression 预防
pretechnical 存在于工业技术发展以前的
pretend 假托, 假装
pretension (1)预拉伸, 预拉力, 预张紧, 预应力, 预加载; (2)要求, 主张, 借口, 口实
pretensioned 预加拉力[的]
pretensioned concrete 预应力混凝土
pretensioned pipe 预张法预应力混凝土管
pretensioning (1)预拉伸; (2)预拉紧
pretensioning prestressed concrete 先张拉预应力混凝土
preter- (词头)过, 超

preterhuman 异乎常人的, 超人的

preterition (=pretermission) 置之不顾, 省略, 忽略, 遗漏

preterminal 终端前的

pretermit 省略, 忽略, 遗漏

preternatural 不可思议的, 超自然的, 异常的

pretersensual 感觉不到的

pretest 预先试验, 事先试验

pretest treatment 试验前处理, 试验前准备

pretimed controller 预定周期交通信号控制机

pretranslator 预译器

pretravel 预行程

pretreat (1) 初步加工, 粗加工; (2) 预先处理, 预清理

pretreating (1) 初步加工, 预加工, 初加工, 预处理, 前处理; (2) 准备工序 (如焊接时先将待焊表面清理干净等), 预清理

pretreatment (1) 初步加工, 粗加工; (2) 预处理, 预清理

pretrigger 预触发器

pretriggering 预触发

pretty (1) 十分恰当的, 巧妙的, 漂亮的; (2) 相当的, 很多的

pretty certain 相当有把握, 相当可靠

pretty easy 相当容易

pretty example 很恰当的例子

pretty much 几乎, 大大, 非常

pretty soon 不久, 很快

pretty well 相当好, 相当的

pretuning 预先调谐

prevail (1) 经常发生, 占优势, 流行, 盛行, 通行; (2) 胜过, 战胜, 压倒, 克服

prevailing 占优势的, 主要的, 显著的, 普及的, 普遍的, 流行的

prevailing torque 常用扭矩

prevailing visibility 主导能见度

prevailing wheel load 经常车轮荷载

prevalence 流行, 盛行, 优势

prevalence-duration-intensity index 优势 - 持续 - 强度指数

prevalent 普遍的, 一般的, 广泛的, 流行的, 盛行的, 优势的

prevenient (1) 以前的, 在前的, 领先的; (2) 预期的; (3) 预防的, 妨碍的

prevent 预防, 防止, 阻碍

prevent the tap from overheating 防止丝锥过热

preventability 可预防性, 可制止性

preventable 可防止的, 可阻止的, 可预防的

preventative (1) 预防性的, 防止的; (2) 预防措施, 预防手段, 预防法

preventative maintenance (=P/M) 预防性维护, 预防性检修, 定期修理

preventative resistance 防护电阻

preventer (1) 防护设备, 防护装置, 防范器, 预防器, 阻止器; (2) 警告装置; (3) 防喷器; (4) 辅助索, 保险索

preventer of double ram type 双柱塞式防喷器

preventer pin (1) 保险销, 安全销; (2) 止动销

preventer plate 防护板

prevention (1) 防止, 阻止, 预防, 防护; (2) 妨碍

prevention of accidents 防止事故, 故障预防, 事故预防, 安全技术

prevention of wear 防磨损

preventive (1) 预防的, 防止的, 阻止的; (2) 预防剂; (3) 预防措施, 预防方法

preventive action 预防措施

preventive device 保护设备

preventive inspection 预防性检查

preventive maintenance (=PM) 预防性维护, 预防性维修, 预防性保养, 预防性检修, 预修

preventive maintenance inspection 计划预修检查, 预防性维护检查

preventive measures 防护措施, 预防措施

preview 预检, 预观, 预见

preview monitor 预检监视器

preview switching 预 [先] 检 [查] 接通

previewing 预视

previous (1) 早先的, 预先的, 以前的, 上述的, 初步的; (2) 过早的, 过急的

previous carry {计} 位前进位的

previous consolidation 先期固结

previous line prediction 前扫描线预测, [扫描] 前行预测

previous pass 预轧道次, 粗轧道次, 前一孔型, 前一道次

previous value prediction 前值预测

previously 以前, 在前, 预先

previse 预先警告, 预先通知, 预见, 预知

prevision 预见, 预知, 预测

prevulcanization 预先硫化 [作用], 过早硫化, 早期硫化

prevulcanize 预先硫化, 早期硫化

prevulcanized latex 预硫化胶乳

prewashing 预先洗涤, 预洗

prewatering 预先湿润

prewave 前置波

preweld 焊接前, 烧焊前

prewet 预先湿润, 预温

prewetting 预湿

prewhirl 预旋

prewhirl vane 预旋叶片

prewired program {计} 保留程序

prewired storage unit 预先穿线的存储器

prewood 浸脂木材

prewrap (产品) 出售前包装

price (1) 价格, 价钱, 代价; (2) 标价, 定价

price catalogue (=PC 或 P/C) 价目表, 价目单, 物价表, 物价单, 定价表, 定价单

price current (=P/C) 市价表

price-cut 减价的

price-cutting 减价

price gouging 价格欺骗

price index 物价指数

price-list 定价表, 价格表, 价目单

price list 价目表, 价目单, 物价表, 物价单

price memory {计} 价格存储器

price of money 贷款利率

price oneself out of the market (厂商) 定价过高以至减少销路

price out 削价, 减价

price per kilowatt hour 电度单价

price-proportion 价格比值, 单价比

price-tag 标价

price tag (标签) 价格

price without tax 不含税价

priced bill 单价表

priced spare parts list (=PSPL) 标价的备件单

priced depot tooling equipment list (=PDTEL) 仓库工具设备价目单

priceless (1) 无法估价的, 极贵重的, 无价的; (2) 极有趣的, 极荒谬的

pricey 价格高的, 昂贵的

prick (1) 穿孔, (2) 刺, 扎, 戳; (3) 选拔, 挑选, 标出

prick punch (1) 中心冲 [头], 针孔冲, 冲心錾, 圆头錾; (2) 冲孔

prick punch mark 定中心点

prick up 漆底子, 打底子

pricker (1) 冲子, 锥子, 针; (2) (电缆试线用) 触针, 砂钉, 抓钉; (3) (造型) 气孔针, 通气针

priles (叠轧时的) 三型板

prill (1) 金属颗粒, 金属小球; (2) 散装的; (3) 使 [固体] 变成颗粒状, 使 [粒状] 变成流体

prill tower 造粒塔

primacord 导火索, 导爆索

primacord fuse 引爆索, 导火索

primacy 第一位, 首位, 首要

primadet 起爆体

primage (1) 汽锅水分诱出量, 随气排出的水分量, 含水量; (2) 运费贴补, 小额酬金

primal (1) 最初的, 原始的; (2) 主要的, 首要的, 根本的

primal cut 最初切割

primal dual algorithm 原有对偶算法, 原始对偶算法

primal system 原来系统

primarily (1) 首先, 起初, 最初, 原来, 本来; (2) 基本上, 根本上, 主要地, 首要地

primary (=P) (1) 基本的, 主要的, 首要的; (2) 最初的, 初次的, 初级的, 初步的, 初等的, 初期的; (3) 原始的; (4) 原色; (5) 初选; (6) 定子绕组, 一次绕组, 原绕组, 初级线圈, 原线圈; (7) 原始粒子, 初始粒子, 基本粒子, 原核子; (8) (油漆) 底子; (9) 初等式, 初等项, 初等量

primary accounts 主要账目

primary algebra 准素代数

primary annulus (行星轮) 初级齿圈

primary battery 初级电池组, 一次电池组, 原电池组

primary beam 主梁

primary brake shoe 自紧制动蹄片, 主动制动蹄片, 紧蹄

primary capacitance 初级线圈电容, 初级绕组电容

primary carbide 一次碳化物

primary carbon atom 伯碳原子

1078

primary carburator　起动汽化器
primary cell　初级电池，一次电池，原电池
primary cementite　一次渗碳体，先共晶渗碳体，初生渗碳体，原生渗碳体
primary circle　基本圆
primary circuit　一次电路，初级电路，原电路
primary clearance　初始间隙
primary clock　母钟，主钟
primary cluster　一次簇
primary coat　底涂层，首涂层
primary code modulation (=PCM)　原代码变换，主要代码变换
primary coil　一次线圈，初级线圈，原线圈
primary colours　基色，原色（指红、黄、蓝三色）
primary commodities and manufactured goods　初级产品和制成品
primary compensation　初级补偿器
primary condenser　一次冷凝器
primary control element　初级检测元件，灵敏元件，受感元件，初控元件
primary control program (=PCP)　主控程序
primary control unit　（液压）一级控制装置
primary cooling system　一次冷却系统
primary crusher　初碎机
primary current　一次电流
primary cutout　高压断路器，初级断路器
primary detecting element　初级检验元件
primary drive　初始传动
primary element　(1) 原电池；(2) 主元件，初级元件，基本元件，感受元件；(3) 测量机构
primary entry point　一次入口点
primary explosive　初级炸药
primary fault　原始故障
primary feed　一次进给
primary feedback　主反馈
primary filter　粗滤器
primary fuel oil filter and water separator　燃油粗滤器与油水分离器
primary function　基函数，原函数
primary gear　（变速器）第一轴齿轮
primary graphite　初生石墨，结集石墨
primary harmonic　基本谐波，一次谐波
primary impedance　原线圈阻抗，初级线圈阻抗，原边阻抗，原方阻抗
primary instrument　一次测量仪表，初级测量仪表
primary iteration　初始迭代，基本迭代，主迭代
primary line　一次线
primary load　初负荷
primary magnesium　原生镁
primary main　一次干线
primary mechanism　原始机构，基本机构
primary member　基本构件，主构件
primary moment　主弯矩，首力矩
primary motion　初始运动，主运动
primary mover　原动机，牵引机，发动机
primary navigation reference (=PNR)　导航基准
primary network　一次电力网
primary of transformer　变压器原线圈
primary oil　初级油，原油
primary operator control station　主操作员控制站
primary pipe　{冶} 原生缩管
primary power　原动力
primary power distribution　一次配电
primary producer　初级产品生产者
primary protective layer　初级保护层
primary pump　起动注油泵，初始泵，原边泵，一次泵
primary quenching　初次淬火
primary ray　原射线
primary reaction　主反应
primary reception　原始接收
primary release　发射
primary relief　（枪孔钻的）钻尖后角
primary relief system　一次回路泄压系统，一次回路卸压系统，一次回路释压系统
primary screen　粗滤网
primary seal　(1) 主密封，初级密封；(2) 初级封液，初级封闭
primary sensitive element　主灵敏元件
primary shaft　(1) 初动轴，原动轴；(2)（变速器）第一轴，主轴

primary shoe　主制动蹄
primary side　初级端，原边
primary signal monitor　基色信号监控器
primary standard　(1) 基本标准；(2) 原 [始] 标准器
primary steel　通用钢（重熔钢除外）
primary storage　{计} 主存储器
primary stress　初应力
primary structure　一级结构
primary substation　一次变电所，升压变电站
primary surface　主表面
primary table　原始表
primary tar　原焦油，沥青
primary target (=PT)　主要目标
primary terminal voltage　初级端电压
primary test board　主测试台，基本测试台
primary texture　原始结构，原始组织
primary throttle valve　初次节流阀，主节流阀
primary triangulation　一级三角测量
primary valence　主价
primary voltage　初级电压，一次电压，原电压
primary winding (=PW)　初级绕组，一次绕组，原绕组
primary zone　一次燃烧室
prime (=P)　(1) 最初的，基本的，根本的，首要的，第一 [流] 的，上等的，最好的；(2) 原始的，原有的；(3) { 数 } 质数，素数，质元素，素元素，素；(4) 装火药，装雷管；(5) 起动加注，灌注，注水；(6)（钢板）优质板，一级品；(7) 涂头道油漆，涂底漆，打底子
prime a pump　给泵灌水使泵起动
prime amplifier　前置放大器，主放大器，预放大器
prime coat　(1) 底涂层，首涂层；(2) 结合层，沥青透层
prime contract termination (=PCT)　原合同期满
prime cost (=PC)　主要成本，原始成本，生产成本，进货价格，原价
prime couple　质数偶，素数偶
prime direction　起始方向
prime element　{ 数 } 质元素
prime energy　原始能
prime factor　素因子
prime field　素域
prime focus　主焦点，牛顿焦点
prime lacquer　上底漆
prime material　首涂材料，打底材料，透层材料，底漆
prime mover　原动机，原动力，牵引机 [车]，发动机
prime number　{ 数 } 质数，素数
prime power　原动力
prime pump　起动 [注油] 泵
prime rate　最优惠利率，头等贷款利率
prime reason　基本理由
prime steam　湿蒸汽
prime variables　带撇号的变量
prime white oil　上等白色煤油
primed charge　起爆炸药包
primer　(1) 起动加油器，起动注油器，初给器；(2)（防锈用）底层油漆，底层涂料，底涂料，首涂料，首涂油，透层油，底漆，底剂；(3) 引爆药包，起爆炸药，发火机，发火器，起爆器，始爆管，导火线，点火剂，引火剂，引发剂，起爆剂，雷管，火帽；(4) 发火极（触发管中保证安全触发的辅助电极）；(5) 装火药者；(6) 初级读物，入门 [书]；(7) 打底剂
primer cartridge　起爆火药筒
primer charge　点火药
primer coating　涂底剂
primer cup　雷管帽，底火帽
primer line　起动管路
primer pump　起动注油泵
priming　(1) 装雷管，装火药，起爆，起动，发动，发火，点火，激发，触发；(2) 底层漆，[打] 底子，底漆；(3) 起运注水，起动注油；(4)（锅炉、蒸馏釜）汽水共腾，蒸汽带水，蒸溅；(5) 引火药，起爆药；(6) 栅偏压；(7) 电荷储存管中将储存素充放电到一个适于写入的电位；(8)（事先）提供消息，提供情报
priming by vacuum　（泵的）真空起动
priming can　注油器
priming charge　(1) 雷管药包，起爆药包，点火药；(2)（水泵）灌入的水
priming cock　起动注水旋塞
priming colour　（有色的）底层油漆
priming illumination　固定照明
priming level　起动水位，虹吸水位

priming lever 起动注水操作杆, 起动注油操作杆, 起动给油杆
priming line 灌注管路
priming oil 透层油
priming pump 起动泵, 引液泵
priming valve 起动阀
primitive (1){数}本原, 原始, 原函数; (2)原始的, 老式的, 初期的, 初级的; (3)图形处理语言基本单位, 原字, 本原语; (4)基本数据, 基原, 单元; (5)简单的, 简陋的, 粗糙的; (6)原来的, 开始的, 基本的, 本来的
primitive axis 原轴
primitive colour 基本色(指光谱颜色)
primitive element 元素, 素元
primitive equation (=PE) 原始方程, 本原方程
primitive invariant 基本不变式
primitive machine 原型电机
primitive material 原材料, 原料
primitive matrix 素矩阵
primitive recursive function 原始递归函数
primitiveness 原始性质, 原始状态
primordial 最初的, 基本的, 原始的
primum mobile 运动的原动力
primus 一种燃烧汽化油的炉子, 手提煤油炉
Prince's alloy 锡锑合金(锡 84.75%, 锑 15.25%)
Prince's metal 普林士黄铜, 王子合金
principal (1)主要的, 首要的, 基本的, 领头的; (2)最重要的, 第一的; (3)资本的; (4)基本财产, 资本, 本金, 本钱; (5)委托人, 本人, 货主, 原主; (6)主构件, 主梁; (7)各部门首脑, 负责人, 长官
principal axis (1)主轴; (2)主轴线
principal axis of compliance 柔性主轴
principal axis of strain 变形主轴, 应变主轴
principal axis of stress 主应力轴, 应力主轴
principal axis transformation 主轴变换
principal center of curvature 主轴曲率中心
principal coordinate(s) 主坐标
principal cutting movement 主切削运动
principal dimension 主要尺寸, 基本尺寸
principal direction 主方向
principal edition 正本
principal focus 主焦点
principal gage 主量规
principal ingredient 主要成分
principal line 主要路线, 干线
principal motion 主运动
principal normal 主法线
principal parameter 主参数
principal of optimality 最优原理
principal office 总部, 总社, 总店
principal part (1)主要部件, 主要零件; (2)主要部位
principal persons concerned 有关的主要人员
principal plane (1)主平面; (2)主割面; (3)物像平面
principal plane of a crystal 晶体主[平]面
principal points 要点, 主点, 基点
principal rafter 主椽, 上弦
principal reinforcement 主钢筋
principal rotating motion 主旋转运动
principal section (1)主剖面, 主截面, 主断面; (2)通过晶体光轴的平面, 垂直于光学棱镜边的平面
principal shaft 主轴
principal straight motion 主直线运动
principal strain 主应变
principal stress 主应力
principal stress trajectories 主应力网络
principal theorem 基本定理
principal view 主视图
principal wave 基波, 主波
principally 大体上, 主要
principia (复)原理, 原则, 基础, 初步
principium (单)原理, 原则, 基础, 初步
principle (1)原理, 原则, 定理, 定则, 规则, 法则, 规律, 定律, 方法; (2)组成部分, 因素, 要素, 本质, 本原; (3)天然的性质, 本性
principle layout 总布置图
principle of abstraction 抽象原则
principle of action and reaction 作用与反作用相等原理
principle of analytic continuation 解析开拓原理, 分析开拓原理

principle of angular momentum 角动量原理
principle of conservation of energy 能量守恒原理
principle of continuity 连续原理
principle of continuity of electric current 电流连续性原理
principle of continuity of magnetic flux 磁通连续性原理
principle of correspondence 对应原则
principle of corresponding state 对应状态原理
principle of design 设计原理, 设计原则
principle of detailed balance 精细平衡原理
principle of duality 对偶原理
principle of electric and electronic engineering 电工原理
principle of electromagnetic inertia 电磁惯性原理
principle of inaccessibility 绝热不可达到原理
principle of least action 最小作用量原理
principle of least constraint 最小约束运动原理, 最小约束原理
principle of least work 最小功原理
principle of machinery 机械原理
principle of maximum 极大值原理
principle of minimum energy 最小原理
principle of moment of momentum 动量矩原理
principle of monodromy 单值原理
principle of operation 运转原理, 操作原理, 工作原理
principle of optimality 最佳性原理, 最佳化原理, 最优原理
principle of phase stability 相位稳定原理
principle of reaction 反作用原理
principle of reciprocity 互易原理
principle of reflection 反映原理
principle of similitude 相似原理, 相似原则
principle of statics 静力学原理
principle of superposition 叠加原理
principle of the equipartition of energy 能量均分原理
principle of the maximum 极大值原理
principle of the minimum 极小值原理
principle of virtual displacement 虚位移原理
principle of virtual work 虚功原理
principle of work (1)工作原理, 运转原理; (2)加工原理
principle use 主要用途
principled 原则[性]的, 有原则的
print (1)印刷, 印刷机, 印染; (2)印模, 打印, 盖印, 付印; (3)痕迹; (4)压花; (5)型芯座; (6)晒图, 晒印, 复制, 拷贝
print a seal 打印记, 盖印
print ability 可印刷性, 可印染性
print capacitor 印刷电容器
print command 打印指令
print-drier 晒印干燥器
print effect (录音)复制效应, 转印效应
print hammer 打印字锤
print hand 用印刷字体写的字, 手写印刷字体
print magnet 印字电磁铁
print-member 印刷组成部分, 印刷构件
print motor 印刷电动机, 印刷马达, 微电机
print-out 输出数据印刷
print subroutine 打印子程序
print suppression 印刷封锁指令
printability 印刷适应性, 适印性
printable 可印刷的, 印得出的
printed 印刷的
printed board 印刷电路板
printed character 印刷字母, 印刷符号
printed circuit (=PC) 印刷电路, 印制电路
printed circuit amplifier 印刷电路放大器
printed circuit-board (=PCB) 印刷电路板
printed circuit board 印刷电路板, 印制电路板
printed circuit card 印刷电路板
printed circuit generator 印刷电路生成器
printed circuit travelling wave tube 印刷电路行波管
printed electronic circuits (=PEC) 印刷电路
printed matter 印刷品
printed parts 印刷元件
printed plate 印刷板
printed substrate 印刷线路板, 印制线路板
printer (1)印像机, 晒图机; (2)电传打字机, 打印输出机, 数据打印机, 印字机, 印刷机, 打印机; (3)印字机构, 印字装置, 印字器; (4)印刷业者, 印刷工, 排字工

printergram　电传打字［电报机］电报
printer's devil　印刷厂零杂工
printer's ink　印刷油墨,字墨
printer's mark　出版商商标
printer's ream　印刷纸令
printer's waste　印工消耗
printing　(1)印刷术,(2)晒图,晒印,复印,打印
printing calculator　印刷计算机
printing computer　印刷计算机
printing cylinder　印刷筒
printing frame　晒图架,印像框
printing house　印刷厂
printing-in　插印
printing ink　印刷油墨
printing integrator　印刷积分器
printing-machine　印刷机
printing machine　印刷机
printing meter　调节晒片时间的计时计
printing multiplier punch　打印复穿孔机
printing office　印刷所,印刷厂
printing-out　印像,印刷,复印
printing out paper (=POP)　(利用光照直接显影的)印相纸
printing-out tape　印刷输出带,打印输出带
printing paper　印刷纸
printing press　印刷机
printing punch　印刷穿孔机
printing surface　印刷面
printing telegraph code　电传打印电报电码
printing telegraphy　电传打字电报
printing tube　印刷管
printless　无印痕的,无印迹的
printmaker　出版者,印刷者
printometer　复印的仪器读数装置,折印计
printout　用打印方式表示的计算机计算结果,用打印机印出,印刷输出,打印输出
printscript　手写印刷体
printshop　印刷所
printthrough　印透
printworks　印刷厂,印染厂
prionotron　调速电子管(美国用名)
prior　(1)先前的,居先的,在前的,在先的;(2)更重要的,优先的;(3)先验的
prior approval　预先核准
prior art　在先的技艺
prior criterion　优先准则
prior probability　{数}先验概率,预先概率
prior processing　预先加工,初次加工
prior structure　原组织
prior to　在……以前,早于,优先于
priorable name　优先名称
prioritize　按优先序排列,按重点排列
priority　(1)优先项目,优先控制,优先次序,优先配给,优先数,优先级,优先权;(2)轻重缓急,次序,重点;(3)在前,先前;(4){数}优先级,优先
priority indicator　优先程序指示器
priority interrupt　优先中断
priority program flip-flop (=PPFF)　优先程序触发器
priority-rating　优先检定［等级］
priority resolver　优先决定器
priority routine　优先程序
priority scheduler　优先调度程序
priority signal　优先信号
priority switch　{计}优先次序开关
priority value　优先显示度
priority valve　压力［控制］顺序［动作］阀,定压阀
prise　(1)撬开,撬动;(2)撬棍,杠杆
prism　(1)[三]棱镜;(2){数}棱角,棱柱［体];(3)三棱体,三棱形;(4)光谱的七色,光谱;(5)折光物体
prism binocular　棱镜双筒望远镜
prism diopter　棱镜屈光度,棱镜折光度
prism glass　棱镜玻璃
prism head on photomultiplier　棱镜窗式光电倍增管
prism-level　棱镜水准仪
prism level　棱镜水准仪

prism spectrograph　棱镜摄谱仪,棱镜光谱仪
prism spectrometer　棱镜分光仪,棱镜分光计
prism square　直角棱镜
prismatic　(1)棱柱形的,棱晶形的,三棱形的,角柱的,棱镜的;(2)棱镜分析的,分光的;(3)等截面的;(4)五光十色的
prismatic astrolabe　棱镜测高仪
prismatic bar　等截面杆
prismatic beam　[棱]柱状梁
prismatic binoculars　棱镜双目望远镜
prismatic colours　光谱的七色
prismatic compact　棱柱形坯块
prismatic compass　(测量用)棱镜罗经
prismatic crystal　斜方晶
prismatic decomposition　棱镜分光
prismatic glass　车窗玻璃
prismatic layer　角柱层,柱状层
prismatic light　三棱玻璃罩
prismatic powder　棱形火药
prismatic roundness　棱圆度
prismatic spectrum　棱镜光谱
prismatic structure　棱柱状结构,柱状结构
prismatic surface　棱柱曲面
prismatic transit instrument　折轴中星仪
prismatize　使变成棱柱
prismatoid　{数}旁面三角台,梯形体,角体
prismatoidal　三棱形的
prismatometer　测棱镜折射角计
prismoid　平截头棱锥体,棱柱体
prismoidal　似棱形的,拟柱的
prismoidal formula　似棱体公式,拟柱公式
prismometer　测棱镜折射角计
prismoptric　棱镜屈光度
prismy　(1)棱柱的,棱镜的;(2)五光十色的
privacy　保密［性],秘密
privacy system　保密［通信]制
private　(1)非公用的,专用的,专有的,私人的,私有的,私营的,私立的,私用的,个人的,民间的;(2)非公开的,秘密的,保密的,隐蔽的
private automatic branch exchange (=PABX)　专用自动电话交换机,专用自动小交换台
private automatic exchange (=PAX)　自动小交换机,专用自动交换机
private bank　选择器的C线弧,试线用触排,补助触排
private branch exchange (=PBX)　专用［小]交换机
private branch exchange arc　专用［小]交换机触排
private branch exchange contact bar　专用［小]交换机接触条
private branch exchange final selector　专用［小]交换机终接器
private car　私人汽车
private carrier　私人搬运车
private exchange (=PX)　专用交换机,用户交换机
private jack (=PJ)　内线弹簧开关,专用插座
private key (=PK)　内线电键,专用电键
private library　专用程序库
private line teletypewriter (=PLTT)　电传打字电报机,专线打字电报机
private manual branch exchanger　专用人工小交换机
private memory　{计}专用存储器
private sewer　内部污水管
private station　私人电台,自动台
private telegraph　专用电报
private view　预展
private wire (=PW)　塞套引线,专用线,测试线,"C"线
private wire system (=PWS)　专用线系统,测试线系统
privately　秘密地,私下地
privates　(1)第三导线(从插塞外壳引出的);(2)第四导线(从灯泡引出的)
privilege　(1)特权,优惠;(2)给予特权,特许操作,特许
privileged　有特权的,特许的,特别的,优先的,优惠的
privileged direction　优惠方位,优惠方向
privileged instruction　特许指令
privileged state　特惠状态,特许状态
prize　杠杆的柄,杠杆
pro　(1)能手,赞成［者];(3)正面
pro　(拉)为了,按照
pro-　(词头)(1)向前,在前,前进;(2)代替,代理,副;(3)支持,赞成;(4)按照;(5)公开
pro-and-con　辩论
pro and con　从正反两方面,赞成与反对

pro-eutectic 先共晶［的］
pro-eutectic cementite 先共晶渗碳体
pro-eutectoid 先共析体
pro-eutectoid cementite 先共析渗碳体
pro-eutectoid ferrite 先共析铁素体
pro forma 形式上，估计的，假定的
pro forma invoice （发货通知用）预开发票，形式发票，估价单
pro hac vice 只这一回，仅为这种情形
pro rata （拉）按比例，成比例的
pro rata freight 按里程比例计费
pro re nata （拉）临时的
pro tanto （拉）到这程度，至此，只此
pro tempore 暂时的，临时的，当时的
probabilistic 概率［统计］的，随机的，
probabilistic automata 随机自动机
probabilistic logic 概率逻辑
probabilistic machine 随机元件计算机，概率机
probabilistic method 概率［统计］方法
probabilistic model 随机模型，概略的模式
probability (1)概率，几率，机率，或然率; (2)可能性，或然性，盖然性; (3)可能发生的事情或结果
probability a posteriori 后验概率
probability after effect 后效概率
probability correlation 概率相关
probability current 概率流量，几率流量
probability distribution 概率分布
probability event 概率事件
probability limit 或然率置信界限，几率范围，概率极限
probability of acquisition 捕获［目标］概率
probability of collision 碰撞概率
probability of error 误差概率
probability of failure 损坏概率，失效概率
probability of ionization 电离概率
probability of happening 条件概率
probability of large deviation 大偏差概率
probability of malfunction 失灵概率
probability of occurrence 事件概率
probability of reliability 可靠性概率
probability paper 概率［坐标］纸
probability-preserving transformation 同概率转换
probability proportional sampling 概率比例抽样法
probability sample 概率样本
probability sampling 概率取样法
probability scale 概率数值表
probability theory 概率论
probable (1)概率的，几率的，或然的，可几的，公算的，近真的; (2)很可能发生的，可能的，大概的; (3)假定的，假设的
probable cost 大约的费用
probable error (=PE) 概率误差，或然误差，可几误差，大概误差，公算误差，近真误差，概差
probable strength 大概强度，似真强度
probable value 概然值，可几值，概值
probable velocity 概率速度，可几速度，近真速度
probably 多半是，很可能，大概，或许
probation (1)检验，验证，鉴定; (2)试行，试用; (3)试用期，见习期，预备期; (4)察看
probationer 试用人员，见习生
probative (=probatory) 提供证据的，检验的，试验的，鉴定的，证明的
probe (1)试探器，探测器，测试器，探示器，探测剂，探测头，扫描头，探针头，探头，探针，测杆; (2)试品，样品，试样，模型; (3)传感器，取样器; (4)试探电极，探空火箭，测高仪; (5)（波导或同轴电缆的）能量引出装置，能量输出机构; (6)附加器，附件; (7)（用探针）探查，彻底调查，探索，探测，探究，探示，清查，检查，示踪; (8)试验值; (9)（飞机）空中加油管
probe boring 试钻，试探
probe diffraction 探针绕射
probe gas 示漏气体
probe interference 测针的干扰
probe material 示踪物质
probe method 探针测试法
probe tube 取样管
probe type pyrometer 探针式高温计
probe type vacuum tube voltmeter 探针式电子管电压表
probe unit 测试装置，检测器，测头

prober (1)探示器，探测器; (2)探查者，探索者
probing 检验，检查，探测，探查，探示，测试，测深，试探，摸索，调查
probit (1)概率单位，几率单位; (2)根据常态频率分配平均数的偏差计算统计单位
probity 正直，诚实
problem (1)问题，难题，题目，疑问; (2)任务; (3)成为难题的，难对付的
problem-board {计}解题插接板
problem data 题目数据
problem definition 题目说明
problem description 题目说明
problem file {计}题目文件
problem input tape 题目输入带
problem job 疑难工程
problem mode 解题状态，解题方式
problem-oriented language (=POL) 面向问题的语言
problem status 解题状态，算态
problematic(al) (1)不能看出的，不能预知的，有问题的，有疑问的，疑难的，未决的，未定的; (2)或然性的，盖然性的
probolog （检验热交换器管路缺陷的）电测定器，电子探伤仪
procedural 程序上的，程序性的
procedure (=proc) (1)工艺规程，工序，顺序，程序，流程，技术，操作，步骤，手续; (2)生产过程，方法，作业; (3){计}过程
procedure analysis 过程分析
procedure body {计}过程体
procedure declaration {计}过程说明
procedure identifier {计}程序识别器，程序鉴别器，过程标识符，过程标志符
procedure heading {计}过程导引，过程标题，过程首部
procedure in production 生产过程
procedure language 程序语言
procedure of test 试验程序
procedure-oriented language 面向处理过程的语言，面向处理方法的语言
procedure review 程序检查
procedure statement {计}过程语句
proceed (1)继续进行，着手进行，继续做下去; (2)开始，着手; (3)发生，发出
proceed backward magnetic tape (=PBM) 磁带反转
proceed forward magnetic tape (=PFM) 磁带正转
proceed from 由……产生，发自，出于
proceed to 着手
proceed with 继续进行下去
proceeding (1)程序，进程，过程，进行，行事，行动，做法，处置，方法; (2)（复）科研报告集，记录汇编，会刊，学报，记录; (3)事项，项目，议程
proceeding measurement 顺序测量
proceedings 科研报告集，记录汇编，会刊，学报，[会议]记录
proceedings at the meeting 会议事项
process (=proc) (1)方法，制法，步骤，手续; (2)工艺规程，工艺过程，工艺技术，工艺方法，操作，作业; (3)流程，进程，程序，过程，进程，行程，工序，工艺; (4)初步分类，加工，处理，生产，办理，形成; (5)照相制版术，照相版图片，三原色印刷;
process amplifier 处理放大器，形成放大器
process analysis 过程分析
process annealing 工序间退火，低温退火，中间退火，定法退火
process area 工艺台
process automation 工艺过程自动化，生产过程自动化，工序自动化，加工自动化
process butter 加工黄油
process chart 工艺流程图，工艺程序图，工作过程图，程序表，工序图，工艺卡［片］
process condition 工艺操作条件
process control 生产过程控制，工艺程序控制，连续调整
process control instrument 过程控制仪表
process controller 工艺过程控制装置，过程控制器
process data 对数据迅速检查分析，分理数据
process description 生产过程说明
process disturbance 过程扰动
process drawing 工艺过程图
process equipment 工艺设备
process flowsheet 生产流程图，工艺流程图
process gas 工业废气，生产废气，生产气体
process industries 制造工业，加工工业

process input output (=PIO)　过程输入输出
process instrument　生产过程用检测仪表
process line　(1) 生产流水线, 过程流水线, 生产线；(2) 工作顺序
process metallurgy　工艺冶金学, 冶金法
process monitoring　过程控制
process of chopping　切断法
process of manufacture　制造方法, 加工方法, 工艺方法, 加工工艺, 制造工艺, 制造过程
process of production　生产过程
process pipe　工艺管道
process plant　制炼厂
process printer　彩色凸印工
process printing　彩色套印
process pump　运行泵, 中间泵
process redundancy　加工余量, 加工多余度
process sheet　工艺[过程]卡
process sheet change notice (=PSCN)　工艺过程卡更改通知
process shot　伪装镜头
process shrinkage　母模收缩余量, 过程收缩
process simulation　过程模拟
process simulator　过程模拟器
process specification　工艺说明书, 加工规格说明书, 加工标准
process specifications (PS)　操作说明书
process steam　供热和供水的蒸汽
process technique　程序加工技术
process technology　加工技术, 生产工艺学
process unit　加工设备
process variable　可调变量
process wire　(待热处理和继续拉拔的) 半成品钢丝, 中间钢丝, 非银亮钢丝, 非银亮线材
processability　加工性能, 成型性能, 操作性能, 制备性能
processed effluent　加工后流出物, 处理流出物
processed gas　加工过的气体, 精制过的气体, 脱硫气体
processed information　处理过的数据, 修正过的数据
processed material　流程性材料
processed surface　已加工面
processing　(1) 机组作业线上精整带材过程, 生产方法设计, 工艺设计, 工艺过程, 处理, 加工；(2) 制造, 配制, 操作, 作业；(3) 整理, 调整, 变换, 配合
processing alloy　待熔合金
processing amplifier　[信号] 处理放大器, 程序放大器, 整形放大器
processing element (=PE)　处理部件
processing engineer　工艺工程师
processing equipment　工艺装置
processing machine　加工机床
processing method　加工方法
processing of data　资料整理, 数据处理
processing parameter　加工参数
processing plant　炼油厂
processing sequence　加工顺序, 工序
processing sheets　精整过薄板
processing technique　制造工艺, 加工工艺, 加工技术
processing unit　{计} 处理部件, 运算器
procession　进动[性]
procession axis　进动轴
processional moment　转动惯量, 惯性矩
processor (=proc)　(1) 加工机械, 制作机, 制造机；(2) [信息] 处理系统, 信息处理机, 信息加工机, 处理部件, 处理程序；(3) 计算机中央处理机, 计算机；(4) [软件中的] 语言处理机；(5) 自动显影机；(6) (数据、情报) 分理者, 加工者, 处理者
procetane　柴油的添加剂
prochronism　把事实误记在实际发生日期之前, 日期填早
proctor　轧梭保护器
Proctor cylinder　葡氏击实筒
Proctor method　葡氏压实法
Proctor needle　葡氏密实度测定计, 葡氏压实锤
proctoscope　直肠镜
procurable　可以得到的, 可获得的
procural　获得, 取得, 弄到
procurance　(1) 获得, 取得, 实现, 达成；(2) 代理
procuration　(1) 获得, 取得；(2) 代理 [权], (对代理人的) 委任
procurator　代理人
procuratory　(对代理人的) 委任
procure (=proc)　(1) 获得, 取得, 弄到, 特色, 采购；(2) 实现, 达成,

完成
procure a theory　建立理论, 形成理论
procure an agreement　达成协议
procurement　获得, 取得, 征购, 收购, 采购, 促成, 达成
procurement lead time　订购至获取的时间, 采购所需要的时间
procurement repair parts list (=PRPL)　采购备件清单
procurement request for vendor data (=PRVD)　要求购买卖主资料
prod　(1) 激励, 激发, 刺激, 促使, 推动；(2) 刺, 戳；(3) 温差电偶, 热电偶, (4) (装雷管用的) 药包端穿孔顶杆
prod cast　冲击模, 锥模
prod magnetizing method　(磁粉探伤的) 双头通电磁化法, 圆棒电极磁性探伤法
prodigious　(1) 巨大的, 庞大的；(2) 异常的, 惊人的
prodigious amount of work　大量工作
produce　(1) 生产, 制造, 作；(2) 引起, 产生, 招致, 导致；(3) {数} 使 [线] 延长, 使 [面] 扩展；(4) 提出, 出示, 显示, 展现；(5) 出版, 制片, 放映, 创作
produce a side of a triangle　延长三角形的一边
produce electricity　发电
produce evidence　提出证据
produce lathes　制造车床
produce the greatest economy　导致最大的节约, 最经济
produced　朝一个方向延伸的, 硬伸长的, 拉长的
producer　(1) 制造机, 产生器；(2) 信号发生器, 煤气发生器, [煤气] 发生炉, 发生器, 振荡器；(3) 发电机；(4) 生产厂, 制造厂, 制造商, 生产者, 产地；(5) 制片人, 导演
producer control desk　导演控制台
producer-gas　发生炉煤气
producer gas　发生炉煤气, 发生炉气体
producer gas engine　发生炉煤气 [发动] 机
producer gas plant　煤气厂
producer gas tar　发生炉焦油
producer goods　(1) 生产工具；(2) 生产物质, 生产原料, 生产用品
producer's price (=PP)　生产价格
producers stock　(1) 原料；(2) 商品
producibility　可生产性, 可制造性, 可延长性
producibility design analysis report (=PDAR)　生产能力设计分析报告
producibility index　生产率指数
producible　可生产的, 可制造的, 可延长的, 可提出的
producing cap　安全帽
producing depth　生产水平
product　(1) 生成物, 产物, 产品, 制品, 成品, 作品；(2) 制造, 出产, 创作；(3) {数} 乘积, 积；(4) 成果, 结果；(5) 成分, 分量
product accumulator　{计} 乘积累加器
product coordination and control board (=PCCB)　产品协调与控制委员会
product detector　乘积检波器
product development　产品研制
product distribution　产品分配
product engineer　产品工程师
product generator　{计} 乘积发生器
product liability　产品责任
product moment　积矩
product of distribution　蒸馏产物, 馏出物
product of inertia　惯性积
product of numbers　数字乘积
product of sets　集的交
product register　{计} 乘积寄存器
product sign　乘号
product standards (=PS)　产品标准
product supply instruction (=PSI)　产品供应说明书
product supply manual (=PSM)　产品供应手册
product supply planning and estimating　产品供应计划与估算
product supply task control (=PSTC)　产品供应检查
productanalysis　产品分析
productibility　可生产性质, 可生产状态
productible　可生产的
productile　可延长的, 可伸长的, 延长性的
production　(1) 生产, 制造, 开采, 发生, 产生, 生成, 形成, 造成, 引起, 提供, 提出；(2) 制作, 摄制, 演出；(3) 商品的总产量, 生产能力, 生产量, 生产率；(4) 产品, 制品, 作品；(5) [研究] 成果；(6) {数} 延长 [线], 生成式, 产生式
production analyzer　生产缺陷记录仪
production assessment test (=PAT)　产品评定试验

production assessment test procedure (=PATP)　产品评定试验程序
production bottleneck　生产过程中的瓶颈现象
production capacity　生产能力,生产量
production control (=PC)　(1)生产控制,生产管理;(2)产品控制
production coordination committee (=PCC)　生产协调委员会
production cost　生产成本,生产费用
production defect　生产缺陷
production design outline (=pdo)　产品设计草图
production engineer　制造工程师,工艺工程师
production environmental test (=PET)　生产环境试验
production equipment code (=PEC)　生产设备代码
production facility　生产设备
production foundry　大量生产的铸工车间
production-grade　生产的品位,工业品位
production implementation program (=PIP)　生产执行计划
production in pure condition　净态生产
production-index　生产指标
production index　生产指标
production information and control system　生产信息控制系统
production inspection record (=PIR)　生产检查记录
production lathe　无丝杠车床
production limiting operation　限制性工序
production-line　生产线
production line　流水作业,生产线,流水线,装配线
production line technique　生产线工艺
production list (=PL)　产品一览表
production machine　专用机床
production management　生产管理
production miller　专用铣床
production milling machine　专用铣床
production of heat　(1)热的产生;(2)产热量
production of neutron　中子的生成
production of particles　粒子的产生
production of slag　熔渣的生成
production parts release (=PPR)　生产零件公开[出售]
production per hour　每小时生产量
production per man per hour　每人每小时的产量
production permit　生产许可
production planning　生产规划
production planning meeting (=PPM)　生产计划会议
production possibility　生产可能性
production process　生产过程
production program　生产计划
production quality control (=PQC)　产品质量控制
production quota　生产指标
production rate　生产率
production rate per hour　每小时生产率
production registry (=PR)　生产性能登记
production release (=PR)　产品公开[出售]
production repair area (=PRA)　产品修理区
production requirement　生产要求
production routine　生产性程序
production run　流水线生产,生产性运行,生产过程
production run equipment　流水线生产设备
production-scale　生产规模的,大规模的
production scale cell　生产用电解槽,大型电解槽
production schedule　生产计划,生产进度表
production shop　专用车间
production specification　生产规格,生产技术条件
production standard　制造标准,生产定额
production standard specification　制造技术标准,制造标准规格,制造标准规程
production technique　生产技术
production test　(1)生产试验;(2)产品试验,产品检验
production test plan (=PTP)　产品测试计划
production time　[有效]工作时间,生产时间,运算时间
production time per piece　单件生产时间,单件工时
production type milling machine　专用铣床
production-type test　产品定型试验
production waste　生产废料
production water supply　生产用水
production work　生产工作
productive　生产的
productive cap　安全帽

productive capacity　生产能力,生产率
productive forces　生产力
productive head　发电水头
productive labour　生产劳动
productive maintenance (=PM)　生产维护
productive man-hours per month　每月生产工时
productive output　生产量
productive rate　产率
productive sharing (=PS)　产品分配
productive store requisition (=PSR)　生产备用品调拨单
productiveness　生产效能,生产率,效率,多产
productivity　(1)生产率,效率;(2)[生]产量;(3)生产能力;(4)多产性
productivity ratio (=PR)　生产率
productized　按产品分类的
products　制品,产品
products final　最后产品
products list circular (=PLC)　产品目录通报
products subject to the agreement　协定产品
proeutectic　先共晶的
profax　丙烯均聚物
profess　(1)表示,表白,承认,声称,讲明,申明;(2)自称,冒充,假装;(3)以……为职业
professed　(1)专业的,专门的;(2)公开表示的,公开声称的;(3)自称的,假装的
profession　(1)工种,专业,职业,同业,同行;(2)宣布,声明,表白
professional　(1)专业的,专门的,职业的,业务的;(2)专业人员,内行
professional component　专用元件
professional instrument　工厂制[电子]仪器
professional paper　专门论文,专题报告
professional proficiency　业务能力
professional skill　专门技术
professionalization　专业化
professionalize　使专业化,使职业化
professionally　专业性地
professionary　与专业有关的,专业的
professionless　未受过专门训练的,没有专业的
proffer　提供,提出,贡献,建议
proficiency　熟练,精通
proficiency at following a given method　运用某一方法的熟练程度
proficient　(1)熟练的,精通的;(2)专家,能手
Profil　玻璃纤维增强聚丙烯
profile　(1)齿廓,齿形;(2)轮廓,外形,外观;(3)成型工具,靠模,仿形;(4)型面,断面,剖面,切面;(5)剖面图,侧面图,立面图,断面图,切面图,分布图;(6)靠模加工,仿形加工,铣出轮廓,做成型材
profile accuracy　齿廓精度,轮廓精度
profile angle　(1)(刀具的)齿形角,齿廓角;(2)(圆柱齿轮)法面齿形角,(锥齿轮)中点法面齿形角
profile angle error　齿形角误差
profile bearing　齿廓接触区,齿廓承载区
profile blade　[蜗轮]定型叶
profile board　侧板,模板
profile broach　成形拉刀,定型拉刀
profile chart　剖面图
profile contact ratio　齿廓重合度,齿廓接触比
profile control diameter　齿廓[理论曲线]控制直径
profile-copy grinding　仿形磨削,靠模磨削
profile correction　齿廓修形
profile curvature　齿廓曲率
profile cutter　成形刀具,定形刀具
profile cutting　成形切削,定形切削
profile device　仿形装置,靠模装置
profile displacement　齿廓[径向]变位[量]
profile displacement coefficient　齿廓变位系数
profile displacement factor　齿廓变位系数
profile drag　轮廓阻力,型面阻力,翼面阻力,型阻
profile error　齿廓误差,齿形误差
profile facing　仿形端面车削,靠模端面车削
profile flow　翼型绕流
profile form　齿廓
profile form error　齿廓误差
profile gasket　异形垫圈
profile gauge　轮廓量规,齿形量规,曲线板,样板
profile grade　断面坡度,纵坡度

profile grinder　光学曲线磨床,仿形磨床,曲线磨床,靠模磨床,轮廓磨床

profile grinding　(1)仿形磨削;(2)磨齿形

profile grinding machine　仿形磨床,靠模磨床,轮廓磨床

profile-in　齿廓凹入

profile in elevation　立剖面

profile in plan　水平剖面[图]

profile iron　型钢,型铁

profile levelling　纵断面水准测量

profile machine　仿形机床,靠模铣床

profile meter　(表面光洁度)轮廓仪

profile milling　(凸轮式)靠模铣削,轮廓仿形铣削

profile milling cutter　成形铣刀,定形铣刀

profile milling machine　仿形铣床,靠模铣床

profile mismatch factor　齿廓失配因数

profile modeling　靠模,仿形

profile modification　齿廓修整,齿廓修形,齿廓变位

profile modification device　齿形修形装置

profile modification template　齿形修形样板

profile of equilibrium　(1)均衡剖面;(2)平衡曲线

profile of fillet weld　角焊缝断面形状,填角焊缝轮廓

profile of teeth　齿形,齿廓

profile of tooth　齿形,齿廓

profile-out　齿廓凸出

profile-paper　(1)格子纸;(2)断面图

profile paper　纵断面图[格]纸

profile pattern　齿廓[接触]区

profile plate　仿形样板,齿廓样板

profile projector　齿廓投影仪

profile radius of curvature　齿廓曲率半径

profile relieved hob　成形铲齿滚刀,定形铲齿滚刀

profile relieved tooth　成形铲齿,定形铲齿

profile rolling　(1)成形滚轧;(2)齿面滚切

profile shaft　特形轴

profile shape　齿形

profile shape error　齿形误差

profile shell　压型辊

profile shifted gear　交变齿轮,变位齿轮

profile sliding　齿廓滑动

profile sliding factor　齿廓滑动系数

profile steel　型钢

profile tangent　竖曲线切线,纵向切线

profile template　齿形样板

profile tolerance　齿形公差

profile tracer　靠模仿形,轮廓仿形

profile turning　仿形车削,靠模车削

profile washer　异型垫圈

profile wear　齿廓磨损

profiled bar　异形钢材

profiled curved grooving cutter　成形曲槽铣刀,定形曲槽铣刀

profiled grooving cutter　成形槽铣刀,定形槽铣刀

profiled iron　型钢,型铁

profiled shaft　仿形轴,靠模轴

profiled sheet iron　成型薄钢板

profiler　(1)靠模铣床,仿形铣床,靠模机床;(2)靠模工具机,仿形工具机;(3)制模铣床;(4)模制者,靠模工,仿形工

profiles of the face and flank　(刀具)前面和后面的截形

profiling　(1)靠模加工,仿形切削,仿形加工;(2)压型,造型,成形,整形;(3)压型材料;(4)作断面图,剖面测定[法]

profiling attachment　仿形附件,靠模附件,靠模夹具

profiling bar　仿形杆,靠模杆

profiling device　仿形装置,靠模装置

profiling machine　仿形工具机,靠模工具机,仿形铣床,靠模铣床

profiling mechanism　仿形机械,靠模机械

profiling milling machine　仿形铣床,靠模铣床

profiling roll　压型辊

profiling slide　仿形滑板,靠模滑板

profilogram　(1)轮廓曲线;(2)断面图,轮廓图

profilograph　(1)轮廓曲线仪,轮廓测定仪;(2)表面光洁度轮廓仪,机械面精度测验仪,表面光洁度仪,表面粗糙度仪,表面光度仪,表面光度计;(3)(测平整度用的)自记纵断面测绘仪,纵断面测绘器,显微光波干涉仪,验平仪

profilometer　轮廓测定器,表面光度仪

profiloscope　拉模孔光洁度光学检查仪,纵断面观测仪

profit　(1)利益,益处,用处,好处;(2)利润[率],赢利,红利;(3)获利,利用

profit and loss　损益;盈亏

profitable　有利可图的,有益的,有用的

profitless　无利的,无益的,无用的

profondometer　深部异物计,异物定位器

proforma　形式上的

proforma invoice　形式发票

profound　(1)意味深长的,意义深远的,深奥的,奥妙的;(2)渊博的;(3)深厚的,深刻的,极度的

profound understanding　深刻理解

profuse　(1)非常丰富的,充沛的,大量的,极多的,过多的;(2)十分慷慨的,浪费的

prog　带尖头的工具

prognosis　预知,预测,预报

prognostic　预知的,预报的,预测的,预兆的,前兆的

prognosticate　预言,预示,预测,预兆

prognostication　预言,预示,预测,前兆,征候

prognostication algorithm　预测算法

prognosticator　预言者,预测者

program　(1)程序表,进度表,节目单,次序表,时间表,图表;(2)制订大纲,设计,计划,规划,提纲,大纲,方案;(3)说明书;(4){计}编制程序,汇编程序,拟定程序,按程序工作

program amplifier　节目放大器

program analysis adaptable control (=PAAC)　程序分析适应控制

program board　程序控制盘,程序控制台

program change directive (=PCD)　程序更改指示,计划更改指示

program channel　节目信道

program check run　{计}程序校验操作

program circuit　广播电路

program clock　程序钟

program composition　程序编制

program computer　程序计算机

program control　{计}程序控制

program-control document (=PCD)　程序控制资料

program control milling machine　程序控制铣床

program control plan (=PCP)　程序控制计划

program control system　程序控制系统

program-controlled　程序控制的

program controlled interrupt (=PCI)　程序控制中断

program-controlled machine　程序控制机床

program-controlled machine tool　程序控制机床,程控机床

program-controlled machine tool with alternate transmission gear　带备用变速齿轮的程序控制机床

program controller　程序控制器

program counter (=PC)　{计}程序计数器

program current pulser　程序电流脉冲发生器

program debug　程序调试

program design　程序设计

program development plan (=PDP)　程序研究计划

program disassembler　{计}程序拆编器

program display　程序显示

program drum　程序鼓

program elements　{计}程序单元

program error　程序误差

program evaluation and review technique (=PERT)　程序估计和检查技术,程序鉴定技术,计划协调技术,计划评审法,统筹方法

program evaluation research task (=PERT)　程序估计研究工作

program execution directive (=PED)　计划执行指示

program-exit hub　程序输出插孔

program failure alarm　程序故障警报

program flow chart　程序流程图

program flow diagram　程序流程图

program guidance (=PG)　程序制导

program information center (=PIC)　程序信息中心

program-interrupt　程序中断

program interrupt　程序中断

program language (=PL)　程序语言

program library　{计}程序库

program line　广播中继线

program loop　{计}程序周期,程序循环

program management planning (=PMP)　程序管理计划

program memory system　程序存储方法

program modification　程序修改

program module 程序模块
program of cooperation (=POC) 合作计划
program order address 程序指令地址
program-output hub {计}程序输出插孔
program package 程序组
program parameter 程序参数
program planning and control (=PPC) 程序设计与控制
program planning directives (=PPD) 程序设计指示
program recording 广播录音
program reference table (=PRT) 程序参考表,程序基准表,程序引用表
program register{计}程序寄存器
program reliability information system for management (=PRISM) 为管理用的程序可靠性信息系统,管理计划可靠性情报系统
program reporting and evaluation system for total operations (=PRESTO) 全部操作的程序报告和鉴定系统
program requirements data (=PRD) 规划要求资料
program-sensitive fault 特定程序故障
program sensitive malfunction 特定程序错误
program simulator 程序模拟器
program state 程序状态
program status word 程序状态字
program step {计}程序步[长]
program stop 程序停止
program study request (=PSR) 程序研究申请
program-suppress hub {计}程序插孔
program switching matrix 节目切换矩阵
program tape 程序带
program test 程序检验
program timer 计划调节器
program tracking antenna 程序跟踪天线
program transmission 节目传送
program transmission service 广播中继业务
program transmitter 程序发送器
program unit 程序装置
program word 程序字
programing (1)程序设计,程序编制,程序控制,编程序;(2)计划,规划;(3)规划的,计划的,大纲的;(4)设计进度安排
programmable (=programable) 可编程序的,能编程序的
programmable counter 程序计数器
programmable integrated control equipment (=PICE) 积分程序控制设备
programmable read-only memory (=PROM) 程序可控只读存储器,可编程序的只读存储器
programmatic (1)纲领性的,有纲领的;(2)计划性的,有计划的订
programme (=program) (1)程序表,进度表,节目单,程序;(2)制大纲,设计,计划,大纲,方案;(3)说明书;(4){计}编制程序,汇编程序,拟定程序,综合程序
programme activity centre for environmental and training (=PACEET) 环境教育和训练方案活动中心
programme-controlled 程序控制的
programme-controlled computer (=PCC) 程序控制计算机
programmed algorithm 程序算法
programmed automatic test 程序控制测试
programmed check (=PC) 程序检验
programmed checking 程序检验
programmed control 程序控制
programmed durability cycle (产品寿命试验)程序加载耐久循环
programmed guidance system 程序制导系统
programmed halt 程序停机
programmed instruction (=PI) 程序指令,编序
programmed interconnection process (=PIP) 程序互连工艺过程
programmed keyboard 程序键盘
programmed replacement 程序更换
programmed stop 程序停机
programmer (=PG) (1)程序编制员,程序设计员,订计划者;(2)程序设计器,程序装置,程序机构,程序器;(3)计算机中用以存储程序控制运算顺序的部件;(4)节目转播器
programming (1)程序设计,程序编制,程序控制,编程序;(2)计划,规划;(3)规划的,计划的,大纲的;(4)设计进度安排
programming check {计}程序检验,程序校核
programming controller 自动顺序控制器,程序控制器
programming device 程序编制机
programming language {计}程序设计语言

programming program {计}编制程序的程序
programming system 程序设计系统
progress (1)前进,进展,进程,进度,进行;(2)进步,改进,发展,发达
progress chart 工作进度图,进度表
progress clerk 进度统计员
progress control 进度控制,进度改进
progress estimate 进度估计
progress of material wear 材料磨损过程
progress of work 工作进程
progress report 进度报告,进度记录
progress schedule 进度时间表
progress ticket (=PT) 进度表
progression (1)前进,增进,渐进,进行,进展,进步,发展,上升,运动;(2)一系列,连续,接续;(3){数}级数,数列;(4)波段
progressional (1)前进的,连续的;(2){数}级数的
progressive (1)前进的,先进的,改进的,上进的,进步的,逐步的,发展的;(2)顺序的,递增的,逐渐的,渐进的,累进的,扩展的
progressive-action test 递增加载试验
progressive aging 连续加热时效,分级时效
progressive assembly 流水线装配法,传送带[式]装配
progressive austempering 分级等温淬火
progressive average 累加平均
progressive block method 分段多层焊
progressive brake 渐进作用式制动器
progressive burning (火药)增面燃烧
progressive contact 渐进接触,顺序接触
progressive crack 扩展性裂纹
progressive cutting 累进切削法
progressive damage 扩展损坏,逐渐损坏
progressive defecation 逐步澄清
progressive derivative 右导数,右微商
progressive dies 连续冲压模,连续冲裁模,顺序冲模,跳步模
progressive drier 逐步干燥器
progressive elongation 递增性伸长
progressive error (1)累积误差,累进误差;(2)行程误差;(3)齿距误差
progressive failure 进展性破坏,逐渐破坏,逐渐损坏
progressive forming 连续成形
progressive fracture 渐进断裂
progressive freezing 逐步冷冻
progressive ga(u)ge 分级量规
progressive gear (1)顺序变速器,顺序变速装置;(2)无级变速器,无级变速箱;(3)顺序变速齿轮
progressive honing machine 顺序加工珩磨机
progressive linkage 渐进式杠杆
progressive mean 累加平均
progressive pitting 发展性点蚀,扩展性点蚀
progressive produce 渐近加工
progressive production work 流水作业,连续作业
progressive quenching 分级淬火,顺序淬火
progressive ratio 速比
progressive rotation 前进旋转
progressive scanning 逐行扫描
progressive sliding gear 分级滑动齿轮
progressive speed test (船舶)逐次航速试验
progressive transfer reaction 连续传递反应
progressive transmission (1)渐进式传动;(2)无级变速器
progressive trial 逐步加载试验
progressive type transmission (1)渐进式传动,级进式传动;(2)无级变速器
progressive wave 前进波,行波
progressive wave winding 行波[式]绕组,波式绕法
progressively 前进地,渐进地,逐渐地,累进地
prohibit 禁止,阻止,防止
prohibit articles 违禁品
prohibit flight area 禁飞区
prohibit goods 违禁品
prohibition 禁止,禁令
prohibitive (1)起阻止作用的,禁止的,抑制的;(2)(价格)过高的
proiite 钨钴钛系硬质合金
project (1)计划,设计,设想,规划,筹划,打算,预计,预定,方案;(2)事业,企业;(3)科研项目,工程,题目,对象,建设,建筑;(4)草图;(5)射影,投影,投射,发射,喷射;(6)伸出,凸出,突出;(7)涡轮

螺旋桨喷气发动机

project a vertical line from point M upward to N 从 M 点向上到 N 画一条垂 [直] 线

project budget change notice (=PBCN) 工程预算更改通知

project change board (=PCB) 项目更改委员会

project control drawing (=PCD) 设计控制图表

project control drawing system (=PCDS) 设计控制图表系统

project control memorandum (=PCM) 设计检查备忘录, 工程检查备忘录

project control number (=PCN) 计划控制数, 工程控制数

project control plan (=PCP) 设计控制计划

project engineer (设计) 主管工程师

project from 从……伸出, 突出, 凸出

project into 投入

project meter 投影式比长仪

project office (=PO) 设计办公室

project on 投射到……上

project over 伸出到……上

project support equipment (=PSE) 工程辅助设备

project system engineering 工程系统工程

project through 向上伸出

project up 向上伸出

projectable 能投影的

projected area 投影面积, 计算工作面积

projected concrete 喷射混凝土

projected costs 预定造价, 计划成本

projected cut-off 投影截止点

projected profile 叠置剖面

projected route 预定路线

projected-scale 投影标尺

projectile (1) 射出的, 发射的, 抛射的, 投射的, 弹射的, 推进的；(2) 抛射体, 弹射体；(2) 火箭弹, 导弹, 炮弹, 飞弹, 弹丸

projectile motion 抛射运动, 弹射运动

projectile sampler 冲击式取样器

projecting (1) 设计, 计划, 投影, 射影, 放映, 显示；(2) 凸出的, 突出的, 伸出的, 投影的, 投射的

projecting conduit 凸埋式管道

projecting lever 引长杆, 突出杆

projecting line 投 [影] 射线

projecting plane 投影面

projecting scaffold 挑出脚手架

projecting shaft 悬臂轴

projection (1) 发射, 投射, 抛射, 喷射, 射出, 投出；(2) 投影图, 投影法, 射影, 投影, 放映；(3) 突出部分, 突出, 凸出, 伸出, 凸起, 凸块, 凸台；(4) 设计, 计划, 规划；(5) 预测, 推测, 估计

projection cathode-ray tube (=PCRT) 投射式阴极射线管, 投射式阴极显像管, 投影管

projection compass 投影式罗盘

projection diapositive 幻灯片

projection drawing 投影图

projection fiber 投射纤维

projection grinder 光学投影磨床, 光学曲线磨床

projection interferometer 映射干涉仪, 投射干涉仪

projection kinescope 投影显像管

projection lamp 放映灯, 投射灯

projection lantern 映画器, 幻灯

projection line 投影线

projection of image 投影

projection on a plane 平面 [上的] 投影

projection optimeter 投影式光学比较仪

projection print 投影相片

projection on printer 投影印刷器, 投影晒像器

projection receiver 投影式电视接收机

projection screen 投影屏

projection television 投影电视

projection tube 投影管

projection TV receiver 投影电视接收机

projection-type 投影式的

projection weld 凸焊

projection welder 凸焊机

projection welding 凸出焊接, 多点凸焊

projection x-ray microscope X 射线投影显微镜

projectionist 投影图绘制者

projective (1) 投射的, 投影的, 射影的, 发射的；(2) 凸出的, 突出的

projective geometry 投影几何 [学]

projective power of the mind 头脑的想象力

projective subspace 射影子空间

projective transformation 射影变换

projectivity 射影对应, 射影变换, 投影变换, 投影, 直射

projectometer 投影式比较测长仪

projector (1) 投影装置, 投影仪, 投影机, 投影器；(2) 幻灯放映机, 映画器, 幻灯；(3) 探照灯前灯, 聚光灯, 探照灯, [车] 前头灯；(4) 设计者, 计划者, 发起人；(5) 发射装置, 发射器, 喷射器, 投射器, 射声器；(6) 辐照源, 辐射源；(7) (制图) 投射线, 投影线

projector scope 投影显示仪

projectoscope 投射器

projectural (1) 被投影物；(2) 幻灯片

projecture 凸出 [物], 突出 [物]

proknock 助爆震剂, 促爆剂

prolate (1) 伸长的, 延长的, 扁长的；(2) 椭圆形长球状的；(3) 扩大的, 扩展的

prolate cycloid 长幅旋轮线, 长幅摆线, 伸长摆线

prolate ellipsoid 长椭圆, 长椭圆体, 长椭圆面, 长椭圆球

prolate eicycloid 长幅外摆线

prolate hypocycloid 长幅内摆线

prolate involute 延伸渐开线

prolate spheroid 长球面

prolate tractrix 长曳物线

prolegomenon (复 prolegomena) 序言, 前言, 绪论

prolepsis (复 prolepses) 预期

proliferate (1) 激增, 增加, 增多；(2) 迅速扩大, 扩散

proliferation 快速增长

prolific (1) 丰富的, 富饶的；(2) 多产的, 多的

prolific inventor 有很多发明创造的发明家

Prolite 钨钴钛系硬质合金 (钴 3-15%, 碳化钛 3-15%)

prolog(ue) (1) 开场白, 序言；(2) 开端

prolong (1) 冷凝管, (蒸馏炼锌) 延储器；(2) 延长部分, 延长, 引伸, 伸长, 拉长；(3) 拖延

prolong the period of validity 延长有效期

prolongable 可延长的, 可拉长的, 可拖长的, 可拖延的

prolongate 延长, 拉长, 拖延

prolongation (1) 延长, 延期, 展期, 拓展；(2) (电源切断后) 电感或电容电流的持续；(3) 拉长, 伸长, 引伸

prolongation of a bill 汇票展期

prolongation of analytic function 解释函数的拓展

prolongation of delay 迟延接续时间的延长

prolonge 套绳

prolonged 持续很久的, 长时期的, 长时间的

prolonged agitation 持续搅动, 延时搅拌

prolonged corrosion test 长期耐蚀试验

prolonged erosion test 长期耐蚀试验

prolonged heating 长期加热

prolusion 序言, 绪论

Promal 特殊高强度铸铁

prometal 一种耐高温铸铁, 普洛铸铁

promethium 钷 Pm (第 61 号元素)

promethium alloy 含铝 7; 3 黄铜 (铜 67%, 锌 30%, 铝 3%)

prominence (1) 突起, 凸起, 凸出 [物]；(2) 杰出, 卓越, 显著, 著名, 重要

prominent (1) 突出共振；(2) 突起的, 凸出的；(3) 杰出的, 卓越的, 显著的；(4) 重要的, 著名的

promiscuity 不加选择, 无差别, 混杂, 杂乱

promiscuous 不加选择的, 不加区别的, 混杂的, 杂乱的, 偶然的

promise (1) 诺言, 约定, 允诺, 契约, 答应, 字据；(2) [有] 希望, [有] 前途

promise well 大有前途, 大有希望

promisee 受约人

promiser 开发期票的人, 立约者, 订约者

promissing 有希望的, 有前途的, 有出息的, 期望的, 远景的

promissor (=promiser) 开发期票的人, 立约者, 订约者

promissory 约定支付的, 表示允诺的, 约定的

promissory notes 期票, 本票

promote (1) 促进, 增进, 发扬, 加速, 激励, 助长, 引起；(2) 设法通过, 发起, 创立, 提倡, 支持；(3) 宣传, 推销

promote good relationships 发展良好关系

promoter (=promotor) (1) 助催化剂, 促催化剂, 促进剂, 助触媒, 助聚剂；(2) 激发器, 加速器, 启动子；(3) 发起人, 创办人, 促进者

promotion 促进, 增进, 助长

promotor 促催化剂
prompt (1) 迅速的, 瞬发的, 瞬时的; (2) 促使, 推动
prompt cash payment 即期付现
prompt critical (由于中子引起的) 即发临界
prompt day 交割日
prompt decision 迅速的决定
prompt delivery 即 [期] 交 [货]
prompt gammas 瞬发 γ 线, 迅发 γ 线, 瞬时 γ 线
prompt neutron 迅发中子, 瞬发中子
prompt note 期货金额及交割日期通知单
prompt payment 立即付款
prompt reply 迅速回答
prompt tempering 直接回火
prompting query 迅速询问, 瞬发询问
promptitude 敏捷, 迅速, 果断
promptly 敏捷地, 迅速地
prone (1) 有……倾向的, 易于……的; (2) 倾斜的, 陡的; (3) 面向下的, 俯冲的
prone bombing 俯冲轰炸
prong (1) 尖头, 齿尖, 叉尖; (2) 叉形物, 支架; (3) (电子管) 管脚; (4) 射线; (5) 挖掘, 刺, 戳
prong brake (1) 夹子制动器; (2) 抓钩制动器
prong hoe 叉锄, 钉锄
prong key 叉形扳手, 端面扳手
prong type cage 舌连接型保持架, 爪连接型保持架
pronged 齿形的, 有齿的, 带齿的
prongs (岩心取样器的) 弹簧
Prony brake 普朗尼测功器, 制动式测功器, 普朗尼制动功率计
proof (1) 证明, 证实, 证据, 论证; (2) 试验, 检验, 测验, 实验, 验证, 验算; (3) 防……, 耐……, (4) 性能达到要求的, 合乎标准的, 合乎规定的, 试验过的, 不能穿透的, 不漏的, 不透的, 耐久的, 防水的; (5) 使有耐力, 使不漏水; (6) 刮胶, 上胶, 涂胶; (7) 校样, 样张, 初晒; (8) { 数 } 证 [法], 证明; (9) 试管; (10) 不穿透性, 不贯穿性, 坚固性, 耐力
proof box (1) 保险箱; (2) 检验柜
proof by induction 归纳证法
proof coin 标准货币
proof fabric 胶布
proof gold (试金用) 标准金, 纯金
proof list 检验目录, 验证表, 校对表
proof load (1) 保证载荷, 保证负载; (2) 试验载荷, 验证荷载
proof map 校样图
proof mark 验证记号
proof mass 检测质量
proof of analog results through a numerical equivalent routine (=PARTNER) 用数字等效程序来验证模拟结果
proof paper (1) 打样纸; (2) 曝光记时用的试纸
proof-plane 验电盘, 验电板
proof plane 验电板
proof plate (1) 样板; (2) 验电板
proof-press 校样印刷机
proof press 打样机
proof reading 校正读码
proof sample 试样, 样品
proof sheet 校样
proof-spirit 标准酒精
proof-staff 金属直规
proof stick 试验棒, 探测杆, 探针
proof strength (1) 条件屈服强度, 保证强度, 弹性强度, 弹限强度; (2) 试验强度
proof stress (1) 实用弹性极限应力, 条件屈服应力, 耐力屈服点, 容许应力; (2) 试验应力; (3) 屈服点
proof surface 工艺基面
proof-test 验收试验
proof test (=PT) 验收试验, 验证试验, 保证试验, 试用试验, 复核试验
proof test model (=PTM) 校验模型
proof theory 证明论, 元数学
proofed cloth 防水布, 胶布
proofed sleeve 浸胶软管
proofer 检验者
proofhouse 检验枪管室
proofing (1) 证明, 试验, 验算; (2) 防护; (3) 防护器, 防护剂; (4) 刮胶, 上胶; (5) 胶布; (6) 使不漏, 使不透
proofless 无证据的
proofload 试验荷重

proofmark 验讫印记
proofness (1) 试验; (2) 耐性, 耐力, 坚固性, 不穿透性
proofread 校核, 校对
proofreader 校对者
proofroom 校对室
prooftest 检验, 校验
prop (1) 临时支柱, 支柱, 撑脚, 撑材, 顶杠, 架; (2) 螺旋桨; (3) 用支柱加固, 支撑, 支持, 撑住
prop-and-bar 带柱帽的支柱
prop shaft brake 传动轴上的制动器
prop stay 支柱
propagate (1) 传播, 传导, 传送; (2) 扩散, 弥散, 推广, 扩张, 扩展; (3) 普及, 波及, 分布
propagation (1) 传播, 传导, 传送; (2) 扩散, 弥散, 扩张, 扩展; (3) 普及, 波及, 分布; (4) 增长
propagation 传播常数
propagation distortion 传播失真
propagation energy (裂纹) 扩展能量
propagation of error 误差的传播
propagation of high frequency radio wave 高频电波的传播
propagation of IF radio wave 中频电波的传播 (IF=intermediate frequency)
propagation of low frequency radio wavee 低频电波传播
propagation of microwave 微波传播
propagation of the flame front 火焰正面的传播
propagation of very high frequency radio wave 甚高频电波传播
propagation of very low frequency radio wave 甚低频电波传播
propagation reliability 传播可靠度
propagation velocity 传播速度
propagative 传播的, 传导的
propagator 传播函数, 分布函数
propanal 丙醛
propane 丙烷
propane burner 丙烷加热器
propane gas cutting 丙烷切割, 丙烷气割
propane refrigeration unit 丙烷冷冻设备
propanol 丙醇
propanone 丙酮
proparagyl 炔丙基, 丙炔
propcopter 用空气螺旋垂直起飞的无翼飞行器, 直升机
propel 推进, 推动, 驱动
propellable 能被推动的
propellant (=propellent) (1) 喷气 [发动机] 燃料, [火箭] 推进剂, 火箭燃料, 发射燃料, 发射火药; (2) (气雾剂的) 挥发剂, 发射剂, 发生剂; (3) 推动力, 推进力; (4) 推动者, 推进者; (5) 有推力的, 推动的, 推进的
propellant feed system (=PFS) 推进剂输送系统
propellant loading and pressurization system (=PLPS) 燃料装填与增压系统
propellant loading and transfer system (=PLTS) 燃料装填与输送系统
propellant loading and utilization (=PLU) 燃料装填与利用
propellant loading control (=PLC) 燃料装置控制
propellant loading control monitor (=PLCM) 燃料装置控制台
propellant loading control system (=PLCS) 燃料装置控制系统
propellant loading control unit (=PLCU) 燃料装置控制设备
propellant loading sequencer (=PLS) 燃料装填程序装置
propellant loading system (=PLS) 燃料装填系统
propellant mass ratio (=PMR) 推进剂质量比
propellant pressurization control (=PPC) 燃料增压控制
propellant supply (=PS) 推进剂供应
propellant transfer and pressurization system (=PTPS) 推进剂输送与增压系统
propellant transfer system (=PTS) 推进剂输送系统
propellant utilization (=PU) 燃料输送调节
propellant utilization acoustical checkout (=PUAC) 燃料输送调节声波检查法
propellant utilization data translator (=PUDT) 燃料输送调节数据传送器
propellant utilization exerciser (=PUE) 燃料输送调节装置
propellant utilization loading system (=PULS) 燃料输送调节装填系统
propellant utilization system exerciser (=PUSE) 燃料输送调节系统装置
propellant utilization valve 燃料输送调节阀

propellant valve 推进剂阀
propellent (=propellant) (1) 喷气 [发动机] 燃料, [火箭] 推进剂, 火箭燃料, 发射燃料, 发射火药, (2) (气雾剂的) 挥发剂, 发射剂, 发生剂; (3) 推动力, (4) 推动者, 推进者; (5) 推动的, 推进的
propeller (=propellor) (1) 螺旋桨, 推进器, (泵、风机的) 工作轮; (2) (混料机的) 推进刮板; (3) 螺旋桨船; (4) 推进者
propeller aircraft 螺旋桨 [式] 飞机
propeller and shafting 螺旋桨与轴系
propeller anemometer 螺旋桨式风速计
propeller blade 螺旋桨叶片
propeller current meter 螺旋桨式流速仪
propeller disk 螺旋桨圆盘
propeller efficiency 螺旋桨效率
propeller fan 螺旋桨式鼓风机, 螺旋桨式通风机
propeller generator 螺旋桨式风力发电机, 风车发电机
propeller jet 螺桨发动机
propeller milling machine 螺旋桨铣床
propeller mixer 螺旋桨式混合器
propeller pump 螺旋泵
propeller runner 螺旋桨式叶轮
propeller shaft (1) 驱动轴, 传动轴; (2) 螺旋桨轴
propeller shaft cross 螺旋桨轴十字头
propeller shaft driver 螺旋桨轴装卸器
propeller shaft safety strap 传动轴安全圈
propeller shaft slip yoke 螺旋桨轴滑轭
propeller shaft splined yoke 螺旋桨轴槽轭
propeller stirrer 螺旋桨搅拌器
propeller turbine 轴流定桨式水轮机, 螺桨式涡轮, 螺旋式透平
propeller-turbine engine 涡轮螺桨发动机
propeller-type speed meter 螺旋桨式速度计
propeller type speed meter 螺旋桨式速度计
propeller type wheel turbine 螺旋桨式涡轮机
propeller water turbine 螺旋式水轮机
propeller windmill 螺旋桨式风车
propellers 螺旋桨
propellers shaft (1) 螺桨轴, (2) (汽车等) 传动轴
propellers shaft driver 螺桨轴装拆器
propelling chain 主动链
propelling effort 推进力, 驱动力
propelling element 主动件, 驱动件
propelling energy 推动能, 驱动能
propelling force 推进力, 推动力, 驱动力
propelling gear 主动齿轮, 驱动齿轮
propelling machinery 牵引机械, 驱动机械
propelling member 主动件, 驱动件
propelling nozzle 推力喷嘴, 推进喷嘴
propelling part 主动件, 驱动件
propelling pencil 活动铅笔
propelling pinion 主动小齿轮, 驱动小齿轮
propelling plant 推进机械
propelling power 推进力, 推动力, 驱动力
propelling screw 螺旋推进器, 螺旋桨
propelling shaft 主动轴, 驱动轴
propelling sheave 往复滑轮, 导引轮
propelling system 驱动系统
propelling tooth 主动齿
propelling unit 推进装置, 推进器
propelling worm 主动蜗杆
propelling wormgear 主动蜗轮
propelling wormwheel 主动蜗轮
propelment 机构中的推进装置
propelsive unit 推进装置, 推进器
propenal 丙烯醛
propene 丙烯
propenol 丙烯醇
propensity 倾向, 习性, 嗜好
propensity to invest 投资倾向
proper (1) 正式的, 正确的, 正常的, 适当的, 恰当的, 正当的, 妥当的, 适合的; (2) 特有的, 专有的, 专属的, 固有的, 独特的; (3) 本征的, 特征的, 真正的, 原来的, 常态的, 本色的, 纯粹的, 完全的
proper circle 常态圆, 真圆
proper conduction 固有电导
proper energy 原能
proper equation 特征方程

proper fraction 真分数
proper function 特征函数, 本征函数, 正常函数, 常义函数
proper integral 正常积分, 常义积分
proper length 静长度, 真长度
proper mass 固有质量, 静质量
proper motion 固有运动, 自然运动, 自行
proper name 固有名字, 专有名称
proper semiconductor 固有半导体, 本征半导体
proper shock 本震
proper solution {数}正常解
proper subclass (=proper subset) 真子集
proper termination 正常终止
proper use factor 实际利用系数
proper value 特征值, 本征值, 固有值
proper value of matrix 矩阵的特征值
proper vector 特征向量
properly (1) 适当地, 正确地, 正当地, 当然, (2) 严格地, 正常地; (3) 完全地, 彻底地, 大大地, 非常
properly discontinuous 纯不连续
properly include 真包含
properly posed 适定的
properly speaking 严格说来
properties (property 的复数) (1) 性质, 特性, 特征, 性能, 参数, 属性, 本性; (2) 所有权, 资产, 财产; (3) 器材, 物品
properties of matter (1) 物性; (2) 物性学
property (1) 性质, 特性, 特征, 性能, 参数, 属性, 本性; (2) 所有权, 资产, 财产; (3) 器材, 物品
property-determination test 定性试验, 性能试验
prophase 前期, 初期, 早期
prophylactic (1) 预防 [性] 的; (2) 预防剂, 预防器; (3) 预防法
prophylactic repair 定期检修, 预防性检修
propine 丙炔
propinquity (1) 接近, 邻近; (2) 近似, 类似
propionaldehyde 丙醛
propjet 涡轮螺旋发动机
proplasm 模型, 铸型, 型
Proplatina (=Prolatium) (装饰用) 镍铋银合金
propone 提议, 建议, 提出, 陈述
proponent (1) 建议的, 支持的, 辩护的; (2) 建议者, 支持者, 辩护人
proportion (1)比例, 比率; (2)部分, 分量; (3)均衡, 平衡, 匀称, 相称; (4) 配合, 调和; (5) (复) 大小 (长、宽、厚、高), 容积, 面积, 尺寸
proportion by addition 合比
proportion by inversion 反比
proportion by subtraction 分比
proportion factor 比例系数
proportion of ingredients [混合物的] 成分比例
proportion of mixture 混合比例
proportion of resin present 树脂含量
proportionable 成比例的, 可匀衡的, 相称的, 相当的
proportionably 成比例地
proportional 成比例的, 平衡的, 均衡的, 相称的, 调和的
proportional action (=PA) 按偏移的作用, 比例作用
proportional compasses 比例规
proportional constant 比例常数
proportional control (1) 线性控制 (输出与输入成线性关系); (2) 比例调节, 比例控制, 比例操纵
proportional control action 比例调节作用
proportional control factor 比例调节系数
proportional control valve 比例控制阀
proportional controller 比例调节器
proportional counter (=PC) 比例计数器, 正比计数器
proportional cutting change (齿轮) 比例 [切齿] 修正量
proportional detector 正比探测器
proportional dividers 比例规
proportional error 相对误差, 比例误差
proportional-integral-differential controller 比例积分微分控制器
proportional-limit (=PL) 比例极限
proportional-plus-derivative controller 比例微商控制器
proportional plus integral plus derivative action 比例加积分加微商控制作用, 比例积分微分动作
proportional position action type servo-motor 比例位置式伺服电动机
proportional sampling 比例抽样法
proportional scale 比例尺
proportional value 比例值

proportionality 比例[性],均衡[性],比值,相称
proportionality constant 比例常数
proportionality factor 比例因数,比例系数
proportionality law 比例定律
proportionality limit 比例极限
proportionally 按比例,配合着,相应地,比较地
proportionate (1)成比例的,相称的,均衡的,适当的;(2)使成比例,使均衡,使适应
proportioned 成比例的,相称的
proportioner (1)比例调节器,比例定量器,比例装置;(2)输送量调节装置,按比例分配装置,混合物比例调节器,配料装置,配合加料斗,定量器,给料器,剂量器
proportioning (1)[按比例定量]配合,使成比例,确定[几何]尺寸,选择参数,调和,配料,配量,定量;(2)废水比例排放
proportioning by arbitrary assignment 经验配合法
proportioning by grading charts 按级配图配料,按级配曲线配料
proportioning by trial method 试验配合法
proportioning by volume 体积配合法,按体积配合,体积比
proportioning by weight 重量配合法,按重量配合
proportioning meter 配料计
proportioning of concrete 混凝土配合比
proportioning plant (1)比量投料器,配料设备,投配器;(2)配合厂
proportioning pump 比例配合泵,定量泵,配量泵
proportioning valve 配量阀
proportionment (1)均衡,相称,调和,(2)按比例划分,定量配制,比例
proposal (=P) (1)提出申请,建议,提议,(2)计划;(3)投标
proposal control number (=PCN) 建议控制数
propose (1)提出申请,提出建议,(2)计划,打算,(3)提名,推荐
propose making a change 建议修改一下
proposed flowsheet 建议采用的流程
proposed model 推荐型号,拟用型号,计划型号
proposed system package plan (=PSPP) 拟议的系统一揽子计划,拟议的系统包装计划,建议系统组装计划
proposer 提议者,提出者
proposition (1)命题,主题,定理,断定,(2)提议,建议,主张,计划,陈述;(3)事情,问题,目的
propositional 命题的
propositional calculus 命题演算
propositional logic 命题逻辑
propound 提出问题供考虑,提议,建议
1090
propounder 提议者,建议者
propped beam 加撑梁
propped cantilever beam 有支承的悬臂梁
propping 支柱支护,架支柱
propping range 撑紧范围
proprietary (1)专利的,专有的,专卖的,有专利权的,独占的;(2)所有人的,业主的,有产的;(3)所有权,所有人,业主
proprietary articles 专利品,专卖品
proprietary company 控股公司,独占公司
proprietary name 专利商标名
proprietor 所有者,业主
proprietorial 所有[权]的
proprietorship 所有[权]
propriety (1)适当,恰当,得当,正当,妥当,适宜,得体,(2)(复)礼仪,礼节
propshaft (1)传动轴;(2)螺旋桨轴
propulser (1)推进器;(2)推进剂
propulsion (1)推进,推动,驱动,运动,进动,(2)动力装置,发动机,推进器;(3)推进力,动力
propulsion and associated systems tests (=PAST) 发动机与附属系统的测试
propulsion cold flow laboratory (=PCFL) 发动机低温流实验室
propulsion control box (=PCB) 发动机操纵台
propulsion coupling 动力联轴节
propulsion power 驱动功率
propulsion source 动力源
propulsion system (1)驱动系统,推进系统,传动系统;(2)驱动装置,传动装置
propulsion system test procedure (=PSTP) 推进系统试验程序
propulsion test vehicle (=PTV) 发动机试验飞行器,推进试验飞行器
propulsion unit (=PU) (1)驱动装置,传动装置;(2)推进部件,推进装置
propulsive 推进[力]的,推动力的

propulsive agent 推进剂
propulsive duct 喷气发动机
propulsive fluid accumulator system 流体推进剂积聚系统
propulsive force 推动力,驱动力,推力
propulsive gas 气体推进
propulsive jet (1)喷气发动机;(2)推进射流
propulsor 喷气[式]发动机,火箭发动机,发动机,推进器
prorata 按比例[分配]的,成比例的
prorate 按比例分配,摊派,分摊
proreduplication 前期复制,前期增组
prorsad 向前,前向
prorsal 向前的
pros- (词头)在前面,向前,靠近
proscribe (1)不予法律保护,剥夺公权,放逐,(2)排斥,禁止
prosecute (1)彻底进行,实行,执行,履行,(2)从事,经营;(3)依法进行
prosecute a claim 依法提出要求权
prosecute an investigation 彻底进行调查
prospect (1)展望,指望,期望,希望,期待,预期,预兆,前景,远景,视野,(2)勘探,勘测,勘察,探查,调查;(3)可能性
prospect hole 探孔,试坑
prospect pit 勘探试坑
prospecting 勘探,勘测,探查
prospecting counter 电测计数管
prospecting drill 探钻
prospecting instrument 探测仪器
prospecting shaft 勘探竖井,试钻井
prospection (1)预期,预见,(2)探矿,勘探
prospective 预期的,预见的,预料的,有望的,远景的,未来的
prospective glass 轻便望远镜
prospector 勘探者,勘察者
prospectus (1)计划[任务]书,说明书,意见书;(2)内容介绍,简介,提要,大纲
prosper 使成功,使繁荣
prosthesis (1)取代,置换;(2)弥补,修补
prosthetic 弥补性的,取代的,置换的
prosthetic robot 关节式机器人
protactinides 镤化物
protactinium {化}镤 Pa
Protal process (为使铝件表面生成不溶性表层,喷上含碱性氟化物的钛、铬盐溶液的)铝表面防腐蚀化学处理
protect (1)保护,防护,防止,警戒,保存,(2)准备支付金,关税保护;(3)装防护装置,装保险装置
protect equipment from dampness 保护设备免于受潮
protect relay 保护继电器
protect switch 盒装开关
protectant 防护剂,保护剂
protected 半密封的,防护的
protected cap 防护帽,安全帽
protected motor 防护式电动机
protected switch 盒装开关
protected trade 保护贸易
protecting 保护,防护
protecting cap 安全帽
protecting casing 保险罩
protecting clamper 防护箝位电路
protecting cover 防护罩
protecting film 防护膜
protecting screen 防护屏
protection (1)保护,防护,预防,防止,警戒,(2)保护设备,保护装置,防护装置,(3)保护措施,安全措施,(4)防护物,保护物
protection against corrosion 防腐蚀,防锈
protection and indemnity clause 保护与赔偿条款,保赔条款
protection by metallic 金属涂层保护法
protection by oxide film 氧化膜保护法
protection course 保护层
protection fence 护栏
protection from the wind 防风设施
protection grease 防护油脂
protection grid 防护隔栅
protection key 保护键
protection relay 保护继电器
protection relay system by carrier 载波保护中继制
protection valve 安全阀

protective (1) 保护的, 防护的, 预防的, 保安的, 安全的, 屏蔽的; (2) 保护贸易的

protective agent 抗氧化剂, 防护剂

protective apparatus 防护装置

protective cap 安全帽

protective case 保护罩

protective choke coil 保护扼流圈

protective circuit 保护电路

protective circuit breaker 保护电路断路器

protective clothing 防毒衣, 防护衣

protective coating (1) 防护涂层, 保护涂层, 保护层; (2) 防护涂料

protective colloid 保护胶体

protective cover (1) 护罩; (2) 覆盖层, 涂层

protective deck 防护甲板

protective device 防护装置, 保护装置

protective earth 保护接地

protective earthing 保护接地

protective earthing device 保护接地装置

protective finish 防腐处理, 表面处理

protective gear 防护装置

protective hood 防护罩

protective interlock 保安联锁装置

protective interlocks 防护性联锁

protective layer 防护层

protective measures 防护措施

protective paint 防护漆

protective reactor 保护扼流圈

protective relay 保护继电器

protective relay system 保护继电方式

protective resistance 保护用电阻, 保安电阻

protective ring 护环

protective screen 防护屏蔽, 防护屏

protective shield 防护屏

protective spark gap 保护火花隙

protective spats for welding 焊接护脚

protective system (1) 安全系统, 保安系统; (2) 保护 [关税] 制

protective tape 保护带

protective tariff 保护 [性] 关税

protective tube 保险管

protective value (润滑脂的) 防护能力

protector (1) 保护装置, 防护装置, 防护设备, 保护设备, 保安器, 保险器, 防护器, 防护罩, 护板, 护罩, (2) 防毒具; (3) 保护层, 保护物, 防护物, (4) 防腐剂; (5) 保险丝; (6) 避雷器; (7) 外胎胎面

protectoscope 掩望镜

protend (1) 伸展, 伸出, 延伸; (2) 突出, 凸出

protension 伸展

protensity (1) 处于延长的性质; (2) 持续时间

protensive 持续性的, 伸长的, 延长的

protest (1) 抗议, 反对; (2) 主张, 声明; (3) 抗议书, 拒绝书; (4) 发表声明, 坚决反对, 提抗议

protest for non-payment 对拒绝付款提出抗辩, 拒绝付款证书

proto- (词头) 第一, 首要, 最初, 原始, 主, 低

protoactinium {化} 镤 Pa (第 91 号元素)

protobitumen 原沥青

protocol (1) 议定书, 协议, 约定, 草案, 草约; (2) 会谈备忘录, 会谈记录; (3) 拟定议定书, 拟定草案; (4) 礼仪, 礼节

proton (=P) 阳质子, 正质子, 质子, 氢核

proton-bombarded 用质子轰炸

proton capture 质子俘获

proton-magic 质子幻数的

proton magnetic resonance (=PMR) 质子核磁共振

proton microscope 质子显微镜

proton-proton force 质子间力

proton-proton scattering 质子互致散射

proton-recoil counter 反冲质子计数管

proton synchrotron 质子同步加速器

protonic 质子的, 始基的

protonize 质子化

protonogram 质子衍射图

protonolysis 质子分解

protonsphere 质子层

protophase 前期

protophilic 亲质子的

protopyramid 初级棱锥体, 原棱锥

protosalt 低价金属盐

protosulphide 低硫化物, 硫化亚物

protrophy 质子移变 [作用]

prototype (=P) (1) 设计原型, 试制型式, 标准原器, 足尺模型, 原型, 模式堆, (测量) 原器, 原体; (2) 典型, 范例, 模范; (3) 样机, 样品, 样本, 样板, 样件; (4) 全尺寸的, 实验性的

prototype aeroplane 样机

prototype fast reactor (=PFR) 原型快中子反应堆

prototype gear 样品齿轮, 测量齿轮

prototype model 原型

prototype optical surveillance system (=POSS) 标准光学监视系统

prototype production for evaluation (=PPE) 供鉴定用原型产品

prototype reactor 原型反应堆, 模式反应堆

prototype sample 样品

prototype structure 原始 [网络] 结构, 原型结构

prototype test 全尺寸试验, 原型试验, 样品试验

prototype workpiece 样件

protoxide 氧化亚物, 低氧化物

protract (1) 拖延, 拖长, 延长; (2) 突出, 伸出; (3) (用量角器) 绘图, 绘平面图, 画在图上, 描绘, 绘制; (4) 按比例缩小或扩大

protracted 长时间的, 拖延的, 延长的

protracted irradiation 持久照射, 持续辐照

protracted test 疲劳试验, 持续试验

protractible 可延长的

protractile 可外伸的

protraction (1) 拖延, 延长; (2) 按比例绘制平面图

protractor (1) 半圆角度规, 量角器, 分度器, 分度规, 半圆规, 角规, 分规; (2) 钳取器

protractor head 量角器头, 分度器头, 分度规头

protractor screen 测角投影屏

protractor tool guide (车刀磨床的) 车刀定角导板, 磨刀斜角导板

protrude 伸出, 凸出, 突出, 推出

protruded packing 多孔填料

protruding burrs 毛刺

protrusible 可伸出的

protrusile 制成能伸缩的, 可伸出的, 可突出的, 可推出的

protrusion (1) 突出, 伸出, 凸出, 鼓出, 推出, 伸进, 推进, 挤进; (2) 突出部分, 伸出部分, 突起部, 突起物; (3) 突度

protrusive 向前突出的, 向前伸出的

protuberance (1) (刀具齿顶的) 凸起修缘; (2) 隆起部, 突起物, 凸度

protuberance cutter (齿轮) 剃前刀具

protuberance hob 带凸台的滚刀

protuberance tool 带凸台的刀具

protuberance-type preshave cutter 带凸台的剃前插齿刀

protuberant (1) 突起的, 隆起的, 突出的, 凸出的; (2) 引人注目的, 显著的

provable 试验得出的, 可证明的, 可证实的, 可查验的

prove (1) 证明, 证实; (2) 检验, 试验, 验算, 验证; (3) 勘探, 钻探, 探明; (4) { 数 } 证明, 试证; (5) 证明是, 表明是, 原来是, 竟是, 显得, 成为; (2) 试印, 印成

prove out 证明是令人满意的, 证明是合适的

prove up 具备条件, 探明

prove up to the hilt 充分证明

proven 证据确凿的, 被证实的

provenance 起源, 根源, 出产, 出处

prover (1) 校准仪; (2) 试验者; (3) 证人, 证据

proverbial 众所皆知的, 尽人皆知的, 格言式的, 谚语的

proverbially 俗话说得好, 众所周知地, 广泛地

provide (1) 提供, 供应, 供给; (2) 装备, 准备, 装载; (3) 形成, 构成, 造成, 达到, 维持, 保持, 规定; (4) 防备, 预防, 禁止; (5) 创造条件, 作准备

provided that 以……为条件, 倘若, 假如, 如果, 只要

providence (1) 深谋远虑, 远见; (2) 慎重; (3) 节约

provident (1) 深谋远虑的, 远见的; (2) 节约的

provider 供应者

providing 以……为条件, 倘若, 假如, 如果, 只要

proving (1) 校对; (2) 勘探

proving frame 应力 [环] 架, 试验架

proving ground (=PG) (1) 器材试验场, 检验场; (2) 科学试验基地, [试验] 靶场

proving ring 应力环, 测力环, 校验环

provision (1) 预备, 准备, 储备, 防备, 措施, 保证; (2) 供给, 供应, 补充, 补给; (3) 设备, 装置, 构造; (4) 规定, 条款; (5) (复) 粮食, 食物, 口粮, 给养

1091

provision for contingencies 意外条文
provision of the agreement 协议条款
provisional 暂定的, 假定的, 暂时的, 临时的
provisional agreement 临时协议
provisional center (=PC) 临时中心站
provisional Classification Certificate issued by the Classification Society 船级社签发的临时船级证书
provisional contract 临时契约
provisional estimate 暂估价, 概算, 估算
provisional invoice 临时发票
provisional method 暂定方法
provisional order 紧急命令
provisionality 临时性, 暂时性
provisionary 暂定的, 假定的, 暂时的, 临时的
proviso (复 provisoes 或 provisos) 限制性条款, 附带条件, 附文
proviso clause 限制性条款, 保留条款
provisory (1) 附有条件的, 有附文的; (2) 暂时性的, 临时的, 暂定的, 除外的
prow (1) (飞行器、防冲设施) 头部; (2) 船头, 船首; (3) 突出的前端
prowess 杰出才能, 技巧, 技术, 本领
prowl 徘徊, 潜行
prowl car 警备车
proxicon 近距聚焦摄像管
proximal (1) 最接近的, 最近的, 接近的, 近似的; (2) 邻近的, 近侧的, 近端的, 基部的
proximal analysis 组份分析, 实用分析
proximal side 对面
proximate (1) 前后紧接的, 最接近的, 贴近的, 贴紧的, 近似的; (2) 即将到来的, 即将发生的
proximate analysis 近似分析, 实用分析, 工业分析, 组份分析
proximate calculation 近似计算
proximate cause 近因
proximate composition 近似组成
proximate matter 型材, 坯
proximate possibility 即将实现的可能性
proximate value 近似值
proximately 近似地
proximation 迫近
proximeter 着陆高度表
proximity (1) 接近度, 近程, 距离; (2) 接近, 贴近, 临近, 邻近, 附近; (3) 近似
1092
proximity effect 邻近效应
proximity exploder [遥控无线电] 近炸雷管
proximity focused pick-up tube 近聚焦移像摄像管
proximity fuse (=PF) 无线电引信, 近爆引信, 近炸引信, 近发引信, 变时引信
proximity-fused 备有近爆引信的, 装有无线电引信的, 装有近发引信的, 装有近炸引信的
proximity-fuze 近炸信管
proximity of zero order 零阶逼近
proximity sensor 近位感测器
proximity space 邻近空间
proximity switch 接近开关
proximity transducer 接近传感器
proximity warning indicator 防撞报警显示器
proximoceptor 接触感受器
proxy 代理权, 代理人, 代理人, 代表权, 代表人, 委托书
proxy statement 委托书
proxylin aparatus 生氧防毒器
pruner 修枝剪刀, 整枝剪
pruning 修剪, 割去, 除去
pruning knife 修枝刀
pruning-saw 修枝 [手] 锯
pruning-scissors 修枝剪
pruning-shears 修枝剪
pruning shears 果树修剪机, 剪枝刀
prussiate 氢氰酸盐, 氰化物
prussic acid 氢氰酸, 氰化氢
pry 撬
pry bar 撬杆, 杠杆
pry out 探出
prying force outward 向外撬的力
Pryler 清除 [轧钢机中棒材和板材上的] 氧化皮的人
psephicity 磨圆度

pseudaxis 假轴
pseudo 似是而非的, 冒充的, 假的, 伪的
pseudo- (词头) (1) 假, 伪, 赝, 拟, 准, 似; (2) 赝品
pseudo-acid 假酸
pseudo-acidity (1) 假酸性; (2) 假酸度
pseudo-alloy 假合金
pseudo-analytic function 伪解析函数
pseudo-asymmetric 假不对称的
pseudo-asymmetry 假不对称
pseudo-atom 伪原子, 赝原子
pseudo-automorphic function 伪自守函数
pseudo-basicity (1) 假碱性; (2) 假碱度
pseudo-catenary 伪悬链线, 准悬链线
pseudo-circle 假圆, 伪圆, 准圆
pseudo-code (=PC) 伪 [代] 码, 翻译码, 象征码
pseudo-complement 伪余
pseudo-complex manifold 伪复流形
pseudo-compound 假化合物
pseudo-conformal mapping 伪保角映射
pseudo-convergence 伪收敛, 准收敛
pseudo-convergent 伪收敛的, 准收敛的
pseudo crossing 赝交叉
pseudo-critical point 假临界点
pseudo-cycloid 伪旋轮线, 准旋轮线
pseudo-cycloidal 伪旋轮类曲线, 准旋轮类曲线
pseudo-damping 伪阻尼
pseudo-device 伪装置, 伪设备
pseudo-dipole 似偶极子, 赝偶极子
pseudo-effect 伪效应
pseudo-energy-tensor 赝能张量
pseudo-fading 伪衰落
pseudo-fibre space 伪纤维空间
pseudo-first-order 准一级, 准一阶
pseudo-frequency 伪频率
pseudo-front 假锋
pseudo-geometric(al) 准几何的
pseudo-gums (1) 假胶; (2) 潜胶
pseudo-hyperbolic orbit 准双曲线轨道, 赝双曲线轨道
pseudo-hyperelliptic integral 伪超椭圆积分
pseudo-instruction 虚拟指令, 伪指令
pseudo-labile 湿不稳定的, 假不稳定的
pseudo-lens 幻视透镜, 拟透镜
pseudo-linear 假线性的, 伪线性的
pseudo-manifold {数} 伪流形, 伪簇
pseudo-metric space 伪度量空间, 准度量空间
pseudo-monocrystal 假单晶
pseudo-normal 伪法线, 准法线
pseudo-object language 伪对象语言
pseudo-op(eration) 虚拟操作, 伪操作, 伪指令, 伪运算
pseudo-operation code 伪操作码
pseudo-order 伪指令
pseudo-parallel 伪平行的
pseudo-period 衰减振荡的周期, 赝周期, 伪周期, 准周期, 假周期
pseudo-peroxide 假过氧化物
pseudo-phenocryst 假斑晶
pseudo-plasticity 假塑性
pseudo-program 伪程序
pseudo-radial equilibrium 准径向平衡, 假径向平衡
pseudo-random binary sequence 伪随机二进制序列
pseudo-random code 伪随机码
pseudo-random number sequence 伪随机数序列
pseudo-random sequence generator 伪随机序列发生器
pseudo-random signal 伪随机信号
pseudo-random vector 伪随机向量
pseudo-register 伪寄存器
pseudo-regular function 伪正则函数
pseudo-salt 假盐
pseudo-scalar 伪标量
pseudo-seed 赝籽晶
pseudo-sentence 伪 [语] 句
pseudo-shock 伪冲激波
pseudo-sphere 伪球面
pseudo-spherical 伪球形的, 伪球面的
pseudo-spiral 伪螺线, 准螺线

pseudo-stational coil　假静止线圈
pseudo-stationary　假稳定的
pseudo-steel　烧结钢, 假钢
pseudo-stereophony　赝立体声, 假立体声
pseudo-stress　伪应力
pseudo-tangent line　伪切线, 准切线
pseudo-tangent plane　伪切面, 准切面
pseudo-thermostatic　伪恒温的, 准恒温的
pseudo-thermostatics　伪 [平衡态] 热力学
pseudo-tractrix　伪曳物线, 准曳物线
pseudo-twin　伪孪晶, 假双晶
pseudo-valuation　伪赋值
pseudo-variable　伪变量
pseudo-variational principle　伪变分原理
pseudo vector　赝矢量, 赝向量, 伪矢量
pseudo-viscosity　非 "牛顿" 粘度, 人工粘度, 人为粘度, 假粘度
pseudoabsorption　假吸附 [作用]
pseudoacid　假酸
pseudoadiabat　假绝热线
pseudoadiabatic(al)　假绝热的, 伪绝热的
pseudoalum　假矾
pseudoantagonism　伪对立
pseudoasymmetry　假不对称
pseudoatom　伪原子
pseudobalance　(电桥的) 伪平衡
pseudobase　假碱
pseudobinary　伪二元的
pseudocarburizing　假渗碳处理
pseudocatalysis　假催化 [作用], 伪催化
pseudocatenoid　伪悬链曲面
pseudocavitation　伪空穴
pseudocolloid　假胶体
pseudocombination　(数理统计) 虚组合
pseudoconcave　伪凹的
pseudoconcave function　伪凹函数
pseudoconditioning　假条件作用
pseudoconjugation　假接合
pseudocontinuum　伪连续区
pseudoconvex　伪凸 [的]
pseudocritical　准临界的
pseudocrystal　赝晶体, 假晶
pseudocrystalline　伪晶的, 赝晶的
pseudodefinition　伪定义
pseudodielectric　(1) 赝介电质；(2) 假介电的'
pseudodislocation　伪位错
pseudoelliptic　伪椭圆的, 准椭圆的, 似椭圆的
pseudoequilibrium　伪平衡, 准平衡
pseudoeutectic　赝共晶 [体]
pseudofront　假波前, 假锋
pseudogel　假凝胶
pseudograph　冒名作品, 伪书, 赝书
pseudogravitational force　赝引力
pseudoimage　假像
pseudoinstruction　伪指令
pseudointegration　假积分法
pseudoisomerism　伪同质异能性
pseudoisometric crystal　假等轴晶体
pseudoisotope　假同位素
pseudolanguage　伪语言
pseudolinkage　假连锁现象
pseudomembrane　伪膜
pseudomer　假异构体, 赝异构体
pseudomerism　假异构, 伪异构性
pseudomorph　(1) 赝形体, 假像, 伪形；(2) 假 [同] 晶
pseudomorphism　假同晶, 赝形体, 假象
pseudomorphosis　假同晶
pseudomorphous　假同晶的, 假象的
pseudomorphy　假同晶, 假象
pseudonitriding　假氮化
pseudonorm　伪模
pseudopearlite　伪珠光体
pseudoplastic　假塑性体
pseudoplastic behavior　假塑性
pseudoplastic fluid　假塑胶流动, 假塑性流动

pseudopotential　伪势
pseudoprimeval condition　模拟原始条件
pseudoquadrupole　伪四极
pseudorandom binary sequence (=PRBS)　伪随机二进制序列
pseudorandom code　伪随机编码, 赝随机编码, 伪码
pseudorandom number　伪随机数
pseudoreduction　假减数
pseudoscalar (=P)　假标量, 赝标量, 伪标量, 拟纯量, 准纯量, 伪纯量
pseudoscalar meson　赝标介子
pseudoscalar meson theory with pseudoscalar coupling (=PSPS)　赝标耦合赝标介子理论
pseudoscalar meson theory with pseudovector coupling (=PSPV)　赝矢耦合赝标介子理论
pseudoscience　假科学
pseudoscientific　假科学的
pseudoscope　幻视镜
pseudoscopic　反视立体的, 幻视的
pseudoscopic image　反视立体像
pseudoscopic vision　反立体视觉
pseudosimilar　假相似, 伪相似
pseudosolid body　假固体
pseudosolution　胶体溶液, 假溶液
pseudosound　假声
pseudosphere　伪球体
pseudostationary　假稳态的, 伪稳态的, 准稳定的, 伪定常的
pseudosymmetry　假对称, 赝对称
pseudotemperature　伪温度
pseudotensor　伪张量
pseudotermination　假终止反应
pseudotime　伪时间
pseudotopotaxis　伪趋激性
pseudotransonic　假跨音速的, 伪跨音速的
pseudotype　准型
pseudovector (=PV)　假矢量, 伪矢量, 赝矢量, 准矢量, 赝向量, 轴矢量
pseudowax　假石蜡
psophometer　噪声测量仪, 噪声计, 声压计, 噪音计, 噪压计, 杂音表
psophometric voltage　估量噪声电压
psophometric weights　噪声评价系数
psychedelic　颜色鲜艳的, 引起幻觉的, 荧光的
psychoelectrical　心理电流的
psychogalvanic phenomenon　心理电流现象
psychogalvanometer　心理电流反应检测器, 心理电流计
psychrometer　蒸发式湿度表, 干湿球湿度计, 定湿计, 湿度计, 湿度表
psychrometric　湿度计的
psychrometric chart　空气湿度图
psychrometric difference　干湿球差
psychrometry　(1) 湿度测定法, 湿度测量；(2) 湿空气动力学, 测湿学
psywar　心理战
ptosed　下垂
ptosis　下垂
ptotic　下垂的
public　(1) 公共的, 公用的, 公有的, 公开的；(2) 政府的, 全国的, 国际的, 社会的, 普遍的；(3) 知名的, 突出的；(4) 物质性的, 可感知的；(5) 公众, 大众, 公民, 社会
public address (=PA)　扩音装置, 扩音器
public-address amplifier　扩音机放大器
public-address set　扩音装置
public-address system　有线广播系统, 扩音系统, 扩音装置
public address system　有线广播系统, 扩音系统, 扩音装置
public aviation service　公用航空 [无线电] 通信
public bid opening　公开开标
public building　公共房屋
public call office　公用电话通话所
public data network　公共数据网络
public disaster　公害
public document　政府文件, 公文
public electricity supply　公用电气事业
public hazard　公害
public lighting circuit　路灯线路
public network　公共网络
public ownership　公有制, 国有
public power station　公用发电厂
public safety　公共安全
public sale　拍卖

public service 公用事业
public station 公用电话亭
public store 仓库, 货栈
public supply mains 城市给水管网
public telegraph 公众电报
public telephone 公用电话
public telephone kiosk 公用电话室
public tender 公开招标
public use 公共事业
public utilities 公用事业
public weight master 官方过磅员, 验秤员
public welfare 公用福利设施
public work 公用事业
public works 公共工程, 市政工程
publication contract requirement (=PCR) 出版合同要求
puck (1) 弹力盘, [橡胶] 圆盘; (2) (磁带录音机上的) 压力滚子
pucker (1) 起皱器; (2) 折叠, 起皱, 皱起, 缩拢; (3) 皱纹, 皱褶
pucker-free 无皱缩
puckering 皱纹, 皱褶
puckle 一种锯齿波振荡电路
puddening (英) 船首碰垫
pudding (美) 船首碰垫
puddle (1) 锻铁; (2) 搅炼; (3) 熔融部分, 直浇口窝, 熔潭
puddle-ball 搅炼铁块, 搅拌铁球
puddle ball 搅炼炉熟铁块, 搅拌铁球
puddle furnace 搅炼炉, 炼铁炉
puddle iron 熟铁, 锻铁
puddle jumper 微型越野汽车, 小型低空侦察机, 小汽艇, 小火车
puddle mixer 搅拌机, 混砂机
puddle molten iron 炼铁
puddle rolling mill 熟铁轧机
puddle welding 熔焊
puddled iron 搅炼铁, 熟铁, 锻铁
puddled steel 搅炼钢, 熟钢
puddler (1) 捣密机, 捣实机, 捣实器, 捣搅机, 搅炼机, 搅炼棒; (2) 炼铁炉, 搅炼炉; (3) 炼铁者
puddling 搅炼, 搅捣, 捣密
puddling-furnace 炼铁炉
puddling furnace 搅炼炉
puff (1) 喷出, 吹出, 喷烟, 顶喷; (2) 吹气, 充气, 膨胀, 膨大; (3) 爆燃, 爆发, 爆发, 爆裂

1094

puffed compact 气胀压坯
puffer (1) 小型发动机; (2) 提升绞车, 小绞车
puffiron 喷气熨斗
puffs from an engine 机车喷出的烟
puffs of smoke 喷出的烟雾
pug (1) 可塑土, 泥料, 窑泥; (2) 揉捏机, 捣泥机, 拌土机; (3) 煤和粘结剂的搅拌箱; (4) 小火车头; (5) 拌和, 捣捏, 捏和
pug mill 叶片式洗矿机, 叶片式混料机, 搅拌机, 捏和机, 捏土机, 搅土机, 拌土机
pugging 隔音材料, 隔音层
pugmill 叶片式洗矿机, 叶片式混料机, 搅拌机, 捏和机, 捏土机, 搅土机, 拌土机
pulcom 一种小型晶体管式测微指示表
pull (1) 拉伸, 抽出, 曳出, 牵引, 曳引, 吸引, 拉, 曳, 拖; (2) 吸引力, 牵引力, 拉力, 拖力, 引力; (3) [门] 拉手, 柄
pull and push plate 推拉板
pull-apart 扯断
pull apart (1) 拉开, 拉断, 撕开; (2) 找出错误
pull away 离开, 脱出
pull-back (1) 阻力; (2) 撤回, 拉回
pull back (=PB) 拉后, 后移
pull back bar 拉杆
pull-back spring 回位弹簧, 拉回弹簧
pull bar 拉杆
pull-behind 牵引式
pull box (=PB) 引线盒, 分线盒, 拉线盒
pull button 拉钮
pull crack 缩裂, 拉裂
pull cut 反插
pull-cut shape 拉切式牛头刨
pull-down (1) 下拉, 拉开; (2) 轴压力, 钻进力; (3) 可拆掉的
pull down (1) 往下拉, 拉开, 拉倒, 压低, 降低; (2) 拆线, 断开
pull-down current 反偏电流

pull effect (频率) 牵引效应
pull for 帮助
pull grader 拖式平地机
pull hook 拉钩
pull-in (1) 拉入, 引入, 接入, 投入; (2) 同步引入, 拉入同步, 牵入同步, 频率牵引
pull in (1) 拉进, 引入, 牵引, 接通, 缩减, 紧缩; (2) 拉入同步
pull-in-and-slide window 驾驶舱可滑动的边窗
pull-in collet 内拉夹套
pull-in method 频率牵引法
pull-in range 牵引范围, 同步范围, 捕捉范围
pull in step 拉入同步
pull-in torque 牵入 [同步] 力矩, 牵入转矩, 拉入转矩
pull-iron 牵钢
pull iron 拴绳锁环
pull off (1) 获得成功, 努力实现; (2) 拖出, 摘下
pull-off plug 脱落插头
pull on 曳, 拉
pull-out (1) 拉出, 拉平, 拔出, 脱落; (2) 折叠的大张插页; (3) 进场重新起飞
pull out (1) 拉出, 拔出, 抽出, 牵出, 脱出, 分开, 拉长, 拉平; (2) 使不同步, 使失步
pull-out bond test 拔拉结合力试验, 抗力试验, 握裹试验
pull-out fuse 插入式熔断器
pull-out fuse 插入式保险丝
pull-out guard (冲床用) 挺杆推出式安全装置
pull-out hand brake 手拉式制动器
pull-out resistance 拔拉阻力
pull-out specimen 抗拔力试验用试件
pull-out torque (1) 临界过载力矩; (2) 失步力矩, 失步转矩
pull out type fracture 剥落破坏
pull-out type test 拔拉结合力试验, 抗拔力试验
pull-over (1) 拔送器; (2) 递回
pull over (1) 拉过来, 驾驶, 拉倒, 推翻; (2) (轧钢) 拨送, 递回
pull-over gear 拖运机
pull-over mill 递回式轧机
pull pin 拔销
pull plunger press 拖式柱塞干草压捆机
pull-rod 拉杆, 拉棒
pull rod 拉杆
pull rope 牵引索, 拉绳
pull round 恢复, 复元
pull-shovel 拉铲
pull side (传动带、皮带) 拉紧边
pull socket 插头
pull station 火警装置
pull strap 搭扣带
pull-switch 拉线电门, 拉线开关
pull switch (=PS) 拉线开关
pull tap 拔出断丝锥四爪工具
pull tension gauge 张力计, 拉力计
pull test 拉力试验
pull through 克服困难, 复元
pull-through winding 穿入绕组
pull to pieces 撕成碎片
pull-type 拖挂式的, 牵引式的, 拖曳式的
pull type broach 拉刀
pull-type roller 拖挂式压路机
pull type slitter 拉力型剪切机
pull-up (1) 拉起动作, 急升动作, 吸引, 起差, 张开; (2) 张力; (3) (层压板的) 层脱, 脱层; (4) 正偏; (5) 使遵守
pull up 向上拉, 拔起, 拉起, 拉住, 停止, 阻止
pull-up circuit 工作电路, 上牵电路, 负载电路
pull-up from level flight (飞机) 急跃升
pull-up time (继电器) 吸动时间, 动作时间, 牵引时间
pull-up torque 最小起动力矩
pull wire 牵引线
pullback (1) 阻止物, 阻力; (2) 拉回件, 挂钩
pullboat 平底拖船
pullbutton 拉线开关, 拉钮
pulldevil 拖钩
pulldown 间歇拉片
pulled 被吸引的 (继电器衔铁)
pulled crystal 拉晶

puller　(1) 拉出器, 拆卸器, 拉轮器；(2) 回柱机；(3) 拉单晶机

puller set　一套拉出器, 一套拆卸器, 成组拆卸器

pulley　(1) 滑轮, 滑车；(2) 皮带轮, 皮带盘, (带式运输机的) 托辊, 滚筒

pulley axle　滑车轴

pulley-block　滑车组

pulley block　滑车组, 滑轮组, 手拉吊挂

pulley block luffing gear　升降支臂滑轮组

pulley boss　滑车毂

pulley bracket　滑轮托架

pulley casting　滑轮铸件

pulley chain　轮带链系

pulley combination　滑车组合

pulley cone　(1) 锥轮；(2) (皮带) 宝塔轮, 塔轮

pulley cradle　滑车支架

pulley drive (=PD)　皮带轮传动, 滑轮传动

pulley fork　滑轮轭

pulley gear　皮带轮传动装置

pulley groove　皮带轮槽, 滑轮槽

pulley guard　皮带轮安全装置

pulley holder　滑轮托架

pulley magnet　(选矿) 磁轮

pulley motor　电机皮带轮

pulley separator　(选矿) 磁轮

pulley-sheave　滑车滑轮

pulley sheave　滑车滑轮

pulley tackle　辘轳

pulley tap　皮带轮螺丝攻

pulley-wheel　滑车滑轮

pulley wheel　滑车滑轮

pulley yoke　滑轮架

pulling　(1) 牵引, 拉, 拔, 拖；(2) 振荡频率的改变, (振荡器的) 频率牵引；(3) 图像的延伸部分, 影像失真；(4) 同步；(5) 牵引力, 拉力, 拖力, 张力, 应力；(6) 拉晶技术

pulling-boat　划艇, 舢舨

pulling circuit　牵引电路

pulling down　拉缩

pulling effect　牵引效应

pulling figure　(1) (频率) 牵引数, 牵引特性, 曳调数值；(2) 部分展宽图形

pulling force　牵引力, 拉力

pulling furnace　拉晶炉

pulling in step　进入同步

pulling in tune　强制调谐

pulling into step　拉入同步

pulling jack　拉力千斤顶

pulling lever　拉杆

pulling machine　拔管机, 拔桩机

pulling of oscillator　振荡器频率牵引

pulling-off device　拉出装置, 拆卸装置

pulling-out　拔出

pulling power　牵引力, 拉力

pulling resistance　(桩的) 抗拔力

pulling scraper　拉铲

pulling stub　频率稳定杆

pulling switch　拉线开关

pulling technique　拉单晶技术

pulling test　拉力试验, 张拉试验, 拔桩磨难

pulling tool　拔管机

pulling type　拖挂型的, 拖挂式的

pullrake　指轮式搂草机, 牵引式搂搂草机

pullrod　拉杆

pulmometer　肺容量计

pulmotor　人工呼吸器

pulp　(1) 纸浆, 纸粕；(2) 造纸原料

pulp-assay　(1) 矿浆试金；(2) 矿浆分析

pulp-dresser　纸浆洗濯机

pulp kneader　碎浆机

pulp mill digester　蒸煮锅

pulp state　浆状

pulp thickener　纸浆浓缩机

pulpboard　纸浆纸板

pulper　(1) 研磨机, 搅碎机, 碎浆机, 浆粕机, 捣碎机；(2) 碎木机, 磨木机

pulpify　打成浆, 使化成浆

pulpiness　浆状

pulping　打成浆, 碎浆

pulping engine　碎浆机

pulping machine　研磨机, 捣碎机

pulpit　(1) 飞行员座和脸；(2) 操纵台, 控制台, 控制室, 操纵室

pulpous　(1) 浆状的；(2) 柔软的

pulpwood　纸浆用材, 纸浆原材

pulpy　(1) 浆状的；(2) 柔软的

puls-　(词头) (1) 脉冲；(2) 推, 打

pulsactor　饱和电感

pulsafeeder　(1) 脉动电源；(2) 脉动供料机

pulsar　脉冲量

pulsatance　(1) 角频率；(2) 圆频率

pulsate　(1) 脉动, 波动, 振动, 跳动；(2) 脉动式的, 脉动的, 脉冲的

pulsatile factor　脉动系数

pulsatile stress　脉冲形变应力

pulsating　(1) 脉动的, 脉冲的；(2) 片断的；(3) 一片的

pulsating air intake　脉动进气口, 脉动进气孔

pulsating cavity　脉动空穴

pulsating correction factor　脉动校正系数

pulsating current (=PC)　脉动电流

pulsating fatigue limit　脉动疲劳极限

pulsating field　脉动磁场, 脉动场

pulsating flow　脉动流动, 脉动流

pulsating flow gas turbine　脉冲燃气轮机, 脉动式燃气轮机

pulsating light　脉动光

pulsating load　脉冲负荷, 脉动负载, 脉动荷载

pulsating magnetic field　脉动磁场

pulsating movement　脉动

pulsating power control　脉动功率控制, 脉冲功率控制

pulsating press　脉动压机

pulsating pressure　脉动压力

pulsating quantity　脉动量, 脉冲量

pulsating rate of revolution　转速波动率

pulsating sampler　脉动采样器, 脉冲取样机

pulsating screen　脉动筛, 摆动筛

pulsating star　脉动星, 闪光星

pulsating stress　振动应力, 脉动应力

pulsating torque　脉动转矩

pulsating voltage　脉动电压

pulsating weld　脉冲接触焊

pulsation　(1) 脉动, 波动, 振动, 跳动；(2) (交流电的) 角频率, 脉冲 (3) 间断 [法]

pulsation damper　防波动装置

pulsation error　脉动误差

pulsation loss　脉动损耗, 脉动耗损

pulsation source　脉动源

pulsation welding　脉动焊接, 多脉冲焊接 (接触焊)

pulsative　脉冲式的, 脉动的, 跳动的

pulsative oscillation　脉动振荡

pulsator　(1) 脉动器, 断续器, 脉动体；(2) 液压拉伸压缩疲劳试验机；(3) 蒸汽双缸泵；(4) 振动器, 振动筛；(5) 无瓣空气凿岩机；(6) 脉动跳汰机

pulsator classifier　脉动分级机

pulsatory　脉冲式的, 脉动的, 跳动的

pulsatron　双阴阴极充气三极管, 脉冲管

pulscope　脉冲示波器

pulse　(1) 脉冲 [波]；(2) 脉动, 波动, 跳动, 脉量；(3) 脉量, 冲量, 半周；(4) 用脉冲输送, 使产生脉动, 使跳动, 振动, 冲击；(5) 动向, 倾向, 意向, 激动

pulse acquisition radar　脉冲搜索雷达

pulse actuated circuit　脉冲激励电路

pulse address multiple access　脉冲寻址制多址联接

pulse amplifier　脉冲放大器

pulse amplitude　脉冲振幅, 脉冲幅度

pulse amplitude amplifier modulation (=PAM)　脉 [冲] 幅 [度放大] 调制

pulse amplitude code modulation　脉冲幅度编码调制

pulse-amplitude modulation　脉冲幅度调制, 脉冲振幅调制, 脉幅调制

pulse-amplitude modulation　脉冲幅度调制

pulse amplitude spectrum　脉冲振幅谱

pulse analyser　脉冲分析器

pulse analyzer　脉冲分析器

pulse attenuator　脉冲衰减器
pulse averaging circuit　脉冲平均电路
pulse back edge　脉冲后沿
pulse band　脉冲频带
pulse beacon (=PB)　脉冲信标
pulse beacon impact predicator (=PBIP)　脉冲信标弹着预测器
pulse beating　脉冲差拍
pulse bucking adder　脉冲补偿加法器
pulse cam　脉冲凸轮
pulse carrier　脉冲载波
pulse characteristic　脉冲特性
pulse-chase　脉冲追踪 [术]
pulse chopper　脉冲斩波器, 脉冲断续器
pulse circuit　脉冲电路
pulse clipper circuit　脉冲削波电路
pulse-clock　脉搏描记器, 脉波计
pulse code　脉冲代码, 脉冲电码, 脉码
pulse-code modulation (=PCM)　脉冲编码调制, 脉码调制
pulse code modulation　脉冲编码调制, 脉码调制
pulse code modulation recorder　脉冲编码调制录音机
pulse code modulation telemetry system (=PCMTS)　脉 [冲编] 码调制遥测技术系统
pulse coder　脉冲编码器
pulse coding tube　脉冲编码管
pulse-column　(冶) 脉冲塔
pulse comparator (=PC)　脉冲比较器
pulse compression　脉冲压缩
pulse compression ratio　脉冲压缩比
pulse control　脉冲控制
pulse control system　脉冲控制系统
pulse controller　脉冲控制器
pulse conversion circuit　脉冲变换电路
pulse converter　脉冲变换器
pulse corrector　脉冲校正电路
pulse count modulation (=PCM)　脉 [冲计] 数调制
pulse counter　脉冲计数管, 脉冲计数器
pulse-counter detector　脉冲计数检测器
pulse current　脉冲电流
pulse damping diode　脉冲阻尼二极管
pulse-decay time　脉冲后沿持续时间
pulse decoder　脉冲译码器
pulse delay　脉冲延码
pulse-delay circuit　脉冲延迟电路
pulse delay mode　脉冲延迟模
pulse delay network　脉冲延迟网络
pulse delay time　脉冲衰减时间, 脉冲后沿持续时间 (峰值 9-10%)
pulse delay unit　脉冲延时器
pulse demagnetization　脉冲退磁
pulse demodulation　脉冲解调
pulse detection　脉冲检波
pulse detector　脉冲检波器
pulse direction finder　脉冲探向器
pulse discrimination circuit　脉冲区分电路
pulse displacement modulation　脉冲位调制
pulse distributor　脉冲分配器
Pulse Doppler (=PD)　多谱勒脉冲
pulse driver　脉冲驱动器, 脉冲激励器
pulse-duct　(1) 冲压管；(2) 脉动式空气喷气发动机, 脉冲式空气喷气发动机
pulse duration　脉冲持续时间, 脉冲宽度
pulse-duration coder　脉宽编码器
pulse duration coder　脉宽编码器
pulse duration discriminator　脉宽鉴别器
pulse duration modulation (=PDM)　脉冲持续时间调制, 脉宽调制
pulse-duration modulation frequency multiplexes　脉宽调制频率多路传输
pulse duration ratio　脉冲占空系数, 脉宽周期比
pulse duty factor　脉冲占空因数, 脉冲占空比
pulse echo　脉冲回波
pulse-echo ultrasonogram　脉冲反射超声图
pulse emission　脉冲发射
pulse emitter　脉冲发射器
pulse encoding　脉冲编码
pulse energy　脉冲能量

pulse envelope　脉冲包络
pulse excitation　脉冲激励
pulse-excited antenna　脉冲激励天线
pulse extraction column　脉冲萃取塔, 脉动抽提柱
pulse factor　脉冲系数
pulse feed　脉冲进给
pulse formation　脉冲形成
pulse former　脉冲形成电路, 脉冲形成器
pulse forming circuit　脉冲形成电路
pulse forming coil　脉冲形成线圈
pulse forming line　脉冲形成线路
pulse forming network (=PFN)　脉冲形成网络
pulse forming panel　脉冲形成电路板
pulse frequency (=PF)　脉冲频率
pulse frequency diversity　脉冲频率分集
pulse frequency divider　脉冲分频器
pulse-frequency modulation (=PFM)　脉冲频率调制, 脉冲调频
pulse frequency spectrum　脉冲频谱
pulse gate　选通脉冲, 脉冲门, 门脉冲
pulse generating circuit　脉冲发生电路, 脉冲产生电路
pulse generator　脉冲发生器, 脉冲振荡器
pulse group repetition rate　脉冲组重复频率
pulse height　脉冲振幅, 脉冲幅度, 脉冲高度
pulse-height analyser　脉冲振幅分析器, 脉冲高度分析器
pulse height analyze　脉冲高度分析
pulse-height analyzer　脉冲振幅分析器
pulse height analyzer　脉冲振幅分析器, 脉冲高度分析器
pulse height discriminator　脉冲振幅鉴别器
pulse height resolution　脉冲高度分辨率
pulse-height selector　脉幅选择器
pulse height selector　脉冲高度选择器
pulse height spectrum　脉冲 - 高度谱
pulse hologram　脉冲全息图
pulse-inserting circuit　脉冲引入电路
pulse integrating pendulum (=PIP)　脉冲积分摆
pulse integrating pendulum accelerometer (=PIPA)　脉冲积分摆加速表
pulse integrator　脉冲积分器
pulse interference elimination　脉冲干扰消除
pulse interference eliminator　脉冲干扰消除器
pulse interference separator　脉冲干扰分离器
pulse interval　脉冲重复周期, 脉冲周期, 脉冲间隔
pulse interval modulation　脉冲间隔调制
pulse jamming　脉冲干扰
pulse jet　脉动式 [空气] 喷气发动机
pulse jet engine　脉动式空气喷气发动机
pulse jetter　脉冲抖动
pulse labeling technique　脉冲标记技术
pulse length　脉冲持续时间, 脉冲宽度
pulse-length modulation　脉冲长度调制
pulse length modulation (=PLM)　脉冲长度调制
pulse link repeater　脉冲链复发器
pulse load　脉冲负载
pulse manipulator　脉冲控制器
pulse matching　(罗兰) 脉冲重合, 脉冲刻度校准, 脉冲刻度均整
pulse memory circuit　脉冲存储电路
pulse mixing　脉冲混合
pulse mode　脉冲型
pulse modulate amplifier　脉冲调制放大器
pulse-modulated　脉冲调制的
pulse-modulated bridge　脉冲调制电桥
pulse modulated circuit　脉冲调制电路
pulse modulated communication system　脉冲调制通信系统
pulse modulated radar　脉冲调制雷达
pulse modulation (=PM)　脉冲调制
pulse modulation technique　脉冲调节技术
pulse modulator　脉冲调制器
pulse-modulator radar　脉冲调制器雷达
pulse moment　脉冲力矩
pulse-monitored　有脉冲信号的
pulse motor　脉冲电动机, 脉冲马达
pulse narrowing circuit　脉冲变窄电路, 脉冲压缩电路, 脉冲变尖电路
pulse-narrowing system　脉冲压缩系统
pulse network modulator　脉冲网络调制器

pulse nuclear radiation (=PNR) 脉冲核辐射
pulse number 脉动数
pulse number modulation (=PNM) 脉冲密度调制, 脉冲数调制
pulse of reference height 有基准高度的脉冲
pulse-on 起动, 启动, 开启
pulse on 起动
pulse operated chamber 脉冲操作电离室
pulse operating time 脉冲运行时间
pulse oscillator 脉冲发生器
pulse oscilloscope 脉冲示波器
pulse output 脉冲输出
pulse packet 脉冲系列, 脉冲群, 脉冲链, (雷达的)脉冲含角区
pulse pattern 脉冲波形
pulse peak power 脉冲峰值功率
pulse peaker 脉冲修尖电路
pulse peaking 脉冲修尖
pulse per second 每秒脉冲数
pulse persistance 脉冲宽度
pulse phase modulation (=PPM) 脉冲相位调制, 脉冲调相
pulse polarity 脉冲极性
pulse position indicator 脉冲位置指示器
pulse position modulation (=PPM) 脉冲位置调制, 脉位调制
pulse power 脉冲功率
pulse-power output 脉冲功率输出
pulse pressure system 脉冲增压系统
pulse pump 脉冲泵
pulse quenching press 脉冲淬火压床
pulse radar 脉冲雷达
pulse ranging navigation 脉冲测距导航
pulse rate (探测仪)脉冲重复率, 脉冲重复频率
pulse rate modulation 脉冲重复率调制
pulse rate multiplication 重复脉冲倍频
pulse receiver 脉冲接收机
pulse recurrence frequency (=PRF) 脉冲重复频率
pulse recurrence interval 脉冲重复间隔, 脉冲重复周期
pulse recurrence period 脉冲重复周期
pulse recurrence rate 脉冲重复频率
pulse recurrence time 脉冲重复时间
pulse recurrent frequency 脉冲重复频率
pulse recurrent rate (=PRR) 脉冲重复[频]率
pulse reflection principle 脉冲反射原理
pulse regeneration 脉冲再生, 脉冲反馈
pulse regenerator 脉冲再生器
pulse relaxation amplifier (=PRA) 脉冲张弛放大器
pulse remote control system 脉冲遥控系统
pulse repeater 脉冲转发器
pulse repetition cycle 脉冲重复周期
pulse-repetition frequency (=PRF) 脉冲重复频率
pulse repetition frequency 脉冲重复频率
pulse repetition frequency generator 脉冲重复频率振荡器
pulse repetition frequency ranging Doppler radar 脉冲重复频率多谱勒雷达
pulse repetition interval 脉冲重复周期
pulse repetition rate (=PRR) 脉冲重复[频]率
pulse repetition rate modulation 脉冲重复频率调制
pulse repetition time (=PRT) 脉冲重复周期, 脉冲重复时间
pulse reply 回答脉冲
pulse response characteristic 脉冲响应特性
pulse response curve 脉冲响应特性曲线
pulse response duration 脉冲响应宽度
pulse rise time 脉冲上升时间
pulse sample and hold circuit 脉冲取样保持电路
pulse separation 脉冲分离
pulse servo system 脉冲伺服系统, 脉冲随动系统
pulse shape discriminator 脉冲形状鉴别器
pulse shaper (1)脉冲形成电路, 脉冲整形电路; (2)脉冲形成器, 脉冲整形器
pulse-shaping 脉冲整形
pulse shaping and reshaping 脉冲的成形与再成形
pulse shaping circuit 脉冲整形电路
pulse shaping stage 脉冲成形级
pulse signal generator (=PSG) 脉冲信号发生器
pulse slicer 脉冲限幅器
pulse slope modulation (=PSM) 脉冲斜度调制

pulse sonar 脉冲声纳
pulse source 脉冲源
pulse spacing 脉冲间隔
pulse spacing check 脉冲间隔校核
pulse spacing coding 脉冲间隔编码
pulse spectrum 脉冲谱
pulse spike amplitude 脉冲峰值振幅
pulse steepness 脉冲陡度
pulse steering circuit 脉冲引导电路
pulse stretcher 脉冲扩展器
pulse-stretching 脉冲展宽
pulse stretching 脉冲加宽
pulse stretching circuit 脉冲扩张电路
pulse switch 脉冲开关
pulse-switching circuit 脉冲开关电路
pulse switching circuit 脉冲开关电路
pulse symmetrical phase modulation (=PSPM) 脉冲对称相位调制
pulse synchronization 脉冲同步
pulse synchroscope 脉冲同步示波器
pulse synthesizer 脉冲合成器
pulse system 脉冲增压系统
pulse system supercharging 脉冲系统增压, 脉冲增压
pulse tachometer 脉冲转速计
pulse technique 脉冲技术
pulse testing 脉冲试验
pulse time (=PT) 脉冲时间
pulse time code 脉冲时间码
pulse-time modulation 脉冲时间调制
pulse time modulation (=PTM) 脉冲时间调制, 脉时调制
pulse time multiplex 脉冲多路复用
pulse timer (=PT) 脉冲计时器, 脉冲定时器
pulse timing 脉冲定时, 脉冲计时
pulse-timing marker oscillator 脉冲时标振荡器
pulse timing marker oscillator 脉冲时标振荡器
pulse to pulse correlation 脉冲间相关性
pulse to pulse integration 脉冲积分
pulse trailing edge 脉冲后沿, 脉冲下降边
pulse trailing edge time 脉冲后沿时间
pulse train (=PT) 脉冲系列, 脉冲群
pulse transducer 脉冲变换器
pulse transformer 脉冲变量器, 脉冲变压器
pulse transmitter 脉冲发射机, 脉冲发送器
pulse trigger 脉冲触发器
pulse triggered binary 脉冲触发二进元
pulse tube 脉冲管
pulse type ionization chamber 脉冲型电离箱
pulse type triode 脉冲三极管
pulse unit 脉冲部件
pulse valve 脉冲阀
pulse voltage divider 脉冲电压分压器
pulse-wave (1)脉冲波, 脉波; (2)伸缩波
pulse wave 脉冲波, 脉波
pulse wave form 脉冲波形
pulse waveform 脉冲波形
pulse widening circuit 脉冲加宽电路
pulse width (=PW) 脉冲持续时间, 脉冲宽度, 脉宽
pulse width coded 脉宽编码
pulse width control 脉宽调整(选通脉冲)
pulse width decoder 脉宽解码器
pulse width discriminator 脉宽识别器, 脉宽鉴别器
pulse width encoder 脉宽编码器
pulse width keyer 脉宽键控器
pulse-width modulation (=PWM) 脉冲宽度调制, 脉宽调制
pulse width modulation 脉冲宽度调制, 脉宽调制
pulse width modulation amplifier 脉宽调制放大器
pulse width modulation frequency modulation 脉宽调制调频
pulse-width modulator 脉宽调制器
pulse width modulator 脉宽调制器
pulse width shrinkage 脉宽收缩
pulse width standardization 脉宽标准化
pulsecutting 脉冲削减
pulsed (1)在脉冲工作状态中的, 脉动状态中的, 脉冲的, 脉动的; (2)脉冲调制的, 受脉冲作用的, 脉冲激发的, 脉冲式的
pulsed attenuator 脉冲分压器, 脉冲衰减器

pulsed biasing　脉冲偏压法

pulsed cyclotron　脉冲回旋加速器

pulsed Doppler radar　脉冲多谱勒雷达

pulsed electronic image converter　脉冲变像管

pulsed envelope detector　脉冲包络检波

pulsed-envelope principle　脉冲包络原理

pulsed envelope principle　脉冲包络原理

pulsed flash gas discharge lamp　脉冲气体放电灯

pulsed Fourier transform (=PFT)　脉冲傅氏转换

pulsed frequency　脉冲频率

pulsed glide path (=PGP)　(飞机的) 盲目着陆脉冲系统

pulsed gravity wave　脉冲引力波

pulsed laser amplifier　脉冲激光放大器

pulsed laser beam　脉冲激光光束

pulsed laser bonding　脉冲激光焊接

pulsed laser hologram　脉冲激光全息图

pulsed laser holography　脉冲激光全息术

pulsed laser welder　脉冲激光焊机

pulsed laser welding　脉冲激光焊接

pulsed magnetic slit　脉冲磁场狭缝

pulsed magnetron　脉冲磁控管

pulsed neutron reactor　脉冲中子堆

pulsed-off signal generator　脉冲断路信号发生器, 脉冲切断式信号发生器

pulsed off signal generator　脉冲断路信号发生器

pulsed oscillator　脉冲发生器

pulsed pinch plasma electromagnetic engine (=PPPEE)　脉冲箍缩等离子体电磁发电机

pulsed power strain-gage　脉冲功率应变计

pulsed radio system　脉冲无线电系统

pulsed rectifier　脉冲整流器

pulsed reset　脉冲复位

pulsed signal　脉冲信号

pulsed solid state laser　脉冲固体激光器

pulsed sound　断续声

pulsed technique　脉冲技术

pulsed voltage　脉动电压

pulsed-voltage control color tube　脉冲电压调制彩色管

pulsed xenon lamp　脉冲氙气灯

pulsejet　脉动式 [空气] 喷气发动机

pulsemodulated　脉冲调制的

1098

pulser　脉冲发生器, 脉冲发送器, 脉冲装置, 脉冲源

pulser timer　脉冲定时器

pulses per hour (=PPH)　脉冲 / 小时

pulses per minute (=PPM)　脉冲 / 分钟

pulses per second (=pps)　脉冲数 / 秒, 每秒钟的脉冲数

pulsescope　脉冲示波器

pulsewidth　脉冲持续时间, 脉冲宽度

pulsiloge　脉搏描记器

pulsimeter　(1) 脉冲计; (2) 脉搏计

pulsing　(1) 脉冲发生, 脉冲发送, 脉冲调制; (2) 脉冲的产生, 发生脉冲; (3) 脉动, 波动, 搏动

pulsing circuit　脉冲电路

pulsing flow　脉动流

pulsing mechanism　脉动机构

pulsion　推进

pulsive　脉冲式的, 推进的

pulsoclipper　脉动剪毛机

pulsojet (=pulsejet)　脉动式 [空气] 喷气发动机

pulsometer　(1) 蒸汽抽水机 (一种无活塞的排量泵), 蒸汽双缸泵, 蒸汽吸水机; (2) 气压扬水机, 气压唧筒, 真空唧筒 (=vacuum pump), 气压泵; (3) 自动运酸机; (4) 脉冲计, 脉搏计

pulsometer pump　蒸气抽水机, 蒸气吸水泵

pulverable　可以粉化的, 可能粉末的, 能研碎的

pulverator　(1) 粉碎器, 切碎器; (2) 松土犁

pulverise (=pulverize)　(1) 磨成粉状, 变成粉末, 研磨, 研末, 磨粉, 磨碎, 粉化; (2) 喷成雾, 喷射, 雾化; (3) 疏松

pulverised fuel (=PF)　粉化燃料

pulveriser (=pulverizer)　(1) 粉碎机, 粉碎机, 磨粉机, 磨煤机, 研碎器, 粉碎器, 碎土器; (2) 雾化器, 喷雾器, 喷雾机, 喷射器, 喷嘴

pulverizable　可以粉化的, 可能粉末的, 能研碎的

pulverization　(1) 粉碎 [作用], 研末 [作用], 粉碎, 研碎; (2) 雾化, 喷雾; (3) 金属喷涂

pulverizator　粉碎器

pulverize　(1) 磨成粉状, 变成粉末, 研磨, 研末, 磨粉, 磨碎, 粉化; (2) 喷成雾, 喷射, 雾化; (3) 疏松

pulverized　[磨成] 粉状的

pulverized coal　粉煤

pulverized-coal burner　粉煤燃烧炉

pulverizer　(1) 粉碎机, 粉碎机, 磨粉机, 磨煤机, 研碎器, 粉碎器, 碎土器; (2) 雾化器, 喷雾器, 喷雾机, 喷射器, 喷嘴

pulverizing　磨粉

pulverizing mixer　粉碎拌和机

pulverous　粉末状的

pulverulence　粉末状态

pulverulent　(1) 碎成粉末的, 粉状的; (2) 易碎的, 脆的

pulvimix　(1) 粉碎拌和; (2) 经粉碎拌和的混合料

pulvimixer　松土拌和机

pulvinate　垫状的, 枕状的

pummel　球端, 圆头

pump (=P)　(1) 抽水机, 抽气机, 打气筒, 唧筒, 泵; (2) 用泵抽吸, 用泵压高, 用泵增压, 操作抽机, 泵激, 泵送; (3) 上下往复运动, 激励, 激发, 摆动, 振动; (4) 打气, 抽气, 注入, 抽水, 抽油, 抽吸

pump air into a tyre　把气打入轮胎

pump body　泵体

pump brake　液压制动器, 唧筒的把手

pump capacity　水泵出水率

pump case　泵壳

pump casing　泵体

pump circuit　激励电路, 抽运电路, 泵源电路

pump circulation　泵送液体循环

pump circulation cooling system　压力式冷却系统, 泵水循环冷却系统

pump circulation lubrication　泵油循环润滑

pump delivery　泵的出水量, 泵的排水量, 抽水量

pump displacement　泵的出水量, 泵的排水量, 抽水量

pump down　抽气, 抽空, 降压

pump dredge　吸扬式挖泥船

pump dredger　抽泥机, 吸泥机, 泥浆泵

pump drive assembly　泵传动装置

pump drive gear　泵传动齿轮

pump-frequency　激励频率, 泵频

pump frequency　泵激频率, 激励频率

pump governor　泵调节器

pump handle　泵的把手

pump head　水泵扬程

pump housing　泵 [壳] 体

pump impeller　泵叶轮

pump into　注入, 打入, 灌入

pump lift　泵的扬程

pump-line　泵电缆控制线

pump line　泵传输线, 抽气管道, 泵管

pump lubrication　泵油润滑, 压力润滑

pump of constant delivery type　定量泵

pump of variable delivery type　变量泵

pump off　抽出, 抽走

pump-out　(1) 抽空, 抽气, 抽出, 抽走, 排出, 汲出; (2) 抽水量

pump out　抽空, 抽气, 抽出, 抽走, 排出, 汲出

pump output　泵的工作率, 抽水量

pump performance　水泵性能

pump piston　泵活塞

pump priming　泵的起动注水

pump room　[水] 泵房

pump shaft　泵轴

pump station　泵站

pump storage groups　抽水蓄能机组

pump storage plant　抽水蓄能电站

pump stroke　泵冲程

pump-turbine　水泵 - 水轮机, 涡轮泵

pump turbine　水泵 - 水轮机, 可逆式水轮机

pump-unit　涡轮泵组, 泵装置

pump unit (=PU)　抽水机成套装置, 涡轮泵组, 抽吸设备, 泵装置, 泵 [机] 组

pump up　泵送, 唧送

pump up a tyre　把轮胎打足气

pump upon　倾注

pump valve　泵阀

pump work　水泵站

pumpability　泵的抽送能力, 抽送量, 供给量, 唧量

pumpability test 可抽送性试验

pumpable 可用泵抽取的,可用泵抽送的

pumpage 泵的工作能力,泵的抽运量,泵的抽送率,泵抽送能力,抽运能力,泵水量,泵运量,抽水量,抽送

pumparound 泵唧循环

pumpback 回抽,反流

pumpcrete 泵送混凝土,泵浇混凝土

pumpcrete machine 混凝土泵

pumpdown 抽气,抽空,降压

pumped out 抽出,泵出

pumped out by using eductor system 用排出装置抽出

pumped-storage aggregate 抽水蓄能机组

pumped-storage hydro-electric power station 抽水蓄能式水力发电站

pumped-storage hydroelectric plant 抽水蓄能水电厂

pumped-storage set 抽水蓄能机组

pumped vacuum system 动态真空系统,抽真空系统

pumper (1)装有水泵的消防车,抽水机;(2)抽水机工人,司泵员

pumper-decanter 泵送倾注洗涤器

pumphouse 抽水站,泵房

pumping (1)泵作用,泵送,泵唧,泵激,泵吸,抽运,抽动,抽送,汲取,压出,(2)抽水,抽气,抽油,充气,排气,打气,(3)(激光器)泵浦,脉动,脉冲,激励

pumping capacity 泵流量

pumping circuit 激励电路,抽运电路

pumping draft 抽水量,泵水量

pumping fluid 真空泵油

pumping frequency 激励频率

pumping head 水泵水头

pumping hole 抽气口,通气口,泵口

pumping light 抽运光,激光

pumping limit 抽吸极限

pumping loss 泵损耗

pumping-out 抽出,抽水,排水

pumping out 抽出,排出,汲出,排气,抽空

pumping output 泵流量

pumping plant (1)抽气装置,抽气站;(2)抽水站,泵站

pumping station (1)抽气装置,抽气站;(2)抽水站,泵站

pumping set 抽气泵组

pumping signal 参数激励频率信号,泵频信号,抽运信号

pumping system 抽水系统

pumping threshold 抽运阈值

pumping-up power plant 扬水式水力发电厂

pumpless mercury-arc rectifier 无泵式汞弧整流器

pumpover 抽送

pumproom 水泵房

pumps in series 串联泵

pumpway (1)排水间,(2)水泵间隔

punch (1)冲头,冲模,洋冲,针孔冲,凸模,阳模,(2)冲压机,压力机,冲床,(3)二柱凿孔机,冲压机,冲床,凿孔器,冲孔器,冲孔机,穿孔器,打眼器,冲子,(4)冲加工,冲孔,冲压,凿孔,模冲,打孔,切口,(5)打印机,打印器,压钉器,起钉器,(6)大钢针,戳子

punch and shear 冲裁剪切两用机,冲孔剪切机,冲剪床

punch block (凿孔机)针架

punch boring 冲击钻孔

punch-card 穿孔索引卡[片]

punch card 穿孔卡

punch card accounting machine (=PCAM) 穿孔卡计算机

punch card machine (=PCM) 凿孔机

punch card transcriber {计}穿孔卡转录器

punch card system (=PCS) 凿孔卡系统

punch check (=PCh) 穿孔校验

punch format 穿孔形式

punch knife 冲头,冲刀

punch holder 冲头把

punch mark 冲孔标记,打标记

punch pin 冲头

punch plate 冲头板

punch-pliers 轧孔钳

punch press 冲孔机,冲床

punch rivet holes 冲铆钉孔

punch shear 冲裁剪切两用机,冲孔剪割机,冲剪床

punch swage 冲模

punch tape 穿孔带

punch tape program 穿孔带程序

punch-through (晶体管内的)穿孔现象,击穿现象

punch through (晶体管内的)穿孔现象,击穿现象

punch-through effect 穿通效应,冲穿效应

punch-through diode 穿通二极管

punch typewriter 打字穿孔机

punch work 冲孔工作

punched card 打洞记录卡,穿孔卡,冲孔卡,凿孔卡,调整卡

punched card controlled computer 穿孔卡控制计算机

punched-card machine 穿孔卡片机,打卡机

punched card reader 穿孔卡阅读器

punched-card recorder 穿孔卡记录器

punched hole 冲孔

punched tape 冲孔[纸]带,穿孔[纸]带

punched tape programming 冲孔纸带程序设计

punched tooth(ed) gear 冲制齿轮

puncheon (1)短柱,架柱,支柱,立柱,(2)打印器,冲孔机,锥;(3)半圆木块;(4)凿子

puncher (1)穿孔机,冲孔机,凿孔机,打孔机,穿孔器,冲孔器,打孔器,凿孔器,打印器,冲床;(2)穿孔员,穿孔工,打孔工,冲压工,钻工;(3)冲击式截煤机;(4)穿孔机操作员,报务员

punching (1)穿孔,凿孔,冲孔,钻孔,铣眼,铣孔,(2)冲板,冲片,(3)冲压,模锻,模压,冲锻

punching and shearing machine 冲剪两用机

punching department 冲压间

punching hole diameter 冲孔直径

punching machine 冲压机,穿孔机,冲孔机,打孔机,冲床

punching method 冲击钻探

punching powder 显印粉末

punching press 冲压机,冲孔机,冲床

punching shear 冲剪[力]

punching tool 冲孔工具,冲孔模

punchings 冲孔屑

punchthrough (1)穿通;(2)(晶体管)集电极-发射机电压击穿

puncta (单 punctum) [斑]点,尖

punctual (1)准时的,守时的,正点的,按期的;(2)精确的,正确的;(3)点状的,{数}点的

punctuality 准时,正点,按期

punctuate (1)加标点[于];(2)强调,加强

punctuation marks 标点符号

punctulate 有细孔的,有斑点的,有凹痕的

punctum (复 puncta) [斑]点,尖

punctum proximum (=PP) 近点

punctum remotum (=PR) 远点

puncturable 可刺穿的,可戳穿的

puncture (1)穿孔,刺,扎,戳,(2)电介质击穿,击穿,打穿;(3)缩凹,裂口,小孔

puncture core (冒口)通气芯

puncture of dielectrics 介质击穿

puncture of insulation 绝缘击穿

puncture-proof tyre 自动封口轮胎

puncture test 耐电压试验,破坏性试验,击穿试验,钻孔试验,冲孔试验,

puncture tester 耐压试验器

puncture voltage 击穿电压,穿孔电压

punctured codes 收缩码

punctured element 穿孔元件

punctured plane 有孔平面

punishing 使疲劳的

punishing blasts of heat 剧烈的热喷气

punishing stress 疲劳破坏应力,疲劳强度

punishment (=punition) (1)大负荷;(2)损害,损伤

punk (1)无用的,低劣的,不好的,腐朽的;(2)废物

punner 夯具

punning 打夯

punt (1)平底船;(2)铁杆

punt glass 对焦玻璃,调焦玻璃

puntee 铁杆

punter 平底帆船

punty (取熔融玻璃用的)铁杆

pup (1)低功率干扰发射机;(2)标准耐火砖

pup jack 小型塞开

pupin cable 加感电缆

pupin coil 加感线圈

pupinization (1)(线圈)加感;(2)加负荷,加负载

pupinize (1)(线圈)加感;(2)加负荷,加负载

puppet 下水支架,下水架

puppet head (车床)随转尾

puppet head tail stock 随转尾座

puppet valve 随转阀

puppy 井下泵组

pur 歼击机

purchasable 可买到的,买得到的

purchase (1)起重装置;(2)绞盘,滑车;(3)购买

purchase an anchor 起锚

purchase-block 起重滑车

purchase block 起重滑车

purchase confirmation 购货确认书

purchase contract 购货合同

purchase forward 购买期货

purchase money 买价,定价,代价

purchase on credit 赊购

purchase order (=PO) 购货单,订货单,采购单

purchase order change notice (=POCN) 订货单更改通知

purchase order deviation (=POD) 订货单差错

purchase order item (=POI) 订货单项目

purchase order request (=POR) 订货单要求

purchase order revision request (=PORR) 订货单修正要求

purchase sample 买方来样,买方样品

purchase shears 扩力剪

purchase tackle 滑轮组,滑车

purchased on a volume basis 按体积采购

purchased on a weight basis 按重量采购

purchased parts (=PP) 购置的零件

purchaser 采购方,购买者,买主

purchasing power (=PP) 购买力

pure (1)不掺杂的,无杂质的,纯净的,纯粹的,纯洁的,纯正的,洁净的;(2)无瑕的,真实的,完美的,完全的,全然的,十足的,(3)纯理论的,抽象的;(4)纯净,净化,提纯,(5)彻底地,非常

pure bend [单]纯弯[曲]

pure changing load 单纯交变负荷

pure chemistry 理论化学

pure friction 纯摩擦

pure generator 产生程序的程序

pure lines 纯系

pure metallic cathode 纯金属阴极

pure oscillation 正弦波振荡

pure procedure 纯过程

pure radial load 纯径向负荷

pure rolling 纯滚动

pure rolling friction 纯滚动摩擦

pure-rolling motion 纯滚动运动

pure science 纯[粹]科学

pure shear 单纯剪力,纯剪切

pure sliding 纯滑动

pure sliding friction 纯滑动摩擦

pure strain 单纯应变

pure stress 单向应力,纯应力

pure undamped wave 未调制的等幅波,纯非衰减波,纯等幅波

pure water 纯净水

pure water dip test 浸纯水试验

pure wave 正弦波,纯波

purely (1)纯粹地,单纯地,清洁地;(2)全然地,彻底地;(3)仅仅地

purely accidental 完全偶然的

purely and simply 十分单纯地,完完全全地,不折不扣地

purely by accident 完全出于偶然

purely random process 纯随机过程

pureness (1)纯度;(2)纯洁,纯净,纯粹

purfle (1)边缘饰,镶边;(2)装饰,美化

purgation 净化,清洗

purgative 净化的,清洗的

purge (1)净化,清洗,清除,消除,吹除,吹洗,扫除,排空,放出;(2)换气,排气;(3)洗涤,洗净,冲净;(4)使纯净化,提纯,精炼

purge a circuit with nitrogen 用氮吹洗管路,用氮清洗管路

purge away dross from metal 清除金属中的浮渣

purge metal of dross 清除金属中的浮渣

purge panel 清除操纵台

purge pipe 排气管

purge valve 清洗阀,放泄阀

purge water by distillation 用蒸馏法使水净化

purger 吹扫设备,清洗装置,纯化装置,净化器,清洗器,吹洗器

purging (1)清洗,清除,吹洗,净化,洗炉;(2)换气,排气

purification (1)净化作用,纯化作用,净化法,纯化法,纯净法,洁净法,清洗,洗净,洗涤;(2)提纯,净化,精制,精炼

purification by chromatography 色谱提纯

purification by extraction 萃取提纯

purification efficiency 纯化效率

purification of gas 气体纯化

purification of sewage 污水清洁处理,污水净化

purification tower 净化塔

purificatory 净化的,提纯的,纯化的

purified steel 精炼钢

purifier (1)净水装置,清洗装置,清洗设备,净化器,提纯器,精炼器,滤清器;(2)精炼者,提纯者,清洁者

purify (1)使纯净,使清洁,清洗,净化,纯化,扫除,除去;(2)提纯,精制,精炼

purifying 精制,精炼,纯化,提纯,净化

purifying agent (1)提纯器,净化器,纯净器;(2)提纯剂,净化剂

purifying apparatus 净化设备,提纯设备,提纯装置,提纯器

purifying column 净化塔

purity (1)光洁度;(2)纯度,品位;(3)纯净,纯粹,纯正,纯色,洁净,纯化;(4)分压和总压之比

purity circuit 彩色纯度信号电路,色纯[调节]电路

purity coil 色纯度调整线圈,色纯度控制线圈

purity factor 纯系数

purity magnet 色纯度调节磁铁,纯化磁铁

purity of frequency spectrum 频谱纯度

purity of style 式样纯一

purity quotient 纯度

Purkinje effect 普尔钦效应(对可见光色谱的视觉灵敏度)

puron 高纯度铁,普伦

purple 紫[红]色[的]

purplish 略带紫色的

purplish-black 红紫黑,紫黑色

purport (1)意义,涵义,要旨,要点,大意;(2)意味着,大意是;(3)表明,写明,说明;(4)声称,声言,号称;(5)意图,意欲

purpose (1)目的,意图,企图,意向,宗旨,决心;(2)用途,用场,效果,效用,作用,意义,(3)论题,行动;(4)企图,打算,想

purpose-made (=PM) 按特殊订货而制造的,特制的

purpose made 特制的

purpose-made chain 专用链

purpose-made drive unit 专用传动装置

purpose-made gear 专用齿轮

purpose-made mechanism 专用机构

purposeful (1)有目的的,有意义的,蓄意的,故意的;(2)有决心的,果断的

purposefulness 目的性

purposeless 无目的的,无意义的,无决心的

purposely 特意地,故意地

purposive (1)有目的性的;(2)果断的,有决心的

purse (1)资金,金钱,款项,财力,国库;(2)一笔钱,钱包;(3)缩拢,起皱

purse block 围网滑车

purse boat 围网渔船

purse seine 大型围网

purse seine fishing boat 围网渔船

purse seine vessel 围网渔船

purse seine winch 围网绞车

purse strings 金钱,财力

pursuable 可继续进行的,可追踪的,可追赶的,可求的,可实行的,可从事的

pursuance (1)实行,执行,从事,进行;(2)追赶,追踪,追求

pursuant (1)按照[的],遵循[的],依据[的];(2)追赶的,追踪的,追求的

pursuant to the rules 按照原则[的]

pursuantly 因此,从而

pursue (1)追赶,追踪,追击,追随,追求,寻求;(2)从事,进行,实行,推行,贯彻,(3)照……而行,沿……而进

pursue a subject of discussion 继续讨论一个题目

pursue this principle to the design 把这原理贯彻应用到设计[工作]中去

pursue one's study 从事研究

pursue to conclusion 研究出结论

pursuer (1) 追赶者, 追踪者; (2) 研究者, 从事者

pursuit (1) 歼击机; (2) 追赶, 追踪, 追求, 寻求, 追随; (3) 从事, 实行, 工作, 研究, 事务, 职业

pursuit display 追踪显示

pursuit game 追逐对策

pursy 缩拢的, 皱起的

purview (1) 权限, 范围; (2) 眼界, 视界; (3) 条款部分

push (1) 按钮; (2) 推进, 推动, 推行, 压迫, 促进, 促使; (3) 推力, 压力; (4) 推, 压, 按, 刺, 戳; (5) 伸出, 突出, 延伸, 伸展, 扩展, 扩大, 增加; (6) 紧急关头, 急迫, 危机; (7) 力求取得, 努力

push against 推斥, 推撞, 按压

push ahead with 推动, 推进, 推行

push along 继续进行, 推向前, 前进

push-and-pull 推拉, 推挽

push arm 推臂

push aside 推开, 排除

push away 推开, 排除

push bar 推杆

push bar conveyor 推杆传送器

push bar elevator 推杆式提升机

push bench 推拔钢管机, 顶管机, 推拔床

push-bicycle 自行车

push-bike 自行车

push binder 手推割捆机

push bolt (1) 推进螺栓, 推销锁; (2) 拔床

push brace [桁架] 压杆, 推撑

push broach 压刀

push-button (1) 按钮开关, 按钮, 电钮; (2) 远距离操纵的, 按钮控制的, 按钮操纵的, 按钮 [式] 的, 遥控的

push button (=PB) (1) 自动复位按钮, 自动复位开关控制按钮按钮开关, 按钮, 电钮; (2) 按钮操作

push-button contact 按钮触点

push-button control 按钮控制, 按钮操纵

push-button control lift 按钮自动控制电梯

push-button oiler 按底润滑器, 薄膜润滑器

push-button plane 无人驾驶飞机, 遥控飞机

push-button plant (1) 自动化工厂; (2) 自动设备

push-button selector 按钮波段开关

push-button station 按钮站

push-button switch 按钮式机键, 按钮开关

push-button telephone 按钮电话机

push-button timer 按钮定时器

push-button tuner 按钮调谐装置

push-button tuning 按钮调谐

push cam 顶推凸轮

push car 推送连接车, 材料拖车, 运料车, 居间车, 手推车

push contact (1) 按钮开关; (2) 按钮触点, 按压触点

push conveyor 推进式输送机

push-cut shaper 推切式牛头刨

push cut shaper 推切式牛头刨

push cycle 自行车

push-down (1) 下推, 推下; (2) 叠加, 叠合; (3) 后进先出存储器, 叠式存储器; (4) 推杆

push down 向下压, 向上推, 推下

push-down stack 后进先出栈

push-down storage 后进先出存储器, 叠式存储器

push-down store 后进先出存储器, 叠式存储器

push-fit 推入配合

push fit (1) 推入配合, 轻压配合; (2) 推合座

push forward 继续进行, 推向前, 前进

push header 手推割穗机

push hoe 手推中耕机

push in 推进

push joint 挤 [浆] 接 [缝]

push-mower 手推割草机

push-off 推出器

push off 离去, 启程, 撑开

push-off moulding machine 带顶杆的造型机

push-off pin 推出销

push-off stack 推卸式堆垛机

push-off sweep rake 带推草板的集草机

push on (1) 继续进行, 努力向前; (2) 推动, 推进, 前进

push-out 推出, 排出

push out 推出, 排出, 突出, 拉出, 伸展

push-out bar 推钢机的推杆

push-out chuck 外推夹套

push-out collet 外推夹套

push over 推倒

push-phone 按键电话

push piece 按销

push plate 推板

push pointing 强制压尖

push-pull (=PP) (1) 推挽 [式] 的, 推拉的; (2) 差动的

push-pull amplification 推挽放大

push-pull amplifier 推挽放大器

push-pull amplifier circuit 推挽放大电路

push-pull arrangement 推挽装置

push-pull circuit 推挽 [式] 电路

push-pull connection 推挽接法

push-pull driver 推挽激励器

push-pull oscillator 推挽振荡器

push-pull output amplifier 推挽输出放大器

push-pull R. F. amplifier 推挽射频放大器 (R. F. =radio frequency 射频)

push-pull rod linkage 硬式传动机构

push-pull screw 推拉螺杆 (供安装或拆卸用)

push pull tape 卷尺

push-pull transformer 推挽 [式] 变压器

push-puller 推拉器

push pulley 张紧轮

push rod 推杆

push rod actuator 推杆执行机构

push rod holder 推杆托架

push section car 手推平车

push-stem power unit 直进式执行机构, 直进式执行部件

push through 穿过, 通过, 完成, 促成

push-to-talk operation 按钮操纵的传话操作

push-to-type operation 按钮启动的打印操作, 按钮操纵的电报操作

push toggle clamp 推式肘板夹紧装置

push-type 前悬挂式的, 直进式的

push type broach 推刀, 压刀

push type motor grader 推式 [自动] 平地机

push-up (1) 上推; (2) 落砂, 跨砂; (3) 砂眼, 型穴, 结疤

push up 向上推, 向上冲, 增加

push-up list {计} 先进先出表

push-up queue 上推队列

push-up storage 先进先出存储器, 上推存储器

push upwards 向上推

pushable 可以推的, 推得动的

pushcart 手推车

pushdown automaton 叠加 [式] 自动机

pushdozer 推土机

pusher (1) 推杆, 推板, 挺杆; (2) 顶推机构, 推进机, 推动机, 推送器, 推动器; (3) 推钢机, 推料机, 推出机, 推床; (4) 后推机车, 推车机; (5) 手持式凿岩机; (6) 推进式飞机; (7) 推动者, 推销员

pusher bar 压料销, 推杆

pusher-bar booster 推杆提升机

pusher bar conveyor 推杆式输送机

pusher carriage 推料机小车

pusher feed 推杆式送料

pusher furnace 连续推进炉

pusher jack 导针片

pusher machine 推焦 [炭] 车

pusher mechanism 推料机构装置

pusher pawl 推动器爪

pusher pump 压气泵

pusher ram 推钢机的推杆

pusher tractor 推式拖拉机

pusher tray 推杆式料盘

pusher-type 推料式的, 推送式的, 压式的

pusher-type furnace 推送式炉, 推杆式炉

pushfiller 回填机, 填土机

pushing (1) 推挤, 推; (2) 推进的; (3) 推焦, 出焦

pushing conveyor 推进式输送机

pushing device 推钢机, 推床

pushing figure (磁控管工作状态改变所引起的) 推频值, 频推系数, 推出系数

pushing force 推力

1101

pushing off the slag　挡渣, 拦渣
pushing slider　推梭框
pushloading　推式装载
pushloading scraper　推式铲运机
pushloading tractor　推式拖拉机
pushover　(1)推出器, 推杆; (2)(导弹、火箭)沿弹道水平方向的位移
pushpin　高级图画钉
pushrake　推集机
pushrod　推杆
put　(1)连接, 连结, 放, 置, 摆, 搁, 装; (2)移动, 拨动, 靠近, 发射, 投掷, 推; (3)穿过, 穿进, 航行, 出发; (4)做成, 处理, 结束; (5)从事, 促使; (6)运输; (7)提出, 提交, 提议, 表示, 表达, 翻译; (8)估计, 估价, 估量, 评价, 认为; (9)写上, 记下, 标明, 附加, 添加; (10)投资, 课税
put a gloss on　磨亮, 擦亮
put a machine in motion　开动机器
put a satellite into orbit　把人造卫星射入轨道
put an end to　完结, 终结, 了结
put apart　拨出
put aside　放在一边, 储存备用, 搁置, 放弃, 排除
put at　把……定在, 估量作
put away　处理掉, 储放, 拿开, 排斥, 抛弃
put back　向后移, 放回, 送回, 返回, 倒退, 阻止, 推迟
put behind　拒绝考虑, , 放在后面, 延搁
put by　放在旁边, 储存备用, 忽视, 放弃, 搁着
put-down　(1)平定, (2)降落, (3)贬低
put down　放下, 拒绝, 购备, 储藏, 降低, 减低, 削减, 节省, 制止
put faith in　相信, 信任
put forth　伸出, 提出, 发表, 颁布
put forward　提出, 建议, 推荐, 促进
put in　(1)接入电路, 接通, 衔接; (2)放进, 插入, 引入, 加入, 装入, 输入, 进入; (3)开动, 启动; (4)提出, 提交, 提供; (5)实行, 花费, 度过, 做; (6)申请, 任命
put in a claim for　提出要求
put in action　实行, 实施, 开动
put in circuit　接入电路
put in force　实行, 实施
put in hand　着手, 动手
put in orders for　订购
put in possession of　给与, 供给
put in series　串联接入
put into　使进入, 翻译成, 放进, 放入, 插入, 输入, 注入
put into action　付诸实践, 使生效, 实施, 实行, 执行
put into effect　付诸实践, 使生效, 实施, 实行, 执行
put into execution　执行, 完成
put into gear　啮合
put into operation　投入生产, 投入运行, 投入运转, 实施, 实行
put into play　付诸实践, 使生效, 实施, 实行, 执行
put into practice　付诸实践, 使生效, 实施, 实行, 执行
put into production　投入生产
put into service　交付使用, 投入运行, 使工作, 使运转, 启用, 运用, 开动 [机器]
put-off　推迟, 搪塞
put off　移开, 推迟, 推诿, 搪塞, 拖延, 延期, 阻碍, 阻止, 脱去, 放弃
put-on　(1)模仿作品, 假装, 欺骗, (2)假装的
put on　(1)装上, 安上, 放上, 增加, 添加; (2)使运转, 开动, 推动, 推进
put on stream　投入生产, 开动
put on the blast　开动鼓风
put on the brakes of a car　刹车
put on the zinc coating　镀上锌, 包上锌
put on trial　进行试验
put one's signature to a contract　在合同上签名
put out　(1)熄灭, 关闭, 关掉, 遮断, 停机, 停止, 停留; (2)使脱节, 消除, 阻碍; (3)投资, 生产, 出产, 制造, 完成; (4)发布, 出版, 表现; (5)伸, 摆, 放, 拿
put out of account　不注意, 不考虑
put out of action　使停止工作, 损坏不能用, 关掉, 停机
put out of circuit　从电路中断开, 使断路
put out of service　使停止工作, 损坏不能用, 关掉, 停机
put out to tender　发出招标
put over　(1)把……放在……上, 使转向, 使成功完成; (2)推迟, 拖延, 延期
put the capacity of the generator at 300,000kw　估计这部发电机的发电量为三十万千瓦

put the hammer into the tool box　把锤子放入工具箱
put the machine back to service　[重新]把这机器交付使用
put the other way round　反过来说
put the proper interpretation on a clause in the agreement　对协定条款作出正确的解释
put through　接通
put to earth　接地
put to good use　充分利用
put to rights　整理, 整顿
put together　(1)放在一起, 综合考虑, 合计, 会合; (2)使构成整体, 组装, 装配, 拼拢
put under　使处于……之下
put up　(1)建起, 搭起, 升起, 挂起, 建造; (2)提供, 提出, 提高; (3)进行, 施以, 展示, 显示, 公布; (4)打包, 包装, 装罐, 贮藏; (5)配制; (6)涨价
putative　(1)假定存在的, 推想的; (2)公认的, 推定的
pute　单纯的
pute and pute　纯粹的
putlock　脚手架跳板横木
putlog　脚手板搁材, 踏脚桁
putrefacient　腐败的, 腐烂的
putrefaction　腐烂[作用], 腐烂物
putrefactive　腐败的, 腐烂的
putrefy　腐败, 腐烂, 发霉
putrescence　腐烂, 腐败
putrescibility　腐败性
putrescible　容易腐烂的, 会腐败的; (2)腐烂物
putter　推车工, 运煤工
puttier　油灰工
putting　(1)运输; (2)嵌油灰
putty　(1)油灰; (2)研磨膏; (3)上油灰
putty chaser　油灰刮刀
putty joint　油灰缝
putty knife　油灰刀
putty oil　油灰油
putty-powder　油灰粉 (二氧化锡粉)
putty powder　氧化锡抛光粉, 油灰粉, 去污粉
puttyless　无油灰的
puttyless glass　无灰装玻璃
puzzle　(1)难题; (2)使迷惑, 使不解, 难住
puzzle out　苦思而解决, 思索而得
puzzle over　苦思
pycnometer　(1)比重计, 比重管, 比重瓶; (2)比色计
pygmy　小规模的, 微型的, 微小的
pygmy current meter　微型流速仪
pygriometer　比重计
pyknometer (=pycnometer)　(1)比重计, 比重管, 比重瓶; (2)比色计
pyller　塔门, 标塔
pylon　(1)(高压输电线的)铁塔, 桥塔, 定向塔, 标塔, 塔架, 塔门; (2)梯形门框, 柱台, 支架, 悬臂, 标杆; (3)定向起重机, (机身下的)吊架
pylon antenna　圆筒隙缝天线, 铁塔天线
pylon bent　塔架
pylon tower　耐张力铁塔, 桥塔
pylumin process　铝合金涂漆前铬酸浸渍处理法
pyod　温差电偶, 热电偶
pyralin　玻璃增强聚酰亚胺
pyramid　(1)棱锥, 角锥; (2)锥形; (3)金字塔, 棱锥体, 角锥体; (4)使成角锥
pyramid carry　{计}锥形进位
pyramid circuit　锥形电路
pyramid cut　角锥式钻眼, 锥形掏槽
pyramid matrix　锥形矩阵
pyramid method　角锥形法
pyramid of good flow　无扰动菱形试验区
pyramid surface　棱锥面
pyramid temperature tester　测温角锥
pyramidal　锥形的, 锥体的, 棱锥的, 角锥的
pyramidal cut　角锥式钻眼
pyramidal error of prism　棱镜的尖塔差
pyramidic　锥形的, 棱锥的, 角锥的
pyramidical diamond indenter　金刚锥压头
pyranol　不烂油
pyranometer　日射强度计, 辐射强度计, 测辐射计, 辐射强度表,

总日射表
pyranometry 全日射强度测量
Pyrasteel 铬镍耐蚀耐热钢(铬 25-27%, 镍 12-14%, 碳 0.1-0.35%, 少量钼、铜、硒)
Pyrex 派瑞克斯玻璃, 硼硅玻璃
Pyrgeometer 地面辐射强度计, 大气辐射强度计
pyrheliometer 太阳热量计, 日射强度计, 日温计
pyritic process (炼钢)自热熔炼法
pyritic smelting 自热熔炼
pyro- (词头)热, 高温, 焦, 火
pyro-electric crystal 热电晶体
pyro-hydro-metallurgical 水冶火冶联合的
pyro-refining 火法精炼
pyrobitumen 焦沥青, 柏油
pyrocarbon 高温石墨, 高温炭
Pyrocast [派罗卡斯特耐热铁铬合金(铬 22-30%, 其余铁)
pyrocellulose 高氮硝化纤维素, 焦纤维素
pyrocellulose powder 高氮硝化纤维火药, 焦纤维火药
pyroceram 耐高温陶瓷粘合剂, 耐高温玻璃, 耐热玻璃, 高温陶瓷
pyrochemistry 高温化学
pyroclor 皮罗克勒(一种变压器油)
pyrocondensation 热缩[作用]
pyroconductivity (1) 高温导电性, 热传导性, 热传导率; (2) 热电导性
Pyrodigit [一种]数字显示温度指示器
pyrodynamics 火药[燃烧]动力学, 爆发动力学
pyroelectric 热电的
pyroelectric crystal 热电晶体
pyroelectric effect 热电效应
pyroelectric imaging system 热电成像系统
pyroelectric phenomena 热电现象
pyroelectric vidicon 热电视像管
pyroelectricity (1) 热电[现象]; (2) 热电学
pyroelectrics 热电体
pyroferrite 热电铁氧体
pyrogen 发热物质, 致热质, 热源
pyrogen-free 无热源的
pyrogenation 热解, 焦化
pyrogenesis 热的产生
pyrogenetic 热发生的
pyrogenetic decomposition 解热作用
pyrogenic (1) 热解的; (2) 由热引起的, 发热的, 生热的; (3) 焦化的, 火成的
pyrogenic attack 火法处理
pyrogenic distillation 高温蒸馏, 干馏
pyrogenic process {冶}火法
pyrogenous 高热所产生的, 由热引起的, 高温蒸馏的, 致热的, 干馏的, 火成的
pyrogenous wax 火成蜡
pyrogram 裂解色谱图
pyrograph 裂解色谱, 热谱
pyrographite 高温石墨, 焦[性]石墨, 高温炭
pyrography 裂解色谱法, 热谱法
pyroheliometer 太阳热量计
pyrohydrolysis 高温水解[作用], 热水解[作用]
pyroil 一种润滑油多效能添加剂
pyrology 热工学
pyroluminescence 高温致发光
pyrolysis 热解作用, 高温分解, 加热分解, 干馏
pyrolytic 高温分解的, 热解的
pyrolytic carbon film resistor 热解碳膜电阻器
pyrolytic-chromatography 裂解色谱法
pyrolytic cracking 热裂解
pyrolytic graphite (=PG) 高温分解石墨
pyrolytic polymer 热聚物
pyrolyzate 热解物, 干馏物
pyrolyze 热[分]解

pyrolyzed polymer 热聚合物
pyrolyzer 热解器
pyromagnetic 热磁的
pyromagnetic effect 热磁效应
pyromagnetic substance 热磁物质
pyromagnetism (1) 热致内[禀]磁性, 热磁性; (2) 高温磁学
Pyromax 派罗马克斯电热丝合金(铝 8-12%, 铬 25-35%, 钛 < 3%, 其余铁)
pyrometallurgical (=PM) 高温冶金学的, 火法冶金的, 火冶的, 热冶的
pyrometallurgy 火法冶金学, 高温冶金学, 热冶学, 火冶学
pyrometamorphism (1) 高热变质, 高温变质, 热力变质; (2) 高温变相, 热变相
pyrometasomatism 热力交替作用
pyrometer (=PYR) 高温计, 高温表
pyrometer couple 高温计热电偶
pyrometer fire end 高温计热端, 热电偶热端
pyrometer sighting tube 高温计窥视管
pyrometer tube 高温计保护管
pyrometric 高温测量的, 高温计的
pyrometric cone 高温三角锥, [示温]熔锥, 测温锥
pyrometric cone equivalent (=PCE) 熔锥比值, 热锥比值
pyrometric gauge 高温规
pyrometric scale 高温计刻度, 高温表
pyrometry 高温测量学, 测高温学, 测高温法
Pyromic 一种镍铬耐热合金(镍 80%, 铬 20%)
pyromotor 热动机
pyron 派隆(热量单位, 等于 1 卡 / 厘米^2·分)
pyrophoric 可自燃的, 引火的, 生火的
pyrophoric alloy 引火合金, 发火合金, 打火合金, 打火石
pyrophoric metal 引火合金
pyrophoricity 自燃
pyrophorous 引火的, 自燃的
pyrophorus 引火物, 自燃物
pyrophotography 高温摄影术
pyrophotometer 光度高温计
pyroprocessing 高温冶金处理, 高温冶金加工, 高温冶金回收
pyroreaction 高温反应
pyros 一种耐热镍合金(镍 82%, 铬 7%, 钨 5%, 锰 3%, 铁 3%)
pyroscan 光导热敏摄像机(一种红外线探测器)
pyroscope 辐射热度计, 测高温器, 测温熔锥, 高温计, 高温仪
pyrosol 高温熔胶, 熔溶胶
pyrostat (1) 高温保持器, 高温调节器, 高温控制器, 高温恒温器, 恒温槽, 恒温器; (2) 火警自动警报器
pyrosynthesis 高温合成
pyrotechnic 烟火制造术的, 焰火制造术的, 烟火信号的, 信号弹的
pyrotechnic cartridge 信号弹
pyrotechnic gyro (=PG) 烟火信号陀螺仪
pyrotechnic pistol 信号枪
pyrotechnic powered accumulator 信号弹供电蓄电池
pyrotechnic projector 信号发射器, 信号枪
pyrotechnic reaction 烟火反应
pyrotechnics (=PYRO) (1) 烟火制造技术, 烟火烟火使用法; (2) [烟火]信号弹
pyrotechny 烟火制造术, 烟火使用法, 烟火的施放
Pyrotenax 一种高韧性、不燃、耐高温的矿物绝缘[低压]电缆
pyrotic (1) 腐蚀的, 苛性的; (2) 腐蚀剂
pyrotitration 热滴定[法]
pyrotitration analysis 热滴定分析
pyrotron (1) 磁镜热核装置, 高温器(一种高温等离子体发生装置), 磁陷阱, 磁瓶; (2) 一种电测高温计
pyroxylin(e) 低氮硝[化]纤维素, 可溶硝棉, 焦木素, 火棉
pyroxyline lacquer 焦木素漆, 硝棉漆, 火棉漆
pyrradio 高温射电
pyrron detector 黄铁矿检波器
pyruma 一种耐火粘土水泥
Pythagorean theorem (=Pythagoras's theorem){数} 勾股定理
pyx (1) 硬币的样品检查; (2) 硬币样品箱, 小保险箱; (3) 罗经座

Q

Q 品质因数, Q 值, 佳度

Q aerial 带四分之一波长匹配线的偶极子天线

Q alloy 镍铬合金 (镍 66-68%, 铬 15-19%, 其余铁)

Q and A (=questions and answer) 问与答

q-ary polynomial q 进制多项式

Q-ball 球状压力感受器

Q-band (=Q-band frequency) Q 波段, Q 频带

Q-boat (英) 伪装猎潜艇

Q-branch {光} Q 支, Q 系, 零支

Q-commutation 转换开关, Q 开关

Q-conjugate q 共轭元

Q-control Q- 控制器, Q- 开关

Q-correction 北极星高度补偿角, Q 补偿角

Q-disk Q 盘, A 带

Q-factor 品质因数值, Q 因数

Q factor 质量因数, 品质因数

q-feel 动压载荷感觉器

Q-matching 四分之一波长匹配, Q 匹配

Q matching 四分之一波长匹配, Q 匹配

Q-meter 品质因数计, 品质因数表, 优值计, Q 表

Q meter 品质因数计

Q-modulation Q 调制, 调 Q

q-number q 数

Q of antenna 天线的 Q 值

q-process q 过程

Q-quality 品质因数

Q-section 四分之一波长线段

Q-ship (英) 伪装猎潜艇

Q-signal Q 信号

Q signal 彩音电视中的一路色信号, Q 信号

Q-spoiled Q 突变的

Q-spoiling Q- 突变

Q-switch (1) 光量开关, Q 开关; (2) Q 突变

Q-switching (1) 光量开关的使用, Q 开关的使用, Q 开关, 调 Q; (2) Q 突变技术

Q-switching technique Q 开关技术

Q temper 自身回火淬火

Q terminal Q 信号输出端

Q tube 杂音镇伏管, 平定管, 电子管, Q 管

Q-value (1)核反应堆能量值;(2)品质因数,优值,Q 值;(3)等于 10^{18} (英制) 热量单位 (即 252X10^{18} 卡路里的热量)

QA (=quadrant angle) 象限角

QA (=quality assurance) 质量保证

QA (=quickacting) 快动作的, 快速的, 速动的

QAAS (=quality assurance acceptance standards) 质量保证验收标准

QAD (=quick attach-detach) 快速连接 - 分开, 可快速拆卸的

QAL (=quality assurance laboratory) 质量保证实验室

QAM (=quadrature amplitude modulation) 正交调幅

QAP (=quality assurance planning) 质量保证计划

QATP (=quality assurance technical publications) 质量保证技术出版物

QATS (=quality assurance and test services) 质量保证与测试业务

QAVC 或 qavc (=quiet automatic volume control) 无噪声的自动音量控制

QC (=quality control) 质量控制, 质量管理

QCD (=Quality Control Division) 质量检查处, 质量检查科

QCF (=quality control card tabulation) 质量控制卡片

QCF (=quality control form) 质量控制表格

QCM (=quality control manual) 质量控制手册

QCO (=quality control officer) 质量控制人员

QCO =quality control organization 质量控制组织, 质量管理机构

QCR (=quality control representative) 质量控制代表

QCS (=quality control standard) 质量控制标准

QCS (=quality control system) 质量控制系统

QD (=quadrant depression) 俯角, 倾角

QD (=quick disconnect) 迅速断开, 快速分离

QDA (=quotient-difference algorithm) 商 - 差算法

QDISC (=quick disconnect) 迅速断开, 快速分离

QDRI (=qualitative development requirements information) 关于质量改进要求的资料, 关于品质改进要求的资料

QE (=quadrant elevation) 高低角, 仰角

qe (=quod est) (拉) 这就是

QEC (=quick engine change) 发动机快速更换

QED (=quod erat demonstrandum) (拉) 证 [明] 完 [毕]

QEF (=quod erat faciendum) (拉) 这就是所要做的

QEI (=quod erat inveniendum) (拉) 这就是所要求的, 这就是所要找的

QF (=quality factor) 品质因数

QF (=quick-firer) 速射炮, 速射枪

QF (=quick-firing) 速射的

QGB (=searchlight sonar) 探照灯声纳

QLTY (=quality) 质量, 品质

QM (=quartermaster) (1) 舵手; (2) 军需主任

qm (=metric quintal) 米制公担 (=100kg)

qn (=question) 问题

qnty (=quantity) 数量, 额

QOD (=quick-opening device) 快速断路装置, 快速开启装置

QOR (=qualitative operational requirement) 合格的操作要求, 合格的运算要求

QP (=quiet plasma) 静等离子区

QPC (=quarter-pound charge) 四分之一装料

QPD (=quantized probability design) 量化概率设计

QPL (=qualified parts list) 合格零件一览表, 零件目录

QPL (=qualified products list) 合格产品一览表, 商品目录

QPP 或 qpp (=quiescent push-pull) (放大器) 静推挽

QRC (=quick reaction capability) 快速反应能力

QRCD (=qualitative reliability consumption data) 品质可靠性消耗数据

QRM (1) artificial interference to transmission or reception 传输或接收时的人为干扰, (2) static, noise, disturbance 天电, 噪声, 干扰

QRS (=natural interference to transmission or reception) 传输或接收的天然干扰

qs (=quarter section) 四分之一波长段

QSS (=quasi-stellar radio source) 类星射电源

QT (=quadruple formex) 四轨录音放音磁带

QT (=qualification test) 质量鉴定试验, 合格试验

QT (=quiet) 静

qt (=quantity) 数量

qt (=quart) 夸脱 (=1/4 加仑)

qt (=quiet) 静

Qter (=quarter) 四分之一, 一刻钟, 季度

qto (=quarto) 四开本

1104

QTP (=qualification test procedure) 质量鉴定试验程序, 合格试验程序

QTP (=qualification test program) 质量鉴定试验程序, 合格试验程序

QTS (=qualification test specification) 质量鉴定试验规范

qty (=quantity) 数量

QTZ (=quartz) 石英

qu (=quart) 夸脱

qu (=quarter) 四分之一, 一刻钟, 季度

qu (=query) 询问

qu (=question) 问题

qua (=qualitative) 质量的, 性质的, 定性的

qua (=quality) 质量, 品质, 特性

quack-grass digger 剪草机

quad (1)四角形, 四边形, 方形; (2)四芯线组, 四芯电缆, 四芯导线; (3)扇形齿轮, 扇形体; (4)象限仪, 四分仪, 象限; (5)由四部分组成的, 四倍的, 四重的; (6)嵌块, 铅块, 空铅

quad cable (扭绞)四线电缆, 四芯电缆

quad cabled in quadpair formation 双星形扭绞

quad in-line 四行排齐封装

quad pair cable 扭绞八芯电缆, 四线八芯电缆

quad ring 方形密封环

quad word 四倍长字

quad.s.(=quadruplex system) 四路多工制, 四路传输制

quadded 四线的

quadded cable 四线电缆

quadergy 无功能量, 千乏·小时

quadrable 可用有限代数项表示的, 可用等价平方表现的, 可自乘的

quadraline 四声道线

quadrangle 四角形, 四边形的, 方形的

quadrangular (1)四边形的, 四角形的, 方形的; (2)四棱柱

quadrangular prism 四角柱

quadrangular pyramid 四角锥

quadrangular truss 四角形桁架

quadrangularly 成四边形, 成四角

quadrant (1)四分之一圆周, 九十弧度, 四分之一圆; (2)扇形体, 扇形板, 扇形齿轮, 扇形齿板, 鱼鳞板, 齿扇; (3)扁舵柄, 扇形舵; (4){数}象限; (5)象限仪, 四分仪; (6)直角换向器; (7)双反射测角镜; (8)无线电导航信号区

quadrant angle (=QA) 象限角

quadrant antenna 正方形天线

quadrant depression (=QD) 俯角, 倾角

quadrant drive 扇形齿轮传动

quadrant elevation (=QE) 水平射角, 高低角, 仰角

quadrant gear 扇形齿轮, 扇形齿板, 齿扇

quadrant iron 方钢

quadrant of truncated cone 四分之一截头锥体, 桥台锥坡

quadrant photomultiplier 四象限光电倍增管

quadrant plate 挂轮板

quadrant reflector 四分之一圆形反射器, 90° 圆弧形反射器

quadrant tooth 扇形轮齿

quadrantal 象限的, 四分体的, 扇形的, 鱼鳞板的

quadrantal angles 象限角

quadrantal component of error 象限误差成分

quadrantal correctors 象限自差校正器

quadrantal deviation 象限自差

quadrantal diagram 象限图

quadrantal triangle 象限球面三角形, 象限球弧三角形

quadraphonic 四声道立体声的, 四轨录音放音的

quadraphonics 四声道立体声, 四轨录音放音

quadraphony 四声道立体声

quadraplex cable 四芯电缆, 四线电缆

quadrasonics 四声道立体声

quadrat 空铅, 铅块

quadrate (1)方块物, 方嵌块, 方钢; (2)正方形[的], 长方形[的]; (3){数}平方, 二次; (4)平方的, 二次的; (5)使成方形, (把圆)做成等积正方形, 四等份

quadrate algebra 方代数

quadrate-free number 无平方因子数

quadratic (1){数}二次的, 平方的, 象限的; (2)[正]方形的, 四方的; (3){数}二次方程式, 二次项, 二项式

quadratic approximation 二次逼近

quadratic component 二次方分量, 二次方项, 矩形成分

quadratic damping 平方阻尼

quadratic detection 平方律检波

quadratic equation 二次方程式

quadratic form 二次[齐]式, 二次型

quadratic free number 无平方因子数

quadratic integrability 平方能积性

quadratic mean 均方值

quadratic mean deviation 均方[偏]差

quadratic programming 二次规划

quadratic root 平方根

quadratic sum 平方和

quadratic surface 二次曲面

quadratic system 正方晶系

quadratically integrable function 平方可积函数

quadratrix 割圆曲线

quadratron 热阴极四极管

quadrature (1)求面积, 求积分; (2)平方面积; (3)转像差, 直角相移, 90° 相移, 90° 相位差; (4)正交

quadrature amplitude modulation (=QAM) 正交调幅

quadrature axes 互垂轴, 正交轴

quadrature axis 交轴

quadrature-axis field winding machine 交轴磁场型直流绕线机

quadrature axis reactance 交轴电抗, 正交轴电抗

quadrature brush 正交电刷

quadrature component 正交分量, 相位差 90° 的分量, 90° 相移分量, 转像差成分

quadrature crosstalk 直角调制串音, 正交调制串音, 90° 相移调制串音

quadrature detector 积分检波器, 正交检波器

quadrature demodulator 正交解调器

quadrature distortion 正交失真

quadrature formula 求积公式

quadrature-lagging 滞后 90°, 后移 90°

quadrature modulation 直角相位调制, 90° 移相调制, 正交调制

quadrature of a conic 求二次曲线的面积

quadrature of the circle 圆求方问题, 圆求圆积问题 (作与圆等面积的正方形)

quadrature phase 正交相位

quadrature potentiometer 正交分量电位计

quadrature spectrum 转像谱, 交轴谱, 正交谱

quadrature subtransient reactance 正交初态瞬变电抗

quadrature transformer 正交变压器

quadrature tube 直角管, 电抗管

quadrature voltage 正交电压

quadravalence {化}四价

quadravalent {化}四价的

quadri- (词头)(1)第四, 四倍, 四; (2)平方, 二次

quadric (1)二次形式, 二次型, 二次[的]; (2)二次曲面, 二次锥面

quadric chain 摆杆曲柄连杆机构, 四连杆机构, 四杆运动链

quadric cone 二次锥面

quadric crank cone 四杆曲柄运动链, 铰链四杆机构

quadric crank mechanism 四杆连杆机构, 摆杆曲柄连杆机构

quadric cylinder 二次[圆]柱面

quadric mechanism 四连杆机构

quadric of deformation 形变二次式

quadric of revolution 回转二次曲面

quadric surface 二次曲面

quadricorrelator 自动调节相位线路, 自动正交相位控制电路

quadricovalent {化}四配价的

quadrics 二次型

quadricycle 脚踏四轮车

quadrielectron 四电子[组合]

quadrified 分成四部分的

quadrilateral (1)四边形的, 四角形的, 四方面的; (2)四边形

quadrilinear form 四线性形式, 四线性齐式, 四线性型

quadrille 有正方形标记的

quadrille paper 方格纸

quadrimolecular 四分子的

quadrinominl 四项式[的], 四项的

quadripartite 由四部分组成的, 分成四部分的, 四分的

quadripartition (1)一分为四; (2)四分裂

quadriphase 四相制

quadriphase system 四相制

quadriplanar plane coordinates 四点面坐标

quadriplanar point coordinates 四面点坐标

quadriplane (=quadruplane) 四翼飞机

quadriply 四层带

quadripolar 四极的,四端的

quadripole 四端电路,四端网络,双偶极,四极[子]

quadripole attenuation factor 四端网络衰减因数

quadripolymer 四元共聚物

quadripuntal (1)穿四孔的,(2)四孔卡片

quadriquaternion 四级四元数

quadrireme 有四排桨的大划艇

quadrivalence {化}四价

quadrivalent {化}四价的

quadrode 四极管

quadroxide 四氧化物

quadru- (词头)四

quadruped 四对称圆锥钢筋混凝土管

quadruplane 四翼机

quadruple (1)四部分组成的,四倍的,四重的,(2)四路的,四工的,四联的;(3)使成为四倍,乘以四

quadruple address 四地址

quadruple distributor 四路电报机分配器,四路博多机分配器

quadruple formex 四轨录音磁带

quadruple lattice 四重格

quadruple orthogonal 四重正交

quadruple point 四重点,四相点

quadruple riveted joint 四行铆钉接头

quadruple strand chain 四股链

quadruple stereophone 四声道立体声

quadruple system 四路传输系统

quadruple thread 四线螺纹

quadrupleness 四重状态,四重性

quadrupler (1)四倍频器;(2)四倍压器;(3)四倍乘数,乘四装置

quadrupler power supply 四倍电压整流器

quadruplet (1)四件一套的;(2)四联体;(3)四重线

quadruplex (1)四倍的,四重的;(2)四路多工的,四重线路的;(3)四路多工系统

quadruplex telegraph 四路多工电报

quadruplex television tape recorder 四磁头磁带录像机

quadruplicate (1)四倍的,四重的;(2)一式四份;(3){数}四次方的;(4)使成四倍,乘以四,放大四倍

quadruplication (1)放大四倍,增到四倍,乘以四,增加四倍;(2)反复四次;(3)一式四份

quadrupling 四倍

quadruply 四倍地,四重地

quadruply prthogonal 四重正交

quadrupole 四极

quadrupole interaction 四极相互作用

quadrupole moment 四极矩

quadrupole resonance 四极矩共振

quake 地震,振动

quake proof structure 抗震结构

qualificate (1)资格证书,证书;(2)品质证明书

qualification (1)资格,规格,合格,条件;(2)资格证明书,合格证明[书],合格性,学位,执照;(3)熟练程度,技能;(4)技术指标;(5)限制条件,限定,限制;(6)称作,认作;(7)鉴定,评定,判定;(8)特殊的能力,特性

qualification of M as N 把M认为是N,把M称作N

qualification process 鉴定过程

qualification test (=QT) [质量]鉴定试验,质量检定试验,合格试验,质量检验

qualification test procedure (=QTP) 质量鉴定试验程序,合格试验程序

qualification test program (=QTP) 质量鉴定试验程序,合格试验程序

qualification test specification (=QTS) 质量鉴定试验规范

qualificatory (1)使合格的,资格上的;(2)带有条件的,限制性的

qualified (1)经过鉴定的,鉴定合格的,有资格的,胜任的,适当的;(2)受限制的,有限制的,有保留的,限定的

qualified parts list (=QPL) [合格]零件一览表,零件目录

qualified products list (=QPL) [合格]产品一览表,商品目录

qualified steel 经检查合格的钢材

qualifier 修饰语

qualify (1)使具有资格,给予资格,取得资格,证明合格,使合格,考核;(2)证明,看作;(3)合格;(4)限制

qualimeter X射线硬度测量仪,X射线[穿透]硬度仪

qualimetry 质量计量学

qualitative (=qua) (1)性质上的,定性的;(2)质量的,定质的,品质的,合格的

qualitative analysis 定性分析

qualitative development requirements information (=QDRI) 关于质量改进要求的资料,关于品质改进要求的资料

qualitative investigation 定性研究

qualitative operational requirement (=QOR) 合格的操作要求,合格的运算要求

qualitative reliability consumption data (=QRCD) 品质可靠性消耗数据

qualitative test 定性试验,定性检验,定性分析

qualitatively 从质量方面看,定性地

quality (=qua) (1)质量,性质,品质,特质,性能,属性,特性;(2)纯度,精度;(3)等级,品级,品位,规格;(4)优质,高级;(5)参数,参量,值;(6)身份,地位,才能,本领;(7)优质的,高级的

quality according to 质量按照……

quality as buyer's sample 凭买方样品交货

quality assurance (=QA) 质量保证

quality assurance acceptance standards (=QAAS) 质量保证验收标准

quality assurance and test service (=QATS) 质量保证与测试业务

quality assurance laboratory (=QAL) 质量保证实验室

quality assurance planning (=QAP) 质量保证计划

quality assurance technical publications (=QATP) 质量保证技术出版物

quality audit 质量审核

quality audit observation 质量审核观察结果

quality auditor 质量审核员

quality classes (1)精度等级;(2)质量等级

quality coefficient 精度系数,质量特性

quality concrete 高级混凝土,优质混凝土

quality control (=QC) 质量管理,质量控制,质量检查

quality control card (=QCC) 质量控制卡片

quality control division (=QCD) 质量检查处,质量检查科

quality control engineering 质量检查技术,质量控制技术

quality control form (=QCF) 质量控制表格

quality control manual (=QCM) 质量控制手册

quality control officer (=QCO) 质量控制人员

quality control organization (=QCO) 质量控制组织,质量管理机构

quality control representative (=QCR) 质量控制代表

quality control standard (=QCS) 质量控制标准

quality control system (=QCS) 质量控制系统

quality control tabulation (=QCT) 质量控制表

quality evaluation 质量评价

quality factor (=QF) 质量因数,品质因数

quality improvement 质量改进

quality in quality 质量相同

quality index 质量指标,质量指数

quality inspection 质量检查,质量检验

quality loop 质量环

quality losses 质量损失

quality management 质量管理

quality management and quality assurance standards 质量管理和质量保证标准

quality management and quality assurance-Vocabulary 质量管理和质量保证-术语

quality management quality system element 质量管理和质量体系要素

quality manual 质量手册

quality of accuracy 精度等级

quality of air environment 空气环境质量

quality of balance 平衡度

quality of certified level 保证质量,保证品质,保证[质量]品级

quality of finish 精加工质量,抛光质量

quality of fit 配合等级

quality of iron 铁的质量,铁的等级

quality of life 基本生活条件

quality of lot 批量质量,批量品质

quality of radiation 辐射性质

quality of reproduction 重现质量,保真度

quality of sounds 音品

quality of tolerance 公差等级

quality plan 质量计划

quality planning 质量策划

quality policy 质量方针

quality/quantity/weight 质量/数量/重量

quality-related costs 质量成本
quality requirement 质量要求, 规格
quality specification (1) 质量说明书; (2) 质量规范, 质量标准, 技术规格, 技术条件, 品质规格
quality standards 质量标准, 质量规格
quality surveillance 质量监督
quality system 质量体系
Quality Systems-Model for quality assurance in design, development, production, installation and servicing 质量体系 - 设计、开发、生产、安装和服务的质量保证模式
Quality Systems-Model for quality assurance in final inspection and test 质量体系 - 最终检验和试验的质量保证模式
Quality Systems-Model for quality assurance in production, installation and servicing 质量体系 - 生产、安装和服务的质量保证模式
quality tester 质量检验器
quam 需要量
quan (=quantitative analysis) 定量分析
quant (=quantitative) 定量的
quant (=quantitatively) 定量地, 数量上
quanta (=quantum 的复数) 量子
quantacon 量子光电倍增管
quantameter (电离法) 光量子能量测定器
quantic (1) {数} 代数形式, 齐次多项式, 齐式, 形式; (2) 量子论
quantifiability 可定量性质, 可定量状态
quantification 以数量表示, 量化, 定量
quantified system analysis 定量系统分析
quantifier (1) 量词; (2) 计量器, 配量斗
quantify (1) 确定数量, 用数量表示, 使定量; (2) 表示分量, 量化
quantile (1) {数} 分位数; (2) 分位点
Quantimet 定量电视显微镜
quantimeter X 射线剂量计
quantise (=quantize) (1) 定量, 分层, 数字转换, 把连续量转化为数字, 取离散值; (2) 使量子化
quantiser (=quantizer) (1) 分层器, 量化器, 量子化装置, (2) 数字转换器, 编码器; (3) 脉冲调制器, 脉冲装置
quantitate 测定数量, 估计数量, 用数量表示, 用数字说明, 测量, 定量
quantitation 作定量估计
quantitative (1) 可用数量表示的, 与数量有关的, 数量的; (2) 量的测定的, 分量上的, 定量的; (3) 以数量为基础的
quantitative analysis 定量分析
quantitative attribute 量的属性, 品质的属性, 品质的观察
quantitative change 量变
quantitative forecast 数值预报, 定量预报
quantitative index 数量指标
quantitative test 定量试验, 定量测定, 定量分析
quantitatively 定量的, 数量上
quantity (=qnty 或 qt) (1) 数量, 数值, 值, 量; (2) 分量, 定量, 估量; (3) 定额; (4) (复) 大量, 大宗, 大批, 总数, 总量, 许多, 批; (5) 参数, 程度, 大小
quantity controller 数量控制器
quantity diagram 积量图
quantity estimate sheet 工作量估计表
quantity in the exponent 指数函数
quantity index number 数量指标
quantity manufacture 大量制造, 大量生产
quantity of electric charge 电荷量
quantity of electricity 电量
quantity of flow 流量
quantity of heat 热量
quantity of information 信息量
quantity of light 光量
quantity of magnetism 磁量
quantity of motion 运动量, 动量
quantity of radiant energy 辐射能通量, 辐射能量
quantity of radiation 辐射量
quantity of reflex 回流量
quantity of state 状态量
quantity of x rays X 射线能量
quantity per unit pack 每单元数量, 每组数量, 每套数量, 每包数量, 每件数量
quantity production 大量生产, 大批生产, 连续生产
quantity sheet 工程工作量表, 工程数量表, 土方表
quantity to be hauled 运输量

quantity surveyor 估算员
quantivalence 多化合价, 多原子价
quantivalency 多化合价, 多原子价
quantivalent 多化合价的, 多价的
quantization (1) 量化, 分层; (2) 把连续量转化为数字, 取离散值, 数字转换, 数字化; (3) 量子化 [作用]; (4) 脉冲发送的选择, 脉冲调制
quantization distortion 定量失真, 量化失真
quantization of amplitude 振幅量化, 脉冲调制
quantization of energy 能量的量子化, 能量分层
quantize (1) 量化, 分层, (2) 把连续量转化为数字, 数字转换, 取离散值; (3) 使量子化
quantized field theory 量子场理论
quantized probability design (=QPD) 量化概率设计
quantized signal 量化信号
quantizer (1) 量子化变换器, 量子化装置, 量子化器, 分层器, 量化器; (2) 数字转换器, 编码器; (3) 脉冲调制器, 脉冲装置
quantizing aperture 电视摄像管电子束孔
quantizing frequency modulation 量化调频, 分层调频
quantizing noise 量化噪声
quantometer (1) 辐射强度测量计, 光子计数器, 剂量计, 光量计; (2) 半自动光谱分析器, 光谱分析仪, 红外光电光栅摄谱仪; (3) 冲击电流计, 冲击检流计, 光电直读仪, 测电量器
quantorecorder 辐射强度测量计, 光子计数器, 光量计
quantosome 量子换能体
quantum (1) 定额, 定量, 数量; (2) 总计, 总量, 总数, 和; (3) 量子产量, 量子; (4) (分时系统用) 量程, 时限; (5) 贸易量
quantum chemistry 量子化学
quantum detector 量子探测器
quantum electrodynamics 量子电动力学
quantum electronics 量子电子学
quantum field 量子场
quantum field theory 量子场理论
quantum frequency converter 量子变频器
quantum-mechanical 量子力学的
quantum-mechanics 量子力学
quantum of action 作用量子
quantum-optical generator 光量子振荡器
quantum-statistical 量子统计的
quantum statistical mechanics 量子统计力学
quantum theory 量子论
quantum vis 适量
quantum yield 量子产额
quaquaversal 由中心向四方扩散的, 穹状结构
quarantine (1) 检疫; (2) 使孤立, 隔离
quarantine flag (船舶用) 检疫旗
quarantine service 检疫隔离工作
quark 夸克(理论上设想的三种不带正电荷的更基本粒子的通称)
quarle 异形耐火砖
quarry bar 机钻架
quarry light 菱形玻璃板
quarrying machine 采石机
quart (=qt) 夸脱 (1/4 加仑)
quartation (1) 四分取样法; (2) [硝酸] 析银法
quarter (=qt) (1) 四分之一, 一角; (2) 成四等分; (3) 十五分钟, 一刻钟; (4) 方向, 方位, 方角; (5) 船舷后部, 中部舷侧; (6) 夸脱(等于 8 蒲式耳); (7) [零件的] 相互垂直; (8) 使成为四等分, 使相互垂直, 使成直角
quarter-back 对……发号施令, 操纵
quarter beam 四开材梁
quarter-bell 每一刻报时的钟铃
quartet belt 直角联动皮带
quarter bend 直角弯管, 直角弯头, 90°曲管
quarter block 帆桁端滑车
quarter boards 船尾舷墙板
quarter boat 船尾挂艇
quarter boom 船尾吊杆
quarter box 四分轴补箱
quarter butt 短杆
quarter-deck 后 [部] 甲板
quarter gallery 船尾了望台
quarter galley 小平底单甲板船
quarter grain 四分锯的木材的纹理
quarter-hard annealing 低硬度退火
quarter hard temper sheet 半软回火薄钢板
quarter hour 一刻钟

quarter iron　(1) 桁腰铁箍；(2) 横桁腰铁箍条
quarter-jack　(钟) 报刻装置
quarter jack　(钟) 报刻提升器
quarter lift　向船后侧拉动
quarter light　(车的) 边窗，侧窗
quarter nettings　船尾栏杆杆吊网
quarter octagon steel　圆角方钢
quarter-phase　双相 [位] 的，两相的
quarter-phase heating　二相加热
quarter-phase system　两相制
quarter pieces　船尾板材
quarter pitch　四分之一高跨比
quarter-plane　四分之一平面
quarter point　四分之一点
quarter point loading　四分之一跨度荷载
quarter-pound charge (=QPC)　四分之一磅装料
quarter-power point　四分之一功率点
quarter rack　(钟) 报刻齿板
quarter rail　后甲板栏杆
quarter rope　船尾缆
quarter rip saw　手锯
quarter-saw　把圆木纵向锯成四块，四开
quarter saw　把圆木纵向锯成四块，四开
quarter-sawed　四开的
quarter screw　调节螺钉，校正螺钉
quarter section　四分之一波长线段，四开断面，四开截面
quarter size　四分之一缩尺
quarter sling　下横梁吊索
quarter snail9 钟) 报刻蜗形凸轮
quarter strap　(1) 船尾吊带；(2) 系鞍带
quarter timber　船尾肋木
quarter-turn belt　直角挂轮皮带，直角回转带，半交 [叉] 皮带
quarter-turn drive　十字轴传动
quarter turn drive　直角回转传动
quarter-twist belt　直角转向传动带
quarter-wave　四分之一波长的，四分之一波状的
quarter-wave limit　四分之一波限
quarter wave line　四分之一波长线
quarter-wave plate　四分之一波晶片
quarter-wavelength plate　四分之一波长板
quarterdeck　后甲板
1108
quartered　(1) 四开木材；(2) 四开的
quartered partition　方隔墙
quartering　(1) 四等分，四开；(2) 四分取样法，四分法；(3) 成直角的
quartering alloy　四元合金
quartering attack　从机尾攻击
quartering machine　曲柄轴钻孔机，交叉钻孔机
quarterm　(1) 四分之一，四等分；(2) 四分之一品脱
quarterman　造船厂工段长
quartermaster　(1) (海军) 舵手，舵工；(2) 军需主任，军需官
quartern　(1) 四分之一；(2) 各计量单位的四分之一
quarternary　四元的
quarternary alloy　四元合金
quarternate　四个一组的
quarterpace　直角转弯梯台
quarterstaff　铁头木棍
quartet　四重线
quartette　(1) 四等体；(2) 四个一组，四件一套
quartic　(1) 四次 [曲] 线；(2) 四次的
quartic curve　四次曲线
quartic equation　四次方程
quartile　四分位数
quartile deviation　四分 [位偏] 差
quartile diameter　四分直径
quarto　(印刷) 四开
quartz　(1) 水晶，石英；(2) 金矿，有时指银矿
quartz clock　石英 [晶体] 钟
quartz-controlled transmitter　石英控制发射机
quartz crucible　石英坩埚
quartz crystal　石英晶体
quartz crystal controlled FM receiver　石英晶体控制调频接收机
　(FM=frequency modulation 频率调制，调频)
quartz crystal filter　石英晶体滤波器
quartz crystal oscillator　石英晶体振荡器

quartz-fiber dose meter　石英丝剂量计
quartz-fiber electroscope　石英丝验电器
quartz-fibre　石英纤维，石英丝，水晶丝
quartz glass　石英玻璃
quartz-lamp　石英灯
quartz lamp　石英 [水银] 灯
quartz oscillator　石英晶体振荡器
quartz plate　水晶片
quartz plate holder　[石英] 晶体片支架，晶体盒
quartz powder　石英粉
quartz resonator　石英谐振器
quartz sand　石英砂，白砂，矽砂
quartz thermometer　石英温度计
quartziferous　由石英形成的，含石英的，石英质的
quartzlite glass　透紫外线玻璃
quartzoid　类石英
Quarzal　铝基轴承合金
quasar　类星射电源，类星体
quash　宣告无效，使无效，撤销，取消，废除
quasi　(1) 就是，恰如，即；(2) 似，准，拟，伪，半
quasi-　(词头) 表示"拟，准，类，拟，伪，半，亚"之意
quasi-adiabatic　准绝热的
quasi-analytic function　拟解析函数，准解析函数
quasi-arc welding　潜弧自动焊
quasi-asymptote　拟渐近线
quasi-asymptotical　拟渐近线的
quasi-atomic mode　准原子模型
quasi-bistable circuit　准双稳电路
quasi-bound　准束缚的
quasi-bound electron　准束缚电子
quasi-chemical　准化学的
quasi-classical　准经典的
quasi-coincidence　准符合
quasi-complex manifold　拟复流形，准复流形
quasi-conductor　半导体，准导体
quasi conductor　半导体，准导体
quasi-conformal mapping　拟保角映像，拟保角映射
quasi-conjugation　超共轭效应，似共轭效应
quasi-conjunction　拟合取式
quasi-conjunctive equality matrix　拟合取等值母式
quasi-continuous　准连续 [的]
quasi-continuum　准连续集
quasi-continuum of level　准连续能级
quasi-coordinates　准坐标
quasi-crystal　准晶体
quasi-crystalline　准晶体的
quasi-cycle code　准循环码
quasi-cyclic code　准循环码
quasi-cylindrical　拟柱形的
quasi-diffusion　准扩散
quasi-discontinuity　准不连续性
quasi-disjunction　拟析取式
quasi-divisor　拟因子，亚因子，准因子
quasi-duplex　准双工 (电路)
quasi-elastic　准弹性的
quasi-elastic vibration　准弹性振动
quasi-electric field　准电场
quasi-elliptic　拟椭圆的，准椭圆的
quasi-emulsifier　准乳化剂
quasi-energy gap　(半导体) 准能级距离，准能隙，准禁带
quasi-equal　拟相等的
quasi-equality　拟等值
quasi-equilibrium　准平衡
quasi-eutectic　伪共晶的，准共晶的
quasi-Fermi level　准费米能级
quasi Fermi level　准费米能级
quasi-field　拟域，拟体，准域
quasi-flow　半流动，准流动
quasi-full　准完全的，拟完全的
quasi-fundamental mode　准基波型
quasi-gravity　人造重力，准重力
quasi-group　拟群，亚群
quasi-harmonic　准谐的
quasi-heterogeneous　准非均匀的

quasi-holographic 准全息的
quasi-homogeneous 准均匀的
quasi-horizontal microinstruction 准水平微指令
quasi-hyrodynamic lubrication 准动压润滑
quasi-hypoid gear 准双曲面齿轮
quasi-instruction 准指令, 拟指令
quasi-insulator 准绝缘体
quasi-inverse 拟逆 [的]
quasi-isothermal 准等温的
quasi-isotropic 准各向同性 [的]
quasi-isotropy 类无向性, 准无向性
quasi-linear 拟线性的
quasi-linear amplifier 准线性放大器
quasi-liquid 半液体, 似液体
quasi-local excitation 准定域激发
quasi-local ring 准局部环
quasi-maximum value 准最大值
quasi-mode 准模
quasi-monochromatic 准单色的
quasi-monomolecular 准单分子的
quasi-monopolar 假单极的
quasi-neutrality 准中性
quasi-nilpotent element 拟幂零元
quasi-norm 准范数
quasi-normal 准正规
quasi-normalized 准归一化的
quasi-official 半官方的
quasi-one-dimensional theory 直线电机的准一维理论
quasi-optical 准光学的
quasi-optical visibility 准光学能见度
quasi-optical wave 准光波
quasi-optics 准光学
quasi-ordering 拟序
quasi-orthogonal 拟正交的
quasi-orthotropic 准正交各向异性的
quasi-particle 准粒子
quasi-perfect code 准完备码
quasi-periodic 拟周期的, 准周期的
quasi-periodicity 准周期 [性]
quasi-permanent 似永久的, 准永久的
quasi-prenex conjunctive kernel normal form functions 拟前来合取核范式函数
quasi-probability 拟几率
quasi-public 私营公用事业的
quasi-radical ring 拟根环
quasi-random code generator 准随机编码发生器
quasi-regular 拟正则的
quasi-regularity 拟正则性
quasi-saturation 准饱和
quasi-simple wave 拟简波
quasi-signal side-band generator 准单边带发生器
quasi-single side-band transmission system 准单边带发送制, 准单边带传输制
quasi-solid 准固态的
quasi-sovereign 半独立的
quasi-stability 准稳定性, 似稳态, 拟稳态
quasi-stable 似稳定的, 拟稳定的, 拟稳态的
quasi-state 准静定的, 似静定的, 准静态, 似静态, 准静力的
quasi-static 准静力的, 似静态的
quasi-stationary 似稳定的, 半稳定的, 拟稳定的, 似稳态的, , 准稳定的, 准静 [止] 的
quasi-stationary analysis 准平稳分析
quasi-stationary approximation 准稳态近似
quasi-stationary current 似稳电流, 准稳电流
quasi-stationary oscillation 准稳振荡
quasi-stationary state 拟稳状态, 准正常态, 拟定态
quasi-steady 准稳定的, 准恒定的, 拟定常的, 准定常的
quasi-steady flow 准稳流
quasi-steady-state 似稳状态
quasi-stellar radio source 类星射电源
quasi-sufficiency 拟充分性
quasi-symmetry 准对称
quasi-synchronization 准同步法
quasi-synchronous 准同步的

quasi-tunnel effect 准隧道效应
quasi-uniform 准均匀的, 拟均匀的, 拟一致的
quasi-unmixed 拟纯粹的
quasi-variable 准变数
quasi-viscous 似粘性流, 似粘滞流
quasi-wave 准波
quasibarotropic 准正压的
quasiconcave function 拟凹函数
quasicontrast semi-group 拟收缩半群
quasidielectric 准介电的
quasielastic 似弹性的, 准弹性的
quasielastic scattering 似弹性散射, 准弹性散射
quasilinearizaion 拟线性化
quasimolecule 准分子
quasimomentum 晶体动量, 准动量
quasipermanent deformation 似永久变形
quasistationarity 准稳性
quasistellar radio source 类星射电源
quasitensor 准张量
quasivariable 准变数
quassation 震荡, 压碎, 破碎
quarter- (词头) 四分之一, 四等分
quatering 四开
quaternary (1) 四个一组的, 四部组成的, 第四的; (2) 四成分的, 四元价的; (3) 四进制的, 四进位的, 四变数的; (4) 连上四个碳原子的
quaternary alloy 四元合金
quaternary compound 四元化合物
quaternary element 四元件
quaternary fission 四分核裂变, 四分核分裂
quaternary link 四件运动链
quaternion (1) 由四个部分组成的, 四个一组的, 四个的; (2) 四元数
quaternion field 四元数体
quaternion function 四元数函数
quaternionic 四元的
quaternity 四个一组, 有四个
quaternization 四元化
quatuor 四倍, 四
quaver 颤抖, 颤动, 颤震
quay crane 港岸起重机
quay shed 前方仓库
quayage (1) 码头费, 码头税; (2) 码头的空货位; (3) 码头面积
Queen Bee 遥控飞行射击靶, 无线电操纵的靶机, 无人驾驶靶机
queen bolt 拉杆
Queen Duck 遥控舰船射击靶, 无线电操纵的靶艇
Queen Gull 遥控飞行射击靶, 无线电操纵的靶机, 无人驾驶的靶机
Queen metal 锡锑焊料
queen post 双柱架
queen-post girder 双柱托梁
queen post truss 双柱桁架
queen-size 大号尺寸的
queen truss 双柱式桁架
queenie 四角支帆索
queen's metal 王后合金 (锡基合金)
quefrency 类频率, 拟频率, 逆频
quell 消除, 减轻
quellung 荚膜膨胀试验
quench (1) 猝灭, 熄灭, 猝熄, (2) 熄弧, 断开; (3) 淬火, 淬硬, 硬化; (4) 猝冷, 骤冷, 急冷, 冷却; (5) 抑制, 遏止, 阻尼, 减震, 减弱, 弱化
quench a fire 灭火
quench a lamp 熄灯
quench ageing 淬火时效
quench aging 淬火时效
quench alloy 淬硬合金钢
quench alloy steel 淬硬合金钢
quench bend test 淬火弯曲试验
quench blanking 猝灭
quench chamber 骤冷室
quench circuit 灭弧电路
quench coil (扩散泵的) 速冷盘管, 猝冷盘管
quench cracking 淬火开裂
quench hardening 急冷硬化, 淬硬
quench hot 高温淬火
quench-modulated radio-frequency 歇振调制射频
quench pulse 熄灭脉冲, 消稳脉冲, 置零脉冲

quench steel　淬火钢

quench time　(接触焊) 间歇时间

quenchable　可熄灭的, 可冷却的, 可抑止的, 弄得熄的, 弄得冷的

quenched　淬火的, 淬硬的

quenched again　二次淬火的

quenched and drawn　淬火和回火的

quenched and tempered steel　调质钢

quenched frequency　歇振频率

quenched gap　猝灭式放电器, 猝灭式火花隙, 猝熄火花隙

quenched orbital moment　猝熄轨道矩

quenched steel　淬硬钢

quencher　(1) 灭火器, 灭弧器, 淬火工, (2) 猝灭剂, (3) 淬火, 骤冷, (4) 猝灭, 猝熄

quenchhardening　淬 [火] 硬 [化], 急冷硬化

quenching　(1) 猝灭, 猝熄, 熄灭, (2) 抑制, 遏止, 消稳, 阻尼, 减振, 弱化, (3) 断开, (4) 急冷淬硬, 淬火 [法], 淬冷, 骤冷, 冷却, 浸渍, 硬化

quenching agent　淬火剂

quenching and tempering　调质

quenching bath　淬火浴, 淬火槽

quenching circuit　火花抑制电路, 消火花电路, 灭弧电路, 猝熄电路

quenching crack　淬火裂纹, 淬火开裂, 淬致裂痕

quenching crack susceptibility　淬裂敏感性

quenching defect　淬致缺陷

quenching degree　淬透性, 急冷度, 猝冷度

quenching fissure　淬火裂纹

quenching frequency　(超再生接收机中) 辅助频率, 猝熄 [振荡] 频率, 致歇频率

quenching-frequency oscillation　猝歇振荡

quenching-in of defects　缺陷的淬火

quenching intensity　淬火烈度

quenching liquid　淬火剂

quenching machine　淬火机

quenching medium　淬火介质, 淬火剂, 骤冷剂

quenching of excitation　激励猝灭

quenching of phosphorescence　磷光的猝灭

quenching oil　淬火油

quenching press　淬火压床

quenching pulse　熄灭脉冲, 消稳脉冲

quenching steel　淬火钢

quenching strain　淬火应变

quenching tank　淬火槽, 冷却槽

quenching temperature　淬火温度

quenchless　不可熄灭的, 不可冷却的, 难弄熄的, 弄不冷的

quenchometer　冷却速度试验器

quern　手动碾磨机

query　询问, 疑问

quest　(1) 探索, 探求, 搜索, 搜寻, 寻找, 寻觅, 追求, (2) 调查, 查找

question (=qn)　(1) 问题, 疑问, (2) 提问, 查问, 审查, 拷问, (3) 不可能的

question-mark　疑问号

questionable　引起争论的, 不可靠的, 有问题的, 可疑的

questionary　(1) 询问的, 疑问的, (2) 征求意见表, 调查表, (3) 一组问题

questioner　询问者

questioning attitude　研究的态度, 探索的态度, 思考的态度

questioningly　询问地, 怀疑地, 诧异地

questionless　无疑问的, 的确

queue　(1) 行列, 排列, 队列, (2) 排队, (3) 系舷板

queue arrangement　停车站台设备

queue descriptor　列队描述

queue of interrupt　中断排队

queue parameter　列队参数区

queuing　排队, 等待

quiartic　四次不尽根

quick　(1) 迅速的, 快速的, 敏捷的, 灵敏的, (2) 短时间的, 活跃的, 流动的, (3) 即可兑现的, (4) 锐角的, 尖锐的, 急剧的, (5) 本质, 要点, 核心

quick access　快速存取

quick acting　快速动作的, 快动的

quick-acting recorder　灵敏记录器

quick acting regulator　速动调节器

quick-action　快作用, 快动

quick action　(1) 急速作用, (2) 急速动作

quick action slide tool　快速滑动刀架, 快动刀架

quick action switch　速动开关

quick action valve　速动阀, 速动阀

quick-action vice　快动虎钳

quick active vise　快动虎钳

quick-adjusting　迅速调整的

quick attach-detach (=QAD)　(1) 快速连接 - 分开, (2) 可快速安装拆卸的

quick attaching coupler　快速联结器

quick-break　迅速熔断的 (指熔丝), 快速断路的

quick break (=qb)　(1) 高速断路器, (2) 速断

quick-break fuse　速断熔断器

quick-break knife switch　速断闸刀开关

quick-break switch　高速断路器, 速断开关, 快断开关

quick-breaker　高速断路器

quick cement　快凝水泥

quick-change adapter　(铣刀的) 快速调换器

quick-change chuck　快速夹头, 快速卡盘, 速换夹盘, 速换卡头

quick change chuck　速换夹头

quick change gear　快速变换齿轮

quick change gearbox　快速变换齿轮箱, 快速变换齿轮箱, 速变齿轮箱

quick change gearing　快速变速齿轮装置, 快速变换装置

quick change gears　快速变换装置

quick-change milling chuck　快换铣夹头

quick change tool holder　快换刀架

quick change tool rest　快换刀架, 快换刀台

quick-changing　速变的

quick charge　快速充电

quick-charging　快速充电的

quick connector　快速联接器

quick-consolidated test　快固结 [剪力] 试验

quick coupling　速接联轴节, 快换接头

quick-curing　快凝的

quick cutting　高速切削

quick de-excitation　快速灭磁

quick-detachable　可迅速拆卸的

quick disconnect (=QD)　快速断开, 快速分离

quick disconnect coupling　快速接头

quick drying enamel　瓷釉

quick drying varnish　快干漆

quick effect　电离层回波效应, 反向回声现象, 快速效应

quick facsimile　快速传真

quick fax　快速传真

quick feed　快速进给, 快速进刀

quick-firer　速射枪, 速射炮

quick-firing　速射的

quick-freeze　速冻

quick freezing　快速冻结

quick-hardening　快硬化 [的]

quick-hardening cement　快硬水泥

quick index(ing)　快速分度 [法]

quick lift cam　大升角凸轮, 急升凸轮

quick lift gradual closing cam　快升缓降凸轮

quick liquid　催镀液

quick look method　快速解析法

quick-make switch　快速闭合开关

quick-malleable iron　快速可锻铁

quick match　速燃导火索

quick-mounting　[迅] 速装 [配] 的

quick-opening device (=QOD)　(1) 快速断路装置, (2) 快速开启装置

quick opening valve　急启阀, 快启阀

quick-operating　快速动作的, 快速的, 快动的

quick-operating relay　快动继电器

quick reaction capacity (=QRC)　快速反应能力

quick release　快速断路

quick-release mechanism　快速脱扣机构, 快速松开机构, 快速分离机构, 快卸机构

quick-replaceable　快速更换的, 易换的

quick-response　快速反应的, 灵敏的

quick response excitation system　快速激励方式

quick response voltage control　快速电压控制

quick return　(1) 急回装置, (2) 快速返回, 快速回行

quick-return belt　急回皮带

quick-return mechanism　快速返回机构, 急回机构

quick-return motion　急回运动, 快退

quick revolution engine　快转发动机
quick rewind　快速倒片
quick runner　高速叶轮
quick seal coupling　速封耦合
quick service　快修
quick-set　速凝材料
quick set reamer　快调 [手] 铰刀
quick-setting　快凝的
quick setting　快凝结, 快裂
quick-setting additive　快凝剂
quick-setting cement　快凝水泥
quick-sighted　眼睛尖的, 眼快的
quick silver　水银, 汞
quick-speed　快速, 高速
quick-stick test　快粘试验
quick stoppage　骤止
quick switch　快动开关
quick-taking cement　快凝水泥
quick taper　快速拔销
quick test　快速试验
quick travel　快速移动
quick triaxial test　三轴快试
quick triple valve　快动三通阀
quick turn　急转弯
quickacting (=QA)　快动作的, 速动的, 快速的
quickchange　可快速转换的, 快速变换的
quickcuring　快速硫化
quickcutting　高速切削
quickeared　听觉灵敏的
quicken　(1) 使变得快, 加快, 加速; (2) 使活泼, 使明亮, 刺激, 鼓舞; (3) 使 [曲线] 更弯; (4) 混汞
quickening　(1) 加快的, 活跃的; (2) 混汞
quicker method　捷算法
quickeyed　眼睛尖的
quickfirer　速射枪
quickfiring　速射的
quickfreeze　速冻, 速冷, 快冷
quicking　快镀
quickness　(1) 火药之燃烧率, 火药锐性率; (2) 迅速, 敏捷, 快; (3) 速度
quickresponse transducer　小惯性传感器
quicksilver　(1) 水银 Hg, 汞; (2) 汞锡合金; (3) 涂水银; (4) 水银似的, 易变的
quicksilver cradle　混汞摇床
quicksilver water　水银液
quickstick　快粘
Quicktran　快速翻译语言
QUICKTRAN (=Quick translation)　快速翻译程序
quid pro quo　(拉)(1) 赔偿, 补偿; (2) 交换条件; (3) 报酬, 报复; (4) 弄错
quidditative　实质性的, 本质的
quiddity　本质, 实质
quiesce　静止, 寂静, 不动
quiscence　静止状态, 静止期, 静止, 沉寂, 不动
quiescent　(1) 静止的, 静态的, 不动的; (2) 待工作的 (指电子管有待于起放大作用或气体放电等)
quiescent carrier　抑止载波, 静态载波
quiescent-carrier modulation　静态载波调制
quiescent carrier transmission　静态载波传输
quiescent current　无信号电流, 静态电流, 无载电流
quiescent dissipation　静态耗散
quiescent load　固定载荷, [本] 底载 [荷], 静载荷, 静荷载
quiescent operation　无信号工作, 静态工作
quiescent operating point　静态工作点
quiescent plasma　静等离子体
quiescent point　静 [态工作] 点, 哑点
quiescent push-pull circuit　小屏流推挽电路, 低板流推挽电路, 省电的推挽电路
quiescent setting　静止沉淀
quiescent time　停止时间, 静止期
quiescent value　静态值, 空载值
quiescent voltage　静态电压
quiescently　静止的
quiescing　(1) 静止; (2) 停止, 停息

quiet (=QT 或 qt)　(1) 平静, 安静, 静态, 静止; (2) 无变化的, 无扰动的, 静止的, 平稳的, 磁静的, 安定的; (3) 非正式的; (4) 使稳定, 使安定, 使安静, 使平静
quiet arc　静弧
quiet automatic gain control　静噪自动增益控制
quiet automatic volume control　静噪自动音量控制
quiet circuit　无噪声电路
quiet gear　无声齿轮
quiet plasma (=QP)　静等离子区
quiet pouring　平稳浇铸, 平静浇铸
quiet run　无声运转, 稳态运转, 平稳运转, 均匀运转
quiet steel　全镇静钢, 全脱氧钢
quiet tuning　无噪调谐
quieten　(1) 平静, 安静, 静态, 静止; (2) 无变化的, 无扰动的, 静止的, 平稳的, 磁静的, 安定的; (3) 非正式的; (4) 使稳定, 使安定, 使安静, 使平静
quieter　内燃机的消音装置
quietly　静静地
quieting　镇静, 脱氧 (冶金)
quieting sensitivity　静噪灵敏度
quietive　镇静剂
quietness　无噪声, 无噪音, 安静, 平静, 安定, 镇静
quietude　平静, 寂静, 沉着
quietus　(1) 静止状态; (2)(债务) 清偿, 解除; (3) 平息, 制止
Quiktran　快速翻译语言
quill　(1) 活动套筒, 衬套; (2) 套筒轴, 套管轴, 空心轴, 主轴, 钻轴, 线轴; (3) 小镗杆; (4)(滚针轴承的) 滚针; (5) 空心轴转动; (6) 缓燃导火线, 导火线; (7) 纤管, 纬管; (8) 卷在线轴上, 卷片
quill bearing　针形轴承, 滚针轴承
quill bit　有纵槽的长钻头
quill drive　套管轴传动, 空心轴传动
quill feed unit head　滑套进给动力头
quill gear　背齿轮
quill of tailstock　尾座主轴
quill shaft　套筒轴
quill type milling head　套管轴式铣头, 长套管状铣头
quiller　卷纬机
quilo　千克
quilt　(1) 被褥, 衣垫; (2) 用垫料填塞, 被状填料; (3) 绗缝图案
quiltar　绗缝机, 衲缝机
Quimby pump　双螺杆泵
quin-　(词头) 五
quinary　(1) 第五位的, 五个的, 五元的, 五倍; (2) 五进制的, 五进位的; (3) 五个一组的, 五个一套的
quinary alloy　五元合金
quinary steel　五元合金钢
quindenary　十五进制的
quinhydrone electrode　氢醌电极
quinquangular　五角形的, 五边形的
quinquepartite　由五部分组成的, 分为五部分的
quinquevalence　五价
quinquevalent　五价的
quint　(1) 五件一套; (2) 五桅纵帆船
quintal　(1) 英制重量单位 (英国为 112 磅, 美国为 100 磅); (2) 公担 (合 100 公斤)
quintant　五分仪 (具有 144 范围, 现在通称为六分仪)
quintavalent　五价的
quintessence　(1) 精髓, 精华, 典型, 典范; (2) 实体, 实质, 本质; (3) 浓的萃取液, 浓萃
quintet(te)　(1) 五件一套, 五个一组, 五人小组; (2) 五重线
quintic　{ 数 } 五次 [的]
quintic curve　五次曲线
quintic equation　五次方程
quinton　石油树脂的
quintuple　(1) 五倍; (2) 五倍的; (3) 以五乘之; (4) 增加四倍
quintuple point　五相点
quintuple space　五维空间, 五度空间
quintupler　(1) 五倍器; (2) 五倍压器; (3) 五倍倍频器
quintuplet　(1) 五重态; (2) 五重谱线
quintuplicate　(1) 五倍的, 五重的; (2) 一式五份 [的], 第五份 [的]; (3) 五倍的数 [量]; (4) 使成五倍, 增加四倍, 乘以五
quintuplication　(1) 使成五倍; (2) 一式五份
quintupling　[成] 五倍
quirk　(1) 菱形窗玻璃, 斜角镶条; (2) 三角形面积, 三角形之物; (3)

深槽, 凹部, 火道, 沟；(4) 使有深槽, 使弯曲, 使扭曲

quit (1) 停止, 放弃, 留下；(2) 离开, 离去, 退出, 撤出；(3) 尽义务, 偿还, 偿清；(4) 解除, 免除；(5) 被释放的, 自由的, 免除的, 清除的, 摆脱的

quit hold of 撒手放开

quit work 停止工作

quitclaim (1) 放弃合法权利, 转让合法权利, 放弃要求；(2) 转让契约

quite (1) 完全, 十分, 简直, 非常, 很；(2) 相当, 颇；(3) 真正, 实在, 的确

quite a complicated project 十分复杂的工程

quite a few of 相当多, 许多

quite a good deal of 相当多, 许多

quite a little of 相当多, 许多

quite a long time 相当长的时间

quite a lot of 非常多

quite a number of 相当多, 许多

quite an advance in accuracy 在精度上有一个很大进步

quite another 另外一回事, 完全不同的事

quite as much 同样多

quite so 的确是这样, 正是如此

quite some 非常多

quite the contrary 毫不相同, 恰恰相反

quite the same as 与……完全相同

quite too 非常

quittance (1) 免除(债务)；(2) 领收, 收据, 付款, 缴纳, 计算, 复原；(3) 酬报, 赔偿, 补偿, 报复

quitting-time 下班时间

quiver (1) 颤动, 震动, 摇晃, 晃动；(2) 箭筒, 箭袋；(3) 容器

quod erat demonstrandum (=QED) (拉) 证 [明] 完 [毕]

quod erat faciendum (=QEF) (拉) 这就是所要做的

quod erat inveniendum (=QEI) (拉) 这就是所要求的

quod est (=qe) (拉) 这就是

quod vide (=q.v.) (拉) 请见, 参看

quoin (1) 楔形支持物, 楔块, 楔子；(2) 角落；(3) 用楔支撑

quoin post 外角柱

quoining 外角构件

quoit (1) 金属圈, 铁圈；(2) 橡皮圈, 绳圈；(3) 扔, 抛

quomodo 办法, 方式

quonk(ing) 一种噪声

quonset hut 金属结构掩蔽室

quota (1) 分配额, 定量, 定额, 限额；(2) 分担部分, 份额, 份数, 指标

quota agreement 生产配额协议

quotability 可被引用性质, 可被引用状态, 有引证价值

quotable 可以引用的, 可以引证的, 有引证价值的, 值得援引的

quotation (1) 引用, 引证；(2) 报价单, 估计单, 报价表, 行情表；(3) 定价, 报价, 行情, 行市；(4) 引用语句, 引语, 引文

quotation for a workshop 建造一个车间的估价 [单]

quotation in mm (尺寸) 用毫米表示

quotation mark 引号

quotation of prices 报价单

quotations 市场行情

quote (1) 引用, 引证, 引述, 援引, 提供, 标出, 列出；(2) 提出价格, 开价, 报价, 估计；(3) 引用符号, 引语, 引号

quoted price 牌价

quoted value 通行价, 市价

quoter 引用者, 引证者

quoteworthy 有引用价值的, 有引证价值的, 值得引用的, 值得引证的

quotidian 平凡的, 普通的, 每日的

quotient (1) { 数 } 商 [数]；(2) 系数, 率；(3) 份额

quotient convergence factor 比值收敛因子

quotient-difference algorithm (=QDA) 商 - 差算法

quotient field 商域

quotient of difference 增量比

quotiety 系数, 率

R

R and D (=research and development)　研究与发展, 研制与试制
R-band　R 波段, R 频带
R-bay (=ringer bay)　振铃器架
R bit　倒圆成形车刀, R 成形车刀
R-boat　(德国的) 快速扫雷艇
R-branch　正分支, R 支, R 系
R gauge　圆弧规, R 规
R scope　R 型显示器 (扫描扩展并有精密的定时设备)
R-shower　核蒸发介子簇射, R 簇射
R-sweep　R 形扫描
R-wire　塞环线
rabal　无线电测风
rabat　拉巴特磨料
rabban　干铁帽
rabbet　(1) 插孔, 塞孔, [插] 座, 孔, 槽; (2) 企口, 缺口, 切口, 凹槽, 凹部;
　　(3) 凸凹榫接, 半边槽, 半企口, 企口缝, 凹凸缝, 凹凸边, 槽口, 槽舌,
　　榫头, 接榫; (4) 开嵌接槽, 开槽口, 嵌接, 镶口, 接合; (5) 刨刀
rabbet joint　企口接合, 槽舌接合, 嵌接
rabbet line　嵌接线
rabbet plane　凸边刨, 企口刨, 槽刨
rabbeted butt joint　槽舌对接, 企口对接
rabbeted corner pile　企口角桩, 带槽角桩
rabbeted look　槽口门锁
rabbeting machine　开槽机
rabbit　(1) 企口缝, 榫槽; (2) 止口, 缺口, 切口, 凹部; (3) 槽舌接合,
　　企口接口; (4) 气动传送器, 气动速容器; (5) 单级回流
rabbit antenna　兔耳形天线
rabbit channel　样品容器孔道, 辐射压风孔道
rabbit ears　(电视机的) 兔耳形室内天线
rabbit faucet　兔耳式龙头
rabbit loop　兔耳形天线
rabbit tube　[气动] 跑兔管
rabble　(1) (焙烧炉的) 机械搅拌器; (2) 搅料棒, 搅拌辊, 搅拌耙, 长柄耙,
　　搅棒; (3) 用搅动器搅动, 搅拌; (4) 拨火棒
rabble blade　(多膛焙烧炉的) 耙齿
rabbler　(1) 搅拌器, 搅拌棒; (2) 加煤工, 司炉; (3) 铲子, 刮刀
rabbling　搅拌
RAC (=Radar Area Correlator)　雷达反射面积相关器
RAC (=Radar Azimuth Converter)　雷达方位变换器
RAC (=Radio Adoptive Communications)　无线电自适应通信
RAC (=Rules of Air-traffic Control)　航空管理规则
RACE (=Random Access Computer Equipment)　随机存取计算机设备
RACE (=Rapid Automatic Check-out Equipment)　快速自动检查设备
race　(1) (轴承) 轴承圈, 轴承环, 套圈, 座圈, 夹圈, 轮槽, 环, 圈; (2)
　　轨道, 水槽; (3) 气流, 滑流; (4) 空转; (5) 快速; (6) 竞争, 竞赛, 竞
　　态; (7) 路线, 航线, 航程, 航迹, 行程, 运行; (8) (织机) 走梭板, 梭道;
　　(9) 途径, 特性, 方法; (10) 种, 类, 属, 界
race about　一种单桅小快艇
race against time　争取时间
race around condition　循环不定状态
race board　跳板
race-cam　快速凸轮, 赛车凸轮 (升程高)
race cam　赛车阀门专用特殊凸轮
race camshaft　快速凸轮轴, 赛车凸轮轴
race condition　(1) {计} 竞态条件; (2) 紊乱情况
race engine　竞赛汽车

race glass　小型望远镜
race grinder　(轴承) 滚道磨床, 沟道磨床
race knife　划线刀
race of screw　(1) 推进器流, 尾流; (2) 打空车 (螺旋桨叶露出水面空转)
race riding surface of cage　(轴承) 保持架引导面
race rotation　(螺旋桨的) 滑流旋转, 射流旋转, 空转
race running　空转
race time　空转时间, 隋定时间
race track turn　(船舶) 直接旋回
race-way　(轴承滚道) 座圈
race way　(轴承滚道) 座圈
race way grinder　轴承环滚道磨床
race-way grinding machine　轴承滚道磨床, 座圈磨床
racecourse bend　导向弯管
racer　(1) 竞赛艇, 快艇, 赛车; (2) 赛艇 (一种使帆的游艇); (3) 火
　　炮转台; (4) 轴承环
racetrack　(1) 比赛用跑道, (2) (共振加速器中的) 粒子轨道; (3) 跑
　　道形放电管; (4) 跑道形电磁分离器
raceway　(1) (轴承套圈) 滚道, 沟道, 座圈; (2) 电缆沟, 母线沟; (3)
　　电缆管道, 导管, 导槽, 水管; (4) 引水渠, 水道, 鱼道; (5) (鼓风炉
　　风嘴处焦炭的) 燃烧空窝; (6) 轨道
raceway circumference　滚道圆周, 滚道周长
raceway curvature　滚道曲率, 沟道曲率
raceway diameter　滚道直径, 沟道直径
raceway diameter of inner ring　内圈沟道直径
raceway diameter of outer ring　外圈沟道直径
raceway grinder　(轴承) 滚道磨床, 沟道磨床
raceway grinder for roller bearing inner races　轴承内圈滚道磨床
raceway grinder for roller bearing outer races　轴承外圈滚道磨床
raceway grooves　(1) (球轴承) 沟道; (2) (滚子轴承) 滚道
raceway-lip grinder for roller bearing inner races　轴承内圈滚道挡边
　　磨床
raceway-lip grinder for roller bearing outer races　轴承外圈滚道挡边
　　磨床
raceway of outer ring　外圈滚道
raceway surface　滚道面
rachet (=ractchet)　(1) 棘爪, 爪; (2) 棘轮机构, 棘轮; (3) (织机) 罗拉中
　　心距
rachigraph　脊柱描记器
rachiometer　脊骨曲率仪
racing　(1) (电动机的) 空转; (2) 超速运转, 急转; (3) 控制不稳, 紊乱
racing engine　赛车用发动机, 赛艇用发动机
racing fuel　赛车燃料
racing iron　砂轮校正铁
racing of the engine　发动机超速飞车
racing saddle　赛艇座位
racing skiff　双人双桨赛艇
racing strip　赛艇道
racing yacht　赛艇 (一种使帆的游艇)
rack　(1) 滑轮架, 三角架, 机架, 框架, 托架, 支架, 支柱, 网架, 搁架,
　　货架, 台架, 机柜, 架; (2) 齿条, 齿板, 齿杆, 导轨, 滑轴; (3) 结绳架,
　　餐具架, 索栓架, 拦污栅; (4) 导轨, 滑轨, 齿轨; (5) 挤压, 榨取; (6)
　　交叉扎绳; (7) (船体) 扭转变形, 振荡, 强摇
rack a tackle　咬住绞辘绳
rack and gear jack　齿条 - 齿轮 [传动] 起重器
rack and lever jack　棘轮千斤顶

1113

rack-and-panel connector 矩形插头座
rack-and-pinion (1)齿轮齿条副;(2)齿轮齿条传动装置
rack and pinion (1)齿轮齿条副,齿条-小齿轮;(2)齿条齿轮传动
rack and pinion adjustment 齿条-小齿轮调整装置,粗调装置
rack and pinion drive 齿条-小齿轮传动
rack and pinion gate lifting device 齿条齿轮式闸门启闭机
rack and pinion gearing 齿条-小齿轮传动装置
rack and pinion jack (1)齿条-小齿轮起重机;(2)齿条-小齿轮
　千斤顶
rack and pinion mechanism 齿条-小齿轮[传动]机构
rack and pinion press 齿条齿轮传动压力机,齿条传动冲床
rack-and-pinion railway 齿轨铁道
rack and pinion steering gear 齿条-小齿轮转向器
rack and pinion system 齿条齿轮装置
rack and snail 齿条和蜗形凸轮
rack and spiral milling attachment 齿条-螺旋铣削附件
rack and wheel 齿条/齿轮
rack and worm drive 齿条蜗杆传动
rack bar (1)齿条;(2)绞索棒
rack block 多饼滑车
rack body 框架车体
rack car (1)框架车;(2)装运多层汽车的铁路货车
rack circle (1)齿扇;(2)圆形齿条
rack construction 机架结构
rack cutter 齿条铣刀,齿条刀
rack cutting 齿条铣削,排刀切削
rack cutting attachment 齿条切削附件,插齿条附件
rack cutting machine 齿条切削机床,齿条切削机
rack division 齿轨段
rack driven 齿条传动的
rack driven planer 齿条传动刨床,齿条式龙门刨床
rack driven planing machine 齿条传动刨床
rack driving planer 齿条传动刨床
rack drum 牵引卷筒
rack earth (=RE) 机架接地,机壳接地
rack feed gear 齿条进给装置,齿条进刀装置
rack flank 齿条齿面
rack fork 无轨堆垛机
rack fork stocker 高架叉车仓库
rack form cutter 齿条刀具
rack gear 齿条传动
rack gear drive 齿条传动
rack gear shaping machine 齿条插齿机
rack gearing 齿轮齿条传动[装置]
rack hoist 牵引绞车,卷扬机
rack housing 齿条罩
rack joint 齿条啮合
rack lashing 用绞索棒绑缚
rack limiter 齿条限位器
rack line 牵引绳
rack locomotive 齿轨机车
rack mezzanine 阁楼货架系统
rack miller 齿条铣床
rack milling attachment 齿条铣削附件
rack milling cutter 齿条铣刀
rack-milling machine 齿条铣床
rack milling machine 齿条铣床
rack-mounted 安装在机架上的
rack mounting 支架安装
rack of fusion 焊接不良,熔接不良
rack-operated jack 齿条起重器,齿条传动千斤顶
rack operated jack 齿条小齿轮起重器
rack pinion 齿条小齿轮
rack post 齿杆,支杆
rack profile 齿条齿廓,齿条齿形
rack rail 齿轮/齿轨
rack railway 齿轨铁道
rack rent 高额租金,重租
rack rod (1)齿条;(2)绞索棒(绞紧拉索的棒)
rack shaped cutter 齿条刀具
rack shaper 齿条插齿机,梳齿机
rack shaving 齿条刀剃削齿面法,齿条[刀]剃齿
rack soot blower 齿轨式吹灰器
rack stake 栅栏杆

rack system (集装箱)箱架堆装方式,托架系统
rack tooth 齿条齿[形],齿轨齿
rack tooth profile 齿条齿廓
rack tooth spacing attachment 分齿法切削齿条夹具,按分度法切削
　齿条的装置
rack toothing 齿条啮合
rack track 齿条轨道,齿轨
rack trochoid 齿条旋轮线
rack type car 棚架车
rack type core drying stove 架式烘芯炉
rack type core oven 架式烘芯炉
rack type cutter 齿条形刀具,梳齿刀
rack type differential 齿条差动装置
rack type gear cutter 齿条形齿轮铣刀,齿条形插齿刀
rack type gear shaving cutter 齿条形齿轮剃齿刀,齿条式剃齿刀
rack type grinding wheel 齿条形砂轮
rack type jack 齿条式起重器,齿杆千斤顶
rack type pusher 齿条式推钢机
rack type shaving 齿条式剃刀剃齿法
rack up 击败
rack wheel (1)(织机)撑动轮;(2)齿条传动齿轮;(3)车轮
rack winch 牵引卷扬机,牵引绞车
rack with helical teeth 斜齿齿条
rack with helical tooth 螺旋齿条
rack work (1)齿条加工;(2)齿条机构;(3)调位装置
racker 装弹簧工,装架工
racking (1)齿条传动(借助齿条齿轮的运动);(2)台架,上架;(3)推压,
　撑动;(4)拉长,延伸,延长
racking arm (织机)撑杆
racking cam (织机)板花凸轮,撑板凸轮
racking crank 撑动曲柄,转移曲柄
racking load (1)(船体)横倾引起的负载,横向扭变载荷;(2)振动荷载,
　挤压荷载
racking milling attachment 铣齿条装置
racking seizing 交叉绑扎(用一根小绳成8字形绕扎两根大绳或棒)
racking stopper 绞辘制动索
racking strain 横向扭曲应变,挤压应变
racking stress (船体横断面结构)扭变应力,挤压应力
racking test 位移试验,刚性试验
racking turns 交叉扎绳的8字形绕数
racking type cooling bed 锯齿式冷床
rackscope 支架式示波器
rackwork (1)齿条加工;(2)调位装置;(3)对光旋钮,调焦旋钮
RACOM (=Radio Communication) 无线电通信
RACON (=Radar beacon, Radar Responding Beacon, Radar
　Transponder Beacon) 雷达应答器,雷达信标,雷康
racon (=radar beacon) 雷达响应指标,雷达应答器,雷达识别航标,雷达
　信标,雷康
racon signal 雷康信号
racon station 雷达应答器电台
racrr (=range and altitude corrector) 距离高度校正器
RAD (=Radian) 弧度(57° 17′ 44″ 8)
RAD (=Radical) (1)根式,根号,根;(2)根本的,根的,基的;(3)根
　部,基
RAD (=Radiation Absorbed Dose) 辐射吸收量
RAD (=Radio Operator) 无线电报务员
RAD (=Radiogram) (1)无线电电报;(2)X射线照片,射线照相[片];
　(3)收音电唱两用机
RAD (=Radiooperator) 无线电报务员
RAD (=Radius) 半径
RAD (=Raised after Deck) 后升甲板
RAD (=Rapid Access Data) 快速存取数据
RAD (=Rapid Access Disc) 快速存取磁盘
RAD (=Ratio Analysis Diagram) 比率分析图
RAD (=Relative Air Density) 相对空气密度
rad (=radiation absorption dose) (1)拉德(放射性剂量单位,1拉德
　=100尔格/克);(2)弧度(角度单位,是radian之缩写)
RADA(=Radioactive) 放射性的
RADA (=Random Access Discrete Address) 随机存取离散地址,无规存
　取分立地址,任意地址
radac 快速数字自动计算
RADAL (=Radio Detection and Location) 无线电探测与定位
radameter (1)警戒雷达;(2)防撞雷达装置
RADAN (=Radar Doppler Automatic Navigation) 雷达多普勒自动导航仪

RADAN (=Radar Navigation)　雷达导航

radan　(1) 多普勒导航仪；(2) 雷达导航

RADAR (=Radio Detecting and Ranging)　(1) 雷达；(2) 无线电定位装置,无线电探测器,无线电定位器,雷达设备,雷达装置,雷达站;(3) 无线电探向与测距,无线电定位

radar (=radio detecting and ranging)　(1)雷达;(2)无线电定位装置,无线电探测器,无线电定位器,雷达设备,雷达装置,雷达站;(3)无线电探向与测距,无线电定位

radar absorbing material　雷达吸声材料

radar acquisition　雷达目标捕捉

radar advisory　雷达导航设备

radar aerial　雷达天线

radar aid　雷达导航

radar aid to navigation　雷达助航

radar aids to navigation　雷达导航设备

radar aimed laser　雷达瞄准激光器

radar aircraft altitude　飞机测高雷达

radar altimeter　雷达测高仪,雷达高度表

radar altimeter profile　雷达高程仪纵断面图

radar analysis and detection unit　雷达分析与检测器

radar and television aid to navigation (=RATAN)　雷达及电视导航系统,雷达导航电视设备

radar antenna　雷达天线

radar area correlator (=RAC)　雷达反射面积相关器

radar approach beacon　雷达进场信标

radar approach control (=RAC)　雷达进场控制,雷达临场指挥

radar approach control center (=rapcon)　雷达临场场指挥中心,雷达引导控制装置

radar assisted pilotage　雷达引航

radar astronomy　雷达天文学

radar attenuation　雷达衰减

radar automatic data transmission assembly　雷达自动数据传输装置

radar automatic tracking mode　雷达自动跟踪方式

radar axis　雷达测定轴线

radar azimuth converter (=RAC)　雷达方位变换器

radar barrier ship　雷达哨舰

radar beacon (=racon)　雷达响应指标,雷达应答器,雷达信标

radar beacon antenna　雷达信标天线

radar beacon system (=RBS)　雷达信标系统

radar beacon transmitting continuously　连续发射的雷达标

radar beam　雷达射束

radar beam rider guidance　雷达波束制导

radar beam sharpening element　雷达射束峰化器

radar bearing　雷达方位

radar bearing patrol aircraft　雷达巡逻机

radar blackout　雷达信号管制 (使信号消失)

radar blind sectors　雷达盲区

radar bomb scoring (=RBS)　雷达标定弹着点

radar bombing system　雷达轰炸系统

radar bright display　雷达明亮显示器

radar bright display equipment　雷达亮度显示设备

radar buoy　雷达浮标

radar calibration　雷达定标

radar calibration unit　雷达校准设备

radar center　雷达中心

radar chain　雷达系统,雷达防线,雷达网,雷达链

radar chart　(1) 雷达图表；(2) 雷达海图

radar chart projection　雷达搜索图投影

radar chart projector (=RCP)　雷达 [搜索] 图投影器,雷达海图投影器

radar collision　雷达防撞,雷达冲突

radar collision avoidance system　雷达避碰系统

radar collision warning device　雷达碰撞警报装置

radar command　雷达指令

radar communication　雷达通信

radar compartment　雷达室

radar console　雷达操纵台,雷达座

radar conspicuous object　雷达波反射力强的物标

radar control　雷达制导,雷达控制

radar control ship　雷达控制船

radar-controlled barrage (=RCB)　利用雷达指挥的拦阻射击

radar controller　雷达操纵员,雷达手

radar converter　雷达信息变换器

radar counter measures (=RADCM)　雷达干扰措施,雷达对抗,反雷达 [措施]

radar countermeasures (=RADCM)　雷达干扰措施,雷达对抗,反雷达 [措施]

radar course directing center　雷达航向引导中心

radar coverage　雷达有效作用范围

radar coverage indicator　雷达作用距离指示器

radar covered area　雷达覆盖区域

radar cross section　雷达目标有效截面,目标等效反射面

radar data　雷达数据

radar data acquisition converter (=RDAC)　雷达数据获取传感器

radar data computer　雷达数据计算机

radar data filtering　雷达数据滤波

radar data processing　雷达数据处理

radar data processing center　雷达数据处理中心

radar data processing equipment　雷达数据处理设备

radar data processing system　雷达数据处理系统

radar data transmission　(1) 雷达数据传输；(2) 雷达数据传送

radar data transmission system　雷达数据传送系统

radar dead area　雷达视界死角,雷达盲区

radar departure　雷达偏差

radar detection　雷达探测

radar detector　雷达探测器

radar-directed　雷达操纵的

radar direction finder　雷达测向仪

radar direction finding　雷达测向

radar display　雷达显示器

radar display console　雷达控制台

radar display presentation　雷达显示图像

radar display room　雷达显示室

radar display size　雷达显示尺寸

radar display technique　雷达显示技术

radar display tube　雷达显像管

radar display unit　雷达显示器

radar distance indicator　雷达距离显示器

radar distance meter　雷达测距仪

radar distribution switchboard　雷达配电盘

radar dome　雷达天线屏蔽器,雷达天线罩

radar Doppler automatic navigation　雷达多谱勒自动导航仪

radar echo　雷达回波

radar echo augmentation device　雷达回波增强器

radar echo box　雷达回波箱

radar effect reactor (=RER)　雷达效果反应器

radar electronic scan technique (=REST)　雷达电子扫描技术

radar emission location attack control system (=RELACS)　雷达定位与跟踪系统

radar equipment　雷达设备

radar equipment feeding　雷达设备电源

radar-equipped inertial navigation system (=REINS)　装有雷达的惯性导航系统

radar equiped inertial navigation system　装有雷达的惯性导航系统

radar fix　(1) 雷达船位；(2) 雷达定位

radar for collision avoidance　壁碰雷达

radar frequency　雷达频率

radar frequency band　雷达频段

radar gear　无线电装备,雷达装备

radar glider position　雷达定位

radar height indicator (=RHI)　雷达高度指示器

radar-homer　[有] 雷达自动引导头 [的导弹],雷达自动瞄准头

radar homing　雷达自导

radar homing and warning system　雷达导航与警告系统

radar homing beacon　归航雷达信标,雷达归航信标

radar homing eye　自行导航雷达定位头

radar homing missile　雷达控制导弹,雷达制导导弹

radar horizon　雷达作用距离,雷达直视距离,雷达地平线,雷达地平

radar house　雷达室

radar image　雷达 [显示] 图像

radar indicated face　雷达显示表面,雷达荧光屏

radar indicator (=RI)　雷达显示器

radar information (=RI)　雷达信息

radar input (=RI)　雷达输入

radar installation　雷达装置,雷达站

radar intelligence　雷达情报,雷达侦察

radar interface equipment　雷达接口设备

radar interference　雷达干扰

radar interswitch　雷达变换开关,雷达互换装置
radar jammer　雷达干扰台
radar jamming　雷达干扰
radar jamming device　雷达干扰设备
radar line of position　雷达位置线
radar link　雷达中继线路
radar log　雷达日志
radar maintenance　雷达维修
radar map　雷达地形显示图,雷达地图
radar marker　主动雷达航标,雷达指向标,雷达航标
radar mast　雷达天线桅,雷达柱
radar master oscillator　雷达主控振荡器
radar measurement　雷达量测
radar meter　雷达测速计,雷达表
radar microwave link (=RML)　雷达微波中继装置
radar mine　无线电引信水雷
radar modulator　雷达调制器
radar motor-generator room　雷达站电机室
radar motor generator room　雷达电动发电机室
radar navigation　雷达导航
radar navigation aid　雷达导航 [设备]
radar navigation set　雷达导航设备
radar navigation system　雷达导航系统
radar navigator　雷达导航仪
radar net　雷达防线,雷达网
radar netting unit　雷达网装置
radar observation　雷达观测
radar off center plan position indicator　雷达偏心平面位置显示器
radar office　雷达室
radar operation automatic log　雷达工作时数自动记录仪
radar operator (=RO)　雷达操纵员,雷达手
radar patrol submarine　雷达哨潜艇
radar peak output　雷达最大功率输出
radar pencil beam　雷达锐方向性射束,雷达铅笔状射束
radar performance　雷达性能
radar performance analyzer (=RPA)　雷达性能分析仪
radar performance figure　雷达质量指标,雷达性能指标,雷达效率
radar picket aircraf　雷达巡逻机
radar picket escort ship　雷达哨护卫舰
radar picket ship　雷达哨船,雷达哨舰
radar picket submarine　雷达哨潜艇
radar pilotage equipment　雷达导航设备
radar planning device (=RPD)　雷达计划装置
radar plot (=RP)　雷达标绘
radar plotter　雷达标绘仪,雷达作图器
radar plotter unit　雷达制图器
radar plotting (=RP)　雷达标绘
radar plotting sheet　雷达绘迹图
radar plotting system　雷达标绘系统
radar positioning system　雷达定位系统
radar post　雷达站
radar predication　雷达预测
radar processing center (=RPC)　雷达处理中心
radar processor　雷达处理机
radar pulse　雷达脉冲,雷达波
radar quality control (=RQC)　雷达质量控制
radar range (=RR)　(1) 雷达探测距离,雷达测距,雷达有效距离,雷达作用距离；(2) 无线电导航信标,雷达导航信标
radar range finder　雷达测距器
radar range scale　雷达距离标尺
radar range system (=RRS)　雷达测距系统
radar rangefinder　雷达测距仪,测距雷达
radar ranging　雷达测距
radar ranging set　雷达测距仪
radar ranging system　雷达测距系统
radar reading　雷达读数
radar receiver　雷达接收机
radar receiver response　雷达接收机响应特性
radar receiver-transmitter　雷达收发两用机
radar reference line　雷达参照线
radar reflected buoy　雷达反射浮标
radar reflection　雷达反射
radar reflection plotter　雷达反射作图器
radar reflection plottor　雷达反射作图器

radar reflector　雷达反射器
radar reflector rocket　雷达反射火箭 (救生用)
radar reflector tape　雷达反射带 (救生艇、救生筏用)
radar relay　雷达中继站,雷达中继
radar reliability diagnostic report　雷达可靠性诊断报告
radar repeat back guidance　根据弹上雷达信息的地面制导
radar repeater　雷达转发器,雷达复示器
radar research and development establishment (=RRDE)　雷达研究及发展所
radar research establishment (=RRE)　雷达研究所
radar resolution　雷达析像清晰度
radar responder beacon　雷达应答标,雷达信标
radar responding beacon　雷达应答标,雷达信标
radar response (=RR)　雷达应答器
radar responser　雷达应答器
radar responsor　雷达应答器
radar return　雷达反射信号,雷达回波
radar room　雷达室
radar safety beacon　雷达安全航标
radar safety beacon system (=RSBS)　雷达安全信标系统
radar same frequency interference　雷达同频干扰
radar scan　雷达扫描
radar scanner　雷达天线旋转装置,雷达天线
radar scanning　雷达扫描
radar scanning antenna　雷达扫描天线
radar scorer　雷达记录仪
radar screen　雷达荧光屏,雷达示踪幕
radar screen picture　雷达屏幕图像
radar sea state analyzer (=RSSAN)　雷达海况分析器
radar search　雷达搜索
radar selector switch　雷达选择开关
radar set　雷达装置,雷达
radar shade　雷达静区,雷达阴影,雷达盲区
radar shadow　雷达静区,雷达阴影,雷达盲区
radar side-light transponder　雷达侧灯应答器
radar sight　雷达瞄准器
radar signal　雷达信号
radar signal processor (=RSP)　雷达信号处理机
radar signal simulator (=RSS)　雷达信号模拟器
radar signal spectrograph　雷达信号摄谱仪
radar signaling　雷达信号传输,雷达通信
radar simulator (=RS)　雷达模拟器
radar sonde　雷达探空仪
radar sonobuoy　雷达声纳浮标
radar sounding　雷达探空
radar start (=RS)　雷达启动
radar station　无线电台,雷达站
radar station ship　防雷达哨舰,雷达舰
radar storm detection　雷达风暴探测
radar storm detection equation　雷达风暴探测方程
radar storm detection unit (=RSDU)　雷达风暴探测器
radar submodulator　雷达预调制器
radar surveillance　雷达对空观察,雷达监视
radar surveillance station　雷达监测站
radar synchronizer　雷达同步装置
radar tactical control instrument (=RTCI)　战术雷达控制仪,雷达战术指挥仪
radar target　雷达目标,雷达物标
radar telescope　雷达望远镜
radar television　雷达电视
radar theodolite　雷达经纬仪
radar tower　雷达天线塔
radar tracking　雷达跟踪
radar tracking center (=RTC)　雷达跟踪中心
radar tracking control (=RTC)　雷达跟踪控制
radar tracking station (=RTS)　雷达跟踪站
radar tracking system　雷达跟踪系统
radar traffic surveillance station　雷达监测站
radar transmitted pulse　雷达发射 [的] 脉冲
radar transmitter　雷达发射机
radar transmitter-receiver　雷达收发两用机
radar transmitting wave　雷达发射波
radar transparency　雷达透彻度
radar transponder　雷达脉冲转发器,应答发射机

radar triangle navigation aid　雷达三角导航设备
radar triangulation　雷达三角测量
radar tube　雷达管
radar tuning indicator　雷达调谐指示器
radar turning indicator　雷达调谐指示器
radar unit　雷达装置
radar vector　雷达矢量
radar vector on course　雷达航向矢量
radar video face　雷达图像表面，雷达显示幕
radar video indicator　雷达图像指示器
radar view　雷达对景图
radar visibility　雷达能见度
radar volume　雷达区
radar warning system　雷达警报系统
radar weather observation　雷达天气观测
radar wind sounding　雷达测风仪
radar wind system　雷达测风系统
radargrammetry　雷达测量学
radarkymography　雷达计波摄影
radarman　雷达操纵员，雷达员
radarmap　雷达地图
radarproof　防雷达的，反雷达的
radarscope　雷达显示器，雷达示波器，雷达屏
radarscope interpretation (=RSI)　雷达显示器判读，雷达显示器判定
radarscope photograph　雷达照片 (雷达荧光屏的照片)
radarsonde　雷达探空仪，雷达测风仪
RADAS (=Random Access Discrete Address System)　随机存取离散地址系统
RADAT (=Radar Data Transmission)　(1) 雷达数据传输；(2) 雷达数据传送
RADAT (=Radar Data Transmission System)　雷达数据传送系统
RADATA (=Radar Automatic Data Transmission Assembly)　雷达自动数据传输装置
Radat　雷达脱 (一种传送雷达情报的设备)
RADCOT (=Radial Optical Tracking Theodolite)　径向光学跟踪经纬仪
raddle　(1) 圆木，杆，棒；(2) 伸缩箱，排条器 (3) 交织，交错；(4) 用红赭色涂
raddle conveyor　链板式输送器
raddle type pickup　链板式检拾器
Radechon　雷德康管；(2) 阻塞栅式存储
radechon　(1) 阻塞栅存储管；(2) 阻塞栅存储阴极管
radenthein method　一种高温碳素还原制镁法
RADEP (=Radar Departure)　雷达偏差
radex　放射性物质的排除
radexray　X 射线雷达
RADFC (=Rules of Assessment of Damages Following a Collision)　船舶碰撞损害赔偿确定原则
radiability　X 射线透过性
radiable　X 射线可透的，X 射线可检的，能透光的
radiac (=radioactivity detection , identification and computation)　(1) 剂量探测仪器，放射性检测仪器，辐射计；(2) 核子放射侦察；(3) 放射性探测及指示和计算，放射性检测
radiacmeter　(1) 核辐射测定器；(2) 剂量计
radiacwash　放射性去污液
radiagraph　自动靠模气割器，活动焰切机
radial (=RADL)　(1) 径向的，半径的，向心的；(2) 辐射形的，辐射状的，放射 [式] 的，光线的，射线的；(3) 幅向的，星形的，弧矢的；(4) 沿视线方向的，视向的；(5) 径向，幅向，光线，射线
radial absorption　径向吸收
radial acceleration　径向加速度
radial admission　径向进给
radial angular contact ball bearing　径向角接触滚珠轴承
radial antifriction bearing　径向抗摩轴承
radial arm　(1) 旋臂；(2) 定位臂
radial arm bearing　横力臂支承
radial armature　凸极电枢
radial-axial flow turbine　混流式水轮机
radial axial flow turbine　混流式水轮机
radial axle　转向轴
radial axle turbine　径流 / 轴流式涡轮机
radial backlash　径向侧隙 (与侧隙值相当的径向位移值)
radial ball-bearing　径向滚珠轴承，径向球轴承
radial ball bearing　径向滚珠轴承，向心球轴承

radial ball bearing with extended inner ring　宽内圈向心球轴承
radial band pressure　径向箍带压力
radial-beam tube　径向偏转电子射线管
radial bearing　向心辐射式轴承，向心轴承，径向轴承
radial beat eccentricity　径向跳动量
radial blade　径向叶片
radial blade clearance　叶片径向间隙
radial boat unit　转出式吊艇柱
radial brick　(砌烟囱的) 扇形砖
radial brush　径向电刷
radial buffer　球形缓冲器
radial cam　径向凸轮
radial chaser　径向螺纹梳刀
radial check gate　弧形节制闸门
radial clearance　径向间隙
radial clearance of plain bearing　滑动轴承径向间隙
radial clutch　径向离合器
radial commutator　辐射式整流子，径向整流子
radial component　径向分量，径向分力
radial component of load　载荷径向分力
radial component of normal load　法向载荷径向分力
radial composite error　径向综合误差
radial compression stress　径向压应力
radial compressor　径向压缩机
radial contact seal with metal ring　带金属环的径向密封装置
radial crack　辐射形裂缝，辐裂
radial cross section　径向截面
radial crushing strength　中心破碎强度
radial cut　(木材) 剖锯
radial cutter　(1) 径向刀位；(2) 侧面铣刀；(3) 三面刃铣刀
radial cylinder　径向排列汽缸
radial davit　旋转式吊艇柱，转动式吊艇柱
radial-deflecting electrode　径向致偏电极，径向偏转电极
radial deflection　径向偏转
radial deflection tube　径向偏转示波器
radial deflection type cathode ray tube　径向偏转式阴极射线管, 极坐标阴极射线管
radial deformation　径向变形
radial derivation　径向导数
radial developed pattern　径向展开图
radial development　径向展开法
radial deviation　径向偏差
radial diameter　径向刀位值
radial dimensions　径向尺寸
radial direction　径向
radial disk line　桨盘径线
radial displacement　(1) 径向变位；(2) 径向位移
radial distance　径向距离，径向位移
radial distribution feeder　辐射式配电馈路，径向配电馈路
radial Doppler effect　径向多普勒效应
radial drainage　径向排液
radial draw deformation　径向拉伸成形
radial draw forming　径向拉伸成型，径向拉伸成形
radial drawing　径向拉伸，变薄旋压
radial drill　旋臂钻床，摇臂钻床
radial driller　摇臂钻床
radial drilling machine　旋臂钻床，摇臂钻床
radial drilling machine with the arm adjustable in height　摇臂钻床
radial ducts　径向通风管
radial engine　径向排列汽缸发动机，径向配置活塞的发动机，辐射式发动机，星形发动机
radial equilibrium　径向平衡
radial error　径向误差
radial facing slide　径向滑块
radial feed　径向进给 [法]，径向进刀
radial flank　径向齿面，齿根高齿面，下齿面
radial flank profile　径向齿廓，齿根高齿廓，下齿廓
radial-flow　径向流动
radial flow　径向流动，辐向流，径 [向] 流
radial flow centrifugal pump　径流式离心泵
radial flow compressor　离心式压缩机，径流式压缩机，径向式压缩机
radial flow double rotation turbine　辐流式正反双转子汽轮机
radial flow fan　径流式通风机
radial flow impeller　径流式叶轮

radial flow pump 径流泵

radial flow resnatron 径向通量分米波超高功率四极管

radial flow steam turbine 径流[式]汽轮机

radial-flow turbine 辐流涡轮机

radial flow turbine 径向轴流式水轮机,径流式涡轮机,辐射流涡轮

radial force 径向力

radial forging 径向锻造法,径向模锻法

radial gate 弧形闸门

radial grating 径向光栅,径向线栅

radial hobbing 径向滚齿

radial impeller 径向式叶轮

radial impermeability 径向密封性

radial infeed depth 径向切入深度

radial-inlet 径向进口的

radial inlet 径向进口

radial-inlet impeller 径向进口式泵

radial internal clearance 径向内部游隙,径向内部间隙

radial internal cylindrical honing machine 径向内圆珩磨机

radial intersection method 辐射交会法

radial-inward 向心式的

radial inward flow turbine 向心式涡轮机,向心式涡轮

radial labyrinth seal 径向曲路密封,径向迷宫式密封

radial lead 径向引线

radial line 径向线

radial line of position 辐射位置线

radial load 径向载荷,径向负荷,径向荷载

radial load compenent 径向载荷分量

radial loader 弧线装船机

radial locating 径向定位

radial magnetic focusing 径向场聚焦

radial mark 放射状标记

radial milling machine 摇臂铣床

radial missing 径向偏差

radial modification 径向变位

radial momentum 径向动量

radial motion 径向运动

radial navigation 辐射信号导航,放射状导航法,径向导航法

radial needle roller and cage assembly 向心滚针及保持架组件

radial notch 径向切口,径向凹槽

radial oil seal 径向油封

radial optical tracking theodolite 径向光学跟踪经纬仪

1118

radial packing 径向密封,轴封

radial parallel search 平行线族搜索,径向线平行线搜索(在多条平行线上搜索)

radial percussive coal cutter 径向冲击式截煤机

radial piston hydraulic motor 径向柱塞式液压马达

radial piston pump 径向活塞泵

radial pitch variation 沿半径变化的螺距

radial play 径向活动间隙,径向间隙,径向游隙,径隙

radial play eccentricity 径向游隙跳动量

radial plunger pump 径向柱塞泵

radial plunger type oil motor 径向柱塞式油马达

radial pole piece 径向极靴,辐向极靴

radial positive contact seal (1) 径向接触式密封;(2)(轴承)动密封

radial pressure 径向压力

radial profile 辐射状剖面,径向剖面

radial pulsation 径向脉动

radial pump 径向泵

radial rake 径向前面

radial rake angle 径向前角

radial roller bearing 向心滚子轴承

radial run-out 径向跳动,径向摆动

radial saw 转向锯

radial sawing 径向锯[木]法

radial scratch marks 径向划痕

radial seal 径向密封,轴封

radial search 射线搜索

radial section 径向截面,径向剖面

radial selector 无线电定向标选择器

radial setting 径向刀位

radial shaft seal (ring) 径向轴封环

radial shear 径向剪切

radial shield 放射板

radial ship loader 弧线装船机

radial sliding bearing 径向滑动轴承

radial slot (缸孔)径向槽,沿径槽

radial spherical roller bearing 径向球形滚柱轴承

radial strain 径向应变

radial stress 径向应力

radial symmetry 径向对称

radial tension 径向张力

radial thrust 径向推力

radial thrust bearing 向心推力[滚动]轴承

radial thrust force 吃刀抗力,径向抗力

radial time-base (=RTB) 径向时基

radial time base (=RTB 径向时基

radial-time-base display 径向时基显示器

radial tool 圆角切刀

radial tool holder 径向刀杆

radial tool post 径向刀架

radial tooth-to-tooth composite error 径向相邻齿综合误差

radial turbine 径流式涡轮机,径流式透平

radial turning 端面车削

radial type internal combustion engine 辐射内燃机

radial type transmission line 辐式传输线

radial tyre 子午线轮胎

radial valve gear 径向阀装置

radial vane 辐射式叶片,径向叶片

radial vane impeller 径向式叶轮

radial varying pitch 径向变螺距

radial vector 径向矢量

radial velocity (1) 径向速度;(2) 视向速度,视线速度

radial ventilation 径向通风

radial vibration 径向振动

radial winding 辐射式绕组[法],径向绕组

radialization 辐射,放射

radialized 辐射状的,放射的

radially increasing pitch (螺旋桨)径向递增螺距

radially nonuniform inflow 径向非均匀流

radially varying inflow 径向非均匀流

radials 辐板

radian 弧度,弦 (57° 17′ 44″ 8)

radian frequency 弧度频率 (=2πf),角频率

radian measure (1) 弧度测量;(2) 弧度法

radian per second 弧度/秒

radiance (1) 面辐射强度,发光强度,(2) 辐射强度,辐射性能,辐射密度,辐射亮度,辐射率;(3) 发光度,光亮度,光辉

radiance in a given direction 给定方向辐射[强度]

radiancy 面辐射强度,辐射强度,辐射率

radiant (1) 辐射点,辐射源,辐射器,光源,热源;(2) 发出辐射热的,放射的,辐射的,发射的,放热的,散热的,发光的;(3)(电炉、煤炉)白炽部分

radiant boiler 辐射锅炉

radiant emittance 辐射通量密度,辐射率,辐射度

radiant energy 辐射能

radiant energy spectrum 辐射能谱

radiant flux 辐射流量,辐射能流

radiant heat 辐射热

radiant heat drying 辐射加热干燥

radiant heat of anode 阳极耗散热能,板极耗散热能

radiant heating surface 辐射受热面

radiant interchange 辐射热交换

radiant pipe 散热管

radiant power 辐射通量,辐射流量

radiant ray 辐射线

radiant ray intercepted glass 辐射线防御玻璃,辐射线防护玻璃

radiant rays 辐射线,放射线

radiant sensor 辐射感应器,辐射传感器

radiant superheater 辐射型过热器

radiant tube 辐射管

radiant tube annealing 辐射加热式退火

radiant tube fired cover type furnace 辐射管加热的罩式炉

radiant tube furnace 辐射管式炉

radiate (1) 发射电磁波,发射光线,辐射,照射,(2) 放射;(3) 散热;(4) 发热,发光;(5) 辐射状的,有射线的,射出的

radiate ridge 放射隆起线

radiated 辐射的,放射的

radiated electric field 辐射电场

radiated element　发射元件,辐射单元
radiated energy　辐射能
radiated flange　散热凸缘,散热片
radiated interference　辐射干扰
radiated power　辐射功率
radiated structure　放射状组织
radiated television　电视辐射发送
radiated wave　辐射波
radiating　(1)辐射,放射;(2)发光,散热;(3)辐射的
radiating antenna　辐射天线
radiating area　辐射面积,辐射区
radiating capacity　辐射本领
radiating circuit　辐射电路,天线电路
radiating collar　冷却套管,散热管
radiating fin　散热片
radiating flange　散热翼缘,散热凸缘,散热片
radiating goods　放射性物质
radiating guide　波导天线,辐射波导
radiating heat　辐射热
radiating pipe　散热管
radiating portion　发射部分
radiating power　辐射能力,辐射本领
radiating surface　辐射面,散热面
radiating test facility (=RADFAC)　放射试验设备,辐射试验设备
radiation (=RADN)　(1)发射光,发射热,放射,辐射,照射,发热;(2)放射性能,放射性热,放射[线],辐射线,辐射能,放射物;(3)放射,散热,发光;(4)散热器,散射器
radiation alarm　放射性警报
radiation angle　辐射角(辐射线与水平面的夹角)
radiation appliance　辐射装置,辐照设备
radiation barrier　辐射屏蔽
radiation boiler　辐射型锅炉
radiation chemical reduction　辐射化学还原
radiation chemistry　放射化学
radiation coefficient　辐射系数
radiation colding　辐射冷却
radiation concentration guide　放射性浓度标准
radiation control board (=RCB)　辐射控制盘
radiation-cooled　辐射致冷的
radiation cooled　辐射致冷的
radiation cooled structure　辐射致冷结构
radiation-cooled tube　辐射冷却电子管,散热冷却管
radiation cooled tube　冷气管
radiation core　汽车散热器中部,散热器型心
radiation-counter tube　辐射[线]计数管
radiation counter tube　辐射[线]计数管
radiation coupling　辐射耦合
radiation curing　放射熟化
radiation current　辐射电流
radiation damage　放射线损害,放射线损伤,辐射损伤,幅照损伤
radiation damping force　辐射阻尼力
radiation danger zone　辐射危险区
radiation density　辐射密度
radiation detector　辐射探测器
radiation disease　射线病
radiation dose　放射剂量
radiation dose meter　放射剂量计
radiation dosimetry　剂量探测学
radiation effect (=RE)　辐射效应,辐射作用,辐射影响
radiation effects machine analysis system (=REMAS)　辐射效应计算机分析系统
radiation effects reactor (=RER)　辐射作用研究反应堆,辐射效应反应堆
radiation efficiency　辐射效率
radiation element　(1)放射性元素;(2)辐射元件
radiation exclusion area (=RADEX)　放射禁区
radiation factor　辐射系数
radiation fin　散热片
radiation flux　辐射通量
radiation flux density　辐射流密度
radiation fluxmeter　辐射剂量仪
radiation fog　辐射雾
radiation frequency　辐射频率
radiation gradient　辐射梯度

radiation hardening　辐射硬化
radiation heat transfer　辐射传热
radiation heating　辐射加热
radiation heating surface　辐射受热面
radiation height　(无线电的)有效高度,辐射高度
radiation homing　辐射导航
radiation hydrodynamics　辐射流体动力学
radiation indicator　辐射指示器
radiation-induced　辐射引起的
radiation-initiated　辐射引起的
radiation injury　辐射伤害,射线病
radiation instrument　辐射剂量仪
radiation level　剂量当量率,辐射水平,辐射量
radiation level indicator　辐射强度指示器
radiation loss　(1)辐射损耗;(2)(雷达)放射损失,辐射损失
radiation monitoring equipment　放射性监视设备
radiation monitoring film　辐射监察片
radiation monitoring satellite　辐射监视卫星
radiation night　强辐射夜
radiation of heat　热[的]辐射
radiation pattern　(1)辐射方向;(2)天线辐射[方向]图,天线方向[性]图
radiation potential　辐射电位
radiation power　辐射功率
radiation pressure (=RADL PRESS)　辐射压强,辐射压力
radiation-producing　辐射产生的
radiation-proof　防辐射的
radiation protection　放射性防护,放射保护
radiation protection instrument　辐射防护仪器
radiation pyrometer　辐射高温仪表,辐射高温计
radiation pyrometry　辐射测高温法
radiation rate　辐射率
radiation reactance　辐射电抗
radiation reflectivity　辐射反射率
radiation research society (=RRS)　(美)辐射研究学会
radiation resistance　辐射电阻
radiation-resistant　对辐射稳定的,抗辐射的,耐辐射的
radiation resistant ceramic　耐辐射陶瓷
radiation resistant material　耐辐射物质,抗辐射材料
radiation sensitive center　辐射敏感中心
radiation sensitive material　辐射敏感材料
radiation safety　辐射安全
radiation shield　辐射屏蔽
radiation shielding concrete　防辐射混凝土
radiation shielding window　辐射屏蔽观察窗
radiation sickness　射线中毒,辐射病
radiation survey meter　放射性检测仪
radiation temperature　辐射温度
radiation thickness ga(u)ge　放射性元素测厚仪
radiation-triggered　辐射起动的
radiation transformer　辐射变压器
radiation type electric supply　辐射供电
radiation value　辐射值
radiation waste heat boiler　辐射式废热锅炉
radiation-wave　辐射波
radiationless　非辐射的
radiationmeter　X射线计,伦琴计,辐射计
radiative　发射光的,发射热的,辐射的,放射的,放热的
radiative flux　辐射通量
radiative transition　辐射转移
radiativity　(1)发射率;(2)辐射率;(3)辐射性,放射性,发射性
radiator (=RAD)　(1)放热器,放射器,发射器;(2)暖气装置,取暖电炉,取暖器,冷却器,散热器,散热片,暖气片,暖气管;(3)辐射体,辐射器,辐射源,放射体;(4)发射天线,振荡器,振子;(5)(汽车)水箱
radiator barffle　散热器挡板
radiator block　散热块
radiator bonnet bow　散热器护罩前额
radiator chaplet　(铸)螺旋式芯撑,天线式芯撑,盘香式芯撑
radiator coil　散热器蛇形管
radiator coil tube　散热器盘管
radiator cooled generator　散热冷压式发电机
radiator cooling　散热器冷却
radiator core　汽车散热器中部,散热器型心
radiator cover　散热器罩,辐射器罩

1119

radiator drain　散热器放水口
radiator element　散热器肋片，散热片
radiator-fan　散热片
radiator filler　散热器加水口
radiator flap　散热风门
radiator grate　散热器护栅
radiator grid　散热器栅
radiator grille　散热器护栅
radiator guard　散热器护罩
radiator header tank　散热器上水箱
radiator liquid　暖气管液，散热液
radiator of sound　声辐射器，扬声器，声源
radiator lower tank　散热器下水箱
radiator screen　散热器保温帘
radiator shell　散热器外壳
radiator shutter　散热器百叶窗
radiator stand　散热器架
radiator type transformer　散热器型变压器，散热器式变压器
radical (=R)　(1){数}根数，根式，根号；(2)根部，根的；(3)基本的，根本的，主要的，重要的，基的；(4){化}原子团，官能团，基团，基；(5)激进的，过激的
radical axis　{数}根轴，等幂轴
radical center　{数}等幂心，根心
radical expression　{数}根式
radical of an algebra　代数的根
radical polymerization　游离基聚合，自由基聚合
radical principle　基本原理
radical reaction　自由基反应
radical sign　{数}根号
radical transfer　自由基转移，基团转移
radical weight　基团量
radically　主要地，根本上，完全
radicand　{数}被开方数
radicate　(1){数}开方；(2)使生根，确立
radication　{数}开方
radices　(单 radix)(1){数}根数值，记数根，基数，底数；(2)根本，根源；(3)语根，词根
radiferous　含镭的
radii　(单 radius)(1)半径；(2)距离，范围，界限；(3)径向射线，幅向射线，辐射光线，辐射状部分，放射状；(4)倒圆
radii of gear　齿轮半径
radio (=RAD)　(1)无线电，射电；(2)无线电传送，无线电通信，无线电广播，无线电台；(3)放射，辐射；(4)无线电设备，无线电话，无音机，收音机；(5)用无线电发送，用无线电发射，用无线电传送，发无线电报，用 X 射线拍照；(6)无线电报的，收音机的，射频的，高频的，射电的
radio-　(词头)无线电，X 射线，光线，放射，辐射
radio acoustic position finding　无线电声响定位，声响测距法
radio acoustic ranging (=RAR)　无线电声响测距，声响测距
radio activation　放射现象，放射性
radio active series　放射系列
radio adoptive communication　无线电自适应通信
radio aerial　无线电天线
radio aeronavigation　空中无线电领航学
radio alarm signal　无线电报警信号
radio-altimeter　无线电测高计，射电测高计
radio altimeter　无线电测高计
radio amateau civil emergency service (=RACES)　业余无线电爱好者国内应急通信业务
radio and electronic component manufacturer federation (=RECMF)　无线电和电子元件制造商联合会，无线电和电子元件制造商协会
radio and television (=RT)　无线电与电视
radio antenna　无线电天线
radio apparatus　无线电设备，无线电机
radio arm　电桥臂
radio arm box　电桥用电阻箱，电阻电桥箱
radio astronomical observatory (=RAO)　射电天文台
radio astronomy　无线电天文学，射电天文学
radio astronomy explorer satellite　(美国)射电天文学探测器卫星
radio atmometer　放射蒸发表
radio autocontrol　无线电自动控制
radio-autopilot　无线电自动驾驶
radio autopilot coupler　无线电自动驾驶耦合器
radio balloon　无线电探空气球

radio battery charging panel　无线电电池充电配电板
radio beacon (=racon)　无线电[航空]信标，无线电指向标
radio-beam transmitting　定向无线电发送
radio beam transmitting station　无线电定向发射台
radio bearing　无线电方位
radio bearing conversion table　无线电方位换算表
radio biological action　放射生物作用
radio biological dies　放射生物学研究
radio biological effect　放射生物效应
radio bomb　无线电引信炸弹
radio brightness　射电亮度
radio broadcast transmitting station　无线电广播发射台
radio broadcasting　无线电广播
radio broadcasting station　无线电广播台
radio buoy　无线电导航浮标
radio call　无线电呼号，无线电信号
radio camera　无线电摄像机
radio-capsule　微型电子内诊器
radio car　无线电通信车，警务车
radio carbon　放射性碳，碳同位素
radio carbon age　放射性碳龄
radio carbon dating　放射性碳测定年代
radio carbon tracer　放射性碳示踪物
radio cassette　收录两用机，收发两用机
radio cast　用无线电广播
radio ceiling　无线电云幕器
radio celestial navigation　射电天文导航
radio celestial navigation system　无线电天文导航系统
radio center　无线电集中台
radio central office　无线电枢纽台
radio ceramics　高频陶瓷
radio channel　无线电频道
radio chemically regenerative fuel cell　放射化学再生燃料电池
radio chemistry　放射[性]化学
radio chromatogram scanner　放射色谱扫描器
radio chromatographic technique　放射性色谱技术
radio chrometer　射线硬度测量计
radio circuit　高频电路，无线电路
radio climatology　无线电气候学
radio coding　无线电编码
radio command guidance (=RCG)　无线电指令制导
radio command linkage (=RCL)　无线电指挥系统
radio command system　无线电指令系统
radio common carriers　无线电共载波
radio common channel　共用无线电信道
radio-communication　无线电通信
radio communication　无线电通信
radio communication and electronic engineering　无线电通信和电子工程
radio communication receiver　无线电通信接收机
radio communication set　无线电通信装置
radio communicator　无线电通信装置
radio compass (=RC)　无线电测向仪，无线电罗盘
radio compass station　无线电方位信标台，无线电测向台
radio component (=RC)　无线电部件，无线电元件，无线电零件
radio contact　无线电联络
radio contamination　放射性物质污染
radio contrast agent　放射性对比剂
radio control　无线电控制，无线电操纵
radio control relay (=RCR)　无线电控制继电器
radio-controlled　无线电操纵的，无线电控制的
radio-controlled aerial target (=RCAT)　无线电操纵的飞靶
radio controlled flight　无线电控制飞行
radio controlled pump station　用无线电自动控制的泵站
radio controlled switch engine　无线电控制的调车机车
radio controlled target plane　无线电控制靶机
radio controlled traffic　无线电控制的交通
radio copying telegraph　无线电传真电报
Radio Corporation of America (=RCA)　美国无线电公司
radio cross-section (=RCS)　雷达[目标反向散射]截面，雷达有效反射面
Radio Department　(英国)无线电处
radio decting and ranging　无线电探测(即雷达)
radio-detection　无线电探测

radio detection　无线电探测, 无线电警戒
radio detection and location　无线电探测与定位
radio detection and ranging　无线电探测与测距, 雷达
radio-detector　雷达
radio detector　无线电探测器, 雷达
radio detector equipment　无线电测位设备, 雷达设备
radio determination　无线电定位
radio determination satellite services　卫星无线电测量业务
radio determination satellite system　无线电测定卫星系统
radio deviation　无线电偏差, 无线电自差
radio digital system　无线电数字系统
radio digital terminal　无线电数字终端
radio directing and ranging　雷达
radio direction finder (=RDF)　无线电测向器, 无线电测向台, 无线电定向仪
radio direction finder station　无线电测向台
radio direction finding (=RDF)　无线电测向, 无线电探向
radio direction finding apparatus　无线电测向装置
radio direction finding chart　无线电测向图
radio direction finding station　无线电测向台 (符号)
radio-dispatched truck　无线电派遣货车
radio distance　无线电测距
radio distance difference measurement　无线电距差量度定位
radio distance finder (=RDF)　无线电测距仪
radio distance finding　无线电测距
radio distance measuring set　无线电测距仪
radio distance plus measurement　无线电距和量度定位
radio distress frequency　无线电求救信号频率
radio distress signal　无线电遇难求救信号
radio-districts　无线电区域
radio Doppler inertial　多谱勒惯性无线电
radio duct　无线电波导, 无线电波道
radio echo　(1) 无线电回波; (2) 雷达反射, 雷达回波
radio eclipse　射电食
radio electrician　无线电电工
radio electronic transmitting antenna　无线电电子发射天线
radio electronics　无线电电子
radio,electronics and television manufacturers association (=RETMA)　美国无线电、电子器件、电视机制造商协会 (现为 electronic industrial association 电子工业协会)
radio-element　放射 [性] 元素
radio element　放射性元素
radio emergency installation　应急无线电设备, 应急无线电台
radio emergency search communication unit (=RESCU)　无线电紧急搜救通信设备
radio emission　射电辐射
radio engineering　无线电工程, 无线电技术
radio-equiped　装有无线电的, 无线电装备的
radio equipment　无线电设备
radio equipment department　(英国) 无线电装备部
radio equipment distribution panel　无线电设备分配电屏
radio equipment for homing　无线电返航设备, 无线电导航设备
radio equipment of life beat　救生艇用无线电设备
radio-equipped　装备无线电的
radio equipped switch engine　装有无线电通论设备的调车机车
radio examination　射线检验
radio exposure (=RE)　放射性照射 [量]
radio facility　无线电设备
radio facility chart　无线电导航图 (标有无线电设备位置及特性的海图)
radio facsimile　无线电传真
radio facsimile recorder　无线电传真记录仪
radio fade-out　无线电信号衰落, 电波消失
radio fication　无线电化
radio field intensity　射电场强 [度], 电磁波场强
radio field strength　无线电场强, 射电场强
radio fix　(1) 无线电船位; (2) 无线电定位; (3) 无线电定位点
radio fixing aid　无线电定位辅助设备, 无线电定位设备
radio flagging　无线电指挥
radio-fluorescence　射电荧光, 辐射荧光
radio fluorescence　射电荧光, 辐射荧光
radio fog　(1) 无线电雾号; (2) 无线电雾信号
radio forecast　无线电波传播情况预报
radio-free　不产生无线电干扰的
radio-frequency　无线电频率, 射电频率, 射频

radio frequency　无线电频率, 射电频率, 射频
radio frequency absorption　射频吸收
radio frequency alternator　(1) 射频交流发电机; (2) 射频振荡器, 高频发生器, 射频发生器
radio-frequency amplifier　(1) 高频放大器; (2) 射频放大器
radio frequency amplifier circuit　射频放大器电路
radio frequency amplifier gain　射频放大器增益
radio frequency beam　射频波束
radio-frequency bridge　高频电桥
radio frequency cable　射频电缆
radio frequency carrier　射频载波, 高频载波
radio frequency carrier shift　射频载波漂移
radio-frequency capacitor　高频电容器
radio frequency cavity　射频谐振腔
radio frequency channel　无线电频道, 射频信道, 高频电路, 射频波导
radio frequency chart　射频图
radio frequency chock　射频扼流圈
radio-frequency choke　高频扼流圈, 高频扼流圈
radio-frequency circuit　射频电路
radio frequency coil　射频线圈, 高频线圈
radio-frequency component　射频分量
radio frequency control　无线电频率控制
radio frequency current　射频电流
radio frequency demodulator　射频解调器
radio frequency discharge　射频放电
radio-frequency discharge detector　射频放电检测器
radio frequency engineering　射频无线电工程
radio-frequency filter　射频滤波器
radio-frequency gain control　射频增益控制
radio frequency generator　射频发生器
radio frequency gluing　高频胶合
radio frequency head　射频头
radio-frequency holography　射频全息术
radio frequency identification　无线电频率识别
radio frequency induction brazing　射频焊接
radio frequency induction coil　高频感应线圈
radio-frequency interference　射频干扰
radio frequency intermodulation distortion　射频互调失真
radio frequency leakage　射频漏泄
radio-frequency maser　射频微波激射器
radio frequency modulator　射频调制器
radio frequency operation　射频运用
radio frequency oscillator　射频振荡器
radio frequency output probe　射频输出探头
radio frequency pattern　交变脉冲图形
radio frequency performance　射频性能
radio-frequency plumbing　射频波导管
radio frequency power　射频功率
radio-frequency power amplifier　射频功率放大器
radio-frequency power supply　射频高压电源
radio frequency power supply　射频高压电源
radio frequency preheating　高频预热
radio frequency probe　射频探测器
radio frequency pulse　射频脉冲
radio frequency pulse shape　射频脉冲波形
radio-frequency radiation　射频辐射
radio-frequency reading　用高频扫描快速读出
radio-frequency receiving tube　射频接收管
radio frequency sealing technique　射频封接技术
radio-frequency sensitivity　射频灵敏度
radio frequency signal source　射频信号源
radio frequency spectrum　无线电频谱, 射频频谱
radio frequency stage　射频级
radio frequency switch　射频转换开关
radio frequency system　射频系统
radio frequency technique　射频技术
radio-frequency thermonuclear　射频热核装置
radio-frequency torch　射频炬
radio-frequency transformer　射频变量器, 射频变压器
radio frequency tube　射频管, 高频管
radio frequency tuner　射频调谐器
radio frequency welding　射频焊接, 高频焊接
radio goniometer　无线电方位测定器, 无线电测角器
radio goniometer control　测角器旋钮

radio goniostation　无线电方向探测站
radio-gramophone　收音电唱两用机
radio gramophone　收音电唱两用机
radio-guidance　无线电控制
radio guidance　无线电制导
radio handbook　无线电手册
radio heater　射频加热器,高频加热器
radio heating　射频加热,高频加热
radio horizon　电波水平线,无线电地平线
radio house　无线电室,报务室
radio index　射电指数
radio inertial guidance (=RIG)　无线电惯性制导
radio inertial guidance system (=RIGS)　无线电惯性制导系统
radio inertial monitoring equipment (=RIME)　无线电惯性监控设备
radio inertial navigation system (=RINS)　无线电惯性导航系统
radio influence (=RI)　无线电影响,高频感应,射频感应
radio information chart　(小船用)无线电指向图标
radio inspector (=RI)　无线电检查员
radio installation　(1)无线电设备;(2)无线电室,报务室
radio instrument　无线电测量仪器
radio intelligence (=RI)　无线电情报,无线电信息,无线电侦察
radio intelligence division (=RID)　无线电情报处
radio intercept　无线电窃听
radio intercept operator (=RIO)　无线电截听员
radio interference (=RI)　无线电干扰,射电干扰
radio interferometer　无线电干涉仪,射电干涉仪,射电干扰仪
radio-isophot　射电等辐透,射电等照度,射频等照度
radio-isophote　射电等值线
radio isotope　放射性同位素
radio isotope battery　放射性同位素电池
radio isotope customer　放射性同位素用户
radio isotope detector　放射性同位素检测器
radio isotope sail　放射性同位素帆
radio isotope scan　放射性同位素扫描
radio isotope scanner　放射性同位素扫描器
radio isotope suit　操作放射性同位素用工作服
radio isotope technique　放射性同位素技术
radio isotope transmission ga(u)ge　放射性同位素透射测量计
radio isotopic dilution　放射性同位素稀释
radio isotopic tracer　放射性同位素示踪物
radio jamming　无线电干扰
radio knife　高频手术刀,射电刀
radio light vessel　浮动无线电信标船,无线电灯船
radio line of position　无线电位置线
radio line-of-sight (=RLOS)　无线电瞄准线
radio link　无线电中继线
radio location (=RL)　无线电定位
radio location astronomy　无线电定位天文学
radio location radar　无线电定位雷达
radio location station　无线电定位站
radio locational astronomy　无线电定位天文学
radio locator　无线电定位器,无线电探测器,雷达站
radio log　(船舶)报房日志,无线电台日志
radio logbook　无线电日志
radio logy　放射学,辐射学
radio loop　环形天线,环状天线
radio luminosity　射电光学
radio M to N　用无线电把 M 传给 N
radio magnetic deviation indicator (=RMDI)　无线电偏差显示器
radio magnetic indicator (=RMI)　无线电磁[方位]指示器
radio maintenance guidance　无线电维修指南
radio man　无线电技师,报务员,电报员
radio manufacturer's association (=RMA)　无线电制造商协会
radio marine letters　海上书信电报
radio marker　无线电指点标,无线电信标
radio marker beacon　无线电标志信标,无线电指点标
radio-masking　无线电伪装
radio mast　(无线电)天线桅,天线塔,天线杆
radio material　放射性物质
radio measurement　无线电测量
radio message　无线电报
radio metal　无线电金属,无线电高导磁合金(铁镍合金)
radio metallography　射线金相学,放射金相学
radio meteorograph　(1)无线电高空气象仪;(2)无线电气象计

radio meteorograph observation (=raob)　无线电气象探测,无线电探空仪观测
radio meter　辐射仪,辐射计
radio meter calibration　辐射计校准
radio meter ga(u)ge　辐射真空计
radio meter sensitivity　辐射计灵敏度
radio methods　(定位)无线电法,雷达法
radio metric age　放射测年代
radio metric analysis　辐射度分析,放射分析
radio metric determination　辐射度测定
radio metric magnitude　辐射星等
radio metric property　辐射测量性
radio metric sextant　无线电六分仪,射电六分仪
radio metric technique　辐射测量技术
radio-micrometer　辐射微热计
radio micrometer　无线电测微计,辐射微热计
radio mimetic activity　拟辐射活性
radio mimetic agent　拟辐射剂
radio mimetic substances　类辐射物质
radio monitor　无线电监听员
radio monitoring system　无线电监控系统
radio movies　电视电影
radio navigation (=RN)　无线电导航
radio navigation device　无线电导航设备
radio navigation equipment　无线电导航设备
radio navigation equipment system parameter　无线电导航设备系统参数
radio navigation land station　无线电导航地面站
radio navigation mobile station　移动无线电导航台
radio navigation satellite system　无线电卫星导航系统
radio navigation station　无线电导航台
radio navigation system　无线电导航系统
radio navigation tailbuoy　无线电导航拖标
radio navigational　无线电导航的
radio navigational aids　无线电导航设备
radio navigational device　无线电导航设备
radio navigational lattice　无线电导航网
radio navigational warning　无线电航海警告(由无线电通报影响航行安全的消息)
radio network　无线电通信网
radio news　广播新闻
radio noise　无线电噪声,射电噪声,电磁波干扰
radio noise field intensity　射频噪声场强,射频干扰场强
radio noise field strength　射频噪声场强度
radio noise meter　无线电噪声计
radio nuclide　放射性核素
radio nuclide clearance　放射性核素清除技术
radio nuclidic purity　放射性核纯
radio-observatory　无线电天文台
radio observatory　射电天文台
radio office　无线电室,报务室
radio office logbook　电台日志
radio office room　报务室
radio officer　无线电电子员,报务主任,报务员
radio-opacity　辐射不透明度,射线不透性,X 线不透性
radio operator　无线电操作员,报务员,电报员
radio outfit　无线电设备
radio paging　无线电分页,无线电页面
radio pasteurization dose　射线巴氏杀菌的剂量
radio path　无线电波传播的路径
radio personnel　无线电人员
radio phare　无线电指向标
radio phone　无线电话机,无线电话
radio phone signal　无线电话信号
radio-phonograph　收音电唱[两用]机
radio phonograph　收音电唱机
radio photo-transmission　无线电传真
radio photograph　无线电传真
radio photovoltaic conversion　辐射光电转换
radio picture　无线电传真
radio pincher　(修理)无线电用钳子,扁嘴钳
radio plant　无线电台
radio position finding (=RPF)　无线电测位,无线电定位
radio position line　无线电船位线

radio position system　无线电定位系统
radio positioning　无线电定位
radio positioning land station　无线电定位陆地台
radio positioning mobile station　无线电移动式定位电台
radio positioning system (=RPS)　无线电定位系统
radio pratique　无线电检疫函
radio pratique message (=RPM)　无线电检疫电报, 无线电检疫函
radio prism　无线电棱镜, 电波棱镜
radio procedure　无线电通信工作程序
radio propagation (=RP)　无线电 [波] 传播
radio protective compound　辐射防护化合物, 抗辐射化合物
radio protective substance　辐射防护物质
radio proximity fuse　近炸雷管
radio quantum number　放射量子数
radio quarantine reports from ship at sea　海上船舶无线电检疫报告
radio quiescence　无线电沉默
radio quiet　不产生无线电干扰的
radio radiation　射电辐射
radio range (=RR)　等距离区无线电信标, 等信号无线电信标, 无线电
　　航向信标, 无线电导航信标, 无线电测距, 无线电导航, 无线电定向台
radio range-beacon (=RRB)　无线电导航信标
radio range beacon　无线电导航信标
radio range beam　无线电测距波束
radio range filter　无线电信标用滤波器
radio range finder　无线电测距仪
radio range flying　测距飞行
radio range interrogator electronic　(美国) 无线电测距应答器
radio range orientation　无线电导航定向法
radio-range receiver　无线电测距接收机
radio range station　无线电测距台, 无线电测距站
radio range transmitter　无线电测距发射机
radio ranging　无线电测距
radio-receiver　无线电收讯机, 无线电接收机
radio receiver　无线电收音机, 无线电接收机
radio receiver parts　无线电接收机零件
radio receiver set (=RRS)　无线电接收机, 无线电收讯机
radio receiver transmitter　无线电收发报机, 无线电台
radio reception　无线电接收
radio recorder　收录两用机
radio refraction correction　大气折射订正
radio regulations (=RR)　无线电规则
radio relay　无线电中继
radio relay aerial　无线电中继天线
radio relay antenna　无线电中继天线
radio relay communication　无线电中继通信
radio relay league　无线电中转联盟
radio relay station (=RRS)　无线电中转站, 无线电中继台, 无线
　　电转播台
radio-relay system　无线电中继系统
radio relay system　无线电中继系统
radio report　无线电报告
radio research (=RR)　无线电研究
radio research board (=RRB)　无线电研究署
radio research laboratory (=RRL)　无线电研究实验室
radio research ship　无线电通信考察船
radio research station (=RRS)　无线电科研站
radio research system　搜索雷达站
radio room　无线电报房, 无线电室, 报务室
radio safety beacon system (=RSBS)　无线电安全信标系统
radio safety signal　无线电安全信号
radio search system　搜索雷达站
radio sensitizing effect　放射敏化效应
radio service　无线电业务
radio service department (=RSD)　无线电业务部
radio set (=RS)　无线电收发报机, 无线电装置, 无线电设备, 无线
　　电台, 接收机, 收音机
radio setting apparatus　无线电测向仪
radio sextant　无线电六分仪, 射电六分仪
radio shadow　(无线电) 静区, 哑区
radio-shielded　防高频感应的
radio shielded　防高频感应的, 对高频屏蔽的
radio ship　无线电通信舰船, 无线电通信舰
radio ship's speedometer　无线电船速计
radio-signal　无线电信号

radio signal　(1) 无线电信号；(2) 无线电信号表
radio silence　无线电寂静, 无线电静寂, 停止发报时期
radio-silent　不产生无线电干扰的
radio-sondage　无线电探空, 无线电探测
radio sonadge technique　无线电探测术
radio sonade　无线电探空仪
radio sonade ballon　无线电探空气球
radio sonade commutator　无线电探空仪转换开关
radio sonade set　无线电探空仪成套设备
radio-sonic buoy　无线电水声浮标
radio sonobuoy　防潜浮标 (水下有音响时自动发出无线电信号的浮标)
radio-spectrograph　射电频谱仪
radio-spectrometer　无线电波分光镜, 无线电分光计
radio-spectrum　无线电频谱, 射频频谱, 射频谱
radio spectrum　无线电频谱, 射频频谱, 射频谱
radio-star　无线电星, 电波星, 射电星
radio star　无线电星, 电波星, 射电星
radio stat　中放晶体滤波式超外差式接收机
radio-station　无线电台
radio station (=RS)　无线电台
radio station call sign　电台呼号
radio station for long distance　远程无线电台
radio station interference　无线电台干扰
radio station license　无线电台证书
radio storm　无线电暴, 射电暴
radio studio　无线电广播室
radio subcenter (=RSC)　无线电分中心
radio-surveying　无线电勘测
radio surveyor　无线电验船师
radio switchboard　无线电配电板
radio technical commission for aeronautics (=RTCA)　航空无线电
　　技术委员会
radio technical commission for marine services (=RTCM)　海 [运]
　　事 [业] 无线电技术委员会, 航海无线电技术委员会
radio technician　无线电技术员
radio technics　无线电技术
radio technique (=RT)　无线电技术
radio telecontrol　无线电遥控
radio telegram　无线电报
radio telegraph (=RT)　(1) 无线电报；(2) 无线电报机
radio telegraph alarm signal　无线电报报警信号
radio telegraph auto alarms　无线电报自动报警器
radio telegraph certificate　无线电报设备合格证书
radio telegraph communication (=RTC)　无线电报通信
radio telegraph coverage　无线电报覆盖
radio telegraph distress frequency　无线电报遇险频率
radio telegraph installation　无线电报设备, 无线电报装置
radio telegraph operating position　无线电报操作位置
radio telegraph operating room　无线电报操作室
radio telegraph operator　无线电报务员
radio telegraph operator's certificate　无线电报务员证书
radio telegraph room　报务室
radio telegraph station　无线电报台
radio telegraph watch　无线电报值班
radio telegraphic transmission　无线电报发送
radio telegraphy　无线电报
radio telegraphy and radio telephony　无线电报和无线电话
radio telemetry　遥测技术
radio telephone (=RT)　无线电话
radio telephone alarm　无线电话报警
radio telephone alarm signal　无线电话报警信号
radio telephone alarm signal generator　无线电话报警信号发生器
radio telephone communication (=RTC)　无线电话通信
radio telephone distress frequency　无线电话遇险频率
radio telephone distress frequency watch　无线电话遇险频率值班
radio telephone distress procedure　(船舶) 遇险无线电话操作条令
radio telephone frequency　无线电话频率
radio telephone-high frequency (=RTH)　高频无线电话
radio telephone high frequency　高频无线电话
radio telephone installation　无线电话装置
radio telephone medium frequency (=RTM)　中频无线电话
radio telephone operator (=RTO)　无线电话务员, 话务员
radio telephone receiver　无线电电传打字接收机
radio telephone station　无线电话台

radio telephone transmitter 无线电话发射台
radio telephone-very high frequency (=RTV) 无线电话 - 特高频
radio telephone very high frequency 无线电话 - 特高频
radio telephony 无线电话学
radio teleprinter (=RT) 无线电传打字机
radio-telescope 无线电望远镜
radio telescope 射电望远镜
radio-teletype 无线电电传打字机
radio teletype (=RTT) 无线电电传打字机
radio teletype receiver (=RTR) 无线电电传打字电报接收机
radio teletype transmitter (=RTT) 无线电电传打字发报机
radio teletypewriter 无线电传打字机, 电传打字机
radio television (无线电)电视
radio television controlled bomb 电视控制的炸弹
radio television set 电视机
radio televisor (无线电)电视接收机
radio telex 无线电传(即窄带直接打印)
radio telex letter 无线电电传书信, 无线电传函件
radio telex service 无线电电传业务
radio testing (=RT) 射线检验, 射线探伤
radio therapeutic instrument 辐射治疗仪器
radio therapy 超短波治疗器
radio thermics 射频加热技术
radio tick 无线电报时信号
radio time signal (=RTS) 无线电时号
radio tower (=RTR) 无线电铁塔, 天线塔, 广播塔
radio tracer 放射性示踪物
radio track guide 无线电航道引导装置
radio tracking 无线电追踪器
radio traffic 无线电通信
radio transmission 无线电发射
radio transmitter (=RT) 无线电发报机, 无线电发射机, 无线电发信机
radio transmitter & receiver 无线电收发报机
radio-transmitting 无线电发射
radio transmitting set 无线电发射机
radio true bearing (=RTB) 无线电真方位
radio tube 电子管, 真空管
radio uranium [放]射铀
radio urgency signal 无线电紧急信号
radio valve 电子管
radio vision 电视

1124

radio visor 电视接收机
radio warming 无线电报警
radio watch 无线电守听
radio watch-keeping 无线电台守听
radio wave 无线电波
radio wave propagation 无线电波传播
radio wave reflection 射频波反射
radio wave spectrum 无线电波频谱
radio weather forecasts 无线电天气预报
radio weather message 无线电气象通信
radio whip antenna (无线电)鞭状天线
radio wind flight 无线电测风
radio wire 绞合天线
radioacoustic 无线电声学的, 广播声学的
radioacoustic position finding 无线电电声测位, 声纳定位
radioacoustics 无线电声学, 射电声学
radioactinium 放射性锕 RdAd, 射锕
radioaction 放射现象, 放射性, 辐射性
radioactivate 使带放射性, 放射性化
radioactivated 带上放射性的, 放射激化的, 放射激活的
radioactivation 使带放射性, 赋予放射性, 放射激活, 放射激化
radioactive (=ra) 有辐射能的, 放射引起的, 放射性的
radioactive ash 放射性尘埃
radioactive background 放射性本底
radioactive contamination of water 放射性水污染
radioactive debris 放射性碎片
radioactive decay 放射[性]衰变
radioactive decontamination 消除放射性污染
radioactive deposit 放射性沉积物, 放射性淀积
radioactive detector 放射性检测器
radioactive disintegration 天然蜕变现象, 放射性蜕变
radioactive drug 放射性制剂
radioactive dust 放射性尘埃

radioactive element 放射性元素
radioactive equilibrium 放射性平衡
radioactive fallout 放射性微粒回降, 放射性沉降
radioactive force 放射力
radioactive gas contamination 放射性气体污染
radioactive heat 放射性蜕变热
radioactive isotope 放射性同位素
radioactive isotope power supply (=RIPS) 放射性同位素动力供应, 放射同位素电源
radioactive isotope tracer 放射性同位素示踪物
radioactive logging equipment 放射性测井设备
radioactive material 放射性材料, 放射性物质
radioactive nature 放射性起源, 放射特性
radioactive nuclide 放射性核素
radioactive probe 放射性探测器
radioactive product 放射性产物
radioactive ray(s) 放射线
radioactive series 放射系
radioactive solid waste storage 放射性废物箱
radioactive standard 放射性标准[源]
radioactive substance 放射性物质
radioactive tracer 放射性指示剂, 放射性示踪物, 同位素示踪物, 放射显迹物
radioactive tracer element 放射性示踪元素
radioactive tracing 放射性示踪
radioactive waste disposal 放射性废物处理
radioactive waste from nuclear ships 核能船舶放射性废物
radioactive waste water tank 放射性废水箱
radioactively labeled substance 放射性标记物
radioactivity (1)放射性; (2)放射学; (3)放射现象, 放射能力; (4)辐射能的发射
radioactivity absorber 放射性[物质]吸收剂
radioactivity bearing tissue 含有放射性物质的组织
radioactivity concentration guide (=RCG) 放射性浓度标准, 放射性浓度指南
radioactivity log 放射性测井
radioactivity meter for liquids 液体放射性检验器
radioactivity protection 放射性防护
radioactivity-resistant 耐辐射的
radioactivity standard 放射性标准[源]
radioactor 镭疗器
radioaerosol 放射性气溶胶
radioaids 无线电导航设备
radioaids to navigation 无线电助航设备
radioaltimeter 无线电测高计, 射电测高计
radioamplifier 高频放大器
radioanalysis 放射性分析
radioapplicator 放射性敷贴器, 放射性照射器
radioassay 放射性测量, 放射性鉴定, 放射性检验, 放射性分析
radioastronomer 射电天文学家
radioastrometry 射电天文学
radioautocontrol 无线电自动控制, 无线电自动操纵
radioautogram 放射自显影照相, 放射自显影图, 无线电传真
radioautograph (1)自动射线照相, 放射自显影照相; (2)放射性[同位素]显迹, 放射性同位素示踪, 放射显迹图
radioautography (1)自动射线照相术, 自动射线照相术; (2)无线电传真术
radiobeacon 无线电指向标, 无线电信标
radiobeacon and direction finding station 无线电信标和测向站
radiobeacon buoy 无线电导航信号浮标, 无线电信标浮标
radiobeacon calibration transmitter 无线电信标校准发射机
radiobeacon chart 无线电指向标海图
radiobeacon circular station 环射无线电指向标站
radiobeacon diagram 无线电指向标分区图
radiobeacon facility 无线电信标设备
radiobeacon guidance system (=RBGS) 无线电信标制导系统
radiobeacon in general 一般无线电指向标
radiobeacon monitor station 无线电指向标监视站, 无线电信标监视站
radiobeacon performance monitor 无线电信标性能监测器
radiobeacon register 无线电信标的登记
radiobeacon station 无线电导航台, 无线电信标站
radiobearing 无线电定方位, 无线电定向, 无线电方位
radiobench 放射性工作台
radiobiochmistry 放射生物化学

radiobiology 放射生物学,辐射生物学
radiobroadcasting [用]无线电广播
radiobuoy 无线电浮标
radiocarbon 放射性碳,射碳
radiocarbon tracer 放射性碳示踪物
radiocast 用无线电广播
radioceramic 高频瓷
radiocesium 放射性铯
radiochemical 放射性化学的
radiochemical centre (=RCC) 放射化学[研究]中心
radiochemical contamination 放射性化学污染
radiochemical nuclide 放射化学(分离出的)核素
radiochemistry 放射化学
radiochemoluminescence 辐射化学发光
radiochromatogram 辐射色层(分离)谱图
radiochromatograph 放射色谱仪,放射层析仪
radiochromatography (1)辐射色层分离法,放射性色谱法;(2)辐射色谱学,放射性色谱学
radiochrometer 射线硬度测定计,射线硬度测定仪,X射线硬度测量仪,X射线穿透计
radiocobalt 放射[性]钴
radiocolloid 放射性胶质,放射性胶体
radiocompass 无线电罗盘
radiocontamination 放射性物质沾污,放射性污染
radiocontrast agent 放射性对比剂
radiocountermeasures (=RCM) 无线电干扰[措施],无线电对抗
radiocrystallography 射线结晶学,X射线结晶学
radiode 镭插入器,镭疗器,镭盒
radiodetector (1)无线电探测器,雷达;(2)检波器
radiodiagnosis 放射性诊断,X光诊断
radiodoppler 多普勒无线电技术
radioecho 无线电反射信号,无线电回波
radioed 无线电传送的
radioelectret 放射性驻极体
radioelectrocomplexing 放射性电络合
radioelectronics (1)射频部件;(2)无线电电子学
radioelectrophoresis 放射电泳
radioelement 放射性元素
radioengineering 无线电工程,无线电技术
radioexamination (1)伦琴射线透视法,X射线透视法;(2)放射性检验法,射线检验法
radioexamination of materials 材料的X光分析
radiofacsimile 无线电传真
radiofication 装设无线电,无线电化
radioflash [核爆炸]电磁脉冲
radiofluorescence 放射荧光
radiofrequency 无线电频率,高周波,射频,高频
radiofrequency amplifier 射频放大器,高频放大器
radiofrequency heating 射频加热,感应加热
radiofrequency power supply 射频高压电源
radiofrequency radiation 射频辐射
radiofrequency transformer 射频变压器,高频变压器,射频变量器
radiogaschromatography 放射性气相色谱法
radiogen 放射物[质]
radiogenic 放射产生的,放射所致的,放射源的,致辐射的
radiogenic heat 辐射热
radiogeodesy 无线电大地测量[学],无线电测地学
radiogoniograph 无线电定向计,无线电测向计
radiogoniometer 无线电测向计,无线电测向仪,无线电方位计,无线电测角器,无线电探向器,无线电定向台
radiogoniometric 无线电测向的,无线电定向的
radiogoniometry 无线电测向术,无线电定向术,无线电方位测定法
radiogram (1)无线电信息,无线电报;(2)伦琴射线图,X光照片,射线照相;(3)收音电唱两用机,无线电唱机
radiogramophone 收音电唱两用机
radiograph (1)X线照相,伦琴射线照相,X线照相;(2)射线照片,射线底片;(3)X射线图
radiographic X射线照像的
radiographic contrast X射线底片对比度
radiographic inspection (=RADI) 射线照相探伤,射线照相检查,X射线检验
radiographic search of weld 焊缝照相检验
radiographic set-up 射线照相装置
radiographic stereometry 射线立体照相法

radiographic test X射线检查
radiographic testing 放射照相试验,射线试验
radiography (1)X射线照相学,X射线检验学;(2)射线照相术,射线检验学
radiography X-ray inspection X射线探伤
radiogravimetry 放射线重量分析法
radiohazard 辐射危害性,射线伤害,射线危险,射线危害
radioheating 射频加热
radioheliograph 射电日像仪
radioheliography 放射组织自显术
radiohm 雷电欧(一种高阻线)
radiohm alloy 一种铁铬铝电阻合金(12-13%Cr,4-5%Al,余量Fe)
radioindicator 放射性示踪剂,放射性指示剂,同位素指示剂,示踪原子
radioing 无线电发射,无线电传送
radiointerference 无线电干扰
radiointerferometer 射电干涉仪,天文干涉仪
radioiodinated 放射性碘标记的
radioiodine 射碘
radioisotope 放射性同位素
radioisotope scanning 放射性同位素扫描
radioisotope tracer (=RT) 放射性同位素指示剂,放射性同位素示踪器
radioisotope transmission ga(u)ge (测厚度、密度、液面等的)放射性同位素透过测量计
radioisotopic 放射性同位素的
radiokymography X射线动态摄影术,X线记波照相术,X线记波描记术
radiolabel 放射性同位素示踪,放射性同位素标记
radiolabelling 放射性标记
radiolated 被辐射的
radiolead 镭D,放射性铅,射铅
radiolesion 放射性损害,放射性损伤
radiolocate 无线电定位
radiolocation (1)无线电定位[学],雷达学;(2)无线电探向和测距,雷达
radiolocator 无线电定位器,雷达[站]
radiologic 应用辐射学的,放射性的,放射学的
radiological (=RADL) 放射性的,放射线的,辐射的
radiological contamination decontamination agent 放射性污染消污剂
radiological defense (=RADDEF) 放射性防护,辐射防护
radiological exclusion area (=RADEX) 放射禁区
radiological protection 放射性防护
radiological safety (=RADLSAFE) 防辐射安全措施
radiological safety officer (=RADLSO) 防辐射安全工作人员
radiological warfare (=RADL WAR) 放射性战争
radiologist 放射学家
radiology 应用辐射学,应用放射学,X射线学,放射学
radiolucent (1)透射的伦琴射线;(2)[伦琴]射线可透过的,X射线阻碍的,射线透明的,辐射透明的,透射的
radioluminescence 放射性物体放射的光,射线发光,辐射发光
radiolysis 放射性分解,辐射分解,射解作用,幅解作用
radiolytic 辐射分解的
radiolytic breakdown 辐射分解
radiolytic damage 辐射分解损伤,辐射分解
radiolytic gases 辐射分解气体,放射性分解气体
radioman 无线电人员,无线电技师,无线电报务员,无线电话务员,无线电值机员
radiomasking 无线电伪装
radiomaterial 放射性物质
radiomateriology 材料的辐射探伤
radiomaximograph 天电干扰场强度仪,大气干扰场强度仪
Radiometal 无线电高导磁性合金,无线电金属,射电金属(铁镍磁性合金)
radiometallograhy 射线金相学,射电金相学,辐射金相学
radiometallurgy 放射冶金学,辐射冶金学,辐射冶金术
radiometeorogram 无线电气象记录,无线电气象图解
radiometeorograph 无线电探空仪,无线电测风仪,无线电气象计,无线电气象记录器,无线电高空测候器
radiometeorology 无线电气象学
radiometer 射线探测仪,辐射计,放射计,辐射仪
radiometer analyzer 放射分析仪,辐射分析仪
radiometer gauge 辐射真空计
radiometric 放射性测量的,辐射度量的,辐射度的
radiometric analysis 辐射度分析,放射分析

radiometric polarography 放射极谱法

radiometric sorter 放射分选机

radiometry 放射性测量 [学],放射分析法,放射度量学,辐射度量学,辐射测量学

radiomicrometer 放射热力测微计,显微辐射计,测微辐射计,无线电测微计,辐射微热计

radiomimetic 辐射模拟的,类辐照的

radiomovies 电视电影

radion [放] 射 [微] 粒

radionavigation 无线电导航 [术]

radionecrosis 辐射致坏死,放射性坏死

radionics 射电电子学,无线电子学,无线电工程,电子管工程

radionuclide(s) 放射性核素,放射性原子核

radiop 无线电报务员,无线电人员

radiopacity 辐射不透明度,辐射不透明性

radiopaque 不透射线的,辐射透不过的

radioparency X 射线可透性,X 线可透性

radioparent X 射线可透的,X 线可透的,透射线的

radiophare (1)(海上)无线电信标;(2)雷达探照灯;(3)无线电指示台,船只通信电台

radiophone 无线电话机,无线电收话机,无线电发话机

radiophony 无线电话学,无线电话术

radiophosphorus 放射性磷

radiophoto 无线电传真,无线电照片

radiophotograph 无线电传真,无线电照片

radiophotography (=RP) 无线电传真术,X 线照相术

radiophotoluminescence 辐射光致发光现象

radiophotoluminescence dosimetry 辐射光致发光剂量测定法

radiophotostimulation 辐射光致发光

radiophototelegraphy 无线电传真电报 [学]

radiophotovoltaic conversion 辐射光电转换

radiophysics 无线电物理学

radiopilot (=radiopilot balloon) 无线电测风气球,无线电控制气球

radiopolarogram 放射极谱图

radiopolarography 放射极谱法

radiopolymerization 辐射聚合 [作用]

radiopreservation 辐射保藏

radioproof 不产生无线电干扰的

radioprospecting assembly 辐射勘探装置

radioprotectant 放射防护剂,辐射防护剂

radioprotection 辐射防护

radioprotective 辐射防护的

radioprotector 辐射防护物质,辐射防护装置

radioprotectorant (1) 辐射防护装置;(2) 辐射防护剂

radiopurity (1) 放射性纯;(2) 核纯度,核纯

radioquiet 不产生无线电干扰的

radiorange (1) 无线电轨,射电轨;(2) 无线电导航仪,无线电测向仪;(3) 无线电航向信标,等信号区无线电信标;(4) 无线电测得的距离

radiorange beacon 无线电导航信标

radiorange receiver 无线电测距接收机

radioreaction 放射反应

radioreagent 放射性试剂

radioreceptor assay 放射性受体分析法

radioresistance 耐辐照度,抗辐射性,耐辐射性,辐射阻抗

radioresistant 抗放射性的,辐射阻抗的,耐辐射的

radioresponsive 对放射有反应的,放射有效的

radioruthenium 放射性钌,射钌

radioscintigraphy 放射性闪烁摄影法

radioscope (1) 放射探测仪,放射镜;(2) 剂量测定用验电器;(3) X 射线透视屏,X 射线检试法

radioscopy X 射线 [透视] 检验法,射线检查法

radiosensitive 辐照灵敏的,辐射灵敏的,对射线敏感的

radiosensitivity 辐照灵敏度,放射敏感度,放射灵敏度

radiosensitization 辐射敏化

radiosensitizer 辐射致敏剂,辐射敏化剂

radioset 无线电接收机,无线电设备,收音机

radioshielded 防高频感应的,不受射频感应的,射频屏蔽的,对高频屏蔽的

radioshielding 高频 [感应] 屏蔽,无线电屏蔽,射频屏蔽

radiosity 辐射 [面] 通量密度,辐射功率密度

radiosonde (1) 无线电高空测候器,无线电探空仪,气象气球;(2) 无线电测距器

radiosonde observation (=raob) 无线电探空观测

radiosonde observation data (=RADAT) 无线电探空仪观测资料,雷达观测资料

radiostereoassay 放射立体化学分析法

radiosterilization 辐射灭菌,辐射消毒

radiosource 射电源

radiospectrography 无线电频谱学

radiospectroscope 无线电频谱学

radiospectroscopy (1) 无线电频谱学,放射光谱学,辐射光谱学;(2) 电磁能全景接收技术

radiostat 中放晶体滤波式超外差接收机

radiosterilization 辐射消毒

radiostimulation 辐射刺激 [作用]

radiostrontium 放射性锶

radiosusceptibility 辐照灵敏度,辐射敏感性,辐射灵敏度

radiosynthesis 放射合成,辐射合成

radiotechnics 无线电技术

radiotelegram 无线电报

radiotelegraph (=RT) (1) 无线电报术,无线电报;(2) 无线电报机;(3) 用无线电报机发讯

radiotelegraphic 无线电报的

radiotelegraphy 无线电报学,无线电报术

radiotelemetering 无线电遥测 [的]

radiotelemetric 无线电遥测的

radiotelemetry 无线电遥测学

radiotelephone (=RT) (1) 无线电话;(2) 无线电机;(3) 用无线电话发讯

radiotelephony (=RT) 无线电话学,无线电话术

radiotelescope 无线电望远镜

radioteletype (或 radioteletypewriter) 无线电电传打字电报机,无线电电传打字电报设备

radiotelevision 无线电电视

radiotelevisor 电视接收机,无线电电视机

radiotelex letter (=RTL) 无线电传函件

radiothallium 射铊 RdTi

radiother (即 radioactive indicator) (1) 放射指示剂;(2) 示踪原子

radiothermics 射频加热术,辐射热学

radiothermoluminescence 辐射热致发光现象,射线热致发光

radiothermostimulation 辐射热致刺激

radiothermy 射频加热技术,短波透热法

radiothor 放射性指示剂

radiothorium [放] 射 [性] 钍,RdTh (钍的同位素 Th228)

radiotick 时间的无线电信号

radiotolerance 耐辐照度,辐射容限,辐射容量

radiotopography 放射性分布图测定法

radiotoxicity 辐射毒性,放射毒性,辐射中毒

radiotracer (1) 放射指示剂,放射指示物;(2) [放射] 示踪原子,放射示踪物

radiotransmission 无线电发射,无线电传输,无线电波传播

radiotransparent X 射线可透的,透 X 射线的,辐射透明的

radiotron 三极电子管,真空管 (旧称)

radiotropic 放射影响的

radiovision (1) [无线] 电视;(2) 无线电传真

radiovisor (1) 光电继电器装置,光电监视器;(2) 电视接收机中的显像器,电视接收机

radiovulcanization 高频硫化,无线电硫化

radiowarning 无线电报警

radiowindow 无线电窗

radish 旋风分离器的灰斗

radist (=radio distance) (1) 无线电导航系统,雷狄斯定位系统;(2) 空中目标速度测量设备;(3) 无线电测距

RADIST (=Radar Distance-indicator) 雷达距离显示器

radium 镭 Ra (第 88 号元素)

radium bearing 含镭的

radium pack 镭疗器,镭源

radius (=R) (1) 半径;(2) 范围,界限;(3) 辐射状部分,辐射光线,径向射线,辐射线,放射状;(4) 悬臂伸距;(5) (六分仪等的) 动臂 (复数);(6) 辐射状部件;(7) 半径距离,半径面积,作用范围,影响范围;(8) 使切 [成] 圆角,倒圆

radius angle 圆心角

radius at bend 曲线半径

radius at end of involute profile 渐开线齿廓中点 (过渡曲线起点) 的半径

radius attachment 刀尖圆弧半径磨削装置,圆角磨削装置

radius bar 半径杆,摇杆

radius beam pitman 摇摆梁枢轴,辐梁枢轴
radius brick （烟囱等）扇形砖
radius changing pulley block 变幅滑轮组
radius changing speed 变幅速度
radius ga(u)ge 半径样板,圆弧样板,圆角 [量] 规,半径规,R 规
radius gunwale 圆弧舷缘
radius gyration 回转半径,环动半径
radius link 半径杆,摇杆
radius of a circle 圆的半径
radius of action (=R/A) (1)（起重机等的）作用半径,工作半径,活动半径;(2) 续航半径
radius of arc 圆弧半径
radius of atom 原子半径
radius of bend 弯曲半径
radius of bending 转弯半径
radius of cable bends 电缆弯曲半径
radius of clean up （挖掘机的）挖掘半径
radius of convergence 收敛半径
radius of curvature 曲率半径,圆角半径
radius of curvature of fillet （齿轮）齿根过渡曲线曲率半径
radius of curve 曲线半径
radius of flute 沟底半径
radius of groove profile 沟道截面曲率半径,沟道剖面曲率半径
radius of gyration 回转半径,惯量半径,转动半径,惰性半径
radius of inertia 惯性半径
radius of outer arc 外圆弧半径
radius of root 根部半径
radius of rotation 旋转半径
radius of rupture 断裂半径
radius of sphericity 球体半径
radius of stereoscobic vision 视体半径
radius of swing 回船半径,调头半径
radius of the reference toroid 圆弧面蜗杆喉部半径
radius of torsion 扭转半径
radius of turn 旋转半径
radius of turning circle 回转半径
radius of visibility 视地平距离,视界半径,能见半径
radius planer 曲面刨床
radius rod （车前、后桥）定位臂,半径臂,半径杆
radius run-out 径向跳动
radius segment 圆角切刀
radius segment tool 圆角切刀
radius tip 球面电极头
radius-to-eccentricity ratio （转子发动机）创成半径与偏心之比,形状系数与偏心之比
radius-vector 矢量半径,矢径
radius vector 矢量半径,矢径
radiused (1)（端角）修圆的,切成圆角,切成圆弧的;(2) 辐射 [式] 的
radiusing machine 倒圆角机
radix（复 radics 或 radixes） (1)（数）根值数,记数根,基数,基;(2)（对数的）底 [数];(3) 语根,词根,(4) 根本,根源
radix complement {计}（基数）补码
radix-minus-one complement {计} 计反码
radix minus one complement {计} 反码
radix notation 根值记数法,基数记数法,底表示法
radix point 小数点
radix scale 根值记数法,基数记数法,底表示法
radix sorting 基数分类
radix two computer 二进制计算机
radix two counter 二进制计数器
radlux 辐射勒克司 (发光度单位)
radn (=radian) 弧度
radnos 没有无线电信号
RADOME (=Radar Dome) (1) 天线屏蔽罩,天线屏蔽器,[雷达] 天线罩;(2) 整流罩
radome (=radar dome) (1)微波天线屏蔽罩,天线屏蔽罩,天线屏蔽器,[雷达] 天线罩;(2) 整流罩
radome fairing 整流罩
radome of sndawich type 多层天线罩
RADON (=Radar Beacon) 无线电信标,雷达信标
radon {化}氡 Rn (第 86 号元素)
radonscope 测氡用验电器
RADOP (=Radar Doppler missile tracking system) 雷达多普勒（导弹跟踪系统）

RADOPR (=Radio Operator) 无线电操作员
radphot 射辐透 (照度单位),拉德辐透 (=104 勒克斯)
radsaft 辐射安全
RADSTA (=Radar Station) 无线电台,雷达站
RADTEL(=Radio Teletype) 无线电电传打字机
RADU (=Radar Analysis and Detection Unit) 雷达分析与检测器
radux (1) 计数制的基数,计数制的底数;(2) 远距离双曲线低频导航系统
Radux-Omega 雷达克斯 - 奥米加甚低频双曲线导航系统
RADVS (=Radar Altimeter and Doppler Velocity Sensor) 雷达高度表和多普勒速度传感器
radwaste 放射性废物
radwood 辐射处理木材,木塑料
RAE (=Radio Astronomy Explorer Satellite) （美）射电天文学探测器卫星
RAE (=Range, Azimuth and Elevation) 距离,方位及仰角
RAEV (=Rules for Administration of Endorsement of Vessels) 船舶签证管理规则
RAF (=Random Access File) 随机存储文件
raff (1) 大量,大批,许多;(2) 废物,废料,垃圾,碎屑
raffinal 高纯度铝 (商品名,纯度达 99.99%)
raffinate （润滑油等熔剂精制提炼的) 提余液,萃取液,抽提液,残油,残液
raffle 绳索杂物,废物
RAFISBEQO code 表示无线电话通话质量的一种符号
rafraichometer 体温表
raft (1) 救生筏;(2) 木筏,木排,浮箱;(3) 木材流放,浮运,筏运 (4) 垫板,底板,座板,垫层;(5) 一大堆,大量
raft action 浮托作用,筏基作用
raft apron 筏道末端挡板,筏道末端护坝
raft body (1)（船）平行中体;(2) 救生筏体
raft bridge 浮桥,筏桥
raft chute 木材流放槽
raft construction 筏基结构
raft foundation 浮筏基础,筏形基础,筏式地基,筏基
raft kit 救生筏上急救药箱
raft light （救生）筏灯
raft lock 木材流放闸,过筏闸
raft man 木材流放工人,木筏工人,木排工人 (复 raft men)
raft of timber 木排
raft port (1)（船体上的）货物驳门;(2)（在船首、尾的）木材装卸口;(3) 木材装卸港
raft tow (拖运的) 木排
rafter (1) 大瓦条,椽;(2) 天幕椽 (支持甲板天幕的斜梁)
rafting (1) 合金;(2) 熔合物;(3) 叠加,搭接
RAG (=Refresh Address Gate) 更新地址门
rag (1) 棉纱擦布,碎布,破布,擦布;(2) 毛刺,毛边;(3) 碎片;(4) 压花,滚花,粗琢;(5) 轧槽堆焊;(6) 划伤
rag bin 收集破布的垃圾筒
rag-bolt 棘螺栓
rag bolt 棘螺栓,地脚螺栓,锚固螺栓
rag collector 破布除尘器
rag cutter 切布机
rag devil 碎布开松机,扯碎料机
rag duster 破布除尘器
rag engine （造纸用的）碎布打浆机
rag felt （以破布为原料的）油毡纸
rag mix 破布胶料
rag mixing 破布胶料
rag nail 棘螺栓,棘钉
rag paper 以破布为原料的优质纸
rag stone 硬石,石板
rag thrasher 碎布敲打机
rag wheel 抛光轮,磨轮,链轮,布轮
rag work 块石砌体,砌石板
ragged 不完整的,不整齐的,粗糙的,破裂的
ragged cut 高低不平的切割
ragged edge [曲折的] 边缘,最外边
ragged image 波纹状图像
ragged marks （因轧辊刻痕和堆焊在轧件上造成的) 辊印
ragged picture 波纹状图像,失真图像
ragged roll 刻痕轧辊,堆焊轧辊
ragging (1) 滚花,压花;(2)（轧辊）刻纹,刻槽
ragging roll 有槽轧辊

raggle 凿槽,开槽

rags calender 碎布胶料压延机

raider 轰击舰,袭击机

rail (1)铁道,铁路,导轨,轨道,轨条;(2)横梁,横木,板条;(3)系索栓座,栏杆,围栏,扶手;(4)舷端;(5)轨迹;(6)装栏杆,铺轨

rail anchor 钢轨防爬器

rail and water 水铁联运

rail and water terminal 铁路和水路运输的转运站,水陆联运站

rail and water traffic 铁路和水路联运

rail approach 铁路进入车站或枢纽方式,进站引线

rail base 轨底,轨座

rail bearer 轨道梁

rail bearing 轨底支承面,轨承,轨枕

rail bed (铁路)路基

rail bender 弯轨机

rail boat transshipment crane 车船换装作业起重机

rail bond 轨端电气连接(电气轨道为减少连接阻力而用焊接连接的导体接头)

rail-borne (1)由铁路运输的;(2)用导轨支承的;(3)在轨道上开行的

rail bottom 轨底

rail bound vehicle 轨道车辆

rail capacity 铁路通过能力

rail car 有轨车

rail carrier 铁路运输业者,铁路公司

rail chair 轨座,轨底

rail-clamp 轨头座栓

rail clamp 轨头座栓

rail clip 夹轨器

rail consignment note 铁路运输单

rail crane 机车起重机,轨道式起重机

rail defect detector 钢轨探伤器

rail depot 钢轨存储场

rail distance 钢轨中心距离

rail division 铁路运输部分的运费

rail end hardening machine 轨端淬火机

rail end milling machine 钢轨端面铣床

rail fastening (1)装钢轨配件;(2)钢轨紧固件,轨条扣件

rail-fence cipher 栏式密码

rail foot 轨底,轨座

rail fork 轨叉

rail ga(u)ge 轨距

rail gate 栏杆门

rail girder 扣轨梁

rail grounding (集装箱自铁路车辆上)卸下

rail-guard (铁路机车的)排障器

rail guard 排障架,排障器

rail haulage 轨道运输,铁路运输

rail head (1)横梁刀架,垂直刀架,刨床刀架;(2)轨顶;(3)终点站,卸货站

rail head elevation 轨顶标高

rail height 栏杆高度,扶手高度

rail impedance 轨道接头阻抗

rail jack 起道机

rail-joint [电车]轨道接头

rail joint 钢轨接头,轨道接头

rail joint bar 连接钢轨用鱼尾板

rail joint fastenings 钢轨接缝联结零件

rail ladder 舷梯

rail laying car 铺轨车

rail laying crane 铺轨吊车

rail laying work 铺轨工作

rail level 轨道水平尺,轨顶标高

rail lifter 吊轨机,抬轨器

rail line (舷部)甲板交线

rail link 铁路联络线

rail log (拖曳式)船尾计程仪,尾舷计程仪

rail loop 铁路环线

rail merger 铁路联营公司

rail mill 钢轨轧机

rail motor 铁路公司联运的

rail-mounted 装于铁轨上的

rail mounted (起重机等)轨道式

rail mounted crane 轨行起重机

rail mounted gantries 轨道式龙门吊

rail mounted gantry crane 轨道式龙门吊

rail mounted scanner 装在钢轨上的扫描器

rail plate (主轴箱)滑动导轨

rail port 火车与货船联运的港口

rail post 栏杆柱

rail press 压轨机

rail pressure 管线压力

rail profile ga(u)ge 钢轨断面磨耗测量器

rail rapid transit 快速铁路运输

rail rate 铁路运价,铁路费率

rail rest 轨座

rail roll(er) 钢轨滚轧机

rail saw 切轨锯

rail scrap 废钢轨

rail screen 栏杆围幕

rail socket 栏杆插座

rail splice 鱼尾板

rail square 准轨尺

rail stanchion 栏杆[支]柱

rail steel 轨道钢

rail surface 钢轨顶面

rail surface irregularity 轨面欠平整,轨面变形

rail tanker 油槽车,罐车

rail tie plate 垫板

rail to rail (=RR) 舷到舷

rail tongs 钢轨钳

rail track 铁路线路

rail trailer shipment 将卡车拖车装在火车平车上的公路铁路联运

rail train (1)轨行列车;(2)钢轨轨辊

rail transit 高速铁路运输,铁路直达运输,有轨运输

rail treadle 轨道接触器,踏板

rail tyre 钢丝轮胎

rail van terminal 铁路装运卡车、拖车、集装箱、小型棚车等的枢纽

rail voltage 干线电压,电源线,电源

rail water terminal 铁路水路联运码头,水铁联运码头,水陆枢纽

rail web 轨腹

rail weigbridge 轨道衡

rail winch 起轨绞车,轨道绞车

rail wing 辙叉翼轨

rail yard 铁路站场

railage (1)铁路运费;(2)铁路运输

railbus 轨道汽车

railcar (1)(火车)车厢,车皮;(2)机动有轨车,铁路用车,轨道车

railcar brake 摩托车组制动器

railcar dump 翻车机

railed side 栏杆式侧板,横条栏板

railing (1)栏栅,围栏,栏杆,扶手;(2)电子射线管荧光屏上栅形干扰;(3)栏杆材料;(4)铁路装运

railing ladder 舷梯

railless 无扶手的,无栏杆的,无轨的

railman (1)锚缆手;(2)码头司号工;(3)铁路职工

railmotor 铁路公路联运的

railroad (=RR) (1)铁路系统,铁道部门,铁路,铁道,铁轨;(2)轨道设备,滑轨装置;(3)用铁路运输

railroad bed 铁路路基

railroad bridge 铁路桥梁

railroad car 火车车厢,有轨电车

railroad car ferry 铁路车辆渡船

railroad crossing 平交道口

railroad crossing gate 平交道口栅门

railroad crossing signal 平交道口信号

railroad cuts (铁路)路堑

railroad ferry 火车轮渡

railroad ga(u)ge 轨距

railroad grade crossing 平交道口

railroad intermodal yard 铁路公路换装站场

railroad jack (1)移动式起重机;(2)机车升降机;(3)液压起重器

railroad repair shop 铁路车辆检修车间

railroad service 铁路公路联运业务

railroad shop 铁路车辆检修车间

railroad siding 铁路调车线,铁路支线

railroad spike [铁路]道钉

railroad spur 铁路调车线,铁路支线

railroad station 火车站
railroad switch 道岔
railroad terminal 枢纽站, 终点站
railroad tie 铁道枕木
railroad tire (火车) 轮箍
railroad trailer 铁路公路两用拖车
railroad train 火车
railroad tyre (火车) 轮箍
railroad wharf 铁路部门的码头
railroad wheel lathe 车轮车床
rails tie plate 垫板
railship 火车运载船
railship interface 车船衔接
railtrainer 铁路集装箱装卸桥吊
railway(=R) (1)铁路部门, 铁路公司, 铁路, 铁道, 铁轨; (2)铁路设施, 铁路系统
railway additional transit period 铁路补加期限
railway axle 铁路车轴坯
railway axle box 铁路轴箱
railway axle box bearing 铁路车辆轴箱轴承
railway axle lathe 车[轮]轴车床
railway bearing RCC (日本) RCC 型无轴箱式双列圆柱滚子密封轴承
railway berth 通火车的码头泊位
railway carriers immunity 铁路免责事项
railway communication 铁路通信
railway compensation 铁路赔偿责任
railway consignment note 铁路运单
railway container terminal 铁路集装箱站
railway crossing (铁路与道路的) 平交道口
railway deck 铁路桥面
railway depot 火车站
railway drydock (缆车式) 升船滑道, 有轨滑道
railway electrification 铁道电气化
railway ferry 火车渡船, 火车轮渡
railway freight car oil 铁路用粗润滑剂, 车箱润滑剂
railway fuses 铁路信号照明弹
railway gradecrossing (铁路与道路的) 平交道口
railway in service 运营铁路
railway information processing 铁路情报处理
railway inspection car 检道车, 检查车
railway inspection trolley 检道车, 检查车
railway interests 铁路业者, 铁路部门
railway journal box grease 车轴脂
railway level-crossing 铁路平交道口
railway network 铁路网
railway period for conveyance (=RPC) 铁路运行期限
railway period for departure (=RPD) 铁路发运期限
railway sacks 粗麻袋
railway sennit 双干线编索
railway signaling 铁路信号
railway slip 轨道滑船台, 船台滑道
railway station 火车站
railway substation 铁路变电所
railway system 铁路系统, 铁路网
railway tank wagon (=RTW) 铁路油槽车
railway transit period (=RTP) 铁路运输期限
railway transportation 铁路运输
railway transportation business law 铁路运输业务法
railway transportation office (=RTO) 铁路运输办事处
railway truck 车皮, 车箱
railway tyre (火车) 轮箍
railway van 车皮, 车箱
railway vehicle 铁道车辆
railway wagon 车皮, 车箱
railway wheel lathe 车轮车床
railway wheel mill 铁路车轮轧机
railway wheel tyre 车轮轮箍
railway-yard 调车场
railway yard 铁路站场
rain (1)下雨, 雨; (2)电子流
rain awning (1)舱口天幕, 舱口雨蓬; (2)雨遮
rain chamber 喷水除尘室
rain check 延期
rain echo intensity 雨滴反射信号强度

rain ga(u)ge 雨量计, 雨量杯, 雨量器
rain glass 气压表, 晴雨计, 雨量杯, 晴雨表
rain gun irrigation 射流喷灌
rain-leader (1)水落管; (2)排水管
rain leader 雨水管, 水落管
rain maker (1)喷水设备; (2)人工降雨设备, 人工降雨者
rain-making rocket 造雨火箭
rain of electrons 电子流, 电子簇
rain or shine 晴雨无阻, 不论晴雨, 无论如何
rain-proof 防雨的
rain-proof electrical equipment 防雨式电气设备
rain shield insulator 防雨绝缘子
rain simulator 人工降雨装置
rain tent 雨蓬
rain-tight 不透雨的, 防雨的
rain water pipe 雨水管, 水落管
rain work 雨天装卸, 雨天作业
rainbow dressing 挂满旗 (由船首经桅顶到船尾)
rainbow pattern 彩色带信号图
raincloth 防雨布
raincoat 雨衣
raindrop spectrograph 雨滴谱仪
rainer 人工降雨装置, 喷灌装置
raingauge 雨量器, 雨量计
raingauge shield 雨量器防护罩
rainger 喷灌机
raingun 远射程喷灌器
rainmaker 人工降雨设备, 喷灌设备
rainproof 不透雨的, 防雨的
rainspout 水落管, 排水口
raintight 不漏雨的, 防雨的
rainwater head 水落头
raise (1)举起, 升起, 抬起, 竖起, 顶起, 激起, 提升, 提高, 抬高; (2)形成, 建立, 兴建; (3)使出现, 解除, 放弃; (4)(沉船)打捞, 扬起, 提出, 筹集[资金], 招募(人员); (5)(道路)升坡段; (6){数}使自乘
raise a question for discussion 提出问题供讨论
raise capital 筹集资本, 集资
raise steam (锅炉)蒸汽升压, 升汽
raise to a power 自乘
raise to third power 立方
raised after deck 后升甲板
raised and sunk system (钢板)内外搭接式
raised deck 升高甲板
raised deck boat 升高甲板船
raised face 凸面
raised face flange 凸面法兰
raised forecastle 升高首楼甲板
raised forecastle deck 首甲板升高
raised foredeck 前半升高甲板, 升高前甲板
raised foredeck ship 首升高甲板船
raised forefoot 升高龙骨前端
raised head bolt 凸头螺栓
raised head screw 高头螺钉
raised manhole cover 升高人孔盖
raised panel 鼓起镶板, 凸嵌板
raised platform 升高平台, 高站台, 高台
raised quarter deck (=RQD) 升高后甲板
raised quarter deck ship (=RQDS) 后半部升高甲板船
raised quarter vessel 后升高甲板船
raised seal 钢印
raised shelter deck (=RSD) 升高遮蔽甲板
raised strake 外[层]列板
raised tank top 升高的舱底板
raised water-tight hatch 升高水密舱口
raised water-tight manhole 升高水密人孔
raiser (1)提升器, 提升器, 抬起器, 举起器, 凸起器; (2)挖掘器, 挖掘机; (3)浮起物; (4)(纺织经纬线)浮点; (5)提升者, 提出者
raiser block 垫块
raising (1)上升的; (2)由下向上掘
raising alarm 发警报
raising bond 对角砌合, 斜纹砌合, 人字砌合
raising brush 起绒刷辊
raising element 斜撑
raising force 提升力

raising gig　起绒机,刮绒机
raising hammer　大木槌,凸起锤
raising iron　刮缝凿,刮缝刀
raising knife　(1)划线笔刀,放样间；(2)刮缝刀
raising machine　起毛机,起绒机,刮绒机
raising of water level　水位升高
raising pile　斜桩,叉桩
raising rate　提升速度,上升速度
raising scriber　(1)划线笔刀,放样间；(2)刮缝刀
raising ship　打捞船
raising shore　斜撑
raising, salvage (=RS)　打捞
raising steam　升汽
raising worm　提升机构蜗杆
Rajchman plate　雷奇曼存储板
Rajchman selection switch　雷奇曼选择开关
Rake alloy　雷克铜镍合金(10%Ni, 1%Zn, 1%Mn,余量 Cu)
rake　(1)[使]倾侧,倾斜[度]；(2)(刀具的)前倾面；(3)倾角,斜角；
　　(4)耙,刮；(5)收集,搜集；(6)长柄耙,耙子,火钩；(7)倾斜船头,
　　倾斜船尾
rake aft　向后倾斜
rake angle　(1)(刀具的)前角,倾角,刀面角；(2)(烟囱、船首等的)
　　倾斜角
rake bond　对角接合,斜纹接合
rake conveyor　刮板式输送器
rake distributor　耙式配棉器
rake dozer　齿板推土机
rake forward　(船首)前倾,前斜
rake grab　扒集式抓斗,清舱抓斗
rake mixer　耙式混合器
rake of balde　桨叶斜角
rake of bow　船首斜度,斜柱船首
rake of stern　船尾斜度
rake-off　耙出,扫除
rake probe　(1)梳状探针,梳状测针；(2)排管
rake radius　船首斜柱底部曲率半径
rake rail　齿条,齿轨
rake ratio　(1)倾斜率,后倾率(桨叶后倾与螺旋桨半径比)；(2)(船)
　　倾斜比,斜率
rake type cooling bed　倾斜式冷床
rake type drag　耙式刮路机
raked blade　(螺旋桨的)后倾桨叶,纵斜倾桨叶
raked bow　斜船首
raked joint　带齿的接缝,捋缝
raked mast　倾斜桅
raked stern　斜船尾
raker　(1)耙路机,耙集器；(2)耙路工,耙集者；(3)斜撑,撑杆,支柱,
　　斜桩；(4)刮刀
raking machine　搅松机
raking mast　倾斜桅
raking off the slag　撤渣,扒渣
raking out of joints　剔清接缝
raking pile　斜桩
raking stern　斜船尾
rakish　后倾的(指烟囱等)
rakish mast　轻快艇桅,后倾桅,倾斜桅
rally　(1)集中,集合,集会；(2)恢复,复苏；(3)击楔(准备下水)
RAM (=Radar Absorbing Material)　雷达吸声材料
RAM (=Random Access Memory)　随机存取存储器
RAM (=Repair and Maintenance)　修理与维护
RAM (=Reports and Memoranda)　工作报告与备忘录
ram　(1)(牛头刨的)滑枕,滑板,滑座；(2)撞击件,锤击件,冲压件,
　　冲头,压头,撞头；(3)撞击器,夯具,夯锤,撞锤,锤；(4)(液压机等的)
　　柱塞；(5)(模具等的)挺杆,挺杆,顶杆,伸杆；(6)冲压,夯实,打入,
　　捣固；(7)水击扬水机,水锤扬水机,压力扬汲机；(8)推车机；(9)(破
　　冰船的)船头冲角；(10)液压千斤顶
ram actuating mechanism　撞杆驱动机构
ram adjuster　(牛头刨的)滑枕调节器,滑枕调节螺栓
ram adjustment device　滑枕调整装置
ram-air　冲压空气
ram air　冲压空气
ram air cushion (=RAC)　锤头气垫,柱塞气垫
ram-air turbine　冲击涡轮
ram air turbine　冲压空气涡轮

ram air pipe　冲压空气管
ram air turbine (=RAT)　冲压空气涡轮,冲击涡轮
ram and inner frame machine　锤头内架式高速锤,锤-架式高速锤
ram bow　球鼻型船首,撞角型船首,冲撞型船首
ram bulb　(船)撞角球鼻
ram chisel　(凿岩)冲钻
ram clamp　滑枕夹头
ram compressor　冲压式压缩机
ram connector　滑枕接合器
ram cylinder　水压机汽缸,活塞式油缸,压头油缸
ram door　舌门
ram down　(1)把桩打到死点；(2)夯实
ram drag　冲压阻力
ram drive　柱塞传动[装置]
ram effect　冲压效应
ram engine　打桩机
ram framework　打桩架
ram gib　滑枕导轨
ram guide　(1)(牛头刨)滑枕导轨；(2)桩锤导架,桩锤导柱
ram guiding　滑枕导轨
ram head　(1)滑枕刀架,侧刀架；(2)冲杆头,冲头
ram home　(1)把桩打到死点；(2)夯实
ram housing　滑枕座
ram impact machine　冲击试验机
ram intake　冲压进气口,全压接收管,全压受感器
ram jet　(1)冲压式[空气]喷气发动机；(2)装有冲压式喷气发动机
　　的飞行器
ram-jolt　震实
ram knee type milling amchine　滑枕升降台铣床
ram lift　(1)柱塞式升降机,活塞式起重机；(2)冲压升力,柱塞升程；
　　(3)撞头
ram movement　滑枕运动
ram of shaper　牛头刨床的刨头
ram-off　错位(铸件缺陷)
ram off　落砂,掉砂
ram piston　压力机活塞
ram pressure　(1)速度压头,速度头,全压力；(2)冲压
ram pressure orifice　速度压头喷嘴
ram pump　柱塞泵
ram ratio　[气体的]动态压缩比
ram recovery　冲压恢复
ram rocket　冲压火箭
ram rocket engine　冲压式火箭发动机
ram rubber　闸板封隔橡皮
ram shaft　动力油缸活塞杆,动力油缸柱塞杆
ram schooner　无顶帆三桅纵帆船
ram speed　(压力机的)滑块速度,冲压速度
ram speed range selector　(牛头刨)滑枕调速器
ram start-stop　滑枕开停装置
ram steam pile driver　汽锤打桩机
ram steering gear　撞杆式舵机
ram stern　撞角型船首,球鼻型船首
ram stroke　(压力机的)滑枕行程,滑块行程,滑块冲程
ram tensioned highline system　柱塞式高架(海上补给用)
ram tester　冲击试验机
ram track　挑杆式装卸机
ram turret lathe　滑板式转塔六角车床
ram type milling　滑枕式铣床
ram type pressure multiplier　柱塞式压力倍增器
ram type pusher　杆式推钢机
ram type turret lathe　滑枕转塔车床
ram up　预填
ram ways　滑枕导轨
ram wing　(气垫船)冲翼
ram wing boat　冲翼艇
ram wing surface effect ship　冲翼艇
RAMARK (=Radar Beacon Transmitting Continuously)　连续发射的
　　雷达标
RAMARK (=Radar Marker)　雷达指向标,雷达航标
ramark (=radar marker)　(连续发射脉冲的)雷达指向标,主动雷达航标,
　　雷达航标
ramaway　错位(铸件缺陷)
Ramb's noise silencer　长波式静噪电路
ramet　(1)碳化钽[合金]；(2)金属陶瓷(硬质合金)

rami 苎麻

ramie 苎麻, 青麻 (商品名)

ramification (1) 分枝机构, 分支 [作用]；(2) 支派, 流派；(3) { 数 } 分歧, (4) 门类, 细节

ramification field { 数 } 分歧域

ramification order { 数 } 分歧阶

ramify (1) 设分支机构；(2) 使分支, 分岔

ramifying 分支的过程

ramjet (=RJ) (1) 冲压式 [空气] 喷气发动机；(2) 装冲压式喷气发动机的飞行器

ramjet diffuser 冲压 [式] 喷气发动机扩压器

ramjet duct 冲压式发动机管道

ramjet engine 冲压式 [空气] 喷射发动机

ramjet fuel 冲压式喷气发动机燃料

ramjet nacelle 冲压式喷气发动机舱

ramjet propulsion 冲压式喷气发动机

ramjet speed 冲压发动机速率

rammability 可压实性, 可夯实性

rammed bottom 捣筑炉底, 捣固 [电解] 槽底, 无缝炉底

rammed clay 捣实粘土

rammed concrete 捣实混凝土

rammed earth 夯实土

rammed in layer 分层夯实

rammed lining 捣实式炉衬, 捣筑炉衬, 捣打炉衬

rammed rock (船舶) 触礁

rammed ship 被撞船

rammed soil 夯实土

rammed wall 夯筑墙

rammer (1) 夯具, 夯锤, 夯；(2) 撞锤, 气锤, 桩锤, 捣锤, 锤体, 撞杆, 砂冲；(3) 型砂捣碎机, 型砂捣碎锤, 夯实机, 压实机, 压力机活塞；(4) 压头, 冲头；(5) 冲压, 压实, 捣紧

rammer board 压榨板

rammer compactor 夯实机, 夯土机

ramming (1) 夯, 击, 捣；(2) 落锻；(3) 撞击, 锤击；(4) 速度头；(5) 封泥

ramming arm 抛砂头横臂

ramming board 压榨板

ramming depth 打入深度, 夯入深度

ramming head (抛砂机) 抛砂器, 抛头

ramming installation (1) 打夯机, 锤击机, 冲压机；(2) 推焦车

ramming machine (1) 锤击机, 打夯机；(2) 推焦车

ramming mixture 捣打混合物, 捣固材料

ramming of the sand (铸造) 捣实型砂

ramming speed 抛砂速度, 捣实速度, 打夯速度

ramming up 起楔船下水前把船体重量从龙骨墩移到滑道的一种操作)

ramming weight 桩锤, 夯锤

ramoff 落砂

ramollescence 软化作用

ramollescent 软化的

ramose 分支的, 有支的, 多支的

ramous 分支的, 有支的, 多支的

ramp (1) 凸轮缓冲段, 凸轮滑边, (2) 平台, 平面, (3) 斜面, 斜坡, 斜轨, 斜台, 滑轨, 滑行台, 滑道, 坡道, 匝道, (4) (化炉的) 装料斜桥, 装料滑台, (5) 盘, (6) 接线端钮鳄鱼夹, 接线夹, (7) (登陆艇) 首舌门, (滚装船) 驳门, 斜坡道, 驳道, 舷梯, (8) 发射装置, 发射轨道, 发射斜轨, 发射架, 停机坪, (9) 扶手的弯曲部分, 弯子, (10) 斜升, 倾斜, (11) 斜坡函数

ramp angle 坡道斜度

ramp bow 吊门船首, 首驳门

ramp bridge (有坡度的) 坡道引桥

ramp deck (滚装船或汽车渡船的) 跳板甲板

ramp door 登陆舌门

ramp forced response 斜坡驱动响应

ramp-function 斜坡函数

ramp generator { 电 } 斜坡 [信号] 发生器

ramp handling 驳板操作

ramp input signal 瞬变输入信号

ramp-launched 倾斜发射的

ramp loader 箕斗提升机

ramp road 斜坡道

ramp to door 驳板到门运输

ramp to ramp 驳板到驳板运输

rampactor 夯实机, 夯土机, 跳击夯

rampart 城墙, 壁垒, 堡垒

ramped 倾斜的

ramped cargo berth 活动板码头

ramped cargo lighter 有跨板的载货驳船

ramped dump barge 开底垃圾驳

ramped landing craft 舌门式登陆艇

ramped lighter 跳板驳

rampiston 压力机活塞

RAMPS (=Resources Allocation nd Multiple Project Scheduling) 资源分配及多计划调度

rampway (汽车运输船车辆甲板的) 斜道, 倾斜通道

ramrod 推弹杆, 装药棒, 捣棒, 洗杆, 通条

ram's-horn 棘轮沟

RAMS (=Repair, Assembly and Maintenance Shop) 修理, 装配与保养车间

ramshorn hook 山字钩

ramsonde 冰雪硬度器

RAN (=Radio Aids to Navigation) 无线电航标

Randan 三人划艇 (一种荡桨游艇)

random (1) 无规则的, 不规则的, 非常态的, 随机的, 偶然的；(2) 随机抽样, 随机误差；(3) 射程, 弹距

random access (=RA) (1) 随机存取, 无规存取；(2) 随机取数

random access addressing 随机存取寻址

random access and correlation of extended performance (=RACEP) 扩展性能的随机存取与相关

random access computer equipment (=RACE) 随机存取计算机设备

random access controller 随机存取控制器

random access discrete address (=RADA) 无规存取分立地址, 随机存取离散地址

random access discrete address system 随机存取离散地址系统

random access file 随机存取文件

random access memory 随机存取存储器

random access plan position indicator (雷达) 随机存取平面位置显示器

random access programming 随机存取程序设计

random access storage and control (=RASTAC) 随机存取器与控制

random access storage and display (=RASTAD) 随机存取器与显示器

random amplitude distribution 随机振幅分布

random antenna 代用天线

random approach 随机法

random arrangement 概率配置法, 无规, 随机

random assignment 随机分配

random barrage system (=RBS) 随机阻塞系统

random blocks 抛筑块体, 乱抛块体

random characteristic of errors 误差的随机特性

random code 随机码

random coding 随机编码

random-coding bound 随机编码限

random colour 任意色

random communication satellite system 随机通信卫星系统

random communications satellite 随机通信卫星

random connector 任意连结

random crack 不规则裂缝, 不规则开裂

random current density 杂乱电流密度

random device 随机策略

random digits 随机数字, 随机数位

random distribution 随机分布, 不规则分布, 无规则分布

random element 随机元素

random error 随机误差, 偶然误差, 无规律误差

random error correcting ability 随机误差校正能力

random-error-correcting convolutional code 随机误差校正卷码

random error correcting convolutional code 随机误差校正卷码

random event 随机事件

random examination 抽样检查

random experiment 随机试验

random failure 偶然失效

random fatigue 随机疲劳

random fault 随机性故障

random fluctuation 不规则起伏, 不规则波动, 不定变幅, 偶然变化, 随机变动

random forcing function 随机扰动函数, 随机强制函数

random forecast 随机预报

random function 随机函数

random gate signal 随机选通信号

random geometry 不规则几何形状, 任意几何形状

random-geometry technique （高密度装配的）不规则形状技术
random grab 随机取样
random incidence （声纳）漫射
random-incidence sensitivity 杂乱入射灵敏度
random inspection 任意抽样检查，随机检查，抽检，抽查
random interlaced scanning 随机隔行扫描
random jamming 随机干扰
random jump 不规则跳动，随机跳动
random labelling 不定位标记，随机标记
random length 长度不齐，不定尺，乱尺
random line 辅助测线，试测线
random location system 随机储位系统
random logic design 随机逻辑设计
random motion 随机运动，不规则运动，无规则运动
random multiple access 随机多路存取
random network 随机网络
random noise 随机噪声，无规则噪声，杂乱噪声，（自动控制）随机
微分急剧变化
random noise interference 随机噪声干扰
random number 随机数
random number generator 随机数［生成］程序
random number program 随机数［生成］程序
random numbers generator 随机数发生器
random occurrence 随机事件，随机发生
random order 任意顺序，随机顺序，随机位
random orientation 无规则取向，随机取向，无位向性
random pattern 无规则晶体点阵，无规图样
random-perturbation optimization 随机扰动最优化
random process 随机过程，随机处理
random pulse radar system (=RPRS) 随机脉冲雷达系统
random pulse train 随机脉冲串
random putaway 随机入库
random quantity 偶然自变量，随机自变量
random-sample 随机抽样检查
random sample 随机抽取的样品，随机样品，随机样本，任抽的样品
random sampling 随机取样，随机抽样
random sampling oscilloscope 随机取样示波器
random sampling performance test 生产性能随机测定，生产性能
抽样测定
random satellite system (=RSS) 随机卫星系统
random scan 随机扫描
random scanning 省略隔行扫描，随机扫描，散乱扫描
random scattering 随机散布
random sea 不规则波
random sea condition 随机海况
random sea state 随机海况
random seaway 随机海浪
random sequence 随机序列
random series 随机序列
random signal 随机信号
random signal vibration projector (=RSVP) 随机信号振动发射器
random solid solution 无序固溶体
random stress 随机应力
random taping error 丈量偶然误差
random test 随机抽样检验
random time-varying channel 随机时变信道
random variable 无规变量，随机变量，随机变数
random variation 无规则变化，随机变化
random vibration analysis 随机振动分析
random walk 随机游动，无规行走
random waves 不规则波
random winding 不规则线圈，杂乱绕组
randoming 随机化
randomization （1）不规则分布形成的；（2）随机化，概率化
randomize （使）随机化
randomized block 随机区组设计，随机性
randomized blocks method 随机区组设计
randomized policy 随机策略
randomized program test 随机程控试验
randomized storage 随机储位系统
randomizer 随机函数发生器
randomly modulated carrier 随机调制载波
randomly orientated fiber 无规定向纤维，随机定向纤维
randomness （1）不规则性，无序性，无规性；（2）随机性，偶然性，

机遇性
Raney alloy 内拉镍铝合金
Raney nickle 催化剂镍，内拉镍
Raney nickle catalyst 含30％镍的镍催化剂
rang （1）距离；（2）范围；（3）试验水域
rang height converter 距离高度变换器
range (=R) （1）变动量，偏差，偏摆；（2）最大行程，范围，区域，距离，
量程，变程，变程，限度，射程，航差；（3）相互作用半径，作用范围，标度范围，
幅度，领域；（4）排成行，排列，系列，并列；（5）列，行，线；（6）使系统化，
归类，分类，分等，评定；（7）波段；（8）能见距离，续航力；（9）叠标，
导标；（10）水位差，潮差；（11）炉灶
range ability 幅度变化范围，量程范围，飞行距离，航程，幅度
range acquisition 距离测定
range action 起伏，波动
range adjustment 范围调整，距离调整
range-amplitude display 距离-幅度显示
range analysis 值域分析
range and altitude corrector (=racrr) 距离高度校正器
range and bearing dial 距离和方位标度盘
range and bearing marker 距离和方位指示器
range and range rate (=RARR) 距离和距离变化率
range and range rate system 距离和距离变化率测定系统
range and safety 靶场与安全
range attenuation 距离衰减
range-attenuation function 距离衰减函数
range attenuation function 距离衰减函数
range azimuth 距离与方位
range-azimuth corrector 距离-方位校正器
range beacon 导航无线电信标，航线无线电信标，信标，叠标
range-bearing display 距离方位显示
range blanking 距离照明
range board 距离修正板
range calibration 距离校正，距离校准，量程校准
range calibration satellite 距离校准卫星
range calibrator 距离定标器
range calibrator target 距离校正靶，校距靶
range-changing switch 量程变换开关
range check 范围检查
range circle （雷达屏上）标距圈
range cleat 系索耳，大羊角
range coding 距离［信号］编码
range coefficient 量程系数
range communications instructions (=RCI) 靶场联络指令
range computer 测距计算装置
range constraint ｛数｝区域约束
range constriction search 范围约束搜索
range control 范围调整，距离调整，距离控制
range control center 距离控制中心
range control system 航程控制系统
range conversion （1）量程变换；（2）换档
range converter 距离变换器
range correct 距离校正
range corrector 距离校正器
range counter 距离测定器
range delay 距离延迟
range delay dial 距离-时延刻度盘
range difference measurement of satellite fixing 卫星距离差定位
range discrimination （1）距离分辨力；（2）射程鉴别
range display 距离显示器
range driver 调准距离的传动器
range elevation indicator 距离-仰角指示器
range energy curve 射程能量曲线
range energy relation 射程-能量关系
range error 距离误差，量程误差，射程误差
range error detector 射程误差鉴别器
range error function (=REF) 距离误差函数，射程误差函数，测量误
差函数
range expander 量程扩展器
range extension 范围扩大，量程扩大，扩大量程
range finding 距离测定，测距
range-finding apparatus 测距装置，测距仪
range for taking action 避航距离
range gate （1）距离开关；（2）测距离选通脉冲，距门；（3）射程波闸
range-gate generator 距离选通脉冲发生器

range gating　距离选通

range handwheel　距离手轮，距离盘

range heads　起锚机[系]柱

range-height display　距离高度显示器，高度表

range-height indicator (=RHI)　距离高度显示器，距离高度指示器

range height indicator　距离高度显示器，距离高度指示器

range hood　（炉灶上的）抽油烟机，排风罩

range increment　距离增量

range indicating system　距离指示装置

range indication　距离指示

range indicator　距离指示装置，距离显示器，距离指示器，测程仪

range indicator panel　距离指示面板

range interval　间距

range ladder　梯级试射

range leg　无线电测距射束

range light　靶场照明

range lights　(1)叠标灯，导航灯；(2)航行灯，桅灯

range lights installations　灯光叠标，叠灯标

range lights tower　叠灯塔

range line　（叠标示出的）导航线，叠标线，测距线，方位线，距离线，方向线

range mark　(1)距离标记；(2)导航标，叠标

range marker　(1)距离标识器，距离刻度指示器；(2)距离校准脉冲，距离标志，距离刻度

range-marker circuit　距离标志电路

range marker offset　距离标志偏移

range maximum　最大续航力，最大射程，最大距离

range measurement　（作用）距离测量

range measurement system　测距系统

range-measuring　测距的

range measuring circuit　测距电路

range meter　测距仪

range method　断面法

range multiplier　扩程器

range noise　距离噪声

range normalization　距离校正

range-normalized　距离规一化的，距离标准的

range notch　距离选择器标尺

range number　方位线号数，断面号数

range of a transformation　变换的量程

range of action　作用范围，有效距离

range of activity　经济活动范围，生产规模

range of adjustment　调整范围

range of an instrument　仪表量程

range of application　应用范围

range of audibility　可闻范围，听觉范围

range of axial feed　轴向进给量范围

range of balanced error　差额范围，差额大小

range of base tangent length　公法线长度的变动量

range of cable　排链

range of capacity　(1)能力范围；(2)容量范围；(3)加工范围

range of central transmission　中央传动装置变速范围

range of conics　二次曲线列

range of contoured surface angle of copying turning　仿形车削型面角范围

range of cross feeds　横向进给量范围，横向进刀量范围

range of cutter spindle speed　刀具主轴转速范围

range of detection　探测距离，搜索距离

range of detector　探测距离，搜索距离

range of diametral pitch thread　径节螺距螺纹范围

range of dimension over balls or pins　测棒或测球间尺寸的变动量

range of exposures　(1)曝光时间，辐照时间，曝光间隔；(2)暴露范围，曝光范围

range of feeds　进给量范围，进刀量范围

range of frequency　频率范围

range of grinding diameter of hole　磨前孔径范围

range of homing stage　自导段航程

range of indication　指示范围

range of infinitely variable speeds　无级变速范围

range of influence　影响范围，影响区

range of integration　积分范围，积分限

range of light-variation　光变幅

range of light　灯光射程（包括能见距离、光达距离和额定光达距离）

range of linearity　线性变化范围，线性区域

range of longitudinal feeds　纵向进给量范围，纵向进刀量范围

range of magnification　放大限度

range of message　信息范围

range of metric threas cut　公制螺纹螺距范围

range of module thread cut　模数螺纹螺距范围

range of nuclear forces
　　(1)核力作用半径；(2)核力作用范围；(3)核力作用区

range of oscillation　摆幅

range of particle　粒子行程

range of pitch errors　（齿轮）周节误差变动量

range of points　{数}点列

range of power levels　功率间隔，功率范围

range of product　产品品种

range of projectile　弹体射程

range of quardrics　二次曲面列

range of γ-ray energy　γ射线能量区

range of regulation　调节范围，控制范围

range of response　(1)视场（光学仪器）；(2)响应范围

range of safety　安全范围

range of sensitivity　灵敏度范围

range of shot　发射的距离

range of speed control　转速控制范围

range of speeds　速度范围

range of speeds of rotation　转速范围

range of spindle speeds　主轴转速范围

range of stability　稳定范围，稳性范围

range of stage　水位变幅，水位差

range of straight run stage　直航范围

range of stress　应力变化范围，应力幅度，应力限程

range of telescope　望远镜视场

range of tolerance　公差等级，公差范围

range of tooth thickness error　（齿轮）齿厚变动量

range of variables　变量间隔，变量区间，变量范围

range of visibility　能见距离，能见度，视程，视距

range of vision　视界，视野，视距

range of voyage　航程

range of water level　水位变幅

range of whotworth thread cut　英制螺纹螺距范围，惠氏螺纹螺距范围

range of work　加工范围

range oil　炉灶用油

range only (=RO)　(1)雷达测距机，雷达测距器械，雷达测距仪；(2)只测距离的

range-only radar(=ROR)　雷达测距仪，雷达测距计，测距雷达

range only radar　雷达测距仪，雷达测距计，测距雷达

range operations (=RO)　靶场作业

range optical tracking equipment(=ROTE)　靶场光学示踪设备

range out　定位

range performance　测距性能

range pole　测距标杆，视距尺，测杆，标杆，花杆

range positioning system (=RPS)　距离定位系统

range probable error　距离概率偏差

range pulse　距离脉冲

range radar　测距雷达

range rake　T形距离尺

range rate　临界速度，接近速度

range rate correction　临近速度校正

range rate indicator (=RRI)　距变率指示器

range rate information　距离变化率信息，临近速率信息

range recorder　（声纳）距离记录器，距离记录器

range resolution　距离分辨[能]力，距离鉴别力，距离分辨率

range resolution ratio　距离分辨率

range ring　距离刻度圈，距离圈

range rings　距离比例尺，刻度比例尺，距离圈，刻度环

range rod　（测量用）视距尺，花杆，标杆，测杆

range safety (=R/S)　靶场安全

range safety beacon (=RSB)　靶场安全信标

range safety command system (=RSCS)　靶场安全指挥系统

range safety report (=RSR)　靶场安全报告

range safety system (=RSS)　量程安全系统

range scale　距离标尺，量程指示，距离刻度[盘]，量程刻度，刻度盘

range scale and range ring interval indicator　量程及距离间隔指示器

range scale selector　距离标度选择开关，量程指示转换开关

range scanning　距离扫描

range scope　距离指示器, 距离显示器
range selection switch　距离转换开关
range selector (=RS)　(1)(副变速器)变速杆; (2)(自动变速器)速比范围选择器; (3)(雷达)量程转换开关, 距离转换开关, (4)波段开关; (5)刻度盘转换器, (6)量程选择器
range sensor　距离传感器
range shift　(1)副变速器换挡; (2)(自动变速器等)工作范围变换
range signal　距离信号
range step　距离阶梯
range strobe pulse　距离范围选通脉冲
range surveillance　距离监视
range-sweep　距离扫描
range sweep　距离扫描
range sweep circuit　距离扫描电路
range sweep current　距离扫描电流
range-sweep voltage　距离扫描电压
range switch　(1)距离选择开关, 距离转换开关, 范围选择开关, 波段选择开关, 换挡开关; (2)量程[选择]开关
range system　方位线系统, 断面系统
range table　射程表
range target　主动雷达立标, 主动雷达物标
range the cable　盘或排列锚链(整根锚链排于甲板上以备修理)
range tie　方向系线
range timing (=RT)　测距计时
range-to-go　到目标的距离
range-tracking　距离跟踪的
range tracking　距离跟踪
range tracking circuit　距离跟踪电路
range-tracking element　距离跟踪单元
range tracking element　距离跟踪单元
range tracking operator　距离测定员
range tracking potentiometer　距离跟踪电位计
range transmitter　测距发射机, 距离发送器
range transmitting potentiometer　距离输出分压器
range tube　距离显示管, 测距管
range unit　测距装置
range velocity display　航程与航速显示[器]
range-viewfinder　测距检景仪, 测距探视仪
range zero　距离零位
rangeability　(被调量的)幅度变化范围, 可调范围
rangefinder　测距仪, 测距计, 测距器, 测远仪
rangefinder platform　测距仪平台
rangefinder prism　测距棱镜
rangefinder scope　自动测距镜筒, 测距瞄准器, 测距仪
rangefinder with stereoscopic fixed mark　立体镜定标测距仪
rangefinder with stereoscopic vernier　立体镜游标测距仪
rangekeeper　射程计算仪(接收火炮射击所需的信息并进行计算处理)
ranger　(1)测距仪; (2)板桩横档
ranger measurement system　测距仪测距系统
rangesetting　距离表尺数
rangetable　射程表
rangetaker　测距员
rangette　小炉
ranging　(1)距离调整, 距离修正, 射程测定, 测距, 测程, 试射; (2)定向, 定线; (3)敌炮位测定
ranging accuracy　测距精度
ranging circuit　测距电路
ranging computer　测距计算机
ranging console　(水声站)测距台
ranging device　测距仪
ranging fire　测距射击, 试射
ranging point　试射点
ranging set　声纳站测距分机, 回声测距站
ranging system　测距系统
ranging unit　(1)测距计; (2)测距部分
rank　(1)排, 列; (2)等级, 地位; (3)阶数, (矩阵的)秩; (4)排列, 序列, 行列, 分类, 分等, 评定; (5)次序; (6){数}秩评定
rank correlation　等级相关, 秩相关
rank of switches　选择器级
rank sheer　船首突然转向, 明显偏航
ranked data　分级资料, 分级数据
Rankine cycle　兰金循环
Rankine scale　兰金温标
ranking　(1)顺序, 序列, 排列, 等级; (2){数}秩评定, 分类, 分级; (3)第一流的, 首位的, 高级的
ranking bar　手推车
ranking of claims　清偿债务顺序
ransack　彻底搜索, 仔细搜查
RAO (=Radio-astronomical Observatory)　射电天文台
RAOB (=Radio-meteorograph Observation)　无线电气象探测, 无线电探空仪观测
raob (=radio-meteorograph observation)　无线电气象探测, 无线电探空仪观测
raob (=radiosonde observation)　无线电探空观测
Raoult's law　拉乌尔定律
rap　(1)叩击, 轻敲; (2)敲, 拍, 打; (3)敲击, 交谈
rap-rig　速立脚手架
RAPCOE (=Random Access Programming and Checkout Equipment)　随机存取程序设计与检查设备
rapcon (=radar approach control center)　雷达临场场指挥中心, 雷达引导控制装置
rapid (=RAP)　(1)高速的, 迅速的, 快速的, 敏捷的, 急速的; (2)险峻的, 陡的; (3)急流, 激流
rapid-access　{计}快速存取
rapid access　{计}快速存取
rapid access data (=RAD)　快速存取数据
rapid access device (=RAD)　快速存取装置
rapid access disc　快速存取磁盘
rapid-access loop　快速循环取数区
rapid access loop　快速存取环, 快速存取回路
rapid access memory　快速存取存储器
rapid-access storage　快速存取存储器
rapid action valve　速动阀
rapid-actuating vice　快动虎钳
rapid advance　快速趋近
rapid alphanumeric digital indicating device　快速字母数字指示装置
rapid analysis　快速分析
rapid analysis method　快速分析法
rapid and sensitive feed　快速灵敏进给, 快速灵敏进刀
rapid automatic checkout equipment (=RACE)　快速自动检查设备
rapid brake-in　快速磨合
rapid breaking emulsified asphalt　快裂乳化沥青
rapid catalyst　快速催化剂
rapid cement　快硬水泥
rapid changing environment (=RCE)　迅速变化的环境
rapid charge rate　快速充电率
rapid circular movement　快速旋转运动
rapid closing stop valve　快速截止阀, 快速关闭阀
rapid cooling　快速冷却
rapid-curing　快速固化的, 快凝的
rapid curing adhesive　快速固化粘合剂
rapid curing cutback　快凝稀释沥青, 冷底子油
rapid curing cutback asphalt　快干沥青
rapid current　急流, 湍流
rapid cutoff valve　快速切断阀
rapid-drying　快干的
rapid drying　快干的
rapid drying varnish　快干清漆
rapid feed　快速进给, 快速进刀
rapid feed movement　快速进给运动, 快速进刀运动
rapid filter　快滤池
rapid-fire　速射的
rapid fire　速射
rapid-firing　速射的
rapid firing pusher type kiln　快烧推板式窑
rapid firing walking beam kiln　快烧步进式窑
rapid flow　急流, 激流
rapid hardener　快速硬化剂
rapid-hardening　快硬的
rapid hardening cement　快硬水泥
rapid indexing　(1)快速分度; (2)快速分度法
rapid lens　大孔径物镜
rapid memory　快速存储器
rapid paper　快[性印像]纸
rapid printer　快速打印机, 快速印刷装置
rapid process　快过程
rapid quick coupling　速接联轴器
rapid rate of curvature　急剧的曲率变化

1134

rapid-record oscillograph　快速记录示波器
rapid record oscilloscope　快速记录示波器
rapid rectilinear (=RR)　快速直线性的
rapid rectilinear lens　快速直线透镜, 快速消畸透镜
rapid return (=R)　快速返回, 快速回程, 快速回行
rapid-return traverse　快速回程机构
rapid-scan　快扫描
rapid scanning　快速扫描
rapid scanning infrared spectrometer　快速扫描红外分光计
rapid screw　大节距螺钉
rapid-setting　快凝的
rapid setting　快凝, 快结
rapid setting cement　快凝水泥
rapid solidification rate powder alloy　快速凝固粉末冶金
rapid start fluorescent lamp　快速起动荧光灯
rapid start lamp　快速起动灯
rapid steel　高速钢, 风钢
rapid steel tool　高速工具钢
rapid stock-removal　快速切削, 快速磨削
rapid storage　快速存储器
rapid store　快速存储器
rapid swing hammer　快摆桩锤
rapid switch　量程选择开关
rapid switching movement　快速开关运动
rapid tool steel　高速工具钢, 风钢
rapid transit　快速交通, 高速交通
rapid transit fall　快速吊货索
rapid transmission data system (=RTDS)　高速传输数据系统
rapid travelling speed of table　工作台快速移动速度
rapid travelling speed of tool　刀架快速移动速度
rapid travelling speed of wheel head　磨头快速移动速度
rapid traverse　快速横动
rapid traverse device　快 [速] 移 [动] 装置
rapid traverse drive　快速横动
rapid traverse gears　[供] 快速横向移动的齿轮副
rapid traverse mechanism　快速横向移动机构
rapid traverse speed of headstock　主轴箱快速移动速度
rapid traverse speed of tailstock　尾座快速移动速度
rapidity　(1) 高速性, 快速, 敏捷; (2) 速度, 速率
rapidity of convergence　收敛速度
rapidity variable　快度变量
rapidly　急速地, 快速地
rapidly extensible language　可快速扩充语言
RAPLOT (=Radar Plotting System)　雷达标绘系统
raplot　等点绘图法
rapper　(1) 松模工具, 轻敲锤, 敲顶锤; (2) 信号锤
RAPPI (= Random Access Plan Position Indicator)　(雷达) 随机存取平面位置显示器
rapping　(1) 松动; (2) 扩砂; (3) 轻击修光
rapping bar　起模棒, 松模杆
rapping iron　起模棒, 松模杆
rapping plate　敲模垫板, 起模板
rapping the pattern　起模
rapport　(1) 相关, 联系, 一致, 和谐; (2) 比例
RAPR (=Radar Processor)　雷达处理机
RAR (=Radio Acoustic Ranging)　无线电声响测距, 电声测距
RAR (=Record and Report)　记录与报告
RAR (=Repair as Required)　按需要修理
RAR (=Run against Rocks)　触礁
rare　(1) 稀有的, 珍贵的, 罕见的; (2) 稀薄的, 稀少的
rare air　稀薄空气
rare book　珍本书
rare-earth　稀土的
rare earth　稀土金属氧化物
rare earth alloy　稀土合金
rare earth cobalt magnet　稀土钴磁钢
rare earth element　稀土元素, 稀土金属
rare earth magnet　稀土磁体
rare earth metal　稀土金属, 稀土元素
rare earth oxide coated cathode　稀土金属氧化物
rare earths (=RE)　(1) 稀土元素, 稀土族; (2) 稀土的
rare-earths-cobalt　稀土 - 钴合金
rare gas　稀有气体, 稀薄气体, 惰性气体
rare gases and nitrogen mixture　稀有气体和氮气混合物

rare gases and oxygen mixture　稀有气体的氧气混合物
rare gases mixture　稀有气体混合物
rare metal thermocouple　稀有金属温差电偶
rare mixture　贫混合料, 稀混合物
rare short　局部短路
RAREF (=Radar Reflector)　雷达反射器
rarefaction　(1) 稀薄, 稀少, 纯净, 稀疏 [作用]; (2) 膨胀波
rarefication　稀疏, 稀化, 稀薄
rarefied　被抽空的, 稀少的, 变纯净的
RAREFL (=Radar Reflector)　雷达反射器
rarefy　抽空, 抽稀, 稀薄化, 变纯净, 抽真空, 造成真空, 排气, 使纯化, 使精炼
rarely　很少地, 罕有地
rareness　稀薄, 稀疏, 罕有
rarity　(1) 稀有, 稀罕; (2) 稀薄
RAS (=Reliability, Availability, Serviceability)　可靠性、可用性及适用性
RAS (=Replenishment at Sea)　海上补给
RASAP (=Reply as Soon as Possible)　尽快答复
Raschel　拉舍尔经编机
raschite　一种硝铵炸药
raser　电波受激发射放大器, 射频量子放大器, 电波激射器, 雷泽
rasil　剃齿的, 磨光了的
rasing knife　放样间划线笔刀, 刮缝刀
rasion　锉刮, 锉磨
rasp　(1) 粗锉刀, 木 [工] 锉, 粗锉; (2) 用锉刀锉削; (3) 锉磨声
rasp away　锉掉
rasp-cut file　粗齿锉, 木锉
rasp off　锉掉
raspador　剥麻机
rasper　(1) 锉刀机, 锉床; (2) 锉刀
rasping machine　磨光机
rasping sound　锉磨声
raspings　锉屑, 锯屑
RASSAN (=Radar Sea State Analyzer)　雷达海况分析器
RASTAC (=Random Access Storage and Control)　随机存取器与控制
RASTAD (=Random Access Storage and Display)　随机存取器与显示器
raster　(1) [扫描] 光栅, 扫描区 (荧光屏); (2) 网板, 屏面
raster blanking　扫描逆程消稳, 光栅消稳
raster chart formal　光栅海图格式
raster data presentation　光栅数据表示
raster display　光栅显示 [器]
raster generator　光栅发生器
raster scan　光栅扫描
raster scan image　光栅扫描图像
raster shading　光栅亮度不匀, 光栅黑斑
raster shape　光栅形状
raster shape correction　光栅形状校正
rasterelement　光栅单元
rasure (=erasure)　(1) 消除器, 抹音头, 抹音器, 消磁头, 消磁器; (2) 消字灵, 橡皮擦
RAT (=Ratio)　(1) 比率, 比; (2) 变换系数
RAT (=Receiver and Transmitter)　送收话器, 收发机
rat　老鼠, 耗子
rat guard　(船上缆索的) 伞形防鼠板, 防鼠隔
rat-proof　防鼠型
rat-proof electric installation　防鼠型电气装置
rat-race circuit　环形波导电路
rat race circuit　环形波导电路
rat-race mixer　环形波导混频器
rat race mixer　环形波导混频器
rat-tail　天线水平部分与引下线的连接线
rat tail　{铸} 老鼠尾缺陷, 夹砂, 脉纹
rat-tail file　鼠尾锉, 圆锉
rat tail splice　尖尾插接
ratable　可估价的, 可评价的, 按比例的, 应纳税的
RATAN (=Radar and Television Aid to Navigation)　雷达导航电视设备
RATAS (=Research and Technical Advisory Service)　科技咨询业务
ratch　棘轮机构, 棘爪, 棘轮, 齿杆
ratch setting　罗拉中心距调整
ratcher　棘轮机构, 棘爪, 棘轮
ratchet　(1) 棘轮, 齿杆, 齿弧; (2) 爪轮, 棘爪, 棘齿, 爪; (3) 棘轮机构,

棘轮装置；(4)（织机）罗拉中心距
ratchet-and-pawl 棘轮机构，棘轮和棘爪机构，棘轮棘子机构
ratchet and pawl 棘轮与掣爪，棘轮机构
ratchet-and-pawl mechanism 棘轮和棘爪机构
ratchet bar 棘齿条
ratchet bit brace 手摇旋钻机，棘轮摇钻，手板钻
ratchet blocking system 棘轮闭锁装置
ratchet brace 手摇旋钻机，棘轮摇钻，手板钻
ratchet casing 棘轮罩
ratchet catch (1)停止挡，卡子；(2)棘轮掣子；(3)擒纵器
ratchet chain 棘轮运动链
ratchet closing device 棘轮停止器
ratchet clutch 棘爪离合器
ratchet coupling 棘轮联轴节，棘轮联结器，爪形联轴节，闸轮联轴节，棘轮套
ratchet cover plate 棘轮盖板，棘轮盘
ratchet drill 手摇旋钻机，棘轮摇钻，手扳钻
ratchet drive 棘轮传动 [装置]
ratchet-driver 棘轮传动装置
ratchet-feed 棘轮进给，棘轮进刀
ratchet feed 棘轮进给
ratchet-feed mechanism 棘轮进给机构，棘轮进刀机构
ratchet gear (1)棘轮齿轮，棘轮；(2)棘轮装置，棘轮机构
ratchet gearing 棘轮传动装置，棘轮机构
ratchet handle 棘轮手柄，棘爪手柄
ratchet hob 棘轮滚刀
ratchet jack 棘轮起重器，棘轮千斤顶
ratchet lever 棘轮手柄
ratchet lever jack 棘轮蜗杆千斤顶，轮杆千斤顶
ratchet mechanism 棘轮传动装置，棘轮机构
ratchet pawl 棘轮掣子，棘爪
ratchet pin 棘轮销
ratchet plate 扇形棘轮板
ratchet punch 棘轮冲压机，棘轮冲头
ratchet purchase 棘齿起重设备
ratchet relay 棘轮式继电器
ratchet roller 棘轮滚筒
ratchet roller clutch 棘轮滚筒离合器
ratchet selector 棘轮选择器，棘爪选择器
ratchet shaft 棘轮轴
ratchet socket wrench 棘轮套筒扳手
ratchet spanner 棘轮扳手
ratchet spring 棘轮弹簧
ratchet tooth 棘轮齿
ratchet type roll feed 棘轮式滚轴送料
ratchet washer 棘轮垫圈
ratchet wheel 制逆轮，棘轮
ratchet wheel driving wheel stud 大钢轮传动轮桩
ratchet-wheel gear 棘轮装置
ratchet wheel gear 棘轮机构
ratchet wrench 棘轮扳手
ratcheting (1)啮合；(2)联轴节，离合器；(3)棘轮效应
ratcheting mechanism 棘轮机构
ratchetting (1)松脱振动；(2)棘轮效应
ratching 作棘齿，刻锯齿
RATE (=Remote Automatic Telemetry Equipment) 远距离自动遥测设备
rate (1)比率，比例，率；(2)速率，速度，变化率；(3)[定]等级，程度；(4)定额，定值，定价，运价；(5)价格，费率，变化率，价目表，差率；(6)计算，估计；(7)评定，评价，判断，认为
rate above its real value 对……估计过高
rate act (1)比率作用，速率作用；(2)微分动作
rate action 速率作用
rate agreement 协定费率，费率协定，运价协定
rate aided signal 定标信号
rate an achievement high 高度评价一项成就
rate and free gyro 速率及自由陀螺仪
rate and route computer system (=RRCS) 速率与航线计算机系统
rate as 列入
rate auditing 运费审计
rate basis 费率确定基础，运费率基础
rate bureaus 运费制定机关
rate calculation 运价计算
rate clerk 运价核算员

rate command control system (=RCCS) 速率指令控制系统
rate command system (=RCS) 速率指令系统，速度控制系统
rate constant 速率常数
rate control (1)按被调量的速率调节，速率控制；(2)按一次导数调整，微分控制，微商控制
rate controller 速率控制器
rate controlling step 决定反应速度的步骤，速率控制步骤
rate dependent viscoelastic mode 含速率粘弹性模式
rate detector 流量表传感器
rate determining step 决定反应速度的步骤，速率控制步骤
rate difference 差价
rate distortion coding 速率失真编码
rate equation 变化率方程
rate error 速率误差
rate feedback 速率反馈
rate generator 比率发电机，速率发生器
rate governor 调速器
rate growing method 变速生长法
rate-grown 变速生长的
rate-grown junction 变速生长结
rate grown junction 变速生长结
rate-grown transistor 变速生长晶体管，生产层晶体管
rate grown transistor 变速生长晶体管
rate-gyro 二自由度陀螺仪，角速度陀螺仪，阻尼陀螺仪，微分陀螺仪
rate gyro 二自由度陀螺仪，速率陀螺仪，速度陀螺仪，阻尼陀螺仪，微分陀螺仪
rate gyroscope 二自由度陀螺仪，速率陀螺仪，微分陀螺仪，阻尼陀螺仪
rate gyroscope limit 速率陀螺仪极限
rate gyroscope system 速率陀螺仪系统
rate height in one's estimation 得到……很高的评价
rate indicator (1)速率指示器；(2)流量表；(3)流速计
rate-intgrating gyro 速率积分陀螺
rate limitation 速率限制
rate limited servo 被速率限制的伺服机构
rate limiter 速率限制器
rate limiting factor 限速因素
rate-limiting step 限速步骤
rate limiting step 限速步骤
rate M at N 将 M 测定为 N
rate making (1)定额；(2)制定费率，制定运价
rate making distance 运价里程
rate-meter 计数率计
rate meter 计数率测量计，测速计，速率计，测速表，速率表
rate multiplier 比率乘数
rate negotiation 费用协商
rate network 比率网络
rate of absorption 吸收率
rate of advance 进速
rate of air circulation 空气循环率
rate of airflow 气流量
rate of attenuation 衰减率
rate of break （乳液的）离析速度
rate of change (=RC) 变化率
rate of change circuit 一次导数调节电路，变化率电路
rate of change in altitude （天体）高度变化率
rate of change in azimuth （天体）方位变化率
rate of change indicator 速率变化指示器
rate of change of lift coefficient with pitching velocity 升力系数对俯仰角速度的导数
rate of change of M with N M 对 N 的导数
rate of change relay 变率继电器
rate of charge 充电时间，充电率，充气率
rate of charging 充电时间，充电率
rate of chronometer （天文钟）日差率
rate of climb indicator 爬升率指示器
rate of climb meter 爬升速度表
rate of clock 时钟日差
rate of combustion 燃烧 [速]率
rate of consolidation 固结速度，固结率
rate of consumption 消耗率，消耗
rate of conversion 兑换率
rate of conveyance loss 输水损失率
rate of cooling 冷却 [速]率
rate of corrosion 腐蚀速度，腐蚀 [速]率

rate of cracking　裂化速率

rate of creep　(1)爬行速度；(2)蠕变速度

rate of current　流速

rate of curves　曲线斜率

rate of cutting output　切削率

rate of decay　(1)衰变率,衰减[速]率,衰落速率；(2)腐烂率,分解率

rate of deformation　变形率

rate of deposition　(1)沉淀速率；(2)电镀速率

rate of depreciation　(设备等)折旧率

rate of descent (=R/D)　降落速度,下降速度

rate of detonation　爆炸速度

rate of dilatation　膨胀率

rate of discharge　(1)放电率,排出率,放出率；(2)流量[率],排量,流速,流率；(3)卸货速度,卸货效率

rate of discount　折合率,折算率,贴现率

rate of distillation　蒸馏速率

rate of doing work　功率

rate of drainage　排水速度

rate of energy loss　能量损耗率

rate of erosion　侵蚀速率

rate of evaporation　蒸发[速]率

rate of exchange　兑换率,汇价,汇率

rate of expansion　膨胀率

rate of feed　(1)馈送速度,供料速度；(2)进给速率,进刀速率,进刀速度

rate of finished products　成品率

rate of fire　射速

rate of fire travel　火焰扩张速率

rate of flooding　灌注速度,进水速度

rate of flow　(1)流动速度,流量[率],流速,流率；(2)电流强度,通量强度

rate of flow control valve　流量控制阀

rate of flow controller　流速控制器

rate of flow indicator　流量计,流速计

rate of flowmeter　流量表,流量计

rate of following　跟踪速度,跟踪速率

rate of foreign exchange　外汇兑换率

rate of fouling　(船壳)污底速率

rate of freight　运费率

rate of fuel consumption　燃料消耗率

rate of growth　增长率

rate of heat flow　热流率,热流量

rate of heat release　散热速率,放热率

rate of infeed　切入进给速度

rate of information through-put (=RIT)　信息传送速度,信息传输速度,信息周转率,信息吞吐率

rate of interest　利率

rate of issue　发行价格,发行价

rate of leakage　漏泄速率

rate of load growth　负载增长率

rate of loading　(1)架载速度,载重率；(2)(车、船)装货效率,装货速度

rate of lubrication oil consumption　润滑油消耗率

rate of metal removal　出屑率

rate of overtopping　漫顶波量,漫顶率

rate of passage　航运费

rate of percolation　渗滤速度,渗滤率,滤速

rate of pickup　悬浮速度,悬浮率

rate of pitch change (=ROPC)　栅距变化率

rate of production　生产率

rate of progress　发展速度

rate of purity　纯度

rate of reaction　反应速率

rate of reading　读出速率

rate of regulating speed in instantaneous　瞬时调速率

rate of regulating speed in stability　稳定调速率

rate of return　收益率,回报率,利润率

rate-of-return gyroscope　角速度陀螺仪

rate of revolution　旋转速度,转动速度,旋转率,转速

rate of rise　(1)升高率,增长速度,增长速率；(2)(曲线)斜率,曲线上升斜率

rate of rise of water level　水位上涨速度

rate of rotation　旋转[速]率,转速

rate of runoff　径流流量,径流率

rate of sailing　(船的)航速

rate of scanning　扫描频率,扫描速率

rate of sedimentation　沉积率

rate of setting　沉降速率

rate of settlement　沉降速度

rate of settling　沉降速度

rate of shear　剪切速率

rate of sinking　沉降速度

rate of slope　(曲线)斜率

rate of speed　速率

rate of strain　应变率

rate of strain dependent memory function　含应变率记忆函数

rate of strain tensor　应变率张量

rate of supercharging　增压比,增压率

rate of table traverse　工作台横动速率

rate of tally figures accuracy (=RTFA)　理货数据准确率

rate of temperature drop　降温率

rate of temperature rise　升温率

rate of tension　拉紧程度

rate of travel　(1)移动速率,飞行速率,发送速度；(2)相对位移量,相对流动速度

rate of traverse　横动速率

rate of turn　(1)转动速度；(2)匝数比

rate-of-turn gyroscope　角速度积分陀螺仪

rate of turn gyroscope　角速度积分陀螺仪

rate-of-turn recorder　转速记录器

rate of turn recorder　转速记录器

rate of utilization　使用率

rate of vessel without cargo shortage　船舶无短货率

rate of voltage rise　电压上升速度

rate of volumetric change　容积变化率

rate of waste commodities　商品损耗率

rate of water discharge　流出水量,流量

rate of wear　磨耗速度,磨耗程度,磨损率,磨耗率

rate of work　(1)工作强度；(2)功率

rate plate　铭牌

rate process　累进法

rate-recognition circuit　扫描频率测定电路

rate recognition circuit　扫描频率测定电路

rate response　(1)微商作用,导数响应；(2)(仪器)惯性,速度响应

rate sensing package (=rsp)　速率传感组件

rate-sensitive　对速度[变化]灵敏的,感受速度的

rate servosystem　速度伺服系统

rate signal　与速度成正比的信号,比率信号,速率信号

rate signal generator (=RSG)　比率信号发生器,速率信号发生器

rate special attention　值得特别注意

rate stabilization control system (=RSCS)　速率稳定控制系统

rate system　收费制

rate system of electricity　用电收费制

rate time　微分时间,比率时间

rate to be agreed (=RTBA)　费率尚待商定

rate to be arranged　费率尚待商定,费率待定

rate war　压价倾销竞争,价格战

rate with　受……好评

rateable　(1)可评价的,可估价的,按比例的；(2)应纳税的,该纳税的

rateable property　应纳税的财产

Rateau turbine　复式压力叶轮机,拉特透平

rated　(1)额定的,标定的,规定的,评定的,差额的；(2)设计的,计算的,定价的；(3)票面的,适用的

rated altitude　计算高度

rated breaking capacity　额定断开容量

rated breaking current　额定断路电流

rated broaching capacity　额定拉力

rated capacity　(1)额定能力；(2)额定容量,额定负荷,额定电容,额定功率,标定容量；(3)额定效率,设计效率；(4)额定生产率,额定产量,额定量；(5)设计效率

rated condition(s)　额定工况

rated consumed power　额定需要功率

rated consumption　额定消耗量

rated continuous working voltage (=rcwv)　额定持续工作电压,额定连续工作电压

rated current　额定电流

rated demand　额定需量

1137

rated discharge 额定流量
rated dissipation 额定耗散
rated duration 额定状态工作时间
rated duty 额定工作方式
rated efficiency 额定效率
rated excitation 额定励磁
rated figure 额定值
rated flow 额定流量
rated frequency 额定频率
rated frequency range 额定频率范围
rated head 额定水头
rated horsepower 额定马力,额定功率
rated input 额定输入量,额定输入值,额定输入功率
rated interrupting capacity 额定断流容量
rated life 额定寿命
rated load 额定载荷,额定负荷,额定负载
rated load torque 额定负载转矩
rated making capacity 额定接通容量
rated maximum pressure 最大额定压力
rated moment 额定力矩
rated output (1)额定输出值,额定输出量,额定[输]出力,额定功率,计算功率;(2)额定产量,计算生产率,标准产量
rated output torque 额定输出扭矩
rated performance 额定性能
rated power 额定功率,额定动力
rated power capacity 额定功率
rated power factor 额定功率因数
rated power output 额定功率输出
rated pressure 额定压力
rated primary voltage 额定初级电压
rated quantity 额定量
rated resolving power 额定分辨能力
rated revolution 额定转速,额定转数
rated rudder angle 额定舵角
rated secondary current 额定次级电流
rated short time current 额定短时电流
rated slip (1)额定滑动量;(2)(推进器)额定滑失,额定转差率
rated speed 额定转速,额定速度
rated speed of rotation 额定转速
rated stock torque 额定转舵扭矩
rated tax 定率税
rated thrust 额定推力
rated torque 额定转矩,额定扭矩
rated torque capacity 额定承载扭矩
rated value 额定值,公称值,评定值
rated velocity 额定速度
rated voltage 额定电压
rated wind pressure 计算风压
rated wind pressure lever 计算风压作用力臂
ratemeter (1)计数率计,速率计,测量计,定率计,速度计;(2)脉冲计数器;(3)(辐射)强度测量仪,强度计
RATG (=Radio Telegraph) 无线电报
rather than 胜于
rathole (1)储放钻杆的浅孔;(2)排除钻杆故障的辅导孔;(3)旋转钻的起始孔;(4)以导向楔钻进的偏斜钻孔;(5)大钻孔的导孔
ratification (1)承认,认可,批准;(2)追认
ratification process 批准过程
ratifier 批准者,认可者
ratify 承认,批准,认可
rating (1)率;(2)额定值,标称值,规定值,定额;(3)规格,参数,量;(4)额定值的确定,额定性能,额定能力,额定载量,额定容量,额定功率,额定出力,计算,估价,评价,测定,鉴定;(5)评定,评级,分级,分等;(6)承载能力,工作能力;(7)功率;(8)测量范围的极值,量程极值,程度;(9)定员
rating adjustment factor 负载能力调整因数
rating at wheel rim 轮缘输出功率
rating curve 水位流量关系曲线,流量曲线
rating data 额定数据
rating flume (流速仪的)率定水槽
rating formula 承载能力[计算]公式
rating fraction (法国船级社)等级分数
rating funnel 分液漏斗
rating index 承载能力指标
rating life 额定寿命

rating loop 环形水位流量关系曲线,水位流量关系环线
rating number (1)点蚀等级;(2)评级,分级
rating of bridge 桥梁检定,桥梁分级
rating of chronometer (天文钟)日差率测定
rating of deposits 储量的评价,储量的评级
rating of engine 发动机功率
rating of exchange 外汇行情
rating of fuel 耗油额定值
rating of illumination 照度标准
rating of machine 电机规格,机器规格,机器的定额
rating of set 装置的功率
rating plate 定额牌,铭牌,标牌
rating schedule 检定程序表
rating table (1)性能图表,特性图表,额定表,参数表;(2)水位流量关系表
rating tank (流速仪的)率定水槽,校核水槽
rating ton 检定吨位,率定吨位
rating under working condition (制冷机)工作条件下的产冷量
rating value 额定值,公称值
ratio (=R) (1)比率,比例,比重,比;(2)[交换]系数关系,系数;(3)传动比,转数比,齿数比;(4)求出比值,使成比例,按比例放大
ratio adjuster 比率调整器
ratio analysis diagram 比率分析图
ratio arm (1)(电桥)比例臂,电桥臂,比率臂;(2)比例边
ratio-arm box (电桥)比例臂箱
ratio arm box 比例臂电阻箱
ratio banlance type 比率平衡式
ratio calculator 比例计算器,比例计算机
ratio change gear 滚比变换挂轮,滚比交换齿轮
ratio change mechanism 滚比修正机构
ratio control 比例控制,比率控制,比例调节,关系调节
ratio control roughing (锥齿轮加工)变滚比粗切
ratio control system 比例控制系统
ratio detector 比例检波器,比值检波器,比例鉴频器
ratio differential relay 比率差动继电器
ratio differential relaying system 比率差动继电系统
ratio error 相对误差,比例误差,比率误差
ratio estimate 比推定量
ratio gear 滚切比挂轮,变速轮
ratio imaging technique 比率成像技术
ratio meter 电流比率计,比率计,比率表,比值表,比值器
ratio of arc of action to circular pitch 啮合弧与周节之比
ratio of clearance volume 余隙容积比
ratio of closure (of traverse) 导线闭合比
ratio of compression 压缩率,压缩比
ratio of curvature 曲率比
ratio of damping 阻尼系数,减幅系数
ratio of deck opening area 甲板开口度
ratio of division 分割比
ratio of drive gearing 齿轮传动比
ratio of elongation 延伸率
ratio of expansion 膨胀系数,膨胀比
ratio of face width/tooth height 齿的宽高比
ratio of floor rise 船底斜度比,舭部升高比
ratio of flow to mean flow 径流模数
ratio of forging reduction 锻比
ratio of gain to noise temperature of antenna 天线增益噪声温度比
ratio of gear 齿轮传动比,齿轮速比
ratio of gear to pinion 大齿轮与小齿轮齿数比,齿轮副齿数比
ratio of gearing 齿轮传动比
ratio of gears 齿数比
ratio of grate area to heating surface 炉箅面和受热面比
ratio of greater inequality 优比(较大不等式的比值)
ratio of gross o tare weight 总重皮重比
ratio of lay (钢丝绳的)捻比系数
ratio of less inequality 劣比(较小不等式的比值)
ratio of mean wetted length to breadth 平均浸湿长度比
ratio of mixture 配料[成分]比,混合气比例,配合比
ratio of principal dimensions 主要尺度比例
ratio of reduction 减速比
ratio of reinforcement (混凝土的)加筋比,配筋比,配筋率,钢筋比
ratio of revolution 转数比
ratio of rise to span 高跨比
ratio of roll (齿轮)滚切比,展成比,创成比

ratio-of-roll change gear　滚切比交换挂轮
ratio of rolling reduction　(轧)压缩比
ratio of runoff　径流率
ratio of similitude　相似比
ratio of slenderness　长细比,细长比
ratio of slide　滑动比
ratio of speed　速度比,速比
ratio of slope　边坡斜度,坡度比,坡度
ratio of specific heats　绝热指数,比热比,热容比(Cp/Cv)
ratio of stroke to diameter　冲程直径比
ratio of the circumference of a circle to its diameter　圆周率
ratio of tooth gearing　齿轮传动比
ratio of torque to diameter　力矩直径比
ratio of torque to weight　力矩重量比
ratio of transformation　(1)变压器变压系数,变换系数,变比,变压比,匝数比;(2)弯压系数
ratio of transmissing　传动比
ratio of varying capacitance　电容变化比
ratio of vehicle utilization　车辆使用率
ratio of winding　匝数比
ratio oxygen cutting machine　比例氧炔切割机
ratio recorder　比例记录器
ratio regulation　变压比调节,比例调节
ratio scale　比例尺寸
ratio switch　刻度比例变换开关,比例开关
ratio-test　比率检验法,检比法
ratio test　变压比试验,比率检验法,检比法
ratio trend forecasting　比例趋势预测
ratio-turn　匝数比
ratio-voltage　比例电压,电压比
ratio voltage　电压比
ratio wheel　减速轮
ratiometer　电流比率计,比值计,比率表
ratiometer method　差比法
ration　(食品、供应品等)日定量,配给量,限额
ration distributing point (=RDP)　定量供应分配点
ration export　限额输出
rational　(1)有理的,合理的,合法的;(2)有理解能力的,理论的,理性的,推理的;(3){数}有理数[的]
rational analysis　理论分析
rational approximation　有理近似法
rational curve　有理曲线
rational design　合理设计
rational element　有理元素
rational expression　有理式
rational formula　理论公式,有理化公式,有理式,示构式
rational function　有理函数
rational grammar　理性语法
rational horizon　(地心)真地平
rational interpolation function　有理插值函数
rational mechanics　理论力学
rational method　理论推算法
rational number　有理数
rational operation　有理运算
rational representation　有理表示
rational runoff formula　径流推算理论公式
rational system of units　有理单位制
rational units　合理化单位
rational utilization　合理使用
rationale　(1)理论基础,[基本]原理;(2)说明,阐述,理由
rationality　合理的意见,合理性
rationalizable　[可]有理化的
rationalization　合理化
rationalization of insulation　绝缘配合
rationalization proposal　合理化建议
rationalize　(1)使合理;(2)使合理化;(3)合理地处理
rationalize away　推理说明,推理解释
rationally　理论上,合理地
rationally related　有理相关
rationing　定量分配
ratline　桅支索横稳索,桅梯横绳
ratline down　扎桅梯绳
ratline hitch　丁香结
ratline stuff　桅梯绳

ratling　桅梯横绳
rato (=rocket-assisted-take-off)　(1)用火箭辅助起飞;(2)起飞辅助火箭
ratog　火箭助推起飞装置
ratran　三雷达台接收系统,雷特仑系统
rat's tail　尖尾绳
RATT (=Radio Teletypewriter)　无线电电传打印机
rattan　藤条,藤
rattan bar　藤条
rattan fender　藤碰垫
rattan rope　藤索
rattle　(1)振动声,颤动声,喀啦声,呱嗒声,嘎吱声;(2)响亮程度,响度;(3)发声器,发响器
rattle barrel　清理滚筒,滚光筒
rattle trap　旧车辆
rattler　(1)发声器;(2)磨耗试验机,磨耗试验滚筒,清理滚筒,旋转磨砖机,磨砖机,转磨筒,搅磨机;(3)货运列车,有轨电车
rattler loss　(磨耗试验的)磨耗率
rattler test　磨耗试验
rattling　(1)卡嗒声;(2)桅梯横绳
rattrap pedal　锯齿踏板
rave hook　刮缝钩
rave iron　刮缝刀,刮缝凿
ravel　(1)剥落;(2)松开,解开,拆开;(3)(问题等)解决,消除
raven　测距测速与导航,机上反雷达装置
raw　(1)未制炼的,未处理的,未加工的,纯的;(2)粗制的,粗糙的,粗的;(3)未经制炼之物;(4)生的
raw casting(s)　粗铸件
raw catalyst　未还原催化剂,新催化剂
raw condition　未加工状态,粗糙状态,原状
raw copper　粗铜,泡铜
raw cotton　原棉
raw data　原始数据,原始资料
raw distillate　粗馏出油,粗馏物
raw edge　未切过的边,毛边
raw file　原始数据,原始资料
raw fuel feeder　原煤给煤机
raw grinding　初磨,粗磨
raw hand　新手
raw hydrocarbons　原状碳氢化合物
raw information　原始数据,原始信息
raw iron plug bolt anchor　铁柄地锚
raw judgement　不成熟的判断
raw linseed oil　生亚麻仁油,生漆油
raw mast　原桅木
raw-material　原材料的
raw material　原[材]料
raw material income　原料销售收入
raw material ledger　原料分类账
raw material stock　原料
raw material's cost account　原料费用账户
raw metal　生金属材料,金属原料,粗金属
raw mica　原云母
raw mill　生料磨机
raw oil　未精炼的油,原料油,粗制油
raw rubber　生橡胶
raw sample　粗油样
raw sewage　未经处理的污水,未经净化的污水
raw ship　新服役的舰只,新服役船
raw spirit　无水酒精
raw-steel　原钢,粗钢
raw steel　未清理钢,原钢,粗钢
raw stock　原[材]料
raw stores　半制品,原料
raw video　未经处理的图像
raw water　未经净化的水,硬水,生水
rawhide　生皮
rawhide gear　破皮革齿轮,皮质齿轮
rawin　无线电高空测风器,无线电测风仪,雷女
rawin sonade　无线电探空测风仪
rawinsonde　无线电探空仪,无线电高空候仪
ray　(1)辐射线,放射线,射线,光线;(2){数}半直径,半径;(3)放射,辐射,照射,辐照;(4)微量,丝毫;(5)光辉
ray acoustics　射线声学

ray axis 光轴
ray-bond 合成橡胶,酚醛或环氧树脂粘合剂
ray center 射线中心
ray filter 滤光镜
ray geometrical acoustics 几何声学
ray locking device 射线锁定装置
ray of spark 火花射线
ray path 射线途径,光程
ray pattern 声径图
ray plotter 光线绘迹器
ray-proof 辐射防护的,防辐射的,防射线的
ray surface 光线速度面,射线面
ray test 射线检验,射线探伤
ray tracing 电子轨迹描绘,声线描迹,射线描迹,射线跟踪,光线跟踪
ray tracking apparatus 光线跟踪器
ray velocity 射线速度,电磁波速度,光速,波速
ray velocity surface 光[线]速[度]面
RAYDAC (=Raytheon Digital Automatic Computer) 雷声[公司]自动数字计算机
Raydist 雷迪斯特双曲线定位系统,相位比较仪(研究传输现象用),周相比较仪
raydome (=radome) 天线屏蔽器,天线罩
rayed arc 射线极光弧
rayed band 射线极光带
Rayhead 雷海德煤气红外线加热器
raying 照射,辐照
Raylay 光导管
raymark 雷达指向标,雷达信标
rayo 瑞欧镍铬合金(85%Ni, 15%Cr)
rayon (1)人造纤维,人造丝,嫘萦;(2)雷达干扰发射机
rayon acryl blanket 混纺毛毯,混纺毯子
rayon cord 嫘萦帘线,粘胶帘线
rayon staple fiber 嫘萦短纤维
rayon yarn 嫘萦丝,人造丝
rayotube (测量运行中轧件温度的)光电高温计
rayox 二氧化钛
raysistor 光控变阻器
Raytheon tube 全波整流管,雷通管
raytracing 射线跟踪,光线跟踪,射线描迹
raytrajectory 射线路径,射线轨道,射线路程,光迹,光线
raze 刮去,消去,消除,铲平
raze a vessel 取消船级
razee 拆除一层或多层甲板以使船身减底
razing 刻放型线,铲平
razon (1)导弹(即美国的VB-3);(2)无线电控制炮弹,拉松式制导炸弹
razor 剃刀
razor back 刀刃脊
razor-edge (1)剃刀的锋口;(2)危急关头
RB (=Radar Beacon) (1)无线电信标,雷达信标;(2)雷达应答器
RB (=Radio Broadcasting Station) 无线电广播[台]
RB (=Register Book) 船舶登记簿
RB (=Relative Bearing) 相对方位,舷角
RB (=Rescue Boat) 救助艇,救助船
RB (=Return to Bias) 归零制
RB (=Risk of Breakage) 破碎险,破损险
RB (=River Boat) 江船
RB (=Rockwell Hardness B-scale) 以B分度表示的洛氏硬度[数]
RB (=Roller Bearing) 圆柱滚子轴承
RB (=Rubber Bearing) 橡胶尾轴管轴承
RBA (=Radar Beacon Antenna) 雷达信标天线
RBA (=Rescue Breathing Apparatus) 救生呼吸设备
RBDE (=Radar Bright Display Equipment) 雷达亮度显示设备
RBDS (=Regards) 致意,问候
RBM (=Range and Bearing Marker) 距离和方位指示器
RBN (=Radiobeacon) 无线电信标(图式)
RBS (=Radiobeacon Station) 无线电信标台
RBSE (=Radar Beacon Sharpening Element) 雷达射束峰化器
RBU bearing (瑞典)RBU型无轴箱式双列圆柱滚子密封轴承
RBV (=Responsibility between Vessels) 船舶之间的责任
RC (=Non-directional Radiobeacon) (航空)无方向性信标
RC (=Radio Coding) 无线电编码
RC (=Radio Compass) 无线电测向仪,无线电罗盘
RC (=Radio Components) 无线电零件

RC (=Radio Control) 无线电控制
RC (=Railway Compensation) 铁路赔偿责任
RC (=Range Correct) 距离校正
RC (=Rate of Change) 变化率
RC (=Reaction Coupled) 电抗偶合的
RC (=Reader Code) 阅读器代码
RC (=Reconsigned) 重新托送货物
RC (=Record Changer) 记录变换器
RC (=Redelivery Certificate) 还船证书
RC (=Reduced Charge) 减费
RC (=Regional Channel) 地方航道
RC (=Regular Chain) 直营连锁店
RC (=Regulation for Classification) (船舶)入级规则
RC (=Reinsurance Commission) 分保手续费
RC (=Reinsurance Company) 分保公司
RC (=Relative Contraband) 相对禁制品
RC (=Relative Course) 相对航向
RC (=Release Clause) 豁免条款
RC (=Reloading Charges) 重装费用
RC (=Remote Control) 远距离控制,遥控
RC (=Reorganization of Company) 公司重整
RC (=Repair Cycle) 修理周期
RC (=Report of Clearance) 船舶出口报告书,船舶出口许可证
RC (=Repugnancy Clause) 抵触条款
RC (=Resistance-capacitance) 电阻-电容
RC (=Responsibility Clause) 责任条款
RC (=Return Cargo) (1)回程货;(2)回航货;(3)回运货物
RC (=Return Clause) 退还保险费条款
RC (=Revenue Cutter) 海关巡逻快艇
RC (=Revolving Credit) 循环信用证
RC (=Right of Claim) 请求权
RC (=Right of Convoy) 护航权
RC (=Ringing Circuit) 振铃电路
RC (=Risk of Clash) 破损险
RC (=Risk of Collision) 碰撞危险
RC (=Risk of Contamination) 沾污险
RC (=Rockwell Hardness C-scale) 以C分度表示的洛氏硬度[数]
RC (=Rough Cutting) 粗切削,粗加工
RC (=Rubber Covered) 橡皮公司
RC & L (=Rail, Canal and Lake) 铁路、运河及湖泊联运
RC circuit 阻容电路(RC=resistance-capacitance)
RC selective amplifier 阻容式选择放大器
RC/RP (=Radar Control/Radar Plot) 雷达控制/雷达标绘
RCA (=Radio Corporation of America) 美国无线电公司
RCA (=Reverse Charging Acceptance Not Subscribed) 背面费用的接受未登录
RCB (=Risk of Clash & Breakage) 碰撞破碎险
RCB (=Rubber-covered Braided) 橡皮绝缘的编包线,橡皮绝缘的编织线
RCBL (=Rider Clause on Bill of Lading) 提单附加条款
RCBWP (=Rubber-covered Braided,Weather-proof) 橡皮绝缘编包风雨线
RCC (=Radio Common Carriers) 无线电共载波
RCC (=Radio Common Channels) 共用无线电信道
RCC (=Range Control Center) 距离控制中心
RCC (=Refrigerated Cargo Clause) 冷藏货条款
RCC (=Remote Communication Central) 遥控通信中心
RCC (=Rescue Coordinating Center) 搜救协调中心
RCC (=Resistance Capacity Coupling) 阻容耦合
RCCMODU (=Rules for the Classification and Construction of Mobile Offshore Drilling Units) 海上移动式钻井船入级与建造规范
RCCS (=Remote Communications Central Set) 远距离通信中心装置
RCD (=Reasonable Cost Down) 合理的降价
RCD (=Received) 收到
RCDB (=Rudder Covered Double Braided Wire) (1)橡皮绝缘的双层编织线;(2)橡皮绝缘的双层编包线
RCDC (=Radar Course-directing Center) 雷达航向引导中心
RCDT (=Renewal of Certificate for the Date of Termination) 到期换证
RCDTL (=Resistor-capacitor diode Transistor Logic) 电阻电容二极管晶体管逻辑[电路]
RCE (=Rate of Cargo Error) 货差率
RCE (=Remote Control Equipment) 遥控设备,遥控装置

RCEEA (=Radio Communication and Electronic Engineering Association) 无线电通信与电子工程协会
RCESCDCB (=Rules for the Construction and Equipment of Ships Carrying Dangerous Chemical in Bulk) 散装运输危险化学品船构造与设备规范
RCESCLGB (=Rules for the Construction and Equipment of Ships Carrying Liquefied Gases in Bulk) 散装运输液化气体船构造与设备规范
RCESGSRPP (=Rules for the Construction and Equipment of Seagoing Ships Relating to Pollution Prevention) 海船防污染结构与设备规范
RCF (=Raster Chart Format) 光栅海图格式
RCFC (=Rules for the certification of Freight Containers) 集装箱检验规范
RCG (=Radiation concentration Guide) 放射性浓度标准
RCH (=Hull Classification and Inspection Record) （船级社）船体入级记录和检验报告
RCH (=Reach) 到达，达到
RCI (=Radar Coverage Indicator) 雷达作用距离指示器
RCI (=Railway Carriers Immunity) 铁路免责事项
RCL (=Ramped Cargo Lighter) 有跨板的载货驳船
RCL (=Recall) (1) 二次呼叫；(2) 调出
RCLS (=Rescue Control/liaison System) 救助控制/联络系统
RCM (=Machinery Classification and Inspection Record) （船级社）轮机入级记录和检验报告
RCM (=Reliability Centered Maintenance) 以可靠度为中心的维修
RCMIFFI (=Rules Concerning Management of International Freight Forwarders Industry) 关于国际货物代理行业管理的若干规定
RCMS (=Reefer Container Management System) 冷藏集装箱管理系统
RCN (=Railway Consignment Note) 铁路运单
RCN (=Royal Canadian Navy) 加拿大海军
RCNC (=Royal Corps of Naval Constructors) 英国海军造船部
RCNZIW (=Rules for the Classification of Navigation Zones on Inland Waterways) 内河航区分级规范
RCO (=Radar Conspicuous Object) 雷达明显目标
RCO (=Regional Communication Office) 地区通信处
RCP (=Radar Chart Projector) 雷达海图投影器
RCP (=Reference Control Point) 参考控制点
RCP (=Refrigerated Cargoes Packing) 冷藏货装载
RCP (=Rules for Construction of Policy) 保险单解释规则
RCPCPDMESCP (=Regulations Concerning the Prevention and Cure of Pollution Damage of Marine Environment by Seashore Construction Project) 中华人民共和国防治海岸工程建设项目损害海洋环境管理条例
RCPEPDDV (=Regulations on the Control of Preventing Environment Pollution Due to Disassembling Vessels) 防止拆船污染环境管理条例
RCPNLSB (=Regulations for the Control of Pollution by Noxious Liquid Substances in Bulk) 控制散装有毒液体物质污染规则
RCPT (=Receipt) (1) 收据；(2) 接收，收到
RCR (=Radio Control Relay) 无线电控制继电器
RCR (=Reader Control Relay) 阅读器控制继电器
RCR (=Refrigerated Cargo Rate) 冷藏货运费率
RCR (=Re-issuance of Certificate of Registery) 船舶国籍证书的换发和补发
RCR (=Retina Character Reader) 网膜字符阅读器
RCR (=Reverse Current Relay) 逆流继电器
RCS (=Radar Control Ship) 雷达控制船
RCS (=Radar Cross Section) 雷达目标有效截面，目标等效反射面
RCS (=Radio Command System) 无线电指令系统
RCS (=Radio Communication Set) 无线电通信装置
RCS (=Range Calibration Satellite) 距离校准卫星
RCS (=Range Control System) 航程控制系统
RCS (=Reaction Control System) 反作用控制系统
RCS (=Remote Control System) 遥控系统
RCSS (=Random Communication Satellite System) 随机通信卫星系统
RCSSE (=Record of Container Sealing/seal Examining) 集装箱验封/施封记录
RCSSNIW (=Rules for the Construction of Steel Ships Navigating on Inland Waterway) 内河钢船建造规范
RCSV (=Regulations on Classification of Seagoing Vessels) 海船入级规则

RCT (=Radiobeacon Calibration Transmitter) 无线电信标校准发射机
RCTL (=Resistor-Capacitor –Transistor Logic) 电阻电容晶体管逻辑［电路］
RCU (=Radar Calibration Unit) 雷达校准设备
RCU (=Recovery Control Unit) 恢复控制部件
RCU (=Remote Control Unit) 遥控装置
RCU (=Rudder Control Unit) 舵控装置
RCV (=Remote Control Vessel) 遥控船
RCV (=Remotely Controlled Vehicles) 遥控运载器
RCVD (=Received) 收到
RCVR (=Receiver) (1) 容汽器，容器；(2) 接收机，收报机；(3) 受话器，收音机
RCWP (=Rubber Covered Weatherproof) 橡皮包的风雨线
RCWV (=Rated Continuous Working Voltage) 额定持续工作电压
RD (=Directional Radiobeacon) 定向无线电示标台
RD (=Radar Data) 雷达数据
RD (=Radiation Detector) 辐射探测器
RD (=Radio Department) （英国）无线电处
RD (=Reasonable Delay) 合理延误
RD (=Reasonable Depreciation) 合理贬值
RD (=Received Data) 接收的数据
RD (=Rectification of Deficiencies) 船舶缺陷纠正
RD (=Red) (1) 红色；(2) 红色的
RD (=Refund of deposits) 保证金的退还
RD (=Relative Density) 相对密度
RD (=Repairing Dock) 修船坞
RD (=Reply Delay) 延迟回答
RD (=Reporting Day) 报告日
RD (=Representative Division) 代表处
RD (=Required Date) 需用日期
RD (=Restricted Data) 内部资料
RD (=Revision Directive) 修正指令
RD (=Right of Defense) 抗辩权
RD (=Road) 路
RD (=Roadstead) 开敞锚地
RD (=Root Diameter) 齿根直径
RD (=Round) (1) 圆形物；(2) 圆
RD (=Running Days) 连续工作日
RDA (=Reliability Design Analysis) 可靠性设计分析
RDA (=Reliability Design Approach) 可靠性设计方法
RDAC (=Radar Data Acquisition Converter) 雷达数据获取传感器
RdAc 放射性锕
RDB (=Ramped Dump Barge) 开底垃圾驳
RDBL (=Readable) 可读的
RDC (=Remote Data Collection) 远程数据收集
RDC (=Rules of Direct Consignment) 直接运输规则
RDC (=Running Down Clause) （船舶）碰撞条款
RDCD (=Running Days & Consecutive Days) 连续日
RDD (=Required Data Destination) 要求到达目的港日期
RDD (=Required Delivery Date) 要求交货日期
RDDV (=Responsibility for Delay in Delivery of the Vessel) 延迟交船责任
RDE (=Research and Development Establishment) 研究与发展局
RDF (=Radio Direction Finder) 无线电测向仪
RDF (=Radio Direction Finder Station) 无线电测向台
RDF (=Radio Direction Finding) 无线电测向
RDF (=Radio Distance Finding) 无线电测距
RDF (=Relational Data File) 有关数据文件
RDF (=Repeater Distribution Frame) 分配电板
RDF (=Resource Data File) 资料数据文件
RDFS (=Radio Direction Finder Station) 无线电测向台
RDI (=Radio Doppler Inertial) 多谱勒惯性无线电
RDK (=Raised Deck) 升高甲板
RDLY (=Redelivery) 还船
RDO (=Radio) (1) 无线电，射电；(2) 无线电收音机，无线电设备
RDP (=Radar Data Processing) 雷达数据处理
RDPE (=Radar Data Processing Center) 雷达数据处理中心
RDPE (=Radar Data Processing Equipment) 雷达数据处理设备
RDPS (=Radar Data Processing System) 雷达数据处理系统
RDR (=Radar) 雷达
RDR (=Radio Detection and Ranging) 无线电探测与测距，雷达

RDS (=Radio Digital System)　无线电数字系统

RDSS (=Radio Determination Satellite Services)　卫星无线电测量业务

RDSS (=Radio Determination Satellite System)　无线电测定卫星系统

RDT (=Radio Digital Terminal)　无线电数字终端

RdTh　放射性钍

RDU (=Radar Display Unit)　雷达显示器

RDV (=Rotary Dry Vacuum Pump)　旋转真空干燥泵,干吸回转真空泵

RDY (=Ready)　预备妥当的,有准备的

RDY (=Royal Dockyard)　英国造船厂

RDZ (=Radiation Danger Zone)　辐射危险区

RE (=Rack Earth)　机壳接地

RE (=Radio Equipment)　无线电设备

RE (=Refer to)　参阅

RE (=Refer to Endorser)　请询背书人

RE (=Reference)　依据,参考,基准

RE (=Refrigerating Engineer)　冷藏机员

RE (=Regarding)　有关

RE (=Relating to)　有关

RE (=Relative Error)　相对误差

RE (=Relative to)　与……有关,关于

RE (=Reynolds Number)　雷诺数

RE (=Ring Off Engine)　停止备车,主机定速

RE (=Roentgen-equivalent)　伦琴当量

re　(介词)关于,事由

re-　(词头)重新,相互,反对,反复,离开,再,非,后,回

re-aeration　重新充气

re-assort　再分类

re-compaction　再压制,再压密,再压紧

re-coordination　(交通信号的)连动的再开动

re-echo　回声,反响

re-edify　重建,恢复

re-edit　重修订,再编

re-electrolysis　二次电解,再次电解

re-emission　(1)二次发射,再发射;(2)次级辐射,二次辐射;(3)再放射,重放射

re-emit　重发射,重放射,重辐射

re-enforce　(1)重新实施,再施行;(2)增援,增强,加强,加固,加筋

re-engage　重新啮合,重新接入,重新连接,再啮合;(2)再次投入;(3)再次起动

re-engagement　(1)重新啮合,重新接入,重新连接,再啮合;(2)再次投入;(3)再次起动

re-engineering　再设计,重建,改建

re-enrichment　再浓缩

re-entry system evaluation radar (=RESER)　重返系统鉴定雷达,再入系统鉴定雷达

re-entry trajectory　再入轨道

re-equip　重新装备

re-evacuate　再抽空,再汲出,再排出

re-evaporate　再度蒸发

re-evaporation　再次蒸发,再蒸发

re-expansion　重复膨胀,二次膨胀,再膨胀

re-expose　二次曝光

re-extract　重复萃取,再萃取,反萃取,反洗

re-graduation　(1)二次校准,重校;(2)再分度

re-leach　再浸出

re-light　(1)重新点火,重新点燃;(2)再次起动,重复起动

re-occupation　重新占用,重新占有

re-railing ramp　复轨斜坡台,复轨器

re-record　再现录音,再录音,重录音,转录

re-recording　再现录音,再录音,重录音,转录

re-reeler　重卷机

re-refine　再精制,再精炼

re-tyre　更换轮胎

re-water　(1)纸浆残水;(2)再浇

re-zeroing　回放到零,重调到零

REA (=Radar and Electronics Association)　(英)雷达与电子学协会

reabsorb　重吸收,再吸附,再吸收

reabsorption　重吸收,再吸收,再吸附

REAC (=Reactor)　(1)反应堆;(2)电抗器,扼流圈

reaccess　重新进入,再接近

reaccession　重新到达

reacclimatization　重新适应

reach　(1)可达距离,工作半径,作用半径,伸距;(2)伸出量;(3)(起

重机)臂长;(4)到达,达到,伸到,延伸;(5)领域,范围,射程

reach an agreement　取得一致意见,达成协议

reach an identity of view　取得一致看法

reach and burden　容积与载重量

reach and burthen　容积与载重量

reach bottom　到底,查阅

reach forklift truck　(叉架能向前伸出的)前伸式叉车

reach in cooler　冷藏柜

reach in freezer　冷冻柜

reach in refrigerator　大型冷冻柜

reach into the reactor core　伸进[反应]堆芯

reach me　请与我联系

reach of crane　起重机臂工作半径,起重机臂伸出长度

reach out　伸出

reach post　下端桩

reach rod　(1)变速杆;(2)联接杆,拉杆;(3)测深杆

reach stacker　(集装箱)正面吊运机

reach the case　适用于这种情况

reach the conclusion　得出结论,得到结论

reach the goal　达到目的

reach the job　[运]到工地

reach-through　透过,穿通

reach truck　(叉架能向前伸出的)前伸式叉车

reachability　能达到性,可达性

reachless　不能达到的

reacquired　再获得的

reacquisition　重新取得

react　(1)起反应;(2)反应,起作用;(3)起反作用,有影响,反抗;(4)回复原状;(5)重做,再做,重演

react acid　呈酸性反应

react against　反对,反抗

react basic　呈碱性反应

react chemically with　与……起化学反应

react on [upon]　对……起作用,对……起反作用,对……有效果,对……起反应,反作用于

react to　对……起反应,和……起反应

react with　对……起反应,和……起反应

reactance　(1)无功电阻,有感电阻,电抗,力抗;(2)电抗器;(3)抵抗;(4)反应性

reactance amplifier　电抗耦合放大器

reactance attenuator　电抗衰减器

reactance bridge method　电抗桥法

reactance-capacity coupling　感容耦合

reactance characteristic　电抗特性

reactance coil　电抗线圈,扼流圈

reactance component　电抗分量

reactance controlled circuit　电抗控制电路

reactance coupling　电抗耦合

reactance drop　电抗电压降

reactance element　电抗元件

reactance factor　无功功率因数,电抗因数,无效因数

reactance filter　电抗滤波器

reactance-grounded　电抗接地的

reactance grounded　[经]电抗接地的

reactance leakage　电抗漏泄

reactance modulation　直接调制方式,电抗调制方式

reactance modulation system　直接调制方式,电抗调制方式

reactance multi-ports　电抗多口网络,电抗多端对偶网络

reactance network　电抗网络

reactance of armature reaction　电枢反应电抗

reactance operator　电抗算符

reactance relay　电抗继电器

reactance synchronizing method　电抗同步法

reactance-tube frequency modulation　电抗管调频

reactance-tube modulator　电抗管调制器

reactance voltage　电抗电压

reactant　(1)反应物(起反应的粒子或物质),生成物,试剂;(2)成分,组份,组成

reactatron　(一种晶体二极管)低噪声微波放大器

reacting　[起]反应的

reacting force　反作用力,反应力,反力

reacting steel　再结晶钢

reaction (=R)　(1)反应作用,逆反应,反应;(2)反作用力,约束力,反力;(3)反馈,回授;(4)(天线)反向辐射;(5)对抗作用,反向运动,

反作用；(6) 恢复原状, 反冲

reaction accelerator 反应加速剂, 反应促进剂

reaction alternator 无功交流发电机

reaction blade 反击式叶片配置, 反动式叶片组, 反动式叶栅

reaction casting (埋固在闸门墩的) 铸钢枕钢

reaction cement 活性粘结剂

reaction center 反应中心

reaction chamber 分馏塔

reaction coefficient 反馈系数

reaction coil (1) 反作用线圈, 反馈线圈, 电抗线圈；(2) {化} 反应旋管

reaction component 无功部分, 电抗部分, 虚部

reaction condenser 反馈电容器, 再生电容器, 回授电容器

reaction control 反作用控制, 反馈控制, 反馈调整

reaction control system (=RCS) (1) 反作用控制系统；(2) 反应控制系统

reaction coupled (=RC) 电抗耦合的

reaction coupling (=RC) 电抗耦合, 反馈 [耦合]

reaction debris 反应屑

reaction dynamometer 反作用测力计

reaction earth pressure 被动土压力

reaction engine 反作用式发动机, 喷气式发动机, 反力式发动机

reaction equation 反应方程式

reaction force 反作用力, 反应力

reaction formula 化学反应式

reaction gas 反作用推进气体

reaction gear (转子发动机) 主轴齿轮, 反动 [式] 齿轮

reaction getter 反应收气剂, 反应型收气器

reaction heat 反应热

reaction jet 推进射流, 喷射流

reaction locus (拱结构的) 反力轨迹

reaction mechanism 反应机理, 反应机制

reaction moment 反作用力矩

reaction motor (1) 反作用式发动机, 喷气发动机, 火箭发动机；(2) 反应式电动机, 反作用式电动机

reaction of recombination (1) 复合反应(物理)；(2) 再化合反应(化学)

reaction of support 支座反力, 支点反力

reaction of the supports 支座反力

reaction pressure 反压力

reaction principle 反作用定律, 反作用原理

reaction-propelled 反作用力推进的

reaction propeller 反应推进器

reaction rate due to neutron 中子核反应率

reaction ring (油泵的) 反作用环, 止推环, 定子

reaction rudder 反应舵(特殊设计的舵面曲线, 以提高推进能力)

reaction soldering 反应焊接, 还原焊接

reaction stage (涡轮机) 反动级

reaction steam turbine 反动式汽轮机

reaction system 反应系统

reaction thrust 反作用推力, 反推力

reaction time (=RT) 反应时间

reaction torque 反抗转矩, 反转矩, 反扭矩

reaction trap 止回活门, 防逆瓣

reaction turbine 反动式汽轮机, 反动式涡轮机, 反作用式涡轮, 反应式涡轮, 反动式透平

reaction type 反作用式, 反馈式

reaction type cooler 涡轮式冷却器

reaction type wheel 反击式水轮机, 反作用式水轮机

reaction vessel 反应器, 反应锅

reaction water turbine 反击式水轮机

reaction wavemeter 吸收式波长计, 反馈式波长计

reaction wheel 反击式叶轮, 反动轮

reaction zone 反应区

reactionary 反作用的, 反动的, 反应的

reactionary torque 反作用转矩

reactionless 无反应的, 惰性的, 惯性的

reactionlessness 反应 [上的] 惰性, 反应缓慢性, 化学惰性

reactivate (1) 复活, 再生, 再激活, 再活化；(2) 重新编入船队

reactivating antifouling paint 再活化防污漆

reactivating factor 再活化因素, 恢复因素

reactivating temperature 复活温度

reactivation 重激活, 恢复, 再生

reactivation cycle 复活周期

reactivation survey 闲置船舶重新启用检验

reactivator 再生器, 复活器, 反应器

reactive (1) 反作用的, 反动的, 反应的, 反馈的；(2) 电抗 [性] 的；(3) 可起反应的, 反应性的, 活性的；(4) 无功的, 无效的

reactive aggregate 活性骨料(能与水泥的碱质发生反应以致产生裂缝)

reactive circuit 电抗电路, 反馈电路

reactive coil 电抗线圈, 扼流圈

reactive component (1) 无功分量, 无功部分；(2) 电抗分量, 电抗部分

reactive coupling 电抗耦合

reactive-current 无功电流

reactive current 无功电流

reactive current compensation 无功电流补偿

reactive current generator 无功电流发生器

reactive diluent 活性稀释剂

reactive droop 无功下垂特性

reactive drop 电抗性电压降, 无功电压降

reactive dye 活性染料

reactive element 电抗元件

reactive EMF 无功电动势 (EMF 或 emf=electromotive force 电动势)

reactive equalizer (1) 固定频率特性滤波器；(2) 电抗均衡器

reactive factor 无功功率因数

reactive factor meter 无功功率因数表

reactive force (1) 反作用力；(2) 反冲力

reactive hydrogen 活泼氢, 活性氢

reactive kilovolt ampere 无功千伏安, 千乏

reactive load 电抗 [性] 负载, 无功负载, 无功功率

reactive load regulator 电抗性负载调节器, 无功负载调节器

reactive metal 活性金属

reactive near field region 反应近场区

reactive pigment 活性颜料

reactive power 无功功率, 无效功率

reactive power factor 无功功率因数

reactive power meter 无功功率计

reactive power relay 无功功率继电器

reactive powermeter 无功功率计

reactive resin 反应型树脂, 活性树脂

reactive resistance 电抗

reactive source 电抗源

reactive thrust 反作用推力, 反冲力

reactive torque 反转矩, 反扭矩

reactive volt ampere 无功伏安, 无功功率

reactive volt ampere hour 无功伏安小时

reactive voltage 电抗电压, 无功电压

reactiveness (1) 反应状态, 反应性；(2) 活动性

reactivity (1) 反作用性, 活动性, 活化性, 反应, 活性；(2) 反应能力, 反应性, 反应率；(3) 反应度, 放射性；(4) 电抗性, 再生性

reactivity coefficient 反应系数

reactivity control 反应性控制

reactivity disturbance 反应性扰动

reactivity gain 反应性增益

reactivity hazard 反应危险性, 反应危害

reactivity measurement facility (=RMF) 反应性测量装置

reactivity mismatch 反应性失配

reactivity rate 反应率

reactivity ratio 反应率

reactivity shimming 反应性补偿

reactivity transient 反应性瞬变

reactivity with seawater 与海水反应性

reactology 反应学

reactor (1) 反应器, 感应器, 感应物；(2) 电焊阻流圈, 电抗线圈, 扼流线圈, 反馈线圈, 电抗器, 扼流圈；(3) 原子反应堆, 核反应堆；(4) 化学反应剂

reactor auxiliary system 反应辅助系统

reactor behavior 反应堆性能

reactor code 反应堆计算程序

reactor containment 反应堆外壳

reactor control (1) 反应器控制；(2) 反应堆控制

reactor control board 反应堆控制台

reactor control console 反应堆控制台

reactor control system 反应堆控制系统

reactor-controlled 由电抗线圈控制的

reactor-converter 反应堆转换器

reactor coolant 反应堆冷却液

reactor coolant system 反应堆冷却液系统

reactor cooling 反应器冷却

reactor cooling system 反应堆冷却系统

reactor cutback power 反应堆逆转功率
reactor-down 反应堆功率下降
reactor for daylight lamp 日光灯镇流器
reactor for metallurgical research (=RMR) 冶金研究用反应堆
reactor fuse 反应堆中可熔性镶入物
reactor-grade 适用于反应堆的, 核纯的
reactor grounded neutral system 电抗接地中性系统, 电抗线圈中点接地系统
reactor-in-flight test (=RIFT) 飞行中反应堆试验
reactor in flight test system 飞行试验系统中的反应堆
reactor initial startup 反应堆初始起动程序
reactor installation (1) 反应堆设备; (2) 反应堆安装
reactor-irradiated 反应堆中被辐照的
reactor-irradiator 反应堆辐照器
reactor measuring instrument 反应堆测量仪表
reactor metallurgy 反应堆材料冶金学
reactor nuclear instrument system 核反应堆仪表系统
reactor period 反应堆周期
reactor period meter 反应堆周期 [测量] 计
reactor physics constant center (=RPCC) 反应堆物理常数中心
reactor power 反应堆功率
reactor power level 反应功率电平
reactor power meter 反应堆功率计
reactor power regulating system 反应堆功率调节系统
reactor pressure 反应堆压力
reactor pressure vessel (=RPV) 反应堆压力容器
reactor-produced 反应堆中制备的
reactor product 反应堆产品
reactor propulsion system 反应堆推进系统
reactor protection system 反应防护系统
reactor room 反应堆控制室
reactor room air compressor 反应堆控制室空气压缩机
reactor safety system 反应堆安全系统
reactor scram 反应堆快速停堆, 反应堆故障 [紧急] 停车
reactor-start motor 电抗线圈起动式电动机
reactor start motor 电抗线圈式起动电动机
reactor starting 电抗器起动
reactor synchronization 反应堆同步
reactor system 反应堆系统
reactor thermal core 反应堆热堆芯
reactor thermal power 反应堆热功率
reactor-up 反应堆功率增长
READ (=Radar Echo Augmentation Device) 雷达回波信号放大器
read (=RD) (1) 读出, 读取, 读; (2) [取] 读数, 表示; (3) 应读为, 应写为
read alphanumerically paper tape 读字母数字纸带
read amplifier 读出放大器
read analog input (=RAI) 读模拟量输入, 模拟量读入
read and write 读和写
read around number 整个阅读数字
read-around ratio 读数比
read back 重复, 复述, 读回
read button 读出按钮
read detector 读出检测器
read digital input (=RDI) 读数字输入, 数字量读入
read down to (从曲线向横坐标轴) 往下读取
read driver 读 [数] 驱动器
read error 读数误差
read forward 正向读出
read frequency 读出频率, 频率读入
read half-pulse 半读脉冲, 半选脉冲
read-in {计} 读入, 写入, 记录
read in {计} 写入, 记录
read M for N 用 M 替代 N, 把 N 改为 M
read magnetic tape (=RMT) 读出磁带
read memory 只读存储器, 固定存储器, 永久性存储器
read-mostly memory (=RMM) {计} 主读存储器
read number 读出数
read of 读知, 阅悉
read off 显示读数直接式的, 取读取, 读出
read-only memory {计} 永久存储器, 只读存储器, 固定存储器
read only-memory 只读存储器
read only memory (=ROM) 唯读存储器, 只读存储器, 固定存储器
read-only register 只读寄存器

read only storage 只读存储器
read-out 读出
read out 显示读数直接式的, 读出
read-out circuit 读出电路
read out circuit 读出电路
read out command signal 读出指令信号
read-out cryotron 读出冷子管
read-out display 读出显示器
read out error 读出误差
read out gate 读出门
read-out information 读出信息
read out information 读出信息
read out integrator 读出积分器
read out meter 直读式仪表
read out selector 读数选择器
read out value 读出值
read out winding 读出绕组
read over 读完
read pulse 读数脉冲
read pulse switch 读数脉冲开关
read-punch unit 读卡 - 穿孔机, 卡片输入穿孔机
read rate 读速度, 读出率
read record head 录音用磁头
read routine 读数程序
read specially paper tape 专读纸带
read statement 读语句
read station 读数装置, 读出台, 阅读站
read the Riot Act 提出警告
read through 读遍, 读完
read up 攻读
read-while-writing 读写并行
read winding 读数绕组
read-write command 读写指令
read-write core 读写磁芯
read-write cycle 读写周期
read write drive 读写驱动器
read-write head 读写 [磁] 头
read-write head 读写磁头, 组合磁头
read-write memory 读写存储器
read write memory 读写存储器
read-write recorder 读 / 写记录器
readability (1) 清晰 [程] 度, 明确性; (2) 易读程度, 可读性, 可读度, 便读性, 易读性; (3) 读出能力
readable 可读的, 易读的, 清楚的, 明白的
readaptablity 再适应状态, 再适应性
readaptation 重适应, 再匹配, 再配合
readatron 印刷数据读出和变换装置
readback signal 读回信号
readdress 改写地址, 更改地址
readdress oneself to 重新致力于, 重新着手
readdressing 改写地址, 更改地址, 再编址
reader (1) 读数装置, 读出装置, 读数器, 读出器, 输入机; (2) 读数镜; (3) 阅读机, 阅读器; (4) 校阅器, 审稿者, 校对者, 读者; (5) 阅读程序, 说明卡片, 标签, 读本; (6) 读数员, 抄表员
reader check (=RCh) 读出校验
reader code 阅读器代码
reader control relay 阅读器控制继电器
reader-interpreter routine 读入 - 解释程序
reader light 阅读器指示灯
reader machine 阅读机
reader-out unit 读出装置
reader-printer 阅读复印两用机, 阅读印刷机
reader punch equipment 卡片阅读 - 穿孔设备
reader-sorter 阅读分类器
reader station 阅读站
reader stop (=RS) 读出器停止
reader-typer 读数打印装置, 读数打字机
reader typer 读数打印机
reader unit 读出装置
reader's marks 校对符号
readily (1) 容易; (2) 立刻
readily available (1) 容易购至, 容易取得; (2) 有现货, 能现购
readiness (1) 准备妥当, 准备就绪, 准备状态, 备用状态, 准备, 预备; (2) 快速, 迅速

readiness date (=RD)　准备［完毕］日期，待命日期
readiness for action　待机状态
readiness review　（安装完）启用前检验
readiness time　预备时间
reading　(1) 读出，判读，读［数据］；(2)（仪表）指示数值，读数，示度；(3) 量测记录，计数；(4) 阅读材料，阅读，注释
reading and writing amplifier circuit　读写放大电路
reading and writing saloon　阅览及书写室，阅览室
reading book　读本
reading brush　｛计｝读数［孔］刷
reading by reflection　反射式读数
reading circuit　读出电路
reading device　读数装置，示读装置，刻度盘
reading dial　读数盘
reading duration　读出时间
reading error　读数误差
reading glass　读数放大镜，放大镜
reading gun cathode　读数枪阴极
reading head　读数头，读出头
reading lamp　台灯
reading lens　读数镜，放大镜
reading light　阅读灯
reading microscope　读数显微镜，显微读数仪
reading-off　轧制纹板
reading plate　阅读底片，读板
reading range　读数范围
reading room　阅览室
reading scan　读出扫描，显示扫描
reading speed　读数速度
reading station　阅读站，输入站
reading telescope　读数望远镜
reading track　读出导向装置
reading value　读数值
reading value per division of dial disc　刻度盘每格读数值
reading value per division of vernier　游标尺每格读数值
reading writing amplifier　读写放大器
readjust　(1) 更正，校正，修正，校准；(2) 重新调整，再调整，再调节，再调准，再整理，重调，微调，再调；(3) 重安装
readjust current　重调电流
readjusting gear　返回原位装置，重调整装置
readjustment　(1) 重新调整，补充调整，再调整，重调；(2) 校正，校准，微调
readjustment of zero　重新调零
readmission　重新接纳
readmit　重新接纳
readonly memory　只读存储器
readout　(1) 读出，读取，读；(2) 示值读数，读出数据，信息显示；(3) 输出读出装置，数字显示装置；(4) 轧制带材厚度指示器；(5) 测量结果输出值，选择程序
readout-tube　读出管
readout unit　读出装置
readvance　再推进的行动
ready　(1) 准备好的，有准备的，就绪的，准备的；(2) 迅速的，现成的，现有的，轻便的，简易的；(3) 准备好，就绪，预备；(4) 现款；(5) 多股绞合绳
ready about　备妥，就位
ready and fit to　适宜于
ready box　炮位弹药箱
ready cash　现款
ready coating　快速罩面
ready condition　就绪状态，可算条件
Ready Flo　一种银焊料（银 56%，铜 22%，锌 17%，锡 5%）
ready for operation　准备运行
ready for receiving　可接收
ready for sail　准备航行
ready for sea　出航准备已妥
ready for seagoing　出航准备就绪
ready for sending　可发送，可传送
ready for service　准备投入业务
ready in all respects　准备就绪
ready lifeboat　值勤救生艇
ready light　准备指示灯
ready-made　(1) 预先准备的，预制的，现成的，制好的；(2) 非独特的，陈腐的

ready made　预先制成的，预先准备好的，预制的，现成的，普通的
ready made dolphin　预制系缆桩
ready made mixture　现成配料
ready make　完成品
ready means of escape　方便的脱险通道
ready-mix　现成混合物
ready mix　(1) 厂拌混凝土，厂拌灰浆；(2) 调和漆
ready mix concrete　厂拌混凝土
ready mix paint　调和漆
ready mix truck　厂拌混凝土运送车
ready-mixed　搅拌好的，混合好的，预拌的
ready-mixed paint　调和漆
ready mixed paint　调和漆
ready money　现款
ready money price　现金价格
ready reference　现成的参考资料，便览
ready reckoner　简便计算表，计算便览
ready shipment　即期装船
ready starting of generator set　发电机组的随时起动
ready state　准备就绪状态，待用状态
ready status word　就绪状态字
ready storage of missile　战备状态导弹库，待发导弹库
ready-to-go-round　准备好发射的
ready to load and discharge　装卸准备就绪
ready to receive signal　准备接收信号
ready to start　准备起动
ready up　用现金支付，即付
ready use (=RU)　准备使用
ready witted　灵敏的，机智的
reaeration　再曝气，再掺气，再充气，再通风，再通气，通风，还原，复氧
reaffirm　再肯定，再证实，重申
reageing　(1) 重试线；(2) 反复时效
reagent　反应物，试剂，试药
reagent bottle　试剂瓶
reagent for nickel　试镍剂
reagent method of water-softening　化学软水法
reagent paper　试［剂］纸
reaging　反复老化，再老化
real　(1) 真实的，真正的，实际的，客观的，有效的，真的；(2) 真值的，真数的；(3) ｛数｝实数
real accumulator　实数累加器
real address　实际地址
real area　真实［接触］面积
real argument　实变元
real axis　实［数］轴
real component　(1) 实数部分，实分量；(2) 有功分量，有功部分；(3) 同相分量
real constant　有效常数，实常数
real crystal　全晶玻璃
real density　实密度
real domain　实域
real draft　实际吃水
real draught　实际吃水
real field　实域
real fluid　实际流体，真实流体
real function　实函数
real gas　实际气体，实在气体，真实气体
real hinge　实铰
real horizon　真地平
real horsepower　实际马力
real image　实像
real income　实际收入
real line　实线
real liquid　实际液体
real load　实际载荷，有效负载
real mass　实质量
real memory　实存储器
real money　实价货币，现金，硬币
real number　实数
real number field　实数域
real object　实物
real parameter　实参数
real part　(1) 实数部分；(2) 实数
real point　实点

real power 有效功率,实际功率
real property 不动产
real quantity 实量
real radius 实际半径
real right (=RR) 物权
real right of pledge (=RRP) 担保物权
real right of pledge of ship (=RRPS) 船舶担保物权
real right of ship (=RRS) 船舶物权
real root {数}实根
real segment 实线段
real size 实际尺寸
real slip 实滑距,实滑脱
real solution 真实溶液
real storage 实存储器
real stuff 上等货,原装货,真货
real tare 皮重
real-time 实时的,快速的,立即
real time (=RT) 实际时间,实时
real-time address 零级地址
real time analysis system (=RTAS) 实时分析系统
real time automatic tracker (=RADOT) (1)实时自动化数字光学跟踪系统;(2)实时自动数字光学跟踪器
real-time clock 实时计时器
real-time complex computer 实时复合计算机
real-time computation 快速计算
real-time computer 实时计算机
real-time control 实时控制
real-time controller 实时控制器
real time decoder (=RTD) 实时译码器
real-time input-output {计}实时输入输出
real-time interferometry 实时干扰量度学
real-time machine 实时计算机,快速计算机
real time machine 实时计算机,快速计算机
real-time microcomputer 实时微计算机
real-time operating system (=RTOS) 实时操作系统
real time operating system (=RTOS) 实时操作系统
real-time operation (=RTO) 实时工作,实时运算,实时操作,快速操作
real time operation (=RTO) 实时工作,实时运算,实时操作,快速操作
real-time position (=RTP) 实时位置
real time procedural language (=RTPL) 实时过程语言
real time processing (=RTP) 实时处理
real time queue (=RTQ) 实时排队
real time readout (=RTR) 实时读出
real-time simulator 实时仿真器
real-time system 实时系统
real-time working 实时工作
real-valued 实值的
real valued differential forms 实值微分形式
real valued random variables 实值随机变量
real variable 自由变量,实变量,实变数
real variable function 实变函数
real wages 实际工资
real wear and tear 有形损耗
realification character group 实化特征标群
realign (1)重新排列,重新组合,重新整顿;(2)重新定线,改变线向,改线
realign up stand 绕线机
realignment 重新排列,重新定线,改变线向,改线
realine 重新排列,重新组合,改变线向
realinement 重新排列,重定线路,改变线向,改线
realisation (=realization) (1)实现,实行,兑现,完成;(2)认识,了解,体会
realistic model 仿真模型
realistic 切合实际的,逼真的,现实的
realistic testing specimen 仿真试样
reality 真实性,现实性,实际,真象,事实
reality condition 现实性条件
realizability 可实现性,现实性,真实性
realizable 可以实感觉到的,可实现的,可实行的,可认识的
realization (1)实现,实行,兑现,完成,(2)认识,了解,体会,体会
realize (1)实现,实行,兑现,完成,获得;(2)认识,体会,了解
really 真实地,真正地,确实地
realm (1)区域,领域,范围;(2)门,类
realm of nature 自然界

realtime (1)实时的;(2)实时
realtime address 实时地址
realtime analog digital computation 实时模拟数字计算
realtime analogue computer 实时模拟计算机
realtime analysis system 实时分析系统
realtime application 实时应用
realtime automatic digital optical tracker 实时自动数字光学跟踪器
realtime batch processing 实时成批处理
realtime brush overlay 实时涂盖
realtime clock log 实时时钟记录
realtime command 实时指令
realtime communication 实时通信
realtime computation 实时计算
realtime computer complex 实时计算综合装置
realtime computing technique 实时计算方法
realtime control system 实时控制处理
realtime coordination 实时配位,快速配位
realtime correction 实时校正
realtime data 实时数据
realtime data processing 实时数据处理
realtime data transmission 实时数据传输
realtime decoder 实时译码器
realtime demonstration 实时示觉
realtime display 实时显示
realtime dynamic projection display 实时动态放映显示器
realtime estimation 实时估计
realtime executive 实时执行器
realtime executive routine 实时执行程序
realtime frequency analysis 实时频率分析
realtime identification 实时辨识
realtime input 实时输入
realtime input-output translator 实时输入输出译码器
realtime language 实时语言
realtime machine 实时计算机
realtime mode 实时方式
realtime operating system 实时操作系统
realtime operation 实时操作
realtime procedural language 实时过程语言
realtime processor 实时数据处理器,实时处理机
realtime queue 实时排队
realtime range processing 实时距离处理
realtime readout 实时读出
realtime recording 实时录音,实时记录
realtime scale 实时度标
realtime simulation 实时仿真
realtime simulator 实时模拟装置
realtime system 实时系统
realtime system tracking 实时系统跟踪
realtime tracking 实时系统跟踪
realtime working 实时工作,实时操作
ream (1)修整孔,铰孔,扩孔;(2)令,刀(纸张计量单位,约480-500张);(3)大量
ream a rivet hole 铰锥铆钉孔
ream grab 抓泥机
ream weight (1)(纸)令重;(2)(木、砖)垛重
reamed hole 铰孔
reamer (1)铰刀,铰具;(2)铰床;(3)槽凿牙钻,扩孔钻,扩孔器,整孔钻,镗钻,扩锥;(4)扩孔工人;(5)压榨器;(6)扩孔,铰孔
reamer and tap fluting cutter 铰刀及铰丝攻槽铣刀
reamer bolt 铰孔螺栓,铰孔螺栓,铰配螺栓,配合螺栓,精配螺栓
reamer cutter 铰刀铣刀
reamer drill 铰孔钻头
reamer for camshaft aligning 凸轮轴孔校正铰刀
reamer lapping machine 铰刀研磨机
reamer set 成套铰刀
reamer with helical flutes 螺槽铰刀
reamer with spiral flutes 螺槽铰刀
reamer with staggered straight flutes 不等分直槽铰刀
reamer with straight flutes 直槽铰刀
reaming (1)铰孔;(2)扩孔
reaming bit (1)铰孔锥;(2)铰孔钻
reaming drill press 铰孔钻床
reaming jig 铰孔夹具
reaming lathe 铰孔车床

reaming machine 铰孔机, 铰床
reaming stand 铰床架
reaming tool 铰孔工具, 铰刀
reaming with step reamer 阶梯孔铰刀
reamplify 重复放大, 再放大
reamplifying 重复放大, 再放大
reanalysis 重新分析
reanneal 重退火, 再退火
reaper (1) 收割机; (2) 收割者
reaper binder 收割束禾机
reaping hook 镰刀
reaping-machine 收割机
reaping machine 收割机
reappear 再现, 重现, 再发, 重发
reappearance 再现
reapplication 重复使用, 重新应用
reappoint 重新任命, 重新指定, 重新约定
reapportion 重新分配
reappraisal 重新评价, 重新鉴定, 重新估计, 重新估价
reapture 重俘获
rear (1) 后部, 后面, 后背, 背面, 尾部; (2) 后部的, 后面的, 后方的, 背面的; (3) 竖起, 建立, 树立
rear apron 后挡板
rear arm 后摇臂
rear axle (1) 后轮轴, 后桥; (2) 后轴
rear axle bevel gear 后桥大锥齿轮
rear axle bevel gear and pinion 后桥锥齿轮副
rear axle bevel pinion flange 后桥小锥齿轮凸缘
rear axle bevel pinion end bearing 后桥小锥齿轮端轴承
rear axle bogie 后轴转向架
rear axle casing 后轴箱
rear axle casing cover 后桥壳盖
rear axle differential 后桥差速器
rear axle differential pinion 后桥差速器小齿轮
rear axle differential pinion housing 后桥差速器小齿轮壳体
rear axle drive 后桥驱动
rear axle housing 后桥壳 [体]
rear axle propeller shaft 后桥传动轴
rear axle ratio 后桥传动比
rear axle reductor 后桥减速器
rear axle reductor housing 后桥减速器体
rear axle reductor spur pinion 后桥减速器小正齿轮
rear axle shaft 后桥轴
rear-axle steering 后桥转向
rear axle whistle 后桥齿轮噪声
rear bearing 后轴承
rear block 后刀座架, 后 [刀] 座, 后 [刀] 架
rear cantilever 后伸臂, 后悬臂
rear case 表壳后盖, 后盖
rear column 后立柱
rear connection 背面接线, 盘后接线, 屏后接线
rear controlled zoom lens 背面调整变焦距透镜
rear core 内部塞绳, 背面塞绳
rear croos beam 后横梁
rear cross-feed lever 后横向进给手柄, 后横向进刀手柄
rear croos feed lever 后横向进给手柄
rear cutoff distance 后截距
rear deflector door 后导向板, 后挡板
rear drive sprocket [履带] 后驱动轮
rear dump truck 翻斗式自卸汽车, 尾卸式自卸汽车
rear dump wagon 后卸车
rear eccentric 回程偏心轮
rear edge 后缘
rear elevation 背面立视图, 后视图
rear-end (火箭或发动机的) 尾部 [的], 后部 [的]
rear end 后部, 后端, 尾部,
rear end car 列车
rear end collision 尾追撞车
rear end delivery spreader 后送式撒布机
rear end of spindle 主轴后端
rear end plate 后 [端] 盖板
rear end stop lamp 后端停车灯
rear end transmission gear 后端传动装置
rear engine 带动泵的发动机, 后置发动机, 后部发动机

rear-engined 发动机位于尾部的
rear face 背面
rear flange (曲柄) 后凸缘
rear flank 非工作齿面, 后齿面
rear frame 后框架
rear gate (车箱的) 后折合栏板
rear head (锅炉鼓筒的) 后封头
rear hub projection 后毂凸出部
rear lamp 后灯, 尾灯
rear leading mark 后导标
rear light 后导标灯, 后灯桩, 后灯
rear link set 后方通信联络台
rear loading tube 后插式管
rear loading vehicle 后装载车
rear main shaft 后主轴
rear-mounted power take-off 后置式动力输出轴
rear overhang [汽车车身] 后悬
rear overhung angle 后悬角
rear pilot 后导部
rear pivoting boom 后枢接式转臂
rear program picture recording 背景节目录像
rear projection 背射式放映, 背射式投影, 背面投影
rear projection screen 后投影屏幕, 背景屏幕
rear rapid traverse lever 后快速横 [向移] 动手柄
rear right big light broken 右前大灯损坏
rear screen projection 背景放映法, 后屏幕投影
rear side elevation 后视图
rear sight (枪的) 表尺
rear silvered mirror 背面镀银镜
rear spar 后部梁
rear spring 后钢板弹簧
rear stern tube 后尾轴管
rear suction 后端吸力
rear suspension control arm 后悬架控制臂
rear track (码头) 后方铁路线
rear transmission gearbox 后变速箱
rear trigger 触发板机, 后板机
rear turbine bearing 透平后轴承
rear-unloading vehicle 后卸汽车
rear unloading vehicle 后卸汽车
rear view 后视图
rear vision mirror 后视镜
rear wave-guide feed 反向波导管辐射, 波导后面辐射
rear wheel 后轮
rear wheel ballast 后轮配重
rear wheel bearing nut wrench 后轮轴承螺母扳手
rear wheel cylinder 后轮制动缸
rear wheel drive 后轮驱动
rear wheel spindle 后轮轴
rear wrap round booster 后置环列助推器
rearloader 后装载机
rearm 重新武装, 重新装备, 供以新式武器
rearmost 最后 [面] 的
rearmost position 后部极限位置, 最后位置
rearmounted 后悬挂式的, 后置的
rearrange (1) 调整, 整顿; (2) 重新整理, 重新布置, 重新排列, 重新安排, 重新分类, (3) 重新编队
rearrangement (1)重新排列, 重新安排, 重新布置, 重新整理, 重新分类, (2) 移项; (3) [分子] 重排作用
rearview (1) 后视图, 后视; (2) (汽车等) 后视镜, 反照镜
rearview mirror 后视镜, 反照镜
rearward (1) 在后面, 向后方, 在后部; (2) 在后面的, 在后方的
rearward acceleration (1)后向加速度; (2)前向过载
rearward face 叶片凸面, 背弧面, 后面, 凹面, 腹面
rearward-facing 安置在尾部的, 顺气流安装的, 后向的
rearwards 在后方, 向后方
reason (1) 理由, 原因, 缘故; (2) 理性, 理智; (3) 推理, 说理, 解释
reason about 推论
reason out 通过推理作出, 推出
reasonable 有道理的, 比较好的, 合理的, 有益的, 适当的
reasonable amount 合理的数量
reasonable care 合理的注意, 合理的照料
reasonable cost down 合理的降价
reasonable delay 合理延误

reasonable depreciation　合理贬值
reasonable dispatch　合理的快速
reasonable grounds　合理的根据,合理的理由
reasonable image　比较好的图像
reasonable precautions　合理流动预防措施
reasonable price　合理价格
reasonable price　合理的价格,公道的价格
reasonable size　适当的尺寸
reasonable speed (=RS)　适宜的速度
reasonable terms　合理的条件
reasonable value　合理值
reasonable wear and tear　合理磨耗,合理磨损
reasonableness　合理性,合理
reasonableness check　合理性检查
reasonableness test　合理性检测
reasonably　合理地,适当地,相当地
reasonably compact　相当紧凑
reasoning　(1) 推理,推论,论证;(2) 理论,论据,规则
reasoning from analogy　类比推理
reasonless　(1) 没有道理的,不合情理的;(2) 不讲理的,不可理喻的;
　(3) 无理性的
reassemble　(1) 再集合,再集中;(2) 重新安装,重新装配,再组合;(3)
　再汇编
reassembled　重新组装的
reassembly　(1) 再装配,重新装配,重装;(2) 重新复合
reassert　再主张,再申明,再断言,再宣称,再坚持
reassess　再估计,再鉴定,再评价
reassessment　再估价,再鉴定,再评定
reassign (=RSG)　重新分配,重新指定,再分配,再指定,再赋值
reassignment　再分配,再指定,再赋值
reassume　再假定,再假设
reassumption　再假定,再假设
reassurance　再保险,分保
reassure　再保险,再保证
reattachment　重附着
Rēaumur　(1) 列氏温度计;(2) 列氏温标
Rēaumur degree　列氏 [温度] 度数
Rēaumur scale　列氏温标
rebabbit　重铸巴氏合金,重浇巴氏合金
rebabbitting　重浇巴氏合金,重镶铜铅合金
rebalancing　重新平衡
reballasting machine　道渣整补机
rebanking　撞摆
REBAR (=reinforcement bar)　钢筋
rebate　(1) 回扣,折扣,减少;(2) 半槽边,凹凸;(3) 减轻,偿还
rebated cement slab　半槽口水泥板
rebated joint　半槽接合,半槽搭接
rebatron (=relativistic electron bunching accelerator)　大功率电子
　聚束器,高能电子聚束加速器
Rebecca　无线电应答式导航系统,雷别卡导航系统,飞机询问应答器,
　飞机雷达,雷别卡
Rebecca-Eureka　无线电应答式导航系统,雷别卡 - 尤列卡
rebed　(修理时) 浇铸轴承
rebind　重新装订,重新包扎,重捆绑
reblade　重装叶片,修复叶片
reblank　再熄灭,再消稳
reblending　再次混合,重混合
reblunge　再次混合,重混合
reboard　(航天飞机) 回舱
reboil　重新煮沸,再沸腾,再煮,重热
reboiler　(1) 重沸热器,再沸腾器,再蒸馏锅,加热再生器,再煮器,再
　煮锅;(2) 更换锅炉
rebonding of moulding sand　新加粘结剂型砂,型砂翻新
rebore　重镗孔,再钻孔,重镗,重钻,重磨
reborer　重镗孔钻,修刮机
reboring　重镗孔
rebounce　回跳冲击,反弹冲击,反击
rebound　(1) 回弹,回跳,弹回,跳回;(2) 向上移动,向上跳跃;(3) 冲击;
　(4) 后坐力
rebound bumper　(1) 回跳行程限制器;(2) 回跳缓冲器
rebound clip　钢板弹簧夹,回弹夹,回跳夹
rebound elasticity　回弹性
rebound hardness　肖氏硬度
rebound (Shore) hardness test　反跳硬度试验,肖氏弹跳硬度试验,

肖氏硬度测定
rebound separator　弹返式分级机
rebound strain　回弹应变
rebound test　回弹试验,回跳试验
rebound tester　回弹仪
rebreather　呼吸器,换气器
rebroadcast　无线电转播
rebroadcast station　转播电台
rebroadcasting　无线电转播
rebronze　重镀青铜
rebuff　拒绝
rebuild　(1) 重建,改建;(2) 重新装配,重新组装,修复,大修
rebuilt　(1) 重建的,改建的;(2) 重新装配的,修复的,大修的
rebuilt truck　经过大修重新装配的卡车
reburn　重新点燃,再燃,再烧
reburning　再燃烧过程
rebush　重新加轴衬,更换轴衬
rebuttable presumption (=RP)　允许反驳的推论
REC (=Receive)　收到,接收
REC (=Receiver)　(1) 容汽器,容器;(2) 接收机,收报机;(3) 受话器,
　收音机;(4) 接收者
REC (=Record)　记录
REC/SEND (=Receiver/Sender)　接收者 / 发送者
recable　重新敷设电缆,更换电缆
recalculate　重新计算,重新估计,再计算,再核算,再估计,换算
recalculation　重新计算,重新估计,再计算,再核算,再估计,换算
recalesce　{冶} 再炽热,再辉,复辉
recalescence　(1) 金属之骤放热 (在某一临界温度值),再炽热;(2)
　复辉,再辉
recalescence curve　再辉曲线
recalescence point　再辉点,复辉点
recalibrate　(1) 重新校准,二次校准,再校准,重校,再校;(2) 重新刻度,
　再分度;(3) 再检定,重检
recalibration　(1) 重新校准,二次校准,再校准,重校,再校;(2) 重
　新刻度,再分度;(3) 再检定,重检
recalibration screw　重新校准螺钉
recalking (=recaulking)　重凿缝
recall　(1) 撤回,收回,召回,撤销,取消;(2) 回想;(3) 选出;(4) 再现率,
　再现比,再现度;(5) 重复呼叫,二次呼叫;(6) 检索率,再调用
recall a decision　取消决定
recall an order　撤销订货单
recallable　记得起的,可撤销的,可召回的
recamber　使重新翘起
recant　公开认错,放弃,撤销,改变
RECAP (= Recapitulation of the Terms and Conditions Agreed)
　条款和条件协议
recap　(1) 翻新胎面,重铺面层;(2) 胎面翻新的轮胎
recapitulate　扼要复述,,扼要说明,概括
recapitulation　扼要复述,,扼要说明,概括
recapitulation of the terms and conditions agreed　条款和条件摘要
recapper　轮胎胎面翻新器
recapping　胎面翻新,重铺面层
recapture　重俘获,收复,恢复,取回,收回
recarbonize　再碳化
recarburisation (=recarburization)　重新渗碳,重新碳化,增碳作用,
　再渗碳,再碳化
recarburization　重新渗碳,重新碳化,增碳作用,再渗碳,再碳化
recarburizer　增碳剂,渗碳剂
recarburizing agent　增碳剂
recase　重装封面,重新装箱
recasing　重装封面
recast　(1) 再铸造,重铸,改铸;(2) 改造;(3) 重新计算,改订
recasting　(1) 再铸造,重铸,改铸;(2) 改造;(3) 重新计算,改订
recatalog(ue)　重新编目
recaulking　以麻丝填缝,敛缝,凿缝
RECD =Received　已收到
recede　(1) 退回,退出,跌落,撤回,撤销,收回;(2) 向后倾斜,缩入;
　(3) 降低,跌落,缩减
recede from a bargain　撤销买卖合同
recede in importance　重要性减小
recede into the background　不再重要
recede disk impeller　离心式叶轮
receding　(1) 退回,退出,跌落,撤回,撤销,收回;(2) 向后倾斜,缩入;
　(3) 降低,跌落,缩减

1148

receding dental plate　后斜齿板

receding difference　{数}后退差分

receding metal　缩金属

receding side　退出侧

receding side of belt　皮带退出侧, 皮带松边

receipt (=rcpt)　(1) 收据, 收条; (2) 开收据, 签收; (3) 接收, 接受, 收到

receipt a bill　在账单上签字 (或盖章)

receipt at ship side　船边收讫 (付清)

receipt basis　实收基础

receipt ledger　收入分类账

receipt of advice　得知

receipt of classified material (=RCM)　保密资料的收据

receipt of classified security information (=RCSI)　保密情报 [用] 的收据

receipt of goods　收货收据

receipt of license clause　收到许可证条款

receipt of notification　收到通知

receipt of telegram　电报收据

receipt voucher　收货凭证, 收条, 收据

receivable　(1) 可收到的, 可接受的, 可信的, 应收的; (2) 待付款的; (3) 应收账款, 应收款项

receivable account　应收款账户, 应收账款

receivable turnover　应收账款周转率

receive　(1) 收到, 接收; (2) 接受, 容纳, 安放, 安装, 装载; (3) 接见, 接待, 会见; (4) 承认; (5) 遭受, 受到

receive a radio　收到一份无线电报

receive foreign guests　接待外宾, 接见外宾

receive only (=RO)　(1) 只收设备; (2) 只接收的; (3) 接收专用

receive only page printer　电传打字接收机

receive send keyboard set　收发键盘装置

receive the weight of　承受……的重量

receive-transmit (=RT)　收发

receive transmit　收 - 发

received　(1) 被接收的, 已收到, 已收妥, 接收的; (2) 被容纳的; (3) 公认的, 标准的

received and forwarded　收到和发出

received correct　收到无误

received current　输入电流

received data　接收的数据

received energy　接收能量

received error in origin　误交付

received field strength　接收 [电] 场强 [度]

received for shipment bills of lading (=RSBL)　收讫待运提单, 收货待运提单, 备运提单

received horsepower　输入马力

received image　接收图像

received power　接收功率

received pulse　接收脉冲

received signal　接收信号

received the letter of acceptance　已经收到接收函

received version　标准译本

received view　普遍的看法, 公认的观点

received your fax　参照阁下传真, 关于您的传真

received your letter　收到阁下函, 贵函收悉

received your telegram　收到贵电

receiver (=R)　(1) 接收装置, 接收部分, 接收器, 收集器, 贮存器, 接受器; (2) 接收机, 接受器, 收音机, 收报机; (3) 受话器, 听筒, 耳机; (4) 储存器; (5) 储气筒, 储气室, 蓄汽室, 储蓄罐, 贮槽, 槽车, 容器; (6) (化铁炉的) 前床, 前炉; (7) (机枪) 机闸, 套筒座 (手枪); (8) 输入元件; (9) 接受者, 收款人, 收件人, 收货人, 收税人, 接待人

receiver-amplifier unit　接收放大器组

receiver and transmitter　(1) 送受话器, 送收话器; (2) 收发报机

receiver bandwidth　接收机带宽

receiver case　(1) 接收机箱; (2) 电话室

receiver circuit　接收机电路

receiver compass　罗盘复示器, 分罗经

receiver-control unit　接收器控制台

receiver cord　受话器软线, 听筒绳

receiver cupola　带前炉的冲天炉

receiver directivity index　声纳接收器方向指数

receiver field of view selector　接收机视场选择器

receiver ga(u)ge　综合量规, 验收规

receiver gain control　接收机增益控制

receiver gases　接收气体

receiver grating　接收机选通

receiver gray scale　接收机灰度等级

receiver group delay distortion　接收机群延迟失真

receiver indicator　接收指示器

receiver input　接收机输入

receiver interference　接收机干扰

receiver limiter　接收机限幅器

receiver monitor　接收监控器

receiver noise　接收机噪声, 接收机噪音

receiver noise figure monitor　接收机噪声指数监测器

receiver of main engine revolution　主机转数表

receiver of ultrasonics　(探伤器的) 超声波的受波器

receiver of wreck　沉船受理官

receiver off hook condition　未挂机情况

receiver on hook condition　未挂机情况

receiver pipe　接受管, 油罐

receiver power supply　接收机电源

receiver radiation　接收机辐射

receiver recorder　二级记录器

receiver regulator　接收调节器

receiver response　接收机响应特性

receiver selector　接收机转接器, 运行方向转接器

receiver sensitivity　接收机灵敏度

receiver specification　接收机说明书

receiver tank　贮藏柜, 收汽箱, 蓄汽箱

receiver test　接收机检测

receiver-transmitter (=RT)　接收机 - 发射机, 收发两用机, 收发报机, 送受话器

receiver transmitter　收发两用机

receiver transmitter switch　收发转换开关

receiver tuning　接收机调谐

receiver's certificate　收货人证明书

receiving　(1) 接收; (2) 接收的

receiving account　收入账

receiving activity　接收行动, 接货活动, 接货事宜, 接船事宜

receiving aerial　接收天线

receiving amplifier　接收放大器

receiving and classification　接收与分类

receiving and delivery　收货与交货

receiving and recording equipment　收录设备

receiving and sighting telescope　(激光测距仪) 接收信号及对准望远镜

receiving antenna　接收天线

receiving apparatus　接收设备, 接收机

receiving area　(1) 接收面积, 接收场地; (2) 进货区

receiving branch　接收支路

receiving capacity　接收能力

receiving carrier　(航空续运的) 收货承运人

receiving center　接收中心

receiving channel　接收频道

receiving circuit　接收电路

receiving clerk　受货员, 收货员

receiving condenser　接收电容器

receiving condition　接收条件

receiving core　接收铁芯

receiving cup　传力杆帽套

receiving data　接收数据

receiving day　接见日, 会客日

receiving device　接收装置

receiving dock　接收站台

receiving end　接收端

receiving-end impedance　接收端阻抗

receiving end impedance　接收端阻抗

receiving-end voltage　接收端电压

receiving equipment　接收设备

receiving flask　接收瓶, 收集瓶

receiving gauge　轮廓量规, 外廓量规

receiving hopper　受料漏斗, 受料斗

receiving hulk　(港口) 收货检查船

receiving inspection (=RI)　验收检查, 接收检查, 到货检验, 进货检验, 验收

receiving inspection and maintenance (=RIM)　验收与维护

receiving ladle　贮铁包, 铁水包

receiving line　深度记录线
receiving machine　接收设备,接收机,收信机
receiving note　收货单
receiving nozzle　承接管嘴
receiving office　收件局,接收站,收货站
receiving only　只接收
receiving order　(1)破产产业管理人委任书;(2)收款指令
receiving oscillator　接收振荡器
receiving perforator　接收穿孔机,复凿机
receiving point　接收点,接受地
receiving quality　接收质量
receiving quality control (=RQC)　接收质量控制
receiving report (=RR)　收货报告单,接收报告,验收单
receiving response　接收响应
receiving selector　接收选择器
receiving selsyn　自动同步接收机
receiving sensitivity　接收灵敏度
receiving set　接收机,收音机,收信机
receiving station (=RS)　接收[电]台,接收站
receiving stock　收取的货物
receiving, storage and delivery (=RSD)　接货、储存与交货
receiving substation　降压变电站
receiving surface　接受表面
receiving table　前床工作台
receiving tally　进货清理单
receiving tank　(1)接收振荡回路;(2)收集槽
receiving terminal　(1)接受端,接受站;(2)收货码头,卸货码头
receiving track　到达线
receiving transducer　接收变换器,接收换能器
receiving transducer of ultrasonics　(探伤器的)超声波的受波器
receiving transformer　接收机变压器
receiving transmitting branch equalizer　收发信支路均衡器
receiving tube　收信放大管,接收管
receiving unit　接受单元,接受器
receiving wire　接收天线
recency　最近,新
recension　修订本,修订版
recent　(1)新近的,最新的;(2)新生的,现代的
recent advance　新发展
recent news　最近的消息
recent period　现代
recent times　现时,近来,近代
recent year　最近几年,近年
recenter　回到中心位置
recently　近来,最近
recentralize　(1)再次集中;(2)恢复到中心位置,导弹返回控制波束中心
recentrifuge　再次离心
receptacle　(1)容器,储槽,储池,储罐;(2)插塞,插口,插座,插孔,塞孔;(3)接收器,接受器;(4)贮藏所,贮液囊,隐蔽处
receptacle containing dangerous liquid　盛装危险液体的容器
receptacle plug　插头,插塞
receptacles　容器
receptacular　接收的,收容的
receptance　敏感性,响应
receptibility　可接收性
receptible　能[被]接收的
reception　(1)接收,接受,接纳,容纳;(2)接收法;(3)接受,承认,得到,获得;(4)反应,反响;(5)接受能力,理解力;(6)接见,接待;(7)欢迎会,招待会
reception amplifier　接收放大器
reception antenna　接收天线
reception chamber　接待室
reception desk　接待处
reception facility　(有害物质)接收装置
reception facility for oil wastes　污油接收站
reception good　接收良好
reception of alert　接受报警
reception of garbage　接收垃圾
reception of radio signal　接收无线电信号
reception of sewage　接收污水
reception poor (=RP)　接收不良
reception room　接待室,会客室
reception terminal　收货码头,收货站

reception test　验收试验
reception time　验收时间
receptive　易于接收的,有接收能力的,感受的
receptivity　(1)可接收度,接收性能,吸收率,感受度,感受率;(2)容积
receptor　(1)接收器,接受器;(2)感受器;(3)辐射接受器,受纳体
receptor-coder　感受编码器
receptor of radiation　辐射探测器
receptor point　受体部位,受点
recess　(1)(齿轮)啮出,渐远;(2)(轴承)滚子油穴;(3)凹进处,凹座,凹口,切口,缺口,沉肩,(4)退刀槽,凹槽,(5)电机槽;(6)开凹槽,切槽,加深;(7)后退,退回
recess action　(有效)啮合线啮出段
recess-action gear　啮出齿轮,全齿根高齿轮(一种节点外啮合齿轮)
recess action gearing　啮出传动
recess action gears　啮出型齿轮副(一种节点外啮合齿轮)
recess angle　(齿轮的)啮出角,渐离角,渐远角
recess bulkhead　槽形舱壁,凹形舱壁
recess contact　啮出啮合,啮出接触,渐离接触
recess engraving　凹版雕刻
recess for stoplog　叠梁槽
recess grinding　切入磨削,切槽磨削,横磨
recess hole　凹槽孔
recess of roller　滚子端面油穴
recess path　啮出啮合线,啮出轨迹
recess phase　啮出相位,渐离相位
recess phase of motion　运动的啮出相位,运动的渐离相位
recess portion of line of action　(齿轮)啮出线长度
recessed bollard　(设在闸墙中的)凹槽内系船柱
recessed bulkhead　槽形舱壁,凹槽舱壁,阶形舱壁
recessed connector　凹头插座
recessed filter press plate　安框滤板
recessed grinding wheel　带凹槽的砂轮
recessed joint　方槽缝,凹缝
recessed loop aerial　隐藏式环形天线
recessed mooring bitt　(位于舷上)凹槽内带缆桩
recessed plate　安框滤板
recessed vee joint　尖槽缝
recessed wheel　槽式轮
recessing　(1)凹槽;(2)凹槽加工,切槽
recessing tool　凹槽车刀,切槽车刀,切口刀,起槽刀
recessing with radial feed　径向进给切槽
recession　(1)退回,退缩,退离,后退,撤退,后缩;(2)衰退,暴跌;(3)凹处
recession cone　{数}回收锥
recessional　后退的,退缩的
recessive　倒退的,退缩的,逆行的
rechamber　更换弹仓
rechange　应急吊杆索具
recharge　(1)补充[润滑剂];(2)再装填,再装料;(3)电荷交换,二次充电,反向充电,补充充电,再充电;(4)重装,重注
recharge current　再充电电流
recharge of ground water　地下水补给
rechargeable　可充电的,收费的
rechargeable cell　可充电电池
recharger　再装填器
recharging　二次充电,再充
recharging compressor　充气压气机
recharging oil device　(液压减震器的)补油装置
recheck　重新检查,重复检查,再检验,再检查,重核对,再查对,复查
recheck level　再检查油位
rechecking list　复查单
rechipper　复切[木片]机,精削机,复研机
rechlorination　再氯化
rechucking　(对称件)半模造型法
Recidal　一种易切削高强度铝合金
recipher　译成密码,译[码文]件
recipience (=recipiency)　接受,容纳
recipient　(1)信息接收器,(空气泵)挤压筒,(真空泵)工作室,接受[容]器;(2)接受者;(3)接受的,容纳的
reciprocal　(1){数}倒数[的],反商[的],反数[的];(2)相互起作用的,往复的,互逆的,可逆的,反向的,相对的,对向的,对应的,相应的;(3)互易的,倒易的,可易的;(4)互惠的,相互的
reciprocal account　相对账户

reciprocal agreement　互惠协定
reciprocal algebra　反代数
reciprocal axis　倒易轴,互换轴
reciprocal basis　对偶基,互逆基
reciprocal bearing　(1) 往复[运动]轴承; (2) 反向方位
reciprocal beating　反向方位,相互方位
reciprocal circuit　可逆电路,倒易电路
reciprocal combustion　往复燃烧,互燃
reciprocal compressor　往复式压气机
reciprocal cone　配极锥面
reciprocal correspondence　反对应
reciprocal cross-section　截面值倒数
reciprocal crosses　正反交
reciprocal deflection　互等变位
reciprocal diametral pitch　径节倒数
reciprocal difference　倒数差分
reciprocal dyadic　倒并向量
reciprocal eigenvalue　逆本征值,逆特征值
reciprocal-energy theorem　能量互易定理
reciprocal energy theorem　能量互逆定理
reciprocal figure　可易图形
reciprocal inductance　可逆感应系数,可逆电感,反向电感
reciprocal lattice　倒易点阵,互易点阵,倒易晶格
reciprocal leveling　往复水准测量,对向水准测量
reciprocal matrix　逆矩阵
reciprocal multiplication　增殖率倒数,倒数相乘
reciprocal network　可逆网络
reciprocal of ohm　欧姆的倒数,姆欧
reciprocal of oil mobility　油类流动性的倒数
reciprocal observation　对向观测
reciprocal ohm　欧姆的倒数,姆欧
reciprocal one to one correspondence　——反对应
reciprocal piezoelectric effect　反压电效应
reciprocal point　互易点
reciprocal proportion　反比[例]
reciprocal quantity　倒数量
reciprocal ratio　反比[例]
reciprocal reaction　往复反应,可逆反应
reciprocal relationship　反比[例]
reciprocal series　反转级数
reciprocal sight　对向照准
reciprocal sonde　(电阻率测井) 互换电极系
reciprocal-space　倒易空间
reciprocal space　倒晶格空间,倒易空间
reciprocal tap volume　振实密度
reciprocal theorem　逆定理
reciprocal theory　可逆定理,互易定理,倒易理论
reciprocal trade agreement (=RTA)　互惠贸易协定
Reciprocal Trade Agreement Act (=RTAA)　(英) 互惠贸易协定法
reciprocal transducer　倒易换能器,互易换能器
reciprocal transformation　相互转化,反向变换
reciprocal treatment (=RT)　互惠待遇,对等待遇
reciprocal value　倒数值,互反值,倒数
reciprocal velocity region　速度倒数区
reciprocal viscosity　倒易粘度,粘度倒数
reciprocally　相互地,相反地,互易地
reciprocally proportional　成反比例
reciprocant　微分不变式
reciprocate　(1)作往复运动,前后转动,上下移动,互换位置,来回,往复; (2) 互相交换,互换; (3) 报答,报酬
reciprocating　(1) 往复运动的,往复的,来回的,交替的,交互的; (2) 互换的; (3) 前后转动,上下移动; (4) 摆动的; (5) 往复式发动机
reciprocating action　往复运动,往复动作
reciprocating air compressor　往复式空压机
reciprocating air pump　往复空气压缩泵
reciprocating and low pressure turbine　往复式蒸汽机和低压汽轮机
reciprocating apparatus　往复运动装置,往复装置
reciprocating bearing　往复[运动]支承
reciprocating blade spreader　往复式叶桨铺摊机
reciprocating block slider crank mechanism　往复滑块曲柄机构
reciprocating cam　往复[运动]凸轮
reciprocating compressor　往复式压气机,往复式压缩机
reciprocating conveyer　往复输送机,摇摆式输送机
reciprocating diaphragm pump　往复式薄膜泵

reciprocating duplex pump　往复式双缸泵
reciprocating engine　往复作用式发动机,往复式发动机,活塞式发动机
reciprocating feed pump　往复式加料泵
reciprocating feeder　往复式给料器,摇摆式给料器
reciprocating force　往复力
reciprocating grate stoker　往复炉篦式加煤机
reciprocating grid　往复运动筛,摇筛
reciprocating grinder　往复式磨床
reciprocating hedge cutter　往复式树篱修剪机
reciprocating lever　摆动杆,往复杆
reciprocating main motion　往复主运动
reciprocating main movement　往复主运动
reciprocating mechanism　曲拐机构
reciprocating motion　往复运动
reciprocating movement　往复运动
reciprocating part　往复运动部件
reciprocating piston cooling pipe　活塞冷却伸缩套筒
reciprocating plant　往复式动力装置
reciprocating plate extractor　往复式孔板萃取器
reciprocating pump　往复[式]泵,活塞泵
reciprocating rod　往复连杆,拉杆
reciprocating rope seeder　往复绳式播种机
reciprocating screw injection machine　往复式螺杆注压机
reciprocating shaft　倒易轴,互换轴
reciprocating table　往复工作台
reciprocating transfer gripper　往复卸载抓斗
reciprocating travel of spindle　主轴往复行程
reciprocating tube　伸缩套管
reciprocating type milling fixture　往复式铣削夹具
reciprocation　(1) 往复运动,来回运动; (2) 往复,往返,互换
reciprocation action　往复动作
reciprocation blower　往复式压气机,往复式鼓风机
reciprocation compressor　往复式压缩机
reciprocation duplex pump　往复式双缸泵
reciprocation engine　往复式发动机
reciprocation force　往复力
reciprocation internal combustion engine　往复式内燃机
reciprocation mass　往复质量
reciprocation motion　往复运动
reciprocation parts　往复运动部件
reciprocation pipe　往复管,动管
reciprocation piston cooling pipe　活塞冷却伸缩套管
reciprocation piston pump　往复活塞泵
reciprocation plant　往复式动力装置
reciprocation pump　往复泵
reciprocation pump in series　(增压系统的) 串联往复泵
reciprocating pump with piston in boxer arrangement　对置活塞泵
reciprocation pump with unidirectional pistons　单向活塞往复泵
reciprocation refrigeration compressor　往复式制冷压缩机
reciprocation rod　往复连杆,拉杆
reciprocation scavenge pump　往复式扫气泵
reciprocation single piston pump　往复式单缸泵
reciprocation steam engine　往复蒸汽机
reciprocation tube　伸缩套管
reciprocation type steering gear　往复式操舵装置
reciprocation type supercharger　往复式增压器
reciprocator　(1) 往复运动机器,往复运动机[件],往复式发动机,往复运动装置; (2) 活塞式机器; (3) 抖动器
reciprocity(　1) 相互性,相关性,互反性,倒逆性,互易性,可逆性,倒易,反比; (2) 相互关系,相互作用,交互作用; (3) 互惠,互利
reciprocity calibration　互易校正,互易定标
reciprocity circulating-ball-and-nut steering gear　循环球螺母式转向器
reciprocity law　倒易定律
reciprocity principle　可逆性原理,互易性原理
reciprocity range　互易频程
reciprocity theorem　互易定理
recirculate　(1) 重复循环,封闭循环,回路循环,再周转,再循环; (2) 再流转,逆流; (3) 信息重复循环,信息重记
recirculated　再循环的
recirculated air　再循环空气
recirculated water　再循环水
recirculating　复环流闭合循环,再循环
recirculating ball type steering　循环球式转向器

1151

recirculating line 再循环管路
recirculating main 再循环总管
recirculating network 循环网络
recirculating pump 再循环泵
recirculating ratio 循环系数，循环比
recirculating sewage treatment system 再循环式污水处理系统
recirculating store {计}循环存储器
recirculating water system 再循环水系统
recirculating water washer 循环水清洗器
recirculation (1)复环流闭合循环，重复循环，再循环，逆流流，回流；(2)再选
recirculation flush evaporator 再循环闪发蒸发器
recirculation furnace 循环气体的炉子，循环炉
recirculation system 再循环系统
recirculation valve 再循环阀
recirculator 再循环系统管路，再循环器，再循环管，循环器
recirculatory air 再循环空气
recision 废弃，废除，取消，作废，削减，稀释
recital clause of the policy 保险单上的备考条款
reck (1)顾虑；(2)注意，关心；(3)有关系，相干
reckless 不顾后果的，粗心大意的，不注意的，轻率的，粗心的
reckless of the consequences 不顾后果
reckon (1)计算，核算，计数，合计，总计；(2)评价，看作，当作，认为；(3)推算，推断，判断，断定；(4)料想，指望，依靠，依赖
reckon accounts 结账，结算
reckon for 估计到，准备
reckon M as N 把 M 看作 N
reckon M for N 把 M 当作 N
reckon M to be N 把 M 认为是 N
reckon on 指望，依靠，凭借
reckon the problem as important 认为这问题重要
reckon up 计算，合计，评定，评价
reckon upon 指望，依靠，凭借
reckon with 慎重处理，慎重考虑
reckoner (1)计算表，计算器，计数器；(2)计算者，计算员；(3)计算手册；(4)[钢]管壁减薄轧机
reckoning (1)计算，核算，推算，估计，设计，判断；(2)计算方法，计算结果；(3)推测航行法，船位推算，定位法；(4)算账，账单
reckoning book 出纳簿，账簿
reclad (1)包上一层金属；(2)再次装入外壳中
reclaim (1)翻造，再生，复原，重炼，回收，收回，改造；(2)再生胶
reclaimed 翻造的，再生的，回收的
reclaimed asphaltic mixture 复拌沥青混合料
reclaimed oil 再生油，回收油
reclaimed paper fiber (滤渣)再生纸纤维
reclaimed rubber 再生橡胶
reclaimer (1)掉粒捡拾器；(2)回收设备，(废料)回收机；(3)取样机，挖掘机；(4)回收程序
reclaiming 翻造，再生，回收
reclaiming by centrifuge 离心法回收，离心法精制
reclaiming by filtration 过滤法回收，过滤法精制
reclaiming by gravity 澄清法回收，澄清法精制
reclaiming by plastification 再塑造
reclaiming by swelling 溶胀回收
reclaiming from storage 喂料，出料，取料
reclaiming hopper 给料漏斗，坑漏斗
reclaiming of lead 废铅重炼
reclaimable 可回收的，可改造的
reclamation (1)恢复，收复，取回；(2)再生，取料，回收，翻造
reclaimer (1)回收设备，回收装置，回收程序，再生装置，再生设备，(2)无用单元收集程序，(3)复拌机，填筑机，(4)贮存场装载输送机，(5)再生胶厂，(6)脱硫剂
reclamp 再夹住，再夹紧
reclassification 重新入级，重新分类，再分类，再分级，再入级
reclassify 重新入级，重订密级，再分类
recleaner 再选机
recleaning 精选，再选
reclinate 后曲的
reclination 下弯，下垂
recline 向后靠，倾斜，斜倚
reclocking 重新计时
reclose 再次接通，重合闸，重合
recloser (1)自动重合开关，自动开关装置，自动重合闸，自动开关；(2)复合闭路继电器，自动接入继电器，复合继电器，自动重接器；(3)自

1152

动重复充电装置
reclosing (1)再次接通，重合闸；(2)再闭合，重合，重接
reclosing fuse 重合熔断器
reclosing relay 重合闸继电器，自复继电器，重接继电器，重闭继电器
reclosing time 重闭合时间，再闭路时间
reclosure 再次接入，自动接入，重合闸
recmd (=recommendation) 建议推荐
RECMD (=Recommissioned) 重新启用
Reco 一种铝镍钴铁磁合金，雷科磁性合金
recoat 重新油漆，重加涂料，重新涂
recoatability 重新涂裹性，再涂性
recognisable (=recognizable) 可识别的，可辨认的，可承认的
recognise (=recognize)
recognition (1)认可；(2)认出，承认，识别，判别，判明，分辨
recognition differential 分辨差，识别差
recognition lights 识别信号灯，识别灯
recognition of certificate 证书的认证
recognition signal 识别信号
recognizability 可认识性，可识别性
recognizable 可识别的，可辨认的，可承认的
recognizance (1)保证书；(2)保证金，抵押金；(3)具结
recognize (1)承认，认可；(2)识别，辨认，辨别；(3)考虑到，认识到；(4)具结
recognized 经过验证的，公认的
recognized subject of salvage (=RSS) 被承认的救助标的
recognizer (1)识别机，识别器；(2)测定装置，测定器；(3)识别程序，识别算法
recoil (1)反冲，反跳，弹回，跳回，回弹，(2)后坐(枪炮的)，反坐，(3)反冲力，后坐力，(4)重绕，再绕，(5)(弹性)碰撞，(6)反冲原子，反冲粒子
recoil-atom 反冲原子
recoil-electron 反冲电子
recoil electron 反冲电子
recoil mechanism 反冲机构，后坐装置
recoil movement 后坐运动，复原运动
recoil-operated (枪炮等)受反冲力而动作的
recoil piston rod 驻退活塞杆，驻退杆
recoil-proton counter 反冲质子计数管
recoil shift 反冲位移
recoil spring (履带)缓冲弹簧
recoil valve 反冲阀
recoil-wave 反冲波，回位波
recoiler 卷取机，重卷机
recoiling 重绕
recoiling fender 弹性防撞装置，弹性碰垫
recoilless 无后坐力的
recoilless gun 无后坐力炮
recollect (1)重新集合，再集合；(2)想起，回忆
recollected 重装的
recollection (1)重新集合；(2)回忆，回想；(3)记忆力
recolour 重新着色
recombination (1)复合，合成；(2)重新结合，再结合，再化合；(3)恢复，还原；(4)重新组合，重新联合，重组
recombination action 复合作用
recombination center 复合中心
recombination coefficient 复合系数
recombination of ion and electron 离子电子复合
recombination rate 复合率
recombination value 重组值
recombination velocity 复合速度
recombine 重新组合，重新结合，重新联合，复合
recombing 复精梳
RECOMM (=Recommendation) 推荐
recommence 重新开始，再开始
recommenced 重新开始的，再开始的
recommend (1)推荐，推举，建议，介绍，劝告；(2)委托，托付；(3)推荐值；(4)使成为可取
recommendable 值得推荐的，可推荐的，得当的
recommendation (1)推荐，推举，建议，劝告；(2)委托，托付；(3)使成为可取
recommendation on the transport of dangerous goods (=RTDG) 关于危险货物运输建议书
recommendations for 关于……的推荐[值]
recommendations on the safe transport, handling and storage of

dangerous substances in port areas (=RSTHSDSPA) 港区危险品安全运输、装卸和储存指南

recommended completion date 建议完工日期

recommended limit 建议极限，推荐标准

recommended maintenance operation chart (=RMOC) 推荐的维护作业图，建议维修工作图

recommended retail price (=RRP) 建议零售价

recommended spare parts list (=RSPL) 推荐的备件单

recommended special tool (=RST) 推荐的专用工具

recommissioned 重新启用的

recommit 重新提出，再委托

RECOMP (=Recommended Completion Date) 建议完工日期

recompact 再压制，再压密，再压紧

recompense (1) 赔偿，补偿；(2) 回报，报酬

recompilation {计}重新编译，再编译

recompility {计}重新编译性

recompletion 重新完整

recompose 重新组合，再组成，再构成

recomposition 重新组合，再组成，再构成

recompounding 再配料，重配合

recompress 空气压力增加，压力再次增大，再次压缩

recompression 再压缩，再压

recomputation 重新计算，重新估算

recon (1) (=reconnaissance) 侦察，勘察，探测，搜索；(2) 重组子，交换子

recon plane 侦察机

recon satellite 侦察卫星

reconcilable 可以取得一致的，可调和的，可调解的

reconcile (1) 使一致，使符合，协调，调和；(2) (造船木材) 平滑地接合

reconcile accounts 查账，对账

reconciliation 调和，调解，和解，和谐，一致

reconciliation of inventory (工艺过程的) 产品平衡，物料平衡，产品的变动

recondensation 再冷凝，再凝聚

recondensing 重新冷凝

recondition (1) 重复激活，还原，再生，回收；(2) 修补，检修，修复，修理，修整，翻修，整修；(3) 重调节，重建，重整；(4) 纠正，恢复，复原；(5) 再处理，重车，重磨，重轧，重辗，修磨；(6) 正常化，改革，改善，

reconditionable 可修理的，可修复的，可检修的

reconditioned 已检修了的

reconditioned charges 合理费用

reconditioned of cankshaft 曲轴 [的] 修正

reconditioned part 修复的零件，修复件

reconditioner 调整机

reconditioning (1) 检修，整修，翻修；(2) 重新调整

reconfiguration (1) 重新组合，重新配置，再组合；(2) 改变外形，结构变形，结构变换

reconfigure 重新配置，重新组合

reconfirm 再证实，再确认，再订妥

reconnaissance (1) 探测，勘测，勘察，勘查，搜索，侦察；(2) 调查研究；(3) 侦察队，侦察车

reconnaissance aircraft 侦察机

reconnaissance airplane 侦察机

reconnaissance and survey 勘查和测量

reconnaissance boat 调查船

reconnaissance map 草测图

reconnaissance missile (=RM) 侦察导弹

reconnaissance phase 勘测阶段

reconnaissance satellite 侦察卫星

reconnaissance ship 调查船

reconnaissance survey 路线测绘

reconnect (1) 恢复原始接线；(2) 重新接入，重接

reconnection (1) 恢复原始接线；(2) 重新接入，重接

reconnoiter 踏勘，侦察，搜索

reconnoitre 踏勘，侦察，搜索

reconnoitring ship 侦察艇

reconsider 重新考虑，重新审议，再审议

reconsign 重新托运，再托运

reconsigned 重新托送货物

reconsignment 变更收货人，变更目的港

reconsolidate (1) 重新巩固，重新加强，重新整顿；(2) 再固结，再压实；(3) 重新合并，重新联合，

reconsolidation 重新巩固，重新加强，重新合并，再固结，再压实

reconstitute 重新构成，重新组成，重新制定，重新设立，重建，复制

reconstituted oil 再造油，翻造油

reconstituted wood box 再生木箱

reconstruct (1) 重建，再建；(2) 翻修，修复，恢复；(3) 改建，改造；(4) 再现，重显

reconstructed stone 人造石

reconstruction (1) 重建，再建；(2) 翻修，修复，恢复；(3) 重新建造，改建，改造；(4) 再现，重显

reconstruction of image 图像再现

reconstruction of shipyard 船厂改造

reconstructive phase transition 重建性相变

reconversion (1) 恢复原状，复原；(2) 再转变

reconverted analog picture 再恢复的模拟图像

recool 二次冷却，循环冷却，再冷却

recooler 二次冷却器，再冷却器，重冷却器，预冷器，再冷器

recooling plant 再冷装置，再冷设备

recooling tower 二次冷却塔

recooped 重修理

recopper 将导线换成铜线，换铜

record (=rcrd) (1) 自动记录，记录，登记，记载，录音，录写；(2) (仪表) 显示，指示，表示，标出，显出；(3) 资料，数据，档案，报告；(4) 录音磁带，记录带，唱片

record and report 记录与报告

record autochanger 自动换片机

record book 记录簿

record button 录像按钮

record change (=RC) 记录修改

record changer 记录变换器，[自动] 换片装置

record chart 仪表读数记录带，自动记录带

record circuit 记录电路

record cylinder 记录辊筒

record form 记录格式

record format 记录格式

record gap 记录间隔

record head 录音磁头，记录头

record length 记录长度

record mark 记录标记

record molding press 唱片压制机

record of a receivered signal 记录下收到的信号

record of ballast water 压载水记录

record of charging 充电记录

record of construction and equipment 建造和设备记录

record of engagement and discharge 任解职记载

record of events 大事记

record of examination 检查记录

record of inspection 检查记录

record of performance 生产性能测定

record of production (=ROP) 生产记录

record of repairs 修理记录

record of search 检查记录

record of survey 检验记录

record of the American Bureau of Shipping 入美国船级社的船

record on spot 现场记录

record oriented statement 面向记录语句

record paper 记录纸，记录带

record player 电唱机

record receiver 记录接受器

record separator (=RS) 记录分隔符

record sheet 记录纸

record storage 记录存储器

record storage mark 记录存储标记

record time 创记录时间

record value 观测值

recordable 适于记录的，适于录音的，可记录的，可录音的

Recordak 文件缩微复制系统

recordance 记录，登记

recordation 记录

recorded 录音的

recorded announcement 录音通报

recorded lacquer disk 录音胶片

recorded tape 录像磁带，录音磁带

recorder (1) 记录装置，记录器，记录仪，录像机，录音机；(2) 印码电报机；(3) 记录员，记录者

recorder adjustment 记录装置调节

recorder analyzer　记录分析仪
recorder and counter device　记录及计算装置
recorder-controller　记录 - 控制器
recorder controller bulb　记录控制球
recorder driver amplifier　记录装置放大器
recorder house　仪表室,记录室
recorder keeping office　档案室
recorder motor　记录装置电动机
recorder operator　录音员
recorder paper　记录纸
recorder pen　记录笔
recorder reproducer　记录复制器
recorder scale　记录器标度
recorder scan　记录器扫描
recorder selector　记录器选择器
recorder strip　记录纸带
recorder unit　记录器
recorder well　自记仪器测井,观测井
recording　(1) 记录,绘制,录音; (2) 存贮,存储; (3) 登记
recording ammeter　记录电表
recording amplifier　录音放大器
recording anemometer　自记风速表,风速计
recording apparatus　记录仪,记录仪,记录器
recording balance　记录天平,自动记录秤
recording barometer　自记 [式] 气压计
recording blank　录声片
recording board　记录台
recording card　自动记录片,图表记录,记录卡
recording channel　录声通道
recording chart　仪表读数记录带,自动记录带,自动记录图,记录纸
recording clockwork　记录用钟表机构
recording completing trunk　记录 - 通话长途线
recording controller　记录调节器
recording current meter　自记流速表,自记流速仪
recording demand meter (=RDM)　自动记录占用计数计
recording densitometer　记录式显像密度计
recording density　记录密度
recording device　记录装置
recording disc　记录磁盘,录音盘,唱片
recording disk　录音盘
recording drum　记录滚筒
recording echo sound　自记回声测深仪
recording equipment　记录装置
recording film　录音胶片
recording flow meter　自记流量计
recording flowmeter　自记式流量表,自记流量仪
recording frequency meter　自记式频率计
recording ga(u)ge　自记水位计,自记潮位计
recording galvanometer　自记电流计
recording gear　记录机构
recording groove　录声纹道
recording head　录音 [机] 头,记录头
recording hygrometer　自记式湿度计,自记湿度表
recording inclinometer　自记式倾斜仪
recording instrument　记录仪表,记录仪器,自记仪
recording kilowatt-hour meter　记录电度表,记录千瓦时计
recording level　(1) 记录电平; (2) 录音级
recording liquid level gage　自记式液位表,自记液面仪
recording list　记录单
recording log　记录式机电计程仪
recording manometer　自记式压力表,自记压力仪
recording measuring instrument　记录式测量器具
recording mechanism　记录机构,记录器
recording meter　自记计数器,记录 [式] 仪表,自记仪表,自记仪,记录器
recording monometer　压力自记
recording of subdivision load-lines　分舱载重线记载
recording optical tracking instrument (=ROTI)　光学跟踪记录仪,记录式光学跟踪仪,"罗基"照相机
recording paper　记录纸,记录带
recording pattern　录像图型
recording pen　记录笔
recording pen linkage　记录笔尖联动装置
recording plan　记账设计

recording playback head　录放磁头
recording player　电喝机
recording potentiometer　记录式电位计,自记电位计,自记电位表
recording pressure ga(u)ge　自记式压力表
recording pyrheliometer　自记太阳热量计
recording rain gage　自记雨量计
recording range　记录范围
recording reel　记录卷筒
recording room　录音室,录像室,资料室
recording sheet　记录表
recording signal　记录信号
recording spectrometer　记录式分光计
recording speed　记录速度,录音速度
recording strain ga(u)ge　自记应变仪
recording studio　录音室
recording stylus　记录笔,记录针,录声针
recording tachometer　自记式转速计,自记式转速表,转速自记仪
recording thermometer　自记 [式] 温度计,温度记录仪
recording tide gage　自记潮位计
recording unit　记录装置,记录仪
recording viscosimeter　记录式粘度计
recording voltmeter　自记式伏特计,自记电压表
recording water ga(u)ge　自记水位计
recording wattmeter　自动记录瓦特计,自记式瓦特计
recording wind vane　自记风向计
recordist　记录员,录音员
records on spot (=RS)　现场记录
recount　(1) 详细叙述,描述,列举; (2) 重新计算,重数,再数
recoup　扣除,补偿,赔偿,偿还
recoupling　机械闭合与断开
recourse　(1) 求援,求助,依赖,依靠; (2) 力量的源泉,求助的对象; (3) 追索权,追偿权
recourse to　求助于,求援于
recourse to a remote party　向汇票持有者追索
recover　(1) 恢复原状,恢复,修复,复原,还原, (2) 回收,收回,再生,再现,利用,萃取; (3) 补偿,补救,挽回,弥补,赔偿; (4) 重新发现,获得,找到; (5) 重新装盖,重新盖; 再盖; (6) 改装封面; (7) 退出螺旋
recover M from N　从 N 回收 M
recover the deficit　追偿差额
recoverability　可恢复,可修复,复原性,可复性
recoverable　(1) 可回收的,可开采的; (2) 可修复的,可恢复的; (3) 可追偿的,可偿还的
recoverable booster system (=RBS)　可回收的助推系统
recoverable deformation　能恢复的变形,弹性变形
recoverable reserve　可开采储量
recoverable shear　可复剪切
recoverable strain　弹性应变
recoverable strain work　可恢复应变功,弹性应变功
recoverable value　可收回价值
recovered carbon　回收活性碳
recovered oil　再生油
recovered woll machine　碎泥除尘机
recoverer　回收器
recovering　回收,复原
recovering of vaporized hydrocarbons　回收气态烃,轻质油回收
recovering repair　恢复性修理
recovery (=R)　(1) 恢复,回复,复原,复位,还原,补偿,矫正; (2) 废物利用,回收率,收回,回收,再生,更新; (3) 分离,分类,萃取,开采; (4) 退出螺旋; (5) 舰载机的返航降落
recovery agent　追偿代理人
recovery arrangement　回收装置
recovery capability　恢复能力
recovery coefficient　恢复系数
recovery control center (=RCC)　恢复控制中心,回收控制中心
recovery control unit　恢复控制部件
recovery-creep　回复蠕变,蠕变松弛
recovery diode　恢复二极管
recovery diode matrix　再生式二极管矩阵
recovery factor　恢复系数,恢复因数
recovery gear　回收装置
recovery information set　恢复信息组
recovery of casing　回收套管
recovery of elasticity　弹性恢复
recovery of instrument　仪器的回收

1154

recovery of solvents 溶剂的回收
recovery of storagebattery 蓄电池的恢复作用
recovery pegs 参考标桩
recovery processing (1) 回收处理,恢复处理,重新处理;(2) 回收加工,恢复加工
recovery rate 再生速度,回收速度,复元速度,恢复速率,恢复率,回收率
recovery ratio 回收率
recovery station 修复站
recovery temperature 恢复温度
recovery test 性能恢复试验
recovery time 恢复稳定状态时间,过渡过程持续时间,恢复时间,作用时间,复原时间,还原时间,再生时间,再现时间,回扫期
recovery value 回收价值,更新价值,复原价值,残值
recovery vehicle 救援车,救险车
recovery voltage 恢复电压,复原电压
RECR (=Receiver) (1) 容汽器,容器;(2) 接收机,收报机,受话器,收音机
recracking 再裂化
recrater 装箱机
recreate (1) 再造,改造,重做,还原;(2) 重新创造,再创造
recreation (1) 再造,改造,重做;(2) 重新创造,再创造;(3) 娱乐,休养;(4) 游览船
recreation room 休息室
recreation ship 游览船
recreational boat 游艇
recrement (1) 废物,废品;(2) 浮渣,渣滓,余渣,铅渣;(3) 杂质
recrusher [二] 次 [破] 碎机,细碾机
recrushing 二次破碎
recrystallization 再结晶 [作用],重结晶作用,重新结晶
recrystallization annealing 再结晶退火
recrystallization zone 再结晶区
recrystallize 再结晶,重结晶
RECSIWV (=Rules for the Examination and Certification for the Seamen of Inland Waterway Vessels) 内河船船舶员考试发证规则
RECT (=Receipt) (1) 收据;(2) 接收,收到
RECT (=Rectangular) 长方形的,矩形的,直角的
RECT (=Rectifier) (1) 整流器,整流管;(2) 检波器,检波管
rectangle 长方形,矩形,直角
rectangular (1) 成 90° 的,直角的,正交的;(2) 长方形的,矩形的
rectangular array 长方阵列,矩形阵列,矩形数组
rectangular axes 直角坐标轴,直角轴,正交轴
rectangular axis 直交轴
rectangular bar 长方形杆
rectangular bar of steel 长方形钢,方条钢
rectangular beam 矩形截面梁
rectangular block 矩形块体
rectangular broach 长方形拉刀,矩形拉刀
rectangular cartesian coordinates 直角坐标
rectangular conductor in semiclosed slot 半闭口槽内的矩形导体
rectangular coordinate 直角坐标
rectangular coordinate deflection yoke 直角坐标偏转线圈
rectangular coordinate system 直角坐标系
rectangular coordinate type potentiometer 直角坐标式交流电位计
rectangular coordinates 直角坐标系
rectangular copper wire 直角矩形铜线
rectangular core 矩形铁芯
rectangular cross flow 垂直交叉流动
rectangular cross section 矩形断面
rectangular distribution 矩形分布
rectangular element 矩形单元
rectangular equation 直角坐标方程
rectangular face hammer 长方平锤
rectangular flag 长方形旗
rectangular flume 矩形水槽
rectangular form ingot 扁钢锭
rectangular frame 长方形框架
rectangular guideway 长方形导轨,矩形导轨
rectangular hyperbola 直角双曲线,等轴双曲线
rectangular hysteresis curve 矩形磁滞回线
rectangular hysteresis loop 矩形磁滞回线
rectangular ingot 扁钢锭
rectangular lattice 长方形点阵,矩形点阵
rectangular magneticc chuck 矩形磁吸盘,矩形磁卡盘

rectangular mesh 长方网格
rectangular mesh screen 长方筛,矩形筛
rectangular notch 矩形槽口,矩形切口
rectangular opening 矩形孔口
rectangular orifice 矩形孔口
rectangular-pawl rechet wheel 矩形齿棘轮
rectangular plate 矩形板
rectangular port 矩形孔口
rectangular pressure volume cycle 矩形压容循环
rectangular prism 直角棱镜,矩形棱柱
rectangular pulse 矩形脉冲
rectangular raster 长方形光栅,矩形光栅
rectangular section 矩形截面,正常截面
rectangular slideway 矩形导轨
rectangular surveying 经纬测量
rectangular table 长方形工作台,矩形工作台
rectangular timber 方木,方材,锯材
rectangular vector 直角坐标矢量
rectangular wave 矩形波
rectangular waveform 矩形波,方波
rectangular wave-guide 矩形波导管
rectangular window 特殊滤波器,矩形窗口,波门窗口
rectangularity 矩形状态,矩形性质
rectangulometer 直角测试仪
rectenna 硅整流二极管天线
recti- (词头) (1) 直,正;(2) 整流
rectiblock 整流片
rectifiability 可矫正性
rectifiable (1) 可矫正的,可修正的,可纠正的,可调整的;(2) {化} 可精馏的,可分馏的;(3) {电} 可整流的;(4) {数} 可求长的,可用直线测度的
rectifiable curve 可求长曲线,有长曲线
rectifiable workpiece 可修正件
rectificate (1) {电} 整流,检波;(2) {化} 精馏;(3) {数} 求长
rectification (1) {电} 整流,检波;(2) {化} 精馏,分馏;(3) {数} 求长 [法];(4) 解调制;(5) 调整,校正
rectification by leaky grid 漏栅整流,漏栅检波
rectification coefficient 整流系数
rectification error 整流误差
rectification factor 整流因数,整流系数
rectification of deficiencies 船舶缺陷纠正
rectification tower 蒸馏塔
rectification under vacuum 真空精馏,减压精馏
rectified (1) 已整流的;(2) 已精馏过的,分馏过的
rectified air speed (=RAS) 修正空速 (修正了位置和仪表误差的空速)
rectified altitude 视高度
rectified current 整流后的电流,整流电流
rectified feedback 整流反馈
rectified output 整流输出
rectified pattern {焊} 直流探伤图形
rectified recording 整流收信
rectified signal 整流信号
rectified value of an alternating quantity 交变量的整流值
rectifier (1) 高频解调器,高频检波器,整流器,整流管,检波器,检波管;(2) 矫正器,校正仪,纠正仪,纠正机;(3) 精馏器,精锅器;(4) 调整者,改正者
rectifier bridge 整流器电桥
rectifier cell 整流元件,整流管
rectifier characteristic 整流器特性曲线
rectifier circuit 整流电路
rectifier conduction time 整流管导电时间
rectifier doubler 整流倍压器,倍压整流器
rectifier-driven motor 整流器馈电的电动机
rectifier driven motor 整流器馈电的电动机
rectifier excitation 整流器励磁
rectifier filter 整流滤波器,平滑滤波器
rectifier for daylight lamp 日光灯整流器
rectifier instrument 有整流器的仪表,整流仪器,整流式仪表
rectifier inverter 整流换流器
rectifier leakage current 整流器漏电流
rectifier photoelectric cell 整流光电管
rectifier relay 整流器继电器
rectifier storage characteristic 整流器存储特性
rectifier-type differential relay 整流式差动继电器

rectifier tube　整流管
rectifier type　整流式
rectifier type instrument　整流式电表
rectifier unit　整流机组，整流设备
rectifier voltmeter　整流电压表
rectifier wavemeter　整流式波长计
rectifier welding set　整流焊机
rectiformer　整流变压器
rectify　(1)纠正，校正，整顿，整治；(2)整直，调直；(3){电}整流，检波；(4){数}求[曲线]长度；(5)精馏
rectify the trouble　排除故障
rectifying action　整流作用
rectifying circuit　整流线路，整流电路
rectifying column　精馏塔
rectifying contact　整流接触
rectifying detector　整流检波器
rectifying developable　{数}从可展曲面
rectifying device　整流装置，检波装置
rectifying phenomenon　整流[现象]
rectifying plane　(数)从切[平]面
rectifying still　精馏釜
rectifying surface　{数}伸长曲面
rectifying tank　精馏柜，沉淀柜，精馏箱
rectifying tower　精馏塔
rectifying tube　整流管
rectifying valve　整流阀
rectigon　热离子气体二极管
Rectigon rectifier　一种钨氩管整流器
rectilineal　直线运动的，直线的
rectilinear　(1)直线性的，直线的，直的；(2)直线图
rectilinear asymptote　渐近直线
rectilinear current　往复流
rectilinear face tooth　直面轮齿
rectilinear generators　{数}直纹母线
rectilinear motion　直线运动
rectilinear movement　直线运动，直线移动
rectilinear potentiometer　线性变化电位计
rectilinear propagation　直线传播
rectilinear relative motion　相对直线运动
rectilinear scale　直尺
rectilinear sliding pair　直线滑动副
rectilinear stream　往复流
rectilinear translation　直线移动
rectilinear wire　直线导线，直导线
rectilinearity　直线性
rectipetaly　直向性
rectiplex　多路载波通信设备
rectiserial　直行的
rectisorption　整流吸收
rectistack　整流堆
rectitude　(1)正直，严正；(2)正确；(3)直线，笔直
rectoblique plotter　方向改正器
rectometer　精馏计
rector　氧化铜整流器
RECTP (=Rectangular Pulse)　矩形脉冲
rectron　电子管整流器(商名)
recuperability　可回收性，恢复力
recuperable　(1)可复原的，可恢复的，可回收的；(2)可同流换热的
recuperate　(1)复原，恢复，回复；(2)再生，回收；(3)同流换热，余热利用，蓄热
recuperation　(1)恢复，复原，挽回，弥补；(2)[电能的]反生(用电设备向电网馈电)；(3)再生，回收；(4)反馈；(5)同流换热，回流换热，余热利用，继续收热，蓄热
recuperation fan　热回收风机
recuperative　(1)恢复的，复原的，还原的，再生的，反馈的；(2)有保热装置的，同流换热的，复热的，回热的
recuperative air heater　再生式空气预热器
recuperative burner　同流换热炉
recuperative furnace　换热式燃烧器，同流换热炉
recuperative gas turbine　间壁回热式燃气轮机
recuperative heat exchanger　回热式热交换器，间壁式换热器，同流换热器
recuperative heater　回热式加热器
recuperative oven　同流换热炉

recuperative pot furnace　同流换热玻璃熔炉
recuperative power　恢复能力
recuperative system　(1)同流换热法，同流节热法；(2)同流换热系统
recuperator　(1)同流换热器，隔道热交换器，间壁式换热器，回收换热室，废油再生器，回收装置，蓄热器；(2)能量回收器，废油再生器；(3)(炮的)复进机
recuperator spring　复进机弹簧，回动弹簧
recuperator tube　热交换管
recuperatory　(1)同流换热的；(2)回收，复原
recur　(1)重复再发生，重现，再现；(2)再熟化；(3)循环，递归；(4)重新提起
recurrence　(1)递归，循环；(2)再发生，复发，重现，重视，再现；(3)递归，循环
recurrence curve　重现曲线
recurrence formula　递推公式，递归公式，循环公式
recurrence frequency　脉冲重复频率
recurrence interval　脉冲周期，重复周期，重复间隔，重现期
recurrence of failure　故障复发
recurrence rate (=RR)　重复[频]率，回流率
recurrence relation　递推关系，递归关系
recurrent　(1)周期性发生的，周期的，重现的，重发的，再生的，再现的，复现的；(2){数}递归的，循环的，回归的
recurrent circuit　链形电路
recurrent code　连环码，重复码，链形码
recurrent cost　经常性成本，经常性费用，续生成本
recurrent determinant　循环行列式
recurrent failures　周期性发生的故障
recurrent interval　脉冲间隔，重复间隔
recurrent laps　反复折叠(钢锭缺陷)
recurrent motion　回归运动
recurrent mutation　频发突变
recurrent network　重复网络，复现网络，链形网络
recurrent reciprocal selection　相互反复选择，正反反复选择
recurrently　周而复始地，循环地
recurring audit　常年定期查账，连续审计
recurring decimal　循环小数
recurring maintenance　周期维护，循环维修
recurring period　循环小数的循环节
recurring series　循环级数
recursion　{数}递归，递推，循环
recursion formula　递归公式，递推公式，循环公式
recursion subroutine　递归子程序
recursive　递归的，递推的，循环的
recursive definition　递推定义
recursive relation　递推关系
recursive solution　递归解[法]
recursive subroutine　递归子程序
recursively enumerable language　递推枚举语言
recursiveness　递归性
recurvate　反弯[曲]的，向后弯的，下弯的
recurvation　反[向]弯[曲]，弯曲，折回，转向
recurvative point　反弯点
recurvature　转向，反曲，反弯，后弯
recurve　向后弯曲，反弯，折回，转向
recurved　后曲的
recut　再挖，复切
RECVD (=Received)　收到的
recyclable　可以重复利用的，可再生的
recyclable materials　可回收物质
recycle　(1)重复循环，反复循环，再循环；(2)重复利用，再利用，再造，回收；(3)重新计划；(4)压延
recycle cooler　循环冷却器
recycle engine　闭路循环发动机
recycle fraction　循环馏份
recycle mixing　循环混合
recycle stream　再循环液流，返回液流
recycle stock　再循环物料
recycle valve　再循环阀
recycled catholyte　返回阴极液，循环阴极液
recycling　再循环
recycling of end gas　尾气循环(一氧化碳和氢合成碳氢化合物过程中)
recycling trays　有反冲力的多孔盘，再循环盘
RED (=Radio Equipment Department)　(英)无线电装备部
RED (=Range Error Detector)　射程误差鉴别器

RED (=Records of Engagement and Discharge)　任解职记载
RED (=Reduction)　改正量,修正,缩减,简化
RED (=Redwood)　雷氏(粘度)
red　(1)红色的,红的;(2)红色颜料,红染料,红色;(3)赤热的,烧热的;
　　(4)赤字,亏损;(5)磁铁北极
red alarm light　红警灯
red alert　紧急警报
red and black chequers buoy　红黑方格浮标
red and black horizontal stripes buoy　红黑横纹浮标
red and black vertical stripes buoy　红黑直纹浮标
red and white　红和白[条纹]
red and white beacon (　1)红白立标;(2)红白信标
red and white chequers buoy　红白方格浮标
red and white horizontal stripes　红白水平纹
red and white vertical stripes　红白竖条纹
red arc　红弧(海图上指示的灯塔放射红光扇形区)
red ball　特快列车,快运货车
red band　(1)(转速表上的)红色标志区;(2)转速禁区(在此转速范
　　围内螺旋桨与船体发生共振)
red batch　红染法
red bill of lading　红色提单
red board　红色号牌
red brass　红[色黄]铜,锡锌合金
red-brittleness　热脆性
red brittleness　高温脆性,红脆性,热脆性
red-brown　棕红色
red cedar　红杉木
red check　红液渗透探伤法
red chrome　铬酸铅
red clause　红色条款,预支条款
red clause credit　红条款信用证,预支信用证
red clay　红粘土
red color difference modulator　红色差调制器
red cypress　红柏木,红丝柏
red decometer　红台卡计
red detecting and ranging (=redar)　红外线测距仪
red earth　红土
red emergency signal　红色应急信号
red emergency torch　红色应急用手电筒
red end　(磁铁)红端,红极
red ensign　商船旗
red fiber　红纤维板
red filter　红色过滤片
red fir　红松
red flare signal　红[焰火]焰信号
red flash　红闪
Red Fox　一种镍铬耐热合金
red globe lamp　红光球灯
red globular shape　红色球型
red gold　(1)纯金;(2)货币
red goods　红色品
red green blue　红绿蓝(三种基本色)
red hard steel　高速工具钢,红硬钢,热硬钢
red-hardness　红硬性,热硬性
red hardness　红硬性,热硬性
red heat　赤热,炽热
red-hot　赤热的,炽热的
red hot　(1)火热的,赤热的,激热的;(2)(资料、消息等)最新的
red hot component　红热零件
red indicating light　红色指示灯
red ink　(1)红墨水;(2)赤字,亏本
red ink entry　红色分录,赤字记录
red iron oxide　红氧化铁
red jointing　红纸柏垫
red label　红标签
red lake pigment　深红色颜料
red lamp　红灯
red lead　四氧化三铅,红铅粉,红铅,红丹,铅丹
red lead anti corrosive paint　红丹防锈漆
red lead anticorrosive primer　红丹防锈底漆
red lead coated pigment　包核红丹颜料
red lead gun　红铅油泥喷枪(捻缝工具)
red lead injector　红铅油泥喷枪,红丹喷射器,红丹枪
red lead injector putty gun　红铅油泥喷枪(捻缝工具)

red lead oil　红丹[清]油
red lead oxide　红丹粉,红丹
red lead paint　红丹漆,红丹
red lead powder　红铅粉,红丹粉
red lead primer　红丹底漆
red lead putty　红丹油灰,红铅油泥,红铅油泥,铅油
red light　危险信号,红灯光,红灯
red litmus paper　红色石蕊纸
RED LT (=Aero Obstruction Light)　航空障碍灯标(在海图上不
　　标出灯光星号)
red magnetism　地磁南极性,磁针指北性,红磁性
red marines　海军陆战队步兵
red marked pole　(磁铁)指北极,红极
red metal　红色黄铜(80%Cu)
red mud　红泥
red oak　红栎木,红橡木
red ochre　红赭石
red oil　甘油三油酸酯,十八烯酸,油酸,红油
red only memory　只读存储器
red ooze　红软泥
red oxide　三氧化二铁,铁丹
red oxide paint　铁丹漆,紫红漆
red paint　红漆
red-pencil　检查,删除,改正,修正
red pine　红杉
red podzolic soil　红土
red pole　(磁)南极,红极
red prussiate　铁氰化物,赤血盐
red sea light company (=RSLC)　红海灯标公司
red sector　(灯塔)红光扇形区,航行危险区
red-sensitive　红敏的
red-sensitive cell　红敏光电管
red sensitive cell　红敏光电管
red shade　带红头的,带红光的
red shift　红[向]移[动],红色光栅偏移
red shift formula　红移公式
red-short　热脆的,红脆的
red short　热脆
red-short steel　热脆钢
red short steel　热脆钢
red shortness　热脆性,红脆性
red side-light　(左舷)红色识别灯,红舷灯,左舷灯
red signal light　红光信号,红灯光
red slag　烧红的铁渣
red soil　红土
red star ocket　(救生)红星火箭信号
red star signal　红星信号
red stern light　红尾灯
red tape　(1)烦琐的程序,官样文章;(2)官僚主义,文牍主义,拖
　　拉作风
red-tape operation　程序修改
red tape operation　程序修改,辅助操作
red thyme oil　红百里油
red wood　红杉,红木
red zinc chromate primer　红色锌铬打底漆
redact　编辑,编纂,编写,拟定
redaction　编辑,修订,校订,新版
redactor　编辑者,拟定者
redar (=red detection and ranging)　红外线测距仪,里达
REDC (=Distribution Center Built by Retailer)　零售商成立的
　　物流中心
redd　整理,整顿,清理
redden　使红,变红
reddish　带红色的,微红的,淡红的
reddish blue　红蓝色,品蓝
redeck　(1)翻修面层;(2)翻修平屋顶
redecorate　重新装饰,重新油漆
redeem　(1)挽回,赎回,买回;(2)恢复,弥补,补救;(3)偿还,
　　还清,兑现,(4)履行;(5)缓冲,阻尼,熄灭
redeemable　可补救的,可补偿的
redeemer　偿还者,补救者,履行者
redefine　(1)重新定义;(2)重新规定
redefinition　(1)重新定义;(2)重新规定
REDEL (=Redelivery)　还船

redelivery (1) 再装船, 再装车; (2) 还船, 退船, 交还, 移交; (3) 再次配送

redelivery certificate 交接船证书, 还船证书

redelivery clause 还船条款

redelivery inspection 还船检验

redelivery notice 还船通知

redelivery of charactered vessel 还船 (租船期满)

redelivery of salved property (=RSP) 获救财产移交

redelivery of the ship (=RS) 还船

redemption (1) 兑现, 赎回, 买回; (2) 恢复, 修复; (3) 偿还, 还清; (4) 补救, 弥补, 补偿; (5) 履行; (6) 缓冲, 阻尼, 熄灭

redemption date 偿还期

redemption table 分期偿还表

redented 锯齿形的, 齿的

redeploy 重新部署, 重新调配, 重新布置

redeposite 再沉积, 再沉淀

redeposition 再沉积, 再沉淀

reder 红外光测距仪

redescribe 重新描述, 再描述

redesign (1) 重新设计, 再设计; (2) 重算; (3) 重建, 再建; (4) 修正式样

redetermination (1) 重新定出; (2) 重新测定

redetermine (1) 重新定出; (2) 重新测定; (3) 重新决定

redevelop (1) 技术改造, 再发展, 再开发, 重建, 改建; (2) 恢复, 复兴; (3) 二次显影, 重显影, 再冲洗

redevelopment (1) 技术改造, 重新发展, 再发展, 再开发, 重建, 改建; (2) 恢复, 复兴; (3) 二次显影, 重显影, 再显影, 再冲洗

Redeye 红眼导弹

Redford alloy 一种铅锡青铜 (铜 85.7%, 锡 10%, 铅 2.5%, 锌 1.8%)

redifferentiation 再分化

rediffusion (1) (无线电电视节目接收后) 播放, 转播, 电视放映, 有线广播; (2) 向后散射, 反散射

rediffusion on wire 有线广播

rediffusion station 广播台, 广播站, 转播站

redilution 再稀释

redintegrate 使恢复完整, 使再完整, 使再完善, 使重新, 重建, 重整, 复原

redirect (1) 更改姓名地址, 改址; (2) 更改方向, 改道

redirecting bucket (1) (喷水推进用) 导向窝; (2) (涡轮机) 导向叶片

rediscount rate 再贴现率

rediscover 重新发现, 再发现

redispersion 再弥散, 重分散

redissolution 再溶, 复溶

redissolve 重复溶解, 再溶解

redistill 再蒸馏, 重蒸馏

redistillation 再蒸馏 [作用], 重蒸馏 [作用]

redistribute 再分配, 再分布

redistribution 再分配, 重分配, 重分布, 再分布

redistribution at surface (=surface redistribution) 表面再分布

redistribution of imperities 杂质的再分布

redistribution of moments 弯矩的再分配

redistrict 重新划区

redivide (1) 重新分配, 再分配; (2) 重新划分, 再区分

redix 一种环氧类树脂

redlead putty 红丹油灰

REDLY (=Redelivery) 还船

redness 红色, 赤色, 红, 赤

redo 重新装饰, 再循环, 重整理, 再做, 改写, 重演

redouble (1) 加倍, 加强, 倍增, , 增增, 增添; (2) 重复, 再做; (3) 重叠, 重折

redoubt 装甲围舱

redox (=reduction-oxidation) 氧化还原作用

redox activated emulsion polymerization 氧化还原活性乳化聚合

redox catalyst 氧化还原催化剂

redox polymerization 氧化还原聚合

redox potential detector 氧化还原电位检测器

redox reaction 氧化还原反应

redox titration 氧化还原滴定

redoxite 氧化还原树脂

redoxogram 氧化还原图

redoxostat 氧化还原电位稳定器

redoxreaction 氧化还原反应

redoxypotential 氧化还原电位

redraft (1) 重新制图, 重新绘图, 再绘图; (2) 再起草

redraught (1) 重新制图, 重新绘图, 再绘图; (2) 再起草

redraw 重拉拔, 再拔出, 再拉

redrawing 再拔

redrawn design 复绘图案

Redray 一种铬镍合金 (15%Cr, 85%Ni)

redredge 再挖掘

redress (1) 矫正, 修正, 改正, 纠正, 调整, 修整; (2) (轧辊) 重磨, 重车; (3) 纠正, 赔偿, 补偿, 补救; (4) 重新修整; (5) 使再平衡

redress damage 赔偿损失

redressed current 已整流电流

redresser (1) 重新修整者; (2) 检波器, 解调器

redressment 矫正, 修正, 调整, 修整

redrier 胶合板烘干装置

redrive 重打桩, 重钻进

redriving 重打道钉, 重打桩, 重钻进

redsear (1) 热脆, 红脆; (2) 热脆的, 红脆的

reduce (1) 减少, 减小, 减低, 减轻, 减速, 减压, 缩减, 缩短, 缩小, 降低; (2) {数} 简化, 简约, 约简, 归纳, 通分, 折合, 折算, 换算, 转换, 对比; (3) 使变成; (4) 处理, 整理, 分析, 分类; (5) {化} 还原, 脱氧, 提炼, 调稀, 冲淡, 复原; (6) 磨碎, 粉碎; (7) (轧制时的) 压缩, 压延, 轧制, 减径, 缩径

reduce a fraction 约分数

reduce all the questions to one 把所有问题归纳为一个

reduce an equation [约] 解方程式

reduce cost 减少费用

reduce level of water 降落水位

reduce scale 缩尺

reduce the fuel viscosity 减少燃油粘度

reduce the risk of explosion 减少爆炸的危险

reduce water by electrolysis 将水电解

reduced (1) 减小的, 减少的, 减缩的; (2) 换算

reduced acceleration 减加速度, 负加速度

reduced acceleration polygon 负加速度多边形

reduced acceleration vector 负加速度矢量

reduced admittance 归一化导纳, 正规导纳

reduced bandwidth transmission 压缩带度传输

reduced capacity 减低 [输出] 容量

reduced carrier 减幅载波

reduced channel 简约信道

reduced charge (1) 减费; (2) 减装药 [弹]

reduced equation 简化方程 [式], 简约方程 [式], 对比方程 [式]

reduced error 折合误差

reduced face [刀具的] 削窄前面

reduced factor 对比因子, 折合因子

reduced fuel oil 重油燃料油, 重质燃油, 锅炉燃料

reduced head 折算水头

reduced height 折算高度

reduced influence diagram 简化影响线图

reduced latitude 归心纬度

reduced length 折算长度, 换算长度, 简约长度, 折合长度

reduced load 对比负荷

reduced longitude 折算经度

reduced modulus 折算模数

reduced moment of inertia 折算惯性矩

reduced nipple 异径螺纹接套

reduced oil 拔顶油, 残油

reduced optical length 折合光程

reduced osmotic pressure 比浓渗透压

reduced output 降额输出, 简化输出

reduced paid up insurance 减额支付保险

reduced parameter 换算参数, 折算参数, 折合参数, 简约参数

reduced pipe bend 异径管接头

reduced power 降低功率

reduced pressure (1) 降压; (2) 换算压力, 折算压力, 对比压力, 减压, 比压

reduced price 降低的价格, 折扣价格

reduced product 归纳积

reduced quantity 折合量, 约化量

reduced representation 简化表示

reduced sampling inspection 缩减抽样检查, 分层抽样检查

reduced scale 缩小比例尺, 减缩的比例, 缩型, 缩尺

reduced section (拉伸试验中出现的) 缩颈

reduced source 简约信源

reduced space 约化空间, 诱导空间

reduced speed　降低速度, 减速

reduced speed signal　减速信号

reduced state　约化态

reduced steam　减压蒸汽

reduced stress　对比应力, 约化应力

reduced tare　折成进口国皮重

reduced tee　异径三通管

reduced temperature　折算温度, 对比温度

reduced viscosity　比浓粘度, 对比粘度, 弱粘度

reduced visibility　减弱的能见度

reduced voltage　[下]降[电]压

reduced voltage starter　降压起动器

reduced voltage starting　降压起动

reduced volume　对比体积

reduced zone scheme　还原区域图

reducer　(1) 减速器; (2) 减压器, 减压阀; (3) 压缩器, 缩小器, 浓缩器, 减释器; (4) 渐缩管, 异径管[节], 异径接头, 渐缩段; (5) 还原剂, 还原器; (6) 减粘剂, 稀释剂; (7) 磨碎器; (8) 简化器, 简约器; (9) 扼流器, 节流器; (10) 商用加工磨碎机

reducer casing　减速器壳体, 减速器箱体, 减速箱

reducer pipe　变径管

reducer valve　减压阀

reducibility　(1) 还原能力, 可还原性; (2)(数学) 可约性, 可归性; (3) 可减少性

reducibility of a transformation　{数} 变换的可归性, 变换的可约性

reducibility of catalyst　催化剂的还原性

reducible　(1) {数} 可简化的, 可还原的, 可复位的, 可约的; (2) 可折合的, 可折算的; (3) 可磨碎的, 可粉碎的; (4) 可减低的, 可缩减的, 可缩小的

reducible equation　可约方程

reducible polynomial　可约多项式

reducible transformation　可约变换

reducibleness　(1) 可还原性; (2) 可简化性, 可约性; (3) 可折合性, 可折算性; (4) 可磨碎性, 可粉碎性; (5) 可减低性

reducing　(1) 减少, 降低, 减低, 减缩, 减轻; (2) 减速; (3) 换算, 折算; (4) 还原, 简化, 折合

reducing agent　还原剂, 去氧剂

reducing apparatus　(1) 缩影仪; (2) 减压装置

reducing atmosphere　(1) 还原炉气; (2) 还原空间, 还原性大气

reducing balance form　余额式

reducing branch　异径支管

reducing bush(ing)　缩口衬套, 收口衬套

reducing coupling　(1) 缩径联轴节, 异径联结器; (2) 异径管接头, 异径管节, 缩小管节

reducing cross　异径十字[接]头

reducing depth thread　不等深螺纹

reducing die　拉丝模

reducing elbow　异径弯管接头, 异径弯头

reducing extension piece　异径内外螺纹管接头

reducing fittings　异径管件

reducing flame　还原焰

reducing flange　异径法兰

reducing furnace　还原炉

reducing gas　还原性气体

reducing gear　(1) 减速齿轮; (2) 减速齿轮装置, 减速传动装置, 减速机构, 减速器

reducing gear box　减速齿轮箱

reducing gear indicator　减速齿轮示功器

reducing gearbox　减速齿轮箱

reducing joint　(1) 异径接合; (2) 异径管接头, 缩径接头, 异径接头

reducing jointing　异径管接头, 异径接合

reducing machine　破碎机, 磨碎机

reducing nipple　异径螺纹接套

reducing of crude oil　从石油蒸出透明产品, 石油直馏

reducing piece　异径管接头

reducing pipe　异径管, 渐缩管

reducing pipe coupling　异径管接头, 异径管箍

reducing pipe joint　异径管节

reducing pitch thread　不等距螺纹

reducing power　还原能力, 消色力

reducing press　缩口用压力机

reducing ratio　减速比, 减速率

reducing resistance　降压电阻

reducing rolls　开坯轧辊

reducing screen　减光屏

reducing sleeve　缩径轴套, 缩径套筒, 异形套筒, 变径套

reducing socket　异径套管接头, 异径管接, 异径管节, 异径套筒, 缩径套节, 大小头

reducing still　(轻质油) 蒸馏锅

reducing T　异径 T 形接头

reducing tee　缩径丁字接头, 缩径丁字管接, 渐缩三通管

reducing transformer　降压变压器, 降压器

reducing union　异径活管接, 异径接头

reducing valve　减压阀

reducing valve strainer　减压阀过滤器

reducing voltage transformer　降压变压器

reductant　还原剂, (燃料的) 成分, 试剂

reductibility　还原能力, 还原性

reductio ad absurdum　(拉) [逻辑] 间接证明法, 归纳法

reduction　(1) 减低, 减少, 缩小, 衰减; (2) 减速; (3) {数} 简化, 简约, 约分, 通分; (4) 数据处理, 数据整理, 折合, 换算, 归并; (5) {化} 还原, 复原; (6) (轧制的) 压缩; (7) 改铸; (8) 破碎, 弄碎, 磨碎, 分解; (9) 变换, 转换, 变形, 变化, 订正

reduction apparatus　减速装置

reduction ascending　向上折算

reduction box　减速箱

reduction by carbon　用碳还原

reduction cell　电解槽, 还原槽

reduction chamber cutoff valve　减压室截断阀

reduction coefficient　换算系数, 折减系数, 缩减系数, 降低因数

reduction compasses　比例规

reduction crusher　破碎机

reduction descending　向下折算

reduction factor　折减因数, 降低因数, 变换因素, 折减系数, 减缩系数, 变换系数

reduction for distance　距离换算

reduction formula　换算公式, 约化公式

reduction gear　(1) 减速齿轮; (2) 减速齿轮机构, 减速装置, 减速器

reduction gear casing　减速齿轮箱

reduction gear housing　减速齿轮箱

reduction gear lubricating oil gravity tank　减速齿轮箱润滑油重力柜

reduction gear lubricating oil settling tank　减速齿轮箱润滑油沉淀柜

reduction gear lubricating oil storage tank　减速齿轮箱润滑油贮存柜

reduction gear lubricating oil tank　减速齿轮箱润滑油循环柜

reduction gear mechanism　减速齿轮机构

reduction gear of combined output of the engine　并车减速齿轮箱

reduction gear oil　减速齿轮油

reduction gear ratio　减速齿数比, 减速比, 传动比

reduction gear room　减速器舱

reduction gear train　减速齿轮系

reduction gear unit　减速齿轮装置

reduction gearbox　减速齿轮箱

reduction gearing　减速齿轮传动装置, 减速机构

reduction in　在……方面减少

reduction in area　(1) 面积减少, 面积收缩, 断面减少; (2) 压缩率

reduction in sizes　破碎

reduction method　还原法

reduction mill　冷轧板材轧机, 开坯机座

reduction mould　还原坩埚

reduction of a fraction　约分

reduction of a transformation　变换的简约化

reduction of area　(1) 截面收缩, 断面收缩, 面积缩小; (2) 截面收缩率, 断面收缩率, 断面压缩率, 断面缩减率

reduction of centre　归心计算

reduction of class　降级 (指船的等级)

reduction of contact　啮合线的缩短

reduction of cross-sectional area　断面收缩率, 断面压缩率

reduction of data　信息简缩变换, 数据处理

reduction of edge　轧边

reduction of engagement　啮合线的缩短

reduction of fraction(s) to a common denominator　{数} 通分母

reduction of free-board　干舷减少

reduction of heat　减热

reduction of levels　高程折算

reduction of maneuverability　操纵性降低

reduction of meshing　啮合线的缩短

reduction of observation　观测订正

reduction of operation　运算换算

reduction of ore　矿石还原法
reduction of per area　（轧件通过轧辊的）每道次压下量
reduction of period　还原期
reduction of porosity　孔隙度降低, 降低孔隙度
reduction of pressure　压力降低
reduction of range　波浪减弱
reduction of soundings　测深订正
reduction of speed　减速, 降速
reduction of temperature to a mean sea level　平均海平面温度订正
reduction of wave　波浪减弱
reduction-oxidation index　氧化还原指数
reduction-oxidation potential　氧化还原电位
reduction per area　（轧件通过轧辊）每道次压下量
reduction period　还原期
reduction pinion teeth　减速小齿轮
reduction plant　（1）还原设备；（2）还原车间, 冶炼厂
reduction range　压缩范围
reduction rate　（1）减速率, 减速比, 传动比, 转速比；（2）收缩率, 减少率
reduction ratio　（1）减速比, 传动比, 转速比；（2）缩小比例；（3）破碎比
reduction roll　压延轧辊, 轧薄辊
reduction sleeve　变径套
reduction stress　换算应力
reduction to　简化为, 折合成, 化成
reduction to mean sea level　（气压的）海平面订正
reduction to sea level　折合为海平面值, 海平面订正
reduction type semi-conductor　还原型半导体
reduction valve　减压阀
reduction wheel　减速轮
reduction with carbon　用碳还原
reduction zone　还原带
reductive　（1）减少的, 减小的, 缩减的, 缩小的；（2）还原的, 恢复的；（3）还原剂, 脱氧剂
reductive agent　还原剂, 脱氧剂
reductor　（1）减速齿轮减速器, 减速器；（2）减速齿轮传动；（3）减压器, 减振器；（4）还原剂, 还原器, 复位器；（5）缩放仪；（6）电压表附加电阻, 伏特计附加电阻；（7）变径管, 异径管
Redulith　一种含锂合金
redundance(=redundancy)　（1）多余部分, 多余位数, 多余信息, 多余度；（2）冗余技术, 冗余信息, 冗余项, 冗余位, 冗余度, 冗余码；（3）过多, 过剩, 累赘, 重复
redundancy　（1）多余；（2）多余信息；（3）重复；（4）冗余码；（5）超静定, 静不定
redundancy bit　冗余位
redundancy check　过剩信息校验, 冗余位数校验
redundancy digit　冗余位
redundancy reduction (=RR)　多余信息减少, 冗余信息减少, 多余度降低
redundant　（1）剩余的, 多余的, 赘余的, 冗余的；（2）静不定的, 超静定的；（3）信息多余部分, 剩余, 备份；（4）重复的
redundant bit　冗余位
redundant check　冗余检查, 冗余检验
redundant circuit　冗余电路, 备用电路
redundant constraint mechanism　多余约束机构
redundant design　（安全）备用设计
redundant force　赘余力
redundant frame　超静定构件, 超静定结构, 超静定框架
redundant kinematic chain　多余运动链
redundant member　多余的支撑杆, 多余杆件, 冗余杆 [件]
redundant number　冗余数
redundant reaction　（1）（超静定结构的）赘余反力；（2）冗余反力
redundant rod　多余杆件
redundant structure　超静定结构, 静不定结构
redundant symbol　冗余符号
redundant system　备用系统
reduplicate　（1）使加倍, 再复制, 重复, 重叠, 反复, 增组；（2）重复的, 双重的, 加倍的
reduplication　再重复, 重叠, 加倍, 增组
reduplicative　重复的, 重叠的, 加倍的
reduster　再除尘器
Redux　一种树脂粘结剂（用苯酚甲醛溶液和粉状聚乙烯树脂作结合剂）
redwood　红木
Redwood　雷德（粘度）

Redwood admiralty seconds　海军用雷氏秒
Redwood No.1 second　雷氏一号秒数, 商用雷氏秒数
Redwood scale　雷氏粘度计
Redwood-second　雷氏秒
Redwood viscosimeter　雷氏粘度计
Redwood viscosity　雷氏粘度
redye　（1）复染, 重染, 再染；（2）（漆）复涂
REE (=Extrinsic Emitter Resistance)　非本征发射极电阻
reecho　（1）再发回声, 再回响, 回声反射, 回声的回响；（2）使回声传回
reed　（1）平弹簧, 扁弹簧, 舌簧, 簧片, 衔铁；（2）钢材表面有夹杂非金属物的缺陷, 苇管状裂痕；（3）扣齿, 扒钉, 卡子；（4）雾笛, 汽笛；（5）（纺）穿筘；（6）导火索
reed brass　簧片黄铜
reed comparator　振簧式比较仪, 扭簧比较仪
reed fog horn　舌簧雾笛（压缩空气振动簧片发声）
reed fog signal　低音雾号
reed for horn　舌簧雾笛
reed frequency　簧片振动频率
reed horn　汽笛, 雾笛
reed indicator　簧振指示器, 振簧式频率计
reed making machine　扎筘机, 制筘机
reed of buzzer　蜂鸣器簧片
reed relay　舌簧继电器, 簧片继电器
reed signal　簧片音响雾号
reed switch　簧片开关, 舌簧元件, 舌簧接点
reed-type comparator　振簧式比较仪, 扭簧比较仪
reed type comparator　振簧式比较仪, 扭簧比较仪
reed type suspension valve　簧片式悬置阀
reed valve　簧片阀, 舌簧阀, 针阀
reeded　有凹槽的, 有沟的
reeding tool　刮平刀
reef　（1）折叠；（2）矿脉；（3）暗礁, 礁；（4）缩帆索
reef a sail　缩帆
reef a slip wire　穿好滑脱绳
reef knot　平结
reef line　缩帆索
reef tackle　缩帆绞辘, 缩帆滑车
REEFER (=Refrigerated Container)　冷藏集装箱
reefer　（1）冷藏集装箱, 冷藏货船；（2）冷藏车；（3）冷藏室, 冷藏库；缩帆水手, 缩帆人；（5）冷藏员；（6）缩帆结, 对 8 结, 平结, 方结
reefer box　冷藏集装箱
reefer cargo　冷藏货
reefer cargo capacity　冷藏货容量
reefer cargo list　冷藏货物清单
reefer cargo rates　冷藏货物运费率
reefer chamber　冷藏舱, 冷藏柜
reefer connection　冷气管线接头
reefer container　冷藏集装箱
reefer container cargo　冷藏集装箱货物
reefer container management system　冷藏集装箱管理系统
reefer hold　冷藏舱
reefer plug　冷藏集装箱插头
reefer ship　冷藏船
reefer space　冷藏货舱位
reefer system　冷藏系统
reefer vessel　冷藏船
reefing　缩帆
reefing bowsprit　可伸缩式船首斜桁
reefing bucket　帆眼绳
reefing iron　（1）刮缝刀；（2）刮缝凿
reek　（1）热气, 蒸汽；（2）烟气, 烟雾, 冒烟；（3）用烟熏, （用焦油）熏涂；（4）散发臭气
reel　（1）卷轴, 卷筒, 卷盘, 绞轮, 绞盘, 绞车, 线轴；（2）卷取机, 卷线机, 绞车；（3）绕线架, 绕线轮, 绕线筒, 电缆盘, 磁带盘, 纸带盘；（4）滚筒, 转筒, 鼓筒, 鼓轮, 转轮, 滑轮, 拔禾轮, 工字轮, 夹禾机, 圆筒筛, 转子；（5）滚压, 压平；（6）压花, 压纹；（7）卷尺；（8）摇纱机, 纱框, 丝框
reel brush　转筛清理刷, 转筒刷
reel carriage　电缆盘拖车, 电缆车
reel cart　绞车
reel crab　卷筒绞车, 绞车
reel motor　磁带盘电机, 带盘马达
reel number (=Reel No.)　卷号
reel oven　绞盘烤炉, 转炉
Reel Pipe　卷管（一种用于液体、气体和半固体的铠装聚乙烯软管的商

品名)

reel shaft　毂心棒

reel stand　绳车架

reel suspension　卷索 (悬挂法)

reel to reel machine　开盘式录制设备

reel to reel recording machine　盘式录音设备

reel type feed mechanism　卷筒式进料机构

reelability　可绕性

reelable　可卷的,可绕的

reelect　重选,再选

reelection　重选,再选

reeled riveting　交错铆接,之字铆接,之形铆接

reeler　(1) 矫正机,矫直机；(2) 卷取机,开卷机,拆卷机；(3) (轧管用) 均整机

reeling　(1) 摇丝,绕丝；(2) 卷,绕；(3) 划槽；(4) 压花,压纹；(5) 压平,滚压

reeling drum　卷缆筒

reeling frame　摇纱机

reeling hook　捻缝钩

reeling machine　(1) (管材的) 均整机,整径机,滚轧机,旋进式轧机,卷取机；(2) 摇丝机,摇纱机,缫纱机

reem　扩缝 (捻缝时把缝扩大,便于塞进填絮)

reeming beetle　木板捻缝槌

reemploy　重新雇用

reenable　使再能

reenact　重新制定

reended firebox　内火箱

reenergize　重新通上电流,重激励,重供能

reengage　(1) 再接合；(2) 重新接入,重新啮合

reengagement　重新啮合,重新接合

reengine　(1) 更换轮机；(2) 更换发电机

reengineering　再加工,再造

reenter　(1) 重新进入,重返大气层,再进入,返回；(2) 重新加入,再加入；(3) 重新登记,再登记；(4) 凹入；(5) 次级射入

reenterability　可重入性

reenterable　可重入的,可再入的

reentracy　重入

reentrant　(1) 凹腔的,凹入的,凹的；(2) 重新进入的,再进入的,重入的,再返的,向内的；(3) 重新进入状态,重新入口,重入；(4) 凹腔,凹入,凹角

reentrant angle　凹角

reentrant beam crossedfield amplifier　重入型正交场放大器

reentrant cathode　凹形阴极

reentrant cavity resonator　半同轴谐振器,凹状谐振器

reentrant corner　内隅角,阴角

reentrant jet　回流

reentrant oscillator　凹状空腔振荡器

reentrant resonator　凹腔谐振器

reentrant subroutine　可重入子程序

reentrant type frequency meter　半同轴频率计,凹腔频率计

reentrant winding　双线线圈,闭合绕组,闭路绕组,闭环绕组

reentry　(1) 重返大气层,再入,再进,重回,返回；(2) 再记入,再登记

reentry body　重返大气层的物体,再入体,再入舱

reentry capsule　再入舱

reentry guidance　再入制导

reentry shield　再入屏蔽

reentry speed　返回转速

reentry system (=rs)　重返大气层装置

reentry system environment protection　再入系统环境保护

reentry test vehicle (=RTV)　重返大气层试验飞行器,再入大气层试验飞行器

reentry trajectory　再入轨道

reentry vehicle　再入运载工具,再入飞行器

reentry vehicle electrical simulator panel　重返大气层飞行器电模拟控制台

reentry velocity　再入速度

reequip　重新装备

reestablish　(1) 重建,另建；(2) 恢复；(3) 重新设立,另行安置

reestablishment　重建,恢复

reestimated value　重估价值

reevaluate　重新评价,重新估价

reevaluation　重新评价,重新估价,再次评价

reeve　(1) (绳索) 穿入,缚住；(2) (船) 穿行；(3) (河道等的) 管理人员

reeves electronic analog computer (=REAC)　穿孔电子模拟计算机

reeving　支索 (由卷筒或滑轮绕出的)

reeving beetle　(捻缝) 填絮槌

reeving bowsprit　可拆船首斜桁

reeving line bend　互穿两个半结 (穿过小孔联接两条大缆)

reexamine　再调查,再检查,再审查,复查

reexchange　(1) 重新交易,再交换；(2) 赔偿要求,赔偿额

reexport　(1) 再输出；(2) 再出口

reexportation　再出口

REF (=Failure in Remote Equipment)　遥控设备故障

REF (=Range Error function)　距离误差函数,射程误差函数,测量误差函数

REF (=Reference)　参考,基准,依据

REF (=Referred)　援引

REF (=Referring to)　关于

REF (=Refining)　精炼,精制,提纯

REF (=Reflector)　反射器

REF (=Reformation)　改革,改良,革新

REF (=Refraction)　折光差

REF (=Refrigeration)　冷藏

REF (=Refrigerator)　冷冻机,冰箱,冷藏库

REF (=Refunding)　归还,偿还

REF (=Ship Fitted with Refrigerated Cargo Installation)　装有冷藏货设备的船

refabricate　重复制备,再制备

refabrication　重复制备,再制备

reface　(1) 重修表面；(2) 再车削,再刨,重磨 (阀面),光面,修面；(3) 更换摩擦片,(阀面) 重磨

reface clutch disc　研磨离合器摩擦片,重装离合器片,更换离合器片

refacer　表面修整器,表面磨光机,修整工具,光面机,光面器,磨光器；(2) 修整工

refacing　(1) 重磨；(2) 重刨；(3) 光面

refashion　(1) 再作,重作,重制；(2) 改变,改造,给……以新形式

refasten　重新绑扎,重新系固

REFCON (=Refrigerated Container)　冷藏集装箱

refd (=refund)　付还,偿还

refeed　再补给

refer　(1) 把……归于,认为起源于……,关于；(2) 参考,参看,参照,查阅,引证；(3) 涉及,谈及,提及,提交,送交,呈交,托付,委托；(4) 称为,叫做；(5) 付讫

refer to　(1) 提到,谈到,关于,涉及；(2) 参考,考阅,查询,查阅,引证,引用,访问；(3) 接洽

refer to acceptor (=R/A)　询问承兑人,与承兑人接洽

refer to drawer (=RD)　向开票人查询,请询问出票人,请与出票人接洽

referable　(1) 可归因于……的,可归入……的,与……有关的；(2) 可交付的；(3) 可参考的；(4) 可涉及的

referee　(1) 鉴定人,审查人,仲裁人,评判人,受托人,公断人,审稿人,裁判员；(2) 担任鉴定,担任审稿

reference (=REF)　(1) 参考,参照,引证,咨询,询问,访问；(2) 基准点,基准；(3) 标记,标准,依据；(4) 分度的,基准的,参考的,参照的,标准的；(5) 查阅,查询；(6) 参考文献,参考资料,推荐书,鉴定书,介绍书,证明书,证明人,介绍人；(7) 坐标；(8) 仲裁,程序；(9) 谈到,提及,涉及,论及,引用,关系,联系

reference addendum　(1) (齿轮) 分度圆齿顶高；(2) (蜗杆) 主平面齿顶高

reference address　基 [准] 地址,基本地址,转换地址

reference angle　基准角,参考角

reference area　(1) 参考面积,计算面积,比较面积；(2) 规定的面,基 [准] 面,起始面,计算面,比较面

reference axis　(1) 参考轴线,坐标轴线,基准轴线；(2) 基准轴,读数轴,坐标轴,基准轴,相关轴,依据轴,计算轴

reference azimuth　基准方位

reference bearing　参考方位,基准方位

reference black level　黑色信号基准电平,黑色信号参考电平,基准黑电平

reference block　标定参考块,标准 [试] 块,参考试块

reference book　参考用工具书,参考书,手册

reference burst phase　基准彩色同步信号相位,基准脉冲群相位

reference center　参考点,始点

reference center distance　标准中心距

reference chart folios　参考海图册

reference check button　基准检查按钮

reference circle　分度圆,参考圆

reference circle of bevel gear　锥齿轮分度圆 (指大端)

reference circuit 参考电路
reference color 参考色,标准色
reference computer 基准计算机
reference cone 分度圆锥面,参考圆锥,分锥
reference cone angle 分度圆锥角,分锥角
reference cone apex (锥齿轮)分[度圆]锥顶点
reference configuration 参考位形,参考构型
reference control point 参考控制点
reference count (1)检验读数,参考读数;(2)参考计数,基准计数,引用计数
reference counter 引用计数器
reference crown gear 分度冠轮
reference current meter 基准流速仪
reference cylinder (蜗轮)分度圆柱面,参考圆柱面
reference data 参考数据,参考资料
reference data for anchoring 锚地参考资料
reference datum 分度基面,参考基面,参照基面,假定基面,基准零点,参照零点,基准面
reference debugging aids 调试辅助程序
reference dedendum (1)[齿轮]分度圆齿根高;(2)(蜗轮)主平面齿根高
reference design 参考设计,基准设计
reference diagram 参考图
reference diameter (齿轮)分度圆直径
reference diameter of bevel gear 锥齿轮分度圆直径(指大端)
reference diode 恒压二极管,参考二极管
reference dipole 基准偶极子
reference direction 参考方向,基准方向
reference disc 基准圆盘量规,校对盘
reference disk 基准圆盘量规,校对盘
reference edge 基准边,基准缘,参考端
reference electrode 参考电极
reference element 基准元件,基准要素
reference ellipsoid 参考椭圆体(表征地球大小及形状)
reference energy 基准能量
reference equivalent 参考当量,传输当量
reference face 基准面
reference feed-back 基准反馈
reference for assembling 装配基准
reference frame 读数系统,坐标系统,参考系统,计算系统,参考坐标,空间坐标
1162
reference frequency 标准测试频率,基准频率,参考频率
reference fuel 标准燃料
reference ga(u)ge (1)检验量规,标准量规,校对量规,校对测规,校对规,校对计;(2)标准用仪表,标准真空规;(3)参照水尺,参考水尺,水尺
reference generator performance 基准发生器性能
reference grid 坐标方格
reference helix 分度圆柱螺旋线
reference image height 基准图像高度
reference input 参考输入,基准输入,标准输入,额定输入
reference instrument 标准测试仪器,标准用仪器,标准仪表,参考仪表
reference junction 支撑焊接处,参考结,基准结
reference-junction compensation 温差电偶冷端补偿
reference junction compensation 温差电偶冷端补偿
reference kilowatthourmeter 标准电度表
reference language {计}参考语言
reference latitude 参考纬度
reference lead angle 分度圆柱螺旋升角
reference length 参考长度
reference letter 参考字母,参考字号
reference level (1)参考水准面,假定水准面,假定水准基点,参考水位,基准高程,基准面;(2)参考电平,基准电平,标准电平,参照级
reference library 图书[参考]室,资料室
reference light source 参考光源
reference line (1)基准线,标准线,基线;(2)参考线,参照线,标准线,分度线,零位线,起读线,对比线
reference mark (1)假定水平基点,参考标点,基准点,标准点,零点;(2)基准标记,参考标记,检验标记,参考刻度;(3)参看符号,参照符号,基准记号;(4)起点读数
reference material 参考材料
reference noise 基准噪声
reference number 参考号数,标准编号,参考数
reference object 方位物,参考点

reference of axis 坐标系
reference object (=RO) 参考目标,基准目标,方位物
reference oil 参考油
reference orders 转接指令,控制指令,参考指令
reference oscillator 基准振荡器
reference output 参考输出量,基准输出量
reference peg 水准控制点,参照点,基准点
reference performance 参考性能,正常工况
reference phase 参考相位,基准相位
reference photocell 参考光电管
reference pitch 分度圆齿距
reference plane 参考平面,基准平面,基准面,参照面,参考面
reference pod 测杆
reference point (1)水准控制点,基准点,参考点,参照点,控制点;(2)衡量的标准
reference point relative bearing 基准相对方位
reference pole 参考极
reference port 主港
reference position 参照位置
reference potential 参考电位,基准电位
reference power supply 参考电源,基准电源
reference profile 基准齿廓
reference pulse 参考脉冲,基准脉冲
reference rack 参考齿条
reference radius 分度圆半径
reference range 参考距离
reference range marker 基准距离标记
reference receiver 标准接收机
reference record 参考记录,编辑记录
reference rod 参考标杆,测杆
reference scale 参照标尺
reference section 基准断面
reference service 参考文献查阅服务工作,资料服务
reference shaft 基准轴
reference sheet 标准表格,参考表格,参考图纸
reference ship 本船,参考船,基准船(船舶运动图上放在中心点的)
reference signal 参考信号,基准信号
reference speed (1)给定的计算转速,基准速度;(2)分度圆转速
reference standard (1)参考基准,参考标准,比照标准;(2)样品;(3)标准衡器,标准规,标准器
reference standard fuel 参比标准燃料,达标准燃料
reference station 基准验潮站,主潮港
reference stiffness 标准刚度
reference stimuli 原刺激
reference substance 参照物,标准物
reference surface (1)(齿轮)分度圆曲面;(2)安装基面,基准面,参考面,基面
reference symbol 标准符号,参考符号
reference system(s) 参考系统,参考系,参照系,坐标系
reference temperature 参考温度,基准温度,起始温度
reference test bar 测试棒,测试杆
reference test block 标准试样
reference test rod 测试杆
reference time (=REFL) 参考时间,基准时间,标准时间
reference to 参考
reference to storage 访问存储器
reference tooth addendum 分度圆齿顶高
reference toothed gearing 分度圆啮合
reference toroid 分度圆环面
reference transit station 经纬仪参考测站,中途测站
reference trigger pulse 基准触发脉冲
reference value 参考值,给定值
reference value adjuster 参考值调节器
reference velocity 参考速度
reference voltage 基准电压,基准电压,标准电压
reference year 基准年
reference your telegram 关于阁下电报
referenced radio navigation 基准无线电导航
referent [涉及的]对象,讨论目标
referential (1)参考系统,参考系;(2)参考资料的,作为参考的,参考用的,参考的
referred (=REF) 援引的
referred to (1)提及的;(2)相对于
referrer 涉及者,查询者,参考者

referrible (=referable) (1) 可归因于……的, 可归入……的, 与……有关的; (2) 可交付的; (3) 可参考的; (4) 可涉及的
referring to (1) 关于; (2) 参照, 参阅
refery test (=referee test) (石油产品的) 仲裁试验
REFG (=Refrigerated) 冷冻的, 冷藏的
refigure 重新描绘, 重新塑造, 重新表示, 重新计算, 恢复形状
refill (1) 回填, 再填; (2) 注入在铸型中补浇金属, 重新注入, 再装潢, 再加注, 再填充, 再充满, 补充; (3) 备用补充品, 新补充物, 再装品
refiller 注入装置, 加油装置, 注水器
refiltered oil 再过滤油, 回收油
refinable crude 可精炼的原油
refinance 再供给……资金, 重新为……筹集资金
refind 重新找到, 再次找到
refine (1) 精加工, 精炼, 精制, 精选, 提纯, 提炼, 澄清, 净化, 纯化; (2) 改进, 改善; (3) 清扫, 清理, 清除, 清洗; (4) 推敲, 琢磨
refine away 提去杂质
refine oil 炼油
refine on 精益求精, 琢磨, 推敲, 改进
refine out 提去杂质
refine upon 精益求精, 琢磨, 推敲, 改进
refined (1) 精加工的, 精炼的, 精制的, 提纯的; (2) 精确的, 精细的, 严密的; (3) 过于讲究的; (4) 精炼生铁
refined aluminum 精铝
refined asphalt 精制沥青
refined calculation 精确计算
refined gold 纯金
refined iron 精炼生铁
refined lead 精炼铅
refined metal 精炼金属
refined naphthalene 精制萘
refined net 加密网格, 加细网, 细网格
refined oil 精炼油, 精制油
refined pig iron 精炼生铁
refined product 轻精炼产品
refined product carrier 精制成品油运输船
refined spirits 纯酒精
refined stock 已磨浆料, 精制浆料
refined wool fat 精制羊毛脂
refinement (1) 精炼, 精制, 提纯; (2) 精加工; (3) 洗炼; (4) 精致, 细致, 细化; (5) 改善
refiner (1) 精制机, 精制器, 精磨机, 精研器; (2) 精炼炉, 精炼机, 精炼器, 重炼器, 提纯器, 净化器; (3) 匀料机, 匀浆机; (4) 精炼者
refinery 精炼厂, 精制厂, 提炼厂, 炼镍厂
refinery coke 石油焦
refinery control 炼油厂的生产控制
refinery gas 炼油气体
refinery loading rack 炼油厂起重机
refinery procedure 提炼程序, 精制规程
refinery process 精炼过程
refinery process units 精炼厂工艺设备
refinery products 石油加工产品
refining (=REF) (1) 精炼, 精制, 提纯; (2) 匀料, 匀浆; (3) 改善, 改进
refining cell 电解精炼槽
refining equipment 精炼设备, 炼油设备
refining furnace 精炼炉
refining heat treatment 晶粒细化热处理
refining mill 精研机
refining of metals 金属精炼
refining of petroleum 石油炼制
refining period 精炼期
refining plant 净化装置
refining process 精制过程, 提炼过程, 精制法, 提炼法
refining solvent 精制溶剂
refining steel 精炼钢
refining temperature 晶粒细化温度, 调质温度
refining with adsorbents 吸附精制
refinish (1) 返工修光, 再抛光; (2) 再精加工, 修整……表面
refinish paint 维修漆, 修补漆
refire 重着火, 重击穿
refiring 重新发火, 重新点火
refit (1) 整修, 修理, 修缮; (2) 重新安装, 重新装配, 改装
refit pier 修理码头, 改装码头
refitment 整修

REFL (=Reflector) 反射器
reflate 使通货再膨胀
reflect (1) 反射, 反映, 反照, 反光, 反响, 映出, 折回, 弹回; (2) 考虑, 回顾; (3) 有影响, 有关系
reflect back on 回顾
reflect compass 反射型罗经
reflect on 周密思考, 考虑, 回想
reflect upon 周密思考, 考虑, 回想
Reflectal 锻造铝合金 (含镁 0.3-1%, 其余铝)
reflectance (=REFL) (1) 反射比, 反射度; (2) 反射能力, 反射系数, 反射率
reflected 反射的, 反映的
reflected binary 反射二进制
reflected bianry code 反射二进码
reflected bianry number system 反射二进数位制
reflected button (交通标线用) 反光路钮, 反射路钮
reflected code 反射码, 循环码
reflected current 反射电流
reflected image 反像
reflected impedance 反射阻抗
reflected light 反光
reflected load (射流) 反映负载
reflected power 反射功率
reflected ray 反射线
reflected resistance 反映电阻, 反射电阻
reflected shock front 冲击波的反射面, 反射冲击波面
reflected signal 反射信号
reflected value 折算值, 介入值, 反射值
reflected wave 反射波
reflected wave coupler 反射波偶合器
reflectible 可反射的, 可映出的
reflecting (1) 反射; (2) 反射的
reflecting angle 反射角
reflecting antenna 反射天线, 无源天线
reflecting beam wave-guide 反射射束波导
reflecting glass 反射镜
reflecting goniometer 反射测角仪
reflecting instrument 镜面仪表
reflecting layer 镜面涂层, 反射层
reflecting power 反射本领, 反射能力, 反射能量, 反射比, 反光能力
reflecting prism 反射棱镜
reflecting satellite communication antenna 卫星通信反射天线
reflecting screen 反射屏
reflecting sign 反光标志, 反射标志
reflecting telescope 反射 [型] 望远镜
reflecting wave 反射波
reflection (1) 反向辐射, 反射, 反映, 反照, 反光, 反响, 映像, 倒影; (2) 反射作用, 反射热, 反射光, 反射波, 反射物; (3) 折射, 折转, 偏转; (4) 慎重考虑, 深思, 想法, 回顾
reflection coefficient 振幅反射率, 反射系数
reflection condition 反射条件
reflection crack 反射裂缝, 对应裂缝
reflection error 反射误差
reflection ga(u)ge 反向散射测量计
reflection glass 反射镜
reflection method 反射式探伤法, 反射法, 映射法
reflection mirror broken 反射镜破
reflection of electromagnetic wave 电磁波反射
reflection of sound 回声
reflection plotter 反射标绘仪, 反射描绘器
reflection reducing coating 防反射膜, 增透膜
reflection rotation group 反射旋转群
reflection sound 反射探测, 回声探测
reflection sounding 反射探测, 回声探测
reflection twin 反射孪晶
reflectional 反射的, 反照的, 反映的
reflectionless 无反射的, 不反射的
reflective (1) 反射的, 反映的; (2) 深思的, 回顾的
reflective ink 反射墨水, 反光墨水
reflective power 反射能力, 反射率
reflective viewing screen 反射荧光屏
reflectivity (1) 反射性; (2) 反射系数, 反射因数, 反射比, 反射率; (3) 反射本领, 反射能力
reflectivity versus loss coefficient 反射比对损耗系数的依赖关系

reflectog(u)ge (1)（金属片）厚度测量器；(2) 超声波探伤仪

reflectogram 探伤器波形图，探伤图形，反射［波形］图，回波记录图

reflectometer 反射系数计，反光白度计，反射计，反射仪

reflectometry 反射测量术

reflector (=REFL 或 RR) (1)［天线］反射器，(中子)反射器，反射物，反射镜，反射罩，反光镜，反光罩；(2) 反射望远镜；(3) 反射层；(4) 反射极，反射板；(5) 反射体，反射面；(6) 反射性

reflector-absorber （太阳能的）反射吸收器

reflector antenna 反射器天线，无源天线

reflector board 反射板

reflector buoy 装有反射器的浮标，反射浮标

reflector compass 反射罗经

reflector dipole 反射偶极子

reflector glass 反光镜

reflector lamp 反光灯，反射灯

reflector mirror 反射镜

reflector moderated reactor (=RMR) 反射层慢化反应堆

reflector plate 反射镜板，反射板

reflector sight 反射镜式瞄准具

reflector sign 反光标志，反射标志

reflector stud 反光钉

reflector voltage （速调管）反射极电压

reflectorize (1)反光处理，反光加工；(2) 使能反射光线；(3) 装反射器，装反射镜

reflectorized paint 反光漆

reflectorization 反光处理，反光加工，能反射光线

reflectoscope (1) 超声波探测仪，超声波探伤仪，超声探伤仪，声波探伤器；(2) 反射系数测试仪，反射系数测量仪，反射测试仪；(3)反光镜，反射镜

reflet （法）(1)（表面）光泽，光彩；(2) 反射，反映

reflex (1) 反射作用，反射现象，反射光，反射热，反映光；(2) 复制品，倒影，映像；(3) 来复式收音机，来复式，回复；(4) 习惯性思维方式，行为方式；(5) 反射的，反作用的，折回的；(6)｛数｝优角的

reflex amplification 回复放大

reflex angle 优弧角，优角（大于 180°，小于 360°）

reflex baffle 倒相式扬声器匣，反音匣

reflex camera 反射式照相机

reflex center 反射中枢

reflex circuit 来复式电路，回复电路

reflex condenser 回流冷凝器

reflex current 反射流

reflex detector 负反馈板极检波器，来复式检波器，反射检波器

reflex electro optic light valve 反射式电光光阀

reflex enclosure 倒相式扬声器匣，反音匣

reflex klystron 反射［型］速调管

reflex model 重叠模型，叠合船模

reflex prism 反射三棱镜

reflex receiver 来复式接收机，来复式收音机

reflex reflective back 反光式反射背板

reflexed 反折的，反卷的，下弯的

reflexible 可反射的，可折转的

reflexio 反射，反折

reflexion (=reflection) (1)反射，反映；(2)反射作用，反射热，反射光，反射波；(3)慎重考虑，深思，回顾

reflexive (1)自反的；(2)反射［性］的，折转的，折回的

reflexive order 转移指令

reflexive relation 自反关系

reflexive space 自反空间

reflexivity (1)｛数｝自反性；(2)反射性

reflexivity of an equivalence relation 等价关系的自反性，等价系数的自反性

reflexless 无反射的，无反照的，无反映的

reflexly 反射地，折回地

reflexology 反射学

reflexotation (1)｛数｝非正常正交变换；(2)反转

refloat 再浮起，打捞，脱浅

refloating operation 再浮作业，打捞作业，脱浅作业

refloation (1)二次浮选，再浮选；(2)精选；(3)扫选

refloor 重新铺面，重铺楼板

reflow (1)反流，逆流，回流；(2)反向电流

reflowing (1)反流，逆流，回流；(2)（镀锡薄钢板为获得光亮表面的）软熔

refluence (=refluency) 倒流，逆流，回流

reflux (1) 倒流，回流，逆流，反流，灌注；(2)洒淋回流；(3)用竖式

［回流］冷却器加热或沸腾，(4) 分馏，（回流）加热，(5) 反射波流，回流液，凝结液，冷凝液，回流量；(6) 回流装置

reflux coil 回流蛇管

reflux condenser 回流冷凝器

reflux divider （分馏塔上）采取回流液样品的设备

reflux exchanger 回流冷凝器

reflux pump 回流泵

reflux ratio 回流系数，回流比

reflux valve 回流阀

reflexer （局部冷凝的）回流冷凝液

refluxing (1) 分馏，回流；(2) 用竖式［回流］冷却器加热，回流冷却

REFMCHY (=Refrigerating Machinery) 制冷机

refocus 再聚焦

refoot 给……装底脚，换底

reform (1)改革，改造，改进，改良，改正，改善，改编；(2)革新，革除；(3)换算，变换，还原，矫正，(4)重新组成，重新形成，重做，再做，(5)（石油）重整

reform of farm-tools 农具改革

reformable 可改革的，可改造的，可改良的，可革除的

reformate （汽油）重整产品

reformation (=REF) 重新组成，重新形成，再形成，再生成，重整

reformative 起改革作用的，起革新作用的，起改良作用的

reformer (1)烃蒸汽转化装置，裂化粗汽油炉，重整装置，重整设备，重整炉（提高辛烷值的设备）；(2) 改革者

reforming 重整，改造，整形

reformulate 重新阐述，再阐述

REFR (=Refraction) 蒙气差，折光差

REFR (=Refractory) (1) 难熔的；(2) 耐火材料

REFR (=Refrigerator) (1) 冷冻机；(2) 冷藏箱，冰箱

refrachor （化合物的物理常数）等拆比容

refract (1) 使折射，使屈折，使曲折；(2) 测定……的折射度，对……验光

refractable 折射性的，可折射的

Refractaloy 里弗雷克达洛依耐热合金

refracted angle 折射角

refracted ray 折射线

refracting power 折光力，屈折力

refracting prisms 折射棱镜

refracting telescope 折射望远镜

refraction (1) 折射，屈折，屈光；(2) 验光；(3) 折射作用，折射度，折光度，折光差；(4) 折射度测定

refraction angle 折射角

refraction coefficient 折射系数

refraction correction 蒙气差改正，折光差改正，折射校正

refraction diagram 折射图

refraction error 折射误差

refraction of light 光折射

refraction of sound 声波折射，声音折射

refraction of water wave 波浪折射

refractive 有折射力的，折射的，屈光的

refractive exponent 折光指数，折射率

refractive index 折光指数，折射率

refractive index detector ［差示］折光检查器

refractive index unit full scale (=RIUFS) 满刻度折光率单位

refractive power 折光本领，折射率

refractiveness 折射性

refractivity (1)折射系数，折射率差；(2) 折射能力，折射本领，折射性

refractivity of stock 热稳定性

Refractoloy 一种镍基耐热合金（碳 0.03%，锰 0.7%，硅 0.65%，铬 17.9%，镍 37%，钴 20%，钼 3.03%，钛 2.99%，铝 0.25%，铁 19%）

refractometer (1)折射率仪，折射计，折射仪，折射器，折射表，(2) 屈光度计，折光仪，屈光仪

refractometric 折射计的

refractometry (1)折射测量术，测折射技术，量测折射术；(2) 折射分析［法］

refractor (1) 折射透镜，折射器；(2) 折射式望远镜，透镜式望远镜，折射镜

refractorily 难熔，耐火

refractoriness (1) 耐火性，耐热性，耐火性；(2) 难熔度，耐热度，耐火度

refractoriness under load 荷重软化温度，荷重耐火度

refractory (1) 不易处理的，耐腐蚀的，高熔点的，难熔的，耐熔的，耐火的，耐热的，耐酸的，耐蚀的，防火的；(2)耐腐蚀材料，耐火材料，耐火陶瓷，耐熔合金，耐火砖

refractory alloy　耐高温难加工合金, 耐热合金, 耐火合金, 难熔合金
refractory alumina cement　耐火高铝水泥, 耐火矾土水泥
refractory body　耐火物体
refractory brick　耐火砖
refractory casting tube　耐热铸管, 难熔铸管
refractory cement　耐火水泥
refractory clay　耐火粘土, 耐火泥
refractory-coating　耐热 [保护] 层
refractory concrete　耐火混凝土
refractory-faced　有耐火材料的
refractory gas oil　抗热性高的粗柴油, 耐火瓦斯油
refractory glass　耐火玻璃
refractory glass fiber　耐高温玻璃纤维, 耐火玻璃纤维
refractory gold　不易于混汞法回收的自然金, 顽金
refractory gun　喷浆枪
refractory insulator　耐火绝缘体
refractory line　炉墙
refractory-lined　耐火材料衬里的
refractory-lined firebox boiler　有耐火材料衬里的火室锅炉
refractory liner　耐火材料衬里
refractory liner rocket engine　耐火衬里的火箭发动机
refractory lining　耐火衬砌, 耐火内衬, 耐火衬
refractory lining mixture　耐火炉衬的混合料, 耐火搪衬料
refractory material　耐火材料
refractory metal　耐高温金属, 高熔点金属, 耐火金属, 耐熔金属
refractory metal-oxide-semiconductor (=RMOS)　耐热金属氧化物半导体
refractory metals　难熔金属
refractory mortar　耐火泥浆
refractory oxide　难熔氧化物, 耐火氧化物
refractory paint　耐火涂料, 耐火漆, 耐热漆
refractory protection　防火装置, 耐火装置
refractory steel　热强钢, 耐热钢
refractory stock　难裂化原料油, 耐热原料油
refractory to cracking　难裂化的
refractoscope　折射测定仪, 折射检验器, 光率计
reframe　(1) 重新制订, 再构造, 再组织; (2) 给……装上框架
refrangibility　折射本领, [可] 折射度, 折射性, 折射率, 屈折性, 屈折度
refrangible　可折射的, 屈折 [性] 的
Refrasil　浸酚醛树脂玻璃布, 二氧化硅合成纤维
refrax　碳化硅耐火材料, 金刚砂砖
REFRD (=Refrigerated)　致冷的, 制冷的, 冷冻的
refreeze　重新结冻, 重新冻结, 再冻结, 再冷冻, 再冷, 致冷
refresh　(1) 使复新, 更新, 刷新, 恢复, 回复, 再生; (2) 翻修, 重修; (3) 补充, 补给
refresh a fire　添燃料使火更旺
refresh a storage battery　将蓄电池充电
refresh address　更新地址门
refreshable　可复制新的 [程序], 可翻新的
refresher　最新动态介绍
refresher coat　复新涂层, 复新漆
refreshment　更新, 翻修, 恢复
Refrex　(用作冷藏车加热燃料的) 一种醇混合物的商品名
refrex　碳化硅耐火材料
REFRG (=Refrigerate)　制冷, 致冷, 冷冻, 冷藏
REFRG (=Refrigeration)　致冷, 冷冻, 冷却, 冷藏
REFRG (=Refrigerator)　冷冻机, 制冷机, 致冷器, 冰箱, 冷柜, 冷藏室, 冷藏库, 冷藏箱
refrigerant　(1) 致冷剂, 冷冻剂, 制冷剂; (2) 冷却液; (3) 致冷, 冷却, 冷冻
refrigerant agent　制冷剂
refrigerant bottle　制冷剂瓶
refrigerant charge　制冷剂容量
refrigerant cylinder　制冷剂瓶
refrigerant gas　制冷气体
refrigerant heater　制冷剂预热器
refrigerant line　制冷剂管路
refrigerant manufacture　制冷剂生产
refrigerant metering device　制冷剂计量装置
refrigerant system receiver　制冷剂容器
refrigerant temperature　制冷剂温度
refrigerant vapor　制冷剂蒸汽
refrigerate　使冷却, 致冷, 冷藏, 冷冻

refrigerate barge　冷藏驳
refrigerated body　冷藏车体
refrigerated cabinet　冷藏柜
refrigerated cargo carrier　冷藏货物运输船
refrigerated cargo compartment　冷藏货舱
refrigerated cargo hold　冷藏货舱
refrigerated cargo installation class　劳埃德船级社冷藏货制冷设备入级 (证书)
refrigerated cargo liner　定期冷藏货船
refrigerated cargo packing　冷藏货装载
refrigerated cargo pallet carrier　冷藏托盘运输船
refrigerated cargo rate　冷藏货 [运] 费率
refrigerated cargo vessel　冷藏货船
refrigerated carrier　冷藏货运输船, 冷藏船
refrigerated centrifuge　冷冻离心分离机
refrigerated chamber　冷藏舱
refrigerated compartment　冷藏舱
refrigerated container　冷藏集装箱
refrigerated container monitor　冷藏集装箱监控器
refrigerated container ship　冷藏集装箱船
refrigerated fish transport　冷藏运鱼船
refrigerated freighter　冷藏货船
refrigerated goods　冷藏货
refrigerated hatch-over　冷藏舱舱口盖
refrigerated hold　冷藏舱
refrigerated lighter　冷藏驳
refrigerated liquefied gas　冷冻液化气体
refrigerated medium pump　制冷剂泵
refrigerated pallet vessel　冷藏托盘运输船
refrigerated plant for foodstuffs　食品冷藏装置
refrigerated rolling stock　隔热车皮, 冷藏车厢
refrigerated room　冷藏间
refrigerated seawater (=RSW)　冷却海水
refrigerated seawater fish carrier　冷海水 [鱼品] 保鲜运输船
refrigerated ship (=RS)　冷藏 [货] 船
refrigerated shipment　冷藏运输
refrigerated space　冷藏舱位, 冷藏间
refrigerated storage　冷藏库, 冷藏
refrigerated storage house　冷藏仓库
refrigerated storeroom　冷藏库
refrigerated stowage　冷藏库
refrigerated tanker　冷冻油船
refrigerated trailer vessel　冷藏拖车 [运输] 船
refrigerated van　冷藏车
refrigerated vessel　冷藏船
refrigerated warehouse　冷冻冷藏仓库, 冷藏库
refrigerating　致冷, 冷藏, 冷冻
refrigerating agent　制冷剂
refrigerating and cannery ship　冷藏制罐船, 水产加工船
refrigerating apparatus　冷藏设备, 制冷设备, 冷冻设备
refrigerating battery　制冷管组, 冷却管组
refrigerating capacity　(1) 冷却能力, 制冷能力, 制冷量, 产冷量; (2) 冷藏舱容量
refrigerating car　冷藏车
refrigerating cargo boat　冷藏货船
refrigerating carrier　冷藏船
refrigerating chamber　冷藏舱, 冷藏室, 冷库
refrigerating circuit　制冷回路
refrigerating coil　制冷盘管
refrigerating compressor　制冷压缩机
refrigerating condenser　冷藏装置冷凝器, 制冷装置冷凝器
refrigerating condenser pump　制冷装置冷凝器泵
refrigerating cycle　冷冻循环, 制冷循环
refrigerating duty　制冷能力, 制冷量
refrigerating effect　制冷效果, 制冷能力
refrigerating engine　冷冻机, 致冷机
refrigerating engineer　冷藏机员
refrigerating engineering　制冷工程
refrigerating fluid　冷冻液
refrigerating hatch-cover　冷藏舱舱口盖
refrigerating installation　制冷装置, 冷冻装置, 冷藏设备
refrigerating loft　冷库或冷风间阁楼
refrigerating machine　冷藏设备, 冷冻机, 制冷机
refrigerating machine certificate　冷冻机证书

refrigerating machinery　冷冻机械设备，制冷装置，制冷机
refrigerating machinery certificate　（劳埃德船级社）制冷机证书
refrigerating machinery survey　冷冻机械设备检验（合格）
refrigerating machines　制冷机
refrigerating mechanic　冷藏机工
refrigerating medium　制冷剂，冷冻剂
refrigerating officer　冷藏员
refrigerating oil　冷冻机油
refrigerating plant　(1) 冷藏设备，致冷设备，制冷装置，冷冻机 (2) 冷冻厂，制冷厂
refrigerating room　冷藏间
refrigerating system　制冷系统
refrigerating temperature　冷藏温度
refrigerating unit　制冷机组，冷冻机组
refrigeration (=REF) (1) 制冷，致冷，冷藏，冷冻，冷却；(2) 冷藏法；(3) 制冷设备
refrigeration agent　制冷剂
refrigeration compressor　制冷压缩机，致冷压缩机
refrigeration condenser　制冷凝气器
refrigeration cycle　制冷循环
refrigeration duty　热负荷，冷负荷（单位时间内排除或吸收的热量）
refrigeration engineer　制冷工程师，冷藏员
refrigeration equipment　制冷设备
refrigeration insulation　冷藏隔热，冷藏绝缘
refrigeration machine　冷冻机，制冷机
refrigeration machinery　冷冻机械，制冷机械，制冷机，冷冻机，致冷机
refrigeration machinery compartment　制冷装置室
refrigeration mechanic　制冷技师，冷藏员
refrigeration plant　制冷装置，冷冻装置，冷藏设备，冷凝装置
refrigeration serviceman　制冷操作人员，冷藏员
refrigeration system　冷冻系统，制冷系统
refrigeration technical specialist (=RTS)　致冷技术专家
refrigeration technician　制冷技术员
refrigeration test　制冷试验，降温试验
refrigeration ton　制冷吨
refrigeration truck　冷藏车
refrigeration type dehumidifier　制冷式除湿器
refrigeration unit　(1) 制冷机组，冷冻机组；(2) 制冷单位，制冷吨
refrigeration van　冷藏车
refrigerator (=REF)　(1) 冷藏车，冷藏室，冷藏库，冷柜，冰箱；(2) 制冷机械，冷冻机，制冷机，制冷器，致冷机，冷冻器

1166

refrigerator car　冷藏车
refrigerator chamber　冷藏库，冷藏间
refrigerator hold　冷藏舱
refrigerator lining　冷库绝缘壁板，冰箱绝热层
refrigerator mounted barge　冷藏驳船
refrigerator oil　冷冻机油，制冷机油
refrigerator room　冷冻机室
refrigerator ship　冷藏船
refrigerator space　冷藏设备吨位，冷藏货舱
refrigerator temperature　冷冻温度
refrigerator vessel　冷藏船
refrigeratory　(1) 冷却的，致冷的，消热的；(2) 冷却装置，冷冻装置，冷却器，冰箱
refringence　(1) 折射本领，光的折射，折射；(2) 折射率差；(3) 折光率
refringent　(1) 被折射的，屈光的，折光的；(2) 折断了的
REFRRIG (=Refrigerating)　冷藏，冷冻
REFT (=Reflector)　反射器
reftone (=reference tone)　基准音，参考音
refuel　补充燃料储存，加注燃料，装燃料，加燃料，加油，加煤
refueler　(1) 燃料添加工；(2) 汽油加油车
refueling　反应堆换料，加注燃料，加燃油，装燃料，加燃料
refueling at sea station　海上加油站
refueling depot　加燃料站，加油站
refueling flight　空中加油飞行
refueling hose　加油软管
refueling machinery　重装燃料装置，加燃油装置
refueling mission　加油
refueling oiler　加油船
refueling ship　加油船
refueling station　加油站
refueling unit　加注燃料车
refueling vehicle　加燃料船，加油船
refuelling flight　空中加油飞行

refuelling station　加油站
refuge　安全地带，隐蔽处，安全岛，避车台
refund　再付款，退款，付还，偿还，归还
refund of deposits　保证金的退还
refundable　可归还的，可偿还的
refunding (=REF)　归还，偿还
refurbish　(1) 翻新；(2) 重新磨光，重新擦亮；(3) 重新装修，整修
refurbishment　翻新，维修
refusable　可拒绝的
refusal　(1) 不承认，不工作，拒绝，谢绝，(2) 优先权，取舍权，购买权；(3) （桩的）贯入度，止点，(4) （打桩）阻力
refusal increasing factor　（打桩）阻力
refusal of excitation　励磁消失，励磁损耗
refusal of goods　拒绝提货
refusal of pile　桩的抗沉，桩的止点
refusal point　（桩的）抗贯入点，抗沉点，桩止点
refusal to start　不能起动，起动不了
refuse　(1) 废铸件，废物，废品，废料，(2) 渣滓，残渣，渣屑，垃圾；(3) 废弃的，扔掉的，不合格的，无用的，报废的，废料的；(4) 不愿做，拒绝；(5) 重新熔化，再熔化
refuse bin　垃圾站
refuse destructor　垃圾焚化炉
refuse destructor furnace　毁渣炉
refuse disposal　废物处理，垃圾处理
refuse disposal system　垃圾处理装置
refuse disposer　垃圾粉碎机
refuse dump　垃圾堆
refuse lighter　垃圾驳
refuse oil　不合格油，废油
refuse one's consent　不同意
refuse to take delivery　拒付
refuse wood　废木料
refused on delivery　货到拒收
refusion　重新熔化，重熔，再熔
refutable　可驳斥的，可驳倒的
refutal　驳斥，反驳
refutation　驳斥，反驳
refute　驳斥，反驳
refute an argument　驳斥一种论点
refute an opponent　驳倒对方
REFWD (=Reforward)　（电报）转发，重发
REFYT (=Reference Your Telegram)　关于阁下电报
REG (=Region)　范围，区域
REG (=Register)　(1) 记发器，记录器，寄存器；(2) 登记，注册；(3) 船舶登记局
REG (=Registered)　登记的，挂号的
REG (=Regular)　(1) 有规则的；(2) 正规的，正式的
REG (=Regulations)　(1) 调节，调整；(2) 规则，规定；(3) 稳定
REG (=Regulator)　(1) 调整器，调节器；(2) 控制器，稳定器
reg ton　注册吨 (=2.83 米³)
regain　(1) 收回，取回，回收，恢复，收复，复得，增加；(2) 重新占有，回到，返回
regain top speed　回复最高速率
Regal　一类用于橡胶、涂料、塑料工业的油炉碳黑的商品名
regap　重新调整火花塞电极之间的间隙，重新调整火花塞电极之间的距离
regard　(1) 考虑，注意；(2) 重视，关心，尊重；(3) 关于，有关；(4) 问候，致意
regarding　关于，有关
regardless of　不管，不顾，无论
regasification　再汽化，再蒸发
REGD (=Registered)　登记的，注册的，挂号的
Regel metal　瑞格尔锡锑铜轴承合金（锡 83.3%，锑 11%，铜 5.7%）
regelate　重新凝结，再凝，复冰
regelation　重新结冰，再凝，复冰 [现象]
Regelmetal　瑞格尔金属，瑞格尔合金（一种含铜的锡锑轴承合金，83.3%Sn，11%Sb，5.7%Cu）
regenerable　可再生的，可恢复的
regenerant　(1) 再生剂，再生物，回收物；(2) 翻造橡胶，再生橡胶；(3) 交流换热的；(4) 蓄热的
regenerate　(1) 使再生，使恢复，更新，改造；(2) 使回热；(3) 正回授放大，正反馈
regenerate cell　再生电池
regenerate cycle　再生循环

regenerated cell 再生电池
regenerated energy 再生能量
regenerated rubber 翻新橡胶, 再生橡胶, 再生胶
regenerated signal 重现信号, 再生信号, 回授信号
regenerated turboprop engine 再生式涡轮推进发动机
regenerating capacity 再生力
regenerating circuit 再生电路
regenerating column 再生塔, 回收塔
regenerating furnace 交流换热炉, 再生炉
regeneration (1)再生制动, 再加工, 再生, 恢复, 还原, 复活, (2)正反馈; (3)正反馈放大, 回授放大, (4)交流换热, 蓄热, 回热
regeneration counter 再生计数器
regeneration gas 再生气体
regeneration in situ 在原处再生
regeneration period 再生周期
regeneration temperature 交流换热温度
regeneration water 入渗水, 渗流
regeneration zone 再生区域, 再生层
regenerative (1)再生的, 更新的, 恢复的; (2)交流换热的, 回热式的, 蓄热的; (3)[正]反馈的, 回授的
regenerative action 再生作用
regenerative air heater 再生式空气加热器, 再生式热风炉
regenerative air preheater 回热式空气预热器
regenerative amplification 再生放大
regenerative amplifier (1)再生放大器, 正反馈放大器; (2)再生放大
regenerative apparatus 再生装置
regenerative brake 再生制动器
regenerative brake cutoff switch 再生制动器切断开关
regenerative braking 再生制动, 反馈制动
regenerative cell 再生电池
regenerative chamber (1)蓄热室; (2)再生内胎
regenerative circuit 再生电路
regenerative clipper 再生限幅器
regenerative coil 再生线圈
regenerative condenser 回热式冷凝器
regenerative connection 正反馈连接, 再生连接
regenerative control 再生控制
regenerative counter 再生计数器
regenerative cycle 再生式热交换循环, 回热循环
regenerative cycle gas turbine 回热循环燃气轮机
regenerative detection 再生检波
regenerative detector 再生检波器
regenerative engine 再生式发动机
regenerative feed system 回热给水系统
regenerative feedback 再生反馈, 正反馈
regenerative feedwater heater 回热给水加热器
regenerative flue 蓄热烟道
regenerative frequency 再生频率
regenerative fuel cell 再生燃料式电池
regenerative furnace 交流换热炉, 回热炉
regenerative gas turbine 回热式燃气轮机
regenerative heat exchanger 回热式热交换器, 回热式换热器, 再生式换热器
regenerative heating 回热加热
regenerative impediment 再生干扰
regenerative loop 正回授电路, 反馈电路, 再生电路
regenerative memory 再生存储器
regenerative operating amplifier 再生式运算放大器, 回授式运算放大器
regenerative power substation 功率再生变电站
regenerative pump 再生泵, 旋涡泵
regenerative receiver 再生[式]接收机
regenerative reheater 回热式再热器
regenerative repeater 再生增音机, 再生中继器
regenerative steam turbine 回热式汽轮机
regenerative steam turbine plant 回热式汽轮机装置
regenerative system 交流换热法, 回热制
regenerative track 再生磁道
regenerative turbine 回热式涡轮机, 回热式透平
regenerative turboprop engine (=RTE) 再生式涡轮螺桨发动机
regenerative type absorbent 再生式吸收剂
regenerator (1)再生器, 还原器; (2)交流换热器; (3)蓄热室; (4)回热炉, 回热器, 回热体; (5)平衡器
regenerator chamber 蓄热室

regenerator effectiveness 回热度
regenerator kiln 交流换热炉, 再生炉
regenesis 再生, 更新
regime (1)工况, 状态, 状况, 情况; (2)方式, 方法; (3)体制, 系统, 制度, 机制; (4)领域, 范围; (5)规范
regime for compensation 赔偿制度
regime of flow 水流状况, 流态
regime of liability 赔偿责任制度, 责任制度
regime of runoff 径流状况
regime of strait passage (=RSP) 海峡通航制度
regiment (1)大群, 团; (2)编制, 组织; (3)统一管理
regimentation (1)编制; (2)统一管理
region (1)区域, 地区, 地带, 区, 域; (2)范围, 领域; (3)部位, 区间, 间隔
region enclosed by a curve 曲线所包围的域
region of acceptance 肯定区
region of convergence 收敛区[域]
region of disturbance 干扰范围, 干扰区
region of mesh 啮合区
region of no pressure 无压区
region of non-operation 不动作范围
region of operation 动作范围, 运行区[域]
region of rationality 有理区域, 有理数域
region of stable values 稳定值区
region of transmission 透射区
region of war 战区
regional (1)地方性的, 地区的, 区域的, 局部的; (2)整个地区的, 全地区的
regional air navigation plan 区域航空计划
regional broadcast 区域性广播
regional center 区域电话中心局
regional centre for technology transfer (=RCTT) 区域技术转让中心
regional channel (1)地方航道; (2)区域波道, 区域通道
regional coding 局部编码
regional communication office 地区通信处
regional development 地区开发
regional distribution center 区域物流中心
regional electronic chart coordinating center 区域电子海图协调中心
regional gap 地区差价
regional influence 地区影响
regional metamorphism 局部变质作用
regional planning 区域规划
regional standard 区域标准
regional station 地方无线电电台
regional towing (=RT) 分区牵引
regional warehouse 区域仓库
regionalisation 区域化
regionality 区域性
regionalize 划分地区, 按地区安排
register (1)对齐, 对正, 对准, 套齐, 定位; (2)配准, 重合; (3)显示, 记录; (4)通风装置, 节气门; (5)自动记录器, 记录器, 自记器, 计数器, 计量器; (6)移位寄存器, 寄存器; (7)记发器; (8)计量装置; (9)登记项目, 登记, 注册, 挂号; (10)登记证, 登记簿, 注册簿, 船名录, 名册; (11)船舶登记局
register as 表现为, 显示出
register book (1)船舶登记簿; (2)船舶登记证书
register button 计数[器]按钮, 记录按钮
register calipers 指示卡规, 指示卡钳
register capacity 寄存器容量
register depth (船)登记深度
register for goods delivered 交货登记簿
register glass 成像平面玻璃片
register image 寄存器图像
register indexed address 寄存器索引地址
register lamp 记录器指示灯
register length 寄存器可容符号数, 寄存器容量
register lock-up 套准定位装置
register mark (1)十字规矩线; (2)登记标志
register notation 注册符号, 登记符号
register number 登记号
register of shipping 船舶登记局, 船舶检验局, 船级社
register of Shipping of the USSR 或 the USSR Ship Classification Society (=RS) 前苏联船级社
register of ships (=RS) 船舶录

1167

register office 注册处
register on a rail 把……交铁路托运
register pen 记录笔
register pilot lamp 记录器领示灯, 计数器信号灯
register pin 定位销
register pointer 寄存器指示字
register ratio 啮合传动比, 机械传动比, 齿轮比, 速度比
register reading 寄存器读数, 计数器读数
register rollers 套准调节辊
register rotation 寄存器的循环移位
register save area 寄存器内容保存区
register ton 注册吨位, 登记吨
register tonnage 登记吨位
register transfer language 寄存器传送语言
register translator 寄存翻译器
registered 登记的, 挂号的
registered air plane 登记的飞机
registered beacon 登记的信标
registered brand 注册商标
registered breadth 登记的宽度
registered capital 登记资本额, 注册资金
registered depth 登记深度
registered dimensions 登记尺度
registered fee 登记费, 挂号费
registered fleet 注册船队, 入级船队
registered gross tonnage 登记总吨位
registered horsepower 登记马力, 公称马力
registered information provider 注册信息提供当局
registered invention 注册过的新发明
registered length (1) (船舶) 登记长度; (2) 寄存器中存储的数位数
registered letter 挂号信
registered mail 挂号信
registered net tonnage (船舶) 登记净吨位
registered number 注册编号, 登记号
registered office 船舶登记处
registered owner 登记船舶所有人
registered postal packet (=RPP) 挂号邮包
registered provider 登记的提供者
registered service provider 登记的业务提供者
registered ship 已登记船舶
registered telegraph address (=RTA) 电报挂号
registered ton (=RT) (船舶) 登记吨
registered tonnage (=RT) (船舶) 登记吨位, 注册吨位
registered trade mark (=RTM) 注册商标
registered trademark 注册商标
registered tube 配准的显像管
registered user (=RU) 注册用户
registered water stage 记录水位, 标示水位
registered weight 登记重量
registering (1) 记录; (2) 配准
registering apparatus 自动记录器, 记录仪器, 记录装置, 计数器, 寄存器
registering balloon 探测气球
registering chronometer 记录记时仪
registering instrument 记录仪器, 自记器
registering surface (齿轮) 对准面, 调正面
registering thermometer 自记温度计
registering wheel work 齿轮计数装置
registrable (1) 可登记的, 可注册的, 可挂号的; (2) 可对齐的, 可套准的
registrant (1) 登记员, 注册员; (2) 被注册者, 被登记者
registrar 登记局, 记录员, 登记员, 注册员
registrar general of shipping (英) 船舶登记总局
registrar general shipping and seamen 船舶及海员登记总局
registration (1) 登记, 记录, 绘制; (2) (计数器) 读数, 示值; (3) 配准, 对准, 套准, 重合, 对齐, 对正, 定位; (4) 登记证, 注册证
registration authority 登记当局
registration fee 登记费, 挂号费
registration mark 记录标记
registration method 登记法
registration number 登记号码
registration of ownership of ship 船舶所有权登记
registration of ship 船舶登记
registration of ship mortgage (=RSM) 船舶抵押权登记

1168

registration of transfer of ownership of ship (=RTOS) 船舶所有权转移登记
registration society 船级社
registration system 登记系统
Registro Italiano (=RI) 意大利船级社
registrogram 记录图
registry (1) 记录, 登记; (2) 配准电视图像; (3) 登记处, 注册处; (4) (船舶) 登记证, 国籍
registry agency 船舶登记局, 验船机构, 船级社
registry anew 重新登记
registry form 登记表
registry of ship 船舶登记
registry of the ship for demolition (=RSD) 废钢船登记
REGNO (=Registered Number) 注册编号, 登记号
regnant 占优势的, 支配的, 流行的
regradation (1) 倒退, 后退, 衰退; (2) 复原作用, 更新
regrade (1) 再分类; (2) 重整坡度, 改变坡度
regrading (1) 再分类; (2) 重整坡度
regrate (1) 重轧; (2) 重磨, 重擦
regress (1) 复归, 回归; (2) 逆行, 退行, 退回; (3) 衰微, 衰退, 衰减, 退化, 倒退, 后退, 退步
regressand 回归方程中的从属变量
regression (1) 复归, 回归, 回应, 回算; (2) 退化, 倒退, 退行, 退步, 衰退
regression analysis 回归分析
regression coefficient 回归系数, 归算系数
regression curve 回归曲线, 归算曲线
regression equation 回归方程式, 归算方程式
regression line 归算直线, 回归线
regressive (1) 退化的, 倒退的; (2) 递减的, 反推的, 归算的
regressive coefficient 回归系数
regressive definition 回归定义
regressive derivative 右导数, 右微商
regressive interpolation 回归插值 [法]
regressor 回归方程中的自变量
regret 致歉
regretfully yours 向你表示歉意的
regrind 重新刃磨, 重新研磨, 再次研磨, 重磨削, 再磨, 重磨, 磨配
regrind bit 重磨钻头
regrinding (1) 再次研磨, 再磨削, 重磨; (2) 二次粉碎物料, 粉碎物料, 回收物料
regrinding cutter 重磨刀具
regroover (1) 重新挖槽的工具, 开槽器, 压槽器; (2) 恢复胎面花纹设备, 再次刻纹机
regrooving 恢复胎面花纹, 再次刻纹
reground 重新研磨的, 重磨的, 再磨的
reground cotton 再轧棉
regroup 重新组合
regroupage (1) 重新分组, 重新化合, 重新聚合; (2) 重新编制, 重新聚集
REGT (=Registered Tonnage) 登记吨位, 注册吨位
REGTM (=Registered Trademark) 注册商标
REGTN (=Registered Ton) 登记吨, 注册吨
regular (1) 有规律的, 规则的; (2) 习惯性的, 正常的, 标准的, 通用的, 经常的, 定期的, 固定的, 不变的, 正规的, 常规的; (3) {数} 正则的, 等边的, 等角的, 等面的, 对称的, 全纯的, 全形的; (4) 普通的, 习惯的, 常例的; (5) 合乎法规的, 合格的, 正式的; (6) 有系统的, 整齐的, 彻底的; (7) 规则地, 经常地, 非常, 十分
regular abrasive 标准磨料
regular aid 定期辅助
regular air service 定期班机
regular arc 正规弧
regular army (=RA) 正规军, 常备军
regular boat 定期船
regular cement 普通水泥
regular chain (1) 正则链; (2) 直营连锁店
regular check 定期检查
regular checking 定期检查
regular connector 通用连接器
regular contour 规则轮廓
regular convention formula 习用配方, 普通配方
regular crystal 正方晶
regular discharge 正常放电
regular element (1) 正常的因数; (2) 正则元素
regular endorsement 正式背书

regular engine oil　正规的车用机油
regular equipment　常规装备,常规设备
regular expression　{数}正则表达式
regular falsi method　试位法
regular foam　普通泡沫
regular freight　正常运费
regular function　{数}正则函数,解析函数,正常函数
regular furnace run　炉子正常运行,熔炼过程正常,炉况正常
regular hexahedron　正六面体
regular inspection　定期检查
regular lay　(钢丝绳)普通扭绞,普通捻,交绕,正捻
regular lay rope　正搓绳,右搓绳
regular lightship　正规灯船
regular line　正常航线,定期航线
regular liner　正常班轮,定期班轮
regular lot　经常批量
regular maintenance　定期维护,定期维修
regular mapping　正则映射
regular meeting　例会
regular operator　正则算子
regular overhauling　定期检修,定期大修,彻底检修
regular pig　普通生铁
regular pitch chain　标准节距链
regular pitch roller chain　标准节距套筒滚子链
regular polygon　正多边形
regular polyhedral angle　正多面角
regular polyhedral group　正多面体
regular polyhedron　正多面体
regular practice　习惯做法
regular pyramid　正棱锥
regular reflection　单向反射,镜面反射,规则反射,正常反射
regular reinforcement　普通钢筋
regular repair　定期修理
regular report　定期报告
regular route　固定路线
regular route carrier　固定路线运送管
regular screw threads　普通螺纹
regular selector　普通选择器,通用选择器
regular service condition　正常使用条件,正常工作条件
regular shackle　正装卸扣
regular shackle block　带卸扣滑块,带钩环滑车
regular ship (=RS)　定期船,班轮,班船
regular sine wave　正弦波
regular size　正规尺寸,标准尺寸
regular sleeper　普通轨枕
regular soft center steel　正常软心钢
regular speed　正常速度,巡航速度
regular surface ga(u)ge　普通平面规,普通划线盘
regular system　等轴晶系
regular thumb screw　对称翼形螺钉
regular tie　普通软轨
regular tool grinding machine　标准工具磨床
regular translation　正则翻译,正则变换
regular turning tool　普通车刀
regular type cork screw　普通瓶塞开启器
regular voyage　定期航线
regular wave　规则波
regular work　正常工作,常规工作
regularity　(1)规律性,规则性,一致性;(2)有规则,正规,整齐[度],均匀;(3)正常,经常,定期
regularize　(1)使有规则化,使合法化,正规化,正则化;(2)调整,整理
regularly　(1)使规律化,使组织化,有规则地,有规律地,整齐地;(2)正式地,经常地,定期地
regularly hyperbolic operator　正则双曲算子
regulate　(1)调整,调,调节;校准,调准,对准,校正;(3)控制,管理,限制;(4)使整齐,使有条理
regulate the heat　调节热量
regulate the speed　调整速度
regulated discharge　调节流量
regulated flow　调节流量,调节径流
regulated motion　有序运动
regulated power supply (=RPS)　稳电流源,稳压电源
regulated rectifier　稳压整流器

regulated speed motor　调速马达,调速电机
regulated take off weight (=RTOW)　额定起飞重量
regulated voltage　稳定电压,已调整电压
regulating　调整,调节,调准,控制,校正
regulating amplifier　调节放大器
regulating apparatus　调整装置,调节器
regulating block　调节装置
regulating brake　调节制动器
regulating cell　调节电池
regulating characteristic　调节特性曲线
regulating circuit　自动调整电路,调节电路
regulating cock　调节旋塞
regulating contact　调节触点
regulating course　整平层
regulating effect　调节作用
regulating error　调节误差
regulating exciter　调节励磁机
regulating flap valve　调节瓣阀
regulating frequency　调节频率
regulating gate　节制闸门
regulating gear　调节齿轮
regulating handle　调整手柄,调节手柄
regulating impulse　调节脉冲
regulating knob　调整旋钮,调整捏手
regulating lever　调整手柄,调整杆,调节杆
regulating lever for pump stroke　喷油泵行程调整杆
regulating link　调整联杆
regulating linkage　调节联动装置
regulating load　调节负载
regulating lock　节制闸
regulating loop　调节回路
regulating magnet　调节电磁铁
regulating mechanism　调节机构,调整机构,调整装置
regulating mechanism of buoyancy　浮力调节机构
regulating motor　调节电动机
regulating nut　调整螺母
regulating pilot　调整装置
regulating piston　调节活塞
regulating range　调节范围
regulating ratio　调节比
regulating relay　调节继电器
regulating resistance　调节电阻
regulating resistor　调节电阻器,调压电阻器
regulating rheostat　调节变阻器
regulating ring　调整环
regulating rod　[微]调整杆
regulating rod control loop　调节棒操作回路
regulating screw　调整螺钉,调节螺钉,调整螺丝
regulating set　调节机组
regulating shaft　调节轴
regulating sleeve　调节套筒
regulating speed motor　调速电动机
regulating spindle　导轮主轴
regulating spring　调节弹簧
regulating stage　调节级
regulating starting rheostat　起动调节变阻器
regulating switch　调节开关
regulating system　调节系统,控制系统
regulating tank　调节水箱
regulating transformer　调谐变压器,调节变压器
regulating unit　调节机构,调节部件
regulating valve　调节阀,控制阀
regulating valve stem　调节阀杆
regulating voltage　调节电压
regulating wheel　(1)调节轮;(2)(无心磨床的)导轴调节轮,调整轮,导轮
regulating wheel dresser　导轮修整器
regulating wheel head　导轮架
regulating wheel spindle head　导轮轴架
regulating winding　调整绕组,调整线圈
regulation　(1)调整,调节,调准,校准,对准,整平,整形,稳定;(2)管理,管制,限制,控制,节制;(3)(复)规则,规定,规程,法则,条例,细则,规章,章程;(4)技术条件,技术规范;(5)调整率;(6)规定的,正式的,正规的,正常的,普通的

regulation band 调节范围,调节带
regulation curve 调整曲线
regulation factor 稳压系数,调整系数,调整因数,调整率
regulation for classification (船舶)入级规则
regulation for examination and maintenance 检查保养条例
regulation for operation and maintenance 使用保养条例
regulation for prevention of pollution by garbage from ships (=RPPGS) 防止船舶垃圾污染规则
regulation for prevention of pollution by sewage from ships (=RPPSS) 防止船舶生活污水污染规则
regulation for survey of ships under construction 船舶建造检验规程
regulation for technical operations 技术操作规程
regulation gear for lubrication 润滑调整机构
regulation governing foreign vessels 外轮管理规则
regulation in force 现行规则
regulation in steps 分级调整
regulation light 规定号灯(船上根据国际海上避碰规则设置的号灯)
regulation meter 稳定度测量仪,控制仪表,调节仪表
regulation number 条款号
regulation of affairs 事务管理
regulation of inspection 验收规则
regulation of international shipping 国际航运管制
regulation of level 水位调节
regulation of motor 电动机调整
regulation of navigation 航行规章
regulation of output 输出调整
regulation of voltage 电压调整
regulation of voltage phase 电压相位调整
regulation platform 标准台
regulation range 调节范围
regulation-resistance 调节电阻,电位器,分压器,变阻器
regulation resistance 调节电阻,电位器,分压器,变阻器
regulation rod 调节杆
regulation system 调节系统
regulation valve 调节阀
regulation voltage 调节电压
regulation waste (水)调节损失
regulation whistle 规定汽笛(根据国际避碰规则设置)
regulations for piloting in harbor(=RPH) 海港引航工作条例
regulations for prohibiting draining bilge water, US(=RPDBWUS) 美国船舶污水禁排条例
regulations for radiological protection (=RRP) 放射性防护规定
regulations for survey of purge of flammable vapors on ships (=RSPFVS) 船舶清除可燃气体检验规则
regulations for survey of ships under construction (=RSSC) 船舶建造检验规程
regulations for surveys of seagoing ship in service (=RSSGSIS) 海上营运船舶检验规程
regulations for the supervision and survey of ships and marine products (=RSSSMP) 船舶和船用产品监督检验条例
regulations of transport and communication on sanitation and quarantine (=RTCOSQ) 交通卫生防疫工作条例
regulative 调整的,调节的,管理的
regulator (1)自动调整装置,自动调节装置,调整器,调节器,调准器,调速器,稳定器,稳压器,减压器,控制器,节制器;(2)稳定剂,调节剂,调整剂;(3)调整者,调整工,整理者,校正者;(4)调节子;(5)膨胀阀,调节闸;(6)标准计时仪,标准钟,校准器,调准器
regulator body 管理机构
regulator by ferro-resonance 磁铁谐振式调压器
regulator corrector stud 快慢针调整器桩
regulator curve 负载特性曲线,电压调整曲线
regulator drive 调速传动
regulator generator 调节发电机
regulator lock light 节制闸灯
regulator of water deep condition 水深状态调整仪
regulator pin 调节器销,游丝内夹,快慢针
regulator resistor 调节电阻器
regulator site 调节部位
regulator spindle 变速器轴
regulator subunit 调节亚单位
regulator tube 稳压管,稳流管
regulator valve 调节阀,控制阀
regulator weight 调速器飞重
regulatory (1)受规章限制的,制定规章的,管理的;(2)调整的,调

节的
regulatory agency 管制机构
regulatory product 管制物资(如危险品等)
regulex (1)磁饱和放大器(商名);(2)电机调整器
regulus (复reguluses 或 reguli) (1)金属渣,金属块,不纯金属,熔块,锍;(2)硫化复盐;(3)锑铅合金,锑块;(4){数}二次线列
regulus antimony 金属锑,锑块
regulus metal 铅锑合金
regulus mirror 镜锑,锑镜
regulus of antimony 锑块
regulus of lines {数}二次线列
regunning (1)再射击;(2)多次喷浆;(3)再喷射
rehabilitate (1)改建,重建,修理,改善,更新;(2)恢复
rehabilitation (1)改建,重建,修理,改进;(2)恢复
rehalation 再[呼]吸
rehandle (1)重新处理,再处理,再加工;(2)二次搬运,再搬运,再装卸;(3)重新整顿,改造,回修;(4)改铸,重铸
rehandle facilities 转载设备
rehandling 重复劳动,返工
reharden 再硬化
rehardened streak (磨削过程产生的)再度硬化条纹
reheader 二次成形凸缘件镦锻机
reheat (1)重新加热,二次加热,中间过热,再加热,再热,重热;(2)加力燃烧室,后燃室,复燃室
reheat boiler 再热锅炉
reheat chamber 再热室
reheat combustion chamber 再热燃烧室
reheat control valve 再热调节阀,中压调节阀
reheat cycle 再热循环
reheat cycle gas turbine 再热循环燃气轮机
reheat emergency valve 再热汽门,中压汽门
reheat factor 再热系数
reheat in stage 级间再热
reheat interceptor valve 再热截流阀,中压调节阀
reheat regenerative cycle 再热回热式循环
reheat stage 再热级
reheat steam turbine 中间再热式汽轮机
reheat steam turbine plant 中间再热式汽轮机装置
reheat stop interceptor valve 再热联合汽门,中压联合汽门
reheat stop valve 回热停止阀,再热汽门
reheat turbine 中间再热式汽轮机
reheat-type 中间再热式的
reheater (1)再热锅炉,中间再热器,中间过热器,灯丝加热器,再热器,回热器,加热器,预热器,再热炉,重热炉;(2)重新加热工
reheater engine 中间再热式发动机
reheater regenerative plant 再热回热式装置
reheating 再热,重热
reheating bath 再热熔池,再热槽
reheating cycle 再热循环,重热循环
reheating furnace 再热锅炉,重热锅炉,再热炉,加热炉
reheating stage 再热级
reheating turbine 中间再热式汽轮机,重热式汽轮机
rehydration 再水化
rehydration fluid recipe 补充液体配方
REI (=Range-elevation Indicator) 距离-仰角指示器
Reich's bronze 一种铝青铜(铜85.2%,铁7.5%,铝7%,铅0.2%,锰0.6%)
Reid vapor pressure 雷德蒸汽压
reify 使具体化
reignite (1)从新燃烧,二次点燃,反点火,逆弧;(2)二次起动;(3)(二次放电,补充放电,后放电);(4)二次电离
reignition (1)逆弧;(2)二次点燃
reignition of arc 再起弧
reignition voltage 再引弧电压
reimbursable service 可收回费用的事务,可收回的事务费
reimburse 偿付,赔偿,补偿
reimbursement 偿付,赔偿,偿还,补偿
reimbursement of cost 费用偿还
reimbursible 可偿还的,可付还的,可赔偿的,可补偿的
reimport 再输入,再进口
reimportation 再输入,再进口
rein (1)手柄,把手,摇把;(2)控制,箝制,支配
reincorporation 重掺入
reindex 改变符号,变换符号,符号更换

Reinecker bevel gear　雷纳克锥齿轮
Reinecker bevel gear shaper　雷纳克锥齿轮刨齿机
reinflation　补气
reinforce　(1) 提高刚度, 加强, 加劲, 加固, 强化; (2) 增强, 支援; (3) (混凝土) 配筋, 加筋; (4) 加固物
reinforce concrete tie　钢筋混凝土轨枕
reinforce strip　钢圈外包布, 补强胶条
reinforced　(1) 加强的, 增强的, 强化的, 加固的; (2) 加筋的
reinforced bar　(螺纹) 钢筋
reinforced brick masonry　加筋砖砌体
reinforced brickwork　加筋砖砌体
reinforced butt weld　补强对接焊缝
reinforced concrete (=RC)　钢筋混凝土
reinforced concrete caisson　钢筋混凝土沉箱
reinforced concrete facing　钢筋混凝土护面层
reinforced concrete frame　钢筋混凝土构架
reinforced concrete mattress　钢筋混凝土垫层
reinforced concrete pile　钢筋混凝土桩
reinforced concrete pipe (=RCP)　混凝土管
reinforced concrete sheet pile　钢筋混凝土板桩
reinforced concrete sleeper　钢筋混凝土轨枕
reinforced concrete structure　钢筋混凝土结构
reinforced concrete vessel　(钢筋或钢丝网) 水泥船
reinforced cord　坚韧软线
reinforced earth　(用镀锌铁片条等加强的) 加筋土
reinforced four piece clamshell bucket　四瓣加重抓斗
reinforced glass　钢化玻璃
reinforced grillage　钢筋网
reinforced hatchway side coamming　加强舱口侧围板
reinforced insulation　加强绝缘, 强化绝缘
reinforced joint　加强接合, 加筋接合, 补强接合, 加筋接缝
reinforced keel block　加强龙骨墩
reinforced plastics　增强塑料, 强化塑料
reinforced pole　加固标
reinforced rib　(机械部件的) 加强筋
reinforced seam　加强接缝
reinforced shoulder　(1) 加强轴肩; (2) 加强挡边
reinforced steel bar round　混凝土圆钢筋
reinforced stock　加固橡胶
reinforced thermosetting resin　增强热固树脂
reinforced tyre　加强外胎
reinforced weld　加强焊缝
reinforced wheel　加筋砂轮, 补强砂轮
reinforcement　(1) 增强, 加强, 加固; (2) 加强材, 加强件, 加强筋, 钢筋, 构架; (3) 加强物
reinforcement bar　钢筋 [条]
reinforcement concrete　钢筋混凝土
reinforcement density　配筋密度
reinforcement filler　加强填料
reinforcement layup　加强敷层
reinforcement mat　钢筋网
reinforcement method　{ 数 } 增量法
reinforcement of weld　焊接加强
reinforcement plate　(1) 加劲板, 加固板; (2) 加强板
reinforcement rib　加劲肋条
reinforcement ring　加强环
reinforcer　(1) 活性填料, 增强剂, 强化剂; (2) 增强材料, 加强件, 加固件, 加固物
reinforcing　加强, 加固
reinforcing agent　增强剂
reinforcing bar　钢筋
reinforcing cage　钢筋笼
reinforcing fabric　钢筋网
reinforcing filler　(橡胶等的) 增强填充料
reinforcing layer　加固层
reinforcing mat　增强垫
reinforcing member　加强件
reinforcing mesh　钢筋网
reinforcing plate　加强板, 加固板
reinforcing post　加固支柱, 辅助支柱
reinforcing rib　防挠肋, 加筋肋, 加强肋
reinforcing ring　加强环
reinforcing rod　粗钢筋
reinforcing steel　(1) 钢筋; (2) 增强钢

reinforcing steel area　钢筋截面积
reinforcing steel plate　加劲钢板, 加固钢板
reinforcing wire　加劲钢丝, 加劲钢弦
reinfusion　再输入, 再注入
REINIT (=Reinitialization)　重新初始化
reinitialization　重新初始化
reinjection　再注入, 再喷入
REINS (=Radar-equipped Inertial Navigation System)　装有雷达的惯性导航系统
reins　震击器构件
reinsert　重新插入, 重新引入
reinserted subcarrier　重新插入的副载波, 还原副载波
reinserter　直流复位器
reinsertion　(1) 重新插入, 重新嵌入; (2) 重新装设; (3) 恢复
reinspection　复查, 复验, 再检验
reinstallation　重新安装
reinstate　恢复, 复原, 修复
reinstatement　回复原状, 恢复原状, 恢复, 复原, 修复
reinsurance　转保险, 再保险, 分保
reinsurance agreement　再保险协定
reinsurance clause　再保险条款
reinsurance commission　分保手续费
reinsurance covering excess losses　超额赔偿再保险
reinsurance office　再保事务所, 分保事务所
reinsurance premium (=RP)　分保费
reinsure　重新保险
reinsurer　再保险人
reinsurer , reassurer (=RR)　再保险人
reintegration　重新结合
reinvestigation　重新调查, 重新研究
reiropack　制动火箭系统
reirradiation　重复照射, 再辐射, 再照射
Reishance type gear grinding machine　蜗轮砂轮磨齿机
reissue　重新发行, 再版
reiterate　重申
reiteration　(1) 重复; (2) 复测法
reiterative　反复的
reiterative method　反复逼近法
reiterative training　重复训练
REJ (=Right of exclusive Jurisdiction)　专属管辖权
reject　(1) 不合格品, 等外品, 废品, 次品; (2) 下脚料, 废弃物; (3) 报废, 排斥, 排除, 抛弃, 舍弃; (4) 抑制, 干扰, 阻碍, 障碍, 衰减; (5) 拒收, 拒绝, 剔除, 除去, 驳回, 否认, 抵制
reject a round　从发射架拆下不合格火箭
reject bin　筛余粗料箱, 废品箱, 废料仓
reject chute　筛余粗料槽, 废弃物槽, 废料槽
reject gas　废气
reject piler　废品堆积器, 废品堆积机
reject pocket　{ 计 } 废弃卡片袋
reject rate　废品率
reject valve　排出阀, 排渣阀
rejected cargo　拒收货件
rejected check　拒付支票
rejected goods　拒绝的货物
rejected heat　排出的热, 释放热
rejected inventory　退货
rejected lot　拒收批
rejected material　不合格材料, 废弃材料, 筛余材料, 废料, 废品
rejected product　不合格产品, 废品, 次品
rejecting　(1) 阻碍, 阻止, 截止, 闭塞, 闭锁, 抑制; (2) 干扰, 障碍, 衰减; (3) 废弃, 排除, 报废, (4) 拒收, 拒绝, 驳回; (5) 排泄, 排斥, 抛弃, 舍弃; (6) 排泄物
rejection　(1) 阻碍, 阻止, 截止, 闭塞, 闭锁, 抑制; (2) 干扰, 障碍, 衰减; (3) 废弃, 排除, 报废; (4) 拒收, 拒绝, 驳回; (5) 排泄, 排斥, 抛弃, 舍弃; (6) 排泄物
rejection amplifier　干扰放大器, 带阻放大器, 带除放大器
rejection and waste　返工浪费
rejection capability　排除能力, 抑制性
rejection capacity　抑制性
rejection filter　拒波滤波器, 带阻滤波器, 带除滤波器
rejection gate　{ 计 } "或非" 门, 禁门
rejection image　排除图像, 衰落图像, 抑制图像
rejection iris　抑制窗孔
rejection notice (=RN)　拒绝通知

rejection of car 汽车报废
rejection of goods 拒绝收货
rejection of heat 散热
rejection of load 甩负荷
rejection of previously accepted material 先前验收材料的拒收
rejection ratio 减弱系数
rejection region 否定区域,拒斥区域
rejection risk (=RR) 拒收险
rejection technique 舍选法
rejector (1)抑制;(2)带阻滤波器,带除滤波器,阻抗陷波器,除波器,拒波器,抑制器,拒收器;(3)混音分离器;(4)掺杂物排除器,掺杂物分离器,反射器
rejector-acceptor circuit 拒斥 - 接收电路,拒 - 迎电路
rejector acceptor circuit 拒斥 - 接受电路
rejector circuit 带除滤波器电路,带除滤波器电路,拒收电路,除波电路
rejects 等外品,下脚料
rejects trap (1)抑制陷波器;(2)遗弃物收集器
rejig 重新装备
rejigger 重新安排,更改
rejoin (1)使再结合,使再聚合,再接合;(2)重新联结,重新联接,重新拼接;(3)再加入,重聚;(4)回答,答辩
rejoint 再填缝,重接
rejuvenate (1)更新;(2)翻修
rejuvenation (1)恢复过程;(2)(粘胶)嫩化;(3)更新;(4)翻修
rejuvenator (电子管等)复活器,再生器
rekindle 重新点燃,重新燃烧
REL (=Rapidly Extensible Language) 可快速扩充语言
REL (=Rate of Energy Loss) 能量损耗率
REL (=Relative) (1)相对的,相关的,比较的;(2)成比例的,有关系的
REL (=Relative to) 与……有关,关于
REL (=Relay) (1)继电器,继动器,替续器;(2)中继,转播
REL (=Rescue Equipment Locker) 救助设备柜
rel 勒尔(磁阻单位,等于磁动势为1安匝,磁通为1麦克斯韦尔时的磁阻)
RELACS (=Radar Emission Location Attack Control System) 雷达定位与跟踪系统
relaid 重新铺
relanex 一种环氧树脂
relapse 重发,倒退,复吸
relate (1)使发生关系,说明关系,使联系,叙述,论及;(2)联系,涉及
relate to 涉及,论及,有关
relate with 符合
1172
related (1)有联系的,有关的,相关的,同类的,相近的;(2)叙述的,讲述的
related angle 相关角
related functions 相关函数
related part 相关零件,配合件
related perceived color 相关感色
related to 与……有关,相关
relating to 关于,有关
relation (1)比例关系,关系曲线,关系式,方程式;(2)关系,联系
relation coefficient 相关系数
relation curve 相关曲线,关系曲线
relation of agency 代理关系
relation of equivalence 等价关系
relation pertaining to ship 船舶关系
relational 有比例关系的,关系曲线的,关系式的,关系的
relational algebra 关系代数
relational data file 有关数据文件
relational expression 关系式,相关式,比例式
relational operator 关系操作算子,关系算子
relational symbol 关系符号
relations given 给出的关系式
relationship (1)关系,联系;(2)媒质;(3){数}数学关系式,关系式;(4)关系曲线,特性曲线;(5){核}衰变系列关系
relationship between the tool angles 刀具角度间关系
relationship between the working angles (刀具)工作角度间关系
relativation 相对化
relative (1)相对的,相应的,相关的,关联的,有关[系]的,有联系的;(2)成比例的,比较的
relative acceleration 相对加速度
relative accuracy 相对准确度,相对精度
relative air density 相对空气密度
relative air humidity 相对空气湿度
relative angular displacement 相对角位移

relative angular speed 相对角速度
relative atomic weight 相对原子量
relative axial translation 相对轴向移动
relative azimuth 相对方位
relative bearing 相对方位,航向角,舷角
relative bearing of current 水流舷角
relative bearing transmitter 舷角传感器
relative blade temperature 叶片相对温度
relative blowing rate 单位炉膛面积鼓风量,鼓风强度,相对风量
relative bow emergence (船)首相对出水量
relative bow motion (船)首相对运动
relative brightness 相对亮度
relative clearance of plain bearing 滑动轴承相对间隙
relative code 相对程序码,相对代码
relative coding 相对编码
relative colors 相关色,亲缘色
relative compaction 相对密实度
relative compressibility 相制压缩度
relative consistancy 相对稠度
relative contrast 百分对比度,相对对比率
relative course 相对航向
relative course up (雷达显示)相对航向向上
relative dead zone (雷达)相对死区,相对非灵敏区
relative deformation 相对变形
relative density 相对密度
relative depth 相对水深,相对深度
relative direction 相对方向,舷角
relative discharge 相对排放量,相对流量
relative displacement (1)相对变位;(2)相对位移
relative distance 相对距离
relative divergence of parameter 参数相对误差
relative eccentricity 相对偏心率
relative eddy 相对旋涡,相对涡流
relative efficiency 相对效率
relative elevation 相对高程,相对标高
relative elongation 相对伸长
relative equivalent 相对当量
relative erosion 相对侵蚀
relative error 相对误差,比较误差
relative failure frequency 相对故障频率
relative field drop 电场下降率
relative flow 相对流动
relative frequency 相对频率
relative headup (雷达显示)相对首向上
relative hearing 相对听觉,相对听力
relative height 相对高度
relative humidity 相对湿度
relative humidity indicator (=RHI) 相对湿度指示器
relative humidity meter (RHM) 相对湿度计
relative inclination 相对倾角
relative inclinometer 相对倾斜仪
relative index (1)相关索引;(2)相对指标
relative instantaneous center 相对瞬心
relative intensity 相对强度
relative level (1)相对标高;(2)相对电平
relative lifting 相对垫升
relative location 相对排列法
relative luminous efficiency 相对发光效率
relative machinability 相对切削性
relative magnet 比较磁铁
relative magnetic susceptibility 相对磁化率,比磁化率
relative magnitude (1)相对大小;(2)相对等级
relative magnitude of surplus value 剩余价值的相对量
relative mean deviation 相对均差
relative merits 优缺点
relative method 比较法
relative molar response (=RMR) 相对克分子响应值
relative motion 相对运动
relative motion display 相对运动显示
relative movement 相对运动,相对移动
relative movement line 相对运动线
relative orientation 相对方位
relative output value 相对输出量
relative permeability (1)相对渗透度;(2)相对导磁率

relative permitivity 相对电容率

relative plot (运动) 相对作图

relative plug radius 相对活塞半径, 比活塞半径

relative pole 相对极

relative position 相对位置

relative pressure 相对压力

relative price 相对价格, 比价

relative property 对比性, 相对性

relative radius of curvature 相关曲率半径

relative reckoning navigation system 相对船位推算导航系统

relative reduction in area 断面收缩率

relative regulation 电压调整率

relative retardation 相对延迟

relative rigidity 相对刚性

relative risk factor 相对风险因数

relative rolling (船) 相对横摇

relative rotative efficiency 螺旋桨效率比 (敞水效率与船后效率比)

relative rotor displacement 转子相对位移

relative roughness 相对 [粗] 糙度, 相对糙率

relative scale 相对尺度, 相对比例, 相对标度

relative scatter 相对离散度, 相对离差

relative sediment size 泥沙相对粒度, 泥沙相对粒径

relative sensitivity 相对灵敏度

relative sliding speed 相对滑动速度

relative sliding velocity 相对滑动速度

relative spacing 相对间隔

relative speed 相对 [运动] 速度

relative speed approach (=RSA) (两船) 接近相对速度, 相对接近速度

relative stability 相对稳定性

relative standard deviation (=RSD) 相对标准偏差

relative steam entrance velocity (汽轮机) 蒸汽相对进口速度

relative steam excit velocity (汽轮机) 蒸汽相对出口速度

relative stiffness 相对劲度, 相对刚度

relative target bearing 目标相对航向角, 目标相对方位

relative temperature (=RT) 相对温度

relative tilt 相片对假定平面的相对倾斜

relative time delay 相对时延

relative to 与……有关, 与……比较, 以……为准, 以……为基准, 和……成比例, 和……相当, 相对, 和……对应, 对……来说, 相当于, 关于, 较之, 针对

relative turning ratio 相对转动比

relative value 相对值

relative vapor density 相对蒸汽密度

relative vector 相对矢量

relative velocity 相对速度

relative viscosity 相对粘滞度, 相对粘度

relative visibility 相对能见度

relative volatility 相对挥发度

relative voltage drop 相对电压降

relative water depth 相对水深 (水深波长比)

relative water vessel speed 船对水相对速度

relative wave obliquity 波浪相对倾斜角, 波向角

relative wear rate 相对磨损率

relative wear resistance 相对耐磨性

relative wind direction 相对风向

relative wind speed 相对风速

relatively 相对地, 比较地

relatively complement 互补

relatively prime {数} 互素

relatively steady flow 相对稳定流

relatively to 相对于

relativistic 相对论 [性] 的

relativistic correction 相对论性改正

relativistic electrodynamics 相对论电动力学

relativistic electron beam accelerator (=REBA) 相对论性电子束加速器, 大功率电子束加速器

relativistic electron bunching accelerator (=rebatron) 大功率电子聚束器, 高能电子聚束加速器

relativistic mass 相对论质量

relativity (1) 相对性, 相关性, 比较性; (2) 相互依存, 互助; (3) 相对论

relativization 相对性, 相对化

relativize 用相对论术语描述, 用相对论原理阐明

relatum (复 relata) {数} 被关系者

relax (1) 放松, 松弛, 松懈; (2) 缓和, 减轻, 削弱, 缩短, 衰减

relax one's attention 放松注意力

relax requirement 放松要求, 放宽要求

relaxation (1) 放松, 松弛, 张弛, 弛张, 弛缓, 缓和; (2) 消除应力, 卸载, 减轻, 缩短, 削弱, 衰减; (3) 扫描

relaxation amplifier 张弛放大器

relaxation circuit 张弛电路

relaxation constant 弛张常数

relaxation method (1) 逐次近似法, 逐步逼近法, 渐近法; (2) 张弛法, 松弛法

relaxation of stress 应力松弛

relaxation oscillation 张弛振荡, 张弛振荡

relaxation oscillator 弛张振荡器, 张弛振荡器

relaxation period 张弛周期

relaxation rate 松弛力

relaxation spectra 松弛光谱

relaxation strain 弛豫应变

relaxation test 张弛试验, 松弛试验

relaxation testing machine 松弛试验机

relaxation time 张弛时间, 松弛时间, 弛豫时间, 阻尼时间

relaxed replication control 松弛复制调控

relaxed restrictions on 对……放宽限制

relaxing (1) 消除应力; (2) 松弛; (3) 卸载

relaxometer 应力松弛仪, 张弛计

relaxor 张弛振荡器

relay (1)继电器, 继动器, 替续器; (2)中继装置, 中继卫星, 中继, 转播, 转发, 转换, 替换, 替续, 接替, 交换, 接力 (无线电), 传输; (3) 伺服电动机, 继电动机 (4)重新铺设, 重新铺轨, 重新放置; (5)补充物资, 备用机组, 备用品; (6) 换班, 轮班

relay act trip 继电器操作跳闸

relay actuation time 继电器动作时间

relay air valve 继动空气阀

relay amplifier 中继放大器

relay armature 继电器衔铁

relay block 继电器部件

relay board 继电器盘

relay box 继电器箱

relay broadcast station 广播转播电台

relay broadcasting 转播

relay calculator 继电器式计算机

relay case 继电器外壳

relay center (信息、资料等) 交换中心, 传播中心, 中转中心

relay characteristic 继电器特性

relay check in check out register 继电检入检出寄存器

relay circuit 继电器电路

relay clutch 继动离合器

relay coil 继电器线圈

relay comparator 继电器式比较器

relay computer (=RC) 继电器式计算机, 中继计算机

relay contact 继电器触点

relay contact combination 继电器触点组

relay contact network 继电器接触网络

relay contactor control 继电 / 接触器控制

relay control 继电器 [式] 控制

relay control unit (=RCU) 继电器控制设备

relay core 继电器铁芯

relay counter 继电器式计数器

relay cylinder 传递油缸, 继动油缸

relay device (1) 中继设备; (2) 继电器

relay distress alert 转播遇险报警

relay earth station 中继地面站

relay emergency valve 紧急继动活门, 紧急继动闸

relay engineering 继电器技术

relay equipment 中继设备

relay for telegraph 电报用继电器

relay gate 选通继电器, 继电器闸门

relay gear 继动装置

relay governing 继电器调节

relay governor 继电调节器, 继动调节器

relay governor gear 继动调速器

relay group 继电器组

relay indicating light (自动舵) 工作指示灯, 继电器指示灯

relay interlocking 继电联锁装置, 继电联动装置

relay interlocking frame 继电 [集中] 联锁机

relay interlocking machine 继电［集中］联锁机
relay interlocking signal box 继电［集中］联锁信号楼
relay interrupter 继电器式断续器
relay jack 继电器插口
relay ladder program 继电器梯形程序
relay lens 旋转透镜,中继透镜(倍率变换时物方焦距不变的光学系统中的物镜)
relay line 中继线
relay logic 继电器逻辑
relay logic unit (=RLU) 继电器逻辑元件,继电器逻辑装置
relay network system 继电器网络系统,继电器电路方式,中继电路制
relay of radar data 雷达数据中继传递
relay-operated 继电器操作的,继动机操作的
relay operated 继电器操作的
relay-operated accumulator 继电器［式］累加器
relay operated accumulator 继电器操作累加器
relay-operated controller 继电［器］控制器
relay operated controller 继电控制器
relay-operated interlocking 继电［器］联锁装置
relay operated interlocking 继电联锁装置
relay piston 自动转换活塞,继动活塞,从动活塞
relay point 中继站,转播站,中继点
relay protection 继电器保护［装置］
relay pump 接力泵
relay pump station (管路中的)替续泵站,中继泵站
relay rack 继电器架
relay receiver 转播用接收机,中继接收机,接力接收机
relay recorder 继电器式记录器
relay regulator 继动调节器,间接调节器
relay selector (=RS) 继电器式选择器
relay selsyn 中继自动同步机
relay selsyn motor 中继自动同步电动机
relay semi-automatic block 继电半自动闭塞
relay servo system 继电器伺服系统,继电器随动系统
relay-set 继电器装置,继电器组
relay set 继电器装置,继电器组
relay shape time limiting device 继电器式延时装置
relay shutter 继电器快门,继电器闸
relay station (=RS) 转播［电］台,转播站,中继站
relay station satellite (=RSS) 卫星中继站,卫星转播站
relay switch 继电器开关
relay system 全继电器制
relay television 中继电视
relay terminal 转换站
relay test 继电器试验
relay timing 继电器定时
relay transmitter (=RT) 中继发射机,接力发射机,转播发射机
relay tube 电子继电器,替续管
relay type recorder 继电器式记录器
relay-type servomechanism 继电器式伺服机构
relay valve 继动阀
relayable rails 重新铺用的钢轨,旧轨
relayed 转播的,重播的
relaying (1)继电保护;(2)继电器;(3)转播,中继,接力
relaying current transformer 继电器用变流器
relaying voltage transformer 继电器用变压器
RELDENS (=Relative Density) 相对密度
release (1)释放,放出,放松,放开,放弃,析出,排气,排汽,脱开,脱扣,脱钩,脱模,开启,开通,放行,断开,断路,脱离,解除,解用,免除;(2)松脱装置,释放装置,脱扣装置,脱钩装置,安全装置,排气装置,释放器;(3)放气门;(4)过载断路器,断路器,开关;(5)信息卡
release agent 脱模剂,隔离剂
release alarm 释放报警［器］
release altitude 分离高度
release bar 解锁条,释放闩
release bearing 分离轴承
release bearing for clutch 离合器分离轴承
release bolt 放松螺栓
release box (二氧化碳等的)释放箱
release capability 脱开性能
release catch (1)掣子,卡子,脱钩;(2)擒纵器
release clause 豁免条款
release clutch 解脱离合器
release cock 放气旋塞,放泄旋塞,放气活门

release coil 释放线圈
release collar 放松环
release course 豁免条款
release current 释放电流,复原电流
release curve (制动器)放松曲线
release cutoff valve 缓解截断阀
release device 释放装置,脱开装置
release electro magnetic valve 缓解电磁阀
release factor 释放因子,返送系数
release gear (1)释放装置,排气装置;(2)投掷装置
release handle 放松手柄
release indicator 解除闭塞表示器,解锁表示器
release knob 释放旋钮
release lanyard 脱钩拉索,解缆索
release latch 放松闩
release lever (1)放松杆,脱扣杆;(2)(离合器压盘)分离杆,分离爪
release-lever ratio (离合器)分离爪杠杆比
release line (从管式炉到分馏塔或反应器的)管路,放泄管路
release link 复位杆
release load 断开力,脱开力
release magnet 释放电磁铁
release mechanism 脱开机械装置,释放装置,松脱机构
release mooring hook 脱缆钩
release of pressure 压力释放,减压,泄压
release of security (=RS) 发还扣船担保
release of smoke 烟气释放
release of steam 放汽
release of work hardening 消除［加工］硬化
release order 释放指令
release permit 放行单
release piston (离合器)分离活塞,释放活塞
release piston of steering clutch 转向离合器分离活塞
release point (=RP) 释放点,排泄点,脱离点,分散点,投掷点
release position (闸的)放松位置
release pressure 释放压力
release-push 释放按钮,释放开关
release relay 释放继电器,复旧继电器,话终继电器
release shaft 分离轴
release signal 释放信号,复原信号
release sleeve 分离套筒
release spring 释放弹簧,放松弹簧,回位弹簧,复位弹簧
release system 释放系统
release the mould 压模放气
release the installed equipment for maintenance tryout and for acceptance 把安装好的设备交付试运转和验收
release to material sale (=RMS) 放松对材料出售的限制
release trunk (自动电话)C 线
release valve 放油阀,放泄阀,排出阀
release valve gasket 放油阀垫密片
release voltage 释放电压
release works 泄水构筑物
released 发出了的,脱扣的,释放的,解脱的,断开的
releaser (1)排气装置,排除器;(2)释放装置,释放器
releasing (1)断路;(2)释放,脱扣,解脱,断开
releasing agent 脱模剂,隔离剂,分型剂,防粘剂
releasing arrangement 释放装置,脱扣装置
releasing contact 释放触点
releasing coupling 释放联轴节
releasing device (1)脱扣装置,脱钩装置,分离机构;(2)解缆装置
releasing gear (1)放松装置,释放装置,释放机构,脱钩装置;(2)解缆装置
releasing handle 释放［手］柄,放松［手］柄
releasing hook 脱缆钩,解缆钩
releasing impulse 释放脉冲,解锁脉冲
releasing key 脱模楔
releasing line 脱钩索,解缆索
releasing of electrons 电子逸出,电子放射
releasing of relay 继电器释放
releasing time 释放时间
releasing trigger 释放扳机,下水扳机
relegate (1)使降级,使降位,驱逐;(2)归属,归类;(3)转移,转交,委托
relevance (=relevancy) (1)相关性;(2)关联,关系,关注,适当,适用,中肯,贴切

relevance principle 相关原则
relevance ratio 相关比
relevancy factor 关联因数
relevant (1) 有关的,相关的;(2) 中肯的,恰当的
relevant pressure 相应压力
relevant testimony 有关的证据
releveling 重复水准测量,重新整平,重新取齐
relfectoscope 超声波测试仪,超声波探伤仪
RELIA (=Reliable) 可靠的
reliability (=R) 可靠性,可靠度,安全性
reliability analysis (=RA) 可靠性分析
reliability and quality control (=RQC) 可靠性与质量控制
reliability and trend indicator report (=RTIR) 可靠性与倾向指示器记录
reliability by duplication 用双重元件保证可靠性
reliability centered maintenance 以可靠度为中心的维修
reliability coefficient 可靠性系数
reliability control 可靠性检查,安全性检查
reliability control engineering (=RCE) 可靠性控制工程
reliability corrective action summary 可靠性校正一览
reliability critical item list (=RCIL) 有关可靠性的关键项目表,可靠性临界项目表
reliability critical problem (=RCP) 可靠性临界问题
reliability critical ranking list (=RCRL) 可靠性临界序列表
reliability design 可靠性设计
reliability design analysis (=RDA) 可靠性设计分析
reliability design analysis report (=RDAR) 可靠性设计分析报告
reliability design approach (=RDA) 可靠性设计方案
reliability engineering 可靠性技术
reliability evaluation test (=RET) 可靠性鉴定试验
reliability evaluation test procedure (=RETP) 可靠性鉴定试验程序
reliability factor(s) 可靠性系数,可靠性因数
reliability field test 现场可靠性试验
reliability figure 可靠性数据
reliability figures of merit 可靠性灵敏值
reliability improvement factor 可靠性改善系数
reliability in service 使用可靠性
reliability index (=RI) 可靠性指标,可靠性指数
reliability investigation request (=RIR) 可靠性调查要求,可靠性调查请求
reliability management information (=RMI) 可靠性管理信息
reliability of delivery 交货责任
reliability of predication 预报的可靠性
reliability performance measure (=RPM) 可靠性能测定,可靠性能测量
reliability-proof cycle 可靠性验证周期
reliability report 可靠性报告
reliability service 可靠[性]运行
reliability technical directive (=RTD) 可靠性技术指令
reliability test 可靠性试验
reliability test assembly 可靠性测试装置
reliability test evaluation (=RTE) 可靠性试验鉴定
reliability test outline (=RTO) 可靠性试验大纲
reliability test requirements (=RTR) 可行性试验要求
reliability testing 可靠性测试
reliability theory 可靠性理论
reliability trade off standard 可靠性综合标准
reliability trials 可靠性试验,(长距离)耐久试验,强度试验
reliable 可信赖的,可靠的,安全的,牢固的,确实的
reliable account 可靠账户
reliable operation 可靠工作
reliable pickup value 可靠吸起值
reliable sector (无线电航标的)可靠扇形区
reliable tube 高可靠[电子]管
reliableness 可靠性
reliance 依赖,信任,依靠,信心
reliant (1) 依靠的,依赖的;(2) 依靠自己的,自力更生的
relic (1) 残余的,残留部;(2) 残余物,残留物
relic form 残余形式,残遗型
relief (1) (齿轮的)修缘;(2) 间隙,离隙;(3) (刀具的)后角,背面,离隙,(4) (刀具的)铲齿;(5) 去载,卸荷,卸载,卸货;(6) 松弛,减压,减轻;(7) 释放,消除,解除;(8) 顶针缺口,退刀槽,退切量;(9) 放出,放泄,(10) 防护的,安全的,(11) 立体的,(12) 凸起的,起伏的,立体的,安全的,防护的,(13) 凸纹,回凸,(14) 替换[者],接班[者],

(15) 救援,救助,辅助,(16) 无输出
relief angle (刀具的)后角,后让角
relief arrangement 卸荷装置,卸载装置,安全装置
relief block 凸版
relief bracket 安全架
relief cable 应急电缆,更替电缆,辅助电缆,救援电缆
relief cam (1) 减压凸轮;(2) 退动凸轮
relief car 救援车
relief circuit (1) 减压回路,卸载回路;(2) 溢流回路
relief cock 安全放泄旋塞,卸荷旋塞,放泄旋塞,排气旋塞,安全旋塞
relief cover 安全盖,保险盖
relief crank 臂形拐肘
relief cylinder 安全汽缸,保险汽缸,辅助汽缸
relief door 安全门
relief drawing 剖面图
relief engineer 代班轮机员
relief factor (齿轮的)修缘系数
relief fitting 减压装置,安全装置,溢流塞
relief flank (刀具的)铲背
relief gases 排出气,吹气,废气
relief gate 放水闸门
relief grinding (刀具)后角磨削,铲磨,铲背
relief grinding machine (刀具的)铲背磨床
relief grinding mechanism 铲磨机构
relief grinding wheel 刀具后角磨削砂轮,铲磨砂轮
relief-ground 铲磨的
relief ground 铲磨的
relief holder 均衡储气器
relief hole (1) 放水孔,(2) 辅助炮眼,辅助穴
relief interference 让刀干涉
relief lever 释放操作手柄,卸荷手柄
relief lightship 替用灯船(正规灯船检修时替用)
relief line 临时替用线
relief lines 切片刀痕
relief-map 模型地图,立体地图,地形图
relief map 立体地图,地形图,地势图
relief mechanism (1) 保险机构,安全机构;(2) 释放机构
relief model 立体地形图,地形模型
relief of tooth flank 齿廓修缘[量]
relief of tooth profile 齿廓修缘[量]
relief outlet 排出口,排水口
relief pipe 放水管,排水管,排气管,减压管
relief piston 冲击式缓冲器,辅助活塞,阻气活塞,调压活塞,放气活塞
relief polishing [显微]切片抛光
relief port 放气口
relief pressure control valve 释放压力控制器安全阀
relief pressure valve 减压阀,安全阀
relief printing 凸版印刷
relief relay 辅助继电器,交替继电器
relief ring 保险环
relief service car 救援车
relief sewer 溢流排水管,污水泄放管
relief side (齿轮)非工作齿面,不着力齿面
relief spring 安全弹簧
relief sprue 除渣减压冒口,辅助浇口,集渣冒口,冒渣口
relief telescope 体视望远镜
relief television 立体电视
relief track 临时替用线
relief train 救援列车
relief tube (飞机上的)便溺管
relief valve (1) 安全活门,安全阀,保险阀,减压阀,溢流阀,释气阀,释荷阀,开放阀,卸压阀;(2) (油罐的)呼吸阀
relief valve ball 安全阀球
relief valve isolators 安全阀隔离器
relief valve setting 安全阀刻度
relief welding 凸焊
relief well 减压井,排泄井,救险井
reliefgraph 地形模型刻图仪
relievable (1) 可减轻的,可解除的;(2) 可救援的;(3) 可使显著的,可刻浮雕的
relieve (1) 减轻,缓和,解除,解开,释放;(2) 去载,卸载;(3) 减压,降压,降低,(4) 放气,(5) 铲背,铲齿;(6) 救援,替换,换班
relieved cutter 铲齿铣刀,后角铣刀
reliever (1) 减压装置,缓和装置,释放器,解脱器;(2) 辅助炮眼

1175

relieving (1) 铲齿,铲削,铲背;(2) 减轻,缓和;(3) 解除,释放;
(4) 放气
relieving arch (门、窗等) 卸载拱,减压拱
relieving attachment 铲工附件,铲齿附件
relieving boards 舱底货上面的垫板
relieving cutter 后角铣刀
relieving device (1) 铲齿装置;(2) 释放装置
relieving floor 减载平台,卸荷板
relieving gear 解扣装置,释放装置
relieving lamp 备用灯
relieving lathe 铲齿车床,铲背车床
relieving light 备用灯
relieving machine 铲齿机床,铲背机床
relieving mechanism 让刀机构
relieving officer 接班驾驶员,接班轮机员
relieving platform 减载平台,卸荷板
relieving platform wharf 减荷台式码头
relieving rope 备用索,救生绳
relieving rudder 应急舵
relieving slide 铲动滑板
relieving tiller 应急舵柄,备用舵柄
relieving timbers 辅助支撑,辅助支柱
relieving tool 铲齿刀
relieving tool holder 铲齿刀座
relieving tool post 铲齿刀架
relieving type platform supported on piles 桩承台
relieving valve 释放阀,安全阀
relieving watch 接班
relight (1) 再点火;(2) 发动机再次起动,重复起动
relighting (发动机) 重复点火,再次起动
reline (1)换摩擦衬片,换摩擦衬带;(2)更换衬里,更换衬套,更换衬片,
重新换衬,换衬里,换衬套;(3) 重浇轴瓦;(4) (炉) 重砌内衬;(5)
重新划线
reliner 摩擦衬片更换机,换衬套工具,换衬器
relining machine 制动带重铆机
relink 重新连接,重新接线
reliquefaction 再液化
reliquefaction installation 再液化装置
reload (1) 重新加载,重新装载,换装,再装,重载;(2) 换胶卷;(3)
再放电
reloadable control storage (=RCS) {计} 可写控制存储器
reloader 重新装载机,复载机,装载机,换装机
reloading 重新装药,重新装填,再装填
reloading cargo 重装货,再装货
reloading charges 重装费用
reloading curve 重新加载曲线
reloading machine (1) 换装机;(2) 装卸机
relocatability 可定位,浮动
relocatable 可再定位的,浮动的
relocatable address 浮动地址
relocatable emulator 可再定位仿效器
relocatable expression 可再定位表达式,浮动表达式
relocatable library 可再定位程序库,浮动程序库
relocatable loader 可再定位装配程序,浮动装入程序
relocatable module 可再定位的模块,浮动 [程序] 模块
relocatable program 浮动输入程序,浮动程序
relocatable program libraries 可再定位程序库,浮动程序库
relocatable routine 浮动程序
relocate (1) 重新安置,重新定线,再定位,改线;(2) 改变配置;(3)
再分配;(4) 迁移,浮动
relocated address 置换地址
relocation (1)重新定位,重定位置,改变位置;(2)重新安装,重新安置;
(3) 再分配;(4) 浮动;(5) 重新定线,改线;(6) 迁移
relocation bit 重新分配位置,再定位
relocation costs 移仓成本
relocation dictionary 重新配位表
relucent 光辉的,明亮的
reluctance (1) 磁阻,阻抗;(2) 不愿,勉强
reluctance force 磁阻力
reluctance generator 磁阻发生器
reluctance motor 磁阻电动机
reluctance torque 磁阻转矩
reluctance type pressuree ga(u)ge 磁阻式压力计
reluctancy 磁阻系数

reluctivity 磁阻系数,磁阻率
relume (=relumine) 重新点燃,重新照亮,重新照明
relustering 恢复光泽的
rely 信赖,依靠,信赖,信任
Rely alloy 一种锡锑系轴承合金
rely on 依赖,依靠
REM (=Remark) (1) 批注,备注;(2) 注释,意见
REM (=Remedy) 赔偿,补偿
REM (=Removable) 可移动的,可更换的
rem (=roentgen equivalent man) 人体伦琴当量,雷姆
rem ionization chamber 雷姆电离室
remachine 重新机械加工,重新切削加工
remachining 重新机加工,重新切削加工
remade 重制的,翻新的,改造的,修改的
remagnetization 交变磁化,反复磁化
remagnetize 重新磁化,重新起磁,交变磁化,反复磁化,再磁化
remain (1) 剩余,遗留,保留,停留,留下,搁置;(2) 留待,尚须;(3)
仍然是;(4) 剩下物品,残余,余额;(5) 遗迹,遗物
remain a matter of machining 仍然是一个加工问题
remain applicable 仍旧适用
remain behind 留下
remain constant [仍然] 保持不变
remain directly responsible 负直接责任
remain horizontal 保持水平
remain in constant proportion to M 仍然与 M 保持一定的比例关系
remain in full force and effect 保持有效
remain in operation 继续运转
remain on board 船上剩余 (交船时剩余的燃油、淡水、货等)
remain open 保持开启
remain stationary 保持固定,保持不动,保持不变
remain the same distance from M 与 M 的距离保持不变
remain unchanged 保持不变
remain with 属于,归于
remainder (1)剩余部分,剩余物,处理品,剩余,残余,残品,余料;(2)
{数} 余数,余部,余项,余额;(3) 减价出售的处理品,滞销书,存货;
(4) 遗址,遗物,废墟
remainder error 剩余误差
remainder function 余项函数,余部函数
remainder in asymptotic series 渐近级数的余项
remainder of a series 级数的余项
remainder of exhaust gases 排气余气,剩余废气
remainder radio deviation 剩余无线电自差
remainder term {数} 余项
remainder theorem 剩余定理,余数定理
remaining cargo on board 在船货物
remaining deviation 剩余自差
remaining ductility 剩余延性
remaining hydrogen 残留氢
remaining load 遗留载荷,剩余负荷
remaining on board 船上剩余 (货、油或水)
remaining quantity of fuel, diesel and water (=RQFDW) (船上) 剩余
燃油、柴油和淡水的数量
remaining quantity on board (=RQB) 船上余量
remains (1) 残余,剩余,余物,余额;(2) 遗物,遗址
remake 重做,重作,重制
remalloy 勒马罗伊铁钴钼合金,铁钴钼合金,磁性合金,莱姆合金 (钴
12%,钼 17%,其余铁)
reman 重新配备人员
remanence (1) 剩余磁感应强度,剩余磁化强度,剩余磁通密度;(2) 顽
磁,剩磁
remanent 剩余的,残余的
remanent field 剩余 [磁] 场
remanent induction 剩余感应
remanent magnietism 剩磁
remanent magnetizability 剩余磁化强度
remanent magnetization 剩余磁化强度
remanent strain 残余应变
remanent stress 残余应力
remanufactured part 修复 [的零] 件
remap 重测图
remark (1)注意到,注视,观察,觉察;(2)表示,陈述,议论,谈论,说明;
(3) 评语,评论,意见;(4) 批注,注释,备注,备考,附注;(5) 摘要,
要点,记事
remark list 批注清单

1176

remarkable 值得注意的,明显的,显著的,异常的,非常的
remarkably 显著地,非常
remarks 备注栏
remast 更换新桅
rematch 再匹配
REMBLE (=Remarkable) 值得注意的,明显的,显著的,异常的,非常的
REMCE (=Remittance) 汇款[额]
REME (=Royal Electrical and Mechanical Engineers) (英)皇家电子和机械工程师[协会]
remediable 可挽回的,可校正的,可纠正的,可补救的,可修补的
remedial 校正的,修补的,补救的,矫正的,纠正的
remedial action 补救行动
remedial instruction 矫正教学,辅导
remedial maintenance 修补的维护,出错的维修,修复维护
remedial measures 补救方法,补救措施
remedial operation 维修作业,补救工作
remedial work (1)小修,修补;(2)补救工程,补救设施
remedies 赔偿,补救
remediless 不能挽回的,不能校正的,不能纠正的,不能修补的
remedy (1)补偿,补救,(2)修理,修补,修缮,(3)校正,矫正,改善
remedy a leak 修补漏缝
remedy allowance 公差
remedy the trouble 排除故障
remelt (1)重熔,再熔,冶炼,(2)重溶,(3)再熔物
remelt junction 回熔结,再熔结
remelt with additions 掺加再熔法
remelt with additive 掺杂再熔法
remelted alloy 再熔合金
remelter 再熔器
remelting 再熔[法],重熔化
remelting hardness 熔融硬度
remelting technology 再熔工艺
remember (1)想起,记忆,回忆,(2)记录,提到,(3){计}存储,(4)问候,致谢
rememberable 可记住的,可记忆的
remembering 存储,记忆
remembrance (1)记忆[力],回忆,存储,(2)备忘录,纪念[品];(3)(复)问候,致意
remembrancer 提示者,纪念品
remesh 再啮合,重啮合
remetal (1)更换金属挡板;(2)更换铁路道渣;(3)重新用金属包
remilitarize 使重新武装
remind 使想起,使记起,提醒
reminder (1)提请注意的函件,提示函件,提示,暗示;(2)催付通知单,催询单
remiss (1)溶解的,(2)稀释的;(3)玩忽职守的
remission (1)放弃,免除(权利等),减免,赦免;(2)缓和,缓解,减轻,松弛;(3)汇款;(4)缓解期
remit (1)减轻,缓和,松弛,免除,减免,(2)延期,推迟;(3)使恢复原状,使恢复原位;(4)送出,传送,移交,指示,汇款
remit account 划账
Remitron 充气管(商名,用于计算系统)
remittance 汇寄,汇款
remittance charge 汇费
remittance check 汇款支票
remittee 领取汇款人
remittence 缓解,弛张
remittent 缓解的,弛张的
remitter 汇款人,免除者
remitting bank 汇出行,寄单行
remitting funds 恢复费用
remix 再拌,复拌
remixer 复拌机
remnant 痕迹残余的,残留的,残余的,剩余
REMOCON (=Remote control) 远距离控制,遥控
remodel (1)重新塑造,重新规划,重制,改装,改型,改作,翻新,(2)重装,重作,重建
remodulation 重复调制,二次调制,再调制
remold (=remould) (1)重塑,重铸,改铸,改塑;(2)改型;(3)改造
remoldability 可重塑性,重塑性能
remoldable 可重塑的
remolded clay 重塑粘土
remolded sample 扰动试样,扰动土样

remolded strength 重塑强度,振动强度
remolding (1)整个轮胎翻新;(2)重塑
remolding gain 重塑增益
remolding index 重塑指数
remolding loss 重塑损失
remolding test 重塑试验
remolds 翻新
remolten 再度熔化的
remoored mine 重新碇泊的漂雷
Remos 一种多孔吸音材料(商名)
remote (1)远距离的,遥远的,边远的,偏僻的;(2)远距离作用的,遥控的;(3)模糊的;(4)主要的,非直接的,间接的,细小的,远程的,远方的
remote access 远程访问
remote access computing system 远距离存取计算系统,遥控计算系统
remote adjustment 远程调整,遥控
remote area 边远地区,偏僻地区
remote automatic telemetry equipment (=RATE) 远距离自动遥测设备
remote automatic telemetry system 远距离自动遥测系统
remote azimuth selsyn 遥控方位角自动同步机
remote batch entry (=RBE) {计}远距离程序组输入,远程成批输入,遥控成批输入
remote batch processing {计}远程成批处理
remote bridge control of main engine 驾驶台主机遥控,主机驾驶台遥控
remote bulb thermosstat 遥控温度继电器,遥控恒温器
remote causes 远因
remote closing 遥控关闭
remote closing of fire door 防火门遥控关闭,遥控关闭防火门
remote communication central 遥控通信中心
remote communication central set 遥控通信中心装置
remote computer 远程计算机
remote computing 远程计算
remote computing system exchange 远程计算系统交换器
remote computing system language 远程计算系统语言,边远计算系统语言
remote concentrator 远程集线器
remote-control 远距离控制的,远距离操纵的,遥控的
remote control (=RC) (1)遥控装置;(2)远距离控制,远距离操纵,远程控制,遥控,远控
remote control alarm 遥控报警器
remote control anchor windlass 遥控起锚机
remote control arrangement 遥控装置
remote control automation board 遥控自动仪表板
remote control board 遥控台,遥控盘
remote control box 遥控箱
remote control camera 遥控摄像管
remote control circuit 遥控电路
remote control code 遥控编码
remote-control coder 遥控编码器
remote control command 遥控指令
remote control cylinder 分置式控制油缸
remote control descaling machine 遥控除锈机
remoored control device 遥控装置
remote control emergency stop switches 遥控紧急停止按钮,遥控紧急停车按钮
remote control engine 遥控发动机
remote-control equipment (=RCE) 遥控设备,遥控装置
remote control equipment 遥控设备,遥控装置
remote-control gear 远距离操纵机构,遥控机构,遥控装置
remote control gear 远距离操纵机构,遥控机构,遥控装置
remote control gear selector mechanism 遥控换挡机构
remote control handle 遥控手柄
remote control iris 遥控可变光阑
remote control lever 遥控手柄,遥控杆
remote control manipulator 遥控操纵器
remote control of transmission 遥控传动装置
remote control panel 远距离操纵盘
remote-control rack 远距离控制起重机
remote control reading 遥测读数
remote control receiver 遥控接收机
remote control stand 遥控台
remote control starter 遥控起动器
remote control station 遥控站

remote control switch 遥控开关
remote control system (=RCS) 遥控系统
remote control system for main engines 主机遥控系统
remote control test 遥控试验
remote control TV receiver 遥控电视接收机
remote control unit 遥控装置
remote control valve 远距离控制阀,遥控阀
remote control vessel 遥控船
remote-controlled 远距离控制的,远距离操纵的,遥控的
remote controlled 远距离控制的,远距离操纵的,遥控的
remote controlled anchor windlass 遥控起锚机
remote controlled boiler 遥控锅炉
remote controlled caisson 遥控沉箱
remote-controlled drier 遥控式干燥机
remote controlled engine 遥控发动机
remote controlled feeder 遥控喂料槽
remote controlled outlying switch 遥控远距道岔
remote controlled piping station 远距离控制的泵站
remote controlled pump 遥控泵
remote controlled radar 遥控雷达
remote controlled rail retarder 遥控缓行器
remote controlled solenoid 遥控螺线管
remote controlled station 遥控站
remote controlled television 遥控电视
remote controlled towing hook 遥控拖钩
remote controlled valve 遥控阀
remote controlled water level indicator 遥控水位指示器
remote controller 遥控器
remote controlling rocket engine 遥控火箭发动机
remote controls 远距操纵机构
remote cut-off (电压)遥控开关,遥截止
remote cut-off pentode 遥截止五极管
remote cut-off tube 遥截止管
remote data collection 远程数据收集
remote-data indicator 数据遥示器
remote data indicator 数据遥示器
remote data processing 远程数据处理
remote data station 远端数据站
remote effects 间接影响
remote feed control 远距离进给控制
remote gauging of tanks 油罐的远距测量
1178
remote gear control 远距离换档机构
remote handling 远距离操纵,遥控操纵
remote index 遥控指示[器]
remote-indicating 遥[测指]示的
remote indicating 遥[测指]示的
remote indicating compass 罗经复示器,罗经遥示器,遥读罗盘
remote indicating instrument 遥测指示仪表,遥控记录仪表,遥
示仪表,遥测仪表
remote indication (1)遥测,远测;(2)距离显示,遥控指示
remote indicator 远距离指示器,遥示器
remote indicator unit (=RIU) 遥控指示器,分显示器
remote input output stations 远程输入输出站
remote inquiry 远程询问
remote job entry (=RJE) 远程作业输入
remote keying 遥控按键
remote lens cap switch 镜头盖遥控开关
remote level indicating system 远距离液位指示系统
remote manipulation 遥控操作
remote manual commutator 遥控/手动转换开关
remote manual control 遥控手动装置,手动遥控
remote measurement 远距测量,遥测
remote measurement by carrier system 载波制遥测
remote measuring 遥测
remote measuring device for cargo tank 货油舱油量遥测装置
remote measuring element 遥测元件
remote measuring equipment 遥测设备
remote measuring system 遥测系统
remote metering 远距离测量,遥测
remote mode 遥控方式
remote monitor 遥测监视器
remote monitor system 遥控监测系统
remote monitoring 远距离监视,遥测
remote-operated 远距离操作的,遥控的

remote operated 远距离操作的,遥控的
remote operated valve 遥控阀
remote operated vehicle 遥控车辆
remote operating gear 遥控装置
remote operation 远距离操纵,遥控操纵,遥远操作
remote operation cylinder 外置式油缸
remote operator 遥控操纵器
remote pick-up 电视实况摄像
remote pickup 远距离电视摄像,电视实况摄像,远距离拾波
remote pilot vehicle 遥控飞行器
remote pilotage 遥控领航
remote plan position indicator 平面位置遥示器
remote plug 遥控开关
remote pneumatic control system 气动遥控系统
remote pneumatic or hydraulic operated closing device 气动遥控或
液压遥控关闭装置
remote point 边远地点,偏僻地点
remote-position control (=RPC) 位置遥控,遥控台
remote position control 位置遥控
remote possibility 极小的可能性
remote probe 远程检测,微细探针,遥测
remote processing 远程[信息]处理
remote program loader 远程程序装入器
remote ram 外置式油缸,分置式油缸
remote reading 远距离读数,远距离显示,遥控读数,遥测读数
remote reading compass 罗经复示器,罗经遥示器
remote reading instrument 遥控读数仪表
remote-reading tachometer 远程读数转速计,遥读转速计,遥读流速计
remote reading tachometer 远程读数转速计,遥读转速计,遥读流速计
remote reading thermometer 远距离显示温度计
remote reading water level indicator 远距离显示水位表
remote realtime terminal 远程实时终端
remote recording 遥控记录,遥测记录,远距记录
remote region 边远地区,偏僻地区
remote regulating 遥控调节
remote-revolutions per minute (=RPM) 遥控转数/分钟
remote sampling 远距离取样,遥控取样
remote satellite 远距卫星
remote select 遥控选择
remote selector 遥控选择器
remote self sealing coupling 遥控自封接头
remote sensing 远距离读出,远距离传感,遥测,遥感[学]
remote shutdown device 遥控关闭装置
remote signal 远距离信号,被遥控台信号,遥控信号,遥测信号
remote signal transmission 遥控信号传递
remote signal(l)ing 远距离发信号,遥信
remote signaling plant 远距离信号装置,遥控信号装置
remote site 远地
remote sounding (1)遥控测深仪;(2)遥测探空
remote spotting tube 遥示管
remote starting 遥控起动
remote station (=RS) 远程站,遥控站
remote station alarm (=RSA) 遥控台报警器
remote steering gear control system 遥控操舵控制系统
remote steering mechanism 遥控操舵装置
remote subset 远程子程序
remote switch 遥控开关
remote system 遥控系统,远方系统
remote tank ga(u)ge 油舱液位遥控表
remote television transmission 远程电视传输
remote terminal (=RT) 远距离终端,遥测终端,远程终端,远端
remote terminal unit (=RTU) 远程终端设备
remote terminals support 远程终端辅助设备
remote thermometer and tachometer 温度计和转速表遥控
remote throttle control 远距离节流控制
remote transmitter receiver (=RTR) 遥控收发机
remote transmitting ga(u)ge 遥测仪
remote tuning 遥控谐调
remote type coupling 遥控接头
remote underwater detection device 水下遥探设备
remote underwater manipulation (=RUM) 遥控水下操作,水下遥控
remote unmanned work system 遥控无人管理的工作系统
remote vehicle 遥控飞行器,遥控飞船
remote video display unit 遥控视频显示单元

remote video source 遥控图像信号源, 远方电视信号源
remote viewing equipment 远距离观察设备, 遥视设备
remote water level indicator 遥测水位表, 低位水位表
remotely controlled 遥控的
remotely controlled air valve 遥控空气阀
remotely controlled object 遥控对象
remotely controlled operation 远距离控制操作, 遥控操作
remotely controlled plant 远距离控制设施
remotely controlled vehicles 遥控运载器
remotely operated telescope 遥控望远镜
remotely operated vehicle 遥控潜水艇
remotely sensed image 遥感成像
remoteness of benefit 遥远受益
remotion (1) 移动, 移开, 移位, 称置, 转移, 偏移, 错位; (2) 除去, 移去, 拆去, 卸去, 消去, 排除, 清除, 放出, 排出, 分离; (3) 撤换, 调动, 免除
remotored 电动机重新装入, 换以新电动机
remould (1) 重铸, 重塑, 改铸, 改型, 改造, 改塑; (2) 翻新轮胎, 热补
remouldability 可重塑性, 可重铸性, 可改铸性, 成型性
remouldable 可重新塑造的, 可重铸的, 可改铸的
remount 重新安装
remous (螺旋桨后的) 洗流, 涡流, 旋风
removability 可移动性, 可拆卸性, 可除去性, 可更换性
removability of slag 脱渣性
removable 可以清除的, 可拆卸的, 可更换的, 可移动的, 活动的
removable access plate 检查孔活盖板, 检查孔活塞板
removable awning 可拆天蓬, 活动天蓬
removable ballast 可移动压载
removable blades propeller 可拆桨叶螺旋桨
removable bottom 可动炉底, 活动炉底, 活底
removable bridge 活动桥
removable component 可拆部件
removable deck 可拆卸甲板
removable electrode 可移电极, 活动电极
removable flask moulding 无箱造型, 脱箱造型
removable handle 可拆手柄
removable hatch 活动舱口
removable lifting handle 活络箱把
removable liner 可拆衬套
removable nipple nozzole 换头喷嘴
removable plugboard 可插插接板, 插接板
removable rail 活动栏杆
removable rim 可拆轮辋
removable singularity {数} 可去奇点
removable sleeve 可拆卸的轴套, 可拆卸套筒
removable strap cam 变曲线凸轮板
removable support 可回收的支架
removable touch panel 活动触板
removal (1) 拆卸, 拆除, 排除, 除去, 卸去, 清除, 删除; (2) 切削, 切削; (3) 拆卸器; (4) 消除器; (5) 迁移, 移动, 移开, 移去, 转移; (6) 免除, 免职, 罢免
removal and mounting 拆卸与安装, 拆装
removal by burning 烧除, 烧掉
removal by filtration 滤除, 滤掉
removal by suction 抽除, 吸除
removal circuit 接插电路
removal device (油污等的) 清除装置
removal hatch (发动机) 拆吊舱口
removal of a neutron from the nucleus 中子由原子核移去, 中子由原子核逸出
removal of dominance 优势迁移
removal of dust 除尘
removal of electrons 电子逸出, 电子偏移
removal of load 解除负荷, 卸荷, 卸载
removal of marine growth (修船时) 海洋附生物清除
removal of obstacles 排除故障
removal of offshore structure 拆除近海结构
removal of oxygen 脱氧, 除氧
removal of shuttering 拆模板
removal of the mould 拆模
removal of wrecks 清除失事船残骸
removal rate (1) 更换零件率; (2) 切削速度
remove (1) 移动, 移开; (2) 拆除, 拆卸, 拆下, 拆去; (3) 清理, 清除, 消除; (4) 脱掉, 去掉, 退去; (5) 罢免, 撤职
remove and replace (=R/R) 拆卸与更换

remove burrs 清理毛刺
remove control panel 移动式控制台
remove flaw 清除缺陷
remove heat 去除热量, 除热, 放热, 散热
remove M from N 从 N 中除去 M
remove oil and foreign matter 清除油及外来物质
remove redundant operation 清除多余运算
removed 移动过的
remover (1) 拆卸工具, 拆卸器; (2) 排除装置, 清除器, 移去器, 去除器, 脱离器, 拔取器; (3) 脱模剂, 脱除剂, 去除剂, 去污剂, 消除剂, 清除剂; (4) 脱圈轮; (5) 搬运工
removing (1) 清除, 排除, 消除, 除去, 去掉; (2) 拆卸; (3) 切削; (4) 回收
removing balance staff 起摆轮心轴座
removing device 拆卸装置
removing gear (换速用) 滑移齿轮, 推移齿轮
removing shaft 风井
Remscope 长余辉同步示波器 (商名)
remtron 多阴极气体放电管
remuneration 劳务费, 报酬, 薪水, 赔偿
remuneration of labor 劳动报酬
remunerative (1) 有报酬的; (2) 能获利的, 有利益的
remunerative price 提供利润的价格, 有利的价格
REMYLET (=Reference to My Letter) 参阅我的信件
REMYRAD (=Reference to My Radio) 参阅我的电报告
REMYTEL (=Reference to My Telegram) 参阅我的电报
REN (=Renew) 重新启动, 更新
renail 翻钉, 再钉, 重钉
renailed 重钉的
renailed cartons 重新钉住的纸箱
rename 重新命名, 改名, 更名
rename clause 更名子句
renatured 复原的
rend (1) 使分裂, 劈开, 割裂; (2) 使分离, 夺去, 撕去
render (1) 提出, 给予; (2) 再现, 反应; (3) 报答, 还; (4) 进行, 作出; (5) (绳索) 穿过; (6) 粉刷, 抹灰; (7) (油漆) 打底, 初涂; (8) 翻译, 复制
render a rope in coiling 将绳索从滑车中拉出, 并卷盘起来
render a tackle 绕起绞辘绳索
render account 报送账单, 开列账单
render an account 开送账单, 报账
render and set 两层抹灰 (打底和罩面灰)
render float and set 三层抹灰 (打底灰、中层灰、罩面灰)
rendering (1) 翻译; (2) 初涂, 打底, 抹灰, 粉刷; (3) 透视图, 示意图, 复制图
rendering award 作出仲裁
rendering coat 底涂层, 打底灰
rendering load 基底载荷
rendering of account 编送账单
rendering plant 炼油厂
renderset 二层抹灰
rendezvous (1) 相遇, 约会, 集合, 集结, 聚集; (2) (宇宙飞行器) 会合, 交会
rendezvous compatibility orbit (=RCO) 适于会合的轨道
rendezvous guidance 会合制导
rendezvous radar 交会雷达, 交合雷达
rending 破裂, 裂开, 断裂
rendition (1) 重发, 重显, 再生, 再现, 复制, 转印, 转绘; (2) 生产额; (3) 解释, 翻译, 演出; (4) 提供, 给予, 让出, 放弃
rendu price 进口货交货价格 (包括运费、关税、保险费及其他费用在内)
Renè 雷内镍基高温耐蚀合金
renegotiate 重新谈判, 重新协商
renegotiation (=rngt) 重新谈判, 重新协商
renew (1) 更新, 更换, 换新; (2) 修补, 修复, 翻修, 翻新, 恢复, 加强; (3) 重新启动; (4) 重新开始; (5) 使展期
renew a contract 使合同展期
renew a tyre 把轮胎翻新
renew oil 换新油
renew the water in the tank 把水箱再灌满水
renewable (1) 可再次使用的, 可更新的, 可代替的, 可再生的, 可回收的, 可恢复的; (2) 可重新开始的; 可重复的, 可继续的; (3) 可重新供给的, 可 [以] 更换的; (4) 可展期的
renewable fuse 可换用的保险丝, 可换式熔断器, 可换式熔丝, 可再用保险丝

renewable fuse link 可更换熔断片, 可更换保险丝
renewable liner 可更新衬套, 可换式衬套
renewable natural resources 再生自然资源
renewable parts 更新部件
renewable resources 可再生资源
renewable sources 可更新能源, 再生能源
renewal (1)更换, 更新, 调换, 换新; (2)恢复, 复原, 修补, 补新, 大修, 补充, 加强; (3)更始, 复兴; (4)(复)备[份零]件; (5)展期, 续订
renewal and renovations of equipment 设备更新
renewal cost 更新费用, 翻新费用
renewal function 更新函数
renewal inspection (=RI) 重检
renewal notice 到期通知书
renewal of air 换气
renewal of certificate 换证
renewal of component 更换部件
renewal of facing 换摩擦片, 换衬片
renewal of insurance 续保
renewal of lubricant 润滑剂更新, 更换润滑剂
renewal of oil 更换润滑, 换油
renewal parts 换用零件
renewal survey 更新检验, 换证检验
renewal verification 重新认证
renewals 备件
renewed 经缝补的
renewing of lubricant 润滑脂的更新, 润滑剂的更新
Renik's metal 雷尼克钨基合金 (钨 94%)
rennic dock 分节浮坞
renominate 重新提名
renormalizability 可重正化性
renormalizable 可再归一化的, 可重正化的
renormalization 重正化, 再归一化, 重归一化
renormalization technique 重正化技术
renounce 放弃, 抛弃, 拒绝, 断绝, 否认, 否定
renovate (1)革新, 更新, 刷新, 翻新, 改善, 恢复; (2)重建, 改造, 改建, 改进, 改制, 再制; (3)修理, 修复, 整修
renovated tyre 翻新轮胎
renovating 修理的, 修复的, 整修的, 翻新的
renovating tank 翻新水箱
renovation (1)革新, 更新, 刷新, 翻新, 改善, 恢复; (2)重建, 改造, 改建, 改进, 改制, 再制; (3)修理, 修复, 整修
1180
rent (1)租金; (2)破裂处, 裂纹, 裂口, 裂缝, 裂隙, 缝隙; (3)分裂, 分离
rent-a-car 租用的汽车
rent of displacement 移位裂缝
rental (1)租赁, 租费, 出租; (2)租用的, 出租的
renumber (1)重编号码; (2)重数, 再数
renunciation 放弃, 抛弃, 弃权, 否认, 拒绝, 断绝
Renyx 雷尼克斯压铸铝合金 (镍 4%, 铜 4%, 硅 0.5%, 其余铝)
reoil (1)重润滑; (2)重浇油, 重拨油
reoiling 重加油, 再浇油
reometer (=rheometer) 电流表, 测电表, 流速计
reopen (1)再断开, 重开, 再开; (2)重新进行, 再开始
reopener 重新协商的条款
reoperate (1)重新运转; (2)翻新, 修理
reoperative (1)重新运转的; (2)翻新的
Reoplast 环氧类增塑剂
Reoplex 聚合型增塑剂
reorder (1)重新安排, 按序排列, 排序, 改组; (2)再订购, 再订货
reorganization (1)改组, 改编, 改革; (2)整理, 整顿, 重排
reorganization of company 公司重整
reorganize (1)改组, 改编, 改革; (2)整理, 整顿, 重排
reorient 改变方向, 改变方针, 转向
reorientate 改变方向, 改变方针, 转向
reorientation 重新取向, 重新定向
REOS (=Report of Entry for Oceangoing Ship) 国际航行船舶进口报告书
REOU (=Radio and Electronic Officers Union) (英)报务员和电机员联合会
REOURLTR (=Reference to Our Letter) 参阅我们的函
REOURTEL (=Reference to Our Telegram) 参阅我们的电报
reoxidation 再次氧化
REP (=Roentgen Equivalent Physical) 物体伦琴当量 (电离辐射剂量单位, 等于 0.93 拉德)

REP (=Repair) 修理, 检修
REP (=Repeat) 重复, 反复, 重发
REP (=Report) (1)报告, 报导; (2)汇报, 通知
rep (=roentgen equivalent physical) 物体伦琴当量 (电离辐射剂量单位, 等于 0.93 拉德)
repack (1)重新包装, 再装配, 改装; (2)重新填塞; (3)换盘根, 拆修[轴承]
repackage 重新装配, 重新包装
repackaging (1)再装配; (2)再包装
repacking (1)换填料, 换滑脂; (2)重新包装, 再包装, 改装
repacking of bearing 轴承更换润滑脂, 轴承重加润滑脂
repaint (1)重新涂漆; (2)重画
repair (=RP) (1)修理, 检修, 修补, 修复, 返修, 修缮, 恢复; (2)校正, 修正, 订正, 矫正, 纠正; (3)补偿, 补救, 弥补, 赔偿; (4)修理工程, 修理工作, 使用情况, 修理情况, 维修状况, 修理费; (5)良好状况; (6)备用零件
repair activity 修理性业务
repair and berthing barge 修理与居住驳
repair and dismantling yard 修船拆船厂
repair and maintenance (=ram) 修理和保养
repair and maintenance account 修缮费账
repair and maintenance clause 维修保养条款
repair and overhaul 修理和大修
repair and refurbishment (集装箱等的)维修翻新, 维修和油漆
repair as required (=RAR) 按需要修理
repair assignment (=RA) 修理任务
repair base 修船基地
repair bench 修理台
repair berthing and messing barge 修理与膳宿驳
repair bill 修理账单
repair by replacement 更换式修理
repair clerk desk 障碍报告台, 障碍服务台, 修理服务台
repair cost 修理价格
repair covered lighter 维修用甲板驳
repair cycle 修理周期
repair delay 修理延误时间
repair dimension 修理尺寸
repair dock 修船坞
repair done while you wait 立等可取, 即刻修妥
repair equipment 修理设备, 检修设备, 修船设备
repair expense 修理费用
repair facility 修理设备, 检修设备, 修船设备
repair fund 修理基金
repair heavy (=RP/H) 大修
repair instruction 修理守则, 修理指南
repair instructions 修理规程, 修理说明
repair items 修理项目
repair jetty 修理码头
repair kit 修理工具箱
repair light (=RP/L) 小修
repair link 修理用链环
repair list 修理单
repair locker 修理工具箱
repair manual 修理手册
repair of a major character 重大修理
repair officer (修理船上的)检修队长
repair order 修理单序号
repair outfit (1)[成套]修理工具; (2)修船工具; (3)堵漏工具
repair parts (1)备用零件, 配件, 备件; (2)修理部分, 修理部件
repair piece (1)备用零件, 配件, 备件; (2)备份
repair port 修理港
repair quay 修理码头
repair rate 检修率, 修复率
repair risk insurance 修缮期间保险
repair room 修理室, 修理间
repair section 修理工段
repair sheets 修补胶
repair ship 修理[工作]船
repair shop (=RS) 修理车间, 修理厂, 修理所
repair stand 修理台
repair station 修理站
repair survey 修理检验
repair time 修理时间
repair tool 修理工具

repair vessel 修理船
repair welding 补焊
repair-work 修理工程
repair work 修理工作,修理作业
repair workshop 修理车间
repair yard 修船厂
repairability 可修[理]性
repairable (1) 可修理的,可修补的,待修的;(2) 可纠正的;(3) 可补偿的,可补救的,可弥补的;(4) 可恢复的
REPAIRCON (=Standard Ship Repair Contract) 标准修船合同
Repaired 修理过的,经补修的
Repairer 修理厂商,修理工,修理者
repairer's liability insurance 船舶修理人责任保险
repairing account 修理账目
repairing base 修船基地
repairing basin 修船池,修船坞
repairing chief 修船主任
repairing cost 修理费
repairing dock 修船坞
repairing shop 修理车间
repairing work 修理工作
repairing yard 修船厂
repairman (=RPMN) (1) 装配工,安装工;(2) 修理工,修配工,检修工
repairman shop 修理厂
repairs 修理工作,维修工作
reparable (1) 可修复的;(2) 可挽回的;(3) 可补偿的
reparametrization 再参量化
reparation (1) 维修工程,整修工程,恢复,修复,修理,修补,修缮;(2) 补偿,赔偿,赔款,补救,弥补
reparation agreement 赔偿协定
reparation for damage 损坏的恢复
repartition (1) 重新分配,再分配,分布,分配;(2) 重新划分,再分割,再分隔,再区分
repass 重新通过,再经过,再通过,再穿过
repaste 重涂,再涂
repatch 修补[炉衬]
repatching 修补[炉衬]
repatriation of seaman convention (=RSC) (1926年)海员遣返公约
repay 付还,偿还,补偿,报答,
repayable 必须支付的,应支付的
repayable to either 可偿付任何一方
repayment 偿付的款项,偿还,补还,报答
repayment of principal 偿还本金,还本
repayment period 偿还期
REPD (=Reported) 据报告的,报告的
REPD (=Reported But Not Confirm) 据报但未证实
repeal 废除,废止,撤销,取消,作废
repeat (1) 反复出现,重复,重做,再做,反复,复制,拷贝,循环,代替;(2) 重发,转播,转发,中继;(3) {轧}围盘轧制
repeat-back 指令应答发射机,回复信号发送装置
repeat back (传送装置)回答指令
repeat circuit 中继电路,转发电路
repeat compass 复示罗经
repeat counter 重复计数器
repeat current 转发电流,中继电流
repeat examination 复验
repeat feed 重复进给,分级进给
repeat frequency 重复频率
repeat key 复算键
repeat-rolling 反复轧制,围盘轧制
repeat sign 重复记号
repeat signal 重复信号
repeat start failure 重复起动失败
repeatability (1)可重复性,反复性,再现性,重复率;(2)重复定位精度,复测正确度,复测不变性,复验性;(3) 复现性
repeatability error 重复性误差
repeatable 可重复的,可复现的
repeatable accuracy 可重复精度
repeatable result 有 复验性的结果
repeatable robot 重复型机器人
repeated (1) 重复的,反复的,多样的,多重的,复变的;(2) {轧}围盘轧制的

repeated admission 重复进气
repeated bend test 弯曲疲劳试验
repeated bending 反复弯曲
repeated cycle 重复周期
repeated difference 累差分
repeated frequency 重复频率,帧频
repeated impact test 多次冲击试验,冲击疲劳试验
repeated integral 反复积分,重积分,累积分,叠积分
repeated limits 累极限
repeated load 反复载荷,重复负载,重复载荷,循环载荷
repeated-load test 反复负载试验
repeated midpoint formula 合成的中矩形公式,中矩形法则
repeated order 重复订单
repeated root {数}重根,叠根
repeated solution 反复求解
repeated stress 二次应力,交变应力,反复应力,重复应力
repeated stress failure 交变应力损坏,疲劳断裂
repeated stress test 疲劳试验
repeated tension and compression test 拉压疲劳试验
repeated test 重复[负载]试验
repeated torsion 反复扭转
repeated torsion test 扭曲疲劳试验
repeated use 重复使用
repeatedly 重复地,反复地,再三地
repeater (1) 传输装置,增音机,帮电器,变压器;(2) 中继线路,中继机,中继器,中继站,中继台,重发器,转发器,转播器;(3) (轧制)围盘,活套轧机的机座;(4) 回转罗盘装置,复示器,分罗经;(5) 转换线圈,重复线圈,变压器;(6) 连珠枪,连发枪;(7) 循环小数;(8) (船舶)代用旗
repeater board 增音机架,增音机台,中继机台
repeater compass 复示罗经,分罗经
repeater distribution frame 中继器配线架,分配电板
repeater exchanger 中继交换机
repeater gain 中继器增益
repeater gyro-compass 回转罗盘复示器,电罗经复示器,分罗经
repeater gyrocompass 陀螺罗经复示器,回转罗盘分罗经
repeater jammer 中继干扰机
repeater lamp switch 分罗经照明灯开关
repeater log 计程仪航速复示器
repeater office 中继站
repeater pennant 代字旗(用以代替重复的旗号)
repeater relay 转发继电器,帮电继电器,中继继电器
repeater scope 附加显示器,加接显示器,中继指示器
repeater section 增音段,中继段,帮电段
repeater selector 中继选择器,复述选择器
repeater ship 信号传达船
repeater signal 复示信号,中继信号
repeater station 中继站
repeater system 重发系统
repeater test rack 中继器测试架
repeater-transmitter 中继发射机
repeating (1) [增音]放大,转播,转发,中继,接力;(2) 重复,循环
repeating amplifier 增音[机]放大器
repeating coil 中继线圈,转续线圈
repeating decimal {数}循环小数
repeating installation 中继装置,帮电装置
repeating point 重复调谐点
repeating relay 转发继电器
repeating rifle 转轮枪,连发枪
repeating selector 中继选择器
repeating signal 重复信号器
repeating station 广播转播电台
repeating watch 打簧表
repel (1) 拒绝,抵制;(2) 排斥,推开,推斥,弹回,击退;(3) 除掉,防,抗
repellence (=repellency) 抵抗性,相斥性,排斥性
repellent (1)不透水的,防水的;(2)排斥的,相斥的,弹回的;(3)防水物,防虫剂;(4) 拒斥力,排拒力
repeller (1) 离子反射极,反射极,推斥极,板极;(2)弹回装置;(3) (液压变扭器)被动蜗轮;(4) 导流板,栏板
repeller mode 反射极振荡模
repeller type oscillator 反射型振荡器
repeller type tube 反射型电子管
repelling board 挡板
repelling force 推斥力,排斥力

repeptization 再胶溶
repercolation 重新渗滤,再渗滤[作用]
repercussion (1)弹回,跳开,反撞,反击,反冲,反光,反射,撞回;(2)后坐力,回冲击;(3)相互作用,反应,反响,影响
repercussive 反应的,反响的,反射的
reperforator 自动纸带穿孔机,接收穿孔机,收报穿孔机,复穿孔机
reperforator switching center 自动纸带穿孔机转换中心
repertoire (1)(电脑)指令表;(2)(完整的)清单,目录;(3)所有组成部分,全部技能
repertory (1)知识库,贮藏物,仓库,库容;(2)指令系统,指令表,索引,清单,目录;(3)贮存搜集
reperuse 重新仔细阅读
repetend 小数的循环节
repetition (1)重复,反复,循环;(2)复制品,模仿物,副本,拷贝;(3)重复测角法;(4)再现,重现,重述
repetition frequency 重复频率
repetition impulse 重复脉冲
repetition instruction 重复指令
repetition interval 重复时间间隔,脉冲周期,重复周期,重复间隔,循环间隔
repetition measurement 复测
repetition method 复测法,反复法
repetition period 重复周期
repetition pulse 重复脉冲
repetition rate (脉冲)重复频率,重复率
repetition-rate divider 重复频率分频器
repetition rate of the exponential 指数律振动周期
repetition rate or recurrence rate (=RR) 重复率或再现率
repetition test 重复试验
repetition time 重复时间
repetition work (1)成批加工;(2)仿形加工
repetitional 重复的,反复的
repetitionary 重复的,反复的
repetitive 重复的,反复的
repetitive accuracy 重复精度
repetitive analog computer 重复模拟计算机
repetitive computer 重复[运算的]计算机
repetitive error 重复误差
repetitive-load 重复荷载,反复荷载
repetitive load 重复荷载,反复荷载
repetitive loading 反复荷载,重复荷载
repetitive manufacturing 大量制造,成批制造,重复生产
repetitive routine 重复程序
repetitive shock 重复冲击
repetitive stress 重复应力,反复应力
repetitive type computer 周期运算计算机,重复运算计算机
repetitiveness 重复性,重复率
rephosphoration 磷含量回升,回磷
rephosphorise (=rephosphorize) 回磷,复磷
rephosphorised steel 回磷钢
rephosphorize 回磷,复磷
REPIN (=Reply If Negative) 如果没有请答复,若不行请答复
repipe 调换管段,换管子
replace (1)更换,代替,替换,调换;(2)放回原位,复位,复原,复位;(3)置换,代换,取代;(4)移位
replace the hose 换新软管
replaceability 替换性
replaceable 可放回原处的,可复原的,可替换的,可置换的,可更换的,可互换的,可代换的,可取代的
replaceable bit 可替换刀头
replaceable cartridges 可更新的药剂筒
replaceable cutter tooth 可换式钻头切刀,可更换刀齿
replaceable cutter teeth 可换式钻头切刀齿
replaced goods 更换的货物
replaced position line 移线位置线,转移船位线
replacement (1)替换,更换,调换,换出,取代;(2)替换件,更换件,代替物;(3)置换;(4)放回原位,移位,复位,换位;(5)复置,重置
replacement bearing 替换轴承,备用轴承
replacement certificate 换新证书
replacement charge 更换费用
replacement clause 修复条款(对机件损坏负修复责任)
replacement cost 设备更新费,重置成本,重置费
replacement cycle 更新周期
replacement equipment 更换设备

replacement gear 替换齿轮,齿轮备件
replacement life 更换前使用寿命
replacement of foundation 基础替换
replacement of M by N 用N来代替M
replacement of M with N 用N来替换M
replacement part(s) 替换[零]件,配件,备件
replacement period (机械设备的)更新周期
replacement pile 钻孔灌注桩
replacement policy {计}置换规则
replacement problem 置换问题
replacement reaction 置换反应
replacement series 置换系列
replacement steps 替换蹬
replacement wheel 备用轮
replacer (1)装卡工具,嵌入工具,取换工具;(2)拆装器,换装器
replacing (1)转换,取代;(2)更换
replan 重新计划,重新规划,再计划
replating 金属堆焊,金属补焊
replenish (1)再装潢,装满,填满,充满,补充,补给,补足,加强;(2)添加,添补;(3)再充电
replenish period 灌注期,补给期
replenisher (1)补充器,充电器,调节器,补充液,补充物;(2)(保持平方律电表指针电位的)感应起电器,感应起电机;(3)显像剂,显影剂
replenishing 再充电
replenishing tank 补给油柜(液压舵机的附属装置)
replenishing valve 补给阀
replenishment (1)新的供应,补充物;(2)再装满,再供给,再补给,再补充,充实,注足,补足
replenishment at sea 海上补给
replenishment at sea bill 海上补给单
replenishment pump 补给泵,充液泵
replenishment ship 海上补给船,供应船
replete (1)充分供应的,充实的,充满的,装满的,丰富的,饱和的;(2)无线电转播
repletion 装满,充满,充实,饱和,充足
replica (1)复制品,拷贝,复印;(2)复制光栅,复制试样;(3)仿形;(4)重复
replica grating 复制衍射光栅
replica of M 和M一模一样
replica plating 复制平版法
replica test 重复试验
replicability 可复制性
replicable 可反复实验的,可复制的
replicate (1)重复,复制,复现;(2)折弯,折回,折叠;(3)复制的,折弯的,折回的,折转的,反叠的;(4)同样的样品,重复的实验,重复的过程
replicate determination 平行测定
replication (1)重复试验,反复的实验,重复,复现,折转,弯回;(2)复制品,复制,复印,拷贝;(3)回声,反响;(4)回答,答辩
replicator 复制器
replier 回答者,答复者
replot (1)改建,重建;(2)重调谐;(3)重划分,重制(图表)
replotting (1)改建,重建;(2)重调谐;(3)重画曲线
reply (=RPY) (1)回答,答复,应答,回复,回信;(2)反响,回响
reply delay 延迟回答
reply for 代表……回答
reply handwheel 回令手轮
reply if negative 如果没有请答复,若不行请答复
reply paid (=RP) 回电费已付
reply pointer (机舱传令钟的)回令指针,回令指示器
reply pulse 回答脉冲
repoint (1)重勾灰缝,重嵌灰缝;(2)锻伸,补焊
repolarization 重新极化,复极化
repolish 再抛光,再磨光
repolymerization 再次聚合
repopulation 重新布局
report (1)报告,汇报,公报,记录;(2)发表,报导,报表;(3)通报,通知;(4)报告书
report and memoranda (=ram) 工作报告及备忘录
report audit summary (=RAS) 报告审查摘要
report bullion bar 标定金银锭
report center 通信中心站
report file {计}数据传送外存储器,报告外存储器,报告文件
report generator 报告文件处理机,报告程序编制器

report heading 报表提要,报表头
report of a burst tire 轮胎爆裂声
report of cargo damage survey 货物损害鉴定证书
report of clearance 船舶出口报告书,船舶出路许可证
report of damage or improper shipment 损坏或装货不当的报告
report of deviation 绕航报告
report of entry 进口报告书
report of investigation (=RI) 调查报告
report of inward vessel 船舶进口报告书
report of irregularity 事故报告
report of non-conformities 不合格项的报告
report of oil analysis 油样化验报告
report of sea casualty 海事报告
report of shipment 装载报告
report of survey 调查报告
report of undelivered container 集装箱催[提]单
report on accident 事故报告
report on credentials 证书报告
report on exception to cargo discharged 卸货事故报告书
report on incident 事故报告
report on infringement of regulations 违章报告
report on pilotage accident(=RPA) 引航事故报告
report on pollution accidents by ship(=RPAS) 船舶污染事故报告
report on port state control inspection (=RPSCI) 港口国管理检查报告
report on ship's movement (=RSM) 船舶运行报告
report on-the-spot survey of pollution accident by ship (=RSPAS) 船舶污染事故现场报告
report on traffic accident on inland waters (=RTAIW) 内河交通事故报告书
report program generator 报表程序生成器
report writer 报告记录器
reported 据报(当位置未确定时)
reported but not confirmed 据报但未证实
reported date 报告日期
reported discontinued (灯浮)据报已停止使用
reported extinguished (灯浮)据报已熄灭
reporter (1)指示器;(2)指针;(3)报告人,报告者,记者
reporter general (学术报告的)总报告人
reporting day 报告日
reporting form (1)报表;(2)报告式保单
reporting paper 报告表
reporting point (=RP) 报告点
repose (1)安静,静止,平静;(2)安放在,放置在,坐落在,建立在,基于,放,置;(3)信赖,依靠;(4)蕴藏
repose period 静止期
reposit (1)贮存,贮藏,保存;(2)放回原处,使返回
reposition (1)改变位置,放回原处,运回原地,复原位;(2)贮存,贮藏,保存
repository (1)贮藏室,贮藏所,仓库;(2)数据贮存器,容器;(3)陈列室,博物馆
repossess 重新获得,重新占有
repour 再浇注,再浇灌
repoussé (金属的)敲花细工
repower (1)改建动力装置,重新匹配动力;(2)过渡到新的拖动方式
reprecipitation 再[度]沉淀
repreparation 再选
represent (1)代表,代理,表现,显示,象征,体现;(2)描述,描绘,阐述,叙述;(3)说明,表示,表达,指出;(4)相当于,意味着,是,有;(5)提出异议,提供,模拟
represent dynamically 动力模拟
representable 能加以描绘的,能被代表的
representation (1)表示法,表达式,表示;(2)图像,图画;(3)再现,体现,表现;(4)重显,显示;(5)说明,建议,陈述,描述,请求;(6)代表权,代表,代理;(7)模型,模拟
representation of knowledge 知识表示[法]
representation of number 数字表示
representation of surface 曲面表示法,曲面表示,曲面表象
representative (1)典型,标本,样品;(2)[船东]代表,代理;(3)有代表性的,代表的,象征的,典型的,代理的;(4){数}表示式
representative circulating time (计算机的)典型工作周期
representative division 代表处
representative fraction 比例尺,缩尺
representative in charge (=RIC) 总代表

representative module 表示模
representative money 代用性货币,纸币
representative of ship owner 船东代表
representative sample 代表性试样,典型试样,样本
representative scale 惯用比例尺
representative section 代表性剖面,等效剖面
representative temperature 特性温度,示例温度
representative value 代表值,表示值,典型值
representativeness 代表性
repress (1)抑制,制止,约束,压制;(2)补充加压,再压缩,再压
repress oil 制砖用油,陶瓷用油
repressible system 阻遏系统
repression 压抑,制止,抑制,阻遏
repressive 压抑的,抑制的,阻遏的
repressor 压抑剂,阻遏物
repressuring 补加压力,再压
repressuring gasoline 加丁烷汽油,加压汽油
repressuring of gasoline [添加丁烷]增加汽油蒸汽压
reprint 重印,翻印,再版,翻版
reprint edition 旧书再版,廉价版
reprise (1)租金;(2)赔偿;(3)重新开始,再发生,再活动
repro-proof 制版清样
repro proof 制版清样
reprocess (1)重新处理,再处理,后处理,再加工,精制,改造;(2)使再生,(核燃料)回收
reprocessing (1)重新处理,再处理,后处理,再加工,精制,改造;(2)使再生,(核燃料)回收
reprod (=receiver protective device) (1)接收机保护装置;(2)天线转换开关
reproduce (1)复制,仿制,再制,重作,翻印,复印,显像;(2)再生,再现,重发,重演,还原
reproduce to scale 按比例复制
reproduceable 能再生的,能复制的,可重复的
reproduced image 重显图像,显像
reproduced image contrast 重显图像对比度
reproduced image resolution 重显图像分辨力
reproduced model moulding 实物造型
reproduced receive image 收像,显像
reproducer (1)复制设备,复制机,复制器,再生器,重现器;(2)复穿孔机;(3)扬声器,扩音器;(4)累加信息重现装置,再现设备,再现装置,再生程序
reproducibility (1)可复制性,可复演性,再生性,再现性;(2)复现性,复验性,重复性
reproducibility of tests 试验结果的复验性,试验结果的再现性
reproducibility range (试验)重复性范围
reproducible (=reproduceable) (1)可再生的,能再生的;(2)可复制的,可再现的,能再现的,能复现的;(3)能复写的
reproducible results 有复验性的结果,重复的结果
reproducing (1)再现的;(2)放音的
reproducing amplifier 再生放大器,放音放大器
reproducing output 重现输出,放音输出
reproducing punch 复穿孔机
reproducing stylus 放音针,放声针,唱针
reproduction (1)再生产;(2)仿制,仿造;(3)再生,再现;(4)重发;(5)复制,复写;(6)复制品
reproduction cost 再生产成本,复制成本,重置成本
reproduction factor 重现因数,再生因数
reproduction of color 彩色重显,彩色再现
reproduction of image 图像重显
reproduction of sound 声的重发
reproduction period 再生产期
reproduction process 复制过程
reproduction-proof 清样
reproductive (1)再生产的;(2)再生的,再现的;(3)重发的;(4)复制的,复写的;(5)多产的
reproductive cycle 再生循环
reprogram 改编程序,改编设计,重编程序,程序重调,改编
reprogrammability 可反复编程
reprogramming 重编程序,改编程序,改变程序,程序重调
reprographic 电子翻印[术]
reprographic system 影印系统
reprography 电子翻印[术],复制术
reprogression 组织循环重排
repropellent 添加推进剂

reproportionation 逆歧化反应

REPS (=Regulation of Explosives in Passenger Ships) 客船中爆炸品的规定

REPS (=Representative) 代表

REPSH (=Repair Shop) 修理厂，修理所

REPT (=Repeat) 重复，反复，重发

REPT (=Report) (1) 报告，报导；(2) 汇报，通知

reptant test 蠕变断裂试验

repture test 蠕变断裂试验

republish 重新公布，再发行，再版，翻印

repudiate 拒绝，否认，抛弃

repudiation 作废，取消

repugnancy clause 抵触条款

repugnant (1) 不一致的，不相容的，不可混的，矛盾的；(2) 对抗的，相斥的，(3) 令人厌恶的

repulpator 再浆机

repulse (1) 拒绝，排斥，反驳，驳斥，拒，斥；(2) 击退

repulse excitation 推斥激励，碰撞激励，冲击激励

repulsion (1) 反推作用，推斥，拒斥，排斥；(2) 推斥力，推力，斥力；(3) 拒绝，反驳，驳斥

repulsion and induction type single phase motor 推斥感应型单相电动机

repulsion coil (陀螺球) 上托线圈

repulsion force 排斥力，推斥力，斥力

repulsion induction motor 推斥感应电动机

repulsion motor 推斥电动机

repulsion start induction motor 推斥起动感应电动机

repulsion start type 推斥起动型

repulsion type motor 推斥型电动机

repulsive 推斥的，排斥的，斥力的

repulsive force 推斥力

repulsive potential 推斥势

repulverize 重新粉碎，再粉碎

repumping installation 泵回设施

repurged 重新吹除的

repurification 再净化，再提纯

repurifier 再 [提] 纯器

repurify 再提纯

REQ (=Request) (1) 请求；(2) 申请书

REQ (=Required) 需要的，要求的

REQ (=Requisition) (1) 要求，强求；(2) 征收，征用；(3) 申请书，请求书；(4) 必要条件

REQAPP (=Request Approval) 请求批准

REQCAN (=Request Cancellation) 请予取消

request (=RQ) (1) 申请，请求，要求；(2) 需要；(3) 申请书；(4) 点播节目，点播

request action message 请求干预信息

request approval 请求批准

request bridge control 驾驶台请求遥控

request cancellation 请予取消

request for autograph 请求签名，要求签字

request for bid 招标

request for classification 入级申请

request for information 要求提供资料，要求提供情况

request for proposal (1) 请求发盘，请求出价；(2) 征求方案

request for quotation 请求报价，请求投标

request for scientific research (=RSR) 科学研究申请

request note 请求书

request pending light 请求待处理灯

request repeat system 请再送式，复送式

request-send circuit {计} 请求发送线路

request sending circuit {计} 请求发送线路

request stacking {计} 请求处理，请求加工

request stop 随意停机

request to receive (=RTR) 请求接收

request to send 请求送信，传送请求

requested 要求的

requested test 要求的试验

require (1) 要求，请求，申请；(2) 需要；(3) 命令；(4) 订货

required field intensity 所需场强

required power 需用功率

requirement (1) 需求，需要，要求；(2) 需要的条件，[必要] 条件，技术条件；(3) 规格；(4) 资格；(5) 需要量；(6) 必需物品，必需品，需要物

requirement contract 出售买方所要求货物的合同

requirement for life saving equipment 救生设备配置定额

requirement vector 要求矢量

requirements definition 要求定义

requirements description language 要求描述语言

requirements for quality 质量要求

requirements of society 社会要求

requirements vector 要求矢量

requisite (1) 必要条件，要素；(2) 必需品；(3) 必不可少的，必须的，必要的

requisite amount 需要量，规定量

requisite for 为……所必需的，……的必需品

requisite instructions and sailing directions 必要的指示和航行命令

requisition (= RQN) (1) 要求，请求，强求，需要；(2) 必要条件；(3) 征收，征用；(4) 申请单，申请书，请求书；(5) 通知单，调拨单，请购单

requisition for material 材料申请单

requisition for money 拨款要求，请款单

requisition for opening/closing hatch 开关舱申请

requisition for sweeping (=RS) 扫舱申请单

requital 报答，报复，补偿

requite 报答，答谢，报复

reradiate (1) 再辐射；(2) 反向辐射，逆辐射，重辐射；(3) 转播

reradiation (1) 再辐射；(2) 反向辐射，逆辐射，重辐射，，(3) 转播

reradiation factor 再辐射系数

rerail 复轨

rerailer 复轨器

rerail(l)ing 置放轨上

rerail(l)ing frog 复轨辙叉

rerating 重新规定，重新定额

reread 重新读，再读

rereduced 再还原的

rerefine 再精炼

rerefined oil 再生润滑油

rerefining 再精制

rereflect 再反射

reregister 重新对准，再对准，再配准，再套准，再定位

reregistered emitter 再对位射极

reregistration 重新对准，再对准，再配准，再套准，再定位

reregistration step {计} 重复对准步序

reregulating 重新调整，重新调节，再调整，再调节

rering (1) 重复振铃呼叫，重发振铃信号，再呼叫；(2) 更换活塞环

reroiler 重卷工

reroll (1) 二次轧制，再轧；(2) 重绕，再绕

rerollable [可以] 重新再轧的

rerolled steel 半成品钢

rerolling quality blooms 优质方坯

reroute 改变运输路线，改变航线，改道

reroutine 重制定航线，重新定线

rerouting 改变路线

rerun (1) 重新运行，重新运转，重复运行，重新开动，再启动，再开动，再运转；(2) 再处理，再试验，再蒸馏；(3) 重复，重演

rerun bottoms 再蒸馏后的残油

rerun routine 重新运行程序，重算程序

rerun yield 再蒸馏产率

rerunning still 再蒸馏锅

rerunning unit 再蒸馏设备

RES (=Relay Earth Station) 中继地面站

RES (=Rescue) 救助，救援，营救

RES (=Research) 研究，调查，探索

RES (=Reserve) 预备，预约

RES (=Residue) 剩余

RES (=Resistance) 电阻，阻力，阻抗

RES (=Resistor) 电阻器，电阻

RES (=Rule of Employment of Seaman) 船员就业规则

resail 再航行，回航

resale 转卖，再卖

resale price maintenance (=RPM) 不得低价转售商品的规定，再售价的维持

resample 重新取样，重复取样，再取样

resampling 重新取样，重复取样，再取样

resaturate 再饱和

resatuation 再饱和

resaw 锯成片段，再锯，解锯

RESBEN (=Responder Beacon) 应答信标

RESC (=Rescind, Rescinded, Rescinding)　取消, 撤回

rescaling　尺度改变, 重订尺度, 改比例

RESCAN (=Reflecting Satellite Communication Antenna)　卫星通信反射天线

rescanning　二次扫描, 重扫描

rescap　封装阻容

rescatter　重散射, 再散射

reschedule　重新排定, 重新安排(计划、进度等)

rescind　取消, 撤销, 撤回, 废除, 解除

rescission of contract　撤销合同

rescrape　重刮, 刮研, 刮光

rescreen　二次筛分, 再筛分, 再筛选, 再过筛

rescreener　再筛分用筛

rescreening　再筛分, 再筛选

rescript　(1)命令; (2)重写, 再写, 抄件

RESCU (=Radio Emergency Search Communication Unit)　无线电紧急搜救通信设备

rescue　救助, 救援, 营救

rescue aid　救援设备

rescue nd salvage tug　救助打捞船

rescue apparatus　救助设备

rescue auxiliary tug　辅助救助拖船

rescue basket　救助篮, 救助筐

rescue boat　救助艇, 营救艇, 救援船

rescue boat embarkation arrangement　救助艇登乘装置

rescue boat launching arrangement　救助艇降落装置

rescue boat recovery arrangement　救助艇回收装置

rescue breathing apparatus (=RBA)　救生呼吸设备, 救急氧气设备

rescue breathing gear　救生呼吸器

rescue clause　救助条款

rescue control center　(救助船上)救助操作室

rescue control/liaison system　救助控制 / 联络系统

rescue coordinating center　救助协调中心

rescue craft　救助艇

rescue equipment　救生设备, 救生器材

rescue equipment locker　救生设备柜

rescue escort　救助护航船

rescue gear sling　救助吊绳

rescue hatch　救生舱口

rescue ladder　安全梯

rescue launch　救生艇

rescue mission (=RSM)　救助任务

rescue motor launch　救助机动艇

rescue ocean tug　(美国)远洋救助拖船

rescue operation　救助作业, 营救行动

rescue party　抢救队

rescue path　应急通道, 逃生通道, 救援通道

rescue plan　救助计划

rescue rig　救生设备

rescue service　救助服务

rescue ship　救助船, 救援船

rescue station　救助中心, 救助站

rescue subcenter (=RSC)　救助中心分部, 分救助中心

rescue system　救助系统

rescue technique　救助技术

rescue tool　救助工具

rescue tug　救助拖船

rescue tug auxiliary (=RTA)　辅助救助拖轮, 辅助救助拖船

rescue unit (=RU)　(1)救助单位; (2)救助设备

rescue vessel　救助船, 施救船

rescue work　救助工作

rescuer　救助者, 营救者, 援救者

reseal　重新填缝, 重新密封, 再浇封层

resealed　重新填缝的, 重新密封的, 再浇封层的

resealing of joint　重新填缝, 接缝的重封

research (=R)　(1)(新产品)研制, 研究, 探索, 探测, 探究, 分析; (2)(复)学术研究; (3)检查, 勘查, 调查, 考察; (4)勘察, 搜索

research agency　研究机构

research approach　科研途径, 研究方法

research analysis (=RA)　研究分析

research and development (=RAD)　(1)新产品研制; (2)研究与发展, 研制与试验

research and isotope reactor (=RIR)　研究和制备同位素的反应堆

research and technique (=RT)　研究与技术

research and training centre　研究与训练中心

research bureau　研究所

research catamaran　双体考察船

research center (=RC)　研究中心

research facilities　(1)研究设备, 研究装置; (2)研究室

research fellow　研究员

research in supersonic environment (=RISE)　超声环境的研究

research institute　研究院, 研究所

research institute for advanced studies (=RIAS)　先进学科研究所, 高级研究所

research intensive　科研密集型

research laboratory　科学研究实验室

research library (=RL)　研究用图书室

research machine　研究用飞行器, 实验飞机

research memorandum　研究备忘录

research octane number　(汽油的)研究法辛烷值

research-on-research　科学管理, 科学指导

research platform　海洋研究平台

research report (=RR)　研究报告

research satellite for geophysics (=RSG)　地球物理研究卫星

research ship (=RS)　勘查船, 考察船, 研究船

research ships of opportunity (=RSO)　兼任海洋研究的商船

research test site (=RTS)　研究试 [现] 场

research test vehicle (=RTV)　研究试验飞行器

research trial　研究试验

research vehicle　科学调查船,

research vessel　考察船, 调查船

research vessel unit　考察船队

research work　研究工作

research worker　研究工作者

researcher　研究工作者, 研究人员, 调查者

researchist　研究工作者, 研究人员, 调查者

reseat　(1)研磨, 研配; (2)修整(如阀座); (3)换新底座, 使复位

reseater　(1)阀座; (2)阀座修整工具, 阀座修整器, 磨合器

reseating　座的修整(如阀座)

resection　(1)后方交会法, 反切法, 截点法; (2)交叉, 截断; (3)切除

resection in space　空间后方交会

resell　转卖, 再卖

resemblance　(1)类似 [处]; (2)相似 [性], 相似 [点、物、程度]; (3)外形特征, 外观, 外表

resemblance to　与……相似

resemble　类似, 相似, 仿造, 比拟, 比较

resene　含氧树脂类, 碱不溶树脂, 氧化树脂

reservation　(1)备用, 储备, 后备; (2)预定, 预订, 预约, 保留, 保存; (3)专用地, 保留地, 保护区; (4)附加保留条款, 保留权益; (5)限制条件, 先决条件, 保留条件

reservation clause　保留条款

reservation of public order (=RPO)　公共秩序保留

reservation price　最低销售价格, 保留价格

reserve　(1)保存, 保留, 保持; (2)代用 [品], 备用; (3)预约, 预订, 预定, 预备, 储备, 储藏; (4)后备基金, 储藏物, 储备物, 储备量, 储备品, 储备; (5)裕量, 余量; (6)备用的, 备份的, 预备的, 储备的, 后备的, 多余的, 保留的, 限止的; (7)保留条件, 先决条件

reserve account　准备金账户, 公积金账

reserve antenna　备用天线

reserve battery　备用电池

reserve bunker　备用燃油舱, 备用燃料舱, 备用煤舱

reserve bus-bar　备用电缆

reserve cable　备用汇流线, 备用母线, 备份电缆

reserve capacity　备用功率, 储备容量, 备用容量, 储备能力, 备用能力

reserve capital　准备资本, 公积金

reserve center　准备中心

reserve coal bunker　备用煤舱

reserve engine　备用发动机, 应急发动机

reserve equipment　备用设备

reserve feed　备用给水

reserve feedwater　准备饮用水, 备用给水

reserve feedwater tank　备用给水柜

reserve fuel　贮备燃料

reserve fund　储备金, 公积金

reserve gate　备用闸门

reserve generator　备用发电机, 应急发电机

reserve horsepower　储备马力

reserve installation　备用设备

reserve inventory 储备货物
reserve lamp 备用灯
reserve lever 倒挡操纵杆, 回动手柄, 回动杆
reserve light 备用灯
reserve lubricating oil tank 备用润滑油柜, 滑油储存箱
reserve machine 备用机 [器]
reserve navigation light 备用航行灯
reserve of damage stability （船舶）破舱稳性储备量
reserve of holding power （锚的）抓力储备
reserve of stability 稳性储备
reserve oil bunker 备用燃料柜, 备备用柜, 燃油舱, 备用燃油艇
reserve parts 备件
reserve power 储备功率
reserve power station 备用发电站, 辅助发电站, 应急发电站
reserve-power source installing system 备用电源设备系统
reserve power station 辅助发电站, 备用发电厂
reserve power supply 备用电源
reserve price 最低价格, 保留价格, 底价
reserve protection 后备保护
reserve pump 备用 [水] 泵
reserve radiotelegraph installation 备用天线电报设备
reserve receiver 备用收信机
reserve set 备用机组
reserve source of electric power 备用电源
reserve space 保留舱容
reserve speed 保留航速, 最高速度, 应急速度
reserve storage 储备仓库
reserve strength 储备强度
reserve switchboard (=RSB) 备用配电板
reserve tank 备用柜, 备用舱
reserve transmitter 备用发信机
reserved (1) 保留的, 限制的; (2) 预订的, 预备的
reserved area 保留区
reserved as spare 备用
reserved inventory 保留存货
reserved seaplane area 水上飞机专用水域
reserved seat ticket frame 定座票价
reserved space 备用舱
reserved stock 后备存货
reserved volume of traffic 保留货载
reserved word {计} 保留字, 预定字
1186 reservice 重新修理
reservicing 重新修理
reservoir (1) 贮藏室, 贮藏所; (2) 贮器, 容器; (3) 储液空间, 储液器, 温水箱, 蓄水池; (4) 蓄油器, 储油器, 油罐; (5) 储存器, 储气筒, 储气瓶
reservoir capacitance 储存容量
reservoir capacitor 储存电容器, 充电电容器
reservoir capacity 储存能力
reservoir cupola （化铁炉的）前床
reservoir element 油池式折皱滤清元件
reservoir for lubricant 润滑液容器
reservoir ladle 铁水混合包
reservoir type power plant 蓄水式水电站
reset (1) 复位, 回位, 回零, 置零; (2) 重装, 重调, 重排, 重放, 重设, 重铺, 重镶, 重配, 再调整; (3) 清除; (4) 重新起动, (5) 转换, 转接, 换向, 翻转; (6) 制动手柄; (7) 列车制动器松开装置, 复原装置, 复位装置
reset action 比例加积分作用, 重调作用
reset and add 清加
reset and subtract 清减
reset attachment 复位装置, 重调附件
reset button 重复起动按钮, 复原按钮, 复位按钮, 清除按钮
reset coil 复位线圈
reset condition 原始状态, 复原状态, 复位条件, 清除条件
reset contactor 复位接触器
reset control 复位控制
reset device 复位装置
reset error 复位误差, 复原误差
reset flip-flop 复位触发器
reset gate 复位门
reset-input 复位输入
reset knob 重复起动按钮, 可调按钮, 换向按钮
reset lever 复位杆

reset mechanism 复位机构
reset operation 积分作用, 积分运算, 重调动作
reset pin 复位销
reset pulse 置零脉冲, 清除脉冲, 复位脉冲
reset rate (1) 恢复系数, 复位率; (2) 置零速度, 复位速度
reset relay 恢复继电器, 复位继电器, 跳返继电器, （原始状态）继电器
reset response 无静差作用, 复位作用
reset set flip-flop 置位复位触发器
reset setting 复位调整
reset signal 重新设定信号
reset speed 复位速度
reset switch 复位开关, 重调开关, 转换开关
reset terminal 零输入端, 恢复端, 翻转端
reset time 积分时间, 重调时间, 转换时间, 复位时间, 恢复时间, 清除时间
reset-to-n 复位到 n, 预置 n
reset valve 微调阀, 重调阀
resettability (1) 可重调性; (2) 复位能力
resettable 可重放的, 可重排的, 可重装的, 可复位的, 可清除的
resetter 复归机构, 恢复机构, 恢复元件
resetter-out 再平展
resetting (1) 重新调定, 重新定位, 重复定位, 重调; (2) 复位, 回位, 还原, 清除
resetting cam 回动凸轮
resetting device 再调整装置, 复位装置
resetting mechanism 复位机构
resetting of zero 调回到零位, 零复位
resetting tool 复位工具, 调整工具
resetting torque 恢复转矩
resettle 再沉淀, 再沉积, 再沉降
resettled 再沉淀的, 再沉积的, 再沉降的
resewn 重新缝补的
resewn bags 重新缝合的包袋
reshape (1) 恢复原先形状, 重新修型, 重新修整, 重修整, 再造型, 整形, 修改; (2) 赋以另外形式, 具有另外形式
reshaper 整形器
reshaping （电工）脉冲整形
resharpen 重新变锋利, 重新磨快, 再磨快, 再磨利
reshear （钢板）修剪机, 精剪机
reshearer 剪板工
reship 再次装船, 重新装船, 重新装运, 转船, 换装
reshipment 重新装船, 重新装运, 转载, 转运, 换装
reshuffle 重配置, 重安排, 改组, 转变, 撤换
resid 残油, 渣油
reside (1) 存在, (2) 保存; (3) 归属, 属于
reside theorem 留数定理
residence (1) 滞留, 停留, 保留, (2) 保留时间
residency 高级训练阶段
resident (1) 固有的; (2) 居住的, 居留的; (3) 驻工地的, 常住的, 驻扎的; (4) 居民; (5) 驻外代表
resident engineer 驻工地工程师, 驻段工程师
resident inspection 驻厂检查员
resident supervisor {计} 驻留管理程序, 常驻管理程序
resident time 停留时间
residua (residuum 的复数) (1) 残留物, 剩余物, 残渣; (2) 副产品; (3) {数} 残数, 残差, 留数, 余数, 余额, 偏差
residual (1) 残留的, 残余的, 剩余的; (2) 残余, 剩余, 差额; (3) {数} 级数的余项, 剩余自差, 残数, 余数, 余量, 残差, 偏差; (4) 残数的, 残差的
residual amplitude modulation 残余调幅
residual area 剩余面积
residual attenuation 剩余衰减, 净衰减, 总衰减
residual austenite 残余奥氏体
residual capacitance 残余电容, 剩余电容
residual capacity 剩余电容
residual charge 剩余电荷
residual compressive stress 残余压应力
residual cost 残余成本, 账面净值
residual current 剩余电流
residual deformation 残余变形, 残留变形, 剩余变形, 永久变形
residual deposits 残积物
residual deviation 剩余自差
residual dynamic stability 剩余动稳性
residual effect 余效

residual elasticity 弹性后效, 残余弹性, 剩余弹性
residual electric charge 剩余电荷
residual electricity 剩电
residual elongation 残余伸长, 永久伸长
residual error (1) 剩余误差, 残余误差, 残留误差, 残差; (2) 漏检故障
residual error rate 漏检错误率
residual exhaust gas 残余废气
residual excitation 剩磁激励, 残余激发
residual field 剩余磁场
residual field method (磁粉探伤的) 剩磁法
residual flow 残余流量
residual flux density 剩余磁通密度
residual fraction 残余馏份, 尾馏份
residual fuel 剩余燃料
residual fuel oil 残留燃油
residual gas 残余气体, 剩余气体
residual grinding stress 残余磨削应力
residual hardness 残余硬度
residual image 残留图像, 余像
residual induction 剩余磁感应, 剩磁值
residual light 余光
residual list (船舶) 剩余横倾
residual loss 剩余损耗
residual magnetic flux density 剩余磁感应强度
residual magnetism 剩余磁感应, 残磁性, 乘磁
residual magnetism effect 剩磁效应
residual magnetization 残余磁化 [强度]
residual maximum stability level (船舶) 临界吃水
residual metacentric height (船舶) 剩余稳心高度
residual oil 燃料油, 渣油, 残油, 油渣
residual oil standard discharge connection 残油标准排放接头
residual phenomena 残留现象
residual polarization 剩余极化
residual pore pressure 剩余孔隙压力
residual pressure 剩余压力, 负表压
residual products 残余产品, 副产品, 残油
residual resistance (=RR) 剩余阻力
residual righting lever 剩余复原力臂
residual seawater pump 排污泵
residual shrinkage 残余性收缩, 剩余收缩
residual stability (船舶) 剩余稳性
residual stability area (船舶) 剩余稳性面积
residual stability range (船舶) 剩余稳距
residual stability requirement (船舶) 剩余稳性要求
residual stability standard 剩余稳性标准
residual stop 铁芯销
residual strain 残余应变, 剩余应变
residual strength 残余强度, 剩余强度
residual strength after wear and tear 磨损后残余强度
residual stress 残余应力, 剩余应力
residual stud 防粘螺栓
residual sum of square (=RSS) 残差平方和
residual tension stress 残余拉应力
residual type operation 残余式裂化操作过程
residual value 残余价值, 残值, 余值
residual variance 剩余方差
residual velocity 剩余速度
residual viscosity 残余粘度
residual voltage 剩余电压
residual water (水柜中的) 残余水
residual water height 剩余水位
residual water level 剩余水位
residuary (1) 残余的, 剩余的, 残留的; (2) 残余, 剩余; (3) {数} 偏差
residuary resistance 残余阻力
residue (1) 残余的, 剩余的; (2) 副产品, 残余物, 残留物, 剩余物, 炉渣, 残渣, 滤渣, 余渣, 渣滓, 残油, (3) (数) 残数, 留数, 余额, 余数, 余项, 余式; (4) 原子团, 根, 基
residue cargo 剩下货物
residue coke 残留焦炭
residue discharge rate 残余物排放率
residue modulus nine (=RMN) 以 9 为模数的余数, 模 9 剩余
residue of a function at a pole 在极点处函数的残数, 在极点处函数

的留数
residue of combustion 燃烧残余物, 燃烧残烬, 灰烬
residue of power {数} 幂剩余
residue on evaporation method 蒸发残留物法, 蒸发余渣法
residue on the sieve 筛剩残渣, 筛上余物
residue quantity 残余物数量
residue sliding 残留滑动
residue theorem 剩余定理, 余式定理, 残数定理
residuum (复 residua) (1) 剩余物, 残留物, (2) 残渣油, 残油, 残渣, (3) 滤渣, 余渣, (4) {数} 残数, 残差, 留数, 余数, 余额, 误差, (5) 原子团, 根, 基
resign (1) 辞职, 放弃; (2) 服从, 听任; (3) 重新签字, 重新盖印, 再签署
resign all hope 放弃一切希望
resign from 辞去
resign to 屈从于
resignaling project 重建信号计划
resignation (1) 放弃, 辞职, 辞呈; (2) 屈从, 听从, 顺从
resile (1) 回复原来位置, [弹性体] 回弹, 跳回, 跳回, (2) 能恢复原状, 有弹力
resilience (=resiliency) (1) 回弹能 [力], 回弹; (2) 弹性力, 恢复力, 弹性能, 弹能, 弹力; (3) 冲击韧性
resilience design procedure 回弹设计方法
resilience test 回弹 [性] 试验
resilience testing machine 回弹试验机, 冲击试验机
resiliency (1) 回弹能 [力], 回弹; (2) 弹性力, 恢复力, 弹性能, 弹能, 弹力; (3) 冲击韧性
resilient (1) 有弹性的, 有弹力的; (2) 弹回的, 跳回的
resilient anchor 弹簧防爬器
resilient coating (减震用) 弹性覆层
resilient connector (1) 弹性接头; (2) 挠曲性联轴节
resilient coupling (1) 弹性联轴节; (2) 弹性连接
resilient cushion member 弹性减震垫
resilient escapement 弹性摆轮
resilient fender 弹性防撞装置, 弹性碰垫
resilient floor 弹性地板
resilient mooring 减震式系船设备
resilient mounting 减振固定件, 减振器, 弹性机垫
resilient paper-type facing (离合器) 弹性纸质摩擦衬面
resilient strength 弹性强度, 复原强度
resilient supporting unit 弹性支承装置
resilient track 柔性履带
resilient type mooring 减震式系船设施
resiliently mounted 弹性固定的
Resilio (日) 微孔弹性橡胶纤维轧辊
resiliometer 回弹仪, 回弹计
resillage 网状裂纹
Resilon 一种沥青基衬料商品名 (用于化工设备, 在 150°F 以内抗酸抗碱)
resin (1) (天然或合成的) 树脂, 树胶, 松香, 松脂; (2) 树脂状沉淀物, 树脂制品, (3) 用树脂处理, 涂树脂
resin acceptor 中间粘结剂, 偶联剂
resin anchored bolt 树脂锚固锚杆法, 树脂固定销
resin-bed 离子交换树脂层
resin belt 树脂结合剂砂带
resin board 树脂板
resin bond 树脂粘合剂
resin bond wheel 树脂结合剂砂轮
resin bonded pigment 彩色树脂型颜料
resin bonded plywood 树脂胶合板
resin-bonded solid film lubricant 树脂基固体膜润滑剂
resin cement 树脂胶合剂
resin coated solder 涂塑相纸
resin-column 树脂交换柱
resin-core solder 松脂芯软钎料
resin core solder 松脂芯软钎料
resin duct (木材中) 树脂囊, 油眼
resin emulsion 树脂乳状液
resin emulsion paint 浮液型油
resin ester 酯化树脂
resin filled rubber 树脂配合橡胶
resin flake 树脂薄片
resin flux 流脂
resin-free 不含树脂的

resin-free oil 无树脂物润滑油
resin glass 树脂玻璃, 塑料玻璃
resin glue 树脂粘合剂, 树脂粘结剂, 合成树脂胶
resin-in-pulp 矿浆中树脂交换
resin-in-pulp extraction 树脂在矿浆提取
resin in pulp ion exchange 矿浆树脂离子交换
resin-ligand 树脂配合体
resin-ligand activity 树脂配合体活度
resin loaded paper 饱和树脂纸
resin loading encapsulation technique 树脂吸附封装技术
resin matrix 树脂基体
resin mold type transistor 树脂模盘型晶体管
resin oil 树脂油
resin over glue 砂布砂纸结合剂 [的] (上层为树脂的, 下层为胶的)
resin over resin 砂布砂纸结合剂 [的] (上下层均为树脂的)
resin paint 树脂漆
resin plaster 树脂膏
resin plasticizer 树脂增塑剂
resin plug (环氧) 树脂胶合塞
resin pocket (木材中) 树脂囊, 油眼
resin putty 树脂油灰
resin solution flammable 树脂溶液
resin solvency of spirits 汽油溶解树脂质的本领
resin spirit 树脂精
resin streak (层压品表面的) 树脂条纹
resin-tapper 树脂采集器
resina (拉) (1) 树脂; (2) 松香
resinaceous 树脂性的
resinamins 含氮树脂
resinate 树脂酸盐
resination 用树脂浸透, 树脂整理
resinder (树脂结合剂) 砂带磨光机
resinene 中性树脂
resineon (医用防腐) 树脂油
resiniferous 含有树脂的, 含脂的
resinification 树脂凝结成型, 用树脂处理, 树脂化 [作用]
resinify (1) 成为树脂状物质, 用树脂处理, 变成树脂, 使树脂化, 涂树脂, 树脂化; (2) 浸焦油, 涂焦油
resinize 用树脂处理, 涂树脂
resinogen 树脂原
resinographic 树脂显微照相的
resinography 显微树脂学
resinoic acids 树脂型酸
resinoid (1) 类树脂; (2) 热固性粘合剂, 热固性树脂; (3) [已] 熟 [化] 树脂; (4) 树脂型物, 赛树脂; (5) 树脂状的; (6) 芳香萃 (酒精萃取物)
resinoid bond 树脂粘合剂
resinoid wheel 树脂粘结的砂轮
resinol 石油的干油代用品, 树脂醇, 焦油醇, 松香油
resinolic acid 树脂酸
resinous (1) 具有树脂性质的, 含树脂的, 树脂的, 树胶的, 涂胶的; (2) 负电性的, 阴电性的
resinous plasticizer 树脂 [型] 增塑剂
resinous varnish 树脂系涂料
resinousness 树脂性, 树脂度
resinox (1) 酚 - 甲醛树脂; (2) 酯 - 甲醛塑料
resinter 压制品的烧结, 再烧结
resintering 压制品的烧结, 再烧结
resiny 树脂的
resiode 变容二极管
resipsa loquitur (拉) 事物本身会说明问题
Resisco 一种铜铝合金 (铜 90.5-91%, 铝 7-7.5%, 镍 2%, 锰 0-0.1%)
resist (1) 反抗, 抵抗, 对抗, 阻抗, 承受; (2) 阻挡, 阻碍, 抑制, 反对, 违背; (3) 保护性涂层, 保护层, 保护膜; (4) 抗蚀性; (5) 抗蚀剂, 防腐剂, 防染剂
resist compression 抗压
resist-dye 套染
resist film 保护膜, 抗蚀膜
resist heat 耐热
resist oxidation 抗氧化
resist pattern [光致] 抗蚀图 [形]
resist permalloy 高电阻坡莫合金, 强磁性铁镍合金
resist valve arrester 阀电阻避雷器
Resista 瑞西斯达铁基铜合金 (铜 0.2%, 磷 0.2%, 其余铁)

Resistac 瑞西斯达克耐蚀耐热铜铝合金 (铜 88%, 铝 10%, 铁 2%)
Resistal (1) 瑞西斯达尔铝青铜 (铜 88-90%, 铝 9-10%, 铁 1-2%); (2) 耐蚀硅砖
resistance (=R) (1) 抵抗力, 抗力, 抵抗; (2) 气动阻力, 流体阻力, 阻力, 阻尼; (3) 电阻, 阻抗; (4) 耐……性, 抗……性, 抗……强度; (5) 电阻装置, 电阻器, 电阻件
resistance against pitting 耐点蚀性
resistance alloy 电阻合金
resistance amplifier 电阻放大器
resistance area of shank and crown 锚干和锚冠的抗埋面积
resistance arrester 电阻避雷器
resistance box 电阻箱
resistance braking 电阻制动
resistance brazing 电阻加热钎焊, 接触钎焊
resistance breaker 电阻断路器
resistance bridge 电阻电桥
resistance bulb (1) 测温电阻器; (2) 变阻灯泡
resistance butt joint 电阻对焊接头, 接触对焊接头
resistance butt seam welding 电阻对缝焊接
resistance-capacitance (=RC) 电阻 - 电容, 阻容
resistance-capacitance circuit 阻容电路
resistance-capacitance constant 阻容时间常数
resistance-capacitance coupled 阻容耦合的
resistance-capacitance coupled amplifier 电阻 - 电容耦合放大器, 阻容耦合放大器
resistance-capacitance coupling 阻容耦合
resistance-capacitance divider 阻容分压器
resistance-capacitance filter 阻容滤波器
resistance-capacitance network 电阻 / 电容网络, 阻容网络
resistance-capacitance set 阻容网络, 阻容箱
resistance-capacitance time constant 阻容时间常数
resistance-capacitance transistor logic (=RCTL) [电] 阻 /[电] 容晶体管逻辑
resistance-capacitor coupled transistor logic 阻 - 容耦合晶体管逻辑
resistance-capacity coupled 阻容耦合的
resistance capacity coupling (=RCC) 阻容耦合
resistance capacity coupling circuit 阻容耦合电路
resistance coating 防护涂层
resistance coefficient 阻力系数
resistance coil 电阻线圈
resistance condenser coupled 阻容耦合的
resistance controller 电阻控制器, 电阻调节器
resistance coupled amplifier 电阻耦合放大器
resistance coupling 电阻耦合
resistance curve 阻力曲线
resistance cutting { 焊 } 电阻加热切割
resistance drop 电阻 [性电] 压降
resistance dynamometer 测阻力仪
resistance dynamometer carriage (船模试验仪的) 阻力仪拖车
resistance electro slag welding 电阻电渣焊
resistance element 电阻元件
resistance experiment 阻力试验
resistance factor 阻抗因数, 阻力因数, 阻力系数
resistance flash butt welding 闪光对接焊, 电弧对接焊
resistance-flash welding 电阻弧花压焊接
resistance flash welding 电阻闪光焊接
resistance force 阻力, 抗力
resistance furnace 电阻炉, 电炉
resistance-grounded 通过电阻接地的, 经电阻接地的
resistance grounded system 电阻接地系统
resistance-heated furnace 电阻加热炉
resistance heating 电阻加热
resistance in parallel 并联电阻
resistance in series 串联电阻
resistance in the dark (光敏元件) 暗 [电] 阻
resistance in waves 波浪中阻力
resistance-inductance-capacitance (=RIC) 电阻 - 电抗 - 电容
resistance-inductance circuit 电阻 - 电感线路
resistance lamp 电阻灯 (用以限制电路中电流)
resistance law 阻力定律
resistance lead 电阻引线, 电阻竖片
resistance load 电阻性负载, 有效负载, 有功负载
resistance losses 电阻损耗
resistance magneto-meter 电阻式磁强计

1188

resistance manometer 热线真空计
resistance material 电阻材料
resistance measurement 电阻测量
resistance meter 电阻表
resistance modulus 阻力模量
resistance moment 稳定力矩,电阻力矩,抵抗力矩
resistance of aging 抗老化能力
resistance of exhaust 排气阻力
resistance of friction 摩擦阻力
resistance of ground connection 接地电阻
resistance of materials 材料力学
resistance of medium 介质阻力,介质电阻
resistance of oxidation 抗氧化能力
resistance of rudder 舵阻力
resistance of trailing stream (船舶)尾流阻力
resistance pad 电阻衰减器
resistance plate (=RP) 电阻板
resistance potentiometer 电阻电位计
resistance pressure 阻力
resistance protection 电阻保护装置
resistance pyrometer 电阻高温计
resistance-reciprocal 电阻倒数
resistance regulator 电阻调节器,变阻器
resistance sensor 电阻传感器
resistance speed curve 阻力/速度曲线
resistance spot welding 接触点焊
resistance-stabilized oscillator 电阻稳频振荡器
resistance stabilized oscillator 电阻稳定振荡器
resistance standard 电阻标准
resistance strain ga(u)ge 电阻应变仪,电阻片
resistance switch 电阻开关
resistance temperature coefficient 电阻高温系数
resistance temperature detector (=RTD) 电阻式温度探测器,电阻温度计
resistance test 阻力试验
resistance thermometer 电阻式温度计
resistance thermometer bulb 电阻温度计管
resistance time 抵抗时间
resistance to abrasion (1)耐磨性,抗磨性;(2)腐蚀阻力
resistance to abrasive 抗磨强度,抗磨性,耐磨性
resistance to aging 耐老化性
resistance to bending 抗弯能力,抗弯强度,抗弯曲性,耐弯曲性
resistance to bending fatigue 抗弯曲疲劳强度
resistance to bond 握裹强度,抗粘合性,抗粘着
resistance to brittle fracture 抗碎裂性
resistance to case 对机壳电阻
resistance to change 抗拒改变
resistance to chemical attack 抗化学腐蚀能力
resistance to cleavage 抗裂性能
resistance to cold 抗寒力,耐寒力
resistance to compression 抗压缩能力
resistance to compressive strain 抗压缩应变,抗压缩性
resistance to corrosion 抗腐蚀能力
resistance to deformation (1)抗变形能力,变形抗力;(2)金属[轧件]对轧辊的单位压力
resistance to displacement 位移阻力
resistance to driving (1)锤入阻力,打桩阻力,击入阻力;(2)抗锤入
resistance to elements 耐候化性能,耐候性
resistance to emulsion 抗乳化强度,对乳浊化的抵抗力
resistance to emulsion number 抗乳化值
resistance to fatigue 疲劳强度
resistance to flooding 抗浸水性
resistance to flow 抗流动性,流动阻力
resistance to fouling 抗侵蚀性,防污染性
resistance to ground 对地电阻
resistance to heat 耐热性
resistance to heat shocks 耐激冷激热性,抗热聚变性,耐热震性
resistance to impact (1)耐冲击性,抗冲击强度,抗冲击[力];(2)冲击阻力,碰撞阻力;(3)耐碰击性;(4)冲击韧性
resistance to lateral bending (长杆件纵向受压时)抗弯曲强度,抗侧弯能力,抗侧弯强度
resistance to outflow 流出阻力
resistance to overturning 抗倾覆稳定性
resistance to pit corrosion 抗点蚀性

resistance to poisoning [催化剂]耐毒性能
resistance to pressure (1)耐压性;(2)耐压力
resistance to rolling (1)滚动阻力;(2)(船舶)横摇阻力
resistance to rupture 抗破裂性,抗裂强度
resistance to rust 抗锈蚀性
resistance to shear 抗剪强度
resistance to shock 耐震性
resistance to sliding 抗滑动能力
resistance to slip 滑动阻力
resistance to spalling 抗碎裂性,抗剥落性
resistance to sparking (1)击穿电阻;(2)抗火花性能
resistance to surface fatigue 抗表面疲劳能力,抗表面疲劳强度
resistance to tension 抗拉能力
resistance to the effects of heat 耐热性
resistance to thermal shocks 耐激冷激热性,抗热聚变性,耐热震性
resistance to torsion 抗扭转强度
resistance to traction 牵引阻力
resistance to wear (1)抗磨性,耐磨性;(2)抗磨损强度,耐磨能力
resistance to wear and tear 耐磨性
resistance to withdrawal of nails 拔钉阻力
resistance transducer 电阻传感器
resistance transfer factor 抗性转移因子
resistance tube 管状电阻
resistance-type flowmeter 电阻式流量计
resistance unit 电阻元件,电阻件
resistance valve 阻流阀
resistance weld mill 电阻焊管机
resistance welder 电阻焊接机
resistance welding 电阻焊[接],接触焊[接]
resistance welding machine 电阻焊机,接触焊机
resistance welding time (接触焊的)通电时间
resistance winding (1)欧姆线圈;(2)欧姆绕组,线绕电阻
resistance wire 电阻丝
resistance wire strain ga(u)ge 电阻丝应变仪
resistance wire wave ga(u)ge 电阻丝测波仪
resistant (1)抗性的,耐久的,稳定的,安定的;(2)坚固的,坚实的;(3)抑制剂,防腐剂,防染剂;(4)抵抗者,反对者
resistant coefficient 船舶阻力系数
resistant material 耐腐蚀材料,抗蚀材料
resistant metal 耐蚀金属
resistant to oxidation 抗氧化
resistant to tarnishing 抗锈蚀
resisted roll (船舶的)阻尼横摇
resistent (=resistant) (1)抗……的,耐……的,耐久的,稳定的,安定的;(2)坚固的,坚实的;(3)抑制剂,防腐剂,防染剂;(4)抵抗者,反对者
resister (=resistor) (1)电阻器;(2)电阻;(3)抵抗剂
resistibility (1)可抵抗性;(2)抵抗能力
resistible 抵抗得住的,可抵抗的,可反对的
resistin 一种锰钢电阻合金
resisting 稳定的,耐久的,坚固的,抵抗的
resisting corrosion 抗腐蚀性
resisting force 阻力,抗力
resisting medium 阻尼介质
resisting moment 抵抗力矩,稳定力矩,阻力矩,抗力矩
resisting torque 阻转矩,抗转矩
resistive (1)有阻力的;(2)欧姆的,电阻[性]的;(3)有抵抗力的,抵抗的,抗拒的;(4)防染剂
resistive-capacitive (=RC) 阻容的
resistive component {电}有功分量,电阻分量,实部
resistive coupling 电阻耦合
resistive feedback 有阻力的反馈,电阻反馈,实反馈
resistive-hearth furnace 炉床电阻炉
resistive heater 电阻加热器
resistive load 电阻性负载
resistive loading 电阻性负载
resistive-loop coupler 环阻耦合器
resistive loop coupler 环状电阻耦合器,环阻耦合器
resistive matrix network 电阻矩阵网络,无源矩阵网络,无源换算电路
resistive plastic 抗塑性
resistive thermal detector (=RTD) 电阻式热探测器
resistive transducer 电阻传感器
resistive wall amplifier tube 吸收壁放大管
resistivity (1)电阻系数,电阻率,比[电]阻;(2)抵抗能力,抵抗性,安定性,稳定性;(3)阻力,抗力

resistivity against water 耐水性
resistivity contour 等电阻线
resistivity curve 等电阻率线
resistivity log 电阻率测井
resistivity method 电阻探测法
resistivity survey 电阻勘探
resistless 不可抵抗的,不可抗拒的,不可避免的,无抵抗力的
resisto 瑞西多镍铬铁电阻线合金(69%Ni,19%Fe,10%Cr,1%Si, 0.4%Co,0.5%Mn)
resistojet 电阻加热电离式发动机,电阻加热式离子火箭喷气机,电阻引擎
resistor (1)电阻器;(2)电阻;(3)抵抗剂
resistor assembly tester 电阻检验器
resistor board 电阻器板
resistor-capacitor (=RC) [电]阻[电]容
resistor-capacitor diode transistor logic (=RCDTL) 电阻电容二极管晶体管逻辑[电路]
resistor capacitor diode transistor logic 电阻电容二极管晶体管逻辑[电路]
resistor-capacitor oscillator 电阻电容振荡器
resistor capacitor oscillator 阻容振荡器
resistor-capacitor-transistor logic (=RCTL) 阻容晶体管逻辑
resistor capacitor transistor logic 电阻电容晶体管逻辑[电路]
resistor-capacitor-transistor logic circuit 电阻 - 电容 - 晶体管逻辑电路
resistor capacitor transistor logic circuit 电阻 - 电容 - 晶体管逻辑电路
resistor chain 电阻器排
resistor-coupled transistor logic (=RCTL) 电阻耦合晶体管逻辑
resistor coupled-transistor logic 电阻耦合晶体管逻辑[电路]
resistor house 舱面电机操纵室,舱面电气设备室
resistor microelement 微型电阻元件
resistor-pin 电阻 - 针电极
resistor starting 电阻器起动
resistor-transistor logic (=RTL) 电阻晶体管逻辑
resistor transistor logic (=RTL) 电阻 - 晶体管逻辑
resistor-transistor logic circuit 电阻晶体管逻辑电路
resistron 光阻摄像管
resit 丙阶酚醛树脂,不溶酚醛树脂
resite (1)已凝酚醛树脂,丙阶酚醛树脂,不熔酚醛树脂;(2)安置,徙置,迁移
resitol (=resolite) 可凝酚醛树脂,乙阶酚醛树脂,半熔酚醛树脂
resiweld 环氧树脂类粘合剂
resize 改变尺寸
resizer 复装整形模,成形模
resizing (1)[工件]恢复到所要求的尺寸,尺寸再生;(2)弹壳重整形
reslurry 再浆化
resmelt 重新熔化,重新冶炼,再熔,再炼
resmooth 重新弄光
resnatron 分米波超高功率四极管,谐振腔四极管
reso-meter 谐振频率计
resojet 脉动式喷气发动机
resol (=resole resin) 早阶段酚醛树脂,甲阶酚醛树脂,可熔酚醛树脂
resolder 再焊接,重焊
resolidification 再凝固[作用],再固化[作用]
resolubilization 再增溶[作用]
resoluble (1)可溶解的,可分解的,可分辨的,可溶的;(2)可解决的,可解的
resolute (1)[矢量]分量,分力;(2)坚决的,坚强的;(3)决议,决定,通过
resolution (1)分解,解析,溶解;(2)拆卸,拆开;(3)解决,解题;(4)分解法,(5)再溶解,离析;(6)分辨能力,清晰度,分辨度,分辨率;(7)析像能力;(8)变化,转化;(9)决议,决定
resolution bars 分解力测试棒,清晰度测试条
resolution chart 辨率测试卡,清晰度测试卡,分辨力图表
resolution error 分解误差,分辨误差,解算误差
resolution in bearing 方位分辨力
resolution in line direction 行分辨率,行清晰度
resolution in range 距离分辨力
resolution into factors 因数分解
resolution line 析像线,解像线
resolution of force 力的分解,力分解法
resolution of operation 运算子的分解,算符的分解
resolution of polar to cartesian 极坐标 - 直角坐标转换,极坐标 - 直

角坐标换算
resolution of precipitate 沉淀的溶解
resolution of singularity 奇异性的分解
resolution of unit 单元的分解
resolution of vectors 矢量的分解
resolution of velocity 速度的分解
resolution power (1)分辨能力,分辨本领,分辨率;(2)析像能力
resolution principle 分解原理
resolution ratio 图像分辨率,析像系数,分辨率,分解率
resolution requirement in the primary image 基色图像分解力要求,三基色析像力,三基色解像度
resolution response 分解力响应,析像系数,分辨率
resolution time correction 分辨时间校正
resolutive 使分解的,使溶解的,消散性的,解除的
resolvability 可分解性,可溶解性,可解析性,可分辨性,可分离性
resolvable 可分解的,可溶解的,可解析的,可分辨的
resolvable number 可分解数
resolve (1)解析;(2)溶解;(3)分辨,(4)正式决定,解决,判定,消除;(5)坚定性;(6)决议,决定,决心
resolve a picture into dots 把图析成像素
resolve all doubts 消除一切疑问
resolve the lines of a spectrum 分辨光谱的谱线
resolved echo 清晰的回声
resolved resonance 已分辨的共振
resolvent (1)有溶解力,使溶解的,分解的,消散的;(2)分解物,消散剂,溶剂,溶媒;(3)解决办法;(4){数}预解[式]
resolvent equation 预解方程
resolver (1)分解器,分析器,分相器;(2)解算装置;(3)胶溶剂,溶媒
resolving 解析过程
resolving agent 解析试剂
resolving device 分解设备
resolving index of electron diffraction 电子衍射分辨指数
resolving power (=RP) (1)分辨能力,分辨本领,鉴别力,分辨率;(2)析像能力
resolving time 分辨时间
resometer 谐振频率计
resonance (1)谐振,共振,共鸣,回声;(2)结构共振;(3)共振粒子
resonance absorption integral 共振吸收积分
resonance-activation cross-section 共振激活截面
resonance amplifier 调谐放大器
resonance amplitude 共振振幅,谐振振幅
resonance bridge 谐振电桥
resonance capture 共振俘获
resonance chamber 谐振空腔,谐振箱,共振室
resonance changer 共振变换装置,共振预防装置
resonance characteristic 共振特性,谐振特性
resonance check test 共振检查试验
resonance circuit 谐振电路
resonance conditions 共振状态,共振条件
resonance current 谐振电流
resonance curve 共振曲线,谐振曲线
resonance energy neutron group 共振能中子群
resonance escape factor 逃逸共振俘获因数,共振逸出因数
resonance frequency 共振频率
resonance frequency meter 谐振式频率计
resonance hump 共振峰
resonance indicator 谐振式指示器
resonance inspection 共振检查试验
resonance instrument 谐振式仪器
resonance irradiation 共振辐照
resonance level (1)共振电平,共振能级;(2)共振级,谐振级
resonance level spacing 谐振能级间距,共振能级间距
resonance model 共振模型
resonance modulus 共振模量,谐振模量
resonance neutron flux 共振中子通量
resonance oscillation 共振荡,谐振荡
resonance overlap 共振叠加
resonance peak 谐振峰
resonance pendulum 共振摆
resonance phenomenon 共鸣现象,共振现象
resonance pipe 共鸣管
resonance point 共振点,谐振点
resonance potential 谐振电位,共振电势

resonance radiation　共振辐射
resonance range　共振区,谐振区
resonance speed　共振转速
resonance tachometer　共振转速计
resonance test　共振试验
resonance transformer　谐振[式]变压器
resonance vibration　共振
resonance wavemeter　谐振式波长计
resonance zone　共振区,谐振区
resonant　(1)谐振的,共振的,共鸣的；(2)有回声的,有反响的,回响的
resonant absorber　共鸣吸音体,共振吸收体
resonant cavity　空腔谐振器,谐振空腔
resonant chamber　共振室,谐振室
resonant combustion phase　共振燃烧状态
resonant foil　共振箔
resonant frequency　共振频率,谐振频率
resonant gate transistor　谐振控制式晶体管,谐振栅晶体管
resonant heaving　谐振垂荡,谐振升沉
resonant iris　谐振膜片
resonant-iris switch　谐振膜转换开关
resonant iris switch　谐振膜转换开关
resonant mode　谐振模
resonant operation　在谐振条件下工作
resonant pitching　(船舶)谐振纵摇
resonant reed tachometer　谐振簧片式转速测量计
resonant resistance　谐振电阻
resonant rolling　(船舶)共振横摇,谐振横摇
resonant speed　共振速度,共振转速
resonant system　共振系统
resonant tester　共振测定仪
resonant transfer　共振转移,共振跃迁
resonant transformation　共振变换,谐振变换
resonant transformer　调谐变压器,谐振变压器
resonant type muffler　谐振式消声器
resonant vibration　共鸣振动,谐振
resonant vibration induced fatigue　共振导致的疲劳
resonate　(1)使共振,使谐振,使共鸣；(2)使回响,反响；(3)调谐
resonator　(1)谐振器,共振器,共鸣器,谐振腔,共振腔；(2)振荡电路；(3)汽车辅助消声器；(4)(海浪消能的)共振设施
resonator-tron　分米波超高功率四极管,谐腔四极管,谐振电子管
resonon　费米共振
resonoscope　共振示波器,谐振示波器
resorb　(1)重新吸收,重新吸入,再吸收,再吸入；(2)消耗,消溶
resorbent　吸收剂
resorber　(1)吸收器,吮吸器；(2)吸收体；(3)吸收剂
resorcinol　间苯二酚,雷锁酚
resorcinol formaldehyde resin　间苯二酚-甲醛树脂
resorption　(1)重新吸收,再吸收,吸回[作用]；(2)熔蚀,消溶
resorption refrigerating system　再吸收式制冷系统
resorptivity　(1)吸回能力,吸回本领；(2)再吸收能力,再吸收入本领
resort　(1)重新分类,再分类；(2)依靠,凭借；(3)手段,方法；(4)求助于,采取,诉诸(手段等)；(5)场所
resound　(1)反响,回响,共鸣；(2)回声物体；(3)传播,赞扬
resounding　(1)共鸣的,共振的,反响的,回声的；(2)强有力的,强烈的,响亮的；(3)回声,反响
resource　(1)资源,来源,原料；(2)物力,财力,物资,设备；(3)储藏,储量；(4)手段,方法；(5)办法,对策
resource allocation processor (=RAP)　资源分配处理机
resource area　物资部门
resource data file　资料数据文件
resource deallocation　资源再分配
resource island　资料台
resource limit exceeded　超出资源限度
resource management　资源管理
resource-manager　资源管理程序
resource queue　资源排队
resource requirement　资源需求计划
resource sharing　资源共享
resource sharing multiprocessor　资源共享多处理机
resource status modification　{计}资源状态改变,设备状态的更改
resourceless　资源贫乏的
RESP (=Respectively)　相应地,各自地
respace　重新隔开,重间隔,重间隙

respect　(1)着眼点,关系,关联,方面；(2)尊重,尊敬,重视,遵守；(3)考虑,关心,注意；(4)关于
respect an agreement　遵守协议
respect for　尊重,照顾,考虑,关心
respectability　可尊敬的人或物
respectable　(1)值得尊敬的,高尚的,可敬的；(2)相当好的,不错的,不少的,可观的
respectful　尊重人的,有礼貌的,恭敬的
Respectfully yours (=Yours respectfully)　(信末客套语)……敬上
respecting　关于,由于,鉴于,说到
respective　分别的,个别的,各自的,各个的
respectively　分别地,相应地,各自地
respiration　呼吸
respiration valve　呼吸阀
respirator　(1)人工呼吸器,呼吸保护器,滤毒呼吸器,滤尘呼吸器；(2)防毒面具,防尘面罩,滤毒罐,口罩；(3)(火炮)复进机调节器
respiratory　呼吸[作用]的
respiratory box　呼吸箱,滤毒箱
respiratory center　呼吸中心
respiratory disturbance　呼吸紊乱
respiratory failure　呼吸衰弱,呼吸衰竭
respiratory quotient　呼吸商,呼吸比
respirometer　呼吸测定计,透气性测定器,呼吸器,呼吸计
respite　暂缓,暂停,暂止,缓解,展延,延期
respite a payment　延缓付款
resplice　重铰接,重镶接
resplicing　重铰接
respond　(1)答复,回答；(2)感应,反应,响应
respond beacon　应答器信标
respond in damages　承担赔偿责任
respond to　对……做出响应,与……相对应,与……相符合
respondence (=respondency)　(1)相应,适合,符合,一致；(2)作答,响应,反应
respondent　(1)有反应的,回答的,应答的；(2)回答者,响应者
respondentia　(在一部分货物安全运到时才偿还的)船货抵押借款
responder　(1)应答机,应答器,响应机,响应器,回答器；(2)响应数字；(3)回答者,响应者
responder-beacon (=RSP)　应答器信标
responder beacon　应答器信标
responder coding　应答器编码
responder link　应答信道
responding value　动作值
response　(1)反应,响应,感应；(2)回答信号,应答信号,答复,回答,应答,动作,吸动；(3)特性曲线,反应曲线,响应曲线；(4)灵敏度,敏感度,响应度；(5)频率特性
response alarm　超越警报,响应信号
response behavior　反应状态
response capacity　反应能力
response characteristics　灵敏度特性曲线,响应特性曲线,反应特性
response color relation　色感度
response curve　灵敏度特性曲线,频率特性曲线,响应曲线,应答曲线,反应曲线,通带曲线
response delay　反应延迟
response element　敏感元件
response excursion　响应偏移
response function　响应函数
response in shallow water　浅水反应
response lag　反应滞后
response on radar displays　(1)雷达影像特性曲线；(2)雷达显示特性
response paid (=R. P.)　回电费已付
response pulse　回答脉冲
response rate　加载性
response spectral density　响应功率谱密度
response switch circuit　频率特性切换电路
response time　应答时间,回答时间,反应时间,响应时间,感应时间,阻尼时间,作用时间,作动时间
response to rudder　转舵反应,应舵
response to rudder force　对舵力的响应
response to unit impulse　(系统对)单位脉冲的响应
responser　询问机应答器,询问机接收部分,雷达回答器,应答机,响应器
responsibility　(1)责任,义务,任务,负担,职责；(2)敏感度,响应性,响应度,应答性,反应性；(3)可信赖性,可靠性；(4)偿付能力
responsibility accounting　责任会计
responsibility center　责任中心

responsibility clause　责任条款

responsibility for heat tretment　热处理责任

responsibility for inspection　检验责任

responsibility of sea transport terminal operator (=RSTTO)　海上运输港站经营人责任

responsibility range　业务范围,职责范围

responsible　(1) 有责任的,负责任的;(2) 责任重大的,认真负责的,可信赖的,可靠的

responsible carrier　责任承运人

responsible editor　责任编辑者

responsive　易起反应的,易感应的,响应的,应答的,回答的,共鸣的,敏感的,灵敏的

responsiveness　(1)反应能力,反应性;(2)响应度,响应性,响应率;(3)灵敏度;(4)动作速度

responsivity　(1)反应能力,反应性;(2)响应度,响应性,响应率;(3)灵敏度;(4)动作速度

responsor (=responser)　询问机应答器,询问机接收部分,雷达回答器,应答机,响应器

respooling machine　复绕机

respray　重喷,再喷

resquared　{轧}方正度要求高的

resquaring　(1)(按规定尺寸和精度)剪切钢板;(2)(钢板轧制后的)精确剪切,切成方形,切成矩形

RESSTA (=Rescue Station)　救助站

REST (=Response Time)　响应时间

REST (=Restoration of Class)　船级恢复

rest　(1)中心架,支承台,刀架,支架,托架,撑架,扶架,支柱,支座,支点,挡块,座,架,台;(2)静止,停止,停顿,放置;(3)剩余部分,剩余,其余;(4)安放,安置;(5)休息;(6)使搁置在,以……为根据,基于;(7)剩余的,其余的;(8)储备金

rest-atom　反冲原子

rest bar　舱盖支承扁钢,舱盖承钢

rest base　刀架基面

rest contact　常闭触点,静触点

rest current release　剩余电流释放

rest energy　静[止]能[量]

rest evaporator　残部蒸发器

rest-mass　静止质量

rest mass　静质量

rest on　(1)相信,依靠;(2)以……为根据,基于

rest pier　支墩

1192

rest position　不工作位置,静止位置,平衡位置,止动位置

rest potential　稳定电位,残余电位,静止电位

rest room　(1)休息室,休息舱;(2)卫生间

rest shoe　中心架顶球

restabilization　重新稳定,再稳定

restaff　重新配备人员

restandardize　使再合标准

restart　重新起动,重新开始,再起动

restart capability (=RSC)　重新起动能力,再起动能力

restart command circuit　再起动指令电路

restart key　再起动键

restart routine　重新起动程序,再起动程序

restartable　可重新起动的

restate　重新陈述,再声明,重申

restatement　(1)重新说明,重申;(2)汇编

rested reduction gear　套接式减速齿轮

restilling　再蒸馏

restimulation　变调,失调

resting frequency　(频率调制时)中频

resting keel　(船舶)坐坞龙骨

resting point　支持点

resting time　静寂时间

restitute　(1)恢复,回复,复原;(2)解调;(3)(变形体)复原性能;(4)偿还,归还,赔偿

restitution　(1)恢复,回复,复原;(2)解调;(3)(变形体)复原性能;(4)偿还,归还,赔偿

restless　不安定的,不静止的,不平静的

restlessness　(1)不安定;(2)航向不稳性,偏转性

restock　(1)重装枪托;(2)再储存;(3)重新进货

restorability　恢复能力,复原能力,修复能力

restorable　可恢复的,可复原的,可归还的

restoration　(1)恢复,复原,复位;(2)修理,修补,修复,翻新,更新;(3)还原,去氧,回收,再生;(4)复还,归还

restoration of class　恢复船级,船级恢复

restoration of digital imagery　数字图像的恢复,数字图像的重现

restoration of original condition　恢复原状

restoration voltage　恢复电压

restorative　恢复的,复原的

restorative force　恢复力

restore　(1)恢复,复原;(2)修理,修复,修建;(3)归还,还原;(4)再写,重写;(5)再存入;(6)把电再接通,重新起动

restore circuit　恢复电路

restore-pulse generator　时钟脉冲发生器

restore pulse generator　时钟脉冲发生器

restore receiver　挂机

restored acid　回收的酸

restored energy　恢复能量,回收能量

restored life　修复后使用寿命

restorer　(1)恢复设备,恢复电路;(2)恢复器,复位器;(3)还原器

restoring　恢复,复原

restoring circuit　恢复电路

restoring force　恢复力,复原力,稳定力

restoring images　恢复图像

restoring moment　恢复力矩,回复力矩,稳定力矩,复原力矩

restoring repair　恢复性修理

restoring spring　复原弹簧

restoring spring force　弹簧回弹力

restoring time　恢复时间

restoring voltage　恢复电压

restow　重新装载,再装货

restowage　重装,倒舱,倒载,翻舱

restrain　(1)限制,抑制,遏制,制止,阻止,禁止,防止;(2)约束,限制,箝制;(3)克制

restrain trade　限制贸易

restrainea beam　约束梁,固端梁

restrained　受约束的,限制的

restrained beam　端部约束梁,约束梁

restrained line　受限制管道,固定管道

restrainer　(1)限制器,阻尼器;(2)酸洗缓蚀剂,抑制剂,制约剂

restraining agent　抑制剂,抑染剂

restraining force　约束力,稳定力

restraining moment　限制力矩,约束力矩

restraining spring　抑制弹簧

restraining structure　约束结构

restraint　(1)阻尼器,限制器,阻动器,减震器;(2)抑制,遏制,节制,制止,限制,约束,克制;(3)限制力,抑制力;(4)限制作用,抑制作用

restraint force　约束力

restraint modulus　约束模量

restraint of labor　限制劳动,限制工作

restraint stress　约束应力,受限应力

restraint test　(集装箱)固定试验

restraint welding　约束下焊接

restrict　(1)限定,限制,约束;(2)节制,节流,制止,禁止;(3)保密

restrictable　可限制的,可约束的

restricted　(1)受限制的,受约束的,有限的,狭窄的;(2)禁止的,保密的

restricted air space　空中禁区

restricted application　限制适用

restricted area　限制区域,禁区

restricted article　限制物品

restricted cargo　受限制货物

restricted channel　限定性航道,限制水道,浅狭水道

restricted clearance　限制净距,限制净空

restricted coast　沿海航线

restricted condition　限制条件

restricted current funds　限定流动基金

restricted data　内部资料,保密资料

restricted data cover folder (=RDCF)　保密资料文件夹,内部资料文件夹

restricted device　限制式装置

restricted documents　内部流通文件,控制文件

restricted duration　限制期限

restricted fire risk　限制失火危险

restricted flow　限止流,受限流

restricted game　{数}约束对策,限制对策

restricted message　密电

restricted movement　非自由运动,受限运动

restricted operator certificate　限用操作员证书
restricted orifice surge tank　阻力孔式调压塔
restricted sector　有限扇形区,限制区
restricted service　有限航区航运
restricted service notation　有限航区标志
restricted speed　限制速度,限速
restricted speed signal　速度限制信号,警戒信号
restricted surplus　限制公积金
restricted temperature measuring device　限制式的温度测量设备
restricted theory of relativity　狭义相对论
restricted use (=RU)　控制使用
restricted velocity　限定速度
restricted visibility　受限制的能见度
restricted voyage　限制航行
restricted water effect　限制航道效应,限制水域影响
restricted waters　限制性水域,受限制水域(有碍航物)
restricted waterway　限制性水道,束狭的水道
restricting　(1)限制[的],扼流[的];(2)保护套;(3)表面覆层,限燃层
restriction　(1)限制,限定,限幅,制止,节止,约制,约束;(2)流体阻力,阻挠,噪扰,干扰,流阻,气阻;(3)节流;(4)节流阀,节气阀,扼流圈
restriction area of industry　专用工业区
restriction sign　限制标志
restriction valve　节流阀,调节阀
restrictive　(1)限制性的,约束性的,特定的;(2)节流的,扼流的
restrictive coating　护套层
restrictive immunity　有限豁免
restrictive method of selection　{数}有条件选择法
restrictive sight distance　受限制的视距
restrictives in industry　工业方面的限制性措施
restrictor　(1)限制器,定位器;(2)限流器,节流器,节流板,节流阀,节流圈,节流板,节气门,闸门,闸板;(3)气阻
restrictor check valve　止回节流阀
restrictor pin　限制器销
restrictor ring　限流环
restrictor valve　节流阀
restrike　(1)电弧重燃,再触发,再点火;(2)打击整形
restrike of arc　电弧再触发,再点火
restriking-voltage　再点火电压,再起弧电压
restringing　更换导线
restrospective conversion　追索转换
restrospective search　追索检索法
restructure　重新组织,再结构,改组,调整
reststrahlen　剩余射线
reststrahlen band　剩余射线带,强反射率带,余辉带
reststrahlung plate　剩余辐射滤光板
restudy　重新研究,重新估计,再学习
restuff　重新填塞
restuffed　再装填的
resubject　使再受支配,使再受影响
resublime　再升华
resublimation　再升华[作用]
resulfurize (=resulphurize)　加硫化处理,重新用硫处理,重新硫化
resulfurized (=resulphurized)　重新用硫处理的,重新硫化的,再用硫处理的,再硫化的,回硫的
resulfurized carbon steel　硫化处理碳钢
resulfurized steel　加硫钢
resulphurize　加硫化处理
result　(1)调查结果,结果,效果,问题,结论;(2)决定,决议;(3)以……为结果,由于,起因,导致
result from　由……引起的,由于……
result function　结果函数,目标函数,终函数
result in　结果是,导致
result of illness　结果恶化
result reduction　结果处理
resultant　(1)合力;(2)合量;(3)综合的,合成的,结果的,总的;(4)合成矢量,合成物,合成量;(5)反应产物;(6)(数)消元式,结式,矢和
resultant accuracy　总精度
resultant admittance　合成导纳,总导纳
resultant amplitude　合成振幅
resultant couple　合成力偶
resultant current　合成电流,总电流
resultant cutting motion　合成切削运动

resultant cutting movement　合成切削运动
resultant cutting pressure　合成切削压力
resultant cutting speed　合成切削速度
resultant cutting speed angle　合成切削速度角
resultant cutting speed table　合成切削速度表
resultant deflection　合成偏转,总偏转
resultant displacement　(1)总位移;(2)总变位
resultant error　合成误差,综合误差,总误差
resultant expression　结式
resultant fault　综合障碍
resultant field　合成场
resultant force　力的合成,合力
resultant frequency characteristic　总频率特性
resultant gear ratio　总齿数比
resultant inertia force　合成惯性力
resultant law　结合分布律
resultant lift　合成升力,总升力
resultant load　合成载荷,总负荷
resultant metal　产品金属,产出金属
resultant moment　合力矩
resultant movement　合成运动
resultant of forces　力的合成,合力
resultant of reaction　反应生成物,反应产物
resultant of velocity　速度的合成,合速度
resultant pitch　合成节距,总节距,总齿距
resultant pressure　合成压力,总压力
resultant quantity　合成量
resultant reaction force　合成反作用力,合成反力
resultant sliding　合成滑动
resultant speed　合成速度
resultant stress　合成应力
resultant vector　合成矢量
resultant velocity　合成速度
resultant voltage　合成电压
resultant wind velocity　合成风速
resultful　富有成效的,有结果的
resulting　产生的,引起的,合成的,结果的
resulting force　合力
resulting from　起因于,导致于
resulting moment　合力矩
resulting radiation temperature　有效辐射温度
resulting sliding　合成滑动
resultless　无结果的,无成效的
resumable　可重新开始的,可恢复的
resume　(1)重新占用,再占有,再取得,取回,收回,恢复;(2)重新开始,继续下去,再继续;(3)摘要叙述,概述,简述
resume one's work　再继续工作
resume reading　重新读下去
resumption　(1)重新开始,再继续,再开始,恢复;(2)重新占用,再取回,收回
resumption of voltage　(供电中断后)电压恢复
resumptive　(1)概括的,扼要的;(2)再开始的,恢复的,收回的
resuperheat　(1)重新过热,再过热;(2)(中间)再热
resuperheater　中间再热器,再过热器
resupinate　形状颠倒的,扁平的,倒置的
resupination　翻转,颠倒
resupply　再供应,再补给
resurface　(1)重做面层,重修表面,检修炉衬;(2)修整工具;(3)(潜艇等)重新露面,回到水面
resurfacer　表面修整器
resurfacing　表面重修
resurfacing by addition　加料翻修
resurfacing material　表面修整材料
resurrection glass fiber　高硅氧玻璃纤维
resurvey　再测量,再勘查,再看
resuscitation gas　回生气
resuscitator　(1)(救生)复苏器;(2)救生员
resuspension　(固体颗粒)二次悬浮,重悬浮
resynchronization　恢复同步,再同步
resynchronize　恢复同步,再同步
resynthesis　再合成
resynthesize　再合成
RET (=Reliability Evaluation Test)　可靠性鉴定试验
RET (=Retard)　延迟点火

RET =Retransmission) 转播, 转发
RET (=Return) (1)返回, 回程; (2)回路, 回线
ret 喷于水中, 浸渍, 弄湿
retail (1)零售; (2)传播, 转述, 重述
retail center 零售商业区
retail cut 零售分割的
retail delivery 零批交货, 小量交货
retail distributor 代销人
retail in disintermediation 无中间人零售
retail outlet 零售点
retail price 零售价格
retail price index (=RPI) 零售物价指数
retail sale 零售
retail selling 零星销售, 零售
retailer (1)零售商店, 零售商, 零售者; (2)传播人
retailing industry 零售业
retailoring {铸}还原熔炼
retain (1)保持, 保留; (2)维护, 维持; (3)制动, 夹持, 卡住; (4)记忆; (5)防止逸出, 挡住, 拦住, 顶住, 留住, 残留; (6)聘, 雇
retain sleeve 固定轴套
retainable (1)可保留的, 可保持的; (2)可记住的; (3)可聘请的, 可雇用的
retained 保持的, 保留的, 残留的
retained austenite 残留奥氏体
retained earning 净收益
retained image 保持的影像, 烧附影像
retained incoming 保留利益, 留存收入, 公积金
retained material 筛余的材料
retained percentage 筛余百分率, 保留百分率
retained strength (1)残留强度; (2){铸}焦砂强度
retained surplus 留存盈余
retained water 吸着水
retainer (1)(轴承)保持架, 保持器, 夹持器; (2)夹持装置, 固定装置, 止动装置, 定位器, 掣爪; (3)隔栅, 隔环, 挡板, 挡圈, 护圈, 导座, 承座, 承盘; (4)反弹夹片; (5)火车制动器; (6)压力阀
retainer pad 定位格座
retainer pin (转子发动机)密封片定位销
retainer plate 护圈板
retainer ring 固定环, 夹持环, 卡环, 扣环, 挡圈
retainer seal 护圈密封
retaining 保持, 保留, 残留
retaining band (轴承)外罩
retaining battens (船舱内的)护条
retaining bolt 留挂螺栓
retaining cable 定位缆索
retaining catch 闭锁掣子, 防退掣子, 枪闩阻铁, 停止档
retaining circuit 保持电路
retaining clip 固定夹
retaining coil 保持线圈
retaining clutch 胀闸式离合器
retaining current 吸持电流
retaining device 固定装置, 止动装置
retaining lock 挡水闸, 截水闸
retaining mechanism 锁紧机构, 止动机构
retaining nut 扣紧螺母, 锁紧螺母, 固定螺母, 止动螺母
retaining pawl (1)止动掣子, 止动爪, 制动爪, 止爪; (2)(纺机)保持撑头
retaining piece 止动片
retaining pin 止动销, 定位销
retaining plate 护板
retaining rib (圆锥滚子轴承)内圈小端挡边
retaining ring 止动环, 固定环, 保持环, 承托环, 扣环, 卡环, 挡圈, 锁圈
retaining ring bar 扣环钢条, 挡杆
retaining ring for piston pin 活塞销挡圈
retaining screen 阻滞筛
retaining screw 固定螺钉, 固定螺丝, 止动螺钉
retaining shield 锁紧式防尘器
retaining spring 定位弹簧, 止动弹簧, 扣紧簧
retaining valve 单向阀, 止回阀
retaining wall 挡土墙, 挡水墙
retaining washer 弹簧垫圈, 锁紧垫圈, 扣环垫圈
retaining work 挡土构筑物, 挡水构筑物
retake (1)取回, 再取; (2)再摄影, 再拍; (3)克服

retaliatory tariff (=RT) 报复关税
retally note 重理单
retamp 再夯实
retapering 使尖细, 修尖
retard (1)使减速, 减慢, 制动; (2)(发动机)点火滞后, 延迟点火, 推迟, 延迟, 延缓, 放慢, 停滞; (3)迟滞, 抑制, 慢化, 缓凝; (4)妨碍, 防止, 阻碍, 阻止; (5)推后, 后退
retard start 减速起动
retardancy 阻滞能力, 阻滞性
retardant (1)阻化剂, 抑制剂, 阻抑剂, 阻滞剂, 延迟剂; (2)延迟器; (3)阻止的, 阻滞的, 延迟的, 减速的
retardation (1)延迟, 推迟, 延缓, 减缓, 迟滞, 阻滞; (2)妨碍, 阻碍, 阻止, 障碍; (3)减速, 制动, 阻力, 缓凝; (4)迟滞差, 光程差, 迟差; (5)(脉冲、相位)滞后; (6)阻滞作用, 减速作用
retardation coil 抗流线圈, 迟滞线圈, 扼流圈
retardation curve 减速曲线
retardation efficiency 减速效率, 制动效率
retardation of mean solar time 平太阳时迟滞差
retardation of phase 相位滞后, 相位迟后
retardation of solar on side realtime 恒星时换算平时的减量
retardation path 减速航迹, 减速航程
retardation spectra 推迟时间谱
retardation time 推迟时间
retardation wedge 减速光劈, 减速光楔
retardative 使延迟的, 阻止的, 妨碍的, 减速的
retardatory 使延迟的, 阻止的, 妨碍的, 减速的
retarded 阻止的, 阻滞的, 延迟的, 迟缓的, 迟钝的
retarded action 推迟作用
retarded admission 延迟进气
retarded cement 缓凝水泥
retarded control 迟延调节
retarded elasticity 推迟弹性, 延迟弹性, 阻滞弹性
retarded firing 发火滞后
retarded flow 减速流动, 阻滞水流, 减速流
retarded force 减速力
retarded ignition 延迟点火
retarded inflow 减速进流
retarded motion 减速运动
retarded potential 推迟电位
retarded reaction 阻滞反应
retarded velocity 减速度, 减速, 缓速
retarder (1)减速器, 延时器, 阻尼器, 阻滞器; (2)辅助制动器; (3)制动输送装置, 制动运输机; (4)抑制剂, 阻化剂, 阻抑剂; (5)(纺机)舌针开启缓冲钩; (6)(混凝土)缓凝剂, 缓硬剂; (7)隔离扼流圈
retarder-equipped 装有减速器的
retarder equipped hump 减速器装备的驼峰, 机械化驼峰
retarder location 减速器位置, 缓行器位置, 制动位置
retarder operator 减速器操纵员
retarder thinner 延迟干燥用稀释剂, 缓干溶剂
retarder tower 减速器控制楼, 缓行器控制楼, 驼峰信号楼, 驼峰控制楼
retarder valve 减速器阀, 缓行器阀
retarding 阻止, 阻滞, 延迟
retarding action 延迟动作
retarding agent (混凝土)缓凝剂
retarding disc 制动盘
retarding disk 减速盘, 制动盘, 制动板
retarding effect 阻滞效应, 阻滞作用
retarding electrode 减速电极
retarding field 减速[电]场, 迟滞电场
retarding-field oscillator 减速电场振荡器
retarding field oscillator 减速电场振荡器
retarding force 减速力, 阻尼力
retarding ignition 延迟点火, 延迟发火
retarding line 延迟线
retarding mechanism 减速机构
retarding moment 减速力矩
retarding phase 推迟相位, 滞后相位
retarding torque 制动[力]矩, 制动转矩
retarding travel 减速行程
retemper (1)重新调和, 加水重拌, 改变稠度; (2)再次回火
retempering (1)重新调和, 加水重拌, 改变稠度; (2)再次回火
retention (1)保持, 保留, 保存, 保管, 维持, 阻挡, 抑制, 滞留, 固住, 留置, 隔离; (2)牢固性, 结实性; (3)保持力, 记忆力; (4)滞留物, 保留物; (5)锁片; (6)自留额, 自保额

retention analysis 　{化} 持着分析法
retention level 壅水水位
retention money 保证金,押金
retention of activity 放射性抑制
retention of class 保留船级
retention of lubricity 润滑性能的保持
retention of oil on board 将污油留在船上,船上保留油量额
retention of qualification 合格资格保留
retention of residue on board 将残余物留在船上
retention period 保存期,保留期
retention pin 定位销,止动销
retention screw 紧固螺钉,止动螺钉,定位螺钉
retention time (=RT) 停留时间,保留时间
retention time control 停留时间控制
retention volume 保留体积
retentive (1) 有保持力的,记忆力好的,保持的;(2) 保持湿度的,易潮湿的
retentive alloy 硬磁合金
retentive magnetism 顽磁性,剩磁
retentive material 硬磁性材料
retentiveness 真剩磁
retentivity (1) 保持力,保持性,缓和性;(2) 顽磁性,乘磁
retest 重新试验,重复测试,再试验,再试,复验
retesting period 检定周期
retgersite 镍钒
rethink 重新考虑,重复思考,再想
rethread 重攻螺纹
retiary 网状的
reticle 调制盘,分划板,标线片,标度线,十字丝,交叉丝,光栅
reticle image 标线影像
reticular (1) 网状组织的,网状的;(2) 复杂网络形式的,标线的
reticular aluminium-tin bearing 网状晶格铝锡轴瓦
reticular fiber 网状纤维
reticular structure 网形结构,网状结构
reticulate (1) 网状的;(2) 分成网格,纵横交错,分配
reticulated structure 网状结构
reticulation (1) 网状结构;(2) 网状结构的形成
reticule (=reticle) (1) (光学) 交叉丝,十字线,叉线,刻线;(2) 分划板,分划线,分度线,标度线,丝网
reticule alignment 十字线对准,标度线对准
reticule camera 制板照相机,网线照相机
retiform 有交叉线的,网状的
retighten 重新固定,重新拉紧,重新收紧,再收紧
retilinear current 往复流
retimber 重新支撑,修理木支架
retimbering 重新支护,重新支架
retime (1) 改变动作时间,重新调整时间,重新定时,重新正时,改变整定值;(2) 监察工时测定
retina character reader 网膜字符阅读器
retinal camera 视网膜照相机
retinal rod 视杆
retinol 松香油
retinoscope 眼膜曲率器,视网膜镜,测眼器
retire (1) 退职,退休,退役;(2) (位置线) 向后移线,向后退,退缩
retire from office 退职
retire shipping documents 赎单
retired line of position (移线定位的) 后移位置线
retool (1) 装备新机械工具,对机械进行改装,装以新设备,重新装备,改装机械,重装;(2) 改进刀具,改进工具;(3) 改组,重组
retonation wave 向后压缩波
retorque 重新拧紧螺栓
retorsion (1) 报复,反驳;(2) 反射
retort (1) 曲颈瓶;(2) 曲颈蒸馏器,蒸馏罐,蒸馏甑,甑;(3) 马弗炉,转炉;(4) 扭转,反击
retort carbon 蒸馏罐碳精,蒸馏碳,甑碳
retort crate 高压釜篮,杀菌篮,装罐箱
retort furnace 蒸馏炉
retort gas 蒸馏气体
retort house 甑室,甑组
retort oven 甑式炉
retort producer 甑式发生炉
retort room 杀菌车间,杀菌室
retort shaped organ 甑形器
retort-stoker 机械燃烧室

retort stoker 反转炉排机械,转动加煤机,甑式加煤机
retorting 甑馏,干馏
retortion (1) 扭转,拧转,扭回,反投;(2) 报复,反驳
retouch 修饰,润色
retouching 修饰,润色
RETR (=Retransmit) 中继站发送,转发,转播
RETR (=Retransmitted) 中继发送的,转发的,转播的
RETR (=Retransmitter) 中继发射机,转播发射机
retrace (1) 回 [扫] 描,回扫;(2) 返回,回程,逆程,倒转
retrace of scan 扫描回程
retrace period 回描周期
retrace rate 回描率 (回扫时间占主扫描周期的百分数)
retrace ratio 回描率,逆程率
retrace time 回描时间
retraceable set 　{数} 回溯集
retract (1) 收缩,缩回,缩进,收起,拉回;(2) 收缩核;(3) 取消,撤回,收回
retractable 可伸缩的,可收缩的,能伸缩的
retractable bollard 可收缩带缆桩
retractable boom conveyer 伸缩式悬臂输送机
retractable cable reel 收放式电缆卷筒
retractable drawbar 伸缩式联结器
retractable fender system 伸缩式防撞装置
retractable fin stabilizer 伸缩式减摇鳍装置
retractable finger pickup 伸缩指式捡拾器
retractable missile hook 收缩式导弹挂钩
retractable pilot house 伸缩式驾驶台 (过桥时能下缩的驾驶台)
retractable plug sampler 可缩式活塞取土器
retractable rudder 可收回舵
retractable soot blower 伸缩式吹灰器
retractable steerable thruster 可伸缩可操纵推力器
retractable type 伸缩式
retractable wheel 收缩起重轮,伸缩轮
retractile 伸缩自由的,能缩回的
retractile drawbridge 拖曳桥
retractility 伸缩性,退缩性,缩回性,可缩进
retracting 缩回,收起
retracting backward 向后收起
retracting spring 复位弹簧,回动弹簧,回位弹簧,释放弹簧,回程弹簧
retracting spring tooth pickup cylinder 伸缩弹指式捡拾滚筒
retracting stroke 返回行程,回位行程
retracting transformation 收缩变换
retraction (1) 收缩,缩回,缩进,撤回,移回;(2) 收缩力
retraction jack 升降机收放机构,收放作动筒
retraction stresses 收缩应力
retractor 曳锭器,取锭器,牵开器
retractor collar 分离环,滑环
retractor ram (船舶) 退滩装置
retractor spring 回位弹簧,拉回弹簧
retrad 向后方,向后地
retral 在后面的,向后的,倒退的
retransformation 逆变换
retranslate 重译,再译,转译
retranslator satellite 中继卫星
retransmission 中继,重发,转发,转播
retransmission identification signal 重发标识信号
retransmission still being attempted (=RSBA) (电传收发) 仍在企图重新发送
retransmit 中继发送,转发,转播
retransmitted 中继发送的,转发的,转播的
retransmitter 中继发射机,转播发射机,转发发射机
retransmitting station 转播电台
retransposing 重交叉,再转置
retrapping 再捕获,重俘获,再陷
retread (1) (橡胶) 翻新,修补;(2) 凹进处;(3) 后斜
retreaded tire 修补的轮胎
retreader 翻新器
retreading 胎面翻新
retreads 翻新轮胎
retreat (1) 重新处理,再处理,再加工,再精制,再提纯,再选;(2) 收缩率,收缩;(3) 向后倾,后斜,后退;(4) 放弃,退却
retreat signal 撤回信号
retreater 退察温度计
retreating (1) 重新处理,再处理,再精制,再加工;(2) 使收缩

1195

retreatment (1) 重新处理, 再处理, 再加工, 再精制, 再提纯；(2) 重新考虑

retrench (1) 截断, 截去, 修剪；(2) 缩减, 减少, 删节, 紧缩, 节省, 节约；(3) 删除, 删节, 省略

retrenchment 节省, 省略, 减少, 紧缩, 削减, 删除

retrial (1) 重新试验, 重新实验, 再试验, 再实验；(2) 再审, 覆审

retribution 报酬, 报复

retrictor 节流阀

retrievable (资料) 可重新得到的, 可检索的, 能收回的, 可换回的, 可弥补的, 可恢复的

retrieval (1) 重新得到, 取回, 收回, 挽回；(2) 恢复, 修复, 修补, 修正, 弥补, 补救；(3){计}[数据、信息] 检索, 查找, 寻找, 探索, 提取；(4)(货物) 拆垛, 出库

retrieval cost 出库理货成本

retrieval time 恢复时间

retrieve (1) 恢复, 回复, 回收, 挽回, 挽救, 打捞；(2) 补偿, 弥补, 补救；(3){计} 检索, 找回, 读出；(4)(货物) 拆垛, 出库

retrieve an error 纠正错误

retriever (1) 回收用工具, 回收船, 回收器；(2) 打捞用具；(3) 自动引下器, 恢复器

retrieving arrangement 回收装置

retrieving line (1) 取回绳 (海上输油后把输油管收回的绳)；(2) 回收缆索

retrim (1) 重新调整, 重新平衡, 再平衡；(2) 再整平；(3) 再平舵

retro- (词头)[向] 后, 回 [复], [倒] 退, 追溯, 逆

retro azimuthal projection 反方位投影

retro-engine 制动发动机

retro-focus 焦点后移, 负焦距

retro-launching 向后发射

retro module 制动发动机轮

retro reflective label 反射标签

retro-rocket (=RR) 减速火箭, 制动火箭

retro-type lens 负透镜

retro type lens 负透镜

retroact (1) 回动, 逆动, 倒行；(2) 起反作用, 逆反应, 再生, 反馈；(3) 追溯

retroaction (1) 回动, 逆动, 倒行；(2) 再生；(3) 反作用, 反力；(4) 反馈

retroactive 反作用的, 再生的, 反馈的

retroactive amplification (1) 再生放大；(2) 反馈放大

retroactive audion 再生检波管

retroactive effect 有追溯效力

retroactive recognization (=RR) 追认

retroactive zoning 重新划入的地区, 补划区

retrocede (1) 后退, 退却；(2) 交还, 归还, 恢复；(3) 转分保

retrocede company 转分保公司

retrocession 后退, 退却

retrocession welding method 后退焊接法

retrodict 倒推

retrodiffused 反向扩散的, 向后扩散的

retrodiffusion 后向散射, 反散射

retrodirective 反向的

retrodisplacement 向后移位, 后移, 后倾

retroengine 制动发动机

retrofire 制动发动机点火, 点火发动, 发动

retrofit 加装新设备, 改装, 改型, 改进, 更新

retrofit test 更新试验

retroflection (=retroflexion) 向后弯曲, 反曲, 翻转, 折回, 回射

retroflex(ed) 反曲的, 翻转的

retroflexion 反曲, 翻转, 折回, 回射

retrograda motion 逆行

retrogradation (1) 后缩, 后退, 衰退, 退化；(2) 退减 [作用]；(3) 逆行, 逆查, 倒查, 倒退；(4) 变稠, 凝结, 胶化

retrograde (1) 后退, 后缩, 退化；(2) 后退的, 倒退的, 反缩的, 退化的；(3) 顺序颠倒的, 逆行的, 反常的；(4) 逆反应的, 退化的, 衰退的；(5) 扼要地重述

retrograde condensation 反凝结

retrograde degeneration 逆行性变性

retrograde extraction 反萃取

retrograde gas condensate reservoir 反凝析气藏

retrograde motion 反向运动, 逆行

retrograde solubility 退缩性溶解度, 倒溶解度

retrograde vaporization 反汽化

retrograding 退缩的

retrograding wave 反向波, 后退波

retrogress (1) 后退, 倒退, 衰退, 退步, 退缩, 退化；(2) 逆向运动, 反向运动, 逆反应, 逆行

retrogressing wave 反向波

retrogressing winding 倒退绕组

retrogression (1) 倒退, 退步, 退缩, 退化, 后退；(2) 逆行

retrogressive 倒退的, 后退的, 退化的, 逆行的

retrogressive movement 逆向运动

retrogressive wave 逆行波, 退缩波

retrogressive winding 倒退绕组

retroject (1) 向后投射, 向后抛, 掷回；(2) 回想, 回溯

retron 勒特朗 γ 谱仪 (商品名)

retropack 制动发动机组, 减速发动机组, 制动装置

retroposed 后移的

retroreflect 向后反射, 折回反射, 往后反射, 反光, 回射

retroreflecting material 定向反光材料

retroreflection 向后反射, 回射

retroreflector 向后反射器, 向后反射镜, 反光镜

retrorocket 制动火箭

retrorse 向后弯的, 向下弯的, 后翻

retrosection {数} 纽形剖线

retroserrate 有倒锯齿的

retrospect (1) 提及, 涉及；(2) 回顾, 追溯

retrospective 追溯的

retrospective cohort study 回顾性群组调研

retrospective prospective study 回顾 - 前瞻性调研

retroverse 向后弯的, 后翻的

retroversion (1) 倒退, 后倾, 翻转；(2) 回译；(3) 回顾

retrovert 使翻转, 使后倾

RETRUNK (=Regarding Trunk Call) 关于长途电话

retry 重操作, 再试, 再做, 重算, 覆算

retting 浸渍, 浸解

retting pit 纤维浸解坑

retube 更换管子

retubing 更换管件, 更换管子

retune 重调谐, 再调整, 再整理

retuning 重调 [谐], 再调整, 再整理

return (1) 返回, 回行, 回程, 回复, 复位；(2) 回路, 回线, 返程；(3) 反射信号, 回波信号, 反射；(4)(复)研究成果, 利用率；(5) 报酬, 偿还, 归还；(6) 转向延续, 转延, 转向, 迂回

return a call 回拜, 答访

return abuse 退货误用

return address 返回地址

return air 回流空气, 回风, 回气

return-air duct 回气管道

return beam vidicon (=RBV) 返束视像管

return belt 回程皮带

return bend 回转弯头, 反向弯头, U 形弯头, 回转管

return bent pipe 回弯管

return block 开口滑车, 回行滑轮

return call 回答符号

return cam 回动凸轮, 转向凸轮, 复归凸轮, 回行凸轮

return cargo (1) 回程货；(2) 回航货；(3) 回运货物

return cargo freight 回运货运费

return center 退货中心

return chute 回油槽

return circuit 回路

return-circuit rig 反向导流器

return circuit ring 反向导流器, 弯道

return clause (保险费) 退费条款

return-cocked bead 突圆角线条

return code 返回代码

return coefficient 复原系数, 回弹系数

return command 返回指令, 复原指令

return commission 回扣, 佣金

return connecting rod 回行连杆, 反向连杆

return connecting rod engine 往复连杆式发动机

return coupling 反馈

return crank 偏心曲拐, 回行曲柄

return current 返回电流, 回流, 反流

return curve 回复曲线

return electrolyte 返回电解液, 废电解液

return feed 回行进给, 回行进刀

return feeder 回路馈线

return flame　回焰
return-flame boiler　回焰锅炉
return flame boiler　回焰式锅炉
return flow　回流，逆流
return flow atomizer　回流雾化器
return flow burner　回油喷嘴
return flow combustion chamber　逆流式燃烧室
return flow compressor　回流式压缩机
return flow oil atomizer　回流式喷油器
return flow scavenging　回流扫气
return flow solenoid valve　回流电磁阀
return flow wind tunnel　回流式风洞
return freight　回程运费
return from resource　资源输出量
return gear　回行装置，回行机构，随动装置，跟踪装置
return gear box　回行齿轮箱
return goods handle　退货处理
return goods management　退货管理
return header　回流集管
return idler　从动滚轮
return insurance premium　退还的保险金
return journey　返航，回程
return line　(1) 回扫线，返回线；(2) 回流管路，回水管，回气管，回行管
return line filter　（液压）回油管路过滤器
return load　回程货物，回载
return loss　(1) 反射波损耗，回波损耗，回程损耗；(2) 失配衰减
return main　回流总管，溢流总管，回汽总管
return material journal　退料账
return mechanism　回行机构
return motion　回行运动
return movement　[返]回[运]动
return of dial　拨号盘恢复原位
return of down payment　退回押金
return of goods　退货
return of original　返还原物
return of post　请即回电
return of premium　退回保险费
return of premium bulb　船舶保险退费
return of premium –hulls (=RPH)　船舶保险退费
return oil system　回油系统
return on investment　投资回收，投资回报率
return outwards　退货
return passage　回路通道
return period　重现期，回复期，逆程期
return pipe　回流管，回油管，回气管，回水管，回行管
return pipe of re-utilization　重复利用回水管
return piston stroke　活塞回程
return premium (=RP)　退还保险费，退费
return premium clause (=RPC)　退费条款
return premium of vessel (=RPV)　船舶定期保险退保费
return product　返修品，返料
return pulley　反向滑轮，换向滑轮
return pump　排气泵，抽气泵，抽空泵
return recording　数字间有间隔的记录
return refrigerant velocity　制冷剂吸入速度
return riser　回水立管
return roller　反向滚轮，托带轮
return run　回程
return signal　反馈信号
return slag　回炉渣
return speed　回行速度，返回速度
return spring (=RS)　复位弹簧，复原弹簧，回动弹簧，回位弹簧，回复弹簧
return statement　{计}返回语句
return streamer　回流
return stroke　返回行程，返回冲程，回位行程，回动冲程
return-stroke time　[返]回[行]程时间
return swing arm drip　摆动溢流管
return time　回描时间，回程时间
return to base　返回基地，返航
return to base computer　返航用计算机
return-to-bias　回到偏压，归零制，归偏
return to bias　回到偏压，归零制，归偏
return-to-bias recording　归零制记录，复零记录

return to normal　回复正常
return to shipper　退回托运人
return to vendor　退回贩买者
return-to-zero　归零
return to zero　复零，归零
return-to-zero-change-for-one　"1"归零法
return-to-zero recording　归零制记录，复零记录
return to zero representation　归零表示
return to zero system　归零制
return trace　回描，回程，逆程
return transfer function　返回传送操作
return trap　回流阱
return travel　返回行程，回程
return tray　回油盘
return trip　(1) 返航；(2) 回程
return-tube boiler　回焰锅炉
return tube boiler　回焰管式锅炉
return tube exchanger　回流管式换热器
return valve　回流阀，回水阀
return video switch　回像开关
return visit　回访
return voyage　返回航程，回程，返航
return water　回流水
return water pipe　回水管
return wave　反射波，回波
return wire　回线
returnability　(1) 可返回性，可回收性；(2) 具有多次使用的可能性
returnable　可重复使用的，可回收的，可回答的，返回的
returnable bag　可回用袋
returnable container　可反复使用的集装箱，可回收的容器
returned empties　返回的空箱
returned fissile material　再生核燃料
returned material report　退料单
returned to vendor (=RTV)　退回售主
returned tube boiler　回焰式火管锅炉
returning echo　反射信号，回波
returning spring (=RS)　复原弹簧，回位弹簧
returnless　无法摆脱的，无报酬的，没有回答的，回不来的，不回来的
Retz alloy　一种铅锡锑青铜（铜75%，铅10%，锡10%，锑5%）
reunient　再连合的
reunion　再接合，再结合，重聚
reunite　使再结合，使再联合，使再合并
reusability　再次使用的可能性，重新使用的可能性
reusable　可重复利用的，可再次使用的，可以再用的
reusable container　可反复使用的集装箱，可反复使用的容器
reusable pallet　回收托盘
reuse　(1) 重复使用，再使用，再用；(2) 再循环
reusing sample　复用试样，再用试样
reutilization　回收利用，再用
REUTEL (=Received Your Telegram)　收到贵电
REUTEL (=Reference Your Telegram)　关于阁下电报
REV (=Reverse)　(1) 颠倒，反转；(2) 倒车，回动；(3) 反向的，倒转的，回动的
REV (=Reversible)　可逆的
REV (=Review)　审阅，检查，评定，评论
REV (=Revised)　修改的，修订的，校正的
REV (=Revision)　修正
REV (=Revolution)　(1) 旋转，回转；(2) 转数
rev　(1)（发动机的）一次回转；(2)（起动时的）加速；(3) 转数，转速
rev counter　转数计
rev down　使慢转
rev up　使快转
Revacycle　无瞬心包络圆拉法，（直齿锥齿轮）拉齿法
Revacycle bevel gear cutting machine　直齿锥齿轮（圆拉法）拉齿机
Revacycle cutter　（锥齿轮）无瞬心包络圆拉法刀具，盘形拉刀
Revacycle gear　（美）用圆拉法加工的直齿锥齿轮
Revacycle method　直齿锥齿轮拉齿法
Revacycle process　无瞬心包络圆拉法
revalidation of certificate　证书的重新生效
Revalon　瑞瓦浪铜锌合金（76%Cu，22%Zn，2%Al）
revaluate　重新估价，再估价，使升值
revaluation　修正的估价，新的评价，重新估价，重新评价
revaluation of data　数据换算
revalve　更换电子管，更换阀

revalving 更换电子管,更换阀

revamp (1) 修理,修改,修补;(2) 翻新,装修;(3) 部分地再制,再装备

revaporization 再蒸发,再汽化

revaporizer 二次蒸发器,再蒸发器

revcur (=reverse current) 反向电流

reveal (1) 揭露,揭示,揭发;(2) 泄露,暴露;(3) 显示出,展现,显示,显露,显出;(4) 门沿侧墙,窗沿侧墙,窗侧,门侧

revealable 可展现的,可揭露的

revealer 展示者,揭露者

REVEL =Reverberation Elimination 混响消除

revelation (1) 打开,展开,展现,显示,显露,揭露;(2) 展开式

revenue (1) 收入,收益;(2) 税收;(3) 税务局,缉私船

revenue account 收入账户,收益账,退款账

revenue and expenditure 收支

revenue and expenditure account 出入账目

revenue boat 缉私船,巡逻船

revenue center 收入中心

revenue charge 营业收益

revenue crisis 收入危机

revenue cruiser 海关巡逻船

revenue cutter 缉私快艇,巡逻艇,缉私船

revenue earning train 计费列车

revenue ensign 缉私船船旗

revenue expenditure 营业支出

revenue ledger 收入分类账

revenue office 税务所

revenue officer 税务官员

revenue position 收入额,收益率,利润率

revenue producing facility 营运收入单位

revenue stamp 印花税票

revenue tariff 财政关税

revenue tax 关税收入

revenue ton (=RT) 海关吨,载货吨,计费吨

revenue vessel 海关巡逻艇

revenuer (1) 缉私人员,税务员;(2) 缉私船

reverb 电子回响器

reverberant 反射的,反响的,混响的,回响的

reverberate (1) 反响,回响,混响;(2) 反射光,反射热,反回;(3) 弹回,回跃,反冲,击退

reverberating echo 混响回波

reverberating furnace 反射炉,倒焰炉

reverberation (1) 回响,反射;(2) 交混回响,混响

reverberation chamber 混响室,反射室

reverberation control of gain (=RCG) 增益混响控制

reverberation elimination 混响消除

reverberation level 混响级

reverberation limited condition 混响限制状态

reverberation meter 混响时间测量计,交混[回响]计

reverberation method 混响法

reverberation-suppression filter 混响抑制滤波器

reverberation time 混响时间

reverberation time meter 混响时间测量计

reverberation unit 混响器

reverberative 反射性的,反响性的,[交]混[回]响的,

reverberator 反射器,反射灯,反射镜,反射炉

reverberatory (1) 反射的;(2) 交混回响的,反响的,回响的;(3) 反射炉,反焰炉

reverberatory calciner 反射煅烧炉

reverberatory furnace 反射加热炉,反射炉

reverberaotry matte 反射炉镜,反射炉冰铜

reverberatory wire net 反射金属网

reverberometer 混响时间测量计,混响计

revers 翻边

reversal (1) 反转,逆转,倒转,侧转,倒退,颠倒,相反,倒车;(2) 反向运动,反向动作,反行程,反向,换向,逆动,逆行;(3) 极性变换,改变方向,改变符号,转变,转换,变换,变更,反号,变号;(4) 重复信号;(5) 反的;(6) 绕物;(7) 自食;(8) 反变;(9) [气动弹性] 后效

reversal condition 逆转条件

reversal development 反转现象,反演

reversal device 反向装置

reversal drum 反向鼓轮

reversal gear (1) 换向齿轮;(2) 回动装置

reversal load 变向载荷,反向载荷,反向负荷,交变载荷

reversal of a spectral line 光谱线的自蚀

reversal of beams 射线束反转,光束反转

reversal of control 反向控制

reversal of cure 反硫化

reversal of current 电流的反向,反流

reversal of curvature 反曲率

reversal of diode 二极管反接

reversal of flow 反向流动

reversal of load 载荷反向

reversal of magnetism 磁性反转,反复磁化

reversal of phase 倒相

reversal of polarization 极化改向,极性变换,极性反向

reversal of pole 反极

reversal of stress 应力交变,应力反向

reversal of stroke 反冲程

reversal of subcarrier phase 副载波倒相

reversal point 转换点

reversal protection 反向保护

reversal stress 反向应力

reversal time 换向时间

reversal type color film 反转式彩色影片

reversal valve 换向阀,可逆阀

reversal zone 负变位灵敏度区,反转区

reverse (1) 反向的,反动的,倒移的,反的;(2) 反向,反转,倒转,换向,倒车,回动,颠倒;(3) 倒档;(4) 逆转机构,换向机构,回动机构,反演机构,回动装置,回动齿轮;(5) 背面,反面,反换,掉换,交换;(6) 变换极性,可逆的,交换的,换向的,转向的,倒,反,逆;(7) 反转对称的,镜对称的;(8) 废弃的,取消的,撤销的,反对的

reverse a procedure 颠倒程序

reverse acting control element (1) 反作用的控制元件;(2) 反作用的调节元件

reverse acting control valve 反作用控制阀

reverse acting valve 反作用阀

reverse action 逆反应

reverse airblast 反向鼓风

reverse and reduction gear 换向及减速装置,反转减速装置

reverse angle-shot 侧角倒摄镜头

reverse angle shot angle 倒摄镜头

reverse arm 回动杆

reverse band 回动带,回行带

reverse bar 反向角材,反肋骨

reverse battery metering 反向电流测量

reverse bearing 反象限角,后方向角,后方位

reverse belt 回动带,回行带

reverse bend 反向弯曲

reverse bending test 反复弯曲试验

reverse bias 反向偏压,反向偏置,反偏压

reverse-biased 反[向]偏[置]的

reverse biased junction 反向偏置结,反偏结

reverse biased p-n junction 反向偏置 p-n 结,反偏置 p-n 结

reverse blocked admittance 反阻挡导纳

reverse blocking 反向阻断

reverse blocking thyristor 反向阻断可控硅[元件]

reverse boring 调头镗削

reverse brake shoe 反向制动蹄

reverse breakdown 反向击穿

reverse breakdown voltage 反向击穿电压

reverse casehardening (木材)反向硬化

reverse caster (汽车前轮转向节销的) 负倾斜,逆倾斜,主销后倾

reverse characteristic 反向特性

reverse check 倒挡掣子

reverse circuit 反作用电路

reverse circulation drilling 钻进反循环

reverse clutch 倒挡离合器,倒车离合器

reverse compatibility (彩色电视机的) 逆兼容性

reverse conducting diode thyristor 反向导电二端闸流管

reverse conducting thyristor 反向导电可控硅[元件]

reverse connection 反接

reverse control 反向控制,换向控制

reverse conveyer pawl 输送机回动爪

reverse counter gear 副轴回动齿轮,回动对齿轮

reverse-coupling directional coupler 反相激励定向耦合器

reverse course 反航向

reverse-current 反向电流,逆流

1198

reverse current 反向电流, 反转电流, 逆电流, 逆流
reverse current braking 反电流制动, 逆电流制动
reverse current circuit breaker 逆电流断路器
reverse current cleaning 反向电流清洗
reverse-current metering 反向电流测量
reverse current protecting equipment 逆电流保护设备
reverse current protection 逆电流保护
reverse-current relay 逆 [电] 流继电器
reverse current relay (=RCR) 逆 [电] 流继电器
reverse current release 逆电流释放器
reverse current test 逆电流试验
reverse-current trip 逆电流自动切断
reverse current trip 逆电流自动切断, 逆电流自动脱扣
reverse curve 反向曲线
reverse cycle 逆循环
reverse cycle heating 逆循环供热
reverse direction 反向
reverse-directional element 倒相单向元件, 反向元件
reverse dog 反位锁簧
reverse domain 反转磁畴, 逆磁畴
reverse drawing 逆向拉制, 反压延
reverse drive 换向传动, 反向传动, 逆行程, 回程
reverse drive gear 换向传动装置
reverse driven gear 换向驱动装置
reverse eccentric 回程偏心轮
reverse eddy 反向涡流
reverse electro pneumatic valve 回动电控阀
reverse electrode phenomena 反极现象
reverse electrode phenomenon 反电极现象
reverse eye hook 转眼钩
reverse feed lever 反向进给手柄, 反向进刀手柄
reverse feedback 负反馈
reverse-flow 反向流, 逆流, 回流
reverse flow 反向流, 逆流, 回流
reverse flow combustion chamber 逆流式燃烧室
reverse frame (船舶) 内底横骨, 副肋骨, 反肋骨
reverse frame angle 反肋骨角材
reverse gate 反向门
reverse-gear (1)换向齿轮, 倒车齿轮, 回动齿轮, 反转齿轮, 空转齿轮; (2)回动装置, 逆转装置, 回行机构; (3) 倒挡.
reverse gear (1)逆转装置, 回动装置, 倒车装置; (2)换向齿轮, 反向齿轮, 倒车齿轮, 倒车挡
reverse gear assembly 换向装置, 倒顺装置
reverse-gear block 倒挡齿轮组, 回动齿轮组
reverse gear device 倒挡齿轮装置, 回动齿轮装置
reverse gear lever 换向传动手柄, 倒挡操纵杆
reverse gear mechanism 倒车机构
reverse gear ratio 倒挡传动比
reverse gear shift 倒车挡
reverse gear shift shaft 倒挡齿轮变速轴, 回动齿轮变速轴
reverse gear shifting fork 倒挡齿轮拨叉
reverse gear shifting yoke axle 倒挡齿轮拨叉轴
reverse gear train 倒挡齿轮系, 回动齿轮系
reverse gear wheel 倒挡齿轮, 回动齿轮
reverse gears 倒挡齿轮系, 回动齿轮系
reverse gradient 反向坡度, 反坡
reverse hang 吊臂悬垂, 后悬垂
reverse hydrant 反向供水栓
reverse idler 倒车用空套齿轮
reverse idler gear 倒挡中间齿轮, 后退空转齿轮, 反转空转齿轮, 回动空转齿轮, 倒挡惰齿轮
reverse idler gear bush 倒挡中间齿轮轴套
reverse image 反像, 倒像
reverse impulse 反向脉冲, 反脉冲
reverse index 反转标牌, 倒指标
reverse key 松开键, 逆键
reverse key shackle 扭向卸扣
reverse laid (绳) 反搓
reverse laid rope 交叉捻钢丝绳, 逆捻钢丝绳
reverse latch 倒挡止动爪, 倒挡销闩
reverse lay (钢丝绳) 反捻
reverse-leakage current 反向漏电流
reverse leakage current 反向漏 [泄] 电流
reverse lever 换向杆, 回动杆

reverse lever catch 回动杆挡
reverse lever handle 回动杆手柄, 回动杆轴
reverse lever quadrant 回动杆扇形齿轮
reverse link 回动杆
reverse lock 倒挡锁定装置
reverse logistics 逆向物流
reverse motion 反向运动, 回动, 逆动
reverse movement 反向运动, 逆转运动, 返回运动, 回动
reverse one's altitude 完全改变态度
reverse osmosis (=RO) 逆渗透法, 反渗透法
reverse osmosis desalination 反渗透除盐
reverse osmosis desalination plant 反渗透除盐装置
reverse osmosis device (海水淡化的) 反渗透装置
reverse osmosis method 反渗透法
reverse osmosis process 反渗透法, 逆渗透法
reverse output gear 倒退输出齿轮, 反转输出齿轮
reverse-phase protection 反相保护
reverse phase protection 反相保护
reverse phase relay 反相继电器, 逆相继电器
reverse pitch 反螺距
reverse planetary set 回动行星齿轮组
reverse plunjet 回流式气动量塞
reverse polarity 反极性
reverse position 反转位置, 反位, 倒镜
reverse potential 反向电势
reverse power 逆功率
reverse power protection (1)逆功率保护装置; (2)反向功率保护
reverse power relay 逆功率继电器, 反向功率继电器
reverse power test 逆功率试验
reverse power trip 逆功率保护脱扣装置
reverse power tripping device 逆功率脱扣装置
reverse procedure 颠倒程序
reverse process {计} 负像工艺
reverse proportionality 反比例
reverse reaction 逆反应
reverse reduction gear 可倒转减速装置
reverse reduction gearbox 可倒转减速齿轮箱, 倒顺车减速齿轮箱
reverse relay (=RR) 逆流继电器, 反向继电器
reverse repeater {冶} 反围盘
reverse rod 逆动杆, 回动杆
reverse rotation 反向旋转, 反转, 倒转, 逆转
reverse running (1)回程, 倒车; (2)反测
reverse screw 反向螺旋, 回动螺旋
reverse shaft 换向轴, 回动轴
reverse shaft arm 回动轴臂
reverse shifting fork 倒车换挡叉
reverse side (1)反向回转齿面, 上齿面; (2)反向端, 反侧
reverse signal (=RS) 反转信号, 反向信号
reverse sliding gear 换向滑动齿轮, 倒挡滑动齿轮
reverse sliding gear axle 换向滑动齿轮轴, 倒挡滑动齿轮轴
reverse slope 反向坡度, 反坡
reverse speed (1)倒挡速度; (2)(变速器) 倒
reverse speed sliding rod 换向滑杆, 倒挡滑动杆
reverse starting sequence 换向起动程序
reverse steam 回汽
reverse steam brake 回汽刹车
reverse stop 回动定位器, 回动止车杆, 倒车保险盒
reverse stroke 回行冲程, 反向行程, 返回行程
reverse switch 换向开关, 反向开关
reverse taper (锥齿轮) 反向锥度, 反向收缩, 反梯形, 反尖削
reverse taper ream 倒锥形钻孔
reverse temperature 反转温度
reverse thrust 反推力
reverse thrust load 反向推力载荷
reverse tiller 反装舵柄 (舵柄延伸在上舵杆后面)
reverse tool thrust 回动刀具推力
reverse torsion machine 交变扭转疲劳试验机, 扭转疲劳试验机
reverse transfer admittance 反向转移导纳
reverse transfer impedance 反向转移阻抗
reverse transformation 相反的转化
reverse trip dog 回动跳挡
reverse turbine 倒车涡轮
reverse turn 反转, 倒转
reverse valve 回动阀

reverse voltage　反向电压
reversed　相反的,反向的,颠倒的,撤销的,反的,逆的
reversed arch　倒拱
reversed bending　反向弯曲
reversed bias　反偏压
reversed cone clutch　倒锥离合器,回动圆锥离合器
reversed control　反向控制
reversed damping　逆阻尼
reversed drainage　反向泄水系统
reversed feedback amplifier　负反馈放大器
reversed filter　倒滤器
reversed flow　反向流,逆流
reversed flow type combustion chamber　逆流式燃烧室
reversed frame　(船体)内底横骨
reversed image　倒像,负像
reversed installation　反向安装
reversed king post girder　倒单柱桁架,反向单柱梁
reversed line　自蚀的光谱线
reversed load　反向荷载
reversed loop winding　逆行叠绕组,反环绕组
reversed mounting　反向安装
reversed phase　倒相,反相
reversed phase coil　反相线圈
reversed polarity　反极性,异极性,反接,反相
reversed polarity electrode　反极性电极
reversed polarity picture　反极性图像
reversed queen post girder　倒双柱桁架
reversed running　(1)回程;(2)逆向运行,倒车
reversed screw steering gear　反向螺旋式操舵装置
reversed spin　反向自旋
reversed stress　交变应力,反向应力,逆向应力,反应力
reversed tackler　负反馈线圈
reversed tainter gate　反向弧形闸门,倒弧形闸门
reversed tainter valve　反向弧形闸门,倒弧形闸门
reversed torsion　反向扭转
reversed true bearing　逆真方位
reversed turning　反向回转,逆转
reverser (=reversor)　(1)倒转机构,逆转机构,反向机构,回动机构,
　　回行机构,倒逆装置;(2)方向转换开关,换向开关,转换设备,反向设备,
　　反向开关,换向器,反向器;(3)翻钢机
reversibility　(1)可逆性;(2)倒转本领;(3)倒转可能性,反向可能性,
　　可转换性,反转性;(4)可撤销性,可取消性;(5)可回塑性,反演性
reversibility of absorption　吸附可逆性
reversibility of path　弹道的可逆性
reversibility principle　可逆性原理
reversible　(1)可反转的,可倒转的,可换向的,可转换的,可调换的,
　　可颠倒的;(2)两面可用的,可互用的,双向的,可反向的,可倒的,可
　　逆的,可废弃的,可撤销的
reversible action　可逆过程
reversible amplifier　可逆放大器
reversible belt　可逆转运输带
reversible blade　翻转式锄铲
reversible booster　可逆升压器,可逆增压机,可逆增压器,可逆升压机
reversible camshaft　可换向凸轮轴,可逆升压机
reversible capacitance　可逆电容
reversible capstan　可逆绞盘
reversible cell　可逆电池
reversible change　可逆变化
reversible circuit　可逆电路
reversible clutch　正倒车离合器
reversible controller　可逆控制器,双向控制器
reversible counter　可逆计数器
reversible cycle　可逆循环
reversible decade counter　可逆十进位计数器
reversible deflector　换向挡板,换向弯头,转向弯头,反折板
reversible deformation　变形回复,反变形
reversible diesel　可倒转柴油机
reversible diffusion　可逆扩散
reversible disc plow　双向圆盘犁
reversible double filter　可换向双联滤器
reversible drive　可逆传动
reversible engine　可倒转发动机,可逆[发动]机
reversible element　可逆电池
reversible fan　反转式扇风机

reversible film　可逆膜片,反转影片,反转薄膜
reversible gear train　换向齿轮系
reversible grease　稠度可还原的润滑脂,可逆润滑脂
reversible hatch-cover　可翻转舱口盖
reversible level　(1)可翻转的酒精水准仪,活镜水准仪,回转式水准仪,
　　可倒水准仪;(2)回转水准管,可倒水准管,可倒水准,可逆电平
reversible liferaft　可翻转救生筏,双面救生筏
reversible lock　双向锁
reversible locking mechanism　换向锁紧机构
reversible magnetic process　可逆磁化过程
reversible magnetic susceptibility　可逆磁化率
reversible motor　正反转电动机,可逆[转]电动机
reversible pallet　双面托盘
reversible pattern plate　{铸}可逆模板,可换型板
reversible permeability　可逆导磁率,可逆性导磁率
reversible pitch propellers　反距螺旋桨
reversible pitch propeller　反距螺旋桨
reversible polarity diode　可逆极性二极管
reversible power take-off　可反转的动力输出轴
reversible process　可逆过程
reversible process of magnetization　可逆磁化过程
reversible propeller　可调螺距螺旋桨,可倒转螺旋桨
reversible propulsion　可逆传动
reversible pump　可倒转泵,可逆转泵
reversible pump turbine　可逆式水泵水轮机
reversible ratch　可逆棘轮机构
reversible ratch (and pawl) mechanism　可逆棘轮机构
reversible reaction　可逆反应
reversible reduction gear　可逆转减速齿轮
reversible rotation　可逆转动
reversible screw　变距推进器,变距螺旋桨
reversible sprocket　可逆式链轮
reversible steering gear　可逆式转向器
reversible temperature indicating pigment　可逆性示温颜料
reversible transducer　可逆换能器,可逆变换器,可逆传感器
reversible turbine　可倒转涡轮机,可逆转涡轮机
reversible winch　可反转绞车,可逆绞车
reversing　(1)极性改变,换向,反向,回动;(2)可逆的,逆的
reversing alarm　(可控螺距螺旋桨)倒车信号,倒转信号
reversing amplifier　倒相放大器,倒相器
reversing and starting gear　倒车及起动装置
reversing angle　换向角
reversing apparatus　换向装置,换向器
reversing arm　回动臂
reversing arrangement　换向装置,反向装置,倒车装置
reversing bevel gear　换向锥齿轮
reversing bucket　(涡轮机的)倒车叶片
reversing chamber　(涡轮机的)蒸汽回流室
reversing clutch　正倒车离合器,倒顺离合器,换向离合器,反向离合器,
　　反转离合器
reversing cogging mill　可逆式初轧机
reversing color sequence (=RCS)　彩色信号反向顺序,反向彩色信号
　　序列,彩色发送逆序,变换彩色相序,逆色序
reversing commutator　电流方向转换器
reversing contactor　换向接触器
reversing contacts　可逆触点
reversing container　翻倾式容器
reversing control　换向控制
reversing control lever　换向控制杆
reversing control system　换向控制系统
reversing controller　反向控制器,可逆控制器,双向控制器
reversing correspondence　{数}反序对应
reversing coupling complement　换向联轴器总成
reversing cylinder　换向汽缸,倒车汽缸
reversing device　反向装置,回动装置
reversing dog　反向挡块,回动止块,回动轧头
reversing drive　(1)反向传动;(2)回动装置
reversing drum　换向鼓
reversing engine　可逆转发动机,倒转发动机
reversing eyepiece　反向目镜
reversing four-way valve　四通回动阀
reversing frame　(船体)反肋骨
reversing furnace　蓄热室式窑炉,换火式窑炉
reversing gas turbine　可倒转燃气轮机

reversing gear (1) 换向齿轮, 反转齿轮, 反向齿轮, 回动齿轮; (2) 反转装置, 倒车装置, 回动装置, 换向机构, 逆转机构, 回动机构, 回行机构

reversing gear box 换向齿轮箱, 倒车齿轮箱
reversing gear mechanism 换向齿轮机构
reversing gearbox 倒车齿轮箱
reversing handle 换向手柄, 反转手柄
reversing handwheel 倒车装置手轮, 换向手轮
reversing index 反转标牌
reversing interlock 换向联锁 [机构]
reversing key 换向键
reversing knob 回动捏手
reversing lever 换向手柄, 反转杠杆, 回动杆, 换向杆
reversing link 回动连杆
reversing locking mechanism 换向锁紧机构
reversing loop 迂回环线, 转向匝道
reversing machine 翻转机, 换向机
reversing maneuver 换向操纵, 换向机构, 回动机构
reversing mechanism 换向机构, 回动机构, 反向机构, 逆转机构, 倒车机构
reversing mill 可逆式轧机
reversing mirror 反像镜
reversing motor 可逆转电动机, 双向旋转马达
reversing of magnetic field 磁场倒向
reversing operation 反向运行, 反向运转, 换向操作
reversing plug 反向转换开关, 换向开关, 反向开关
reversing point 回动点
reversing prism 反像棱镜, 反向棱镜
reversing process 逆过程
reversing propeller 可倒转螺旋桨
reversing propulsion system 反向推进装置, 倒车装置
reversing ratch (and pawl) mechanism 回动棘轮机构
reversing rolling mill 可逆轧机
reversing rotation 反向旋转
reversing rudder 倒车舵, 反向舵
reversing safety interlock 换向安全联锁装置
reversing screw 回动螺旋
reversing screw bolt 回动螺栓
reversing screw gudgon 回动螺旋, 十字螺帽
reversing screw top guidance 回动螺旋上导板
reversing servomotor 换向伺服马达
reversing servomotor for camshaft 凸轮轴换向伺服马达
reversing shaft 换向轴, 回动轴, 反转轴
reversing slide valve 换向滑阀
reversing spring 回动弹簧
reversing stub switch 换向按钮开关
reversing switch 换向开关, 反向开关
reversing switch contact 换向开关触点
reversing system 换向装置
reversing test 倒车试验, 反转试验
reversing thermometer (量测水温的) 倒转自记温度计, 颠倒温度计
reversing thrust load 反向推力负荷
reversing time 换向时间
reversing turbine (1) 可逆转式涡轮机, 可逆转式透平; (2) (船) 倒车涡轮机, 倒车汽轮机, 倒车透平, 倒车涡轮, 后退涡轮
reversing valve 回动阀, 换向阀, 反向阀, 可逆阀
reversing valve complement 换向阀总成
reversing valve for controlling oil 控制油换向阀
reversing wheel 换向机构手轮, 回动手轮
reversing winch 提升绞车, 卷扬机
reversion (1) 反向, 反转, 倒转, 逆转, 转换, 颠倒, 回行, 回复; (2) 恢复原来组成, 复原, 恢复; (3) [硫化] 返原; (4) (光谱的) 转换; (5) 反演; (6) 变号
reversion of a series 级数的反演
reversion of gas 气体烃的转化, 气体烃的裂化
reversion of kerosene 煤油的储存变质
reversion test 变质试验 (用过氧化铅检查煤油颜色的稳定性)
reversor (=reverser) (1) 倒转机构, 逆转机构, 反向机构, 回动机构, 回行机构, 倒逆装置; (2) 方向转换开关, 换向开关, 转换设备, 反向设备, 换向器, 反向器; (3) 翻钢机
revert (1) 恢复原状, 回复, 复原, 恢复; (2) 使颠倒, 使回转, 逆转; (3) 回炉物料, 返料; (4) (传真等) 详情后告
revert metallics 金属物返料
revert statement { 计 } 回复语句

revert to the original state 回复原状
reverted 反向的
reverted epicyclic gear train 输入轴输出轴成直线的行星齿轮系
reverted gear train 输入轴输出轴成直线的齿轮系
reverted image 反像
reverted train 回行循环轮系
revertex 蒸浓胶乳, 浓缩橡浆
revertible 反向的, 反的
reverting 后告
revertive 反向的, 反的
revertive call (同线用户的) 相互呼叫
revertive circuit 反作用电路, 反向电路
revertive control 反控制
revest (1) 使恢复原状, 使恢复原位; (2) 重新投资
Revex 直齿锥齿轮粗拉法
revibration 重复振动, 再振动, 再振捣
review (1) 回顾, 概观; (2) 审阅, 校阅, 检查, 重查, 复查, 复审; (3) 考察, 观察, 检阅, 再阅; (4) 详述, 评论, 评定
review board 审查委员会
review map 一览图, 略图
review the past 回顾过去
reviewable 可检查的, 可评论的, 可回顾的
reviewal 评论, 复查
reviewer 评论员, 评论者
revisal 修正, 修订, 修改, 校正, 订正
revise (1) 修正, 修订, 修改, 校订, 校正, 校阅; (2) 改样
revise a contract 修改合同
revised 修正的, 校正的, 修订的, 修改的
revised and enlarged 增订的
revised design 修正后的设计
revised edition 修订版
revised statutes (=RS) (美国) 修改后的法规
revised version 修订版, 修正本
reviser 修订者, 修正者, 修改者
revising 修订
revision (1) 修正, 修订, 修改, 校订, 校对, 订正, 复审, 复查; (2) 修订版, 修订本, 改版
revision directive 修正指令
revision notice 更正通知
revision test 重复试验, 再试验
revisions decription 修改说明
revisit 再访问, 再参观
revisor (=reviser) 修订者, 修正者, 修改者
revisory 修订的, 修正的, 改正的, 校订的
revival (1) 苏醒, 复苏; (2) 复兴, 恢复; (3) 再生; (4) 重新出版, 再流行
revive (1) 苏醒, 复苏; (2) 复兴, 复原, 恢复; (3) 还原成金属, 还原, 再生
reviver 再制活字合金 (添加多量锡与锑), 再生铅
revivification 还原成金属, 复活 [作用], 再生
revivification of solution 溶液活性的复原, 溶液的再生
revivifier (1) 复活剂; (2) 再生器; (3) 交流换热器; (4) 叶片式松砂机
revmeter (=revolution meter) 转数计
revocable 可撤销的, 可撤回的, 可取消的, 可废除的
revocable credit 可撤销的信用证
revocable letter of credit 可撤销的信用证
revocation 撤销, 撤回, 废除, 解除, 取消
revocation of arbitration agreement 无效仲裁协议
revoke (1) 撤销, 撤回, 取消; (2) 废除, 废止, 解除, 作废
revoke business license 吊销营业执照
revoked vehicle 报废汽车
revolute (1) 旋转, 转动; (2) 旋转的, 转动的; (3) 外卷的, 后旋的
revolute coordinate 弯卷坐标系统
revoluting gate 转动式栅门, 转门
revolution (1) 旋转, 转动; (2) 转数, 周期, 循环; (3) 回转, 公转; (4) { 数 } 回转体; (5) 变革, 革命
revolution coefficient 旋转系数
revolution counter 转数计数器, 转数计, 转速计, 转速表
revolution detector 转数检测器
revolution fluctuation 转速波动
revolution increase 转速增量
revolution indicator 转数指示器, 转数计, 转速表, 转速表
revolution limiter 转速限制器
revolution mark (1) 切削刀痕, 切削痕迹, 走刀痕迹, 残留面积, 刀痕;

(2)（工件与刀具）回转的摩擦声

revolution meter 转数计，转速计，转数表

revolution of main engine 主机转数

revolution of polar to Cartesian 极坐标 - 直角坐标转换

revolution of rolling elements 滚动体公转

revolution recorder 转数记录仪，转数记录器，转数计

revolution stop 转数限制器，限速器

revolution table (1)转数表(2)转数换算表(螺旋桨转数与船速换算表)

revolution telegraph 螺旋桨转数车钟

revolution transmitter 转数发送器

revolutional shell 旋转薄壳

revolutionary 旋转的，回转的，绕转的，公转的

revolutionary angular speed of ball 球的公转 [角] 速度

revolutionary motion 公转运动

revolutionary slide 公转滑动

revolutionary velocity 公转速度

revolutions per hour (=RPH) 每小时转数，转 / 小时

revolutions per inch (=rpi) 每英寸走刀主轴转数

revolutions per minute (=RPM 或 rpm) 每分钟转数，转 / 分

revolutions per minute indicator (=RPMI) 每分钟转数指示器 (主机转数表)

revolutions per second (=RPS 或 rps) 每秒钟转数，转 / 秒

revolutions per unit time 单位时间转数

revolvable pan tray 可转动盘状发射架

revolve (1) 旋转，绕转，回转，周转，运转，运行，公转，转动，运行；(2) 周期地出现，循环，(3) 再三考虑，反复思考，思索

revolved 旋转的，回转的，移动的

revolved representation 回转圆方法

revolved section 回转剖面，旋转断面

revolved sectional view 回转剖面图

revolvement 旋转

revolver (1)旋转式装置，旋转体，旋转器，旋转炉；(2)转换器，转轮，滚筒，(3)循环式，(4)快速循环取数区，快速访问通道，(5)左轮手枪

revolving (1)旋转，(2)旋转式的，转动的，回转的，循环的，(3)周期性的

revolving arm paddle mixer 叶片式混砂机

revolving arnature type 旋转电枢式

revolving axle 回转轴

revolving bar （锚机的）绞棒，旋转杆

revolving bed 回转炉底，回转座

revolving bell mouth （通风）旋转喇叭，旋转式风斗

revolving brush 旋转刷，转动刷

revolving cam 回转凸轮

revolving carrier 回转支架

revolving center 回转顶尖，活顶尖

revolving chain locker 旋转式锚链舱

revolving chair 转椅

revolving circular cutter 回转圆铣刀

revolving counter 转数计数器

revolving coupler mechanism 回转联轴节机构

revolving crane 旋转起重机

revolving dial 回转工作台

revolving disc crane 转盘式起重机

revolving door 旋转门，转门

revolving drum 转筒，转鼓

revolving drum furnace 螺旋推进式炉，鼓形转炉

revolving drier 卧式烘砂滚筒，转筒干燥器

revolving excavator 旋转式挖掘机

revolving field type 旋转磁场式，旋转磁场型

revolving force 旋转力

revolving fund 周转资金，周转金

revolving fund account 周转资金账

revolving grate 转动炉排

revolving hopper 旋转式漏斗，旋转式料斗

revolving input member cam mechanism 凸轮机构的回转驱动体

revolving jib crane 旋臂式起重机

revolving knife 横切刀，旋转刀，长刀，滚刀

revolving light 转动灯标，旋转灯标，旋转灯

revolving magnetic field 回转磁场

revolving mast type jib crane 定臂转柱起重机

revolving member 回转 [构] 件

revolving motion 回转运动

revolving multi-toothed cutter 回转式多齿铣刀

revolving nosepiece （显微镜的）换镜旋座，换镜转盘

revolving part 回转部分，回转件，转动件

revolving plow reclaimer （旋转式）叶轮给料器

revolving plug 旋转锁芯，旋转锁塞

revolving radiobeacon 旋转无线电指向标，旋转无线电航标

revolving ring 转环，油环

revolving screen 转筒筛，回转筛，旋筒筛

revolving seat 转椅坐席

revolving shaft 回转轴

revolving shovel 旋转式挖掘机

revolving spindle 旋转轴

revolving switch 旋转开关，旋钮

revolving table 回转工作台，转台

revolving tool holder 回转刀架

revolving tube 旋转套管，均料筒

revolving turret 回转六角刀架

revolving two-pivot mechanism 双轴回转机构

revolving valve 回转阀

revolving vane 旋转桨叶

revolving wheel 旋转砂轮

REVS (=Revolutions) 转数

REVS/MIN (=Revolutions per Minute) 每分钟转数，转数 / 分钟

REVSPERMIN (=Revolutions per Minute) 每分钟转数，转数 / 分钟

REVT (=Revenue Ton) 计费吨，载货吨

revulsion (1) 收回，抽回，(2) 突变，(3) 反感

revved up 提高转换

revultex 浓缩硫化乳胶

reward (1) 报答，报酬，酬劳，酬谢，(2) 酬金，赏金，(3) 效果，结果，好处

rewarding 值得做的，能得益的，有益的

rewardless 无报酬的，徒劳的

rewarehouse 重新储存

rewash (1) 再洗；(2) 再选，精选

rewasher 再洗器，再洗机

rewater 补充储备水，再浇

reweigh 重新称量，再称量

reweld 返修焊，重焊，补焊

rewet 重湿润，再湿润

rewind (1) 再绕线圈，(2) 重缠，重绕，再绕，(3) 反绕装置，倒片装置，倒片器

rewind statement {计}反绕语句

rewind time 反绕时间，绕带时间

rewinder (1)再卷装置，复卷机，重绕机，卷取机，反轴器，倒卷器，倒片器，倒片台；(2) 重绕工

rewinding 重绕

rewirable 用金属线缚的，可重装电线的

rewirable fuse 可更换保险丝，可更换熔丝

rewire (1) 重新布线，重新接线；(2) 再发，重发

rework (1) 二次加工，再加工，再处理，返工，再制；(2) 再运转；(3) 修改

rework instruction tag (=RIT) (1) 再加工说明标签；(2) 修改说明标签

rework solution 再加工液，返回液

reworking of spent catalyst 废催化剂的再次加工，废催化剂的再生

reworks 回修品，返工品

REWR (=Read and Write) 读和写

rewrite 重新记录，重写

rewriting 方程的改写，变形

REX (=Real-time Executive Routine) 实时执行程序

rex 控制导弹的脉冲系统

Rexco 瑞克斯柯无烟燃料

reyn 雷恩 (动力粘度单位)

Reynolds equation 雷诺方程式

Reynolds number (=R) 雷诺数

REYOLET (=Received Your Letter) 收到阁下函

REYRCAB (=Referring to Your Cable) 关于您的电报

RF (=Frictional Resistance) 摩擦阻力

RF (=Radar Fix) 雷达船位

RF (=radio Facility) 无线电设备

RF (=Radio Frequency) 无线电频率，射频

RF (= Radio Frequency Amplifier) 射频放大器

RF (= Radio Frequency Interference) 射频干扰

RF =Range Finder 测距仪

RF (=Read Forward) 正向读出

RF (=Read Frequency) 读出频率，频率读入

RF (=Received and Forwarded) 收到和发出
RF (=Rectifier) 整流器，整流管，检波器，检波管
RF (=Relevancy Factor) 关联因数
RF (=Reliability Factor) 可靠性因数
RF (=Reporting Form) 报告式保单
RF (=Resistance Factor) 阻抗因数
RF (=Route Forecast) 航线气象预报
RFA (=Radio Frequency Absorption) 射频吸收
RFA (=Radio Frequency Amplifier) 射频放大器
RFA (=Ring Fixed Autopilot) 定速并用自动舵航行
RFA (=Royal Field Ambulance) （英）皇家战地救护艇
RFB (=Rectified Feedback) 整流反馈
RFB (=Requests for Bids) 公开招标
RFC (=Radio Facility Chart) 无线电导航图
RFC (=Radio Frequency Chart) 射频图
RFC (=Radio Frequency Control) 无线电频率控制
RFC (=Radio Frequency Current) 射频电流
RFCS (=Radio Frequency Carrier Shift) 射频载波漂移
RFD (=Radio Frequency Demodulator) 射频解调器
RFD (=Raised Foredeck) 前半升高甲板
RFF (=Relative Failure Frequency) 相对故障频率
RFF (=Reset Flip-flop) 复位继电器
RFG (=Radio Frequency Generator) 射频发生器
RFG (=Rate and Free Gyro) 速率及自由陀螺仪
RFI (=Radio Frequency Interference) 射频干扰
RFID (=Radio Frequency Identification) 无线电频率识别
RFIX (=Running Fix) 异时观测定位，移线定位
RFLG (=Refueling) 加燃油，装燃料，加燃料
RFM (=Refueling Mission) 加油变速箱
RFN (=Republic of France Navy) 法国海军
RFO (=Radio Frequency Oscillator) 射频振荡器
RFO (=Refueling Oiler) 加油船
RFP (=Request for Proposals) 请求发盘，请求报价
RFQ (=Request for Quotation) 请求报价，请示投标
RFR (=Remove Fair & Refit) 取下修复后再装上
RFS (=Radio Fog Signal) 无线电雾号
RFS (=Ready for Sea) 出航准备已妥
RFS (=Ready for Seagoing) 出航准备就绪
RFS (=Ready for Service) 准备投入业务
RFW (=Reserve Feed Water) 备用给水
RFWE (=Ring Finished with Engine) 完车
RG (=Radio direction –finding Station) 无线电测向台
RG (=Radio Goniometer) 无线电测角器
RG (=Range) (1) 范围，区域；(2) 幅度；(3) 量程；(4) 距离；(5) 航程；(6) 波段
RG (=Range Gate) 测距选通脉冲
RG (=Rate Gyroscope) 速率陀螺仪，微分陀螺仪
RG (=Reception Good) 接收良好
RG (=Recording Unit) 记录装置，记录仪
RG (=Reflecting Goniometer) 反射测角器
RG (=Reset Gate) 复位门
RG (=Reverse Gate) 反向门
RG (=Rope Grating) 绳索格栅
RG (=Rubber Grating) 橡皮格栅
RG (=Rules of Geometry) 几何学规则
RGA (=Recovery of General Average) 共同海损追偿
RGAA (=Rules for General Average Adjustment) 共同海损理算规则
RGB (=Radio-society of Great Britain) 英国无线电学会
RGB (=Red-green-blue) 红绿蓝三种基本色
RGB (=River Gunboat) 江河炮艇
RGC (=Receiver Gain Control) 接收机增益控制
RGD (=Regards) 致意，问候
RGD (=Registered) (1) 已登记的，已注册的；(2) 已挂号的
RGDS (=Regards) 致意，问候
RGE (=Range) (1) 范围，区域；(2) 幅度；(3) 量程；(4) 距离；(5) 航程；(6) 波段
RGE (=Range-light) 航线灯光，叠标灯，导灯
RGL (=Rate Gyroscope Limit) 速率陀螺仪极限
RGO (=Royal Greenwich Observatory) 格林尼治天文台
RGP (=Radar Glider Position) 雷达定位
RGR (=Regulating Rheostat) 调节变阻器
RGRET (=Regret) 致歉
RGS (=Rate Gyroscope System) 速率陀螺仪系统
RGS (=Registrar General of Shipping) （英国）船舶登记总局

RGSCSD (=Rules Governing the Supervision on and Control Overship Disassembling) 拆解船舶监督管理规则
RGSCVCDG (=Regulations Governing Supervision and Control of Vessels Carrying Dangerous Goods) 船舶载运危险货物监督管理规则
RGSS (=Rapid Geodetic Surveying System) 快速测地系统
RGT (=Right) (1) 正确的，正常的，对的；(2) 右方的，右的；(3) 垂直的，直的
RH (=Radiation Homing) 辐射导航
RH (=Radiation Hydrodynamics) 辐射流体动力学
RH (=Regime of Harbor) 港口制度
RH (=Relative Humidity) 相对湿度
RH (=Rheostat) (1) 变阻器；(2) 电阻箱
RH (=Right –hand) (1) 右侧，右手；(2) 顺时针方向的，右转的
RH (=Rockwell Hardness) 洛氏硬度
RH (=Rope Hole) 绳索孔，索眼
RH (=Round Head) (1) 圆头的；(2) 圆头
RHAWS (=Radar Homing and Warning System) 雷达导航与警告系统
RHB (=Radar Homing Beacon) 雷达归航信标
RHC (=Range-height Converter) 距离高度变换器
RHENG (=right-hand Engine) 右转发动机
rhe 流值（流动性的厘米·秒·制单位）
rhenium 〔化〕铼 Re（第 75 号元素）
rhenium platinum catalyst 铂铼催化剂
RHEO (=Rheostat) (1) 变阻器；(2) 电阻箱
rheo- （词头）(1) 流；(2) 电流
Rheo-box 里欧洗煤机
rheo-theta 距离 - 角度导航系统
rheobase 基本电流强度，基电流，强度基
rheocasting 流变铸造
rheochor （克分子）等粘比容
rheochord 滑线变阻器
rheodestruction 流变破坏
rheodichroism 流变二色性
rheodynamics 流变动力学
rheoelectroencephalograph 脑血流速度扫记器
rheoencephalograph 脑血流测定仪
rheogoniometer 流变性测定仪，流变测角计
rheogoniometry 流变测角学
rheogram 流变图
rheograph 电流（或电压）曲线记录仪，流变记录器
rheolaveur 瑞氏洗煤机
rheologic(al) 流变 [学] 的
rheological analogy 流变电模拟
rheological Kinematics 流变运动学
rheologist 流变学家
rheology 流变学
rheology of suspensions 悬浮体流变学
rheomalaxis 流动致软性，失稠性
rheometer 粘质流速计，电流表，电流计，流变计，流速仪
rheometry 流变测定法，流变测量术
rheomicrophone 微音机
rheomorphism 流变作用
rheonome 电流强度变换器
rheonomic 与时间有关的，非稳恒的
rheooptical Property 流变双折射光学性质
rheopectic 抗流变的，触变性的，震凝的
rheopexic 抗流变的，触变性的，震凝的
rheopexy (1) 震凝；(2) 触发 (现象)
rheophore 电极
rheoreceptors 趋流感受器
rheoscope 电流检测器，电流检验器，验电器
rheospectrometer 流谱计
rheostan 高电阻铜合金，变阻合金，高电阻丝，高电阻线
rheostat 滑线电阻器，可变电阻器，变阻器，电阻箱
rheostat alloy 变阻器合金
rheostat arm 变阻器滑动臂
rheostat brush 变阻器电刷
rheostatic 变阻器的，电阻的
rheostatic braking 可变电阻制动，变阻器制动
rgeostatic control 变阻调速
rheostatic pressure ga(u)ge 变阻器压力表
rheostatic starter 变阻起动器

rheostatic voltage regulator 变阻型电压调整器,变阻式调压器
rheostriction 流变压缩,夹紧效应,紧缩效应,箍缩效应
rheotan 烈奥坦铜锌锰合金,高电阻铜合金,变阻合金,高电阻丝
rheotaxial 液相外延的,液相生长的
rheotaxic 液相外延的,趋流的
rheotaxis 液相外延性,趋流性
rheotome 周期断流器,中断电流器,电流断续器
rheotron 电子感应加速器,电磁感应加速器,电子回旋加速器
rheotrope 电流转换开关,电流变向器
rheotropic 向流性的
rheotropic brittleness 流动脆性
rheotropism 向流性
rheovisco-elastometer 流变粘弹计
rheoviscometer 流变粘度计
rhepanol 合成异丁烯橡胶
rheumatic elevator 开起来摇摇晃晃的电梯
RHFC (=Rules for Harbor Fee Collection) 港口收费规则
RHH (=Risk of Hook Hole) 钩损险
RHI (=Radar height Indicator) 雷达高度指示器
RHI (=Range-height Indicator) 距离高度指示器
rhinemetal 铜锡合金
rhinestone 仿制的金刚钻
rhino (加装舷外挂机的)机动方驳
rhino barge 浮筒式渡船,浮箱驳
rhino ferry (加装舷外挂机的)机动方驳
rhinoscope 鼻窥镜,鼻镜
RHM (=Relative Humidity Meter) 相对湿度计
RHN (=Rockwell Hardness Number) 洛氏硬度值
rhizine 假根
rhizoid 假根
rho-theta 测距和测角的导航计算机,距离 - 角度导航
rho-theta system 极坐标导航系统
rhodio platinum alloy 铑铂合金
rhodium {化}铑 Rh(第 45 号元素)
rhodium gold 含铑天然金(铑<43%)
rhomb 斜方六面体,斜方形[晶],菱形
rhombic 斜方晶体的,斜方形的,正交[晶]的,菱形的
rhombic antenna 菱形天线
rhombic antenna of feedback type 回授式菱形天线
rhombic drive diesel engine 菱形传动式柴油机(双活塞 / 汽缸头柴油机)
rhombic knurl 菱形滚花
rhombic knurling 菱形滚花刀
rhombogen 菱形体
rhombohedra 菱面体
rhombohedral 菱形的,三角晶的
rhombohedral prism 菱面体棱镜,菱形棱镜
rhombohedral system 菱形晶系,三角晶系
rhombohedron 菱形[六面]体
rhomboid (1) 平行四边形,长斜方形,长菱形,斜矩形;(2) 似菱形的
rhomboidal 平行四边形的,长斜方形的,长菱形的
rhombus 斜方形,菱形
rhometal 镍铬硅铁磁合金
Rhotanium 一种钯金合金(钯 10-40%,其余金)
rhotheta navigation 全向导航系统,极坐标导航,ρ/θ 导航
RHP (=Rate Horsepower) 额定马力
RHP (=Received Horsepower) 收到马力
RHP (=Registered Horsepower) 登记马力
RHS (=Right-hand Side) 右侧,右手,右边
rhs (=right-hand side) 右边,右方
rhum batron 环状共振器,空腔谐振器
rhumb (1) 罗盘方位线,罗盘方位,罗经方位,罗经点,(指南针)方位;(2) 罗盘方位单位;(3) 等角航线,恒向线,航程线,航向线,等角线
rhumb bearing 恒向线方位
rhumb card 罗经刻度盘,罗经面,罗经卡
rhumb course 恒向线航向,墨卡托航向
rhumb direction 恒向线方向,墨卡托方向
rhumb distance 恒向线航程,恒向线距离
rhumb line (罗经方位)恒向线,航程线,航向线,等角[航]线
rhumb line bearing 恒向线方位
rhumb line course 恒向线航向
rhumb line distance 恒向线距离
rhumb line error 恒向线误差
rhumb line sailing 墨卡托航迹计算法

rhumb sailing 墨卡托航迹计算法,等角线航行法,恒向线航法
rhumbatron (=cavity resonator) 环状共振器,空腔谐振器,空腔共振器
rhumbow line 破烂的帆布,绳头,破料
Rhus lacquer 漆树漆
rhysimeter 流体流速测定计,流速计
rhythm (1) 节奏,节律;(2) 有规律重复发生,有规律循环运动,周期性变动,律动,(3) 调和,协调,匀称
rhythmeur 火花线圈
rhythmic (1) 有节奏的,间歇的,节律的,律动的,(2) 调和的,协调的
rhythmic light 周期性灯光,周期明暗光,等时明暗光
rhythmic precipitation 周期淀积
rhythmic time signal 间隔式时间信号,科学时号(每分钟发出 61 个信号)
rhythmless 无节奏的,无律动的,不匀称的
RI (=Radar Indicator) 雷达显示器
RI (=Radar Information) 雷达信息
RI (=Radar Input) 雷达输入
RI (=Radio Influence) 无线电影响,高频感应,射频感应
RI (=Radio Inspector) 无线电检查员
RI (=Radio Intelligence) 无线电信息
RI (=Radio Interference) 无线电干扰
RI (=Receiving Inspection) 接收检查,验收
RI (=Redelivery Inspection) 还船检验
RI (=Registro Italiano) 意大利船级社
RI (=Reinsurance) 再保险,分保
RI (=Reliability Index) 可靠性指标
RI (=Renewal Inspection) 重检
RI (=Reparation, Indemnity) 赔偿
RI (=Report of Investigation) 调查报告
RI (=Restrictive Immunity) 有限豁免
RI (=Route Indicator) 航线指示器
RI (=Rubber Insulation) 橡胶绝缘
RI (=Rule of Interpretation) 解释规则
RI applicator 放射性同位素敷贴器
rib (1) 鳍状龙骨,翼肋,翼片,肋条,肋材,肋骨,肋,棱;(2) 加强筋,加强肋,加劲筋,加厚部,加强部,翼肋,横梁,凸缘,凸肩;(3)轴承挡边,(4) 对照划痕,划痕,(5) 用肋材加固,以肋加固,装肋材于,加肋于
rib and panel arch 肋拱
rib and truck parrel 串珠式桁桅联结索箍
rib arch 扇形拱
rib face (轴承)挡边引导面
rib flange 带肋法兰,肋凸缘
rib lath 加肋金属网板,加肋钢丝网
rib mesh 加肋金属网板,加肋钢丝网,带肋钢丝网
rib metal 肋铁
rib of column 柱肋
rib of piston 活塞肋
rib of valve 阀肋
rib roof knife 肋脊状刀
rib stiffener 加劲肋
rib-tread tire 条形花纹轮胎,肋纹轮胎
rib tread tire 肋纹轮胎
ribband (1) 滑道导板,滑道护木;(2) 带板,木桁,支材,板条;(3) 防滑材;(4) 用木桁固定,安装牵条
ribband carvel planking 镶条舢板船壳
riband nail 护板钉
ribbed 用肋材支撑的,装有肋骨的,加肋条的,呈肋状的,有肋的,起棱的,凸条的
ribbed arch 扇形拱,[有]肋拱
ribbed bar 竹节钢筋,带肋钢条
ribbed brake drum 带散热片的制动鼓
ribbed column 有肋立柱
ribbed compression coupling 有肋压缩联轴节
ribbed construction 有肋结构
ribbed cylinder 有肋汽缸,肋式汽缸
ribbed disc wheel 带肋幅板轮,加肋盘轮
ribbed disk [有]肋[的]盘
ribbed flat 带筋扁钢
ribbed floor 有肋楼板
ribbed frame 有肋框架,肋形框架,肋形外壳
ribbed funnel 线沟漏斗
ribbed glass 起肋玻璃,柳条玻璃

ribbed joint　肋接
ribbed motor　肋片型电动机
ribbed pipe　加肋管, 肋片管
ribbed plate　(1)带散热片的阳极,, 肋形板极, 肋形垫板; (2)防滑钢板, 花铁板, 网纹板
ribbed plate fastening　肋形垫板扣件
ribbed radiator　肋片散热器
ribbed roller　肋辊
ribbed rubber deck matting　棱纹甲板橡皮垫
ribbed slab　有肋楼板, 肋构楼板, 肋板
ribbed stiffener　防挠材, 加强材
ribbed tube　内壁细纹管, 肋片管, 肋管, 肋筒
ribbed vault　有肋拱顶, 扇形拱项
ribbet　企口缝, 槽口
ribbing　(1)用肋加固, 加肋, 起棱; (2)肋材构架, 肋状排列, 肋条; (3)散热片; (4)棱纹, 凸条
ribbon　(1)带状电缆, 加固条板, 带状物, 板条, 木桁, 长条, 扎带, 系带, 带; (2)发条; (3)钢卷尺, (4)(船舶)标色水线; (5)玻璃铸模; (6)打字机色带
ribbon antenna　带形天线
ribbon brake　带式制动器, 带状闸, 带闸
ribbon cable　带状电缆
ribbon cabling link　带状传输线
ribbon cage　浪形保持架
ribbon cartridge　色带卷
ribbon coil　带绕线圈
ribbon conductor　带状导线, 扁状导线
ribbon conveyor　(1)带式输送机, 带式运输机, 带式输送器, 皮带运输机; (2)输送带
ribbon core　带形铁芯
ribbon cutting ceremony　剪彩仪式
ribbon development　连片式布置, 带式布置
ribbon element　螺旋状圆筒形多孔质滤清元件
ribbon feed ratchet　色带输送棘轮
ribbon flight conveyor　螺旋带式输送机, 卷带螺旋输送器
ribbon gauge　花片状应变片
ribbon glass　带状玻璃, 玻璃带
ribbon insertion　缎带式镶嵌
ribbon iron　带钢, 扁钢, 条钢
ribbon lapper　并卷机
ribbon line　带状线, 扁线
ribbon lead　带状引出线
ribbon-like lead　带状引出线
ribbon loom　织带机
ribbon machine　带式玻璃成形机, 带式吹泡机
ribbon microphone　金属带式话筒, 带振式传声筒, 带式传声器, 铝带式话筒
ribbon mixer　螺旋叶片式搅拌机, 螺旋混合器
ribbon movement　(打字机的)移带装置
ribbon polymer　条带聚合物
ribbon powder　带状火药
ribbon resistance　带状编织电阻
ribbon reverse　(打字机带的)反向装置
ribbon retainer　(轴承)浪形保持架
ribbon saw　带锯
ribbon spiral conveyor　螺旋带式输送机, 卷带螺旋输送器
ribbon steel　打包钢带, 打包钢, 窄带钢
ribbon steel retainer　(轴承)浪形钢制保持架
ribbon tape　(1)卷尺, 皮尺; (2)窄带材, 窄板材
ribbon turbine　螺旋带涡轮搅拌器
ribbon vibrator　(打字机的)升带机械装置
ribbon window　(横向)带形窗, 统长窗
ribbon wound core　钢带绕的铁芯, 带绕铁芯
RIC (=Resistance-inductance-capacitance)　电阻 - 电抗 - 电容
rice　稻子, 稻谷, 米
rice grain valve　超小型电子管
rice microphone　一种炭精话筒
rice paper　通草纸, 卷烟纸, 宣纸, 米纸
rice seeding planter　水稻插秧机
rice transplant boat　插秧船
rice ventilator　谷物通风筒
ricer　压米条机
rich　(1)高品位的, 高浓度的, 优质的, 纯的, 稠的; (2)可燃成分高的, 极易燃烧的, 富油的; (3)珍贵的, 贵重的, 丰富的, 多产的

rich alloy　中间合金, 母合金, 富合金
rich coal　沥青煤
rich gas　富煤气
rich gold metal　金色黄铜(锌 10%, 铜 90%)
rich low brass　装饰用高锌黄铜(铜 82-87%, 其余锌)
rich mixture　富燃料和空气混合物
rich practical experiences　丰富的实践经验
rich solution　浓溶液
richen　使 [混合燃料] 可燃成分更高, 使更浓
Richter motor　李赫特电机
Rick　水冷却 [梯] 塔
ricker　(1)堆垛机; (2)圆木材(直径小于 150 mm), 圆木杆; (3)脚手架立柱
rickers　圆木料, 小杆
rickstand　堆料架
rickyard　堆料场
ricochet　弹跳前进, 掠过
ricochet fire　跳弹射击
RICTGW (=Rules for the Implementation of the Contract of Transportation Goods by Waterway)　水路货物运输合同实施细则
rid　(1)除去, 清除, 清扫; (2)使解脱, 使摆脱, 释放
rid from　除去, 摆脱, 去掉, 驱除, 清除, 排除, 免除
rid of　除去, 摆脱, 去掉, 驱除, 清除, 排除, 免除
rid up　清理, 清除
ridable　(1)(车)可以搭乘的; (2)(路)可以行驶的
riddle　(1)粗筛, 格筛, 手筛, 筛落, 分级, 清选; (2)穿过; (3)检查, 鉴定, 探究; (4)难题, 迷惑
riddle drum　转筒筛, 圆筒筛, 筛筒
riddler　(1)震动筛, 摆动筛; (2)筛工
riddlings　粗筛余料, 筛余粗料, 筛出物
ride　(1)沿曲线运动, 乘波飞行, 束波飞行, 驾驶, 驱驶, 航行, 乘, 坐, 骑; (2)压迫, 支配; (3)抛锚停泊, 淀泊, 浮标; (4)扭住缆绳, 控制; (5)安放在, 重叠在, 跨在
ride a long peak　远锚锚泊(锚链与主支索成平衡状态)
ride a short peak　近锚锚泊
ride at anchor　锚泊
ride at single anchor　单锚泊
ride at two anchor　双锚泊
ride clearance　动力挠度
ride control shock absorber　可调阻尼减震器
ride down　压下, 压进, 捶进
ride easy　平稳地停泊, 航行平稳
ride gain　控制增益
ride hard　停泊不稳, 航行不稳
ride meter　平整度测定仪, 测震器, 测振仪
ride the beam　沿波束飞行, 波束制导, 驾束
rideability　(汽车的)行驶质量, 行驶性能, 可行驶性
rdieable　可行驶的
rideograph　平整度测定仪, 测振仪
rider　(1)(天平)游码, 骑码; (2)滑套, 斜撑, 冠板, 顶板; (3)缠扎绳的第一圈; (4)制导器, 导向架; (5)波束导引的导弹, 驾束式导弹, 乘波导弹; (6)附加条款, 附文 (7)骑车的人, 骑手; (8){ 数 }系, 应用问题; (9)驾在上面的部分; (10)手动筛
rider bar　骑码标尺, 游码标尺
rider clause　附加条款
rider clause on bill of lading　提单附加条款
rider frame　(船体)补强肋骨
rider keel　(木船的)副龙骨
rider keelson　(木船的)骑内龙骨
rider plate (=RP)　(船体)内龙骨面板, 外壳斜牵条, 桁材面板
rider roll　接触胶皮辊, 浮动滚子, 摆动滚子
rider to charter party　租约附则
rider type brush　骑马刷, 往复刷
ridge　(1)起皱纹, 凸脊, 脊, 背; (2)螺脊, [螺] 纹; (3)隆起线; (4)边缘; (5)(波)峰; (6)刃; (7)带钢单向皱纹; (8)高压脊
ridge beam　脊梁, 脊檩, 栋梁
ridge buster　破垄中耕机, 松土器
ridge cam　双接触面凸轮, 突缘凸轮
ridge harrow　垄作耙
ridge line　分水岭线
ridge of wave　波峰
ridge reamer　切除磨损的汽缸端部凸起用铰刀
ridge rope　(1)栏杆扶手索; (2)舷侧栏杆顶围绳
ridge spar　天幕纵梁, 天梁

ridge support 天幕纵梁支柱
ridged (1)脊形的；(2)隆起的
ridged waveguide 脊形波导
ridging 沟条(变形)，起脊，隆脊
ridging wear 脊状磨损
ridgy 有脊的，隆起的
riding 波束导引运动，波束制导运动，按曲线运动
riding anchor 受力锚，力锚
riding athwart riding bitts 锚链桩
riding bitts 系锚链柱，系桩
riding boom 舷边吊艇杆，舷侧系艇杆
riding buckler [开口]锚链孔盖
riding cable 受力锚，力链
riding chain 系链，力链
riding chock 锚链制止器
riding cutoff valve 停汽阀
riding grade (路面)行车质量等级
riding lamp 锚泊灯
riding land (轴承)引导面，导向面
riding land for cage 引导保持架的挡面台面
riding light 锚泊灯，锚灯
riding position 停泊位置，安放位置
riding quality (路面)行车质量
riding sail 斜桁帆
riding scope 停泊时放出锚链长度
riding slip 钩形掣链器
riding stopper 锚泊止链器，锚链掣
Rieke diagram 雷基图(表示超高频振荡特性的一种极坐标图)
Riemann function 黎曼函数
Riemann integral 黎曼积分
Riemannian geometry 黎曼几何学
Riemannian space 黎曼空间
rieselikonoscop 移像式光电稳定摄像管
Riffel steel 钨工具钢
riffle (1)格条；(2)沟槽；(3)微波
riffle board 去轻馏分用的容器，(管路上的)缓冲器
riffle sampler 分格取样器
riffled plate 花纹钢板，网纹钢板
riffled sheet 花纹钢板，网纹钢板
riffled tube 输送粘油的内螺丝管，焙烤管
riffler (1)条板；(2)沉砂槽，除砂盘
rifle (1)步枪；(2)来复枪，照明枪，线膛炮；(3)拉制来复线，制膛线；(4)金刚砂磨刀板
rifle bolt 枪栓，枪机
rifle brush 螺旋形钢丝刷子
rifle-covers 枪衣
rifle drill 枪管钻
rifle grenade 枪榴弹
rifle-range 步枪射程
rifled 有膛线的
rifled pipe 有膛线的管，内螺丝管，带肋管
rifled slug 来复枪猎枪弹
rifled tube 有膛线的管，内螺丝管，带肋管
rifler 牙轮钻头，波纹锉
riflery (1)枪弹；(2)步枪射击
riflescope 步枪上的望远镜瞄准具，枪用瞄准镜
rifleshot 步枪射程
rifling (1)膛线；(2)拉来复线，制膛线
rift (1)裂口，裂纹，裂缝，裂理，缝隙，裂隙，空隙；(2)裂开，割开，断裂；(3)穿透，渗入
rift grain 顺纹
rift saw 裂木锯，板条锯
rifting 裂开，割开
riftzone 破裂带，断裂带
rig (1)成套设备，成套机械，整套钻具，运输工具，设备，装置，装具，机具，夹具，用具；(2)试验台，台；(3)配备，装配，安装；(4)(船舶)装备，索具，舾装；(5)钻探设备，钻井平台，钻井机，打井机，钻架，钻塔，钻车
rig a ship 船舶吊装，装备船舶
rig base 钻机支座
rig boom 钻机臂杆
rig column 钻机柱架
rig irons 钻机的金属附件
rig mover (1)钻进装置拖运人员；(2)钻井架拖运机

rig test 试验台试验，台架试验
rig-testing 试验台上试验
rig testing 试验台试验，台架试验
rig up (1)搭起；(2)装配，安装
rigesity 糙度
Rigg motor 里格径向柱塞液压马达
rigged oar 船桨
rigger (1)装配工人，索具工人，安装工，舾装工；(2)束带滑车；(3)[船上]索具操纵人员；(4)具有某种帆式的船，特种帆船；(5)防护架，脚手架
rigger's horn 索具工人油盒
rigger's screw (插接缆绳用的)夹子，夹缆器
rigger's vice (插接缆绳用的)夹子，夹缆器
rigging (1)组装模板，装置机构；(2)索具，缆具，帆具，支索；(3)调整；(4)舾装；(5)钻塔装配，机器装配；(6)照明灯布置
rigging arrangement 缆具装置，索具装置
rigging basket 缆索筐
rigging batten 索具护板，防擦护条
rigging cutter 索具切断器
rigging end fittings 索端固定装置
rigging equipment outfit (船舶)舾装设备
rigging fittings 索具配件
rigging line 吊索，拉索
rigging loft (1)缆具车间，索具车间，准备车间；(2)船用索具
rigging luff 复滑车组，绞辘
rigging model 帆装模型
rigging of the ladder 引航员梯的安挂
rigging out 吊装完毕
rigging pendant (索具的)短索
rigging pilotage 装配销
rigging plan 索具配置图，舾装配置图
rigging rod 控制杆
rigging screw (=RS) 夹索螺旋夹具，松紧螺旋扣，装配螺旋，伸缩螺丝
rigging shop 缆具车间，索具车间
rigging time 起落吊杆时间
riggle 榍板，檐板
right (=R) (1)右手，右侧，右边，右面，右旋，右翼，向右，右；(2)垂直的，直角的，直接的，直的；(3)正确的，精确的，对的；(4)权利，法权；(5)正面的，正当的，正常的，正直的，公正的，适宜的，适当的，恰当的，妥当的；(6)右的；(7)(船)正浮，扶正；(8)使恢复平稳，使恢复正常，纠正，改正，矫正，整理，整顿
right abaft 正后方向，右后方
right abeam (船)正右横，右正横
right-about (1)相反方向，反对方向，向后转；(2)使向后转，向后转[的]；(3)转变，改变
right-about-face (1)根本改变，(2)向后转
right aft (船舶)右后方，正后方
right ahead (1)正在前方；(2)(船舶)正前方
right and left (=ral) 左右
right and left core (铸)左右对称泥芯
right-and-left nut 连接螺母，牵紧螺母
right-angle 成直角的，正交的
right angle (1)直角；(2)适当的角度
right angle bending 直角弯曲
right angle bevel gear 正交锥齿轮
right angle drive 直角传动装置，直角传动
right-angle edge connector 直角印制板插头
right angle elbow pipe 直角弯管
right angle friction wheel 直角摩擦轮
right angle gear 正交轴齿轮
right angle gear system 正交轴齿轮系
right angle gears 正交轴齿轮副
right angle impulse 直角脉冲
right-angle intersect 直角交叉，正交
right angle intersection 直角交叉，正交
right angle jetty 突堤码头，突堤
right angle joint 直角连结
right angle prism 直角棱镜
right angle seizing (绳结)十字合扎
right angle side 直角边
right-angle tee 直角T型接头，直角三通
right angle tee 直角三通
right angle traverse shaving 切线方向进刀剃齿法
right angle viewer 直角指示器

right-angled 直角的

right angled bends 直角弯头

right angled branch 直角支管

right angled spherical triangle 球面直角三角形

right-angled triangle 直角三角形

right angled triangle 直角三角形

right astern (船舶)正后方,正尾向

right-away 发车

right away 立刻,马上

right boring 精镗

right circular cone 直立圆锥,正圆锥

right circular cylinder 正圆柱

right cone 直立圆锥

right conoid 正劈锥曲面

right context sensitive language 右上下文有关语言

right copying tool post 右仿形刀架

right cutting 直角锯断

right differential 右差速器壳体

right direction 正确的方向

right-down 彻底的,正直的,十足的

right down 一直朝下,明明白白地,彻底

right elevation 右视图

right end clearance 右间隙,右余隙

right flank 右侧齿面

right forward 正前方

right gearing 右旋齿齿轮啮合传动

right-hand (1)右手的,右旋的,右侧的;(2)右侧,右手;(3)带有右螺纹的;(4)顺时针方向[旋转]的,向右旋转的,右转的

right-hand adder 右侧数加法器,右移加法器

right hand adder 右移加法器,低位加法器

right-hand axle stop (车)前桥右止动板,前桥右支挡

right-hand bend tool 右削弯头刀

right-hand buoy 右边浮标(单数浮标)

right-hand component 右手坐标分量,右侧数

right-hand crankshaft 右旋曲轴

right-hand cut 右旋切削

right-hand cutter (1)右旋刀盘;(2)右旋铣刀;(3)右手刀,正手刀

right-hand-cutting tool 右削车刀

right-hand derivation 右微商,右导数

right-hand derivative 右微商,右导数

right-hand diamond point tool 右削金刚石尖头车刀

right-hand drive (1)右旋传动;(2)右座驾驶,右御式

right-hand end mill 右旋端铣刀

right-hand engine 右旋发动机

right-hand flank 右旋齿面,右侧齿面

right-hand gearing 右旋齿齿轮啮合传动

right-hand helical gear 右旋斜齿轮

right-hand helical tooth 右旋斜齿

right-hand helix 右[向]螺旋线

right-hand helix cutter 右旋螺旋铣刀

right-hand helix milling cutter 右旋螺旋铣刀

right-hand hob 右旋滚刀

right-hand law 右手定律

right-hand lay 顺时针方向绞扭,右转扭绞,右旋扭转,右捻

right-hand lead 右旋导程

right-hand machine 右旋机

right-hand man 得力助手

right-hand member 右端

right-hand milling cutter 右切铣刀

right-hand moment 顺时针方向力矩

right-hand page 奇数页,右页

right-hand pinion 右旋齿小齿轮

right-hand propeller 顺时针方向螺旋桨

right-hand quartz 右旋石英

right-hand revolving engine unit 右转发动机组

right-hand rope 右搓绳

right-hand rotation 顺时针方向回转,顺时针旋转,右向旋转,右手旋转

right-hand rotation diesel engine 右转柴油机

right-hand rotation reamer 右旋铰刀,右切铰刀

right-hand rule 右手定则

right-hand screw (1)右旋螺钉;(2)右旋螺旋桨

right-hand screw rule 右旋定则

right-hand screw thread 右旋螺纹

right-hand side 右侧,右边,右方,右手

right-hand side tool 右削侧刀

right-hand spiral bevel gear pair (小齿轮是右旋的)右旋螺旋锥齿轮副

right-hand switch machine 右侧式转撤机

right-hand thread 右转螺纹,右旋螺纹,右螺纹

right-hand thread tap 右螺纹丝锥

right-hand tool 右削车刀,右切刀,右手刀,正手刀

right-hand tooth 右旋齿

right-hand turn 顺时针方向旋转,右向旋转,向右旋转

right-hand turning tool 右削车刀

right-hand winding 右向绕组

right-hand worm 右旋蜗杆

right-hand zero bevel gear 右旋零度[螺旋角]锥齿轮

right-handed 顺时针方向旋转的,右向旋转的,右旋的,右侧的,右手的,右方的

right-handed long's lay (钢丝绳)股丝同向的右搓

right-handed moment 顺时针旋转力矩,右旋力矩

right-handed nut 右旋螺母

right-handed propeller 右旋螺旋桨

right-handed rotation 向右旋转,右旋

right-handed screw (1)右旋螺钉;(2)右旋螺旋桨

right-handed screw rule 右手螺旋定则

right-handed system 右旋系,右手系

right-handed thread 右旋螺纹

right-handed twist 右旋缠度,右顺捻

right-handwise 顺时针方向,右旋地

right-helicoid 右旋螺旋面,右旋螺旋体

right here 现在就在这里,正是这里,即刻

right home 到此为止,到底,到头,尽头

right hyperbola 等边双曲线,正双曲线

right-justify 向右对齐

right justify 靠右对齐

right knot (绳索)平结

right-laid (绳索)正绞的

right laid (钢丝绳)右旋的

right lay (1)(钢丝绳)右旋[的],右捻[的],右扭;(2)右搓绳索,正搓绳索

right-lay rope 右旋钢丝绳,右捻钢丝绳

right lay rope 右旋钢丝绳,右捻钢丝绳

right left bearing indicator (=RLBI) 左右方位[角]指示器

right left needle 左右摆动式指针

right left signal 左右方向制导信号

right line 直线

right-minded 见解正确的,正直的

right moment 稳性力矩,复原力矩,回复力矩,正浮力矩

right multiplication 右乘法

right now 现在立刻,正是现在

right of claim 请求权

right of concession 特许权

right of defense 抗辩权

right of ownership 所有权

right of passage 通行权,通过权

right of patent 专利权

right of priority 优先权

right of reproduction 复制权,版权

right of retention (=RR) 船舶滞留权

right of stoppage in transit (=RST) 中止运输权

right of towage on coast (=RTC) 沿海拖航权

right of transit passage (=RTP) 过境通行权

right of visit 临检权

right of visitation 临检权

right of way signal 通告信号,通行信号

right off 即刻,全然

right on 正前方

right on the course 在航向上

right oneself (船)恢复平稳

right opposite 正相反,正对面

right or wrong 无论如何,一定

right out 全然,彻底

right overother persons property (=RPP) 他物权

right part list {计}右部表

right quasi-regular element 右拟正则元

right-reading 正读

right regular lay (绳索)向右逆捻

right round 全程地
right sailing 船在航行中按四个正方位点(东、南、西、北)的方向行动
right scale integrated circuit 适当规模集成电路
right scale integration circuit 适当规模集成电路
right section 右截面
right semi-circle 右半圆
right shift {计}向右移进位,右移
right side (=RS) 右侧,右边
right side up 正面朝上(包装用语)
right side up with care (=RSWC) 小心正面朝上(包装用语)
right-sided system 右侧系统
right smart of 许许多多的,大量的
right straight 即刻
right the helm 正舵
right there 就在那里
right through 从头到尾,直接通过,一直是,彻底
right to 全程地
right to navigation with national flag 船舶悬挂国旗航行权
right-to-work 劳动权利的
right triangle 直角三角形,勾股形
right truncation 右截断
right turning single screw 右旋单螺旋桨
right up and down (1)风平浪静的;(2)直率认真的
right well 非常好
right wing 右翼
rightangle 直角
righteous 正当的,正直的,当然的
righting 复原,改正,修正,正位
righting arm 复原力臂,稳性力臂,回复力臂,复正力臂,正浮力臂
righting arm curve 复原力臂曲线
righting arm of stability 复原力臂
righting capacity (船舶)扶正能力
righting couple 复原力偶,稳性力偶,回复力偶,复正力偶,正浮力偶,
　　正位力偶
righting lever 复原力臂,稳性力臂,回复力臂,复正力臂,正浮力臂
righting moment 复原力矩,恢复力矩,稳性力矩,回复力矩,复正力
　　矩,正浮力矩
righting test (船舶)扶正试验
rightly 正确,正当,适当
rightness 正直,正确,适合
rights of salvage are independent of contract (=RSAIC) 救助人权利
　　独立于合同原则
rightward 在右边[的],右向[的]
rightward acceleration 右向加速度,右向过载
rigid (1)不易弯曲的,没有韧性的,刚性的,刚硬的,刚接的;(2)固定的,
　　坚固的,严格的;(3)硬质的,硬式的,硬的;(4)程序精确的;(5)稳
　　定性,劲度,刚度,硬度
rigid adherence to rules 严守规则
rigid arch 无铰拱,刚拱
rigid axle 无弹性车桥,刚性车桥
rigid axle type suspension 刚性轴式悬挂
rigid bearing 刚性轴承,固定轴承,固定支承
rigid body 刚[性]体
rigid body mode 刚性运动形式
rigid boundary 固定边界,硬质边界
rigid charging machine 固定装料机
rigid connection 刚性连接,刚性联结,刚性接合
rigid construction 坚固的框架结构,刚性结构
rigid container (1)固定式集装箱(非折叠式的);(2)刚性容器
rigid control 严格控制
rigid control linkage 硬式传动机构
rigid coupling (1)刚性联结,刚性联接,刚性连接,固接;(2)刚性
　　联轴节,固定联轴节,刚性联轴器;(3)固定耦合,固定联结
rigid cover 刚性顶盖
rigid design 刚性设计
rigid disk 硬磁盘
rigid disk driver 硬磁盘机
rigid expanded plastics 硬泡沫塑料
rigid fastening 刚性固定
rigid feedback 刚性反馈,硬反馈
rigid fixing 刚性固定
rigid foam 硬质泡沫塑料
rigid foundation 刚性基础
rigid-frame 无弹性车架,刚性车架,刚[性]架

rigid frame 刚性[构]架,无弹性车架,刚架
rigid frame plate 钢架平板,提升板
rigid framed structure 刚架结构
rigid frog (铁路)刚性辙叉
rigid gear 刚轮
rigid guide vane 刚性导流叶片
rigid honing 强制珩磨
rigid hull 刚性艇体
rigid indexing coupling 刚性分度联轴节
rigid inflatable 带有气胀筏箱的刚性救生艇
rigid joint (1)刚性连接,刚性结合,刚性接合,刚性接点,刚性接缝;
　　(2)刚性联轴节
rigid-jointed 刚性连接的,刚节的
rigid jointed frame 刚接构架,刚架
rigid lattice 刚性晶格
rigid leg (龙门吊等的)刚性支腿
rigid liferaft 刚体救生筏
rigid magnet 刚性磁铁,硬磁铁
rigid material 刚性材料
rigid member 刚性构架
rigid membrane 刚性膜片
rigid metal conduit 硬金属管
rigid mill 强力铣床
rigid motion 刚体运动
rigid mounting 刚性安装
rigid pavement 混凝土路面,刚性路面,硬路面
rigid plane polygon 刚性平面多边形[结构],固定连接的平面多边形
　　[结构]
rigid plastic 硬质塑料
rigid plastic foam 硬泡沫塑料
rigid plastic material 刚塑性材料
rigid polyvinyl chloride 硬聚氯乙烯
rigid printed circuit 硬性印刷电路
rigid pushing 硬顶
rigid pvc 硬聚氯乙烯
rigid reinforcement 劲性钢筋
rigid rotation 刚性旋转,硬性转动
rigid rotator 刚性转动体
rigid rotor 刚性转子,整体转筒
rigid section 刚性型材
rigid shaft 刚性轴
rigid shell construction 刚性薄壳建筑
rigid straddle mounting 刚性双跨[支承],刚性跨装
rigid structure 刚性结构,刚架结构
rigid surface 硬表面
rigid system 刚性系统
rigid test 严格的试验
rigid tower 固定铁塔,刚性塔
rigid track 刚性履带
rigid type bearing (1)非自位滚动轴承;(2)刚性支承面,刚性支承点
rigid type construction 刚性结构
rigid type design 刚性设计
rigid universal joint 刚性万向节
rigid waveguide 刚性波导管
rigid wheel base 固定轴距
Rigidex 高密度齐格勒聚乙烯(英商名)
rigidify 使僵化,固定
rigidity (1)刚性,硬性,坚度;(2)刚度,硬度;(3)稳定性,坚固性,
　　紧固度,定轴性;(4)(液体的)不可压缩性;(5)(陀螺)定轴性;(6)
　　位置固定;(7)严格,严肃,严密
rigidity agent 硬化剂
rigidity index 刚性指数
rigidity modulus 刚性模数,刚性模量,抗剪模量
rigidity of structure 结构刚性
rigidity of trajectory 弹道的刚性
rigidize 刚性化,硬化,加固
rigidly 刚性地
Riidsol 聚氯乙烯糊
riglet 平条,扁条
rigmarole 烦琐的仪式程序,冗长的废话
rigole (1)楣板,窗楣;(2)遮水楣(舷侧窗孔用的)
rigor (=rigour) (1)精确,精密;(2)严格,严密
rigorous (1)精度的,精确的,严密的;(2)严格的,严酷的
rigorous adjustment 严密平差

rigorous solution　精确解

rigour　(1) 精确, 精密; (2) 严格, 严密

RIGS (=Radio Inertial Guidance System)　无线电惯性制导系统

RIHANS (=River and Harbor aid to Navigation System)　江河及港口导航设备系统

RIIHSS (=Report on Incidents Involving Harmful Substance from Ships)　船舶有害物质事故报告

RIL (=Red Indicating Light)　红色指示灯

rim　(1) 凸边, 凸缘, 边缘, 缘, 边; (2) 轮辋, 轮缘, 轮箍, 胎环; (3) 齿圈, 齿环; (4) 垫环, 支圈, 承垫; (5) 海面, 水面; (6) 组合式支承辊的辊套; (7) 加边, 加环

rim band　轮缘带

rim bead　轮辋凸缘, 轮辋边

rim bearing　轮缘座, 环承

rim bearing swing bridge　环承式平旋桥

rim brace　(弯曲) 管扳手

rim brake　轮缘作用制动器, 轮缘制动器, 轮圈刹车

rim chilling machine　轮缘表面淬火装置

rim clutch　轮辋离合器, 轮缘离合器, 轮圈离合器

rim dented　钢圈瘪

rim drive　轮缘驱动, 轮缘传动, 边沿传动

rim failure　轮缘失效

rim fire　边火子弹

rim flange　轮辋法兰

rim flexure　轮缘挠曲

rim for solid tyre　实胎轮缘

rim gear　轮辋齿圈, 带辐齿圈

rim light　轮廓光

rim lock　弹簧锁

rim magnet　外磁场中和磁铁, 边沿磁铁

rim of flywheel　飞轮轮缘, 飞轮辋

rim of gear　齿轮轮缘, 齿轮辋

rim of gear wheel　齿轮轮缘, 齿轮辋

rim of pulley　皮带轮缘

rim saw　圆锯

rim section　汽车轮圈

rim shaft　主轴

rim speed　轮周速度, 轮缘速度, 轮辋速度, 圆周速度

rim stress　轮缘应力

rim zone　(沸腾钢的) 边缘带

rima (复 rimae)　(1) 细长孔眼, 细隙缝; (2) 裂口

rimbase　枪托

rime　(1) 扩孔 (扩大帆布绳眼圈); (2) 梯级

rime up　扩孔 (胀开绳眼圈)

rimer (=reamer)　(1) 铰刀; (2) 扩孔钻; (3) 铰床

rimer knife　横切刀, 长刀

rimhole　(钢缺陷的) 皮下气泡

rimless　没有轮缘的

rimmed steel　不脱氧钢, 沸腾钢

rimmer　(1) 轮辋; (2) 装边器; (3) 装边工

rimming　(1) 套上轮缘; (2) 沸腾的

rimming action　沸腾作用, 沸腾反应

rimming steel　不脱氧钢, 沸腾钢

rimose　有裂隙的, 多裂缝的, 龟裂的

rimous　有裂缝的, 多裂缝的, 龟裂的

rimpull　轮缘拉力

rimu resin　泪柏树脂, 芮木

RIN (=Input Resistance)　输入阻抗

RIN (=Royal Institute of Navigation)　英国航海学会

RINA (=Registro Italiano Navale)　意大利船级社

RINA (=Royal Institution of Naval Architecture)　英国造船协会

rind　(1) 外观, 外表, 表面, 外面; (2) 外壳, 硬壳, 硬层; (3) 剥皮, 削皮

ring (=R)　(1) (轴承) 套圈; (2) 齿圈; (3) 密封圈, 密封环, 环, 圈; (4) 环形电路; (5) 打电话, 按铃, 敲钟, 振铃, 呼叫; (6) 环绕, 卷绕, 围住; (7) 摇车钟; (8) (树的) 年轮; (9) 原子环; (10) {数} 环

ring air foil　环形机翼

ring and ball softening point　(沥青) 环球法软化点

ring and ball test　环球法软化点试验

ring and brushes　同心环和十字刷

ring antenna　环形天线

ring arch　环拱

ring armature　环形电枢

ring auger　环首螺旋钻

ring auger bit　活把手螺旋钻

ring back telephone set　具有回铃键的电话装置

ring beam　(1) 环梁, 圈梁; (2) (弧线式装船机的) 弧形轨道梁

ring belt　(活塞) 环形槽

ring binder　圆环活页夹

ring-bolt　(1) 锚环; (2) 环端螺栓, 带环螺栓

ring bolt　环头螺栓, 环首螺栓, 带环螺栓, 吊环螺栓

ring bulkhead　环形舱壁, 环状舱壁

ring buoy　救生圈

ring canal　环管

ring cathode　环状阴极

ring-centered cage　(轴承) 套圈定心保持架

ring channel　环形槽

ring circuit　环形电路, 环路

ring closed gap tolerance　活塞环搭口密接公差

ring closing reaction　闭环反应

ring-closure reaction　闭环反应

ring collapse　活塞环塌陷

ring collector　环形集电器, 集电环, 整流子

ring connection　环状接法

ring core　环形磁芯

ring core magneto-meter　环形芯体磁强计

ring counter　(1) 环形计数器; (2) 环状电路计算装置

ring counting　环状计数

ring current　环形连接法电流, 回路电流, 环流

ring data structure　环形数据结构

ring demodulator　环式解调器

ring detector　环形检波器

ring die　带环状孔的塑模

ring distribution system　环形配电网

ring down　响铃

ring down trunk　直接振铃通话专线, 振铃接通线

ring duct　环形输送管, 环形导管

ring dyed fiber　环染纤维

ring dynamometer　测力环

ring effect　冲击激励效应, 振铃效应

ring electrode of the outer sphere　(陀螺罗经) 随外球环电极

ring fast　系缆环

ring fastener　紧固环

ring filling　环的饱和, 环的填充

ring finished with engine　完车

ring fire　环火

ring flange　环形法兰盘, 环形凸缘, 法兰盘

ring footing　环形基础

ring forging　圆筒件锻造, 环形件锻造

ring ga(u)ge　(1) 环规; (2) 活塞环测量仪

ring gaging device　套圈选配装置

ring gap restrictor　环隙节流堵

ring gasket　环形垫片, 环垫, 衬圈

ring gate　环形控制极, 环形闸门, 环门

ring gear　(行星齿轮的) 内齿圈, 内啮合齿轮, 环形 [内] 齿轮, 内齿轮, 冠齿轮, 齿圈, 齿环

ring groove　环 [形] 槽, 牵索环

ring head　环形磁头

ring header　环状集流器, 环形联箱, 集电环, 整流子

ring hearth　感应炉槽

ring-intensity　(雷达) 距离圈亮度钮

ring kiln　环形窑, 轮窑, 转窑

ring laser gyro　环形激光陀螺仪

ring lifebuoy　救生圈

ring lock　暗码锁, 环锁

ring lubricating bearing　油环润滑轴承

ring lubrication　油环润滑 [法]

ring lubrication bearing　油环润滑轴承, 滚柱轴承

ring lubricator　油环润滑器

ring magnet　环形磁铁

ring main　(1) (船上电源的) 环形干线; (2) 环形总管, 环形管路

ring main cargo line system　环形输油总管系统

ring matching device　(轴承) 套圈选配装置

ring mixer　环形混频器

ring modulator　环形调制器, 金属调制器

ring modulus　环状系数, 环模数

ring motor　环形电动机

ring network　环形网络

ring nut　环状螺母, 环形螺母, 圆顶螺母
ring of hone　珩轮轮圈
ring of light　光环
ring-of-ten circuit　(1) 十进制环形电路；(2) 十元环形脉冲计数器
ring off　定速
ring off engine!　主机定速! 用车完毕!
ring off indicator　通话指示器
ring oil bearing　油环轴承
ring oiled bearing　油润滑轴承
ring oiled sleeve bearing　油环润滑式滑动轴承, 环油式滑动轴承
ring oiler　油环注油器, 环形加油器, 加油环, 抛油环
ring-oiling　油环润滑
ring oiling　油环润滑法, 油环注油法
ring oiling bearing　油环润滑轴承
ring-open reaction　开环反应
ring-out　呼出振铃
ring-oven　环形炉
ring oven technique　环形炉技术
ring piston　筒形活塞, 环形活塞
ring plate　带环眼板, 环板
ring propeller　带环螺旋桨
ring radial thickness tolerance　活塞环径向厚度公差
ring rail　环形导轨
ring register　环形寄存器
ring riser　(1) 环状冒口；(2) 调整垫片；(3) 垫模板
ring road　环形路, 环路
ring-roll mill　环滚磨机
ring roll mill　滚环细磨机
ring rolling machine　(加工潜艇壳的) 圆壳滚轧机
ring rope　锚环系索, 吊锚索, 收锚索, 大索
ring sample　环状试片, 环形试样
ring sampler　环形取土器, 环刀取样器
ring screw ga(u)ge　螺纹环规
ring seal　环形密封, 环封
ring segment　环状扇形体, 环形段, 环形片
ring shake　(木材) 环裂, 轮裂
ring-shaped　环形的
ring shaped core　环形磁芯
ring shaped gear pump for lubricant　环形齿轮润滑泵
ring shaped induction furnace　环形感应电炉
ring shaped rotor　环形转子
ring shear test　环剪试验
ring shielding　环状屏蔽
ring sight　环形瞄准具
ring sign　警铃标志
ring slot　胀圈槽, 环槽
ring solenoid　环式螺线管
ring spanner　环形扳手, 梅花扳手
ring spinner　环锭纱纺机
ring spring　环簧
ring staff　旗杆
ring stand　圈环固定架
ring standby (=RSD)　备车
ring standby engine (=RSBE)　备车
ring stator　环形保险螺钉
ring step bearing　环形推力轴承
ring stopper　锚杆固定链
ring stress　圆周应力
ring switch　环形开关
ring system　(1) 环路式；(2) {化} 环系
ring tension　周边张力
ring test　(管材) 环形试验
ring throstle　环锭细纱机
ring thrust bearing　环形推力轴承
ring torquemeter　环形磁性轴扭矩测量法
ring transformer　环形变压器
ring translation　环形变换器, 环形译码器
ring translator　环形变换器
ring twister　环锭捻丝机
ring-type adder　环形加法器
ring type adder　环式加法器
ring type azimuth mirror　环形方位镜
ring type element　环形元件
ring up engine　停止备车, 定速前进

ring valve　环形阀, 环状阀
ring voltage　环形连接法线电压, △ 连接法线电压
ring wall　围墙
ring welding　滚焊
ring wheel chuck　三爪卡盘
ring width variation　(轴承) 套圈宽度的变化值, 套圈宽度的变动量
ring winding　(1) 环状绕组, 环形绕线, 环形线圈；(2) 电枢绕组
ring-wire　塞环线
ringbolt　环端螺栓
ringdown　振铃通知, 响铃
ringdown signaling　低频监察信号
ringed　带有环的, 轮状的, 成圈状的
ringent　开口形的, 开口的, 张开的
ringer　(1) 电铃；(2) 振铃信号器, 鸣钟器, 振铃器, 信号器, 振铃机；(3) 打楔锤, 撬棍
ringer-and-chain　回柱机
ringer box　电铃盖
ringer oscillator　振铃信号振荡器, 铃流发生器
ringer with a warning lamp　带灯警铃
ringing　(1) 振铃；(2) 冲击激励产生的减幅振荡；(3) 环割；(4) 瞬变
ringing alarm system　警铃系统
ringing circuit (=RC)　冲击激励电路, 振铃电路, 信号电路
ringing code　呼叫信号电路, 振铃电码
ringing control　振铃调整
ringing current　振铃电流
ringing declaration　坚决声明
ringing engine　人力打桩机, 小型打桩机
ringing fall alarm　振铃信号障碍报警
ringing generator　铃流发电机, 铃流振荡器
ringing interference　行 "振铃" 干扰
ringing key　振铃键
ringing pilot lamp　呼唤指示灯, 振铃指示灯
ringing set (=RS)　振铃装置, 振铃机
ringing test　振铃试验, 振铃检验
ringing tone　振铃音
ringing trip relay　振铃切断继电器, 振铃分隔继电器
ringlet　小环, 小圈
ringpropeller　加环螺旋桨
rings missing　圆箍失落
rings off　圆箍脱落
ringsail　纵帆辅助帆
ringway　环形电车路, 环形火车路
RINS (=Radio Inertial Navigation System)　无线电惯性导航系统
rinsability　可洗涤性, 可漂洗性, 可清洗性
rinsable　可洗涤的, 可漂洗的, 可清洗的
rinse　(1) 冲洗；(2) 涮洗；(3) 漂洗, 漂清, 浸洗, 擦洗
rinser　清洗装置, 冲洗器
rinsing　(1) 冲洗, 涮洗, 漂洗, 水洗；(2) (复) 剩余物, 残渣
rinsing liquid　清洗液, 冲洗液
rinsing saw　粗齿锯
rinsing tank　凸面双层底舱, 冲洗槽
rinsing water　冲洗水
RIO (=Radio Intercept Operator)　无线电截听员
riometer　电离层吸收测定器, 无线电暴探测计
riopone　氢氧化镁混合物, 氢氧化铝
RIOT (=Real-time Input-output translator)　实时输入输出译码器
riot gun　短筒防暴枪
riot selling　大减价
rip　(1) 切开, 撕开, 裂开, 割裂, 撕裂, 剖开, 劈开, 劈开, 凿开；(2) 刮板, 刮刀；(3) 洗涤器, 清管器；(4) 破绽, 裂口, 裂缝；(5) 直锯 (木材)
rip pannel　放气裂幅
rip plug　脱落插头
rip rooter　型土机
rip saw　粗齿锯, 粗木锯
rip-trim　精密 [钢板] 切边装置
ripe　(1) (准备) 完成的, 准备好的, 成熟的；(2) 老练的, 熟练的
ripe experience　成熟的经验
ripen　使成熟, 使熟化
ripener　(1) 催熟剂, 催熟器；(2) 催熟工
ripening　成熟, 熟化, 时效
ripper　(1) 粗齿锯；(2) 平巷掘进机；(3) 松土机, 耙路机；(4) 拆缝工具, 切书机；(5) 拉丝卷筒；(6) 锯木工人
ripper die　修边冲模
ripper-scarifier　松土翻土机

1210

ripping　(1)切开,撕开,裂开；(2)直锯
ripping bar　起钉器,撬杠,钉撬
ripping chisel　笋眼去屑錾,细长凿,榫眼凿
ripping-edger　裁边锯
ripping iron　刮缝刀,刮缝凿
ripping punch　横切冲头
ripping saw　粗齿锯
ripping up　(1)锯开(木材)；(2)翻挖路面
ripple　(1)波纹,皱纹,微波；(2)磁化强度分布,磁化强度起伏,表面张力波,脉动,波动,(3)焊波；(4)交流声；(5)起波纹,起微波
ripple amplifier　波纹放大器
ripple carry adder　脉动进位加法器
ripple contain factor　脉动因数,波纹因数,波纹率
ripple counter　波纹计数器
ripple current　弱脉动电流,波纹电流,脉冲电流
ripple eliminator　脉动阻尼器
ripple factor　波纹因数,波纹系数,脉动系数
ripple filter　平滑滤波器,波纹滤波器,脉动滤波器
ripple filter choke　脉冲滤除扼流圈,平滑扼流圈
ripple finish　波纹面饰,皱纹漆,罩面漆
ripple machine　(电视舞台效果用)波纹机
ripple marks　(轻合金轧材矫直缺陷的)波纹,波痕,麻点
ripple noise　波纹电压噪声
ripple percentage　脉动百分数,脉冲率
ripple ratio　波纹系数,脉冲系数
ripple through carry　行波传送进位
ripple tray　穿流式波纹筛板塔盘,波纹塔盘
ripple voltage　波纹电压,脉冲电压
ripple weld　波纹焊
rippled surface　波皱面
ripplet　小波纹
rippling　(1)波纹(变形)；(2)齿面点蚀；(3)表面张力波
ripsaw　粗齿锯,纵割锯
RIRGS (=Rules for Inland River going Ships)　内河船规范
RIS (=Recovery Information Set)　恢复信息组
RIS (=Retransmission Identification Signal)　重发标识信号
Risafomone code　(无线电话收听度的)里萨福孟代码
rise　(1)上升,升高,升起,升高,上涨,高涨,增长,增强,增加,增大；(2)净空为,矢高为；(3)斜坡；(4)出现,浮起,涌上；(5)(船底)升高度；(6)纵坐标差
rise and fall　(1)(价格、水位等)涨落,升高；(2)盛衰
rise and fall clause　价格变动条款
rise and fall pendant　升降吊灯
rise angle of a cam　凸轮升角
rise as the boiler warms up　随锅炉升温而上涨
rise of arch　拱高,拱矢
rise of blocks　墩木升高
rise of bottom　船底斜度,舭部升高
rise of floor　船底横向斜度,船底斜度,舭部升高
rise of keel　龙骨坡度
rise of sill　(人字闸门的)闸槛斜度
rise of the mean water level　平均水位上升高度
rise of the water level　水位上涨高度,水位上涨
rise per tooth　齿升量(每齿走刀量)
rise-span ratio　高跨比
rise span ratio　高跨比
rise-time　上升时间
rise time　上升时间,增长时间,建立时间,升起时间
rise-time jitter　上升时间跳动
rise-to-span ratio　高跨比
rise to span ratio　高跨比
RISEC (=Redwood No. 1 Second)　雷氏一号秒数,商用雷氏秒数
riser (=R)　(1)上升装置,提升装置,升降装置,提升机件,升降机,升降器,立式管[道],提升器,举起器,上升管,竖管,井管；(2)铸模出气口,(铸件的)冒口,气口,(3)立管,升管,充管；(4)整流子焊线槽,整流子竖板,集电器接线叉；(5)梯级竖板,梯级；(6)垫板,垫块；(7)甲板下支板,舷侧纵板,龙骨翼板,帮板；(8)起飞装置；(9)(铝电解)立母线
riser-and-stacks　上下水道立管
riser bus　立柱母线
riser cable　提升索,吊索
riser caisson　隔水管沉箱,立管沉箱
riser compound　冒口发热剂
riser contact　缩颈泥芯,易割冒口圈,冒口,贴边
riser-gating　撇渣暗冒口浇铸系统

riser-head　冒口
riser head　冒口
riser height　冒口高度
riser leg　主管柱,竖腿
riser mandrel　隔水导管紧轴
riser pad　缩颈泥芯,易割冒口圈,冒口,贴边
riser pin　冒口棒模
riser pipe　上升管,立管
riser plate　尖轨垫板
riser runner　出气导口
riser shaft　升井
riser sleeve　冒口圈
riser tube　提升管,升液管
riser vent　透气孔
rising　(1)上升,升起,升高；(2)(潜艇)浮起；(3)增长的,加大的,上升的,上涨的；(4)向上斜的,渐高的
rising characteristic　上升特性,升起特性,增长特性
rising film evaporator　升膜式蒸发器
rising edge　上升边,前沿
rising fire main　(甲板上)直立消防总管
rising floor　(船首尾)升高肋板
rising force　浮力
rising ground　高地
rising ingot　鼓顶钢锭
rising line　肋板端点连线,肋板边线(在型线图上决定肋板的高度)
rising main　(1)给水竖管,垂直总管,总竖管；(2)上行电缆
rising pipe　出水管,压力管
rising pouring　{铸}底注
rising shaft　竖井
rising-sun magnetron　旭日型磁控管,升日型磁控管,复腔磁控管
rising surface curve　水面上升曲线
rising tank　凸面双层底舱
rising timbers　升高肋材
rising transient　上升瞬态
rising wood　钝材,呆木
risk　(1)危险,风险,冒险；(2)保险金[额],保险对象,被保险人,投保人；(3)被保险标的
risk analysis　风险分析
risk area　危险区域,死区
risk capital　风险投资
risk comparison　危险比较
risk covered　承保责任,承保风险
risk estimate　危险估价
risk factor　风险因素
risk function　危险函数,风险函数
risk in the period of ship arrest (=RPSA)　船舶扣押保全风险
risk in transit　运输途中风险
risk investigation　风险投资
risk label　危险标签
risk level　危险度
risk management　危险管理
risk of boat　过驳险
risk of breakage　破碎险,破损险
risk of cargo shifting　货物移动危险
risk of carriage　运输风险
risk of clash　碰损险
risk of clash & breakage　碰撞破碎险
risk of collision　碰撞危险
risk of contamination　玷污险
risk of craft　过驳险
risk of hook damage　钩损险
risk of hook hole　钩损险
risk of leakage　渗漏险,漏损险
risk of liability　责任风险
risk of loss　灭失危险
risk of oil　油渍险
risk of pollution　污染危险
risk of rain and/or freshwater damage　雨淋和/或淡水险
risk of rust (=RR)　锈损险
risk of seizure　(汽缸)咬缸的危险
risk of shortage (=RS)　短少险
risk of shortage in weight　短重险
risk of war　战争险
risk over/after discharging　卸货危险终了

risk premium 风险差额, 风险酬金
risk suspended 未肯定的危险
risk value index 风险价格指数
risky 危险的, 冒险的
Riston 感光聚合物耐蚀膜
RIT (=Rate of Information Throughout) 信息传输速度, 信息吞吐量
rit 刻划, 切割
rite 仪式, 习俗, 惯例
RITPAS (=Report on Investigation and Treatment of Pollution Accident by Ship) 船舶污染事故调查与处理报告
Ritz combination principle 里兹组合原则
Ritz method 里兹法 (用最小能量计算结构方法)
RIU (=Remote Indicator Unit) 遥控指示器, 分显示器
RIV (=Report of Inward Vessel) 船舶进口报告书
rival (1) 竞争, 抗衡; (2) 对抗的, 竞争的; (3) 竞争者, 对手
rivalry 竞争
rive (1) 扯裂, 分裂, 破裂, 割裂, 扯开, 拧开, 劈开, 折断, 撕碎, 撕开; (2) 裂缝, 缝隙; (3) 裂片, 碎片
rivelling 条纹
river (1) 江, 河; (2) 水道
river and harbor aid to navigation system 江河及港口导航设备系统
river and harbor engineering 河海工程
river and harbor navigation system 河港导航系统
river authorities 河道管理机构, 河道局
river basin 流域
river basin development 流域开发
river basin planning 流域规划
river basin project 流域开发工程项目
river boat 内河船, 河船, 江船
river buoy tender 内河浮标敷设船
river cable 过河电缆
river control practice 河道管理制度
river control works 河道控制设施
river craft 内河船, 河船
river crossing 跨河线
river development 河流开发
river engineering 河道工程
river feeder system 内河集疏运系统, 内河集散系统
river ferry 内河轮渡, 渡船
river fleet 内河船舶, 内河船队
river gauge 水标, 水尺
river hull insurance 内河船体保险
river launch 内河小艇
river operation condition 河流的营运条件
river patrol boat 江河巡逻艇
river patrol craft (=RPC) 内河巡逻艇, 江河巡逻艇
river pollution 河道污染
river pusher 内河推轮
river radar 沿河导航雷达
river sea cargo vessel 河海型货轮
river steamer (=RS) 江河蒸汽机船, 内河蒸汽机船
river survey vessel (=RSV) 江河测量船
river surveyer 江河测量船
river traffic (1) 内河运输, 内河交通; (2) 内河货运量
river works 河道设施, 河道工程
riverlet 小河
rivershed 流域
riverside 河边, 河岸
rivet (1) 铆钉 [窝]; (2) [用铆钉] 铆接, 铆合, 固定; (3) 固定钉
rivet bar 铆钉杆, 铆钉坯
rivet bonding 铆接
rivet buster (1) 铆钉切断机, 铆钉铲断器, 铲铆钉机; (2) 铆钉机, 铆钉铲
rivet clipper 铆钉钳
rivet connection 铆接
rivet cutting blow-pipe 铆钉割炬
rivet deduction 铆钉孔扣除量
rivet driver (1) 铆钉枪, 铆枪; (2) 铆工
rivet flange 铆接法兰
rivet forge 铆锻
rivet furnace 铆钉炉
rivet girder 铆接桁架, 铆接大梁
rivet grip 铆钉夹
rivet gun 自动铆钉枪

rivet head 铆钉头
rivet header 铆钉镦锻机
rivet heater 铆钉炉
rivet holder (1) (用于筒形工件的) 抵座, 铆钉挡; (2) 铆钉顶棒, 铆钉托, 顶把
rivet hole 铆钉孔
rivet hot 热铆
rivet in double shear 双剪 [力] 铆钉
rivet in single shear 单剪 [力] 铆钉
rivet in tension 拉力铆钉
rivet iron 铆钉铁
rivet joint (1) 铆钉接合, 铆接; (2) 铆钉接头
rivet lap joint 铆钉搭接
rivet line 铆接线, 铆钉线
rivet making machine 制铆钉机
rivet pin 铆钉销, 铆销
rivet pitch 铆钉间距, 铆钉心距
rivet point 铆钉端, 铆钉尖
rivet punch 铆钉冲头
rivet rod 铆钉棒材
rivet row 铆钉行数
rivet sct 铆接工具
rivet shank 铆钉杆, 铆钉体
rivet snap 铆钉窝子, 铆钉模 (形成圆形铆钉端部的工具)
rivet spacing 铆钉间隔, 铆钉间距
rivet squad 铆工组
rivet stamp 铆钉模
rivet steel 铆钉钢
rivet structure 铆接结构
rivet tail 铆钉镦头, 铆钉尖, 铆钉梢
rivet tool 铆接工具
rivet weld 铆焊, 塞焊
rivet work 铆工工作
riveted 铆接的
riveted and welded 铆接与焊接的
riveted boiler 铆接锅炉
riveted bond 铆接
riveted butt joint 对接铆接
riveted cage (轴承) 铆接保持架
riveted casing 铆接的套管
riveted connect 铆钉接合, 铆钉连接, 铆接
riveted connection 铆钉铆钉接合, 铆钉连接, 铆接
riveted construction 铆接结构
riveted flange 铆接法兰
riveted hull 铆接船体
riveted joint (1) 铆钉接合; (2) 铆接接头, 铆接缝
riveted lap joint 搭接铆接
riveted member 铆接杆件
riveted method 铆接法
riveted pipe 铆接 [合] 管, 铆合管
riveted plate girder 铆接板梁
riveted plating 铆接板
riveted seam 铆接纵缝, 铆接缝, 铆钉缝
riveted steel 铆接钢
riveted structure 铆接结构
riveted tank 铆合箱
riveted tube 铆接管
riveted weld (穿透) 塞焊
riveter (=rivetter) (1) 成卷带材端头铆接装置, 铆接机, 铆钉机, 铆钉枪, 铆钉锤, 铆钉栓, 铆钉枪, 端机; (2) 铆接工, 铆钉工, 铆工
riveting (=rivetting) (1) 铆接, 铆合; (2) 铆接法; (3) 铆接的
riveting clamps 铆钉钳
riveting die 铆接模, 铆工模
riveting dolly 铆钉撑锤, 铆钉托, 顶把, 抵座
riveting gun (风动) 铆钉枪
riveting hammer 铆钉锤, 铆锤
riveting hull structure 铆接船体结构
riveting in group 成组铆法
riveting in rows 成排铆钉
riveting machine 铆接机, 铆钉机, 铆合机, 铆机
riveting press 压 [力] 铆 [接] 机
riveting punch 铆钉冲头, 铆冲器
riveting ram 水压铆机, 铆钉枪
riveting set 铆接模, 铆钉模

riveting stake 铆［接］砧
riveting tongs 铆钉夹钳
riveting tool 铆接工具
riving machine 劈木机
RKT (=Rocket) 发射火箭，火箭
RKVA (=Reactive-kilovolt-ampere) 无功千伏安，千乏
RL (=Radiation Level) 剂量当量率，辐射水平
RL (=Radio Location) 无线电定位
RL (=Radio Location Radar) 无线电定位雷达
RL (=Radio Log) 无线电日志，电台日志
RL (=Radio Navigation Land Station) 无线电导航地面站
RL (=Rechecking List) 复查单
RL (=Reconciliation of Lawyer) 律师调和
RL (=Red Lamp) 红灯
RL (=Relay) (1)继电器，继动器，替续器；(2)中继，转播
RL (=Relay Logic) 继电器逻辑
RL (=Remark List) 批注清单
RL (=Resipsa Loquitur) (拉丁语)事物本身说明问题
RL (=Restraints of Labor) 限制劳动
RL (=Return Loss) 回波损耗
RL (=Rhodian Laws) 罗得海事法
RL (=Rhumb Line) 恒向线
RL (=Riding Light) 停泊灯，锚灯
RL (=Risk of Leakage) 漏损险
RLA (=Receiveed the Letter of Acceptance) 已收到接收函
RLA (=Record of Lifting Appliances) 起重和起货设备试验证书
RLASGS (=Rules for the Life Saving Appliances of Seagoing Ship) 海船救生设备规范
RLASOI (=Rules for the Lifting Appliances on Ships and Offshore Installation) 船舶及海上设施起重设备规范
RLB (=Aeronautical Radiobeacon Station) 航空无线电信标电台
RLB (=Rhumb Line Bearing) 恒向线方向
RLBI (=Right-left Bearing indicator) 左右方位指示器
RLC (=Racon Station) 雷达应答器电台
RLC (=Reciprocal Letter of Credit) 对开信用证
RLD (=Ready to Load or Discharge) 准备就绪装卸
RLD (=Relocation Dictionary) 重新配位表
RLE (=Resource Limit Exceeded) 超出资源限度
RLG (=Ring-laser Gyro) 环形激光陀螺仪
RLI (=Repairer's Liability Insurance) 船舶修理人责任保险
RLL (=International Load Line Record) 国际载重线勘定记录
RLLSGS (=Rules for the Load Lines of Sea-Going Ships) 海船载重线规范
RLM (=Marine Radiobeacon Station) 海上无线电信标电台(符号)
RLMA (=Relations of Law in Marine Action) 海事诉讼法律关系
RLN (=Loran Station) 远程导航电台，罗兰台(符号)
RLO (=Omnidirectional Range Station) 全向测距电台(符号)
RLRIWV (=Rules for Logbook Record of Inland Waterway Vessels) 内河船舶航行日志记载规则
RLRL (=Reversible Laydays, Reversible Laytime) 可调制使用的装卸时间
RLS (=Radio Range Station) 无线电测距台(符号)
RLS (=Rotating Lighthouse System) 旋转灯塔系统
RLSD (=Released) 发出了
RLWY (=Railway) 铁道
RLYD (=Relayed) 转播的，中继的
RM (=Radar Mast) 雷达天线桅
RM (=Radio Marker) 无线电指点标
RM (=Radio Message) 无线电报
RM (=Radio Monitor) 无线电监听员
RM (=Radioman) 无线电人员
RM (=Range Marker, Range Marks) (雷达)距标
RM (=Reach Me) 请与我联系
RM (=Refrigerating Machine) 制冷机，冷冻机
RM (=Refrigerating Mechanic) 冷藏机工
RM (=Registered Mail) 挂号邮件
RM (=Relative Motion) (雷达显示)相对运动
RM (=Repair and Maintenance) 修理与维护
RM (=Research Memorandum) 研究备忘录
RM (=Returned Material Report) 退料单
RM (=Reverse Motion) 反向运动，回动
RM (=Risk Management) 危险管理
RM (=Room) (1)舱，室；(2)房间
RM (=Royal Marine) 英国海运

RMA (=Radio Manufacturers Association) 无线电制造商协会
RMA (=Random Multiple Access) 随机多路存取
RMAX (=Range Maximum) 最大续航力，最大射程，最大距离
RMB (=Radio Marker Beacon) 无线电标志信标，无线电指点标
RMB (=Renminbi) 人民币(汉语)
RMC (=Raytheon Manufacturing Cooperation) 雷声电器制造公司
RMC (=Reference to My Cables) 参阅我的电报
RMC (=Refrigerated Cargo Installation Class) (劳埃德船级社)冷藏货制冷设备入级(证书)
RMC (=Refrigerating Machine Certificate) 冷冻机证书
RMC (=Refrigerating Machinery Certificate) (劳埃德船级社)制冷机械证书
RMC (=Regional Meteorological Center) (世界气象监视网)区域气象中心
RMC (=Repair and Maintenance Clause) 维修保养条款
RMC (=RMC Class Temporarily Suspended) 冷藏货设备入级临时注销
RMDS (=Remote Medical Diagnosis System) 远程医疗诊断系统
RME (=Reference to My Email) 参阅我的电子邮件
RMF (=Reference to My Fax) 参阅我的传真
RMI (=Electronic Radio Manufacturing Industry) 无线电制造业
RMK (=Remarks) 批注
RML (=Reference to My Letter) 参阅我的信件
RML (=Relation of Maritime Law) 海事法律关系
RML (=Rescue Motor Launch) 救生摩托艇，救助机动艇
RML (=Route Mark Law) 航路标志法
RMO (=Radar Master Oscillator) 雷达主控振荡器
RMP (=Rated Maximum Pressure) 额定最大压力
RMP (=Regime of Maritime Port) 海港制度
RMP (=Royal Marine Police) 英国水上警察
RMPY (=Reference to My Phone to You) 参阅我打给你的电话
RMR (=Reference to My Radio) 参阅我的电报告
RMS (=Errors Root-mean-square) 均方误差
RMS (=Radiation Monitoring Satellite) 辐射监视卫星
RMS (=Ranger Measurement System) 测距仪测量系统
RMS (=Refrigerating Machinery Survey) 冷冻机设备检验(合格)
RMS (=Root-mean-square) 均方根值，有效值，均方的
RMS (=Royal Mail Steamer) 皇家邮船
rms of inverse voltage rating 反向电压额定有效值(rms=root-mean-square 或 square root of mean square 均方根[值]，有效值，均方的)
RMSE (=Root-mean square Error) 均方根误差
RMSPPO (=Rules for the Management of Safety Production in Ports Oil-handling Area) 港口油区安全生产管理规则
RMT (=Reference to My Telegram) 参阅我的电报
RMT (=Reference to My Telex) 参阅我的电传
RMTNCE (=Remittance) 汇款额，汇款
RMTSP (=Rules for the Management of Tank Safety Production) 油船安全生产管理规则
RMV (=Remove) 移动，退出
RMVBSPRC (=Rules on the Management of Visa for the Boats and Ships of the People's Republic of China) 中华人民共和国船舶签证管理规则
RMWT (=rules for the Management of Waterway Transport) 水路货物运输管理规则
RN (=Froude Number) 佛汝德数
RN (=Radio Navigation) 无线电导航
RN (=Retally Note) 重理单
RN (=Revision Notice) 更正通知
RN (=Reynolds Number) 雷诺数
RN (=Royal Navy) 皇家海军，英国海军
RN (=Rules of Navigation) 海上避碰规则(旧称)
RNBRCR (=Rules for Navigation in the Boundary Rivers of China and Russia) 中俄国境河流航行规则
RNCIW (=Right of Navigation on Coast and Island Waters) 沿海和内河航行权
RNCOLL (=Royal Navy College) (英)皇家海军学院
RND-Sulzer (= 苏尔寿 RND) 柴油机
RNEC (=Royal Naval Engineering College) (英)皇家海军工程学院
RNESGS (=Rules for the Navigation Equipment of Seagoing Ships) 船舶航行设备规范
RNG (=Radio Range) 等距离区无线电信标，无线电航向信标
RNG (=Range) (1)范围，区域；(2)幅度；(3)量程；(4)距离；(5)航程；(6)波段

RNGE (=Range) (1) 范围,区域;(2) 幅度;(3) 量程;(4) 距离;(5) 航程;(6) 波段

RNLB (=Royal Navy Lifeboat) 英国海军救生艇

RNLI (=Royal Navy Lifeboat Institute) 英国皇家救生艇学会

RNNF (=Right to navigation with National Flag) 船舶悬挂国旗航行权

RNR (=Royal naval Reserve) (英)皇家海军后备役

RNR (=Rumanian Register of Shipping) 罗马尼亚船舶登记局

RNS (=Radio Navigation System) 无线电导航系统

RNSA (=Royal Netherland Shipowner's Association) 荷兰船东协会

RNSC (=Royal Naval Staff College) (英)皇家海军参谋学院

RNSS (=Royal Naval Scientific Service) 英国海军科技局

RNT (=Registered Net Tonnage) (船舶)登记净吨位

RNVR (=Royal Naval Volunteer Reserve) (英)皇家海军自愿后备役

RNWC (=Royal Naval War College) 英国海军军事学院

RNYC (=Royal Northern Yacht Club) 英国北部快艇俱乐部

RNZN (=Royal New Zealand Navy) 新西兰海军

RO (=Radio Officer) 无线电报员,报务员

RO (=Radio Operator) 无线电操作员

RO (=Range Only) (雷达)测距仪

RO (=Read-out) 读出

RO (=Receiving Office) 收件局,接收站,收货处

RO (=Receiving Only) 只接收

RO (=Reference Object) 方位物,参考点

RO (=Registered Office) 船舶登记处

RO (=Removal of Obstacles) 排除妨害

RO (=Return of Original) 返还原物

RO (=Ringer Oscillator) 振铃信号振荡器

RO (=Risk of Oil) 油渍险

RO (=Routing Organization) 执行机构

RO (=Royal Observatory) 英国格林尼治天文台

RO (=Roll-on Roll-off Terminal) 滚装船码头

RO/RO (=Roll-on / Roll-off) 滚装船

Ro-Tap 罗太普筛分机

ROA (=Rules of the Air) 航空规则

roach (1) 船尾滚浪;(2) (帆的)典拱

road (1) 道路,路;(2) (开敞)锚地,近岸锚地,港外锚地,水上作业场;(3) 办法,手段,途径

road adherence 路面与轮胎的粘着力

road adhresion 路面与轮胎的粘着力

road band (拖拉机的)护路轮箍

road breaker 路面破碎机

road builder 筑路机

road capacity 线路通过能力

road clearance 道路净空

road deck 路面板

road delivery vehicle 公路送货车

road donkey (1) 道路卷扬机;(2) 拉皮机

road drag 刮路机,刮路器

road driver 长途司机

road engine 长途运输机车

road grader 筑路机

road grader crab-shell shovel 平路蟹壳机

road guard 道路护栏

road harrow 耙路机

road haul truck (长途运输)卡车

road hone 路面整平器

road machine 筑路机械

road mix stabilizer 路拌土壤稳定机

road pen 双线鸭嘴笔

road planer 平路面机

road-rail 公路铁路两用的

road ripper 耙路机,松土机

road roller 道路滚压机,(光轮)压路机,路碾

road scraper 铲运机

road speed 行驶速度

road spring 车用弹簧

road studs 反光路灯

road surfacer 铺路机

road sweeper 扫路机

road switcher 沿线调车机车

road tank carrier (=RTC) 公路油槽车

road tanker 油槽车,罐车,缸车

road test 行车试验,试车

road train 大型载重汽车,汽车列车

road transit 陆上运输

road transport (1) 公路运输工具,陆上运输工具;(2) 公路运输,陆上运输,陆路运输

road transport interprise 公路运输业

road truck 公路车辆

road van 沿途零担车

road vehicle 公路车辆

road wagon 货车

road wheel 运输轮,行走轮,车轮

road wheel contact 轮胎与路面的接触面

roadability (1) 可运输性;(2) 操纵灵便性,行走稳定性,行驶性能

roadblock (1) 道路阻塞;(2) 困难,障碍,难题

roadbuilder (1) 筑路机;(2) 筑路工

roadbuilding 道路施工,筑路

roader (1) 受风漂动的船,泊地锚泊船;(2) 在锚地锚泊的船,停泊在锚地的飞艇

roadheader 巷道掘进机

roadman 筑路工人

roadmarking 道路标线

roadmixer 筑路拌料机

roadpacker 道路夯击机,夯路机

roads (1) 航路;(2) 锚地

roadside 路边

roadstend 锚地

roadway (1) 行车路;(2) 路面,道路

roadway light 路灯

roaks (轧制的)表面缺陷

roar (发动机)轰鸣

roast 焙烧,煅烧,烘,烤

roaster (1) 焙烤装置,烘烤器,烘烤机,焙烧炉,烤炉;(2) 炉栅,炉篦;(3) 烘烤者

roasting 焙烧,煅烧,炼,烤

roasting furnace 焙烧炉

roasting in air 氧化焙烧

roasting in heap 堆摊焙烧

roasting in kilns 窑中焙烧

roasting in piles 堆摊焙烧

roasting in stalls 泥窑焙烧

roasting jack 烤肉叉转动器

roasting kiln 焙烧窑,烤窑

roasting plant 烘烤设备,烘烤机

roasting to magnetize 磁化焙烧

ROB (=Remain on Board) 在船

ROB (=Remaining Cargo on Board) 在船货物

ROB (=Remaining on Board) 船上剩余(货、油或水)

ROB (=Retention of Oil on Board) 船上保留油量额

ROB (=Round of Beam) 梁拱

roband hitch 天幕结,鲁班结

robbery insurance 盗窃险

robe (1) 覆盖物,外罩;(2) 衣柜

Robert's triangle guide 罗伯特式三角形导轨

roble 卢布(原苏联货币单位)

robomb (=robot bomb) (1) [自动控制的]飞弹;(2) 空对地导弹

robot (1) 自动仪器,自动机;(2) 遥控机械装置,遥控设备;(3) 自动控制设备,(4) 自动装置;(5) 机器人,机械手,机器手;(6) 无人驾驶的,自动操纵的,遥控的

robot airplane 无人驾驶飞机

robot bomb 自动操纵的飞弹,导弹

robot bomber 无人驾驶轰炸机,遥控轰炸机

robot brain 自动计算机,机器人脑,电脑

robot buoy 海洋气象自动观测浮标,无线电操纵浮标

robot device 自动装置

robot engineering 机器人工程

robot equipment 无人操纵的设备,自动设备

robot manipulator 拟人机操作手,机器人操作手

robot palletizer 码垛机器人

robot passenger carrying vehicle 机器人驾驶的客车

robot pilot 机械驾驶仪

robot plane (1) 自动控制的靶机;(2) 无人驾驶飞机

robot scaler 自动计算装置

robot station 自动输送站

robot welding system　自动焊接系统
robotics　机器人的应用, 机器人技术, 机器人学, 自动化学, 遥控学
roboting　无人吊运车操纵系统(商名)
robotization　机器人化, 自动化, 遥控化
robotize　自动化, 遥控化
robotology (=robotics)　机器人的应用, 机器人技术, 机器人学, 遥控学
robotomorphic　模拟机器人的
robust　坚固的, 坚定的, 坚强的, 耐用的, 强壮的, 键壮的
robust construction　坚固结构
robustness　坚固性, 坚定性
ROC (=Referring to Our Cable)　参阅我们的电报
ROC (=Restoration of Original Condition)　恢复原状
ROC (=Restricted Operator Certificate)　限用操作员证书
roc　无线电制导的电视瞄准导弹, "犬鹏式"制导炸弹
Rocan copper　高强度耐蚀铜板, 含砷铜板
ROCC (=Regional Oil Combating Center)　区域性防油污中心
ROCH (=Requisition for Opening/closing Hatch)　开/关舱申请
rock　(1)岩石, 礁石(海图图式); (2)摇摆, 摇动, 振动
rock anchor hole　岩石锚链孔
rock-air　高空探测火箭(从飞机上发射的)
rock arm　摇臂
rock bit　凿岩钻头
rock bit sharpening machine　矿井钻头刃磨机
rock bolt　岩石锚栓
rock boring machine　钻岩机
rock-bottom price　最低价格
rock breaker　碎石机
rock-breaking　岩石破裂
rock crusher　碎石机
rock crystal　水晶
rock cutter　(1)割石机; (2)碎岩船
rock dredger　岩石挖掘机
rock drill　钻岩机, 钻机
rock drill barge　钻岩驳船
rock drill steel　钻岩钢
rock drill vessel　钻岩船
rock driller　岩石钻机
rock drilling machine　钻岩机
rock emery mill　金刚砂研磨机
rock excavator　凿岩机
rock fastener　绳结紧扣
rock gas　天然[煤]气
rock grab　抓岩机
rock grinding machine　磨石机
rock oil　石油
rock-over　翻转
rock-over core making machine　翻转式造芯机
rock-over moulding machine　转台式造型机
rock-over pattern draw machine　翻转式起模机
rock rake　(1)抓斗爪; (2)抓岩机
rock saw　摇摆锯
rock-steady structure　稳定结构
rock steady structure　稳定结构
rock-tar　生石油, 重油, 原油
rock wool　玻璃纤维, 石棉, 矿棉
rockair　(从高空发射的)机载高空探测火箭
rockbolt　(1)杆栓, 岩栓; (2)锚杆
rocker (=RKR)　(1)摇杆, 摇臂, 摇板, 摇轴; (2)震动机, 摇摆器; (3)摇床; (4)翻斗车; (5)淘金器, 淘金盘; (6)摇座, 摇块; (7)龙骨弯曲的船; (8)摇轴支座; (9)可调电刷机
rocker action swaging machine　摆式轧机, 摆锻机
rocker actuator　摇臂式作动机构, 气门摇臂
rocker angle　摇臂摆角
rocker arm　(1)刷握臂, 弹动杆, 往复杆, 摇杆, 摇臂; (2)平衡杆, 连杆
rocker arm for valve　气阀摇臂
rocker arm link　摇臂连杆
rocker arm linkage　摇臂杠杆系统
rocker arm plunger　摇臂柱塞
rocker-arm resistance welding machine　摇臂式接触焊机
rocker arm resistance welding machine　摇臂式接触焊机
rocker arm shaft　摇臂轴
rocker arm shaper　摇臂牛头刨
rocker arm spring　摇臂簧
rocker arm support　(气阀)摇臂支座

rocker arm ways　摇臂[导]轨
rocker bar　半径杆, 摇杆
rocker bar bearing　铰链支座, 摆动支座, 平行轴支座
rocker-bar furnace　步入式加热炉, 摇杆推料炉
rocker bar furnace　步入式加热炉, 摇杆推料炉
rocker-bar heating furnace　摇杆推料加热炉
rocker base　摇杆底座
rocker bearing　(1)摇杆轴承, 摇臂轴承; (2)伸缩支座, 摇座
rocker bent　伸缩横构架
rocker box　摇臂箱
rocker cam　摆动凸轮, 摇臂凸轮
rocker car　侧翻矿车
rocker car seat　摇动客车座席, 摇椅
rocker compensating gear　摇臂间隙补偿装置
rocker conveyer　悬链式输送机
rocker device　摇臂装置
rocker die　闭止块, 滑块, 导块
rocker fulcrum shaft　摇臂支点轴
rocker gear　(1)摇杆齿轮; (2)摇臂装置, 摇杆机构
rocker gear mechanism　摇臂齿轮机构
rocker-joint chain　摇轴链
rocker joint ring　摇杆节衬环
rocker keel　弯曲龙骨
rocker keel line　纵挠龙骨线, 弧形龙骨线
rocker lever　摇杆, 摇臂
rocker mechanism　摇杆机构
rocker moment　摇臂力矩
rocker motion　摇摆运动
rocker of injector pump　油泵喷油器摇杆
rocker panel　嵌板
rocker piece　浮动块
rocker pin　摇杆销
rocker ring　刷握架环
rocker roller　摇杆滚轮
rocker shaft　摇臂轴
rocker shaft bracket　气门摇臂轴架
rocker shovel　反向机铲
rocker side bearing　(1)摇摆侧支座; (2)摇杆侧轴承
rocker support　摇座
rocker tool post　摇杆刀架
rocker-type cooling bed　摆动齿条式冷床
rocker type flying shears　摇杆式飞剪
rocker valve　摇杆阀
rockerstamp　摇摆压印
rocket (=RKT)　(1)(由火箭推进的)导弹; (2)火箭式深水炸弹; (3)由火箭推进的飞船, 火箭式投射器, 火箭发动机, 火箭式筒子, 火箭弹, 火箭; (4)火箭的, 喷气的; (5)用火箭发射, 用火箭运载, 乘火箭旅行, 发射火箭; (6)烟火信号弹, 信号火箭, 烟火, 焰火; (7)直线上升, 迅速发展
rocket aerial (=RA)　火箭天线
rocket aircraft　火箭飞机
rocket apparatus　(救生抛绳)火箭装置, 火箭发射器, 火箭抛绳器
rocket assist　火箭助推器, 火箭助推
rocket-assisted torpedo (=RAT)　火箭发射式鱼雷, 火箭推进鱼雷
rocket assisted torpedo　火箭助推鱼雷
rocket base　火箭[试验]基地
rocket bomb　火箭助推式炸弹, 火箭弹
rocket-boosted　用火箭作助推的, 火箭助推的, 火箭加速的
rocket booster development program (=RBDP)　火箭助推器研制规划
rocket-borne　火箭运载的
rocket branch (=RB)　火箭部门
rocket branch panel (=RBP)　火箭分队操纵台
rocket control　火箭[飞行]控制
rocket craft　火箭艇, 导弹艇
rocket engine　火箭发动机, 喷气发动机
rocket engine test laboratory (=RETL)　火箭发动机测试实验室
rocket fire detector　火箭发射探测器
rocket-firing turret　回转式火箭发射器
rocket fuel　火箭燃料, 喷气燃料
rocket jet　火箭[喷]射流, 火箭喷口
rocket-launched antisubmarine torpedo　火箭发射式反潜鱼雷
rocket launcher　火箭发射装置, 火箭筒
rocket launching　火箭发射, 发射火箭
rocket line　火箭救生绳, 信号火箭绳

rocket line box　救生索箱
rocket motor　火箭发动机
rocket-motor gimbal　火箭发动机架万向架,火箭发动机架万向接头
rocket motor injector　火箭发动机喷嘴,火箭发动机头部
rocket mountain double　洛矶山联结车
rocket parachute flare　火箭降落伞信号
rocket plane　喷气式飞机
rocket plug　火箭[发射电路]插头
rocket-powered　装有火箭发动机的,火箭推进的
rocket projectiles (=RP)　火箭弹
rocket propellant (=RP)　火箭推进剂,火箭燃料
rocket-propelled　用火箭发动机推动的,火箭推进的
rocket propulsion　火箭推进,喷气推进
rocket rail　火箭发射导轨
rocket range　火箭试验区,火箭靶场
rocket reaction　火箭[发动机]推力,反作用力
rocket rope　火箭抛绳
rocket ship　装备火箭舰艇,火箭船
rocket signal　火箭信号
rocket sled　火箭滑车
rocket sled testing　火箭滑车试验
rocket socket　火箭筒
rocket sonde　火箭测候仪
rocket station (=RS)　救生索火箭发射台,火箭抛绳救生站
rocket target (=RT)　火箭靶[标]
rocket test vehicle (=RTV)　火箭试验飞行器
rocket technical committee (=RTC)　火箭技术委员会
rocketdrome　火箭发射场
rocketed　利用火箭运载的,借火箭起动的,借火箭助飞的,火箭助推的
rocketeer　火箭技术人员,火箭发射(或操作)人员,火箭专家,火箭设计者
rocketer　火箭技术人员,火箭发射(或操作)人员,火箭专家,火箭设计者
rocketor　火箭技术人员,火箭发射(或操作)人员,火箭专家,火箭设计者
rocketry　火箭技术,火箭实验,火箭学
rockeye　岩石眼炸弹
rockhole　岩层钻孔
rocking　(1)空气局部扰动,摇动,摇摆;(2)船只纵向颠簸,船只纵摆,船只纵倾;(3)旋转式调谐控制;(4)来回摇摆,摇摆的,摇晃的,摇动的,摆动的

1216

rocking bar　(1)定时摇杆,摆杆;(2)摇摆片
rocking beam　天平杆,摇杆
rocking cam　摇摆凸轮
rocking-chair induction furnace　可倾式感应炉
rocking drum frame　滚筒摇架,卷筒摇架
rocking furnace　摇滚式炉,回转炉,可倾炉,摇摆炉
rocking grate　摇动炉排,摇杆炉排
rocking inertia　摇动惯性
rocking joint　摇动接头
rocking lever　摇臂杆,摇臂
rocking link　系泊环,摇杆
rocking motion　摇动
rocking pier　活动桥墩
rocking ring　滚环
rocking section regulator　摇扇工调节器
rocking sector　摇扇
rocking shack　(浮筒)系船卸扣
rocking shackle　(系泊浮筒上)系船卸扣
rocking shaft　(1)摇臂轴;(2)(纺机)移距轴
rocking trough　震动槽
rocking vibration　摇摆振动
rockman　手提式凿岩机操作工,炸石工
rockoon　气球发射探空火箭
rockover moulding machine　转台式造型机
rockshaft　(1)杠杆轴,摇臂轴;(2)下放充填材料的井筒
rockstaff　摇摆杆
Rockwell A hardness　A 标洛氏硬度
Rockwell apparatus　洛氏硬度计
Rockwell B hardness　B 标洛氏硬度
Rockwell C hardness　C 标洛氏硬度
Rockwell F hardness　F 标洛氏硬度
Rockwell hardness　洛氏硬度
Rockwell hardness A-scale　洛氏硬度 A 级

Rockwell hardness B-scale　洛氏硬度 B 级
Rockwell hardness C-scale　洛氏硬度 C 级
Rockwell hardness number (=RHN)　洛氏硬度值
Rockwell hardness test　洛氏硬度试验
Rockwell hardness tester　洛氏硬度试验计,洛氏硬度试验机
rocky　(1)硬的;(2)不稳定的,不安定的,动荡的;(3)岩石的,礁石的
ROCO (=Reserve Operational Communication Officer)　预备通信报务员
ROD (=Refused on Delivery)　货到拒收
ROD (=Risk over/after Discharging)　卸货危险终了了
rod (=R)　(1)货车车轴,拉杆,推杆,杠杆,杆;(2)粗钢筋,棒钢,棒料,棒材,棒;(3)盘条,条材,线材;(4)连杆;(5)钻杆;(6)钎子;(7)水准尺,标尺,标杆,测杆;(8)避雷器,避雷针;(9)手枪;(10)(流速仪)悬杆;(11)竿(英制长度单位 5.0292m)
rod actuator　控制棒操纵机构
rod adapter　(流速仪悬杆的)接杆器
rod bearing　杆轴承
rod bore　杆式钻
rod boring machine　杆式镗床
rod breaker　条杆犁
rod bundle　圆钢捆,盘条
rod calibration　控制棒校准
rod carrier　导管导轮,杆导架
rod chain conveyor　链杆式输送器
rod chain elevator　链杆式升运器
rod chisel　长凿
rod clamp　钻杆夹头
rod climbing effect　抓杆效应
rod coil　线材卷,盘条
rod crack　纵裂纹
rod drawing, straightening and cutting machine　棒料拉拔矫直切断机
rod drive　杆传动
rod drive mechanism　控制棒驱动机构
rod end bearing　杆端轴承
rod end coupling　活塞杆端接头,杆端接头
rod end pin　杆端销
rod end yoke　(活塞)杆端连接叉
rod feed　棒料送进器,棒料进给附件
rod feeding　戳补(戳穿冒口表面以利补缩)
rod fender　木条碰垫
rod float　(测流的)杆式浮子,杆式浮标
rod ga(u)ge　(1)内径规,塞规;(2)测杆规
rod gap　同轴电极间火花隙,棒状放电器
rod gap arrester　棒状放电器
rod gear　杠杆传动装置
rod guide　杆导承,导杆
rod guide tube　控制棒导管
rod insulator　导管绝缘器,棒形绝缘子
rod interval　标尺间隔
rod iron　圆铁棒,圆钢,元铁
rod jaw　叉杆
rod journal　连杆轴颈
rod-like　圆柱状的,杆状的
rod line connecting link　抽油杆吊环
rod-link chain　(升运器)杆式链
rod link chain　杆式链
rod link conveyor　杆链式输送机
rod link elevator　杆链式升运器
rod magazine　棒料送进器,棒料进给附件
rod material　棒料,棒材
rod memory　磁棒存储器,棒式存储器
rod meter　(电磁计程仪的)灵敏部件,传感器件
rod mill　杆式破碎机,杆式研磨机,棒磨机
rod pin bearing　连杆小端轴承,活塞销轴承
rod-proof　玻璃熔体试验
rod reading　标尺读数
rod rigging　铁牵条,牵条,拉杆
rod-rolling mill　线材轧机
rod rolling mill　线材轧机
rod seal　杆密封
rod-shaped　杆状的
rod shearing machine　线材剪切机

rod sounding　杆测深, 杆探测

rod spacing　钢筋间距

rod-straightening machine　棒料矫直机

rod string　钻杆串

rod suspended current meter　悬杆流速仪

rod thief　棒形采样器

rod threaded at both ends　双头螺柱, 双头螺杆

rod type　杆式

rod-type elevating conveyor　杆条式升运器

rod weeder　杆式除草中耕机

rod withdrawal accident　(反应堆)提棒事故

rod withdrawal sequence　(反应堆)提棒程序

rodded volume　捣实体积

rodding　(1)用棒捣实; (2)机械清扫管子, 铁杆清扫, 管道通条, 插杆; (3){铸}下芯骨

rodding of cores　{铸}芯骨

rode　小艇系锚绳, 锚缆

rodent　(1)鼠咬; (2)受鼠害; (3)侵蚀性的, 啮咬的

rodent-proof　(1)防鼠咬的; (2)防侵蚀的

rodman　(1)标尺员, 司尺员; (2)钢筋工

rodmill　(1)棒材轧机; (2)棒磨机

rodometer　压电轴向计

rods　棒材, 条材

ROE (=Reference to Our Email)　参阅我们的电子邮件

ROE (=Ring Off Engine)　停止备车, 主机定速

roentgen (=rontgen)　(1)伦琴(放射性剂量单位); (2)伦琴射线, X射线

reontgen dose　X射线剂量

roentgen-equivalent　伦琴当量

roentgen equivalent　伦琴当量

roentgen kymograph　X射线描波器

reontgen radiowave　伦琴射线

roentgen ray(s)　伦琴射线, X射线, 射线, 光线

roentgen ray tube　伦琴射线管, X射线管

roentgen tube　伦琴[射线]管, X射线管

roentgendefectoscope　伦琴射线探伤法, X射线探伤法

roentgenization　伦琴射线照射, X射线照射, 伦琴射线辐照

roentgenkymography　X射线动态摄影术

roentgenofluorescence　X射线荧光

roentgenogram　伦琴射线照片

roentgenograph　X射线照相

roentgenographic　伦琴射线照像的

roentgenography　伦琴射线照像[术], X射线照像

roentgenology　伦琴射线学, X射线学

roentgenoluminescence　X射线发光

roentgenomateriology　X射线照相检验, X射线检验

roentgenometer　X射线辐射计, X射线强度计, 伦琴辐射计, X射线计, 伦琴计

roentgenometry　X射线测定术

roentgenoscope　伦琴射线透视机, X射线透视机, X射线镜, 荧光镜, X光机, 透视仪

roentgenoscopy　伦琴射线透视法, X射线透视法

roentgens-total-at-one-centimetre (=rtcm)　距离辐射源一厘米处总的伦琴剂量

ROF (=Reference to Our Fax)　参阅我们的传真

ROFE (=Rate of Exchange)　汇兑牌价, 汇兑率, 汇价

ROG (=Recept of Goods)　收货收据

ROG (=Royal Observatory Greenwich)　英国格林尼治天文台

rogue's yarn　夹有彩色识别的绳, 识别绳索

ROH (=Regular Overhaul)　定期大修

Rohn mill　罗恩多辊薄板轧机

ROI (=Return on Investment)　投资回收

roil　搅动

roily oil　浊油

roke　{铸}深口(一种表面缺陷)

rokui　橹楗(橹的摇动支轴)

ROL (=Refirring to Our Letter)　参阅我们的函

rolandometer　大脑皮质沟测定器

ROLB (=Radio Office Logbook)　电台日志

ROLBRL (=Radio Office Logbook, Radio Log)　电台日志

role　(1)任务, 作用, 功用; (2)角色

roll (=R 或 RL.)　(1)滚动, 转动, 滚; (2)绕线轴, 滚轮, 滚筒, 滚珠, 滚子, 卷筒, 辊子, 辊; (3)滚轧, 滚压, 轧制, 碾压, 辊压, 压延, 压平, 压扁, 压薄, 卷起, 轧, 辗, 卷; (4)辊轧机, 碾压机, 压路机, 滚筒机,

轧机; (5)辊式破碎机, 辊式碎矿机; (6)侧倾, 侧翻; (7)(纺机)罗拉; (8)(船舶)左右摇摆, 横摇, 颠簸; (9)倾斜角, 坡角; (10)名册, 目录, 公文, 案卷, 档案

roll a round into position on the rack　把火箭装到发射架的滑轨上

roll amplitude　横摇幅度

roll angle　(1)摇台摆动角, [滚动]展开角, 滚动角, 侧滚角; (2)(船舶)横摇角, 倾摇角, 倾侧角

roll attitude　横摇位置, 横摇姿态

roll axis　横摇轴, 滚轴

roll axis of the anchor　锚滚转轴

roll-back　重新运行, 退回重来, 重绕, 后翻, 反转, 滚回

roll back routine　重新运行程序

roll ball for cursor positioning　(显示屏)标线定位滚球

roll bar　(1)翻车保险杠; (2)辗杆

roll bedning machine　滚弯机

roll bite　轧辊咬入轧件, 辊缝

roll booster　(使火箭绕纵轴回转的)助推器, (绕纵轴)滚动助力器, 回转加速器

roll box pallet　笼车

roll brown　棕卷[橡]胶

roll brush　滚动电刷

roll by guide　借导卫板进行轧制

roll by hand　人工喂送轧制

roll camber　辊身轮廓, 辊型

roll change gear　滚比交换挂轮

roll clamp truck　夹钳式装卸机

roll clearer　绒辊

roll container　折叠笼

roll couple　(1)滚动力偶; (2)侧倾力偶

roll crusher　辊式破碎机, 滚轴式破碎机

roll damper　(1)横摇阻尼器, 减横摇装置, 侧倾阻尼器; (2)滚动阻尼器

roll damping　(1)横摇减摇, 横摇阻尼, 侧倾阻尼, 横摇衰减; (2)滚动阻尼

roll damping control　横摇减摇装置控制机构

roll damping device　横摇减摇装置, 减横摇装置

roll damping fin　减横摇鳍

roll damping keel　减摇龙骨, 消摇龙骨

roll damping ratio　横摇阻尼系数

roll damping tank　(船的)横摇稳定舱, 消摇水舱

roll datum　(摇台)摆动角读数起点

roll deflection　轧辊挠度

roll dies　搓丝模, 丝辊

roll displacement　滚动角位移

roll doubles　折叠轧制, 两张[薄板]叠轧

roll down　轧制, 延伸, 压缩

roll dresser　滚轮修整器

roll electrode　滚动电极

roll fading　(1)(船舶)横摇衰减; (2)横摇导致的信号衰减

roll feed　滚筒式供料机构

roll fender　(1)轧辊保护板; (2)圆辊式碰垫, 滚子护舷, 滚筒碰垫, 碰垫球

roll film　(摄影用)胶卷

roll flattening　轧辊压下装置

roll follower　凸轮转子, 成形转子

roll for cold rolling　冷轧轧辊

roll for hot rolling　热轧轧辊

roll forging　辊锻, 滚锻

roll formed shape　冷弯型钢

roll forming　滚压成形, 辊轧成形

roll forming machine　滚形机

roll frequency　横摇频率

roll gang　输送辊道

roll gap　轧辊开口度, 辊间距离, 辊缝, 辊隙

roll gear　(1)滚压齿轮; (2)(摇台)摆动交换齿轮

roll gimbal　(绕纵轴转动的)横摇悬架

roll grinder　卷带式磨光机, 卷带式抛光机, 轧辊磨床

roll grinding machine　轧辊磨床

roll housing　轧机机架

roll-in　转入, 返回

roll in altitude　集合高度

roll-in and roll-out (=roll-in/roll-out)　转入转出

roll in pack form　叠板轧制

roll in pairs　两张[薄板]叠轧

roll-in / roll-out　换入 / 换出,滚进 / 滚出
roll into　[使]滚进,[使]卷成
roll into one　合成一体,成为一个
roll jaw crusher　滚爪式碎石机
roll joint　(1)滚动连接,滚轧接合;(2)滚动连结轴
roll knobbing　破鳞轧制
roll lathe　轧辊车床
roll M on N　把 M 放在 N 上滚动
roll machine　滚轧机
roll mark　轧辊压痕,辊印
roll mill　(1)轧机组,轧钢机;(2)滚辗制粉机;(3)辊式破碎机;(4)压片机
roll moment　(船的)横摇力矩
roll moment generator　横摇力矩发生器
roll moment of inertia　横摇惯性矩
roll neck bearing　轧辊轴承
roll number　轧辊号数
roll-off　(1)频率响应下降,向上转移,(2)机翼自动倾斜,滑离;(3)辗轧,轧去
roll off　(1)滑离;(2)轧去,(管坯)辗轧
roll-off-frequency　(录音的)向上转移频率,滚降频率
roll on　穿轧
roll on edge　立轧,轧边
roll on return pass　返回轧制
roll-on lift-on　滚吊式
roll-on lift-on vehicle/container carrier　车辆或集装箱滚吊兼用船
roll-on-roll-off　开进开出
roll-on roll-off (=roll-on/roll-off)　滚装船
roll-on roll-off service　滚装运输业务
roll-on roll-off ship (=RRS)　滚装船
roll-on roll-off terminal　滚装船码头
roll-on ship　滚装船
roll-on vessel　滚装船
roll-out　(1)轧平,拉长,拉出,延伸,轧去,卷边,(2)(计)(主存储器)转出,(辅助存储)转入(3)原型机初次展出
roll out　滚出,辊平,拉长,拉出,延伸,退卷,轧平,铺开,轧去
roll-over　(1)[滚动]翻转,倾翻,(2)翻转砂箱,转台
roll over　(1)翻转砂箱,倾翻;(2)在……上滚动
roll-over arm　翻卷式扶手
roll over board　垫箱板
roll over bucket　倾翻式铲斗
roll over draw machine　翻转式起模机
roll over drum　翻斗撒砂
roll-over moulding machine　翻台式造型机
roll over stand　翻转架,回转架
roll over table　翻转台,翻箱台
roll pallet　物流台车
roll paper　卷纸
roll pass schedule　(1)轧制孔型设计;(2)轧制程序表
roll period meter　横摇周期测定器
roll-pick up　(轧件上的)辊印,轧痕
roll pickup　(1)滚动角传感器;(2)辊印,轧痕
roll plate　轧制钢板
roll position　滚动角
roll ratio　轧切挂轮比,滚比
roll recording mechanism　横摇记录装置,横滚记录装置
roll reference gyro (=RRG)　(导弹)滚动传感陀螺
roll release　(轧)脱辊
roll response operator　横摇传递系数
roll roofing (=RR)　卷片屋面材料
roll scale　氧化皮,鳞皮
roll seam welding machine　滚焊机,缝焊机
roll set　卷板用的样板
roll setting　落刀
roll shearing machine　滚剪机
roll slitter　辊式钢板切断机
roll smooth　轧平,压平
roll solid　压实
roll spinning　滚旋
roll spot welding　滚点焊
roll stabilization platform (=rsp)　滚动稳定平台
roll-stabilized　滚动稳定的
roll stabilizer　横摇稳定器
roll stand　工作机座,轧机座,轧机架

roll steel　轧制钢
roll stowing hatch-cover　滚卷式舱口盖
roll straightener　滚压矫直机,滚式校直机
roll straightening machine　滚轧平直机
roll synchronizatin　横摇同步
roll table　辊道
roll template　滚压加工样板,卷板样板
roll thickness ga(u)ge　滚辗厚度计
roll tilt hatch-cover　卷收式舱口盖
roll to death　重轧,重压,死轧
roll tracer　摇摆记录仪
roll train　轧钢机列,轧辊组
roll transfer function　横摇传递函数
roll tube technique　转管培养法
roll turning lathe　轧辊车床
roll type feed mechanism　滚动式进给机构
roll type paper tower　卷式纸巾
roll type paper tower holder　卷式纸巾架
roll type rotary sprayer pump　滚柱式旋转喷雾泵
roll up　卷[管坯],卷起,堆积,聚集,缠绕,折叠
roll up hatch-cover　滚卷式舱口盖
roll up machine　卷布机
roll-welding　热辊压焊接,滚压焊
roll welding　热辊压焊接,滚压焊
rollability　可轧制性(金属轧制变形的能力)
rolled　轧制的,滚轧的,压延的,辗成的
rolled angle　角钢
rolled bar iron　轧制条钢,轧制型钢
rolled base　压实基层
rolled beam　轧制梁(主要指工字梁)
rolled condenser　卷筒电容器,卷式电容器
rolled dry　干碾压
rolled flaw　轧制发[裂]纹,轧制缺陷
rolled gear　轧制齿轮
rolled glass　滚压的光学玻璃,轧制玻璃,压延玻璃
rolled gold　(1)轧制镀金品,包金[品];(2)金箔
rolled hardening　压延淬火
rolled in air　轧入空气
rolled in dough　成层面坯
rolled-in-scrap　废钢轧入
rolled iron　轧制钢,辊轧铁,碾铁,钢材
rolled lead　薄铅板,铅皮
rolled material　轧制材料,压延材料
rolled paper　卷筒纸
rolled plate　轧制钢板,压延板料
rolled product　压延制品,轧制材,钢材
rolled section　轧制型材,压延型钢[材]
rolled section steel　[异]型钢[材]
rolled sections　异形钢材
rolled shape　(轧制的)型钢,型材
rolled sheet iron　压延钢板
rolled sheet metal　压延金属板材,轧制板材
rolled steel　轧制钢材,轧制钢,轧钢,钢材
rolled steel channel　轧制的槽钢,轧制槽钢
rolled steel joist　轧制[的]工字钢,轧制[的]工字梁
rolled steel section　(轧制的)型钢
rolled tap　轧丝锥
rolled thread　滚压螺纹,滚丝
rolled tube　轧制管,滚制管,滚[压]管
rolled up stock　压制件
rolled up tank　折叠罐,软油罐
rolled wire　轧制线材,轧制钢丝,铁丝盘,卷铁丝,盘条
rolled worm thread　滚轧蜗杆螺纹
roller　(1)(轴承)滚子,滚柱,滚珠;(2)滚轮,滚筒,辊筒,轧辊,辊子;(3)滚轴;(4)滑轮,滑车,舵轮;(5)转子;(6)碾压机,滚压机,滚轧机,压路机,路碾,路碾;(7)胀器;(8)喂钢工
roller and cage assembly　(轴承)滚子及保持架组件,无套圈滚子组件
roller and inner ring assembly　(轴承)滚子及内圈组件,无外圈滚子轴承内圈组件
roller arm　滑轮杆
roller-backer　书脊滚压机
roller beam　(舱口)滚动梁
roller bearing (=RB)　(1)滚子轴承,滚柱轴承,滚针轴承,轧辊轴承;(2)滚轴支座,滚轴承座,滚座

roller bearing cam follower 厚壁外圈滚子轴承
roller-bearing center 滚柱轴承中心
roller bearing gate 滚动闸门
roller bearing pillow block 滚柱轴承轴台
roller bearing taper cup 圆锥滚子轴承外圈
roller bearing with oval outside surface 椭圆滚道滚子轴承
roller bearing with strengthening rollers 加强型滚子轴承
roller bed 滚道, 辊道, 滚柱床
roller bend test 辊承弯曲试验
roller bitt 滚子带缆桩
roller black 辊筒碳黑
roller blinder 窗帘
roller box 滚箱, 轮架
roller brace 滚柱轴承环
roller bridge 用滚轮的活动桥
roller brushes 滚动电刷
roller cage (1) (轴承) 滚子保持架, 滚柱保持架；(2) 轧辊支座, 轧辊机座
roller cam 滚子凸轮, 滚柱凸轮
roller cam follower 滚子凸轮随动件, 滚柱凸轮随动 [机] 件
roller carriage 滚轴支座
roller chain (1) 滚子链, 滚柱链, 滚轴链；(2) 滚轴输送机
roller chain sprocket fraise 滚子链轮铣刀
roller chamfer 滚子倒角
roller chock 滚柱导缆器, 滑轮导缆器
roller clearance 滚子间隙
roller clearer 绒辊
roller clutch 滚柱式超越离合器, 滚柱离合器, 自由滚离合器
roller coaster (1) 滑行铁路；(2) 在滑行铁路上行驶的车辆
roller coat 辊涂, 滚涂
roller compacted concrete 碾压混凝土
roller compaction 碾压
roller contact 滚动触头
roller contact bearing 滚动轴承
roller conveyer (1) 辊式输送机, 辊式运输机, 滚轴式输送机, 滚柱式输送器, 滚子输送器, 滚轴运输机；(2) 滚筒传送, 辊道
roller conveyor (1) 滚轴输送机, 滚柱式输送机；(2) 滚筒传送
roller conveyor system 滚轴传动系统
roller crusher 辊式破碎机
roller cutter (截水管的) 转轮割刀, 转轮割管器
roller cutter for pipe 滑轮割管器
roller delivery motion 滚轴输出机构, 罗拉输出机构
roller dies 辊轮拉丝模
roller dried 滚筒干燥的
roller drum 滚轮, 圆辊
roller electrode 滚子电极, 滚轴电极
roller-end (1) 端部带滚柱的；(2) 可移动端, 辊端
roller face grinding machine 滚子端面磨床
roller fading 摆动衰落
roller fairlead 滚柱导缆器
roller feed (1) 槽轮排种器；(2) 滚珠进给
roller fender 滚筒碰垫, 滚子护舷
roller flag 卷浪危险旗号 (南太平洋小岛在卷浪季节禁止船舶靠近)
roller flattening 辊式矫平机矫平
roller follower (1) 滚轮从动件, 滚子从动件；(2) 滚轮滚子轴承
roller for fuel injection pump 喷油泵滚轮
roller for rocker arm (气阀) 摇臂滚轮
roller frame 支重轮架
roller free-wheel mechanism 滚子自由轮机构, 滚子凸轮机构
roller freight car 轴承式货车
roller ga(u)ge (1) 滚子规值；(2) 罗拉隔距
roller gate (水闸的) 圆辊闸门, 定轮闸门
roller gin 滚柱轧棉机
roller grade 滚子等级
roller guide (1) 滚柱导轨, 滚针导轨；(2) (气阀) 滚子导套
roller heading machine 滚子镦锻机
roller-hearth 辊式炉床, 滚道炉膛
roller hearth 辊道炉床, 辊式炉底
roller hearth conveyor 辊式炉底运输机
roller-hearth furnace 辊道炉膛加热炉, 辊底式炉
roller inscribed circle 滚子内接圆
roller jack 罗拉拆装工具
roller leveler (=roller leveller) 辊式矫直机, 矫直机
roller leveling 辊子矫平

roller lifter 滚子挺杆
roller link 滚子链节
roller lubrication 滚子加油, 滚柱润滑法
roller man 压路机驾驶员, 碾工
roller mechanism 碾压机构
roller mill 滚轧机, 滚压机, 压延机, 混砂机, 混砂辗, 粉碎机
roller nest 活动铰支座, 滚柱支座, 滚柱窝, 辊轴组
roller painting (油漆) 辊涂法
roller path (1) 滚轴输送机；(2) 定轮导轨, 滚道
roller pawl 滚筒掣子
roller pin (1) (轴承) 滚针；(2) 滚轮轴销, 滚轮销
roller pin for fuel pump 喷油泵滚轮销
roller pin for rocker arm (气阀) 摇臂滚轮销
roller play 滚柱游隙, 滚子游隙
roller quenching 滚动淬火
roller race 滚柱轴承环, 滚子座圈, 滚子套圈
roller retaining snap ring (轴承) 挡滚子锁圈
roller retaining snap ring groove (轴承) 挡滚子用锁圈槽
roller rule 滚动平行尺
roller run-out 轴承径向摆动, 轴承径摆
roller seat 托辊座
roller shackle 有滑轮的卸扣
roller shaft 滚轮轴
roller shape straightening machine 辊式型材矫直机
roller sheave 轴承滑轮
roller shutter type door 卷帘门
roller spindle (1) 滚子轴, 滚轮轴, 滚筒轴；(2) 支重轮轴, 托带轮轴
roller stand 滚柱架, 罗拉座
roller step bearing 滚子推力轴承
roller stock 辊坯
roller straightening machine 辊式矫直机
roller support 滚柱支架, 滚轴支座
roller table gear 辊道
roller tappet 滚子挺杆, 滚子推杆, 带滚 [轮] 挺杆
roller thrust bearing 滚柱推力轴承, 滚柱止推轴承
roller towing link 滚轮拖曳联杆
roller track (1) [滚子] 滚道；(2) 滚轴输送机
roller tractor 轮式拖拉机
roller train (1) 滚轴输送机；(2) 滚链
roller tray 移动式压延机, 滚压台
roller tube 滚动式试管
roller tube expander 滚柱式扩管器
roller turner 滚花轮
roller-type free-wheeling clutch with polygon cam 滚子凸轮单向离合器
roller type one-way clutch 滚柱式单向离合器
roller-type overrunning clutch 滚子式单向离合器
roller type overrunning clutch 滚柱式超越离合器
roller-type ratchet 滚柱式棘轮机构
roller type slab magazine 辊式板坯装料台
roller-type thread 滚柱式螺纹
roller-type variable drive 滚子式无级变速传动
roller way 滚柱槽
roller wheel 滚轮
roller with reverse crowning (轴承) 凹坡滚子
roller with trunnious 带耳轴的滚轮
rollerless 无滚柱的, 无滚子的
rollerless bushing chain 无滚柱有挡平环链
rollerless chain 无滚 [柱] 链
rollerman (1) 轧钢工；(2) 压路机驾驶员
rolley 材料车
rollgang 输送辊道
rollhousing 轧机机架
Rolligon (美) 罗林冈运输汽车
rolling (1) 滚轧, 滚压, 轧制, 碾压, 轧平, 压光, 压延, 压扁, 压碎, 旋转；(2) 倾斜, 滚动, 侧滚, 翻滚, 横滚, 横摇, 摇摆；(3) 辊压；(4) 压坑 (变形)；(5) 峰谷 (塑性变形)；(6) 滚动的, 转动的, 旋转的；(7) 摇摆性；(8) 垂直面倾斜；(9) 起伏, 颠簸
rolling acceleration criterion 横摇加速度衡准数
rolling acceleration factor 横摇加速度因数
rolling action 滚动作用, 滚轧动作
rolling and hinged cradle davit 滚轮铰链型艇架
rolling and pitching loads (纵、横) 摇荡载荷
rolling and tipping hatch-cover 滚翻式舱口盖

rolling angle of involute　渐开线展开角
rolling axis　滚动轴线
rolling ball planimeter　转球面积仪
rolling barrel　清理滚筒，滚光筒
rolling barrier　滑动栏木，滑动栏杆
rolling beam apparatus　旋转杆 [动态] 仪
rolling bearing　 (1) 滚动轴承；(2) 滚道
rolling block　 (圆柱齿轮滚齿机的) 滚圆盘
rolling bridge　滚轮式活动桥，滚动开合桥
rolling caisson　滚动式坞门，推拉式坞门
rolling cam　滚子凸轮
rolling cargo　滚装货物
rolling center　横摇中心
rolling chair　轮椅
rolling change ratio　滚比交换挂轮
rolling chock　 (1) (锅炉、发动机的) 防滚动撑座；(2) 减摇龙骨，舭龙骨
rolling chopper　重型碎土镇压机
rolling circle　 (1) (齿轮) 基圆；(2) 滚动圆，展成圆，滚圆
rolling circle model　滚环模型
rolling cleat　滚轮导缆耳
rolling colter　 (1) 圆犁刀；(2) 圆盘开沟机
rolling component　滚动件
rolling cone　滚动 [摩擦] 锥
rolling contact　滚动接触
rolling contact area　滚动接触面积，滚动接触范围
rolling contact bearing　滚动接触轴承
rolling contact gears　滚动接触齿轮系
rolling contact surface of rolling element　 (轴承) 滚动体滚动接触面
rolling contact zone　滚动接触区
rolling couple　 (1) 滚动力偶；(2) 滚式耦合；(3) 倾角力偶
rolling cradle type davit　滚摇型艇架
rolling criterion　横摇衡准
rolling curve　滚动曲线，滚线
rolling data receiver　横摇数据接收机
rolling depression　滚压
rolling direction　轧制方向，滚动方向
rolling disc　 (圆柱齿轮磨齿机的) 滚圆盘
rolling disc planimeter　转盘面积仪，转盘求积仪
rolling door　滚动式门，推拉门，卷帘门
rolling edge　轧制边，飞翅，耳子
rolling element　滚动元件，滚动体
rolling element complement　 (轴承中的) 滚动体数
rolling element separator　滚动体隔离件
rolling elevator　滚子支承式升运器，滚道升运器
rolling error　 (陀螺罗经) 摇摆误差
rolling experiment　横摇试验
rolling fiddle　餐桌挡板，餐具框
rolling flexing station　成圆部分
rolling forces　滚动力，碾压力
rolling friction　滚动摩擦
rolling frictional resistance　滚动摩擦阻力
rolling gate　滚筒形闸门，滚动闸门，圆辊闸门
rolling gear　盘车装置
rolling-generating motion　滚动展成运动
rolling guide　滚动导轨
rolling hatch beam　滚动舱口梁
rolling hatch-cover　滚动式舱盖
rolling hatch panel　滚动舱盖板
rolling hitch　滚套结，轮结
rolling in rail　钢轨内移
rolling indicator　横摇指示器
rolling inspection　运行检查
rolling jack　 (皮革) 辊光机，辊压机
rolling joint　 (1) 滚动连接；(2) 联动轴
rolling keel　 (1) (锅炉、发动机的) 防滚动撑座；(2) 减摇龙骨，舭龙骨
rolling key clutch　旋转链离合器
rolling kitchen　军用炊事车
rolling landside　滚动犁侧板
rolling lever　滚动杆件，摇杆
rolling lever mechanism　滚动杆件机构
rolling load　横摇引起的载荷，滚动载荷

rolling lock gate　滚动式闸门
rolling loss　滚动损失
rolling machine　 (1) 滚碾机；(2) 轧机；(3) 横摇机
rolling member　滚动件
rolling method　滚轧制法，滚轧法
rolling mill　 (1) 滚轧机，轧钢机，碾轧机，压延机；(2) 轧钢厂
rolling mill bearing　轧钢机轴承
rolling mill ga(u)ge　滚辗厚薄计，钢板厚度计
rolling mill motor　轧轧电动机
rolling mill train　滚动轧道，连轧机
rolling moment　 (1) 滚动力矩；(2) 侧倾力矩；(3) 横摇力矩
rolling motion　滚动
rolling of glaze　釉卷缩，缩釉
rolling of sectional iron　型钢轧制
rolling of sections　型钢轧制
rolling off　用心棒碾轧钢管坯
rolling oil　冷轧润滑油，轧机油，轧辊油，压延油
rolling on　穿孔，穿轧
rolling on edge　轧边
rolling oscillation　横摆运动，横荡
rolling out　延伸，轧平
rolling out limit　塑性限度试验
rolling over　 (1) 翻滚；(2) 翻箱
rolling pair　滚动副
rolling pass　轧制道次
rolling path　碾压线路，滚动线路，滚动轨迹，滚道
rolling pattern　轧制制度
rolling period　 (船的) 横摇周期，摆动周期
rolling pitch cylinder　滚动节圆柱面
rolling plane　轧制平面，横倾平面，滚动面
rolling press　 (1) 压平压力机，矫平压力机，压平机，压延机，研光机；(2) 滚动印刷机，凹版印刷机；(3) 辊式研光机
rolling process　 (1) 滚压方法，碾压方法；(2) 碾压过程
rolling ratio　滚比
rolling recorder　横摇记录器，横摇记录仪
rolling resistance　 (1) 滚动 [摩擦] 阻力，碾压阻力，轧制阻力；(2) 横摇阻力
rolling resistance coefficient　滚动阻力系数
rolling resistance rig　滚动阻力试验台
rolling ring　滚环
rolling schedule　轧制程序表，轧制制度
rolling sea　卷浪，长涌
rolling seam　滚压裂纹
rolling seam welding　滚焊焊缝
rolling shapes　钢材品种
rolling shutter door　卷帘门
rolling slab　 [轧制] 扁钢坯
rolling slideway　滚动导轨
rolling spar　撑艇杆
rolling speed　 (1) 滚动速度；(2) 轧制速度
rolling sphere viscometer　滚转球粘度计
rolling stay　防摇牵条，防摇支索
rolling steel door (=RSD)　钢制转门
rolling-stock　 (1) 轨上运输工具，轨道车辆；(2) 轧制材料
rolling stock　 (1) 机车车辆，机动车辆；(2) 移动存货
rolling stress　横摇应力
rolling surface　滚动面，轧制面，碾压面
rolling swell　滚涌，长涌，卷浪
rolling test　滚动检验
rolling-test bevel gear　滚动检验锥齿轮
rolling test diagram　 (齿轮) 滚动检验图
rolling tolerance　轧制公差
rolling trackle　 (加强支索的) 防摇绞辘，稳固滑车组
rolling tank stabilization system　水舱室减摇装置
rolling tube　轧制管
rolling type hatch-cover　滚动式舱口盖
rolling type of beam　滚动式梁
rolling-up　卷起
rolling velocity　 (1) 滚动速度；(2) 横摇速度
rollman　轧钢工，压路机驾驶员
rollpass　轧辊型缝
roll's end　极限横摇角
rolls　轧辊
rollsman　滚轧机操作工

1220

ROLO (=Roll-on Lift-on)　滚吊式
ROLO (=Roll-on Lift-on Vehicle/container Carrier)　车辆或集装箱
　滚吊兼用船
ROM (=Read Only Memory)　只读存储器, 固定存储器
rom　罗姆 (米.千克.秒制导电单位)
Roman numerals　罗马数字
romanium　罗曼铝合金 (镍 1.7%, 铜 0.25%, 钨 0.17%, 锑 0.25%, 锡
　0.15%, 其余为铝)
rombow line　再生绳, 劣质绳, 破料, 绳头
RON (=Research Octane Number)　(汽油的) 研究法辛烷值
röntgen-hour-meter　伦琴 - 小时 - 米 (γ 射线放射源强度单位)
röntgenology　放射学
rood　大十字架
rood-beam　十字梁
roof　(1) 屋顶, 屋面; (2) 顶部, 遮蔽, 保护; (3) 舱顶板, 顶盖; (4) 顶点,
　上限; (5) (集装箱的) 箱顶
roof angle prism　脊角棱镜
roof boarding　(集装箱) 顶板, 屋面板
roof-bolter　杆柱机, 锚杆机
roof bolting jumbo　杆柱孔钻车, 锚杆孔钻车
roof bow　(集装箱) 顶梁
roof carbon　碳化室顶石墨, 炉顶石墨
roof crane　屋顶起重机
roof cutting jib　截顶槽截盘
roof fire boiler　(炉膛) 顶部点火锅炉
roof hatch　(可启闭的) 闸顶装卸口
roof jack　顶板螺旋千斤顶, 液压千斤顶
roof ladder (=RL)　人字梯
roof of the furnace　炉膛顶部
roof paper　油毡
roof pinning jumbo　杆柱孔钻车, 锚杆孔钻车
roof prism　脊角棱镜
roof rails　(集装箱) 顶部桁材
roof sheet　顶板
roof shield　顶部护盖
roof side rail　上桁梁
roofbolt　锚杆 [支柱], 杆柱
roofing felt　油毡
roofing glass　玻璃瓦
roofing plate　(锅炉的) 隔热覆板
roofloy　耐蚀铅合金
roofstay　炉顶板拉杆, 炉顶板撑杆
roolway　(1) 原木码头; (2) 原木堆; (3) 溢洪道; (4) 滚道, 滑道
room　(1) 室, 舱; (2) 房间, 屋; (3) 车间; (4) 空间, 地位, 地点, 地方,
　场所, 位置; (5) 余地, 范围, 机会
room air conditioner　室内空调器
room and space　(肋骨) 宽度和间距
room antenna　室内天线
room conditioning　室内空调
room control　(机舱集中) 控制室控制
room conveyor　煤房工作面运输机
room draft　室内通风
room draught　室内通风
room-dry　室 [内风] 干
room dry　室内风干的
room heater　舱室供暖器, 舱室取暖器
room humidistat　舱室湿度调节器
room lamp　室内灯
room layout　室内平面布置
room light　室内照明
room-scattered　从房间墙壁散射的
room-temperature　室温
room temperature (=RT)　(1) 常温; (2) 室温
room-temperature conductivity　室温电导率
room temperature conductivity　室温导电率
room temperature curing adhesive　室温固化粘合剂
room temperature property　室温性能
room-temperature setting adhesive　室温固化粘合剂
room temperature setting adhesive　室温固化粘合剂
room temperature strength　室温强度
room temperature vulcanized (=RTV)　室温硫化的, 常温硫化的
room thermostat　室内恒温器, 室用恒温器
roomy　宽敞的
roost　(1) 喧嚣; (2) 潮汐; (3) 急流; (4) 避风停泊处

rooster　(1) 飞机问答器, 敌我识别器; (2) 飞机识别站
root　(1) 根部, 底部; (2) 螺纹根, 齿根, 齿基; (3) 焊缝根部; (4) (轴
　承) 沟底; (5) {数} 开平方, 求根, 开方, 方根, 根式, 根数, 根值; (6)
　寻找, 搜, 翻
root angle　(锥齿轮) 齿根锥角, 伞齿底角
root angle tilt　(锥齿轮) 齿根锥角刀倾
root apex　(锥齿轮) 根锥顶 [点]
root apex beyond crossing point　根锥顶至相错点
root apex to back　(根锥顶至端面距离) 顶基距
root bend test　(1) (焊缝) 根部弯曲试验; (2) 反面弯曲试验
root bending stress　齿根弯曲应力
root capacity　根部承载能力
root cause　根本原因
root circle　齿根圆
root cone　(锥齿轮) 根锥, 齿根圆锥面
root cone apex　根锥顶 [点]
root cooled blade　根部冷却叶片
root crack　(焊缝) 根部裂纹
root cylinder　齿根圆柱面, 根圆柱
root diameter　(1) 齿根 [圆] 直径, 外螺纹内径, 内螺纹外径; (2) [螺
　纹] 底径
root diameter utilization　齿根有效圆直径
root distance　齿根距离
root edge　焊缝根部边缘, 坡口根部边缘
root element　真幂零元素, 根元素
root face　(1) 齿根面; (2) 焊缝的根部面积, 钝边面积, 钝边
root fillet curve　齿根过渡曲线, 齿根圆角曲线
root fillet curve meshing interference　齿根过渡曲线部位的啮合
　干涉
root fillet interference　齿根过渡曲线部位的啮合干涉
root fillet radius　齿根过渡圆弧半径
root flexural stress　齿根挠曲应力
root fork　掘轨叉
root forming substance　成根物
root land　齿根面
root law　方根定律
root length　(蜗杆、蜗轮) 齿根弧长
root line　齿根 [母] 线
root-locus　根轨迹
root locus　根轨迹
root locus method　齿轨迹法
root locus technique　根轨迹法
root mean error　均方差
root mean residual　均方差
root-mean-square (=RMS)　(1) 均方根 [值], 平方根值有效值; (2)
　均方的
root mean square　(1) 均方根 [值], 有效值; (2) 均方的
root mean square current　均方根电流, 有效电流
root-mean-square deviation　方根偏差
root mean square deviation　均方根偏差
root mean square displacement　均方根位移
root mean square distance　均方根距离
root-mean-square error　均方根误差, 有效值误差
root mean square error　均方根误差
root mean square height　高度均方根, 均方根高度
root mean square load　均方根负载
root mean square quantity　均方根值
root mean square speed　均方根速度
root-mean-square value　(1) 均方根值; (2) 有效值
root mean square value　(1) 均方根值; (2) 有效值
root mean square velocity　均方根速度
root of a weld　焊缝根部
root of blade　叶根
root of joint　(1) 接头根部; (2) 焊缝根部
root of notch　凹槽根部
root of polynomial　多项式根
root of the contract　合同根基
root of the sum square (=RSS)　平方和的平方根
root of thread　螺纹牙底, 螺纹谷
root of tooth　齿根 [部]
root of unit　单位根
root of weld　(1) 焊缝顶部, 焊接点; (2) 焊件坡口底部; (3) 焊根
root of welding　焊根
root opening　焊缝根部间隙, 根部间隙, 焊缝底距

root out　(1) 根除；(2) 搜查,清查
root pass　根部焊道(多层焊中的第一层焊道)
root penetration　{焊} 根部熔深
root piece　(涡轮机叶片根部之间的) 隔叶件,隔叶片
root plane　齿根 [截] 面,齿根 [展] 面
root radius　(1) [齿] 根圆半径;(2) (螺纹) 谷底圆半径;(3) 根部半径;(4) 圆角半径;(5) (焊接坡口的) 底部半径,坡口半径;(6) 缺口半径
root rake　搂根耙机
root relief　(齿轮) 齿根修缘,修根
root run　根部焊道,根部焊缝(多层焊的第一层焊)
root running　封底焊
root section　根部截面
root segment　(1) {计} (程序的) 常驻段,基本段;(2) 根茎段
root slicer　块根切片机
root-squaring method　平方根法
root strength　(齿轮) 齿根强度
root sum square (=RSS)　和的平方根
root sum square value　和的平方根值
root surface　齿根曲面
root tensile stress　齿根拉应力
root thickness　(轴承) 沟底厚度
root toroid　(蜗杆、蜗轮) 齿根圆环面
root valve　(靠近主管处的) 分支阀
rootdozer　(农用) 除根机
rooter　(1) 拔根器,挖根机,除根机;(2) 翻土机,挖土机,犁路机,路犁
rooting mixture　补强混合物
rootle　挖掘,寻觅,翻,搜
Roots blower　罗茨鼓风机,螺旋式鼓风机
Roots compressor　机械增压泵,罗茨压气机,罗茨泵
rooving　弯钉(把紫铜钉的头在一小块铜片上弄弯,防止钉进舢板壳板的紫铜钉脱出)
ROP (=Reference to Our Phone to You)　参考我们打给你的电话
rope　(1) 绳,索,缆;(2) 钢丝绳;(3) [干扰雷达的] 长反射器;(4) 用绳捆(扎、绑、缚、系);(5) 用绳拉
rope and belt conveyor　绳带式输送机
rope barrel　(绞车) 钢索卷筒,绳缆卷筒
rope belt　排绳传送带,绳带
rope brake　(1) 绳闸;(2) 绳式测功器
rope breaking strength tester　钢丝绳破断强度试验机
rope bridge　缆索桥
rope cable　纤维缆绳
rope cager　绳索装罐机
rope capacity　(绞车卷筒的) 容绳量
rope capping metal　钢丝绳封头合金
rope chute　(绞车的) 缆绳槽
rope clamp　(钢丝绳的) 绳头夹,钢索夹,绳夹
rope-clip　抱索器,绳夹
rope clip　(钢丝绳用的) 绳头夹,钢丝绳夹头
rope coil　钢丝绳捆,线材卷,盘条
rope compressor　制缆器
rope connecting plate　连索板
rope conveyor　绳带式输送机
rope coupling　缆索接头,索节
rope disturbance　长反射器干扰
rope drilling　绳索冲击式打井法,索钻法
rope drive　钢索传动,绳索传动
rope driven　钢索传动的,绳索传动的
rope driven traveling crane　钢丝绳移动起重机
rope dynamometer　钢索测力计
rope end　索端
rope falls and ladder　绳索和软梯
rope fender　绳碰垫
rope ferry　拉索渡船
rope figure　麻花纹,绳纹
rope furnishing tool　帆缆作业用具
rope ga(u)ge　绳索卡规
rope gearing　绳索传动装置
rope grader　绳索分级机
rope grating　绳索格栅
rope-grip　索夹
rope grommet　索耳,绳孔
rope guy derrick　桅缆动臂起重机
rope hole　绳索孔

rope ladder　绳梯,软梯
rope-lay conductor　绞纽 [导] 线
rope locker　绳索柜
rope lug　绳耳,绳钩
rope maker　缆索工
rope of parallel wire　平行捻钢丝绳,顺捻钢丝绳
rope of sand　靠不住的结合
rope packing　麻绳填料
rope pulley　缆索滑轮,索轮,绳轮
rope-pulley flywheel　钢索飞轮
rope race　(滑轮) 绳槽,绳道
rope railway　(架空) 索道
rope roll　钢索卷筒,绳筒
rope roller　导缆滚子
rope shack　缆索卸扣
rope shackle　缆索卸扣
rope sheave　绳索滑轮,索轮,绳轮
rope sling　(1) 吊货索环,绳吊索,索套;(2) 绳扣
rope soaper　绳洗涤机
rope socket　(1) 绳索扣紧座;(2) 钢索绳端缆具,缆接头,索接头
rope spinning　搓绳
rope squeezer　绳状压榨机
rope starter　缆索起动器
rope stopper　制动索
rope storage　磁芯线存储器
rope store　缆绳储存舱,缆绳储存库
rope strop　滑车索环,滑车带
rope suspension bridge　悬索桥
rope tackle block　绳滑车(具有滑车环索及钩的滑车)
rope tension damper　索张力缓冲器
rope traction　拖索牵引
rope transmission　钢索传动,绳索传动
rope trolley　(装卸桥的) 索控式起重小车
rope type head　绳式喷嘴
rope washer　绳状洗涤机
rope winch　钢丝绳绞车
rope wire　钢丝绳用钢丝
rope yarn　绳条丝(绳的结构为:丝→条→股→绳)
rope yarn knot　绳股结,绳条结(把绳条结在一起的结)
rope yarn packing　绳条填料
ropeology　钢丝绳数据
ropes　镀金属的箔条
ropeway　架空索道,钢丝绳道
ropeway-car　索道小车
ropiness　粘性
roping　帆边绳,帆缘索,绳索
roping needle　缝帆粗眼针
roping palm　掌革(缝帆顶针)
ropy　(1) 粘的;(2) 可拉成长线的
ROR (=Range Only Radar)　雷达测距仪,测距雷达
ROR (=Reference to Our Radio)　参阅我们的电报告
RORO (=Roll-on Roll-off)　滚装船
ROS (=Registration of Ownership of Ship)　船舶所有权登记
ROS (=Rules for Offshore Structure)　海上平台规范
rose　(1) 玫瑰;(2) 撒水器;(3) 灯线盒;(4) 放射线记录盘;(5) 吸入滤箱,滤网;(6) (喷射器) 喷嘴;(7) 玫瑰图,频率图
Rose alloy　洛斯合金(一种低温可熔合金)
rose bit　玫瑰形扩孔钻头,玫瑰钻,梅花钻
rose box　(船底污水管的) 过滤箱,蜂巢箱
rose chucking reamer　玫瑰形机用铰刀
rose countersink　玫瑰式埋头钻
rose curve　{数} 玫瑰线
rose cutter　(1) 板牙形切削器;(2) 玫瑰形铣刀
rose engine　(1) 用车曲线花样的车床附件;(2) 刻花机
rose grain　铬刚玉磨料
rose gray　一种微带红黄色的中间色调的灰色颜料
rose lashing　交花绑
rose lathe　刻花车床
rose metal　铅铋锡易熔合金(合金铅 28%,锡 22%,铋 50%)
rose mill　圆刃铣刀
rose nail　矩形甲板钉,大方钉
rose patterned glass　玫瑰图案压花玻璃
rose pipe　滤管
rose reamer　玫瑰形铰刀

rose seizing　交花绑

rose shell reamer　玫瑰形套筒铰刀, 星形套筒铰刀

rose wood oil　蔷薇木油, 玫瑰木油

ROSEBUD　一种与敌我识别系统联用的机载雷达信标

rosehead　[吸水管末端的]滤水头, 吸水拦网

Rosein　罗新镍铝合金 (镍 40%, 铝 30%, 锡 20%, 银 10%)

rosette　(1) 组合天花板电线匣, 接线盒, 插座; (2) 金属圆盘, 圆花饰, 玫瑰图; (3) 玫瑰形阵

rosette copper　花式铜, 盘铜

rosette fracture　菊花状断口, 星状断口

rosette gauge　(玫瑰瓣状) 应变片丛

rosette graphite　菊花状石墨

rosette plate　插座式极板

rosin　(1) 树脂, 松香, 松脂; (2) 用松香涂

rosin-core solder　松香芯焊锡条

rosin extended rubber　填充松香的橡胶

rosin flux　焊剂

rosin joint　未焊牢的连接, 虚焊接

rosin oil　松香油

rosin products　树脂产品

rosin resin　松香树脂

rosin spirit　松脂醇, 松香精

rosinol　松香油, 树脂馏油

rosiny　松香的

rosita　橹叶

rosslyn metal　不锈钢 - 铜 - 不锈钢复合板, 包铜薄钢板

roster　值勤名单, 人名单, 花名册

roster system　轮流制

ROSTN (=Radio Station)　无线电台

rostral　有嘴的, 嘴的

rostrate　有嘴状突起的

ROT (=Rate of Turn)　转动速度, 匝数比

ROT (=Referring to Our Telegram)　参照我们的电报

ROT (=Referring to Our Telex)　参照我们的电传

ROT (=Rotation)　(1) 顺序; (2) 转动, 回转, 旋转

rot　腐败, 腐烂, 腐朽

rot-fastness　耐腐牢度, 抗腐烂性

rot-proof　防腐的

rot-proof yarn　防霉纱

rot resistance　防霉

rota-　(词头) [旋] 转, 轮

rota cline seat　可躺椅

Rota-miller　圆柱铣刀铣外圆 (工件不动)

rota tube steam　蒸气干燥机

rotabelt　履带式吸水箱

rotable loop　旋转环形天线, 旋转环

rotaceous　轮形的

rotachute　(1) 旋翼降落伞; (2) 旋翼滑翔机

rotacore　软岩层用钻头

rotamerism　几何异构 [现象]

rotameter　(1) 旋转 [式] 流量计, 浮子式流量计, 转子式流速仪, 转子式测速仪, 转子式测流仪, 转子流量计, 转子流速计; (2) 线曲率测量器, 曲线测长计, 曲率测量器, 曲率计, 曲线仪

rotamiller　圆柱铣刀铣外圆

rotaplane　旋翼机 (直升机)

rotaprint　轮转机印的印刷品

rotaprint lubrication　压印润滑

rotapulper　回转式碎浆机

rotary　(1) 旋转, 回转; (2) 旋转 [式] 的, 回转 [式] 的, 转动的, 翻转的, 环形的; (3) 循环的, 轮流的; (4) 旋转运行的机器, 旋转钻井机, 转缸式发动机, 轮转 [印刷] 机; (5) 转盘式交叉, 环形交叉

rotary abrasive tester　旋转式磨料磨损试验机

rotary abutment pump　外啮合凸轮转子泵

rotary acceleration　旋转加速度

rotary actuator　摆动液压马达, 摆动马达, 旋转式执行机构

rotary aeroengine　转缸式航空发动机

rotary air pump　回转式空气泵

rotary amplifier　旋转式放大器

rotary balance　转动平衡

rotary balance log　旋轮式计程仪

rotary balancer　转动平衡器

rotary barrel throttle　回转节流阀, 旋转节流阀

rotary base junction　回转接触装置

rotary beacon　旋转无线电航标

rotary beam antenna　射束旋转天线

rotary beater　旋转式搅拌机

rotary bending　旋转弯曲

rotary bending tester　旋转弯曲疲劳试验机

rotary blast hole drilling　旋转式炮眼钻进

rotary blower　回转式鼓风机

rotary blower type supercharger　回转鼓风式增压器

rotary boom crane　旋转吊杆起重机

rotary burner　旋转式燃烧器

rotary calciner　转筒窑

rotary car dumper　[转子式] 翻车机

rotary casting　离心铸造

rotary center　转动顶尖

rotary compressor　回转式压缩机

rotary condenser　(1) 旋转电容器; (2) 调相机

rotary contact　旋转触头

rotary converter (=RC)　旋转变流器, 旋转换器

rotary conveyer　(1) 皮带输送机; (2) 传送带

rotary core　旋转铁芯

rotary counter oressure filling machine　旋转式反压灌装机

rotary coupler　旋转车钩

rotary crane　回转起重机, 旋转起重机

rotary crank mechanism　回转曲柄机构, 旋转曲柄机构

rotary crossed-axed shaving　盘形剃齿刀剃齿

rotary crusher　旋转破碎机, 圆锥破碎机

rotary cup burner　旋杯式燃烧器

rotary current　(1) 多相电流; (2) 回转流

rotary current converter　变流机组

rotary cutoff knife　旋转切断刀

rotary cutter　(1) 盘形刀具, 旋转刀头, 转刀; (2) 旋转切割机, 转割机, 圆盘剪

rotary cutting　(1) 旋转切割; (2) 滚印

rotary davit　旋转式吊艇柱, 回转式吊艇柱

rotary die head　旋转式板牙头, 旋转模头

rotary diesel engine　转子发动机, 转缸发动机

rotary disk bit　圆盘形扁锥

rotary-disk contactor　转盘接触器

rotary disk pulsed extractor　转盘脉冲抽提器

rotary-disk regenerator　转盘式热交换器

rotary disk wheel　盘形砂轮

rotary displacement compressor　旋转置换压缩机

rotary displacement pump　回转式排量泵, 回转泵

rotary distributor　旋转式分配器

rotary drill　(1) 回转式钻床; (2) 旋转式钻 [孔] 机

rotary drill machine　回转式钻床

rotary drive　回转式传动, 旋转式传动

rotary drum　滚筒, 转鼓

rotary drum mixer　转筒式搅拌机

rotary drum regenerator　转筒式热交换器, 转鼓式回热器

rotary dry vacuum pump　干吸回转真空泵, 旋转真空干燥泵

rotary dryer　通风旋转干燥机, 回转式干燥机, 转鼓式干燥机

rotary dumper　[转子式] 翻车机

rotary-dwell mechani m　转动停动机构

rotary electrical joint　回转接电装置

rotary engine　旋转式发动机, 转缸式发动机

rotary excavator　旋转式挖掘机

rotary exhaust valve　回转式排气阀

rotary expander　滚压扩管机

rotary fan　扇风机

rotary feed　(1) 圆周进给, 回转进给, 旋转进给; (2) 插齿刀每转双行程数

rotary feeder　旋转式给料器, 回给料器

rotary fertilizer distributor　转盘排肥式施肥机

rotary fettling table　带转台清砂机

rotary field motor　有旋转磁场的电动机

rotary forging machine　摆动碾压机

rotary form tool　盘开成形刀具

rotary frequency converter　变频机组

rotary fuel feed pump　转子式输油泵

rotary furnace　旋底式炉, 回转炉

rotary gear shaping cutter　盘形剃齿刀

rotary gear shaving cutter　盘形剃齿刀

rotary gear-shaving process　盘形剃齿刀剃齿法

rotary grinder　圆台平面磨床, 圆盘平面磨床

rotary hand drill　手摇钻
rotary heat exchanger　回转式热交换器
rotary heel block　转动尾墩 (纵倾大的船进坞时用)
rotary hoe　松土拌和机, 旋转锄
rotary hopper　旋转式漏斗
rotary hunting connector　旋转寻线机
rotary hydraulic motor　转翼式液压马达
rotary hysteresis　回转磁滞
rotary impingement　回转撞击, 回转冲击
rotary index drum　分度回转鼓轮
rotary index machine　多式位转台式机床
rotary index table　分度回转工作台
rotary index table type modular machine tool　工作台式组合机床
rotary indexing machine　多面回转工作台式组合机床, 回转台式组合机床
rotary inertia　转动惯量
rotary intermittent motion　间歇旋转运动
rotary interrupter　旋转式续断器
rotary intersection　环形平面交叉, 环形平交道
rotary-inversion　旋转, 倒转
rotary jet　旋转喷射器
rotary jig　回转夹具
rotary joint　(1) 旋转接合, 旋转连接; (2) 旋转关节, 旋转铰链, 旋转接头, 回转节, 联 [转] 轴
rotary kiln　(烧水泥用) 回转窑, 转筒窑
rotary line　钻井钢丝绳, 转动钢丝绳
rotary line switch　旋转式寻线机
rotary load　旋转负荷
rotary loop　旋转形状天线
rotary machine　(1) 旋转式机械, 回转式机械; (2) 轮转印刷机
rotary magnet　旋转磁铁
rotary magnetic chuck　回转磁性吸盘, 回转磁性卡盘
rotary manometer　回转式压力计
rotary mechanical atomizing oil burner　旋转式燃烧器
rotary mechanism　旋转机构
rotary meter　旋转式流速仪
rotary miller　回转铣床
rotary milling machine　回转铣床, 转台铣床
rotary mixer　转筒式搅拌机, 滚筒搅拌机, 滚筒混合机
rotary motion　旋转运动, 转动
rotary motor　摆动液压缸, 回转马达
rotary movement　旋转运动, 转动
rotary movement relay　旋转继电器
rotary off-normal spring　旋转离位弹簧
rotary off normal spring　旋转离位弹簧
rotary oil burner　旋转式燃烧器
rotary packing ring　动密封环
rotary pan mixer　转锅式拌和机
rotary pawl　回转爪
rotary pawl guide　回转爪导杆, 回转杆导承
rotary percussion drill jumbo　旋转冲击式钻车
rotary pilot valve　回转式控制阀
rotary piston　旋转式发动机活塞
rotary piston engine　旋转活塞发动机
rotary piston pump　旋转式活塞泵
rotary planer　(1) 回转刨床; (2) 大型立式铣床
rotary platform　转盘, 转台
rotary plow　(1) 旋转式除雪犁; (2) 旋耕犁
rotary plow feeder　叶轮给料器
rotary plunger pump　旋转柱塞泵
rotary pocket feeder　星轮式给料器
rotary press　(1) 工作台回转式压力机; (2) 转轮印刷机
rotary printing-machine　轮转印刷机
rotary pump　旋转式泵, 回转泵, 转轮泵, 转子泵
rotary rectifier　旋转整流器
rotary regenerator　旋转式回热器
rotary release　旋转释放
rotary resistance　转动阻力
rotary rock drill　旋转钻岩机, 回转凿岩机
rotary rolling　滚压扩管
rotary scavenging valve　回转式扫气阀
rotary screen　滚筒筛, 旋转筛, 圆筒筛, 圆筒筛, 转筛
rotary screwing chuck　旋转螺纹钢板盘
rotary seal　转动密封

rotary selector　旋转式选择器
rotary semi-displacement type pump　旋转式半排量泵
rotary servo valve　旋转伺服阀, 旋转随动阀
rotary shaft　旋转轴
rotary shaft dryer　旋转轴式干燥机
rotary shaft oil seal unit　回转轴油封组合
rotary shaving　盘形剃齿刀剃齿
rotary shaving cutter　盘形剃齿刀
rotary shaving machine　盘形剃齿刀剃齿机
rotary shaving tool　齿条形剃齿刀
rotary shear　(1) 滚轮剪切机; (2) 回转剪切; (3) 车床转台
rotary shutter　旋转式遮光器
rotary sieve　转筒筛
rotary sleeve valve　转筒阀
rotary slide base　回转滑座
rotary slide valve　回转滑阀
rotary speed　(1) 转速; (2) 圆周速度, 角速度
rotary spinner　离心纺纱装置, 离心头
rotary spool type　阀芯转动式
rotary starting air distributor　回转式起动空气分配器
rotary surface grinder　回转平面磨床, 圆台平面磨床
rotary surface grinding machine　回转平面磨床
rotary swaging machine　旋转式锻打机, 轮转锻机, 旋锻机
rotary switch (=RS)　(1) 旋转式开关, 转动开关; (2) 旋转机键
rotary switch board　旋转式交换机
rotary switchboard　旋转式交换机
rotary synchronizer　旋转式同步器
rotary table　回转台, 旋转台, 分度台, 转盘, 转台
rotary table feeder　转盘式给料器, 回转式给料器, 旋转进料器
rotary table milling machine　转台铣床, 圆台铣床
rotary table oven　台式旋转加热炉
rotary table with face gear　端齿工作台
rotary teeth　旋转齿, 回转齿
rotary thread tool　旋转螺纹车刀
rotary throttle　转子式节气门, 回转节流阀
rotary throttle valve　回转节流阀, 转子式节气门
rotary-to-linear motion converter　旋转 - 直线运动转换机构
rotary-to-rotary motion transmission　旋转传动
rotary tool　回转式刀具
rotary tool spindle　旋转式工具主轴
rotary tower crane　塔式旋转起重机
rotary transducer　(1) 旋转转换器; (2) 旋转传感器
rotary transfer　回转输送
rotary transformer (=RT)　(1) 可转动变压器, 旋转变压器, 旋转变流器; (2) 电动发电机
rotary transmitter (=RT)　旋转发射机, 回转发射机
rotary trimming shears　圆盘式修剪剪床
rotary turret　回转立角刀架
rotary type　旋转式, 回转型, 轮齿型, 盘形
rotary type cam driven tableting press　旋转式凸轮驱动压片机
rotary type cutter　盘形剃齿刀, 插齿刀
rotary-type injector　离心式喷嘴
rotary type milling fixture　回转式铣削夹具
rotary type washing machine　回转式清洗机
rotary vacuum pump　回转式真空泵
rotary valve　旋转阀, 转动阀, 回转阀, 球形阀
rotary valve complement　回转阀总成
rotary valve device for inlet valve　排气阀转阀机构
rotary valve feeder　旋转阀式喂送装置
rotary vane　转动叶片, 转翼, 转叶
rotary vane attenuator　回转式衰减器
rotary vane compressor　旋转叶片式压缩机
rotary vane feeder　转叶送料器
rotary vane motor　转翼式液压马达
rotary vane sealing strip　转叶密封条
rotary vane steering engine　回转叶片式舵机
rotary vane steering gear　转翼式操舵装置
rotary vane type oil cylinder　转叶式油缸
rotary vane type pump　回转叶片式泵
rotary viscosimeter　旋转 [式] 粘度计
rotary voltmeter　高压静电伏特计
rotary wash boring equipment　旋转式水冲孔钻孔设备
rotary waveguide variable attenuator　波导旋转可变衰减器
rotary-wing aircraft　旋翼式飞机

rotary wing aircraft　旋翼式飞机
rotary wing aviation　旋翼机部队
rotas (=rotating and sliding)　翻胎架造船法
rotascope　[高速]转动机[械]观察仪
rotatable　(1)可旋转的,可转动的,可循环的,可轮流的;(2)旋转机件,旋转部件
rotatable coil　可转线圈
rotatable head prism　旋转头部棱镜
rotatable product　可轮回产品
rotatable transformer　可转动变压器
rotate　(1)[使]旋转,[使]转动,[使]回转,[使]翻转;(2)[使]循环,[使]轮流,轮换,替换;(3)[使]改变,[使]变换
rotated　旋转的,回转的,转动的
rotated acceleration vector　回转加速运动矢量
rotating　旋转的,转动的
rotating amplifier　旋转放大器
rotating annulus　齿圈
rotating anode tube　旋转阳极管
rotating armature　旋转电枢
rotating bar fatigue test　加载旋转棒试[弯曲]疲劳试验
rotating barrel　转筒
rotating beacon　旋转灯信,旋转信标
rotating beam　(天线的)回旋射束
rotating beam-type fatigue machine　[旋]转轴式弯曲疲劳试验机,旋转弯曲疲劳试验机
rotating bending fatigue machine　旋转弯曲疲劳试验机
rotating blade　转动叶片,转动叶
rotating blade propeller　旋翼推进器
rotating blade row　可转动叶栅
rotating blade type steering device　转叶式操舵装置
rotating block linkage　回转滑块联动机构
rotating broom　旋转式扫路机,旋转式路帚,旋转路刷
rotating cardioid pattern　旋转的心脏形方向性图
rotating cascade　(喷水推进的)转动叶栅,转动翼栅
rotating centre　回转顶尖,回转顶针
rotating choke　旋转式扼流圈
rotating chuck　回转卡盘
rotating coil　旋转式线圈
rotating coil indicator　旋转线圈指示器
rotating contactor　旋转式接触器,旋转开关
rotating coordinate system　旋转坐标系
rotating crane　旋转式起重机
rotating crank　旋转曲柄
rotating cutter　盘形刀
rotating cylinder ga(u)ge　转筒真空计
rotating cylinder printer　转筒式打印机,柱式打印机
rotating cylinder rudder　转柱舵
rotating davit　旋转式吊艇柱
rotating direction finder　旋转测向仪
rotating disc　旋转盘,转盘
rotating disc method　转盘雾化法
rotating disc type　转盘式
rotating disk contactor　转盘萃取机
rotating disk wheel　盘形砂轮
rotating disks　(1)(轴承)挡圈;(2)转盘
rotating drum incinerator　转鼓式焚烧炉
rotating drum method　滚筒法
rotating drum mixer　转筒式搅拌机
rotating dumper　转子式翻车机
rotating electromagnetic field　转动电磁场
rotating electromagnetic field type　转动电磁场式
rotating electron　自旋电子
rotating element　转动部分,回转体
rotating end cap type tapered roller　(美)RCT型无轴箱式双列圆锥滚子轴承
rotating fairing　旋转导流罩
rotating feed　(波导管)旋转馈电,旋转供给
rotating-field　旋转磁场
rotating field electromagnetic pump　旋转场电磁泵
rotating field generator　旋转场发电机
rotating field type　旋转磁场式
rotating filter　旋转滤色盘,滤色转盘
rotating finger transfer bar　摆杆式工件输送带
rotating flange　转动凸缘

rotating flyweight　旋转的飞重
rotating force　转动力
rotating-fork　旋转牙叉
rotating form tool　盘形成形刀
rotating guide vane　可转动的导流叶片
rotating hand drill　转盘播种机
rotating head sprinkler　转动式喷灌器
rotating heat exchanger　转动式热交换器
rotating hearth furnace　转底式炉
rotating hologram　转动全息图
rotating housing　旋转箱体
rotating in clockwise direction　顺时针方向转动,正转
rotating inertia　转动惯量
rotating inverted slider crank　旋转滑移转换曲柄[机构]
rotating-iron　旋转衔铁
rotating joint　(1)旋转衔接;(2)旋转连接器,旋转接头,回转节,联转轴,联轴节,联轴器
rotating lever　回转杆
rotating light　(1)旋转灯,回转灯;(2)旋转灯光,旋转灯标
rotating lighthouse system　旋转灯塔系统
rotating load　旋转负荷,循环负荷
rotating lobe meter　罗茨流量计
rotating loop　旋转环状天线,环形旋转天线
rotating loop beacon　旋转环状天线指向标
rotating loop radiobeacon　旋转环状天线电信标
rotating-loop transmitter　环形天线发射机,旋转天线发射机
rotating loop transmitter　环形旋转天线发射机,旋转天线发射机
rotating machine　旋转电机
rotating magnetic field　旋转磁场
rotating main motion　回转主运动
rotating main movement　回转主运动
rotating mechanism　旋转机构
rotating member　旋转件
rotating mirror smear camera　转镜扫描照相机
rotating mixer　转筒搅拌机,转筒拌和机,转鼓式拌和机
rotating motion　旋转运动,回转运动,转动
rotating nozzle　可旋转的喷嘴,旋转式喷嘴
rotating off axis blade　偏轴旋转叶片
rotating pan mixer　转盘式搅拌机,强制搅拌机
rotating part　(1)回转部分;(2)转动件
rotating pattern radiobeacon　旋转环状天线电信标
rotating piston　(用球形轴承替代活塞销的)转动活塞
rotating planet carrier　回转行星齿轮支架
rotating plate　转板
rotating pulley　转动皮带轮
rotating radiobeacon　旋转天线电信标
rotating radiobeacon station　旋转无线电指向标台
rotating rectangular scotch yoke　停止回转的方形车轭,止转方轭
rotating seal　回转式密封装置
rotating seal with pressure on outside of face　带调压弹簧与定环座的端面型机械密封装置
rotating shaft　旋转轴,转动轴
rotating shaft seal　转动轴密封,动密封
rotating skewed scotch yoke　停止回转的倾斜形车轭,止转斜轭
rotating slider crank　回转滑动曲柄
rotating slider crank mechanism　旋转滑动曲柄机构,回转滑动曲柄机构
rotating speed　转速
rotating speed of table　工作台转速
rotating stall　旋转失速,回转失速
rotating stress　旋转应力
rotating table　回转工作台,转盘,转台
rotating thread tool　旋转螺纹车刀,车螺纹的飞刀
rotating tool　旋转式刀具,飞刀
rotating torque　回转转矩
rotating trace　旋转扫描线
rotating transformer　旋转变压器
rotating trolley　旋转式起重小车
rotating tumbling barrel type mixer　旋转圆筒混合机
rotating valve　回转阀
rotating valve gear　回转阀齿轮
rotating vane　转动叶片,转翼
rotating vector　旋转矢量
rotating velocity　旋转速度,转动速度,回转速度

rotating vibration test 旋转振动试验
rotating welding machine 旋转式弧焊机
rotating wheel （陀螺罗经）转子
rotation （1）旋转，回转，转动；（2）自转；（3）循环，轮流，交替；（4）旋光［本领］，旋光度，旋光性，旋度；（5）涡流［度］，旋涡
rotation angle 旋转角，偏转角
rotation axis 旋转轴［线］，转动轴［线］
rotation coefficient 旋转系数，转动系数
rotation davit 旋转式吊艇柱
rotation diad 二重转动轴
rotation direction sensor 转向传感器
rotation dynamometer 旋转式测力计，转动式测力计
rotation energy 转动能
rotation frequency 旋转频率，回转频率
rotation gear 旋转装置，转动机构
rotation indicator 旋转指示器，转动指示器
rotation mixer 行星摆轮混砂机
rotation noise 旋转噪声
rotation number 循环号码
rotation of antisymmetrical tensor 反对称张量的旋度
rotation of axes （1）坐标轴的旋转；（2）轴旋转
rotation of beam 射线旋转，波束旋转
rotation of plane of polarization 偏振面的转动
rotation of the plane of polarization 偏振面之旋转
rotation radius 旋转半径
rotation rate 转速
rotation regulation 转速调节表
rotation reversal test 换向试验
rotation shaft 转轴
rotation to the left 向左转动
rotation to the right 向右转动
rotation volume of freight transport 货运周转量
rotational （1）旋转的，转动的，回转的；（2）循环的，轮流的
rotational angle 回转角
rotational axis 转动轴
rotational component 角位移分量，旋转分量
rotational efficiency 转动效率
rotational energy 转动能
rotational energy level 旋转能级，转动能级
rotational flow 有旋流动，涡流
rotational frequency 转动频率，转数
rotational hysteresis 循环磁滞
rotational inertia 转动惯量
rotational-level 转动能级
rotational moment 转动力矩，转矩
rotational motion 旋转运动，涡动
rotational position sensing 旋转定位读出
rotational ring 转环
rotational slide 圆弧滑动
rotational slip 滚动滑动
rotational speed 旋转速度，转动速度，回转速度，圆周速度，转速
rotational speed fuel oil set limiter 转速设定燃油限制器
rotational speed sender 转速发送器
rotational stability 旋转稳定性
rotational state 转动状态
rotational symmetry 旋转对称，转向对称，轴对称
rotational transition 转动跃迁
rotational velocity 旋转速度，转动速度，角速度
rotational velocity component 转动速度分量，转动分速度
rotational viscometer 旋转式粘度计，转动粘度计
rotational viscosimeter 旋转式粘度计，转动粘度计
rotations per minute 每分钟转数
rotative 转动的，旋转的，轮换的
rotative moment 转动力矩，回转力矩
rotative velocity 转速
ratator （1）旋转体，转动体；（2）转动装置，旋转机，旋转器；（3）转子；（4）旋转反射炉
rotatory （1）旋转的，回转的，转动的；（2）循环的，轮流的；（3）旋光的
rotatory dispersion 旋光色散
rotatory inertia 旋转惯量
rotatory motion 旋转运动
rotatory piston 旋转式发动机活塞
rotatory piston engine 旋转活塞发动机
rotatory power 旋光本领

rotatrol 旋转控制器
Rotatruder 旋转输送机
rotaversion 反顺转变［作用］
rote （1）死记硬背；（2）机械的方法，生搬硬套，老一套
ROTE (=Range Optical Tracking Equipment) 靶场光学示踪设备
ROTELCON (=Referring to Our Telephone Conversation) 参照我们的电话谈话
ROTI 或 Roti (=Recording Optical Tracking Instrument) （拍摄导弹飞行用）记录式光学跟踪仪，"罗基"照相机
ROTLX (=Referring to Our Telex) 参照我们的电传
ROTN (=Rotation) （1）顺序；（2）转动，旋转，回转
ROTNNO (=Rotation Number) 循环号码
roto (=rotogravure) 轮转凹版印刷术，轮转凹版印刷品，报刊插图栏
roto-sifter 回转筛
rotobeater 滚刀式切碎机
rotoblast 转筒喷砂，喷丸
rotoblasting 喷丸（除磷）
rotobollard 转筒式带缆桩
rotochute （1）减低降速螺旋桨；（2）高空降落伞
rotocleaner 滚筒式清选机，滚筒式清选器
rotoclone collector 旋风收尘器
rotodynamic machine 涡轮机
rotodyne 有旋翼的飞行器
rotoflector 旋转反射器
rotoformer 真空圆网纸机
rotoforming 转转成型法
rotograph 无底片的黑白照片，旋印照片
rotogravure 轮转凹版印刷术，轮转凹版印刷品，报刊插图栏
rotoil sand mixer 立式叶片混砂机
rotometer 旋转流量计
roton 旋转量子，旋子（一种粒子）
rotophore 旋光中心，旋光基
rotoplug 旋塞
rotor （1）旋转体，转动体，旋转器，回转器，转筒；（2）电机转子，汽车转子，转子，电枢；（3）空气螺旋桨，转动片，回转轮，叶轮，旋翼；（4）转筒刀，转筒轮，击送轮，工作轮，分火头；（5）螺桨效应；（6）｛数｝旋度
rotor annular gear （转子发动机）转子内齿圈
rotor assembly 转子装配
rotor bandage 转子绑线
rotor bar 转子铜条
rotor bearing 转子轴承
rotor bearing reservoir 转子轴承油槽
rotor blade （1）转子叶片，动叶片，轮叶；（2）（直升飞机）旋翼叶片
rotor bow 转子挠度
rotor case 陀螺房，转子箱，转子壳
rotor casing 回转仪真空室，转子箱
rotor cavity 转子内腔
rotor circuit 转子绕组
rotor clearance 转子间隙
rotor coil 转子线圈
rotor cooling 转子冷却
rotor core 转子铁芯
rotor current 转子电流
rotor diameter 转子直径
rotor disc area 旋翼桨盘面积
rotor disk 转盘
rotor drum 转筒，转鼓
rotor eccentricity 转子偏心距
rotor efficiency 转子效率
rotor feed type polyphase shunt motor 转子馈电式多相并激电动机
rotor frequency 转子频率
rotor head 旋翼桨头，转子头
rotor hinge 旋翼铰链
rotor housing （转子发动机）缸体
rotor hub 旋翼桨毂
rotor inertia 转动惯量
rotor journal 转子轴颈
rotor length 转子长度
rotor loss 转子损耗
rotor mast 转筒桅，风力推进器
rotor of condenser 可变电容片的动片，可变电容器的转片
rotor pitch 转子节距
rotor plane 旋翼机

rotor plate　(1)转盘；(2)电容器动片,旋转板,动片,转片
rotor position micrometer　测量转子用千分尺
rotor pump　转子泵
rotor resistance　转子电阻
rotor resistance starting　转子串电阻起动
rotor sagging　转子挠度
rotor shaft　转子轴,转轴
rotor ship　旋筒式风力推进器
rotor slot milling machine　转子槽铣床
rotor spindle　(1)转子轴;(2)转子起动器
rotor starter　转子起动器
rotor thrust balance piston　转子推力平衡活塞
rotor-tip jets　旋翼尖喷气发动机
rotor tip jets　旋翼尖喷气发动机
rotor type　转子型式
rotor vane　转子叶片
rotor wheel　转子叶轮,工作轮
rotor winding(s)　转子绕组
rotor with salient poles　凸极转子
rotorace bearing for gyroscope　三套圈单列向心球轴承
rotorcraft　旋翼飞行器,直升飞机,旋翼[飞]机
rotorcycle　轻型单座旋翼机,飞行摩托
rotordrome　直升飞机场,旋翼机场
rotorforming　离心造型
rotorjet　喷气旋翼
rotorman　旋翼机驾驶员
rotorscoop　旋转戽斗式脱水机
rototiller　转盘式松土机
rototrol　旋转式[自励]自动调整器,自励[电机]放大器
rototrowed　旋转式镘浆机
rototube feeder　转管式饲料自动分送器
rotproofness　耐腐性
rotted away　烂掉的
rotten　腐烂的,腐朽的,腐败的,无用的,脆的,坏的
rotten clause　解除保险责任条款
rotten due to nature of cargo　货物性质致腐烂
rotten knot　(木材)朽节
rotten stone　磨石
rotten wood　朽木
rottenwood　朽木,腐木
rotter　自动瞄准干扰发射机,定向干扰自动发射机
ROTTN (=Rotation)　(1)顺序;(2)转动,回转,旋转
rotunda　圆形建筑物,圆厅
roturbo　透平泵,涡轮泵
ROU (=Radio Operator's Union)　(美)无线电报务员联合会
roude　橹柄
rouge　三氧化二铁,过氧化铁粉,红铁粉,铁丹(1.红丹粉;2.胭脂)
rough　(1)凹凸不平的,不光的,粗糙的,毛糙的,粗的;(2)粗制的,
　　粗加工的,未加工的,未修整的,未琢磨的,粗陋的,简陋的;(3)大致的,
　　大约的,粗略的,约略的,近似的,草率的,初步的;(4)粗暴的,剧烈的,
　　颠簸的;(5)笨重的,艰巨的;(6)粗加工,未加工,粗制[品],毛坯;
　　(7)粗轧;(8)使粗糙,弄粗糙,使不平
rough adjustment　粗调整,粗调
rough air　扰动气流,乱流
rough and boisterous wether　恶劣天气
rough and fine tap changer　疏密[抽头]变换器
rough-and-ready　粗糙但倘能用的,大致上差不多的
rough and ready　粗糙的,简陋的,简便的,近似的
rough and ready formula　近似公式
rough-and-tumble　杂乱无章的,无秩序的,不规则的
rough approximation　粗略近似,概数
rough arrangement　布置略图
rough arrangement plan　概略布置图,一般布置图
rough assignment　艰巨的任务
rough bearing　近似方位,粗略方位
rough bolt　粗制螺栓,栓坯
rough boring　粗镗
rough break　不平滑断口,粗糙断口
rough broaching　粗拉削
rough calculation　估计,概算
rough cargo　包装粗糙的货物
rough cast　(1)粗制;(2)(油漆)初涂,打底
rough casting　未清理铸件
rough coat　(粗糙的)底涂层,粗涂,刮糙

rough coating　粗泥灰,打底
rough combustion　不稳定燃烧
rough combustion cutoff (=RCC)　不稳定燃烧停止,振荡燃烧中止
rough copy　草稿
rough cut (=R)　(1)粗切削,粗切;(2)(锉刀的)粗纹
rough-cut file　粗齿锉,荒锉
rough-cut file　粗齿锉,粗纹锉
rough cut tooth　粗切齿
rough cutting　粗切削加工,初切削,粗加工
rough dentation　犬牙交错
rough draft　示意图,略图,草图
rough draught　示意图,略图,草图
rough drawing　示意图,略图,草图
rough dressing　粗琢,粗饰
rough down　延伸
rough edge by cutting　毛切边
rough estimate　粗略估计,毛估,约计
rough figure　粗略数值,大约数字
rough file　粗齿锉,粗纹锉
rough finish　(1)初级修整,粗修整;(2)粗加工;(3)粗糙度,光洁度
rough-finished　粗加工的,粗修整的
rough finishing　(1)低级光洁度;(2)初级修整,粗饰
rough fit　粗配合
rough flooring　不平整地面,粗糙地面
rough forging　粗锻
rough grading　初步整型,初步整平
rough grinding　初研磨,粗磨
rough ground　(1)不平整地面;(2)粗磨的
rough guess　粗略估计
rough hardware　大五金
rough hew　粗制,粗切,粗削,粗凿
rough hewn　粗制的,粗切的,粗削的,粗凿的,毛坯的
rough idling　不稳定空转
rough lock　减速链
rough log　航海日志草本
rough logbook　草本航海日志
rough lumber　未加工木材,原木
rough-machine　粗切削
rough machining　粗加工
rough mast　未加工木桅
rough match　粗配合
rough material　(1)原材料,原料;(2)毛坯,坯料
rough milling　粗铣
rough order of magnitude (=rom)　近似的数量级
rough plan　(1)初步计划;(2)初步设计,设计草图,草图
rough-plane　粗刨
rough planing　粗刨
rough plate　厚钢板
rough-proof　毛样
rough purification　初步净化
rough reading　(未经整理的)原始读数,原始记录,粗略读数
rough rock　粗石,毛石
rough-rolled　轧辊矫正的
rough rule　(1)粗略近似法,近似法则;(2)规章草案,准则草案
rough running　不平稳运转
rough seas　大浪
rough service lamp　耐震电灯,防震灯
rough sharpening stone　粗磨石
rough side　舱壁有防挠材的面
rough sketch　略图,草图
rough slotting　粗插[削]
rough specimen　粗试样
rough surface　粗糙表面,粗糙面,毛面
rough surface scale　粗糙表面氧化皮
rough surfaced　表面粗糙的,毛面的
rough surfaced blade　表面粗糙的叶片
rough survey　草测
rough swell　强涌
rough synchronizing　粗同步
rough terrain　高低不平的地段
rough terrain crane　越野起重机
rough timber　未加工木材,原木
rough tool　平缝刀(捻缝用)
rough tooth　粗糙齿

1227

rough tree 船上的桅杆、帆桁、舷材等木质构件
rough tuning 粗调谐
rough-turn 粗车[削]
rough turn 粗加工, 粗车
rough turn condition 粗加工状态
rough-turned 粗加工的, 粗车削的
rough-turned piece 粗切工件
rough turning lathe 粗削用车刀
rough turning tool 粗削车刀
rough wall 粗糙墙面, 粗砌墙
rough water 汹涌海面
rough water effect 汹涛影响
rough water performance 汹涛航行性能
rough water quality 耐波性能, 适航性能
rough weather 恶劣气候, 坏天气
rough weather trial 汹涛试航, 风浪试航
rough weight 毛重
rough work 笨重工作, 体力活, 粗活
rough-wrought 经初步加工的, 潦草做成的
roughage 粗材料
Roughhac (格里森的) 可校粗切刀盘
roughcast (1)粗制; (2)粗糙表面, 粗刷, 拉毛; (3)初步方案
roughcast glass 浇铸原板玻璃
roughen 使粗糙, 变粗糙, 凿毛
roughened 表面粗糙的, 粗糙的, 毛面的
roughened finish tile 机械切割的砖
roughened surface glass fiber 糙面玻璃纤维
roughening (1)制糙, 打毛; (2)变粗糙, 加糙, 糙化
roughening by picking 凿毛, 拉毛, 琢毛
rougher (1)初轧机; (2)(齿轮)粗切机; (3)初选机; (4)粗轧机机座; (5)轧钢工
roughing (1)初步加工, 粗加工; (2)粗轧; (3)粗选
roughing bevel gear cutter (锥齿轮)粗切刀盘, 粗切锥齿轮铣刀, 粗切伞齿轮铣刀
roughing blade 粗切刀齿
roughing broach 粗加工拉刀, 粗削拉刀, 粗削压刀
roughing crank planing tool 曲柄粗刨刀
roughing-cut 粗加工, 粗切削, 粗切
roughing cut 粗加工, 粗切削, 粗切
roughing cutter 粗切刀盘, 粗加工刀具
roughing feed 粗进给, 粗进刀
roughing gear shaper 粗切齿轮刨齿刀
roughing hob 粗切滚刀
roughing-in (1)粗抹灰; (2)敷设管道
roughing machining 粗加工
roughing mill (1)初轧机, 粗轧机, 开坯机; (2)粗磨盘
roughing out sieve 粗杂质排出筛
roughing planing tool 粗刨刀
roughing reamer 粗铰刀
roughing roll 粗轧
roughing roller 糙面压路机, 糙面滚筒
roughing sand 粗砂
roughing slotting tool 粗插刀
roughing special slotting tool 特种粗插刀
roughing tool 粗加工刀具, 粗切刀
roughing tooth (teeth) 粗切齿, 粗切齿
roughing tooth of broach 拉刀粗切齿
roughing turning tool 粗车刀
roughly 概略地, 大致地, 粗糙地, 近似, 大约
roughly estimated 照概算
roughly set block 抛埋块体
roughly speaking 约略地说, 大体上讲
roughly square stone 粗方石
roughmeter 粗糙度测定仪, 平整度测定仪
roughness (1)糙率; (2)不平整度, 粗糙性, 粗糙度, 光洁度, 粗度; (3)凹凸不平状; (4)粗轧; (5)崎岖; (6)约略, 近似, 草率
roughness allowance 粗糙度裕度
roughness coefficient 粗糙度系数, 粗糙系数, 糙率系数
roughness concentration 粗糙度, 光洁度
roughness curve 光洁度曲线
roughness drag 粗糙度阻力
roughness factor for Hertzian stress 齿面强度计算的光洁度系数
roughness index 粗糙度指数
roughness magnitude 粗糙度

roughness meter (表面)粗糙度表
roughness of surface 表面粗糙度
roughness rate 糙率比
roughness resistance 粗糙度阻力
roughness size 粗糙性尺度, 糙率尺度
roughness value [表面]光洁度指数
roughometer 平整度测定仪, 表面光度仪, 平整度仪, 粗糙度仪, 轮廓仪
roughstuff (1)粗填; (2)底层油漆
roulette (1)压花刀具, 滚花刀具; (2){数}旋迹线, 旋轮线; (3)刻压连续点子的滚轮, 刻压骑缝孔的滚轮; (4)骑缝孔; (5)滚花, 压花
round (1)圆柱形的, 球形的, 圆形的, 半圆的, 圈状的, 弧形的, 圆的; (2)球形物, 圆形物, 圆形嵌线, 圆拱, 圆片, 圆, 环; (3)(复)圆钢, 扶梯级辊, 横档; (4)倒圆角; (5)环形路线, 圆周运动, 巡回, 巡视; (6)回旋的, 往返的, 来回的, 绕一圈的, 绕一周的; (7)周围, 范围, 周期, 循环; (8)整数的, 整个的, 大概的, 完全的; (9)(整发的)炮弹, 子弹, 导弹, 火箭; (10)直言不讳的, 率直的
round aft 圆形船尾
round about 在周围, 大约
round and round 不断旋转, 环形运行
round angle 圆周角, 周角
round arch 圆拱
round-bale press 卷捆式压捆机
round bale press 卷捆式压捆机
round bar (1)圆杆, 圆棒, 圆条; (2)圆铁; (3)圆钢
round bar davit 旋转式吊艇柱
round bar-iron 圆铁棒料
round bar steel 圆钢条
round battery 圆电池
round bearing 旋转[零件]轴承
round bilge construction 圆舭结构
round bin 圆形储罐, 圆储仓
round body gasket 圆型封圈
round body packing ring 圆型轴封
round boiler tube brush 圆炉管刷
round bolt pin shackle 圆柱螺栓卸扣 (销子带螺帽)
round bottom construction (船体)圆底结构
round bottom flask 圆底烧瓶
round bow 肥型船首
round bracket 圆括号
round brass rod 黄铜棒
round brass washer 黄铜垫圈
round broach 圆孔拉刀
round brush 圆[漆]刷
round cable 圆形电缆
round charter 往返行程租船合同
round chisel 圆凿
round coarse file 粗圆锉
round collars pin shackle 眼环销螺丝卸扣
round column 圆柱
round conductor 圆截面导线, 圆形导体
round copper bar 圆铜棒
round copper wire 圆铜丝
round corner 圆角
round die (1)圆板牙; (2)圆模
round dies relieving grinder 圆板牙铲磨床
round-down 放松, 降低
round down 把……四舍五入
round down draft kiln 倒焰圆窑
round dozen 整打(12个)
round edged set hammer 圆边击平锤
round edged steel flat 圆边扁钢
round faced roughing tool 圆面粗车刀
round figure (经四舍五入)取整数
round file 圆锉[刀]
round fixed light 圆形固定窗
round flange 圆法兰, 圆凸缘
round flat headed nail 圆平头钉
round fuse 圆熔丝
round glass plate 圆形玻璃盘
round guide 圆导轨
round gunnel 圆形船缘
round gunwale 圆形舷缘
round haul net 围网
round head (=RdHd) (1)球头, 圆头; (2)(码头的)圆弧形端部, 圆

形防波堤，圆形坞口墩
round head bench mark 球头水准点
round head grooved bolt 圆头开槽螺栓
round head rivet 圆头铆钉
round head screw 圆头螺钉，圆头螺丝
round head square neck bolt 圆头方颈螺栓
round headed 圆头的
round hole 圆孔
round hole broach 圆孔拉刀
round hole screen 圆孔筛
round horizon 完整地平线
round house （上甲板船首附近）厕所，船尾小室，甲板围屋，甲板室
round in 收绳，收索
round iron 圆棒钢，圆铁，圆钢，圆杆，圆条
round key 圆键
round line 三股右旋绳，大环索
round-link chain 圆环链
round looking scan 四周搜索
round manhole 圆形人孔
round manhole joint 圆形人孔垫
round-nose 圆头［的］，圆端［的］
round nose 圆头，圆端
round nose chisel 圆头凿，圆鼻凿，圆口凿，弧口凿
round-nose cutting tool 圆头切刀
round nose pliers 圆嘴钳，圆头钳
round-nose tool (1) 圆头车刀；(2) 圆端刀具
round nose tool 圆头车刀
round nose turning tool 圆端车刀
round nosed blade 圆头叶片
round numbers ［取］整数
round nut 圆螺母
round nut with lateral notches 侧向凹口圆螺母
round octagon steel 圆角方钢
round of beam 梁拱度
round of bilge 舭圆部
round of holes 一组炮眼
round-off (1) 四舍五入，舍去零头，化成整数；(2) 修整
round off (1) 化成整数，舍入，凑整（四舍五入）；(2) 使成圆形，倒圆角，修整，修圆，弄圆；(3) 使完满，完成；
round-off accumulator 舍入误差累加器
round-off error 取整误差，舍入误差
round off noise 舍入噪声
round-off number 舍入数
round off number 取整数，舍入数
round-off order 舍入指令
round off orders 舍入指令，修整指令
round off sights 连续测天
round out (1) 使成圆形，倒圆角，弄圆；(2) 化成整数，取整数，舍入，凑整；(3) 修整，修圆；(4) 使完满，完成
round paint brush 圆［漆］刷
round parenthesis 圆括弧，圆括号
round piece 圆形工件
round piece of work 圆形工件
round pin plug 圆脚插头
round pin shackle 带销子卸扣（无螺丝扣）
round plane 圆刨
round pliers 圆形件夹钳，圆夹钳
round plug 圆插头
round pointed shovel 圆头铲
round punch 圆形凸模，圆冲头
round-robin (1) 循环的，依次的；(2) 循环法，一系列，一阵
round-robin scheduling 循环式安排，循环调度
round rod 圆铁，圆钢，圆棒，圆杆，圆条
round rubber stripe 圆橡皮条
round scoop 圆形挖冰器
round scrap 圆刮刀
round screw 圆头螺钉
round screw die 圆螺丝板牙
round screw pin shackle 环眼销螺丝卸扣
round seam 卷缝
round seaming 卷缝［法］
round seed separator 圆粒种子分离机
round seizing 绕扎（绳索绕扎法）
round sennit 圆编（绳索编结法）
round shovel 圆头铲
round signal disc 信号圆牌，信号圆盘
round sintering machine 圆盘烧结器
round sleeker 修圆墁刀
round slotted head bolt 圆槽头螺栓
round smooth file 细圆锉
round socket 圆插座
round spade 圆头铲
round splice 顺纹插接
round split die 圆形拼合板牙，可调圆板牙
round spring washer 圆形弹簧垫圈
round steel 圆钢
round steel bar 圆钢
round stern 圆［形］船尾
round stock 圆钢材，圆坯件，圆料
round stone 大卵石，圆石
round surface reflector 圆曲面反射体，弯曲面反射体
round table 圆［形］工作台，圆台
round tank 圆筒柜
round taper hole 圆锥孔
round taper shank 圆锥形手柄
round template 圆样板
round the angles 磨光棱角
round the bitt 上桩
round the clock 昼夜不停的
round the clock production 连续生产
round the clock service 日夜服务
round the corner door 转角门
round the day 一整天
round the world 环球的
round the world cruise 环球航行
round thimble 圆形索眼环，圆形心环
round thread 圆牙螺纹
round timber 圆木
round top 下桅盘
round transaction 倒手买卖，倒买倒卖，转手贸易
round trip 往返行程，往返航程
round trip cycle 往返行程时间，往返周期
round trip echoes （雷达）多次反射回波
round trip flight 往返飞行
round trip trajectory 能返回基地的飞行轨道
round trips per hour 每小时往返行程数，往返行程 / 小时 1229
round turn (1)（绳因船的偏荡而）缠绕，绕圈；(2) 抛双锚时船回转 540° 的锚链绞花，带缆停靠
round turn and elbow 抛双锚时船回转 720° 的锚链绞花
round turn and half hitch 旋圆加半结
round turn and two half hitches 旋圆两半结，旋圆双半结
round turn in the hawse 抛双锚时船回转 540° 的锚链绞花
round up (1) 把……集合起来，聚拢；(2) 弄成球形；(3) 把绞辘上下滑车收拢，收紧辘绳；(4) 梁拱高，拱度；(5) 综述，摘要
round up cutter 锪孔铣刀
round up of beam 梁拱
round voyages 往返航次，往返航程
round washer 圆垫圈
round way cock 海水旋塞，通海旋塞，通海阀
round wire feeler ga(u)ge 带圆柱形测量部分的塞尺，圆形塞尺
round wood 圆木，圆材
round work(piece) 圆形工件
roundabout (1) 转弯抹角，迂回，曲折；(2) 环绕，大约；(3) 环形交叉，环行道；(4) 迂回的，间接的，曲折的，弯曲的；(5) 圆滚滚的
roundabout crossing 转盘式交叉，环形交叉
roundabout trade 间接贸易
roundabout transport (=RT) 迂回运输
rounded (1) 圆［形］的，圆拱的；(2) 回转的；(3) 修圆的；(4) 完整的，完美的，全面的
rounded aggregate 圆骨料，卵石
rounded analysis 全面分析
rounded angle 修圆角度
rounded bilge 圆舭
rounded bow 肥型船首
rounded corner (1) 修圆刀尖；(2) 圆角
rounded crest 圆形齿顶，圆形牙顶
rounded cutting edge （刀具）钝圆切削刃
rounded cutting edge radius （刀具）切削刃钝圆半径

rounded deck edge 甲板圆形边缘

rounded edge 圆角的边，倒圆的边，圆缘

rounded end (1) 回转端；(2) (梁的) 铰接端；(3) 圆形头

rounded end needle roller (轴承) 圆头滚针

rounded error 凑整误差，化整误差，修整误差，舍入误差

rounded figure (经四舍五入) 取整数

rounded gunwale 圆弧舷缘，圆形舷缘

rounded hammer 圆头锤

rounded-headed screw 圆头螺钉

rounded leading edge 圆形导边

rounded material 圆形材料

rounded nose (1) 回转端；(2) 圆形头

rounded root contour 圆形齿根轮廓

rounded slope 经端修整的边坡

rounded stern 圆端船尾

rounded support 铰接支座

rounded system 完整的体系

rounded to four decimals 四舍五入到四位小数

rounded value 凑整值

roundel 圆形物，圆玻璃，圆粒，圆窗

rounder 扩孔器

roundhead 大头，圆头

roundhouse (1) 圆形机车车库，调车房；(2) 后甲板舱室

rounding (1) 制成圆，倒圆，倒角，修缘；(2) 圆的；(3) {数} 舍入，四舍五入的，整数的；(4) 防磨缠扎绳；(5) 弯成圆圈

rounding error 取整误差，舍入误差

rounding-off (1) 倒圆，倒角；(2) 四舍五入

rounding-off milling cutter 倒圆齿铣刀

rounding off milling cutter 倒圆角铣刀

rounding-off number 舍入数

rounding-off radius 圆角半径

rounding switch 拉线开关

rounding tool 修圆角刀具

rounding up tool 齿轮校正器

roundish 带圆形的，略圆的

roundlet 小的圆形物，小圆

roundly (1) 成圆形，圆圆地；(2) 充分地，完全地；(3) 认真负责地，努力地，活跃地，直率地，严厉地

roundness (1) 正圆度，圆度，球度，圆形，球形；(2) 完整，完满；(3) 无零数，整数

roundness instrument 圆度仪

roundness measuring instrument 圆度测量仪

roundoff {数} 舍入

rounds 圆面刨

rounds of ladder 梯子的横档，梯级

rounds per minute 每分钟转数，转 / 分

roundtop 桅杆

roundup (1) 上弯部；(2) 集拢；(3) 综述，概要

roundway unit 圆形滚道直线运动滚子轴承组

rouse (1) 唤醒，奋起，激起；(2) 搅动，用力拉

rouse in 拉进 (绳索)

rouse out 叫醒船员到舱面来

rouse sea anchor 镇浪海锚 (海锚上附有镇浪油袋)

rouse selection 选线

rouse up (1) 用力拉；(2) 叫醒 (船员)

rousing (1) 使人觉醒的，令人振奋的；(2) 活跃的，兴旺的；(3) 异常的，惊人的

Rousseau diagram (计算光通量的) 卢梭图

roust (1) 赶出，驱逐；(2) 唤醒，鼓舞；(3) 勤奋工作；(4) 避风停泊处

roustabout (1) 甲板水手，码头工 [人]；(2) 非熟练工人，半熟练工

rout (1) 挖掘 [出]，挖，刻；(2) 翻，搜，寻；(3) 唤起，赶出，驱逐，击溃，打垮

route (1) 路程，路线，道路，途径，方法；(2) 航线，航道；(3) 选定路线 (或航线)，放线；(4) 按规定路线发送；(5) 安排程序；(6) 发送指令，指导，通信，演算，推算；(7) 特形铣

route and track charts 航路图

route barrier 路径障碍

route buoy 航道浮标

route card 工作程序表，加工记录，工作记录，工序卡

route chart 航路图，航线图

route code basis 路由电码制

route completion 选路完成，排路完成

route condition 路径状况

route controller (1) 线路调度员；(2) 进路控制器

route cost 路径成本

route forecast 航线气象预报

route guidance database 路径导引数据库

route index 航线索引表

route indicator (=RI) 航线指示器

route information 航线资料，航线情况

route inspection 线路常规检查，线路巡回，路由检查

route lane 航线

route lever 进路手柄

route locking 路由闭塞，进路锁闭

route maker 路由换算器

route map 路线图，航路图，航线图

route mark law 航路标志法

route mode 航线方式键 (在 GPS 系统中使用此键来选择转向或航线的报警区等)

route monitoring 航线监视器

route number 路线编号，线别

route of pipe line 管路

route planning 航线设计，路线计划，路由选择

route plotting 路线遥测

route presetting 进路预排

route-proving flight 新航线试飞

route recorder 航迹记录器

route selection 进路选择，选线，选路

route signaling 选路式信号

route speed 航行速度，航速

route stand-by 后备线路方式，后备路由

route storage 进路积蓄器，进路存储 [器]

route surveillance radar (=RSR) 航路监视雷达

route survey 航线测量

route via 经过路线

router (1) 缩放刻模机，刻纹机；(2) 镂铣机操作工，划线工

router plane 槽刨

routine (1) 日常工作，例行程序，例行手续，例行维护，例行公事；(2) 规定程序，例行程序，程序；(3) 计算机程序，操作程序；(4) 常规，常例，惯例，手续，程序；(5) 日常的，例行的，常规的，定期的

routine adjustment 例行调整，定期调整

routine analysis 例行分析，常规分析

routine analyzer 常规分析程序

routine attention 日常维护

routine check (1) 程序检查；(2) 例行检查

routine complier 程序编制器

routine control procedure 例行控制程序

routine design 常规设计

routine discharge at sea of bilge water 舱底水的正常排放

routine experiment 例行试验

routine inspection (1) 例行检查，定期检查，常规检查，日常检查；(2) 定期维修，日常维修

routine inspection schedule 常规检查程序

routine level adjustment 例行电平调整

routine library {计} 程序库

routine list 程序单

routine maintenance (=RM) 例行保养，例行维护，日常维护，日常维修，例行维修，常规维修，常规保养

routine memory 指令存储区

routine message 常规电报，例行信息

routine method 常规，成法

routine observation thermometer 常规观测温度计

routine operating inspection 例行操作检查

routine operation 常规作业，例行作业

routine package 程序包

routine priority 普通优先权

routine replacement 例行更换，常规更换

routine replenishment 常规补给，日常补给

routine sequential of tests 常规系列试验

routine servicing 日常维护

routine storage {计} 指令存储区

routine test (1) 常规试验，例行试验；(2) 定期试验，标准试验；(3) 程序检验

routine test schedule 定期试验表

routine testing 例行检验

routine type investigate 死板的投资

routine voyage 定期航行

routine work (1) 日常工作，常规作业；(2) (大量生产的) 日常加工件；

(3) 程序 [控制] 站

routine zone sampling apparatus 常规分层取样器,普通分层取样器

routineer (1) 定期测试装置,定期测试器,定期操作器;(2) [按] 程序操作者,事务主义者,墨守成规者

routiner 定期测试装置

routing (1)[运动] 定向,(2)指定路线,指定通路,选定路线,分配路线,航路规划,航线设计,气象定线,运输路线;(3) 程序安排,路由选择,路程;(4) 发送 [指令]

routing and traffic separation 航道规划与分道通航

routing authority (护航舰队的) 航线指定机构

routing chart 航线规划图,航路图

routing instructions 路线指示,进路指示

routing machine 钻版机

routing measure 分道通航制界

routing organization 执行机构

routing problem 走线问题

routing procedure 工艺规程,工序,程序

routing service 气象定线服务

routining (1) 迂回通信;(2) 特形加工;(3) 流水线程序安排

routinism 墨守成规,事务主义

routinization 程序化

routinize 使习惯于常规,使常规化,使惯例化,使成常规,程序化

ROV (=Remote Operated Vehicle) 遥控车辆

ROV (=Remotely Operated Vehicle) 遥控操作潜水艇

ROVAC (=Rotary Vane Compressor) 旋转叶片式压缩机

rovalishing 金属磷酸盐被覆法

rove (1) (吊环接在货钩上的) 绳环,(敲弯钉头用的) 垫圈;(2) 把钢丝绳穿过滑轮中,穿过孔拉;(3) 纺成粗纱,粗纱

rove clinch nail 弯头舷板钉

Rover (1) "流浪者" 装甲汽车;(2) "流浪者" 宇宙火箭;(3) 三道粗纱机

roving (1) 不固定的,流动的,游动的;(2) 粗纱

roving artillery 流动炮

roving eye 无线摄像机流动车

roving maintenance man 巡回检修工

roving vehicle 渡运飞行器

ROW (=Risk of War) (保险) 战争险

row (1) 行列,序列,横行,排,行,列,条;(2) 矩阵行,天线阵;(3) 使成排,使成列;(4) 穿孔段

row address 行地址

row binary 横式二进制码,行二进制数,二进制行

row-binary card 横式二进制卡片,行式二进制卡片

row crop boom 中耕作物喷杆

row crop drop 中耕作物下悬喷管

row-crop duster 中耕作物喷粉机

row crop equipment 中耕作物机具

row-crop planter 中耕作物播种机

row crop shield 中耕作物护板

row crop sprayer 中耕作物喷雾器

row-crop tractor 中耕拖拉机

row crop tractor 中耕拖拉机

row drive line 行驱动线,列驱动线

row-major order 主行顺序

row matrix 行矩阵

row number 滚动体列数

row of contacts 接触点,接点排,触点排,触排

row of piles 排桩,板桩

row of racks 机架列

row of rivet 铆钉行

row pattern pallet 交错式堆积

row piling 排桩

row rank 行秩

rowboat 划子,划艇,舢板

rowbow line 再生绳,劣质绳,绳头,破料

rower (1) 行标;(2) 划船人,桨手

rowing 行化

rowing boat 划艇,划子

rowing equipment 划船设备

rowing technique 划船技术

rowing test (救生艇定员试验时) 划船试验

rowl 轻便卸货吊车,单轮滑车

rowler 滑车

rowlock 桨叉,桨架,桨门

rowlock arch 砖彻圆拱

rowlock bolster 舷侧桨门板,支架,垫架

rowlock cheek 桨门加强板,桨门承板,桨叉座

rowlock chock 桨门加强板,桨门承板,桨架座

rowlock course (炉床) 边墙

rowlock cover 舷侧桨门板,支架,垫架

rowlock lanyard 桨叉绳,桨架绳

rowlock plate 桨叉插板

rowlock wall 空斗墙

rows per inch (=rpi) (磁带) 每英寸排数,每英寸行数

rowse (不用绞辘的) 拉绳

rowser chock 闭式导缆器

roxite 罗塞特 (一种电木塑料)

royal (1) (英国) 皇家的;(2) 顶桅帆;(3) 极大的,盛大的

royal aeronautical esablishment (=RAE) (英) 皇家航空研究中心

royal air force (=RAF) (英) 皇家空军

royal airforce 英国空军

royal armoured corps (=RAC) 英国装甲部队

royal blue 品蓝色

royal chuck 钢球式消隙夹头

royal clew line 顶帆帆耳索

royal corps of naval constructors 英国海军造船部

royal dockyard 英国造船厂

royal electrical and mechanical engineers 英国电子和机械工程师 (协会)

royal Greenwich observatory 格林尼治天文台

royal lift 顶帆吊扬索

royal mail steamer (=RMS) 皇家邮船,英国邮船

royal marine 英国海运

royal marine police 英国水上警察

royal marines (=RM) 英国皇家海军陆战队

royal mast 最上桅,顶上桅

royal naval engineering college (英) 皇家海军工程学院

royal naval hydrographic department 英国海军航道局

royal naval service (英) 皇家海军后备役

royal naval scientific service 英国海军科技局

royal naval staff college (英) 皇家海军参谋学院

royal naval volunteer reserve (英) 皇家海军自愿后备役

royal naval war college 英国海军军事学院

royal navy (=RN) 皇家海军,英国海军

royal navy college (英) 皇家海军学院

royal navy lifeboat 英国海军救生艇

royal observatory 英国格林尼治天文台

royal pendulum 大型摆

royal pole 顶上桅

royal radar establishment (=RRE) (英) 皇家雷达研究所

royal research ship (=RRS) 英国考察船

royal road to 至……捷径,康庄大道

royal sail 最上桅的帆

royal stay 桅最上方的支索

royal yard 桅最上方帆桁,顶桅桠

royalty 矿山开采费,土地使用费,专利权税,版税

royalty income 特权收益,版税收入

royalty interest 矿区特许使用权益,特权权益,产区权益

royer 带式松砂机

Royer sand mixer (and aerator) 带式松砂机

Roylar 聚胺脂弹性塑料

RP (=Radar Plot) 雷达标绘

RP (=Radar Plotting) 雷达标绘

RP (=Radio Propagation) 无线电传播

RP (=Rebuttable Presumption) 允许反驳的推定

RP (=Reception Poor) 接收不良

RP (=Reinsurance Premium) 分保费

RP (=Relation pertaining to Ship) 船舶关系

RP (=Repair) (1) 修理;(2) 修正

RP (=Reply Paid) 回电费付讫

RP (=Reporting Point) 报告点

RP (=Return Premium) 退还保险费,退费

RP (=Rider Plate) (船体) 中间龙骨面板

RP (=Rudder Plate) 舵板

RP (=Rule Paramount) 首要规则

RP (=Rules of Practice) 实务规则

RP/H (=Repair Heavy) 大修

RP/L (=Repair Light) 小修

RPA (=Radar Performance Analyzer) 雷达性能分析仪

RPA (=Report on Pilotage Accident) 引航事故报告
RPAS (=Report on Pollution Accidents by Ship) 船舶污染事故报告
RPC (=Radar Processing Center) 雷达处理中心
RPC (=Railway Period for Conveyance) 铁路运行期限
RPC (=Remote-Position Control) 位置遥控
RPC (=Return Premium Clause) 退费条款
RPC (=River Patrol Craft) 内河巡逻艇
RPCIW (=Rules for Preventing Collisions on Inland Waters) 内河避碰规则
RPD (=Railway Period for Departure) 铁路发运期限
RPD (=Rapid) 迅速的
RPDBWUS (=Regulations for Prohibiting Draining Bilge Water, US) 美国船舶污水禁排条例
RPF (=Radio Position Finding) (1) 无线电测位;(2) 无线电定位
RPH (=Regulations for Piloting in Harbor) 海港引航工作条例
RPH (=Returns of Premium –Hulls) 船舶保险退费
RPH (=Revolutions per Hour) 每小时转数
RPI (=Retail Price Index) 零售物价指数
RPI (=Rows per Inch) 每英寸排数（磁带）
RPL (=Running Program Language) 运行程序语言
RPM (=Radio Pratique Message) 无线电检疫电报,无线电检疫函
RPM (=Reliability Performance Measure) 可靠性能测定,可靠性能测量
RPM (=Remote-revolutions per Minute) 遥控转数 / 分钟
RPM (=Resale Price Maintenance) 不得低价转售商品的规定,再售价的维持
RPM (=Revolutions per Minute) 转数 / 分钟
rpm (=revolutions per minute) 转数 / 分钟
rpm governor 转速调节器
RPMI (=Revolutions per Minute Indicator) 每分钟转数指示器 (主机转数表)
RPMN (=Repairman) 修理者
RPO (=Reservation of Public Order) 公共秩序保留
RPP (=Registered Postal Packet) 挂号邮包
RPP (=Right Overother Persons Property) 他物权
RPPGS (= Regulation for Prevention of Pollution by Garbage from Ships) 防止船舶垃圾污染规则
RPPSEIWS (=Rules for Pollution Prevention Structures and Equipment of Inland Waterway Ships) 内河船舶防污染结构与设备规范
RPPSS (=Regulation for Prevention of Pollution by Sewage from Ships) 防止船舶生活污水污染规则
RPQASNIW (=Rules for Passenger Quotas and Accommodations of Ships Navigation on Inland Waterways) 内河船舶乘客定额与舱室设备规范
RPQASS (= Rules for Passenger Quotas and Accommodations of Seagoing Ships) 海船乘客定额与舱室设备规范
RPR (=Repair) (1) 修理;(2) 修正
RPRT (=Report) (1) 报告,报道;(2) 汇报,通知
RPS (=Radio Position System) 无线电定位系统
RPS (=Regulated Power Supply) 稳压电源
RPS (=Revolutions per Second) 转 / 秒
RPSA (=Risk in the Period of Ship Arrest) 船舶扣押保全风险
RPSCI (=Report on Port State Control Inspection) 港口国管理检查报告
RPT (=Repeat) 重复,反复,循环,代替
RPT (=Report) (1) 报告,报道;(2) 汇报,通知
RPV (=Reactor Pressure Vessel) 反应堆压力容器
RPV (=Return Premium of Vessel) 船舶定期保险退保费
RPY (=Reply) 回答,回复
RQ (=Indication of a Request) 要求查询的标志
RQ (=Request) (1) 请求;(2) 申请书
RQB (=Remaining Quantity on Board) 船上余量
RQC (=Radar Quality Control) 雷达质量控制
RQC (=Reliability and Quality Control) 可靠性与质量控制
RQD (=Raised Quarter Deck) 升高后甲板
RQDS (=Raised Quarter Deck Ship) 后半部升高甲板船
RQFDW (=Remaining Quantity of Fuel, Diesel and Water) （船上）剩余燃油,柴油和淡水的数量
RQN (=Requisition) (1) 要求,强求;(2) 征收,征用;(3) 领件申请书,请求书;(4) 必要条件
RQST (=Request) (1) 请求;(2) 申请书
RQSTD (=Requested) 要求的
RR (=Bulk Ore and Ro/ro Carrier) 散货、矿砂、滚装三用船

RR (=Radar Range) (1) 雷达作用距离;(2) 无线电导航信标
RR (=Radar Response) 雷达应答器
RR (=Radio Range-beacon) 无线电导航信标
RR (=Radio Regulations) 无线电规则
RR (=Radio Research) 无线电研究
RR (=Rail to Rail) 舷到舷
RR (=Railroad) 铁路
RR (=Real Right) 物权
RR (=Receiving Report) 接收报告
RR (=Recurrence Rate) 回流率
RR (=Reflector) 反射器
RR (=Reinsurer , Reassurer) 再保险人
RR (=Rejection Risk) 拒收险
RR (=Repetition Rate or Recurrence Rate) 重复率或再现率
R.R. (=Research Report) 研究报告
RR (=Residual Resistance) 剩余阻力
RR (=Retroactive Recognization) 追认
RR (=Reverse Relay) 逆流继电器,反向继电器
RR (=Right of Retention) 船舶滞留权
RR (=Risk of Rust) 锈损险
RR (=Ro/ro System) 开上开下系统
RR (=Rules of the Road) 海上避碰规则（旧称）
RR (=Rumanian Register) 罗马尼亚船级社
RR (= Rumanian Register of Shipping) 罗马尼亚船舶登记局
RR (=Russian Register of Shipping) 俄罗斯船舶登记局
R.R. alloys 铝铜镍合金
RRAC (=Radio Regulations Atlantic City) 大西洋城无线电规则
RRB (=Radio Research Board) 无线电研究署
RRB (=Radio-range Beacon) 无线电导航信标
RRCCSGSS (=Rules and Regulations for the Construction and Classification of Seagoing Steel Ships) 钢质海船建造和入级规范与规则
RRCS (=Rate and Route Computer System) 速率与航线计算机系统
RRDE (=Radar Research and development Establishment) 雷达研究及发展所
RRE (=Radar Research Establishment) 雷达研究所
RRE (=Royal Radar Establishment) 皇家雷达研究所
RRISGS (=Rules for the Radiotelegraph Installation of Seagoing Ships) 海船无线电设备规范
RRP (=Real Right of Pledge) 担保物权
RRP (=Recommended Retail Price) 建议零售价
RRP (=Regulations for Radiological Protection) 放射性防护规定
RRPS (=Real Right of Pledge of Ship) 船舶担保物权
RRR (=Range and Range-rate System) 距离和距离变化率测定系统
RRR (=Received) 已收到
RRS (=Radar Range System) 雷达测距系统
RRS (=Radio Receiver Set) 无线电接收机,无线电收讯机
RRS (=Radio Relay Station) 无线电中转站,无线电中继站,无线电转播台
RRS (=Radio Research Station) 无线电科研站
RRS (=Real Right of Ship) 船舶物权
RRS (=Roll On / roll Off Ship) 滚装船
RRS (=Royal Research Ship) 英国考察船
RRS (=Rudder Roll Stabilization) 横摇稳定舵
RRSS (=Rules for Registration of Seagoing Ship) 海船登记规则
RS (=Former Soviet Classification Society) 前苏联船级社
RS (=Radar Simulator) 雷达模拟器
RS (=Radar Start) 雷达启动
RS (=Radio Set) 无线电设备,收音机,接收机
RS (=Radio Station) 无线电台
RS (=Raising, Salvage) 打捞
RS (=Range Selector) 量程转换开关,波段开关
RS (=Reader Stop) 读出器停止
RS (=Reasonable Speed) 适宜速度
RS (=Receiving Station) 接收 [电] 台,接收站
RS (=Record Separator) 记录分隔符
RS (=Records on Spot) 现场记录
RS (=Redelivery of the Ship) 还船
RS (=Refrigerated Ship) 冷藏 [货] 船
RS (=Register of Shipping of the USSR, the USSR Ship Classification Society) 前苏联船级社
RS (=Register of Ships) 船舶录
RS (=Regular Ship) 定期船
RS (=Relay Station) 中继站,转播台,转播站

1232

RS (=Release of Security) 发还扣船担保
RS (=Remote Station) 远程站，遥控站
RS (=Repair Shop) 修理车间，修理厂，修理所
RS (=Requisition for Sweeping) 扫舱申请单
RS (=Research Ship) 勘查船，考察船，研究船
RS (=Return Spring) 回动弹簧，复原弹簧
RS (=Returning Spring) 复原弹簧
RS (=Reverse Signal) 反转信号，反向信号
RS (=Revised Statutes) （美国）修改的法规
RS (=Rigging Screw) 松紧螺旋扣，伸缩螺丝
RS (=Right Side) 右侧，右边
RS (=Ringing Set) 振铃装置，振铃机
RS (=Risk of Shortage) 短少险
RS (=River Steamer) 江河蒸汽机船，内河蒸汽机船
RS (=Rocket Station) 救生索火箭发射台，火箭抛缆救生站
RS (=Rotary Switch) 旋转开关，旋转机键
RS (=Rules of Seniority) 等级制的规则
RSA (=Relative Speed Approach) 接近相对速度，相对接近航速
RSA (=Remote Station Alarm) 遥控台警报器
RSAI (=Rules, Standard and Instructions) 规则、标准与说明
RSAIC (=Rights of Salvage Are Independent of Contract) 救助人权利独立于合同原则
RSAL (=Running Signal and Anchor Lights) 航行信号灯及锚泊灯
RSB (=Reserve Switchboard) 备用配电板
RSBA (=Retransmission Still Being Attempted) 仍在试图重新发送
RSBE (=Ring Standby Engine) 备车
RSBL (=Received for Shipment Bill of Lading) 收货待运提单
RSBS (=Radio Safety Beacon System) 无线电安全信标系统
RSC (=Radio Subcenter) 无线电分中心
RSC (=Repatriation of Seaman Convention) （1926年）海员遣返公约
RSC (=Rescue Subcenter) 救助中心分部，分救助中心
RSD (=Radio Service Department) 无线电业务部
RSD (=Raised Shelter Deck) 升高遮蔽甲板
RSD (=Receiving, Storage and Delivery) 接货、储存与交货
RSD (=Registry of the Ship for Demolition) 废钢船登记
RSD (=Relative Standard Deviation) 相对标准偏差
RSD (=Ring Standby) 备车
RSD (=Rolling Steel Door) 钢制转门
RSDSSGS (=Rules for Subdivision and Damage Stability of Seagoing Ships) 海船分舱和破舱稳性规范
RSDU (=Radar Storm Detection Unit) 雷达风暴探测器
RSE (=Cargo Ship Safety Equipment Approval Record) 货船设备安全认可记录
RSESGS (=Rules for Signal Equipment of Seagoing Ships) 海船信号设备规范
RSF (=Rules for Sailing in the Fog) 海上雾中航行规则
RSG (=Rudder and Steering Gear) 舵及操舵装置
RSI (=Right Scale Integrated Circuit) 适当规模集成电路
RSLC (=Red Sea Light Company) 红海灯标公司
RSM (=Registration of Ship Mortgage) 船舶抵押权登记
RSM (=Report on Ship's Movement) 船舶运行报告
RSM (=Rescue Mission) 救助任务
RSG (=Research Satellite for Geophysics) 地球物理研究卫星
RSO (=Research Ships of Opportunity) 兼任海洋研究的商船
RSP (=Radar Signal Processor) 雷达信号处理机
RSP (=Redelivery of Salved Property) 获救财产移交
RSP (=Regime of Strait Passage) 海峡通航制度
RSP (=Responder-beacon) 应答器信标
RSPAS (=Report on-the-spot Survey of Pollution Accident by Ship) 船舶污染事故现场报告
RSPCTS (=Respects) 方面
RSPFVS =Regulations for Survey of Purge of Flammable Vapors on Ships 船舶清除可燃气体检验规则
RSR (=Cargo Ship Safety Radioelegraphy Approval Record) 货船无线电报安全认可记录
RSR (=Route Surveillance Radar) 航路监视雷达
RSRV (=Reserve) 保留，保持
RSS (=Radar Signal Simulator) 雷达信号模拟器
RSS (=Random Satellite System) 随机卫星系统
RSS (=Range Safety System) 量程安全系统
RSS (=Recognized Subject of Salvage) 被承认的救助标的
RSS (=Relay Station Satellite) 卫星中转站，卫星中继站
RSS (=Residual Sum of Squares) 残差平方和
RSS (=Root Sum Square) 和的平方根

RSSC (=Regulations for Survey of Ships under Construction) 船舶建造检验规程
RSSDC (=Rules for Supervision of Shipping Dangerous Cargo) 船舶装载危险货物监督管理规则
RSSGSIS (=Regulations for Surveys of Seagoing Ship in Service) 海上营运船舶检验规程
RSSS (=Rules for the Stability of Seagoing Ships) 海船稳性规范
RSSSMP (=Regulations for the Supervision and Survey of Ships and Marine Products) 船舶和船用产品监督检验条例
RST (=Restrict) 限制，禁止
RST (=Right of Stoppage in Transit) 中止运输权
RSTHSDSPA (=Recommendations on the Safe Transport, Handling and Storage of Dangerous Substances in Port Areas) 港区危险品安全运输、装卸和储存指南
RSTTO (=Responsibility of Sea Transport Terminal Operator) 海上运输港站经营人责任
RSV (=River Survey Vessel) 江河测量船
RSVP (=Random Signal Vibration Projector) 随机信号振动发射器
RSVP (=Respondez, Sil Vous Plait) 请回答（法语）
RSW (=Refrigerated Seawater) 冷却海水
RSWC (=Right Side Up with Care) 小心正面朝上（包装用语）
RT (=Radio Technique) 无线电技术
RT (=Radio Telegraph) 无线电报
RT (=Radio Telephone) 无线电话
RT (=Radio Teleprinter) 无线电传打字机
RT (=Radio Testing) 射线检验，射线探伤
RT (=Radio Transmitter) 无线电发射机
RT (=Real Time) 实时
RT (=Receive-Transmit) 收发
RT (=Receiver-Transmitter) 收发机
RT (=Reciprocal Treatment) 互惠原则
RT (=Regional Towing) 分区牵引
RT (=Registered Ton) 登记吨，注册吨
RT (=Registered Tonnage) 登记吨位，注册吨位
RT (=Relay Transmitter) 中继发射机
RT (=Remote Terminal) 远程终端
RT (=Research and Technique) 研究与技术
RT (=Retaliatory Tariff) 报复关税
RT (=Retention Time) 保留时间
RT (=Revenue Ton) 计费吨，载货吨
RT (=Right) (1)正确的，正常的，对的；(2)右方的，右的；(3)垂直的，直的
RT (=Rotary Transformer) 旋转变压器
RT (=Roundabout Transport) 迂回运输
RT (=Total Resistance) 总阻力
RTA (=Reciprocal Trade Agreement) 互惠贸易协定
RTA (=Registered Telegraph Address) 电报挂号
RTA (=Reliability Test Assembly) 可靠性测试装置
RTA (=Rescue Tug Auxiliary) 辅助救助拖轮
RTAA (=Reciprocal Trade Agreement Act) （英国）互惠贸易协定法
RTAC (=Rubber Trade Association Clause) 橡胶贸易协会条款
RTAIW (=Report on Traffic Accident on Inland Waters) 内河交通事故报告书
RTAS (=Real Time Analysis System) 实时分析系统
RTB (=Radial Time Base) 径向时基
RTB (=Radio True Bearing) 无线电真方位
RTBA (=Rate to Be Agreed) 费率尚待商定
RTC (=Radar Tracking Center) 雷达跟踪中心
RTC (=Radar Tracking Control) 雷达跟踪控制
RTC (=Radio Telegraph Communication) 无线电报通信
RTC (=Radio Telephone Communication) 无线电话通信
RTC (=Right of Towage on Coast) 沿海拖航权
RTC (=Road Tank Carrier) 公路油槽车
RTCCFOP (=Rules for the Classification and Construction of Fixed Offshore Platform) 海上固定式平台入级与建造规范
RTCM (=Radio Technical Commission for Maritime Services) 海事无线电技术委员会
RTCOSQ (=Regulations of Transport and Communication on Sanitation and Quarantine) 交通卫生防疫工作条例
RTD (=Real Time Decoder) 实时译码器
RTDG (=Recommendation on the Transport of Danderous Goods) 关于危险货物运输建议书
RTDS (=Rapid Transmission Data System) 高速传输数据系统
RTE (=Route Mode) 航线方式键（在GPS系统中用此键来选择转向

或航线的报警区等)

RTFA (=Rate of Tally Figures Accuracy) 理货数据准确率
RTG (=Radio Telegraphy) 无线电报
RTH (=Radio Telephone-high Frequency) 高频无线电话
RTL (=Radiotelex Letter) 无线电传函件
RTL (=Resistor Transistor Logic) 电阻 - 晶体管逻辑 [电路]
RTM (=Radio Telephone-medium Frequency) 中频无线电话
RTM (=Registered Trade Mark) 注册商标
RTMSGS (=Rules for the Tonnage Measurement of Seagoing Ships) 海船吨位丈量规范
RTMSNIW (=Rules for the Tonnage Measurement of Ships Navigating on Inland Waterway) 内河船舶吨位丈量规范
RTN (=Return) (1) 返回, 返程; (2) 回路, 回线
RTNR (=Rules of the Nautical Road) 避碰规则
RTO (=Radio Telephone Operator) 话务员
RTO (=Ratio) 变换系数, 比率, 比
RTO (=Real Time Operation) 实时操作
RTOQITOV (=Rules for Trying Out Quarantine Inspection by Telecommunication for Ocean-going Vessels) 国际航行船舶试行电信卫生检疫规定
RTOS (=Real Time Operating System) 实时操作系统
RTOS (=Registration of Transfer of Ownership of Ship) 船舶所有权转移登记
RTOW (=Regulated Take off Weight) 额定起飞重量
RTP (=Railway Transit Period) 铁路运输期限
RTP (=Real Time Processing) 实时处理
RTP (= Right of Transit Passage) 过境通行权
RTPL (=Real Time Procedural Language) 实时过程语言
RTQ (=Real Time Queue) 实时排队
RTR (=Radio Teletype Receiver) 电传打字电报接收机
RTR (=Radio Tower) 无线电塔 (陆标)
RTR (=Real Time Readout) 实时读出
RTR (=Remote Transmitter-receiver) 遥控收发报机
RTR (=Request to Receive) 要求接收
RTR (=Rotary Transformer) 旋转变压器
RTR (=Rules of the Road) 海上避碰规则 (旧称)
RTRD (=Retard) (1) 迟到; (2) 延迟
RTS (=Radar Tracking Station) 雷达跟踪站
RTS (=Radio Time Signal) 无线电时号
RTT (=Radio Teletype) 无线电电传打字机
RTT (=Radio Teletype Transmitter) 无线电传打字发报机
RTU (=Remote Terminal Unit) 远程终端设备
RTV (=Radio Telephone-very High Frequency) 无线电话 - 特高频
RTW (=Railway Tank Wagon) 铁路油槽车
RU (=Ready Use) 准备使用
RU (=Registered User) 注册用户
RU (=Rescue Unit) (1) 救助单位; (2) 救助设备
RU (=Restricted Use) 控制使用
RU (=Romania) 罗马尼亚
RU (=Ruin) 遗迹, 废墟 (陆标)
RUB (=Rubber) (1) 橡胶状物, 橡胶制品, 合成橡胶, 橡皮筋, 橡胶, 橡皮; (2) 橡胶的, 橡皮的; (3) (机器上) 借助摩擦传动的装置, 磨擦器物, 磨擦工具, 磨擦物, 磨光器, 擦具, 磨 [刀] 石, 砥石, 粗锉, 擦子, 砂皮; (4) 粗纹锉; (5) (复) 橡胶套鞋, 汽车轮胎; (6) 摩擦者; (7) 障碍, 麻烦, 困难; (8) 涂胶, 包橡皮
rub (1) 摩擦, 擦平光, 擦光, 擦亮, 擦伤; (2) 磨损, 磨耗, 磨碎, 研度; (3) 磨损处; (4) 磨石
rub against 摩擦, 擦到
rub away 擦掉, 磨去, 消除
rub bar support 纹杆支承盘, 纹杆座
rub check 抑制接触, 摩擦检测, 防摩擦
rub down 用力擦干净, 把……擦亮, 使磨平
rub guard 护舷材
rub M against N 用 M 摩擦 N, 在 N 上摩擦 M
rub M along N 用 M 擦 N
rub M bright 把 M 擦亮
rub M off on N 把 M 擦到 N 上
rub M over N 用 M 擦 N, 在 N 上擦 M
rub out 擦掉, 磨去, 消除
rub out character 擦去字符, 删去字符
run-out signal (指示) 错误信号
rub out signal 错误信号
rub rail 防撞挡条, 护舷材
rub strake 防撞挡条, 护舷材

rub up 擦平, 擦亮, 磨光滑, 拌和
rubbed cloth 橡胶布
rubbed concrete 磨光混凝土
rubbed dressing 磨琢面
rubbed finish 磨光面
rubbed surface 摩擦面, 磨光面, 光滑面
rubber (=R) (1) 橡胶状物, 橡胶制品, 合成橡胶, 橡皮筋, 橡胶, 橡皮; (2) 橡胶的, 橡皮的; (3) (机器上) 借助摩擦传动的装置, 磨擦器物, 磨擦工具, 磨擦物, 磨光器, 擦具, 磨 [刀] 石, 砥石, 粗锉, 擦子, 砂皮; (4) 粗纹锉; (5) (复) 橡胶套鞋, 汽车轮胎; (6) 摩擦者; (7) 障碍, 麻烦, 困难; (8) 涂胶, 包橡皮
rubber asphalt [掺] 橡胶沥青
rubber bag 橡皮袋
rubber ball 橡皮球
rubber band 橡皮圈
rubber bandage 防潮胶带
rubber base (=RB) 橡皮基座, 橡皮垫
rubber base protective coating 橡胶基防护涂层
rubber based adhesive 橡皮基胶
rubber bearing (1) 橡胶轴承; (2) 橡胶尾轴管轴承
rubber belt 胶皮带, 橡皮带
rubber boat 橡皮艇
rubber bond 橡胶粘结料
rubber bonded wheel 橡胶粘结轮
rubber boot 橡皮 [长统] 靴
rubber bottle cover 橡皮瓶塞
rubber bowl scraper 橡胶锅铲
rubber buffer 橡胶缓冲器, 橡皮缓冲器
rubber-bushed flexible joint 橡胶衬套挠性联轴节
rubber cable 胶皮电缆
rubber cement 橡胶胶合剂, 橡胶胶水
rubber check 空头支票
rubber cheque 空头支票
rubber cloth 橡胶布
rubber-coated 涂了胶的, 上了胶的
rubber coated paper 涂胶纸
rubber coating asbestos cloth 胶皮石棉布
rubber compensator 橡胶补偿器
rubber conductor 橡皮导线, 绝缘导线
rubber container 橡胶集装袋
rubber cord 橡皮绝缘线, 胶皮线
rubber-covered (=RC) 橡皮绝缘的, [外] 包橡皮的
rubber covered [外] 包橡皮的
rubber-covered braided (=rcb) 橡皮绝缘编包线, 橡皮绝缘编织线
rubber covered braided 橡皮绝缘编包线, 橡皮绝缘编织线
rubber-covered double braided (=rcdb) 橡皮绝缘双层编包线, 橡皮绝缘双层编织线
rubber covered double braided 橡皮绝缘双层编包线, 橡皮绝缘双层编织线
rubber covered double braided wire 橡皮绝缘双层编包线, 橡皮绝缘双层编织线
rubber covered roll 橡皮套筒, 包胶辊
rubber covered rollers 橡皮滚轮
rubber-covered weather-proof (=rcwp) 橡皮绝缘防风雨线
rubber covered weatherproof 橡皮包的风雨线
rubber cushion 橡皮缓冲器, 橡皮 [减震] 垫
rubber diaphragm 橡皮隔板, 橡皮膜
rubber dinghy 橡皮艇
rubber disc shock absorber 橡皮盘减震器
rubber door stopper 门上橡皮防碰垫
rubber engineering (=Re) 橡胶工程
rubber-fabric-wood conveyor 涂胶纤维板式输送器, 涂胶带输送器
rubber faced flat valve 胶面板阀
rubber fender 橡胶碰垫, 橡皮碰垫
rubber flight elevator 橡皮刮板式升运器
rubber foam 泡沫橡胶
rubber gasket 橡胶衬垫, 橡皮衬垫, 橡胶垫片, 橡皮垫片
rubber gate stick (模板上) 橡皮直浇口
rubber gloves 橡皮手套
rubber grating 橡皮格栅
rubber green 橡皮绿, 树胶绿
rubber grinding wheel 橡胶磨轮
rubber grip 橡皮柄
rubber grommet 橡胶密封圈, 橡胶垫圈

rubber hand lamp　橡皮提灯
rubber hold down strip　橡皮压条
rubber hose　橡胶软管, 橡皮软管, 胶皮管
rubber hydrocarbon　橡胶烃
rubber insert　橡胶衬垫
rubber-insulated　橡胶绝缘的
rubber insulated gloves　橡胶绝缘手套, 胶皮手套
rubber insulated wire　橡胶绝缘线, 橡皮线
rubber insulated tape　橡皮包带
rubber insulation　橡胶绝缘, 橡皮绝缘
rubber joint　橡皮垫
rubber knob　橡皮按钮, 橡皮捏手
rubber landing craft　橡皮登陆艇
rubber latex　橡胶浆, 橡胶液, 橡胶
rubber liferaft　橡皮救生筏
rubber-like　橡胶状的
rubber-like insulatde compound　类橡胶绝缘复合物
rubber-like product　类似橡胶物, 高弹性物
rubber-lined　橡皮衬里的, 衬胶的, 包胶的
rubber lining　橡皮衬层, 橡皮衬里
rubber mat　橡胶垫, 橡皮垫
rubber membrane　橡皮膜片
rubber membrane analogue　橡胶膜模拟
rubber neoprene　氯丁橡胶
rubber packing　橡胶密封垫, 橡皮衬垫, 橡胶填料, 橡皮密封
rubber packing ring　橡皮填密圈
rubber pad　橡胶垫
rubber piece　防擦材
rubber pig　混炼胶卷, 生胶块
rubber pipe　橡皮管
rubber plate　橡胶板
rubber reinforcing resin　橡胶补强用树脂
rubber ring　橡胶圈, 橡皮环
rubber ring packing　橡皮填密圈, 填密橡皮圈
rubber scrap　废橡胶
rubber seal　橡皮止水条, 橡皮密封
rubber seal of hatch-cover　舱盖的密封条
rubber-sealed　橡胶衬密封的, 有橡胶衬垫的
rubber sealing ring　橡皮密封圈, 橡皮密封环
rubber sheathed cable　橡皮包电缆
rubber sheet　橡胶板, 橡皮板
rubber sheet with brass wire insert　嵌黄铜丝的橡胶板
rubber sheet with canvas insert　嵌帆布的橡胶板
rubber shock absorber　橡胶减震器, 橡皮缓冲器
rubber shoddy　再生橡胶
rubber sleeve　(1) 橡胶轴套, 橡胶套筒; (2) 橡胶套管, 橡皮套管
rubber smoked sheet　烟胶片, 红橡胶
rubber soled shoes　球鞋
rubber solution　橡胶水
rubber spring　橡胶弹簧, 橡皮弹簧
rubber squeegee　扫水帚
rubber-stamp　(1) 不经审查就批准, 在他人示意下批准; (2) 作出官样文章式批准, 经官样文章式批准
rubber stamp　(1) 橡皮图章; (2) 官样文章式的批准, 照常规的批准; (3) 老一套的话, 官样文章, 刻板文章, 无主见的人
rubber stopper　橡皮塞
rubber strip　橡胶条 [料]
rubber sulfur mix　橡胶硫磺混合物
rubber supported screen　橡胶减震筛
rubber surfaced　橡皮包面的
rubber surfaced roll　胶滚
rubber tape　橡皮带
rubber-tile floor (=RTF)　橡皮砖地板
rubber tire　橡胶轮胎
rubber-tired　轮胎式的
rubber tired　轮胎式
rubber tired gantries　轮胎式龙门吊
rubber tired gantry crane　轮胎式龙门吊
rubber to metal adhesive　橡胶金属粘合剂
rubber torsional bearing　橡胶扭转轴承
rubber trade association clauses (=RTAC)　橡胶贸易协会条款
rubber treated　用橡胶处理过的
rubber tube　橡胶喉管, 橡皮管, 胶皮管
rubber tube wiring　橡皮线

rubber tubing　橡皮管
rubber tyre　橡胶轮胎
rubber-tyred　轮胎式的
rubber tyred train　橡胶轮胎列车
rubber union　橡皮接头
rubber V-belt　橡皮三角皮带
rubber valve　橡皮阀, 胶阀
rubber washer　橡胶垫圈, 橡皮垫圈
rubbered cloth　橡胶布
rubberize　用橡胶液处理, 涂 [橡] 胶, 上胶, 贴胶
rubberized　涂胶的, 上胶的, 贴胶的
rubberized canvas　用橡胶液浸渍的帆布, 涂上橡胶液的帆布
rubberized fabric　橡胶布
rubberized tape　橡胶绝缘带
rubberizing　涂胶, 上胶, 贴胶
rubbermeter　橡胶硬度计, 橡胶计
rubberneck-bus　游览车
rubberphilic　亲橡胶的
rubberphobic　疏橡胶的
rubberstone　磨石
rubbery　橡胶状的, 似橡胶的
rubbery flow zone　橡胶流动区
rubbery network　橡胶交联网, 橡胶网络
rubbing　(1) 摩擦; (2) 研磨, 抛光; (3) 摩擦的
rubbing band　护舷木, 防碰带 (船侧防碰擦的护舷材)
rubbing bar　防擦棒材, 耐磨龙骨, 假龙骨
rubbing batten　耐磨护条
rubbing block　摩擦块
rubbing contact　摩擦接触, 摩擦触点, 滑动触点
rubbing crack　摩擦裂纹
rubbing defect　擦伤
rubbing effect　摩擦作用
rubbing factor　摩擦因数
rubbing keel　保护龙骨, 防擦龙骨
rubbing packing cup　滑动密封碗
rubbing paste　抛光膏, 抛光浆
rubbing piece　外护舷材, 防擦材
rubbing plate　(1) 防擦板; (2) 防擦材
rubbing seal　摩擦密封 [件], 接触式密封
rubbing speed　摩擦速度
rubbing stone　磨石, 油石
rubbing strake　防擦材, 护舷材, 护木
rubbing strip　(1) (涡轮机轴承两端) 防险环; (2) 防擦材, 护舷材, 护木
rubbing surface　摩擦面
rubbing varnish　耐磨清漆
rubbing wear　摩擦磨损
rubbish　(1) 下脚料, 废料, 碎屑; (2) 废物, 垃圾; (3) 不准确的数据
rubbish barge　垃圾驳船
rubbish chute　(舷侧) 垃圾运送槽, 垃圾滑槽, 弃垃圾口
rubbish container　垃圾箱
rubbish recovery ship　清扫船
rubbish shoot　(舷侧) 垃圾滑槽, 垃圾筒
rubbishing　(1) 垃圾的, 废物的; (2) 微不足道的, 无价值的
rubbishy　(1) 垃圾的, 废物的; (2) 微不足道的, 无价值的
rubble　(1) 粗石; (2) 齿轮贴纸测绘法
rubble backing　毛石底层, 片石底层
rubble concrete　块石混凝土, 毛石混凝土
rubble foundation　块石基础
rubble work　毛石砌体, 块石砌体
rubblework　毛石工程
rubbly　毛石的, 块石的
rubellan　红云母
Ruben cell　鲁宾电池
rubidium　{化} 铷 Rb (第 37 号元素, 音如)
rubidium alloy　铷合金
rubidium controlled oscillator　铷控振荡器
rubidium hydroxide　氢氧化铷
rubidium strontium age　铷 - 锶年龄
rubigo　过氧化铁, 铁锈, 铁丹
rubine　红宝石
rubing grain　玉红磨料, 铬刚玉
rubric　(1) 红标题, 红字; (2) 成规, 成例; (3) (编辑的) 按语
rubstick　(密封用) 胶质粘合剂

ruby 红宝石

ruby glass 宝石红玻璃, 玉红玻璃

ruby laser 红宝石激光器, 红宝石莱塞

RUC (=Reference to Your Cable) 关于阁下电报, 关于您的电报

ruck (1) 皱, 褶; (2) 弄皱, 折叠; (3) 一堆, 一群; (4) 一般事物, 普通人

ruckle (1) 皱, 褶; (2) 弄皱, 折叠

rucksack 帆布背包

RUD (=Rudder) 舵

RUDCONT (=Rudder Control) 用舵操纵, 操舵

RUDD (=Remote Underwater Detection Device) 水下遥探设备

rudder (1) 舵; (2) 操舵; (3) 指针; (4) 指导原则

rudder action 舵作用

rudder actuator 操舵器

rudder adjustment 舵角调整

rudder and rudder trunk 舵与舵杆筒

rudder and steering gear (=RSG) 舵及操舵装置

rudder angle 转舵角, 舵角

rudder angle fluctuation 舵角波动

rudder angle gauging 舵角量测

rudder angle indication 舵角指示

rudder angle indicator 舵角指示器

rudder angle indicator receiver 舵角接收器

rudder angle limit switch 舵角限位开关

rudder angle of declination 偏舵角

rudder angle order 舵角传令钟

rudder angle pointer 舵角指针

rudder angle receiver 舵角接收器

rudder angle repeater 舵角复示器

rudder angle stopper 舵角限制器

rudder angle transmitter 舵角发送器

rudder area 舵 [叶] 面积

rudder arm 舵臂, 舵筋, 舵箍

rudder arrangement 舵系布置, 舵装置

rudder aspect radio 舵展弦比

rudder authority 方向舵效能

rudder axis [承] 舵轴

rudder axle [承] 舵轴

rudder balance 舵平衡

rudder band 舵臂, 舵筋, 舵箍

rudder bearding 舵上榫槽, 舵前缘

rudder bearer 舵承, 舵托

rudder bearing 舵承

rudder bias gear [方向] 舵偏动装置

rudder blade 舵板, 舵片, 舵叶

rudder body 舵板, 舵叶

rudder brace 舵承钮, 舵钮

rudder bracket (尾甲板上) 止舵楔, 舵角限制器

rudder brake (舵机损坏时或从机动改为手动时固定舵用的) 制舵器, 止舵器, 舵闸

rudder bush 舵承钮衬套

rudder bushing 舵销轴衬

rudder cap 舵帽

rudder carrier 上舵承, 舵托

rudder carrier bearing 上舵承

rudder case (1) 舵杆套筒, 舵杆管; (2) 舵杆围井

rudder casing 舵杆套筒, 舵杆管

rudder cavitation 舵空化 [现象]

rudder chain 应急舵链 (舵机损坏时控制舵用)

rudder chock 甲板上止舵楔 (限制最大舵角用)

rudder choke 止舵楔

rudder coat 舵套, 舵头帆布罩 (防止水从舵杆筒溅到甲板上)

rudder control 方向舵控制, 用舵控制, 航线控制, 操舵

rudder control unit 舵控装置

rudder controller 舵控制器

rudder coupling 舵杆接头, 舵杆联节

rudder crosshead 舵 [杆] 十字头, 横舵柄

rudder deck stop 甲板上止舵楔

rudder deflecting rate 转舵角速度

rudder direction 舵向

rudder displacement 舵角位移, 舵转角

rudder effect 舵作用, 舵效

rudder effectiveness 舵效

rudder effectiveness test 舵效试验

rudder end plate 舵端垫圈

rudder experiment 舵试验

rudder eye 舵眼圈, 舵杆吊环

rudder failure 舵失灵

rudder flange 舵杆头凸缘, 舵杆法兰

rudder force 舵 [压] 力

rudder force character 舵力特性

rudder force coefficient 舵力系数

rudder force identity 等舵力法

rudder frame 舵框 [架]

rudder gear 操舵装置, 转舵装置

rudder gland 舵杆转动填料承压盖, 舵承压盖

rudder gudgeon 舵钮, 舵枢, 舵纽

rudder hanger 挂舵钩

rudder hanging 舵钮及舵销, 舵纽

rudder head 舵杆头, 上舵杆, 舵头

rudder head bearing 舵头舵承

rudder head shaft 上舵杆

rudder heel 舵板根, 舵踵

rudder heel bearing 舵板根承, 舵踵承

rudder hinge (木船的) 舵钮

rudder hole (甲板上) 舵杆孔

rudder horn 应急舵链挂环, 吊舵架, 挡舵臂, 舵托

rudder house 驾驶台, 操舵室

rudder hydraulic actuator 液压操舵油缸, 液压操舵装置

rudder indicator 舵角指示器

rudder inflow angle 舵来流角

rubber insulation (=RI) 橡胶绝缘

rudder irons 舵钮

rudder keeper (接头螺帽的) 舵杆防松器

rudder kick 舵反转, 舵偏转

rudder-like effect 似舵效应

rudder line 操舵索, 舵柄索, 舵索

rudder lock 锁紧舵栓, 锁舵栓, 锁舵扣

rudder lock pintle 止舵针

rudder locking pintle 锁紧舵栓

rudder lug 舵承钮, 舵钮, 舵纽

rudder main piece 舵杆

rudder moment 转舵力矩

rudder motor 舵机电动机

rudder orders 操舵口令, 舵令

rudder orders indicator 舵令显示器, 舵令指示器

rudder paddle 舵叶, 舵板

rudder palm 舵法兰

rudder pedal adjuster 舵板调整器

rudder pendant 应急舵链索

rudder pendant chain 应急操舵器链, 应急舵链

rudder performance 舵特性

rudder piece 下舵杆

rudder pin 上舵杆

rudder pintle 耳轴销, 舵叶, 舵销, 舵栓

rudder pit (船坞中的) 舵坑, 舵槽

rudder plan 舵图

rudder plane 舵平面

rudder plank 舵板

rudder plate (=RP) 舵板, 舵叶

rudder port (1) 舵杆开口, 舵杆孔; (2) 舵轴筒

rudder position 舵位

rudder position indicator 舵位指示器, 舵角指示器

rudder post 承舵柱, 舵柱

rudder post stopper 舵柱上止舵楔 (限制最大舵角用)

rudder post weldment 焊接舵柱, 焊接尾框

rudder potentiometer 自动舵分压器

rudder pressure 舵压力

rudder profile 舵外形, 舵轮廓

rudder propeller 转向推进器, 连舵推进器, 推进舵, 舵桨

rudder pulling rod 直舵拉杆

rudder quadrant 扇形舵柄, 舵扇

rudder rake 舵随边斜度, 舵后沿形状

rudder ratio adjustment (自动舵) 操舵灵敏度调整

rudder repeater 舵角复示器

rudder riser 舵钮空当, 舵踵, 舵托

rudder rod 转舵杆

rudder roll stabilization (=RRS) 横摇稳定舵

rudder score　舵钮空档,舵组空当
rudder screw　转向推动器,连舵推进器,推进舵,舵桨
rudder section　舵剖面
rudder servo　方向舵伺服机构
rudder setter　舵角发送器具,止舵器
rudder setting angle　舵安装倾角,舵侧倾角
rudder shaft　舵轴
rudder shoe　尾框底骨,舵杆
rudder signal　转舵信号
rudder signal gear　舵角指示器
rudder skeg　舵踵,尾托
rudder snug　舵臂前端舵钮
rudder sole　舵底承
rudder spindle　上舵杆,舵轴
rudder stabilization　舵减摇
rudder stay　舵臂,舵筋,舵箍
rudder steering mechanism　操舵机构
rudder stock　[上]舵杆
rudder stock liner　舵杆衬套
rudder stock moment　舵杆力矩
rudder stock recess　装舵杆的空当处
rudder stock torque　舵杆扭矩
rudder stock trunk　舵杆管
rudder stop　止舵器,止舵楔(限制最大舵角用)
rudder stop cleat　舵角限制器
rudder stop on deck　甲板舵角限位器
rudder stopper　止舵器,止舵楔(限制最大舵角用)
rudder strut　舵板支架
rudder stuffing box　舵杆填料函(防漏装置)
rudder telltale　舵角指示器
rudder thickness ratio　舵厚度比
rudder tiller　舵柄
rudder torque　转舵矩
rudder trial　舵设备试验,舵试验
rudder trunk　舵杆管
rudder trunk collar　舵杆筒封圈
rudder tube　舵杆管,舵杆筒
rudder vang　应急舵链
rudder watcher　舵接收器
rudder wheel　舵轮
rudder with bulb　犁形舵
rudder yoke　横舵柄
rudderless　(1)无舵的;(2)没有领导的
rudderless vessel　无舵船
rudderstock　舵杆
ruddervator　方向升降舵,V形尾翼(起方向舵和升降舵作用)
rude　(1)未加工的,粗糙的,粗制的,简陋的,拙劣的;(2)原始的,天然的;(3)粗略的,不精确的;(4)崎岖的,粗暴的,猛烈的,刺耳的
rude cotton　原棉
rude drawing　草图
rude estimate　大致的估计
rude ore　原矿
rude version　粗略的译文
rudenture　绳状柱
rudiment　基本的原理,初步,入门,基础
rudimental　(1)初步的,原始的,基本的;(2)残留的,退化的
rudimentary　(1)初步的,原始的,基本的;(2)残留的,退化的
rudimentary model　初步模型,基本模型
rudle　栏杆小柱,绞盘头,梯级
RUE (=Reference to Your Email)　参阅你的电子邮件
RUF (=reference to your Fax)　参阅你的传真
ruff　轴环
rug　(1)地毯,毯子,粗绒;(2)反雷达干扰发射机
rugged　(1)高低不平的,崎岖的,粗糙的;(2)特别坚固的,坚固耐用的,最硬的,严峻的,结实的,严格的;(3)[天气]恶劣的,狂风暴雨的,风雨交加的
rugged catalyst　具有机械强度的催化剂,稳定催化剂
rugged duty　摩擦过大的工作状态
rugged electron tube　耐震电子管
ruggedise (=ruggedize) ruggedize　使坚固,使耐用,加固,加强
ruggedization　强化
ruggedize　使坚固,使耐用,加固,加强
ruggedized computer　耐震计算机
ruggedized instrument　抗震仪表

ruggedized tube　抗震电子管
ruggedness　(1)强度;(2)坚固性,耐久性;(3)凹凸不平度
ruggedness number　崎岖系数
rugose　多皱的
rugosity　(1)凹凸不平,不规则,皱纹;(2)粗糙度,糙率;(3)粗糙微粒
rugosity coefficient　粗糙系数,糙率系数
rugosity factor　粗糙系数,糙率系数
ruhmkorff coil　鲁门阔夫感应圈
ruin　(1)使毁坏,毁灭;(2)遗迹,废墟,旧址(陆标)
ruined cargo　破损的货品
ruined landmark　废陆标
ruined pier　废突码头
ruinous　破坏性的,毁灭性的,　破的,荒废的
RUL (=Reference to Your Latter)　参阅你的来信,参阅阁下上次来电
rule　(1)刻度尺,比例尺,[界]尺;(2)规律,规则,定则,法则,法规,常规;(3)定律,律;(4)规章,章程;(5)规范,惯例,通例,条例;(6)控制原则,管理规则,准则标准,准则;(7)划界,划线,破折号,嵌线;(8)统治,控制,管理,支配;(9)决定,裁决
rule applicable law rules　关于适用法律的规则
Rule brass　一种铅黄铜(62.5%Cu, 35%Zn, 2.5%Pb)
rule curve　操作规则图表
rule depth ga(u)ge　深度规
rule for casting out the nines　{数}去九法
rule for inland river going ships　内河船规范
rule frame spacing　规范肋骨间距
rule of combination　组合规则,组合律
rule of conflict of laws　法律冲突法则
rule of efficiency　效率准则
rule of employment of seamen　船员就业规则
rule of false position　假位律
rule of interpretation (=RI)　解释规则
rule of personal salvage service　亲自救助服务原则
rule of play　(1)动作规则;(2)游戏规则
rule of rate-making　制定费率规则
rule of sign　正负号规则,符号律
rule of six　六位规则(经验规则,第六位上的取代基阻碍第一位上的官能反应)
rule of superposition　重叠规律
rule of the dock　船务规则
rule of the road　交通法则,行驶法则
rule of three　比例的运算法则
rule of thumb　经验规则,经验方法,比较粗糙的方法
rule of thumb formula　经验公式,右手定则
rule-of-thumb method　经验法则,经验方法,经验估计,目力估计,大约估计,近似计算,手工业方式,概测法
rule of thumb method　经验法则[法]
rule off　划线隔开
rule on orientation　定位规律
rule out　划去,拒绝,消除,排斥,取消
rule paramount (=RP)　首要规则
rule weight anchor　重量锚规范
rule with holder　带柄尺
ruled length　规定长度
ruled paper　划线报告纸
ruled surface　直纹曲面
ruler　(1)直尺,直规,尺,规;(2)划线板,曲线板;(3)统治者,管理者
rules and procedure　规则与章程
rules and regulations　(1)规章制度;(2)规范与规则
rules and regulations for the construction and classification of seagoing steel ships (=RRCCSGSS)　钢质海船建造和入级规范与规则
rules for material and welding　材料与焊接规范
rules for passenger quotas and accommodations of seagoing ships (=RPQASS)　海船乘客定额与舱室设备规范
rules for passenger quotas and accommodations of ships navigation on inland waterways (=RPQASNIW)　内河船舶乘客定额与舱室设备规范
rules for pollution prevention structures and equipment of inland waterway ships (=RPPSEIWS)　内河船舶防污染结构与设备规范
rules for preventing collisions on inland waters(=RPCIW)　内河避碰规则
rules for registration of seagoing ship (=RRSS)　海船登记规则
rules for sailing in the fog (=RSF)　海上雾中航行规则
rules for signal equipment of seagoing ships (=RSESGS)　海船信号设备规范

rules for subdivision and damage stability of seagoing ships (=RSDSSGS)　海船分舱和破舱稳性规范

rules for supervision of shipping dangerous cargo (=RSSDC)　船舶装载危险货物监督管理规则

rules for testing and certification of material　材料试验与材质证书规范

rules for the classification and construction of fixed offshore platform (=RTCCFOP)　海上固定式平台入级与建造规范

rules for the radiotelegraph installation of seagoing ships (=RRISGS)　海船无线电设备规范

rules for the stability of seagoing ships (=RSSS)　海船稳性规范

rules for the tonnage measurement of seagoing ships (=RTMSGS)　海船吨位丈量规范

rules for the tonnage measurement of ships navigating on inland waterway (=RTMSNIW)　内河船舶吨位丈量规范

rules for trying out quarantine inspection by telecommunication for ocean-going vessels (=RTOQITOV)　国际航行船舶试行电信卫生检疫规定

rules of air traffic control　航空管理规则

rules of direct consignment　直接运输规则

rules of geometry　几何学规则

rules of navigation　海上避碰规则 (旧称)

rules of practice (=RP)　实务规则

rules of seniority (=RS)　等级制规则

rules of the air　航空规则

rules of the classification society　船级社规范

rules of the nautical road (=RTNR)　避碰规则

rules of the road (=RR)　(1) (船舶) 避碰规则, 航行规则; (2) 交通规则, 行驶规则

rules of thumb in forecasting of fog　实地预测雾情方法

rules, standard and instructions (=RSAI)　规则、标准与说明

rulette　一般旋轮线

ruling　(1) 支配的, 重要的; (2) 光栅划线技术, 划线技术; (3) 划线的; (4) 划线, 刻度

ruling engine　刻划机

ruling grade　控制坡度

ruling gradient　控制坡度

ruling machine　划线机

ruling mill　摇线钢芯, 滚模钢芯

ruling of a ruled surface　直纹面的母线

ruling pen　直线笔, 绘图笔

ruling point　控制点

ruling price　通行价, 市价, 时价

rulley　四轮卡车

RUM (=Remote Underwater Manipulation)　水下遥控

Rumania　罗马尼亚

Rumanian Register (=RR)　罗马尼亚船级社

Rumanian Register of Shipping (=RR)　罗马尼亚船舶登记局

rumble　(1) 低频噪声, 转盘噪声, 噪声; (2) 隆隆声, 使隆隆响, 隆隆行驶; (3) 磨箱, 滚筒, 转筒; (4) 滚筒清理, 滚筒混合, 转筒喷砂, 在磨箱里磨光; (5) 振动; (6) 低频不稳定燃烧, 低频杂音; (7) 发动机油门开得太大; (8) 彻底了解, 察觉

rumble filter　转盘噪声滤波器, 滤声器

rumble level　唱盘噪声电平

rumble seat　汽车 (或马车) 背后的座位

rumble strip　停车振动带

rumbler　(1) 清理滚筒; (2) 转磨工

rumbling barrel　清理滚筒, 转磨滚筒

rumbling room　滚筒处理车间, 滚光间

rumbow line　再生绳, 劣质绳, 绳头, 破料

rummage　(船的) 海关检查, 翻舱搜索, 彻底搜查, 清理

rummel　渗污水坑

run　(1) 连续, 延续, 继续, (合同等) 继续有效; (2) 经营, 运行, 运用, 运转, 运算, 操作, 控制, 管理, 看管, 工作, 办; (3) 开动, 驱动, 运动, 航行, 驾驶, 操纵, 转动; (4) 试车, 试行, 试转, 运转期; (5) 混合; (6) 熔化, 熔铸, 流, 渗, 注, 倾, 滴, 淌, 提炼, 抽丝, 脱丝, 脱针; (7) 普通类型, 普通产品, 种类, 类, 种; (8) 单位长, 长度, 过程, 路程, 行程, 航程, 进程, 滑程, 流程, 流程, 航线, 班次; (9) 滑走; (10) 趋势, 形势, 倾向, 趋向, 动向, 偏向, 方向, 走向; (11) 导引, 引导, (12) 斜槽, 水槽, 盘, 管道, 导管, 水管; (13) 焊缝; (14) 刊登, 刊印, 流行, 畅销

run a level　水准测量, 操平

run a line　(1) 定线, 放线, 打线; (2) 铺设管道

run a moulding　拉线脚

run a program on a computer　用计算机解程序

run aboard a ship　船相撞

run across　偶然遇到, 横过, 碰到

run after　追求, 追随, 追逐

run against　不利于, 违反, 碰见, 撞上

run against rocks　触礁

run-aground　触礁

run aground　触礁, 搁浅

run ahead　超过

run ahead of　超过

run along　走掉, 离开

run an experiment　作试验

run ashore　搁浅

run at　以……速度

run away　(1) 超越, 飞逸, 击穿; (2) 失去控制, 出毛病, 不利于

run-away electron　脱逸电子

run away with　(1) 轻易得出, 轻易接受; (2) 失去控制

run away with it　顺利办妥

run back　(1) 反流; (2) 上溯到; (3) 跑回

run back over　回想, 回顾

run backward　反转, 倒转

run before　胜过, 预料

run before the wind　顺风行驶, 一帆风顺

run behind　跑在……后头, 落后

run board　(1) (车辆的) 踏脚板; (2) (机车两侧的) 平台

run book　运行说明书, 运行资料, 题目文章, 备忘录

run by　(时间) 逝去

run close　几乎赶上, 与……几乎相等, 逼紧

run coal　软松煤, 原煤

run counter　(1) 与……背道而驰, 违反; (2) 倒转

run curve　运行曲线, 运转曲线

run-down　(1) 失修; (2) 用疲乏了的, 完全松开的; (3) 逐项调查总结; (4) 减少

run down　(1) 扫描周期, 扫描一周; (2) 馏出; (3) 裁减, 缩减, 变弱; (4) 失修的, 破旧的; (5) 衰落的, 枯竭的; (6) 全面检查, 简要报告, 概要报告

run down box　观察用灯, 观察器

run down circuit　扫描电路

run down house　联接室, 接见室

run down leg　垂直的溢流管

run down tank　馏出物接受罐

run down time　停止运转时间, 滑行时间

run dry　干涸

run foul of　和……纠缠在一起, 和……碰撞

run free　顺风行驶

run goods　走私货物

run high　(1) (市价) 上涨; (2) (波浪) 汹涌

run-home　瞄准目标

run home　瞄准目标, 引向目标

run hot　发热状态下运转, 运行中发热, 逐渐变热, 热行

run idle　无载运行, 空转

run-in　(1) 试车, 试转; (2) 磨合运转, 跑合运转; (3) 流入, 注入

run in　(1) 灌注, 灌入, 注入; (2) 撞入, 跑进, 收进; (3) (发动机) 磨合, 试车, 试转, 试开, 调试

run-in allowance　磨合公差, 跑合公差, 磨合量, 跑合量

run in depth　地下径流

run in finish　金属型表面结垢

run in period　磨合期

run-in table　输入辊道

run in table　输入辊道

run in test　做跑合试验

run-in wear　磨合磨损, 跑合磨损

run in with　驶进, 靠近, 航驶

run into　(1) 流入, 注入; (2) 碰到; (3) 陷入; (4) (船) 拦腰碰

run into port　进港

run-length　扫描宽度

run length　去流段长度, 尖尾段长度

run length coding　扫描宽度编码

run light control panel　航行灯控制屏

run low　(1) 缺乏, 用完; (2) [不断] 减少

run motor　运转电动机

run of a furnace　熔炉过程, 开炉

run of crusher stone　末筛轧碎石料

run of flight　飞行状态

run of hill stone　末筛石料

run of kiln lime 未分选的石灰
run of micrometer 测微器行差
run of mill (质量上)普通的,一般的
run of mine (1)(未分选的)原煤,原矿,(2)未分选的,未筛分的;(3)普通的,一般的
run of mine shaker 原矿摇动筛
run of mine type ore 原矿
run of pit stone 未筛石料
run of quarry material 未筛石料
run-of-river plant 径流式水电站
run of river plant 径流式发电站,河床式发电站
run-of-the mill (质量)一般的,不突出的
run-of-the mine (1)不按规格分等级的,不按质量分等级的,粗制的,(2)(质量)一般的,不突出的
run-of-the river plant 河床式水电站
run of the river plant 径流式发电站,河床式发电站
run-off (1)径流,流量;(2)流出,流泻;(3)放出口,放流口,流放口;(4)出轨,越程
run off 逸出,排出,流掉
run-off-mine coal 原煤
run off rail 脱轨
run-off river plant 径流水电厂
run-off-river type power plant 流入式发电厂
run-off-tab 引板
run oil 提炼石油
run-on (1)连续,持续;(2)发动机在电点火断开后继续着火现象
run on (1)连续;(2)(时间)流逝,(3)开动
run on facility 连续运转设备,运行保持设备
run-on plate (焊)引弧板
run-on point 转动点
run on rocks (船)坐礁
run on shore (船)搁浅
run-on time 运转时间
run-out (1)径向跳动,摆动度,径摆;(2)伸出,突出,流出,输出;(3)偏转,偏斜,偏心率;(4)突破,用尽,缺乏
run out (1)外伸,伸向;(2)流出,逐出,驱逐;(3)结束,用完
run-out conveyor (轧制)外送运输机
run out of 用光,缺乏,从……流出
run out of control 失去控制
run-out of thread 螺纹尾部,退刀槽
run-out number of cycles (达到试验标准的)试验循环数
run-out table 输出辊道
run out table 输出辊道
run out to sea 出海
run out tolerance 跳动公差,摆差
run out trailer 带尾,片尾
run-over (1)复查,超过;(2)超过篇幅的
run phase 目标状态程序,运行状态
run plate {焊}引弧板
run portion 上机部段
run reserve indicator 回转指示盘
run sheet 试验记录卡
run short (1)缺乏,用完;(2)[不断]减少
run the battery down 使蓄电池完全放电
run the machine 操纵这台机器,开这台机器
run-the-tow (1)试放罐笼;(2)沿提升绳滑下井筒
run-through 浏览,概要
run through (1)扎穿,贯通,贯穿,通过,穿过;(2)耗尽;(3)划掉,删除;(4)发行
run through train 通过列车
run time diagnosis 运行时诊断
run to (1)伸展到,达到;(2)倾向,趋向;(3)有能力应付
run to coke 蒸馏到焦炭为止
run-to-completion 从运行到完成的工作方式
run together 混合
run-up (1)飞机发动机试验,试车起动,起转;(2)迅速增加速度,开足马力,加快速度;(3)涨价
run up (1)起动,起转,试车;(2)跑上,冲上;(3)(价格)上涨,(浪)上冲,抬高;(4)升旗
run up factor (波浪)上冲系数
run up program 起动程序,试车程序
run-up time 起动时间
run up time 起动时间
run upon the rocks (船)坐礁

run wild 控制失灵,出故障
run with tide 顺潮流行驶,剩潮前进
runabout (1)轻便小汽车,轻便货车;(2)小型飞机;(3)轻便汽艇,小汽艇;(4)轻便起重机
runabout crane 轻便式起重机,活动起重机
runaround (1)借口,拖延,闪避;(2)冷待,藐视
runaway (1)超出控制范围,失[去]控[制],飞车事故,超速,失控;(2)逸出,飞逸,散逸,逃走;(3)闪避;(4)冷待,藐视
runaway governor 极限调速器,限速器
runaway speed 飞车转速,飞车速度,飞逸转速,失[去]控[制]的速度
runaway temperature 失控温度
runaway train 溜逸列车
runback (1)回路;(2)反流,回转;(3)回流管
rundown (1)用乏了的,衰弱的;(2)失修的;(3)减少,缩减;(4)扫描周期;(5)撞坏;(6)滑行
rundown mill 中间机座
rundown time (1)停转时间,滑行时间;(2)从跟踪至捕获时间
Rung-Kutta Method 龙格-库塔法
runnability (1)运行性能,运转性能;(2)流动性
runner (1)转轮叶轮,导滑车,滚轮,惰轮,叶轮,转子,转轮,动子;(2)游标;(3)纵枕轨,纵梁,联杆,滑板,滑道,导轨;(4)滑行架,滑橇,滑道;(5)油槽;(6)(注射塑模内的)流道;(7)浇口,流槽;(8)(机器的)操纵者,运转者,火车司机;(9)辗碎机,压碎机;(10)绳索;(11)偷越国境的船,走私人员;(12)推销员,信使
runner and whip 串联定单复绞辘,动单绞辘
runner angle 承辊角钢
runner basin 池形外浇口,浇口杯
runner box 分叉浇口箱,冒口保温箱,浇口箱,浇铸箱
runner cone 泄水锥
runner crew (靠码头)传缆手
runner crown 上冠
runner cup 漏斗形外浇口,浇口杯
runner extension 横浇口延伸端,汤道附加物
runner hub (水轮机的)转轮体
runner overflow 浇口溢流
runner pipe 铸道
runner riser 补缩横浇口,直接冒口
runner seal ring 转轮密封环
runner tackle 串联单双复绞辘,定单绞辘
runner vane 工作轮叶片
runner wagon 隔离车,游车
runner wheel 辗轮
runners 滑行装置
running (1)运行,运转,旋转,工作;(2)行程;(3)试验,开动,操纵;(4)运转的,运行的;(5)流动;(6)滑行;(7)熔化;(8)蒸馏物
running a line of position 船位线转移
running ability (1)运行性能,运转能力;(2)营运性能
running account (1)来往账目,流水账;(2)交互计算
running account form 流水账表
running accumulator 后进先出存储器
running accuracy 旋转精度,运转精度
running against the sea 逆浪航行
running agreement 航次延伸协议,航次延展协议
running aground (船)搁浅
running and starting current 运行及起动电流
running at no-load 无负荷运转,空转
running away 飞车,超速
running back stay 可移动后支索
running balance (1)惯性平衡,动平衡;(2)定深航行,航行平衡
running balance indicating machine 动平衡机
running beam (高架铁路)轨行梁
running before the sea 顺浪航行
running block 传动滑车,动滑车
running board (1)(车辆的)踏脚板;(2)布线板;(3)机车两侧的平台
running boat 联络艇
running bond 顺砖压缝砌合
running bowline 有活络套索的张帆索,活[单]套结
running bowsprit (活套)可伸缩式船首斜桁
running casting 浇铸[铸型]
running center 活顶尖
running characteristic 运行特性,工作特性
running characteristic of an electrode 电焊条使用特性
running characteristics 运转特性,工作特性

running charge　运转费,营运费
running clearance　(1) 运转间隙,(2) (轴承) 运转游隙
running condition　运转工况,运行情况,运转状态,使用状态,工作状态,工作条件
running contact　集注流靴,集流器,汇流
running cost　运行费用,运转费,经常费,运行费,营运费,营业费
running current　正常工作电流,运行电流
running curve　运转曲线
running curve simulator　运转曲线模拟计算器
running days　连续工作日,持续天数
running direction　运转方向,转向
running direction indicator　转向指示器
running direction interlock　转向联锁装置
running down　碰撞
running down clause　(船舶) 碰撞条款
running down of battery　电池耗尽
running dry　无润滑运转
running edge　轧制边
running efficiency　有效作用系数,机械效率,运转效率,工作效率,使用效率
running empty　空转
running end　自由端,动端
running expenses　运行费用,运转费,营运费
running experience　运行经验,开车经验
running fire　速行火,凶火
running fit　(1) 间隙配合,转动配合,松动配合,动配合;(2) 转合座
running fix　异时观测定位,移线定位,航行定位
running foot　延英尺
running-free　(1) 空转的,空载的;(2) 自由振荡
running free　(1) 不加载荷的运转,空转,空载;(2) 自由振荡;(3) 顺风驶帆
running frequency　转速
running gage　定程挡块
running gate　浇口
running gear　(1) 工作部件,运转部件,传动齿轮;(2) 运动机构,行车机构,传动装置,行走装置,行走机构,行走系统
running headline　(书中的) 标题
running hitch　系绳活结,滑结
running-hot　旋转 (或运行) 到过热状态
running hours　连续工作时数
running hours indicator　(发动机) 运转小时指示器
running hours meter　运行时数计
running-idle　空载运行,空转
running idle　空载运行,空转
running-in　(1) 磨合试车,跑合运转,试运转,磨合,跑合,试转;(2) 研配
running in　(发动机) 试车磨合
running-in ability　磨合性,跑合性
running-in allowance　磨合公关,跑合公差,磨合量,跑合量
running-in machine　(1) 磨合运转装置,跑合运转装置,试运转装置;(2) 配研装置
running in of an engine　发动机磨合试车
running-in of gear　(1) 齿轮磨合,齿轮跑合;(2) 齿轮研配
running in oil　磨合油
running-in parallel　并联运转
running-in period　磨合期 [间],跑合期 [间],试运转时期,试车期间
running in period　磨合时期
running-in speed　磨合转速,跑合转速
running in speed　试转速度,跑合速度
running-in test　磨合试验,空转试验,调试
running in test　(发动机的) 调试
running index　运转指数
running knot　滑结,活结,绳结
running lading numbers　连续卸货数字
running laydays　装卸货时间 (包括因天气不良而不能工作的日期)
running level　工作电平
running-light　空载运行,空转
running light current　空载电流
running lights　(1) 航行 [信号] 灯;(2) 指示灯;(3) 空载运行
running lights indicator　航行指示器
running line　(1) 通行线;(2) 导缆索,渡索,引缆
running load　运行负载,工作负载,活动负载,活动载荷
running loop　活结
running machine　运行的机器

running maintenance　例行保养,日常维修,运行维修,巡回小修
running material　(所需的) 运转物料
running mean　滚动平均值
running measure　纵长量度
running meter　纵长米,延米
running moors　前进抛双锚
running mould　模饰样板
running noise　运行噪声
running numbers　(1) 顺序号,流水号;(2) 连接的号码
running of a line position　船位线转移
running of an engine　发动机运转
running of gum　树脂的再度熔化
running off　放渣
running off water　地表径流
running-on　套罗口,套口
running on beam sea　横浪航行
running on heavy fuel oil　(燃用) 重油运转
running order　(正常) 运转次序
running-out　惯性运动
running out　溢出,流出
running out system　自然到期制
running part　(辘绳、滑车索的) 动端
running performance　运转性能,空转性能
running pitch angle　航行纵倾角
running policy　长期有效保险单,船名未定保险单,预定保险
running position　运转位置
running power　运行功率,运转功率,航行功率
running program　操作程序,运行程序,运算程序
running program language (=RPL)　运行程序语言
running pulley　滚子,导轮
running quality　(1) 运转质量,使用性能;(2) 流动性
running rabbit　在 A 型显示器上跑动的干扰信号,窜动干扰信号
running ratchet train　回转棘轮装置
running repair　例行检修,经常维修,巡回小修,小修
running resistance　(1) 运转阻力;(2) 航行阻力,行驶阻力
running rigging　活动索具,动索
running rope　动索,动绳
running sand　流砂
running shed　车辆保养厂,车辆保修厂
running signal and anchor lights (=RSAL)　航行信号灯及锚泊灯
running speed　(1) 运转速度,运行速度,工作速度;(2) 行驶速度
running state　运行状态
running status　运行状态
running stock　经常库存,流动库存,运转库存,消耗品
running stores　航行消耗器,消耗品
running subscript　游动下标
running support　试车架
running surface　(1) 工作表面;(2) 轨道接触面;(3) 波状表面
running survey　航行测量,勘测
running test　(1) 额定负荷试验,运转试验,运行试验,运行测试;(2) 行驶试验
running time　(1) 执行程序时间,运转时间,运行时间,工作时间,持续时间;(2) 航行时间;(3) {计} 执行程序时间
running time meter (=RTM)　运转计时器,运转时间表
running to asphalt　蒸馏到沥青为止
running tool　试车工具
running torque　(稳定工作状态下的) 转动力矩,转矩,扭矩
running track　(铁路) 通行线
running trap　U "形" 存水弯
running trial　(1) 运转试验;(2) 航行试验,航行试车
running trim　航行纵倾
running variable　游动变量
running voltage　运行电压,工作电压
running water　流动的水,循环水,自来水
running waterline　航行水线
running weight type dynamometer　移动配重式测力计
running wheel　(1) 驱动轮,转轮;(2) 工作叶轮
running wind　运行绕组,运转绕组
running wire　动钢索,动缆,动索
running without load　无负荷运转,空转
running working days　持续工作天数
runny paste　软膏,流膏
runoff　(1) 径流;(2) 流量,流出,溢出;(3) 气流,环流,绕流;(4) (曲线的) 缓和长度

runoff amount　径流量

runoff area　径流面积,泄水面积,汇水区

runoff coefficient　径流系数

runoff condition　径流条件

runoff curve　径流累积曲线

runoff flow　表面径流,地表径流

runoff frequency data　径流 / 频率数据

runoff generating model　径流形成模型

runoff generation　径流形成

runoff in depth　径流深

runoff inflow volume　径流流入量

runoff measuring flume　径流量测槽

runoff notch　放渣孔

runoff pipe　排水管

runoff plate　引出板

runoff rate　径流流量,径流率

runoff sediment discharge curve　径流 / 输沙率曲线

runoff sediment relation(ship)　径流 / 泥沙关系

runoff suspended sediment record　径流 / 悬移质记录

runoff volume　径流总量,径流体积

runout　(1) [径向] 跳动,摆动 [度],径摆,振摆,(2) 伸出,突出,偏转,偏斜,(3) 突破,用尽,(4) 跑火,漏炉,漏箱

runout of pitch diameter　节径跳动

runout tolerance　径向跳动公差

runover　(1) 看过,复查,(2) 超过

runtime　运行时间

runway (=rnwy)　(1) 轨道,跑道,滑槽,滑道,(2) 流水道,河床,河槽

runway girder　行车大梁

RUPM (=Reference to Your Phone to Me)　参考你打给我的电话

rupture　(1) 破裂,破坏,断裂,裂断,折裂,拉断,折断,(2) 绝缘击穿,破坏,破损,(3) 挠曲

rupture disc　破裂片

rupture disk　安全 [隔] 膜,破裂盘 (用于高压安全阀)

rupture life　破坏前使用寿命,破坏前使用期限,不破裂寿命,持久强度

rupture line　破裂线

rupture member　破裂构件

rupture modulus　破坏模量,断裂模量

rupture of plating　船板的断裂

rupture strength　破裂强度,断裂强度

rupture stress　破坏应力,破裂应力,断裂应力

rupture test　破坏试验,断裂试验,持久试验

ruptured diaphragm　破裂的膜盒,破裂的膜片

ruptured line　破裂线

ruptured load　破坏载荷

ruptured plane　破坏面,破坏面

ruptured strain　破坏应变

ruptured strength　破坏强度

ruptured stress　破坏应力

ruptured surface　破裂面,破坏面

ruptured test　破坏试验,断裂试验

ruptured zone　龟裂区,破裂区

rupturer　断续器,断路器

rupturing　破裂的,断裂的,切断的,击穿的

rupturing capacity　(1) 切断功率,(2) 遮断容量

rupturing current　切断电流

rupturing load　断裂载荷,破坏负荷,断裂负荷

rupturing voltage　击穿电压

rural　农村的,乡村的,农业的

rural area　农村地区,农村,郊区

rural automatic exchange　农村自动电话局,农村自动电话交换机

rural branch exchange　农村电话支局

rural distribution cable　农村电话电缆,电信用电缆

rural distribution wire (=RDW)　(1) 农村电话线,郊区电话线,(2) 乡村配电线,郊区配电线

rural electrification　农村电气化

rural electrification administration (=REA)　农村电气化管理 [局]

rural exchange　农村电话交换机

rural line　农村电话线

rural party line　农村电话合用线

rural station　村镇电台

rural telephone　农村电话

rural terminal exchange　农村电话端局

rural transport experiment rural　运输试验

RUS (=Russia, Russian)　(1) 俄罗斯,(2) 俄罗斯的

Ruselite　耐蚀压铸铝合金 (铝94%,铜4%,钼 + 铬2%)

rush　(1) 猛冲,急冲,急 [速] 流 [动],[向前] 猛进,突进,突增,突然袭击,急送,猛推,(2) 冲击,突击,敲打 (3) 赶紧,赶快,仓促,(4) 涌现,闪现,突然出现,跳出,(5) 迫切需要,繁忙,向……索高价,抢购,(6) 无价值的东西

rush candle　微光

rush current　冲击电流

rush engineering order (=REO)　紧急工程订货

rush hour　交通拥挤时间,高峰时间,繁忙时间

rush into print　匆匆付印,匆匆发表

rush on　袭击

rush one's work　赶做工作

rush order　紧急订货

rush purchase order (=rpo)　紧急订货单

rush split machine　剖蔺机 *

rush to conclusion　匆匆下结论

rush work　突击工程,突击工作

rushreply =Rush to Reply　请迅速回答

RUSS (=Russia, Russian)　(1) 俄罗斯,(2) 俄罗斯的

Russian Register (=RR)　俄罗斯船级社

Russian Register of Shipping (=RR)　俄罗斯船舶登记局

rust　(1) 铁锈,锈,(2) 生锈,锈蚀

rust blister　锈浮泡,锈疱

rust cement　铁屑水泥 (供管件的接头用)

rust eaten　完全生锈的

rust formation　锈蚀形成

rust-free　未生锈的,无锈的,不锈的

rust growth test　防 [长] 锈试验

rust hammer　除锈锤

rust-inhibiting　防锈的

rust-inhibiting additive　防锈添加剂

rust inhibiting compound　防锈剂

rust-inhibiting lubricant　防锈润滑剂

rust inhibiting lubricant　防锈润滑剂

rust inhibiting paint　防锈漆

rust-inhibitive　防锈的

rust inhibitive　防锈的

rust-inhibitor　防锈剂

rust inhibitor　防锈剂

rust joint　铁油灰,铁屑水泥 (供管件的接头用)

rust marks　锈迹,锈痕,锈印

rust oxidation　锈蚀抑制剂

rust-preventative　防锈剂

rust preventative　防锈剂

rust-preventer　防锈剂

rust preventer　防锈剂

rust-preventing　防锈的

rust preventing agent　防锈剂

rust-preventing emulsion　防锈乳 [化] 剂

rust-preventing grease　防锈脂

rust-preventing oil　防锈油

rust-preventing paint　防锈漆

rust preventing paint　防锈漆

rust prevention　防锈

rust prevention test　防锈试验

rust preventive　防锈的

rust preventive coating　防锈漆层

rust preventive grease　防锈滑脂

rust preventive oil　防锈 [蚀] 油

rust preventive paint　防锈漆

rust preventive pigment　防锈颜料

rust-proof　抗锈的,不锈的

rust proof　防锈

rust-proof dipper　不锈水勺

rust-proof graduated drinking vessel　不锈饮料量杯

rust-proof layer　防锈层

rust-proofer　防锈工

rust-proofing　防锈处理,[使] 抗锈

rust proofing　防锈处理,抗锈

rust-proofing primer　防锈底漆

rust protection　锈蚀防护,防锈蚀,耐锈防锈,防锈 [法]

rust putty　防锈油灰 (供管件的接头用)

rust quality　抗锈性
rust removal　(1) 除锈；(2) 防锈器
rust remover　去锈蒸药水, 除锈剂, 除锈器
rust resistance　抗锈蚀性, 防锈蚀性
rust resistant　抗锈的, 防锈的
rust-resisting　耐腐蚀的, 防锈的, 不锈的, 抗锈的
rust resisting　防锈的
rust-resisting paint　防锈涂料, 防锈漆
rust-resisting property　抗锈性
rust resisting property　抗锈性
rust-resisting steel　不锈钢
rust resisting steel　不锈钢
rust solvent　溶锈剂
rust spots　锈斑
rust spots apparent on top sheets　顶板可见锈斑
rusted　生锈的
rusted out　锈坏的
rusticated dressing　粗琢面
rusticated joint　粗琢缝
rusticity　(1) 粗糙; (2) 淳朴, 朴素
rustiness　生锈, 锈蚀
rusting　生锈, 锈蚀
rustless　不锈的, 无锈的
rustless metal　不锈金属
rustless steel　不锈钢
rustproof　防锈的
rusty　(1) 生锈的; (2) 腐烂的
rusty due to nature of cargo　货物性质致生锈
rusty edge　边缘锈蚀
rusty ends　端部锈蚀
rusty gold　自然金
rusty part　生锈部位, 生锈部分
rusty plate　生锈的钢板
RUT (=Reference to Your Telegram)　参阅你的电报
RUT (=Reference to Your Telex)　参阅你的电传
RUTEX (=Rural Transport Experiment)　运输试验
ruthenium　{化} 钌 Ru (第 44 号元素)
ruthenium palladium alloy　钌 - 钯合金
Rutherford　卢瑟 (放射性单位, 每秒钟衰变 106 次衰变)
Rutherford Bohr atom model　卢瑟 - 波尔原子模型
Rutherfordium　{化} 𬬻 Rf (第 104 号元素)
Ruticon　皱纹成像管, 鲁蒂康管
rutile　金红石
rutile base covering　金红石基涂料
rutile sand　金红石矿砂
rutter　航线海图, 航迹图
rutier　航线海图
rutty　有车辙的, 多车辙的
RV (=Radar Vector)　雷达矢量
RV (=Receipt Voucher)　收货凭证, 收条, 收据
RV (=Reference Voltage)　基准电压
RV (=Relative Voltage)　相对电压
RV (=Relief Valve)　卸载阀, 释荷阀, 安全阀
RV (=Rescue Vessel)　救助船, 施救船
RV (=Research Vessel)　考察船, 调查船
RV (=Restricted Visibility)　能见度不良
RVA (=Reactive Volt-ampere)　无功伏安

RVC (=Round Voyages Charter)　来回航次租船
RVCS (=Rate of Vessel without Cargo Shortage)　船舶无短货率
RVD (=Range Velocity Display)　航程与航速显示
RVEC (=Radar Vector)　雷达矢量
RVI (=Relief Valve Isolators)　安全阀隔离器
RVNX (=Released Value Not Exceeding)　放行货物的价值不超过……
RVOC (=Radar Vector on Course)　雷达航向矢量
RVP (=Reid Vapor Pressure)　雷德蒸气压
RVS (=Revise)　修订
RVT (=Reserved Volume of Traffic)　保留货载
RVTG (=Reverting)　后告
RVU (=Research Vessel Unit)　考察船队
RW (=Red and White)　红和白 (条纹)
RW (=Redwood)　雷氏 (粘度)
RW (=Region of War)　战区
RW (=Right of Way)　航路权, 直航权
RW (=Riveted and Welded)　铆接与焊接
RW (=Rotating Loop Radiobeacon)　旋转环状无线电信标 (符号)
RW (=Wire Recorder)　有线录音机
RWBN (=Red and White Beacon)　红白立标
RWC (=Read, Write and Compute)　读、写与计算
RWD (=Regular World Days)　(国际地球物理年) 预定世界日
RWD (=Reply When Done)　办理后请复
RWF (=Radio Weather Forecast)　无线电天气预报
RWHS (=Red and White Horizontal Stripes)　红白水平纹
RWM (=Read, Write Memory)　读写存储器
RWNS (=Radioactive Wastes from Nuclear Ships)　核能船舶放射性废物
RWP (=Regulation for the Work of Pilotage)　引航工作条例
RWT (=Rules for Waterway Transport)　水路货物运输规则
RWTH (=Raised Water-tight Hatch)　升高水密舱口
RWTMH (= Raised Water-tight Manhole)　升高水密人孔
RWVS (=Red and White Vertical Stripes) 红白竖条纹
RX (=Receiver)　(1) 容汽器, 容器; (2) 接收机, 收报机; (3) 受话器, 收音机
RX (=Receiver Monitor)　接收监控器
RX (=Rocks)　(1) 岩石; (2) 礁石
RXT (=Receiver Test)　接收机检测
RXT (=Register Indexed Address)　寄存器索引地址
RY (=Relay)　(1) 继电器, 继动器, 替续器; (2) 中继, 转播
RY (=Ro/ro Yard)　滚装船码头堆货场
RYA (=Royal Yachting Association)　(英国) 皇家快艇比赛协会
RYC (=Reference to Your Cable)　参照阁下电报, 关于你的电报
RYF (=Reference Your Fax)　参照阁下传真, 关于你的传真
RYL (=Received Your Latter)　收到阁下函
RYL (=Reference Your Latter)　参阅你的信件
rymer　(1) 铰刀; (2) 铰床
ryotron　薄膜感应起导电装置
RYT (=Reference to Your Telex)　参阅阁下电传
RYT (=Refirring to Your Telegram)　参阅你的电报
RYTLX (=Reference to Your Telex)　参阅你的电传
Ryuron　氯乙烯均聚物
RZ (=Return-to-zero)　归零制, 归零
rzeppa constant velocity universal joint　薛帕式球槽等速万向节, 分杆式等速万向节
RZN (=Relative azimuth)　相对方位 (舷角)

S

S-band (=S-band frequency)　S 波段频率 (5.77-19.3cm)

S-bend　S 形弯 [曲]

S-cam　S 形凸轮

S-cam (type) brake　S 形凸轮驱动制动器

s-centre　位置中心, S 中心

s-chamber (=sandwich chamber)　夹层槽, S 槽

s-electron　S 电子

S-hook　S 形钩

S-lay　(钢丝绳) 左捻

S-lead　塞套引线

S-link　S 形连接

S-matrix　散射矩阵, S 矩阵

S-operator　散射算符, S 算符

S-process (=slow process)　慢过程

S-register　存储寄存器

S-shaped cage　(轴承) S 形保持回, 长城形保持回

S-shaped engraving cutter　S 形刻模刀

S-submatrix　散射子矩阵, S 子矩阵

S-twist　(1) S 形扭转; (2) 左向扭转索

S-wire　塞套引线, S 线

S-wrench　S 形扳手

sabathecycle　等容等压混合加热循环, 萨巴蒂循环

saber (=sabre)　指挥刀, 军刀, 马刀

sabin　沙滨 (声吸收单位)

sabot　(1) 锉刀垫木, 滑木, 滑铁; (2) 滑轨, 滑道; (3) 弹 [舱] 底板; (4) 镗杆, 衬套; (5) 弹壳软壳; (6) 桩靴

sabotage　破坏, 怠工

sabrejet　佩刀式飞机

sabugalite　铝铀云母

sabulite　莎布莱特炸药 (比普通炸药强烈三倍的炸药)

sac　囊, 袋

saccharimeter (=saccharometer)　旋光检糖计, 偏振光糖量计, 糖液比重计, 糖度表

sack　(1) 袋, 包; (2) 装袋, 打包

sack borer　袋型钻机

sack filler　包装机

sack of cement　袋装水泥

sacker　装袋器

sackful　(1) 袋 (度量单位); (2) 满袋的

sacking　(1) 制囊的粗布, 囊布; (2) 装液的过程

sacrificial anode　牺牲阳极

sacrificial corrosion　牺牲阳极腐蚀, 阴极保护腐蚀, 防蚀锌板腐蚀

saddening　(1) 再加热; (2) 小变形压力加工, 小变形锻造; (3) 小压下量轧制, 轻轧

saddle　(1) 活动工具夹具架, 工作台底座, 滑动座架, 滑动刀架, 大拖板, 转向架, 底座, 轴鞍, 凹座, 鞍座, 鞍架, 座板, 滑板, 踏板, 垫板; (2) 鞍形物, 床鞍, 滑鞍, 导轨; (3) 起重小车, 支管架, 托架, 托梁; (4) [曲线的] 凹谷, 鞍点

saddle-back　(1) 鞍状峰; (2) 鞍形的

saddle-backed　鞍背形的, 鞍状的

saddle backed girder　鞍背形大梁, 鞍背形桁梁

saddle bar　撑棍

saddle boiler　马鞍形锅炉

saddle cam　溜板凸轮, 滑板凸轮, 鞍架凸轮

saddle clamp　大刀架夹紧, 床鞍夹紧

saddle clamping lever　鞍架夹杆

saddle clip　撑辊, 扒钉

saddle coil　卷边偏转线圈, 鞍形线圈

saddle coil storage　鞍形卷座

saddle cylinder base　鞍形汽缸套

saddle deflecting yoke　鞍形偏转线圈系统, 卷边偏转线圈系统

saddle feed screw　鞍架进给螺杆, 鞍架丝杆

saddle flange　鞍形凸缘

saddle function　鞍式函数

saddle guidance　鞍架导 [轨] 座, 鞍架导槽

saddle guide　刀架导座

saddle gun　鞍座喷射器

saddle joint　(1) 鞍架接合; (2) 咬口接头

saddle key　鞍形键, 空键

saddle of carriage　拖板鞍架, 大溜板鞍架

saddle packing　鞍形填料

saddle plate　鞍板

saddle-point　鞍点

saddle point　鞍点

saddle seat　鞍形座

saddle stroke　大刀架行程, 床鞍行程

saddle traverse screw　鞍架进给螺杆, 鞍架丝杆

saddle type milling head　鞍形铣头

saddle type turret lathe　马鞍转塔车床, 鞍式转塔车床

saddleback　鞍状峰

safe　(1) 安全容器, 保险箱, 冷藏箱, 保险柜, 冷藏柜; (2) 可信赖的, 保险, 安全的, 可靠的, 稳定的, 无损的, 适当的

safe allowable load　安全许用载荷, 安全容许负载

safe allowable stress　安全许用应力, 安全容许应力

safe arrival(=s/a)　安全到达

safe carrying capacity　容许负载量, 安全载流量

safe-conduct　通行证

safe current　安全电流

safe-deposit　(1) 保险仓库, 保管库; (2) 保管的, 保藏的

safe edge heart　带护边心形平堰刀

safe end　锅炉管安全端

safe guard　安全设备

safe in operation　安全操作, 运行安全

safe-keeping　保护, 保管

safe-keeping fee　保管费

safe-light　暗室安全照明灯, 安全灯

safe load　容许负载, 安全载荷, 安全负载, 安全载重

safe locker (=SL)　保险箱

safe-on　关保险 (武器处于保险状态)

safe operation　安全操作

safe range (=sfR)　安全距离, 安全范围

safe range of stress　应力安全范围, 疲劳极限

safe regulation　安全规程

safe stress　容许应力, 安全应力

safe voltage　安全电压

safe working pressure (=SWP)　安全工作压力, 容许工作压力, 允许工作压力

safe working stress　安全工作应力, 许用应力

safe working voltage to ground　对地安全工作电压

safeguard (=sfgd)　(1) 防护, 防止, 保护, 保险; (2) 安全措施; (3) 安全装置, 防护装置, 保安设备, 防护设备, 防护物, 保险器; (4) 保险板

safeguard station 救生电台
safeguarding duties 保护关税
safely 安全地, 确实地
saferite 两面磨光嵌网玻璃
safety (=SAF) (1)安全性,安全;(2)安全措施;(3)安全设备,安全装置,防护器材,保险装置,保险器,安全器,保险,保护,保安;(4)可靠性,稳定;(5) 有保险的武器, 低座自行车
safety allowance 安全补偿, 安全容限
safety and emergency operation system 安全保护系统和应急操作系统
safety and fire-fighting plan 安全和消防图
safety and industrial gloves 工作手套, 保护手套
safety apparatus 安全装置
safety belt 安全带, 保险带
safety bolt 安全螺栓, 保险螺栓, 保险销
safety brake 安全制动器, 安全闸, 保险闸
safety catch 安全挡
safety certificate 安全证书
safety-check 安全检查
safety circuits 安全电路
safety clearance 安全间隙, 许用间隙
safety clutch 安全离合器
safety cock 安全旋塞
safety coefficient 安全系数, 安全因数, 保险系数
safety coil 安全线圈
safety communication's equipment 安全通信设备
safety coupling 安全联轴节, 安全联轴器, 安全联接器, 安全联结器
safety criteria 安全准则
safety curtain 防火幕
safety cut 玻璃纤维补强切断砂轮, 玻璃布补强切断砂轮
safety cut-off 保安开关, 安全开关
safety cut-out 安全开关, 安全断流, 保安断路器, 可熔保险丝, 熔丝断路器, 安全断流器, 保安器
safety device 安全装置, 保险装置, 防护装置, 安全设备
safety dog (1) 安全扎头, 安全挡块, 保险挡 [块];(2) 断绳防坠器
safety enclosed switch 密封式保险开关
safety engineering 安全技术, 保安技术
safety equipment 安全设备
safety exhaust 安全排气阀
safety factor 安全系数, 可靠系数, 保险系数, 保险因数
safety factor for Hertzian stress 赫兹应力计算的安全系数, 接触齿面强度计算的安全系数
safety factor for tooth root stress 齿根强度计算的安全系数
safety feature 安全装置
safety film 不燃性胶片, 安全胶片
safety finger 叉头钉, 保险销
safety fuel 安全燃料, 防爆燃料
safety fuse (1)安全熔断器, 可熔保险丝, 保险丝, 熔丝;(2)安全导火索, 安全引信, 保险信管
safety gap 安全隙
safety gear 安全装置
safety glass 安全玻璃, 不碎玻璃, 安全玻璃
safety goggles [安全]护目镜
safety guard (1) 安全板, 保险板, 护栏;(2) 安全设备
safety hook 安全钩
safety in production 安全生产
safety installation 安全装置
safety interlock 安全联锁装置
safety lamp 安全灯
safety lamp of portable battery type 便携式电池型安全灯
safety light 安全信号灯
safety load 安全载荷, 安全负荷, 许用载荷, 容许负载
safety load factor 安全载荷因数
safety lock plunger 保险活销
safety locking motion 安全保险装置
safety margin 安全裕度, 安全限度, 强度储备
safety measures 安全措施
safety mechanism 安全装置
safety method 安全技术, 安全法
safety net 安全网
safety nut 保险螺母, 安全螺母, 锁紧螺母, 防松螺母
safety observe station (=SOS) 安全观察站
safety of operation 操作安全
safety operating area 安全工作区
safety pawl 安全凸爪, 停止掣子

1244

safety piece 安全装置, 防护装置
safety pin 安全销, [惯性]保险销
safety plug 安全插头, 熔丝塞子
safety precautions 安全预防措施, 安全保护措施
safety recommendation (=SR) 安[全]保[护]建议
safety regulations 安全规则
safety reverse lever 安全回动杆
safety ring 安全环, 保险环
safety rope 安全绳
safety rule 安全规程
safety rules 安全守则, 安全规则, 安全[技术]条例
safety set screw 安全止动螺钉
safety slip clutch 安全滑动离合器
safety specifications 安全技术要求, 安全规程
safety stop (1)安全停止装置, 行程限位器, 安全停止器, 安全挡块;(2)安全停止
safety stopper 保险销
safety switch 安全开关, 保险开关
safety topic discussion (=STD) 安全专题讨论
safety tread 防滑踏板
safety trip 安全释放机构
safety valve (=SV) 安全活门, 安全阀, 保险阀
safety washer 安全垫圈, 保险垫圈
sag (1)下垂, 弛垂;(2)垂度;(3)下降;(4)倾斜, 弯曲;(5)凹处, 凹陷;(6)铸件截面减薄, 塌箱, 塌芯
sag curve 垂度曲线, 挠度曲线
sag of line 电线垂度
sag of the span 架空明线的垂度
sag ratio 垂跨比
sag rod 横拉条, 防垂杆, 吊杆
sag tension 垂度拉力
sag tie 防垂杆, 吊杆
saggar (=sagger) (1) (陶瓷工业用) 烧箱, 烧盘, 退火罐, 坩埚;(2) 耐火粘土;(3) 用烧箱烘
sagger clay 泥箱土, 火泥
sagging (1)弛垂, 下垂, 下降, 下沉, 松垂;(2)挠曲, 挠度, 垂度, 弯下;(3) (搪瓷制品表面) 凹凸 (缺陷), 瓷层波纹
sagging moment 下垂力矩, 正弯矩
sagitta (1) {数} 矢, 弯矢;(2) 挠曲的指针, 下垂的指针
sagitta of arc 弧矢
sagittal (1) 箭头状的, 箭形的, 矢状的, 弧矢的;(2) 径向的
sagittal image surface 弧矢像面
sagittiform 箭头状的
sagpipe 倒虹管
sail (1) 帆, 翼, 篷;(2) 滑翔机;(3) (复) 帆船, 船只;(4) 航行[力], 航程, 航路;(5) (船的) 驾驶, 操纵
sail arm 风车的翼板
sail axle 转动风车翼板的轴
sail away 开走, 飞走
sail close to the wind 切风行驶
sail in 开始从事, 攻击, 斥责
sail into the wind 逆风航行
sail out 开船
sail over 突出
sail right before the wind 顺风航行, 一帆风顺
sailboard 小型客帆船
sailboat 帆船, 帆艇
sailcloth 帆布
sailer 帆船
sailflight 滑翔飞行
sailflying 滑翔飞行
sailing (1) 张帆航行, 启航;(2) 帆航法, 驾驶术;(3) 控制风压;(4) 空载行驶;(5) 滑翔;(6) 扬帆的, 航行的
sailing boat 帆船
sailing goods 转口货物, 过境货物
sailing chart 海图
sailing order 开船通知, 出航命令
sailing ship 帆船
sailor 海员, 水手, 水兵
sailplane [上升] 滑翔机
Sal log (利用皮氏管测速、测距的) 水压计程仪, 流压测程计, 沙尔计程仪
salability 适销性, 可销性
salable (=saleable) 可出售的, 销路好的, 适销的, 可销的, 畅销的

salamander (1) 耐火保险箱, 焙烧炉, 烤炉, 烤盘, 烤板; (2) 能耐高热的东西, 石棉板; (3) (高炉的) 炉底结块

sale (1) 销售, 出售, 推销; (2) 销售额, 销路; (3) 拍卖, 廉售

sale by bulk 成批出售, 批发

sale for account 赊卖

sale for cast 现卖

sale on account 赊售

sale on credit 赊卖

sale on trial 试销, 试卖

sale price 廉价

saleable (=salable) 可出售的, 销路好的, 适销的, 可销的, 畅销的

sales by sample 凭样品买卖

sales contract 售货合同

sales department 营业部, 门市部

sales engineer 商业工程师, 销售工程师

sales manager 营业部主任

sales order (=SO) 销售订单

sales tax 营业税

salesman 营业员, 售货员, 推销员

Salge metal 一种锌基轴承合金 (锡 10%, 磷 1%, 铜 4%, 其余锌)

salience (=saliency) (1) 凸出部, 突起部, 凸出; (2) 特征, 特点, 特色; (3) 凸极性, 显极性; (4) 跳跃

salient (1) 凸出的, 突出的, 突起的; (2) 凸角, 突出部; (3) 显著的, 卓越的, 优质的; (4) 喷射的, 涌出的

salient features 特征, 特点, 特色

salient point 折点, 凸点, 特征, 要点

salient-pole 凸极 [式], 显极 [式]

salient pole 凸极, 显 [磁] 极

salient pole armature 凸极电枢

salient pole generator 凸极发电机

salient pole machine 凸极电机

salient-pole synchronous-induction motor 凸极式同步-感应电动机, 绕组式同步-感应电动机

salient pole synchronous induction motor 凸极式同步感应电动机

salient pole type 凸极式

salient pole type rotor 凸极式转子, 显极式转子

saliferous 有盐分的, 盐渍化的, 含盐的

salifiable [能变] 成盐的

salification 成盐作用

salify 使与盐化合, 成盐, 盐化

salimeter (1) 含盐量测定计, 盐液密度计, 盐液比重计, 盐浓度计, 盐量计, 盐分计, 盐度表; (2) [电导] 调浓器

salina 盐水蒸发槽

salination 用盐处理, 盐渍化

saline (1) 用碱金属形成的; (2) 含盐的, 盐性的;

saline concentration 含盐度

saline matter 盐分

salineness 含盐的

salinimeter 盐 [液比] 重计, 盐量计

salinity indicator (=SI) 含盐量指示器, 盐浓度指示器

salinometer (1) 含盐量测定计, 盐液密度计, 盐液比重计, 盐浓度计, 盐量计, 盐分计, 盐度表; (2) [电导] 调浓器

sally (1) 凸出部; (2) 钝角

sally nixon 硫酸氢钠

salometer 盐 [液比] 重计, 盐液浓度计, 盐液密度计

salometry 含盐量测定

saloon car (火车的) 客厅式车厢, 轿车

saloon coach (火车的) 客厅式车厢, 轿车

salsoda 天然苏打, 未提纯的碳酸钠

salt (1) 盐; (2) 食盐

salt bath (1) 盐浴; (2) 盐炉, 盐槽

salt-bath hardening 盐浴淬火, 盐浴硬化

salt-bath hardening furnace 盐浴淬火炉

salt-bath quenching 盐浴淬火

salt-bath tempering furnace 盐浴回火炉

salt-bearing 含盐的

salt elimination 除盐

salt-extracted 盐萃取的

salt-free 无盐的

salt-glazed [上] 盐釉的

salt-glazed brick 瓷砖

salt-glazed structural facing units (=SGSFU) 上盐釉的结构盖面设备

salt in 盐 [助] 溶

salt-mixture 混合盐

salt of vitriol 硫酸锌, 矾盐

salt out 盐析

salt-removal 脱盐的

salt resistance 抗盐性

salt screen 荧光屏, 增感屏

salt soda 碳酸钠, 苏打

salt spray test 盐水喷雾腐蚀试验, 撒盐试验

salt tolerance 耐盐性

salt-tolerant 耐盐性的

salt water (=SW) 盐水

salted (1) 用盐处理的, 盐渍的; (2) 有经验的, 老练的

salting-out 加盐分离, 析盐

salting out evaporator 析盐蒸发器, 结晶蒸发器

saltness 含盐度, 咸性

saltpeter (=saltpetre) 硝酸钾, 钾硝

saltus 急变, 急跃

saltus of discontinuity {数} 不连续度, 不连续振幅

salvable 可挽救的, 可抢救的

salvage (1) [海上] 打捞, 救捞, 救助, 救难, 救济, 抢救; (2) [工程] 抢修, 补救; (3) 废物利用, 废物处理, 废弃品处理, 待废器材, 废料; (4) 分段合成

salvage charges 海上打捞费

salvage company 海难救援公司, 沉船打捞公司

salvage corps 救火队, 消防队

salvage department 废料 [利用车] 间

salvage of casting 铸件修补

salvage point 废品收集点, 废品站

salvage procedure 打捞作业

salvage shop 三废综合利用工厂, 修理 [工] 厂

salvage sump (炼油厂下水道的) 废油捕集器

salvage value 折余值

salvageable 可抢救的, 可打捞的

salvaged pipe 旧管子

salvaging (1) 废物利用, 废物处理; (2) 打捞船舶; (3) 抢修工程

salve (1) 抢救, 抢修, 打捞; (2) 消除, 克服, 减轻, 缓和

salver 金属盘, 托盘

sam 均湿, 受潮, 陈化

samaria 氧化钐

samaric [三价] 钐的

samarium 钐 Sm (第 62 号元素)

same (1) 同样的, 相同的, 相等的, 一样的; (2) 原来的, 上述的

same frequency broadcasting 同频广播

same output gate (=SOG) 同一输出门

same-phase 同相 [位]

samite 碳化硅, 金刚砂

samming (1) 均湿 [法]; (2) 陈化 [作用]

samming machine 均湿机

sample (1) 试样, 试件, 样品, 样本, 样值; (2) 取样, 抽样; (3) 标本, 模型, 货样, 实例; (4) 取连续变数的离散值, 信号瞬时值, 不连续值; (5) 试验样品性能, 试用, 抽查; (6) 变为脉冲信号, 脉冲调制

sample activity 试件放射性

sample average 样本平均值

sample boring 取样钻探

sample car 陈列车, 样品车

sample certainty 抽样确定性

sample circuit 幅度-脉冲变换电路, 抽样电路, 取样电路, 量化电路

sample covariance 样本协方差

sample data 样本数据

sample design 样品设计

sample distribution 样品分布, 取样分布, 采样分布, 样本分布

sample-in count 设备内有试样的测量

sample mean 样本平均值, 取样平均值

sample median 样本中位数

sample of signal 信号样本, 信号抽样

sample-out count 设备内无试样的测量, 本底测量

sample part 抽样零件

sample piece 试样, 试件, 样件

sample plan 抽样规则, 抽样方案

sample program 抽样程序

sample quartiles 样本四分位数

sample room 样品 [陈列] 室

sample size 样本量

sample size code letter 样本量字码

sample size letter 试样尺寸码

sample space　样本空间，采样空间，取样空间，
sample splitter　试样劈裂器
sample spoon　取样勺
sample standard deviation　样本标准差
sample survey　(1) 样品鉴定；(2) 抽样检验，抽样检查
sample technique　抽样技术
sample time aperture　抽样时间截口
sample uncertainty　取样不定性
sample variance　选样差异，采样方差，样品方差，采样离散，样品离散
sample workpiece　样品工件，样件
sampled　抽样的，取样的，采样的
sampled analog computer　抽样模拟计算机
sampled-data　抽样数据，取样数据
sampled-data control system　抽样数据控制系统，取样数据控制系统
sampled signal　取样信号
sampler　(1) 取样系统，取样装置，采样器，取样器，取样机；(2) 选择器；(3) 在规定瞬间内获得信号断续值的设备，脉冲调制器；(4) 转接器，分配器；(5) 样板，模型，规具；(6) 电子取样器；(7) 快速转换器，抽样转换器
sampler switch　取样转换器
sampling　(1) 抽样检验，取样，抽样，采样，(2) 变为脉冲信号，振幅脉冲变换，脉冲调制；(3) (三色电视信号的) 连续选择；(4) 试件采样；(5) 标本化；(6) 应答，询问
sampling by chance　机会抽样
sampling check　抽样检验
sampling circuit　幅度-脉冲变换电路，抽样电路，量化电路
sampling control　取样控制
sampling controller　取样控制器
sampling cup　取样杯
sampling detector　(交通情报) 取样传感器
sampling equipment　取样设备
sampling fraction　抽样比
sampling frequency　(脉冲调制) 发送频率，取样频率，量化频率
sampling function　抽样函数
sampling gate　取样门，采样门
sampling head　取样头，抽样头
sampling hold circuit　取样保持电路
sampling inspection　抽样检查，抽样检验，抽查，抽检
sampling normal distribution　抽样正态分布
sampling of attributes　属性抽样
sampling oscilloscope　取样示波器，采样示波器，抽样示波器
sampling period　取样周期
sampling process　取样过程
sampling pulse　抽样脉冲，取样脉冲，选通脉冲
sampling pulse width　取样脉冲宽度
sampling ratio　抽样比
sampling scope　取样示波器
sampling servomechanism　取样伺服机构
sampling tolerance　取样公差
sampling voltmeter　取样伏特计
sampling with replacement　有退还抽样
samploscope　取样示波器，抽样示波器
Samson-post　(船) 吊杆柱，起重柱
sanction　批准，核准，许可，承认
sand　(1) 模砂，型砂，砂；(2) 喷砂清理，用砂纸打磨，磨光，砂磨
sand-asphalt　地沥青
sand-bearing test　砂承试验
sand bedding　砂垫层
sand blast (=SD BL)　喷砂
sand blast apparatus　喷砂装置
sand blast cleaning　喷砂清理
sand-blasting　喷砂处理，喷砂法，砂吹，砂磨
sand blasting drum　喷砂筒，喷砂箱
sand blasting machine　喷砂清理机，喷砂机，吹砂机
sand-blasting method　喷砂清理法
sand blister　轮胎起泡，砂泡
sand-blower　喷砂器
sand bond　型砂强度
sand-box　砂箱，砂型
sand box　砂箱
sand buckle　结疤
sand casing　沉砂套管
sand-cast　砂型铸造的
sand casting　(1) 砂型铸造；(2) 砂型铸件

sand casting gear　型砂铸造齿轮
sand cloth　砂布
sand control　型砂质量调整
sand core　砂型心，泥芯
sand crusher　研砂机
sand cut　冲砂 (铸造缺陷)
sand cutter　移动式混砂机，碎砂机，松砂机
sand cutting　松砂
sand cutting-over　拌砂，和砂
sand disk　研磨圆盘，抛光圆盘
sand drier　烘砂炉
sand dryer　烘砂炉
sand equivalent　含砂当量
sand filter　砂滤器
sand fusion　粘砂
sand-gauge　量砂箱
sand-glass　计时砂漏
sand-grading　砂粒分级
sand grip　(砂箱内壁) 凸条，持砂条
sand gritter　铺砂机
sand hole　(铸件) 砂眼
sand-in　磨进
sand inclusion　(铸件) 夹砂
sand jack　砂箱千斤顶
sand jet　喷砂机
sand ledge　(砂箱内壁) 凸条，持砂条
sand mark　(铸件) 砂眼，砂孔
sand maturing　型砂熟化，型砂调匀
sand mill　混砂机
sand mould　砂型，砂模
sand muller　摆轮式混砂机
sand paper　砂纸
sand-papering　砂纸打磨
sand papering machine　砂纸机
sand-pump　扬砂泵
sand pump　扬砂泵，抽砂泵
sand rammer　(1) (抛砂机的) 型砂捣击锤；(2) 撞锤
sand roll　软面轧辊
sand scab　结疤
sand-shell-moulding　砂型铸造
sand sink　砂沉法
sand skin　砂皮
sand-spraying　撒砂的，喷砂的
sand spraying machine　喷砂机
sand strength　造型材料强度，型砂强度
sand strip　挡砂条
sand-sucker　吸砂机，吸泥机
sand test　型砂试验
sand thrower　抛砂机
sand trap　砂槽
sand-up　填砂，铺砂
sand valve　撒砂阀
sand wash　冲砂
sand washer　(1) 洗砂设备，洗砂机；(2) 砂的沉淀分析仪，含泥量测定仪
sandblast　喷砂处理，喷砂
sandblast machine　喷砂机
sandcloth　砂布
sanded　用砂纸打磨的
sanded rail　撒砂钢轨
sander　(1) 撒砂机，撒砂器；(2) 喷砂机；(3) 打磨机；(4) 滚光筒，滚光机；(5) 带式抛光机，砂轮磨光机，带式磨床；(6) 打磨工，砂磨工
sander trap　聚砂器
sandfilling　填砂
sanding　(1) 喷砂处理；(2) 砂纸打光，砂磨
sanding agent　研磨剂，打磨剂
sanding gear　铺砂机
sanding sealer　掺打磨剂涂料，掺砂涂料
sandline　鼠尾 (铸造缺陷 =rattail)
sandpaper　(1) (金刚) 砂纸；(2) 用砂纸打光
sandpapering machine　砂带磨床
sandrammer　抛砂机型砂捣击锤
sandslinger　{铸} 抛砂机
sandwich　(1) 蜂窝夹层结构，层状结构，夹心结构，多层结构，分层结

构；(2) 夹心部件，复合板，夹层板

sandwich arrangement　交错重叠布置，层叠布置

sandwich chamber　夹层槽

sandwich coat　夹心涂层

sandwich construction　层状结构，夹层结构

sandwich digit　中间数位

sandwich frame　双构架

sandwich girder　夹合梁

sandwich plate　夹层板

sandwich plug(s) (=SND/PLG)　夹层插头

sandwich rolling　异种金属薄板叠轧法

sandwich structure　夹层结构，夹心结构

sandwich-type　多层状的

sandwich type element　多层元件

sandwich winding　交错多层绕组，分层绕组，叠层绕组

sandwich wire antenna　叠层线天线

sandwiched-in　在两层之间的，夹心的

sandwiching　夹层材料，夹层，夹心

sandwichlike　夹心状的

sandwichlike compact　夹心状坯块

sandy　(1) 砂质的；(2) 一种频率从 14 至 50 兆赫的飞机用干扰发射机

sandy-size　像砂粒大小的尺寸

sanforized　机械预缩整理的

sanforizer　预缩整理机

sanforizing　(织物) 机械防腐处理，机械预缩处理

sanitary　(1) [环境] 卫生的，保健的，清洁的；(2) (有抽水设备的) 公共厕所；(3) 卫生设备

sanitary engineering　卫生工程 [学]

sanitary fittings　卫生设备

sanitary installation　卫生装置

sanitary provision　卫生装置

sanitary science　环境卫生，公共卫生

sanitary sewage　生活污水

sanitary sewer　污水管道

sanitation　(1) 环境卫生；(2) 下水道设备，卫生设备

sanitizer　卫生消毒剂，卫生洗涤剂

santodex　粘度指数改进剂

santolube　润滑油的一种添加剂

sanvista　一种电子色盲治疗仪

saponifiability　皂化性

saponification　皂化 [作用]

saponification number　皂化值

saponifier　皂化剂

sapphire　蓝宝石

sarcotome　弹簧刀

sash　(1) 框架，框 [格]，窗框，窗扇；(2) 窗框钢，钢窗料；(3) 装上框格，装上窗框；(4) 锯架

sash balance　窗框吊铁

sash bar　车窗锁门，钢窗料，窗框条

sash brace　[排架] 横撑

sash bracket　窗框支架

sash cramp　窗扇钳夹器

sash fastener　窗扇扣件

sash holder　窗提手

sash latch　窗锁闩

sash lift　窗提手

sash line　吊窗绳

sash lock rack　窗止铁

sash mortise chisel　软木榫凿

sash operator　框格升降器

sash pivot　车窗枢销

sash plane　起线刨

sash rail　窗口横框

sash saw　弓锯

sash window　上开式窗

Satco　萨特科铅合金 (97.5%Pb, 余量为 Ca, Sn 等，是一种高速重载减摩轴承合金)

Satco alloy　萨特科铅基轴承合金

satellite　(1) 人造卫星，卫星；(2) 行星齿轮；(3) 卫星的，附属的，辅助的，伴随的；(4) 辅助飞机场 (5) 低明暗度的光谱线

satellite and missile observation system (=SAMOS)　人造卫星和导弹观测系统

satellite antimissile observation system (=SAMOS)　卫星反导弹观测系统

satellite automatic terminal rendezvous and coupling (=SATRAC)　卫星自动端部会合与连接

satellite balloon (=saloon)　卫星气球，辅助气球

satellite band　卫星频带，卫星波段

satellite carrier　行星齿轮架

satellite communications (=SATCOM)　卫星通信

satellite communications agency (=SATCOMA)　卫星通信局

satellite communications system　卫星通信系统

satellite computer　卫星计算机，辅助计算机，外围计算机

satellite computer-operated readiness equipment (=SCORE)　卫星上计算机操纵的准备装置

satellite control center (=SCC)　卫星控制中心

satellite control facility (=SCF)　卫星控制设备，卫星操纵设备

satellite differential　行星齿轮差速器

satellite equipment　设于中心发射台周围的接力装置，卫星装置

satellite exchange　电话支局

satellite for interplanetary probes　星际探测人造卫星

satellite for lunar probes　月球探测人造卫星

satellite for orientation, navigation and geodesy (=SONG)　定向，导航和大地测量卫星

satellite gasket　行星齿轮垫片

satellite gear　行星齿轮

satellite gear shaft　行星齿轮轴

satellite ground station　人造卫星地面站

satellite infra-red spectrometer (=SIRS)　卫星红外分光计

satellite infrared spectrometer　卫星红外光谱仪

satellite inspection and interception (=SAINT)　卫星监视与拦截

satellite inspection program (=SIP)　卫星检查程序，卫星观察程序

satellite inspection system　卫星检查系统

satellite intercept system (=SIS)　卫星拦截系统

satellite interceptor (=SAINT)　卫星拦截器

satellite-launched ballistic missile (=SLBM)　人造卫星发射的弹道导弹

satellite launching vehicle (=SLV)　卫星运载火箭，卫星发射火箭

satellite line　伴线，卫线

satellite mapping radar　卫星测绘雷达

satellite number in differential　差速器行星齿轮数

satellite orbital control plan (=SOCP)　卫星轨道控制计划

satellite orbital track and intercept (=SORTI)　卫星轨道跟踪和拦截

satellite peak　伴峰

satellite pinion　行星小齿轮

satellite positioning and tracking (=SPOT)　人造卫星定位及跟踪

satellite processor　卫星处理机

satellite/space system (=S/S)　卫星 / 空间系统

satellite station　小型接力电台，小型中继台，卫星电台，星际站

satellite system (=SS)　卫星系统

satellite telecommunication with automatic routing (=STAR)　自动导航 [选路] 卫星通信

satellite test center (=STC)　卫星试验中心

satellite to earth missile (=SEM)　卫星对地导弹

satellite tracking antenna　卫星跟踪天线

satellite tracking program (=STP)　卫星跟踪程序

satellite transmitter　卫星发射机，辅助发射机，转播发射机，补点发射机

satellite transponder　卫星转频器

satellitic　卫星的

satelloid　带动力装置的人造卫星，半人造卫星式有人驾驶的太空船，载人飞行器，飞船式卫星，准卫星

satinite　硫酸钙

satisfaction　(1) 满足，满意；(2) 补偿，偿还

satisfactorily　[令人] 满意地

satisfactory　[令人] 满意的，满足的，圆满的，良好的，

satisfied compound　饱和化合物

satisfy　(1) [使] 满意，满足，证实，说服，偿还，答应，履行；(2) 使饱和；(3) 符合，达到

saturability　可饱和性，饱和能力，饱和度

saturable　可饱和的，可浸透的

saturable autotransformer　饱和自耦变压器

saturable core　[可] 饱和铁心

saturable magnetic circuit　饱和磁路

saturable reactor (=SR)　饱和磁芯扼流圈，饱和电抗器，饱和式磁力仪

saturant　(1) 使饱和的，浸透的；(2) 饱和剂；(3) 浸渍剂

saturate　使饱和，使浸透

saturated air　饱和空气

saturated calomel electrode (=SCE) 饱和甘汞电极
saturated diode 饱和二极管
saturated erase 饱和抹音 [法]
saturated erasure 饱和消磁 [法]
saturated humidity 饱和湿度
saturated logic circuit 饱和逻辑电路
saturated magnetization 磁饱和
saturated reactance 饱和电抗 [法]
saturated set 浸润集合
saturated solution 饱和溶液
saturated steam 饱和蒸汽
saturated steel 共析钢
saturated vapour 饱和蒸汽
saturated zone 饱和带
saturates 饱和物
saturating signal 极限信号, 最大信号, 饱和信号
saturation (1) 饱和状态, 饱和; (2) 浸透; (3) 饱和度
saturation characteristic 饱和特性
saturation characteristic curve 饱和特性曲线
saturation coefficient 饱和系数
saturation control 饱和 [度] 控制
saturation core regulator 铁磁谐振稳定器
saturation curve 饱和曲线
saturation efficiency 饱和效率
saturation factor 饱和因数
saturation flux density 饱和通量密度
saturation in back-in LEM 带有饱和实心铁轭的直线电机
saturation induction density 饱和磁感应强度
saturation level (1) 饱和度; (2) 饱和电平; (3) 饱和磁平
saturation magnetic flux density 饱和磁通密度
saturation magnetization 饱和磁化强度, 磁饱和
saturation magnetometer 饱和磁强计
saturation photocurrent 饱和光电流
saturation point 饱和点
saturation polarization 饱和极化 [强度]
saturation reactance 饱和电抗
saturation reactor 饱和电抗器
saturation remanent level 饱和剩余磁平
saturation transformer 饱和变压器
saturation vapour 饱和蒸汽
saturation voltage 饱和电压
saturator (1) 饱和器; (2) 饱和剂
saturex 饱和器
saturnine (1) 铅的; (2) 铅中毒的
saturnism 铅 [中] 毒
saucer bosh 高炉炉腰
saucer spring 盘状弹簧
saucer washer 凹形弹簧垫圈, 碟形垫圈
Savathe cycle 定容定压循环, 双燃循环
save (1) 援救, 救助; (2) 节省, 节约, 免去, 省去; (3) 储藏, 贮存, 保存
save-all (1) 防溅器, 挡雾罩; (2) 白水回收装置, 节约装置, 节省器; (3) 承油碟; (4) 安全网
save-all tank 防溅槽
save file 副本文件
save instruction 保存指令
save our ship (=SOS) 国际通用的呼救信号, 无线电呼救信号, 求助, 求救
saver (1) 回收器; (2) 节约装置, 节约器, 节省器, 节气器, 回收器; (3) 节约者
saving 节约, 节省
savings (纤维) 滤屑
saw (1) 锯子, 锯条; (2) 锯开; (3) 高速圆盘锯, 锯床, 锯机
saw arm 锯臂
saw band 锯带
saw blade 锯条
saw boards out of a log 把大木材锯成木板
saw bow 锯弓, 锯架, 锯框
saw-cut 锯痕, 锯口
saw cut 锯痕
saw doctor 磨锯齿机, 锉锯齿机
saw-dust 锯屑
saw dust 锯屑
saw-edged (1) 锯齿形的; (2) 使成锯齿状的
saw fixture 锯床夹具

saw-frame 锯框
saw frame 锯框
saw ga(u)ge 锯齿厚规
saw head 锯削头
saw-horse 锯木架
saw jumper 锯齿器
saw-kerf 锯缝
saw kerf 锯缝, 锯痕
saw log 锯架
saw machine 锯床, 锯机
saw-mill (1) 大型锯机; (2) 锯木厂, 制材厂
saw-notch 锯痕
saw powder 锯屑
saw set 锯齿修整器, 整锯器
saw setting machine 整锯机
saw sharpener 锯齿修整机, 磨锯齿机, 锉锯齿机
saw spindle 锯轴
saw-tooth 锯齿形的
saw tooth drive 锯齿波激励
saw tooth form 锯齿形
saw tooth generator 锯齿波发生器
saw-tooth joint 锯齿状接合
saw tooth milling cutter 锯齿铣刀
saw tooth thread 锯齿螺纹
saw tooth type cutter 锯齿铣刀
saw up 锯断
saw wheel 锯轮
saw yard 锯木厂
sawdust 锯屑, 锯末, 木屑
sawdust collector 锯屑集吸器
sawdust scrubber 锯屑清洗机
sawed joint 锯缝
sawed-off 锯断的, 截断的
sawed sample 锯开试样
sawer 锯工
sawing 锯削, 锯法
sawing in an arc 弧形锯削
sawing-machine 电锯, 锯床
sawing operation 锯截操作
sawmill (1) 锯木厂; (2) 大型锯机
sawn 锯开, 截成段
sawn timber 锯 [成木] 材
sawn-off 锯断的, 截断的
sawtooth (1) 锯齿; (2) 锯齿形脉冲, 锯齿形脉冲, 锯齿波
sawtooth crusher 锯齿破碎机
sawtooth current 锯齿波电流, 锯齿形电流
sawtooth curve 锯齿形曲线
sawtooth impulse 锯齿形脉冲
sawtooth joint 锯齿状接合
sawtooth modulated jamming 锯齿形调制干扰
sawtooth oscillator 锯齿波振荡器
sawtooth sweep 锯齿波扫描
sawtooth truss 锯齿形桁架
sawtooth voltage 锯齿形电压
sawtooth voltage generator 锯齿波电压发生器
sawtooth wave 锯齿波
sawtooth-wave generator 锯齿波发生器
sawtooth waveform 锯齿波形
sawtoothed curve 锯齿形曲线
sawtoothed oscillator 锯齿波振荡器
sawyer 锯木工人
Saybolt centistoke 赛波特粘度单位
Saybolt furol viscosimeter 赛氏厚油粘滞度计
Saybolt second 赛波特秒数
Saybolt universal viscosimeter 赛波特通用粘度计, 赛氏通用粘度计
Saybolt universal viscosity 赛波特通用粘度, 赛氏通用粘度
Saybolt viscometer 赛波特粘度计, 赛氏粘度计
Saybolt viscosimeter 赛波特粘度计, 赛氏粘度计
scab (1) (铜锭的) 结疤, 痂; (2) 瑕疵, (铸件的) 粘砂, 铸痂; (3) (导线表面的) 孔, 眼; (4) 拼接板, 凸块; (5) 斑点
scabbed 有疤的, 拼接的
scabbed casting 糙铸
scabbing 有疤的, 成疤的
scaffold (1) 脚手架, 架子; (2) 吊盘; (3) 用脚手架支撑, 搭脚手架

scaffold board 脚手板
scaffold pipe 脚手管
scaffold tubes 脚手管
scaffolding (1) 脚手架；(2) 搭脚手架，挂料，搭棚
scafing 火焰清理
scalability 可量测性
scalable 可称的
scalage (1) 缩减比率，降低比率；(2) 估量，衡量
scalar (1) 标量不变量，无矢量 [的]，无向量 [的]，标量 [的]，数量 [的]，纯量 [的]；(2) 数；(3) 分等级的，梯状的；(4) 常系数装置
scalar-density 标密 [度]
scalar field 标量场
scalar irradiance 标辐照度
scalar multiplication 纯量乘法，标量乘法，标乘
scalar potential 无向量位，标 [电] 位，标势，
scalar product 无向积，纯量积，标 [量] 积
scalar sum 数和
scalar triple product 成标三重积，纯量三重积
scalar wave equation 标量波方程
scalariform 有阶段的
scald (1) 用蒸汽清洗，用沸水清洗，用沸水烫；(2) 烫伤
scalder (1) 烫洗机；(2) 烫洗工
scalding 用热液处理，用蒸汽处理，烧
scaldings 滚烫的液体
scale (=sc) (1) 刻度，标度；(2) 比例尺；(3) 刻度尺，刻度盘；(4) 天平，称；(5) 氧化皮，锈皮，鳞片，鳞发；(6) 锅垢，水垢，水锈；(7) 尺度；(8) 记录器标度；(9) 度盘；(10) 硬壳；(11) 附着物
scale accuracy 刻度精度
scale-adjusted 按比例调正的
scale-beam 秤杆
scale-board (1) 胶合板；(2) (玻璃柜镜子等的) 背板
scale board 胶合板
scale breaker 氧化皮清除器，锅垢清除器，除鳞器
scale car 称量车
scale coefficient 比例因子
scale deposit 水垢
scale designation 标度标记
scale distance 标距
scale division (1) 刻度；(2) 刻度分度；(3) 分度间隔，分刻度
scale-down (1) 按比例缩小；(2) 分频
scale-down test 缩尺模型试验
scale drawing 缩尺图，比例图，缩图
scale effect (1) 比例影响；(2) 刻度效应，标度效应
scale error 尺度误差，指标误差
scale eyepiece 带标目镜
scale factor (=SF) (1) 比例因子，标度因子，尺度因子；(2) 比例系数，换算系数，定标因数，换算因数
scale interval 刻度间隔，刻度值，标度值
scale length 刻度长度
scale mark 刻度标记，分划标记，刻度线，标线，分度，刻度
scale model 缩尺模型 (按比例缩小的模型)
scale-model investigation 缩尺模型研究
scale-model test 缩尺模型试验
scale of fusibility 熔度标
scale of hardness 硬度表，硬度标
scale of meter 仪表的刻度
scale of notation 记录单位
scale of points 鉴定标准，评分标准
scale of pollution 污染标度
scale of rates 运价率表
scale of reduction 缩小比例尺
scale of seismic intensity 地震强度计，地震烈度表，地震强度分级
scale-of-ten 十进位的计数元件系统
scale-of-ten circuit 十进制换算电路，十分标电路
scale of the abscissas 横坐标轴比例尺
scale of thermometer 温度标
scale of turbulence 紊动尺度
scale-of-two 二进位的双稳计数元件系统，二进位定标，二进位 [的]，二分标 [的]
scale of two 二进位，二分标，二定标 [的]
scale-of-two circuit 二分标电路
scale-of-two counter 二分标度计数装置，二进位计数管
scale-off 鳞落，片落，剥落
scale off 片落，鳞落

scale out 超过尺寸范围，超出量程
scale-paper 坐标纸，方格纸
scale pan 天平盘，秤盘
scale parameter 尺度参考，标度参量
scale pattern 铁皮痕
scale pit 轧屑回收池，铁鳞坑
scale plate 刻度板，标度盘
scale profile 比例纵面图
scale projector 标度放大器，刻度投影器
scale rail 轨道衡轨
scale range 标度范围
scale rates 分等运价
scale reading 鳞片阅读法
scale removal 清除氧化皮，去除氧化皮，除锈，去垢
scale representation 缩尺模型
scale ring 分度环，刻度环
scale spacing 标准间距，刻度间距，刻度幅度，刻度宽度
scale span 刻度间隔
scale test 缩尺模型试验
scale trap 固体沉降器
scale-up (1) 工艺过程扩大；(2) 按比例增大
scale up 按比例增加
scale unit (1) 换算电路，换算路线；(2) 频率倍减器，换算器，分频器；(3) 比例尺度单位，标度单位，刻度单位，换算单位
scale-up 按比例扩大，按比例增加，递增
scale value 刻度值
scale wax 粗石蜡，鳞状蜡，片状蜡
scaleboard 背板
scaled 成比例的，有刻度的，鳞片状的，有鳞片的
scaled-down 按比例缩小的，缩尺的
scaled rule 比例尺
scaled-up 按比例放大的
scalehandling 清除氧化皮，清除水垢
scalelike 鳞状的
scalene (1) 不等边三角形，不规则三角形；(2) 不等边的，偏三角的
scalenohedron 偏三角面体
scalenous 不等边的
scaleover 过刻度
scaleplan 天平盘，称盘
scaleplate (1) 刻度板，刻度盘，标度盘，字盘，标盘；(2) 标尺，标度，刻度
scaler (1)计数电路，定标电路，换算电路；(2)脉冲计数器，脉冲计量器，脉冲分频器，频率倍减器；(3) 换算装置；(4) 定标装置，定标器；(5) 除壳器，去壳器；(6) 水垢净化器，去锅垢器，去铁鳞器；(7) 刮器，刮刀，削刀；(8) 过秤员，检尺员
scaler-printer (1) 自记 [脉冲] 计数器；(2) 带印刷装置的定标器，印刷换算装置，定标器打印机，定标印刷机
scaliness 起鳞程度
scaling (1) 起氧化皮，生成氧化皮，起鳞，分层 [缺陷]，剥落；(2) 除氧化皮，除铁鳞，去鳞，去垢，除锈，除垢；(3) [按] 比例描绘，定比例，比例；(4) 定标，标定；(5) 电子法计算电脉冲，换算，计数 (计算脉冲数)
scaling apparatus 除垢装置
scaling chip 剥落碎屑
scaling circuit 计数电路，定标电路
scaling compensation 计数补偿
scaling-down (1) 按比例缩小；(2) 分频
scaling factor (1) 换算系数，换算因子，定标因数，比例因数；(2) 计数递减率
scaling hammer 锅锈锤
scaling loss 烧损
scaling method 比例法，定标法
scaling-off 定尺寸 (根据图纸的比例尺)
scaling system (1) 比例换算系统；(2) 计算图，设计图，
scaling unit (1) 换算线路单元，换算电路；(2) 分频器
scaling-up 按比例放大，按比例加大
scaling up 按比例放大
scallop (1) (复) (轧制表面的) 粗糙度，扇形凹口，凹坑，毛边，(2) {冶} 裙状花边，花槽
scalloped 裙状花边的，折痕的
scalloping [行波管聚焦场] 轴向变化
scalper (1) 护筛粗网，(2) 筛 [谷] 机，(3) 解剖刀，骨锉，骨刀
scalping (1) 去表面层，剥皮，刮光，剥光，(2) 筛出粗块
scalping screen 头道筛，去皮筛，粗筛
scan (1) 扫描，扫掠，(2) 搜索，观测，检测，(3) 仔细检查，仔细研究，

校验；(4) 浏览，细看；(5) 扫描轨迹，扫描亮点，全景摄影，展开；(6) 记录；(7) 铰孔，钻孔

scan-a-colour 彩色电子刻版机

scan-a-graver 制版用光电自动装置

scan-a-sizer 西泽刻版机

scan Q Graver 电子分色雕刻机

scan-round 循环扫描，圆形扫描

scanatron 扫描管

scandium 钪 Sc（第 21 号元素）

scanister (=scanistor) （集成半导体）扫描器

scanned-laser 扫描激光器

scanner (1) 记录数据的设备，扫描装置，扫描设备，扫描仪，扫描器，扫掠器；(2) 扫描机构，扫描程序，扫描天线；(4) 析像器；(4) 扫掠天线，扫描天线；(5) 多点测量仪，巡回检测装置，光电继电器，探伤器；(6) 调整器，调节器；(7) 自动检测；(8) 搜索者，审视者

scanner-recorder 图示记录器

scanner recorder 多点记录器

scanning (1) 扫描；(2) 目标搜索，扫掠

scanning device (1) 扫描设备，扫描器；(2) 扫描法

scanning distortion of video signal 扫描引起的图像畸变，扫描引起的图像失真

scanning electron microscope (=SEM) 扫描 [式] 电子显微镜

scanning in darkness 暗扫描

scanning lens 扫描透镜，扫掠透镜，瞄准透镜

scanning line 扫描线，标定带，分解行，析像行

scanning line length 扫描线长度，行长

scanning monitor 扫描控制器，扫描监控器

scanning radiometer (=SR) 扫描辐射计

scanning speed 扫描速度，扫描速率

scanning spot 扫描光点

scanning yoke (1) 偏转系统；(2) 扫描线圈（轭形铁芯）

scanpath 扫描途径

scansion (1) 图像分解，析像；(2) 扫描

scant (1) 不足的，不够的，缺乏的，欠缺的；(2) 次材；(3) 使不足，减少，限制

scantle (1) 一小部分；(2) 测石板瓦用的量规

scantling (1) 样板草图，样本草图，略图；(2) 样品，标品；(3) 材料尺寸；(4) 小木料，小石料；(5) 一点点，少量

scantlings (1) 小方材；(2) 小特厚板；(3) 下脚料，小料；(4) 船材尺寸

scape 柱身

scapple 削平

scar (1) 裂痕，伤痕，凹痕，刀痕，瘢痕，痕迹；(2) （钢锭的）斑疤，炉疤；(3) （化铁炉中的）凝结物，炉渣，硬渣

scarce (1) 缺乏的，不足的；(2) 稀有的，稀少的，罕见的，难得的

scarce book 珍本

scarce metal 稀有金属

scarcely (1) 几乎没有，简直没有，简直不，几乎不，不至于；(2) 不充分地，稀罕地，不足；(3) 还不到，仅仅，刚刚；(4) 勉强，好容易 [才]；(5) 决不

scarcely any 几乎没有，简直没有

scarcely ever 几乎从不，极难得，偶然，极少

scarcely less 简直一样，简直相等

scarcement 梯架，壁阶

scarcity 供不应求，缺乏，不足，稀少

scarf (1) 嵌接 [片]，榫接；(2) [斜嵌] 槽；(3) 斜接口，割口，切口，截面，斜面，斜角，凹槽

scarf connection 斜嵌连接

scarf joint (1) 斜口接合，嵌接；(2) 楔面接头，斜接接头

scarf planer 斜口刨床

scarf weld 嵌焊

scarf welding 斜面焊接

scarfer (1) 火焰清理机，钢坯烧剥器；(2) 嵌接片，嵌接头；(3) 铲疤工

scarfing (1) 嵌接；(2) 斜划槽；(3) 表面缺陷清除，火焰清理，烧剥，气割，气刨；(4) 割口，切口

scarfing dock 烧剥室

scarfing half and half 对半嵌接，嵌接各半

scarfweld 斜面焊接，嵌焊

scarifier 翻路机，耙松机，松土机

scarifier attachment 松土设备

scarifier plough 松土犁，翻路犁

scars （化铁炉中的）冻结物

scatter (1) 散射，散布，分散，分布，扩散；(2) 分散器；(3) 分散度

scatter band 散射频带，散布区，分散带

scatter-bomb 散射燃烧弹，开花炸弹

scatter diagram （试验结果）散布图

scatter of material performance 材料性能分散度

scatter of points （曲线图）点的分布，点的散布

scatter-read 分散读出，分散读取

scatter read 分散读入，分散读取

scatter-read/gather-write 分散读取 / 集合写入

scatter read/write 分散读写

scatter reloading pattern 交替式再装载图形，交替式再换料图形

scatter trap 散射阱

scatterance 散布，散射

scattered 散布的，散射的，漫射的，弥散的，扩散的

scattered covering 散布覆叠

scattered electron 散射电子

scattered light 散射光

scattered power 散射功率

scattered reflection 扩散反射

scattered set { 数 } 无核集

scattered wave 散射波

scatterer 散射物质，散射体，散射主

scattergram （试验结果）分布图，散布曲线，相关曲线

scattergun 散弹猎枪，猎枪

scattering 散射，散布，分散，扩散

scattering coefficient 散射系数

scattering-in 内部散射

scattering law 散射定律

scattering of light 光的散射

scattering of "window" 金属片雷达干扰法（用投掷金属片方法对雷达制造干扰）

scattering region 散射区域

scatterometer 散射仪

scavenge (1) 打扫，清洗，清除，扫除，吹除，扫选，净化，纯化，精炼，除垢；(2) 换气，扫气，回油；(3) 从废物中提取有用物质，利用废物

scavenge oil (1) （轴承）回油；(2) 废油

scavenge pipe (1) （内燃机）回油管；(2) 吹气管，清洗管

scavenge port 换气口

scavenge return pipe 回油管

scavenger (1) 电荷捕捉剂，精炼加入剂，清除剂，净化剂，纯化剂，脱氧剂，除气剂；(2) 清除机，清除器，净化器；(3) 换气管

scavenger fan 排气风扇，换气扇

scavenger pipe 排出管

scavenger pump 扫线用泵，换气泵，清洗泵，回油泵

scavenging 清除，清扫

scavenging air 除垢空气，换气

scavenging blower 清除鼓风机

scavenging machine 清扫机

scavenging pump 扫线用泵，清洗泵，换气泵，扫气泵，回油泵，清除泵，抽出泵

scavenging with gas 气体清除

scenioscope 一种亮度为 100 勒克司下工作的电视发送管，超光电摄像管，景像管

scenioscope machine 布景机（利用放映机和幻灯机配合的电视摄像装置）

scenograph 透视图

scenography 透视图法

scentometer 气味计

sceptre brass 王笏黄铜（铜 61,7-64.5%，锌 33-35.9%，铝 1%，铁 1-1.5%，铅 0-0.07%，锡 0-0.045%）

sceptron (1) 声频滤波器；(2) 谱线比较式图像识别器，频谱比较识别器

scfd 锡特（标准立方英尺 / 天）

scfm 锡姆（标准立方英尺 / 分）

Sch. No. (=schedule number) 表示管壁厚度系列（耐压力）的号码

schamotte （德）耐火粘土

schedule (1) 程序表，计划表，进度表，调度表，图表，表格，表；(2) 时间表；(3) 一览表，明细单，清单，目录；(4) [预订] 计划，进度，进程，日程；(5) 工艺过程，程序，规范，大纲，方案；(6) 状态，方式

schedule compliance evaluation (=SCE) 进度表符合程度鉴定

schedule control (1) 预定输出控制，预定输出调节，进度控制；(2) 工程管理

schedule drawing 工序图，工程图

schedule engineering time 排定的工程时间

schedule into production (=SIP) 列入生产计划

schedule method 图表法

schedule number (=Sch. No.) 表示管壁厚度系列（耐压力）的号码

schedule of construction　施工进度表,建筑一览表
schedule of payment　付款清单
schedule of periodic tests　定期测试时间表
schedule of quantities　数量清单
schedule of terms and conditions　收费率表
schedule of usual tare weights　皮重清单
schedule speed　记入一览表的速度,表定速度
schedule time　预定时间
schedule visibility system (=SVS)　程序表可见性装置,时刻表可见性
　装置,进度表可见性装置
schedule weight　额定重
scheduled (=Scd)　按时间表规定的,预排定的,计划的
scheduled completion date　计划完工日期
scheduled maintenance　计划维修
scheduled outage　计划停电
scheduler　(1) 调度程序,调度器;(2) 程序机 (专门用在生产上的一
　种计算机);(3) 生产计划员
scheduler program　调度程序
scheduling　(1) 编制计划,编制时间表,编制进度表;(2) 程序,工序;
　(3) 调度,安排,计划,规划
scheduling and control by automated network system (=SCANS)　用
　自动化网络系统进行调度和控制
scheduling control automation by network system (=SCANS)　网络
　系统自动程序控制
scheduling information bulletin (=SIB)　定期情况汇编,定期情况报告
scheduling system　调度系统
schema　(复 schemata) (1) 大纲,概要,摘要,方案,规划;(2) 图解式,
　略图
schematic (=SCEM)　(1) 原理图,示意图,简图,略图;(2) 图解;(3)
　图解 [式] 的,示意的,概略的,简略的,简要的
schematic circuit　线路原理图
schematic cross section　示意剖面图
schematic diagram　(1) 示意图 [解],略图,简图;(2) 原理图
schematic drawing　(1) 示意图 [解],略图,简图;(2) 原理图
schematic drawing of harmonic gear drive　谐波齿轮传动原理图
schematic method　图解法
schematic models　图表模型
schematic storage map　存贮分配图式
schematically　用示意图,用图解法,示意地,大略地
schematization　系统化,公式化,规划,设计
schematize　把……系统化,用一定程式表达,按计划行事,照公式安排
schematogram　用轮廓描绘器描下的图形
schematograph　视野轮廓测定器,轮廓描绘器
scheme　(1) 计划,方案,设计,策划,安排,配置,布置,配合,组合;(2)
　设计图表,计划图表,线路图,接线图,示意图,平面图,设计图,流程图,
　系统图,轮廓图,图表,图解,图式,略图,草图,图表;(3) 系统,体制;
　(4) 电路系统;(5) 方式,型式,模式;(6) 大纲,概略,摘要
scheme of things　事物的规律,物质的概念
scheme of wiring　(电气) 安装图,布线图,接线图
schemer　计划者,规划者
scheming　计划的
schlicht function　单叶函数
schlieren　(1) 纹影仪;(2) 暗线照相;(3) (照相的) 条纹
schlieren mirror　纹影设备镜
Schmidt camera　施密特照相机
Schmidt circuit　施密特电路
Schmidt motor　施密特油塞液压马达
Schmidt toggle circuit　施密特触发电路
Schmidt trigger　施密特触发器
Schmidt trigger circuit　施密特触发电路
Schnorkel　(1) 潜水呼吸管,潜水罩;(2) (潜艇) 柴油机通气管工作
　装置
Schockley diode　肖克莱二极管
school map　教学图
school plane　教练机
Schoop process　(用压缩空气) 斯库普法喷镀,金属喷镀
Schottky barrier diode (=SBD)　肖特基势垒二极管,金属半导体二极管
Schottky barrier field effect transistor (=SBFET)　肖特基势垒场
　效应晶体管
Schottky effect　肖特基效应,散粒效应
Schottky emitter type transistor　肖特基发射极型晶体管
Schottky transistor-transistor logic (=STTL)　肖特基晶体管 - 晶体
　管逻辑
Schrage motor　施拉吉电动机,三相并励换向电动机

Schromberg alloy　施罗莫伯格锌基合金
schubweg　移动距离
Schuermann cupola　肖尔曼式热风冲天炉
Schuermann furnace　肖尔曼式热风冲天炉
Schulz alloy　舒尔茨锌基轴承合金 (锌 91%,铜 6%,铝 3%)
schwingmetall　施温橡胶 - 钢板粘合工艺
sciagraph　房屋纵断面图,投影图
sciagraphy　(1) X 光照相术,投影法;(2) 房屋纵断面图
science (=sc)　(1) 科学,学科;(2) 科学研究,理论知识;(3) 自然科
　学学科,理学;(4) 技术,科技
science building　科学馆
science of advanced materials and process engineering (=SAMPE)
　高级材料与加工工程科学
science-oriented　根据科学研究成果制成的
science record　科学记录
sciential　[有] 知识的
scientific　(1) 应用科学的,用技术的,科学的,学术的;(2) 有系统的;
　(3) 技巧的
scientific advisory board (=SAB)　(美) 科学咨询委员会
scientific calculation　科学计算
scientific commission　科学委员会
scientific commission on problems of environment (=SCOPE)　环境
　问题科学委员会
Scientific Committee on Oceanic Research (=SCOR)　海洋研究委员会
scientific computer　科学 [用] 计算机
scientific computing　科学计算
scientific computing laboratory work request (=SCLWR)　科学计算
　实验室工作要求
scientific data processing　科学数据处理
scientific effort　科研工作
scientific experiment　科学实验
scientific facility　科研设备
scientific instrument　科学仪器
scientific language　科学计算语言
scientific payoffs　科研成果
scientific research(es) (=SR)　科学研究
scientific research laboratory (=SRL)　科学研究实验室
scientific research proposal (=SRP)　科学研究建议
scientific research society (=SRS)　科学研究学会
scientific satellite　科学卫星
scientific subroutine　科学子程序
scientific subroutine package　科学子程序包
scientific symposium　科学讨论会
scientific terminology　科学术语
scientifically　科学上,学术上,科学地
scientificalness　科学性
scientifico　科学工作者
scientism　科学方法,科学态度
scientist　科学家
scinticamera　闪烁照相机
scinticounting (=scintillation counting)　(1) 闪烁计数;(2) 用闪烁的
　方法测量放射性
scintigram　闪烁曲线,闪烁图,扫描图
scintigraph　闪烁扫描器
scintigraphy　闪烁扫描术,闪烁扫描,闪烁摄影,闪烁照相 [法]
scintilla　(1) 闪烁;(2) 火花,火星,形迹;(3) 一点点,少量,微量;(4)
　微分子
scintillance　火花
scintillant　(1) 闪烁材料;(2) 闪烁体
scintillascope　闪烁计
scintillate　发火花,闪烁,闪光
scintillating beacon　闪烁信标
scintillation　(1) 闪烁现象,闪烁;(2) 调制引起的载频变化;(3) 起伏
scintillation counter　闪烁计数器,闪烁计数管
scintillation detector　闪烁检测
scintillation fading　调制引起的载频衰落,起伏衰落
scintillation scanner　闪烁扫描器
scintillation screen　闪烁屏
scintillation spectrometer (=SS)　闪烁分光计,闪烁谱仪
scintillator　(1) 闪烁器,闪烁仪,闪烁体,闪烁剂;(2) 闪烁计数器中
　的液体、晶体或气体
scintillometer　闪烁计数器,闪烁计
scintilloscope　闪烁镜,闪烁仪
scintilogger　闪烁测井计数管

scintipan 一种包装在塑料套内的干燥混合物, 溶解后可制闪烁溶液
scintiphotogram 闪烁照相图
scintiphotography 闪烁照相术
scintiscan 闪烁扫描, 闪烁图
scintiscanner 闪烁扫描器
scintiscanning 闪烁扫描, 闪烁图术
scissel 切屑
scission (1) 裂开; (2) 切开, 切断, 割断, 剪断, 剪裂; (3) 裂变
scissor (1) 剪下来, 剪开, 剪断, 剪; (2) 削减; (3) 删除
scissor jack 剪式千斤顶
scissor-tailed 燕尾的
scissoring (1) 剪切; (2) (复) 剪下来的东西, 剪存的资料
scissors (1) 剪刀, 剪子; (2) (起落架的) 剪形装置
scissors bonder 剪刀结合器
scissors junction 锐角交叉
scissors truss 剪式桁架
scissure (1) 切口; (2) 裂缝
sclero- (词头) 硬
sclerometer 肖氏硬度计, 回跳硬度计, 划痕硬度计, 测硬计, 硬度计
sclerometer test 肖氏硬度试验
sclerometric hardness 肖氏硬度 [值]
Scleron 司克莱龙铝基合金
scleroscope 肖氏硬度计, 回跳硬度计, 测硬器
scleroscope hardness (=SH) 肖氏硬度, 回跳硬度
scleroscope hardness test 肖氏硬度试验
scleroscopic 硬度计的, 测硬度的
scleroscopic hardness 回跳硬度
sclerose 使硬化, 变硬
sclerosis (复 scleroses) 硬化
sclerosphere 硬质圈, 硬球层
scobs 锯末, 锯屑, 刨花, 锉屑
Sconce (1) 孤立防御工事; (2) 防护盖; (3) 防护幕
scone 锭剂
scoop (1) 长柄大勺子, 勺, 杓, 斗; (2) (型砂用) 汤匙形镘刀, 收集器, 深铲, 铲斗, 戽斗; (3) 带铲形反射镜的泛光照明设备; (4) 凹处, 洞, 穴, 口; (5) 用勺取出, 挖空
scoop-channel 斗式水槽
scoop dredge 斗式挖泥机, 杓式挖泥机
scoop dredger 斗式挖泥机, 杓式挖泥机
scoop feeder 翻斗加料器, 戽斗式进料器, 进料斗
scoop in 舀进
scoop light 杓状聚光灯
scoop out 用杓取出
scoop shovel 铲斗挖土机, 杓铲
scoop up 铲掘
scoop-wheel 扬水轮, 疏浚轮
scoop wheel 扬水轮
scoop wheel pump 斗轮泵
scoop with fluid drive 液压传动斗
scooper (1) [翻] 斗式升运机; (2) 戽斗, 铲斗
scoot (1) 劣质硬木; (2) 废木料
scooter (=SCTR) (1) 小型摩托车, 踏板车; (2) 一种单柄单铲的犁, 窄式开沟犁; (3) 绳拉机械拖斗; (4) 喷水炮; (5) 注射器
scop (1) 显微镜 (=microscope); (2) 示波器 (=oscilloscope)
scope (1) 阴极射线管, 电子射线管, 显示器, 指示器, 示波器; (2) 观测望远镜, 观测设备; (3) 雷达平面位置, 范围, 领域, 广度, 眼界, 视界, 见识, 视野, 目标; (4) 余地; (5) {数} 作用域, 工作域, 原域
scope and range 范围
scope of application 应用范围
scope of examination 检查内容
scope of name {计} 名字作用域
Scophony 史柯风电视系统
Scophony television system 史柯风电视系统, 史柯风电视装置, 电视光 - 机械系统
scopometer 视测浊度计
scopometry 视测浊度测定法
scorch (1) 表面烧伤, 烧焦, 烧毁, 烤焦, 灼伤; (2) (橡胶) 过早熟化, 焦化; (3) (汽车) 开足马力跑, 高速行驶, 飞跑
scorch-pencil 炭笔, 烧画笔
scorched rubber 早期熟化橡胶
scorcher (1) 极热的东西; (2) 烤铅版字模的加热装置; (3) 高速行驶的驾驶员
scorching (1) 疾驰; (2) 过早硫化, 烧焦, 弄焦, 熔烧, 煅烧, 烧结, 炭化; (3) 自动换电极; (4) 横晶, 穿晶; (5) 极热的, 灼热的

score (1) 刻痕, 划痕, 伤痕, 截痕, 凹痕, 线痕; (2) 不平滑, 裂缝; (3) 打记号, 划线; (4) 计算; (5) 划线用两脚规, 划线脚; (6) 账目, 欠款; (7) 理由, 根据, 缘故; (8) 用数字表示的质量等级
score cutter 截纸机
score mark 砍印
score off 打败, 驳倒
score out 划掉, 删去
score over 打败, 击败
scored pulley 槽轮
scored surface 胶合表面, 粘着撕伤面, 刻槽表面, 粗糙表面
scored tile 有槽空心砖
scorer (1) 刻痕工具; (2) 刻痕者
scoria (1) 炉渣, 熔渣, 矿渣; (2) 金属渣, 熔析渣, 铁渣
scoriated 成熔渣的
scorification 渣化法, 铅析法, 烧熔, 烧融, 结渣
scorifier 试金坩埚, 渣化炉, 渣化皿
scoriform 熔渣形的, 渣状的
scorify (1) 锻烧; (2) 用烧熔析出, 析取; (3) 烧熔成渣, 煅烧试样, 造渣
scoring (1) 胶合; (2) 粘着撕伤, 刮伤, 划痕, 刻痕; (3) 作记号, 划线; (4) 计算
scoring line 粘 [着] 撕 [伤] 线, 胶合线
scoring load 胶合载荷
scoring load limit 胶合载荷极限
scoring phenomenon 胶合现象
scoring resistance 抗胶合能力
scoring stress 胶合应力
scoring susceptibility (表面) 易胶合性
scoring test 粘着撕伤试验, 刻痕硬度试验, 胶合试验, 划痕试验
scoring wear 胶合磨损
Scot type clutch 斯考特磁粉离合器
Scotch crank 苏格兰曲柄 (用于往复式蒸汽泵)
scotch (1) 刻痕, 擦伤; (2) 切口; (3) (车轮的) 止转棒, 制动棒; (4) 刹车底片, 挡车器, 停车器, 制动楔, 制动蹄; (5) 压碎; (6) 刹车, 制动; (7) 加刻痕于, 轻切
scotch block 制动块
scotch club cleaner 弧形底脚修型笔
scotch hands 黄油搅拌板
scotch light 反射光线
scotch tape 透明胶带
scotch yoke 止转棒轭, 停车器轭, 挡车轭
scotchlite 一种反射玻璃材料类粘合剂, 酚醛 - 丁腈类粘合剂
scotchweld 酚醛 - 环氧树脂, 酚醛 - 丁腈类粘合剂
scotograph X 射线照片
scotography X 射线照相, 暗室显影 [法]
scotometer 视测浊度计, 目场计
scotophor 暗迹粉, 斯考脱弗尔 (一种在电子轰击下变暗的物质)
scotopic 微光的, 暗视的
scotopic vision 微光视觉, 暗视觉, 夜视
scott connection (把三相电变为二相电的) 斯柯特接线法
scottsonizing 不锈钢表面硬化法
scour (1) 擦亮, 擦光, 擦净, 擦洗, 擦掉, 擦伤; (2) 洗刷, 洗涤, 洗净, 洗去, 冲洗, 冲刷, 酸洗, 打磨, 磨损, 清除, 净化; (3) 侵蚀, 腐蚀, 烧蚀; (4) 搜索, 搜寻, 巡逻; (5) 除垢剂
scour about for 搜索, 追寻
scour after 搜索, 追寻
scour along 搜索, 跑过
scour away 擦掉, 擦净, 擦去
scour off 擦掉, 擦净, 擦去
scour out 擦掉, 擦净, 擦去
scour prevention 防冲设备
scour speed 冲刷速度
scourage 洗余水, 洗剩液
scourer (1) 洗刷器; (2) 谷物脱皮机, 风谷机, 去壳机, 打光机
scouring (1) 清洗, 打磨, 擦光, 擦净, 冲刷; (2) 侵蚀
scouring abrasion 刮伤磨料磨损, 擦伤磨损
scouring machine 清洗机, 冲洗机, 擦光机
scoury slag 玻璃状炉渣
scout (1) 侦察船; (2) 侦察 [飞] 机; (3) 侦察火箭; (4) 侦察员, 侦察兵; (5) 侦察, 侦探, 勘探, 搜索, 巡逻
scout-bomber 巡逻轰炸机
scout-cruiser 侦察巡洋舰
scout sheet listing 调查记录, 查勘记录
scouting 探测, 勘察

scouting plane　侦察机

scoutplane　侦察机

scove　泥封

scove kiln　泥封窑

scow　(1) 敞舱驳船；(2) 大型平底船，方驳；(3) 渡船；(4) 竞赛用帆船；(5) 耙斗

scragging　(车架及机车弹簧的) 冲击载荷试验

scram　(1) 自动刹车，紧急刹车，故障停车，紧急停车，急停；(2) 迅速停止反应堆，迅速关闭反应堆，快速断开

scram rod　安全棒，事故棒

scramble　(1) 爬，攀；(2) (命令截击机) 紧急起飞，抢，夺；(3) 改变频率使通话不被窃听，扰频，倒频；(4) {计} 量化，编码；(5) 使混杂，搅乱，混乱

scramble time　零星量化时间，零星编码时间

scramble through　设法勉强通过

scrambled image　失真图像

scrambler　(1) 搅拌器，振动器；(2) (脉冲) 量化器，编码器，扰频器，倒频器，保密器；(3) 话音倒置器

scrambler circuit　保密倒频电路

scramjet　超音速燃烧冲压式发动机

scrap　(1) 碎片，碎屑，切屑，刮屑，铁屑；(2) 生产废料，边角料，废金属，废铸件，回炉料，废铁，废料，废品，废渣；(3) 废弃 [的]，报废的，片断的，剩余的

scrap baller　废铁压块压力机

scrap balling press　废铁压块压力机

scrap build　设备改装，改新

scrap chopper　碎边剪切机

scrap cutter　废料切断装置，废料切断器，断屑器

scrap-heap　废物堆，废料堆，渣子堆

scrap iron　废铁，铁屑

scrap lead　碎铅

scrap metal　废金属

scrap press　废料压块压力机

scrap shear　废钢剪床

scrap returns　废钢回收，回炉废料

scrap shear　废钢剪切机，废钢剪床

scrape　(1) 刮削，刮研，刮坏，削去，擦去，挖出，挖空；(2) 刮痕，擦伤，摩擦；(3) 刮擦声

scrape against　擦过

scrape along　勉强通过，擦过

scrape away　刮去，削去，擦去

scrape down　弄平

scrape off　刮去，削去，擦去

scrape out　刮去，削去，擦去，挖空，挖出

scrape past　擦过

scrape through　好容易完成

scraper　(1) (活塞) 油环；(2) 三角刮刀，刮削器，刮除器，刮刀，削刀；(3) 刮板，(4) 铲运机，铲土机，平土机，刮土机，刮泥机，刮泥器，刮泥板；(5) 电耙，扒矿机；(6) 通管器，除屑器；(7) 刮工；(8) 消字器，橡皮擦

scraper-bar　刮板

scraper blade　铲运机铲刀，刮刀

scraper chain conveyer　链式刮板运送机，链式刮土运输机

scraper conveyer　(1) 刮板式输送带；(2) 刮板式输送机，刮板式输送机

scraper hone　刮刀磨石

scraper loader　刮板式装填器，耙斗运载机

scraper pan　刮土戽斗，铲斗

scraper-planer　耙式刨煤机

scraper ring　刮油涨圈，刮油圈，刮油环

scraper-through conveyor　槽形刮板式输送带

scraping　刮削，刮面，刮研

scraping apparatus　铲刮器械，刮管器

scraping belt　带刮板的输送带，(刮板运输机的) 链板

scraping cutter　刮刀

scraping iron　(1) 刮刀；(2) 刮研产生的铁屑

scraping out cutter　拉刀

scraping ring　刮油胀圈，刮油环

scrapless　(1) 无屑的，无碎片的；(2) 无渣的；(3) 无废料排样

scrappage　(1) 废物，废材；(2) 报废率

scrappy　碎屑的，零碎的，剩余的

scratch　(1) 擦伤，擦痕，刮痕，刻痕，槽痕，划痕，抓伤；(2) 刻线，标线；(3) (由于接触不良的) 喀啦声

scratch awl　划针

scratch board　刮板

scratch brush　金属丝刷，钢丝刷

scratch coat　(涂灰) 打底

scratch file　过期文件

scratch filler　唱针沙音滤除器，唱机沙声抑制器

scratch-hardness　划痕硬度

scratch hardness　刮痕硬度，划痕硬度，刻痕硬度

scratch hardness test　刮痕硬度试验

scratch hardness tester　刮痕硬度试验机

scratch lathe　磨光旋床，擦光机

scratch mark　槽痕，擦痕，划痕

scratch noise　唱针噪声

scratch oil test　油蚀性的测定

scratch-pad memory　高速暂存存储器，便笺式存储器

scratch pad memory (=SPM)　高速暂存存储器，便笺式存储器

scratch recorder　划针式记录器

scratch start　起弧，点弧

scratch tape　暂存带

scratch template　钉刮样板

scratch test　划痕 [硬度] 试验，槽痕试验

scratchbrush　钢丝刷

scratchbrusher　钢丝刷机

scratching　(1) 划痕；(2) 刮痕；(3) 擦伤

scratchpad　高速暂存贮器

scream　(1) 发尖声；(2) 振动，振荡

screaming　(1) 发尖声的；(2) 高频不稳定性

screaming-meamy　[德国] 六管火箭炮

screech　(火箭或涡轮发动机中发生的) 振荡燃烧

screeching　发动机啸声

screeching combustion　高频振荡燃烧

screeching halt　急刹车

screed　(1) (瓦工用的) 样板，刮板，准条，整平板，匀泥尺；(2) 找平层，砂浆层；(3) 裂片，布条，条，带

screed board　样板

screed board vibrator　(1) 样板式振动器；(2) 振动样板

screen　(1) 粗眼筛，筛子；(2) 筛选，过筛；(3) 过滤器，过滤网，滤网，滤膜；(4) 挡板；(5) 荧光屏，投影屏，屏幕，屏蔽；(6) 遮光板，闸板，隔离罩；(7) 整流栅，屏蔽极，帘栅极，屏栅，栅极；(8) 滤光镜，滤光器；(9) 网板，光栅

screen absorptance　屏幕吸收比

screen actinic efficiency　屏蔽的光化效率

screen afterglow　荧光屏余辉

screen analysis　砂子粒度分析，筛分析，筛分

screen aperture　筛孔

screen boost coil　帘栅极升压线圈

screen burning　荧光屏烧毁

screen-bypass　帘栅极旁路 [电容]

screen bypass　屏栅极旁路电容器

screen centrifuge　筛网离心机

screen color　荧光屏颜色

screen constant　屏蔽常数

screen control　荧光屏辉光控制

screen conveyor　网状输送机，网状输送器

screen distortion　帘形失真

screen door　屏蔽门

screen efficiency　筛选效率

screen electrode　屏蔽电极

screen glass　投影屏玻璃

screen-grid　屏栅极

screen grid (=SG)　帘栅极，屏栅极

screen-grid amplifier　帘栅管放大器

screen-grid modulation　帘栅调制

screen grid power tube　四极功率放大管，屏栅功率管

screen-grid thyratron　帘栅闸流管

screen-grid tube　帘栅管

screen illumination ratio　屏幕照度比

screen intensity　屏幕亮度

screen mesh　筛号网目，筛孔，筛眼，筛号

screen opening　筛孔，筛眼

screen persistance　荧光屏持久性

screen pipe　筛滤管

screen plate　网状滤片，过滤板，筛板

screen potential　屏蔽电位

screen print (=SNPR)　网板印刷，丝网印刷

screen printing　网板印刷术，丝网印刷术

screen-reflector　金属网反射器
screen residue　筛余，筛碴
screen sector　荧光屏阴影区 (扇形阴影)
screen sheet　投影片
screen size　筛号
screen size gradation　筛分级配
screen size television　大屏幕电视，投影电视
screen speed　荧光屏响应速度
screen tailings　筛余，筛屑
screen test　(1) 筛选试验，筛分试验；(2) (电影) 试镜
screen-throughs　筛屑
screen tube　屏蔽电子管，捕渣管
screen voltage　帘栅电压，屏栅电压
screen voltage control　帘栅 [电] 压控制
screen width　荧光屏宽度
screenage　屏蔽，影像
screened　(1) 遮蔽的；(2) 筛过的；(3) 部分屏蔽的，部分封闭的
screened antenna　屏蔽天线
screened-conductor cable　屏蔽电缆
screened tube　屏蔽电子管
screener　(1) 筛分机；(2) 筛分工；(3) 筛
screenerator　筛砂松砂机
screening　(1) 遮护；(2) 筛选，过筛；(3) 屏蔽，隔离，遮蔽
screening angle　屏蔽角
screening box　屏蔽箱，屏蔽盒
screening can　屏蔽外壳，屏蔽罩
screening constant　屏蔽常数
screening device　筛机
screening effect　屏蔽效应
screening inspection　逐个检查
screening installation　筛选设备，筛分设备
screening machine　筛选机，筛机
screening material　屏蔽材料
screening plant　筛分设备，筛分工场，筛石厂
screening procedure　(1) 筛选程序；(2) (零件) 分级程序
screening surface　筛子有效面积
screening test　筛选试验
screenings　筛下产品，筛余物，筛下物
screenwell　滤网井
screenwork　格架
screw (=sc)　(1) 螺钉；(2) 螺杆；(3) 螺旋，螺丝，螺纹，螺孔；(4) 螺旋丝杠，(5) 螺旋桨，(6) 虎钳，(7) 螺旋输送机，起重器，千斤顶；(8) 叶片；(9) 螺旋运动，刻螺纹
screw action　(钢丝绳的) 捻旋作用
screw and nut drive　丝杠螺母传动
screw and nut drive mechanism　丝杠螺母传动装置
screw and nut mechanism　丝杠螺母传动机构
screw-and-nut steering　螺旋转向装置，丝杠螺母式转向装置，螺杆螺母式转向器
screw and nut transmission　丝杠螺母传动机构
screw antenna　螺旋形天线
screw arbor　螺杆
screw auger　(木工用) 麻花钻，螺旋钻
screw axis　螺旋轴 [线]
screw-base　螺钉座，螺钉脚
screw base　(1) 螺旋管座，螺钉座；(2) 螺旋式灯座，螺丝灯座
screw belt　螺钉带
screw belt fastener　螺钉带扣
screw blade　螺旋刀片
screw blank　螺钉坯件
screw block　螺旋顶高器，千斤顶
screw bolt　全螺纹螺栓，螺栓，螺杆
screw box　螺丝盒
screw brake　螺旋制动器，螺杆制动器，螺杆闸
screw-cap　(1) 螺丝灯头，螺口灯头；(2) 螺旋盖，螺旋帽
screw cap　(1) 螺钉螺母，螺钉帽，螺旋帽；(2) 带螺纹的盖，螺旋盖；(3) 螺扣灯头，螺旋灯头，螺丝灯头
screw capstan head　蜗轮式闸门启闭机，螺旋杆启闭机
screw chain　螺旋链系
screw chasing dial　螺纹指示盘，乱扣盘，牙表
screw chasing machine　螺纹切削机，螺丝车床，制螺旋机
screw chip conveyor　螺旋式排屑装置
screw chuck　螺旋卡盘
screw clamp　螺丝夹钳，螺旋夹

screw coil　螺旋线圈
screw collar　环状螺母，螺旋环
screw compressor　螺旋压气机
screw conveyer 螺旋输送机
screw conveyor　螺旋式输送机
screw coupler　螺旋车钩
screw coupling　(1) 螺旋联轴节，螺旋联结器；(2) 螺旋螺套
screw cutter　螺纹铣刀
screw cutting　螺纹切削，螺纹车削
screw cutting lathe　螺纹车床
screw cutting machine　螺纹切削机，螺纹加工机，螺丝车床，螺纹车床
screw cutting tool　螺纹车刀
screw-decanter　螺旋倾析器
screw diad　二重螺旋轴
screw die　螺丝绞板，螺丝钢板，螺丝板牙，板牙
screw differential　蜗杆差动装置
screw differential set　螺旋式差动装置
screw dislocation　螺旋错位，螺型位错
screw displacement　位移
screw down　用螺旋拧紧，用螺钉钉住，用螺钉固定，拧紧，压下，旋下
screw-down mechanism　压下机构
screw-down stop valve　螺杆向下止动阀
screw drive　(1) 螺杆传动，丝杠螺母传动；(2) 蜗杆蜗轮传动
screw-driven　螺杆传动
screw-driven planer　螺杆传动刨床，丝杠式刨床
screw-driven planing machine　螺杆传动刨床
screw-driven shaper　螺杆传动牛头刨，丝杠式牛头刨
screw-driven shaping machine　螺杆传动牛头刨
screw-driven slotter　螺杆传动插床，丝杠式插床
screw-driven slotting machine　螺杆传动插床
screw-driver　螺丝起子，螺丝刀
screw driver　螺丝起子，螺丝刀，改锥，旋凿
screw driver slot　螺丝刀槽，起子槽，改锥槽
screw elevator　螺旋提升器
screw extractor　断螺钉取出器，螺钉拆卸器，起螺丝器
screw extruder　螺杆挤压机，螺旋挤压机，螺旋压出机
screw-eye　螺丝眼，螺旋眼
screw eye　螺丝眼
screw fastener　螺钉扣
screw fastening　螺钉扣紧，螺纹锁
screw feed　螺旋进给
screw feeder　螺旋给料器，螺旋推进器，螺旋进给装置，螺杆加料器，蜗杆加料器
screw flange　螺栓连接法兰，栓接法兰
screw flange coupling　螺钉凸缘联轴节
screw flight　螺纹 [齿]
screw ga(u)ge (=SG)　螺纹量规，螺纹规
screw-gear　(1) 螺旋齿轮；(2) 螺轮联动装置
screw gear　交错轴斜齿轮，螺旋齿轮
screw-gear universal testing machine　交错轴斜齿轮万能试验机，螺旋齿轮万能试验机
screw gearing　交错轴斜齿轮传动 [装置]，螺旋齿轮传动 [装置]
screw grinder　螺丝磨床，螺纹磨床
screw head　螺钉头，螺丝头
screw helicoid　阿基米德螺旋面，轴向直廓螺旋面 (蜗杆轴向截面内具有直线齿廓的螺旋面)
screw hexad　六重螺旋轴
screw-holder　螺丝灯头
screw hole　螺钉孔，螺旋孔
screw impeller　螺旋式搅拌叶轮
screw-in　拧入式的，拧进去的，旋入的
screw in　拧进去，拧入
screw in compression　止动螺钉，压紧螺钉
screw-jack　螺旋起重机，螺丝千斤顶
screw jack　螺旋起重器，螺旋千斤顶
screw jaw　螺扣接杆
screw joint　螺扣接合杆
screw-joint coupling　螺丝套帽接头，螺丝套
screw key　螺丝扳手，螺钉扳手，螺旋键
screw lever　螺杆
screw lifting mechanism　螺旋提升机构
screw locking device　螺钉保险装置，螺钉锁紧装置
screw lubrication　螺旋 [油槽] 润滑
screw luffing gear　螺杆变幅装置

1254

screw machine 自动车床, 制螺钉机
screw micrometer 螺丝测微器, 螺纹千分尺
screw motion 螺旋运动
screw nail 螺钉
screw nut 螺母
screw nut and sector steering gear 螺杆螺母扇形转向器
screw of tangential cutter head 切向进刀刀架丝杠
screw off 拔螺丝, 起螺钉, 拧开
screw oil gun 螺旋式干油枪
screw on 拧上 [螺钉]
screw-on cutter 螺装铣刀
screw-operated tensional unit 螺杆张紧装置
screw out 拧出 [螺钉], 旋出
screw pair 丝杠螺母副, 螺旋副
screw pin 螺旋销
screw pin for tuning 调谐销钉
screw-pitch 螺距, 螺节
screw pitch 螺距
screw-pitch ga(u)ge 螺纹量规, 螺距规
screw plate 螺旋板牙, 搓丝板, 板牙
screw plug (1) 螺丝插塞, 螺丝闷头, 螺旋塞; (2) 螺旋接线柱
screw-plug fuse 旋入式保险丝
screw plug ga(u)ge 螺纹塞规
screw-press 螺旋压力机, 螺旋压榨机
screw press 螺旋压力机
screw pressure lubricator 螺旋压力注油器
screw-propeller 螺旋桨
screw propeller 螺旋桨
screw propulsion pull-slip curve 螺旋推进式车辆的牵引力 - 滑转曲线
screw pump 螺杆泵, 螺旋泵
screw punch 螺旋冲压机
screw rack 螺旋齿条, 斜齿条
screw ribbon conveyor 螺旋带式输送机
screw ring ga(u)ge 螺纹环规
screw rivet 螺旋铆钉, 螺纹铆钉
screw rod 螺杆, 丝杠
screw rod conveyor 螺杆式输送机
screw rolling machine 滚丝机
screw rule 螺旋定则
screw shackle 螺旋连接环, 螺纹联接环
screw shaft 螺旋轴
screw shank tool 螺旋手柄工具
screw shell (1) 螺旋套筒; (2) 灯头的螺口
screw-ship 用螺旋桨推进的船
screw-slot milling machine 螺钉头沟槽铣床
screw slotting cutter 螺钉头开槽铣刀, 螺旋开槽铣刀, 螺旋切槽铣刀
screw slotting milling cutter 螺钉头开槽铣刀, 螺旋开槽铣刀
screw snap ga(u)ge 螺纹卡规
screw-socket (1) 螺丝套筒; (2) 螺口插座, 螺丝口
screw-socket 螺旋口灯座, 螺口插座, 螺口灯座, 螺丝灯座
screw spanner 螺旋扳手
screw spike (1) 螺丝钉, 木螺钉; (2) 螺旋道钉, 螺纹道钉
screw spindle 螺纹轴 (如丝杠)
screw spreader 螺旋传送器
screw stay 螺栓撑条, 螺旋撑条
screw steel 螺钉钢, 螺丝钢
screw stem 螺杆
screw stock (1) 螺钉棒料; (2) 丝锥扳手, 螺丝板把手, 板牙架
screw stud 柱螺栓, 螺柱
screw swing angle 螺旋摆动角
screw swing mechanism 螺旋摆动机构
screw takeup 螺旋张紧装置
screw tap 螺丝口龙头, 螺丝攻, 丝锥
screw template 螺纹样板
screw tetrad 四重螺旋轴
screw-thread 螺纹
screw thread 螺纹 [牙]
screw thread bush 螺纹衬套
screw thread fit 螺纹配合
screw thread form 螺纹扣形
screw thread ga(u)ge 螺纹规, 螺旋规
screw-thread micrometer 螺旋测微计
screw thread micrometer 螺纹千分尺, 螺纹千分表
screw thread miller 螺纹铣床

screw thread milling machine 螺纹铣床
screw thread rolling machine 螺纹滚轧机, 滚丝机
screw thread system 螺纹制
screw thread tool 螺纹刀具
screw tool 螺纹刀具
screw-topped 有螺旋盖的
screw triad 三重螺旋轴
screw tuner 螺杆调谐器, 螺旋式调谐器
screw-type 螺旋式的
screw type 螺旋式
screw-type coupling 螺旋式联结器
screw-type flowmeter 螺旋桨式流量计
screw-type stop 螺旋式限制器
screw-type take-up 螺旋式张紧装置
screw up (1) 拧紧 (螺纹); (2) 卷成螺丝状, 卷成螺旋形; (3) 扭歪
screw vent 螺杆通孔
screw vice 丝杠虎钳, 螺旋虎钳
screw vise 丝杠虎钳, 螺旋虎钳
screw wedge 丝杠调整楔, 丝杆调整楔
screw wheel 交错轴斜齿轮, 螺旋齿轮
screw wire 螺钉用钢丝
screw with diamond knurls 金刚石滚花头螺钉
screw with head 有头螺钉
screw with knurled head 滚花头螺钉
screw with straight-line knurls 直线滚花头螺钉
screw without nut 无帽螺钉
screw-wrench 螺丝扳手, 螺旋扳手, 活络扳手
screw wrench 活动扳手, 活络扳手, 螺旋扳手
screwdown 螺旋压下机构, 用螺丝拧紧
screwdown control 压下控制
screwdriver 螺丝起子, 螺丝刀, 改锥, 旋凿
screwdriver with voltage tester 试电笔
screwed 用螺钉拧紧的, 有螺纹的
screwed cap 螺钉螺母
screwed coupling 螺纹联轴器
screwed dowel 定缝螺钉
screwed hole 螺钉孔
screwed joint (1) 螺旋接合, 螺纹接合; (2) 螺 [纹套] 管接头, 螺 [丝套] 管接头, 螺栓接头
screwed pin 螺旋销, 螺纹销
screwed pipe 螺 [纹] 管
screwed pipe joint 螺纹管接头
screwed plug 螺 [纹] 塞
screwed sleeve 螺纹套筒, 螺纹套管
screwed socket 螺丝承窝
screwed socket joint 螺旋套管接合
screwed spindle 螺杆
screwed steel conduit 螺头钢导管
screwed valve 螺旋阀
screwfeed 螺旋进给
screwhead 螺钉头
screwing (1) 拧紧 (螺纹); (2) 螺纹加工, 螺纹切削
screwing chuck 螺丝钢板盘
screwing machine (1) 螺纹切削机, 螺纹车床; (2) 拧紧螺纹机
screwing stock 板牙扳手
screwing tool 螺纹 [加工] 刀具
screwplate 搓丝板
screwnail 带螺纹的钉子
screwstock 一种易切削的棒料, 螺钉条料
screwtap 螺丝攻, 丝锥
screwy 螺旋形的
scribble 潦草书写, 涂写, 乱写
scribbler 头道梳理机, 预梳机
scribe (1) 划线; (2) 划痕; (3) 缮写; (4) (木工) 雕合, 合缝; (5) 划线器
scribecoat 刻图膜
scriber 划线针, 划线器, 划针, 画针
scriber point 划线 [用] 侧块 (块规附件)
scribing 划线, 画线
scribing and breaking 划线折断法
scribing block 划针盘
scribing calipers 内外卡钳
scribing compasses 画线规
scribing plotting display 机电笔绘显示器

scribing tool　划线工具，划针盘

scrimp　(1) 过度缩小，过度减小；(2) 缩减；(3) 折皱，折纹

script　(1) 正本，原本，(2) 手写体，笔迹，手书；(3) (试验的) 答案；(4) 草书体铅字

scroll　(1) 平面螺旋线；(2) 涡；(3) 蜗杆，蜗壳，蜗 [形] 管；(4) 丝盘；(5) (离心泵或风机的) 蜗室；(6) 卷形物，卷轴

scroll case　蜗壳

scroll chuck　(平面螺旋式) 三爪自动定心卡盘，三爪卡盘

scroll cover　螺旋套

scroll directrix　{数} 涡卷准线

scroll gear　蜗 [形齿] 轮，平面螺旋槽轮

scroll lathe　盘丝车床

scroll milling　螺旋线铣削

scroll opener　蜗杆式开幅器，螺旋开布辊

scroll plate　丝盘

scroll-saw　云形截锯，线锯

scroll saw　钢丝锯，[曲] 线锯

scroll sawing machine　线锯床

scroll shaft　蜗形轴

scroll shear　蜗形管剪切机，蜗形剪床

scroll shears　蜗形剪床

scroll-wheel　蜗形齿轮，蜗轮

scroll-work　旋涡形饰

scrollhead　船首部雕刻装饰

scrub　(1) 洗涤，擦洗，刷；(2) 气体洗涤，涤气，洗气

scrubbed　(1) 精制的，精炼的，纯净的；(2) 劣等的

scrubber　(1) 涤气器，净气器，除气器，涤气塔；(2) 气体洗涤器，空气洗涤器，煤气洗涤器，洗涤塔，洗涤器；(3) 擦洗机，洗净机；(4) 圆筒形碎散机；(5) 洗皮机，(6) 旧砂湿法再生装置，旧砂再生机；(7) 清洁工，洗涤者

scrubbing　(1) (气体在洗气器中) 除尘，洗气，涤气，洗涤，洗净；(2) 刷去，擦掉，摩擦

scrubbing brush　硬毛刷

scrubbing unit　刷洗机

scruff　锡铁合金的机械性混合物，(镀锡槽内的) 氧化锡，浮渣，炉渣，锡渣

scruffy plate　镀锡薄板，锡污板

scrupulous　(1) 谨慎的，小心的；(2) 认真的，细心的，正确的，彻底的

scrutable　能被理解的，可辨认的

scrutator　观察者，检查者

scrutinise (=scrutunize)　仔细检查，仔细研究，考查，审查，核对，细看，细读，推敲，追究

scrutiny　详尽研究，仔细检查，细看，推敲

scudding knife　切纸刀

scuff　(1) (表面) 产生塑性变形，划伤，磨损；(2) (齿轮) 咬接

scuff preventive treatment　防刮伤处理

scuff up　擦破 [表面]

scuffing　(1) 刮伤，划伤，拉伤，划痕；(2) 胶合；(3) 塑性变形

scuffing load　划伤载荷

scuffing load limit　划伤载荷极限

scuffing mark　刮伤痕，刮痕

scuffing phenomenon　刮伤现象

scuffing resistance　抗刮伤能力

scuffing stress　刮伤应力

scuffing wear　刮伤磨损

scuffler　一种中耕机

scull　(1) 比赛用小划艇，双桨轻划艇，小划艇；(2) 短桨，橹；(3) {冶} 包结瘤，结壳，渣壳，底结

sculler　双桨轻划艇

scullery　(1) 炊具储藏室；(2) 碗碟蔬菜洗涤间

sculpture　(1) 雕刻 [术]，雕塑；(2) 刻蚀，浸蚀

sculpturing　雕刻

scum　(1) 浮渣，渣滓，铁渣，碎屑，水垢；(2) 清炉渣块；(3) 泡沫；(4) 去浮渣，去泡沫；(5) 变成泡沫

scum cock　排沫旋塞

scum-off　除浮渣，排浮渣

scum riser　(1) 除渣冒口，集渣冒口；(2) 集渣包

scum rod　挡渣棒

scum rubber　泡沫橡胶

scumble　(1) 涂不透明色，涂暗色；(2) (薄涂) 涂料

scumboard　浮渣隔板

scummer　撇渣杓，除渣杓，除渣器

scumming　(1) 除渣；(2) 搪瓷的缺陷；(3) 罩色

scummings　浮渣

scummy　浮渣状的，浮渣的，泡沫的

scup (=scupper)　(1) 泄水口；(2) 排水管；(3) (甲板的) 排水口，排水孔，排水管，溢流口

scutch　(1) 石工小锤，刨锤；(2) 用打麻机打麻，打麻

scutcher　打麻机，清棉机，开幅机

scuttle　(1) 煤斗；(2) 小舱口，人孔盖，舱口盖，窗口盖，入口；(3) 舷窗，天窗，气窗

scythe　草地割草机，园割草机，大镰刀

sea　(1) 海洋，海水，海面；(2) 海面动态，风浪，波浪；(3) 海上的，海岸的，航海的，近海的

sea-anchor　风暴用浮锚，垂锚

sea-barometer　船用气压表

sea-boat　远洋轮船

sea-book　航海图

sea-borne　海运的

sea-captain　海军上校，舰长，船长

sea-carrier　水上飞机母舰

sea chest　海水吸入箱

sea clutter　海面杂乱回波，海面干扰

sea-cock　通洋旋塞，通海旋塞

sea compass　航海罗盘

sea earth　海底电缆接地

sea echo　海面反射信号，海面回波

sea-floor exploration by explosives　海底爆破探测

sea freight　海上运输

sea-gauge　(1) 吃水；(2) 气压测深器；(3) 自记海深计

sea-going　海上航行的，航海的

sea-going lug　海上拖轮

sea-haul　海上运输

sea-keeping　经得起海上风浪的

sea-jeep　(1) 水陆两用装甲车；(2) 渡河用吉普车

sea-lab　海底实验室

sea-launched ballistic missile (=SLBM)　海上发射的弹道导弹

sea-level　标准海面，海平面

sea level (=SL)　海平面

sea level elevation　海拔高度

sea level height　海拔高度

sea level pressure (=SLP)　海平面气压，海面压力

sea level static thrust (=SLST)　在海平面上的静推力

sea-line　水平线

sea power　海军力量，制海权

sea return　海面反射信号

sea scale　风浪等级

sea seismograph　海底地震仪

sea trial　海上试验，海上试航

seabase　海上基地

seabased　舰载的，舰上的

seabee　(1) 海军工兵；(2) 一种小型水陆两用飞机

seaborne anti-ballistic missile intercept system (=SABMIS)　舰载反弹道导弹截击系统

seacraft　海船

seadrome　海面机场

seagoer　海船

seagoing plane　水上飞机

seal　(1) 密封，封口，封闭，封铅，封条，封印，铅封；(2) 密封装置，绝缘装置，密封圈，密封垫，隔离层，垫圈，垫料；(3) 密封剂；(4) 软焊料钎焊，低温焊，焊接，封焊，熔封，焊入；(5) 焊缝；(6) 气密，油密；(7) 印章，封印，封条

seal bellows　密封波纹管

seal cartridge　密封 [衬] 套

seal cylinder　雕刻滚筒

seal diameter　密封圈直径

seal edge　封边

seal friction　密封摩擦

seal groove　密封槽

seal gum　密封 [用橡] 胶

seal joint　密封接头

seal journal　与密封圈配合的轴颈

seal leakage　气封

seal lip　(密封圈的) 密封唇

seal maker　密封件制造厂

seal of final drive　最终传动 [档] 油封

seal off　(1) 烫开，脱焊；(2) 铅封已破

seal-off mercury-arc rectifier 封闭汞弧整流器
seal oil 密封用油
seal oil control equipment 油密封控制装置
seal oil system 油密封系统
seal on 铅封完整
seal ring 密封环, 密封圈
seal sleeve 汽封衬套
seal water valve 封水阀
seal weld (1) 密封焊接; (2) 致密焊缝, 密封焊缝
seal with annular groove (轴承) 环形油封槽
seal with annular trapezoid groove (轴承) 梯形油封槽
seal with compression nut 螺帽压紧密封圈
seal with cup packing 杯形垫密封
seal with fine clearance for use on oscillating shaft 斜接挡边的曲
　路密封
seal with semicircular annular groove (轴承) 半圆形油封槽
seal with U packing U 形垫密封
sealab 水下实验室, 海底实验室
Sealalloy 西尔艾洛伊铋合金
sealant (1) 密封胶, 密封剂, 封闭剂, 填缝料, 封面料, 渗补料; (2) 密封层,
　封闭层
sealed (1) 密封的, 气密的; (2) 焊接的, 焊封的
sealed ball bearing 带密封圈的球轴承, 封闭式滚珠轴承
sealed bearing 密封轴承, 油封轴承, 封闭式轴承
sealed cabin 密封舱
sealed cap 密封帽, 密封盖
sealed cooling 闭式冷却 [法], 密封冷却 [法]
sealed end 焊头
sealed-for-life bearing 全期油封轴承
sealed-in 密封的, 封闭的, 焊死的
sealed in unit 密封装置
sealed joint 封闭缝, 填实缝
sealed-off 开焊的, 脱焊的, 封离的
sealed-off light valve 密封光阀
sealed-off vacuum system 不抽气真空系统, 封离真空系统
sealed rectifier 密封式整流阀
sealed silica envelope 密封石英管
sealed spark gap 密封放电器
sealed torque converter 密封式变扭器
sealed tube 密封管
sealer (1) 保护层; (2) 封闭剂; (3) 猎海豹船
sealing (1) 密封; (2) 封闭; (3) 软钎料钎焊, 低温焊, 焊接, 焊封, 焊入,
　封焊, 封接, 接合; (4) (用热固性树脂) 补铸件的漏洞, 浸补; (5) 焊缝
sealing arrangement 密封装置
sealing box (1) 密封箱; (2) 电缆终端套管
sealing cement 密封粘结剂, 密封油膏, 密封蜡
sealing collar 密封环
sealing compound (1) 密封油膏, 密封剂, 封口胶, 补胎胶; (2) 密封
　接合 [物], 密封混合物
sealing cone 密封锥面
sealing cup 密封碗
sealing device (1) 密封装置; (2) 封口装置
sealing edge 密封刃
sealing element 密封件
sealing end (电缆) 焊接端, 封端
sealing felt 密封毡
sealing flange 密封法兰, 密封凸缘
sealing gland (1) 密封装置, 密封压盖; (2) 封口装置
sealing grease 密封 [润滑] 脂
sealing-in 熔接, 焊接
sealing lip 带唇边的密封件, 密封唇
sealing liquid 密封液
sealing machine 封焊机, 封口机, 封接机, 熔接机
sealing material 密封材料, 封缝材料
sealing member 密封元件
sealing mortar 防水灰浆
sealing of vessel 容器密封
sealing-off 脱焊, 拆焊
sealing off 脱焊
sealing-on 焊上
sealing part 密封件
sealing property 密封性能, 密封特性
sealing ring 密封环, 密封圈
sealing run (1) 封底焊; (2) 背面焊缝, 装饰焊缝, 焊缝

sealing sleeve 密封套筒
sealing surface 密封 [表] 面
sealing system 密封系统
sealing up 防漏, 止水
sealing vessel 捕豹船
sealing voltage 闭合电压
sealing washer 密封垫圈
sealing-wax 密封蜡, 火漆
sealing wax 密封蜡, 火漆
sealing weld 填焊
sealing wire 焊接线, 焊丝
sealplate 密封板
Sealvar 一种铁镍钴合金 (用于硬质玻璃及陶瓷的气密封接)
seam (1) 层; (2) 接缝, 焊缝, 凸缝; (3) 接合处, 接合面, 接合缝, 接
　合线, 接口, 缝口; (4) 发裂, 裂缝, 裂纹, 裂痕, 伤痕, 接痕, 切痕; (5)
　卷边接合, 接合, 合拢
seam lap 锅缝搭接
seam placket 贴边开口焊
seam tube 有缝管
seam-weld 滚焊, 缝焊
seam weld 滚焊
seam welder 缝焊机, 线焊机
seam welding 缝焊接, 线焊接, 缝焊, 滚焊
seaman 海员, 水手, 水兵
seamanship 航海术
seamark 航海标志
seamed pipe 有缝管
seamer 封口机, 封缝机
seaming 卷边接合, 缝合, 接合, 合拢
seamless (=SMLS) (1) 无缝的; (2) 压制的, 整压的, 整拉的
seamless blooms 无缝钢管坯
seamless cathode 无缝阴极
seamless hollow ball bearing 无缝空心球轴承
seamless pipe 无缝管
seamless sleeve (1) 无缝套管; (2) 旁热式敷氧化物阴极套管
seamless steel pipe 无缝钢管
seamless steel tube 无缝钢管
seamless steel tubing (=SSTU) 无缝钢管
seamless tube 无缝管
seamy (1) 有接缝的, 有缝的; (2) 有伤痕的, 有疤痕的
seamy journal 有缝轴颈
seaplane 水上飞机
seaport 海港
sear (1) 烫焦, 烧焦, 烧, 灼; (2) 击发阻铁, 解脱杆, 扣机, 扳机
search (=SRCH) (1) 检索; (2) 检查, 调查, 探寻, 探测, 研究; (3)
　搜查, 搜索; (4) 寻线; (5) 扫描, 扫掠
search after 对……寻找, 探索, 调查, 追求
search and air rescue (=SAR) 搜索和空中营救
search and rescue and homing (=SARAH Sarah) 搜索, 营救和归航
　(无线电信标), 急救无线电指向标
search and rescue beacon equipment (=sarbe) 搜索和营救信标设备
search and rescue using satellite (=SARUS) 用卫星搜索和营救
search coil 指示器线圈, 探测线圈, 探察线圈, 测试线圈
search coverage 探测区域
search cycle 检索周期
search-expand 目标搜索及其坐标的决定
search for 对……寻找, 探索, 调查, 追求
search for critical weakness (=SFCW) 寻找关键性弱点
search for random success (=SFRS) {数} 随机结果的查找, 随机结果
　的检索
search gas 示踪气体, 指示气体
search into 调查, 研究
search key (1) 检索键; (2) 检索关键字
search light (=SL) 探照灯
search light signal 探照灯信号
search out 寻找, 找到, 搜出, 找出, 查出
search plane 搜索飞机
search radar 搜索雷达
search radar device 搜索雷达装置
search receiver 探索接收机
search reflector 搜索反射器
search sweep 搜索扫掠
search system (1) 搜索系统; (2) 搜索设备
search theory 检索理论

search-time　检索时间

search track　搜索跟踪

search-tracking radar　搜索跟踪雷达

searcher　(1) 寻觅器,搜索器,探测器,寻检器,探针;(2) 间隙规,塞尺;(3) [海关] 检查员,[船舶] 检查员,检查者,搜寻者,调查者

searching　(1) 搜索;(2) 检索;(3) 搜索的,搜查的,探查的,调查的

searching algorithm　检索算法

searching current　探测电流,探查电流

searching method　搜索波法

searchlight (=slt)　(1) 探照灯;(2) 探照灯搜索,雷达搜索,探照,照射;(3) 探照灯光束

searchlight control (=SLC)　探照灯控制

searchlight radar　探照灯雷达

searchlighting　探照灯搜索,搜索探照

searing　(1) 修型;(2) 灼热的,炽热的

searing iron　烙铁

season　(1) 时化,时效;(2) (木材) 烘干,风干

season cracking　应力腐蚀裂纹,自生裂纹,风干裂纹,季裂

seasonable　(1) 适合时机的,合时宜的,及时的,应时的,恰好的;(2) 合适的,适当的

seasonal load　季节性负荷

seasoned　干燥了的,时效了的

seasoning　(1) 时化,时效 [处理];(2) 老化 [处理];(3) 干燥 [处理]

seat　(1) 支座,底座,座 [位];(2) 垫层;(3) 基座,阀座,门座,台板,垫铁;(4) 窝;(5) 底座配合面,支撑面,配合面;(6) 滑阀孔,管孔;(7) 位置,部位,场所

seat angle　座角钢

seat beam　(桥的) 座梁

seat cover　座罩,座套

seat cushion　座垫

seat frame　座架

seat grinding　座面研磨,座面配研

seat groove　密封圈槽,防尘盖槽

seat pad　座垫

seat of settlement　沉降影响范围

seat radio　车箱收音机

seat reamer　阀座修整铰刀

seat spring　座 [垫] 弹簧

seat washer　(轴承) 活圈

seatainer　船用集装箱

seater　坐人的汽车或飞机

1258

seated gas generator　固定式燃气发生器

seating　(1) 底板,底座;(2) 支座,支架;(3) 插座;(4) 装置,设备;(5) 基础

seating capacity　(车辆的) 座位定额,座位容量

seating face　座表面

seating load　固定载荷

seating ring　(轴承) 调心座圈

seating shoe　柱脚

seating surface　支承面,贴合面,落座面

seating valve　座阀

seating washer　座垫

seawater　海水

seawater batteries　海水 [活化] 电池

seawater bronze　耐蚀青铜(镍32.5%,锡16%,锌5.5%, 1%,其余铜)

seawater cooling pump　海水冷却泵

seawater pump　海水泵

seawater system　海水系统

seaworthiness　适航能力,适航性,耐波性

seaworthy　适于航海的,适航的

seaworthy packing　适航包装

SECAM system　赛康制

secant (=sec)　(1) 正割;(2) 割线;(3) 横切的,交叉的

secant circle　正割圆

secant-cone projection　割圆锥投影

secant curve　正割曲线

secant law　正割定律

secant method　正割法

secant modulus　割线系数,正割模量

secant plane　正割平面,横切平面

secern　(1) 区分,鉴别;(2) 分开,分离

seclude　隔绝,隔离,分离,闭塞

seclusion　[气] 闭塞 [过程]

seco　闭联

secohm　秒欧 (电感单位,即亨利)

secohmmeter　电感表,电感计

secon　次级电子传导管

second (=sec)　(1) 秒;(2) 第二;(3) 第二级的,二级的;(4) 十二分之一吋;(5) 次等货,二级品,等外品,次品,废品;(6) 次等的,辅助的,从属的,副的,次的

second action　(1) 二次啮面,二次接触;(2) 二次动作

second approximation　二次近似

second-belt drive　中间皮带传动

second-best　仅次于最好的,居第二位的,次好的

second-class　二等的,二流的,二级的

second clearance angle　(刀具) 第二留隙角

second component　{数} 后件

second control　秒控制器

second-cut file　中细锉

second cut file　二道纹锉,中细锉,中锉

second derivative control　按二次导数调节,按加速度调节

second detector　第二检波器

second derivation control　二次导数调节

second drive belt　(1) 有中间皮带的传动装置;(2) 中间传动皮带

second equation of Maxwell　麦克斯韦第二方程

second face　(刀具的) 第二前面

second flank　(刀具的) 第二后面

second-foot　秒英尺,英尺/秒

second gear　(1) 第二速度齿轮,第二档齿轮;(2) 二档

second generation　第二代,改进型

second generation computer　第二代计算机

second-hand　(1) 第二手的,间接的,用旧的;(2) 秒针

second hand　秒针

second hand tap　中丝锥,二 [丝] 锥

second-harmonic　第二谐波

second harmonic　第二谐波

second harmonic generation　倍频效应

second harmonics　二次谐波

second land　(活塞) 第二槽脊,次环槽脊

second law of motion　第二运动定律

second law of thermodynamics　热力学第二定律

second-level　第二层的,二级的

second level address　二级地址

second-level addressing　{计} 二级定址

second level of packaging　二级组装

second-mark　秒号

second member　{数} 右端,右边

second moment　二次力矩

second-moment criterion　二阶矩准则

second moment of area　断面惯性矩

second moment of mass　惯性极矩

second motion shaft　过桥轴

second of arc　弧秒

second of time　时秒

second operation work　第二道工序

second-order　二级的,二阶的

second order differential equation　二阶微分方程

second order subroutine　二级子程序

second parts　半旧零件

second pendulum　秒摆

second plate　第二阳极

second power　二次幂,平方

second-rate　(1) 二等的,次等的,第二流的,较软的;(2) 次等货,二级品

second remove subroutine　二级子程序

second rolling　第二次辗压,次压

second roving frame　再纺机

second-sighted　有预见的

second speed　二挡速度,二挡速率,二挡

second speed gear　第二速度齿轮,第二速啮合齿轮,二挡齿轮

second stage (=S/S)　第二级

second strike　(核武器) 第二次打击的

second stud gear　第二变速齿轮

second tap　中丝锥,二 [丝] 锥,二攻

second to none　独一无二,第一

second viscosity　体积变形粘度,容积粘度,第二粘度

secondary (=SEC)　(1) 第二级的,第二阶的,二次的,二代的;(2) 次级的,次第的;(3) 次要的,副的;(4) 次生的;(5) 次级绕组,副绕组;(6) 二

次配电系统；(7) 辅助的, 从属的, 中级的；(8) {数} 二次方的, 二次的

secondary action　继发作用, 副作用, 次作用

secondary air　次级空气, 二次风

secondary alloy　再熔合金

secondary aluminium　再生铝

secondary annulus　二级齿圈

secondary answering jack　副应答塞孔

secondary axis　副轴 [线]

secondary brake shoe　从动制动蹄片, 次制动蹄, 松蹄

secondary break down (=S/B)　二次击穿

secondary breakdown　二次击穿

secondary cable　高压线

secondary cathode　次级 [电子] 阴极

secondary cell　可充电的电池, 二次电池, 次级电池, 蓄电池, 副电池

secondary cementite　二次渗碳体, 先共析渗碳体

secondary circuit　次级电路

secondary clearance　二次间隙

secondary clock　子钟

secondary coil　次级线圈

secondary color　混合色, 调和色, 次色

secondary compensator　次级补偿器

secondary compression　次压密

secondary computer　辅助计算机, 副 [计算] 机

secondary constraints　{数} 次要约束

secondary control unit (=SCU)　辅助控制装置

secondary copper　再生铜

secondary copper loss　次级铜耗

secondary cooling system　二次冷却系统

secondary crusher　次碎机

secondary current　次级电流, 二次电流

secondary damage　继发损坏, 连带损坏

secondary discharge　次级放电

secondary distribution center (=SDC)　辅助配电中心, 辅助分配中心

secondary drive　第二级传动

secondary earth　副线圈接地, 二次线圈接地

secondary electron conduction　二次电子导电

secondary electron conduction camera tube　二次电子导电摄像管

secondary electron conduction target vidicon　次级电子导电靶摄像管

secondary electron emission　二次电子发射

secondary emission (=SE)　(1) 次级发射, 二次发射；(2) 次级辐射, 二次辐射

secondary emission tube　二次发射管

secondary excitation　二次激励

secondary feed　二次进给

secondary feeder　备用馈路

secondary file　辅助文件

secondary focal point　次焦点

secondary glider　低级滑翔机

secondary graphite　次生石墨

secondary impedance　次级阻抗

secondary inductance　副线圈电感

secondary industry　二次产业, 第二产业

secondary ionization　次级电离

secondary iteration　{数} 二次迭代, 副迭代

secondary lattice group (=SLG)　(交换机) 二次网络群, 次级网络群, 二次点阵群, 次级点阵群

secondary line switch　第二级寻线机

secondary load　二次负荷

secondary mechanism　二次 [传动] 装置

secondary member　副构件

secondary memory　二级存储器, 辅助存储器, 外存储器

secondary metal　再生金属, 重熔金属

secondary motion　(1) 副运动；(2) 次要装置

secondary output　次级输出

secondary pipe　{轧} 二次缩孔

secondary pole　次极

secondary power distribution　二次配电

secondary product　二次产品, 次级产品, 次要产品, 副产品

secondary propulsion　第二级传动, 副传动

secondary quenching　二次淬火

secondary radar　次级雷达

secondary relief　(刀具的) 副后面

secondary seat　副座

secondary shoe　次制动蹄

secondary species　次级产物

secondary standard　(1) 副基准；(2) 副标准器

secondary stator　(油泵的) 副边定子

secondary storage　辅助存储器, 外存储器, 次存储器

secondary stress　二次应力, 次级应力, 副应力

secondary structure　二级结构

secondary substation　二次变电所

secondary sun gear　第二级太阳轮

secondary surface　次表面, 副表面

secondary surveillance radar (=SSR)　二次监视雷达, 辅助监视雷达

secondary test board　副测试台

secondary texture　次表面结构

secondary to primary turn ratio　次级对初级的匝数比

secondary voltage　二次电压

secondary winding (=SW)　次级绕组, 次级线圈, 二次绕组, 副绕组

secondhand tap　中丝锥, 二锥

seconds counter　秒数计数器

seconds pendulum　秒摆

secrecy of telegram　电报保密

secret　秘密的, 保密的

secret communication　保密通信

secret control station (=SCS)　秘密控制站, 秘密控制台

secret cover sheet (=SCS)　暗盖板

secret joint　暗接

secret language　暗语

secret nailing　暗钉

secret restricted data (=SRD)　保密资料

secret signalling　保密通信系统

secret telegram　密码电报

secretan　一种铝青铜 (铜 90-95%, 铝 5-9%, 镁 1.5%, 磷 0.5%)

sectile　可分段的, 可剖开的, 可切的, 可分的, 可割的

sectilometer　切割计

section　(1) 四端网络节, 环节, 链节, 部分, 段, 区, 节；(2) 切割面, 截面, 断面, 剖面, 切面；(3) 剖面图, 断面图, 截面图；(4) 零件；(5) (复) 型钢, 型铁, 型材, 轧材；(6) 部门, 区域；(7) 切开, 切断, 切割, 割断, 分段, 分割, 分节, 分区；(8) 断片, 切片, 磨片；(9) 零件, 部件, 元件；(10) (切割器的) 动刀片, 刃口

section area　截面面积

section bar　型材

section block　区间闭塞

section box　电缆交接箱, 分电箱

section construction　预制构件拼装结构, 预制部分构造

section crack　剖面裂缝, 断面裂纹

section debugging　节排错

section drawing　剖面图

section groove　异型孔型

section header　节头

section-iron　型钢, 型铁

section lamp　分区指示灯, 分组指示灯

section line　剖面线

section locking　区段锁闭

section mould　型模

section modulus　剖面模数, 断面模数, 截面模数, 断面模量, 断面系数

section of bosh　炉腰剖面

section of cutter bar　刀杆截面

section of groove　轧槽轮廓

section of line　线段

section of multiple　复式塞孔图

section of shaped steel　型钢轮廓

section of tool shank　刀杆截面

section of track　轨排

section of transfer line　自动线工段

section-paper　方格纸

section paper　方格纸

section plane　截面

section steel　型钢

section strip　异型带钢

section switch　分段开关, 区域开关

section symbols　剖面符号

section tool house　线路工区工具房

section view　剖视

sectional　(1) 断面图的, 断面的, 剖面的；(2) 部件组成的, 部分的, 组合的, 拼合的, 合成的；(3) 分区的, 部门的, 区域的, 局部的

sectional area　剖面面积, 截面面积

1259

sectional arrangement drawing　(1)纵剖面图；(2)剖面图，截面图
sectional boiler　分节锅炉
sectional coil　分段线圈
sectional construction　预制构件拼装结构，预制部分结构
sectional conveyor　可分段拆开的输送带
sectional core　｛铸｝拼合泥芯，拼合型芯，粘合型芯
sectional curvature　截面曲率
sectional die　组合模，镶块模
sectional drawing　剖面图，剖视图，截面图，断面图
sectional drive　多电机驱动，分段驱动，分节驱动，剖面传动
sectional elevation　剖视图，剖面图，断面图，剖视立面图
sectional flask　｛铸｝分格砂箱
sectional flight conveyor　分组螺旋叶片式输送机
sectional flywheel　组合式飞轮，可拆卸飞轮
sectional iron　型铁
sectional moment of inertia　断面转动惯量
sectional mould　镶合砂箱，拼合型
sectional pattern　组合模
sectional plane　剖面，截面
sectional sensitivity　｛铸｝铸件壁厚的敏感度
sectional switch　分段开关
sectional view　剖视图，剖面图，截面图，断面图
sectional wheel　拼装轮，扇形轮
sectional width　截面宽度，剖面宽度
sectionalization　分组，分段，分节，细分
sectionalize　分组，分段，分节
sectionalized bus bar　分段母线
sectionalized machine　通用机械制造
sectionalizer　分段隔离开关
sectionally linear region　分段线性区域
sectioned Y-deflection plate oscilloscope tube　垂直偏转板分段式示波管
sectioning　(1)剖面法；(2)切片
sectometer　轮胎压力分布仪
sector　(1)扇形齿轮，扇形体，齿弧；(2)扇形面，扇形；(3)象限仪，象限；(4)四分仪；(5)两脚规，量角器；(6)区，段；(7)特指磁盘存储器中常用的地址段；(8)凹口，切口；(9)扇形扫描
sector address　扇形地址
sector arm　扇形臂
sector bevel gear　扇形圆锥齿轮
sector cable　扇形芯电缆
sector conductor　扇形导线，扇形芯线
sector correction factor　扇形校正因数
sector diagram　扇形图
sector display　扇形显示，扇形扫描
sector distortion　扇形失真
sector gate　扇形闸门
sector gear　扇形齿轮，齿弧
sector gear shaping machine　扇形齿轮插齿机
sector-instrument　扇形仪表，扇形装置
sector of a sphere　球的扇形体
sector rack　扇形齿板
sector scan　扇形扫描
sector scan indicator (=SSI)　扇形扫描显示器
sector scanning　扇形扫描，扇形扫掠
sector selection　分区选择
sector shaft　扇形齿轮轴，齿扇轴
sector wheel　扇形轮
sector worm　扇形蜗杆
sectorial　扇形的，瓣状的，分段的，切割的
sectorial horn　扇形喇叭筒
sectoring　扇形扫描
sectoring device　扇形转向装置
sectrix curve　｛数｝等分角线
sectrometer　真空管滴定计
secular　长期的，永久的，长年的，缓慢的
secular change　经年变化，长年变化，时效变化
secular equation　特征方程［式］
secular stability　长期稳定度
secular term　｛数｝长期项
secular variation　时效变化，长期变化，老化
secundum　(拉)按照，根据
secundum artis leges (=S. A.L)　(拉)按技术规律
secundum legem　(拉)根据法律

secundum usum　(拉)根据惯例
secure　安全的，安定的，牢固的，稳固的，可靠的，保险的，有把握的，确实的，必定的
secure communication satellite　保密通信卫星
secure submarine communications (=SESCO)　潜艇保密通信
securing key　定位销
securing nut　锁紧螺母，扣紧螺母
securing ring　固定环
securities　(1)有价证券，债券；(2)保证［物］，担保［物］
securitron　电子防护系统
security (=SCTY)　(1)安全，平安，稳固，安稳；(2)安全性；(3)防御措施，防护，防御，保障，保护，保密［措施］，警戒，(4)保安机构，保安部门；(5)保证［物］，担保［物］
security classification　保密等级
security control　安全技术
security control center (=SCC)　安全控制中心
security control of air traffic (=SCAT)　空中交通安全控制
security control of air traffic and electromagnetic radiations during an air defense emergency　防空紧急情况下空中交通和电磁辐射的安全控制
security dispatching　安全调度
security glass　保险玻璃，防弹玻璃
security guard window (=SGW)　安全防护窗
security information network (=SIN)　警戒情报网
security intelligence corps (=SIC)　安全情报部队
security manual (=SM)　安全手册
security monitor (=SM)　安全监控器
security valve　安全阀
security violation (=SV)　违犯安全规定，危及安全
security window screen and guard (=SWSG)　安全窗屏蔽和保护装置
sedan　(1)桥车；(2)单舱汽艇
sediment　(1)沉淀，沉积；(2)沉积物；(3)渣滓
sediment trap　沉淀物捕集器，沉积阱
sedimentation tank　沉淀池
sedimentation velocity　沉降速度
sedimentator　沉淀器，离心器
sedimentology　沉积学
see-through　可以看到内部的，透视的，透明的
see-through clarity　透明度
see-through mask　彩色掩模
Seebeck effect　赛贝克效应，温差电动势效应
seed　(1)籽晶，种晶，颗粒，晶粒；(2)强化燃烧组件，点火元件，点火区，点火源，发火源；(3)种子
seed-blanket　(反应堆)点火区-再生区
seed blast　喷射清理机
seed cleaning apparatus　种子清选机
seed core　强化堆芯(带强化燃料组件的堆芯)
seed crystal　籽晶
seed dresser　种子拌药机
seed drill　条播机
seed drill plough　条播犁
seed dusting machine　药粉拌种机
seed huller　去壳机
seed polisher　种子研光机
seed recovery　点火材料回收
seed stripper　草籽采取机
seed temperature　籽晶温度
seeder　播种机
seedholder　籽晶夹持器，籽晶夹头
seeding apparatus　排种器
seeding-machine　播种机
seeding machine　播种机
Seeger circle clip　洗氏圆夹
seehear　视听器
Seeing　(1)视力，视；(2)明晰度
seeing disc　视影圆盘
seeing image　视影
seek　(1)搜索，搜查，调查，勘查；(2)寻找，探寻，探求，寻求，寻的，定位；(3)企图，试图
seek advice　征求意见
seek out　寻找，发现，探测
seeker　(1)探索者，探求者；(2)探测器；(3)自导导弹，(4)自动引导头，自动寻的弹头，自导头；(5)寻的制导系统，自动引导系统；(6)目标坐标仪

seeker heading 自动寻的航向
seeking (1)寻找；(2)寻的制导，自动导引；(3)自动瞄准
seep (1)水陆两用吉普车；(2)渗滤，漏泄，渗出，漏出
seep in 渗入
seepage (1)渗出[现象]，渗出量，渗漏，渗透，渗出，渗流，渗液；(2)过滤
seepage discharge 渗透流量
seepage flow 渗流
seepage force 渗流压力
seepage pressure 渗流压力
seepy 漏水的，漏气的，漏油的，透水的
seesaw (1)跷跷板，杠杆；(2)上下运动，前后运动，往复运动；(3)交替，起伏，涨落，变动
seesaw amplifier 跷跷板放大器，反相放大器
seesaw circuit 跷跷板放大电路，反相放大电路(一种增益的稳定度很高的负回授放大电路)
seesaw motion 往复运动，上下运动
seethe 沸腾，煮沸，起泡，骚动
seething 沸腾的，剧烈的
seger core 塞氏测温熔锥，塞格[示温熔]锥
seggar (1)火泥；(2)火泥箱，退火罐
segment (1)(分割的)部分，切片；(2)线段，链段，环节；(2)弓形，弓形；(3)扇形体，弓形体；(4)扇形齿轮，齿扇；(5)拼合齿轮；(6)球缺，圆缺；(7)链段；(8)(计算机的)程序段，数据段；(9)整流子片，换向器片；(10)(高压造型机的)触头
segment bearing 多片瓦轴承，瓦轴承
segment cage (轴承)碗形保持架
segment cam 扇形凸轮
segment core 分段铁心
segment data 分段数据
segment die 组合模，可拆模
segment gear 扇形齿轮，弓形齿轮，齿扇
segment mica 整流子用云母片
segment number 区段号
segment of a sphere 球面弓形，球截体
segment program 程序段
segment table {计}段表
segment tool 圆角铣刀，圆角切刀
segment voltage 换向器片间电压
segmental (= segmentary) (1)部分的，弓形的，扇形的，弧形的，圆缺的，球缺的；(2)片断的，零碎的，辅助的，分割的，分节的，段的，节的
segmental arc 弧段
segmental bearing 弓形轴承，弧形轴承
segmental blade 刀块
segmental cutter 扇形块刀盘
segmental data 零碎的辅助材料
segmental die 拼合式模具，组合模，可拆模
segmental orifice plate 扇形孔板
segmental truss 弓形桁架
segmentation (1)分割，分段，区段，部分；(2)(计算机的)程序分段
segmented distributor 分段分配器
segmented rod laser 分节棒激光器
segmented rotor brake 扇形块转子制动器
segmented secondary reluctance motor 次级分段的磁阻电动机
segmented steel-wheel roller 分割式钢轮压路机，分割式钢轮路碾
segmer 链段
segregability (混凝土的粗颗粒)分离能力，离析性
segregate (1)分离，分隔，分开，分解，分层，分流，隔离，隔开，隔断；(2)分门别类；(3)凝聚，凝离，离析，熔析，偏析，离解，偏集
segregation (1)偏析，离析，熔析；(2)反乳化，离解，分凝；(3)分离，分隔，分开，隔离
segregative 分离的，隔离的，离析的，分凝的
segregator (1)分离器，分隔器，分凝器；(2)离析剂
segresome 离解颗粒
seifert solder 一种锡锌铅软焊料(锡73%，锌21%，铅5%)
seibt rectifier 低压真空管全波整流器
seine skiff 围网渔艇
seism 地震
seismic amplifier 地震放大器
seismic detector 地震检波器
seismic equipment 测[地]震设备
seismic filter 地震滤波器
seismic geophone 地震检波器
seimicrophone 地震微音器，地震话筒

seismograph 地震记录仪，地震仪
seismography (1)地震验测法；(2)地震计使用法
seimolog (附有摄影设备的)测震仪
seismometer 地震检波器，地震计，地震仪
seismoscope 地震波显示仪，地震示波仪，地震记录仪，地震测验仪，简单地震仪，验震仪
seisviewer 声波井下电视
seize (1)(机器等)卡住，挤住，咬住，扯裂，擦伤，磨损，粘附，粘结；(2)绑扎，捆绑；(3)了解；(4)利用；(5)抓，捉，拿
seizing 咬粘，咬死，卡住
seizing mark 咬粘伤痕，卡挤伤痕，抱轴伤痕
seizing of mould 模型卡紧
seizing phenomenon 咬粘现象
seizure 咬粘，咬死，咬缸，卡住
sejunctus 分离的，不连的
selcall 选择呼叫
select 选择，选出，选用，挑选，精选
select and reject 取舍
select line 选择线
select magnet (=SM) 选择磁铁
select-O-speed control (拖拉机)选速式不停车换档操纵装置
select-O-speed transmission (拖拉机)选速式不停车换档变速箱
select order 选择命令
select switch 选择开关，选线器
selectable sideband reception 选择边带接收
selectable single-sideband reception (=SSSR) 可选择的单边带接收
selectance 选择系数，选择ности，选择度
selected 挑选出来的，精选的
selected natural diamond (=SND) 精选天然金刚石
selected ordinate method 选择波长法，选择纵标法(一种图解分析法)
selected point on the cutting edge (刀具的)切削刃选定点
selected range indicator 量程选择指示器
selection (1)选择，精选；(2)(自动电话)拨号；(3)(计算机)选址，访问；(4)(数据通信中)指定终端站；(5)提取，分离，滤波，淘汰，分类
selection check {计}选择校验
selection core matrix 选择磁芯矩阵
selection of feed 进给选速，进刀速率
selection on one level 单层寻线
selective 有选择力的，选择[性]的
selective absorption 优先吸附，选择吸附
selective assembly (1)选择装配；(2)选择总成
selective beacon radar (=SBR) (1)选择信标雷达；(2)选择性雷达信标台
selective bottom-up 自底向上选择
selective calling system (1)选择呼叫系统；(2)选择呼叫装置
selective carburization 局部渗碳，选择渗碳
selective corrosion 局部腐蚀
selective dissemination of information (=SDI) 信息选择传布，情报选择散发，定题资料选择
selective entropy 选择的平均信息量，选择熵
selective evaporation 分馏，精馏
selective filter 选择性滤波器，选择性滤光器
selective fit 选[择]配合
selective floatation 优先浮选
selective gate 选通电路，选通脉冲
selective gear 选挡齿轮，配速齿轮，配换齿轮
selective gear drive 配速齿轮传动
selective gear shifting 任选式换档
selective gear transmission (1)配速齿轮传动；(2)选择齿轮式变速器，有级选择式变速器，配换齿轮变速器
selective gearshift (1)选择式换挡机构；(2)选择式换挡
selective getter 选择性吸气剂
selective hardening 局部淬火，局部淬硬，选择硬化，选择淬火
selective headstock (机床)床头箱，变速箱
selective hydrolysis 优先水解
selective interchangeability [有]选择互换性
selective interference 选择性干扰，窄带干扰
selective lever 选速杆
selective oxidation 分别氧化
selective pairing 选配
selective quenching 局部淬火
selective ringing (=SR) 选择性振铃
selective sampling 选择[性]取样，选择抽样
selective sequence calculator 选择程序计算机

selective sliding gear　滑动配速齿轮,滑动选挡齿轮,滑动变速齿轮,
　滑移配速齿轮
selective speed gear　配速齿轮
selective test　选择性试验
selective top-down　自顶向下选择
selective transmission　选择式变速器
selectivity　(1)选择性;(2)选择本领,选择能力
selectode　变互导管,变跨导管
selectoforming　选择重整
selector　(1)选择器;(2)选速器;(3)选速杆,变速杆;(4)选速机构,
　换挡机构;(5)调谐旋钮,波段开关,选择开关,转换开关;(6)(自动武器)
　快慢机;(7)寻线器;(8)(带有水平喷管的)分选炉;(9)路线选择
selector fork　(变速器)换挡拨叉
selector lever　(1)变速杆;(2)(半自动变速)选挡手柄
selector marker (=SM)　选择指示器,选择指点标
selector-repeater　(1)区别机;(2)分区断接器;(2)增音选择器
selector rod　(1)(半自动变速器)选速杆;(2)(变速箱)换挡拨叉轴;
　(3)选择器杆
selector switch　波段开关,选择开关,选线器
selectric　(字球式)电动打字机
selectrode　选择[性]电极
selectron　(1)选数管(一种静电存储管);(2)不饱和聚酯树脂(商品名)
selenium　{化}硒 Se
selenium cell　硒光电管,硒光电池
selenium rectifier　硒整流器
selenophone　原始光录声机
Selektron　塞莱克屈龙镁基合金,锻造镁基合金
seletron　硒整流器
self　(1)自己,自身,本身;(2)自己的,自生的,自动的;(3)同一性质的,
　同一类型的,同一材料的,纯净的
self-　(词头)自动的,自身的,自己的
self-absorption　自吸收
self-acceleration　自加速[度]
self-act　自动
self-acting　(1)自动[式]的,直接的,自调的;(2)自作用[的]
self-acting air bearing　动压空气轴承
self-acting boring bar　自动镗杆
self-acting boring machine　自动镗床
self-acting clutch　自动离合器
self-acting control　自动控制
self-acting door　自动开关门
self-acting driving machine　自动钻床
self-acting feed　自动进给
self-acting grinding machine　自动磨床
self-acting lathe　自动车床
self-acting lubricator　自动润滑器
self-acting milling machine　自动铣床
self-acting thermostat　自动恒温器
self-acting valve　自动阀
self-action　自作用,自动[作]
self-activation　内禀激活,自激活,自活化
self-actor　(1)自动机;(2)走锭精纺机 (=self-acting mule),自动纺
　棉机
self-actor mule　走锭纺纱机
self-actuated　自作用的,自行的,自激的,直接的
self-actuated control　自行控制
self-actuated controller　自动控制器
self-activated switch　自激开关
self-adapting filter　自适应滤波器
self-adapting　自适应的
self-adaption　自适应
self-adaptive　自适应的
self-adherent　本身粘着的
self-adhesion　自粘作用
self-adhesive　自行附着的,自粘着的
self-adjoint　自伴
self-adjoint matrix　自伴矩阵,
self-adjoint operator　自伴算子
self-adjoint transformation　自伴变换
self-adjustable　可自动调节的,可自动调整的
self-adjustable drill chuck　自校钻夹头,自调式钻夹头
self-adjustable sliding bearing　自动调整滑动轴承
self-adjusting　自动调整,自调
self-adjusting arc welding　自动调节电弧焊

self-adjusting brake　自动调整间隙的制动器,自动调整闸
self-adjusting mechanism　自动调整机构,自动调节机构
self-adjusting tappet　自调[液压]挺杆
self-adjustment　(1)自动调整,自动调节,自调准;(2)适配控制
self-admittance　固有导纳,自[身]导纳
self-align　自动调准,自动照准,自动定位
self-aligned thick-oxide technique　自对准厚氧化物层技术
self-aligning　(1)自动对准;(2)(轴承)自动调心,自调位,自调整
self-aligning ball bearing　调心球轴承
self-aligning bearing　自动对准轴承,调心轴承,球面轴承,自位轴承
self-aligning coupling　自动调整联轴节
self-aligning ring　(轴承)球面外衬圈
self-aligning roller bearing　向心球面滚子轴承,调心滚子轴承
self-aligning seat washer　球面座圈,调心座圈
self-aligning single direction thrust roller bearing　单向推力调心滚
　子轴承
self-aligning spherical bearing with barrel-shaped roller　调心球面
　滚子轴承
self-alignment　(轴承)自动调心,自位
self-alignment MOS integrated circuit　自对准 MOS 集成电路
self-anchored　自锚式
self-annealing　自[身]退火
self-assembly　自组装
self-autocorrelation function　自相关函数
self-baking　自熔
self-baking electrode　自烤电极,自熔电极
self-balanced　自动平衡的
self-balancing　自[动]平衡的,自动补偿的
self-balancing potentiometer　自平衡电位计
self-balancing type recorder　自动平衡式记录器
self-bias　(1)自给偏压,自偏压;(2)自动偏移,偏流,自偏置
self bias　自[给]偏压,自偏
self-bias current　自偏流
self-biased off　自动偏压截止
self biased off　自动偏压截止
self-binder　(1)自动束禾机,自动割捆机;(2)自动装订机
self-blimped　(电影摄影机)自隔声的
self-blocking　自动联锁,自动闭锁,自动中断,自动封闭,自动阻塞,
　自闭塞
self-blowing　自吹的
self-braking　自动停止[的],自动制动[的]
self-brazing　自动焊接,自焊
self-breakover　自转折
self-bucking hammer　自顶式铆枪
self-bursting　自爆的
self-bursting fuse　自爆熔断器
self-calibration　自校准
self-cancelling　自相抵消[的]
self-capacitance　自身电容,本身电容,固有电容
self-capacity　自身电容,本身电容,固有电容
self capacity　自身电容,本身电容,固有电容
self-catalysis　自催化作用
self-catalyzed　自催化的
self-centered　不受外力影响的,自给自足的,静止的,不动的
self-centering　(1)以自己为中心,自动定心;(2)自位轮
self centering　自动定心
self-centering apparatus　自动定心装置
self-centering chuck　自动定心卡盘
self-centering internal measuring instrument　自定心内表面测量仪,
　内径千分表
self-centering key　自动定心键
self-centering vice　自定心虎钳
self-chambering　自装
self-changing gear　自动变速机构
self-charge　自具电荷
self-check　自检验,自检
self-check program　自检程序
self check system　自检系统
self-checking　自行校验[的],自动检验,自校验,自检定,自检查,自检
self-checking code　帧错码
self-checking system　自检系统
self-cleaning　(1)自动清洗,自行净化;(2)自动卸料
self-clocking　自计时,自同步
self-closing　自闭合[的],自接通[的]

self-closing valve　自闭阀
self-coagulation　自凝聚
self-cocker　自动射击装置
self-collision　同类粒子的碰撞, 自碰撞
self color　自然色, 本色
self-coloured　(1) 单色的, 纯色的; (2) 天然色的
self-combustible　自燃的
self-combustion　自燃 [作用]
self-compensated motor　自动补偿电动机
self-compensating　自动补偿 [的]
self-compensating system　自补偿系统
self-compensation　自补偿
self-compiling compiler　自编译的编译程序
self-compiling language　自编译语言
self-complementary　自补的, 互补的
self-complementary antenna　自互补天线
self-complementary counter　自补计数器
self-complementing　自补的, 互补的
self-complementing code　自补代码
self-condensation　自冷凝 [作用], 自缩合作用
self-congruent　自相一致的, 自调和的, 自叠合的
self-conjugate　(1) 自共轭, 自轭; (2) 自配极的, 正规的, 不变的
self-conjugate operator　自共轭算子
self-conjugate quadric　自共轭二次曲面
self-conjugate subgroup　自共轭子群, 正规子群, 不变子群
self-consistence (=self-consistency)　自给性, 自洽性
self-consistent　(1) 自给的, 自持的, 自恰的, 自整的, 独立的; (2) 自动匹配的, 自动配合的, 自调和的, 自相符的, 自相容的; (3) 不自相矛盾的, 首尾一致的, 前后一致的, 一贯的
self-consuming　自耗的
self-contact　自力接触
self-contained　(1) 自持的, 自律的, 自主的, 自给的, 自含的, 独立的; (2) 装备在一个容器里的, 装备在一个壳体里的, 整装的, 机内的, 自备的, 自载的; (3) 不需要辅助设备的, 设备齐全的, 齐备的, 配套的; (4) 自圆其说的
self-contained atmospheric protective ensemble (=SCAPE)　自载的大气保护组合装置, 自给式整套防大气服
self-contained battery　固定电池, 自备电池, 机内电池
self-contained boiler　整装锅炉
self-contained environmental protective suits (=SCEPS)　齐备的环境防护衣
self-contained guidance package (=SCGP)　机内制导设备, 弹内制导设备, 自主式制导设备
self-contained instrument　机内仪表
self-contained lubrication　自给润滑
self-contained motor drive　单独电机传动
self-contained navigation (=SCN)　独立式导航, 自主式导航
self-contained underwater breathing apparatus (=SCUBA)　自携式水下呼吸器, 自戴式水下呼吸器
self-contained underwater breathing apparatus zone (=scuba zone)　器具潜水区
self-contamination　从内部污染
self-contraction　自收缩
self-contradiction　自相矛盾, 前后矛盾
self-control　自动控制, 自动操纵, 自控
self-controlled oscillator　自控振荡器
self-convection　自对流
self-conveyor feed　螺旋加料机
self-cooled　自冷 [式] 的
self-cooled machine　自冷式电机
self-cooled transformer　自冷式变压器
self-cooling　自然冷却, 自行冷却, 自冷却
self-correcting　自动调整 [的], 自动校正 [的], 自动改正 [的]
self-correcting code　自校正码, 纠错码
self-correction　自动校正, 自动改正
self-correlation　自相关
self-corresponding　自对应的
self-cost　成本
self-coupling　自动联结器, 自动联接器
self-damping　自阻尼
self-decomposition　自发分解
self-defocusing　自散焦
self-demagnetization　自动去磁, 自行退磁, 自消磁
self-demagnetization effect of tape　磁带自去磁效应

self-demagnetizing field　自动去磁场
self-demarcating code　{计} 自分界码
self-destroying (=SD)　自毁 [的]
self-destruct　自我毁灭, 消失, 失踪
self-destruction　自毁 [作用]
self-destructor　(1) 自动焚烧炉; (2) 自动垃圾焚烧炉; (3) 自炸器
self-detaching　自分离
self-diffusion　自行扩散, 固有扩散, 自扩散, 自弥散
self-directing　自动定向, 自动对准
self-discharge　(1) 自动卸载, 自卸; (2) 自动放电, 自身放电; (3) 自动卸货
self-disengaging　(1) 自动脱开, 自动分离; (2) 自游离
self-division　自身分裂
self-dowelling　自动榫合
self-draining　自排水, 自疏水 [的]
self-drive　自动推进, 自动步进, 自己起动
self-driven　自动推进的, 自励的
self-driven line-scanning circuit　自激行扫描电路
self-drying　自干的
self-dual　自对偶
self-dumping　(1) [滤波器的] 自动卸料, 自动卸载; (2) 自动倾卸
self-dumping car　自动装卸车
self-duplication　自体复制
self-electrode　自发射电极, 自电极
self-electrode technique　自电极法
self-emission　(1) 固有辐射, 自辐射; (2) 固有发射, 自发射
self-emptying　自动卸车, 自动卸载
self-emptying borer　自动出屑钻
self-energized　自供能量的, 自激的
self-energized brake　自动加力制动器
self-energizing　(1) 自激励的; (2) 自馈 [电] 的
self-energizing brake　自紧蹄式制动器
self-energy　内禀能量, 本征能量, 自身能量, 固有能量
self-enhancement　自增强
self-equilibrating　自平衡
self-erecting　自动装配, 自行装配
self-erecting space laboratory (=SESL)　自动装配的空间实验室
self-evaporation　自蒸发
self-exchange　自交换
self-excitation　自激发, 自激, 自励
self excitation　自励, 自激
self-excitation low frequency generator　自激低频发电机
self-excitation method regeneration generator　自激式再生发电机
self-excitation phenomenon　自激现象
self-excitation type　自激型
self-excited　自励磁的, 自激的
self-excited AC generator　自激交流发电机
self-excited booster　自激式升压器
self-excited generator　自激发电机
self-excited motor　自激电动机, 自励电动机
self-excited oscillator　自激振荡器
self-excited phase advance　自激式进相机
self-excited vibration　自激振动
self-exciter　自励发电机
self-exciting　自激式, 自励的, 自激的
self-exciting condition　自激条件
self-expansion　自膨胀
self-extinction of arc　自力消弧
self-extinguishing　(1) 自动灭火, 自熄性; (2) 自熄性材料
self-faced　天然表面, 未修整的
self-feed　(1) 自动进给, 自行馈送, 自进给; (2) 自动供料
self-feedback　固有反馈, 自动反馈, 自动回授, 自回授, 自反馈, 内反馈
self-feedback amplifier　自反馈放大器
self-feedback type　自反馈式
self-feeder　自动给料机, 自动加料器, 自动进料器, 自给器
self-feeding　(1) 自动加料, 自动送料; (2) 自馈 [电]
self-fields　自场
self-filler　自动充注装置
self-filtering　内部过滤, 自滤
self-flashing　自闪光
self-flux　自感磁通
self-fluxing　自熔化 [的], 自 [助] 熔
self-focusing　自聚焦, 自对光
self-force　自 [作用] 力, 本身力

self-fractional pump　自行分馏泵
self-fractionating　自行分馏
self-fractionating pump　自行分馏泵
self-fusible　自熔的
self-gating　自穿透, 自选通
self-glazed structural unit base (=SGSUB)　自研光的结构单元底座,
　　自上釉的结构单元底座
self-glazing　自动上釉, 自动研光
self-governing　(1) 自动调节, 自动控制；(2) 自制的
self-gripping wrench　自动夹紧手柄
self-guidance　自制导, 自导航
self-guided　用自备操纵仪器导引的, 用自备仪器操纵的, 自动瞄准的,
　　自动导航的, 自动导向的, 自动导引的, 寻的制导的, 自导的
self-guided missile　自控导弹
self-guiding　自制导, 自导波
self-hardening　自动硬化, 空气硬化, 气硬
self-hardening steel　空气硬化钢, 自硬钢, 风钢
self-healing　自恢复的, 自复的
self-healing capacitor　自动恢复电容器
self-heating　自动加热, 自发加热, 自热 [式]
self-heterodyne　自差, 自拍
self-heterodyne reception　自差接收法
self-hold　自动夹紧, 自持, 自保, 自锁
self-holding　自动夹紧
self-holding taper　自动夹紧拔销
self-homing　(1) 自动引导, 自动导引, 自动寻的, 导航；(2) 自动导航的,
　　自动归航
self-hunting　自动寻线, 自寻线
self-igniting　自动点火, 自发火, 自燃
self-ignition　自动点火, 自发火, 自燃
self-impedance　固有阻抗, 输入阻抗, 自阻抗
self-improvement　自我改进
self-indexing　自动分度, 自动定位
self-indicating　自指示
self-indicating weighing machine　自动指示计量器
self-indication　自指示
self-indication measurement　自指示测量
self-induced　自感 [应] 的
self-induced vibration　自感振动, 自激振动
self-inductance　自 [身] 电感, 自感
self inductance　自感
self-induction　自感应, 自感
self-induction coefficient　自感系数
self-induction coil　自感线圈
self-inductor　自感线圈, 自感 [应] 器
self-infection　自干扰
self-inflammable　[可] 自燃的
self-inflating　自行充气
self-information　自信息
self-inhibition　自抑制
self-injection　自己进入轨道, 自喷射, 自注入
self-inspection　自检
self-instructed　自动的
self-instructed carry　自动进位
self-insurance　自保险
self-interaction　自身相互作用, 自身相互反应
self-interrupter　自动断续器, 脉冲偶体
self-ionization　自 [身] 电离
self-irradiation　自辐照
self-killing　自镇静 (钢液自然脱氧)
self-learning computer　自学习计算机
self-leveling　自动找平, 自动校平, 自 [动] 调平
self-leveling instrument　自动定平水准仪
self-leveling level　自动测水准仪
self-lift　自动提升器, 自动起落器
self-lift cultivator　自动起落式中耕机
self-lift plough　自动升降犁
self-lift plow　自动起落犁
self-light　自具光, 自发光
self-limiting chain　自慢化链式反应, 自限链式反应
self-linkage　自我连接
self-liquidating　(1) 能迅速液化的；(2) 自偿的
self-load　自动装载, 自动装料, 自动装弹
self-loading　(1) 自动装填, 自动装料；(2) 自动装填式

self-loading device　自动装料器
self-loading forage box　自动式饲料拖车
self-loading scraper　自装刮土机
self-loading target　自动装填靶
self-lock　自动锁定, 自动锁合, 自动制动, 自同步, 自锁
self-locking　自动锁定, 自动止动, 自锁
self-locking gear　自动闭锁装置
self-locking nut　自锁螺母, 自锁螺帽
self-lube bearing block　自润滑轴承组 (带箱体的轴承)
self-lube cartridge unit　自润滑滑形轴承箱组
self-lube flange cartridge unit　自润滑圆 [形] 法兰式轴承箱组
self-lube four-bolt flange unit　自润滑四螺栓方 [形] 法兰式轴承箱组
self-lube hanger unit　自润滑悬挂式轴承箱组
self-lube pillow block unit　自润滑枕式轴承箱组, 自润滑立式轴承
　　箱组
self-lube take-up unit　自润滑滑块式轴承箱组
self-lube three-bolt flange unit　自润滑三螺栓三角 [形] 法兰式轴承
　　箱组
self-lubre two-bolt flange unit　自润滑双螺栓菱形法兰式轴承箱组
self-lubricate　自 [动] 润 [滑]
self-lubricating bearing　自润滑轴承, 含油轴承
self-lubricating bearing material　自润滑轴承材料
self-lubricating bush　自润滑轴衬, 自润滑轴套
self-lubricating journal　自润滑轴颈
self-lubricating material　自润滑材料
self-lubrication　自动润滑, 自润滑
self-lubrication cage　(轴承) 自润滑保持架
self-lubricator　自动润滑器
self-luminescent　自发光的
self-luminous　自发光的
self-made　自制的
self-magnetic　自磁的, 自感的
self-magnetic field　自磁场
self-magnetism　自具磁性, 固有磁性
self-maintained discharge　自持放电
self-maintaining　自持的
self-maintaining reactor　自持反应堆
self-mobile　自动的
self-mode-locking　自锁模, 模同步
self-modulated crossed field amplifier　自调制正交场放大器
self-modulated oscillator　自调制振荡器
self-modulating oscillator　自调制振荡器
self-modulation　自 [动] 调 [制]
self-motion　自动
self-motor　自动同步电动机
self-movement of sliding gear　(变速器) 滑动齿轮跳档
self-mover　(1) 自动机；(2) 自动推动器
self-moving　自动推进的, 自行的
self-mutual inductance　自互感
self-navigation　自动导航, 自导
self-neutralization　自中和
self-noise　自噪声, 内噪声
self-oil feeder　自动加油器
self-oiler　自动加油器
self-oiling　(1) 自动上油的, 自动加油的；(2) 自动润滑
self-oiling bearing　自动润滑轴承, 油杯自润轴承
self-opening die head　自动开合螺丝钢板盘, 自动开合螺丝板牙切头
self-operated controller　直接作用控制器, 无功功率控制器, 自动控制器
self-operated measuring unit　自动测量装置
self-operated regulator　自动调节器
self-optimization　自动最佳化
self-optimizing　最佳自动的, 自动最佳的
self-optimizing control　最佳自动控制
self-organization　自组织
self-organizing computer　自组织计算机
self-organizing machine　自组织机
self-organizing system　自组织系统
self-orientating　自动定向的, 自动定位的, 自动取向的, 自调位的
self-orthogonal　自成正交
self-orthogonal block code　自正交分组码, 自正交块码
self-orthogonal convolutional code　自正交卷码
self-oscillating　自激振荡
self-oscillation　自激振荡
self-oscillator　自激振荡器

self-oscillator ratio telegraphy transmitter　自激式发报机

self-oscillatory　(1) 自生振荡的, 自激振荡的;(2) 等幅振荡的

self-osculation　自密切, 自接触

self-passivation　自钝化

self-perpetuate　自生自存, 自保持

self-perpetuating cycle　永动能量循环

self-poise　(1) 自动平衡;(2) 镇定

self-polar　自配极

self-polar tetrahedron　自配极四面形, 自共轭四面形

self-potential　本征位势, 自然电位, 自位, 自势

self-power　自具功率, 固有功率

self-powered　本身有电源的, 带自备能源的, 独立驱动的, 自供电的,
自行的, 自动的

self-preservation　自保存, 自保藏

self-priming　(泵) 起动时不用注水的, 自动起动注油的, 自动充满的,
自吸的, 自注

self-priming centrifugal pump　自吸离心泵

self-priming pump　自吸式泵

self-programming　自动程序设计, 自动编制程序, 程序自动化

self-programming computer　程序控制计算机

self-programming system　自动程序控制系统

self-programming system automatically controls machine tool　自动
编程序系统的自动机床

self-propagating　自动传播的, 自动传输的, 自动扩展的

self-propelled (=SP)　自推进 [的], 自走式 [的], 自行 [的], 自动 [的]

self-propelled combine　自走式联合收割机

self-propelled crust breaker　自动推进式打壳机

self-propelled cutter loader　自走式收割装载机

self-propelled ditch digger　自走式挖掘机

self-propelled drill　自走式播种机

self-propelled dump rake　自走式横向搂草机

self-propelled gantry machine　自走式厩肥高架起重机

self-propelled gun　自行火炮

self-propelled high-clearance sprayer with open field boom　自走式
高地隙长嘴杆田间喷雾机

self-propelled pick-up baler　自走式捡拾压捆机

self-propelled potato harvester　自走式马铃薯收获机

self-propelled power mower　自走式动力割草机

self-propelled single-row harvester-thrasher　自走式单行收割机

self-propelled sprayer　自走式喷雾机

self-propelled toolframe　自动底盘

self-propelled underwater missile (=SPU)　自推进的水下导弹

self-propelling　自动推进的, 自行的

self-proportioning　自动投配的

self-propulsion　自动推进

self-protecting　有过电压保护的, 耐过电压的

self-protection　(1) 自屏蔽;(2) 自屏

self-protective　自保护 [式] 的

self-protective transformer　自保护式变压器

self-pulsing　自加脉冲调制, 脉冲自调制, 自脉冲

self-purging　自动净化, 自清

self-purification　自净化作用, 自然净化

self-pushing blocking oscillator　自激间歇振荡器

self-quenched detector　自猝熄检波器

self-quenching　自动抑制, 浓缩淬熄, 自灭弧, 自猝熄, 自猝灭, 自淬火

self-quenching counter　自动抑制式计数管

self-quenching counter tubes using organic vapor　有机自猝灭计数管

self-radiation　固有辐射, 自辐射

self-rake　(摇臂收割机的) 自动搂耙

self-reactance　自感应电抗, 固有电抗, 本身电抗, 自 [身] 电抗, 自抗

self-reacting device　自动装置, 自动机械

self-reading　自读的, 易读的

self-reciprocal　自反的

self-recorder　自动记录器, 自记器

self-recording　自动记录的, 自记的

self-recording apparatus　自动记录器

self-recording barometer　自记气压计

self-recording instrument　自记记录仪表

self-recording micrometer　自动测微计

self-recording unit (=SRU)　自动记录器

self-recording wattmeter　自动记录瓦特计

self-recovery　(1) 自动恢复, 自动回位, 自动返回, 自动还原;(2) 自平
衡, 自均衡

self-rectification　自整流, 自检波

self-rectified circuit　自整流电路

self-rectified transmitter　自整流发射机

self-rectifying (=SR)　自整流

self-reducing　自动归算的

self-reduction　自动还原

self-refrigeration　自动冷凝 [作用]

self-registering　自动记录的

self-regulating　自动调节的, 自动调整的

self-regulation　(1) 自动调节, 自动调整, 自动调准;(2) 自平衡 [性]

self-relative address　自相对地址

self-release　自动松放

self-releasing slag　自动脱落熔渣

self-renewal resource　自更新资源

self-repair　自动修复, 自修复

self-repairing　自动修复, 自修复

self-repairing computer　自修复计算机

self-replication　自复制

self-repulsion　自 [排] 斥

self-rescuer　自救呼吸器, 自救器

self-reset　(继电器触点) 自动还原, 自动复原式, 自动重调式, 自复零
[式] 的, 自复位式

self-resistance　自身电阻, 固有电阻

self-restoration　自然更新

self-restoring　自动恢复, 自动还原的, 自行恢复的

self-restoring drop　自复吊牌

self-restoring indicator　自动复归指示器

self-restoring relay　自复继电器

self-reversal　自可逆性, 自可复性, 自倒转, 自吸收, 自蚀 (光谱)

self-righting　(1) 自动复位, 自动复原;(2) 自整流 [的]

self-roasting　自焙烧, 热焙烧

self-rotation　固有转动

self-running　(电动机) 自行起动的, 自动起动的, 自启动的, 自运行的,
不同步的

self-saturating　自饱和

self-saturation　自饱和

self-saturation type　内反馈式

self-scanned image sensor　自动描 [图] 像传感器

self-scattering　自散射

self-seal coupling　(1) 自封式管接头;(2) 自紧联轴节

self-seal packing　唇形密封圈

self-sealing　自动密封 [的], 自动封连, 自动封闭, 自身闭闭, 自封作用

self-serve station　自动加油站

self-servo disk brake　有自紧作用的盘式制动器

self-setting　(1) 自凝固的;(2) 多向调整的

self-setting bearing　多向调整轴承

self-shadowing　自屏蔽

self-sharpening　自动磨锐

self-shielding　自屏蔽

self-shifting　自动转换, 自动换挡, 自动换向

self-shifting transmission　(1) 自动换挡变速器;(2) 自动变速, 自动
换挡

self-similar　自相似的

self-similar solution　自相似解

self-skimming　自动除渣

self-solidifying　自 [动] 凝 [固]

self-stabilization　自稳定性, 自调特性

self-start　自动起动, 自行起动, 自动启动, 自起动

self-start synchronous motor　自起动同步电动机

self-starter　(1) 自动起动机, 机械起动器, 自起动器;(2) 永 [恒运] 动

self-starting　自行起动, 自行启动, 自动起动, 自起动

self-starting rotary converter　自起动旋转换流器

self-steering　自动控制, 自动驾驶, 自操纵的

self-sticking coefficient　固有粘附系数

self-stiffness　(1) 固有刚度;(2) 自反电容, 自逆电容

self-stopping gear　自停装置

self-supply power plant　自备发电厂

self-support cable (=SS cable)　自撑式电缆

self-supporting　(1) 自给的, 自立的;(2) 自行夹持的, 自支持的, 自立
式的, 自撑式的, 自承重的, 自架的, 独立的

self-sustained　自驱动的, 自激的, 自持的, 自给的

self-sustained discharge　自持放电

self-sustained oscillation　自持振荡

self-sustaining　自己支持的, 自支撑的, 自保持的, 自持的, 独立的, 自
承的

self-sustaining gear 自动制动机构
self-synchronizing 自动同步[的], 自动整步[的]
self-synchronizing method 自同步法
self-synchronous 自动同步的
self-synchronous motor 自动同步电动机
self-synchronous system 自同步法
self-tangency 自接触
self-tapping 自动攻丝, 自动套丝
self-tapping screw 自动攻丝螺杆, 自攻螺钉
self-tempering 自身回火
self-thread cartridge 自动穿带盒式磁带机
self-tightening 自动密封, 自封作用, 自紧
self-timer (1) 自动记秒表, 自定时器; (2) (照相机) 自拍装置
self timer (照相机) 自拍装置
self-timing 自动同步, 自动计时, 自动定时, 自定时
self-torque 自转矩
self-trapping (1) 自俘获, 自陷; (2) 自吸收; (3) 自聚焦
self-triggering 自触发的, 自发火的
self-turbidity 自具浊度
self-tying 自动捆扎, 自动打结
self-unloader 自卸船
self-unloading forage box 自卸式饲料分送车
self-unloading wagon 自卸拖车
self-ventilated machine 自通风电机, 自冷式电机
self-ventilation 自行通风, 自冷
self-verifying 自动检验, 自身检查
self-waterer 自动饮水装置, 自动饮水机
self-winding 自动上发条的, 自卷的, 自绕的
selffeeding (=SF) 自动给料, 自动供料, 自激, 自锁
sell (1) 销售, 卖; (2) 说服, 宣传, 推荐
sell at a loss 折本出售
sell by auction 拍卖
sell by retail 零售
sell by wholesale 批发
sell-off 处理存货
sell off 处理存货, 出清, 卖完, 廉售
sell off date (=SOD) 处理存货日期
sell on trust 赊售
sell out 卖光, 出卖
sell short 卖空
sell up 拍卖, 变卖
sell well 畅销
Seller's coupling 塞勒锥形联轴节, 塞勒联轴节
Seller's drive 塞勒传动
Seller's screw thread 塞勒螺纹
Seller's taper 塞勒锥度
sellout 售完
selsyn (1) 自动同步机; (2) 自动同步传感器, 自动同步发送机; (3) 自整角机
selsyn control 自动同步机控制
selsyn data system 数据传送的自动同步系统
selsyn device 自动同步设备, 自动同步装置
selsyn disk 自动同步机盘
selsyn drive 自动同步传动
selsyn drive gear 自动同步机主动齿轮
selsyn driver 自动同步机传动装置
selsyn generator 自动同步发电机
selsyn motor 自整角机
selsyn receiver 自动同步接收机
selsyn system 自动同步系统
selsyn train 自动同步传动系
selsyn transmitter 自动同步发送机, 自动同步发送器
seltrap (利用半导体二极管反向特性的) 半导体二极管变阻器
selvage (=selvedge) 锁孔板
semanteme 语义, 意义, 涵义
semantic analyzer 语言分析程序
semantics 语义学, 语义
semantics translator 语义学翻译程序
semantide 信息载体
semaphore (1) 信号杆, 信号灯; (2) 信号装置, 信号机; (3) 臂板信号机的信号; (4) 一种视觉信号通信系统
sematic 警戒的
semblance (1) 类似, 相似; (2) 外观, 外表, 外形, 样子; (3) 假装, 伪装

semblance of leak 虚[假]漏[孔]
Semendur 一种钴铁簧片合金 (铁 50%, 钴 50%)
semi (=semitrailer) 半自动拖车, 双轮拖车, 半拖车, 挂车
semi- (词头) (1) 一半; (2) 二等分的, 不完全的, 部分的,
semi-acetal 半缩醛
semi-acidic 半酸性的
semi-amplitude 半振幅
semi-anthracite 半无烟煤
semi-apochromat 近复消色差透镜
semi-apochromatic 近复消色差的
semi-armor-piercing (=SAP) 半穿甲的
semi-asphaltic 半[地]沥青的
semi-auto (=semi-automatic) 半自动[化]的
semi-automatic 半自动[化]的
semi-automatic action 半自动动作
semi-automatic arc welder 半自动电焊机
semi-automatic control 半自动控制
semi-automatic controller 半自动控制装置
semi-automatic controlling machine 半自动控制机床
semi-automatic cycle 半自动循环
semi-automatic feed 半自动送料
semi-automatic hob grinding machine 半自动滚刀磨床
semi-automatic lathe 半自动车床
semi-automatic machine tool 半自动化机床
semi-automatic miller 半自动铣床
semi-automatic milling machine 半自动铣床
semi-automatic signal 半自动信号机
semi-automatic substation 半自动变电所
semi-automatic telephone 半自动电话
semi-automatic tall dialling 长途[电话]半自动接续
semi-automatic transmission 半自动变速器
semi-automatic trunk board 半自动式中继台
semi-automatic welding 半自动焊[接]
semi-automatic working 半自动加工
semi-axle 半轴
semi-axis 半轴
semi-axis of pressure ellipse 压力椭圆半径
semi-balance 半平衡
semi-balloon tyre 半低压轮胎
semi-batch process 半分批法
semi-bilinear 半双线性的
semi-bituminous 半沥青的
semi-bituminous coal 半无烟煤
semi-boiling 半煮的
semi-butterfly circuit 半蝴蝶式电路
semi-cantilever 半悬臂
semi-centrifugal clutch 半离心式离合器
semi-chilled roll 半激冷冷轧辊
semi-circle 半圆
semi-circle protractor 半圆量角器
semi-circular deviation 半圆偏移
semi-circular groove 半圆槽
semi-circular root 半圆弧齿根
semi-closed 半闭合式[的], 半闭合的, 半闭式[的]
semi-closure 半闭合
semi-clutch 半离合器
semi-coaxial 半同轴[式]的
semi-coke 半焦炭
semi-coking 半焦化[作用], 低温炼焦
semi-conductive 半导体的, 半导电的
semi-conductor 半导体
semi-conductor element 半导体元件
semi-conductor storage unit (=SSU) (1) 半导体存储器; (2) 半导体存储部件
semi-continuity 半连续性
semi-convection 半对流型[的]
semi-convergent 半收敛的
semi-crystal 半晶体
semi-crystalline 半晶质的
semi-cubical 半三次的, 半立方的
semi-cured 半硫化了的
semi-cycle 半周期
semi-definite 半定[的]
semi-deoxidized 半脱氧的

semi-diameter 半径
semi-diaphanous 半透明的
semi-diode 半导体二极管
semi-directional 半定向的
semi-distributive 半分配的
semi-double strength （表示窗玻璃）在 2.8-3.0mm 厚度的玻璃
semi-drop center rim 半凹槽轮辋
semi-dry 半干
semi-dry friction 半干摩擦
semi-dry friction lubrication 半干摩擦润滑
semi-dry lubrication 半干润滑
semi-dull 近无光的, 近暗的, 半钝的
semi-ebonite 半硬橡胶
semi-elliptic 半椭圆式的
semi-elliptic(al) spring 半椭圆形弹簧
semi-enclosed 半封闭式的, 防接触的, 防护的
semi-enclosed slot 半闭口槽
semi-expendable 主要部分可回收的, 主要部分多次应用的, 半消耗的
semi-explicit 半显式的
semi-faience 半宽釉
semi-finish grinding 半精磨
semi-finish parts 半成品零件
semi-finish turning 半精车
semi-finished 半精加工的, 半制成的, 在制的
semi-finished bolt 半精加工螺栓
semi-finished product 半光制品, 中间产品, 半成品
semi-finished working 半精加工
semi-finishing 半精加工
semi-finishing tooth (teeth) （拉刀的）半精切齿
semi-flexible coupling 半挠性联轴节
semi-floating 半浮式
semi-floating axle 半浮式 [车] 轴
semi-floating piston pin 半浮式活塞销
semi-fluid 半流体, 半液态
semi-fluid friction 半流动摩擦
semi-fluid grease 半液态润滑脂
semi-focusing 半聚焦
semi-fused 半熔的
semi-generating cutting method 半展成法, 半滚切法
semi-girder 悬臂梁, 悬梁, 伸臂, 悬臂
semi-granular 半颗粒状态
semi-graphic 半图解的
semi-graphic panel 半图式 [控制] 面板
semi-gravity type abutment 半重力式桥台
semi-group (1) 半群, 半组; (2) 缔合系统
semi-hand 半手工的
semi-hard 半硬的
semi-hard drawn aluminum wire 半硬铝线
semi-hard magnetic alloy 半硬磁合金
semi-hard steel 半硬钢
semi-hardboard 半硬质纤维板
semi-ideal 半理想的
semi-immersed 半沉半浮的
semi-indirect 半间接的
semi-industrial 半工业的
semi-infinite 半无穷 [的], 半无限 [的]
semi-infinite motor 半无限 [长] 电动机
semi-insulating 半绝缘的
semi-insulation 半绝缘的, 半导电的
semi-insulator 半绝缘体, 半绝缘子
semi-integral 半悬挂式的, 半整体的
semi-invariant 半不变式的, 半不变量, 累积量
semi-inverse method {数}半逆法, 凑合法
semi-ionic 半离子化的, 半极性的
semi-iterative 半迭代的
semi-jig boring 半坐标镗削
semi-killed steel 半镇静钢
semi-linear 半线性的
semi-liquid 半液体
semi-liquid friction 半液体摩擦, 半湿摩擦
semi-liquid lubrication 半液体润滑
semi-lubricant 半润滑剂
semi-major axis 半长轴
semi-manufacture 半成品, 半制品

semi-manufactured 半制成的
semi-mat 半暗淡的
semi-matrix 半矩阵
semi-mechanized 半机械化的
semi-metacyclic 半亚循环的
semi-metallic gasket 半金属填密片
semi-microform 半缩微复制品
semi-microfractionation 半微量分馏
semi-minimum condition {数}半极小条件
semi-minor axis 半短轴
semi-mobile 半机械式的, 半移动式的
semi-modular 半模数的
semi-molded 半模制的
semi-molten 半熔的
semi-monergolic 半单组分 [喷气] 燃料
semi-monocoque 半硬壳机身
semi-monolithic 半整体的
semi-motor 往复旋转液压油缸
semi-mounted 半悬挂式的
semi-muffle furnace 半马弗炉, 半套炉
semi-norm {数}拟范数, 半范数, 半模
semi-normal 半正规的, 半当量的
semi-opaque 半透明
semi-open 半开式, 节流式
semi-open type electrical-equipment 半开敞式电气设备
semi-opened 半开式的
semi-orbit 半轨道
semi-order set {数}半有序集
semi-orthogonal 半正交的
semi-parabolic 半抛物线的
semi-perimeter 半周长
semi-period 半周期
semi-permeable 半渗透性的
semi-perpendicular 不全正交的, 半正交的
semi-plant (1) 试验装置; (2) 中间试验工厂 [的]
semi-plant scale equipment 中间试验工厂生产用设备
semi-plastic stage 半塑性状态
semi-porous 少许空隙的, 半多孔的
semi-portal crane 单柱高架起重机
semi-precision measuring tool 半精密量测工具
semi-primal algebra 半素代数
semi-primary {数}半准质的, 半准素的
semi-private circuit 准专用线路
semi-production 中间生产, 间歇生产, 半生产
semi-protected 半保护 [型] 的
semi-random 半随机的
semi-range 半幅
semi-recess action (1) 半啮出齿轮; (2) 半渐远作用线的变位齿轮
semi-reducing 半还原的
semi-refined 半精制的
semi-reflector 半反射器
semi-regular 半正则
semi-regular transformation {数}半正则变换
semi-reinforcing furnace (=SRF) 半加固炉, 半补强炉
semi-reversibility 半可逆性
semi-revolution 半周, 半转
semi-rigid 半刚性的, 半硬的, 半固的
semi-rigid structure 半刚性结构
semi-rotary pump 半回转泵
semi-section 半剖面
semi-simple 半单纯的, 半简单的
semi-simplicial complex {数}半单复形
semi-sintered 半烧结的, 微粘结的
semi-solid lubricant 半固体润滑脂, 塑性润滑脂
semi-sphere 半球
semi-stability 半稳定性
semi-stable 半稳定的
semi-stainless 半不锈的
semi-stainless steel 半不锈钢
semi-steel 钢性铸铁, 高级铸铁, 半钢
semi-steel casting (=SSC) 半钢 [性] 铸件
semi-streamlined 半流线型的
semi-symmetric 半对称的
semi-threshold logic (=STL) 半阈值逻辑 (电路)

1267

semi-topping hob 倒角滚刀
semi-trailer 半拖车
semi-transfer 半自动[化]
semi-transless 半无变压器式(初级作高压整流用,次级作灯丝加热用的一种电视机用变压器)
semi-translucent 半透明的
semi-transparent 半透明的
semi-transverse axis {数}半贯轴
semi-truss 半桁架
semi-turn-key 半成套项目
semi-universal dividing head 半万能分度头
semi-universal radial drill 半万能摇臂钻床
semi-valence (化)半价
semi-valency (化)半价
semi-variable 半可变的
semi-volatile covering {焊}气渣联合保护药皮
semi-vulcanization 半硫化作用
semi-water gas 半水煤气
semi-works (试制新产品的)小型工厂
semiactive 半活动的,半活性的
semiangle 半角
semiangle of beam convergence 射束半收敛角,波束半会聚角,电子束会聚角
semiarticulated landing gear 半摇臂式起落架
semiartificial 半人造的
semiautomatic (1)半自动的;(2)半自动装置,半自动机;(3)半自动枪
semiautomatic backup (=SABU) 半自动备用设备
semiautomatic device 半自动装置
semiautomatic ground environment (=SAGE) 半自动地面防空装置,半自动地面防空系统,赛其防空系统
semiautomatic private branch exchange 半自动专用交换机
semiautomatic program checkout equipment (=SAPCHE) 半自动程序检验装置
semiautomatic telephone switchboard 半自动电话交换机
semiautomatic test equipment (=SATE) 半自动测试装置
semiaxis 半轴,后轴
semiaxle 半轴
semibreadth 半宽度
semibridge system 半桥式
semicircle (1)半圆;(2)半圆周;(3)形成半圆的;(4)量角器
semicircular 半圆形的
semicircular hey 半圆键
semicircumference 半圆周
semicircumferentor 半圆测角仪
semicoke 低温炼焦,半焦化,半焦
semicolloid 半胶体
semicolon 分号";"
semicommercial 半商业性的,半工厂化的,试销的
semicommercial unit 半工厂化设备
semicompreg 半压缩浸渍木材
semicon 半导体
semiconducting 半导体[性]的,半导电的,半导体的
semiconducting coating 半导电涂料
semiconducting crystal 半导体晶体
semiconducting glass 半导体玻璃
semiconducting material 半导体材料
semiconduction 半导电性,半导
semiconductive 半导电的,半导体的
semiconductivity 半导性,半导率
semiconductor 半导体
semiconductor amplifier 半导体放大器
semiconductor barium titanate 钛酸钡半导体
semiconductor cartridge 半导体拾音头
semiconductor chip 半导体芯片
semiconductor controlled rectifier (=SCR) 半导体可控整流器
semiconductor detector 半导体探测器
semiconductor device 半导体器件,半导体元件
semiconductor diode 半导体二极管
semiconductor element 半导体元件
semiconductor filament 半导体丝
semiconductor injection laser 半导体注入激光器
semiconductor integrated circuit (=SCIC 或 SIC) 半导体集成电路
semiconductor laser 半导体激光器
semiconductor light emitter 半导体光发射器

semiconductor luminescent diode 半导体荧光二极管
semiconductor maser 半导体微波激射器
semiconductor memory 半导体存储器
semiconductor-metal-semiconductor transistor 半导体-金属-半导体晶体管
semiconductor oscillator 半导体振荡器
semiconductor parametron 半导体参量激励子,半导体参量管
semiconductor photoelectronic device 半导体光电管器件
semiconductor physics 半导体物理学
semiconductor rectifier 半导体整流器
semiconductor refrigerator 半导体制冷机
semiconductor strain ga(u)ge 半导体应变仪
semiconductor technology 半导体工艺
semiconductor wafer 半导体片
semiconfined water 半承压水
semicontinuous 半连续[性]的
semicontinuous rolling mill 半连续式轧机
semicontrol office 控制分局
semicrystalline 半晶质的,半结晶的
semicyclic 半环的
semicylinder 半柱面
semidiameter 半[直]径
semidiesel engine 烧球式柴油机,半柴油发动机,半柴油引擎
semidirect 部分直接的,半直接的
semidistributed 半分布的
semidistributed winding 半分布绕组
semidominance 半显性
semidry 半干
semidurables (=semidurable goods) 半耐用消费品
semielastic 半弹性的
semielectronic 半电子[式]的
semiellipse 半椭圆
semiellipsoid 半椭圆体
semiellipsoidal 半椭圆体形的,半椭球的
semielliptic 半椭圆[式]的
semielliptic spring 半椭圆[钢板]弹簧,弓形弹簧
semiempirical 半实验性质的,半经验的
semiempirical relationship 半经验公式
semienclosed 半封闭[型]的
semienclosed motor 半封闭式电动机
semienclosed slot 半封闭式槽
semiexciting 半激磁[式]的
semiexpandable (火箭)主要部分可以回收的,部分可以回收的
semiexplosive 减装炸药
semifinished (=SF) 半精加工的,半成品的,半制成的,半光制的
semifinished piece 半成品
semifinishing 半精加工
semifireproof (=SFPRF) 半耐火的,半防火的
semifixed (=SFXD) 暂时固定的,半固定的
semiflexible 半柔性的
semifloating 半浮动,半浮式
semifloating axle shaft 半浮式车轴,半浮式半轴
semifluid 半流动性的,半流质的,半流体的,半流态的
semifocal chord 半弦(翼型)
semiform 不完全的形状
semifractionating 部分分馏的,半分馏的
semigelatin 半凝胶(炸药)
semiglaze 半釉
semigloss 半光泽的,半光亮的,近有光的
semigraphical solution 半图解[法]
semigroup 半群
semihumid 半湿润的,半潮湿的
semihyaline 半透明的
semihydrogenation 半氢化作用
semikilled 半镇静[钢]的,半脱氧[钢]的
semiliquid 半液体的,半流态的
semilocking differential 高摩擦自动联锁差速器
semilogarithmic 半对数的
semilogarithmic scale 半对数标度
semilucent 半透明的
semilustrous 半光泽的
semimachine 部分机械加工
semimajor axes {数}半长轴
semimanufactures 半成品

semimean axes　{半}中轴
semimember　单向作用构件，半构件
semimetal　半金属，类金属
semimetallic　金属材料和非金属材料各半的，半金属的
semimicro-　半微[量]
semimicro-analysis　半微[量]分析
semimicroanalysis　半微量分析
semimicrodetermination　半微量测定
semiminor axes　{数}半短轴
semimonocoque　加强薄壳式机身，半硬壳式机身
semiochemicals　化学信息物质
semiofficial　半官方的
semioscillation　半周期振荡
semiotics　符号语言学
semioutdoor　半露天的，半户外的
semipancratic　半可随意调节的，半泛放大率的
semiparabolic　半抛物线的
semipaste paint　半厚油漆
semiperiod　半周期
semipermanent　半永久性的
semipermeability　半渗透性，半渗透
semipermeable　半[渗]透[性]的
semipermeable membrance　半透膜
semipersistent　半持久性的
semipneumatic tyre　大气压轮胎，半充气轮胎
semipolar　半极性的，半极[化]的
semiportable　半移动式的，半轻便式的，半固定的
semiportal crane　单脚高架起重机
semipotentiometer　半电势计，半电位计
semiproduct　半制品，半产品，半成品
semiprotected　半防护[型]的
semiquantitative　半定量的
semiremote　半远距离[控制]的，半遥控的
semirigid　半刚性的，半硬的
semirimming steel　半镇静钢
semirotary　摆轮的，摆的
semishrouded　半开的，半闭的
semiskilled　半熟练的
semisolid　半固体[的]，半固态
semisoluble　半溶的
semispan　半翼展
semisphere　半球
semistall　(1)半失速；(2)[气流]局部分离，局部滞止，部分分离，部分止滞
semisteel　(1)半钢质的；(2)高强度铸铁，钢性铸铁，高级铸铁，低碳铸铁
semistor　正温度系数热敏电阻
semisubmersible rigs　半潜式钻机
semisynthetic　{化}半合成的
semitight　半不渗透的，半密闭的
semitraffic-actuated　半车动的
semitrailer (=STLR)　半挂车
semitransparent　半透明的
semitransparent cathode　半透明阴极
semitransparent photocathode　半透明光电阴极
semitriangular form　{数}半三角形
semitubular　半管形的
semivalence　{化}半价
semivalent　{化}半价的
semivariable　半可变的
semivertical angle　半对顶角
semivitreous　半玻璃化的
semivitrified　半玻璃化的，半呈玻璃态的
semiwater gas　半水煤气
semiwave　半波
semiwork(s)　中间试验工厂，试销产品工厂，小规模工厂
senary　六为一组的，六进制的，六的
send　(1)送，寄，投，掷，射；(2)发送，发射，传送，传递，派遣；(3)使处于，使变为，促使
send along　急送，派遣
send away　派遣，发送
send-back system　回送系统
send down　使下降，降低
send for　派人去请

send forth　发出，送出，放出
send in　呈报，提出
send off　发出，解雇
send on　转送，预送
send-only service　{计}只发送服务站
send out　放射出，散发出，发出，发送，发射
send over　发射，播送，运送
send-receive (=SR)　发射 - 接收，收发
send-receive switch　收发转换开关
send-receiver　收发装置，收发报机
send-request circuit　{计}请求发送线路
send round　发送，派遣，传阅
send test message (=STM)　发送测试信息
send through　通知
send up　送上升，提高，传送，发出
send word　通知，转告
sendait metal　一种电厂渣还原精炼的高级强韧铸铁
Sendalloy　一种硬质合金
sender　(1)发送装置，传送器；(2)发射器，送波器，发送端，发送器；(3)键控发报机，键控发信机，键控发送机，(电话)记发机，记发器，记录器；(4)(天线)引向器；(5)[电极的]电键
sender link frame (=SLF)　发射机接线架
sender unit　发送装置，发信器
sending　发送，发射
sending antenna　发射天线
sending apparatus　发送装置
sending end　发送端
sending-end crosstalk　发送端串话
sending-end impedance　发送端输入阻抗
sending key　(1)发送电键；(2)键控发射机
sending machine　发送机
sending set　发射机
sending station　发射台
sending terminal　发送端
Sendust　铁硅铝磁合金，铝硅铁粉
sendytron　一种由高压探极点火的汞蒸汽管
Sendzimir mill　森氏极薄钢板多辊轧机
Sendzimir process　森氏带钢氮化浸渍镀锌法
Senegal　森尼加树脂，远志树脂
senior design engineer (=SR DEG ENG)　正设计工程师
senior solarspot　大型聚光灯
Senperm　森泊姆恒导磁率合金(硅10.54%，镍16.19%，其余铁)
sensation　(1)感觉，知觉，印象；(2)感动，激动
sensation amplifier　读出放大器
sensation antenna　辨向天线
sensation level　感觉级，响度级
sensation unit (=su)　听觉单位(分贝的原始称呼)
sense　(1){计}检测，读出，断定，显示，指示；(2)方向，趋向，探向；(3)(矢量的)指向，(4)感觉，感触，(5)(爆炸距离和方向的)估计；(6)辨别力，灵敏，(7)意义，常识，观念，意识，理性
sense amplifier　读出放大器
sense antenna　测定真方向的天线，辨向天线
sense-class　指向类
sense-digit line　{计}位读出线
sense-finder　[电]定向器
sense finder　正负向测定器，单值测向器，探向指示器，辨向器
sense finding　指向探测，测向
sense light　传感指示灯
sense line　(1)读出线；(2)传感线[路]；(3)液压控制管路
sense of current　电流[的]方向
sense of line　线的指向
sense of motion　运动方向
sense of orientation　定向，指向
sense of rotation　旋转方向
sense order　读出指令
sense-preserving　保向[的]
sense-reversing　逆向[的]
sense signal　单向性信号，单值性信号，探向信号，读出信号
sensibility　(1)敏感性，敏感度，灵敏度，准确度，精确度；(2)感光性，感光度
sensibilization　增感[作用]，敏化
sensibilized　敏化作用
sensibilizer　敏化剂
sensible　(1)可感觉的，明显的，敏感的；(2)切合实际的，通情达理的，

1269

合理的,明智的

sensible heat 显热

sensible plan 切合实际的计划

sensicon 光导摄像管,氧化铝摄像管,铅靶管

sensillometer 感光计

sensing (1)信号感受,信号传感;(2){计}读出;(3)方向指示,偏航指示,偏航显示,测向;(4)感觉,传感;(5)敏感的

sensing circuit {计}读出电路,感测电路,传感电路,敏感电路

sensing coil 感测线圈

sensing device 传感器

sensing element (1)敏感元件,感应元件;(2)传感器

sensing head (1)传感元件,传感头,灵敏头,敏感头,读出头;(2)测量规管

sensing unit (1)传感装置,传感器;(2)敏感部件,敏感元件

Sensistor 正温度系数热敏电阻(商名),硅电阻

sensitive (1)灵敏的,敏感的;(2)易感光的,易感应的,感光性的,能感受的;(3)高度机密的

sensitive bench drill 高速手压台钻

sensitive command network (=SCN) 灵敏指挥网络

sensitive drill 灵敏钻床

sensitive drilling machine 手动进给钻床

sensitive element 敏感元件,传感器

sensitive fault program 故障敏感程序

sensitive galvanometer 灵敏电流计,灵敏检流计

sensitive hand feed 灵敏手动进给,灵敏手动进刀

sensitive lever 敏感杆

sensitive member 敏感元件,传感器

sensitive metal 敏感金属

sensitive paper 感光[晒图]纸

sensitive relay 灵敏继电器

sensitive time 感光时间

sensitive to heat 对热敏感,热敏

sensitive to light (1)对光灵敏的;(2)感光的

sensitive volume 灵敏体积,感磁区

sensitiveness (1)敏感性,灵敏度,灵敏,(2)敏感性,灵敏性

sensitiveness to shock 震动灵敏度

sensitivity (1)敏感度,灵敏度;(2)敏感性,灵敏性,感光性,响应度;(3)(乳胶的)感速

sensitivity compensator 灵敏度补偿器

sensitivity control 灵敏度调整

sensitivity curve 灵敏度曲线

sensitivity drift 灵敏度漂移

sensitivity level 响应级

sensitivity of a photoresistive cell (=photoresistive-cell) 光敏电阻管灵敏度;(2)电阻性光电池灵敏度

sensitivity of autopilot 自动驾驶仪的灵敏度

sensitivity of instrument 仪器的灵敏度

sensitivity test 灵敏度试验

sensitivity threshold 灵敏限

sensitivity-time control (=STC) 灵敏度时间控制

sensitivity to light 感光灵敏度

sensitivity volume 灵敏区

sensitization (1)敏化[作用];(2)激活,活化[作用]

sensitization of luminescence 发光敏化

sensitize (1)使敏感,易感光,敏化,强化,活化,激活;(2)促燃

sensitized 激活的

sensitized paper 感光纸,敏化纸

sensitized photocell 敏感光电管

sensitizer (1)敏化剂,激活剂,增光剂,敏化物,激敏物;(2)操作增感机器的人

sensitizing 敏化过程

sensitizing pulse 照明脉冲

sensitogram 感光度图

sensitometer 感光计,曝光表

sensitometric 感光度测定的

sensitometry 感光测量学,感光学

sensor (1)传感器,感受器;(2)敏感装置,灵敏元件,敏感元件,接触元件;(3)仿形器;(4)读出器;(5)初级检测器,探测设备,探测器,发送器,探头

sensor amplifier 读出放大器,敏感放大器

sensor-based computer 传感器用计算机

sensor-based system 传感器用系统

sensor station 传感器位置

sensor unit 传感器总成

sensory 灵敏元件的,传感器的,灵敏[度]的,

sentinel (1)(表示某段信息开始或终了的)标志,符号,记号;(2)传送器,发讯器,发射器;(3)识别指示器

Sentinel I (澳)"哨兵I"坦克

sentron 防阴极反加热式磁控管,防阴极回轰式磁控管

separability 可分[离]性,可分辨性,划分性,分离性

separable 可分离的,可拆开的,可拆卸的,可分开的,可区分的

separable algebras 可分代数

separable attachment plug 可拆连接插头

separable closure {数}可分闭包

separable coupling 可拆式联轴节

separable field 可分域

separable group 可分群

separable polynomial 可分多项式

separable rib (轴承)可分离挡边

separableness (1){光}可分辨性;(2){数}可分离性

separant {数}隔离子

separate (1)脱离,分离,分隔,隔开,隔离,切断,脱离;(2)插入;(3)离析,析出,释出;(4)区别,分别,识别,分类,分级;(5)分离的,分隔的,分开的,隔绝的,各别的,单独的,不相连的

separate cone (轴承)分离型内圈

separate cup (轴承)分离型外圈

separate drive 分路传动

separate electric motor 单独电机

separate engine-maneuvering stand 单独主机控制台

separate excitation 分激,他激,他励

separate-excited block oscillator 他激式间歇振荡器

separate heater valve 旁热式真空管

separate heterodyne 独立本机振荡外差法,分激外差法,他激外差法

separate lubrication 局部润滑,独立润滑,点润滑

separate out 分出,离出,析出

separate-power take-off 独立式动力输出轴

separate ring (轴承)分离型套圈

separate thrust collar (轴承)斜挡圈,分离型推力圈

separate water supply system 分区给水系统

separate winding 分绕绕组

separated (1)分开的,分离的,已隔离的;(2)另外的,独立的

separated excitation D.C. motor 分激直流电机

separated exciting 他激磁式,分激磁式

separated ventilated type 外力通风式

separately 分别地,各别地,独立地,(借助)外力地

separately driven circuit 分激电路

separately excited 分激的,他激的

separately excited circuit 分激电路

separately excited generator 分激发电机

separately excited induction generator 分激感应发电机

separately excited inverter 分激式变流器

separately excited motor 分激电动机

separately instructed carry 外激式进位,外控进位

separately ventilated machine 他力通风式电机

separately ventilated type 外力通风式

separating (1)分开的,分离的;(2)分裂;(3)间隔,隔离,距离;(4)释出,析出

separating ball (轴承)隔离球,间隔球(置于承载球之间)

separating by dilution 稀释分离

separating component 分离分量

separating constant 分离常数

separating device 分选设备

separating element (轴承)滚动体隔离件

separating factor 分离系数

separating force 分离力

separating funnel 分液漏斗

separating indicator 分离指示器

separating prism 分像棱镜

separating rate 分离速度

separating screen 分选筛

separating sewer 分流污水管

separating valve 隔离阀

separation (1)分离,离析,分开,分隔,分裂,分开,分散,分配,分流,区分;(2)导线间的距离,间隔,间距,间隙,空隙;(3)分选;(4)衍射光栅系数,(同位素)分离系数,分离变量;(5)幅度差;(6)劈裂,削裂

separation by development 置换分离

separation by displacement 置换分离

separation coal 精选煤

separation column　分馏塔, 分离柱
separation coupling　可拆联轴节
separation effect　分离效应, 分离作用
separation of aerofoil　机翼间隔
separation of d-c and a-c circuit　直流和交流电路的分隔
separation of emulsion　乳胶的分离, 乳胶的破坏
separation of flow　气流分离, 气流离体
separation of fragments　碎片分离, 碎片飞散
separation of isotopes　同位素分离
separation of isotopes by electromagnetic method　电磁法分离同位素
separation of isotopes by ion mobility　离子迁移法分离同位素
separation of levels　立体交叉
separation of missile and booster　导弹和助推器分离
separation of roots　{ 数 } 隔根法
separation of signal　信号分离
separation of spectrum　谱线间距
separation of tread　胎面剥落
separation of two frequencies　两频率之间的间隔
separation of variables　变数分离法, 分离变数法, 分离变量法
separation standard　间隔标准 (飞机相互间距离)
separative　分离 [性] 的
separative signal　分离信号
separatography　无色化合物的吸附分离
separator　(1) 分离片, 分离物, 隔离物, 垫片, 隔板, 隔套; (2) (轴承滚动体的) 隔离件, 轴承座; (3) 分离装置, 分离器, 分离机, 分液器, 分隔器, 分液器, 脱水器, 离析器; (4) 清选机, 分选机, 选矿机, 分送机, 分级机; (5) 除尘器, 脱脂器; (6) 脱模剂; (7) [区分] 标记; (8) 磁选机
separator conveyer　筛分运输机
separator insert　分隔板
separator scrubber　分离涤气机
separator tube　缓冲管
separatory　[使] 分离的
separatory funnel　分液漏斗
separatrix　(1) 分隔号; (2) 分界线, 分界面; (3) 相平面上的闭合曲线; (4) 被限制的稳定范围
septa-　(词头) 七
septal　间隔的, 隔膜的
septangle　七角形
septate　有隔膜的, 分隔的
septation　分隔作用
septenary　七进位制的, 七个的
septendecimal　十七进制的
septillion　千的 14 次幂, 百万的七次幂
SEQUAM system　赛宽制
sequenator　顺序分析仪
sequence　(1) 链区; (2) 指令序列, 顺序, 次序, 工序, 程序, 序列, 数列, 系列, 排列; (3) 系, 类, 族; (4) 继续, 连续, 接续, 关联; (5) 结果, 结局; (6) 将信息项目排成顺序的机器; (7) 轮换, 替代; (8) 程序设计, 排列程序, 使程序化, 定序
sequence chart　程序图表
sequence circuit　时序电路
sequence computer　时序计算机
sequence control　程序控制
sequence control counter (=SCC)　程序控制计数器, 顺序控制计数器
sequence control system　顺序控制系统
sequence control tape　程序控制带, 程控带
sequence controlled computer　程控计算机
sequence generator　程序发生器
sequence inhibitor　时序禁止器
sequence of function　函数序列
sequence of number　数的序列, 数序
sequence of operation　(1) 操作程序, 操作工序, 工作程序; (2) (继电器或选择器的) 作用顺序
sequence of switch　开关转换顺序
sequence programmer (=SP)　程序装置
sequence register　指令顺序寄存器
sequence space　序列空间
sequence switch　(1) 程序开关; (2) 序轮机
sequence valve　程序阀
sequenced signals　{ 计 } 有时序的信号
sequencer　(1) 程序装置, 程控机构, 定序机, 定序器; (2) 分类机
sequencer and monitor (=S&M)　程序装置和监控装置
sequencing　程序设计, 程序化
sequencing by merging　{ 计 } 合并排序

sequencing computation　顺序计算
sequencing effect　(各种不同载荷的) 顺序影响
sequencing routine　排序程序
sequent　(1) 继续的, 连续的, 相随的, 结果的; (2) 结果; (3) { 数 } 相继式
sequential　(1) 相继的, 程序的, 序列的, 顺序的, 按序的; (2) 序贯抽样的; (3) 形成顺序的
sequential access　按序存取
sequential access memory　按序存取存储器
sequential access storage　顺序存取存储
sequential circuit　序贯电路, 程序电路, 顺序电路, 时序电路
sequential coding (=SECO)　连续编码, 顺序编码, 时序编码
sequential collating　按序排列, 按序校正
sequential collation of range　距离连续校正
sequential color television　顺序传送制彩色电视
sequential color transmission　顺序制彩色电视发送
sequential construction　序列施工法
sequential control (=SECO)　时序控制, 顺序控制, 连续控制
sequential decoding　序贯解码, 序贯译码, 序列译码, 逐次译码
sequential encoding　序贯构码
sequential lobing　顺序波束定向
sequential logical circuit　时序逻辑电路
sequential method　顺序逼近法
sequential processing　顺序处理
sequential program　顺序程序
sequential sampling　序贯抽样, 顺序取样
sequential pulse　顺序脉冲
sequential scanning　顺序扫描
sequential search　(1) { 数 } 序贯寻优法, 序贯搜索法, 序贯选法; (2) { 计 } 顺序检索
sequential switch circuit　时序开关电路
sequential switching　按序转接
sequential switching network　时序开关网络
sequential unconstrained minimization technique (=SUMT)　{ 数 } 序贯无约束极小化方法
sequester　(1) 使隔绝, 使分离; (2) 扣押, 没收, 查封; (3) (络合) 掩蔽
sequestration　分离
sequitur　推论
serial　(1) { 电 } 串联的, { 计 } 串行的; (2) 连续的; (3) 顺次的, 顺序的, 序列的
serial access　串行存取
serial accumulator　串行 [式] 累加器
serial adder　串行加法器
serial air survey camera　连续航空测量摄影机
serial arithmetic　串行运算
serial arithmetic unit　串行四则运算
serial batch system　{ 计 } 串行成批处理系统
serial binary computer　串行二进制计算机
serial bit　位串行
serial-by-bit　按位串行处理
serial computer　串行计算机
serial digital computer　串行数字计算机
serial entry　串行输入
serial feed　串行馈送
serial intelligent cable　串行智能电缆
serial interface　串行接口
serial logic　串行逻辑
serial machine　串行计算机
serial mean　序列平均值, 系列平均值
serial multiplier　串行乘法器
serial number (=Ser. No. 或 SN)　(1) [系列] 编号, 序列号, [顺] 序号, 系列号; (2) 串联数, 串行数
serial operation　串行操作, 串联操作
serial out　串行输出
serial processing system　{ 计 } 串行处理系统
serial production　成批生产, 批量生产
serial program　串行程序
serial programming　串行程序设计
serial register　串行寄存器, 串接寄存器
serial scheduling　{ 计 } 串行调度
serial section　连续剖面
serial station　定点观测站, 大面观测站
serial storage　串行存储器
serial taps　成套螺丝攻, 成套丝锥

serial task 　{计}顺序任务

serial time sharing system 　{计}串行分时系统

serial variance 　系列离散，序列方差

serialise (=serialize) 　(1)使连续；(2)串行化(把并行数据变成串行数据)

seriality 　连续

serialize 　(1) 使连续；(2) 串行化 (把并行数据变成串行数据)

serializer 　串化器，串行器 (把并行数据变成串行数据的寄存器)

serialograph (=seriograph) 　连续照相器，X 线照相器

seriate 　(1)顺次排列，系列化，连续；(2)成列的，成串的，连续的；(3)不等位

seriation 　顺次排列，系列化，连续

series 　(1){数}级数，序数，数列，级；(2)系列，群列；(3)线系，谱系，类，型，族，系，组；(4)串联，串接，串套；(5)序列，次序，序；(6){计}串行；(7)分类目录；(8)连续，连贯；(9)成批的，串联的，串行的，串接的

series and parallel 　串并联，混联

series and parallel circuit 　混联电路，串 - 并联电路

series-and-shunt tees 　串并联 T 形接头，串并联三通

series arc regulator 　串联电弧调节器

series arc welding 　间接作用弧焊，串联弧焊

series arrangement 　串联

series branch 　串联分支

series capacitance 　串联电容

series capacitor 　串联电容器

series coil 　串联线圈

series compensated amplifier 　串联补偿放大器

series compensation 　串联补偿

series connected 　串联

series-connected pair of binary links 　双传动链的串联运动副

series connection 　串联，串接

series D.C. dynamo 　串激直流发电机

series design 　系列设计

series designation 　系列型号，系列代号

series development 　级数展开，展成级数

series disintegration 　连续衰变

series drive 　组合传动

series dynamo 　串激发电机，串励发电机

series energizing type 　串联激励式

series excitation 　串激

series excited radiator 　串激辐射器

series expansion 　级数展开

series feed 　串联馈电

series-feed oscillator 　串联馈电振荡器

series feedback 　串联反馈

series feedback amplifier 　串联反馈放大器

series field 　串激磁场

series flow turbine 　串流式叶轮机

series generator 　串激发电机，串励发电机

series impedance 　串联阻抗

series lighting 　串联照明

series limiter 　串联限辐器

series machine 　串行计算机

series magnet coil 　串激线圈

series maps 　成套地图

series motor 　串激电动机，串励电动机，串联电动机，串绕电动机

series-mounting 　串接方法，串接安装

series number (=SER NO) 　(1)序列号，编号；(2)序数；(3)串联数

series of commutator subgroups 　换位子群列

series of compounds 　化合物系

series of curves 　曲线系列，一组曲线，曲线族

series of decreasing powers 　降幂级数

series of derived groups 　导出群列

series of increasing powers 　升幂级数

series of number 　数列

series of positive terms 　正项级数

series of potentials 　电动[次]序，排代[次]序

series of powers 　幂级数

series of size 　尺寸系列

series of test 　试验顺序

series of variable terms 　变[量]项级数

series of viscosimeter tips 　粘度计不同直径毛细管组

series-opposing 　(线圈等的)反向串联，串接反向

series-parallel 　串并联，混联

series parallel (=SP) 　串并联，复联

series-parallel circuit 　串并联电路

series-parallel connection 　串并联

series-parallel control 　串并联控制

series-parallel controller 　串并联控制器

series-parallel motor 　串并联激电动机

series-parallel production 　成批生产，系列生产

series peaking 　高频部分的串联补偿，串联建峰，串联峰化

series pipe still 　管组蒸馏釜

series production 　成批生产，批量生产

series reactor 　串联扼流圈，平滑扼流圈

series relay (=SRE) 　串联继电器

series repeater 　串联增音器

series repulsion motor 　串激推斥电动机

series resistance 　串联电阻

series resistor 　串联电阻器

series resonance 　串联谐振

series seam welding 　单面多极滚焊

series solution 　级数解

series spot welding 　单面点焊，多极点焊

series taps 　成套丝锥

series transformer 　串联变压器，串接变压器

series trip coil 　串联解扣线圈

series tuning 　串联调谐

series type phase advancer 　串联式相位超前补偿器

series voltage regulator 　串联稳压器

series welding 　单边多电极焊接，系列焊

series winding 　串联绕组，串激绕组

series-wound 　串激绕法的，串激的

series wound 　串绕的，串励的

series-wound arc lamp 　串联弧光灯

serimeter 　生丝强伸力试验器，验丝机

seriograph 　连续照相器，系列照相装置

seriography 　连续照相术，系列照相术

serioparallel 　串并联的，混联的

serioscopy 　立体射线摄影术

serious 　(1)严肃的，严格的，认真的；(2)重要的，严重的，重大的

serpentine 　(1)螺旋花式线，S 形曲线，蛇形线；(2)蛇形的；(3)弯弯曲曲的，螺旋形的，盘形的

serpentine cooler 　蛇形管冷却器

serpentine pipe 　螺旋管，蜿蜒管，盘管

serpentuator 　蛇形管，蜿蜒管

serpex 　塞佩克斯碱性耐火材料

serrasoid 　锯齿波

serrasoid modulation 　锯齿波调制

serrate 　(1)锯齿形的，细齿的，齿[形]的；(2)飞机上的反截击雷达设备，机载瞄准台

serrated bar 　锯齿条

serrated disk 　锯齿圆盘

serrated flank of tooth 　(剃齿刀)开槽齿面

serrated form 　齿形

serrated joint 　三角齿花键连接

serrated nut 　细齿螺母

serrated profile 　锯齿形断面

serrated pulse 　顶部有切口的帧同步脉冲，开槽脉冲，缺口脉冲，槽脉冲

serrated seam 　锯齿形焊缝

serrated shaft 　三角齿花键轴，细齿轴

serrated tooth 　锯齿形齿，细齿

serrated vertical synchronizing signal 　交错垂直同步信号，场锯齿波同步脉冲

serrating 　切削细齿

serration 　(1)锯齿，细齿，(2)细花键；(3)锯齿形；(4)成锯齿形的

serration broach 　细齿花键拉刀，锯齿花键拉刀

serration depth 　(1)(剃齿刀齿面)槽深；(2)细齿高度

serration ga(u)ge 　花键齿廓量规

serration hob 　细齿滚刀，锯齿滚刀

serration pitch 　(剃齿刀齿面)槽距

serration plug ga(u)ge 　细齿塞规

serration ring ga(u)ge 　细齿环规

serration shaft 　三角形齿花键轴，锯齿形花键轴

serrations 　(1)三角花键，细齿花键；(2)细齿；(3)锉刀花纹

serrodyne 　线性调频转发器

serrulated 　有细锯齿的

servant brake 　伺服闸，随动闸

serve 　(1)服务，供给，供应，分发，送交；(2)符合，适合，适用，适宜，

有用, 合用; (3) 对待, 对付; (4) 经历
serve as 起……作用, 用作, 作为, 担任, 充当
serve as a substitute [用以] 代替
serve for 起……作用, 用作, 作为, 担任, 充当
serve out 配给, 盛装
serve up 安排, 预备
server (1) 服务员; (2) 盘, 盆
service (1) 工作, 服务, 业务, 事务, 公务, 职务; (2) 技术维护, 维修, 修理, 检修, 保修, 保养, 维护; (3) 运行, 运转, 使用, 操作; (4) 工作期限, 寿命; (5) 辅助装置, 设备, 设施; (6) 服务性的, 辅助的, 使用的, 备用的; (7) 用户线, 接户线; (8) 部门, 机构, 机关, 部, 处, 局; (9) 作用, 机能, 贡献, 帮助
service action change analysis (=SACA) 维修变动分析
service action drawing (=SAD) 维修图
service action log (=SAL) 维修记录
service action parts list (=SAPL) 维修零 [部] 件一览表
service application 实际作用
service apron 维修场
service area 有效作用区, 服务区域, 有效范围
service band 公务波段
service brake 行车时使用的制动器, 主制动器, 工作制动器, 脚制动器, 脚踏闸, 脚刹车
service bridge 工作走道, 专用桥
service bulletin (=SB) 检修报告
service cable 供电电缆, 用户电缆
service capacity (电信) 有效容量
service car 公务车, 服务车
service ceiling (=S/C) 使用升限
service channel 公务波段
service conditions 使用条件
service conductor 用户引入线, 引入线
service counter 服务台
service data (1) 运行数据, 运转数据, 使用数据, 工作数据; (2) 维修数据, 维护数据; (3) 运算数据; (4) 业务资料
service delivery 服务提供
service desk 服务台
service diagram (1) 服务线路图; (2) 行车表
service door 作业用门
service drain 工作面排水沟
service drop 架空引入线
service duration 使用年限, 使用期
service efficiency 使用效率
service electronics research laboratory (=SERL) 检修用电子仪器研究实验室, (英) 三军电子研究所
service engineer 维护工程师
service engineering trouble report (=SETR) 维修工程故障报告
service entrance 用户引入线
service entrance switch 进线开关
service equipment (=SE) (1) 修理工具, 维修工具; (2) 维修设备, 维护设备; (3) 辅助设备
service evaluation telemetry (=SET) 运转鉴定遥测术, 维护鉴定遥测术
service experience 运行经验
service factor 使用系数, 应力系数, 工况系数
service failure 使用中损坏
service head 电线管端盖
service horse-power 使用马力
service instructions (1) 操作规程, 使用规程, 维护规程; (2) 使用说明书
service interrupt 服务中断
service interruption (1) 停电; (2) 停车; (3) 电话中断, 线路不通, 业务中断
service intervals 技术保养周期, 维修周期
service kit (=SK) 维修工具箱
service lap 制动保压
service life 使用寿命, 运行寿命, 工作寿命, 有效寿命, 使用期限, 使用周期, 服务年限
service life test report (=SLTR) 使用寿命试验报告
service load 使用载荷, 运转载荷, 实有载荷
service main (1) 支干线, 分干线; (2) 给水总管
service manual 使用说明书, 使用手册, 维修手册, 维护手册, 工作手册
service module (=SM) 辅助舱, 服务舱
service observer 话务督查员, 监查员
service parts 备用零件, 备件

service parts catalogue 备件目录
service-pipe 入户管
service pipe (1) 给水管; (2) 入户管, 管道
service platform 工作 [平] 台
service power 厂用电力
service program 服务程序
service-rack 检修台, 洗车台
service rack 洗车台
service rifle 军用步枪
service routine 服务程序
service school 军事学校
service shop 维修车间
service-simulated conditions 模拟的使用条件
service sleeve 维修用套袖
service station (1) 设备润滑站; (2) 设备维修站, 修理站, 修理所, 服务站; (3) 加油站
service stations 加油站
service tank 常用油箱
service Tee T 形管接合, T 形管接头
service test 使用试验, 运转试验, 运行试验, 性能试验, 动态试验
service tools (=ST) 维修工具
service trial 使用试验, 运转试验, 运行试验
service valve 工作阀, 辅助阀
service voltage 供给电压
service water 工业用水, 工厂用水
service wear 工作磨损, 运转磨损, 使用磨损
service-wire 用户进线, 入户线
service wire 引入线
serviceability 使用可靠性, 操作可靠性, 维护保养方便性, 可用性, 耐用性, 适用性
serviceability ratio 可服务时间比, 可用时间比
serviceable 便于工作的, 适于工作的, 可使用的, 耐用的, 经用的
serviceable life 使用寿命, 使用期 [限], 使用年限, 服务年限
serviceableness (1) 有用性; (2) 耐用性
serviceman 技术服务人员, 设备维修工, 维修人员, 修理工, 机械师, 技师, 技工
servicer (1) 燃料加注车, (导弹发射) 服务车; (2) 服务程序
servicing (1) 技术保养, 维修, 修理, 服务; (2) (发动机的) 使用准备; (3) 加注 [燃料]
servicing centre 服务站, 修理站, 加油站
servicing crew 技术服务班
servicing jute (电缆) 黄麻被复
servicing manual 维修手册
servicing of cable 电缆外皮
servicing time 维护检修时间, 预检时间, 发射时间, 准备时间
servitude 使用权
servo (=SVO) (1) 伺服传动装置, 动力传动装置, 助力传动装置, 随动装置; (2) 跟踪器控制, 伺服机构, 伺服系统, 随动系统, 跟踪系统, 伺服器, 伺服, 继动; (3) 伺服设备, 伺服电动机; (4) 伺服的, 随动的, 补助的; (5) 补偿, 修正
servo- (词头) 伺服, 随动, 助力
servo action 伺服作用, 随动作用
servo-actuated 伺服的, 随动的, 从动的
servo-actuated control 从动控制
servo-actuator 伺服拖动装置, 伺服执行机构
servo actuator 伺服执行机构, 伺服操作器, 助力器
servo-amplifier (=SRV AMPL) 伺服增幅器, 伺服放大器
servo-analizer 伺服分析器
servo-analog 伺服模拟
servo-analog computer 伺服模拟计算机
servo analog computer 伺服模拟计算机
servo-and-power brake 强力伺服制动器
servo board 伺服机构试验台
servo-brake 伺服制动机, 伺服制动器, 继动制动器, 伺服刹车, 继动闸, 随动闸, 接力闸
servo brake 伺服制动器, 加力制动器, 伺服刹车, 伺服闸
servo channel (1) 伺服信号电路; (2) 伺服装置管道
servo-computing 伺服运算的
servo-computing element 伺服运算器
servo contact 伺服接触
servo control 伺服控制
servo control mechanism 伺服控制机构
Servo Corporation of America (=SCA) 美国伺服系统公司
servo diaphragm 伺服膜片, 继动膜片

servo drive 伺服 [系统] 传动, 随动
servo-driven 伺服系统驱动的
servo feed 伺服进给
servo-flap linkage 伺服襟翼操纵联动装置
servo-flaps 随动襟翼, 辅助襟翼
servo-gear 伺服机构, 伺服装置, 助力机构
servo generator 伺服发电机
servo inlet (=SRV IN) 伺服输入
servo-link (1) 伺服传动装置, 助力传动装置; (2) 伺服系统, 助力系统
servo-loop 伺服系统, 伺服回路, 伺服环路
servo loop 伺服系统, 伺服回路, 伺服环路
servo-lubrication 中央润滑
servo manipulator 电子控制机械手, 伺服机械手
servo mechanism 伺服传动系统, 伺服机构, 继动机构, 随动机构, 助力机构
servo meter panel (=SMP) 伺服仪表操纵台
servo-motor (1) 伺服电动机; (2) 继动器
servo motor (1) 伺服电动机, 伺服马达; (2) (机车的) 随动电动机
servo-operated 伺服电动机控制的
servo operation circuit 伺服运算电路
servo parameters 伺服系统参数
servo-piston 伺服活塞
servo piston 伺服活塞
servo-positioning 伺服定位
servo-recorder 伺服记录器
servo relief valve 伺服安全阀
servo return (=SRV RET) 伺服回路
servo-rudder 伺服舵, 随动舵
servo simulation 模拟伺服机构
servo simulator 伺服模拟装置
servo-stabilization 伺服稳定
servo-system 伺服系统
servo system 伺服系统, 随动系统
servo-system drive 伺服传动, 追随传动
servo system drive 伺服传动装置
servo tab 伺服调整片
servo train 伺服传动系
servo typer 伺服印字机, 伺服打字机, 电动打字机
servo unit (=su) 伺服机构, 伺服装置, 随动装置
servo-valve 伺服 [机构] 阀, 伺服操纵阀, 继动阀
servo valve (=SRV VLV) 伺服 [机构] 阀
servoactuator 伺服执行机构
servoamp (=servoamplifier) 伺服放大器, 随动放大器
servobrake 伺服制动器, 加力制动器
servoclutch 助力操纵离合器
servoconnection 伺服连接
servocontrol (1) 伺服控制系统, 伺服机构; (2) 伺服补偿机; (3) 伺服调整片
servocontrol rod 伺服机构控制棒
servodrive (1) 伺服传动, 助力传动, 随动传动; (2) 伺服传动装置, 助力传动装置, 随动传动装置; (3) 伺服传动系统, 随动传动系统; (4) 伺服拖动, 伺服驱动
servodriven 伺服传动的, 伺服拖动的
servodyne 伺服系统的动力传动装置, 伺服系统的动力传动
servoelement 伺服元件
servointegrator 伺服积分器
servolubrication 中央分布润滑 [法]
servomagnet 伺服电磁铁
servomanipulator 伺服机械手
servomanometer 伺服压力计
servomechanism (1) 伺服机构, 伺服机械, 伺服机件, 伺服设备; (2) 随动机构, 辅助机构, 助力机构, 继动机构; (3) 伺服传动系统, 伺服系统, 随动系统, 跟踪 [装置] 系统, 跟踪器
servomechanism tester 伺服系统测试仪, 随动系统测试仪
servomodulator 伺服调制器
servomotor (=SM) (1) 伺服电动机, 辅助电动机, 伺服马达; (2) 伺服传动装置; (3) 伺服机构的能源; (4) 继动器
servomultiplier 随动乘法装置, 伺服乘法器, 随动乘法器
servonoise 伺服干扰
servopiston 活塞式随动传动装置, 伺服活塞
servopotentiometer (1) 伺服电位计, 随动电位计; (2) 伺服电势计; (3) 伺服分压器
servopump 伺服泵
servoresolver 伺服分解器

servoscribe 伺服扫描
servosimulator 模拟伺服机构, 伺服模拟机
servosystem (1) 伺服系统, 随动系统, 从动系统, 辅助系统; (2) 伺服设备, 伺服机构; (3) 跟踪装置, 跟踪系统, 跟踪器
servotab 伺服补偿机, 伺服调整片
servounit 伺服机构, 随动机构, 助力机构, 助力补偿器
sesqui- (词头) 一个半, 一又二分之一, 二分之三, 一倍半
session {计} (分时系统用的) 对话 (期间), 会话 (时间), 预约时间
set (1) 套, 副, 组, 批, 集, 台; (2) 安装, 安置, 调整, 调谐, 调节, 调定, 固定, 设定, 调定, 定位, 校准, 调准, 对准, 配合; (3) 仪器, 设备, 装置, 机组; (4) 凝结, 凝固, 硬化; (5) 永久变形; (6) 有把的锻工工具; (7) 集合, 集; (8) 系列, 系, 族; (9) (锯齿) 分齿, 锯齿外组; (10) 规定, 提出; (11) {计} 建立连接, 置位, 置 "1"
set a distance 定距离
set a saw 拨锯路
set analyser 接收机试验仪
set and strip 装卸
set anvil 整齿铁砧
set associative buffer storage 组相联缓冲存储器
set at safe (兵器) 装保险
set-back (1) 停止; (2) 向后压
set block 整齿铁砧
set bolt 固定螺栓, 定位螺栓
set check 对称格子
set collar 定位轴环, 固定轴环, 隔圈
set composite (1) 电信电话合用法组件, 报话复合制组件; (2) 双信回路
set copper 饱和铜, 凹铜
set deformation 固定变形, 永久变形
set enable {计} 可置位
set factors 上机参数
set feeler 定位触点, 调整触点
set flip-flop (=SFF) (1) 置位触发器; (2) 安装触发器
set frame 制条机, 整条机
set free 游离
set function 集 [合] 函数
set gate 随模 [样作出的] 浇口
set gauge (1) 定位规, 斜规; (2) 拨料器
set hammer [击] 平锤, 堵缝锤, 压印锤
set-head rivet 平头铆钉
set hoop 定位环, 紧圈
set-in (1) 装入, 嵌入; (2) 嵌入物, 插入物
set in (锥齿轮加工) 补充切入
set inhibit {计} 禁置位
set key 柱螺栓键
set level 放平, 支平
set lever 摇尺杆
set light 照明设备, 照明装置
set location stack (=SLS) 设定 [存储] 单元组号, 设定位置组号
set location stack and branch 设定 [存储] 单元组号与转移, 设定位置组号与转移
set-maker 接收机制造商, 收音机制造商
set noise 无线电接收机固有噪声, 机内噪声
set nut (1) 定位螺母, 锁紧螺母; (2) 调整螺母
set of adjusting bars (一套) 调整棒
set of bill of lading 整套提单
set of booster 助推器组
set of boundary conditions 边界条件系统
set of cars 车组
set of conventional signs 图式符号系统
set of coordinates 坐标系
set of curves 一组曲线, 曲线族
set of equations 联立方程式, 方程组, 方程系
set of first species 第一类的集
set of gears 成套齿轮, 齿轮组
set of indexing change gears 成套分度配换齿轮
set of instructions 指令集, 指令组
set of intervals 区间的集
set of lattice planes 晶体格子平面组
set of lens 透镜组
set of points 点集
set of posts 接线柱组
set of pulleys 滑车组
set of pumps 泵组装置, 抽气装置
set of rolls 全套轧辊, 成套轧辊

set of sieves　一套筛子
set of spare parts　成套备件
set of spare units　成套备用零件, 备用组件
set of teeth　锯齿偏侧度
set of the first category　第一种范畴的集
set of the second category　第二种范畴的集
set of tools　成套工具
set of tubes　成套电子管
set of variables　变数组
set of wires　梳针定位
set-off　(1) 突出部, 凸起部, 凸缘, 齿, (2) 装饰, (3) 扣除, 抵销
set-off bench　上箱搁置台
set off box　上箱搁框
set-on　确定, 定位, 安装, 调节
set on center　安在中心上
set operand stack (=SOS)　设定运算数组
set operation　{数}集合运算
set-out　(1) 开始, 出发, 准备, 预备; (2) 陈列, 摆
set-out train　牵出列车
set over　(锥齿轮加工)[工作] 调整转换
set piece　定位块, 调整块
set pin　定位销, 固定销
set piston　调整活塞
set point　(1) 设定点, 凝定点; (2) 设定值, 已知值, 给定值
set point adjuster　定值调节器
set price　订定价格, 固定价格
set pulse　置位脉冲
set ram　手夯
set-reset flip-flop　位置复位触发器, 置"1"置"0"触发器
set-reset pulse　置位复位脉冲, 置"1"置"0"脉冲
set right　矫正
set rule　定位尺
set screw (=SS)　定位螺钉, 固定螺钉, 锁紧螺钉, 止动螺钉, 调整螺钉, 制动螺丝, 定位螺旋
set screw nut　固定螺母
set screw piston pin　固定螺钉式活塞销
set screw spanner　止动螺钉扳手
set screw wrench　固定螺钉扳手
set-square　三角板, 斜角规
set square　三角板, 角尺
set stud　定位销
set symbol　集合符号
set tap　手用丝锥
set tester　试验器组
set the machinery going　使机器运转
set theory　{数}集[合]论
set thrust plate　推力挡板
set time　(1) 规定时间; (2) 凝固时间
set time counter　置位时间计数器
set to zero　零调整, 调零
set transformation　{数}集变换
set-up　(1) 安装, 装配, 组装, 调整, 调定, 建立, (2) 装备, 装置; (3) 机构
set up (=SU)　(1) 设立, 建立; (2) 装置
set up a call　(电话) 接线
set-up center distance　安装中心距
set-up diagram　准备 [工作框] 图, 装配图, 配置图
set-up ga(u)ge　(1) 校准量规; (2) 标准试块
set-up instrument　无零点仪表
set-up procedure　(1) 调定程序, 起动程序; (2) 安装程序; (3) 准备程序, 准备过程
set-up scale　无零位刻度盘, 无零点标度
set-up-scale instrument (=set-up-zero instrument)　刻度盘不是从零点开始的仪表, 无零点仪表
set up sheet (=SUSH)　装配图表
set-up time　凝固时间
set up time　安装时间, 准备时间, 扫描时间, 建立时间
setback　(1) 延迟, 延滞, 阻碍, 停止, 挫折; (2) 向后运动, 逆转, 逆流; (3) 将指针拨回; (4) 螺旋桨后倾, 螺旋桨面翘
setback pin　惯性销
setdown　飞机降落
sethammer　扁锤
setness　固定性, 不变性
seton　(1) 挂线; (2) 挂线管道

setout　(1) 设备; (2) 火车车厢; (3) 开始
setover　(1) 超过位置, 偏置, 偏距; (2) 调整转换
setover method　(1) 跨距法; (2) 偏置法; (3) 纵置法
setover screw　偏距螺钉
sets aircrew　机组
setscrew　(1) 调节螺钉, 调整螺钉, 无头螺钉; (2) 定位螺钉, 止动螺钉, 固定螺钉
settee　中、小型沙发椅, 长靠椅
setter　(1) 安装器; (2) 安装工具, 校验器, 调节器, 定位器; (3) 错齿器; (4) 沉淀器; (5) 给定装置, 给定器, 装定器; (6) 调整工
setter-in　装窑工
setter-out　放样细木工
setting　(1) 调整, 调节, 调定, 设定, 固定, 定位; (2) 安装, 安置, 设置, 放置, 装配, 装置; (3) 凝固, 凝结, (4) 硬化, 收缩, 下沉, 沉降; (5) 镶嵌; (6) 划线, 标记; (7) 永久变形, 凝结, 凝固; (8) 支座, 底座, 基础, 框, 架; (9) 调整位置, 测微定位, 规定值; (10) 开动, 起动, 启动
setting accelerator　促凝剂
setting accuracy　调整精度, 定位精度, 对准精度, 瞄准精度
setting accuracy on work　加工坐标精度
setting angle　(加工面与刀具轴线间的) 安置角, 安装角
setting chamber　沉淀室
setting coat　上涂
setting device　调整装置, 定位装车
setting dies　可调冲模
setting down　(锻造) 剁
setting drawing　装置图
setting ga(u)ge　(1) 定位 [量] 规, 校正 [量] 规; (2) 安装隔距片
setting gib　调整镶条
setting handwheel　调整手轮
setting in motion　起动
setting knob　调整捏手, 调整旋钮
setting lever　调节杆
setting mark　定位记号, 定位符号, 定位线, 分度线
setting mechanism　调整机构, 校验机构
setting nut　调整螺母
setting of valve　阀的装配, 阀的调节
setting-off　断流, 关闭
setting off　断流, 关闭
setting-out　(1) 测定, 定线, 放线, 放样; (2) 出发; (3) (动物胶) 压水法
setting-out detail　定线详图
setting period　凝结期
setting piece　调整片
setting plan　装配平面图
setting point　(1) 调整点; (2) 固定点; (3) 凝固点
setting pressure　给定压力, 设定压力
setting pulse　控制脉冲, 置位脉冲
setting range　调整范围, 置位范围
setting rate　凝结率
setting ring　调整环
setting screw　调整螺钉, 定位螺钉, 固定螺钉, 定位螺旋, 对准螺旋
setting tank　沉淀池, 硬化槽
setting temperature　凝固温度
setting time　(1) 调整时间, 定位时间, 安装时间; (2) 建立时间; (3) 置位时间; (4) 凝固时间
setting-up　(1) 调整, 调定, 固定; (2) 安装, 装配; (3) 装置, 装备; (4) 安置, 设立, 建立; (5) 凝固, 硬化; (6) 机构, 体制
setting-up of beam　束流调定
setting-up piece　固定垫片
setting-up procedure　调整顺序
setting value　设定值, 给定值
settle　(1) 解决, 决定, 确定, 结束; (2) 结算, 支付, 付清, 清算; (3) 安置, 安排, 安顿, 安放, 整理, 料理, 调度, 调整; (4) 使固定, 坚固, 坚实, 稳定, 安定, 回复; (5) 沉淀, 沉陷, 沉降, 沉积, 下降, 下沉, 降落
settle down　沉淀, 安定 (下来), 稳定 (下来)
settle down to　安定下来, 稳定到, 开始做
settle for　满足于
settle on　决定, 确定, 选定, 选择
settle out　沉淀, 沉积, 稳定, 降落
settle up　决定, 解决, 付清, 了结
settle upon　决定, 确定, 选定, 选择
settle with　与……清算, 与……成交, 偿付
settleability　能沉淀澄清性
settled　(1) 固定的, 稳定的, 坚固的, 不变的, 永久的; (2) 晴朗的; (3)

1275

已付清的，已结清的；(4) 沉降的，沉积的

settlement (1) 固定，确定，解决；(2) 沉淀，澄清，沉降，深陷；(3) 沉淀物

settlement coefficient 沉降系数

settlement factor 沉降系数

settlement of ground 地基深陷

settler (1) 澄清器，沉淀器，滤清器，(2) 沉淀槽，沉淀池

settling (1) 安置；(2) 决定；(3) 决算；(4) 沉淀，沉降

settling basin 沉淀槽

settling matter 沉淀物质

settling tank 沉淀池，澄清箱

settling time 建立时间，置位时间，沉淀时间，还原时间

setup (1) 装工具，装配，配置；(2) 准备工作；(3) 专用设备，专用材料

setup procedure 准备程序

setup time 装工具时间

seven-element kinematic chain 七杆件运动链

seven-link kinematic chain 七连杆运动链

seven place logarithms 七位对数

seven-segment numeric indicator 七段数码显示器

seven-unit code 七单位制电码

seven unit code 七单位制电码

seven-unit error detecting code 七位检错码

sevenfold 七倍，七重，七折的

sever (1) 切断，割断，分开，分隔，分离，分裂，隔离；(2) 断绝，终止

severable 可割断的，可分开的

severable government equipment (=SGE) 可分离的控制装置

several (1) 若干，数个，几个，一些，(2) 个别的，各自的，不同的

several complex variables 多复变数

several-layer solenoid 多层螺线管

several tenth of a volt 十分之几伏，零点几伏

several times 好几次，屡次

severalfold 有几部分，有几方面，几倍

severally 个别地，单独地，分别地

severance (1) 分离，中断，隔离，(2) 切割，切断，割断，分开，断绝

severe (1) 严厉的，严格的，严重的，严峻的，严密的；(2) 剧烈的，激烈的，急剧的；(3) 艰难的，困难的，繁重的，恶劣的；(4) 紧凑的；(5) 纯朴的

severe duty test 重负荷试验

severe heating [急]剧[加]热

severe radiation belt 强辐射带

severe service conditions 困难运行条件

severe strain 危险应变

severe stress 危险应力

severe test 繁重工作条件下的试验，严格试验

severe tolerance 严格公差

severe wear 严重磨损

severity (1) 严格，严厉，严肃，严密，严谨，严重，严酷；(2) 加工深度，严重程度，严酷程度，刚度，强度，硬度；(3) 纯洁，朴素

severity of quench 急冷度

Sevron ring 夹布层山形填密环，塞夫隆填密环

sew (1) 下水管道；(2) 缝合，熔合，装订

sewage (1) 污水；(2) 下水道；(3) 下水道系统；(4) 排污

sewage discharge standard 污水排放标准

sewage-disposal 污水处理法

sewage disposal 污水处理

sewage disposal system 污水处理系统

sewage-farm 污水处理场

sewage gas (垃圾)沼气

sewage holding and treatment system 污水贮存与处理系统

sewage purification 污水净化，污水处理

sewage treatment 污水处理

sewage treatment plant 污水处理装置

sewage treatment system 污水处理系统

sewer (1) 下水管，污水管，排水管，下水道，排水沟；(2) 缝具；(3) 敷设下水道，(用下水道)排污水

sewer line 污水管道，污水管线

sewer manhole 下水道检查井，下水道进入孔，污水道检查井

sewer pipe 污水管

sewerage (1) 开沟工程，排水工程，污水工程，沟渠设备；(2) 排水法，排污法；(3) 排水系统，排水设施，下水道；(4) 污水处理

sewerage dredger 挖槽机

sewing machine (1) 缝纫机；(2) 锁线订书机

sewing press 锁线装订机

sex- 或 sexa- 或 sexi- (词头)六

sexadecimal 十六进位制的

sexadecimal digit 十六进制数位

sexadecimal notation 十六进位法

sexadecimal number 十六进制数

sexadecimal number system 十六进制

sexagesimal (1) 六十进制的，六十为底的；(2) 与六十有关的；(3) 以六十为分母的分数

sexagesimal circle 六十分制度盘

sexagesimal fraction number 以六十[的乘方]为分母的分数

sexamer 六节聚合物，六聚物

sexangle 六角[形]

sexangular 六角[形]的

sexavalence 或 sexavalency 六价

sexavalent 六价的

sexcentenary (1) 六百年的；(2) 六百周年

sexennial (1) 持续六年的；(2) 每六年一次的

sexidecimal 十六进制的

sexillion (=sextillion) (1) (英、德)百万的六乘方，10^{36}；(2) (法、美)千的七乘方，10^{21}

sexless 中性的，无性的

sexless flange 标准法兰

sextant (1) (反射镜)六分仪；(2) 圆周的六分之一，60°角

sextet(te) 六重线

sextic (1) 六次[曲]线；(2) 六次[的]

sextillion (1) (英、德)百万的六乘方，10^{36}；(2) (法、美)千的七乘方，10^{21}

sexto (1) 六开本；(2) 六开纸

sextodecimo (1) 十六开本；(2) 十六开的纸

sextuple (1) 六倍的，六部分的，六重的，六维的；(2) 六倍的量；(3) 成六倍

sextuple-effect 六效的

sextuple-effect evaporation 六效蒸发

sextuple space 六维空间，六度空间

sextuple speed reduction 六级减速

sextuplet 六个一组

sferic 远程雷电，大气干扰，天电

sferics (1) 天气测定法，大气干扰，天电；(2) 电子探测雷电器，天电定向仪

sferics network 天电观测网

sferix 低频天电

shabby (1) 失修的，破烂的，破旧的；(2) 低劣的

shackle (=SH) (1) 卸扣，挂钩，钩环，钩链，钩键；(2) (钢丝绳用的)带销U形环，带销U形钩，钢丝绳夹头，卡子，锁扣，铁扣；(3) 绝缘器，绝缘子

shackle bolt 钩环螺栓，连钩螺栓，吊耳螺栓

shackle insulator 茶台式绝缘子，茶托隔电子

shackle pin 钩环销

shade (1) 阴影，阴暗；(2) 遮罩；(3) 遮热板，遮光物，遮光罩；(4) 护板；(5) 罩，帽

shade deviation 色泽差异

shade environment 荫蔽环境

shade holder (1) 灯罩座，灯罩夹；(2) 伞状物支持器

shade-line 雕刻斜纹线

shade line 阴影线

shade tolerance 耐荫性

shaded area 阴影面积，阴影区域

shaded pole 屏蔽磁极，罩极

shaded pole motor 屏蔽极式电动机

shaded portion 有剖面线部分，阴影部分

shaded transducer 束控换能器

shades 太阳镜

shades of gray 灰度，层次

shadiness (1) 阴影系数；(2) 阴暗

shading (1) 荫蔽，遮蔽，掩蔽，屏蔽，覆盖，阴影，发暗；(2) 荫蔽法，描影法，束控法；(3) (射线管寄生信号的)电视信号补偿，寄生信号补偿；(4) 寄生信号，黑点；(5) 射线

shading adjustment (电视)噪声电平调整，寄生信号[补偿]调整，黑点调整，黑斑补偿

shading amplifier 寄生信号放大器，黑点放大器

shading circuit (电视摄像管寄生信号的)补偿电路

shading coil 校正线圈，罩极圈，短路环

shading coil starting method 短路环起动法

shading coil type 校正线圈式，遮蔽线圈式，罩极式

shading correcting 阴影校正法

shading correcting signal　黑点补偿信号，图像背景校正信号，黑斑校正信号

shading correction　图像斑点调整，黑点校正

shading correction signal　黑点补偿信号，图像背景校正信号，黑斑校正信号

shading generator　（摄像管中的）黑点补偿信号发生器

shading of arrays　阵的束控

shading-pole　磁极屏蔽，短路环

shading-pole type relay　短路环寄生信号

shading signal　电视发射管寄生信号，摄像管寄生信号，黑点补偿信号

shadow　(1) 阴影，暗影，投影；(2) 影像，影子；(3) 黑斑，痕，(4)（雷达、电波的）静区，盲区；(5) 遮盖，遮蔽，掩蔽，屏蔽，伪装，保护；(6) 瞄头，预兆，(7) 画阴影，投影；(8) 保护层；(9) 副本

shadow angle　（调谐指示器中的）阴影角，影锥角

shadow band　影带

shadow box　玻璃罩匣

shadow channel　影道

shadow cone　影锥

shadow effect　阴影效应，荫蔽效应，屏蔽效应

shadow factor　荫蔽因素，阴影系数，阴影率

shadow factory　伪装的军事工厂

shadow graph　阴影图，阴影照相，逆光摄影

shadow loss　阴影损耗

shadow-mark　透影

shadow mask　影孔板，多孔板

shadow mask color CRT　荫罩式彩色显像管（CRT=cathode-ray tube 阴极射线管）

shadow mask tricolor tube　荫蔽三色管

shadow-mask tube　影孔板彩色管

shadow mask tube　荫罩管

shadow mask type tube　荫罩式彩色影像管

shadow microdiffraction　阴影显微绕射

shadow microscope　阴影电子显微镜，影显微镜

shadow photometer　比影光度计

shadow region　影区，死区

shadow scattering　阴影散射

shadow system　阴影仪

shadowfactor　阴影系数，影蔽因素，阴影率

shadowgraph　(1) 阴影照相法，阴影，(2) X 光像阴影图，X 光照片，影像图；(3) 放映检查仪器

shadowgraphy　(1) 影像术；(2) X 光照相术

shadowing　(1) 遮蔽，屏蔽；(2) 阴影

shadowless　无影的

shadowproof　防阴影的

shadowy　阴影的，模糊的

shaft　(1) 传动轴，旋转轴，接轴，心轴；(2) 手柄，摇把，把手，柄，辊；(3) 炉身，柱身，筒身；(4) 烟囱身；(5) 装轴，装柄

shaft adapter　动力输出轴过渡接头

shaft alignment　轴线找中，轴线对准

shaft alignment error　轴线的直线性误差

shaft alignment error in plane of axis　在轴心线平面上的直线性误差

shaft alignment error perpendicular to plane of axis　在垂直于轴心线平面上的直线性误差

shaft angle　(1) 轴交角，轴夹角，(2)（相错轴的）轴间角

shaft angle error　轴交角误差，轴间角误差

shaft angle of bevel gear pair　锥齿轮副轴交角

shaft angle of helical gear pair　（错轴）斜齿轮副轴间角

shaft angle tolerance　轴交角允差，轴间角允差

shaft arm　轴臂，柄臂

shaft arm pin　轴臂销

shaft arrangement　轴的布置

shaft axis　轴线

shaft base system　轴基准制

shaft basis　基轴制

shaft basis system　基轴制

shaft basis system of fits　基轴制配合

shaft bearing　轴承

shaft bearing liner　轴承衬套

shaft bearing seat　轴颈轴承座 [面]

shaft bracket　轴架

shaft cable　竖坑缆，矿井缆

shaft carrier　轴支架

shaft casing　(1) 轴承壳体；(2) 炉身外壳

shaft center　轴 [中] 心

shaft cladding　井壁材料

shaft collar　(1) 轴颈圈，轴环；(2) 凸缘

shaft counter　轴转数计

shaft coupling　联轴节，联轴器

shaft current　(1) 轴承电流（流过轴颈和轴瓦之间的有害电流）；(2) 辐 [向] 电流

shaft deflection　轴挠曲

shaft diameter　轴直径，轴径

shaft disk　轴法兰盘

shaft drive　轴传动

shaft-driven　轴驱动的

shaft eccentricity　轴偏心度

shaft encoder　轴角编码器

shaft end　轴端，轴头

shaft end clearance　轴端间隙，轴端余隙

shaft extension　轴外伸部，轴伸长部

shaft fit　（轴承）轴配合

shaft flange　轴法兰

shaft furnace　鼓风炉，高炉，竖炉

shaft gear　[带] 轴齿轮

shaft-gear shaving machine　轴齿轮剃齿机

shaft generator　轴传动发动机

shaft gland　轴封

shaft governor　(1) 轴 [向] 调速器；(2) 轴速调整器

shaft guide　轴导承

shaft hammer　杠杆锤

shaft horsepower　轴输出功率，轴马力

shaft installing sleeve　[密封用] 轴套

shaft interference of seal　轴对油封的过盈

shaft journal　轴颈

shaft key　轴键

shaft kiln　竖式窑，立窑

shaft lathe　轴车床

shaft line　轴线

shaft locking　轴锁紧

shaft misalignment　轴线的不直度

shaft of column　柱身

shaft of rivet　铆钉轴身，铆钉体

shaft packing　轴填料

shaft parallelism　轴平行度

shaft pin　轴销

shaft pinion　带轴小齿轮，小齿轮轴

shaft position digitizer　轴角模数转换器

shaft position indicator　轴向位移指示器，轴位指示器

shaft position mechanism　调轴机构

shaft power　轴功率

shaft radius　轴半径

shaft-raising gear　顶轴装置

shaft relationship　轴向关系

shaft run-out　轴径向摆动，轴径摆

shaft seal(ing)　轴 [密] 封

shaft shoulder　轴 [凸] 肩

shaft sinking　打竖井，打直井，沉井

shaft spline　轴花键

shaft stiffness　轴刚性

shaft straightener　轴矫直装置

shaft strut　螺旋桨轴支架

shaft tip　轴梢，轴端

shaft-to-digital　转轴 - 数字转换

shaft type　轴式

shaft washer　（轴承）内圈，紧圈，轴圈

shaft well　竖井

shaft with keyway　键槽轴

shafting　轴系

shafting and sterntube　（船舶）轴系与艉轴管

shafting bearing　轴承

shafting bracket　轴架

shafting oil　传动油，轴油

shaftless　无轴的

shakable　可摇动的，可振动的

shake　(1) 摆动，摇动，振动，抖动；(2) 裂纹，裂口，轮裂；(3) 缝隙，间隙，游隙；(4) 振荡

shake-bolt　摇动螺栓

shake table test　振动台试验

shake to compact 摇紧
shakedown (1)强制破坏,试运转,试验,试用,调整;(2)安定,稳定, 安顿;(3)振荡破坏的,临时性的,试验性的,试运转的,试航的
shakeless 不摇动的,稳定的
shakeproof 防震的,防振的,耐振的,抗振的
shakeout (1)离心分离,摇动,,筛选;(2)落砂,打落,出砂;(3)落 砂机
shakeout equipment 落砂设备
shakeout machine 落砂机
shaker (1)振动试验机,振动试验台,振动落砂机,抖动机构,振动器, 振动机;(2)摇动器,摇动筛,振荡筛;(3)振荡器;(4)簸动运输机;(5) 振子
shaker chain 抖动式输送链
shaker conveyer 摇动输送机
shaker conveyor 摇动式输送器,摇动输送机
shaker hearth electric furnace 摇床式电炉
shaker hearth furnace 振底式炉
shaker pulley 摇动滑轮,振动盘
shakeup (1)振动,摇动;(2)整顿,激励
shaking 摇动,摆动,振动
shaking apparatus 摇动式混合机
shaking machine 摇动器
shaking out 振摇萃取,振荡分离
shaking screen 摇动筛
shaking sieve 振动筛
shaking table 振动工作台
shaking-up 摇动,振动
shallow (1)浅;(2)变浅;(3)浅的;(4)托盘;(5)推车
shallow bath 浅浴[润滑]
shallow beam 浅梁,倭梁
shallow cut 浅切削
shallow diffused transistor 浅扩散晶体管
shallow dive 小角度俯冲
shallow donor 浅施主
shallow-draft vessel 浅吃水的船只,浅水船
shallow drawing 浅拉伸
shallow energy level 浅能级
shallow hardening steel 低淬[透性]钢,浅淬硬钢
shallow ionization chamber 浅电离室
shallow pass 立轧送料孔型,空轧孔型,空轧道次
shallow-pocket free setting classifier 浅室型自由沉降分级机
shallow shell 平扁壳
shallow slot 浅槽
shallow weld 浅焊
sham (1)赝品,伪物;(2)人造皮革,纸皮;(3)劣等的,虚假的,
shank (1)刀柄,刀杆,柄部,柄轴,摇把,把手,柄;(2)铆钉体轴耳, 螺栓轴,躯干,躯体;(3)轴;(4)车钩身;(5)镜身,镜筒
shank angle 刀具的弯头角度,刀柄角(刀体与弯刀头间的夹角)
shank end mill 带柄端铣刀
shank gear cutter 带柄齿轮铣刀
shank height 柄高[度]
shank ladle 手转铁水桶,手转铁水包
shank length 柄长[度]
shank of bolt 螺栓体
shank of connection rod 连杆杆身
shank of drill 钻头柄
shank of pin 螺栓杆
shank of rivet 铆钉体
shank of tool 刀具柄
shank pinion cutter 带柄插齿刀
shank type bevel pinion 带轴小锥齿轮
shank type fraise 带柄铣刀
shank type gear 带柄齿轮,柄式齿轮
shank type hob 带柄滚刀
shank type milling cutter 柄式铣刀
shank type reamer 柄式铰刀
shank type shaper cutter 锥柄插齿刀
shank width 柄宽[度]
shapable (=shapeable) (1)可成型的,可成形的,可塑造的;(2)样子 好的
shape (1)轮廓,外形,形状,形态,形象,形式,种类,类型;(2)齿形;(3) 模型,造型,定型;(4)金属型材,型钢,型材,钢材;(5)形成,成形;(6) 模制塑胶;(7)特征
shape beam 成形波束

shape broach 成形拉刀,定型拉刀
shape casting 成形铸造
shape constant 梁常数
shape cutting (1)成形切削;(2)仿形切削,仿形切割
shape error (1)形状误差;(2)齿形误差
shape-factor 形状系数,成形系数,波形系数,形状因素,波形因素
shape generation method 齿形范成法,齿形滚切法
shape grinding 齿形磨削
shape-knife 成形鞋刀
shape mill 成型轧钢机,冷弯机
shape of cylinder 圆柱形
shape of pass 孔型断面轮廓
shape of tool 刀具形状
shape steel 型钢
shape steel rolled stock 异形型钢
shape-V thread V形螺纹
shapeable (1)可成型的,可成形的,可塑造的;(2)样子好的
shaped 成形的,定形的
shaped bar 小尺寸的异形钢材
shaped-chamber manometer 异型腔流体压力计
shaped gear 插制齿轮
shaped goods 定型制件
shaped orifice 型线孔口
shaped piece 定型配件
shaped pressure squeeze board 异形压实板
shaped profile milling cutter 成形铣刀,定形铣刀
shaped steel 异型钢材,型钢
shapeless (1)无形状的,不定型的;(2)不匀称的,不象样的
shapely 有条理的,样子好的,匀称的,定形的
shapen 做成一定形状的
shaper (1)插齿机,插床;(2)牛头刨床,小刨床;(3)成形装置,成形机, 成形器,整形器;(4)作畦机;(5)模锻锤,冲锤;(6)脉冲形成电路, 成形电路,整形电路
shaper and planer tool 刨刀
shaper chuck 牛头刨虎钳
shaper cutter 插齿刀
shaper machine 插床
shaper parts 牛头刨零件
shaper steel 型钢
shaper tool 牛头刨刀
shaper toolhead 牛头刨刀架
shaper wheel 成形棘轮
shapes of needle roller ends 滚针端头形状,滚针端部形式
shapes of tooth 齿形
shapes of tooth trace 齿线形状
shaping (1)刨削;(2)成形,造型;(3)修整,整形;(4)压力加工;(5) 形成,编成,组成,组织;(6)成形的,塑造的
shaping amplifier 整形放大器
shaping by stock removal 切削成形,有屑成形
shaping cassegrain antenna 整形卡塞格伦天线
shaping-circuit (1)整形电路,整形电路;(2)校正网络
shaping coil 校正线圈
shaping cutter 插齿刀
shaping die 成形模
shaping machine (1)插床;(2)牛头刨床,成形机
shaping mill 成型机,冷弯机
shaping network 校正网络
shaping operation (1)整形作用;(2)刨削操作;(3)成形操作
shaping plate 样板,型板
shaping unit (1){轧}整形器;(2)信号成形部件
shaping without stock removal (1)非切削成形;(2)无屑成形
share (1)分享,共享;(2)参与、贡献;(3)开沟器,锄铲,犁头,铧,刃; (4)份额,部分;(5)(复)股份,股票
share channel 共用信道,复用信道
share electrons 共享电子,共价电子
share operating system {计}共用操作系统
shared channel 共用信道,复用信道,同频信道
shared control unit 共同控制器
shared data set 共享数据集
shared device 共用设备
shared electron 共享电子,共价电子
shared file 共享文件,共同文件
shared file system 分时用外存储器系统
shared frequency station 同频广播电台

1278

shared hardware　公用硬件
shared routine　共用例行程序,共享程序,共用程序
shared source multiprocessing　{计}共用资源多道处理
shared subchannel　共用分通道,共用子通道
shareholder　股票持有人,股东
sharer　分配者,分派者,共享者,共用者,关系人
sharing　共享,共用
sharing multiprocessing　共享多道处理
sharp　(1)成锐角的,成尖角的,锐利的,尖锐的,尖的;(2)强有力的,
　　有力的,强的;(3)灵敏的,敏锐的,敏捷的,准确的;(4)明显的,清晰的,
　　分明的,明确的;(5)急剧地,突然地,准时地,锐利地,机警地
sharp angle　锐角
sharp bend　(1)直角弯头,直角弯管,锐弯管;(2)锐弯接头
sharp corner　(1)小半径转角,小半径拐角,尖锐棱角,锐角;(2)急弯
sharp-crested　锐缘的,尖口的
sharp curve　小半径曲线,锐曲线
sharp cut-off　锐截止
sharp cut-off tube　锐截止管
sharp edge　(1)锐边,尖棱;(2)锐利刃口,刃形
sharp-edge wave　陡沿波
sharp-edged　锐利的,锐缘的,刃形的
sharp edged orifice　锐缘孔
sharp filter　锐截止滤波器
sharp focusing　严格聚集,锐聚集,强聚集,准聚集
sharp knife　快刀
sharp melting point　明确熔点
sharp peak　最高峰,顶峰,顶点
sharp-pointed　尖锐的,削尖的
sharp pointed　尖锐的,削尖的
sharp pounding　剧烈震动
sharp pulse　尖脉冲
sharp radius curve　小半径曲线
sharp screw　(1)非截顶三角螺纹,锐角螺纹;(2)全 V 形螺纹螺钉,
　　锐角螺纹螺钉
sharp-set　使边缘锋利的
sharp-toothed　尖齿的
sharp tuning　锐调谐
sharpen　磨刀,磨利,磨锐,磨尖,刃磨,修尖,削尖,磨,削
sharpener　(1)削具;(2)刀具磨床,刃磨装置,砂轮机,磨刀器,磨削器,
　　磨钎机;(3)锐化电路,锋化电路,锋化器,锐化器
sharpening　磨快,磨尖,磨利,刃磨,磨锋,磨口,削尖
sharpening allowance　刃磨允差
sharpening machine for worm-shaped hone　螺杆珩轮修磨机
sharpening stone　磨石
sharper　磨具,削具
sharpness　(1)锋利,锐度;(2)清晰度;(3)精确度;(4)调谐锐度
sharpness in depth　纵深清晰度
sharpness of definition　(1)可辨清晰度;(2)分辨率锐度
sharpness of lines　船型线锐度
sharpness of resonance　谐振锐度
sharpness of sight　视角锐度
sharpness of tuning　调谐锐度
sharpness of vision　视锐度
shatter　(1)破碎片,碎裂片;(2)打碎,击碎,破碎,炸碎,粉碎,打破,
　　爆破,破开,破坏,震裂,破裂,断裂;(3)吹散,喷散,溅散,疏松,散落;
　　(4)破损,损伤,损害,损毁,破灭,毁灭
shatter cracks　(由白点引起的)发裂
shatter-index　震裂系数
shatter index　破裂系数,粉碎系数
shatter-index test　(1)震裂试验,坠落试验;(2)(焦炭)粉碎率试验,
　　强度试验
shatter-proof　耐震的,防震的,抗震的
shatter-proof glass　耐震玻璃,不碎玻璃
shatter test　(焦炭)硬度坠落试验
shattering　破碎,粉碎
shattering effect　(爆破时的)破碎效应
shave　(1)剃[齿],刮;(2)刮平,刮面;(3)修剪,修整,削,刨;(4)
　　切成薄片;(5)薄片
shave-hook　镰刀钩,铅锉
shave hook　镰刀钩
shave off　刮掉,削掉,刨掉
shave step　剃齿刀痕
shave stock　剃齿留量
shaved gear　剃制齿轮

shaver　(1)刨刀;(2)切除器,刮刀;(3)电动剃刀
shaving　(1)剃齿,剃削;(2)削下薄片;(3)刮平,修整,刮,剃,削
shaving arbor　剃齿心轴
shaving cutter　剃齿刀
shaving cutter bore　剃齿刀孔
shaving cutter grinder　剃齿刀磨床
shaving cutter grinding machine　剃齿刀磨床
shaving cutter head　剃齿刀架
shaving dies　精整冲裁模,切边模,修边模
shaving hob　蜗轮剃齿刀
shaving horse　刨工台
shaving machine　剃齿机
shaving period　剃齿周期
shaving rack　剃齿齿条
shaving tool　剃齿刀具
shaving with rack (type) cutter　齿条刀剃齿
shaving with rotary cutter　插齿刀剃齿
shavings　剃齿屑,切屑
shavings separator　切屑分离
Shaw hardness　肖氏硬度
Shaw process　肖氏精密铸造法,肖氏造型法
sheaf　束,捆,把,扎
sheaf of plane　平面束
shear　(1)修剪,剪切,剪断,切断;(2)剪切应力,剪力;(3)剪变,切变;
　　(4)切力;(5)安全销;(6)(复)剪切机,剪床
shear angle　剪切角
shear area　剪力图面积
shear bolt　保险螺栓
shear-bow　{轧}板材剪切时的弓起
shear box　剪力匣
shear breakdown　剪切损坏
shear coefficient　切变系数
shear crack　剪应力裂纹,剪切裂隙,剪切裂缝
shear cutting of gear　插齿
shear deformation　剪切变形
shear diagram　剪力图
shear distortion　(钢坯或钢材端部)剪塌
shear elasticity　剪切弹性模量
shear failure　剪力损坏
shear fault　剪断层
shear force　剪[切]力,切力
shear fracture　剪切断裂
shear fracture percentage　{焊}塑性断口百分率
shear instability　剪切不稳定性
shear joint　受剪节点
shear knife　剪切机刀片
shear leg crane　动臂起重机
shear legs　(1)动臂起重机;(2)起重机三角架,人字起重架
shear lip　切变裂纹,剪切唇
shear load　剪切负荷
shear machine　剪断机
shear mark　切痕
shear modulus　剪切弹性模量,抗剪弹性模量,切变模量
shear modulus of elasticity　抗剪弹性模量,剪切弹性模量,切变弹
　　性模量
shear motor　剪切机电动机
shear-out　(1)切口,切痕;(2)切开,截断;(3)剖面,断面
shear pin　剪断保险销,安全销
shear pin bush　安全销套
shear plane　(刀具的)剪切[平]面
shear plane angle　(刀具的)剪切角
shear plane perpendicular force　(刀具的)剪切平面垂直力
shear plane tangential force　(刀具的)剪切平面切向力
shear plate (=SP)　(1)剪切刀片;(2)切边的中厚板,抗剪加固板
shear reinforcement　抗剪钢筋
shear resistance　抗剪力
shear-speed cutter　高速插齿刀
shear-spinning　强力旋压,变薄旋压
shear spinning　强力旋压,变薄旋压
shear-steel　高速切削钢,刀具钢,刃钢,剪钢
shear steel　高速切削钢,刀具钢,刃钢,剪钢
shear strength (=SS)　抗剪强度,切变强度
shear strain　剪应变
shear stress　剪应力

shear structure 剪切构造
shear-susceptible 受剪敏感的,易被剪切的
shear test 剪切试验,剪力试验,抗剪试验
shear thrust 剪冲断层
shear tool 剪刨刀
shear viscosity coefficient 切变粘度系数,切变粘滞系数
shear web 抗剪腹板
shear zone 剪碎带
sheared edge 剪断的毛边,剪断的飞边,剪断的边料,剪切边
sheared plates 切边钢板
shearer (1)剪切机,剪床,(2)垂直槽截煤机,直立槽截煤机,滚筒采煤机,(3)齿滚刨煤机
shearer-loader 滚筒采煤机,截煤机
sheargraph 剪应力记录仪,剪应力记录器,剪应力仪
shearing 剪切,剪断
shearing action 剪切动作
shearing blade 剪刀片
shearing clutch 带剪切销的安全离合器,超越安全离合器
shearing die 剪切模,剪模
shearing failure 剪切损坏
shearing field 剪切场
shearing force (=SF) 剪[切]力
shearing force diagram 剪力图
shearing interferometer 错位干涉仪
shearing load 剪切负荷
shearing machine 剪切机械,剪切机,剪毛机,剪床
shearing modulus 剪切模数
shearing modulus of elasticity 剪切弹性模量
shearing moment 剪切力矩
shearing pin 剪断保险销,安全销
shearing punch 切料冲头
shearing rate 剪切速率
shearing resistance 剪切阻力
shearing strain 剪切应变,受剪应变
shearing strength 抗剪强度,抗剪强度,剪切强度
shearing stress 剪切应力,切变应力,剪应力
shearing test 剪切试验,剪力试验
shearing work 剪工工作
shears (1)剪切机,剪切机板,剪床,(2)截断机
shearwelder 剪切－焊接机机组
sheath (1)外层采覆物,外罩,外壳,外皮;(2)金属套管,金属管道,护套,外套,(3)(电缆)铠装,封装,包装,屏蔽,铅包,复板;(4)涂料;(5)(电子管)屏极,板极,正电极,阳极;(6)缠绕;(7)涂料;(8)空间电荷层,离子鞘
sheath eddy current loss 铅皮涡流损耗,包皮涡流损耗
sheath electron 壳层电子
sheath extrusion 护套挤压
sheath for magnet coil 电磁铁护罩
sheath loss 包皮损耗(电缆铅损)
sheath replica 包络复制品,蒙皮模制器,外膜
sheath wire 金属护皮电缆,铠装电缆,铠装线
sheathe 装以护套,覆盖,包覆,铠装,封装,包装,包,套,藏
sheathed 覆套的,铠装的
sheathed cable 铠装电缆
sheathed wire 金属护皮电线,铠装线
sheathing (1)覆套,(2)加包皮,加护套,加外套,铠装,覆盖;(3)覆盖板,夹衬板,平板,衬板;(4)覆盖层,外膜
sheathing paper 绝热纸,柏油纸,油毛毡,衬纸
sheathing tape 覆盖钢带
sheathing wire 铠装线,被覆线
sheave (1)滑车轮,滑轮,[带]槽[皮带]轮,皮带轮,绞缆轮,槽轮,绳轮;(2)牵引盘,凸轮盘,偏心盘,滑车,滚子,导辊;(3)捆,束
sheave block 滑车组,滑轮组
sheave boss 滑轮毂
sheave drive 槽轮传动
sheave pin 滑轮组销轴
sheave pulley 滑车滑轮,滑车槽轮
sheave wheel 滑车轮,绞缆轮,天轮
sheaves (绞盘)滑轮组
shed (1)场,站,(2)车库,(3)绝缘子外裙,(4)脱落,脱出,摆脱,(5)卸载,卸料,卸掉,(6)放射,散发,(7)放弃,抛弃,扔掉
shed line 分界线,分水线
shed opening 梭口高度
shed stick 分纱杆,绞杆

shedder (1)卸件装置,顶料装置,顶件装置,顶件器;(2)推料机,拨料机,抛料机,抽出机,喷射器
shedding 脱落,落下
shedding cam (纺机)开口凸轮,踏盘
shedding mechanism 开口装置,卸载装置,卸料机构
shedding tappet (纺机)开口凸轮,踏盘
sheel (1)壳,套;(2)铲
sheen 发光泽,光辉,光彩
sheep-foot roller 羊蹄压路机,羊蹄路碾,羊蹄滚筒,羊足碾
sheep-foot tamper 羊脚捣路机
sheep-skin 羊皮纸
sheer (1)没有掺杂的,绝对的,全然的,纯粹的,纯净的,真正的;(2)极薄的,透明的;(3)无斜坡的,垂直的,陡峭的;(4)(复)人字起重架;(5)舷弧,脊弧;(6)偏航,转向
sheer impossibility 绝对不可能的事
sheer legs 起重机挺杆,起重臂,吊车臂
sheer-off 偏航
sheer pin 安全销
sheer weight 净重
sheers 人字起重架
sheet (1)张,片,板,(2)图表,表,(3)程序,(4)金属薄板,薄钢板,钢板,板材,板料,片料,钢皮,(5)电路图,图纸,图幅,(6)数据记录纸,小册子;(7)平面束;(8)覆盖,铺设,伸开,展开,扩展,压片
sheet-anchor 备用大锚
sheet anchor 备用大锚
sheet asbestos 石棉板,石棉片
sheet backing 钢板衬背
sheet bar 薄钢片,薄板坯,板料
sheet bar mill 薄板坯轧机
sheet billet 薄板坯
sheet blowing 薄膜吹制
sheet brass 黄铜板,铜皮
sheet capacitance 箔电容
sheet conductance 薄层电导,面电导
sheet core 薄片铁芯
sheet erosion 片状侵蚀
sheet gasket 密封垫片,密封垫圈
sheet gauge (=SG) (1)板料样规,厚薄规,板规,片规;(2)薄板厚度
sheet glass 平板玻璃,玻璃板
sheet-holder (薄板)定位销,纸夹
sheet iron 薄板坯,黑铁皮,铁皮,铁板,铁片,钢皮
sheet iron provided with injection 网纹钢板
sheet iron tube 薄钢管,焊接管
sheet lead 铅皮
sheet leveller 薄板校平机
sheet line 图纸中线,图廓线
sheet metal (=SM) 金属薄板,金属薄片,薄钢板,薄铁板
sheet metal brake 金属板刹车
sheet metal chaplet 箍式泥芯撑
sheet metal free from oxides 无氧化皮钢板,酸洗薄钢板
sheet metal ga(u)ge 金属板厚度规,金属片规
sheet metal perforating machine 金属薄板冲孔机
sheet metal screw 金属板螺钉
sheet metal smoothing roll 金属板平轧机
sheet metal smoothing rollers 薄板校正辊
sheet metal strip 金属带材
sheet metal work 板金工工作
sheet metal working 板金加工
sheet mill 薄板压延机,薄板轧机
sheet moulding compound (=SMC) 片料吹[气塑]膜化合物,板模制化合物
sheet nickel 电解镍板
sheet No 1 of 4 sheets (图纸)共4张,第一张
sheet number 图表编号
sheet of a hyperboloid {数}双曲面的叶
sheet of surface {数}曲面的叶
sheet pack 叠钢皮,钢皮捆
sheet packing 填密片
sheet paper 硬纸板
sheet pickup 薄板送料机
sheet-pile 板桩
sheet pile 板桩
sheet piling 打板桩
sheet resistance 表面电阻,薄层电阻

sheet resistivity　表面电阻率
sheet roll　(1) 薄板轧辊；(2) 薄板轧机
sheet-roller chain　片节滚子链
sheet rolling mill　薄板滚压机,薄板轧机
sheet secondary linear electric motor　具有片状次级的直线电机
sheet severer　断纸器
sheet stamping　薄板冲压
sheet steel　薄钢板
sheet structure　片状结构
sheet tin　马口铁皮
sheet-work　(1) 全张套印版；(2) 装订工的工作
sheeted lorry　有篷布遮盖的运料车
sheeter　(1) 压片机；(2) 薄板轧机；(3) 制板工
sheeter lines　削痕
sheeters　轻型插板
sheeting　(1) 压片；(2) 板工；(3) 挡板,极板,板栅；(4) 薄片,薄膜,薄层
sheeting dryer　网板式干燥器
sheeting pile　板桩
sheetlike　像薄片一样的
sheetmetal　金属片,钢皮
sheetmetal work　冷作工
sheets in coils　金属薄板卷
shelf　(1) 支架,架子,搁板；(2) 格,栅；(3) 船架主纵梁,弓架；(4) 放上架子
shelf ageing　搁置老化
shelf angle　座角钢
shelf corrosion　搁置腐蚀
shelf depreciation　(蓄电池) 局部放电,跑电
shelf-life　搁置寿命,搁置时间,贮藏寿命,贮藏期限,储存期限,适用期
shelf life　搁置寿命,搁置时间,贮藏寿命,贮藏期限,储存期限,适用期
shelf location　架上安装
shelf test　搁置试验
shell　(1) 轴瓦,(2) 壳体,外壳,薄壳,管壳,泵壳,炉壳,槽壳,弹壳,外圈,壳；(3) 套管,管套,护罩；(4) 骨架,框架,外框,外形,外表,轮廓,梗概；(5) 铠装,(6) (绝缘子) 外裙；(7) (多级火箭的) 级；(8) [汽] 锅身,爆破筒,圆筒,筒身；(9) 用包皮,去壳,炮击
shell and tube condenser　壳管式冷凝器
shell and tube exchanger　壳管式换热器
shell boiler　火管锅炉
shell casting　壳型铸件
shell condenser　壳式冷凝器
shell construction　壳形结构,壳体结构,薄壳结构
shell core blower　壳芯吹制器
shell core drill　筒形扩孔钻,套式扩孔钻
shell core process　壳芯法
shell cutter　套式铣刀
shell drill　套式扩孔钻,壳形钻,筒形钻
shell end mill　圆筒 [形] 端铣刀,空心端铣刀,套装立铣刀
shell end mill arbor　圆筒 [形] 端铣刀杆
shell end milling cutter　圆筒端铣刀,空心端铣刀
shell gimlet　套式手钻
shell hardening　外层淬火,表面淬火
shell hole　弹孔,弹坑
shell knocker　敲击器
shell model　壳层模型
shell mold　壳型铸造
shell molding machine　壳型机
shell mould　壳模
shell moulding　壳型造型
shell of boiler　锅炉套
shell of pipe　管壁
shell of roll　(橡胶) 轮缘
shell plate　锅炉板
shell-proof　防弹的
shell reamer　空心铰刀,套式铰刀
shell ring　卡箍带
shell roller　皮辊铁壳
shell side　(换热器) 管际空间
shell-slab　薄壳板
shell slotting cutter　套式插齿刀
shell-still　简单壳式蒸馏釜
shell-still battery　瓮电池
shell-structure　薄壳结构,壳层结构,壳体结构

shell structure　薄壳结构,壳层结构
shell tap　筒形丝锥
shell thermocoupling　壳式热电偶
shell transformer　壳式变压器
shell-type　密闭式,铁壳式,外铁型
shell type baffle　迷宫式障板
shell-type hob　空心滚刀,套式滚刀
shell-type motor　封闭式电动机
shellac　胶漆皮 [料],洋干漆,虫胶漆,虫胶片
shellac bond　虫胶粘结剂
shellac disc　(唱片) 蜡盘
shellac varnish　虫胶清漆,胶漆
shellac wheel　虫胶结合剂砂轮,虫胶粘结剂砂轮
shelled out　(车轮) 剥离
shelled tread　剥蚀的踏面
sheller　(1) 去皮机；(2) 去壳机,脱粒机
shelling　层层剥落,脱层
shelling-out　(1) 涂刷 (油漆或涂料)；(2) 剥落；(3) 碎裂
shellmoulding　壳型造型
shellproof　防弹的
shelly　多壳的,壳状的
shelter　(1) 掩蔽所,掩蔽部,保护地,保护物,保护,庇护；(2) 百叶箱
shelter-based　放在掩体内的 (导弹)
shelve　(1) 置于架上,搁置,储放；(2) 无限制延期；(3) 辞退,解雇；(4) (慢慢) 倾斜
shelving　(1) 倾斜 [度],斜坡；(2) 一组搁板,搁板材料；(3) 倾斜的,有斜度的
Sheppard process　(在含有甘醇或甘油的硫酸溶液中进行的) 铝阳极氧化处理法
sherardise　粉末镀 [锌],粉末渗锌,锌粉热镀,固体 [扩散] 渗锌,喷镀锌
sherardize　粉末镀 [锌],粉末渗锌,锌粉热镀,固体 [扩散] 渗锌,喷镀锌
sherardizing　粉末镀锌,渗锌 [作用]
sherardizing galvanizing　粉末镀锌
Sherman I　(英) "雪尔曼 I" 中型坦克
shield　(1) (轴承) 挡尘盖,防尘罩,防尘板,防护垫圈,(2) 挡板,[遮] 护板,护罩；(3) 加屏蔽,屏蔽,屏；(4) 铠装；(5) (焊条) 有焊药的
shield assembly　屏蔽装置
shield ball bearing　带防护垫圈的球轴承
shield bearing　防尘轴承
shield cable　屏蔽电缆
shield chamber　盾构室
shield driven　盾构掘进的
shield excavation　盾构掘进
shield grid　屏蔽栅极,帘栅极
shield-grid thyratron　屏栅极闸流管
shield groove　(轴承) 防尘盖槽
shield inertia gas metal arc welding　惰性气体保护金属极弧焊
shield law　保护法
shield pole　屏蔽磁极
shielded　气体保护的,防护的,铠装的,屏蔽 [了] 的,隔离的
shielded arc　屏蔽电弧
shielded-arc welding　气体保护电弧焊
shielded arc welding　气体保护电弧焊,气体保护焊接
shielded ball bearing　带防尘盖球轴承
shielded bearing　带防尘盖轴承
shielded bridge　屏蔽 [式] 电桥
shielded bridge welding　有保护电弧焊
shielded cathode　屏蔽阴极
shielded conductor　屏蔽导线
shielded galvanometer　屏蔽式检流计
shielded grid　屏蔽栅
shielded grid thyratron　帘栅闸流管
shielded line　屏蔽线路
shielded magnet　屏蔽磁铁
shielded metal arc welding (SMAW)　金属防护电弧焊
shielded-pole motor　屏蔽极电动机
shielded thermocoupling　有隔离罩的温差热电偶
shielded transformer　屏蔽变压器
shielding　(1) 防护层,防护屏,屏蔽,保护,防护,隔离,遮挡；(2) 防护的,屏蔽的；(3) 防辐射装置,防护品,保护罩
shielding case　屏蔽壳,屏蔽箱,屏蔽罩,保护罩,隔离罩
shielding cover　屏蔽罩

shielding effect　屏蔽效应
shielding factor　屏蔽系数
shielding gas atmosphere　防护大气
shielding pipe　已屏蔽电子管
shielding wire　屏蔽线, 隔离线
shift　(1)移动, 移位, 位移, 漂移, 转移, 偏移; (2)变速, 调档, 换档; (3)变速器; (4)移相(相位频率的变动); (5)移数; (6){数}移位, 进位, 变位, 换位, (7)(工作的)换班, 调班, 调动; (8)变换, 转换, 轮换, 替换, 调换, 改变, 转变; (9)推卸, 推托
shift about　四处移动, 屡变位置
shift and rotate　移位及轮转
shift and rotate instruction　移位及轮转指令
shift bar　(1)调档杆, 换档杆; (2)开关柄
shift circuit　移相电路, 移位电路
shift code　移位码
shift converter　移频变换器
shift counter (=SC)　移位计数器
shift cycle　循环移位
shift-density　移列密度
shift down　(换档)减速
shift engineer　值班工程师
shift excursion　偏移
shift for oneself　自行设法, 自力更生
shift fork　换档叉, 拨叉
shift gear　(1)调档齿轮, 配速齿轮; (2)调档
shift gears　改变速度, 变速, 调档
shift-in　移入
shift-in character　移入字元, 移进记号
shift key　(打字机)字型变换按键
shift knob　变速杆捏手, 换档手柄, 开关按钮
shift left　左移位, 左进位
shift left double (=SLD)　双倍左移[位]
shift lever　变速手柄, 变速杆
shift lever shaft　变速杆轴
shift lock　移位锁定
shift-lock keyboard　移锁键盘
shift multibyte　移位多数元组
shift network　移数网络
shift-off　移掉
shift off　拖延, 推卸, 回避, 移掉, 整顿
shift operation　(1)变速操作, 换档; (2)移动
shift operator　移位算子
shift order　{计}移位指令
shift-out　移出
shift out　移出
shift pattern　变速杆各档位置图
shift plunger　移动插塞
shift pulse　移位脉冲
shift pulse driver　移位脉冲激励器
shift rail　拨叉导轨, 变速轨
shift-register　移位寄存器
shift register　移位寄存器
shift register code　移位记发码
shift register sequence　移位暂存器顺序
shift right　右移位, 右进位
shift right double (=SRD)　双倍右移
shift ring　移动环
shift shaft　移动轴
shift unit　(1)变速装置, 换档装置; (2)移动装置
shift up　(换档)加速
shift working　变速操作, 换档
shifted structure　错列结构
shifter　(1)(齿轮)拨叉, (离合器)分离叉, 调档杆; (2)变速杆; (3)转换机构, 切换装置, 换档装置, 变换装置, 换档器; (4)移动装置; (5)移位装置, 移位器; (6)开关; (7)移相器, 换相器, 倒相器; (8)(印字电报机)换行器
shifter collar　(1)(变速齿轮承受拨叉的)颈圈, 换档啮合套; (2)(联轴节)活动杆箍, (离合器)滑动环箍; (3)结合环
shifter cylinder　换档油缸
shifter fork　(齿轮)换档叉, 拨叉
shifter hub　拨叉凹口
shifter lever　转换杠杆, 齿轮拨叉, 变速杆
shifter plate　开关板
shifter rod　变速杆

shifter time　切换时间
shifting　(1)换档, 调档, 变速; (2)移动, 位移; (3)偏移
shifting accumulator　移位累加器
shifting arm　(1)变速臂; (2)摆动换向挂轮架
shifting bearing　活动支座
shifting cam　换档凸轮
shifting control mechanism　换档操纵机构
shifting counter　移位计数器
shifting coupling　变速联轴节
shifting-down　(换档)减速
shifting field　移动磁场
shifting field type　移动磁场式
shifting fork　换档叉, 拨叉
shifting function　移位操作
shifting gear　(1)换档齿轮; (2)调档, 换档, 变速
shifting lever　变速杆
shifting lever ball　变速杆球端
shifting operator　{计}移位算子
shifting shock　换档冲击
shifting-site　活动发射场
shifting sleeve　凸轮联轴节, 爪型联轴节
shifting slide gear　滑动换档齿轮, 滑移齿轮
shifting spanner　活动扳手, 活络扳手, 活扳手, 活扳子
shifting tester　换档机构试验台
shifting-up　(换档)加速
shifting yoke　换档轭, 拨叉
shifting wrench　活口扳手
shiftless　没有办法的, 无能力的
shifty　变化多端的, 不稳定的
shim　(1)垫片, 隔片, 夹铁; (2)楔形填隙片, 定刀片, 垫隙片, 填隙片; (3)用垫片调整, 垫上垫片, 垫补, (4)(磁场的)调整, 调节
shim for rail joint　钢轨接头垫片
Shimer process　氰化浴中快速渗碳法
shimmer　[使]闪光, 闪烁, 微光
shimming　用垫片调整, 垫补法
shimming plate　填隙板
shimmy　摆动, 跳动, 飘动, 摇摆
shimmy damper　(1)摆振阻尼器, 减摆器; (2)转向轮减振装置
shin (=fish-plate)　接合板, 鱼尾板
shine　(1)发光, 发亮, 闪耀; (2)抛光, 磨光
shiner　(1)发光物, 发光体; (2)(复)金钱
shingle　(1)木瓦, 盖片, 盖板; (2)挤压, 压挤, 压缩; (3)镦锻, 锻铁
shingled construction　木瓦结构, 套筒式
shingler　挤渣压力机(从熟铁中将渣挤出), 镦锻机, 锻铁机
shingling　压挤熟铁块
shingling hammer　锻锤
shingling rolls　挤渣轧辊
shining　(1)发光的, 闪耀的; (2)卓越的, 杰出的
shiny　(1)有光泽的, 发光的; (2)擦亮的, 擦光的, 磨光的, 磨损的
ship　(1)船, 艇, 舰; (2)飞行器, 飞船; (3)重型飞机, 巨型飞机; (4)船运, 航运, 海运, 载运, 装货, 装运, 发货, 发运
ship berth　船台
ship board　船舷
ship building plate　船用钢板, 造船钢板
ship control and interception radar　瞄准和截击舰艇雷达
ship control panel (=SCP)　船用控制盘
ship fire control (=SFC)　舰艇炮火控制
ship-handling　(1)船舶驾驶; (2)船舶管理
ship-house　造船棚
ship-jack　升船起重机
ship-lap　搭叠
ship motion simulator (=SMS)　船只运动模拟器
ship navigation　航海导航
ship of destination　收报船
ship of origin　发报船
ship of war　军用舰艇, 战斗舰艇
ship-owner　船东
ship-plane　舰载飞机
ship-plank　甲板
ship-plant　造船工场, 造船厂
ship plate　船用钢板, 造船钢板
ship-rig　船舶索具
ship stabilizer　船舶稳定器
ship, submersible, ballistic nuclear (=SSBN)　[核动力]弹道导弹潜水艇

1282

ship, submersible, guided, nuclear (=SSGN)　[核动力] 导弹潜艇（现为 SSBN）

ship tanks　油船

ship-to-air missile　舰对空导弹

ship-to-ground (guided) missile (=SGM)　舰对地导弹

ship-to-ship (guided) missile (=SSM)　舰对舰导弹

ship-to-shore radio　海对陆电台

ship-way　船架, 船台

shipbased　以舰为基地的, 舰载的

shipboard　(1) 船上, 船侧, 舷侧；(2) 船上的

shipboard search (=SS)　船舶上搜索, 船侧搜索

shipboard type　舰用型的, 船用式的

shipborne　船载的, 船运的

shipbreaker　收购和拆卸废船的承包人

shipbroker　海运经纪人

shipbuilder　(1) 造船厂, 造船商；(2) 造船工人, 造船技师

shipbuilding　(1) 船舶制造 [业], 造船 [学]；(2) 造船的

shipfitter (=SFTR)　舰船装配工, 舰船安装工, 造船号料工, 造船划线工

shipfitting　船舶装配

shipful　船舶满载

shiplap　(1) 搭叠；(2) 鱼鳞板

shiplap joint　搭接

shiplap sheet piling　搭接板桩

shipline　航运公司

shiplines　船体型线

shipload　船的载货量, 船货, 大量

shiplofting　船体型线放样

shipman　(1) 海员, 水手；(2)（商船）船员

shipmaster　船长, 船主

shipment　(1) 装货上船, 装船；(2) 装运的货物, 船载货

shipment request (=SR)　装运申请 [书], 装货申请, 船运要求

shipowner　船主, 船东

shippable　便于船运的, 可装运的

shipped　船运的

shipped-in　运入的

shipped-on　从外地运来的

shipper　(1) 传动带移动装置；(2)（离合器）分离杆；(3) 运送装置, 装运装置, 容器；(4) 托运人, 发货人, 货主；(5)（装运的）货物

shipper handle　开关手柄

shipping　(1) 海运, 航运, 船运, 装运, 装载；(2) 船舶总吨数, 船舶；(3) 发货；(4) 商船 [队]

shipping accumulation numbers (=SAN)　装船累积数量, 发货累积数量

shipping-agent　水路运输业者, 船主在港口的代理人, 运货代理商

shipping-bill　船货清单, 舱单

shipping bill　船货清单, 装货单, 舱单

shipping clause　装船条款

shipping date　装船日期

shipping instruction (=SI)　装货说明 [书]

shipping list　发货清单, 装箱单

shipping list of drawings (=SLD)　图纸的装箱单

shipping mark (=S.M.)　发货标记

shipping note (=SN 或 S/N)　装船通知

shipping office　运输事务所

shipping order (=SO 或 S/O)　装货 [通知] 单, 运货单, 发货单 (=s.o.)

shipping parcels　小件货物

shipping rod　移动杆

shipping space　舱位

shipping tag　发货标签

shipping terminal　海洋转运站, 港口油库

shipping ton　船的总吨数, 装载吨

shipping-trade　船运

shipping traffic control signal station　（困难水道）航行信号站

shipping weight (=S/W 或 SW)　运输重量, 出运重量, 装运重量

shipplane　舰上飞机

shiprepair　修船

ship's bell　船钟

ship's heading marker (=SHM)　舰船航向指点标

ship's repair and maintenance facilities　修船设施

ships position interpolation computer (=spic)　内插法测 [量] 船位计算机

shipshape　(1) 船体形的, 流线型的；(2) 井井有条的, 整齐的

shipside　码头

shipway　[造] 船台, 下水台, 航道

shipwreck　(1) 船只失事, 毁灭, 失败, 挫折；(2) 遇难船

shipwright　船体装配工, 船体安装工

shipyard　(1) 船坞；(2) 造船厂

shirt　高炉炉衬

shock　(1) 冲击, 冲撞, 碰撞, 打击；(2) 震动, 振动, 振荡；(3) 电击, 电震；(4) 冲击波, 激波；(5) 弹跳, 回跳, 反跳

shock-absorber　震动吸收器, 减震器, 缓冲器

shock absorber (=SH ABS)　缓冲装置, 减震器, 阻尼器, 缓冲器, 避震器

shock absorber bearing　减震器座

shock-absorber lever　减震器杆

shock-absorber oil　消震油

shock-absorber shaft　减震器轴

shock-absorbing　减震的

shock absorption　减震, 缓冲

shock attenuation　减震

shock attenuation device　减震装置

shock chamber　骤冷室, 激冷室

shock chilling　骤冷的, 激冷的

shock-cooled　骤冷的, 激冷的

shock cooling　骤冷

shock damper　减震器, 缓冲器, 阻尼器

shock elasticity　冲击弹性

shock eliminator　震动消除器, 减震器, 避震器, 缓冲器

shock-excite　冲击激励, 震激

shock-excited oscillator　震激振荡器

shock-excitation　冲击激发, 震激

shock-expansion method　激波膨胀法

shock factor　冲击系数, 震动系数

shock failure　冲击失效, 冲击损坏

shock fluid　减震器液

shock-free　(1) 无冲击的；(2) 无激波流 [动]；(3) 无激波的

shock-free running　无冲击运转, 无震运转, 无震转动

shock front　激波波阵面, 冲击波波前, 激波波前

shock heating　骤热

shock load　冲击载荷, 冲击负荷, 震动载荷, 突加载荷

shock loading　冲击加载, 冲击荷载, 突加荷载

shock mitigation　缓冲

shock motion　激振运动, 振动

shock mount　减震座

shock-mounted　有减震装置的, 装弹簧的, 减震的

shock oscillator　冲击振荡器

shock pad　减震垫

shock piston　减震器活塞

shock polarization　激震极化

shock-preheated　用冲击波预热的

shock processing　快速工艺

shock proof　抗震 [的], 防震 [的]

shock pulse　震击脉冲

shock reducer　减震器, 缓冲器, 避震器

shock relief vent　减震孔

shock resistance　抗冲击强度, 抗冲击性, 抗震能力, 抗冲强度, 抗震性

shock-resistant　抗冲击的, 抗震的

shock resistant core　抗震心部

shock ring　减震环, 缓冲环

shock-sensitive　对冲击灵敏的, 不耐冲击的, 不耐震的

shock sensitive　(1) 对冲击灵敏的；(2) 不耐冲击的, 不耐震的

shock sensitivity　冲击灵敏度

shock-stall　激波分离, 激波失速, 滞止激波

shock-stalling　激波分离, 激波失速

shock stop pin　减震销

shock strength　抗冲强度

shock stress　冲击应力

shock test　冲击试验, 震击试验, 震动试验

shock tester　冲击试验机, 震动试验机

shock tube　激波管, 震动管, 冲击管

shock-wave　震激波, 冲击波, 激波

shock wave　冲击波, [震] 激波, 震波

shocked flow　激波气流

shocked plasma　受冲等离子体

shockless　无冲击的, 无震动的

shockless jolting machine　无冲击振实造型机, 阻尼震实造型机

shockproof　耐电击的, 耐震的, 防震的, 抗震的

shockproof mounting　耐震台座

shoe　(1) 支承垫块,支承枕垫,弯曲模板,上下模板,底板;(2) 制动蹄片,制动器,制动块,闸瓦;(3) 防磨装置,防滑装置,履带板,履带片;(4) 导向板;(5) (导弹) 发射斜槽,起动斜槽,发射导轨,起动导轨;(6) {电} 极靴;(7) 异形物;(8) 外胎,轮胎;(9) 管接头,管头,尾撑,端 [头];(10) 鞋

shoe brake　蹄式制动器,闸瓦制动器,刹车块,闸瓦,块闸

shoe-button cell　鞋扣形电池

shoe hold-down springs　制动蹄压制弹簧

shoe-making machine　制鞋机

shoe of pile　桩靴

shoe of the launcher　发射装置的滑轨

shoe plate　(1) 龙骨端包板,支撑板,底板,座板;(2) 闸瓦,蹄片

shoe retracting spring　制动蹄回位弹簧

shoe-type electromagnetic fixture　电磁无心夹具

shoebutton tube　小型电子管

shoeless tracking　无履板履带

shog release cam　(纺机) 横移还原凸轮

shog truck　横移转子

shogging cam　(纺机) 移针距凸轮

shogging drum　(纺机) 移针距滚筒

shoot　(1) 射击,射出,发射,放射,照射,发炮,发出,闪光,发光,投掷,抛出;(2) 射中,击中,打中;(3) 突出,伸出;(4) 迅速经过,飞过,穿过,掠过;(5) 喷出,流出,流下,落下;(6) 爆破,爆炸;(7) 滑道,滑槽,凹槽;(8) 滑动面,承受面;(9) 急速动作,急流;(10) 推力

shoot a bolt　关上插销,抽开插销

shoot-out　(电炉) 起弧

shoot squeeze molding machine　射压成型机

shooting flow　射流,急流

shooting in line　(火箭) 方向试射

shooting in range　(火箭) 距离试射

shooting valve　喷射阀

shop　(1) 工厂,工场,车间,工段;(2) 工作室,机构;(3) 职业,本行,工作;(4) 工艺 [学],工艺 [室];(5) 商店;(6) 选购;(7) 交付检修

shop card　车间工作卡片

shop condition　车间条件,生产条件

shop detail drawing　装配详图,生产详图

shop drawing (=SD)　(1) 工场用图,施工图;(2) 制作图,加工图,制造图,生产图,装配图,工作图

shop equipment　工厂设备

shop-fabricated　(1) 工厂制造的,厂制的;(2) 工厂预制的,车间预制的

shop floor　车间地板

shop ga(u)ge　工作量规

shop-hours　营业时间

shop illuminator　工厂照明器

shop instructions　(1) 工厂守则,车间守则;(2) 出厂说明书

shop lumber　半成材

shop man　车间人员

shop management　工厂管理,车间管理

shop manual(=SM)　(1) 修理说明书;(2) 工厂手册,车间手册

shop order (=SO)　(1) 工厂订单;(2) 工作单

shop-painted　厂内油漆的

shop rivet　厂合铆钉,车间铆钉

shop riveting　厂铆

shop safety　车间安全

shop stock　工厂存料

shop test　工厂试验,厂内试验,车间试验

shop truck　修理车

shop-welded　工厂焊接的,车间焊接的

shop-welding　工厂焊接

shopmade　定做的

shopman　售货员,店员

shoporder　(1) 工厂订单;(2) [工厂] 工作单

shopper　购货者,顾客

shopping　(1) 修理车间的大修;(2) 购物

shopping center　商业中心

shopping hours　商店营业时间

shopwork　车间工作

shopwork　车间工作

shopworn　陈旧的

shoran (=short range navigation system)　"肖兰" 近程导航系统,无线电导航系统,肖兰导航系统,肖兰定位系统,肖兰近程仪

Shore A hardness　肖氏 A 级硬度

Shore-hardness　肖氏硬度,回跳硬度

Shore hardness　肖氏硬度

Shore hardness test　肖氏硬度试验

Shore hardness tester　肖氏硬度计,回跳硬度计

Shore scleroscope　肖氏硬度计

Shore scleroscope hardness　肖氏硬度

Shore scleroscope hardness test　肖氏硬度试验

shore　(1) 岸;(2) 顶柱,支柱;(3) 用支柱支撑

shore-based radar　海岸雷达

shore connection　(船舶的) 通岸接头

shore connection box　岸电接线箱

shore supply　岸上供电

shore supply box　(船舶的) 岸上供电箱

shore supply connection box　岸电接线箱

shore-to-ship communication　海岸对船舶通讯,陆对海通讯

shored-up　(用支柱) 支撑的

shoring　(1) 临时撑,加固;(2) 支柱,支撑

shoring of foundation　基础支撑

short　(1) 脆性的,易碎的,脆的;(2) 短暂的,短期的,简短的,浅陋的,短少的,短缺的,不足的,欠缺的,短的;(3) 短路,短接,漏电;(4) 不足地,缺乏地;(5) (塑料) 压制不足,欠压;(6) 简略,简短,概略

short-access　{计} 快速存取

short access storages　快速存储器

short addendum　短齿顶高,径向负变位的齿顶高

short addendum gear　短齿顶齿轮,径向负变位齿轮

short addendum gear mechanism　短齿顶齿轮机构,径向负变位齿轮机构

short addendum gear unit　短齿顶齿轮装置,径向负变位齿轮装置

short afterglow　短余辉

short annealing　快速退火

short bar　短路棒

short base　短轴距 (汽车前、后车轴的距离)

short bearing　(齿轮) 过短接触区

short-brittle　热脆

short cavity dye laser　短腔染料激光器

short-circuit　(1) 短路,短接,漏电;(2) 简化,缩短;(3) 阻碍

short circuit (=SC)　(1) 短路,短接;(2) 漏电

short-circuit admittance　短路导纳

short-circuit analysis　短路分析

short-circuit brake　短路制动器

short circuit braking　短路制动

short-circuit calculations　短路计算 [书]

short-circuit characteristic curve　短路特性曲线

short-circuit current　短路电流

short-circuit detector　短路探测器

short-circuit feedback admittance　短路反馈导纳

short-circuit input admittance　短路输入导纳

short-circuit ratio　短路比

short-circuit resistance　短路电阻

short-circuit ring　短路环

short-circuit stability　短路稳定性

short-circuit subtransient time constant　短路初期瞬变时间常数

short-circuit test　短路试验

short-circuit voltage　短路电压

short-circuit winding　短路绕组

short-circuited　短路的,短接的

short-circuited armature　短路电枢

short-circuited brush　短路电刷

short-circuited rotor　鼠笼式转子

short-circuiter　短路器

short circuiter　短路器

short column　短柱

short connecting rod　(1) 短连杆;(2) (纺机) 短牵手

short contact　(锥齿轮) 过短接触区

short-cut　(1) 近路,捷径;(2) 简化

short cut　捷径,简捷

short-cut calculation　简化计算

short-cut method　简捷法,简化法

short cycle fatigue　短周期疲劳

short damping　快速蒸熏

short dash line　短虚线

short-decayed　短衰变期的,短寿命的

short-delay detonator　毫秒雷管,微差雷管

short delivery　交货数量不足,短交

short division　{数} 捷除法

1284

short-duration　短时的
short duration failure　短暂失效,短期故障
short feedback admittance　短路反馈导纳
short fiber grease　短纤维润滑脂
short-fired　(陶瓷器)火候不足的,焙烧不够的
short-flaming　短焰的
short form of bill of lading　略式提单,简式提单
short grain　细粒,短粒
short-grained　细粒的,小颗粒的
short ground return　短线接地
short-haul　(1)短距离的,短程的,短途的;(2)短期的
short haul　(1)短途运输,短运距;(2)短期
short iron　脆性铁
short-irradiated　经过短时间照射的
short-lag phosphor　短余辉荧光粉,短余辉磷光体
short-landed　(货物)卸下后发现短少的,短卸的
short length rule　短长度规
short-life　短使用期限,短寿命[的]
short life　短使用寿命
short link chain　短环节链
short-lived　(1)持续不久的,短命的,暂短的;(2)不耐用的,易损坏的
short-memory radiation detector　短记忆辐射探测器
short memory radiation detector　短记忆辐射探测器
short-neck　短颈的
short-neck tube　短颈显像管
short of cash　现金短缺
short oil　聚合程度不大的油,短油
short oil varnish　短油清漆,少油清漆
short operation　短时运转
short out　短路,短接
short output capacitance　短路跨电容
short-paid　欠资的
short pair twist　短对绞线
short-period　短周期的,短寿命的
short-period dynamic stability　短期运动稳定性
short-persistance cathode-ray tube　短余辉阴极射线管
short pinion　短齿小齿轮
short pitch factor　短节距因数
short pitch winding　短节距绕组
short primary LEM　短初级直线电机 (LEM =linear electric motor)
short-range　(1)短距离[的],短程[的],短期的;(2){数}短量程次
short range　(1)短程,短期;(2){数}短量程次
short-range air-to-air missile (=SRAAM)　近程空对空导弹
short-range attack missile (=SRAM)　近程攻击导弹
short-range ballistic missile (=SRBM)　近程弹道导弹
short range forecast　短期预报
short-range interaction　短程相互作用
short-range missile　近程导弹
short range navigation (=SRN)　短程[精确]导航[系统],近程导航[系统]
short-range order (=SRO)　短程序
short-range order　短程序,近程序
short-range perturbation theory　短程微扰理论
short residuum　浓缩油
short run　(1)(铸)浇不足;(2)小量生产,短期生产
short-run production　小批生产
short running　短时运转
short shipment　装载不足
short-shipped　(货物)已报出口但未装船的,退关的
short-shipped goods　短装货
short shot　喷丸不足
short shunt　短分路
short shunt compound winding　短并激式复绕组
short side　短边
short-sighted　目光短浅的,近视的
short slot　短槽
short stack　短排气道
short-stage　短流程
short steps　(变速器各挡之间)小传动比
short stick　短码尺
short-stop　短暂停止显影处理
short-stopped　(1)急速中止;(2)(反应链)中止;(3)中止,制止
short-stopper　聚合停止剂
short stopping agent　(塑料)速止剂

short stroke　短行程,短冲程
short-stroke honing　短行程珩磨
short takeoff and landing (=STOL)　(飞机)短距起落
short taper　短锥度
short taper ga(u)ge　短锥度规
short-term　短期的,短时的
short term　短期
short-term effect　短时效应
short-term fading　快衰落
short-term frequency stability　短期频率稳定度
short term notes　短期票据
short-term operation　短期运行
short-term properties　短期性能
short-term storage　短期存储器
short-term test　短期实验
short-thread milling machine　短螺纹铣床
short time constant (=STC)　短时间常数
short-time duty　短暂运行,短时负载,短期使用,短时工作状态
short-time load　短时负载
short-time rating　(1)短时定额;(2)短时功率
short time rating (=STR)　短时应用定额
short time test　快速试验,短时试验,短时测试
short time test　快速试验,短时试验,短时测试
short-time working　短时工作,短时运转
short toe contact　(锥齿轮)偏向小头的接触
short ton (=st)　轻吨,短吨(美吨,等于 2000 磅)
short tooth bearing　(齿轮)窄短接触,窄短承载区
short tooth contact　(齿轮)窄短接触
short trouble　短路故障
short valve　短路阀
short-wave (=SW)　用短波放送,短波
short-wave antenna　短波天线
short-wave band　短波[波]段
short-wave broadcast transmitter　短波广播发射机
short-wave choke (=SWC)　短波扼流圈
short-wave communication　短波通信
short-wave converter　短波变频器
short-wave cut-off filter　短波截止滤波器
short-wave diathermy　短波电热疗法
short-wave directional antenna　短波定向天线
short-wave fadeout　短波消逝
short-wave forecast　短波传播情况预报
short-wave frequency band　短波频带
short-wave length infrared vidicon　短波红外视像管
short-wave length limit　短波限
short-wave listener (=SWL)　短波听众
short-wave radiation　短波辐射
short-wave receiver　短波接收机
short-wave receiving antenna　短波接收天线
short-wave reception　短波接收
short-wave relay　短波中继
short-wave switch　短波开关
short-wave transceiver　短波收发信机
short-wave transmitter　短波发射机
short weight　货物缺重量,短重量
short wheel base (=SWB)　(汽车、拖拉机等)小轴距,短轴距
shortage　(1)不足,不够,缺乏,缺少,缺额;(2)缺点,缺陷
shortage of heat　热量不足
shortcoming　不足,缺乏,缺点,缺陷,忽略
shortcut　(1)捷径;(2)切成小块
shortcutting　简化
shorted　短路的,短接的
shorted emitter　短路发射极
shorted out　已短路的
shorten　(1)缩短,缩小,弄短,变短,减少,减小,减低;(2)使不足,使脆
shorten the heat　缩短冶炼时间,缩短加热时间
shortened tooth　短齿[制]
shortened tooth gearing　短齿齿轮传动[装置]
shortener　缩短器
shortening　(1)缩短,压缩;(2)短的
shortening coefficient　缩短系数
shortening condenser　缩短电容器
shorter-lived　较短寿命的

1285

shortest processing time (=SPT)　最短的处理时间

shortfall　缺少, 不足, 欠缺, 亏空

shorthand　速记, 简写

shorthand notation　简化符号

shorthanded　人手不足的

shorting-contact switch　短路接触开关

shorting switch　短路开关

shortly　(1) 简而言之; (2) 不久, 立刻, 简单, 简短

shortness　(1) 不足, 缺少, 缺乏; (2) 简短, 简略, 简单; (3) 脆性, 松脆; (4) 压制不足, 欠压

shortometer　松脆测量仪

shorts　(1) 空头; (2) 短流路

shot　(1) 硬粒, 丸粒, 钻粒, 钢粒, 铁丸, (2) 喷丸; (3) 发射, 注射, 压射, 射击, 开枪, 放炮, 轰击, 瞄准, 起动; (4) 射程, 范围; (5) 粒状的, 点焊的, 用坏的, 破旧的, 失败的; (6) 账目, 账

shot and grit　铁丸与铁砂

shot backing　硬丸衬垫, 填丸加固

shot bit　冲击钻

shot-blast　喷丸清理, 喷丸处理

shot blast　喷丸处理

shot blast cabinet　喷砂间, 喷丸室

shot blasting　吹 [金属] 粒, 喷射清理, 喷丸, 抛丸

shot-blasting surface　喷丸处理的表面

shot-clean　喷丸清理, 喷丸处理

shot cleaning　喷丸清理

shot copper　铜粒

shot core drill　冷淬钢珠研磨取心钻, 冲击取心钻

shot cycle　压射周期

shot cylinder　压射缸

shot drill　(1) 钻粒式钻机; (2) 铁砂钻岩法

shot drilling　钻粒钻眼

shot effect　散粒效应, 散弹效应

shot-firer　装药放炮工人

shot firing　放炮, 引爆

shot gate　铁丸通道

shot hole　爆破坑, 炮眼

shot iron　铁丸, 铁豆

shot lubrication　注射润滑, 喷射润滑

shot lubrication system　注射润滑系统, 喷射润滑系统

shot metal　霰弹原料

shot noise　散粒 [效应] 噪声, 爆炸噪声

shot-peened surface　喷丸处理的表面

shot-peening　喷丸加工, 喷丸处理, (冷加工件表面) 锤击法, 喷净法, 弹射增韧法

shot peening　喷丸处理, 喷丸硬化, 喷射硬化

shot peening strengthening　喷丸强化

shot pin　止位销

shot rope　入水绳

shot sleeve　压射缸

shot tank　粒化槽

shot-welding　点焊

shot welding　点焊

shotblast　喷丸清理

shotcrete　喷射混凝土, 喷浆混凝土

shotdrill method　钢珠钻探法, 冲击钻探法

shotfirer　放炮工

shotgun　滑膛枪炮, 散弹枪, 猎枪

shothole　爆破孔, 炮眼

shothole casing　炮眼套管

shothole drill　炮眼钻

shotpin　制动销, 止销

shotpoint　爆破点, 激发点

shotproof　防弹的

shotman　放炮工

shotted　粒状的, 成粒的

shotted fused alloy　粒化合金

shotting　(1) 细流法制造铁丸, 金属粒化; (2) 织机上的开口机件

shoulder　(1) 肩部, 轴肩, 楔肩, 肩; (2) (轴承) 挡边, 台肩; (3) (高炉的) 炉腹; (4) { 焊 } 根面, 钝边; (5) 胎缘; (6) 凸出部, 挂耳

shoulder eyebolt　轴肩有眼螺栓

shoulder gear　[带] 台阶齿轮

shoulder grader　路肩用平地机, 平肩机

shoulder grinding machine　(轴承) 挡边磨床, 台肩磨床

shoulder guided cage　(轴承) 台肩引导保持架, 挡边保持架

shoulder hole　阶梯孔

shoulder-mounted　肩挂式的

shoulder of raceway groove　(轴承) 沟道台肩

shoulder of spindle　轴肩

shoulder plane　榫槽刨

shoulder ring　(轴承) 挡环

shoulder screw　有肩螺栓

shoulder to square up　钻平孔底, 钻平底孔

shoulder tool　割削刀具

shoulder turning　轴肩车削

shoulder turning lathe　轴肩车床

shouldered　有肩的, 带肩的

shouldered bar　带肩杆

shouldered bore　带肩中孔, 带肩轴孔

shouldered hole　带肩孔

shouldered rod　带肩杆

shouldered shaft　带肩轴, 阶梯轴

shouldered tap bolt　带肩螺栓

shouldered test specimen　突肩试件

shouldering　肩, 台

shovel　(1) 铲子, 锹; (2) 铲起, 大量倒入; (3) 单半挖掘机, 挖掘机, 电铲, 犁铧; (4) 外圆磨具

shovel access　挖土机工作半径

shovel bit　宽头车刀, 宽头刀

shovel bucket　挖土机铲斗

shovel crawler　履带式单斗挖土机

shovel dipper　挖土机铲斗

shovel dredger　单斗挖土机

shovel loader　铲式装料机, 装载机

shovel-nose-tool　宽头刀

shovel nose tool　宽头刀

shovel plate　(精梳机的) 托持板

shovel reach　挖土机工作半径

shovel-run　(1) 铲程; (2) 铲挖的

shovel stoker　铲式加煤机

shovel-trench-hoe unit　反铲挖土机

shovel truck　汽车挖掘机, 机铲汽车

shovel-type loader　斗式自动装载机

shoveler (=shoveller)　(1) 翻扬机; (2) 挖土机驾驶员

shovelful　(1) 满锹; (2) 一锹 (度量单位)

shovelling machine　挖土机

shovelman　挖土机司机

show　(1) 展览; (2) 展览物, 陈列品; (3) 标示, 记号

show-bill　广告, 招贴

show-card　广告卡片, 广告牌

show-case　陈列橱柜, 陈列橱窗

show-down　摊牌, 公布, 暴露, 危机

show-how　技术示范

show-through　透视

show-window　陈列窗, 展览窗, 橱窗

shower　(1) 喷灌; (2) 淋洒器, 喷水器, 莲蓬头; (3) 指示器; (4) 显示器, 展出者

shower-bath　(1) 淋浴装置, 莲蓬头; (2) 湿透

shower cooler　喷射冷却器, 喷淋冷却器

shower cooling　淋浴式冷却, 喷淋冷却, 淋水冷却

shower counter　簇射探测器

shower drain (=SD)　暴雨排水管, 喷淋排水管

shower gate　雨淋式浇口

shower nozzle　喷头

shower particle　簇射粒子

shower proofing　防雨布

shower roasting　飘悬焙烧, 闪速焙烧

shower unit　簇射长度单位

showing　陈列, 展览

shrapnel　(1) 榴霰弹, 子母弹; (2) 炮弹碎片, 弹片

shred　(1) 裂片, 碎片, 细片; (2) 一点儿, 少量

shredder　(1) 撕碎机, 切碎机, 粉碎机; (2) 纤维梳散机; (3) 研磨机

shredding　(机械) 裂解, 粉碎, 研末

shreder　撕碎机

shrink　(1) 收缩, 紧缩, 缩小, 缩减, 缩紧, 缩进, 缩拢, 减小, 变小; (2) 热装, 热套, 热压

shrink-away　消失, 退缩

shrink fit　过盈配合, 冷缩配合, 收缩配合, 热套配合, 热压配合, 热装, 热套

shrink flange　收缩法兰
shrink head　{冶}收缩头,补缩头,冒口
shrink hole　缩孔
shrink-off　收缩
shrink-on　热套装,热装,热套,热压,红套,烧嵌
shrink range　过盈量
shrink ring　收缩环
shrink stress　过盈应力,收缩应力
shrink-up　缩拢
shrink-wrap　塑料薄膜热缩包装
shrinkable　可收缩的,会收缩的
shrinkage　(1)收缩,缩短,冷缩,下陷;(2)收缩量,收缩性;(3)(铸件的)缩孔
shrinkage allowance　预留收缩长度容许收缩量收缩容许量收缩留量,收缩容限,收缩公差
shrinkage apparatus　收缩试验器
shrinkage bar　收缩钢筋
shrinkage cavity　(铸件的)缩孔
shrinkage crack　收缩裂缝,收缩裂纹,缩裂
shrinkage defects　收缩缺陷
shrinkage depression　表面浇铸型缩孔,缩注
shrinkage factor　收缩系数
shrinkage film　软片收缩
shrinkage fit　过盈配合,冷缩配合,收缩配合,热套配合,热压配合,热装,红套
shrinkage hole　[收]缩孔
shrinkage limit　缩[性界]限
shrinkage of a casting　铸件的冷缩
shrinkage of volume　体积收缩
shrinkage porosity　缩松,松孔
shrinkage ratio　收缩率
shrinkage rule　缩尺
shrinkage strain　收缩应变,收缩变形
shrinkage stress　收缩应力
shrinkage tolerance　收缩公差
shrinker　(1)收缩机;(2)(补缩)冒口
shrinkhead　冒口
shrinking　(1)缩孔形成,收缩;(2)脱水,皱缩;(3)缩短
shrinking agent　收缩剂
shrinking-on (=shrink fit)　[孔加热后与轴]冷缩配合,热压配合,热装配合,收缩装配,红套
shrinking transformation　收缩变换
shrinking zone　收缩区
shrinkproof　不收缩的,不缩的,防缩的
shroud　(1)屏蔽板,遮板,盖板,侧板,罩板,护罩,覆盘,壳;(3)(涡轮机页片的)覆环;(4)覆盖,屏蔽,遮蔽,掩蔽,笼罩
shroud laid　单绳芯四股绳
shroud plate　覆板
shroud ring　包籁,箍环,覆环
shroud rope　优质三股船缆,耐纶绳
shrouded　屏蔽的,遮蔽的,覆盖的
shrouded impeller　闭式叶轮
shrouded pinion　凸缘小齿轮
shrouded wheel　(1)凸缘齿轮;(2)封闭式叶轮
shrouding　(1)覆盖,遮蔽;(2)封圈,封板,罩,盖
shruff　金属浮渣
shrunk-and-peened flange　皱合凸缘
shrunk-and-rolled flange　皱卷凸缘
shrunk finish　预缩整理
shrunk fit　热压配合,热压合座,烧嵌
shrunk-in　压入式,压装式
shrunk-on disc　套装叶轮
shrunk-on gear ring　热装齿圈,热装齿环
shrunk-on ring　收缩配合环,热装圈,热装环,缩圈
shrunk-on sleeve　热配套管,烧嵌套管
shrunk ring　热压轮圈,烧嵌环
shrunken　缩拢的,缩小的,皱缩的
shrunken raster　皱缩光栅
shucker　脱壳器,脱壳机
shudder　震颤
shuffle　(1)慢慢移动,逐渐移动,慢慢变动,逐渐变动;(2)混合,弄混,搅乱,改组
shuffle box　换气箱

shuffling roller　推移辊,滑移辊
shunt　(1)分流,分路,旁路,支路;(2)并联电阻;(3)分流器,分路器;(4)加分路,并接,并联,并励,分激;(5)并激的,并励的;(6)拖延,搁置;(7)转辙器,调轨车
shunt arc lamp　分流调节线圈弧光灯
shunt box　分流器箱
shunt capacitance　分路电容
shunt capacitor　分路电容器
shunt capacity　旁路电容
shunt character　并激特性
shunt chopper　并联逆变器
shunt circuit　并联电路,分流电路,分路
shunt coil　分流线圈,并绕线圈
shunt compensation　并联补偿
shunt connection　并联
shunt dynamo　并励发电机
shunt excitation　并激,并励
shunt-excited　并励的
shunt-feed　并联馈电的
shunt feed　并联馈电,平行馈电
shunt-feed antenna　并激馈天线
shunt-feed oscillator　并激馈电振荡器
shunt-feed vertical antenna　并馈式天线
shunt feedback　并联反馈
shunt feedback amplifier　并激反馈放大器
shunt field (=SHF)　分激磁场
shunt field coil　并激磁场线圈
shunt field relay　并激场电路中的继电器,磁分路式继电器
shunt filter　并联过滤器,支管过滤器
shunt generator　并激发电机
shunt leads　分流器引线
shunt motor　并激电动机,并绕电动机,分激电动机,并励电动机
shunt peaking　用并联法使频率特性的高频部分升高并联电路升高法,并联式高频补偿,并联[高频]建峰,分路升高法
shunt peaking circuit　并联式高频补偿电路,有并联振荡电路的校正电路,并联建峰电路
shunt reactor　分流扼流圈,分路电抗器
shunt-regulated amplifier　并联调节放大器
shunt resistance　分流电阻,分路电阻,并联电阻
shunt running　滞缓,潜动,漂移
shunt transition　分路换接过程,短路换接过程
shunt trap　并联陷波电路
shunt valve　分水龙头
shunt winding　并联绕组,并激绕组,分路绕组
shunt-wound　并激的,并励的,并联的,并绕的
shunt-wound arc lamp　分路弧光灯
shunted　并联的,分路的,分流的
shunted condenser　并联电容器,分路电容器,旁路电容器
shunter　(1)调车机车,调车车头,转辙器;(2)调车员,转辙手
shunting　(1)并联,分路,分支,分流,分接;(2)转轨
shunting condenser　分接电容器,并联电容器,旁路电容器
shunting engine　调车机车
shunting neck　牵出线
shunting point　(1)调车转辙器,调车岔道;(2)分路点
shunting route　调车进路
shunting service　调车作业
shunting sign　分路信号,叉路信号
shunting signal　分路信号,转辙信号
shunting station　调度站
shunting team　调车组
shunting trip　(1)调车行程;(2)调车钩
shut　(1)关闭,关上,关拢,合拢,闭锁,闭塞;(2)封闭,封锁;(3)(电路)断路,切断,接通,合上;(4)关闭的,锁上的;(5)[焊缝的]被掩盖部位,焊缝;(6)封闭板
shut-down　(1)停止发动机工作,停止运转,关闭,扯下,熄火;(2)停机,停车,停工;(3)停堆;(4)功能的中断
shut-down device　(1)止动装置;(2)停车装置
shut down relay　断路继电器
shut down signal　关闭信号
shut height　闭合高度(压力机底座与滑块的间距)
shut in a well　封井
shut-in pressure　关井压力
shut-in well　关闭井
shut-off　停止,关闭,切断

shut off (=S-O)　关闭, 切断 (电源), 关掉 (煤气等)
shut-off mechanism　断路接触器
shut-off signal　关闭信号
shut-off valve (=SOV)　(1) 截流阀, 断流阀, 关闭阀; (2) 停车阀
shut out　(1) 关在外面; (2) 遮住; (3) 排除
shut up　(1) 关闭; (2 保藏
shutdown　(1) 发动机熄火, 停止运转, 停机, 停车, 停堆, 关闭; (2) 非工作周期
shutdown period　停工期
shutdown plunger　停车柱塞
shutdown reactivity margin　停堆 [反应性] 深度
shutdown relay　断路继电器
shutdown rod　安全棒, 事故棒
shutdown signal　关闭信号, 停车信号, 停堆信号
shutdown valve　停车阀
shutoff　(1) 关闭, 切断, 停车, 停止; (2) 关闭阀; (3) 截流管嘴, 阻塞物
shutoff valve　截流阀
shutout　闭厂, 停业
shuts　罐笼座
shutter　(1) 断路器, 断续器, 开闭器, 遮光器, 开关, 闸; (2) 快门, 光阀, 光闸, 光栅, 光栏, 光闸; (3) 屏蔽闸, 节气门, 节流门, 操纵门, 活门, 闸门; (4) 暴光盘, 色盘; (5) 百叶窗, 鱼鳞板, 挡板, 盖; (6) 保护罩
shuttering　绞接金属模板, 壳子模, 模板, 模壳
shuttering boards　模板的木板
shutting　(1) 闭合; (2) 关闭; (3) 封闭; (4) 闭锁
shuttle　(1) 梭子, 滑闸; (2) 闸门, 水闸; (3) 渡运飞行器, 空间渡船, 宇宙飞船, 航天飞机, 往返飞船; (4) 振荡输送机, 运输工具; (5) 气压传送装置, 液压传送装置, 水力传送装置; (6) 样品容器; (7) 磁带高速运转方式; (8) 穿梭运动, (往复) 移动; (9) 往复式的, 穿梭式的, 往返的
shuttle armature　梭形电枢
shuttle belt　振动带
shuttle-block oil pump　有导板的旋转油泵
shuttle car　短距运行车辆, 往复来回料车, 梭车
shuttle carrier　(缝纫机的) 梭床
shuttle catcher　捕梭器
shuttle chuck　梭动夹头, 多位夹头
shuttle conveyer　梭式运输机, 穿梭运输机, 梭动输送机
shuttle conveyor　自走式输送器, 可逆式输送器, 往复式输送器, 梭式运输机
shuttle craft　航天飞机
shuttle feeder　梭式输送装置
shuttle gear shift　(梭行变速器) 换倒顺档
shuttle jam　辊梭
shuttle loader　梭式送料器
shuttle mechanism　梭行机构
shuttle race　(1) 走梭板; (2) 梭床
shuttle service　往复行车
shuttle swell　制梭铁
shuttle table　移动工作台
shuttle table type modular machine tool　移动工作台式组合机床
shuttle trapping　轧梭
shuttle-type feed　梭动式进料
shuttle valve　往复阀, 梭动阀
shuttlecar　穿梭式机动矿车, 梭车
shuttlecraft　航天飞机, 航天渡船, 宇航渡船, 空间渡船
shuttled car　自行矿车, 梭车
shuttling　往复运动, 穿梭运动
siberite　紫电气石
Sical　硅铝合金 (硅 50-55%, 铝 22-29%, 钛 2-4%, 钙 1%, 碳＜0.2%, 锰＜0.2%, 其余铁)
SICBM (=small ICBM)　小型洲际弹道导弹
siccation　干燥 [作用]
siccative　(1) 催干剂, 干燥剂, 脱水剂, 干料 (涂料); (2) 干燥的, 干性的
siccity　干燥
sick　(1) 需要修理的, 有毛病的; (2) (铸铁) 脆的, 易碎的
sickle　切割器, 镰刀, 割刀
sickle cutting assembly　切割器
sickle pump　活翼式泵, 镰式泵, 叶轮泵
sicklespanner　镰刀式扳手
sicon　硅靶视像管
Sicroma　硅钼弹簧钢 (碳 0.15%, 锰 0.15%, 硅 1.5-1.65%, 钼 0.45-

0.65%)
Sicromal　铝铬硅耐热钢 (碳＜0.2%, 硅 1-3%, 铬 6-20%, 铝 1-3%)
Sicromal steel　铝铬硅耐酸钢 (铬＜24%, 铝＜3.5%, 硅 1%, 钼少量)
sidac　(1) 硅对称二端开关元件, 双向开关元件; (2) 交流用硅二极管
side　(1) 端面, 侧面, 舷侧, 边缘, 端, 侧, 边; (2) 方面; (3) 边缘的, 侧向的, 端面的; (4) 从属的, 次要的, 附带的, 副的; (5) 装侧面, 刨平侧面
side-and-face cutter　侧平两用铣刀
side arm　侧臂, 前架
side-arm electrode　侧臂型电极
side-attached　侧悬挂式的
side-band (=SB)　(1) 边带; (2) 频带
side band　边能带, 边频带, 旁带
side-bar　非主要的, 兼职的
side-bar job　零星工作, 兼职
side beam　(1) 副波束; (2) 旁瓣, 副瓣
side bearer　侧架
side bearing　旁承
side-bend test specimen　边弯曲试件
side-blown　侧吹的
side-blown converter　侧吹转炉
side bracket　(1) (织机的) 侧板挂脚; (2) 单侧信号托架
side brake　边闸
side broaching machine　侧拉床
side buffer　圆盘缓冲器
side-by-side　并排, 并列
side by side (=SS)　并排, 并列, 并置
side-by-side connecting rod　并列连杆
side cam　圆柱凸轮
side-car　(1) 跨斗式摩托车, 摩托车跨斗, 边车; (2) (飞艇的) 侧短舱
side car　跨斗式摩托车, 摩托车跨斗, 边车
side-chain　侧链
side chain　侧链, 支链
side chain motion　侧链运动
side circuit　实线线路, 实线电路, 侧电路
side circuit loading coil　实线电路加感线圈
side clearance　侧面间隙, 侧隙, 边隙
side clearance angle　(刀具) 旁锋留隙角, 旁锋余隙角, 副后角
side coupling　侧面耦合
side crank　轴端曲柄
side crank arrangement　轴端曲柄装置
side crank engine　外伸曲柄发动机
side-crank shaft　轴端曲柄轴
side-cut　侧取馏出物, 侧馏分
side cut　侧面切削, 切边
side cutter　侧面刃铣刀, 三面刃铣刀
side cutting　侧面切削
side cutting edge　(刀具) 副切削刃, 斜切削刃
side cutting-edge angle　(刀具) 旁锋缘角, 斜切削刃角
side-cutting reamer　侧铣铰刀
side cutting tooth　侧切齿
side-delivery conveyer　卸载输送机
side-discharging　侧向卸载
side discharging car　侧卸车
side door　侧门, 边门
side dresser　砂轮侧面修整器
side-draw　侧取馏出物, 侧馏分
side-dump　侧卸的, 旁卸的
side dump　侧卸式
side dump body　侧卸式车身
side dump car　侧卸车
side dump truck　侧卸式货车
side dumper　侧卸卡车
side dumping　侧卸
side dumping loader　侧卸式装载机
side-effect　(1) 边界效应, 副效应, 旁效应; (2) 副作用
side effect　(1) 边界效应, 副效应; (2) 副作用
side-elevation　侧视图, 侧面图
side elevation　侧视图, 侧面图
side emission　杂散放射, 旁放射
side-entry combustion chamber　侧面进气燃烧室
side-face　侧面地
side-fed　侧部加料的
side file　侧锉

1288

side force　側力

side force coefficient　侧力系数

side frequency current　边频电流

side-friction　侧向摩擦力, 横向摩擦力

side friction　侧向摩擦, 横向摩擦

side gate　(1) 旁侧控制极；(2) {铸} 阶梯浇口

side gear　半轴齿轮, 侧面齿轮 (在差动机构中与伞齿轮的侧面相啮合的齿轮)

side gearing　侧齿圈

side grinding　侧面磨削, 侧磨

side guard　边挡板

side guide　导向角钢, 侧导板

side head　侧刀架

side index plate　侧分度盘

side-inverted　两侧倒置, 侧向倒置

side knock　横向冲击, 活塞松动

side ladder　(船舶的) 舷梯

side lamp　(1) 舷灯, 边灯；(2) 舷窗

side lapping mill　端面精研机, 侧面精研机

side lever　侧板

side light　(1) 舷灯, 边灯；(2) 舷窗

side lighting　侧向照明

side line　横线, 旁线

side load (=SL)　边 [缘荷] 载

side lobe suppression (=SLS)　旁瓣抑制

side-looking　旁视的

side-looking airborne radar (=SLAR)　旁视机载雷达

side-looking radar　侧视雷达, 旁视雷达

side-looking sonar (=SLS)　侧视声纳

side member　侧梁, 大梁

side mill　侧铣刀

side milling　侧铣削, 侧铣

side milling cutter　侧面刃铣刀, 三面刃铣刀, 侧面铣刀, 偏铣刀

side-mounted　装在侧面的, 侧悬挂的

side-mounted power take-off　侧置式动力输出轴

side movement　侧向移动, 侧向偏移

side of gear　齿轮端

side of tooth　轮齿侧面, 轮齿面

side-on photomultiplier　侧窗式光电倍增管

side opposite an angle　角的对边

side oscillation　横向摆动

side outlet bend　三向三通弯接头

side outlet cross　十字五通接头

side outlet elbow　三向三通弯接头

side outlet tee　三向四通接头

side pavement　人行道

side pincushion　左右枕形失真, 左右枕形畸变

side pincushion correction circuit　左右枕校电路

side plate　侧板

side-plates　(压模) 侧板

side play　轴向游隙, 轴端余隙, 侧向间隙, 侧隙

side pressure　侧面压力, 侧压

side radiation　侧辐射

side rake angle　(刀具) 副前角, 旁锋刀面角, 横向前角

side ram　补助撞杆

side-reaction　次要的影响, 副作用

side-reflected　侧反射的, 边反射的

side relief　(刀具) 副后角

side relief angle　(刀具) 副后角, 旁锋后让角

side ring　耳轮

side rod　动轮连杆, 边杆

side roughing planing tool　侧粗刨刀

side roughing turning tool　侧粗车刀

side-shaft　侧轴, 边轴, 副轴

side shaft　侧轴, 边轴

side shears　切边机

side skid　侧滑移

side span　边跨, 旁跨

side steering　(汽车) 变向机构

side stem　侧缓冲杆

side-stroke　附带行动, 侧击, 旁击

side thrust　侧推力

side-tip　侧卸

side tip bucket　侧装式铲斗

side-tip car　侧卸车

side-tip truck　侧卸式货车, 自卸式货车

side-tipping　侧倾卸式, 侧翻式

side-tipping dump car　侧卸车

side title　说明文字

side-to-side vibration　左右振动

side tool　侧刀, 偏刀, 劈刀

side tool box　侧刀架, 侧刀箱

side toolbox　侧刀架

side tool post　侧刀架

side-trawler　舷拖网渔船

side tube　侧管, 支管

side valve (=SV)　旁阀, 侧阀

side-view　侧视图, 侧面图

side view　侧视图, 侧面图

side wall　侧壁

side wear　侧面磨损, 端面磨损, 横向磨损

side web　侧腹板

side weld　边焊

side welding　边焊接, 侧焊

side wheel　转角导线导轮

side wheeler　边轮式车

sideband　边频带, 边带

sideband amplifier　边带振幅

sideband intermediate-frequency communications system (=SIFCS)　边 [频] 带中频通讯系统

sideboard　(1) 边板, 边架; (2) 车辆的活动挡边; (3) 餐具柜

sidecar　跨斗三轮摩托车, 边车

sided　有边的, 有面的

sidedness　(1) 支持; (2) 边, 侧

sidedozer　侧铲推土机

sideflash　侧向闪光

sidehammer　侧旁击锤式

sidehead　刨床上的辅助滑板

sidekicker　舷明轮蒸汽机船

sidelap　旁向重叠

sidelight　(1) 侧光; (2) 侧面照明, 舷窗玻璃, 侧灯, 边窗, 边灯, 舷灯; (3) 侧面消息, 间接说明

sideline　(1) 横线, 旁线, 侧道; (2) (复) 边界线, 边缘区域; (3) 倾斜的, 斜的,

sideline occupation　副业

sidelines of science　科学的边缘区域

sidelobe level　旁瓣电平

sidelong　侧面的, 间接的, 横的, 斜的

sidelurch　侧倾

sidenote　旁注

sidepiece　边件, 侧部

sideration　电击

sidereal　恒星的, 星座的

sidereal clock　恒星时钟

siderography　钢板雕刻术, 钢刻术, 雕钢术

siderology　冶铁学

sideromagnetic　顺磁的

siderostat　定星镜

siderous　含铁的

sidescraper　半月形刮削器, 单刃刮削器

sideseat　边座

sideshake　(1) 侧向摆动; (2) 侧向间隙, 侧隙; (3) 侧隙距

sideslip　沿横轴方向运动, 侧滑, 横滑

sidespin　侧旋

sidestep　台阶, 梯级

sidetrack　(1) 备用路线, 侧线, 旁轨; (2) 脱离正轨

sideview　(1) 侧视图, 侧面图; (2) 侧面形状

sidewalk　人行道

sidewalk arm　人行道栏木

sidewalk bracket　人行道托架

sidewalk gate　人行道栏木

sidewalk joist　人行道搁栅

sidewalk loading　人行道荷载

sidewall　(1) 侧水冷壁, 侧壁; (2) 轮胎侧壁

sidewaller　侧壁式气垫艇

sideway　(1) 侧向的, 横向的; (2) 人行道, 小路

sideway force coefficient　侧向力系数, 横向力系数

sideway skid resistance　侧向抗滑力, 横向抗滑力

sideways sum {计} 数位叠加和
sidewheeler [舷] 侧明轮船
Sidewinder 响尾蛇飞弹
sidewise (1) 侧向, 侧面; (2) 横向的, 侧向的
sidewise component 侧向分量
sidewise movement 侧向运动
sidewise-scattered 侧向散射的
Sidicon 硅靶视像管
siding (=SDG) (1) 侧板, 壁板, 挡板; (2) (铁道) 侧线, 侧轨; (3) [索道] 滑轨; (4) 边缘修整; (5) 平行于中心线测得的船材尺寸
siding lock 侧线闭锁器
siding machine 边缘修整机
siemens 西门子 (电导单位, 等于欧姆的倒数)
Siemens alloy (西门子) 锌基轴承合金 (锌 48%, 镉 47%, 锑 5%)
Siemens Martin (=SM) 平炉
Siemens-martin furnace 马丁炉, 平炉
Siemens martin furnace 马丁炉
Siemens-martin process 平炉法
Siemens Martin quality 平炉 [生产的] 质量
Siemens-Martin steel (=SM steel) 平炉钢
Siemens steel (西门子) 平炉钢
sieve (1) 细眼筛, 筛; (2) 筛分; (3) 滤网
sieve analysis 筛分析
sieve diaphragm 隔膜
sieve mesh 筛眼
sieve method 逐步淘汰法
sieve number 筛号
sieve opening 筛眼, 筛孔
sieve-plate 筛板
sieve ratio 筛分比
sieve residue 筛渣
sieve shaker 振动筛分机, 摇筛机
sieve size 筛眼孔径
sieve sorbent 筛状吸附剂, 分子筛
sieve sorption pump 分子筛吸附泵
sieve test 筛分试验, 筛析
sieve-tray 筛盘, 筛板
sieve tray column 筛盘塔
sieve tray tower 筛盘塔
sieve-tube 筛管
sieving 筛选

1290

sieving machine 筛分机, 筛选机
sifbronze 西夫青铜, 钎焊青铜焊料 (铜 60%, 硅 0.25%, 其余锌)
sift (1) 筛分, 过筛, 过滤, 筛下, 通过; (2) 挑选, 精选, 淘汰; (3) 精查, 详查
sifter (1) 筛具, 筛; (2) 滤波器, 滤器; (3) 筛分机, 筛分器, 细筛; (4) 筛分工; (5) 详细审查者
sifting screen 细分筛
siftings 筛余物, 筛屑
sight (1) 观测, 观察, 瞄准; (2) 光学瞄准器, 瞄准装置, 照准器械, 瞄准器, 瞄准镜, 瞄准具, 观测器, 观察器, 窥视器, 瞄准线, 准星; (3) 视力, 视觉, 视界, 视野, 视线, 视距, 视域; (4) 测视角, 测视点; (5) 观测孔, 观察孔, 窥孔; (6) 调整瞄准器, 装瞄准器
sight alidade 视准仪
sight aperture 觇孔瞄准具
sight bead (瞄准用) 准星
sight bill 见票即付汇票, 即期汇票, 见票即付
sight board 觇板
sight distance 视距
sight draft 即期汇票, 见票即付
sight extension 瞄准具升降器
sight feed (1) 可视进料, 可视给油, 开式供油; (2) 供油指示器
sight feed lubricator 可视滴入润滑器
sight for sag 垂度仪
sight gauge 观测计
sight glass (1) 观察孔, 窥视孔; (2) 观察玻璃, 窥视镜, 视油板
sight gravity feed oiler 重力注油示油器
sight-hole (1) 观察孔, 检查孔, 窥视孔, 人孔; (2) (光学) 瞄准器
sight hole 窥视孔, 检查孔, 瞄准孔, 视孔, 人孔
sight letter of credit 即期信用证
sight line 照准线, 瞄准线, 视线
sight obstruction 视线阻碍物
sight oil ga(u)ge 外视油表, 目测油表
sight oil lubricator 油位窥视孔, 目测油标, 示油规

sight port 窥视孔, 检查孔, 瞄准孔, 视孔, 人孔
sight-read 事先无准备地读
sight rail 挖沟槽时的龙门板, 照准轨
sight rod 测杆, 花竿
sight-rule 照准仪
sight target 照 [准] 标, 觇板
sight tracking line 跟踪瞄准线
sight unseen 购货时事先未看货
sight vane 照准板, 觇板
sighted 视力的
sighter (1) 检验发射, 试射; (2) 瞄准手
sightglass 观察孔, 窥视孔
sighthole 窥视口, 窥视孔, 检视孔
sighting (1) 观察, 观测; (2) 瞄准, 调准; (3) 视界; (4) 试射
sighting board 测试板, 觇板
sighting device 瞄准设备
sighting distance 视线距离
sighting error 瞄准误差
sighting-in 调整瞄准
sighting line 视线
sighting mark 照准标
sighting of licence clause 出示许可证条款
sighting shot 试射
sighting target 照准标, 觇板
sighting wire 照准丝
sightless 无视力的, 看不见的
sightly 悦目的, 漂亮的
sightmeter 能见度计
sightworthy 值得看的
sigma (希腊字母) Σ, ε
sigma welding (=shield-inert-gas-metal-arc welding) 惰性气体保护金属电极弧焊, 西格马焊接
sigma-zero 0℃下的海水密度
sigmalium 西格马铝合金 (0.8%Si, 3.8%Cu, 0.7%Mn, 余量 Al)
sigmatron 西格马加速器, 联合加速器 (回旋加速器和电子感应加速器串联起来, 以产生很高能量的 X 射线)
sigmoid 反曲的, S 形的, C 形的
sigmoid curve S 形曲线
sign (1) 记号, 符号, 信号; (2) 标记, 标识, 标志; (3) 痕迹, 迹象, 象征, 预兆; (4) 用标志表示, 加符号, 加记号, 打信号, 打手势, 签字于; (5) 正负号
sign away 签字放弃
sign bit 信号位
sign board 标志牌, 招牌
sign changer 符号变换器
sign-control flip-flop 符号控制触发器
sign convention 符号规定
sign convention for angles (刀具) 确定角度正负的约定
sign digit 代数符号, 符号位
sign in 签到, 签收
sign of equality 等号
sign of evolution 根号
sign of inequality 不等号
sign of integration 积分符号
sign of operation 运算记号, 运算符号
sign of proportion 比例号
sign of ratio 比号
sign of rotation 旋转方向标志
sign of subtraction 减号
sign-off 符号结束 [指令]
sign-on 符号开始 [指令]
sign on 开始指令
sign position 符号位置
sign post 标杆
sign pulse 符号脉冲
sign register 符号寄存器
sign reverser 符号变换器
sign reversing 反号
sign signature (=S/S) 签名
sign up 签约参加工作
signa (单 signum) (1) 征; (2) 正负号函数
signable 可签名的, 应签名的
signal (1) 信号, 暗号, 标志, 征象, 预兆; (2) 信号机, 信号器; (3) 记号, 目标; (4) 动机, 原因; (5) 符号; (6) 指令; (7) 发信号, 打信号; (8)

信号的；(9) 导火线

signal alarm 报警器

signal-amplifier 信号放大器

signal amplifier 信号放大器

signal and homing light 信号和归航灯

signal averager 信号平均器

signal box 信号箱,信号室,信号房,信号所,信号塔

Signal bronze 铜锡合金（铜 98.5%，锡 1.5%）

signal cabin 信号楼

signal cantilever 信号托架

signal code 信号代码,信号电码,信号符号

signal communications by orbiting relay equipment (=SCORE) 利用轨道转接设备的信号通信,轨道接力信号通信设备

signal conditioning (=SC) 信号调节

signal conditioning network 信号调节网

signal corps 通讯兵

signal corps engineering lab (=SCEL) 信号兵工程实验室,通信兵工程实验室

signal corps radio and radar 通信兵团无线电及雷达设备

signal data processor (=SDP) 信号资料处理机,信号数据处理机

signal distortion 信号失真,信号畸变,符号失真,电码失真

signal distribution unit (=SDU) 信号分配装置

signal engineering laboratories (=SEL) 信号工程实验室

signal equipment support agency (=SESA) 信号装置器材技术供应机构

signal flare (=SF) (1) 信号弹；(2) 信号灯

signal frequency (=SF) 信号频率

signal generator (=SG) (1)（标准）信号发生器,测试振荡器；(2) 信号机

signal grid 控制栅极,信号栅极,调制电极,调栅极

signal ground (=SGRD) 信号接地

signal handling equipment (=SHE) 信号处理设备

signal impulse 信号脉冲,信号冲量

signal indicator 信号指示器

signal lamp (=SL) 信号灯

signal level 信号电平

signal light 信号灯

signal meter (=s-m) 信号指示器

signal needle code 莫尔斯电码

signal piping 信号枪

signal plate 信号板

signal-receiving electrode 信号输入电极

signal research development laboratory (=SRDL) 信号研制实验室

signal reshaping 信号整形,脉冲整形

signal resistance 信号 [源] 电阻

signal responder unit (=SRU) 信号应答器

signal scanner 信号扫描器

signal source distribution center (=SSDC) 信号源分配中心

signal strength 信号强度

signal system 振铃制

signal to noise and distortion ratio 信号对噪声和失真比

signal-to-noise for playback 放音信噪比

signal-to-noise ratio (=SNR) 信 [号] 噪 [声] 比,信噪比

signal to noise ratio 信号对杂音比,信号对干扰比

signal tracer 信号式线路故障寻找器,信号跟踪器

signal transmission 信号传递

signal transmission level 信号发送级

signal triggered 由信号触发的

signal wire (=SW) 信号线,C 线

signaler (=signaller) (1) 信号装置,信号器；(2) 信号手,通信兵

signalise (=signalize) 用信号通知,设置交通信号灯,发信号

signaller (1) 信号装置,信号器；(2) 信号手,通信兵

signalling (1)发信号,通信；(2) 振铃,呼叫；(3) 信号装置,信号器；(4) 振铃机

signalling alarm equipment 信号报警设备

signalling apparatus 信号装置

signalling condenser 发码电容器

signalling set (=SS) 信号设备

signally 显著地,非常

signalman 信号员,信号手,通信兵

signalyzer 电路调整和故障寻找用综合试验器,信号 [分析] 器

signatory (1) 签字人,签署者；(2) 签字的,签署的

signature (1) 签名,签署,盖章；(2) 特征,谱貌；(3)（正负）符号差；(4) 标记 [图],图像

signboard (1) 设置标志牌；(2) 标志牌

signed (=sgd) 签了名的,盖了章的

signed-minor {数} 代数合取,余因子

signet (1) 图章,印记；(2) 盖章于

signing authority 签字权

significance (1) 意义,含义；(2) 重要性,显著性,重大；(3) 有效数 [字],有效位

significance level 显著水平

significant (1) 有 [特殊] 意义的,意味深长的,有影响的；(2) 值得注意的,重要的,重大的,显著的,优势的；(3) 有效的；(4) 非偶然的

significant digit 有效数字,有效数位

significant figure 有效数字,有效数位

signification (1) 正确意义,意义,含义；(2) 正式通知,表示,表明；(3) 重要,重大

significative 意味深长的,有意义的,表示的

signifier (1) 记号；(2) 表示者

signify (1)表示,表明,意味着,预示；(2)有重要性,有重大影响,有意义,有关系,起作用；(3) 符号化

signless integer 无符号整数,正整数

signpost 指向标,路标

signs of failure 损坏征象,损坏预兆,失效征象,失效预兆

signs of wear 磨损征象

signum（复 signa） (1) 征；(2) 正负号函数

Sil Ten steel 高强度钢（碳 0.4%，锰 0.7-0.9%，硅 0.2-0.3%）

Silaceous 含硅的

silafont 硅铝方特合金（9-13%Si，0.3-0.6%Mn，0.2-0.4%Mg，其余为 Al）

Silal 含硅耐热铸铁（硅 5-10%，碳 1.6-2.8%，其余铁）

Silal-V 硅铝 V 合金（1.25%Mg，0.8%Mn，0.5%Si，0.3%Ti，其余为 Al）

silanca 西兰卡锑银合金（92%-94.5%Ag，4-4.5%Sb，1-3%Cd，2.5%Zn）

silastic 硅橡胶（密封物）

silastomer 硅塑料

silcaz 硅钙铁合金（35-40%Si，10%Ca，10%Ti，7%Al，4%Zn，其余为 Fe，通常还有 0.5%B）

silchrome 硅铬合金钢（耐热合金钢，含 0.4%C，8%Cr，3.9%Si）

silcurdur 硅铜杜尔合金（2.2%Si，0.5-0.7%Mn，其余为 Cu）

Silel cast iron 硅铸铁（硅 5-6%）

silence (1) 无声,寂静；(2) 抑制,扼止

silence cabinet 隔音室

silence signal 停机信号

silence test 消声试验

silencer （柴油机用）废气锅炉消音器,噪声抑制器,消音装置,消音器,消声器,静声器,静音器

silencer-filter 消声滤气器

silencing 噪声抑制,消音

silencing equipment 消音设备,消声设备

silencing of noise 消声,消音

silent (1) 不发声的,无声的,静的；(2) 没有记录到的,没有记载的

silent arc 无声电弧,静弧

silent chain 无声 [传动] 链

silent chain drive 无声链传动

silent cop 指挥交通的机械装置,"无声警察"

silent discharge 无声放电

silent feed 无声进给,无声进刀

silent gear 无声齿轮,塑料齿轮

silent mesh 无声啮合

silent metal 具有高减振性能的合金

silent point 无感点,静点

silent ratchet 无声棘轮

silent running 无噪声运转,无噪声运行,无噪声转动

silent service 海军潜艇部队

silent-sound 超音频 [的]

silent stock tube 塑料管

silent switch 静噪开关

silent type gear 无声齿轮

silentblock rubber bushing 金属橡胶夹层衬套

silently 静静地,寂静

silex 二氧化硅,石英,硅石

silex glass 石英玻璃

silfbronze 西尔夫青铜（59%Cu，37.5-38.5%Zn，0.5-2.5%Sn，0-1.75%Ni，0-1%Pb）

silfos 西尔福斯铜银合金（铜 80%，银 15%，磷 5%，用于银焊料）

1291

silfram 铬镍铁耐热合金 (铬30%,镍1.0%,其余铁)
silfrax 碳化硅高级耐火材料
silhouette (1) 侧面影像,剪影,廓影,影子,黑像；(2) 轮廓
silhouette effect 廓影效应,背景效应
silica 二氧化硅 SiO2,石英,硅石
silica glass (1) 石英砂；(2) 石英玻璃
silica tube 石英管
silicagel 硅胶
silicate 硅酸盐,硅酸脂
silicate bond 硅酸脂粘结剂
silicate bond wheel 硅酸脂粘结砂轮
silicate wheel 硅酸脂砂轮,硅酸盐砂轮
silicatization (=silication) 硅化作用
silicator 硅化容器
siliceous 硅质的,含硅的
silice 二氧化硅
silichrome steel 硅铬钢
silicide 硅化物
silicide semiconductor 硅化物半导体
silicifying 硅化作用
silicious 硅质的
silicium {化}硅 Si
silicium steel 硅钢
silico- (词头) 硅矽
silico-manganese 硅锰 [钢]
silico-manganese steel (=SMS) 硅锰钢
silico-spiegel 硅锰铁合金,硅镜铁
silicoferrite 硅铁固溶体
silicoformer 硅变压整流器
silicomangan 硅锰合金,锰硅铁
silicomangan steel 硅锰钢
silicomanganese 硅锰 [中间] 合金,锰硅铁
silicomolybdate 钼硅酸盐
silicon (=silicium) {化}硅 Si (第 14 号元素)
silicon acid 硅酸
silicon bilateral switch 硅双向开关
silicon-bonded 填有硅有机物的 (绝缘材料)
silicon bronze 矽青铜,硅青铜
silicon bronze wire 硅铜线
silicon-carbide 碳化硅
silicon carbide 金刚砂,碳化硅
silicon-carbide abrasive wheel 碳化硅砂轮
silicon carbide varistor 碳化硅变阻器
silicon chip 硅基片
silicon chrome-steel 矽铬钢,硅铬钢
silicon control (=SC) 可控硅,硅控
silicon controlled inverter 可控硅变流器
silicon controlled multi-purpose machine 可控硅多用机床
silicon controlled rectifier (=SCR) 可控硅整流器,可控硅整流元件
silicon controlled switch (=SCS) 硅控开关
silicon-copper 硅铜合金 (硅 10-30%)
silicon crystal 硅晶体
silicon detector 硅检波器
silicon diode 硅 [晶体] 二极管
silicon dioxide 二氧化硅
silicon earth 硅土
silicon epitaxy 硅外延
silicon gate MOS integrated circuit 硅栅 MOS 集成电路
silicon gate self-aligned technology 硅栅自对准工艺
silicon integrated circuit (=SIC) 硅集成电路
silicon iron 硅钢
silicon liner 耐火材料,耐火衬垫,硅砖
silicon manganese steel 矽锰钢,硅锰钢
silicon nitride film 氮化硅薄膜
silicon npn mesa transistor 硅 npn 台面型晶体管
silicon on insulating substrate (=SIS) 绝缘基板上外延硅
silicon-on-sapphire (=SOS) 蓝宝石硅片
silicon-on-sapphire integrated circuit (=SOSIC) 硅 - 蓝宝石集成电路,蓝宝石硅片集成电路
silicon-on-sapphire technique 硅 - 蓝宝石技术
silicon oxide-growth 氧化硅的生长
silicon photocell 硅太阳电池
silicon photodiode 硅光电二极管
silicon phototransistor 硅光电晶体管

silicon precision alloy transistor (=SPAT) 精密硅合金晶体管
silicon rectifier 硅整流器
silicon rectifier diode 硅整流二极管
silicon resin 硅 [酮] 树脂
silicon rubber 硅 [酮] 橡胶
silicon slice 硅片
silicon solar cell 硅太阳电池
silicon stack 硅堆
silicon steel 矽钢,硅钢
silicon-steel plate 硅钢板
silicon steel sheet 矽钢片,硅钢片
silicon substrate 硅基片
silicon symmetrical switch (=SSS) 双向两端开关,硅对称开关,双向可控硅
silicon thyristor 硅闸流管
silicon transistor 硅晶体管
silicon unilateral switch 硅单向开关
silicon variable capacitor 硅可变电容器
silicon wafer 硅 [圆] 片
silicone (1) [聚硅] 酮；(2) 硅有机树脂；(3) 硅有机化合物
silicone-bonded 带硅有机填充剂的 (绝缘材料)
silicone coupling 硅树脂粘合
silicone grease 硅氧烷脂
silicone hose 聚烃硅氧塑料软管
silicone oil 硅油
silicone resin 硅酮树脂
silicone rubber 硅酮橡胶
silicone tip (集成电路的) 硅接点,硅触点
siliconeisen 低硅铁合金 (指含 5-15%Si 的铁)
siliconising (=siliconizing) 硅化处理, [扩散] 渗硅
siliconit 西利科尼特电阻体,硅碳棒
siliconization 硅化
siliconize (=siliconise) 硅化 [处理], [扩散] 渗硅
siliconized plate 硅钢片
siliconized steel plate 硅钢板
siliconizing 硅化处理, [扩散] 渗硅
silicothermic method 硅热还原法
silification 硅化作用
Silistor (1) 硅电阻 (正温度系数)；(2) [半导体] 可变电阻器
silit 碳硅电阻材料,硅碳化物,碳化硅
silk (1) 丝织物,丝,绸；(2) 绸类；(3) 似丝之物,丝状的
silk-covered (=SC) 丝包的
silk-covered wire 丝包线
silk covered wire 丝包线
silk paper 薄纸
silk screen printing method 丝网印刷 [电路] 法
silk-screen process 丝网印刷 [电路] 法
silk screening 丝网印刷 [电路] 法
silk spreader 展棉机,延展机
silk yarn covered wire 丝包线
silken (1) 柔软的,光滑的；(2) 丝一样的,丝制的
silkiness 丝状,光滑,柔滑
silklay 细粉塑性高级耐火粘土
silky (1) 丝一般的,丝状的；(2) 丝光的,柔软的,平滑的,光滑的,亮的
silky fracture 丝光断口
sill (1) 底梁；(2) 窗台；(3) 门槛,闸槛；(3) 枪炮射击孔托座
sill beam 底梁,槛梁
Silliman bronze 铝铁青铜 (铜 86.5%,铝 9.5%,铁 4%)
silmalec 西尔马雷克铝合金 (含 0.06%Mg, 1%Mn, 其余 Al)
silmanal 银锰铝钴特种磁性合金 (87%Ag, 8.5%Mn, 4.5%Al)
silmelec 西尔梅硅铝耐蚀合金 (1%Si, 0.6%Mg, 0.6%Mn, 其余为 Al)
silmet 西尔梅特镍银 (商品名,因含镍不同而分若干等级,经常制成薄板或带状)
silmo 西尔莫硅钼钢,硅钼特殊钢
silo (1) 导弹仓库,地下仓库；(2) 发射井,竖井；(3) 地窖,圆仓,筒仓
silo-launch test facility (=SLTF) 井下发射试验装置
silo-launched 井下发射的
silo-lift 井内升降机
silo loader 清贮塔用装载机
silochrom 粗孔硅胶
silopren (西德) 硅酮橡胶
siloxicon 硅碳耐火材料,硅碳化硅
silumin 硅铝明铝合金,高矽合金,矽铝敏
silumin-gamma γ- 硅铝明铝合金

silundum 硅碳刚石

silvax 锆硅铁中间合金（硅 35-40%，钛 10%，钒 10%，锆 6%，硼 0.5%，其余铁）

Silvel 锰黄铜（锰 7-12%，锌 12-16%，镍 0-6.5%，铅 0.5%，铁 2%，铝 0.2%，其余铜）

silver (1){化}银 Ag；(2) 用硝酸银使感光，使成银白色，变成银白色，涂锡汞合金，涂硝酸银，镀银；(3) 银制的，似银的，银色的，银白的，含银的，镀银的；(4) 银白色，白色；(5) 变为银白色；(6) 银制物，银器，银币

silver-activated 银激活的

silver-alloy brazing 银钎焊

silver-amalgam 银汞膏

silver bath 银盐溶液槽

silver-bearing 含银的

silver-cadmium oxide 银 - 氧化镉复合物，银 - 氧化镉制品

silver chloride 氯化银

silver-clad 包银的

silver contact 银触点

silver coulometer 银电量计

silver-faced 镀银的

silver foil 银箔

silver-graphite 银 - 石墨复合物，银 - 石墨制品

silver grey 银灰色

silver halide film 卤化银薄膜

silver-jacketed wire 镀银导线

silver leaf 银箔

silver migration 银迁移

silver-molybdenum 银钼合金

silver-nickel 银镍合金

silver oxide cell 氧化银电池

silver-oxide-cesium photocathode 银 - 氧 - 铯光电阴极

silver phosphate glass 磷酸银玻璃

silver-plate (1) 银板，银极；(2) 镀银于

silver plate 镀银器皿，银器

silver-plated copper 镀银铜

silver-plating 镀银

silver plating 镀银

silver ply steel 一种不锈复合钢

silver point 银的熔点

silver print 银盐感光照片

silver sand 银砂

silver solder 银焊料，银钎料，银焊条

silver soldering 银焊

silver standard 银本位

silver steel 银器钢，银亮钢

silver-tipped 点银的

silver-tungsten 银钨合金

silver tungsten 银钨合金

silver-tungsten carbide 银 - 碳化钨制品

silver voltameter 银解电量计

silver white chip cutting 积屑瘤切削，刀瘤切削（切削呈银白色）

silvered 镀银的

silvered capacitor 镀银层电容器

silvered condenser 镀银层电容器

silvered glass 镀银玻璃

silverer (1) 镀银的设备；(2) 镀银工

Silverine 铜镍耐蚀合金（铜 72-80%，镍 16-17%，锌 1-8%，锡 1-3%，钴 1-2%，铁 1-1.5%）

silveriness 银光，银色，银白，银声，象银

silvering (1) 镀银；(2) 镀银层

silverite 西尔维里特铜镍合金

silvern 银制的

silveroid 西尔维德铜镍合金（54%Cu, 45%Ni, 1%Mn）

silverstat 银接触式构件

silverstat regulator 触发型调压器，接触式调节器

silvertoun 电缆故障寻找器

silvertoun testing set 地下电缆故障测定设备

silverware 银制品，银餐具，银器

silverwork 银制工艺品

silvery 银一般的，银色的，银制的，镀银的，包银的，似银的

Silvore 西卧尔合金，铜镍耐蚀合金（62%Cu, 18.5%Ni, 19.2%zn, 0.3%Pb）

silzin 西尔津合金，硅黄铜（75-85%Cu, 10-20%Zn, 4.5-5.5%Si）

sima 硅镁带，硅镁层，硅镁圈

simanal 硅锰铝铁基合金（20%si, 20%Mn, 20%al, 40%Fe）

Simgal 硅镁铝合金（含 0.5%Si, 0.5%Mg）

similar (1) 相似，类似；(2) 相似的，类似的，近似的

similar decimals 同位小数

similar permutation 相似排列

similar poles 同名极

similar quadrics 相似二次曲线

similar surds 同类不尽根，同类根式

similar terms 同类项

similar triangles 相似三角形

similarity (1) 相似之点，相似性，类似；(2) 共性；(3)（复）相似处，类似物

similarity criterion 相似准则

similarity factor 相似系数

similarity law 相似定律

similarity method 相似法

similarity relation 相似关系

similarity rule 相似定则

similarity theorem 相似定理

similarity theory 相似理论

similarity transformation 相似变换

similarly 同样地，类似地

similarly ordered 相似有序的

similars 相似导线（电机内的导线，在磁场中相差 180°）

similitude (1) 相似 [性]，相似法；(2) 相似；(3) 相同点

similitude method 相似 [特性] 法

similor 含锡黄铜

Simmer gasket 轴密封垫圈，翻唇垫圈

Simmer ring 轴密封环，翻唇垫圈

simon-pure (1) 货真价实的，真正的；(2) 伪装纯真的

simoniz 汽车蜡

simonyite 钠镁钒

simple (1) 简单的，简明的，简易的，单纯的，纯粹的，完全的；(2) 容易的，普通的；(3) 仅仅的；(4) 非复合的，样本的，单一的，单纯的；(5) 初级的，原始的；(6) 不折不扣的，无条件的，绝对的

simple algebraic language for engineers (=SALE) 工程师用简明代数语言

simple alternative detection 简单双择检测

simple automatic electronic computer (=SAEC) 简易自动电子计算机

simple average 简单平均

simple balance (1) 简式平衡；(2) 简式天平

simple band 简单带式制动器

simple beam (1) 简支梁；(2) 单波束；(3) 单靶射束

simple bending 纯弯曲，纯挠曲

simple Boolean expression 简单布尔表达式

simple buffering 简单缓冲

simple carburetor 简单汽化器

simple chain 简单链，单铰链

simple compression 单纯压力

simple compression packing 压盖毡封圈

simple curve 单曲线，圆弧线

simple cycle 简单循环

simple distribution 简单分布

simple drive 单级传动，单级驱动

simple electronic computer (=SEC) 简易电子计算机

simple epicyclic train 单列周转轮系

simple equation [一元]一次方程式

simple equivalent circuit 简单等效电路

simple formal parameter 简单形式参数

simple fraction 简[单]分数

simple function 简单解析函数，单叶解析函数

simple gear mechanism 单级齿轮机构

simple gear train 单级齿轮系，单式轮系

simple gearing 简单传动装置

simple glass 普通玻璃

simple-harmonic 简谐的

simple harmonic 简谐的

simple harmonic current 简谐电流

simple harmonic electromotive force 简谐电动势

simple-harmonic law 正弦定律

simple harmonic law 简谐定律

simple harmonic motion (=SHM) 简谐运动

simple hob 简易滚刀

simple indexing 简单分度法

simple integral 简单积分

simple interaction 二因子交互作用
simple lathe 简易车床
simple licence 普通许可证
simple link 单节
simple machine 简单机械
simple metal 纯金属
simple microscope 简单显微镜
simple number 基数
simple pendulum 单摆
simple planetary gear train 单级行星齿轮系
simple point (1) 单点；(2) 单指针
simple product 简单积
simple propulsion 单级传动，单级驱动
simple rectification 简单检波
simple repeatable robot 简单重复式机器人
simple seal with fine clearance (轴承)环隙密封
simple shear 纯剪
simple sinusoidal quantity 简单正弦值
simple sliding friction 纯滑动摩擦
simple span 简支跨
simple steam-engine 简单蒸汽机
simple steel 普通钢
simple strain 纯应变
simple stress 简单应力
simple structure 静定结构，简单结构
simple-supported 简[单]支[承]的
simple surface 简单曲面
simple tension 纯拉力
simple train 单级齿轮传动
simple truss 简支桁架
simple turbine 单级汽轮机
simplex (=SX) (1) 单向通信，单工[制]；(2) 单纯；(3) 单缸；(4) 单体；
(5) 单一的，单纯的，单形的，单工的，单缸的，简化的
simplex burner 单路燃料喷嘴
simplex circuit 单工电路
simplex double action pump 单缸[式]复动器
simplex method 单纯形法
simplex motor 同步感应电动机，单工电动机
simplex radio communication 单工无线电通信
simplex system 单工[通信]制
simplex telegraph 单工电报
simplex telephony 单工电话[学]
simplex unit (=SXU) 单工机
simplex winding 单排绕组，简单绕组，简式绕组
simplicity 简单性，简易，简明，单纯，轻便
simplification (1) 简化，精简，约化；(2) 简单化，单纯化，理想化；(3)
使单纯
simplified case 简化情况
simplified pattern 简易模
simplified solution 简化解，相似解
simplified three-axis reference system (=STARS) 简化三轴坐标系统，
简化三轴基准系统
simplified version 示意图
simplifier 简化物
simplify 简化
simplify working process 简化工序
simply (1) 简单地，简易地，简明地，单纯地；(2) 只不过，仅仅；(3)
完全地，绝对地，简直，的确，就是
simply buffering 简单缓冲
simply closed 简单闭合的
simply connected 单连通的
simply constructed 构造简单的
simply ordered 全序的
simply parallel 不全平衡的，半平衡的
simply periodic function 单周期函数
simply-supported 简[单]支[承]的
simply supported 简[单]支[承]的
Simpson mill 辗轮式混砂机
Simpson's multiplier (=SM) 辛普森乘数
simulacrum (复 simulacra 或 simulacrums) (1) 像，影；(2) 模拟物
simulant (1) 模拟装置；(2) 模拟的，伪装的，假装的
simulate (1) 模拟，模仿，仿造，仿真；(2) 制作模型，模型化；(3) 模
型试验，模拟试验，模拟分析；(4) 伪装，假装，冒充
simulate gear tooth geometry 模拟轮齿几何特性

simulated 模拟的
simulated data 模拟数据，仿真数据
simulated diagram (实际条件)模拟图
simulated environment 模拟环境
simulated flight environment test 模拟飞行环境试验(高空操作振
动试验)
simulated head system (立体声)模拟人头制
simulated installation fixture 模拟装配夹具
simulated instrument flight rules (=SIFR) 模拟仪表飞行规则
simulated missile (=SM) 模拟导弹
simulated program 模拟[试验]程序，仿真程序
simulated space conditions 模拟空间环境条件
simulating 模拟，模仿
simulating chamber 模拟容器，模拟室
simulating of flight 飞行模型试验，飞行模拟
simulating part (=SIPT) 模拟部件
simulating test 模拟试验
simulation (1) 模仿，模拟，仿真；(2) 模拟试验，模拟法
simulation analysis 模拟分析
simulation chamber 模拟容器，模拟室
simulation facility 模拟装置
simulation laboratory 模拟实验室
simulation language 模拟语言，仿真语言
simulation manipulation 模拟处理
simulation methodology 模拟方法学
simulation model 模拟模型
simulation monitoring 模拟监督
simulation rig 模拟装置
simulation technique 模拟技术
simulation test 模拟试验
simulative 模拟的
simulative generator 模拟发生器，模拟振荡器
simulative method 模拟电路法
simulative network 模拟[电]网络
simulator (1) 模拟装置，模拟设备，模拟电路，模拟程序，模拟器；(2)
模拟电子计算机模型设备，电子模拟装置；(3) 仿真器，模拟器
simulator landing attachment for night training (=SLANT) 夜间训
练用模拟着陆装置
simulator of guided missile 导弹模拟器
simulator program 模拟程序
simulator software program 模拟软件程序
simulator stand 模拟试验台
simulcast 电视和无线电同时联播
simultaneity 同时发生，同时存在，同时性
simultaneity factor 同时系数，同时率
simultaneous (1) 同时存在的，同时发生的，同时的，同步的；(2) 联
立[方程]的，合并的
simultaneous broadcasting (=SB) 同时广播，联播
simultaneous access 并行存取
simultaneous approximation 联立逼近
simultaneous camera 同时制摄像机
simultaneous carry 同时进位
simultaneous computer 同时操作计算机
simultaneous color subcarrier system 副载波同时发送彩色电视系统
simultaneous color system (=SCS) 同时发生彩色系统
simultaneous color television 同时传送制彩色电视
simultaneous color television system 色场同时传送制电视系统
simultaneous congruence 联立全等
simultaneous control 同时控制
simultaneous differential 联立微分
simultaneous distribution 联合分布
simultaneous equations 联立方程式
simultaneous inequalities 联立不等式
simultaneous input output 同时输入输出
simultaneous input pulse 同时输入脉冲
simultaneous interpretations 同声翻译
simultaneous linear equation 联立一次方程
simultaneous multiple image correlation 同时多重图像相互作用，联立
多帧图像相关性
simultaneous observation 同时观测
simultaneous search 并行探索
simultaneous solution 联合解
simultaneous system 同步系统，同时方式，同时制
simultaneous talking 同时通话

simultaneous transmission　同时传输,同时传送

simultaneous transmission of two languages on television　双半音电视广播

Sindanyo　辛丹约(一种石棉绝缘材料)

sine　正弦

sine bar　(1) 正弦曲线板,正弦板;(2) 正弦杆,正弦规

sine bar arrangement　正弦尺机构

sine-cosine potentiometer　正弦余弦电位计

sine curve　正弦曲线

sine die　(拉) 无确定日期地,不定期,无限期

sine-function　正弦函数

sine galvanometer　正弦电流表,正弦检流计

sine integral　正弦积分

sine junction gate　{计} 禁止门

sine of pitch angle　切角正弦

sine of the amplitude　振幅的正弦

sine of the third order　三阶正弦

sine protractor　正弦量角器,正弦规,正弦尺

sine quo non　(拉) 必要条件,必备资格

sine-shaped　正弦曲线的,正弦波形的

sine-shaped change load　正弦曲线的交变负荷

sine squared pulse　正弦平方脉冲

sine squared wave　正弦平方波

sine wave　正弦波

sine-wave A.C. generator　正弦波交流发电机

sine wave generator　正弦波发生器

sine wave interference　正弦波干扰

sine wave modulation　正弦波调制

sine wave oscillator　正弦波振荡器

sinesoid　正弦曲线

sing-around　声循环

singe　烧焦,烤焦,损伤

singeing machine　点火机,烧毛机

singing　蜂鸣,蜂音,振鸣,啸声

singing margin　振鸣稳定度,振鸣边际

singing of repeater　放大器振鸣,放大器振荡,增音器蜂鸣,增音机蜂鸣

singing point　振鸣点

singing spark　发声火花

singing stability　振鸣稳定度

single (=sgl)　(1) 单一的,单个的,唯一的,个别的,单独的,单纯的,单工的,单端的,单侧的,单层的,单级的,单项的;(2) 不复杂的,简单的,纯粹的;(3) 一个;(4) 单位的,单元的

single-　(词头) 单

single-acting　单动式

single acting　单动 [式的],单作用 [的]

single acting cylinder　单作用缸

single-acting cylinder cam　单作用气缸凸轮

single-acting cylindrical cam　单动圆柱偏心轮

single-acting engine　单作用式发动机

single acting engine　单动机

single-acting hammer　单作用锤

single-action　单作用,单动,单效

single action　单动,单效

single-action clutch　单作用离合器

single-address　单地址的

single address　单地址

single address code (=SAC)　单地址码

single address computer　单地址计算机

single address instruction　单地址指令

single address message　单地址信息

single address order code　单地址指令码

single admission　(1) 单侧进气;(2) 单向进给

single alundum　单晶刚玉

single amplifier　单级放大器,单端放大器

single-and-multi-start worm　单头 - 多头蜗杆

single-angle-cutter　单角铣刀

single angle milling cutter　单角铣刀

single anode mercury-arc rectifier　单阳极水银整流器

single anode rectifier　单阳极整流器

single arm anvil　丁字砧

single armature converter　单枢变换机,单枢整流机

single-axis copying device　单坐标仿形装置

single-axle-load　单轴载荷

single ball diameter　球的单一直径

single-band　单频带的,一个波段的

single-barrel　单管枪

single-batch extraction　单级分批萃取

single-beat escapement　单拍擒纵机构

single belt　单皮带 [传动],单层皮带

single bevel groove　单斜槽

single-blade　(1) 单刃的;(2) 单翼的;(3) 单桨的

single-block　整块的

single block　单 [滑] 轮滑车

single block brake　单蹄式制动器,单瓦闸

single blow　(1) 单吹;(2) 一击

single braid (=SB)　单编包线,单层编织

single-break　(1) 单断点的;(2) 单独中断;(3) 一次断裂的

single-bucket excavator　勺斗挖掘机

single-bus system　单母线制

single cam　单向凸轮

single camber　单段曲面

single catastrophic failure (=SCF)　单独灾难性破坏

single-cell　单室电解槽

single chain drive　单链传动

single-chamber brake cylinder　(制动器) 单腔分泵,单腔制动分泵,单腔作动室

single-chamber unit　单室式机组

single chamfer dimension　单向倒角尺寸

single-channel　单信道的,单通路的,单波道的,单管道的,单路的

single channel　单信道,单波道,单频道,单通道,单路

single channel head　单路磁头

single channel monopulse processor　单信道单脉冲信息处理机,单路单脉冲信息处理机

single-circuit　单回路的

single circuit　单回路

single-clad board　单面印刷电路板,单面敷箔板

single-coil　单线圈的

single coil spring washer　单盘簧垫圈

single column jig borer　单柱坐标镗床

single column jig boring machine　单柱坐标镗床

single-column pence coding　每列单孔编码

single column planer　单柱刨床

single column planing machine　单柱刨床

single column vertical boring-and-turning mill　单柱立式车床

single column vertical lathe　单柱立式车床

single column vertical turret lathe　单柱立式转塔车床,单柱立式六角车床

single-condenser filter　单电容滤波器

single conductor (=SC)　单 [股] 导线

single cone　(圆锥滚子轴承) 单滚道分离型内圈

single-contact　单触点的

single contact (=SC)　单点接触,单点啮合,单接点,单触点

single-contact extraction　单级接触萃取

single contact point　单接触点,单啮合点

single contact zone　单齿对啮合区

single control　单独控制

single-cord　单线塞绳

single cord　单软线

single-core　单芯线的

single-core cable　单芯电缆

single-cotton　单纱

single-cotton covered　单层纱包的

single cotton covered (=SCC)　单层纱包的

single cotton covered enamel wire　单纱包漆包线

single cotton-covered wire　单层纱包线

single crystal　单晶 [体]

single cup　(圆锥滚子轴承) 单滚道分离型外圈

single curve gear　单曲线齿轮

single curve surface　单曲面

single curve tooth　单曲线渐开齿

single-cut file　单纹锉

single cut file　单纹锉

single cutter　单铣刀

single-cutting drill　单刃钻

single cutting drill　单刃钻

single-cycle　单循环的

single cycle　单循环

single cycle method　(锥齿轮) 单循环切齿法

Single Cycle method　(锥齿轮)单循环切齿法
single cycle per tooth machine　单循环切齿机
single-cylinder　单[汽]缸的
single cylinder　单缸
single cylinder engine　单缸发动机
single cylindrical cam　单圆柱凸轮
single-deck　单层甲板的
single degree of freedom mechanism　单自由度机构
single density　单密度
single-detection receiver　单检波接收机
single-diode circuit　单二极管电路
single diode-pentode (=SDP)　单二极-五极管
single diode-triode (=SDT)　单二极-三极管
single-direction thrust ball bearing　单向推力球轴承,单向止推球轴承
single-direction thrust bearing　单向推力轴承,单向止推轴承
single disk clutch　单片式离合器,单盘离合器
single dividing method　单分度法
single drainage　单向排水
single-drum　单转筒的,单鼓的
single drum　单滚筒
single-drum winch　单卷筒绞[盘]车
single electrode potential　单电极电势
single-end　单端的,单头的
single end (=SE)　单端,单头
single end spanner　单头扳手
single-end tenoning machine　单头燕尾开榫机
single end wrench　单头[死]扳手
single-ended　不对称的,单端的,单头的
single-ended boiler　单头锅炉
single-ended list　单终点[连接]表
single-ended open jawed spanner　单头开口爪扳手
single-ended push-pull (=SEPP)　单端推挽
single-ended push-pull circuit (=SEPPC)　单端推挽电路
single-ended wrench　单头扳手
single engagement　单点啮合
single engagement point　单啮合点
single-engine　单机牵引
single enveloping　单包络,一次包络
single enveloping drive　单包络[蜗杆]传动
single-enveloping worm　单包络蜗杆
single-enveloping wormgear set　单包络蜗杆装置
single epicyclic (gear) train　单列周转轮系
single error　单项误差
single face planer　单面刨床
single face planing machine　单面刨床
single feeder (=SF)　单馈电线
single fish　单面夹板接合
single-flange track wheel　履带单凸缘支重轮
single flank　单侧齿面,单面
single flank combined error　(齿轮)单向啮合综合误差
single flank composite error tester　(齿轮)单面啮合综合误差检查仪
single flank contact　(齿轮)单面啮合,单接触
single flank engagement　单面啮合
single-flank gear rolling tester　单面啮合齿轮综合检查仪
single flank honing　单面珩齿法
single-flank meshing tester　单圆弧诺维柯夫齿轮装置
single-flank Novikov gear system　(齿轮)单面啮合检查仪
single flank testing　(齿轮)单面检查
single flank tooth to tooth composite error　(齿轮)单面啮合综合误差
single flank total composite error　(齿轮)单面啮合总误差
single-flow　直流的,单流的
single flow　单[向]流[动]
single flute drill　单槽钻[床],半月钻,深孔钻,炮身钻[床],枪孔钻
single-focusing　单焦点的
single form　单套模板
single frequency dialling (=SFD)　单频信号
single-friction-surface clutch　单面摩擦盘离合器
single-funnel　单管的
single gap head　单隙磁头
single gate FET　单栅[极]场效应晶体管 (FET=field effect transistor 场效应晶体管)
single gate mold　单浇口模
single gauge　单口卡规,单规

single geared drive　单[级]齿轮传动
single-groove　单槽的
single groove (=SG)　(1)单面坡口；(2)单槽
single groove single petticoat insulator　单槽单外裙绝缘子
single-gun tricolor tube　单束三色显像管
single-handed　(1)单独的,独力的；(2)只用一只手的
single-harmonic distortion　单谐波畸变
single head　单头
single head straight socket wrench　单头直柄扳手
single head wrench　单头扳手
single header　单式集管
single helical gear　单螺旋齿轮
single helical gearing　单向斜齿轮传动装置
single helical structure　单螺旋形结构
single-hoisting　单钩提升,单绳提升
single in-line package　单行排齐封装
single-index method　单分度法
single-inductor　单[电感]线圈[的]
single-inlet　单吸的
single-J-groove　J形槽
single joint　单节点
single-lap wining　单迭绕组
single-layer　单层的
single layer coil　单层线圈
single-layer three phase winding　单层三相绕组
single-layer winding　单层绕组
single-leaf spring　单片钢板弹簧
single-length　单字长
single-lens　单透镜的,单目镜的
single-lens reflex (=SLR)　单镜头反射[式]
single-level address　{计}一级地址,直接地址
single level encoding microinstruction　一级编码微指令
single-level fatigue test　等幅[应力]疲劳试验
single-level load test　等载荷试验
single level memory　一级存储器
single lever brake　单杆制动器
single lever control　单杆控制
single-lever roller-mounted stud steering gear　单曲柄滚动销钉式转向器,凸轮单滚动销钉式转向器,蜗杆单滚动销钉式转向器
single-line　单行的,单线的,单路的
single line　单行,单线,单路
single-line fault　单线故障
single-lined diagram　单线接线图
single load　集中荷载,单荷载
single machine capacity　单机容量
single-magnetic key　单磁电键
single master cylinder　单式制动总泵
single-mesh　单网孔的
single-mesh filter　单网孔滤波器
single meshing　单点啮合
single meshing point　单啮合点
single-minded　专心致志的,真诚的
single mismatch　(锥齿轮齿廓或齿长)单失配
single-mode　单模
single mount　(1)单个安装；(2)单托,单架
single norm　单项定额
single oblique (tooth) gearing　单向斜齿齿轮传动[装置]
single offset　一级起步时差
single-operator welding machine　单站焊机
single overhung rotor　单边悬置式转子
single pair (tooth)engagement　单齿对啮合
single part production　单件生产
single-party line (=SPL)　同线电话线
single-pass　(1)单[行]程的,单流的,单通的,单道的,直流的；(2)一次通过
single pass　(1)单通路,单扫描,单程,单向；(2)一次通过；(3)直流的；(4)一圈
single pass condenser　单流式凝汽器
single-pass exchanger　单程热交换器
single-peaked　单峰[值]的
single-phase (=SP)　单相的
single phase　单相
single-phase A.C.　单相交流
single-phase bridge rectifier　单相桥式整流器

single-phase circuit　单相电路
single-phase commutator machine　单相整流子电机
single-phase commutator motor　单相整流子电动机
single-phase compound motor　单相复绕电动机
single-phase full wave connection　单相全波连接
single-phase full wave rectifier　单相全波整流器
single-phase full wave rectifier circuit　单相全波整流电路
single-phase generator　单相发电机
single-phase induction motor　单相感应电动机，单向感应电动机
single-phase induction regulator　单相感应调节器
single-phase LOM　单相直线振荡电动机 (LOM=linear oscillation motor)
single-phase machine　单相电机
single-phase motor　单相电动机
single-phase parallel inverter　单相并联逆变器
single-phase rectifier　单相整流器
single-phase rotor　单相转子
single-phase saturable reactor　单相饱和扼流圈
single-phase selsyn motor　单相自动同步电动机
single-phase series commutator motor　单相串激整流子电动机，单相串励换向器电动机
single-phase series motor　单相串激电动机
single-phase shunt motor　单相并激电动机
single-phase synchronous machine　单相同步电机
single-phase watthour meter　单相电度表
single-phase winding　单相绕组
single-phaser　单相机
single-phasing　单相运行
single photoelectron emission　单光电发射
single piece production　单件生产
single piece work　单件加工
single-pin track　单铰销履带
single pin-type spanner wrench　单销式扳手
single pinion drive　单小齿轮传动
single-piston mechanism　单活塞 [驱动] 机构
single plane mean bore diameter deviation　单一平面平均内径偏差
single plane mean outside diameter deviation　单一平面平均外径偏差
single planetary gear train　单级行星齿轮系
single planetary mill (=SPM)　单重行星轧机
single plate clutch　单片离合器，单盘离合器
single point　单点，奇点
single-point cutter　单齿铣刀
single-point cutting tool　单刃 [切削] 刀具
single point load　集中载荷
single point orbit calculator (=spoc)　单点轨道计算器
single point thread tool　单刃螺纹刀具
single-point tool　单刃刀具
single point tool　单刃刀具
single-pole (=SP)　单极的
single pole (=SP)　单极
single-pole cut-out　单极断路器
single-pole double throw switch　单刀双掷开关
single-pole single-throw (=SPST)　单刀单掷
single-pole single throw　单刀单掷
single-pole single throw switch　单刀单掷开关
single-pole switch　单刀开关，单极开关
single precision　单 [字长] 精度
single process　单程式
single program operation　单一程序操作，单道程序操作
single propellant (=SP)　单 [组] 元推进剂
single propellant loading (=SPL)　只装载一种燃料
single pulley　(1) 单皮带轮；(2) 单滑车
single-pulley drive　单皮带轮传动
single-pulse voltmeter (=SPVM)　单脉冲伏特计，单脉冲电压表
single-purpose　专用的
single-purpose machine　专用机床
single-push-pull　单次推挽
single radial plane mean diameter of a roller　滚子单一径向平面平均直径
single-rail　单轨的
single-range　(1) 单量程的；(2) 单波段的
single-range instrument　单量程仪表
single reduction final drive　单级减速式最终传动，单级减速式末端传动

single reduction gear　单 [级] 减速齿轮
single reduction gearing　单级减速齿轮传动 [装置]
single reduction gears　单级减速齿轮装置
single reduction speed reducer　单级减速器
single reel　单面摇纱机
single-reversal permanent magnet (=SRPM)　单反向永久磁铁
single-rib grinding　(螺纹) 单线磨削
single ring width　(轴承) 套圈单一宽度
single rivet　单行铆钉
single-riveted　单行铆接的
single-riveted joint　单行铆接
single roll　(摇台) 单向滚动
single-roller cam steering gear　凸轮单滚轮式转向器，球面蜗杆滚轮式转向器
single-roller chain　单列套筒滚子链
single rotation　单向旋转
single-row　单列的，单排的，单行的
single row　单列，单排，单行
single-row angular contact ball bearing　单列向心推力球轴承
single-row angular contact ball bearing with split inner ring　双半内圈的单列向心推力球轴承
single-row angular contact ball bearing with two pieces outer ring and two pieces inner ring　双半内外圈的单列向心推力球轴承
single-row ball bearing　单列球轴承，单列滚珠轴承
single-row ball bearing with split outer ring　双半外圈的单列向心推力球轴承
single-row ball bearing with split outer ring and inner ring　双半内外圈的单列向心推力球轴承
single-row bearing　单列轴承
single-row cylindrical roller bearing　单列短圆柱滚子轴承
single-row cylindrical roller bearing with double ribbed inner ring　内圈无挡边的单列短圆柱滚子轴承
single-row cylindrical roller bearing with double ribbed outer ring　外圈无挡边的单列短圆柱滚子轴承
single-row cylindrical roller bearing with extended outer ring　宽外圈单列向心短圆柱滚子轴承
single-row cylindrical roller bearing with inner ring and roller assembly　无外圈单列短圆柱滚子轴承
single-row cylindrical roller bearing with inner ring loose rib　带平挡圈的单列短圆柱滚子轴承
single-row cylindrical roller bearing with outer ring and roller assembly　无内圈单列短圆柱滚子轴承
single-row cylindrical roller bearing with single ribbed inner ring　内圈有单挡边的单列短圆柱滚子轴承
single-row cylindrical roller bearing with single ribbed outer ring　外圈有单挡边的单列短圆柱滚子轴承
single-row deep-groove ball bearing　深槽单列球轴承
single-row duplex ball bearing　内圈单列向心推力球轴承
single-row needle roller bearing with outer ring and roll assembly　只有冲压外圈的滚针轴承
single-row radial ball bearing　单列向心球轴承
single-row radial bearing　单列向心轴承
single-row roller bearing　单列滚柱轴承
single-row self-alignment ball bearing　单列向心球面球轴承
single-row separable angular contact ball bearing with single ribbed inner ring　内圈有单的分离型单列向心推力球轴承
single-row separable ball bearing　分离型单列向心推力球轴承
single-row snap ring ball bearing with shield　带卡环和防尘盖的单列向心球轴承
single-row spherical roller bearing　单列向心球面滚子轴承
single-row tapered roller bearing　单列圆锥滚子轴承
single-screw　(1) 单螺旋的；(2) 单螺旋桨的
single screw　单螺旋
single screw thread　单 [头] 螺纹
single-screw type vise　单螺旋式夹具，单螺旋式虎钳
single scutcher　单打手清棉机
single seal　单层式封层
single seal bearing　单面密封轴承
single sealed ball bearing　一面带密封圈的球轴承
single seaming　单层卷边接缝
single-seater　单座飞机，单座汽车
single-section filter　单节滤波器
single setting (method)　(锥齿轮) 一次调整切齿法
single-shaft　单旋钮的，单轴的，单杆的

single shaft 单轴

single shaft configuration 单轴结构

single shear 单面剪切

single sheave block 单饼滑轮

single shielded ball bearing 一面带防尘盖球轴承

single shot multivibrator 单稳多谐振荡器，单冲多谐振荡器，单周期振荡器

single-shot trigger circuit 单冲触发电路

single-shrouded impeller 单侧闭式叶轮

single shrouded wheel 半闭式叶轮

single side 单面

single side-band 单边带

single side band (=SSB) 单边带

single side band circuit (=SSB CRT) 单边带电路

single side-band communication 单边带通信

single side-band distortion 单边带失真

single side-band receiver 单边带接收机

single side-band transmission 单边带发送

single side-band transmitter 单边带发射机

single side-band tuning 单边带调谐

single-sideband suppressed-carrier (=SSSC) 单边带受抑载波，单边带抑制载波

single side bevel gear cutter 单面锥齿轮铣刀，单面刀盘

single side cutter 单面刀盘

single side cutting method （锥齿轮）单面切削法

single side horizontal fine boring machine 单面卧式精密镗床

single side method （锥齿轮）单面切削法，单面法

single-sideband 单边带的

single-sided 单面的

single-sided board 印刷电路板，单面板，敷箔板

single sided linear induction motor 单边直线感应电动机

single sided impeller 单侧吹入式叶轮

single-sided pattern plate 单面型板

single sided wear 单面磨损

single-signal 单信号的

single signal (=SS) 单信号

single-silk 单丝

single-silk covered (=SSC) 单层丝包的

single silk-covered wire 单层丝包线

single silk enamel (=sse) 单丝漆包

single silk varnish 单丝漆包

single-size 均一尺寸的，均匀颗粒的

single-slope 一面倾斜的，单斜度的

single-space 单行打字，单行印刷

single-span beam 单跨梁

single-span shaft 单跨轴

single-speed power takeoff 单速动力输出

single speed reduction 单级减速

single speed induction gear mechanism 单级减速齿轮机构

single-spindle 单轴的，单杆的

single spindle automatic chucking machine 单轴自动卡盘车床

single spindle automatic lathe 单轴自动车床

single spindle automatic lathe with fixed head 主轴箱固定型单轴自动车床

single spindle automatic lathe with rotating tools 单轴横切自动车床

single spindle automatic lathe with sliding head 单轴纵切自动车床

single spindle automatic screw lathe 单轴自动螺纹车床

single spindle automatic screw machine 单轴自动螺纹车床

single spindle automatic screw machine with fixed head 主轴箱固定型自动螺纹车床

single spindle automatic screw machine with sliding headstock 单轴纵切自动螺纹车床

single spindle boring machine 单轴镗床

single spindle boring unit 单轴镗削头

single spindle drilling machine 单轴钻床

single spindle milling machine 单轴铣床

single spindle turret automatic lathe 单轴转塔六角自动车床

single spiral turbine 单排量蜗壳式透平

single split mold 组合模

single squirrel cage rotor 单鼠笼式转子

single-stage 单级的，单阶的，单层的

single-stage air compressor 单级空气压缩机

single-stage amplifier 单级放大器

single-stage centrifugal pump 单级离心泵

single-stage compressor 单级压缩机

single-stage nitriding （渗氮）等温淬火

single-stage pump 单级泵

single-stage regulator 单级减压器

single-stage turbine 单级涡轮

single standard 单一标准，统一标准

single-start 单头的

single-start monoblock gear hob 单头整体齿轮滚刀

single-start solid gear hob 单头整体齿轮滚刀

single-start thread 单头螺纹，单线螺纹

single-start worm 单头蜗杆，单线蜗杆

single-step 单级的

single strand chain 单列套筒滚子链，单铰链

single strap 单均压环

single strength 表示窗玻璃厚度，1.8-2.0mm 厚的窗玻璃

single suction 单向吸进

single-swing blocking oscillator 单程间歇振荡器

single T groove 单 T 形槽

single terminal pair 二端网络

single test 单件试验

single-thread 单头螺纹的

single thread 单头螺纹，单线螺纹

single thread hob 单头螺纹滚刀，单线螺纹滚刀

single thread milling cutter 单头螺纹铣刀，单线螺纹铣刀

single thread screw 单头螺纹，单线螺纹

single thread worm 单头蜗杆，单线蜗杆

single threaded 单头螺纹的

single-threaded screw 单螺纹

single threaded screw 单头螺纹，单线螺纹

single threaded worm 单头蜗杆，单线蜗杆

single-throw (1) 单掷的；(2) 单曲拐的

single throw (=ST) (1) 单掷；(2) 单拐曲轴

single-throw crankshaft 单拐曲轴

single throw switch 单掷开关

single-thrust bearing 单向推力轴承，单向止推轴承

single toggle crusher 单衬板颚式破碎机

single tool 单刀

single tool holder 单刀架

single tool planing 单刀刨削

single tooth gearing 单齿啮合传动

single-track (1) 单轨迹的，单轨的；(2) 单声道的，单声迹的

single track (1) 单声迹；(2) 单轨

single track recorder 单声道录音机

single transistor flip-flop circuit 单晶体管双稳态触发电路

single trip certificate 单程凭证

single-tube 单电子管的，单管的

single-tube inverter 单管倒向器

single-tuned 单调谐的

single-tuned circuit 单调谐电路

single-turn 单匝的

single-turn induction coil 单匝感应线圈

single-turn potentiometer 单匝电位计

single-turn transformer 单匝电流互感器

single-U groove 单 U 形槽

single-unit (1) 单一机组；(2) 单机的

single-unit truck 无拖车的载重车，单辆货车

single-V groove 单 V 形槽

single value 单值

single-valued 单值的

single-valved 单阀门的，单管的

single-Vee groove { 焊 }V 型坡口

single-wave rectifier 半波整流器

single-wave winding 半波绕组

single-web plate girder 单片板梁

single-wire 单线的

single wire 单线

single wire armored cable 单层铠装电缆

single wiring electric diagram 单线电路图

single worm gear mechanism (1) 单级蜗轮 [传动] 机构；(2) 单头蜗轮 [传动] 机构

single worm gear unit (1) 单级蜗轮装置；(2) 单头蜗轮装置

single worm gearing (1) 单级蜗杆传动；(2) 单头蜗杆传动

single worm gearing drive (1) 单级蜗轮驱动；(2) 单头蜗轮驱动

singlehead video tape recorder 单磁头录像机

singleness　单一，专一，单个

singlephase bridge type rectifier circuit　单桥式整流电路

singles　单纯锑 (90% 纯还原锑)

singlet　(1) 单纯，单独，单一，单态，单峰；(2) 单一的，单纯的；(3) 单电子键 [的]；(4) 单 [谱] 线；(5) 零自旋 [核] 能级

singleton　单元素集合

singletree　横撑杆

singlings　初馏物

singly　直截了当地，单独地，各自地，各别地，独自地，逐一地

singly reentrant winding　单闭路复绕组

singular　(1) 奇异的，奇特的，奇数的，异常的，非凡的；(2) 单一的，单数的，单独的；(3) 单数 [式]

singular cycle　连续循环

singular element　奇异元素，降秩元素

singular function　奇异函数

singular integral　奇异积分

singular line　奇 [异] 直线

singular matrix　奇异矩阵，降秩矩阵

singular number　单数

singular operator　奇异算子

singular point　奇 [异] 点

singular process　奇异工艺过程，特殊工艺过程

singular shape function　单一形状函数

singular solution　(1) 奇 [异] 解；(2) 特殊溶液

singularise (=singularize)　(1) 使特殊，使奇异；(2) 把……误弄成单数

singularity　(1) 特殊性，奇异，异常，特别；(2) 奇异点，奇异性，奇点，奇性；(3) 奇异的东西，奇事；(4) 单一，独一，单个

singularity at infinity　无穷远处的奇异点

singularity of a curve　曲线的奇异性

singularly　非凡地，特殊地，奇异地，单独地

singum　正负号函数

SINH (=hyperbolic sine)　双曲正弦

Sinimax　铁镍磁软合金 (镍 43%，硅 3%，其余铁)

sinistrad　从左向右的，左向，向左

sinistral　用左手的，左首的，左旋的

sinistrodextral　从左向右移动的，从左向右展开的

sinistrogyration　左旋

sinistrogyric　逆时针旋转的，左旋的

sinistrorse　左侧的，左旋的，左转的

sinistrotorsion　左旋

sink　(1) 溢出；(2) 浇合；(3) 排水沟，排水管；(4) 污水坑，污水池；(5) 沉淀，沉下，沉没，沉陷，沉落，下沉，下陷，塌下，降下；(6) 凹陷；(7) (铸件的) 缩孔，缩凹，凹入；(8) 插进，打进，嵌入，埋入，浸透，渗入，吸收；(9) 散热

sink-efficiency　散热器效率，下沉效率

sink head　[补缩] 冒口

sink hole　(1) 收缩孔；(2) 喀斯特漏斗；(3) 污水井，渗坑

sink material　(浮选) 重料，沉料

sink of an oscillator　振荡器的 "陷落"

sinkable　会降低的，会沉的

sinkage　下沉深度，沉陷

sinkage of valve　阀陷

sinker　(1) 向下式凿岩机，下向凿岩机，钻孔器，冲钻；(2) 凿井工；(3) 排水孔；(4) 下向扩展

sinker bar　(1) 吊绳冲击钻杆；(2) 沉降片座

sinker drill　钻孔器，冲钻

sinkhead　冒口

sinkhole　(1) 收缩孔；(2) 泥箱；(3) 污水井

sinking　(1) 沉下，沉；(2) 沉入，沉；(3) 凹处，孔；(4) 凿井，试掘；(4) 无芯棒拔制，冷拔；(5) 减径拔管

sinking curve　下沉曲线

sinking of bore hole　钻孔，凿井

sinking of pile by water jet　水冲沉桩法

sinking pump　凿井用泵，潜水泵，浸没泵

sinking support　柔性支承

Sino-　(词头) 中 [国]

Sino-American　中美 [的]

Sino-British Trade Council (=SBTC)　英中贸易协会

Sino-Japanese　中日 [的]

sinoidal oscillation　正弦振动，正弦振荡

Sinotype　中国型

sinpfemo code (=sinpo code)　通讯指标指示电码

sinter　(1) 氧化铁皮，锈皮；(2) 烧结物，熔渣，矿渣；(3) 粉末冶金，热压结 [法]，烧结；(4) 多孔；(5) 使熔结

sinter bell　钟形烧结炉

sinter corundum　烧结金刚砂，烧结刚玉

sinter forging　烧结锻造

sinter-fused　熔结的

sinter-roasting　烧结

sintercorundum　烧结金刚砂，烧结刚玉

sintered　热压结的，烧结的，熔结的，粘结的

sintered aggregate　陶粒

sintered alloy　烧结合金

sintered aluminum powder (=SAP)　烧结铝粉

sintered aluminum powder method　烧结铝粉制作法

sintered bearing　烧结轴承

sintered bearing material　烧结轴承材料

sintered blade　粉末冶金叶片

sintered blank　粉末烧结毛坯

sintered-carbide　烧结碳化物，硬质合金

sintered carbide ball　烧结的硬质合金球

sintered catalyst　烧结催化剂

sintered clutch lining　离合器烧结衬片

sintered corundum　矾土陶瓷，烧结金刚砂，烧结刚玉砂

sintered glass　烧结玻璃，多孔玻璃

sintered hard alloy　烧结硬质合金

sintered-iron toothed gear　铁粉末烧结齿轮

sintered magnetic alloy　烧结磁性合金

sintered-metal　烧结金属，金属陶瓷

sintered metal　烧结 [粉末] 金属陶瓷

sintered metal powder bearing　粉末冶金轴承，烧结粉末金属轴承

sintered metallic lining　烧结金属摩擦衬片

sintered nickel-chromium alloy cage　烧结多孔镍铬基合金保持架

sintered nylon cage　烧结尼龙保持架

sintered oxide　烧结氧化物

sintered oxide-coated cathode　氧化物烧结阴极

sintered piston ring　烧结活塞环

sintered powder magnet　烧结粉末磁铁

sintered powder metal　烧结粉末金属，热压粉末金属

sintered tooth(ed) gear　烧结齿轮

sintering　热压结，烧结，熔结

sintering furnace　烧结炉

sintering machine　烧结机

sintering metal　烧结金属，金属陶瓷

sintering point　软化温度，软化点，烧结点

sintering process　烧结法

sintering temperature　烧结温度

sintering tool　烧结工具

Sintex　烧结氧化铝车刀，陶瓷刀具

sinthetics (=synthetics)　合成产品

Sintox　烧结氧化铝车刀，陶瓷车刀

Sintropac　铁铜混合铁末，加铜铁粉

sinuate　(1) 波状的，起伏的；(2) 成波状，弯曲

sinuosity　错综复杂，弯曲处，弯曲度，蜿蜒，起伏

sinuous　(1) 正弦波形的，弯曲的，曲折的，波形的；(2) 蜿蜒的，起伏的；(3) 错综复杂的

sinuous header　波形联箱管

sinus　正弦

sinus vibrometer　正弦振动计

sinusoid　正弦波曲线，正弦波电压，正弦波信号，正弦波振荡

sinusoidal　正弦曲线的，正弦波的，正弦式的

sinusoidal distribution　正弦曲线分布

sinusoidal distribution of conductor　导体的正弦分布

sinusoidal quantity　正弦 [式数] 量

sinusoidal vibration　正弦振动

sinusoidal wave　正弦波

sionox　二氧化硅

siphon (=syphon)　(1) 虹吸现象；(2) 虹吸管，虹吸器，存水弯，弯管；(3) 用虹吸管吸出，用虹吸输送，用虹吸管抽

siphon barometer　虹吸气压计

siphon gauge　虹吸气压计

siphon off　虹吸抽出

siphon pipe　虹吸管

siphon-recorder　(1) 波纹 [收报] 机；(2) 虹吸馈墨波纹机，虹吸 [式] 记录器

siphon recorder　(1) 波纹 [收报] 机；(2) 虹吸馈墨波纹机，虹吸 [式] 记录器

siphon tube　虹吸管

siphon wick-feed oiler 虹吸油芯注油器
siphonage 虹吸能力, 虹吸作用
siphonal 似弯管的, 似吸管的, 虹吸管的, 弯管的, 吸管的
siphonate 有虹吸管的, 有吸管的, 管状的
siphonic 虹吸管状的, 虹吸的
Siporex 用砂、水泥和某种催化剂在高蒸气下硬化的轻质绝缘材料
siren (1) 警报器, 报警器; (2) 汽笛, 警笛; (3) 多孔发声器, 测音器
siren disk 验音盘
Sirius 镍铬钴耐热耐蚀合金(碳 0.25%, 镍 16%, 铬 17%, 钨 3%, 钴 12%, 钛 2%, 其余铁)
Sirufer core 羰基铁压粉铁芯, 细铁粉磁芯
sister block 双滑轮, 双滑车
sister hooks 姐妹钩, 安全钩, 双抱钩
sister metal 姐妹金属
sister ships (按同一设计设计图纸建造的) 姐妹船, 姐妹舰
sit (1) 位于, 坐落, 坐; (2) 安装, 安放, 安置, 摆置, 搁置
site (1) 地点, 地址; (2) 现场, 工地, 场地, 场所; (3) 射角 (4) 部位, 位置; (5) 部分, 段; (6) (晶) 格点; (7) (原子) 点阵座
site-assembly 就地组装, 就地装配
site engineer 工地工程师, 现场工程师
site error 仪表位置误差, 仪表地点误差
site investigation 现场调查, 工地勘测, 就地踏勘
site noise 环境噪声
site of work 工地
site peculiar facility change (=SPFC) 特殊设备现场更改
site peculiar interference (=SPI) 现场特殊干扰
site-plan 总平面图, 总设计图, 总计划
site plan 总平面图, 总设计图, 总计划
site planning 总平面设计
site selection criteria (=SSC) 现场选择标准
site test 现场试验
site-type 位型
site-welded 现场焊接的
site-welding 就地焊接
siting (1) 平面布置图, 设计图; (2) 定线, 定位, 配置, 位置
situ (拉) (1) 就地; (2) 地点, 位置, 场所
situ strength 实测强度, 现场强度
situate 使位于, 使处于, 设置, 定位
situation (1) 地点, 位置, 场所; (2) 情况, 形势, 状态, 环境, 处境, 局面; (3) 职位; (4) 立场
1300
situation board (空中) 情况标绘板
situation report (=SR) 情况报告
six 六个, 六
six-bar link work 六杆联动装置, 六连杆机构
six-bar linkage 六连杆机构
six-bar slider-crank mechanism 六杆滑块曲柄机构
six-bar sliding pair mechanism 六杆滑块副机构
six-by 六轮大卡车
six-by-four 有四个驱动轮的卡车
six-by-six 有六个驱动轮的卡车
six digit system 六位制
six-dimensional 六维的, 六度的
six-element [kinematic] chain 六杆件 [运动] 链
six-element mechanism 六杆件机构
six-link chain 六连杆链
six-link mechanism 六连杆机构
six-link single-piston mechanism 六连杆单动活塞机构
six-master 六桅船
six-phase 六相
six phase 六相
six-phase connection 六相接法
six-phase rectifier circuit 六相整流电路
six-phase star connection 六相星形接法
six-phase system 六相系统, 六相制
six-ply tyre 六层轮胎
six position turret 六角头
six-sided 六边的
six-sided nut 六边形螺母, 六角 [形] 螺母
six-spindle automatic lathe 六轴自动车床
six-spindle bar automatic lathe 六轴棒料自动车床
six-spindle hydroelectrical automatic lathe 六轴液压自动车床
six-terminal network 六端网络
six unit code 六单位码
six-vector 六维矢量, 六度矢量

six-wheeler 六轮卡车
six-wire 六线的
six-zone-pass 六次区域熔融
sixtuple space 六维空间
sixty degree V-type thread 60°V 形螺纹
sizable 大小合宜的, 大小相当的, 广大的
size (1) 大小, 尺寸, 尺码, 体积, 量值, 号数, 号码, 规模, 型; (2) 度量; (3) 规格; (4) 测定大小, 估计大小, 量尺寸, 测尺寸, 定尺寸; (5) 依大小排列, 按尺寸分类, 按一定尺寸制造, 精压, 压平, 校准, 校正; (6) (管材) 定径; (7) 涂胶水, 上胶, 上浆, 填料
size air shower 大气流簇射
size block 块规, 量块
size contraction (断面) 尺寸缩小
size course aggregate 规格的粗集料
size data 筛分数据
size distribution 粒径分布
size effect 尺寸效应, 截面因素
size factor 尺寸系数
size factor for Hertzian stress 接触强度计算的尺寸系数
size factor for tooth root stress 齿根强度计算的尺寸系数
size grading 粒径级配, 颗粒分级
size marking 尺寸标注
size of a fillet weld 角焊缝的尺寸
size of a sample 样本的大小, 样本容量
size of ground workpiece 磨削工件的尺寸
size of jaw 扳口开度
size of memory 存储 [器容] 量
size of mesh 筛眼号数, 筛孔大小
size of population 总数大小
size of subgroup 子群大小, 样品大小
size of weld 焊件大小
size of wheel 砂轮尺寸
size of wire 金属线尺寸
size range 尺寸范围
size ratio 尺寸比
size reduction 磨细, 轧碎, 打小
size-stick (确定刮板回转直径用) 刻度杆, 刮板定位杆
size test 粒度分析
size-up 估量, 估计
size variation 尺寸变化值
sizeable (=sizable) 大小合宜的, 大小相当的, 广大的
sized (1) 按大小排列好了的, 分过大小的, 分级的, 筛过的; (2) 已上胶水的
sizematic 工具定位自动尺寸(内圆磨的控制砂轮位置的尺寸自动控制)
sizematic internal grinder 自动定尺寸内圆磨床
sizer (1) 填料器, 上胶器; (2) 分粒器, 分粒机; (3) 分档整理器, 分级机; (4) 筛分机, 分选机, 筛子; (5) 精加工机, 木工刨床
sizing (1) 确定几何尺寸, 选择参数, 量尺寸, 测尺寸, 定尺寸, 定大小; (2) 尺寸定位; (3) 校准, 精整, 整形; (4) 精密加工; (5) 填料, 上胶; (6) 胶料; (7) 筛分; (8) (轧制管材时) 定径
sizing broach 准削拉刀
sizing control 尺寸控制, 大小控制
sizing device (1) 校准装置, 校正装置; (2) 尺寸测量装置, 尺寸监控装置
sizing die 精整模
sizing facilities 精研磨设备
sizing ga(u)ge 尺寸控制量规
sizing knockout 精压出坯件
sizing press 精整压力机
sizing procedure 精压操作程序
sizing punch 精压冲杆, 精冲模冲
sizing screen (筛分用) 筛子
sizing test 筛分试验
skate (1) 滑动接触片; (2) 滑动装置, 滑座, 滑轨
skate conveyor 滑道输送器
skateboard 滑板
skeleton (1) 轮廓; (2) 骨架, 骨干, 架子, 框架; (3) 示意图, 草图, 略图, 简图; (4) 计划; (5) 纲要的, 计划的; (6) 透孔的, 格栅的
skeleton diagram 概略图, 原理图, 轮廓图, 骨架图, 方块图, 方框图, 构架图, 略图, 简图, 总图
skeleton drawing 轮廓图, 骨架图, 略图, 简图, 草图
skeleton form 线圈架
skeleton frame 骨架构架, 框架, 架子
skeleton key 万能钥匙

skeleton layout 原理图, 结构图, 轮廓图, 草图
skeleton method 简要法
skeleton pattern 轮廓模型
skeleton sketch 轮廓草图, 构架图
skeleton structure 框架结构
skeleton symbol [结构] 简式
skeletonise (=skeletonize) (1) 使成骨架；(2) 记下梗概, 绘草图, 缩略图；(3) 大量缩减……编制
skeletonizing 绘制草图
skeller 挠曲 [变形]
skellering 挠曲 (例如淬火钢的变形)
skelp (1) 制管熟铁板, 制管钢板, 管材；(2) 焊管条料, 焊管铁条, 焊接管坯
skelper 焊接管拉制机
sketch (1) 简略图, 示意图, 草图, 略图；(2) 画示意图, 画草图
sketch drawing 示意图, 草图, 简图, 略图
sketch map (地形) 示意图, 草图, 略图
sketch master 像片转绘仪
sketch plan 示意图, 草图, 简图
sketch plate 非标准板, 异形板
sketching (1) 草图；(2) 画示意图, 画草图
sketching paper 草图纸
skew (1) 不交轴的, 扭曲的, 歪斜的, 弯曲的, 斜, 歪；(2) 非对称的, 误用的, 曲解的；(3) 轨迹不正, 使歪斜, 偏移, 歪斜；(4) (传真电报的) 歪斜失真；(5) (磁带) 读出信号的失真；(6) (印书之文字的) 歪斜；(7) 时滞
skew angle 斜交角, 歪扭角, 斜角
skew angle of roller 滚子倾斜角
skew antenna 斜向辐射天线
skew axes 相错轴
skew axes gear 偏轴齿轮
skew axes gear drive 偏轴齿轮传动
skew axes gears 偏轴齿轮系
skew-axis gear 偏轴齿轮
skew-axis gears 偏轴齿轮系
skew bevel gear 斜齿锥齿轮, 交错轴齿轮, 斜伞齿轮
skew bevel gear drive 斜齿锥齿轮传动
skew bevel gear mechanism 斜齿锥齿轮传动机构
skew bevel gear pair 斜齿锥齿轮副
skew bevel gearing 斜齿锥齿轮传动 [装置]
skew bevel wheel 斜齿锥齿轮, 交错轴齿轮, 斜伞齿轮
skew conical gear 斜齿锥齿轮
skew conical gear pair 斜齿锥齿轮副
skew conical gearing 斜齿锥齿轮传动 [装置]
skew curve 不对称曲线, 空间曲线, 斜曲线, 挠曲线
skew cutter 椭圆形刀头, 与刀杆不垂直的刀头 (加工切削宽度用)
skew cylindrical gear 交错轴斜齿圆柱齿轮
skew determinant 斜对称行列式
skew factor 斜扭系数, 斜歪系数, 反称因数
skew gear (1) 交错轴齿轮 (包括蜗轮)；(2) 交错轴斜齿轮, 双曲面齿轮, 螺旋齿轮；(3) 斜齿锥齿轮；(4) 交叉齿轮
skew gearing 交错轴齿轮传动 [装置]
skew involution in space 双轴对合
skew matrices 斜对称矩阵
skew quadrilateral 挠四边形
skew ray 不交轴光线
skew roller table 斜辊道工作台
skew rolling mill 斜轧机
skew ruled surface 不可展直纹曲面
skew running marks (轴承定圈) 偏滑滚迹
skew shaft 偏轴, 歪轴
skew span 斜跨结构, 斜跨度
skew-symmetric 斜对称的, 反对称的, 交错的
skew tee 斜叉三通 (T 形管节)
skew teeth bevel gear 斜齿锥齿轮
skew teeth conical gear 斜齿锥齿轮
skew teeth cylindrical gear 斜齿圆柱齿轮
skew teeth gear 斜齿锥齿轮, 螺旋齿轮
skew tooth 螺旋齿
skew tooth gearing 交错轴斜齿轮传动 [装置]
skew wheel 交错轴斜齿锥齿轮, 螺旋齿轮
skew-wire line 绞线线路
skewback (1) 底座；(2) 后偏度；(3) [螺] 桨叶侧向斜角
skewed boundary condition 偏斜边界条件
skewed crossing 斜交叉

skewed helix 斜螺旋线
skewed slot 斜槽
skewed surface (1) 斜面；(2) 扭曲表面
skewer 叉状物
skewer pointer 磨木锭子机
skewing (1) 偏移, 偏置, 斜；(2) 歪曲, 弯曲；(3) 相位差；(4) 交叉轴
skewness (1) 偏斜度；(2) 奇点斜度；(3) 不对称现象, 非对称性, 反称性；(4) 分布不均匀, 失真, 畸变
skewness index (速率分布曲线) 切线斜率
Skhl steel 镍铬铜低合金钢 (铬 0.4-0.8%, 镍 0.3-0.7%, 铜 0.3-0.5%, 其余铁、碳)
skiagraph (1) 纵断面图；(2) 投影图；(3) X 光照片
skiameter X 射线量测定器, X 射线强度计
skiametry (1) 阴影测量；(2) X 射线量测定法
skiascope (1) X 射线透视镜, 眼膜曲率器, 视网膜镜；(2) X 射线透视
skiascopy 眼球折射测定术, X 射线透视术
skiatron 记录暗迹的阴影射线管, 暗迹示波管, 迹管, 黑影管
skid (1) 打滑, 滑移, 滑动, 滑行；(2) 滑轨, 滑道, 导轨, 导板, 滑板；(3) 滑动垫木平台, 滑行装置, 滑动垫木, 滑道木, 垫板；(4) 运物小车, 拖运机, 移送机, 滑行架, 滑行器；(5) 制动装置, 制动器, 制动器, 刹车块, 制动瓦, 闸瓦；(6) 用刹车刹住, 用刹车制动, 使减速, 刹车；(7) 制件缺陷
skid control 制动防滑器
skid-fin (1) 机翼, 附翼；(2) 翼上垂直面
skid fin 防滑翅
skid-fin antenna 机翼天线, 附翼天线, 翅形天线
skid-free 防滑的, 抗滑的
skid girder 制动架
skid marking 滑迹 (高速轴承中一种严重的显微磨损)
skid mount 固定滑履
skid-mounted 装于滑动底板上的
skid pad 试车场
skid pipe 滑道管
skid platform 载重手推车
skid prevention 防滑
skid-proof 防滑 [的], 抗滑的
skid rail (加热炉内的) 滑道
skid-resistance 抗滑阻力, 抗滑
skid-resistant 防滑的, 抗滑的
skid-senser 打滑感应器
skid shock absorber 撬形减震器, 撬形缓冲器
skid table 滑台
skid-test 滑溜试验
skidder (1) 集材机；(2) 集材人
skidding (1) 滑轮, 滑板, 滑垫, 滑橇；(2) 集材装置；(3) 曳出
skidding accident 滑溜事故
skidding distance 滑行距离
skidding of the wheel 滑轮
skidding tyre 不防滑轮胎, 光面轮胎
skids 滑动垫木
skidway 倾斜平台, 滑道
skiff 尖船首方船尾平底小快艇, 小型快速汽艇, 小型轻快帆艇, 轻舟
skill (1) 技巧, 技能, 技艺, 熟练；(2) 熟练工人
skilled labourer 熟练工人
skilled work 需要技能的工作, 技术性工作
skillet (1) 长脚煮锅；(2) 金银铸膜；(3) 做火柴的薄木片
skillful (1) 灵巧的, 熟练的；(2) 制作精巧的
skim (1) 撇渣, 扒渣, 挡渣, 去渣, 脱脂, 去脂；(2) 浮渣, 熔渣；(3) 铲削, 刮削
skim bob 集渣暗冒口, 撇渣凸块
skim coat 表层
skim core 撇渣泥芯
skim-grading 刮整表面
skim ladle 撇铸槽里的渣, 从铸勺撇渣
skim stock 敷涂混合物
skimmer (1) 分离器；(2) 泡沫分离器；(3) 撇渣器；(4) 宽刃接缝刨, 铲削器；(5) 刮路机, 推土机
skimmer blade 刮刀, 刮板
skimming (1) 撇去泡沫浮渣, 撇渣, 扒渣, 除渣, 挡渣；(2) 浮渣 (常用复数)；(3) 泡沫分离法；(4) 铲削, 刮削
skimming baffle 分离挡板
skimming coat 石灰膏涂层
skimming disk 摩托快艇
skimming door 撇渣门

skimming machine　离心机, 撇渣机
skimming tool　撇渣器
skimming wear　刮削磨损, 滑动磨损
skimobile　履带式雪上汽车
skin　(1) 表层, 表面, 表皮; (2) 蒙皮, 外壳, 外皮; (3) 薄膜
skin coat　[罩] 面层, 表层
skin-deep　表面的, 肤浅的
skin-effect　集肤效应, 趋肤效应
skin effect　表皮效应
skin-friction　(1) 表面摩擦; (2) 船壳 (或机壳) 与水 (或空气) 摩擦力
skin friction　表面摩擦
skin-friction coefficient　表面摩擦系数
skin-friction force　表面摩擦力
skin-friction resistance　表面摩擦阻力
skin hardness　表面硬度
skin hole　(钢锭) 表皮气泡
skin layer　表层
skin miller　(1) 表皮光轧机; (2) (飞机制造用的) 表皮铣床
skin of casting　铸件表皮
skin-pass　(1) 外层通路; (2) 表皮光轧, 表皮冷轧, 调质轧制
skin pass　(1) 外层通路; (2) 表皮光轧, 表皮冷轧, 调质轧制
skin pass mill　表面冷轧机, 表皮光轧机
skin pass roll　表面冷轧机, 表皮光轧机
skin-pass station　外层通路变电站
skin plate　面板
skin resistance　(1) 表面摩擦阻力; (2) 趋肤电阻
skin stress　表面应力
skin thickness　(金属) 蒙皮厚度
skin tracking　目标反射信号跟踪, 雷达跟踪, 无源跟踪
skinner　刮皮工具
Skinner engine　单流提阀式蒸汽机, 斯金纳蒸汽机
skip　(1) {计} 跳跃 (进位), 空白指令; (2) 跳跃处理, 跳步; (3) 省略, 忽略; (4) 斗式提升机, 可翻车箱, 起重箱, 吊货盘, 吊货箱, 翻斗车, 料车; (5) 铸桶; (6) 控斗, 箕斗
skip area　死区
skip band　短波波段, 越程波段, 空白带
skip block welding　跳跃块焊接, 分段多层跳焊
skip bombing　跳弹轰炸
skip bucket　倾卸斗, 翻斗
skip-cage　箕斗罐笼 (一种混合提升容器)
skip car　倾卸小车, 倒货车, 翻斗车, 上料车
skip car loader　翻斗车装料斗
skip charger　倾卸加料机
skip charging　翻斗装料
skip code　空白命令码, 跳跃码
skip distance　(1) 跳跃距离, 越程, 跨度; (2) 死区, 盲区
skip dress　(砂轮的) 间隔修整
skip effect　超越效应
skip fading　跳跃衰减
skip feed　跳跃进给, 跳跃进刀
skip field　{计} 空白指令部分
skip flag　跳跃标记
skip-grading　间断级配的
skip hoist　倒卸式起重机, 吊斗提升机, 大吊桶
skip instruction　{计} 空操作指令, 空白指令, 条件转移指令
skip-keying　脉冲重复频率分频
skip loader　翻斗式装载机, 箕斗式装载机, 翻转装料斗
skip loading chute　翻斗装料斜槽
skip logging　跳步记录, 周期跳步
skip lorry　翻斗卡车
skip mixer　翻斗混合器
skip motion　跳动
skip-plane　雪上飞机
skip-slitter　间歇插页器
skip stop insert bar　跳跃杆
skip tape　空白带指令
skip test instruction　空白检测指令
skip weighter　(装料时用的) 翻斗秤
skip weld　跳焊
skip welding　跳焊
skip zone　跳越区, 静区
skiphoist　吊斗提升机, 大吊桶
skipjack　V 形底帆艇
skipout　跳过, 反跳, 弹回

skipper arm　挖土机斗柄
skipper sounder　一种探鱼仪
skippersonar　渔用声纳
skipping printer　跳印式印片机
skirt　(1) 边缘, 边界; (2) 套筒; (3) 环; (4) (绝缘子) 外裙, 活塞裙
skirt clearance　裙部间隙
skirt dipole antenna　(四分之一波长) 套筒偶极天线
skirt relief　裙部凹槽
skirt section　裙部
skirt selectivity　靠边频来提高的选择性, 边缘选择性
skirt-type joint bar　裙形夹板
skirtboard　(1) 侧护板, 侧壁; (2) (输送带的) 裙板
skirted　有缘的, 带裙的
skirted fender　(车轮) 挡泥板
skirting　(1) 踢脚板, 壁脚板, 护墙板; (2) 边缘
skirtron　宽频带速调管
skitron　记录暗迹的阴极射线管, 暗迹示波管, 黑影管, 阴影管
skittle　[圆] 锥体
skittle pot　柱形坩埚
skittle-shape　葫芦形的
skive　(1) 磨 (宝石之表面); (2) 琢宝石用的钻石轮, 金刚石砂轮; (3) 切成薄片, 剖切片, 刮, 削, 磨; (4) 单斜面切割, 斜坡切割
skiver　(1) 剖切机; (2) 弯切刀; (3) 切削工
skiving　刮削
skiving tool　定形切向刀
Skleron　斯克列隆铝基合金 (锌 12%, 铜 3%, 锰 0.6%, 硅 0.5%, 铁 0.4%, 锂 0.1%, 其余铝)
skot　斯科特 (发光单位)
skotograph　射线照片, X 光照片
skull　(1) 熔铁上的渣, 熔渣硬皮, 炉瘤; (2) 渣壳, 结渣
skull cracker　(1) 落锤破碎机; (2) 破碎球; (3) 渣壳熔炼炉
skull melting　渣壳熔炼, 熔渣
skull-melting furnace　渣壳熔炼炉, 熔渣炉
skullcap　钢盔
sky　天空
sky laboratory　太空实验室
sky-liner　空运班机, 客机
sky-wave　天 [空电] 波
sky-wave synchronized Loran (=SS Loran)　天波同步远程导航系统
sky-wave trouble　天波干扰
Skybolt　空中弩箭导弹
skyborne　空运的, 空降的, 机载的
skybus　航空班机
skycoach　普通客机
skycrane　空中起重机
Skydrol　(防腐及润滑用) 特种液压工作油
skyhook　(1) 架空吊运车; (2) 探空气球通信气象观测用高达 370 米的天线; (3) 安装锚杆
skyhook balloon　高层等高探测气球
skylab (=sky laboratory)　太空实验室, 空间实验室, 天空实验室
skylight (=slt)　(1) 反射灯光, 天空光; (2) 天窗
skyline　(1) 地平线; (2) 承载索, 架空索
skymaster　巨型客机
skynet (=SKYNET)　天网
skyrocket　(1) 高空探测火箭; (2) 烟火; (3) 上升, 弹射
skyscreen　空网 (一种用来观测导弹弹道横偏差的光学仪器)
skysweeper　雷达瞄准的高射炮, (装有雷达瞄准设备的) 75mm 口径的高射炮, "扫天" 式高射炮
skytruck　(大型) 运输机
skyway　(1) 航空线路; (2) 高架公路
slab　(1) 厚板, 平板, 背板, 板钢; (2) 厚片, 厚块, 板料; (3) 扁钢坯, 扁坯, 铁块; (4) 切片; (5) (复) 胶块, 板状橡胶; (6) 板极; (7) 大理石配电盘
slab and edging pass　平竖轧道
slab coil　盘形线圈, 蛛网形线圈
slab copper　扁铜锭
slab frame　整板车架
slab glass　厚块光学玻璃, 板状光学玻璃
slab handler　板坯加热炉工
slab heating　扁钢坯加热, 板坯加热
slab ingot　扁锭
slab keel　龙骨补强板
slab mill　(1) 阔面铣刀; (2) 扁坯轧机
slab miller　大型平面铣床

slab milling　(1)阔面铣削；(2)平[面]铣法
slab milling machine　大型平面铣床,扁钢坯铣床
slab oil　白色矿物油,胶块油
slab pass　板坯孔型,框形孔型
slab pile　初轧板坯垛
slab piling　垛放初轧板坯
slab rubber　板状橡胶,胶块
slab shear　阔面剪切
slab shear blade　扁坯剪切机刀片
slab-sided　侧面平坦的
slab spanning in two direction　双向平板
slab synchro　扁形同步机
slab tail　全动尾翼
slab track　平板轨道
slab-type resolving potentiometer　盘形分解电位计
slab wrapping　(混凝土)板翘曲
slab winding　电容性线圈,盘形绕组
slab with stiffened edges　加强边缘板
slab zinc　扁锌锭,锌板
slabber　(1)锯板机,切块机；(2)扁钢坯轧机；(3)肥皂切片机；(4)
　制板工
slabber-edger　轧边扁坯轧机
slabbing　(1)阔面铣,平面铣法；(2)扁钢坯轧制；(3)背板；(4)片落,
　剥落
slabbing cutter　(1)阔面铣刀；(2)平面铣刀
slabbing machine　刷帮截煤机
slabbing mill　扁坯轧机
slabbing milling cutter　阔面铣刀,平面铣刀
slabbing pass　扁钢坯轧辊孔型
slabbing roll　扁坯轧辊
slabby　(1)稠粘的；(2)层状的
slack　(1)空隙,间隙,游隙,余隙,隙；(2)松弛[度],下垂,垂度,挠
　度；(3)松弛的,松动的,疏松的,缓慢的,迟滞的,弱的；(4)弛缓；(5)
　煤屑,煤末,煤渣,渣屑；(6)沸化的,熟化的,风化的；(7)静止不动,
　停止流动
slack adjuster　(1)松紧调整器,间隙调整器；(2)(制动器调整蹄片
　间隙的)凸轮轴臂
slack adjuster worm lock ball　减速调整器的蜗杆锁球
slack fired　欠火的,欠锻的
slack hours　低峰时间
slack in the manhole　人孔中的备份电缆
slack in the screw　螺杆空转
slack quench(ing)　断续淬火,[晶粒]细化热处理,调质
slack running fit　松动配合
slack side　(传动带、传动链)松边,皮带从动边
slack size　薄薄上胶
slack washing machine　松式绳状洗布机
slack water　死水,滞水
slack wax　疏松石蜡
slacken　放松,变松,拧松,变慢,放慢,减速,减缓,减少
slacking　(连接件)松弛,松动,破碎
slacking of ga(u)ge　轨距加宽
slacking slag　风化渣
slackline　(1)起重机用巨缆吊,巨缆；(2)松弛的绳索
slackline cableway excavator　拖铲挖土机
slackline scraper　拖铲挖土机
slackly　松弛地,宽松地,缓慢地,无力地
slackness　松弛性,松弛度,缓慢,无力
slag　(1)[金属]炉渣,熔渣,矿渣,铁渣,堆渣,残渣,夹渣；(2)渣孔；
　(3)轧屑,釉料
slag action　炉渣[侵蚀]作用
slag-bearing　含矿渣的,含炉渣的
slag bin　储渣料仓
slag-bonding　结渣
slag buildup　炉瘤,结渣,结壳
slag calculation　配渣计算
slag catcher　接渣器
slag cement　矿渣水泥
slag conditioning　渣成分的调整
slag crusher　炉渣破碎机,碎渣机
slag dam　挡渣的凸起物
slag deposits　渣沉积
slag eye　渣孔
slag-formation　造渣,结渣,成渣

slag formation　制造矿渣,渣化
slag formation period　(转炉)硅锰氧化期,造渣期
slag-forming　造渣
slag hammer　(焊接用的)除渣锤
slag-heap　熔渣堆
slag hole　出渣口,熔渣孔,渣眼,渣孔
slag-like concretion　炉渣状铁质结核
slag-making　造渣
slag-metal　渣钢线
slag-metal level　渣钢线
slag muck　渣堆,废渣
slag-off　(1)排渣,除渣；(2)结渣,造渣
slag-out　出渣,除渣
slag patch　夹渣
slag pocket　(平炉)沉渣室
slag inclusion　(焊缝)夹渣
slag receiver　熔渣罐,盛渣罐
slag removal　除渣
slag tap　液态排渣,出渣口,出渣
slag trap　挡渣板
slag-wool　渣棉,渣绒
slag-working　造渣
slaggability　造渣能力
slagger　炉渣工,放渣工
slagging　成渣,造渣,出渣
slagging combustion chamber　排渣式燃烧室
slagging inclusion　夹渣
slagging medium　助熔剂,焊剂
slagging-off　除渣,扒渣
slagging screen　捕渣筛
slaggy　矿渣的,熔渣的
slagworking　造渣
slake　(1)减弱[火焰],灭火,熄焦,消除；(2)使缓慢,缓和,松,停；
　(3)(石灰)沸化,消化,熟化,水解,水化,渗水
slakeless　无法消除的,无法熄灭的
slaker　消石灰器,消和器,消解器
slant　(1)[使]倾斜,弄斜,变斜；(2)倾斜度；(3)斜面,斜坡,斜向
slant bore　斜孔
slant course line　斜航线
slant distance　倾斜距离,斜距
slant evaporation　在一定角度下蒸涂,斜置蒸镀
slant face　斜面
slant fracture　倾斜断口
slant hole　斜孔
slant mechanism　倾斜机构
slant-range　斜距
slant range　斜距
slant-range voice communication　斜距音频通信系统
slant visibility　斜能见度
slanted screen　斜筛,立筛
slanted strut　斜撑
slantendicular (=slantingdicular)　有点倾斜的
slanting edge　斜边,斜棱
slanting set valve　斜置阀,斜座阀
slanting stitch　(1)对角线；(2)斜缝
slantways　倾斜地,歪斜地
slantwise　倾斜的,歪斜的
slap　(1)敲击；(2)(发动机)敲击声,撞击声
slap-up　第一等的,第一流的,最新式的,极好的
slapping　钻杆敲孔壁
slash　(1)裂口,切口,刀痕,砍伤,长缝；(2)螺纹旋压,螺纹滚压,锯,
　锉；(3)缩减,减少,降低
slash bar　碎焦火钩
slasher　(1)多盘圆锯截木机,圆材切断机,断木机；(2)浆纱机
slashing　螺纹滚压[法],螺纹旋压[法]
slat　(1)狭条,板条,条板,横木；(2)敲,打
slat conveyer　板条式输送机,平板输送机,翻板输送机
slat conveyor　板式输送带
slat type conveyer　板条式输送机,平板输送机,翻板输送机
slate　(1)石板,石片；(2)内定用人名单,拟用人员名单；(3)镜头号
　码牌
slate cramp　石板扒钉
slatted-chain conveyor　链板式输送机
slatted conveyor　板条式输送机,平板式输送机

1303

slave (1) 从动装置, 次要设备; (2) 从动凸轮, 共轭凸轮; (3) 从属的, 从动的, 随动的被控的, 次要的, 副的
slave clock 子钟
slave computer 从属计算机
slave cylinder (1) 随动油缸, 从动油缸, 辅助油缸; (2) 液压制动分泵
slave drive 伺服传动
slave flip-flop 从动双稳态触发器, 他激多谐振荡器
slave gear unit 封闭 [功率用的] 齿轮装置
slave kid 全套辅助工具
slave locomotive 连挂在列车中部的辅助机车, 被控机车
slave receiver 子接收机, 分接收机
slave relay 从动继电器
slave-robot 机器人
slave station 从属台, 被控台, 分台, 副台, 副站
slave sweep 触发式扫描, 等待式扫描, 从动扫掠
slave unit (1) 从属装置, 辅助装置, 伺服装置, 伺服马达; (2) 从动部件
slave valve 液压自控换向阀, 用导阀控制的换向阀, 随动阀
slaved 从属的, 从动的
slaved operation 从动作用
slavedrive 从动
slaving (1) 辅助设备, 辅助装置; (2) 从属, 跟踪
slay (1) 心子, 铁心; (2) 前轮外倾角, 倾斜
sleak (1) 冲淡, 稀释; (2) 溶化
sleazy (1) 质量差的, 质地薄的; (2) 未整修的
sled (1) 滑板, 雪橇; (2) 滑台, 滑轨; (3) 拖网; (4) 空气动力车, 拖运器; (5) 地下电车底下的滑动装置
sled drag 橇式刮路器
sledge (1) 滑板, 滑橇, 滑车; (2) (手用) 大 [铁] 锤
sledge flattener 大平锤
sledge-hammer 手用大锤 (100 磅以上)
sledge hammer 大锤
sledgehammer (1) 锻工用大锤, (手用) 大铁锤; (2) 用大锤敲打
sledging 二次破碎
sledplane 雪橇起落架飞机, 雪上飞机
sleek (1) 有光泽的, 光滑的, 柔滑的, 整洁的; (2) 豪华的, 时髦的, 漂亮的; (3) 使光滑, 弄滑, 修光, 磨光, 滑动; (4) 曲形镗刀, 修型镗刀
sleeker (1) 磨光器; (2) 刮子; (3) 异型镗刀
sleeking 磨光, 修光
sleeky 光滑的
sleeper (1) 枕木, 轨枕, 钢枕; (2) 机座垫; (3) 有卧铺 [设备的] 飞机, 卧车
1304
sleeper bailer 枕木抽换机
sleeper beam 枕梁
sleeper coach 坐卧两用车
sleeper drill 枕木钻孔机
sleeper joist 轨枕梁, 小搁栅
sleeper pass 钢枕孔型
sleeper saw 木枕锯
sleeper scrap 废轨枕
sleeper slab (接缝下) 垫板
sleet-proof 耐冰凌的, 防雹的
sleeve (1) 套筒, 套管, 轴套, 套; (2) 空心轴; (3) 管接头; (4) 套筒滑阀; (5) (轴承) 内罩, (油泵) 滑套; (6) 壳体; (7) 插座套, 塞孔套; (8) (压铸) 压射室; (9) 连接套管, 装套筒, 装套管
sleeve antenna [装在] 同轴 [管中的] 偶极天线, 套筒天线, 套管天线
sleeve barrel 套筒
sleeve bearing 套筒轴承, 滑动轴承
sleeve blocking nut 套筒闭塞螺母
sleeve clutch 套筒离合器, 刚性离合器
sleeve control lever 套筒控制杆
sleeve coupling (1) 套筒联轴节; (2) 筒形连接
sleeve dipole element 同轴管内置偶极振子, 套管偶极振子元
sleeve flange 套筒法兰
sleeve for spindle 心轴轴套, 轴套
sleeve for taper shank drill 锥孔钻套
sleeve gasket 套筒形垫圈, 密封垫, 密封套, 套垫
sleeve gear 套筒齿轮
sleeve half-bearing 半套筒轴承
sleeve joint (1) 套筒接头; (2) 套筒连接, 套管连接, 套管连接, 套管连接, 连接
sleeve loading 电缆接头加感
sleeve nut (1) 套筒螺母, 螺旋帽, 螺栓帽, 管套; (2) 螺旋联轴节; (3) 连接螺母, 牵紧螺母; (4) 松紧套管螺母
sleeve of jack 塞孔套

sleeve of tail stock 顶针座套筒
sleeve pin 套筒销
sleeve port 套筒口
sleeve pump 套筒活塞泵
sleeve seal 套筒密封
sleeve shaft 筒形轴, 中空轴, 套筒
sleeve spindle 套轴
sleeve-type bearing 套筒式轴承
sleeve-type chain 套筒链
sleeve-type journal bearing 套筒式颈轴承
sleeve valve 套筒阀, 筒式阀, 滑阀, 套阀
sleeve-wire (=S-wire) 塞套引线, S 线
sleeve yoke 带 [花键] 套筒的万向节叉
sleeved injection tube 有套筒的喷射管, 有套筒的压注管
sleeved roller transmission 套筒滚子传动链
sleeving (1) 套管; (2) (导线的) 编织套, 编织层; (3) 嵌入
sleeving valve 筒式阀, 套阀
sleigh (1) 滑行车; (2) 炮架的一部分
slender (1) 瘦长的, 细长的, 狭长的; (2) 微小的, 微弱的, 薄的
slender beam 细长梁
slender body 细长船型, 细长体
slender check 小额支票
slender hub 细长毂
slender member 细长构件
slender piece 细长工件
slender proportion (1) 细长比例, 细长比; (2) 柔性系数
slender ratio (1) 细长比例, 细长比; (2) 柔性系数
slender ship theory 细长船体理论
slenderness (1) 细长, 狭长; (2) 微小, 微弱, 微薄
slenderness coefficient 细长比 (长度与直径比)
slenderness ratio (1) 细长比, 长短比, 长径比; (2) 柔性系数
slew (1) 旋转, 回转, 扭转; (2) 转向, 转动
slew mode 回转型式
slewability 回转机动性, 旋转机动性
slewer (1) 回转装置, 回转器; (2) 回转式起重机, 旋转式起重机
slewing (1) 回转, 摆转, 旋转, 转动; (2) 摆转的; (3) 快速定向, 快速瞄准; (4) 固定, 锁住; (5) 微微摇动, 轻轻摇晃
slewing bearing 回转枢轴轴承
slewing crane 回转式起重机, 旋臂起重机, 转吊机
slewing gear 回转装置
slewing motor 回转电动机
slewing range (步进电机的) 变速范围
slewing rate 转换速率
slewing rollers 转向辊
slice (1) 薄片, 片; (2) 桨; (3) 切片; (4) 火铲, 长柄铲; (5) 泥刀
slice-bar 拨火杆, 炉钎
slice circuit 脉冲限制电路, 限幅电路
slice level 限制电平
slice of silicon 硅片
slice off 切去, 切下
slice up 把……切片
slicer (1) 切片机, 切割机, 切片刀, 分割器, 切刀; (2) 单板平切机; (3) 刨煤机, 刨矿机; (4) 双向限幅器, 脉冲限幅器, 限制器; (5) 脉冲限制级; (6) 泥刀, 瓦刀
slicer-loader 刨煤装煤机
slicing (1) 限幅, 限制; (2) 切片, 切断
slick (1) 光滑, 平滑; (2) 使光滑, 使滑动, 弄整齐, 修光, 磨光; (3) 修光工具; (4) 穿眼凿; (5) 平滑面; (6) 光滑的, 平滑的; (7) 灵巧的, 巧妙的, 熟练的; (8) 完全的, 单纯的; (9) 第一流的, 良好的; (10) 无独创性的, 老一套的
slick condition 滑溜状态
slick joint 滑动接头
slick plate 出渣钢板
slickenside (1) 滑面; (2) 断面擦痕, 擦痕面, 擦光面
slicker (1) 修光工具, 磨光器, 刮刀; (2) 异形镗刀, 刮子; (3) 叠板刮路器; (4) (油布) 雨衣
Slicker solder 铅锡软焊料 (锡 66%, 其余铅)
slicking 磨光, 修光
slidabrading 滚光
slidac 滑线电阻调压器
slide (1) 滑板, 滑枕, 滑座, 滑块, 滑尺, 滑阀, 滑销, 滑轨, 滑盖, 滑道, 导轨, 导板, 挡板, 插板; (2) 滑动装置, 滑动触头, 滑动部分, 刀架; (3) 滑动, 滑移; (4) 片; (5) 滑动片, 载片; (6) 计算尺; (7) 闸门, 闸板
slide adjustment 滑动调整

slide anvil micrometer　滑动测砧千分尺
slide arm　滑板臂
slide-back　(1)滑回法(测量高频电压)；(2)偏压补偿法
slide-back voltmeter　偏压补偿式电压表,偏压补偿式伏特计
slide balancer　滑块平衡器
slide-bar　滑杆,导杆
slide bar　滑杆,滑棒,导杆
slide bearing　滑动轴承
slide block　滑块
slide borer carriage　滑动镗架
slide bridge　滑触电桥,滑线电桥
slide caliper　游标卡尺,滑动卡尺
slide carriage　(1)滑座,溜板；(2)滑动炮架
slide contact　滑动接触
slide control　(1)滑动调节；(2)滑动调整器
slide conveyor　滑轨输送器,滑轨运送机
slide coupling　可移联轴节
slide damper　滑动挡板
slide detector　坍方检测器
slide face　滑动面,导向面
slide fastener　拉链,滑扣
slide feed screw　滑板进给螺杆,滑板丝杠
slide fit　滑动配合
slide ga(u)ge　游标卡尺,滑尺,卡尺
slide gate　滑动闸门
slide gear　滑移齿轮,滑动齿轮
slide glass　滑动玻璃,玻璃片,载玻片
slide guide　导轨
slide holder disk　滑动夹持盘
slide-in classis　{计}抽屉式部件
slide-key drive　滑键传动装置
slide magazine　幻灯片盒
slide micrometer　滑动千分尺,载玻片测微尺
slide multiplier　滑臂式乘法器
slide of shaper　牛头刨滑枕
slide of tailstock bottom　尾座底板
slide path　滑道
slide plate　滑板
slide prevention　防止滑移
slide projector　幻灯放映机,透射式幻灯
slide rail　导轨,滑轨
slide regulator　滑动调节器
slide resistance　滑动阻力
slide rest　滑动台架,滑动刀架,刀架,刀座
slide rest of compound type　复式滑动刀架
slide rest with cross and top slides　纵横[交叉]滑板滑动刀架
slide ring　滑环
slide rod　(1)滑杆；(2)拉杆,连杆
slide-rod guide　滑杆导向,滑杆导轨
slide roll　滑辊
slide roll ratio　滑滚系数,滑滚率,滑滚比(滑动速度与滚动速度之比)
slide-rule　计算尺
slide rule　(1)计算尺；(2)无游标卡尺；(3)滑尺
slide rule diagram　游标刻度盘
slide-rule dial　游标刻度
slide-rule nomogram　计算尺型列线图
slide ruler　计算尺
slide saddle　溜板
slide shaft　滑动轴
slide shoe　滑块,滑瓦
slide steering　单侧制动滑动转向
slide-sweep ratio　滑扫率
slide switch　滑动移位接触开关,滑动片接触开关,滑动开关
slide tool rest　滑动刀架
slide transformer　滑动式变压器,滑线变压器,调感变压器
slide unit　滑台
slide-valve　滑阀
slide valve　分油活门,滑阀
slide valve thimble　滑阀套管
slide viewer　幻灯片观察镜
slide-way　滑路,滑斜面
slide way　滑道,导轨
slide-wire　滑线
slide wire　滑[触电阻]线

slide wire bridge　滑线电桥,滑触电桥
slide wire potentiometer　滑线式电位计
slide-wire rheostat　滑线变阻器
slide wire resistance　滑线电阻
slide wire resistor　滑线电阻器
slider　(1)滑动器,滑触头；(2)滑动件,滑块,滑座,滑板,导块,导瓦；(3)游杆,滑尺,游标；(4)移动式刻度盘；(5)自动调节闸瓦
slider chassis　抽屉式部件
slider crank　滑块-曲柄机构
slider crank chain　滑块曲柄机构,滑块曲柄链系
slider crank mechanism　滑块-曲柄机构
slider-crank sequence　滑块-曲柄传动系统
slider of zip fastener　拉链滑扣
slideway　(1)导轨；(2)导向槽；(3)滑道
slideway grinder　导轨磨床
slideway grinding machine　导轨磨床
sliding　(1)滑动,滑移；(2)滑动的
sliding action　滑动动作,滑动作用
sliding angle　摩擦角
sliding axle　滑动轴
sliding bar　滑杆
sliding base　(齿轮加工机床)床鞍,滑座
sliding bearing　滑动轴承,普通轴承
sliding bearing pillow block　滑动轴承轴台,滑动轴承台
sliding blade　滑[动叶]片
sliding block　滑块
sliding block linkage　滑动链系
sliding bottom　滑[动底]座
sliding box feeder　移箱式给料器,箱型给料器
sliding caliper　[游标]卡尺
sliding cam　滑动凸轮
sliding carriage　滑动刀架
sliding center ball　中间滑动球
sliding change drive　滑动变速传动
sliding clamp　滑动压板
sliding class A power amplifier　滑动甲类功率放大器
sliding clutch　滑动离合器
sliding collar　滑动轴承环
sliding conditions　滑动条件
sliding contact　滑动接触
sliding contact friction　滑动接触摩擦
sliding contact gears　滑动接触齿轮
sliding coupling　(1)可轴向转动的万向节；(2)滑动联轴节
sliding damper　活挡
sliding direction　滑动方向
sliding dog clutch　滑动牙嵌式离合器
sliding dog-tooth gear　滑动牙嵌式齿轮,滑动犬齿式齿轮
sliding door (=SLD)　[推]拉门,滑门
sliding door bracket　拉门底部导轨
sliding door guide　滑门导轨
sliding door roller　拉门滑轮
sliding door stile　拉门铁框
sliding eliminated gear　无滑动齿轮
sliding end　滑动端
sliding expansion joint (=SEJ)　滑动伸缩式接头,滑动胀缩接头
sliding factor　滑动系数
sliding feed　滑动进给,滑动进刀
sliding-filament model　滑丝模型
sliding fit　(1)滑动配合,滑配合；(2)滑合座
sliding follower　滑动随动件
sliding fork　滑动叉,伸缩叉
sliding form work　滑动模壳
sliding friction　滑动摩擦
sliding friction resistance　滑动摩擦阻力
sliding ga(u)ge　游标卡尺,滑尺,游尺
sliding gear　滑移齿轮,滑动齿轮
sliding gear box　滑移齿轮变速箱
sliding gear collar　滑移齿轮凸缘
sliding gear drive　滑移齿轮传动[装置]
sliding gear mechanism　滑移齿轮机构
sliding-gear type gearing mechanism　滑移齿轮变速机构
sliding-gear type transmission　滑移齿轮式传动,滑移齿轮式变速器
sliding gearbox　滑移齿轮变速箱
sliding groove　滑槽

sliding guide　滑动导承,导轨,滑架
sliding head　滑动刀架
sliding head stock　滑动床头箱
sliding headstock　滑动主轴箱,活动式前顶尖座
sliding housing needle valve　滑动壳针形阀
sliding hub　(同步器)滑动套
sliding index　游标
sliding jack　横式起重机
sliding joint　滑动连接,滑动接合,滑动缝
sliding key　滑[移]键
sliding knee　滑动膝杆
sliding line　滑动线
sliding lock bolt　锁滑螺栓
sliding member　滑动构件
sliding-mesh gearbox　滑动啮合齿轮箱,滑动啮合变速箱
sliding-mesh type transmission　(1)滑动啮合传动;(2)滑动啮合变速器
sliding metal contact　滑动金属触点
sliding motion　滑移运动,滑动
sliding pair　滑动副
sliding pair chain　滑动副传动链,滑动副链
sliding pair link　滑动副传动链,滑动副链
sliding pair mechanism　滑动副机构
sliding part　滑动[部]件
sliding path　滑动轨迹
sliding pinion　滑移小齿轮,滑动小齿轮
sliding pintle　滑动调节锥栓
sliding poise　游码,滑码
sliding ratio　滑率
sliding resistance　滑动阻力
sliding resistor　滑线电阻,滑臂电阻
sliding ring　滑环
sliding rod　滑杆
sliding rubbing　滑动摩擦
sliding rule　计算尺
sliding saddle　滑动座架
sliding scale (=SS)　(1)滑动标尺,计算尺,滑尺,游标;(2)比例相应增减制,递减率
sliding seat　滑动座[位],活动座位
sliding selector shaft　换挡拨叉轴
sliding shaft　滑移轴,活动轴
sliding shoe　滑瓦
sliding sleeve　滑套
sliding sideway　滑动导轨
sliding socket joint　滑动套筒接合
sliding speed　滑动速度,滑移速度
sliding spool　滑动柱塞
sliding spring　滑动弹簧
sliding stock　滑架
sliding support　滑动支架
sliding surface　滑动表面,滑动面,滑移面
sliding table　滑动工作台
sliding test　滑动试验
sliding tool carriage　滑动刀架
sliding tooth segment　滑移齿扇
sliding track　滑轨
sliding tripod　伸缩三角架
sliding-type carrier chain conveyor　滑动链式输送机
sliding-type gear selector mechanism　滑移式齿轮换挡机构
sliding-type gearing mechanism　带滑移齿轮的变速机构
sliding universal joint　带滑移花键的万向节
sliding vane　滑[动翼]片
sliding velocity　滑动速度
sliding way　导轨
sliding wedge chuck　滑楔卡盘
sliding zone　滑动区
slidometer　突然停车震动记录器
slight　(1)不严重的,轻微的,微小的,少量的;(2)细长的,细小的,薄的;(3)脆弱的;(4)轻视,藐视,忽视,忽略
slight error　微小的错误,小错误
slight taper cutting equipment　小锥度切削机构
slight wear　轻微磨损
slim　(1)细长的,细小的;(2)微弱的,微小的;(3)不充足的,稀少的;(4)无价值的,低劣的

slim-delta aircraft　小展弦比三角翼飞机
slim nose pliers　薄嘴平口手钳
slim ring ball bearing　薄壁套圈球轴承
slime　(1)(电解)阳极泥,粘泥,煤泥,淀渣,残渣;(2)粘液;(3)微粒;(4)[地]沥青
slime pump　泥浆泵
slime-separation　泥浆分离,脱泥
slimer　(1)细粉碎机,磨矿机;(2)矿泥摆床;(3)细粒摇床
sliminess　(纤维)稀粘程度
sliming　细粒化,泥浆化
slimline　细[长]管,细线
slimline type　细长型
slimmish　(1)有点细长的;(2)相当微小的,相当稀少的,不很充分的
slimness　细[长]
sling　(1)系带,吊环,吊绳,吊带,吊索,吊链,吊具,悬带,链钩;(2)升起,竖起,吊起;(3)吊重,抛掷;(4)吊重装置,抛掷装置,抛掷器
sling cart　车轴上有吊链的运货车,吊装车
sling chain　吊[钩]链
sling-dogs　吊钩
sling dogs　吊钩
sling psychrometer　手摇干湿球温度表
sling stay　(1)吊杆;(2)悬吊牵条
sling stay tee　悬撑角座
slingboard　吊货板
slingcart　车轴上有吊链的运货车,重型吊车,吊装车
slinger　(1)管道吊架,吊环,吊索;(2)甩油环,挡油环,抛油环,挡油板,挡油圈;(3)抛掷装置,投掷器;(4)抛砂机;(5)吊装工,投掷者
slinger head　抛砂头
slinger plate and annular groove composition seal　由挡圈和油封槽组成的密封装置
slinger ring　抛油环,挡圈
slinger seal　抛油环式密封,挡圈式密封
slinger type lubrication　抛油环式润滑
slinging eye　吊索眼
slip　(1)滑动,滑移,滑行,滑脱,滑入,打滑,侧滑,空转,松开,松脱;(2)滑动量,滑程,滑距,滑率;(3)滑板,导板;(4)润滑性;(5)转速下降,转数下降,减少率,降低率;(6)套,罩;(7)滑走台;(8)曳板;(9)(感应电动机的)转差率,滑差;(10)(电视)图像的垂直漂移;(11)意外事故,不幸事件,损失,漏失,错误,疏忽;(12)改期,延期;(13)船台,滑道
slip angle　滑动角
slip band　滑移带
slip board　滑板
slip bolt　伸缩螺栓,插销
slip-casting　(1)泥釉铸塑技术,粉浆浇铸;(2)(复)粉浆浇铸件
slip casting　粉浆浇铸,注浆成型,流铸
slip catch　防止逆转钩,防滑钩,伸缩爪
slip characteristic curve　转差特性曲线
slip clutch　摩擦离合器,滑动离合器,滑差离合器
slip coating　涂泥釉,上泥釉
slip counter　转差计
slip coupling　滑动联轴节
slip crack　压裂,滑裂
slip factor　滑差系数,滑率
slip feather　舌榫
slip fit　滑动配合
slip fitting　滑动装置
slip flask　顶提式砂箱,锥度砂箱,滑脱砂箱,脱箱
slip flow　滑移流,粘性流,滑流
slip form　滑升模板
slip forward in advance　(轧制时)前滑
slip-free cam system　防滑凸轮机构
slip frequency　[转]差频[率]
slip gauge　滑规
slip gear　滑移齿轮
slip gear mechanism　滑移[变速]齿轮机构
slip gear unit　滑移变速齿轮机构
slip gearing　滑移变速齿轮传动
slip glaze　泥釉
slip heat　滑动摩擦热
slip hook　滑脱环,活钩
slip-in bearing　镶套轴承,滑动轴承
slip jacket　(无箱造型时套在砂型外面的)型套
slip-jaw clutch　波纹齿滑动式离合器

slip joint　(1)滑动节,伸缩节;(2)伸缩式连接,伸缩结合,滑动接合,滑动联结;(3)伸缩式接头,滑动接头,滑配接头,可卸连接管;(4)滑动式收缩缝

slip joint coupling　(1)可轴向移动的花键连接;(2)补偿联轴节(轴可在轴向方向移动)

slip-joint pliers　鲤鱼钳

slip joint shaft　滑动接合轴

slip joint sleeve　伸缩接合套

slip kiln　烘硬窑

slip line　滑移线

slip loss　滑动损失,滑移损失

slip mechanism　滑动装置

slip meter　转差计,滑差计

slip multiple　顺差复接

slip of induction motor　异步电动机的转差率

slip of paper　纸片

slip-on　滑动的,活动的,移动的

slip-on gears　滑移变速齿轮装置

slip-on spiral bevel gear mechanism　滑移变速螺旋锥齿轮机构

slip-pin　安全销,保险销

slip plane　滑[动]面,滑移面,侧滑面

slip ratio　滑差系数,滑移比率,转差率,滑率,比滑

slip recovery

slip regulator　转差率调节器,滑率调节器

slip resistance　(1)滑动阻力;(2)滑动电阻

slip-ring (=SR)　滑环

slip ring　(1)(离合器)分离推力环;(2)集流环,汇流环,汇电环;(3)滑[动]环

slip-ring holder　(离合器)推力环架

slip ring motor　滑环式电动机

slip-rings　集流环,汇电环

slip-sheet　用薄衬纸夹衬

slip sheet　薄衬纸

slip-stick　(1)滑动面粘附现象;(2)计算尺

slip stream　滑流

slip test　泵的负载特性试验

slip wire bridge　滑线电桥

slip yoke　万向节滑动叉

slipboard　沟凹内的滑板

slipcover　(1)家具套,沙发套;(2)书套

slipknot　活结

slipmeter　纱线滑溜试验仪

slippage　(1)滑移[量],滑动[量],滑程,打滑,(传动带)滑溜,滑转;(2)动力传递损耗,转差率;(3)侧滑

slippage cross　滑程

slippage effect　滑移效应

slippage factor　滑动因子,滑动系数

slipper　(1)制动蹄,制动块,闸瓦;(2)滑块,滑蹄,瓦状物;(3)游标;(4)滑动部分;(5)滑板;(6)滑触头

slipper brake　滑动制动器

slipper dip　流动浸渍

slipper pin　滑动蹄片销,闸瓦销

slipper tank　可投放副油箱

slippery　光滑的,滑溜的,滑的

slipping　(1)滑动,滑移,滑行,滑走,滑脱,滑下,空转,打滑,侧滑;(2)滑动光镜;(3)图像偏移失真;(4)转差率;(5)延期

slipping clutch　(1)安全摩擦离合器;(2)可调极限扭矩摩擦离合器

slipping contact detector　滑触点检波器

slipping drive　滑动传动[装置]

slipping eccentric　滑动偏心轮

slipping of belt　皮带滑动,皮带打滑

slipping of brake　制动器滑动,刹车滑动

slipping of clutch　离合器滑动

slipping stream　平滑流,片状流

slipping torque　滑动转矩

slippy　(1)光滑的,滑溜的;(2)快速的;(3)不可靠的

slips　钻孔口夹持套管装置,钻孔口夹持钻杆

slipstream　(螺旋桨或发动机形成的)艉流,滑流,切向流

sliptest cohesiometer　滑动试验粘度仪

slipup　不幸事故,失败,错误,疏忽

slipway　下水滑道,船台,滑台,滑道

slit　(1)细长裂口,狭缝,长缝,微缝,切缝,裂缝,缝隙,缝;(2)狭长切口,孔口,槽;(3)纵割,截断,剖切;(4)窄剖面;(5)光闸;(6)切屑

slit antenna　槽馈偶极子天线,缝隙天线

slit camera　狭缝摄影机

slit cathode　分瓣阴极,裂缝阴极

slit domain　裂纹域

slit edge　缝隙

slit gauge　狭缝规

slit nut　开缝螺母

slit of light　光隙,光带

slit ring　开口环

slit-skirt piston　裙部开口的活塞,开口裙式活塞

slit source　缝隙[信号]源,狭缝光源

slit system　缝隙系统

slit-tube　缝管

slit width　狭缝宽度,缝隙宽度

sliter　纵割机

slither　(使)不稳地滑动,(使)蜿蜒地滑行

slithery　光滑的,滑动的,滑溜的

slitless　无缝的

slitter　(1)切条机,切纸机,切片机,切带机;(2)纵切[剪]机,纵断器;(3)截[切]刀

slitter edge　(剪切钢板)废边

slitting　(1)开槽;(2)纵裂缝,纵裂;(3)切口,切缝;(4)纵切;(5)切成长条

slitting cutter　花键铣刀,切口铣刀,开缝铣刀,槽铣刀

slitting mill　滚剪机

slitting saw　开槽锯

slitting shears　纵切剪机

slitting-up　全切开

slitting-up method　全切开法

sliver　(1)裂片,薄片,细片,碎料;(2)把……切成薄片,裂开,切开;(3)切条,割裂,分裂;(4)裂纹,劈裂,(材料)纵裂;(5)(轧制时)毛刺

sliver tester　棉条均匀度试验仪

sloat　舞台布景升降机

slog　(1)猛击,锤打;(2)辛勤工作,苦干

slogging chisel　截钉凿

slogging hammer　平锤

sloop　小型护卫舰,辅助炮艇,单桅纵帆船

slop　(1)工作服;(2)溅污,污水,废水,废油(用复数);(3)超出界限,越出范围

slop line　(1)不合格管线;(2)废线

slop-molding　湿模制砖

slop wax　原料石蜡,粗蜡

slope　(1)斜率,梯度;(2)斜度,坡度;(3)斜面;(4)倾斜角,角度;(5)放在倾斜位置,使成斜面,使倾斜;(6)角变;(7)坡降,比降

slope amplification　斜率放大

slope angle　倾斜角,坡角

slope control　(1)电流升降调节;(2)斜度调整,斜率调整,陡度调整

slope-deflection　坡度挠度

slope-deflection equation　坡度挠度方程

slope-deflection method　角变位移法

slope deviation　倾斜偏差

slope distance　斜距

slope function　斜率函数,坡度函数

slope-intercept form　斜截式

slope of curve　曲线斜率,曲线坡度

slope of repose　休止角

slope of thread　螺纹斜度,螺纹牙倾面

slope potentiometer　跨导调整电位器

sloper　(1)斜掘机,铲坡机,整坡机;(2)异径接头

sloping　(1)倾斜的,成斜度的;(2)倾斜;(3)斜面

sloping baffle　倾斜挡板

sloping desk　倾斜面板,倾斜台

sloping difference table　斜坡式差分表

sloping panel　倾斜板

sloping portion　(特性曲线)倾斜部分,下降段

sloping side　斜边

sloppy heat　冷熔

slops　(1)不合格油;(2)污水

slosh (=slush)　(1)防锈用油脂;(2)涂以油脂

sloshing　燃料激荡

slot　(1)键槽,槽沟,狭槽;(2)缝隙,齿缝,裂缝,翼缝,狭缝;(3)开缝,开槽,切槽;(4)长方形孔,长眼;(5)切口,裂口,孔口,缝口;(6)直浇口;(7)立刨,插削,锄;(8){计}打孔;(9)跟踪

slot antenna　槽缝天线,隙缝天线

slot area　齿缝面积

slot array　隙缝天线阵,槽形天线阵
slot atomizer　缝隙式喷油嘴
slot bar　选别杆
slot borer　槽钻
slot cam　沟槽凸轮
slot cutter　槽铣刀
slot-cutting　铣槽,切槽
slot dipole　槽馈偶极子
slot-drill　铣[槽]
slot drill　槽钻
slot effect　(伺服电机)齿槽效应
slot frequency　信道间插入频率
slot gate　长缝浇口
slot insulation　槽隙绝缘,槽绝缘
slot jet　扁孔喷嘴
slot leakage　(1)隙缝泄漏;(2)槽壁间漏磁
slot leakage flux　槽漏磁通
slot leakage reactance　槽漏电抗
slot lever　选别器握柄
slot-machine　(投币式)自动售货机
slot machine　(投币式)自动售货机,硬币自动机
slot magnetron　开槽式磁控管,槽缝磁控管
slot meter　投币式电度表
slot miller　键槽铣床,槽铣机
slot milling cutter　槽铣刀
slot-milling machine　键槽铣床
slot milling machine　键槽铣床,槽铣机
slot of piston skirt　活塞[裙]缝
slot piece　有槽拼模块
slot pitch　槽距
slot pulsation　槽隙脉动
slot reactance　槽隙电抗
slot repeater　选别器复示器
slot signalling　复归信号器
slot way　槽路
slot weld　(1)切口焊接,槽塞焊;(2)切口焊缝
slot welding　槽焊
slot width　齿缝槽宽
slotted　有裂痕的,有槽的,有沟的,切槽的,开缝的,槽的
slotted blade　开缝叶片
slotted bridge　开槽电桥,裂缝电桥
slotted circuit nut　槽顶圆螺母
slotted commutator　开槽整流子
slotted core　开槽铁芯
slotted-core armature　有槽铁芯电枢
slotted core armature　开槽铁芯电枢
slotted crank　槽缝曲柄
slotted disk　带切口圆盘,带槽圆盘
slotted-form winding　分段绕组
slotted head screw　槽头螺钉
slotted headless set screw　带槽无头止动螺钉
slotted hole　(1)长圆孔,槽孔;(2)缝槽,缺口
slotted jaw　开口接杆
slotted joint　开口接杆
slotted lever　沟槽连杆,摇杆,摇拐
slotted line　开槽测试线
slotted link　(1)带槽孔的连接杆;(2)槽孔链节
slotted link motion　槽孔链节运动
slotted nozzle　开槽喷管
slotted nut　槽头螺母,槽顶螺母,开槽螺母,有槽螺母
slotted pin　方榫式定位销,开槽销,开缝销,接合销
slotted plate　带槽板
slotted rotor　开槽转子
slotted screw　有槽螺钉
slotted section　开槽段
slotted top screw nut　槽顶螺母
slotted tooth gear　(液压齿轮泵)开槽齿轮
slotted waveguide　开槽波导管
slotter　(1)铣槽机,插床;(2)立刨床
slotting　(1)开槽,掏槽;(2)立刨插,插削;(3){计}(在穿孔卡片上)打孔,冲孔
slotting attachment　插槽装置,铣槽装置,铣槽附件
slotting cutter　切口铣刀,立铣刀,切槽刀
slotting end mill　键槽[立]铣刀

slotting machine　立式刨床,插床,铡床
slotting machine ram　立刨床冲头,插床冲头
slotting tool　切槽刀,插刀
slouch　(发动机的)吸水管
slow　(1)使减低速度的,低速的,缓慢的,迟钝的;(2)减速,放慢,弄慢,拖延,滞后
slow-acting　延迟动作的,缓行的,慢转的,低速的
slow-acting relay　缓动继电器
slow-action　缓动
slow adjustment　慢速调节
slow axle speed　双速驱动桥的低档速度
slow board　低速标,慢行牌
slow brake release　制动器放松缓慢
slow-burning　慢燃的,缓燃的,耐火的
slow cement　慢凝水泥
slow coding　低速电码
slow-curing　慢凝的
slow cutting　慢切削
slow device　慢速器件
slow-down　延迟,延慢,慢化,减速
slow down　放慢,减速
slow down to stall　失速前的减速
slow filter　慢滤器
slow hardening　慢速硬化,慢凝
slow jet　慢速喷嘴,低速喷口
slow match　缓燃引信
slow motion　(1)低速运动;(2)减速装置,慢车装置;(3)微动;(4)慢动作工业电视
slow-motion camera　慢速摄像机,慢速摄影机
slow motion screw　微动螺旋,微动螺丝
slow motion starter　慢动作起动器
slow-moving　(1)低速的,慢行的;(2)滞销的
slow neutron　低速中子,慢中子
slow-operating　延迟动作的
slow operating (=SO)　缓慢运转,缓动
slow rate of curvature　缓和的曲率变化率
slow-release (=SR)　缓释的,慢释的(指继电器)
slow-releasing relay　缓释继电器
slow-response　慢作用的,慢响应的
slow retardation axis　慢延迟轴
slow running jet　低速喷嘴,慢车喷嘴
slow-scan television　慢扫描电视
slow screen　长余辉荧光屏
slow-setting　慢凝的
slow-setting cement　慢凝水泥
slow-speed　低转速,低速[的]
slow speed　低速
slow speed motor　低速电动机
slow speed of revolution　低转速
slow speed pinion　低速小齿轮
slow speed shaft　低速轴
slow speed wear　(齿轮)低速磨损
slow-spiral drill　平螺旋钻
slow-start　缓慢启动
slow start　缓慢起动
slow storage　慢速存储器
slow store　慢速存储器
slow-to-operate relay　慢动作继电器
slow-taking cement　慢凝水泥
slow takeoff and landing (=STOL)　(飞机)慢速起落
slow-type analog computer　低速模拟计算机
slow-up　减速,慢化,延迟,减弱
slow wave　低速波,慢波
slow wave circuit　低速波电路
slowcuring cutback liquid asphalt　慢凝稀释液体[地]沥青
slowdown　减速,减退,慢化,延迟,衰退
slower-down　减速剂
slower down　减速剂
slower rays　慢光
slowest gear ratio　(变速器)一挡传动比
slowing　减速,慢化
slowing-down　减速,延迟,延慢,慢化
slowing down　减速
slowing-down brake　减速制动器

slowing-down cam 减速凸轮
slowly 缓慢地
slowly taking cement 慢凝水泥
slows orchard sprinkler 果园用低速喷灌机
slub catcher (络筒机的) 清纱器
sludge (1) 油泥, 残渣, 污泥, (2) 钻屑, 钻粉; (3) 绝缘油中的沉淀物, 形成油泥
sludge and thick liquid pump 泥浆和浓液泵
sludge density index (=SDI) 污泥密度指数
sludge ladle 盛渣桶, 渣包
sludge-proof 防渣的 (防止形成润滑油乳胶的, 防止生成淤渣的)
sludge pipe 污泥管
sludge-proof 防渣的
sludge pump 污油泵
sludgebox 钻泥沉淀取样箱
sludgeless 无渣的
sludger (=sand pump, shell pump) 污泥泵, 扬砂泵
sludging (1) 油泥; (2) 成渣的
slue (1) 突然的回转, 回转动作; (2) 使回转, 使斜向, 使转, 旋转, 回转, 扭转, 转向, 摆动; (3) 旋转后的位置; (4) 大量, 许多
slug (1) 大块金属实心毛坯, 金属片状毛坯, 金属薄片, 金属块, 铀块; (2) 锈屑; (3) 铁心, 型芯, 芯子; (4) 滑轮; (5) 缓动线圈 (短路线圈); (6) 波导调柱, 空心圆柱体 (作为波导管变量器的部件); (7) 质量单位; (8) 斯勒格 (英尺．磅．秒秒制单位 =32.2 磅); (9) 质谱仪分辨率的单位; (10) 部分, 组; (11) 慢; (12) 栓
slug matching (1) 铁芯调整; (2) (四分之一) 短线匹配法
slug tuner 铁芯调谐器
slug tuning 铁芯调谐, 滑块调谐
slug type 烧结型
sluggard (美) "懒汉" 反坦克自行火炮
sluggish 缓慢的, 迟钝的, 惰性的
sluggish lubricant 低流动性油, 粘滞润滑油
sluggish metal (低于浇铸温度的) 冷金属液
sluggish running 不灵活运转
sluggish sales 滞销
sluggishness (1) 惯性, 惰性; (2) 缓慢, 停滞; (3) 低灵敏度, 小灵敏度; (4) 粘滞性, 粘性, 滞性, 粘度
slugs 未蒸发的燃料液滴, 未燃烧的燃料
slugtuning 铁芯调谐
sluice (1) 水闸, 水槽, 闸门; (2) 闸门阀; (3) 溢水道, 排水道; (4) 冲洗
sluice gate 冲刷闸门, 水闸, 闸门
sluice line 冲泥管 [线]
sluice pipe 冲泥管
sluice valve (=SV) 闸门阀, 闸口阀, 闸水阀, 滑板闸, 闸阀
sluicegate 冲刷闸门, 水闸, 闸门
sluicevalve 滑动闸门, 闸门阀, 滑板阀, 水闸
sluiceway 泄水道
sluicing (1) 洗涤, 洗净; (2) 精洗; (3) 冲填; (4) 开闸泄水
slum 润滑油渣, 淀渣
slumber coach 可躺式座椅客车
slump (1) 坍落度, 坍塌度; (2) 滑动, 滑移; (3) 暴跌, 衰退, 萧条, 不景气
slump consistency test 坍落度试验, 坍塌试验
slump constant 坍落常数, 坍落度
slumpability (油脂的) 流动惰性, (油脂的) 粘稠性
slung 悬吊的, 吊起的, 挂着的
slung-span 悬跨
slur (1) 忽略, 忽视, 轻视; (2) 印得模糊不清, 复印; (3) 上涂料, 粘合 [型芯], 玷污, 涂污
slurring 型芯粘合法, 上涂料, 滑辊 (印刷故障)
slurry (1) 淤泥, 泥; (2) 型芯粘合液; (3) 软膏, 膏剂
slurry explosive 粘合型炸药, 塑胶炸药, 浆状炸药
slurry fuel 浆液状燃料, 悬浊状燃料
slurry pump 淤泥泵, 泥浆泵, 排泥泵
slush (1) 抗蚀润滑脂, 滑油; (2) 溅湿; (3) 湿式充填; (4) 废油, 脂膏; (5) 加润滑脂, 涂油脂
slush casting (1) 空心铸件, 薄壳铸件, 空壳铸件; (2) 空心件铸造, 空壳铸造
slush metal 易熔合金, 软合金
slush pump 泥浆泵, 污水泵
slusher (1) 扒矿机, 电耙, 耙斗; (2) 电扒绞车, 扒矿绞车
slushing (1) 抗腐蚀, 抗湿; (2) 湿式充填; (3) 电耙运输, 耙运
slushing grease 抗蚀润滑脂

slushing oil 抗蚀润滑油
small (1) 细小的, 小的, 少的, 窄的; (2) 细小 [部分], 少量; (3) 小规模的, 小功率的, 小型的; (4) 小块料, 细件; (5) 小规模地, 小型地
small-angle 小角的, 低角的
small-arms 轻武器
small arms 轻武器
small batch manufacture 小批制造, 小批生产
small batch production 小批生产
small bench lathe 小台式车床
small bench-type shaper 小台式牛头刨
small-bore (1) 小 [流通] 截面, 小直径; (2) 小口径的
small bore center washer (轴承) 中紧圈
small bore washer (推力轴承) 紧圈
small calorie 小卡 [路里]
small casting 小铸件
small diameter gear 小直径齿轮
small diameter of taper element 圆锥滚子小端直径
small diameter workpiece 小直径工件
small end (连杆的) 小端
small end face of taper roller 圆锥滚子小端面
small faceplate (1) 小花盘; (2) 拨盘
small flow 微量流动
small fuel tank of starter 起动燃料小油箱
small-gage wire 细钢丝
small hole 小孔
small-hole ga(u)ge 小孔规
small light 小 [功率] 灯
small lightweight altitude transmission equipment (=SLATE) 轻小型高度数据发送装置
small-lot manufacture 小规模制造, 小规模生产
small lot manufacture 小批制造, 小批生产
small lot production 小批生产
small module relieving lathe 小模数铲床, 小模数铲车
small noise tube 低噪声管
small power 小功率的, 小马力的
small project 小规模计划, 小型计划
small proportion of 小部分
small-scale 小规模生产, 小比例尺寸 [的], 小规模 [的], 小尺寸 [的], 小型 [的]
small-scale experiment (1) 缩小尺寸的模型试验; (2) 小规模试验
small scale integration (=SSI) 小规模集成 [电路]
small-scale specimen 缩尺样品, 缩尺模型
small scientific satellite (=SSS) 小型科学卫星
small screw jack 小螺旋起重器
small section rolling mill 小型材轧机
small serial production 小批生产
small-signal 微弱信号, 小信号
small signal 微弱信号, 小信号
small-size 小尺寸的, 小型的
small size bearing 中小型轴承
small-size computer 小型计算机
small-size planer 小型刨床
small-sized 小型的
small teeth difference 少齿差
small teeth difference gear 少齿差齿轮
small test 小型试验
small-time 无足轻重的, 不重要的, 次等的
small tool (1) 小刀具; (2) 小工具
small volume production 少量生产
smallest common multiple 最小公倍数
smallest limit 下极限
smalls 细料, 细末, 粉末
smallware 小商品
smart (1) 新式的, 时髦的; (2) 灵活的, 灵敏的, 灵巧的; (3) 激烈的, 厉害的; (4) 相当的, 可观的
smart bomb 装有激光制导的炸弹, 灵敏的炸弹
smart terminal 灵活的终端设备
smash (1) 打碎, 压碎, 砸碎, 破碎, 粉碎, 打破, 打败; (2) 碰撞, 重击, 轰击, 击破, 摧毁, 扑灭; (3) 使发生裂变, 破产, 瓦解, 垮掉
smasher (1) 击破器; (2) 加速器
smashing (1) 打击, 击碎; (2) 轧扁, 压碎, 压平
smear (1) 涂抹, 敷, 擦; (2) 油渍, 污点; (3) 切屑; (4) 浸润, 阴渗; (5) 使轮廓不清, 抹掉, 弄脏, 弄污; (6) 塑炼
smear camera 扫描摄影机, 扫描照相机

smear density　有效密度

smear test　（齿轮）涂色检查（检查齿轮啮合情况）

smearer　消冲电路

smearing　打滑咬伤，成簇微小的摩擦烧伤点（滚动体打滑的轴承早期咬伤）

smeary　油污的，涂污的，粘的

smelt　(1)熔化，熔炼；(2)熔融物

smelter　(1)冶炼炉，熔炼炉，熔炉；(2)熔炼厂；(3)熔炼工人，炼钢工人，熔铸工

smelter hearth　熔炼炉

smeltery　熔炼厂，冶炼厂

smelting　熔炼，熔化

smelting capacity　熔炼能力

smelting charge　炉料

smelting-furnace　熔［化］炉，冶炼炉

smelting furnace　熔炉

smelting hearth　炉床

smelting period　熔炼期

smelting unit　熔炼设备

smergal (=smirgel)　刚玉粉

smift　导火索，导火管

smirch　(1)污斑，污点；(2)玷污

smist　烟雾

Smith admittance chart　史密斯导纳圆图

Smith alloy　史密斯高温电热线合金

Smith chart　史密斯圆图

Smith curve　史密斯曲线

smith　(1)锻工；(2)钳工；(3)锻造

smith anvil　铁工砧，锻砧

smith welding　锻接，锻焊

smithereen(s)　碎片，细片，碎屑

smithery　(1)锻工工作，锻工作业，铁匠活；(2)锻工工艺；(3)锻工车间，锻工厂，锻工房

smithing　(1)锻造；(2)锻工

Smith's coupling　史密斯离合器（电磁离合器）

smithwelding　锻焊

smithy　(1)锻工车间；(2)锻工，铁匠；(3)砧子

smithy coal　锻冶煤

smock　工作服

smog (=smoke fog)　带有烟灰的浓雾，烟雾

smog-free　无烟雾的

smog-sensitive　对烟雾敏感的

smokatron　烟圈式加速器，电子环加速器

smoke　(1)烟气，烟雾，烟尘；(2)冒［水蒸］汽，冒烟，发烟，烟熏，吸烟，抽烟；(3)飞速行进，速度

smoke ball　烟雾弹，发烟弹

smoke-bell　烟钟，烟罩

smoke-black　烟黑，炭黑

smoke bomb　烟雾弹，发烟弹

smoke-box　（汽锅的）烟室，烟箱

smoke-consumer　(1)完全燃烧装置；(2)吸烟装置

smoke deposition　烟灰沉积

smoke flue　烟道

smoke-free　无烟的

smoke generator (=SMK GEN)　烟雾发生器

smoke glass　灰色玻璃

smoke-helmet　(1)救火帽；(2)防毒面具

smoke helmet　防毒面具

smoke-injury　烟害

smoke jack　烟囱罩

smoke-laden　充满煤烟的，含煤烟的

smoke printing　飞速印刷

smoke-projector　烟幕放射器

smoke screen　烟幕

smoke-stack　烟囱

smoke stack cap　烟囱冒

smoke-tube　（锅炉的）火管

smokebomb　发烟炸弹，烟幕弹

smokebox　（汽锅）烟室，烟箱

smokecloud　烟云，烟雾

smokeconsumer　完全燃烧装置

smokecurtain　烟幕

smoked sheet　烟干生橡胶板

smokejack　（机车房顶的）排烟道

smokeless (=SMKLS)　无烟的

smokeless powder (=SP)　无烟火药

smokeless propellant (=SP)　无烟推进剂

smokemaking　产生烟的

smokemeter　烟尘测量计，烟雾指示器，测烟仪

smokeprojector　烟幕放射器

smoker　(1)熏蒸器，熏烟器；(2)吸烟室，吸烟车，吸烟者；(3)施放烟幕的船只，施放烟幕的飞机

smokescope　烟尘密度测定器，检烟镜

smokescreen　烟幕

smokestack　大烟囱

smokestack base　烟筒座

smokestack deflector　烟筒挡罩

smokestack extension　内烟筒

smokestack hook　烟筒挡烟罩

smokiness　发烟性

smoking　冒烟的，烟熏的，吸烟的

smoking room　吸烟室

smokometer　烟密度计，烟尘计

smoky　有烟的，烟的

smolder (= smoulder)　(1)发烟燃烧，无焰燃烧，不完全燃烧，熏烧；(2)阴燃，徐燃

smooch　(1)弄脏；(2)污迹

smooth　(1)光滑的，平滑的，圆滑的，平坦的，平顺的，滑顺的；(2)纯净的，调匀的；(3)顺当的，极好的

smooth-acting　平滑动作的

smooth away　使容易，排除，解决

smooth bar　普通圆钢

smooth combustion　平稳燃烧

smooth contour (=SC)　光滑外形，平滑外形，平滑周线

smooth core armature　平滑电枢

smooth curvature　平滑曲率

smooth curve　平滑曲线，光滑曲线，平顺曲线

smooth cut　(1)细切削；(2)（锉的）细纹

smooth cut file　细纹锉

smooth deceleration　平缓减速

smooth dowel　光面铁条棒

smooth down　使平静，弄平，消除

smooth engagement　平顺啮合

smooth-face structural clay tile (=SFSCT)　自承重光面空心砖

smooth-faced　光滑面的

smooth file　细锉

smooth finish　(1)光洁度；(2)光面修整

smooth idling　平稳空转

smooth line　均匀分布参数线路，平滑线路

smooth manifold　光滑流型

smooth motion　平稳运动

smooth nozzle　平口喷嘴

smooth out　弄平，消除

smooth over　使容易，排除，解决

smooth performance　平稳特性，平稳运转

smooth planing machine　精刨床

smooth plate　平钢板

smooth roll crusher　平滑辊式破碎机

smooth running　平稳运转

smooth shifting　平稳换档

smooth start　顺当起动

smooth surface　光滑表面，光滑曲面，平滑表面

smooth to the touch　摸起来光滑的

smooth tooth action　平稳的齿轮啮合

smooth transmission of motion　平稳传动

smooth-tread　（胎面）无纹的，平纹的

smooth turning　光车［削］，细车［削］

smooth type spin　平滑型螺旋

smoothen　(1)光滑加工，精加工，修平，校平；(2)修匀，平滑；(3)滤波，滤除，滤清

smoother　(1)平整工具，修光工具，校平器，平滑器，稳定器；(2)路面整平机，刮路机，平路机；(3)展平滤波器，平滑滤波器；(4)异形镘刀

smoothers　滑粉（添加于润滑剂内的微粒固体润滑物）

smoothing　(1)光滑加工，精加工，修平，校平；(2)修匀，平滑；(3)滤波，滤除，滤清

smoothing board　粉光板，镘板

smoothing choke　平滑扼流［线］圈

smoothing choke coil 平滑扼流 [线] 圈

smoothing circuit 平滑电路

smoothing coil 平流线圈

smoothing condenser 平滑 [滤波] 电容器, 平流电容器

smoothing device 平滑装置

smoothing effect 平滑作用

smoothing filter 平流滤波

smoothing formula 修匀公式

smoothing grinder for brake-block 制动片修磨机

smoothing grinder for cylinder surface 汽缸平面修磨机

smoothing grinder for valve-seat 气门座修磨机

smoothing hammer 平锤

smoothing iron (1) 熨斗, 烙铁; (2) 铁镘板

smoothing mill 精切机

smoothing of frequency characteristics 频率特性校平

smoothing of pulsating current 脉动电流的校平

smoothing plane 细刨

smoothing planer 细刨床

smoothing planing machine 细刨床

smoothing process 平滑过程

smoothing resistor 平流电阻器

smoothing roll 钢板精轧辊, 整直滚筒, 光泽辊

smoothing rolls 钢板精轧辊

smoothing tool 精加工刀具, 精切刀, 光刀

smoothly 光滑地, 平稳地, 流畅地

smoothness 光滑度, 平滑度, 平稳性, 平顺性

smoothrunning 平稳运转

smoothwheel 光轮的, 平轮的

smother (1) 窒息, 闷死; (2) 无焰燃烧, 熄火, 熄灭; (3) 覆盖, 掩蔽, 隐藏

smoulder (1) 发烟燃烧, 无焰燃烧, 不完全燃烧, 熏烧, (2) 阴燃, 徐燃

smouldering (1) 未完全燃烧, 发烟燃烧, 阴燃, 冒烟, (2) 低温炼焦, 低温干馏; (3) 辉光的

smudge (1) 烟闷, 烟窒息; (2) 电视图像黑点, 污点, 污迹

smudge coal 天然焦炭

smudges 影像斑点

smuggler 走私船

smut (1) 劣煤; (2) 片状炭黑; (3) 弄脏, 变脏, 变黑, 污染

smutch (1) 弄脏; (2) 污点, 污迹, 尘垢

snag (1) 清除障碍; (2) (铸件的) 清铲; (3) 粗加工, 粗磨, 打磨, 琢磨

snagging wheel 粗砂轮

snail (1) 平面螺旋线凸轮, 涡形凸轮, 蜗形板, 蜗管; (2) 平面螺旋

snail wheel 蜗形轮

snake (1) 传动软轴, 挠性传动轴; (2) 可弯曲芯棒; (3) (钢中疵病) 白点, 亮斑

snake bend 蛇形弯头, 蛇形弯管

snake hole 蛇穴式炮眼

snake mark 蛇形斑点, 蛇形痕迹

snakehead 平头钢轨的活动弯起的端部

snakeholing (1) 打拉底炮眼, 打蛇穴炮眼; (2) 打水平炮眼的爆破法, 蛇炮眼爆破 [法]

snap (1) 铆头模, 窝模; (2) 急变, 速动; (3) 咬住, 抓住, 夹紧; (4) 钩扣, 夹子; (5) 小平凿

snap-action (1) 快速的, 迅速的; (2) 速动的; (3) 瞬时作用

snap action (1) 快速的, 迅速的; (2) 速动的; (3) 瞬时作用

snap-action mechanism 速动机构

snap-back 急速返回, 快反向

snap back 急速返回, 快反向

snap-bolt 自动门闩

snap-close 锁扣, 卡锁

snap clutch 弹压齿式离合器

snap coupling 快速联轴节, 自动联结器

snap die 铆头压模

snap-down 排出, 放出, 流出

snap fastener 揿钮

snap flask 可拆砂箱, 铰接式砂箱, 活砂箱, 脱箱

snap flask band 套箱

snap fixing 卡簧固定

snap ga(u)ge 外径规, 卡规

snap gauge grinding machine 卡规磨床

snap hammer 圆边击平锤, 铆锤

snap hand jet 带柄外径气动量规, 带柄气动卡规

snap head 半圆头

snap head bolt 半圆头螺栓, 圆头螺栓

snap-head rivet 半圆头铆钉, 圆头铆钉

snap hook 弹簧扣

snap-in 咬接

snap-in cover 快速压紧盖

snap jet 气动测头, 气动量规

snap-lever 有弹簧盖的

snap link 弹簧扣

snap-lock 弹簧锁

snap-lock switch 弹簧锁开关

snap magnet 速动永磁铁

snap off diode 急变二极管, 阶跃二极管

snap-on 搭锁的

snap-on ammeter 钳式安培计

snap-on type cage 扣合式保持架, 搭锁式保持架

snap-out 排出, 放出, 流出

snap remover 卡环拆卸工具

snap ring (1) (轴承) 止动环, 锁定环, 卡环; (2) 弹性挡圈, 弹性挡环; (3) 开口环, 扣环

snap-ring ball bearing (在负荷端) 带止动垫圈的球轴承

snap ring bearing 外圈有挡环的轴承

snap ring driver 止动环装卸器

snap ring extractor 止动环提取器

snap ring groove (轴承) 止动环槽

snap ring groove diameter 止动环槽 [底] 直径

snap ring groove width 止动环槽 [底] 宽度

snap ring pliers (装卸) 开口环钳

snap ring section height 止动环剖面高度

snap set 铆头模

snap switch 快动开关, 瞬动开关, 弹簧开关

snap terminal 揿钮接头, 弹簧夹

snap-top 有弹簧盖头的

snap-up 锁键调节式, 卡锁调节式

snap valve 速动阀

snape 斜截

snapflask mould 脱模造型, 脱箱造型

snaphance (1) 原始的燧发机; (2) 燧发枪; (3) 快动掣子; (4) 弹簧掣子

snaphead (1) (铆钉的) 半球形头, 半圆头; (2) 铆头模

snapholder 弹簧柄

snaplock 弹簧锁

snapped 圆头的

snapped rivet 圆头铆钉

snapper (1) 瞬动咬合器, 揿钮; (2) 抓 [式采] 泥器, 抓 [式取] 样器, 海底取样器; (3) 玉米摘穗机

snappy (1) 瞬时作用的; (2) 具有弹簧装置的

snapring 弹簧环

snapshot dump {计} 抽点打印

snapshot program {计} 抽 [点打] 印程序

snatch block (1) 紧线滑轮, 扣绳滑轮; (2) 开口滑车

sneak (1) 隐藏, 隐蔽; (2) 潜行; (3) 寄生的

sneak out (=SO) 渐隐, 淡出

sneak out current 寄生电流

snezing bar 冲击梁, 摇臂

snick (1) 切口, 刻痕, 截痕, 刻缺; (2) 切, 剪

sniffer (1) 真空检漏计, 真空检漏器, 检漏头; (2) 压强探针, 吸气探针, 嗅探器; (3) 取样器; (4) 自动投弹雷达 [站]

sniffer probe 吸气探针, 取样探针

sniffer tube 吸气管, 取样管

snift (1) 吸 [入空] 气; (2) 取样

snift probe 吸气探针, 取样探针

snifter 自动充气器

snifting 吸入空气

snifting valve 喷气阀, 吸气阀, 排气阀, 取样阀

snip (1) 剪切, 剪; (2) 剪片, 切片, 小片; (3) 平头剪, 铁皮剪, 铁丝剪, 剪刀, 夹子

sniperscope (利用红外线的) 夜视瞄准器, 红外线 [步枪] 瞄准镜

snippers 剪切机, 手剪

snips (1) 平头剪; (2) 铁皮剪

Sno-Buggy "雪车" 雪地越野车

Sno-Cat "雪猫" 雪地汽车

Sno-Freighter 带挂车的雪地货车

snoop (1) 窥探, 探听; (2) 飞机起落时监听飞机上识别电台的机场接收机, 机场监听雷达接收机

snooper (1) (装有雷达的) 侦察机; (2) 窥探者, 探听者

snooperscope　(利用红外线原理的) 夜间探测器, 夜间瞄准器, 夜间观察仪, 夜望镜, 夜视器, 夜视仪

snooperscope spectrometer　红外线潜望器分光计, 暗视器分光计

snoot　(1) 喷嘴, 喷口, 小孔, (2) 聚光罩, (3) 限制光栅, (4) (弹翼) 前缘

snorkel (=schnorkel)　(1) (潜水艇) 柴油机通风管工作装置, 水陆两用船的进气管, 水下通气呼吸管, 通气管, (2) (救火车上的) 液压起重机, (3) 用通气管潜航

snort　(潜水艇) 柴油机通气管工作装置

snorter　水下航行船只升出水面的排气管

snoter　钢铸件中的夹杂物, (乳白色) 氧化铈夹杂物, 鼻涕状夹杂

snout　(1) 嘴, 口, (2) (燃烧的) 进口锥体, 喷嘴, 喷口, (3) (飞机) 头部

snow　(1) 雪, (2) 荧光屏上的一种干扰, 雪花形干扰, 雪花效应

snow blower　螺旋式除雪机, 吹雪机

snow clearer　铲雪车

snow-gauge　雪样收集器, 量雪器

snow gauge　雪量计, 量雪器, 雪规

snow level　(雪花) 噪声电平, 噪声级

snow-plough　排雪机, 雪犁

snow removal truck　扫雪车

snow ridger　集雪垄机

snow scraper　雪扒

snow-shovel　雪铲

snow storm　雪花干扰

snow sweeper　扫雪机

snow tire　雪地用汽车轮胎

snowblower　吹雪机

snowbreaker　除雪机

snowcat　雪地履带车

snowflake　(1) 白点, 发裂, (2) 投掷反射带的导弹, 反射带投掷弹

snowmaker　人工造雪机

snowmobile　履带式雪上汽车, 摩托雪橇

snowplane　摩托滑雪车

snowplough　扫雪机, 雪犁

snowplow　扫雪机, 雪犁

snub　(1) 紧急刹车, 紧急制动, (2) 突然制止, (3) 冲击吸收, 缓冲, (4) 加高掏槽, (5) 缆绳索

snub test　(不停车) 制动减速试验

snubber　(1) 绳链制动器, 缆绳制动器, (2) 缓冲器, 减震器, 阻尼器, (3) 减声器, 消声器, (4) 掏槽 [炮] 眼, (5) 掏槽工, (6) 拒绝者, 斥责者

snuffers　(1) 烛花剪刀, (2) 灭烛器, 灭弧器, (3) (搬运燃烧弹的) 杯形装置

snug　(1) 锚链卷筒的) 承座, (2) 螺栓头凸部, (3) 密合的

snug fit　(1) 适贴配合, 滑动配合, 密配合, 滑配合, (2) 滑之座

SO cable　三角断面电缆

soak　(1) 浸湿, 浸渍, 浸水, 浸液, 浸饱, (2) 吸收, 吸入, 掺入, (3) 进行长时间热处理, 保温时间, 徐热, 加热, 均热, 煨透, (4) 设备的环境适应, (5) 裂化

soak cleaning　化学清理

soak current　吸收电流, 诱取电流

soak-quench technique　均热淬火工艺

soak test　饱和试验 (机械设备总装后交货前进行调试, 老化试验等详细的性能测试)

soakage　(1) 浸湿性, 渗出液, (2) 渗透, 浸透, (3) 吸水量, 渗透量, 浸透量, 吸入量, (4) 均热, (5) (电容器的) 剩余电荷, 静电荷, 充电量

soakaway　渗 [滤] 坑

soaker　(1) 裂化反应室, (2) 浸渍剂, (3) 均热炉, (4) 浸洗机, (5) 排水器, 排气器, (6) 浸泡工

soakers　防漏嵌条

soakers drum　裂化反应鼓

soaking　(1) 浸湿, 浸渍, 浸透, (2) 徐热, 均热, (3) 浸水, (4) 裂化

soaking-cut　剩余放电

soaking furnace　均热炉

soaking-in　电容器电荷渐增, 电容充电, 电荷透入, 吸入, 渗入

soaking in water　水浸渍

soaking-out　(电容器) 剩余放电, 漏泄, 漏电, 浸掉, 浸出

soaking out　(1) (对金属) 进行长时间热处理, (2) 长时间暖机

soaking period　(试样的) 浸水期, 饱水期

soaking pit　[坑式] 均热炉

soap　肥皂

soap water　肥皂水

soaped for leak　皂水检漏

soaper　(1) 制皂器, 浇皂机, (2) 皂洗机, (3) 制皂工人, (4) 固色槽

soapery　肥皂厂

soapiness　皂滑性

soaping　皂洗

soapless　无皂的

soapmaking　制皂

soapstone　滑石, 皂石

soapy　似肥皂的, 皂质的

soar　(1) 滑翔, 高飞, (2) 急增, 聚增, 高涨, (3) 高耸, 屹立, (4) 高飞范围, 耸立高度, 高涨程度

soarer　[高空] 滑翔机

soaring aircraft　滑翔机

soaring plane　滑翔机

Society for Experimental Stress Analysis (=SESA)　实验应力分析学会

Society for Industrial and Applied Mathematics (=SIAM)　工业与应用数学学会

Society of American Military Engineer (=SAME)　美国军事工程师学会

Society of Automotive Engineers (=SAE)　(美) 汽车工程师协会

Society of British Aircraft Constructors (=SBAC)　英国飞机制造商协会

Society of Die Casting Engineers (=SDCE)　(美) 压铸工程师学会

Society of Fire Engineers (=SFE)　消防工程师协会

Society of Industrial Engineers (=SIE)　工业工程师学会

Society of Nuclear Scientists and Engineers (=SNSE)　核能科学家和工程师学会

Society of Plastic Industry (=SPI)　(美) 塑料工业学会

socket (=SOC)　(1) 止推座, 承窝, 球窝, 座, (2) 套节, 套管, 管套, (3) 灯口, 插口, 插座, 灯座, 管座, (4) 接线匣, 接线片, 穿线环, (5) 插孔, 轴孔, (6) 管筒砂箱定位磁, (7) 套筒扳手, (8) 装入插座, 插入, 套接

socket adapter　灯座接合器, 插座接合器, 插座转接器

socket and spigot joint　[管] 端套筒接合, 插承接合, 窝接

socket and switch socket　插座与开关插座

socket antenna　插座天线

socket bend　管节弯头, 管接弯头

socket chisel　榫凿

socket connector　索接接头

socket cup　浇注勺

socket end　窝接口大端, 承端

socket for shaving machine　刮胡器插座

socket ga(u)ge　套规

socket head (=SCH)　(1) (套筒扳手的) 套筒, (2) 插座头

socket head cap screw　内六角螺钉, 窝头螺钉

socket-head screw　凹头螺钉

socket joint　套筒接合, 球窝接合

socket of jack　塞孔套管, 塞孔环

socket of the sweeping table　车板架轴座

socket pipe　套 [节] 管, 套接管, 套管

socket power　插接电源, 插座电源

socket-powered set　交流接收机

socket ring　座环, 套环

socket scoop　长柄浇注勺

socket screw　凹头螺钉

socket screw key　凹头螺钉键

socket spanner　套筒扳手

socket union　内接活管接, 凹口管节

socket washer　埋头垫圈

socket wrench　套筒扳手, 套筒扳子

socle　(1) 管底, 管脚, 管座, (2) 绕线插座, 支架, 柱脚, 座

soda　碳酸钠, 苏打, 钠碱, 碱

soda-base grease　钠基 [润滑] 脂

soda bath　碱浴

soda glass　钠玻璃

soda-lime　碱石灰

soda lime glass　钠钙玻璃

soda-lime silica glass　钠钙玻璃

soda lye　氢氧化钠

soda water　苏打水

sodalye　氢氧化钠, 苛性钠

sodden　水浸渍的, 泡润的, 浸透的

Soderberg cell　连续自熔阳极电解槽

sodion　钠离子

sodium　{化} 钠 Na (第 11 号元素)

sodium bicarbonate　碳酸钠, 纯碱

sodium chloride　氯化钠, 食盐

sodium conduction　钠电导

sodium cooled jet　钠冷却喷管

1312

sodium-cooled valve　钠冷排气阀

sodium flare　钠照明炬

sodium graphite reactor (=SGR)　石墨慢化钠冷却反应堆,钠石墨反应堆

sodium grease　钠[润滑]脂

sodium hydride　氢化钠

sodium hydroxide　氢氧化钠,苛性钠,,烧碱

sodium lamp　钠蒸汽灯,钠光灯,钠灯

sodium lead alloy　钠铅合金

sodium-nitride　亚硝酸钠

sodium potassium exchange pump　钠钾交换泵

sodium reactor experiment (=SRE)　钠冷却实验性反应堆

sodium silicate　水玻璃,硅酸钠

sodium-silicate cement　水玻璃胶结料,碳酸钠胶结料

sodium-soap grease　钠皂基润滑脂

sodium soap grease　钠皂脂

sodium thiosulfate　硫代硫酸钠

sodium-vapor lamp　钠蒸汽灯,钠光灯

sofa　[长]沙发

sofa bed　坐卧两用沙发

sofar 或 SOFAR (=sounding finding and ranging)　声波测位和测距,水中测音器,声发(水下导航系统)

soft　(1) 柔软的,软性的,软的;(2) 软水的;(3) 不含酒精的;(4) 硬度低的,塑性的,挠性的,可锻的;(5)坡度小的,光滑的,温和的,适度的;(6) 半流动状态的

soft annealed wire　软金属丝

soft annealing　软退火

soft breakdown　软[性]击穿,软性破坏

soft bronze　软青铜

soft burning　轻烧

soft cast iron　软铸铁

soft center　软顶尖

soft-center steel　软心钢

soft characteristic　软特性

soft clamp　柔性电平箝位

soft coal　软煤

soft coke　软焦炭

soft contact　柔和接触

soft core spindle　软心轴

soft crystal　软晶体

soft currency　软通货,软币

soft-drawn　软拉,软拔,软抽

soft drawn (=SD)　软拉,软拔

soft ductile material　软韧性材料

soft-facing　在硬金属基底上覆盖软的金属

soft-facing metal film　软质金属膜

soft ferrite　软铁氧体

soft-firing　轻烧,软烧

soft glass　软玻璃

soft goods　(1) 非耐用品;(2) 纺织品

soft grease　软脂

soft grit　(金属表面喷射用的) 软质颗粒

soft hammer　软锤

soft-headed hammer　软头锤

soft iron　软铁,熟铁

soft jaw　软卡爪

soft jaw chuck　软钢卡爪卡盘,铁卡爪卡盘

soft-land　软着陆

soft-lander　软着陆装置

soft landing (=SL)　软着陆

soft landing vehicle (=SLV)　软着陆飞行器

soft lead　软铅

soft machinery steel (=SMS)　软机械钢,软结构钢

soft magnet　软磁铁

soft magnetic material　软磁材料

soft metal　(轴承用) 减摩合金,软金属

soft metal jaw　软金属钳口垫片

soft money　钞票,纸币

soft packing　柔软填密件,[柔]软填料

soft rubber　软硫化橡胶

soft rubber washer　软橡皮垫圈

soft shower　软簇射,软流

soft-sized paper　吸水纸

soft skin　软表层

soft-solder　软焊剂,助焊剂

soft solder　软焊料

soft solder flux　软焊剂,助焊剂

soft-soldering alloy　软焊接合金

soft spot　(1) (材料的) 软点;(2) 模糊光点

soft spring　软簧

soft steel　低碳钢,软钢

soft superconductor　软超导体

soft temper　软化回火

soft test　淬火前检查

soft tin　软锡钎料

soft tube　柔性电子管

soft water　软水

soft wire　软焊丝

soft X-ray　软[性]X射线

soften　(1) 软化,变软,弄软;(2) 退火

softened water　软化水

softener　(1) 软水剂,软化剂,软化器;(2) 软化炉;(3) 增塑剂;(4) 软麻机;(5) 垫木,垫衬

softening　(1) 软化,变软;(2) 漏气;(3) 真空恶化;(4) 变安稳,减轻;(5) 退火;(6) 塑性化,增塑;(7) 精炼

softening of water　水的软化,硬水软化

softening point　(1) 软化点;(2) 软化温度

softening range　软化范围

softing point　软化点

softish　柔软的,软的

softness　柔软度

softness number　软化度

softness value　软化度,软化值

softtin　软锡钎料

software　(1) 软件;(2) 程序;(3) 语言设备;(4) 程序设备,软设备;(5) 程序设计方法,程序编排手段,程序系统;(6) 设计计算方法,方案

software engineering　软件工程

software function　软件功能

software library　软件库

software maintenance　软件维护

software monitor　软件监督程序

software network design　软件网络设计

software package　软件包,程序包

software performance　软件性能

software program　软件程序

software prototyping　软件样品

software reliability　软件可靠性

software resource　软件资源

software simulator　软件模拟程序

software stack　软件栈

software support　软件支持

software user's manual　软件用户手册

softwood　软木[材]

sogasoid　固气溶胶

soggy　(1) 湿润的,潮湿的,湿的;(2) 难于驾驶的 (飞机)

sogicon　注入式半导体振荡器

soil　(1) 土;(2) 污物,污点,污斑;(3) 弄脏,弄污,变污,污染

soil and waste water drain pipe　污水排放管

soil-asphalt　土沥青

soil auger　螺旋取土器

soil shifter　堆土机

sol　胶体悬浮液,溶胶,液胶,溶液

sol rubber　溶橡胶

solaode　太阳能电池

solar　太阳的,日光的

solar battery　太阳能电池

solar cell　太阳能电池

solar communication system (=SOCOM)　(美国研究火箭的) 太阳通信系统

solar corpuscular radiation (=SCR)　太阳的微粒辐射

solar electrical energy generation　太阳能发电

solar energy absorbing coating　太阳能吸收涂料

solar energy information center (=SEIC)　太阳能资料中心

solar energy thermionic (=SET)　太阳能热离子的

solar furnace　太阳能炉

solar gear　恒星减速齿轮,太阳轮

solar generator　太阳能发电机

solar magnetograph　太阳磁象仪

solar panel　太阳电池板
solar parallax　太阳视差
solar power plant　太阳能发电厂
solar power unit demonstrator (=SPUD)　太阳能电源装置示范器,
　　太阳能动力装置示范器
solar propelled rocket　太阳能推进火箭
solar-ray electron　太阳射线电子
solar spectrograph　太阳摄谱仪
solar spectrum　太阳光谱
solar spot light　太阳聚光灯
solar still　太阳能蒸发器
solar telephone　太阳能电话
solar telescope　太阳望远镜
solarimeter　太阳能测量计,日射[总量]表
solarmic process　金属陶瓷法
solate　液化凝胶
solation　溶胶化[作用]
solder　(1)焊料,焊药,焊锡,焊剂,焊料,钎料;(2)焊接封口,接合;(3)
　　(低温)焊接,软钎焊,焊固,软焊,锡焊,银焊,钎焊
solder-ball　焊球
solder dipping　浸焊
solder glass　焊接用玻璃
solder joint　钎焊缝
solder seal　焊封
soldered ball　焊球
soldered joint　焊接接缝
solderer　焊工
soldering　(1)软焊料钎焊,低温焊接,热焊接,软钎焊,软焊,锡焊,焊接;
　　(2)焊接头;(3)焊补;(4)焊迹
soldering and sealing　(电缆的)焊封
soldering bit　烙铁
soldering-block　焊板
soldering copper　(紫铜)烙铁
soldering flux　钎焊剂,焊剂,焊料
soldering gun　钎焊枪
soldering hammer　烙铁
soldering iron　(1)焊铁;(2)(焊接用)烙铁
soldering lamp　焊灯,喷灯
soldering lug　焊片
soldering-pan　(1)焊锡;(2)焊盘
soldering paste　钎焊焊剂,焊剂,焊膏,焊药
soldering pencil　钎焊笔
soldering point　焊点,焊封
soldering seal　焊封
soldering terminal　(1)焊片;(2)接线柱
soldering tin　焊锡
soldering torch　焊炬
soldering turret　焊钳
solderless　无焊料的,无焊剂的
solderless connector　异线绞合器
solderless joint　机械连接,无焊连接,不焊连接,扭接
sole　(1)底部,底基,底面,底板,基底,垫板,基地;(2)装底;(3)唯
　　一的,单独的,单一的,独占的,仅有的,本身的,专用的
sole-　(词头)单一
sole agent　独家代理[商]
sole bar　底杠
sole cutting edge counter sink　单刃锥口钻
sole plate　基础板,底板
sole reason　唯一的理由
sole timber　垫木
sole weight　自重
solene　(1)汽油;(2)石油醚
solenoid　圆筒形线圈,螺旋线圈,螺旋管,螺线管
solenoid-and –plunger　有插棒式铁心的螺线管
solenoid brake　(1)磁芯作动制动器;(2)(电)螺线管闸
solenoid clutch　电磁螺线线圈离合器,螺线管式离合器
solenoid coil　圆筒形线圈,螺线管
solenoid controlled valve　电磁控制阀,螺线控制阀
solenoid core　螺线管芯
solenoid driver　螺线管驱动
solenoid field　网络场,力场场
solenoid magnet　螺管式磁铁
solenoid operate　螺管磁铁作操
solenoid-operated　(1)螺旋管开关;(2)电磁操纵的,电磁控制的

1314

solenoid operated air valve (=SOAV)　螺线管操纵空气阀,电磁操纵
　　空气阀
solenoid-operated circuit-breaker　螺旋管断路器
solenoid-operated closing mechanism　螺线管闭合装置,电磁闭合装置
solenoid-operated valve　电磁控制阀,螺线控制阀
solenoid operated valve (=SOV)　电磁控制阀,螺线控制阀
solenoid relay　螺管式继电器
solenoid switch　螺旋管开关,电磁开关
solenoid valve　电磁活门,电磁阀
solenoidal　圆筒形线圈的,螺线[管]的,无散度的
solenoidal field　螺旋管场,螺线管场
solenoidal lens　螺旋形透镜,螺线管透镜
solenoidal magnetic field　螺旋管磁场
solenoidal vector　无散矢[量]
solepiece　(1)底座,底板;(2)框架的地表部分;(3)木船舵的部件;(4)
　　钢船上连结舵柱与船尾材的部件;(5)支持平衡舵的龙骨突出部分
soleplate　钢轨垫板,底板,底架,支架
solicited　(计算机的)请求,要求
solgil　一种稀释溶剂
solid　(1)实心体,立体,整体,固体,实体,实心;(2)立体的,整体的,
　　固体的,固态的,坚固的,坚实的,实心的,空间的;(3)(复)固体粒子
solid-amorphous　固态-完全非晶体的,固态-纯无定形的
solid analytical geometry　立体解释几何
solid angle　立体角,空间角
solid assembly building (=SAB)　刚性装配体
solid axes　(1)实心轴;(2)空间坐标轴
solid axle　实心轴
solid beam　实心梁
solid bearing　整体轴承
solid bearing liner　单层轴瓦
solid belt pulley　整体皮带轮
solid block　基线三角架,支柱
solid body (=SB)　(1)固体;(2)立体;(3)实心体
solid borer　钻头
solid boring　钻孔
solid boring bar　深孔钻杆
solid boring head　深孔钻刀头
solid borne noise　固体噪声,固体载声,固体传声
solid borne sound　固体噪声,固体载声,固体传声
solid-borne vibration　固体载振动
solid broach　整体拉刀,整体剥刀
solid bushing　简单固结式套管
solid cable　实心电缆
solid cage　(轴承)实体保持架
solid cage for thrust bearing　推力球轴承实体保持架
solid cam　立体凸轮
solid carbon　实心碳精棒
solid carburizing　固体渗碳
solid case　(轴承)实体保持架
solid center　实心顶尖,实心顶针
solid circuit　固体电路
solid circuit block　固体电路块
solid colour　单色
solid condition　固态
solid conductor　实心导线
solid content　容积
solid core drill　整体扩孔钻
solid coupling　刚性联轴节
solid crankshaft　整体曲轴,实心曲轴
solid-crystalline　固态晶体的
solid cutter　整体铣刀盘,整体刀具
solid die(s)　整体板牙,整体模
solid dielectric　固体介质
solid diffusion　固相扩散
solid-drawn　整体拉制的,整体拉伸的,整体拉拔的,无缝的
solid drawn pipe　无缝钢管
solid drawn tube　无缝钢管
solid drill　整体钻头
solid drum rotor　整锻鼓形转子
solid earth　安全接地
solid eccentric sheave　实体偏心轮
solid electronic device　固态电子器件
solid electronics　固体电子学
solid elements　立体单元

solid end mill　整体立铣刀, 整体端铣刀
solid end milling cutter　整体端铣刀
solid error　固定性错误
solid-film coating　固体膜涂敷润滑
solid-film lubricant　固体膜润滑剂
solid-fired gas turbine
solid ferrite　固体铁氧体
solid filling　填实
solid flange　轴端锻造连接凸缘
solid flange pipe　整体凸缘管, 无缝凸缘管
solid flywheel　整体飞轮
solid forging　实锻
solid form　整体成形 [法]
solid friction　固体摩擦
solid fuel　固体燃料
solid gas circuit breaker　固体气体断路器
solid geometry　立体几何 [学]
solid gold　赤金
solid head　整体汽缸盖
solid hob　整体滚刀
solid housing　整体轴承箱体, 整体外壳
solid housing bearing block　整体轴承箱组
solid injection　无气喷射
solid injection system　机械喷油系统
solid inner ring　（轴承）整体内圈
solid insulator　固体绝缘物, 固体绝缘子, 实心绝缘子
solid integration building (=SIB)　刚性组合体
solid iron core　实铁心
solid jaw　整体卡爪, 整体爪, 固定爪
solid joint　刚性接合, 刚性连接, 固定接合
solid line　实线
solid-line curve　实线曲线, 连续曲线
solid-liquid interface　固液分界面
solid logic technology (=SLT)　固态逻辑技术
solid lubricant　固体润滑剂, 润滑脂, 黄油
solid lubricant binder　固体润滑剂粘结剂
solid lubrication　固体润滑
solid mandrel　整体心轴
solid mass　实体
solid measure　体积, 容积
solid metal guide　固体金属波导
solid mold　整体模
solid of revolution　螺旋体, 回转体
solid outer ring　（轴承）整体个圈
solid pattern　实型
solid pedestal　整体轴承座
solid phase　固相
solid-phase diffusion　固相扩散
solid-phase zone melting　固相区熔
solid piston　整体活塞, 实心活塞, 盘形活塞
solid-plastic　固塑性的
solid plate　定型底板, 固定板
solid point　凝固点
solid pole　整块磁极, 实心磁极
solid polyethylene insulation　固体聚乙烯绝缘
solid propellant (=SP)　固体推进剂
solid propellant engine　固体推进剂火箭发动机, 固体 [燃料] 火箭发动机
solid propellant gas generator (=SPGG)　固体推进剂气体发生器
solid propellant information agency (=SPIA)　固体推进剂情报局
solid-propellant operations (=spo)　用固体推进剂推动
solid propulsor　固体燃料火箭发动机
solid reamer　整体铰刀, 实心铰刀
solid resistor　固体电阻器, 实心电阻器, 合成电阻器
solid retainer　（轴承）实体保持架
solid rivet　实心铆钉
solid rocket (=SR)　固体燃料火箭
solid roller　实心滚子
solid roller bearing　实心滚子轴承
solid rotor　整锻转子, 实心转子
solid-rubber dielectric　硬橡胶介质
solid seat　实心座
solid shaft　实心轴
solid skirt piston　导缘实心活塞, 侧缘不切槽活塞

solid solution　固溶体
solid sphere　实心球
solid-state　固体的, 固态的, 硬的
solid state　固体状态, 固态
solid-state circuit　固体电路
solid state circuit　固体电路, 固态电路
solid-state device　固态器件, 固态元件
solid-state electronics　固体电子学
solid-state laser　固态激光器
solid-state maser　固态激波激射器, 固态量子放大器, 固体脉塞
solid-state microwave amplifier　固态微波放大器
solid-state metering relay　固体计数继电器
solid-state oscillator　固态振荡器
solid-state photosensor　固体光敏器件
solid-state physical electronics　固体物理电子学
solid-state physics　固体物理电子学
solid-state technique　固体电路技术
solid-state thyratron　固体闸流管
solid stop　整体制动器
solid strap-on　固体发电机组
solid support　可靠的支持
solid tire　实心轮胎
solid tool　整体 [切] 刀, 整体刀具
solid type cable　胶质浸渍的纸绝缘电缆, 实心电缆
solid unit　固体器件, 固体装置
solid urethane plastics (=SUP)　固体尿烷塑料
solid volume　实体积
solid-web　实体腹板
solid wire　实 [心] 线, 单 [股] 线
solid wrench　死扳手
solidifiability　凝固性
solidifiable　可凝固的, 可固化的, 可变硬的, 可充实的, 能凝固的, 能固化的,
solidification　(1) 凝固 [作用], 固 [体] 化 [作用]; (2) 变浓, 浓缩, 结晶
solidification point　凝固点
solidified　固 [体] 化的, 凝固的, 结晶的, 变硬的
solidified moisture film　固化水膜
solidify　固化, 硬化, 变硬, 凝固, 浓缩
solidifying　固化, 硬化, 变硬, 凝固, 浓缩
solidifying point　凝固点
solidity　(1) 固体, 固态; (2) 固体性, 紧实性; (3) 容积; (4) 硬度, 强度, 实度; (5) 完整性, 连续性; (6) 坚固, 充实; (7) 螺旋桨叶片充填系数, 桨叶桨盘面积比
solidity coupled shaft　刚性联结轴
solidity ratio　密实度比, 硬度比, (混凝土) 实积比
solidness　硬度 [性]
solidography　放射线摄影法, 实体摄影法
solidoid　固相
solids　固体粒子, 硬粒
solidum　(1) 台座的墩身; (2) 全体; (3) 总数
solidus　(1) 固液相曲线, 固液相平行线, 固相线, 固态线, 凝固线; (2) 分隔线 "/"
soliquid　(1) 胶体悬浮液; (2) 溶胶
soliquoid　悬浮 [体]
solitary　(1) 独一无二的, 单个的, 单一的, 唯一的, 个别的, 孤独的, 分离的; (2) 荒凉的, 偏僻的; (3) 隔离, 孤立
solo　(1) 单独的; (2) 单独地; (3) 单飞
solo circuit　单独对讲电路
solo fibre　单独纤维, 独种纤维
solodyne　(1) 单电池接收机电路; (2) 不用 B 电池的接收机
solubilised (=solubilized)　溶解了的
solubility　(1) 溶 [解] 度; (2) 溶 [解] 性, [可] 溶性
solubilization　增溶溶解, 增溶化, 溶液化
solubilizer　[硫醇] 增溶剂
solubilizing agent　增溶剂
soluble　(1) 可溶 [解] 的, 可乳化的, 能溶的, 溶性的; (2) 可以解 [决] 的; (3) 可解释的
soluble chemicals　可溶性化学药品
soluble cutting oil　乳化切削液
soluble glass　溶性玻璃
soluble matter　可溶物质
soluble oil　可溶性油, 乳化油, 油乳胶, 调水油
soluble oil emulsion　溶性油质乳胶 (切削用的润滑冷却剂)
soluble oil paste　切削用糊状冷却剂, 溶性油膏

soluble salt　可溶盐

soluble type　（半透明）乳化系

soluble type grinding fluid　（半透明）乳化性水溶性磨削液

solubleness　(1)溶[解]度；(2)溶[解]性,[可]溶性

soluminium　铝钎料(锡 55%,锌 33%,铝 11%,铜 1%)

solute　溶解物,[被]溶质

solutide　真溶液

solution　(1)溶液,溶体；(2)溶解作用；(3)分解,分离,分开；(4){数}解答,解法,解题,解；(5)解释；(6)乳化液,橡胶浆,胶水；(7)瓦解,中断,消散；(8)用橡胶水粘结,加溶液于

solution by a triangle　三角形解法

solution by definite integral　定积分解法

solution by electrical analogy　电模拟解法

solution by iterative method　迭代法求解

solution ceramic　溶解陶瓷

solution check　解答校验

solution circuit　溶液循环

solution hardening　固溶硬化

solution heat　溶解热

solution heat treatment　固溶热处理

solution in closed form　闭式解,隐解

solution method of growth　溶液生长法

solution of compressible flow　压缩流的解

solution of equations　方程组的解

solution of the game　对弈解,对垒解,博弈解

solution of triangle　三角形解法,三角形计算

solution of wave propagation　波动方程的解

solution point　解点

solution space　解空间

solution strength　溶液浓度

solution temperature　溶解温度

solution treating　溶液处理

solution trial　固溶试验

solution vector　解向量

solutize　使加速溶解

solutizer　[硫醇]溶解加速剂,增溶剂

solutrope　向溶混合物

solvability　(1)溶剂化度,溶解能力,可溶性,溶解度；(2)可解释,可解答,可解性,有解性；(3)可解决

solvable　(1)可溶剂化的,可溶解的,能溶解的；(2)可解答的,可解释的；(3)可解决的,能解决的

1316

solvable by radical　{数}用根式可解的

solvate　溶剂化物,溶合物

solvation　增溶溶解,溶剂化作用,溶合作用,溶解

solvatochromism　溶剂化显色[现象]

solvatochromy　溶剂化显色

solvay liquor　制碱(碳酸钠)废液,索尔维法废液(含氯化钙)

solve　(1)解答,解释,解决,求解；(2)溶解；(3)清偿(债务)

solve an equation　解一个方程式

solvency　(1)溶解质；(2)溶解本领,溶解能力；(3)偿付能力,清偿能力,支付能力

solvend　可溶物[质]

solvent　(1)溶剂,溶媒；(2)有溶解力的

solvent action　溶解作用

solvent analysis　溶剂分析

solvent cleaning　溶剂清洗

solvent distillate　溶剂蒸馏液

solvent-extracted　用溶剂萃取的

solvent extraction (=SX)　溶剂萃取法,溶剂提取法

solvent fluids　溶液

solvent-free　无溶剂的,无溶解的

solvent-in-pulp apparatus　矿浆浆溶剂萃取设备

solvent-in-pulp extraction　矿浆浆溶剂萃取法

solvent molding　溶剂成型

solvent naphtha　轻汽油溶剂

solvent power　溶解能力

solvent-refine oil　油剂精制润滑油

solver　(1)解算装置,解算机,解算器,求解仪；(2)解决者

Solvesso　芳烃油溶剂

solving process　解法

solvolysis　溶剂分解[作用],液解,媒妥

solvolyte　溶剂分解物,溶剂化物

solvolytic　溶剂化的

solvus　溶解度曲线,固相线

sommerfeld number　（润滑轴承）承载性能的无因次数

son field　子字段

sonagram　语图

sonagraph　(1)语图仪；(2)声频电流波形分析器

sonalator　语图显示仪

sonalert　固体音调发生器

sonar 或 SONAR (=asdic 或 =sound operation navigation and ranging)　(1)声纳,声纳站；(2)水声探测器,潜艇探测器,音响定位器,鱼群探测器；(3)声波导航和测距系统,声波定位和测距系统,水下超声波探测系统,声波水下测深系统,水下声波定位器,水声测位仪,声波定位仪

sonar communication　声纳通信

sonar countermeasures and deception (=SONCM)　声纳干扰和诱骗,声纳对抗和诱骗

sonar pinger　声纳脉冲发射器

sonar pinger system　声纳脉冲测距系统

sonar receiver　声纳接收机

sonar thumper seismic system　声纳键击地震系统

sonar transmitter　声纳发射机

sonastretcher　记录语言用的延时器

sonde　(1)高空探测装置,探测器,探空仪；(2)探空气球；(3)探头,探针,探棒

sondol　回声探测仪

sone　宋(响度单位,1000 赫的纯音声压级在闻阈上 40 分贝时的响度)

sone scale　响度标度

sonic　声音的,声波的,声速的,音速的,有声的

sonic agglomerator　声波聚尘器

sonic altimeter　声测高度计

sonic analyzer　声波探伤仪,声波分析器

sonic barrier　声障,声垒

sonic bearing　音响方位

sonic boom　声震

sonic comparator　声波比长仪,声波比较仪

sonic depth finder　回声探测仪,回声探测仪

sonic device　声学仪器

sonic echo sounder　回声探测仪,回音探测仪

sonic fatigue test laboratory (=SFTL)　声音疲劳试验实验室

sonic flowmeter　音响式流量计,声流量计

sonic instrument measurement and control (=SIMAC)　声学仪器的测量与控制

sonic locator　声定向器,声定位器,声定向仪,声探测器

sonic logging　声波测井

sonic mine　音响水雷

sonic noise analyzer (=SONOAN)　噪声分析器

sonic propagation　声的传播

sonic pump　振动泵

sonic spark locator　声火花定位器

sonic storage　声存储器

sonic test　音响试验

sonic wave　声波

sonication　声处理

sonicator　短距离声波定位器,近距离声波定位器,近程声电定位器

sonics　声能学

soniga(u)ge　超声波金属厚度测定器,超声波测厚仪

sonim (=solid nonmetallic impurity)　非金属固体包藏,固体非金属夹杂物,夹砂

soniscope　（测材料强度或裂缝深度用的）脉冲式超声波探伤仪,声波探测仪,音响仪,声测仪

sonne　桑尼(相位控制的区域无线电信标)

sono-elasticity　声弹性力学

sonobuoy　航空侦探潜仪,声纳浮标,音响浮标,水声浮标,听音浮标

sonochemiluminescence　声化学发光

sonodivers　潜水噪声[记录]仪

sonogram　声波图

sonograph (=sound spctrograph)　(1)（可见语言的）声谱[显示]仪；(2)地震波分离器

sonolator　（可见语言的）声谱显示仪

sonoluminescence　声[致]发光

sonometer　(1)振动式频率计,弦音计；(2)单音听觉器,听力计

sonoprobe　(1)声纳探测器,探声器；(2)声波探查

sonoptography　声光摄影术

sonoradiobuoy　无线声纳电浮标,水底噪声传输浮标

sonorant (=resonant)　(1)共振的,谐振的,共鸣的；(2)有回声的,回响的,反响的

sonorific 发[出]声音的

sonority 宏亮度,响度

sonorous 响亮,洪亮

sonovox 口声效果装置

soot (1)烟灰,烟尘,炭黑,积炭;(2)煤烟,煤灰,油烟

soot blower (=SB) 烟灰吹除器,吹灰机,吹灰器

soot blowing equipment 烟垢吹净装置

soot carbon 碳黑

soot door 清灰门

sootblower 吹灰器

sooter (1)除烟垢器;(2)烟灰清除工

sootflake 积炭薄片,烟灰薄片

sootiness 烟煤所污

sooting (电子管)熏黑

sooty 烟灰的,炭黑的

sophisticate (1)采用先进技术,使精益求精,使完善,使复杂,使精致;(2)掺杂,掺假,伪造,曲解

sophisticated (1)需要专门操作技术的,尖端的,复杂的,高级的;(2)采用先进技术的,成熟的,完善的,理想的;(3)掺杂的,不纯的;(4)非常有经验的,老练的

sophisticated categories (1)需要专门操作技术的部分;(2)精细分类

sophisticated circuitry 混杂电路

sophisticated tooling 复杂刀具

sophisticated tooling design 复杂刀具设计

sophisticated weapon 尖端武器

sophistication (1)采用先进技术,复杂化,精致化,改进,完善,考究;(2)混杂,掺杂,掺假,伪造,篡改

sopping 浸透的,湿的

soppy 浸湿的,泡湿的,湿透的

sorb 吸着,吸附,吸收

sorb-pump 吸附泵

sorbate 吸着物,吸附物

sorbate layer 吸附层

sorbed film 吸附膜

sorbed gas 吸附气体

sorbent 吸着剂,吸附剂

sorbing agent 吸附剂

sorbing layer 吸附层

sorbing material 吸附材料

sorbite 索氏体,素斑体

sorbite cast iron 索氏体铸铁

sorbitic 索氏体的

sorbitic pearlite 索氏珠光体

Sorel alloy 索瑞尔锌合金(铜10%,铁10%,其余锌)

Sorelmetal (加拿大)索瑞尔高纯生铁

sorption 吸着[作用],吸收[作用]

sorption agent 吸附剂

sorption capacity 吸附能力,吸附容量

sorption-extraction 离子交换提取,吸附提取

sorption film 吸附膜

sorptive 吸附性的,吸着性的,吸收的

sorptive material 吸附性材料,吸着性材料

sorrel 红褐色[的],栗色[的]

sort (1)种类,类别;(2)分选,选别,分级,分类;(3)品质,性质;(4)程度

sort generator 分类归并生成程序

sort program 分类程序

sortable 可分类的,可整理的,合适的

sorted polygons 成形龟裂纹

sorter (1)分类装置,分类机,分类器;(2)分离装置,分级器,分选器,分拣器,挑选器,分粒器;(3)选材机,选别机,选择器,选卡器;(4)打孔卡排卡器;(5)分发机;(6)(纤维长度的)分析器;(7)分类品;(8)分类程序

sorting (1)拣选,分选,分类,分级;(2)筛分;(3)区分,划分;(4)拣选费

sorting and merging 分类合并,分选归并

sorting chain 分级输送链,分选输送链

sorting index 分选率

sorting machine 分选机

sorting of information 情报的分类

sorting phase 分类阶段

sorting pulse 分类脉冲

sorting tolerance 分选公差,选别公差

sosoloid 固态溶液,固溶体

sotenente 延音装置

sough 排水沟管

sound (=SND) (1)声音,音响,音调,音色,噪声,录音,声,(2)使发声,发声,探测,探空,探深,锤测,试探,触探;(3)声学;(4)探测器,探针,探头;(5)无缺点的,无瑕疵的,正确的,安全的,可靠的,完整的,完美的,健全的,正常的;(6)坚固的,坚实的,实心的,稳妥的,彻底的,充分的,合理的,有效的

sound absorbent material 吸音材料

sound absorber 吸音体

sound-absorbing 吸音的,吸声的,隔声的

sound advice 正确意见

sound altimeter 声测高度计

sound amplifying system 扩音系统

sound analysis system 噪声分析系统

sound analyzer 声波频率分析器,声分析器

sound and flash (=SF) 声音和闪光

sound arrester 隔音装置

sound articulation 声音清晰度

sound barrier 音障,声障

sound bearing (=SB) 声音方位,音源方位,音响定向

sound board 共鸣板,共振板

sound box 共鸣器,共鸣箱,吸声箱

sound bridge 声桥

sound cable 传声良好的电缆,通信电缆

sound camera 有声电影摄像机,光学录音机

sound carrier 音频[信号]载波,伴音载波,载声体

sound casting 无缩松铸件,完好铸件,坚实铸件,无疵铸件

sound channel 伴音信道,伴音通道,声道

sound-conducting 传声的,扬声的

sound control technique 声控技术

sound damper 声阻尼器

sound-deadener(s) 减声器

sound-deadening 隔声的

sound deadening 消声,消音,隔音

sound deflection 声波折射

sound detector 伴音[信号]检波器,验音器,测音器,检声器

sound effect (=SE) 音响效果,声响效果,声效应

sound emission 声发射

sound-energy 声能的

sound-energy density 声能通量密度,声强度

sound-film 音膜

sound-film recording 有声电影录音

sound film talkie 有声电影

sound fixing and ranging (=SFAR) 声波定位与测距

sound gate (1)伴音拾音器;(2)放声口,声道,声门

sound-hard 声学硬的

sound head 拾声头,录音头,拾音头

sound ingot 优质锭

sound-insulating 隔声的

sound insulating board 隔音板

sound insulation 声绝缘,隔声,隔音

sound intensity 声强

sound intensity meter 声强计

sound interference 伴音干扰

sound intermediate frequency (=SIF) 中音频

sound-level 声级

sound-level meter 声级计

sound level meter 声级计

sound locator (=SL) 声音测位器,声波测距仪,声[波]定位仪,声[波]定位器,听音器

sound metal 无缺陷金属,优质金属

sound meter 声级计,噪音计,测声计

sound monitor 伴音监听器,声监控器

sound motion picture 有声电影

sound moving picture 有声电影

sound-muffling 消音的,减音的

sound-on-film recorder 胶片录音器

sound-on film recorder 胶片录音机

sound on vision 视频上的声频干扰,伴音干扰图像,可视声波干扰

sound oscillation 声振

sound output 音频输出功率,声输出

sound part 合格部分

sound pick-up 拾音器,拾声头

sound player 留声机

sound pollution 噪音污染

sound pressure 声压

sound pressure level (=SPL) 声压级

sound probe 探声器,声探头

sound-proof 防噪声的,隔声的,隔音的

sound-proof chamber 隔音室

sound-proof door 隔音门

sound pulse 声脉冲

sound-radar 声[雷]达

sound radar 声波定位器,声波测距器,声[波雷]达

sound radiation 声音辐射

sound radiator 声辐射器

sound ranger 声波测距仪

sound-ranging 声波测距法,高空探测

sound ranging (=SR) 声测距[离]

sound ranging control (=SORC) 声[波]测距控制

sound ray 声线

sound reading 收听

sound record disc 唱片

sound recorder 录声机,录音机

sound recording 录声,录音

sound-reflection coefficient 声反射系数

sound reproduction 放音

sound resonant cavity 伴音谐振腔

sound resource 声源

sound-shadow 声影,静区

sound signal 声频信号,音响信号

sound-soft 声软的

sound spectrogram 语图

sound spectrograph 声谱仪

sound speed 声速,音速

sound test 噪声试验

sound track 音带,声带,声道

sound-transmission coefficient 声透射系数,透声系数

sound transmitter (电视)伴音发射机,发话机

sound-trap 声频信号陷波器,声阱

sound trap 伴音陷波电路

sound velocity, temperature and pressure (=SVTP) 声速,温度和压强

sound volume 声量,音量

sound volume control 声量控制,音量控制

sound volume indicator 声量计,音量计

sound wave 声波,音波

sounded bottom 测定的水深

sounded ground 测定的水深

sounder (1)发声收码器,发声器,声码器;(2)声波测深器;(3)(电报)音响器,收报器,收音机;(4)探测器,测深器;(5)探针;(6)测深员

soundhead 录音头,拾声头

sounding (1)发声,音响;(2)探测测深[法],探声,探测,钻探;(3)水深测量,测深,测高,探空

sounding balloon 探空气球

sounding board 共鸣板,共振板

sounding bob 测深锤

sounding borer 触探钻机,钻探机,探土机

sounding device 回声测深装置

sounding electrode 探测[电]极

sounding finding and ranging (=SOFAR 或 sofar) 声波测位和测距,水中测音器,声发

sounding lead 测深铅

sounding line 测深索

sounding machine (=SMACH) 测深机,测高机,探测机

sounding missile 探空导弹

sounding of the atmosphere 大气探测

sounding rocket 探测火箭,探空火箭

sounding rod 厚度规,测深杆,测杆

sounding wire 测深索

soundless (1)深不可测的,不能探测的;(2)无声的

soundlocater (=soundlocator) 声波定位器,声波测距仪,声波探测仪,声纳

soundly (1)完善地,完全地,无疵地;(2)坚固地;(3)完善,正当

soundness (1)(水泥)体积固定性;(2)耐固性;(3)无疵病

soundness of cement 水泥[的]安定性

soundness test 安定性试验,固定试验

soundproof 防声响的,防噪声的,不透声的,隔声的

soundstripe 录声磁基

soup (1)硝化甘油;(2)燃料溶液,显影液,显像剂;(3)加大马力,提高效率,加强,加速

soupery (美)餐厅,食堂

sour (1)发酸的,变酸的;(2)(汽油)含铅的;(3)用稀酸溶液处理

sour oil 含硫轻油,未中和油,酸性油

source (1)动力源,信号源,离子源,放射源,电源,能源,光源;(2)(场效应晶体管的)源[极];(3)来源,起源,根源,出处;(4)原因;(5)辐射体发生器,辐射源,辐射器,辐射体;(6)多数总体,组,族;(7)原始资料,原始文件

source accelerator 注入用加速器

source address 源地址

source address field 源地址段

source address instruction 源地址指令

source-and-drain junction {计}源漏结

source bias effect 源偏压效应

source book 原始资料[集]

source code and data collection (=SCDC) 源代码和源数据搜集

source computer 原始计算机,源计算机

source conductivity 源电导

source container 放射源储存器,放射源箱

source data 源数据

source deck 原始程序卡片组

source-destination code {计}无操作码

source-destination instruction 无操作码指令,源目的地指令

source-drain characteristics {计}源漏特性

source-drain gap '源-漏'间隙

source-drain voltage '源-漏'电压

source document {计}原始文件

source electrode 源[电]极

source follower circuit 源极跟随电路,源输出电路

source holder 源夹持器

source host (1)原始地站;(2)源主机

source index 资料索引

source instruction 源指令

source intensity 点源强度

source language 被译语言,原始语言,源语言

source language construct 源语言构造

source language debugging 源语言调试

source library program 源库存程序

source machine 源机器

source maintenance and recoverability (=SM&R) 电源维护和可再生性

source module 源程序模块

source multiplication 中子源增殖

source network 原始地网络

source neutron 源中子

source nipple (1)螺纹接口;(2)短管接头

source of electrons in a selected energy range (=SESER) 选定能量范围的电子源

source of errors 误差来源,误差原因

source of failure 故障来源,失效原因

source of power 电源,能源

source of power supply 电源

source of resonant excitation 共振源,谐振源

source of trouble 故障原因

source program 原始程序,源程序

source pump station 起点泵站

source rate 信源率

source recording 原始记录

source-selector disk 选源盘

source socket (1)电源插座;(2)原始地埠

source station 源站

source terminal 源[极]引出线,源[极]端子

source text 源程序正文

sourcing 信号源纯化,

sourdine 噪声抑制器,消音器,弱音器,静噪器

souring 发酸

sourish 略带酸味的,微酸

sourness (1)酸性;(2)酸度;(3)酸味

souse 被浸透,使湿透,浸,泡,淹

sow (1)高炉铁水主流槽,高炉流槽,大型浇池,铁水沟;(2)炉底结块,大铸型,大锭块,沟铁;(3)可移动的防护小栅

sow block 燕尾槽砧

1318

sow channel 铁水沟

sow iron 沟铁

sower (1)播种机；(2)播种者

sowing axle 排种轴

sowing machine 播种机

Soxhlet's extractor 索氏抽取器

soybean combine 大豆联合收获机

space (=SP) (1)航天空间,宇宙空间,宇宙;(2)距离,间隔,间隙,间距,
缝隙;(3)留出空间,留间隔,隔开,空格;(4)场所,场地,余地,地区,
地点,地方,地位,位置;(5)面积,体积,容积,舱位;(6)一段时间;(7)
(计算机)容量;(8)配置,放置;(9)谐振源;(10)距离变动

space-age (1)使太空时代化;(2)太空时代的

space age 太空时代

space axes 空间坐标轴

space bar 隔条

space box 铅空盒

space buff 隔层抛光轮

space cam 空间凸轮

space capsule 航天[密封]舱

space character 间隔符号

space-charge 空间电荷

space charge 空间电荷

space charge balanced flow 空间电荷平衡流

space charge cloud 空间电荷云

space charge debunching 空间电荷散焦

space charge distribution 空间电荷分布

space-charge-focused 空间电荷聚焦的

space charge grid 空间电荷栅极

space charge grid tube 空间电荷栅极管

space charge layer 空间电荷层

space charge limitation 空间电荷限制

space-charge-limited 被空间电荷限制的

space charge-limited triode 空间电荷限制三极管

space-charge polarization 空间电荷极化

space charge region 空间电荷区

space code 间隔码,空间码

space coherence 空间相干性

space column 格架式柱,空腹柱

space command and control system (=SPACCS) 空间指挥与控制系统

space command station (=SCS) 空间指挥台,航天指挥站

space communication 航天通信,空间通讯

space communication network 空间通信网

space communication technique 空间通信技术

space computer 航天计算机

space coordinates 空间坐标

space-coupling 空间耦合,分布耦合

space coupling 空间耦合,分布耦合

space-craft 空间飞行器

space craft 太空飞行器

space current 空间电流

space curve 空间曲线

space defense system (=SDS) 空间防御系统

space density tapered array antenna 间距密度渐变阵列天线

space detection and tracking system (=SPADATS) 空间探测和跟
踪系统

space detection and tracking system improved(=SPADATSIMP) 改
良的空间探测和跟踪系统

space diagram (1)空间图,立体图;(2)矢量图,位置图;(3)空间
相图

space distribution 空间分布

space divergence 空间散度

space diversity (=SD) 空间分集

space effort 空间科学计划,空间探测

space electronic rocket test (=SERT) 空间电子火箭试验

space electronics 星际航行电子学,空间电子学,宇宙电子学,航天
电子学

space environment simulator (=SES) 空间环境模拟装置,航天环境
模拟器

space environmental chamber (=SEC) 空间环境容器

space environmental control system (=SECS) 空间环境控制系统

space environmental monitor 空间环境监测仪

space-exchange operator 空间交换算子

space exploration (=SE) 空间探索,空间研究

space factor 线圈间隙系数,方向性系数,空间因数,空间系数,占空系数

space filling factor 空间填充因数

space flight 航天

space flight instrumentation (=SFI) 空间飞行用仪表

space frame 空间结构,空间构架,立体构架

space frequency modulation (=SFM) 空间频率调制

space function lever 间歇动作杆

space-ground 空间群

space-harmonic component 空间谐波成分

space harmonics 空间谐波

space heater (=SPH) 空间[对流]加热器

space heating 环流供暖

space helmet 宇宙飞行帽

space hold 空号同步

space-independent 空间不相关的,与空间无关的

space key 间隔键,空格键

space kinematics 空间运动学

space laboratory (=S/L) 空间实验室,航天实验室

space lattice 空间点阵,空间晶格

space-like 空间相似的,似空间的,类空间的

space-like curve 类空曲线

space-like interval 类空间隔

space-like region 类空区

space-like variable 类空变量

space-like vector 类空矢量

space list 空表

space logistic maintenance and rescue 空间后勤维修和营救

space maintenance analysis center (=SMAC) 空间维护分析中心

space mark 间隔符号

space mechanism 立体机构

space model 空间模型,立体模型

space modulation 间隔调制

space motion 空间运动

space navigation center 空间导航中心

space-number 间隔数

space of circle 圆素空间,圆空间

space of cosets 陪集空间

space of lines 线空间

space of planes 面空间

space of points 点空间

space of seal 油封间隔

space of spheres 球素空间,球空间

space of teeth 齿间隔,齿间,齿槽

space-optics 宇宙光学

space orbital bomber (=SOB) 空间轨道轰炸机,航天轨道轰炸机

space-oriented 适用于空间[条件]的

space patrol (=SP) 空间巡逻

space permeability 真空磁导率,真空导磁率

space phase 空间相位

space plane 航天飞机

space platform 宇宙空间站,航天站,太空站

space polymer 立体聚合物

space probe 空间探测器,太空探测器,宇宙探测器

space propulsion research facility (=SPRF) 空间推进研究设施

space quartic 四次绕线

space radio 空间无线电[设备]

space ranging radar 空间测距雷达

space-rated 适于在空间应用的,适用于空间的

space record disc 唱片

space reinforcement 三向[钢]筋

space rocket 宇宙火箭

space science board (=SSB) 空间科学局,航天科学局

space ship 宇宙飞船,太空飞船

space shuttle 航天飞机,航天器

space simulation facility (=SSF) 空间模拟设备

space simulation test facility (=SSTF) 空间模拟试验装置

space simulator 空间模拟器,太空模拟器

space speak 宇航术语

space-stabilized 空间安定的,空间稳定的

space station (=SS) 宇宙空间站,航天站,太空站

space structure model 空间结构模型

space suit 宇宙飞行服

space surveillance system 空间监视系统,宇宙监视系统

space system (=SS) 空间系统,航天系统

space technology 航天工艺学,宇航工艺学

space technology laboratory (=STL)　空间技术实验室,航天技术实验室

space telecommand　太空电信指挥

space telemetering　宇宙遥测

space-time　空间时间关系,第四度空间,时空

space time　空间时间关系,时空连续体,第四度空间,时空

space time point　时空点

space-to-temporal converter　空间 - 时间变换器

space tracking　宇宙跟踪

space truss　空间桁架

space tug　宇宙拖船

space vector　空间矢量

space vehicle (=SV)　太空运载器,空间飞行器,宇宙飞船,空间飞船,航天器

space vehicle booster test (=SVBT)　宇宙飞行器助推器试验

space vehicle simulator (=SVS)　航天器模拟装置

space-velocity　空间速度

space washer　间隔垫圈

space wave　空间 [电] 波,天 [空电] 波

space width　齿间 [弧] 宽,齿槽宽度

space winding　间绕绕组,间绕线圈

spaceband　间隔嵌条

spaceborne　宇宙飞行器上的,在宇宙空间的,在航天器上的,在卫星上的,在飞船上的,空运的

spaceborne system　空运系统,空载系统

spacecraft (=S/C)　宇宙飞行器,宇宙飞船,航天飞船,航天器

spacecraft docking　航天器对接

spacecraft landing　航天器着陆

spacecraft operations and checkout facility (=SOCF)　宇宙飞船操作和检验装置

spacecraft propulsion system (=SPS)　宇宙飞行器推进系统

spacecraft research division (=SRD)　宇宙飞船研究部,航天器研究部

spacecrew　宇宙飞船乘务组

spaced　有间距的,隔开的,间隔的

spaced antenna　间隔天线

spaced-bucket elevator　非连续斗式提升机

spaced centers　中距

spaced-link track　间隔链节式履带

spaced winding　间绕绕组,间绕法

spaceflight　宇宙飞行,航天

1320

spacelab　空间实验室

spaceman　宇航员,太空人

spaceplane　带翼航天器

spaceport　火箭、导弹和卫星发射中心,航天站,空间站

spacer　(1) 隔离物,隔离层,隔距块,间隔物,间隔套,间隔器,隔片,隔板,隔套,垫片,垫圈,垫层,横柱,撑挡;(2) 调距模板,调节垫铁,调整块,定位件,定距件,调整垫,衬垫,衬套;(3) (轴承) 隔圈,(4) 间隔确定装置,分隔器,分隔物,(5) 空间群;(6) 间隔基,间隔团,间隔棒

spacer bar　(1) 定位钢筋,支撑钢筋,(2) 隔杆

spacer block　模具定位块

spacer bush　间隔衬套,隔套

spacer disk　圆隔板

spacer flange　中间法兰,过渡法兰,对接法兰

spacer frame　间隔框架

spacer leg　隔离支柱

spacer phaser　空间相量

spacer quills　(无保持架滚子轴承的) 分隔滚子

spacer ring　定位环,间隔圈,隔环,隔圈,隔套

spacer rod　隔离棒

spacer shim　调整垫片,间隔片

spacer sleeve　间隔套筒

spacer strip　定位片

spacer washer　调 [整] 距 [离的] 垫圈,间隔垫圈

spacescan　空间扫描

spaceship (=SS)　宇宙飞船,航天飞船

spacesuit　宇宙服,航天服

spacetalk　宇宙术语

spacewalk　空间行走,太空行走,空间漫步

spaceward　向空间,向空中

spacewarn　航天警戒,空间警戒

spacewidth　齿间 [弧] 宽,齿槽宽度

spacewidth at root　齿根槽宽

spacewidth half angle　齿槽宽半角,齿间 [弧] 宽半角

spacewidth on the reference cylinder　分度圆柱上的齿槽宽

spacewidth on the root cylinder　齿根圆柱上的齿槽宽

spacewidth on the tip cylinder　齿顶圆柱上的齿槽宽

spacewidth semi-angle　齿槽宽半角,齿间弧宽半角

spacewidth taper　(锥齿轮) 齿槽锥度,齿间锥度,齿槽收缩,齿间收缩

spacewise　空间坐标,空间型的

spaceworthy　适宜宇航的

spacial　空间的,宇宙的,间隔的,场所的

spacial distribution　空间分布

spacing　(1) [调节] 间隔,间距,距离,定距;(2) (绕组和加感线圈的) 节距,[螺纹] 节距,螺距,齿距,(3) 限位,(4) 跨距,净空,(5) 位置,布置,安排

spacing collar　间距调整环,隔离环,[间] 隔套筒,限位套筒,限位圈

spacing current　间隔电流,空号电流

spacing error　间隔误差

spacing hole　限位孔

spacing of notches　缺口间距

spacing of the rivets　铆钉间隔

spacing piece　限距片

spacing pulse　间隔脉冲

spacing punch　定距冲头

spacing ring　(1) (轴承) 隔圈,隔环,距圈,(2) 限位环

spacing screw　空号螺丝

spacing shaft　间隔轴

spacing shim　限位填片

spacing sleeve　隔套

spacing tester　周节仪

spacing washer　调整距离的垫圈,间隔垫圈

spacing wave　空号信号,间隔信号,静止信号,空号波,间隔波,补偿波

spacious　空间多的,宽广的,宽敞的,宽裕的,广阔的,广大的

spaciousness　宽敞 [度]

spacistor　空间电荷 [晶体] 管,宽阔管 (一种高频用半导体四极管)

spad　斯巴德双翼飞机

spaddle　长柄小铲

spade　(1) 铲,锹,铣,锄;(2) 束射极

spade bit　铲形钻头

spade drill　扁 [平] 钻,平钻

spade grip　口形握把

spade reamer　扁钻形铰刀,双刃铰刀

spade tuning　薄片调谐

spade vibrator　铲式振动器

spader　(1) 机铲;(2) 铲具

spading　铲掘

spaghetti　漆布绝缘 [套] 管,绝缘套管

spaghetti tubing　(绝缘布制的) 小型绝缘套管

spall　(1) 裂开,分裂,散裂,剥落;(2) [弄] 碎,削,割

spallation　(1) 剥落;(2) 分裂,散裂,锐变

spallation fission reaction　散裂裂变反应

spalled joint　碎裂缝

spaller　(1) 碎矿机;(2) 碎矿工

spalling　剥落,散裂

spalling effect　剥落作用

spalling hammer　碎石锤

spalling resistance　耐裂震性

spalling test　散裂试验,剥落试验

spalt　剥落的,碎裂的,劈开的

span　(1) 跨度,跨距,跨长,开度,径间,间距,间隔,跨;(2) 量程间距,臂距,指距 (约英寸),宽度,范围;(3) 以指距量;(4) 横跨,柱距;(5) 下线法,嵌线法,拉线

span dogs　木材抓起机

span length　跨度距离

span measurement by vernier calipers　游标卡尺测量公法线长度

span-new　崭新的

span of crane　起重机臂伸距

span of jaw　钳口开度

span of knowledge　知识面

span of management　管理的幅度

span piece　拉杆,横木

span saw　框锯

span width　净宽

span wire　拉 [张紧] 线

span wire suspension　拉线悬挂

spangle　(1)有光泽之物,镶金属小片,光亮的金属小片;(2)用金属片装饰,

发亮，闪耀

spaniel 无线电控制的导弹

spanless 不可测量的

spanner (=SPNR) (1) 扳紧器；(2) 水平调节扳手，扳手，扳钳（美国用 wrench），扳子，扳头；(3) 交叉支撑，横拉条

spanner for square nut 方形螺母扳手，方形螺帽扳手

spanner for man hole cover 人孔盖板扳手

spanner wrench 开脚扳手，扳手

spanning (1) 跨越［度］；(2) 拉线；(3){数}生成，长成

spanwise 翼展方向的，展向的

spar (1) 翼梁，纵梁，小梁，桁条；(2) 柱木；(3) 圆木料，圆［木］材；(4) 桅杆；(5) 组合太阳望远镜

spar drying 桁架干燥法

spar miller 翼梁铣床

spar varnish 清光漆

sparable 无头鞋钉

sparcatron (1) 火花系统；(2) 工业油名称

spardeck 轻甲板

spardecker 轻甲板船

spare (1) 备用设备，备用零件，备用部件，备用轮胎，备用品，备件；(2) 准备的，备用的，备份的，储备的；(3) 节约，节省；(4) 多余的，剩余的，附加的；(5) 节省的，少量的，薄弱的，贫乏的

spare channel 备用信道，备份线路，备用通路

spare detail 备用零件，备件

spare drive 备用功率传动机构

spare equipment 备用设备

spare hand 替班工人

spare oil 备用油

spare package 备用部件

spare parts (=SP) (1) 备用零件，备份件，零部件，零件，备件，配件，附件；(2) 备用

spare parts for maintenance 维修配件

spare parts kit 备件箱，零件箱

spare parts list (=SPL) 备件单，备件表

spare piece 备件，配件

spare shaft 备用轴

spare space 空位

spare spindle 备用轴

spare stand 备用机座

spare time 空闲时间，余暇

spare tire 备用轮胎

spare unit 备用设备，备用部件，备用材料

spare wire 备用线

spareable 可节省的，可让出的

sparely 少量地，贫乏地，节约地

spares identification authorization (=SIA) 备用品识别核准，备用品鉴定核准

spares master data log (=SMDL) 备件主要数据记录

spares multiple item order (=SMIO) 备件的多项订货

spares planning (=SP) 备件设计

spares status inquiry (=SSI) 备件现状调查

sparge (1) 喷射，喷洒，喷雾，飞溅；(2) 搅动，起泡，鼓泡

sparge pipe 喷水管，喷液管

sparger (1) 分布器；(2) 喷雾器，喷洒器；(3) 配电器；(4){核}起泡装置，扩散装置

sparging 飞溅，泼溅，起泡

spark (=SP) (1) 瞬时或不稳定的放电，瞬态放电，电刷火花，电火花，火花，闪光；(2)（火花塞里的）控制放电装置；(3)［划玻璃的］金刚石，宝石，钻石；(4) 金刚钻

spark advance and retard 提前点火与延迟点火

spark arrester 防止火花外射的装置，火花避雷器

spark at braking 断电火花

spark ball 火花放电球

spark chamber 火花熄灭器，火花室

spark-coil ［电］火花线圈，点火线圈

spark coil 点火线圈

spark counter 火花计数器，火花计数管

spark discharge 火花放电

spark discharge forming 电火花放电成形

spark discharger (=SD) 火花放电器

spark distance 电火花距离

spark-erosion 电火花侵蚀

spark erosion 电火花腐蚀

spark-erosion cutting with a wire 电火花线切割

spark-erosion drilling machine 电火花穿孔机

spark-erosion grinding 电火花磨削

spark-erosion grinding machine 电火花磨床

spark-erosion machine 电火花侵蚀加工机床

spark-erosion machine tool 电火花加工机床

spark-erosion machining 电火花加工

spark-erosion sinking 电火花成形

spark-erosion sinking machine 电火花成形机

spark-free certificate for diesel engines exhaust gas silencer 柴油机排气消声器无火花证书

spark-gap (1) 放电器，避雷器；(2) 火花隙，电花隙

spark gap (=SG) (1) 放电器，避雷器；(2) 火花间隙，火花隙，电花隙

spark ignition ［电］火花点火

spark ignition engine 火花点火发动机

spark-killer （电报）消火花装置

spark lighter 点火器

spark micrometer 火花放电显微计

spark out 抛光到消失火花

spark out grinding 无进给磨削

spark out honing 修光珩磨

spark-over (1) 火花放电，打火花，跳火花；(2) 绝缘击穿，火花击穿，飞弧

spark over 打火花

spark-over voltage 跳火电压

spark photograph 闪光照相

spark potential 火花电位，击穿电位

spark plug 火花塞

spark plug ignition 火花塞点火

spark plug wrench 火花塞扳手

spark range 火花照相靶场

spark spectrum 火花光谱，电花光谱

spark test 火花试验

spark therapy 火花电疗

spark timer ［电］火花计时器，电花计时器

spark to blow out the interruption 灭断电弧

sparker 电火花震源，火花发生器，电火花器

sparking 发火花，打火花，点火

sparking distance 火花距离

sparking plug 火花塞

sparking point 发火点

sparking region 火花区

sparking voltage (1) 火花电压，跳火电压；(2) 击穿放电，火花放电

sparkle (1) 闪光，闪耀，闪烁；(2) 火花，火星；(3) 光芒；(4) 发火花，迸火花，闪烁，闪耀，发泡，起泡

sparkle metal 起泡金属

sparkler (1) 闪光的东西，钻石；(2) 烟火

sparkless 无火花的，无电花的

sparkless commutation 无电花换向，无火花换向，无电花整流，无火花整流

sparklet (1) 小发光物，小火花，小火星，小闪光，火花；(2) 微量；(3) 发泡粉

sparkling (1) 发火花的，闪耀的；(2) 发泡的

sparkover (1) 火花闪络，火花放电；(2) 绝缘击穿；(3) 跳火

sparkplug (1) 火花塞；(2) 发动，激励

sparkproof (1) 不起火花的；(2) 防火花，防闪耀

sparkwear （由于电弧作用）烧损，烧损，烧毁

spartalite 一种检波用晶体，红锌矿

sparscore 人造卫星位置显示屏

SPASUR 或 spasur (=space surveillance system) 空间监视系统，宇宙监视系统

spasur fence 空中侦察网

spatial 固定在空间的，空间的，三维的，立体的

spatial antisymmetry 空间反对称性

spatial array 空间排列

spatial cam 空间凸轮

spatial chemistry 立体化学

spatial conjugation 立体共轭

spatial content 空间容量

spatial coordinates 空间坐标

spatial cut-off frequency 空间截止频率

spatial distribution 空间分布

spatial emission 空间发射

spatial filter 空间滤波器，空间滤光片

spatial frequency 空间频率

spatial harmonic 空间谐波
spatial mechanism 空间［运动］机构
spatial mode 空间模
spatial multiplexing 空间多路复用，空间多路传输，空间多路法
spatial-periodic structure 空间周期性结构
spatial value 空间坐标值
spatiality 空间状态，空间性
spatialization 空间化
spatiography 宇宙物理学，空间物理学
spationautics 宇宙航行学
spatiotemporal 空间时间的，时空的
spatter (1)喷镀；(2)喷溅，飞溅，喷散，喷洒，喷雾，溅出，溅射；(3)毛刺，飞边；(4)少量，点滴
spatter shield 防溅挡板
spatula (=spattle) (1)油漆刀，刮刀，刮勺，刮铲；(2)铸型修理工具
spatulate (1)抹刀形的，刮勺形的，刮匙形的；(2)阔扁薄片的，压舌片的
spatulation 调拌，刮抹
spatule 刮刀，铲刀
speaker (=SP) (1)扬声器，话筒；(2)广播员
speaker-microphone 广播扬声器
speaker-phone 由电话线连接的对讲装置，扬声器电话
speakerphone 有扬声器的电话机，对讲电话机
speaking trumpet 喇叭状助听器，扩音器，喇叭筒，话筒
speaking tube 通话筒，传声筒，话筒
spear (1)矛状体，矛形尖，铲尖；(2)正负电子对撞机；(3)打捞掉进油井中的钻探设备的工具
spear pointer 矛形指针，箭头指针
spearhead (1)矛头；(2)尖端；(3)先锋，前锋
spec (1)说明书，加工单；(2)投机
special (=sp) (1)特别的，特殊的；(2)专门的；(3)专业的，特种的；(4)主要的；(5)特设的，特制的；(6)临时的，格外的，例外的，额外的，附加的；(7)专用部件，异形管
special agent 特别代理人
special alloy 特种合金，特殊合金
special alloy steel 特种合金钢，特殊合金钢，特殊钢
special alloy tool steel 特种合金工具钢
special attachment 专用附件，专门附件
special ball-bearing grease 球轴承专用润滑脂
special bearing 特殊轴承，专用轴承
special bolt 特种螺栓
special brass 特种黄铜
special bronze 特殊青铜，无锡青铜
special carrier 特种夹头，专用夹头
special case 特殊情况，特例
special cast iron (=SCI) 特种铸铁，特殊铸铁
special chain 特种链，专用链
special character 专用字符
special chuck jaw 专用夹盘爪
special component 专用部件
special correcting circuit 特种校正电路
special D.C. machine 特种直流电机
special delivery 特殊交货
special design 特殊设计，特种设计，专用设计，非标准设计
special device 专用装置
special device center (=SDC) (美国海军)特种设备中心
special differential 特殊差速器
special drill 特殊钻头
special drive 附加驱动，专用驱动
special duty (=SD) 特殊任务
special effect generator (电视)特技信号发生器
special entity 特设机构
special equipment (=SE) 专用设备，特种设备
special equipment parts and assemblies section 专用设备部件和组件部分
special facility contract (=SFC) 专用设备合同
special fit 特制接头
special fixture 专用夹具
special formed milling cutter 特形铣刀
special fuel consumption (=SFC) 特种燃料消耗量
special gear 专用齿轮
special guide bearing 特种导承
special hardware (1)专用设备；(2)特殊电路
special holder 专用刀杆

special hub 特殊轮毂
special jaw 专用卡爪，特殊卡爪
special list of equipment 专用设备清单
special lubricant 专用润滑剂
special machine (=SPMC) (计算机)专用机
special machines 专用电机
special mechanism 特种机构，专用机构
special memory 专门存储器
special NOR {计}专用"或非"电路
special oil 特种油，高级油
special operating contract requirement (=SOCR) 特殊业务合同要求
special operator 特殊算符
special order (=SO) (1)特殊定制，专门定制，特别订货；(2)特别命令
special paper (=SP) 专门论文，专门文件
special performance 特殊性能
special pipe 特种管，异形管
special planning (=SP) 特殊设计
special power excursion reactor tests (=SPERT) 特殊功率漂移扼流圈测试
special projects (=SP) 专用设计，特种计划
special projects alteration (=SPALT) 特殊工程的更改，特种计划修改
special-purpose 专用的
special purpose (=SP) 特种用途，专用
special purpose computer 专用计算机
special-purpose grinder 专用磨床
special-purpose lathe 专用车床
special-purpose machine tool 专用机床
special reamer (=SPRM) 专用扩孔器，专用铰刀
special regulations (=SR) 特殊规则
special report (=SR) 专门报告
special representation 特殊表示
special rolled-steel bar 异形钢
special rubber 专用橡胶
special run operation sheet (=sros) 专门试验操作图表
special screw 专用螺钉
special service (=SPS) 特殊业务
special shaped 特殊形状的
special solution (数)特解
special spanner 专用扳手
special steel 特种钢，特殊钢
special synchronous machine 特种同步机
special taper-shank arbor 专用锥柄刀杆
special temporary authority (=STA) 特种临时管理机构
special test equipment (=STE) 专用测试设备
special theory of relativity 狭义相对论
special tool 专用刀具，专用工具
special tool steel 特殊工具钢
special tools (=ST) 专用工具
special transformation 特殊变换
special treatment steel (=STS) 特殊处理钢，特制钢
special troops 特种部队
special version 特别说明
special vise 特殊虎钳
special weapon (=sp w) 特种武器
special weapon center (=SWC) 特种武器试验中心，特种武器研究中心
special wire rope 特殊钢丝绳
specialisation (=specialzation) 特殊化，专门化
specialise (=specialize) (1)特殊化，专门化，专业化；(2)专门研究；(3)限定，限制；(4)特别指明，逐条详述，列举
specialism 专门学科，专门化，特殊化，特长
specialist (1)专家；(2)专业的，专门的
specialist firm 专业厂商
specialist operator 专业操作者
specialist report 专题报告
speciality (1)特性；(2)特征；(3)物质；(4)特产；(5)专业，特长
specialization 特殊化，专门化，专业化
specialize (1)特殊化，专门化，专业化；(2)专门研究；(3)限定，限制；(4)特别指明，逐条详述，列举
specialized machine tool 专门化机床
specialness (1)特殊；(2)专门
specials 异形管
specialties 特殊产品
species (1)种类；(2)形式，外形；(3)核素，物质
specifiable 能详细说明的，能列举的，能指定的

specific (=SP) (1)有特效的,特殊的,特定的,特种的,特异的,特有的,专门的;(2)特殊用途的,特效的,具体的,明确的;(3)比[率];(4)比率的,比较的,比的;(5)(复)详细说明书

specific acoustic impedance 单位面积声阻抗,声阻抗率

specific acoustic reactance 声抗率

specific acoustic resistance 声阻率

specific activity 放射性比率

specific address 具体地址

specific aim 明确的目标

specific angle of torsion 比扭角

specific capacity (1)比容量;(2)功率系数,比功率;(3)比电容

specific character 特性,特点

specific charge 荷质比,比电荷

specific code 绝对代码

specific coding 绝对编码

specific conductance 传导系数,电导率

specific conduction 电导系数

specific consumption 消耗量,消耗率

specific cutting pressure 切削压力比

specific density 比密度

specific electric loading 单位电负载,比电负载

specific elongation 单位伸长,伸长率,延长率

specific energy consumption 单位电能消耗,单位能量消耗,电能比耗,能量比耗

specific energy loss 能量损耗率

specific factor 特定因素

specific feature 特性,特征

specific fuel consumption 燃料消耗率,燃料比耗

specific function 特定功能

specific gasoline consumption 汽油消耗率

specific gravity (=SG) 比重

specific gravity balance 比重天秤,比重秤

specific gravity bottle 比重瓶

specific heat (=sp ht) 比热

specific heat at constant volume 定体[积]比热,定容比热

specific impulse (=SI) 比冲量

specific inductive capacitance 介电常数

specific inductive capacity (=SIC) 介电常数,电容率

specific ionization 电离比值,比电离,电离率,比游离

specific ionization loss 电离损失比,游离损失比

specific items 特殊条款,具体项目

specific licence 特种进口许可证,特定许可证

specific load 单位载荷,比载荷

specific magnetic loading 单位磁负载

specific magnetic rotation 磁致旋光率

specific magnetizing moment 磁化强度

specific mass 密度

specific operational requirement (=SOR) 特殊操作要求

specific period of time contact (=SPTC) 时间触点的特定周期

specific phase 特定相

specific polarization 克分子极化率

specific power 功率系数,比功率

specific pressure 比压

specific productive index (=SPI) 单位生产率

specific productive rate 单位生产率

specific program 专用程序

specific PRR 特定脉冲重复率 (PRR=pulse repetition rate 脉冲重复率)

specific reaction 反应比速

specific refraction (=sp ref) 折射系数,折射度,折射率

specific refractivity 折射充差度

specific reluctance 磁阻率

specific resistance (=SR) (1)电阻系数,电阻率;(2)固有电阻,比电阻,比阻

specific resistivity 电阻系数,比抗性,比电阻,电阻率

specific response 特殊响应

specific rotation 旋光率

specific rotatory power 旋光率

specific routine 专用程序

specific sliding 滑动率,滑动比,比滑

specific sound energy flux 声强[度]

specific speed 特定转速,特有速度,有效速度,比转速,比速

specific surface 表面系数,比面

specific test 特效试验

specific thrust 比推力

specific torque 比转矩

specific torque coefficient 比转矩系数,输出系数

specific value 比值

specific viscosity 比粘度

specific voltage 单位电压,比压

specific volume (=SV 或 sp vol) (1){化}比容;(2){物}体积度;(3)单位体积

specific volume anomaly (=SVA) 比容异常

specific wear 比磨损

specific wearability 磨损率

specific weight (=SW) 比重

specific yield (1)单位产量;(2)单位给水量

specifical (=specific) (1)有特效的,特殊的,特定的,特种的,特异的,特有的,专门的;(2)特殊用途的,特效的,具体的,明确的;(3)比[率];(4)比率的,比较的,比的;(5)(复)详细说明书

specificality (1)独特性;(2)特定性

specifically (1)明确地,具体地;(2)特殊地,特定地,特别地;(3)逐一地,各别地;(4)按特性,按种类

specification (=Spec.) (1)工序说明[书],设计说明[书],规格说明[书],详细说明,逐一载明,详述;(2)(复)说明书,计划书,明细表,一览表,材料表,登记表,目录,清单;(3)规格,规范,规程,标准;(4)技术条件,技术要求,技术规格;(5)加工单,工作单;(6)参数;(7)分类,鉴定

specification change notice (=SCN) 规范更改通知

specification chart 规范一览表

specification control (=SC) 技术要求控制,规范控制

specification control drawing (=SCD) 技术要求控制图纸,规格控制图

specification of quality 质量规范,技术条件

specification serial number (=ssn) 规格序号

specification sheet (1)说明书;(2)样本

specification standards 规格标准

specification subprogram 分类子程序,区分子程序

specifications for material 材料规格

specifications of quality 质量规范,技术条件

specificator 分类符号,区分符号

specificity (1)特殊性,特异性,专一性;(2)特性,特征,特效

specificness 特殊性,特异性

specified 技术规范规定的,精确确定的,规定的,预定的,给定的

specified grading 技术规范中规定的级别

specified life 规定使用寿命,预期使用寿命

specified load 规定载荷,规定负荷

specified output 规定输出

specified performance 保证性能,规定性能

specified power 规定的权限

specified project 按技术规范编制的计算,按技术规范编制的设计

specified rate 额定量

specified rated load (技术规范中)规定的荷载,设计荷载,设计载荷,计算荷载,额定荷载,条件荷载

specified size 公称尺寸,名义尺寸

specified speed 规定转速,额定转速

specified tolerance 规定公差

specified value 给定值

specifier 分类符,区分符

specify (1)详记;(2)精确测定,规定,指定,给定,确定;(3)拟定技术条件,详细说明,逐一登记,列举,载明

specimen (=sp) (1)试样,试件,试料,试片;(2)样品,样本,样子;(3)样机;(4)标本;(5)抽样,实例

specimen chamber 试件室,样品室

specimen copy 样本

specimen grip 试件夹具,试样夹具

specimen holder 试件夹持器,试样夹持器

specimen holding jaws 试件夹板夹口,试样夹持爪

specimen machine 模型机,样机

specimen mounting 试件架

specimen stage 试件台,微动台

speck (1)斑点,污点,瑕疵,点;(2)微粒,小点;(3)使有斑点

speck of rust 锈斑,锈点

specked 有瑕疵的,有微粒的,有斑点的,有疵点的

speckle (1)斑点,斑纹;(2)使有斑点,点缀,玷污

speckle pattern 斑纹图样

speckled 有斑点的

speckled band 分散频带

speckless 没有瑕疵的,没有斑点的

specks 眼镜

specpure 光谱纯正的

specs (1) 眼镜；(2) 说明书,计划书；(3) 规格,规范
spectacle (1) 公开展示,展览 [物],展品；(2) 信号灯的框子；(3) (复) 护目镜,眼镜；(4) 眼镜形,双环
spectacle-bearing plate (有径向和轴向压力补偿的齿轮泵)双联轴承套,眼镜式轴套
spectacle lenses 柔性焦距透镜组,软焦点透镜组
spectacle plate 双孔板
spectacle shaft bracket 双环尾轴架
spectacle type parametron 眼镜式参数器,眼镜式参量器
spectra (spectrum 的复数) 谱,光谱,分光
spectracon 光谱摄像管
spectral (1) 光谱的,频谱的,分频的,谱线的；(2) 单色的
spectral absorption 光谱吸收
spectral analysis 光谱分析,频谱分析
spectral arc breadth 谱弧宽度
spectral distribution 光谱分布,频谱分布
spectral frequency 光谱频率
spectral function 谱函数
spectral glass 虹光玻璃
spectral hygrometer 频率湿度计
spectral intensity 光谱强度
spectral level 光谱能级
spectral-line intensity 谱线强度
spectral line-narrowed spectrum 谱线窄化光谱
spectral line profile 谱线轮廓
spectral narrowing 频谱收缩
spectral purity 光谱纯度
spectral radiant emission 光谱辐射通量密度,光谱辐射率
spectral radiant power 光谱辐射功率
spectral range 光谱范围,频谱范围
spectral response 光谱灵敏度,光谱响应,频谱响应
spectral selectivity 光谱选择性
spectral sensitivity 光谱灵敏度,分光灵敏度
spectrality 谱性
spectrally pure 光谱纯的
spectrally-sensitive pyrometer 光谱灵敏高温计
spectro- (词头) 光谱,频谱,波谱,能谱
spectro analysis of isotopes 同位素光谱分析
spectro analysis of minerals 矿物光谱分析
spectro-microscope 光谱显微镜
spectro-polarimeter 分光偏振计,分光旋光计

1324

spectroactinometer 分光感光计
spectroanalysis 光谱分析
spectrobologram 分光变阻测热图
spectrobolometer 分光变阻测热计
spectrochemical 光谱化学的
spectrochemistry 光谱化学
spectrocolorimetry 光谱色度学,分光比色法
spectrocomparator 光谱比较仪
spectrofluorimeter 荧光分光计,光谱荧光计,分光荧光计
spectrofluorimetry 分光荧光法
spectrofluorometry 光谱荧光测量法
spectrogram (1) 光谱图,频谱图；(2) 光谱照片,谱照片
spectrograph 分光摄像仪,光谱分析仪,摄谱仪
spectrographic 摄谱仪的,光谱的
spectrography (1) 摄谱学,摄谱术；(2) 分光摄像仪使用法,摄谱仪使用法；(3) 光谱分析
spectroheliocinematograph 太阳单色光电影仪
spectroheliogram 太阳单色光照片,日光分光谱图
spectroheliograph 太阳单色光谱摄影机,太阳单色光照相仪,日光摄谱仪,太阳摄谱仪
spectroheliokinematograph 太阳单色光电影仪
spectroheliometer 日光分光仪,日光光谱仪
spectrohelioscope 太阳单色光观测镜,日光观测镜
spectrolog 光谱测井
spectrology 光谱分析
spectrometer (1) 光谱分析仪,光谱分析器,分光计,分光仪,光谱仪；(2) 频谱分析仪,摄谱仪；(3) 能谱分析仪,能谱分析器,能谱仪
spectrometric (1) 光谱测定的,频谱测定的,度谱的；(2) 能谱仪的,分光仪的
spectrometry (1) 光谱测定法,频谱测定法,能谱测定法；(2) 光谱测量学,能谱测量学,测谱学,光谱学
spectromicroscope 光谱显微镜
spectrophone (1) 光谱测声器；(2) 光谱本底

spectrophotoelectric 分光光电作用的
spectrophotography 光谱摄影术
spectrophotometer 分光光度计,光谱光度计,光谱仪
spectrophotometric 分光光度计的
spectrophotometry (1) 光谱光度测定法,分光光度测定法,分光光度测量；(2) 分光光度学
spectropolarimeter 分光偏振计,分光旋光计,光谱偏光仪,旋光分光计
spectropolarimetry 旋光分光法,旋光分光学
spectropolariscope 分光偏振光镜
specrtoprojector 光谱投射器
spectropyrheliometer 太阳分光热量计,日射光谱仪
spectropyrheliometry 太阳辐射能谱学
spectropyrometer 分光高温计,光谱高温计,高温光谱仪
spectroquality 光谱纯度
spectroradar 光谱雷达
spectroradiometer 分光辐射谱仪,分光辐射计,光谱辐射度计
spectroradiometry 分光辐射学,光谱辐射测量法
spectroscope 分光镜,分光仪,分光器
spectroscopic 分光镜检查的,分光镜的,光谱的
spectroscopic analyzer 频谱分析器
spectroscopic-grade 光谱纯的
spectroscopic splitting factor 谱线裂距因数
spectroscopical 分光镜的
spectroscopically pure (=SP) 光谱纯
spectroscopist 光谱工作者,光谱学家
spectroscopy (1) 光谱学,频谱学,能谱学,波谱学,分光学；(2) 谱测量；(3) 分光镜检查
spectrosensitogram 光谱感光图
spectrosensitometer 光谱感光计
spectrosil 光谱纯石英,最纯的石英
spectrum (1) 光谱；(2) 波谱；(3) 能谱,频谱；(4) 声谱；(5) 质谱；(6) 领域,范围,系列
spectrum analyser 光谱分析器,频谱分析器
spectrum analyzer 光谱分析器,谱分析器
spectrum colour 光谱色
spectrum distribution 光谱分布,频谱分布
spectrum emission 光谱放射率
spectrum of colours 彩色频谱
spectrum of frequency 频谱
spectrum of function 函数谱
spectrum of load 载荷频谱
spectrum projector 映谱仪
spectrum selector 频谱选择器
specula (单 speculum) (1) 金属镜,反射镜,窥视镜；(2) 镜用合金,铜锡合金,镜 [青] 铜；(3) 窥器
specular (1) 有金属光泽的,镜子似的,镜子的,反射的；(2) 反转对称的,镜对称的,反射镜的,用窥器的,助视力的
specular density 定向反射光密度,频谱密度
specular layer 镜面层,反射层
specular reflectance 镜面反射比
specular reflection 镜面反射,定向反射,单向反射
specular scattering 镜面散射,反射散射
specular transmission density 镜透射密度
speculator (1) 投机者,投机商；(2) 思索者
speculum (复 specula 或 speculums) (1) 金属镜,反射镜,窥视镜；(2) 镜用合金,铜锡合金,镜 [青] 铜；(3) 窥器
speculum iron 镜铁
speculum metal 镜用合金,铜锡合金,镜 [青] 铜(铜 65-70%,锡 30-35%)
Spedex 德银 (镍 5-33%,铜 50-70%,锌 13-35%)
speech 语言翻译,语言,话音
speech amplifier 语频放大器
speech analysis 话音分析,语言分析
speech current 语音电流
speech frequency 通话频率,语频
speech-modulated 语音调制的
speech-modulation 语音调制
speech only 通话专用信道 (不能传送音乐)
speech pattern 语言模式
speech recognition system 语言识别系统
speech stretcher 对话速度减低装置,语言拉长器
speech volume indicator 语言声量指示器
speed (1) 速度,速率；(2) 旋转频率,转数,转速；(3) 感光速率,曝光速率,感速
speed adjustment 速度调整,速率调节,调速

speed-adjusting rheostat　转速调节变阻器
speed behavior　速度特性
speed belt　(1) 变速皮带；(2) 调速带
speed box　齿轮箱，变速箱
speed brake　(1) 气动力减速装置，减速装置，减速板；(2) 离心式制
动器，离心闸
speed capacity　(车辆) 速率适应能力，疾驶能力
speed change　变速
speed change box　变速箱
speed change gear　(1) 主变速交换齿轮，变速齿轮；(2) 变速装置
speed change gear box　变速齿轮箱
speed change gears　变速齿轮装置，变速齿轮机构
speed change lever　变速杆
speed change mechanism　变速机构
speed change valve　变速阀
speed changer　转速变换器，变速器
speed changing　变速
speed changing mechanism　变速机构
speed characteristic curve　速度特性曲线，速率特性曲线
speed chart　变速表，速度表
speed check tape　测速带
speed code　快速代码
speed cone　(1) 变速锥，宝塔轮，级轮；(2) 锥轮
speed control　速度控制，速度调节
speed control approach-takeoff (=SCAT)　速度控制进场起飞
speed control mechanism　速度调节机构，调速机构
speed controller　速率控制装置，速度控制器，速度调节器，调速器
speed counter　转速计数器，转速计，速率计，转速表，计速表，速率表
speed diagram　转速图
speed difference　速度差
speed distribution function　速率分布函数
speed-down　减速
speed down　减速，降速
speed drilling machine　高速钻床
speed electromotive force　速率电动势
speed factor　增强因数
speed fluctuation　速度波动，转速波动
speed-frequency　转速频率(感应电动机的转子速度和极对数的乘积)
speed gear　(1) 变速齿轮；(2) 高速齿轮
speed gear box　变速齿轮箱
speed gears　切削速度交换齿轮
speed governing device　调速装置
speed governor　调速器
speed increase　增速
speed increaser　增速装置，增速器
speed increasing drive　增速传动
speed increasing gear　增速齿轮
speed increasing gear drive　增速齿轮传动
speed increasing gear pair　增速齿轮副
speed increasing gear train　增速齿轮系
speed increasing ratio　增速比
speed indicator　速度指示器，转速指示器，速度表，速度计，示速器
speed lathe　高速车床
speed limit　速率限制
speed limiter　限速器
speed limiting device　速度限制装置，限速装置
speed limiting switch (=SLS)　限速开关
speed loss　速度损失
speed meter　速度计，速度表
speed monitor　转速监控器
speed muller　摆轮式混砂机，高速混砂机
speed multiplier　倍速器
speed of advance (=SOA)　前进速度，前进速率
speed of cutter head　刀架转速
speed of cutter spindle　刀具主轴转速
speed of deformation　变形速率
speed of escape　第二宇宙速度，逃逸速度
speed of evacuation　抽 [气] 速 [度]
speed of exhaust(ion)　抽 [气] 速 [度]
speed of extraction　抽气速度
speed of formation　形成 [速] 率，发生 [速] 率
speed of grinding wheel　砂轮转速
speed of grinding wheel spindle　砂轮主轴转速
speed of instrument　仪表快速作用，仪表速率

speed of lens　透镜率
speed of main spindle　主轴转速
speed of manipulation　键控速度
speed of melting　熔炼速度
speed of photographic plate　照相片感光速率
speed of pouring　浇注速度
speed of projection　火箭在发射段的飞行速度
speed of pump　泵速，抽速
speed of pumping　抽气速度
speed of registration　记录速度
speed of response　反应速度，反应速率，响应速度，反应率，惰性，惯性
speed of rotation　转速
speed of rotation of motor　电动机转速
speed of rotation of spindle　主轴转速
speed of rotor　(电动机) 转子转速
speed of smelting　熔炼速度
speed of spindle　轴转速
speed of table　工作台转速
speed of travel　轧制速度
speed of travel through rolls　轧制速度
speed of work spindle　主轴转速
speed overshoot　速度过调量
speed positioning　速度调节
speed pulley　变速皮带轮，变速滑轮
speed range　转速范围，速度范围，速率范围
speed rate　速率
speed ratio　速度比，速比
speed-read　快速阅读
speed recorder　速度记录器，计速表
speed reducer　(1) 减速齿轮；(2) 减速器
speed reducer gear　减速齿轮机构，减速齿轮
speed reducing drive　减速传动
speed reducing gear　减速齿轮
speed reducing gear pair　减速齿轮副
speed reducing gear train　减速齿轮系
speed reducing ratio　减速比
speed reducing set　减速装置
speed reduction　(1) 减速；(2) 减速装置
speed reduction gearing　减速齿轮传动 [装置]
speed reduction ratio　减速比
speed regulating handwheel　调速手轮
speed regulation　速度调节，调速
speed regulator　速率控制装置，速度调节器，调速器
speed regulator revolution meter　转速调节器
speed relay　速度继动器，速度继电器
speed ring　速度环
speed scout　高速侦察机
speed selector lever　变速杆
speed-sensing device　对速度变动有反应的装置，速度传感装置
speed-sensitive eccentric　转速控制的偏心轴
speed sensor　速度传感器
speed setpoint　转速设定点
speed setter　转速给定点
speed setting gear　转速给定装置
speed superposition　速度叠加
speed synchronizer　速度同步器
speed tele-indicator　遥示速率器
speed tolerance　容许偏转偏差
speed transformation　(1) 速度变换；(2) 变速装置
speed transformation gear　变速齿轮
speed transforming gear　变速齿轮
speed transforming transmission　变速传动 [装置]
speed transmission　变速传动
speed type　速力型，轻型
speed under load　有载荷的速度，有负载转速，负载速度
speed-up　(1) 加快速度，高速化，加速，增速；(2) 提前，超前，移前
speed up　开快车，加速，升速
speed-up capacitor　加速电容器
speed-up drill chuck　增速钻夹头
speed variation　速度变化，变速
speed variator　变速器
speed voltage generator　测速发电机
speed without load　无负载速度，空转速度
speed wrench　快速扳手

speed zone　速率限制区段
speedability　加速性能
speedboat　高速汽艇, 快艇
speeder　(1) 增速装置, 调速装置, 变速装置, 加速器, 增速器, 调速器;
　　(2) 轻油机动车, 变速滑车; (3) 回转工具, 工作工具, 快速工具; (4)
　　粗纺机
speeder lever　调速杆
speedflash　频闪放电管, 闪光管
speedgate　(1) 速率选通; (2) 速率选通装置
speedily　迅速地, 赶快
speediness　迅速
speeding　超速行驶的, 开足马力
speeding-up　增速, 加快
speeding-up force　增速力
speeding-up ion　加速离子
speedlight　频闪放电管, 闪光管
speedmeter　速度计
speedmuller　摆轮式混砂机, 快速混砂机
speedomax　一种电子自动电位计 (商业名称)
speedometer　(1) 速度计, 速率计, 转速计, 转数表, 转速计, 测速计,
　　示速计; (2) 里程计, 里程表, 路码表
speedometer drive gear　速度计主动齿轮
speedometer drive pinion　速度计传动小齿轮
speedometer drive worm　速度计传动蜗杆, 转速计传动蜗杆
speedometer driven gear　速度计从动齿轮, 转速计从动齿轮
speedometer driving gear　速度计主动齿轮, 转速计主动齿轮
speedometer shaft adapter　速度计轴接头
speedometer take-off　速度计传动轴, 里程表传动轴
speedostat　自动限速仪
speedpak　腹下舱
speedster　(1) 双座高速 [敞篷] 汽车; (2) 快船; (3) 违法超速驾驶者
spellerizing　破鳞轧制
spelter　(1) 锌铜合金, 商品锌, 锌棒, 锌块, 粗锌, 白铅; (2) 锌铜焊料,
　　[硬] 钎料, 焊锡
spelter bronze　青铜焊料 (锌 45%, 锡 3-5%, 其余铜)
spelter solder　锌铜焊料 (铜 50-53%, 铅 < 0.5%, 其余锌)
spencer　(1) 辅助桅纵帆; (2) 后斜桁帆
spend　(1) 花费, 消耗, 消费, 耗费, 浪费; (2) 用尽, 耗尽; (3) 度过 (时间)
spendable　可花费的
spending　经费, 开销
spent　(1) 失去效力的, 耗尽的, 用完的, 用尽的, 失效的, 废的; (2) 燃耗的
spent fuel　废燃料
spent gas　废气
spent liquor　废液
spent material　渣滓
spent residue　废渣
spent steam　废蒸汽
spent sulfite liquor (=SSL)　亚硫酸盐废液
sperrimagnetism　散亚铁磁性
sperromagnetism　散铁磁性, 散磁性
sperrtopf　(德) 陷波器, 陷波电路
Sperry's metal　斯佩里铅基轴承合金 (锡 35%, 锑 15%, 其余铅)
spew　(1) 毛边, 毛刺, 飞边, 溢料; (2) 压出, 喷出, 涌出, 渗出; (3) 压
　　铸硫化, 割尽毛刺; (4) 螺旋压缩机的压缩; (5) 模子的溢出物, 油性
　　渗出物
spew relief　溢料空隙
spewing　压出, 榨出
sph (=spherical lens)　球面透镜
sphaeroid　近球形的
sphaerophone　利用可变电容调节输出音频频率的电子仪器
sphenoid　半面晶形, 楔形晶体
SPHER (=spherical)　球面的, 球状的, 球形的, 球的, 圆的
spherality　球形
spherangular roller bearing　球面滚子轴承, 球锥滚柱轴承
spheration　形成球状
spherator　球状结构热核装置, 球形结构热核装置, 等离子体球形器
sphere　(1) 球状体, 球体, 球形, 球面, 球; (2) 范围, 领域; (3) 使成球形;
　　(4) 球形油罐; (5) 地球仪, 天体仪, 行星, 星球
sphere can　球形油罐
sphere gas　(1) 球状放电器; (2) 球间隙
sphere of action　作用范围, 作用球
sphere of application　应用范围, 应用领域, 使用范围
sphere of exclusion　排斥范围, 排斥球
sphere of influence　影响范围, 作用范围

sphere-packing　球状填充
sphere pole　球状电极
sphere riser　球状冒口
spheric　球体的, 球状的, 球面的, 球形的, 球的
spheric tool post　球面刀架
spherical　球面的, 球状的, 球形的, 球的, 圆的
spherical aberration　球 [面像] 差
spherical accumulator　球形蓄能器
spherical angle　球面角
spherical area of indentation　压痕的球形面积
spherical bearing　(1) 球面轴承, 调心轴承; (2) 球形支座, 球面支承
spherical bevel gear　球面 [啮合] 锥齿轮, 球形伞齿轮
spherical cam　球形凸轮, 球面凸轮
spherical capacitor　球形电容器
spherical casing　球形汽缸
spherical center bearing　球心轴承
spherical chain　球面运动链
spherical coordinate　球面坐标
spherical coordinate system　球面坐标系
spherical coupling　球形联轴器
spherical crank chain　球形曲柄链 [系]
spherical crank mechanism　球形曲柄机构
spherical crossed slide chain　球面交叉滑块机构
spherical cutter　球面铣刀, 球铣刀, 球面刀
spherical diameter　球面直径
spherical disk　球面圆盘
spherical end　球形端
spherical end needle roller　球面头滚针
spherical epicycloid　球面外摆线
spherical eutectic grain　球状共晶晶粒
spherical face　球面 (荧光屏)
spherical four-bar linkage　球面四杆件传动系统
spherical four-bar mechanism　球面四杆件机构
spherical function　球面函数
spherical gas-holder　球形储气罐
spherical geometry　球面几何 [学]
spherical grain　球状晶粒
spherical grinding　球面磨削
spherical grinding machine　球面磨床
spherical head　球形头, 半圆头
spherical head piston　球顶式活塞
spherical guide　滚珠导轨
spherical-harmonic　球谐函数的
spherical harmonics　球面谐波, 球谐函数
spherical helix　球面螺旋线
spherical hinge　球铰链
spherical honing machine　球面珩磨机
spherical hypocycloid　球面内摆线
spherical indenter　球形压头
spherical indicatrix　球面指标
spherical involute　球面渐开线
spherical involute gearing　球面渐开线啮合
spherical involute helicoid　球面渐开线螺旋面
spherical joint　球形接头, 球形接合, 球铰接, 球窝 [关] 节
spherical journal　球 [面] 轴颈
spherical lathe　球面车床
spherical lemniscate　球面双纽线
spherical lens (=sph)　球面透镜
spherical limacon　(锥齿轮) 球面蚶线 (仿形法用直刃无滚切加工的
　　齿形啮合线的轨迹)
spherical mechanism　球面运动机构
spherical mirror　球面镜
spherical motion　球面运动
spherical motor　球形电动机
spherical mushroom type cam follower　球面蕈式凸轮随行 [机] 件
spherical outer ring　(轴承) 双滚道外圈, 双滚道活圈
spherical-outside ball bearing　外球面向心滚动轴承
spherical pair　球面付, 球铰链
spherical particle　球状颗粒
spherical photometer　球形光度计
spherical pivot　球形枢轴, 球面枢轴
spherical plain bearing (joint type)　关节轴承
spherical plain bearing outer ring　关节轴承座圈
spherical polisher　球面磨光器

spherical probe　球形探头
spherical profile　球形轮廓
spherical punch　球状冲头
spherical radius　球面半径
spherical representation　球面表象, 球面表示
spherical resonantor　球形谐振器
spherical roller　球面滚子
spherical roller bearin　球面滚子轴承, 球面滚柱轴承, 球形滚柱轴承, 调心滚子轴承, 鼓形滚柱轴承
spherical roller thrust bearing　推力球面滚子轴承, 推力调心滚子轴承
spherical seat　球形座, 球面座
spherical seat nut　球座螺母
spherical seat washer　球座垫圈
spherical seating　球面座
spherical seating ring bearing　带球面座圈的推力滚动轴承
spherical segment　球截面
spherical shell　球壳
spherical shield　球形屏蔽
spherical space　球面空间
spherical spinner　球形转子
spherical structure　球状结构
spherical surface　球面
spherical tank　球形罐
spherical track grinder for self-aligning bearing outer races　球面轴承外圈沟磨床
spherical triangle　球面三角形, 弧三角形
spherical turning　球面车削
spherical turning lathe　球面车床
spherical union　球面活接头
spherical valve　球阀
spherical washer　球面垫圈, 球底垫圈
sphericalness　球形
sphericity　(1) 球体, 球状, 球形; (2) 圆球度, 球形度
sphericity limit　球度极限
sphericized lattice cell　球形化晶泡
spherics　(1) 球面几何学; (2) 球面三角学; (3) 远程雷电, 天电干扰, 大气干扰; (4) 风暴电子探测器, 电子气象观测
sphero-　(词头) 球体, 球, 圆
sphero-colloid　球形胶体
sphero-conic　球面二次曲线
sphero-cyclic　球面圆点曲线
sphero-cylindrical lens　球柱面透镜
sphero-quartic　球面四次曲线
sphero-symmetric(al)　球对称的
spheroclast　圆碎屑
spherocrystal　球晶
spherograph　球面三角计算盘
spheroid　(1) 椭圆旋转体, 旋转椭圆体, 旋转椭球, 椭圆球体, 扁球体, 球形体, 球 [状] 体; (2) 扁球状容器, 水滴形油罐
spheroid tooth　球面齿
spheroidal　椭球体的, 扁球体的, 球状的, 球体的, 球形的
spheroidal annealing　球化退火
spheroidal carbide　球状碳化物
spheroidal cast iron　球墨铸铁
spheroidal cementite　(1) 球状结晶 (指钢铁); (2) 球状渗碳体
spheroidal coordinates　球体坐标
spheroidal-granite cast iron　球状石墨铸铁, 球墨铸铁
spheroidal-graphite roll　球墨铸铁轧辊
spheroidal harmonic　球体 [调和] 函数, 球体调和
spheroidal-mirror　椭球面镜
spheroidal pearlite　球化珠光体, 球状珠光体
spheroidical　椭球体的, 球形
spheroidicity　扁球形, 椭球形
spheroidisation　球化 [作用]
spheroidism　成球体性质, 成球体状态
spheroidite　(1) 球状体; (2) 球化珠光体; (3) 球 [粒] 状渗碳体, 球形渗碳体; (4) 粒状化
spheroiditic agent　球化剂
spheroidization　(1) 延期热处理, 球化处理; (2) 钢的球化状态, 钢的球化, 球化作用
spheroidize　延期热处理, 球化处理, 球化退火
spheroidized steel　球化处理钢
spheroidized structure　球化组织
spheroidizing　(1) 球化; (2) 球化退火

spheroidizing annealing　球化退火
spherojoint　球接头
spherome　球体
spherometer　球面曲率计, 球径仪, 球径计, 球面仪, 测球仪
spherometry　球径测量术
Spherosil　多孔微球硅胶
spherulite　球粒, 球晶
spherulite graphite　球状石墨
spherulitic　球粒状的, 小球的
spherulitic graphite　球状石墨
spherulitic texture　球粒结构
spherulitize　使成球粒
sphingometer　光测挠度计, 光测弯曲度计, 曲度测量仪
sphygmobolometer　脉能描记器, 脉压计
sphygmochronograph　脉搏自动描记器
sphygmograph　脉搏记录器, 脉波计
sphygmomanometer　脉压计, 血压计
sphygmometer　脉搏描记器
sphygmophone　听脉搏的微音器, 脉音听诊器
sphygmoscope　脉搏检视器
spic-and-span (=spick-and-span)　干净整齐的, 崭新的
spider　(1) 星形轮; (2) 星形接头; (3) 带齿圈的轮架, 星形齿轮架; (4) 地雷引信架, 模芯支架, 模槽支架, 外伸支架, 轮辐构架, 三角架, 多脚架; (5) 万向节, 十字头, 十字架, 十字轴, 十字臂 (挠性万向节), 十字叉, 三叉件; (6) 带辐条的轮毂, 活塞毂, 轮幅; (7) 机架, 支架; (8) 辐式轴 (9) [车床中心架] 支套; (10) 扬声器支承圈, (喷嘴) 多脚撑, 定心支片
spider arm　星形臂
spider bonding　辐射蛛网形连接
spider bushing　十字叉衬套
spider center　(1) (万向节) 十字轴中心; (2) 带辐条的轮毂
spider chill　框架式冷铁, 框架内冷铁
spider coil　蛛网形线圈
spider creep　轮毂间隙
spider die　异形孔挤压模
spider fin　多脚架翼, 星形槽
spider gear　星形齿轮, 差速轮
spider line　交叉瞄准线
spider shaft　星形轴, 差速起轴
spider spring　十字形弹簧
spider stand　三角架, 三角台
spider vane　辐射形叶片
spider-web　蛛网形的
spider-web coil　扁蛛网形线圈
spider-web reflector　蛛网式天线反射器
spiegel　铁锰合金, 低锰铁, 镜铁
spiegeleisen　铁锰合金, 低锰铁, 镜铁
spigot　(1) 连接管接合, 管凹凸槽接合, 定心凸肩, 定心止口, 套筒连接, 套筒接合, 套管; (2) 塞塞的孔堵, 旋塞, 塞子, 插销, 塞, 栓; (3) 插头, 插口; (4) (跳汰机) 筛下物
spigot and facet joint　套筒接合
spigot and socket joint　[管端] 套筒接合, 套筒连接, 套筒接合, 插承接合, 钟口接头
spigot and socket pipe　窝接式接头管
spigot bearing　小载荷轴承, 导向轴承, 轻载轴承
spigot-density test　筛下物密度试验
spigot edge　套箱接合, 套筒形接合, 联轴节接合, 窝接
spigot end of pipe　窝接口小端, (管子) 插端
spigot joint　(1) 套筒接合, 套管接合, 插承接合, 窝接; (2) 联接器, 插头
spigot ring　接头箍圈
spigot shaft　定中心轴
spike　(1) 起模针, 长钉, 大钉, 道钉, 销钉, 销钉, 销棒; (2) 尖峰信号, 尖头信号, 测试信号; (3) 尖铁; (4) 最大值, 高峰值, 尖峰, 峰值; (5) 脉冲激光; (6) (可锻铸铁) 皮下缩孔; (7) 进口扩压器的中心体, 进口整流锥; (8) 减震针; (9) {堆} 强化, 点火; (10) 掺料; (11) 增量, 增敏; (12) 示踪 [物]
spike dowel　钉栓
spike-drawer　扳道钉机
spike drawer　拔钉钳, 拔钉锤, 道钉撬
spike harrow　钉齿耙路机, 直齿耙
spike nail　道钉, 小钉
spike output　峰值输出
spike-over shoot　上冲
spike puller　拔钉钳, 道钉撬

spike pulse 尖脉冲, 窄脉冲

spike rod 道钉型钢

spike tyre 钉状轮胎

spike voltage 尖峰电压

spiked 有齿的, 带齿的

spikeless 非尖锐的, 非峰值的

spiker 道钉工

spiking (1)尖头信号形成, 峰值形成; (2)打上钉子; (3)增添新燃料; (4)(平炉)止炭, 强化

spile (1)小塞子, 木塞; (2)插管; (3)(桶的)通气孔; (4)木桩, 支柱; (5)用塞子塞住, 用桩支撑, 用插管导出

spilehole 小气孔

spiling (1)切割前在原材料上画出结构部件的弯曲部分, 样杆画线; (2)一组木桩

spill (1)小金属棒, 小塞子, 销子; (2)木片, 木屑; (3)溢出, 漏出, 溅出, 流出, 溢漫; (4)(信息)漏失散落, 向后散射损失; (5)溢出量; (6)溢水口; (7)疤皮

spill burner 回油式喷油器

spill-out (1)溢出, 流出, 倒出; (2)溢出量

spill-over 满溢, 泛溢

spill over 飞弧放电

spill process 引出过程

spill valve 溢流阀, 溢油闸

spill sand conveyer 卸砂输送机

spill valve 溢流阀

spillage (1)泄漏, 溢出, 漏出, 倾泻, 溅出, 洒落, 倒出; (2)泄漏量, 漏损量, 溢出量

spilliness (1)(钢丝表面缺陷)鳞片, 毛刺; (2)(钢坯表面缺陷)疤皮

spilling (1)泄漏, 喷溅; (2)喷雾

spilling water 溢水

spillover (1)溢流管; (2)溢出, 流出, 倒出, 泻出; (3)信息漏失, 溢出信号, 溢出数字, 溢出量; (4)泄漏放电, 面放电; (5)附带结果

spillover echo 超折射(引起的)回波

spillover valve 溢流阀

spillway 溢流道, 溢水道, 溢流管

spillway control device 溢水道控制设备

spillway gate 溢水闸

spilth (1)溢出; (2)溢出物

spin (1)自转, 自旋, 旋转, 绕转; (2)螺旋; (3)(冷压)赶形加工, 离心铸造, 卷边铆接, 旋压; (4)拔丝, 拉长

1328

spin angular momentum 自旋角动量

spin axis 旋转轴

spin bath 拉丝槽

spin burst test 旋转破坏试验, 飞逸试验

spin charge gas generator 旋转加料气体发生器

spin-coating 旋涂

spin correlation 自旋相关

spin counter 转数计数器, 转速计数器

spin-degenerate (1)自旋并筒的; (2)自旋退化的

spin-dependent 与自旋有关的, 自旋相关的

spin-drier 旋转式脱水机

spin echo 自旋回波

spin echo memory 自旋回波存储器

spin effect 自旋效应

spin-flip scattering 自旋反向散射

spin flop transition 自旋转向转变

spin forming machine 旋压成形机[床]

spin gearing 传送装置

spin-independent 与自旋无关的

spin-lattice 自旋晶格, 自旋点阵

spin lattice 自旋点阵

spin magnetic moment 自旋磁距

spin-magnon relaxation 自旋磁子弛豫

spin model aircraft 旋坠试验模型飞机

spin momentum 自旋角动量, 自旋动量距

spin motion 自旋运动, 绕自身轴线转动

spin nozzle 切向喷管

spin of rolling element 滚动体公转

spin-off (1)附带结果, 副产品; (2)附带利益

spin-orbit 自旋-轨道的

spin-other-orbit interaction 自旋和另外的轨道相互作用

spin-parity 自旋-宇称

spin-phonon interaction 自旋-声子相互作用

spin pit 旋转破坏试验坑

spin-pull growth 旋拉生长的

spin rate 自旋速率, 转速

spin reference axis 自旋基准轴

spin resonance 自旋共振

spin scan cloud camera (=SSCC) 自旋扫描摄云照相机

spin speed 飞车转速

spin-spin 自旋-自旋的, 自旋间的

spin-stabilized 旋转稳定的, 自旋稳定的

spin stabilizer (=SS) 自旋稳定器

spin susceptibility 自旋磁化率

spin-test rig 旋转式试验台

spin-to roll ratio 旋滚比

spin-spreader 旋转式洒布机

spin-stabilized 旋转稳定的

spin velocity 自旋角速度

spin wave 自旋波, 旋转波

spin welding 摩擦焊

spin-zero exchange 零自旋交换

spinal 棘状凸起的

spindle (1)主轴, 心轴, 转轴, 轴; (2)(汽车)转向节; (3)指轴; (4)锭子; (5)纺车轴, 纺锤; (6)柄; (7)纺锤形立柱, 栏杆柱, 支柱, 蜗杆, 导杆; (8)(铸造)型芯轴; (9)测量轴, 测[量]杆

spindle alignment 主轴对准

spindle arm 主轴臂

spindle axis 主轴线

spindle bearing 主轴轴承

spindle bearing for machine tools 机床主轴轴承

spindle bore 主轴孔[径]

spindle box 主轴箱, 床头箱

spindle brake 轴杆制动器

spindle carrier 主轴支持装置, 主轴托架, 主轴鼓

spindle collar 主轴套[环], 心轴套

spindle control lever (1)主轴离合杆; (2)变速杆

spindle-cyclide 纺锤形圆纹曲面

spindle diameter at front bearing 主轴前轴径

spindle drive (1)主轴驱动, 主轴传动; (2)主轴驱动装置

spindle drive motor 主轴电动机

spindle drum (多轴自动车床的)主轴座, 主轴鼓轮

spindle extension 主轴伸长

spindle face 主轴面

spindle for regulation 调程轴

spindle gearing 主轴变速箱

spindle head (1)主轴箱, 床头箱; (2)主轴头[磨头], 磨头

spindle head stock 主轴箱, 床头箱

spindle holder 主轴托架, 轴托

spindle hole 主轴孔, 心轴孔

spindle inclination 主轴倾斜度

spindle keyway 主轴键槽

spindle-like 锭形的

spindle motor 主轴电动机

spindle nose 轴头

spindle oil 轴润滑油, 主轴油, 锭子油

spindle orientation at a specified phase 主轴周向定位

spindle positioning device 主轴准停机构

spindle press 主轴压机

spindle quill 主轴套筒

spindle quill travel 主轴套筒行程

spindle reciprocating stroke 主轴往复行程

spindle rotation angle (锥齿轮)刀倾转角

spindle saddle 主轴滑动座架

spindle seat 主轴座, 心轴座

spindle-shaped 纱锭状的, 锭形的, 梭状的, 梭形的

spindle shock absorber 主轴减震器

spindle shoulder 主轴肩, 心轴肩

spindle sleeve 主轴套, 轴套

spindle slide 主轴滑动座架

spindle speed 主轴转速

spindle speed control 主轴转速控制

spindle speeds (infinitely variable) 主轴转速(无级变换)

spindle taper 主轴锥度

spindle tilt (转向节)轮轴垂向倾角

spindle travel 心轴行程

spindle traverse 主轴横动

spindle unit 主轴部件

spindle units 厚壁外圈带柄滚子轴承，厚壁外圈带柄滚针轴承
spindle with collar 有环心轴
spinnability 拉丝性
spinner (1)旋转装置，旋转器，旋涂器；(2)快速回转工具，电动扳手，旋压工具；(3)纺纱机；(4)(机头)整流罩，机头罩，毂盖；(5)雷达旋转天线装置；(6)螺旋桨桨毂，螺旋毂盖；(7)旋床工，纺纱工
spinner disk spreader 旋盘铺砂器
spinner gate 离心集渣浇口，离心集渣包，旋涡渣包
spinner gritter 旋盘铺砂器
spinner motor 双转子电动机
spinneret(te) (纤维)喷丝嘴，喷丝头，纺丝头
spinneron 旋转副翼
spinning (1)自转，自旋，旋转，(2)旋压
spinning angular speed 自传角速度
spinning angular aped of ball 自转速度
spinning block 旋压模
spinning chuck 旋压模
spinning die 旋压螺丝钢板
spinning electron 自旋电子，旋转电子
spinning form (=SPFM) 旋转型
spinning-frame 细纱机，精纺机
spinning friction 自旋摩擦
spinning lathe 旋压车床
spinning-machine (1)离心机；(2)纺纱机，纺丝机
spinning machine (1)离心机；(2)离心式纺丝机，纺纱机
spinning-mill 纱厂
spinning motion 自转运动，旋转运动
spinning process 旋开过程
spinning slide 自转滑动
spinning stability 自旋稳定
spinning tool 旋压工具
spinning top 陀螺
spinning velocity 自转速度
spinor 旋量
spintester 纺纱试验机
spinthariscope (计算α射线等粒子数用的)闪烁镜
spintometer X线透度计
spinwave 旋转波，自旋波
spiracle 通风口，通气孔
spiracular 通气孔的，气门的
spirakore 螺旋形钢带制成的铁心
spiral (1)螺旋，螺旋纹，螺旋线，(2)螺旋管，螺管，(3)螺旋形的，螺旋纹的；(4)游丝，灯丝
spiral accelerator 螺旋线加速器
spiral angle (1)螺旋角；(2)(钢丝绳)捻角
spiral angle at a point 任意点螺旋角
spiral angle at inner cone distance (锥齿轮)小端螺旋角
spiral angle at mean cone distance (锥齿轮)中点端螺旋角
spiral angle at outer cone distance (锥齿轮)大端螺旋角
spiral angle curve 螺旋角曲线
spiral angle of a bevel gear 锥齿轮螺旋角
spiral axis 螺旋轴线
spiral-band brake 多往复带制动器
spiral bevel crown gear 曲线齿[锥]冠轮，弧齿[锥]冠轮
spiral bevel gear 曲线齿锥之论，弧齿锥齿轮，螺旋锥齿轮，螺旋伞齿轮
spiral bevel gear breaking machine 螺旋锥齿轮拉齿机
spiral bevel gear cutter 螺旋伞齿轮铣刀
spiral bevel gear cutter sharpening machine 弧齿锥齿轮铣刀盘刃磨机
spiral bevel gear finishing machine 曲线齿锥齿轮精切机，弧齿锥齿轮精切机
spiral bevel gear Formate method with Modified roll (美)在有滚比修正的机床上用成形法精切螺旋锥齿轮的一种切齿工艺
spiral bevel gear Formate method with Tilt (美)在有带刃倾的机床上用成形法精切螺旋锥齿轮的一种切齿工艺
spiral bevel gear Generated with Double Helix-method (美)在有主轴轴向移动的机床上用双重螺旋展成法加工螺旋锥齿轮的一种切齿方法
spiral bevel gear Generated with Modified roll method (美)在有滚比修正的机床上用固定安装法展成锥齿轮小轮的一种切齿方法
spiral bevel gear Generated with United method (美)在有大刀倾角的机床上用统一刀盘法展成螺旋锥齿轮的一种切齿方法
spiral bevel gear generating machine 螺旋锥齿轮滚齿机，曲线齿锥齿轮展成加工机床，弧齿锥齿轮铣齿机

spiral bevel gear generator 曲线齿锥齿轮展成加工机床，弧齿锥齿轮铣齿机
spiral bevel gear grinder 曲线齿锥齿轮磨齿机，弧齿锥齿轮磨齿机
spiral bevel gear grinding machine 曲线齿锥齿轮磨齿机，弧齿锥齿轮磨齿机
spiral bevel gear hobber 曲线齿锥齿轮滚齿机，弧齿锥齿轮滚齿机
spiral bevel gear mechanism 曲线齿锥齿轮机构，弧齿锥齿轮机构
spiral bevel gear milling machine 曲线齿锥齿轮铣齿机，弧齿锥齿轮铣齿机
spiral bevel gear pair 曲线齿锥齿轮副，弧齿锥齿轮副
spiral bevel gear rougher 曲线齿锥齿轮粗切机，弧齿锥齿轮粗切机
spiral bevel gear rouging machine 曲线齿锥齿轮粗切机，弧齿锥齿轮粗切机
spiral bevel gear unit 曲线齿锥齿轮装置，弧齿锥齿轮装置
spiral bevel generator 曲线齿锥齿轮展成加工
spiral bevel pinion 曲线齿小锥齿轮，弧齿小锥齿轮
spiral bevels 曲线齿锥齿轮副，弧齿锥齿轮副
spiral bit 螺旋钻，麻花钻
spiral borer 螺旋钻
spiral broach 螺旋拉刀
spiral burr 螺纹
spiral cam 圆柱螺线凸轮，螺旋凸轮
spiral casing 蜗壳
spiral chute 螺旋槽，螺旋滑槽，螺旋溜槽
spiral coil 螺旋形线圈
spiral coiled waveguide 螺旋线波导管，蜗线波导管
spiral conveyor 螺旋输送机
spiral crown gear 曲线齿冠轮，弧齿冠轮
spiral curve 螺线
spiral distortion 各向异性失真，螺旋形失真，螺旋畸变，S形畸变
spiral drill 螺旋钻
spiral duct 螺旋导管
spiral four 四心纽绞，简单星绞
spiral-four type cable 星绞四芯软电缆
spiral gear (两轴相错的)螺旋[形]齿轮，斜齿轮
spiral gear drive 螺旋齿轮传动，斜齿轮传动
spiral gear drive mechanism 螺旋齿轮传动机构，斜齿轮传动机构
spiral gear pair 螺旋齿轮副，斜齿轮副
spiral groove 螺旋槽
spiral groove and labyrinth composition seal 由螺旋槽与曲路密封组合的密封装置
spiral groove bearing 螺旋槽轴承
spiral head 分度头
spiral heater 螺旋形加热器，螺旋形灯丝
spiral hobbing 螺旋滚齿
spiral jaw clutch 螺旋面牙嵌式离合器，螺旋爪离合器
spiral jaw coupling 螺旋形爪式联轴节
spiral jet 螺旋喷流
spiral lens 螺旋齿镜
spiral loop 螺旋形环形天线，[可]调谐环形天线
spiral loop antenna 螺旋形环形天线
spiral micrometer 螺旋测微目镜
spiral mill 螺旋铣刀
spiral milling 螺旋铣削
spiral milling cutter 螺旋铣刀
spiral mode of motion 螺旋运动
spiral movement 螺旋运动
spiral of Archimedes 阿基米德螺旋线
spiral oil groove 螺旋阻油槽
spiral pinion 螺旋小齿轮
spiral pipe 螺盘管
spiral point 螺线极点
spiral point drill pointer 万能钻头刃磨机
spiral pointed tap 螺尖丝锥，枪式丝锥
spiral pole cyclotron 螺旋极回旋加速器
spiral pump 螺旋泵，离心泵
spiral quad 纽绞四芯电缆
spiral rack and pinion 螺旋齿条与小齿轮
spiral ratchet screw-driver 螺旋槽棘轮旋凿
spiral roller (轴承)螺旋滚子
spiral roller bearing 螺旋滚子轴承
spiral scroll 螺旋槽
spiral-shaped tooth 螺旋齿
spiral slab mill 螺旋廓面铣刀

spiral slip-jaw clutch　螺旋双爪式端面离合器
spiral slot　螺旋槽
spiral spline broach　螺旋花键拉刀，螺旋多键形拉刀
spiral spring　螺旋形弹簧，卷簧，盘簧，发条
spiral tap　螺旋丝锥
spiral taper pipe　锥形螺盘管
spiral taper reamer　螺旋槽式锥铰刀
spiral teeth　螺旋齿
spiral test　（金属的）流动性试验，（测流动性的）螺旋试验
spiral tooth　螺旋齿
spiral tooth cyclidrical gearing　交错轴圆柱齿轮传动，螺旋圆柱齿轮传动
spiral tooth gearing　交错齿轮传动 [装置]，螺旋齿轮传动 [装置]
spiral toothing　螺旋齿啮合
spiral tube heat exchanger　螺旋管式热交换器
spiral turbine　蜗壳式水轮机
spiral vane disk cutter　螺旋叶盘式截断机
spiral vortex　旋涡
spiral weld-pipe mill　螺旋焊管机
spiral wheel　螺旋齿轮
spiral winding　螺线绕组，螺线绕法
spiral worm　螺旋蜗杆，锥蜗杆
spiral-wound fission counter　螺旋缠绕裂变计数器
spiral wound roller　螺旋滚子
spiral wound roller and cage assembly　无套圈有保持架的螺旋滚子轴承
spiral wound roller bearing　螺旋滚子轴承
spiraled transition curve　螺旋缓和曲线
spiraling　（电缆芯线）纽角
spirality　(1) 螺旋形，螺旋性，螺状，(2) 成螺旋形的；(3) 螺旋曲线量度
spirally　成螺旋形地，呈螺线形地
spirally reinforced　用螺纹钢筋的
spiraltron　螺旋线管
spiratron　径向束行波管，螺旋管，旋束管
spire　(1) 螺旋线；(2) 锥形体，尖顶，绝顶，塔尖；(3) 螺旋形上升
spired　(1) 成螺旋形的；(2) 成锥形的，塔尖的
Spirek furnace　斯皮雷克粉汞矿焙烧炉
spirit　酒精
spirit ga(u)ge　酒精比重计
spirit-lamp　酒精灯
spirit lamp　酒精灯
spirit-level　酒精水准仪，酒精水平仪，气泡水准仪，气泡水平仪
spirit level　酒精水准仪，酒精水平仪，气泡水准仪，气泡水平仪
spirit of salt　盐酸
spirit of turpentine　松节油
spirit of wine　酒精
spirit-soluble　能溶于酒精的
spirit-tight　酒精不能渗透的
spirit varnish　挥发清漆
spirituous　(1) 酒精的；(2) 醇的
spiro-　（词头）螺旋，涡卷，呼吸
spirograph　呼吸描记器
spiroid　(1) 螺线；(2) 锥蜗杆；(3) 螺旋状的
spiroid gear　锥蜗轮，锥蜗杆齿轮，螺旋蜗杆齿轮
spiroid gear pair　锥蜗轮副
spiroid gear system　锥蜗杆齿轮系
spiroid gears　锥蜗杆齿轮副
spirometer　(1) 煤气表校正仪；(2) 肺活量计；(3) 气量计
spirophore　人工呼吸器
spiroscope　呼吸量测定器
spirt (=spurt)　(1) 溅散，溅出；(2) 喷射，喷出，喷进；(3) 喷口；(4) 脉冲，脉动，冲量
spit　(1) 破碎喷雾；(2) 喷火式战斗机；(3) [油] 输出，飞溅，发射；(4) 爆出火花，发出火舌；(5) 刺穿，戳穿
spit back　回溅，逆火
spit fire　"喷火式"战斗机
spit lubrication　飞溅润滑
spit ring　挡油环，挡油盖
spitfire　喷火式战斗机
spitkit　小型船舶
spitstick　雕刻刀
spitted fuse　裂端导火线
spitter　导火线点火器

spitting　(1) 分散，溅射，喷溅；(2) 喷溅物；(3) 逆火；(4) 点燃导火索
spittle　长柄铲形器具
spitzkasten　锥角形分级机，锥形选粒器
spivot　尖轴
splash　(1) 喷溅，飞溅，溅出，溅湿，溅污，溅射，溅落，泼溅，泼污，喷射，喷水，喷雾，散开；(2)（导弹发射失败后）坠落，击败，自爆，闪光；(3) 溅沫，溅斑，斑点，污迹
splash apron　挡泥板，挡溅板
splash baffle　防溅挡板，防溅扳
splash block (=SB)　防溅挡板
splash board　挡泥板，挡溅板
splash core　防铁水冲击泥芯块
splash down　溅落
splash feed　喷射送料
splash feed system　溅油润滑系统
splash guard　（切削液）挡板，防溅护扳，防护扳，挡泥板，防溅罩
splash-lubricate　飞溅润滑，喷溅润滑
splash lubrication　飞溅润滑 [法]，溅喷润滑 [法]，溅油润滑，泼溅润滑，喷射润滑
splash plate　防喷溅护扳
splash-proof　防溅的
splash-proof enclosure　防溅外壳
splash-proof machine　防溅电机
splash-proof type induction motor　防溅式感应电动机
splash-protection　防 [飞] 溅的
splash ring　溅环
splash scale　弹着偏差分度
splash system　溅油润滑系统
splash trough　飞溅润滑油盘
splashback　防溅挡板
splashboard　(1) 挡泥板，挡溅板，挡水板；(2) 闸门板
splashdown　溅落
splasher　(1) 防溅板，挡泥板，轮罩，轮箱；(2) 溅洒器，泼洒器
splashings　(1) 喷溅物；(2)（铸造缺陷）铁豆
splashwater-proof　防溅的，防滴的
splashy　多污水的，溅泼的，易溅的
splat　(1) 薄片激冷金属；(2) 椅背中部的纵板，椅背装饰薄板
splat cooling　急冷
splatter　(1) 溅起，飞溅，溅泼，溅洒；(2) 邻信道干扰
splay　(1) 倾斜，弄斜，斜削；(2) [伸] 展开；(3) 向外伸展的斜面度，斜面，斜度；(4) 向外张开的；(5) 八字形，喇叭形；(6) 扁宽的；(7) 笨重的
splay piece　八字形件
splayed joint　斜角连接，楔形结合
splayed spring　（汽车底盘后的）喇叭状配置弹簧
splayeder　斜形油盒
splice　(1) 加板拼接，缝接，叠接，镶接，叠接，绞接，拼接，捻接，熔接，联接，连接；(2) [绞] 接头；(3) 拼接处，绞接处，拼接板
splice angle　铰接角
splice bar　联接板，鱼尾板
splice bolt　拼接螺栓
splice box　电缆套管
splice joint　(1) 鱼尾板接合，铰接；(2) 拼合接头
splice loading　电缆接头加感
splice pad　拼合衬垫
splice piece　镶接片
splice plate　镶接板，镶接片，接合板
spliced pile　拼接桩
spliced pole　叠接电杆
splicer　(1) 断头接合器，接合器，铰接器，镶接器，捻接器，交接器；(2) 接片极接合器，接片器，接片机；(3) 选合器；(4)（电缆）铅工
splicing　(1) 接绳；(2) 拼接 [法]
splicing ear　连接端子
splicing pole　叠接电杆
splicing sleeve　牙嵌式接合套，连接套管
spline　(1) 花键，键槽，齿条，齿槽；(2) 方栓；(3) 止转楔，夹板，样 [板] 条；(4) 活动曲线规，云形规，曲线板，曲线尺；(5) 塞缝片；(6) 用花键连接，用花键接合，用花键配合，刻出键槽；(7) {数 } 仿样，样条
spline and keyway miller　花键－键槽铣床
spline approximation　仿样逼近，样条逼近
spline bearing　花键轴承
splinr bore　[有] 花键 [的内] 孔
spline broach　花键拉刀
spline broaching　花键拉削
spline cutter　花键铣刀

spline fit　仿样拟合, 样条拟合
spline fitting　(1) 花键座; (2) 仿样拟合
spline function　仿样函数, 样条函数
spline ga(u)ge　花键规量
spline hob　花键滚刀
spline hobbing machine　花键滚削机, 花键铣床
spline hub　花键座
spline joint　填实缝
spline miller　花键铣床
spline milling　花键铣削
spline milling cutter　花键铣刀
spline milling machine　花键铣床
spline pinion cutter　花键插齿刀
spline plug gauge　花键塞规
spline ring gauge　花键环规
spline shaft　花键轴, 有齿轴, 多槽轴
spline shaft grinding machine　花键轴磨床
spline shaft hobbing machine　花键轴铣床
spline tooth　花键齿
spline-tooth engagement　花键齿啮合
splined bore　花键孔
splined bush　花键衬套, 花键轴瓦
splined fitting　花键座
splined hub　花键座
splined joint　花键接合
splined portion of shaft　轴的花键部分
splined shaft　花键轴
splined slip joint　花键滑动节
splined yoke　花键轭
splint　(1) 开口销; (2) 薄金属片, 夹板, 薄板; (3) 薄木片, 裂片; (4) 用夹板夹, 分裂
splint-armour　重铠甲
splinter　(1) [核] 碎片, 裂片, 薄片; (2) 锯齿形微粒
splinter-deck　防弹甲板
splinter-proof　防弹片的, 防破片的
splinterable　可碎裂的, 可劈裂的, 不碎的, 耐震的
splinterless　不会裂成碎片的
splintery　易碎裂的, 锯齿状的, 裂片的, 片裂的, 多片的, 碎裂的, 粗糙的
splintery fracture　裂片状断裂, 裂片断口
split　(1) 缝, 裂缝, 裂开, 裂解, 裂化, 裂变, 劈开, 剖开, 拆开, 对开, 开口; (2) 破开, 裂开, 剖开, 刻开; (3) 分裂, 分开, 分解, 分割, 分隔, 分离, 劈裂, 破裂, 割裂, 剥裂, 爆裂, 撕裂; (4) 中分面; (5) 劈开的, 裂解的, 裂口的, 裂缝的, 分裂的, 分离的, 分割的, 劈开的, 剖分的, 对分的, 对开的, 开口的, 开尾的, 中分的, 组合的, 拼合的; (6) 零碎的, 分散的
split across　对裂开
split adapter sleeve　(轴承) 剖分式紧定套
split adjusting collar　(1) 开口调整环; (2) 开口定位圈
split anode　双瓣阳极, 分瓣阳极
split-anode magnetron　分瓣阳极磁控管
split axle　(1) 分轴; (2) 组合式驱动桥
split axle housing　组合式桥壳
split bearing　剖分式轴瓦, 剖分式轴承, 双半轴瓦, 对开轴承, 开槽轴承, 拼合轴承, 可调轴承
split bearing ring　剖分式轴承套圈
split belt pulley　对开皮带轮
split-blip　(1) 尖子峰信号; (2) 双尖头, 分散式, 双峰, 裂峰
split blip　双尖脉冲
split bolt　开口螺栓, 开尾螺栓
split burner　(喷燃器的) 裂口喷嘴
split bush　开口轴承, 剖分式轴承
split bushing　对开轴衬, 剖分式轴套
split cable　分股电缆, 分芯电缆
split cameras　分束照相机
split chuck　弹簧卡盘
split-clamp crankshaft　夹紧式曲轴
split clamping bearing　拼合夹紧套
split collar　(1) 拼合环; (2) 开尾销
split compressor　二级压缩机
split compressor engine　分级压缩发电机
split-condenser circuit　多片式冷凝器电路
split conductor　多股绝缘 [电] 线, 多芯线
split-conductor cable　分芯电缆, 分股电缆
split contact　双头接点

split core type current transformer　分裂铁芯式变压器
split cotter　开口销, 开尾销, 锁销
split cotter pin　开尾销
split coupling　(1) 拼合联轴节, 对开联轴节; (2) 开口套管
split crankcase　组合式曲轴箱, 可拆 [卸] 曲轴箱
split die　(1) 拼合板牙, 缝口板牙; (2) 拼合模, 组合模, 可拆模
split-feed control　分路馈给控制
split-flow　分开流动, 平行流动, 分流
split flow　分流
split flow pump　双联泵
split flywheel　组合式飞轮, 可拆飞轮
split focus　折中聚焦, 折中焦点, 分裂焦点
split friction cone　拼合摩擦锥
split gear　拼合齿轮, 对开齿轮
split guide　剖分式导管
split-hair　极其精确的, 过于琐细的
split head　裂口
split holder　拼合刀架, 对开齿轮
split housing　剖分式 (轴承) 箱体
split housing bearing block　剖分式轴承箱组
split-hub pulley　拼合轮毂式皮带轮
split hydraulic brake system　分开式液压系统
split hydrophone　分裂式水听器
split in the felloe　轮钢裂口
split inner bearing race　双半轴承内圈
split inner race bearing　双半圈轴承
split inner ring　(轴承) 双半内圈, 剖分式内圈
split hey　(1) 切断按钮, 切断电键; (2) 开口扁销
split knob　带槽分离式配线绝缘子
split-lens　剖开透镜
split lens　剖开透镜, 对切透镜
split level end　杠杆叉形端
split link　分体式链节, 拼合链节, 组合链环
split locating ring　中分式定位圈, 中分式定位环, 对开定位圈
split-magnetron ionization gauge　瓣形磁控电离真空计
split mo(u)ld　拼合铸模, 组合木模
split muff coupling　拼合套筒联轴节, 开口套筒联轴节, 壳形筒联轴节
split nut　拼合螺母, 对开螺母, 开缝螺母
split of outer ring　(轴承) 外圈剖分口, 外圈对开口
split-off　分裂出的
split outer race bearing　双半外圈轴承
split outer ring double-cut　双切口剖分式轴承外圈
split outer ring single-cut　单切口剖分式轴承外圈
split pair　劈分线对
split pattern　对分式模型, 拼合木模, 分体模, 解体模
split-phase　分相 [的]
split phase　分相
split phase belt winding　分割相带绕组
split-phase differential relaying　分相差动继电方式
split-phase induction motor　分相感应电动机
split-phase motor　分相电动机, 分相机
split-phase starting system induction motor　分相启动式感应电动机
split-phase type　分相式
split pin　开口销, 开尾销
split-pin synchronizer　开口销式同步器
split piston skirt　沟槽活塞裙
split plate pattern　双面模板
split-pole converter　分割磁极旋转换流器, 分割磁极换流器
split projector　分裂式发射器
split pulley　拼合皮带轮
split reduction　分段减压
split rim　拼合轮辋
split-ring　开环的, 裂环的
split ring (=SR)　(1) (轴承) 双半套圈; (2) 双开口, 开口环, 连结环; (3) 开口环弹簧
split ring clutch　扣环式离合器
split-ring piston packing　开口式活塞胀圈
split-ring real　开口密封圈
split rinse　冷热水混合冲洗
split rivet　开口铆钉
split saw　粗齿锯
split-second　快速的, 瞬时的
split-second control　快速控制
split-second timing cam　快速定时凸轮, 瞬时定时凸轮

1331

split-second watch 双秒针停表
split secondary 有抽头的次级线圈,分节次级线圈
split-seconds chronograph 双针秒表
split-segment die 组合模,可拆模
split shell 分开式轴瓦,对开轴瓦
split shovel 缝口铲
split skirt 沟槽活塞裙
split socket 对开式球窝
split-speed differential transmission 速度分流式差速传动
split-speed type planetary-differential hydrostatic-transmission 速度分流式行星差速静液压机械传动
split spline crankshaft 键槽连接式曲轴
split stator condenser 分定片电容器
split switch 尖轨式转辙器,尖轨道岔
split-system hydraulic brakes 分路式液压制动系,双管路式液压制动系
split taper pin 拼合锥形销,拼合斜销
split tapered bushing 拼合锥形衬套
split-torque differential transmission 扭矩分流差速传动
split-torque transmission 扭矩分流传动
split-torque type planetary-differential hydrostatic transmission 扭矩分流式行星静液压机械传动
split-train drive 拼合齿轮系传动
split transmission 功率分流传动
split-tube 对开管口
split type 拼合式
split type crank case 拼合式曲轴箱
split type crankcase 拼合式曲轴箱,拼合式曲柄箱,可拆式曲轴箱
split type housing (1)拼合式壳体;(2)分开式压轴壳
split-up 分解,分裂,裂开
split valve guide (纵向)剖分式阀导管
split washer 开口垫圈,开缝垫圈
split web 轨腰裂缝
split wedge 拼合楔
split whee l 拼合齿轮,拼合轮,对开齿轮
split winding 抽头绕组,多段绕组,多头线圈
split winding type synchronous motor 抽头式绕现组式同步电动机
splitnut 对开螺母
splittable 易分裂的,能分裂的,能裂变的
splitter (1)功率分流器,分流器,分动器,功率分流器,小速比变速器;(2)分离设备,分裂设备,分离器,分裂器,分裂机,分流机,分离器,分解器,分相器,分束器,分样器;(3)劈裂机;(4)分割片式过滤器(船上燃气轮机用);(5)分隔片式过滤器,气流分隔片;(6)剖胎机;(7)泡沫胶裁断机
splitter shield (挖运泥土用的)分叉盾构
splitting (1)分离,分隔;(2)分裂,分解,裂开,裂解,劈裂;(3)割开;(4)裂距,裂缝;(5)蜕变;(6)组合的
splitting chisel 开尾凿
splitting die 组合模,可拆模
splitting group 可分群
splitting of chain 链之断裂
splitting of levels 能级分裂
splitting of spectral lines 谱线分裂
splitting-out 打出,分出
splitting test 分裂试验
splitting-up 分裂
splitting up 分裂,裂开
splodge 污点,斑点
splotch(或splodge) (1)污点,污渍,污痕,斑点;(2)使粘上污点,使有斑点
splotches of rust 锈斑
splotchy 粘上污渍的,有斑点的
splutter(=sputter) (1)溅沫;(2)阴极真空喷镀,阴极溅镀,金属喷敷,(阴极)雾化,喷涂;(3)飞溅,溅射,溅散,喷射
spodium 木炭
spoil (1)损坏,损害,破坏;(2)分解,变坏,突变,妨碍;(3)废品,次品
spoil car 小翻斗车,土斗车
spoil hopper 弃土斜斗
spoilage (1)损坏;(2)因损坏造成的损失,损坏量;(3)废品
spoilage rate 废品率
spoiler (1)阻流板,扰流器;(2)汽车偏导器;(3)方向图变换器
spoiling 铜的碳化物分解变坏

spoke (1)轮辐,辐条;(2)手柄,刹车;(3)扶梯辊,梯级;(4)(荧光屏上黑白扫描线混乱交替的)干扰;(5)阻碍,妨碍;(6)用刹车刹住,装辐条
spoke-shave 副刨片
spoke wheel 辐轮
spokeshave (1)刨子,刮刀;(2)铁弯刨,幅刨片
sponge (1)疏松多孔的金属,海绵金属,金属绵,海绵;(2)海绵状橡皮擦子,海绵体结构,海绵状物;(3)泡沫材料,多孔塑料,多孔材料
sponge-glass 毛玻璃
sponge glass 毛玻璃
sponge iron 海绵铁
sponge plastics 泡沫塑料
sponge platinum 铂绵
sponge titanium 海绵钛
sponges 海绵,海绵皂(制造润滑脂用皂)
sponginess (1)海绵状;(2)多孔性,疏松性
spongy 似海绵状的,多孔的
spongy lead 铅绵
spongy platinum 铂绵
spongy surface 麻面
sponson (1)船旁保护装置,船侧凸出船台,船舷突出体,舷台;(2)舰炮舷外平台,突出炮座;(3)(水上飞机的)翼梢浮筒
sponsored television 商业电视
spontaneity 自然,自生,自发
spontaneous 自发的,自动的,特发的,自生的,天然的,自然的
spontaneous annealing 自身退火
spontaneous combustion 自燃
spontaneous compactification 自发闭合
spontaneous fission 自发核裂变
spontaneous generation 自然发生
spontaneous ignition 自发火
spontaneous ignition temperature 自发火温度,自发着火点,发火点
spontaneous ionization 自然电离
spontaneous magnetization 自然磁化
spontaneous magnetostriction 自发磁致伸缩
spontaneous polarization 自发极化,自然极化
spontaneous transition 自发跃迁
spoofer 诱骗设备
spoofing 电子欺骗
spool (1)线圈,线轴;(2)卷轴;(3)带圈,磁带盘;(4)卷线筒,卷丝筒;(5)线圈架
spool displacement 滑阀行程
spool for tape 磁带盘
spool gear 长[齿宽]齿轮
spool insulator 线轴式绝缘子
spool stand 筒管架,卷线架
spool turbojet 筒管式涡轮喷气发动机
spool valve 滑[柱式]阀
spooler 络筒机
spooling (1)绕差,绕组;(2)缠卷
spooling machine 绕线机
spoon (1)匙,勺;(2)匙形刮刀,修平刀;(3)挖土机,泥铲;(4)吊斗
spoon bit 匙头钻
spoon brake 凹入工作面制动器
spoon gauge 管簧真空管
spoon manometer 管簧压力计
spoon sample 勺钻土样
spoon slicker 修型小勺
spoon test 手勺取样
sport-car 双座轻型汽车,比赛汽车,跑车
spot (1)点,疵点,斑点,斑痕,光点,亮点;(2)地点,场所,位置,部位;(3)焊缝;(4)确定位置;(5)辉点,光点;(6)侦察目标,[目标]识别;(7)管形白炽灯,条带形灯,管灯
spot adjustment 光点调整
spot annealing 局部退火
spot bombing 定点轰炸
spot broadcasting 本地广播
spot cash 现金,现款
spot-check 抽[样检]查,抽样
spot check (=SC) (1)现场检查,就地检查,抽样检查,抽检,抽查;(2)疵点检验;(3)弹着点检查
spot cure 局部硫化
spot delivery 当场交货
spot elevation 点高程

1332

spot-face　孔口平面

spot face (=SF)　局部平整面,孔口平面,刮孔面

spot faceplate　刮孔口刀

spot-facer　锪孔钻

spot facer　锪孔钻

spot-facing　锪端面,刮孔

spot-facing cutter　刮孔口平面刀具

spot-facing drill press　刮孔钻床

spot-facing work　刮孔加工

spot frequency　标定频率

spot goods　现货

spot hardening　局部淬火

spot heating　局部加热

spot-homogen　铁板铅被覆

spot jamming　特定频率干扰,定点干扰,窄带干扰,选择干扰

spot-knocking　去斑(把管子加很高电压,利用电火花侵蚀调电极上的斑点)

spot lamp　聚光灯

spot map　点示图

spot of light　光点

spot plate　滴试板

spot price　现金售价,现货价格

spot priming　填补

spot punch　单孔穿孔机

spot repair　现场修理

spot size　斑点大小,光点直径,点尺寸

spot softening phenomena　真空管漏气放电现象

spot speed　光点扫描速率,瞬间速率,点速

spot survey　局限性调查

spot test　(1)现场试验,当场试测,抽查,抽样;(2)斑点试验,点滴试验;(3)硝酸浸蚀试验法

spot transactions　现货交易

spot weld (=SW)　(1)点焊[缝];(2)点焊接点

spot-welding　点焊

spot welding　点焊[接]

spot welding robot　机器人点焊机

spot welding machine　点焊机

spot welding point　点焊点

spot wobbling　光点颤动,电子束颤动,飞点颤动

spotless　极其清洁的,无斑点的,无瑕疵的,无缺点的,纯洁的

spotlight　(1)聚光灯,反光灯,车头灯,点光源,注光;(2)把光线集中于,使显著;(3)局部照明,点光源照明,聚光照明

spotted　有斑点的,有污点的,沾污的

spotter　(1)除锈机;(2)测位仪;(3)定[中]心钻;(4)搜索雷达,警戒雷达站;(5)弹着观察机,侦察机;(6)观察者,观察船,观测机;(7)把货物放到指定地点的机器;(8)热补[压制]器

spotter plane　校射飞机

spotter-tracer　弹着曳光弹

spottiness　(1)有斑,斑点,多污点;(2)光斑效应

spotting　(1)确定准确位置,测定点位,找正;(2)钻定心孔,钻中心孔;(3)确定目标,弹着观测;(4)配置,装设;(5)识别;(6)点样,点滴,斑点

spotting aircraft　射弹观测机

spotting hoist　调度绞车

spotting-in　(1)测定点位;(2)钻定心孔;(3)配刮[削]加工,刮研

spotting line　弹着观测线

spotting pistol　试射信号枪

spotting-plane　落弹观测机

spotting point　基准点

spotting press　修整冲模压力机

spotting rifle　试射枪

spotting spindle　定位心轴

spotting tool　定中心工具,中心孔车刀

spotty　(1)有斑点的,有污点的;(2)不调和的,不规则的,(质量)不均一的

spotty steel　白点钢

spotweld　点焊接,点焊[缝]

spotweld accessory (=SWAC)　点焊辅助设备

spotweld fixture (=SWFX)　点焊[接]夹具

spotweld pattern (=SWPA)　点焊[焊点]分布图

spotwelding point　[点]焊点

spout　(1)嘴;(2)输送槽,斜槽,滑槽;(3)出铁口,出铁槽,喷口,喷嘴;(4)排水管,输送管,输液管,喷水管,喷水孔,喷管[嘴];(5)筒,斗;(6)波导出口,(运送液体的)管;(7)喷射,喷出,喷水,喷注,涌出;

涌流;(8)缝隙,隙缝

spout pouring pot　喷油罐

spouter　(1)捕鲸船;(2)捕鲸船长;(3)喷涌的油井;(4)磨粉机操作工

spouting　(1)水落管系统;(2)喷射,喷注;(3)做水落管的材料

spoutless　无喷嘴的

spoutnik　人造地球卫星

sprag　(1)斜撑,支柱,拉条,肋板;(2)挡圈,挡环;(3)矿车制动棒;(4)液压支架防片帮装置;(5)制动桩,制动杆,制轮杆

sprag clutch　超越离合器

sprag-type overrunning clutch　楔块式单向离合器

spragger　(1)矿车制动棒;(2)跟车工

spray　(1)喷射,射流,弥散,飞溅;(2)喷雾,喷洒,喷淋,喷镀,喷涂,喷洗;(3)喷水降温器,喷雾器,喷洒器,喷射器,雾化器,喷嘴;(4)喷雾液,喷射液,喷显剂

spray absorber　喷淋吸收器

spray acid cleaning　喷雾酸洗

spray angle　喷射角

spray arc　喷射电弧

spray bar　喷油管

spray can　喷雾器

spray carburetter　喷雾式汽化器(carburetter = carburetor 汽化器)

spray coating　喷涂

spray-cone　(1)锥形的,扩散的;(2)锥形喷液,锥形流

spray cooling　喷雾冷却

spray cup　喷[嘴]头

spray degreaser　喷雾脱脂剂

spray dryer　喷雾干燥机

spray feed　喷送

spray gun　喷射电子枪,金属喷镀器,水泥喷枪,喷涂料枪,喷漆枪,喷浆器,喷枪,泥炮

spray gun process　金属喷雾法

spray hardening　喷液淬火

spray jet　喷雾器,喷洒器,喷雾口

spray lacquer　喷漆

spray lance　喷雾器,喷枪,喷杆

spray lay-up　喷涂积层法

spray lubrication　喷溅润滑,喷油润滑

spray mask　喷雾护面罩

spray metal　喷涂金属

spray metal coating　喷镀金属[法]

spray method　喷雾法

spray nozzle　喷雾管嘴,喷嘴

spray of droplets　喷雾

spray of electrons　电子流

spray-on process　喷雾法,喷涂法

spray-paint　喷漆

spray paint　喷漆

spray penetration　喷射深度

spray plate　隔沫板

spray quenching　喷水淬火,喷液淬火

spray refining　喷吹精炼

spray sand　喷砂

spray shield tube　金属喷涂屏蔽的玻璃壳电子管

spray thrower　喷淋器

spray tip　喷嘴梢

spray tower　喷雾器

spray type deaerator　喷雾式除氧器

spray washer　喷射式清洗机,喷洗机

spray welding unit　喷焊器

spray with coating　喷敷层

sprayability　雾化性

sprayboard　防溅船舷

sprayed acoustical ceiling (=SAC)　喷涂的隔音天花板

sprayed cathode　喷涂阴极

sprayed metal mold　金属喷涂的模具

sprayer　喷射装置,喷雾机,喷雾器,喷洒器,喷射器,喷镀器,喷油器,喷漆器,洒水车,喷枪,喷嘴,喷头

spraying　喷射,喷雾,喷镀,喷涂,喷洒,喷洗,喷水

spraying burner　喷射燃烧器,喷油燃烧器

spraying car　洒水车

spraying equipment　喷涂设备

spraying gun　喷射器,喷枪

spraying jet　喷雾射流,喷射流

spraying nozzle　喷嘴

spraying of fuel　燃料喷雾,染料雾化

spraying overlay　喷镀堆辉

spraying-paint　喷染

spraying plant　喷雾设备,喷涂装置

spraying process　喷雾法,喷漆法,喷镀法

spraytex　烃油

spraytron　静电喷涂器

spread　(1)敷胶量;(2)分布,分散,散布,布置,传播,推广,蔓延,发散,扩散,散开,离散;(3)刮胶,涂胶,上胶,敷胶,涂漆;(4)扩展,扩大,伸展,展宽,伸开,展开,张开,铺开,渗开,拉长,拉伸,敲平,膨胀;(5)中心距,跨距,差距,距;(6)特性曲线的分散范围,散射范围,范围,幅度;(7)管道敷设,安装施工,[鱼雷的]离散发射

spread blade cutter　双面刀盘

spread-blade bevel gear cutter　双面刀盘

spread-blade cutter　双面刀盘

spread blade cutting method　(锥齿轮)双面切削法

spread blade fixed setting method　双面切削的固定安装法

spread blade gear cutter　(锥齿轮)双面[切削]刀盘

spread blade method　(锥齿轮)双面切削法

Spread Blade method　(锥齿轮)双面[切齿]法(用双面法精切螺旋锥齿轮大轮的一种切齿工艺)

spread blade point width　双面刀盘刃尖宽度

spread card　散布卡片

spread footing　扩展底座

spread for continuous profiling　连续观测系统

spread foundation　扩展基础

spread function　扩散函数

spread glass　偏光玻璃

spread in energy　能量离散

spread in performance　工作特性的变动范围,性能参差

spread in sizes　[脉冲]量的离散

spread of axles　轴距

spread of bearings　方位角摆动范围,方向角的展开

spread of distribution　分布曲线的展开范围

spread of points　在曲线图上)点的分布

spread of radioactivity　放射性传播

spread of the modulation energy　调制能量的分布

spread of viscosity　粘度变化范围

spread of wheels　轮距

spread of wing　翼展

spread oil cooling　喷油冷却

spread-out　(火焰)拉长,冒火,喷火

spread out　传播开,伸张开,伸开,打开,张开,铺开,扩大,扩散,扩张,发散,分布

spread rim　辗宽的轮缘

spread voltage　分布电压

spreadboard　延展机

spreader　(1)配油槽;(2)扩张器;(3)摊铺机,摊铺器,摊铺器,铺展器,铺施器,布料机,布料器,喷洒机,喷洒器,喷液机,喷液器;(4)刮胶机,涂布器,涂胶机,上浆机,分布器;(5)机械分配器,传播器,撒布机,撒布器,撒料机,撒料器;(6)抛煤机;(7)分离器,分流器,分纱器,分流梭;(8)钻头修尖器;(9)天线馈线分离隔板,十字形绝缘体;(10)撑柱,撑杆,撑板,支杆,横柱

spreader mark　(薄板表面人字形裂缝)展痕

spreader pocket　配油腔

spreader stocker　抛煤机炉排

spreading　(1)敷;(2)涂胶,涂布,涂铺,摊铺;(3)刮胶;(4)扩展,扩张;(5)散布,喷散,扩散,扩展,展宽,膨胀;(6)歪像整形

spreading calender　等速研光机

spreading chest　压延头

spreading lens　发散透镜

spreading machine　涂胶机

spreading of groove　轧槽扩张

spreading of picture element　像素的分布

spreading of spray　喷雾角

spreadlight roundel　偏光镜

spreads　排列长度

spready　(1)刮了胶的,(2)已涂过的

sprig　(1)无头钉,扁头钉,钉子;(2){铸}型钉;(3)插型钉,插钉子;(4)砂模加固圆铁;(5)小样品

sprigger　(用无头钉钉鞋的)[钉]鞋机

spring (=SPG)　(1)弹簧;(2)板簧;(3)发条,(4)跳跃,回弹,(5)弹性,弹力;(6)[使]裂开,[使]扭弯,[使]弹回,(7)轧辊弹起度,辊跳;

(8)起点;(9)连接船尾和锚链的缆绳,幕船缆绳

spring abutment　弹簧支座

spring accumulator　弹簧式蓄能器

spring-actuated　弹簧驱动的

spring-actuated knockout pawl　弹簧促动式推种爪

spring actuated mechanism　弹簧致动机构

spring-back　(1)回跳,回弹,(2)弹性后效;(3)弹性回跳,弹性回复

spring back　跳回

spring-back labyrinth gland　弹簧速宫气封

spring-backed oil ring　弹簧胀圈油杯

spring-balance　弹簧秤

spring balance　弹簧秤

spring-balanced top roll　弹簧平衡的上轧辊

spring ball joint　弹簧[加载的]球节

spring band　弹簧箍

spring bar　弹簧杆

spring base　弹簧座

spring beam　弹性梁,弹簧杆,系梁

spring bearing　弹簧支座,弹簧支承

spring bend tool　弹簧弯曲器

spring bender　弹簧折弯机

spring bending machine　弹簧折弯机,弯簧机

spring-binder　弹簧活页夹

spring block　弹簧滑块

spring-board　跳板

spring bolt　弹簧销,锁舌

spring booster　弹簧助力器

spring bow　弹簧弓

spring bows　弹簧圆规

spring bracket　弹簧挂架,弹簧托架

spring brake　弹簧闸

spring buckle　弹簧搭扣,弹簧扣,弹簧箍

spring buffer　弹簧缓冲器

spring bumper　弹簧避震器

spring caliper　弹簧卡钳

spring cap　弹簧帽

spring capacity　弹簧容量

spring catch　弹簧[止]挡,弹簧掣子

spring chaplet　U形钢丝[型]芯撑

spring chuck　弹簧卡盘,弹簧夹头,弹簧夹盘

spring clamp　弹簧夹

spring-clean　彻底打扫

spring clip　(1)弹簧夹块,弹性扣板,弹簧夹,弹簧卡;(2)弹性扣件

spring clip bar　弹簧夹条

spring clutch　弹簧离合器

spring coil　弹簧圈,簧圈,盘簧,发条,螺旋盘簧

spring coiling machine　卷簧机

spring collar　弹簧挡圈

spring collet　弹簧套筒夹头

spring collet capacity　弹簧夹头孔径

spring collet chuck　弹簧套爪夹头

spring sollet holder　弹簧套筒支架,弹簧座

spring compasses　弹簧圆规

spring constant　弹簧常数

spring contact　弹簧触点

spring control　游丝控制,弹簧控制,弹簧调整

spring-controlled　弹簧控制的,有弹力的,弹簧的

spring cotter　弹簧锁销,弹簧制销,开口销,开展销

spring counterbalance　弹簧平衡

spring coupling　弹簧联轴节

spring deflection　(1)弹簧挠度;(2)弹簧变形量

spring detent　弹簧卡销

spring die　弹簧扳牙

spring dies　可调扳牙

spring disk　蝶形弹簧

spring dividers　弹簧两脚规,弹簧分线规,弹簧量规

spring-driven　弹簧驱动的,发条驱动的

spring dust shield　弹簧片式防尘盖

spring dust shield filled with grease　夹层填脂弹簧片式防尘盖

spring equalizing device　弹簧平衡装置

spring expander　弹簧扩张器

spring extension　弹簧伸长[量]

spring eye　钢板弹簧卷耳,弹簧眼

spring fastener　弹簧扣

1334

spring feed　弹簧进给

spring finger　弹簧夹

spring flexibilit y　弹簧挠性

spring-floated die　弹簧浮动模

spring follower　弹簧随动件,弹性随动件,随动簧

spring for governor　调节器弹簧

spring for grip chuck　套爪夹头

spring force　弹簧力

spring fork　弹簧叉,弹簧拨叉

spring forming machine　弹簧成形机

spring governor　弹簧调整器

spring hammer　弹簧锤

spring hammer beetle　弹簧槌布机

spring hanger　(1) 弹簧挂钩;(2) 弹簧串架,钢板弹簧吊耳

spring hinge　弹簧铰链

spring holder　弹簧柄

spring hook　弹簧钩

spring jack　(1) 有弹簧塞孔;(2) 侧簧底脚片

spring joint　弹性接合

spring key　弹簧键

spring knockout　弹簧式顶件器

spring lamination　叠扳簧,弹簧板

spring leaf　钢板弹簧主片,弹簧片

spring-loaded　弹簧支承的

spring-loaded brake　弹簧闸

spring-loaded clutch　弹簧加载常啮合式单向离合器,常闭式弹簧离合器

spring-loaded lever　顶簧杆

spring-loaded plunger　弹簧柱塞

spring-loaded scissors gear　弹簧加载剪式齿轮

spring-loaded seal　弹簧加压密封,弹簧压紧密封圈

spring-loaded stop　弹簧加载的挡块

spring lock　弹簧锁

spring lock washer　弹簧锁紧垫圈

spring mechanism　弹簧机构

spring metal shield　弹簧片式防尘盖

spring motor　(1) 发条传动装置,发条盒;(2) 发条驱动

spring of curve　曲线起点

spring operated brake　弹簧闸

spring-opposed　弹簧平衡的

spring pawl　弹簧爪

spring pin　弹簧销

spring pile-up　接点簧片组

spring pivot　弹簧支枢

spring plate　(1) (离合器)弹性被动片;(2) 弹簧板

spring plunger　弹簧柱塞

spring pocket　弹簧套

spring points　弹簧道岔

spring preloading device　弹簧预紧装置

spring rate　弹簧刚度,弹簧刚性系数

spring reamer　弹簧铰刀,扩张铰刀

spring resonance　弹簧共振

spring retainer　弹簧座圈,弹簧保持架

spring-return　靠弹簧复位的,弹力回程

spring return　弹簧回位

spring-return switch　弹簧复位开关

spring rigging　弹簧装置

spring ring　弹簧环,弹簧圈

spring ring coupling　簧圈联轴节

spring rod　弹簧杆

spring rod bearing　簧杆轴承

spring roller　弹簧滚柱

spring saddle　弹簧鞍座

spring safety valve　弹簧安全阀

spring scales　弹簧秤

spring separator　(轴承)保持架弹簧隔离件

spring shackle　弹簧钩环,弹簧吊耳

spring shank cultivator　弹柄式中耕机

spring sheet-holder　弹簧定位销

spring sheller　弹压式 [玉米] 脱粒机

spring shock absorber　弹簧减震器,弹簧缓冲器

spring shoe　弹簧瓦,弹簧支架

spring snap ring　弹簧开口环

spring spreader　弹簧拉长器

spring steel　弹簧钢

spring stop　(1) 弹簧挡块,弹簧行程限制器;(2) 弹性销钉,弹性锁;(3) 弹簧挡板

spring stripper　弹簧卸料板

spring stud　弹簧柱螺栓

spring-style　(美)草图设计

spring support　弹簧支座

spring suspension　弹簧悬挂

spring swage　弹簧陷型模

spring tab　弹簧调整片

spring take-up　弹簧张紧装置

spring tension　弹簧张力,弹簧拉力

spring tester　(1) 弹簧弹力试验器,弹簧疲劳试验器,弹簧试验机;(2) 弹簧检验器

spring tool　弹簧车刀,弹簧刀,鹅颈刀

spring tool holder　弹簧刀夹

spring-tooth cultivator　弹出式中耕机

spring torque　弹簧扭矩

spring track　弹性悬架履带

spring tube manometer　弹簧式压力计

spring tup　弹簧锻模

spring-type governor　弹簧式调整器

spring washer　弹簧垫圈

spring weight　弹簧重量

spring wheel　弹簧轮

spring winder　卷簧器

springblade knife　弹簧折合刀

springform　弹性模

springhouse　冷藏所

springiness　弹性,[有]弹力

springing　(1) 弹性,弹动;(2) 弹簧装置,弹性装置;(3) 扩孔底

springing needle　托换基础用的支柱

springing of the axle　车轴弹性装置

springless　无弹簧的,无弹性的

springload　弹簧承载,弹簧承重,弹顶

springloaded floating die　弹簧模

springmattress　弹簧垫子

springset　簧片组

springy　有弹力的,似弹簧的

sprinkle　(1) 溅泼,泼洒,(2) 喷淋,喷洒,喷雾,喷釉

sprinkler　(1) 喷水设备,喷水装置,喷洒装置,喷洒器,洒水器,喷洒头,喷灌机,喷灌器;(2) 洒水车,洒水器

sprinkler head　喷头

sprinkler pipe　洒水管

sprinkler system　洒水灭火系统

sprinkler wagon　洒水车

sprinkling　喷洒,溅洒,洒水,撒布

sprinkling can　喷壶

sprinkling car　洒水车

sprinkling irrigation　喷灌

sprinkling machine　人工降雨机,喷灌器,喷水器

sprinkling truck　洒水车

sprinkling wagon　洒水车

sprocket　(1) 链齿轮,驱动轮,链轮;(2) 链齿;(3) 带齿卷盘,齿轮柱;(4) 链轮铣刀

sprocket bit　定位符号

sprocket chain　扁环节链,链轮环链,平环链,传动链,扣齿链

sprocket crank　链轮曲柄

sprocket cutter　链轮铣刀

sprocket for main drive　主传动链轮

sprocket gear　链齿轮,链轮

sprocket guard　链轮护罩,驱动轮护罩

sprocket hole　定位孔,中导孔,扣齿孔,输送孔,片孔,齿孔,导孔

sprocket milling cutter　链轮铣刀

sprocket pitch　链轮节距

sprocket pulse　读出同步脉冲,计时脉冲,定位脉冲,中导脉冲,轮齿脉冲

sprocket shaft　链轮轴

sprocket shift fork　链轮换挡叉

sprocket silent chain　(扁环节)无声链

sprocket tooth　轮齿

sprocket-wheel　链轮

sprocket wheel　链轮

sprocket wheel cutter　链轮铣刀

sprocket winch　链轮铰车
sprue　(1)(铸型的)注入口,流道,浇口,铸口,注口,浇道;(2)熔渣;(3)压铸硫化
sprue base　直浇口压痕,直浇口井
sprue bush　浇道套
sprue bushing　浇铸口衬套
sprue cup　漏斗形浇口杯
sprue cutter　(1)流道铣刀;(2)浇口切断机
sprue-master　(压铸机的)取件工具
sprue puller　直浇口拉出器
spruing　支在弹簧上的,打浇冒口[的]
sprung weight　弹簧承受的重量
sprung barograph　斯普郎气压计
spud　(1)草铲,匕首;(2)扩孔钻,剥皮刀;(3)溢水接管;(4)定位桩,压[夹]板,销钉;(5)用顿钻钻孔
spud-in　开钻
spudder　(1)轻便顿钻机;(2)钻井工;(3)剥皮刀
spudding through soil　土层钻探
spue (=spew)　(1)毛边,毛刺,飞边,溢料;(2)压出,喷出,涌出,渗出;(3)压铸硫化,割尽毛刺;(4)螺旋压缩机的压缩
spume　(1)泡;(2)起泡
spumescence　泡沫性,泡沫状
spumescent　[起]泡沫的
spumous　[多]泡沫的,有泡沫的,泡沫状的
spumy　[多]泡沫的,有泡沫的,泡沫状的
spun　离心铸造的,旋制的,拉长的
spun bearing　离心浇铸轴承
spun casting　离心浇铸,离心铸造
spun concrete　旋制混凝土
spun glass　玻璃丝
spun-in　离心浇铸
spun-in casting　离心铸造法
spun-in metal　离心浇铸轴承合金
spun pipe　旋制管
spur　(1)支撑物,(2)凸壁,(3)(齿轮)正齿,压杆,(4)促进器,(5)电离中心,矩阵迹,算符迹,痕迹,径隙,(6)迹数,(7)排出口,排出孔,排出器,(8)刺激,激励,推动,(9)(铁路)专用线,支线
spur bevel gear　直齿锥齿轮,正齿伞齿轮
spur external gear　外啮合直[齿圆柱]齿轮,外啮合正齿轮
spur-face gears　直齿轮　端面齿轮副
spur friction wheel　筒形摩擦轮
spur gear　直[齿圆柱]齿轮,正齿轮
spur gear blank　直[齿圆柱]齿轮毛坯,正齿轮毛坯
spur gear cutter　直[齿圆柱]齿轮铣刀,正齿轮铣刀
spur gear cutting　直[齿圆柱]齿轮切削,正齿轮铣刀切削
spur-gear differential　正齿轮差速器
spur gear differential　直[齿圆柱]齿轮差速器,正齿轮差速器
spur gear hob(bing, cutter)　直[齿圆柱]齿轮滚刀,正齿轮滚刀
spur gear mechanism　直[齿圆柱]齿轮机构,正齿轮机构
spur gear milling cutter　直[齿圆柱]齿轮铣刀,正齿轮铣刀
spur gear pair　直[齿圆柱]齿轮副,正齿轮副
spur-gear planner　圆柱齿轮刨床
spur gear planner　直[齿圆柱]齿轮刨床,正齿轮刨床
spur-gear pulley　直[齿圆柱]齿轮滑车,正齿轮滑车
spur-gear pump　正齿轮齿轮泵,直[齿圆柱]齿轮泵
spur-gear speed reducer　正齿轮减速器
spur-geared planer　工作台直齿轮驱动的龙门刨床
spur gearing　直[齿圆柱]齿轮传动[装置],正齿轮传动[装置]
spur guide　直导机
spur internal gear　内啮合直[齿圆柱]齿轮,内啮合正齿轮
spur of matrix　矩阵的迹
spur pile　斜桩
spur pinion　直齿小齿轮,小正齿轮
spur pinion cutter　直齿插齿刀
spur pinion shaft　直齿小齿轮轴,小正齿轮轴
spur post　斜柱
spur rack　直齿[齿]条
spur rack shaper　直齿齿条形梳齿刀
spur rack type cutter　直齿型梳刀
spur rim　直齿齿圈
spur shaper cutter　直齿插齿刀
spur tooth　直齿
spur type　直齿式的,正齿式的
spur type planetary gear　直齿行星齿轮

spur type planetary gearing　直齿式行星齿轮传动[装置]
spur type planetary reducer　直齿行星齿轮减速器
spur-wheel　正齿轮
spur wheel　直[齿圆柱]齿轮,正齿轮
spur wheel back gear　直齿背齿轮副轴,正齿背齿轮
spur wheel counter shaft　直齿齿轮副轴,正齿轮副轴
spurging　产生泡沫,起泡
spurion　虚假粒子(模方为零的粒子)
spurious　(1)虚假的,伪造的;(2)乱真的,寄生的;(3)不合逻辑的,谬误的
spurious capacitance　寄生电容,杂散电容
spurious count　乱真计数
spurious discharge　乱真放电
spurious impedance　寄生阻抗
spurious line　乱真线,伪线
spurious oscillation　乱真振荡,寄生振荡
spurious output　乱真输出
spurious power meter　乱真信号功率测量仪
spurious radiation　附加辐射,寄生辐射,乱真辐射
spurious resolution　伪分辨
spurious response　(接收机)假信号响应,假信号特性,无线电干扰,噪声影响,噪声特性
spurious shading signal　寄生黑斑补偿信号
spurious signal　寄生信号,乱真信号
spurious transmission　附加发射,杂散传输
spurium　寄生射束
spurling line　桅前支索跨接导索
spurt　(1)喷出,喷口,喷射,溅出,溅散,激发;(2)突然爆发,突然激增;(3)脉动,脉冲,冲量
Sputnik　原苏联人造地球卫星
sputter　(1)溅散,溅射,溅散;(2)阴极真空喷镀,阴极溅镀,[阴极]雾化,喷射,喷涂;(3)溅蚀
sputter coating　溅射镀膜,溅涂
sputter ion pump　溅射离子泵
sputtering　飞溅,溅射,溅散
sputtering equipment　溅镀装置,溅射装置
sputtering unit　溅镀装置,溅射装置
sputtering yield　溅镀率,溅射率
sputterion pump　溅射离子泵,离子溅射泵
spy　(1)仔细察看,探出,查出,发现,看见,观察,推测,调查;(2)暗中监视,侦察,窥探,暗查
spy-in-the-sky　侦察卫星,间谍卫星
spy satellite　侦察卫星,间谍卫星
spyglass　小望远镜
spyhole　窥视孔,窥测孔,探视孔,检查孔
squad　小组,小队,班
squadron　中队,舰队,机组
squadron error correction (=SEC)　飞行队误差校正,中队误差校正
squagging　自[动联]锁
squalid　(1)不洁的;(2)油封的
squarability　可平方性
square (=SQ 或 sq)　(1)正方形,四方块,矩形;(2)平方,乘方;(3)直角尺,三角板,矩尺;(4)二次幂;(5)正方的,平方的;(6)精确比例;(7)准则
square-area sprinkle　方面积喷灌管
square bar　矩形棒,方钢条,方铁条,方棒料,方杆
square bar of steel　方钢条
square bearing　正接触
square bend　直角弯管,直角弯头,90oC 曲管
square belt　方螺栓
square bare ball bearing　方孔球轴承
square box socket wrench　方套筒扳手
square box spanner　方套筒扳手
square box wrench　方套筒扳手
square-butt welding　无坡口对接焊
square center　方顶尖
square centimeter　平方厘米
square centimeter (=sq cm)　平方厘米
square chuck　方口夹头
square column　方柱,角柱
square corner　内尖角,方角
square-corner switching waveform　矩形开关信号波形
square cotter　方销
square coupling　方头联轴节

square crossing　十字形交叉
square cut　切四边, 裁方
square deal　公平交易, 公平对待
square die　方形扳手, 方扳手
square drift　方形冲头
square-edged　边成90°角的, 方边的
square end　方端, 方头
square engine　(活塞行程等于汽缸内径的) 等径程发动机
square-error　误差平方
square file　方锉
square flange unit　方形法兰轴承箱组
square foot (=sf)　平方英尺
square free number　无平方因子数
square head　(1) 方头; (2) 方形刀架, 四方进刀架
square head bolt　方头螺栓
square head screw　方头螺栓, 方头螺丝
square-headed bolt　方头螺栓
square hole　方孔
square hole slotting tool　方孔插刀
square inch (=sq in)　平方英寸, 平方寸
square ingot milling machine　方钢锭铣床
square-integrable　平方可积的
square iron　方铁
square iron bar　方铁条
square iron-core　方形铁芯线圈
square jaw clutch　方齿牙嵌式离合器, 矩形凸爪离合器
square key　方键
square kilometer (=sq km)　平方公里
square-law (=SL)　平方律
square law　平方律
square law condenser　平方标度电容器
square-law detection (=SLD)　平方律检波
square-link chain　方形节链
square loop ferrite　方形磁滞环铁氧体
square matrix　矩形矩阵, 方阵
square measure　[平方] 面积 [制]
square mesh　正方网格, 方网孔
square meter (=sq m)　平方米
square metre　斜角尺
square mile (=sq mi)　平方英里
square millimeter (=sq mm)　平方毫米
square neck　方颈
square neck bolt　方颈螺栓
square neck carriage bolt　方颈车身螺栓
square-nose tool　方头刀具
square number　平方数
square nut　方螺母
square of opposition　逻辑方阵
square one　同等情况, 起点
square pulse　矩形脉冲
square ram　方形压头, 方形撞杆, 方形夯锤
square reamer　方铰刀
square-rigger　横帆帆装船
square ring spanner　方套筒扳手
square rod (=sq rd)　(1) 方棒; (2) 角钢
square roller　等长径滚子, 短圆柱滚子
square root (=sq rt)　{数} 平方根, 二次根
square root-floating　平方根 - 浮点运算
square-root-of-time fitting method　时间方根配算法
square screw　方纹螺旋
square screw thread　方螺纹, 平顶螺纹
square set　方框支架
square shank　方柄
square-shaped ring with four rounded lobes　X 形密封圈
square shears　龙门剪床
square shoulder　方形肩
square slide　方滑板
square slot bush　带方槽的衬块
square socket wrench with pin handles　T 形销柄方套筒扳手
square spanner　方头扳手
square steel　方钢
square steel bar　方钢条
square stock　方料
square stroke　等径冲程

square surface　四方平面
square surface measure　面积
square tap　方形丝锥
square thread　方牙螺纹, 平顶螺纹, 方螺纹
square-thread form　方螺纹样式
square tongs　方钳
square tool post　方刀架
square tooth　方齿
square-topped pulse　平顶脉冲
square turret　四方 [转塔] 刀架
square washer　方垫圈
square-wave　矩形波, 方波
square wave　矩形波, 方波
square-wave generator　方波发生器
square-wave modulator　矩形波调制器
square-wave response　矩形波响应
square wobbler　方辊头
square work　方形工件
square wrench　方扳手
square yard (=SY 或 sq yd)　平方码
squared-off cascade　当量方块级联
squared paper　方格纸, 坐标纸
squared sine wave　正弦波平方
squarehead　方头
squarehead bolt　方头螺栓
squarely　(1) 对准, 笔直; (2) 成方形, 正面地
squareness　(1) 垂直度, 正方度, 正方性; (2) 矩形, 方形
squareness ratio　矩形比
squarer　(1) 矩形波形成器, 矩形脉冲发生器, 方波脉冲发生器; (2) 矩形脉冲形成电路, 平方电路, (3) 平方器
squares　方钢
squariance　[离差] 平方和
squaring　(1) 削方; (2) 方脉冲形成
squaring circuit　矩形脉冲形成电路, 矩形波整形电路, 方波整形电路, 平方电路
squaring of frame　框架调直
squaring shear　平行刃口剪切机, 四方剪机, 剪边机
squaring the circle　求圆积
squarish　似方形的, 有点方的
squash　(1) 压碎, 压烂, 压扁, 压缩, 压挤, 碾扁, 碾平, 压制; (2) 压进去, 挤进去; (3) 扁坯
squashing　(1) 压碎, 破碎, 捣碎, 磨碎, 挤压; (2) 挤压变形
squashy　易压碎的, 易压扁的
squatting　(船舶) 航行尾倾
squawk　(1) (制动器) 低频咯咯响声; (2) (无线电识别) 发送信号
squawk box　(供内部通讯系统) 扩音器, 扬声器, 通话盒
squawk sheet　(飞行员关于飞机飞行时的) 各种缺点的报告
squeak　(制动器) 刺耳尖声, (弹簧等) 吱吱声
squealer　(1) 声响 [指示] 器, 鸣声器; (2) 发动机加长排气管
squealing　振鸣声, 啸声, 号叫
squealing noise　尖叫噪声
squeegee　(1) 隔离胶, 油皮胶, 夹层胶; (2) 橡皮滚子, 橡皮刮板, 涂刷器, 吹拂器; (3) (用橡皮刮板) 补缝
squeegee pump　挤压泵
squeezability　可压缩性, 可压实性
squeezable　可压缩的, 可挤压的
squeezable waveguide　可压缩波导
squeeze　(1) 挤压变形, 使缩减, 挤压, 压榨, 压缩, 压实, 压印, 压铆, 塞入, 夹; (2) 压实造型机, 弯曲机; (3) 压出物
squeeze bottle　塑料挤瓶
squeeze film bearing　挤压油膜轴承, 压膜轴承
squeeze motion　(机械手抓手的) 抓取动作
squeeze moulding machine　压实式造型机
squeeze out　压出, 挤出
squeeze packing　挤压式密封
squeeze pump　挤压泵
squeeze section　容许改变尺寸的波导管, 可压缩段
squeeze stripper moulding machine　顶箱压实式造型机
squeeze track　可压声道
squeeze valve　压挤阀, 压实阀
squeeze wave section　可压缩波导段
squeezer　(1) 榨 [取] 机, 压榨机, 压铆机; (2) 型砂挤压机, 挤压机; (3) 压锻机, 压弯机, 压板机, 弯曲机; (4) 鄂式破碎机; (5) 压液辊, 轧水辊; (6) (软木塞) 压配机

squeezing　压榨, 挤压

squeezing dies　容器加强筋挤压成形模, 挤压模

squeezing-screw　挤压螺丝, 滚压螺丝

squeg　作非常不规则的振荡

squegger　阻塞振荡器

squeggers　对收音机起干扰作用的寄生振荷

squegging　(1)断续振荡器的振荡模式, 间歇振荡器的振荡模式; (2)自动联锁, 自锁; (3)自猝灭

squegging oscillation　断续振荡器, 间歇振荡器

squelch (=SQ)　(1)噪声抑制; (2)噪声抑制电路, 无噪声电路, 静噪电路

squelch circuit　无噪声调谐电路, 噪声抑制电路, 静噪电路

squelch control　静噪控制

squelch switch　静噪开关

squelch system　静噪系统, 静噪装置

squelette　翼形中线 (弧线), 剖面中线

squib　(1)电引火器, 电点火管, 传爆管, 引爆管, 引爆器, 发火管, 电雷管; (2)扩孔底

squibbing　(1)药包爆破; (2)扩孔底, 掏壶

squid　(1)反潜艇多筒迫击炮, 多筒反潜艇鱼雷; (2)超导量子干涉仪

squiggle　波形曲线

squill vice　C 形夹

squint　(1)倾斜, 斜倾, 斜角, 偏斜; (2)[两]波束[间]夹角; (3)倾向, 趋势; (4)斜孔小窗, 窥视窗; (5)偏离正确方向, 发射偏斜, 偏移, 越轨; (6)有间接关系

squint angle　斜射角

squirm　蠕动, 扭曲

squirrel　(1)鼠; (2)(梳棉机)小罗拉

squirrel-cage　鼠笼式的

squirrel cage　鼠笼

squirrel-cage antenna　笼形天线

squirrel-cage grid　鼠笼式栅极

squirrel-cage induction motor　鼠笼式感应电动机

squirrel-cage mill　鼠笼式磨碎机

squirrel-cage motor　鼠笼式电动机

squirrel-cage rotor　鼠笼式转子

squirrel cage rotor　鼠笼式转子

squirrel cage type motor　鼠笼式电动机

squirrel-cage winding　鼠笼式绕组

squirt　(1)喷射器, 注射器, 喷枪, 水枪; (2)喷气式飞机; (3)喷射, 喷出, 喷湿; (4)铸铅字时从型片中挤出的熔融金属

squirt can　弹性注油器, 注油壶

squirt-gun　水枪

squirt gun　喷射器, 水枪

squirt hole　(连杆小头)喷油孔

squirt-job　喷气式飞机

squish　(1)压碎, 压偏, 压破; (2)压进去, 挤进去

squish velocity　(内燃机)上死点流速

squitter　(应答机中的)断续振荡器, 间歇振荡器

squitter pulse　断续脉冲

SR bistable　置位复位双稳器件

SS-903　合成聚乙烯油 "SS-903"(润滑油抑制添加剂)

SS-906　合成聚乙烯油 "SS-906"(润滑油添加剂)

SS-oil　合成聚乙烯油 SS

S.S.=Stainless Steel　不锈钢

S.S. insect screen　不锈钢防虫网

S.S. spark-arresting gauge　不锈钢防焰罩

stab　刺穿, 伤害, 损伤

stabber　用来刺的工具, 穿索针, 锥子

stabbing salve　管道配件润滑剂

stabilator　安定面

stabile　稳定的, 安定的

stabilidyne　(1)一种晶体稳频的超外差电器; (2)高稳电路

stabilidyne receiver　高稳式接收机

stabilimeter (=stabilometer)　稳定性测量仪, 稳定性记录仪, 稳定度仪

stabilise (=stabilize)　(1)使坚固, 稳定化, 稳定, 安定, 减摇; (2)消除内应力[处理]; (3)装稳定器

stabiliser (=stabilizer)　(1)稳定装置, 减摇装置, 稳定器, 稳压器, 平衡器, 固位器, 安定器; (2)稳定面, 安定面; (3)稳定剂, 安定剂

stabilit　斯太比利 (一种硬化橡胶)

stabilitron　(1)稳频管; (2)齐纳二极管; (3)齐纳二极管稳压器; (4)稳压管

stability　(1)稳定性, 稳定度; (2)强度, 刚度; (3)稳定平衡状态

stability augmentation system (=SAS)　加强稳定性系统, 增稳系统

1338

stability calculation　稳定计算

stability coefficient　稳定性系数, 安定性系数

stability constancy　稳定度

stability criterion　稳定性指标

stability for disturbance　[对]扰动稳定性

stability in pitch　俯仰安定性, 纵向安定性

stability in roll　滚动安定性, 横向安定性

stability in sideslip　侧滑安定性, 方向安定性

stability in the large　大范围稳定性, 全局稳定性

stability in use　使用稳定性

stability limit　稳定极限

stability limit curve　稳定性极限曲线

stability margin　稳定性裕度, 稳定储备量, 稳定系数

stability of emulsion　乳胶稳定性

stability of solution　(1)解的稳定性; (2)溶液的稳定性

stability of synchronization　同步稳定性

stability of the propellant　推进剂的安定性, 燃料的安定性

stability of vibration　振动的稳定性

stability test　稳定性试验

stability with altitude　高度稳定性

stability with angle of attack　迎角稳定性

stability with speed　速度稳定性

stabilivolt (tube)　稳压管, 稳压器

stabilization　(1)保持稳定, 稳定作用, 安定作用, 稳定化, 致稳; (2)锁定, 定影, 减摇, 坚固; (3)稳定状态

stabilization and control system (=SCS)　稳定和控制系统

stabilization by voltage feedback　电压反馈稳定性

stabilization of break-back　发射极倍增的稳定, 逆击穿的稳定

stabilization of burning　燃烧稳定

stabilization of emitter multiplication (　= stabilization of break-back)　发射极倍增的稳定

stabilization of operating point　工作点的稳定

stabilization of sweep generator　扫描振荡器稳定

stabilization pond　稳定池, 酸化池

stabilization system (=SS)　稳定系统

stabilizator　(1)稳定剂; (2)稳压器, 稳定器; (3)安定面

stabilize　(1)使坚固, 稳定化, 稳定, 安定, 减摇; (2)消除内应力[处理]; (3)装稳定器

stabilized　稳定的

stabilized gasoline　去丁烷汽油, 稳定汽油

stabilized master oscillator (=SMO)　稳定主控振荡器

stabilized moment　稳定力矩

stabilized voltage　稳压

stabilized voltage supply　稳压电源

stabilizer　(1)稳定装置, 减摇装置, 稳定器, 稳压器, 平衡器, 固位器, 安定器; (2)稳定剂, 安定剂; (3)稳定面, 安定面, 支柱, 支脚; (4)有槽接头, 套圈; (5)减少石油产品蒸发趋势的蒸馏塔, 稳定塔; (6)机动车辆的棒型减震器; (7)保持船只稳定的陀螺仪, 操持飞机平衡的方向舵

stabilizer link　(1)(履带拖拉机)平衡臂连接件; (2)侧向稳定杆连接件

stabilizing　稳定

stabilizing agent　稳定剂

stabilizing amplifier　稳定放大器

stabilizing baffle　(火焰)稳定器

stabilizing heat treatment　(金相组织)稳定热处理

stabilizing inductance　稳流电感

stabilizing power　稳定能力

stabilizing ring　(轴承)止推环, 定位圈

stabilizing treatment　稳定处理

stabilizing winding　稳定绕组

stabilometer　稳定性测量仪, 稳定性记录仪, 稳定度仪, 稳定计

stabilotron　厘米波功率振荡管, 高稳定波段振荡管, 稳频管

stabilovolt　一种稳压器的商品名

stabilovolt tube　稳压管

stabistor　限压半导体二极管

stable　(1)非放射性的, 坚固的, 不变的; (2)稳定的, 恒定的, 安定的

stable diagram　稳定图, 平衡图

stable element　稳定元件, 稳定元素, 稳定环节

stable equilibrium　稳定平衡

stable glass fiber　标准玻璃纤维

stable local oscillator (=STALO)　稳定本机振荡器

stable motion　稳定运动

stable platform (=SP)　稳定平台

stable running　(1) 平稳运转, (2) 稳定工况
stable state　稳定状态
stable state of motion　稳定运动状态, 稳态运动
stable structure　稳定结构, 坚固结构
stable system　稳定系统
stableness　稳定性
stably　稳定地, 坚固地
stack　(1) 组套; (2) 叠加, 堆积, 堆集; (3) 叠式存储器, 栈式存储器, 栈存储器, 存储栈; (4) 暂存器; (5) (高炉) 炉身, 烟囱; (6) 直立管筒, 通风管, 排气管, 竖管; (7) 包装箱; (8) 冷却塔内立柱, 冷却塔; (9) 接钻杆, 接管; (10) 书柜, 书架, 书库
stack address　栈地址
stack automation　栈自动机
stack casing　炉身外壳
stack casting　层叠铸造, 叠箱铸造
stack cutting　堆叠切割
stack damper　烟道气闸
stack door　通风管闸门, 通风管门
stack element　栈元素
stack flare　烟囱喇叭口
stack-funnel　烟囱内的尖塔形通风设备
stack gas　烟气
stack honing　多件珩磨
stack integrated circuit　层叠集成电路
stack interrupt　栈溢出中断
stack job control　栈地作业控制
stack job processing　栈地作业处理
stack layer　堆积层
stack level　栈深度
stack machine　栈机器
stack mould　叠箱铸模
stack moulding　双面型箱造型 [法]
stack moulding machine　叠箱造型机
stack of fuel element　释热元件组件
stack overflow　栈溢出
stack pallet　(压力机上的) 送料车
stack pointer　(1) 后进先出存储器首项地址; (2) 栈指示字
stack push down　堆栈压入
stack register　栈寄存器
stack tape　组合磁带
stack top　栈顶
stack-up　层叠
stack-up plant　高塔式拌和厂
stackable system　叠架制
stacked antenna　多层天线
stacked integrated circuit　叠层集成电路
stacked job processing　成批题目处理
stacked laser diode　堆垛激光
stacked plate　堆积式承载板
stacked system　叠层方式
stacked type of array　多层天线阵
stacked wafer module　叠片组件
stacker　(1) 货物升降机, 堆垛机, 堆积机, 码垛机, 叠料器; (2) 可升降的摄像机台, 摄影机升降台; (3) 叠式存储器, 叠卡片机, 存卡 [片] 柜, 接卡箱, 堆积箱, 集纸箱; (4) 堆积工, 堆垛工
stacker crane　堆垛起重机
stacker-reclaimer　堆垛运输机, 堆垛机
stacking　(1) 堆积, 堆垛, 堆集; (2) 分层, 成层, 层结, 层理; (3) 积堆干燥法
stacking factor　(绕组) 占空系数, 占空因数, 叠层系数, 填充因数
stacking fault　(半导体) 堆垛层错, 层积缺陷
stacking fault energy　堆垛层错能量
stacking mechanism　整卡机构, 叠卡机构
stacking pallet　码垛托盘
Stackpole　"斯带克波尔"一种铁金氧材料
stacks　书库
stactometer　滴重计
staddle　(1) 支柱, 拉条; (2) 承架; (3) 支撑物; (4) 基础
stadia　(1) 视距测量, 视距; (2) 视距仪, 准距仪, 视距尺; (3) 视距测量法; (4) 测量标杆
stadia arc　视距弧
stadia computer　视距计算机
stadia constant　视距常数
stadia hair　视距丝, 测距线

stadia line　视距线, 准距线
stadia method　平板仪测量法, 视距测量法
stadia rod　水准标杆, 视距标杆, 视距尺
stadia wire　视距丝, 视距线
stadimeter　小型六分仪, 手持视距仪, 手操测距仪
stadiometer　测距仪
Staeger test　油料氧化稳定性试验
staff　(1) 测尺, 测杆, 标尺, 标杆, 杆, 棒; (2) 转动式心轴, (钟表) 平衡轴, 平衡杆, 柄轴, 小轴 [杆]; (3) (全体) 工作人员, (全体) 职员; (4) 配备职员, 聘用职员
staff car　指挥车
staff float　浮标
staff gauge　水准标尺, 水位尺, 水尺
staff instrument　路签机
staff officer　参谋
staff output　职工劳动生产额
staff pouch　路签传递器
staff reading　水准尺读数
staffing　配备职工, 聘用职员
staffman　标尺员, 司尺员, 检尺员
staflene　乙烯均聚物
stage　(1) 分级, 级; (2) 阶段, 阶梯; (3) 程度, 状态, 步骤; (4) 时期; (5) (显微镜) 载物台, 工作台, 平台, 浮台, 台; (6) 脚手架, 架; (7) 浮码头, 趸船; (8) 行程, 距离; (9) 水位 [高度]; (10) 模拟; (11) 复杂电子装置的部件, 火箭的部件, 导弹的部件
stage aircraft　多级飞行器
stage breaking　分段破碎, 逐级破碎
stage-by-stage　一步一步的, 分阶段的, 逐级的, 逐步的
stage-by-stage elimination method　逐级消除法
stage construction　分期建筑
stage crushing　(石料) 逐级轧碎
stage-discharge records　水位流量记录
stage gain　[放大] 级增益
stage grinding　分级磨削
stage heater　抽气加热器, 分段加热器, 回热器
stage load　分级负荷
stage micrometer　台式测微计
stage-motor　分级火箭发动机
stage number　级数
stage of amplication　放大级
stage of development　(1) 发展阶段, (2) 开拓阶段
stage of reaction　反应阶段
stage of thickness　浓缩阶段
stage pump　多级泵
stage-to-stage　级间的
stage turbine　多级涡轮, 多级透平
staged　分阶段的, 分级的
staged wear　阶梯磨损
stagewise　分阶段的, 逐步的
stagger　(1) 交错, 错开, 错列, 参差, 间隔; (2) 摇晃, 摇摆, 摆动, 跳动; (3) 交错的, 错开的; (4) 交错装置, 斜罩, 罩; (5) 摆动误差; (6) 回路失调
stagger amplifier　参差调谐放大器, 宽带中频放大器
stagger angle　(双翼机的) 斜罩角
stagger arrangement　错列
stagger joint　错 [列] 接 [缝], 错缝
stagger light　斜线灯
stagger moving-target indicator　交错对消式动目标显示器
stagger-peaked　参差峰化的, 交错峰化的
stagger-tuned　参差调谐的
stagger tuning　串连调谐, 参差调谐
stagger-wound coil　叠绕线圈
staggered　格子花样的, 棋盘形的, 交错的, 错列的, 叉排的, 参差的, 分级的
staggered air heater　拐折空气加热器
staggered circuit　相互失谐级联电路, 参差调谐电路, 交错 [调谐] 电路
staggered cycle　交错周期, 交叉周期
staggered cylinders　交错排列的气缸, 交错气缸
staggered electrode structure　参差电极结构
staggered gear　错牙齿轮, 交错齿轮, 阶梯齿轮
staggered header　交错集管
staggered joint　错 [列] 接 [缝], 错缝
staggered multiple rows of tubes　错列多排管
staggered rivet joint　错列铆接

1339

staggered rolling train　布棋式机座布置
staggered scanning　隔行扫描
staggered section view　阶梯[状]剖视图
staggered-tooth　交错齿的
staggered tooth（或 teeth）　交错齿
staggered-tooth double helical gear　双斜交错齿齿轮, 交错齿人字齿轮
staggered-tooth milling cutter　交错齿铣刀
staggered tooth side mill　交错齿侧铣刀
staggered tooth side milling cutter　交错齿侧铣刀
staggered triple　三重参差调谐
staggered tube　交错管排, 拐折管排
staggered tube bank　交错管束
staggered wings　斜置翼, 突出翼
staggering　(1)谐振回路失谐, 回路失调; (2)参差调节, 参差调谐, 摆动调谐; (3)交错[排列]; (4)交错的, 参差的, 摇摆的, 摇晃的
staggering advantage　参差[调谐]效果
staggering problem　难题
staging　(1)分级; (2)配置, 配量; (3)分级法; (4)(火箭)各级的配置, 级分离, 分离, 脱离; (5)阶变; (6)脚手架, 工作架, 工作台, 构架, 台架; (7)透平的级, 涡轮叶片; (8)涡轮级工作过程的划分, 叶片安装
staging base　(飞行、舰船)补给基地
staging disk　阶梯磁盘
staging post　(1)准备阶段; (2)补给站, 中途站
stagnancy　不流动, 停滞
stagnant　(1)不流动的, 停滞的, 滞流的, 滞止的; (2)不活泼的, 不变的
stagnant air　滞止气流
stagnant catalyst　固定催化剂
stagnant film　滞膜
stagnant medium　静止介质
stagnant pool　滞水池, 积水池
stagnant water　积滞水, 死水
stagnate　使不流动, 使停滞, 滞止
stagnation　(1)停滞性, 不流动, 停滞, 滞止, 滞流, 驻止; (2)制动; (3)临界[点], 滞点, 驻点
stagnation density　滞止密度
stagnation enthalpy　滞止气体的焓, 总焓
stagnation point　临界点, 停止点, 滞点, 驻点, 静点
stagnation pressure　滞止压力, 静点压力, 滞点压力, 驻点压力
stagnation temperature　临界温度, 滞止温度, 滞流温度
stagonometer　[表面张力]滴重计
stagoscopy　液滴观测镜法
staid　固定的
stain　(1)着色剂, 染色剂; (2)沾污, 沾染, 弄脏, 污点, 污斑; (3)染色, 着色, 变色; (4)瑕疵; (5)生锈, 锈蚀; (6)失去光泽, 发暗
stain etch　染色腐蚀
stain-fast　抗染剂的, 抗染色的
stainability　可染性
stainable　可染色的
stained　(1)涂螺纹漆的; (2)染了色的, 有斑点的, 有斑纹的
stained glass　彩色玻璃
stained with oil　油污的, 油斑的
stainer　着色剂, 颜料
staining　(1)锈点腐蚀, 浸蚀; (2)刷染法, 染色法, 着色; (3)污染
staining technique　(确定结的)染色法
stainless　(1)不锈的, 无斑的; (2)没有污点的, 不会污染的, 无瑕疵的, 纯洁的; (3)不锈钢
stainless clad steel　不锈包钢
stainless rule　不锈钢尺
stainless steel (=SS)　不锈钢
stainless steel electrode　不锈钢焊条
stainless steel rule　不锈钢直尺
stair　(1)楼梯, 扶梯, 阶梯; (2)梯级; (3)浮码头, 趸船
stair builder's saw　侧锯
stair-generator　阶梯波形发生器
stair head　楼梯顶口
stair landing　楼梯平台
stair rod　楼梯毡辊
stair-step　(1)阶梯形的, 步进的; (2)楼梯踏步
stair step　楼梯踏步
stair tread　楼梯踏步
staircase　(1)楼梯间; (2)楼梯, 阶梯, 梯子
stairstep　(1)阶梯形的, 步进的; (2)楼梯踏步, 楼梯段

1340

stairstep signal　阶梯信号, 梯级信号, 步进信号, 分级信号
stairway　(1)楼梯间; (2)楼梯, 阶梯
stairwell　楼梯间, 楼梯井
stakage　标桩
stake　(1)定位木桩, 截槽垫木, 标杆, 标桩; (2)支柱, 托架, 底架, 拉条; (3)铸型用销钉; (4)圆头砧, 小铁砧, 桩砧; (5)(皮革加工用)拉软床
stake boat　航标舰
stake body　平板车身
stake driver　(1)打桩机; (2)打桩工
stake-line　用桩标出的测线
stake-man　打桩工, 放样工, 标桩工
stake off　放样, 定线, 立桩, 标出
stake out　放样, 定线, 立桩, 标出
stake pole　拉杆
stake rack　栅栏
stake-resistance　桩极电阻
stake truck　车身四周装栅柱的卡车
stakeholder　受益者
stakerope　系绳
staking machine　(1)打桩机; (2)拉软机
staking pin　测针, 测钎
staking-out　放样, 定线, 立桩
stalagmometer　[表面张力]滴重计, 测滴计
Stalanium　斯特拉尼姆镁铝合金(镁7%, 锑0.5%, 其余铝)
stale　(1)陈旧的, 陈腐的, 变坏的; (2)停滞的, 不流的; (3)失时效的; (4)用旧, 用坏, 变陈旧, 失时效; (5)把手, 手柄
stale bill of lading　过时提单
staleproof　不腐的
stalk　(1)杆, 柱, 轴; (2)高烟囱; (3)型芯骨架
stalk-cutter　茎杆切割器
stalk pipe chaplet　单面心撑
stall　(1)失速; (2)发生故障, 停止转动, 停车, 停速, 抛锚; (3)[程序]失控; (4)焙烧室; (5)陈化; (6)气流分离; (7)阻止, 妨碍
stall line　失速线
stall margin　喘振边界
stall point　失速点
stall-proof　防失速的
stall roasting　泥窑焙烧
stall severity　失速的严重程度
stall torque ratio　(液力变扭器)输出转速为零时的输出输入扭矩比
stalled blade　失速叶片
stalled vehicle　停驶的车辆
stalled zone　失速区
stalling　(1)停转; (2)失速
stalling speed　失速速度
stalling torque　(1)(液力变扭器输出轴完全制动时的)最大扭矩, 最大停转转矩; (2)逆转转矩, 颠覆力矩, 倾覆力矩
stallometer　(1)失速信号器, 失速仪, 临界速度指示仪; (2)气流分离指示器
stalloy　(1)电工钢片, 硅钢片, 薄钢片; (2)司达硅钢
stalpeth cable　钢、铅、聚乙烯组合铠装电缆
stamp　(1)冲压, 压制; (2)压印, 打印; (3)标记, 印记, 印痕; (4)模具, 冲模, 煅模; (5)压模, 压滚; (6)捣锤碎矿机, 捣击机, 捣矿机, 捣矿锤, 敲击棒; (7)捣磨, 压碎
stamp battery　捣碎[矿]机组
stamp breaking　捣碎
stamp crushing　捣碎
stamp duty　印花税
stamp forging　压锻, 落锻, 型锻
stamp mill　捣碎机, 捣矿机, 碎矿机, 捣磨机
stamp of the marker　制造者的印记, 制造厂的印记
stamp stem　捣杆
stamp tax　印花税
stamp work　(1)压印工作; (2)模锻件
stamped　(1)已捣碎的; (2)已盖印的
stamped face　压印面; 打印面
stamped gear　模锻齿轮
stamped mark　打印标记
stamped nut　模压螺母
stamped thread　模压螺纹
stamped work　模锻件, 冲压件
stamper　(1)冲压机, 打印机; (2)压模; (3)捣击机, 捣碎机, 捣矿机, 捣实机, 碎矿机; (4)冲压工, 模压工
stamping　(1)冲压, 压制(加工), 模压, 压印, 打印, 锤击, 捣碎; (2)模锻,

落锻，型锻；(3) 冲压件，冲压片；(4) 铁心片；(5) 边废料 (冲压或锻压的废料用复数)

stamping back 模印

stamping board 托模板

stamping design 模锻设计

stamping die (1) 压印模，打印模，冲模；(2) 落锻

stamping form (混凝土) 捣固模板

stamping hammer 模煅锤

stamping machine (1) 压印机，打印机；(2) 捣碎机，冲压机

stamping mill 捣碎机，捣矿机，碎矿机，捣磨机

stamping of powder 压粉末

stamping press 冲压机，打印机，压印机

stamping room 模锻车间

stamping sheet 冲压片

stamping tool 冲压工具

stampings 模制配件，压制品

stanch (1) 优质的，坚固的，(2) 使不漏水，使密封，密封；(3) 不漏水的，不透气的，密封的，气密的

stanchion (1) 柱子，支柱，标桩，标柱，撑杆，栏杆；(2) 用柱子支撑，装柱子

stanchion sign (可移动的) 柱座标志

stand (1) 仪表架，支座，架，座，台；(2) 机座，底座；(3) 试验台；(4) 站，立，竖；(5) 位于，处于，坐落；(6) 继续有效，保持，坚持，维持；(7) 经受，持久，耐久

stand-alone (电脑外围) 可独立应用的

stand-alone processor 单立处理机

stand-alone utilities {计} (不受操作系统控制的) 独立应用

stand-by (1) 备用设备，备 [用] 品；(2) 准备，等待，(3) 可代用的，待用的，备用的，储备的，辅助的，待机的；(4) 可靠资源，主要资源；(5) 援助者，支持者；(6) 救援信号，呼叫信号

stand by (1) 准备发送信号，处于调谐状态，准备行动；(2) 备用，支持，援助；(3) 遵守，固守，信守

stand-by (=st) 备用的，辅助的

stand-by agreement 支持协定

stand-by battery 备用电池组

stand-by channel 备用波道

stand-by computer 备用计算机

stand-by facility 备用设备

stand-by generating set 备用发电机组

stand-by generator 备用发电机

stand-by heat 热备用 (状态)

stand-by plant (1) 备用机组，备用设备，备用装置，辅助设备；(2) 备用工厂

stand-by power plant 备用发电机，辅助发电机

stand-by power station 备用发电站，辅助发电站

stand-by set 备用机组

stand-by unit 备用机组

stand camera 放在三角架上的摄像机

stand cap 轧机机座盖，轧机机座横梁

stand-down 暂时停止活动，停工

stand fast 屹立不动，不让步，坚持

stand firm 屹立不动，不让步，坚持

stand-in (1) 冷试验代用品，模拟物，代用物，替换者，代替者；(2) 有利地位，有利位置

stand-insulator 支座绝缘子

stand mat 台式拧螺丝机

stand-off (1) 远距离的，投射的；(2) 有支座的，有托脚的；(3) 远离，避开，挡开；(4) 平衡，抵消，中和；(5) 传输线固定器，接线钉

stand off (1) 传输线固定器，接线钉；(2) (锥度螺纹) 基准距

stand-off capacity 远距离使用武器的能力

stand-off distance 投射距离

stand-off error 变位误差，偏位误差

stand-off insulation 支座绝缘子，托脚隔电子

stand-off missile 航空火箭弹

stand oil 熟油，厚油

stand out (圆锥滚子轴承内圈) 突出量，宽度差 (装配宽与外圈之差)

stand out channel {计} 出通道

stand pipe 储水管，竖管

stand post 柱形的标志

stand ready for 准备就绪

stand still 停滞不前

stand test 台架试验

stand-up 经久耐用

stand wear and tear 耐磨损

standage 聚水坑，积水池

standard (=Std 或 std) (1) 标准，基准，规范，规格；(2) 模型，样品，标准品；(3) 机架，支架，柱；(4) 定额；(5) 本位制；(6) [测量] 单位；(7) 标准的，符合的，规格的

standard addendum gear 标准齿顶高齿轮，标准齿轮，非 [径向] 变位齿轮

standard air (=st air) 标准状态下的空气

standard aircraft ratio case (=SARC) 标准航空无线电装置

standard ammeter 标准安培计

standard antenna 标准天线

standard atmosphere 标准大气压

standard atmosphere conditions 标准大气条件

standard atmosphere pressure 标准大气压

standard atmospheric pressure 标准大气压

standard axle 标准轴

standard bar 标准轴，检验轴

standard barometer 标准气压表

standard basic rock tooth profile 基本齿廓，原始齿廓，标准齿条齿廓

standard bearing 标准轴承

standard beam approach (=SBA) 标准波束 [引导] 进场

standard block gauge 标准块规

standard block of hardness 便准硬度块

standard broadcast band 标准广播波段

standard broadcast channel 标准广播信道

standard buried collector (=SBC) (集成电路的) 标准埋深集 [电] 极

standard cable 标准电缆 (作为测量通信线路衰耗的单位)

standard capacitance 标准电容

standard capacitor 标准电容器

standard cavity circuit 标准空腔谐振电路

standard cell 标准电池，镉电池

standard center distance 标准中心距

standard center distance gear 标准中心距齿轮副

standard chain 标准链

standard change gear 标准配换齿轮，标准交换挂轮

standard change notice (=SCN) 标准更改通知

standard code 标准代号

standard component 标准 [部] 件，标准构件，标准零件

standard condition (=SC) 标准条件，标准情况

standard conditions 标准条件

standard conductivity (=SC) 标准电导率

standard copper wire (=SCW) 标准铜线

standard counter 标准计数器

standard cubic centimeter (=scc) 标准立方厘米

standard cubic feet per minute (=scfm) 每分钟标准立方英尺数

standard cubic feet per second (=scfs) 每秒钟标准立方英尺数

standard cubic foot (=SCF 或 scf) 标准立方英尺

standard cylindrical gage 标准圆柱 [量] 规

standard depth-wise taper (锥齿轮) 标准 [齿高] 锥度，普通 [收缩齿的] 锥度

standard design 标准设计

standard deviation 标准偏差，标准离差

standard diametral pitch 标准径节

standard dimensioning 定标准尺寸

standard disk gauge 标准圆盘规

standard drilling machine 标准钻床

standard electrode potential 标动电势

standard element 标准零件，标准元件

standard engineering practice (=SEP) 标准工程惯例

standard equipment 标准设备，标准附件

standard equipment nomenclature list (=SENL) 标准设备术语表

standard error (=SE) 基本误差，标准误差

standard facility equipment list (=SFEL) 标准设施设备单，标准设施设备表

standard filter 基本滤光片

standard floor model 标准落地式

standard form (=SF) 标准型式，范式

standard-form worm 普通圆柱蜗杆

standard frequency (=SF) 标准频率

standard frequency generator 标准频率发生器

standard full-depth involute gear 标准全齿高渐开线齿轮

standard-gauge (1) 标准量规；(2) 标准轨距 (=1,435m)

standard gauge (=SG) (1) 标准 [量] 规；(2) 标准计；(3) 标准轨距 (=1.435m)

standard gear pair 标准齿轮副

standard gear ratio　标准齿轮齿数比, 标准齿轮速比
standard gear system　标准齿轮制
standard guard　标准防护器
standard height　标准高度
standard hole system　标准孔制, 基孔制
standard horn antenna　标准喇叭天线
standard horse power　标准马力
standard horsepower　标准马力
standard inductance　标准电感
standard inspection procedure(s) (=SIP)　标准检验程序
standard instrument　标准仪器
standard I/O interface　〔计〕标准输入输出接口 (I/O=input/output 输入输出)
standard international trade classification (=SITC)　国际贸易分类标准
standard international unit (=SI unit)　标准国际单位制
standard involute gear　标准渐开线齿轮, 检验用渐开线齿轮
standard involute gear tooth　标准渐开线齿轮齿
standard key　标准键
standard lamp　(支柱能伸缩的) 落地灯, 标准灯
standard machine tool　标准机头
standard Malaysian rubber (=SMR)　标准马来西亚橡胶
standard mandrel　标准心轴
standard metal-cutting tools　标准金属切削刀具
standard milling machine　标准铣床
standard model　标准样品, 标准型式, 样机
standard module　标准模数, 模数标准系列
standard money　本位币
standard nomenclature list　标准术语表
standard of perfection　鉴定标准, 评分标准
standard ohm　标准欧姆
standard operating procedure (=SOP)　标准操作程序, 标准操作过程
standard operation　标准操作
standard operation time　标准操作时间
standard orifice　标准孔流速计
standard P A　标准压力角 (PA=pressure angle)
standard parts　标准零件, 标准部件
standard P d　标准节 [圆直] 径 (Pd=Pitch diameter)
standard performance　标准性能, 标准工作强度
standard performance summary charts (=SPSC)　标准性能简表
standard pile (=SP)　标准反应堆
standard pipe size (=SPS)　标准管子尺寸, 标准管径
standard pitch (=SP)　标准螺距, 标准节距
standard pitch circle　标准节圆, 分度圆
standard pitch cone　标准节锥, 分度圆锥
standard pitch diameter　标准节圆直径, 标准节径, 分度圆直径
standard pitchroller chain　标准节距套筒滚子链
standard plan　标准图
standard plain metal-sitting saw　标准普通金属开槽锯床
standard plain milling cutter　标准普通铣刀
standard practice (=SP)　标准作法
standard practice amendment (=SPA)　标准作法修正
standard practice instructions (=SPI)　标准作法说明书
standard pressure (=SP)　标准气压, 标准压力, 正常压力, 额定压力, 常压
standard pressure and temperature (=SPT)　标准压力与温度
standard pressure angle b　标准压力角
standard procedure　标准程序, 标准工序
standard procedure manual (=SPM)　标准程序手册
standard program　标准程序
standard propagation　标准传播
standard quality control (=SQC)　标准质量控制
standard rammer　夯样机, 样器
standard rate　规定标准, 规定定额
standard repair (=SR)　正常修理, 标准修理
standard repair manual (=SRM)　标准修理手册
standard requirement code (=SRC)　标准要求代码, 标准规格代码
standard resistance box　标准电阻箱
standard sample　标准样本, 标准样品
standard scale　(1) 基准尺, 标准尺; (2) 标准刻度, 标准尺度
standard screw　标准螺钉
standard screw thread form　标准螺纹样式
standard screw thread gauge　标准螺纹规

standard section　标准刻面
standard series method　标准系列法
standard shaft system　标准轴制, 基轴制
standard shank　标准手柄
standard signal amplifier　标准信号放大器
standard signal generator (=SSG)　标准信号发生器
standard size　标准尺寸
standard-sized　标准尺寸的, 标准大小的
standard sized box　(多件轴承用) 标准尺寸包装盒
standard space launch vehicle (=SSLV)　标准航天运载火箭
standard specific gravity　标准比重
standard specifications　标准规格, 标准技术规范, 标准规范, 标准说明书
standard specimen　标准样品, 标准样本, 标准试样, 标准样机
standard specimen of surface-roughness　表面粗糙度标准样板
standard speed　标准速度
standard substance　标准速度
standard system　标准系统, 标准制
standard taper　(1) (锥齿轮) 普通 (收缩齿的) 锥度, 标准齿高锥度, 标准齿高锥度, 正常收缩锥度; (2) 标准锥度
standard taper gauge　标准锥度规
standard taper reamer　标准锥形铣刀
standard temperature (=ST)　标准气温, 标准温度 (0 °C)
standard temperature and pressure (=STP)　标准温度和压力, 标准温度和气压
standard test frequency　标准测试频率
standard test putout　标准实验输出功率
standard thermometer　标准温度计
standard thickness tape　常用磁带
standard tolerance　标准公差
standard tolerance unit　标准公差单位
standard ton　[冷] 吨
standard tooling　标准工艺设备
standard tooth　正常齿, 标准齿
standard tooth form　标准齿形, 标准齿样
standard tooth taper　(锥齿轮) 普通收缩齿锥度, 标准收缩齿锥度
standard tooth thickness　标准齿厚
standard type　标准式, 标准型
standard unit　标准单位
standard vice　标准虎钳
standard voltage　标准电压
standard voltmeter　标准电压表
standard weight　标准重量
standard western automatic computer (=SWAC)　西部标准自动计算机
standard wire gauge (=SWG)　标准线规
standard work on the subject　该学科的权威著作
standard worm　标准蜗杆
standardise (=standardize)　(1) 使合标准, 统一标准, 标准化, 规格化; (2) 用标准校验, 标定, 校准
standardization (=stdn)　(1) 校准; (2) 标准化, 统一; (3) 标定, 检定; (4) 标定法
standardization of solution　溶液的标定
standardize　标准化, 统一
standardized component　标准构件, 标准部件
standardized element　标准零件, 标准件
standardized fastener　标准 [紧固] 件
standardized park　标准零件
standardized products　标准化产品
standardizing　(1) 校准; (2) 标准, 统一; (3) 标准化
standardizing box　标准化负荷测定机
standardizing of solution　溶液的标定
standardizing order　规格化指令
standards laboratory　标准实验室
standards laboratory information manual (=SLIM)　标准实验室资料手册, 标准实验室情报手册
standards manual (=SM)　标准手册, 规格手册
standards on electrical insulating materials　电气绝缘材料的规格
standby (=STBY)　(1) 备用设备; (2) 备用的
standby motor　辅助电机
standby pump　备用泵
standby status (=SBS)　准备状态
stander　机架
standing　(1) 不在运转的, 不活动的, 固定的, 不变的, 常设的, 常备的,

持续的, 长期的, 标准的, 永久的, 直立的, 停止的, 停滞的, 静止的; (2) 规定; (3) 储藏; (4) 位置, 状态, 情况

standing area 停机坪
standing arm 现役部队, 常备军
standing block 固定滑车
standing bolt 固定螺栓
standing brake test 制动静止试验
standing charge 固定费用
standing committee 常务委员会, 常设委员会
standing current 稳定电流, 驻流
standing derrick 起重机扒杆, 起重桅杆
standing factory 停工的工厂
standing group (=SG) 常设小组
standing line 承载索
standing machine 不在运转的机器, 停开的机器
standing operating procedure 标准操作规定, 标准做法
standing order (1) [操作] 规程; (2) 长期订货, 长期订单
standing orders (1) 标准作战规定; (2) 议事规则
standing rope 不动绳
standing test 静止试验
standing vice 固定虎钳
standing water level 静水位
standing wave 驻波, 定波
standing-wave accelerator 驻波加速器
standing-wave antenna 驻波天线
standing-wave area monitor indicator (=SWAMI) 驻波区监控指示器
standing-wave detector (=SWD) 驻波检测器, 驻波检验器
standing wave indicator (=SWI) 驻波指示器
standing-wave memory 驻波存储器
standing-wave producer 驻波产生器
standing-wave protron accelerator 驻波质子加速器
standing wave ratio (=SWR) 驻波比
standing-wave ratio measurement 驻波比测量
standing-wave ratio meter 驻波比测量器
standing way 固定台
standoff 支座绝缘子
standort 环境综合影响
standpipe (=SP) (1) (给水系统稳定水压用的) 圆筒形水塔, 贮放液体的竖管, 储水管, 压力管, 上升管, 垂直管, 竖管, 立管, 直管; (2) (加热器的) 疏水收集器, 结水收集器; (3) 进人孔框架
standpoint (1) 立足点, 固定点, 观点, 论点; (2) 立场
standstill 停止, 停顿, 间歇
standstill angle (凸轮) 停顿 (无升距) 角, 停滞角
standstill arc 凸轮) 停顿 (无升距) 弧
standstill position 停止位置
standstill time 停顿时间
standstill torque 停转扭矩, 停滞扭矩
Stanford Linear Accelerator Center (=SLAC) 斯坦福直线加速器中心, 斯坦福线性加速器中心
stank 水箱, 水池
stannane 氢化锡 (SnH4)
stannic 四价锡的, 正锡的
stannic acid 锡酸
stannic oxide 二氧化锡
stanniferous 含锡的
Stanniol 高锡耐蚀合金 (铜 0.33-1%, 铝 0.7-2.4%, 其余锡)
stannous 二价锡的, 亚锡的, 含锡的
stannous chloride 氯化亚锡, 二氯化锡
stannous oxide 氧化亚锡, 一氧化锡
stannum (拉) (1) 锡 Sn; (2) 斯坦纳姆高锡轴承合金
staple (1) U 形钉, U 形环, 钉书钉, 销钉, 卡钉, 铰链, 卡板, 钩环, 锁环, 夹子; (2) 尖钳的; (3) 弯管; (4) 曲拐; (5) 主要产物, 主要成分, 要领, 主题; (6) 用钉钉住, 固定, 装订
staple bolt (1) 卡钉; (2) 夹线 [压] 板, 夹子, 箍; (3) 杆套环
staple commodities 主要产品
staple fiber (1) 人造纤维, 人造棉, 人造毛; (2) 切断纤维
staple for ……的原料
staple glass fibre 标准玻璃纤维, 人造玻璃纤维
staple goods 大路货
staple industries 主要产业
staple rayon 人造棉
staple vice (1) 立式虎钳, 长腿虎钳; (2) 锻造用夹叉, 锻造用卡钳
stapler (1) 铁丝订书机, 小订书机; (2) 截切机, 切段机; (3) 纤维切断机, 切棉机; (4) 装订工

stapling machine 订书机
star (1) 星; (2) 星状物; (3) (三相电路的) 星形接法, 星形接线
Star alloy 轴承合金 (锑, 锡, 铜, 其余铅)
star antimony 精制锑
star bowl 精锑块材
star box 星形联结电阻箱
star-chamber 秘密的, 专断的
star-connected 星形联接的
star connection 星形联接法, 星形接法, 星形连接, Y 形结线, Y 接法
star conveyor 星轮式输送器
star coupling 万向联轴节, 万向接头, 星形联结器
star current 星形电流
star-delta connection 星形 - 三角形接法, 星形 - 三角形接线, Y-△ 接法
star-delta starter 星形 - 三角形起动器
star drill 小孔钻
star-follower 星体跟踪装置, 跟踪望远镜
star gear 星形齿轮, 星形轮
star gearing 行星式齿轮装置
star-grounded 星形中点接地的
star handwheel 星形手轮
star junction 星形交叉
star knob 星形捏手
star knob nut 星形捏手螺母
star metal 锑金属锭, 精 [制] 锑
star-navigation 天体导航
star navigation 天文导航, 天体导航
star pinion 星形小齿轮, 定轴小齿轮
star program { 计 } (手编) 无错程序
star-quad 星形四芯线组, 星绞四线组
star quad twist 星形四线组扭绞
star section 十字截面
star sensor 恒星传感器, 星光镜
star-shaped 星形的, 星状的
star-shell 照明弹
star shell (=SS) 照明弹
star statics 天体干扰, 射电干扰
star-star connection 星形 - 星形接法, 星形 - 星形连接, Y-Y 连接
star-star delta connection 星形 - 星形三角接法, 星形 - 星形三角连接, Y-Y-△ 连接
star-tracker 跟踪望远镜
star tracker 恒星跟踪仪
star type torque limiting clutch (拖拉机动力输出轴) 星形扭矩限制离合器
star voltage 星形接线相电压
star washer 星形垫圈
star wheel 星形轮
star wheel motion 星形轮运动, 间歇运动
starboard (=STBD) (1) 右舷; (2) 右舷的, 右侧的, 右边的; (3) 把舵转向右舷, 把舵转向右边
starboard light (船舶) 右舷灯
stark (1) 严格的, 硬的; (2) 十分明显的, 完全的, 彻底的, 绝对的, 真正的; (3) 完全, 全然, 简直
stark denial 完全否认
Stark effect 斯塔克谱线磁裂效应
stark fact 极其明显的事实
starring sheet 检验单
starship 恒星飞船
start (=ST) (1) 起动, 开动, 启动, 发动, 转动; (2) 开始, 着手, 创办; (3) 出发, 动身, 引起, 发生, 开始, 起始, 起飞, 起程, 起点; (4) 松动, 脱落, 翘曲, 裂缝, 漏隙; (5) 轧棉机横杆
start a bolt 起螺钉
start a fire 引起火灾, 引火, 点火, 发火
start a war 发动战争
start button 起动按钮
start down 开始向下
start drill 定位中心钻
start from scratch 从零开始, 从头做起, 白手起家
start ga(u)ge 起始定位装置
start in 开始, 动手
start interlocking relay 起动联锁继电器
start I/O instruction { 计 } 起动输入输出指令 (I/O=input/output 输入输出)
start of conversion (=SOC) 转换起始, 反转起始
start of engagement 啮合起点, 啮合开始

start of heading (=SOH)　字头，标题开始(电文或信息)
start-of-text character　{计}正文起始符
start off　出发，动身，起飞，引起
start-oscillation condition　起振条件
start out　着手进行，开始，出发
start-pilot device　起动辅助装置
start pulse　起动脉冲，触发脉冲
start signal　起始信号，启动信号，起动信号
start-stop　开关控制的，启闭的，起停的，起止的，间歇的，断续的
start stop　启闭的，起始的
start-stop lever　开关[控制]杆
start-stop mechanism　起止机构
start-stop multivibrator　单稳多谐振荡器，延迟多谐振荡器，起止多谐振荡器
start-stop oscillator　间歇振荡器，断续振荡器，起止振荡器
start-stop scanning　起止扫描
start-stop synchronism　起止同步
start-stop system　起止制
start-stop time　起停时间
start-stop transmission　{计}起止传输
start tank (=S/T)　起动燃料箱
start-to-leak pressure　起漏压力
start trouble　引起麻烦，引起困难
start-up　(1)开始工作，起动程序，开动，起动，启动，触发；(2)发射，起飞，出发；(3)开办
start up　开始工作，开始运转，向上运动，开动，起动，拔动，触发，发射
start up a car　发动汽车
start-up circuit　起动电路
start working　开始工作，着手工作
startability　开动性，起动性，启动性
startarget　星标
startarget drill　定位中心钻
started　开动了的，发动了的
starter　(1)开动器，起动器，启动器(电机)；(2)起动机，起动装置；(3)钻孔的器械；(4)开口的钎子
starter armature　起动机电枢，起动机转子
starter breakdown voltage　点火极击穿电压
starter brush　起动机电刷
starter button　起动按钮，起动钮
starter cartridge　起爆器
starter cathode　起动阴极
starter clutch　起动机离合器
starter clutch spring　起动机离合弹簧
starter condenser　起动机电容器
starter conical wheel　起动机锥形轮，起动机伞齿轮
starter control system　起动操纵系统
starter driving gear　起动机驱动齿轮
starter formulas　初始值公式
starter gap　起动隙缝
starter gear　起动机齿轮，起动装置
starter gear housing　起动机齿轮壳体
starter-generator　发电机，起动机
starter main shaft bearing　起动机主轴轴承
starter main shaft gear　起动机主轴齿轮
starter motoring drive spring　起动马达传动器
starter mounting　起动机架
starter nozzle　起动机喷嘴
starter pedal　起动机踏板，起动踏板
starter pinion　起动机小齿轮
starter ring gear　其中机环齿轮
starter shaft　起动机轴
starter shift collar　起动机调挡油环
starter shift lever　起动机变速杆
starter shift spring　起动机移动叉弹簧
starter switch　起动[机]开关
starter switch push rod　起动机开关推杆
starter toothed wheel　起动机齿轮
starter voltage　起动装置电压，起动机电压
starting　(1)起动，开动，启动，发动，起始，开始，开端；(2)开车；(3)试运行，投产，开工；(4)加速，加快；(5)起初的，起始的，原始的，原来的
starting acceleration　起始加速器
starting air receiver (=SAR)　起动蓄气筒，起动空气筒
starting air valve　起动空气阀

starting amortisseur　起动阻尼绕组
starting and regulating resistance　起动调节电阻
starting anode　起动阳极
starting apparatus　起动装置
starting autotransformer　起动[用]自偶变压器，启动[用]自偶变压器
starting bar　起动[曲]柄
starting box　(起动用)电阻箱，起动箱
starting burner　起动喷嘴
starting cam　起动凸轮
starting chamber　起动室
starting characteristic　起动特性
starting-charge-only method　(区域熔炼)纯始料法
starting compensator (=stcp)　起动补偿器
starting compound　原料化合物，起始化合物
starting compressor　起动压缩机
starting conditions　起动条件
starting contact point　接触起点，啮合起点
starting contactor　起动接触器
starting crank　起动手柄，起动曲柄，摇把，摇柄
starting crank bearing　起动曲柄轴承
starting crank handle　起动手摇曲柄，起动曲柄摇手
starting crank jaw　起动曲柄爪，起动爪
starting crank pin　起动曲柄销
starting crank shaft　起动曲柄轴
starting current　起动电流
starting cycle　起动周期
starting device　起动装置
starting duty　起动功率
starting efficiency　起动效率
starting element　起动元件
starting engagement point　啮合起点
starting ejector　起动抽气机
starting equipment　起动装置
starting force　起动力
starting friction　起动摩擦
starting friction loss　起动摩擦损失
starting fuel　起动燃料
starting fuel supply　起动燃料供给
starting gear　(1)起动齿轮；(2)起动装置
starting gear shifting bolt　起动齿轮拔叉
starting grip voltage　起动栅压，着火栅压
starting-hand crank　起动摇把
starting hand crank　起动摇把
starting hand wheel　起动手轮
starting handle　起动手柄
starting hole　(切凿)开始孔
starting-ingot　始锭
starting jaw　起动爪
starting lever　起动杆
starting limit switch　起动限位开关
starting link　起步链节
starting load　起动载荷，起动负载，起动负荷
starting magneto　起动磁电机
starting material　起始物料，原[材]料
starting meshing point　啮合起点
starting method　起动方法
starting moment　(1)起动力矩，启动力矩，起动转矩，(2)起动时间
starting motor (=SM)　启动电动机，起动电动机，起动马达，起动机，发动机，起动器
starting nozzle　起动喷嘴
starting operation　起动操作
starting period　起动时间
starting-point　出发点，起点
starting point　起动点，出发点，起点，原点
starting point of contact　接触起点，啮合起点
starting point of meshing　啮合起点
starting point of single-tooth contact　内侧单齿啮合点，单齿啮合起点
starting position　起动位置，起始位置
starting position of cut　切削起动位置
starting power　起动功率
starting preheater　起动预热器
starting procedure　起动程序
starting resistance　起动阻力

starting resistor　起动变阻器

starting rheostat (=StR)　起动变阻器

starting rod　起动杆, 起动棒, 开关杆

starting sequence　起动顺序, 起动程序

starting sheet cell　{冶} 始极槽, 始板槽, 种板槽

starting shock　起动冲击, 起动振动

starting signal　开车信号, 起动信号

starting stop　起动档料装置

starting switch　起动开关

starting system　起动系统

starting taper　导锥

starting taper of reamer　铰刀导锥

starting technique　起动技术

starting test　起动试验

starting time　起动时间

starting time interval　起动时间间隔

starting torque　起动扭矩, 起动转矩, 起动力矩

starting tractive effort　起动牵引力

starting tractive force　起动牵引力

starting transformer　起动变压器

starting turbine　转动用蜗轮

starting unit　起动部件

starting up of speed　起动变加速器

starting value　初始值, 开始值, 初值

starting valve　起动阀

starting velocity　(1) 起始速度; (2) 起动速度

starting winding　起动绕组

starting work　起动工作

startover　起动

startup　起动, 开始

starvation　五极管在低宿栅压下的工作状态

startwheel mechanism　星形轮机构

starvation　(1) 缺乏, 不足; (2) 限制破碎机给料率

starve　使缺油而磨损, 使缺油而停车

starved joint　失效接缝

starved portion of cast with insufficient metal　{铸} 疏松 [缺陷]

stash　(1) 中断, 停止; (2) 隐藏, 贮存; (3) 贮存处, 隐藏处, 贮存物, 隐藏物

stasimetry　稠度测量法

stasis (复 stases)　[力的] 静态平衡, 停滞

stat　斯达 St (放射性强度单位, 等于 3.64x10⁻⁷ 居里)

stat-　(词头) 静 [电], 定

statampere　静电制电流单位, 静电安培 (1 静电安培 = 3.3356×10⁻¹⁰ 安培)

statcoulomb　静电制电量单位, 静电库仑 (1 静电库仑 = 3.3356×10⁻¹⁰ 库仑)

state　(1) 状态, 状况, 情况, 情形, 工况, 阶段, 位置, 性能, 水平; (2) 指定, 表明, 声称; (3) 控制, 权利; (4) 国家, 政府; (5) 身份, 资格, 地位; (6) 国家的, 国有的, 国营的, 正式的, 仪式的

state assignment　状态分布

state central institute of technology　国家中央技术研究所

state diagram　平衡图, 状态图

state documents　公文

state graph　状态图

state of acceleration　加速状态

state of action　发射状态

state of activation　火花状态, 激活状态

state of affairs　情况, 状态, 事态

state of aggregation　聚集状态, 凝聚状态

state of control　管理状态, 控制状态

state of cooling　冷却状态

state of cure　硫化状态

state of cyclic operation　循环操作工况, 循环运转工况

state of knowledge　知识状态

state of loading　负载状态

state of matter　物态

state of motion　运动特性, 运动状态

state of strain　应变状态

state of stress　应力状态

state-of-the-art (=SOA)　(1) 科学发展动态, 目前工艺水平, 目前工艺条件, 技术发展水平, 工艺现状, 工艺状况, 工艺水平; (2) 现代化的; (3) 非研究和发展阶段的, 非实验性的, 已知设备的

state of the art　(1) 科学发展动态, 目前工艺水平, 目前工艺条件, 技术发展水平, 工艺现状, 工艺状况, 工艺水平; (2) 现代化的; (3) 非研究和发展阶段的, 非实验性的, 已知设备的

state-of-the-art facility　现代化设备

state-owned　国营的, 国有的

state path　{计} 状态途径

state reduction　状态简化

state relation　国家关系

state-run　国营的

state-specified standards　国家规定的标准

state table　状态篇

state test　国家鉴定

state variable　状态变量

state verification　国家监定

stated　(1) 规定的, 确定的, 固定的, 一定的; 定期的; (2) 被宣称的; (3) 用代数式表示的, 用符号表示的

stated exceptions　被宣称的例外

stated meeting　例会

stated price　规定价格

stated-speed sign　限速标志

statement　(1) {计} 语句, 信息; (2) 陈述, 叙述, 说明 [书], 报告 [书]; (3) 原始语言单位; (4) 控制语言的单位; (5) 账目清单, 财务报表; (6) 命题, 论点

statement identifier　语句标识符

statement label　{计} 语句标号, 语句记录单

statement of accounts　账单

statement of expenses　费用清单

statement of problem　问题的提法

statement repertorire　语句库

statement separator　{计} 语句分隔符

stater　状态篇

statfared　静电法拉 (1 静电法拉 = 1.1126×10⁻¹² 法拉)

stathenry　静电亨利 (1 静电亨利 = 8.9876×10¹¹ 亨利)

stathm　千克

static(al)　(1) 静力的, 静态的, 静止的, 静电的, 静压的, 静位的, 静力的, 静的; (2) 不活泼的, 固定的, 不动的, 天电的; (3) 静止状态, 静电, 静力, 天电; (4) 静电干扰, 天电干扰

static angle of frication　静力摩擦角

static anode characteristic　静态阳极特性曲线

static anode current　静态阳极电流

static balance　静力平衡, 静态平衡, 静平衡

static-balanced surface　静力平衡面

static balancer　交流平衡器

static calibration　静力校准

static carrying capacity　静载能力, 静负载容量

static characteristic(s)　静态特性

static characteristic curve　静态特性曲线

static check　静态校验, 静态检查

static checkout unit (=SCU)　静态检验装置

static condenser　静电电容器

static conditions　静力条件

static control　静态控制, 静定调节, 定位控制

static coupling　固定指令

static deflection　(1) 静载扰区, 静载变形, 静扰曲; (2) 电场偏转

static deflection test　静力扰曲试验

static direct reactance　静态交轴电抗

static discharge　静电放电

static draft head　静吸出水头

static effect　静电效应

static electrical parameter　静态电参数

static electricity　静电 [学]

static eliminator　天电干扰消除器, 天电干扰限制器, 静噪装置

static energy　静位能, 静势能

static equilibrium　静力平衡, 静态平衡, 静平衡

static equilibrium test　静平衡试验

static equivalent axial load　当量轴向静负荷

static equivalent load　当量静负荷

static equivalent radial load　当量径向静负荷

static equivalent thrust load　当量推力静负荷

static fire controller (=SFC)　固定的射击指挥器, 静止的射击指挥器, 静态点火控制器

static flip-flop　静态触发器

static-free　不受天电干扰的, 不受大气干扰的, 无静电干扰的, 无天电干扰的

static frequency changer　静止式变频器

static friction　静摩擦

static friction force　静摩擦力
static friction torque　静摩擦力
static gain　静态增益
static generator　静电发生器
static grid characteristic　静态栅极特性曲线
static hazard　静态冒险
static head　静水头,静压头,静落差
static impedance　静态阻抗
static indentation test　球印硬度试验
static induction　静电感应
static interference　静电干扰
static inverter　静变流器
static-lens　静电透镜
static level　大气干扰电平,天电干扰电平,静电级,天电级
static line　固定开伞索
static load　静态负载,静负载,静负荷,静载荷,静荷载,恒载
static load coefficient　静载系数,静负荷系数
static load rating　额定静载荷
static logic　静态逻辑
static machine　静电起电机
static memory　静态存储装置,静态存储器
static metal oxide semiconductor circuit　静态金属氧化物半导体电路
static model　静态模型
static moment　静力矩
static MOS inverter 静态金属氧化物半导体反相器 (MOS=metal-oxide-semiconductor　金属氧化物半导体)
static O-ring seal　(轴承)O 型环静密封
static parameter　静态参量
static-plate manometer　膜片式静压计
static pressure (=SP)　静态压力,静压力,静压
static pressure bearing　静压轴承
static-pressure tube　静压管
static quadrature reactance　静态正交电抗
static quadrature transient reactance　静态正交瞬变电抗
static radial load　径向静负荷
static regulator　静态调节器
static resistance　静态阻力
static response　静态响应
static screen　静电屏
static sensitivity　静态灵敏度
static shift register (=SSR)　静态移位寄存器
static stability　静态稳定性,静态稳定
static stiffness　静刚性
static storage　静态存储装置,静态存储器
static strength　静态强度,静压强度,静压强
static strength test　静态强度试验
static stress　静应力
static subroutine　静态子程序
static suction head　静吸入水头
static suppress　天电干扰抑制器
static switching　静态转换
static test　静态试验
static test stand　静态试验台
static thrust (=ST)　静推力
static torque　静扭力
static trial　静力试验
static tube　静压管
static unbalance　静力不平衡
static vibration　静态振动
static viscosity　静态粘度,静力粘度
static voltage detector　静电验电器
statical　静力的,静电的
statical equilibrium　静力平衡
statical friction　静摩擦
statical stability　静态稳定性,静力稳定性
statical stress　静应力
statical unstability　静不稳定性
statical determinate structure　静定结构
statically　静止地,静态地
statically balanced　静平衡的
statically determinate　静定的
statically indeterminate　静不定的,超静定的
staticisor (= staticizer, staticiser)　(1) 静态装置,静化器；(2) 串-并行转换器

1346

staticize　(1) 静化(串-并行数据转换)；(2) 读 [译] 指令
staticizer　(1) 静态装置,静化器；(2) 串-并行转换器
staticless　无静电干扰的
staticon　光导电视摄影机(商名),视像管,静像管
staticon tube　静像管
statics　(1) 静力学；(2) 静电干扰,天电干扰,大气干扰；(3) 静止状态,静态
statics in mechanism　(1) 机械静力学；(2) 机构静力学
statics of fluid　流体静力学
statiflux　静电探伤法
station (=STA)　(1) 科学考察站,电站,车站,站；(2) 操作台,操作盘,广播台,电台；(3) 局,厂,所；(4) 位置,(自动线)工位,地点,场所；(5) 配置,安置；(6) 岗位；(7) 测量点
station break (=SB)　电台间断
station capacity　发电厂容量,发电站容量
station communication system　站内电话
station dialing system　电台拨号系统
station drilling machine　连续自动钻床,程序自动钻床
station equipment　站内设备
station load factor　发电厂负载因数,发电站负载系数,发电站负载因素
station location marker　(电台)位置标识,台标
station master　站长
station meter　标准量具,基准仪,基准尺
station plant factor　发电站 [设备] 利用率
station pointer　三角分度规,三杆分度仪,示点器
station points　(测量)三角点,测点
station selector　选台器
station service　厂用电
station service electrical system　厂用电系统
station service power consumption rate　厂用电率
station time　合理停车时间,停留时间,固定时间
station waggon　(1) 客货两用汽车,旅行汽车,小型客车；(2) 厢式车身
stationarity　固定性,平稳性
stationarity indices　不动指标,定性指标
stationary (=sta)　(1) 固定性,稳定性；(2) 静止的,静态的,平稳的,定常的,驻的；(3) 不动的,不变的；(4) 稳态的
stationary axis　固定轴
stationary breaker contact　固定断电器触点,固定触点
stationary center　固定顶尖,稳定顶心,死顶尖,死顶心
stationary crane　固定式起重机
stationary electrode　静止电极
stationary engine　固定式发动机
stationary field　恒定场,稳定场,驻波场
stationary field coil clutch　恒定场线圈型离合器
stationary field magnetic clutch (=SFM clutch)　恒定场磁性离合器
stationary fit　静配合,紧配合
stationary fixture　固定夹具
stationary flow　稳态流,稳定流
stationary hysteresis　稳态滞后现象,静态滞后现象
stationary induction apparatus　静态感应器,静止感应器
stationary lip　固定颚板
stationary load　方向不变负荷
stationary machine　定置机
stationary motion　常定运动
stationary particle　静粒子,驻粒子
stationary pawl　固定 [棘轮] 爪
stationary point　平稳点
stationary process　平稳过程
stationary radiant　不动辐射点
stationary random process　平稳随机过程
stationary ratchet train　固定棘轮系,棘轮挚子
stationary seal with pressure on inside of face　带定压弹簧与动球座的断面型机械密封装置
stationary shaft　固定轴
stationary shaft factor　(轴承)固定轴计算系数
stationary state　固定状态,静止状态,稳态
stationary steady　固定刀架
stationary stop　固定止块
stationary tailstock center　固定尾座顶尖
stationary tank　液态气体贮槽,贮液槽
stationary temperature　恒定的温度
stationary vibration　稳定振荡
stationary wave　驻波,定波
stationary welding machine　固定焊机

stationery 文具用品

statism 控制误差

statist 统计学家, 统计员

statistic (1) 样本统计量, 样本函数；(2) 统计表中的一项

statistical 统计学的, 统计上的

statistical chain 统计链

statistical chart 统计表

statistical correlation 统计相关

statistical data 统计资料, 统计数据

statistical dependence 统计相关

statistical error 统计误差

statistical estimated value 统计性估计值

statistical figures 统计数字

statistical forecast 统计预报

statistical frequency 统计频率

statistical graphs 统计图

statistical inference 统计推断

statistical level distribution 统计电平分布

statistical mechanism 统计力学

statistical method 统计法, 平均法

statistical method of least squares 最小二乘方 [统计] 法

statistical parameter 统计参数, 常规数

statistical pattern recognition 统计模式识别

statistical probability 统计概率

statistical quality control (=SQC) 统计质量控制

statistical table 统计表

statistical test 统计检验

statistical uncertainty 统计误差

statistician 统计学家, 统计员

statistico-thermodynamic analysis 统计热力学分析

statistics (1)统计学；(2)统计法；(3)统计表；(4)单项数据, 统计数据, 统计资料；(5) 样本

statitron (1)静电型高电压发生装置, 静电型高压发生器, 静电发电机；(2) 充压型静电加速器, 静电加速器, 静电振荡器, 静电发生器

statmho 静 [电] 姆 [欧] (1 静电姆欧 = 1.1126×10^{-12} 姆欧)

stato- (词头)静 [电], 定

statocone 平衡锥

statocyst 平衡囊

statohm 静电欧姆 (1 静电欧姆 = 8.9876×1011 欧姆)

statokinetic (1) 平衡运动的；(2) 平衡姿态

statometer 静电荷计

stator (1)静定子, 固定子, 定子, 定轮, 静子, 定片, 静片；(2) 固定片, 定片；(3) (汽轮机) 汽缸, 机体；(4) 导叶

stator ampere-turn 定子安匝 [数]

stator blade 导向器叶片, 定子叶片, 静叶片, 导气片

stator case 定子壳体

stator coil 定子线圈

stator core 定子铁芯

stator current 定子电流

stator feed type shunt motor 定子馈式并激电动机

stator input 定子输入

stator of condenser 电容器的定片

stator vane 定子叶片, 静叶片

stator winding 定子绕组

statoreceptor 平衡感受器, 位觉感受器

statoscope (1)自记微气压计, 微动气压计, 灵敏气压计；(2)灵敏高度表, 高差计；(3) (航空用) 升降计

stattesla 静 [电制] 特斯拉

statunits 厘米 - 克 - 秒制单位, CGS 静电制单位

status 情况, 状况, 状态, 本性, 地位, 资格, 身份

status monitoring routine (=SMR) 状态监控程序

status switching instrument 状态开关指令

status word 状态字

statutable 法定的, 法规的, 规定的

statutably 按章程规定, 按法律规定

statute (1) 法令, 法规；(2) 章程, 规定, 规则, 条例

statute law 成文法

statute mile (=SM) 法定英里 (=5280 英尺)

statutebook 法令汇编, 法令全书

statutes at large 一般法规, 法令全书, 全文法令集

statutory 法规的, 法定的, 规定的, 法令的

statutory formula 法定公式

statvolt 静电位单位, 静电势单位, 静电伏特 (1 静电伏特 = 299.796 伏)

stauffer lubricator (1) 油脂杯润滑器；(2) 牛油杯润滑器

stauroscope 十字镜 (检查结晶的消光方位的偏光镜)

stave (1) 凹形长板, 狭板, 侧板, 桶板, 板条, 栅板；(2) [车] 辐, 棒, 棍；(3) 梯级 [横木]；(4) (声纳换能器的) 纵向元件

stave construction [芯盒] 环状板条结构

stave in 凿孔, 穿孔, 凿穿, 打扁

stave off 避免, 阻碍, 阻止, 挡开, 拖延, 延缓

stave sheet 储罐竖立板, 储罐壁板

stay (1) 支撑, 支承, 支柱, 支索, 牵索, 牵杆, 撑条, 拉条, 牵条；(2) [杆] 拉线, 拉索, 拉杆；(3) 使刚性结合, 固定；(4) 停留, 逗留, 停止, 中止, 暂停, 停机；(5) 持续, 持久, 支持, 维持, 坚持, 耐力；(6) 防止, 阻止, 制止, 抑制, 延缓, 延期

stay alloy 含铜钛压铸合金

stay bar 撑杆

stay bearing 支撑

stay block 拉线桩

stay-bolt 撑螺栓

stay bolt 支撑螺栓, 拉杆螺栓, 锚栓

stay bolt tap 撑螺栓丝锥

stay constant 保持不变

stay for cage 保持架定距支撑

stay hook 拉线钩, 撑钩

stay insulator 接线绝缘子, 拉线隔电子

stay pile 支承桩

stay pipe 支撑管, 支持管

stay plate 撑板, 垫板, 座板, 缀板

stay-pole 撑杆

stay pole 终端杆

stay ring (水轮机) 座环

stay rod 拉线杆, 拉线桩, 终端杆, 撑杆, 缀条

stay rope 锚索, 拉索

stay shut 继续关闭

stay tap 铰孔攻丝复合刀具

stay thimble 拉线穿线环, 终端环

stay tube 撑管

stay vane 固定导叶

stay wire 系紧线

staybolt 撑螺杆

Staybrite 斯特布赖特镍不锈钢, 镍铬耐蚀可锻钢

stayed girder 支承 [大] 梁

stayed pole 牵拉杆

stayed tower 拉线式铁塔

stayer 支撑物, 阻止物

stayguy 拉线

staying (1)拉 [线], 撑 [法]；(2)刚性结合, 刚性连接；(3)紧固, 固定, 加劲

staying power 持久力, 耐久性

staying qualities 持久性, 强度

staysail 支帆索

stead (1) 代替, 替代；(2) 有帮助, 用处, 好处, 有用

steadfast 不动摇的, 固定的, 坚定的, 不变的

steadier 支架, 支座, 底座

steadily (1) 稳定地, 稳固地, 平稳地；(2) 不断地, 一直是, 总是

steadily convergent series 固敛级数

steadily loaded plain bearing 静载滑动轴承

steadiness (1)稳定性, 稳固性, 均匀性, 不变性, 稳定度；(2)定常, 平衡；(3) 常定度

steadiness parameter 稳定参数

steadite 磷化物共晶体, 斯氏体 (高磷生铁中的磷共晶体)

steady (1)固定 (小)支架；(2)稳固的, 稳定的, 稳恒的, 恒定的, 坚定的, 坚定的, 不变的, 扎实的, 牢靠的；(3)稳态的, 平稳的, 平衡的, 均匀的, 定常的；(4) 始终如一的, 不间断的, 持续的, 连续的, 经常的；(5) 使稳定, 使坚固

steady acceleration 等加速度

steady arm (1) 钻杆定位器；(2) 定位器销；(3) 支持杆

steady center rest 固定中心架

steady column 后立柱

steady component 稳恒分量

steady creep 等速蠕变率

steady current 稳恒电流

steady-flow 稳流

steady flow 稳定流动, 定型流, 恒态流, 稳流

steady flow turbine 稳流式涡轮机

steady-going 稳定的, 不变的, 镇定的

steady gradient 连续坡度, 均坡

steady load　稳定载荷, 稳定负荷, 稳恒负载
steady motion　稳定运动
steady pin　定位锁, 锁紧锁, 固定销
steady pull　稳恒拉力
steady resistance　镇流电阻, 稳流电阻, 平衡电阻
steady rest　固定中心架
steady rolling conditions　稳定滚动条件
steady rotation　定常旋转, 稳定旋转, 等角速度转动
steady run　(1) 平稳运转, 稳定运行, (2) 稳定工况
steady running　稳定转动
steady seepage　等量渗透
steady speed　稳定速度, 均衡速度
steady stability　静态稳定性
steady-state　稳定的, 稳态的
steady state (=S-S)　稳定状态, 稳态
steady-state characteristic　稳态特性
steady-state creep　稳态蠕变
steady-state distribution　稳态分布
steady-state equation　稳态方程
steady-state gain　稳态增益
steady-state optimization　稳态最佳化
steady-state performance　稳定工况性能
steady-state reactance　稳态电抗
steady-state temperature　稳态温度
steady-state vibration　稳态振动, 定常振动, 定常颤振
steady stress　静应力
steady work　扎实的工作
steady working condition　稳定工况
steadying device　(1) 制动装置, (2) 缓冲装置
steadying effect　旋转质量惯性, 飞轮效应
stealer　合并列板
steam (=ST)　(1) 汽, [水] 蒸汽；(2) 蒸发；(3) 以蒸汽发动, 用
　蒸汽开动
steam-accumulator　蓄汽器
steam accumulator　蒸汽蓄积器, 蓄汽器
steam-agitated autoclave　蒸汽搅拌高压釜
steam air-heater　蒸汽热风机
steam autoclave　蒸汽压力罐
steam automizer　蒸汽喷油器
steam automobile　蒸汽汽车
steam-bath　(1) 蒸汽浴；(2) 蒸汽浴器
steam blast　蒸汽喷净法
steam blower　蒸汽喷雾机, 蒸汽鼓风机
steam boiler　蒸汽锅炉, 汽锅
steam box　蒸汽箱, 蒸汽器, 汽柜
steam brake　蒸汽制动器, 汽闸
steam bronze　汽闸青铜
steam-bubbling　蒸汽加热搅拌 [的]
steam bubbling type autoclave　蒸汽鼓泡搅拌式高压釜
steam calorifier　蒸汽加热器
steam calorimeter　蒸汽量热器, 蒸汽热量计
steam chamber　蒸汽养护室, 汽室
steam chest　(1) 蒸汽室；(2) 汽柜
steam coal　蒸汽锅炉用煤
steam-coil　蒸汽旋管
steam-coil-heater car　蒸汽盘管加热槽车
steam condenser　凝汽器
steam consumption　蒸汽消耗量
steam-cooked　蒸煮的
steam crane　蒸汽起重机, 汽力起重机, 蒸汽吊车
steam-cured　蒸汽养护的
steam digger　蒸汽单斗挖土机, 汽力掘岩机, 蒸汽挖掘机
steam discharge pipe　排汽管
steam dispersion mixer　蒸汽喷布拌和机
steam dome　蒸汽室
steam dredger　蒸汽挖泥机
steam drive　蒸汽驱动
steam-driven　蒸汽带动的, 汽动的
steam driven lift　蒸汽升降机
steam driven pumping system　蒸汽燃气涡轮泵式 [燃料] 输送系统
steam-driven riveting machine　蒸汽铆机
steam dryer　蒸汽干燥器
steam electric generating station　蒸汽发电站, 蒸汽发电厂
steam-engine　蒸汽机

steam engine　蒸汽机
steam fitter　汽管装配工
steam flow recorder　蒸汽流量记录器
steam-gas　过热蒸汽
steam gauge　蒸汽压力计, 汽压表, 汽压计
steam generator　蒸汽发生器
steam hammer　蒸汽锤
steam hauler　蒸汽吊机
steam heat　汽热
steam-heated　蒸汽加热的
steam heated driver　蒸汽加热式干燥器
steam heater　蒸汽加热器, 汽热机
steam heating with mechanical circulation　机械循环式蒸汽供暖
steam hose　蒸汽软管
steam hydraulic press　蒸汽液压机
steam hydraulic shears　蒸汽液压剪切机
steam-in　蒸汽入口
steam-jecket　蒸汽套管, 汽套
steam jacket　蒸汽套管, 汽套
steam-jecketed　汽套的
steam-jet　蒸汽喷射
steam jet　喷汽器
steam-jet cycle　蒸汽喷射循环
steam-jet pump　蒸汽喷射泵
steam jet vacuum pump　蒸汽喷射真空泵
steam lap　进汽余面
steam locomotive　蒸汽机车
steam motor car　蒸汽车
steam navvy　蒸汽单斗挖土机, 蒸汽挖掘机, 汽力凿岩机
steam nozzle　蒸汽喷嘴
steam-operated　蒸汽发动的, 蒸汽开动的, 汽动的
steam-oxidized　气流氧化的
steam packing　汽密
steam passage drain　汽路排水孔
steam pile driver　汽力打桩机
steam pipe　蒸汽管
steam pipe line　蒸汽管线
steam plant　蒸汽动力装置, 蒸汽厂, 汽力厂
steam ports　汽口
steam-power　蒸汽动力
steam power　蒸汽动力
steam power plant　火力发电厂, 热电厂
steam power station　火力发电站, 热电站
steam pressure　蒸汽压, 汽压 [力]
steam pressure ga(u)ge　汽压计
steam puffer　蒸汽喷射烫衣机
steam pump　蒸汽泵
steam raising unit (=SRU)　蒸发器
steam ram　蒸汽锤体
steam rate　耗汽率
steam reheater　蒸汽再热器
steam receiver　储汽室
steam reciprocating engine　往复式蒸气机
steam roller　蒸汽压路机
steam-sealed　蒸汽密封的
steam separator　蒸汽分离器
steam-seasoned　蒸过的
steam shovel　蒸汽单斗挖土机, 蒸汽挖土机, 蒸汽挖掘机, 汽力凿岩机,
　蒸汽铲, 汽力铲
steam siren　蒸汽报警器
steam slewing crane　蒸汽旋臂起重机
steam stamp　蒸汽捣碎机
steam-smothering　蒸汽灭火
steam stripping　汽提
steam-tight　蒸汽密封的, 不漏蒸汽的, 汽密的
steam tight　蒸汽密封, 汽密
steam tractor　蒸汽拖拉机
steam-tube drier　蒸汽管干燥器
steam turbine　蒸汽透平, 蒸汽轮机, 透平机, 汽轮机
steam-turbine-driven　蒸汽轮机带动的
steam-turbine electric locomotive　蒸汽透平电力机车
steam turbine plant　蒸汽涡轮机厂
steam turbo-generator　汽轮发电机
steam-type cultivator　蒸汽式中耕机

steam under pressure 加压蒸汽
steam valve 蒸汽阀
steam vulcanizer 蒸汽补胎机
steam whistle 汽笛
steam winch 蒸汽起货机, 蒸汽绞车
steamalloy 铜镍基合金
steamboat 轮船, 汽船
steamboiler 蒸汽锅炉, 汽锅
steamer (=str) (1)用蒸汽移动的设备, 轮船, 汽船; (2)蒸汽发生器, 锅炉, 汽锅, 蒸锅; (3)汽蒸器, 蒸煮器; (4)蒸汽车, 蒸汽机; (5)蒸汽泵救火车
steaminess 多蒸汽, 冒蒸汽, 汽状
steaming (1)蒸汽加热, 蒸汽处理, 通入蒸汽, 蒸热; (2)蒸汽干材法
steaming apparatus 汽蒸仪器
steaming chamber 蒸汽室
steaming of wood 木材蒸干
steaming-out 吹汽
steaming process 汽蒸法
steamroll (1)用压路机碾压; (2)用高压粉碎
steamroller (1)蒸汽压路机, 汽辗; (2)用高压手段
steamship (=SS) 蒸汽机船, 轮船, 汽船
steamtight 汽密的
steamtightness 汽密性
stechiometric 化学计算的, 化学当量的
stechiometry (1)化学计算法; (2)化学计量学
stecometer 自动记录立体量测仪, 自动记录立体坐标仪
steel (=STL) (1)钢制品, 钢铁, 钢块, 钢筋; (2)炼钢工业; (3)钢铁业的, 钢制的, 坚硬的; (4)用钢焊上, 使钢化, 包钢
steel-and-reinforced concrete construction 钢结构和钢筋混凝土混合结构
steel angle 角钢
steel area 钢筋截面积
steel area ration 钢面积比
steel-backed (轴瓦, 轴套等)钢背的
steel-backed bearing 钢背轴承
steel baling strap 打包铁皮
steel ball 钢球, 钢珠
steel ball grinding machine 钢球磨床
steel ball indent 钢球痕
steel ball lapping machine 钢球研磨机
steel band 钢带
steel-band tape 钢卷尺
steel bar 钢条, 钢筋
steel bean trammel 钢杆规
steel belt 钢带
steel belt lacing 钢带接头
steel bender (1)弯钢筋工具, 弯钢筋机; (2)钢筋工
steel billet 条材钢料, 坯段钢
steel bloom [大]钢坯, 钢锭, 钢块
steel boiler plate 锅炉钢板
steel bond 铁粉结合剂
steel box car 钢栅车
steel brush 钢丝刷
steel cable 钢缆绳, 钢丝索
steel casting (=SC) 钢铸件, 铸钢
steel casting foundry 铸钢厂
steel-clad 包钢的, 铁甲的, 装甲的
steel clad wire rope 包钢钢丝绳
steel complex 钢铁联合企业
steel conduit 布线钢管
steel construction 钢结构
steel-cored 钢芯的
steel-cored aluminium cable 钢芯铝绞线
steel emery 钢砂
steel engraving 钢板雕刻, 钢板印刷, 钢凹版
steel feed 钢坯
steel figure 钢字码
steel file 钢锉
steel fixer 钢筋工
steel forging(s) 钢锻件, 钢锻品
steel foundry 铸工车间, 铸钢车间
steel frame 钢架
steel-framed 钢架的
steel framed 钢质框架的, 钢架的

steel framed structure 钢架结构
steel girder 钢梁
steel grade 钢品位, 钢号
steel grey 青灰色
steel grid 钢筋网格
steel grinding ball 球磨钢球
steel grit 粗钢砂
steel hoop 钢箍, 环箍
steel I-beam 工字钢梁
steel industry 钢铁工业
steel ingot 钢锭
steel jack 钢制螺旋矿用立柱
steel ladle 钢水包
steel-lined 衬钢的
steel liner 钢衬
steel link conveyor 钢质链板运输机
steel magnet 磁钢
steel-maker 炼钢工[人]
steel-making 炼钢
steel mesh reinforcement 网状钢筋
steel mill (1)轧钢机; (2)炼钢车间, 轧钢厂, 炼钢厂
steel pig 炼钢生铁
steel pipe 钢管
steel plate 钢板
steel plate conveyor 钢板运输机
steel plate gage 钢板厚度规
steel-plated 包钢[板]的
steel protractor 钢制分度器, 钢制量角器
steel race type bearing 钢丝滚道式滚动轴承
steel rail 钢轨
steel rim 钢轨钢
steel roller 钢辊
steel rope 钢索
steel rule 钢尺
steel ruler 钢尺
steel scrap 废钢
steel-seal type cell 铁皮封闭式电池
steel sections 型钢
steel sets 矿用钢制支架
steel-setted 金盾户支架支护的
steel shapes 型钢
steel sheet 薄钢板, 钢皮
steel sheet panel 钢镶合板
steel-shod 装有金属箍头的, 底部包钢皮的, 装有钢靴的
steel shot drill 钻粒式钻机
steel slab 钢板料
steel sleeve 钢衬垫
steel socket 钢套节
steel spoke wheel 钢制辐轮, 钢辐轮
steel spring 钢簧
steel square 钢角尺
steel strip 带钢
steel-tank mercury-arc rectifier 铁壳汞弧整流器
steel tape (1)钢卷尺; (2)钢带
steel taper ring 雏形钢环
steel thimble 钢套管
steel tower (架高压线用的)铁塔
steel tube 钢管
steel tube armour 钢管铠装
steel-wire 钢丝
steel wire armoured cable 钢线铠装电缆
steel wire gauge (=SWG) 钢丝线规
steel wire rope 钢丝绳, 钢丝索
steel wool 钢丝绒
steel-worker 炼钢工人
steel works 炼钢厂
steelification 炼钢
steelify 把铁炼成钢的
steeliness 钢铁般, 钢状
steeling (1)用钢作刀口, 包钢; (2)镀铁; (3)钢化作用
steelmaker 钢铁制造厂
steelmaking 炼钢
Steelmet 铁系烧结机械零件合金
steelwork (1)钢铁工程, 钢制品, 钢制件, 钢结构, 钢架; (2)钢制构件,

钢制品；(3)（复）炼钢厂
steelworker　钢铁工人，炼钢工人
steely　钢铁般的，钢制的，钢包的，含钢的
steely iron　炼钢用铁
steelyard　(1)杆秤，吊秤，提秤，秤；(2)保险阀杠杆
steelyard balance　杆秤
steep　(1)急剧升降的，陡的，斜的；(2)浸渍，浸湿，浸染，浸，泡；(3)浸渍液；(4)大锥度；(5)包复，笼罩，遍及，充满；(6)难以接受的，不合理的，过分的
steep-angle bearing　大锥角圆锥滚子轴承
steep curve　锐曲线，陡曲线
steep demand　不合理要求，过高要求
steep-dipping　急倾斜
steep-dive bombing　垂直俯冲轰炸
steep grade　陡坡
steep leading edge　(1)（凸轮）陡上升面；(2)陡前沿
steep pitch　[螺纹]大节距
steep pulse　陡前沿脉冲
steep rise　陡峭前沿，急剧上升，激增
steep trailing edge　(1)（凸轮）陡上升面；(2)陡后沿
steepen　变陡峭
steeper　(1)浸渍[容]器；(2)浸渍者；(3)较陡的
steepest ascent　最速上升
steepest descent　最速下降
steeping　浸渍
steeping press　浸压机
steeple　尖塔，尖顶
steeple-crowned　尖塔形的
steeple head rivet　尖头铆钉
steepled　装有尖顶的，尖塔形的
steeplifting　垂直上升
steeply graded pipeline　大倾角导管
steepness　(1)陡坡，斜度，坡度，斜率；(2)互导
steepness of pulse edge　脉冲边缘坡度
steer　(1)操纵，驾驶，控制，掌舵；(2)驾驶指令，驾驶设备，定向装置；(3)调整，指向，取向，引入，导引，指导，引导
steer a steady course　稳步前进
steer axle　转向轴
steer clear of　脱离，避开，绕开
steer down　下潜，下降，下沉
steerability　可驾驶性，可操纵性，可控[制]性
steerable　可驾驶的，可操作的，可操纵的，可控[制]的，可调的
steerable antenna　可控天线
steerable balloon　飞艇
steerable landing gear　操纵起落传动装置
steerable wheel　转向轮
steerage　(1)掌舵，驾驶，操纵，领导；(2)舵[的]效[力]，舵能，(3)驾驶设备，(4)一系列操作；(5)军舰低级军官舱，低级客舱，次等舱，三等舱，统舱
steerageway　舵效航速，舵效速率（使舵生效的最低速度）
steered coupling　转向联轴节
steered narrow beam system　受控狭束系统
steering　(1)驾驶，操纵，控制，掌舵，操舵，(2)转向，导向；(3)转向机构；(4)校正航向，调整；(5)操舵效应；(6)指导，引导，领导
steering-actuation cylinder　转向助力缸
steering apparatus　转向装置，转向机构
steering arm　转向臂
steering arm ball　转向臂球
steering arm shaft　转向臂轴
steering axle　转向轴
steering ball　转向球
steering box　转向器体，转向机构箱
steering brake　转向制动器
steering cam　转向器凸轮
steering clutch　转向离合器
steering clutch brake　转向离合器制动器
steering clutch control butt　转向离合器杠杆挡块
steering clutch control lever　转向离合器操纵杆
steering clutch driven disk　转向离合器从动片
steering clutch driving drum　转向离合器主动片
steering clutch housing　转向离合器壳体
steering clutch push rod arm　转向离合器推杆臂
steering clutch release fork　转向离合器分离叉
steering clutch release ring　转向离合器分离推力环

steering clutch release rocking lever　转向离合器分离摇臂
steering clutch-release yoke　（履带式车辆）转向离合器分离叉
steering clutch shaft　（履带式车辆）转向离合器轴
steering clutch spring　转向离合器弹簧
steering clutch throwout mechanism　转向离合器分离机构
steering column　转向轴护管，转向盘轴，转向柱
steering column selector　装在转向柱上的选速杆，装在转向柱上的变速杆
steering computer　驾驶用计算机，操纵用计算机
steering connecting rod　转向直拉杆，转向联杆
steering controls　转向机构
steering cross rod　转向横拉杆
steering damper　转向机构减振器
steering damper assembly　转向机构减振器总成
steering device　操纵装置
steering differential　转向差速器
steering diode　控向二极管
steering drag link　转向拉杆
steering drag rod　转向拉杆
steering drive axle　转向传动轴
steering-engine　转向舵机
steering engine　转向舵机，舵机
steering gate　{计}导流门
steering-gear　(1)齿轮机构，转向机构，转向装置，转向器；(2)舵转向装置，操舵装置，操纵装置，舵机
steering gear　(1)齿轮机构，转向装置，转向机构，转向器；(2)转向齿轮，(3)舵转向装置，舵机
steering gear arm　转向装置臂
steering-gear case　转向器壳体
steering gear compartment　（船舶）舵机舱
steering gear ratio　转向齿轮齿数比，转向齿轮速比，转向机构传动比
steering gear room　（船舶）舵机舱
steering gear room ventilation fan　舵机舱通风机
steering gear tube cam　转向装置蜗杆凸轮
steering head lock　转向头保险
steering-hold　操纵姿势，驾驶姿势
steering indicator　方向指示器
steering journal　转向轴颈
steering knuckle　转向关节，转向节
steering knuckle bush　转向主销轴套
steering knuckle spindle　转向节上的轮毂轴
steering lever　转向杆
steering lever arm　转向杆臂
steering linkage　(1)转向杆系；(2)（履带式车辆）转向离合器控制杆系
steering lock　转向极限角限止器，转向
steering order　控制指令，转向指令
steering pillar　转向柱
steering pivot　转向枢轴，转向支枢
steering planetary　行星转向机构
steering post　转向柱
steering post column　转向柱
steering program　导引程序，执行程序
steering rack　转向齿条
steering range　转向轮转向角度范围
steering rod　转向操纵杆，转向杆，舵杆
steering routine　操纵程序，导引程序
steering runner　转向滑橇
steering screw　转向烟杆
steering sector machine　转向齿扇插齿机
steering segment　转向齿扇
steering shaft　转向轴
steering shaft worm　转向轴蜗杆
steering shock eliminator　转向机构减振器
steering spindle　转向节指轴
steering stabilizer　转向稳定器
steering stand　操舵台
steering stop　转向机构转向角限位器
steering stub　转向主销
steering swivel　转向节
steering system　转向系统
steering test　操舵试验
steering tube　转向管
steering-wheel　(1)方向盘，转向盘，驾驶盘；(2)驾驶轮，转向轮，舵轮

steering wheel　(1) 方向盘, 转向盘, 驾驶盘; (2) 驾驶轮, 转向轮, 舵轮
steering worm　转向蜗杆
steering worm bearing　转向蜗杆轴承
steering worm shaft　转向蜗杆轴
steering yoke　转向节叉
steersman　驾驶员, 舵手
steersmanship　操舵技能, 操纵术, 驾驶术
steeve　(1) 起重桅, 吊杆; (2) 船首斜桁仰角; (3) 用起重桅装货, 使倾斜
steganogram　密码
stellar　(1) 星球的, 星体的, 星形的, 恒星的, 天体的; (2) 主要的, 显著的
stellar camera　太阳摄影机
stellar inertial bombing system(=SIBS)　天文惯性轰炸系统, 恒星惯性轰炸系统
stellar inertial guidance system (=SIGS)　天体惯性制导系统
stellar interferometer　测星干涉仪, 星体干涉仪
stellar parallax　恒星视差
stellar photometry　星体光度学
stellarator　仿星器 (八字环管形等离子流箍缩发生器)
Stellite　斯特来特硬质合金, 钨铬钴硬质合金钢 (钴 75-90%, 铬 10-25%, 少量钨, 铁)
Stellite carbon　钨铬钴合金碳
Stelometer　斯坦洛式束纤维强力测试仪
Stelvetite　包聚氯乙烯层钢板商名
stem　(1) 柄, 把, 杆, 棒, 柱; (2) D 形盒支座, (千分尺) 套筒, (温度计) 枢轴, (表的) 轩柄, (电子管) 心柱, (晶体管) 管座, 管脚, 轴; (3) 排气管, 抽气管; (4) 整体钻杆; (5) 短联结零件; (6) 船头部, 船头材, 船首柱, 船尾柱, 船头, 船首, 头部; (7) 吸盘
stem chaplet　单面芯撑, 单头芯撑
stem checker　管芯检验器
stem control　杆式控制
stem correction　汞柱改正
stem guide　(1) 柄的导承; (2) 导管
stem lead　(晶体管) 底座引线
stem of stamp　冲杆
stem-pressing　模压
stem radiation　靶径辐射
stem seal　[活塞] 杆密封, 芯轴密封
stem section　心柱断面, 梁腹断面
stem type gear　带柄齿轮
stem-winding　第一流的, 极强的, 极好的, 最好的
stemhead　船首柱的顶部
stemmed　装有柄的
stemmer　(1) 导火线留孔针, 塞药棒, 炮辊; (2) 水果去茎机
stemming　炮眼封泥, 堵塞物, 填塞物
sten gun　司登冲锋枪
stencil　(1) 模绘板; (2) 镂花模版, 空格样板, 漏字板; (3) 型板; (4) 用模版印刷, 型版喷刷; (5) 模版印刷用的颜料、油墨、金粉; (6) 刻在模版上的图案, 用模版印刷的图文
stencil duplicate　蜡纸油印复制
stencil-plate　[镂花] 模版, 型版
stenode　(1) 斯泰因诺德 (一种超外差接收机); (2) 晶体滤波的中频放大器
stenode radiostat　(在中频放大器中装有晶体滤波器装置的) 超外差收音机
stenograph　(1) 速记文字; (2) 速记机, 速记打字机
stenter　(1) 展幅机, 拉幅机; (2) 伸展, 展幅
stentering machine　展幅机, 拉幅机
stentorphone　大功率扩声器, 强力扩声器
step　(1) 步, 级, 阶段; (2) 步调, 步骤; (3) 踏板, 踏步; (4) 传动比级; (5) 间距, 节距, 跨距; (6) (轴承) 锁口凸台, 轴瓦; (7) 行程
step-and-repeat camera　分步重复照相机
step and step　步进式
step annealing　逐步冷却退火
step attenuator　步进衰减器, 分级衰减器, 阶梯衰减器
step back relay　跳返继电器, 话终继电器
step base　阶梯型基础
step bearing　阶式推力轴承, 阶式止推轴承, 立式止推轴承, 竖轴轴承, 踏板轴承
step block　(1) 多级滑轮; (2) 级型垫块, 级形垫铁, 阶梯型垫铁, 阶梯块
step board　级形板, 踏板
step bolt　半圆头方颈螺钉, 阶梯形螺栓, 级形螺栓, 踏板螺栓, 上杆螺钉

step box　(1) 轴箱; (2) 脚登盒
step brass　轴瓦
step brazing　层次钎焊
step button　(读数) 步进按钮, 阶跃按钮
step-by-step　步进的, 逐渐的, 逐步的
step by step　循序渐进, 逐步, 逐渐
step-by-step automatic telephone system　步进式自动电话制
step-by-step braking　阶梯制动
step by step carry　按位进位, 逐位进位
step-by-step control　有级操纵, 步进式调节, 步进控制
step by step control　步进控制法
step-by-step decoding　逐步解码, 逐步译码
step-by-step design　分段设计
step-by-step excitation　逐步激发
step-by-step integration　逐步积分 [法]
step-by-step method　逐步逼近法, 逐步求解法, 逐步测量法, 循序渐进法, 步进法
step-by-step motor　步进式电动机, 步进电动机
step-by-step process　逐步逼近求解过程
step-by-step simulation　步进模拟
step-by-step system　步进制
step by step system　步进系统
step-by-step telephone switching system　步进制电话交换机
step-by-step variable gear　多次变速齿轮
step-by-step variable aped transmission　多级变速传动装置
step-by-step waveshaping circuit　阶梯波形成电路
step change　(1) 有级变速, 阶梯变速; (2) 阶跃变化, 步进变化; (3) 单增量改变
step change load swing　负荷冲动
step-cone　宝塔轮, 级轮
step cone　级轮
step control　分级控制, 分步控制
step counter　步进计数器
step counter bore　级式平底扩孔钻
step counting theorem　计步定理
step cover　轴承盖
step curve　阶梯曲线
step delay　分级延迟
step division　间歇分度
step-down　(1) 使逐渐减少的, 降低电压的, 降低的, 变低的; (2) 逐渐缩小, 逐级减少, 降压, 降低, 变低
step down　变低, 降低, 降压, 下降, 减慢
step-down amplifier　降压放大器
step-down gear　(1) 减速齿轮, (2) 减速传动装置
step-down gear ratio　减速齿轮齿数比
step-down substation　降压变压站
step down to　减少到, 降到
step-down substructure　阶梯式基础
step-down transformer　降压变压器
step drill　分级钻头, 阶梯钻头
step drilling　(深孔) 分段钻削
step fault　阶状断层
step feed　(三位仿形铣削的) 周期进给, 分级进给, 断续进给, 间歇进给
step feed drill attachment　分级进给钻削附件, 断续进给钻削附件
step flange　阶式法兰
step-function　阶跃函数
step function　阶梯函数, 阶跃函数
step-function generator　阶跃函数发生器
step-function signal　阶跃信号
step gate　阶梯浇口, 分层浇口
step gauge　(1) 阶梯规; (2) 梯形隔距
step generator　阶梯信号发生器
step graded　间断级配
step grate　阶梯式炉箅
step grinding　分段磨削
step hardening　分级淬火, 逐步淬火
step in　介入
step in attenuation characteristic　衰减特性的落差
step index　步长指数
step induction regulator　步进感应式电压调节器, 分接头式感应调压器, 感应电压调整器
step-input　阶梯输入, 阶跃输入
step input signal　阶跃输入信号
step joint　齿式接合, 阶式接合

1351

step junction　突变结, 阶跃结
step length of transfer　输送步距
step lens　棱镜
step-like　阶梯形的 (指曲线)
step load(ing) program　(零部件试验) 递增加载规程
step mechanical hand　步进机械手
step mill cutter　阶梯形端铣刀
step motor　步进电动机, 步进马达
step multiplier　步进式乘法器, 阶梯式乘法器
step of reaction　反应阶段
step of reduction　减速级数
step on　加速
step-out　(1) 失调, 失步；(2) 地震勘探反射波到达时间的差异
step-out relay　失调继电器
step potentiometer　步进电位器, 阶式电位计
step pulley　宝塔轮, 级轮
step pulse　阶跃脉冲, 步进脉冲
step rail　(1) 锭轨；(2) 下笼筋
step-reaction　逐步反应
step recovery diode (=SRD)　阶跃恢复二极管
step recovery diode frequency multiplier　阶跃恢复二极管倍频器
step regulator　步进调节器
step response　瞬态特性, 过渡特性, 阶跃特性, 阶跃响应
step riser　台阶立板
step-rocket　多级火箭
step rocket　多级火箭
step screw　止杆螺钉
step seal　阶式密封
step shaft　级形轴
step-shaped　(1) 阶式的, 梯段的, (2) 逐步的, 分段的
step size　步长
step sizing　筛分尺寸
step speed change　有级变速
step speed changing　有级变速
step speed regulation　有级调速
step-stress test　递增应力疲劳试验
step stress test　步进应力试验, 级增应力试验
step switch　步进开关, 分档开关
step switch converter　步进式变压器
step test　阶段试验
step-test procedure　逐步试验法
step transformer　(分级) 升降压变压器, 升压自偶变压器
step transmission　(1) 有级变速传动, 有挡传动, (2) 有级变速器
step tread　脚蹬踏板, 踏脚
step tube　阶跃式放电管, 间距式电子管
step-type　步进式的
step-up　(1) 电压升高, 升压, 上升, 增长；(2) 升压的, 变高的, 促进的, 加强的
step up　(电压) 升高, 升压, 促进, 加速, 增加, 增大
step-up gear　(1) 增速齿轮, (2) 增速传动装置
step-up gear ratio　增速齿轮齿数比
step-up gearing　增速齿轮传动 [装置]
step-up instrument　刻度不是从零点开始的仪表, 无零点仪表
step-up pulse transformer　升压脉冲变压器
step-up ratio　(变压器) 升压比
step-up substation　升压变压所
step-up transformer　升压变压器
step up to　增加到, 上升到, 趋近, 接近
step valve　阶式阀, 层式阀, 级阀
step voltage　阶跃电压, 跃迁电压, 骑步电压, 突跳电压
step voltage regulation　阶跃电压调整器
step wave　阶 [梯] 波
step weakener　阶梯减光板
step-wedge　楔形梯级
step wire　(磨宝石轴承孔用) 台阶形金属丝, 台阶形线
Stephenson's alloy　斯蒂文森锡铜锌合金 (锡纸 31%, 铜 19%, 锌 19%, 铁 31%)
Stephenson's kinematic chain　斯蒂文森传动链
stepladder　活梯
steplength　步长
stepless　无级的, 不分级的, 连续的, 均匀的, 平滑的
stepless acceleration　无级加速
stepless change　无级变速, 连续变速
stepless control　无级操纵, 无级控制, 无级调节, 连续控制, 均衡调整

stepless control gearing　无级调节传动 [装置]
stepless drive　无级变速传动 [装置]
stepless friction transmission　无级摩擦式传动
stepless gear　无级变速传动装置
stepless speed change device　无级变速装置
stepless speed changing　无级变速
stepless speed regulation　无级调速
stepless speed transmission　无级变速器, 无级变速传动装置
stpeless speed variator with ball transmission　钢球无级变速器
stepless transmission　无级变速器
stepless variable drive　无级变速传动, 无级变速驱动
stepmotor　步进电动机
stepney　备用轮胎, 预备轮胎, 备胎
stepout　失调, 失步, 时差
stepped　(1) 跳变式的, 阶跃式的, 有台阶的, 有阶梯的, 分阶段的, 阶梯形的, 阶梯式的, 分级的, 分节的, 级形的；(2) 不连续的, 多级的, 有级的, 步进的
stepped addressing　重复寻址
stepped bar　阶梯杆
stepped bearing　阶式推力轴承, 立式止推轴承
stepped bore　阶形内孔, 级形内孔
stepped cam　(1) (纺机) 分级凸轮, 分级三角；(2) 分级镶条
stepped charging method　分段充电法
stepped check lever　多级止回杆
stepped clamping block　级形垫铁
stepped column　阶形柱
stepped cone　皮带塔轮, 皮带级轮
stepped corner　台阶倒角
stepped curve　阶梯形曲线
stepped cut　分级切削
stepped cut joint　阶形切口对搭接头
stepped cutter　多联齿轮铣刀
stepped drive　多级变速传动装置
stepped driving cone　主动级轮
stepped feeler ga(u)ge　级式厚薄规
stepped foundation　阶形基础, 阶式底座
stepped gear　阶梯齿轮, 塔式齿轮, 分级齿轮
stepped gearing　分级齿轮传动装置
stepped hole　阶梯孔
stepped joint　搭接
stepped pinion　塔式小齿轮
stepped ply belt　厚边带
stepped pulley　塔轮
stepped pulley drive　塔轮传动
stepped rod　阶梯杆
stepped shaft　阶梯轴, 塔形轴
stepped spacer　分级垫圈, 隔圈
stepped surface　级形面
stepped taper tube　逐节变直径管
stepped teeth gear　级齿轮, 级齿轮传动装置
stepped transmission　(1) 有级变速装动, 有挡传动；(2) 有级变速器
stepped-up　加强了的, 加速的
stepped wave guide　阶梯式波导管
stepped wheel gear　(1) 阶梯齿轮, 塔式齿轮；(2) 塔轮装置
stepped winding　阶梯形绕组, 抽头绕组, 多头线圈
stepper　分挡器, 分节器
stepper motor　步进电机
stepping　(1) 步进, 分级, 分段；(2) 透镜天线相位前沿的平衡, 通过透镜后波前的取平；(3) (指令) 改变
stepping accuracy　(控制电机) 步距精度
stepping angle　(控制电机) 步距角
stepping counter　级进计数器, 分级储存器
stepping motor　步进电机, 步进马达
stepping motor bank　步进马达群
stepping relay　步进继电器
stepping switch　步进开关
stepping switch counter (=SSC)　步进开关计数器
stepping technique　步进法
steps of spindle speeds　主轴转速级数
steps teller　记步器
stepstress　步进应力, 级增应力
stepwise　(1) 逐步的, 逐渐的, 分段的；(2) 阶式的；(3) 梯段的；(4) 步进的
stepwise computation　逐级计算法

stepwise continuous 按步连续

stepwise regression 逐步回归

sterad 或 steradian (=sr) 立体弧度（立体角单位），球面角度，球面度

steradiancy 球面发射强度

steradiance 单位立体弧度内的辐射

sterance 立方角密度

Sterba beam antenna 司梯巴定向天线

Sterchamol 耐火砖载体

stere 立方米 (m3)

stere- （词头）实心的，固体的

stereo (1)立体镜的，立体声的，立体的；(2)立体音响设备,立体声；(3)立体,实体；(4)体视系统；(5)体视效应；(6)立体声系统；(7)立体复制品

stereo- （词头）固体，实体，立体

stereo amp(lifier) 立体声放大器

stereo-analogs 立体类似物

stereo betatron 立体电子感应加速器,立体电子回旋加速器

stereo-block 立体块规

stereo camera 立体摄影机,立体摄像机

stereo cartridge 立体声拾音头

stereo circuit 立体电路

stereo-comparator 立体坐标测量仪,体视比较仪

stereo effect 立体声效应

stereo-fluoroscope 立体荧光屏

stereo-formula 立体化学式

stereo 4-channel receiver 四声道立体声收音机

stereo-inspection 立体镜观测

stereo-isomer 立体异构体

stereo-isomerism 立体异构现象

stereo microscope 立体显微镜,体视显微镜

stereo-orthopter 体视矫正器

stereo-power 体视本领

stereo-radiography 立体放射线摄影术,立体射线照相

stereo-range finder 体视测距仪

stereo receiver 双声道立体声收音机,立体声收音机

stereo recorder 立体声录声机,立体声录音机

stereo-regulation 立体调节

stereo reproducer 立体声放声机

stereo-screen 立体电影

stereo separation 立体声区分

stereo tape 立体声录音带

stereo tape recorder 立体声磁带录音机

stereo-visor ［看］立体［图像的］眼镜,偏光镜

stereoacuity 体视敏度

stereoautograph 自动立体测图仪,体视绘图仪

stereobase 立体基线

stereoblock 立体嵌段

stereocamera 立体摄影机,立体摄像机

stereocartograph 立体测图仪

stereochemical 立体化学的

stereochemically 用立体化学方法

stereochemistry 立体化学

stereochrome 立体照片

stereocomparagraph (1)立体［坐标］测图仪；(2)立体镜

stereocomparator 立体坐标量测仪,立体比较仪,体视比较仪

stereocompilation 立体测图

stereocompiler 立体测图仪

stereocopolymer 立体共聚物

Stereocord 一种简易立体测图仪

stereoeffect 立体效应

stereoflex 一种简易立体测图仪

stereofluoroscope 体视荧光镜

stereofluoroscopy 立体荧光法

stereoformula 立体化学式

stereogoniometer 立体量角仪,体视量角仪

stereogram (1)立体频数；(2)多边形；(3)立体图,实体图,体视图；(4)立体照相

stereograph (1)立体平面图；(2)立体平画片,实体镜画；(3)双眼镜照相；(4)颅骨跟踪仪

stereographic(al) 立体几何学的,立体平面法的

stereographic net 球极平面投影网

stereographic projection 球极平面射影,球面投影,立体投影

stereographic ruler 球极平面投影尺

stereography 立体几何学,立体平画法,立体摄影术,体视法

stereoisomer 立体异构体

stereoisomeric 立体异构的

stereoisomeride 立体异构体

stereomer 立体异构体,几何异构体

stereomeric 立体异构的

stereomeride 立体异构体

stereometer 视差测图镜,视差测量仪,体视测量仪,立体测量仪,体积计,体积仪,比重计

stereometric 立体几何学的,测体积术的,立体几何的,立体测量的

stereometrograph 立体测图仪

stereometry (1)测体积学；(2)立体几何学；(3)立体测量学；(4)体积测定

stereomicrograph 立体显微照片

stereomicrography 立体显微照相术

stereomicrometer 立体测微仪,立体显微计,立体测微器,体视测微计

stereomicroscope 立体显微镜,体视显微镜

stereomicroscopy 立体显微术

stereomodel 立体模型

stereomotor 带永磁转子电动机

stereomutation 立体改变,体积改变

stereooptics 立体光学

stereopair 立体照片对

stereopantometer 立体万测仪

stereophenomenon 体视现象

stereophone 立体声耳机

stereophonic 立体音响的,立体声的

stereophonic amplifier 立体声放大器

stereophonic broadcast 立体声广播

stereophonic disc 立体声唱片

stereophonic effect 立体声效应

stereophonic projection 立体声投影

stereophonic record 立体声唱片

stereophonic recording 立体声录音,立体录音法

stereophonic recording and producing equipment 立体声录放装置

stereophonic system 立体声系统

stereophonic television 立体声电视

stereophonics 立体声学

stereophonism 立体声效应

stereophony 立体声

stereophotogrammeter 立体照相测量仪

stereophotogrammetric survey 立体摄影测量

stereophotogrammetry (1)体视摄影测绘；(2)立体摄影测量学

stereophotograph 立体照相,立体照片

stereophotography 立体摄像术,立体照相术

stereophotometer 立体光度计

stereophotomicrograph 立体显微照片

stereophotomicrography 体视显微照相术

stereophysics 立体物理学

stereopicture 立体图像,立体相片

stereoplanegraph (=stereoplanigraph) 精密立体测图仪

stereoplotter 立体摄影绘图仪,立体绘图仪,立体测图仪

stereoplotting 立体测图

stereoplotting instrument 立体测图仪器

stereoprojection 立体投影,球面投影

stereopsis 立体观测,实体视觉,体视

stereopticon 实体幻灯机,投影放大器,透射投影仪

stereoptics 立体摄影光学,体视光学

stereoradiograph 立体放射线摄影图

stereoradioscopy 立体射线检查法

stereoregular 有规立构的

stereoregularity 立构规整性

stereorubber 有规立构橡胶

stereoscope 立体照相机,立体显微镜,双眼照相镜,立体镜,体视镜

stereoscopic 立体的,体视的

stereoscopic camera 立体摄像机

stereoscopic coverage 立体摄影面积

stereoscopic film 立体影片

stereoscopic microscope 立体显微镜,体视显微镜

stereoscopic observation 立体像观察法

stereoscopic plotter 立体测图仪

stereoscopic television 立体电视

stereoscopic vision 立体观察,立体感

stereoscopy (1)立体观测；(2)体视学

stereoselective 立体有择的

stereoselective total synthesis 立体有择全合成
stereoselectivity 立体选择性,立体定向性,立体规整性
stereosimplex 简单立体测图仪
stereoskiagraphy 立体 X 光照相术,体视 X 光照相术
stereosonic 立体声的
stereospecific 立体定向的,立体规整的,立体有择的
stereospecific polymer 立体定向聚合物,立体有择聚合物
stereospecific synthesis 立体有择合成
stereospecificity 立体定向性,立体规整性,立体特导性,立体专一性
stereotape 立体声录音带,立体声磁带
stereotaxis 趋实体性
stereotelemeter 立体测距仪,立体遥测仪
stereotelescope 立体望远镜,体视望远镜
stereotelevision 立体电视
stereotemplet 立体模片
stereotheodolite 体视经纬仪
stereotome 立体图片
stereotope 立体地形仪
stereotopograph 立体地形测图仪
stereotopography 立体地形测量学
stereotriangulation 空中三角测量
stereotype (1) 铅版制版法,铅版;(2) 定型;(3) 铅版的,定型的,固定的
stereotype-metal 铅字合金,活字金
stereotype metal 铅字合金,活字金
stereotyped (1) 用铅版印的;(2) 固定不变的,已成陈规的,老一套的
stereotyped command 标准指令,固定指令,成文指令
stereotyper 浇铸铅版者,铸版工人
stereotyping 浇铅版
stereovectograph 偏振立体图
stereoviewer 立体电影放映机
stereovision 立体观察,立体视觉,实体视觉
stereozoom 可变焦距实体摄影
steresol 斯特勒索耳(一种粘合剂)
steric (1) 空间 [排列] 的,立体的,位的;(2) 立体化学的
steric effect 位阻效应
steric factor 空间位置因数,位阻因数
steric hindrance 空间位置现象,位致障碍,位阻 [现象]
steric retardation 位滞 [现象]
sterically 空间 [上]
1354
sterically defined 立体结构已确定了的,空间定位的
sterically hindered [空间] 位阻的
stericooling 空间冷却
sterilizer 杀菌器,灭菌器,消毒器
Sterlin 斯特林铜镍锌合金(铜 68.5%,镍 17.9%,锌 12.8%,铅 0.8%)
sterling 英镑
Sterling aluminium solder 斯特林锡锌铝合金焊料(锌 15%,铝 11%,铅 8%,铜 2.5%,锑 1.2%,锡 62.3%)
Sterling furnace 斯特林炼锌电弧炉
Sterling metal 斯特林黄铜(铜 66%,锌 33%,铅 1%)
Sterling process 斯特林精炼锌法
sterling silver (英) 货币银合金(银 92.5%,铜 7.5%)
sterlite 斯特里特铜镍合金,斯特里特铜锌白铜(54.5% Cu, 27% Ni, 16.5% Zn)
sterlizability 可消毒性
sterlization 灭菌,消毒
sterlizer 消毒器
sterluminancy 单位立体弧度的亮度
stern (1)船的舵柄,舵;(2)用舵定位;(3)尾部,后部;(4)船尾,舰尾;(5)严格的,严厉的,严峻的,苛刻的;(6)不动摇的,坚定的,坚决的
stern-fast 船尾缆
stern light (船舶) 艉灯
stern-port 船尾装卸门
stern-sheets 船尾座板
stern trawler 尾拖网船
stern tube 艉轴管
stern-wheeler 船尾明轮船
sternheavy 船尾部过重
sternmost (1) 船尾部末端;(2) 最后的,最末尾的
sterntube (船舶) 艉轴管
sterntube oil tank (船舶) 艉轴管油箱
sternway (1) (船) 倒车,后退;(2) 倒车惯性
sternwheel 船尾明轮,蹼轮

sterny 粗粒的
stethograph 胸动描记器
stethoscope (1) 金属探伤器;(2) 听诊器
stevedorage 码头工人搬运费
stevedore (1) 码头装卸工,码头搬运工;(2) 装货上船,船上卸货
stevedoring 装卸
stew (1) 噪声,(2) 热浴 [室];(3) 拉拔时效硬化
Stewart alloy 斯图华尔特铸造铝合金
stib- 锑的(词头)
stibiated 含锑的
stibic 锑的
stibide 锑化物
stibium {化} 锑 Sb
stibnic 锑的
stinide 锑化物
stibonium 锑(指有机五价锑化物)
stick (1) 棍,棒,杆,柄;(2) 粘住,粘着,附着,卡住;(3) 驾驶杆,操纵杆,操作杆,变速杆,换档杆,手柄,把手,(4) 潜望镜(俗名);(5) (砂轮) 修整棒,条状物,火药柱;(6) 粘附,吸附,粘性;(7) 集束炸弹,(8) 排字架,排字盘
stick antenna 棒形天线,条形天线
stick bit 切槽刀,切断刀,割刀,插刀
stick circuit 保持电路,自保电路
stick control 杆式控制,手柄控制
stick force (1) 粘附力;(2) 杆力
stick grip 驾驶杆
stick locking 防止重复锁闭,保留锁闭
stick perforator 金属棒凿孔机,锤击穿孔机
stick powder 筒装炸药
stick relay 保持继电器,吸持继电器,连锁继电器
stick shift 变速杆换挡,换档杆换挡
stick signal 保留信号器
stick-slip 粘滑运动
stick slip (1) 粘滑;(2) 蠕动,爬行
stick slip motion (1) 粘滑运动,(2) (低速进给时发生的) 突跳运动
stick transmission 变速杆式变速器
stickability 粘着性,粘附性,附着性,胶粘性
sticker (1) 尖刀,(2) {铸} 凸面修型工具;(3) 多肉(铸造缺陷);(4) 粘着剂,(5) 背面有粘胶的标签,反光标记,(6) 滞销品,过时货
sticker break 粘结条痕(带钢热处理缺陷)
sticker price 定价
stickiness 粘 [着] 性,粘附性,附着性,胶粘性
sticking (1) 粘着,胶着,胶粘,胶结;(2) 卡住,(制动器) 拖滞;(3) (阴极射线管) 图像保留
sticking memory (阴极射线管) 荧光屏图像保留现象
sticking of armature 衔铁粘着 (在切断电流后)
sticking of brake 制动蹄拖滞
sticking of contacts 触点粘着
sticking place 顶点
sticking point 顶点
sticking potential 极限电位,饱和电位
sticking probability 粘着概率,粘附概率
stickum (1) 粘性物质;(2) 粘合剂
sticky 胶粘的,粘性的
sticky bomb 粘性炸弹
sticky ga(u)ge 粘滞真空规
sticky limit 粘限
sticky point test 粘点试验仪
stiction 静态阻力,静摩擦力
Stiefel process 史蒂费尔自动轧管法
stiff (1) 硬化;(2) 非弹性的,刚性的,劲性的,硬的;(3) 不易倾倒的,不易移动的,不易弯曲的,不灵活的,生硬的;(4) 稠厚的,密实的,粘的,浓的
stiff brush 硬刷
stiff chain 硬性链
stiff dowel bar 劲性接缝条
stiff frame 刚架
stiff frog 固定辙叉
stiff girder 加劲梁
stiff-jointed truss 劲联桁架
stiff-leg 斜撑桅杆起重机
stiff leg derrick crane 支柱式人字起重机
stiff piston 刚性活塞
stiff reinforcement 劲性钢筋

stiff shaft　刚性轴

stiff stability　强稳定性

stiffen　(1) 使不易倾倒, 使硬化, 使坚硬, 使强劲, 使变硬, 使胶粘, 使变稠; (2) 增加电路中电感值; (3) 加劲, 加强, 加固, 劲化, 硬化

stiffened arched girder　加劲拱梁

stiffened suspension bridge　加劲悬桥

stiffener　(1) 加劲角铁, 加劲钢筋, 加劲杆, 加劲板, 加劲条, 加劲肋, 加强杆, 加强板, 加强条, 支肋, 肋板; (2) 强化飞机机架使用的结构件, 加劲构件; (3) 刚性元件, 刚性构件; (4) 硬化剂, 增稠剂

stiffener angle　加劲角钢, 加劲角铁

stiffening　(1) 加劲的, 加强的; (2) 加强, 加劲, 劲化; (3) 使硬; (4) 硬化, 固化; (5) 加固件

stiffening angle　加劲角钢, 加劲角铁

stiffening frame　加劲框架

stiffening girder　加劲大梁

stiffening of grease　润滑剂固化

stiffening of rope　绳的韧性

stiffening order　底货装载许可证

stiffening plate　加强板, 加劲板

stiffening rib　(1) 钢筋; (2) 加强肋, 加劲肋; (3) (轴承) 加强挡边

stiffening ring　环形加强肋, 加强环

stiffening sleeve　加固套筒

stiffest consistency　最干硬稠度, 最小坍落度

stiffleg　劲性支柱

stiffleg derrick　(1) 刚腿转臂起重机, 斜拉杆式起重机; (2) 刚性柱架

stiffleg mix　干硬性混合料

stiffness　(1) 坚硬度, 坚硬性, 刚性, 刚度, 韧性, 硬度, 强度; (2) 抗偏振能力, 稳定性, 抗挠性; (3) 逆电容, 反电容, 倒电容

stiffness constant　刚度常数, 刚劲常数

stiffness criterion　刚度准则

stiffness factor　刚劲因数

stiffness in roll　滚动稳定性, 横倾稳定性

stiffness in yaw　方向稳定性

stiffness matrix　刚度矩阵

stiffness of coupling　(同步电机) 耦合强度

stiffness test　刚度试验

stifle　(1) 窒息, 扑灭, 压熄; (2) 抑制, 隐蔽

stigmatic　共点的

stigmatism　(1) 共点性; (2) 折光正常; (3) 消像散聚焦

stigmator　消像散器

stilb　熙提(表面亮度单位, =1 新烛光 / 厘米²)

stilbmeter　光亮度计

stile　钻杆扶正器

still　(1) 蒸馏釜, 蒸馏锅, 蒸馏器, 蒸馏室; (2) 蒸馏; (3) 静止的, 不动的, 无声的, 平静的; (4) 不起泡的, 没有活力的, 不含气体的; (5) 寂静, 静止, 不动, 无声

still camera　静物摄影机

still pot　沉淀槽

still-process　蒸馏过程

still tube　蒸馏管

still water　静水

stillage　(1) 蒸馏釜馏出的; (2) 釜式蒸馏, 釜馏物; (3) 滑板输送器架, 架, 台

stilling　釜馏, 蒸馏

stilling box　蒸馏箱

stilling chamber　压力调节器, 预燃室, 预热室

stillpot　(1) 沉淀槽, 蒸馏釜; (2) 反应堆 [冷却] 池

stillroom　储藏室

Stillson wrench　可调管扳手, 活动扳手, 管子钳

stimulated emission　受激发射, 感应发射

stimulated radiation　受激辐射

stimulation　(1) 激发, 激励; (2) 荧光放射增强

stimulator　(1) 激活剂; (2) 激励器, 激发器

stimulus　升压器, 助力器

sting　(1) 带柄刀尖; (2) 探臂 [式] 支杆, 架杆, 支架

sting-out　从炉内喷出火焰现象

stinger　飞机尾部机关炮, 飞机尾部机枪

stinky　(1) 环视雷达站; (2) 全景雷达

stipple　点刻 [法], 点画 [法]

stipulation　(1) 规定, 约定, 订明; (2) 合同, 契约; (3) 约定条件, 合同条款, 契约条款

stipulative　规定的, 约定的

stipulative definition　约定定义

stipulator　规定者, 约定者

stir　(1) 移动, 微动, 颤动, 摇动, 动荡; (2) 搅拌, 搅动, 拨动; (3) 激起, 激励, 激活, 鼓动, 引起; (4) (用泵) 抽送, 汲取; (5) 传播, 流通, 流行

stir up　搅拌, 搅动, 激起, 引起, 形成

stirless　不动的, 沉静的

stirrer　(1) 搅拌机, 搅拌器, 搅动器; (2) 搅棒; (3) 夹头, 箍; (4) 搅拌者

stirrer bar　搅棒, 搅杆

stirring　(1) 搅拌, 搅动, 搅和, 扰动, 摆动; (2) (用泵) 抽送, 汲取

stirring apparatus　搅拌装置, 搅拌器

stirring arm　搅拌器臂

stirring coil　搅拌盘管, 沸腾盘管

stirring motion　紊流运动, 旋涡运动, 湍流, 涡流

stirring rod　搅棒

stirring screw conveyor　螺旋拌和输送机

stirring-type mixer　搅拌式拌和器

stirring-up　搅拌的, 翻料的

stirrup　(1) 卡, 夹, 箍; (2) 镫形卡子, 钢筋箍, 加强杆, 镫形件, 箍筋, 镫筋; (3) U 形卡, 钳具, 轴环, 夹头; (4) 支耳; (5) (钢丝绳头桥式承窝的) U 形螺栓附件, 有眼螺栓附件; (6) 水泥船的横向张骨

stirrup bolt　镫形夹螺栓

stirrup frame　框式机架

stirrup link　框式联杆

stirrup-piece　镫形支架

stirrup-pump　手摇灭火泵

stirrup pump　手摇灭火泵

stirrup repair clamp　镫形夹

stitch　(1) 缝合, 缝纫, 压合, 装订, 订线; (2) 滚压; (3) 绑结; (4) 一段时间, 路程, 距离; (5) 少许, 一点

stitch-and-seam welding　断续焊缝

stitch-bonded monolithic chip　滚压粘合单块片

stitch bonding　针脚式接合, 自动点焊, 跳焊

stitch brake lining　制动闸边皮

stitch rivet　绗合铆钉

stitch-up　缝补, 接合

stitch-welding　垫缝焊接

stitch welding　针脚式接合, 自动点焊, 跳焊

stitcher　(1) 钉书机; (2) 带材缝合机; (3) 齿形压辊, 压合滚

stitching　(1) 压合, 滚压; (2) 滚压器; (3) 绑结; (4) 棒头

stitching force　缀合力

stitching oil　缝纫机油, 滚压油

stithy　(1) 铁砧; (2) 锻工房, 锻工场, 铁工厂, 打铁铺

stoadite　一种含钨钼镍的硬合金钢

stob　落煤用长钢锶, 长铁锶

stochastic　不确定的, 概率性的, 随机 [的], 机遇的, 推测的, 偶然的

stochastic allocation　随机分布

stochastic approach　随机逼近法

stochastic derivative　随机微商

stochastic disturbance　随机干扰

stochastic model　随机模式

stochastic models　随机模型

stochastic problem　随机问题

stochastic process　随机过程

stochastic retrieval　随机检索

stochastic sampling　随机抽样, 随机采样

stochastic service system　随机服务系统

stochastic simulation　随机模拟

stochastic variable　随机变量, 随机变数

stock　(1) 加工留量, 余量; (2) [造] 船台, 台, 座, 架; (3) 粗钢料, 原料, 材料, 备料, 坯料, 毛坯, 轧件; (4) 钻柄, 钻杆, 把杆, 杆, 柱, 桩; (5) 舵杆, 锚杆; (6) 混合胶; (7) 存货, 库存物, 成品; (8) 成品库; (9) 一般使用的, 普通的, 标准的; (10) 装柄托

stock allowance　机械加工留量, 机械加工余量

stock bin　料仓, 料箱

stock board　冲模底板

stock book　存货簿

stock bridge damper　架空电线振动阻尼装置

stock brush　润砖刷

stock clerk　存货管理员

stock company　股份公司

stock coordination　库存协调

stock core　长条泥芯, 备用泥芯

stock-core machine　{铸} 挤芯机

stock-cutter　切料机

stock dividing device 余量分配装置
stock dividing gauge 余量分配规
stock dump 贮料堆
stock engine 座式发动机
stock feeding and chucking mechanism 送料和夹料机构
stock for die 螺纹扳牙架,螺丝钢板手把,螺丝钢板绞手
stock-gang 框锯
stock gas 炉顶煤气,炉气
stock guide 板料导向块
stock heap 贮料堆
stock house 仓库,料仓,库房
stock in hand 现货
stock-in-trade (1)存货;(2)惯用手段
stock left for grinding 磨削留量
stock left for shaving 剃齿留量
stock lifter (连续冲裁用)扳料升降器
stock list (=SL) 库存清单,备料清单
stock lock 外装弹簧锁,门外锁
stock number sequence list (=snsl) 存货编号顺序单
stock oiler 座架加油装置
stock on hand 现货
stock pile 贮料堆
stock production 估需生产
stock rail (转辙器的)基本轨
stock reel 棒料架
stock removal 切削量
stock removal action 切削动作
stock removal rate 切削率
stock removing 切削
stock removing machine 切削机床
stock replacement (=SR) 备料置换
stock room (1)储藏室,仓库;(2)商品展览室
stock-run material 堆场材料
stock-sheet 存货清单
stock size (1)标准尺寸,常备尺寸;(2)库存量
stock solution 储备溶液
stock-still 静止的,不动的
stock stop 挡料器
stock stop attachment 挡料装置
stock support 送料支架,带座支架
stock tank 储油罐
stock vice 台式虎钳
stock with dog clutch 爪形离合轴床头
stockable mixture 可存储的混合料
stockage 贮备量
stockage objective 库存指标
stockbridge damper 架空线减震器
stockcar (1)常备普通小汽车;(2)牲畜车
stocker (1)储料器,堆料机,加煤机;(2)碎料工,装料工
stockhouse 仓库,储藏室,货栈
stockholder 股东
stocking (1)装柄,装料;(2)库存成品轧材;(3)堆积,堆集,聚集,累积,储存,储藏,交库;(4)长统袜
stocking cutter 柄式铣刀,粗铣刀,预切刀
stocking machine 织袜机
stocking tool 粗加工刀具
stocking yard 成品仓库
stocklist 存货目录,存货单,库存单
stockpile 储存,储备,堆放,积累,积聚
stockpiling 装堆,存料,存货
stockroom 储藏室
stocksaver 捕浆器
sotcktaking (1)盘货;(2)估量
stockyard (1)燃料库;(2)堆料场,煤场
stoff (1)材料,物质;(2)火箭推进剂,火箭燃料;(3)冷却液,防冰液
stoichiometric 化学计算的,化学计量的
stoichiometric composition 化学计量成分,理想配比成分
stoichiometric impurity 化学计量杂质,理想配比杂质
stoichiometric relation 化学计量关系,理想配比关系
stoichiometrical 化学计算的,化学计量的
stoichiometry 化学计算[法],化学计量学,理想配比法
stoke (1)供燃料,添燃料,抛煤,加煤;(2)连续烧结;(3)斯托,泡(运动粘度单位,1泡=1厘米^2/秒,1英尺^2/秒=929.0泡)
stokehold (1)锅炉舱,汽锅室,生火间,火舱;(2)炉前

stokehole (1)炉膛口;(2)炉前
stoker (1)自动添加燃料的机器,加煤机,添煤器,层燃炉,炉排炉,炉排;(2)烧火工人,司炉
stoker-type 推料式
stokes 斯托克斯(运动粘度单位)
stoking 添煤,加料,烧火工
stoking tool 烧火工具
Stoks law 斯托克斯定律
stomatoscope 口腔镜
stomertron 太阳质子流模拟器
Stone circuit 斯通电路
stone (1)磨石,油石,石;(2)石(英国重量名,1石=14磅);(3)用磨石磨光,磨削
stone blue 灰蓝色
stone bolt 地脚螺栓,底脚螺栓,棘螺栓
stone-cast 短距离
stone coal 块状无烟煤
stone-cold 完全冷了的,冷透的
stone crusher 碎石机
stone dead wire 镀锌钢丝,退火钢丝,软钢丝
stone-faced 石面的
stone-filled 填石的
stone-guard 砂石防护网
stone intersection (圆滑过渡)无焦点
stone mill (1)碎石机;(2)磨石机,切石机
stone screw 地脚螺栓,棘螺栓
stone separator 石块分离机
stone-setter 砌石工
stone tongs 吊石夹钳
stone transmission bridge 抗流圈式馈电电桥,抗流圈式传输电桥
stonebreaker 碎石机
stonecutter (1)切石机;(2)石工
stonecutting 石刻
stoner (1)碎石机;(2)沙子清除器;(3)除核器
stoneware (1)粗陶瓷,粗陶器,缸器,缸瓷,粗陶;(2)缸器的,缸瓷的
stoneware duct 粗陶瓷管道
stoney 模造大理石
stoney gate 辊轴闸门
stoning 磨刀
stonk 密集炮火,重炮猛轰
stony 坚硬的,不动的,石质的
Stoodite 斯图迪特[耐磨堆焊]焊条合金,钻头镶焊用硬质合金(铬33%,锰4.5%,硅2%,碳4%,其余铁)
Stoody 铬钨钴焊接合金
stool (1)模底板,坩埚垫,平板,垫板;(2)脚踏凳,小凳;(3)托架,座架,锭盘
stool-plate 垫板
stooling 托芯
stoolplate 垫板
stop (1)停止,停顿,停机,停车,停堆,中止,制止,阻止,终止,截断,中断,断开,间断,间歇;(2)制动,刹车,刹住;(3)阻塞,堵塞,填塞,嵌填,阻挡,妨碍,障碍;(4)制动螺钉,止动装置,止动螺旋,止动器,止动销,定位器,制动销,挡头,止块,挡块,挡板,塞子,制子,门闩,栓;(5)限制器,缓冲器,断流阀;(6)障碍物;(7)光阑,光圈;(8)停止的,制动的
stop a machine 使机器停止运转
stop-adjusting screw 止动调整螺钉,挡块调整螺钉
stop-and-go signal 停止之后再行的信号
stop and reverse rod 止动回动杆
stop band 禁带
stop bar (1)止动杆,停杆;(2)定位杆
stop-bath 停显液
stop block 止动块,止轮锒,阻块
stop bolt (1)定位螺栓;(2)顶铁螺栓
stop buffer 停车缓冲器,弹性缓冲器,车挡
stop button 停车按钮,停止按钮,制动按钮
stop calculation {计}停止计算
stop cam 止推凸轮
stop claw 止爪
stop-cock 活栓,旋闩,管闩,活塞
stop cock 停止旋塞,活栓,活塞,管闩
stop codon 终止密码子
stop-collar 限动环
stop collar 止动环

stop-cylinder press　自动停滚式印刷机

stop dog　停车挡块，(停车)止动器，碰停器，限位器，停挡，挡块

stop drawing　装配器

stop drill　(带有轴肩可限制钻进深度的)钻头

stop drum　止动鼓，碰停鼓

stop end　封端

stop gate　速动闸门，水闸门

stop gear　停滞[棘轮]装置，止动装置，制动装置

stop hole　止动孔，限位孔，停孔，碰孔

stop instruction　停机指令

stop iron　挡铁

stop key　止动键

stop lamp　[车尾]停车灯

stop-lever　定位杆，挡杆

stop lever　制动操作杆，止动杆，制动杆，锁定杆，定位杆

stop-light　交通指示灯，[车尾]停车灯

stop lug　限动突块

stop mechanism　停车机构，制动机构

stop motion　止动装置，停车装置，停止机构

stop motion mechanism　止动装置，止动机构

stop motion screw　离合螺钉

stop-nut　制动螺母，防松螺母

stop nut　防松螺母，止动螺母

stop-off　(1)中途停留；(2)防护涂层；(3)塞住，填塞，补砂，封泥

stop-off core　{铸}简化模型分型面的泥芯

stop-off lacquer　涂漆，漆封

stop-off piece　{铸}补砂块

stop order (=SO)　(1)停机指令；(2)停止订单

stop-over　中途停留

stop pawl　止动制子，止动爪

stop piece　行程限制块，止块

stop pin　止动销，限动销，锁定销，挡销，锁销

stop plate　止动扳，止动片

stop ring　止动环，止环

stop rod　止动杆，停车杆

stop roll　碰停转筒

stop rope　掣索

stop screw　止动螺钉，限位螺钉，紧定螺钉

stop signal　停止信号，停车信号，中止信号，停闭信号

stop sleeve　止动套筒

stop spring　止动弹簧

stop statement　停语句

stop switch　停止信号灯用开关，停止开关

stop time　停机时间

stop-valve　节流阀，断流阀，停汽阀

stop valve (=SV)　止动阀，截止阀，节流阀，断流阀，断流闸，停汽阀

stop watch　停表，秒表，跑表

stopband　抑止频带，不透明带，阻带，禁带

stopband characteristics　阻滞特性

stopblock　止轮楔，垫楔，车挡

stopboard　止动板

stopcock　旋塞阀，龙头，活栓，柱塞，旋塞，管塞，管闩

stope　放置，敷设，充填

stopehammer　向上式凿岩机，回泵式凿岩机

stoper　(1)自动推进冲击式凿岩机，向上式凿岩机；(2)凿岩工；(3)塞子

stopgap　(1)塞洞之物；(2)权宜之计；(3)暂时代用品，临时代替物

stopgap measure　临时措施，权宜措施

stopgap unit　应急设备，暂时装置

stoplight　制动灯

stoplog　(1)叠梁；(2)叠梁闸门

stoplog handling equipment　叠梁吊装起重机

stoppage　(1)停止，停机；(2)停止器；(3)阻滞，关闭，堵塞，止住，塞住；(4)故障

stopped condenser　隔直流电容器

stopped-flow method　停流法

stopped polymer　断链聚合物

stopped state　停机状态

stopped time　停车时间

stopper　(1)桨架固定器，抑止装置，闭锁装置，制动器，停止器，制止器，限制器，抑制器，定程器，止动器，止轧头，挡块，挡板，锁销，轧头；(2)切油门挡，节气门挡，挡环；(3)塞子，塞棒，插头，柱塞；(4)伸缩式凿岩机；(5)浇口塞，泥塞头

stopper drill　套筒式凿岩机

stopper knot　防止绳索穿过孔眼的结

stopper ladle　底注式浇包，漏包

stopper mechanism　限动机构

stopper nozzle　浇铸嘴

stopper pin　限动销，止动销，挡销，锁销

stopper ring　止动环，定位环，挡环

stopper rod　定程杆，柱塞杆

stopper screw　止动螺钉

stoppet　[螺纹]塞

stopping　(1)停止，中止，止动，抑制，制动；(2)制动状态；(3)填塞，填料，阻塞；(4)填塞料，填充料；(5)停止的，塞住的

stopping ability　制动能力

stopping bar　止动杆

stopping bolt　止动螺杆

stopping brake　止动闸，制动闸，防松闸

stopping capacitor　隔直流电容器

stopping condenser　隔直流电容器

stopping device　(1)制止装置；(2)制动装置

stopping direct current　隔直流

stopping distance　停车距离，刹车距离

stopping hole　止裂孔

stopping level　止动杆

stopping of chain　链的中止

stopping of reaction　反应中止

stopping-off　(1){铸}补砂；(2)阻止

stopping off　{铸}补砂(填实补砂块在砂型中的位置)

stopping-out　分段腐蚀

stopping potential　制动电势，制动电位，遏止电势，遏止电位

stopping signal　停止信号，停机信号

stopping valve　断流阀，节流阀，停汽阀

stopple　(1)孔塞，栓；(2)闭锁装置；(3)用塞塞住

stops　止动机构

stopwatch　停表，跑表，秒表

stopwater　(1)软木塞；(2)充填金属部件间的用红丹等浸润的帆布

stopwork　防止钟表发条上得过紧的装置，限紧装置

storable　(1)耐贮藏物品；(2)可长期存放的，可储存的，耐贮藏的

storage　(1)存储场所，贮藏所，贮藏库，贮藏室，贮箱，贮槽，仓库，堆栈，货栈，集器，容器，水箱；(2)贮藏，存储；(3)记忆装置，存储器；(4)储存量；(5)蓄电，蓄水

storage access　存储器存取

storage allocation　存储分配

storage-battery　蓄电池[组]

storage battery　(1)蓄电池[组]；(2)再充电电池，二次电池

storage battery room　电池室

storage block　存储块

storage buffer　存储器缓冲器

storage capacity (=SC)　存储能力，存储量

storage cell　(1)存储单元；(2)蓄电池

storage circuit　存储电路

storage compacting　(主)主存储紧化，存储精简

storage control unit (=SCU)　存储控制器

storage core　存储磁带

storage cycle time　最大期待时间，存储周期

storage decoder　存储译码器

storage delay　存储迟延

storage density　存储密码

storage device　存储装置

storage diode　存储二极管

storage dump　存储器信息转储，[存储器内容]打印

storage element　(1)存储元件，存储单元；(2)蓄电池

storage factor　(1)(线圈、回路)品质因数；(2)存储因数

storage grid　存储栅极

storage life　储存期限，贮存寿命

storage medium　信息存储体，存储媒体

storage of water　蓄水

storage operation　存储操作，记忆操作

storage orthicon　存储正析象管

storage oscillograph　存储示波器

storage plate　存储板

storage print　存储[内容]打印

storage ripple　存储器重叠

storage system　储备系统

storage tank　贮水池，贮槽，贮箱

storage tube　存储管，记忆管，储像管，贮能管

storage-type camera tube　积存式摄像管
storage yard　储料场
Storascope　长余辉同步示波器, 存储式同步示波器 (商名)
storatron　存储管
store (=ST)　(1) 积聚, 贮藏, 储存, 堆积, 储备, 保管, 蓄电; (2) 材料库, 仓库; (3) 供给装备, 积蓄, 积累, 聚集, 容纳, 存储; (4) 记忆装置, 存储器; (5) 贮存器, 累加器; (6) 存储品, 贮存品, 备用品, 补给品, 必需品, 原料; (7) 贮藏所, 仓库, 库房, 堆栈
store access　存储存取时间
store access cycle　存储器存取周期
store and forward　信息转接
store double precision　二倍精度存储
store-house　仓库, 库房
store requisition　领料单
store returned note　退料单
store-room　贮藏室
stored　贮藏的, 入库的, 供给的, 蓄电的
stored charge　存储电荷
stored data　存储数据
stored energy　蓄积能, 储能
stored logic system　存储逻辑 [电路] 系统
stored program　存储程序, 内存程序
stored-program computer　程序存储方式计算机, 存储程序计算机
stored program control　存储程序控制
stored-up　储藏的, 储存的, 潜在的
storehouse　仓库, 库房, 堆栈
storekeeper　军需品保管员, 仓库保管员
storekeeping　仓库管理, 仓库维护
storeroom　贮藏室
stores in transit　在途材料
stores inventory sheet　材料盘点单
storeship　供给船
storesman　仓库管理员, 仓库工人
storeyard　堆置场
storing　存储, 贮藏
storing of information　信息存储
storing of mix　混胶的储藏
storing properties　可贮藏性
storm　射电暴, 电暴, 磁暴, 风暴, 扰动, 爆发, 发作
storm-collector　雨水管
storm lamp　防风灯, 汽灯
storm-lantern　防风灯, 汽灯
storm lantern　防风灯, 汽灯
storm oil　镇浪油
storm sewer　雨水管
storm valve　排水口止回阀, 暴风雨气门, 节汽阀
stout　坚固的, 牢固的, 稳固的, 稳定的
stouten　使牢固
stoutness　坚固, 强固
stove　(1) 加热器, 热风炉, 加热炉, 火炉, 烘炉, 风炉, 电炉, 炉子, 窑; (2) 蒸汽室, 暖房, 温室
stove bolt　炉用螺栓, 小螺栓, 短螺栓
stove finish　烘干的油漆
stove fuel　火炉燃料油, 家用重油
stove tile　瓷砖
stovehouse　温室
stovepipe　(1) 外伸式排气管, 火炉 [烟囱] 管, 烟囱管; (2) 迫击炮; (3) 火箭壳体; (4) 冲压式发动机
stovewood finish　罩面烘漆
stoving　烘干, 烤干
stow　(1) 装载, 装填, 装箱, 包装, 充填; (2) 堆置, 堆垛, 堆装, 收藏, 贮藏, 隐藏; (3) 理仓
stow away　收藏, 堆置
stow down　装载, 装入
stow-wood　楔木, 垫木
stowage　(1) 装载设备; (2) 装载费, 堆存费, 仓库费; (3) 装载容积, 贮存容积, 装载处, 贮藏处, 贮藏舱; (4) 装载货品, 装载物, 堆装物, 贮藏物; (5) 装载, 堆装, 储存, 贮藏
stowage and launch (=SL)　装载和发射
stowage charges　理仓费
stowage space　船舶装货总空间
stowce (=stowse)　提升矿石的绞车
stower　充填机
strabismometer　斜视计

strabismometry　斜视测量法
straddle　(1) 骑马式, 跨式; (2) 立柱, 支柱, 夹叉, 跨板
straddle attachment　(1) 跨装附件; (2) 跨装法
straddle conveyor　跨立式输送机
straddle cutter　跨式铣刀, 双面铣刀
straddle mill　跨式铣刀, 双面铣刀
straddle mill work　跨式加工
straddle milling　跨铣
straddle milling cutter　双面刃铣刀
straddle-mounted pinion　跨式安装的小齿轮
straddle mounting　跨式安装, 跨装
straddle scaffold　跨立式脚手架
straddle sprocket cutter　跨式链轮铣刀
straddle sprocket milling cutter　跨式链轮铣刀
straddle-supported rotor　两边支承的转子
straddle truck　龙门式吊运车
straddle type　跨式
straddling compact　踏步式夯实
strafer　(1) 强击机; (2) 扫射机
strafing plane　(1) 强击机; (2) 扫射机
straggle　(1) 分散, 离散, 散布, 歧离, 脱离; (2) 断断续续; (3) 落后, 落伍
straggling　(1) 分散, 离散, 散布; (2) 歧离, 误差; (3) 不集中的, 分散的, 离散的, 稀疏的, 无序的, 断续的, 落后的
straggling parameter　离散参数, 偏差参数, 误差参数
straight (=STR)　(1) 直线, 直边, 直, 尺; (2) 汽缸直排式的, 直线的, 直接的, 直通的, 笔直的, 水平的, 正向的, 连续的, 规矩的, 整齐的, 直的; (3) 不掺杂的, 正确的, 正直的, 可靠的, 纯粹的; (4) 光面的, 光滑的; (5) 正确, 正直, 立刻, 马上
straight abutment　无翼桥台
straight-across-cut　(接头处) 横切, 正切
straight advancing klystron　直射速调管, 直进速调管, 双腔速调管
straight air brake　直通空气制动器
straight air brake valve　直通空气制动阀
straight-air shift system　气动换档系统
straight-arm mixer　直臂混合机
straight armed pulley　直辐带轮, 直辐滑轮
straight angle　直角
straight axle　直轴
straight base rim　平底轮辋
straight bead　直线焊缝
straight bed lathe　普通床身式车床
straight bevel gear　直齿锥齿轮, 直齿伞齿轮
straight bevel gear broaching machine　直齿锥齿轮拉齿机
straight bevel gear cutter　直齿伞齿轮刨刀
straight bevel gear cutting machine　直齿锥齿轮切齿机
straight bevel gear drive　直齿锥齿轮传动
straight bevel gear generating machine　直齿锥齿轮展成加工机床, 直齿锥齿轮刨齿机
straight bevel gear generator　直齿伞齿轮刨出机, 直齿锥齿轮刨齿机
straight bevel gear mechanism　直齿锥齿轮机构
straight bevel gear milling machine　直齿直齿轮铣齿机
straight bevel gear pair　直齿锥齿轮副
straight bevel gearing　直齿锥齿轮传动 [装置]
straight bevel generator　直齿锥齿轮展成加工机床, 直齿锥齿轮刨齿机
straight bevel tooth　直齿锥齿轮轮齿
straight bill of lading　记名提单
straight binary　直接二进制, 标准二进制
straight-blade　直叶片的
straight-blade paddle mixer　直桨叶片拌和机
straight-blade type rail sawing machine　直锯条式锯轧机
straight bore bearing mounting　圆柱孔轴承安装
straight cement　纯水泥
straight chain　直链
straight common normal　直公法线
straight-compound cycle　平行双轴燃气轮机循环
straight cup wheel　直角碗形砂轮
straight curved grooving cutter　直刃弯旋槽刀
straight cut　纵向切削
straight-cut gear　直齿齿轮, 正齿齿轮
straight cut gear　直齿齿轮, 正齿齿轮
straight-cut operation　纵向切削操作
straight cutter holder　直角装刀式刀杆
straight cyclindrical worm　圆柱蜗杆

straight drill　直柄钻头，直钻头
straight drum winder　圆筒形卷筒提升机
straight-edge　直尺，直规
straight edge　(1) 刀口样板平尺，刀口尺，直尺，直规，平尺，规板；(2) 直棱，直缘
straight edge line　直母线
straight-eight　八汽缸直排式
straight eight　单排八气缸
straight end guide　直端导轨
straight extinction　直消光
straight faced roughing tool　纸面粗车刀
straight flank　直齿面
straight-flow　直流的
straight flute　直槽，直沟
straight-flute hob　直槽滚刀，直沟滚刀
straight fluted drill　直槽钻头
straight fluted hob　直沟滚刀
straight fluted reamer　直槽铰刀，直齿铰刀
straight fluted round shank taper reamer　圆柄直槽锥形铰刀
straight fluted tap　直沟丝锥
straight forward system　直进式
straight gasoline　直馏汽油
straight gear　直齿齿轮，正齿轮
straight-grained　直纹 [理] 的
straight grinding wheel　平 [型] 砂轮，盘形砂轮
straight grooving cutter　直刃铣槽刀
straight guide　直导轨
straight guide way　直导轨
straight gun　直进式电子枪
straight halved joint　对合接合
straight hand lever　直手柄
straight-halved joint　对合接合
straight horn　直射式喇叭
straight infeed　简单切入，直线切入
straight internal tooth gearing　直齿内啮合传动 [装置]
straight jet　单回路涡轮喷气发动机
straight job　（无拖车的）载重汽车
straight joint　无分支连接，无分支接头，直线接头，直缝接头
straight land　（拉刀的）锋后导缘
straight-line　直线的
straight line (=SL)　(1) 直线；(2) 线性的
straight-line-capacitance　直线电容式
straight-line capacitor　[电] 容标 [度] 正比电容器，直线性可变电容器
straight line capacitor (=SLC)　[电] 容标 [度] 正比电容器，[直] 线性 [可变] 电容器
straight line capacity condenser(=SLC)　[电] 容标 [度] 正比电容器，[直] 线性 [可变] 电容器
straight-line code　直接式程序
straight-line coding　直线式编程序，无循环程序
straight line condenser (=SLC)　[电] 容标 [度] 正比电容器，[直] 线性 [可变] 电容器
straight-line engine　直列气缸发动机
straight line follower motion　直线随动
straight-line-frequency　直线频率式
straight-line-frequency capacitor　频 [率] 标 [度] 正比电容器，直线频率式电容器
straight-line-frequency condenser　频 [率] 标 [度] 正比电容器，直线频率式电容器
straight line generator　直母线
straight-line knurling　直线滚花，直纹滚花
straight line knurls　直线滚花，直纹滚花
straight line link motion　直线链运动
straight line mechanism　直线 [运动] 机构
straight line motion　直线运动，直线运动机构
straight line motion mechanism　直线运动机构
straight line pattern　直线花型
straight line pen　直线笔
straight-line relation-ship　直线关系
straight-line sawing　直线锯切
straight-line-wave length　直线波长式
straight line wave length condenser　波长标度正比电容器，直线波长式可变电容器
straight-line-wavelength (=SLW)　直线波长式的，与波长标度成正比的

straight-line-wavelength condenser　波长标度正比电容器
straight-line wavelength condenser　波长标度正比电容器，直线波长式电容器
straight main motion　直线主运动
straight main movement　直线主运动
straight mineral oil　无添加剂的矿物机油
straight path of contact　直线啮合轨迹
straight peen hammer　直头尖口锤
straight-penetration method　直接贯入法
straight pin,　圆柱销，直销
straight pinion　直齿小齿轮
straight pitch line　直节线
straight product　纯产品
straight-pull　直拉式
straight pulsed device　直管状脉冲器件
straight reamer　直槽铰刀
straight receiver　直接放大式收音机，高放式收音机
straight reciprocating motion　直接往复运动
straight roller bearing　普通滚柱轴承
straight roughing shaping　直粗刨刀
straight round nose cutter　圆切削刃车刀
straight-run　直馏馏份，直馏的
straight run　直馏
straight scale　直尺
straight shank　直柄，圆柱柄
straight-shank arbor　直柄车刀
straight shank drill　直柄钻头
straight shank drill holder　直柄钻夹
straight shank fraise　直柄铣刀
straight shank gear nut type drill chuck　直柄铰辘式钻尖头
straight shank milling cutter　直柄铣刀
straight shank reamer　直柄铰刀
straight shank tripe grip drill chuck　直柄三牙钻夹头
straight sheet pile　扁平板桩
straight side　直刃边，直边
straight side crank press　双柱曲柄压力机
straight side press　双柱压床
straight-side tyre　直线轮胎，直边式胎
straight-sided axial worm(type ZA)　阿基米德蜗杆，轴向直廓蜗杆，ZA 型蜗杆
straight-sided flank　(1)（齿轮）直廓齿面；(2)（凸轮）型面直线腹部
straight-sided normal worm(type ZN)　ZN 型蜗杆，延伸渐开线蜗杆，法向直线型蜗杆
straight-sided spline　直廓花键
straight-sided tooth　直廓齿，平面齿
straight-sided V tool　直廓 V 型刀具
straight-sided worm　法向直廓蜗杆
straight snips　平剪
straight splice　无分支连接，无分支接头，直线接头，直缝接头
straight strap clamp　直条夹
straight system　高放式，直放式
straight tail dog　直尾轧头
straight teeth external gear　直齿外啮合齿轮
straight-teeth harrow　直齿耙
straight teeth internal gear　直齿内啮合齿轮
straight tension rod　直接受拉钢筋
straight thawing　{ 焊 } 一次融透
straight thread　圆柱螺纹
straight-through　(1) 直流的，单流的，直通的；(2)（变速器）第一，二轴同轴线的
straight-through baler　直流型捡拾捆机
straight through combine　直流型联合收获机
straight-through shaft　直通轴
straight-through transmission　直通轴式变压器
straight time　正式工作时间，规定时间
straight tool　直头车刀，外圆车刀，直锋车刀
straight-tooth　直齿的
straight tooth　直齿
straight tooth bevel gear　直齿锥齿轮
straight tooth bevel gearing　直齿锥齿轮传动 [装置]
straight tooth cutter　直齿铣刀
straight tooth end-toothed disc　直齿端铣盘
straight tooth gear　直齿齿轮
straight tooth milling cutter　直齿 [圆片] 铣刀

straight tooth profile　直齿齿廓
straight toothed gear　直齿齿轮
straight translation　直线移动
straight trunnion end needle roller　（轴承）直销头滚针
straight tuner　直接放大调谐器
straight turning　直线车削
straight turning between centers　顶尖间直线车削
straight type engine　直列发动机
straight type wheel　平形砂轮，盘轮
straight-vaned fluid flywheel　直叶水利飞轮
straight way drill　直槽钻头
straight wheel　盘轮
straight worm　圆柱蜗杆
straightarm mixer　直臂拌和机
straightedge　(1) 检验直尺，直尺，标尺，平尺，直缘，直棱，规板；(2) 用直尺检验，用直尺找平
straighten　(1) 弄平，变平，展平，整平，弄直，拉直，展直，整直，变直，矫直，矫正，(2) 弄清楚，弄正确，纠正，整顿，清理
straightener　(1) 初轧板坯齐边压力机，矫直装置，矫直机；(2) 整流栅
straightener-print　修相器
straightener stator blade　整流静叶片
straightening　矫正，矫直，校直，调直，整直
straightening device　矫直装置
straightening machine　整直机，矫直机，矫正机
straightening press　矫直压力机，校正压力机
straightening roll　整直滚筒，矫直辊
straightening tool　矫直工具
straightness　(1) 正直度；(2) 平直度；(3) 直线性，平直性
straightway valve　直通阀
strain　(1) 弹性变形，应变，变形，形变；(2) 过滤，滤波；(3) 张力，应力；(4) 单位伸长，延伸率，拉紧，拉长，压缩，(5) 扭歪，损坏，弯曲，曲解，歪曲；(6) 使用过度，负担，加力，加载，加荷；(7) （压铸）胀砂，毛刺，飞边
strain-aged-steel　应变时效钢
strain aged steel　应变时效钢
strain-aging　应变时效
strain aging　形变时效
strain at failure　失效应变，损毁应变，破坏应变
strain axis　应变轴
strain clamp　耐胀线夹，耐拉线夹
strain crack　应变裂纹
strain cracking　应变开裂
strain cycling　应变循环
strain deformation　应变变形
strain detector　应变检测器
strain deviation　应变偏移
strain dispersal　应变消散
strain distribution　应变分布
strain energy　变应能量，应变能，变形能
strain energy of distortion　变形能量
strain fatigue　应变疲劳
strain figure　应变图
strain force　应变力，变形力
strain forces　抗张应力，变形力
strain ga(u)ge (=SG)　应变测量仪，应变仪，应变计，拉力计，拉力规，应变片，电阻片
strain-ga(u)ge indicator　应变仪指示器
strain-ga(u)ge installation　应变仪
strain ga(u)ge load cell　应变仪负荷传感器，应变片负载柱
strain-ga(u)ge measurement　应变片测量
strain-ga(u)ge pick-up　应变计传感器
strain-ga(u)ge resette　应变片花
strain-ga(u)ge technique　应变测量技术
strain-ga(u)ge tester　应变片式测试仪
strain-ga(u)ge torquemeter　应变扭力计
strain-gauging　应变测量
strain gradient　应变梯度
strain-hardening　应变硬化，形变硬化，加工硬化
strain hardening　应变硬化，形变硬化，加工硬化，机械硬化
strain hardening coefficient　应变硬化系数，加工硬化系数
strain insulator　耐拉绝缘子
strain intensity　应变强度
strain level　应变级，应变水平
strain line　应变细微裂纹
strain-measuring instrument　应变仪

strain meter　应变仪，应变计
strain of flexure　弯曲应变，扰曲应变
strain pacer　定速应变试验装置
strain path　应变过程
strain pick-up　应变传感器
strain pin　拉紧销
strain plate　接线板，拉线板
strain-pulse　应变脉冲
strain range　应变范围，应变幅度，应变量程
strain rate　应变率
strain-ratio　应变率
strain ratio　应变率
strain reactance　杂散电抗，寄生电抗
strain relief　溢流冒口，出气冒口
strain roll　张力辊，松紧辊
strain sensor　应变规，应变传感器
strain stretcher　应变延伸器
strain tensor　应变张量
strain tower　耐拉铁塔，拉线塔
strain transducer　应变规，应变传感器
strain-viewer　应变观察仪
strained casting　带飞边的铸件
strained conditions　受压力状态
strainer (=STR)　(1) 滤水管，粗滤器，过滤器，滤净器，滤器，滤网；(2) 筛网泥芯，筛子网，筛；(3) 应变器；(4) （传动带）拉紧装置，拉紧螺栓，拉紧器，张渣器，联结器，拉杆；(5) 松紧螺纹扣
strainer core　滤网芯片，浇口滤片，撇渣芯
srtainer ga(u)ge　应变规，应变片
strainer mesh　滤网
straining　(1) 应变；(2) 过滤，隔滤，粗滤；(3) 扣紧，拉紧；(4) 加力，加载
straining apparatus　张拉设备
straining beam　跨腰梁，横梁，系梁，拉杆
straining chamber　[粗] 滤室
straining element　抑制元件
straining meter　应变仪，应变计
straining pulley　张力轮
straining ratchet　棘轮拉紧器
straining sill　二重桁架腰梁
strainmeter　应变计，伸长计，张力计
strainometer　伸长计，延伸计，张力计
strains and stresses　应变和应力
strainslip　应变滑动
strait　狭窄的，窄小的，密合的，艰难的
straiten　(1) 弄窄；(2) 限制，收缩
strake　(1) 外板，列板，侧板，底板；(2) 铁箍，轮箍，箍条；(3) 溜槽；(4) 条纹；(5) 船上壳板或钢板的箍带
strand　(1) 细索，细条；(2) （绳子的）股；(3) 扭绞线束，导线束
strand anneal　分股退火，带材退火，线材退火
strand-annealing　分股退火，带材退火，线材退火
strand cable　绞合电缆，扭绞电缆，绞线，吊线
strand core　钢丝绳的钢绞线芯
strand line　搁浅线
strand mill　多辊型钢轧机
strand of rolls　粗轧机
strand pig casting machine　单线铸铁机
strand rope　多股钢缆
strand wire　多股绞合线，绳索
strand wire bond　多股绞线连接，扎线
stranded　(1) 多芯的，多股的；(2) 搓的；(3) 扭转的；(4) 搁浅
stranded conducer　绞合导线，绞线
stranded wire　多股绞合线，股绞金属线，钢绞线，绞合线
strander　绳缆搓绞机，扭绞机，捻股机，绞绳机
stranding　捻，搓，扭转
stranding roll　条钢粗轧机
strangeness　奇异性
strangeness number　奇异数
strangler　（汽化器的）阻气门，节流门，阻塞门
strap　(1) 狭条，狭条带；(2) 滑车带，金属带，衬圈带，皮带，布带，铁带，窄带，板带；(3) 紧固夹板，固定夹板，搭接片，搭接板，搭接线，搭接带，夹板，盖板，垫板，衬板，搭板，系板，套板，窄板；(4) 套，环，圈；(5) 铁皮条，窄条，带条，嵌条，条，片；(6) 系，索；(7) 蓄电池的同极连接片，母线；(8) （磁控管的）耦腔，耦合环；(9) 组成电接头的扁平导体，扁平电缆条

strap bolt　带眼螺栓, U 形钉, 蚂蟥钉, 带栓
strap-brake　带闸
strap brake　带式制动器, 带闸
strap cam　带凸轮
strap clamp　条夹, 带夹
strap coil　铜带线圈
strap-down　捷联
strap-down inertial system　捷联式惯性制导系统
strap fork　皮带叉, 皮带移动器
strap iron　条铁, 条钢, 扁钢
strap joint　盖板接头
strap lap joint　夹板接合
strap link　带端链节
strap-on　搭接
strap ring　耦合环
strap rivet　皮带铆接
strap tension　(制动器) 带的拉力, 带的张紧度
strap washer　垫板
strap wire　带状电线
straphanger　管子固定箍带, 杆件固定箍带
strapped joint　(1) 盖板接头; (2) 夹板接合, 铰接
strapped magnetron　耦腔式磁控管, 均压环式磁控管
strapped multiresonator circuit　带均压环的多谐振荡电路
strapper　包扎机, 捆包机
strapping　(1) 皮带材料, 捆带条; (2) 多腔磁控管 [空腔间的] 导体
　耦合系统, 无用振荡膜的抑制; (3) 橡皮膏, 胶带; (4) 圆油罐测量,
　围测 (用带测桶的周长以确定容量); (5) 联接 (把多腔磁控管中所有
　同一极性部分加以联接); (6) 大板条; (7) 滚边
strapping of tank　测量油罐每单位高度容量
strapwork　带箍线条
strass　特斯拉斯假金刚石, (铅质玻璃制成的) 假钻石, 有光彩的铅质
　玻璃
stratameter　土壤硬度计
strategic(al)　对全局有重要意义的, 战略上的, 战略的, 要害的, 关键的
strategic air force (=SAF)　(美) 战略空军
strategic air command (=SAC)　(美) 战略空军司令部
strategic alert sound system (=SASS)　战略警报系统
strategic arms limitation talks (=SALT)　限制战略武器会谈
strategic low altitude missile (=SLAM)　低空战略导弹
strategic materials　战略物质
strategic missile (=SM)　(地对地) 远程战略导弹
strategic point　(1) 战略要点; (2) 交通信息收集点, 交通要害点
strategic orbital system (=SOS)　战略轨道系统
strategic orbital system study (=SOSS)　战略轨道系统的研究
strategically　处在关键地方, 战略上
strategics　战略学, 兵法
strategist　战略家
strategy　(1) 军事学, 战略学, 兵法; (2) 战略, 军略; (3) 策略, 谋略,
　对策, 计谋
strategy and tactics　战略与战术
strati-　(词头) 层
straticulate　薄层的, 分层的
stratification　(1) 分层, 成层; (2) 层化, 层次, 层理, 层叠, 层置, 层结;
　(3) 汽缸内可燃成分的分层变化
stratification sampling　分层取样
stratified　有层次的, 成层次的, 分层的, 层化的, 层状的
stratified mixture　分层混合料, 层状混合料
stratified plastics　层压塑料
stratified sampling　分层抽样
stratified sand　层夹砂
stratiform　层状的, 成层的
stratify　成层加料, 使成层, 使分层
stratifying of charge　成层加料
stratigraph　X 射线断层摄影机
Stratit element　钨电阻加热元件, 钼电阻加热元件
strato-　(词头) 同温层
stratochamber　同温层实验室
stratocruiser　高空巡航机, 高空客机
stratofreighter　同温层货运机
stratographic　色层分离, 的, 色谱的
stratographic analysis　色层分离法分析
stratography　色层分离法, 色谱法
stratojet　同温层喷气机
stratoliner　同温层客机, 高空客机

stratometer　土壤硬度计
stratoplane　同温层飞机
stratovision　(通过飞行器) 在同温层转播的电视, 飞机转播电视, 星球
　电视
stratum　(1) 层; (2) 薄片
stray　(1) 寄生电容, 杂散电容; (2) 寄生 [信号] 干扰, 无线电干扰,
　杂散干扰; (3) 杂散的, 分散的, 扩散的, 散射的, 散逸的, 离群的; (4)
　偶然的, 偶有的; (5) 产生天电的电波, 产生天电的电流, 天电
stray bullet　流弹
stray capacitance　杂散电容 [量]
stray-capacity　杂散电容, 寄生电容
stray capacity　杂散电容
stray capacity coupling　杂散电容耦合
stray capacity effect　杂散电容效应
stray coupling　杂散耦合
stray current　泄漏电流, 杂散电流
stray emission　杂散放射
stray electric field　杂散电场
stray electron　杂散电子
stray element　离群分子
stray field　漏磁场, 杂散场
stray flux　杂散磁通量
stray induction　杂散电感, 寄生电感, 漏电感
stray light　散射光, 漫射光, 杂光
stray lighting　漫射照明
stray load loss　杂散负载损失, 杂散负载损耗
stray loss　杂散损失, 杂散损耗
stray magnetic field　杂散磁场
stray neutron　杂散中子
stray pick-up　(1) 杂散干扰拾取, 杂散噪声拾取; (2) 杂散噪声拾波器,
　干扰感应器
stray power loss　杂散功率损耗
stray reactance　杂散电抗
stray resistance　杂散电阻
stray value　偏离值
stray wave　杂散波
straying　磁漏
strays　(1) 天电; (2) 干扰噪声
streak　(1) 条痕, 条纹, 条斑, 纹理; (2) 色线, 划线, 色泽, 拖影, 闪光;
　(3) (玻璃表面的) 波筋; (4) 割沟, 侧沟; (5) 形成条纹, 加条纹
streak camera　超高速扫描照相机, 超快扫描照相机, 条纹摄像机
streak flaw　条状裂痕
streak line　条纹线
streak photograph　纹影照相
streak plate　划线平板法
streak reagent　喷显剂
streak reagents for chromatography　色谱法条痕形成剂
streak test　痕色试验
streaked　成条纹的, 成带的
streaking　(1) 条纹, 斑纹; (2) 品质不均匀, (颜料的) 渗散; (3) 图像拖尾,
　拖影; (4) 划线分离, 开割沟, 加条纹
streakline　纹线
streaks of grinding temper　磨削回火条纹, 磨削回火条痕
stream　(1) 水流, 液流, 气流, 喷流, 射流, 流线, 流束; (2) 流出, 流注,
　流动, 射出, 倾, 注; (3) 流量, 通量; (4) 漏失; (5) 趋向, 趋势, 倾向
stream feeder　流水式给纸装置
stream flow　流量
stream function　流量函数, 流线函数
stream gold　砂金
stream-handling　(1) 流动式处理; (2) 连续进料或输送
stream hardening　喷水淬火, 喷水硬化
stream heating system with wet return　湿式回水蒸汽供暖系统
stream line　(1) 流线; (2) 通量线
stream lined locomotive　流线型机车
stream of ion　离子流
stream time　连续开工时间, 工作周期
stream-tin　砂锡, 锡砂
streamer　(1) 由电子雪崩产生的电子流, 等离子流状束, 等离子流管;
　(2) 流光, 射光, 闪流; (3) 光柱, 光束, 射束; (4) 蒸汽雾, 热气雾; (5)
　电晕放电
streaming　流动
streaming anisotropy　流动各向异性
streaming potential　流动电位
streaming tape　连续磁带

streamline (=S/L)　(1) 流 [水] 线, 流线型；(2) 流线型的
streamline body　流线型车身, 流线体
streamline diagram　流线图
streamline flow　流线型流动, 层流
streamline form　流线型
streamline of motion　流线
streamline shape　流线型
streamline valve　流线型阀
streamline wire　顺流线
streamlined　(1) 流线型的；(2) 层流的；(3) 连成一个整体的, 现代化的, 合理化的, 精简了的
streamlined car　流线型汽车
streamlined methods　合理化作业法, 合理化方法
streamliner　(1) 流线型装置；(2) 流线型火车
streamlining　(1) 使流线型化, 成流线；(2) 流线型；(3) 曲线设计
street bend　内外接弯头
street-car　有轨电车
street elbow　带内外螺纹的弯管接头, 异径弯头管, 内外接弯头, 长臂肘管
street ell　内外接弯头
street lamp　街灯, 路灯
street reducer　单向联轴节的减速器
street roller　压路机, 路碾
streetcar　(1) [有轨] 电车；(2) 轨道地球物理观察卫星
streetlight　路灯
stremmatograph　轨道 [受压纵向] 应力自记仪, 钢轨应力自记仪
strength (=str)
　(1) 力气, 力量, 力；(2) 强度, 能量；(3) 强度极限；(4) 溶液中的电离度, 浓度；(5) 武装部队, 作战部队, 军事力量；(6) 流速, 流量
strength at rupture　断裂强度
strength balance　强度平衡, 弯强平衡
strength calculation　强度计算
strength factor　[弯曲] 强度因素
strength for Hertzian stress(endurance limit)　赫兹应力 [疲劳极限] 强度
strength margin　强度储备, 强度裕度
strength member　重要构件 (承受大载荷的构件)
strength of acid　酸的强度
strength of a line　谱线强度
strength of cement　水泥标号
strength of current　电流强度
strength of electric field　电场强度
strength of field　场强度
strength of forbiddenness　[放射性] 禁戒程度, 禁戒强度
strength of level　能级强度
strength of magnet　磁极强度
strength of materials　(1) 材料强度；(2) 材料力学
strength of pressure　压力强度, 压强
strength of resonance　共振强度
strength of sewage　污水浓度
strength of source of sound　声源强度
strength of structure　(1) 结构强度；(2) 结构力学
strength of vortex　涡流强度
strength per unit area　单位面积强度
strength ratio　强度比
strength rivet　强力铆钉
strength test　强度试验
strength-testing machine　强度试验机
strength theory　强度理论
strength-to-weight ratio　强度重量比
strength weld　高强度焊接
strengthen　(1) 加强, 加固, 增强, 变强, 强化, 硬化；(2) 使放大, 巩固
strengthened edge　加固边缘, 加厚边
strengthening　加强, 增强, 加固
strengthening mechanism　强化机理
strengthening ring　(1) 加强环；(2) 锁紧固
strenuous test　强化试验
strenuous vibration　剧烈振动
strephotome　螺钻形刀
stress　(1) 应力, 压力；(2) 受力状态, 紧张状态；(3) 加压力；(4) 延伸的能力, 伸缩性, 弹性；(5) 走锭精纺机的台架离开滚轴向外的转动；(6) 强调, 着重
stress adjustment　应力调节
stress alteration　应力交替

stress amplitude ratio　循环应力中最大应力与平均应力之比
stress analysis　应力分析
stress application　加载, [施] 加负荷
stress area　应力面积
stress-at-break　断裂应力
stress component　应力分量, 分应力
stress concentration　应力集中
stress concentration effect　应力集中效应
stress concentration factor　应力集中系数
stress concentration factor for tooth root stress　齿根应力的应力集中系数
stress condition　应力状态
stress conditions　应力条件
stress contour　应力等值线
stress controller　应力控制器
stress correction　应力修正, 应力补偿
stress correction factor　应力修正系数
stress corrosion　[超] 应力 [引起的] 腐蚀
stress-corrosion crack　应力腐蚀裂纹
stress-corrosion cracking　应力腐蚀开裂
stress cycle　应力循环
stress-cycle diagram　应力循环图, 疲劳曲线
stress detector　应力计
stress-deviation　应力偏差
stress deviation　应力偏移
stress diagram　应力图
stress-difference　应力差
stress distribution　应力分布
stress ellipsoid　应力椭圆面
stress failure　应力损坏
stress fluctuation　应力脉动, 应力波动
stress freezing　应力冻结
stress function　应力函数
stress gradient　应力梯度
stress intensity　应力强度
stress intensity range　应力强度范围
stress level　应力级
stress matrix　应力矩阵
stress modulus　应力模量
stress moment　应力矩
stress-number of cycles　应力循环次数, 应力因数
stress-number of cycles chart　应力循环次数图表
stress-number of cycles curve　疲劳应力循环次数曲线, 疲劳应力因数曲线
stress-number of cycles diagram　[应力循环次数] 疲劳曲线图, 应力循环次数图
stress of contact　接触应力
stress of ultimate tenacity　极限抗拉应力
stress-optic(al)　光弹性的
stress path　应力过程
stress pattern　(1) 应力图形；(2) 应力 [试验] 样板
stress peening　加拉应力状态喷丸强化, 加载状态喷丸强化
stress-producing force　引起应力的外力
stress-raiser　应力集中源
stress raiser　应力增高区
stress range　应力范围
stress ratio　应力比 (不对成应力循环中最大最小应力绝对值之比)
stress recorder　应力自动记录仪
stress region　应力区域
stress relaxation　应力松弛
stress-relief　消除应力的
stress relief　应力消除
stress relief annealing　消除应力退火
stress-relief heat treatment　消除应力热处理
stress-relief tempering　消除应力回火
stress-relieved 为　消除应力热处理过的, 消除了应力的
stress-relieving　消除应力, 低温退火
stress relieving　(1) 应力消除热处理, 消除应力处理, 稳定化处理, 低温回火；(2) 消除应力, 应力消除, 应力解除；(3) 消除应力的
stress relieving annealing furnace　消除应力退火炉, 低温退火炉
stress relieving groove　卸载槽
stress-rupture test　应力破坏试验, 持久强度试验, 蠕变拉断试验
stress resultant　应力合量
stress reversal　应力反向

1362

stress sheet 应力表,应力图
stress state 加载状态,应力状态
stress-strain 应力 - 应变
stress-strain curve 应力 - 应变曲线
stress-strain diagram 应力 - 应变图,应力 - 应变曲线
stress-strain ga(u)ge 应力 - 应变仪
stress-strain relationship 应力 - 应变关系
stress system 应力分布图
stress tensor 应力张量
stress test 应力试验
stress to rupture 应力试验,断裂应力
stress trajectory 应力轨迹,应力波
stress under impact 冲击应力
stress wave 应力波
stresscoat (检验)应力涂料
stressed layer 受应力层
stressed skin (1)承载蒙皮;(2)应力表面
stressed skin structure 蒙皮承载结构
stresser 应激子
stressing (1)加力,加荷,加载;(2)应力分布
stressless 无应力的
stressometer 机械应力测量器,应力计,胁强计
stretch (=STRCH) (1)伸展,伸长,伸出,伸张,伸延,伸缩,拉直,拉长,拉伸,拉紧,扣紧;(2)展开,展锻,张开,松开,铺开,展宽,加宽,扩大,扩展,扩张;(3)铺设,延伸,延长,延展,连绵,继续;(4)伸长度,范围,限度;(5)样板平尺,直尺,直规;(6)(一次)持续时间,(一段)路程,(一段)航程,(一次通过的)距离
stretch circuit (脉冲)展宽电路
stretch draw dies 张拉成形模
stretch draw forming 张拉成形
stretch draw press 张拉成形压力机
stretch elongation 拉伸变形
stretch flange 伸展凸缘,拉伸凸缘
stretch former 拉伸成形机
stretch forming (1)张拉成形法;(2)拉伸成形,拉形
stretch planishing 旋压成形,旋压加工
stretch-proof 耐拉伸的,抗拉伸的
stretch roll 张力辊
stretch strain 拉伸变形
stretchability 拉伸性,延性,展性
stretched 拉紧的,绷紧的
stretched fiber 受拉纤维
stretched plate 拉伸板
stretcher (1)张紧器,伸张器,伸长器,拉伸器,伸展器,延伸器,扩展器,展宽器;(2)(薄板)矫直机,拉伸机;(3)轨距杆,规杆;(4)横木,挡条,联撑
stretcher bar (1)尖轨连接杆;(2)伸缩支承杆;(3)用作间隔片的支杆
stretcher forming 拉伸成形法
stretcher leveler 拉伸矫直机
stretcher leveling 拉伸矫直
stretcher of belt 皮带伸长器
stretcher rod 尖轨连接杆
stretcher strain 拉伸变形
stretching (1)延伸,伸展,伸张;(2)拉长,扩展;(3)展锻;(4)伸缩变换
stretching apparatus of a base line 基线拉尺器
stretching band 价电子振动带
stretching bed (预应力)张拉台座
stretching device 张紧装置,拉紧装置
stretching force 张紧力,延伸力,张力,拉力
stretching of coupling 车钩的伸张
stretching resistance 抗拉伸强度,抗拉力,抗张力
stretching roller 张力辊,拉伸辊
stretching rope 张拉索
stretching screw 拉紧螺钉,拉紧螺杆,调整螺杆
stretching stress 拉伸应力
stretching test 拉伸试验
stretching vibration 伸缩振动
stretching wire (混凝土中的)拉伸钢丝
stretchy 能伸长的,有弹性的
stretchy nylon 弹性尼龙
stria (复striae) (1)条纹,条痕,裂纹,线条,擦痕;(2)细沟,柱沟,细槽;(3)壳线间隙,壳纹;(4)玻璃表面的长条缺陷,波筋

striate (1)加线纹,加条纹,加条痕,加细沟,加细槽;(2)有条纹的,有线条的,有细沟的,有细槽的
striating 使粗糙的
striation 形成条纹,条带,条纹,条痕
strickle (1){铸}刮型器,铸型辊,刮型板,折角条,刮板,车板,斗刮,砂钩;(2)磨石,油石;(3)直边磨刀装置,磨镰刀器;(4)刮平,刮光,磨光,磨快
strickle arm of the sweeping tackle 车板架横臂
strickle board 造型刮扳
strickle moulding 车板造型
strickling 刮板造型,车板造型,车制[型砂],刮
strict (1)精密的,精确的,严密的,紧密的;(2)严格的,严谨的,严厉的;(3)明确的
strict secrecy 绝密
strict interchangeability 严格交换性
striction 收缩,紧缩,颈缩
strictly 严格地,精确地,绝对地,的确
strictly speaking 严格地说,严格说来
strictness 严格,精确,紧密
stricture (1)束紧;(2)光束;(3)束缚,限制;(4)微小的痕迹
strike (1)碰撞,撞击,冲击,打击,轰击,袭击,闪击,敲,碰,撞,抛,投,射;(2)触发(大电流快速)电镀,电解沉积法,触发(电弧),放电,起弧;(3)铸造,锻打,压制;(4)铸模,冲模;(5)透过,穿过,穿,刺
strike-a-light 打火器
strike aircraft 攻击机,强击机
strike-back 回燃
strike board 刮[平]板
strike copies 复制
strike-in 纸张对油墨的吸收性
strike-off (1)整平,刮平;(2)刮[平]板
strike off (1)删去,除去,取消;(2)拆模;(3)整平,刮平
strike out (1)冲压成,打出,敲出,做成,产生;(2)设计出,筹划,拟出;(3)划掉,删去;(4)展平
strike-through 透印
strikeover 打字时的字母重叠
striker (1)差速锁;(2)压杆;(3)大铁锤,大锤,撞锤,钟锤;(4)冲击仪,击针,撞针;(5)(引信的)击针座
striker clutch (1)移带叉;(2)换挡叉
striking (1)显著的;(2)触发[电弧],起弧,(电弧)放电;(3)打,击;(4)一次铸压件,压铸[物];(5)拆除支架,刮平;(6)显著的,明显的,触目的,惊人的
striking board 刮[平]扳,样板
striking contrast 显著对比
striking current 起弧电流,击穿电流,着火电流
striking-distance (1)火花间隙;(2)放电距离,闪击距离
striking energy 敲击能
striking film 开始[的一层]电镀膜
striking gear 打击传动装置,触发传动装置,拨动装置,皮带拨杆
striking knife 三棱刮刀
striking lever 操纵杆,变速杆
striking of arc 电弧触发,起弧
striking off 嵌缝,刮平
striking potential 着火电位,放电电位,起弧电位,闪击电势
striking voltage 闪击电压
striking voltage of arc 起弧电压
striking winding 起弧线圈
string (=str) (1)弦线,绳子,细绳,绞索,丝,线,带;(2)捆扎,伸展,使张紧;(3)信息串,[符号]字串,字行;(4)井内用的管子或套管,钻井工具,冲击钻,钻具组;(5)连接程序;(6)连系,拉紧;(7)楼梯斜梁
string beading 挺进叠置焊道(不运条)
string drive 张丝传动,弦丝传动
string efficiency [绝缘子]串效率
string electrometer 弦线式静电计
string filter 纹条滤器
string galvanometer 弦线电流计,弦线检流计
string line 放样[麻]线
string milling 连续铣削
string of casing 套管柱
string of rods 抽油杆柱
string of tank cars 整列铁路油罐车,油罐车列
string oscillograph 弦线式示波器
string out 成串地展开,排成一列,引伸
string piece (1)纵梁;(2)楼梯基

string pointer　(仪表)弦控指针
string polygon　索[线]多边形
string potentiometer　弦线电位计
string proof test　纤维试验
string quote　行引号
string-shadow instrument　弦线式仪表
string together　串联在一起
string up　(1)吊起,挂起;(2)装置滑车系统
stringboard　楼梯斜梁侧板,楼基盖板
stringed　用弦缚住的,有弦的
stringency　(1)紧急,迫切,严厉,严格;(2)严格性;(3)强度
stringency of test　(1)试验结果的精度;(2)试验规则的严格性
stringent　紧急的,迫切的,严厉的,严格的
stringent tolerance　严格公差,精确公差,精确容差
stringer　(1)长条横木,纵梁,纵桁,纵材,桁条,长桁,牵条;(2)楼梯斜梁,楼梯基;(3)纵向加强肋,纵向加强杆,纵向加强板,纵向加强条,纵向轨枕,枕木;(4)架设装置,吊缆;(5)辐照孔道塞;(6)燃料束棒;(7)(显微组织沿加工方向)拉长;(8)加固半硬壳飞机壳皮的纵向构件
stringer bead　窄焊道(焊条不横摆)
stringer bracing　纵梁斜撑
stringer bridge　纵梁桥
stringiness　(1)纤维性,拉丝性;(2)粘性;(3)延性,展性
stringing　(1)排成一线,放样;(2)紧线,架线;(3)接下油管,接下套管;(4)镶嵌直线
stringpiece　(1)纵梁;(2)楼梯基
stringy　粘稠的,拉丝的
striogram　辉光图
striolate　有小细条的,有细条纹的
strip (=STR)　(1)带,条,窄条,带材,带钢,板条,簧片;(2)(齿轮齿面)剥伤,(螺纹)磨伤,剥落;(3)脱模,抽锭(钢锭);(4)(螺纹)断的;(5)去色
strip a still　开蒸馏釜的人孔盖
strip attenuator　条带形衰减器
strip bar　窄扁钢
strip bond　带状钢轨导接线
strip breakage　带材拉断
strip-chart　带状图
strip chart recorder　条带录音机
strip coating　可剥涂料,带式镀膜
strip conductor　(1)条状导体,条形导体;(2)搭接导片
strip cutting machine　带材切割机
strip-fed　弹夹装弹的
strip film　可剥膜
strip fuse　带状熔丝,片状保险丝
strip handle　起模手柄
strip heater　电热丝式加热器
strip-in　(1)剥了膜的摄影正、负像;(2)胶片剥膜
strip iron　窄带钢
strip lamp　管式灯,灯管
strip line　(1)带状线,条形线;(2)传送带
strip-light lamp　顶灯
strip log　柱状剖面图,柱状录井图
strip machine　(1)粗加工机床,拉荒机床;(2)脱模机,抽锭机
strip mill　带钢轧机,带材轧机
strip of conditional convergence　条件收敛带
strip of element　元素带
strip of fuses　保险丝排
strip of keys　(1)电键排;(2)按钮排
strip of metal　条片金属
strip off　剥除(绝缘层)
strip pulse　行同步脉冲
strip-rolling　带材轧制,粉带轧制
strip rolling　带材轧制
strip steel　带钢,钢带
strip-suspension type　轴尖悬置式,轴尖支承式
strip tension　带钢张力
strip the gears　折断齿轮的齿,轮齿剥伤
strip-type magnetron　耦腔磁控管
strip width　条宽,行宽
strip with water　用水冲洗,水力剥离
strip-wound　(线圈)条绕的
stripborer　水平孔钻机,水平眼钻车
stripcoat (=strippable coating)　可剥性涂料
stripe　(1)条纹;(2)镶条,色条;(3)条纹图样

stripe test　色条试验
striped　有条纹的,成条纹的,成带的
striper　(1)条纹编织器;(2)画条纹刷
striping　(1)具有条纹;(2)条纹;(3)条纹设计[图案]
striping machine　划线机
striplight　带形[光束]照明器,长条状灯
stripline　电介质条状线,微波带状线
strippable　可剥去的,可移去的,可拆去的,可取去的,可摘取的
strippable coating　可剥性涂料
strippant　反萃取剂,洗涤剂,解吸剂
stripped　(1)已洗涤过的,已解吸了的;(2)高度电离的
stripped atom　失(去外层)电子的原子
stripped emulsion　剥离乳胶,脱基乳胶
stripped neutron　削裂中子
stripped nucleus　裸核
stripped plasma　完全[电离的]等离子体
stripped thread　滑扣螺纹
stripper　(1)铲齿机;(2)冲孔模板,退料板;(3)拆卸机,拆卸器,卸料器;(4)脱模杆,出坯杆;(5)分离装置,剥离电铲,剥皮机,剥除机,刨煤机,剥离器,剥皮机;(6)脱模机,脱锭机,抽锭机,顶壳机,脱模器;(7)剥离挖掘机,松土机,摘穗机,摘棉机;(8)涂层消除剂,剥离剂,洗提剂,去除剂,去膜剂;(9)汽提塔,解吸塔,洗提器,汽提段,分离段;(10)可变高压电极;(11)去[绝缘]层器,剥片器
stripper-crane　脱模机
stripper crane　脱模吊车,剥片吊车
stripper machine　脱模机,卸料机
stripper pin　起模顶针,脱模销
stripper plate　(1)脱模板,漏模板,挤压板;(2)分馏柱塔板
stripper plate mould　脱[模]板塑模,丁字塑模
stripper punch　脱模冲头,顶件冲头
strippers　接纸装置
stripping (=STR)　(1)抽锭,脱模,拆模,漏模,起模,脱芯,顶壳;(2)洗涤,洗提,冲洗,冲掉,溶出,溶脱,汽提,解吸,去色;(3)拆卸,拆开;(4)剥离,剥片,剥开,剥落,剥皮,剥裂,挤出,破裂,断裂;(5)条带材料;(6)反萃取,反洗
stripping attachment　拆卸器
stripping crane　脱模吊车,剥片吊车
stripping equipment　(机器)拆卸设备
stripping film　剥离[乳胶]片,可剥膜
stripping machine　脱模机,起模机,卸料机
stripping paper　条纹纸
stripping pattern　漏模
stripping pins　顶箱杆,推杆
stripping power shovel　矿山表层剥离机
stripping shovel　矿山表层剥离机
stripping still　汽提蒸馏器
stripping test　溶除锌镀层镀着量测定,汽提试验,去模试验,去胶试验
strips of magnetron　磁控管的耦腔
strobane　氯化松节油
strobe　(1)发出选通脉冲,选通,闸;(2)选通脉冲,读取脉冲,门脉冲;(3)闸门;(4)频闪观测盘,频闪观测器,频闪观测仪;(5)频闪放电管,闪光管
strobe gate　选通门
strobe lamp　闪光灯
strobe light　(1)频闪放电管;(2)频闪灯光
strobe pulse　选通脉冲
strobe switch　选通脉冲转换开关,门电路转换开关
strobe unit　选通装置
strobeacon　闪光灯标
strobing gate　选通门
strobing pulse　选通脉冲
strobo　频闪观测器,闪光放电管,闪光仪
strobodynamic balancing machine　闪动平衡机
stroboflash　(频闪观测器的、闪光放电管的)闪光,频闪
stroboglow　有氖闸流管的频闪观察器
strobolamp　旋光试验灯(检查汽车发动机点火时刻与自动点火装置用的设备)
strobolume　高强度闪光仪
strobolux　大型频闪观察器,闪光仪
strobophonometer　爆震测声计(测量汽油在发动机中爆震时声音强度之仪器)
stroboresonance　频闪共振
stroboscope　(1)频闪观测仪,频闪观察器,闪光器,闪光仪,频闪仪;(2)埃菲尔逊示波器;(3)动景器

stroboscope method　频闪观测法，闪光测频法
stroboscopic disc　频闪观测盘，示速器圆盘
stroboscopic effect　频闪效应
stroboscopic method　频闪观测法，闪光测频法
stroboscopic tachometer　闪光测速仪，频闪仪式转速计，频闪转速计
stroboscopic tube　频闪管，闪光管
stroboscopy　频闪观测法，闪光测频法
strobotac　频闪测速器，频闪转速计
strobotach　频闪测速计
strobotron　有冷阴极控制栅的放电管，频闪放电管，闪光管，频闪管
stroke　(1)冲程，行程，动程，升程，升高，提升，升升；(2)冲击，打击，撞击，闪击，雷击，(3)冲程长度，冲程量；(4)循环，周期，(5)打缝，打入；(6)作往复运动的机器部件；(7)拍击动作；(8)字符笔划，笔划
stroke adjuster　冲程调整器
stroke adjuster shaft　行程调整轴
stroke-bore ratio　(发动机)冲程缸程比
stroke capacity　冲程容量
stroke control knob　行程控制捏手
stroke counter　往返行程计数器，往返冲程计数器
stroke length　行程距离，冲程距离
stroke boring bar　镗杆行程
stroke down　下行程，下冲程
stroke milling　直线走刀曲面仿形铣
stroke of crane　起重机起重高度，吊车起重高度
stroke of cutter　[插齿]刀具冲程
stroke of piston　活塞行程
stroke of punch　冲量
stroke of ram　滑枕行程
stroke of saw bow　弓锯行程
stroke of table　工作台冲程，工作台行程
stroke operation　(1){数}加横运算；(2){计}"与非"操作
stroke per minute　每分钟行程，每分钟冲程
stroke-side　左舷
stroke-to-bore ratio　(发动机)冲程缸径比
stroke volume　(1)行程容积，冲程容积，(2)活塞位移(气缸的工作容积)
stroker　(1)往复推进器；(2)推料器；(3)自动给料机的握料部件
strokes per tooth　每齿[加工]冲程数
stroking mechanism　(1)往复运动机构；(2)活塞行程调节机构
stromeyer test　疲劳强度试验
strong　(1)强有力的，结实的，坚固的，稳固的，强烈的，强大的，强壮的；(2)烈性的，浓的
strong acid　强酸
strong-box　保险箱
strong base　强碱
strong convergence　强收敛
strong current　强电流
strong electrolyte　强电解质
strong-focusing　强聚焦
strong-focusing accelerator　强聚焦加速器
strong holding device　强力夹具
strong room　保险库
strong sand　强粘力砂
strong soda water　强苏打水
strong stability　强稳定性
strong steel　高强度钢，强力钢
strongback　(1)强力背板；(2)艇罩纵桁；(3)舱口盖桁材，承力桁材；(4)客运甲板支柱，艇固定杆
strongpoint　坚固支撑点
strontium　锶 Sr(音思，号元素)
strop　(1)(船)滑车的带索，滑车的环索，滑车带；(2)吊索，皮带
strophoid　环索线
strophotron　多次反射振荡器
struck　(1)敲击了的，击穿了的，碰撞的；(2)压制的，铸造的
struck atom　被击原子，冲击原子，反跳原子
struck capacity　(翻斗车)平斗容量
struck joint　敲接，刮缝
structural　(1)结构的，构造的，构架的，构成的；(2)组织上的；(3)建筑上的
structural adhesive　结构胶粘剂
structural analysis　结构分析
structural arrangement　结构配置，结构布置
structural carbon steel hard (=SCSH)　结构用硬碳素钢
structural carbon steel medium (=SCHM)　结构用中碳素钢
structural carbon steel soft (=SCSS)　结构用软碳素钢

structural clay tile (=SCT)　自承重空心砖
structural connection　结构连接件
structural constituent　结构元件
structural damage　结构破坏
structural damping　结构减震
structural deflection　结构扰度
structural design　结构设计
structural detail (=SD)　结构细部
structural development　结构改进
structural drag　结构阻力
structural drawing　结构图，构造图
structural drilling　结构钻探
structural failure　结构损坏
structural fatigue failure　结构疲劳损坏
structural feedback (=SFB)　结构反馈
structural formula　结构式
structural frame　架构
structural glass (=SG)　大块玻璃
structural hybrid　结构杂种
structural information　结构信息
structural mechanics　结构力学
structural member　结构元件，构件
structural properties　结构性能
structural resolution　结构分辨能力
structural return loss　匹配连接时的衰耗，结构回路损耗
structural rivet　结构铆接
structural scale unit　结构尺寸单位
structural shape　结构用型钢
structural skin　(1)承载蒙皮，(2)应力表面
structural stability　结构稳定性
structural-stable　结构稳定的
structural steel (=str st)　结构钢
structural stress　结构应力
structural test　结构试验
structural theory　结构理论
structural timber　建筑木料
structural unit　结构单元
structural-unstable　结构不稳定的
structural viscosity　结构比粘度
structural-viscous　反常粘度的，非牛顿的
structural weight　结构重量
structure　(1)结构，构造；(2)组织，纹理；(3)设备，装置，构件；(4)建造物，构架，桁架；(5)配置；(6)装置
structure-borne noise　结构传递的噪音
structure defect　结构缺陷
structure-dependent　与结构有关的，结构敏感的
structure diagram　结构图，构造图
structure drawing　结构图
structure equation　结构方程
structure group　结构群
structure in space　(1)空间结构；(2)空间桁架
structure insensitive　与结构无关的，结构不敏感的
structure nose　构筑物的突出部分
structure of dots　点的分布，点的配置
structure retrieval　结构检索
structure-sensitive　与结构有关的，结构敏感的
structure space　结构空间
structure-symbol　结构符号
structure Tee (=ST)　T形结构
structured programming　结构程序设计
structureless　无结构的，无定形的，非晶形的，不结晶的
structurization　结构化
structurized　有结构的，结构化的
strum　吸入滤网
strut　(1)对角撑，横拉筋，支柱，支杆，支撑，短柱，压杆，机撑，撑杆，撑条，斜杆，斜撑；(2)制动反应杆；(3)竖直构件支柱，抗压构件，抗压材；(4)船尾轴管与螺旋桨之间的船外支撑架；(5)用支柱加固，加支撑，加撑杆
strut antenna　飞机用垂直天线，支柱式天线，支杆天线
strut attachment　支柱附件
strut-beam　受压梁，支梁
strut beam　支梁
strut bracing　支撑，压杆
strut-framed　撑架的，撑架式

strut sleeve 间隔衬套,隔离衬套
strut type suspension 撑杆式悬架
strutbeam 支梁
struts 支柱系统,斜撑系统
strutting (1)加[支]柱,加[支]杆,加固;(2)支撑物
strutting of a pole 电杆加固
strutting piece 支撑杆
Strux 一种高强度钢(碳0.40-0.47%,锰0.75-1%,硅0.50-0.80%,镍0.80-0.90%,铬0.8-1.05%,钼0.45-0.60%,钒0.1%,硼0.0005%)
stub (1)短粗支柱,导体棒,短柱;(2)短轴;(3)短管;(4)支脚;(5)残端,残根,(6)短齿;(7)波导管短路器,匹配短线,短截线,短线,截线,线头,抽头;(8)轴类零件的料头,截短的零件,短粗卡头,连杆头,管接头,接管座,轴端;(9)短截高频调谐棒
stub arm 短截线,支路,回路
stub axle 转向节,转向轴,丁字轴,短轴
stub axle spindle 转向节轮毂轴
stub bar 剩余的材料,料头
stub cable 连接电缆,截短电缆,尾巴电缆
stub card 计数卡片,存根卡片
stub end 连杆端
stub gear 短齿[制]齿轮
stub gear system 短齿制
stub gear tooth 短齿轮齿,短齿
stub guy 有拉桩的拉线
stub key 摇杆插销
stub-line 短截线
stub line [连接]短线,短截线
stub matching 短截线匹配
stub mortise 短粗榫眼
stub-mounted 短管支撑的,短轴支撑的,短线支撑的
stub nail 短粗铁钉
stub plane 短翼机
stub pole 短木柱
stub screw machine reamer 短型机用铰刀
stub support 短截线支柱
stub-supported 短管支撑的,短轴支撑的,短线支撑的
stub teeth 短齿
stub tenon 短粗榫
stub tooth 短齿
stub tooth gearing 短齿齿轮传动[装置]
stub tuner 短[路]线调谐器,调谐短截线
stubby driver 木柄螺钉起子
stubshaft (1)枢轴,短轴;(2)转向节轮轴,前轮轴
stubwing 短[机]翼
stuck-finger 扳机形指,弹响指
stud (1)双头螺钉,柱螺钉,螺柱;(2)履带销,销子,销钉;(3)短的活动主轴,短的活动心轴,端轴颈,中介轴,短轴;(4)立柱,残端,残根;(5)高链节
stud-bolt 双头螺栓,柱头螺栓
stud bolt 双端螺栓,地脚螺栓,嵌入螺栓,栓头螺栓,柱螺栓,螺柱
stud chain 柱环节链,有挡耳环链
stud connection 柱螺栓联接
stud driver (1)螺柱拆卸工具,(2)柱螺栓传动轮
stud extractor (1)螺柱拆卸工具,(2)螺栓扳钳
stud gear 柱栓齿轮,变速轮
stud key 柱螺栓键
stud-link 日字形链节,高节链节
stud-link chain 日字环节链
stud mount 柱螺栓装置
stud nut 柱螺栓螺母,柱螺母
stud pin 柱螺栓销
stud remover 双头螺栓拧出器
stud-retained coupling 销钉联结器
stud screw 柱螺栓螺钉
stud setter 双头螺栓拧入器
stud shaft 交换齿轮架中间轴,[柱螺]栓
stud transistor 柱式晶体三极管
stud type track roller 螺栓型滚轮滚针轴承
stud washer (螺栓型滚轮滚针轴承)挡圈
stud welding 电柱焊
stud wheel 柱栓齿轮
studal 斯塔铝合金(97.7% Al, 1% Mg, 3% Mn)
studding 间柱[材料]
studdle (1)支撑螺杆,支撑杆;(2)井框间支柱,棚梁中柱,棚间隔梁

平台支柱
studio (1)播音室;(2)演播室;(3)电影制片厂,摄影场;(4)技术工作室,技术作业室
studio apparatus 演播室设备
studio camera 摄影室照相机,演播室摄像机
studio camera dolly 演播室摄像机移动车
studio control console 演播室控制台,播音室调音台
studio-to-transmitter link 播音室和发射机间的传输线,电视播-发传送线路
studio transmitter link (=STL) 播音室和发射机间的传输线,演播室和发射机间的传输线
study requirement (=SR) 学习要求
stuff (1)材料,原料,资料,涂料,填料,盘根,物质;(2)本质,素质,品质,要素;(3)混合涂料,填充料;(4)毛织品,呢绒;(5)加填料,装满,灌注,装入,塞进,塞满,填塞,填充
stuffer 柱塞式注压机
stuffiness (1)不通气,(2)窒息
stuffing 填塞料,填密料,填塞物,填充剂,加脂
stuffing box (=SB) 填料函,填料箱,填密箱,密封垫
stuffing box gland 填料函密封盖,密封压盖,填料盖,密封套
stuffing material (集装箱)装填材料
stukas 法国俯冲轰炸机
stull (1)横梁,横撑;(2)支柱,顶梁
stull-divided 横撑分隔的
stulled 横撑支护的
stumper 除根机
Stupalith (火箭发动机衬里用的)陶瓷材料
Stupalox (美国制的一种)陶瓷刀
sturbs 天电干扰
sturdily 坚固地,结实地,坚定地
sturdiness (1)稳定性,坚固性,耐久性,坚定性;(2)强度
style (1)格式,形式,式样,外表,外观,结构,类型,种类;(2)文体,字体,(3)通管丝,通管针;(4)称呼,命名;(5)设计
stylet (1)通管丝,通管针;(2)插入导管;(3)雕刻刀,小匕首
stylometer 柱身收分测量器,量柱斜度器
stylus (1)记录笔,记录针,钢针,铁笔,笔尖,笔头,尖端;(2)靠模指,触指;(3)触针,测头;(4)通管丝,管心针
stylus force 唱针作用力
stylus holder 触针座,触针帽
stylus pin 指销
stylus pressure 针压
stylus printer 触针式印刷机,针示印刷机,触针打印机,针阵打印机
styrene 苯代乙撑,次乙基,苯乙烯
styrene alloy 苯乙烯合金
styrene butadiene rubber (=SBR) 丁苯橡胶
styrene plastics 苯乙烯塑料
styroflex cable 聚苯乙烯软性绝缘电缆
styrofoam 泡沫聚苯乙烯
styrol (=styrene) 苯代乙撑,次乙基,苯乙烯
styrolene 肉桂塑料,苯代乙撑
styron (=styrone) 苯乙烯树脂,肉桂塑料(一种苯乙烯塑料)
styryl 苯乙烯基
sub (1)潜水艇(=submarine);(2)代替物,代用料(=substitute);(3)感光胶层(= substratum)
sub- (词头)"副,辅助,低,下,次等,亚"之意
sub-absorber 副吸收器
sub-acoustic 亚音速的
sub-aeration 底吹[法]
sub-aerator 底吹机
sub-aggregate {数}子集[合]
sub-arm 辅助臂
sub-assembly 分总成,局部装配,分部装配
sub-band (1){晶}次能带;(2){光}支谱带;(3)部分波段,分波段
sub-block (1)子部件,子块;(2)小组信息,数字组,字群
sub-bottom reflection 海底反射
sub-boundary (1)晶界网状组织;(2)小晶粒界,亚晶界
sub-box 小格子
sub-carline 辅助车顶横梁
sub-clutter visibility (=SCV) 目标在地物干扰中的能见度,次干扰能见度
sub-contractor 分承包方,分供方
sub-control 辅助控制,副控制
sub-damage 亚损伤
sub-diagonal 副斜杆

sub-edge connector　片状插座, 片形插座
sub-effective　次有效的
sub-element　部分元件, 子元件
sub-entry　副标题
sub-exciter　辅助励磁器, 副励磁器
sub-fraction　(1) 子分式, 子分数, 亚分数；(2) 一小部分
sub-frame　(1) 引擎车架, 辅助构架, 发动机架, 副 [车] 架, 底架；(2) 副帧
sub-grain　二次晶粒, 副结晶粒, 亚晶粒
sub-header　分联箱, 下联箱
sub-hologram　亚全息图, 子全息图, 亚全息照片, 子全息照片
sub-item　子项目
sub-joint　辅助接头, 副接头
sub-kiloton　低于千吨的, 千吨以下的
sub-launched　潜艇发射的
sub-load　部分负荷, 不满负荷
sub-metal　(1) 非金属；(2) 准金属
sub-office (=SO)　分局, 分所, 分 [理] 处
sub-opaque　近似不透明的
sub-panel　(1) 辅助面板, 副面板；(2) 安装板, 安装屏；(3) 底板, 底座
sub-press　小压力机
sub-pulse　分脉冲, 子脉冲, 次脉冲
sub-quality products　不合格产品, 次级品
sub-scale　(1) 次生氧化皮；(2) 副标
sub-scan　辅助扫描, 副扫描
sub-science　科学分支
sub-semigroup　子半群
sub-store　辅助仓库, 备用仓库
sub-stratification　二次分层化
sub-strut　副撑
sub-subroutine　子子程序
sub-thread　组成股线的单丝, [股线中的] 单股
sub-total　(1) 求部分和, 小计；(2) 中间结果；(3) 几乎全部的, 亚整体的
sub-transient reactance　起始瞬态电抗, 辅助过渡电抗, 次瞬态电抗
sub-truss　支撑桁架, 脚手架
sub-unit　{ 电 } 组件, 单元 (电路)
sub-value　子值, 次值
sub verbo (=sv)　(拉丁语) 在该字下, 参看
sub-warhead　(1) 子弹头；(2) 子战斗部
subacid　微酸 [性] 的, 有点酸的
subacidity　微酸性, 弱酸性
subacoustic　闻阈以下的, 次声的
subadditive　(1) 次加性 [的]；(2) 副添加剂
subaddress　子地址
subadiabatic　近于绝热的, 亚绝热的
subadjoint surface　次伴随曲面
subaeration　底吹法
subaerial　地面上 [发生] 的, 接近地面的, 低空的, 陆上的
subageency　分代理处, 分办事处, 分经销处, 分社
subagent　(1) 副代理人, 分经销人；(2) 次作用力
subaggragate　{ 数 } 子集
subairport　辅助航空站, 辅助机场
subalgebra　子代数
subalphabet　部分字母, 子字母
subaltern　(1) 下的, 次的, 副的；(2) 部下, 副官
subalternate　继续的, 下的, 次的, 副的
subangle　分角, 副角
subangular　稍带棱角的, 略带棱角的, 半多角形的, 半棱角的, 次棱角形的, 分角的
subapical　位于顶点下的, 接近顶点的
subaquatic　水下发生的, 水下形成的, 水底的, 水下的, 水中的, 潜水的
subaqueous　在水下形成的, 适于水下的, 水下的
subaqueous cable　水底电缆
subaqueous helmet　潜水盔
subaqueous loudspeaker　水下扬声器
subarea　子区, 分区
subarrangement　次级排列
subarray　子台阵
subassembler　部件装配工, 局部装配工
subassembly (=SUBASSY)　(1) 分总成, 组 [合] 件, 子配件, 部件；(2) 局部装配, 分部装配, 分段装配, 组件装配；(3) 辅助装置, 单元, 机组
subassembly-can　(燃料) 元件盒外壳, 组件外壳
subassembly wrapper　元件盒

subassembly test　部件试验, 分总成试验
subatmospheric　低于大气压的, 亚大气的
subatmospheric pressure　次大气压力, 真空计压力, 真空度, 负压
subatom　亚原子, 次原子
subatomic　比原子更小的, 亚原子的
subatomic particle　亚原子粒子
subatomic reaction　亚原子反应
subatomics　亚原子学, 次原子学
subaudible (=subaudio)　可听频率以下的, 亚声频的, 亚音频的, 次声频的
subband　(1) 次能带, 辅助带, 支谱带, 副带；(2) 部分波段, 分波段
subbase　(1) 基底下卧层, 底基层, 基底；(2) 子基；(3) 底盘座；(4) 卫星航空基地, 辅助机场, 辅助基地
subbase drain　基层排水
subbasement　地下室下的地下室, 副地下室
subbasis　子基
subbing　底层涂布
subboard　副配电盘
subbottom　底基
subboundary　小晶粒间界, 亚晶界
subboundary structure　亚晶界组织, 亚结构
subbranch　(1) 子分支, 次分支, 小分支；(2) 子分路
subbundle　{ 数 } 子丛
subcabinet　分线箱
subcadmium　亚镉的, 次镉的
subcaliber　(1) 次口径；(2) 小于规定口径的, 口径较小的
subcapillary　次毛细间隙
subcarbide　低碳化物
subcarbonate　碱式碳酸盐
subcarrier (=S/C)　副载波, 副载频
subcarrier frequency modulation (=SCFM)　副载波调频
subcarrier generator　副载波发生器
subcarrier pulse　副载波脉冲
subcarrier oscillator (=SCO)　副载波振荡器
subcarrier wave　副载波
subcategory　(1) 子范畴, 子种类, 副类；(2) 主题分类细目
subcell　(1) 子单元；(2) 子室
subcellar　地下室下的地下室, 下层地下室, 副地下室
subcentral　位于中心点下的, 接近中心点的, 子中心的
subcentre (=suncenter)　(1) 子中心, 副中心, 次中心；(2) 亚辐射中心, 亚辐射点；(3) 主分支点
subchannel　(1) 辅助通道, 子通道, 支通道；(2) 子信道, 副信道；(3) 分流道
subchaser　猎潜艇, 猎潜舰
subclassis　辅助底盘, 副底盘
subchloride　氯化低价物, 低氯化物
subchloride of mercury　氯化亚汞, 一氯化汞, 甘汞
subchord　副弦, 子弦
subcircuit　辅助电路, 分支电路, 子电路, 支电路, 分路, 支路
subcircular　近似于圆环形的, 接近圆环形的
subclass　(1) 再细分类；(2) { 数 } 子集 [合]；(3) 小类, 子类, 细类, 亚纲
subclimax　亚演替顶极
subcoat　(1) 内层, 底层, 子层；(2) 基础涂层
subcode　子码
subcollection　子集 [合]
subcommand　子命令
subcommutation　副换接
subcompact　(1) 超小型汽车, 微型汽车；(2) 超小型的
subcompany　辅助公司, 分公司, 子公司
subcomplex　子复合形
subcomponent　亚成分
subcompound　低价化合物, 亚化合物
subconic(al)　近似于圆锥形的, 接近圆锥形的
subconsistent　次相容的
subconsole　辅助控制台
subcontract (=S/C)　(1) 转包合同, 转包契约, 分包合同, 分包契约；(2) 局部缩小
subcontract change notice (=SCCN)　转包合同更改通知
subcontract letter (=scl)　转包合同函件
subcontract material sales order (=SMSO)　转订合同材料售货订单
subcontractor　子承包工厂, 分包商, 转包商, 分包工
subcontractor specification change notice　转包商规格更改通知, 转包商规范更改通知

subconvex 稍呈凸面的,微凸的
subcool 使低温冷却,使局部冷却,加热不足,使过冷,欠热,欠火
subcooled 低温冷却的
subcooler 过冷却器,再冷却器
subcooling 低温冷却,再冷却
subcrack 皮下裂纹,亚裂纹
subcritical (1)工作转速低于临界转速的,低于临界的,亚临界的,次临界的;(2)亚相变的
subcritical crack growth 亚临界裂纹增长
subcritical experiment (=SE) 低于临界状态下的试验
subcritical flaw growth 亚临界缺陷增大
subcritical flow 亚临界流,平流,缓流
subcritical hardening 低温硬化
subcritical rotor 刚性转子,亚临界转子(工作转速小于临界转速的转子)
subcritical temperature 低于临界温度的温度
subcritical treatment 亚临界处理,亚相变处理
subcriticality 亚临界度,次临界度,亚临界
subcrystalline 不完全结晶质的,结晶不明显的,部分结晶的,亚晶态的
subcycle 次旋回
subcylindrical 近似于圆柱形的,接近圆柱形的
subdepartment 分局
subdepot 附属仓库,辅助仓库
subdeterminant 子行列式
subdiagonal 副斜杆
subdifferentiable 次可微分的
subdilution 再稀释
subdimension 次尺度
subdirect 几乎直接的,几乎直射的,次直的
subdiscipline 学科的分支,分支学科
subdispatcher (1)(电力系统)区域调度员;(2)车间调度员
subdistributivity 从属分配性
subdividable 可再分的
subdivide (1)分小类,再分,细分;(2)副分水界,分水岭
subdivided {数}剖分的,重分的
subdivided gap 分割间隙
subdivided shaft 可拆开轴,组合轴
subdivided truss 再分式桁架
subdivisible 可再细分的
subdivision (1)细分,再分,刻分;(2)一部分,分部,分段,分支;(3)小类,细类,细目,子目;(4){数}剖分,重分
subdomain (1)子整环;(2){数}子域,子畴,亚畴;(3)部分波段
subdouble 二分之一的,一比二的
subdrain (1)地下排水管,暗沟;(2)地下排水
subdrainage 地下排水,暗沟
subdrilling 钻孔加深,先钻,底钻
subduce 除去,扣除,减
subduction (1)减除,扣除;(2)减法
subdued 降低的,缓和的,减淡的
subdued light 柔光
subduple 二分之一的,一比二的
subduplicate 解方根得出的,平方根的
subelectron 亚电子(比电子电荷更小的电荷假想单位)
subensemble {数}子集
subentry 分入口
subepitaxial 亚外延的
subequal 差不多相等的,几乎相等的
suberect 差不多直立的,接近垂直的
subevaluation 子求值
subexchange (电话)支局,分局
subexciter 副压力磁机
subface 底面
subfactor 子因子
subfactorial n N次阶乘
subfeeder 分支配电线,副馈电线
subfield (1)子域体,子域;(2)子字段;(3)亚场,分区;(4)副学科
subfired 潜艇发射的
subflooring 下层地板用的材料
subfluoride 氟化低价物,低氟化物
subform 从属形式,派生形式
subformant 亚共振峰,次共振峰
subfoundation 基础底层,下层基础
subfragment 亚碎片
subframe (1)辅助构架,副框架,副车架,下支架;(2)发动机架;(3)镶板框架;(4)副帧

subfrequency 分谐[波]频[率]
subfunction 子函数
subglobular 近似于球形的,接近球形的
subgoal 子目标
subgrade 级别中的从属级别
subgrader 路基面修整机,路基整平机
subgradient 次陡度,次梯度
subgrain 副结晶粒,亚晶粒
subgravity 低于一个重力加速度的重力效应,亚重力,次重力,低重力
subgroup (1)族(周期表);(2)副族(指周期表中之B族);(3){数}子群,(4){电}组件,单元
subgroup A 主族,A族
subgroup B 副族,B族
subgrouping 小组
subhalide 低[价]卤化物
subharmonic 分谐波振动,次谐波,分谐波,副谐波,低谐波
subharmonic phase-locked oscillator 次谐波锁相振荡器
subheading 副标题,小标题,细目
subhedral 没有完全被晶面包住的,仅有部分成晶面的,半[自]形的
subhumid 半湿润区的,半湿的
subhydrostatic 低流体静压
subindex (1){数}分指数,子指数;(2)分索引
subindividual 晶片
subinspector 副检查员
subinterval {数}子区间
subinverse {数}下逆
subiodide 碘化低价物,低碘化物
subjacent 直接在下面的,下层的
subjacent support 下面的支撑
subject (=sub) (1)题目,主题,问题;(2)学科,科目,对象,主语;(3)原因,起因,(4)受支配的,服从的,从属的;(5)易遭受的;(6)以……为条件;(7)原料
subject contrast 对比度
subject instruction 缘指令
subject job 源作业
subject matter 主题,要点,内容,题材
subject program 源程序
subject to 在……条件下,假定,根据,如果,只要
subject to approval (=s/a) 需经批准
subject to change without notice 可随时更改,不另行通知
subject to immediate reply (=stir 或 s.t.i.r.) 立即回答生效
subject to our final confirmation 以我方最后确认为准
subject to prior approval 须经事先核准
subjection to 服从
subjoin 追加,附加,增补,补遗
subjoin a postscript to a letter 信末加附言
subjunction 追加[物],增补,补遗
subjunction gate {计}"禁止"门
subjunctive 接续的,假设的,虚拟的
subland drill 阶梯钻头,多刃钻头
sublate 否定,否认,消除
sublation 消除
sublattice (1)子晶格,子点阵,亚晶格,亚点阵;(2){数}子格
sublayer (电镀的)内层,次层,下层,底层
sublet 转包,分包,转租,分租
sublet number (=sublet No.) 副约号
sublevel (1)次能级,亚能级,支能级;(2)水平下的,地面下的
sublimability 升华能力,升华性
sublimable 可升华的
sublimate (1)升华,蒸升,精炼,纯化,净除;(2)理想化,提高,提升;(3)升华物的,提炼的,提纯的,净化的,纯化的;(4)升汞
sublimated 升华的
sublimation 升华,凝升,精炼,提纯,纯化,蒸馏,分馏
sublimator 升华器
sublimatory (1)升华器;(2)升华用的
sublime (1)从蒸汽中沉淀,升华,蒸升,精炼,纯化,提净;(2)理想化,提高
sublimer 升华器
subliminal 低于阈的,阈下的
sublimity 绝顶,极点
subline 线的分段,辅助线,副线
sublinear 次线性的,亚线性的
sublist 子表,分表
subloop 子回路,副回路

1368

submachinegun 轻型自动枪,冲锋枪

submain (1)干线的分支,辅助干线;(2)二级干管,次干管

submanifold {数}子流形,子簇

submarginal 接近边缘的,限界以下的,亚缘的

submarginal granular base material 规格以下的底层颗粒料

submarine (=SUB) (1)潜水舰,潜艇;(2)海底的,水底的,海中的,海面下的,潜水的

submarine cable 海底电缆,水底电缆

submarine cable code 水线电码

submarine cable telegraph system 水底电缆电报[制],水线电报制,水线通信

submarine detection 潜水艇探测

submarine fleet reactor (=SFR) 潜艇队用反应堆

submarine-launched ballistic missile (=SLBM) 潜艇发射的弹道导弹

submarine light 潜水灯

submarine-line 海底管线,海底线路

submarine mine 水雷

submarine minelayer (=SM) 布雷潜水艇

submarine reactor (=SR) 潜水艇反应堆

submarine tender (=subtender) 潜艇供应船

submarine thermal reactor (=STR) 潜艇用热中子反应堆

submariner 潜水员

submatrix 子[矩]阵

submaximum 次极大,次最大,副锋

submember 副构件

submerge 浸没在液体中,潜入水中,浸没,沉没,淹没,潜没

submerged 浸在水中的,在水底的,在海底的,浸没的,沉没的,淹没的,潜没的

submerged antenna 水下天线

submerged arc furnace 埋弧炉

submerged-arc welding 埋弧焊,埋弧焊

submerged arc welding (=SAW) 水下电弧焊接,埋弧焊,稳弧焊

submerged condenser 潜管冷凝器

submerged current 潜流

submerged ice cracking engine 水下破冰机

submerged jet 淹没射流

submerged joint 暗缝

submerged lubrication 浸入式润滑,浸油润滑,油浴润滑

submerged-orifice 浸液隔膜

submerged plunger diecasting machine 柱塞式浸注压铸机

submerged tank 水下油罐,潜没油罐,地下油罐

submerged-tube evaporator 有装料管的蒸发器,潜管蒸发器

submerged unit weight 单位潜容重,水下容重

submergence (1)没入水中,浸没,淹没,沉没,潜没;(2)潜水深度,浸没深度

submerse (1)浸在水中,浸没,沉没,淹没,潜水;(2)浸在水中的,淹没的,浸没的,潜水的

submersible (=SBM) (1)可浸入水中的,可潜入水中的,可潜没的,可浸没的;(2)深潜器,潜水器,潜水艇

submersible-fish pump 潜水渔泵

submersible machine 水中用电机

submersible motor 潜水式发动机,防水发动机,可潜发动机

submersible pump 潜水泵

submersible submarine 潜水艇

submersion (1)没入水中,浸没,淹没,沉没,潜没;(2)潜水深度,浸没深度

submersion-proof 可潜水的,防水的

submetallic 不完全金属的,半金属的,类金属的

submeter 分表

submetering (1)辅助计量;(2)(供煤气,供电)分表

submicroanalysis 亚微量分析

submicrogram 亚微克,次微克

submicromethod 超微量法

submicron (1)亚微米粒子;(2)亚微细粒,亚微型;(3)亚微米

submicron metal 超微金属粉末

submicrosample 超微量试样

submicroscopic 普通显微镜看不出的,亚显微结构的,亚微观的

submicrosecond 亚微秒

submicrosomal 亚微粒体的

submicrowave 亚微波(米波)

submillimeter (=submillimetre) 亚毫米,次毫米

submilliwatt circuit 亚毫瓦电路

submin(=subminiature) 超小型[零件]

submineering 超小型工程

subminiature 超小型元件,极小零件,超小型

subminiature engineering (=submineering) 超小型工程

subminiature tube (=SMT) 超小型电子管

subminiaturise (=subminiaturize) 超小型化

subminiaturisation (=subminiaturization) 超小型化

subminimal 亚极小的

subminy timer 超小型记时计

submissile 子导弹

submission (1)屈服,服从,认错;(2)谦逊;(3)提交,提出;(4)看法

submit (1)[使]服从,屈服;(2)提交,提供,提出,委托;(3)请求判断,建议,主张,认为

submit to 服从,屈服,忍受

submit to test 提交试验

submittal 提交,提供

submodel 亚模型

submodulation 副调制

submodulator 辅助调制器,副调制器,亚调制器

submodule 分模数,子模

submolecule 亚分子(比分子更小的粒子)

submonoid 子半群

submonolayer 亚单原子层,亚单分子层

submultiple (1){数}约数,约量,因数,分数;(2)几分之一,亚倍量,次倍量,小部分;(3)分谐波

submultiplet 亚多重线

subnanosecond 次毫微秒,亚毫微秒

subnetwork 粒界网状组织,子网络

subnitrate 碱式硝酸盐

subnitride 低氮化的

subnitron 放电管

subnormal (1)次法距,次法线,亚正常,次常;(2)达不到标准的,正常以下的,普通以下的,低于正常的,低于标准的,低于正规的,常度以下的,低质的,异常的

subnormal construction 低于正常的结构,低质结构

subnormal temperature 低于正常温度,亚正常温度

subnormal voltage operation 低电压运行

subnuclear 比核更为基本的,准原子核的,亚核的,准核的,次核的

suboctuple 八分之一的,一比八的

suboffice 分办事处,分局,支局

suboiler 喷油翻土机

suboptimal 最适度以下的,亚最佳的,次优的

suboptimization 部分最佳化,局部最优化,次优化

suborbital 不满轨道一整圈的,亚轨道的,副轨道的

suborder (1)类型中的第二级别;(2)次等级

subordinate (1)辅助的,附属的,从属的,次要的,次级的;(2)下级的;(3)部属,部下,下级

subordinate load 附加荷载,次要荷载

subordination (1)按等级从高到低进行排列;(2)拱形结构的排列

suboxide 低[价]氧化物

subpackage 分装,分包

subpanel 安装板,副面板

subpar 低于标准的

subparagraph (1)附属条款;(2)小段,小节

subparticle 亚微粒子,亚微颗粒

subpermanent 适当固定的,部分固定的,亚永久的

subphosphate 碱式磷酸盐

subpicogram 微微克以下

subpicosecond 亚微微秒

subpile 直接位于反应堆下的

subpile room [反应]堆底室

subplan 辅助方案

subplate 辅助板,连接板,副板,后板

subpoint 投影点,下点

subpool queue 子存区队列

subpost 副柱,小柱

subpower 非总功率,部分功率,亚功率

subpress 中间工序冲床,半成品压力机,小压力机

subpressure (1)欠压,负压;(2)真空计压力

subprincipal 次要承重件

subproblem 部分问题,次要问题,子问题,小问题

subprofessional 专业人员助手

subprogram(me) (1)部分程序,子程序;(2)分计划

subprojective 次射影的,次投影的

subpulse 次脉冲

subpunch 留量冲孔,先冲

subquadrate 正方面带圆角的, 近正方形的

subquadruple 四分之一的, 一比四的

subquintuple 五分之一的, 一比五的

subradical 根号下的

subrange (1) 部分波段, 分波段; (2) 附属区域

subrecursiveness 次递归性

subreflector 辅助反射器, 副反射器

subrefraction 标准下折射, 亚标准折射, 副折射

subregion (1){数}子域; (2)部分区域, 子区域, 小区域, 子区间, 亚区; (3) 分区

subrepresentaion 子表示

subresin 亚树脂

subresonance 部分共振, 次共振

subresultant 子结式

subring 辅助环, 子环

subrogate 代替, 代理, 取代

subroutine (1){计}子例行程序, 子程序; (2) 亚常规, 次常规

subroutine analyzer 子例行程序分析程序

subroutine call 子例行程序调用, 子程序调用

subroutine library 子程序库

subroutine tape 子程序带

subroutine test 检验程序

subroutinization 子程序化

subsalt 碱式盐, 低盐, 次盐

subsample (1) 子样品, 副样; (2) 二次抽样, 取分样, 复抽样 (从抽样中再抽样)

subsatellite 由人造卫星带入轨道后放出的飞行器, 子卫星

subscale mark (1) 副标度 [线]; (2) 辅助刻度, 子刻度

subscale prototype test 缩小原型试验

subscanner 子扫描程序

subscience 科学分支

subscribe (1) 签署, 签名, 署名; (2) 预订, 预约, 订购; (3) 同意, 赞成, 捐献, 捐助

subscriber (1) 署名者; (2) 预约者, 订购者, 订户; (3) 电话用户

subscriber branch line 用户分线

subscriber extension 用户分机

subscriber group service 同线电话

subscriber line 用户服务专用线

subscriber lists 用户号码薄

subscriber set 用户电话机

subscriber station 用户服务站

subscriber television [计时] 收费制电视

subscriber's account 用户账户

subscriber's group service 同线电话

subscriber's ling 用户专用线

subscriber's line equipment (=SLE) 用户线路设备

subscriber's set (=SS) 用户电话机

subscript (1) 下角注, 下标, 脚码, 脚注; (2) 索引, 指标; (3) 标在右下角的

subscription (1) 签名, 署名; (2) 预约, 预定, 订购; (3) 用户卡片 (电话)

subseal 基层处理, 封底

subsection (1) 细目, 细部, 条款; (2) 分部, 分段, 小节, 小段; (3) 分队, 小组

subseptuple 七分之一的, 一比七的

subsequence (1) 部分序列, 子序列, 顺序; (2) 子数贯; (3) 随后发生的事情, 结果, 后来, 其次

subsequence counter 子序列计数器

subsequent 作为结果而发生的, 接着发生的, 后来的, 其次的, 连续的

subsequent call 连续呼叫

subsequently 其后, 其次, 接着

subseries (1) 部分级数, 子级数; (2) 子群列; (3) 次分类

subserve 对……有帮助, 帮助, 补助, 促进

subservience (1) 有帮助, 有用; (2) 从属性, 辅助性

subservient 辅助的, 有帮助的, 有用的

subset (1) 子集合, 子集; (2) 子系统; (3) 附属设备, 子设备; (4) 用户电话机; (5) 亚型; (6) 亚群

subsets 用户电话机

subsextuple 六分之一的, 一比六的

subshaft 副轴, 从轴

subshell 中间壳层, 子壳层, 支壳层, 亚壳层

subsidability 湿陷性, 下陷性

subside (1) 沉淀; (2) 下沉, 下降, 下陷, 沉没, 凹陷, 沉降, 降落, 凹陷; (3) 减退, 消退, 衰耗

subsidence (=subsidency) (1) 沉降, 沉下, 下沉, 陷落, 凹陷; (2) 衰减, 衰耗

subsidence transient 衰减过渡过程, 阻尼瞬变过程

subsider 沉降槽, 沉淀池

subsidiary (1) 辅助的, 次要的, 补充的, 补足的, 附属的, 附加的; (2) 副的; (3) 附属机构, 子公司; (4) 减少, 缩小, 降低

subsidiary cable 辅助电缆

subsidiary company 附属公司, 分公司, 子公司

subsidiary conditions 辅助条件

subsidiary equation 辅助方程

subsidiary money 辅币

subsidiary signal 辅助信号

subsidiary triangulation 小三角测量

subsieve (1) 不能用筛子分级, 亚筛; (2) 微粒, 微粉

subsieve-size 亚筛粒度

subsieve size apparatus 亚筛粒度分析仪

subsilicate 碱式硅酸盐

subsill (1) 钻塔底座纵梁; (2) 副撑

subslot (电机的) 槽下通风道

subsoil attachment 深耕器

subsoil drain (=SSD) 地下排水

subsoil water 地下水

subsoiler 深耕铲

subsolid 半固体 [的]

subsonic (=sbs) (1) 次音速的, 亚音速的, 次声速的, 亚声速的; (2) 亚音频的, 次声的

subsonic sonar 次声频声纳

subsonics (1) 亚音速; (2) 亚音速气流; (3) 亚声速空气动力学, 次声学

subspace 子空间

subspan 部分跨度, 子跨度

subspecialty 附属专业

substage (1) 显微镜台, 下镜台, 分台, 辅台; (2) 阶段细分

substage condenser 台下聚光器

substance (1) 物质, 材料; (2) 物体; (3) 实质, 本质, 要义; (4) 资产; (5) 内容

substandard (1) 低等级标准, 低定额; (2) 不合格技术条件的, 低于标准规格的, 达不达到标准的, 低标准的; (3) 次级标准的, 副标准的; (4) 低于定额的, 次等的; (5) 辅助标准器, 复制标准器, 副标准器

substandard parts 不合格零件, 次等零件

substantial (1) 真实的, 实在的; (2) 坚实的, 结实的; (3) 本质的; (4) 有价值的; (5) 紧要的

substantial difference 相当大的差距

substantial increase 大幅度增长, 显著增长

substantialistic 实体的

substantiality (1) 实体; (2) 实质性; (3) 有内容; (4) 坚固

substantially (1) 大体上, 实质上, 本质上, 事实上, 真实地; (2) 牢固地, 坚固地; (3) 充分地, 显著地

substantiate (1) 证明, 证实, 核实; (2) 使具体化, 使实体化

substantiation 证明, 证实

substantive (1) 直接的; (2) 独立存在的, 真实存在的; (3) 真实的, 永存的; (4) 相当的, 大量的, 巨额的; (5) 耐久的, 坚固的; (6) 独立存在的实体

substantive issue 实质性问题

substantive law 实体法

substate 亚能级, 亚级, 亚态

substating 矿用变电所

sunstation (1) 变电所, 变电站, 分电所; (2) 分站, 副站; (3) 附属台, 分台; (4) 用户话机

substation capacity 变电所负载量, 变电所容量

substep 子步, 分步

substituend (1) 被代入项; (2) 代换式

substituendum 替代物, 取代物

substituent (1) 替代物, 替代者, 取代者; (2){化} 取代基

substitutability 取代能力

substitute (1) 代用品; (2) 取代, 代替; (3) 置换, 调换, 换换; (4) 用来代替正规工具的特殊工具和零件

substitute material 代用材料

substitute mode 置换方式

substituted (1) 取代的; (2) 代替的

substituting 代入, 替代

substitution (1) 代入法, 替代法; (2) 替代物, 代用品; (3) 代用, 代替; (4) 调换, 取代, 代换, 替换, 置换

substitution cipher 代用密码, 代用记号

substitution detector 置换检测器

substitution impurity 替代型杂质, 置换型杂质

substitution instance　置换实例

substitution method　代入法, 代换法, 代替法, 置换法, 替代法

substitution solid solution　取代固溶体, 替位固溶体

substitutional　代用的, 调换的, 取代的, 替代的, 补充的

substitutional solid solution　取代固溶体

substitutor　(1) 代用品; (2) 替手

substrate　(1) 衬底, 基片, 基底 (集成元件的); (2) 真晶格; (3) (电镀) 底金属; (4) 作用物

substrate-fed logic circuit　衬底馈电逻辑电路

substrate holder　基片支持器, 基片座

substrate-mask　基片挡光板, 基片遮板

substrate pnp transistor　基片 pnp 晶体管, 衬底 pnp 晶体管

substratum　(1) 下层, 底层; (2) 基础, 根据, 根基; (3) (促使感光乳剂固着于片基的) 胶层; (4) 基层, 基底, 衬底

substring variable　子串变量

substruction　(1) 下部结构, 底层结构, 底部结构, 基体结构; (2) 下层建筑, 地下建筑, 基础工事; (3) 基础, 根基; (4) 亚结构, 子结构, 亚组织

substructure　(1) 下部结构, 底层结构, 底部结构, 基体结构, 嵌镶结构; (2) 下层建筑, 地下建筑, 基础工事; (3) 基础, 根基; (4) 亚结构, 子结构, 亚组织

subsubtree　子子树

subsulfate　碱式硫酸盐

subsume　包括, 包含, 归类

subsummation　包含

subsumption　(1) 包括, 包含; (2) 类别, 分类; (3) 小前提

subsurface　表面下的, 液面下的, 海面下的, 水下的, 次表层的

subsurface corrosion　表面下腐蚀, 次表层腐蚀

subsurface damage　表面下损坏, 次表层损坏

subsurface discontinuity　(零件) 次表层组织不均匀性

subsurface failure　表面下失效, 次表层失效

subsurface origin failure　表面下原始失效, 次表层原始失效

subsurface pressure　海面下某深度的压力

subsurface shear　次表层剪应变

subsurface tension　次表层张力

subsurface water　地下水

subswitch　分机键

subsynchronization　次同步

subsynchronous　低于同步的, 次同步的, 准同步的

subsynchronous speed　次同步速度

subsystem　(1) 辅助系统, 第二系统, 次级系统, 子系统, 分系统, 支系统; (2) 子系, 次系, 亚系; (3) 部件, 子组

subsystem development requirement (=SSDR)　子系统发展要求

subsystem test procedure (=SSTP)　子系统试验程序

subtable　小工作台

subtabulation　表的加密, 子表, 副表

subtangent　{数} 次切距, 次切线段

subtask　程序子基本单元, 子任务

subtend　[弦] 对 [弧], [边] 对 [角], 对向

subtender (=submarine tender)　潜艇供应船

subtense　(1) {数} 弦, [角的] 对边; (2) 根据所对角度来测量的

subtense bar　横测尺

subtense method　视距法

subterminal　几乎在末端的, 接近端点的, 次顶端的, 近末端的, 终端下的

subterranean　地下的, 地中的, 隐藏的, 隐蔽的, 秘密的

subterranean heat　地 [下] 热

subterranean water　地下水

subthermal　次热的, 亚热的

subthreshold　(1) 低于最低限度的, 不足以起作用的, 低于阈的, 阈下的; (2) 亚阈值

subtie　副系杆

subtilis　(拉) 微小, 纤小

subtilize　(1) 使稀薄; (2) 使趋于精细, 使微妙化; (3) 详尽讨论, 精细分析

subtitle　(1) 小标题, 副标题; (2) 加小标题

subtotal　(1) 几乎全部的, 部分的, 总数的一部分; (2) 小计, 小结; (3) 中间结果; (4) 求小计, 部分和

subtrack　子轨道

subtract (=SU)　减去, 扣除

subtract counter　减法计数器

subtract one　减一

subtracter　减法器

subtraction　(1) 减法; (2) 减少, 扣除

subtraction signal　减号

subtractive　[应] 减去的, 有减号的, 负的

subtractive combination　差组合

subtractive complementary colours　相减合成补色

subtractive colour mixture　减色法混合, 相减合成

subtractive primaries　减色法三基色, 相减合成基色

subtractive process　(1) 除去杂物过程, 精制过程; (2) 减法过程

subtractor (=subtracter)　(1) 减数; (2) 减法器; (3) 减法单元

subtrahend　减数

subtransient reactance　超瞬变电抗

subtranslucent　(1) 半透明的; (2) 微透明

subtransmission　(1) 中 [等电] 压输电; (2) 辅助变速箱

subtransparent　半透明的

subtriple　三分之一的, 一比三的

subtripleicate　(1) 开立方; (2) 用立方根表示的, 立方根的

subtype　辅助型, 分型, 子型, 副型

subulat　锥形的, 钻状的

subunit　(1) 副族; (2) 亚组, 分组; (3) 子群; (4) (分离型轴承) 组件; (5) 亚单位, 子单位, 子单元

subvalue　子值

subversal　破坏, 颠覆, 瓦解, 扰乱

subversive　破坏性的, 颠覆性的

subvertical　(1) 副竖杆; (2) 差不多垂直的, 接近垂直的

subvitreous　光泽不如玻璃的, 亚硫态的

subvitreous luster　半玻璃光泽

subwater　水底的, 水下的

subwave　部分波, 次波, 衰波

subway (=SUB)　(1) 地下 [电缆] 管道; (2) 地下铁道

subweight　分重

subzero　(1) 零下, 低温, 0 ℃ (-17.8 ℉) 以下; (2) 适于零度下温度使用的, 低凝固点的

subzero oil　低温润滑油

subzero temperature　零下温度, 负温度

subzero treatment　冰冷处理, 零下处理, 低温处理, 冷处理

subzero treatment device　冰冷处理装置

subzero working　零下加工

subzone　(1) 小区, 分区; (2) 亚 [地] 区

succedaneous　代用的, 替代的, 代理的

succedaneum　(1) 代用品, 替代物; (2) 代理人

succedent　接着发生的, 随后的

succeed　顺利进行, 成功, 完成, 继续, 接续, 继承, 接连

succeeding　接连的, 随后的, 接近的, 下列的, 以后的, 以下的

success　成功, 成就, 成果

succession　(1) 序列; (2) 前后次序, 次序, 顺序, 连续, 继续, 连接, 依次, 逐次, 演替, 继承; (3) 系统, 系列

succession of phase　相序

successive　(1) 连续的, 继续的, 接连的, 逐次的, 逐步的, 接近的, 连贯的, 顺序的; (2) 逐次, 累次, 递次; (3) 循环渐进的

successive corresponding profiles　同侧相邻齿廓

successive cuts　连续切削

successive difference　逐次差分, 相继差值, 递差

successive integration　逐次积分

successive over-relaxation (=SOR)　逐次超松弛

successive reaction　连续反应

successive reciprocating　连续往复

successive step　连续阶梯

successive sweep method　逐步淘汰法

successive terms　逐项

successive transformation　递次变换, 连续转变

successively　接连, 陆续, 依次

successiveness　相继, 接续, 陆续

successor　(1) 后继; (2) 继承者, 后续者, 代替者; (3) 后接事项, 继承型号; (4) 后续块, 后续符

succise　截断的

succor　(1) 军事援助; (2) 庇护处; (3) 掩体

succursal　辅助的, 附属的

succuss　振荡, 猛摇

succussion　(1) 强烈震动, 震动; (2) 振荡引起的水声

suck　(1) 吸上来, 吸进, 吸; (2) 表面浅注性缩孔, 缩注

suck at　吸, 抽

suck-back　倒吸, 反吸, 反抽, 倒吸, 回抽

suck dry　吸干

suck in　吸收, 吸入, 吸进, 抽入

suck into　吸入, 吸进

1371

suck off 吸取, 得到
suck out 吸出, 抽出
suck up 吸收, 吸取
sucker (1) 进油管, 进汽管, 吸入管, 吸入器, 吸管, 吸盘; (2) 活塞
sucking 吸收, 吸收, 吸入
sucking and forcing pump 吸抽加压泵, 双动泵
sucking fit 推入配合, 密配合
sucking pipe 吸管
sucking pump 抽气泵
sucking tube 吸筒, 吸管
sucking up 吸收, 吸入
suction (1) 吸收, 吸引, 吸入, 吸出, 吸取, 吸尽, 抽吸, 抽入; (2) 吸力, 吸气; (3) 吸入装置, 吸管
suction and sounding pipe 吸入管与测深管
suction air 抽吸空气
suction casting 真空铸造, 真空吸铸
suction cock 吸入口旋塞, 抽气旋塞, 吸舌
suction-cup 吸杯
suction fan 排气通风机, 吸气风扇, 吸风机
suction gas plant 空吸煤气发生器
suction gauge 真空计, 吸力计
suction head (1) 吸入水头, 负压水头, 压头; (2) 吸升高度, 吸水高度, 吸升力
suction lead 抽吸导管
suction mould (1) 真空铸造, 吸铸; (2) 抽吸成形, 真空成形
suction nozzle 吸入嘴
suction pipe 吸入管, 吸水管, 吸气管, 抽气管, 空吸管, 虹吸管, 吸管
suction port 吸入口, 吸入孔
suction pump 空吸抽机, 抽水机, 真空泵, 抽水泵, 空吸泵
suction pyrometer 空吸式高温计
suction side 真空面
suction stroke 吸入冲程, 吸气冲程
suctor 吸 [取] 器
sudden (1) 突然的, 非常快的; (2) 突然发生的事
sudden burst of solar radio noise 太阳射电干扰突变脉冲, 太阳射电噪声突发脉冲
sudden cosmic noise absorption (=SCNA) 突然宇宙噪声吸收
sudden death (晶体管的) 突然失效, 突然故障
sudden engagement 骤然接合, 急速接合, 骤然啮合, 急速啮合
sudden frequency deviations (=SFD) 突然频率偏移
sudden ionospheric disturbance (=SID) 突然性电离层扰动

1372

sudden load 突加载荷, 骤加载荷
sudden phase anomalics (=spa) (空间波) 相位的突变, 突然相异常
sudden shock overload 突然冲击 [引起的] 过载
suddenly-applied load 骤加负载, 聚加荷载
suddenly-applied short circuit 突然短路
suds (1) 顽固泡沫 (润滑油, 肥皂水或水溶液种的); (2) 粘稠介质中之空气泡; (3) 肥皂水, 肥皂泡
suds lubrication 肥皂水润滑
suffer 受损失, 受损害, 遭受, 蒙受, 经受, 忍受, 遭遇, 经历, 容忍, 容许
suffer a great difference in speeds 速率上有很大的差别
suffer a loss 遭受损失
suffer from a serious defect 有一个严重的缺点
sufferable 可容许的, 可忍受的
sufferance (1) 忍耐力; (2) 容许, 容忍, 忍受
suffice (1) 有能力; (2) 满足, 足够, 充分
suffice as 足够作为
suffice for 足以满足, 足够
sufficiency (1) 充分, 充足; (2) 充分性, 适应性, 适应度; (3) 充分条件
sufficiency-rating 适应度鉴定
sufficient 充分的, 充足的, 足够的
sufficient approximation 充分近似
sufficient coupling 充分耦合
sufficient receiver 充分接收机
suffix 下标, 添标, 尾标
suffumigation (1) 熏蒸; (2) 熏蒸用的烟气或蒸汽
suffuse 充满, 布满, 盖满, 涨满, 弥漫
suggest (1) 建议, 提议, 提供; (2) 使想起, 使联想, 提醒, 启发, 启示, 暗示; (3) 假定, 认为
suggested 所提出的, 假定的
suggested design 改进的设计
suggestible 可提建议的, 可暗示的
suggestion (1) 建议, 提议; (2) 启发, 提醒, 示意, 暗示; (3) 细微的

迹象, 微量
suggestions for improvement 改进意见
suggestive 可作参考的, 启发的, 示意的, 暗示的
Suhler-white copper 苏里锌白铜 (镍 31.5%, 锌 25.5%, 铜 40.4%, 铅 2.6%)
suit (1) 一组, 一组, 一套, 全套; (2) 飞行服, 潜水服; (3) 请求; (4) 控告, 起诉
suitability 适合性, 适应性, 适用性, 适配性, 相宜, 相配
suitability test evaluation (=STE) 适合性试验鉴定, 适配性试验鉴定, 适应性试验鉴定
suitable 适合的, 合适的, 合宜的, 适当的, 相配的, 相当的
suitable phase switching 适当相位接入
suite (1) 套, 组, 副; (2) 序列, 数贯; (3) 系, 层系, 群
suite of racks 成套机架, 一套机架
sulcate(d) 有平行深槽的, 有凹槽的, 有裂缝的
sulcus (复 sulci) 裂缝, 槽, 沟, 凹
sulfate (=sulphate) (1) 硫酸盐; (2) 硫酸脂
sulfate of soda glass 硫酸盐玻璃
sulfatide 硫脂 [类]
sulfation 硫化现象
sulfidation 硫化作用
sulfide (1) 硫化物; (2) 硫醚
sulfiding 形成硫化物
sulfidization 硫化
sulfidizing 形成硫化物
sulfite (1) 亚硫酸盐; (2) 亚硫酸脂
sulfating (1) 亚硫酸盐化 [作用]; (2) 亚硫酸处理
sulfur (=sulphur) (1) 硫 S, 硫磺; (2) 硫磺的; (3) 硫化
sulfur-bearing 含硫的
sulfur-containing alloy 含硫合金
sulfur dioxide 二氧化硫
sulfur poisoning 硫中毒
sulfurate (1) 加硫; (2) 硫化
sulfurated (1) 加了硫的; (2) 硫化的
sulfurator 硫化器
sulfureous 硫 [磺] 的
sulfuret 硫化物
sulfuric acid 硫酸
sulfurization 硫化作用
sulfurized 硫化的
sulfurized oil 硫化油
sulfurizing 硫化
sull (钢丝表面的) 氧化铁薄膜, [钢丝] 黄化
sullage (1) 废物料, 垃圾, 潜水, 淤泥; (2) 渣滓, 熔渣
sullphate 硫酸盐
sulpho- (词头) (1) 硫代; (2) 磺基
sulphocarbonitriding 硫碳氮共渗
sulphochlorinated lubricant 硫氯化润滑剂
sulphonitriding 硫氮共渗
sulphur 硫 S, 硫磺
sulphur-bearing 含硫的
sulphur coal 高硫煤
sulphur crack 硫 [带] 裂纹
sulphur dioxide 二氧化硫
sulphur-free 无硫的, 去硫的
sulphur poisoning 硫中毒
sulphur print 硫磺检验 [法], 硫印
sulphur removal 脱硫
sulphur steel 高硫钢
sulphurate (1) 用硫处理, 使硫化, 加硫; (2) 加硫的
sulphureous 含硫的, 硫磺的
sulphuretted 含硫磺的, 硫化的
sulphuretted hydrogen 硫化氢
sulphuric 正硫的, 含硫的
sulphuric-acid 硫酸
sulphuric acid 硫酸
sulphurise (=sulphurize) 用硫处理, 使硫化, 加硫, 渗硫
sulphurized asphalt 硫化 [地] 沥青
sulphueized free cutting carbon steel 硫化的易切削钢
sulphurized lube oil 硫化润滑油, 含硫润滑油
sulphurized lubricant 硫化润滑剂, 含硫润滑剂
sulphurized oil 硫化油
sulphurizing 渗硫, 硫化

sulphurous　亚硫的

sulphurous acid　亚硫酸

Sulzer alloy　苏尔泽锌基轴承合金 (锡 10%, 铜 4%, 铅 1-2%, 其余锌)

sum　(1) 和数, 总数, 总和, 总额, 合计, 并集; (2) 总体, 全体; (3) 算术, 计算; (4) 概要, 概略, 大要, 要点; (5) 金额; (6) 顶点, 极点

sum accumulator　和数累加器

sum aggregate　并集, 和集

sum-and-difference system　和差系统

sum-bit　和数位, 两位和

sum check digit　和数检验位

sum equation　累加方程, 和数方程

sum formula　求和公式

sum-frequency　和频

sum of products　乘积之和, 积和

sum of series　级数的和, 级数的值

sum of squares　平方和

sum of vectors　矢量和

sum out gate　{计} 和数输出门

sum-product output　和积输出

sum readout　和数读出, 总数读出

sum theorem for dimension　维数的加法定理

sum total　总计, 总数, 总额, 合计

sum-up　总结

sum velocity　合速度

Sumet bronze　萨米特轴承青铜

sumless　不可数的, 无数的

summa　总结性论文, 专题论文

summability　可求和性, 可和性

summable　可求和的

summable function　可和函数, 可积函数

summable series　可和级数

summand　被加数

summarily　(1) 概括地, 简略地, 扼要地; (2) 立即, 马上

summarise (=summarize)　(1) 相加, 叠加; (2) 总计, 合计; (3) 概括, 概述, 简述, 总结, 摘要

summarized principle　总则, 简则

summarizing　(1) 列表, 造表; (2) 求和, 求总数; (3) 总计, 总合

summary　(1) 提要, 梗概, 大略, 大概, 摘要, 一览; (2) 合计的, 总计的, 累加的; (3) 当场的, 立即的, 即时的, 速决的;

summary card　总计卡片

summary counter　累加计数器

summary gang punch　总计复穿孔机

summary methods　速决的方法

summary punch　总计穿孔机

summary punching　总计穿孔

summary punching unit　总计穿孔机

summary recorder　总计记录器

summary sheet　(1) [工艺] 调整卡; (2) 观察记录表

summating　累计的, 累积的, 总和的

summating meter　累计计数器, 总和计

summation　(1) 总和, 总计, 总数, 总量; (2) 求 [总] 和

summation by parts　分部求和法

summation check　求和检验, 总和校验, 总和检查法, 和数检验法

summation curves　累积曲线

summation formula　求和公式, 总和公式

summation metering　求和测量法, 累积计量法

summation of series　级数求和法, 级数求和

summation panel　求和配电盘

summation sign　累加符号, 连加号

summational　总和的, 总合的

summator　(1) 加法装置; (2) 加法器; (3) 求和元件

summed current　总电流

summer　(1) 加法器, 总和器; (2) 大梁, 镶条

summer beam girder　大梁

summer lighting　闪电

summing　(1) 合计, 总计; (2) 计算, 算术; (3) 摘要

summing amplifier　加法放大器, 求和放大器

summing circuit　加法电路, 求和电路

summing integrator　加法积分器, 总数积分器, 总和积分器

summing-up　提要, 摘要, 总计

summit　(1) 梢, 梢端; (2) 峰顶; (3) 凸处, 凸形

summit curve　顶曲线, 凸曲线

summitor　相加器

summodulo-two　模 2 和数

sump　(1) 污物贮存槽, 润滑油槽, 贮油槽, 贮液槽, 集油槽, 油箱; (2) 曲柄箱; (3) 污物沉淀池, 储存器

sump oil　沉淀池油, 污油

sump pump　(1) 油底壳; (2) 油池泵, 污水泵; (3) 油槽, 油池, 储 [液] 槽

sump test　[工件表面] 印模试验法

sun　(1) 太阳, 日; (2) 日光, 阳光; (3) 恒星; (4) 太阳灯

sun-and-planet　行星式的

sun-and-planet gear　行星式齿轮

sun and planet gear　行星齿轮, 太阳系齿轮

sun and planet gearing　太阳轮 – 行星齿轮传动 [装置]

sun blind　百叶窗

sun breaker　遮阳板

sun bronze　铜钴铅合金, 森氏青铜 (钴 50-60%, 铜 30-40%, 铝 10%)

sun-burner　太阳灯

sun crack　晒裂, 干裂

sun effect　日光效应

sun gear　行星齿轮, 中心齿轮, 太阳轮

sun gear axis　太阳轮轴线

sun-generated electric power　太阳能电源

sun glass　有色玻璃, 遮光玻璃

sun glasses　有色眼镜, 太阳镜

sun-lamp　日光灯, 太阳灯

sun lamp　日光灯, 太阳灯

sun light　日光灯, 太阳灯

sun louver　遮阳板

sun metal　氯乙烯层压金属板

sun-proof　不透日光的, 耐光性的, 防太阳的

sun-pump　(1) 日光泵; (2) 日光抽运

sun-ray　太阳光线

sun-rays　紫外线

sun shield　遮光板, 遮阳板

sun steel　(钢板压光后, 经过乙烯薄膜处理的) 压花钢板

sun test　日晒试验

sun visor　遮光板

sun wheel　太阳轮

Sunalux glass　透紫外线玻璃

sunbaked　晒干的

sunbeam　日光束, 日光

sunblind　百叶窗, 窗帘, 篷盖

Sunbrite　桑勃勒特无烟燃料

suncompass　太阳罗盘

suncrack　晒裂 (橡胶)

sunder　分离, 分裂, 裂开, 切断

Sunderland　四引擎侦察机

sundries　杂件

sundry　各式各样的, 种种的, 各种的

sundry charges　杂费

Sundstrand pump　(由内齿轮和特殊轴向柱塞泵组合成的) 组合泵

sunflower space power system (=SSPS)　向日葵型空间电源系统

sunglasses　有色眼镜, 太阳镜, 墨镜

sunk　(1) 凹头的, 沉头的, 埋头的; (2) 沉没的, 水中的; (3) 向下钻眼

sunk basin　集水井

sunk bead　凹焊缝

sunk bolt　埋头螺栓

sunk head rivet　埋头铆钉

sunk key　埋头键, 嵌入键, 槽键

sunk pin　埋头销

sunk rivet　埋头铆钉

sunk screw　埋头螺钉, 埋头螺丝, 沉头螺钉, 沉头螺丝

sunk shaft　沉井

sunken　(1) 凹下去的, 埋头的, 沉头的; (2) 沉没的, 水中的

sunken tank　地下油罐

sunless　阴暗的, 黑暗的

sunlight　(1) 太阳光, 日光; (2) 模拟阳光光谱质量的装置

sunlight lamp　日光灯

sunned oil　润滑油

sunseeker　太阳传感器, 太阳定向仪, 太阳探寻器, 太阳瞄准器, 向日仪

sunshade　(1) 太阳遮光罩, 物镜遮光罩; (2) 百叶窗; (3) 天棚

sunshades　太阳眼镜

sunwise　以顺时针方向, 由左向右转

sup　最小上界

supeconducttivity　超导

supepotential 超势

super (1) 特级品,特制品;(2) 最高级的,特 [高] 级的,特大的,极大的,极好的,优等的,超级的;(3) 超过的,过分的,过度的;(4) 面积的,平方的;(5) 特大尺寸;(6)(接收机的)超外差

super- (词头)超过,高于,胜于,过,超,特

super-air-filter 高效空气滤净器

super alloy diffused base transistor (=SADT) 超合金型扩散基极晶体管

super-anthracite 超级无烟煤

Super-ascoloy 超级奥氏体耐热不锈钢(碳 < 0.2%,铬 17-20%,镍 7-10%,其余铁)

super-broadening 超加宽

super-capital 副柱头

super-cell 硅藻土助滤剂

super cement 超级水泥

super-chain 超链

super-charge 增压

super charger 增压器,充电器

super-check 超级检验

super-clean 超净的

super coil 超外差线圈

super-compactor 重型压实机

super compression 超压缩

super-conductor 超导体

super converter 超外差变频器

super-digits (光电技术)发光二极管

super-dislocation 超位错

super-duralumin 超级硬铝

Super Dylan 高密度聚乙烯

super dynode 超性能倍增 [器电] 极

super-elasticity 超弹性

super-emitron 移像光电摄像管,超光电摄像管

super emitron 超光电摄像管

super-fast-setting cement 超级快凝水泥

super-fuel 超级燃料

super gain 超增益

super-gasoline 高抗爆性汽油,超级汽油

Super gel 粗孔硅胶

super giant 超巨型

super grinding 超精磨

super high frequency (=SHF) 超高频(3-30GHz)

super-highspeed 超高速

super-huge 特大型的

super huge 特大型

super-huge turbogenerator 特大型汽轮发电机,特大型涡轮发电机

super-iconoscope 移像光电摄像管,复式光电摄像管,超光电摄像管

super-imposed current (=SC) 重叠电流

super-isoperm 超级导磁钢(镍 33.3%,钴 8.0%,铁 49.9%,铜 8.0%,铝 0.2%,锰 0.5%)

super large-scale integration 超大规模集成电路

super laser 高能激光器

Super-magaluma 超级铝镁合金(铝 94.35%,镁 5.5%,锰 0.15%)

super-mechanized 用高度机械方法的

super micrometer 超级测微仪,超级测微器,超级显微镜

Super-nickel 铜镍耐蚀合金(铜 70%,镍 30%)

super-nocticon 超电子倍增硅靶视像管

super-noise 超外差接收机变频管噪声

super optic 超级万能测长机

super-permalloy 超 [级] 导磁合金,超 [级] 坡莫合金

super power (1) 特高功率,特大功率;(2) 上幂

super-prompt 超瞬时的

super-radiator 超辐射器

super-rapid 超高速的

super-reaction 超反应,超再生

super-refined steel 超级精炼钢

super-refining 超精炼

super-refractory (1) 超效耐火材料,超效耐熔质;(2) 特耐火的

super-regenerative 超再生的

super-regenerative pulse radar (=SRP) 超再生脉冲雷达

super-regenerator 超再生振荡器

super-resolution 超分辨

super-ring 超环

super-sens (=supersensitive) 超灵敏的,高灵敏的,高敏感的,增加感光度的,过敏的

super soft 超软性

super stopband 极不稳定区

super-strength 超强度 [的]

super-synchronous speed 超同步速度

super-system 超系统

super tanker 超级油船

super-thickener 超浓缩

super-turnstile 多段转栅式天线,多层转栅式天线

super universal 超万能

super welder 超精密小型焊机

super-wide angle aerial camera 特宽角航摄机

superable 能克服的,可超越的

superabound 过多,过剩,剩余,太多

superacceptor 超接受器,超受主

superachromatic

superacid 过量酸的

superacidity 过渡酸性

superacidulated 过酸化的

superacidulation 过酸化作用

superactinides 超锕系元素,第二锕系元素(第 122-153 号元素)

superactivity 过活性

superadd 再加上,再添加,外加

superaddition 再加,再添,附加物,添加物

superadditive 超加性的

superadditivity 超加性,超和性

superadiabatic 超绝热的

superaerodynamics 稀薄气体空气动力学,超高速空气动力学,高速高空空气动力学,高空空气动力学

superageing 超老化的

superalkali 苛性钠,氢氧化钠

superalkalinity 高碱度,强碱度

superallowed 超允许的

superalloy (1) 超耐热不锈钢;(2) 高温高强度合金;(3) 超耐热合金;(4) 超级合金

superaltitude 超高空

superannuated 废弃的,报废的,太旧的

superantiferromagnetism 超反铁磁性

superans 超型的

superaperiodic 超周期的

superaqueous 水上的

superatmospheric pressure 超大气压力,正表压

superatomic bomb 热核弹,氢弹

superaudible 在可闻限以上的,超可闻的,超音频的,超声频的

superaudio 超声频

superaudio telegraphy 超音频电信

superballon 超压轮胎

superbang 超重击声

super β-transistor 超 β 晶体管o

superbomb 超级炸弹,氢弹

superbomber 超级轰炸机

superbooster 超功率运载火箭

superbright 超亮的

supercalender (1) 高度砑光机,超级压光机;(2) 用高度砑光机加工

supercalendered 特别光洁的

supercalendering 高度压光

supercapillary 超毛细现象

supercapister 超阶跃变容二极管

supercar 超级汽车

supercarbon steel 超碳钢

supercarbonate 碳酸氢盐

supercarburize 过度渗碳

supercargo (商船)押运员

supercarrier 超级航空母舰

supercavitation 超空化,超成穴

supercement 超级水泥

supercentrifugation 超速离心法

supercentrifuge 超速离心机,高速离心机

supercharge (=SCHG) (1) 增压;(2) 极大负荷,过量负荷

supercharge bearing 增压器轴承

supercharge engine 增压式发动机

supercharge loading 超载,过载

supercharged (=S/C) 增压式的

supercharged engine 增压式发动机

supercharged turboprop 增压涡轮螺旋桨式发动机

supercharger (=S/C) (1) 增压器,超装器,增压机,压气机；(2) 预压用压气机；(3) 增压
supercharger engine 增压发动机
supercharging (1) 增压作用；(2) 增压充电；(3) 预压缩
supercharging boosting 增压
supercharging compressor 增压压气机
supercharging device 增压装置
superchlorination 过氯化[作用],过剩氯处理
superchopper 特快断路器,超速断路器
supercircuit 叠加电路
supercirculation (1) 补充循环,超循环；(2) 超环流[量]
supercode 超码
supercoil (1) 超外差线圈；(2) 超卷曲
supercold 过冷的
supercolossal 极巨大的
supercombat gasoline 超级战斗机用汽油,航空汽油
supercommutation 超换接,超转换
supercomplex 超复数
supercompressibility 超压缩性
supercompression 过度压缩,超压缩
supercompressor 过度压缩器,超压缩器
supercomputer 巨型[电子]计算机
superconducting 超导体的,超导电的
superconducting bolometer 超导体电阻测温计,超导辐射热测量计
superconducting component 超导元件
superconducting state 超导态
superconduction 超导[性]
superconductive 超导[电]的
superconductive gravimeter 超导重力仪
superconductivity 超导电率,超传导性,超导[电]性,超导现象
superconductor 超导[电]体
superconsistent 超相容的
supercontraction 过收缩
supercontrol tube 可变互导管,变跨导管,变 μ 管
superconvergence 超收敛
superconverter 超外差变频器
supercool 使冷却到冰点以下,过冷
supercooled (1) 冷却到冰点以下的,过冷的；(2) 过冷
supercooled accelerator 低温加速器
supercooling 过[度]冷[却]现象
supercosmotron 超高能粒子加速器
supercrevice 超裂缝
supercritical 超临界的
supercritical flow 超临界流动,超临界气流,湍流,急流
supercritical rotor 工作转速大于临界转速的转子,超临界转子,扰性转子
supercritical water reactor (=SCWR) 超临界水慢化反应堆
supercriticality 超临界状态,超临界性
supercube 立方体外的
supercurrent 超[导]电流
superdense 极密集的,极紧密的
superdiamagnetic 超抗磁的
superdimensioned 超尺寸的
superdip 超灵敏磁倾仪,超倾磁力仪
superdirective antenna 超锐定向天线,超方向天线
superdirectivity [天线的]超方向性,超增益
superdonor 超施主
Superduck M147 (美)"大鸭子 M147"水陆汽车
superduper 非常大的,了不起的,高超的,特超的
superduralumin 超强铝,超硬铝
superduty 超重型的,超高温的,耐高温的,超级的
superefficient 超高效的
superelasticity 超弹性
superelectron 超导电子
superelevate 做成超高
superelevate a curve 设置曲线超高
superelevated and widened curve 超高和加宽的曲线
superelevation (1) (炮的)高仰角；(2) 超高,高差；(3) 高出量；(4) 附加的高度
superelevation on curve 曲线超高
superelevation runoff 超高转变率
superelevation slope 超高坡度
superelitist 超级杰出人才
supereminent 非常卓越的,十分突出的,空前未有的,耸立的

superencipherment 高级加密
superenergy 超高能量
superenergy proton synchrotron 超高能质子同步加速器
supereriscope 光电摄像管
supererogation 职责以外的工作
supererogatory (1) 职责以外的；(2) 不必要的,多余的
superette 小型自动售货商店,小型超市
superexcellent 卓越的,最好的,绝妙的
superexchange 超交换[的]
superexcition (电机)励磁过度,过激励
superface 顶面
superfast 超高速的
superfatted 含脂肪过多的
superferromagnetism 超铁磁性
superfiche 超微胶片(缩微 200 页书的胶片)
superficial (1) 表面的,外部的；(2) 面积的,平方的；(3) 肤浅的,浅薄的
superficial area 表面积
superficial cementation 表面渗碳
superficial charring (木材)表面炭化(一种防腐处理方法)
superficial coat 表面涂层,表层
superficial damage 表皮损坏,轻微损坏
superficial density 表面密度
superficial expansion 表面膨胀
superficial hardening 表面硬化,表面淬火
superficial hardness 表面硬度
superficial layer 表面层
superficial Rockwell hardness tester 表面洛氏硬度试验机,表面洛氏硬度计
superficial treatment 表面处理
superficial unit 面积单位
superficiality 表面性,肤浅
superficies 表面积,表面
superfield 扩张域
superfilm 特制影片
superfine (1) 最细的,极细的；(2) 特级的
superfine file 最细锉
superfine grinding 超精磨削
superfines 超细颗粒,超细粉末
superfinish 超[级]精加工,超级研磨,超精研磨
superfinish surface 超精加工面
superfinisher 超精加工机床
superfinishing 超精加工,超级研磨
superfinishing machine 超精加工机床
superfinishing machine for raceways of roller bearing inner races 滚柱轴承内圈滚道超精机
superdinishing machine for raceways of roller bearing outer races 滚柱轴承外圈滚道超精机
superfinishing machine for tracks if ball bearing inner races 球轴承内圈沟超精机
superfinishing machine for tracks of ball bearing outer races 球轴承外圈沟超精机
superfinishing unit 超精加工装置
superfluid (1) 超流体；(2) 超流体的,超流动的
superfluidity 超流动性,超流态
superfluity (1) 多余,过剩,太多；(2) 剩余物,不必要的东西
superfluorescence 超荧光
superfluous 过剩的,多余的,冗余的,过多的,不必要的
superfluous term 沉余项
superfoundation structure 基础以上建筑物
superfraction 超蒸馏[作用]
superfractionation 超蒸馏[作用]
superfractionator 超分馏器
superfrequency 超高频,特高频(30 至 3000 兆赫)
superfusibility 过冷性
superfuse (1) 过冷过熔；(2) 溢流,溢出
superfusion (1) 过冷过熔；(2) 溢流,溢出
supergain (天线的)超方向性,超增益
supergain antenna 超增益天线
supergenerator 超级起电机
supergiant 超巨型的,特大的
supergradient 超梯度,超陡度
supergranulation 超粗粒的形成,超粒化
supergravity 超引力

supergrid 特大功率电网, 超高压电网 (27.5-38 万伏)

supergroundwood 超级磨木浆

supergroup 超群, 大群, 大组

supergroup filter 超群滤波器

supergrown 超生长型

supergrown transistor 超增长型晶体管

supergun 超远射程炮, 超级火炮

superhard 超硬性的, 过硬的, 特硬的, 超硬的

superhardboard 经过特殊处理的大密度硬板

superhardness 超[级]硬度

superharmonic 上调和的

superheat (1)过度加热, 过热, (2)过热[水]蒸汽, 过热状态, 过热热量; (3) 超热钼钽粉末合金, 钼合金电阻丝 (一种电阻材料, 可用于 1600-1700 °C)

superheat resisting alloy 超耐热合金

superheat steam 过热蒸汽

superheat work 过热运转

superheated (=suphtd) 过热的

superheated steam (=SS) 过热蒸汽

superheated vapour 过热蒸汽

superheater (=suphtr) (1) 过热装置, [锅炉] 过热器, 过热炉; (2) 过热器的级

superheater tube 过热管

superheater with division of the steam current 气流分路过热器

superheating 过热

superheating coherence 烧粘

seperheating surface 过热面

superheavy (1) 超重元素的, 超重的; (2) 超重元素

superhelix 超螺旋

superhet (1) 超外差的; (2) 超外差式的 (接收机, 收音机)

superheterodyne (1) 超外差的; (2) 超外差式的 (接收机, 收音机)

superheterodyne circuit 超外差电路

superheterodyne convertor 超外差变频器

superheterodyne detection 超外差检波

superheterodyne mixer 超外差混频器

superheterodyne receiver 超外差式接收机

superheterodyne reception 超外差式接收

superheterodyne radio set 超外差式接收机

superheterodyne system 超外差式

superhigh 超高的, 极高的

superhigh frequency 超高频, 特高频 (3-30 千兆赫)

superhigh pressure 超高压

superhigh pressure boiler 超高压锅炉

superhigh-pressure compressor 超高压压缩机

superhrigh pressure technique 超高压技术

superhigh speed 超高速

superhigh speed cutting 超高速切削

superhigh speed steel 超高速钢

superhigh voltage mercury lamp 超高压水银灯

superhighspeed 超高速的

superhoning 超精珩磨

supericonoscope (1) 超光电摄像管 (电视摄像管的一种); (2) 腐蚀光电摄像管; (3) 移像式光电摄像管

superimpose (1)[信息]叠加, 重叠, 叠合; (2) 求逻辑和; (3) 附加, 添加, 安装, 配合

superimposed 叠加的

superimposed circuit 叠置电路

superimposed current 叠加电流

superimposed-image 像重合测距仪

superimposed layer 叠加层

superimposed load 叠加载荷, 附加载荷, 临时载荷, 超载, 过载

superimposed section 重合剖面

superimposing (1) 叠加; (2) 增设

superimposition (1)叠加, 叠置, 叠上, 叠覆, 被覆; (2)放在上面, 增设, 添加, 附加; (3) {数} 叠合, 符合, 重合

superincumbent 盖在上面的, 放在上面的, 安置在上面的, 压在上面的, 叠的

superindividual 超单晶

superinduce 增加感应, 超感应, 超诱导

superinduction 增加感应, 超感应, 超诱导

superinfragenerator 远在标准下的振荡器, 标准外振荡器

superinsulant 超绝缘体, 超绝热体

superinsulation 超绝缘, 超绝热

superintegrated 高密度集成的

superintend 管理, 监督, 指挥, 支配, 主管

superintendent (=SUPT) (1) 管理员, 监督员, 指挥员, 所长; (2) 车间主任, 总工程师, 监造师, 总监; (3) (部门、机关、企业) 负责人

superinvar 超级镍钴钢, 超级殷钢 (镍 31.5-32%, 钴 5%, 其余铁, 热膨胀系数接近于零)

superinverse 上逆

superionic 超离子

superionic conductor 超离子导体

superionic crystal 超离子晶体

superior (1) 高级的, 上等的, 优等的, 优质的; (2) 上级的, 上面的, 上部的; (3) 上位的, 在上的, 较高的; (4) 占优势的, 较多的

superior angle 优角

superior alloy steel 优质合金钢

superior arc 优弧

superior limit 上限

superior numbers (1) 多数; (2) 优势

superior quality 优质

superior quality alloy steel 优质合金钢

superior wave 主波, 基波

superiority 优越性, 优势, 优等

superisocon (1) 分流正摄像管; (2) 移像式摄像管

superjacent 盖在上面的, 压在上面的

superjet 超音速喷气式飞机, 超声速喷气机

superlaser 高能激光器

superlattice 超结晶格子, 超点阵结构, 超点阵, 超晶格

superlattice type magnet 规则点阵型磁铁, 超上阵型磁铁

superleak 超[渗]漏

superlinear 超线性的, 线以上的

superlinearity 超线性

superliner 超级客轮, 超级客机

superload 附加荷载, 超载

superlock 超级锁定

superloy 超合金, 超熔敷面用管型焊条 (得到的熔敷面成分: 铬 30%, 钴 8%, 钼 8%, 钨 5%, 碳 0.2%, 钡 0.05%, 其余铁)

superluminescence 超发光

superluminescent 超发光的

supermagaluma 超级镁铝锰合金 (94.35% Al, 5.5% Mg, 0.15% Mn)

supermalloy 镍铁钼超导磁合金, 超透磁合金, 超导磁合金 (79% Ni, 15% Fe, 5% Mo, 0.5% Mn, C, Si, S 不大于 0.5%)

supermarket 自动售货商场

supermatic 高度自动化的, 完全自动化的

supermatic drive 高度自动化传动, 完全自动化传动

supermemory gradient method 超存储梯度法, 超记忆陡度法

supermendur 磁放大器和脉冲变压器用的一种磁性合金, 铁钴钒合金材料

supermicroscope 大功率电子显微镜, 超级电子显微镜

superminiature 超小型的

superminiature capacitor 超小型电容器

superminiaturization 超小型化

supermiser 超级节热器

supermolecule 胶束

supermultiplet (1) 超多重的; (2) 超多重谱线, 超多重态

supermumetal 超 μ 合金

supermutagen 高效诱变剂

supernatant (1) 浮在表面的物质, 上层清液; (2) [浮于] 上层的

supernatant layer 清液层

supernatant liquid 上层清液, 清液层

supernatural (1) 超自然的, 异常的; (2) 超自然作用

supernegadine 一种超外差接收机

supernetwork 超级线路网

supernilvar 超级尼尔瓦铁镍钴合金 (一种铁镍钴合金, 含 31% Ni, 4-6% Co)

supernormal (1) 超过正常的, 过当量的, 超规度的, 超常的; (2) 在一般以上的, 异常的

supernucleus 超[重]核

supernumerary (1)定额以外的, 额外的, 多余的; (2) 多余的人, 临时工

superoctane 超辛烷值的

superometer (装在车上的) 超高测量仪

superorbital 超轨道的

superorder 总目

superordinary 超正常的, 优良的, 上等的, 高级的

superorthicon　移像正析像管, 超正析像管 (一种高灵敏度析象管)
superosculation curve　超密切曲线
superoxide　过氧化物
superoxidized　过度氧化的
superoxol　过氧化氢溶液
superpair　超对
superparamagnetism　超顺磁性
superparametric elements　超参数元件
superparasitism　重寄生现象
superperformance　超级性能, 良好性能
superperiod　超周期
superphantom circuit　超幻像电路
superphosphate　(1) 过磷酸钙；(2) 酸性磷酸盐
superphysical　已知的物理学所不能解释的, 超物质的
superplane　超型飞机
superplasticity　高度塑性, 超塑性
superpneumatic　超压的
superpolyamide　高分子量聚酰胺
superpolyester　超聚脂
superpolymer　高聚 [合] 物
superposability　可叠加性
superposable　可叠加的, 可重叠的, 可重合的
superpose　叠置, 叠加, 叠放
superposed circuit　重叠电路, 叠加电路
superposed current　叠加电流
superposed magnetization　叠加磁化
superposed type SFAG accelerator　重叠式扫描场交变陡度加速器
superposed technique　叠加技术
superposition　(1) 叠加, 重叠；(2) 叠复, 叠置, 被覆；(3) 叠置近似法, 叠加作用
superposition method　叠加法, 叠置法
superposition of directive pattern　方向图叠加
superposition of motions　运动叠加
superposition of signal　信号叠加
superposition principle　叠加原理
superposition theorem　叠加理论, 叠加定理
superpotency　特效
superpotent　特效的
superpotential　过电压的, 超电势的, 超势
superpower　(1) 电力系统总功率；(2) 超功率 [的], 特大功率 [的], 高功率 [的]
superprecipitation　超沉淀 [作用]
superprecision　高精确度, 极精密, 超精密
superprecision approach radar (=SPAR)　超精密进场雷达
superprecision ball　高精度球
superpressure　超 [高] 压, 过压
superprofit　超额利润
superproton　超高能宇宙线粒子, 超高能质子, 超质子
superquench　超淬火
superquench oil　高级淬火油
superquenching　超淬火
superradiance　超发光, 超辐射
superradiant　超辐射的
superradiation　超辐射
superrefined　超精细的
superrefraction　无线电波的波导传播, 超折射 [作用]
superrefractory　特级耐火材料
superregenerate　超再生的
superregeneration　超再生
superregenerative　超再生的
superregenerative maser　超再生微波激射器
superregenerative receiver　超再生接收机
superregenerator　超再生振荡器
superregulated　高精度调节的, 极高稳定的
superregulator　超灵敏度调节器, 高灵敏度调整器, 超级调节器
superresolution　超限分辨
superretroaction　超再生
superrocket　超级火箭
supersaturate　使过饱和
supersaturation　过饱和 [现象]
superscribe　(在信封上) 书写姓名地址
superscript　(1) 指数, 指标；(2) { 数 } 上标, 上注角
superscription　(1) 标题, 题目；(2) (信封上的) 姓名地址
supersecret　绝密的

supersede　代替, 接替, 取代, 替代, 更换, 更迭, 置换, 废除, 废弃
supersensibilization　超敏化作用
supersensitive　超灵敏的
supersensitivity　特高灵敏度, 超灵敏度
supersensitization　超增感
supersensitizer　超增感剂
superservice station　高级修车加油站, 通用技术保养站, 高级服务站
supersession　(1) 废弃；(2) 更迭, 更换, 换掉, 代替
supershielded　优质屏蔽的
supersicon　超硅靶视像管
supersign　(信息论) 超码
superskill　高超的技能
supersolid　超立体, 多次体
supersolidification　过凝固 [现象]
supersolubility　超溶度, 过溶度
supersonic(=SPS 或 SU)　(1) 超声波, 超声频；(2) 超声速的, 超音速的, 超声波, 超声的, 超音的
supersonic dropping model　(飞机投掷式) 超声波信标
supersonic flaw detecting　超声波探伤
supersonic frequency (=SF)　超音频
supersonic hardness tester　超声硬度试验仪一
supersonic inspection　超声波检查
supersonic jet　(1) 超音速喷气发动机；(2) 超声速射流
supersonic low altitude missile (=SLAM)　低空超音速导弹
supersonic machining　超声波加工
supersonic sounding　超声探测法, 超声波探测法
supersonic transport (aircraft) (=SST)　超音速运输机
supersonic wave　超声波
supersonics　(1) 超音速；(2) 超音速空气动力学, 超高频声学, 超声波学, 超声学
supersound　超声, 超音
supersound projector　大功率扬声器
superspeed　超高速 [的]
superspiral　超螺旋
superstability　超稳定性
superstabilizer　(1) 超稳定器；(2) 超稳定剂
superstainless　超级不锈
superstandard　超标准的
superstation　(1) 特大型发电厂, 巨型电站；(2) 特大功率电台, 超功率电台
supersteel　超钢 (一种高速钢)
superstoichiometric　超化学计量的, 超当量的
Superston　耐蚀高强度钢合金, 超级斯通合金(高强度耐腐蚀铜基合金, 铝 8.5-10.5%, 铁 4-6%, 镍 4-6%, 其余为铜)
superstrain　超应变
superstrata　(复数) 上覆层, 覆盖层
superstratum　(单数) 上覆层, 覆盖层
superstruction　上部结构, 上层结构, 上层建筑
superstructure (=SUPRSTR)　(1)上层建筑；(2)上层结构, 上部结构, 加强结构, 上部构造；(3)军舰甲板上之构造部分, 船上主要舱面上结构；(4) 超点阵 [结构]；(5) 路轨的轨枕, 钢轨与扣件
superstructure and deckhouse　(船舶)上层结构和甲板舱室
supersubmarine　超级潜艇
supersubstantial　超物质的
supersubtle　过分精细的
supersupercomputer　超巨型计算机
supersynchronous　超同步的
supersynchronous motor　定子旋转起动式同步电动机, 超同步电动机
supersystem　超级体系
supertank　巨型坦克
supertanker　(1) 超大型油船, 超级油轮, 超级油船；(2) 超级油槽车
supertax　累进所得税, 附加税
supertension　(1) 超高电压, 过电压, 超电压；(2) 超限应变, 张力过度, 过应力
superterranean　架空的, 天上的
superterraneous　架空的, 天上的
Supertherm　苏珀萨姆高温合金
superthermal　超热的
superthin tape　超薄 [型] 磁带
superthreshold　超阈值
supertrain　超高速火车
superturnstile antenna　宽频带甚高频电视发射天线, 多层绕杆式天线, 蝙蝠翼天线, 超绕杆天线
superuniversal shunt　超万能分流器, 多量程分流器

1377

superuniverse 超宇宙

supervacaneous 不需要的，多余的

supervarnish 超级清漆，桐油清漆

supervelocity 超速度，超高速

supervise (1)监督，监视，监控，检查，检测，观察；(2)管理，指导，操纵，控制

supervising point (交通)观察点

supervising system 监视系统

supervision 监督，监察，控制，管理，检查

supervision of construction 工程管理

supervisor (=SUPV) (1)监督，监视，管理；(2)监控者，检查员，管理人；(3)监督装置，监控系统，监控器，监视器；(4)(事物管理中的)监控部分；(5)核对收报机；(6)管理程序，管理机，管理器

supervisor call 管理程序调入

supervisor call interrupt 调入管理程序的中断，引入管理程序中断

supervisor mode 监督程序方式，管理状态

supervisor program 管理程序

supervisor routine 管理程序

supervisor computer 监视用计算机

supervisor's circuit 话务监察电路

supervisor's console (=SC) 监控台

supervisory 监督的，监视的，监控的，管理的

supervisory circuit 监控电路

supervisory control 管理控制

supervisory control program 监督控制程序

supervisory control system 监视用的控制系统

supervisory engineering staff 技术管理人员，工程管理人员

supervisory instruction 管理指令

supervisory lamp (=SL) 监视灯

supervisory program 监视程序

supervoltage 超电压，超高压

superwater 多元水，反常水

superwide band oscilloscope 超宽带示波器，超频带示波器

Supiron 高硅耐酸铁(硅 13-16%)

supplant 代替，取代，替换，排挤，潜夺

supplanter 代替者，替换者，取代者

supple (1)易弯曲的，柔软的，柔顺的，灵活的；(2)使变柔软，使柔顺

supplement (1)添加剂；(2)补充，补足，补加，补遗，增补，添加，追加；(3)补充物，添加物，附录；(4){数}补角

supplement flight test (=SFT) 补充飞行试验

supplement of an arc 补弧

supplemental (1)补足的，补充的，补助的，补加的，补遗的，增补的，附加的，追加的，续的；(2)补角的；(3)辅助的，副的

supplemental capacity 补供输出功率

supplemental contract (=SC) 补充合同

supplemental instruction 补充说明

supplemental production order (=spo) 产品补充订货单

supplementary (1)补足的，补充的，补助的，补加的，补遗的，增补的，附加的，追加的，续的；(2)补角的；(3)辅助的，副的

supplementary agreement 附加协定

supplementary angle 补角

supplementary bearing 副轴承

supplementary conditions 辅助条件

supplementary control 辅助控制点

supplementary data 补充数据

supplementary designation 补充代号

supplementary fuel 补充燃料

supplementary gearbox 副齿轮箱

supplementary gearsets 副变速器齿轮组

supplementary instrument 辅助仪器，备用仪器

supplementary line-link frame (=SLLF) 辅助线路塞绳架，辅助线 - 链架

supplementary load 附加载荷

supplementary material 补充材料

supplementary means 辅助手段

supplementary power 补充供电

supplementary power supply set (=SPSS) 附加电源装置

supplementary spring 辅助弹簧，保险弹簧，副弹簧

supplementary storage 辅助存储器

supplementary subroutine 辅助子程序

supplementary symbols 补充符号，补充代号

suppletion 替补作用，互补

supplier (1)供货人，供应人，供给者，补充者；(2)供应厂商，承制者，供方

supplies 补给品

supply (=SUP) (1)供给，供应，补给，输送，供料，给料，传送，输送，进料；(2)输电[线]，供电，馈电；(3)供水，给水；(4)供给源，电源，水源，能源，热源；(5)设备；(6)功率牵引；(7)供给量，供应量，供水量，供电量，贮藏量；(8)储备物资，供应物，供给品，补给品，消耗品，存货

supply a deficiency 弥补不足

supply a demand 满足需要

supply a need 满足需要

supply and demand 供与求

supply conduit 进水管道，给水管道

supply corps (=SC) 供应部队，后勤部队

supply depot 补给仓库

supply fan (=SF) 送风扇

supply frequency 电源频率

supply heat 供热

supply in full set of 成套供应

supply lead 馈电引线

supply-line (1)供水管线；(2)供气管线

supply line (1)供应管线，给水管线，补给线；(2)供电线路，馈电线路，电源线

supply main (1)供电干线；(2)给水总管，供水总管

supply meter 馈路电度表，用户电表，电量计

supply net 给水管网

supply officer (=SO) 供应人员

supply pipe 送水管，给水管，输送管，给料管，进给管，供油管，供水管，供气管

supply reel (1)(录音)供带[轮]盘；(2)绕线车

supply riser 给水立管

supply system 供给系统

supply tank 给水箱，贮[液]槽

supply transformer 电源变压器

supply unit 电源装置

supply voltage 电源电压

supply voltage variation 电源电压变动

support (=SPT) (1)三脚架，支持器，固定件，托架，立柱，支架，支杆，支座，机座，垫座，支柱，支点，(2)支护；(3)支持，支承，支撑，承重，承载，承受，承托，支住，托住，吊住；(4)维持，保持，赞助，帮助，支援，援助；(5)配套，(6)承载形，承载子，载体

support abutment 支座

support arm 支持臂，支架臂，(滚齿机)外支架

support bar 支杆

support bracket 支托

support element 支承[元]件

support equipment requirement (=SER) 辅助设备要求

support insulator 支持绝缘子

support lug 支承柄

support moment 支承力矩

support of bearing 轴承支架

support of input shaft 输入轴支架

support of motor 电动机支座

support of table 工作台支架

support of the catalyst 催化剂载体

support people 辅助人员

support plate 支座板

support pressure 支点压力，支点反力

support program 支援程序

support reaction 支承反力

support resistance 支承阻力

support saddle 鞍形支架

support shaft 支架轴

support software 支援软件

support stand 支架

support stand with bearing 轴承支架

support system evaluation (=SSE) 支承系统估计，辅助系统鉴定

support system task analysis (=SSTA) 辅助系统工作分析

support system test evaluation program(=SSTEP) 辅助系统测试鉴定程序

support trunnion 支轴

support unit 支承部件

supportability 承载能力，支承能力

supportable 能支持住的，能支承的，可支持的，可援助的，可忍受的

supportation 支承式接头

supported along four 四边支承

supported at circumference 四周支承的

supported at edges　沿边支承的
supported flange　压紧法兰,固定法兰
supported joint　支承接头,承托接头
supporter　(1)支撑器具,支架,托架;(2)支持物,支撑物;(3)载体;(4)支援人员,支持者,援助者
supporting (=SUPTG)　支持的,支承的
supporting area　支承面积
supporting axle　承载轴
supporting back　支背
supporting bead　支承垫圈
supporting bearing　(1)径向轴承,推力轴承;(2)支座轴承
supporting capacity　支承能力,承载能力,承重能力
supporting dielectric　支持介质
supporting disk　支承圆盘
supporting electrode　支承电极
supporting flange　支承凸缘,压紧法兰
supporting force　支承力
supporting housing　支罩
supporting load　承载能力,承重量,承载量
supporting member　支承构件,承重构件,承载构件
supporting moment　支承力矩
supporting point　支撑点,支点
supporting power　承载能力,支力
supporting rack　支承架
supporting reaction　支承反力
supporting resistance　支承阻力
supporting ring　支承环,轴承环,卡环,垫环
supporting roller　支承滚柱,支承辊,重重轮
supporting shell　支壳
supporting shoe　支撑块
supporting spring　支承弹簧
supporting stand　支架
supporting structure　支承结构,下部结构,固定架
supporting stub　支撑短截线
supporting surface　支承面,支持面,承载面
supporting technology　(1)基础技术;(2)技术基础
supporting wire　支撑线,吊线
supportive　支持的
supportless　没有支撑的,没有支持的
supposable　想象得到的,假定的
suppose　(1)假定,假设,推测,推定,认为,认定,想象,料想;(2)必须先假定,意味着,包含
supposed　想象上的,假定的,推测的
supposedly　按照推测,想象上,大概
supposition　(1)假定,想象,推测;(2)[先决]条件,前提
suppositious　冒充的,假的;(2)假定的,想象的
suppositive　假定的,想象的,推测的
suppress　(1)镇压,压制,压缩,熄灭,扑灭;(2)抑制,拖制,遏止,制止,压住,禁止;(3)排除,消除,删掉,隐藏,隐蔽,封锁
suppress interference　排除干扰
suppress the truth　隐瞒事实
suppress zero　去掉无用的零,消零
suppressant　抑制物
suppressed　抑制的
suppressed carrier　抑制载波
suppressed carrier modulation　抑制载波调制
suppressed-carrier transmission　抑制载波传输
suppressed carrier transmission　抑制载波式传输,抑制载波式发送
suppressed circuit　抑制电路
suppressed scale　压缩刻度[盘]
suppressed time　抑制时间
suppressed time delay　抑制时间延迟
suppressed-zero　刻度不是从零位开始的,无零点的,抑零式的
suppressed-zero scale　无零位刻度盘
suppresser (=suppressor)　(1)抑制器,阻尼器,抑止器,遏抑器;(2)消声器,消除器;(3)抑制栅[极];(4)抑制因子,校正因子,阻活剂
suppressible　可抑制的,可消除的,可删减的,可禁止的,可排除的
suppressible boundary condition　可删减边界条件
suppressible complex frame　可删复框架
suppressing antenna　抑制天线
suppression (=SUPRN)　(1)遏制,抑制,抑止,压制,制止;(2)消除,排除,删除;(3)熄灭,扑灭,镇压,闭塞;(4)隐藏,封锁,禁止
suppression current　抑制电流
suppression filter　抑制滤波器,带除滤波器

suppression of torsional vibration　扭振抑制
suppression pulse　抑制脉冲
suppression recovery　抑制恢复
suppression resistance　抑制电阻,控制电阻
suppressor　(1)抑制器,阻尼器,抑止器,遏抑器;(2)消声器,消除器;(3)抑制栅[极];(4)抑制因子,校正因子,阻活剂
suppressor electrode　抑制栅极,抑制电极
suppressor-grid　抑制栅极
suppressor grid　抑制栅极
suppressor grid amplitude　抑制栅极辐调
suppressor-grid modulated (=SGM)　抑制栅调制的
suppressor gird modulated amplifier　抑制栅极变放大器
suppressor grid modulation　抑制栅极调变
suppressor grid of vacuum tube　真空管的抑制栅极
suppressor-modulated amplifier　抑制栅调制放大器
suppressor overvoltage　抑制过压器
suppressor potential　抑制栅电位
suppressor pulse　抑制脉冲,封闭脉冲
suppressor resistor　抑制干扰电阻器
supputation　计算
supra　(拉)上述,上文,在上,在前
supra-　(词头)上,超,前
supra-acoustic frequency　超声频
supracolloidal　超胶体的
supraconduction　超导
supraconductive　超导的
supraconductivity　超导[电]性
supraconductor　超导体
suprafacial　同侧
suprafluid　超流体的
supraliminal　阈上的
supramolecular　由许多分子组成的,超分子的
Supramoly　二硫化钼(干润滑剂)
Supramor　秀普瑞莫电磁探伤仪
suprasil　透明石英
suprasphere　超球体
suprathreshold　阈上[的]
supreme　(1)最主要的,最高的;(2)极度的,极大的,终极的,非常的,无上的
supreme end　最终目的,终极目的
supreme moment　决定性时刻
supremum　{数}最小上界,上确界,上限
supud-keeper　锚定桩导向装置
sur-　(词头)外加,超,过
surcharge (=S/C)　(1)总误差(试金);(2)过[度]充电;(3)上加载重,叠加载荷,附加荷载,附加负载,装载过多,装填过多,超载,过载,叠载;(4)附加税[费]
surcharge load　超载,过载
surcharge storage capacity　超高贮水量
surcharged (=sur)　超载的,过热的
surcharged steam　过热蒸汽
surcharges extraordinary　特别附加费
surd　(1){数}不尽根[的],根式;(2)无声[的]
surd number　不尽根数
surd root　不尽根
sure　(1)有把握的,确实的,确信的,可靠的;(2)一定的,必定的,必然的,无疑的;(3)稳定的;(4)的确,一定,当然
sure-enough　真正的,确实的
sure enough　确实,的确,果然,无疑
surefire　一定会成功的,可靠的
surefooted　不会出差错的,稳定的
surely　(1)的确,确实,无疑,必定,一定;(2)当然,谅必;(3)踏踏实实地
surety　(1)确实;(2)保证人,保证金,保证物;(3)担保
surety company　保险公司
suretyship contract　保险合同
surface　(1)面,表面;(2)曲面;(3)面层;(4)外观,外表;(5)表面的,外表的;(6)使成平面,表面加工,表面处理,表面修整,表面磨削,平面切削,端面切削,磨平面,切面,削面,镀面;(7)面积;(8)场,空地;(9)堆焊
surface ablation　表面烧蚀
surface abrasion　表面磨损
surface abrasion belt grinding machine　平面砂带磨床
surface action　(1)表面作用;(2)趋肤效应

1379

surface-active 表面活性的
surface active agent 表面活性剂
surface active chemical 表面活化剂
surface activity 表面活度
surface analysis 故障范围分析,故障面分析
surface and boring machine 端面镗床
surface and dimension inspection 表面和尺寸检查
surface appearance 表面状况
surface area 曲面面积,表面积
surface area center rating 横断面淬透性(测定法)
surface asperity 表面凹凸,表面不平
surface bar 测平杆
surface barrier 表面阻挡层,表面势垒,表面位垒
surface barrier diode 表面势垒二极管
surface-barrier transistor 面垒晶体管
surface barrier transistor (=SBT) 表面势垒层晶体管,表面阻挡
    层晶体管
surface bearing 平面轴承
surface blemish 表面缺陷
surface blowhole 表面气孔,表面砂眼
surface broach 表面拉刀,平面拉刀
surface broaching 平面拉削
surface broaching machine 平面拉床,外拉床
surface burst fuze (=sbf) 地面起爆引信,水面起爆引信
surface carbon content 表面含碳量
surface carburetor 表面汽化器
surface carburization 表面渗碳
surface cementation 表面渗碳
surface channel 表面沟道
surface charge transistor (=SCT) 表面电荷晶体管
surface checking 表面起网状裂纹,表面龟裂
surface cleaning 表面清洁
surface coarseness profiling instrument 表面粗糙度轮廓仪
surface coat 面层
surface coating 表面涂层
surface coefficient 表面系数
surface condenser 表面冷凝器
surface condition 表面状况,表面条件
surface condition factor 表面条件系数
surface conductance 表面电导
surface contact 表面接触
surface contact stress 表面接触应力
surface-contact system 表面接触系统
surface contour map 等高线地形图,地形测量图
surface-cooled 表面冷却的
surface coordinates 曲面坐标
surface course 面层
surface crack 表面裂纹
surface crack detector 表面裂纹探测器
surface crystallization 表面结晶
surface current 表面流动
surface curvature 表面曲率
surface cut 表面切削,端面车削
surface damage 表面损坏
surface decarburization 表面脱碳
surface defect 表面缺陷
surface deterioration 表面变杯,表面磨损损坏
surface deformation 表面变形
surface discharge 表面放电
surface distress 表面损伤,表面损坏
surface dressing 表面修整
surface duct 地面管道
surface durability 表面耐久强度,表面持久性,表面接触强度
surface effect 表面效应
surface-effect-ship 气垫船
surface effect ship (=SES) 表面效应船,气垫船
surface electrokinetic potential 界面动电势
surface electrolytic making machine 平面电解刻印机
surface element (1) 曲面元素,面素;(2) 面积元素,面积单元
surface energy level 表面能级
surface failure 表面疲劳
surface feet per minute (=sfpm) 每分钟表面切削尺,圆周速度
    (英尺/分),表面线速度(英尺/分)
surface field 近面电场

surface finish 表面光洁度,表面光制,表面抛光,表面修整,表面修饰
surface finish indictor 表面光洁度检查仪
surface-finish symbol 表面光洁度符号
surface finishing 表面精加工,表面光制
surface finishment 表面光洁度
surface fitting 曲面拟合
surface flatness 表面平度
surface flaw 表面缺陷,表面发纹
surface flow 径流
surface-force 地面部队,水面部队,水面舰艇
surface friction 表面摩擦
surface-gauge 平面针盘,划针盘,平面规
surface gauge 平面针盘,划针盘,平面规
surface geometry 表面几何条件
surface grinder 平面磨床
surface grinding 平面磨削
surface grinding machine 平面磨床
surface grinding machine for grinding slideways 导轨磨床
surface grinding machine with horizontal grinding wheel spindle
    and reciprocating table 卧轴矩台平面磨床
surface grinding machine with horizontal spindle and rectangular
    table 卧轴矩台平面磨床
surface grinding machine with horizontal spindle and rotary table
    卧轴圆台平面磨床
surface grinding machine with two column for grinding slideways
    龙门导轨磨床
surface grinding machine with vertical grinding wheel spindle and
    reciprocating table 立轴矩台平面磨床
surface grinding machine with vertical spindle and rotary table 立轴
    圆台平面磨床
surface-hardened 表面淬火的
surface hardened gear 硬齿面齿轮,表面更化齿轮
surface hardening 表面淬火,表面硬化
surface hardening steel 低淬透性钢,浅淬硬钢
surface hardness 表面硬度
surface heat treatment 表面热处理
surface heater 路面加热器,热面器
surface honing machine 平面珩磨机
surface imperfect 表面缺陷
surface in contact 接触面
surface-inactive 表面不活泼的
surface indentation 表面压痕
surface indicator (1) 平面规,(2) 表面找正器
surface injury 表面损伤
surface insulation 表面绝缘
surface integral 面积分
surface interruption 表面间断
surface irregularity 表面不平度
surface lapping machine 平面精研机
surface layer 表面层
surface leakage 表面泄漏
surface lifetime 表面寿命
surface loading 表面承载
surface machining 表面加工,平面加工
surface magnet charge 表面磁荷
surface measure 表面测量
surface metrology 表面计量学
surface miller 平面铣床
surface milling 面铣,辊铣
surface milling machine 平面铣床
surface-motion(lower) pair 面接触运动副低副
surface noise (唱针)划纹噪声,(唱片的)音纹噪声
surface normal 曲面法线
surface of action 啮合[曲]面,接触面,作用迹面
surface of bed 床面
surface of centers 中心距曲面
surface of class n N次曲面
surface of compensation 补偿曲面
surface of constant mean curvature 定值平面曲率的曲面,定中曲率的
    曲面
surface of constant total curvature 定值全曲率的曲面
surface of contact 接触面
surface of degree n N次曲面
surface of discontinuity 不连续[曲]面,突变面

surface of emission　发射面
surface of equal potentials　等势面
surface of fracture　断裂面, 破裂面
surface of friction　摩擦面
surface of n degree　N 次曲面
surface of order n　N 阶曲面
surface of positive curvature　正曲率的曲面
surface of revolution　回转面
surface of revolution of minimum area　最小回转面
surface of revolution of tractrix　曳物线的回转面 (伪球面, 准球面)
surface of rolling　滚动曲面
surface of rotation　旋转面
surface of second class　二班曲面
surface of second order　二阶曲面, 织面
surface of sliding　滑动面
surface of solubility　溶解面
surface of sphere　球 [表] 面
surface of striction　垂足限曲面, 腰曲面
surface of translation　平面曲面
surface of vortex　涡面
surface on the workpiece　工件表面
surface original failure　表面原始失效
surface packer　表土镇压器
surface passivation technology　表面钝化工艺
surface phenomena　表面现象
surface photoelectric effect　表面光电效应
surface pit　表面点蚀
surface planer　平面刨床
surface planning machine　平面刨床
surface plate　(1) 平台, 平板, (2) 划线台
surface play of metal　金属液面运动现象 (氧化膜引起的变化花纹)
surface polish　表面抛光
surface potential　表面电势
surface potential detector　表面电位检测器
surface preparation　表面预加工
surface preparation　表面压力
surface properties　表面性能
surface protection　表面保护
surface pyrometer　表面高温计
surface quality　表面质量
surface quality measurement　表面质量测定
surface quenching　表面淬火
surface rating　表面光洁度等级
surface reaction　表面反应
surface resistivity　表面电阻系数
surface rippling　表面波纹, 表面皱纹
surface rolling　表面滚轧, 滚压加工
surface roughness measurement　表面粗糙度, 表面光洁度
surface roughness tester　表面粗糙度检查仪
surface-search　海面搜索
surface scale　表面氧化皮
surface scarfing　表面嵌接
surface screw　横动台螺杆, 横向进刀螺杆
surface ship　水面船只
surface smoothness　表面光滑度, 表面光洁度
surface smoothing　表面平整加工
surface spall　表面鳞剥
surface speed　(1) 表面速度; (2) (磁鼓表面的) 线速度
surface state　表面状态
surface strength　(齿面) 接触强度, 表面强度
surface strain　表面应变
surface stress　表面应力
surface table　划线台
surface temperature　表面温度
surface tension　表面张力
surface texture　表面组织, 表面结构, 表面粗度
surface thermocouple　表面温差电偶
surface-to-air　地对空的, 舰对空的
surface-to-mass ratio　表面 - 质量比
surface-to-surface　地对地的, 面对面的
surface-to-surface missile (=SSM)　地对地导弹, 面对面导弹
surface-to-underwater (=SU)　面对水下, 地对水下, 舰对水下
surface-to-underwater missile (=SUM)　面对水下导弹
surface topography　表面形貌

surface trapping　表面俘获, 表面吸收, 表面抑制
surface treatment　表面处理
surface type meter　面板用仪表
surface unit (=su)　表面积单位
surface varactor　表面变容二极管
surface vessel (=SV)　水面舰艇, 水面舰船
surface viscosity　表面粘度
surface voids　麻面
surface water　地面水, 地表水
surface water automatic computer (=SURWAC)　地表水自动计算机
surface wave　地表电波, 地面波, 表面波
surface-wave antenna　表面波天线
surface waviness　表面波度
surface-welding　表面焊合, 表面粘合
surface wiring　明线布线
surface-wise　表面对表面 [地], 面和面 [地]
surface working　表面加工
surface zonal harmonic　球带调和
surfaced　刨光的, 刨平的, 使成平面的
surfaced-contact rectifier　面接触整流器
surfacer　(1) 表面涂剂, 表面涂料; (2) 平面磨床; (3) 平面刨床; (4) 表面修整机, 枕木削平器; (5) 路面修整机
surfaces on the workpiece　工件表面
surfacing　(1) 表面处理, 表面平整, 表面修整; (2) 表面加工, 端面加工, 表面切削, 端面切削; (3) 表面磨削, 磨平面; (4) 削面, 镀面; (5) 装面, 配面; (6) 堆焊
surfacing and boring machine　削面镗孔两用机床
surfacing cut　表面切削, 端面切削, 端面车削
surfacing feed　横向进给, 横向进刀
surfacing lathe　落地式车床, 落地车床, 端面车床
surfacing material　铺面材料
surfacing power feed　端面机动进刀, 端面机动进给
surfacing welding electrode　堆焊焊条
surfacing welding rod　堆焊填充丝, 堆焊填充棒
surfactant　表面活化剂, 表面活性剂
surficial　表面的, 地面的, 地表的
surfon　表面振荡能量量子
surfuse　(1) 过冷 [却]; (2) 过冷的
surfused liquid　过冷液
surfusion　过冷 [现象]
surge　(1) 气压波; (2) 涌波; (3) 电涌, 浪涌 (冲击性过电压); (4) (发动机, 气压机) 喘振, (船) 前后摇, 压力峰值, 电流急冲, [压力] 波动, 脉动, 冲动, 颤动, 冲击, 急变, 骤变; (5) 振荡, (6) (绳, 缆) 滑脱, 松动; (7) 绞盘上的锥形部; (8) 空转打滑
surge absorber　冲击波吸收器, 过 [电] 压吸收器, 电涌吸收器
surge absorber condenser　过压吸收电容器, 电涌吸收电容器
surge admittance　电涌导纳, 特性导纳
surge arrester　防止过载放电器, 电涌放电器
surge-chamber　调压室
surge chamber　调压室
surge characteristic　电涌特性, 浪涌特性, 瞬态特性
surge crest ammeter　电涌峰值安培机, 脉冲峰值安培计
surge current　冲击电流, 浪涌电流
surge damper　减震器, 缓冲器
surge diverter　电涌分流器, 避雷针
surge down　向下波动
surge energy　浪涌能量
surge gap　浪涌放电器
surge generator　浪涌电压发生器, 冲击发生器
surge hopper　聚料斗
surge impedance　特性阻抗, 浪涌阻抗, 波阻抗
surge line　(1) 喘振线; (2) 风速聚增线; (3) 气压波线
surge load　激增负荷
surge oscillography　脉冲示波术
surge pressure　冲击压力
surge-proof　防浪涌的, 防电涌的, 防喘振的, 非谐振的
surge-proof transformer　防电涌变压器, 非谐振变压器
surge pump　薄膜式泵, 隔膜式泵
surge resistance　冲击电阻, 浪涌电压
surge sparker　浪涌放电器
surge suppressor　浪涌抑制器
surge-tank　调压水槽
surge tank　调压水箱, 调压水槽, 调压塔, 减震箱, 均压箱, 恒压箱

surge-tower 调压塔
surge up 向上波动
surge valve 间歇作用阀,补偿阀
surge voltage 浪涌电压,过电压
surge-voltage protector 浪涌电压保护器
surge wave 激波
surgeproof 防电涌的,抗电涌的
surgewheel 摩擦轮
surging (1)冲击;(2)涌起;(3)脉动,波动;(4)振荡;(5)喘振;(6)前后摇,纵荡
surging characteristic 喘振特性
surging impedance 浪涌阻抗,特性阻抗,波阻抗
surging lap 反复折叠
surging line 喘振边界线,浪涌线
surging voltage 浪涌电压
surmark (1)样板上肋骨斜角标记;(2)船边上临时焊上的楔耳
surmisal 推测得出的,可推测的,可推断的
surmise 推测,推断,估计,猜测,臆测
surmount (1)克服,超过,越过,打破;(2)高出量,高差;(3)超高;(4)罩面,饰顶
surmountable 可以克服的,可以超越的,可以打破的
surname 姓名,别名,外号
surpass 优于,胜过,超过,超越
surpassing 卓越的,优秀的,无比的,非常的
surplus (1)超过额,剩余[物],过剩,余量,盈利,余款;(2)剩余的,过剩的;(3)顺差;(4)公积金
surplus capacity 剩余容量,富裕容量
surplus distribution list (=SDL) 剩余物资分配清单
surplus factor 剩余因子
surplus generation 剩余发电量,富裕发电量
surplus material 剩余材料
surplus power 剩余功率,多余功率
surplus pressure 剩余压力
surplus stock 多余原料
surplus value 剩余[价]值
surplus valve 溢流阀
surplusage 过剩[物],剩余额
surprint 套晒的图像,套印
surrender 交出,放弃
surrender document 交单
surrender of the policy 交付保单
surrender value 保险单上的退保值,退保金额
surrey (1)四轮轻便马车;(2)早期的篷式汽车
surrogate (1)代用品;(2)代理人;(3)使代理,使代替
surrosion 腐蚀增重[作用]
surround (1)围绕,环绕,包围;(2)包裹层,外包层,围绕物;(3)照明区
surrounding (1)周围的,四周的,环绕的;(2)周围情况,环境,外界
surrounding atmosphere 四周的大气
surrounding loop 外层循环
surrounding noise 环境噪声
sursolid 五乘,五乘幂
surtax (1)附加税;(2)征收附加税
surveillance (1)监视,监督;(2)侦察,观察,管制
surveillance air ground environment (=SAGE) 防空警戒地面 指挥系统
surveillance and inspection (=S&I) 监视与检查
surveillance radar 监视雷达
surveillance radar element (=SRE) (1)监视雷达元件;(2)环视雷达站
surveillance radar equipment (=SRE) 监视雷达设备,警戒雷达设备
surveillant (1)监视的;(2)监视者
survey (1)测量,测绘,测定;(2)检查,鉴定;(3)调查,观察,观测,勘查,勘测;(4)述评,评价;(5)测量记录,测量图
survey by boring 钻探
survey by series photograph 连续摄影测量
survey crew 测量人员,勘测人员
survey instrument 测量仪器,探测器
survey of cable route 电缆线路勘测
survey report 检查报告,检验报告,测量报告
surveyability 可测[量]性
surveyable 可观测的,可测量的
surveying (1)测量,勘测,丈量;(2)测量学
surveying and mapping 测绘

surveying calculation 测量计算
surveying computation 测量计算
surveying panel 平板仪
surveying plane table 测量平板仪,测量图板
surveying rod 测量标尺,水准标尺,测杆,标杆,花杆
surveying stake 标桩
surveying work 测量工作,勘测
surveyor (1)测量人员;(2)(船舶)验船师,检查员,调查员,鉴定人;(3)测量器
surveyor of customs 海关检验人
surveyor of the technical inspection 技术鉴定者
surveyor's chain 测链(长 66 英尺)
surveyor's level 水准仪
surveyor's report 鉴定证明书
surveyor's report on weight 重量鉴定证明书
surveyor's rod 测量标尺,水准尺
surveyor's table 测量平板仪
survivability (1)幸存能力,生命力;(2)残存性;(3)耐久性,耐受性
survival (1)继续存在,幸存,生存,残存,存活[率],保全,救生;(2)幸存者,存活者,残存物;(3)活命的,保命的,安全的
survival curve 残存概率曲线
survival probability 残存概率,残存几率,幸存概率,生存概率
survive (1)继续存在,保持完好,保存生命,幸存下来,残存;(2)(中子)不被吸收;(3)幸免于;(4)比……长寿
survive a shipwreck 在沉船事件幸免于难
survivor 残存物,幸存者,脱险者,生还者,遗物
survivor's curve 残存概率曲线
survivorship 幸存,残存
susceptance 电纳
susceptance loop 电纳环
susceptibility (1){电}介电极化率,电极化率,极化率;(2)磁化率;(3)感受性,易感性,敏感性
suscepter (=susceptor) (1)(外延用)衬托器,接受器,感受器;(2)基座
susceptibility (1)敏感性,灵敏度;(2)磁化率,磁化系数
susceptible (1)易受影响的,灵敏的,敏感的,易感的;(2)容许的
susceptive 灵敏的,敏感的,易感的
susceptiveness (1)灵敏度,敏感度,敏感性,灵敏性,感受性;(2)电极化率;(3)磁化率
susceptivity (1)灵敏度,敏感性;(2)感受性,易感性;(3)易受攻击性
susceptometer 磁化率计
susceptor (1)(外延用)衬托器,接受器,感受器;(2)基座
Susini 苏西尼铝合金(含 1-8% Mn, 1.5-4.5% Cu, 0.5-1.5% Zn)
suspect (1)怀疑,猜想,猜测,推测,估计;(2)觉得,认为
suspectable 可疑的
suspend (1)悬挂,悬浮;(2)推迟,暂停;(3)中止;(4)中断
suspend talks 中止谈判
suspended absorber 空间吸声体,悬挂吸收器
suspended, acoustical plaster ceiling (=SAPC) 隔音灰泥吊顶
suspended, acoustical tile ceiling (=SATC) 悬置吸声砖天花板,隔音砖吊顶
suspended catwalk 悬挂脚手通道,悬挂脚手架
suspended ceiling 吊顶
suspended colloid 悬浮胶体
suspended deck 悬桥面
suspended fender 悬挂式防撞物,重力式防冲物
suspended joint (1)悬式接头;(2)浮接
suspended load 悬荷,吊载
suspended matter 悬浮物质
suspended-railway 高架铁路
suspended railway 高架铁路,悬架铁路
suspended solids 悬浮体
suspended span 悬[索桥]跨,悬孔
suspended sprayed acoustical ceiling (=SSAC) 喷涂隔音吊顶
suspended stiffening truss 悬式加劲桁架
suspended truss 悬式桁架
suspender (1)起吊物;(2)支撑电缆的器件;(3)悬杆,挂钩,吊杆,吊索,吊架,吊钩,吊丝,吊带,吊材
suspending (1)悬浮;(2)制备悬浮液
suspending agent 悬浮剂
suspending liquid 悬浮液
suspensate 悬浮质,悬移质
suspense (1)悬挂,悬吊,悬垂,悬浮;(2)担心,焦虑;(3)悬而未决;(4)暂时停止,中止

suspensibility　可悬挂性,可悬浮性

suspensible　可悬挂的,可悬浮的,可吊的

suspension　(1)悬吊[物],悬置[物],悬挂,吊挂;(2)悬架,吊架;(3)悬浮[固]体,悬浮液,(4)悬挂铡摆,悬丝,(5)悬垂,悬浮,(6)中止,停止

suspension arm　悬架臂

suspension bearing　吊[悬]轴承

suspension-bridge　悬[索]桥,吊桥

suspension bridge　悬[索]桥,吊桥

suspension colloid　悬浮胶体

suspension effect　悬浮作用,悬浊作用

suspension girder　悬梁,吊梁

suspension insulator　悬挂绝缘子

suspension joint　(1)悬式接头;(2)浮接

suspension lights　悬挂照明,吊灯

suspension line　悬挂线,架空线,吊架线

suspension link　(1)悬架铰接杆;(2)悬挂装置铰接杆;(3)吊环

suspension linkage　悬挂装置

suspension locking handle　悬挂锁紧手柄

suspension loop　挂耳,挂环

suspension member　吊杆,吊材

suspension of work　工程停顿,停工

suspension percentage　悬浮率,悬浊率

suspension points　省略号"……"

suspension-railway　高架铁路

suspension rod　吊杆

suspension system　悬挂系统,悬浮体系

suspension wire　吊线,吊丝

suspensive　(1)悬而未决的,未决定的,不定的;(2)暂停的,中止的;(3)可疑的,不安的

suspensoid　(1)悬[浮]胶体,悬浊液;(2)溶胶

suspensor　悬带

suspensory　(1)悬挂的,吊着的;(2)悬而未决的,搁置的,暂停的,中止的;(3)悬吊物,吊带

sustain　(1)支撑,支持,支承;(2)持久,持续,继续,连续,保持,维持;(3)遭受,忍受,蒙受,经受;(4)证明,证实,确认,承认,准许

sustained　持续不断的,被支持的,不衰减的,维持的,一样的,一律的

sustained acceleration　持续加速度

sustained current　持续电流

sustained load　持续载荷,持久荷载

sustained oscillation　持续振荡,等幅振荡

sustained overload　持续过载,持续超载

sustained radiation　等幅波辐射,持续辐射

sustained short-circuit　持续短路

sustained short circuit　持续短路

sustained speed　持续转速,持续速度

sustained stress　持续应力

sustained three-phase shortcircuit current　稳态三相短路电流

sustained use　持续作用

sustained vibration　持续振动,持续摆动

sustained wave　持续波,等幅波

sustainer (=SUS)　(1)主级发动机,主发动机;(2)支点,支座,支撑

sustainer engine (=SE)　主发动机

sustainer engine cutoff (=SECO)　主发动机停车

sustainer gas generator (=SGG)　主发动机气体发生器

sustainer motor　续航发动机,主发动机

sustainer pitch (=SP)　主发动机间距

sustainer yaw (=SY)　主发动机偏转

sustaining collector voltage　集电极保持电压

sustaining engine　主发动机

sustaining power　支持能力

sustaining voltage　保持电压

sustentaculum　(1)支柱;(2)支持物

sutruck　无拖车的载重车,无拖车的卡车,单辆货车

suttle　净重[的]

suttle weight　净重

Sutton process　镁合金表面皮膜生成法

suveneer　一种单面或双面覆铜钢板

swab　(1)(铸工用)敷水笔,大麻刷;(2)拖把;(3)清管杆,拭子;(4)(油井)抽油活塞;(5)擦试,擦洗,擦净

swab-man　管道清洁工

swabber　(1)清管器;(2)装管工,清管工;(3)清扫工,水手;(4)拖把,墩布

swabbing　(1)(起模前)刷水;(2)刷涂料;(3)擦,抹

swag　(1)摇动,摇晃,倾侧;(2)挠度,垂度;(3)松垂,下垂,下沉,下陷

swage　(1)(用型铁)锻造,用型铁做,局部镦粗,旋转锻造,陷型模锻,型模锻,模锻,冷锻,冷挤,挤压,甩;(2)(锻工用的)陷型模,型锻锤,型压,铸模,铁模,拉模,甩子;(3)型钢,型铁;(4)压料机;(5)拔料器,拔锯器;(6)子弹模;(7)校直器

swage block　型模快,型[铁]砧,花砧

swage die　型模

swage hammer　模锻锤

swage machining　旋转模锻,旋转型锻

swage process　陷型模锻,型锻,锻细

swaged　陷型的

swaged cable-end-fittings　型铁索端配件

swaged forging　型锻,模锻

swagelok　(管子的)接着锁紧螺母,接头接套

swager　(1)锤锻机,锻造机,锻冶机,旋锻机,环锻机;(2)压模器

swaging　局部镦粗,型锻,模锻,冷锻

swaging die (=SGDI)　旋锻模,型锻模,挤扁模

swaging fixture　旋锻夹具

swaging machine　旋转[锻]机,型锻机,环锻机

swaging mandrel　型锻心轴,旋锻心轴

swallow-tail　燕尾锶,鸽尾锶

swallow-tailed　燕尾形的

swallowing-capacity　(涡轮机的)临界流量

swallowtail　燕尾榫,鸽尾榫

swally　向斜

swamping resistance　扩[量]程电阻,稳定电阻

swamping resistor　扩量程电阻器

swan base　插口式灯头,卡口接头,卡口灯座

swan neck bend　鹅颈弯[头]

swan neck bracket　弯脚

swan-shot　大钻粒

swan socket　(1)插入式插座;(2)天鹅式管座,卡口管座;(3)卡口灯座

swap　(1)交换,交流,交易;(2){计}换进,换入,换出,调动

swap data　交换资料

swap experience　交流经验

swap-in　换进,换入(根据动态分配器,使辅助存储器重的程序或者其部分程序调入主存储器中)

swap-out　换出(根据动态发那配器,主存中的程序移入外存中)

swap table　交换表

swape　(1)用作杠杆或转臂的杆件;(2)平底船用操舵长桨

swapping control　交换控制

swarf　(1)金属粒,金属屑,细铁屑,切屑;(2)钢板切边;(3)刻纹丝

swarf box　切屑箱

swarf clearance　切屑余隙

swarf extraction　切屑排出

swarf separation　切屑分离

swarf tray　切屑盘

swarm　充满,拥挤

swash　冲溅,冲洗,冲激,溅波,泼散

swash-plate　[罐中]隔板

swashplate　(1)旋转斜盘,(2)挡板,隔板

swashplate mechanism　斜盘机构

swashplate motor　斜盘电机

swatch　(1)小标签,小牌;(2)样品碎片,样片碎片;(3)样品集成

swathe　(1)绑,裹,缠;(2)包围,封住;(3)包装用品,带子

swather　(1)割晒机;(2)割草机的一种附属装置

sway　(1)偏向一边,倾斜,转向,[弄]歪,偏重;(2)绕轴转动,(船)左右摇,摇动,摇摆,摇晃,摆动,振动,横摆;(3)控制,操纵,影响,支配

sway bar　平衡杆,稳定杆,摆杆

sway beam　防摇梁

sway brace　斜撑块

sway bracing　竖向支撑

sway chain　(悬挂装置)限位链锁定链,

sway eliminator　测向稳定器(转动时稳定侧向)

sway of support　摆架失振,支架摇摆

swaying　(1)偏向一边,横向振动,横向振荡,摇摆,摇动,倾斜,歪;(2)凹陷,下垂

swealing　熔化而流,熔流,熔泻,渐燃

sweat　(1)表面薄层堆焊,熔接,钎焊,焊接;(2)熔化,熔解;(3)凝结水;(4)渗漏,渗出,排出,发出;(5)热析,烧蚀,烧熔;(6)渗出湿气,发汗,出汗

sweat box　湿度箱

sweat cooling　蒸发冷却,发汗冷却

1383

sweat dross 热析浮渣
sweat furnace 热析炉
sweat iron 焊铁
sweat-out 热析，烧析
sweat out 热析，烧析
sweat roll 蒸汽滚筒
sweat soldering 软焊
sweatback 热析，出汗
sweatbank 海绵挡汗带
sweater (1)石蜡发汗室，发汗器；(2)热析炉
sweating heat 熔化热，焊接热
sweating of wax 蜡的发汗
sweating-out 发汗，渗出
sweating room 蒸汽室
sweating soldering 热熔焊接
sweats 汗油(石蜡发汗时所得的油)
swedge (1)型铁，铁模；(2)锻造，锻细，锤锻，型锻；(3)弄直变形的
管子，使减小直径；(4)(抽细管子)所用的工具
swedged 减小直径的
sweep (1)扫描，扫视，扫频，扫移，扫掠，扫雷，扫射，搜索；(2)清除，扫除，
吹去，刮去，冲去，冲走，冲刷，淘汰，排气，排除，净化，刮型，刮模，刮板，
车板，(3)弯曲，弯头；(4)摆动，偏差；(5)曲线辊形，风车叶轮，摇杆；(6)
加速运动，猛力移动，猛推，猛拉，撞击；(7)范围，区域，眼界，视野
sweep check 扫描检验，扫描测试，扫频测试
sweep circuit 扫描电路，扫频电路
sweep coil 扫描线圈，偏转线圈
sweep current 扫描电流
sweep-current generator 扫描电流发生器
sweep current generator 扫描电流发生器
sweep-delay circuit 扫描延迟电路
sweep diffusion 分离扩散［法］
sweep electron microscope (=SEM) 扫描式电子显微镜
sweep frequency 扫描频率
sweep frequency modulation 扫描调频
sweep frequency oscillator 扫频振荡器
sweep gate 扫描脉冲
sweep generator 扫描振荡器，扫频振荡器，摆频振荡器，扫描发生器
sweep guard (冲床用)推出式安全装置
sweep hold-off 扫描间歇
sweep-initiating pulse 扫描起始脉冲，扫描起动脉冲
sweep interval 扫描时间，扫描期
sweep motor 扫描电机
sweep moulding 刮模
sweep of duct 槽道弯曲部
sweep oscillator 扫描振荡器
sweep Q meter 扫描观测式 Q 表
sweep-saw 弧［线］锯，曲线锯
sweep-second (1)有长秒针的钟表，中心秒针计时器；(2)长秒针
sweep-seine 围网
sweep-stop circuit 扫描停止电路
sweep templet 造型刮板
sweep template 造型刮板
sweep time 扫描期
sweep trace 扫描线
sweep unit (1)扫描装置；(2)扫描部分
sweep-up 吸尘
sweep velocity 扫描速度，扫掠速度
sweep-work 刮板造型，车板造型
sweepback (1)使后掠；(2)后掠角，后掠形，后弯，箭形
sweeper (1)扫除器，清扫器，清管器；(2)扫雷艇，扫雷舰，扫海船；(3)
清洁工
sweephand (=sweep-second) (1)有长秒针的钟表；(2)长秒针
sweeping (1)扫除；(2)后管流；(3)翘曲；(4)扫描
sweeping coil 扫描线圈，偏转线圈
sweeping curve 曲率不大的曲线，大半径曲线
sweeping electrode 扫除电极
sweeping electron beam 扫描电子束
sweeping generalizations 总归纳
sweeping generator 扫描发生器
sweeping guide (刮板造型用的)导框
sweeping lines 流线
sweeping machine 扫路车
sweeping molder's horse (造型用的)铁马
sweeping-out method 刮去法

sweeping reforms 彻底改变
sweeping repetition rate 扫描重复频率
sweeping repetition time 扫描重复时间
sweeping tackle 车板架
sweeping up 车制［型砂］
sweepings (1)金属屑；(2)成堆垃圾
sweepmoulding 刮模
sweeps 废屑
sweet (1)新鲜的；(2)脱硫的，香化的
sweet gas 无硫气
sweet oil 无硫油
sweet roast 全脱硫烧焙，死烧
sweet-smelting gasoline 香汽油
sweet water 渗水
sweeten (1)消毒，去臭，(2)脱硫
sweetener 用试硫液精制的设备，脱硫设备，香化设备
sweetening 脱硫设备，香化设备
sweetening 脱硫，香化
swell (1)膨胀，膨起；(2)胀大，鼓起，隆起；(3)泡胀，溶胀，胀大；(4)
增长，增大，增加，增厚，增强；(5)胀箱(铸造缺陷)
swell factor 膨胀系数
swell increment 膨胀量
swell measurement 隆起测定
swell-neck pan head rivet 盘头锥颈铆钉
swell of a mould 胀砂
swell of pulley 滑轮槽
swell out 膨胀，鼓起
swell-shrink characteristics 胀缩性
swell test 膨胀试验
swell up 膨胀，鼓起，增大
swellability 可膨胀性，可隆起性
swellable 可膨胀的，可隆起的
sweller 膨胀剂，溶胀剂
swelling (1)膨胀，泡胀，润胀，溶胀，胀砂，胀箱，隆起，凸起，增大，
变粗，变厚；(2)膨胀的，隆起的，增大的
swelling agent 泡胀剂
swelling isotherm 等温膨胀性
swelling of rubber 橡胶之泡胀(橡胶在石油产品等中的体积泡胀)
swelling of the pattern 模型膨胀
swellmeter 膨胀计
swemar generator 扫频与标志［信号］发生器
swept (1)振动的，摆动的；(2)偏移的，倾斜的；(3)扫过的，掠过的，
后掠的
swept back 后掠
swept-back wing aircraft 后掠翼飞机
swept-band 可变波段
swept-frequency 扫掠频率
swept frequency 扫［掠］频［率］，摆频
swept-off gas 吹除气体
swept volume (汽缸的)换气容量，工作容积
sweptback (1)后掠的，后弯的；(2)后掠［翼］
sweptback vane 后弯式叶片
sweptback wing 后掠翼
sweptwing 后掠翼
sweptwing aircraft 箭形翼飞机，后掠翼飞机
swerve (1)弯曲，歪曲，折曲；(2)改变方向，转弯，出轨，背离；(3)偏向，
偏差，(4)折射，屈折
swerve around 改变方向，突然转向，折曲，屈折，折射
swerve away from 离开，偏离
swerveless 坚定不移的，不转向的
swift (1)突然发生［的］，飞快［的］，迅速［的］，急速［的］，敏捷［的］，
立即［的］；(2)急流，湍流；(3)线架；(4)机器中的圆筒，锥形卷筒，
大滚筒；(5)风车翼板；(6)纱框
swift change 突然改变
swifter 绞盘加固索，低桅前支索，下前支索
swig (1)一种滑车；(2)拉滑车的绳环
swimming-pool reactor 水隔离型反应堆，游泳池型反应堆
Swinburne circuit 斯温伯动圈式毫伏计温度补偿电路
swing (1)摆动，振动，动荡，摇摆；(2)回转，转向，(3)车床最大加
工直径，最大回转直径，摆度，旋径，摆幅；(4)悬挂，吊挂
swing arm 摇臂，摇杆，摆［动］臂
swing-arm mechanical hand 摇臂机械
swing arm sprinkler 摇臂式喷灌器
swing axle 摆动轴

swing bar 回转杆,吊杆,摇杆
swing bearing 摆动支座,摆锤支座
swing block 摆块
swing bolt 活节螺栓,关节螺栓
swing bridge 平旋桥,旋开桥,平转桥
swing cam 摆动凸轮
swing check valve 回转止回阀
swing circle (挖土机,起重机的)回转底盘
swing circular sawing machine 摆式圆锯床
swing conveyor 回转式运输机
swing crane 旋臂式起重机,回转式起重机,旋枢起重机
swing cross cut sawing machine 摆动架式锯床
swing curve 摆动曲线
swing diameter of work 工件回转直径
swing dog 动摇锁簧,条件锁簧
swing door 转门
swing excavator 全回转式挖掘机
swing feed 摆动进给
swing frame (1)带摇动台的车架;(2)旋架[式]
swing frame grinder 旋架式砂轮机,旋架磨床
swing frame grinding machine 旋架式砂轮机,旋架磨床
swing gear 回转齿圈
swing grinder 旋架式砂轮机
swing hammer crusher 旋锤式破碎机,锤碎机
swing hanger (1)摇枕吊;(2)吊杆
swing holder 回转刀架,转动夹持器
swing-in-mirror 摆动反射镜
swing jack 折叠式千斤顶,横式起重机
swing jaw (颚式破碎机的)活动颚板,动颚
swing joint (1)铰链连接,可转连接;(2)弹性金属接头
swing lever 摇杆
swing lever crane 旋臂式起重机
swing link (1)摆杆;(2)摇枕吊;(3)月牙板
swing mechanism 摆动机构,回转机构
swing motion (1)摆动运动,(2)摆动装置
swing offset 摆支距
swing over bed (车床)床面上最大加工直径,床面上最大回转直径,床面上的摆度,床面上的旋径
swing over carriage 车床在刀架上最大加工直径,刀架上最大回转直径,刀架上旋径
swing over compound rest 刀架滑座以上摆度,复刀架旋径
swing over lap 马鞍处最大回转直径,凹处摆度,凹处旋径
swing pin 转销
swing pinion cone method 摆动小齿轮节锥切齿法
swing plate 摆动平板,摇动平板,振动平板
swing plough 平衡犁
swing-roof type 活动炉顶式
swing room 休息室,吸烟室
swing saw 摆锯
swing screw 活节螺栓,关节螺栓
swing shaft 摆动轴,摇轴
swing shift 中班
swing span 平旋跨
swing stop 转动定位器
swing table 振实工作台,转台
swing table abrator 转台式抛丸清理机,抛丸清理转台
swing tool holder 摇摆工具架,摇摆刀夹
swing-type check mechanism 回转止回机构
swing-type valve 回转阀
swing valve 回转阀
swing voltage 激励电压,摇摆电压
swing-wing (1)可变翼;(2)可变翼飞机
swingby (利用中间行星或目的行星的重力场来改变轨道的)借力式飞行路线
swinger 摆动机构,回转机构
swinging (1)摆动,摇摆;(2)(绕轴心铰链等)回转,旋转;(3)(接收信号强度的)波动,动荡,漂移;(4)频率变化
swinging angle 摆动角
swinging arm 摆臂
swinging arm compensator 摆臂松紧调节器
swinging axle 摆动轴
swinging base (切齿机床)回转板
swinging block linkage 摆动平衡块机构,回转滑块联动机构
swinging-block slider crank mechanism 摆杆滑块曲柄机构

swinging boom 起重机回转臂,吊车旋转杆
swinging bracket (1)可转支架,摆动托架,托架摇臂;(2)挂轮架
swinging cam 摆动凸轮
swinging choke 变感扼流圈,变感电抗器
swinging circle (挖土机等的)回转底盘
swinging conveyor 摇摆式输送机,回转式运输机
swinging couple mechanism 摆动联轴节机构
swinging crane 摇臂吊车,旋臂起重机
swinging crank 摆动曲柄
swinging device 摇摆装置,回转装置
swinging door 双动自止门,转门
swinging follower cam system 摆动凸轮系统
swinging fork (摩托车后轮的)摆动叉,可动叉
swinging grinder 摇摆研磨机,悬挂式砂轮机
swinging grinding machine 摇摆研磨机
swinging grippers 摆动叼纸牙
swinging hopper 悬吊式料斗,吊斗
swinging inverted slider crank 摆动翻转滑块曲柄
swinging link 摆动连接杆,摇杆
swinging load 摆动负荷
swinging mechanical hand 摇摆式机械手
swinging motion 摇摆运动,摇动,摆动,振动
swinging motion mechanism 摆动机构
swinging mounting 摆动支架
swinging movement 摇摆运动
swinging of signals 信号强度变化,信号不稳
swinging output member 摆动输出件
swinging output motion 摆动输出运动
swinging plate anemometer 风压板风速仪
swinging radius (起重机臂)工作半径,伸出长度
swinging rocker 摆动杆
swinging rod 摇杆
swinging screen 振动筛,摇筛
swinging sieve 振动筛,摇筛
swinging slider crank 摆动滑块曲柄
swinging type atomizer 离心式喷雾器
swinging valve 平旋阀
swingingly (1)旋转地,摇摆地;(2)极大地,非常
swingle 旋转杆
swipe (1)(泵等的)杆,柄;(2)猛击
swirl (1)旋涡,旋流,涡流,紊流;(2)打旋,涡旋,涡动,回荡;(3)弯曲,盘绕,围绕;(4)混乱
swirl atomizer 旋流式雾化器
swirl chamber 旋流室,涡流室
swirl combustion chamber 涡流式燃烧室
swirl-flame 旋转火焰
swirl injection 有旋喷射
swirl-nozzle 旋涡喷嘴,旋流器
swirl nozzle 旋流喷嘴
swirl reducing baffle 防旋流挡板
swirl speed 起涡速度
swirl vane 涡流器叶片
swirler (1)涡旋式喷嘴,离心式喷嘴;(2)旋流器
swirling 旋涡,涡流
swirling flow 旋流
swirlmeter 旋涡计
swirly 涡旋形的,缠绕的
swish pan 快速摇镜头
swishing 噪声
swissing 辊筒轧光工艺
switch (=sw) (1)电路闭合器,转换开关,闭合开关,转接设备,电闸,电门,电键;(2)转换,转变,改变,换变,交换,切换,换向,;(3)换接,转接,转辙,转移,接通,关断,关闭,配电,整流;(4)转辙器,换向器,转向器,路闸,道岔;(5)转换器,继电器,接触器,接线器,配电板;(6)通[断]电流;(7)整流子;(8)(突然)摆动
switch adjuster 开关整流器
switch alarm (=SWALM) 转换报警信号
switch and cable distribution unit (=S&CDU) 开关和配线盘
switch-and-fuse 带保险的开关
switch-and-lock movement 转换锁闭器,转辙锁定器
switch at send 发射机转换开关
switch bar 转辙杆
switch base plate 大垫板
switch blade knife 开关板,开关盘,配电板,配电盘

switch board (=SB)　(1)配电盘,配电板,配电屏,电键板,电表板,开关屏,开关盘,开关板,控制盘；(2)（电话）交换机,交换台；(3)换相器,转换器

switch board room　配电室,接线室

switch box　转换开关柜,转换开关盒,配电箱,道岔箱,转换器,闸盒

switch broom　道岔铁帚

switch cabinet　开关柜

switch circuit　开关电路

switch clamp　辙尖卡铁

switch clip　辙尖扣夹

switch column　道岔就地操纵箱

switch combination　开关组合

switch correspondence　道岔位置与控制手柄相符合

switch cover　开关罩,电键罩

switch cubicle　开关柜

switch-desk　开关台,控制台

switch desk　开关台,控制台

switch disc　开关板

switch-disconnector　负荷开关

switch element　开关元件

switch fixtures　转辙器附件

switch frame　开关架,机键架

switch-fuse　开关保险丝,开关熔丝

switch gear　(1)开关装置,开关设备,配电装置,配电设备,配电仪表,配电联动器；(2)转辙联动装置

switch heater　转辙器融雪器

switch-hook　钩键

switch-house　(1)配电装置；(2)配电间

switch-in　接入,接通

switch in　接入,接通,合闸

switch insertion　手控插入,开关插入

switch into circuit　接入电路

switch into conduction　导通

switch jack　机键插口,机键塞孔,机键开关

switch key　转换开关,电话电键

switch lever　(1)转辙杆；(2)开关杆

switch machine　机动道岔转辙机

switch matrix　开关矩阵

switch motor　转辙电动机

switch oil　开关油

switch-off　停电,断电

switch off　断开,关灯,切断

switch off shock　关闸激振

switch on　合上电门,接通,开灯,接入,开

switch on and off　通断开关,合闸和拉闸

switch-on shock　开闸激振

switch on the steering wheel　操向轮开关

switch opening　尖轨动程,尖轨行程

switch operations　转手交易

switch out　关掉,断开,断路,切断

switch-over　(1)转接；(2)可以切换的,可转接的

switch over　转接,换路,换向

switch plant　(1)开关设备；(2)电力开关站

switch-plug　交换机插塞

switch plug　墙上插座,插头

switch pretravel　开关预行程

switch rail　尖轨

switch rails (=SWR)　铁道叉线

switch register　开关寄存器

switch release gear　道岔解锁机构

switch resistance　开关电阻

switch rod　尖轨连接杆

switch room　机键室

switch sides　改变立场

switch slide　转辙杆

switch-starter　开关启动器,开关启动装置

switch steel section　道岔钢材

switch-stop　开关制动销

switch tactics　变换策略

switch target　转换目标

switch tender　扳道员

switch theory　开关理论

switch through　转换

switch tie　岔枕

switch to　转换,转变,转到

switch tongue　道岔尖轨

switch tower　（铁路）信号塔

switch track circuit　道岔区段轨道电路

switch travel　道岔尖轨行程

switch-tube　电子管转换开关,开关管

switch-tube modulator　开关式调制器

switch unit　转换开关,转换装置

switch valve　开关阀

switch weight　转辙握柄锤

switch wheel　机键轮

switch wire　道岔导线

switch with spring tongues　弹簧辙尖转辙器

switchable　可用开关控制的,可变换的,可换向的

switchboard (=swbd)　(1)配电盘,配电板,配电屏,电键板,电表板,开关屏,开关板,开关盘,控制盘；(2)[电话]交换机,交换台；(3)换相器,转换器

switchboard meters　配电盘用仪表

switchbox　配电箱,开关箱

switched networks　交换网络

switched transactions　转手交易

switcher　(1)调车机车；(2)转辙器；(3)转接开关,转换开关

switches (=SS)　选择器,转换器,开关

switchette　小型开关

switchgear (=SWGR)　(1)控制和保护器,配电联动器,开关设备,开关装置,开关齿轮,配电装置,配电设备,配电仪器,控制装置；(2)交换设备,互换设备；(3)转辙联动装置

switchgear room　开关设备室

switchhouse　配电室,配电站

switching　(1)开关操作,合上,关掉,断开；(2)接续,交换,转接,调用,切换；(3)配电；(4)配电系统；(5)整流

switching arrangement　开关装置

switching bipolar transistor　开关双极晶体管

switching center　交换中心,转换中心

switching circuit　开关电路,转换电路

switching constant　开关时间常数

switching control　转换控制

switching core　开关磁芯

switching diode　开关二极管

switching function　开关函数

switching gate　开关门电路

switching-in　合闸,接通,接入

switching input　开关输入

switching interval　转换时间

switching jack　机键塞口,机键插孔

switching lead　道岔导线

switching matrix　开关矩阵,切换矩阵

switching mechanism　转换机构,切换机构,开闭机构

switching mode voltage stabilizer　开关型稳压器

switching network　开关网络,转接网络,转接电路

switching-off　断开,断路,关掉,开闸,掉闸

switching-off transient　断路时瞬变现象

switching-on　接入,接通

switching-on transient　接通时瞬变现象

switching oscillator　换接式振荡器

switching-over　换向,换路,变换,转接

switching over　换向,换路,变换,转接

switching pad(s)　开关衰减器,转接衰减器

switching point　开关点,转接点

switching process　线路切换过程,转换过程,开关过程

switching pulse　控制脉冲,转换脉冲

switching pulse generator　选通脉冲发生器,开关脉冲发生器,切换脉冲发生器

switching reactor　开关电抗器

switching relay　转换继电器

switching selector (=SS)　开关选择器

switching signal　开关信号,换接信号,触发信号,切换信号

switching stage　机键级,转换级

switching speed　(1)换挡速度；(2)转换速度；(3)开关速度

switching surge　开关冲击,开关浪涌

switching technique　开关技术

switching theory　开关理论

switching time　开关时间,转换时间,（磁心的）翻转时间

switching time of bipolar transistor　双极晶体管开关时间

switching through relay　转换继电器
switching transient　开关瞬态
switching transistor　开关晶体管
switching tube　开关管
switching unit　(1) 转换装置；(2) 转换开关
switching wave　换接信号
switchover　换路，换向，变换，转接，切换，拨动
switchroom　自动电话机房，机键室，配电室
switchsignal　(1) 转换信号；(2) 转撤器信号
switchyard (= switchgear)　(1) 控制仪器，互换机；(2) 室外配电装置，开关装置；(3) 露天开关场，配电间，配电场；(4) (铁路) 调车场，编组站
swivel (=SWV)　(1) 旋转体，转盘，旋臂，旋轴，转臂，转轴，转座，转盘，转环，活节，(2) (链) 转节；(3) 在旋轴上转动，用活节连接，用铰链连接，旋转，回转，环转，(4) 刀转体；(5) 转座旋转接头，旋转轴承，旋转接头，转动接头，旋转开关，旋转节；(6) 水龙头；(7) 转环
swivel adjustment　旋转调整器
swivel angle　转角
swivel angle of arm　摇臂回转角
swivel angle of boring and milling head　镗铣头回转角
swivel angle of hob head　滚刀架回转角
swivel angle of swinging base　(切去机床) 回转板回转角
swivel angle of table　工作台回转角
swivel angle of tool post　刀架回转角
swivel angle of vertical wheelhead　立磨头回转角
swivel angle of wheelhead　磨头回转角
swivel angle of wheelhead in the horizontal plane　磨头在水平面内的回转角
swivel angle of wheelhead in the vertical plane　磨头在垂直平面的回转角
swivel angle of workhead　床头回转角
swivel angle plate　转盘角板，倾转台
swivel arm　旋转臂，转向杆
swivel base　(1) 转 [动底] 座；(2) 旋转支承面
swivel-bearing　旋转轴承
swivel bearing　旋转轴承
swivel block　(1) 转环滑车；(2) 转动滑块，转枕
swivel bridge　平旋桥，平转桥，旋开桥
swivel-butt coupler　回转车钩
swivel-chain　转动链
swivel chain　转动链
swivel-chair　转椅
swivel connection　(1) 铰接；(2) 摆动式管接头
swivel coupling　(1) 球铰接；(2) 摆动式管接头；(3) 转动式联轴节
swivel disk　转盘
swivel gear　(1) 摆动挂轮，(2) 回转机构
swivel head　旋转动力头，回转动力头
swivel-hook　转钩
swivel hook　转钩
swivel index drum　分度回转鼓轮
swivel index table　分度回转工作台
swivel joint　(1) 球铰接，转接，转节；(2) 有活节接合，旋转接合，转环接合，铰链接合
swivel loom　挖花织机
swivel motion　回转运动
swivel mount　转座，转台
swivel pen　曲线笔
swivel-pin (= king pin)　转向节销，主销
swivel pin　铰接销，转销
swivel plate　旋转板，分度板，转盘
swivel plough　双向犁
swivel portion of cutter head　进刀架回转部分
swivel shackle　旋转钩环
swivel shaft　回转轴，转 [向] 轴
swivel slide　旋转滑板，回转滑板，转盘
swivel-table　回转工作台，[旋] 转台
swivel table　回转工作台，[旋] 转台
swivel tilted base　回转斜台
swivel tool post　回转刀架
swivel top slide　回转上滑板
swivel vice　旋转座老虎钳，旋转平口钳，回转夹钳
swivel vice　旋转平口钳，回转夹钳
swivel wheel　自位轮
swivel wheelhead　立磨头

swiveling　旋转，回转
swiveling arm　旋转臂，回转臂
swiveling block　转枕
swiveling countershaft　回转副轴
swiveling head　(插床的) 回转头
swiveling motion　回转运动，旋转运动
swiveling movement　回转运动，旋转运动
swiveling nozzle　旋转喷嘴
swiveling pile driver　旋转打桩机
swiveling speed　回转速度
swiveling table　回转工作台
swiveling tool-holder　回转刀架
swiveling tool post　回转刀架
swiveling vane　回转叶片
Sychlophone　旋调管 (多信道调制用电子射线管)
sychrocyclotron　同步回旋加速器，调频回旋加速器
sychrotector　同步检波器
Sylcum　赛尔卡铝合金 (硅 9%，铜 7.3%，镍 1.4%，锰 0.5%，铁 0.5%，其余铝)
sylgard　一系列硅酮树脂
syllabified code　字节代码，音节代码
syllable　字节
syllable articulation　字节清晰度
syllable code　字节代码
sylphon　胀缩盒，波纹筒，波纹管，膜盒
sylvatron　特种荧光屏，光电管
sylvester　手摇链式回柱机
sym-　(词头) 共，同，合，连，联
sym-dichloroethylene　均二氯乙烯
symballophone　两侧听诊器，定向听诊器
symbiont　{计} (与主程序同时存在的) 共存程序
symbol (=SYM 或 sym)　(1) 符号，记号，代号，标记，码位，(2) 预兆，信号；(3) 象征
symbol for pairing　配对符号
symbol generator　符号发生器
symbol identifier　符号辨识器
symbol of element　元素符号
symbol of numeral　数字符号
symbol of operation　运算符号
symbol string　符号串
symbol table entry　{计} 符号表项目
symbolic (=SYM 或 sym)　符号的，记号的，象征的
symbolic address　符号地址，浮动地址
symbolic assembler　符号汇编程序
symbolic assembly language (=SAL)　符号汇编语言
symbolic code　符号代码，翻译码，象征码
symbolic coding　符号编码
symbolic deck　符号卡片叠，符号卡片组
symbolic diagram　记号式液压回路原理图，示意图
symbolic editor　符号编码程序
symbolic function　符号函数
symbolic input program (=SIP)　符号输入程序
symbolic instruction　符号指令
symbolic language　符号语言
symbolic logic　符号逻辑
symbolic machine code　符号机器代码
symbolic method　符号法
symbolic name /address　符号名字 / 地址
symbolic notation　符号标志法
symbolic optimal assembly program (=SOAP)　符号的最优汇编程序
symbolic optimum assemble program (=SOAP)　符号的最优汇编程序
symbolic power　形式幂
symbolic program　符号程序
symbolic program tape (=SPT)　符号程序带
symbolic programming　编制符号程序，符号程序设计
symbolic programming system (=SPS)　符号编码系统
symbolic representation　符号表示法
symbolise (=symbolize)　用符号表示，代表，象征
symbolism　(1) 符号系统，符号体系，符号表示，符号化，记号 [法]；(2) 象征主义
symbolize　用符号表示，代表，象征
symbology　(1) 符号代表，符号表示，象征表示，记号；(2) 象征学
symcenter　对称中心
symetron　多管环形放大器

symmag 　{计}对称磁元件
symmedian 　逆平行中线,似中线
symmedian point 　类似重心
symmetallism 　(金银合金铸币的)金银混合本位
symmetric (=SYM 或 sym) 　对称的,均称的,平衡的,调和的
symmetric antenna 　对称天线
symmetric axis 　对称轴
symmetric bipolar transistor 　对成双极晶体管
symmetric circuit 　对称电路
symmetric corner 　对称倒角
symmetric double rocker 　对称双摇臂
symmetric drag-link 　对称拉杆
symmetric function 　对称函数
symmetric inclined slip mechanism 　对称倾斜移动机构
symmetric load 　对称负载
symmetric motion 　对称运动
symmetric motor 　对称电动机
symmetric multivibrator 　对称多谐振荡器
symmetric network 　对称[电]网络
symmetric polyphase system 　对称多相制
symmetric position 　(1)对称位置;(2)对称定位
symmetric profile contour 　对称齿廓
symmetric profile curvature 　对称齿廓曲率
symmetric rack 　对称齿条
symmetric ring synchrocyclotron 　对称环形同步回旋加速器
symmetric stress 　对称应力
symmetric top 　对称陀螺
symmetric transducer 　对称换能器
symmetric treatment 　对称处理
symmetric voltage 　对称电压
symmetric wave 　对称波
symmetrical component 　对称部分,对称分置
symmetrical coordinate 　对称坐标
symmetrical difference gate 　{计}"异"门
symmetrical idler arm 　对称空转臂
symmetrical loading 　对称载荷
symmetrical network 　对称[电]网络
symmetrical section 　对称断面,对称段
symmetricalness 　对称性
symmetrizable 　可对称的
symmetrization 　对称化作用,对称性
symmetrize 　对称化,使对称,使匀称
symmetrizer 　对称化子
symmetrizing operator 　致对称算符
symmetroid 　对称曲面
symmetry (=SYM 或 sym) 　(1)对称,匀称;(2)对称性,对称度;(3)调和
symmetry axis 　对称轴
symmetry of an equlivalence 　等价关系的对称性
symmetry of motion 　对称运动
symmetry of rotation 　对称旋转
symmetry operator 　对称性算子
symmetry plane 　对称平面
symmetry point 　对称点
symmetry transformation 　对称变换
symmetry weld 　对称焊接
sympathetic(al) 　共鸣的,共振的,感应的,和谐的
sympathetic cracking 　感应开裂
sympathetic resonance 　共鸣
sympathetic vibration 　共鸣振动,共振,谐振
sympathize 　(1)共鸣;(2)同意,赞同,赞成,一致
sympatric 　分布区重叠的,交叉分布的
symphylium 　胶合板
sympiesometer 　弯管流体压力计,甘油气压表
sympiezometer 　甘油气压表
symplex 　对称的
symport 　同向转移
symposiarch 　专题讨论会主席
symposium 　论文集
symptoms of fatigue 　疲劳迹象
syn- 　(词头)顺式,一起,同,共,与
syn-form 　顺式
syn-fractionation 　综合分馏
syn-isomerism 　顺式[同分]异构

syn-output 　同步输出
syn-position 　同步
synaeresis 　(润滑脂)脱水收缩,凝缩,缩小
synasol 　甲醇、乙醇、汽油等混合而成的溶剂
sync 　[使]同步
sync-circuit 　同步电路
sync circuit 　同步电路
sync generator for monochrome 　黑白同步机
sync-pulse 　同步脉冲
sync pulse 　同步脉冲
sync section 　同步部分
sync separator 　同步信号分离器
sync separator circuit 　同步信号分离电路,同步脉冲分离电路
sync signal 　同步信号
sync source 　同步脉冲源
sync stretch circuit 　同步脉冲展宽电路
sync-stretching 　同步脉冲展宽
synchro 　(1)自动同步机,同步变压器;(2)自整角机;(3)自动同步发送机;(4)自动同步,同步传送,同步传动,同步转动;(5)同步的
synchro- 　(词头)(1)同步[的];(2)整步[的];(3)同步化[的]
synchro assembling line 　同步装配线
synchro circuit 　同步电路
synchro-clock 　同步点钟
synchro-control 　同步控制的
synchro control 　同步控制
synchro control transformer 　自动同步控制变压器
synchro coupling 　同步耦合
synchro cyclotron 　同步回旋加速器,稳相加速器
synchro data 　自动同步机数据
synchro differential 　自整角差动机,差动自整角机
synchro drive 　同步传动
synchro error 　同步误差
synchro-fazotron 　同步相位加速器
synchro generator 　自动同步发射机,同步发电机,同步机
synchro-indcator 　同步指示器
synchro light 　同步指示灯
synchro-mesh unit 　换挡同步器
synchro motor 　自动同步机
synchro reader 　同步读出器
synchro receiver 　自整角接收机,同步接收机
synchro resolver 　同步解算器,同步分析器
synchro rig 　同步器试验台
synchro-self-shifting clutch 　同步自动离合器
synchro-shear 　同步切换
synchro-shifter 　带同步装置的转换机构,换挡同步器
synchro-shutter 　同步快门
synchro-spiral gearbox 　同步螺旋齿轮变速器,同步斜齿轮变速箱
synchro-switch 　同步开关
synchro switch 　同步开关
synchro-system 　自动同步机系统
synchro system 　自动同步机系统
synchro-tie 　同步耦合
synchro trace 　联动刻模铣
synchroaccelerator 　同步加速器
synchroclock 　同步电钟,同步时钟
synchrocyclotron 　同步回旋加速器,稳相加速器
synchrodetector 　同步检波器
synchrodrive 　(1)自同步驱动,同步传动;(2)自动同步发送机;(3)自动同步机,同步驱动器
synchrodyne 　同步机
synchrodyne circuit 　同步电路
synchrodyne detection 　同步检波
synchrodyne receiver 　同步接收机
synchroflash 　(1)采用闪光与快门同步装置的;(2)同步闪光灯;(3)同步闪光
synchroguide 　水平扫描同步控制电路
synchrolift 　同步升船装置
synchrolock 　(1)水平偏转电路的自动频率控制电路,同步保持电路;(2)同步锁
synchromagslip 　无触点自动同步装置,自动同步机
synchromesh 　(1)(齿轮)同步啮合[的];(2)同步齿轮;(3)同步齿轮系;(4)同步配合[的]
synchromesh gear 　同步啮合齿轮,同步齿轮
synchromesh gearbox 　同步啮合齿轮箱

synchromesh transmission (1)同步啮合传动；(2)同步啮合变速器，同步变速装置

synchromesh type transmission (1)同步啮合传动；(2)同步啮合变速器，同步变速装置

synchrometer (1)同步指示器，同步器，同步计；(2)回旋共振质谱计，射频质谱计

synchromicrotron 同步电子回旋加速器

synchromotor 同步电动机，自动同步机

synchron 同步

synchron motor type 同步电动机型

synchronal (=synchronous) 同时进行的，同步的，同期的

synchroneity (1)同步性；(2)同时性

synchronia 同步现象，准时发生，同时性

synchronic (=synchronous) 同时进行的，同步的，同期的

synchronise (=synchronize) 使同步，使整步，使同速

synchronism (1)同步，同时，同期，(2)同步性，同步化，同时性，同期性

synchronism deviation 同步偏差

synchronism indicator 同步指示器

synchronistic(al) 同步的

synchronistically 同步地

synchronization (1)同步录音，同步性，同步化，同步；(2)使时间一致，同时作用，同时性，整步

synchronization character 同步字符

synchronization control 同步控制

synchronization error 同步误差

synchronization factor 同步因数，同步系数

synchronization frequency division 同步分频

synchronization gain 同步增益

synchronization generator 同步发电机

synchronization loss 同步损失

synchronization of oscillator 振荡器的同步

synchronization regulator 同步调速器

synchronization zone 同步作用阶段

synchronize 使同步，使整步，使同速

synchronized 同步的

synchronized clamping 同步箝位

synchronized driving device 同步传动装置

synchronized gear transmission 带同步器的变速器

synchronized operation 同步运转

synchronized shift 同步换档

synchronized-signal control 联动式信号控制，同步信号控制

synchronized speed 同步速度

synchronizer (1)同步设备，同步装置，同步器，同步机；(2)同步指示仪，同步示波器，同步测试器；(3)整步装置，整步机，整步器，协调器

synchronizer cone 同步器摩擦锥

synchronizer gear 同步齿轮

synchronizer hub 同步器毂

synchronizer sleeve 同步器啮合套

synchronizer trigger 同步触发器

synchronizing (1)同步，牵入同步，整步；(2)同步的，同期的

synchronizing at load 负载同步

synchronizing channel 同步信道

synchronizing clutch 同步离合器

synchronizing controls 同步控制机构

synchronizing current 同步电流

synchronizing delays 同时间阻滞

synchronizing frequency 同步频率

synchronizing gear 同步齿轮

synchronizing generation 同步再生

synchronizing generator 同步信号发生器

synchronizing lamp 同步灯

synchronizing level 同步信号电平

synchronizing linkage 同步装置

synchronizing of image 图像同步，影像同步

synchronizing power 同步功率

synchronizing pulse 同步控制脉冲

synchronizing pulse distribution unit 同步脉冲分配器

synchronizing separator circuit 同步分离电路

synchronizing signal 同步信号

synchronizing system 同步系统，同步域

synchronizing torque 同步转矩，同步扭矩

synchronizing torque coefficient 整步转距系数

synchronograph 同步自动电报机

synchronome 雪特钟(雪特设计的一种精密的天文同步摆钟)

synchronometer (1)同步指示器；(2)同步电钟，同步[时]计

synchronoscope (=synchroscope) (1)同步指示器，同步指示仪；(2)带等待扫描的示波仪，脉冲示波器，同步示波器，同步测试器

synchronous 同时进行的，同步的，同期的

synchronous accelerator 同步加速器

synchronous alternator 同步交流发电机

synchronous-asynchronous motor 滑环式感应电动机(异步起动，同步运行)

synchronous computer 同步计算机

synchronous condenser (1)同步调相机，同步进相机；(2)同步电容器

synchronous converter 同步换流机，同步变流机

synchronous demodulation 同步解调

synchronous demodulator 同步检波器

synchronous detector 同步检波器，同步检测器，同步检定器

synchronous dynamo 同步发电机

synchronous electronic sampler 同步电子采样器

synchronous electronic switch 同步电子开关

synchronous frequency changer 同步变频器

synchronous gate (1)同步门电路；(2)同步选通脉冲

synchronous generator 同步发电机

synchronous governor 同步调节器

synchronous homopolar motor 同步单极电动机

synchronous impedance 同步阻抗

synchronous induction motor 同步感应电动机

synchronous lever shaft 同步摇臂轴

synchronous logical circuit 同步式逻辑电路

synchronous machine 同步电机

synchronous meteorologicl satellite (=SMS) 同步气象卫星

synchronous motor (=SM) 同步电动机

synchronous orbit satellite (=SOS) 同步轨道卫星

synchronous phase modifier 同步整相器

synchronous reactance 同步电抗

synchronous rectifier 同步变流器

synchronous running 同步运转

synchronous satellite 同步卫星

synchronous scanning 同步扫描

synchronous spark-gap (1)同步火花放电管；(2)同步火花隙

synchronous speed 同步转速，同步速度

synchronous system 同步系统

synchronous timer 同位时间继电器，同步计时器

synchronous toothed belt drive 同步齿带传动

synchronous tracking computer 同步跟踪计算机

synchronous tuning 同步调谐

synchronous vibration 同步振动

synchronous working 同步工作，同步运转

synchrophasing 同步定相

synchrophasotron [重粒子]同步稳相加速器，质子同步加速器

synchroreceiver 同步接收机

synchroresonance 同步共振

synchroscope (1)同步指示器，同步指示仪；(2)带等待扫描的示波仪，脉冲示波器，同步示波器，同步测试器

synchroshifter 换档同步器

synchrotector 同步检波器

synchrotie 同步耦合，同步连接，"电"轴

synchrotimer 同步定时器，同步计时器，同步记时器

synchrotrans (1)同步[控制]变压器；(2)同步转换

synchrotransmitter (1)同步传感器；(2)自动同步发送机，自动同步机

synchrotron 同步[回旋]加速器

synchrotron-oscillation frequency 同步加速器振荡频率

synclastic 各个方向都朝同一方弯曲的，[曲面]同方向的

synclastic curvature 同向曲率

synclastic curve 同向曲线

synclastic surface 同向曲面

synclator 同步振荡器

synclinal 向斜的

synclinal axis 向斜轴

synclinornium 复向斜

syncom 辛柯姆通信卫星

syncretize 结合，调和

syncriminator 同步鉴别器

syncro-shear 同步切变

syncromesh (=synchromesh) (1)(齿轮)同步啮合[的]；(2)同步齿轮系；(3)同步配合[的]

syncrystallization　同时结晶
syndeton　连接结构
syndets　表面活性剂, 润湿剂
syndiotactic　间同立构的, 间规立构的
syndiotactic polymer　反式立构聚合物, 间规聚合物
syndrome　(1) 同时存在的事物, 伴随式; (2) 出故障, 出错; (3) 校正子
syndrome-threshold decoder　校正子阈解码器, 校正子阈译码器, 校正子门限解码器, 校正子门限译码器
syndyotaxy　反式立构
synentropy　交互信息
syneresis　(润滑剂) 脱水收缩, 凝固
syneresis of grease　润滑脂的胶体稳定性, 润滑脂的脱水收缩
synergistic　协合的, 复合的, 叠加的, 合作的, 协同的
synergistic curve　协合 [效应] 曲线
synergistic enhancement　协合增强
synfluid　合成聚烯烃润滑油
synfuel　合成燃料
syngony　晶系
syniphase　同相 [的]
syniphase excitation　同相激励
synistor　对称电阻
synneusis　聚晶状
synodic motion　会合运动
synopsis　(1) 对照表, 一览表, 说明书; (2) 摘要, 概要, 梗概
synoptic(al)　(1) 大纲的, 摘要的, 大意的; (2) 天气 [图] 的, 天气分析的
synperiodic　同周期的
syntactic　(1) 合成的, 综晶的; (2) 按句法规则的, 语法的, 句法的; (3) {数} 错列组合论
syntactic analyser　语法分析程序
syntactic category　语法分类
syntactic class　语法子分类
syntactic entity　语法实体
syntactic foam　复合泡沫塑料
syntactics　符号关系学
syntax　(1) 语法; (2) 顺列论; (3) 体系
syntax-directed compiler　面向语法的编译程序
syntax-directed method　面向语法的方法
syntax language　语法语言
syntax machine　语法机
1390
syntectic　综晶 [体]
syntectic reaction　综晶反应
syntectic system　综晶系统
synteresis　预防
synteretic　预防的
syntexis　同熔作用
synthal　合成橡胶
synthermal　等温的
synthescope　合成观测计
syntheses (synthesis 的复数)　合成
synthesis　(1) 合成 [法]; (2) 综合
synthesis of sound　声音的合成
synthesis of the object program　结果程序的综合
synthesis radiotelescope　综合孔径射电望远镜
synthesis wave　合成波, 综合波
synthesise (=synthesize)　(1) 用合成法合成, 人工合成; (2) 综合, 接合, 拼合
synthesizer　合成装置, 合成器, 综合器
synthesizer mixer　合成混频器
synthetic(al)　(1) 合成的; (2) 人造的; (3) 综合的; (4) 化学合成品, 合成物, 人造品
synthetic address　合成地址
synthetic aperture radar　综合孔径雷达
synthetic aperture high altitude radar (=SAHARA)　综合孔径高空雷达
synthetic colour bar chart generator　色带 [图案] 信号发生器
synthetic detergent (=syndet)　合成洗涤剂
synthetic enamel　合成瓷漆
synthetic fiber　合成纤维
synthetic gasoline　合成汽油
synthetic grease　合成润滑脂
synthetic hologram　综合全息图
synthetic language　人工语言
synthetic leather　合成皮革, 人造革

synthetic lubricant　合成润滑剂
synthetic metal　烧结金属
synthetic method　综合法
synthetic oil　合成润滑油, 合成机油
synthetic pattern generator　复试验振荡器
synthetic phase isolator　综合相位隔离器
synthetic piezoelectric crystal　复试验振荡器
synthetic proof　综合证明
synthetic resin　合成树脂
synthetic resin bond　合成树脂粘合剂
synthetic resin bonded paper (=SRBP)　合成树脂粘合纸
synthetic resin gear　合成树脂齿轮
synthetic rubber　合成橡胶, 人造橡胶
synthetic steel　合成钢
synthetic study　综合研究
synthetic utilization　综合利用
syntheticism　合成法
synthetics　(1) 合成物质, 合成品; (2) 综合品种, 综合系
synthetize (=synthesize)　(1) 用合成法合成, 人工合成; (2) 综合, 接合, 拼合
synthin　合成元件, 合成烃类
synthol　合成燃料, 合成醇
syntholube　合成润滑油
synthon　合成纤维
syntonic(al)　谐振的, 共振的, 调谐的
syntonic circuit　谐振电路
syntonization　(1) 谐振, 共振; (2) 同步, 同期
syntonize　使谐振, 使共振, 调谐
syntonizer　谐振器, 共振器
syntonizing　调谐
syntonizing coil　调谐线圈
syntonous　谐振的, 共振的, 调谐的
syntony　(1) 谐振, 共振; (2) 调谐
syntractrix　广曳物线
synvaren　酚醛树脂胶粘剂
syphon(=siphon)　(1) 虹吸管; (2) 虹吸现象
syphon lubrication　毛细管润滑
syphon wire　油芯
syphonage　虹吸
syren　(1) 警报器; (2) 验音盘
syringe　(1) 滑脂枪, 注油枪; (2) 喷射器, 喷水器, 喷油器, 注水器, 注射器, 注油器, 灌注器; (3) 带喷嘴的消防龙头; (4) 洗涤器; (5) 唧筒; (6) 注射, 注水, 注油, 灌洗, 冲洗, 洗涤
syringe for lubrication　润滑油枪
syringe hydrometer　吸管式比重计, 虹吸 [液体] 比重计
system　(1) 系, 系统; (2) 制, 制度, 次序, 规律; (3) 电力网, 网络; (4) 装置, 设备; (5) 体系, 组织; (6) 方法, 方式; (7) 分类 [法]
system acceptance tests (=SAT)　系统验收试验
system analysis and integration model (=SAIM)　系统分析与综合模型
system communication　系统通讯
system design　系统设计, 总体设计
system designer　总体设计员
system development requirement (=SDR)　系统发展要求
system deviation　系统偏差, 控制偏差
system diagram　系统图
system engineering (=SE)　系统工程 [学], 总体工程 [学]
system error　系统误差
system fault　电力网故障
system initialization　系统准备工作
system interrogation　系统询问
system location　系统定位
system maker　整机制造厂, 整机装配厂
system measurement (=SM)　系统测量
system measurement routine　系统测量例行程序
system of algebraic forms　代数形式系, 代数齐式系
system of axes　坐标轴系
system of axis　坐标轴系
system of basic hole　基孔制
system of basic shaft　基轴制
system of bevel gears　锥齿轮的齿形制
system of centered spherical surfaces　同轴球面系统
system of charging　收费制度
system of conics 二次曲线系
system of connection 连接图, 管路图, 线路图

system of coordinates 坐标系,坐标制
system of correction 修正[齿形]制,变位[齿形]制
system of crystallization 晶系
system of differential gearing 差动传动系
system of equation 方程组,方程系
system of fits 配合制
system of forces 力系
system of hoisting 提升系统
system of index gearing 分度传动系统
system of linear equations 线性方程组,一次方程组
system of logarithm 对数组
system of nets 网系,网组
system of notation 记数法
system of numeration 计数系统,计数法
system of pipes 管系
system of point-groups 点群系,点集系
system of rating 定额制度
system of representatives 代表系
system of residues 残余系,残余
system of rolling gearing 滚动传动系
system of solutions 解组,解系
system of units 单位制,单位系
system of vectors of reference 参考矢系
system of water supply 给水系统
system operational requirement (=SOR) 系统的操作要求
system override (=SO) (1) 系统超越控制,系统过载;(2) 系统人工代用装置
system performance 系统性能
system position 系统定位
system reaction time (=SRT) 系统反应时间
system reliability 系统可靠性
system shop 大修厂
system source selection board (=SSSB) 系统电源选择板
system switching 系统转换
system test operator (=STO) 系统试验操作者

system-wide medium-term environment programme (=SWMTEP) 全系统的中期环境方案
systematic (1) 有系统的,成体系的,有秩序的,有规则的;(2) 有组织的;(3) 分类上的,分类的;(4) 有计划的,非偶然的;(5) 惯常的
systematic classification of mechanism 机构的系统分类
systematic distortion 系统失真,系统畸变
systematic error 系统误差
systematic investigation and study 系统的调查研究
systematic sampling 系统抽样[法]
systematicness (1) 规则性;(2) 系统性
systematics (1) 分类系统;(2) 分类学;(3) 结构;(4) 系统
systematics of mechanism 机构分类学
systematics of science and technology 科学技术体系学
systematization (1) 系统化;(2) 分类
systematize (1) 使系统化,使系列化,使成体系,使有秩序,定次序;(2) 组织化;(3) 把……分类
systematology 系统论,体系论
systemic 系统的
systemic distortion 系统失真,系统畸变
systemic error 系统误差
systemics (1) 系统化;(2) 分类学;(3) 内吸剂
systemize (=systematize) (1) 使系统化,使系列化,使成体系,使有秩序,定次序;(2) 组织化;(3) 把……分类
systems analysis (利用计算机进行的) 系统分析
systems development and analysis program (=SDAP) 系统发展与分析规划,系统发展与分析程序
systems engineering 系统工程
systems engineering and technical direction (=SE&TD) 系统工程与技术指导
systems engineering test program (=SETP) 系统工程试验程序
systemtheoretical 系统理论的
systolic pressure 收缩压
systolometer 心音鉴定器
sytull (原苏联制) 微晶玻璃

T

T (1) 标记；(2) 三通；(3) T形物，T字物

T-abutment T形桥［台］

T-attenuator T接法阻尼器

T-bar 丁字钢，丁字铁，T型钢，T型铁

T-bar lift 滑雪吊车

T-beam (1) 丁字梁，T型梁；(2) T形射束

T-beam with double reinforcement 双筋丁字梁

T-beam with single reinforcement 单筋丁字梁

T-bend 三通接头，T型接头，三通管，T形管

T-bolt 丁字［形］螺栓，T形螺栓

T-branch (1)) T形接头；(2) 三通管

T-branch pipe 三通管，T形管

T-bridge T形电桥

T-clamp 丁字形夹

T-connection (1) 三通接头；(2) T形连接，T形接线

T connector T形连接器

T-crank T形曲拐

T-fixture 丁字［形］夹具

T-flip-flop 反转触发器

T-girder 丁字梁，T形梁

T-grade separation T形立体交叉

T-handle 丁字［形］手柄，丁字把手

T-handle key 丁字［形］手柄键

T-handle taper reamer 丁字柄锥形绞刀

T-head T头螺栓，T形螺栓，T字

T-hinge 丁字铰链，T形铰链

T-iron 丁字铁，丁字钢，T形铁，T形钢

T-intersection T形交叉

T-joint 丁字［形］接头，三通

T-junction (1) T形接合，T形连接；(2) T形接头；(3) T形连接波导

T-maze 丁字型迷宫

T-network (1) T形四端网络，T网络，(2) (滤波器) T段

T network (1) T型网络；(2) (滤波器) T段

T-nut 丁字［形］螺母

T nut 深嵌螺帽，T形螺帽

T-off 行路分支

T-piece (1) 丁字管节，丁字［形］片；(2) T形管，三通

T-pipe 丁字管节，T形管，三通

T-plate 丁字［形］板

T P V converter 热光电变换器 (T P V=thermophotovoltaic 热光伏打的，热光电的)

T-quadripole T形四端网络

T-rest T字［形］刀架

T-rail 丁字形钢轨，T形钢轨

T ring 径向法面的断面为T字形的环，T形断面活塞环

T-scale 试验标度，t标度

T-section (1) T字［形］截面，T形剖面；(2) T形钢；(3) T形［电路］节

T-section filter T形滤波器，T节滤波器

T-series 波导管串联T形结

T-shape 丁形钢

T-shaped 丁字形的，T形的

T-shaped ring T形管封圈

T-slot 丁字形槽，T形槽

T slot T形槽

T-slot bolt 丁字［形］螺栓

T-slot cutter 丁字槽铣刀，T形槽刀具

T-slot milling cutting T形槽铣削

T-slot piston 带T形槽活塞

T-socket T形套箱，T形套筒

T-square 丁字尺

T square 丁字尺

T-steel 丁字钢，T形钢

T-stop system T光圈体系

T-strap T字带

T-time 发射时间

t-test t- 检验，t测验法

T-track 锥形径迹，T型径迹

T-traffic (=truck traffic) 货车交通

T-tube T形管

T-valve T形阀

T-wave 横波，T波

T-weld T形焊接

T-winding 电路的T形接法

T-wire 塞尖引线，T线

T-wrench 丁字扳手，T形扳手

T-zero 发射时刻

tab (1)接头［片］，调整片，阻力板，薄片，翼片，舌片；(2)组合件，接头；(3) 导片导角，凸耳；(4) 波带；(5) 指引签；(6) 链形物；(7) 制表机，列表键；(8) 附录，记录，账目，账单

tab assembly 翼片装配，翼片安装，翼片组合

tab gate 尖角浇口

tab terminal 焊片

tab test 翼片试验

tab washer 带耳止动垫圈，舌片式垫圈，爪式垫圈

table (1) 工作台，桌，台；(2) 项目表，表格，目录，图表，表；(3) 辊道；(4)［选矿］摇床，淘汰盘，(5) 放料盘，平板，平盘，薄片，板；(6) 平面，水面，地面；(7) 制成表格，列表，嵌接，榫接

table antenna 台式天线

table arm 台臂

table balance 托盘天平

table base 工作台底座，床台

table block 数据表块

table carrying capacity 工作台承载量

table carrying capacity in a unit of length 工作台单位长度承载

table clock 台钟，座钟

table concentrator 摇床

table control lever 工作台控制手柄

table crosswise movement 工作台横向运动

table-cut ［宝石］顶面切平的

table diamond 盘形钻石

table dog 工作台轧头，工作台挡块

table drive 工作台传动

table drive motor 工作台驱动电动机

table feed 工作台进给，工作台进刀

table feed lever 工作台进给手柄，工作台进刀手柄

table feed screw 工作台进给螺旋，工作台进给丝杠

table feed wheel 工作台进给手轮，工作台进刀手轮

table feeder 盘式送料装置，平板送料机，平板给料机，圆盘加料机，加料台

table filter 平面过滤器

table-flap (折叠式桌面的) 折板

table foot 工作台台脚
table hand wheel 工作台手轮
table hand wheel knob 工作台手轮搜手
table-hinges 台铰
table joint 嵌接
table lamp 台灯
table locking clamp 工作台锁紧夹头
table longitudinal movement 工作台纵向运动
table longitudinal travel 工作台纵向行程
table look-up 一览表
table-look-up instruction 查表指令
table-lookup instrument 查表指令
table mechanism 工作台机构
table model 台式
table movement 工作台运动
table of allowance (=TA) (1) 公差表,容差表;(2) 修正量表
table of contents 目录,目次
table of equipment (1) 设备台,工作台;(2) 设备一览表
table of Laplace transformation 拉普拉斯变换表
table of natural logarithm 自然对数表
table of random numbers 随即数表
table of thread 螺纹表格
table planning machine 龙门刨床
table rest 工作台座
table reversing dogs 工作台反向轧头
table revolving movement 工作台反向运动
table saddle 工作台滑座
table settle 高背长靠椅
table simulator 算表程序
table slide 工作台导承,工作台导槽
table speed 工作台工作行程速度
table speed (hydraulic) 工作台工作行程速度 (液压)
table speed (infinitely variable) 工作台工作行程速度 (无限变量,无限变速)
table speed (mechanical) 工作台工作行程速度 (机械)
table stop 工作台止动器,工作台挡块
table stroke 工作台行程
table support 工作台支架
table surface 工作台台面
table tap 台用分接头,台用插头
table-topped 顶上平的
table travel 工作台行程
table traverse 工作台横向进给
table traverse screw 工作台横向进给螺杆,工作台横向进给丝杆
table traverse travel 工作横向行程
table traversing screw 工作台横向进给螺杆,工作台横向进给丝杆
table tripod 倭三角架
table type belt conveyer 台式波带输送机
table type borer 台式镗床
table type boring machine 台式镗床
table type diamond tool wheel dresser 台式金刚石砂轮修整器
table vertical movement 工作台垂直运动
table vertical travel 工作台垂直行程
table vibrator 台式振动器,振动台
table-vice 台虎钳
table vice 台式虎钳
table viewer 台式摄影仪
table-vise 台虎钳
table vise 台虎钳
table worm gearing 工作台涡轮传动装置
tableau (1) 局面,场面;(2) 舞台造型;(3) 表
tableau format 表格结构,表的格式
tabled fish plate 嵌接鱼尾板,凹凸接板
tablet (1) 小片,小块,压块,片;(2) 标牌;(3) 图形输入装置,图形输入板
tablet-arm chair 扶手椅
tablet machine 制药片机,压片机
tablet press 制药片机,压片机
tabletting 压片,压丸
tabling (1) 嵌合,嵌接;(2) 摇床选矿;(3) 制表,造册
tabular (1) 板状,片状;(2) 平板状的,平板形的,片状的,扁平的,平坦的;(3) 桌状的,台状的;(4) 表格式的,列表的
tabular computations 表格计算
tabular crystal 片状晶体

tabular data 表列数据,表列资料
tabular difference 表中相继两数之差,表差
tabular interpretive grogram 译表程序
tabular structure 板状结构
tabular surface 平 [坦] 面
tabular value 表 [列] 值
tabulate (1) 使成平板状,使成平面;(2) 制成表,制一览表;(3) 平面的,平板状的
tabulate statistics 把统计数据列表
tabulated data 表列数据
tabulated list of parts 零件明细表
tabulated quotation 行情表
tabulated value 列表值
tabulating machine 制表机,列表机
tabulation 表列结果,制表,造表,列表,造册,结算
tabulation of mixture 混合料配合表
tabulation of polynomials 多项式数值的列表
tabulator (1) 穿孔卡系统中的机器,图表打字机,制表机,制表仪;(2) 列表键,(3) 制表员,制表者
tabun 塔崩,垂龙 83,二甲氨基氰磷酸乙酯
tac (=tactical) 战术的
tac-locus 互自切点轨迹,互切点轨迹
tac-nuke 战术核武器
tac-point 互切点,自切点
TACAN 或 tacan 塔康无线电战术导航系统,战术空中导航系统
tach (=tachometer) (1) 速度变换测验计,指示转速的仪器,转速计,转数计,速率计,转数表,转速表,测速机,速度计;(2) 旋杯式流速仪,流速计;(3) 视距仪,准距计
tache (1) 斑点,黑点,缺点,瑕疵;(2) 扣,钩,环
tacheometer (1) 速度计,测速仪,流速计;(2) 视距仪;(3) 准距计
tacheometry 转速测量 [法],视距测量术,视距法
tachistoscope 视速仪
tacho- (词头) 速 [度],速率
tacho-alternator 测速同步发电机
tacho-generator 测速传感器
tachodynamo 转速 [表] 传感器,测 [转] 速发电机
tachogen 转速 [表] 传感器,测 [转] 速发电机
tachogenerator (=TG) (1) 转速 [表] 传感器,转速计传感器;(2) 测 [转] 速发电机
tachogram 转速记录图,速度记录图
tachograph (1) 自动记录转速计,自动转速计,自记转速计,自记速度计,转速记录器,转速记录仪,速度记录器,转速表;(2) 速度记录图,转速记录图
tachometer (=TAC) (1) 速度变换测验计,转速计,转数计,速率计,转数表,转速表,测速仪,测速机,速度计;(2) 旋杯式流速仪,流速计;(3) 视距仪,准距计
tachometer disc 测速盘
tachometer drive cable 转速表传动软轴,转数表传动转轴
tachometer drive gear 转速表传动齿轮
tachometer dynamo 转速计用发电机
tachometer feed-back 测速发电机反馈
tachometer generator 转速表传感器,测速发电机
tachometer head 测速磁头
tachometer pulse 测速脉冲
tachometer signal 测速信号
tactometric(al) 转速的
tachometric survey(ing) 转速测量,视距测量
tachometry (1) 转速测量 [法],转速测定 [法],流速测量法;(2) 准距测量
tachomotor 测速电动机
tachoscope (1) 转速表,手提转速计,手提转数计,手提闪频转速计;(2) 有钟表机构的加法计数器
tachosensor 速度传感器
tachy- (词头) 迅速的,加速的,快的
tachymeter (1) 视距仪;(2) 速度计,测速仪(测定距离和高差的仪器);(3) 经纬仪
tachymetering 视距测量
tachymetry 准距快速测定法,视距测量法,准距法
tacit (1) 缄默的;(2) 不言而喻的,不说明的
tacit agreement 默契
tacit approval 默认
tacit consent 默许
tacit understanding 默契
tacitron 噪声闸流管

tack (1) 平头钉,平头钎,揿钉,小钉,图钉；(2)(半干油漆的)粘性；(3) 行动步骤,航向,方针；(4) 方法,策略；(5) 附加条款；(6) Z 字形移动；(7) 点焊焊缝；(8) 临时点焊,定位焊,搭焊；(9) 钉住,系住,绑住,拼拢；(10) 增加,附加,添加
tack board 布告牌
tack claw 平头铆钉拔除器,钉爪
tack coat of priming (沥青)粘[结]层
tack driver 平头钉[自动]敲打机
tack-free 不剥落的,不粘手的
tack-hammer 平头钉锤
tack hammer 平头钉锤
tack line 粘结线
tack rivet 定位铆钉,平头铆钉
tack-sharp 轮廓分明的,非常清晰的
tack-tacky 粘的
tack-weld (1) 点焊接头；(2) 点焊连接,定位点焊,点固焊点；(3) 平头焊,定位焊,点[固]焊
tack weld 平头焊接,定位焊,点[固]焊
tackbolt 装配螺钉
tackbolt claw 平头钉拔除器
tacker (1) 定位搭焊工；(2) 弹簧订书机,钉钮扣机；(3) 布机修车工,布机保全工
tackifier 胶粘剂,胶合剂,粘着剂,增粘剂
tackiness [胶]粘性,粘附力,附着力
tacking 定位焊,定位铆
tackle (1) 船用索具,用具,绳索,装置,装备,器械；(2) 神仙葫芦,滑轮组,滑车组,复滑车,轱辘；(3) 用滑车拉上来,抓住；(4) 处理,从事,对付,解决
tackle a difficult problem 对付难题
tackle a task 着手进行一项任务
tackle and block 复式滑车,滑车组
tackle-block (1) 滑轮组,滑车组；(2) 起重滑车
tackle block (1) 滑轮组,滑车组；(2) 起重滑车
tackle burton 复滑车,辘轳
tackle-fall 复滑车的通索,辘轳动索
tackle-house 船上起重滑车房
tackle the work 着手工作
tackling (1) 帆设备；(2) 装备用具,套具
tackmeter 粘性计
tacky [发]粘的,胶粘的

tacky-dry 干后粘性
tacnode 互自切点,互切点
tact (1) 老练,圆滑；(2) 间歇[式]自动加工线,生产节拍；(3) 触角；(4) 感觉,灵敏
tact system 流水作业法,流水作业线
tact timing 生产节拍时间的计算,生产流程定时
tactic pattern 结构模式
tactical (1) 策略上的,战术的；(2) 巧妙设计的；(3) 立体规整的
tactical air command (=TAC) 战术空军司令部
tactical air force (=TAF) 战术空军
tactical air navigation (=TACAN 或 tacan) 塔康无线电战术导航系统,战术空军导航系统
tactical air navigation system 战术空中导航设备
tactical communications system 战术通信系统
tactical computer 战术计算机
tactical control computer (=TCC) 战术控制计算机
tactical control radar (=TCR) 战术控制雷达,战术制导雷达
tactical defensive 战术防御
tactical diameter 舰船回转直径,回转圆直径
tactical early warning (=TEW) 战术预先警报,战术远程警戒
tactical early-warning system (=TEW sys) 战术远程警戒系统
tactical fighter, experimental (=TFX) 试验型战术战斗机
tactical ground support equipment (=TGSE) 战术地面支援设备
tactical laser radar 战术激光雷达
tactical lidar 战术激光雷达
tactical map 战术地图
tactical missile (=TM) 战术导弹
tactical missile electric simulator (=TMES) 战术导弹电模拟装置
tactical missile group (=TMG) 战术导弹群
tactical nuclear weapon (=TNW) 战术核武器
tactical radius 战斗半径
tactical range 战术航程
tactical range recorder (=TRR) 战术距离记录器,战术测距仪
tactical unit 作战部队,战术单位

tactical warning system (=TWS) 战术报警系统
tactician 战术家,兵法家,策略家
tacticity 构形规整度,立构规整度,立构规整性,有规度
tactics (1) 战术,兵法；(2) 策略,手法
tactile 能触知的,触角的
tactile impression 触感
tactile lever 触感测量杆
tactile sensor 触觉感测器
tactocatalytic 胶聚催化的
tactoid (1) 平行取向胶体；(2) 类晶团聚体
tactometer 触觉测验器,触觉测量器,触觉计
tactosol 溶胶团聚物,凝聚溶胶
tactron 冷阴极充气管
tactual 触角的,触官的
tael 两(衡量单位)
taenite 天然铁镍合金(镍 25%,其余铁)
taffarel (=tafferel taffrail) 船尾上部,船尾栏杆
taffrail log [船尾舷]拖曳式计程仪
tag (1)(金属的)箍,附属物,垂下物,销钉,舌簧,簧片；(2) 标识符,特征位,标笺,标签,标记,标识,特征；(3) 终端；(4) 辅助信息；(5) 电缆接头,电缆终端；(6) 装金属箍,附标签,使合并,连接,结合,添加
tag block 终端板
tag card 特征卡片
tag-clip 焊在销钉上的半导体片[状器件]
tag end 终端,末端
tag-line method 牵线法
tag marker 特征打印机
tag marking 特征记号
tagged atom 示踪原子,标记原子
tagger (1) 追随者,附属物；(2) 装箍工,标签工；(3)(复) 极薄的铁皮
tagger plate 极薄的镀锡薄钢板(厚度在 0.18mm 以下)
tagging (1)(拉拔前管材端头的)锻尖,(棒材或钢丝端头的)轧尖,磨尖；(2) 标记,特征；(3) 同位素标记,同位素示踪
tagging reader 特征阅读器
tail (1) 末尾部分,尾部,后部,底部；(2) 末端,结尾；(3) 尾翼,尾面；(4)(电子型)引线,尾丝；(5) 跟在主脉冲后的同一极性的窄脉冲,脉冲后的尖头信号,尾随脉冲；(6) 尾部的,后部的；(7) 尾部连接,尾部操纵,跟踪,监视
tail assembly 尾部装配
tail-beam 端梁,尾梁
tail beam 梁尾端,半端梁
tail bearing 尾轴承,后轴承
tail block (1) 尾端滑轮,末端滑轮；(2) 尾顶尖座
tail-board 后挡板,后拦板,后箱板,尾板
tail boom 尾桁,尾梁
tail center (车床的)尾顶尖
tail cone 尾锥(喷气发动机的排气管)
tail core print 榫尾芯头
tail cup 尾罩,尾帽
tail damping circuit 尾部阻尼电路
tail-down 机尾朝下的,尾部朝下的
tail-end 尾端,末端,末尾
tail end 尾端,末端,末尾
tail fin (1) 直尾翼；(2) 垂直安定面
tail gate 船闸下游闸门,尾门
tail gate spreader of truck (汽车)尾部挡板式石屑撒布器
tail-hood 尾盖
tail-hook 尾钩
tail joist 梁尾端
tail journal 尾轴颈
tail lamp 尾灯
tail landing gear (=TLG) 尾部起落架
tail light 尾灯
tail of dog 挡块尾端
tail-off 发动机开关
tail piece 梁尾端
tail pipe (1) 排气尾管,尾管；(2) 泵吸入管；(3) 尾喷管
tail-pipe burner 水平安定面,水平尾翼面
tail-pipe chamber 加力燃烧室
tail plane (1) 横尾翼；(2) 水平安定面
tail print [芯头扩展到分型面的]燕尾槽式芯头
tail-pulley 后鼓轮,尾轮
tail pulley 导轮
tail-race [水车的]防水路

tail rod　(1) [机车] 活塞尾杆, 导杆；(2) 节制杆

tail scale　两钢板之间 (或端部) 的鳞片状氧化皮缺陷

tail shaft　轴伸出壳体部分, 尾轴

tail-sharpening inductor　后沿锐化线圈

tail-skid　尾撬

tail-slide　尾部滑落, 尾冲

tail slide　尾部滑落

tail slip　尾部滑落

tail spindle　(1) 顶尖轴；(2) 尾架套筒

tail-stock　(1) 后顶尖座, 后顶针座, 尾架, 尾座；(2) 滑轮活轴, 托柄尾部

tail stock　顶尖座, 尾架, 尾座

tail surface　尾翼面

tail to tail structure　尾接结构

tail trimmer　短横梁

tail-turret　[飞] 机尾转塔

tail warning (=TW)　[雷达] 尾部警戒

tail wheel bumper　尾轮减振器

tailboard　后挡板, 尾板

tailcone　尾部整流锥, 尾椎体

tailgate　(1) 后挡板, 尾板；(2) (机车) 尾门；(3) 船闸下游闸门

tailheaviness　后重心

tailing　(1) 尾部操纵, 跟踪；(2) 尾材, 尾渣；(3) 筛余物；(4) 延长失真符号, 波形拉长, 衰减尾部, 拖尾

tailing-in　小刀铲进

tailjack　机尾升降器

tailless　无尾翼的, 没有机翼的

taillight　尾灯, 后灯

tailoff　(1) 发动机关闭, 关机；(2) 尾推力中止

tailor　(1) 改装, 修整, 修琢；(2) 设计, 加工, 处理, 制造, 制作

tailor-made　(1) 特制的, 定制的, 定做的, 专用的；(2) 恰到好处的, 合适的

tailored　(1) 特制的, 定制的；(2) 简单明了的, 单纯的, 简洁的

tailover　筛余物, 筛渣

tailpiece　(1) 尾翼；(2) 尾管；(3) (尾部) 附属物, 尾端件；(4) 接线头, 半端梁

tailpipe　排气尾管, 尾喷管, 尾管

tailplane　(1) (水平) 尾；(2) 水平安定面

tails of resonance　共振翼

tailsitter　立式垂直起落飞机

tailskid　尾撬

tailshaft　(汽车的) 液力传动输出轴

tailshaft governor　(汽车的) 液力传动输出轴调速器

tailspin　(1) 尾 [螺] 旋；(2) 失去控制

tailspin spindle　[车床] 尾座轴

tailstock　(1) 后顶尖座, 后顶针座, 尾座, 尾架, 床尾；(2) 滑轮, 活轴；(3) 把柄尾部

tailstock base　尾架底座, 顶尖座板

tailstock center　尾架顶尖, 尾座顶针

tailstock center sleeve　尾架顶尖套筒

tailstock clamp bolt　顶尖座夹紧螺栓

tailstock quill　尾架顶尖套筒, 尾座顶针套筒

tailstock setover　顶尖座跨度

tailstock sleeve　顶尖座套筒, 尾座套筒

tailstock spindle　尾架轴, 尾座心轴

tailwheel　(飞机的) 尾轮

taint　(1) 颜色, 色；(2) 色度, 色调, 色彩；(3) 弄脏, 污染, 沾染

tainter gate　弧形闸门

taintless　无污染的

Tainton method　高电流密度锌电解法

Takathene　辐射聚乙烯

take　(1) 取, 拿, 持；(2) 移动；(3) 收, 受；(4) 用；(5) 量, 测量；(6) 引导；(7) 传递；(8) 凝固, 凝结；(9) 吸收；(10) 穿过 (分级器中)

take-apart　可拆卸和重新安装的

take-down　(1) 拆卸；(2) 可拆卸的；(3) 移去, 扫尾

take-down time　手工操作时间, 拆卸时间

take full responsability in all respects for design, construction, quality of workmamship and material　对设计、建造、工艺及材料各方面负全部责任

take-hold pressure　稳定前级压强, 维持压强

take-in device　接线夹, 夹具

take into consideration the type of operation　考虑操作方式

take measures　采取措施, 设法

take-off　(1) 取出, 取走, 卸掉, 移去, 移出, 移送, 除去, 输出, 引出, 牵引；

(2) 功率输出端, 输出轴；(3) 检波；(4) 发射, 起飞, 起步

take-off gear　输出轴齿轮

take-off gross weight (=togw)　起飞总重量

take-off pipe　放水管

take-off weight (=T-O wt)　起飞重量

take-out　(1) 自动取出装置；(2) 取出的数量

take-out unit　自动取出装置

take-over　(1) 接收, 接受, 接管；(2) 验收；(3) 接通

take reel　卷线车

take the mean　取平均数

take-up　(1) 张紧, 拉紧, 拧紧；(2) 张紧装置, 松紧装置；(3) 卷线装置；(4) (缝纫机的) 提升装置；(5) (电影片) 卷片装置；(6) 消除间隙

take-up device　张紧装置, 调整装置

take-up godet　卷绕导丝盘

take-up mechanism　卷取装置

take-up reel　卷线盘, 接收磁带盘

take-up spool　卷带轴

take-up sprocket　张紧链轮, 链条张紧轮

take-up state　拉紧状态

take-up unit　(外调心型) 滑块式轴承箱组

taker　(1) 提取器, 取样器；(2) 接受者

taking of samples　取样

taking-off　开卷

takktron　辉光放电高压整流器

taktron　冷阴极充气二极管

Takuma's boiler　田雄式锅炉

Talbot [耳波特]　MKS 制光能单位, 一流明·秒)

Talbot's formula　塔耳波特公式 (计算涵洞等出水口面积用)

Talbotype　塔耳波特型

tale quale　(拉丁语) 按 (商品) 现状

Talide　碳化钨硬质合金

talk　(1) 说话, 讲话, 谈话；(2) 通讯, 通话, 对话；(3) 交谈, 会谈

talk and listen beacon equipment (=TABLE)　用甚高频连续波救援海上遇险飞机的) 无线电应答装置, 问答信标设备, 小型导航设备

talk-back　联络电话, 勤务电话

talk back　工作联络电话 [专线], 对讲

talk-back circuit　内部对讲电话操作通讯电路, 回话电路, 联络电路

talk-back speaker　通话扬声器

talk box　讲话箱 (一种防止噪声的设备)

talk by radio signals　用无线电信号通讯

talk channel　通话电路, 通话信道

talk-down　通知 [飞机] 降落, 指导降落

talk-in　指挥着陆

talk key　通话电键

talk-listen button　通话按钮

talk over the telephone　在电话里谈话

talker　扬声器

talker key　通话电键

talker listener controller　发话收听控制器

talkie　有声电影

talking book　书刊录音机

talking machine　留声机, 唱机

talking radio beacon　音响无线电信标

talking sign　通话联络信号

tallow　(1) [动物] 脂；(2) 牛油 (商名)

tallow candle　蜡烛

tallow compound　调配牛油 (固体润滑脂)

tallow drop　圆盖形切割法

tallow oil　脂油

tallow pot　机车司炉工

tallow rendering　脂肪熔炼, 炼脂

tallow wet rendering　湿炼脂法

tallowy　脂肪质的, 脂肪的

tally　(1) 运算, 结算, 总计, 计数, 点数, 对账, 理货；(2) 标记牌, 名牌, 机牌, 标签；(3) 清点 (货物等)；(4) 符合, 吻合；(5) 手执计数器, 计数板；(6) 合箱泥号, 骑缝号；(7) 计算单位, 单位数, 记数符；(8) 打号识别, 加标记, 加标签, 使符合, 使适合

tally circuit　演播指挥用信号灯电路

tally clicker　计数器

tally down　减一

tally-man　木材检尺员, 记录员

tally order　总结指令, 结算指令

tally register　计数器

tally sheet　(1) 计数单, 计数纸；(2) 理货单

tally system　赊卖

tally trade　赊卖

tally up　(1)总结,加一；(2)刻于标签上,使符合

tally with　符合

tallyman　推销员,记账员,理货员

Tallyrondo　棱圆度检查仪

Talmi gold　镀金黄铜(铜 86-90%,锌 9-12%,锡或金 0-1%)

talon　(1)爪形条纹,爪状物；(2)手[指]；(3)(用钥匙顶住以推动锁栓的)螺栓肩

Talos　(美)黄铜骑士舰对空导弹

talus　废料

talysurf　粗糙度检查仪,表面光度仪,表面粗度仪,轮廓仪

Tam alloy　塔姆铁钛合金(钛 15-21%,其余铁)

Tamanori　粘合剂(商品名)

tamis　精纺毛筛网,滤汁布,布筛

tammy　格筛,布筛,滤布

tamp　夯实,捣固,填实,捣,填

tamper　(1)打夯机,捣棒,夯具,夯锤,夯板；(2)软木塞,塞子；(3)反射器,反射剂；(4)护持器,屏；(5)干扰,干预；(6)损害,削弱

tampicin　牵牛树脂

Tampico brush　坦皮科抛光刷

tampin　锥形木塞

tamping　(1)捣固,夯实,装填；(2)填塞材料,填塞物；(3)填孔

tamping bar　捣棒

tamping drum　辗压滚筒

tamping hammer　捣锤

tamping iron　铁夯

tamping-levelling machine　(混凝土)整平捣固机

tamping machine　(1)打夯机；(2)成型机,压型机

tamping plug　[硬]炮泥

tamping roller　夯击式压路机

tamping stick　装药棒

tamping-type roller　夯击式压路机

tampion　炮口塞,塞子

tampon　塞[子]

tampon-holder　持塞器

Tanalith　一种木材防腐剂

tandem (=tdm)　(1)串联,串列,纵列；(2)串联压路机,串翼[型]飞机,双座自行车；(3)双轴,双桥；(4)直通连接,串级连接,串列布置,串联布置,纵列式；(5)串轴的,串联的,串列的

tandem accelerator　串列式加速器

tandem airplane　纵列翼机

tandem angular contact ball bearing　[串联]成对安装角接触球轴承

tandem articulated reduction　(船用)链式减速齿轮装置

tandem auxiliary seal　(轴承)同心唇式密封

tandem axle　串列轮轴,双桥,双轴

tandem axle load　双轴载荷

tandem board　汇接合

tandem boost　串联助推器,轴向助推器

tandem-bowl scrapper　串联斗铲运机

tandem brake master cylinder　双管路制动泵,串联制动总泵

tandem brush　串联电刷

tandem bicycle　串座自行车

tandem capacitor　双组定片电容器,双定子电容器

tandem center　中立旁通(在中立位置上,油缸口关闭,油泵卸荷,控制阀即可串联连接)

tandem compound　串列复式蒸汽机,单轴汽轮机,多缸汽轮机

tandem condenser　双组定片电容器

tandem cylinder　串列式气缸

tandem dies　复式拉伸模,复式拉深模

tandem-drive　串联驱动,双轴驱动

tandem drive　串联驱动

tandem drive housing　串联传动箱体

tandem drive wheels　纵列驱动轮

tandem duplex ball bearing　成对双联向心推力球轴承(外圈宽窄端面相对)

tandem duplex bearing　成对双联轴承(外圈宽窄端面相对)

tandem electrostatic accelerator　串列静电加速器

tandem engine　串联式发动机,串列式蒸汽机

tandem feeder　双棉箱给棉机

tandem hitch　纵列栓套

tandem inversion　连续倒位

tandem jigger　串联卷染机,成对卷染机

tandem-joined　成串配置的

tandem knife switch　串刀刃开关

tandem-lock inter axle differential　带差速锁的桥间差速器

tandem master cylinder　串联式制动总泵

Tandem metal　坦德姆锡青铜

tandem method　衔接法

tandem mixer　串联式搅拌机,联列式搅拌机,复式拌和机

tandem motor　纵联双电枢马达

tandem mounting　串联安装

tandem office　电话转接局

tandem pilot housing　纵列旋转枢体

tandem position　串联配置,前后排列

tandem-powered　串联发动机的

tandem press　串联印刷机

tandem queues　多行排列

tandem repeats　衔接重复

tandem roller　串联[式]压路机,双轮压路机

tandem rotor machine　纵列桨式直升飞机

tandem screed　纵列样板

tandem selection　转接选择,中继选择

tandem sequence　串联多弧焊

tandem-turbine　纵联透平,纵联汽轮机

tandem turbine　串联复式透平机,串联式透平机,串联式汽轮机

tandem wheels　串联车轮,双轴车轮

tandem-wing machine　纵列翼式飞行器

tang　(1)排,组；(2)(刀,锉)柄部,柄台,柄舌,刀根,锥根；(3)扁尾；(4)特性,意味；(5)做刀柄

tang chisel　有柄凿,有柄錾

tang end　柄端加固凸块

tangear method　双刀盘切齿法

tangency　(1)[在一点上的]接触；(2)相切,切触；(3)邻接,毗连

tangency point　切点

tangensoid　正切曲线

tangent (=tg)　(1)正切；(2)切线；(3)正切尺；(4)正切的,切线的,相切的；(5)脱离原来途径的

tangent angle (=TA)　正切角

tangent arc　正切弧

tangent bar mechanism　切线棒机构

tangent bender　切线折弯机,切线弯板机

tangent cam　切线凸轮

tangent chart　正切曲线图

tangent circle　相切圆

tangent cone　切线锥面,正交锥面

tangent cylinder　切柱面

tangent distance　切距

tangent elevation (=TE)　(1)正切仰角,仰角；(2)高角

tangent force　切线力

tangent galvanometer　正切电流计,正切检流计

tangent gate　切线内浇口

tangent key　切向键

tangent line　切线

tangent of helix angle　螺旋角切线

tangent of lead angle　导程角切线

tangent offset　切线支点,切线垂距

tangent point　切点

tangent point of the curve　曲线起屹点

tangent plane　[正]切面,切线面

tangent runout　切线延伸段

tangent-saw　切向锯

tangent scale　正切尺

tangent screw　(1)切线螺杆,切线螺旋；(2)微动螺旋,微调螺旋

tangent sight　正切瞄准具

tangent slope　切线的斜率

tangent spoke　切线轮辐

tangent-spoke wheel　切线辐轮

tangent surface　切线曲面,切曲面

tangent to helix　螺旋切线

tangent to periphery　圆周曲线,周边切线

tangent to the trajectory　轨迹切线

tangent vector　切向量

tangent-wadge method　楔法

tangential　(1)沿切线的,切线的,切面的,正切的,相切的,弦向的,切的；(2)突然越轨的,略为触及的,肤浅的

tangential acceleration　切向加速度,切线加速度

tangential admission　切向进给

tangential belt 切向传送带, 龙带
tangential bit 切向车刀
tangential brush 切向配置电刷
tangential cam 切线凸轮
tangential chaser 切向螺纹梳刀
tangential circles 相切圆
tangential component 切向分量, 切线分量
tangential composite error 切向综合误差
tangential connection of curves 曲线的共切点连接
tangential creep 切向蠕变
tangential cutter head 切向进刀架
tangential deformation 切向变形
tangential driven load 切向从动载荷
tangential driving load 切向驱动载荷
tangential equation 切线方程
tangential feed 切向进给, 切向进给法, 切向进刀
tangential feed hobber 切向寄给式滚齿机
tangential feed mechanism 切向进给机构, 切向进刀机构
tangential feed method grinding 切向送进磨法, 切向进给磨法
tangential feed worm hob 切向进给涡轮滚刀
tangential field 切向场
tangential focus 正切焦点
tangential force 切向力
tangential form grinding 切向成形磨剂
tangential friction force 切向摩擦力
tangential grinder 切向进给磨床
tangential helical-flow turbine 螺旋流式涡轮
tangential hob 切向进给滚刀
tangential hob head travel 滚刀切向刀架行程
tangential hobbing 切向进给滚切, 且向滚削
tangential hobhead 切向滚刀架
tangential inertia force 切向惯性力
tangential jet 切向喷管
tangential key 切向键
tangential line 切线
tangential load 切向载荷, 切向负载
tangential load component 切向载荷分量
tangential method 切向法
tangential path (曲线间的) 共切线段, 直线段
tangential plane 切面
tangential point of a cubic 三次曲线的切线割点
tangential pressure diagram 切向压力图
tangential profile 切向割面, 且向齿廓
tangential ray 切向光线
tangential screw 切向螺纹, 切向螺旋
tangential shaving 切向剃齿, 切线剃齿
tangential sliding velocity 切向滑动速度
tangential spoke 切线轮辐
tangential strain 切向应变, 切应变
tangential stress 切向应力, 切线应力
tangential tool 切向车刀
tangential tool folder 切向刀尖
tangential tooth load 切向轮齿载荷
tangential tooth-to-tooth composite error 切向相邻齿综合误差
tangential turning 切向车削
tangential velocity 切向速度
tangential water-wheel 切向水轮
tangential wave path 切向波路径
tangential wedge 切向楔
tangentially 成切线地
tangibility (1) 可触知性; (2) 确实, 明白
tangible (1) 可触知的, 有形的, 现实的, 实质的; (2) 确实的, 明确的
tangible benefit 可计利益
tangible proofs 明确的证据
tangible results 确实的成效
tangible value 有形价值
tangle 使复杂, 使混乱, 缠结, 纠缠, 弄乱
tangled 紊乱的, 复杂的
tangly 纠缠在一起的, 缠结的, 紊乱的, 混乱的
Tango (1) 变压器 (商品名); (2) 通讯中用以代表字母 t 的词
tanh (=hyperbolic tangent) 双曲正切
tank (1) 箱, 柜, 池, 桶, 罐; (2) 容器, 储藏箱, 储藏器, 储藏罐, 储藏槽; (3) 振荡回路; (4). 油池, 油罐; (5) 槽路; (6) 坦克
tank angle 水柜角铁

tank band 油罐卡带
tank barge 油驳
tank block (1) 玻璃熔槽耐火砖; (2) 箱座, 罐座
tank brace 水柜拉条
tank-buster 有反坦克炮的飞机
tank-car (1) 油罐车, 油槽车; (2) 加水车, 加注车
tank car 铁路罐车, 槽车
tank chassis 坦克底盘
tank circuit (1) 并联谐振回路, 谐振回路, 谐振电路, 振荡回路; (2) 槽路
tank cover 加油用盖, 箱盖
tank cradle 罐体鞍座
tank cupolar 带前炉的冲天炉
tank destroyer (=TD) 反坦克自行火炮, 装甲炮车
tank dome (1) 油罐空气包; (2) 圆顶油罐
tank engine (locomotive) 带煤水柜机车
tank farm 油罐场
tank for coolant 冷却液箱
tank furnace 池窖
tank ga(u)ge 油量表, 液位计
tank head 油罐端板
tank head block 罐端撑铁
tank hose 水箱软管
tank-house cell 电解槽
tank iron 罐槽铁板
tank knee 舱底接角
tank ladder 水柜梯
tank locomotive 带水柜机车
tank loory 油罐汽车, 槽车
tank lug 水柜定位铁
tank nitrogen supply (=TNS) 贮罐氮气供应
tank pressure-ga(u)ge 油罐压力计
tank presure sensing (=TPS) 油箱压力传感
tank regulator 贮液槽调整器
tank scale 油罐秤
tank sealant (航空燃料箱自动开关盖) 封闭层
tank-seam testing 油罐焊缝试验
tank sender 液面 [水准] 信号发送器, 油池信号发送器
tank service truck 加油车
tank-shaped 槽形的
tank sheet 槽用钢板
tank shell 罐板, 罐壳
tank slabbing 油罐鞍座垫板
tank sprayer [沥青] 喷洒机
tank station 供水站
tank-stock 水箱木材
tank strainer 水柜滤器
tank table 箱形台
tank testing plan (船舶) 测舱图
tank top (船) 液舱顶, 内底
tank track pin 坦克履带销
tank trailer 油槽拖车, 水槽拖车
tank transformer 油冷变压器
tank truck (1) 运液体汽车, 自动喷油车, 油槽车; (2) 自动洒水车, 水槽车
tank-truck pump 油槽汽车泵
tank-truck trailer 油槽拖车
tank type oil-circuit breaker 铁槽形油断路器
tank unit 油箱信号发送装置
tank valve 柜阀
tank vessel (=TV) 油船
tank-wagon 牵引槽车, 水柜车
tank-washer 选槽, 洗箱
tankage (1) 容积, 容量, 储量, 箱容量, (2) 储藏器, 容量设备, (3) 容量的沉积, 大桶槽
tankdozer 坦克推土机
tanked 放在槽内, 放在箱内, 放在柜内
tanker (1) 油船, 油轮; (2) 救火车; (3) 油罐, 油罐车, 加注车
tanker-aircraft (空中) 加油飞船
tanker draft 油船吃水 [深度]
tanker plane 空中加油飞机
tankerman 油轮船员
tankette 小型坦克, 小型战车 (5 吨以下)
tanking (1) 将变压器可抽出部分与外壳组装在一起; (2) 把…注

入箱内

tanking control system (=TCS)　注油控制系统

tankman　(1) 坦克手；(2) 工业用罐槽管理工

tankometer　油罐计

tankoscope　[油罐] 透视灯

tankship　油船

tannage　鞣革

tanned　鞣过的 (皮革)

tanning drum　(鞣革用) 鞣制转鼓

tannometer　鞣液比重计

tannoy　声重放和扩大系统，船上广播网，本地广播网

tanruff　双联粗刨刀

Tantal　(德语) 钽 Ta

Tantal bronze　钽铝青铜

Tantal condenser　钽质电容器

Tantal tool alloy　钽镍铬合金工具钢

Tantalum　{化} 钽 Ta

tantalum bronze　钽铝青铜

tantalum capacity　钽质电容器

tantalum carbide-titanium carbidecobalt　钽钛硬质合金，TaC-TiC-Co 硬质合金

tantalum emitter　钽质发射体

tantalum lamp　钽丝灯

tantalum tool alloy　钽镍铬合金工具钢

tantam　坦达青铜 (锡青铜，78% 铜，22% 锡)

tantamount　(1) 等义的；(2) 等值的；(3) 等价的

tantamount to　相等于，相当于

tantiron　高硅耐热耐酸铸铁 (碳 0.75-1.25%，硅 14-15%，锰 2-2.5%，磷 0.05-0.1%，硫 0.05-0.15%)

tap　(1) 螺丝攻，丝锥；(2) 螺塞，旋塞，塞子；(3) 开关，龙头，水嘴；(4) 刻纹器；(5) 卷尺，(6) 内螺纹模型，[锻工的] 陷型模，压头，锤头，撞头，夯；(7) 电流输出，引取电流，放出流体，放水，抽液；(8) 出铁，出钢，出渣；(9) 分接，换接，安装，堵塞，塞住轻击，轻敲；(10) 分接头，抽头；(11) 车内螺纹，攻出螺丝，绞螺纹，[加工] 规准

tap a blast furnace　吸放铅口，出铁

tap and reamer fluting cutter　绞刀及螺丝攻槽铣刀

tap bolt　带头螺栓，紧固螺栓

tap borer　(1) 罗纹底孔钻，螺孔钻；(2) 放铁口钻

tap box　龙头箱

tap changer　变压比调整装置，分接头切换装置，抽头接换开关，抽头切换开关，抽头转换开关，抽头变换器

tap-changing　切换抽头的

tap changing　调换接头

tap changing device　抽头转换开关

tap chuck　丝锥夹头

tap cutter　丝锥刀具

tap die holder　丝锥扳牙两用夹头

tap drill　罗纹底孔钻，螺孔钻

tap fit　轻追配合

tap flute grinding machine　丝锥沟槽磨床

tap for English Standard thread　英制标准螺纹丝锥

tap for metric thread　公制螺纹丝锥

tap for taper thread　锥形罗纹丝锥

tap for trapezoidal　梯形罗纹丝锥

tap funnel　分液漏斗

tap grinder　丝锥磨床

tap grinding　丝锥磨剂

tap grinding machine　丝锥磨床

tap gun　(封出铁口用) 泥炮

tap handle　丝锥扳手

tap holder　螺纹攻夹具，丝攻夹头

tap hole　(1) 螺孔，塞孔；(2) 放液孔，出铁口，出钢口

tap-hole rod　钎子

tap joint　分接头

tap ladle　盛钢桶，金属桶，盛铁桶，浇铸桶，钢包

tap-off　抽出，分出

tap-out bar　通铁条，火棍，钎子

tap sand　分型砂

tap screw　丝锥

tap-size drill　螺孔钻头

tap switch　抽头变换开关，分接开关

tap the production potential　发掘生产潜力

tap the water main　接通总水管

tap transformer　抽头变压器

tap voltage　抽头电压

tap volume　振实体积

tap-water　自来水

tap water　自来水，饮用水

tap web　锥心

tap wrench　(1) 丝锥扳手，铰扛；(2) 螺丝攻扳牙

tape　(1) 卷尺，皮尺，带尺，钢尺，软尺；(2) 绝缘胶布，绝缘带，胶带，(3) 录音带，录像带，磁带，纸带；(4) 电报收报条，记录纸，束，条；(5) 用带子捆扎；(6) 用卷尺量；(7) 用磁带录音，调带

tape advance (=TA)　纸带超前，磁带超前

tape armoured cable　钢带 装电缆

tape back spacing　(1) 磁带反绕；(2) 纸带反绕

tape bin　快速取数磁带机

tape burst signal　带色同步信号

tape cable　带状电缆

tape cartridge　穿孔带筒，穿孔带夹，磁带盒

tape cassette　磁带盒

tape code　纸带码，磁带码

tape compiling routine　磁带编译程序

tape control　磁带控制，纸带程序控制

tape curvature　磁带弯曲度

tape deck　具有走带机构的设备，磁带运转机械装置，(磁带录音机的) 放音装置，走带机构

tape distortion　磁带失真度

tape dump　带内容转移，带转储

tape elongation　磁带延伸率

tape eraser　磁带清除器

tape facsimile　带式摹写通信，磁带传真

tape-feed　送带机构

tape feed　带传送机构，磁带卷盘，磁带馈送，带卷盘，供带，进带

tape file　磁带外存储器

tape frame　浆纱机

tape garble　纸带乱损

tape gauge　传送式水尺水位站，传送式水尺，活动水尺

tape guide　窄带波导管，带导向装置，磁带导轨，磁带导槽，磁带导杆 (录音机)，导带柱

tape guide servo　带控伺服机构

tape head　磁带录音头

tape library　[磁] 带程序库

tape-limited　受带限制的

tape-line　卷尺，皮尺，带尺

tape machine　(1) 磁带录音机；(2) 自动收报机

tape measure　卷尺，皮尺，带尺

tape mechanism　卷带机构

tape memory　磁带存储器

tape noise　磁带噪声

tape perforator　纸带穿孔机，带穿孔机

tape player　磁带录音机的放音装置，磁带放声机，纸带放声机

tape primer　纸带起爆剂

tape printer　印字电报收报机，纸条式收报机，印字电报机，带式打印机

tape program　磁带程序

tape punch　纸带穿孔机

tape punch typewriter　纸带穿孔打字机

tape puncher　纸带穿孔机

tape puncher output　纸带穿孔输出

tape reader　读带机

tape reader input　磁带读出器输入

tape reading　读带

tape-reading punch　读带穿孔机

tape-record　用磁带录音

tape-recorder　磁带录音机，带式记录器

tape recorder　磁带录音机

tape recorder and producer　磁带录音放音机

tape recorder circuit　磁带录音机电路

tape recorder head　磁带录音机磁头

tape recording　磁带录音，磁带录像

tape recording machine　磁带录音机

tape relative sensitivity　磁带相对灵敏度

tape reproducer　磁带放声机

tape rewinding　倒带

tape roller　拉纸轮

tape skip　跳带指令

tape speed　磁带速度

tape stand　钢带支架

tape storage　带存储器
tape-stored　磁带存储的
tape stretch　磁带延伸率
tape strip　磁带条
tape supply motor (=TSM)　磁带供电电动机
tape teleprinter　纸带电传打字机
tape tensile strength　磁带破带强度
tape to card　磁带到卡片的，纸带到卡片的
tape-to-card converter　纸带到卡片转化器
tape transmitter　纸带发报机
tape transmitter distributor　带发送分配器
tape transmitter head　纸带发报机头
tape transport　带传送机构，走带机构
tape travel　纸带读出方向
tape unit　纸带机
tape-up reel　卷带盘
tape verifier　纸带校对机
tape wound core　带绕铁芯
tapedrum　卷带鼓轮，带鼓
tapeline　钢卷尺，卷尺
tapeman　持尺员
taper　(1) 圆锥，锥体，锥形；(2) 锥度，斜度，坡度；(3) 分等级的，[圆]锥状的，锥形的，削尖的，斜的；(4) 扩口管，拔销，退拔，楔销；(5) 使逐渐缩小，收缩，弄尖；(6) 电位器电阻分布特性；(7) 敷带机，敷带工；(8) 机翼斜度，机翼根梢比
taper angle　锥[形]角
taper attachment　车锥度专用附件，车圆锥附件，锥度切削装置，锥度靠磨尺，退拔附件，锥度附件
taper bit　锥形绞刀
taper boiler tap　锥形炉用丝锥 (锥度为 1/16)
taper bolt　锥形螺栓
taper bore　[圆]锥形[内]孔
taper-bored spindle　锥孔轴
taper boring　锥形镗孔
taper calculating　锥度计算
taper clamping sleeve　(轴承) 紧定套
taper cone　圆锥
taper depth　(锥齿轮) 沿齿高收缩
taper file　锥形锉，斜边锉，尖锉
taper fit　锥度配合
taper flask　可拆式砂箱，顶提式砂箱，锥度砂箱
taper flat file　尖扁锉
taper fuselage　锥形机身
taper ga(u)ge　锥度规
taper gear　(纺机) 角度变换齿轮，锥齿轮，伞齿轮
taper gib　锥形镶条
taper glass　锥度玻璃管
taper grinding　锥面磨削
taper hand tap　锥形手用丝锥，头锥，头攻
taper handle　锥形柄
taper head tap　手用锥形丝锥
taper hob　锥形滚[铣]刀，切向[进给]滚[铣]刀
taper hobbing cutter　锥形滚刀，切向[进给]滚刀
taper hobbing machine　(加工准渐近线型锥齿轮的) 锥形滚刀滚齿机
taper hole　锥[形]孔
taper hole of spindle　主轴锥孔
taper key　钩头楔键，锥形键，楔键，斜键
taper internal (tooth) gearing　锥度内啮合[齿]联轴节传动
taper joint　终端连接
taper lead　锥度导程
taper liner　楔形塞垫，斜垫
taper lock stud　锥形止动螺栓
taper mandrel　锥形心轴，锥度心轴
taper matching　圆锥配合
taper outside diameter　收缩的外径，锥形外径
taper pile　斜桩
taper pin　锥形销，锥销，斜销
taper pin hole　锥形销孔
taper pin hole reamer　锥形销孔绞刀
taper pin reamer　锥形销孔绞刀
taper pipe　锥形管，椎管
taper pipe thread　锥形管子螺纹
taper plate　变断面板材，楔形板材，楔削板
taper plate condenser　递变式平板电容器

taper plug ga(u)ge　锥度塞规
taper profile　锥体
taper ratio　锥度比
taper reamer　锥形绞刀
taper reducer　锥形异径管
taper reducer sleeve　锥形套管
taper ring　锥形圈
taper ring gauge　锥度环规
taper roller　圆锥滚子，锥形滚柱
taper roller bearing　圆锥滚子轴承，锥形滚柱轴承
taper roughing　收缩粗切
taper ruler　锥度尺
taper screw　锥形螺钉，锥形罗纹
taper-seat valve　锥形座阀
taper section　锥形截面
taper serration　(1) 斜锯齿形；(2) 锥形键廓
taper shaft　锥形轴，斜轴
taper shank (=TS)　锥形手柄，圆锥形柄，锥形柄，锥柄
taper-shank arbor　锥形柄轴
taper-shank core drill　锥柄扩孔钻
taper-shank drill　锥柄钻
taper-shank drill chuck　锥柄钻夹头
taper-shank drill holder　锥柄钻托
taper-shank end milling cutter　锥柄端铣刀
taper-shank gear nut type drill chuck　锥柄绞辘式钻夹头
taper-shank mandrel　锥柄心轴
taper-shank milling cutter　锥柄铣刀
taper-shank reamer　锥柄绞刀
taper-shank self-adjustable drill chuck　锥柄自调钻尖头
taper-shank triple grip drill chunk　锥柄三牙钻夹头
taper-shank twist drill　锥柄麻花钻
taper-shank type shaper cutter　圆锥柄插齿刀
taper sleeve　锥形套筒，锥套
taper slide　斜滑板
taper spindle　锥形主轴
taper sunk key　锥形埋头键
taper tap　锥形螺丝攻
taper tester　锥度测定器
taper thread grinding　锥度螺纹磨削
taper trowel　平镘刀，刮刀
taper turning　圆锥车削，锥度车削，车锥面，锥切
taper turning attachment　车圆锥体附件，车锥形附件
taper turning tool　斜车刀
taper washer　锥形垫圈
taper web　锥心
taper wire　锥形线，锥度金属丝 (磨宝石轴承孔用)
taper workpiece　锥形工件
taper workpiece grinding　锥形工件磨削
tapered　(1) 锥形的，锥度的；(2) 削尖的，楔形的，渐缩的，斜的
tapered adapter sleeve　(轴承) 锥形紧定套，锥形接头套筒
tapered arbor bore　心轴锥孔
tapered bearing　圆锥空滚动轴承
tapered blade　变截面叶片
tapered bolt　锥形螺栓
tapered bore bearing　圆锥孔轴承
tapered bore series　圆锥孔系列
tapered bush(ing)　锥形轴衬，锥形衬套
tapered center　锥形顶尖
tapered charge　递减充电
tapered chord　不等弦，渐缩弦
tapered domain　锥削畴
tapered dowel　锥形销钉
tapered edge　斜切边缘
tapered file　尖细锉，斜面锉，尖锉
tapered gear　锥形齿轮
tapered gib　锥形镶条，斜扁栓
tapered grinding wheel　锥形砂轮
tapered grip　锥形柄
tapered hole　锥形孔，锥孔
tapered inlet　喇叭形进口
tapered jib　锥形镶条
tapered joint　锥形接头
tapered journal　锥形轴颈
tapered-land thrust bearing　斜面式推力轴承

1399

tapered loading 渐变加载

tapered n-best forward pruning 锥形 n 最佳正向修剪

tapered pile 锥形桩

tapered pin 圆锥销,锥形销

tapered plane 斜平面,斜面

tapered point 锐角尖

tapered potentiometer 递变电阻电位器

tapered ring 锥形套圈,锥形圈

tapered roller 圆锥滚子,锥形滚柱

tapered roller bearing 圆锥滚柱轴承,圆锥滚子轴承,锥形滚柱 轴承,滚锥轴承

tapered roller bearing J series J 系列圆锥滚子轴承

tapered roller bearing type 4 lop 加强型圆锥滚子轴承

tapered roller bearing type T T 型加强圆锥滚子轴承

tapered roller bearing type U U 型加强圆锥滚子轴承

tapered roller bearing with large contact angle 大锥角圆锥滚子轴承

tapered roller thrust bearing 推力圆锥滚子轴承

tapered roller with conical ends 锥头圆锥滚子

tapered roller with spherical ends 球头圆锥滚子

tapered rolling element 圆锥形滚动体,圆锥滚子

tapered root 锥形齿根,收缩齿根

tapered screw plug 锥形螺纹塞

tapered sleeve 锥形套筒

tapered slot 斜沟

tapered thickness gauge 锥形厚度规

tapered thimble 锥形套管

tapered thread 锥形螺纹

tapered tooth (锥齿轮)收缩齿

tapered tooth bevel gear 收缩齿伞齿轮

tapered waveguide 截面渐变波导管,递变截面波导管,锥形波导管

tapered wheel 锥形砂轮

taperer 锥形物

tapering (1)圆锥体的,圆锥形的,尖圆形的,(2)圆锥体,圆锥形,(3) 精细,精巧,(4)尖利,尖锐,(5)尖灭,变落

tapering gutter 宽度渐变的沟,端宽沟

tapering screw 挤压螺杆

taperingly 一头逐渐变细地,逐渐缩减地

taphole (1)放出孔,放出口,放液口,出铁口,出钢口,出渣口;(2)塞孔, 漏孔

taping 卷尺测量

1400

taplet 小分接头

Tapley meter 制动减速度仪

tappable 可轻敲打的

tapped (1)带内螺纹的,攻了丝的,套了丝的,有螺纹的;(2)带分接头的, 分接的,抽头的; (3) 分支的,分流的

tapped blind hole 螺纹盲孔,螺纹闷眼

tapped bore 螺纹孔

tapped circuit 带抽头电路

tapped coil 多[接]头线圈,抽头线圈

tapped coil oscillator 电感耦合三端振荡器,带抽头线圈的振荡器

tapped control 分接头控制

tapped hole 螺纹孔

tapped potentiometer 抽头电位计,抽头式分压器

tapped T-head 螺纹丁字头

tapped through hole 螺纹通孔

tapped-tuned circuit 抽头调谐电路

tapped-winding 多抽头绕圈,分组线圈

tapped winding 抽头绕组

tapper (1)攻丝机;(2)敲打工具,轻敲锤,敲具,(3)电报键;(4) 轻敲者

tapper guide 分配凸轮机构

tapper tap 机用螺纹攻,机用螺丝攻,机用丝锥,螺母丝锥,螺母丝攻

tappet (1)校气门螺杆,平板推袋,随动件,挺杆,推杆,阀杆;(2)(凸 轮)随动件,从动件,随行件;(3)(阀门)顶杆;(4)(捣矿机)捣杆

tappet assembly 挺杆总成

tappet clamping device 推杆夹紧装置

tappet clearance (1)挺杆间隙,挺杆余隙;(2)气门间隙

tappet drum 凸轮鼓,凸轮盘

tappet gear 机用螺纹攻,挺杆机构,挺杆装置

tappet guide 挺杆导套,挺杆导承

tappet-guiding groove 挺杆导槽

tappet motion 阀杆行程,挺杆行程

tappet plunger 阀门挺杆,推杆活柱

tappet rod 挺杆,提杆

tappet roller 挺杆滚轮

tappet screw 挺杆间隙调整螺钉

tappet shaft 挺杆轴,凸轮轴,桃轴,分配轴,踏盘轴

tappet sleeve 挺杆套

tappet spanner 阀挺杆[专用]扳手

tappet wrench 气门挺杆扳手,挺杆扳手

tappet switch 制动开关

tapping (1)攻螺纹,车螺纹,车丝,攻丝;(2)轻敲,轻打,轻迫;(3)分接, 抽头,分支;(4)雕刻的花纹,雕刻;(5)开孔,穿孔,钻孔,冲孔,打入; (6)导出液体,浇铸,放液,出渣,出钢,出铁,出渣;(7)缠绕绝缘带; (8)分压抽头,[电压]抽头,分路,分支,支路,支线

tapping attachment 攻内螺纹附件,攻丝附件,攻丝装置,攻丝夹头

tapping bar 出渣通条的手柄,通铁棒,火棍

tapping breast 放流口泥塞,放流口冷却套

tapping capacity 攻丝容量

tapping chuck 攻丝夹头,丝锥夹头

tapping drill (1)螺孔底钻;(2)螺纹底孔钻头,螺纹钻头

tapping drill press 攻丝钻床

tapping drilling machine 攻丝钻床

tapping guided by lead screw 靠模攻丝

tapping head 攻丝头

tapping hole 螺纹孔

tapping key 通断按键,簧片按键

tapping lathe 攻丝车床

tapping machine 攻丝机

tapping paste 攻丝[糊状]润滑剂

tapping ratio 抽头匝数比

tapping sample 放出样,出钢样,出铁样

tapping screw 自攻螺钉

tapping slag 放[出钢]渣

tapping sleeve 螺旋套

tapping temperature 出炉温度,出钢温度,出铁温度,出渣温度

tapping unit (1)多头攻丝机,组合攻丝机;(2)攻丝动力头

tappings 放出物

taproot (1)主根,直根;(2)重点,要点;(3)基本

tar (1)煤沥青,柏油,焦油;(2)用焦油浸渍,涂焦油

tar asphalt 焦油沥青

tar-building 形成焦油的

tar distillate 焦油馏出物

tar-dressing machine 浇柏油机

tar extractor 焦油提取器

tar oil 煤焦油

tar still 焦油蒸馏釜

Tarantula 冲击波加热[等离子体]实验

tare (=Tr.或 t) (1)包装重,皮重;(2)配衡体;(3)定皮重;(4)配衡;(5) 车身自重,容器重,空重,(6)包装箱,容器;(7)修正,校准,配衡

tare and tret 扣除皮重计算法

tare radius 配衡体半径

tare weight 皮重

tared 定皮重的,配衡的

tared flask 配衡烧瓶

target (=t) (1)任务,计划;(2)目标,目的[物],对象;(3)中间电极, 对阴极,对电极,屏极;(4)(铁路)圆板信号机,圆板信号标;(5)冲击板, 靶板,标板,靶子,靶机;(6)瞄准

target actuation 靶激发

target area (=TA) (1)目标区域,作业区域;(2)目标面积,靶面积, 靶区

target area designation (=TAD) 目标地域编号

target complex 目标体系,目标群

target computer 特定程序计算机,目标程序计算机

target cutoff voltage 靶截止电压

target data control unit (=TDCU) 目标数据控制装置

target data input computer (=tdic) 目标数据输入计算机

target date 预定日期,商定日期

target designation transmitter (=TDT) 目标指示发射机,目标指定发 射机

target-designator 目标指示器

target designator 目标指示器

target development laboratory (=TDL) 目标研究实验室

target-discrimination 目标识别

target Doppler nullifier (=TDN) 目标多谱勒效应消除器

target drone 靶机

target glass (摄像管)玻璃靶

target identification (=TI) 目标识别

target identification system electrooptical (=TISEO)　光电目标识别系统

target illuminating radar (=TIR)　目标照射雷达

target image　标线板像, 目标物像, 靶像

target indicating (=TI)　目标指示

target intercept computer (=TIC)　目标拦截计算机

target lamp　目标灯, 灯塔, 标灯

target language　{计} 目标语言, 被译成的语言

target metal　靶极金属

target position indicator (=TPI 或 tpi)　目标位置指示器, 目标位置显示器

target practice　射击练习, 打靶

target rod　觇板水准尺, 觇尺, 标杆

target seeker　自动寻的武器, 自动寻的导弹, 自动寻的装置, 自动寻的弹头

target selector switch (=TSS)　目标选择器开关

target ship　靶舰

target speed setter　目标转速给定器, 目标转数给定装置

target strength　期望的强度

target time (=TT)　(炮弹等) 飞行时间

target tracking　目标跟踪

target tracking radar (=TTR)　目标跟踪雷达

target trajectory preparation center (=TTPC)　射击弹道准备中心

target value　目标显示度

target vehicle experimental (=TVX)　试验靶机

targetable　可命中目标的, 可对准目标的

tariff　(1) 使用费, 资费表, 工资表, 资费; (2) 关税表, 关税率, 税率, 税则; (3) 价目单, 运费单, 价目表, 收费表, 价格

tariff schedule　收费率表, 税率表, 税则

tariff system　收费制

taring　(1) 配衡; (2) 定皮重, 称皮重

tarnish　(1) 失去光泽; (2) [使] 生锈, 氧化膜, 锈蚀, 玷污; (3) [表面] 变色; (4) 去光泽; (5) 管子接头材料

tarnish film　氧化膜, 锈膜

tarnish proofness　防锈性

tarnish-resistance　光泽性的

tarnishing　失泽

tarnishing action　失泽作用

tarp　(1) 焦油帆布, 舱盖布, 帆布, 油布; (2) 防水衣

tarred　涂焦油的

tarred felt　油毛毡

tarring　焦油化

tarry dwell　无进给磨削, 无火花磨削

tarry valve　调时阀, 定时阀

taseometer　应力计

tasimeter　[用电器装置计算温度湿度变化的] 微压机, 测温湿度的电微压计, 长度计

task　(1) 工作, 任务; (2) 派给工作; (3) 工作程序; (4) 工作条件

task change proposal (=TCP)　任务更改计划

task completion date (=TCD)　任务完成日期

task control block (=TCB)　任务控制部件, 任务控制块

task description (=TD)　任务说明书

task dispatcher　任务调度程序

task equipment　专用设备

task force (=TF)　(1) 机动部队, 特遣部队, 特混部队; (2) 特别工作组

task queue　任务排队 [机]

task, schedule, and status control plan (=TS&SCP)　任务, 进度和情况控制计划

task supervisor　任务管理程序

task suspension　任务暂停

task time　工时定额

taskmaster　工头, 监工

taskwork　(1) 派定的工作; (2) 计件工作, 包干工作

tassel　悬臂, 支架

tattelite　霓虹分流器 (防止电磁铁线圈被击穿), 氖分流器

tau-effect　时空效应

Taube　鸽形单翼机

taut　张紧的, 拉紧的, 弹性的, 整洁的

taut-band ammeter　紧带安培计

taut line cableway　紧索道

tautline cableway　紧索缆道

tautness　(1) 拉紧, 拉紧性, 张紧度; (2) 坚固度, 紧固度

tautness meter　紧度计, 拉力计, 伸长计

tauto-zonal　同晶带的

tax　(1) 税款, 税金; (2) 负担, 压力, 重负; (3) 征税; (4) 使负担, 使受压力

tax-exempt　免税的

tax-free　免税的

tax free　已付税

tax surcharge　附加税

tax year　财政年度

taxable　可征税的, 应纳税的, 有税的

taxation　(1) 征税, 抽税, 租税; (2) 税收, 税款; (3) 估计征税

taxi　出租汽车, 营业轿车, 出租飞机, 出租艇

taxi flying　滑走飞行

taxi pattern　飞机滑行路线图

taxi-phone　硬币式公用电话

taxi stand　出租汽车停车处

taxi strip　滑行跑道

taxicab　出租汽车

taximeter　计费计, 车费计, 计价表, 里程表, 计程器

taxing operation　滑行操作

taxiway light　诱导路灯

taxology　分类学

taxometrics　数学分类学

taxon　分类单元, 分类群

taxonomic　分类 [学] 的

taxonomy　分类学

Taylor method　泰勒拉丝法

Taylor series　泰勒级数

Taylor series expansion　泰勒级数展开

Taylor White process　泰勒怀特特殊热处理法

Taylor worst case (=TWC)　泰勒最坏情况

Taylor's formula　泰勒公式

Te-Bo gauge　球面型双限赛规

tea cropper　茶叶收获机

tea lead　茶叶罐铅皮 (锡 2%, 其余铅)

tea-sifter　筛茶机

teaching and playback robot　示教再现型机器人

teaching machine　教学机

team　队, 组

team design　成套设计

teamwork key　(话务员) 班组协作键

teapot ladle　{铸} 茶壶式浇包

tear　(1) 撕裂, 拉裂; (2) 磨损

tear-and-wear　磨损, 磨耗, 消耗

tear and wear　磨损, 磨耗, 消耗

tear-and-wear allowance　极限磨损量, 容许磨耗, 磨损容差

tear mark　撕裂痕, 拉裂痕, 磨损痕

tear plate　扁豆形花纹钢板

tear-proof　抗扯裂的, 耐磨的

tear resistance　抗撕裂强度, 抗拉裂强度, 抗扯强度, 抗扯性, 抗扯力, 耐磨力

tear ridge　撕裂棱, 拉裂棱

tear shell　催泪弹

tear strength　抗扯强度

tear strip　罐头开口条

tear tape　(包装) 撕条, 拉带

tear test　扯裂试验

tear tester　扯裂试验机

teardown　拆卸

teardown stand　拆卸台

tearing　(1) 撕裂; (2) 磨损; (3) 图像撕裂

tearing-away　(1) 拆毁; (2) 磨损

tearing foil　防爆膜

tearing force

tearing limit　抗撕裂极限, 抗拉裂极限

tearing strain　扯裂应变

tearing strength　抗扯裂强度, 抗拉裂强度, 扯裂强度

tearing test　撕裂试验, 拉裂试验

tearout　撕断力

tearproof　抗撕裂的, 耐磨的, 耐扯的

teasel (=teazle)　(1) 起毛机; (2) 使布起毛

teaser　(1) 梳棉机, 梳毛机; (2) 起绒机; (3) 变压器

Teaser　受激辐射可调电子放大器

Teaser transformer　梯塞式变压器, 副变压器

teat　(1) 轴颈, 枢轴, 接头; (2) 凸出部分, 粗大部分, 凸部, 凸缘

technetides　锝系元素

technetium　{化}锝 Tc (音得, 第 43 号元素)

technetron　场效应高能晶体管, 场调管

technetronic　以使用电子技术来解决各种问题为特征的, 电子技术化的

technic　(1) 技巧, 技艺; (2) 工艺学; (3) 工艺的; (4) 术语, 专门术语, 专门名词

technical　(1) 技术的, 工艺的; (2) 学术的, 专业的, 专门的; (3) 工业生产的

technical acceptance date (=TAD)　技术验收日期

technical acceptance team (=TAT)　技术验收组

technical action request (=TAR)　技术措施申请, 技术动作要求

technical analysis　技术分析

technical appraisement　技术鉴定

technical approval team (=TAT)　技术审定组

technical area planning (=TAP)　技术区域规划

technical assistance (=TA)　技术援助

technical assistance administration (=TAA)　技术援助局

technical assistance and technical consulting agreement　技术援助和技术咨询协议

technical assistance committee (=TAC)　技术援助委员会

technical assistance group (=TAG)　技术援助组

technical assistance program (=TAP)　技术援助规划, 技术援助计划

technical bulletin (=TB)　技术通报, 技术公报

technical bureau　技术局

technical certificate　技术证明书

technical change proposal (=TCP)　技术更改计划

technical characteristic　技术性能

technical chemistry　工业化学

technical circular (=TC)　技术通报

technical code　技术规范

technical coefficient　技术系数

technical committee (=TC)　技术委员会

technical compilation　技术汇编

technical condition　技术条件

technical control board　技术控制台

technical control desk　技术控制台

technical cost proposal (=TCP)　技术费用计划

technical damage　机械损伤

technical data　技术数据

technical data center (=TDC)　技术资料中心

technical demonstration (=TD)　技术示范

technical design　技术设计

1402

technical development and evaluation center　技术发展与鉴定中心

technical development center　技术发展中心

technical development plan (=TDP)　技术发展计划, 技术发展规划

technical directive (=TD)　技术指令

technical director (=TD)　技术指导

technical engineers association　技术工程师协会

technical facility change procedure (=TFCP)　技术设施更改手续

technical information　技术资料, 技术情报

technical information bulletin (=TIB)　技术情报简报

technical information bureau　技术情报局

technical information center (=TIC)　技术情报中心

technical information division (=TID)　技术情报司, 技术情报部

technical information file (=TIF)　技术情报资料, 技术情报档案

technical information service (=TIS)　技术情报服务处

technical inspection　技术检验

technical institute　(1) 工业专门学校; (2) 技术研究院, 工艺学院

technical instruction review board (=TIRB)　技术规程审议委员会

technical interchange (=TI)　技术交换, 技术交流

technical know-how　技术知识

technical load　技术负载

technical maintenance　技术维修

technical manual (=TM)　技术手册, 技术指南

technical matters　技术问题, 技术工艺

technical memorandum (=TM)　技术备忘录

technical norms　技术规范, 技术规格, 技术标准

technical note (=TN)　技术备忘录, 技术说明

technical operation inspection log (=TOIL)　技术操作检查记录

technical order (=TO)　技术命令, 技术说明, 技术指示, 技术守则, 技术规程

technical order compliance (=TOC)　技术指令的遵守, 技术命令依从

technical order inspection log (=TOIL)　技术指令检查记录

technical order notification and completion system (=TONAC)　技术指令通知和执行系统

technical parameter　技术参数

technical production bureau　技术生产局

technical program planning document (=TPPD)　技术程序计划文件

technical-pure　工业纯的

technical quality evaluation (=tqe)　技术质量鉴定

technical regulation　技术规程, 技术规范

technical regulations　技术规范, 技术标准, 技术条件

technical report (=TR)　技术报告

technical report instruction (=TRI)　技术报告说明书

technical requirement　技术要求

technical school　技术专科学校

technical science　技术科学

technical service　技术服务

technical service unit　技术服务处

technical society　技术协会

technical specification　(1) 技术规范; (2) 技术说明书

technical specification control drawing　技术控制图纸

technical staff　技术人员

technical standard　技术标准

technical standard order (=TSO)　技术标准规程

technical standard orders　技术标准说明

technical terminology　技术术语

technical terms　技术术语, 技术名词, 工程术语, 术语

technical visa　技术签证

technical word　术语

technicality　(1) 技术性, 学术性质, 专门性质; (2) 技术细节, 学术性事项, 专门事项; (3) 专门名词, 专用语, 术语

technicalization　技术化, 专门化

technically　学术上, 技术上, 专门地

technicals　(1) 技术术语; (2) [技术] 零件; (3) 技术细则

technician　技术专家, 技术员, 技师

technician memorandum (=TM)　技术人员备忘录

technicist　技师, 技术人员

technicology　(1) 工艺学; (2) 术语学; (3) 技术, 工艺

technicolor　(1) 彩色电影, 彩色电视; (2) 综艺彩色, 技术彩色

technics　技术, 工程 [学], 工程学

technique　(1) 技术, 工程; (2) 技巧, 方法; (3) 工艺方法, 工艺技能; (4) 技术装备, 技术设备

technique of display　(1) 重现技术 (图像的), 像的再现技术; (2) 光栅构成法

technique of production　生产技术, 生产工艺

Technitron　一种高频三级管 (商品名)

techno-economic　技术经济的

technocracy　专家管理, 技术统治

technocrat　科技人员出身的行政官员

technological　工艺学上的, 工艺学的, 技术的

technological chain　工艺过程

technological coefficient　技术系数

technological innovation　技术革新

technological process　工艺过程, 工艺规程, 制造过程

technological procedure　工艺规程

technological test　工艺试验

technologically　就科学技术观点而论, 从技术上说, 从工艺上说, 工艺上, 技术上

technologist　工艺师, 工艺学家, 技术专家, 工程技术干部

technologize　使技术化

technology　(1) 工艺学; (2) 术语学; (3) 技术应用科学, 制造学; (4) 技术, 工艺; (5) 专门用语

technology assessment　技术评定

technology of metals　金属工艺学

technostructure　技术专家控制体制, 专家阶层, 技术阶层

technotron　结型场效应管的早期名称

Teclu burner　双层转筒燃烧器

tecnetron　电控管

tectomorphic　溶蚀变形

tee (=T)　(1) 三通; (2) 丁字管接, 丁字接头; (3) T 型, T 型物, 丁字型; (4) 三线开关

tee-bar　丁字钢

tee-beam　(1) 丁字梁, T 型梁; (2) T 形射束, T 形波束

tee-bend (=TB)　丁字接头, T 型接头, 三通

tee-branch　T 形管, 三通

tee-drive unit　三轮传动器

tee-fitting　T 形管, 三通

tee-iron　丁字钢, T 形梁

tee-joint　T 形接头

tee joint　(1) 丁字型接头，T 型接头，三通；(2) T 形接合；(3) T 形焊接

tee-junction　(1) T 形接头，三通；(2) T 形连接，T 形交叉

tee-off　自线路分出分路，分叉

tee-piece　T 形接头，三通管

tee piece　丁字接头，三通管

tee-pipe　T 形管，三通管

tee pipe　T 形管，三通管

tee-profile　T 形型钢，丁字钢

tee sheet　丁字钢，T 形钢

tee slot　T 形槽，丁字形槽

tee steel　丁字钢

tee tube　三通管，三岔管，T 形管

teem　(1) 浇铸，顶浇，补浇，铸造，倾注；(2) 点冒口；(3) 倒出，倒空

teemer　浇铸工

teeming　(1) 浇铸钢锭；(2) 铸造；(3) 铸造物，铸件；(4) 补浇冒口，点冒口

teeming furnace　铸造 [电] 炉

teeming ladle　盛钢桶

teeming speed　铸速

tees　丁字钢，T 形钢

tees powder　梯司炸药

teeter　横向摆动

teeter-totter　仿颠簸汽车测试台

teeth (=T) (tooth 的复数)　(1) 齿；(2) 刻纹，切痕

teeth accuracy　轮齿精度

teeth mismatch　护齿失配

teeth per inch (=TPI)　每英寸齿数

teeth spacing　齿距

teeth's jamming　轮齿咬合，轮齿卡住

teevee　无线电传真，电视

Teflon　聚四氟乙烯 [绝缘] 材料，聚四氟乙烯塑料，特富隆

Tego　(1) 铅基轴承合金 (锑 15-18%，锡 1-3%，铜 1-2%，铅 78-83%)；(2) 酚醛树脂

Tego film　酚醛树脂薄片胶

Teklan　特克兰 (改进的聚丙稀合成纤维商名)

tel (=telephone)　电话

tel-　(词头) 远 [距离]，遥 [控]，电报，电视，电信，传真

telautogram　传真电报

telautograph　传真电报机

telautography　传真电报学

telautomatics　(1) 遥控自动技术，远距离控制；(2) 遥控力学，遥控机械学

Telcoseal　泰尔科铁镍合金 (54% Fe，29% Ni，17% Co)

Telcuman　泰尔铜镍锰合金 (用于精密电器仪表，85% Cu，12% Mn，3% Ni)

tele　电视

tele-　(词头) 远 [距离]，遥 [控]，电报，电视，电信，传真

tele-action　遥控作用

tele-autograph　传真电报机

tele-gauge　遥控仪表

tele-irradiation　远距离辐照

teleadjustiment　远距离调整

teleammeter　遥测电流计，遥控安培计

telearchics　无线电操纵飞机术，无线电飞机操纵法

telearchie　遥控高射炮

teleautomatics　(1) 遥控自动学，遥控自动技术，距离控制；(2) 遥控机械力学，遥控力学；(3) 自动遥控装置

telebar　棒料自动送进装置

telebarometer　远距离气压计

telebinocular　遥测双目镜，矫视三棱镜

telebit　二进制遥测系统

telecamera　电视摄像机，电视摄像机

telecar　收发报汽车，遥控车

telecast　(1) 电视传输，电视播送，电视广播；(2) 电视节目

telecasting　(1) 电视广播，电视发送，电视传输；(2) 用电视广播，作电视广播

telecentric　焦阑的，远心的

telecentric iris　焦阑

telecentric stop　远心 [光] 阑，焦阑

telecentric system　远心光路系统，焦阑系

teleceptor　距离感受器

telechirics　遥控系统

telechrome　电视布景涂料

telechron　电视钟

telecine　电视电影传送装置

telecine camera　电视电影摄像机

telecine channel　电视电影传递

telecine equipment　电视电影设备，电视电影装置

telecine projector　电视电影机

telecine studio　电视电影演播室

telecine transmission　电视电影传送

telecine unit　电视电影装置

telecinematography　电视电影术，电视传送电影术

teleclinometer　(遥测) 井斜仪

telecom　电信

telecommand equipment　遥控设备

telecommunication　(1) 电信远距离通信，远程通信，长途通信；(2) 电信学

telecommunication cable　通信电缆

telecommunication environment　电信环境

telecommunication network　远程通信网络

telecommunication research establishment (=TRE)　电信研究所

telecompass　遥控罗盘，远距罗盘，远示罗经

telecon　(1) (用电传机的) 电报会议；(2) 硅靶视像管

teleconference　远距离通讯会议，电话会议

teleconnexion　远距离联系

Teleconst　铜镍合金 (铜 30%，镍 70%)

telecontrol　远距离控制，远距离操纵，遥控

telecontrolled　(1) 遥控的；(2) 远距离控制的

telecontroled substation　遥控变电 [分] 站

telecopier　电传复写机

telecord　(1) 电话机上附加的记录器，电话录音装置；(2) 心动周期 X 线照相自动操纵装置

telecoupler　共用天线耦合器

telecruiser　流动电视台

Telectal alloy　泰雷铝硅合金 (硅 13%，其余铝)

telectrograph　传真电报机

telectroscope　电传照相机

teledate　远程数字机

teledeltos　电记录纸

teledepth　气压测深仪

telediagnosis　电视诊断，电测诊断

telediffusion　无线电广播

Telediphone　录放话机

teledium　碲铅迪穆 (碲铅合金，含 0.1% Te)

telefacsimile　电话传真

telefault　电路故障位置检测线圈，故障检测电感线圈

telefax　光波传讯法，光传真

telefilm　电视 [影] 片

teleflex　软套管，转套

telefocus　远距聚焦

telefork　叉式起重拖车

telega　俄国式无簧四轮货车

telegage　遥测机

telegauge　(1) 远距离控制仪表，远距离测量仪表，遥测计，测远计，测远仪，测距仪，遥测仪；(2) 可伸缩式内卡钳，望远镜筒式内卡钳

telegenic　适合拍电视的

telegon　无接点交流自整角机，自动同步机，协调器，同步器

telegoniometer　遥 [远] 测角计，无线电测向仪，方向计

telegram (=tg)　(1) 电报，电信；(2) 用电报发送，打电报

telegram in cipher　密码电报

telegram in plain language　明码电报

telegram to be delivered at once　即送电报

telegram to follow　随后电告

telegram with notice of delivery by telegraph　电报通知交货

telegram with reply prepaid　复电费已付的电报

telegraph (=tg)　(1) 电报术，电报学，电报，电信；(2) 船上的通信设备，远距离通信机，电报机，电信机，信号机，通信机；(3) 传令钟；(4) 电报发送，打电报，电汇

telegraph a message to　打电报给……

telegraph alphabet　电报符号 [对照] 表

telegraph block　用作航海旗帜信号的滑车组

telegraph-cable　电报电缆

telegraph cable　电报电缆

telegraph clock　电钟

telegraph-code　电码

telegraph code　电板码，电码

telegraph communication　电报通信
telegraph distortion　电报失真
telegraph distortion analyzer　电报信号失真分析器
telegraph distortion measuring set　电报信号失真测量器
telegraph distortion machine　电报分配机
telegraph distortion measuring set (=TDMS)　电报失真测试仪
telegraph equation　电报方程
telegraph exchange　(1) 电报交换机；(2) 用户电报
telegraph line　电报线路
telegraph-modulated wave　(等幅) 电报波, 键调波
telegraph modulated wave　键调波
telegraph office (=TO)　电报局
telegraph operator　电报员, 报务员
telegraph pole　电线柱, 电杆
telegraph printer　印字电报机
telegraph receiver　收报机
telegraph relay　电报继电器
telegraph register　电报收报机
telegraph-repeater　电报转发器, 电报中继器
telegraph repeater (=TR)　电报转发器, 电报中继器, 电报帮电机
telegraph signal distortion　电报信号失真
telegraph sounder　电报发声器
telegraph speed　发报速度, 发信速度
telegraph stamp　电报费收讫章
telegraph-switchboard　电报匙板
telegraph translator　电报译码器
telegraph transmitter　电报发送机, 发报机
telegrapher　报务员
telegraphese　电报文体的
telegraphic　(1) 电报机的, 电报的, 电信的；(2) 电报文体的
telegraphic address (=T.A.)　(1) 电报地址；(2) 电报挂号
telegraphic code inverter　电报电码变换器
telegraphic distortion　电报失真
telegraphic money order　电汇
telegraphic transfer (T/T)　电汇
telegraphic type setting　电报式遥控排条
telegraphist　报务员, 电信兵
telegraphone　留声电话机, 录音电话机
telegraphoscope　电传照相机, 图像电传机
telegraphy　(1) 发电报, 通报, 电报；(2) 电报学, 电报术, 电报法；(3) 电报机装置
teleguide　遥导
teleindicator　远距离指示器, 遥远指示器
telekinesis　遥动
telelectroscope　(1) 电传照相；(2) 电传照相机
telelecture　(1) 电话扬声器；(2) 电话教学, 电话讲课
telelens　远距离照相镜
telemanometer　遥测压力表
telemeasurement　远距离测量, 遥测
telemechianic system　遥控机械装置
telemechanics　遥控机械学, 遥控力学, 远动学
telemechanism　遥控机构, 远距离机械化
telemechanization　远距离机械化
telemetal system　金属液输送系统
telemeteorograph　遥测气象计, 远距气象计
telemeteorography　远距气象测定学, 遥测气象仪器学
telemeteorometry　遥测气象仪制造学, 远距气象测定学
telemeter (=TLM)　(1) 遥测发射器, 遥测装置, 光学测距仪, 遥测计, 遥测仪, 测距仪, 测远仪, 测远计；(2) 用遥测发射器传送, 远距离测量, 遥测
telemetered data (=TMD)　遥测数据
telemetering (=T)　沿无线电遥测线路传送信息, 远距离测量, 遥测术, 遥测
telemetering control assembly (=TCA)　遥测控制装置
telemetering counter　遥测计数器
telemetering device　遥测设备
telemetering equipment unit (=TEU)　遥测装置
telemetering evaluation station (=TES)　遥测结果计算站
telemetering gear　无线电遥测装置
telemetering receiver　遥测接收机
telemetering transmitter　遥测发射机
telemetric　远距离测量的, 遥测的
telemetry (=TLM)　(1) 远距离测量术, 遥测技术, 测远术；(2) 无线电遥测装置；(3) 遥测数据

telemetry and command system (=TCS)　遥测指挥系统
telemetry automatic reduction equipment (=TARE)　遥测数据自动处理设备, 遥测自动换算装置
telemetry control panel (=TLM CTL PNL)　遥测控制板
telemetry ground station (=TGS)　地面遥测站
telemetry information　遥测信息
telemetry system application requirement (=tsar)　遥测系统使用要求
telemicroscope　遥测显微镜, 遥测显微器, 望远显微镜
telemometer　遥测式直读荷重计, 遥测计
telemonitor　遥控
telemotion　无线电操纵
telemotor　(1) 遥控发动机, 遥测电动机, 遥控电动机, 遥控马达；(2) 动力遥控装置, 遥控传动装置 (3) 舵机液压遥控传动装置, 油压操舵机, 油压操舵器
telenewspaper　传真报纸
teleobjective　(1) 远距照相物镜, 望远物镜；(2) 遥测对象
teleoperator　远距离操纵器, 遥控操作器, 遥控机器人, 遥控机械
teleoroentgenogram　远距离伦琴射线照相, 远距离 X 射线照相, 远距 X 射线摄影
teleoroentgenograph　远距 X 射线摄影机
teleoroentgenography　远距离伦琴射线照相术
teleoseal　铁镍钴合金
telepantoscope　一种与摄像管类似的单方向扫描的器件, 机械帧扫描摄像管
telepaper　电视传真报纸, 电视传真文件
teleparallelism　绝对平行度
telephone (=t)　(1) 电话；(2) 电话耳机, 电话听筒, 电话机, 受话器；(3) 打电话
telephone area　电话用户区
telephone book　电话号码簿, 电话簿
telephone booth　电话亭, 电话间
telephone box　公用电话间, 电话室
telephone carrier current　电话载波电流, 载波电话电流
telephone directory　电话号码簿, 电话簿
telephone engineering　电话工程 [学
telephone exchange　(1) 电话交换机, 电话交换台；(2) 电话局
telephone headset　头戴送受话器
telephone interference factor (=TIF)　电话干扰因数
telephone line　电话线
telephone plant　电话设备
telephone number　电话号码
telephone rate　电话费
telephone receiver　电话听筒, 电话耳机, 收话器, 听筒
telephone relay　电话继电器
telephone repeater (=TR)　电话增音机, 电话中继器
telephone repeater station　电话中继站
telephone ringer　电话铃
telephone set　电话装置, 电话机
telephone station　电话局
telephone subscriber　电话用户
telephone switching system　电话交换机
telephone telegram　电话电报
telephone-telegraph switch　电话电报转换开关
telephone toll call (=TTC)　长途电话呼叫
telephone transmitter　电话送话机, 话筒
telephoner　打电话者
telephonic　用电话传送的, 电话 [机] 的
telephoning　电话学
telephonist　电话接线员, 话务员
telephonograph　电话录音机
telephonometer　通话计时器
telephonometry　电话测量术, 通话时计
telephony　(1) 电话学, 电话术；(2) 通话
telephote　(1) 传真发送机, 传真电报机；(2) 一种早期电视机
telephoto (=tpo)　(1) 传真电报 [机] 的；(2) 电传送画面, 传真电报；(3) 望远照相术, 远距照相；(4) 远距照相镜头, 摄远镜头
telephoto camera　远距照相机
telephoto lens　远距照相镜头, 远摄镜头, 摄远透镜
telephotograph　(1) 传真照相, 传真电报, 电传照相, 传真照片；(2) 用传真电报发送, 远 [距离] 摄 [影]
telephotography　(1) 传真电报学, 传真电报术；(2) 电传照相术, 远距照相术, 传真摄影术
telephotolens　远距离照相镜头, 远摄物镜, 望远镜头
telephotometer　远距光度计, 遥测光度计, 遥测光度表

1404

telephotometry 光度遥测术,光度遥测法
teleplay 电视广播剧
teleplayer 盒式电视片重放设备
teleplotter 电传绘迹器
teleportation 远距传物(由物质转变为能再转变为物质)
teleprint 电传
teleprinter (=TPR) 电传打字电报机,传真印字电报机,传真电报机,电传打字机,电传打印机
teleprinter automatic switching (=TAS) 电传打印机自动转接,印字电报机自动换接
teleprinter exchange 电传打字电报交换机
teleprinting 电传打字电报
teleprocessing 远程信息处理,远距程序控制,遥控加工,遥远处理
teleprocessing system 远程信息处理系统,远距数据处理系统,信息处理系统,电传处理系统
teleprompter 演讲提示器
telepsychrometer (1)远距湿度计;(2)遥测干湿表
telepunch (1)遥控穿孔;(2)遥控穿孔机
telepuppet 遥控机器人
telepyrometer 定时高温计
telequipment 遥控装置
teleradiography 远距 X 射线照相术
teleradium 远距镭照射
TELERAN 或 teleran (=television radar air navigation) (1)电视雷达导航仪,特里兰,近航仪;(2)近电视雷达导航系统
telerecord 电视录像,电视摄制,遥测记录
telerecorder 遥测自动记录仪,自记式遥测仪
telerecording 电视节目记录,电视录像
teleroentgenogram 远距离 X 射线照片
teleroentgenograph 远距离 X 射线摄影机
telerun 遥控
telesat (=telecommunications satellite) (1)通信卫星;(2)(加)国内通讯卫星
telescan 文字电视
telescope (1)望远镜,瞄导镜;(2)望远镜系统;(3)光学仪器;(4)望远装置;(5)套筒式,伸缩式
telescope direct 正镜
telescope-feed 套筒式
telescope jack 套筒螺旋千斤顶,闭式千斤顶
telescope joint 可伸缩的套筒连接,伸缩套接合,套筒接合,套筒接合
telescope mast 可伸缩套管天线
telescope reverse 倒镜
telescope sight 望远镜式瞄准器
telescope tube (1)伸缩套管;(2)望远镜筒
telescoped joint 套管接头
telescopic (=telescopical) (1)可伸缩的,可抽出的,可拉出的;(2)套筒的,套管的,伸缩的;(3)望远镜的;(4)远视的
telescopic aerial 可伸缩天线,套筒式天线
telescopic conveyor 伸缩式传送带
telescopic cover 伸缩罩
telescopic damper 伸缩式减振器
telescopic jib crane 伸缩式臂架起重机
telescopic joint 套筒接合
telescopic leg 伸缩腿架,可伸缩柱
telescopic loader 伸缩臂式装载机
telescopic mast 套管杆
telescopic mount 套管式装配
telescopic photometer 天文光度计
telescopic pipe 伸缩管
telescopic screw 套筒螺杆
telescopic shaft 伸缩轴,套管轴
telescopic shock absorber 伸缩式减震器,筒式减震器
telescopic sight (=T/S) 望远镜式瞄准具
telescopic system 远焦装置,望远装置
telescopic tube 伸缩套管
telescopic type absorber 伸缩式减震器,筒式减震器
telescopic word 合成词
telescopically 可伸缩地,套叠地
telescopically adjustable 套管调准的
telescopicity (望远镜形)锥形度
telescopiform 望远镜形的,套叠式的,可伸缩的
telescoping 进行望远镜观测
telescoping ga(u)ge 望远镜筒式内径规,伸缩式内径规,可伸缩内径规
telescoping jack 双重螺旋起重机

telescoping screw 套管螺旋
telescoping steering column 伸缩式转向柱
telescopy (1)望远镜学;(2)望远镜制造学
telescreen 电视屏幕,荧光屏
telescriber 电话录音机
telescriptor 自动收发电报机
teleseism 遥震
teleseme 信号机
teleset (1)电视接收机;(2)电话机
teleset line 电视接收机线路,电话机线路
telesetting 远距离调整
telesignalisation (=telesignalization) (1)远距离信号,遥测信号;(2)遥测信号设备
telesmoke [观测]烟气[浓度]望远镜
telespectroscope 远距分光镜
telestar 电视通信卫星,电视卫星,电星
telestereoscope 立体望远镜,双眼望远镜,体视望远镜,主体望远镜
telestimulator 遥控刺激器
telestudio [电视]演播室
teleswitch 遥控开关,遥控键
telesynd 远程同步遥控装置,远程同步控制装置,遥控同步装置,遥测设备
teletachometer 远距测速计,遥测转速计,遥测转速表
teletactor 触觉助听器
teletalking 有声电影
teletape 电报凿孔纸带
teletext 用户电视电报
telethermograph 遥测温度计
telethermometer 遥测温度计,远距温度计
telethermoscope 遥测温度计
Teletop 泰勒托普地形测距仪
teletorium(=telestudio) 电视播映室
teletorque 交流自整角机(商名)
teletranscription 显像管录像,传真录像
teletranscription monitor 传真监察器
teletransmission 远程传送,遥测传送
teletron (电子)电视射线管,电视接收管,电视显像管,显象管
teletube(=television tube) 电视显象管
teletype (=TT) (1)电传打字电报机,电传打字机,电传机;(2)电传打字电报系;(3)用电传打字电报机发送,电传打字电报
teletype control 远距离控制
teletype system 电传打字电版制
teletyper 电传打字电报员
teletypesetter 电传排字机,遥控排字机,电传铸字机,电传排版
teletypesetting 电传自动排字,电传铸字排字
teletypewriter (=TT) 电传打字电报机,电传打字机
teletypewriter exchange (=TWX) 电传打字电报局
teletypewriter exchanger (=TWX) 电传打字电报交换机
teletypewriter station (=ttst) (1)电传打字电报机电报局,电传打字电报站;(2)电传打字电报机用户
teletypist 电传打字电报员
teleview 电视节目传真,(用电视机)收看
teleciewer (1)电视观众;(2)井下电视
televise 电视播送,电视转播,转播电视
televised documentary 电视纪录片
televised speech 电视讲话,电视讲演
television (=TV) (1)电视接收机,电视机;(2)电视学,电视术
television and communication 电视通信
television and inertial guidance (=TVIG) 电视与惯性制导
television broadcast 电视广播
television broadcasting station 电视广播台
television by electronic method 电子法电视
television by mechanical method 机械法电视
television cabinet 电视接收机箱
television camera 电视摄像机
television camera tube 摄像管
television car 活动电视台
television control 电视控制
television control center (=TCC) 电视控制中心
television-directed [用]电视遥控的
television disc 电视唱片
television display 电视显示
television drama 电视广播剧
television engineering 电视工程

television guidance 电视制导
television-guided 电视制导的
television image 电视图像
television infrared observation satellite (=TIOS) 电视红外线观测卫星
television insertion test line generator 电视插入行发生器
television interference (=TVI) 电视信号干扰
television international program change relay 电视国际转播，电视国际中继
television kinescope 电视显像管
television lamp 电视光源灯
television master control 电视中心控制
television microwave link 电视微波设备
television operating center (=TOC) 电视操作中心，电视中心
television oscilloscope 电视示波器
television pickup tube 摄像管
television picture tube 电视显像管
television program 电视节目
television projection 电视放映
television projector 电视放映机
television radar display 电视雷达显示
television radar navigation 电视雷达导航
television receiving antenna 电视接收天线
television reception 电视接收
television reordering (=TVR) 电视录像
television relay car 电视中继车
television relay system 电视中继系统，电视转播系统
television relaying 电视转播
television repeater 电视转播机
television reporting van 流动电视车
television scanning amplifier 电视扫描放大器
television set 电视接收机，电视机
television sideband analyzer 电视边带波分析
television-sound transmitter 电视伴音发射机
television station 电视台
television studio 电视演播室
television tape 电视磁带
television-telephone system 传真电话制
television telescope 电视望远镜
television terminal equipment 电视终端设备
television terminal guidance 电视末端制导
television test pattern generator 电视试验信号发生器
television theater 电视剧院
television tower 电视塔
television tracking 电视跟踪
television traffic control system 电视交通管制系统
television transmission 电视传输
television transmission network 电视传输网
television transmitter 电视发射机
television transmitting 电视发射
television transposer 电视差转机
televisor (1)电视接收机，电视发射机；(2)电视接收机使用者，电视广播员
televoltmeter 遥测电压表，遥测伏特计
televox 声控机器人，声控装置，机械人
telewattmeter 遥测瓦特计
telewriter 电传打印机，电传打字机，传真电报机
telex (1)声频电传打字机，专线电报机；(2)用户电报；(3)电报用户直通电路；(4)用户自动电传打字电报，用户直通电报
telex circuit 用户电报回路
telex service 拨号制用户电报业务
telfer 缆式吊车
telg (=telegram) 电报
telher 用绳索系牢
tell (1)讲述，告诉，泄密，泄露，说；(2)命令，吩，嘱，教；(3)区别，辨别，识别，分辨，看出，知道，决定，断定，担保；(4)发生影响，命中，击中，奏效，生效；(5)计算，数
tell about 叙述，讲述
tell apart 识别，辨别，看出
tell off 报数，分列，分遣，分派，申斥，责备
tell on 对……有效，影响到
tell-table (1)信号装置；(2)计数器，寄存器；(3)表示机，登记机；(4)驾驶动作分析仪，航位表示器
tell-tale (1)信号装置；(2)驾驶动作分析仪

tell upon 对……有效，影响到
tellable 可告诉的
Telledium 碲铅合金 (碲< 0.1%，其余铅)
teller (1)计，表；(2)检票员；(3)播音员；(4)出纳员，计算者；(5)防空情报报告员
teller terminal 出纳员端机
tellevel 液面高度计，液面计
tellite (1)指示灯；(2)印刷电路基板
Telloy 细碲粉末 (商品名)
telltale (1)警告悬条标志，监督信号装置，信号装置，示警装置，警报器，指示器，信号管，传信管；(2)计算器，计数器，寄存器；(3)表示器，计数器，寄存器；(4)驾驶动作分析仪，航位表示器，定位标记；(5)记录装置，表示机，登记机；(6)液面指示器，溢流管；(7)起警告作用的，警告性的，监督的，信号的；(8)示警，监督
telltale board 控制信号盘，操作信号盘
telltale device 信号装置，指示装置，登记装置，仪表
telltale hole 警报机
telltale pipe (溢水) 显示管
telltale signal 警告信号，警号
telltale title 说明字幕
tellurate (1)碲酸盐；(2)碲酸酯
telluric current 大地电流，地电
telluride 碲化物
tellurium {化}碲 Te (第 52 号元素)
tellurium-caesium photocathode 碲 - 铯光电阴极
tellurometer (1)用调制连续波的测距仪，无线电测距仪，导线测距仪，雷达测距仪，电波测距仪，脉冲测距仪，微波测距仪；(2)精密测地仪
telo- (词头) 末，终，端
telogen 调聚体
telomerization 调 [节] 聚 [合] 反应
telop (=television opaque projector) 反射式电视放映机
telotype (1)电传打字电报机，印字电报机；(2)电传打字电报
telpak 租用宽频带通路
telpher (1)电动单轨吊车，电动小吊车，电缆输送机，电动缆车，电葫芦，缆车；(2)架空线路；(3)电动缆车的，电动索道的，架空索道的，高架索道的，缆车的，天车的；(4)用电动缆车运输
telpher conveyer 缆索式输送机，吊式输送机，缆车输送机
telpher conveyor 缆车输送装置，缆索式运输机
telpher line 高架索道
telpherage (1)电缆运输装置，自动索道装置；(2)高架索道运输，架空电缆运输；(3)电动缆车系统，电动索道系统；(4)高架索道系统，缆车系统
Telstar 或 telstar (美) 通讯卫星 [系统]
Tempaloy 天波铜镍合金，耐蚀铜镍合金 (89-96% Cu，35% Ni，0.8-1% Si，0-4% Al)
temper (1)性质，气质；(2)(钢的) 韧度，硬度，强度；(3)(钢的) 含碳量，回火度，回火色；(4)淬硬钢的回火，回火；(5)掺和，调和；(6)调和物，掺和物，混合物
temper-brittle fracture 回火脆性断裂
temper brittleness 回火脆性
temper carbon 二次石墨，回火碳
temper colour 回火 [颜] 色
temper crack 回火裂纹
temper drawing color 回火色
temper hardening (1)回火硬化，二次硬化；(2)冷轧硬化
temper pin 手纺车的调节杆
temper resistance 耐回火性，抗回火性，回火稳定性，回火抗力
temper rolling (1)硬化冷轧，表面光轧；(2)平整
temper screw 调节用定位螺杆
temperable (1)可回火的；(2)可调和的，可揉和的
temperate (1)有节制的；(2)适中的，适度的；(3)温和的
temperature (=T) (1)温度；(2)体温
temperature abnormal 温度异常
temperature alarm 过热警报
temperature and altitude (=T&A) 温度和高度
temperature and humidity 温度与湿度
temperature change 温度变化
temperature characteristic 温度特性
temperature coefficient (=TC) 温度系数
temperature coefficient of breakdown voltage (=TCBV) 击穿电压温度系数
temperature coefficient of resistance (=TCR) 电阻温度系数
temperature-compensated 温度补偿的
temperature compensated crystal oscillator 温度补偿晶体振荡器

temperature conductivity　导温率
temperature contrast　温度不均匀分布, 温度差
temperature control　温度控制, 温度调节
temperature-control chamber　恒温室, 定温室
temperature control equipment　温度控制设备
temperature control valve (=TCV)　温度调节阀
temperature controller　温度调节器
temperature-dependent　与温度有关的, 随温度而变的
temperature-dependent resistor　热变电阻 [器]
temperature detector　温度指示器, 温升指示器, 温度检测器
temperature difference (=temp diff)　温 [度] 差
temperature effect　温度效应, 温差作用
temperature element (=TE)　温度元件
temperature error　温度误差
temperature factor　温度系数
temperature gauge　温度计
temperature-gradient　温度梯度, 温度陡度
temperature gradient (=temp grad)　温度梯度, 温度陡度
temperature-independent　与温度无关的
temperature indicating coating　示温涂层
temperature indicating controller (=TIC)　温度指示控制器
temperature indicating instrument　温度测定仪
temperature indicating paint　示温漆
temperature indicator(=TI)　温度指示器
temperature inversion　温度逆增, 逆温
temperature limited current state　温度限制电流状态
temperature limited diode　温度限制二极管
temperature limited region　温度限制范围
temperature log　温度测井
temperature loss　温度损失
temperature measuring equipment (=TME)　测温装置
temperature meter (=TM)　温度计
temperature noise　温度噪音
temperature of initial combustion (=TIC)　开始燃烧温度
temperature of saturation (=tsat)　饱和温度
temperature of solidification　凝固温度, 凝固点
temperature of vaporization　蒸发温度
temperature probe (=TP)　温度传感器
temperature profile recorder (=TPR)　温度轮廓记录仪
temperature range　温度范围
temperature recorder (=TR)　温度记录器
temperature regulator　温度调节器
temperature relay　温度继电器
temperature-resistance　耐热性的
temperature-resistant　对温度不灵敏的, 热稳定的, 耐热的, 抗热的
temperature rise　温升
temperature scale　温标
temperature selector　温度选择器
temperature-sensing　对温度变化敏感的, 热敏的, 感温的
temperature-sensitive　对温度变化敏感的, 热敏的, 感温的
temperature-sensitive paint　(1) 示温漆；(2) 测温色笔
temperature sensor　温度感测元件
temperature shock　热震
temperature slope　温度梯度
temperature spot　温度点
temperature strain　温度应变, 温度变形
temperature stress　温度应力
temperature switch (=TS)　温度开关
temperature time curve　温度时间曲线
temperature tolerance　耐热性
temperature transmitter　温度传感器
temperature traverse　(沿着某条直线的) 温度变化, 温度分布
tempered (=temp)　已回火的, 回过火的
tempered air　预热空气, 调和空气
tempered forged steel　回火锻钢
tempered glass　钢化玻璃, 强化玻璃, 回火玻璃
tempered-hardness　回火硬度
tempered oil　回火油
tempered steel　回火钢
tempered water (=TW)　软化水
tempering　(1)回火, 回韧；(2)退火；(3)调和；(4)回火处理, 人工时化, 人工老化；(5) (型砂) 回性 [处理]
tempering agent　回火介质
tempering bath　回火槽

tempering chemical　回火化学剂
tempering coil　调温蛇管
tempering colour　回火 [颜] 色
tempering drawing　回火
tempering furnace　回火炉
tempering medium　回火介质
tempering mill　表面光轧机, 硬化冷轧机
tempering oil　回火油
tempering process　回火工艺规程
tempering sand　调质砂, 回火砂
tempering tank　混合桶, 混合槽
tempering temperature　回火温度
tempil　测温剂
tempil alloy　定熔点测温合金 [系]
tempil stick　测温色笔, 热测棒
Tempilac　坦皮赖克示温漆
tempilstick　测温棒 (一系列可熔棒, 熔点差为 12.5°F 至 50°F, 可测 113°F 至 2500°F)
tempilstik　温度指示漆, 示温漆
template (=templet)　(1) 标准框, 模型, 模板, 型板, 样板, 样规, 卡规, 量规, 刮尺, (2) (切向推进磨的) 导板；(3) 承梁短板, 垫木；(4) 透明绘图纸, 硫酸纸；(5) 放样；(6) (船壳) 型板；(7) 型线图
template action　样板作用
template cutter　模板切割器
template excavator　模板挖掘机
template eyepiece　轮廓目镜
template for boring　镗孔样板
template for modification　修形样板
template holder　样件架
template matching　样板匹配
template moulding　刮板造型
template process　仿形铣齿法
template stand　样件架
template support　仿形板支架
temple　(1) { 纺 } 伸幅器, 边撑；(2) 场所
templet　(1)标准框, 模型, 模板, 型板, 样板, 样规, 卡规, 量规, (2) (切向推进磨的) 导板；(3) 承梁短板, 垫木；(4) 透明绘图板, 硫酸纸；(5) 放样
templet for　镗孔样板
templet for nibbling　步冲轮廓样板
templet matching　样板匹配
templin chuck　(拉力试验用) 楔形夹头
Templug　测温塞 (测量被旋入活塞的局部温度的硬化了的钢螺旋塞)
tempo (=temporary)　(1) 暂时的, 短时的, 临时的, 一时的, 顷刻的；(2) 临时工
Tempojel　堵漏剂
tempolabile　瞬 [时即] 变的
tempon　时间场
temporal　(1)时间的；(2)表示时间的；(3)暂时的, 转瞬间的, 瞬间的, 瞬时的, 暂存的, 短暂的；(4) 暂存物
temporal coherence　时间相干性, 瞬时相干性
temporal filter　滤波器
temporal magnet　暂时磁铁
temporality　暂时性, 临时性
temporalize　把……放在时间关系中 (来确定)
temporaries　暂时存储单元
temporarily　暂时, 临时, 一时
temporariness　暂时性, 临时性
temporary (=temp)　(1) 暂时的, 短暂的, 临时的, 一时的, 顷刻的；(2) 临时工
temporary change of station (=TCS)　台站临时更改
temporary change procedure (=TCP)　暂时更改程序
temporary construction hole (=TCH)　临时性结构孔
temporary disturbance　瞬态扰动
temporary duty (=TDY)　(1) 临时任务, 临时勤务；(2) 临时负荷
temporary failure　临时故障, 临时失灵
temporary fix (=TF)　临时固定, 临时调整
temporary instability　临时不稳定性
temporary instruction notice (=TIN)　临时指示通知
temporary location　{ 数 } 中间单元, 工作单元, 暂时单元
temporary magnetism　暂时磁性
temporary maintenance expedients　临时维修措施
temporary memory　临时存储器, 暂存器, 寄存器
temporary needs　暂时需要

temporary pattern 单件或小量生产的模型
temporary receipt 临时收据
temporary repair 临时修理, 小修
temporary seal for joint 接缝的临时填封, 临时封缝
temporary set 弹性形变
temporary signaling 临时信号机
temporary storage 临时存储器, 中间存储器, 暂存器, 寄存器
temporary test equipment (=TTE) 临时试验设备
temporizing measures 临时办法, 权宜措施
ten-symbol 十进位的
ten-thread worm 十头蜗杆
ten to one 十之八九, 非常可能
tenacious 粘滞的, 韧性
tenacity (1) 粘滞性; (2) 韧性, 韧度, 坚韧; (3) 弹性强度, 抗断强度
tenacity of lubricating film 润滑油膜强度
tenacity test (1) 韧性试验; (2) 粘性试验
tenaplate 涂胶铝箔
tend (1) 趋向, 倾向, 走向; (2) 力图, 企图, 达到; (3) 有助于, 有帮助; (4) 照管, 照料, 看守, 看护, 管理; (5) 留心, 注意; (6) 锚链转角
tend to 倾向于, 趋于, 留心
tendency 趋向, 趋势
tender (1) 照管, 照料; (2) 软的, 嫩的, 柔软的; (3) 易碎的, 脆的, 易破的, 易伤的; (4) 柔和的 (色, 光等); (5) 交通艇, 辅助舰, 煤水车, 服务车, 供应站; (6) 提出, 提供, 申请; (7) 投标, 招标, 承包; (8) 标件; (9) 报价, 偿还, 偿付; (10) 易倾斜的, 稳定性小的
tender deployment site (=tds) 服务车调度场
tender documents 交单
tender for 投标承办
tender for the construction of 投标承建
tender invitation 招标
tender-minded 脱离实际的, 空想的
tender of locomotive 机车煤水车
tender one's advice 提出意见
tender ship (1) 供应舰; (2) 浮动基地
tender step 煤水车脚蹬
tender tank 煤水车水箱
tender vessel 高重心船, 易倾船
tenderee 招标人
tenderer (1) 投标人; (2) 提供者, 提出者
tenderometer 柔软度计
tenebrescence 磷光熄灭, 变色荧光, 光吸收
Tenelon 高锰高氮不锈钢 (碳 < 0.10%, 铬 18%, 锰 14.5%, 氮 0.40%)
tener 大型聚光灯
tenfold 十倍 [的], 十重 [的]
tenon (1) 榫, 榫舌, 凸榫, 雄榫 (2) 用榫接合, 榫接, 开榫, 配榫, 造榫; (3) 合型销
tenon and mortise 雌雄榫
tenon-bar splice 棍板榫接法
tenon joint 榫接合
tenon-making machine 开榫机
tenon saw 开榫锯, 榫锯, 手锯
tenoned 用榫子连接的
tenoner (1) 制榫机, 开榫机; (2) 接榫者
tenoning 用榫子连接的
tenoning machine 制榫机, 开榫机
tenonometer 眼压计
tenor (1) 要旨, 大意, 条理; (2) 动向, 趋向; (3) 进程, 路程; (4) 金属含量, 品位; (5) (提单, 汇票等) 各联副本
tenpenny nail 三英寸大钉
tens digit 十进制数字
tense (1) 拉紧, 张紧; (2) 有应力的, 拉紧的, 张紧的
tense-lax 紧松
tenser (1) 张量; (2) 伸张器, 张力器; (3) 皮圈销
tensibility 可伸长性
tensible 能伸展的, 能拉长的, 可拉长的
tenside 表面活性剂
tensile (1) 张力的, 抗拉的, 抗张的, 拉伸的, 拉力的; (2) 可引伸的, 可伸展的, 能伸长的, 能拉长的
tensile-and-compression test 抗拉抗压试验
tensile bar 拉力试棒
tensile creep test 拉伸蠕变试验
tensile elasticity 拉伸弹性, 抗拉弹性
tensile failure 拉伸损坏, 拉断

tensile fatigue test 拉伸疲劳强度试验
tensile force 拉力, 张力
tensile gauge 拉力计, 张力计
tensile load 拉力负荷, 张力负荷, 拉伸负荷
tensile load cell 拉力传感器, 张力传感器
tensile machine 抗拉试验机, 拉伸试验机, 张力试验机
tensile modulus 拉伸模量
tensile-socket 张拉索接
tensile specimen 拉力试棒
tensile strain 拉伸应变, 抗拉应变, 张应变
tensile strength (=TS) 抗拉强度, 抗张强度, 拉伸强度, 伸张强度
tensile-strength tester 抗拉强度试验机, 拉伸强度试验机
tensile-strength testing machine 抗拉强度试验机, 拉伸强度试验机
tensile stress 拉伸应力, 拉应力, 张应力
tensile-stressed skin (1) 拉伸蒙皮; (2) 应力表面
tensile test 拉力试验, 张力试验, 拉伸试验, 抗拉试验
tensile testing machine 拉力试验机, 拉伸试验机, 抗拉试验机
tensile vibration test 拉伸振动试验
tensile viscosity 拉伸粘度
tensile yield point 拉伸倔服点
tensile yield strength 拉伸倔服强度
Tensilite 登赛赖特耐蚀高强度铸造黄铜 (锌 29.5%, 铝 3%, 锰 2.5%, 铁 1%, 其余铜)
tensility 可拉伸性, 可张性, 延性, 展性
tensimeter (=manometer) 蒸汽压力表, 流体压力计, 流体压强计, 气体压力计, 饱和气压计, 压力计, 张力计
tensiometer (1) [液体的] 表面张力计, 滴重计; (2) 张力计, 拉力计, 牵力计, 伸长计, 延伸计, 张力仪, 引伸仪; (3) 饱和气压计; (4) 土壤湿度计
tensiometry 张力测量术
tension (=T) (1) 膨胀力, 张力, 拉力, 牵力, 引力, 应力, 压力, 弹力; (2) 张紧, 拉紧, 扣紧, 拉伸, 拉长, 伸展, 张开; (3) 张紧状态, 紧度; (4) 蒸汽压, 气压, 电压, 压强; (5) 应力状态
tension adjustment 张紧调整
tension analyzer 张力分析器
tension area 受拉面积
tension arm 张力臂, 压力臂
tension ball 张力弹子
tension bar 拉力杆, 拉杆
tension cable 受拉缆索
tension control 受拉裂纹, 拉力裂纹, 张力裂纹
tension diagonal 受拉斜杆, 拉斜撑
tension disk 张力调节盘
tension dynamometer 拉力测力计, 张力测力计, 张力测功计
tension electric process 电流直接加热淬火法
tension fiber 受拉纤维
tension flange 抗拉法兰
tension force 拉力, 张力
tension fracture (1) 拉裂; (2) 伸长断裂, 拉断
tension-free (1) 无拉力的, 无张力的; (2) 无电压的
tension gear 牵引装置, 张紧装置
tension impulse 电压脉冲
tension joint 受拉接合
tension leveler 张力平整机
tension load 张力负载
tension loaded side of gear 轮齿受张力负载的一侧
tension member 受拉构件, 受拉杆件, 抗拉构件
tension meter 拉力计, 张力计
tension pulley 皮带张紧轮, 张力轮
tension reducing mill (管材) 张力减径机
tension reinforcement 受拉钢筋, 抗拉钢筋
tension rod 张力杆, 拉杆
tension roller 张紧滚轮, 张力滚轮
tension servo 张力伺服
tension side (1) 皮带紧边, 皮带主动边; (2) 拉力面, 受拉区
tension specimen 拉力试杆
tension spring 拉力弹簧, 拉伸弹簧, 张力弹簧, 拉簧, 牵簧
tension sprocket 张紧链轮
tension stress 拉伸应力, 拉应力, 张应力
tension test 拉力试验, 张力试验, 拉伸试验
tension tester 拉力试验机, 张力试验机
tension washer 张力垫圈
tension wedge 拉紧楔子
tension weight 拉重

tension wood　高压木材

tension yield point　受拉屈服点, 拉力屈服点

tensioned wire　张拉钢丝

tensioner　(1)张紧轮; (2)张紧装置, 拉紧装置, 张力装置, 张紧器

tensioner brake　张力制动装置

tensioner eccentric　张紧装置偏心衬套

tensioner sprocket　张力装置链轮, 张紧链轮, 链条张紧轮

tensioning　(1)张紧, 拉紧, (2)张力计, (3)张紧的, 拉紧的

tensity　张紧度, 张紧

tensive　拉力的, 张力的, 张紧的

Tenslator　张力控制装置

tensodiffusion　张力扩散

tensoelectric　张电的

tensometer　(1)[液体的]表面张力计, 滴重计; (2)张力计, 拉力计, 牵力计, 伸长计, 延伸计, 张力仪, 引伸仪; (3)土壤湿度计

tensometric　测张力的, 测伸长的

tensometry　张力测量术

Tensomodul　动态弹性模数测试仪

tensor　(1)张量; (2)伸张器, 张力器, 皮销圈; (3)磁张线

tensor calculus　张量计算

tensor conductivity　张量磁导率

tensor-density　张量密度

tensor of stress　应力张量

tensor operation　张量运算

tensor operator　张量算符, 张量算子

tensor permeability　张量磁导率

tensor quantity　张量的量

tensor-shear　张量切变

tensor transformation　张量变换

tensoresistance　张[致电]阻效应, 张电效应

tentation　假设, 试验, 尝试

tentation data　试验数据, 假设数据, 预定数据

tentative　(1)试验性质的, 试验性的, 试探性的, 试验的; (2)试验性提纲, 试验, 实验, 推测; (3)假定的, 推测的; (4)试行的, 试用的, 暂行的; (5)(复)试验性建议, 试用标准, 试验标准, 临时规定

tentative classification of defects (=tcd)　暂定故障分类法

tentative data　假计数据, 预定数据

tentative experiment　探索性实验

tentative function　试探函数

tentative specification　暂定[技术]规格, 暂行[技术]规范, 试行技术规范

tentative standard　暂行标准, 试行标准

tentative standards　试用标准, 暂行标准

tentative tables of equipment (=TTE)　设备暂定目录, 试行设备表, 试行装备表

tenter　(1)拉紧的小钩, 拉幅机钩; (2)展幅机, 拉幅机, 张布机, 绷布架

tenterette　小型布铗拉幅机

tenterhook　拉幅钩, 张布钩; (2)拉紧工具, 张紧装置

tentering machine　拉幅机, 伸幅机

Tentest　天铁斯特绝缘板

tenth-normal　十分之一当量浓度的, 分规的

tenth-rate　最劣等的

tenthmeter　埃, 万分之一毫米

Tenual　特纽阿尔高强度铜铝合金(做活塞用, 含 9.2-10.8% Cu, 1-1.5% Fe, 0.15-0.35% Mg, 其余为铝)

tenuity　(1)稀薄度; (2)细, 薄

tenuous　(1)细的, 薄的, 稀薄的, (2)微细的, 微妙的

Tenzaloy　坦查洛依铝锌铸造合金(含 8% Zn, 0.8% Cu, 0.4% Mg, 其余为铝)

tephigram　温熵图, T 图

tepid　有点温热的, 微热的

tepidness　缓和的热, 中和的热, 温热

ter-　(词头)三[次], 三[重], 三[倍]

Tera (=T 或 t)　太[拉], 万亿(等于 10^{12})

Teracycle　兆兆周(10^{12}周, 秒)

terbium　{化}铽 Tb (第 65 号元素)

tercentesimal thermometric scale　近似绝对温标

terdenary　十三进制的

terebenthene　松节油

terebinth　松油脂

terebinthina　松[油]脂

terebrate　[用机械]钻孔, 钻穿, 钻通

terebrator　穿孔器

term　(1){数}项, 条; (2)条件, 条款, 费用, 价钱; (3)专用语, 术语, 用语; (4)期限, 期间, 限期; (5)边界, 限度, 范围, 界限; (6)光谱项, 能态项, 能量项, 能谱项, 能级; (7)终点, 终止; (8)(复)关系

term-by-term　逐项的

term-by-term combination　并项

term-by-term differentiation　逐项微分[法]

term-by-term integration　逐项积分[法]

term hour　定时观测时间

term of payment　付款条件, 支付条件

term of service　使用期限

term of shipment　装运条件

term of spectrum　光谱项

term of validity　有效期间

term value　项值

terminability　可终止性, 有期限性

terminable　有期限的, 可终止的, 可截止的

terminad　向末端

terminal　(1)结尾, 端点, 末端; (2)接柱, 套管; (3)接头, 端子, 接线柱, 引线; (4)终端; (5)极限; (6)末端的, 终点的, 限界的, 阶段的

terminal accuracy　终端引导精度, 末端引导精度

terminal aides　终端导航设备

terminal area　(1)连接盘, 接点; (2)焊盘

terminal assembly　端接组件

terminal attenuator　终端衰减器

terminal block (=TB)　接线板, 接线盒

terminal board (=TB)　接线端子板, 端子板架, 接线板, 接头排, 接线盒, 端子板, 端子盒

terminal bond　终端接头

terminal box　接线盒, 分线盒, 端子箱, 终端盒

terminal cable　终端电缆

terminal charges　装卸费

terminal check　最后校验

terminal clamp　终端线夹

terminal code letter　终端字码

terminal computer　终端计算机

terminal condition　终端条件

terminal device　终端设备

terminal end　终端

terminal equipment　终端设备

terminal face　端面

terminal fitting　终端接头

terminal guidance (=TG)　终端导引, 末段制导

terminal guidance for lunar vehicle (=TGLV)　月球火箭末[段]制导

terminal hardware　终端硬件

terminal impedance　终端阻抗

terminal indicator　终端指示器

terminal insulator　终端绝缘子

terminal interchange　终端交换机

terminal interface processor　终端接口处理机

terminal jack switch-board　长途电话交换机终端塞孔

terminal laser level population　端子激光能级粒子数

terminal life　报废前寿命, 最终寿命

terminal load　终端负载

terminal loss　终端损失

terminal lug　(1)电缆终端; (2)端子衔套, 终耳套, 接线片

terminal machine　终端机

terminal office　(通信)终端局

terminal organs　首尾机构, 两端机构

terminal pad　(1)连接盘, 接点, 节点; (2)焊盘

terminal pin　尾销

terminal plate　端子板

terminad point　(1)接点点; (2)端点, 终点

terminal pole　终端塔杆, 终端杆

terminal pressure　末端压力

terminal printer　终端打印机

terminal processor　终端处理机

terminal repeater　终端增音器, 终端转播器

terminal repeater station　终端转播站

terminal shoe　(1)终端垫板; (2)终端防振器

terminal station　终点站

terminal strips (=TSs)　端子板

terminal velocity (=TV)　末端速度, 收尾速度, 极限速度, 临界速度, 末速, 终速

terminal vertex　悬挂点

terminal very high frequency omnirange (=TVOR)　终端甚高频全向 [无线电] 信标

terminal voltage　终端电压，端电压，终极电压

terminally guided sub-missile (=TGSM)　终点制导子导弹，末段制导子导弹

terminate　(1) 使停止，终止，中止，结束，结尾，收尾；(2) 限定，满期；(3) 接在端头上，端子连接，端接，终接；(4) 终止的，结束的，有限的

terminate side of an angle　角的终边

terminated line　有 [负] 载线

terminating　(1) 端接；(2) 连接，接通；(3) 终端加负载，线端加负载，终端负载；(4) 线端扎结

terminating chain　有终止的链

terminating decimal　有尽小数

terminating impedance　终端阻抗

terminating ion　结尾离子

terminating office (=TOFF)　终端局，终端站，终端点

terminating plug　接线端子

terminating power meter　终端式功率计

terminating resistance　终端电阻

terminating toll center (=TTC)　终端长途电话局

terminating trunk center (=TTC)　终端长途电话局

terminatio　(1) 末端，端；(2) 终止

termination　(1) 端，端部，终端，末端，结尾，结束；(2) 端接法，终接法；(3) 终端装置，终端设备，终端负载；(4) 合同期满；(5) 终止期 [限]，满期；(6) 终止作用；(7) 完结；(8) 成果，结果

termination design change (=TDC)　终端 [装置] 设计改变，收尾设计更改

termination of contract　合同期满，契约期满

termination-of-series error　级数收尾误差

termination signal　终止信号

terminative　结尾的，结束的，终止的，限定的

terminator　(1) 终端连接器，终端套管；(2) 终端负载；(3) 终止密码子；(4) 结束符，终止符，终结符；(5) 终端

terminator codon　终端密码子

terminator-initiator　停启程序

terminator program　终止程序

termine　(1) 立界限；(2) 限制，限定；(3) 终止，停止，完结，结束，满期；(4) 决定，断定，推定，确定，规定

termini (单 terminus)　(1) 终点站；(2) 终点，末端，界限，界标，目标，极限

termini generals　通称

terminological　专门名词的，术语的

terminology　(1) 专门名词，术语，词汇；(2) 术语学，名词学

terminology for metal-cutting machine tool　金属切削机床术语

terminus (复 termini)　(1) 终点站；(2) 终点，终端，末端，界限，界标，目标，极限

Termite　铅基轴承合金 (铅 73.5-74%，锑 14.5%，锡 5.75%，铜 2.5-3%，镉 2%，砷 1%)

termless　无条件的，无限的，无穷的

termly　定期 [的]

terms of an agreement　协议条款

terms of delivery　交货条件

terms of reference　研究范围

terms of trade　进出口交货比率

Terms cash　须用现金支付

termwise　逐项地

termwise integration　逐项积分

tern　三个一套 [的]，三个一组 [的]，三重 [的]

ternary　(1) 三进位计算制；(2) 三变数，三变量，三进制，三重，三元；(3) 三个一套的，三个构成的，三元的

ternary addition　三进位加法

ternary alloy(s)　三元合金

ternary code　三进制 [代] 码，三单元代码

ternary compound　三元化合物

ternary counter　三进制计数器

ternary cubic form　三元三次型

ternary differential link　三级差动链

ternary electrolyte　三元电解质

ternary link　三级 [传动] 链

ternary notation　三进制记数法

ternary phase　三元相

ternary scale　三进记数法

ternary semiconductor　三元化合物半导体

ternary set　三分点集

ternary steel　三元合金钢

ternary system　三元系

ternate　三个一组排列的，三个一组的，含有三个的，三个的

terne　(1) 铅锡合金；(2) 镀上铅锡合金，镀锡，镀铅；(3) 镀锡的薄片钢，镀铅锡钢板，镀铅锡钢板

terne alloy　铅锡合金 (锡 10-15%，铅 85-90%)

terne metal　铅锡合金 (铅 80-80.5%，锑 1.5-2%，锡 18% 或锡 10-15%，铅 85-90%)

terne plate　镀铅锡 [合金] 钢板

terne plating　镀铅锡合金层

terned　(1) 镀锡的；(2) 镀铅的

terneplate (=TRPL)　(1) 镀铅锡薄板，镀铅锡钢板，镀铅锡铁板；(2) 钢铁的薄铅涂层

teroxide　三氧化物

terpolymer　三 [元共] 聚物

terrace die　凸模

terracing machine　梯田修筑机

Terracruiser　(美)"陆地巡洋舰"装甲汽车

terrain　(1) 地带，地方，地面，地域；(2) 地形，地势，地层；(3) 领域，范围，场所

terrain avoidance radar (=TAR)　防 [止与地面碰] 撞雷达，地形回避雷达

terrain clearance　离地高度

terrain clearance indicator (=TCI)　绝对高度指示器，绝对测高计，离地高度计

terrain echo　地面反射波，地面回波

terrain profile recorder　(空中)纵断面记录仪

terrain radiation　大地辐射

terrestrial　(1) 地球范围以内的，地球上的，世界的；(2) 地面上的，地球上的，大地的

terrestrial current　[大] 地电流

terrestrial globe　地球仪

terrestrial gravitation　地球引力

terrestrial heat　地热

terrestrial magnetic field　地球磁场，地磁场

terrestrial magnetic guidance system (=TMGS)　地磁制导系统

terrestrial magnetism　地磁 [学]

terrestrial microwave　地面微波

terrestrial noise　大气噪声，大地噪声

terrestrial observation　地面上观察

terrestrial refraction　地面折射

terrestrial station　地面电台

terrestrial telescope　地上望远镜，正象望远镜

terrestrial transport　陆上运输

tertiarium　特蒂锡铅焊料，特蒂焊药 (33.3% Sn, 66.7% Pb)

tertiary　(1) 第三的；(2) { 化 } 三代的

tertiary cementile　三次渗碳体

tertiary coil　第三 [级] 线圈，三次线圈

tertiary creep　三重蠕变

tertiary crusher　三级轧碎机，三级碎石机

tertiary industrial sector　第三产业部门

tertiary mixture　三元混合物

tertiary voltage　第三电压

tertiary winding　三次绕组

tervalence　三价

Tesla　泰斯拉 T (MKS 制的磁通密度单位)

Tesla coil　泰斯拉线圈

Tesla transformer　泰斯拉 [空心] 变压器

tesseral　(1) 镶嵌物的；(2) 正六面体的，立方体的，立方的；(3) 三次的，等轴的；(4) 立方根

tesseral system　等轴晶系

test (=t)　(1) 试验，检验，检查，测试，测验，实验，化验，考验，考查，检定，测定；(2) 试验方法，试验法，试验品；(3) 识别，研究；(4) 检验标准，准则

test accessory (=TA)　试验辅助设备

test amplifier　试验用放大器

test and evaluation (=T&E)　试验与鉴定

test and measurement　测试

test and plugging-up circuit　障碍试验电路

test and trial　试验和试航

test apparatus　试验装置，检验用具，检验设备

test assignment (=ta)　测试任务

test-ban　禁止核试验的

test ban　禁止核试验协定

test bar 测试杆,试棒

test base (=TB) 试验基地

test base dispatch service (=TBDS) 试验基地调度工作

test-bed (1) 试验床,实验室,试验台,测试台,试车台;(2) 试验机用支架,试验台架

test bed 试验台

test bench 试验台

test block 试验台

test board 试验板,试验盘,试验台,测试台,测量台

test-boring 试钻 [的],钻探 [的]

test boring 试钻孔,试镗孔

test button (1) 试验用按钮;(2) 金属试样

test by trial 尝试

test case 检查事例

test cell 试验间

test centre 试验中心

test certificate 检验证书,文本证书

test chain 链式砝码,链式秤砣

test charge 检验电荷

test chart 测试 [图] 表

test check 试样检验

test circuit 检验电路,测试电路,扫描电路

test codes 试验规范

test conditions 测试条件,试验条件

test conductor (=TC) 试验指导人

test conductor console (=TCC) 测试导线控制台

test control center (=TCC) 试验控制中心,试验指挥中心

test control officer (=TCO) 试验控制人员

test coupon (1) 从铸件上切下的试样;(2) 测试电路,附加电路

test cross 测交

test cube 立方试体

test cupola 试验化铁炉

test current 测试电流

test cycle 试验循环,试验周期

test data 试验数据,测试数据,检查数据

test data reduction 试验数据换算

test data report (=TDR) 试验数据报告

test desk 测试台

test directive (=TD) 试验指令

test disable / reset (=TD/R) 试验作废 / 重做

test-drill 试掘

test-drive 作试验驾驶,驾驶试验,试车

test dynamometer 试验用功率计

test engineering 测试技术

test equipment (=te) 试验设备,试验装置,测试设备

test equipment and standards laboratory (=TESL) 测试仪器和测试标准实验室

test equipment error analysis report 试验设备误差分析报告

test equipment team (=TET) 试验设备组

test equipment tester (=TET) 测试设备,检验装置

test equipment tool (=TET) 测试设备工具

test even 偶次谐波测试,偶次谐波测量

test facilities 试验设备,试验装置,测试设备

test figures 试验数据

test-fire 试 [发] 射

test-fired 试发射的

test fixture 试验装置,检验装置

test flight 试飞

test-flown 经过飞行试验的

test-fly 飞行试验,试飞

test for correct connection 接线正确试验

test for durability 耐久性试验,寿命试验

test for hardness 硬度试验

test for leaks 泄漏试验

test for tensile strength 抗拉强度试验,拉伸强度试验

test gear 试验设备,试验仪表,检查装置

test glass 化验杯,试杯

test ground support equipment (=TGSE) 试验场辅助设备,地面试验支援设备

test hammer 检修用手锤

test house 实验室

test in place 现场试验,工地试验

test indicator 检验用千分表

test information 试验数据,试验资料

test installation 试验设备,试验装置

test instrumentation development (=TID) 测试仪表的研制

test instrumentation system 测试仪表系统

test jack 测试塞孔

test-launch 试射

test lead 试验引入线,试验导线,探试线

test limit 试验限度

test link (=TL) 测试线路

test load (=TL) 试验载荷,试验负载,试验荷载,测试荷载

test mandrel 试验心轴

test model 试验模型

test number (=Test No. 或 TN) (1) 试验号;(2) 检验数

test-object 试标,试物

test odd 奇次谐波测试,奇次谐波测量

test of engine 发动机试验

test OK 无故障,正常

test operation (=TO) 试验操作

test oscillator 测试用振荡器

test panel (=T/P) 试验台,测试台

test paper 试纸

test parameter 试验参数

test pattern 试验模型,测试图案,试验图像,测试卡

test period 试验期

test-piece 试样

test piece 试验样品,试验片,试件,试样

test piece number (=Test pc No.) 试样号,试件号

test pilot 试飞员

test pinion 试验小齿轮

test pit 探井

test plan (=TP) 试验计划,测试计划

test planned or in process 计划中的试验或正在进行的试验

test planning 试验规划

test plant 试验装置

test-plate (1) (偏光显微镜用) 检光板;(2) 检验片,样板

test plot 初步方案图

test point (1) 试验点;(2) 试针

test point scattering 试验点分布区

test position 测试位置

test pressure (=TP) 试验压力,测试压力

test probe 测试探针

test procedure (=TP) 试验方法,测试方法,测试程序

test program 试验程序

test pump 试验泵

test rack 试验台

test range 试验范围

test reactor 试验用反应器

test readiness certificate (=TRC) 试验准备合格证

test record 测试记录

test report (=TR) 试验报告

test requirement (=TR) 试验要求

test requirement document (=TRD) 试验要求文件

test requirement manual (=TRM) 试验要求手册

test requirement specification (=TRS) 试验技术规范

test result 试验结果

test rig 试验装置,试验台

test routine 试验程序,检查程序

test run 试运转,测试运行,试车

test sample 试验样品,试样

test scale load 试验级载荷

test scope 测试示波器

test section 试验区段

test set 成套测试仪器和工具,试验装置

test set operational signal converter (=TSOSC) 试验装置操作信号变换器

test sheet 试验单

test socket 试验座

test solution (=TS) 试液

test specifications 试验技术条件,试验规范

test specimen 试验样品,试件

test splice 测试接头

test stand (=T/S) 试验台

test stand level (=TSL) 试验台高度

test support equipment (=TSE) 试验辅助设备

test switch (=TSW) 试验开关

1411

test to distructure　破坏试验
test torque　试验转距
test-tube　试验管,试管
test tube　试管
test tube stand　试管架
test type　试验标型
test-use　运用试验,生产试验
test value　试验值
test vehicle (=TV)　试验用飞行器,试验用车辆,实验火箭
test vehicle engine (=TVE)　试验用飞行器发动机
test verification　试验,验证
test voltage (=TV)　测试电压
test-wire　测试线,C 线
test work　试验工作,检验工作
test working　试运转,试车
testable　可试验的
testboard　(1) 试验箱纸板；(2) 测试台
tester　(1) 万用表,检验器,检查仪,检查器,测试仪,测试器,测定器,测量器；(2) 试验仪器,试验装置,测试装置,测试仪器,试验计,试验机；(3) 试验员
tester for transistor　晶体管检验器
testify　(1) 证明,证实,作证；(2) 表明,声明
testimonial　(1) 证明书,鉴定书,介绍信；(2) 证明书的,鉴定书的
testimonialise (=testimonialize)　给证明书,给鉴定书
testimony　(1) 证明,证据；(2) 声明,陈述,申述；(3) 表示,表明
testing　(1) 试验,检验,校验,验证,测量,测试,测验,化验,检定,检查；(2) 试验过程,试车；(3) 研究；(4) 试验的
testing air-to-air missile (=TAAM)　试验性"空对空"导弹
testing apparatus　试验仪器,试验装置,测试仪器,检验设备
testing appliance　测试用具
testing bed　试验台
testing bench　试验台
testing certificate　检验证明 [书]
testing chuck　试验用卡盘
testing data　试验数据
testing device　试验装置,试验设备,测试装置
testing equipment　试验装置,试验设备
testing facilities　试验设备,试验装置,测试设备
testing fixture　试验装置,检验装置
testing jig　试验台,试验架
testing laboratory　实验室
testing lever　试验杠杆
testing machine　试验机
testing machine for bending test of metal　金属材料弯曲试验机
testing machine for torsion test　抗扭试验机
testing mark　试验标记
testing materials　材料试验
testing of characteristic　特性试验
testing of hypothesis　假设的试验
testing of weldability　可焊性试验
testing pitch diameter　检验 (齿轮) 节圆直径
testing plant　(1) 试验设备,(2) 试验站
testing procedure　试验程序
testing program(me)　试验大纲
testing radius　(齿轮) 检验半径
testing range　测试量程
testing report　试验报告
testing room　实验室,试验间
testing schedule　试验计划
testing set　成套试验器
testing set-up　试验装置
testing stamp　试验印记
testing stand　试验台
testing technique　试验技术
testing terminal　测试端子
testing transformer　试验用变压器
tetartopyramid　四分锥
tetra-　(词头) 四
tetrachlorethylene　四氯乙烯
tetrachloride　四氯化物
tetrachloroethylene　四氯乙烯
tetrafluoroethylene resin　四氟乙烯树脂
tetrad　(1) 四个一组,四个一套,四位一体,四分体；(2) { 数 } 四元组,四元数,四重轴,四度轴,四位二进制；(3) 四次对称晶,四个脉冲组,

四个符号
tetraethide　四乙基金属
tetragon　(1) 四角形,四边形；(2) 四重轴；(3) 正方晶系,四方晶系
tetragonal　(1) 四角形的,四边形的,四方形的,四面的；(2) 四方晶的
tetragonal structure　四方晶结构
tetragonal system　正方晶系
tetragonometry　四角学
tetragontrioctahedron　正方三八面体
tetragonum　(1) 四边形,方形；(2) 四边形间隙
tetragram　四个字母组成的词,四文字符号
tetragraph　在密码中一连串的四个字母
tetrahedral　具有四面体对称性的,四面体的,有四面的
tetrahedral anvil　四面加压式砧模
tetrahedral toolmaker's straight edge　四棱平尺
tetrahedroid　四面体,四面形
tetrahedron　(1) 四面形；(2) 四面体
tetrahedron of reference　参考四面形,坐标四面形
tetrahedronal　四面体的
tetrahexahedron　四六面体
tetrakisdodecahedron　六八面体
tetrakishexahedron　四六面体
tetrakisoctahedron　正方三八面体
tetramer　四聚物,四聚体
tetramerous　四个一组的,四部分的,四重的
tetrapolar　四端 [网络] 的,四极的
tetras-axis　四次对称轴
tetratomic　四原子的
tetratosymmertry　四分对称
tetravalence　四原子价,四化合价,四价
tetrode　四极管
tetrode transistor　晶体四极管
tetroxide　四氧化物
tewel　(1) 烟道,烟囱；(2) 风洞,孔
texibond　聚乙酸乙烯脂类粘合剂
texrope　三角皮带
text　(1) 原文,本文,正文,文体,版本；(2) 电文,电报；(3) 题目,主题
text editor　文本编译程序
textbook example　极好的例子,范例
textile　(1) 纺织品；(2) 纺织的
textile belt　布皮带
textile fabric　纺织品
textile fibres　纺织纤维
textile industry　纺织工业
textile machinery　纺织机械
textolite　织物酚醛塑胶,层压胶布板,夹布胶木
textual　(1) 原文的,本文的,正文的；(2) 按照文字的,按原文的,逐字的
textual critic　校勘者
textual criticism　校勘
textual error　原文错误
textual scan　句文扫描
textural　结构上的,组织上的,构造的
textural classification　结构分类,组成分类
texture　纹理,组织,结构,构造,特征
texture camera　织构照相机
texture goniometer　织构测角计
texture paint　图纹厚涂涂料
textureless　无明显结构的,无定形的
Texturmat　全自动变形纱卷缩试验仪
TFE-fabric bearing　四氟乙烯织物轴承 (TFE= tetrafluoroethylene 四氟乙烯)
TFE resin　四氟乙烯树脂
thackery washer　止推环,挡圈
Thalassal　萨拉铝合金 (含 2.25% Mg, 2.5% Mn, 不大于 1.2% Sb)
thallium　{化}铊 Ti (音他,第 81 号元素)
thaw　熔化,融化
thawing　熔化,融化
the total value of industry output　工业产量总 [产] 值
then　则
then if symbol　则如果符号
then symbol　则符号
theodolite　精密经纬仪,光学经纬仪
theodolite with compass　罗盘经纬仪
theorem　定理,原理,原则,命题,法则

1412

theorem of least work　最小功原理

theorem of mean　均值定理，中值定理

theorem of three moment　三力矩定理

theorem of virtual displacement　虚位移定理

theoretical　理论的，推理的，假设的，计算的

theoretical addendum　理论齿顶高

theoretical angle of abliguity　理论倾斜角

theoretical base circle　理论基圆

theoretical circular thickness　理论弧齿厚

theoretical computer science　理论计算机科学

theoretical cycle　理论循环

theoretical duty　理论能率

theoretical efficiency　理论效率

theoretical equation　理论方程式

theoretical error　理论误差

theoretical formula　理论公式

theoretical gear ratio　理论齿轮齿数比

theoretical horsepower　理论马力

theoretical machine setting　理论机床调整值

theoretical mechanics　理论力学

theoretical model　理论模型

theoretical oil film thickness　理论油膜厚度

theoretical P A　理论压力角 (PA=pressure angle 压力角)

theoretical physics　理论物理学

theoretical pitch diameter　理论节圆直径

theoretical plane　理论平面

theoretical pressure angle　理论压力角

theoretical profile　理论齿廓

theoretical size　理论尺寸

theoretical summarize　理论概括

theoretical thrust coefficient　理论推理系数

theoretical tooth curve　理论齿线

theoretical tooth trace　理论齿线轨迹

theoretical yield　理论产量

theoretician　理论家

theoretics　理论

theoric　星位计算器

theorization　理论化

theory　理论，学说，原理

theory of algebra　代数学

theory of algebraic equation　代数方程

theory of algebraic invariants　代数不变式论

theory of approximations　逼近论，近似论

theory of commutation　换向理论

theory of compensation　补偿说

theory of demodulation　解调理论

theory of differential equation　微分方程论

theory of dispersion　散布理论

theory of elasticity　弹性理论

theory of engagement　啮合原理

theory of equation　方程论

theory of errors　误差理论

theory of fields　域论，体论，场论

theory of functions　函数论

theory of functions of a complex variable　复变函数论

theory of functions of a real variable　实变函数论

theory of games　对策论，博弈论

theory of gearing　齿轮啮合理论

theory of graphs　图形论

theory of indicators　指示剂理论

theory of infinite series　无穷级数论

theory of integral numbers　整数论

theory of irrational numbers　无理数论

theory of knowledge　认识论

theory of machinery　机械原理

theory of machines　机械原理

theory of matrices　矩阵论

theory of mechanisms　机构原理

theory of numbers　数论

theory of optimal control　最优控制理论

theory of plane stress　平面压力理论

theory of plasticity　塑性原理，塑性理论

theory of point-sets　点集论

theory of probability　(1) 概率论，几率论，(2) 公算原理

theory of relativity　相对论

theory of serve-mechanism　伺服控制理论

theory of similarity　相似原理

theory of straight-line distribution　直线分布理论

theory of strength　强度理论

theory of structures　结构力学

theory of superposition　重叠定理

theory of weight　理论重量

therlo　色罗铜合金，铜铝锰合金 (一种电阻和经，含 85% Cu, 2-2.5% Al, 9.5-13% Mn)

therm　克卡，千卡 (热量单位)

therm-　(词头) 表示"热的，热电"之意

therm-hygrostat　定温定湿控制器

thermacom　一种过滤器用陶瓷材料

thermal (=th)　(1) 热量的，热力的，温度的，温热的；(2) 上升气流，热 [气] 泡

thermal abrasion　热蚀

thermal acceptor　热接受器

thermal after-effect　热后效

thermal aging　(1) 加热时化处理；(2) 加热老化

thermal agitation noise　热 [激] 噪声

thermal ammeter　热线式安培计

thermal analysisv　热分析

thermal barrier　热障

thermal breakdown　热损坏

thermal capacitance　热容

thermal capacity　热容量

thermal cell　热电池

thermal-chemical treatment　化学热处理

thermal circuit-breaker　热继电器，断路器，电胀断路器

thermal compression welding　热压焊

thermal conduction　导热性

thermal conductivity　热传导率，导热率，导热系数，导热性，热导率

thermal conductivity coefficient　热导系数

thermal conductivity detector (=TCD)　热导检测计

thermal-convection　热对流

thermal converter　热 [电偶式] 变换器，热电交换器

thermal crack　热裂纹

thermal cracking　热裂化，热分解

thermal creep　高温蠕变，热蠕变

thermal current　热流

thermal cut-off　热熔保险丝

thermal cutoff energy　热中子 [谱] 截止能

thermal cutout　热控切断

thermal cutting　热切削

thermal decomposition　热解

thermal deflection　热偏移

thermal deformation　热变形

thermal design　热设计

thermal detector　热探测器

thermal diffusion　热扩散

thermal diffusivity　热扩散率

thermal dilatometer　热膨胀仪

thermal distortion　热畸变，热翘曲

thermal drift　热漂移

thermal effect　热效应

thermal efficiency　热效率

thermal energy　热能

thermal engineering　热工学

thermal etching　热浸蚀

thermal equilibrium　热平衡

thermal equivalent　热当量

thermal expansion　热膨胀

thermal expansion characteristic　热膨胀特性

thermal expansion coefficient　热膨胀系数

thermal expansion relay　热膨胀继电器

thermal fatigue　热疲劳，高温疲劳

thermal flash factor　热瞬系数

thermal flasher　热效闪光器

thermal flowmeter　热式流量计

thermal gradient　温度陡度，温度坡差，热 [力] 梯度，热陡度

thermal hysteresis　热滞后

thermal imaging system　(1) 热成像系统；(2) 热成像仪

thermal insulating material　绝热材料

thermal insulation blanket 绝热层
thermal intensity 热强度
thermal ionization 热致电离,热电离
thermal isolation 绝热
thermal jet engine 热力喷气发动机
thermal load 热负荷
thermal loss 热损失
thermal machine 热机
thermal mapping (1)热测绘;(2)热龟裂
thermal mechanical working 热机械加工
thermal-meter 热电式仪表
thermal meter 热电式仪表,热丝式仪表
thermal noise 热噪声
thermal neutron 热[能]中子
thermal power 热功率
thermal power plant 火力发电厂
thermal power station 火力发电站,热动力站,热电站
thermal printer 热敏式印字机
thermal probe 热探头
thermal protection system (=TPS) 热防护系统,防热系统
thermal-radiating 热辐射的
thermal radiation 热辐射
thermal rating 热额定值
thermal relay 温度[控制]继电器,热动继电器,温差继电器,热继电器
thermal relief 消除应力退火
thermal resistance 耐热性,热阻
thermal resistivity 热阻率
thermal response 热反应
thermal sensitive ceramic 热敏陶瓷
thermal sensitive stock 热敏原料
thermal shielding 热屏
thermal shock 热冲击,热震
thermal shock test 热冲击试验,热裂试验
thermal-shocking 热冲击试验设备
thermal shrinking 热收缩
thermal sintering 热烧结
thermal spike (1)温度峰值;(2)(金属材料)放射线辐照硬化现象
thermal stability 耐热稳定性,耐热性,耐热度
thermal strain 热应变
thermal stress 温差应力,热应激,热应力
thermal stress fatigue 热应力疲劳
thermal switch 热控开关,热动开关
thermal taper 热致斜面
thermal test reactor (=TTR) 实验性热中子反应堆,热中子试验反应堆
thermal thermally induced distortion 热变形
thermal transmission 热传导,热传递,传热
thermal treatment laboratory 热处理实验室
thermal trip 热断路装置
thermal tuning 热调谐
thermal type galvanometer 热动式电流计
thermal type meter 热动式仪表
thermal unit (=TU) 热量单位,热单位,卡[路里]
thermal vacuum 热真空
thermal value 发热量,热值
thermal-valve 热动式阀
thermal vibration 热振动
thermalization (1)热能化,热化;(2)热能谱的建立;(3)中子的热能减慢化,慢化到热速度
thermalize 使慢化到热能,使热[能]化
thermalloy 铁镍耐热耐蚀合金,镍铜合金(一种热磁合金)
thermally 用热的方法,热致
thermally generated holes 热生空穴
thermally insulated 绝热的
thermalox 氧化铍陶瓷
thermate (由铝热剂和其他物质混合制成用于燃烧弹、榴弹的)混合燃烧剂
thermatron 高频加热装置(商业名称)
thermautostat 自动恒温箱
thermel (装有热电偶的)热电温度计
thermelometer 热电温度计
thermic 由于热而造成的,热的
thermic anomaly 气温异常
thermie 兆卡(1公吨水升高1摄氏度所需要的热量,法国用)

thermification 热化
thermindex 示温涂料,示温漆
thermion 热离子,热电子
thermionic 热离子的,热电子的,热发射的
thermionic cathode 热电子阴极
thermionic conduction 热离子传导
thermionic current 热电子流,热离子流
thermionic detector 热离子检测计
thermionic emission 热电子发射
thermionic instrument 热离子仪器
thermionic tube 热阴极电子管,热发射电子管,热电子管,热离子管,真空管
thermionic rectifier 热离子整流器
thermionic vacuum 热离子真空计
thermionic valve 热阴极电子管,热发射电子管,热电子管,热离子管,真空管
thermionic voltmeter 热离子管电压表
thermionics 热阴极电子学,热离子学
thermisopleth 变温等值线,等变温线
thermister 热敏电阻,热变电阻器
thermistor (= thermister) (1)负温度系数电阻器,热变[电]阻器,热敏电阻,热控管;(2)半导体温度计,热元件,热子
thermistor alloy 热敏电阻合金
thermistor-bolometer detector 热敏电阻测辐射热仪
thermistor bridge 热敏电阻电桥
thermistor controller 热敏电阻控制器
thermistor detector 热敏电阻检测器
thermistor gauge 热控管压力计,热敏电阻式压力计
thermistor oscillator 热敏电阻振荡器
thermistor probe 热敏探示器
thermiator sensor 热敏电阻传感器
thermistor thermometer 热敏电阻温度计
Thermit 西密铅基轴承合金
Thermit metal 西密铅基重型轴承合金(锑14-16%,锡5-7%,铜0.8-1.2%,镍0.7-1.5%,砷0.3-0.8%,镉0.7-1.5%,其余铅)
thermit (1)铝热剂,高热剂,热熔剂;(2)铝热剂焊接[法],铝粉焊接剂
thermit bomb 铝热剂燃烧弹
thermit crucible 铝热剂坩锅
thermit iron 铝热还原铁
thermit joint 铝热焊接缝
thermit method 铝热剂法
thermit mold 铝热焊用模
thermit mould 热剂模型
thermit process 铝热剂法
thermit steel (1)铝热钢;(2)铝热焊钢粉
thermit welding 铝热焊,热剂焊
thermite (=thermit) (1)铝热剂;(2)色密特合金(铅基轴合金)
thermite reaction 铝热反应
thermite welding 铝热剂焊,热剂焊
thermiun 受热器,受热主
thermo- (词头)热[电],温
thermo-adsorption 热吸附作用
thermo-aeroelasticity 热气动弹性力学
thermo-alcoholometer 酒精温度计
thermo-ammeter 温差电偶安培计,热电偶安培计,温差电流计,热电流计,热电流表
thermo-anelasticity 热滞弹性
thermo-anemometer 温差电偶风速计
thermo-areometer 温差电偶液体比,温差电偶浮秤
thermo-balance (1)热解重量分析天平,高温天平,热天平;(2)热平衡
thermo-chemical treatment 热化学处理
thermo-color 示温涂料
thermo-compression 热压法连接,热压
thermo-converter 热[电]转换器
thermo-couple (=TC) 温差电偶,热电偶
thermo-couple-meter 温差电偶仪表,热电偶仪表
thermo-detector 热检波器,测温计
thermo-dissociation 加热离解[作用]
thermo-electric device 热电器件
thermo-electricity 温差电学
thermo-electrometer 热电计
thermo-electromotive force 热电动势

thermo-electron 热电子

thermo-emf 温差电动势, 热电动势 (emf=electromotive force 电动势)

thermo-expansion compensation angular ball bearing 热膨胀补偿向心球轴承

thermo-fuse 热熔丝

thermo-galvanometer 温差电偶电流计, 热电偶检流计

thermo-generator (1) 热偶发电器, 温差发电器; (2) 热偶电池, 温差电池

thermo-hydrometer 温差比重计, 热比重计

thermo-hygrostat 恒温恒湿器

thermo-integrator 土壤积热仪

thermo-isodrome 等温差商数线

thermo-isohyp 实际温度等值线

thermo-isopleths 温变等值线, 等温线

thermo-lag 热滞后

thermo-magnetic-mechanical-treatment (=TMMT) 热磁机械处理

thermo-magnetism 热磁学, 热磁现象

thermo-mechanical 热机的

thermo-mechanical curve 温度 - 形变曲线

thermo-mechanical cycling test 热机械循环试验

thermo-molecular 热分子的

thermo-motion 热运动

thermo-motive 热动力的

thermo-motor 热 [发动] 机

thermo-needles 针状温差电偶, 针形温差电偶, 温差电偶针

thermo-neutrality 热中和性

thermo-optic effect 热光电效应

thermo-osmosis 热渗透作用

thermo-photovoltaic 热光伏打的, 热光电的

thermo-plastics 热塑性塑料

thermo-polymerization 热聚合作用

thermo-radiography 热射线摄影术

thermo-reduction 铝热 [剂] 法

thermo-sensitive material 热敏材料

thermo-shield 热屏蔽

thermo-tolerance 耐热性

thermo-viscosimeter 热粘度计

thermoacoustics 热声学

thermoacoustimetry 热声透射测定法

thermoae 点热源, 热极

thermoammeter 热电流表, 温差热电偶安培计, 热电偶安培计, 温差电偶安培计

thermoanalysis 热 [学] 分析

thermoanalytic(al) 热分析的

thermoanemometer 温差式风速计, 热温式风速计

thermobalance 热解重量分析天平, 热天平

thermobarograph 温度气压记录器

thermobarometer (1) 温度气压计, 温压表; (2) 虹吸气压表

thermobattery (1) 热电池组, 温差电池; (2) 温差电堆

thermocapillarity 热毛细现象

thermocatalytic 热催化的

thermocell 温差电偶

thermochemical 热化学的

thermochemistry 化学热力学, 热化学

thermochromatic effect 热色效应

thermochromism 热致变色, 热色现象

thermochrose 选吸热线 [作用]

thermocline 温度突变层, 温跃层, 斜温层

thermocoagulation 热凝固

thermocoax 超细管式热电偶

thermocolorimeter 热比色计

thermocolo(u)r (1) 示温涂料, 测温涂料, 热敏油漆; (2) 彩色温度标示, 变色温度指示, 色温标示, 热变色

thermocompression 热压法连接, 热压

thermocompressor 热压机

thermoconductivity 热传导率, 导热性

thermocontact 热接触

thermoconvective 热对流的

thermocooling 温差环流冷却

thermocouple 温差电偶, 热电偶

thermocouple dipole 热电偶偶极子

thermocouple gauge 热电偶气压计

thermocouple instrument 温差电偶式仪表

thermocouple junction 热偶结

thermocouple material 热电偶材料

thermocouple metal 热电偶金属

thermocouple probe 热电偶探头

thermocouple thermometer 热电偶温度计

thermocouple wattmeter 热电偶瓦特计

thermocouple pyrometer 热电偶高温计

thermocrete 高炉熔渣

thermocross 热叉线

thermocurrent 温差电流, 热电流

thermocushion 热垫层

thermocutout 热保险装置, 热断流器

thermocyclogensis 热力性气旋发生, 热力气旋生成

thermode 热电极, 点热源

thermodetector 温差电检波器, 温差探测器, 热检波器, 测温计

thermodialysis 热渗析

thermodiffusion 分离同位素的热扩散方法, 热扩散

thermoduct 温度逆增形成的大气层波导

thermoduric 耐热的

thermodynamic 热力 [学] 的, 热动的

thermodynamic chart 热力图

thermodynamic efficiency 热力学效率

thermodynamic equilibrium 热力平衡

thermodynamic function 热力学函数

thermodynamic process 热力过程

thermodynamic potential 热位能, 热力势, 热力位

thermodynamic scale 热力学温标

thermodynamical equilibrium 热动平衡

thermodynamical equilibrium equation 热力学方程

thermodynamicist 热力学家

thermodynamics (1) 热力学; (2) 热力学过程和现象

thermoelastic distortion 热弹性变形

thermoelastic effect 热弹性效率

thermoelasticity 热弹性 [力学]

thermoelectret 热驻极 [电介] 体

thermoelectric 温差电的, 热电的

thermoelectric action 热电作用

thermoelectric battery 热电电池

thermoelectric cell 温差电池, 热电电池

thermoelectric ceramic 热电陶瓷

thermoelectric coefficient 温差电系数

thermoelectric comparator 热电比测器

thermoelectric converter 热电交换器

thermoelectric cooler 热电致冷器

thermoelectric cooling 热电致冷

thermoelectric couple 温差电偶, 热电偶

thermoelectric crystal 热电晶体

thermoelectric current 热电流, 温差电流

thermoelectric device 温差电器件

thermoelectric diagram 热电图, 温差电图

thermoelectric diode 温差电二极管

thermoelectric effect 热电效应, 温差电效应

thermoelectric element 热电元件

thermoelectric generator (1) 温差电池, (2) 热电式发生器, 温差发电器

thermoelectric heating 热电加热

thermoelectric imaging system 热电成像系统

thermoelectric instrument 热电式仪表

thermoelectric inversion 温差电反转

thermoelectric junction 温差电偶接头

thermoelectric pick up 热电传感器, 热电拾取器

thermoelectric power 温差电动势

thermoelectric power plant 热电厂

thermoelectric power station 热电站

thermoelectric pyrometer 热电高温计

thermoelectric refrigeration 热电致冷

thermoelectric refrigerator 热电致冷器

thermoelectric scale 温标

thermoelectric thermometer 温差电偶温度计

thermoelectric winding system 电热缠丝机

thermoelectrical effect 温差电效应, 热电效应

thermoelectrical potential 热电势

thermoelectricity (1) 温差电学, 热电学 (2) 温差电, 热电

thermoelectrode 热电电极

thermoelectroluminescence 热激电致发光
thermoelectromagnetic 热电磁的
thermoelectromotive force 温差电动势
thermoelectron 热电子
thermoelectronic integrated micromodule (=TIMM) 热电子集成
　电路微型组件
thermoelectronic integrated micromodule circuit 热电子集中式微
　模电路
thermoelectrostatics 热静电学
thermoelement (1)温差电偶,热电偶；(2)温差电偶元件,热电元件,
　热敏元件,热元件
thermofin 热隔层
thermofission 热分裂
thermofixation 热固化
thermofor 载热固体,蓄热器,流动床
thermofor process 蓄热器催化重整过程
thermoform 热成形,热成型
thermoforming 热成形
thermogalvanic corrosion 温差电流腐蚀,热偶腐蚀
thermogalvanometer 温差电偶电流计温差电偶检流计热电偶电流计,
　热电偶检流计,温差检流计,热电检流计,热线检流计
thermogauge 热压力计
thermogenesis 生热[作用],热产生,生热
thermogenetic 生热[作用]的
thermogenic 生热的,产热的
thermogram (1)热解重量分析图,自记温度图表,差示热分析图,温
　度记录图,温谱图,差热图；(2)温度自记曲线,温度过程线,热解曲线；
　(3)热录像
thermograph (1)温度自动记录器,自记式温度计,温度记录器,温度
　自记器,(2)温度过程线；(3)热录像仪
thermography (1)发热记录[法],温度记录[法]；(2)热[学]分析；(3)
　红外线照相术,温场照相术,热法复制术,热敏成像法；(4)热熔印刷
thermogravimetric 热解重量的
thermogravimetric analysis (=TGA) 热[解]重量分析法
thermogravimetric curve 温度 - 重量曲线(样品加热时重量的变化)
thermogravimetry 热[解]重[量]分析法
thermohardening (1)热硬性；(2)热硬化[的]
thermohydrometer 温差比重计,热比重计
thermohygrogram 温湿自记曲线,温湿[曲线]图
thermohygrograph 温度湿度记录器,[自记]温湿计
thermohygrometer 温湿表
thermoindicator paint 示温漆,变色漆
thermoinduction 热感应
thermoinstrument 温差电偶仪表
thermointegrator 土壤积热器
thermoion 热离子
thermoionic 热离子的
thermoisogradient 热等梯度
thermoisopleth 变温等值线,等温线
thermojet (1)炽热喷流,热喷射,热射流；(2)空气喷气发动机
thermojunction (1)温差电偶接点,热电偶接点；(2)温差电偶接头,
　热电偶接头；(3)热结[点]
thermojunction ammeter 热电偶安培计
thermokinetics 热动力学
thermolabile 受热即分解的,不耐热的,感热的
thermolability 热不稳定性,热失稳性,不耐热性
thermolite 红外辐射用大功率碳丝灯
thermolith 耐火[材料用的]水泥
thermolize 表面热处理
thermologging 温度测井
thermology 热学
thermoluminescence 热激发光,热致发光,热发光,热释光
thermoluminescent 热[致]发光的,热释光的
thermolysis 热[力离]解[作用],热[分]解[作用],热放散的,
　散热[作用]
thermolytic 热分解的,热放散的,散热的
thermomagnetic 热磁效应的,热磁性的,热磁的
thermomagnetic conversion 热磁转换
thermomagnetic detector 热磁探测器
thermomagnetic effect 热磁效应
thermomagnetic generator 热磁发电机
thermomagnetic substance 耐磁物质
thermomagnetic treatment 热磁处理
thermomagnetic writing 热磁写入

thermomagnetism 热磁现象,热磁性,热磁学
thermomagnetization 热磁化
thermomagnetometry 热磁测定法
thermomechanical effect 热机械效应
thermomechanical-treatment (=TMT) 热机械处理,形变热处理
thermomechanical treatment 热机械处理,形变热处理
thermomechanics 热机械学,热变形学,热力学
thermometal 双金属,热金属
thermometallurgy 火法冶金[学],高温冶金
thermometer (1)温度计,测热计,温度表,寒暑表；(2)体温表
thermometer box 温度计箱
thermometer reading 温度计读数
thermometer-screen (温度表)百叶窗
thermometerize 用温度计测量
thermometric (1)温度的；(2)据温度计测得的,测温的；(3)温度表的,
　温度计的
thermometric conductivity 温度传导率
thermometric scale 温标
thermometro-graph (=thermograph) 自记式温度计,温度记录器
thermometrograph 自动式温度计,温度记录器
thermometry (1)测温学,计温学；(2)测温技术,计温术,测温法；(3)
　测温滴定
thermomicrograph 热显微照片,红外显微照片
thermomicroscopy 热显微术
thermomigration 热徙动
thermomodule 热电微型组件
thermomotor 热气机
thermomultiplicator (1)温度倍加器,热倍加器；(2)电流计的温差
　电堆
thermonastic 感热性的
thermonasty 感热性,感温性
thermonegative 吸热的
thermoneutral 热中性的,热平衡的
thermoneutrality 热中和性,热力中性,温度适中,温度平衡[状态]
thermonuclear 热核的,聚变的
thermonuclear energy 热核能
thermonuclear machine 热核装置
thermonuclear reaction 热核反应
thermonuclear transformation 热核变化
thermonuclear weapon 热核武器
thermonucleonics (1)热核技术；(2)热核子学
thermoosmosis 热渗透[作用]
thermooxidizing 热氧化
thermopaint (1)测温涂料,示温涂料；(2)彩色温度标示漆,测温漆
thermopair 温差电偶,热电偶
thermoperiodism 温变周期性,温周期现象
Thermoperm alloy (=thermopermalloy) 热坡姆合金,铁镍合金(镍30%,
　其余铁)
thermophone (1)热线式受话器,热致发声器,热发声器；(2)传声温
　度计
thermophore 载热[固]体,保热器,蓄热器(通常指接触材料或催化
　剂粒子),流动床
thermophoresis 热迁移,热泳
thermophosphor 热磷光体
thermophosphorescence 热发磷光
thermophotovoltaic 热光致伏打的,热光电的
thermophotovoltaic cell 热光电元件
thermophotovoltaic conversion 热光伏变换
thermophylactic 抗热的
thermophysical 热物理[学]的
thermophysics 热物理学
thermopile (1)温差电堆,热电堆；(2)温差电池,热电池；(3)温差电偶,
　热电偶；(4)热电元件
thermopile stick 测温色笔
thermoplast (1)热塑性塑料,热塑[性]材料；(2)热塑性,热范性
thermoplastic (1)热塑[性]塑料,热塑性材料,热熔塑胶；(2)热塑
　性；(3)加热软化的,热塑的,热范的
thermoplastic image record 热塑录像
thermoplastic light valve 热塑料光阀
thermoplastic material 热塑性材料,热塑材料
thermoplastic plastic 热塑性塑料,热塑塑料
thermoplastic resin 热塑性树脂
thermoplasticity (1)热塑性理论,热塑性力学；(2)热塑性
thermoplastics 热塑[性]塑料

thermopolymer 热聚[合]物

thermopolymerization 热聚合

thermopositive 放热的

thermopren(e) 环化橡胶

thermoprobe 测温探针

thermoptometry 热光测定法

thermoquenching 热淬火,热猝熄

thermoradiography 热辐射摄影术

thermoreceptor 温度感受器,热感受器,受热器

thermoreduction 减温

thermoregulation 温度的调节,调节温度,调温

thermoregulator 温度调节器,温度控制器,调温器

thermorelay (1)热敏[式]继电器,热继电器;(2)温差电偶继电器,热电偶继电器

thermoremanence 热顽磁感应强度,热剩余磁化强度

thermoresilience 热回弹

thermoresistance 抗热性

thermoresistant 抗热的

thermoresonance 热共振

thermorhythm 温度节律

thermorunaway (晶体管)热致击穿,热致破坏,热失控

thermorunning fit 热转配合

thermos 热水瓶,保温瓶

thermos bottle 热水瓶,保温瓶

thermos flask 热水瓶,保温瓶

thermoscan 热扫描摄影机

thermoscope 验温器,测温器,测温锥

thermoscopic(al) 验温器的,测温器的

thermoscreen 隔热屏

thermosenscence 热老化

thermosensitive 热敏的

thermosensitive resistor 热敏电阻器

thermoset (1)热变定法,热固性,热凝;(2)加热成型后即硬化的,热变定的,热固性的,热凝的;(3)热固[性]塑料

thermoset extrusion 热挤塑法

thermoset plastics 热固塑料

thermosetting (1)热固性,热固;(2)可高温硬化的,可热固的

thermosetting material 热固[性]材料

thermosetting plastics 热固性塑料,热凝塑料

thermosetting resin 热固[性]树脂

thermosiphon (1)热虹吸;(2)热虹吸管;(3)温差环流[冷却]系统

thermosiphon circulation 热对流循环法,热虹吸管循环法

thermosiphon cooling 温差循环冷却,热虹吸管冷却

thermosistor 调温器

thermosizing 热锤击尺寸整形

thermosnap 热保护自动开关

thermosol 热熔胶

thermosonde 热感探测仪,热感探空仪

thermosonimetry 热声发射测定法

thermosphere 热大气层,热电离层,热成层,热层

thermostability 热稳定[性],耐热[性]

thermostable 热稳定的,耐高温的,耐热的,抗热的

thermostat (1)恒温容器,恒温箱,恒温器;(2)温度自动调节器,恒热调节器,定温器,节温器;(3)根据温度自动启动的装置,热动开关,恒温开关

thermostat blade 温变断流计

thermostat metal 双金属

thermostat varnish 热稳定漆,耐热漆

thermostated 恒温调节的,控制温度的

thermostatic(al) 热静力学的,恒温[器]的

thermostatic anomaly 比容异常

thermostatic bimetal 恒温双金属

thermostatic chamber 恒温室

thermostatic oven 恒温槽,恒温炉

thermostatics 热静力学

thermosteresis 热损耗,热损失

thermosteric anomaly 比容异常

thermostriction 热致紧缩

thermostromuhr 电热血液流量计

thermoswitch (1)热电偶继电器,温度调节器;(2)热控开关,热敏开光,热开关

thermosyphon (=thermosiphon) (1)热虹吸管;(2)温差环流[冷却]系统

thermotank 恒温箱,调温柜

thermotape 热塑[记录]带

thermotaxis 趋热性,趋温性,向热性

thermotaxy (1)热排聚形;(2)热排性(树胶)

thermotechnical 热工的

thermotel 负载指示器(根据变压器温度)

thermotics 热学

thermotolerant 热稳[定]的,耐热的

thermotonus 温度反应

thermotransport 热[致]迁移,热输运

thermotron 温差电偶真空计

thermotropic 向温性的,正温的,热致的

thermotube 热管

thermovacuum 热真空

thermovent 散热口

thermoviscoelasticity 热粘弹性

thermoviscometer 热粘度计

thermoviscosimeter 热粘度计

thermovicosity 热粘性,热粘度

thermovoltmeter 热线式伏特计,温差电偶伏特计,热电压计

thermowattmeter 温差电偶瓦特计,热瓦特计

thermoweld 热焊接,熔接

thermowell 热电偶套管,温度计套管,温度计管孔,测温插套

thesis (复theses) 论文,论点,论题,命题,主题,提纲

THG enveloping wormwheel THG 型弧面蜗论

THG enveloping wormwheel pair THG 型弧面蜗轮杆副

thick (=THK) (1)厚的,粗的;(2)半固体的,稠的,浓的,深的;(3)最密部分,最厚部分,厚度;(4)不清楚的,不透明的,浑浊的

thick-and-thin (1)不顾任何困难的,困难重重的;(2)差动的;(3)粗细不匀的

thick cylinder 厚圆柱体,厚壁圆筒

thick-film 厚膜的

thick film 厚膜

thick film amplifier 厚膜放大器

thick film circuit 厚膜电路

thick film lubrication 厚膜润滑

thick-film microelectronics 厚膜微电子学

thick glass 厚玻璃

thick line 粗线

thick oil 粘稠油品,厚质油,稠油

thick plank 厚板

thick print 粗体字

thick stock 厚坯

thick stuff 船舷木列板

thick type 粗体字

thick wall 厚壁

thick walled half bearing 厚壁半轴承

thicken (1)使变厚,使变粗,使粗大;(2)使密;(3)使深;(4)加厚,加强,加牢;(5)增稠,稠化,加稠;(6)复杂化,变复杂

thickened-edge 厚边式,厚边

thickened oil 增稠油

thickener (1)(润滑油)稠化剂,增稠剂;(2)增稠剂器,增稠器,稠化器,浓缩器,浓缩槽,浓缩机,浓液机

thickening (1)加厚,增厚,增粗,增稠,增浓;(2)分级(按比重);(3)增稠过程,稠化过程;(4)增稠剂,浓化剂

thickness (=t) (1)厚度,厚薄;(2)稠度,浓度,稠密度,粘性;(3)浑浊

thickness by penetration 穿透法测定的厚度

thickness by reflection 反射法测定的厚度

thickness error 厚度误差

thickness feeler 量隙规,千分规,塞尺

thickness ga(u)ge 厚度测量器,厚薄[量]规,厚度规,厚度计,间隙规,塞尺

thickness indicator 测厚计

thickness measurement with laser 激光测厚

thickness measurement with ray 射线测厚

thickness of a helical rack tooth 斜齿条齿厚

thickness of a tooth 齿厚

thickness of chip 切屑厚度

thickness of cutting 切削厚度

thickness of drill tip 钻尖

thickness of flange 凸缘厚度

thickness of pipe 管厚

thickness of root face 钝边高度

thickness of thread 螺纹厚度

thickness of tooth 齿厚

1417

thickness of wall　壁厚

thickness piece　厚薄规，厚隙规

thickness ratio　厚度比

thickness taper　（锥齿轮）齿厚锥度

thickness tester　厚度计

thickness vibration　厚度振动

thicknesser　(1) 测厚器；(2) 划线盘；(3) 平面规；(4) 刨板机

thief　油罐取样器，泥浆取样，取样器

thief hatch　泥泵取样盖，取样孔，采样口

thief hole　泥泵取样盖，取样孔

thief sample　泥泵试样，粉末试样，液体试样

thief-sampler　测水器

thief sampling　泥泵取样

thief rod　采样杆

Thiele tube　均热管

thimble　(1) 定距套管，指形短管，锥形管，套筒，套圈，套管，衬套，短管；(2)（线路上的）穿线环，索端嵌环，嵌环，心环，索环；(3) 壳筒；(4) 铁制嵌轮；(5) 钢丝绳套环，椭圆形铁环；(6) 联轴器，离合器；(7) 电缆接头；(8) 封底管道，盲管道；(9) 顶针式电离室

thimble chamber　套管型电离室

thimble coupling　套筒联轴节，套管联轴器

thimble-eye　套筒眼

thin　(1) 稀薄的，稀少的，稀疏的，微弱的，淡薄的，薄的，细的；(2) 细小部分；(3) 使薄，使淡；(4) 变薄，变细；(5) 修磨，削去，磨去

thin air　稀薄的空气

thin-down　变细，变稀，变弱

thin-film　薄膜的

thin film (=TF)　薄油膜，薄膜

thin-film capacitor　薄膜电容器

thin-film circuit　薄膜电路

thin film distribute parameter (=TFDP)　薄膜分配参数

thin film field effect transistor (=TFFT)　薄膜场效应晶体管

thin film hybrid circuit (=TFHC)　薄膜混合电路

thin-film integrated circuit　薄膜集成电路

thin-film lubrication　薄油膜润滑

thin-film magnetic head　薄膜磁头

thin-film magnetic module　薄膜磁组件

thin-film microelectronic　薄膜微电子学

thin film of oil　薄油膜

thin-film passive network　薄膜无源网络

thin-film photocell　薄膜光电池

thin film processing　薄膜工艺

thin-film rectifier　薄膜整流器

thin film technique (=TFT)　薄膜工艺，薄膜技术

thin-film technology　薄膜工艺学

thin-film transistor (=TFT)　薄膜晶体管

thin fluidity　稀液性

thin-ga(u)ge plate　薄金属板，薄钢板

thin layer chromatography (=TLC)　薄层色谱法

thin layer chromatography scanner (=TLC scanner)　薄层色谱扫描器

thin lead　薄铅条

thin lens　薄透镜

thin light　微弱的光线

thin metal　薄钢板

thin nose bent pliers　歪头扁嘴钳

thin oil　薄质油，稀油

thin oil film　薄油膜

thin plank　薄板

thin-section　薄壁的

thin section　薄切片

thin-section ball bearing　薄壁套圈的球轴承

thin-shell　薄壳的

thin-shell construction　薄壳结构

thin sheet　薄钢板，薄板

thin-slab　薄板的

thin stock　薄坯

thin tape　薄磁带

thin thread　细线

thin wall　薄壁

thin-wall conduit　薄壁导管

thin wall outer ring　（轴承）薄壁外圈

thin-walled　薄壁的

thin walled structure　薄板结构

thin-window counter　薄窗膜计数管

thingamy (=thingamajig 或 thingumajig 或 thingumbob 或 thingummy)　(1) 装置；(2) [小] 机件

thinking-machine　（电子）计算机

thinner　(1) 稀释剂，冲淡剂，稀料，溶剂；(2) 冲淡，剂化

thinness　稀少，稀疏，薄，细，疏

thinning　(1) 压薄，变薄；(2) 稀化，稀释；(3)（钻头）横刃修磨，变尖，弄尖，削去

thinning-down　变细，变稀，变弱

thinning machine　压薄机

thiocol　聚硫橡胶，乙硫橡胶

thiokol　聚硫橡胶，乙硫橡胶

thiokol chemical corp. (=TCC)　聚硫橡胶化学公司

thionation　硫化作用

third　(1) 第三 [的]，三个 [的]；(2) 三分之一 [的]

third and fourth aped sliding rod　三四挡滑移变速杆

third angle drawing　第三角画法

third angle projection drawing　第三角投影法

third anode　第三阴极

third-class　(1) 三等的，三级的，下等的；(2) 按照三等

third class　(1) 三等品，三级；(2) 三等舱

third dimension　第三维，第三度

third engineer　(1) 二管轮，三轨；(2) 三管轮

third gear　第三速度齿轮，[第] 三档齿轮

third generation computer　第三代计算机

third hand tap　手用三锥，精丝锥，三锥，三攻

third harmonic　[第] 三次谐波

third harmonic tuning　三次调谐

third law of motion　第三运动定律

third law of thermodynamic　热力学第三定律

third motion shaft　第三运动轴

third-order　第三级的，三阶的

third order aberration　第三级像差

third order reaction　三级反应

third party　第三者，第三方

third party guarantee　第三者担保

third pinion　（钟表）第三小齿轮

third power　三次幂，立方

third rail　电动机车的输电轨

third readiness stage (=TRS)　三级准备阶段

third speed　第三速度，第三速率，[第] 三档

third speed gear　第三速度齿轮，[第] 三档齿轮

thirty degree cut　30 度切割

this side up!　此端向上！

thistle board　（纸面）石膏板，轻质板

thixolabile　易触变的，不耐触的

thixotrometer　触变计，摇溶计

thixotrope　触变胶

thixotropic　具有触变作用的，触变 [性] 的，摇溶的

thixotropic agent　触变剂，摇溶剂

thixotropy　振动液化，触变性，摇溶性

thixotropy in film　薄膜的触变性

thixotropy of lubricating greases　润滑脂的触变性

Thomas chart　计算电线挠度和张力的图表，托马斯图 [表]

Thomas low arbon steel　碱性转炉低碳钢

Thomas slag　碱性转炉渣

Thomas steel　碱性转炉钢

Thomson effect　汤姆逊效应

Thomson meter　(1) 汤姆逊积算表；(2) 汤姆逊式仪表

Thomson repulsion motor　汤姆逊排斥电动机

Thomson's theorem　汤姆逊定理

Thorex process　从辐照过的钍中取出铀 233 的工艺过程，托雷克斯过程

thoria　[二] 氧化钍，钍土

thoria-coated　敷钍的

thoria-molybdenum　钼钍氧金属陶瓷

thoriate　加氧化钍，敷钍，镀钍

thoriated tungsten　敷钍钨，镀钍钨

thoriated tungsten cathode　钍钨阴极

thorium　{化} 钍 Th（音土，第 90 号元素）

thorium filament　敷钍灯丝

thorium nitrate　硝酸钍

thorium oxide-molybdenum　钼钍氧金属陶瓷

thorium series　钍系

thorium tungsten filament　敷钍钨灯丝

thorium-uranium-deuterium (=TRUD)　钍 - 铀 - 氘系统

thorium-uranium deuterium-zero-power reactor (=TRUD-ZPR) 重水零功率钍-铀反应堆

thousand (1)[一]千；(2)一千个一组；(3)许许多多,无数；(4)成千的,无数的,许多的

thousandfold 千倍,千重

thousandth (1)第一千个；(2)千分之一的,第一千的,微小的

thraustics 脆性材料工艺学

thread (1)螺丝；(2)螺纹,螺线；(3)螺距；(4)[电线的]股

thread angle 螺纹牙形角,螺纹展角

thread caliper 螺纹卡尺

thread chaser 螺纹梳刀,螺纹花刀,螺纹钢扳,螺纹扳牙

thread chasing dial 螺纹指示盘,乱扣盘

thread chasing lever 螺纹刻度手柄

thread chasing machine 螺纹车床,螺丝车床

thread contour 螺纹轮廓

thread cutter 螺纹铣刀

thread cutting 螺纹切削,车[制]螺纹

thread cutting dial 螺纹指示盘,乱扣盘

thread cutting hob 螺纹滚刀

thread cutting hobbing 螺纹滚铣

thread cutting lathe 螺纹车床

thread cutting machine 螺纹切削车床,螺纹车床,螺丝车床

thread cutting mechanism 螺丝切削机构

thread cutting screw 攻丝螺钉

thread cutting tool 螺纹切削刀具

thread dial 螺纹刻度盘

thread-dial indicator 螺纹千分尺

thread diameter 螺纹外径,螺纹直径

thread die 螺纹板牙,螺纹模盘

thread end reamer 螺纹端铰刀

thread error 螺纹误差

thread fit 螺纹配合

thread flank 螺纹面

thread form 螺纹牙形,牙型

thread form cutting machine 螺纹成形切削机床

thread forming tool 螺纹成形刀具

thread ga(u)ge 螺纹量规,螺纹规

thread generator 螺纹加工机

thread-grinder 螺纹磨床

thread grinder 螺纹磨床

thread grinder with laser interferometer 激光四杠磨床

thread grinding 螺纹磨削

thread grinding attachment 螺纹磨削装置

thread grinding machine 螺纹磨床

thread groove 螺纹槽

thread indicator 螺纹指示器,螺距仪

thread joint 螺纹连接

thread length 螺纹长度

thread machining 螺纹加工

thread mandrel 螺纹心轴

thread measuring wires 螺纹测量线

thread micrometer 螺纹千分尺

thread miller 螺纹铣床

thread milling 螺纹铣削

thread milling attachment 螺纹铣削配件

thread milling machine 螺纹铣床

thread nuts on to 把螺纹拧在……上

thread of life 生命线

thread per inch (=TPI) 每英寸螺纹扣数,每英寸螺纹数

thread pitch 螺距

thread pitch gage 螺距规

thread plug 螺纹插塞,螺纹塞

thread plug gage 螺纹塞规

thread profile 螺纹牙形

thread protector 螺纹护环

thread ring gage 螺纹环规

thread roller 滚螺纹机,滚丝机

thread rolling 滚丝,搓丝

thread rolling die 滚丝模

thread rolling machine 滚丝机,搓丝机

thread sawing machine 螺纹锯床,线锯锯床

thread-shaped 线形的

thread snap gage 螺纹卡规

thread spindle 螺纹轴(如丝杠)

thread standard 螺纹标准

thread take-up can (缝纫机)挑线凸轮

thread-tapping machine 攻丝机

thread-turning 螺纹车削

thread-turning cam 车轮凸轮

thread turning machine 螺纹车床

thread turning tool rest 车丝刀架

thread whirling 螺纹旋风切削

threaded bolt 螺栓

threaded bush 螺纹衬套,螺纹套管

threaded connection 螺纹连接,丝扣连接

threaded file 链接文件

threaded gauge 螺纹量规

threaded hole 螺纹孔

threaded insert 螺纹嵌入圈

threaded list (1){数}穿插表；(2){计}线索表

threaded pipe 螺纹管

threaded plug gage 螺纹赛规

threaded sleeve 螺旋联轴器

threaded shaft 螺纹轴

threaded shunt 螺纹槽分路

threaded spindle nose 螺纹轴端

threaded stud 双头螺栓,螺柱

threader (1)螺纹加工车床,螺丝车床；(2)螺纹铣床；(3)螺纹磨床,螺丝磨床；(4)螺纹加工工具

threadiness 纤维状,线状,丝状

threading 车螺纹,攻丝,套扣,扣纹

threading chuck 攻丝卡盘

threading dial (车床的)螺纹指示盘

threading die (1)内螺纹板牙；(2)螺丝模盘

threading dies grinding machine 圆板牙铲磨床

threading hob 螺纹滚铣刀

threading lubricant 攻丝润滑剂

threading machine 螺丝加工机床,攻丝机

threading machine with tangential chaser 套丝机

threading tool (1)螺纹刀具,攻丝刀具；(2)螺纹车刀

threading tool rest 车丝刀架

threads per inch 每英寸螺纹牙数,每英寸螺纹扣数

thready (1)线做的；(2)像线的,细的

three (1)三个一组的,三个[的],三[个]的；(2)三者；(3)三点钟

three-address 三地址[的](计算机技术)

three-address code 三地址代码

three-address computer 三地址计算机

three-address instruction 三地址指令,三地址码

three-address machine 三地址计算机

three-address system 三地址制

three-arm pickling machine 三摇臂酸洗机

three-arm unloader 三臂卸卷机

three-axis coupling device 三坐标仿形装置

three-axis reference system (=TARS) 三轴坐标系统,三轴参考系统

three-axis stabilization (=TAS) 三轴稳定

three-axle bogie 三轴转向架

three-axle gear 三轴转动装置

three-axle girder body 三轴桥梁绞车架

three-axle roller 三轴串联式压路机

three ball and trunnion universal joint 三球枢轴式万向节

three-bank cylinders W型气缸体

three-bar curve 三杆件运动曲线

three-bar curve arc 三杆件运动弧长

three-bar curve drawing device 三杆件曲线绘图仪

three-bar curve indexing mechanism 三杆件运动曲线分度机构

three-bar motion 三杆件运动

three-body decay 三体衰变

three-brush bottle washer 三刷洗瓶机

three-brush generator 三刷发电机

three-centered 三[中]心的

three-circuit 三调谐电路的,三电路的

three circuit transformer 三绕组变压器

three-colour 三色版的

three-colour process 三色版[法]

three-component 三部分组成的,三冲量的,三组分的,三分量的,三元的

three-component alloy 三元合金

three-coordinates measuring machine 三坐标测量仪

three core cable 三芯电缆
three core conductor 三芯导线
three-corner 三角形的, 三棱的
three-corner rotor 三角形转子
three-cornered 三角的
three-cornered scraper 三角刮刀
three-cornered trade 三角贸易
three-crank mechanism 三杆曲柄机构
three-cup anemometer 三杯风速表
three-cylinder 三缸的
three-cylinder compressed-air motor 三缸空压机
three-cylinder washer 三筒锉机
three-decker (1)三层甲板舰; (2)三层结构
three dimensional (=three D) (1)三维的,三度的,三元的;(2)立体的, 空间的; (3)有立体感的,真实的
three-dimensional analog computer 三维模拟计算机
three-dimensional cam 三维凸轮
three-dimensional circuit 三维电路
three-dimensional copying milling machine 立体仿形铣床
three-dimensional die sinking milling machine 立体刻模铣床
three-dimensional display 三维显示
three-dimensional display tube 立体显示管
three-dimensional engraving machine 立体刻模铣床
three-dimensional flow 三维流动
three-dimensional four-bar mechanism 三维四杆机构
three-dimensional four-piece mechanism 三维四杆机构
three-dimensional holography 三维全息术
three-dimensional log 三维测井
three-dimensional mechanism 三维机构
three-dimensional memory 三度存储器
three-dimensional motion 三维运动,三度运动,空间运动
three-dimensional packing 三维组装
three-dimensional pantograph engraving machine 立体缩放仪刻模铣床
three-dimensional photoelastic stress 三维光弹应力分析
three-dimensional photoelasticity 三维光弹性,三向光弹性
three-dimensional profile machine 三向粗糙度
three-dimensional space 三维空间
three-dimensional stress 三向应力
three-dimensional surface 三光面,三度面
three-dimensional system television 三维电视系统
three-dimensional television 立体电视
three-dimensional vector 三维向量
three-dimensional vector velocimeter 三维矢量速度计
three-dimensional vertical copying milling machine 立式立体仿形铣床
three-edged rule 三棱尺
three elastic axes 三弹性轴
three-electrode 三[电]极的
three-element 三元件的, 三元的
three element differential mechanism 三杆件差动机构
three equidistant supports 三等距离支点
three-fluted drill 三棱钻头
three-fold (1)三倍的, 三重的; (2)成三倍, 成三重
three-force 三维力
three-gear cluster 三联齿轮
three-grade system signal 三位制信号
three-grooved drill 三槽钻头
three-gun 三电子枪
three-gun tricolor tube 三电子枪彩色显像管
three-high billet mill 三辊钢坯轧机
three-high bloomer 三辊开坯机
three-high blooming mill 三辊式初轧机
three-high cogging mill 三辊开坯机
three-high finishing train 三辊式精轧机组
three-high jobbing mill 三辊式型钢轧机
three-high Lauth plate mill 三辊劳特式钢板轧机
three-high rolling mill 三辊式轧机
three-high rolling stand 三辊式轧钢机座
three-high rolling train 三辊式轧钢机组
three-high shape mill 三辊式型钢轧机
three-high universal mill 三辊万能式轧机
three-hinged 三铰的
three-input adder 三输入加法器, 全加[法]器

three-jaw 三爪
three-jaw chuck 三爪卡盘
three-jaw collet chuck 三套爪卡盘
three-jaw concentric chuck 三爪自动同心卡盘, 三爪自动定心卡盘
three-jaw draw-in type chuck 三爪内拉紧式夹盘
three-jaw drill chuck 三爪钻夹头
three-jaw independent chuck 三爪分动卡盘
three-jaw lever-operated chuck 三爪杆动卡盘
three-jaw self-centering chuck 三爪自定心卡盘, 自定心三爪卡盘
three-jaw universal chuck 三爪万能卡盘
three layer construction logic circuit 三层结构逻辑电路
three-legged 三腿的, 三脚的
three-level 三级[能]的
three-link differential mechanism 三杆件差动机构
three-lipped drill 三缘钻头
three-lobe bearing 三瓦块轴承
three-lobe rotor 三角形转子, 三叶转子
three-minute glass 三分钟定时器
three-mode control (=TMC) 三模控制
three-momentum 三维动量
three o'clock welding 横向自动焊
three-oscillations 三[组]振荡
three-part alloy 三元合金
three-part flask 三开砂箱
three-phase (=tp) (1)三相位; (2)三相的
three phase 三相
three phase alternating-current 三相交流电流
three-phase alternating current motor 三相交流电动机
three-phase alternating-current supply 三相交流电源
three-phase alternating-current induction motor 三相交流感应电动机
three-phase autotransformer 三相自偶变压器
three-phase asynchronous motor 三相异步电动机
three-phase cable 三相电缆
three-phase circuit 三相电路
three-phase commutation machine 三相整流示电机
three-phase current 三相电流
three-phase current motor 三相交流电动机
three-phase electromotive force 三相电动势
three-phase exciter 三相激磁器
three-phase half wave rectifier 三相半波整流器
three-phase four-wire system 三相四线制
three-phase full wave connection 三相全波接法
three-phase full wave constant voltage rectifier 三相全波恒压整流器
three-phase full wave rectifier 三相全波整流器
three-phase generator 三相发电机
three-phase induction 三相感应
three-phase induction motor 三相感应电动势
three-phase motor 三相电动势
three-phase series motor 三相串激电动机
three-phase short circuit 三相短路
three-phase short circuit curve 三相短路曲线
three-phase shunt motor 三相并激电动机
three-phase system 三相制
three-phase three-wire system 三相三线制
three-phase unbalanced power 三相不平衡功率
three-phase wattmeter 三相功率计
three-piece 由三部分组成的, 三件一套的
three-pin plug 三脚插头
three-plier 三行式铆钉
three-ply (=tp) (1)三层厚, 三层的, 三重的, 三股头的(线); (2)三层合成的木板, 三夹板
three-ply board 三夹板
three-point attachment 三点[支撑]装置, 三点中心支架
three-point bearing 三点接触轴承
three-point contact ball bearing 三点接触球轴承
three-point coupling 三点联结
three-point support 三点支撑
three-point suspension 三点悬挂, 三点悬置
three-pole (=tp) (1)三极的; (2)三极式
three-position 三位[置]的
three-position switch 三位转换开关
three-quarter(s) (1)四分之三; (2)四分之三的
three-quarter floating axle 四分之三浮动轴

three-race mill 三环槽式磨碎机
three-range transmission 带三档大速臂副变速器的变速器
three-ratio gear 三级变速装置
three-ring 三 (节) 环
three-roll bending machine 三辊弯板机
three-roll piercer 三辊穿孔机
three-roll-type coiler 三辊式卷取机
three-roll unbender 三辊矫直机
three-row 三行的, 三排的, 三列的
three row bearing 三列轴承
three-row ridger 三行起垄机
three-seater 三座 [飞] 机
three sheave block 三轮滑车
three sided rotor 三角形转子
three-space 立体的, 空间的
three speed gear (1) 三速齿轮, 三档齿轮; (2) 三级变速装置
three-speed player 三速电唱机
three speed transmission 三速传动装置, 三速变速器
three-square (1) 截面成等边三角形的, 三角的, 三棱的; (2) 三角形锉刀
three-square tool 三棱刀
three-stage 三级的
three-stage compressor 三级压缩机
three-stage design 三级设计
three-stand tandem mill 三基座串列式轧机
three-start screw 三头螺纹
three-state logic (=TSL) 三态逻辑
three station duplex transmission system 三局双工传输制
three-step 三级的
three-step feed box 三级进给箱
three-strand rod mill 三线式棒材轧机
three-terminal 三 [引出] 端的
three-thread wire method 三针测纹法, 三钢丝测纹法
three-throw 三通的, 三弯的
three-throw crank 三连曲柄, 三拐曲柄
three-throw crank pump 三连曲柄泵
three-throw crank shaft 三连曲柄
three-throw crankshaft 三拐曲柄
three-throw pump 三曲柄泵
three-tier 三层的, 三行的, 三列的, 三排的
three times overload relay 三次过荷继电器
three-unit 三单位 (电码)
three-vector 三维矢量, 三维向量
three-way 三通的, 三向的, 三用的
three-way bulb 三光灯泡, 变光灯泡
three-way cock 三通旋塞
three-way connection (1) 三通接头; (2) 三路管; (3) 三向连接
three-way cord 三股软线
three-way core 三心塞绳
three-way nut 三通 [接头] 螺母
three-way pipe 三通管
three-way ratio 三用接收机
three-way set 三用机
three-way union 三通管接头
three-way valve 三通阀
three-wheeler 三轮摩托车, 三轮小车
three-winding 三线圈的, 三绕组的
three-winding transformer 三绕组变压器, 三线圈变压器
three-wire (1) 三线 [的]; (2) 三针 [的]
three-wire generator 三线发动机, 三相发动机
three-way measurement 三线测螺纹法
three-wheeler 三轮车
three-wire meter 三线式仪表
three-wire method 三线测螺纹法, 三钢丝法
three-wire set 三针
three-wire system (1) 三针法, 三线测螺纹法; (2) 三线制
threefold (1) 增加两倍, 三倍; (2) 三重的; (3) 三方面的; (3) 三次
threefold axis 三重轴
threequarter(s) 四分之三 [的]
threesider 三面形
thresher 脱粒机
threshing machine 脱谷机, 脱粒机
threshold (=th) (1) 阀门限, 界限, 极限; (2) 限度, 范围, 边界, 终点; (3) 临界值, 界限值, 门限值, 定值; (4) 阈 [值]

threshold circuit 阈电路
threshold condition 阈值条件
threshold constrain 阈制约
threshold current 阈电流
threshold decoder 阈解码器
threshold detector 阈探测器
threshold element 阈元件, 阈元素
threshold exposure 曝光阈值
threshold frequency 临界频率, 阈频率
threshold legibility 可读临界 [度]
threshold level 阈值电平, 门限电平, 临阈级
threshold limit value (=TLV) 阈限值
threshold logic 阈逻辑
threshold logic circuit 阈值逻辑电路, 阈逻辑电路
threshold neutron 阈能中子
threshold of hearing 最低可听值, 可听限度, 听觉界限, 听觉阈
threshold of nucleation 成核临界温度
threshold of sensitivity 灵敏度阈值, 灵敏度界限
threshold photoionization 光致电离阈
threshold price 入门价格, 起码价格
threshold quantity 门极限
threshold signal 阈信号
threshold size 临界尺寸
threshold value 临界值, 门限值, 门槛值, 阈值
threshold velocity 临界速度, 起动流速, 阈速度
threshold voltage 阈值电压, 阈电压
thrible 三联管
thrice (1) 三倍地, 三度地, 三次, 再三, 屡次; (2) 十分, 非常, 很
throat (1) 喉径, 喉颈, 颈部; (2) (机床的) 弯喉; (3) 钩喉; (4) (高炉) 炉喉; (5) (转炉) 喷口, 孔口; (6) (喷管) 临界截面; (7) 滴水槽 (8) (点焊机) 进深, 前探, 探距; (9) (风洞) 工作槽, 工作缝隙, 工作段, 试验段; (10) (光学) 计算尺寸; (11) 开槽, 掘
throat area 喷管临界截面积, 喉面积
throat brail 主卷帆索
throat capacity 喉容量
throat depth (1) 弯喉深度; (2) 焊缝厚度
throat diameter (喷管的) 临界截面直径, (蜗轮) 喉 [部直] 径
throat diameter of worm 蜗杆喉径
throat diameter of wormgear 蜗轮喉径
throat-form radius 蜗轮喉部半径, 齿顶圆弧半径
throat halyard 桁叉端吊索
throat liner (尾水管) 喉部衬彻
throat microphone 喉头送话器, 喉式传声器
throat of fillet weld 填角焊缝喉长, 角焊缝的厚度, 凹角焊喉
throat of furnace 炉喉
throat of injector 喷射器喉
throat of threading die 螺丝钢板导口
throat of tooth 齿喉
throat of weld 凹角焊喉
throat opening {焊} 悬臂距离
throat pressure 临界截面压力, 喉压
throat thickness 焊缝厚度
throat velocity (喷管) 临界截面速度, 喉部速度
throatable 喉部可变形的, 可调喉部的, 可有喉部的
throated nut 槽形螺母
throated worm gear 带喉蜗轮
throating 滴水槽, 滴水线
throstle 精梳毛纺机器, 翼锭精纺机
throttle (=T) (1) 节流, 调流; (2) 调节节流阀门, 进口阀门, 调速汽门, 节流活门, 节汽活门, 节流阀, 节气阀; (3) 主气门, 风门, 油门, 气管; (4) 节流圈, 扼流圈; (5) 调节 [进入发动机的可燃混合物, 用节流阀调节, 减压
throttle bush 节流阀衬套
throttle chamber 节流室, 混合室
throttle control 节流控制, 扼流控制, 风门控制
throttle down (1) 节流; (2) 关气门
throttle governing 节流调速
throttle governor 节流调节器
throttle grip 节流阀手柄
throttle lever 节流操纵杆, 油门操纵杆, 节流杆
throttle linkage (1) 节流操纵杆系, 节流联动装置; (2) 油门操纵杆系
throttle nozzle 节流喷嘴, 阻尼喷嘴
throttle orifice 节流孔
throttle plate 节流板, 节流孔板

1421

throttle resistance　节流阻力
throttle shaft　节流阀轴
throttle valve　节流阀,节气阀,调整阀,减压阀,减速阀,风门
throttleable　油门可调的
throttlehold　扼杀,压制
throttleman　节流工
throttler　节流器
throttling　(1) 油门调节,节流,节气,扼流;(2) 焦耳 - 汤姆逊 [气体] 膨胀
throttling action　节流作用
throttling calorimeter　节流量热计
throttling governing　节流调速
throttling governor　节流调节器
throttling set　节流装置
through　(1) 通过,穿过,透过,贯穿,贯通,直通,(2) 从头到尾,自始至终,一直到,完全,完成,完毕,充分,彻底,整个;(3) 由于,因为;(4) 经由,以,(5) 通过的,对穿的,穿透的,贯通的,连续的,直达的,转接的
through ball joint　通行球节
through beam　下承梁,连续梁
through bill of lading　联运提单
through bolt　贯穿螺栓,双头螺栓
through bridge　下承 [式] 桥
through characteristic　穿透特性,通过特性
through check　详检
through circuit　转接电路
through condenser　穿心式电容器
through coupling　直接偶合连轴节,直接偶合传动
through crack　从上到下开裂,贯穿裂缝,贯穿裂纹,穿透裂纹,透缝
through current　直通电流
through cut　明挖,明鉴
through drive　贯通轴传动
through-driving shaft　贯通驱动轴,贯通传动轴
through feed　(1) 贯穿进给;(2) 贯穿进刀;(3) (无心磨床) 纵向进给贯穿磨法
through feed centerless grinding　贯穿进给无心磨削,贯穿进刀无心磨削
through feed grinding　通过式无心磨削
through feed method　贯穿进给法,贯穿进刀法
through-flow　直流,通流
through-flow turbine　贯流式水轮机
through girder　下承梁
through girder bridge　穿式桁梁桥
through-going shaft　贯通轴
through hardened gear　透硬淬火齿轮,整体淬火齿轮,整体硬化齿轮
through-hardening　全部硬化,穿透淬火,淬透
through hardening　整体硬化,透硬淬火,淬透
through-hole　(1) 通孔,透孔,透眼;(2) 金属化孔
through hole　(1) 通孔,透眼,透孔;(2) {堆} 贯穿孔道
through hole coating　通孔镀敷,孔内镀敷
through hole plating　通孔镀敷,孔风镀敷
through-hole refuelling　{堆} 贯通换料
through-illumination　透射照明
through level　转接电平
through load　穿越负载 (在差动保护区以外的)
through metal　金属支架
through pin　穿通销
through position　转接合
through-put　(1) 生产能力,生产率;(2) 物料通过量,容许能力
through quenching　透硬淬火,透淬
through rate　通过速率
through reamer　长铰刀
through repeater　直通中继器
through retort　直通干馏炉
through span　下承跨,下桥跨
through-station　中间站,通过站
through station　中间站,通过站
through switch　直通开关
through-traffic　直达交通,联运
through traffic　直达交通,联运
through train　直达列车
through-transport　联运
through transport by land and water　水陆联运
through truss　穿过式桁架,下承式桁架
through-tube　纱管

through tube　贯穿孔道,贯穿管
through-type　直通型
through type current transformer　贯通式变流器
through way valve　直通阀
through welding　焊透
throughout　贯穿,遍及,一直,全部,完全,到处,各处,通,全,整
throughout the semiconductor industry　在整个半导体工业中
throughput　(1) 生产能力,生产量,生产率;(2) 通过速度,抽气量,通过量,处理量,吞吐量,流量,流率;(3) 解题能力;(4) 容许能力,容许量,工作量
throughput capacity　生产能力,流通能力,出力
throughput concentration　(物料) 通过浓度
throughput rate　数据处理率,通过率,生产率
throughput time　{计} 解题时间
throughput weight　(物料) 通过重量
throughway　(1) 高速公路;(2) 直达的
throw　(1) 摆度,摆幅;(2) 偏心距,偏心度;(3) 行程,冲程;(4) 曲拐;(5) 抛油圈;(6) 投射,投掷,抛射,发射,喷射,转动,推动,开关
throw a satellite into space　把卫星射入空间
throw a shadow　投影
throw-away　(1) 废品,废 [零] 件;(2) 临时使用件,临时利用件
throw-crook　捻钩
throw-in　(1) 接通,接入,注入;(2) 包含
throw in　(1) 接通,接入;(2) 包含
throw-in lever　接合操纵杆,启动杆
throw into gear　(齿轮) 啮合,挂挡
throw lathe　小型手摇车床
throw lever　制动杆
throw light　投射光线
throw of crank　曲柄半径,曲柄行程
throw of crankshaft　(1) 曲柄半径;(2) 曲柄的曲拐;(3) 曲轴偏心距
throw of eccentric　偏心轮行程,偏心轮偏心度
throw of lever　杠杆行程
throw of pump　泵的冲程
throw of switch　尖规动距
throw of the point　规尖摆幅
throw-off　(1) 开始,出发;(2) 切断,断路,断开,关闭
throw off　断开,切断,断路,关闭
throw-off carriage　卸料车
throw-out　(1) 推出器,离合器;(2) 切断,断路;(3) 发热,发光,放热,放光,(4) (工厂制品中的) 次货,劣货
throw-out bearing　分离轴承
throw-out collar　分离推力环,离合器,推环
throw-out equalizer　(离合器) 分离爪调平螺钉
throw-out fork　(离合器) 分离叉
throw-out　分离操纵杆,停车杆,止动杆
throw out of gear　脱开啮合,不啮合
throw-out spiral　输出螺旋线,输出磁带,盘尾纹,抛出纹
throw-over　转换,转接,变换,切换,换向,换速,换挡,变速
throw over　转换,换挡
throw-over gear　(1) 换挡机构;(2) 跨轮架
throw-over switch　投掷开关
throw silk　捻丝
throw solder　脱焊
throw transporter　震动运输机
throw-weight　[导弹的] 有效负荷,有效载荷,发射重量,投掷重量
throwaway　(1) 废品,废件,废气;(2) 临时利用件;(3) 不磨刃刀片,多刃刀片
throwaway negative rake grinding machine　可转位刀片负倒刃磨床
throwaway periphery grinding machine　可转位刀片周边刃磨床
throwaway twin-face lapping machine　可转位刀片双端面研磨机
throwback　切换,返回,反馈
thrower　(1) 投掷器,投掷物,抛掷物;(2) 抛射器;(3) 抛油环,甩油环
thrower ring　抛油圈,甩油圈
throwing　(1) 拉坯;(2) 捻 [生丝]
throwing-away　丢弃
throwing-off　抛却 [负载]
throwing power　着电效率,电镀本领
throwing wheel　抛丸叶轮
throwout collar　推环
thru (=through)　(1) 通过,穿过,透过,贯穿,贯通,直通;(2) 从头到尾,自始至终,一直到,完全,完成,完毕,充分,彻底,整个;(3) 由于,因为;(4) 经由,以,(5) 通过的,对穿的,穿透的,贯通的,连续的,直达的,转接的

thru feed grinding　贯穿[进给]磨削法

thru hardening　整体淬火,透硬淬火,淬透

thru hole　通孔,透孔,透眼

thru hole diameter of work spindle　工件主轴通孔直径

thrufeed method　贯穿进给法,贯穿进刀法

thruput (=throughput)　(1)生产能力,生产量,生产率,(2)物料通过量,通过速度,抽气量,通过量,处理量,吞吐量,流量;(3)解题能力;(4)容许能力,容许量,工作量

thrust (=THR)　(1)驱动力,推力,冲力,止推;(2)牵引力,压裂力;(3)切向压应力,侧向压力,轴向压力,(4)反压力

thrust-adjusting gear　推力调整装置

thrust-anemometer　推力风速表

thrust at sea level (=TSL)　在海平面的推力

thrust augmentation　推力加大,加力

thrust axle　推力轴

thrust ball bearing　推力球轴承,推力滚珠轴承,止推滚珠轴承

thrust ball bearing flat washer　推力球轴承平面垫圈

thrust ball bearing with aligning washer　球面活圈推力球轴承

thrust ball bearing with aligning washer and aligning seat　带球面座圈的推力球轴承

thrust ball bearing with flat seat　活圈位平底面的推力球轴承

thrust ball bearing with housing washer and ball assembly　无紧圈单向推力球轴承

thrust ball bearing with sleeve　有内罩的推力球轴承

thrust ball bearing with spherical housing washer　球面活圈推力球轴承

thrust ball bearing with spherical housing washer and seating ring　带球面座圈的推力球轴承

thrust ball bearing with tight washer and ball assembly　无活圈的单向推力球轴承

thrust ball bearing without cage　无保持架的推力球轴承

thrust ball bearing without shaft washer　无紧圈单向推力球轴承

thrust bar　推力杆,止推杆,推杆

thrust bearing　(1)推力轴承,止推轴承;(2)推力座

thrust bearing large bore washer　活圈(推力轴承一组套圈中内径最大的一个套圈)

thrust bearing pad　推力轴承瓦块

thrust bearing protection device　推力轴承保护装置

thrust bearing safety device　推力轴承安全装置

thrust bearing shim　推力轴承垫片

thrust bearing small bore washer　紧圈(推力轴承一组套圈中内径最小的一个套圈)

thrust bearing trip　推力轴承脱扣装置

thrust-bearing wear trip　推力轴承磨损脱扣

thrust block　止推座,推力座,推力块,推枕,轨撑

thrust block plate　推力座板

thrust bolt　止推螺栓

thrust borer　冲击钻孔机

thrust box　推力轴承箱,止推轴承箱

thrust brake　轴向压力源盘制动器

thrust bush　止推衬套,止推套筒

thrust carrying capacity　(轴承)轴向负荷容量,承推能力

thrust chamber (=TC)　[火箭发动机的]推力室

thrust chamber assembly (=TCA)　推力室装置

thrust chamber pressure (=TCP)　(火箭发动机)推力室压力

thrust chamber pressure switch (=TCPS)　(火箭发动机)推力室压力开关

thrust chamber valve switch (=TCVS)　(火箭发动机)推力室阀门开关

thrust collar　推力环,止推环

thrust collar bearing　推力环轴承

thrust component　推力分量

thrust controller (=T/C)　推力自动稳定器,推力调节器

thrust due to temperature　(炼炉中的)温度推力

thrust face　推力面,止推面

thrust force　推力

thrust gauge　推力计

thrust gear　推移机构

thrust horsepower (=THP)　(1)螺桨推进马力;(2)推进马力,推进功率,推力马力

thrust jack　(发动机)推力测定器

thrust journal　推力轴颈,止推轴颈

thrust-journal plain bearing　径向推力滑动轴承

thrust-kilogram　公斤推力

thrust line (=TL)　推力作用线,标定基准线,推力线

thrust limit　推力限制线

thrust load　推力载荷,轴向载荷,推力载荷,轴向力

thrust meter　轴向力测力计,推力计

thrust moment　推力力矩

thrust motion　推压运动

thrust needle roller and cage assembly　推力滚针与保持架组件,无座圈式推力滚针轴承

thrust nozzle　推力喷嘴

thrust nut　推力螺母

thrust out　推出,排出,挤出,发射

thrust pad　推力瓦块

thrust plate　推力板,正挂板

thrust point　推力点

thrust power　推进功率,推力功率

thrust reversal　推力反向[装置]

thrust ring　推力环,正推环

thrust roller bearing　推力滚柱轴承,止推滚柱轴承

thrust screw　推力螺钉

thrust section blower (=TSB)　推力舱增压器

thrust section observer (=TSO)　推力舱观察器

thrust segment　推力瓦块

thrust shaft　推力轴,止推轴

thrust spoiler　推力扰流器

thrust spring　压力弹簧,推力弹簧

thrust stand　推力试验台

thrust stop　止推挡块

thrust structure test stand (=TSTS)　推力结构试验台

thrust surface　推力面

thrust termination (=TT)　推力结束

thrust to weight ratio (=TWR)　推力·重量比

thrust unit　推进装置

thrust vector control (=TVC)　推力矢量控制

thrust washer　推力垫圈,止推垫圈,止推环

thrust-weight ratio　推力重量比

thrust wheel　支重轮

thruster　(1)起飞加速器,起飞发动机;(2)第一级火箭发动机,顶推装置,推冲器,助推器,推力器

thruster compartment　(船舶)艏侧推舱

thruster compartment ventilation fan　艏侧推舱通风机

thrusting force　侧向压力,推力

thrustor　(1)顶推装置,推力器;(2)小推力发动机

thulia　氧化铥

thulium　{化}铥 Tm, Tu

thumb　指形,指状,指

thumb index　书边目录

thumb latch　(门窗)插销

thumb lock　插销

thumb nail　略图,短文

thumb nut　翼形螺母,蝶形螺母

thumb pad　指垫

thumb pin　图钉,揿钉

thumb plane　指形刨

thumb push fit　拇指推进配合,轻推配合

thumb rule　计算中近似法,经验法则

thumb screw　翼形螺钉,元宝螺钉,蝶形螺钉

thumb-tack　图钉,揿钉

thumb tack　图钉,揿钉

thumb turn　手指转动件

thumb wheel switch　手指旋转开关

thumber　制动器

thumbhole　供塞入拇指的孔

thumbnail　(1)草图,略图;(2)小型的,简略的

thumbnail sketch　草图,略图

thumbscrew　翼形螺钉

thumbtack　图钉,揿钉

thump　(1)强烈锤击,重击;(2)撞击,筛分;(3)低音噪声,键击噪声,电报噪声,(4)(汽车)震动

thump filter　电报干扰滤除器

thumper　(1)重击;(2)电磁脉冲声源,轰鸣器;(3)撞击者,撞击物;(4)庞然大物

thumping　(1)尺码大的,极大的,极好的,非常的;(2)非常,极端

thumping majority　极大多数

thunder head　气象雷达站

Thunderstreak　雷电(美国的一种单座战斗机)

thunk 　{计}形[式]实[在]转换程序

Thurston alloy 　瑟斯顿铸造锌基合金(锌80%,锡14%,铜6%)

Thurston brass 　瑟斯顿高锌黄铜(锡0.5%,铜55%,锌44.5%)

Thurston metal 　瑟斯顿锡基轴承合金(锑19%,铜10%,其余锡)

thwart 　(1)反对,阻碍,阻挠,妨碍;(2)横的,横向的;(3)横压力;(4)吊板横档

thyratron 　充气三极管,闸流管

thyratron commutation 　闸流管整流

thyratron control characteristic 　闸流管控制特征曲线

thyratron motor drive 　闸流管电动机传动

thyratron servo 　闸流管伺服系统,闸流管随动系统

thyratron transistor 　晶体闸流管

thyrector 　(1)可变电阻的硅二极管,半导体稳压管;(2)非线性电阻,可变电阻

thyristor 　(1)半导体开关元件,半导体闸流管,半导体整流管,可控硅闸流管,闸流晶体管;(2)硅可控整流器,半导体整流器,硅可控整流器

thyristor feed motor 　可控硅供电电动机

thyristor installation 　可控硅装置

thyristor strip 　可控硅片

thyrite 　压敏非线性电阻,碳化硅陶瓷材料(一种非线性电阻),砂砾特

thyrite arrester 　泰利[压变电阻]避雷器

thyrode 　硅可控整流器,泰罗管(计数器或计算机中用的电子管)

Thysen-Emmel 　埃米尔高级铸铁(碳2.5-3.0%,硅1.8-2.5%,锰0.8-1.2%,磷0.1-0.2%,硫0.1-0.15%)

tialit 　铝钛氧化物

tick 　(1)滴答声;(2)(无线电)信号,[小]记号,点

tick off 　打上小记号,用记号标出,简单描述,列举

tick out 　发出(信号)

tick-over 　(发动机)无负载运转,怠速运转,空转,慢转

tick over 　(发动机)怠速运转,空转,慢转

ticker 　(1)旋转断续器,飞轮断流器,断续装置,断续器;(2)蜂音器;(3)振动器,振荡器,振[动]子;(4)股票行情自动收录器,自动收报机;(5)载波传声器;(6)(起止信号操纵的)纸带打印机;(7)钟摆,钟,表

ticker tape 　自动收报机用纸条,彩[色纸]带

ticket 　(1)标签,签条;(2)证明书,许可证,执照;(3)电话交换记录单;(4)计划,规划,方针

ticking frequency 　时标频率

tickle 　回授,反馈

tickler 　(1)悬条;(2)初给器,初始器;(3)屏极反馈线圈,板极反馈线圈,阳极反馈线圈,板极回授线圈,阳极回授线圈;(4)(汽化器的)打油泵;(5)备忘录,记事本

tickler coil 　反馈线圈

tickler-file 　列入事项日程备忘

tico 　梯科镍锰铜钢(含27.5%-30.4% Ni, 1.12% Mn, 1.1% Cu)

ticonal 　蒂克纳尔镍铁铝磁合金(钛0.01%,钴24%,镍14%,铝8%,铜3%,铁50%)

ticonium 　蒂克尼姆铸造齿轮合金(钴32.5%,镍31.4%,铬27.5%,钼5.2%,铁1.6%,其余1.8%)

TICOSS 　时间压缩式单边带系统

tidal power generator 　潮汐发电机

tidal power station 　潮水发电站

tide-ga(u)ge 　潮汐计,测潮计,验潮仪,水位尺,水标尺

tide-meter 　潮汐计

tide-plant 　潮汐发电站

tide predictor 　潮汐推算机

tide-staff 　水标尺,验潮杆,验潮尺

tide wheel 　潮动水车,潮轮

tie 　(1)连接杆,联结件,横拉撑,系material,系杆,拉杆,锚碇;(2)抗拉构件;(3)枕木,轨枕;(4)连接线,馈电线;(5)联系,关系,连络,(6)系,栓,扎,绑

tie back 　锚碇

tie-bar 　转向拉杆,系杆,拉杆,连杆

tie bar 　(1)连接铁条,连接杆,系杆,拉杆;(2)(机床)横梁;(3)尖轨连接杆

tie-beam 　水平拉杆,系梁

tie beam 　系[紧]梁

tie bolt 　系紧螺栓

tie breaker 　连线上的电流断路器

tie chain 　系紧链条

tie coat 　粘结层

tie conductor 　系统连接线,联络线

tie-down 　系紧,栓紧

tie down 　馈电线下垂,连接线下垂

tie down insulator 　悬垂形绝缘子

tie down yoke 　固定轭

tie-in 　(1)捆成束,打结,相配,连接,绑接,连测;(2)必须有搭卖品才出售的;(3)相配物

tie-in sale 　搭卖

tie-line 　(1)直接连接线;(2)电力系统之间的连接线,直达通信线路,专用通信线路;(3)联络线,扎线,拉线

tie member 　(1)连接梁,拉杆,系杆;(2)拉紧螺套

tie mill 　条锯机

tie-plate 　固定板,系板,垫板,底板

tie plate (=TP) 　(1)中间加强板条,固定板,系板,垫板;(2)钢轨牵板,木牵条

tie plug 　木塞

tie ridger 　起垄机

tie rod 　(1)横拉杆,连接杆,系杆,拉杆;(2)(汽车)转向横拉杆,轨距连杆

tie rod ball 　横拉杆球端,系杆球端

tie-rod clevis 　横拉杆叉形头

tie-rod end 　[转向]横拉杆端头

tie-rod pin 　[转向]横拉杆销

tie-rod stator frame 　拉杆式定子框架

tie-rod yoke 　横拉杆叉头,系杆轨

tie scoring machine 　枕木开槽机

tie-station 　通信站,汇接站

tie tamper 　枕木捣固器

tie trunk 　联络干线

tie-up 　(1)捆扎;(2)停泊处;(3)停止活动,停顿,停业,停运;(4)联系,联合

tieback 　内支杆,牵索,拉条

tied aid 　附带条件的援助

tied flyer 　加固锭翼

tied list 　易货货单

tied structure 　有杆系结构

tiepiece 　系紧梁

tier 　(1)排列;(2)层;(3)定向天线元件,天线阵

tier antenna 　分层天线

tier burners 　分层布置的喷燃器

tier pole 　排杆

tier stenter 　多层拉幅机

Tiger Tank 　(原西德)"虎"式坦克

tight (=T) 　(1)紧密,紧固,坚固,牢固;(2)不可穿透的,不漏气的,不透气的,拉紧的,张紧的,紧密的,紧贴的,紧封的,紧固的,密封的,严密的,致密的,坚固的,牢固的;(3)过盈量;(4)水密钻孔

tight alignment 　精确调准

tight and loose pulleys 　固定轮与游轮

tight-binding approximation 　紧束缚近似的

tight bushing 　紧固衬套

tight-clamped 　上下箱位的,紧箱位的

tight coupling 　(1)紧耦合,密耦合,强耦合;(2)密封连接,紧密接合,紧接头

tight fit 　[紧]密配合,牢配合,静配合

tight fitting 　密封联结,密配合

tight-fitting thread 　紧配螺纹

tight flask 　一般砂箱,固定砂箱

tight joint 　(1)密封接头;(2)密封接合,紧密接合

tight mesh 　[齿]无侧隙啮合,零侧隙啮合

tight pulley 　固定轮,死皮带轮,死轮,紧轮

tight rope 　绷紧的绳索

tight seal 　密封

tight ship 　模范舰船

tight side 　(1)胶合板贴面层的凹面;(2)受拉部分,(皮带)张紧侧

tight washer 　(轴承)紧圈

tight weld 　(1)密封焊接;(2)致密焊缝

tighten 　使密合不漏,使紧固,使紧密,密致,加密,密闭,封闭,固定,拉紧,扎紧,拧紧

tightened sampling inspection 　严格抽样检查,加紧抽样检查

tightener 　(1)张紧装置,张紧工具,张紧轮,紧带轮;(2)收紧器,紧线器,张紧器,紧固物

tightening 　张紧,拉紧,扎紧,紧密,紧固

tightening device 　张紧装置,张紧机构

tightening key 　紧固楔子,斜扁销

tightening lever 　拉紧杆

tightening nut 　紧固螺母

tightening pulley 　张紧轮,张力轮,紧带轮

tightening screw 　夹紧螺钉,紧固螺钉,紧固螺旋

1424

tightening sequence 紧固顺序

tightening torque ［螺栓，螺母等］拧紧扭矩

tightness 不透气性，不透过性，不渗透性，紧密性，密封性，坚固性，气密性，紧密度，松紧度

tightrope 绷索，钢丝

tikker 旋转断续器，飞轮断流器，断续装置，断续器

tile (1) 瓦管，瓦沟，瓦；(2) 炉瓦，膛瓦；(3) 托盘

till countermanded (=T/C) 直至取消

tiller (1) 舵杆，舵柄，(2)（冲击钻）钻杆组转动手把，舵柄形手柄，手柄杠杆，夹杆；(3) 摇臂台；(4) 耕作机具，耕耘机，翻土机

tilt (1) 倾斜，斜度，刀倾，倾角，(2) 倾斜面，倾斜角；(3) 高低角；(4) 天线仰角；(5) 脉冲顶部倾斜

tilt angle (1) 倾斜角；(2)（锥齿轮）刀倾角

tilt brace 斜撑顶杆

tilt cart 翻斗车

tilt-frame vertical band sawing machine 可倾立式带锯床

tilt steering wheel 倾斜式转向盘，倾斜式方向盘

tiltable 可倾斜的，倾动式的，倾斜的

tiltdozer 箕斗推土机，推挂式筑路机，脱挂式筑路机

tilted pad bearing 自位式推力轴承，斜垫轴承

tilted root line （收缩齿）倾齿根线

tilted root line tooth taper 倾斜齿根线收缩齿

tilted-up 推倒的，翻到的

tilter (1) 刀倾体，倾斜体，(2) 翻转装置，倾翻机构，翻钢机，(3) 倾斜器；(4) 振动装置，摇动装置，(5) 摆动升降台，摇摆台，倾架

tilting (1) 倾斜；(2) 摇动；(3) 翘起

tilting angle 倾斜角

tilting angle of saw frame 锯架倾斜角

tilting angle of table 工作台倾斜角

tilting axis 倾斜轴

tilting bearing (1) 调心轴承，自位轴承，球轴承；(2) 关节轴承，斜垫轴承

tilting cart 翻斗车，倾卸车

tilting cylinder 升降油缸

tilting finger 翻钢钩

tilting furnace 可倾炉，回转炉，倾注炉，倾侧炉

tilting ladle 带包嘴浇包，可倾桶，转包

tilting level 微倾水准仪

tilting magnetic shuck 可倾吸盘，

tilting moment 倾覆力矩

tilting motion 倾摆运动，外倾运动

tilting pad （轴承）可倾瓦块，倾斜垫块

tilting pad bearing 可倾瓦块轴承，倾斜垫块轴承，自位式轴承

tilting pass ｛轧｝翻钢道次

tilting platform 倾卸台

tilting position (1) 倾斜位置；(2)（转炉）倾斜角

tilting reflector 上下可动反射镜

tilting ring tachometer 摇环式转速计

tilting seat 折叠式椅

tilting table 倾斜式升降台，可倾工作台，摆动升降台，倾斜台

tilting-type 可倾式

tilting vice 可倾虎钳

tiltmeter 倾斜度测量仪，倾斜仪，倾斜计，斜度计，测斜计，测斜器，地倾仪

tiltometer 倾斜度测量仪，倾斜仪，倾斜计，斜度计，测斜计，测斜器

tiltwing 全动机翼，倾斜翼

Timang 一种高锰钢（锰 15%）

timber (1) 木材，木料；(2) 用木材建造

timber brick 木砖

timber-car 运木车

timber cart 运木车

timber component 木构件

timber dog 蚂蟥钉，扒钉

timber frame 木构架

timber man 支架工，木材工

timber mill 锯木厂

timber rake 木材堆集机

timber shuttering 木板模

timber sleeper 枕木

timber work 木工作业

timber working machine 木工机床

timber working machinery 木工机械

timber yard 贮木场

timberer 支柱工，支架工

timbering (1) 支架；(2)［用木］支撑，支护

timberwork 木工作业，木结构

timberyard 木材堆置场，贮木场

time (=t) (1) 时间，时刻，时候，时期，时；(2) 工作时间，占有时间，所需时间，期间，瞬间；(3) 次，回；(4) 倍；(5) 测定⋯⋯的时间，定时，计时

time adjusting device 时间调整装置，时限调整装置，定时装置

time-alarm 时限警报

time-antisymmetric 时间反对称的

time assignment speech interpolation (=TASI) 话音插空技术（利用语言间歇的电路时间交错分割多路通信制）

time and events (=T&E) 时间和事件

time and events recorder (=T&E REC) 时间和事件记录器

time and materials (=T&M) 工时和材料

time and super quick (=TSQ) 时间和超速的

time availability 时间可用度，时间利用率

time-average-product array (=TAP array) 时均积阵

time axis 时［间］轴

time azimuth 定时方位角

time ball 计时球

time-base (=TB) (1) 扫描［基线］，时基；(2) 时间［轴］偏转，时间坐标，时轴；(3)（阴极射线管的）射束偏转

time base (1) 扫描［基线］，时基；(2) 时间［轴］偏转，时间坐标，时轴；(3)（阴极射线管的）射束偏转

time base circuit 时基电路

time base diagram 时基图（以时间为横坐标的曲线图）

time-base generator 扫描发声器

time base input 时基输入

time base select 时基选择

time-base unit 时基装置，扫描装置

time between overhauls 大修间隔期

time bill 定期汇票

time bomb 定时炸弹

time-book 工作时间记录薄

time book 工作时间记录薄

time card 工作时间记录卡片，记时卡片，时间表

time change 时间变换

time-characteristic 时间特性曲线的

time chart 时间图

time charter 定期租船合同

time circuit 时限电路

time clock (1) 时钟脉冲；(2) 记时钟，计时钟

time closing (=TC) 延时闭合，时间结束

time compliance technical order (=TCTO) 顺时限的技术规范，时限技术命令

time-constant 时间常数

time constant 时间常数

time-consuming 拖延时间的，费时的

time control 时间控制

time control pulse 时间控制脉冲

time coordination 时间上的协同

time-current characteristic 时间电流特性

time curve 时距曲线

time cut-off relay (=TCO relay) 限时断路继电器

time cut-out (1) 时限自动开关，定时断路器；(2) 用钟表来切断或断路，定时停车

time data card (=TDC) 时间数据卡

time delay 时间延迟

time delay analyzer 时间延迟分析器

time delay drop-out (relay) (=TDDO) 延时脱扣（继电器）

time delay relay (=TDR) 延时继电器

time demodulation 时间解调

time-dependent 随时间变化的，与时间有关的，非稳恒的，依时的

time-dependent system 时间相关系统

time derivative 时间导数

time device 定时装置

time diagram 时间图

time difference 时差

time differential 对时间的微分

time dilation (1) 相对时差；(2) 时间变慢效应

time discharge rate 定时放电率（蓄电池）

time discriminator 鉴时器

time division 时间划分

time division circuit 时间分割电路

time division color television system　时间分割彩色电视制

time division data link (=TDDL)　时间分隔数据[自动]传输器,时分数据[传输]链路

time division telemetry system　时分制遥测系统

time-domain　时域

time domain　时域

time-domain reflector (=TDR)　时域反射仪

time draft　定期汇票

time effect　时间作用

time error　时间误差,时致误差

time exposure　(底片)超过半秒钟的曝光,(照片)长时间曝光,定时曝光

time factor (=TF)　时间因数

time-fall　电动势随放电而降落

time for test-firing　发射前计时的终了时刻,试验发射时刻,发射按钮时刻

time frame　时间范围,时帧

time freight　快运货物

time-fuse　(1)时间引信;(2)定时的,有时间引信的

time fuse　定时引信曳火线,定时导火线,定时雷管,定时信管,限时熔线

time fuze　定时引信

time gate　定时启门电路

time gear　正时齿轮,定时齿轮

time graph　时距曲线

time history　时间关系曲线

time-independent　与时间无关的,牢固的

time indices　记时,时标

time interval　时间间隔,时距

time-interval radiosonde　时控探空仪

time-invariant boundary　不随时间变化的边界

time jitter　(脉冲重复频率不稳定所引起的)扫描线距离的移动,时间起伏,时间跳动

time keeper　精密计时机,守时仪器

time-lag　延时,落后,时滞,时延,时限

time lag　时间上的间隔,时间滞后,时滞,时限

time-lag fuse　惯性保险丝

time-lapse　时间推移,时间流逝

time law　随时间改变的定律

time letter of credit　远期信用证

time-like　类时的

time-like interval　类时间隔

time-like variable　类时变量

time-limit　时限,限期

time limit　时间极限,时限,期限,限期

time lines　等时线

time loan　定期贷款

time lock　时间同步,时间锁定,定时锁

time mark generator　时标发声器

time marker　时间指示器

time-measurer　测时器

time-meter (= hour counter 或 hour meter)　计时器

time meter (=TIM)　计时器

time modulation (=TM)　时间调制

time money　定期贷款

time of climb　爬升延缓时间

time-of concentration　(1)集中时间;(2)聚水时间

time-of-day clock　日历钟(按日计时)

time-of de-ionization　消电离时间

time-of delay　延迟时间

time of delivery (=TOD)　(1)交货时间;(2)(电文)发送时间

time of discharging　卸货时间

time of earthquake at epicenter　震源震时

time of fall　[自由]下落时间,下降时间

time of flight to the level point　全射程飞行时间

time of idle running　空转时间

time of ignition　发火时间

time of lag　延迟时间

time of liberation　逸出时间

time of payment　支付期限

time of operation　作用时间

time of oscillation　摆动时间,振动时间

time of recovery　恢复时间

time of relaxation　张持振荡时间,驰豫时间,松弛时间

time of releasing　分离时间,释放时间

time of reverberation　交混回响时间

time of rise　(1)上升时间;(2)增长时间

time of set　凝固时间

time of shipment　装船期,装运期

time of shock at the origin　震源震时

time of travel　(1)移动时间;(2)飞行时间

time-off　通话终止时间

time off　话终时间

time-on　通话开始时间

time on　开始通话时间

time-on-pad　发射台停留时间

time opening (=TO)　定时断开,定时开启

time origin　基准时间,时间基点

time-out　(1)停工时间,临时停工;(2)暂停,停顿

time parameter　时间参数

time path　时距曲线

time pattern　时间[曲线]图

time payment　分期付款

time-period　时限,周期

time phase angle　时间相角

time-piece　(1)精确时计,钟,表;(2)时间发送器,播时器

time policy　定期保险单

time-preserving　时间上不延迟的,保持时间正确的

time-proof　长寿命的,经久的,耐用的,耐久的

time proof　耐久的

time-proportional　与时间成正比的,时间线性的

time pulse　时间脉冲

time purchase　分期付款购买

time quadrature　90°时间相移,90°相位差,90°时差

time quenching　控制时间的淬火,等温淬火

time range　时间范围

time rate of heat capacity　单位时间的热容量

time rating　时间定额

time ratio　时间比

time recorder　定时记录器,计时器

time register　记时器

time regulator　时间记录器

time relay　(1)时间继电器;(2)时间延迟

time release　延时释放器,定时解锁器

time resolution　时间分辨率

time-resolved　时间分辨的

time response　时间响应

time reversal　时间转换

time-rise　电动势随充电而增高

time-saver　节省时间的事物

time scale　时间比例,时间量程,时间尺度,时间表,时标

time-scanned image converter　时间扫描变像器

time schedule　(1)工作进度表,施工进度表,时间表;(2)时刻表

time schedule control　程序控制

time selection circuit　时间选择电路

time sense　时间分辨力

time sequence　时序

time-series　时间序列

time series　频率的时间分布,时间序列

time service　报时业务

time-share　时间区分,时间划分,分时

time share tube　时间分割器

time-shared　有时间划分的,分时的

time-sharing　时间划分,时间分派,分时操作,分时

time sharing　时间划分,分时

time-sharing console　分时操作控制台

time-sharing mode　分时型

time-sharing operation　分时操作

time-sharing system　分时系统

time sharing system (=TSS)　时间分配系统,分时系统,时分制

time sheet　工作时间记录卡片,记时卡片,时间表

time sight　定时观测

time-signal　报时信号

time signal　报时信号,时间信号

time signal in broadcasting　广播报时

time signal service　报时信号业务

time significant item list (=TSIL)　时间性很强的项目单

time slot　时间段

time-span　时间间隔

1426

time split system 时间分割制
time stamp 记时打印机
time stopper 定时器
time study 工时研究
time sweep flip-flop 时间扫描双稳态多谐振荡器
time switch 自动按时启闭的电动开关,自动定时开关,定时开关,
　　计时开关
time-temperature austenization diagram (=TTA diagram) 时间 - 温
　　度 - 奥氏体化曲线
time-temperature curve 时间温度曲线
time-temperature transformation curve (=TTT curve) 时间 - 温度 -
　　相变关系曲线,奥氏体等温相变曲线
time-temperature transformation diagram (=TTT diagram) 时间 -
　　温度 - 相变关系曲线,奥氏体等温相变曲线图
time-tested 作过[运行]时间试验的,经过长期运转试验的,经受过
　　时间考验的
time-to-climb 升高时间
time-to-target (=TTT) 接近目标时间
time train 计时传动轮系
time-unit 准时器
time unit 时间单位
time-up 时间已到
time variable 时间变数
time-variation 随时间的变化,时间函数
time variation of gain (=TVG) 增益随时间的变化
time-varying 随时间而变化的,时变的
time varying 随时间变化,时变
time varying linear filter 时变线性滤波器
time-work 计时工作,计日工作
time-yield 蠕变,徐变
time yield 短期蠕变试验(72 小时)
time zone 时区
timed (1) 带有时滞的;(2) 同步的;(3) 定时的,计时的,时控的
timed acceleration 按时间调节的加速度
timed pulse 定时脉冲,计时脉冲,同步脉冲,时控脉冲
timed separation 定时分隔
timed sparkgap 定时火花放电器
timed unit 时控装置
timekeeper (1) 精确计时装置;(2) 精确钟表机构;(3) 计时员
timekeeping 时间测量,精确计时,测时
timeliness 时间性,好时机,及时
timely 及时的,适时的,正好的
timepiece 时计,钟,表
timeproof 耐久的,耐用的,长寿命的
timer (1) 计时器,定时器;(2) 火花定时器,定时装置,自动定时仪;(3)
　　延迟时间调节器,时间调节器,延时单位;(4) 程序控制器,程序装置;
　　(5) 时间继电器;(6) 时间传感器;(7) 计时员
timer box 定时器箱
timer distributor (1) 定时配电器;(2) 单一火花发生器
timer equipment 定时装置
timer shaft 正时轴,定时轴
timer shaft cam 正时轴凸轮
timer timing pulse 定时器计数脉冲,计时器计数脉冲
times sign 乘号
timesaving [节]省时[间]的
timescale 时间量程,时[间度]标,时序表
timetable (1) 时间曲线;(2) 时间表,时刻表
timeworker 计时工作者
timing (1) 时间控制,按时调整,按时分配,时间标记,时间选择,安
　　排时间,时间测量,测定时间,精确计时,同步计时,计时,正时,定时,
　　记时,调时,校时;(2) 使同步,整步,合步,调速,校准;(3) 时限,周期
timing belt 牙轮皮带,同步皮带
timing cam 正时凸轮,定时凸轮
timing capacitor (1) 定时电容器;(2) 时基电容,时标电容
timing chain 定时控制链,正时链,定时链
timing chain case 正时传动链壳体
timing chain slack 正时链松动量
timing circuit 定时电路,计时电路
timing current switch 定时电流开关
timing device 正时装置,定时装置,时限装置
timing diagram 配气枢位图
timing disk 正时盘,定时盘
timing element 定时元件,时限元件
timing fixture 正时装置,定时装置

timing gauge (=TG) 定时计
timing gear 正时齿轮,定时齿轮
timing gear chamber 正时齿轮室
timing gear cover 正时齿轮室盖
timing gear train 正室齿轮系
timing lamp 调时标灯,定时标灯
timing mark 时[间]标[记]
timing marks 正时标记
timing motor 计时电动机,时限电动机
timing offset 调节信号相时
timing operations center (=TOC) 计时操作中心
timing pulse generator 时标脉冲发生器,定时脉冲发生器
timing relay 定时继电器,延时继电器
timing sampling (1) 定时取样;(2) 时间量化,脉冲调幅
timing screw 调时螺钉
timing sequence 时标序列
timing service 计时装置
timing setting 正时调整
timing system 正时装置,定时装置,定时系统
timing tape 定时带,计时带,校时带
timing track 同步磁道,定时纹
timing unit (1) 定时装置,程序装置,程序机构;(2) 定时继电器,时
　　间继电器,计时器
timing valve 定时阀
timing voltage 整步电压,同步电压,定时电压
timing washer 调时垫圈
timist 计时员,记时员
Timken 铬镍钼耐热钢
Timken 16-25-6 16-25-6 铬镍钼耐热钢
Timken X 铬镍钼钴铁耐热合金
tin (1) {化}锡 Sn;(2) 包以白铁皮,镀锡,包锡;(3) 镀锡钢皮,马口铁,
　　白铁皮,锡板,锡箔;(4) 洋铁罐,白铁罐,听桶,锡器;(5) 马口铁制的,
　　白铁皮制的,锡制的,锡的
tin bar 白铁皮板,锡块,锡条
tin-base bearing metals 锡基轴承合金
tin brass 锡黄铜
tin bronze 锡青铜
tin can (1) 锡罐;(2) 深水炸弹;(3) 小驱逐舰,潜艇
tin chloride 氯化锡
tin-coat 包锡,镀锡
tin-coated 包锡的,锡皮的
tin crystals 锡结晶
tin-electroplated 用锡电镀的,镀锡的
tin-ferrite core 铁氧体磁芯
tin fish 鱼雷
tin-free bearing metal 无锡轴承合金
tin-free bronze 无锡青铜
tin-free steel 无锡钢
tin glaze (1) 锡釉;(2) 镀锡
tin-lead plating 镀锡铅
tin-lined 衬锡的
tin liquor 二氯化锡液
tin oxide 氧化锡
tin plate 镀锡铁板,镀锡钢板,镀锡铁皮,白铁皮,马口铁
tin-plating 镀锡的
tin plating 镀锡
tin pot (1) 马口铁壶,锡壶;(2) 镀锡槽;(3) 质量低劣的,微不足道的
tin-rich 富锡的
tin sheet 镀锡钢皮,镀锡铁皮,白铁皮,马口铁
tin snips 铁皮剪
tin solder 锡焊料
tin tack 镀锡平头钉
tinclad 轻装甲炮艇,装甲舰
tinct (1) 色泽,色调,染料;(2) 着色,染色;(3) 着了色的,染了色的
tinctable 可染的
tinction 着色,染色
tinctorial 着色的,染色的
tinctorial yield 着色量
tincture (1) 着色,染色;(2) 色泽,色彩,色调,特征,迹象;(3) 染料,
　　颜料;(4) 浸染
tincture press 酊剂压榨器
tind 点火,着火,引爆
tinder 引火物,点绒
tine (1) 尖端,刀口,柄,尖;(2) 齿,叉

tinfish　鱼雷

tinfoil　锡箔,锡纸

tinge　(1)着色,敷色,(2)着色的,带色的

tingibility　可染[色]性,着色性

tingible　可染色的,着色的

tinging　着色,染色

Tinicosil　蒂尼科西尔镍黄铜

Tinidur　蒂尼杜尔耐热合金,镍铬铁合金(汽轮机轮叶的高温合金,30%Ni,15%Cr,1.7%Ti,0.8%Mn,0.5%Si,0.15%C,0.2%Al,余量Fe)

Tinite　蒂纳特锡基含铜轴承合金

tinker　(1)修补工,白铁工;(2)粗补,粗修,修补,溶补,拼凑,调整;(3)做白铁工

tinman　白铁工

tinman solder　铅锡焊料(锡,铅)

tinned　(1)包马口铁的,镀锡的,包锡的;(2)罐装的

tinned leads　镀锡引线

tinned plate　白铁皮,马口铁,镀锡铁皮,镀锡皮铁

tinned wire　镀锌铁丝,镀锡铁丝,铅丝

tinner　(1)白铁工;(2)锡矿工;(3)罐头工

tinning　(1)镀锡,包锡;(2)罐装的

tinny　锡的,像锡的,似锡的,含锡的

tinol　锡焊膏

tinplate　镀锌铁皮,镀锌铁皮,锡钢皮,白铁皮,马口铁

tinsel　(1)金属箔,金属丝,金属片,金属球;(2)锡铅合金;(3)(机上)干扰发射机;(4)用金箔装饰,散布金箔

tinsel cord　箔塞线,箔软线

tinsmith　白铁工,锡匠

tinsmith solder　锡铅软焊料(锡77%,铅33%)

tinsmithy　白铁工的工作间

tint　(1)色调,色泽;(2)染色,着色;(3)浅色,淡色,弱色

tintage　上色,着色,染色

tinter　(1)着色器;(2)着色者

tinting　(1)着色;(2)染色;(3)涂漆

tinting method　分层设色法

tintlating　着色底层

tintmeter　色调计,色辉计

tintometer　色调计,色辉计

tinware　马口铁器皿,锡器

tinwork　(1)锡[工]厂,炼锡厂;(2)锡制品;(3)锡工

tiny　极小的,微小的

tiny clutch　超小型离合器

tiny hole spark-erosing grinding machine　电火花小口磨床

tip　(1)尖端,头尖,末端,梢,尖;(2)终点;(3)继电器接点,插塞尖端,电极头,磁头尖,极尖,管头,接头,接点,触点;(4)喷嘴,焊嘴,铁环,铜环,铁箍,铜箍;(5)翻车机,倾斜,倾卸,翻笼;(6)齿顶,齿尖,齿缘;(7)秘密消息,暗示,忠告,警告,劝告;(8)轻击,轻拍

tip and ring springs　塞尖和塞环簧片

tip angle　(锥齿轮)顶锥角,面锥角

tip apex　(锥齿轮)顶锥顶

tip-back　向后倾斜,后倾,后翻

tip bearing　(1)调心轴承;(2)关节轴承,枢轴承,枢支座

tip-car　倾倒车,倾卸车

tip car　自动倾卸卡车,翻斗卡车

tip chute　倾卸滑槽,倾卸斜槽

tip circle　齿顶圆

tip clearance　(齿轮)齿顶间隙,顶部间隙,顶隙

tip cone　(锥齿轮)齿顶圆锥,顶锥,外锥

tip cone apex　顶锥顶点

tip cylinder　齿顶圆柱面,外周圆柱面

tip cylinder error　齿顶圆柱面误差

tip deviation　齿顶偏差,齿顶误差

tip diameter　齿顶圆直径

tip diameter error　齿顶圆直径误差

tip diameter utilizable　(修缘)齿顶有效直径

tip distance　(锥齿轮)冠基距,轮冠距

tip easing　齿顶修边

tip edge　齿顶棱边,齿缘

tip edge breakage　齿顶缘断裂

tip effect　末端效应

tip end　尖端,小端

tip error　齿顶误差

tip holder　焊条夹钳,喷嘴焊钳

tip jack　尖头插座,单孔插座,塞孔,插孔

tip-jet　叶端喷口

tip land　齿顶面,外周面

tip length　齿顶长度

tip loading　齿顶载荷

tip lorry　自动倾卸卡车,翻斗卡车

tip of drill　钻尖

tip of file　锉尖

tip of nozzle　喷管出口截面

tip of plug　插塞尖

tip of tooth　齿顶

tip-off　(1)分接头,拆离,封离;(2)轻轻敲掉,烫下[焊头],开焊,拆焊,脱焊,解焊,焊开,熔下

tip-over　倾翻,倾倒

tip pressure angle　齿顶压力角

tip radius　齿顶圆角半径

tip radius of tool　刀具顶刃圆角半径

tip relif　齿顶修缘

tip round　齿顶圆角

tip sliding velocity　齿顶滑动速度

tip speed　末端速度,梢速

tip-stall　梢部失速

tip stalling　梢部失速

tip stop　倾翻挡

tip surface　(蜗轮)齿顶曲面

tip tooth thickness　顶圆齿厚

tip-top　最高点,顶点

tip-to-tip　从翼梢到翼梢,翼展

tip transfer　夹持式传递

tip truck　自动倾卸卡车,翻斗卡车

tip turbine　叶尖涡轮

tip wagon　翻斗小车

tip width　齿顶宽度

tip-wire (=TW)　塞尖引线,T线

tip wire　塞尖引线,T线

tipburn　顶烧

tipcart　倾卸车,翻斗车

tipped bit　焊接车刀

tipped drill　焊接钻头

tipped milling cutter　焊齿铣刀

tipped tool　(1)焊接刀片车刀,焊接车刀;(2)镶片刀具,镶刃刀具

tipper　(1)自动倾卸装置,自动倾卸车,倾卸装置,倾翻机构,翻车机,翻斗车,倾卸车,翻笼;(2)翻车工;(3)镶尖装置,镶点装置

tipper-hopper　翻斗

tipping　(1)修缘;(2)倾斜的;(3)崩刃,卷刃,伤刃;(4)翻转,倾卸,倾卸;(5)(旋翼和桨叶的)包边;(6)包销

tipping point　重量极限,倾覆点

tipping wagon　翻斗车

tipple　(1)自动倾卸装置,倾卸装置,倾翻机构,倾斜器,翻车机,翻锭机,翻笼;(2)翻卸车卸货地点,倾卸场

tippler　(1)自卸卡车,翻车机,翻笼;(2)翻车工

tiradaet　粘合剂

tirasse　踏板连接器

tire (= tyre)　(1)轮胎,车胎,外胎;(2)轮箍链,翻箍,轮箍,轮爪;(3)系杆

tire bagger　轮胎制装工

tire bender　弯胎机

tire boring and turning mill　轮箍镗车两用机床

tire-curing　硫化轮胎的

tire ga(u)ge　轮胎气压计

tire press　轮胎压机

tire sleeve　轮胎弯

tire tread　车辆踏面

tirecut　轮胎割痕

tireman　(1)轮胎制造者,轮胎商;(2)轮胎工

tiring　轮箍术

tiron　钛试剂

Tirrill regulator　梯瑞尔电压调整器

tisceron　梯斯克拉姆铬锰钢(含0.22% C,1.1% Mn,0.55% Cr,0.% Cu,0.1% Ni)

Tisco alloy　镍铬硅耐磨耐蚀铁合金(镍1.0-1.5%,铬28-32%,硅2%,碳2.5-3.0%,其余铁)

Tisco manganese steel　锰钢(锰12%)

Tisco steel　高锰镍耐磨钢(锰15%,镍35-40%)

Tisco Timang steel　锰镍耐磨钢(碳0.6-0.8%锰13-15%镍3%其余铁)

Tiscrom 梯斯克拉姆铬锰钢

Tissiers metal 一种锌铜合金(铜 97%,锌 2%,其余锡和砷)

tissue (1) 组织,体素;(2) 丝织品,织物,布;(3) 薄绸;(4) 薄纸

tissue paper 薄棉纸,薄纱纸

tit drill 乳头[式]钻

Titan (1) 大力士,巨人;(2) (美)大力神式导弹

Titan bronze 一种耐蚀黄铜

Titan crane [自动]巨型起重机,台上旋回起重机,桁架桥式起重机

Titanal 蒂坦铝合金(用于做活塞,82% Al, 12.2% Cu, 4.3% Si, 0.8% Mg, 0.7% Fe)

Titanaloy 蒂坦钛铜锌耐蚀合金

titanate 钛酸盐,钛酸酯

titania 二氧化钛

titanic (1) [正]钛,四价钛;(2) 钛的;(3) 巨大的

titaniferous 含钛的

Titanit 蒂坦钛钨硬质合金(碳化钛 + 碳化钨,少量碳化钼,用钴作粘合剂)

titanium {化}钛 Ti(音太,第 22 号元素)

titanium alloy 钛合金

titanium-beryllium 钛铍合金

titanium condenser 钛质电容器

titanium getter pump 钛泵

titanium-lead-zinc 钛铅锌合金

titanium metals corp. 钛金属公司

titanium oxide porcelain 氧化钛陶瓷

titanium-silicon 钛硅合金

titanium-zirconium-molybdenium alloy (=TZM) 钛-锆-钼合金

titanize 镀钛,钛化

titanizing 钛化(制造耐热,耐久性玻璃)

titano- (词头)含钛的

titanor metal 钛工具钢

titanous 三价钛,亚钛

titer (= titre) (1) 滴定率;(2) 滴定度,滴定量;(3) 脂酸冻点(测定法);(4) 当量溶液校准之差,溶液校准时之差当量

tithe (1) 十分之一;(2) 一小部分,一点点

title (1) 标题,题目,书名,字幕,图标;(2) 名称,称号,职别,学位;(3) 权利,资格;(4) (金的)成色

title block 明细表

title panel 标题栏

tittler (1) 字幕拍录装置;(2) 字幕编写员

titrant 滴定用的标准液,滴定剂

titratable 可滴定的

titrate (1) 被滴定液;(2) 滴定

titrating 滴定的,滴定

titration 滴定[法]

titrator 滴定仪,滴定器

titre (法语)(金银币)成色

titre (= titer) (1) 滴定率;(2) 滴定度;(3) 脂酸冻点测定[法];(4) 脂酸冻点;(5) 当量溶液校准之差

titrimeter 滴定仪,滴定计

titrimetric 滴定分析的

titrimetry 容量分析,滴定分析[法],滴定

Tizit 钨钛铬铈高合金高速钢,高速切削工具合金,梯吉特合金钢

TK steel TK 磁钢(钨 18%,铬 12%,钼 3-5%,钒 > 0.5%,其余铁)

to-and-fro 来回地,往复地

to and fro 来回地,往复地

to-and-fro motion 往复运动

to-and-fro movement 往复运动

to be added (=TBA) 待加

to be attracted 被吸引的

to be declassified (=TBD) 待销密

to be determinated (=TBD) 待定

to be done (=TBD) 待完成,待做

to-fro 来来回回的

Tobin brass 或 Tobin bronze 铜锌锡青铜,托宾青铜

tocco process 高频局部加热淬火法

tocsin 警戒信号,警钟,警报

toe (1) 靠近小端部分,齿轮小头,轮齿小端,窄的齿端,齿顶高,齿顶;(2) (木工)斜钉,穿钉;(3) 坡脚,下端,(孔)底;(4) 焊边,焊趾;(5) 车轮的前端,轮胎的缘距

toe bearing (1) (锥齿轮)小端接触区,小端承载区;(2) (轴承)立式轴;(3) 止推轴承

toe block 驾驶台地板,轨跟块

toe board 踏脚板,搁脚板,趾板

toe circle 坡脚圆

toe contact (伞齿轮啮合的)小端齿接触,(齿轮啮合的)齿顶接触

toe crack 焊缝边缘裂纹,焊趾裂纹

toe dog 小撑杆

toe end of shoe 制动片前端

toe end of tooth (锥齿轮)轮齿的小端,轮齿的小头

toe-in 前轮内倾

toe-in ga(u)ge 测量前轮前束装置,前轮前束量规

toe-index (1) 车床转头的转位;(2) 分度,转位

toe of beam 工字梁梁边

toe of slope 坡脚

toe-out 前轮外倾,前轮负荷束

toe piece 凸轮镶片

toe ring 金属箍

toe weld 趾部焊缝

toeboard 低护板

toed nail 斜钉

toeing (轮子)斜向

toenail 斜钉

toenailed 斜叉钉法[的]

TOF analysis 飞行时间分析

tog 托(热阻单位,=4180 厘米² 秒 ℃/卡)

toggle (=TGL) (1) 肘环套接,肘节棒,固定件,套环,套柄;(2) 肘节,肘铁,肘板;(3) 曲柄杠杆机构,扭力臂,曲柄,曲拐;(4) (纺机)摆杆弧形部分;(5) 紧线钳,拉钳;(6) 反复电路;(7) 乒乓开关,触发器;(8) 单向螺杆,套索钉,套索桩,套索栓,挂索桩,拴环销;(9) 系紧,拴牢

toggle-action 肘杆动作,曲柄动作

toggle bolt 系墙螺栓

toggle brake 带伸缩元件的制动器,套环制动器,肘节刹车

toggle chain (1) 套环链;(2) 肘节链

toggle chuck 肘环接卡盘

toggle circuit 触发[器]电路

toggle clamp 肘接夹具

toggle drawing press 肘杆式拉深压力机

toggle flip-flop 反转触发器

toggle iron 肘节铁,肘节叉

toggle-joint 弯头接合

toggle joint (1) 肘杆节,肘形节;(2) 弯头接合,肘节连接,肘接;(3) 肘节起重杆

toggle joint brake 肘接制动器

toggle joint lever 肘节杆

toggle joint unit 曲柄杠杆装置

toggle lever 肘节杆,套钩臂

toggle link 肘节铰接杆

toggle linkage 肘节链系

toggle-locking 肘杆锁定的

toggle mechanism 肘节机构

toggle pin 肘接销钉

toggle plate 肘环套接板,推力板,肘板,摆板

toggle press 肘杆式压力机,肘杆式压床,肘杆式冲床

toggle puncher 手动冲床

toggle rate 计时频率

toggle riveter 肘节铆接机

toggle rod 肘杆

toggle switch 跳动式小开关,按钮开关,拨动开关,肘节开关,叉簧开关,弹簧开关,双稳开关

toilet (1) 卫生间,厕所,浴室;(2) 抽水马桶,便池;(3) 梳妆

toilet articles 梳妆用具

toilet bowl 抽水马桶

toilet paper 卫生纸,草纸

toilet seat 马桶座圈

toilet set 梳妆用具

toilet soap 香皂

toilet water 花露水,香水

tokamak 托卡马克(一种环状大电流的箍缩等离子体实验装置)

token (1) 标记,标识,象征,记号,证据,明证;(2) 特征,证明;(3) 纪念品,代价券,辅币

token carrier 列车凭证授受器

token deliverer 凭证递交器

token delivery 象征性交货

token-size 小规模的

tolerable (1) 可容许的,可容忍的;(2) 相当好的,尚好的

tolerance (1) (尺寸的)允许偏差,容许极限,公差,容差,容限,裕度;(2) 精度;(3) 耐受度耐受性,耐性;(4) 坚韧性,耐力;(5) 允许范围,

允许误差, 品质公差

tolerance fit 公差与配合, 公差及配合

tolerance class 公差等级, 精度等级

tolerance class 5 五级公差

tolerance class 4 四级公差

tolerance class 6 六级公差

tolerance class 3 三级公差

tolerance class 2 二级公差

tolerance clearance 配合间隙, 公差间隙

tolerance deviation 容许偏差

tolerance error 容许误差

tolerance for the normal class 标准级公差

tolerance grade 公差等级

tolerance limit 公差极限, 公差限度

tolerance limit median (=TLm) 平均容许极限量

tolerance of center distance for double flank engagement 双啮合中心距公差

tolerance of dimension 尺寸公差

tolerance of fit 配合公差

tolerance on back angle 背锥角公差

tolerance on fit 配合公差

tolerance on profile error 齿廓公差

tolerance range 公差范围

tolerance unit 公差单位

tolerance zone [尺寸]公差带, 公差范围

tolerant 容许的, 容忍的, 忍耐的, 耐受的, 宽大的

tolerate 允许, 准许, 容许, 容忍, 承受, 忍受, 许可, 默认

tolerated error 容许误差

tolerator 杠杆式比长仪

tolidine 二甲基二氨基联苯, 联甲苯胺

Tolimetron 电触式指示测微表

toll (1)长途电话费, 通行费, 服务费, 运费; (2)长途[电话]; (3)代价, 付出, 失去, 损失; (4)作为捐税征收; (5)敲钟, 鸣钟

toll board 长途[交换]台

toll booth 收费所

toll bridge 收费桥, 征税卡

toll-cable 长途[通信]电缆

toll cable 长途电缆

toll call 长途电话

toll center (1)中央长途电话局, 电话总局; (2)交换总机

toll circuit 郊区电路

toll communication 长途通信

toll-free 免税的

toll line 长途电话线

toll switching stage 长途电话转换级

toll telephone circuit 长途电话线路

toll traffic 长途话务

tollgate 收费门, 收税卡

tollhouse 征税所, 收费处

tollman 收税人

toluene 甲苯

tom 倾斜粗洗淘金槽

Tom alloy 托姆铝合金(锌10%, 铜1.5%, 镁2%, 锰0.5%, 其余铝)

Tomahawk (美)战斧式驱逐机, 战斧式导弹

tombac (=tombak, tampac) 顿巴黄铜, 德国黄铜, 铜锌合金(铜80-90%, 锌10-20%, 锡0-1%)

tombac sylphon 顿巴克黄铜[波纹]管

Tombasil 顿巴硅黄铜(67-75% Cu, 21-31% Zn, 1.75-5% Si)

tommy (1)定位销钉; (2)圆螺母扳手, T形套筒扳手, 螺丝旋杆, 螺丝旋棒

tommy bar T形套筒扳手的旋转棒, 挠棒

tommy-gun 用冲锋枪打

tommy gun 冲锋枪

tommy hole 扳手孔

tommy screw 虎钳丝杆, 贯头螺钉, 贯头螺丝

tommy wrench 套筒扳手

ton (=T) (1)[美]吨(= 2000磅); (2)[英]吨, 长吨(= 2240磅)

ton-kilometer 吨/公里

ton-mile 吨/英里

ton of refrigeration (=tr) 冷吨(美国致冷能力的单位, =3.024千卡/小时)

tonal 音调的, 音质的, 音色的, 调性的, 声音的, 色调的

tonal distortion 色调失真, 音调失真

tonal range 色调梯度, 灰度范围, 音频频段

tondal 吨达(力的单位)

tondino (1)圆模制片, 圆铸造物; (2)冲制硬币; (3)金属圆盘

tone (1)音调; (2)色调

tone arm 拾音器臂, 拾音臂, 唱臂

tone-control volttransformer 音控变压器

tone generator 音频发生器, 音频振荡器, 音频发电机

tone generator panel (=TGP) 音频发生器操纵台, 音频发电机控制板

tone localizer 音频振幅比较式定位器, 音调定位器

tone-operated net loss adjuster 音调控制净损耗调节器

tone-up 增益

toner (1)有机着色剂, 调色剂, 色调剂; (2)调色工; (3)返光负载

tones of grey 黑白亮度等级, 灰色色调

tong (1)(复)夹子, 钳, 铗; (2)用钳子夹取

tong-test ammeter 钳形电流计

tonger 夹具, 钳具

tongs (1)钳子, 夹钳, 夹子; (2)(机械手)抓手

tongs of nails 起钉钳

tongue (1)舌片, 雄榫, 扁尾, 楔片, 键, 舌; (2)舌簧, 衔铁, 镶条, 旋钮; (3)高度尺, 定位尺, [天平]指针, (游标尺)挡块; (4)牵引架; (5)企口接合, 舌榫接合

tongue-and-groove 舌榫接合的, 企口接合的, 舌榫的, 舌槽的

tongue and groove (1)凹凸槽, 槽舌榫, 雌雄榫, 企口; (2)企口接合

tongue-and-groove connection (=T and G connection) 舌槽接合, 企口接合

tongue-and-groove joint (=T and G joint) 舌槽接合, 企口接缝

tongue-and-groove pass (直轧)闭口孔型

tongue-and-lip joint 饰边企口板接缝

tongue depressor 压舌板, 压舌器

tongue joint 凹凸接头, 企口接头

tongue mitre 斜拼合

tongue roll 凸舌轧辊

tongue scraper 舌板式铲运机, 整平机

tongue type cage 搭接保持架, 梳状保持架, 弯爪保持架

tongue type switch 舌形转辙器

tongued-and-grooved 舌榫接合的, 企口接合的, 舌榫的, 舌槽的

tongued-and-grooved sheet pile 接合的板桩, 企口板桩

tongued flange 凸缘法兰

tongued washer 凸边垫圈, 带舌垫圈。凸舌垫圈, 舌形垫圈, 舌片垫圈, 锁紧垫圈

tonguing 舌榫接合, 企口接合

tonmiles (=TM) 吨英里

tonnage (1)登记吨[位], [总]吨位, [总]吨数; (2)军舰排水量; (3)每吨货的运费, 船舶吨税; (4)航运总吨数, 采掘总吨数, 吨产量

tonnage calculation 机车牵引吨数计算

tonnage capacity 货车标记载重量

tonnage chart 机车牵引吨数表

tonnage deck 量吨甲板

tonnage dues 船舶吨税

tonnage opening 量吨开口

tonnage oxygen 工业[用]氧

tonnage train 加开货物列车

tonne (= metric ton, mt, M/T, t) 米制吨, 公吨(=1000kg)

tonner 具有……吨容积的容器, (载重)……吨的船, 吨级

tonogram 张力图, 压力图, 音调图

tonograph (1)张力描记器, 张力记录器; (2)音调描记器

tonometer (1)音调计, 准音器, 音叉; (2)张力计, 汽压计, 气压计, 压力计; (3)血压计, 眼压计

tonometric (1)测量张力的; (2)测量音调的

tonometry (1)张力测量法, 压力测量法; (2)音调测量学; (3)眼压测量法

tonoscillograph 动脉及毛细血管压力计

tonoscope 音波振动描记器, 音调显示器, 张力计

tonotron 雷达显示管

tonpilz 串并联电路的机械模拟

tonraum 音调的复合体共振器

tons carried 运送吨数

tons conveyed 运送吨数

tons per hour (=tph) 吨/小时

tons per square inch (=tsi) 吨/英寸²

tool (1)工具, 用具, 器具, 机具; (2)刀具, 刃具, 量具, 车刀; (3)工作母机, 机床, 机械, 设备, 器械; (4)井下测量仪, 下井仪, 仪器; (5)用刀具加工, 使用刀具, 切削加工, 压型, 修整; (6)附件; (7)方法, 手段

tool adapter thread turning machine 工具接头车丝机

tool adapter threading autolathe 工具接头车丝机

tool addendum　刀具齿顶高

tool adjustment　刀具调整

tool advance　刀具切入深度增量（直齿锥齿轮范成双刀机床刀具切深增量）

tool and cutte grinding machine　工具磨床

tool and workpiece motions　刀具和工件的运动

tool angle　刀具切削角, 刀尖角

tool angle convention　确定刀具角度正负的约定

tool angles　刀具角度

tool approach angle　刀具余偏角

tool apron　刀座

tool arbor　刀杆, 刀轴

tool axis　刀具轴线

tool back angle　刀具背前角

tool back clearance　刀具背后角

tool back plane　刀具背平面

tool back wedge angle　刀具背楔角

tool backlash movement　退刀

tool bag　工具袋

tool bar　刀杆, 镗杆

tool base　刀具基面, 刀具底面

tool base clearance　刀具基后角

tool base plane　刀具安装基准面

tool bit　(1) 刀头；(2) 刀片

tool block　抬刀架, 拍板座, 刀架

tool bore　刀孔

tool box　工具箱

tool box on cross slide　横向 [滑] 板刀箱

tool box slide　刀箱滑板, 刀箱滑座

tool cabinet　工具箱

tool car　工具车, 检修车

tool carbide　刀具硬质合金

tool carbon steel　碳素工具钢

tool carriage　大刀架, 拖板

tool-carrier　(1) 刀架；(2) 自动底盘

tool-carrying device　刀架

tool carrying device　刀架

tool-change　换刀

tool changer　换刀器

tool charpening　刀具刃磨

tool chuck　刀具夹头

tool clear of work　工件刀痕

tool consignment record (=TCR)　工具交付记录

tool covering　刀具护罩

tool cutting edge　刀具切削刃

tool cutting edge inclination angle　刀具刃倾角

tool cutting plane　刀具切削平面

tool dedendum　刀具齿根高

tool design　刀具设计, 工具设计

tool-design layout　刀具设计方案

tool diametral pitch　刀具径节

tool dimensions　刀具尺寸

tool display board　工具板

tool drawing　工具图, 刀具图

tool drawing deviation (=TDD)　仪器制图偏差, 仪器制图误差

tool dynamometer　刀具功率计

tool edge　刀刃

tool edge radius　刀刃半径, 刀尖圆角半径

tool ejector　工具拆卸器

tool element(s)　刀具要素

tool engineer　刀具工程师

tool engineering　(1) 刀具工程, 刀具技术；(2) 刀具工程学

tool extra travel　刀具超程量

tool fabrication change sheet (=TFCS)　刀具制造更改单, 工具制造更改

tool face　刀具前面, 刀具前刃面, 刀面

tool face orthogonal plane　刀具前面正交平面

tool face orthogonal plane orienthation angle　刀具前面正交平面方位角

tool face perpendicular force　刀具前面垂直力

tool face tangential force　刀具前面切向力

tool flank　刀具侧面

tool flank orthogonal plane　刀具后面正交平面

tool flank orthogonal plane orientation angle　刀具后面正交
平面方位角

tool ga(u)ge　刀具量规, 刀具检查器

tool geometrical rake　刀具几何前角

tool grinder　工具磨床, 刀具磨床,

tool grindery　磨工具车间, 磨刀具车间, 磨间, 刃磨间

tool grinding　(1) 工具磨削；(2) 刀具磨削

tool grinding machine　工具磨床

tool guard　刀具护罩

tool guide　刀架导轨

tool head　刀架, 刀夹

tool head feed screw　刀架进给螺杆, 刀架进给丝杆

tool head slide　刀架滑台

tool head traversing screw　刀架进给螺杆, 刀架进给丝杆

tool height gage　高度对刀规

tool holder　工具盒, 刀夹, 刀杆, 刀柄

tool holder bit　刀夹刀头

tool holder slide　刀架滑台

tool-holding　刀具夹紧

tool-holding device　刀具夹紧装置, 刀夹具

tool-holding slide　刀夹滑板

tool-in-hand system　刀具静止参考系

tool-in-use-system　刀具工作参考系

tool included angle　刀尖角

tool kit　(1) 工具箱；(2) 组合工具, 成套工具

tool lathe　工具车床

tool lead angle　（美国）刀具余偏角

tool length gage　长度对刀规

tool life　刀具使用寿命, 刀具耐用度

tool lifter　自动抬刀

tool magazine　多刀刀座, 刀具仓, 刀库

tool maker　工具制造者, 工具工人

tool maker's microscope　工具显微镜

tool maker's straight edge　刃口平尺

tool-making lathe　工具车床

tool major cutting edge angle　刀具主偏角

tool major cutting plane　刀具主切削平面

tool management　工具管理

tool manufacture　工具制造

tool marks　刀痕

tool material　刀具材料

tool mechanism　工具机构

tool microscope　工具显微镜

tool milling machine　工具铣床

tool minor cutting edge　刀具副切削刃

tool minor cutting edge angle　刀具副偏角

tool minor cutting plane　刀具副切削平面

tool module　刀具模数

tool normal clearance　刀具法后角

tool normal rake　刀具法前角

tool operation　刀具操作, 工具操作

tool orthogonal clearance　刀具后角

tool orthogonal plane　刀具正交平面

tool orthogonal rake　刀具前角

tool orthogonal wedge angle　刀具楔角

tool overtravel　刀具超程, 走刀超程

tool pan　刀具盘, 刀盘

tool pitch　刀具齿距, 刀具齿节

tool-point　刀锋

tool point　刀锋

tool point width　刀锋宽度

tool position　刀具位置, 刀位

tool-post　刀架

tool post　刀架, 刀座

tool post collar　刀架套圈

tool post for front and rear slide　前后两用刀架

tool post for front cross slide　前横刀架用刀座

tool post for graduating cutter　刀刻刀架

tool post ring　刀架圈

tool post screw　刀架螺旋

tool post wrench　刀架扳手

tool p ressure angle　刀具齿形角, 刀具压力角

tool profile　刀具廓形

tool profile grinding machine　工具曲线磨床

tool rack　工具架, 刀架

tool reference plane （刀具的）基面
tool-relief mechanism 自动抬刀机构
tool relief mechanism 自动抬刀机构
tool resistance 刀具阻力
tool-rest 刀架，刀座
tool rest 刀架，刀座
tool-rest for facing and centering 平端面钻中心孔刀架
tool-rest slide 刀架滑板，刀架滑座
tool retraction 退刀
tool room 工具室，工具间
tool room lathe （万能）工具磨床
tool runout 刀具超程
tool saddle 刀具滑板，刀架鞍板，刀架
tool set 成套工具，工具箱
tool set-up (1) 工艺装置，工装；(2) 机床调整
tool-setter 刀具调整工
tool setter 刀具调整工
tool setting 刀具调整，刀具安装，调刀，对刀
tool setting diagram 刀具安装图
tool setting gauge 调刀千分尺，调刀千分表，对刀规，对刀仪
tool sharpener 刀具刃磨器，刃磨器
tool sharpening machine 刀具刃磨机
tool shelf 工具盘，工具盒
tool shop 工具车间
tool side clearance 刀具侧后
tool side rake 刀具侧前角
tool side wedge angle 刀具侧楔角
tool slide 刀架滑台，刀架滑鞍，刀具滑台，刀具滑板
tool space angle 刀具齿间角
tool spindle 工具主轴
tool steel (=TS) (1) 工具钢，刀具钢；(2) 模具钢
tool stroke 刀具行程
tool support 刀架
tool surface(s) 刀具表面
tool table 工具台
tool tear 工具折裂
tool test 工具试验
tool tester 工具试验机
tool thrust 刀具推力，切削力
tool tip 刀尖，刀头，刀片
tool tip angle 刀尖角
tool tip radius 刀具齿顶圆角半径
tool tooth depth 刀具齿[全]高
tool tooth tip radius 刀具齿顶圆角半径
tool-up 装备加工机械，装备加工设备
tool wagon 工具车
tool withdrawal mark 退刀伤痕
toolability （型砂的）修补性
toolable 可修型的，可修补的
toolbar (1) 工作部件悬架，通用机架，拖架；(2) 刀杆，镗杆
toolbit 刀头
toolbox (1) 工具箱，刀具箱；(2) 刀具组件
tooled (1) 机械加工的；(2) 用工具安装的
tooled joint 压缝
tooler (1) 石工用阔凿；(2) 用工具加工的工人
toolframe 通用机架
toolholder 工具柄，刀夹具，刀夹，刀杆，刀柄
toolholder support 刀架支架
toolholding device 刀架装置，刀夹具
toolhouse 工具房
tooling (1) 调整工具，调整机床；(2) 用刀具加工，用刀具切削；(3) 机床安装；(4) 给机床配备成套工具，一套刀具；(5) 工艺装置；(6) 工具，刀具，刃具，仪器
tooling coordination group (=TCG) 加工协调组
tooling cost 刀具加工成本，模具制造成本，加工成本
tooling quality 切削性
tooling zone 刀具调整区域
toolmaker (1) 工具工人，工具机工；(2) 工具制造者，工具制造厂，刀具制造厂
toolmakers button 钻模
toolmaker's flat 工具工平板
toolmaker's microscope 工具显微镜
toolmaker's straight edge 刃口平尺
toolmaking 工具制造，刀具制造，工具修理，刀具修理

toolmarking 刀具标志，工具标志
toolpost 刀架，刀座
toolroom 工具[车]间，工具室
toolroom machine 工具机
tools 刃具，刀具
tools for mounting and dismounting 拆装用工具
toolsetter 刀具调整工
toolsetting 刀具调整，刀具安装，对刀，调刀
toolslide 刀架滑台
toolsmith 刀具工
tooth (=T)(复 teeth) (1) 齿轮齿，轮齿，轮牙，刀齿，锯齿；(2) 齿状物，刃瓣；(3) 凸轮；(4) 齿形插口；(5) 尖头信号；(6) 使成锯齿状，使表面粗糙，使齿轮啮合，齿轮连接，装齿，刻齿，切齿，锉齿，铣齿
tooth accuracy 轮齿精度，刀齿精度
tooth action 轮齿啮合
tooth addendum 齿顶高
tooth addendum angle （锥齿轮）齿顶角
tooth addendum circle 齿顶圆
tooth addendum coefficient in basic rack profile 基本齿条的齿顶高系数
tooth addendum diameter 齿顶圆直径
tooth addendum factor in basic rack profile 基本齿条的齿顶高系数
tooth addendum flank 上[半]齿面，齿顶高齿面
tooth alignment correction 齿向修正
tooth alignment error 齿向误差
tooth angle (1) 齿角；(2) （锥齿轮刨齿机）齿[锥]角
tooth annulus 齿圈
tooth bearing 轮齿接触区，齿面承载区
tooth bearing area 轮齿接触区面积，轮齿承载区面积
tooth bearing correction 轮齿接触区修正
tooth bearing development 轮齿接触区[斑痕]显示，轮齿接触区调试
tooth bearing factor 轮齿接触区系数，轮齿承载区系数
tooth bearing form 轮齿接触区形状
tooth bending 轮齿弯曲
tooth bending stress 轮齿弯曲应力
tooth block 齿形样板
tooth bottom 轮齿底部
tooth boundary 轮齿边界
tooth breakdown test （齿轮）轮齿断裂试验，轮齿弯曲疲劳试验
tooth bucket 带齿铲斗
tooth burnishing 轮齿烧伤
tooth calipers 测齿规
tooth centerline 轮齿中心线
tooth chamfer 轮齿倒角
tooth chamfer radius 轮齿倒角半径
tooth chamfering (gear) cutting hob 轮齿倒角滚刀
tooth chamfering hob 轮齿倒角滚刀
tooth chamfering hobbing cutter 轮齿倒角滚刀
tooth chamfering machine 轮齿倒角机
tooth chord thickness 弦齿厚
tooth circular thickness 弧齿厚
tooth clearance 轮齿顶隙
tooth clutch 齿式离合器，齿轮离合器
tooth contact 轮齿接触[面]
tooth contact analysis 齿面接触分析
tooth contact check 齿面接触[斑痕]检查
tooth contact curve 轮齿啮合曲线
tooth contact development 轮齿接触区[斑痕]显示，轮齿接触区调试
tooth contact line 轮齿啮合线
tooth contact pattern 轮齿接触斑痕
tooth contour 轮齿轮廓
tooth core 轮齿心部，轮齿心
tooth correction 轮齿修正，轮齿修缘
tooth correcting device 轮齿修正机构
tooth coupling 牙嵌式联轴节，齿式联轴节
tooth crest 齿顶面
tooth cross section 轮齿横截面
tooth crushing pressure 轮齿破坏压力
tooth curvature 轮齿曲率
tooth curve 齿形曲线，齿向曲线
tooth curve development 齿线[斑痕]显示
tooth cutting machine 切齿机
tooth damage 轮齿损坏
tooth dedendum 齿根高

tooth dedendum angle　(锥齿轮)齿根角
tooth dedendum flank　[半]齿面,齿根高齿面
tooth dedendum profile　下[半]齿廓,齿根高齿廓
tooth deflection　轮齿挠曲
tooth deformation　轮齿变形
tooth depth　齿高
tooth depth angle　(锥齿轮)齿高角[即齿顶角加齿根角]
tooth depth coefficient　齿高系数
tooth depth of a bevel gear　锥齿轮齿[全]高
tooth depth of a basic rack　基本齿条[全]齿高
tooth direction　齿向
tooth engagement　轮齿啮合
tooth engagement curve　轮齿啮合曲线
tooth engagement line　轮齿啮合线
tooth error　齿形误差
tooth face　齿面
tooth face width　齿面宽度
tooth factor　轮齿系数
tooth fillet　齿根过渡曲面,齿根圆角
tooth flank　齿[侧]面,齿根侧面
tooth flank capacity　齿面承载能力
tooth flank contact　齿面接触
tooth flank contact pressure　齿面接触压力
tooth flank curvature　齿面曲率
tooth flank damage　齿面损坏
tooth flank error　齿形误差
tooth flank fatigue　齿面疲劳
tooth flank flame hardening　齿面火焰淬火,齿面火焰硬化
tooth flank grinder　齿轮磨床
tooth flank grinding machine　齿轮磨床
tooth flank profile　轮齿齿廓
tooth flank roughness　齿面粗糙度
tooth flank strength　齿面强度
tooth flank stress　齿面应力
tooth flank surface　轮齿表面
tooth flank tester　齿面检查仪
tooth flank testing range　齿面检查范围
tooth flank undulation　齿面波形,齿面不平度
tooth flank undulation height　齿面波高
tooth flank undulation length　齿面波长
tooth flank wave　齿面波形
tooth flywheel　带齿圈的飞轮
tooth form　齿形
tooth form factor　齿形系数
tooth form factor for circular pitch　周节齿形系数
tooth form factor for diametral pitch　径节齿形系数
tooth form test　齿形检查
tooth friction　轮齿摩擦
tooth friction coefficient　轮齿摩擦系数
tooth friction(al) loss　轮齿摩擦损失
tooth gage　齿规
tooth gash　(刀具)齿隙
tooth gash width semi-angle　(刀具)齿隙宽半角
tooth gear　齿轮
tooth gear cutting machine　齿轮切削机床
tooth gear cutting method　齿轮切削法
tooth gear drive　齿轮传动[装置]
tooth gearing correction　轮齿修正
tooth gearing data　齿轮数据
tooth gearing efficiency　齿轮传动效率
tooth gearing engineering　齿轮工程,齿轮技术
tooth gearing grinding　齿轮磨削
tooth gearing rating　齿轮承载能力,齿轮强度
tooth gearing ratio　齿轮齿数比
tooth gearing theory　齿轮传动理论
tooth gearing tolerance　齿轮传动公差
tooth gearing tool　齿轮加工刀具
tooth generating　齿轮展成[法],齿轮范成[法]
tooth generating by rack　用齿条形刀具展成加工齿轮
tooth generation　齿轮的展成
tooth geometry　齿数几何学,齿轮几何形状
tooth grinding　轮齿磨削,磨齿
tooth height　轮齿高度,齿高
tooth hub　齿轮毂

tooth inaccuracy　轮齿不精确度,轮齿误差
tooth inclination　轮齿倾斜
tooth loading　轮齿负载
tooth lock washer　带齿锁紧垫圈
tooth mark　轮齿刀痕,走刀痕迹,切削痕迹
tooth marks　走刀痕迹,切削痕迹
tooth mesh　轮齿啮合
tooth mesh leakage　(泵)轮齿,啮合处泄漏
tooth meshing curve　轮齿啮合曲线
tooth meshing frequency resonance　轮齿啮合频率共振
tooth normal　轮齿法线
tooth number　齿数
tooth of cutter　刀齿
tooth of wheel　轮齿
tooth outline　轮齿外廓
tooth overlap　轮齿重合度
tooth parts　齿形各部
tooth pitch　齿节,齿距
tooth point　齿顶,齿尖
tooth pressure　轮齿压力
tooth profile　齿廓,齿形
tooth profile angle　齿廓角,齿形角
tooth-profile curve　齿廓曲线
tooth profile error　齿廓误差,齿形误差
tooth proportion　(1)齿高比例;(2)[复]齿形各部尺寸
tooth race　齿线
tooth rest　(工具磨床的)刀齿支片,刀齿支承板,支齿点
tooth root　齿根
tooth root angle　(锥齿轮)齿根角
tooth root apex　(锥齿轮)根锥顶点
tooth root bending stress　齿根弯曲应力
tooth root capacity　齿根承载能力
tooth root chord　齿根弦
tooth root circle　齿根圆
tooth root cone　(锥齿轮)齿根锥
tooth root cylinder　齿根圆柱面
tooth root diameter　齿根圆直径
tooth root fillet　齿根圆角
tooth root flexural stress　齿根挠曲应力
tooth root land　齿根面
tooth root line　齿根线
tooth root radius　齿根圆半径
tooth root strength　齿根强度
tooth root stress　齿根应力
tooth root tensile stress　齿根拉伸应力
tooth root thickness　齿根厚度
tooth-rounding hob　轮齿倒角滚刀
tooth section　齿廓断面
tooth sector　扇形齿轮,齿弧
tooth segment　扇形齿轮,齿扇
tooth shape　齿形,齿廓
tooth shape characteristics　齿形特性
tooth shape test　齿形检验
tooth shaving　剃齿
tooth sides fit of spline　花键齿侧配合
tooth size　轮齿尺寸
tooth slot　齿槽
tooth space　齿间隔,齿间,齿隙,齿沟,齿槽
tooth space micrometer　齿槽千分尺,齿隙千分尺
tooth spacing　齿[槽空间]距
tooth spacing and concentricity checker　齿间距与偏心检查仪
tooth spacing angle　齿间角
tooth spacing error　齿间隙误差
tooth spacing tester　齿间距检查仪
tooth spacing variation　齿间距变化
tooth spiral　齿旋
tooth stiffness constant　轮齿刚性常数
tooth strength　轮齿强度
tooth strength factor for tooth root stress　齿根强度计算的齿轮
　强度系数
tooth stress　齿齿应力
tooth surface　轮齿表面,齿面
tooth-surface durability　轮齿表面耐用度,轮齿表面耐久性,齿面
　接触强度

tooth surface finish　轮齿表面光洁度
tooth system　齿形制
tooth tapers　(锥齿轮)轮齿锥度,轮齿收缩
tooth thickness (=t)　弧齿厚
tooth thickness angle　齿厚角
tooth thickness at base　基节齿厚
tooth thickness at critical section　临界截面齿厚
tooth thickness at tip　齿顶齿厚
tooth thickness balance　齿厚[弯强]平衡
tooth thickness error　齿厚误差,齿厚偏差
tooth thickness half-angle　齿厚半角
tooth thickness in critical section at tooth root in normal section　齿根法向危险截面齿厚
tooth thickness on tip cylinder　顶圆柱齿厚
tooth thickness semi-angle　齿厚半角
tooth thickness tolerance　齿厚公差
tooth-tip　齿尖
tooth tip　齿缘,齿顶
tooth tip angle　(锥齿轮)顶锥角,顶面角
tooth tip circle　齿顶圆
tooth tip deviation　齿顶偏差
tooth tip diameter　齿顶圆直径
tooth tip error　齿顶误差
tooth tip leakage　齿尖漏磁,气隙漏磁
tooth tip radius　齿顶圆半径
tooth-to-tooth composite error　一齿度量中心距误差,齿间综合误差,齿间组合误差
tooth to tooth composite error (=TTCE)　齿间组合误差
tooth-to-tooth composite variation　一齿度量中心距变动
tooth top　齿顶面
tooth top edge　齿顶缘
tooth trace　齿向曲线,齿轨迹,齿线
tooth trace development　齿线痕迹显示
tooth type coupling　牙嵌式联轴节,齿式联轴节
tooth vernier caliper　轮齿游标卡尺
tooth wear　轮齿磨损,刀齿磨损
tooth wheel　齿轮
tooth wheel rim　齿轮缘
tooth width　齿宽
toothed　锯齿形的,有齿的,带齿的,齿的
toothed bevel crown　平面齿轮,冠轮
toothed chain　齿形链,有齿链
toothed chain wheel　齿链轮
toothed connector　齿结合环
toothed conveyer belt　齿形运输带
toothed coupling　(1)齿式联轴节,牙嵌式联轴节;(2)齿式联结
toothed crown　齿顶缘,齿冠
toothed gear　齿轮(大小齿轮的总称)
toothed gear drive　齿轮传动[装置]
toothed gearing　齿轮传动[装置],齿轮啮合
toothed plate　齿口板,齿状板
toothed quadrant　扇形齿板
toothed rack　齿条
toothed rail　齿轨
toothed ring　齿圈,齿环
toothed ring connector　[有]齿接合环
toothed ring dowel　有齿环接
toothed scoop shovel excavator　带齿铲斗挖土机
toothed segment　扇形齿轮,齿扇
toothed sleeve　齿套
toothed wheel　齿轮
toothed-wheel dynamometer　齿轮传动测力计
toothed wheel gearing　齿轮装置
toothed wheel rim　齿轮缘
toothed wheel shaper　刨齿机
toothed wheel shaping machine　刨齿机
toothholder　齿座
toothing　(1)齿轮啮合,齿轮连接,齿连接;(2)齿轮加工;(3)齿圈;(4)待齿接
toothings　齿形接渣口
top (=T)　(1)齿顶面;(2)(轴承)顶点;(3)顶板;(4)陀螺;(5)顶,帽;(6)上部,顶部,顶端,上端;(7)最高的,最大的,顶部的,上部的,上面的
top and bottom (=T&B)　顶和底

top and flank method　(锥齿轮)齿顶齿根法
top angle　(刀齿)顶刃后角
top armor　船顶围栏
top assembly drawing (=tad)　顶部装配图
top bar　上梁
top base　上基座,上基面
top bearing　上盖轴承,顶盖轴承
top block　上滑轮
top-blowing　顶吹法
top-blown　顶吹的
top-blown oxygen converter (=TOC)　氧气顶吹转炉
top boom　上弦杆
top-bottom pincushion correction circuit　上下枕形校正电路
top brace　上拉条,顶拉条
top bracing　顶撑
top burton　上滑车组
top cager　井口把钩
top capping　盖补
top-carriage　上架
top carriage trunnion bearing　上架耳轴轴承
top case　上型箱
top casting　顶端浇铸,顶铸,上铸
top center (=TC)　(纺机曲拐位置)上心,上静点,上定点
top chord (=TC)　上弦
top circle　齿顶圆,外圆
top clearance　(1)轮齿径向间隙,齿顶间隙;(2)顶部间隙
top clearance of tooth　轮齿径向间隙,齿顶间隙
top clearer　上线辊,上线板
top coat　外涂层,顶层,面层
top column　悬臂顶柱
top crop　切头
top cylinder pinion　(纺机)上针筒小齿轮
top dead center (=TDC)　上死点,上止点
top decatizer　卷状蒸呢机
top die　上模
top digit　(数字)最高位
top distance　轮冠距,冠基距
top-down　自顶向下的,管理严密的,顺序的
top drawing (=TD)　顶视图
top-dressing aircraft　农业施肥飞机
top dressing　表面处理,浇面,敷面
top drive　从上面运转
top-driven　从上面驱动
top end　顶端
top-end computer　高档计算机
Top enveloping worm gear pair　Top 型弧面蜗轮副
Top enveloping worm wheel　Top 型弧面蜗轮
top extension　顶伸柱
top face angle　(锥齿轮)面锥角
top facing　罩面
top feed　顶部加料
top-flange　上翼
top flange　上翼缘
top flat　顶片
top front rake　前倾角,前角
top fruit sprayer　果树树冠喷雾器
top fuller　上用圆刃楔形锤
top-gaining　最大增益
top gating　顶浇
top-gear　船的索具
top gear　高速齿轮,末档齿轮,最高速,最高档,高速档,末档,末速
top gear ratio　最高齿数比
top guide　前导承,导头,导帽
top-hammer　高处的笨重物体
top-hamper　(1)舱面荷重;(2)上甲板以上索具,桅杆索具
top-hat　(天线的)顶帽,顶环
top hat　(天线的)顶帽,顶环
top-hat shielding　圆筒顶部封闭的防护层
top-heavy　(1)上部过重的,头重脚轻的,不稳的;(2)投资过多的
top heavy　头部重的,顶部重的
top-hole　出铁口
top hole　顶孔
top-hung　顶悬
top interference　齿顶干涉

top land (1) 齿顶面, 齿顶；（2）（活塞）端环槽脊
top land width 齿顶厚
top lateral 顶横支撑
top lateral bracing 上弦横向水平支撑
top-level 最高级的
top level (1) 最高水平, 最高水位, 顶峰；(2) 高级能；(3)（存储栈的）顶层
top level die-filling 上面装模
top limit 上偏差
top line of teeth 上齿线
top link 上拉杆
top load 尖峰负荷, 最大负载
top longitudinal bracing 上弦纵向水平支撑
top maker 权威制造厂, 一流制造厂, 权威制作者
top-notch (1) 最高质量的, 第一流的；(2) 顶点
top of frame (=T/FR) 框架顶部, 构架顶部
top of the slag 渣面
top of the trajectory 轨道顶点
top of thread 螺纹牙顶
top of tooth 齿顶
top off 移离齿顶, 多切齿顶
top opening 顶口, 顶孔
top-out 上层建筑, 上部建筑
top overhaul 大修
top plate 顶板
top ply 顶层帘布
top pressure 最高压力
top print 型芯记号
top priority 绝对优先
top-quality 最优质的
top rake (1) 前倾角, 前角；(2) 坡度角, 纵倾角；(3) 纵倾斜
top relief angle 齿顶修缘角
top rest 上刀架, 小拖板
top roll 上轧辊
top-roll counterweight balance arrangement 上轧辊重锤式平衡装置
top-roll hydraulic balance arrangement 上轧辊液压式平衡装置
top roller 顶端滚柱
top rope 中桅升降索
top run （皮带）上半圈
top sand 粗砂
top science 尖端科学
top-secret 绝密的
top secret (=TS) 绝密
top secret control officer (=TSCO) 绝密控制员, 绝密管理员
top shaft (1) 上轴；(2)（纺机）曲拐轴
top side (齿轮）上侧（装配位置）, 顶面, 上面
top side rake 顶侧倾角
top slide 顶部滑板, 上滑板
top speed 最高速度, 最高速率, 最大速度, 最大钻速
top surface 顶面
top swage 上凹锻模, 上型模
top sword 上压力
top-timber 顶肋材
top tool rest 上刀架, 小拖板
top tooth side 齿顶面
top-trench {铸} 横浇口
top turbine 前置涡轮机
top up 上油, 添油
top view 顶视图, 俯视图
top width of sheave groove 皮带轮槽顶宽度
top width gum 涂 [橡] 胶, 上胶
top working roll 上工作辊
topbeam 顶梁
topcap 顶盖
topcoat 外涂层, 保护层, 面漆, 面涂
topchord 上弦杆
topgallant (1) 上桅帆, 上桅；(2) 桅的顶点
topgallant forecastle 升高船首楼甲板
tophan box (=tophan pot) 离心罐
tophet 托非特镍铬电阻合金, 镍铬铁耐热合金（镍 35-80%, 铬 15-20%, 铁 0-46.5%）
tophole 上部炮眼
topic (1) 题目, 细目, 论题, 专题, 课题；(2) 概论, 总论；(3) 局部的
topless 无顶盖的, 无顶篷的

toplight 旗舰灯, 顶灯
toplighting 顶部照明
toplimit 上限
topmast 纵帆装船中桅, 横帆装船上桅
topmost 最上面的, 最高的, 绝顶的
topnotch 可达到的顶点
Topo 美国陆军测地卫星
topo- （词头）局部, 部位
topoangulator （地形）量角器
topocart 地形立体测图仪
topocentre 上心
topocentric 以局部为中心的, 地面点的
topochemistry 局部化学
topochronotherm 局部时间热感
topogon lens 小孔径宽视场镜头, 弯月形透镜
topogram 内存储信息位置图示
topographer 地形测量员
topographic(al) 地形测量的, 地形学的,
topographic drawing 地形图
topographic map 地形图
topographic survey 地形测量
topographic troops 测量部队
Topomat 自动地形测图仪
Topopret 相片判读仪
topped gear 齿顶变尖齿轮
topper (1) 装顶盖者, 去掉顶盖者；(2) 蒸去轻馏分装置, 拔顶装置
topping (1) 修顶, 顶削, 锉齿；(2) 齿顶变尖；(3) 上部, 上层, 上端, 顶端, 面层, 前置；(4) 蒸去轻油, 去梢, 去顶, 去头, 拔顶；(5) 补充加注, 充电, 充气, 注满；(6) 最高的, 最优的, 第一流的, 极好的, 前置的
topping control unit (=TCU) （火箭）补充加注控制设备
topping lift 桅端吊索
topping off point 加油站
topping-on 套圈
topping paint 水线漆
topping plant (1) 前置机组；(2) 初馏装置, 拔顶装置, 拔头装置
topping shaper cutter 切顶插齿刀
topping-up (1) 液体补充, 补充加注, 加燃料, 充气, 充液, 注水, 上油, 加油；(2) 套色调节色光
topping with gum 涂胶, 上胶
toprail (1) 顶梁；(2) 桅台扶手
toprem (1)（齿轮切齿时）修根；(2) 修根刀齿, 修根刀盘
toprem letter 修根高度代号
topsail (1) 中帆；(2) 斜帆桁上帆
topside (1) 最高级人员；(2) 水上舷侧, 干舷部, 舱面, 顶边；(3) 在甲板上, 到面上, 到顶
torch (1) 焊接灯；(2) 焰炬, 火炬；(3) 吹管；(4) 喷灯；(5) 火嘴
torch centring （钢坯）用气焰割炬定心
torch corona 超高频放电电晕, 火焰状电晕
torch hardening 火焰淬火
torch head 焊枪管
torch lamp 喷灯
torch pipe 喷射管, 喷灯
torch tip 焊炬喷嘴, 焊管嘴
torchlight 火炬, 火光
tore (1) {数} 环面；(2) 管环；(3) 链环面
tore of reflection 反射环
toreutic 金属浮雕的
toreutics 金属浮雕工艺
toric 复曲面的
toric lens 复曲面透镜
toric surface 复曲面
toric ring 复曲面环, O 型环
torispherical 准球形的
torn 不平的 [表面], 有划痕的
torn surface 裂痕面, 粗糙面
torn-up 磨损的, 开裂的
tornadotron 微波 - 亚毫米波转换电子谐振器, 旋风管
toroid (1) 环形线圈, 环形铁芯, 复曲面, 超环面, 圆环, 圆环；(2) 电子回旋加速器室, 环形室；(3) 螺旋管；(4) {数} 环, 超环面；(5) 圆的
toroid gear 圆环面齿轮
toroid structure 复曲面结构
toroid transformer 环形铁芯变压器
toroidal (1) 环形线圈的, 喇叭口形的, 螺旋管形的, 圆环面的, 超环面的；(2) 圆环, 曲面

1435

toroidal cavity resonator 环状空腔谐振器
toroidal coil 环形线圈
toroidal coordinates 圆环坐标
toroidal core (1) 环形磁芯, 环形铁芯; (2) 圆环柱芯
toroidal ring 断面旋转梯环
toroidal swivel 旋回涡流
toroidal swivel chamber 旋流式燃烧室, 涡流燃烧室
torpedo (1)鱼雷,水雷,地雷;(2)鱼雷形装置,鱼雷形部件,鱼雷形汽车;(3) 鱼雷形分流梭; (4)油井爆破药筒, (铁路用)信号雷管; (5)用鱼雷攻击, 发射鱼雷, 敷设水雷
torpedo a plan 破坏计划
torpedo artificer 鱼雷机械兵
torpedo boat (=TB) 鱼雷射击艇, 鱼雷快艇
torpedo body 鱼雷式车身
torpedo bomber 鱼雷轰炸机, 鱼雷攻击机
torpedo director 鱼雷射击指挥仪, 鱼雷定向盘
torpedo-gunboat 鱼雷炮舰
torpedo net 防鱼雷网
torpedo-tube 鱼雷发射管
torpedo tube 鱼雷发射管
torpedoing 以鱼雷破坏
torpedoman 鱼雷兵
torpedoplane 发射鱼雷的飞机, 鱼雷机
torpex 铝末混合炸药
torque (=T) (1) 旋转力矩, 扭转力矩, 转矩, 扭矩, 扭转; (2) 偏振光面上的旋转效应; (3) 施以扭动力, 扭转
torque amplifier 电力传动装置增力器, 转矩放大器
torque angle 转矩角, 扭矩角
torque arm 反扭矩杆, 转矩臂, 扭矩臂
torque at rated load 额定负载转矩
torque at starting 起动转矩
torque-balance device 扭矩平衡装置
torque balance system 转矩平衡系统
torque balancer 转矩平衡器
torque balancer system 转矩平衡装置
torque capacity (1) 额定转矩; (2) 额定转矩容量
torque coefficient 转矩系数
torque coil magnetometer 力矩线圈式磁强计
torque compensation 转矩补偿
torque compensator 转矩补偿器
torque component 转矩分量
torque control 转矩控制
torque controller 转矩调节器
torque converter 转矩变换器, 液压变矩器, 变矩器, 变矩器
torque-converter and shuttle transmission 带静力变扭器的梭行变速箱
torque-converter control level 变扭器操纵杆
torque converter housing 变扭器壳体
torque converter transmission (1) 带变扭器的变速箱, 带液力变扭器的变速器; (2) 变扭器传动
torque curve 转矩曲线, 扭矩曲线
torque diagram 扭矩图
torque divider (1) 分动器; (2) 扭矩分流变速器; (3) 不等扭矩差速器
torque drive unit 转矩传动装置
torque dynameter 转矩计, 测扭计
torque efficiency (液压马达) 机械效率
torque fluctuation 扭矩波动
torque force 扭力
torque gear shift 不切断功率换档
torque indicating wrench 测力扳手
torque indicator 转矩计, 扭矩计
torque inertia ratio 转矩惯性比
torque-life curve 转矩-寿命曲线
torque limit 转矩极限
torque limiter 转矩限制器, 扭矩限制器
torque limiting device 转矩限制装置
torque load 扭转载荷, 扭转负荷
torque loss 转矩损失, 扭矩损失
torque-magnetometer 转矩磁力计
torque magnetometer 转矩磁强计
torque measurement 转矩测量, 扭矩测量
torque measuring apparatus 转矩测量装置
torque member 受扭构件, 抗扭构件
torque meter 转矩计, 扭矩计, 测扭计, 扭力表

torque modulus 转矩模量
torque moment 转矩, 扭矩
torque motor 陀螺仪修正电动机, 罗盘校正电动机, 转矩电动机, 扭矩马达
torque multiplication ratio 增扭系数
torque multiplier 增扭器
torque output 转矩输出 [量], 扭矩输出 [量]
torque range 转矩 [变动] 范围
torque rating 转矩规范, 扭矩规范
torque ratio 转矩比, 扭矩比
torque reaction 反作用扭矩, 反转力矩
torque reaction rod 反扭矩杆
torque reaction stand 扭矩测量台
torque recorder 扭矩记录器
torque retention (螺纹连接) 长期保持拧紧转矩
torque reversal 扭转反转
torque rise 转矩增量
torque rod 反复作用扭矩杆, 回转杆, 转矩杆, 扭力杆, 扭矩杆
torque scissor 转矩臂
torque screw driver 定转矩机构螺丝刀
torque sensing coupling 转矩传感联轴节
torque sensor 扭矩传感器, 转矩传感器
torque shock 转矩震动
torque spanner 转矩扳手, 扭力扳手
torque-speed curve 转矩-转速曲线
torque stay 反扭力杆, 万向轴管
torque summing member 转矩相加器
torque test 扭力试验, 抗扭试验
torque tester 转矩测定仪
torque-to-inertia ratio 转矩-惯性比
torque transducer 转矩传感器
torque transfer 转矩分配
torque tube 万向轴管, 转矩管, 扭力管
torque tube drive 转矩管承推驱动
torque tube flange (驱动桥) 转矩管凸缘
torque tube propeller shaft 转矩管内的单万向节传动轴
torque-twist power meter 转矩式功率计, 扭力式功率计
torque type power meter 转矩式功率计, 扭力式功率计
torque variation 转矩变化
torque vector 转矩矢量, 扭矩矢量
torque vibration 转矩振动, 扭矩振动
torque-winding diagram 力矩-卷挠图
torque wrench 转矩扳手, 扭力扳手
torquemeter 旋转力矩测量器, 扭矩测量器, 转矩计, 扭矩计, 扭力仪, 扭矩器
torquer 转矩产生器, 转矩发送器, 转矩装置, 力矩马达, 加扭器
torr 托 (真空单位, 相当汞柱高 1 毫米)
torrefaction 焙烧, 烘烤
torrefy 焙烧, 烘烤
torrefying 焙烧, 烘烤
torrent (1) 湍流, 激流, 射流; (2) (复) 倾注
torrid 烘热的, 灼热的, 晒焦的
torrify (=torrefy) 焙烧, 烘烤
torsal 挠切的, 挠点的
torsal line of a surface 曲面上的挠点线
torse {数} 可展曲面, 扭曲面
torsibility 反扭转倾向, 抗扭转性, 抗扭转
torsigram (=torsiogram) 扭力 [记录] 图, 扭转 [记录] 图
torsigraph (=torsiograph) 扭力 [记录] 仪, 扭转 [记录] 仪
torsimeter 扭矩计, 扭力计
torsiogram 扭转振动图, 扭转记录图, 扭矩图, 扭振图
torsiograph (1) 扭转振动记录仪, 扭振自记器; (2) 扭力记录仪, 扭力仪
torsiometer (=torquemeter) 扭矩计, 扭力计
torsion (1) 扭转, 扭曲, 扭动, 挠曲, 转矩, 扭矩, 扭力; (2) (曲线的) 第二曲率, 挠曲, 挠率; (3) 盘旋
torsion angle 扭转角
torsion-balance (1) 扭转平衡, 扭力平衡; (2) 扭 [矩] 秤, 扭力天平, 扭力秤
torsion balance (1) 扭转平衡, 扭力平衡; (2) 扭转平衡器, 扭力天平, 扭力秤
torsion bar 扭力杆, 扭力轴
torsion-bar spring 扭杆弹簧
torsion bending 扭转弯曲

torsion constant　扭转常数
torsion couple　扭力偶
torsion dynamometer　扭转测力计, 扭力功率计, 扭力计
torsion elasticity　扭转弹性
torsion electrometer　扭转静电计
torsion failure　扭转失败, 扭转损坏
torsion force　扭力
torsion-free　无扭转的
torsion head　扭秤头
torsion impact test　扭转冲击试验
torsion indicator　扭转指示器, 扭力指示器
torsion load　扭转载荷
torsion machine　绕簧机, 扭簧机
torsion member　抗扭构件
torsion meter　扭力功率计, 转力计, 扭力计, 扭力仪
torsion micrometer　微扭计
torsion modulus　扭力模量
torsion moment　转矩, 扭矩
torsion pendulum　扭转摆, 扭摆
torsion-resistant　抗扭的
torsion rod spring　受扭杆簧, 扭杆弹簧, 扭转弹簧
torsion rod stabilizer　侧向稳定扭力杆
torsion scale　扭秤
torsion shaft　扭力杆, 扭力轴
torsion spring　扭转弹簧, 扭力簧, 扭簧
torsion stiffness　扭转刚度
torsion test　抗扭试验, 扭转试验, 扭力试验, 扭曲试验
torsion tester　抗扭试验机, 扭转试验机, 扭力试验机
torsion testing machine　扭转试验机
torsion viscosimeter　扭丝式粘度计
torsional　扭转的, 扭力的
torsional angle　扭转角
torsional buckling　扭转屈曲, 扭屈
torsional coupling　扭力偶
torsional damper　扭振减振器, 扭振阻尼器
torsional deflection　扭转挠曲, 扭转变形
torsional deformation　扭转变形
torsional dynamometer　扭力 [功率] 计
torsional elasticity　扭转弹性, 扭曲弹性
torsional endurance limit　扭转疲劳极限, 扭转持久极限
torsional fatigue　扭转疲劳
torsional fatigue limit　扭转疲劳极限
torsional fatigue strength　扭转疲劳强度
torsional fatigue test　扭转疲劳试验
torsional flexibility　扭转挠性
torsional force　扭力
torsional fracture　扭转断裂
torsional frequency　扭转振动频率
torsioanl load　扭转载荷, 扭转负载
torsional mode　扭切形式
torsional modulus　扭切模量
torsional moment　扭 [力] 矩
torsional oscillation　扭转振动扭振
torsional oscillation absorber　扭转减振器
torsional pendulum　扭摆
torsional power transmission system　扭转传动系统
torsional resilience　扭转弹性
torsional resistance　扭转阻力
torsional restraint　扭转约束
torsional rigidity　扭转刚性, 扭转刚度, 抗扭刚度
torsional rigidity modulus　抗扭模量
torsional shake　扭转振摆
torsional shearing stress　扭转剪应力
torsional spring　扭转弹簧, 扭力弹簧
torsional stability　扭转稳定性
torsional stabilizer　侧向稳定扭力杆
torsional stiffness　扭转刚性, 抗扭刚性, 抗扭劲度
torsional strength　抗扭强度, 扭转强度
torsional stress　扭曲应力, 扭应力
torsional test　扭转试验, 扭力试验
torsional twist　扭转挠度
torsional vibration　扭转振动, 扭曲振动, 摇旋振动
torsional vibration absorber　扭转减振器
torsional vibration damper　扭振阻尼器, 扭振减振器, 扭力消震器

torsional vibration pick-up　扭转振动传感器
torsionally flexible coupling　扭转弹性联轴节
torsioning　扭转
torsionless　无扭曲的, 无扭转的
torsionmeter　扭矩计, 扭矩仪, 扭力计
torsionproof　防扭的
torsor　{数} 非共面直线对
tortile　扭转的, 扭弯的, 盘绕的, 卷的
tortuosity　(1) 弯曲度, 扭曲度, 迂回度; (2) 弯曲, 扭曲, 曲折
tortuous　扭转的, 扭曲的, 弯曲的
torture　(1) 使翘曲, 使弯曲; (2) 歪曲, 曲解
torus　(1) 环, (2) 环形圆纹曲面, 圆面旋转体, 椭圆环面, 圆环面, 锚环面, 环面, 圆环; (3) 环形线圈, [环形] 铁心, 环形室; (4) 纹孔塞, 纹孔托; (5) {数} 环面, 锚环面
torus ring　[液力变扭器] 环腔
TOS gearing　(捷克) 托斯厂螺线锥齿轮
TOSBAC (=TOSHBA scienfic and business automatic computer)　(日) 东芝 (公司出品的) 科学及商用自动计算机
tosecan　划针盘, 划线盘, 划针
tosimeter　微压计
tosiograph　扭振自记器
toss　摇摆, 上冲, 上扬, 扔, 抛
toss of tin　锡的氧化提纯法, 锡的重熔铸
tossing　(1) 熔锡的抛落精选法, 锡矿精选; (2) 重熔铸
tot　(1) 总计, 合计, 加; (2) 加法运算; (3) 加数, 总数
tot up　合计
tot up to　总共, 合计
total　(1) 总数, 总计, 共计, 总额, 总和, 合计; (2) 全体; (3) 总计的, 全部的, 总括的, 总体的, 全体的, 完全的, 彻底的
total absorption　总吸水量
total acceleration　总加速度
total alignment error　总齿向误差
total all the expenditures　计算全部支出
total amount　总数, 总额, 总量
total angle of advance　全前进角
total angle of transmission　总作用角, 总啮合角, 总重合角
total angular face　(锥齿轮在根锥展开平面上) 弧齿宽总张角
total arc of transmission　总作用弧, 总啮合弧
total area cut　总切削面积
total binding energy (=TBE)　(核的) 总结合能
total capacity for load　总供电能力
total composite error (=TCE)　总综合误差, 整体误差, 全误差
total composite variation　一转度量中心距变动
total contact ratio　总重叠系数, 总重合度
total cross section　全截面
total cross-sectional area of the cut　(刀具的) 总切削层横截面积
total cumulative pitch error　周节累积误差
total current　总电流, 全电流
total curvature　全曲率
total curve　累积曲线
total cycle　周期小计
total deflection　总变形量, 总挠度
total depth　(1) 全齿高; (2) 总深度
total derivation　全导数
total differential　全微分
total dispersion　全色散
total displacement　总位移
total distortion　总应变
total durability geometry factor　接触强度总几何系数
total dynamic head (=TDH)　总动压头
total efficiency　总效率
total emissive power　总发射本领
total equivalent brake horsepower　总当量制动马力
total error　总误差
total error of division　分度总误差, 节距总误差
total error of tooth spacing　齿 [间] 距总误差
total extension　总延伸率
total face width　总齿面宽, 全齿宽
total flow　总流量
total force exerted by a cutting part　(刀具的) 一个切削部分总切削力
total force exerted by the tool　刀具总切削力
total frequency deviation (=TFD)　总频率偏移
total friction head　总摩擦压头损失

total gear life　总齿轮寿命

total gear reduction　总齿轮减速比, 总传动比

total generant error　母线总误差

total hardening　全部硬化

total hardness　总硬度

total head pressure　全压头, 全压力

total heat　总热量, 积分热, 热函, 总热

total heating surface (=THS)　总受热面, 总加热面

total height　总高度

total immersion thermometer　全浸温度计

total impedance　总阻抗

total in flight simulator (=TIFS)　总飞行模拟装置 (一种飞机设计工具)

total indicator reading (=TIR)　总指示读数, 表针总读数, 指示器总读数

total industrial output value　工业总产值

total ionic strength adjustment buffer (=TISAB)　总离子强度缓冲剂

total length　总长 [度]

total length of contact lines　啮合线总长度

total length on transmission　总的作用弧长度

total load (=TL)　总负载, 总载荷, 总负荷, 总载

total load distribution factor　总载荷分布系数

total loss　总损失

total loss only (=T.L.O.)　单独海损亦赔, 仅全部损失, 全损险

total management system　综合管理系统

total measure　全测度

total mesh misalignment　总啮合失准

total movement　终位移

total of contact　总重合度

total organic carbon (=TOC)　总有机碳含量, 有机碳总量

total overall reaction　总啮合时间

total oxygen demand (=TOD)　总需氧量

total pitch error　总节距误差

total pitch variation　总节距变动

total pitting area　点蚀总面积

total power　总功率

total power of motors　电动机总功率

total pressure　总压力

total pressure gradient　全压力增减率, 全压力梯度

total price　总价

1438

total profile error　齿形总误差

total quality control (=TQC)　全面质量管理, 总的质量检查

total quality management　全面质量管理

total radiation pyrometer　全辐射高温计

total radiator　全波辐射器

total reduction　总减速

total reflection　全反射

total reflection method　全反射法

total reflection prism　全反射棱镜

total reflux operation　全回流操作

total requirements (=TRQ)　总需要量, 总需求

total resistance　总电阻

total scatter　全散射

total shear stress　总剪切应力

total slip　总滑距

total strength　总兵力

total supply water　总供水量

total time　总时间

total tolerance　综合公差

total tooth alignment error　总齿向误差

total tooth pressure　轮齿总压力

total torque　总转距, 总扭矩

total torque exerted by the tool　刀具总扭矩

total transform　全变换

total trim (=T)　总调整

total variation　全变差, 全变分

total wear　总磨损

total weight (=TW)　总重量, 总重, 毛重

total wheel base　总车轴距

total width　全宽

total with tax　价税总计

total work cost (=twc)　总工作费用

totalisator (=totalizator)　(1) 加法求和装置, 加法计算装置, 总和计算装置; (2) 加法计算器, 累积计算器, 加法器, 累加器

totalise (=totalize)　总计, 合计

totaliser (=totalizer)　(1) 加法求和装置, 加法计算装置, 总和计算装置; (2) 加法计算器, 累积计算器, 加法器, 累加器

totality　(1) 全体, 总体, 总数, 总和, 总量, 总额, 总体, 完全; (2) 总重

totalize　计总数, 总计, 合计

totalizer　(1) 加法求和装置, 加法计算装置, 总和计算装置; (2) 加法计算器, 累积计算器, 加法器, 累加器

totalizing　总计

totalizing instrument　求和仪

totalizing machine　加法计算机, 求和计算机

totalizing measuring instrument　累计式测量器具

totalizing puncher　总码穿孔机

totalizing wattmeter　累计功率计, 总功率表

totalling　总和

totalling meter　计数综合器, 求和计数器

totally　完全, 全部, 统统

totally-enclosed motor　全封闭式电动机, 全封闭型电动机

totally-enclosed type　全封闭式

totameter　流量计

tote　(1) 携带, 提, 负; (2) 车运, 牵引, 运, 搬; (3) 计算总数, 总计, 合计; (4) 装运物, 负担, 装载

tote bin　搬运箱

tote-box　(1) 工具箱, 零件箱; (2) 搬运箱

tote box　搬运箱, 运输斗

totem　图腾, 物像, 标志

totem pole　推拉输出电路, 图腾柱

totem-pole amplifier　图腾柱放大器

toter　[导弹] 装载起重机, 运载装置

totient　欧拉函数 φ(n)

totipotency　全能性, 全势能

totipotent　全能 [性] 的

totipotential　全能的

Toucas　塔卡斯铜镍合金 (用于装饰, 铜 35.6%, 镍 28.6%, 其余为等量的铁, 铝, 锡, 锌, 锑)

touch　(1) 接触, 触到, 触及, 碰到, 碰撞, 触摸, 按, 揿; (2) {数} 相切, 切触, 邻接; (3) 触动, 感觉; (4) 接近, 达到; (5) 涉及, 提及, 论及, 谈及提到, 论到; (6) 对付, 修改, 解决; (7) 接触磁化; (8) 痕迹, 微量, 痕量; (9) 缺点, 缺陷; (10) 弹性 [力]; (11) 关系 [到], 联系; (12) 特征, 性质

touch-and-go　一触即离的, 动荡不定的

touch control　接触控制

touch-down　着陆, 着地, 触地

touch down point　接地点

touch feedback　接触反馈

touch needle　试金棒

touch paper　(导火用) 火硝纸

touch screen　触摸屏

touch system　打字的指法

touch-tone　按键式, 琴键式

touch tone dialing　(电话) 按钮选号

touch-tone telephone　按键式电话机

touch tone dialing　(电话) 按钮选号

touch-type　盲打式打字, 按指法打

touch watch　触摸手表, 盲人表

touchable　可被感动的, 可触的

touchdown accuracy　着陆准确度

touching　(1) 关于, 至于, 提到; (2) 开缝隙内浇口; (3) 相切的

touchwood　引火木

tough　(1) 有抵抗力的, 坚韧的, 韧性的, 可延的; (2) 粘稠的, 粘着的; (3) 刚性的, 坚固的, 结实的, 耐久的; (4) 难对付的, 费力的, 难办的

tough alloy　韧合金钢

tough bond　韧性粘结剂

tough-brittle transition　韧脆过度

tough bronze　韧青铜

tough cake　精铜

tough cathode　电解纯铜, 阴极铜

tough copper　韧铜

tough drum　槽形桶, 油桶

tough fracture　韧性断口

tough hardness　韧性硬度

tough iron　韧铁

tough metal　韧性金属, 韧金属

tough pitch copper　韧铜

toughen　(1) 变坚韧, 使强韧, 使硬, 使韧; (2) 使变稠, 使粘着

toughened glass　钢化玻璃

toughened polystyrene (=TPS)　韧化聚苯乙烯

toughening　韧化[处理]

toughness　耐久性,粘稠性,韧性,韧度,刚度,刚性,坚韧

toughness index　韧性指数,韧度指数

toughness of fiber　纤维的强韧度

toughness test　韧性试验,冲击试验,强度试验

tour　(1)周转,流通,循环;(2)轮班,值班;(3)转动,旋转,钻削;(4)倒转,转变,转

tour of observation　考察

tourelle　滚动装置

tourer　(1)游览汽车;(2)游览飞机

touring　(1)转动,旋转;(2)钻削

touring car　旅行汽车,游览车

touring plane　旅行飞机

Tourlon circuit　土隆[相位控制]电路

tourmaline　电气石,电石

tourmaline tongs　电气石夹子

tourmalinization　电气石化[作用]

Tournapull　四轮拖拉机式铲运机

Tournatractor　(美)[多用途]轮式越野牵引车

Tournay metal　图尔尼黄铜(铜82.5%,锌17.5%)

Tournay's brass　陶奈黄铜(一种红黄铜82.5%Cu,17.5% Sn)

tours of inspection　检查巡视

Tourun Leomard's metal　轴承用用韧性锡青铜(锡90%,铜10%)

tourun metal　陶兰合金(一种锡基轴承合金,90%Zn,10% Cu)

tow　(1)拖索,拖车,拖船;(2)用绳拖曳,拖曳,拖引,拖带,拖航,曳引,牵引;(3)亚麻短纤维,[纤维]束,麻屑

tow and lift eye　牵引吊眼

tow bar　拖杆

tow-boat　拖船

tow boat　拖船,拖驳

tow cable　牵索

tow car　牵引车

tow cleaner　麻屑清理机

tow grader　拖式平地机

tow hook　拖钩

tow line　(船舶的)拖缆绳

tow lug　牵引环

tow net　拖网

tow roller　短亚麻压辊

tow wheel　纤轮

towability　可拖曳性．

towable　可牵引的,可拖曳的

towage　(1)拖运,拖曳,牵引;(2)牵引费,拖船费

towbar　拖杆

towboat　拖船,拖轮,拖驳

towed artillery　牵引炮

towed blade grader　拖式平地机

towed scraper　拖式铲运机

towed sprinkler　牵引式喷灌机

towed vehicle　曳引汽车,曳引车,牵引车

tower (=tr)　(1)发射塔,塔架;铁塔;(2)塔台,塔架,支承,杆,柱;(3)塔的,柱的

tower beater　塔式打浆机

tower bolt　大型汽缸盖螺栓,重型门栓

tower clock　在塔上的钟

tower concentrator　塔式浓缩器

tower crane　塔式起重机

tower-down range　(发动机的)最小喷射量与最大喷射量之比

tower drier　干燥塔

tower evaporator　塔式蒸发器

tower footing impedance　杆塔接地阻抗

tower gas cooler　塔式气体冷却器

tower hoist　(1)塔式升降机,塔式提升机;(2)塔式起重机

tower jib crane　塔式挺杆起重机

tower launcher　长导轨垂直发射装置,发射塔

tower line　铁塔线路

tower radiator　塔式天线

tower saddle　支架,刀架

tower span　塔架间跨度

tower still　塔式蒸馏釜

tower support　高压电线支架,塔架支座

tower telescope　(1)塔式望远镜;(2)太阳塔

tower-type antenna　塔式天线,铁塔天线

tower wagon　高架检修车,梯车

tower washer　塔式洗矿机

towing　拖曳

towing aircraft　拖曳飞机

towing apparatus　拖船牵引装置

towing attachment　牵引装置

towing bar　拖杆

towing basin　敞开式船模试验长水池

towing bridle　(1)带钩拖索;(2)钢缆套索

towing device　拖曳装置

towing dolly　小拖车

towing force　牵引力

towing gear　牵引装置

towing handle　牵引杆,拖杆

towing hook　牵引钩,拖钩

towing jaw　拖环

towing light　拖船灯

towing line　牵引索,拖缆

towing post　拖柱

towing power　牵引力

towing rod　牵引杆

towing rope　拖缆

towing net　拖网

towing vehicle　牵引汽车,牵引车

towing winch　拖曳绞盘

towing yoke　(牵引)连结叉,连接叉

towline　牵引索,曳引绳,拖索,拖缆

town car　市内汽车

Townend ring　(发动机)唐纳得式整流罩,减阻整流罩

townet　拖网

Townsend discharge　汤森德放电

Townsend ionization　汤森德电离作用

Townsend ionization coefficient　汤森德电离系数

towplane　拖航飞机

towveyor　输送器

toxic chemical agent　化学毒剂

toxicity of metal powder　金属粉末毒性

toxin filter apparatus　毒素滤器,滤毒器

toy gear　玩具齿轮

toy gun　机枪

T-R device　天线转接开关,"发送-接收"转接开关

Trabuk (alloy)　特拉布克锡镍合金(87.5%Sn, 5%Sb, 2%B, 余量Ni)

trace (=tr)　(1)轨迹,踪迹,痕迹,径迹;(2)线迹,迹线,交线,交点,曲线;(3)图形,图样,描图;(4)探测,探寻(故障);(5)(示波器上的)扫描[行程],扫迹,描图[示踪];(6)曳光剂,曳光器;(7)微量,痕量;(8)划曲线,描曲线,绘制,画出,复写

trace chemistry　痕量化学

trace command　跟踪指令

trace diagram　描图

trace element　痕量元素,微量元素

trace impurity　痕量杂质,微量杂质

trace interval　扫描时间,正描时间,扫描去程时间

trace metal　痕量金属

trace of a matrix　矩阵的迹

trace of colour subcarrier　彩色副载频扫描

trace of fatigue　疲劳痕迹

trace of rolling contact　滚动接触轨迹

trace quantity　迹量

trace routine　检验程序,跟踪程序

trace separation　扫描线分离

trace statement　跟踪语句

trace time　扫描时间,扫掠时间

trace vector　跟踪向量

trace watch unit (=TWU)　追踪监视装置

traceability　可追溯性,跟踪能力,追踪能力,示踪能力,传递,追源,溯源

traceable　(1)可追踪的,可示踪的,可探索的,可查查的,被研究的,可查出的,可寻的;(2)可追溯的,可归因的,起源于的;(3)可描画的,可幕写的

traceless　无痕迹的

tracer (=TCR)　(1)示踪装置,追踪装置,示踪器;(2)曲线记录装置;(3)仿形装置,随动装置,跟踪装置,仿形板,仿形器;(4)同位素指示剂,示踪原子,标记原子,标记物,示踪剂,示踪物,示踪器,指示器;(5)

跟踪程序,追踪程序;(6)故障探寻器;(7)描图装置,描绘工具,描图器,描绘器,描迹器,测量头,描写头,划线笔;(8)描图员;(9)曳光剂,曳光管,曳光弹

tracer agent   指示剂,示踪剂

tracer analysis   示踪分析

tracer atoms   示踪原子

tracer bullet   曳光弹

tracer chemistry   示踪化学

tracer compound   示踪化合物

tracer control   (1)靠模控制,仿形控制[器];(2)同位素控制

tracer determination   示踪测定

tracer element   (1)示踪元素,痕量元素,显迹原子;(2)放射性元素指示器;(3)同位素指示剂

tracer experiments   示踪实验,显迹实验

tracer-finger   仿形触销,靠模指

tracer finger   仿形器指销

tracer-free   无指示剂的,无示踪剂的,无示踪物的

tracer head   (1)仿形头;(2)随动磁头,跟踪头

tracer housing   仿形器罩   .

tracer-irradiated   受放射性指示剂照射的,示踪物辐照的

tracer isotope   示踪同位素

tracer-labelling   同位素指示剂示踪

tracer laboratory   同位素示踪实验室

tracer material   示踪物质

tracer method   (1)仿形法;(2)针描氧割法

tracer milling machine   靠模铣床,仿形铣床

tracer needle   描形针,触针

tracer pin   仿形器指销

tracer point   靠模指,仿形触头

tracer shell   曳光弹

tracer studies   示踪研究

tracer stylus   仿形器指销

tracer test unit (=TTU)   追踪试验装置

tracer valve   仿形滑阀,伺服阀

tracer wheel   描迹轮

tracing   (1)划曲线,描图,描绘;(2)线迹;(3)自动记录,扫描,复写;(4)故障探测,信号跟踪;(5)线路图寻迹;(6)示踪,跟踪,追踪,显迹,追溯

tracing atom   示踪原子

tracing cloth   描图布,透明布

tracing distortion   描纹失真,描纹畸变,示踪畸变

tracing error   跟踪误差,循迹误差,随纹误差

tracing instrument   描图仪器

tracing machine   (1)描图机,绘图机;(2)电子轨迹描绘器;(3)跟踪机

tracing paper   描图纸,透明纸

tracing paper method   透明纸法(测量)

tracing pen   自记笔

tracing point   (1)描绘点,轨迹点;(2)描迹针

tracing probe   故障探寻器,故障探示器

tracing program   跟踪程序

tracing routine   跟踪程序,追踪程序,检验程序

tracing rut   车辙,轮辙,轮印

tracing sheet   描图纸,透明纸

tracing stylus   仿形器指销

tracing wheel   描迹轮

track   (1)跨距,轮距,轨距;(2)导向装置,轨道[装置],导轨,磁路,磁道;(3)链轨板,履带;(4)滚道,沟道(轴承);(5)电子径迹,实际轨迹,踪迹,轨迹,径迹,痕迹,航迹,足迹,声迹,磁迹;(6)沿轨道行驶,跟踪(目标),追踪,示踪,探索;(7)铺轨

track addition   增加轨道

track adhesion   (1)履带与地面的附着力,车轮与轨道的附着力;(2)磁迹附着

track adjuster   履带紧度调整器,履带张紧装置,链轨紧度调整器

track adjusting base   履带调整座

track adjusting lever   履带张紧度调整杆

track-adjusting mechanism   履带张紧度调整装置

track advance   接轨,延长轨道

track advancing   接[长钢]轨,延长

track and guidance laser radar   激光跟踪和制导雷达

track and slide   帆架及滑环

track auxiliary link   履带副链节

track ball pointer   转球式[光标]指示器

track belt   轨条螺栓

track block   (1)自动闭锁,区间闭塞;(2)履带蹄块

track boat   被拖船

track bolt   轨条螺栓

track bond   钢轨导接线

track booster   轨道降压器

track brace   轨锯拉条,轨撑

track brake   车辆减速器,轨制动器

track bumper   履带防撞器

track bushing   履带销衬套

track-cable   轨道缆

track cable   承重钢丝绳,承重索,行车钢丝绳,缆道

track cam   轨道凸轮

track carrier   履带提架,履带支架

track carrier roller   履带拖轮,履带拖链轮

track carrying wheel   履带拖带轮,履带拖链轮

track center   轨道中线,轨道中心

track center distance   履带轨距

track chain   履带

track chart   (1)航海路线图;(2)海图作业图纸,空白海图

track circuit   轨道电路

track circuit connector   轨道电路连接器

track coalcutter   有轨截煤机

track connecting tool   履带连接工具

track connector   履带接头

track crane   轨道起重机

track defect indicator car   查道车

track density   轨道密度

track ditch   线路边沟

track drive   履带传动

track driving sprocket   履带驱动轮

track driving wheel   履带驱动轮

track experiment   轨道试验

track frame pivot shaft   履带台车架摆动轴

track ga(u)ge   (1)轨距规,道尺;(2)轨距

track gringers for ball bearing auter races   轴承外圈沟磨床

track grinders for ball bearing inner races   轴承内圈沟磨床

track grinders for self-aligning ball bearing inner races   球面轴承内圈沟磨床

track grinders for thrust ball bearing ball bearing races   推动球面轴承套圈端面磨床

track grouser pitch   履刺节距

track guide   履带导[向]板,链轮导向板

track guiding wheel   履带导向轮

track history   全程轨迹

track homing   [自动]跟踪导航,跟踪寻的

track idler   履带张紧轮,履带惰轮

track idler wheel   履带空转轮

track idler yoke   履带张紧轮叉形架

track-in-cleavage   切面中的径迹

track in range   距离跟踪

track indicator   轨道指示盘

track infrared system   红外线跟踪系统

track instrument   轨道电路开关

track jack   起道机,起轨器

track joist   托轨梁

track layer   (1)铺轨机;(2)铺轨工

track laying crane   铺轨机

track-laying machine   (1)履带式车辆;(2)铺轨机

track laying tractor   开路牵引车

track-laying vehicle   履带式车辆,铺轨车

track level   轨道水准

track lifter   起轨器

track lifting   起[轨]道

track line   架空轨道

track liner   拔道钉杆,撬棍

track link   履带链节

track link bushing   履带销衬套

track link dynamometer   履带链节测力计

track link pin   履带销

track link pitch   履带节距

track loader   (轨道上行走的)装载机

track main link   履带主链节

track map   线路设备图

track master link bushing   履带闭合节衬套

track-mile 一英里轨道
track monitor 轨道监视器
track-mounted 履带式的, 链轨式的
track-mounted jumbo 轨道上行走的钻车
track number 轨道数
track of a bullet 弹道
track oiling machine 轨道上油机
track oven 有轨烤炉
track pad 履带块
track pan (1) 履带块; (2) 机车上水槽, 轨间水槽
track pin 履带销
track pin head 履带销帽
track pin hole 履带销孔
track pit 车辙, 轮辙
track pitch (1) 履带节距; (2) 磁道间距, 道距
track plate 履带板
track plotter 航程标绘器
track rail jack 钢轨起重机, 起轨器
track raise 起 [轨] 道
track reactor 轨道电抗器
track receiver 跟踪接收机
track record 行动记录
track relay 拔轨 [用] 继电器
track release mechanism 履带放松装置
track release yoke 履带放松轮叉形架
track return circuit 以轨道为回线电路
track ring (径向柱塞泵的) 内凸轮环
track rod 横拉杆, 轨距杆, 系杆
track roller (1) 履带支重轮, 履带支承滚柱; (2) 滚轮滚针轴承
track roller frame 支重轮架
track room 车站线路容车数
track rope 承载钢索, 跑索
track-scale (1) 车辆计重机; (2) 称量车
track scales 车辆称, 地磅
track shoe 履带板, 链轨板; 履带瓦
track skid 履带滑动架
track spanner 轨道扳手
track spike 道钉
track sprocket 履带链轮, 履带驱动轮
track sprocket shaft 履带链轮轴
track storage 超期存车
track switch 轨道 [供电] 开关
track switching 磁道转换
track tension 履带张力, 履带张紧度
track-tension device 履带张紧装置
track tensioning roller 履带张紧轮
track test 滑轨试验台试验
track thrust 履带推力
track tie 轨枕
track transformer 拔轨变压器; 轨道变压器
track transmitter 跟踪发射机
track type facility 轨道装置
track-type jumbo 轨道上行走的钻车
track type loader 履带式装载机, 链轨式装载机
track-type switchgear(=carriage-type switchgear) 台车式开关装置
track-type test installation 轨道式试验装置
track-type tractor 履带式拖拉机
track type tractor 履带式拖拉机, 链轨式拖拉机
track unit 履带行走机构
track universal joint 滑块式万向节, 凸轮式万向节
track vehicle 履带 [式] 车辆
track way 轨道
track wheel (1) 履带支重轮; (2) 履带张紧轮, 履带轮
track wheel arm 履带轮臂
track wheel roller 履带支重轮
track-while-scan 扫描跟踪, 跟踪搜索
track while scan (=TWS) 扫描跟踪, 跟踪搜索
track-while-scan mode 边跟踪边扫描
track-while-scan radar 扫描跟踪雷达, 跟踪搜索雷达
track widths (1) 履带宽度, 轨道宽度; (2) 磁迹宽度, 径迹宽度
track winch 起轨绞车, 起轨机
trackable 可以跟踪的, 适于跟踪的
trackage (1) 轨道 (总称); (2) 拖船; (3) 轨道里程, 轨道线路; (4) 拖曳

trackbarrow 轨道手车
tracked 履带式
tracked vehicle 履带式车辆
tracker (1) 跟踪系统; (2) 跟踪定标仪, 跟踪装置, 追踪装置, 跟踪器
tracker action 机动装置
tracker station 雷达跟踪站
tracking (1) 目标跟踪, [实验] 证明, 跟踪, 探测; (2) 车辙; (3) 谐振电路统调; (4) 漏电痕迹; (5) 放电路径的形成, 漏电流路的形成
tracking accuracy 跟踪精度
tracking and illuminating laser radar 激光跟踪和照明雷达
tracking antenna 跟踪天线
tracking apparatus 飞机位置自动测定仪
tracking ball 跟踪球
tracking camera (=TC) 追踪摄影机, 跟踪摄影机
tracking control 统调控制
tracking cross 跟踪十字 (标记)
tracking current (在绝缘子表面上) 留迹电流
tracking data 追踪数据, 跟踪数据
tracking data processor (=TDP) 跟踪数据处理机
tracking error 跟踪误差
tracking feed 跟踪馈电
tracking guidance (=TG) 跟踪和制导
tracking head (=th) 跟踪弹头
tracking indicator 跟踪指示器
tracking lag 跟踪滞后
tracking lidar 跟踪激光雷达
tracking loop 随动回路, 跟踪回路
tracking mechanism 跟踪装置
tracking mode 跟踪方式
tracking mode switch 跟踪模开关
tracking point 跟踪瞄准点
tracking precision 跟踪精确度
tracking radar 跟踪雷达
tracking rate 跟踪速度
tracking section 跟踪部分
tracking system (=TS) 追踪系统
tracking system test stand (=TSTS) 追踪系统试验台
tracking telemetry data receiver (=TTDR) 追踪遥测数据接收机
tracking telescope 跟踪望远镜
tracking unit 跟踪部分
tracklayer (1) 履带式车辆, 履带拖拉机; (2) 铺轨机; (3) 铺轨工
tracklaying 铺轨
trackless 不留痕迹的, 非履带的, 无轨的
trackon drive 拖拉传动
tracks 移动摄影轨道
trackshifter 拨道器
trackshoe 轨道制动块
trackside 轨道旁边
trackslip 履带滑转, 打滑
trackwalker 巡道工
trackway 轨道, 导轨
tract (1) 小册子, 专论, 论文; (2) 系统, 管, 道, 束; (3) 区域, 地域; (4) 时间的周期, 长时间; (5) 特点
tractability 易加工性, 易处理, 易控制
tractable 易加工的, 易处理的, 易控制的
traction (1) 牵引, 曳引, 拉长, 拉伸; (2) 牵引力, 曳引力, 附着力, 摩擦力, 吸引力, 推力, 拉力; (3) 界面切向应力, 曳引应力, 拉应力; (4) 公共运输事业
traction battery 车用蓄电池
traction booster lever 驱动起加载操纵杆
traction booster system (拖拉机) 重量转移系统, 驱动轮加载系统
traction bracing 牵力顺联
traction cable 牵索
traction chain 防滑链
traction coefficient 牵引系数
traction control unit (拖拉机) 驱动论加载装置
traction crusher 牵引式碎石机, 牵引碎石机
traction curve 牵引载荷曲线
traction drive shaft 驱动轮传动轴
traction dynamometer 拉伸测力计
traction engine [蒸汽] 牵引机, 牵引式发动机, 牵引式飞机, 铁道机车
traction force 牵引力, 曳引应力, 拉力, 界面切向应力
traction generator 电力牵引系统供电用 [直流] 发电机
traction grader 牵引式平地机

traction lamp　牵引车灯
traction load　牵引负荷, 牵引荷载
traction machinery　牵引机械
traction meter　牵引计
traction motor　牵引电动机
traction mower　牵引式
traction permeameter　拉力磁导计
traction resistance　牵引阻力
traction rope　牵引索
traction sand　机车防滑砂
traction shovel　牵引式挖土机, 牵引铲
traction sprayer　行走轮驱动的喷雾器
traction substation　牵引变电站
traction suspension rope　牵引吊索
traction thrust　推挽力
traction transmitting belt　牵引传送皮带
traction transport　推移输送
traction-type elevator　滑轮传动升降机
traction wheel　(1)[机车的]主动轮, 牵引轮; (2)产生运动的光边
　摩擦轮
tractive　牵引的, 拖的
tractive armature type relay　衔铁上升继电器
tractive effort (=TE)　(1)曳引力, 牵引力, 拉力, 挽力; (2)牵引作用
tractive effort torque　牵引转矩, 牵引扭矩
tractive force　曳引力, 牵引力, 拉力
tractive magnet　牵引电磁铁
tractive power　牵引动力, 牵引功率, 牵引[能]力
tractive resistance　牵引阻力
tractive stock　牵引车辆现有数
tractive stress　曳引应力
tractograph　牵引记录单
tractolift　叉车兼牵引车
tractometer　工作测力表, 测功计, 工况仪
tractor　(1)拖拉机, 牵引车, 牵引机, 牵引器; (2)牵引式飞机; (3)
　导出矢量
tractor aircraft　拉进式螺旋桨飞机
tractor airscrew　拉进式螺旋桨
tractor biplane　牵引双翼飞机
tractor-borne　拖拉机悬挂式的
tractor-carried　拖拉机悬挂式的
tractor disk harrow　机牵圆盘耙
tractor dragged　拖拉机牵引的, 机引式的
tractor-drawn　拖拉机牵引的, 机械牵引的, 机引的
tractor-drawn artillery　拖拉机牵引炮
tractor-drawn mower　机引割草机
tractor-drawn plough　机引犁
tractor-drawn two unit articulated roller　拖式双联路碾
tractor driver　拖拉机手
tractor duster　机引喷粉机
tractor effort　牵引力, 拉力
tractor fuel oil　拖拉机燃料油, 柴油
tractor gate　履带式闸门
tractor grip lug　拖拉机履带蹄齿
tractor haulage　拖拉机拖运
tractor-hauled　拖拉机牵引的, 机引式的
tractor hitch　拖拉机悬挂装置
tractor-hitched　拖拉机牵引的, 机引式的
tractor jumbo　牵引式钻车
tractor loader　拖拉机式装载机
tractor manufacturer　拖拉机制造厂
tractor-mounted pump for milking in pasture　装在拖拉机上
　的牧场挤奶泵
tractor oil　拖拉机润滑油, 拖拉机油
tractor-operated　拖拉机操作的, 机力的
tractor-operated machine　机引农具
tractor plough　机引犁
tractor-propelled　动力输出轴驱动的, 拖拉机驱动的
tractor-propeller　拉进式螺旋桨
tractor propeller　牵引式螺旋桨
tractor scraper　拖拉机式铲运机
tractor-semitrailer　牵引式半拖车
tractor shoe　拖拉机履带板, 拖拉机履带片
tractor-trailer　拖运车
tractor-truck　牵引车, 拖车头

1442

tractor truck　(1)牵引车, 拖车头; (2)手扶拖拉机
tractor type　牵引式
tractorist　牵引车操作工, 拖拉机手
tractorization　拖拉机化
tractory　曳物线
tractrix　等切面曲线, 曳物线
trade　(1)商业, 贸易, 交易; (2)手工艺, 手工业, 职业, 行业; (3)做生意,
　做买卖
trade acceptance　商业承兑汇票
trade agreement　国际贸易协定
trade bill　商业汇票
trade circular　回单
trade deflection　贸易转销
trade discount　商业折扣, 批发折扣
trade diversion　贸易转移
trade effluent　工业污水
trade-mark　(1)商标, 标志, 品种; (2)标上商标
trade mark　商标
trade mission　贸易代表团
trade name (=TN)　(1)商品名称, 商品名; (2)商标名; (3)商号, 店名
trade-off　折衷方案, 折衷选择
trade price　批发价格
trade protocol　贸易议定书
trade sewage　工业污水
trade standard　商业标准, 行业标准
trade waste　工业废弃物, 工业废油
trade waste sewage　工业废水
trademark (=TM)　商标
tradesman　零售商人, 商人
tradition　传统, 惯例
traditional　传统的
traditional method　传统方法, 惯用方法
traf-o-line marker　(交通)划线机
traffic (=tfc)　(1)客货运业务, 交通运输, 交通, 运输, 运务; (2)运输
　量; (3)贸易; (4)通讯联络, 通讯, 通信, 电讯; (5)通信量, 信息量
traffic-actuated　车动的
traffic-actuated controller　车动控制器(一种管理交通信号的自动控
　制器)
traffic-actuated signal　车动信号(由车动控制器管理的信号)
traffic button　交通路钮
traffic-carrying　负载交通
traffic clearance indicator　电路畅通指示器
traffic control　交通管理, 交通管制
traffic control computer　交通管理计算机
traffic engineering　交通运输工程, 交通工程学
traffic figures　远景观测数据
traffic guidance (=TG)　(1)飞机降落引导, 机场起落指挥; (2)交通管理,
　航道指示
traffic light　交通管理色灯
traffic meter　占线计数器
traffic pilot　多路转换器
traffic prohibited　禁止交通, 禁止通行
traffic recorder　(1)话务量记录机; (2)交通记录器
traffic sign　交通标志
traffic signal　交通管理色灯, 交通信号, 红绿灯
traffic weighing station　运输量秤站
trail　(1)拖曳, 拖; (2)痕迹, 踪迹, 轨迹, 尾迹, 余迹, 足迹, 线索; (3)
　跟踪, 追踪, 尾随; (4)一系列, 一串; (5)尾部, 后缘; (6)牵引杆, 连杆,
　拖杆, 摇杆; (7)减弱, 变小
trail-behind　牵引式的
trail-behind picker　牵引式玉米摘穗机
trail-behind planter　牵引式播种机
trail bike　轻便摩托车
trail board　船首装饰板
trail bridge　索桥渡引
trail car　拖车, 挂车
trail handspike　调架棍, 瞄准棍
trail knee　船首肘板
trail net　拖网
trail plank　牵引杆座板
trail production　产品试制
trail rope　拖绳
trail setting　通路装夹[法]
trail sight　迹视线

trail spade　(野炮)坐力铲
trail truck centering device　从轮转向架复原装置
trailability button　尾随指示路钮
trailbuilder　拖挂式筑路机械
trailed cultivator　牵引式中耕机
trailed disk plow　牵引式圆盘犁
trailed moldboard plow　牵引铧式犁
trailed ripper　牵引式松土机
trailed rotary cultivator　牵引式旋耕机
trailer (=tlr)　(1)拖车,挂车;(2)拖曳物;(3)尾部
trailer axle　拖车轴
trailer car　拖车,挂车
trailer car brake　列车制动器
trailer card　尾部卡片
trailer connector　拖车接头,挂车接头
trailer coupling　拖车联结器
trailer-erector　安装拖车,竖直拖车
trailer fifth wheel　拖车接轮
trailer gear　牵引装置
trailer-hauling tractor　(挂车的)牵引车
trailer label　尾部标记
trailer landing gear　拖车起落架
trailer light coupling　挂车灯接头
trailer load-sweeping machine　拖挂式扫路机
trailer-mounted　装在拖车上的
trailer nozzle　马蹄形喷灯,马蹄形喷嘴
trailer platform　牵引式平板车
trailer record　尾部记录
trailer test equipment (=TTE)　拖车试验装置
trailer tipping device　拖车　翻装置
trailer-type　拖车式,牵引式的
trailer wagon　牵引小车
trailership　(带滚动式拖运架的)装卸货轮,车辆运输船
trailing (=TRG)　(1)制动器拖滞;(2)被拖动的,牵引式的,曳尾的,后面的,尾随的,从动的;(3)(螺旋桨、舵)自由转动
trailing action(=caster action)　车辆的转向销作用
trailing antenna　拖曳天线,下垂天线
trailing axle　支承轴
trailing bogie　后转向架
trailing box　拖车
trailing brake shoe　从动制动蹄片,次制动蹄片,松蹄
trailing broadcaster　牵引式撒播机
trailing cable　(1)[便移式电气装置用的]拖曳电缆;(2)牵索
trailing chisel plow　牵引凿形松土机
trailing contact　(电话继电器)附加接点,辅助触点,补充接点
trailing edge (=TE)　(1)(凸轮)下降面;(2)(叶片、翼的)后缘,出气边;(3)(转子发动机密封片)后棱;(4)(脉冲)下降边,(脉冲)后缘
trailing edge delay　脉冲后沿的延迟
trailing end　尾端
trailing flank　非着力齿面,非工作齿面,拖拉齿面
trailing idler　从动空转轮,尾导向轮,尾轮
trailing line　系桨索
trailing pointer　背向转辙器
trailing points　背向转辙器
trailing pole-tip　磁极后端
trailing pole tip　后极尖
trailing rake　牵引式搂草机
trailing section loss　出口边损失
trailing transient　后缘瞬变现象
trailing truck　(1)拖曳运货车;(2)后转向架
trailing truck wheel　运货车后轮
trailing wheel　后轮,导轮,自由轮,从轮
trailing vortex　后缘涡流,尾涡
trailing-wire　下垂天线
trailing-wire antenna　拖曳天线,下垂天线
trailsman　跟踪者
train　(1)(齿轮)传动链系,齿轮系;(2)轧钢机列,轧钢机组;(3)序列,系列,行列,队列,波列,顺序;(4)串,系,列;(5)连续[性],连续路线;(6)火车,列车,(7)训练;(8)挂有拖车的牵引车
train air signal car discharge valve　列车号志车内放气阀
train air signal valve　列车号志气阀
train arm　转臂,系杆
train brake(=vacuum brake)　列车制动器,真空制动器
train carrier　火车轮渡

train control relay　列车控制继电器
train equipment　教练设备
train-ferry　火车轮渡,列车轮渡
train ferry　火车轮渡
train illumination　列车照明
train line　列车控制线,列车风管
train machine　教练机
train meter　偏差测定计
train of change gears　变速齿轮系
train of change gears with fixed center distance　固定中心距变速齿轮系
train of distillation columns　蒸馏塔组
train of gearing(s)　齿轮系,轮系
train of gears　齿轮系,轮系
train of gears with fixed axes　定轴齿轮系
train of gears with intersecting axes　相交轴齿轮系
train of gears with intersecting shafts　相交轴齿轮系
train of gears with parallel shafts　平行轴齿轮系
train of impulses　脉冲系列,脉冲串
train of mechanism　机构系统,机构系
train of oscillations　振荡系列,振荡串
train of wave　波列
train of wheels　齿轮系,轮系
train operation　列车运行
train order　行车命令
train pipe　列车闸管
train power generation　列车发电
train staff instrument　[火车]路签机
train stop　列车自动停车装置
train tracking error　方位跟踪误差
train value　传动系角速度
trainable　可训练的,可序列的
trainable launcher　(1)实验发射装置,教练发射装置;(2)火车运载型发射装置
trainagraph　列车运行自动记录仪
trained　受过训练的,熟练的
trainer (=TNR)　(1)数字逻辑演算装置,电子培训设备,教练设备,训练装置,训练器材,教练机;(2)教练员
trainer aircraft　航空教练机
training base(=TB)　训练基地
training device　训练设备
training equipment (=TE)　训练设备
training facility (=TF)　训练设施
training plan (=TP)　训练计划
training ship　教练船,教练舰
trainload　列车载重能力,载重量
trait　特性,特征,特点,品质,性格
traject　(1)穿行通过的地方,过渡航道;(2)穿越动作
trajectile　被抛射物
trajection　(在空间或介质中)穿行,通过
trajectory (=TRAJ)　(1)弹道,轨道,轨迹,径迹;(2){数}轨迹线,抛射线;(3)路线,路径,航线
trajectory chart (=TJC)　弹道曲线,弹道图,轨道图
trajectory-controlled　弹道控制的,轨道控制的
trajectory diagram (=TJD)　弹道曲线,弹迹图
trajectory determination laser　测轨道激光器
trajectory of climb　爬升弹道,上升弹道
trajectory of electron motion　电子运动轨迹
trajectory of principal stress　主应力轨迹
trajectory of stresses　应力轨迹
tram　(1)煤车,矿车,推车;(2)[有轨]电车,车辆;(3)电车路轨,轨道;(4)调整机器部件用规,[椭圆]量规,椭圆规;(5)正确调整,正确位置;(6)指针;(7)台,架,座;(8)车轴
tram car　(1)电车;(2)矿车;(3)轨道车
tram crane　电动有轨吊车
tram rail　运料车轨,吊车索道,电车轨道
tram rope　运输钢丝绳
tram way　电车道
tramcar　有轨电车,矿车,煤车
tramcar motor　电车电动机
tramegger　兆欧表,高阻表,迈格表,摇表
trammel　(1)游标卡尺,卡尺;(2)长臂圆规,椭圆量规,椭圆规;(3)横木规,木工规,梁规;(4)指针;(5)困难,障碍,束缚;(6)用量规调整,用量规测量

trammel point 长臂圆规针尖
trammels 椭圆规
trammer (1) 机车；(2) 调车工；(3) 推车工, 运输工
tramming (1) 手推车；(2) 运输
tramp (1) 不定期货船, 不定线货船；(2) 汽车前轮的上下颠簸
tramp-iron 过程铁质, 散杂铁块, 散杂钢块, 杂铁
tramp-iron separator 磁吸法分离废铁机
tramp-liner (1) 不定期两用船, 不定航线两用船；(2) 定航线
trampatt diode 俘获等离子体雪崩触发渡越二极管
tramper (1) 夯实器；(2) 不定航线货船, 非定期船, 不定期船
tramping 不定航线运输, 不定期运输
tramprail (矿车)轨道, 索道
tramproad 电车道
tramway (1) 有轨电车；(2) 架空索道, 架空道, 缆道；(3) 电车道, 轨道
tramway gear 电车齿轮
Trancor 特兰科尔合金
tranquil 稳定的, 平稳的, 平静的, 安静的
tranquil flow 稳流, 静流, 平流, 缓流
tranquillization 平稳化, 静息
tranquillizer 增稳装置
trans- (词头) (1) 横断, 横过, 透过, 贯通, 超越；(2) 转移, 交换, 变化；(3) {化} 反式；(4) 在另一边；(5) 横向的
trans-acceptor 过渡受主, 转受主
trans-addition 反式加成 [作用]
trans-corporation 跨国公司
trans-donor (半导体) 反施主
trans-effect (络合物化学) 反位效应
trans-elimination 反式同分异构现象的消失, 反式消去 [作用]
trans-empirical 超经验的
trans-form 反式 [立体] 异构体
trans-frontal 贯穿正面的, 贯穿锋面的, 穿锋的
trans-interchange 反位转移作用
trans-isomer(ide) 反式异构体, 立体异构体
trans-isomerism 反式异构 [现象]
trans-lux 自动收发报投影机
trans-metallation 金属转移作用
trans-situation 换位, 易位
trans-stereoisomer 反式立体异构体
trans-substitution 互替换
trans-superaerodynamics 跨音速和跨音速空气动力学
trans-tactic 有规反式构形
transact (1) 办理, 处理, 执行；(2) 谈判；(3) 在原则上让步, 进行调和折中, 做交易
transact business 处理事物, 做交易
transact negotiations 进行谈判
transacter 事务处理系统
transactinides 超锕系元素, 锕系后元素 (第 104-120 号元素)
transaction (1) 论文集；(2) 事务处理
transaction data 交易数据, 处理数据, 变动性数据
transaction file (1) 变动文件, 处理文件, 细目文件；(2) 变更数据的外存储器
transaction identification number (=TIN) 办理事件识别号码
transactions (=tr) (1) 论文集, 研究论文；(2) 会刊, 学报
Transactor 计算机输入问答器, 询答装置, 输入站
transadmittance 跨 [端导] 纳, 互导纳, 跨导纳
transannular 跨环的
transaudient 传声的
transaxle (与变速器连成一体的) 驱动桥
transbeam 横梁
transbooster (稳定电压用的) 可调扼流圈
transcalent 透热的
transceiver 无线电收发两用机, 收发设备, 收发机
transceiver circuit 收发两用机电路, 转移电路
transceiving 无线电通讯
transcend 超越, 超过, 超出, 胜过, 贯通
transcendality {数} 超越性
transcendence 超越的性质, 超越状态
transcendental (1) 超越 [函数] 的；(2) 超出一般经验的, 超自然的, 先验的, 直觉的；(3) 卓越的, 超常的；(4) 抽象的, 含糊的, 难解的, 幻想的
transcendental curve 超越曲线
transcendental equation 超越方程式
transcendental function 超越函数

transcendental number 超越数
transcendental surface 超越曲面
transcension 超越的行为, 超越的过程
transcode [自动] 译码 [系统]
transcoder 代码转换器, 编码转换器, 变码器
transcompound 反式化合物
transcomputational 超越计算的
transconductance (1) 内栅屏跨导, 内短路跨导, 栅屏跨导, 内静跨导, 跨 [电] 导, 跨导纳, 互电导, 跨导, 互导；(2) 发射特性线的斜度, 电导斜度；(3) 跨导特性曲线
transconductance bridge 测量电子管互导的电桥, 跨导电桥, 互导电桥
transconfiguration 反式构形, 反式结构
transcontinental ballistic missile (=TCBM) 洲际弹道导弹
transcribe (1) 抄写, 抄出；(2) 用打字机打出, 把……译成文字, 录制, 记录；(3) 转换, 改编
transcribe (1) 再现装置, 重复装置, 复制装置, 抄录器, 转录器, 读数器, 抄写器；(2) 抄写者
transcribing machine 信息转换机
transcript (1) 转录产物, 转录本, 抄本, 副本；(2) 正式文本
transcript card 录制卡片
transcription (1) 节目录声, 记录, 录制, 转录, 翻译, 转换, 改编；(2) 唱片, 磁带
transcription duplication 转录
transcription factor 转录因子
transcripton 转录子
transcrystalline 跨 [晶] 粒 [的], 穿晶的, 横晶的
transcrystalline crack 穿晶裂纹, 晶内裂纹
transcrystalline fracture 穿晶断裂, 穿晶断口
transcrystalline rupture 跨晶粒断裂
transcrystallization 横穿结晶 [作用], 横列结晶, 交叉结晶, 穿晶 [现象]
transcurrent 横向电流的, 横向流动的, 横向延伸的, 横过的, 横贯的
transduce 转换, 换能, 变频, 传感, 变送
transducer (1) 变换器, 转换器；(2) 变频器, 变流器；(3) 电功率转送器, 换能器, 换流器；(4) 传感器, 变送器, 传送器, 发送器, 发射器；(5) 传送系统, 传输系统, 通讯系统, 四端系统；(6) 转换机构；(7) (超声波的) 振子, 转换物；(8) {计} 转换程序, 转录程序；(9) 测量 [量] 变换器
transducer excitation unit (=TEU) 转换器激励装置
transducer loss 换能器损耗
transducer power gain 换能器功率增益
transducer translating device 转换器传送装置
transductant 转导体, 转导子
transduction 转导 [作用]
transductor (1) 磁放大器；(2) 饱和电抗器
transect (1) 横切, 横断；(2) 样条
transection (1) 横切；(2) 横断面
transelectron 飞越电子
transelement 改变或调换……元素
transet 动圈式电子控制仪
transfer (=TRANS) (1) 传送, 传递, 传输, 传导；(2) 转换, 转变, 变换, 改变；(3) 传输, 转移, 移动, 移交, 移送, 转移, 迁移, 位移, 转录, 转接, 转印, 转写；(4) 转运, 搬运, 运输；(5) 进位；(6) (数据的) 记录与读出, 翻译；(7) 转动设备, 转运设备, 转向装置, 输送装置；(8) 连续自动 [化]；(9) 汇兑, 电汇；(10) 渡轮
transfer admittance 转移导纳
transfer arm (1) 机械手；(2) 自动操纵器
transfer bank (轧件横向) 移送台架
transfer bar 传动杆
transfer bed 机动台架, 移送机
transfer board 转接交换台
transfer box 无配电板的分线箱, 中间电缆分线箱, 转接箱
transfer bus 转接汇流条
transfer calipers 移位卡钳, 移测卡钳
transfer capacitance 跨路电容
transfer card 转换卡片
transfer case (1) 分动箱, 分动器；(2) 变速箱
transfer case breather 分动箱通气管
transfer case idle shaft 分动箱中间轴
transfer-case shift mechanism 分动箱控制机构
transfer-case sliding gear 分动器滑移齿轮
transfer characteristic (1) 传输特性, 转移特性, 转换特性, 发送特性；(2) (放大设备的) 瞬态特性；(3) 信号 - 光特性, 光 - 信号特性
transfer characteristic correction 传输特性修正

transfer check 传送检验,传输检验,转移校验

transfer circuit 转移电路

transfer coefficient 传递系数

transfer company 转运公司

transfer constant 传输常数,转移常数,迁移常数,递输常数

transfer contact(s) (1) 传动接触;(2) 转换接点;(3) 切换接点

transfer control instruction 转移控制指令

transfer current 转移电流

transfer drive 传送带驱动装置

transfer efficiency {焊}合金过渡系数,转换效率

transfer factor 传输系数

transfer feed 连续自动送进,连续自动送料

transfer forming 连续自动送进成型,传递模型法

transfer function 转换函数

transfer function analyzer (=TFA) 转换函数分析器,传递函数分析器

transfer gantry 龙门起重机,高架起重机,龙门吊车

transfer gear (1) 分动齿轮;(2) 分动机构

transfer gearbox 分动齿轮箱

transfer gearshift lever 分动箱控制杆

transfer glass (在坩埚中熔融冷却后的) 光学玻璃块

transfer gradient 传输 [特性] 梯度

transfer header 连续自动式凸缘件镦锻机

transfer hopper 输送斗

transfer impedance (1) 转移阻抗;(2) 传输阻抗

transfer in channel (=TIC) 通道转换

transfer ink 转印墨

transfer instruction 传送指令,转移指令

transfer instrument 转换式指示仪表

transfer interpreter 转换解释器

transfer jack 转接塞孔

transfer joint 转移时的临时连接

transfer key 转接 [电] 键

transfer lag (1) 换算延迟;(2) 传输延迟,转移迟延

transfer leg 转移段

transfer lever 转换开关

transfer line(s) 组合机床生产线,组合机床生产线,连续自动或半自动生产线

transfer-line cooler 输送线冷却器

transfer-line exchanger 输送线换热器

transfer line of machine tool 机床自动线

transfer linearity 传输特性直线性,转换直线性

transfer machine(s) (1)连续自动工作机床,自动生产线;(2)传送装置,传递机,传送机

transfer machine system 自动线系统

transfer-matic 自动传输 [线],自动线

transfer matic 自动线

transfer mechanism 自动 [输送] 机构,自动 [输送] 装置,传动机构,传送机构,机械手

transfer medium 转换介质,代替介质

transfer method (1) 迁移取样法;(2) 转移法;(3) 进位法

transfer molding (molding=moulding) 传递模塑法,压力塑造成型法

transfer motion 瞬变运动,传动

transfer network 转送器

transfer of advanced technology embodied in product 产品先进技术的转让

transfer of axes 坐标轴的变换

transfer of axles 坐标轴的变换

transfer of control 控制转移

transfer of heat 传热

transfer of material 材料迁移

transfer operation 转移操作,传送操作

transfer order 导向指令,转移指令

transfer paper 转印纸

transfer pipette 移液吸 [移] 管

transfer plane height 输送基面高度

transfer port 输气口

transfer pump 传送泵,输送泵

transfer ratio (差速器左右轴转矩) 转移比例,转移系数

transfer relay 切换继电器

transfer scheme 读出和记录电路

transfer slip 转轮滑板

transfer station 中继站,转接站

transfer switch 转接开关,转换开关

transfer switch unit (=TSU) 转换开关装置

transfer system 传递系统

transfer table (1) 输送辊道,移车台;(2) 转移表

transfer time 转移时间

transfer track 中转线

transfer turn table ribbon feeder 转台自动进给装置,转台自动进料装置

transfer unit (1) 输送部件;(2) 迁移单位;(3) 输运单位

transfer valve 输送阀

transferable (1) 可转移的,可转印的,可传递的,可搬运的;(2) 可变换的,可转让的,可让与的

transferable sterling 可转账英镑

transferee 受让人

transference (1) 传递,传送,传导,输送,输电;(2) 迁移,移动,调动,交换,转换,转移,转送,转让,让与;(3) 传递函数;(4) 电能转移;(5) 搬运,交付;

transference apparatus [离子] 迁移器

transferpump 输送泵

transferometer 传递函数计

transferor 转让人,让与人

transferpump 输送泵

transferred-electron device 转移电子器件

transferred-electron effect 转移电子效应

transferred electron generator 电子传递发生器

transferrer 转移者,转让者,转印者

transferring machine 钢模压印机

transfiguration (1) 变形,变态;(2) 理想化,美化

transfigure 使改变形状,使变形

transfinite 超穷的,超限的,无限的

transfinite cardinal number 超穷基数,超限基数

transfinite ordinal number 超穷序数

transfinite number 超穷数

transfix 使不动,刺穿,贯穿,钉住

transfluxer (=transfluxor) 多孔磁芯存储器,多孔磁芯转换器,多孔磁芯

transfluxer contants matrix (=TCM) 多孔磁芯常数矩阵

transfluxor 多孔磁芯存储器,多孔磁芯转换器,多孔磁芯

transfluxor memory 多孔磁芯存储器

transfocator 变焦距附加镜头

transform (1) 转变,改变,蜕变;(2) 换变;(3) 变换,变化,变更,改变,转化;(4) 变形,变质,变性,变态;(5) 反式;(6) 转换形式,变换式;(7) 改造;(8) 象函数

transform of jump function 跳跃函数的变换式

transform operator pair 变换算子对

transformability 可变换性

transformable 可变换的,可变形的

transformance 转变

transformant 转化体

transformation (1) 变形,变化;(2) 转化,转变,转换,换变;(3) 变化,改变,变态;(4) 变压;(5) 蜕变 {化学};(6) 换算

transformation and information exchange system (=TIES) 传输和信息交换系统

transformation apparatus 改照器

transformation by reciprocal direction 倒方向变换,逆向变换

transformation by reciprocal half-line 倒半线变换

transformation by reciprocal half-plane 倒半平面变换

transformation by reciprocal radius 倒半径变换

transformation calculus (1) 换算微积分;(2) 变换演算

transformation coefficient 变换系数

transformation constant 变换常数,转变常数,衰变常数

transformation equation 变换方程式

transformation function 变换函数,换变函数

transformation-induced plasticity 高强度及高延性,变换诱生塑性

transformation induced plasticity 变换诱生塑性

transformation load 变换载荷,变换荷载,临界荷载

transformation matrix 变换矩阵

transformation of air mass 气团变性

transformation of coordinates 坐标变换

transformation of energy 能 [量] 的转换,能量转化

transformation of function 函数的变换

transformation of impedance 阻抗变换

transformation of principal axis 主轴变换

transformation of scale 比例变换

transformation of series 级数变换

1445

transformation of similitude　相似变换
transformation of speed　(1)速度变换；(2)变速装置
transformation of tensor　张量变换
transformation of variable　变数的变换
transformation period　转化周期
transformation point　转变点，临界点
transformation range　转变[温度]范围
transformation ratio　(1)变换比；(2)变压系数
transformation rule　变换规则，变换法则
transformation stress　组织应力
transformation temperature　(热处理)转变温度，相变温度
transformative transducer　变换传感器
transformator　变换器，变压器
transformed area　换算面积
transformed section　换算截面
transformer (=T)　(1)变压器；(2)变换器，变量器；(3)互感器
transformer action　变压器效应，变压器作用
transformer amplifier　变压器耦合放大器
transformer and battery　变压器与蓄电池
transformer array　(1)转换天线阵；(2)变压器阵列
transformer bank　变压器组
transformer booster　升压变压器
transformer bracket　变压器支架
transformer case　变压器外壳
transformer center tap　变压器中心抽头
transformer coil　变压器线圈
transformer core　变压器铁心
transformer-coupled　变压器耦合的
transformer-coupled amplifier　变压器耦合放大器
transformer-coupled load　变压器耦合负载
transformer-coupled oscillator　放大器耦合振荡器
transformer coupling　变压器耦合
transformer electromotive force　变压器电动势
transformer feeding　[通过]变压器馈电
transformer filter　变压器滤波器
transformer for electric furnace　电炉用变压器
transformer generator　感应变频器
transformer house　变电站，变电室，变压器室
transformer housing　变压器室
transformer locomotive　变流机车
transformer loss　变压器损耗
transformer matching　变压器匹配
transformer modulation　变量器调制
transformer no-load losses　变压器空载损耗
transformer oil　变压器油，绝缘油
transformer overcurrent trip　变压器过流跳闸装置
transformer pit　变压器洞室
transformer rate　变压系数
transformer ratio　变压比，变压系数
transformer-ratio bridge　变压比电桥
transformer ratio test　变压比试验
transformer read-only store (=TROS)　变压器只读存储器
transformer rectifier (=TR)　变压器 - 整流器
transformer relay　变压器继电器
transformer room　变压器室，变电室
transformer-secondary voltage　变压器次级电压
transformer sheet　变压器硅钢片
transformer sheet steel　变压器硅钢片
transformer shell　变压器外壳
transformer stamping　变压器冲片
transformer station　变电站，变电所
transformer substation　变电站，变电所
transformer tuning capacitor　变压器调谐电容器
transformer-type ammeter　互感器式安培计
transformer type coupling filter　变压器型滤波器
transformer undercurrent trip　变压器欠流跳闸装置
transformer underload trip　变压器欠载跳闸装置
transformer utilization factor　变压器利用系数
transformer yoke　变压器架，变压器磁轭
transformerless　无变压器的
transforming　(1)变换，变化；(2)变压；(3)转变
transforming plant　变电站
transforming printer　航空照片纠正仪
transforming valve　减压阀

transfuse　(1)倾注，移注；(2)转移，输出，灌输；(3)渗透，渗入，渗流
transfusion　(1)倾注，渗流；(2)转移；(3)变压
transgenation　突变
transgranular　穿晶的，横晶的
transgranular crack　横断颗粒开裂，穿晶裂纹
transgranular crack growth　穿晶间裂纹增大
transgranular crack propagation　穿晶裂纹扩展
transgranular fracture　穿晶断裂
transgranulation　穿晶
transgress　(1)越过界限，越过范围，越界；(2)违背，违反，违法
transgression　(1){数}超度；(2)违犯，逾越
transhipment not allowed　不允许转船
transience (=transiency)　瞬变现象，暂时性，暂态，瞬态，短暂
transient　(1)瞬变现象，过渡现象；(2)瞬变过程，过渡过程；(3)瞬变状态，过渡状态，过渡特性；(4)不固定的，瞬变的，瞬时的，过渡的；(5)瞬变值，暂态值
transient ablation　瞬变烧
transient acceleration　瞬变加速度
transient aerodynamics　瞬变空气动力学
transient analysis　瞬态分析，暂态分析
transient analyzer　瞬态分析器，瞬变过程分析器，瞬变特性分析器
transient area　暂住存储区
transient armature current　定子瞬变电流
transient behavior　瞬时性能，过渡特性，瞬时特性
transient characteristic(s)　瞬时特性，瞬态特性，过渡特性
transient condition　过渡工况，过渡状态，瞬时状态，瞬变条件
transient creep　瞬时蠕变，不稳定蠕变
transient current　暂态电流，瞬态电流，瞬变电流，过渡电流
transient deceleration　瞬变减速度
transient delay time　瞬态延迟时间
transient deviation　瞬态偏差
transient distortion　瞬态失真，瞬态畸变
transient drag　瞬时阻力
transient equilibrium　瞬态平衡
transient fall time　瞬变下降时间
transient fault　瞬时故障，暂短故障，不稳定故障
transient feedback　柔性反馈，柔性回输
transient flow　暂态流，瞬态流，非定常流动
transient flow permeability　瞬时流动透气性
transient-free　无瞬变现象的，无瞬变过程的，稳定的
transient heating conditions　过渡热状态，非定常热状态
transient heating phase　瞬变热状态
transient indicator　瞬变过电压指示器，瞬态指示器
transient internal voltage　瞬变电动势，暂态电动势
transient laser behavior　激光瞬态性能
transient lift　瞬变升力
transient load　瞬时载荷，瞬时荷载，瞬时负荷，动力冲击，动负载，瞬载
transient loading　瞬态负载，暂态负载
transient motion　瞬时运动，非定常运动，不稳定运动
transient "off" time (=toff)　瞬时断开时间，瞬时关闭时间
transient "on" time (=ton)　瞬时接通时间，瞬时开启时间
transient operation　瞬间操作
transient output　不稳定功率，过渡功率
transient-overload forward-current limit　瞬态过载正向电流限制
transient-overload reverse-voltage limit　瞬态过载反向电压限制
transient part　过渡分量
transient performance　瞬时性能，瞬态特性，过渡特性
transient period　(1)过渡周期；(2)稳定时间；(3)平息时间
transient phenomenon　瞬变现象
transient photocurrent　瞬息光电流
transient plasma　不稳定等离子体，过渡性等离子体，瞬间等离子体
transient pressure　瞬变压力
transient process　瞬变过程
transient protective device　瞬态保护设备
transient radiation effect　瞬态辐射效应
transient reactance　瞬变电抗
transient recorder　瞬态记录仪
transient response　瞬态响应，瞬变响应，暂态响应，过渡反应，瞬时反应特性，瞬时特性
transient-response characteristic　(1)非定常过程的特性；(2)扰动性特性；(3)瞬变过程特性
transient service　临时检修
transient short circuit　瞬态短路
transient speed characteristic　瞬时转速特性

transient stability　瞬态稳定性, 动态稳定性
transient stability limit　动态稳定性极限
transient state (=TS)　非稳定状态, 瞬时状态, 过渡状态, 瞬态, 暂态
transient storage time　瞬息存储时间
transient stress　瞬时应力
transient surface　(刀具的) 过渡表面
transient synthesizer　瞬态合成器
transient temperature　瞬时温度, 瞬变温度
transient temperature gradient　过渡温度梯度
transient test technique　瞬变状态试验方法, 非定常状态试验技术
transient through resonance　共振过渡过程
transient time　过渡过程时间, 瞬态时间, 过渡时间, 建立时间
transient trapping diodes　瞬态俘获二极管
transient trip　瞬变过程解扣
transient voltage　过渡电压, 瞬变电压, 瞬态电压
transillumination　穿透照明, 透射照明, 透穿照射, 透射 [法], 透明 [法]
transilluminator　透照器, 透射器
transilog　晶体管逻辑电路
transim　船用卫星导航装置
transimpedance　[电子学] 跨导倒数, 互导倒数, 互阻抗, 跨阻抗
transinformation　转移信息, 传递信息, 互传信息
transistance　晶体管作用, 晶体管效应, 跨阻抗作用
transistor (=TSTR)　(1) 半导体三极管, 晶体三极管, 晶体管; (2) 晶体管收音机, 半导体收音机
transistor a-c load line　晶体管交流负载线
transistor active filter　晶体管有源滤波器
transistor ageing　晶体管老化
transistor alpha meter　晶体管放大系数测定器
transistor AM peak-envelope power rating　晶体管幅调峰值包络功率
transistor analyzer　晶体管试验器, 晶体管分析器
transistor "and" gate　晶体管 "与" 门
transistor automatic computer　晶体管自动计算机
transistor base bandwidth　晶体管基极带宽
transistor base clamper circuit　晶体管基极箝位电路
transistor bias circuit　晶体管偏流电路
transistor characteristic tracer　晶体管特性描绘器
transistor chopper　晶体管斩波器
transistor circuit　晶体管电路, 半导体管电路
transistor collector　晶体管集电极
transistor collector bandwidth　晶体管集电极带宽
transistor computer　晶体管计算机
transistor construction　晶体管结构
transistor counter　晶体管计数器
transistor-coupled logic (=TCL)　晶体管耦合逻辑
transistor-coupled transistor logic (=TCTL)　晶体管耦合晶体管逻辑
transistor cover　晶体管覆盖物
transistor current gain　晶体管电流增益
transistor current-steering logic (=TCSL)　晶体管电流导引逻辑
transistor curve tracer　晶体管特性曲线描绘器
transistor cut-in voltage　晶体管接通电压
transistor cut-off frequency　晶体管截止频率
transistor cut-off region　晶体管截止区
transistor cut-off voltage　晶体管截止电压
transistor d-c load line　晶体管直流负载线
transistor delay time　晶体管延迟时间
transistor demodulator　晶体管解调器
transistor digital computer　晶体管数字计算机
transistor diode　晶体三极管 - 二极管, 半导体二极管
transistor diode logic (=TDL)　晶体管二极管逻辑
transistor-diode-transistor logic (=TDTL)　晶体管 - 二极管 - 晶体管逻辑
transistor direct coupling　晶体管直接耦合
transistor-driven　晶体管激励的
transistor-driven core memory (=TDCM)　晶体管驱动磁芯存储器
transistor effect　晶体管效应
transistor equation　半导体三极管方程
transistor equivalent circuit　晶体管等效电路
transistor era　晶体管时代
transistor fixture　(1) 晶体管测试台; (2) 晶体管夹具
transistor frequency multiplier　晶体管倍频器
transistor frequency response　晶体管频率响应
transistor gate　晶体管门电路
transistor Gaussian-pulse power rating　晶体管高斯脉冲额定功率
transistor high-frequency equivalent circuit　晶体管高频等效电路

transistor input characteristics　晶体管输入特性
transistor input impedance　晶体管输入阻抗
transistor inverter　晶体管倒相器
transistor-like　类晶体管的
transistor limiter　晶体管限幅器
transistor linear peak envelope power rating　晶体管线性峰值包络额定功率
transistor locator　晶体管测位器
transistor logic circuit　晶体管逻辑电路
transistor mask　晶体管掩模
transistor megaphone　晶体管扩音器
transistor megger　晶体管高阻表
transistor meter　晶体管测试器
transistor mount　晶体管脚
transistor multivibrator　晶体管多谐振荡器
transistor noise　晶体管噪音
transistor oscillator　晶体管振荡器
transistor output characteristics　晶体管输出特性
transistor parameter　晶体管参数
transistor Q multiplier　晶体管 Q 值倍增器
transistor radio set　晶体管收音机, 半导体收音机
transistor redundancy　(1) 晶体管多头连接; (2) 晶体管过剩电路
transistor redundancy switch　晶体管累接开关, 晶体管过剩电路开关
transistor relay　晶体管继电器
transistor reliability　晶体管可靠性
transistor resistance logic (=TRL)　晶体管电阻逻辑
transistor-resistor logic (=TRL)　晶体管电阻逻辑
transistor-resistor-transistor logic (=TRTL)　晶体管 - 电阻器 - 晶体管逻辑
transistor scaler　配置晶体管的脉冲计数器
transistor short-pulse power rating　晶体管短脉冲额定功率
transistor socket　晶体管试验板座
transistor stem　晶体管芯柱
transistor storage time　晶体管存储时间
transistor switch　晶体管换接器
transistor switching circuit　晶体管开关器电路
transistor synchroscope　晶体管同步示波器
transistor tachometer　晶体管转速表
transistor torquemeter　晶体管转矩计
transistor-transistor logic (=TTL)　晶体管 - 晶体管逻辑
transistor-transistor logic circuit　晶体管 - 晶体管逻辑电路
transistor-transistor logic-compatible phototube　与晶体管 - 晶体管逻辑电路相容的光电管
transistor transmitter　晶体管发射机
transistor trigger　晶体管触发器
transistor unit　半导体元件
transistor univibrator　晶体管多谐振荡器
transistor video amplifier　晶体管视频放大器
transistor voltage-stabilized source　晶体管稳压电源
transistor voltmeter　半导体三极管电压表
transistored　晶体管装配成的, 晶体管化
transistored bridge　装置晶体管的电桥, 晶体管电桥
transistorisation (=transistorization)　晶体管化
transistorise (=transistorize)　使晶体管化, 装晶体管于
transistorised (=transistorized)　用晶体管集成的, 半导体 [三极管] 化的, 装有晶体管的, 晶体管化的
transistorised electronic digital computer　晶体管数字电子计算机
transistorization　晶体管化
transistorize　使晶体管化, 装晶体管于
transistorized　用晶体管装成的, 半导体 [三极管] 化的, 装有晶体管的, 晶体管化的
transistorized automatic computer (=TRANSAC)　晶体管化自动计算机
transistorized computer　晶体管化计算机
transistorized memory　晶体管存储器
transistorized microphone　配置晶体管的传声器
transistorized pulse generator　晶体管脉冲发生器
transistorized television camera　晶体管电视象机
transistorized television set　晶体管电视机
transistorized video circuit　晶体管电视机电路, 晶体管视频电路
transistorized voltmeter (=TRVM)　晶体管 [化] 伏特计
transit (=t)　(1) 公共交通系统, 过境运辆, 运输, 运送, 运行, 转运, 转口; (2) 通过, 经过, 通行, 飞越, 渡越, 过渡, 飞渡, 移动; (3) 转变, 转送, 转播, 转接, 变换, 跃迁; (4) 中星仪, 经纬仪

transit circle　子午仪

transit company　转运公司

transit compass　转境经纬仪

transit declinometer　经纬仪式磁偏计

transit dues　通行税,通过税

transit duty　通行税,通过税

transit goods　转口货物

transit instrument　中星仪

transit line　经纬仪导线

transit man　经纬仪测量员,导线测量员,测量员

transit-mixed　运送拌和的

transit-mixer　自动混凝土搅拌机

transit plug　塞套

transit point　经纬仪测站

transit port　转口港

transit research and altitude control (=TRAC)　(卫星)渡越研究和状态控制

transit shed　临时堆栈,转运堆栈,前方仓库

transit square(=jig square)　工具经纬仪,坐标经纬仪,型架经纬仪

transit station　经纬仪测站

transit system　运输系统,转播系统

transit time　过渡时间,渡越时间,运送时间,传播时间

transit time correct　[电子]飞越时间校正

transit time distortion　信号传输时间引起的失真,电子飞越时间引起的失真

transit-time error　飞越时间误差

transit-time limitation　渡越时间限制

transit-time mode　渡越时间工作状态

transit-time oscillation　渡越时间振荡

transit-time tube　渡越时间管,速调管

transit vehicle　过境车辆

transite　石棉水泥板

transiter　中天记录器

transition (=tr)　(1)转变,转换,转移,转接;(2)过渡;(3)变化,变迁,跃迁,变换;(4)换接,相交,过渡;(5)飞越,飞跃;(6)[发动机推力]渐增[至额定值];(7)渐变段,过渡段,缓和;(8)临界点,转折点

transition between laser state　激光能级间跃迁

transition capacitance　过越电容,过渡电容

transition card　转换卡片

transition condition　过渡状态,瞬时状态,暂时状态,暂态,瞬态

transition curve　过渡曲线,缓和曲线,转变曲线,转移曲线

transition effect　(1)瞬间现象,暂态现象;(2)跃迁效应;(3)过渡效应,飞越效应,渡越效应,暂态效应

transition element　过渡元素

transition energy　跃迁能量

transition factor　渡越系数,过渡因素,过渡因数,失配因数

transition fit　过渡配合,静配合

transition flow　过渡流动状态

transition form　过渡型

transition frequency　过渡频率,交叉频率

transition heat　转化热,转变热,转换热

transition interval　(1)转变时间;(2)变色时间

transition interval of indictor　指示剂的变色范围

transition-layer capacitance　过渡层电容

transition line　过渡线,转移线

transition-line analogy　传输线模拟

transition location　转折点

transition loss　转换损耗,过渡损耗

transition matrices　传递矩阵,跃迁矩阵

transition matrix　转换矩阵,过渡矩阵,跃迁矩阵

transition-metal　过渡金属

transition metal　过渡金属

transition moment　跃迁矩

transition of double-socket　双承大小头

transition of electron　电子过渡

transition order　转变次序,跃迁次序

transition pipe　大小头

transition point　过渡点,转变点,转换点,临界点,失配点

transition-point fluctuation　转变点脉动

transition probability　跃迁概率

transition range　转变范围

transition rate　跃迁率

transition region　(半导体)过渡区,渡越区,跃迁区,渐变区

transition-region capacitance　过渡区电容

transition resistance　过渡电阻

transition stage　过渡状态,瞬时状态

transition state　过渡状态

transition temperature　转变温度

transition time　转移时间,过渡时间,飞越时间,渡越时间,跃迁时间

transition wear effect　过渡磨损效应

transition zone　过渡区,缓和区

transitional　不稳定的,过渡的,渡越的,缓和的,转移的,跃迁的,瞬变的,变迁的,短暂的,平移的

transitional condition　瞬态

transitive(=t)　(1)传递;(2)有转移力的,传递的,过渡的,可迁的,可递的

transitivity　传递性,转换性,可迁性,可递性

transitoriness　瞬息状态,短促性

transitory　不稳定的,过渡的,暂时的,瞬变的,短暂的,跃迁的

transitory period　不稳定期间

transitrol　自动频率微调管,自动校调管

transitron　(1)碳化硅发光二极管;(2)负互导管,负跨导管

transitron circuit　负互导管振荡器电路

transitron oscillator　负互导管振荡器

translatable　能译的

translate　(1)翻译,译出;(2)说明,解释;(3)转化,调换,变换;(4)天线发送,转移,转发,转播,转拍,中继;(5)作直线运动,移动,平移,位移

translating　(1)变换,调换,换算,转化,转移;(2)翻译,译文,译本,译码,解释;(3)平行移位,平行运动,直线运动,平动,平移,平动,移动;(4)自动转拍,转播,转发,中继,传送

translating circuit　译码电路

translating gear　(1)中间齿轮;(2)变换齿轮;(3)变螺距(由切制公制螺纹改成切制英制螺纹的)交换齿轮

translating machine　翻译机

translating relay (=TR)　帮电继电器,转发中继器

translating routine(=translator)　翻译程序

translating system　转换系统

translation (=TRANS)　(1)翻译,转译,译文,译本;(2)平行位移,移动,位移,转移,平移,平动,直线运动;(3)换算,变换,调换,置换;(4)无线发送,转播,中继

translation cam　直动凸轮,平移凸轮

translation circuit　转接电路

translation exception　转换失效,转换异常,转换故障

translation-free　无平移的

translation-invariant　平移不变的

translation loss　放声损耗,平移损耗,转换损耗,平动损失

translation memory　译码存储系统

translation of axes　坐标轴的平移

translation of electron　电子的移动

translation of jump function　跳跃函数的平移

translation of transfer function　传递函数的平移

translation motion　平移

translation surface　平移曲面

translation system　[粒子束]位移系统

translational　直线的,移动的,平移的,平动的

translational component　直线位移分量

translational energy　直线运动能量,平移运动能量,平移位能

translational lift　瞬变升力,瞬变飞行状态升力

translational motion　直线移动,直线运动,平移运动,平动,平移

translational speed　平移速度,移动速度,直线速度

translational state　平动态,平移态

translational velocity　迁移速度,转移速度

translationese　翻译术语

translative　转移的,转让的,翻译的

translator (=tr)　(1)翻译程序;(2)自动编码器;(3)译码器,翻译机;(4)翻译者,译员;(5)转换器,变换器

translator-assembler-compiler (=TAC)　翻译汇编编译程序

translator device　翻译装置,译码程序,翻译器,译码器

translator station　转播台,中继站

translator unit　(1)翻译部分,传送部分;(2)翻译组,译码机组

translator writing system (=TWS)　编写翻译程序的系统

translatory　可相互移动的,可移动的,可动的,平移的,平动的

translatory motion　平移运动

translatory resistance　平动阻力,移动阻力

translatory wave　移进波,推进波

translauncher　转移发射装置

translay　短馈电线保护装置(由监视导线及专用继电器组成)

translay relay 感应差动继电器

transless 无变压器[的],无变量器[的]

transliterate 直译,译音,拼写,拼音

transloading cost 转装费

translocatable 可移位的

translocation 改变位置,移位[作用],转位,易位

translocator 转位分子

translucence 半透明性

translucency (1)半透明性;(2)半透明度;(3)半透彻性,半透彻度

translucent (1)半透明的;(2)半透彻的

translucent body 半透明体

translucent cathode 半透明阴极

translucent lighting (仪器的)内部照明,半透明照明

translucent reflector 半透明反射镜

translucent screen 半透明屏

translunar 月球轨道外的,月外的

transmake 重作,改造

transmarine (1)海外的;(2)横过海的

transmembrane 横跨膜的

transmissibility (1)移动能力,可传递性,可传性;(2)可透过性;(3)透过率,传输率

transmissible 能传递的,可传递的,能传动的,可传动的,能透射的,可发射的,可播送的

transmissible power 可传动功率

transmission (=tmn) (1)传动,传递,传送;(2)发射,发送,传播,传输;(3)透射,透过,传热,传导;(4)输电,输送;(5)变速传动装置,传动变速器,传动装置,联动机构,传动系,变速箱,变速器;(6)通信,通话;(7)透明度,透光度,透明性

transmission adapter 传送转接器

transmission agent 传动系统

transmission and distribution line 输配电线

transmission and reception controller (=TRC) 发送和接收控制器

transmission assembly 变速箱总成,变速器总成

transmission attenuation 传输衰减,发射衰减

transmission band 传输频带,传送频带,通频带

transmission bar 传动杆

transmission brake 制动轴上的制动器,传动制动器

transmission bridge 馈电电桥,传送电桥,传输电桥

transmission capacity 传输容量,输电能力

transmission case 传动箱,变速箱,变速器

transmission case cover 变速箱盖,变速器盖

transmission case flange 传动箱壳体凸缘,变速器壳体凸缘

transmission cavity 发射机谐振腔

transmission chain 传动链[条]

transmission channel 传输通路,传输电路,传输系统

transmission clutch 传动离合器

transmission coefficient (1)传动系数,传输系数;(2)透射系数

transmission coefficient of detection 检波传输系数

transmission component 传动构件

transmission constant 传输常数

transmission control 传送控制

transmission control lever 变速杆,换挡杆

transmission counter shaft 变速器中间轴,传动箱中间轴

transmission countershaft 传动箱中间轴,传动箱副轴

transmission countershaft gear 传动副轴齿轮

transmission coupler mechanism 传动联轴节机构

transmission crank mechanism 曲柄传动机构

transmission curve 传输曲线,透射曲线

transmission diagram 传动图

transmission distance 传输距离

transmission drive 传动装置

transmission drive gear 传动箱主动齿轮

transmission drive gear shaft 传动箱主动齿轮轴(第一轴),变速器主动齿轮轴

transmission driven power take-off 传动装置驱动的动力输出轴,变速箱驱动的动力输出轴

transmission dynamometer (1)传动式功率计,传动式测力计;(2)传动测功机(不吸收能量的测功机)

transmission efficiency 传动效率,传递效率,传输效率

transmission equivalent 传输当量,传输衰耗等效值

transmission experiment 辐射线透射实验

transmission filter (1)透射滤波器;(2)透射滤光片

transmission first and reverse gear 传动箱一挡和倒挡齿轮,变速器头挡及倒车齿轮

transmission fork 变速叉,拨叉

transmission gain 传输增益

transmission gate circuit 传输门电路

transmission gating 透射光栅

transmission gear 传动齿轮,变速齿轮

transmission gear box 传动齿轮箱,变速箱

transmission gear case 传动箱箱体,变速器箱体

transmission gear ratio 传动齿轮速比,传动齿轮齿数比,变换齿轮速比,转速比,传动比

transmission grating 透射光栅

transmission grease 减速器润滑脂,减速箱润滑脂

transmission housing 传动装置壳体,变速器壳体,变速箱壳体

transmission input shaft 传动箱输入轴,变速器输入轴

transmission interference filter (1)透射干涉滤波器;(2)透射干涉滤光片

transmission lag (1)传动迟延,传动滞后;(2)发送延迟

transmission laser system 激光传输系统

transmission level 传输电平,发送电平

transmission level measuring set 传输电平测试器,电平表

transmission-level meter 传输电平表

transmission lever 变速杆,换挡杆

transmission line (1)传动系统,传动装置;(2)馈电线;(3)谐振线,波导线;(4)输电线路,传输线,输电线;(5)传动轴,天轴

transmission-line amplifier 传输线放大器,传送线放大器

transmission-line control 传输线控制

transmission line loss 传输线损耗

transmission-line oscillator 传输线振荡器

transmission link 传输线路

transmission link mechanism 传动联杆机构

transmission linkage 传动杆系

transmission loss (1)传动损失,传动系功率损失;(2)传输损失;(3)馈电损失;(4)通话损失;(5)透射损失;(6)配水损失

transmission lubricant 传动装置润滑油,传动装置润滑剂

transmission main drive gear 变速器第一轴主动齿轮

transmission main shaft 传动箱主轴,变速器主轴,传动主轴

transmission mast 输电杆

transmission measuring set (=TMS) 发射测量装置,传输测试器

transmission measuring set in (=TMS in) 传输测试器输入

transmission mechanism 传动机构

transmission medium 传送介质,传导介质

transmission mode 传输波型,传输模

transmission mode of short wave 短波传播方式

transmission modulation 传输调制

transmission network 输电网,电力网

transmission of crystalline materials 结晶材料的透射

transmission of electrical energy 电力输送,输电

transmission of energy 能量的传递

transmission of heat 热传递

transmission of load 载荷的传递

transmission of motion 运动的传递,传动

transmission of power 动力传递

transmission of pressure 压力传递

transmission of sound (1)声的传递;(2)声的透射

transmission of vibration 传

transmission oil 传动装置润滑油,变速器润滑油,传动油,变速器油

transmission oil cooler 传动装置润滑油冷却器,变速器油冷却器

transmission output shaft 传动箱输出轴,变速器输出轴

transmission output speed 传动箱输出轴转速,变速器输出轴转速

transmission pinion 变速器小齿轮

transmission performance tating 传动箱额定传动性能

transmission photocathode 投射光电阴极

transmission pole 输电杆

transmission power 传动功率,传输功率

transmission presure 传输电压

transmission quality 传输品质

transmission range 传输范围,传输距离,传递范围

transmission rate (1)传动比;(2)传输速率,传递率;(3)传输比

transmission ratio 传动比,转速比

transmission reference system(=master telephone transmission reference system) [电话]传输基准系统

transmission region 传输范围,传输频带

transmission reverse gear 传动箱倒挡齿轮

transmission reverse gear shaft 传动箱倒挡齿轮轴

transmission reverse speed gear 传动箱倒挡齿轮

transmission reverse speed shift fork 倒挡换挡叉

transmission rod 传动杆

transmission rope 传动钢索, 传动绳, 传动索

transmission screen 传动机构滤网

transmission screw 传动螺杆

transmission second and high shift fork 变速箱中速及高速换挡叉

transmission secondary emission (=TSE) 穿透式二次发射, 透射二次发射

transmission secondary emission image intensifier tube 穿透式二次发射图象增强管

transmission secondary emission image multiplier 透射二次发射[图]像增强器

transmission shaft 传动轴

transmission shift fork 变速器拨叉, 换挡拨叉, 变速拨叉

transmission shift fork shaft 变速器拨叉轴

transmission shift lever 变速杆, 换挡杆

transmission shifting mechanism 传动变速机构

transmission slip 传动打滑, 输入输出转速差

transmission speed 发送速度, 传输速度, 传动速度, 发报速度

transmission strap 传动带

transmission system (1)传动系统, 传递系统, 传动链; (2)输电系统, 传输系统, 馈电系统; (3)发射系统, 发送站

transmission testing method 传动试验方法

transmission time 传输时间, 发送时间

transmission tower 输电杆塔

transmission-type meter 传输式频率计

transmission-type radioisotope gauge 透射型放射性同位素

transmission unit (=TU) 传递单位, 传输单位

transmission wave 透射波

transmission windup (四轮驱动车辆)传动系寄生功率现象

transmission yoke 传动轭, 变速器拨叉

transmissive 能传送的, 能传导的, 能透射的, 可传动的, 可播送的, 可发射的

transmissive exponent 透射指数

transmissive screen 透过式银屏

transmissivity (1)透射系数, 透射率; (2)过滤系数; (3)传递系数

transmissometer 大气透过计, 混浊度仪

transmit (1)传递, 传送, 传动, 传播, 传输, 传达, 发射, 发送, 发报; (2)传热, 传导; (3)发射信号, 播送信号; (4)透射, 透光, 透过

transmit amplifier 输出放大器, 发送放大器

transmit antenna 发射天线

transmit by ratio 无线电发射

transmit-receive 收发[两用]的

transmit receive (=TR) 收发

transmit-receive box (=TR box) 天线收发转换器

transmit receive box 收发转换开关

transmit-receive box cavity (=TR box cavity) (雷达)收发开关空腔谐振器

transmit-receive cell (=TR cell) 天线收发转换开关, 发射机阻塞管

transmit-receive switch (=T-R switch) 天线收发转换开关, 收发转换开关

transmit-receive tube (=TR tube) 接收机保护放电管

transmittability 传输能力

transmittal (1)传动, 传递, 传送; (2)发射, 发送, 传导, 传输; (3)透射, 透过, 传热; (4)输电, 输送; (5)变速传动装置, 传动装置, 联动机构, 传动系, 变速箱, 变速器; (6)通信, 通话; (7)透明度, 透光度, 透明性

transmittance (=TRANS) (1)总透射因子, 透射因数, 透射系数, 透射比; (2)传递系数; (3)透明性, 透明度, 透光度

transmittance meter 能见度测量仪

transmittance of atmosphere 大气透射比

transmittance of transmitter 发射机的透射系数

transmittancy (1)总透射因子, 总透射因数, 透射系数, 透射比; (2)传递系数; (3)透明性, 透明度, 透光度

transmitted carrier system 发射载波通信系统

transmitted-data circuit 发送数据线路

transmitted design power 设计用传递功率

transmitted energy 透射能

transmitted horsepower 传递的功率

transmitted intensity 透射射线强度, 穿透强度

transmitted light 通过光, 透射光

transmitted load 传递载荷, 间接载荷

transmitted power (1)传递功率, 传输功率; (2)发射功率, 发送功率, 辐射功率

transmitted pulse 探测脉冲, 辐射脉冲, 发射脉冲

transmitter (=T) (1)变送器, 传递器, 传感器, 传送器; (2)测量发送器, 变换器, 发射机, 发射器, 发送器, 发报机, 发信机, 传送机; (3)送话器, 话筒; (4)传导物, 传导质, 传递质, 介质

transmitter and receiver (=TaR) (1)送受话器; (2)收发报机

transmitter aperture 发射天线孔径

transmitter blocker cell (=TB cell) 发射机阻塞管

transmitter blocker switch 天线转接开关

transmitter bracket (1)发射机托架; (2)微音器支架

transmitter collimating optics 发射平行光学

transmitter current (1)发射机电流; (2)送话器电流

transmitter damping 发射机衰减

transmitter housing 送话器壳体

transmitter installation 发送装置, 发射机装置

transmitter key 发射机电键

transmitter kit [装配]发射机的整套零件

transmitter modulatorntsm 发射机内调制器

transmitter noise 发射机噪音

transmitter oscillator 发射机振荡器

transmitter pulse delay 发射机内的脉冲延迟

transmitter-receiver (=TR) 发射机-接收机, 收发两用机, 收发报机, 送受话机

transmitter-receiver set 收发装置

transmitter-responder 脉冲转发器, 发射机应答器

transmitting (1)发送, 无线电发射; (2)发送的, 发射的

transmitting amplifier 发射放大器

transmitting antenna 发射天线

transmitting apparatus 发送设备, 发射装置

transmitting capacitor 发射机内的电容器

transmitting capacity 输电能力, 传输能力

transmitting coil 发射线圈

transmitting element 传动部件, 传动元件

transmitting end 发射端

transmitting friction gearing 摩擦传动装置

transmitting instrument 发射仪器

transmitting jigger 发送用高频振荡变压器

transmitting key 发送电键

transmitting line 输电线路

transmitting motion 传动

transmitting objective lens 发射物镜

transmitting radio station 无线电发射台

transmitting ratio 传动比

transmitting relay 发送继电器

transmitting rheostat 传动变阻器, 传送变阻器

transmitting selsyn 自动同步传感器, 自动同步发送机

transmitting set 无线电发射机, 发射装置, 发射机, 发报机

transmitting station 播送电台, 发射台, 发报台

transmitting system 发送系统, 发射系统

transmitting tube 发射管, 发送管

transmitting valve 发射管

transmittivity (非散射介质单位厚度的)透射系数, 透射率

Transmityper 导航用光电信号发送器

transmodulation 交叉调制, 交扰调制

transmodulator 横贯调制器, 转化调制器

transmogrification 变形过程

transmogrify 使完全改变性质, 使完全变形

transmutability 可变形能力, 可蜕变性, 可嬗变性

transmutable 能变形的, 能变质的, 可改变的, 可嬗变的, 可蜕化的

transmutation (1)[原子]核嬗变, 换变, 蜕变, 变形, 变质; (2)变化, 转变, 转换; (3)突变

transmutative 变形的, 变质的

transmutative force 引起变形的力

transmute (1)使变化, 使转化, 使变形, 使变质; (2)使嬗变

transmuted wood 变性木材

transnational company 跨国公司

transnational corporations 跨国公司

transnatural 超自然的

transnormal 正常以上的, 超常规的, 异常的

transoceanic rocket 横渡大洋火箭, 越洋火箭

transoid (1)反向的; (2)反型

transolver 控制同步机

transom (1)(机车的)横梁, 横挡, 横材; (2)连接构件, 联结环节; (3)舰板连接构件, 船尾构件, 船尾板, 舰构架; (4)(船舱中的)固定座椅, 固定床柜

transom brace 横梁拉条

1450

transom knee　船尾肘材

transonic　(1)跨音速流,跨声速流；(2)跨音速空气动力学；(3)跨音速的,超音速的

transonic aerodynamics　跨声速空气动力学

transonic characteristic　跨音速特性

transonic compressor　跨声速压气机

transonic drag　跨音速阻力

transonic Mach number　跨音速马赫数

transonic model tunnel (TMT)　跨音速模型风洞

transonic nozzle　跨音速喷管

transonic pressure　跨音速[时的]压力

transonic range　跨音速范围(0.8 – 1.4 马赫)

transonic rocket　跨音速火箭

transonic speed　跨音速,超音速

transonic speed vehicle　跨音速飞行器

transonic stability　跨音速安定性,跨音速稳定性

transonic stream tube　跨音速流管

transonic-supersonic　跨声速超声速的

transonic test section　跨音速风洞试验段

transonic wind tunnel (=TWT)　跨音速风洞

transonics　跨音速[空气动力]学,跨音速流,跨声速流

transonogram　超声透射图

transosonde　远程高空[无线电]探空仪,平移探空仪

transparency (=transparence)　(1)透明性,透彻性；(2)透明度,透彻度；(3)穿透性

transparent　透明的,透彻的

transparent body　透明体

transparent cathoderay screen　透明荧光屏

transparent conducting electrode　"透明"导电电极

transparent conductive (=TC)　穿透传导的,透明传导的

transparent cup grease　透明杯脂

transparent holder　透明支架

transparent lacquer　透明亮漆

transparent material　透明材料,透明物质,可渗透的物质

transparent medium　透明介质

transparent nose　头部整流罩

transparent photocathode　透明光电阴极

transparent quickly-dried varnish　透明速干漆

transparent reactor　透明反应器

transparent scale　透明度盘

transparent screen　透明屏

transparent to radiation　辐射可穿透的

transpassivation　过钝化

transpassivity　过纯度,过钝态,超纯度,超钝性

transpiration　(1)蒸发,散发,发散；(2)流逸

transpiration-cooled blade　蒸发冷却式叶片

transpiration cooling　发散冷却,发汗冷却

transpire　蒸发,发散,泄漏

transpirometer　蒸腾计

transplace　相互交换位置,位移

transplanter　移栽机,栽植机,插秧机

transplanting machine　移植机

transpond　转发

transponder (=transpondor)　(1)脉冲转发器,转发器,复示器；(2)脉冲收发机；(3)发射机应答器,发送机应答器,发送 - 应答机；(4)询问机,询问器；(5)差转机,差转台

transponder beacon　(无线电)应答器信标

transponder control group (=TCG)　应答器控制组,转发器控制组

transponding beacon　应答信标

transport (=t)　(1)迁移,转移,转运,传递,传输；(2)运输,运送,输送,输运,转运,搬运；(3)运输工具,运输装置,运送装置,传送装置,走带机构,传动机构,拖带机构,运输卡车,运输船,运输机

transport airplane　运输机

transport apparatus　[离子]迁移器

transport charges　运[输]费

transport contractor　承运人

transport craftflsm　运输机

transport crane　转运起重机,转运吊车

transport cross-section　迁移截面,输运截面

transport delay　迁移延迟,输运延迟

transport equation　输运方程式,迁移方程式

transport frame　移动式座架,运输架

transport monitor system (=TMS)　运输监控系统

transport network　运输网

transport number　迁移数,输运数

transport of momentum　动量转移

transport pan　运输槽

transport phenomena　迁移现象

transport properties of molecules　分子运动性质

transport rocket　运输火箭

transport-ship　运输船

transport slideway　移置导轨

transport unit　传送装置

transport vehicle (=TV)　运输设备,运输车[辆],运输工具,运输机,运输舰

transport worker　运输工人

transportability　可运输性,输送能力,(程序的)转用能力

transportable　(1)可传送的,可运输的,可运送的；(2)可移动的,可迁移的

transportable basket drying stove　可移篮式烘干炉

transportable castle weighing machine　移动式家畜秤

transportable sprayer　移动式喷雾器

transportable transformer　移动式变压器

transportation (=t)　(1)运输,输送,转运,搬运,客运,货运,转移,移置；(2)运输工具,输送装置；(3)运费

transportation corps (=TC)　运输兵

transportation facility　运输设备

transportation gearing　输送[传动]装置

transportation in assembled state　配套运输,成套运输

transportation planning　运输规划

transportation problem on a network　网络输送问题

transportation request (=TR)　运输申请

transportation vibration (=TV)　运输振动

transporter　(1)传送装置,转运装置,运输装置,运输机,送送机,转运机,输送器；(2)传送带,输送带；(3)桥式起重机

transporter bridge　运输桥

transporter-erector　运输竖起车

transporter-launcher　运输发射车

transporter tower　运输塔

transporting action of running water　流水搬运作用

transporting velocity　送送速度

transporton　运送子

transposability　可变换性,可调换性

transposal (=transposition)　(1)互换位置,互换次序,调换,转换,更换,置换,变换,转置,移置,移动,移置,位移；(2){数}移项,易位,对换,换位,重新配置；(3)导线交叉,置换交叉,相交；(4)代用

transpose (=tr)　(1)交叉；(2)使调换位置,调换次序,使互换位置,互换次序,换位,调换；(3){数}移项；(4)换位符号,转置符号,位调式；(5)转置,移位,移动,移置,更换,变换,置换；(6)转置矩阵

transpose of a matrix　矩阵的转置

transposed circuit　交叉电路

transposed linear mapping　转置线性映射

transposed matrices　置换矩阵,转置矩阵,换位矩阵,移项矩阵

transposed matrix　转置矩阵

transposed network　交叉的四端网络

transposed pair　交叉线对

transposer　换位器,移项器,变调器

transposer station　中继站,发转站

transposing　(1)换位,代用；(2)代换,置换；(3)代用品

transposing gear(=translating gear)　变螺距(由切制公制螺纹改成切制英制螺纹)交换齿轮

transposition　(1)互换位置,互换次序,调换,转换,更换,置换,变换,移置,移动,移位,[位]位移；(2){数}移项,易位,对换,换位,转置,重新配置；(3)导线交叉,置换交叉,相交,扭绞,绞合；(4)代用

transposition block　换位接线板

transposition board　交叉线板

transposition circuits　机器的线路交叉

transposition distance　交叉节距

transposition insulator　交叉绝缘子,换位绝缘子

transposition line　换位线

transposition of terms of an equation　方程式的移项

transposition pin　交叉用的绝缘子直螺脚

transposition plan　线路交叉方案,交叉图

transposition system　(线路)交叉制

transposition tower　交叉塔

transpositive　互换位置的,移项的

transposon　易位子,转位子

transradar　变换雷达

transreactance　互 [阻] 抗 (的虚数部分)

transreceiver　无线电收发两用机

transrectification　交换整流,置换检波,屏极检波,阳极检波,板极检波

transrectification factor　检波系数

transrectifier　热离子整流器,电子管整流器,电子管检波器,热离子检波器,阳极检波器,板极检波器

transrector　理想整流器

transresistance　互阻抗 (的实数部分)

transshape　变形,变相

transship　换运输工具,驳运,转运,转船,换船,转载

transshipment　转运业务,转船,转运,驳运,转口,转载,驳载

transshipment bills of lading　转船提单

transshipment crane　转运起重机

transsonic　超音速的,超声速的

transsuperaerodynamics　跨音速和超音速空气动力学

transsusceptance　互 [导] 纳 (的虚数部分)

transtage　中间级,过渡级

transtat　可调变压器,自耦变压器

transterence　传输转移,转移

transthorium　超钍

transubstantiate　使变质

transubstantiation　改变,变质,变形

transudate　渗出液,漏出液

transudation　渗漏,渗出 [物]

transudatory　渗出的

transude　[使] 渗出

transuranic　铀后的,超铀的

transuranic element　铀后元素,超铀元素

transuranide　超铀元素

transuranium　(1) 铀后元素,超铀元素;(2) 铀后的,超铀的

transuranium element　铀后元素,超铀元素

transus temperature　转变温度

transvar　可调定向耦合器

transvar coupler　定向可变耦合器,可调定向耦合器

transvection　(1){ 数 } 内积;(2) (张量) 缩并

transversal　(1) 贯线,截线;(2) 横向的,横断的,横切的,横过的;(3) 横断线,截断线,正割,割线;(4) 经纬仪导线,测量导线

transversal electromagnetic force　横向电磁力

transversal magnification　横向放大率

transversal motion　横向运动

transversal oscillations　横向振荡

transversal profile　横剖面

transversal section　横断面,横截面

transversal strain　横向应变

transversal stress　横向应力

transversal surface　横贯截面,横截面

transversality　横向性,横截性,相交性,贯截性

transversary　横向结构

transverse (=TRANS)　(1) 横截,贯截;(2) 横向构件,横向物,横梁,横轴,横木;(3) [椭圆] 长轴;(4) 横截面的,横向的,横切的,横断的,横截的;(5) (齿轮) 端面的;(6) 经纬仪导线,测量导线

transverse angle of obliquity　端面倾斜角

transverse angle of transmission　(齿轮) 端面作用角,端面啮合角

transverse arc of transmission　(齿轮) 端面作用弧,端面啮合弧,端面重合弧

transverse axis　水平轴,横截轴,横轴 [线],贯轴

transverse back cone radius　端面背锥半径

transverse base current　横向基极电流

transverse base pitch　端面基圆齿距,端面基节

transverse base tangent length　端面公法线长度

transverse base thickness　端面基圆齿厚

transverse beam　横向梁

transverse bearing　径向轴承

transverse bending resilience　横向弯曲弹性

transverse brace　横向竖联,横向联杆

transverse bracing　横向竖联

transverse chord on the reference cylinder　分度圆柱上的端面弦齿厚

transverse chordal tooth thickness　端面弦齿厚

transverse circular pitch　端面周节

transverse circular thickness　端面弦齿厚

transverse component of load　端面力,端面载荷分量

transverse contact　端面接触,端面啮合

transverse contact ratio　端面重合度,端面接触比

transverse copying　横向仿形,横向靠模

transverse crack　横向裂纹

transverse current　横向电流,涡流,横流

transverse-current microphone　横向电流 [炭粒式] 话筒

transverse cutting　横切

transverse diametral pitch　端面径节

transverse direction　横向

transverse edge effect　横向端部效应

transverse elasticity　横向弹性

transverse-electric (=TE)　(电磁波) 横向电场

transverse electric and magnetic (=TEM)　横向电磁场,横向电磁波

transverse electric wave　横向电波

transverse electro magnetic wave　横向电磁波

transverse electromagnetic (=TEM)　横向电磁场,横向电磁波

transverse electromagnetic mode (=TEM mode)　横向电磁波 [型],TEM 波

transverse energy　(电子) 横向运动能量

transverse engagement　端面啮合

transverse expansion joint　横向伸缩缝

transverse failure　横向断裂

transverse feed　横向进给,横向进刀,横 [向] 走刀

transverse feed gear　横向进给机构

transverse feed mechanism　横向进给机构

transverse-field electrooptic modulator　横向场电光调制器

transverse-field travelling-wave tube　横向场行波管

transverse fillet weld　正面角焊

transverse flux linear induction motor　横向磁通直线感应电动机

transverse force　横向力,剪力

transverse frame　横构架

transverse framing　横结构式

transverse guidance　横向导板

transverse inclinometer　(1) 磁倾计;(2) 测倾计

transverse index　横向指数

transverse line of action　端面啮合线

transverse load　端面载荷,横向载荷,横向负荷,横向荷载

transverse load distribution factor　端面载荷分布系数

transverse load distribution factor for Hertzian stress　赫兹应力计算的端面载荷分布系数

transverse load distribution factor for tooth root stress　齿根强度计算的端面载荷分布系数

transverse magnetic (=TM)　横向磁场

transverse magnetic field effect　横向磁场效应

transverse magnetic mode (=TM-mode)　横磁模,TM 模

transverse magnetic wave (=TM wave)　横磁波,TM 波

transverse member　(1) 挺杆,[起重机的] 吊杆;(2) 横梁,横臂,横向撑

transverse metacentric height　横定倾中心高度

transverse mode control　横向模控

transverse mode-controller　可控横模

transverse mode of vibration　横向振动方式

transverse modulator　横向 [光] 调制

transverse module　端面模数

transverse momentum　横向动量

transverse motion　横向运动

transverse motivator　横向操纵机构

transverse movement　横向运动

transverse oscillation　横向振动横振

transverse PA(=transverse pressure angle)　端面压力角,端面啮合角

transverse parallax screw　横向视差螺丝

transverse path of contact　端面啮合轨迹,端面啮合线

transverse photoeffect　横向光电效应

transverse piezo-electric effect　横向压电效应

transverse pitch　端面齿距,端面齿节,横距

transverse pitch on path of contact　啮合线上端面齿节

transverse pitch on the pitch cylinder　节圆柱上端面齿节

transverse plane　端平面

transverse planing machine　滑枕水平进给式牛头刨

transverse plate　横向偏转板

transverse pressure angle　端面压力角,端面啮合角

transverse pressure angle at a point　任意点上的端面压力角

transverse pressure angle at generation　端面滚切啮合角

transverse pressure angle on V circle　V 圆上端面压力角

transverse pressure gradient　横向压力梯度,横向压力增减率

transverse profile　端面齿廓

transverse profile angle　[刀具的] 端面齿廓角,端面齿形角

transverse projection　横投影

transverse propagation　横向传播

transverse rib　横肋

transverse rupture stress　抗弯强度,弯曲强度

transverse seam　圆周接缝

transverse section　横截面,横剖面,横断面

transverse shaft　横轴

transverse shaper　横刨机

transverse shaping machine　横式 [牛头] 刨床

transverse shear　横切力

transverse single pitch error　单一周节误差,周节偏差

transverse slide　横向滑板

transverse slot　横向缝隙

transverse space width　端面齿槽宽

transverse space width on the reference cylinder　分度圆柱上端面
齿槽宽

transverse spring　(汽车底盘的) 横置弹簧

transverse stability　横向稳定性

transverse-stay　横向拉条

transverse stay　横撑条

transverse steel　横向钢筋

transverse strain　横向应变

transverse strength　抗弯强度,弯曲强度,挠曲强度,横向强度

transverse stress　横向应力,弯曲应力

transverse strut　横向支柱

transverse table　横动台

transverse test　抗弯试验,弯曲试验

transverse tip relief　圆周方向齿顶修缘

transverse tool post　横刀架

transverse tooth thickness　端面齿厚

transverse velocity gradient　横向速度梯度

transverse vibration　横向振动

transverse voltage drop　横向电压降

transverse wedge　横楔

transverse wind-shield wiper　横动风档刮水器

transverse working module　端面 [啮合] 节圆模数

transverse wraping　横向弯翘

transverse Zeeman effect　横向塞曼效应

transversely distributed line load　横向分布线荷载,径向分布线荷载

transversely loaded　受横向荷载的,受弯曲荷载的

transverseness　横向状态,横向性

transverser shaper　横刨机

transversing　(1) 横切,交叉;(2) 横向进刀

transversing gear　横动装置

transversing jack　横移式起重机

transversing mechanism　横动机构

transversing pinion　方向机齿轮

transversion　横截作用,横截过程

transverter　(1) 交直流互换器,变压整流器,变换器,转换器;(2) 换
能器,换流器;(3) [转刷] 变流器,变量器,变频器

transveyer　运送机,输送机

transwitch　可控硅开关,pnpn 硅开关,传送开关,转换开关

trap　(1) 真空阱;(2) 存水弯 [管],曲颈管;(3) 格栅,火药柱挡板 (固
体火箭发动机),挡 [渣] 板;(4) 汽水阀,闸门,活门;(5) 放泄弯管,
弯管密封,凝汽筒,凝汽阀,防气阀,冷凝罐,虹吸管;(6) 隔汽具;(7)
捕集器,收集器,截除器,回收器,分离器;(8) 护罩,吸尘罩;(9) 带
阻滤波器,陷波电路,滤波电路,滤波节,陷波器,天线阵

trap board　(提花机) 托钩板

trap bottom wagon　活底货车

trap circuit　陷波电路

trap-door　(1) 活板门,天窗;(2) 调制风门

trap drum　套鼓

trap gun　适于飞靶射击的猎枪,滑膛枪

trap load　飞靶射击装弹

trap rejection　用陷波器抑制

trap-to-trap distillation　顺序蒸馏

trap valve　滤阀

trapart　触发渡越二极管

Trapatt　被陷等离子体雪崩触发飞越二极管

trapdoor　调节风门,通气门,滑动门,活板门

trapeziform　(1) 不规则四边形,梯形;(2) 吊架

trapezium　(美) 不规则四边形,不平行四边形,不等边四边形,(英)
梯形

trapezium distortion　梯形失真

trapezium effect　梯形效应

trapezohedron　偏方三八面体

trapezoid　(英) 不规则四边形 [的],(美) 梯形 [的]

trapezoidal　梯形的,不规则四边形的

trapezoidal distortion　梯形畸变,梯形失真

trapezoidal generator　梯形波发生器,梯形脉冲发生器

trapezoidal modulation　梯形调制

trapezoidal projection　梯形投影

trapezoidal rule　梯形定则

trapezoidal-shaped belt　梯形皮带

trapezoidal speed-time curve　梯形时速曲线

trapezoidal thread　梯形螺纹

trapezoidal voltage　梯形电压

trapezoidal waveform　梯形波形

trapezoidal worm　阿基米德蜗杆,梯形蜗杆

traplight　捕集灯

trapped magnetic field　捕集磁场

trapped program interrupt　捕捉程序中断

trapped orbit　固定轨道

trapped plasma avalanche triggered transit diode (=TRAPATT
diode)　俘获等离子雪崩触发渡越二极管

trapped wave　陷波

trapper　(1) 陷波器,收集器,捕捉器;(2) 夹线装置,夹线板

trapping　(1) 捕集,俘获,收集,截留;(2) 陷获

trapping action　俘获作用

trapping center　俘获中心

trapping-centre demarcation level　俘获中心分界能级

trapping cross-section　磁捕集器俘获截面

trapping layer　阻挡层

trapping mode　捕捉式,搜索式

trapping noise　俘获噪声

trapping region　俘获区

trappings　外部标志,装饰

trash　残屑,碎片,渣滓,垃圾,废料,废物

trash box　废物箱

trash can　金属制的垃圾箱

trash chute　废物滑槽

trash pump　杂质泵

trash rack　拦废物栅,拦污栅,垃圾架,挡泥板,护板

trash rack rake　拦污栅清理机,拦污耙

trash roll　排杂辊

trashery　废物,垃圾

trashway　泄污道

Traster　解析测圆仪

trave　(1) 固定架,保定架;(2) 井格

travel　(1) 运动,自动,运行,运转,移动,位移,转移,迁移,输送,调动,
进行,行进,前进,行走,行驶;(2) 飞行;(3) 行程,冲程,动程,路径,
动作;(4) (声、光) 传播

travel arm　方向测量尺

travel forward　向前运动

travel line　运行线,输送线

travel mechanism　迁移机构

travel motion　走动,移动量

travel motor　升降电动机

travel of main slide　主滑板行程

travel of piston　活塞行程

travel of ram　滑枕行程

travel of slide valve　滑阀行程

travel of sound　声的传播

travel of spindle　主轴行程

travel of table　工作台行程

travel of tailstock quill　尾座套筒行程

travel of tool post　刀架行程

travel of valve　阀行程

travel of zone　熔区移动

travel-time　走时

travel time　时距表

travel-time curve　时距曲线,走时曲线

travel-stain　斑污

travel trailer　旅行挂车

travel wave　行波

travelable　可移动的

travel(l)er　(1) 滚轮,轮子,滚子,滑环,铁杆;(2) 移动式起重机,桥
式起重机,活动起重机,起重小车,[行车] 小车,行车;(3) 移动式门

架, 移动式脚手架, 活动运物架

travelift 集装箱升降机

traveling(=travelling) 可移动的, 能走动的, 活动的, 游动的, 行进的, 传播的

traveling backstay 活动拉索

traveling belt 运输带, 传送带

traveling clock 旅行钟

traveling grate stoker 活动炉箅加煤机

traveling head shaper 移动刀架式牛头刨

traveling jack 活动千斤顶

traveling microscope 移动式显微镜

traveling nut 活动螺母

traveling platform 活动平台

traveling shuttering 移动式模板

traveling table 活动台

traveling-wave 行波 [管]

traveling wave 行波

traveling-wave amplifier 行波管放大器

traveling-wave Kerr cell modulator 行波克尔盒调制器

traveling-wave laser circuit 行波微波量子放大器电路

traveling-wave light modulator 行波光调制器

traveling-wave magnetron oscillation 行波磁控管振荡

traveling-wave modulator 行波调制器

traveling-wave oscillagraph 行波示波器

traveling-wave oscilloscope 行波示波器

traveling-wave oscilloscope tube 行波示波管

traveling-wave phase modulator 行波调相器

traveling-wave photomultiplier 行波光电倍增管

traveling-wave phototube 行波光电管

traveling-wave resonator 行波谐振器

traveling-wave single mode laser 单模行波激光器

traveling wave tube 行波管

travelling(=traveling) 可移动的, 能走动的, 活动的, 游动的, 行进的, 传播的

travelling belt (1) 运输皮带, 传送 [皮] 带; (2) 移动式输送带; (3) 移动式输送机

travelling-belt screen 带筛

travelling block 动滑车

travelling bridge 龙门起重机, 高架起重机, 桥式起重机, 移动桥

travelling carriage (1) 移动刀架; (2) 移动台; (3) (锯机) 载木台

travelling column vertical boring machine 移柱立式 床

travelling contact (1) 移动接触, 动接触; (2) 滑动接点, 活动接点

travelling crab 移动 [式] 起重机

travelling crane 移动式起重机, 移动式吊车, 桥式起重机

travelling drier 移动式干燥机

travelling driver 移动打桩机

travelling electrode [可] 移动电极

travelling feed carriage 移动式饲料分送器

travelling feeder 带式移动给矿机

travelling field 行波场

travelling-field electromagnetic pump 行移场电磁泵

travelling forge 轻便锻炉, 活动锻炉

travelling form paver 移动式摊铺机

travelling gauntry 移动龙门起重机, 移动高架起重机, 移动桥式起重机

travelling gear (1) 移动齿轮; (2) 行走机构

travelling gear brake 行走机构制动器

travelling-grate retort 移动篦碳化炉

travelling-grate sintering unit 移动式炉篦烧结机

travelling head grinder 磨头纵向移动的磨床

travelling hoist 移动式起重机, 移动式卷扬机

travelling jib crane 移动挺杆起重机

travelling load 移动载荷, 移动荷载, 活动载荷, 活动荷载

travelling microscope 移测显微镜

travelling mixer 移动式搅拌机, 活动式搅和器

travelling motor 移动电动机

travelling paddle 活动桨式拌和器

travelling pan filter 动盘滤机

travelling plough 移动耙料机

travelling poise 游码, 滑码

travelling portal jib crane 移动悬臂吊车

travelling probe 活动探示器

travelling rest 跟刀架

travelling roller table (横行的) 输送辊道

travelling scales 活动秤

travelling screen 活动筛, 带筛

travelling shuttering 移动式模板

travelling speed 移动速度

travelling sprinkler 移动式喷灌机

travelling stacker 移动式推料机

travelling staircase 自动楼梯

travelling stay 随行中心架, 随行扶架, 移动刀架, 跟刀架

travelling steady 随行刀架

travelling table 移动工作台

travelling tilting table 横行摆动升降台

travelling tower crane 移动塔式起重机

travelling trolley 滑车

travelling-type radial drilling machine 滑座摇臂钻床

travelling-type universal radial drilling machine 滑座万向摇臂钻床

travelling-wave (=TW) 行波

travelling wave 行波

travelling-wave amplifier 行波管放大器

travelling-wave antenna 行波天线

travelling-wave detector 行波探测器

travelling-wave frequency multiplier 行波管倍频器

travelling-wave klystron (=TWK) 行波速调管

travelling-wave linear accelerator 行波线性加速器

travelling-wave magnetron 行波磁控管

travelling-wave maser 行波微波激射器

travelling-wave multiple beam klystron (=TWMBK) 多束行波速调管

travelling-wave oscillator (=TWO) 行波振荡器

travelling-wave oscillograph (=TWO) 行波示波器

travelling-wave power amplifier 行波功率放大器

travelling-wave state 行波状态

travelling-wave tube (=TWT) 行波管

travelling-wave tube amplifier (=TWTA) 行波管放大器

travelling wheel 走轮

traverpass shaving method 对角线剃齿法

traversable (1)能横过的, 能越过的, 可穿过的; (2)可拒绝的, 可否认的, 可反驳的

traversal (1) 横越行动; (2) 经纬仪测量, 导线测量

traverse (1) 横向行程, 横向移动, 横向进给, 横动, 横移, 横切, 横断, 横刨, 横削, 横截, 通过, 经过, 旋转, 横转, 转动; (2) 横断物, 横向物, 障碍物, 横梁, 横臂, 吊杆; (3) 横切线, 横截线; (4) 横向分布; (5) [横向力] 测定, 导线测量; (6) 横断的, 横截的, 横放的, 横过的, 横动的

traverse bed 摇臂钻横动床面

traverse bed of radial drilling machine 摇臂钻横动床面

traverse board 测记板

traverse bridge 横向桥

traverse cam 横动凸轮, 络绞凸轮

traverse circle 炮架定向滑轨

traverse control 横转控制

traverse drill (1) 槽钻; (2) 槽进钻床

traverse feed 横 [向] 进给, 横 [向] 走刀

traverse gear (纺机) 络绞齿轮

traverse grinding 横向走刀磨削, 横进磨法, 横磨

traverse guide pulley 往复导轮

traverse line 方向线

traverse measurement 横向测量

traverse method (1) 导线法; (2) 移测法

traverse motion 横向运动

traverse movement 横向进刀运动

traverse net 导线网

traverse network(=polygonal network) 导线测量网

traverse of table 工作台横动

traverse planer 滑枕水平进给式牛头刨床

traverse rod 横轨, 横杠

traverse shaper 横式牛头刨床, 横刨机, 水平移动牛头刨床

traverse shaping machine 横式牛头刨床, 横刨机, 水平移动牛头刨床

traverse slotter 横式插床

traverse slotting machine 横式插床

traverse speed 横向进给速度, 横向进刀速度

traverse survey 导线测量

traverse-table (1) 转车台, 转盘; (2) (测量用) 小平台

traverse table (1) 移动工作台, 移车台, 转车台; (2) (测量用) 水平板; (3) 路程表

traverse table feed 工作台横向进给, 工作台横向进刀

traverse tool spindle 移式工具主轴

traversed material　照射过的物质

traverser　(1) 活动平台, 移车台, 转车台; (2) 横梁, 横撑, 横臂, 横件;
(3) 移动发射装置, 转动发射装置, 桥式输送机; (4) 横过者, 测定者

traverser pit　移车台坑

traversing (=TRAV)　(1) 导线测量; (2) 相交, 横移, 横切, 交叉; (3)
横向压力分布测定; (4) 横向进刀

traversing base　(1) 横行底座; (2) 滑座

traversing bridge　活动桥

traversing crane　(1) 桥式移动吊车, 桥式吊车; (2) 移动小车

traversing drill　槽钻

traversing feed　横向进给, 横向进刀

traversing gear　(1) 横向齿轮; (2) 横进给机构, 横动装置

traversing guide　横向导轨

traversing handwheel　方向手轮

traversing head　瞄准镜头

traversing jack　横式起重机

traversing mechanism　横动机构

traversing mandrel　横动心轴

traversing probe　横向移动探针, 横向移动测针

traversing pulley　横式 [起重] 滑车

traversing screw jack　横式螺旋起重器, 滑座螺旋起重器

trawl　用拖网捕, 拖网

trawl board　拖网板

trawl speed meter　拖网速度仪

trawl winch　拖网绞车

trawlability　适拖性

trawlboat　拖网渔船, 拖捞船

trawler　拖网渔船, 拖捞船

trawling efficiency　拖曳效率

trawlnet　拖网

traxcavator　(1) (土方工程用的) 大型履带拖拉机; (2) 履带式挖掘机

tray　(1) 盘子, 浅盘, 底盘, 托盘; (2) 隔底闸; (3) 垫座, 底板; (4) 塔盘; (5)
沟槽, 滑槽, 斜槽; (6) 支架, 托架, 托座; (7) 发射架; (8) 造型盘

tray accumulator　盘式蓄电池

tray cap　分馏塔盘之泡罩

tray conveyer　槽式运输机

tray drier　盘架干燥器

tray dumper quench conveyer　料盘式淬火传送带

tray for combustion　燃烧皿

tray of column　塔盘, 塔板

tray ring　塔盘环

tray riser　塔盘上升口

tray support　塔盘支柱

tray-type separator　盘式分选器

tread　(1) 级宽; (2) 履带行走部分, 轮辋着地面, [橡胶] 胎面, 车轮踏面,
外胎面, 切轨面; (3) 切轨面, 支撑面, 滑动面, 轮面, 轮底; (4) 轮距,
轨距, 轨顶; (5) 踏板, 梯板, 梯面; (6) 支撑面, 滑动面; (7) 刃宽; (8)
船龙骨的长度

tread band　车轮触轨面

tread block　履带座

tread board　踏板

tread caterpillar　履带

tread contour plate　[外] 胎面样模

tread gauge　胎面厚度计

tread life　轮胎行驶里程

tread-mill　踏旋器

tread mill　脚踏轧机 (如轧花机)

tread pattern　车胎花纹

tread plate　防滑条

tread pressure　轮胎着地面压强

tread rubber　胎面胶

treadle　(1) [脚] 踏板; (2) 踏动踏板, 踩踏板; (3) 轨道接触器, 踏
板装置

treadle drilling machine　脚踏钻床

treadle hammer　踏锤

treadle lathe　脚踏车床

treadle loom　脚踏织机

treadle pedal　踏板

treadle water lift wheel　脚踏水车

treadlemill　(1) 脚踏 [传动式] 试验台, 转鼓试验台, 环形带试验台; (2)
脚踏传动式磨

treadmill　人力踏车

treadway　轮距桁梁式桥, 跳板道

treadwheel　踩轮

treat　(1) 加工, 处理, 处置, 精制, 浸渍, 浸润, 活化, 净化, 看待, 对待; (2)
涂保护层; (3) 讨论, 研究, 论述, 协商, 磋商, 谈判, 交涉; (4) 视为,
以为; (5) 款待, 请客

treatability　可处理性, 可处理度

treatable　能处理的, 好对付的

treated　处理了的, 处理过的, 精制的

treated oil　精制油

treated pole　防腐 [电] 杆

treated rubber　(1) 加工过的橡胶, 处理过的橡胶; (2) 精制橡胶

treated timber　防腐处理的木材

treated water　已处理的水, 净 [制] 水

treated wood pole　防腐木杆

treater　(1) 处理设备, 处理装置, 处理器; (2) 提纯器, 净化器, 纯净器,
搅拌器; (3) 精制器; (4) 浸渍器

treating　(1) 处理; (2) 精制; (3) 制造操作, 加工; (4) 浸渍

treating compound　浸润剂

treating cost　加工费用

treating plant　净化设备

treating pressure　精炼压力

treatise　[专题] 论文, 论说

treatment (=trmt)　(1) 处理, 处置; (2) 中间加工, 再加工, 加工, 对待;
(3) 精制; (4) 浸渍, 浓缩; (5) 论述, 分析, 作业, 方法; (6) 待遇

treatment losses　精制损失, 处理损失

treatment of atomic waste　废料处理

treatment of elevation　立面处理

treatment of waste　废物处理

treatment process　热处理法

treatment tank　精制罐, 处理罐

treaty　(1) 条约, 协议, 协定, 合同; (2) 协商, 谈判

treble　(1) 三倍的, 三重的, 三层的, 三排的; (2) 三倍频率, 三倍, 三重;
(3) 使成三倍, 增至三倍, 增加二倍; (4) 高频, 高音

treble back gears　三重背轮

treble block　三轮滑车

treble control　高音控制

treble frequency　高音频率

treble gear　三联齿轮

treble riveted joint　三行铆钉接合

treble-slot　三隙缝的

trebler　三倍 [倍] 频器, 频率三倍器

trebling　三倍, 三重

trebling circuit　三倍频率电路, 三倍频电路

tredecile　十分之三圆周度

tredgold's approximate method　(锥齿轮) 去列高尔物氏近似法, 辅
助圆锥近似法

tree　(1) 木制构件, 木材, 木料, 树, 棒; (2) 树形网络, 树形电路; (3)
(熔模) 蜡树; (4) { 数 } 树 [形]; (5) 树状晶体; (6) 光柱

tree automation　树状自动化

tree circuit　[多] 分支电路, 树 [枝] 形电路, 树形线路

tree-compass　直径铗

Tree Crasher　(美) 伐树车

tree dozer　推树用的推土机, 伐木机, 除根机

tree-like　[树] 枝状的

tree-like crystal　[树] 枝 [状] 晶 [体]

tree nail　定缝销钉, 木栓, 木钉

tree-system　树枝式配电方式, 树枝式系统

tree system　树枝形配电方式, 分枝配电方式, 树形系统 (多分支电路)

tree wiring system　树形布线系统

treedozer　伐木机, 除根机, 推树机, 推土机

treeing　树枝状组织, 树枝状晶体

treenail(=trenail)　木栓, 大木钉

tregohm　百万兆欧

trek wagon　大型有篷六轮大车

trellis　格子结构, 格子, 格架, 格构; (2) 以格架支撑, 装格子, 装格架

trellis girder　格构 [大] 梁

trellis web　格状梁腹

trelliswork　格构工程, 格构工作

Trelon　聚酰胺

tremble　(1) 摇晃, 摇摆, 摇动, 震动, 震颤, 颤抖; (2) 忧虑, 担心

trembler　(1) 自动振动器, 振动片, 振颤片, 振动子, 电震板, 电震极; (2)
断续器, 蜂鸣器; (3) 电铃

trembler coil　震颤线圈

trembler spring　蜂鸣器弹簧

trembleuse cup　防震环

trembling　(1) 磨光滚筒; (2) 颤震 [的], 摇动

trememdous 极大的, 巨大的, 非常的, 有力的, 惊人的, 可怕的
trememdous difference 极大差别
trememdously (1) 惊人地; (2) 十二分, 非常, 极
tremie （水下灌注的）混凝土导管, 漏斗管, 导管法
tremie concrete ［用］导管灌注［的水下］混凝土
tremie seal 水下封底, 水下封层
tremogram 震颤描记图
tremor 振动, 震动, 颤动, 微动
tremulous (1) 震颤的; (2) 不稳定的, 歪斜的; (3) 过分敏感的
trenail 定缝销钉, 木钉, 木栓, 木键
trench (1) 沟槽, 探槽; (2) 掘沟, 开槽; (3) 排水沟, 电缆沟, 管沟, 溅沟; (4) 防火线, 防火道
trench car 壕车
trench cutter 挖沟机
trench cutting machine 挖沟机
trench digger 挖沟机, 开沟机, 掘沟机
trench excavator 挖沟机
trench filler 平沟机
trench grader 沟槽整修平地机
trench gun 迫击炮
trench hoe 反向铲土机
trench knife 两刃刀, 战刀
trench method 槽式断面法, 开槽施工法
trench mortar 迫击炮
trench mortar steel tube 迫击炮钢管
trench plow 深耕犁
trench roller 沟槽压路机, 沟槽路碾
trench section 槽式断面, 沟槽断面
trench-shuttering 沟槽支撑
trench shuttering 沟槽支撑
trench-timbering 沟槽支撑
trenchant (1) 锐利的, 锋利的, 尖锐的; (2) 鲜明的, 清晰的, 果断的, 有力的
trenchdigger 掘沟机
trencher (1) 挖机, 挖沟机, 开渠机, 开渠机; (2) 木板, 垫板
trenching machine (1) ［木工］开槽机, 刨槽机; (2) 挖沟机
trenching plane 沟槽刨, 开槽刨
trend (1) 发展方向, 方向, 方位, 走向; (2) 倾向, 趋向, 动向, 趋势
Trentini surface tester 特林蒂尼表面光洁度测量仪
trepan (1) 割圆锯［床］, 线锯; (2) 钻井机, 钻矿机, 凿井机, 凿岩机, 套孔机, 环钻; (3) 打眼, 穿孔, 套孔, 打眼
trepan borer 套孔机
trepan boring 套孔
trepan boring machine 套孔机
trepan tool 切端面槽刀具, 套孔刀, 套料刀
trepanner 穿孔机, 打眼机
trepanning (1) 套孔, 开孔, 穿孔, 打眼; (2) 穿孔试验; (3) 套料
trepanning drill 套孔钻, 套料钻
trepanning method ｛焊｝(测动)圆槽释放法
trepanning method for testing welded shell joints 自焊缝处锯取柱状样品以检查焊缝的方法
trepanning tool 切端面槽刀具, 套孔刀, 套料刀
trephine (1) 圆锯, 线锯; (2) 环钻; (3) 用圆锯锯
trestle (1) 脚手台, 排架, 支架; (2) 凹底车; (3) 高架桥, 栈桥
trestle bent 栈桥排架
trestle-board 大绘图板
trestle board 大绘图板
trestle cable excavator 高架索道挖土机
trestle crane 门式起重机, 高架起重机
trestle excavator 高架挖土机
trestle for pipe 管桥
trestle stand 台架, 高架, 栈架, 排架
trestle stringer 栈桥纵梁
trestle table 搁板桌
trestle-work (1) 脚手架; (2) 叉架桥
trestlework 搭排架工程, 栈架结构, 栈桥, 鹰架
trestolite 瑞陶里特 (一种抗乳化剂的商品名)
trevet (=trivet) 倭脚金属架, 倭脚金属盘, 三脚架, 三脚台
tri- (头) 三, 三重, 三倍, 三回
tri-ferrous 三铁的
tri-ferrous carbide 碳化三铁, 渗碳体
tri-gun colour television receiver 三［电子］枪彩色电视接收机
tri-gun colour tube 三［电子］枪彩色显象管
tri-hinges 三联铰, 三支铰

1456

tri-level 三层的
tri-level grade separation 三层式立体交叉
tri-lobe cam 三工作边凸轮, 三突齿凸轮
tri-lock type 三齿防转［装配］式
tri-nitro-toluence （T、N、T）炸药
tri-ply wood 三［层］夹板
tri-point rock drill 三角架式钻岩机
tri-pole 三端电路, 三端网络
tri-rotor pump 三转子泵
tri-slot nut 三槽螺母
tri-squre 曲尺
tri-tet 三极 - 四极管
tri-tet exciter 三极－四极管激励器
tri-truck 三轮载重汽车, 三轮［卡］车
triable 可试［验］的
triac (=TRIAC) (1) 三端双向可控硅开关, 双向三端闸流晶体管, 三极管交流半导体开关, 双向三极管开关; (2) 触发三极管
triad (1) 三个一组, 三元组; (2) 三价原子, 三价元素; (3) 三价基; (4) 三重轴; (5) 三位二进制
triad axis 三重轴
triadaxis 三次对称轴
triage 筛余料, 筛余
triakisdodecahedron 三角十二面体
triakisoctahedron 三八面体
triakistetrahedron 三角三四面体, 棱锥四面体
trial (1) 试验, 实验, 测试, 检验, 检查, 查验; (2) 试用, 试车, 试飞, 训练; (3) 试运转; (4) 试验性的, 试制的, 尝试的; (5) 考验, 磨炼
trial-and-error 逐次逼近法, 反复试验, 不断搜索, 尝试法, 试配法, 试错法, 试探法, 试算法
trial and error 试差法
trial and error method 逐次逼近法, 反复试验, 不断搜索, 尝试法, 试配法, 试错法, 试探法, 试算法
trial balance (=TB) 试算表
trial balloon 测验风速的气球
trial bar 检验杆, 校正杆
trial bore 试孔, 探井
trial bore hole 试钻孔
trial boring 试钻, 试镗
trial cut 试切削, 试切
trail drive (1) 试车; (2) 试驾驶
trial erection 试装配
trial face 试验工作面
trial flight （飞机的）试飞
trial for balance 平衡试验
trial heat 试车
trial hole （试验性）钻孔, 试坑, 探坑, 样洞
trial load 试验载荷
trial-load method 试载法
trial-manufacture 试制
trial method 试算法
trial mix 试拌
trial model 试验模型
trial operation 试运转, 试操作
trial period 试用期间, 试用阶段
trial pit （试验性）钻孔, 试坑, 探坑, 样洞
trial-produce 试制
trial production 产品试制, 试生产
trial rod 探尺
trial run 试验性运行, 试车, 试航, 试验, 实验
trial running 试运转, 试车
trial-sale 试销
trial solution 试解
trial speed 试验速度
trail table 试算表
trial test 探索性试验, 初步试验, 预试验
trial value 试用值, 试算值
trial weld 试验焊接
triangle (1) 三角形; (2) 三角板; (3) 三角铁; (4) 三个一组, 三合一
triangle belt 三角皮带
triangle file 三角锉
triangle generator 三角波发生器, 三角形脉冲发生器
triangle guide 三角导轨
triangle knife 三角刮刀
triangle-mesh wire fabric 三角孔铅丝网

triangle of errors　误差三角形
triangle of forces　力的三角形
triangle of reference　坐标三角形
triangle of vector　矢量三角形
triangle pole　三角杆
triangle-shaped ring　三角形密封圈
triangle strand construction rope　三角形股钢丝绳
triangle with the apex up　顶点上的三角形
trianglable　可三角剖分的, 可单纯剖分的
triangular　(1) 三角 [形] 的, 三棱的, 三脚的;(2) 三者之间的
triangular belt　三角皮带, 楔形皮带
triangular cam　三角凸轮
triangular compasses　三角规, 三脚规
triangular end　(转子发动机) 角片, 副片
triangular file　三角锉
triangular framing　三角形框架, 三角架
triangular function　三角函数
triangular function generator　三角函数发生器
triangular injection laser　三角形注入激光器
triangular laser　三角形激光器
triangular lifting eye　三角形吊孔, 三角形吊眼, 三角吊眼
triangular load　三角形载荷
triangular machine saw file　机器锯条三角锉
triangular matrice　三角形荷载
triangular mesh　三角网
triangular motion　三角形运动
triangular notch　三角凹口
triangular-path gas laser　三角形气体激光器
triangular prism　(1) 三棱柱;(2) 三面体棱镜
triangular pulse　三角形脉冲
triangular pyramid　三棱锥
triangular rabbet joint　三角 [半] 槽接合
triangular rule　三角定规, 三棱尺, 三角尺
triangular scraper　三角刮刀
triangular screw thread　三角螺纹
triangular strand wire rope　三角股钢丝绳
triangular symmetric curve　三角对称曲线
triangular T and G joint　三角榫接
triangular thread　三角螺纹, V 形螺纹
triangular tooth　(锯) 三角齿
triangular-tooth ratched wheel　三角形齿棘轮
triangular treaty　三边条约
triangular truss　三角构架
triangular washer　三角垫圈
triangular wave　三角形波
triangular-wave oscillator　三角形波振荡器
triangular web　三角形腹板
triangular weir　三角水门, 三角溢水口
triangularity　成三角形
triangularization　三角化
triangulate　使成三角形, 组成三角形, 分成三角形, 进行三角测量
triangulation　(1) 三角测量;(2) 三角剖分;(3) 三角网;(4) 分成三角形
triangulation from photographs　照相三角测量
triangulation height　三角点高度
triangulation network　三角测量网
triangulation operations　三角测量 (术)
triangulation station　三角测量标点
triangulator　(1) 三角仪;(2) 三角测量员
triangulum　(1) 三角 [形];(2) T-
trianion　三阴离子
triatic　由三部分组成的
triatic stay　水平支索, 桅间索
triatomic　(1) 三原子的;(2) 三元的;(3) 三羟 [基] 的
triatomic acid　三价酸
triatomic alcohol　三元醇
triatomic molecule　三原子分子
triax　同轴三柱器, 双重屏蔽导线
triaxial　(1) 三轴的;(2) 三线的, 三维的, 三度的, 三元的, 空间的
triaxial diagram　三轴图
triaxial drive　三桥传动
triaxial ellipsoid　三轴椭圆球
triaxial orientation　三轴定向
triaxial shear equipment　三轴剪力仪

triaxial strain　三轴应变
triaxial stress　三轴应力, 三向应力
triaxiality　(1) 三维, 三元;(2) 三轴向, 三轴性;(3) 三向应力, 三维应力
triaxiality factor　三轴向因素, 三元因素
tribasic　(1) 三碱 [价] 的, 三价的;(2) 三元的
tribasic acid　三价酸
tribasic alcohol　三元醇
triblet　心轴, 心棒
tribo-　(词头) 摩擦
tribo-luminescence　摩擦发光
triboabsorption　摩擦吸收
tribochemisty　摩擦化学
tribodesorption　摩擦解吸 [作用]
triboelectric　摩擦电的
triboelectricity　摩擦电
triboelectrification　摩擦起电
triboemission　摩擦发射
triblet　心轴, 心棒
tribological behavior　润滑性能
tribology　润摩学, 摩擦学
tribology test　润摩试验
triboluminescence　摩擦发光
tribometer　摩擦 [力] 计
tribometry　摩擦力测量术
tribophysics　摩擦物理学
triboplasma　摩擦等离子体
tribosublimation　摩擦升华现象
tribothermoluminescence　摩擦热发光
tribrach　三叉形用具, 三脚台
tributary　(1) 支流的, 从属的, 附属的, 辅助的;(2) 附属局;(3) 附庸, 支流
tributary circuit　附属电路, 吊牌电路 (交换中心用)
tricam connector　三凸轮接头
tricar　三轮机器脚踏车, 三轮汽车
trice　(1) 一刹那, 瞬息, 顷刻;(2) 吊索
trice up　吊起, 缚住, 捆, 绑
tricharged　三电荷的
trichlene　三氯乙烯
trichlorated　三氯化的
trichlorethylene (=TCL)　三氯乙烯
trichloride　三氯化物
trichlorinated　三氯化的
trichloro-compound　三氯化合物
trichloroacetone　三氯丙酮
trichloroethylene　三氯乙烯
trichotomy　三分法, 三切法
trichroism　三晶轴异色性, 三色 [现象], 三原色性
trichrom-emulsion　三色乳胶
trichromatic　三色的, 三色版的
trichromoscope　彩色电视显像管
trick-flying　特技飞行
trick valve(=Allan valve)　蒸气机滑阀
trickle　(1) 使滴下, 使细流, 使淌;(2) 慢慢移动;(3) 涓滴, 细流
trickle charge　连续补充充电, 微电流充电, 点滴式充电
trickle charging current　小充电电流
trickle cooling plant　滴流式冷却设备
trickle oil into the gear　把油滴入传动装置
trickle scale　两钢板之间的鳞片状氧化皮缺陷
trickling charge　涓流充电
trickling cooler　水淋冷却器
trickling filter　滴滤器
triclene　三氯乙烯
triclinic　(1) 三斜 [晶] 系的, 三斜 [晶] 的;(2) 三斜 [晶系]
triclinic base　三斜底面
triclinic holohedral prism　三斜全面柱
triclinic holohedral unit prism　三斜全面单位柱
triclinic prism　三斜柱
triclinic system　三斜晶系
tricolor tube　彩色 [显像] 管, 三色 [显像] 管
tricolor vidicon　三色视像管
tricolour direct-view　彩色直视显像管
tricolour tube　彩色显像管
tricoloured　三色的

tricon 或 TRICON (=triple coincidence navigation) （有三个地面台的）雷达导航系统，三台导航制

tricone 三锥

tricone ball mill 大型圆筒圆锥型球磨机，三锥式球磨机

tricone bit 三锥齿轮钻头，三牙轮钻头

tricone compartment mill 三圆锥室磨碎机

tricone mill 三锥式球磨机，三圆锥形磨碎机

tricorn 三角的

tricorn bit 三角钻头

tricrystal 三连晶，三晶

tricycle 三轮汽车，三轮摩托车，三轮自行车

tricycle landing gear 三轮起落架，三点起落架

tricycle undercarriage 三轮起落架

tricyclic 三环的

trident (1) 三叉曲线；(2) 三叉载飞机；(3) 三叉的，(4) 三叉载式测距仪

trident nuclear missile submarine 三叉载导弹核潜艇

tridentate 三齿的，三叉的

tridimensional 三维的，三度的，立体的

tridop 导弹弹道测定系统

tridrive 三驱动桥传动装置

triductor 磁芯极化频率三倍器，三次倍频器

tried 试验过的，证实了的

tried and true 经试验证明是好的，实践证明可取的

trier (1) 试验仪器，试验仪表，检验用具；(2) 取样工具，取样器，采样器；(3) 试件，试料，(4) 试验者

triethide 三乙基金属

trifluoride 三氟化物

trifluoro-compound 三氟化合物

trifluorochloroethylene 三氟氯乙烯

trifocal (1) 三焦点的，三焦距的；(2) 三焦点透镜，三焦距透镜

triform 有三种形式的，有三种本质的，有三部分的

trifuel [用]三[种]燃料的

trifurcated 三叉的

trifurcating box （电缆）三芯线终端套管

trig (1) 制轮具，制轮器，煞车，楔子；(2) 三角木；(3) 制佳，煞住；(4) 支撑，撑住

trig function 三角函数

trig loop 制动圈

trigamma 三 γ

trigatron 火花触发管，[充气]触发管，含气触发管，触发管，引燃管

trigger (=TRIG) (1) 发射装置，扳机；(2) 起动系统，起动装置，起动设备，起动信号，起动电路，起动冲量；(3) 发射，控制；(4) 起动，开动，触发；(5) 发动中心；(6) 起动电路板机，(7) 闸机，扳柄；(8) 倒车卡锁，锁定装置，制轮器，制滑器，制动器，犁子，犁板；(9) 触发电路，触发脉冲，起动线路，触发线路；(10) 触发器，引爆器，起动器

trigger a chain reaction 引起连锁反应

trigger a missile 发射导弹

trigger a rifle 开枪

trigger action 制动效应，触发作用，触发动作

trigger amplifier 触发放大器，触发脉冲放大器

trigger and monitoring panel (=T&M PNL) 触发及监控台

trigger area 引发区，扳机区

trigger bar (1) 板机；(2) 放松拉杆，放松拉手

trigger battery 栅极电池

trigger bit 带钩钻头

trigger blocking 触发[式]间歇振荡器

trigger cam (1) 板机凸轮；(2) 制动凸轮

trigger circuit (1)（闸流管）触发电路；(2) 脉冲启动电路，同步起动电路；(3) 触发单元

trigger delay 触发延迟，启动延迟

trigger delay circuit 触发脉冲延迟电路

trigger delay multivibrator 触发脉冲延迟多谐振荡器

trigger discriminator 触发脉冲鉴频器

trigger effect 触发效应

trigger electrode 触发电极

trigger energy 触发能

trigger feed trip 进刀机构

trigger flip-flop 计数触发器

trigger gate 触发选通脉冲，触发闸门

trigger-gate delay 选择脉冲延迟

trigger gate voltage 触发控制极电压，触发选通脉冲电压，触发门电压

trigger-gate width 选通脉冲宽度

trigger gate width multivibrator 触发脉冲宽度多谐振荡器

trigger gear (1) 带棘轮机构的齿轮；(2)（刨床）进给机构小齿轮

trigger generator 触发脉冲发生器，触发信号发生器

trigger input 触发脉冲输入

trigger input circuit 触发输入电路

trigger into conduction 触发而导通

trigger inverter 触发脉冲变换器，触发脉冲反相器

trigger lever 击发阻铁

trigger mechanism 板机机构，击发机构

trigger pair(=flip-flop) 触发器，触发电路

trigger pilotage 扳机销，扣机销

trigger point 触发点

trigger pulse 触发脉冲

trigger reflector 脉冲反射器

trigger register 触发寄存器

trigger relay 触发继电器

trigger scope 触发显示器

trigger-selector switch 触发脉冲选择开关

trigger shaper 触发脉冲形成电路，触发脉冲形成器

trigger shoe （枪）板机套

trigger spark 触发点火火花

trigger sweep 触发扫描

trigger-timing pulse 定时触发脉冲

trigger triode 触发器三极管

trigger tube 触发管

trigger unit 触发器

trigger valve (1) 触发管；(2) 启动阀

trigger voltage 启动电压

trigger winding 触发绕组

triggered [带]起动[装置]的，触发的

triggered blocking generator 触发间歇振荡器

triggered display system 触发显示系统

triggered multivibrator 随动多谐振荡器，等待多谐振荡器

triggered time base 等待式扫描电路，触发式时基

triggered time clock 触发信号

triggering 起动，触发，控制

triggering level 启动电平，触发电平

triggering pulse 触发脉冲

trigistor (1) 双稳态 pnpn 半导体组件；(2) 三端开关器件

trigon (1) 三角形；(2) 三角板；(3) 测时用三角规

trigon- （词头）三角形的

trigonal 三角形的，三角系的，三方的

trigonal prism 三方柱

trigonal system 三角晶系

trigondodecahedron 三角十二面体

trigonometer (1) 平面直角三角形计算工具；(2) 三角测量者，三角学家

trigonometric (=TRIG) 由三角学规则得出的，三角学的

trigonometric equation 三角方程

trigonometric function 三角函数

trigonometric identity 三角恒等式

trigonometric leveling 三角高程测量，三角测高法

trigonometric parallax 三角视差

trigonometric point 三角点

trigonometric ratio 三角比

trigonometric sum 三角和

trigonometric survey 三角测量

trigonometrical 三角学的

trigonometrical table 三角函数表

trigonometrically 用三角[学]方法

trigonometry (=TRIG) 三角学，三角法，三角术

trigonous 三角形的，有三角的

trigram 三字母组

trihedral (1) 有三面的；(2) 坐标三角形，三面形；(3) 三面体

trihedral angle 三面角

trihedral prism 三面体棱镜

trihedral toolmaker's straight edge 三棱直尺

trihedron (1) 三面形，三面体，(1) 三面的；(3) 三等边形

trihydride 三氢化物

trihydrol 三水分子，三分子水

trihydroxide 三氢氧化物

triiodide 三碘化物

triiodo-compound 三碘化合物

trijet (1) 由三个喷气发动机发动的；(2) 三喷气发动机飞机

trilateral 有三边的，三角形，三边形

trilateral agreement　三边协定

trilateral figure　三边形

trilateration　长距离三角测量，三边测量

trilinear　三线[性]的

triliteral　三字母的

trilling　三连晶，三晶

trillion　(1)兆，百万的二乘(美国)；(2)百万的三乘(英国)

trillionth　(1)第一万亿个；(2)一万亿分之一；(3)微小的部分

trilobed wheel　三叶轮

trilon　垂龙(人造纤维的商名)

trim　(1)调整，修整，垫整，修理，修边，整平，刨平；(2)调整位置，平衡位置，平衡状态，平衡度，平衡性，平衡；(3)整理，整顿，装饰，修饰，点缀，布置，准备，齐备，(4)打浇口和飞边，修整毛刺，去除焊疤，去毛刺，切毛边，修边，倒角，(5){电}微调，调整，调谐，校正；(6)(船等的)吃水差，平衡[度]，纵倾，倾差，(潜艇的)浮力，浮位；(7)边角料

trim angle　纵倾角，平衡角

trim by bow　船首倾斜，前倾

trim by head　船首倾斜，前倾

trim by stern　船尾倾斜，后倾

trim coil (=TC)　微调线圈

trim control　平稳控制

trim die　精压模，修边模

trim filter　补偿滤色片，可调滤色盘

trim joist　承接梁，托梁

trim knob　调整片钮

trim plate　调整片，微调片

trim size　实际尺寸，切净尺寸

trim tab　(1)平衡调整片，配平片；(2)配平补翼

trim tab spool　平衡调整片卷筒

Trim (=trimask technique)　三次掩蔽技术

TRIM transistor　(采用)三次掩蔽晶体管

trimask　(采用)三次掩蔽的

trimer　三聚物，三聚体

trimetal　三层金属轴承合金，三金属

trimethide　三甲基金属

trimetric　斜方[晶]的

trimetric projection　三度投影

trimetrogon　(1)三镜头航空测绘系统；(2)三镜头航摄机；(3)垂直倾斜混合空中照相

trimmability　可微调性，可配平性，可调平性

trimmed value　平衡值，调整值

trimmer　(1)(粒料)推平机，物料堆装机，平舱机，集料器，配平器，(2)修整工具，修整器，修剪器，修边机，修剪机，修整机，修平机；(3)剪切冲床，剪切具，剪切机，切边机，剪刀，(4)调整机车；(5)微调电容器，调整片；(6)承接梁，托梁；(7)修理工，修剪工，装料工，司炉

trimmer arc　壁炉前拱

trimmer capacitor　微调电容器，补偿电容器

trimmer condenser　微调电容器，补偿电容器

trimmer conveyor　移动式转送机

trimmer joist　托梁，承接梁

trimmer signal　停车场高处设置的信号灯

trimmer tape　电感微调带

trimming　(1)切边，修整，修边，修理，修剪，修齐，镶边；(2)整理，整顿，整平，挤出，压出，(3)打浇口和飞边，修整边缘，去毛刺，(4)平衡调整，使平衡，使均衡，使均匀，调整，校正，微调；(5)(齿轮的)干涉，(6)添加物，添附物，(7)边角料，切屑，刨屑，剪屑，(8)附件，配件，配料

trimming condenser　微调电容器

trimming die　冲模，修边模

trimming filter　(1)补偿滤波器，微调滤波器，校正滤波器；(2)补偿滤色片，可调滤色盘

trimming gear　翼尾修整装置

trimming hatch　匀货舱口

trimming heater　微调加热器

trimming house　铁路车辆修整车间

trimming inductance　微调电感

trimming joist　托梁

trimming lathe　修整用车床

trimming machine　修整机，切边机

trimming moment　平衡力矩

trimming oil　塔顶回流油

trimming press　修整用压力机，整形压力机，修边压力机，切边机

trimming punch　精整冲头，切边冲头，修整冲头

trimming shears　修整剪切机，切边机

trimming tab　[配]平衡调整片

trimming tank　调整倾侧水舱

trimming tool　修整工具

trimming wheel　修整砂轮

trimmings　(1)胶边，飞边，毛边；(2)边条料，裁纸屑

trimolecular　三分子的

trimonite　特里莫奈特炸药(苦味酸和一硝基苯炸药)

trimorphism　三晶[现象]

trimorphous　三晶[现象]的

trimotor　(1)三发动机；(2)由三个发动机发动的飞机

trinal　(1)三倍的，三重的，三元的；(2)三部分组成的

trinary　由三部分组成的群

trindle　(1)夹紧装置；(2)圆形物

trine　(1)三倍的，三重的，三元的；(2)三部分组成的；(3)三个一组

trinicon　托利尼康摄像管(一种单靶三色摄像管)

triniscope　(彩色电视)三枪显像管

trinistor　三端pnpn开关(一种可控硅整流器)

trinitarian　具有三个部分的，三倍的

trinitron　单枪三[射]束彩色显像管，栅条彩色显像管

trinitrotoluene (=TNT)　三硝基甲苯，梯恩梯炸药，TNT炸药，黄色炸药

trinity　(1)三个一组，三个一套；(2)三位一体，三合一

trinodal quartic　三结点四次线

trinominal　(1)三项式；(2)三项的

trinominal equation　三项方程

trinoscope　(1)投射式彩色电视投影接收机的光学部分(包括三个投射管、分光镜和物镜)；(2)彩色电视接收装置，彩色电视接收机，三管式彩色投影机

trinuclear　三环的，三核的

trinucleate　三环的，三核的

trio　三个一组，三件一套

trio mill　三辊[式]轧机

trioctahedron　三八面体

triode (=TRI)　三电极管，三极管，单栅管

triode amplifier tube　三栅放大管

triode clamp　三极管箝位电路

triode clipper　三极管削波器

triode connected tube　按三极管线路联接的电子管，接成三极管的电子管

triode detector　三极管检波器

triode-driven pentode　三极管激励的五极管

triode driver　三极管末端前置变压器

triode gas laser　三极管气体光激射器，三极管气体激光器

triode gun　三极式电子枪

triode-heptode　三极-七极管

triode-hexode　三极-六极管

triode laser　三极管激光器

triode-mixer　三极管混频器

triode oscillator　三极管振荡器

triode peak detector　三极管峰值检波器

triode-pentode　三极-五极管

triode-tetrode　三极-四极管

triode-thyristor　三端子半导体开关元件，三端晶体闸流管，三端可控硅

triode transistor　晶体三极管

triode transmitter　晶体管发射机

triode valve　热离子三极管

Trioptic　三元万能测长机

triorthogonal　三重正交的，三直角的

trioxide　三氧化物

trip　(1)自动停止机构，自动断开机构，(2)解扣装置，解扣机构，分离机构，跳闸装置，切断装置；(3)往返行程；(4)松开，脱开，解脱，断开，打击，撞击；(5)释放，跳闸，脱扣；(6)固定器，卡钩

trip balance　配盘天平

trip bar　起动条，脱扣条

trip block　自动停止进刀止挡

trip bolt　紧固螺钉

trip cam　跳动凸轮

trip cam lever　断开凸轮手柄

trip circuit　脱扣电路，解扣电路，跳闸电路

trip coil (=TC)　脱扣线圈，解扣线圈

trip cutoff valve gear　扳动停气装置

trip dog　(1)自动停车器，自动停车挡块；(2)自动爪，脱车钩，止动钩；跳闸，跳挡，解扣

trip dumper　列车翻车机

trip engine　扳动发动机

trip feeder　列车推车机

trip flare　绊索照明弹

trip-free　自动跳闸的, 自动解扣的

trip free　自动断路, 自动解扣

trip-free relay　自动解扣继电器

trip gear　(1) 去制动机构, 脱扣机构, 放松机构, 倾卸机构; (2) 快速断路装置, 解扣装置, 扳动装置, 跳动装置, 跳闸装置, 释放装置

trip-hammer　平板落锤, 杵锤

trip hammer　夹板落锤, 夹板锤, 杵锤

trip holder　夹紧模座, 压模模座

trip indictor　路程指示器, 里程表

trip key　断路电键, 开路电键, 解扣电键

trip lever　断开 [装置] 手柄, 脱扣杆, 触摆杆

trip line　脱扣线, 解扣绳

trip map　路程图

trip mechanism(=tripping mechanism)　解扣机构, 释放机构, 断路机构

trip meter　短距离里程表

trip-out　(1) (负载) 减弱, 甩负荷; (2) 跳出, 跳闸, 断路, 断开, 关闭, 停止, 切断, 脱扣

trip-out torque　跳闸力矩

trip-over dog　跳挡

trip-over stop　跳挡

trip paddle　脱扣踏板

trip pawl　解扣装置爪

trip point　解扣点

trip plunger　断开装置柱塞

trip push-button　解扣按钮

trip relay　切断继电器, 解扣继电器

trip ring　(1) 挡圈, 弹簧挡圈; (2) 扣环, 定位环; (3) 开口环

trip rod　解扣杆, 撞击杆

trip rope　桩锤活索

trip scale　脱扣秤

trip service　普通检修

trip setting　事故保护定值器

trip shaft　绊轴

trip spindle　解扣轴

trip-spotting hoist　调度绞车

trip stop　跳挡

trip switch　解扣线圈开关

trip the rod　释放 [控制] 棒

trip time　跳闸时间, 断开时间

trip value　(继电器) 断开 [电流或电压] 值

trip wheel　棘轮

trip wire　(1) 地雷拉发线; (2) 绊网

trip worm　脱落蜗杆

tripartite　(1) 分成三部分的, 三部分组成的, 三重的; (2) 一式三份的, 三者之间的, 三个一组的

tripartite indenture　三联合同

tripartite treaty　三方条约

tripartition　(1) 分裂成三部分, 三分裂; (2) 三部分的划分, 三者之间的分摊; (3) 三个一组, 一式三份

tripdial　里程计

tripe　劣等材料, 次品, 渣滓

triphase　(1) 三相的; (2) 三相

triphasic　三相的

triphibian　(1) 三栖的; (2) 水陆雪三栖飞机

tripi-　(词头) 三倍的, 三重的

triplanar point　三切面重点

triplane　三翼 [飞] 机

triplasmatron　三等离子体离子源

triple　(1) 由三个组成的, 三重的, 三倍的, 三层的, 三行的, 三系的, 三联的; (2) 三倍数, 三倍量; (3) 三个一组, 三元组; (4) 增至三倍, 增加两倍, 三倍于

triple acting die　三动模

triple action press　三动式压力机

triple-address　{计} 三地址

triple annealing　三重退火

triple-band filter　三频带滤波器

triple-barrel engine　三燃烧室发动机

triple-barrel motor　三燃烧室发动机

triple beam balance　三梁天平, 三梁秤

triple belt　三层胶合皮带, 三层皮带

triple block　三滑车组

1460

triple bond　三键

triple-braided (=TB)　三股编包 [线]

triple-braided weather-proof (=tbwp)　三股编包 [耐] 风雨线

triple buff　三折布抛光轮

triple-change gear　三级变速箱

triple circuit jack　三线塞孔, 三电路塞孔

triple clamp　三角轧头

triple clamp bolt　三角轧头螺钉

triple coaxial transformer　四分之一波长变压器, 三路同轴线变压器

triple combination of lip contact　三唇接触式组合密封圈

triple-component screen　三色荧光屏

triple-concentric cable (=tcc)　三芯同轴电缆

triple concentric cable　三芯同轴电缆

triple condenser　三透镜聚光器

triple-control-grid gate tube　三控制栅门管

triple correlation coefficient　三重相关系数

triple cotton-covered (=tcc)　三层纱包的

triple counterpoint　三重对位

triple curve　三相曲线

triple cylinder　三通筒

triple-deck　三层的

triple-deck screen　三层筛

triple-detection receiver　三检波接收机

triple dial timer　三表轨计时器

triple diffused transistor　三次扩散的晶体管

triple diffusion isolation　三次扩散隔离

triple-diffusion technique　三次扩散技术

triple diode　三倍频变容二极管

triple-effect evaporator　三效蒸发器

triple-energy transient　三能过渡过程 (当接于线路上的电机发生振动时)

triple-expansion　三次膨胀

triple-expansion engine　三级膨胀式蒸气机, 三级膨胀发动机

triple-fired furnace　三区炉, 三带炉

triple-flow　三排气口的, 三流的

triple-frequency harmonics　三次谐波

triple function sonar　多功能声纳

triple fusion　三核合并

triple gear　三联齿轮, 三合齿轮

triple-geared　装有三联齿轮的

triple geared drive　三联齿轮传动

triple-grid　三栅极的, 三栅 [管] 的

triple-grid amplier　三极管放大器

triple-grid tube　三栅管

Triple H　H 镍铬钼耐热钢

triple interaction　三因子相互影响

triple interlace　三间行扫描, 隔两行扫描

triple joint　(1) 三头连接, 丁字形连接; (2) 电缆分支套管

triple-lap pile　三叠接桩

triple-length working　三倍字长工作

triple mirror　三垂面反射镜

triple mower　三刀割草机

triple of numbers　三重数组

triple-paper covered (=TPC)　三层纸包的

triple-plane swivel joint　三度空间的回转铰接, 三面回转接头

triple point　(1) 三相点; (2) 三重点; (3) 三态点

triple-pole (=tp)　三极的

triple-pole double throw (=tpdt)　三刀双掷

triple-pole single throw (=tpst)　三刀单掷

triple-pole switch　三极开关, 三刀开关

triple ported valve　D 形滑阀

triple precision　(1) 三倍精度; (2) 三倍字长

triple prism　三棱镜

triple product　三重积

triple-purpose　三用的

triple reducer　三级减速器

triple reduction　三级减速

triple reduction gear　三级减速器

triple reduction gear mechanism　三级减速齿轮机构

triple reduction gear unit　三级减速齿轮装置

triple reduction unit　三级减速装置

triple redundancy　三重冗余

triple ring bearing　三套圈单向心球轴承

triple ring-gear drive　三联内齿轮传动

triple-rivet 三行式铆接
triple root 三重根
triple scalar product 三重数组
triple scale 三重刻度,三重标度
triple screw 三级螺旋,三头螺旋,三纹螺钉
triple sealing ring 三层式密封环
triple-section filter 三节滤波器
triple-space (打字时)每空两行打[字]
triple-speed gramophone 三转速电唱机
triple speed reducer 三级减速器
triple speed reduction 三级减速
triple speed reduction gear mechanism 三级减速齿轮机构
triple speed reduction gear unit 三级减速齿轮装置
triple squre cap screw driver 三角形螺丝刀
triple squrrel-cage rotor 三鼠笼转子
triple stand chain 三列链条
triple stand roller chain 三列套筒滚子链
Triple steel W4Cr4V2Mo2 高速钢(碳0.9%,锰0.4%,铬3.5-4%,钼 2.5%,钒2.5%,钨3.5-4%)
triple-substituted 三取代的
triple superheterodyne 三次变频超外差接收机
triple tandem strander 三级串联捻绞机
triple the output 把产量增加两倍
triple thread 三头螺纹,三线螺纹
triple-thread screw 三头螺纹,三线螺纹
triple-threaded worm 三头蜗杆
triple-throw switch 单投三调开关
triple-track 三声道
triple-tuned coupled circuit 三重调谐耦合电路
triple turbine 三级涡轮机
triple valve 三通阀
triple valve piston 三通阀活塞
triple variable condenser 三联可变电容器
triple vector product 三重矢积
triple-withdrawal 三重回收
triplen 三次谐波序列,三重结构
triplener 三工滤波器,三合滤波器
tripler (1)乘3装置;(2)三倍频器,三倍器;(3)三重器
tripler circuit 三倍[压]电路
tripler driver 频率三倍器-激励器
triplesonic 三倍音速的
triplet (1)三电台组;(2)三线聚点,三重线,三重态,三重峰;(3)三合透镜;(4)T形接头,三通管;(5)三个一组,三件一套,三体联合,三元组,三元级,三物组,三联体,三联码;(6)三弹头;(7)三点校正法;(8)三人脚踏车;(9)三合能谱,三合光谱
triplet exciton 三重态激子
triplet lens 三片三组镜头
triplet state 三重线态
triplet thin lens 三合薄透镜
triplet unit impulse 三元脉冲
triplets 三个一组
triplex (1)三倍的,三重的,三部的,三联的,三次的,三层的,三缸的,三线的,三芯的;(2)三重作用;(3)三合安全玻璃,三元件物体;(4)由三个组成的,三部分的;(5)三联炼钢法
triplex board 三层纸板
triplex cable 三芯电缆
triplex cutter 三面刀盘
triplex glass 夹层玻璃,三层玻璃
triplex net winch 三联起网机
triplex process 三联炼钢法,三炼法
triplex pump 三[汽]缸[式]泵,三级泵
triplex row 三列的,三行的
triplex system 三工制
triplex winding 三分绕组
triplexer (1)(三发射机共用天线时)互扰消除装置,三通天线转发开关;(2)三工[滤波]器
triplexing [冶金的]三联炼钢法,三部法
triplicate (1)三个一副,三件一套,一式三份,三份;(2)重复三次的,第三份的,三倍的,三重的,三乘的;(3)第三副本
triplicate agreement 一式三份的协议
triplicate ratio 三重比
triplicate ratio circle 三重比圆
triplication 作一式三份,增至三倍,三倍量
triplicity 三个一组,三个一套,三倍,三重

tripling 三倍,三重,三层
triply 三重
triply degenerate 三度简并
triply-folded horn-reflector 三折喇叭反射器
triply periodic function 三周期函数
triply primitive 三基的
tripod 三脚支撑物,三脚架,三脚台,三脚桌,三角架,三面角
tripod-borne 装在三脚架上的
tripod derrick 三角架桅杆起重机,三脚起重机
tripod dolly (安放摄像机的)三脚倭橡皮轮车
tripod head 三角架头
tripod jack 三脚千斤顶,三脚起重器
tripod landing gear 三轮起落架
tripod leg 三脚架
tripod mounting 三角架
tripod puller 三脚拔桩机
tripod regulator 三角架调节器,三脚架调节器
tripod table 三脚桌
tripod undercarriage 三脚起落架
tripodal 有三个突起的,有三脚的
tripolar 三极的
tripole antenna 三振子天线
tripolymer 三聚物,三聚体
tripositive 带三个正电荷的
tripotential 三电位的
tripper (1)自动断开机构,自动脱扣机构,自动转换机构,分离机构,接合装置,脱钩装置;(2)自动倾卸车,自动翻车机,自动翻底机,开底装置,倾卸装置,卸料小车,倾料机,倾翻机,抛掷机,翻斗车,卸料器;(3)自动转换机构;(4)断路装置,跳开装置,保险装置;(5)发信号装置;(6)快门机构,快门按键
tripper car 翻斗车
tripper catch 解脱爪
tripper conveyor 自动倾卸输送机
trippet 定时敲击另一机件的凸轮
tripping (1)跃过(擒纵轮的一个齿,通过擒纵器螯尖);(2)[电]跳闸,脱扣,解扣;(3)按快门
tripping arm (仪器上)行程杆
tripping-bar 跳动杆,跳闸杆,脱钩杆
tripping bar 跳动杆,脱闸杆,脱钩杆
tripping battery 断路器用蓄电池
tripping bracket 防颠肘板,防弯翼板
tripping by charged condenser (充电)电容器解扣法
tripping cam 跳动凸轮
tripping car 自动倾卸车
tripping circuit 跳开电路,解扣电路
tripping coil 脱扣线圈,跳闸线圈
tripping device 脱扣装置,解扣装置,释放装置
tripping gear (1)松开机构;(2)倾翻机构
tripping impulse 起动脉冲,启动脉冲,触发脉冲
tripping lever 分离杆,脱扣杆
tripping line (1)上部桅拉索,帆桁拉索;(2)浮锚拉索
tripping magnet 切断电磁铁,解扣电磁铁,还原电磁铁
tripping mechanism 脱扣机构,跳闸机构,解扣机构,释放机构
tripping operation 跳闸
tripping out [电]跳开
tripping point 解扣点
tripping pulse 起动脉冲,触发脉冲
tripping relay 解扣继电器,脱扣继电器,跳闸继电器
tripping speed 脱扣转速,[安全]极限转速,解扣速率
tripping spring 止动弹簧,制动弹簧
tripropellant 三元推进剂
tripsis 研磨,研碎
triqueter 三边的,三角的
triquetrous 有三角形横断面的,三角形的,三面形的,三棱的,三刃的,三边的
trirectangular 三重正交的,三直角的
triroll gauge 三滚柱式螺纹量规
trisaturated 三相饱和的
trisecant 三度割线,三等分线
trisect 分成三分,成三等分,截成三段
trisection 三等分,三分割,三分
trisection of an angle 角的三等分,三等分角
trisector 三等分器
trisectrix 三等分角线,三分角

trishores 三脚支撑
trisimulus filter 三原色滤色片
trisistor 三端快速半导体开关
trislot 三槽的
trisoctahedron 三八面体
trisonic aerodynamics 三种声速范围的空气动力学
trisonics (1)三音速(指亚音速,跨音速,超音速);(2)三声速(指亚声速,跨声速,超声速);(3)三声速空气动力学
trispast 三饼滑车
trisquare 曲尺,矩
tristable 三重稳定的,三稳态的
tristable buffer 三态缓冲器
tristable trigger circuit 三稳态触发电路
tristate logic circuit 三态逻辑电路
tristetrahedron 三四面体
tristimulus value 三[色]激励值,三色视觉值,三刺激值,三色值
trisubstituted 三取代基的,三取代的
trisulfide 三硫化物
trit 三进制数[位]
tritangent plane 三重切面
tritet 三极-四极管
tritet circuit 三极四极管电路,多谐晶体控制电路
tritet oscillator 三极-四极管[控制]振荡器,多谐晶体振荡器
tritium 氚 T(音川,氢的同位素),三重水素
tritium-labelled 用氚示踪的
triton (1)氚核;(2)三通;(3)三硝基甲苯,TNT
tritoxide 三氧化物
triturable 可研成粉的,可研磨的
triturate 磨成粉末,捣碎,粉碎
trituration (1)研成粉,捣碎,粉碎,磨碎;(2)研磨法;(3)研碎的粉末
triturator (1)捣碎器,研钵;(2)磨粉工
triturium 分液器
trivacancy 三空位
trivalence (=trivalency) 三价
trivalent 三价的
trivalent alcohol 三元醇
trivalent ion 三价离子
trivariant 三变数的
trivector 三维矢量
trivet 倭脚金属架,倭脚金属盘,三脚架,三脚台
trivet table 三腿桌
trivial solution 无意义的解,平凡解,零解
trocheameter 轮转计
trochiformis 圆锥形的
trochoid (1)长短辐辐轮线,辐点旋轮线,旋轮线,次摆线,余摆线;(2)摆动;(3)摆[动]线管;(4)枢轴关节
trochoid flank 摆线齿面,旋轮线齿面
trochoid gear mechanism 摆线齿轮机构,旋轮线齿轮机构
trochoid gear unit 摆线齿轮装置,旋轮线齿轮装置
trochoid gearing 摆线齿轮传动[装置],旋轮线齿轮传动[装置]
trochoid pump 余摆线齿轮泵,次摆线泵
trochoid spiral 圆锥螺旋
trochoid tooth gearing 摆线齿轮传动[装置],旋轮线齿轮传动[装置]
trochoidal 次摆线的,余摆线的,陀螺形的,摆动的
trochoidal analyzer 次摆线分析器
trochoidal curve 摆线,余摆线,次摆线
trochoidal electron beam 旋轮线形电子束
trochoidal fillet 摆线齿根圆角,旋轮线齿根圆角
trochoidal interference 齿廓[重叠]干涉
trochoidal mass analyzer 次摆线质谱分析仪
trochoidal mass spectrometer 余摆线质谱仪
trochoidal motion 摆线运动
trochoidal orbit 余摆线轨道,次摆线轨道
trochoidal wave 余摆线波,摆动波
trochometer (1)里程表,速度表;(2)车程计,路程计,轮转计,计距器
trochotron 多电极转换电子管,电子转换器,摆线[磁控]管,余摆[磁旋]管,磁旋管;(2)(分光计型)摆动管
trochotron-trochoidal magnetron 磁旋管,余摆管
Trodaloy 铜铍合金(铜,铍,其余钴)
troffer (1)管形埋装天棚照明器,暗灯槽;(2)槽形支架
Trofil 特罗菲尔(聚乙烯纤维)
troikatron 特罗伊卡特隆(一种三千亿电子伏加速器)

trolite 特罗里特(一种塑料绝缘材料)
trolitul 特罗里突耳(一种笨乙烯塑料材料)
troll 旋转,轮转,回旋
troll plate 回旋板
troller 曳绳钓船,小钓船
trolley (=trolly) (1)轨道自动推车,倾卸式货车皮,轨道自动车,轨道小车,轨道推车,运输车,手摇车,手推车;(2)有轨电车,无轨电车,电车;(3)(桥式起重机的)横行小车,空间吊运车,桥式吊车,载重滑车,台车;(4)[电车的]接触导线,电车线,滑接点,滚轮,触轮;(5)[电车的]辊轴式集电器,滚动式集电器,轨道式集电器,杆形集电器,杆形受电器
trolley base [铁道]手摇车底座
trolley block 起重机小车的滑轮组
trolley bus 无轨电车
trolley bush [电车]汇流环的滑轮套管
trolley car (1)(触轮式)电车;(2)吊运车;(3)无轨电车,有轨电车
trolley conveyer 吊式输送机
trolley conveyor 吊运式输送带,吊链式输送带
trolley cord 空中吊运车缆索,电车绳索
trolley-cum-battery locomotive 架线蓄电池两用机车
trolley exhaust 活动排气台排气
trolley-frog 接触电路的线岔,接触电线的线岔
trolley head 电触轮滑触靴
trolley hoist 架空单轨吊车,电葫芦
trolley ladle 悬挂式浇包,单轨吊包
trolley-launched 轨道[车]上发射的
trolley line (1)电车线路;(2)滑接线,架空线
trolley locomotive 滑接式电力机车,有线电机车
trolley motor 电车电动机,吊式电动机
trolley pole [电车]触轮杆,集电[器]杆
trolley pole catcher 跳停器
trolley radio unit 架空线载波电话设备
trolley retriever 触轮修理器
trolley rope 架空吊车索
trolley shoe 集电靴
trolley system 架空电车线路系统
trolley track 门轮滑轨
trolley train 电车
trolley wheel [电车的]滑接轮,触轮,滚轮
trolley wire (1)[电车的]架空线,滑接线;(2)电车电线
trolley-wire operation 架线式电机车运输
trolleybus 无轨电车
trolleyman 电动车乘务员
Trollhatten furnace 特罗哈顿电炉
trombone (长度可调节的)U形波导节
trombone coil 长号式盘管
trommel (1)转筒筛,滚筒筛,回转筛;(2)吊车卷筒,转筒,滚筒,鼓
trommel roll [钢]管壁减薄轧机
trommel screen 转筒筛
trommel sieve 滚筒筛
trommelling 转筒筛选
Tromolite 特罗莫赖特烧结磁铁
tromometer 微地震测量义,微震计
trompil (熔矿炉中水风筒的)开口
trona 二碳酸氢三钠,天然苏打,天然碱
trone 特朗秤
trone weight 特朗衡器
tronite 天然碱
tronometer 微震计
troop 军队,部队
troop aircraft 部队运输机
troop-carrier 运兵飞机
troop carrier 部队运输机,部队运输船
trooper (1)骑兵,伞兵;(2)部队运输船
troopship 军队运输舰,运兵船
troostite (1)硅锰锌矿;(2)屈氏体,托氏体
troostite-sorbite 屈氏-索贝体
troostite structure 屈氏结构
troosto-sorbite 屈氏素氏体,屈氏-索贝体
tropadyne (1)超外差电路;(2)自身振荡超外差接收机
trope (1){数}奇异切面;(2)转义,比喻
Tropenas converter 侧吹转炉
tropesis (1)倾向,动向;(2)变动性
tropical switch 热带用开关

tropically packed (=tropkd)　热带包装
tropo　对流层散射通信系统
tropometer　眼球旋转计，长骨扭转计
troposphere　对流层
tropospheric　对流层的
tropospheric radio propagation　对流层电波传播
tropospheric radio system　对流层散射通信系统
tropospheric refraction　对流层折射
tropospheric scatter radio equipment (=TSRE)　对流层散射无线电通信设备
tropospheric wave　对流层反射波
tropostereoscope　可调体视镜
troposystem　对流层散射通信系统
tropotron　一种磁控管
tropto-meter　扭变测定计，测扭计，扭力计，扭转仪，扭角仪
troptometer　扭变测定计，测扭计，扭力计，扭转仪，扭角仪
Trotter-Weber photometer head　特罗特-韦伯光度头
Trotyl　三硝基甲苯，梯恩梯 (TNT 炸药)，陶洛替 (商名)
trouble　(1) 故障，事故，毛病，损坏，损伤; (2) 干扰，失调，失效，失灵;(3) 效应; (4) 超负荷，超载; (5) 微变化
trouble and failure report (=TFR)　故障事故报告
trouble back jack　故障信号塞孔，障碍信号塞孔
trouble back signal　障碍信号
trouble finder　故障探测仪，故障寻迹器
trouble-free　不发生事故的，无故障，无毛病，无错的，安全的，可靠的
trouble free　无故障的
trouble-free operation　无干扰运行，无故障运行，连续操作
trouble-free running　无故障运转
trouble-free service　安全工作
trouble hunting　寻找故障，检查故障
trouble jack　障碍信号塞孔
trouble lamp　故障指示灯
trouble light　故障灯
trouble-locating　故障检寻，故障找寻，故障追查，故障探测
trouble locating　故障检寻，寻找故障，排除故障
trouble location　故障位置
trouble man　排除故障者，故障检修工
trouble-proof　不发生故障的，无故障的，防故障的，可靠的，安全的
trouble recorder　故障记录器
trouble removal　事故处理
trouble-saving　预防事故的，预防故障的
trouble-shooter　(1) 故障检查与分析装置; (2) 机器修理工，检修工
trouble shooter　排除故障者，故障检修工
trouble-shooting　找寻故障，查找故障，故障探寻，故障排除，检修故障
trouble shooting　(1) 找寻故障，查找故障，故障探寻，故障排除，检修故障; (2) 探伤
trouble shooting chart　故障检修图表，故障寻迹图表
trouble spots　(1) 出故障处，故障部位; (2) (结构) 薄弱部位
trouble symptom　故障征候
trouble tracer　故障探寻器
troubleman　故障检修人
troubleshoot　检查及排除故障，寻找故障，检修故障，消除故障，查找故障，消除缺陷，发现缺点，调试，调整
troubleshooter　故障检修员
troubleshooting　找寻故障，故障探寻
troubleshooting data　追查故障用的数据
troublesome　令人烦恼的，易出故障的，麻烦的，困难的
troublesome problem　难题
troubling　浑浊性，浊度
troublous　多事故的，扰乱的
trough　(1) 槽锅; (2) 中间流槽，输送槽，浅容器，水槽，油槽，度槽，凹槽，盆; (3) 曲线上的极小值，凹点，凹处，凹坑，陷பம; (4) 波谷; (5) 电缆架，电缆沟，电缆槽，导板; (6) 槽形的
trough-and-paddle mixer　叶槽式混凝土搅拌机
trough beam　槽形梁
trough belt　槽形皮带，槽带
trough bend　(1) 向斜; (2) 溜槽转弯
trough chain　链斗式输送带
trough chain conveyor　槽形链板运输机
trough conveyer　槽式运输机
trough conveyor　槽式运输机，槽式输送器
trough crab　装料槽起重绞车
trough gutter　槽形沟

trough iron　槽铁
trough keel　槽形龙骨
trough limb　向斜翼，底翼，槽翼
trough line　槽线
trough mixer　槽式拌和机
trough of wave　波谷
trough plate　槽形板，沟形板，槽板
trough reflector　槽式反射器
trough-system lubrication　油槽飞溅润滑
trough tip wagon　倾斗车
trough-type machine　手槽式浮选机，直流式浮选机
trough washer　槽洗机
troughed belt conveyor　槽板带式输送机，槽板带式输送器，槽式皮带运输机
troughing　(1) 电缆走线架; (2) 一系列槽沟; (3) 做槽的材料
troughing conveyer　槽式运输机
troughing of belt　带槽减阻罩起落架
trousered undercarriage　减阻罩起落架
trousers　整流罩
trow　平底帆驳，小渔船，小艇
trowel　路面清缝铲，修平刀，镘刀，泥刀，瓦刀，小铲
trowel adhesive　高粘度粘合剂
trowel coating　镘涂层
trowel finish　镘抹面，镘平
trowelled surface　镘光表面
trowelling　磨光，修整
troy　以金衡制表示的
troy ounce　英两 (金衡，=480 格令，约 31.10261g)
troy weight　金衡制
trub　冷却　渣
truck (=Trk)　(1) 底盘载重汽车，运货汽车，载重汽车，卡车; (2) 小平板车，装卸车，拖车; (3) 转向架，搬运架; (4) 桅杆顶部，旗杆顶部; (5) 信息通路，局内线，总线
truck axle　转向架轴
truck bolster　转向架承梁，托枕
truck box　载重车厢
truck brake cylinder　转向架闸缸
truck capacity　卡车载重量
truck car　转向架车辆
truck chassis　载重汽车底盘
truck column　拱架柱
truck combination　货车组合
truck crane　汽车吊
truck-drawn artilley　汽车牵引炮
truck drier　小车干燥机
truck for heating boiler　暖气锅车
truck grader　卡车式平地机
truck hauling　汽车载运
truck jack　车辆起重器
truck journal box　转向架轴箱
truck jumbo　台车盾构
truck ladle　浇包车
truck lever　转向架制动杠杆
truck lift　车式提升机，自动装卸机
truck light　装在电杆转向架上的灯
truck load (=tl)　货车载重量，货车荷载，卡车载重
truck loader　自动装卸机
truck man　货车司机，搬运工
truck-mixer　汽车式拌和机，混凝土拌和车
truck mixer　汽车式拌和机，混凝土拌和车，混凝土搅拌器
truck-mounted launcher　卡车车载型发射装置
truck-mounted mixer(=truck-transit mixer)　汽车式搅拌机，卡车式搅拌机，混凝土拌合车
truck-mounted tripod derrick　行走式三角架桅杆起重机
truck payload　货车有效荷载
truck plant　汽车厂
truck side bearing　(1) (机车的) 下旁承，(车厢台车的) 底板; (2) 镶板; (3) 闸瓦板
truck spring　车架弹簧
truck tractor　牵引拖拉机，牵引车
truck trailer　货车挂车，载重拖车，卡车拖车
truck-transit mixer　汽车式拌和机，混凝土拌和车
truck-type switch-gear box　无盖式配电开关箱，引出形配电箱
truck tyre　载重轮胎

truck with bottom dump body　后卸式货车
truckage　卡车运输
trucker　(1) 汽车运输商,卡车司机；(2) 运料工
trucking　载重汽车运输,卡车运输
trucking operation　汽车货运业务
truckle　小脚轮,滑轮,小轮
truckline　运货车
truckload　货车装载量,货车载重
trud count (=time remaining until dive count)　[导弹从] 发射到 [达最高点开始] 下落的计时
true　(1) 确实的,正确的,真实的,真正的,实在的,实际的,纯粹的,忠诚的,忠实的；(2) 不偏心的,精确的,准确的,正圆的；(3) 安装正确的,平衡的；(4) 理想的,确切的,切实的,合法的；(5) 正确位置,正确调节,打砂轮,调整,配准,装准,摆正,校正,修整,精修,整形,修正,整平,矫直,配齐
true absorption　真吸收,实际吸收
true air speed (=TAS)　实际空速
true airspeed　真实空速
true air temperature　实际气温
true altitude　真实高度,实际高度,几何高度
true-amplitude recovery　真振幅恢复
true angle of incidence　真入射角
true annealing　完全退火,全退火 (超过A3点)
true anomaly　真近点角
true bearing　真象限角,真方位角
true bearing adapter (=TBA)　真方位测定仪,真方位适配器
true bearing rate　真方位变化率
true bias　正斜滚条
true boiling curve　真沸点曲线
true boiling point (=TBP)　真沸点,实沸点
true boring cutter　精加工车刀
true centrifugal casting　(1) 精确离心铸造；(2) 高速离心铸造
true color of lubricating oils　润滑油之真色度
true colour fidelity　彩色逼真度
true complement　真余数,真补数,补码
true continuous absorption　真连续吸收
true course　真航向
true equilibrium　真稳定平衡
true-false test　真 - 伪试验
true fault (=TF)　(1) 真实故障；(2) 实际误差
true form　(1) 真实形状；(2) {计} 原码形式
true grinding wheel　修整砂轮
true heading (=TH)　真 [实] 航向,正测航向
true height　真 [实] 高度,实际高度,几何高度
true horizon　相对于海平面的水平线
true horsepower　实际马力,指示马力,指示功率
true inductance　真实电感
true judgement　正确判断
true latent heat　真潜热
true length　真实长度,实长
true lifetime(=microcopic life)　微观寿命,真实寿命
true liquid　理想液体
true mass flow　真质量流动,实际质量流动
true mean (=TM)　真平均值
true motion　真 [运] 动
true-motion radar　显示目标真实运动的雷达
true ohm　真欧姆 (等于 109 绝对电磁单位电阻)
true orbit　真轨道
true origin　[坐标] 真确原点
true plane　精确平面
true polymer　同种分子聚合物
true position (=TP)　实际位置
true power　有效功率,实际功率
true profile (=TP)　实际轮廓,真剖面
true radio bearing　真无线电方位
true rake angle　[真] 前角
true range (=TR)　真距离
true ratio of instrument transformer　仪器用变压器的实际变压比
true resistance　实电阻,欧姆电阻
true rib　真肋
true rolling　纯滚动,真正滚动
true running　无摆差运转
true running test　实际运转试验,试车
true sensitivity　真实灵敏度

true size　真实尺寸
true slump　正确坍落度
true specific gravity　真比重
true speed　实际速度,真速
true statement　真语句
true stress　实际应力,真应力
true table　真值表
true temperature drop　真正温度降
true time　实时
true-time operation　实时操作
true-to-scale process　蓝图纸复制法
true-to-shape　(1) 形状正确；(2) 指定形式
true to shape　形状正确的
true-to-size　尺寸准确
true to size　尺寸准确的
true track angle　真轨迹角
true type　理想类型
true-up　安装正确,校准,校正,调准,调整,配准,整形
true up　调整,校准,校正
true value　真值,实值
true zero　真零点
trueing　(1) 核查,仔细检查,校对,校正；(2) 修整,配准,核准,整形；(3) 打砂轮
trueing attachment　(砂轮) 修整装置,修正装置
trueing device　修整装置
trueing diamond　修整用金刚石刀
trueing diamond holder　修整用金刚石刀架
trueing face　修正面
trueing fixture　修整夹紧装置
trueing unit　精密修整装置,整形装置
trueness　(1) 准确度,精度；(2) 真实性,正确,认真,纯粹
trueness error　精度误差
truer　(1) 修整器,整形器；(2) 校准器；(3) 砂轮修整工具；(4) 校准工
truing(=trueing)　(1) 核查,仔细检查,校对,校正；(2) 修整,整形,配准,核准；(3) 打砂轮
truing device　砂轮修整装置
truing face　修正面
truing of grinding wheel　砂轮修整
truing tool　[砂轮] 校整工具,砂轮修整工具
truing unit　精密修整装置,整形装置
trulay　(钢丝绳的) 不松散
trulay rope　预先变形钢丝绳
trump　(1) 喇叭,号声,管；(2) 拿出最后手段,胜过,超过
trumped-shaped inlet　喇叭状入口,漏斗状入口
trumped-up　捏造
trumpet　(1) 漏斗形筒,传声筒,喇叭；(2) 漏斗状浇口,喇叭形注口,中心注口,中心铸口,中注管,底注管
trumpet bell　浇注漏斗
trumpet buoy　音响浮标
trumpet cooler　管式冷却器
trumpet metal　管乐器黄铜 (铜 67-75%,锌 21-31%,硅 1.75-5%)
truncate　(1) 削去,切除,修剪,缩短；(2) 削去了的,方头的,平头的,平截的,截顶的,截头的,截短的,截断的,截去的；(3) {数} 舍位,舍项；(4) {数} 斜截头的,缩短了的,不完全的,无顶端的
truncated cone　截锥体,截角锥
truncated cube　截角立方体
truncated cylinder　截圆锥,截柱
truncated error　截断误差
truncated normal distribution　截断正态分布,截尾正态分布
truncated octahedron　平截八面体
truncated paraboloid　截顶抛物线
truncated prism　斜截棱柱,截棱柱
truncated pyramid　截棱锥,斜截棱锥
truncated thread　截顶圆锥螺纹,钝螺纹
truncated tip　锥头电极
truncation　(1) 平切,切断,截断,截去,截尾,截短,截,削；(2) 使尖端钝化,缺棱；(3) {数} 舍位,舍项
truncation error　(1) 截断误差；(2) 舍位误差,舍项误差
truncature　(1) 截断,截短；(2) 截去点,截去面
trundle　(1) 无盖货车；(2) 灯笼式小齿轮的齿条,灯笼 [式小] 齿轮,滚销齿轮,小滚轮,滑轮；(3) 小 [脚] 轮,倭轮手推车,倭轮运货车,手车；(5) 转轴颈,传动销；(6) 使旋转,滚动,转动,拖动,推动
trundlehead　(1) 灯笼式小齿轮端部圆盘；(2) 起锚机的绞盘头
trunk　(1) 总导电条,汇流条,汇流线,母线,总线,干线；(2) 长途电话,

1464

中继线 [路]；(3) 连接线, 局内线；(4) 象鼻管, 总管, 导管, 干管；(5) 信息通道；(6) 公共汽车；(7) 主要部分, 主体, 母体, 本体；(8) 筒形活塞, 筒形结构, 柱身, 柱塞；(9) 信息通道；(10) 固定接头, 选矿槽, 通风道, 通风筒, 线槽, 管杆；(11) 干线的, 筒管的

trunk boiler 筒状火管锅炉
trunk busy 长途线全忙, 中继占线
trunk cabin 艇内半露舱
trunk cable 长途电缆, 干线电缆
trunk-call 长途电话
trunk call 长途电话, 中继电话
trunk circuit 长途电路, 中继电路
trunk congestion lamp 中继线占用指示灯
trunk control 通道控制
trunk conveyor 主胶带运输机, 主运输机
trunk deck 箱形凸起甲板
trunk demand circuit 即时转接电路, 立接电路
trunk dial 箱形时计
trunk distribution frame (=TDF) 中继线配电盘, 中继线配线架
trunk efficiency 中继线效率
trunk-engine 筒状活塞发动机
trunk engine 筒状活塞发动机
trunk exchange 长途电话局
trunk feeder 主馈电路, 主馈电线
trunk group 中继线组
trunk group area 多局制市内电话网
trunk hatch 主升降口
trunk hunting 长途自动寻找
trunk hunting connector 中继线寻线机
trunk jack 中继线塞孔
trunk junction 长途中继线
trunk junction circuit 长途中继线
trunk junction line 长途中继线
trunk-line 中继线, 干线
trunk line (1) 直通线路, 长途线路, 中继线, 长途线, 主干线；(2) 主管道
trunk-line board 长途交换台, 中继台
trunk-line conduit 干线电缆管道
trunk line equipment (=TLE) 中继线设备, 干线设备, 转发器
trunk-line office 长途电话局, 干线局
trunk loss 长途电路净衰耗
trunk main 主干线
trunk network 长途电话网, 干线网
trunk-piston 筒状活塞, 柱塞
trunk piston 筒状活塞, 柱塞
trunk piston brake cylinder 柱状活塞闸缸
trunk record circuit 长途记录电路
trunk relay (=TR) 中继 [线继电] 器
trunk sewer 污水干管
trunk siding 主干专用线
trunk sleeve 截头套筒
trunk switch-board 长途交换台
trunk tone 拨号音
trunk transmission line 主输电线, 输电干线
trunk zone 长途电话段
trunking (1) 中继；(2) 线槽；(3) (通风) 管道
trunking loss 管道损失
trunking system diagram 中继 [系统] 图
trunkline carrier channel 干线载波信道
trunnion (1) 枢轴颈, 主轴颈, 耳轴, 枢轴, 枢销；(2) 筒耳, 凸耳, 轴颈, 箱轴；(3) (万向节) 十字头
trunnion axis 水平轴, 枢轴 [线]
trunnion bearing 耳轴轴承
trunnion bed 枢轴座
trunnion block (1) 万向节十字架总成；(2) 万向接头滑块；(3) 万向接头销, 活节销
trunnion carrier [离心] 管套座
trunnion cross 万向节十字轴, 活节十字轴, 活节十字头
trunnion discharge mill 耳轴卸料磨
trunnion end needle roller 曲面销头滚针
trunnion feed mill 耳轴加料磨
trunnion hoop 轴颈环, 轴颈圈
trunnion housing 耳轴箱体
trunnion joint 耳轴式万向接头
trunnion mill 耳轴磨

trunnion mounted jig 转轴式钻模
trunnion mounting 耳轴支架
trunnion of steam passages 通汽耳轴
trunnion pin 耳轴销
trunnion pipe 耳轴管
trunnion pivot 支承耳轴
trunnion screen 筒筛
trunnion screw 万向节十字头螺钉
trunnion type modular machine tool 回转鼓轮式组合车床
trunnion-type rod mill 离心排矿式棒磨机
trunnioned 有耳轴的, 有炮耳的
truss (1) 空间构架, 构架, 桁架, 桁梁；(2) 构架工程；(3) 捆, 扎, 系, 束, 把；(4) 用桁架支持, 加固
truss action 桁架作用
truss arch 拱形桁架
truss bar 桁架杆
truss beam 桁架梁
truss bolt 桁架螺栓, 牵条螺栓, 支承螺栓, 地脚螺栓, 锚栓
truss bow 桁桅连接环连接部
truss bridge 桁架桥
truss depth 桁架高度
truss frame 桁架
truss head rivet 大圆头铆钉
truss head screw 大圆头螺钉
truss hoop (1) 桅箍, 桁箍；(2) 桶箍
truss leg 桁架柱
truss member 桁架杆件
truss principal 承重桁架
truss rod (1) 桁架杆；(2) 桁架对角系杆
truss span 桁架跨度
truss with parallel chords (1) 梁式桁架；(2) 带平行弦的格构桁架
truss with sub-ties 受拉半斜腹杆桁架
trussed 桁架的, 构架的, 构成的
trussed beam 构架梁
trussed bent 桁架排
trussed brake beam 桁架式承重梁
trussed bridge 桁架桥
trussed frame 桁构式构架
trussed pole 用构架和桁架加固的电杆
trussed steel joist 桁式钢质木阁棚
trussed stringer 构成纵梁
trussed wooden beam 桁构式木梁
trussell 上铸模
trusser (1) 捆扎机；(2) 捆扎者
trussing (1) 格构桁架, 桁架构件；(2) 桁架系统；(3) 桁架腹系, 杆系；(4) 捆扎
trusswork 桁架结构
trust (1) 信任, 依赖, 信用, 相信, 确信；(2) 委托, 信托, 托管, 存放, 依靠；(3) 责任, 义务, 职责；(4) 信心, 希望, 盼望；(5) 赊售；(6) 信托物, 委托物；(7) 联合企业, 托拉斯
trust company (=Tr. Co.) 信托公司
trust deed 委托书, 信托书
trust quark 可靠夸克, t 夸克
trusted program 委托程序, 受托程序
trustee (=tr) 委托人
trustify 组成托拉斯
trustily 可信赖地, 可靠地, 忠实地
trusting 深信不疑的, 相信的
trustworthy 值得信任的, 可信赖的, 确实的
trusty 可信赖的, 可靠的
truth (1) 实际情况, 真实, 真相, 真理, 真值, 忠实, 事实；(2) 真实性, 正确性, 准确性, 精确性, 精确度
truth and falsehood 真理与谬误
truth-function 真值函数
truth function 真值函数
truth set 真值集合
truth table 真值表
truth-value 真值
truth value 真值
truval 割绒刀
try (1) 试验, 检查, 试用, 试行, 考验, 尝试；(2) 试图, 企图, 力求, 努力；(3) (通过试验) 解决, 决定；(4) 作最后加工, 刨光
try an experiment 进行试验
try-and-error method 逐次逼近法, 尝试法, 试探法, 试凑法

try and error method 逐次逼近法, 尝试法, 试探法, 试凑法
try cock (1) [水位] 测试旋塞；(2) 取样旋塞
try gauge (1) 可调节样板；(2) 检查测量, 校对量规
try hole (1) 探测孔；(2) 探尺孔
try-on 试验, 试用, 试穿
try plane 半精制, 次精制, 平刨
try square 检验角尺, 验方角规, 验方角尺, 直角尺, 曲尺, 矩尺
trying cut planing iron 光刨刨刀
tryoff 铸型的试合箱, 验箱
tryout 试验, 检验, 试用, 尝试
trysail (1) 斜桁纵帆；(2) 短斜桁三角帆, 小三角帆
tryworks 放置熔炼罐的转炉, 装有罐的炉子
TSG enveloping worm gear pair TSG 型弧面蜗轮副
TSG enveloping wormwheel TSG 型弧面蜗轮
TSL enveloping worm gear pair TSL 型弧面蜗轮副
TSL enveloping wormwheel TSL 型弧面蜗轮
TTT curve (= time-temperature-transformation curve) 时间 - 温度 - 相变关系曲线, 奥氏体等温相变曲线
TTT diagram (= time-temperature-transformation diagram) 时间 - 温度 - 相变关系曲线, 奥氏体等温相变曲线
Tu tandem Tu 串列式加速器
tub (1) 吊桶, 盆, 槽；(2) 夹头；(3) 矿车 (容积小于 0.7 立方米的)；(4) 导弹外壳
tub-arrester 阻车器
tub catch 车挡
tub desk 敞口写字桌
tub moulding 框内造型法
tub-pusher 推车机
tub-size 槽法上胶
tub-sizing 槽法施胶, [纸的] 注胶
tub-stop 阻车器
tub wheel 擦洗轮
Tuba "杜巴" (地面强力干扰台)
tubbing (1) 桶的制造；(2) 制桶材料
tubby 桶状的
tube (=TU) (1) 管路, 管道, 管子, 管材；(2) 壳体, 炮管, 筒；(3) [电视] 显像管, 电子管, 真空管, 离子管；(4) 地下铁路, 隧道, 风洞；(5) 内胎；(6) 用管道输送, 敷设管道, 装管, 制管
tube adapter 电子管适配器, 电子管转换器, 电子管配用器
tube and ball type teering column 球轴承管式转向柱
tube arrangement 管系, 管道布置
tube axial fan 轴流式风扇
tube ball mill (溢流式) 圆筒形球磨机
tube bank 管簇, 管末
tube base 管底
tube base coil 插入式线圈, 插拔式线圈, 插座式线圈
tube bender (1) 弯管机；(2) 管子卷边器
tube bending (1) 管子弯曲度；(2) 管弯曲
tube bending tool 管头卷边工具
tube booster 传爆管
Tube Borium 碳化钨耐磨焊料 (碳化钨 60%, 钢 40%)
tube caisson foundation 管柱基础
tube cap 管帽 (电子管)
tube capacitance 电子管极间电容
tube characteristic 电子管特性
tube checker 电子管测试器
tube clamp 管夹
tube classifier 管式分级机, 管式分粒器
tube cleaner 管子清洁器, 管内除垢器, 洗管器
tube clip 管夹
tube clipper 封管器
tube cluster launcher 蜂窝式发射架
tube complement 电子管配管
tube connector 管接头
tube-controlled 真空管控制的, 电子管控制的
tube converter 电子管变频器
tube conveyor 气动传送器
tube count 计数管计数, 计数脉冲
tube counter 管式计数器
tube current division 电子管内的电流分配
tube cut-off 电子管截止, 电子管闭塞
tube cutter 截管器, 切管器
tube-drawing 拉拔管材, 拔管
tube drawing 拉拔管子, 拔管

tube drawing bench 拉管台
tube drop 电子管电压降
tube efficiency 电子管效率
tube end 管端
tube expander 扩管口器, 胀管器
tube extrusion 挤压管子
tube face 电子管的正面, 屏面
tube-face illumination 摄像管靶面照度
tube feed 管饲
tube filling and closing machine 装管封管机
tube filling machine 装管机
tube-furnace 管式炉
tube furnace 管式炉
tube fuse 管状保险丝, 熔丝管
tube gear 斜管齿轮, 筒形齿轮
tube generator 电子管振荡器
tube guard 管式保险丝
tube heater 管式加热炉
tube holder (1) 管座, 灯座；(2) 管 [子] 架
tube impedance 电子管内阻
tube lamp 管形灯泡
tube-launched 用发射筒的
tube line 地下管道铁路线
tube-line train 地下管道列车
tube making 制管
tube marking 电子管牌号
tube mill (1) 轧管机；(2) 管磨机, 管式磨；(3) 制管厂
tube-milling 管式磨 (粉碎机), 管式研磨
tube mould 内胎模, 吹管模
tube nipple 管子螺纹接套
tube noise 电子管噪音
tube of electric force 电力管
tube of electric induction 电感应管
tube of flow 流管
tube of flux 通量管
tube of force 力线管
tube of magnetic force 磁感应管
tube-oscillator high-voltage generator 高压电子管振荡器
tube pan 管状平底锅
tube parameter 电子管参数
tube patch 内胎补缀
tube pitch 管心距
tube plate 钻有许多孔的板, 管板
tube plate heating surface 管板受热面
tube plug 管孔堵, 管塞
tube post 管柱
tube press (1) 制管压力机, 管压机；(2) 内胎硫化热压器, 内胎个体硫化机
tube radiator 管式散热器, 管状辐射器
tube railroad (=tube railway) 地下铁路
tube rating 电子管负载定额
tube resonance 管式共鸣
tube ring 电子管噪音
tube rocket launcher 火箭发射筒
tube rolling 钢管轧制
tube rolling mill 钢管轧机
tube sample boring 落管取样钻探, 取 [土] 样钻孔
tube scaler (1) 电子管脉冲分频器；(2) 电子管脉冲计数器
tube scraper 刮管刀
tube seam 管接缝, 管缝
tube seat 管座, 管槽
tube set 电子管收音机, 电子管接收机
tube sheet 管板
tube sheet brace 管板拉条
tube sight 护管式瞄准装置
tube socket 管座
tube socket analyzing 管座检验
tube spacing 管间距
tube spanner 管子扳手, 管子钳
tube stay (1) 管条；(2) 撑管
tube still 管式蒸馏釜
tube still heater 列管加热器
tube stopper 管塞
tube storage 储存管, 记忆管

tube strip　焊接管坯
tube support　电子管座
tube-symbol　电子管符号
tube symbol　电子管符号
tube tester　电子管试验器
tube torch　管割炬
tube-train　地下铁道列车
tube transmitter　电子管发射机
tube type　电子管式
tube-type motor　圆柱形机壳型电动机
tube-type transformer　圆柱式变压器
tube union　管接
tube valve　管阀
tube vice　管子虎钳,管虎钳
tube voltage drop　电子管电压降
tube voltmeter　电子管伏特计,电子管电压表
tube wall　(1) 管井;(2) 管壁
tube weld　电子管焊接
tube well　管井
tube wheel　斜管齿轮,管形齿轮,筒形齿轮
tube works　制管工厂
tube wrench　管扳手,管子钳
tubeaxial fan　轴流式风扇
tubed railway　地下铁路
tubeless　无 [电子] 管的,无内胎的
tubeless TV　全晶体管电视
tubeless tyre　无管轮胎,实心轮胎
tubelet　小管
tubemaker　小管制造者
tubeplate　管板
tuber　(1) 制内胎机,制管机,压出机;(2) 制管工
tuber planter　块根种植机
tubercular corrosion　麻斑腐蚀,小瘤形腐蚀
tuber culated pipe　翅片散热管
tubiform　管状的
tubing　(1) 管道系统,管系,管子,管路,管材,管工;(2) 管道布置,
　　敷设管道;(3) 装管,造管,制管;(4) 软绝缘管,管装置;(5) 导管;(6)
　　油管柱
tubing brick　空心砖
tubing clamp　油管卡瓦
tubing connecting link　油管吊环
tubing elevator　油管卡瓦
tubing head　油管头
tubing jumper　跨接管
tubing machine　制管机
tubing pump　管式泵
tubing spider　油管自动卡瓦
tubign swivel　油管转环
tubing tongs　油管钳
tubingless　无管道的,无油管的
tubular　(1) 管状的,管形的;(2) 由管构成的,由管组成的,有管的,
　　筒形的,筒式的,空心的
tubular atomizer　(1) 同心缝隙喷射器;(2) 管状喷雾器
tubular axis　管 [式] 轴
tubular bearing　管状轴承
tubular boiler　水管锅炉,管式锅炉
tubular box spanner　管套筒扳手
tubular bracket　管子吊架,管子托架
tubular bridge　矩形管板梁桥,[圆] 管 [桁] 桥
tubular capacitor　圆柱形电容器
tubular chassis　管制汽车底盘
tubular condenser　圆筒形冷凝器
tubular cooler　管式冷却器
tubular drill　环形钻头,管状钻
tubular drive shaft　管式传动轴
tubular exchanger　管式换热器
tubular frame　管式框架
tubular front axle　管式前轴
tubular gas lens　管式气体透镜
tubular girder　管腹工字梁,管形大梁,筒形梁
tubular heat exchanger　管式热交换器,管状换热器
tubular heater　管式加热器
tubular inside micrometer　棒型内径千分尺,内径千分量杆
tubular key　管形螺丝扳手

tubular journal　空心轴颈
tubular lamp　管形灯
tubular level　水准管
tubular line lamp　管式白炽灯
tubular linear induction motor　管形直线感应电动机
tubular lock　管式锁
tubular mast　套管天线杆
tubular motor　圆柱形燃烧室发动机
tubular pile　管桩
tubular plasma display panel　玻管式等离子体显示板
tubular-pneumatic action　管口控制器
tubular pole　钢管电杆
tubular radiator　管式散热器,细管式散热器
tubular reactor　管式反应器,管型反应器
tubular resistor　圆管形变阻器
tubular rivet　空心铆钉,管形铆钉
tubular rocket launcher　管式火箭发射装置
tubular screw　管形螺旋
tubular specimen　管子标本,管子试样
tubular spoke　管形辐
tubular strut　管形支柱
tubular turbine　贯流式水轮机
tubular tyre　单管轮胎
tubular vapour cooler　管状蒸汽冷却器
tubular vector field　螺线管矢量场
tubular well　管井
tubularis　吸管
tubularity　具有管子的性质,管子的状态
tubulate　焊 [真空] 管脚,装管
tubulating　焊 [真空] 管脚,装管
tubulation　(1) 焊 [真空] 管脚,装管,制管;(2) 列管;(3) 管段
tubulature　(1) 管系,管列;(2) 装管
tubule　小 [导] 管,细管
tubulose　管状的,管形的,有管的
tubulure　短管状开口,短管形开口
tuck　(1) 褶缝;(2) 船舷至船尾部的过渡区,船尾突出部下方,船尾后
　　端;(3) 打褶,翻转,缩拢
tuck-pointed joint　嵌凸缝
tuck pointing　嵌凸缝
tucker　装填,填充,填塞
tucking　手压实 [型砂]

Tudou accumulator　脱特式蓄电池
Tudor plate　脱特电池极板,脱特阳极板
Tudsbery machine　塔兹伯里 [静电] 发生器
tueiron　(1) 锻炉风嘴 (= tuyere);(2) 锻工钳,红炉钳 (用复数)
Tuf-Stuf　塔夫 - 斯塔夫铝青铜 (铜 86.9%,铝 10%,铁 3%,锰 0.1%)
tufftride　[氰化钾盐浴] 扩散渗氮,软氮化
tufftrided crankshaft　软氮化曲轴
tufftriding　塔夫盐浴碳氮共渗法,盐浴低温氮化,扩散渗氮,软氮化
Tufnol　吐弗诺尔层压塑料件
Tufton　塔夫通 (聚乙烯纤维)
tug　(1) 用拖船拖曳,用力拖曳,曳引,拖,拉;(2) (拖曳用) 绳索,链条;
　　(3) 拖曳飞机,拖轮,拖船
tug aircraft　拖曳飞机
tug chain　(1) 挽索链;(2) 链条挽索
tug plane　拖曳飞机
tug reed　游动筘
tug-tender　拖曳交通船
tugboat　小型拖船
tugee　被拖的船
tuggage　(1) 拖曳,拖拉;(2) 拖曳费
tugger　拖拉式卷扬机,刮斗卷扬机,拖曳器,卷扬机,小绞车,绞盘
tugger hoist　拖拉式卷扬机,绳索卷扬机
tugman　拖船船员
tugmaster　拖船船长
Tula gyrostabilized gravimeter (=TGG)　杜拉型陀螺稳定重力仪
tulip valve　漏斗形阀
tumblast　转筒喷砂
Tumblast　图姆布莱斯脱连续抛丸清理滚筒 (商品名)
tumble　(1) 跌落,下跌,倒塌;(2) 滚动,滚转,滚落,滚下,滚翻,翻转,
　　翻倒,倒扳;(3) 磨光,抛光,滚光;(4) 使材料厂滚筒里转动,用滚筒
　　清理
tumble bug scraper　滚动刮土机
tumble card　翻转卡 [片]

tumble cart　翻斗车

tumble home　　(1) 舷缘内倾；(2) 内倾

tumbler　(1) 转鼓；(2) (铸件抛光用) 滚桶；(3) 铸件清理滚筒，铸件磨光滚筒，颠动筒，滚净筒，滚转筒，串筒；(4) 倾翻机构，滚动装置，转动装置，转臂，转筒，摆座；(5) 拨动式开关，转换开关，翻转开关，起倒开关，倒扳开关，单投开关；(6) 摆动换向齿轮，齿轮换向器，转向齿轮，顺逆齿轮；(7) 锁的制栓，枪击锤，枪机心；(8) 逆转机构，回动机构

tumbler barrel　滚磨筒，滚转筒，串光滚筒

tumbler bearing　(1) 摆动支座，铰式支座，球支座；(2) 摆动轴承，滚球轴承

tumbler cam　顺逆换向凸轮，逆顺换向凸轮

tumbler cart　两轮马车

tumbler file　椭圆锉

tumbler gear　(1) [摆动] 换向齿轮，摆移齿轮，三星齿轮；(2) 小换向装置

tumbler gear and cone　摆动换向齿轮－锥齿

tumbler gear frame　摆动换向齿轮架

tumbler gear mechanism　摆动换向齿轮机构

tumbler gear segment　摆动换向齿轮

tumbler-gear train　摆动换向齿轮系

tumbler gear unit　摆动换向齿轮装置

tumbler gearing　摆动换向齿轮传动 [装置]，摆动齿轮换向装置

tumbler gears　摆动换向齿轮装置，摆动换向齿轮系

tumbler lock　摆动换向齿轮保险装置

tumbler switch (=TS)　凸件启动开关，摆动式开关，拔动开关，转换开关，起倒开关，翻转开关，倒扳开关

tumbler test　转鼓试验

tumbling　(1) 滚筒清理 [法]，滚筒抛光，滚光；(2) 摆动转向

tumbling barrel　串光滚筒，滚净筒，滚磨筒，滚转筒，滚光桶，滚筒，磨箱

tumbling basket　回转洗涤篮

tumbling block　滑块

tumbling box　清理筒，滚磨筒

tumbling gear　(1) 摆动换向齿轮，移摆齿轮；(2) 小换向装置

tumbling-gear reverse　摆动换向齿轮

tumbling-in　向内倾斜

tumbling mill　圆筒形磨碎机，滚 [筒式] 磨机

tumbling mixer　转筒混合器

tumbling rod　摆动杆

tumbling shaft　(1) 偏心轴，斜盘轴；(2) 凸轮轴

tumbling star　(滚筒清理中的) 五角星

tumbrel (=tumbril)　农用自卸车，二轮手车，肥料车，粪车

TUN (=tuning)　调谐，调整

tun　(1) 大型容器，大桶；(2) 液体容积单位 (=252 加仑)；(3) 置于桶中

tunability　可调能力，可调谐度

tunable　可调谐的

tunable antitransmitting-recerving tube　可调阻塞放电管

tunable filter　可调滤波管

tunable hum　可调 [谐] 哼声

tunable laser　可调谐激光器，可调激器

tunable laser lical oscillaor　可调谐激光本机振荡器

tunable laser source　可调谐激光源

tunable load　可调负载

tunable magnetron　可调磁控管

tunable magnetron jammer　可调磁控管干扰器

tunable microwave filter　可调微波滤波管

tunable Raman laser　可调喇曼激光器

tunable oscillator　可调振荡器

tunable probe　可微调的探头

tunable varactor diode　可调谐变容二级管

tunance　并联谐振，电流谐振

tundish　(1) 中间浇铸勺，中间流槽，中间包，浇口盘；(2) 漏斗

tune　(1) 调谐，调准，调节，调整；(2) 数量，程度，范围

tune-controlled gain (=TCG)　调谐控制的增益

tune-in　调入，调准，调谐

tune-out　解调，失调，解调，失谐

tune-up　调准，调节，调谐，调整

tune up　(1) 配合，调谐；(2) 用化学溶剂清除发动机中沉积物

tune-up oil　清除 [发动机沉积物用] 油

tuneable (=tunable)　可调谐的

tuned amplifier　调谐放大器

tuned-anode　(1) 板极回路调谐的，阳极回路调谐的；(2) 已调阳极回路

tuned-anode coupling　极板调谐耦合

tuned-anode oscillator　阳极调谐振荡器

tuned antenna　调谐 [的] 天线

tuned-aperiodic-tuned (=TAT)　调谐 - 非调谐 - 调谐的

tuned-aperiodic-tuned circuit　调谐 - 非调谐 - 调谐交替的多级放大电路，调谐 - 非调谐 - 调谐电路

tuned autotransformer　调谐自偶变压器

tuned-base oscillator　基极调谐振荡器

tuned bolometer　共振辐射热测量计，共振测辐射热计

tuned-cathode oscillator　阴极调谐振荡器

tuned circuit　调谐回路，调谐槽路

tuned-collector oscillator　集电极调谐振荡器

tuned counter poise　调谐地网

tuned doublet　调谐偶极子

tuned feeder　谐振馈电线，调谐馈电线

tuned filter　调谐滤波器

tuned-grid　栅极回路调谐的

tuned grid　(1) 已调栅极的；(2) 调谐栅

tuned-grid oscillator　栅路调谐式振荡器，调栅振荡器

tuned-grid, tuned-plate (=TGTP)　调栅调板，调栅调屏

tuned high frequency (=thf)　高频调谐的

tuned impedance　调谐阻抗

tuned laser　可调激光器

tuned oscillator　调谐型振荡器，调谐振荡器

tuned-phase-detector　调谐鉴相器

tuned plate　板极回路调谐，板极调谐，调板

tuned plate circuit　板极调谐电路，调板电路，调阳电路

tuned-plate load　极板电路调谐负载

tuned-plate-tuned-grid (=TPTG 或 tptg)　调板调栅，调屏调栅

tuned-plate-tuned-grid oscillator　调屏调栅振荡器，调板调栅振荡器

tuned-primary transformer　初级 [线圈] 调谐变压器

tuned radio-frequency (=TRF 或 trf)　调谐射频，射频调谐

tuned radio frequency　射频调谐

tuned radio-frequency amplifier (=TRF amplifier)　射频调谐放大器，调谐射频放大器，调谐高频放大器

tuned radio frequency receiver　调谐高放式接收机

tuned radiofrequency receiver　调谐 [式] 高频接收机

tuned reed frequency meter　振动簧片式频率计

tuned reed rectifier　调谐振簧式整流器

tuned-reed relay　调谐舌簧继电器

tuned reflector　调谐反射器

tuned relay　调谐继电器

tuned secondary transformer　次级 [线圈] 调谐变压器

tuned selector　调谐旋钮

tuned transformer　调谐变压器

tuner　频率调整器，频道选择器，调谐设备，调谐装置，调谐机构，调谐电路，调谐器，高频头

tuner cathode　调谐器的阴极

tuner pack　调谐器组件

tuner screw　频率调整器螺旋，调节螺钉

tung-oil　桐油

tungalloy　钨系硬质合金，钨合金

tungar　[二极] 钨氩 [整流] 管，吞加管，充电管，整流管

tungar bulb　钨氩整流管，吞加整流管

tungar charger　钨氩管充电机，钨氩充电器，吞加管充电机，吞加管充电器

tungar rectifier　钨氩管整流器，吞加管整流器

tungar tube　钨氩整流管，吞加管

tungate　桐油制成的催干剂

tungelinvar　腾格林瓦合金

tungst-　(词头) (1) 钨；(2) 钨酸

tungstate　钨酸盐

tungsten (=TUNG 或 tung)　{化} 钨 W (第 74 号元素)

tungsten alloy　钨合金

tungsten arc cut　钨极电弧切割

tungsten arc lamp　钨丝弧光灯

tungsten bronze　钨青铜

tungsten carbide　碳化钨 (硬质合金)

tungsten-carbide drilling　[碳化钨] 硬质合金钻头钻进

tungsten-carbide tipped bit　镶硬质合金钻头，镶碳化钨合金钻头

tungsten-carbide tipped drill steel　镶硬质合金的钎子

tungsten carbide tipped tool　硬质镶钨刀具

tungsten carbide titanium carbide-cobalt alloy　碳化钨 - 碳化钛 - 钴硬质合金，钨钴钛硬质合金

tungsten carbide tool　碳化钨刀具

tungsten cathode　钨阴极, 钨丝阴极
tungsten-chrome steel　钨铬钢
tungsten-chromium tool steel　钨铬工具钢
tungsten-chromium-vannadium tool steel　钨铬矾工具钢
tungsten-cobalt　钨钴合金 (75-95% W, 其余为 Co)
tungsten cobalt　钨钴合金 (75-95% W, 其余为 Co)
tungsten copper　钨铜 (两种钨铜: 1, 低钨合金, 含 10-15% W; 2, 高
　钨合金, 含 40-50% W)
tungsten filament　钨丝, 钨灯丝
tungsten filament lamp　钨丝白炽灯
tungsten-inert-gas arc welding　钨极惰性气体保护电弧焊
tungsten inert gas arc welding　钨极惰性气体保护焊
tungsten lamp　钨丝白炽灯, 钨丝灯, 钨灯
tungsten light　钨丝灯光
tungsten nickel　钨 [基] 镍合金
tungsten point　钨接点
tungsten point file　钨锉
tungsten steel　钨 [合金] 钢
tungsten target　钨中间电极, 钨对阴极, 钨靶
tungsten wire　钨丝
tungstenic　含钨的
tungstic　(1) 六价钨的, [正] 钨的; (2) 五价钨的; (3) 由钨组成的,
　与钨有关的
Tungum　通喀姆铜基合金, 通喀姆硅黄铜 (铜 82.48%, 铝 0.99% , 铁
　0.3% , 镍 0.72% , 锌 14.6% , 硅 0.76%)
tuning　调整, 调谐
tuning arrangement　调谐装置
tuning auxiliaries　辅助调谐设备
tuning band　调谐波段
tuning bar　音棒
tuning capacitor　调谐电容器
tuning circuit　调谐电路
tuning coil　调谐线圈
tuning control　调谐控制
tuning correction voltage　调谐校准 [电路] 电压
tuning curve　调谐曲线
tuning device　调谐机构
tuning dial　调谐读盘
tuning downward　向低频调谐
tuning error　调谐误差
tuning eye　调谐指示管, 调谐电眼, 电眼
tuning fit　(1) 推入配合; (2) 轻迫配合
tuning for radio-beam　接收定向发射
tuning fork　音叉
tuning-fork breaker　音叉断续器
tuning-fork circuit breaker　音叉断路器
tuning fork contact　音叉式簧片触点
tuning fork control　音叉控制
tuning fork drive　音叉激励的
tuning-fork oscillator　音叉振荡器
tuning gear　调谐装置
tuning generator　音叉发生器
tuning handle　调谐旋钮, 调谐手摇柄
tuning hum　调谐噪声
tuning indicator　调谐指示器
tuning indicator tube　调谐指示管
tuning inductance　调谐电感
tuning lamp　调谐指示灯
tuning-meter jack　调谐仪表的塞孔, 调谐计塞孔
tuning mete　调谐指示器
tuning motor　调谐电动机
tuning-out　调出
tuning period　调谐时间
tuning plug　(在空腔谐振器中) 调谐杆
tuning precision　调谐准确度
tuning range　调谐范围
tuning screw　调整螺钉, 调谐螺丝
tuning-stub antenna　带调谐短截线的天线
tuning switch　调谐开关
tuning time constant　调谐时间常数
tuning triode　调谐三极管
tuning unit　调谐器
tuning upward　往高频调谐
tunnel　(1) 地道, 隧道, 坑道, 通道, 隧洞; (2) 风洞; (3) 孔道, 管道,

风道, 烟筒, 烟囱, 烟道; (4) 电缆沟, 管沟, 轴隧; (5) 旋度
tunnel bearing grease　[船舶发动机] 螺旋桨轴承润滑脂
tunnel block grease　[船舶发动机] 螺旋桨块状无水润滑脂
tunnel borer　隧道掘进机, 隧道钻进机, 隧道挖凿机, 掘进康拜因,
　钻巷机
tunnel boring machine　隧道掘进机, 掘进康拜因
tunnel burners　地道式燃烧器
tunnel cooler　隧道式冷却器
tunnel crack　条状裂纹
tunnel current　隧道电流
tunnel-diode　隧道二极管
tunnel diode (=TD)　隧道二极管, 江崎二极管
tunnel diode amplifier (=TDA)　隧道二极管放大器
tunnel-diode characteristic　隧道二极管特性
tunnel-diode coincidence unit　隧道二极管重合元件
tunnel-diode current ratio　隧道二极管电流比
tunnel-diode detector　隧道二极管探测器
tunnel-diode discriminator　隧道二极管鉴别器
tunnel-diode half adder　隧道二极管半加法器
tunnel-diode logic　隧道二极管逻辑
tunnel-diode memory　隧道二极管存储器
tunnel diode negative resistance oscillator　隧道二级管负阻振荡器
tunnel-diode / transistor logic　隧道二极管 / 晶体管逻辑
tunnel-diode oscillator　隧道二极管振荡器
tunnel drier　隧道式干燥器
tunnel drill　柱架式隧道钻机, 隧道用凿岩机, 架式凿岩机, 架式风钻
tunnel effect　隧道效应
tunnel-emission amplifier　隧道发射放大器
tunnel effect　隧道效应
tunnel face　隧道口
tunnel for utility manis　公用干管隧道
tunnel furnace　隧道式退火炉, 隧道式烘炉
tunnel head　装料洞口
tunnel-injection laser　隧道注入式激光器
tunnel jumbo　隧道掘进钻车
tunnel machine　隧道掘进机械
tunnel model　风洞试验模型, 风洞模型
tunnel photodiode　隧道光电二极管
tunnel radiator　风洞散热器
tunnel rectifier　隧道二极管整流器
tunnel shaft　(1) 中间轴; (2) 隧道井, 竖井
tunnel slots (= closed slot)　封口槽, 闭口槽
tunnel test　风洞试验
tunnel-to-tunnel　隧道至隧道的
tunnel truck　坑道运输车
tunnel-type　隧道式
tunnel-type tray cap　长方形泡罩
tunnel windings　隧道式电枢绕组
tunnelite　一种快凝水泥
tunneller (=tunneler)　(1) 隧道掘进机; (2) 隧道掘进工
tunnelling (=tunneling)　(1) 开挖隧道, 隧道掘进; (2) 隧道工程; (3)
　(通过势垒的) 隧道效应, 隧 [道贯] 穿
tunnelling machine　隧道掘进机, 掘进康拜因
tunnelling current　隧道电流
tunneltron　隧道管
tuno-miller　外圆铣削
tunoscope　(对接收机进行调谐用的) 电眼, 调谐指示器
tup　动力锤的头部, 破碎机的落锤, 撞锤, 锤体, 撞头
tupelo　(1) 灯笼齿轮; (2) 转轴头
Turbadium　船用锰黄铜 (铜 50%, 锌 44%, 铁 1%, 镍 2%, 锰 1.75%,
　锡 0.5%)
turbator　带环形谐振腔的磁控管
turbid　(1) 不透明的, 混浊的, 污浊的; (2) 烟雾腾腾的, 雾重的; (3)
　不明了的, 混乱的
Turbide　特比德烧结耐热合金 (碳化钛为主要成分的耐热烧结合金)
turbidimeter (= turbidometer)　涡流测量计, 混浊度仪, 浊度表, 浊度
　计, 浑度计
turbidimetric　混浊度的, 浊度计的, 比浊的
turbidimetric analysis　浊度分析
turbidimetric apparatus　浊度测量仪
turbidimetric method　浊度测定法, 比浊法
turbidimetry　浊度测定法, 浊度测量, 比浊法
turbidity　(1) 混浊度, 混浊性; (2) 相片轮廓不清晰度, 相片浊度
turbidity indicato　混浊指示器

turbidity value 混浊值,浊度值
turbidness (1)混浊度；(2)混浊[性]
turbidometer 涡流测量计,混浊度仪,浊度表,浊度计,浑度计
turbidostat 恒浊器
turbine (=TURB) (1)涡轮机,透平机,叶轮机,涡轮,透平；(2)汽轮机,水轮机
turbine aeroengine 涡轮航空发动机
turbine air vent pipe 水轮机进气管
turbine blade 涡轮机叶片,透平机叶片,汽轮机汽叶,透平汽叶
turbine blade speed 涡轮叶片速度
turbine blade efficiency 涡轮机叶片效率
turbine bucket 涡轮叶片,透平叶片
turbine casing 涡轮外壳,涡轮室
turbine control 涡轮调节器
turbine crown 涡轮叶轮轮廓
turbine cylinder 涡轮机汽缸,透平壳,涡轮壳
turbine diagram effect 涡轮机示功图效率
turbine disc 涡轮机盘
turbine disk 涡轮盘
turbine distributor 叶轮式分布器
turbine-driven 涡轮驱动的
turbine-driven compressor 涡轮压缩机
turbine-driven generator 涡轮机发电机
turbine driver (=TD) 涡轮传动装置
turbine efficiency 水轮机效率,涡轮机效率
turbine-electric locomotive 涡轮电动机车
turbine engine 涡轮发动机,燃气轮机
turbine entry duct 涡轮机导管
turbine exhaust 涡轮排气管
turbine exhaust manifold 涡轮出口集气管
turbine expansion unit 透平式冷冻机
turbine gas absorber 叶轮气体吸收器
turbine-generator 涡轮发电机,汽轮发电机
turbine generator 涡轮发电机,透平发电机,汽轮发电机
turbine inlet bend 水轮机送水弯管
turbine input 涡轮机输入功
turbine installation 涡轮机
turbine interrupter 旋转式断续器
turbine jet 涡轮喷气发动机
turbine locomotive 涡轮机车,透平机车,汽轮机车
turbine nozzle 涡轮导向装置,涡轮喷嘴
turbine nozzle assembly 涡轮导向管,涡轮喷管装置
turbine nozzle blade 涡轮导向器叶片
turbine nozzle block 涡轮导向器
turbine nozzle exit velocity 涡轮导向器气流速度
turbine oil 汽轮机油,叶轮机油,透平油
turbine outlet pressure 涡轮出口气体压力
turbine outlet temperature 涡轮出口气体温度
turbine performance 涡轮性能
turbine pit 轮机竖井,透平室
turbine plant 叶轮机装置,透平装置
turbine-propeller engine 涡轮螺旋桨发动机
turbine pump 涡轮式水泵,涡轮泵
turbine reduction gearing 涡轮减速齿轮装置
turbine relift valve 涡轮机放空阀
turbine room 水轮机室,水轮机舱,轮机室
turbine rotor 涡轮转子
turbine shaft 涡轮轴
turbine-shaft seal 涡轮轴挡圈
turbine shroud 涡轮壳体
turbine sprinkler 涡轮式喷灌器
turbine stage efficiency 涡轮机分级效率
turbine stator 涡轮定子
turbine steamer 涡轮机轮船
turbine stirrer 叶轮搅拌机
turbine supercharger 涡轮式增压器
turbine top plate 涡轮机顶盖
turbine transformer 液力变扭器
turbine type agitator 叶轮式搅动器
turbine type mixer 涡轮式混合器,涡轮式拌合机
turbine unit 透平机组
turbine valve 涡轮式阀
turbine wheel 涡轮
turbine working fluid 涡轮工作流体,涡轮工作流质

turbine works 汽轮机工厂,透平工厂
turbiner 汽轮机船
turbining 涡轮清垢
turbiston 特比斯通高强度黄铜(锌33-40%,铝0.2-2.5%,锰0.2-2%,铁0.5-2%,锡0-1.5%,其余铜)
turbo (1)(=turbine)涡轮,透平；(2)(=turbosupercharger)涡轮增压机
turbo- (词头)涡轮推动的,有涡轮的
turbo-alternator 涡轮交流发电机[组],交流汽轮发电机,涡轮发电机
turbo-alternator set 透平交流发电机,涡轮发电机
turbo-blower (1)涡轮[式]鼓风机,透平鼓风机,离心鼓风机；(2)涡轮式增压器
turbo-charged diesel 透平增压柴油机
turbo charger 透平增压器,涡轮增压器
turbo-charging 透平增压
turbo-compressor 汽轮[透平]压缩机,涡轮压缩机
turbo-compound aeroengine 涡轮组合航空发动机
turbo-converter 涡轮变流器
turbo-disperser 叶轮分散机
turbo-drilling 涡轮钻进,涡轮钻井
turbo drilling 涡轮钻进,涡轮钻井
turbo-driven 涡轮[机]驱动的
turbo-driven supercharger 涡轮式增压器,涡轮压缩机
turbo-dryer 涡轮干燥机
turbo-dynamo 涡轮[直流]发电机,涡轮电机
turbo-electric propulsion 涡轮发电动力装置
turbo-exhauster 涡轮排气机
turbo-expander 涡轮膨胀机
turbo-fan (1)涡轮通风机；(2)涡轮风扇发动机(= turbofan, ducted fan)
turbo-fan engine 透平风扇式发动机
turbo-feeder 透平给水泵
turbo-gas generator 透平气体发生器
turbo-generator 汽轮发电机
turbo-generator installation 涡轮发电机组
turbo grid tray 叶轮式栅格分馏塔盘
turbo-grids (分馏塔盘的)叶轮式格子
turbo hearth 涡轮敞炉,碱性转炉
turbo-interrupter 旋转式断续器,涡轮断续器
turbo-inverter 涡轮反向换流器
turbo-jet 涡轮喷气发动机
turbo-liner 涡轮螺旋桨客机,涡轮螺桨式客机
turbo-machine 涡轮机械
turbo-machinery 涡轮机械
turbo-mill 涡轮研磨机
turbo-mixer 叶轮式混合器
turbo-power 涡轮动力,透平动力
turbo-prop 涡轮螺旋桨发动机,涡轮螺旋桨飞机,固定叶片涡轮,螺桨涡轮
turbo-propeller engine 涡轮螺桨发动机
turbo-pump 旋转动力泵,涡轮泵,离心泵
turbo-pump assembly 涡轮泵组
turbo-pump feeding 涡轮泵式供给[燃料]
turbo-pump injection 涡轮泵压式供油
turbo-pump rocket engine 涡轮泵式火箭发动机
turbo-regulator 涡轮调节器
turbo- rocket 联合涡轮喷气发动机
turbo-set 汽轮机机组
turbo-shaft 涡轮轴
turbo-starter 航空发动机起动器,涡轮起动机
turbo-type 涡轮式
turbo-type supercharger 涡轮式增压器
turbo-unit 汽轮发电机组
turbo-viscosimeter 染料粘度计
turbo-viscosity 染料-粘度
turbo-wheel 透平叶轮
turbo wheel 涡轮叶轮
turboalternator 汽轮发电机
turbobit 涡轮钻头
turbocar 涡轮汽车
turbocharge 涡轮增压,透平增压
turbocharged engine 透平增压发动机
turbocharger 燃气轮机增压器,涡轮增压器,透平增压器
turbocompound engine 涡轮复式发动机

1470

turbocompressor 涡轮空气压缩机, 汽轮式压缩机, 涡轮压缩机, 离心压缩机, 涡轮压气机, 透平压气机

turboconverter 汽轮发电变换机

turbocopter 涡轮 [发动机] 直升 [飞] 机

turbodrier 涡轮干燥机

turbodrill (1) 涡轮钻具; (2) 涡轮钻进

turbodynamo 直流汽轮发电机

turboelectric propellant 透平电动推进

turboexpander 涡轮冷气发动机, 涡轮膨胀机

turbofan (1) 涡轮风扇喷气发动机, 涡轮风扇发动机; (2) 透平鼓风机, 涡轮鼓风机, 涡轮风扇, 透平风扇

turbofed 涡轮泵供油的

turbofurnace 旋风炉膛

turbogas generator 涡轮气体发生机, 涡轮气体发生器

turbogenerator 涡轮发电机 [组], 汽轮发电机 [组]

turbogenerator with inner water cooled stator and rotor 双水内冷汽轮发电机

turbogrid plates 蒸馏塔的扰流栅格板

turbojet (=TJ 或 Tj) (1) 涡轮喷气发动机; (2) 涡轮喷气飞机

turbojet airplane 涡轮喷气式飞机

turbojet engine 涡轮喷气发动机

turbojet power (1) 涡轮喷气动力装置; (2) 涡轮喷气发动机推力

turbojet propulsion (=TJP) 涡轮喷气推进

turbojet test vehicle 试验涡轮喷气发动机用的飞行器

turbolator 扰流子

turbomachine (=turbomachinery) 涡轮机 [组], 透平机

turbomolecular pump 涡轮分子泵

turbonit 胶纸板

turboprop (=Tp) (1) 涡轮螺旋桨发动机; (2) 涡轮螺旋桨飞机

turboprop airplane 涡轮螺旋桨飞机

turboprop engine 透平螺旋桨发动机

turbopropeller engine 涡轮螺旋桨发动机

turbopump 涡轮泵

turboramjet 涡轮冲压式喷气发动机

turborocket 涡轮火箭发动机

turborocket power plant 涡轮泵式燃料输送系统发动机

turbos (潜水艇) 低压吹除鼓风机

turboseparator (汽鼓内的) 旋风分离器, 旋风子

turboset 涡轮机组, 汽轮机组, 涡轮发电机

turboshaft 涡轮动力轴, 涡轮轴

turbosupercharge 涡轮增压器

turbosupercharged 用涡轮增压器增压, 有涡轮增压器的

turbosupercharger 涡轮增压器

turbosupercharging 涡轮增压

turbounit 汽轮发电机组

turboventilator 涡轮风机

Turbro 透帕罗型钻机

turbulation 湍流扰动

turbulator 湍流 [发生] 器, 扰流 [发生] 器

turbulence (=turbulency) (1) 湍动, 湍流, 紊流, 涡漩; (2) 紊度

turbulence amplifier 紊流放大元件

turbulence factor 紊流度系数, 紊流因数

turbulence intensity 紊流度, 紊流强度, 紊度

turbulence level 紊流界限, 紊流度

turbulence number 紊流度

turbulence propagation 紊流传播

turbulence pump 涡流泵

turbulence transition 成紊流状态

turbulent 湍动的, 湍流的, 扰动的, 紊流的, 涡流的, 漩涡的

turbulent arc 漂移电弧

turbulent bed 紊动度, 湍动床

turbulent boundary layer 紊流边界层

turbulent burner 紊流煤粉燃烧器

turbulent burning velocity 紊流燃烧速度

turbulent current 紊流

turbulent condition 紊流状态, 湍流工况

turbulent flame speed 紊火焰扩散速度

turbulent flow 紊流, 湍流

turbulent fluctuation 紊流脉动, 紊动

turbulent fluid 紊流

turbulent medium (影响图像质量的) 紊动媒质

turbulent motion 紊流运动, 紊动, 湍动, 涡动

turbulivity 湍流系数, 湍流度

turbulization 产生紊流, 产生涡流

turbulizer 湍流增强器

turgograph (=turgoscope) 血压计

turgometer 肿度测定计

turgor 肿胀, 胀大, 胀满, 充实, 充盈

turgor pressure 膨胀压

turgoscope 血压计

turgosphygmoscope 血压计

Turing machine 图灵 [计算] 机

Turkey red oil 土耳其红油, 磺化蓖麻油

turkey shoot 多站记录法

turks-head (=turks head roll) 互成直角的四辊轮拉丝模装置

Turku cyclotron 土库回旋加速器

turn (1) 转动, 旋转, 回转; (2) 转数, 圈数; (3) 绕线, 线匝, 匝; (4) 镟, 车削; (5) 转弯, 转向, 变向, 偏转, 偏斜, 绕过, 迂回; (6) 翻转, 倒转, 倒置, 颠倒, 倾倒, 弯曲, 扭曲, 倾斜; (7) 车外圆, 车削成; (8) 转变, 改变, 变化, 变成, 变成, 成为, 出现; (9) 超过, 逾, 上; (10) 翻译, 改写, 周转, 兑换, 转手

turn a corner 转弯, 拐弯

turn a lead pipe 弯铅管

turn a screw tight 拧紧螺丝

turn a tap 拧龙头, 拧螺塞

turn-and-bank 转变指示器

turn-and-bank indicator 转弯倾斜 [指示] 仪, 转弯倾斜指示器

turn and bank indicator 转弯倾斜指示器

turn-and-slip indicator 转弯倾斜指示器

turn around time (1) 解题周期, 运算时间; (2) 反向传送时间

turn-back 反向转动, 反向扭转, 偏转, 回转, 反转, 转弯

turn bench (1) 木台用小车; (2) 钟表车床, 台式车床, 小摆车

turn bolt 旋转锁栓

turn bridge 平旋桥, 平开桥

turn brush 试管刷

turn buckle [松紧] 螺旋扣, 螺栓联结器, 花篮螺丝, 松紧螺套, 螺丝扣

turn-buckle nut 螺丝接头螺母

turn button 旋钮

turn-cap 烟囱风帽, 烟道风帽

turn device (组合机床的) 转位装置

turn-down rig 翻料装置

turn drum (组合机床的) 转位鼓轮

turn effect [线圈的] 匝效应

turn finishing 精车

turn hook 双钩吊钩

turn-in 折进物

turn indicator (1) 转数计, 转数表; (2) 匝数计; (3) 转弯指示器, 转弯仪

turn-insulating 匝间绝缘

turn-key 成套项目 (即交 "钥匙" 方式)

turn key 总控键

turn-key front panel 转键前面板

turn knob 旋钮

turn layer short 线间短路

turn locking gear 转盘锁闸

turn marking 转向标志

turn meter 角速度计

turn-miller* 立式铣床, 圆铣床

turn-off 断开

turn off (1) 切断 [电源], 关 [电灯等]; (2) 生产, 完成

turn-off characteristic 关闭特性

turn-off currents 断路电流, 闭断电流

turn-off delay 断开延迟

turn-off gain 关闭增益

turn off the fuel 关闭燃料阀, 停止供给燃料

turn off time 关闭时间

turn off transient 关闭瞬态

turn on 接通 [电源], 接入, 开 [电灯等]

turn on characteristic 通导特性

turn-on delay 接通时间

turn-on gain 接通增益

turn on time 接通时间, 接入时间

turn on transient 接通瞬态

turn-on voltage (= threshold voltage) 阈值电压

turn out 切断 [电路]

turn over (=TO) (1) 翻身 [轧制]; (2) 翻过来, 见反面

turn-over board 方形光板

turn-over frequency 交叉频率

turn-over rig 翻板机
turn over table 翻转台,转动台
turn-over voltage 转折电压
turn plate 转车台
turn-rate control 转速控制
turn ratio 匝[数]比[率]
turn-screw (1)螺丝起子,旋凿;(2)传动丝杠
turn screw 螺丝起子
turn sign 急弯标志
turn signal lamp 转弯指示灯,转弯示向灯
turn switch 扭转开关
turn table (1)转台,转盘,回转台;(2)(组合机床的)转位台
turn the wheel 使轮子转动
turn to this book for information on transistors 从这本手册查阅有关晶体管的资料
turn-to-turn 匝间的,圈间的
turn-to-turn capacitance 匝间电容,圈间电容
turn-to-turn circuit 匝间断路
turn-to-turn fault 匝间故障,匝间断路
turn-to-turn insulation 匝间绝缘
turn-to-turn short circuit 匝间断路
turn-to-turn shunt capacity 匝间停路电容量
turn-tree 卷扬机鼓筒,起锚机鼓筒
turn-under (1)翻入;(2)在底面的曲线,弯向下面的曲线
turn up 接通[电源]
turnable 可旋转的,可转动的
turnable bridge 平旋桥,平开桥
turnabout 向后转,转向,转变
turnabout plough 纵轴翻转犁
turnaround (1)回车道,回车场,转盘;(2)检修,小修;(3)工作周期,检修周期,往返周期;(4)活动半径,有效半径;(5)转变,交接;(6)再次发射的准备
turnaround loop 转向环道,回车道
turnaround of unit (装置的)工作周期
turnaround speed 周转速度,周转速率
turnaround taxiway (飞机)回旋滑行道
turnaround time 往返时间,换向时间,周转时间,轮转周期
turnaway 离开,脱离
turnback 翻卷部分
turnbench (可携带的)钟表工人用车床
turnbuckle (1)松紧螺套花篮螺丝,松紧螺旋扣,拉线螺丝,[松紧]螺套;(2)旋转紧线器,紧线器;(3)螺丝接头,紧固卡子
turnbuckle bolt 联轴节夹紧螺栓
turnbuckle screw 紧线螺丝,接合螺丝,花篮螺丝
turnbutton 旋[转式按]钮
turncap (烟囱顶)旋帽,风帽
turncock 有柄旋塞,旋塞
turndown (1)折叠式的,可翻转的;(2)关闭,衰落;(3)调节;(4)翻折物
turndown ratio (1)调节比;(2)燃烧设备的最大输出与最小输出之比;(3)开[关闭]度
turned and bored 车和镗的
turned bolt 旋成螺栓,精制螺栓
turned finish 车削面光洁度
turned-in claw type 菊形保持架
turned position 转动位置
turned shaft 转动轴
turner (1)车工,旋工;(2)专用刀夹,车刀夹;(3)车削的工件;(4)转塔头回转机构;(5)旋转器,搅拌机,搅动器
turner sclerometer 回跳硬度计
turnery (1)车削车间,车床工厂,旋工厂;(2)车工工艺,车削工艺;(3)车工工作,旋工工作,车削工作,车削形状;(4)旋工制品,车削产品
turning (1)旋转;(2)转弯,转向;(3)切削外圆,车削
turning-along 纵旋,纵车
turning-and-boring mill 立式车床
turning angle 转折角
turning arbor 车床心轴
turning axle 转轴
turning block 转动[滑]块,转块
turning block slider crank mechanism 旋转滑块曲柄机构,钻柄机构,旋转装置
turning boring and cutting-off machine 车镗切断[三用]机床
turning chisel 车削凿刀
turning circle (车辆)转车盘,回转圆

turning clamp 车床鸡心卡
turning crane 旋臂起重机,回转式起动机
turning couple 扭转力偶
turning cut 圆柱表面切削,纵车
turning cylinder (控制起重机旋转的)旋转柱
turning effort (1)圆周切向力,转动力,回转力;(2)旋转作用;(3)转矩,力矩
turning engine 盘车机
turning error 角位置错误,回转误差
turning fit 自由回转配合
turning force 转动力,圆周切向力,旋转作用力,圆周力,切向力
turning gear 旋转装置,回转装置,转轴装置,盘车装置,转向机构,转动机构
turning gouge 弧口旋凿
turning handle 回转机构手柄,方向机手柄
turning head 多刀转塔,多刀转架
turning indicator 转弯指示器
turning joint 活动关节,转动铰链,铰接
turning lathe [立式]车床
turning length 车削长度
turning lever 旋杆
turning machine [立式]车床
turning mill (1)车床;(2)立式车床
turning moment 转动力矩,转向力矩,旋转力矩,扭转力矩,转矩,扭矩
turning motion 转动
turning movement 迂回运动
turning-off (1)旋光,磨光;(2)断路,关闭,消除,车削;(3)车削
turning operation 车削操作
turning out 车出
turning-over board 造型平板,翻箱板,底板
turning over board 底板
turning pair (链系的)回转对偶,回转副
turning-piece 简便拱架
turning performance (1)旋转特性;(2)转弯特性
turning pin (= tampin) 锥形木塞(铅管开口用)
turning point 回转中心,转折点,转向点,转点
turning point locus (1)转向点轨迹;(2)旋转中心轨迹
turning power 回转力
turning radius 旋转半径,回转半径,转弯半径,转动半径
turning rest 旋转支架
turning-saw (= sweep-saw) 曲线锯
turning shop 车工车间
turning slide valve 回转滑阀
turning slider crank mechanism 旋转滑块曲柄机构,旋转滑块式曲柄导杆机构,转柄机构
turning square 待车削的方木毛料
turning strickle [回转]刮板,车板
turning surface 车削面
turning taper 车削锥体
turning tool 普通车刀,车刀
turning vane (1)转动叶片;(2)导向装置
turning valve 回转阀
turning wheel 转轮
turnings 车床切屑,切屑
Turnix project 全承包设计
turnkey (1)总控钥匙;(2)总承包
turnkey contract 整套承包合同
turnkey delivery 承包安装及启用
turnkey job 承包,(2)由包商承包的工程
turnmeter 回转速度指示器,转速计,回转计,转率计
turnoff (1)断开,切断,断路,关闭,关断,扭闭;(2)避开,岔道,支路;(3)转向;(4)成品
turnoff of speed 加速的能量,加速力
turnoff of the bilge 舭部
turnoff time 断开时间,切断时间,断路时间,关闭时间,关断时间,转换时间
turnon 使通导,接通,接入,扭开,开启
turnon delay 接通延迟,通导延迟
turnon time 接通时间
turnon voltage 阈值电压
turnout (=TO)(1)切断,断开,断路,关;(2)输出,出量,产量,产额;(3)设备,装备;(4)岔道,分道
turnover (1)周转变换,周转量,周转率,周转额;(2)翻转,倾覆,翻倒;(3)回转,循环,整转;(4)(录音)交叉频率;(5)卸车

turnover frequency　交叉频率
turnover hinge　翻转铰链
turnover job　大修
turnover moulding　带湿芯的造型, 翻转造型
turnover pickup　交叉拾音器, 双拾音器
turnover station　转位工位
turnover time　周转时间
turnover type molding machine　翻板造型机
turnover type pick-up　翻转式拾音器
turnover voltage　翻转电压, 转折电压
turnplate　转[本]台, 转[车]盘, 旋转台, 旋转盘, 回转板
turns　(1) (钟表业用) 小型死顶尖车床; (2) 旋床
turns ratio　匝数比
turnscrew　(1) 螺丝刀, 起子, 改锥; (2) 传动丝杠
turnsheet　转辙板
turnstile　(1) 十字梁, 绕杆; (2) 十字接头, 交叉接头; (3) 旋转式栅门, 十字转门, 回转栏; (4) 回转手轮; (5) 转盘, 转台
turnstile antenna　绕杆式天线
turnstile folded dipole　绕杆式折迭偶极子
turnstile crane　旋臂起重机
turntable　(1) 回转机构, 转车台, 转车盘, 回转台, 台, 转盘; (2) 绞车架唱机转盘, 录音转播器
turntable switch　圆盘转撤器
turnup　(1) 达到一定转速; (2) 卷起部分, 翻起物, 翻边; (3) 翻起的, 卷起的
turnwrest plough　转臂双向犁
turnwrest plow　转臂双向犁
turpidometer　浮沉测粒计
turret (=trt)　(1) 转塔, 转台, 转架, 转盘, 炮塔; (2) 六角刀架, 转塔刀架, 六角转头, 六角转塔, 转动架, 回转头, 回转塔; (3) 六角车床; (4) (摄像机的) 透镜旋转台, 物镜转台, 镜头盘, 转头; (5) 消防用水龙, 回转供汽头
turret angle-rack tool　六角车床斜角车刀
turret attachment　转塔式六角车床附件
turret-backed　凸形的, 凸的
turret bearing　转塔座
turret bed type milling machine　转塔床身铣床
turret bed type milling machine with travelling column　立柱移动转塔床身铣床
turret block　六角刀架
turret carriage　六角头台架, 六角头滑鞍回转刀架, 转塔刀架
turret clock　塔钟
turret control　转塔控制
turret control crank　转塔控制曲柄
turret copying lathe　转塔仿形车床
turret cover plate　转塔盖板
turret cross slide　六角头横向滑板
turret cutter　塔式截煤机
turret deck　塔甲板
turret drier　干燥塔楼
turret drill　(1) 转塔车床钻头; (2) 六角钻床
turret drill chuck　转塔车床钻头夹, 六角车床钻夹
turret drilling machine　转塔式钻床
turret drilling machine with vertical spindle　转塔立式钻床
turret finder　(1) 转台瞄准器; (2) 转台指示器
turret-front camera　镜头转盘式摄影机, 转头摄像机
turret gyrotraverse mechanism　转塔回转机构
turret head　转塔刀架, 六角刀架, 回转头, 六角头, 刀具盘
turret head boring machine　转塔式镗床
turret index　六角刀架转位
turret knee type milling machine　转塔升降台铣床
turret lathe　转塔式六角车床, 转塔车床, 六角车床
turret lathe turning　转塔式车床车削
turret lens　透镜旋转盘, 镜头盘
turret lock　转塔锁紧装置
turret machine　六角车床
turret miller　带六角头回转铣床, 转塔式铣床
turret mooring system　塔楼式系留系统
turret mount　回转架, 回转托
turret pad　转塔垫
turret plate　转塔板
turret press　转塔式压力机
turret punch press　转塔式六角孔冲床, 六角零件压力机
turret ring gear　转塔环形齿轮

turret roller　转塔滑轮
turret rotating mechanism　转塔回转机构
turret saddle　(1) 回转刀架 (六角车床的); (2) 纵刀架
turret slide　六角头滑板, 转塔刀架
turret slide tool　六角转台滑动装置
turret steamer　鲸背甲板汽船, 塔式汽船
turret taper slide　转塔斜刀架, 转塔斜滑板
turret taper tool　(六角车床) 车锥体刀具
turret terminal　按钮端
turret tuner　旋转式频道选择器, 旋转式调谐器, 回转式调谐器
turret-type bench drilling machine　转塔式台钻床
turret-type coordinate boring and drilling machine　转塔坐标镗钻床
turret type milling machine　转塔式铣床
turret type modular machine tool　转台式组合机床
turret unit head　转塔动力头
turret vertical drilling machine　转塔式六角立式钻床, 带回转头立式钻床
turreted　有六角转台的, 角塔状的, 有角塔的
turretgraver　回转刻图仪
turriculate　有小角塔的, 小角塔状的
tusche　制版墨
tuscher　用制版墨绘图者
tusk　齿状物, 榫眼, 凹榫, 尖头, 尖物
tusk and tenon joint　镶尖榫接头
tusk tenion　多牙[尖]榫
tutania　锡锑铜合金
Tutania alloy　锡锑铋铜合金 (锡 25%, 锑 25%, 铋 25%, 锌 12.5%, 铜 12.5%)
TUTOR　数字程序 (系伊利诺斯大学为 PLATO 系统所研制的 CAI 语言程序)
tutorial light　指示灯
Tuttle tube factor bridge　塔特尔电子管参数测量电桥
tutty　未经加工的氧化锌
tuttwork　计件工作
tuyer　(1) 风口; (2) 测量喷管
tuyer box　风口箱
tuyer notch　风口孔
tuyer puncher　(转炉) 风嘴清孔机
tuyere　(1) 喷气管嘴, 吹风管嘴, 测量喷管; (2) (冶金炉) 风口, 风嘴, 风眼; (3) (炉排的) 孔隙
tuyere arch cooler　风口拱墙冷却器
tuyere block　(1) (高炉) 风口冷却器; (2) (转炉) 风管
tuyere cap　风口帽
tuyere cooler　风口冷却器
tuyere cooler housing　风口冷却器外壳
tuyere cooling plate　风口冷却板
tuyere head　(沸腾炉的) 风嘴帽
tuyere level　风口平面
tuyere notch　风嘴孔
tuyere nozzle　风嘴
tuyere pipe　风管
tuyere plate　风口底板
tuyere system　风口系统
tuyere valve　风口阀
TV automatic astro-navigation system　自动航天电视导航系统
TV cabinet　电视接收机外壳
TV channel　摄像机信道
TV CRT (=television cathode-ray tube)　电视阴极射线管
TV service generator　电视接收机修理用振荡器
TV set　电视 [接收] 机
TV system　电视系统
TV via laser beam　激光电视
TVP enveloping worm gear pair　TVP 型弧面蜗轮副
TVP enveloping wormwheel　TVP 型弧面蜗轮
T.W. klystron (=travelling-wave klystron)　行波速调管
T.W. magnetron (=travelling-wave magnetron)　行波磁控管
tweeks　大气干扰
tweel　(1) 窑闸门; (2) 炉口用的粘土制的覆盖物, 有平衡锤的炉门
tween　(1) 非离子活性剂; (2) 在中间
tween deck　中间甲板
tweeter　高频扬声器, 高音扬声器, 高音重发器, 高音喇叭, 高音头
tweeter horn　高音号筒
tweezers　(1) 镊子, 钳子, 夹子, 捏钳; (2) 用镊子钳
twelve-direction mixing unit　十二路混合设备

twelve-inch hydraulic universal grinder　12吋液压万能磨床

twelve-inch hydraulic universal grinding machine　12吋液压万能磨床

twelve punch　12行穿孔

twenty-four-hour orbit　24小时轨道,同步轨道

twere　风口

twi-　(词头)二[次],双[重],两倍,两次

twi-formed　有两形的

twibil (=twibill)　两刃战斧

twice　(1)两次,再次;(2)两倍于

twice actual size　实际大小的两倍,比实物大一倍

twice-forbidden transition　二次禁戒跃迁

twice-horizontal frequency oscillator　水平双行频振荡器,水平双频振荡器

twice normal　二规度的

twice-reflected　二次反射的

twice-reflected beam　二次反射射速

twilight zone　半阴影区,衰减区

twin　(1)质数,素数;(2)孪晶,双晶;(3)并联的,复式的,双芯的,双重的,成对的,二倍的,双的;(4)双发动机飞机,双座飞行器

twin-action brake　双动作制动器

twin antenna　成对天线

twin apparatus　成双的器具设备,孪生设备

twin arc welding　双弧焊

twin axis　双晶轴,孪晶轴,共轭轴

twin band mill　双带锯机

twin-batch paver　双拌式混凝土搅拌摊铺机

twin beam　并置梁

twin booster　对偶助推器

twin boundary　孪晶间界

twin-break contact　双断接点

twin-bucket　双斗[的]

twin cable　(1)非同轴的双芯电缆,平行叠置的双芯电缆;(2)(不绞扭的)双芯电缆

twin cable system　双电缆制

twin camshaft chain drive　双凸轮轴链传动

twin cantilevers　双悬臂

twin-carbon arc lamp(=double-carbon arc lamp)　双碳弧光灯

twin-cathode ray beam　双阴极射线束,双电子束

twin cathode-ray beam　双阴极射线束

twin-chambered furnace　双室炉

twin channel　双信道的,双路的

twin channel　双波道的,双信道的,双路的

twin check　双重校验,比较校验

twin coach　(1)双厢车;(2)双车厢的

twin coil　双线圈

twin columns　并置柱,双柱

twin combustion chamber motor　双燃烧室[火箭]发动机

twin compressor　复式压缩机

twin conductor　平行双芯线,双芯电线,双股导线

twin conduit　成对管道

twin-cone bit　双牙轮钻头

twin contact　双接点,双触点

twin-cored　双芯的

twin-countershaft transmission　带二根中间轴的减速器

twin crank mechanism　双曲柄机构

twin-cyclone　双旋风子

twin crystal　双晶,孪晶

twin-cylinder　双缸的

twin cylinder　双联缸,双汽缸

twin-diaphragm jig　双隔膜淘汰机

twin diaphragm pump　双隔膜泵

twin diode　双二极管

twin discharge tube　孪生放电管

twin disk marine gear　双片轮机齿轮

twin drive　双电动机传动,双电动机驱动

twin drum drier　双辊干燥器

twin-drum sorting　双鼓分类法

twin-eccentric gear　双偏心齿轮

twin elbow　双弯头

twin engine　双发动机

twin engined airplane　双发动机飞机

twin feeder　双线式馈[电]线

twin feeding　双线式馈电

twin flexible cord　双股软导线,双芯软线

twin-furnace type　双炉体的,双炉膛的

twin gear　双联齿轮,二联齿轮

twin grinder　双重碎木机,二袋式碎木机

twin grip type centerless grinder　双支承砂轮无心磨床

twin-gun　双联装炮,双管机枪

twin-head auger　双钻头钻采机

twin head holder　双刀头刀夹

twin helical gear　双斜齿齿轮,人字齿轮

twin helical gearing　双斜齿齿轮传动[装置]

twin hull trawler　双体拖网渔船

twin insulator strings　双绝缘子串

twin-interlaced scanning　隔两行扫描

twin jack　双塞孔

twin-jaw crusher　双颚式破碎机,双颚式轧碎机

twin-jet　双喷气发动机的

twin knitter　双系统编结机

twin laser　双光激光器

twin launcher　双联发射装置,双管发射装置

twin-lead　双导线的

twin-lead type feeder　平行双馈[电]线

twin-lens camera　双镜头照相机

twin-lens film scanner　双镜头电视电影扫描器,双镜头电视电影机

twin-lever roller-mounted stud steering gear　凸轮双滚动销钉式转向器,双曲柄滚动式转向器

twin line　(1)双线线路;(2)平行输电线

twin load circuit　双负载电路

twin lock　双室船闸,复式船闸

twin master cylinder　双式制动总泵

twin naphtha rerum units　双石脑油重蒸设备

twin overhead camshaft　双上置式凸轮轴

twin paver　双鼓式混凝土搅拌摊铺机

twin pentode　双五极管

twin-pentode multivibrator　双五极管多谐振荡器

twin photogrammetric camera　双镜测量摄影机

twin-plane　双晶面的

twin-plate triode　双屏极三极管,三板极三极管

twin post lift　双柱升降机

twin pulley block　双联滑轮组

twin pump　双缸泵

twin rail　并头轨

twin ring gauge　双联环规

twin-roll　双滚筒的

twin-roller chain　双列套筒滚子链

twin rotor capacitor　双动片电容器

twin rotor condenser　双动片电容器

twin-row　双行的,双列的

twin satellite　复式行星齿轮

twin screw　双螺旋桨

twin screw propeller　双螺旋桨

twin-screw pump　双螺旋泵

twin serial carema　双镜连续摄影机

twin-shaft　双轴[式]的

twin shaft　双轴

twin-shaft paddle mixer　双轴式桨叶拌和机

twin-shaft turbine　双轴涡轮机

twin shaft turbine　双轴涡轮机

twin-shell　双壳体的,双层壁的

twin shell mixer　双筒混合机

twin sideband (=TSB)　双边[频]带

twin-six　V形十二汽缸式发动机

twin six motor　V形十二汽缸式发动机

twin-skid chassis　双撬式起落架

twin-skip system　双箕斗提升系统

twin-slab analog phase shifter　双板式模拟移相器

twin sleepers　双轨枕

twin solid tyre　双实心轮胎

twin spans　双跨

twin spar　双梁结构

twin speaker　双扬声器

twin-spindle　双轴的,双纱锭的

twin spindle type gear hobbing machine　双轴滚齿机

twin-spinner distributor　双转盘式撒肥机

twin-striation　双晶条纹

1474

twin surface grinder 双端面磨床
twin-T bridge 双 T 电桥
twin-T filter 双 T 型滤波器
twin ties 双轨枕
twin-track recorder 双声迹录音机, 双磁迹录音机, 双轨录音机
twin transistor 双晶体管
twin travelling crane 双轮移动起重机
twin triode 双三极管
twin-tube 双联管, 孪生管
twin tube 双极管, 孪生管
twin turbine 双流式水轮机, 双流型汽轮机
twin-twisted wire strand 双股扭绞钢丝束
twin-type cable 双绞多芯 [通信] 电缆
twin tyre 双轮胎
twin tyres 双料轮胎
twin valve 双出口阀
twin wave 孪生波
twin wheel 双轮
twin wire (=TW) 双芯导线, 双线缆, 双股线
twin-wire control 双线操纵
twin worm gear system 双联蜗轮系
twinax 屏蔽双导线馈电线
twinax cable 双股电缆
twincheck 双重校验
twine (1) 网丝, 股绳, 帆线; (2) 合投线, 细绳; (3) 缠结物; (4) 进行缠绕, 捻, 搓
twine reeler 摇线机
twined (1) 成双的, 成对的, 双生的; (2) 捻成的, 搓成的
twined grooves 并槽 (唱片刻纹疵病)
twinkle (1) 闪烁, 闪耀; (2) 快速动作
twinkler 发光体
twinkling 闪光, 闪烁
twinning (1) 双晶; (2) 孪晶作用; (3) 孪生作用
twinplex (电报) 四信道制, 双路移频制, 双路制
twirl (1) 使快速转动, 快速旋转; (2) 扭转, 卷曲; (3) 复制的钥匙, 万能钥匙
twirling (1) 旋转, 转动; (2) 转动物
twist (1) 扭转, 扭曲; (2) 螺旋状, 螺旋线; (3) 弯曲; (4) 捻合, 搓, 捻, 拧, 扭, 绞; (5) 转弯, 回转; (6) 拈度; (7) (兵器) 来复线缠度
twist-and-steer control 按极坐标法控制
twist and steer control (1) 联合操纵系统; (2) 按极坐标法控制
twist auger 螺旋钻
twist-belt 交叉带传动
twist bit 螺旋钻
twist blades 扭转叶片
twist center (=twist centre) 扭转中心, 绞扭中心
twist-drill 麻花钻, 螺旋钻, 扳钻
twist drill 麻花钻, 螺旋钻, 扳钻
twist drill cutter 麻花钻槽铣刀, 麻花钻头
twist drill feed 麻花钻进刀
twist drill gauge 麻花钻规
twist drill grinder 麻花钻磨床, 钻头刃磨机
twist-drill grinding gauge 麻花钻刃磨样板
twist drill grinding machine 麻花钻磨床, 麻花钻头刃磨机
twist drill miller 麻花钻铣床
twist drill milling machine 麻花钻铣床, 钻头铣床
twist drill web 麻花钻心
twist equalizer 扭型均衡器
twist flat drill 麻花平钻 [头]
twist-free 无扭曲的, 无扭转的
twist gear (纺机) 捻度齿轮
twist iron 铰钳
twist joint (1) 绞接, 扭接; (2) 扭接头, 绞接头
twist moment 扭矩
twist motion 扭转运动, 扭动
twist of fiber 纤维的卷曲度
twist of shaft 装管机
twist pair type telephone cable 扭绞四芯电话电缆, 扭转式电话电缆
twist pliers 绞钳
twist shell 螺壳木钻
twist system 换位 [消感] 制
twist warp 扭曲
twist waveguide 扭旋波导管
twist web 麻花钻心

twistable 可搓捻的, 可缠绕的, 可旋转的, 可扭卷的
twistbit 麻花钻
twisted (=TW) 扭曲的, 扭绞的, 弯曲的
twisted bar (1) 麻花钢条, 扭转钢筋, 螺旋钢筋, 螺纹钢筋; (2) 扭杆
twisted bevel gear 斜齿锥齿轮, 螺旋伞齿轮
twisted blade 扭曲叶片
twisted cable 绞合电缆
twisted conductor (电柜绕组中的) 双层绞线
twisted cord 双绞软线
twisted cubic 三次绕线
twisted enclosure 曲径式扬声器箱
twisted gear 斜齿轮
twisted joint 铰接, 扭接
twisted line 双线绞合传输线, 扭绞线, 绞线
twisted pair 双扭线, 扭绞线对
twisted pair cable 双扭线电缆
twisted-pair feeder 双绞式馈 [电] 线
twisted pair line 扭绞线, 双绞线
twisted rope 螺旋钢索
twisted shovel 培土中耕机
twisted sleeve joint 金属套管扭接
twisted spur 斜齿正齿轮
twisted steel 麻花钢, 螺纹钢
twisted strip ammeter 扭绞磷铜片安培计
twisted strip galvanometer 电磁式电流表
twisted waveguide 扭曲波导管, 扭型波导管
twister (=twistor) (1) 扭转器, 绞扭器, 拧结器, 捻线机; (2) 受扭晶体, 扭晶; (3) 磁扭线存储装置, 磁扭线存储器
twister bimorph 扭转双层元件
twister plug 翻钢套
twistification 加捻的动作
twistiness 扭曲性质, 扭曲状态
twisting (1) 扭转, 扭绞, 绞合; (2) 拈丝
twisting couple 扭力偶
twisting deflection 扭转变形
twisting effect 扭转效应
twisting force 圆周力, 切向力, 扭力
twisting frame 捻丝机
twisting frame machine 捻丝机
twisting guide 扭转导板
twisting machine 搓卷机, 捻丝机
twisting moment (=T) 转动力矩, 扭转力矩, 扭矩
twisting motion 扭绞运动, 扭动
twisting paper 纸绳纸
twisting resistance 扭转阻力, 扭阻力
twisting ring 扭力环
twisting rod 扭杆
twisting stress 扭应力
twisting test 扭力试验, 扭转试验, 扭曲试验
twisting tester 扭转试验机
twisting vibration 扭
twistor (1) 磁扭线; (2) 扭绞线
twistor feeder 绞合馈电线
twisty 扭曲的, 迂回的, 盘旋的
two-action line 双向传输线
two-action translator 双向帮电机, 双向转发器
two-address {计} 二地址的
two address 双地址, 二地址
two-address instruction 二地址指令
two-address machine 二地址机
two and a half dimension system 二度半重合法
two and half dimensional core memory $2^1/_2$ 维磁心存储器, 二度半磁心存储器
two and one half dimensional core memory $2^1/_2$ 维磁心存储器, 二度半磁心存储器
two-anode 双阳极的
two armature generator 双电枢发电机
two array 二极排列 (即单极 - 单极排列)
two-axis free gyro (=TAFG) 二自由度陀螺仪
two-axis laser gyroscope 双轴激光器陀螺仪
two-ball lever 双球杆
two-band receiver 双波段接收机, 两波段接收机
two-batch truck (混凝土) 双拌运送器
two beam pulse accelerator 双 [光] 束脉冲加速器

two-beam spectrograph 双光束摄谱仪
two-bearing computer 双方位计算机
two bearings and run between 双角测向法
two-bit-time-adder 双拍加法器
two bit wide slice 二位式芯片
two-blade chopper 双叶片式斩波器
two-blade drag 双刃刮路机
two-blade grapple 双爪抓斗
two-blade properller 双叶螺旋桨
two-bottom plough 双铧犁
two-bowl scraper 双斗铲运机，双斗刮土机
two-box transmission 带副变速器的变速器
two-button filter plate 双钮滤板
two-cavity klystron 双腔速调管
two cavity oscillator 双腔振荡器
two-chamber brake 双室式制动器
two-chamber filter 双室滤波器，双腔滤波器
two-channel 双声道的，双信道的
two-channel duplexer 双信道转换开关
two-channel radiometer 双信道辐射计
two-circuit 双回路的，双槽路的
two-circuit prepayment meter 双路预付电度计
two-circuit receiver 双调谐电路接收机
two-circuit switch 双路开关
two-circuit tuner 双回路调谐器
two-circuit winding 双路绕组
two coil relay 双圈继电器
two-cold mill 双辊式冷轧机
two color tracker 双色跟踪装置
two-colour process 双色复制法
two-colour tube 双色管
two-column friction screw press 双柱式 [螺旋] 摩擦压力机
two-component 双组份的，二分力的，二分量的，二元的
two-component alloy 二元组合金
two-component system 双组份 [物] 系，二元物系
two-conductor earthed system [一线] 接地双线制
two-conductor insulated wiring system 对地绝缘的双线制
two-conductor line 双导线线路
two-conductor line twin line 双线传输线
two-conductor wiring 双线布线
two-cone bit 比牙轮钻头
two-constraints fit 二约束条件按拟合
two-control airplane 两操纵面飞机
two-coordinate tracking 双坐标跟踪
two-core (1) 双磁芯的；(2) 双活性区的
two-core cable 双芯电缆
two-core-per-bit 每位两磁芯的
two-course 双层的
two-course beacon 双向信标
two cycle 二冲程，二循环
two cycle diesel 二冲程柴油机，二程循环柴油机
two cycle generator 双频率 (50 赫和 70 赫) 发电机
two-cylinder lectron lens 双 [圆] 筒电子透镜
two-cylinder steam hammer 双缸汽锤
two-cylindrical-die thread rolling 双圆柱模滚轧螺纹法
two-daylight press 双板压榨机
two-deck classifier 双板分粒机，双板分粒器
two-deck jumbo 双层钻车
two-decked 双层钻车
two-decker 双层甲板船
two degree of freedom 双自由度，二自由度
two-degree-of-freedom (kinematic) chain 二自由度 [传动] 链
two-degree-of-freedom gyroscope 双自由度陀螺仪
two-degree-of-freedom laser gyroscope 双自由度激光陀螺仪
two-digit inflation 两位数膨胀
two-dimension 二维，二度，平面
two-dimensional 二因次的，二维的，二度的，平面的
two-dimensional cam 平面凸轮
two-dimensional chnnel 二元流管道，平面流管道
two-dimensional core memory 二度 (或二维) 磁芯存储器，线选
  法磁芯存储器
two-dimensional develment method 双向展开法
two-dimensional device 二度装置
two-dimensional die shinking milling machine 平面刻模铣床

two-dimensional display 两坐标显示器
two-dimensional distribution 二维分布，二元分布
two-dimensional flow 二维流
two-dimensional intensity 有亮度标志的两坐标显示器
two-dimensional intensity-modulated display 高度调制平面显示器
two-dimensional layout 二度空间装配，平面装配
two-dimensional lift 平面流升力
two-dimensional memory 两度 [重合] 存储器，线选法存储器
two-dimensional motion 二度空间运动，平面流动
two-dimensional optical radar 二维光雷达
two-dimensional optical squre 二向直角头
two-dimensional pantograph engraving machine 平面缩放仪刻模
  铣床
two-dimensional polymer 片型聚合物
two-dimensional problem 二维问题
two-dimensional shock 二维激震
two-dimensional space 二维空间
two-dimensional stress 双轴应力
two-dimensional surface 二维面，二元面
two-dimensionally scanned laser sensor 二维扫描激光传感器
two dimensions 二维空间
two-directions self-aligning ball thrust bearing 双球面自调心止推
  滚柱轴承
two-disk thermistor bridge 双片式热变电阻桥
two-dot chain line 双点划线
two-drum crab (1) 双卷筒提升机构；(2) 双筒卷扬机
two-edged (1) 双面的，双刃的，双锋的；(2) 有两种相反作用的, 有
  双重意义的
two-electrode 双 [电] 极的，二 [电] 极的
two electrode thermionic vacuum tube 热阴极二极真空管
two-electrode tube 双极管
two-electrode valve 二极管
two-element antenna 二元天线 (有源振子和反射器)
two-element cold-cathode tube 冷阴极二极管
two-element-difference of frame-difference-predictor 帧差预测器两
  像素差
two-element relay 双元件继电器，双线圈继电器，二元继电器
two-element tube 二极管
two-emitter transistor 双发射极晶体管
two-end hook spanner 双头勾形扳手
two-excimer 双激元
two-excimer laser 双激光激光器
two-faced 两面的
two-flame burner 叉形火焰焊炬
two flank combined error (齿轮) 两侧齿面综合误差，双面综合误差
two flank gear rolling tester (齿轮) 双面啮合检查仪
two-fluid 双流体的，双液面的
two-fold 两倍的，双重的
two-fold frequency system 双频制
two-frame gyroscope 自由陀螺仪，二自由度陀螺仪
two-frequency duplex 双频双工制
two-frequency signal generator 双频信号发生器
two-gang 双联的
two-gang condenser 双联电容器
two-gang plough 双组犁
two-gang saw 双排锯
two gap head 双隙磁头
two-gap klystron 双腔速调管
two-gear cluster 双联齿轮
two-generator equivalent circuit 双发生器等效电路
two-grid 双栅 [极] 的
two-gun oscillagraph 双电子枪示波器，双线示波器
two-hand control 双手控制器
two-hand press control 双手压紧控制器
two-handed 双手操作的
two-handed control 双手控制器
two-handed hammer 双手锻锤
two-handed press control 双手压紧控制器
two-handled 有两个捏手的，双柄的
two-head video tape recorder 二磁头磁带录像机
two-high finishing mill train 二辊式精轧机列，二重式精轧机列
two-high mill 二辊式轧机，二辊式机座
two-high plate rolling train 二辊式钢板轧机机列，二辊式钢板轧机
  机组

1476

two-high sizing mill　二辊式［型］钢轧机
two-high universal mill train　二辊万能式轧机
two-hinged　双铰的
two-input adder　双输入法加法器,半加［法］器
two-input amplitude adder　双输入端振幅加法器
two-input servo　双输入端伺服系统
two input subtracter　双输入减法器,半减［法］器
two-jaw chuck　双爪卡盘
two-jaw concentric lathe chuck　双爪［自动］同心车床卡盘
two-jaw independent lathe chuck　两爪分动车床卡盘
two-lap lapping machine　双盘研磨机
two-layer　双层的
two-layer winding　双层绕组
two-leading shoe drum brake　双自紧蹄鼓式制动器
two-legged　有两条腿的
two-legged singlephase transformer　双柱式单相变压器
two-legged transformer　双股变压器
two-lens objective　双透镜物镜
two-lens ocular　双透镜目镜
two-level　双电平的,二能级的,二层的,二级的,两级的
two-level address　二级地址,间接地址
two-level laser　二能级激光器
two-level light emitter　双能级光发射体
two-level return system　二级归零记录系统
two light lamp　双光灯泡,子母灯泡
two-line　双线的,二线的
two-line ground　双线接地
two-lip end milling cutter　双面刃端铣刀
two lip mill(=two lipped end mill)　双刃端铣刀
two-lipped drill　二缘钻头
two-lipped end mill　双面刃端铣刀,两刃瓣立铣刀
two-lipped slotting end mill　双刃端铣刀
two-liquid centrifuge　两液离心分离机
two-loop induction sounding　双回线感应探测
two-loop servomechanism　伺服机构,随动机构
two-machine jumbo　两台凿岩机钻车
two-magnet switch　双磁铁［旋转-上升］导线机
two-magnon　双磁畴
two-man ladle　｛铸｝抬包
two-master　双桅船
two-mesh filter　双节滤波器
two-motion　双动的
two-motion switch　(1) 上升-旋转选择开关,双动作选择器,两级动作开关; (2) 双磁铁［旋转-上升］导线机
two "OR" gate　双"或"门电路
two orthogonal antenna system　正交天线系统
two-package spectrometer　双束光谱仪
two-pair core　二对铁芯
two-parameter　双参数的
two part bearing　对开轴承,分轴承
two-part crankshaft　由两部分组成的曲轴
two-part mould　两箱铸型
two-part prepayment meter　双值预付电度计
two parts　两部分
two-party line　两户合用电话线,对讲电话线
two party line　两户合用线
two-pass　双行程的,双［通］道的
two-pass assembler　两次扫描汇编程序
two pass assembler　两次扫描汇编程序
two-pass condenser　两通冷凝器,双路冷凝器
two pass condenser　双流式凝汽器
two-pass stove　二转式热风炉
two-path amplifier　双［信］道放大器
two pawl ratchet gearing　双爪棘轮传动［装置］,双掣子棘轮传动［装置］
two-pen recorder　双笔记录仪
two pendulum method　双摆法
two-phase　两相的,二相的
two phase　两相
two-phase alternating current servo　双相交流伺服系统,交流双相伺服系统
two-phase circuit　两相电路
two-phase equilibrium　两相平衡
two-phase five-wire system　两相回线制

two-phase flow　二相流,二相混流
two-phase four-wire system　二相四线制
two-phase five-wire system　二相五线制
two-phase generator　两相发电机
two-phase induction motor　两相感应电动机
two-phase relay　双相继电器,双圈继电器
two-phase system　二相系统,二相制,双相系
two-phase three-wire system　二相三线制
two-phase transformer　两相变压器
two-photon laser　双光子激光器
two-phonon process　双声子过程
two-photon fluorescence　双光子荧光
two-piece　两部分组成的,剖分式的,拼合式的,双片的,二片的
two-piece bearing　对开轴承,拼合轴承,可调轴承
two-piece bearing ring　（轴承）双半套圈
two-piece drive shaft　双半传动轴
two-piece housing　剖分式外壳,拼合式外壳
two-piece inner ring　（轴承）双半内圈
two-piece outer ring　（轴承）双半外圈
two-pin driven nut　双锥控螺母
two-pipe direct downfeed system　下绘式双管供暖系统
two-pitch airscrew　双［螺］距叶飞机螺旋桨
two-pivot crank　两支承曲柄
two-pivot slider mechanism　双支承滑动机构
two-PL (=two-party line)　两户合用电话线,对讲电话线
two-plate press　双板压榨机
two-plate tractor　双犁拖拉机
two-plus-one address　二加一地址
two-plus-one address instruction　二加一地址指令
two-ply　(1) 双层胶合板,双合板; (2) 双层的,二层的,双重的,双股的
two-ply tyre　双层轮胎
two-point bearing　二点交叉定位
two-point bit　二刃钻头
two point guidance　双支承导轨
two-point perspective　两点透视
two-point threshold　两点区别阈
two-pole (=tp)　两极的,二极的
two-pole crystal filter　双极点晶体滤波器
two-port　二端对的,四端的
two-port field-effect device(=non-reciprocal field-effect device)　不可逆场效应器件
two port network　两端网络
two-port parameter　二端对网络参量,四端网络参量
two-port waveguide junction　双引出线波导管连接,双口波导连接
two-position　双位置的,二位置的
two position action　双位置作用
two position control　双位置控制,"通-断"控制
two-position controller　双位［自动］调节器,双位控制,通-断控制器
two-position regular　双位调节器
two-position relay　二位置继电器,双位继电器
two-position signal　双位式信号机
two-probe measurement　二探针测量
two-prong(ed)　双尖的,双叉的
two-pulse timer　双脉冲定时器
two-race mill　二环槽式磨碎机
two-range decca　双距离式台卡导航系统,台卡双程导航系统
two rate register　双价电度累计装置
two-region　双区的
two-resonator klystron　双腔速调管
two-resonator klystron amplifier　双谐振器速调管放大器,双腔速调管放大器
two-revolution　二回转印刷机
two-revolution press　二回转印刷机
two revolving field method　双旋转磁场法
two-roll crusher　双滚轴破碎机
two-roll screen　双辊轴筛
two-row　(1) 双行的; (2) 二区间的
two-row cotton picker　双行摘棉机
two-row potato digger　双行马铃薯挖掘机
two-row ridge drill　双行垄播机
two-scale　(1) 二进制; (2) 双标度的
two-scale notation　二进制记数法,二进制
two seat fighter　双座歼击机
two-seater　(1) 双座飞机; (2) 双座汽车

two-section　双节的, 双段的
two section choke　两节扼流圈
two-section filter　两节滤波器
two-segment electrometer　双象限静电计
two set of transformers　两组变压器
two sheave block　双轮滑车
two-sheeted　双叶的
two-shift operation　双转换操作
two shoe brake　双蹄制动器, 双蹄式刹车, 双瓦闸, 双瓦制动器
two-shot　双镜头拍摄
two-side relieving coil　双滑动臂调谐线圈
two side shear　两面切边机
two-sided　两方面的, 两边的, 双边的, 双面的, 双侧的
two-sided mosaic　两面嵌镶
two-skid undercarriage　双滑行具起落架
two space dimensions filter　(1)二维空间滤波器;(2)二维空间滤光片
two-speed　双速的
two-speed adapter lever　双速接头杆
two speed adapter shift chamber　双速接头变速室隔膜
two speed axle　(车)双速后桥, 两速后轴
two speed clutch　双速离合器
two speed controller　双速控制器
two-speed gear　双速齿轮, 二档齿轮
two-speed motor　双速电动机, 二速电动机
two-speed transmission　两档变速器
two-spindle borer　双轴　床
two-spindle boring machine　双轴　床
two-spindle centering machine　双轴定心机
two-split head　双隙[磁]头
two-spool compressor　双转子压缩机
two-spool turbojet　双级压缩机涡轮喷气发动机
two stable position　双稳定状态
two-stacked array　双层天线阵
two-stage　两阶段的, 分二期的, 双级的, 二级的, 二级的
two-stage accelerator　两级加速器
two-stage air compressor　双级空气压缩机
two-stage amplifier　二级放大器
two-stage compression　二级压缩
two-stage compressor　两级压缩机
two-stage controller　两级调节器, 两级减压器
two-stage crusher　两段破碎机
two-stage defense rocket　两级防空火箭
two-stage diffusion　两级扩散, 两次扩散
two-stage electrolytic treatment　两段电解处理
two-stage free piston　双级自由活塞发动机
two-stage gearing　两级齿轮传动[装置]
two-stage injector　二级式喷嘴, 复合喷嘴
two-stage labyrinch seal　双级曲路密封, 双级迷宫式密封
two-stage nitriding　二段氮化法
two-stage pressure-gas burner　两级压力煤气燃烧器
two-stage pump　双级泵
two-stage regulator　两级调节器
two-stage resin　二级[酚醛]树脂
two-stage servo　双级跟踪系统, 双级随动系统
two-stage supercharger　双级增压器
two-stage torque converter　二级扭矩变换器
two-start screw　双头螺纹, 复螺纹
two-start thread　二头螺纹
two-state　双稳态的, 两态的, 二态的
two-state circuit　双稳态电路, 双稳电路
two-state device　双稳态电路(或装置)
two-state variable　二状态变数, 二值变数, 二值变量
two-station side broaching machine　双式位侧拉床
two-step　二阶段的, 分二期的, 两级的, 二级的, 双级的
two-step antenna (=TSA)　二级天线, 两节天线
two-step isomeric transition　两阶梯式的同质异能跃迁
two-step nozzle　双级喷管
two-step relay　两级动作继电器, 两阶段继电器, 二级继电器
two-stream plasma　双流等离子体
two-stroke　二冲程的
two-stroke cycle　二冲程循环
two-stroke double-acting　二冲程双动的
two-stroke diesel engine　二冲程柴油发动机
two-stroke engine　二冲程发动机

two-struter　两柱式飞机
two-stub transformer　双杆变压器, 双芯变压器
two subcarrier system　双副载波系统, 双副载波制
two-supply circuit　双电源电路
two-symbol　二进位的
two-tailed test　双尾检验
two-terminal　两个接头的, 双端的, 二端的, 二极的
two-terminal device　二端网络
two-terminal line　双端线路
two-terminal network　二端网络, 两端网络
two-terminal pair network　二端对网络, 四端网络
2 THG enveloping worm gear pair　2THG型[二次包络]弧面蜗轮副
two-third　三分之二的
two-thread worm　双头蜗杆
two-three pull down system
two-throw crank　双拐曲柄, 双联曲柄
two-throw crankshaft　双联曲轴
two-thrust chamber rocket engine　双燃烧室液体火箭发动机
two-tier　双重的
two-tier exchange rate　双重汇率
two-tier foreign system　双重汇率制
two-tier gold price system　黄金双重价格制度
two-to-one frequency divider　频率减半器, 二比一分频器
two-tone detector　双音检波器
two-tone paint　两色漆, 双色涂料
two-to-one frequency divider
two-tool generator　双刀展成法切齿机
two-tool machine　双刀刨齿机
2 TOP enveloping worm gear pair　2TOP型[二次包络]弧面蜗轮副
two-trace method　双线扫描法, 双迹法
two-trace sweep　双线扫描
two-track recorder　双声迹录音机, 双声道录音机
2 TSG enveloping worm gear pair　2TSG型[二次包络]弧面蜗轮副
two-tube lens　双筒透镜
2 TVP enveloping worm gear pair　2TVP型[二次包络]弧面蜗轮副
two-unit starting and lighting system　双组起动及照明系统
two-value　二值
two-value capacitor motor　双电容式电动机
two-valued variable　二值变量
two-valuedness　双值性
two-variable computer　双变量计算机
two-vee　双V粒子
two-vector topology　二顶角拓扑
two-way　双方[面]的, 双频道的, 双向的, 双路的, 双通的, 两用的, 两路的, 二通的
two-way array　双向阵列, 平面矩阵
two way array　二向数组
two-way beam　双向梁
two-way beam pattern　合成声束图案
two-way break-before-make contact　双向先断后合接点
two-way channel　双向信道, 双向电路
two-way circuit　双向电路
two-way clamp　双极性箝位电路, 双向箝位电路
two-way clamp circuit　双向定压电路
two-way contact　切换接点
two-way cord　双芯塞绳
two-way cylindrical gear mechanism　双向圆柱齿轮机构, 双斜齿轮机构
two-way cylindrical gear unit　双向圆柱齿轮装置, 双斜齿轮装置
two-way cylindrical gears　双向圆柱齿轮, 双斜[圆柱]齿轮
two-way double-triode clamp circuit　双三极管双极性箝位电路
two-way feed　(1)双向进给;(2)两路馈电, 双端馈电
two-way horizontal deeding　双导轨水平进刀
two way interleaved access　二路交叉存取
two-way joist　双向梁
two-way layout　二无配置
two-way loudspeaker　双路扬声器
two-way make-before break contact　双向先给后断接点
two-way pulse transmission　双向脉冲发送
two-way radio　收发两用无线电电台,双向无线电设备,无线电收发设备, 双向无线电通信
two-way radio system　双向无线电通信系统

two-way receiver　交直流双频道接收机, 交直流两用接收机, 交直流两用收音机

two-way reinforcement　双向配筋

two-way relay　双向继电器

two-way reversing switch　双向转换开关

two-way slab　双向板

two-way speaker　双频道扬声器

two-way spring　双向弹簧

two-way switch　双路开关, 双向开关

two-way system　双向作用系统, 双边作用系统

two-way telephone　双向电话

two-way television　双向电视

two-way tunk line　双向中继线

two-way valve　双通活门, 二通阀, 双通阀

two wheel brake　双轮制动器

two wheel engine truck　两轮式机车转向架

two-wheel plough　双轮犁

two-wheel scraper　双轮铲运机, 双轮刮土机

two-wheel trailer booster　双轮后推助力器

two-wheel trailing truck　机车支重用的两个从轮装置

two-wheel undercarriage　双轮起落架

two-wheeler　[两轮] 拖车, 半挂车

two-winding transformer　双绕组变压器, 双线圈变压器

two-wire　二线的, 双线的, 双丝的

two-wire channel　二线制电路, 二线式通路, 双向通道

two-wire circuit　双线回路, 二线制电路, 双向电路

two-wire feeder　二线式馈线, 双绞式馈线

two-wire line　二线制电路, 双线线路

two-wire repeater　二线式增音器

two-wire system　双线制

two-wire translator　双线制帮电机

two-wire winding　双线线圈, 双线绕组

two-word list element　二字链表元

two-zone fired furnace　两带燃烧炉

two-zone furnace　双温区炉

twofold purchase　双倍四滑轮滑车组

twofold tackle　双倍四滑轮滑车组

twos complement　二补数

twyer(e)　风口

twystron　行波速调管

tygon　聚乙烯 (商品名)

tygoweld　环氧树脂复合粘合剂

tying　结, 系

tyler scale　泰勒式筛号尺寸

tymp　(1) 水冷铁铸件 (冷却渣口、风口、金属口的构件); (2) 炉口保护件

typ-　(词头) 类型, 典型, 模型

typal　类型的, 典型的

type　(1) 型, 式; (2) 型式, 型号, 类型, 序型, 式样, 模式; (3) 典型, 样本; (4) 记号, 符号, 象征, 图案, 标志, 特性, 代表; (5) 用打字机打字, 用阴模压制

type a document　打一份文件

type approval test　定型试验

type-bar　打字杆

type bar　装有铅字的连动杆, 打印杆, 铅字板

type-basket　打印字球

type bed　(印刷) 活字移动台

type case　铅字盘

type casting machine　活字铸造机

type certificate (=TC)　型式合格证, 型号证明书

type characteristic　[水轮机的] 高速运转系数

type chart　型式图表

type code time-sharing

type curves　标准曲线, 理论曲线

type cutter　活字雕刻机

type drum　活字轮, 印字轮, 字码轮, 活字鼓, 打印鼓, 字轮

type face　字样

type hammer　打字小锤

type-high　字身高度

type-high gage　活字高度量规

type material　模式材料

type metal　铅字合金, 活字合金

type, model, and series (=TMS)　型号、模型和系列

type of cooling　冷却方式

type of decay　衰变方式

type of law　律型, 律类型

type of lubrication　润滑型式

type printer　印字电报机

type-printing machine (=type printer)　印字电报机

type printing telegraph　打字电报, 印字电报

type reaction　典型反应

type-revolving press　活字轮转式印刷机

type sample　标准样品

type section　标准剖面, 典型剖面

type series　机型系列, 型式系列, 模式系列

type specimen　典型标本, 模式标本

type statement　类型语句

type symbol　标形符号

type-test　典型试验, 定型试验, 例行试验

type test　典型试验, 定型试验, 例行试验

type theory　典型理论

type II superconductor　第二类超导体

type wash　去油墨剂

type-wheel　打印字轮

type wheel　打印字轮, 活字轮, 铅字轮, 字码轮, 印字轮

type wheel printer　轮式打印机

type-word　字型, 型字

type-writer　打字机

typecase　铅字盘

typecast　浇铸铅字

typecasting　浇铸字, 铸字

typeface　字面

typefounder　铸字工

typefounding　铸字 [业]

typefoundry　铸字工厂, 铸字车间

typehead　字模

typemetal　印刷合金, 活字金, 铸字铅

typemetal alloy　活字合金

typeprinter　传真打字电报机, 印字电报机, 字母印刷机

typer　(1) 印刷装置, 印刷机, 打字机, 打印机; (2) 打字员

types of flow　流动类型

types of plain bearing　滑动轴承型式

typescript　打字稿件

typeset　排版

typesetter　(1) 排字工人; (2) 字母打印机, 排字机; (3) 显字 [电报] 机

typesetting　排字的

typesetting equipment　排字设备

typesetting machine　自动排字机, 铸排机

typetron　[高速] 字标管 (一种具有字像存储能力的阴极射线管)

typewriter (=TW)　打字机

typewriter composition　打字机排版

typewriter key linkage　打字机按键机构

typewriter metal　打字机合金 (57%Cu, 20%Ni, 3%Al, 20%Zn)

typewriting　打字工作, 打字术

typewriting apparatus　(1) 打字电报机; (2) 打字设备

typewriting telegraph　打字电报机

typewritten　打字的

TYPHON　反短程导弹系统

typhon　(1) 海上有雾信号器, 大喇叭; (2) "台风" 导弹

typical　具有代表性的, 典型的, 标准的, 代表的, 特性的, 象征的

typical circuit　典型电路

typical design　典型设计

typical form　典型型式

typical grading　典型级配

typical highway vehicle　公路标准车

typical layout　典型配置

typical operation　典型操作

typical properties　典型性质

typical-sample　典型样式

typical section　典型断面

typicality　典型性, 特征

typically　(1) 特有地; (2) 具有代表性地, 独特地, 典型地

typicalness　典型状态, 典型性

typification　典型化

typifier　典型代表者, 代表性事物

typify　成为典型, 表示特征, 象征, 代表, 预示

typing　(1) 定型化, 典型化; (2) 打字文件, 打字术

typing element　(1) 铅字单元; (2) (电动打字机的) 打印字球

typing mechanism　打字机机构
typing-paper　打字纸
typing-reperforator　电传打字收报凿孔机
typing reperforator　打印复穿机
typist　打字员
typo　(1) 排印工；(2) 排印错误,打字错误
typo-　(词头) 类型,典型,模型；(2) 排字,排印,打字
typograph　铸排机
typographer　(1) 印刷商；(2) 印刷工,排印工
typographic　印刷上的,排印上的
typographical error　印刷错误
typoscript　打字原稿,打字文件,打字体
typotelegraph　打印电报
typotron　高速字标管,显字管
tyre　(1) 车胎,轮胎,轮箍；(2) 齿圈
tyre bead　胎边
tyre bender　弯胎机
tyre bending machine　轮箍弯机
tyre bolt　轮箍螺栓
tyre boot　胎内衬片
tyre brake　轮胎制动器
tyre building machine　轮胎成形机
tyre-building room　轮胎成形车间
tyre capacity　车胎承载能力
tyre carcass　胎壳
tyre casing　外胎
tyre cement　补胎胶
tyre chain　轮胎防滑链,胎链
tyre cord　轮胎帘布线
tyre cover　外胎
tyre crane　汽车起重机
tyre-curing　硫化轮胎的
tyre cushion　胎垫
tyre fabric　轮胎胶布
tyre flange　外胎轮缘
tyre flange and tread gauge　轮箍规
tyre flap　胎内衬带
tyre flat　轮胎漏气
tyre fork　装轮胎叉
tyre gauge　(1) 轮箍规；(2) 轮胎气压计
tyre head　轮胎缘
tyre heater　(1) 热箍器；(2) 轮胎热压器
tyre heating furnace　煨轮箍炉
tyre holder　轮胎撑架
tyre hot patch　热补胎胶

tyre inflation and load data　轮胎打气及载荷数据
tyre ingot　轮箍钢锭
tyre lever　装胎杆
tyre load　轮胎负载
tyre mill　轮箍轧机
tyre mould　轮胎压模
tyre mounting　轮胎架
tyre opener　轮胎撑开器
tyre patch　肘胎片
tyre press　轮胎压机
tyre pressure　轮胎压力
tyre pressure gauge　轮胎压力计
tyre pressure watch　轮胎压力表
tyre pump　轮胎打气泵
tyre rack　轮胎架
tyre recapping machine　轮胎翻新机
tyre reclaim　轮胎再生胶
tyre regrooving machine　轮胎重新压纹机
tyre repair kit　补胎工具
tyre repair material　补胎材料
tyre repair rubber sanding drum　修胎橡皮砂磨轮
tyre retaining ring　轮箍扣环
tyre rim　轮胎钢圈
tyre ring　轮箍扣环
tyre roller　轮胎压路机
tyre rolling mill　轮箍滚轧机
tyre sleeve　(1) 轮箍套；(2) 轮胎套
tyre spoon　撬胎棒
tyre spreader　轮胎撑开器,轮胎扩展器
tyre steel　轮箍钢
tyre testing machine　轮胎试验机
tyre toe-out　轮胎外倾
tyre tread　轮胎花纹,轮胎凸纹
tyre tube　内胎
tyre valve　轮胎阀
tyre valve core　轮胎阀心
tyre valve punch　胎阀冲头
tyre vulcanizing machine　轮胎热补机
tyre wheel　罩胎轮
tyrecut　轮胎割痕
tyred tractor shovel　轮胎式拖拉挖土机
Tyrex　(美) 泰勒克斯 (高强力粘胶轮胎帘子布)
Tyroc screen　橡皮垫支架振动筛
Tyseley alloy　泰赛雷铸锌合金　(78·93%Zn,0-3%Cu,
　0-1%Mg, 4-22%Al)

U

U-abutment　U 形桥台
u-antenna　U 形天线
U-band　U[形吸收] 带
U-bar　槽钢
U-beam　槽钢
U-bend　马蹄形弯头，U 形弯头，U 形管
U-boat　(第二次世界大战时德国的) 一种潜水艇
U-bolt　U 形螺栓，马蹄螺栓
U burner　铀 235 燃烧堆
U-clamp　(1) U 形夹 [头]；(2) U 形压板
U-clevis　U 形夹头
U-core　U 形 [磁] 铁芯
U-cup packing　U 形密封圈
U-depleted residue　无铀残渣
U-form tube　U[形] 管
U-gauge　U 形压力计，U 形压力表
U-girder　U 形横梁
U-hanger　U 形吊钩
U-iron　(1) 槽铁，槽钢；(2) 凹形铁，U 型铁，水落铁
U-lag　U 形槽 (压紧螺栓用)
U-leather (= U-packing)　U 形垫密环，U 形密封圈
U level　U 水平 (可靠性水平，比标准水平高几百倍)
U-line　无载荷线，U 线
U-link　U 形连接环，U 形插塞
U-link mult. (=U link multiple)　U 形插塞复接
U-mode　(扩散信号) U 型
U-notch　U 形缺口，U 形刻槽
U-nut　U 形螺母
U-packing ring　U 形垫密环
U-panaplex　U- 帕纳普莱克斯数字板
U-pipe　U 形管
U-process　自旋反转过程，重新取向过程
U-quark　U 夸克
U-shaped　马蹄形的，U 形的
U-shaped bolt　U 形螺栓
U-shaped cage　U 形保持架
U-shaped clamp　U 形夹头
U-shaped control panel　U 形控制台板
U-shaped rail　U 形轨
U-sheet　U 形板
U-skew matrices　酉斜对称矩阵
U-slot piston　U 形槽活塞
U-spin　幺旋，U 旋
U-steel　U 形钢，槽钢
u-stirrup　U 形钢筋箍
U-strap　U 形夹管
U-symmetric matrices　酉对称矩阵
U-trap　U 形液封管，U 形存水弯，虹吸管
U-tube　U 形管，虹吸管
U-turn　180° 转弯，U 形转弯，U 形转折，改变方向
U-type fashioning bolt　U 形扣轨螺栓
U-washer　开口垫圈，U 形垫圈
Ubicon　紫外线摄像管
ubiquitous　普遍存在的，处处存在的，随遇的
ubiquity　普遍存在，无处不在，到处存在
ubitron (=undulated beam injector)　(1) 荡注管，尤皮管；(2) 波动

射束注入器
Uchatins bronze　一种锡青铜 (铜 92%，锡 8%)
Ucon oil　尤康油 (尤康公司生产的一种合成润滑油)，聚烯二醇
UD tandem　UD 串列式加速器
Udden grade scale　尤登粒级
udell　[冷凝水汽] 接受器
udometer　雨量计
udomograph　自记雨量计
UF value　滤渣值
UFO (= Unidentified Flying Object)　未查明真相的空中飞行物，未识
别飞行物，不明飞行物，飞碟
ufologist　不明飞行物研究爱好者
Ugine-Sjournet process　玻璃润滑剂高速挤压法
UH-quantum　超重量子
Uhuru satellite　自由号卫星
uintahite (=uintaite)　硬沥青
Ulbricht sphere　乌布里希球，积算球
Ulco metal　由尔科合金 (一种铅基轴承合金，含 1-2% Ba，0.5-1%
Ca，其余为 Pb)
Ulcony metal　尤尔康尼铜铅系重载荷用轴承合金 (一种铜铅轴承合金，
含 65% Cu，其余为 Pb)
ullage (=U)　(1) 油罐的油面上部的空间，水舱液面上部的空间，容器
的缺量，不足量，减量；(2) 漏损量，损耗量，容差量，漏电；(3) (用
测量蒸汽 - 空气空间的方法) 确定储罐中液体体积；(4) 气垫，气囊
ullage foot　缺量尺，测深尺
ullage pit　燃料调节池
ullage rule　不浸入液里的测深尺
ullage simulation assembly (=US/A)　气隙模拟装置，漏损模拟装置
ullaged　(容器内液体) 不满的，不足的
ullaging　根据罐空计量罐内油料量
Ullmal alloy　厄马尔铝合金 (10% Mg，1% Si，0.5% Mn，余量 Al)
Ullrich separator　弱磁性矿石环式磁造机
Ulmal　尤尔马铝合金 (镁 0.5-2.0%，锰 0-1.5%，硅 0.3-1.5%，其余铝)
ulminium　尤尔明铝合金
ulterior　(1) 在那一边的，较远的；(2) 进一步的，以后的，将来的；(3)
隐蔽的
ulterior consequence　后果
ultex　整块双焦点镜
ultimate (=ult)　(1) 临界的，极限的，最终的，最后的，最大的；(2) 基
本的，根本的；(3) 极限，终点，顶点
ultimate accelerator　末级加速器
ultimate analysis (=ult an)　元素分析，化学分析，最后分析
ultimate bearing capacity　极限承载能力，极限承载量
ultimate bending moment　极限弯 [曲力] 矩
ultimate bending strength　弯曲极限强度
ultimate capacity　(1) 极限能力；(2) 极限容量，最后容量，最大容量；
(3) 极限功率，最大功率，总功率；(4) 极限量
ultimate composition　基本化学组成
ultimate compression strength　极限抗压强度
ultimate compressive strength　抗压极限强度
ultimate design　极限负载设计，极限 [状态] 设计，极限负荷设计，极限
载重设计
ultimate detection limit　(1) 探测最大限度；(2) 探测极限条件
ultimate distribution　极限杂质分布
ultimate elongation　(1) 极限伸长，断裂伸长；(2) 极限伸长率
ultimate failure　极限失效，最终失效

1481

ultimate lift 报废前寿命，最终寿命
ultimate limit switch (= final limit switch) 极限限制开关
ultimate limit 最大极限
ultimate line 住留谱线
ultimate load 极限载荷，极限负荷，极限负载，极限承重量
ultimate-load design 极限载荷设计
ultimate moment 极限力矩
ultimate motor fuel 最优发动机燃料
ultimate output 最大功率，极限容量
ultimate pressure 极限压力，极限压强
ultimate principles 基本原理
ultimate production 总产量
ultimate range ballistic missile (=URBM) 射程无限制的弹道
　导弹，最远程弹道导弹
ultimate resilience 极限冲击韧性，极限弹性
ultimate resistance (1) 极限阻力；(2) 极限强度，强度极限；(3)
　瞬时强度
ultimate sensitivity 最大灵敏度
ultimate set 相对伸长
ultimate sink 终端散热器
ultimate strain 极限应变，临界应变
ultimate strength 极限强度，强度极限
ultimate strength design (=USD) 极限强度设计
ultimate strength factor 极限强度系数
ultimate stress 极限应力
ultimate stress limit 极限破坏应力
ultimate tensile strength (=UTS) 极限抗拉强度，抗拉强度极限，
　抗拉极限强度
ultimate tensile stress 最大抗拉应力，极限抗拉应力
ultimate tension 极限拉力，破坏拉力，极限抗拉强度
ultimate test 极限试验
ultimate torque 极限转矩
ultimate vacuum 极限真空
ultimate vacuum pressure 极限真空压力，最大真空压力
ultimate value 极限值，最大值，最后值
ultimate weapon (=ult wpn) 决定性的武器，最后的武器
ultimate working capacity 极限强度
ultimate yield 最终收缩
ultimately (=ult) 归根到底，决定地，极限地，最大地，最后地，主要地，
　基本地，毕竟，终究，最后
ultimately bounded {数} 毕竟有界的
ultimately dense 终归稠密的
ultimateness 最后状态，最后程度
ultimation 最终结果，最终状态
ultimatum 基本原理，最终结论
ultor (1) 最高压极，阳极；(2) (指阴极射线管内阳极) 最高压 [极] 的
ultra (=U) (1) 极端的，过度的；(2) 超，越 (拉丁字头)
ultra- (词头) 在……那边，超过，极端
ultra audible sound 超声
ultra-accelerator 超催化剂，超促进剂
ultra-acoustic 超声 [的]
ultra-acoustics 超声学
ultra-audible (=UA) 超过可听的，超音速的，超声的
ultra-audio wave 超声波
ultra-audion (1) 回授栅极检波器，超三极管；(2) 超再生的
ultra-audion circuit 超再生电路
ultra-audion oscillator 超三极管振荡器
ultra-calan 超卡兰 (一种绝缘材料)
ultra-centrifugal 超速离心的
ultra-centrifuge (1) 用超速离心机使分离，超速分离；(2) 超速离心机
ultra-clay 超粘土粒
ultra-clean 特净的，超净的
ultra-convergence 超收敛
ultra-elliptic 超椭圆的
ultra-fast 超速的，超快的
ultra-fast computer 超高速计算机
ultra fax 电视高速传真
ultra-fine filter 超滤管
ultra-finish 超精加工
ultra-gamma ray 超 γ 射线，宇宙线
ultra-generator 超声发生器
ultra-grating 超声光栅
ultra harmonics 特高频谱波，高次谐波
ultra-heavy 超重的

ultra high energy accelerator (=UHE accelerator) 超高能加速器
ultra-high-frequency 超高频 [的]
ultra high frequency (=UHF 或 uhf) 超高频率，特高频率 (300-3000
　MHz)
ultra high frequency amplifier (=UHF amplifier) 超高频放大器，特高
　频放大器
ultra-high-frequency doppler system (=UDOP) 超高频多普勒系统
ultra high frequency heterodyne wave meter (=UHF heterodyne
　wave meter) 超高频外差波长计，特高频外差波长计
ultra-high frequency oscillator 超高频振荡器
ultra-high frequency transmitter 超高频发射机
ultra-high pressure (=uhp) 超高压的
ultra-high speed (1) 超高速的；(2) 超高音速
ultra-high vacuum (=UHV) 超高真空
ultra-high voltage (=UHV) 超高 [电] 压
ultra-hyperbolic 超双曲 [线] 的
ultra-linear amplifier 超线性放大器
ultra-low drift amplifier 超低漂移放大器
ultra-low frequency (=ULF 或 ulf) 超低频 [的]
ultra-low viscosity oil 超低粘度油
ultra low volume (=ULV) 超低容量
ultra-magnifier 超放大器
ultra-micrometer 超微计
ultra-microscope 超倍显微镜
ultra-microscopy 超倍显微镜检验法，电子显微镜检验术，超显
　微术
ultra-microtome 超薄切片机
ultra-optimeter 超精光学比较仪，超级光学计
ultra-opto-meter 超精度光学比较仪
ultra-optometer 超精度光学比较仪
ultra oscilloscope 超短波示波器
ultra porcelain 超高频瓷
ultra-portable camera 超小型电势摄像机
ultra-precision machine tool 超精加工机床
ultra-project-meter 超精度投影比较仪，超精度光学比较仪
ultra-project meter 超精度投影比较仪
ultra project meter 超精度投影比较仪，超精度光学比较仪
ultra-pure 超高纯的
ultra-radio frequency 超无线电频 [率]，超射频 [率]
ultra-rapid lens (1) 甚大相对孔径物镜；(2) 甚大光强孔径特镜
ultra rays 宇宙线
ultra-red ray 超红外线
ultra-sensitivity 特高灵敏度，超灵敏度
ultra-short sound wave 超短声波
ultra-short wave 超短波
ultra-short wave antenna 超短波天线
ultra-sonator 超声波振荡器
ultra sonic cleaning (=USC) 超声波清洗
ultra-sonics 超声学
ultra-speed 超速
ultra-speed welding 超高速焊接，多焊条接触焊
ultra stability 超高稳定性
ultra-storage 超声存储器
ultra-subharmonic oscillation 超分谐波振动
ultra-violet (1) 紫外；(2) 紫外辐射
ultra-violet light 紫外线辐射，紫外线
ultra-violet impulse optics 紫外线脉冲光学
ultra-violet spectrograph 紫外射谱仪
ultra-short wave radio station 超短波无线电台
ultra-short wave transmitter 超短波发射机
ultra-thin (=UT) 超薄型的
ultra-trace 超痕量
ultra vires (拉丁语) 不在法律范围以内
ultra-white 超白
ultra-X ray 超 X 射线
ultraaudion 超三极管
ultrabandwidth 频带特别宽的
ultracentrifugation 超高速离心，超高速分离
ultracentrifuge 超速离心机
ultrachromatography 超色谱法，超层析法
ultracondenser 超聚光器
ultracracking 超加氢裂化
ultracrystalline 超微晶
ultradyne 超外差 (接收机)

ultrafashionable 极其流行的
ultrafast computer 超高速计算机
ultrafast recovery photodiode 超高速恢复光电二极管
ultrafax 电视 [高速] 传真电极
ultrafiche 超缩微胶片,超微卡片
ultrafilter (1)膜式过滤器,超细过滤器,超级滤网,超滤器;(2)超滤集;(3) 超滤
ultrafiltrate 超滤液
ultrafiltration 超过滤 [作用],超过滤法
ultrafine (=UF) 特细的
ultrafine filter 超滤器
ultrafinely granular emulsion 超微粒乳胶
ultrafines 超细粉末
ultrafining 超加氢精制 [法],超精炼过程
ultrafining heat treament 超细化热处理
ultragaseous 超气体的
ultrahard 超硬的
ultraharmonic (1) 高次谐波;(2) 超调谐的
ultraharmonics 超高频谐波,高次谐波
ultrahigh 超高的
ultrahigh access memory 超高速存取器
ultrahigh-energy accelerator 超高能加速器
ultrahigh frequency 超高频,特高频
ultrahigh frequency amplification 超高频放大
ultrahigh-frequency cathode ray tube 超高速阴极射线管
ultrahigh frequency triode 超高频三极管
ultrahigh frequency waves 分米波
ultrahigh pressure 超高压 [力] 的
ultrahigh-speed photographic instrument 超高速照相仪器
ultrahigh speed pulse repeater 超高速脉冲再生器
ultrahigh vacuum 超高真空
ultrahigh vacuum coater 超高真空镀膜机
ultrahigh vacuum valve 超高真空阀
ultralimit 超极限
ultralinear 超 [直] 线性的
ultralong spaced electric log 超长电极距测井
ultralow frequency 特低频,超低频
ultralumin 尤尔特拉铝合金,硬铝 (4.7% Cu, 0.75% Mn, 0.2% Ni, 余量 Al)
ultraluminescence 紫外荧光
ultramacroion 超巨型离子
ultramafic 超镁铁的
ultramagnifier 反馈放大器
ultramatic drive 超自动传动装置
ultrametamorphism 超变质
ultramicro 小于百万分之一的,超微的
ultramicro- (词头) 超微量,超微
ultramicro-analysis 超微 [量] 分析
ultramicro-crystal 超微结晶
ultramicro-determination 超微量测定
ultramicroanalysis 超微 [量] 分析
ultramicroassay 超微量测定
ultramicrobalance 超微量天平
ultramicrochemical 超微 [量] 化学的
ultramicrochemistry 超微 [量] 化学
ultramicrocoacervation 超微量凝聚
ultramicrocrystal 超微结晶
ultramicrodetermination 超微量测定
ultramicroelectrode 超微电极
ultramicrofiche 特超缩微胶片,超微缩照片
ultramicrometer 超 [级] 测微计,超微计
ultramicron 超微 [细] 粒
ultramicropore 超微孔
ultramicrorespirometer 超微量呼吸器
ultramicrosampling 超微量采样
ultramicroscope 缝隙式超显微镜,超 [级] 显微镜
ultramicroscopic 超出普通显微镜可见度范围的,超显微 [镜] 的,超微型的
ultramicroscopy 超倍显微镜检查法,电子显微镜检验术,超倍显微术
ultramicrosome 超微粒体
ultramicrospectrophoto meter 超微量分光光度计
ultramicrotructure 超微结构
ultramicrotechnique 超微技术,超微工艺
ultramicrotome 超薄切片机

ultramicrotomy 超薄切片术
ultramicrowave 超微波
ultraminiature 微型的,极小的
ultraministurized 超缩微的
ultramodern 极其现代化的,超现代化的,最新 [式] 的,尖端的
ultraoptimeter 超精度光学比较仪,超级光学计
ultraoscilloscope 超短波示波器
ultrapas 三聚氰胺树脂,甲醛树脂
ultraperm 超坡莫高透磁合金 (内含铁,镍,钼,铜)
ultraphonic 超声的,超听的
Ultraphor (西德) 乌尔拉福 (荧光增白剂)
ultraphotic 超视的,超光的
ultraphotometer 超光度计
ultraporcelain 超高频瓷
ultraportable (=up) 超便移式的,超轻便的
ultrapower 超幂
ultraprecise 超精密的
ultraprecision 超精度
ultraproduct 超积
ultrapurification 超提纯
ultrapurify 超纯度
ultrarapid 超 [高] 速的
ultrarapid flash photography 超速闪光摄影
ultrarapid picture (超速拍摄的) 慢动作影片
ultrarays 宇宙辐射,宇宙 [射] 线
ultrared 红外 [线] 的
ultrarelativistic 极端相对论 [的]
ultras 超促进剂
ultrascope image tube 紫外显象管
ultrasene 精炼煤油
ultrasensitive 超灵敏的
ultrashort 超短 [波] 的,极短的
ultrashort optical pulse 超短光脉冲
ultrashort waves (=USW) 超短波
ultrasome 超微体
ultrasonator 超声波发生器,超声振荡器
ultrasonic (1) 超声波的,超音速的,超音的;(2) 超声 [波]
ultrasonic alarm system 超声波报警系统
ultrasonic bonding (晶体管引线) 超声 [波] 焊接法,超声波焊接
ultrasonic carver 超声波加工机
ultrasonic cleaning 超声波清洗,超声波清理
ultrasonic control 超声控制
ultrasonic crack detection 超声波裂纹检测
ultrasonic depth finder 超声回声测深仪
ultrasonic dispersion 超声分散 [作用]
ultrasonic drill 超声波钻孔器
ultrasonic drilling 超声波穿孔,超声波钻孔,超声钻孔
ultrasonic drilling machine 超声波穿孔机
ultrasonic depth finder 超声测深器
ultrasonic delay line 超声延迟线
ultrasonic flaw detection 超声波 [无损] 探伤
ultrasonic flaw detector 超声波探伤仪,超声波探伤器
ultrasonic flowmeter 超声波流量表
ultrasonic frequency 超声频率
ultrasonic ga(u)ge 超声波探伤仪
ultrasonic generator 超声波振荡器,超声波发生器
ultrasonic hologram 超声全息图
ultrasonic holography 超声全息术
ultrasonic inspection 超声波探伤,超声波检验,超声波检查
ultrasonic light diffraction 超声波的光学线射
ultrasonic locator 超声波定位器
ultrasonic machine tool 超声波加工机床
ultrasonic machining 超声波加工
ultrasonic material dispersion 物质的超声波弥散
ultrasonic measurement 超声波测量
ultrasonic memory 超声波存储器
ultrasonic modulator 超声调制器
ultrasonic pen pointer 超声指示笔
ultrasonic pen-tablet [超] 声笔感应板
ultrasonic receiver 超声接收机
ultrasonic remote control 超声遥控
ultrasonic remote welding 超声遥焊
ultrasonic scanner 超声扫描装置
ultrasonic soldering 超声波焊接

ultrasonic test 超声波检验, 超声波探伤 [法]
ultrasonic tester 超声波检验器
ultrasonic testing 超声波探伤法
ultrasonic thickness gage 超声探厚仪
ultrasonic thickness gauge 超声测厚计
ultrasonic thickness meter 超声波测厚仪
ultrasonic viscometer 超声粘度计
ultrasonic washing 超声波清洗
ultrasonic wave (=UW) 超声波
ultrasonic welding 超声波焊接
ultrasonic wire drawing 超声波拔丝
ultrasonically 超音速地, 超声地
ultrasonication 超声破碎法
ultrasonics 超声波研究, 超声波使用, 超声 [波] 学
ultrasonogram 超声记录图
ultrasonograph 超声图记录仪, 超声频记录器
ultrasonography 超声波扫描术, 超声波影像, 超声频录声
ultrasonoholography 超声全息术
ultrasonoscope 超声波探伤仪, 超声波探测仪, 超声图示仪
ultrasonoscopy 超声显示技术, 超声显象
ultrasonovision 超声电视
ultrasound 超声 [波]
ultrasounding 超声处理
ultraspatial 超空的
ultraspeed 超高速度, 超速的, 高速的
ultrapherical polynomial 特种球多项式
ultrastability 超高稳定性, 超 [高] 稳定度
ultrastable system 超稳定系统
ultrastrength 超强度
ultrastrength material 超强度材料
ultrastrong interaction 超强相互作用
ultrastructure 亚显微结构, 超微结构
ultrasweetening 超级脱硫
ultratek 镍基合金
ultrathermometer 限外温度计
ultrathin 超薄的
ultrathin laser 超薄激光器
ultrathin membrane 超薄膜
ultrathin section 超薄切片, 膜片
ultraudion (1) [三极管] 反馈线路; (2) 三极管回授式检波器
ultravacuum 超真空 (10-6 托)
ultraviolet (=UV) (1) 产生紫外线的, 紫外 [线] 的; (2) 紫外线
ultraviolet absorption 紫外线吸收
ultraviolet and visible detector 紫外及可见光检测器
ultraviolet detection 紫外辐射探测
ultraviolet floodlight (=UV LT) 紫外线泛光灯
ultraviolet image 紫外线影像
ultraviolet injury 紫外线损伤
ultraviolet lamp (= Uviol lamp) 紫外线灯
ultraviolet laser 紫外激光器
ultraviolet light 紫外辐射, 紫外光, 紫外线
ultraviolet microscope 紫外光显微镜
ultraviolet photoelectron spectroscopy 紫外光电子能谱学
ultraviolet photomicrography 紫外 [线] 显微照相术
ultraviolet photomultiplier 紫外光电倍增管
ultraviolet pick-up tube 紫外摄像管
ultraviolet pumping 紫外线抽运, 紫外线泵浦
ultraviolet radiation 紫外辐射
ultraviolet radiation 紫外线辐射
ultraviolet recorder 紫外线记录仪
ultraviolet rays 紫外线
ultraviolet sensitive image tube 紫外敏感成像管
ultraviolet spectroscopy 紫外线光谱法
ultraviolet transition 紫外跃迁
ultraviolet visible interference method 紫外 - 可见光干涉法
ultraviscoson 振动式粘度计, 超声粘度计
ultron 波导耦合正交场放大管
umbilical (=umbl) (1) 控制用的, 操纵用的; (2) 地面缆线及管道, 临时管 [道及电] 缆, 供应联缆, 操纵缆; (3) 脱落插头
umbilical cable (=UC) 连接电缆, 临时管缆
umbilical connector 临时管道及电缆连接器
umbilical cord (1) (导弹发射前检验内部装置用) 控制电缆, 操纵缆; (2) (与空间飞行器舱外工作的宇航员联系并供氧) 供应联系缆
umbilical ejection relay assembly (=UERA) 控制发射继电器组件

umbilical junction box (=UJB) 连接电缆接线箱
umbilical point { 数 } 球面点, 脐点
umbrascope 烟尘浊度计
umbrascopy (1) X 光透视检查; (2) 视网膜镜检查
umbrella (1) 伞形挡油片, 伞形物; (2) 保护伞, 掩护幕, 火力网; (3) 罐笼顶盖, 烟囱顶罩, 通风罩; (4) 伞状的, 伞的; (5) 机构庞大的, 综合的, 总的; (6) 用保护伞保护, 掩护
umbrella antenna 伞形天线
umbrella barrage 防空火 [力] 网
umbrella core 伞状泥芯
umbrella effect 伞形效应
umbrella patent 要求全面保护的专利
umbrella stand 伞架
umbrella type 伞型
umbrella-type generator 伞式水轮发电机
umbrella-type alternator 伞形交流发电机
umbrella wire 伞骨钢丝
umbriferous 有阴影的, 投影的
umformer 直流变压器, 交换器, 变换器, 变流器
umho 微欧姆 (电导单位的符号)
Umklapp process 碰撞过程, 倒逆过程
umladung 电荷交换
UN (=United Nation) 联合国
un- (词头) (1) 缺乏, 无, 不, 非, 未; (2) 相反; (3) 解除, 丢失, 废止; (4) 彻底
un-by-passed cathode resistor 无旁路的阴极电阻
un-negated 非否定的
un-seasonableness 不合时宜
un-seaworthiness 不适于作海上航行
un-settlement 未确定的行动, 未确定的过程, 未确定的事例
un-shapeliness 不成形状的性质, 不成形状的状态
un-skill 不熟练, 不灵巧, 无技能
un-soundness 不可靠, 不健全, 缺陷
un-spaced 不留间隔的, 不分开的
un-specialized 非专业化的
un-specificness 非专门性, 无特殊
un-spent 没有消耗完的
un-spring 压弹簧使松开
un-vouched 未被证明的
una 紧急电报, 加急电报
unabated 未减轻的, 未减弱的, 未降低的, 不减少的, 不衰退的
unabbreviated 未经省略的, 未经缩写的, 未经删节的, 全文拼写的
unabiding 不持久的, 瞬息的, 短暂的
unable 不能胜任的, 没有办法的, 无能力的, 不能的, 不会的
unabridged 未省略的, 未删节的, 完全的
unabsorbed 未 [被] 吸收的
unaccelerated 未加速的
unaccelerated stability 无加速稳定性
unacceptable 不令人满意的, 不能接受的, 不受欢迎的, 难承认的, 不合格的
unaccommodated 不供应必需品的, 缺乏必需品的, 无设备的, 不适应的, 不适合的
unaccomplished 未完成的, 无成就的, 无才能的
unaccountability 难以说明性, 难以说明状态
unaccountable (1) 无法解释的, 不能理解的, 莫明其妙的; (2) 没有责任的, 不负责任的
unaccounted 未说明的, 未解释的, 未计入的
unaccounted-for 未加说明的, 未说明的, 未了解的, 未发现的, 未计入的
unaccustomed 非惯例的, 不习惯的, 不寻常的, 奇异的
unacknowledged 未公开承认的, 不被人承认的, 未确认的, 未答复的
unacquaintance 不熟知的性质, 不熟知的状态
unacquainted 不熟悉的, 不知道的, 不认识的, 陌生的
unacted 未付诸行动的, 未受影响的, 未实行的
unactivated 不产生放射性的, 未激活的, 未活化的
unactivated state 未激活状态
unactuated 未经激励的, 未开动的, 未推动的
unadaptable 不能适应的, 不能改编的
unadapted 未经改编的, 不适应的, 不适合的
unadjustable 不可调节的, 不可调整的
unadjusted 未调整的, 未平差的
unadmitted 不让进入的, 未被承认的
unadopted 未采用的
unadorned 没有装饰的, 未被装饰的, 不加渲染的, 原来的, 自然的, 朴素的

unadulterated　没有掺杂的, 纯粹的, 真正的, 十足的

unadvisable　没有好处的, 不妥当的, 不得当的, 不适宜的

unadvised　未经商量的, 不审慎的, 轻率的

unaffected　(1) 未受影响的, 未感光的, 未改变的, 不变的; (2) 真实的, 自然的

unaflow　单流, 直流

unaided　无助的, 独力的

unallowable　不能允许的, 不能承认的

unallowable instruction check　非法组合校验

unallowable instruction digit　非法字符

unallowed　不允许的

unalloyed　非合金的

unalloyed steel　非合金钢

unalterable　不可改变的, 难移的

unalterable element　系统中的不变部分

unaltered　未改变的, 不变的, 照旧的

unambiguity　无歧义性

unambiguous　(1)不含糊的, 不模糊的, 清楚的, 明显的, 明确的, 明白的; (2) 无歧义的, 单意义的, 单值的

unanalyzable　不能分析的, 不能解析的, 不可分解的

unanchored　非锚定的

unanchored sheet piling　无锚定桩

unanimity　一致意见, 无异议, 一致

unanimous　无异议的, 同意的, 一致的

unannealed　未退火的, 不退火的

unannounced　未经宣布的, 未通知的

unannounced satellite　间谍卫星, 秘密卫星

unanswerable　无法回答的, 无可辩驳的, 没有责任的

unanswered　(1) 未答复的, 无回答的, 未驳斥的; (2) 无反响的, 无反应的

unappealing　不能打动人的, 无吸引力的

unappeasable　制止不住的, 不能满足的

unapplicable　不适用的

unapprehended　未被理解的, 未被领会的

unapprehensive　(1) 理解力差的, 反应迟钝的; (2) 不怀疑的

unapproachable　不可匹敌的, 不能接近的, 难接近的

unapproved　未经批准的, 未经同意的, 未经承认的, 未经允许的, 未核准的

unapt　(1)不合适的, 不恰当的; (2)不至于的, 未必的; (3)不适于的, 迟钝的

unarguable　不可论证的, 无可争辩的

unarm　未解脱保险, 解除武装, 放下武器

unarmed　手无寸铁的, 非武装的, 徒手的

unarmoured　非装甲的, 无装甲的

unarmoured cable　非铠装的电缆

unartificial　非人工的, 非人为的, 自然的

unary　单种分子的, 单组分的, 一元的, 一项的, 单元的

unary array　一维数组

unary minus operator　一目减算符

unary minus quadruple　一目减四元组

unary operation　一目运算, 一元运算

unary operator　一元运算符, 一目运算符, 一元算子

unasked　主动提出来的, 未经要求的, 未受邀请的

unasailable　无争论余地的, 不容置疑的, 不容否认的, 不可辩驳的, 无懈可击的

unassembled　(1) 未装配的, 未组装的; (2) 未接合的; (3) 未集合的

unassignable node　非赋值节点的

unassigned　未分配的, 未给定的, 未指定的, 未选定的

unassigned storage site　非赋值存储位置

unassisted　无助的, 独力的

unassociated　无联系的, 无缔合性的, 未缔合的

unassorted (=u/a)　未分类的, 未分选的, 未分级的

unassured　(1) 未得保证的, 无把握的, 不确定的; (2) 无保险单的, 未保险的, 不安全的

unattached　不从属于任何事物的, 无关系的, 无联系的, 不连接的

unattackable　耐腐蚀的, 耐侵蚀的

unattainability　不可达到性, 不可到达性

unattainable　不能完成的, 达不到的, 难达到的

unattended　无人值班的, 无人管理的, 无人监视的, 无人驾驶的, 未被注意的, 无随员的, 自动化的

unattended automatic exchange　无人值班自动电话交换台

unattended equipment　独立工作设备, 自动化设备, 自动装置

unattended operation　无人值班的运行, 全自动化工作, 全自动工作

unattended power station　无值员员的发电站

unattended radar　无人值守的雷达

unattended relay station　无人监视中继站

unattended repeater　无人站增音机

unattended repeater station　无值班员增音站

unattended stand-by time　非工作时间, 空闲时间

unattended substation　无人值班变电所

unattended time　待修时间

unattenuated　未变稀薄的, 未变细的, 未变弱的, 非衰减的, 无衰减的

unattractive　不引人注意的, 无吸引力的

unauthorized (=unauthd)　未经批准的, 未经许可的, 未经公认的, 未被授权的

unauthorized access　非权威存储, 越权存储

unavailability　不能利用性, 无效

unavailable　不能利用的, 没有用的, 无效的

unavailable energy　无用能

unavailable part　不可用部分

unavailling (=unavailing)　无益的, 无效的, 无用的, 白费的, 徒劳的

unavoidability　不可避免性

unavoidable　(1) 不可避免的, 不得已的; (2) 不能废除的, 不能取消的

unawakened　未被激发的, 潜在的

unaware　没有察觉的, 没有意识的, 没注意的, 不知道

unawares　(1) 出其不意的, 没想到, 不料, 意外, 突然, 忽然; (2) 不知不觉, 无意之中

unbacked　无靠背的, 无支持的, 无衬的, 无助的

unbacked shell　不填砂壳型

unbaffled　无导流片的, 无挡板的, 无阻板的, 未受阻的, 未失败的

unbalance　(1) 不平衡性, 不平衡度, 不平衡, 失衡, 失配, 失调; (2) 适配误差, 平衡差度, (3) 不对称性

unbalance response　不平衡反应, 不平衡特性

unbalance vane pump　不平衡型叶片[油]泵

unbalanced　(1) 不平衡的, 不均衡的, 不稳定的, 不可靠的, 不匹配的, 失衡的; (2) 未决算的

unbalanced attenuator　非对称衰减器, 不平衡衰减器

unbalanced brake　不平衡制动器

unbalanced bridge　不平衡电桥, 失衡电桥

unbalanced circuit　不平衡电路

unbalanced factor　不平衡因素

unbalanced force　不平衡力, 不均衡力

unbalanced gasoline　分馏不良的汽油

unbalanced line　不平衡线路

unbalanced load　不平衡荷载, 不均匀荷载

unbalanced moment　不平衡力矩

unbalanced modulator　不平衡调制器

unbalanced network　不平衡网络

unbalanced operation　不对称运行

unbalanced output　非平衡输出, 非对称输出

unbalanced phase　不平衡的相

unbalanced system　不平衡系统, 不对称系统

unbalanced three-phase circuit　不平衡三相电路

unbalanced-throw screen　惯性筛

unbalancedness　不平衡性, 不平衡度

unbar　扫除障碍, 使畅通, 打开

unbeaconed　无标志的

unbearable　不能忍受的, 承受不住的

unbeatable　(1) 不会被击败的, 打不垮的; (2) 不能锤成箔片的; (3) 无与伦比的

unbeaten　(1) 未被打破的, 未被超越的, 无敌的; (2) 未捣碎的

unbeaten track　未经探索的领域

unbecoming　不相称的, 不适当的, 不合适的, 不匹配的

unbefitting　不适当的, 不合适的, 不相称的

unbeknownst　不为所知的, 未知的

unbelief　不信, 怀疑

unbelievable　难以相信的

unbelieving　没有信心的, 不相信的, 怀疑的

unbend　(1)展平, 伸直, 弄直, 变直, 放直, (2)松弛, 放松, 解开, 卸下

unbended　(1)弄直, 校直, (2)放松, 解开, 卸下

unbender　矫直机

unbending　(1)不易弯曲的, 笔直的, 坚硬的; (2)不屈不挠的, 坚定的; (3) 松弛的

unbent　(1)不弯的, 直的; (2)松弛的; (3)不屈服的

unbiased　无系统误差的, 未加偏压的, 无偏压的, 未偏置的, 无偏的, 不偏的

unbiased error　无偏误差

unbiased estimate　无偏估计

unbiased estimation　无偏估计
unbiased estimator　无偏估算量
unbiased ferrite　非磁化铁
unbiased sample　无偏样本
unbiased statistics　无偏统计
unbiased test　无偏检验
unbiased variance　无偏方差
unbiassed (=unbiased)　无系统误差的, 未加偏压的, 无偏压的, 未偏置的, 无偏的, 不偏的
unbiassed critical region　无偏临界区 [域]
unbiassed error　非系统误差, 无偏误差
unbiassed importance sampling　无偏重要性抽样
unbiassed variance　无偏方差, 均方差
unbias(s)edness　不偏性
unbidden　未受命令的, 未受邀请的, 未受指使的, 自愿的, 自动的
unbind　解开, 松开, 解放, 释放, 拆散
unbitted　不受控制的, 不受约束的
unblanking　(1) 增辉; (2) (信号) 开启, 开锁, 启通; (3) 不消稳
unblanking circuit　正程增辉电路
unblanking mixer　开锁混频器, 开启混频器, 开启混频管
unblanking of forward sweep　正程增辉
unblanking pulse　启辉脉冲
unbleached　未漂白的, 原色的
unblemished　没有缺点的, 没有污点的, 无瑕疵的
unblended　未掺合的, 未混合的
unblended asphalt　未参配地沥青
unblind　截断符号, 无效符号
unblock　不堵塞, 开启, 开放, 接通, 解锁
unblocked area　非堵塞截面
unblocked level　开启电平
unblocking　(1) 块的分解, 分组, 分部, 区分; (2) 开锁, 开启, 接通; (3) 非封锁的
unbodied　脱离现实的, 无实体的, 无形体的
unbolt　取下螺栓, 卸掉螺栓, 旋脱螺丝, 松栓, 打开
unbolted　(1) 卸掉螺栓的, 未上栓的; (2) 未筛过的, 粗糙的
unbonded　(1) 未粘合的, 未粘着的; (2) 无束缚的, 无约束的, 自由的
unboosted rocket　无助推器的火箭
unboosted vehicle　无助推器的导弹
unbound　(1) 未结合的, 非结合的, 未连接的, 未装订的, 散本的; (2) 无束缚的, 无约束的, 不耦合的, 被释放的, 自由的, 游离的
1486
unbound water　非结合水
unbounded　(1) 无界的, 无边的; (2) 不受限制的, 不受控制的, 非固定的, 无限制的, 无止境的; (3) 无束缚的, 游离的, 自由的
unbounded covering surface　无界覆盖面
unbounded electron　自由电子
unbounded strain gauge　应变计, 伸长计
unboundedness　无界性
unbowed　未被征服的, 未被打败的, 不屈服的, 不弯的
unbrace　不加支撑, 使松懈, 松弛, 放松, 解开
unbraced length　无支撑长度, 无支承长度, 自由长度
unbreakable　不易破碎的, 不会破损的, 不可破坏的, 不破裂的
unbridgeable　不可逾越的
unbridle　不加约束, 放纵
unbroken　(1) 未破坏的, 未破损的; (2) 不间断的, 连续的, 不断的; (3) 未被打破的, 未违反的
unbroken curve　连续曲线
unbroken notch　不破裂缺口
unbuckle　解开带扣
unbuffered　无缓冲装置的, 不含缓冲剂的, 未缓冲的
unbugeability　不能丝毫移动性
unbuild　(1) 剩磁损失; (2) 消磁; (3) 破坏, 毁坏, 拆毁, 摧毁
unbuilding　(1) 剩磁损失; (2) 消磁; (3) 自励损失; (4) 破坏, 损坏
unbuilt　无建筑物的, 未建造的, 未建成的
unbundle　(1) 价格分开, 分定价格 (指计算机的硬件, 软件的价格); (2) 分门别类; (3) 非附随
unbundled program　非附随程序
unburden　卸去负担, 卸货
unburn　未燃烧, 未燃尽, 不燃
unburnable　烧不掉的
unburnedness　未燃尽 [程] 度
unburnt　未灼烧的, 未燃烧的, 未燃过的, 未烧透的, 欠火的, 未燃的
unburnt brick　未烧透砖, 欠火砖
unbusinesslike　工作效率不高的, 无条理的
unbutton　打开孔顶盖, 打开孔隙

unbuttoned　无约束的, 放松的
unbypassed　无并联电阻的, 无旁通管的, 无旁路的, 无回路的, 无分路的, 非旁路的
unbypassed cathode resistance　未加旁路阴极电阻 [器]
uncage (=UNCG)　卸笼, 卸罐, 释放, 松锁, 松开, 放松, 解除, 分离, 放出
uncaging　(1) 卸罐; (2) 释放, 放松, 解除
uncalculated　未经事先考虑的
uncalled　(1) 未被要求的, 未经请求的, 不适宜的, 不需要的; (2) 没有理由的, 无缘无故的
uncalled-for　没有理由的, 无缘无故的, 不适宜的, 不必要的, 多余的
uncambered　不向上弯的, 不成弧形的, 平的
uncambered bottom　平底 [部]
uncanned　剥去外壳的, 无外壳的
uncap　(1) 打开盖子; (2) 取出火帽, 取出底火; (3) 透露
uncapped　未封管壳的, 无管帽的, 开盖的
uncared-for　没人照顾的, 没人注意的, 被遗忘的, 被忽视的
uncart　从车上卸下
uncase　(1) 打开壳体, 开箱; (2) 从壳体里把零件取出来; (3) 使露出, 展示
uncased　未罩外壳的, 已去外壳的, 无外壳的, 无套管的, 未装箱的, 露出的
uncased hole　未下套管的井, 裸孔
uncased pile　无壳套桩
uncatalog(u)ed　未列入目录的, 目录上没有的
uncatalyzed　未受触媒作用的, 未催化的, 非催化的
uncate　钩形的, 钩状的, 有钩的
uncaused　无前因的, 非创造的, 自存的
unceasing　不停的, 不断的, 不绝的
uncemented　未胶结的
uncensored　未经审查的, 未经检查的, 无保留的, 不拘束的
uncentering　未聚于一点的, 不在中心, 拆卸拱架
uncertain　(1) 不能断定的, 难于辨别的, 不确定的, 不明白的, 含糊的; (2) 不可靠的, 不可辨的, 易变的, 多变的
uncertain region　不可辨区, 不确定区域, 不确定范围
uncertainty　(1) 不确定因素, 不确定性, 不确定度, 不定性, 不定度; (2) 不精确性, 误差; (3) 测不准原理, 不可测性; (4) 不清楚, 不明确, 不确知, 不确定
uncertainty principle　不确定性原理, 测不准原理
uncertainty relation　不定关系
unchain　解开锁链, 解开束缚, 释放, 解放
unchallenged　没有引起争论的, 不成为问题的, 无异议的
unchamfered　未斜切的, 未倒角的, 无坡口的
unchamfered butt weld　无坡口对接焊
unchancy　不幸的, 倒霉的, 危险的
unchangeability　不可改变性
unchangeable　不能改变的, 不变的
unchanged　没有变化的, 不变化的, 未改变的
unchanging　不变的
unchanging bench mark　固定水准基点
uncharacterized　不表示特性的, 不特殊的, 不典型的
uncharge　(1) 解除负担, 卸货, 起货, 卸载, 抛出; (2) 放电
uncharged　(1) 不带电荷的, 未充电的, 未带电的, 不带电的; (2) 没有负荷的, 无负载的, 无载荷的; (3) 未装弹药的; (4) 不付费用的
uncharged particle　不带电粒子
uncharged-particle radiation　不带电粒子辐射
uncharged state　未充电状态
uncharted　(1) 海图上未标明的, 未经探查和绘图的; (2) 未知的, 不详的
unchaste　不简洁的
unchecked　(1) 未受抑止的, 未受制止的; (2) 未经检验的, 未经检查的, 未经核对的
unchock　除去楔子, 除去塞块, 除去堵塞, 除去阻塞
unchoking effect　消拖流效应, 去拖流作用
unchopped beam　连续射束
unchopped radiometer　非调节辐射计
unciferous　有钩的
unciform　钩形的, 钩状的
uncinate　钩形的, 钩状的, 有钩的
uncircumstantial　不详尽的, 非细节的
unclamp　松开 (夹子等), 放开
unclasp　放松, 放开, 解开, 脱开, 打开, 散开, 解扣
unclassed　未归类的
unclassified (=U)　(1) 未列入保密级的, 不保密的, 一般性的, 公开的;

(2) 不分类的, 未分类的, 无类别的, 普遍的

unclassified document 非机密性文件, 非保密性文件

unclassified specimen 不分类的样品, 不分类的样本

unclassified technical order 一般性技术规程

unclean 含糊不清的, 不洁的, 肮脏的

unclean bill of lading 不洁提单

unclean surface 有缺陷表面, 不洁表面

uncleanliness 不洁净的性质, 不洁净的状态

unclear 不清楚的, 不明白的, 难懂的

unclench 弄开, 撬开, 松开

unclipped noise 未整流的噪声电压

unclog 清除堵塞物, 清除障碍物, 清 [除] 油污

unclose 打开, 露出, 泄露

unclosed (1) 未闭合的, 未结束的, 未关的, 开着的; (2) 开阔的

unco (1) 不知名的, 奇异的, 异常的; (2) 值得注意的, 显著的; (3) 非常, 极

unco-ordinated 未测坐标的, 未调整的, 不同等的, 不对等的, 不同位的, 不并列的, 不协调的

uncoated 无覆盖的, 无涂层的, 无敷层的, 无磁层的, 裸露的

uncoated laser 不镀膜激光器

uncoated lens (1) 不镀膜透镜; (2) 不镀膜物镜

uncoaxiality 不同轴性

uncoded output 未编码输出

uncoded word 未编码字

uncoil 解开, 解卷, 展开, 展卷, 开卷, 拆卷, 开捆, 解捆, 伸展, 伸直, 拉直

uncoiled molecular 非盘曲型的分子, 伸直的分子

uncoiler 展卷机, 开卷机, 拆卷机

uncoiling 解卷, 伸直

uncoiling of molecule 分子的伸直

uncollimated 未经准直的, 非准直的, 未瞄准的

uncolo(u)red (1) 未加颜色的, 未着色的, 未染色的, 无色的, 本色的; (2) 没有修饰的, 原样的

uncombined 未化合的, 未组合的, 未结合的, 未连接的, 未耦合的, 无耦合的, 无联系的, 游离的, 分离的, 自由的

uncombined carbon 游离碳

uncombined core block 自由磁芯块

uncombined oxide cathode 简单氧化阴极

uncome-at-able 难达到的, 难接近的

uncomely 不恰当的, 不合宜的

uncomfortable 不舒适的, 不方便的, 不愉快的, 不自由的, 不安的

uncommercial 违反商业信誉的, 非商业 [性] 的, 非营利的

uncommercial call 非商业通话

uncommitted (1) 不负义务的, 不受约束的; (2) 独立的, 中立的, 自由的

uncommitted storage list 自由存储表

uncommon 不普通的, 不平常的, 非常的, 罕见的, 难得的, 稀有的, 显著的

uncommon metal 稀有金属

uncommonly (1) 稀罕, 难得; (2) 显著地, 非常, 极

uncompacted 未压实的, 不密实的

uncompensated 无补偿的, 非补偿的, 无报酬的

uncompensated amplifier 无补偿放大器

uncompensated brake linkage 无补偿的制动拉杆系

uncompensated flowmeter 无补偿流量计

uncompleted orbit 未满轨道

uncomplicated 不复杂的, 简单的

uncompromising 不妥协的, 不让步的, 不调和的, 坚定的, 坚决的

unconcern 不感兴趣, 不关心, 无关系

unconcerned (1) 不感兴趣的, 不关心的, 冷淡的; (2) 没有关系的, 不相关的

uncondensable 不可冷凝的, 不可凝结的

uncondensed 不凝结的, 不凝缩的

uncondition statement {计} 无条件语句

unconditional 无条件的, 无限制的, 无保留的, 绝对的

unconditional branch 无条件转移

unconditional jump 无条件转移

unconditional-jump instruction {计} 无条件转移指令

unconditional stability 无条件稳定

unconditional stability criterion 绝对稳定准则

unconditional transfer 无条件转移

unconditional transfer instruction 无条件转移指令

unconditionality 无条件的性质, 无条件的状态

unconditionally stable 无条件稳定的

unconditionally-stable amplifier 无条件稳定的放大器

unconditioned 无条件的, 无限制的, 无保留的, 绝对的

unconfined 没有容器装置的, 不受限制的, 不封闭的, 无约束的, 无限制的, 无侧限的, 敞口的, 自由的, 松散的

unconfined compression test 无侧限缩试验, 无侧限压力试验, 无侧限抗压试验

unconfined compressive strength 无侧限抗压强度

unconfined compressive test 无侧限压缩试验, 无侧限压力试验, 无侧限抗压试验

unconfined water body 非承压水体

unconfirmed 未最后认可的, 未最后确认的, 未证实的

unconformability (1) 不一致性; (2) 不整合

unconformable 不一致的, 不整合的

unconformity (1) 不一致性; (2) 不整合

uncongealable 不可冻结的

uncongeniality 不合宜性

unconnected 不连接的, 不连通的, 不连贯的, 分离的

unconquerable 不可征服的, 不可战胜的, 克服不了的, 压抑不住的

unconscionable 不合理的, 不公正的, 过度的, 极端的

unconscious (1) 不知不觉的, 无意识的; (2) 不知道的, 未发现的

unconservative 不稳健的, 不防腐的

unconsidered 不值得考虑的, 未经思考的, 可忽略的

unconsolidated 未固结的, 不凝固的, 松散的

unconstant 随机变化的, 无规则的, 不恒定的, 常变的

unconstrained 出于自然的, 不受约束的, 无约束的, 非强迫的, 自发的, 自动的, 自由的

unconstrained chain 不限定链条

unconstrained minimization 无约束极小化

unconstrained restoration 不加条件修复 [法]

unconstraint 不受约束, 不受限制, 无约束, 自由

uncontaminated 无有害物的, 没有污染的, 未被污染的, 未污染的, 无杂质的, 不脏的, 洁净的

uncontamination 非污染

uncontemplated 未经思考的, 未料想到的, 意外的

uncontested 无竞争的, 无异议的

uncontinuity 不连续性

uncontinuous 不连续的, 间断的

uncontinuous change (1) 有级变速, 阶段变速; (2) 阶段变化, 间断变化

uncontrol 缺少控制

uncontrollability 难以控制性

uncontrollable 无法控制的, 不受控制的, 不可控制的, 不可调节的

uncontrolled 未经检查的, 不受控制的, 无控制的, 自由的

uncontrolled missile booster 无控导弹助推器

uncontrolled motion 无控运动

uncontrolled rocket 无控火箭

uncontrolled rectifier 非稳压整流器

uncontrolled ventilation 自然通风

unconventional 异乎寻常的, 非常规的, 非规范的, 破例的

unconverged blue spot 失聚蓝荧光点

unconverted 无变化的, 未改变的, 不变的

unconvertible 不能变换的, 不能兑换的, 难变换的

uncool 没有把握的, 没有信心的

uncooled 未冷却的, 未冷凝的

uncooled detector 非致冷探测器

uncooled motor 非冷却式发动机

uncooled parametric amplifier 常温量参放大器, 非冷量参放大器

uncooperative 不合作的, 不配合的

uncooperative satellite 非协同卫星, 秘密卫星

uncord 解开, 松开

uncork (1) 拔去塞子, 开 [瓶] 口; (2) 透露, 披露

uncorrectable 不可挽回的, 不可弥补的

uncorrectable error 不能改正的误差, 不能修正的误差, 不可校正的误差, 无法校正的错误, 不可校错误

uncorrected (=uncor) 未改正的, 未修正的, 未校正的, 未调整的

uncorrected error 漏校错误

uncorrected gear 非修正齿轮

uncorrelated 非束缚的, 无关联的

uncorrelated electron 无关联电子, 非束缚电子, 自由电子

uncorrelated variables 不相关变量

uncorroded 没有腐蚀的, 未受腐蚀的, 不腐蚀的

uncorruptable 不易腐蚀的

uncorruptness 不腐败的性质, 不腐败的状态

uncountable 不可计数的, 无法估量的, 无数的, 数不清的

uncountable aggregate {数} 不可数集

uncounted　(1) 数不清的, 无数的；(2) 没有数过的

uncounterweighted crank shaft　无平衡重曲轴

uncouple　(1) 解除连接, 解除联系, 解除挂钩, 拆开, 脱开, 解开, 断开, 分开, 离开, 展开, 分离, 分解, 松脱, 拆散, 分散；(2) 未耦合, 去耦合, 解耦合, 不联接

uncoupled axle　不连轴, 自由轴

uncoupled level chain　起钩杆链

uncoupled mode　非耦合模式

uncoupled oscillations　(1) 非耦合振荡, 自由振荡；(2) 解耦合振荡

uncoupled particle　非约束粒子, 解耦合粒子

uncoupled wheel　游滑轮

uncoupler　解耦联剂

uncoupler lever　起钩杆

uncoupling　(1) 去耦合, 退耦合；(2) 拆开, 解开, 分离, 松开, 脱钩

uncoupling chain　脱开联轴节 [后] 的传动链, 联结器分离链

uncoupling device　分离装置

uncoupling gear　放松机构, 脱开装置

uncoupling lever　分离 [离合器的] 操纵杆, 离合器开关杆, 互钩开关杆

uncoupling lever arm　互钩开关杆臂, 离合器开关杆臂

uncoupling rigging　脱钩机构

uncover　(1) 揭去覆盖物, 除去盖料, 揭盖；(2) 脱帽；(3) 揭露, 暴露, 露出, 露面, 剥离, 开拓

uncover mistakes　揭露错误

uncover station　未被公认的无线电台, 业余无线电台

uncovered　(1) 无覆盖物的, 无外壳的, 无掩护的, 无盖的；(2) 不在服务范围之内的, 未经保险的

uncovered symbol　暴露符号

uncovered wire　无绝缘导线

uncovering　(1) 剥离；(2) 开拓；(3) 未覆盖的, 裸露的

uncowled　无盖的, 无罩的

uncracked　未裂开的, 未开裂的, 无裂缝的

uncracked asphalt　未裂化沥青

uncrate　拆箱

uncreated　尚未被创造的, 尚未产生的, 非创造的, 永存的

uncritical　无批判力的, 不加鉴别的

uncross　使不交叉

uncrossed　不受阻挠的, 不交叉的, 不划线的

uncrushable　压不碎的

uncrystallizable　不能结晶的

uncrystallized　不可结晶的, 非晶的

unction　(1) 涂油脂, 涂油膏；(2) 油脂性；(3) 油膏, 软膏

unctuosity　(1) 油性；(2) 润滑性

unctuous　(1) 含油脂的, 油性的, 油质的, 腻滑的；(2) 塑性的

unctuousness　(1) 油性, 润滑性；(2) 润滑能力

uncture　油膏, 软膏

uncured　未硫化的, 未熟化的, 未固化的, 未塑化的

uncurl　弄直, 变直, 伸直, 伸长, 解开, 展开

uncurtained　未遮盖的

uncushioned motion　无减振运动

uncustomed　未经海关通过的, 未付关税的, 未报关的

uncut　(1) 未切的, 未割的；(2) 不可切的, 不可分的；(3) 未琢磨的, 未雕刻的；(4) 毛边的；(5) 未删节的, 未削减的

uncuttable　不可切的, 不可分的

uncybernated　非电子化的

undamaged　未受损伤的, 未受损害的, 没有破损的, 无 [瑕] 疵的

undamped　(1) 无阻尼的, 不阻尼的, 非阻尼的, 非减震的；(2) 无衰减的, 不减幅的, 等幅的；(3) 不受抑制的；(4) 未受潮湿影响的, 未受潮的

undamped alternating current　等幅交流电流, 非衰减交流电流

undamped control　(1) 不稳定调节；(2) 不带阻尼器的调节装置；(3) 调节的发散过程

undamped natural frequency　非阻尼固有频率, 非阻尼自然频率

undamped motion　非阻尼运动

undamped oscillation　无阻尼振荡, 非阻尼振荡, 无衰减振荡, 非衰减振荡, 持续振荡, 等幅振荡

undamped system　无阻尼系统

undamped vibration　无阻尼振动

undamped wave　无阻尼波, 无衰减波, 等幅波

undamped wave transmission　等幅波传输

undark　夜明涂料

undated　未注明日期的, 未限定日期的, 无定期的

undeca-　(词头) 十一

undecagon　十一边形, 十一角形

undecidability　不可判定性

undecidable　不可判定的

---

undecided　(1) 未决定的, 不确定的, 不稳定的；(2) 轮廓不明确的, 不鲜明的, 模糊的；(3) 未下决定的, 未下决心的

undecimal　十一进制的, 以十一为底的

undecipherable　(密码) 不可识别的, 不可译的

undecked　无甲板的, 无装饰的

undeclared　(1) 未经宣布的, 未公开的；(2) 未向海关申报的

undeclared identifier　未说明标识符

undecomposable　不可分解的

undecomposed　未分解的, 未还原的, 未析出的

undefended　(1) 没有防备的, 不设防的, 无保护的；(2) 没有论据证实的

undefiled　没弄脏的, 未玷污的, 纯粹的, 纯洁的

undefined　未 [下] 定义的, 未规定的, 不明确的, 不确定的, 未定界的, 模糊的

undefined file　未定义文件

undefined record　未定界记录

undefined symbol　未定义符号, 无定义符号

undefinition　无定义, 未定义

undeflected　未偏转的, 不偏转的

undeflected channel　无延迟信道

undeflected flex spline　(谐波齿轮传动的) 未变形扰性花键

undeformed　未变形的, 无应变的, 无形变的

undegraded　未经碰撞的, 未慢化的, 未退化的,

undegraded neutron　未经碰撞的中子, 未慢化中子

undelayed　未延迟的, 瞬发的

undelayed channel　无延迟信道

undeliverable　无法送达的, 无法投递的

undelivered (=undid)　未被释放的, 未交付的, 未送达的, 未发表的

undemonstrable　无法表明的, 不可证明的, 不可论证的

undeniable　(1) 不能否认的, 不能否定的, 无可辩驳的, 不会弄错的；(2) 确实的, 优良的

undependent　独立的

undepleted　未贫化的, 未放空的, 未用尽的, 未衰减的

undepreciated　未贬值的, 未贬低的

under (=und)　在……之下, 低于, 次于, 基于

under-　(词头) 在……之下, 低于, 次于, 不足, 低, 欠

under-active　活化不足的, 激活不足的

under-ageing　硬化不足, 凝结不足

under allowance　下容差

under-assigned　派工不足的

under beam deflection　电子束欠偏转, 电子束偏转角小

under bevel　锐角斜角面切边, 锐角斜角面齿, 锐角坡口

under-bracing　(电杆) 根横木, 下支撑, 帮桩

under-car antenna　汽车底盘下的天线

under-carriage　飞机起落架, 低架

under carriage　(汽车的) 底盘, 底架

under-carriage bracing　起落架拉条

under-carriage brake　起落架制动器

under carriage skid　起落架撬

under carriage strut　起落架支柱

under-casing　底箱

under casing　(1) 除尘底格；(2) 底箱

under charge　(1) 充电不足；(2) 装药不足

under-chassis　(1) 底部框架, 机架；(2) (汽车) 底盘

under-choking　不完全堵塞, 阻气不足

under-cleaning　没有完全清洗干净, 没有完全擦洗干净

under-clearance　桥下净空

under coat　(1) 里衬, 底衬；(2) 内涂层, 底涂层

under coating　(1) 上底漆；(2) 内涂层, 底层

under commutation　延迟换向

under consideration　在考虑中, 在研究中, 在审义中

under construction　在施工中, 正在施工

under cooling　过冷

under correction　尚须改正, 改正不足, 难保无误

under coupling　欠临界耦合

under cover　保护起来, 遮盖

under-croft　地下室, 地窖

under crossing　立体交叉

under-current　低电流

under current　电流不足, 底流, 潜流

under current cut-out　欠电流自动开关, 低限电流自动断路器

under cut　(1) 齿轮根切；(2) 下挖, 凹割；(3) 切去下部, 过度切削；下部凹陷；(4) 切去齿根；(5) (焊接) 咬边

under cutting　刨削 T 形槽, 凹割

under-cutting turning tool　沉割车刀

under cutting　(1)刨削 T 形内槽；(2)凹割,沉割；(3)底部掏槽
under damping　不完全减震,阻尼不足,欠阻尼
under-developing　显像不足
under discussion　在讨论中,在审议中
under drive brake　(自动变速器)低速挡制动器
under-driven worm set　下置锥蜗杆传动装置
under excitation　欠压工作状态,欠激励,欠励磁
under-exposure　露光不足
under exposure　曝光不足,露光不足,感光不足,欠曝光
under flow　地下水流,潜流
under focus　欠焦点,弱焦
under frame　车身底板,底架,底框
under frequency　低于额定频率,降低了频率,频率不足
under ground space　地下空间
under-heating　加热不足
under-inflation　(轮胎)打气不足
under inflation　(轮胎)打气不足
under investigation　在观察中,在研究中,在调查中
under lap　(1)负重叠,欠重叠；(2)遮盖不足,欠遮盖
under-lever　下置杠杆
under limb　低翼
under load　负载过轻,不满负载,轻负载,欠载
under-mine TV　井下电视
under of stress　应力不足
under oil　浸在油中,浸油
under pan　底盘
under power　(1)功率不足,动力不足,低功率；(2)依靠动力,借助动力
under pressure　在压力下,承压时,受压时,减压,负压
under proof　(1)不合格的；(2)被试验的
under reach　缩短动作
under-reamed　扩孔不足的
under-reinforced　钢筋不足,欠钢筋
under-relaxation　弛豫不足,低松弛,低弛像
under repair　在修理中
under review　在考虑中,在研究中,在审议中,在检查中
under-running bridge　(起重机)沿轨道下翼行走的桥架
under screen　漏底
under separate cover　另寄
under-serviced　公共设施不足的
under shed　下开口
under size　(1)负公差尺寸；(2)尺寸不足,尺寸过小；(3)减小尺寸；(4)筛下产品
under size reamer　下限尺寸铰刀
under-skin-pass　轻光整冷轧
under sluice　底部泄水闸
under-stream period　开工期
under stress　在受力状态下,在受力时
under study　在研究中
under-supply　供应不足
under synchronous　低于同步,次同步
under test　处于试验阶段,在试验中
under the auspices of　在……指导下
under the circumstances of　在……情况下
under-the-counter　(1)私下出售的,暗中成交的,走后门的；(2)违法的,禁止的
under the following conditions　在下述条件下
under-the-table　暗中进行的,秘密交易的,不法的
under-type four-wheel carriage　下部牵引四轮小车
under-type worm gear　下置式蜗轮
under voltage (=UV)　电压不足,欠压
under-voltage circuit braker　欠压断路器
under-voltage condition　欠压状态
under-voltage no-close release　欠压无闭合断路器
under-voltage relay　欠压继电器
under voltage stability　降低电压稳定性
under voltage tripping　低电压跳闸
under water　在水底,在水下,水中
under way　在进行中,在行动中,进行着
under-weight　失重
underaction　(1)辅助动作；(2)反应不足
underactive　活性不足的
underafter　下列的
underage　缺乏,不足

underair　大气最下层
underbaked　未烘透的,欠烘的
underbalance　(1)平衡不足,欠平衡[的]；(2)不完全补偿,欠补偿
underbead crack　焊道下裂纹,内部裂纹
underbeam　下梁
underbed　基础板,底架,底座,底板,底盘
underbelly　薄弱的部分,物体的下方,下腹部
underbid　(1)投标过低,投标低于；(2)喊价过低,喊价低于
underblower　笾下送风机
underboarding　垫板,衬板
underbody　(1)船体水下部分,下部船体；(2)车身底座；(3)飞行器底盘；(4)物体下部,底部
underbraced　(1)自下支撑的；(2)支撑不足的
underbreaking　拉底
underbridge　下穿桥,跨线桥,桥下
underbridge clearance　跨线桥桥下净空
underbunching　聚束不足,欠聚束
underburnt　欠火的,欠烧的
undercalcined　煅烧不足的,欠烧的
undercapacity　(1)能力不足,能量不足,功率不足,强度不足,出力不足；(2)容量不足；(3)生产率不足,产量不足；(4)非满载容量,非饱和容量,非满载
undercapitalize　投资不足
undercarriage　(1)运载装置；(2)支重台车,下支架,机架,支架,底架,底盘,脚架；(3)行动部分,行走部分,行走机构；(4)飞机起落架；(5)炮的下架
undercarriage indicator　起落架状态指示器
undercarriage springing　起落架弹性装置
undercart　起落架
undercasing　底箱
undercast　下风道
undercharge　(1)非饱和充电,充电不足；(2)制冷剂不足；(3)装药不足；(4)少算应收价钱,索价过低
undercharging　充电不足
underclearance　桥下净空,下部净空,下部间隙
undercoat　(1)内涂层,底涂层,底漆；(2)底衬,里衬；(3)加内涂层
undercoating varnish　打底漆
undercolour　颜色不足,欠染
undercommutation　(1)整流不足,欠整流,欠转换；(2)迟后换向,延迟换向
undercompensated meter　欠补偿电度表
undercompensation　不完全补偿,补偿不足,欠补偿
undercompound　欠复励的
undercompound excitation　欠复励
undercompound generator　欠复激发电机,欠复励发电机,低复激发电机
undercompound winding　欠复励绕法
undercompounding　未完全复合,混合不充分
underconsolidation　未充分固结
underconstrained　约束过少的,未限定的,无定解的
underconsumption　消耗不足,低消耗
undercontact rail　底接触导轨
undercool　[使]过冷
undercooled austenite　过冷奥氏体
undercooling　过度冷却,冷却过度,过冷
undercoppered　断面不足
undercorrect　校正不足,改正不足,校正不够,欠校正
undercorrected lens　校正不完全透镜
undercorrection　改正不足,校正不够
undercoupling　不完全耦合,耦合不足,欠耦合
undercourse　底层,垫层
undercover　暗中进行的,秘密的
undercover payment　暗中给钱
undercritical　次临界的,亚临界的
undercroft　地下室
undercrossing　下穿[式立体]交叉
undercure　(1)固化不足,硫化不足,欠硫化,欠塑化；(2)欠熟；(3)欠处理
undercurrent (=UNC)　(1)低于额定值的电流,强度不足的电流,电流不足,欠[电]流的,低电流；(2)下层流,潜流,暗流,底流；(3)宽平的分支洗金槽,沉矿支槽
undercurrent relay　欠流继电器
undercut　(1)下部切割,切去下部,底切,根切,下切；(2)切槽,割槽,截槽,掏槽；(3)下部凹陷,侧凹,挖根,沉切,凹割,沉割,底割；(4)

{焊}咬边

undercut curve 挖根曲线, 根切曲线

undercut diameter 挖根直径, 根切直径

undercut forming attachment 用成形车刀加工的横刀架

undercut limit 挖根极限[值], 根切极限[值]

undercut pinion 挖根小齿轮, 根切小齿轮

undercut radius 挖根[曲率]半径, 根切[曲率]半径

undercutter (1)[下部掏槽]截煤机; (2)凹形挖掘铲; (3)底部掏槽工

undercutting (1)拉底; (2)掏槽, 截槽; (3)下部切割, 下切, 凹割; (4)钻蚀; (5)下冲, 下洗, 冲洗

undercutting jib 下截盘

undercutting level 拉底水平

undercutting machine [底槽]截煤机

undercutting tool 平面切刀, 端面切刀

undercutting turning tool 沉割车刀

underdamp (1)不完全衰减, 弱衰减; (2)阻尼不足, 欠阻尼, 弱阻尼; (3)不充分减震, 不完全减震; (4)不完全减幅

underdamped circuit 欠衰减振荡电路

underdamping (1)非周期性下限有阻尼, 亚临界阻尼, 欠阻尼, 弱阻尼; (2)欠密的, 亚密的

underdeck (1)底甲板; (2)甲板下的, 舱内的

underdeck tonnage 甲板下吨位

underdense 欠密的, 亚密的

underdesigned 设计的安全系数不足的, 未具有足够的安全系数的, 欠安全的设计

underdeterminant 子行列式

underdevelop (1)发展不充分, 未发展, 不发达; (2)显影不足, 显像不足

underdeveloped (1)未充分发展的, 未充分开发的, 不发达的, 落后的; (2)显影不足的, 显像不足的

underdevelopment (1)发展不充分, 显影不足, 显像不足; (2)不发达

underdo 不尽全力做

underdog effect 失败效应

underdraft (1)轧件下弯; (2)上压力

underdrag 下侧牵引

underdrain (1)地下排水; (2)暗渠

underdrainage 地下排水, 暗渠排水

underdraught (1)轧件下弯; (2)上压力

underdraw 在下面划线

1490

underdrawing 底稿

underdrive (1)减速传动, 低速传动; (2)传动迟缓; (3)(压力机的)下传动

underdirve press 下传动机械压力机

underdriven 受下方传动的, 下面传动的, 下部驱动的

underdriven vertical edger 下传动的立辊轧机

underearth 地下的

underemployed 就业不充分的

underemployment (1)就业不充分; (2)技术未充分发挥

underestimate 估计过低, 估计不足, 过低估计, 低估, 看轻

underestimation 估计过低, 估计不足

underexcitation 欠励激, 欠励磁

underexcite 励磁不足, 欠励磁, 欠激励, 欠压

underexpanded nozzle 欠膨胀喷管

underexpansion 不完全膨胀, 膨胀不足

underexpose 未充分照射, 照射不足, 感光不足, 曝光不足, 露光不足

underexposure 照射不足, 曝光不足, 欠曝光

underfeed 从底部加燃料, 不充分供料, 供料不足, 进料不足, 供给不足, 流量不足, 下部进料, 下部进给, 下部供给, 底部进料

underfeed furnace 火下加煤煤气发生器

underfeed stoker 下方给煤机, 下加煤机, 下饲加煤机, 火下加煤机

underfeed stoker furnace 下方给煤式燃烧室

underfill (1)(指轧制尺寸不足)孔型未充满, 不满; (2)未装满的容器

underfilling (1)未充满, 不满; (2)底层燃料

underfired (1)下部燃烧的; (2)欠火的, 欠煅的

underfloor 地板下的, 地面下的

underfloor duct 地下电缆管道, 地板下配线, 地下管道

underfloor engine 底架下发动机

underfloor raceway 地下电缆管道, 地板下配线, 地下管道

underflow (1)(浮点机)下溢出, 下溢; (2)地下水流, 下层流, 潜流, 底流

underflow baffle 底流挡板

underflow of classification 分类机的分出物

underflue 下部烟道

underfocus 弱焦点, 欠焦点

underfooting (1)立足点; (2)脚下

underframe (1)底架, 底座; (2)底框; (3)底盘

underframing 底层框架结构部件, 底层框架材料

underfrequency 降低了的频率, 低于额定频率, 频率过低, 低频率

undergauge (1)下限规; (2)尺寸不足, 短尺

undergear 下部齿轮

undergird 从底层加固, 支持, 加强

underglaze 用于涂釉前的, 釉底的

undergalzing 釉底彩

undergo 经历, 经受, 体验, 承受, 遭受, 忍受, 遭遇

undergrate blast 下部鼓风, 炉底鼓风

underground (=ug 或 u/g) (1)地下; (2)地下铁道

underground cable 地下电缆, 管道电缆

underground conduit 地下管道

underground crusher 井下碎矿机

underground distribution 地下布线

underground drill 井下用钻机

underground equipment 井下设备

underground explosion test (=UET) 地下爆炸试验

underground fan 井下扇风机

underground launcher 地下发射装置

underground projector 地下发射装置

underground nuclear power station 地下核电站

underground plant (1)地下工厂; (2)地下厂房

underground railroad (=UGRR) 地下铁路

underground service conductor 地下引出线

underground substation 地下变电所

underground system 地下电缆网

underground water 地下水, 潜水

underground water level 地下水位

underguard 下部保护物, 下部护板

underhand (1)秘密的, 暗中的; (2)手不过肩的

underhand weld 平焊焊缝, 俯焊焊缝

underhanded 人手不足的

underhammer 下置式击锤

underhead 底头

underheat 加热不足, 欠热

underheated 欠热的

underheating 加热不足, 欠热, 过冷

underhole (1)底部掏槽, 掏槽; (2)底槽

underholing 底部掏槽, 掏槽

underhung 在轨上滑动的, 自下支承的, 悬挂的

underhung slewing jib crane 悬挂式回转臂起重机

underhung spring 悬簧

underived 原始的, 固有的, 本来的, 独创的

underlagged 相位滞后欠调

underlap (1)图像变窄, 图像缩窄; (2)遮盖不足, 负重叠; (3)欠连接

underlay (1)垫底层, 基础; (2)向下延伸, 倾斜; (3)倾斜余角

underlayer 垫底层, 底垫

underlayment 底基层, 衬底

underlease 转租, 转借, 分租

underlet 廉价出租, 转租, 分租

underlie (1)埋在下面, 位于下面; (2)下层; (3)倾斜余角

underlight 水下[照明]灯

underline (1)在下边加底线, 在下边划线; (2)加强, 强调; (3)预告; (4)作衬里

underline mark 下线记号

underlined character 加下线字符

underlining 字行下划线

underload 载荷不足, 不足载荷, 部分载荷, 低负载, 未满载, 轻负荷, 欠载

underload breaker 欠载断路器

underload switch (1)欠载断路器; (2)欠载开关, 轻载开关, 小型开关

underloaded 未满载的, 轻载的

underloading 装载不足

underloadrelay 欠载继电器

underlugs (双管枪支)枪管尾端下部突耳

underlustred 光泽不够的

underlying (1)基础的, 根本的; (2)在下面的, 打底的, 潜在的; (3)优先的

underlying distribution 初始分布

underlying metal 底层金属

underlying surface 下垫面

undermaintenance 维护不足的

underman 使人员配备不足

undermanned 人员不足的，人手不足的

undermatching 不足匹配，欠匹配

undermentioned 下述的

undermine (1)掏槽，潜挖，暗掘，底切；(2)暗中破坏，逐渐损坏

undermine TV 井下电视

undermining 下冲，下洗，冲洗

undermixing 混合料的不均匀性，混均不足，拌和不足

undermoderated (1)慢化不足的，弱慢化的；(2)减速不足的

undermodulate 调制不足，欠调制

undermodulated 调制不足的，欠调制的

undermodulation 调制不足，欠调制

undermounted (拖拉机)车架下悬挂的

underneath (1)在……的下面，在……的底下；(2)在……支配下，隶属于；(3)下部，下面；(4)底下的，底层的，下面的

underneath-cam harness mechanism (纺机)内侧凸轮开口机构

underneath drive 下置蜗杆传动，下传动

underneath type 下置式

underoxide diffusion [氧化层下的]横向扩散

underoxidize 氧化不足，欠氧化

underpainting 底色

underpan 底盘，底板，托盘，炉底，底

underpart (1)机体下部，下部结构，下面部分；(2)非重要构件

underpass 高架桥下通道，地下通道，下穿交叉，下穿线，地槽

underpass shaving 横向剃齿

underpass shaving method 横向剃齿法

underpay 少付工资

underpicking 酸洗不足，欠酸洗

underpin 在下面加固基础，由下向上支护，托换基础，托换座墩，从下面加固，从下面支撑

underpinning 托换支座，基础

underplate 基础，垫板，底座，底板，底盘

underplay 冲淡重要性，掩饰

underplot 次要情节

underpoled copper 插树还原不足的铜

underport 底孔

underpour type gate 下射式闸门

underpower 功率不足，动力不足，欠功率，低功率

underpowered 由功率不足的发动机驱动的，功率不足的，动力不足的

underpressing (1)压型不够，压制不够；(2)欠压榨

underpressure (1)压力不足；(2)真空，稀薄；(3)减压，负压，欠压；(4)真空计压力

underpriced 价格偏低

underproduce 生产供不应求，产量不足

underproduction 生产供不应求，产量不足，减产

underproof (=up) 标准强度以下的，不合标准的，不合格的，被试验的

underprop (1)用立柱加固，顶撑，撑住；(2)下部支柱

underpropping 架设支柱

underpunch 低位穿孔，下部穿孔

underquenching 淬火不足

underquote 开价过低

underrate 评价过低，估计过低，低估，轻视，看轻

underrating 估计过低，估计不足

underreach 撬棍

underream (1)钻孔扩大不足，较小的扩孔，较小扩眼，扩孔不足；(2)扩孔，扩眼

underreamer 扩孔器，扩眼器

underreaming 扩孔，扩眼

underreaming bit 扩眼钻头

underrefining 精炼不足，欠精炼

underreinforced 加筋不足，配筋不足，低配筋的

underreport 少报，低估

underrepresented 未充分代表的

underroasting 焙烧不足

underrun (1)欠载运行；(2)制材不足量；(3)电车或架空电线下面的接触面；(4)潜流

underrunning 欠载运行

undersampled 采样过疏的

undersand 含砂过少的

undersand mix 少砂混合料

undersanding (混凝土)含砂不足

undersaturated 欠饱和的

undersaturated exciter 欠饱和励磁机

undersaturation 饱和不足量，未饱和度，欠饱和，未饱和

underscanning 扫描幅度不足，欠扫描

underscore (1)在下面划线；(2)着重说明，强调

underscouring 下冲，下洗

undersea (1)海面下的，海水下的，水下的，海底的；(2)在海面下，在海底

undersea boat 潜水舰

undersea cable 海底电缆

undersea pipeline 海底管路，水下管路

undersea ranging 海下测距，水下测距

undersea satellite 水下潜球

underseal [汽车下面暴露部分的]防蚀涂层，底封

underseas 在海面下，在海底

underseepage 下方渗流

undersell 低价出售，抛售

underserrated (动刀片)底面刻齿的

underset 放在下面，支撑，支持

undersetting 下支座

undershiel 下部保护物，下部挡板，挡泥板

undershoot (1)负脉冲信号，负尖峰信号；(2)未达预定地点，射程不足，行程不足；(3)下冲

undershoot water wheel 下冲水轮

undershoot wheel 低水位水轮

undershooting (1)欠调制，欠控制；(2)下方爆炸法，下方勘探；(3)射击过近

undershot 由下面水流冲击而转动的，下冲的，下射的，下击的

undershot distortion 下过冲失真

undershot water wheel 下冲击水轮

undershot wheel 下冲式水轮

undershrinking 收缩不足

underside (1)下侧，下面，内面，底面；(2)隐蔽面，阴暗面

underside welding 仰焊，顶焊

undersign 签名于末尾，签名于下

undersigned 在下面签名的，在末尾签名的

undersize (=US) (1)尺寸过小，尺寸不足，尺度不够；(2)缩小尺寸；(3)筛下产品，筛底料，筛下物，筛出物，细粒；(4)尺寸不足的，不够大的，小型的

undersize section 尺寸过小断面

undersized (1)尺寸不足的，尺寸过小的，不够大的，小型的；(2)降低的，不足的；(3)筛下的；(4)欠胶的，欠浆的

underslung (1)悬挂式的，下悬式的，车架下的，下置的，吊着的；(2)置于……下的

underslung charging crane 悬臂式加料吊车

underslung conveyor 悬挂式运输机

underslung drive 下置蜗杆传动，下传动

underslung jib 悬吊截盘

underslung rocket unit 机身下的火箭发动机

underslung suspension 悬挂式安装法

underslung type 下吊式，悬挂式

underslung worm 下置蜗杆

undersonic 次声的

underspeed (1)降低速度，低速；(2)速度不足，速度不快，速度过低

underspin 自旋不足

understable 不够稳定的，欠稳定的

understaffed 人员太少的，人员不足的

understain 染色不足，浅染

understand (1)明白，理解，熟悉，通晓；(2)推断，推测，以为，认为，相信；(3)听说，获悉；(4)省略

understand one anotherv 相互了解，相互谅解

understandable 可以理解的，能领会的，可懂的

understanding (1)能谅解的，了解的，理解的，聪明的；(2)领会，熟悉；(3)理解力，判断力；(4)协商，协议，协定，谅解，条件

understate 有所保留地陈述，少说，少报

understeer [汽车]对驾驶盘反应迟钝，操作不灵，操纵不灵，转向不足

understerilization 低压杀菌

understock 存货不足

understoke 自下给[燃]料

understocker (1)自下加煤机，自下上煤机；(2)下饲煤炉排炉

understood (1)被充分理解的，取得同意的；(2)含意在内的，不讲自明的

understrength 力量不足的，兵力不足的

understress 应力不足,加压不足
understressed 应力不大的
understressing 极限下加载,应力不足
understructure 下层结构,基础
understudy (1)熟悉某工作以便接替的人;(2)通过观察来掌握
undersupply 供给不足,供应不足,少供应
undersurface 下表面,内表面,底表面
underswept 扫描不足,扫描线少
underswing (1)负脉冲[信号],负尖峰[信号],负"尖端"(瞬时特征),[脉冲]下冲,下击;(2)[摆动]幅度不足,下摆
undersynchronous 低于同步的,次同步的
undertake (1)承担,承办,承揽,承包,担任;(2)约定,答应,接受,同意,担保,保证,断言,负责;(3)着手,开始,从事,进行
undertake experiments and calculations 从事实验和计算
undertake responsibility 承担责任
undertaker (1)承办人,计划者;(2)营业者,企业家
undertaking (1)任务,事业,企业,计划;(2)保证,担保,许诺,承担
undertamping 夯实不足
undertenant 转租的承租人
undertension 电压不足,欠电压
underthrow distortion 下冲失真
underthrust (1)下插;(2)俯冲力
undertighten 拧紧不够,扎紧不够
undertint 褪色,浅色,淡色
undertone (1)低调,低音;(2)浅色,淡色,底色,底影;(3)潜在倾向,含意
undertow current 下层逆流,底流
undertread 底胎面
undertreatment 处理不足
underturner 去毛刺[钳]工
underutilization 利用不足
underutilize 利用不足
undervaluation (1)低估价值,估计不足,估计过低,低估;(2)评价过低;(3)轻视
undervalue (1)降低价格;(2)估计不足,估计过低,低估;(3)评价过低;(4)轻视
undervibration (混凝土)振动不足
undervoltage (1)降低电压的;(2)电压不足,欠电压的
undervoltage detector 欠压检测器
undervoltage relay 欠压继电器
undervoltage release 欠压释放
undervoltage protection 欠压保护
underwall 底板,下盘
underwashing 下冲,下洗,冲刷,冲洗
underwater (=undw 或 UW) (1)水下[的],水底的,海中的,潜水的;(2)水线以下的;(3)在水线以下,在水下
underwater acoustics 水[下]声学
underwater antenna 水下天线
underwater battery (=UB) 水下武器
underwater blast 水下爆炸
underwater contour 水下等深线
underwater craft 水下舰艇,潜水艇
underwater cutting 水下切割
underwater excavator 水下挖掘机
underwater explosion 水下爆炸
underwater explosions research division (=UERD) 水下爆炸研究部
underwater-fired 水下发射的,水下爆炸的
underwater illuminations 水中照明度
underwater laser device 水下激光装置
underwater launch (=Uwl) 水下发射
underwater launch missile (=ULM) 水下发射导弹
underwater launch missile scale model 水下发射导弹比例模型
underwater liquid cargo carrier 液体货物水下运输工具
underwater microphone 水下听音器
underwater object locator (=UOL) 水下物体定位器
underwater paint 防水漆,防水涂料
underwater pump 潜水泵
underwater robot 水下机器人
underwater self-homing device [导弹]水下自动导航装置
underwater sensor 水下传感器
underwater sound gear 水中发声设备,回声测深仪
underwater sound projector 水声发射器
underwater telemetry 水下遥测术
underwater-to-air missile (=UAM) 水下对空导弹

underwater-to-surface missile (=USM) 水下对地导弹
underwater-to underwater missile (=UUM) 水下对水下导弹
underwater transducer 水下声电换能器
underwater tunnel 海底隧道,水底隧道
underwater TV camera 水下电视摄像机
underwater welding 水下焊接
underwateracoustic 水下声的
underway (1)水底通道,下穿道;(2)未完成的阶段;(3)开始进行,正在发展;(4)进行中的,行驶中的,途中的
underway sampler 在航底质取样器
underweight 低于额定值的重量,不合标准的重量,低于标准重量,不足的重量,重量不足
underwind 下卷式
underwing carrier 翼下吊架
underwing launcher 翼下发射装置,翼下发射架
underwing pack 翼下载弹筒
underwork (1)质量不好的工作,草率的工作,省工,偷工;(2)下部结构,支持结构,支持物,根基;(3)附属性工作,杂工
underworker 辅助工人
underwrite (1)写在下面,签名于;(2)承保全部损失,承担一部分损失,给……保险,同意负担……费用,保证,认购;(3)赞同
underwriter (1)承诺支付人,担保人;(2)保险业者,[海上]保险商
underwriting [海上]保险业
underwriting price 认购价
undescribable 难以形容的,不明确的,模糊的
underserved (1)不应该得的,不该受的;(2)分外的,不当的
undeserving of attention 不值得注意的
undesigned 无意中做的,不是故意的,非预谋的,偶然的
undesignedly 无意中,偶然
undesirable (1)不希望有的,不受欢迎的,不方便的,讨厌的,不良的;(2)不受欢迎的人
undesirable coupling 有害耦合
undesired 不希望得到的,不希望有的,非所要求的,不需要的
undesired frequency 不需有的频率,寄生频率
undesired sound 噪声
undetachable 不可拆卸的,不可分的
undetectable (1)不可检测的;(2)不能探察的,不可发现的,未暴露的;(3)未检波的
undetected 没有被发现的,没有被察觉的,未探获的
undetected branch 未检分支
undetected error 未检出的错误,未检出的误差
undetected error rate 漏检错误比例,未检测误差率,漏检错误率,剩余误差率
undeterminable 不可测定的
undeterminable losses 不可测定的损失
undeterminate 未测定的[量]
undetermined 缺乏判断力的,尚待决定的,性质未明的,未确定的,未决定的,未定的
undetermined coefficient 未定系数,待定系数
undetermined multipiler 未定系数,待定系数
undetermined velue 未定值
undeterminedness [静]不定性
undeterred 未受挫折的,未受阻的
undeveloped (1)不发达的,未开发的,未发展的;(2)未显影的;(3)未展开的
undeveloped setting 试切前调整
undeviating (1)不偏离[正轨]的;(2)坚定不移的
undifferentiated 未显出差别的,无差别的,未分化的,不分异的
undiffracted 非绕射的,非衍射的
undigested (1)未消化的,不消化的;(2)未充分理解的,未经整理的,未经分析的;(3)未被市场吸收的,未售出的
undiluted 没有掺杂的,未稀释的,未冲淡的,纯粹的
undiminished 没有减少的,没有降低的,没有衰减的
undirected graph 无向图
undirectional 不定向的
undirectional approach 不定向逼迫法,双向逼迫的
undiscerning 没有辨别力的,没有识别力的,分辨不清的,感觉迟钝的
undischarged (1)未放出的,未排出的,未放电的;(2)未卸下的;(3)未履行的,未偿清的
undischarged counter 未放电计数管
undisciplined 未受训练的,无纪律的
undisclosed 保持秘密的,未泄露的,未知的
undiscovered 未被发现的,未勘探的,隐藏的,未知的
undiscriminating 无鉴别力的,不加区别的

undisguised 没有伪装的,毫不掩饰的,坦率的,公开的

undispersed 不分散的,不消散的,集中的,聚集的

undisputed 毫无疑问的,无异议的,无争论的

undissociated 未离解的,不游离的

undissociated molecule 不游离的分子,不离解的分子

undissolved 未溶解的,不溶解的

undissolving 不溶解的

undistilled 未蒸馏的

undistinguishable 不能区别的,分辨不清的

undistinguished (1)未经区别的,混杂的;(2)不能区别的,不能分辨的,看不清的;(3)不显著的,不著名的,平凡的,普通的

undistorted 无畸变的,无失真的,未弄直的

undistorted image 无畸变图像,不失真图像

undistorted model 正态模型

undistorted output 不失真输出功率

undistorted power output 不失真功率输出

undistorted signal (=US) 不失真信号

undistorted transmission 不失真传输

undistorted wave 无失真波,无畸变波

undisturbed (1)无干扰的,不受干扰的;(2)无扰动

undisturbed differential equation 无扰动微分方程

undisturbed flow 稳态流,无扰流

undisturbed jet 未扰动射流

undisturbed-one output 不干扰"1"输出

undisturbed one output 不受半选干扰的磁芯"1"状态输出,[磁芯]无扰"1"输出

undisturbed pressure 未扰动气流的压力

undisturbed setting 未扰动沉降,原状沉降

undisturbed-zero output 不干扰"0"输出

undisturbed zero output [磁芯]无扰"0"输出

undisturbedness 未被扰动状态,未被扰动性

undiversified 没有变化的,单一的

undivided (1)未分开的,未分割的,不可分割的,完整的;(2)专心的,专一的

undivided responsibility 单独承担责任

undividedness 未被分割状态,未被分割性

undo (1)拆开,解开,打开,松开,脱去,拆卸,放松;(2)使恢复原状,复旧;(3)使失效,废止,取消,消除,废除;(4)毁灭,破坏,扰乱

undo the cable 解开钢索,拆开钢索

undock 使出船坞,驶离码头,出坞

undocked module 脱离对接舱

undodged 未对光束进行调制,未经光调的

undoer 破坏者

undog 松开夹扣

undograph [自记]测波仪

undone (1)没有做的,未完成的;(2)松开的,解开的,放松的

undoped 无掺杂的,非掺杂的

undoped diode 非掺杂二极管

undoped material 非掺杂材料

undoped polysilicon 非掺杂多晶硅

undor 广义旋量

undosed 未经照射的

undoubted 毫无疑问的,的确实的,真正的,肯定的

undoubting 不怀疑的,信任的

undrained 无排水管路的,无排水设施的

undrained test 不排水试验

undrape 揭去覆盖,揭开

undraw 拉回来,拉开

undrawn tow 未拉伸丝束

undreamed (=undreamt) 梦想不到的,意外的

undreamed of 完全意外的,意想不到的

undressed 未经处理的,未经整理的,未加工的,未修整的,粗糙的,生的

undrier 未干燥的

undrilled 未钻的

undue (1)不正当的,非法的;(2)不相称的,不适当的,过度的,过分的,非常的;(3)未到期的

undue wear 过度磨损,不正常磨损

undulant 波浪形的,波状的,波动的,起伏的

undular 波扰的,波形的,波纹的,波状的

undulate (1)使波动,使起伏;(2)波荡,摆动;(3)波浪形的,波状的,波动的,起伏的

undulated 波动的,起伏的,波纹的

undulated steel iron 瓦楞薄钢板

undulating 波动的,波状的

undulating current 波动电流,波荡电流,脉动电流

undulating light 脉动光

undulating quantity 脉动值,波动量,脉动量

undulation (1)波状运动,波动,起伏;(2)摆动,振动,摆动;(3)表面不平整,不平度;(4)波状曲线

undulation height 波高

undulation length 波长

undulator (1)波纹收报机,波纹印码机,波纹机;(2)波动器,波荡器;(3)波纹管

undulatory 因波动引起的成波浪形前进的,波纹形的,波浪形的,波动的,波形的,波荡的,起伏的

undulatory current 波动电流

undulatory motion 波动

undulatory theory 波动学说

unduly 不相称地,不适当地,不正当地,过度地,过分地,非法地

undurable 不能容忍的,不能持久的,难忍受的

undutiful 未尽责的,不服从的

unearth (1)发掘,发现;(2)暴露,揭露;(3)未接地,不接地

unearthly (1)超自然的,非现世的;(2)神秘的,可怕的;(3)不可思议的,不合理的,荒谬的

unease 不舒服,不安定

uneasy (1)不舒服的,不安的,焦虑的;(2)不稳定的,不宁静的

uneconomic 不经济的,不节省的,不实用的,浪费的

unedited (1)未编辑的,未出版的;(2)未经检查,未经审查的

unefficient 效率不高的,效率低的,无效的

unelastic 非弹性的,刚性的

unelasticity 非弹性

unemployed (1)未被利用的,闲着的,未用的;(2)未被雇用的,失业的

unemployed time (=UT) 停歇时间

unemployment 失业现象,失业状态,失业人数

unencapulated 未用塑料封装的,未封闭的,非封闭的

unenclosed 没有封闭的

unenclosed metal junction 没有封闭的金属接点

unencumbered 没有阻碍的,没有负担的,不受妨碍的

unending (1)无终止的,无尽的,无穷的;(2)不停的,不断的,永远的,永恒的,不朽的

unengaged (1)没有约定的;(2)不占用的,有空的

unenlightened (1)未照亮的;(2)落后的,无知的

unentangle 解开,排解

unenterprising 没有事业心的,没有进取心的,保守的

unequable (1)不调匀的;(2)不稳定的,无规律的,易变化的

unequal (1)不相等的,不平等的,不等的,不同的;(2)不对称的,不均匀的,不平均的,不均衡的,不对称的,参差的,不齐的;(3)不胜任的,不适合的,不相称的;(4)不等[量]

unequal addendum gear 角[度]变位齿轮

unequal addendum system 角[度]变位齿轮制,不等齿顶高齿轮制,不等齿顶高齿轮系,不等齿顶制

unequal arcs 不等弧长

unequal angle 不等角

unequal angle iron 不等边角钢

unequal angle steel 不等边角钢

unequal-armed 不等臂的

unequal observations 不等精度观测

unequal pressure angle 不等压力角

unequal value interchange 不等价交换

unequal(l)ed 不能比拟的,不等同的,无比的,极好的

unequent 滑油,润滑材料

unequigranular (1)粒径不等;(2)颗粒不均的

unequiped 未装备的

unequivalence interrupt 不等价中断

unequivocal 不含糊的,明确的

unerring 正确无误的,没有错的,无偏差的,准确的,确实的

unescorted 没有护卫的,没有护航的,没有陪伴的

unessential (1)非本质的,非必需的,不重要的;(2)非本质的事物,不重要的事物

unessential singularity 非本[性]奇[异]点

unesterified 未脂化的

unevaporated 未蒸发的

uneven (1)不均匀的,不平衡的,不平静的,不平整的,不齐的;(2)不规则的,不平行的,不直的,不平的;(3)不稳定的,易变化的;(4)力量悬殊的;(5){数}不能用二除尽的,非偶数的,奇数的

uneven distribution of gum 胶质之不均匀分布

uneven flow 不均匀流

uneven fracture　参差断口, 不平整断口
uneven gauge　不均厚度
uneven grain　不均匀颗粒
uneven heating　不均匀加热
uneven in development　发展不平衡的
uneven length code　不等长度电码, 不均匀电码
uneven number　奇数
uneven run　不平稳运动, 不均匀运动
uneven surface　粗糙表面
uneven wear　不均匀磨损
uneven wear marks　不均匀磨损痕
unevenness　(1) 不均匀度, [厚度] 不均性, 不平整度, 不平顺性, 不平, 不齐; (2) {数} 非偶性; (3) 不平坦
uneventful　无重大事件的, 没有事故的, 平静的, 平凡的
unexampled　(1) 史无前例的, 未曾有过的, 无先例的, 空前的; (2) 无可比拟的, 绝无仅有的
unexceptionable　无可指责的, 无懈可击的, 极好的, 完全的
unexceptional　(1) 非例外的, 不特别的, 平常的; (2) 不容许有例外的
unexcited　未励磁的, 未激励的, 欠激励的, 未激发的
unexcited level　非激发能级
unexcited state　未激态
unexecuted　未根据条款履行的, 未实行的, 未执行的
unexhausted　未 [用] 尽的
unexpected　料想不到的, 意想不到的, 意外的, 突然的
unexpired　期限之内的, 期限未满的, 未尽的
unexplained　未解释的
unexploded bomb (=UXB)　未爆炸的炸弹
unexplored　未勘查过的, 未勘探过的, 未勘测过的, 未调查过的
unexplosive　不易爆炸的, 未爆炸的, 防爆的
unexposed　(1) 未经照射的, 未受辐照的, 未曝光的, 未感光的; (2) 未暴露的, 未揭露的, 未公开的, 未露出的
unexpressed　不说明的, 未表达的
unexpressive　未能表达原意的
unexpergated　没有删改过的, 完整的, 完全的
unfaced surface　未光面
unfadable　(1) 不褪色的; (2) 不朽的; (3) 难忘的
unfading　(1) (制动器离合器衬片) 低衰减的; (2) 不褪色的, 不衰减的, 不朽的
unfailing　(1) 经久不变的, 无穷无尽的, 无止境的, 永远的, 永恒的; (2) 确实可靠的, 准确可靠

1494

unfailing service　可靠服务, 无故障的工作
unfailing supply of water　源源不断供水
unfailingly　永久地, 永远地, 必然地
unfair　(1) 超出弹性界限的; (2) 不公平的, 不公正的, 不正当的, 不正常的, 不正直的
unfair stress　过度应力, 危险应力
unfair treatment　不公平的待遇
unfaithful　(1) 不忠于……的, 不诚实的; (2) 不准确的, 不可靠的
unfaltering　不犹豫的, 坚决的, 坚定的, 稳定的, 专心的
unfamiliar　(1) 不熟悉的, 陌生的, 生疏的, 新奇的; (2) 没有经验的, 未知的, 外行的
unfamiliar-looking　没有见过的, 外形奇特的, 少见的
unfashionable　不流行的, 过时的, 旧式的
unfashioned　未成形的, 未加工的
unfasten　(1) 放松, 松开, 解开, 脱开; (2) 拆卸; (3) 解脱
unfathomable　(1) 深不可测的, 深不见底的; (2) 不可解的, 难解的, 深奥的
unfathomed　(1) 深度没有探测过的; (2) 未解决的, 难理解的
unfavorable (=unfavourable)　(1) 不适宜的, 不利的; (2) 令人不快的, 不同意的, 相反的, 反对的; (3) (贸易) 入超
unfavorable phase　不利相位
unfavourable answer　否定的回答
unfavourable balance　逆差
unfavourable balance of trade　贸易逆差, 入超
unfavo(u)red　不适宜的, 不利的, 不良的
unfeasible　难以行得通的, 不能实行的
unfeather　未顺桨, 逆桨
unfeathering　未顺桨的
unfeigned　不是假装的, 真诚的, 诚心的
unfelt　没有被感觉到的
unfenced　没有防御的
unfilled　未充填的, 空缺的, 未占的
unfilled level　未满能级
unfilled order　未交货订货

unfilled section　欠缺断面
unfilmed　未敷膜的
unfilmed tube　屏幕未覆铝的电子束管, 未镀铝屏电子管
unfilterable　非滤过性的
unfiltered　未过滤的
unfinished (=unfin)　(1) 未精加工的, 粗加工的, 未完工的, 未完成的, 未琢磨的, 未修整的, 毛面的; (2) 未染色的, 未漂白的
unfinished bolt　毛面螺栓
unfinished section　(未能轧至成品而报废的) 未轧完品
unfinished surface　未完工面, 未加工面
unfinned rocket　无尾翼火箭
unfired　(1) 未电离态, 未发火态 (气体放电装置); (2) 未经焙烧的, 不用火的, 未烧焙的, 不燃的, 欠烧的; (3) 未发射的, 未爆炸的
unfired pressure vessel (=UPV)　非受火压力容器
unfired pressure vessel code (=UPVC)　非受火压力容器代号
unfired rocket　未发射的火箭
unfit　(1) 不适当的, 不合适的, 不相宜的, 无能力的, 不胜任的; (2) 使不正当, 使不合格, 使不相宜
unfitted　(1) 不合格的; (2) 未装备的, 未供应的
unfitting　不相宜的, 不合适的
unfix　(1) 松开, 解开, 解脱, 解下, 拆下, 卸下, 拔去, 放松; (2) 使不稳定, 使动摇; (3) 溶解
unfixed　(1) 被解开的, 被拆卸的, 被拔去的, 被放松的; (2) 不固定的, 动摇的; (3) 没有确定的
unflagging　不松懈的, 不减弱的, 持续的
unflagging preparedness　常备不懈
unflanged　无凸缘的
unflattering　(1) 准确的, 正确的, 逼真的; (2) 指出缺点的, 坦率的
unfledged　无经验的, 未成熟的
unflinching　不畏缩的, 坚定的
unfluted　无 [凹] 槽的
unfluted shaft of column　无槽立柱
unfluxed　未熔化的, 未流动的
unfluxed asphalt　未稀释的沥青
unflyable　不宜飞行的
unfocused　未聚焦的
unfocused laser　未聚焦激光器
unfold　(1) 打开, 展开, 张开, 铺开, 摊开, 解开; (2) 显露, 展现; (3) 表明, 说明, 阐明; (4) 开展, 发展, 伸展
unfolding　展开
unforced　非强制的, 非强迫的, 不费力的, 不勉强的, 自愿的, 自然的
unforeseen
料想不到的, 未预见到的, 难预知的, 意外的, 不测的, 偶然的
unforgetable　不会被遗忘的, 难忘的
unforgivable　不可原谅的, 不可饶恕的
unformatted　无格式的
unformatted read　{计} 无格式读
unformatted record　无格式记录
unformed　(1) 未成形的, 未形成的, 未组成的, 不成形的; (2) 未充分发展的, 不成熟的
unformed point-contact transistor　未经冶成的点接触晶体管
unfortified　(1) 未设防的, 不设防的; (2) 未加强的, 不稳定的, 不牢靠的; (3) 不浓的
unfortified oil　无添加剂的油
unfounded　(1) 没有理由的, 没有根据的; (2) 未建立的
unfractured　不 [破] 碎的
unfree　非自由的, 不自由的
unfree variation　不自由变分
unfree water　死水
unfreeze　(1) 使融化, 使解冻; (2) 取消对……的限制,
unfrequent　很少发生的, 不寻常的, 难得的, 偶尔的, 罕有的
unfrozen　不冻的, 不冷的
unfruitful　没有结果的, 无效的, 无益的
unfruitful efforts　徒劳
unfunded　未备基金的, 短期 [借款] 的
unfurl　揭开, 打开, 展开, 展示, 显露, 公开
unfurnished　(1) 无供给的, 无装备的; (2) 无家具设备的
unfurnished with tracks　未铺铁轨的
unfused　(1) 未溶的; (2) 未连接的
unfuzed　未熔化的
ungainly　笨拙的, 笨重的
ungalvanized　不镀锌的, 未镀锌的, 未电镀的
ungarbled　(1) 未断章取义的, 不歪曲的, 没窜改的; (2) 正确的, 率直的; (3) 未经选择的, 未经筛分的

ungated 闭塞的，截止的
ungated period 闭锁时期
ungear 把(齿轮，传动装置)脱开，脱开啮合，分离
ungetatable 难以达到的
ungird 松开……带
ungirt 带子松开的，松弛的
unglazed (1)未上釉的；(2)没有装玻璃的；(3)(纸)无光的
unglazed printing paper 无光道林纸
ungovernable 难以控制的，不能控制的，无法控制的
ungraded (1)不合格的，非标准的，劣质的，次级的；(2)次[级]品
ungraded pole line 同高架空线路
ungraduated 没有刻度的，不分等级的
ungrained 未颗粒化的，未研磨的
ungrateful 忘恩负义的，白费力的，徒劳的
ungrease 脱脂[的]
unground 没有磨削的，不磨削的，未磨过的，不磨的
unground bearing 滚道不磨削轴承
ungrounded (1)没有扎实基础的，没有根据的，没有理由的；(2)虚假的，不真实的；(3)不接地的，未接地的，非接地的
ungrounded bridge 不接地电桥
ungrounded supply system 不接地供电系统
ungrounded system 不接地制
unguard 使易受攻击，使无防备
unguarded (1)没有防备的，无人看管的，无人值班的；(2)有隙可乘的，不小心的，不谨慎的，不留心的
unguent(um) [润]滑油，油膏
unguided (1)非制导的，无控制的；(2)不能操纵的
unguided rocket 无控火箭
unguided solid propellant rocket 无控制的固体推进剂火箭
unguided vehicle 无控火箭
unhairing knife 去毛刀
unhairing machine 去毛机，脱毛机
unhampered 无阻碍的
unhand 把手从……移开，放掉
unhandled 未经手触过的，未经处理的
unhandy (1)操作不便的，不灵巧的，难使用的，难处理的，难操纵的，不方便的；(2)不在手边的
unhang (从……)取下(悬挂物)
unhardened 未硬化的
unhardening 未硬化
unharmed 没有受伤害的
unharmful (=unharming) 无害的
unhasp 解开搭扣
unhatched 未准备就绪的，没实现的
unhealthful 有害健康的，不卫生的
unheard 前所未闻的，没听到的，未闻的，陌生的
unheard of 前所未闻的，没有前例的，未曾有过的，空前的
unheard sound 听不到的声音
unheated (1)不受热的，不发热的；(2)不带电的；(3)未励磁的
unheeded 没有受到注意的，被忽视的
unheeding 不注意的，疏忽的
unhelpful 无助的，无益的，无用的
unhesitating 不犹豫的，断然的，迅速的，即时的
unhewn 未经砍削成形的，未切削的，未琢磨的，粗糙的
unhindered 未受阻碍的，未受限制的，无阻的
unhinge 取下铰链，使移走，使分开，使裂开，使动摇，使失常
unhitch 解敷，解结，分离，脱开，脱钩，解开，放松，释放
unhook 使脱钩
unhurt 没有受伤害的
unhusk 剥去外壳，揭露
unhydrated 未水合的
unhydrogen-like 非氢状的，非类氢的
unhydrous 不含氢的，不含水的，无水的，干的
uni- (词头)单，一
uni-factor theory 单一因子论
unialignment 单一调整
uniaxial (1)单轴[向]的；(2)同轴的
uniaxial anisotropy 单轴各向异性
uniaxial crystal 单轴结晶，单轴晶体
uniaxial cyclic loading 单轴循环不加载
uniaxial load 单轴[向]载荷
uniaxial stress 单轴[向]应力
uniaxiality 单轴性，同轴性
unibus 单一总线

unicast rotor (1)(车)整体铸造的制动转盘；(2)整体铸造的转子
unicell 单孔的，单槽的
unicharged 单电荷的
unichassis 单层底盘
unichoke 互感扼流圈
unichrome process 光泽镀锌处理
unicircuit 集成电路
unicity 单一性，单值性
unicity theorem 单一性定理，唯一性定理
uniclinal 单斜的，单倾的
unicoil 单线圈
unicoil winding 单线圈绕组
unicolo(u)red 单色的
unicomputer 单计算机
uniconductor 单导体
unicontrol 单一控制，单一调整，单钮操作，单钮控制，单钮调谐，单向控制，单向调整，同轴调谐，统调
unicursal (1)单行的；(2)有理的
unicursal curve (1)单行曲线；(2)有理曲线
unicycle 单轮脚踏车
Unidal 铝镁锌系形变铝合金
unidan mill (内衬设计特殊的水泥)多仓式磨机
unidentifiable 无法鉴别的，不能判别的
unidentified (1)没有辨别出的，未鉴别的，未识别的；(2)组成未明的
unidiameter 等[直]径的
unidiameter joint 等直径连接套管(和电缆直径相同)
unidimensional (1)一因次的，一元的，一维的，一度的；(2)直线型的，线性的
unidirection 单自由度，单方向，单向
unidirection flow information 单向信息流
unidirectional (1)单方向性的，不反向的，不可逆的，单向的；(2)单自由度的；(3)单方面的
unidirectional antenna 单向天线
unidirectional bending fatigue test 单向弯曲疲劳试验
unidirectional-bending loading 单向弯曲加载
unidirectional clutch 单向离合器
unidirectional conductivity 单向电导率
unidirectional current 单向电流，直流电
unidirectional direction finder 单向测向器
unidirectional element 单向元件
unidirectional flow 单向水流，直流
unidirectional loop direction finder 单向环形测向器
unidirectional heat transfer 单向热传导
unidirectional microphone 单向传声器
unidirectional pulse 单向脉冲
unidirectional relay 单向继电器
unidirectional radio direction finder 无线电单向测向器
unidirectional solidification 单向凝固
unidirectional spread 单边排列
unidirectional transducer 单向换能器
unidirectional transmitter 单向发射机
unidirectional transmission (1)单向传输；(2)单向发射
unidirectional ventilation 对角式通风
unidirectional ventilation system 对角式通风系统
unidirectional video signal 有直流分量的视频信号，单向性视频信号
unidirectional voltage 单向[整流]电压
unidirectivity 单向性
unifiable 可统一的，能一致的
unification (1)单一化，通用化，统一化，标准化；(2)合一，联合，联结
unification set 一致集合
unified (=un) 一元化的，统一的，联合的
unified coarse thread (=UNC) 统一标准粗牙螺纹
Unified coarse thread 统一标准粗牙螺纹
Unified Coarse thread 统一标准粗牙螺纹
Unified Coarse Thread 统一标准粗牙螺纹
unified command 联合指挥部
unified equipment (=UE) 统一标准装置
unified extra-fine thread (=UNEF) 统一标准超细牙螺纹
Unified fine thread 统一标准细牙螺纹
Unified Fine thread 统一标准细牙螺纹
Unified Fine Thread 统一标准细牙螺纹
unified screw thread 统一标准螺纹
Unified Screw thread 统一标准螺纹

Unified Screw Thread　统一标准螺纹
unified screw thread　统一标准螺纹
unified thread　统一标准螺纹
Unified thread　统一标准螺纹
unifier　一致置换 [符]
unifilar　(1) 单线 [绕] 的;(2) 单纤维的, 单丝的, 单线的;(3) 单丝可变电感计, 单丝磁变计
unifilar helix　单股螺旋线
unifilar suspension　单线悬挂, 个别悬置
unifilar winding　单线绕组
unifining　加氢精制
unifining-process　加氢精制过程 (脱去硫, 氮, 氧的化合物)
uniflow　单向流动的, 直流式的,
uniflow boiler　直流式锅炉, 单流锅炉
uniflow combine　直流式联合收割机
uniflow cooler　直流式冷却器
uniflow engine　单流 [式] 发动机
unifluxor　匀磁线 (一种永久存储元件)
uniform　(1) 均匀的, 一致的, 相同的, 同一的;(2) 均速的, 等速的;(3) 相等的;(4) 均
uniform acceleration　等加速度, 匀加速度
uniform acceleration cam　等加速 [运动] 凸轮
uniform acceleration motion　匀加速度运动
uniform amplitude　恒定振幅, 均匀振幅, 等幅
uniform angular speed　匀角速度
uniform angular velocity　匀角速度
uniform automatic data processing system (=UADPS)　标准自动资料处理系统, 统一自动数据处理系统
uniform B/L　统一提单 (B/L=bill of lading 提单)
uniform beam　(1) 等截面梁, 均匀梁;(2) 均匀束
uniform burst　等幅脉冲串
uniform chromaticity scale system　UCS 测色系
uniform circular motion　均匀圆周运动, 等速圆周运动
uniform clearance　(齿轮) 等顶隙, 等间隙
uniform code　均匀代码
uniform colourity scale diagram　均匀色度刻度的色度图, UCS 色度图
uniform convergence　均匀收敛, 一致收敛, 均匀会聚
uniform cooling　均匀冷却
uniform corrosion　均匀腐蚀
uniform cross-section　等横截面
uniform current density　均匀电流密度
uniform dielectric　均匀电介质
uniform diffuser　均匀散射体
uniform diffuse transmission　均匀扩散传输
uniform distribution　均匀分布, 一致分布
uniform elongation　均匀伸长
uniform encoding　线性编码, 均匀编码
uniform flow　均匀流动, 等速流, 匀流
uniform fluid　均匀流体
uniform force　均匀力
uniform function　单值函数, 均匀函数
uniform ga(u)ge　均匀厚度
uniform-geometry technique　(高密度装配中的) 规则形状技术
uniform geometry technique　(高密度装配中的) 规则形状技术
uniform grade　均匀坡度
uniform gradient　等坡度
uniform hardness　均匀硬度
uniform lattice　均匀点阵, 均匀晶格
uniform line　均匀线
uniform load　均匀负载, 均匀负荷, 均匀载荷, 均布载荷, 连续负载, 均布荷载
uniform loading　均匀加载
uniform magnetic field　均匀磁场, 匀强磁场
uniform mixing　均匀混合
uniform motion　均匀运动, 匀速运动, 等速运动
uniform plane wave　均匀平面波
uniform plasma　均匀等离子体
uniform precession resonance　均匀进动谐振
uniform pressure　均匀压力, 等压力
uniform probability design (=UPD)　均匀概率设计, 均布概率设计
uniform procession mode　均态进动模式
uniform random number　均匀分布的随机数
uniform rate of reaction　均匀反应速度
uniform rectilinear translation　均匀直线运动, 均匀平直运动

uniform resistance　(1) 均匀强度;(2) 均匀阻抗
uniform roll　匀速滚动
uniform scale　(1) 等分度盘, 等分标尺;(2) 等分标度
uniform section　均匀截面
uniform space　一致空间
uniform speed　等速度, 匀速
uniform strength　均匀强度, 等强度
uniform strength parabola　等强度抛物线 [梁]
uniform stress　均匀应力, 均布应力
uniform temperature　均匀温度, 恒温
uniform torque　均匀转矩, 均匀扭矩
uniform transmission of motion　匀速传动
uniform varying load　均变负载
uniform velocity　等速度, 匀速
uniform velocity motion　等速运动, 匀速运动
Uniform　通讯中用以代表字母 U 的词
uniformise (=uniformize)　使成一样, 使均匀, 使一致
uniformity　(1) 均匀度, 均匀性, 均一性, 匀称;(2) 一致性, 一致;(3) 一律, 一式, 一样, 划一
uniformity coefficient (=UNIF COEF)　均匀性系数, 均一性系数, 均等系数, 匀度系数, 匀质系数
uniformity of illumination　照射均匀性
uniformization　(1) 均匀化, 一致化;(2) 单值化
uniformization of analytic curve　解析曲线的单值化
uniformization of analytic function　解析函数的单值化
uniformize　使成一样, 使均匀, 使一致
uniformly　均匀地, 一致地, 相等地, 同样地
uniformly accelerated　匀加速的
uniformly accelerated motion　等加速运动, 匀加速运动
uniformly continuous　一致连续的
uniformly decreasing motion　等减速运动, 匀减速运动
uniformly distributed　均 [匀分] 布的
uniformly distributed load　匀布载荷, 匀布负荷, 均匀负荷, 等分布载荷, 均布载荷
uniformly graded　均匀级配的, 同一尺寸的
uniformly loaded cable　均匀加感电缆
uniformly retarded motion　等减速运动, 匀减速运动
uniformly variable motion　匀变速运动
uniformly varying load　等变负荷, 等变载荷, 均变负荷, 均变载荷
uniformly varying stress　等变应力
uniformmixing　均匀混合
unifrequent　单频率的
unifunctional circuit　单功能函数
unify　使成一体, 使一元化, 使统一, 使一致, 使同样
unify thread　统一标准螺纹
unifying composition　一致置换合成
Unigel　尤尼杰尔炸药
unignited　未点燃的
uniguide　单向 [波导] 管
unijunction　单结
unijunction transistor (=UJT)　单结 [型] 晶体管
unijunction transistor action　单结晶体管作用
unilateral　(1) 单向作用的, 单方 [面] 的, 单侧面的, 单向的;(2) 单边的, 一边的, 一侧的;(3) 单向作用
unilateral agreement　单边协定
unilateral-area track　单边面积调制声道, (电影) 单边调制声迹
unilateral circuit　不可逆电路, 单向电路
unilateral conduction　单向导电
unilateral conductivity　(1) 单向导电性;(2) 单向电导率
unilateral continuity　单向连续性
unilateral contract　单方承担义务的契约
unilateral diffusion　单向扩散
unilateral exportation　单边出口
unilateral impedance　单向阻抗
unilateral importation　单边进口
unilateral matching　单边匹配
unilateral network　单向网络
unilateral surface　单侧曲面
unilateral switch　单向开关, 单边开关
unilateral system　单边系统
unilateral thickness ga(u)ge　单侧面厚度计
unilateral tolerance　单向公差
unilateral transducer　单向换能器
unilateral variational problem　单边变分问题

1496

unilateralization 单向化

unilateralized amplifier 单向化放大器

unilayer 单 [分子] 层

uniline (1) 单一线路, 单相线路;(2) 单列, 单行

unilinear (1) 同线的, 共线的;(2) 分阶段发展的, 直线发展的

Uniloy 尤尼洛伊镍铬钢, 镍铬耐蚀不锈合金 (铬 12%, 镍 0.5%, 碳 0.1%)

uniloy alloy 铬镍合金 (50% Cr, 50% Ni)

Unimach 超高强度钢

Unimag "尤尼玛格" 微型磁力仪 (商品名)

unimaginable 不能想象的, 难以理解的, 想不到的

Unimals 尤尼马斯 (一系列乳化剂)

Unimate 通用机械手 (一种机器人的商品名)

unimeter 多刻度仪表, 多刻度电表, 伏安表

unimicroprocessor 单微处理机

unimmersed detector 非浸没型探测器

Unimo-universal Underwater Robot 万能水下自动机

unimodal (曲线) 单峰的, 单模的

unimodal distribution 单峰分布

unimodal frequency curve 单峰频率曲线

unimodal laser 单模激光器

unimodality (1) 单一型式;(2) 单一种类单峰性;(3) 单峰函数

unimode laser radiation 单波型激光辐射

unimode magnetron 单模磁控管

unimodular 单组件的, 单位模 [的], 幺模的

unimodular matrix 幺模矩阵

unimolecule 单分子的

unimolecular matrix 单分子矩阵

unimpaired 未受损害的, 没有减少的, 没有削弱的, 不弱的

unimpeachable 无可指责的, 无可怀疑的, 无懈可击的, 无过失的

unimpeded 不受阻碍的, 不妨碍的

unimportance 不重要, 无价值

unimportant 不重要的, 无价值的, 平凡的, 琐碎的

unimpregnated 未浸染的

unimpressed 没有印象的, 未受感动的, 无印记的

unimpressive 给人印象不深的, 不令人信服的, 平淡的

unimproved 没有改善的, 没有改良的, 未被利用的

uninflammable 不易燃烧的, 不易着火的, 不易点火的

uninflated 未加压的, 未膨胀的, 未打气的, 未升高的

uninfluenced 不受影响的, 自由行动的, 未偏私的

uninfluential 不产生影响的

uninformed (1) 没有获得适当情报的, 没有得到通知的, 未被告知的;(2) 不学无术的, 无知的

uninhibited 不受禁止的

uninitiated 缺乏经验的, 未入门的, 外行的

uninjured 未受伤害的

uninked ribbon 无油墨色带

uninspected 未经检查的, 未经检验的

uninspired 缺乏创见的, 平凡的

uninstalled 未安装的, 等装配的

uninsulated 未绝缘的, 不绝缘的, 无绝缘的

uninsulated conductor 未绝缘导线, 裸导线

uninsured 未保过险的

unintegrable 不能积分的

unintegrated 未积分的

unintelligent terminal 非智能终端

unintelligibility 不清晰性

unintelligible 不清晰的, 不明白的, 莫明其妙的, 不可懂的, 难懂的

unintended 不是故意的, 无意识的

unintentional 无意的, 无意识的

uninterested 不感兴趣的, 漠不关心的, 无动于衷的

uninteresting 不令人感到兴趣的, 令人厌倦的

unintermittent 不间断的, 不中断的, 连续的

uninterrupted 不间断的, 不停的, 连续的

uninterrupted face 无中断工作面, 无间断工作面

uninterrupted feed 连续进给

uninuclear 单核的

uninucleate 单核的

uninvited 未经请求的, 未被邀请的, 多余的

uninviting 不能吸引人的

unio- (词头) 单一, 联合

uniocular 单眼的

union (1)内螺纹接头,螺纹接头管套节,联管节,连接管,接管嘴管接(2) 连接器,(3)联轴器,联轴节,连接器,活接头,接头,(4)连接结合,联合,(5) {计}逻辑相加,逻辑和,"或";(6) { 数 } 并 [集];(7) 结合,联合,

接合, 协合; (8) 联合会, 协会, 工会

union bound 一致限

union carbide and carbon research laboratory (=UCCRL) 碳及碳化物联合研究实验室

union chuck 双爪卡盘

union colorimeter 联合比色计

union connection 管子接头

union coupling (1) 联管节, 管接头, 管接合, 管连接;(2) 联轴节

union elbow 管子弯头, 弯管接头

union gate {计}"或"门

union jet burner 一种煤气炉

union joint 联管接, 管接合, 管接头

union lever 联结杆

union link 结合杆, 联结环

union-melt welding 合熔焊接

union metal 铅基碱土金属轴承合金 (钙 0.2%, 镁 1.5%, 其余铅)

union nipple 联管锥

union nut 活接头螺母, 联管螺母, 管接螺母

union of linear element 线素并集

union of set 集合并集, 集的并

union of subintervals 子区间的和

union paper 双层包装纸

union reducer 渐缩管接头

union ring 联管节

union screw 管接头对动螺纹, 对动螺旋

union socket 联管套节

union splitting machine 联合剖皮机

union spigot 联管锥

union station 总站

union surface element 曲面素并集

union stud 联管节柱螺栓

union swivel 旋转联管节, 活接口

union swivel end 联管节旋转端

union tail 连接尾管, 联结尾管

union tee T 形管接头

union three way cock 连接三通旋塞

union wrench 联管节扳手

Unionarc welding 磁性焊剂二氧化碳保护焊

unionization (1) 不电离 [作用];(2) 未离子化

unionize 使不电离

unionized 未离子化的, 非离子化的, 未电离的, 非电离的, 未游离的

Unionmelt welding 埋弧自动焊

uniparted 单个 [叶] 的

uniparted hyperboloid 单叶双曲面

unipartite 不能分裂的, 未分裂的

unipath 单通路的

uniphase 单相 [的]

uniphase output 单相输出, 定相输出

uniphaser 单相交流发电机

unipivot 单支枢, 单支轴, 单枢轴

unipivot instrument 单轴式仪表

unipivot pattern 单支枢型

uniplanar 单平面的, 单切面的, 共平面的

unipod (1) 独脚架;(2) 独脚的

unipolar (1) 单极性的, 单极 [的], 单向的, 单流 [的];(2) 含同性离子的;(3) 无极的

unipolar armature 单极电枢

unipolar device 单极器件

unipolar dynamo 单极电机

unipolar field-effect transistor (=UT) 单极场效应晶体管

unipolar field effect transistor (=UniFET 或 uni-FET) 单极场效应晶体管

unipolar generator 单极发电机, 非循环发电机

unipolar machine 单极电机

unipolar non-equilibrium conductivity 单极非平衡电导率

unipolar transistor 单极晶体管

unipolarity 单极性

unipole 各向等 [辐] 射天线, 无方向性天线, 单极天线

unipole antenna 各向等 [辐] 射天线, 无方向性天线, 单极天线

unipolyaddition 单一加聚作用

unipolycondensation 单一缩聚作用

uniposition cathode 等位面阴极

unipotent 只能一个方向发展的, 只能一个结果的

unipotential 单电位的, 等电位的, 单电势的, 等电势的

1497

unipotential focus system　均一电位聚焦系统，单一电位聚焦系统
uniprocessing　单处理
uniprocessor　单［处理］机
uniprocessor system　单处理机系
uniprogrammed system　单道程序［控制］系统
unipulse　单脉冲
unipump　内燃机泵，组合泵
unipunch　(1)单元穿孔，单孔穿孔，点穿孔；(2)单穿孔机，单穿孔器
unique　(1)唯一的，专有的，专门的，独特的，独有的，无双的，无比的，异常的；(2)单值的，单价的；(3)珍奇的，极好的
unique copy　珍本，孤本
unique energy　单一能量
unique feather　特殊情况，特色，特点，特性
unique handle　{计}唯一句柄
unique opportunity　极难得的机会
unique solution　唯一解
unique theorem　唯一性定理
unique transition　稀有跃迁
unique variable　独特变量
uniqueness　(1)唯一性，单一性；(2)单值性；(3)独特性，重要性
uniqueness of solution　解答的唯一性
uniquity　唯一项
uniradiate　唯一放射线的，唯一放射形的
Uniray　单枪彩色显像管
unirecord　单记录
unirefringence　一次折射，单折射
unireme　单排桨帆船
unirradiated　未经照射的，未受辐照的
uniselector　(1)多位置的换向开关，旋转式转换开关，旋转式选择器；(2)旋转式寻线机，旋转式寻线器；(3)单［动作］选择器，单分离器
uniseptate　单隔［膜］的
uniserial　同系列的，单系列的，单列的
uniservo electronics　单伺服电子设备
uniset　(1)联合装置；(2)通用远距离输入输出设备，单体机（一种远程输入输出机）
uniset console　专用控制键盘
unishear　手提电剪刀，单剪机
unislip propeller　等滑脱推进器，等滑脱螺旋桨
unisolvent function　唯一可解函数
unisource　单源的
unisparker　单［一］火花发生器
unispiral　单螺旋的
unistor　不对称电阻
unistrand　(1)单列的；(2)单线的，单股的
unistrate　单层的
unit (=U)　(1)单位，单元，一个，个体，整体；(2)元件，零件，部件，附件，构件，级份，成分，部分；(3)设备，装置，器械，机构，机器，仪器；(4)全套设备，组合机床，组合体，组合件，机组，总成，部，集，群；(5)电源，电池；(6)滑车，滑轮；(7)接头，枢纽，块体；(8){数}整数，基数；(9)可逆元素；(10)单位的，单元的，单个的，单一的，一元的，一套的，组合的，比率的
unit amplification　单级放大
unit amplifier　组合放大器
unit amplitude　单位幅角，单位振幅
unit antenna　单位天线，半波天线
unit-area　面积单位
unit area　单位面积
unit area acoustic impedance　单位面积声阻抗，声阻抗率
unit-area capacity　（电解质电容器极片的）单位面积上的电容
unit-area impedance　单位面积阻抗
unit area loading (=UAL)　单位面积负荷
unit area resistance　单位面积电阻
unit assembly drawing　部件装配图，部分组合图，分总图
unit automatic exchange　小型自动电话交换台
unit authorization list (=UAL)　单位编制装备表
unit automatic exchange (=UAX)　自动电话交换设备
unit bearing assembly　带座外球面轴承
unit bolt nut　螺栓螺母组合
unit bore system　基孔制
unit brightness　单位亮度
unit cable　组合电缆（通信电缆，一般由100对芯线组成）
unit call　通话单位
unit capacity　单位功率
unit-cast　整［体浇］铸的

unit cast　整体铸造
unit cell　(1)晶格单位，单晶体，晶胞；(2)单位粒子；(3)单元干电池；(4)单位，单元
unit charge　单位电荷
unit circle　单位圆
unit class　单元类
unit compressive stress　单位抗压应力
unit connection　（发电机变压器组）单元连接，成组连接
unit construction　(1)独立装置，单元结构，组合结构，独立结构，组件，部件；(2)总段建造法
unit construction computer　组件式计算机，部件式计算机
unit construction mould　单构塑模
unit construction of machine tools　机器编制系统，机组连接系统
unit construction principle　组合结构原理
unit construction system　组合结构系统
unit contract price　合同单价
unit control word　部件控制字
unit conveyor　联合输送机，传送装置
unit-cooled　单独冷却的
unit cooler (=UC)　设备冷却器
unit cost　单位成本，单价
unit cross-sectional area　单位横截面积
unit crystal　单晶
unit deformation　单位变形，单位应变
unit design　总成设计，机组设计，单元设计
unit die　组合压铸模［具］
unit dies　成套模
unit diffusion　单向扩散
unit-distance code　单位距离码，单位间距码
unit double impulse　双元脉冲
unit doublet　双元
unit doublet function　二导阶跃函数
unit doublet pulse　双元脉冲
unit drive　单独传动
unit dry weight　干单位重
unit efficiency　机组效率
unit element　单位元素，幺元
unit elongation　单位伸长，相对伸长，延伸率
unit-energy interval　单位能量间隔
unit equipment (=UE)　组合装置，单位装备
unit error　单位误差
unit essential equipment (=UEE)　单位主要装备
unit extension　单位伸长，延伸率
unit feed　单位进刀量，单位进程
unit feeder　单馈［电］线
unit-flux density　单位磁力线密度，单位磁通密度
unit force　单位力
unit-frame　同架的
unit function　单位［阶跃］函数，单元函数
unit function response　单位函数响应
unit furniture　成套家具
unit head　（组合机床的）动力头
unit head machine　组合头钻床
unit heater　个别［式］供暖机组，单元加热器
unit Hertz calibrated oscillator　显示-赫音频振荡器
unit horsepower　换算功率，单位马力
unit horse power　单位马力
unit hydrograph　单位流量曲线图
unit impulse　(1)单位脉冲；(2)单位冲量
unit-impulse function　单位脉冲函数
unit impulse response　单位脉冲响应
unit injector　组合式喷射器（燃料泵与喷射阀组合成一体）
unit insulator　单元绝缘子
unit interval　单位时间间隔，单位信号时间，单位间隔，单位区间
unit interval in winding　绕组节距
unit length　单位长度，长度单位
unit lift　单位升力，比升力
unit line　单位线，单元线
unit load　单位载荷，单位负荷，单位荷重，单位载重
unit local loading (=ULL)　单位局部加载
unit machine construction　组合机结构
unit magnetic pole　单位磁极
unit mass　单位质量，质量单位
unit matrices　单位矩阵

unit matrix　单位矩阵
unit mission equipment (=UME)　组合式专用设备
unit mobility equipment (=UME)　组合式机动设备
unit module　单位模数
unit normal　单位法线
unit normaldiametral pitch　单位法面径节
unit of acceleration　加速度单位
unit of an algebra　代数的单位
unit of capacity　容量单位
unit of construction　　(1) 建筑单元；(2) 构件
unit of error　误差单位
unit of fit　配合单位
unit of force　力的单位
unit of heat (calorie)　热单位，热量单位 (卡)
unit of length　长度单位
unit of mass　质量单位
unit of measurement　度量单位，测量单位，计量单位
unit of power　功率单位
unit of pressure　压力单位
unit of stress　应力单位
unit of structure　结构单元，构件
unit of time　时间单位
unit of weight　重量单位
unit offset　单位跃变，脉冲
unit oil　油表组
unit operating cycle　(开关) 单位操作循环
unit operation　单元操作，单元处理，单元运行
unit-package cable joint　有整套联结器的电缆套管
unit permeance　单位磁导率，磁导系数
unit plane　单位平面，单位面
unit point　单位点，主点
unit pole　单位 [磁] 极，单位磁荷
unit position　个位数位置
unit-power plant　发动机离合器变速器总成，成套动力装置，动力机组
unit power plant　成套动力装置，成套发电装置
unit pressure　单位压力，比压
unit price　单价
unit prism　单位柱
unit process　　(1) 基本过程，单元过程；(2) 单元操作，单元作业
unit protection　个别保护法
unit pyramid　单位锥
unit record　单元记录
unit record equipment　单位记录设备，单元记录装置，单位记录装置，塞孔卡记录设备，卡片装置
unit replacement　部件更换，总成更换
unit resistance　单位电阻，电阻率，电阻
unit sample　单位取样，单位样品
unit sampling　脉码调制选通
unit sand　统一砂型，单一砂型
unit sensitivity　(仪表的) 单位灵敏度
unit separator　单元分隔符
unit shaft system　基轴制
unit shear　单位剪力
unit source　单位能源
unit spike　单元尖脉冲
unit-step function　单位阶跃函数
unit step input　跃变输入信号
unit step signal　单位阶梯信号输入，跃变输入信号
unit strain　单位应变
unit stress　单位应力
unit string　单字符串
unit substation　成套变电所
unit system　单元系统
unit tensile stress　单位拉抗应力
unit time　单位时间
unit tooth pressure　单位轮齿压力
unit train　专列货车
unit transformer　单位变压器
unit triangle　单位三角形
unit triplet　三元
unit trust　联合托拉斯
unit tube of flux　单位通量管
unit type crank shaft　组合曲轴
unit-type drill head　组合钻床钻头，标准钻头

unit tyre vulcanizer　单元外胎硫化器，个体外胎硫化器
unit under pressure　密封部件，受压部件
unit under test　被测部件
unit value　单价
unit values　单位值
unit vector　单位矢量，单位向量
unit voltage　单位电压
unit volume　　(1) 单位容积；(2) 单位体积
unit vulcanizer　单元硫化机，个体硫化机
unit with intersecting axes　相交轴 [传动] 装置
unit with parallel axes　平行轴 [传动] 装置
unitage　单位量
unitane　二氧化钛
unitarian　单一的，一元的
unitarian hypothesis　一元假说
unitarity　统一性，单一性，幺正性
unitarity air conditioner　整体式空气调节器
unitarity matrice　单式矩阵
unitarity operation　一元运算
unitarity ratio　单位换算比
unitarity skew matrice　单式正交反号对称矩阵
unitarity symmetric matrice　单式正交对称矩阵
unitary　　(1) 单一的，单元的，单位的，个体的，一个的，一元的；(2) {数} 单式的，幺正的，酉的；(3) 整体的，一致的，不分的
unitary clause　单子句
unitary code　一位代码，单代码
unitary gas conversion process　单元气体转化过程
unitary group　单式群，幺正群，酉群
unitary matrix　单式矩阵，幺正矩阵，酉矩阵
unitary operator　单式算子，幺正算子
unitary spin　幺旋，U 旋
unite　　(1) [使] 合成一体，联合，结合，连接，接合，粘合，混合，统一，一致，合并；(2) 兼备，兼有；(3) 团结
United Aircraft Corporation (=UAC)　(美) 联合飞机 [有限] 公司
United Airline (=UA)　(美) 联合航空公司
United Auto, Aircraft and Agricultural Implements Workers of America (=UAW)　美国汽车、飞机、农业机械工人联合会
United Electrical, Radio and Machine Workers of America (=UEW)　美国电气、无线电和机器工人联合会
United Electrodynamics, Inc.(=UED)　美国电动力学公司
United Kingdom Atomic Energy Authority (=UKAEA)　英国原子能委员会，英国原子能管理局
United Kingdom Chemical Information Service (=UKCIS)　英国化学情报处
United Nations Atomic Energy Commission (=UNAEC)　联合国原子能委员会
United Nations Capital Development Fund (=UNCDF)　联合国资本发展基金
United Nations Centre for Economic and Social Information (=UNCESI)　联合国经济和社会资料中心
United Nations Development Program(me) (=UNDP)　联合国开发计划署，联合国发展方案
United Nations Disarmament Commission (=UNDC)　联合国裁军委员会
United Nations Economic Development Administration (=UNEDA)　联合国经济发展局
United Nations Environment Fund (=UNEF)　联合国环境基金
United Nations Information Organization (=UNIO)　联合国情报组织
United Nations Industrial Development Fund (=UNIDF)　联合国工业发展基金
United Nations Industrial Development Organization (=UNIDO)　联合国工业发展组织
United Nations Scientific Committee on the Effect of Atomic Radiation (=UNSCEAR)　联合国原子辐射效应科学委员会，联合原子辐射影响科学委员
United Nations Scientific Conference on the Conservation and Utilization of Resource (=UNSCCUR)　联合国资源保护和利用科学会议，联合国保存和运用资源科学会议
United Nations Standards Coordinating Committee (=UNSCC)　联合国标准调整委员会
United States Air Force (=USAF)　美国空军
United States Army (=USA)　美国陆军
United States Army Force (=USAF)　美国陆军部队

United States Atomic Energy Commission (=USAEC) 美国原子能委员会

United States Bureau of Standards (=USBS) 美国标准局

United States Coast Guard (=USCG) 美国海岸警卫队

United States Code (=USC) 美国密码, 美国法典

United States Earth Satellite (=Uses) 美国人造地球卫星

United States Environment and Resource Council (=USERC) 美国环境和资源委员会

United States Environment Protection Agency (=USEPA) 美国环境保护局

United States gauge (=USG) 美国标准线规, 美国标准量规

United States Intelligence Board (=USIB) 美国情报局

United States Marine Corps (=USMC) 美国海军陆战队

United States Marines (=USM) 美国海军陆战队

United States Military Academy (=USMA) 美国陆军军官学校 (即西点军校), 美国军事学院

United States Navy (=USN) 美国海军

United States of America (=USA) 美利坚众国

United States of America Standards Institute (=USASI) 美国标准研究所

United States Patent (=USP) 美国专利

United States Patent Office (=USPO) 美国专利局

United States Ship (=USS) 美国船

United States Steel Corporation (=USS) 美国钢铁公司

United States Steel Sheet Gauge (=USSSG) 美国薄钢板规格

United States Standard (=USS) 美国 [工业] 标准, 美国 [工业] 规格

United States Standard Gauge (=USSG) 美国标准 [线] 规

United States's Standards 美国标准

United States's Standard ga(u)ge 美国标准规

United States's Standard screw 美国标准螺纹

United States's Standard thread 美国标准螺纹

United Technology Corporation (=UTC) (美) 联合技术公司

United Test Laboratory (=UTL) (美) 联合测试实验室

unitedly 联合地, 统一地, 一致地

uniterm (1) [专利] 单元名词, 单名 [的]; (2) 单一项目, 单项

uniterm indexing [专利] 单元名词检索

uniterm system 单元名词系统

uniterminal 单极的

uniterming 选择单元名词, 查单元名词, 单项选择

unitgraph 单位过程线

1500

unitive 统一的, 联合的, 团结的

unitization 统一化, 规格化, 单一化, 单元化

unitize (1)统一化, 规格化, 单一化, 单元化; (2)[使] 成组, 成套, 组合, 联合, 合成; (3) 装……于同一体上, 使成一个单位

unitized (1) 成套的, 成组的, 组合的, 合成的, 组成的; (2) 通用化的, 规格化的, 统一的, 划一的

unitized cargo 成组货载, 成组货运, 单位化货物

unitized component assembly (=UCA) 组件

unitized construction 组合结构

unitized design 组合设计

unitized housing 整体式壳体

unitool (锥齿轮)统一刀盘, 单一刀盘

Unitool method (锥齿轮)统一刀盘法, 单一刀盘法

unitor (1) 插座连接装置, 联接器; (2) "或"门

unitrope 单位重切面

unitune 单钮调谐, 同轴调谐

unituning 单钮调谐

unitunnel diode 单向隧道二极管

unity (1) 单一, 统一, 均一, 一致; (2) 单位, 单元, 元素; (3) 整体性, 整体, 个体, 唯一, 独一; (4) 单数, 单个, 一个, 一; (5) 不变乘数, 整数; (6) 统一性, 一致性, 协调性, 一贯性, 不变性; (7) 联合, 结合, 同质, 均一, 同一, 合一; (8) 测量单位

unity contact ratio 重合度为一

unity-couple coil 全耦合线圈 (耦合系数等于1)

unity coupling 完整耦合, 全耦合

unity coupling device 完整耦合装置, 联合耦合装置

unity-gain compensation network 单位增益补偿网络

unity-gain frequency 单位增益频率

unity gain 一个单位增益

unity gamma γ 等于1

unity gamma device 非线性系数等于1的装置

unity slope 单位斜率

unityper 二进码磁带打印机

univalence 一 [化合] 价, 单价

univalent 一 [化合] 价的, 单价的

univalved 单瓣的

univariant 单变 [度] 的

univariant system 单变系

univariata 单变量

univariate search technique 坐标轮换法, 单变选法

universal (=univ) (1) 泛; (2) 普通的, 万能的, 通用的; (3) 万向的; (4) 全世界的, 宇宙的

universal agent 全权代理人

universal algebra 泛代数

universal algorithm 通用算法

universal angle 普适角

universal angle block 万能角规

universal angle plate 万能转台, 万向转台

universal angle table 万能角度工作台

universal attachment (机械加工用) 万能附件, 万能铣头

universal automatic computer (=UNIVAC 或 univac) 通用自动计算机

universal back rest 万能后支架

universal ball 万向节球

universal ball joint 球形万向节, 球形万向接头

universal battery system [电话] 共电制

universal beam mill 万能式钢梁轧机

universal bench mill 万能台式铣床

universal bender 万能弯管机

universal bevel 通用斜角规, 万能斜角规, 组合斜角规

universal bevel protector 万能 [活动] 量角器, 组合角尺

universal borer 万能镗床

universal boring and drillng machine 万能镗钻两用机床

universal boring head 万能镗刀盘, 万能镗头

universal boring machine 万能镗床

universal bridge 万能电桥, 万用电桥, 通用电桥

universal camshaft lathe 万能凸轮轴车床

universal center block 活节中心块

universal center pin 万向节中心销

universal center-type grinder 万能中心磨床

universal center-type grinding machine 万能中心磨床

universal chuck 自动定心卡盘, 自动卡盘, 万能卡盘, 万能夹头, 万能夹具

universal class 全类

universal claw 万能拆装器

universal coalcutter 万能截煤机

universal combined punching and shearing machine 万向联合冲剪机

universal combution burner 自动通风煤气炉

universal comparator 通用比长仪

universal compensator 万能补偿器

universal compulsator 万能强制器

universal computer 通用计算机

universal computer oriented language (=UNCOL) 通用计算机语言

universal connector 万向接头

universal constant 通用常数, 普适常数, 普适恒量

universal contact (=UVC) 万能接头

universal container 通用集装箱

universal controller (起重机) 万用控制器

universal cord circuit 通用塞绳电路

universal cord pair 通用塞绳对

universal coupling 通用联轴节, 万向联轴节, 万能联轴节, 万向联轴器, 万向联结器, 万向接头

universal coupling constant 普适耦合常数

universal crane 万能起重机

universal crankshaft lathe 万能曲轴车床

universal curve 普通曲线

universal cutter and tool grinder 万能工具磨床

universal cutter grinder 万能工具磨床

universal cutting and shearing machine 万能截煤机

universal cutting pliers 万能剪钳

universal cylindrical grinder 万能外圆磨床

universal decimal classification (=UDC) 国际十进位分类法, 普通十进制分类法

universal digital autopilot (=UNIDAP) 通用数字自动驾驶仪

universal digital computer 通用数字计算机, 万用数字计算机

universal dividing head 万能分度头

universal drafting machine 万能制图机

universal drawbar 万能挂钩

universal drill jig 万能式钻模

universal driver　万能式干燥机
universal driving shaft　联动轴
universal driving shaft　万向传动轴
universal electronic counter　通用电子计数器
universal equalizer　多频音调补偿器
universal external cylindrical grinding machine　万能外圆磨床
universal face plate　万能花盘,通用花盘
universal finder　通用瞄准器,万能瞄准器
universal finishing stand　万能式精轧机座
universal fixture　万能夹具,万能工具台
universal focus lens　固定焦距透镜
universal folding machine　万能折弯机
universal function generator　通用函数发生器
universal galvanometer　通用电流表
universal gas constant　通用气体常数
universal gear hobbing machine　万能滚齿机
universal gear lubricant　通用齿轮润滑油
universal gear shaving machine　万能剃齿机
universal gear tester　万能测齿机
universal generator　交直流发电机
universal gravitation　万有引力
universal grease　通用润滑脂
universal grinder　万能磨床,普通磨床
universal grinding　万能磨削
universal grinding machine　万能磨床,普通磨床
universal handling dolly　万能维护车
universal heavy ion linac (=UNILAC)　(原西德)通用重离子直线加
　速器
universal hobhead　万能滚刀架
universal-horizontal/vertical milling machine with selector
　programme　带选择程序的万能卧/立式铣床
universal inclinometer　万向倾斜计
universal index center　万能分度中心
universal index(ing) head　万能分度头
universal indexing and dividing head　万能分度头
universal indicator　通用指示器
universal instruction set　通用指令组
universal instrument　(1)普用仪,全能经纬仪;(2)通用测量仪表,万
　能仪
universal interconnecting device　通用连接装置
universal internal grinder　万能内圆磨床
universal jaw　万向节爪
universal joint　万向球节,万向接头,万向关节,万向节
universal joint ball　万向节球
universal-joint bearing　万向节轴承
universal joint block　活节销,活节块
universal joint body　万向接头
universal-joint casing　万向节壳
universal-joint center ball pin　万向节中心球销
universal-joint center cross　万向节十字轴,万向节十字头
universal joint cross　万向节十字头
universal joint cross bearing　万向接头轴承
universal joint cross relief valve　万向节十字轴溢油阀
universal-joint flange　万向节凸缘
universal-joint flange yoke　万向节凸缘扼
universal-joint fork　万向节叉
universal-joint fork end　万向节叉头,活节叉头
universal joint jaw　万向节爪
universal joint journal　万向节轴颈
universal-joint knuckle　万向节头关节,万向接头关节
universal-joint lock ring　万向节十字轴架轴承卡环
universal-joint mechanism　万向节机构
universal-joint pin　万向节十字轴,万向节销
universal joint roller　万向节滚柱
universal-joint shaft　十字式万向节传动轴
universal-joint sliding yoke　万向节叉
universal-joint slip yoke　万向节滑动叉,带花键的万向节叉
universal-joint spider　万向节十字头
universal joint yoke　万向节扼,万向节叉
universal jointed shaft　联接轴
universal key　通用键
universal knee-and-column miller　万能升降台式铣床
universal knee and column miller　万能升降台式铣床
universal knee-and-column milling machine　万能升降台式铣床

universal knee type milling machine　万能升降台式铣床
universal laser　通用激光器
universal lathe　万能车床
universal-lay rope　平行捻钢丝绳,顺捻钢丝绳
universal level　圆形水准仪
universal link　通用环节
universal lubricant　通用润滑剂,通用齿轮润滑脂
universal machine　万能工作机械,万能机床
universal machinery　通用机械
universal mains unit　通用整流电源
universal measuring machine　(1)万能测量机;(2)普通测量显微镜
universal measuring microscope　万能测量显微镜
universal melting and zone-refining equipment　熔炼和区域提纯
　的通用设备
universal meter　通用电表,万用[电]表
universal method　通用方法
universal mill　(1)万能铣床;(2)万能轧钢机
universal mill stand　万能式轧机机座
universal miller　万能铣床,普通铣床
universal milling　万能铣削
universal milling and boring machine　万能铣镗床
universal milling attachment　万能铣削附件,万能铣削装置
universal milling head　万能铣头
universal milling machine　万能铣床,普通铣床
universal milling mchine with table of variable height　万能升降台
　铣床
universal mining machine　采矿康拜恩
universal mixer　通用混合机
universal motor　[交直流]两用电动机,通用[式]电动机
universal mount　通用支架
universal navigation computer (=UNC)　通用导航计算机,万用导航
　计算机
universal output transformer　通用输出变压器
universal package test panel (=UPTP)　万能组装测试台,万能包装
　测试台
universal photometer　通用光度计
universal pipe joint　万向节管
universal piston vice and press　万能活塞压钳
universal plane　万能刨
universal planer　万能刨床
universal plate　齐边中厚板,齐边钢板,轧边钢板,万能板材,扁钢,
　钢条
universal puller　万能拉出器
universal pulling machine　万能拔柱机
universal radial drill [press]　万能摇臂钻床
universal radial drilling machine　万向摇臂钻床,万能摇臂钻床
universal radial milling machine　万能摇臂铣床
universal ram knee type milling machine　万能滑枕升降台铣床
universal receiver　交直流两用接收机,万能接收机,通用接收机
universal relieving lathe　万能铲齿车床,普通铲齿车床
universal reversing roughing mill　万能可逆式粗轧机
universal revolving milling head　万能回转铣头
universal rolling　万能轧制
universal rotary head milling machine　万能回转头铣床
universal saddle　万能鞍架
universal saw table　万能锯台
universal sawing machine　万能锯床
universal Saybolt viscosity meter　通用塞氏粘度计
universal scalar product　泛纯量积
universal scale　通用比例尺
universal scraper　万能刮刀
universal screw wrench　万能螺旋扳手,活扳手
universal seam welder　万能滚焊机
universal set　交直流收音机,通用接收机
universal set-square　万能三角板
universal shaper　万能牛头刨床,普通牛头刨床
universal shaping machine　万能牛头刨床,普通牛头刨床
universal shearing and punching machine　万能冲剪床
universal shunt　通用分流器
universal slabbing mill　万能式板坯粗轧机
universal slotting machine　万能插床
universal socket　万向节座,万向节套
universal socket joint　球窝节
universal socket wrench　通用套筒扳手,万能套筒扳手

1501

universal spindle milling attachment　万能主轴铣工附件, 万能立铣装置

universal spiral bevel gear broaching machine　万能弧齿锥齿轮拉齿机

universal spiral bevel gear milling machine　万能弧齿锥齿轮铣齿机

universal spline shaft hobbing machine　万能花键槽铣床

universal stage　全能地质测量仪器

universal stand　万能台, 通用台, 通用架

universal starching and drying machine　通用上浆干燥机

universal steel plate　齐边钢板, 通用钢板, 万能钢板

universal strength tester　万能强度试验机

universal strength testing machine　万能强度试验机

universal structural mill　万能式轨梁轧机

universal surface gauge　万能平面规

universal switch　万能开关, 通用转辙器

universal symbol　通用符号

universal synchroscope　通用同步示波器

universal table　万能工作台

universal test ammeter　交直流试验安培计

universal test bench　通用试验台, 万能试验台

universal test indicator　万能试验指示器

universal tester　万能测试仪, 万能试验机, 全能试验机, 通用试验机

universal testing machine　万能试验机, 全能试验机

universal thread grinder　万能螺纹磨床

universal thread grinding machine　万能螺纹磨床

universal thread milling machine　万能螺纹磨床

universal time (=UT)　国际标准时, 格林尼治时, 通用时间, 世界时

universal time coordinates　订正世界时坐标

universal tongs　(锻工) 万能钳

universal tool and cutter grinder　万能工具磨床

universal tool and cutter grinding machine　万能工具磨床

universal tool grinder　万能工具磨床

universal tool grinding machine　万能工具磨床

universal tool-measuring microscope　万能工具显微镜

universal tool miller　万能工具铣床

universal tool milling machine　万能工具铣床

universal tractor　通用式拖拉机, 万能拖拉机

universal transistor　通用晶体管

universal trunnion　万向节十字轴

universal truth　普遍真理

universal tube drill　万能管形钻

universal Turing machine　通用图灵机

universal Z-axis slant bed machine　万轴斜床身机床

universal type　通用式

universal underwater robot　万能水下自动机

universal upsetting and welding machine　万能镦锻焊接机

universal use　普遍应用

universal validity　普遍有效性

universal valve　(1) 万向阀; (2) 通用电子管

universal valve lifter　通用起阀器

universal vice　万能虎钳

universal vise　万向虎钳

universal wear tester　通用式耐磨试验机

universal wheel wright machine　万能制轮机

universal wood milling machine　万能木工铣床

universal wood turning lathe　万能木工车床

universal yoke　万向节叉

universalism　普遍性, 一般性

universality　多方面性, 通用性, 普遍性, 普适性, 一般性, 广泛性

universalization　普遍化

universalize　使普遍化, 使一般化

universally　(1) 在全宇宙中, 全世界, 全体; (2) 普遍地, 一般地

universe　(1) 天地万物, 全人类, 宇宙, 世界; (2) 整体; (3) (科学) 领域; (4) 银河系

universe point　通用点

university (=U)　综合性大学, 大学

University of California Research Laboratory (=UCRL)　加利福尼亚大学辐射实验室

universology　宇宙学

univertor　变频器 (频段; 100Kc-25Mc)

univibrator　单稳多谐振荡器, 单频多谐振荡器, 单稳态触发器, 单击振荡器

univis oil　乌尼维斯油 (含有提高粘度指数添加剂的润滑油)

univiscosity　单粘度

univocal　只有一个意义的, 单义的, 单一的

univocity　单义性

univoltage　单电压的, 单电位的

univoltage lens　单电位透镜, 单电压透镜

uniwafer　单 [圆] 片

uniwave　单频的, 单波的

uniwave signalling　单频信号法

unjammable　抗干扰的, 防干扰的

unjammable communication network　抗干扰通信网络

unjammable lidar　不受干扰激光雷达

unjust　不公平的, 不公正的, 不正当的, 非正义的

unjustifiable　不能认为正当的, 难承认的, 不合理的, 无理的

unkilled　沸腾的

unkilled steel　不完全脱氧钢, 沸腾钢

unknowable　不能认识的, 不可知的

unknowing　没有察觉的, 不知道的, 无知的

unknowingly　不知不觉地, 无意中

unknown　(1) 不明, 不祥, 未知; (2) 未知因素, 未知物, 未知数, 未知量, 未知元; (3) 没有被发现的, 未知数的, 未知元的, 未知量的, 待求的, 无名的; (4) 数不清的, 无数的

unknown character　未识别字符

unknown function　未知函数

unknown number　未知数

unknown parameter　未知参数

unknown quantity　未知量

unknown term　未知项

unlabel(l)ed　(1) 未作标记的, 无标号的, 非标号的; (2) 未分类的; (3) 非示踪的

unlabo(u)red　不费力的, 容易的, 自然的, 流利的

unlace　解开, 松开

unlade　(1) 卸荷, 卸载; (2) 卸货, 卸料

unlade a ship　卸船上的货

unlade the cargo from a cart　把货从车上卸下

unladen　未卸货的

unlaminarized　非层流化的

unlapped　(1) 未覆盖的, 未包住的; (2) 非重叠的, 非叠合的

unlash　解开, 松开

unlatch　拉开插栓, 未拴上

unlawful　不正当的, 非法的, 违反的, 不法的

unlax　[使] 放松

unlay　解开, 松开, 解索

unleachable　不可浸出的

unleaded　未加铅的, 无铅的

unlearn　清除掉, 抛弃掉, 忘掉

unlearned　(1) 未受教育的, 没有文化的; (2) 不熟练的, 不精通的

unlearnt　不熟练的, 不精通的

unleash　松开, 解开, 释放, 解放, 发动

unless　如果没有, 如果不, 要是不, 若非, 除非, 除却

unless and until　直到……才

unless otherwise mentioned　除非另有说明, 除非另作说明

unless otherwise noted　除非另有说明, 除非另作说明

unless otherwise specified　除非另有规定, 除非另有说明

unless otherwise stated　除非另有说明, 除非另作说明

unless stated otherwise　除非另有说明, 除非另作说明

unlevelled　未置平的, 未整平的

unlevelling　不均的, 不平的

unlevelness　不均匀状态, 不均匀性

unlicensed　没有得到许可证的, 未经核准的, 没有执照的

unlike　(1) 不相似的, 不同性的, 不同的, 不象的, 相异的; (2) 不同磁极的; (3) 不同号的; (4) 不同于

unlike dislocation　异号位错

unlike poles　异名极

unlike signed　异号的

unlikely　(1) 可能性不大的, 未必可能的, 不大可能的, 未必有的, 靠不住的; (2) 不大可能, 未必

unlimber　把 [炮] 从牵引车上卸下, 卸下前车

unlimited　没有限制的, 没有制约的, 无穷的, 无边的, 无尽的, 不定的, 极大的

unlimited decimal　无穷小数, 无限小数

unlimited exposure　长时间曝光, 无限曝光

unlimitedness　无限性

unlined　无衬里的, 无炉衬的, 无镶衬的, 不镶衬的

unlink　解开链节, 使脱出, 解环, 分开, 打开, 拆开

unliquidated　未结算的, 未清偿的, 未付的

unlisted 未列入表格的，未入册的

unlit 不发光的，未点燃的，未点亮的

unload (1)去负载，去载，去荷，释荷，卸载，卸下，卸货，卸料，卸荷，去配；(2)清除存储内容，清除，除去，抽出，取出，取下；(3)转存，转储；(4)抛售，倾销

unloaded 无负载的，未加载的，无载的

unloaded antenna 无载天线

unloaded chord 不载荷弦杆

unloaded circuit 无载电路

unloaded propagation delay 无负载的传播延迟

unloaded Q 固有品质因数，空载品质因数，无载 Q 植

unloaded side 无载荷端，无负载端

unloaded slideway 卸荷导轨

unloaded weight 空车重量

unloader (1)卸料装置，卸料机，卸料器；(2)卸载输送机，减负荷器，卸载机，卸货机，卸货器，卸荷器，卸载器，减荷器，减压器

unloader blower chopper 卸载切碎吹送机

unloader clutch 卸载装置离合器

unloader elevator 卸载升运器

unloader lever (气动制动器)卸载杆

unloader lifter 卸载起重机

unloader valve 卸荷阀，释荷阀，卸载阀，放泄阀

unloading (1)卸载，卸荷，去荷，去载；(2)卸货，卸料；(3)从发射架上取下导弹；(4)排污，放空

unloading amplifier 去负载放大器

unloading auger 卸货用螺旋输送机，卸载螺旋运输机，螺旋卸载机

unloading certificate 卸货证书

unloading curve 卸载曲线，卸荷曲线

unloading gear 卸载装置，卸荷装置

unloading knife 卸料刮刀

unloading line 卸油导管

unloading machine 卸载机

unloading pressure relay 卸去负载压力继电器

unloading protecting relay 卸载保护继电器

unloading skid 卸料台架

unloading valve 释荷阀

unlock (1)不连锁，去联锁，开锁；(2)打开，解开，脱开，松开，分开，断开；(3)清除，解除；(4)分离，释放，泄露，揭示，启示，显露，揭露

unlock statement 开锁语句

unlocking (1)去联锁，开锁，解开；(2)释放，断开

unlooked-for 意想不到的，意外的

unloose 松开，解开，放松，放开，释放

unloosen 松，缓，解

unlubricated 无润滑的

unlubricated bearing 无润滑轴承

unlubricated friction 无润滑摩擦

unlubricated sliding 无润滑滑动

unlucky 不凑巧的，不顺利的，不幸的

unmachinable 不能机械加工的

unmachined 未进行机械加工的，未［经机械］加工的，未用机械加工的

unmagnetized 未磁化的，非磁化的

unmake (1)［使］消失，破坏，毁坏，毁灭，毁形，(2)废除，撤销；(3)改变；(4)使恢复原判，使还原

unman 撤去人员，使泄气

unmanageable (1)难以处理的，难以控制的，难以管理的；(2)难以加工的，难办的

unmanned 无人驾驶的，无人管理的，不载人的

unmanned aerial surveillance (=UAS) 无人空中监视

unmanned aerospace surveillance (=UAS) 无人空中监视

unmanned plane 无人驾驶飞机

unmanned rocket 无人火箭

unmanned station 无人管理电站，自动化电站

unmanned vehicle 无人［驾驶］飞行器

unmarked (1)未经涂改或加注标记的，没有标记的，没有特征的，未做记号的，没有标牌的；(2)没有受到注意的，没有留心到的

unmarked area 未标志区

unmarred 未损坏的，未损伤的，未沾污的

unmask (1)撕下面具，暴露，揭露；(2)露出本来面目；(3)使无屏蔽，中断屏蔽

unmasked hearing 未受掩蔽的听力

unmatch 不配对，未匹配，失配

unmatchable (1)无法匹配的，无法相比的，无可比拟的；(2)无法配置的，无法配对的，不可匹配的

unmatched (1)无敌的，无比的，无双的；(2)不相匹配的，不相配的，

不匹配的，失配的

unmatched index demodulation 去调(用混合锁相环调制解调)

unmatched load 不匹配负载

unmatched shifting 不同步换档

unmeaning 无意义的，无目的的

unmeant 不是故意的

unmeasurable 不可测量的

unmeasured (1)不可测量的，未测定的，未计入的；(2)无边无际的，无节制的，过度的，充裕的

unmechanized 非机械化的

unmeet 不合适的，不相宜的

unmelted 未熔化的，未融化的，不熔化的

unmendable 不可修理的，不可改正的

unmerited 不应得的，不配的，不当的

unmetamorphic 不变化的，不变态的，不变性的，不变形的，不变质的

unmethodical 没有组织的，没有次序的，没有条理的，不按程序的，不讲方法的，不规则的

unmilitary 不符合军事规程的，非军事的

unminded 无人照管的，被忽略的

unmindful 不留心的，不注意的，忘记的

unmistakable 不会被误解的，不会弄错的，无误的，明白的，明显的

unmitigrated (1)没有和缓的，没有减轻的；(2)绝对的，纯粹的

unmixed 没有掺杂的，没有混合的，不混合的，未混合的，非混合的，纯粹的

unmixedness 不混合度，不混合性

unmixing (1)离析，分离；(2)不混

unmoderated 未减速的，未慢化的

unmodifiable 不可改变的

unmodified 未改性的，不［改］变的，未变的

unmodified gear 非变位齿轮

unmodified instruction 未修改指令，无修改指令

unmodified polystyrene 净聚苯乙烯，原聚苯乙烯

unmodified resin 未加调节剂的树脂，未改性树脂，净树脂，原树脂

unmodulated 未调制的，未调整的，未调节的，未调谐的

unmodulated beam 未调制的射束

unmodulated carrier 未调制载波

unmodulated groove 未调制［纹］槽，无声纹道，无声槽，哑纹［槽］

unmodulated keyed continous waves 键控未调等幅波

unmodulated oscillator 未调制振荡器

unmodulated pumping 非调制抽运，非调制泵浦

unmodulated pumping energy 非调制抽运能量

unmoor 起锚，拔锚，解缆

unmounted 未上炮架的，未安装的，未镶嵌的

unmounted drill 手持式风钻，手持式凿岩机，无架凿岩机

unmoved (1)毫不动摇的，坚决的，坚定的；(2)无动于衷的，镇静的

unnail 拆除铆钉

unnameable (1)说不出名字的，不能命名的；(2)难以说明的，难以形容的

unnamed 没有提及的，未命名的，不知名的，无名的

unnatural (1)不自然的，勉强的，人造的，反常的；(2)奇异的，奇怪的

unnavigable 不能通航的

unnecessarily 不必要地，多余地，徒然

unnecessary 不必要的，不需要的，多余的，无用的，无益的

unneutralized 未中和的

unnilennium 109 号元素

unnilhexium 106 号元素

unniloctium 108 号元素

unnilpentium 105 号元素

unnilquadium 104 号元素

unnilseptium 107 号元素

unnotched 无凹口的，无缺口的，无槽口的

unnotched bar 无槽杆件

unnotched specimen 无缺口试样，光滑试样

unnoticeable 不引人注意的

unnoticed 不引人注意的，不被注意的，未被注意的，被忽略的，未顾及的

unnumbered (1)不可胜数的，数不清的，无数的；(2)未计数的，未编号的

unnumbered command 非记数指令，未标号指令

unobjectionable 不会招致反对的，不令人讨厌的，无可非议的

unobservable 未观察到的，不可观测的，不可见的

unobservant (1)不善于观察的，不注意的，不留心的；(2)不遵守的

unobserved (1)没有受到注意的，没有观察到的；(2)未被遵守的

unobserved events 意外事件

unobstructed 未受阻碍的, 没有阻挡的, 无阻碍的, 无障碍的, 自由的
unobstructed progress 顺利前进
unobstructed sight 无障碍视线, 无阻视线
unobstructive 非偶然的, 小巧精致的
unobtainable 不能得到的, 不能获得的, 不能达到的, 无法配到的, 不及的
unobtrusive 不引人注目的, 谦虚的
unoccupied (1) 没有人使用的, 未被占用的, 空着的, 空缺的, 空的; (2) 未满的
unoccupied band 未占频带, 自动能带, 空带
unoccupied level 未满能级
unode 重点
unode of a surface 单切面重点
unofficial 非正式的, 非法定的, 非官方的
unoil 除油, 去油, 脱脂
unoiled 未涂油的
unopened 未开 [小] 口的, 没有拆开的, 未开放的, 不开放的, 封着的
unopened port 非开放港
unoptimizable 非优化的
unordered symbol 无序符号
unorganic 无机的
unorganized (1) 没有组织, 未组织的; (2) 无机的
unoriented 无一定位置的, 无一定方向的, 无一定目的的, 非定向的, 非定向的, 无定向的
unoriginal 无独创精神的, 非原先的, 模仿的, 抄袭的
unorthodox (1) 非正式的, 非惯例的, 不正统的; (2) 异常结构
unowned 没有得到承认的, 无主的
unox 过氧化聚烯烃类粘合剂
unoxidizable 不可氧化的, 不锈的
unoxidized 没有氧化的
unpack (1) [信息和数据] 分开, 分割, 分离, 割离; (2) 间距; (3) {数} 除法, 除去; (4) 拆卸, 拆包, 卸货, 启封; (5) 解开, 打开, 分开, 拆开, 取出, 拿出, 分出, 掏出, 析出
unpackaged 未包装的, 散装的
unpacked (1) 从包装中拿出来的; (2) 未包装的, 内空的
unpaged 未标页码的, 无页码的
unpaid (1) 无报酬的; (2) 未缴纳的, 未付的, 未还的
unpaired 非成双的, 不成对的
unpaired spin 不成对自旋
unpaired-spin effect 不成对的自旋效应
unparallel 不平衡的

unparalleled (1) 不平行的; (2) 未并列的; (3) 空前未有的, 无比的, 无双的
unparalleled surface 不平行表面, 表面不平行度
unpatented 没有得到专利权的
unpeg (1) 拔去铆钉; (2) 解冻
unpenetrable 不能穿透的, 贯穿不了的, 不可入的
unpentnilium 150 号元素
unperceived 没有受到注意的, 未被发觉的, 未被察觉的
unperfect (1) 有缺陷的, 不完美的; (2) 不完整的, 不完全的; (3) 减弱的, 缩小的
unpermeability 不透水性
unpersuadable 说服不了的, 坚定不移的
unperturbed 未扰动的, 未微扰的, 未受扰的, 无扰的, 平静的
unperturbed resonator 无激励谐振器
unphysical amplitude 非物理振幅
unpicked 未经挑选的, 未拣过的
unpickled 未酸洗的
unpickled spot 未酸洗污点
unpigmented rubber 素橡胶
unpiler 卸垛机
unpiloted 无人驾驶的
unpin 拔去销钉, 拔去插销, 脱开, 拆开
unpitched sound 噪声, 噪音
unplaced 没有固定位置的, 未被安置的
unplanned 在计划外的, 无计划的, 意外的
unplasticized 未增塑的
unplated 无涂层的, 未镀的
unpliancy 不易弯曲的
unplug (1) 拔去塞子, 拔去插头; (2) 去掉障碍物, 疏通
unplugged 未堵塞的, 非封闭的
unplumbed 垂直度未用铅锤测量过的, 深度未用铅锤测量的。未经探测的

unpolarizable electrode 不极化电极
unpolarized (1) 未极化的, 非极化的; (2) 非偏振的
unpolarized light 非偏振光
unpolarizing 去极化 [作用], 去偏振 [作用]
unpolished (1) 未抛光的, 未磨光的, 粗糙的; (2) 没有擦亮的, 无光泽的
unpolluted 未污染的
unpolymerized 未聚合的
unponderable 不可衡重的, 不可称量的
unpopulated 空缺的, 未占的
unpowered 无发动机的, 无动力的, 非机动的, 非自动的, 手动的, 被动的
unpowered ascent 被动段上升
unpowered dart 惯性飞行导弹
unpractical 不切实际的, 不现实的, 不实用的
unpractised (=unpracticed) (1) 未实际应用的, 未反复实践的, 未实行过的, 未试验过的, 未使用的; (2) 无实际经验的, 不熟练的
unprecedented (1) 史无前例的, 从未有过的, 无先例的, 空前的, 无比的; (2) 崭新的, 新奇的
unprecipitated 不沉淀的
unpredictable 不可预见的, 不能预料的, 无法预言的, 不可断定的
unprejudiced 没有偏见的, 没有成见的, 公正的
unpremeditated 未经事先考虑的, 没有准备的, 不是故意的, 非预谋的
unprepared (1) 尚未准备好的, 没有准备的; (2) 没有预期的, 没有想到的
unprepossessing 不吸引人的
unpressurized 非受压的
unpressurized bay 非密封舱
unpressurized box 不密封的隔舱
unpriced 无一定价格的, 未标价的
unprimed {数} 无撇号的
unprincipled 无原则的
unprintable 不能付印的, 不宜付印的
unprinted dot (针式打印机) 非打印点
unprivileged (1) 享受不到特权的, 没有特权的; (2) 社会最低层的, 贫穷的
unprocessed 未加工的, 未处理的
unproductive (1) 非生产性的, 没有效益的, 不生产的; (2) 没有结果的, 无结果的, 徒然的, 不毛的
unproductive area 非生产面积
unprofessed 不公开宣称的
unprofessional (1) 非职业性的, 非专业的, 外行的; (2) 违反行业惯例的
unprofitable (1) 无利益的, 不利的, 无效的, 无益的; (2) 无工业价值的
unpromising 结果未必良好的, 没有希望的, 没有前途的
unpromoted 自发的
unprompted 未经提示的, 自发的
unprotected (1) 无防护设备的, 无保护 [层] 的, 未加保护的, 无装甲的; (2) 没有防卫的, 未设防的, 不设防的, 无掩护的; (3) 不受关税保护的
unprotected field 非保护域
unprovability 不可证明性
unprovable 不可证明的
unproved 未经检验的, 未经证实的, 未经证明的
unprovided (1) 未做准备的, 意料之外的; (2) 无供给的
unprovoked 无缘无故的
unpunched 未穿孔的, 不打孔的, 无孔的
unpurified 未纯化的, 未精制的
unquadnilium 140 号元素
unqualified (=unqual) (1) 不合格的, 无资格的; (2) 没有限制的, 无条件的; (3) 全然的, 绝对的, 彻底的
unqualified steel 经检查不合格的钢
unquantifiable 不可估量的, 难以计算的
unquantized (1) 未 [经] 量子化的; (2) 非量子的, 无量化的
unquenchable 不能熄灭的, 不能消灭的, 不能遏制的
unquestionable 毫无疑问的, 无可非议的, 不成问题的, 确实的, 当然的
unquestioned (1) 未经调查的; (2) 不成问题的, 无异议的, 公认的; (3) 不被怀疑的
unquestioning 不提出疑问的, 无异议的, 不犹豫的
unquiet 不平静的, 动荡的, 焦急的
unquotable 不能引用的
unquote (电报等的) 结束引语, 引用结束
unramified 非分歧的, 无分枝的
unramified field 非分歧域

1504

unrammed　未夯实的，未捣实的

unravel　(1) 放工作钢绳，(钢绳冲击钻的) 给进；(2) 解开，拆开，拆散，散开，松散；(3) 解释，阐明，澄清，探索

unreachable　不能得到的，不能到达的

unreachable code　执行不到的代码

unreactable　(1) 不 [起] 反应的，惰性的；(2) 灵敏度低的，不灵敏的

unreacted　未反应的

unreactive　(1) 不 [起] 反应的，惰性的；(2) 灵敏度低的，不灵敏的

unreactiveness　非活性，惰性

unread　(1) 未经阅读的，未经审阅的；(2) 不学无术的，无知的

unreadable　(1) 无法阅读的，不值一读的，不能读的；(2) 模糊不清的，难辨认的

unreadable signal　不能分辨的信号

unready　(1) 没有准备的，没有预备的；(2) 不灵敏的，迟钝的

unreal　不真实的，不现实的，不实在的，空想的，虚假的

unrealistic　与事实不符的，不真实的，不现实的，不实际的，幻想的

unreality　不真实，不现实，空想，幻想

unreasonable　不合理的，无理 [性] 的，过度的，过高的

unreasonable demand　不合理的要求

unreasonable rules and regulations　不合理的规章制度

unreasoning　不运用推理的，不加思量的，不合理的

unreceipted　未注明已付讫的，未签收的

unreclaimed　未收回的

unrecognizable character　不可识别字符

unrecognized　未被承认的，未被认出的

unreconciled　未取得一致的

unrecorded　无记录的，未登记的，未注册的

unrecovered　(1) 未复原的，未还原的；(2) 不可恢复的

unrectified　(1) 未改正的，未修正的；(2) 未调整的；(3) 未精馏的；(4) 未整流的

unredeemed　(1) 未履行的，未实践的；(2) 未偿还的，未清偿的；(3) 未挽救的

unreduced　(1) 未还原的；(2) 未约化的，未简化的

unreduced matrix　不可约矩阵

unreducible　(1) 不可逆的；(2) 不可还原的；(3) 不可约化的，不可简化的

unreel　开卷，拆卷，退卷，松开，退绕，解开

unreeling　[由纺车上] 解下

unreeve　(从滑车，心环等) 卸下钢绳，拉出钢绳，拉回钢绳

unreferenced field　未引用字段

unrefinable crude oil　不适于炼制的原油

unrefined　未精制的，未提炼的

unrefined oil　未精制 [的] 油

unreflected　未经反射的，无反射的，不反射的

unreflecting　(1) 不反射的；(2) 缺乏考虑的

unregarded　不受注意的，被忽略的

unregenerate　不能再生的

unregulated　(1) 未校准的，未调整的，未调节的，未调准的；(2) 不加稳定的

unregulated rectifier　未稳压整流器，非稳压整流器

unregulated supply　未调电源

unregulated variable　不可调变量

unregulated voltage　未调节电压

unreinforced　未加强的，不加固的，无 [钢] 筋的

unreinforced concrete　无筋混凝土

unrelated　没有联系的，分开的，分解的，独立的

unrelated perceived colour　非相关性感色

unreliability　不可靠性，不安全性

unreliable　不能相信的，不可靠的，靠不住的，难信任的，不安全的

unrelieved　(1) 未被减轻的，未被缓和的，未被解除的；(2) 无变化的，单调的

unremarkable　不值得注意的，不显著的，平凡的

unremarked　未被注意的，不受注意的

unremittance　不间断性，非衰减性，持续性

unremitting　无间断的，持续的，不断的，不停的

unremunerative　无利可图的，无报酬的，不合算的

unrenewable　不能回收的，不能更新的，不能再生的，无法再用的

unrepresentative　无代表性的，非典型的

unrequited　无报酬的，无偿的

unreserved　(1) 无限制的，无保留的，无条件的；(2) 没有预订的；(3) 完全的，坦率的

unresisted　无阻力的

unresolvable　(1) 不可分辨的；(2) { 数 } 不可解的；(3) 不可溶解的

unresolved　(1) 不坚决的，无决心的，未定的；(2) 未解决的，未澄清的；

(3) 未加分析的，未分解的，未分辨的

unresolved echo　不清晰的回声

unresolved peaks　未分辨出的最大值

unresonance　非谐振，非共振，非调谐

unresonant system　非谐振系统

unresounding　无回响的

unresponsive　(1) 无答复的；(2) 无反应的，反应慢的

unrest　不安宁，不安稳

unrestored　未修复的，未复位的，无恢复的

unrestored television receiver　无恢复式电视机

unrestrained　不受限制的，不受制约的，无限制的，自由的，过渡的

unrestrained gyroscope　三自由度陀螺仪，自由陀螺仪

unrestraint　无抑制，无约束

unrestricted　(1) 不受限制的，不受约制的，无限制的，无约束的，非约束的，不管制的；(2) 无速率限制的

unrestricted-burning motor　不限制性燃烧的火箭发动机，非铠装药发动机

unrestricted burning rocket　非铠装药火箭发动机

unrestricted burning unit　非铠装药发动机

unrestrictive　非限制性的

unretarded　未延迟的

unretentive　无保持力的

unrewind　不重线，未重卷 (磁带)

unribbed　无肋条的

unriddle　阐明

unrifled　(指枪管) 没有膛线的，滑膛的

unrig　拆卸装备，解去索具

unrighteous　不公正的，不公平的

unrinsed　未冲洗的

unrip　(1) 撕开，扯开，割开；(2) 透露，揭示

unripe　(1) 未成熟的；(2) 未准备的，不适时的

unripened viscose　未熟粘胶

unrippled　无波纹的

unrisen　未升起的

unrival(l)ed　无比的，无敌的，无双的

unrivalled opportunities　极好的机会

unrivet　拆除铆钉，铆钉松懈

unroasted　未经焙烧 [处理] 的

unroll　(1) 展卷，退卷，回卷；(2) 扫描，扫掠；(3) 铺开，展开，打开，拆开，扭开，解开；(4) 显示，展现

unrolling　退卷，回绕

unrounded　不 [四] 舍 [五] 入的

unruffledness　平静的性质，平静的状态

unruled quadric　非直纹二次曲线

unruliness　难控制状态，难控制性质，难驾驭

unruly　不守秩序的，难控制的，难驾驭的

unrusted　未生锈的

uns-　(词头) 不对称，偏

unsafe　靠不住的，不安全的，不可靠的，不准确的，危险的

unsaid　未说明的，未说出的

unsanctioned　未经认可的，不可接受的，未批准的

unsanitary　有碍健康的，不卫生的

unsaponifiable　不能皂化的，不皂化的

unsaponifiable matter　不皂化物

unsaponifiable oil　不皂化的油

unsaponifiables　不皂化物

unsatisfactory (=unsatfy)　不能令人满意的，不能解决问题的，未充分的

unsatisfied　(1) 未满足的，不满足的，不满意的；(2) 不饱和的

unsaturate　不饱和化合物

unsaturated　不饱和的，未饱和的，非饱和的

unsaturated cell　未饱和电池

unsaturated coeffocicent　不饱和系数

unsaturated current transformer　不饱和电流互感器

unsaturated logic　不饱和逻辑

unsaturated logic circuit　非饱和型逻辑电路

unsaturated steam　不饱和蒸汽

unsaturated vapour　未饱和汽

unsaturates　不饱和 [化合] 物

unsaturating thin-film transistor　非饱和的薄膜晶体管

unsaturation　不饱和，未饱和

unsay　取消，撤回，收回

unscathed　未受损失的，没有受伤的

unscattered　不扩散的，不散射的，未散射的，非散射的，集中的

unscheduled　(1) 计划外的；(2) 没有预定时间的，不定期的

unscheduled maintenance(=U/M) 不定期维修,非预定维修,计划外维修,出错维修

unscientific 未按照科学方法的,没有科学知识的,不科学的,非科学的

unscramble (1)整理,清理;(2)分解[集成物]使恢复原状;(3)使变清晰,译出[密码]

unscramble rule 非杂乱规则

unscrambled method 非杂乱法,有序法

unscrambler (1)包装品自动推送台,(坯料)自动堆垛台;(2)倒频器,(3)矫正器

unscrambling 非杂乱性

unscreened (1)未筛选的,未过滤的,未分级的,未分类的;(2)无屏蔽的;(3)未经检查过的

unscrew 拧松,拧出,旋出[螺钉],拆卸

unseal (1)开封,开启,开盖;(2)未密封;(3)使解除束缚

unsealed 非密闭的,非密封的,未密封的

unsealed joint 无封缝料的接缝,不封缝

unsealing 未密封的

unseam 拆开,撕开,割开

unsearchable 无从探索的,探索不出的,不可思议的,神秘的

unseasonable 不合时令的,不合时宜的,不适时的

unseasoned (1)未风干的,未干透的;(2)未成熟的,无经验的

unseat (1)使失去资格,使退职,去职;(2)微微抬起,移位,打开

unseaworthy 经不起航海的,不适于航海的

unsecured (1)无担保的,无保证的;(2)不牢固的;(3)未包装好的

unseeded 未加晶种的,未加籽晶的

unseeing 视而不见的,不注意的

unseemly 不适宜的,不恰当

unseen (1)未被注意的,未被觉察的,未被发现的,未看见的;(2)观察不到的,看不见的,不可见的;(3)不用参考书的,未经预习的

unsegregated 未分离的

unselected 未经选择的

unselected core 未选磁芯

unselected marker 非选择性标记

unseparate 无分隔物的

unseparated device 未分离开的器件(芯片)

unseptnilium 170号元素

unsequeeze 解缩

unserviceability 使用不可靠性,运转不安全性,不实用性

1506

unserviceable (=US 或 unsvc) (1)不能使用的,不适用的,没用的;(2)运转中不安全的,使用不可靠的,运行不安全的,不耐用的

unserviced 无人保养的,无人看管的

unset (1)未安装的,未装配的,未固定的;(2)未镶嵌的;(3)未凝固的;(4)使移动,使松动,扰乱;(5){计}复位,置零,清除,复原

unsettle (1)离开固定位置,使不稳固,使移动,使松动;(2)使不安定,使不确定,搅乱,动摇

unsettled (1)未固定的,未解决的,不稳定的,不安定的,易变的;(2)未付清的

unsewered 无下水道的

unshaded (1)无阴影[线]的;(2)无遮蔽的,没有罩的

unshaded area 非阴影区

unshaded region 非阴影区,空白区

unshadowed 无阴影的

unshakableness 不可动摇状态,坚实,牢固

unshaped 未成形的,粗制的,粗糙的

unshapely 样子不好的,不匀称的,畸形的

unshared 不共同负担的,非共用的,非共享的,未平分的

unshared control unit 非公用控制器

unshared-electron 未共价电子

unshared pair 未耦合的电子偶

unsharp 不清楚的,不明显的,模糊的,钝的

unsharp image 不清晰图像

unsharpness 不清晰性,非聚焦性

unshatterable 不碎的(玻璃)

unshelled 炮火不能射透的

unsheltered 无保护的,无遮蔽的,暴露的,露天的

unshielded (1)无防尘盖的;(2)无防护的,未防护的,无屏蔽的,未掩蔽的

unshielded arc welding 无保护层电弧焊

unshift-on-space 不印字间隔

unship (1)从船上卸货,卸船,下船;(2)解除负担,卸下,收起,摆脱,放下,解下

unshock (1)使不受冲击;(2)无微波

unshod 无外胎的,无铁包头的

unshored 无支撑的

unshorting 消除短路,排除短路

unshot 射击不到的

unshrinkable 不会收缩的,不会缩小的,不缩的,防缩的

unshrouded 敞开的,开式的

unshuffle 反移(从右向左移)

unshunted (1)无分路的,未分路的;(2)未旁路的,无旁路的

unsifted (1)未经详细检查的;(2)未筛的

unsight (1)未检查过的;(2)未见过的

unsighted (1)不在视野之内的,未看见的;(2)不用瞄准器

unsignalized 未发射信号的,未用信号的

unsigned 未署名的,未签字的,无符号的

unsilvered face 非镀银面

unsintered 未烧结的,未结渣的,无熔渣的

unsized (1)未分大小的;(2)未筛分的,未过筛的;(3)无填料的

unskilled 不熟练的,无技巧的

unskilled labour 不熟练工[人]

unskilled steel 不脱氧钢,沸腾钢

unskillful 不专门的,不熟练的,不灵巧的,笨拙的

unslacked 未消的,无熟化的

unslaked 未消的,生的

unsling 从悬挂处取下,解开吊索,取下索套

unslugged (1)无迟滞的;(2)无磁滞的

unsluggish 无磁滞的

unsmoothed 不光滑的

unsnatch 卸下

unsolder (1)分离,分裂,分开;(2)熔化焊接处以拆开,拆开已焊之物,拆焊,脱焊,焊开,焊掉,烫开

unsolicited 未经请求的,主动提供的,无要求的

unsolidified 不牢固的

unsolisited 无要求的

unsolvability 不可解性

unsolvable (1){数}不可解的;(2)无法解释的,无法解答的,无法解决的;(3)不能溶解的;(4)不可分辨的

unsolved 未解释的,未解决的

unsophisticated (1)清楚易懂的,不复杂的,简单的;(2)不掺杂的,纯的

unsorted 未加整理的,未经挑选的,未分类的,未分级的,不分级的

unsorted coal 原煤

unsought 未经寻求而得到的,没有被要求的,未经请求的

unsound (1)不健全的,不健康的,有病的;(2)不坚固的,不坚实的,不稳固的,不安全的,不安定的,不可靠的;(3)无固定体积的;(4)无根据的,谬误的

unsound cement 不安定水泥,变质水泥

unsounded (1)未测过深度的,未经探测的;(2)未说出来的,不发音的

unspeak 取消[前言],撤回,收回

unspeakable 难以形容的,说不出的

unspecialised (=unspecialized) 无特殊功能的,非专门化的,不特殊化的

unspecifiable 无法一一列举的

unspecified 未特别指出的,未特别提到的,未详细说明的,未加规定的,未指定的

unspent 未用完的,未耗尽的

unspent balance 未使用的余额

unspinnable 不旋转的

unsplinterable 不产生破片的,不会破碎的

unsplit (1)不可分割的,不可拆卸的,整体的,整块的;(2)无裂口的,无裂缝的

unsplit pattern 不能拆卸的模型

unspoiled mode 不失真[振荡]模式

unspoilt 未受损害的,未受破坏的

unspoken 不表达出来的,不说出口的,无言的

unspotted 没有斑点的,没有瑕疵的,纯洁的

unsprung 未附加弹性材料的,没有安装弹簧的,非加在弹簧上的,未装弹簧的

unsprung weight 非加在底盘弹簧上的重量,非悬挂[的]重量

unsquared 非方形的,非直角的

unsqueezing 歪像整形,解缩

unstability 不稳定性,不安定性,不安全性

unstabilized 未加稳定的,不能控制的,不能操纵的,不稳定的

unstable (1)不稳定的,不稳固的,不安定的,不坚固的;(2)反复无常的,易变的

unstable balance 不稳定平衡

unstable compound 不稳定化合物,易分解化合物

unstable crack propagation 不稳定裂纹扩展，失稳裂纹扩展
unstable equilibrium 不稳定平衡，不稳平衡，失稳平衡
unstable filter 非稳态滤波器，不稳定滤波器
unstable lubrication 不稳定润滑，非永久润滑
unstable mode 不稳定模式
unstable motion 不稳定运动
unstable operation 不稳定运转
unstable optical resonator 不稳定光学谐振器
unstable oscillation 不稳定振荡
unstable run (1) 不平稳运转；(2) 不稳定工况
unstable state 不稳状态，非稳态
unstable system 不稳定系统
unstable-type gravimeter 不稳型重力仪
unstableness 不稳定的状态，不稳定性
unstacker 拆垛机
unstainable 不腐蚀的，不锈的
unstained (1) 不染色的，未染色的；(2) 无瑕疵的，无污点的，无污染的，纯洁的，纯净的
unstall (1) 不失速；(2) 消除流动中的不良现象，消除气流分离
unstamped 未盖印的，未盖章的
unstarred nonterminal 未加星号非终结符
unstated 未明确说明的，未声明的
unstayed 未加支撑的，无支撑的，未固定的，未加固的
unsteadiness 不稳定性，不稳定度，不定常性，不安定，不稳固，非恒性，易变性
unsteadiness of image 图像不稳，图像抖动
unsteady (1) 不稳定的，不稳固的，非稳定的，非恒定的，非定常的，非稳恒的，不稳恒的；(2) 跳变式的，跳跃式的，阶跃式的，不连续的，不规则的，易变的，动摇的
unsteady aerodynamics 非定常空气动力学
unsteady current 不稳定电流
unsteady feed 断续进给
unsteady flow 不[稳]定流动，非恒定流，变量流，非恒流
unsteady flow effect 不稳定流动影响
unsteady force 不稳定力，非稳定力
unsteady lift 非定常升力，非定常流升力
unsteady load 不稳定载荷
unsteady motion 不稳定运动
unsteady region 不稳定区
unsteady running 不稳定运转
unsteady-state 非稳恒[状态]的，不稳恒的，非定常的
unsteady state 不稳定状态
unsteady-state conditions 非稳定工况
unsteady wave 非稳态波
unsteel (1) 使失去钢性；(2) 解除……武装
unstick (1) 使不再粘着，扯开，松开，放开；(2) 起飞，离地
unstiffened 未加强的，未加劲的，未变硬的
unstiffened suspension bridge 未加劲悬索桥
unstinting 无限制的
unstop 拔去塞子，打开盖子，除去障碍
unstopper [拔]去塞子
unstow 卸空
unstrained (1) 未过滤的；(2) 未[产生]变形的，未产生应变的，无应变的，未应变的，未拉紧的，未胁变的；(3) 不张紧的，自由的
unstrained member 不受应变的构件，非承载构件
unstrained pile 自由桩
unstrap 解开……带子
unstratified 不成层的，非成层的，无层理的，未层状的，不分层的
unstrengthen 使变弱，削弱
unstressed (1) 没有产生应力的，未加[负]载的，不受应力的，无应力的，无应变的，无张力的，不受力的；(2) 不强调的，不着重的
unstressed member 不受应变的构件，非承载构件
unstressing (1) 无应力，无张力；(2) 放松
unstriated 无横纹的，无条纹的
unstring (1) 从线上取下，解开，放松；(2) 使混乱，使不安
unstriped 没有条纹的，不成条状的，无横纹的
unstripped (1) 没有拆卸的；(2) 未经汽提的
unstripped gas 原料气体，富气，湿气
unstuck (1) 未粘牢的，未粘住的，未系住的，不固着的，松动的，松开的；(2) 失灵的，紊乱的
unstudied (1) 非故意的，非人为的，自然的；(2) 即席的；(3) 不通晓的，未学得的
unsubduced 未被抑制的，未减低的，未和缓的
unsubscripted variable 无下标变量

unsubstantial (1) 不坚固的，不结实的，空心的；(2) 没有实质的，不现实的，空想的
unsubstantiality (1) 不坚实的性质，不坚实的状态；(2) 非实质的
unsubstituted 未被取代的
unsubtracted dispersion relation 无减除色散关系
unsubtractedness 无减除
unsuccessful 不成功的，失效的
unsuccessfulness 不成功的性质，不成功的状态
unsufficient 不充分的，不足够的
unsuitable (1) 不适合的，不适宜的，不适当的，不适用的；(2) 不相称的，不配的
unsuitable value 不适合值
unsuitableness 不适宜的性质，不适宜的状态
unsuited (1) 不适宜的，不适合的，不适当的；(2) 不相称的，不相容的，不配的
unsunned (1) 不受日光影响的，不见阳光的；(2) 没有公开的
unsupercharged 不增压的
unsupported (1) 没有支柱的，无支撑的，未支撑的，净跨的，自由的；(2) 无载体的；(3) 未经证实的；(4) 未得到支持的，未得到支援的
unsupported barrel 自由悬挂卷筒
unsupported distance 自由长度，净跨
unsupported height 自由高度
unsupported length 无支承长度
unsure (1) 缺乏信心的，没有把握的，不确知的；(2) 不稳定的，不可靠的，不安全的，危险的
unsurmountable 不可克服的，不可战胜的
unsurpassed 未被超过的，无比的，最好的，卓越的
unsurveyed 未测量的
unsusceptibility 不易感受的性质，不易感受的状态
unsuspected (1) 不受怀疑的；(2) 未被发觉的，想不到的，无知的
unsuspecting (1) 不怀疑的；(2) 未料想到的
unswayed 不受影响的，不为所动的
unswept 未扫的，非后掠的
unswept pumping energy 固定频率抽运能量
unswept pumping 非扫掠抽运(固定频率信号抽运)，非扫掠泵浦
unswerving (1) 不偏离的，不歪的，直的；(2) 坚定的，不懈的
unswervingness 刚直不转向的性质，刚直不转向的状态
unsymmetric (1) 不对称的，非对称的；(2) 不匀称的，不平衡的，偏位的
unsymmetric sampling gate 非平衡取样门
unsymmetrical (=uns) (1) 不对称的，非对称的；(2) 不匀称的，不平衡的，偏位的
unsymmetry 不对称现象，不对称性，非对称性
unsymmetry attenuation 不对称衰减，不平衡衰减
unsystematic 无系统的，不规则的，紊乱的
unsystematized 不是系统化的
untack 分开，解结
untamped (1) 未夯实的；(2) 无反射层的
untangle (1) 解开，松开；(2) 整理，清理，解决
untapered pile 无斜度桩，平头桩，无削桩
untapped 不易开孔导出液体的，不易抽液的
untarred 没有涂焦油的
untaxed (1) 未完税的，免税的；(2) 不负担过重的
untechnical 缺乏专门技能的，缺乏专门训练的
untempered (1) 未回火的；(2) 没有调和好的；(3) 不加控制的
untenability 站不住脚的性质，站不住脚的状态；(2) 防守不住的
untenable (1) 维持不住的，支持不住的，防守不住的，站不住脚的，无根据的；(3) 不能占据的
untended 未受到照顾的，被忽略的
untensioned 未拉紧的，松弛的
unterminated 无[终]端接[头]的
untested 未经试验的，未测试的，未勘探的
unthink (1) 不再思考，不想；(2) 改变想法
unthinkability 不可思议的状态，难以想象
unthinkable (1) 难以想象的，难以置信的，不能想象的，不可理解的，无法设想的；(2) 未必加以考虑的，毫无可能的
unthinking (1) 未加思考的，不动脑筋的，不注意的，疏忽的；(2) 无思考能力的
unthread portion 无螺纹部分
unthreaded 没有螺纹的，无螺纹的
unthreaded portion (螺栓或螺钉)无螺纹部分
untidiness 不整洁的性质，不整洁的状态
untidy (1) 不整齐，不整洁的，不简练的；(2) 不适宜的，不合适的
untie (1) 解开，解除，松开；(2) 解决

untight 未密封的, 不紧密的
untightness 不致密性, 漏泄
until (1) 直到……为止, 到; (2) 直到……才, 不到……不, 在……以前不
until now 到目前为止, 直到现在, 至今
until recently 直到最近
until the present time 到目前为止, 直到现在, 至今
until then [直] 到那时, 在那以前
untilted 无倾斜的
untimed 不定时的
untimeliness 不适时宜的性质, 不适时宜的状态
untimely (1) 不合时宜的, 不适时的; (2) 不凑巧的, 未成熟的, 过早的
untitled 无标题的, 无书名的, 无称号的, 无头衔的
unto (1) 到, 对; (2) 到……为止, 直到
untold (1) 不可计量的, 数不清的, 无限的, 极大的; (2) 没有说到的, 没有揭露的, 没有泄漏的
untomb 发掘
untouchability 不可接触的状态, 不可接触性
untouchable (1) 禁止触动的, 禁止触摸的, 不可接触的, 不可触摸的; (2) 未能开发的
untouched (1) 没有触动的, 未受损伤的, 原样的; (2) 没有提到的, 未经论及的; (3) 未受影响的; (4) 无与伦比的
untoward 困难重重的, 不凑巧的, 不适当的, 不适宜的, 难对付的, 麻烦的, 不幸的
untraceable (1) 难追踪的, 难示踪的, 找不到的; (2) 难以发现的, 难以查明的, 难以描绘的
untrained 没有受过训练的
untrammel(l)ed 没有受到阻碍的, 不受妨碍的, 不受限制的, 不受束缚的, 自由的
untransferable 不可转移的, 不可让与的
untranslatability 不可转译的性质, 不可转译的状态
untranslatable 不能翻译的, 不宜翻译的, 不可译的, 难翻译的
untread 返回, 折回
untreated 未经处理的, 未经浸渍的, 不处理的
untreated felt 未浸渍的毛毡
untreated pole 未经 [防腐] 处理的电杆, 未浸渍电杆
untreated rubber 生橡胶
untreated water 未经处理过的水, 原水
untried (1) 没有做过实验的, 未经试验的, 未经试用的, 未经检验的, 未经考验的; (2) 没有经验的
untrimmed 未经整理的, 未经调整的, 不整齐的, 杂乱的
untrinilium 130 号元素
untrivial 非平凡的

1508

untrivial solution 非零解
untroubled 未被扰乱的, 无忧虑的, 平静的
untrue (1) 不合标准的, 不正确的, 不精确的, [安装] 不正的, 不平的, 不准的; (2) 不真实的, 不确实的, 不忠实的, 虚假的; (3) 不正当的
untrustworthy 不能信任的, 不可靠的
untruth (1) 不精确度, 不正确性, 不确实性; (2) 不真实, 虚假
untruthfulness 不真实的性质, 不真实的状态
untuck 拆散, 解开
untunable 不可调谐的
untuned 未调谐的, 非调谐的, 不调谐的
untuned amplifier 不调谐放大器
untuned antenna 未调天线
untuned circuit 未调谐电路
untuned line 未调谐线
untuned rope 非调谐的长反射器
unturned 没有用车床车过的, 没有转向的, 不转动的, 未翻转的, 未翻倒的
untwine 解开 (缠绕物), 散开
untwist 反向扭曲, 解开, 解缠
untwisted blade 非扭曲叶片
untwisting 解开缆索, 松结
ununbium 112 号元素
ununennium 119 号元素
ununhexium 116 号元素
ununnilium 110 号元素
ununoctium 118 号元素
ununpentium 115 号元素
ununquadium 114 号元素
ununseptium 117 号元素
ununtrium 113 号元素
unununium 111 号元素
unusable 不能使用的, 不可用的, 不合用的, 无用的

unused (1) 未利用的, 未使用的, 未消耗的, 不用的, 空着的; (2) 不习惯的; (3) 新的; (4) 积累的
unused code 非法代码, 非法字符, 禁用代码
unused command 非法组合, 非法字符
unused fund 未动用基金
unused inputs (tied) 将不用的输入端接到 [发射极] 电源线上, 无输入端
unused portion 未用部分
unused storage location 未用存储单元
unused time 未使用时间, 关机时间, 停机时间
unusefulness 不实用状态, 不实用性
unusual (1) 不普通的, 不寻常的, 不平常的, 异常的, 稀有的, 罕见的; (2) 例外的, 独特的, 奇异的
unusuality 不寻常的事物
unusually 异乎寻常地, 显著地, 非常
unutterable (1) 难以形容的, 说不出的; (2) 极端的, 十足的, 彻底的
unvalued (1) 不受重视的, 没有价值的, 无足轻重的; (2) 未曾估价的, 难估价的, 极贵重的
unvalued policy 预约保单
unvaporizd 不蒸发的, 不汽化的
unvaried (1) 不变的, 经常的, 一贯的; (2) 千篇一律的, 单调的
unvarnished (1) 未油漆的, 未修饰的; (2) 不加掩饰的, 坦率的
unvarying 不变的, 恒定的, 经常的, 一定的
unveil 揭开布幕, 揭露, 显露, 展出
unventilated 没有通风设备, 不通风的
unverifiability 不可考证的性质, 不可考证的状态, 不可证实
unverifiable 不能证实的, 无法检验的, 无法核实的, 无法考证的
unversed 不熟练的, 不精通的, 无经验的, 无知的
unvitrifiable 不能玻璃化的
unvoice sound 非语言音, 非语音
unvoiced 未说出的
unvouched 未加证明的, 无担保的
unvulcanized (橡胶) 未硫化的
unwanted (1) 不希望有的, 不需要的, 不必要的, 不想要的, 无用的, 多余的; (2) 有缺点的, 有害的
unwanted carrier 干扰载波
unwanted command 假指令
unwanted echo 干扰回波信号
unwanted lobe 副瓣
unwanted sideband 干扰边带, 无用边带
unwarmed 不易受热的
unwarming 不发热的
unwarned 没有预先通知的, 出其不意的, 未受警告的
unwarrantable 无正当理由的, 无法辩护的, 不可原谅的
unwarranted (1) 没有得到保证的, 无保证的; (2) 没有根据的, 不能承认的, 不正当的, 不必要的, 不应有的
unwary (1) 不小心的, 不谨慎的, 粗心的; (2) 不警惕的, 疏忽的, 轻率的
unwashed (1) 未洗涤的, 未清洗的; (2) 无知的
unwatched 无人看守的, 无人值班的, 不用监视的, 自动的
unwater (1) 排水, 疏水, 疏干; (2) 使干燥, 去湿
unwatered (1) 除去水分的, 去湿的, 干燥的, 缺水的; (2) 未用水冲淡的, 未稀释的, 未掺水的
unwatering 抽水, 放水
unwatering conduit 放水管
unwavering 不动摇的, 坚定的
unwaxed 不上蜡的
unweathered 未风化的
unweighable 不可称量的
unweighed 未称量过的
unweighted mean 未加权平均数
unwholesome (1) 含有毒素的, 不卫生的, 有害的, 腐败的; (2) 令人不快的
unwidely 不广泛地, 不远地
unwieldiness 不灵巧的性质, 不灵巧的状态
unwieldy (1) 难操纵的, 难控制的, 难使用的, 不实用的, 不便利的; (2) 不灵巧的, 庞大的, 笨重的
unwild working piece 笨重工件
unwind (1) 消除程序修改; (2) 解开, 摊开, 展开
unwinder 退绕机, 开卷机, 拆卷机, 解开机
unwinding 退卷
unwired 无金属丝的, 无电线的
unwise (1) 不聪明的, 愚蠢的, 笨的; (2) 不明智的, 欠考虑的, 轻率的
unwished 不想要的, 不希望的

unwitnessed 未被观察到的, 未被注意的

unwitting 不知不觉的, 无意的

unwonted 不常用的, 不常有的, 不习惯的, 少有的, 罕见的, 异常的

unworkability (1) 不能加工的性质, 不能加工的状态; (2) 不易操作

unworkable (1) 不能工作的, 不能开动的, 不能实行的, 难以使用的, 难以处理的, 难以操作的, 难以运转的, 难以工作的, 难以实行的; (2) 不切实际的

unworked (1) 未投入使用的, 未使用过的; (2) 未制成形的, 粗糙的

unworked penetration 工作前针入度

unworkmanlike 工作熟练的, 没有技术的

unworn 没有受损的, 没有磨损的, 没有用旧的, 原样的, 新的

unworthiness 无价值

unworthy (1) 不足道的, 不足取的, 不相称的, 不值得的; (2) 无价值的, 拙劣的

unworthy of being mentioned 不值一提

unwound 未上发条的, 未卷绕的, 松散的

unwounded 完好无损的, 未受伤的

unwrap 打开, 解开, 展开

unwritten (1) 未成文的, 不成文的, 非书面的, 未写下的, 口头的; (2) 空白的

unwritten law 不成文法, 习惯法

unwrought 未最后成形的, 未最后定型的, 未加工使用的, 没有制造的, 没有加工的, 没有整理的, 未开发的, 粗糙的, 原始的

unyawed 无偏航的

unyawed model 对称绕流模型, 正置模型

unyielding (1) 不屈服, 刚性的; (2) 不可压缩的, 不能弯曲的, 沉陷的; (3) 稳定的, 坚固的, 硬的

unyielding support 不可压缩支架, 刚性支架

unyoke (1) 停止工作; (2) 拆开, 分散

unyoked core (变压器) 无轭铁芯

unzip 拉开 (拉链)

unzoned (1) 未分区域的, 未分带的; (2) 不受限制的, 无约束的, 无限制的

unzoned lens (天线) 简单透镜

unzoned metal lens (天线) 不分区金属透镜, 简单金属透镜

up (1) 在水平线上, 在地平线上, 在上面, 在上部, 向上, 朝上; (2) 表示出现, 起来, 上升, 增加, 加强; (3) 一直到, 达到, 赶上

up- (词头) 在高处, 向高处, 向上, 朝上

up-and-down 上下的, 往复的, 起伏的, 变动的

up and down control 上下控制

up-and-down indicator 走时指示器, [发条] 松紧指示器

up-and-down motion 上下运动, 垂直方向往复运动

up-and-down movement 上下运动, 垂直运动, 升降运动

up-and-down turning of the arm (机器人) 臂部俯仰 [运动]

up-and-up 越来越好

up-bound boat 上行船

up-coiler 上卷机, 卷线机

up-conversion 上变频

up-converter [向] 上变频器, 增频变频器, 向上变换器, 上转换器, 升频器

up converter 向上变频器, 增频变频器, 向上变换器

up-counter 升计数器, 求和计数器

up-cut 上切式, 逆铣

up cut (1) 螺纹锉; (2) 细切削, 上切式, 逆铣

up-cut grinding 逆转向磨削, 逆向磨削, 异向磨削, 逆磨

up-cut milling 对向铣, 逆铣, 仰铣, 迎铣

up-cut shear 上切式剪切机

up cutting 对向铣, 逆铣, 仰铣, 迎铣

up digging excavator 仰掘机

up Doppler 高多普勒, 高回声

up-down 升降

up-down asymmetry 上下不对称

up-down component 目标俯仰分量, 目标上升分量

up-down counter 升降计数器, 加减计数器

up down counter 升降计数器, 正反计数器

up-down error 垂直平面误差

up draft 向上通风

up-draft kiln 直焰窑, 竖窑

up-end 吊桶底朝上

up gradient 上坡度

up-grading 改造, 改进, 提高

up-grinding 砂轮与工件异向磨削, 逆转向磨削, 逆磨

up-hill line 上行管路

up-hole 向上钻孔

up hole 上向炮眼

up-leg (弹道) 上升段

up level 高电平

up-line 上行线路

up line 上行线路

up-link (1) 上行系统; (2) 对空通信

up link 上行线路

up-link carrier 上行载波

up-link transmitter 上信道发射机

up lock 起落架收上位置锁

up-milling 逆铣

up milling 对向铣, 逆铣, 仰铣, 迎铣

up-on command 上行指令

up-quenching 升温淬火

up roll (摇台) 向上滚切

up run (蒸汽等) 上行

up set 上端局设备

up-shaft (1) 高速齿轮轴; (2) 高速移动轴

up slope time 电流渐增时间, 上升时间

up-station 上端局

up station 上端局

up-stream 向上游的, 逆流的

up-stripping 辅助剥离, 附加剥离

up stroke 向上冲程, 上行冲程, 上升冲程, 上行运动, 上冲程

up symbol 升符号

up time 正常运行时间, 可使用时间, 有效时间, 顺时

up-to-date 直到现在的, 现代化的, 最新式的, 尖端的, 当今的

up-to-date information 最新情报, 最新消息

up-to-date type 最新式

up-to-dateness 现代化程度

up-to-size 具有标称尺寸的, 到标称尺寸的

up-to-symbol 直到符号

up-to-the minute 很现代化的, 最新式的, 最近的

up-voice demodulator 上行话音解调器

upbeat 向上发展, 上升

upblast 向上鼓风

upblaze 燃烧起来

upborne 被支持着的, 被高举起的, 升高了的

upbrow conveyer 上山运输机

upbuild 建立

unbuilding 堆积

upcast (1) 朝上的, 向上的, 上抛的, 上投的; (2) 通风坑, 排气坑, 上升管, 蒸发管

upcast fan 抽出式扇风机

upcast shaft 通风竖管, 通风井

upcast ventilator 朝上通风筒

upcheck 检验通过, 试验合格

upcoiler (地上) 卷取机, 上卷机

upcoming 即将到来的

upcoming event 突发功能动作

upconversion 向上转换, 升频转换, 上变频

upcropping 突然发生的行动

upcurrent 上洗流, 上升流, 上洗

upcurve 上升曲线

upcut 上切, 逆铣

upcut grinding 逆转向磨削

update (1) 使适合新的要求, 使现代化, 不断改进, 更新, 革新; (2) 校正, 修正, 修改; (3) 现代化; (4) 最新资料, 更新材料, 补充资料

update cycle 更新周期

update file 更新文件

updated 适时的, 修改的, 更新的, 校正的

updated and revised edition 最新修订本

updated position 追踪位置

updater 更新器

updates 补充资料, 更新资料

updating formula 校正公式

updip 上倾

updraft (=updraught) (1) 向上通风, 向上排气, 向上气流, 上升气流, 上曳气流, 向上抽风, 上风式的, 上流式的, 上抽的; (2) 直焰的

updraft carburetor 上吸式汽化器

updraft furnace 向上通风炉, 直焰炉

updraft sintering machine 上鼓风烧结机, 鼓风烧结机

updraft ventilator 上风道式抽气装置, 上风道式通风机, 上风逆式通风机

updraught 上升风, 上吸

updraw 使停止的过程

updrift 逆向推移

upend (1) 竖立, 倒立, 倒放, 倒置, 颠倒, 倾倒; (2) 顶锻, 镦锻, 镦粗

upend forging 冲挤锻造

upended forge 顶锻

upender 调头装置, 竖立装置, 翻转装置, 翻料机, 翻转机

upending test 可镦锻性试验, 镦粗试验

uperization 超速消毒, 瞬间消毒

upfield 高磁场

upfitter (1) 装配; (2) 装修工

upfloat 浮起, 显露

upflow 上升气流, 向上流动, 上洗流, 上升流, 上洗

upflow filter 上行过滤器

upflow fluid-catalyst unit 上行流体催化装置

upglide motion 上滑运动

upglide surface 上滑面

upgliding 上升侧滑, 侧滑上升

upgrade (1) 提高等级, 提高质量, 提高品位, 提高标准, 变高级, 精选, 提升, 升格, 升级, 改良, 改进; (2) 上坡 [度], 升坡, 增加, 上限; (3) 浓集, 浓缩, 加浓; (4) 加强, 加固

upgraded design formula 先进的设计公式

upgrader (1) 质量提高的装置, 质量改善装置; (2) 质量增进剂

upgrading (1) 集浓, 浓缩, 加浓; (2) 加强, 加固; (3) 提高质量

upheaval (1) 隆起, 抬起, 举起, 胀起, 上升; (2) 大变动, 剧变, 激变

upheave 使上升, 隆起, 抬起, 举起, 胀起

upheaving (1) 隆起, 鼓起; (2) 隆起的, 鼓起的

uphill (1) 向上 [的], 上升 [的], 上行 [的], 倾斜 [的], 上坡; (2) 困难的, 费力的

uphill casting 叠箱铸造, 底铸 [法], 下铸 [法]

uphill conveyer 上山运输机

uphill diffusion 负扩散

uphill furnace 倾斜炉

uphold (1) 支持, 维持, 坚持, 主张, 鼓动; (2) 举起, 高举, 抬高, 支撑; (3) 证实, 确认, 保证

uphold principle 坚持原则

upholder (1) 支撑物; (2) 修理或制造小商品的人, 支持者, 赞成者

uphole 向上倾斜的孔, 向上井

uphole detector 井口检波器

uphole stack 垂直叠加

uphole time correction 井深时间校正

uphole velocity (泥浆) 上返速度

upholster (1) 装垫子, 装套子, 装弹簧; (2) 装潢, 布置, 摆设; (3) 修理或制造小商品的人

upholstered 有软垫的

upholstered chair 软垫座椅, 弹簧座椅

upholsterer 室内装潢商, 家具商

upholstery (1) 车内装饰品, 室内装潢品; (2) 室内装潢

upkeep (1) 维持, 管理, 操纵; (2) 养护, 维护, 保养, 维修, 检修, 修理; (3) 维护费, 保养费, 维修费, 检修费, 修理费

uplift (1) 上举; (2) 上举力, 反向压力, 扬压力, 浮托力, 静升力

uplift pressure 扬压力, 上举力, 浮托力, 反向压力

upline (1) 上行线路; (2) 入站线, 侧线

upload 向上作用的负载, 加负载

uplook 向上方观看

uplooper 立式活套成形器, 立式活套挑

upmilling 逆铣

upmost 最主要的, 最高的, 最上的

upness 向上的状态

upon (1) 根据, 依据, 遵照, 因, (2) 在……时候, 当……时

upper (=U) (1) 上面的, 上头的, 上位的, 上部的, 上层的, 上级的, 上限的, 上流的; (2) 上图; (3) 地表层的, 后期的, 较早的

upper accumulator 上限累加器

upper-adjacent-channel interference 上邻频道干扰

upper air 高空, 大气

upper-air research rocket 高空探测火箭

upper apex 顶部

upper approximate value 偏大近似值

upper atmosphere 上层大气层, 高空大气层

upper atmosphere research rocket 高层大气探测火箭

upper atmosphere research vehicle 上层大气探测飞行器

upper bar 上截盘

upper beam 顶梁

upper bearing 上轴瓦

upper bed 上床身

upper bend 向上弓, 向上弯

upper block (滑车的) 上导轮

upper boiler 上汽锅

upper bosh line 炉腹顶线

upper bound 上限, 上界

upper boundary (1) (大气层) 上界, (2) (飞行器) 上限

upper-bracket 高级的, 到顶的

upper break 上部缺失, 上部间断

upper bridge 指挥舰桥

upper carriage (炮) 上架

upper-case (1) 大写字母, 大写体; (2) 大写的; (3) 用大写字母排印

upper case (1) (字母的) 大写体; (2) 大写字字盘, 上盘

upper chord 上弦杆

upper clamp 上盘制动螺旋

upper class 上部

upper coat 上层

upper control limit (=UCL) 控制上限, 管理上限

upper cover plate 上盖板

upper curve 上曲线

upper cut (1) 二次切削, 细切削; (2) 细锉纹

upper cut-off frequency (1) 频谱上限, 通带上限; (2) 上限截止频率, 上限截频

upper dead centre (or center) 上死点, 上静点

upper deck 上甲板

upper deck of bridge 上层桥面

upper-decking 铺上层桥面

upper deviation 上偏差

upper deviation of base tangent length 公法线长度上偏差

upper deviation of center distance 中心距上偏差

upper deviation teeth thickness 齿厚上偏差

upper die (1) 上模; (2) 上锤砧

upper edge of the band 频段高端

upper elastic limit 弹性上限

upper elevation limit 仰角上限

upper end of evaporator 蒸发器的上端

upper extremal point 上端点

upper extreme 上端

upper envelope 上包络

upper flange (1) 上凸缘; (2) 上翼板

upper flue (1) 上烟道; (2) 排气道

upper-frame (1) 顶架; (2) 顶框

upper frame rail 车架上梁

upper-frequency limit 频率上限

upper guide 上导向器

upper harmonic 高次谐波

upper ionized layer 高电离层

upper jewel 轴承宝石

upper keyboard 键盘右侧

upper lapping plate 上研磨盘

upper laser level 激光上能级

upper lateral bracing 上弦横向水平支撑, 纵向水平联 [结系]

upper level (1) 上水平; (2) 通风水平

upper limb 上翼

upper limit 上限尺寸, 最大尺寸, 上限, 顶点

upper limit of hearing 最大可闻阈, 最高听力限度

upper limit of ultimate strength 极限强度顶点

upper limit of variation 上偏差

upper limit on the left 左上限

upper limit on the right 右上限

upper limit register 上限寄存器

upper limit(ing) value 上限值

upper limiting filter 低通滤波器, 上限滤波器

upper link 上拉杆

upper longitudinal bracing 上弦纵向水平支撑

upper nut 上螺母

upper panel 上翼片

upper plastic limit 塑性上限

upper plate (1) 顶板; (2) 上盘

upper point of accumulation 最大聚点

upper saddle 上滑座

upper sample 上层 [取的] 试样

upper shaker screen 上部摇动筛

upper shed 上开口

upper-sideband　上边带

upper slide rest　上刀架,复刀架,小拖板

upper speed cone　高速锥

upper state　高能[状]态,上态

upper steam cylinder jacket band　上部气缸套带

upper stoke　上冲程

upper supporting roller　上托辊

upper table　上工作台

upper tank air　油罐上层空气蒸汽

upper tool post　上刀架

upper triangular matrix　上三角矩阵

upper variation of tolerance　允差上偏差,上偏差

upper wishbone link　上部叉形联杆

upper works　水线以上的船体,干舷

upper yield point　上屈服点

upperworks　舷弧高,干舷

upraise　上升,抬升

uprate　增长,升级,改善

uprated　(1)提高额定值的,高定额的;(2)提高功率的,大功率的

uprated engine　大功率发动机

uprated test　超额定负荷试验

uprating　(1)强化;(2)提高额定性能

uprear　举起,抬起,升起,树立,建立

upright　(1)立杆,立柱,支杆,支柱;(2)直立的,铅直的,笔直的,垂直的,竖立的,竖式的,竖直的,立式的;(3)正直的,诚实的;(4)立起,竖立,直立,(5)(压力机)导架

upright converter　立吹炉

upright core　条形铁心,直铁心

upright dial gauge　立式指示表

upright drill [press]　立式钻床

upright driller　立式钻床

upright drilling machine　立式钻床

upright engine　立式发动机

upright galvanometer　垂直式电流计

upright level　垂直杠杆

upright method　直立法

upright of a boring machine　镗床柱

upright of frame　框架立柱

upright position　垂直位置,垂直状态

upright post　立柱

upright projection　垂直投影

upright shaft　立轴

upright stanchion　立杆,立柱

upright still　立式蒸馏釜

uprighting　(1)竖直;(2)(钟)孔修正

uprise　(1)上升,升起,升高,向上,立起;(2)伸直,竖直;(3)直立管

uprising　上升,升起

uprush　(气体、液体)上冲,猛增,涌起,突发

upscale　(1)偏向高刻度;(2)高标度端的

upscattering　导致能量增加的散射

upset　(1)镦锻,缩锻,顶锻,镦粗;(2)加压,加厚;(3)缩锻钢条的粗大末端,(缩锻用)陷型模,(4)弄翻,打翻,翻转,翻倒,倒转,颠倒;(5)干扰,扰动,扰乱,破坏,打击,失调,不适

upset bolt　膨径螺栓,镦锻螺栓

upset butt welder　电阻对焊机

upset butt welding　电阻对[接]焊,镦粗对焊,镦焊

upset clamp　弯压板,弓形夹

upset current　顶锻时的电流

upset cutter　端部有深槽钎刀

upset diameter　镦锻直径

upset drill pipe　加厚钻探管

upset forging　顶锻,镦粗

upset forging machine　镦锻机,镦粗机,镦造机

upset frame　砂箱框

upset pass　立轧道次,立轧孔型,轧边孔型

upset pressure　顶锻压力

upset rivet　膨径铆钉

upset rod　大头杆

upset shaft　粗头半轴,头部镦大的半轴

upset time　顶锻时间

upset welding　镦压焊

upsetter　(1)镦锻锻造机,镦粗机,镦锻机;(2)镦锻工

upsetter forging press　镦锻压力机,镦锻机

upsetter machine　(1)镦锻机,镦粗机;(2)震实造型机

upsetting　(1)顶锻镦粗,局部顶锻,镦锻,镦粗;(2)倒转;(3)倾复

upsetting device　镦锻装置

upsetting die　镦锻模

upsetting machine　(1)顶锻装置;(2)镦锻机,镦粗机;(3)震实造型机

upsetting moment　倾覆力矩

upsetting punch　镦锻冲头

upsetting test　顶锻试验,镦粗试验,扩口试验

upshaft　气流向上排出的通风井,往上通风的竖井

upshift　换成高速挡,换入高挡,调高速挡,加速

upshoot　(1)向上喷射,向上发射;(2)结果,结局,结局

upshot　(1)喷射作用,喷射过程;(2)结果,结尾,结局;(3)结论,要点

upside　上部,上面,上侧,上边,上段

upside-down　颠倒的,倒转的,翻倒的,倒立的,倒置的

upside down　颠倒过来,倒置,颠倒,倒转

upside-down mounting　(集成电路组装的)倒装[法]

upsides　不分高低

upsiloid　倒人字形的,V字形的

upslide surface　上滑面

upslip　上滑距

upspring　弹起

upstage　上层级,末级,顶级

upstand　直立的结构部件,竖向构件,竖柱

upstanding　(1)直立的,竖立的;(2)无变动的,固定的

upstep　增加,增进,扩大

upstream　(1)上游程序的,上游的,上流的,逆流的;(2)向上液流,上升气流;(3)逆向位移

upstream end　进气端,进汽端

upstream heat exchanger (=USHE)　逆流式热交换器

upstroke　上行运动,向上运动,上升冲程,上行程

upstroke press　上行式平板机,上行压力机

upsurge　(1)迅速的增加,高涨,增长;(2)正涌浪,正涌波

upsweep　向上曲,向上斜

upswell　隆起,膨胀,胀起

upswelling　膨胀

upswept　向上曲的,向上斜的

upswept frame　弓形框架

upswing　(1)向上摆动,提高,上升,高涨;(2)改进,改善,进步

uptake　(1)垂直向上管道,垂直孔道,上升烟道,通风管,吸风管,上气道,上风口,烟喉;(2)吸收,吸入,摄取;(3)了解,理解,领会;(4)拿起,举起

uptake casing　烟喉外壳

uptake header　烟喉

upthrow　向上投,隆起

upthrust　向上推

uptilt　翻成侧立状态

uptime　(1)(设备无故障)正常运行时间;(2)可用时间

uptrace　上升记录

uptrain　上行列车

uptrend　向上的趋势

upturn　(1)[使]向上,朝上;(2)向上翻转,倒翻;(3)向上的曲线,向上的部分;(4)上升,上涨,提高,改善,好转

upturned　朝上翻的,朝上翘的,翻转的,雕刻的

upturning　倒轩,逆转

uptwister　上行式捻线机

uptwisting　上行式捻线

upvaluation　(货币)升值

upvalue　将货币升值,抬高价格

upward　向上的,朝上的,上升的,上涨的,升高的

upward arc　(弹道)升弧

upward conveyer　向上运的运输机

upward current　上升气流,

upward current classifier　上升水流分级机

upward flow　向上流动

upward hydrostatic pressure　上托静水压力

upward irradiance　向上辐照度

upward leg　升弧段

upward mobility　上升能力

upward movement　向上运动,上行[运动]

upward opening　导向上孔

upward pressure　向上压力,向上托力,反向压力,扬压力

upward sawing　上锯式

upward-sloping straight line　斜直线

upward stroke　上行冲程

upward system of ventilation　向上通风系统

upward valuation　(货币)升值

upward ventilation　上行通风

upward view　仰视图

upward welding in the clined position　上坡焊

upwardly-inclined conveyer　上斜式运送机

upwards　(1)向上方,向上游,上升;(2)……以上,在上面

upwarp　向上桡曲,向上翘曲,翘起,上弯

upwash　(1)[气流]上洗,上升风;(2)[液流]上洗

upwelling　上升流,上喷,喷出

upwind　逆风的,迎风的,顶风的

upwind difference formula　上风差分公式

upwind velocity　逆风速度,逆风流速

Urac　脲-醛树脂

urac　脲-醛类树脂粘合剂

Urafil　玻璃纤维增强聚氨酯塑料

uraform　尿素树脂胶

uralite　水泥石棉板

uralloy　尿素树脂处理材

uranami welding electrode　底层焊条,封底焊条

urania　氧化铀

uranic　(1)六价铀的,正铀的,含铀的;(2)天[文]的

uranide　铀系元素

uranides　铀系

uraniferous　含铀的

uranium　铀U

uranium-bearing　含铀的

uranium-containing　含铀的

uranium dioxide　二氧化铀

uranium-free　无铀的

uranium-fuelled　装铀燃料的

uranium series　铀系

uranmolybdate　钼酸铀

uranoid　铀系元素

uranol　铀试剂

uranometry　天体测量,恒星编目

uranoscopy　天体观测

uranostat　普用定星镜

uranous　四价铀的,亚铀的

urban facilities　城市设施

urbmobile system　市区交通运输系统

urceiform　壶形的

urceolate　瓮状的,缸状的,壶状的

urea-formaldehyde resin　脲[甲]醛树脂

ureas　尿素塑料类

urethane　氨基甲酸乙酯,尿烷

urethane elastomer　氨基甲酸乙酯人造橡胶,尿烷人造橡胶

urge　(1)强烈要求,主张,强调,促进,催促;(2)推动,推进,驱策,激励;(3)加[负]荷,[发动机]加力;(4)推动力,推进力

urgency　(1)紧急性;(2)紧急,紧迫,迫切;(3)强求,催促,坚持

urgency signal　紧急信号

urgent (=UGT 或 ugt)　紧急的,急迫的,迫切的,强求的,催促的

urgent call　加急电报,紧急电话,紧急呼叫,紧急通话

urgent signal　紧急信号

urgent telegram　紧急电报

urtext　原始资料

urushi　漆

urushiol　漆酚

US gallon　美[制]加仑(=3.78L)

usability　(1)(焊条的)工艺性;(2)使用性能,使用能力,可适用性,可用性,适用性,合用性,有效性

usability test　使用性能试验

usable　可能用的,可合用的,可有用的,可适用的,可使用的,有效的

usable aperture　有效孔径

usable direction　可用方向

usable field strength　可用场强

usable flank　可用齿面,有效齿面,工作齿面

usable length　有效长度

usable life　可用寿命,适用期

usable tooth profile　有效齿廓

usage　(1)使用[方法],使用,应用,运用,处理,对待,管理;(2)用途,用法,用损,损蚀;(3)使用率,利用率;(4)惯例,习惯,习俗;(5)习惯法;(6)语法

usage factor　利用系数,使用因子,利用率

usage factor of material　材料的利用率

usance　使用过的事实,使用的行动

use　(1)使用,运用,应用,利用,采用;(2)行使,使出,发挥;(3)耗费,消费;(4)对待;(5)使用价值,使用法,用途,用处,效用,益处;(6)习惯,惯例

use factor　利用系数,利用率

use until exhausted (=UUE)　用完为止

use-value　使用价值

useability　(焊条的)工艺性,使用性能,使用能力,可适用性,可用性,合用性,有效性

useable　可能用的,可合用的,可有用的,可适用的,可使用的,有效的

used　(1)使用过的,用过的,用旧的,旧的;(2)有效的;(3)废的;(4)习惯于

used area　占用区

used efficiency　有效功率

used heat　用过的热量,废热,余热

used life　使用期限,使用寿命

used load　有效荷载,作用荷载

used oil　用过的机油,废机油

used oil regenerator　废油再生器

used reliability　使用可靠性

used sand　烧坏了的型砂,旧砂

used up　用尽

used work　有用功

useful　(1)有帮助的,有用的,有效的,有益的,实用的;(2)有效率的,能干的

useful area　有效面积,可用面积

useful cross-section　有效横截面,有效横断面,有效截面

useful effect　有效效应,有效影响

useful efficiency　有用效率,可用功率,有效功率

useful flow　有效流量

useful height　有效高度,有用高度

useful length　有效长度

useful life　有效寿命,使用寿命,有效期限,有效期

useful lift　有效升力

useful load　有效载荷,有效负荷,有效负载,实用载荷,实用负载,有效荷载,作用载荷

useful output　(1)有效功率;(2)有用输出;(3)有功输出

useful output of coupling　联轴器端净出力

useful power　有用功率,有效功率

useful profile　有效齿廓

useful range　有效范围

useful refrigerating effect　有效冷量

useful volume　有效容积

useful work　有用功

usefulness　有用的状态,有用性

useless　无价值的,无结果的,无用的,无效的,无益的

useless heat loss　无效热耗

user　(1)使用者,用户;(2)公司,团体;(3)使用物;(4)享有使用权

user area　用户区

user-coded virtual memory　用户编码的虚存

user communication　用户通讯

user-defined　用户定义的,用户规定的

user-determined form　用户决定形式

user file　用户文件

user file directory　用户文件目录

user group　用户集团

user library　用户库

user microprogrammable system　用户可编微程序系统

user microprogrammer　用户微程序编制器

user microprogramming　用户微程序设计

user mode　使用状态

user number　用户代号,用户号码,用户号

user-oriented job control language　面向用户的作业控制语言

user program　{计}用户程序

user program error　用户程序错误

user-programmable　用户可编程序[的]

user test　用户试验,验收试验,使用试验

user view data　用户意图数据

user writer　用户写入程序

user's tolerance　使用公差

usher in　引进,通报,预报,迎接,宣告,展示

ustulation　(1)燃烧作用;(2)焙干,煅

usual　通常的,平常的,惯常的,普通的,常见的,惯例的,正规的

usual inventory rating　定期清查额定数量
usual picture area　有效图像面积
usually　通常, 平常, 一般
usually but not always　通常但不一定总是, 往往但不永远
usualness　经常性, 惯常
utensil　器皿, 器具, 用具
utilance　室内利用率
utilidor　保温管道
utiliscope　工业电视装置
utility (=util)　(1) 有用, 有效, 有益, 效用, 实用, 应用, 利用, 功用; (2) 公用事业设备, 公用电话, 公用 [事业]; (3) 有多种用途的, 公用事业的, 通用的, 经济的, 实用的; (4) 辅助程序; (5) 有用物
utility circuit　生活用电电路
utility character　经济性状
utility control console　使用控制台, 操作控制台
utility factor　设备利用系数, 设备利用率
utility generation　工业用发电, 公用发电
utility line　公用事业管线
utility meter　需给电表
utility model　实用模型
utility package　应用程序包
utility pipe　公用事业管线
utility pole　多用电杆
utility program　实用程序, 应用程序, 使用程序, 辅助程序
utility room　杂用室
utility routine　实用程序, 应用程序, 辅助程序
utility system　应用系统, 实用系统, 辅助系统
utility type　实用型, 经济型
utility-type unit　电站型机组, 大型机组
utilizable　可利 [用] 的
utilizable discharge　可用流量
utilizable flow　可用流量
utilization　(1) 使有用, 使用, 应用, 利用; (2) 用电
utilization equipment　用电设备
utilization factor　设备利用率, 利用系数, 利用因数, 利用率,
utilization factor of useful volume　有效容积利用系数
utilization logger system　运行记录系统

utilization of debris　废物利用, 废品利用, 废料利用
utilization rate　利用率
utilization ratio　利用率
utilization voltage　用电电压
utilize　使有用, 使用, 应用, 利用
utilize waterfalls for producing electric power　利用瀑布发电
Utilogic　一种半导体逻辑的商品名称
Utiloy　镍铬耐蚀合金, 镍铬耐酸钢 (镍 29%, 铬 20%, 铜 3%, 钼 1.75%, 硅 1%, 碳 < 0.7%, 其余铁)
utmost　(1) 最大限度的, 最大可能的, 最高的, 最远的; (2) 极度的, 极端的, 极限的, 非常的; (3) 极限
utmost limits　极限
Utovue　乌托维等离子体数字板 (一种交流型等离子体显示板)
utter　(1) 完全的, 彻底的, 全部的, 十足的; (2) 无条件的, 绝对的; (3) 说出, 说明, 表达; (4) 使用, 行使, 流通; (5) 发射, 喷射, 发出
utterance　(1) 发表, 发言, 发音, 表达; (2) 说法, 意见, 语调; (3) 最后
utterly　完全, 十足, 全然
uttermost (=utmost)　(1) 最大限度的, 最大可能的, 最高的, 最远的; (2) 极度的, 极端的, 极限的, 非常的; (3) 极限
UV (=ultraviolet)　紫外线的
UV-detector　紫外 [光] 检测器
UV filter (= ultraviolet filter)　(1) 紫外滤波器; (2) 紫外线滤色器; (3) 紫外滤光片
UV laser　紫外激光器
UV-lamp　紫外线灯
UV-scanner　紫外 [线] 扫描器
uv-transmitting　透紫外线的
Uvaser　远紫外激光器
Uvicon　紫外二次电子导电管
Uviofast　抗紫外线的
uviol glass　透紫 [外线] 玻璃, 紫外线玻璃
uviol lamp　紫外灯
uviolize　紫外线照射
uviometer　紫外线测量计
uvioresistant　不受紫外线作用的, 不透紫外线的, 抗紫外线的, 抗紫的
uviosensitive　紫外线敏感的
Uvitex　(瑞士) 尤辉得斯 (荧光增白剂)

V

V-and-H check　　(锥齿轮) 垂直水平位移 [检查] 法
V-axis pulse　V 轴 [同步] 脉冲
V-band　V 频带 (用于雷达, 4.6 至 5.6×10^10 Hz) , V 波段
V-beam　V 形射束, V 形波束
V-beam radar　V 形波束雷达
V-bed flat machine　V 型横机
V-belt　三角皮带, V 形皮带
V-belt conveyor　三角皮带输送机, V 型皮带输送机
V-belt drive　三角皮带传动
V-belt pulley　三角皮带轮
V-belt transmission　三角皮带传动
V-block　　(1) 三角槽铁, V 形块, V 形铁, V 形槽块, 元宝铁; (2) V 形蹄片;
　　(3) V 形气缸体
V-block and clamp　V 形块夹头
V-block brake　V 形蹄片制动器, V 形闸瓦制动器, 楔形制动器
V-block measurement　V 形块测量 [法]
V-bob　三角曲拐
V-bottom　V 型快艇, V 型船
V-box　V 形箱, V 形斗
V-bridge　V 形电桥
V-butt weld　V 形对接焊
V-characteristic　V 形特征曲线
V-clamp　V 形夹
V-connection　开口三角形接法, V 形接法, V 形连接
V-conveyor　V 形滚柱输送机
V-cup　V 形密封圈, V 形截面皮碗
V-curve　V 形 [特性] 曲线 (功率因数、温度)
V-cut　　(1) 楔形掏槽; (2) V 形割法, V 形切割, V 形开挖
V-cut crystal　V 切割晶片, V 截晶体
V-cylinder　V 形气缸
v-depression　V 形凹槽
v-dipole　V 型偶极子
V-drag　拖式 V 形刮铲
V-drain　V 形排水沟
V-drill　带尖钻
V-edge predictor　V 形量角器
V-eight　V 型八缸式发动机
V-eight engine (=V-8-engine)　V 型八缸式发动机
V-engine　(八汽缸排成 V 型的) 内燃机, V 型发动机
V-feel　速度感觉
V-gear　V 形齿轮 (一般指变位齿轮)
V groove　V 形坡口
V-groove brake　V 形槽制动器, 楔形制动器
V-groove pulley　V 形 [皮带] 槽轮, 三角皮带轮
V-grooving and tonguing　V 形雌雄榫, V 形企口
V-guide　V 形导轨
V-guide way　V 形导轨
V-gutter　三角形槽, V 形槽
V-joint　　(1) V 形焊接, V 形接合, V 形连接; (2) V 形接头; (3) V 形缝
V-junction　V 形交叉
V-leveler　V 型平路机, V 形整平机, V 形整平器
V-mode　V 型 (吸收信号)
V-Mos transistor　纵向金 [属] 氧 [化物] 半导体晶体管 (Mos=metal-oxide-semiconductor 金属 - 氧化物 - 半导体, 金氧半导体)
V-notch　V 形缺口, V 形切口, V 形凹槽
V-notch Charpy specimen　V 形缺口冲击试件

V-packing　V 型轴封
V-particle　矢量粒子, V 形粒子, V 介子
V-port plug　有 V 形孔的插棒
V-port valve　带有 V 形柱塞的阀
V-process　负压铸造
V-rack　V 形架
V-radar　V 形波束雷达
V-rest　V 形支架
V-ring　V 形球
V-ring metallic packing　V 形金属密封环
V-ring packing　V 形密封圈
V-rope　V 形钢索
V-section　三角槽形断面
V shape　叉式
V-shaped　三角形的, 漏斗形的, 锥形的, 楔形的, V 形的
V-shaped anvil　V 形砧
V-shaped brake　V 形制动器
V-shaped guide　(1) 棱柱导轨; (2) 三面导槽
V-sheet　V 形板
V-strut　V 形支柱
V-slide　V 形滑槽
V-slot　V 形槽
V-tab　V 形调整片
V-thread　三角形螺纹, 牙形螺纹, V 形螺纹, 管螺纹
V-thread screw　三角形螺纹, V 形螺纹
V-threaded screw　三角形螺纹, V 形螺旋
V-thread tool　V 形螺纹刀具
V-tool　V 形刨刀
V-type　三角形, 漏斗形, V 形, 楔形, 锥形
V-type belt　三角带, V 形带
V-type commutator　V 形整流子
V-type fan belt　V 形 [风] 扇 [皮] 带
V-type jaw vice　V 形虎钳
V-type motor　V 形发动机
V-type slideway　V 形导轨, V- 形导路
V-type snow plough　V 形双犁式除雪机, V 形雪犁
V-type step pulley　V 形塔轮, V 形宝塔轮, V 形锥轮
V-type thread 60o　V 形螺纹
V-way　V 形导轨, V 形导路
Vac　瓦克 (压强单位, =10^-3 巴)
Vac-metal　镍铬电热线合金
vac (=alternating-current volts)　交流电压
vac (=vacant)　空白的
vac (=vacuum)　真空
vac pup (=vacuum pump)　真空泵
vac-sorb　真空吸附
vacamatic　真空自动式
vacamatic transmission　真空自动控制变速箱
vacance　空格点, 空位
vacancy　(1) 空格点, 空白, 空间, 空处, 空隙, 虚位, 空穴, (2) 点阵空位, 电子空位, 空位; (3) 晶体缺陷; (4) 空房间, 空虚, 空闲, 空缺, 空额,
vacancy-creep　空位蠕变
vacancy diffusion　空位扩散
vacancy-dislocation interaction　空位 - 错位的互作用
vacancy-interstitial equilibrium　空位 - 隙隙原子平衡
vacancy migration energy　空位徙动能

vacancy mobility 空位迁移率
vacant (=vac) 没有被占有的，空位的，空白的，空虚的，空闲的，未占的
vacant conduction band 空导带
vacant hours 空闲时间
vacant lattice position 晶格的空位
vacant lattice site 晶格内空位，点阵空位
vacant position 空位
vacant run 无载运行，空转
vacant site 空位
vacant state (= empty state) 未满状态，空 [位] 态
vacant term 空间端，空端
vacantness 空白的性质，空白的状态
vacate (1) 使空出，弄空，腾出，搬出，撤出，退出；(2) 休假，度假；(3) 作废，取消；(4) 解除，辞职
vacated cell 腾空单元
vacation (1) 空出，撤出，搬出，迁出；(2) 假期，假日，休假；(3) 辞去 [职位]
vacillate 摇摆，振荡，波动
vacion 电磁放电型高真空泵，钛泵
vacion pump 钛泵
vacreator 真空杀菌器
vacu-forming 真空造型
vacu-sorb 真空吸附
vacua (单 vacuum) (1) 真空状态，真空度；(2) 真空吸尘器，真空装置；(3) 空处，空白，空间，空虚；(4) 真空的，负压的，稀薄的
vacuate 抽 [成真] 空
vacuity (1) 空虚，空隙，空间，空白，空处；(2) 真空度，减压；(3) 真空泵
vacumat 瓦丘梅转移印花机，真空式印花机
vacuo (拉) 真空
vacuo heating 真空加热
vacuo-junction 真空热转换元件，真空温差电偶，真空热电偶
vacuolar (1) 析稀胶粒；(2) 空泡，液泡，空隙
vacuolar membrane 泡膜
vacuolar system 液泡系
vacuolate (1) 形成空泡，稀释；(2) 有空泡的，有空液的，形成泡的，有泡的
vacuolated 有空泡的，有空液的
vacuolation (1) 析稀 [作用]；(2) 泡的扩展，泡的形成
vacuole (1) 析稀胶粒；(2) 空泡，液泡，空隙
vacuolization 空泡形成，空泡化
vacuolus 空泡，液泡
vacuometer 真空计，真空规，低压计
vacuous (1) 无意义的，空洞的，空虚的，真空的；(2) 零 [元] 素的，无元的；(3) 零点的
vacuous basis 真空基
vacuscope 真空仪，真空计
vacuseal 真空密封
vacustat 旋转式压缩真空计
vacuum (=vac) (1) 真空状态，真空度；(2) 真空吸尘器，真空装置；(3) 空处，空白，空间，空虚；(4) 真空的，负压的，稀薄的
vacuum accessories 真空设备用附件
vacuum air pump 真空抽气机，真空气泵
vacuum anemometer 真空风速计
vacuum annealing 真空退火
vacuum apparatus 真空设备，真空器具
vacuum arc 真空电弧
vacuum arc furnace 真空电弧炉
vacuum arc furnace melting 真空电弧炉熔炼
vacuum arc melting 真空电弧熔化
vacuum arrester 真空避雷器
vacuum automatic gear shift 真空自动操纵齿轮变速
vacuum-baking 真空烘焙法
vacuum balance 真空天平
vacuum bearing 真空轴承
vacuum bolometer 真空测辐射热计
vacuum booster 真空助力器
vacuum-bottle 热水瓶
vacuum bottle 保温瓶，热水瓶
vacuum brake (1) 真空加力制动器，真空制动器，真空闸；(2) 真空 [加力] 制动
vacuum brake hose 真空制动器软管
vacuum braking system 真空制动系统
vacuum breaker 真空断路器

vacuum breaker valve 真空断路阀
vacuum brazing 真空焊接
vacuum-capacitor 真空电容器
vacuum carburization 真空渗碳
vacuum carburizing 真空渗氮 [法]
vacuum casting 真空铸造，真空浇铸，真空吸铸
vacuum centrifugal pump 离心式真空泵
vacuum chuck 真空吸盘，真空夹盘，真空夹头
vacuum chuck turntable （翻片板）吸附转盘
vacuum circuit breaker 真空断路器
vacuum cleaner 真空吸尘器
vacuum-cleaner alloy 真空净化器 [用] 合金
vacuum cleaning 真空吸尘
vacuum cleaning plant 真空清洁设备，真空吸尘设备
vacuum cold trap 真空冷阱
vacuum-control clutch 真空操纵离合器，真空控制离合器
vacuum control 用真空力操作，真空控制
vacuum control check valve 真空止回阀
vacuum controlled clutch 真空控制离合器
vacuum controlled economizer 真空省油器
vacuum conveyer 真空吸入式输送器
vacuum cooler 真空冷却器
vacuum corer 真空采心管
vacuum corrector 真空调整器
vacuum crystallizer 真空结晶器
vacuum cup 真空吸盘
vacuum cup crane 真空吸盘式升降器
vacuum cylinder 真空气缸，真空筒
vacuum dash pot 真空缓冲筒
vacuum deaerator 真空除氧器
vacuum degassed 真空除气的，真空脱气的
vacuum deposition 真空淀积，真空沉积
vacuum desiccator 真空干燥器
vacuum die casting 真空压力铸造
vacuum diffusion 真空扩散
vacuum diffusion welding 真空扩散焊
vacuum dilatometer 真空膨胀计
vacuum discharge 真空放电
vacuum distilling apparatus 真空蒸馏器
vacuum-drive gyroscope 真空陀螺仪
vacuum dryer 真空干燥器，真空式干燥机
vacuum drying 真空干燥 [法]
vacuum drying oven 真空干燥烘箱，真空炉
vacuum ejector 真空喷射器
vacuum evaporator 真空浓缩器，真空蒸发器
vacuum extract(ion) still 真空蒸馏提取器，减压提取器，减压抽出器
vacuum fan (1) 真空电扇；(2) 真空泵
vacuum feed tank 真空给油箱
vacuum filament lamp 真空白炽灯
vacuum filling machine 真空填充机
vacuum-filter 真空过滤机
vacuum filter 真空过滤器
vacuum filtration 真空过滤 [作用]
vacuum firing 真空点火
vacuum flash vaporizer 真空快速蒸发器
vacuum flask (1) 保温瓶，热水瓶；(2) 真空瓶
vacuum forming 真空成型
vacuum frame 真空晒版架
vacuum freezing 真空致冷
vacuum fuel feed 真空燃料进给
vacuum fuel supply 真空给油
vacuum-fusing technique 真空熔融技术
vacuum fusion 真空熔化
vacuum fusion (gas) chromatography 真空熔融色谱法
vacuum gas oil (=VGO) 真空瓦斯油
vacuum-gauge 真空计
vacuum gauge 真空计
vacuum-gauge pressure 真空 [计] 压力
vacuum gear shift 真空换挡，真空变速
vacuum generator 真空发生器
vacuum grown crystal 真空成长晶体
vacuum hardening 真空淬火
vacuum gate valve (=VGV) 真空闸阀
vacuum heat treatment 真空热处理

vacuum heating　真空加热
vacuum hotpressing　真空热压
vacuum gear shift　真空变速
vacuum-impregnated　真空浸渍的
vacuum impregnation　真空浸透
vacuum indicator　真空指示器
vacuum induction casting　真空感应铸造
vacuum induction furnace　真空感应炉
vacuum-insulated　真空绝缘的
vacuum interferometer　真空干涉仪
vacuum ion pump　真空离子泵
vacuum ionization ga(u)ge　电离真空计, 电离式真空计
vacuum-junction　真空热电偶
vacuum junction　真空热电偶
vacuum lamp　真空电灯泡, 真空[白炽]灯
vacuum landing vehicle (=VLV)　真空着陆飞行器
vacuum-leak detector　真空漏泄指示器
vacuum level　真空能级, 自由能级
vacuum lifting beam　真空提升梁
vacuum lightening arrester　真空避雷器
vacuum lightning protector　真空避雷器
vacuum line　抽空线, 真空线
vacuum manometer　真空压力计
vacuum mat　真空吸水板
vacuum measurement　真空测量
vacuum melting　真空熔炼
vacuum-meter　真空计, 低压计
vacuum meter　真空表
vacuum moulding　真空模塑[法]
vacuum multistage evaporator　真空分级蒸发器
vacuum oil　真空油
vacuum-operated clutch　真空操纵离合器
vacuum-operated milk lift　真空式抽奶器
vacuum-operated load reducer　真空下降负荷限制器
vacuum optical bench　真空光具座
vacuum oven　真空电炉
vacuum-packed　预抽真空密封的, 真空包装的, 真空密封的
vacuum pan　真空锅
vacuum partial condenser　真空塔部分冷凝器
vacuum pencil　真空吸笔
vacuum photocell　真空光电管, 真空光电元件
vacuum photodiode　真空光电二极管
vacuum phototube　真空光电管
vacuum picker　真空式棉花收获机
vacuum pipe-line conveyer　真空管道输送机
vacuum piping　真空导管
vacuum piston　真空活塞
vacuum piston plate　真空活塞板
vacuum plant　真空装置
vacuum planter　真空式播种机
vacuum plating　真空敷涂金属法
vacuum-power brake　真空加力制动器
vacuum power cylinder　真空动力缸
vacuum-power gear change　真空动力换挡
vacuum power shift　真空动力换挡
vacuum power shift　真空换挡, 真空变速
vacuum process　真空法
vacuum pug mill　真空干碾机
vacuum-pump　排气唧筒, 真空泵
vacuum-pump　真空泵
vacuum pump compressor　真空泵抽空压气机
vacuum pump line　真空泵线路, 抽空线
vacuum pump oil　真空泵油
vacuum-pumping　真空排气, 抽真空
vacuum pumping system　抽真空系统
vacuum rectifier　真空整流器
vacuum-reduced　降低真空的
vacuum refrigerating machine　真空冷冻机
vacuum relay　电子管继电器, 真空继电器
vacuum reservoir　真空容器
vacuum retarding mechanism　真空减速机构
vacuum rotary filter　真空回转过滤器
vacuum retort　真空蒸馏瓶
vacuum return line system　真空回水系统

vacuum seal　真空密封
vacuum-servo　真空伺服的, 真空随动的
vacuum servo　真空自动控制, 真空伺服机构
vacuum servo brake　真空补充制动器
vacuum spark　真空火花
vacuum spark control　真空火花调节器
vacuum spectrograph　真空摄谱仪
vacuum speed governor　真空转速调节器
vacuum spray evaporator　真空分散蒸发器
vacuum steam heating　真空式蒸汽供暖系统
vacuum steel　真空钢
vacuum still　真空蒸馏釜
vacuum-suspended power brake　真空悬浮式动力制动器
vacuum sweeper　真空扫除机, 吸尘器
vacuum switch　真空断路器, 真空开关, 电子开关
vacuum system　真空系统
vacuum tank　(1) 真空容器, 真空罐, 真空箱; (2) 整流器的外壳
vacuum tape guide　真空导向器
vacuum technique　真空技术
vacuum technology　真空工艺[学]
vacuum-thermal method　真空热还原法
vacuum thermionic detector　电子管检波器
vacuum thermocouple　真空热电偶
vacuum thermopile　真空温差电堆
vacuum-tight　真空密封的, 真空气密的, 真空密闭的, 密闭真空的
vacuum-tight cavity maser　真空谐振腔量子放大器
vacuum-tight chamber　真空密闭室
vacuum-tight container　真空密封容器
vacuum trap　真空凝气瓣, 真空肼
vacuum-treated　真空处理的
vacuum treatment　真空处理
vacuum triode　真空三极管
vacuum-tube　真空管, 电子管
vacuum tube (=VT)　真空管, 电子管
vacuum-tube aging　真空管时效
vacuum-tube amplifier　电子管放大器
vacuum-tube bridge　电子管电桥
vacuum-tube detector　真空管检波器
vacuum tube detector (=VTD 或 Vtd 或 vtd)　真空管检波器, 电子管检波器
vacuum tube frequency multiplier　电子管倍频器
vacuum-tube generator　真空管振荡器
vacuum-tube keying　真空管键控法
vacuum tube modulator　电子管调整器
vacuum-tube multiplier photicon　电子倍增式辐帖康(高灵敏度摄像管)
vacuum-tube oscillator　真空管振荡器, 电子管振荡器
vacuum-tube rectifier　电子管整流器
vacuum-tube relay　真空管继电器, 电子管继电器
vacuum tube socket　电子管座
vacuum tube socket connection　电子管座接线
vacuum-tube transmitter　电子管发射机
vacuum-tube triode　真空三极管
vacuum-tube voltage regulator　真空管电压调整器
vacuum-tube voltmeter (=VTVM 或 vtvm)　真空管电压表, 电子管电压表, 真空管式伏特计
vacuum-tube wavemeter　电子管波长计
vacuum thermometer　真空温度计
vacuum trunk　真空油槽车
vacuum ultraviolet spectrograph　真空紫外摄谱仪
vacuum unloader　真空卸载机
vacuum valve (=VV)　(1) 真空阀, 负压活门; (2) 真空管, 电子管; (3) 电子管整流器
vacuum ventilation system　真空式通风系统
vacuum vessel　真空室, 真空瓶
vacuum wind shield wiper control　(汽车) 真空控制风挡刮水器
vacuum wind shield wiper swing arm　真空风挡刮水摇臂
vacuum wind-shield wiper　真空风挡刮水器
vacuum wiper　真空刮水器
vacuumize　(1) 在……内造成真空; (2) 真空净化, 真空干燥, 真空包装
vade mecum (=vademecum)　随身携带备用之物, 袖珍指南, 便览, 手册, 须知, 指南
vadose　渗流
vadose water　渗流水, 循环水
vagabond current　地电流

vagabond electron　杂散电子

vagarious　难以预测的, 奇怪的

vagary　难以预测的变化, 奇怪的行为

vagrancy　变化无常, 离题

vagrant　变化无常的, 无定向的

vague　(1) 不明白的, 不明确的, 不清楚的, 不说明的, 含糊的; (2) 未定的, 不明的

VAh meter (=volt-ampere-hour meter)　伏安小时计

vail　使下降, 使低落, 低垂, 遮掩, 脱下

vain　(1) 无结果的, 无价值的, 无益的, 无效的, 徒劳的, 空虚的; (2) 自以为了不起的

vainly　无结果地, 无效地, 无益地, 徒劳地, 白白地

val　(1) 英国压力单位 (=10^5 N/M^2)；(2) 克当量

valance　窗帘上部的框架, 布帘

valanced　装有窗帘框架的

valence　(1) 化合价, 原子价, 效价; (2) (张量的) 阶, 秩; (3) 结合

valence band　价 [电子] 带

valence-band level　价带能级

valence bond　[化合] 价键, 价键耦合

valence crystal　价键晶体

valence electron　化合价电子, 原子价电子

valence number　[化合] 价数, 原子价数

valency　化合价, 原子价, 效价

valency charge　价电荷

valency crystal　价键晶体

valent　化合价的, 价的

valent weight　当量

valid　(1) 经过正当手续的, 有法律效力的, 有效的; (2) 有充分根据的, 有确实证据的, 能成立的, 正确的, 正当的, 真实的; (3) 强有力的, 符合的

valid code word　有用字码

valid contract　有效合同

valid evidence　确凿的证据

valid formula　有效公式

valid function　(1) 有效函数；(2) 有效操作

valid reason　正当的理由

validate　(1) 批准, 确认, 证实; (2) 使有充分证据, 使合法化, 使生效, 使有效

validation　批准生效, 批准, 证实, 确认

validation period　(新产品性能) 鉴定阶段

validity　(1) 有效性, 有效度, 有效位, 正确性, 真实性, 真实度, 合法性; (2) 正当, 正确, 确定

validity check　确实性检查, 有效性检查, 有效性检验, 真实性检验, 妥当性检验, 有效度检验

validity problem　永真问题

vallate　轮廓形的, 杯形的

valley　(1) 凹陷处, 谷, 槽, 沟; (2) (曲线的) 凹部, 谷值, 凹值

valley current　谷值电流, 最小电流

valley gutter　斜沟槽

valley line　谷线

valley point　谷 [值] 点

valley point current　谷值电流

valley tolerance　凹度容差, 凹度容限

valley voltage　谷电压

valorem　(拉丁语) 按价计税, 照价计税

Valray　瓦尔莱合金

valuable　(1) 有价值的, 重要的, 贵重的, 宝贵的, 有用的; (2) 可以估价的; (3) 贵重物品, 珍宝

valuable discovery　有价值的发现

valuable measure of effectiveness　预期效果可达程度

valuation　(1) 评价, 估价, 定价, 鉴定, 价值; (2) 定价的价值, 定价的价格; (3) 计算, 赋值, [数] 值

valuation ring　赋值环

valuation-survey　评价测量

valuation vector　赋值向量, 赋值矢量

valuator　估价者, 评价者

value　(1) 价值, 价格, 价钱, 价额; (2) 大小, 尺寸; (3) 数值, 大小, 尺寸; (4) 估计, 估价, 评价, 代价; (5) 重要性, 意义; (6) 有用成分, 交换力, 购买力, 能力; (7) 标准, 准则

value added　增加值

value added processor　加值处理器

value analysis (=VA)　价值分析

value as in original policy(=V.O.R.)　按原保单价值

value as on…… (the date)　按 (……日期) 的价值计算

value assignment　赋值

value at a low price　低估

value call　值调用, 调值

value date　订值日期, 起息日期

value engineering　价值工程学, 评价工程学, 工程经济学, 系统分析学

value in use　使用价值

value number　实价单, 实价率

value of a scale division　分度值

value of colour　色彩强烈程度, 彩色浓淡程度

value of endurance limit　疲劳极限值

value of exports　出口额

value of imports　进口额

value of quantity　量值

value of series　级数的值, 级数的和

value of service　服务价值

value of shipment　装运总值

value of table　表列值

value securities　有价证券

valued　(1) 受到重视的, 有价值的, 重要的, 贵重的, 宝贵的, 珍视的; (2) 估了价的, 有定价的

valued policy　保额确定保单 (定值保单)

valueless　没有价值的, 没有用处的, 不足道的

valuer　估计者, 评价者, 鉴定人

valuta　(1) 货币兑换值, 币值; (2) 可使用的外汇总值

valve (=VL)　(1) 阀门, 气门, 活门, 开关, 旋塞, 阀; (2) 闸门, 闸板, 挡板, (3) 真空管, 电子管, (4) 壳瓣, 膜瓣; (5) (复) 配件, 附件

valve action　(1) 活门作用, 阀作用; (2) 单向导电作用, 单向导电作用; (3) 电子管作用

valve action of diode　二极管的阀作用

valve-actuating gear　气门传动机构, 阀传动机构, 活门执行机构

valve actuation　阀动

valve actuator　阀动器

valve adapter　电子管转换器, 电子管配用

valve amplifier　电子管放大器

valve arrangement　活门装置

valve attachment　阀体连接头

valve balancing piston　阀平衡活塞

valve barrel　阀缸

valve base　(1) 阀座; (2) 电子管座, 电子管底

valve base gauge　(测电子管底) 管底规

valve body　阀体

valve body attachment　阀体连接头

valve box (=VB)　阀盒, 阀体, 阀箱, 阀 [门] 室

valve bronze　阀青铜 (锡 2-10%, 铅 3-6%, 锌 3-6%, 其余铜)

valve buckle　阀框

valve bush　阀 [衬] 套, 阀衬

valve cam　阀凸轮

valve cap　阀盖

valve case　阀心座, 活门体

valve case extension　阀心座伸长部

valve characteristic　电流电压特性曲线, 伏安特性曲线

valve chest　阀壳体, 阀箱, 阀室

valve clack　阀瓣

valve clearance　阀门间隙, 阀间隙

valve cock　龙头阀

valve collar　阀环

valve cone　阀门锥

valve cone grinder　气门锥面磨床

valve-control　控制阀门的, 操纵阀门的

valve control　阀门控制, 活门调节, 气门分配

valve control amplifier　阀控放大器

valve control motor　调节活门的传动装置

valve-controlled　真空管控制的, 电子管控制的, 阀门控制的

valve converting tool　换阀工具

valve core　阀心

valve core removing tool　阀心拆卸工具

valve core rubber tube　阀心橡皮管

valve coupling　[单向] 阀联结 (单向传输动力)

valve cover　气门室罩

valve cup　阀座

valve deck　阀盖

valve detector　电子管检波器

valve diagram　阀动 [分配] 图

valve disk　阀盘

valve effect　整流效应
valve event　活门动作
valve extractor　阀门拆卸器
valve facing　磨阀面
valve flap　阀瓣
valve follower　阀推杆
valve for feed　进给阀
valve gate　阀门
valve-gear　阀动装置
valve gear　阀动装置
valve gear for inside admission　内进式阀动装置
valve gear for outside admission　外进式阀动装置
valve generator　真空管振荡器
valve grinder　气门磨床
valve grinding　磨阀门
valve grinding compound　阀研磨膏,阀研磨剂
valve guard　阀柱护套,阀挡
valve guide　阀门导管,气门导管,阀导承,阀导面,阀导管,阀导
valve guide reamer　阀导承铰刀
valve holder (=V)　(1) 阀座;(2) 管座,灯座
valve house　阀室
valve housing　阀箱,阀室
valve-in-head　顶置气门,吊挂气门
valve-in-head engine　顶置气门发动机
valve inner spring　阀内簧
valve inserts　气门镶块
valve inside　(内胎)气阀芯
valve jacket　阀盖
valve key　阀簧抵座销,气门制销
valve lag　活门迟延,阀迟延
valve lagging　阀迟延
valve land　阀面
valve lap　阀余面
valve lever　阀杆
valve lever pin　阀杠杆销
valve lift　阀升程
valve-lift curve　阀升程曲线,活门升程曲线
valve lift diagram　阀升距图,阀升程图
valve lifter　气门挺杆,阀挺杆,起阀器
valve lifter roller　(1) 气门挺杆滚轮;(2) 起阀器滚子
valve lifter spring　起阀器弹簧
valve liner　阀衬
valve link　气门杆,阀杆
valve location　阀位
valve lock　阀簧抵座销,气门制销
valve loss　阀门板耗
valve material　阀门材料
valve material list　阀门材料清单
valve metal　阀用铅锡黄铜,电子管金属,阀合金 (含铅的锡黄铜, 81% Cu, 3% Sn, 7% Pb, 9% Zn)
valve milling machine　阀门铣床 (铣方或六角部分)
valve motion　(1) 阀动装置;(2) 阀动
valve mounting system　阀座系统
valve needle　阀针
valve noise　电子管噪声
valve nut　活门螺母
valve oil　阀瓣油
valve oil can　带阀油壶
valve oil shield　阀放油罩
valve oscillator　电子管振荡器
valve opening　阀孔
valve opening diagram　气门开度图,气门开启面积图 (相对于曲轴转角或活塞位移),阀开启面积图
valve operation mechanism　阀动机构
valve outer spring　阀外簧
valve panel　管座
valve parameters　电子管参数
valve phase indicator　阀相位指示器
valve pilot　[机车的] 阀门开度指示仪
valve pin　(1) 气阀制销,阀销;(2) 真空管脚
valve piston　阀门活塞,阀门柱塞
valve pit (=VP)　阀坑
valve plate　配流盘
valve plug　阀塞

valve plunger　阀柱塞
valve port　气门口,阀口
valve position indicator　活门位置指示器
valve positioner　阀位控制器
valve probe　电子管探示器
valve push rod　推阀杆
valve quieting curve　阀静曲线,活门静曲线
valve-reactor modulator　电抗管调制器
valve receiver　电子管收音机,电子管接收机
valve rectifier　电子管整流器
valve refacing machine　磨阀面机,阀面磨光机
valve regulation　阀调节
valve relay　电子管继电器
valve reseating tool　换阀工具
valve resistance arrester　阀电阻 [式] 避雷器
valve resurfacing machine　磨阀面机
valve ring　阀环
valve rock　阀摇杆
valve rock arm　气阀摇臂
valve rock pedestal　气门摇臂支座
valve rocker arm　气阀摇臂
valve rocker arm joint　阀摇臂接头
valve rod　阀柱,阀杆
valve rod timing chain　阀柱定时链
valve seal　阀封
valve seat　阀座,管座
valve seat grinder　阀座磨床
valve seat insert　阀门座垫圈
valve seat insert replacing tool　阀座拆卸工具
valve-seat lapping machine　气门座研究磨机
valve-seat reamer　阀座铰刀
valve-seat smoothing grinder　气门座修磨机
valve seater　阀座刀具
valve shaft　阀轴
valve shield　电子管屏蔽
valve silencer　滑阀机构消音装置,滑阀机构的静噪装置
valve sleeve　阀套
valve socket　阀座,管座
valve spindle　阀杆,阀轴
valve spool　阀 [窑] 槽,阀 [塞] 槽
valve spring　阀簧
valve spring cap key　阀簧抵座销
valve spring cup　气门弹簧座,阀弹簧座
valve spring collar　阀弹簧座环
valve spring damper　气门弹簧自振阻尼器,阀簧减震器
valve spring holder　活门弹簧卡
valve spring lifter　起阀簧器
valve spring lock (= valve spring cap key, valve spring stainer key)　阀簧抵座销
valve spring retainer key　阀簧抵座销
valve spring wire　阀弹簧钢丝
valve stem　气门杆,阀杆
valve stem extension　阀杆伸长部
valve stem gauge　阀杆规
valve stem guide　活门杆导承
valve stem pin　阀杆销
valve stroke　气门行程
valve support　(1) 阀座;(2) (电子管)座
valve surge damper　阀簧减震器
valve system　阀门系统
valve tappet　气门挺杆,阀挺杆
valve tappet roller　气门挺杆滚轮
valve the gas　放气
valve timing　气门分配相位的调节,配气定时,阀定时
valve timing gear　(1) 气门正时齿轮;(2) 阀定时装置
valve tower　放水闸门塔
valve travel　阀行程
valve-type　电子管式的,阀式的
valve type arrester　阀式避雷器
valve-type instrument　电子管式测试仪器
valve voltmeter (=VV)　真空管电压表,电子管电压表,电子管伏特计
valve washer　阀座垫圈
valve with conical seat　锥座阀
valve with ball seat　球座阀

valve wattmeter　电子管瓦特计
valve with variable slope　可变跨导电子管
valve yoke　阀轭
valved　装有阀瓣的,装有气门的,装有汽门的,备有活塞的,备有阀门的
valveless　(1)无活门的,无阀[式]的;(2)无电子管的
valveless amplifier　无电子管的放大器(如磁放大器)
valveless engine　无阀式发动机,无气门发动机
valveless mechanical lubricator　无阀机力润滑器
valveless type pump　无阀式泵
valvelet　小裂片,小瓣
valveman　阀门操作工
valviferous　有阀的
valviform　形状象阀的,阀形的
valving　(1)装设阀门,阀门配置,阀门装置;(2)安装电灯;(3)分瓣;(4)阀门系统,阀系
valvular　(1)阀状的,活门的,有阀的;(2)瓣膜的,瓣状的,有瓣的
vammer　装弹杆
vamp　(1)修补,拼凑,捏造;(2)补片
vamper　(1)制鞋面机;(2)制革工
Van Allon belt　范爱伦[辐射]带
Van Arkel (and de Boer) method　碘化物热离解法
Van de Graaff electrostatic accelerator　范德格拉夫静电加速器
Van de Pol oscillator　范德波振荡器
Van der Veen (test)　{焊}范德文测弯试验
Van Veen grab　范文咬合采泥器
van　(1)有篷货运汽车,铁路货车,铁路棚车,运货轻车,搬运车,行李车,大篷车,拖车;(2)筛分机,选矿铲;(3)大篷车;(4)风扇
van container　大型集装箱
van line　长途搬运公司
van trunk　蓬式运货车
vand-　(词头)钒
vanadate　钒酸盐
vanadium　{化}钒 V
vanadium bronze　钒青铜(钒0.03%,锌38.5%,锰0.5%,铝1.5%,铁1.0%,其余铜或钒0.5%,锌38.5%,其余铜)
vanadium bronze　钒青铜
vanadium iron　钒铁合金
vanadium steel　钒钢
vanado-　(词头)钒
vanadoan　含有亚钒的,二价钒的
vanadous　亚钒的
Vanalium　钒铝[铸造]合金(80% Al, 14% Zn, 5% Cu, 0.75% Fe, 0.25% V)
vancometer　[测量纸的]透油计,光泽度仪
vandex　一种混凝土防水剂
vane　(1)叶片,叶轮,轮叶;(2)刀片;(3)翼,舵;(4)瞄准板,视准板,照准板,瞄准具,视准器,觇板,觇盘;(5)导向叶片,导向器;(6)传感片;(7)装桨叶
vane anemometer　翼式风速表
vane apparatus　十字板剪力仪
vane-axial fan　翼式轴流式风扇
vane borer　涡轮式钻土机
vane capacitor　旋转式可变电容器
vane cascade　叶栅
vane channel　叶片间流道
vane compressor　叶片式压气机,叶片式压缩机
vane copying milling machine　叶片仿形铣床
vane drag　燃气舵阻力
vane motor　叶轮液压马达
vane on a wheel　轮叶
vane pitch　叶栅栅距
vane pump　旋片[机械]泵,活页式泵,叶片泵,叶轮泵
vane relay　扇形继电器,翼片继电器
vane-shear apparatus　十字板剪力仪
vane-shear test　十字板抗剪试验
vane test　十字板剪切实验
vane-type instrument　叶片式仪表
vane type oil pump　叶片油泵
vane type pump　活页式泵,叶片泵,叶轮泵,离心泵
vane type pump and motor　叶片式泵-电动机
vane-type relay　扇形继电器
vane type relay　扇形继电器
vane type resonator　扇形谐振腔
vane type supercharger　叶轮式增压器

vane wattmeter　翼式功率计
vane wheel　叶轮
vaned　[装]有叶片的,有翼的,带翼的
vaned diffuser　有叶扩压器
vaned drum　带叶片的转筒
vaneless　无叶的
vaneless diffuser　无叶扩压器
vaneless-vaned diffuser　无叶·有叶混合式扩压器
vang　支索,张索
vanguard　(1)先锋舰艇;(2)守车车长
vanish　(1)化为乌有,突然不见,消失,消散,消灭,消掉,消去;(2){数}变为零,等于零,成为零,趋于零,得零
vanishing　(1)消失,消灭,消没;(2){数}变为零,等于零,趋于零,得零
vanishing axis　没影轴
vanishing line　没影线
vanishing of thread　螺纹尾扣,退刀纹
vanishing point　没影点,消失点,灭点
vanishing-point control　灭点控制,合点控制
vanishing spin　零自旋
vanishing trace　没影轨迹
vanity　地价值,空虚,无益,无用
vanity plate　车号牌
Vanity steel　一种易焊锰钢(含有适量的钒,钛)
vanman　大篷货车驾驶员
vanner　(1)淘矿机,淘选带,带式流槽;(2)整理矿砂机;(3)淘矿工
vannerman　淘矿机司机
vanning jig　机械淘洗淘汰机
vantage　有利地位,优越地位,优势,优越
vapart mill　离心碎矿机
vapo-　(词头)蒸汽
vapoil　发动机用重汽油,拖拉机煤油
vapometallurgy　挥发冶金,气化冶金
vapor (= vapour)　蒸汽
vapor balancing unit　蒸汽平衡器
vapor balancing mechanism　蒸汽平衡器
vapor barrier　防潮层
vapor blasting　蒸汽喷射
vapor converter　水银整流器
vapor corrosion inhibitor　蒸汽腐蚀抑制剂
vapor-cycle cooling　汽相循环致冷,蒸发循环冷却
vapor density　蒸汽密度
vapor discharge lamp　蒸汽放电灯
vapor eliminator　蒸汽分离器
vapor jacket　蒸汽套
vapor lamp　(1)燃汽灯;(2)一种通过金属蒸汽放电的灯
vapor-liquid ratio (=V/L)　汽[态和]液[态]比
vapor lock　汽塞,汽封
vapor lose　蒸汽损失
vapor permeability　透气性,透汽率
vapor phase chromatography (=VPC)　汽相色谱法
vapor phase corrosion inhibitor (=vpci)　汽相腐蚀抑制剂
vapor plating　汽相扩散渗镀,汽化渗镀
vapor pressure　蒸汽压强
vapor-pressure curve　蒸汽压曲线
vapor phase　汽相,蒸汽相
vapor phase cooling　汽态冷却
vapor-phase inhibitor　汽相[氧化]抑制剂
vapor phase system　汽相系统
vapor uptake　蒸汽上升管
vaporability　蒸发本领,可蒸发性,汽化性
vaporable　可汽化的,可蒸发的
vaporarium　蒸汽疗器,蒸汽浴[室]
vaporation　汽化,蒸发
vaporblast　蒸汽喷砂
Vaporchoc　高压蒸汽枪(商品名)
vapori-　(词头)蒸汽,汽
vaporific　发生蒸汽的,形成蒸汽的,多蒸汽的,蒸汽状的,雾状的
vaporimeter　(1)挥发度计,气压计;(2)蒸汽压力计
vaporizing burner　汽化式燃烧器
vaporization　汽化,蒸发
vaporization efficiency　汽化效率
vaporization gas drive　有蒸发的气压驱动
vaporization temperature　汽化温度

vaporize 使汽化,使蒸发,使挥发

vaporizer (1)汽化装置,雾化装置,蒸发装置,汽化器,蒸发器,雾化器;(2)喷油嘴;(3)蒸发装置管理工

vaporizer engine 汽化器式发动机

vaporizing 汽化,蒸发,挥发

vaporizing combustion chamber 汽化式燃烧室

vaporizing oil 重汽化器油,汽化油,煤油

vaporous 汽状的,多蒸汽的,有雾的

vaporus 凝结曲线

vapory 有蒸汽特点的,多蒸汽的,含蒸汽的,象蒸汽的

vapotron 蒸发冷却器(高频发射管商品,阳极用沸水冷却)

vapour (= vapor) (1)水蒸汽,蒸汽,烟雾;(2)气化液体,气化物;(3)污气,废气;(4)变成蒸汽,气化,蒸发

vapour-bath 蒸汽浴

vapour-bound 汽化极限,汽化的

vapour coolant [喷]雾状冷却剂

vapour-cooled 蒸发冷却的

vapour cooling 蒸发冷却

vapour compression cycle 蒸汽压缩循环

vapour decomposition 汽相热分解

vapour degreasing 蒸汽去油污,蒸汽脱脂

vapour density (=vd) 蒸汽密度

vapour-deposited circuit 用喷雾沉淀法制成的印刷电路

vapour deposition 汽相淀积

vapour disengagement 蒸汽分离,蒸汽释出

vapour extractor 蒸汽提取器,抽汽器

vapour galvanizing 汽化镀锌

vapour growth 汽相生长

vapour-laden 蒸汽饱和的,蒸汽充满的

vapour-liquid ratio 汽液比

vapour lock 蒸汽闭锁,汽封,汽塞,汽阻

vapour phase 蒸汽相,气相,气态

vapour-phase diffusion 汽相扩散

vapour-phase HCl etch 气相氯化氢腐蚀剂

vapour phase inhibitor (=VPI) 汽相腐蚀抑制剂

vapour plating 汽相扩散渗镀,汽化渗镀

vapour pressure (=VP) 蒸汽压力,蒸汽压[强]

vapour pressure osmometer (=VPO) 蒸汽压式渗透压力计

vapour pressure ratio 饱和蒸汽压比

vapour-pressure type 汽压式

vapour-proof 不漏蒸汽的,汽密的

vapour pump 蒸汽泵,扩散泵,冷凝泵

vapour reaction 汽态反应

vapour-reaction film 汽相反应薄膜

vapour rectifier 汞弧整流器

vapour-saturated 蒸汽饱和的

vapour seal (=vs) 汽封

vapour tension 蒸汽压力,蒸汽压[强]

vapour-tight 不漏蒸汽的,汽密的

vapour trail 雾化尾迹,凝气尾迹

vapour treatment 蒸汽处理

vapourability 汽化性,挥发性

vapourable 可汽化的,可蒸发的,可挥发的

vapourblast 蒸汽喷砂

vapourblast operation 蒸汽喷砂处理

vapourimeter 挥发度计

vapourimetric method 蒸汽测定法

vapouring 蒸发的

vapourish 蒸汽状的,多蒸汽的,似蒸汽的

vapourization 汽化,气化,蒸发,蒸馏,馏出

vapourization energy 汽化能

vapourization heat 蒸发[潜]热,汽化热

vapourization losses 蒸发损失

vapourization point 汽化温度,汽化点

vapourization property 汽化性

vapourization without melting 升华

vapourize (=vapourise) [使]汽化,[使]蒸发

vapourizer (=vapouriser) 汽化器,蒸发器,蒸馏器,喷雾器,雾化器,化油器

vapouromometer 蒸汽压力计

vapourous (1)蒸汽饱和的,形成蒸汽,多蒸汽的,似蒸汽的,汽化的;(2)汽态的,汽状的,雾状的,有雾的,气态的;(3)无实际内容的,空想的,幻想的

vapourus 凝结曲线

vapoury 烟雾弥漫的,蒸汽腾腾的,多蒸汽的,含蒸汽的,模糊的,朦胧的

var (=volt-amperes reactive) 乏,无功伏安(无功功率单位,电抗功率单位)

var-hour 无功伏安小时,乏·小时,乏时(无功电能单位)

var-hour meter (=VRH) 无功伏安小时计,乏时计

var meter 无功功率表,乏计

varactor (1)可变电抗器;(2)可变电抗二极管,变容二极管

varactor diode 变容二极管,变量二极管

varactor diode parameter amplifier 变容二极管参量放大器

varactor doubler 变容二极管二倍频器

varactor for parametric amplifier 参量放大变容二极管,参放变容二极管

varactor frequency modulation 变容二极管调频

varactor frequency multiplier 变容倍频器

varactor multiplier 变容器倍频器

varactor package 变容二极管外壳

varactor tuner 变容二极管调谐器,电调谐高频头

varactor tuning 变容二极管调谐

vari-directional microphone 可变指向性传声器

vari-distant rigidity rib 变间隔加固肋

vari-focal lens (1)可变焦距透镜,可变焦距物镜;(2)变焦距镜头

vari-focus lens (1)变焦距物镜;(2)可变焦距

vari-mu 变互导管,变μ管

vari-mu pentode 变μ五极管

vari-speed drive 无级变速传动装置

variability (1)易变性,可变性,变化性,能变性,变更性,变异性,变异度;(2)变率;(3)改变,改进;(4)亮度变化

variable (=var) (1){数}可变值,变数,变量,变项,变元,参数;(2)变化无常的,反复不定的,方向不定的,可变换的,不固定的,换的,变型的,畸变的,可变的,易变的,常变的,不同的;(3){电}可调的,可变的,变量的

variable accelerated motion 变加速运动

variable acceleration [可]变加速度

variable address 可变地址,变地址

variable air condenser 可变空气电容器

variable airscrew 变螺距飞机螺旋桨

variable amplitude fatigue test 变幅疲劳试验

variable amplitude test 变幅应力疲劳试验

variable-angle nozzle 可变角度喷嘴,可旋转喷嘴,可旋转导叶

variable aperture 可变孔径

variable aperture shutter 可变开度角遮光器,可变孔径快门

variable-area 可变截面的,可变面积的,面积调制的

variable area (=VA) 可变区域,变面积

variable-area flowmeter 可变面积流量计

variable-area nozzle 截面可调喷管,变截面喷管,涡轮喷气发动机尾喷管

variable-area recorder 可变宽度录音器

variable-area recording [可]变[面]积式声[音],调变面积式录音,变面积记录

variable area superimposed on wiggle trace 波形加变面积叠合记录

variable-area track 面积调制声道

variable area track 面积调制声道

variable attenuation 可变衰减

variable attenuator 可变衰减器

variable bias 可变偏压

variable binary scaler 可变比例的二进制定标器,二进制换算电路

variable breakdown device 变击穿器件

variable camber 变曲面,变曲率

variable camber gear 变弧装置

variable capacitance 可变电容

variable capacitance diode 可变电容二极管

variable capacitance photodiode 可变电容光电二级管

variable capacitance transducer 可变电容传感器

variable capacitor (=VC) 可变电容器

variable capacity 可变电容

variable carrier 变幅载波

variable center gear 变中心距齿轮,角度变位齿轮

variable coil 可变电感线圈

variable composition resistor 可变体电阻器

variable condenser (=VC) 均匀调整电容器,可变电容器

variable-conductance network 变[电]导网络

variable connector (1)可变连接符,可变连接记号;(2)可变连接器

variable contact 可变接点,滑动接点

variable coupler 可调耦合器, 可变耦合器

variable coupling 可变电磁耦合, 可变耦合

variable coupling transformer 可变耦合变压器

variable cross-section 变截面

variable-cycle operation 可变周期操作, 可变循环运转

variable-damping modulation 可变衰减调制

variable delay line 可调节的延迟线

variable delay multivibrator 可变延迟多谐振动器

variable-delivery pump 变量输送泵

variable-density 密度调制的

variable density log 变密度测井

variable-density recording 可变密度录音, 变密度制录音, 强度法录音, 疏密录声

variable density tunnel (=VDT) 变密度风洞

variable depth launch facility (=VDLF) 可变深度发射装置

variable depth sonar (=VDS) 可变深度声纳

variable-difference method 变量差分法

variable differential transformer (=VDT) 可变差接变压器

variable-discharge turbine 可变流量涡轮机, 可变流量透平

variable discharge turbine (=VDT) 变流量式燃气轮机

variable-displacement device 可变位移式仪器

variable displacement motor 变量马达

variable-displacement pump 变排量泵, 变量泵

variable displacement pump 变排量泵, 变量泵

variable drive belt 变速传动皮带

variable-drive power take-off 无级变速动力输送轴

variable-duration impulse system (=VDI system) 可变宽度脉冲系统, 脉宽调制系统

variable eccentric 调整偏心轮

variable element [可]变参数

variable-elevation beam 可变仰角射束

variable elevation beam (=VEB) 仰角可变的波束, 可变仰角射束, 可调仰角射束

variable elevation beam antenna 可调仰角的定向天线

variable equalizer 可变均衡器, 可变补偿器

variable end point 可变端点

variable-erase recording 可消记录, 可消录音

variable error 可变误差, 变量误差, 不定误差, 偶然误差, 可变错误, 不定错误

variable escapement 可调擒纵轮

variable feed rate drum 可变进给鼓轮

variable field 可变字段

variable flow 变速流, 变量流

variable focal length (=VFL) (透镜) 可变焦距

variable force 变量力, 变力

variable format 变化格式, 变量形式

variable frequency (=VF) 可变频率

variable-frequency generator 可变频率振荡器

variable-frequency oscillator (=VFO) 可变频率振荡器

variable-frequency trigger generator 可变频率触发振荡器

variable function 可变函数

variable gain 可变增益, 可变放大

variable-gain amplifier 可调增益放大器, 可变增益放大器

variable gear (1) 变速齿轮; (2) 变速齿轮传动

variable gear ratio 可变传动比

variable gearing 变速齿轮传动

variable-geometry (=VG) 可变几何形状的

variable-geometry spacecraft 几何形状可变航天器

variable geometry wing (=VGW) 可变几何形状机翼, 变形机翼

variable horse power (=VHP) 可变马力

variable inclination 不定坡度

variable increasing motion 可变增速运动

variable inductance 可变电感

variable-inductance pick-up [可]变电感拾音器

variable inductor (1) 可变电抗器; (2) [可]变[电]感线圈

variable information processing (=VIP) 可变信息处理

variable input 可变输入

variable-intensity device 可变强度式仪器

variable interval (=VI) 可变间隔, 不定间隔

variable-length catapuit 可拉长弹射器

variable length field 可变长字段

variable length instruction 可变长度指令

variable-length pulse 可调宽度脉冲, 可变宽度脉冲

variable-length record 可变长记录

variable length record 可变长记录

variable-lift cam 可调节升程的凸轮, 可调增程凸轮

variable load 可变载荷, 变量负荷, 变载荷, 变负荷, 变载量

variable logic 可变逻辑

variable loss (=VL) 可变损耗

variable mark 可调校准标记

variable mass aircraft 变质量飞行器

variable-metric method 可变度量法

variable-moderator reactor (=VMR) 可变慢化剂液面反应堆

variable modulation 可变调制

variable motion 不稳定运动, 变速运动

variable motor 变速电动机

variable-mu pentode 变μ五极管

variable mu pentode 变μ五极管

variable-mu screen-grid tube 变跨导帘栅管

variable-mu tube 可变放大因数管, 变μ电子管, 变μ管

variable-mu valve 可变放大因数管, 变μ电子管, 变μ管

variable-mutual conductance tube 变跨导管

variable mutual conductance valve 变互导管, 遥截止管

variable multiplier 变量乘法器

variable multivibrator 可调多谐振荡器

variable name 变量名

variable note buzzer 变调蜂鸣器

variable nozzle (= adjustable nozzle) 可变截面喷管, 可调喷嘴

variable of integration 积分变数

variable optical attenuator 可变光衰减器

variable order 可变指令, 变量指令

variable oscillator 可变频率振荡器

variable output 可变输出

variable parameter 可变参数

variable phase 可变相位, 不同相, 相差

variable phase output 可变相位的输出信号

variable pitch (=VP) (1) 可变螺距, 活螺距; (2) 变斜度

variable-pitch grid [可]变[节]距栅极

variable pitch propeller 可变螺距螺旋桨

variable-pitch sheave mechanism 变节距滑轮机构

variable-pitch stator (液力变扭器) 叶片角可变的定轮

variable-point representation 变点表示

variable-position catapult 可转位弹射器

variable power eyepiece 可变放大率目镜

variable power system 可变放大率系统, 变焦度系统

variable-precision coding compaction 可变精度编码的数据精简法, 可变精确度编码[法]压缩

variable-pressure drop 可变压降

variable propeller (=VP) 可变螺距螺旋桨, 调距螺旋桨

variable property element 变性质元素

variable pulse laser (=VPL) 可变脉冲激光器

variable pulse neodymium laser (=VPNL) 可变脉冲钕激光器

variable pump 变量泵

variable quadricorrelator (增益)可变自动正交相位控制器

variable quantity [可]变量, 变数

variable radio object 变射电体

variable radio source 变射电源

variable range 变量范围

variable rate spring 可变刚性系数的弹簧

variable ratio (=VR) 可变比例

variable ratio frequency changer 可变频率比变频器

variable-ratio planetary gearing unit 可变速比行星齿轮传动装置

variable-ratio power divider 分配系数可变的功率分配器

variable-ratio steering 变传动比转向

variable-ratio transformer 可变比变压器, 可调变压器

variable reactance 可变电抗

variable recoil control rod 节制杆

variable-reluctance [可]变磁阻的

variable reluctance (=VR) 可变磁阻

variable reluctance detector 变磁阻地震检波器, 电磁地震检波器, 电磁式地震仪

variable reluctance head (=VR head) 可变磁阻头

variable-reluctance microphone 可变磁阻传声器

variable-reluctance pick-up 可变磁阻拾音器

variable reluctance pick up 可变磁阻拾音器

variable-resistance 可变电阻的

variable resistance box 可变电阻箱

variable-resistance pick-up 可变电阻拾音器

variable resistor (=VR)　可变电阻器
variable roll　变速滚动
variable section　变截面
variable sensitivity　可变灵敏度
variable-slope delta modulation　变斜度 △ 调制
variable sonar system (=VSS)　可变声纳系统
variable spacer　(打字机上的) 变距间隔棒
variable speech control (=VSC)　可变语言控制
variable speed　可变速度，变速
variable-speed axle generator　变速车轴发电机
variable speed belt drive　[无级] 变速皮带传动
variable speed case　(1) 变速箱，传动箱; (2) 无级变速器
variable-speed chopper　变速调制盘
variable-speed chopper blade　变速调制盘叶片
variable-speed chopper disk　变速调制盘
variable-speed control　速度调节，转数调节
variable speed control unit　变速控制装置
variable speed device　变速器
variable-speed drive (=VSD)　变速传动 [装置]
variable speed drive　变数传动装置
variable-speed friction wheel　变速摩擦轮
variable-speed gear　(1) 变速齿轮; (2) 变速传动装置，变速装置;
　(3) 变速传动机构
variable speed gear motor (=VSG motor)　变速式电动机
variable speed mechanism　变速机构
variable speed motor　可变速电动机，变速电动机，调速电动机
variable-speed planer　变速刨床
variable speed scanning　变速扫描，变速析象
variable-speed shaft　变速轴
variable-speed transmission　变速传动 [装置]，无级变速器
variable-speed unit　无级变速装置，无级变速器
variable-speed wheel gear　变速齿轮
variable stator vane　变距定子叶片，变距静叶
variable stroke engine　变冲程式发动机
variable-stroke pump　变量泵
variable sweep wing (=VSW)　可变箭形翼，变掠形机翼
variable-tape-speed recorder　可变纸带速率记录器
variable-threshold decoding　变门限译码，变阈解码
variable threshold logic (=VTL)　[可] 变阈值逻辑
variable threshold logic circuit　可调阈值逻辑电路
variable thrust (=VT)　可变推力，可调推力
variable-thrust engine　可调推力发动机
variable-thrust motor　可调推力发动机
variable-thrust rocket power　可调推力火箭发动机
variable-thrust unit　可调推力发动机
variable time (=VT)　可变时间
variable-time fuse　可变定时雷管
variable timing fuze (=VT fuze)　可变定时引信，无线电引信，变时引信
variable torque　可变转矩，可变力矩
variable transformer (=VT)　调压变压器，可调变压器
variable transmission　变速传动 [装置]，无级变速器
variable transmission ratio　可变传动比
variable-μ characteristics　可变放大因数特性
variable-μ vacuum tube　变 μ 真空管
variable unit　变速装置，变速机构，变速箱
variable value control　变值控制
variable velocity　变速运动，可变速度，变速
variable velocity motion　变速运动
variable voltage　可变电压，可调电压
variable-voltage control　变 [电] 压控制
variable-voltage controller　可变电压控制器
variable-voltage generator　可调电压发电机
variable-voltage system　调压驱动系统
variable voltage transformer　可调变压比变压器，可调变压器
variable voltage welding machine　可调电压焊 [接] 机
variable volume　可变容积
variable word-length (=VWL)　可变字长 (电码长度)
variable word length computer　可变字长计算机
variable waveguide attenuator　可变波导衰减器
variac　[连续可调] 自偶变压器，[自耦] 调压变压器，可变比变压器
Varian　瓦里安核子旋进磁力仪 (商标名)
variance　(1) 标准离差的平方，数据的偏离值，方差，偏差，磁差，离散，
　分散，色散; (2) 变异性，差异，变化，变易，变动，变更，变迁，变数，变量，
　变度; (3) 自由度; (4) 不符合，不一致，分歧，差异

variance analysis　(1) 方差分析; (2) 偏差分析
variance ratio　方差比
variance-ratio transformation　方差比变换
variance test　方差检验，方差检定
variance to mean square ratio (=VMSR)　方差与均方比
variant (=var)　(1) 变式，变量，变体; (2) 变形，变型，变体，派生，衍生，
　变样，转化; (3) 二中择一的，变化的，不同的，差异的，差别的，相异的，
　变量的; (4) 各种各样的，多样的; (5) 易变的，不定的; (6) {数} 变式，
　变量; (7) 附加条件
variant scalar　变量标量
variate　(1) 使多样化，使不同，变化，改变，变动，变异; (2) {数} 随
　机变量，无规变量变量，变数; (3) 差动测量
variate-difference method　变量差分法
variation (=var)　(1) 变更方法，改变，调整，变化，变动，变更，变异，
　变易; (2) 不均匀度，变化值，变动量; (3) {数} 变分，变差，变量，变位，
　变度，变数，偏差，误差，磁差，偏转，偏向; (4) 电压偏移; (5) 角 [相]
　偏移; (6) (月球摄动) 二均差
variation calculus　变分法
variation equation　变分方程
variation factor　不均匀系数，变化率
variation in level of support　支座面变位
variation in load　负载变化
variation in voltage　电压变动
variation magnetic field　变化磁场，交变磁场
variation of blanking level　消隐电平变化
variation of eccentricity　偏差度变化
variation of fit　配合公差
variation of function　函数的变化量，函数的变差
variation of mean　二均差
variation of parameter　(1) 参数的变更; (2) 参数变值法
variation of pole　极变动
variation of sign　正负号替换，符号变更
variation of stresses　应力变化
variation of tape sensitivity　磁带不均匀度
variation of tolerance　公差带
variation of vertical　垂线变化
variation per minute (=VPM)　每分钟变化
variation without repetition　无复变更
variational　(1) 因变化而产生的，变化的，变异的; (2) {数} 变分的，
　变量的
variational calculus　变分学，变分法
variational method　变分法
variational parameter　变分参数
variational principle　变分 [法] 原理
variational sensitivity　微分灵敏度，变分灵敏度
variations of an admissible-family of arcs　适用弧族的变分
variations of n-th order　n 阶变分
variative　显示变分的，变分的
variator　(1) [无级] 变速器，变换器; (2) 温度变化的补偿器，变化器;
　(3) 伸缩 [接] 缝，[伸] 胀缝; (4) 聚束栅
varicap (= variable-capacitance diode)　[可] 变 [电] 容二极管，压
　控变容器，可变变容器
varicap diode (= voltage-variable-capacitance diode)　电容随电压
　变化的二极管
varicolo(u)red　五颜六色的，杂色的
varicond　(铁电介质的) 可变电容
varied　(1) 各种各样的，不 [相] 同的，有变化的; (2) 改变了的; (3)
　杂色的，斑驳的
varied curve　邻曲线，变曲线
varied flow function　变流函数
varied irradiance level　变化的辐照度
variegate　(1) 弄成杂色，使斑驳，加彩色; (2) 使多样化
variegated　(1) 不匀净的，斑驳的，斑点的，杂色的; (2) 多样化的
variegation　彩斑
variety (=var)　(1) 多种多样，多样性，多样化; (2) 变形，变型，变体，
　变种，变化; (3) 品种，种类，项目; (4) {数} 流形，族
variety of　各种各样
variform　有多种形态的，形形色色的
varigroove　(1) 变距槽; (2) 变纹唱片
varindor　可变电感器，交流电感器
vario-klischograph　电子刻版机
variocoupler　可变电感耦合器，可变耦合器，可变耦合腔
variode　变容二极管
variodenser (=variodencer)　[可] 变 [电] 容器

1522

variogram 变量 [变化记录] 图

variograph 变量计, 变量仪 (变量变化自动记录仪)

variohm [可] 变 [电] 阻器

variolosser 可变损耗器, 可控损耗器

variometer (=VAR) (1) 可变电感器, 变感器; (2) 变压表, 磁变计; (3) 飞机爬升率测定仪, 升降速度表

variometer of mutual induction 互感式 [可] 变 [电] 感器

Varion 一种离子交换树脂

Varioplex 可变多路传输器, 变路转换器, 变工 [制]

variopter [滑动] 光学计算尺

varioscope 镜式磁变仪

various (1) 各种各样的, 各式各样的, 不同的; (2) 具有各种不同特征的, 千变万化的, 多方面的, 多样的; (3) 各个的, 个别的, 许多的, 杂色的, 彩色的

various branches of knowledge 多方面知识

various in kind 种类繁多

various opinions 不同意见

variousness 多样性状态, 多样性

varipico 变容二极管

variplotter 自动曲线绘制器, 可变 [尺寸] 绘图仪, 自动作图仪

variscope 彩色摄影器

varisized 不同尺寸的, 各种大小的

varislope screen 多层坡度逐渐加大筛

varispeed drive 无级变速传动

varistor (=varister) (1) 变阻二极管, 变阻器; (2) 非线性电阻, 压敏电阻, 可变电阻, 可调电阻

varistor-compensated circuit 变阻 [器] 补偿电路

varistor modulator 变阻器调制器

varistor rectifier 非线性电阻整流器, 变阻整流器

varistructure 可变机构

varisymbol 直流等离子板, 变符板 (一种字母、数字显示板)

varitran 自偶变压器

varitrol 自动调节系统

varitron (1) 变光管; (2) 变换子

varityper 有多种可变字体的打字机, 可变字体打字机

Varley's loop method 华莱回路法 (一种借电桥测定线路障碍的方法)

varmeter (=VARM) 无功伏安计, 无功瓦特计, 无功功率表, 无功功率计, 乏计

varnish (1) 罩光漆, 清漆, 油漆, 假漆; (2) 印刷调油墨, 凡立水, 原料, 釉子; (3) 表面光泽, 光泽面; (4) (复) 特别快车, 客车, 卧车; (5) 使有光泽, 上清漆, 涂清漆, 上釉, 装饰

varnish base 漆底

varnish formation 漆膜形成

varnish gum 清漆树脂

varnish maker and painter naphtha (=VM and PN) 油漆和涂料用石脑油

varnish paint 清漆色

varnish paper 涂漆绝缘纸

varnish resin 清漆树脂

varnish spray gun 喷漆枪

varnish tube 浸漆纤维管

varnished 浸渍过的, 涂漆的

varnished bias tape 涂漆料纸带

varnished cambric (=VC) 黄蜡 [绝缘] 布

varnished car 特别快车, 客车, 卧车

varnished paper 浸渍 [绝缘] 纸

varnished silk 浸漆丝

varnished tube 浸渍 [绝缘] 管, 黄蜡套管

varnished wire 漆包线

varnisher 涂清漆工 [人]

varnishing 喷漆

varnishy 与清漆有关的, 清漆 [似] 的

varsal 万能

Varsol 烃类溶剂

vary (=var) (1) 改变, 变化, 变更; (2) 使多样化; (3) 偏离; (4) 变异

vary from person to person 因人而异

vary from unit to unit 单位各不相同

vary in size 大小不同

vary one's method of work 改变工作方法

vary-power telescope 可变倍数望远镜

varying (1) 各不相同的, 变化的, 改变的, 不定的, 不等的; (2) 变化, 改变, 变

varying accelerated motion 变加速运动

varying-area channel 变截面管路

varying duty (1) 可变负载, 变动负载, 不定载量, 变负荷; (2) 变动运行, 变动工况, 变工艺

varying-field commutator motor 有变动磁场的整流式电动机

varying load 变动载荷, 变量负载, 变量荷载, 不定荷载

varying load condition 变载状态

varying-parameter network 可变参数网络

varying speed 变 [化的] 速度

varying-speed motor 调速电动机, 变速电动机

varying stress 变应力

varying stress amplitude 变应力振幅

varying velocity 变速

varying voltage generator 变 [电] 压发电机

varying voltage rectifier 变压整流器

Vasco (=Vanadium Alloy Steel Co.) 钨矾高速钢制造公司

Vasco powder 钨矾钢粉末

Vasco steel 瓦斯克钨矾钢, 钒合金

Vascoloy Ramet 碳化钨硬质合金

vaseline 凡士林, 石油脂, 矿脂

vaseline oil 凡士林油

vaselinum 凡士林, 软石脂

vast (1) 巨大的, 庞大的, 很大的, 广阔的, 广大的, 深远的; (2) 许多的, 巨额的, 大量的, 非常的

vast scale 大幅度, 大规模, 大比例

vast scheme 庞大计划

vastly 大大地, 非常

vastness 广大, 巨大

vasty 巨大的, 庞大的, 广大的

VAT (=Value At Tax) 增值税

vat (1) 大桶, 大盆, 大槽, 容器, 缸, 箱; (2) 还原染料

vat dye 还原染料

vat machine 瓮视造纸机

Vaucanson 钩环节链

Vaucher alloy 锌基轴承合金 (锌 75%, 锡 18%, 铅 4.5%, 锑 2.5%)

vault door (=VD) 地窖门

vault light 地下照明

vaulted panel 弓形板

Vebe consistometer 维氏稠度计

vectodyne 推力方向可变垂直起飞机

vectogram 矢量图, 向量图

vectograph (1) (用偏光镜看的) 立体电影, 立体照相, 偏振像片; (2) 偏振光体视镜; (3) 偏振立体图, 矢量图

vectolite 钴铁氧体

vecton 矢量粒子

vectopluviometer (=vector gauge) 定向测雨器, 雨向计

vector (=V) (1) 时间矢量, 时间向量, 矢量, 向量; (2) 飞机航向, 航线; (3) {天} 矢径, 向径, 幅; (4) 运载体, 媒介; (5) 动力, 魄力; (6) 确定航向, 引向目标, 引导, 导航, 制导

vector account 矢量计算, 向量计算

vector addition 矢量加

vector admittance 矢量导纳

vector analysis 矢量分析, 向量分析

vector balancing 矢量平衡 [法]

vector calculus 矢量运算, 矢量计算, 向量计算, 矢算

vector computer 矢量计算机, 向量计算机

vector continue display mode 连续矢量显示法

vector controlled oscillator (=VCO) 航向控制振荡器

vector correlation 矢量相关, 向量相关

vector current 复数正弦电流, 矢量电流

vector diagram 矢量图, 向量图

vector equation 矢量方程, 向量方程, 向量公式

vector field 矢量场

vector function 向量函数

vector generator 矢量产生器

vector impedance 矢量阻抗, 复数阻抗

vector-impedance bridge 矢量阻抗电桥, 复数阻抗电桥

vector impedance bridge 测量矢量阻抗 (模数和角度) 的电桥

vector locus 矢量轨迹

vector mesons 矢量介子

vector method 矢量法

vector mode 矢量 [合成] 方式, 矢量式

vector mode display 矢量型显示, 矢量

vector model of atom 原子的矢量模型

vector multiplication 矢量乘法, 向量乘法, 成矢乘法, 矢乘

vector of speed 速度矢量

vector operation 向量运算
vector operator 向量运算子
vector-oriented 向量性的
vector phase indication 相位矢量指示
vector polygon 矢量多角形, 矢量多边形
vector potential 矢量位, 矢量势, 向量势, 矢势, 矢位
vector power 复功率
vector product 矢量积, 向量积, 有向积, 矢积
vector quantity 矢量, 向量
vector ratio 矢量比, 向量比
vector representation 矢量表示 [法]
vector scope 矢量 [色度] 显示器
vector servomechanism 矢量跟踪系统, 矢量随动系统
vector space 矢量空间, 向量空间
vector sum 矢量和, 向量和, 矢和
vector triangle 矢量三角形
vector variable 矢量变量, 向量变量
vector velocimeter 矢量速度计
vector wave equation 矢量波动方程
vectorcardiograph 矢量心电图描记器, 矢量心电图示仪
vectored injection 定向喷射
vectored interrupt 向量中断
vectorial 媒介物的, 矢量的, 向量的, 矢的
vectorial force 矢量力
vectoring 确定航向, 导航
vectoring error (1) 引导误差, 导向误差; (2) 导航矢量误差
vectorizable serial computation 向量化串行计算
vectorization 向量化
vectorlyser 矢量分析器
vectormeter 矢量计
vectorscope (1) 矢量色度显示器, 矢量显示器, 矢量示波器; (2) 信号相位幅度显示器; (3) (电视) 偏振光立体镜
vectorscope device 矢量仪
VECTRAN VECTRAN 语言
vectron 超高频频谱分析仪
vee (1) V 形坡口; (2) V 字形物; (3) V 字形的, V 形的; (4) V 粒子
vee-angle 坡口角度
vee-belt 三角皮带, V 形皮带
vee-belt sheave pulley V 形皮带轮, V 形皮带槽轮, 三角皮带轮
vee-blender V 形混合器, V 形混料板
vee block (1) 三角铁, V 形块, V 形座, V 槽块; (2) [制动器] V 形蹄片; (3) V 形汽缸体
vee-cut V 形掏槽, 楔形掏槽
vee-die V 形模
vee drive reduction gear V 形传动减速齿轮装置
vee gear V 形槽摩擦轮
vee-grooved [带] V 形槽的
vee-grooved pulley V 形皮带槽轮, 三角皮带轮
vee pulley V 形皮带槽轮, 三角皮带轮
vee-ring V 形垫圈
vee-rope V 形绳索
vee-shaped 三角形的, V 形的
vee slip V 形滑槽, V 形导槽
vee-strip V 形条
vee support V 形支座
vee tail 飞机尾翼, V 形尾翼
vee-thread 三角螺纹
vee-trough V 形槽
vee type aeroengine V 型航空发动机
vee-type snow plough V 形雪犁
vee-type undercarriage V 形起落架
vee way V 形导轨
veed V 形的
veed register 三角槽定位芯头
Veeder counter 测程仪, 速力计
veer (1) 改变方向, 改变航向, 转 [方] 向, 调向; (2) 顺时针方向变化, 顺时针方向转, 旋转
veetol 垂直升降
Vegards' law 固溶体晶格常数与溶质金属原子浓度正比定理, 费伽定律
vegetable butter 人造黄油
vegetable cultivator 蔬菜中耕机
vegetable dehydrator 蔬菜干燥机
vegetable fat 植物油脂

1524

vegetable glue 植物胶, 树胶
vegetable lifter 蔬菜挖掘机
vegetable lubricant 植物润滑脂
vegetable oil 植物油
vegetable seed drill 蔬菜种籽播种机
vegetable wax 植物蜡, 树蜡
vehicle (=veh) (1) 运输工具, 运载工具, 运送工具, 交通工具, 车辆; (2) 推进装置, 运送装置, 搬运装置, 运载器, 飞行器, 航空器, 小艇; (3) 分导式多弹头, 飞船, 导弹, 火箭; (4) 粘合剂, 载体, 媒液, 溶剂, 溶媒, 液料
vehicle battery 车用蓄电池
vehicle-borne battery 弹上蓄电池
vehicle-borne infrared equipment 飞行器载红外设备
vehicle-borne laser equipment 飞行器载激光设备
vehicle-borne range safety receiver 飞船用安全距离测量接收机
vehicle capacity 车辆载重量, 车辆容量
vehicle collecting point (=VCP) 飞行器 [在轨道上的] 会合点
vehicle detector 车辆感应器, 车辆探测器, 侦车器
vehicle for engineering and scientific test activity (=VESTA) 科学技术试验用飞行器
vehicle gears 车辆齿轮
vehicle maneuver effects 运载器机动效应
vehicle mechanic 汽车机械师
vehicle-mounted 装在车上的
vehicle station 车载电台
vehicle turbine 车用涡轮
vehicleborne 飞行器上的
vehicles per hour (=vph) 每小时通过车辆数, 每小时飞行器数
vehicular (1) 供车辆通过的, 用车辆运载的, 为车辆设计的, 与车辆有关的, 车辆的; (2) 媒介的
vehicular communication 移动式通信
vehicular equipment 车载设备, 活动设备
vehicular radio 流动无线电设备
veiled voice 不清楚的声音
veiling luminance 伞形照明
vein (1) 纹理, 木纹; (2) 裂缝, 缝隙; (3) 毛刺
veined [有] 纹理的, 脉状的
veiner 小 V 形凿, 木纹凿
veining (1) (结晶界的) 网状组织, 纹理的形成, 晶畦; (2) 毛刺, 飞边, 夹层, 包砂, 鼠尾 (铸造缺陷)
Vela satellite 维拉卫星
Velinvar 镍铁钴钒合金
velocimeter 速度计, 测速仪, 测速表, 流速计, 声速计
velocipede (1) 早期脚踏车; (2) 儿童脚踏三轮车
velocipede car 轻便轨道三轮车
velocitron (1) 质谱仪; (2) 电子灯
velocity (=V) (1) 速度, 速率; (2) 速度适量; (3) 快速, 迅速; (4) 周转率
velocity absolute at any point 在任意点上的绝对速度
velocity adjustment 初速修正量
velocity-area method 速度面积法
velocity at burnout (1) 停止燃烧时的速度; (2) 主动段末端速度
velocity at 'burnt' 燃烧终了速度
velocity at impact 冲击速度
velocity azimuth display (=VAD) 速度方位指示器
velocity band 速度范围
velocity coefficient 速度系数
velocity compensation 速度补偿
velocity component 速度分量, 分速度
velocity condenser microphone
velocity control 速度控制
velocity-controlled system 控速调节系统
velocity correction factor 流速修正系数, 喷管推力修正系数
velocity correlation 速度相关
velocity deflection 速度偏差
velocity diagram 速度 [三角形] 图
velocity distribution 速度分布 [图]
velocity distribution diagram 速度分布图
velocity distribution law 速度分布定律
velocity distribution pattern 速度分布场
velocity error 速度误差
velocity error compensator 速度误差补偿器
velocity factor (=VF) 速度系数, 速度因数, 速度因素
velocity factor for Hertzian stress 赫兹应力计算的 [润滑] 速度系数

velocity factor model 速度系数模式
velocity feedback 速度反馈,速度回输
velocity fluctuation 速度起伏,速度脉动,速度变化
velocity gain 速度增益
velocity head 流速水头,速位差,速[度]头
velocity hydrophone 速度[型]水中检波器,振速水听器
velocity in axial direction 轴向速度
velocity in normal direction in pitch plane 节圆上沿法向速度
velocity in transverse direction tangential to pitch circle 节圆上沿端面方向速度
velocity indicator 速度指示器
velocity integrator 速度积分器
velocity interval 速度范围
velocity jump gun 速度跳变电子枪
velocity lag 速度滞后
velocity learning time 确定速度时间
velocity level 速度级
velocity limit 速度极限
velocity limiter 限速器
velocity limiting servomechanism 速度限制的伺服机构
velocity measuring device 速度测量装置,测速仪
velocity measuring dynamo 测速电机
velocity measuring system (=VMS) 速度测量系统
velocity meter (=VM) 速度测量器,速度计,速度表,测速仪
velocity microphone 速率式话筒,振速传声器,压差传声器
velocity minimum control (=VMC) 最低速度控制
velocity-modulated electron beam 调速电子注
velocity modulated electron beam 速调电子束
velocity modulated oscillator 速度调制振荡器
velocity modulated tube 调速管,速度调制管
velocity-modulated valve 速调管
velocity modulated valve 调速管
velocity modulation (=VM) 速度调制,调速
velocity modulation tube 调速管
velocity never to exceed (=Vne) 不允许超过的速度
velocity normal to surface 垂直于齿表面的速度
velocity of combustion 燃烧速度
velocity of discharge (1)泄流速度;(2)排水速度;(3)放电速度
velocity of electromagnetic wave 电磁波速度
velocity of energy 能速(单位面积的能通量被能量密度除)
velocity of exhaust 排气速度
velocity of flow 流速
velocity of following 牵连速度
velocity of gun station (=VGS) 枪固定点速度,枪身速度(随飞机的速度)
velocity of light 光速
velocity of movement 运动速度
velocity of money 资金周转率
velocity of projection 投射速度
velocity of propagation 传播速度
velocity-of-propagation error 传播速度误差
velocity-of-propagation meter 传播速度计
velocity of radio waves 无线电波传播速度
velocity of scanning 扫描速度
velocity of sound 声速
velocity of spin 旋转速度
velocity package 测速仪
velocity pattern (1)速度场;(2)速度范围
velocity perturbation 速度波动,速度起伏
velocity polode 速度瞬心轨迹
velocity polygon 速度多边形
velocity potential 速度位能,速度势能
velocity pressure (1)速度压力,速力,速头;(2)风压,动压
velocity profile 速度剖面图,速度分布图
velocity rate 天线缩短率
velocity ratio 速度比,传动比,速比
velocity refrigerator 速度式制冷机
velocity resonance 速度共振
velocity rod 测流速浮标
velocity-sensitive transducer 振速灵敏式换能器
velocity sensor 速度传感器
velocity servo (1)速度伺服系统;(2)伺服积分器
velocity servosystem 按速度控制的伺服系统
velocity shock 速度负荷
velocity space 速度空间

velocity spread 速度分布[范围]
velocity-stage 有速度级的
velocity stage 速度级
velocity staging 速度分级
velocity-to-be-gained (=vg) (进入预定轨道)应增速度
velocity tracking 速度跟踪
velocity transducer (1)速度传感器;(2)速度换能器,速度变换器
velocity traverse 速度横向分布
velocity triangle 速度三角形
velocity type seismic detector 速度式地震仪
velocity-type transducer 速度传感器
velocity variation 速度变化
velocity-variation tube 变速管
velocity variation tube 变速管
velocity vector (=VV) 速度矢量,速度向量
velocity voltage [与]速度[成]正比[的]电压
velocity-volume 速度-体积
velodyne (1)测速发电机(输出轴转速与反馈电压成正比),速达因(一种转数表传感器);(2)伺服积分器
velograph 速度记录仪,速度计
velometer 速度计,速度表,转速计,测速仪,测速器,调速器,里程计,里程表
Velox boiler 韦洛克斯锅炉,强制循环式锅炉,增压锅炉
velure (1)丝绒;(2)丝绒状织物;(3)绒垫;(4)用绒垫擦拭
velvet (1)丝绒;(2)丝绒制的
velvet knife 割绒刀
vena contraction 射流的最小截面段,收缩断面,缩脉
venac 聚乙酸乙烯酯树脂
venamul 聚乙酸乙烯酯乳液,共聚体粘合剂
venation 脉络,纹理
vend (1)出售,贩卖,(2)公开发表
vendable (=vendible) 被普遍接受的,可销售的
vendee 买主
vendible 被普遍接受的,可销售的
vending machine (小商品)自动售货机
vendor (1)卖主,小贩,(2)自动售货机
vendor part modification (=VPM) 售主部件更改
vendor part number (=VP/N) 售主部件[编]号
vendor parts index (=VPI) 售主部件索引
vendor parts list (=VPL) 售主部件一览表
vendor quality assurance (=VQA) 售主质量保证
vendor quality certificate (=VQC) 售主质量合格证
vendor quality defect (=VQD) 售主质量缺陷
vendor provisioning parts breakdown (=VPPB) 售主部件分类,售主备件分类
vendor serial number (=VS/N) 售主顺序号
vendor shipping configuration (=vsc) 售主装运外形
vendor shipping instructions (=VSI) 售主装运说明书
vendor standard settlement program (=VSSP) 售主标准结算程序
vendor test procedure (=VTP) 售主试验程序,售主测试程序
vendor to conform (=vtc) 售主应遵守事项
vendor zero defects (=VZD) 售主质量无缺陷
vendor's shipping document (=VSD) 售主发货单据
veneer (1)胶合板,胶合木;(2)胶合;(3)表层;(4)镶面
veneer board 胶合板,镶板
veneer cutting machine 截夹板机
veneer lathe 胶合板车床,旋版机
veneer peeling machine 截夹板机
veneer saw 胶合板锯[床]
veneer sheet 层压板,胶合板
veneer wood 胶合板,镶木
veneered 有镶面的
veneered panel 胶合镶板
veneering 胶合薄片料
Vengeance V-31型轰炸机
venous mercury electrode 汞流电极
vent (1)孔,口,出口;(2)通风孔,通风口;(3)喷发口;(4)通风,换气;(5)给…开孔
vent bushing 点火螺塞
vent cap 通气孔盖
vent drill 排气钻
vent gas cooler 排气冷却器
vent gimlet 排气钻
vent gutter 通风道

vent-hole 通气孔
vent hole (=VH) (1) 排气孔, 通风孔; (2) 风眼, 气眼
vent line (1) 通风管; (2) 出油路
vent of boiler 锅炉通风孔
vent of eruption 喷溢口
vent-peg 通气孔塞
vent pin 阀栓, 阀塞
vent-pipe 通风管, 排气管
vent pipe (=VP) 通气管, 通风管, 排气管
vent-plug 通气孔塞, 火门塞
vent plug 通风孔塞
vent riser (潜艇) 垂直通风口
vent shaft 通风井
vent sleeve 通气管
vent stack 通风竖管, 通气管
vent stem 孔杆
vent tank 排气罐
vent valve (=VV) 通风阀, 排气阀, 排油阀, 泄水阀, 放空阀
vent valve piston 通风阀活塞
vent wax (铸造) 通气蜡, 通气蜡线
vent wire 铸模通气针, 气眼针
ventage (1) 通风系, 通风管; (2) 通风孔, 气孔, 孔隙, 小孔, 小口, 出口
vented enclosure 敞开式扬声器箱
vented fuel element (开孔) 透气式燃料元件
vented moulding pit 通气造型坑, 造型地坑, 硬床
vented reservoir 带通气孔的储油器 (开放式储油器), 无压油池
venter 外胎钻气眼机
venthole 通气孔, 排气孔, 通风孔, 出气孔
ventiduct 通风道, 通气管, 通风管
ventilate (=vent) (1) 使空气流通, [使] 通风, 通气, 排气, 换气; (2) 安装通风设备, 装以通风设备, 开通风机, 开气孔
ventilated 通风的, 风冷的
ventilated car 通风棚车
ventilated case 通风柜, 排气柜
ventilated commutator 通风式整流器, 空气冷却整流子
ventilated motor 气冷式电动机
ventilated moulding pit 造型地坑
ventilated psychrometer 通风干湿表
ventilated rotor (盘式制动器) 通气式制动盘
ventilated sliding panel 通风滑板
ventilated totally-enclosed motor 全封闭式通风型电动机
ventilating (=vent) 通风
ventilating deadlight (=VD) 通风用固定天窗, 通风舷窗
ventilating device 通风装置, 通风设备
ventilating duct 通风管道
ventilating fan 排气风扇, 通风风扇, 通风机
ventilating flap 通风瓣
ventilating furnace 通风炉
ventilating hole (1) 通风孔, 通气孔; (2) 风眼
ventilating jack 通风管罩
ventilating machine 通风机
ventilating millstone 风磨
ventilating pipe 通风管道
ventilating scoop 通风罩
ventilating screw 通风螺钉
ventilation (=vent) (1) 通风设备, 通风装置, 通风量, 通风法; (2) 排气, 换气, 通风, 通气; (3) 公开讨论, 自由讨论
ventilation and air conditioning for accommodation 居住舱通风和空调
ventilation and air conditioning for engine control room 机舱控制室通风和空调
ventilation and air conditioning systems 通风与空调系统
ventilation and air conditioning systems in accommodation 居住舱通风与空调系统
ventilation and pressurization system 通风增压系统
ventilation and totally enclosed motor 全封闭通风式电动机
ventilation by extraction 抽气通风
ventilation by forced draft 对流通风
ventilation device 通风设备
ventilation duct 通风导管
ventilation duct thickness 通风导管厚度
ventilation facilities 通风设备
ventilation fan 通风机, 通风扇
ventilation foreman 通风技术员

ventilation installation 通风装置, 通风设备
ventilation level 通风水平
ventilation loss 通风损耗
ventilation louver 通风百叶窗, 放气窗, 放气孔
ventilation opening 通风口
ventilation plug 通气塞
ventilation psychrometer 通风温度计
ventilation slot 通风孔
ventilation survey 通风测量
ventilation system 通风系统
ventilation tube 通风管筒
ventilative 通风的, 通气的
ventilator (=vent) (1) 通风口, 通风孔, 通气孔, 气窗; (2) 通风设备, 通风装置, 通气装置, 通风器, 通风机, 送风机, 通风扇, 通风筒, 通风管; (3) 空气调节器
ventilator cap 通风器帽
ventilator clamp pin 通风器夹销
ventilator cowling 通风罩
ventilator duct 通风器导管, 通风筒
ventilator hood 通风器罩
ventilator valve 通风器阀
ventilator with water spray 喷水通风器
ventilatorious 扇形的
ventilatory 提供通风的
venting 通风 [法]
venting channel (铸型) 浇注通气孔
venting quality 透气性, 透气率
venting valve 稳压阀, 定压阀, 通流阀, 通风阀
ventless 无出气口的, 无孔的
ventometer 风速表
ventral (1) 机身下部的; (2) 机身腹部的, 腹部的, 前侧的
ventral intake 机身下进气口
ventral tank 机身油箱
venture 冒险事业, 冒险
Venturi (1) 文丘里管, 文氏管, 扩散管; (2) 文丘里喷嘴, 喷射管, 缩喉管, 细腰管, 喷管
Venturi flowmeter 文丘里管式流量表
Venturi flume 文丘里量水槽
Venturi meter 文丘里流量计, 文丘里量水计, 文氏测量管
Venturi tube 文丘里管
Venturimeter 文丘里流量计
Venturimeter coefficient 文丘里管系数
venue 指明诉讼在何国进行的条款
Venus regulus 一种锑铜合金 (锑 50%, 铜 50%)
Vera 电子录像机
veracious 真实的, 准确的, 确凿的, 可靠的
veracity (1) 确实, 诚实; (2) 真实性, 准确性, 精确性
verascope 小型立体照相机
verbal (1) 非书面的, 口头的; (2) 言语的, 词句的; (3) 照字面的, 逐字的; (4) 动词的
verbal agreement 口头协议, 口头约定
verbal contract 口头协议, 口头约定
verbal error 用词错误
verbal explanation 口头解释
verbal note 便条
verbal system 通话设备
verbal translation [逐字] 直译
verbal understanding 口头协议, 口头谅解
verbatim translation [逐字] 直译
Verber 维伯 (电荷单位)
verberation 打击, 打
verdelite 电气石
verdict (1) 判定, 判断, 决定, 定论, 意见; (2) 判决, 裁决
verelite 聚苯乙烯
verge (1) 边界, 突缘, 边缘, 边际, 界限; (2) 接近, 毗邻; (3) 钟表摆轮的心轴; (4) 斜向, 倾向, 趋向, 延伸
verge escapement (钟表) 互垂直擒纵机构, 心轴擒纵机构
verge-perforated 边缘穿孔的
verge-punched 边缘穿孔的
verge ring 栅状齿环
veriable 能证明的, 能证实的, 可检验的, 可核实的
vericon 正析摄像管, 直像管
veridical 非幻觉的, 真实的
veriest 十足的, 绝对的, 完全的, 彻底的, 极度的

verifiability　能证明,能证实,可检验,可核实

verification　(1) 检验,校验,查验,检定,鉴定; (2) 校准; (3) 实验证明,验证,证实,核验,核对,校对,核对,考证,确定,探测; (4) 证明,证据

verification by sampling　取样检定

verification certificate　检定证书,鉴定证书

verification mode　验证方式

verification note (=V/N)　[检] 验单

verification of input (=VIP)　输入验证

verification relay　校核继电器,监控继电器

verification test　证实试验

verified　检验的,检定的,鉴定的

verifier　(1) 穿孔校对机,核对器,验算器,对孔机,检孔机,检验机,校验机,检验器,取样器,计量器; (2) 检验员,核实者,证明者,核对员,校对员

verify (=VER)　(1) 检孔,验孔; (2) 检验,校验,核实,鉴定,验证,查证,考证,查对,核对; (3) 说明正确,证明,证实,确定

verifying attachment　检验用附件,检验装置

verifying punch　检孔穿孔机

verisimilar　似真的,逼真的,可能的

veristron　自旋量子放大器

veritable　真实的,真正的,实在的,正确的,确实的

verity　(1) 真实性,确实; (2) 确实存在的事物,事实,真理

vermeil　(1) 朱红色的,鲜红的; (2) 镀青铜,镀银; (3) 朱砂

vermeillion　(1) 硫化汞,朱砂,银朱; (2) 朱红色的; (3) 涂成朱红色

vernacular arts　地方工艺

Vernaz file　弧形纹锉,弓形纹锉

Verneuil method　维尔纳叶焰熔法,火焰熔融法

vernier (=VER)　(1) 游标; (2) 游标尺,副尺,游框; (3) 微调发动机; (4) 微调刻度盘,游标刻度盘; (5) 微调的,微动的

vernier acuity　游标视锐度,轮廓视锐度

vernier adjustment　游标调整,微调

vernier arm　游标臂

vernier bevel protractor　游标活动量角器,活动游标量角器

vernier caliper(s)　游标卡尺,游标测径规

vernier calliper(s)　游标卡尺,游标测径规

vernier capacitor　微调电容器

vernier compass　微调罗盘

vernier condenser　微调电容器,微变电容器

vernier control　游标调节,微调

vernier coupling　微调式联轴节,微动联轴节(能保证轴在任意相对位置的连接)

vernier cutoff　微调发动机关车

vernier depth ga(u)ge　游标深度规,游标深度尺

vernier device　微调设备

vernier dial　微调刻度盘,游标度盘,微动度盘

vernier division　游标刻度,游标分划

vernier drive　(1) 微动装置; (2) 微调传动,微变传动

vernier engine (=VE)　微调发动机

vernier focusing　微调聚焦,微变聚焦,精确聚焦

vernier ga(u)ge　(1) 游标尺,游标规; (2) 微调量规

vernier gear tooth ga(u)ge　游标齿厚卡尺,游标齿厚规

vernier height ga(u)ge　游标高度规,游标高度尺

vernier hydraulic power supply (=VHPS)　微调 [发动机] 液压动力源

vernier level　游标水准管

vernier microcallipers　游标千分尺

vernier micrometer　游标千分尺,游标测微器

vernier microscope　游标显微镜

vernier of sextant　六分仪游标

vernier panel　精调整盘

vernier plate　游标板

vernier potentiometer　游标分压器

vernier protractor　显微半圆角度规,游标量角器,游标分度器

vernier range　游标测距

vernier reading　游标读数

vernier rheostat　细调变阻器

vernier scale　游标尺

vernier sight　游标式瞄准装置

vernier slide calipers　游标滑动卡尺

vernier solo accumulator (=VSA)　微调发动机单用蓄电池

vernier solo hydraulic power system (=VSHPS)　微调发动机单用液压动力系统

vernier solo power supply (=VSPS)　微调发动机单用动力源,微调发动机单用电源

vernier step ga(u)ge (=VSG)　微调多级 [内径] 规

vernier tracking equipment　微变跟踪系统,微变跟踪设备

vernier tuning　游标微调,游标调整

vernier zero　游标零点

vernitel　精确数据传送装置

vernix　清漆,护漆,涂剂

versability　具有变化能力

versacut cutter　(锥齿轮) 多用刀盘

versacut method　(锥齿轮) 多用刀盘切齿法

Versamid　低分子聚酰胺

versant　(1) 专心从事的,关心的; (2) 有经验的,熟练的,熟悉的,通晓的

versatile　(1) 有多用途的,万能的,万用的,多用的,通用的; (2) 活动的,万向的; (3) 多方面的,多能的; (4) 反复无常的,可变的,易变的,多变的

versatile automatic data exchange (=VADE)　多用途自动数据交换机

versatile automatic test equipment (=VATE)　万能自动测试设备

versatile digital computer　通用数字计算机

versatile goniometer　万能测角仪

versatile grinding machine　多用磨床

versatile information processor (=VIP)　多种信息处理器

versatile lathe　多用车床

versatile man　多面手

versatile spindle　万向轴

versatile tillage machine　万能耕耘机

versatile tractor　万能拖拉机

versatile worker　多面手

versatility　(1) 多用性,多能性; (2) 反复无常,可转变性,变化性,变换性,易变; (3) 多方面的适应性,多功能性,通用性

versed cosine　余矢

versed sine　正矢

versine (=versed sine)　正矢

version (=v)　(1) 方案; (2) 变更; (3) 型式; (4) 变型,改型; (5) 译文,文本

verso (=VO)　(1) (书的) 偶数页,左页,反页,封底; (2) (硬币) 反面,背面

versor　归一化四元数

verst　俄里 (=1.067km)

versus (=V)　与……比较,对……,作为……的函数

vertaplane　垂直起落飞机

vertebra (复 vertebrae)　装甲波导管

vertebrate　结构严密的

vertebration　结构严密性

vertex (=VER)　(1) 最高点,会聚点,极角点,顶点,端点,极点; (2) 峰; (3) 顶角,顶端; (4) 天顶,角顶

vertex angle　顶角

vertex distance at large end　分度圆锥大端至锥顶的轴线距离

vertex distance at small end　分度圆锥小端至锥顶的轴线距离

vertex feed　(圆锥天线) 顶端馈电

vertex height　最大弹道高

vertex of a cone　锥顶,顶锥

vertex of a conic　二次曲线的顶点

vertex of a quadric　二次曲面的顶点

vertex of a triangle　三角形的顶点

vertex of mirror　镜顶

vertex power　镜顶屈光度

vertex scheme　顶点法

verti-former　立式造纸机

vertical (=VERT 或 vert)　(1) 铅垂方向的,垂直的,垂向的,铅垂的,直立的,竖向的,立式的,竖式的,纵向的; (2) 至高点的,顶点的,顶端的,顶上的; (3) 帧的; (4) 垂直航空照片的; (5) 垂直平面,垂 [直] 线,垂直圈; (6) 垂直仪; (7) 垂直盘; (8) 竖杆; (9) 统管生产和销售全部过程的; (10) 垂直航摄照片

vertical accelerometer unit (=vau)　垂直加速度表装置

vertical adjustment　垂直调整

vertical advance　(磁带录像机) 垂直超前电路

vertical amplifier　(1) 垂直扫描信号放大器,帧信号放大器; (2) 竖直信号放大器

vertical and directional gyro (=VDG)　垂直和航向陀螺仪

vertical and horizontal check　(锥齿轮加工) 垂直水平位移法

vertical and horizontal countdown circuits　垂直和水平同步脉冲分频电路,行场同步脉冲分频电路

vertical and horizontal dividing head　立卧分度头

vertical and horizontal table　立卧工作台

vertical and longitudinal cutting feed　垂直及纵向切削进刀

vertical and / or short takeoff and landing (=VSTOL) 垂直和 / 或短距离起落

vertical and rotary armature 上升和旋转衔铁

vertical angle (1) [垂] 直角, 竖仰角, 上仰角, 顶角; (2) (复) 对顶角

vertical anisotropic etch (=V-ATE) 垂直定向腐蚀

vertical antenna 垂直天线

vertical argen arc welding machine 立式氩弧焊机

vertical armature 垂直衔铁

vertical assembly building (=VAB) 垂直装配厂房, 垂直装配间

vertical axis (1) 垂直轴线, 立轴线; (2) 纵坐标轴, 垂直轴, [直] 立轴, 竖轴

vertical band saw 立式带锯

vertical band sawing machine 立式带锯床

vertical bar generator 条条信号发生器

vertical-beam width 竖直电子束宽度, 垂直射束宽度, 纵射束宽度

vertical bed type milling machine 立式床身铣床

vertical bed type milling machine with travelling column 立柱移动床身铣床

vertical bench milling machine 立式台铣床

vertical bending machine 立式弯板机

vertical blanking 垂直回描消隐, 垂直回描熄灭, 帧 [回描] 消稳, 帧回描熄灭

vertical blanking amplifier 帧熄灭脉冲放大器

vertical blanking generator 场消稳脉冲振荡器

vertical blanking interval 场消稳时间

vertical boiler 立式锅炉

vertical borer 立式镗床

vertical boring 垂直镗孔

vertical boring and turning machine (1) 立式车床; (2) 立式搪车两用床

vertical boring and turning mill 立式车床

vertical boring machine 立式镗床

vertical boring mill(er) 立式镗床

vertical-bowl mixer 竖斗式拌和机

vertical brace plate 垂直撑板

vertical bracing 垂直剪刀撑, 垂直支撑

vertical broaching machine 立式拉床

vertical casting 垂直铸造, 立铸, 立浇

vertical center line (=VCL) 垂直中心线

vertical centering 垂直对中, 垂直定中, 竖直定心

vertical centrifugal casting machine 立式离心浇铸机

vertical check 垂直校验, 垂直检验

vertical circle (1) 垂直镀盘; (2) 地平经圈, 竖圈

vertical circular sawing machine 立式圆锯床

vertical clearance (1) 竖向净空; (2) 垂直间隙

vertical comparator 立式测长仪

vertical complementary transistor 纵向互补晶体管

vertical component 垂直分量

vertical component of cutter (锥齿轮机床) 垂直刀位

vertical compound steam turbine 竖轴复式汽轮机

vertical control 垂直高度控制, 高程控制

vertical control network 高程控制点网, 水准网

vertical convergence amplitude control 帧会聚信号振幅控制

vertical convergence circuit 帧扫描电子束会聚电路

vertical converter 竖式吹炉

vertical coordinate boring and drilling machine 立式坐标镗钻床

vertical coordinates 纵坐标

vertical core 垂直型心

vertical coverage 垂直视线, 垂直范围, 仰角范围

vertical coverage diagram 垂直平面内的方向性图

vertical-coverage pattern 垂直作用范围

vertical cross-hair (十字线) 竖丝

vertical cross tube boiler 立式横管锅炉

vertical current washer 垂直水流洗选机

vertical curtain 天线 "垂直障"

vertical curve (=VC) 竖曲线

vertical cut 垂直切削

vertical cutter head 垂直刀架

vertical cylindrical boiler 立式圆筒锅炉

vertical deflecting electrode 垂直偏转电极

vertical deflection 垂直偏转, 帧偏转

vertical-deflection amplifier 垂直致偏放大器

vertical-deflection circuit 垂直偏转电路, 竖偏转电路, 帧扫描电路, 帧偏转电路

vertical deflection coil 垂直偏转线圈, 帧偏转线圈

vertical-deflection oscillator 垂直扫描振荡器, 场扫描振荡器

vertical deflection oscillator 垂直偏转振荡器, 场扫描振荡器

vertical deflector 垂直偏转板

vertical deformation 垂直变形

vertical dial 垂直式拨号盘

vertical die slotter 立式模具插床

vertical die slotting machine 垂直模具插床, 立式模具插床

vertical digester 立式蒸煮器

vertical displacement 垂直位移

vertical distance 垂直距离

vertical distance from work spindle to center position 工作主轴至中心位置垂直距离

vertical down weld [向下] 立焊

vertical drainage 垂直排水

vertical draw-out metal-clad switchgear [断路器] 可垂直取出的金属盒开关装置

vertical drill 立式钻床

vertical drilling 垂直钻孔

vertical drilling machine 立式钻床

vertical drilling machine with cross-type table 十字工作台立式钻床

vertical driver 垂直偏转激励器

vertical dryer 立式干燥机

vertical dynamic convergence correction 垂直动态收敛校正

vertical effect 垂直效应

vertical edge L-head half round scraper 弯颈立刃半圆刮刀

vertical engine [直] 立式发动机

vertical escapement (钟表) 铅垂直擒纵机构

vertical extent 竖向延伸, 深度

vertical external broaching machine 立式外拉床

vertical external broaching machine with two slide 双滑板立式外拉床

vertical face 立面

vertical face plate 立式花盘

vertical fading 垂直极化波衰落

vertical feed 垂直进给, 垂直进刀, 垂向进给, 垂向传送, 升降进给

vertical feed control lever 垂直进给控制杆, 垂直进刀控制杆

vertical feed hand crank 垂直进给手动曲柄, 垂直进刀手动曲柄

vertical feed mechanism 垂直进给机构

vertical feed micrometer collar 垂直进给千分表套圈, 垂直进刀千分表套圈

vertical field balance 垂直分量磁杆

vertical file (1) 直立式档案箱; (2) 供迅速查阅的资料

vertical fin (1) 垂直尾翼; (2) 垂直安定面

vertical fine borer 立式精密镗床

vertical fine boring machine 立式精密镗床

vertical fine boring machine with cross table 十字工作台立式精密镗床

vertical fixed spindle 垂直固定主轴

vertical flight gyroscope 垂直飞行陀螺仪, 倾斜稳定陀螺仪

vertical flow 垂直流动

vertical foldover 帧折边现象, 卷边

vertical force 垂直力

vertical format (数据结构) 竖形式, 垂直形式

vertical format unit (=VFU) 垂直走纸格式控制器

vertical frame dimension 帧的垂直尺寸

vertical frequency (英) 垂直频率, 半帧频, 场频, (美) 帧频

vertical galvanometer 垂直式电流计

vertical gang drilling machine 立式排钻床

vertical-gating 缝隙式浇口, 垂直浇口, 狭缝浇口

vertical gear shaving machine 立式剃齿机

vertical gradient 垂直方向梯度

vertical grain 锯成四分之一的板材

vertical grinder 立式磨床

vertical gyro (=VG) 垂直陀螺仪

vertical gyro indicator (=VGI) 垂直陀螺仪指示器

vertical hair (十字线) 竖丝

vertical height 垂直高度

vertical hold 帧频微调, 垂直同步, 帧同步

vertical-hold control 垂直同步调整, 帧同步调整

vertical hold control 竖直同步调整

vertical honing machine 立式珩磨机

vertical hunting (电视图像) 垂直摆动

vertical-incidence transmission 垂直入射输入

vertical indicating device 高低目标指示器

vertical ingot heating furnace　(轧钢)立式钢锭均热炉
vertical integration building (=VIB)　垂直装配间，垂直集装间
vertical intensity　(1)竖直强度；(2)垂直磁强
vertical internal broaching machine　立式内拉床
vertical internal broaching machine with two cylinders　双缸立式内拉床
vertical internal cylindrical honing machine　立式内圆珩磨机
vertical internal grinder　立式内圆磨床
vertical internal grinding　立式内圆磨削
vertical internal grinding machine　立式内圆磨床
vertical interrupter contact　(选择器)上升动作断续接点
vertical interval (=VI)　(1)等高线间隔，垂直间隔，垂直距离；(2)帧[扫描]时间
vertical interval reference　帧[扫描]时间参数
vertical interval test (=VIT)　(电视)垂直扫描插入测试
vertical interval test signals (=VIT singals)　垂直扫描插入测试信号，场逆程插入测试信号
vertical inverter　垂直偏转换向器
vertical joint　铅垂缝，竖缝
vertical journal　枢轴颈
vertical judder　垂直位移
vertical jump　垂直定起角
vertical kiln　(水泥)立窑
vertical knee-and-column type miller　立式升降台铣床
vertical knee-and-column type milling machine　立式升降台铣床
vertical knee type boring and milling machine　立式升降台镗铣床
vertical knee type milling machine　立式升降台铣床
vertical lapping machine　立式研磨机
vertical ladder (=VL)　竖梯
vertical lathe　立[式]车[床]
vertical launch facility (=VLF)　垂直发射设备
vertical-lift　垂直升降的，竖直升降的，直升的
vertical light component　光[波]垂直分量
vertical limb　垂直度盘
vertical line　垂直线，铅垂线
vertical linearity　帧扫描线性，竖直线性
vertical load　垂直载荷，垂直负荷，竖向载荷
vertical location of the center of buoyancy (=VCB)　浮[力中]心的垂直位置
vertical location of the center of gravity (=VCG)　重心的垂直位置，垂直重心
vertical-loop dip-angle method　垂直线圈倾角法
vertical magnet (=VM)　(选择器的)上升电磁铁，垂直电磁铁
vertical main　垂直干线
vertical measuring machine　立式测长仪
vertical member　垂直构件
vertical metacentric height　垂直定倾中心高度
vertical metal handsawing machine　立式金属锯床
vertical mill(er)　立式铣床
vertical milling　垂直铣削，立铣
vertical milling and drilling machine with cross-type table　十字工作台立式铣钻床
vertical milling attachment　立铣附件
vertical milling head　立铣头
vertical milling machine　立式铣床
vertical mixer　通用混合机
vertical molding　立式造型
vertical momentum　垂直分动量
vertical motion　垂直运动，上下运动，纵向运动，竖向运动
vertical motion seismograph　垂直地震仪
vertical motor　(1)立式电动机；(2)立式发动机
vertical movement　垂直运动
vertical multistage condensate pump　立式多级冷凝液泵
vertical multitool lathe　立式多刀车床
vertical off-normal contacts　上升离位接点
vertical off-normal spring　上升离位簧，竖直离位簧
vertical ordinate　纵坐标
vertical oscillation　垂直振荡，垂直振动
vertical oscillator　垂直扫描振荡器，帧扫描振荡器，场扫描振荡器
vertical output amplifier　垂直信号输出放大器，帧信号输出放大器
vertical output circuit　帧扫描电路的输出级
vertical output transformer　帧输出变压器
vertical parabola　抛物线形帧信号
vertical parabolic current　帧频抛物线电流

vertical parallax screw　竖直视差螺丝
vertical parity check　垂直奇偶检验
vertical pendulum　垂直摆
vertical photography (=VPH)　垂直航空摄影
vertical pit-type furnace for heat treatment　井式热处理炉
vertical plane　垂直[平]面
vertical-plane coupler　纵面车钩
vertical plane directional pattern　垂直平面内的辐射图
vertical plane surface　垂直面
vertical planer　立式刨床，插床
vertical planetary internal grinder　立式行星内圆磨床
vertical planing　立刨，立插
vertical planing machine　立式刨床，立式插床
vertical plate　垂直偏转板
vertical plate-bending machine　立式弯板机
vertical play　上下游隙，上下间隙
vertical polarization　垂直极化
vertical position welding　立焊
vertical post　立柱，立杆
vertical power　垂直力
vertical press　(1)立式压力机；(2)立式冲床
vertical pressure　垂直压力
vertical projection　垂直投影，竖直投影
vertical propagation　垂直传播
vertical pump　立式泵
vertical radius of rupture (=VRR)　垂直断裂半径
vertical ram　立式滑枕
vertical ram knee type milling machine　立式滑枕升降台铣床
vertical ram milling machine　立式滑枕铣床
vertical ramp　发射台
vertical rate　(隔行扫描中)场频，(逐行扫描中)帧频
vertical recording　垂直录音
vertical reference　垂直角的基准线
vertical reference line (=VRL)　垂直基准线
vertical retort　(1)竖罐；(2)竖式瓶
vertical return　竖直回水[管]
vertical roll unit　立式辊机座
vertical rolling mill　立辊轧机
vertical rolls　立式轧辊
vertical rotary planer　立式转刨床
vertical rotary planing machine　立式转刨床，插床
vertical rudder　方向舵，纵舵
vertical run　(电缆)垂直敷设
vertical saddle　垂直拖板
vertical saw　竖直往复锯，竖直圆锯
vertical scanning　垂直扫描，帧扫描
vertical scanning circuit　帧扫描电路
vertical scanning generator　(1)垂直扫描振荡器，帧扫描振荡器；(2)竖直扫描发生器，纵向扫描发生器，场扫描发生器
vertical scanning interval　垂直扫描时间，帧扫描时间
vertical screen　垂直屏蔽
vertical-screw　垂直丝杠，立式螺杆
vertical section　(1)纵剖面图；(2)垂直剖面，垂直断面
vertical separator　竖直同步脉冲分离器，帧同步脉冲分离器
vertical setting　垂直刀位，竖直刀位
vertical shading signal　竖直补偿信号，垂直阴影信号
vertical shaft　(1)立轴；(2)竖井
vertical shaft motor　垂直型电动机，立式电动机，立式发动机，立轴式电动机
vertical shaft water turbine　立轴式水轮机
vertical shaper　立式牛头刨床，立床，插床
vertical shaping machine　立式牛头刨床，插床
vertical shear　垂直切力
vertical shears　立式剪床
vertical shift　垂直偏移，垂直移动
vertical shifting　垂直移动
vertical/short takeoff and landing (=V/STOL)　垂直短距离起落
vertical single-spindle milling　立式单轴铣床
vertical skip hoist　垂直提升加料机，立式加料机
vertical slide　(1)立刀架；(2)垂直滑板
vertical sliding bar　垂直滑杆
vertical slotter　插床
vertical slotting machine　插床
vertical space　垂直间隙，垂直空间

vertical spacing　场扫描间距
vertical speed　(1) 垂直方向速度；(2) 上升速度,升速
vertical speed indicator (=VSI)　上升速度指示器,垂直速度指示器
vertical spin　垂直绕转
vertical spindle　立式主轴,垂直
vertical spindle disc crusher　立式圆盘碎矿机
vertical spindle mill(er)　立式铣床
vertical spindle milling attachment　立铣附件,立铣装置
vertical spindle milling machine　立式铣床
vertical spindle motor　立轴式电动机
vertical spindle rotary grinder　立轴回转磨床
vertical spindle rotary grinding machine　立式回转磨床
vertical spindle surface grinder　立轴平面磨床
vertical spindle traverse　主轴垂直行程
vertical split head　轨头竖裂
vertical stabilizer　(1) 垂直安定面；(2) 垂直稳定装置
vertical static convergence magnet　垂直静会聚磁铁
vertical strip camera　连续垂直摄影机
vertical structure　纵向结构
vertical-stud　上插棒的
vertical stuffing box　垂直填料压盖
vertical surface broaching machine　立式外拉床
vertical surface broaching machine with double-slide　双滑板立式外拉床
vertical surface grinder　立式平面磨床,立轴平面磨床
vertical survey　垂直测量
vertical survey network　高程控制点网,水准网
vertical sweep　垂直扫描
vertical swivelling milling head　回转立铣头
vertical sync circuit　垂直同步电路,帧扫描
vertical sync pulse　竖直同步脉冲,帧同步脉冲
vertical synchronization　垂直同步,竖直同步
vertical synchronizing signal　垂直同步信号
vertical table　垂直工作台,立式工作台
vertical tabulation character　直列制表字符
vertical takeoff (=VTO)　(飞机的) 垂直起飞, (导弹的) 垂直发射
vertical takeoff and landing (=VTOL)　垂直起[飞和降]落
vertical takeoff and landing port (=VTOL port)　垂直升降飞机场
vertical tapping machine　立式攻丝机
vertical temperature gradient　垂直温度梯度
vertical temperature profile radiometer (=VTPR)　垂直温度[分布]辐射计

vertical test fixture (=VTF)　(1) 垂直试验装置,垂直测试装置；(2) 垂直试验夹具,垂直测试夹具
vertical tool head　立刀刀头
vertical tool post　垂直刀架
vertical tracking angle error　纵向循迹误差角
vertical transition　(图像上) 直线跃变,垂直跳变,垂直过度
vertical transistor　纵向晶体管
vertical transportable retort　竖式移动瓶
vertical travel of cross rail　横梁行程
vertical travel of knee-and column　(铣床) 升降台行程
vertical-tube manometer　直管式压力表
vertical turbine　立式水轮机,立式涡轮机,竖式涡轮机,竖立透平
vertical turning and boring lathe　立式车床
vertical turning and boring lathe with a movable column　单柱移动立式车床
vertical turning and boring lathe with a single column　单柱立式车床
vertical turning and boring lathe with a single column and a fixed rail　定梁单柱立式车床
vertical turning and boring lathe with a single column and movable table　工作台移动单柱立式车床
vertical turning and boring lathe with two columns　双柱立式车床
vertical turning and boring lathe with two columns and a fixed rail　定梁双柱立式车床
vertical turning and boring lathe with two movable columns　双柱移动立式车床
vertical turret lathe　立式转塔式六角车床,立式转塔六角车床,立式六角车床,立式转塔车床
vertical two-column press for breaking test of material　双柱立式材料断裂试验机
vertical type generator　立式发电机
vertical type motor　立式电动机

vertical up or down movement　垂直上下运动
vertical vane copying milling machine　立式叶片仿形铣床
vertical velocity　铅垂速度
vertical velocity gradient　竖直速度梯度,铅直速度梯度
vertical vibration　垂直振动
vertical view　俯视图
vertical volute spring suspension (=VVSS)　竖锥形弹簧悬置
vertical vulcanizer　立式自动硫化器
vertical wave　立波,竖波
vertical weld　立焊,垂直焊
vertical welding　立焊,垂直焊接
vertical wheelhead　立磨头
vertical wind tunnel　垂直风洞
vertical yoke current　垂直偏转电流,竖直偏转电流,场偏转电流,纵偏电流
verticality　垂直状态,垂直度,垂直性,直立,竖
vertically　竖直地,直立地,竖
vertically and horizontally adjustable riveting machine　垂直和水平调整铆机
vertically parabolic wave　帧频抛物线信号
vertically-stiff bridge　竖向刚性式桥
vertices (单 vertex)　(1) 最高点,会聚点,极角点,顶点,端点,极点,(2) 峰; (3) 顶角,顶端; (4) 天顶,角顶
verticity　转向磁极的趋势,向磁极性
verticraft　直升飞机
vertifiner　水平式磨浆机
veriginate　高速旋转
vertiginous　(1) 旋转的; (2) 迅速变化的,不稳定的,易变的
vertijet　垂直起落喷气式飞机
vertimeter　上升速度计,升降速度表
vertiplane　垂直起落飞机,直升飞机
vertiport　垂直升降机场
vertistat　空间定向装置
vertol (=vertical takeoff and landing)　垂直起[飞和降]落
vertometer　焦距测量仪,焦距计,焦度计,屈度计
vertoro　变压整流器 (三相交流用变压器,变成多相交流后用整流子整流)
Very (=Verey)　维里
Very light　照明弹
Very pistol　[维里] 信号手枪
very　(1) 非常,很; (2) 最大程度地,充分地,完全地,真正地,最,极; (3) 实在的,真正的,真实的,极端的,极度的,绝对的,完全的,仅仅的,特别的,特殊的
very early warning system (=VEWS)　超远程预警系统,极早期预警系统
very fair (=VF)　很好
very fine (=VF)　很好
very good condition (=vgc)　完好无损,完好状态
very good visibility　很好能见度
very hard (=VH)　极硬的
very high fidelity (=VHF)　极高保真度
very-high frequency　甚高频
very high frequency　甚高频 (30-300MHz)
very-high-frequency aural omnirange (=VAOR)　甚高频音响全向无线电信标
very-high frequency band　甚高频段,末波段 (30-300MHz)
very high frequency direction finder (=VFH / DF)　甚高频测向器
very high frequency omnidirectional radio range (=VOR)　甚高频全向无线电信标
very high frequency omnidirectional range (=VOR)　甚高频全向信标
very high frequency omnirange (=VOR)　甚高频全向信标
very high frequency omnirange and tactical air navigation system (=VORTAC system)　甚高频全向无线电信标与战术航空导航系统的军民两用联合导航制,伏尔塔康导航制,短程导航系统
very high frequency omnirange antenna (=VOR antenna)　甚高频全向信标天线
very high frequency omnirange distance measuring equipment (=VOR / DME)　甚高频全向信标测距设备
very high frequency omnirange test signal (=VOT)　甚高频全向信标测试信号
very high frequency range (=VFH range)　甚高频无线电信标
very high frequency television IF strip (=VFH television IF strip)　甚高频电视中频部分
very high performance (=VHP)　特优性能
very high pressure (=VHP)　超高压
very high sensitivity (=VHS)　甚高灵敏度

very-high speed computer　超高速计算机
very-inelastic scattering　其深度非弹性散射
very intense neutron source　超强中子流
very large crude (oil) carrier (=vlcc)　(载重超过 20 万吨的) 超级油轮, 巨型油轮
very-large data base　超大型数据库
very large scale integrated circuit　其大规模集成电路
very-large-scale integration　超大规模集成
very long range (=VLR)　极大范围, 超远程
very low altitude (=VLA)　超低空, 极低空
very low frequency (=VLF 或 vlf)　其低频 (3-30 千赫)
very-narrow-beam receiver　极窄束接收器, 高方向辐射接收机
very-near infrared region　甚近红外区
very open-grained pig iron　伟晶生铁
very short range ballistic missile (=VSRBM)　超近程弹道导弹
very-short wave　甚短波, 超短波 (10-1m)
very short waves (=VSW)　其短波
very slight imperfect (=VSI)　极轻微缺陷
very soluble (=Vsol)　极易溶解的
very special quality (=VSQ)　特级质量
very stable oscillator (=VSO)　极稳定振荡器
very stable resistor　高稳定度电阻器
very very slight imperfect (=VVSI)　最最轻微缺陷
veryhigh speed computer　超高速计算机
vesicle　气穴, 气孔
vesicular　多孔状, 多泡状
vessel　(1)容器,贮器,器皿,罐,槽,杯,瓶,壶,桶,箱;(2)运输机,飞机, 飞船,舰,船;(3)导管,管;(4)吹炉炉身;(5)壳体
vessel detection　船舶探测
vessel service piping system　船用管路系统
vessel slag　转炉渣
vessel's fire control radar　舰射击指挥雷达
vest-pocket calculator　袖珍计算机, 袖珍计数器
vest-pocket camera　袖珍照相机
vest-pocket edition　袖珍版本
vest-pocket receiver　袖珍收音机, 小型接收机
vestalium (=cadium)　镉
vested　法律规定的, 既定的, 既得的
vestibule　(1)入口庭院,门厅,连廊,通廊;(2)前庭;(3)陷腔;(4) 孔腔
vestibule school　工厂技工学校
vestibule train　连廊列车
vestibulum　孔腔
vestige　(1)形迹,痕迹;(2)残余,残留,剩余;(3)证据
vestigial　(1)尚留有痕迹的,残留的,残余的,剩余的;(2)遗迹的;(3) 退化的
vestigial side-band　残留边带, 残余边带
vestigial-sideband　残留边带的, 残余边带的
vestigial sideband (=VSB)　残留边带
vestigial sideband filter　残留边带滤波器
vestigial transmission　残留边带传输
vestigial transmitter　残留边带发射机
Vestolit　聚氯乙烯泡沫塑料
vestolit　氯乙烯树脂
vestopal　聚酯树胶
veteran　熟练工人, 老手
veteran worker　熟练工人
veto　(1)否决,禁止;(2)反符合
veto power　否决权
via　(1)经[过],经[由],通过,取道;(2)借助于
via centre　长途电话中心局
via circuit　转接电路
via contact hole　通路接触孔
via hole　(1)通路孔;(2)辅助孔,借用孔
via meteors communication　流星反射通信
via pin　通路引线
via resistance　通路电阻
viability　(1)服务能力,耐久性,寿命;(2)生存能力,生命力,生存性
viable　(1)有生存能力的,能生存的,有活力的;(2)可行的,适用的
viaduct　高架铁路, 短跨钢桥, 高跨桥, 跨线桥, 旱桥
vial　管[形]瓶, 长颈瓶
Vialbra　铅黄铜 (76%Cu, 22%Zn, 2%Al)
vialog　(1)里程计,路程计;(2)路面平整度测量仪,测震仪
viameter　路面平整度测量仪,测震仪,计距器,测距器,路程计,车程计

vibes　(1)颤动,振动,震动,摆动,激动,摇摆;(2)电颤振打击乐器
vibra　振动
vibra feeder　振动给料器
vibra shoot　振动槽
vibrac　维布拉克镍铬钼钢, 镍铬钢
Vibrachute　振动式储棉箱
vibrafeeder　振动式供给器
vibralloy　(1)镍钼铁弹簧合金;(2)维布合金 (一种镍锰铁磁性合金)
vibramat　弹性玻璃丝垫
vibrameter　振动式计量器, 振动计
vibrance (=vibrancy)　振动, 颤动, 响亮
vibrant　(1)振动,震动的,颤动的,振荡的;(2)有活力的,有声的,响亮的
vibrapack　振动子换流器
vibraphone　电颤振打击乐器
vibrate (=vib)　(1)振动,震动,颤动,抖动,振荡,振捣;(2)摇摆,摆动,摇动;(3)用摆动测量,用摆动指示
vibrate concrete　振捣过的混凝土
vibrated bed　振动床, 搅动床
vibrated optimum value　振动最宜值
vibratility　振动性, 震颤性
vibrating (=vb)　(1)振动,振荡;(2)振动的
vibrating arm　振动杆
vibrating bar grizzly screen　振动格筛
vibrating beam　振动梁
vibrating bell　闹铃
vibrating body　振动体
vibrating booster　振动子升压器
vibrating break　振动断续器
vibrating capacitor　振动电容器,动态电容器,电容周期变化的电容器
vibrating case　振动箱
vibrating center　振动中心
vibrating centrifuge　振动式离心机
vibrating chute transporter　振动斜槽输送器
vibrating circuit　振动电路
vibrating comb　振动梳
vibrating condenser　电容量按周期变化的电容器, 振动片电容器
vibrating contact　振动接[触]点
vibrating contactor　振动子换流器, 振动接触器
vibrating converter　振动变流器
vibrating conveyer　振动式输送机, 振动式运输机
vibrating detector　(1)振动检测器;(2)振动检波器
vibrating diaphragm　振动膜
vibrating disk　振动盘
vibrating feeder　(1)振动式给料机;(2)振动式给药机;(3)振动式给矿机
vibrating galvanometer　振动电流计
vibrating isolation　隔振
vibrating load　振动载荷
vibrating loader　振动加载器, 振动施荷器
vibrating mass　振动块
vibrating membrane　振动膜
vibrating mirror deflector　振动镜偏转器
vibrating needle　插入式振捣器, 振动杆, 振捣器
vibrating pebble mill　振动砾磨机
vibrating plate　振动切入板, 振动片
vibrating plate viscosimeter　振动片粘度计, 振荷板式粘度计
vibrating rectifier　振动式整流器
vibrating reed　振动片, 振簧, 舌簧
vibrating-reed amplifier　振簧[式]放大器
vibrating-reed electrometer　振簧式静电计
vibrating-reed frequency meter　振簧式频率计
vibrating-reed instrument　振簧式仪表, 簧片振动式仪表
vibrating-reed oscillator　振簧振荡器
vibrating-reed rectifier　振簧式整流器
vibrating-reed tachometer　振簧式转速计
vibrating relay　振动继电器
vibrating rod oiler　振动杆注油器
vibrating roller　(1)振动辊,摆动辊;(2)振动压路机,振动式路碾
vibrating sample magnetometer　振动探针式磁强计
vibrating screen　振动筛分机, 振动筛, 摆动筛, 摇筛机
vibrating shake-out with eccentric drive　偏心振动落砂机
vibrating spear　振动锥, 振动棒
vibrating squeeze mo(u)lding machine　振动式造型机

vibrating-string accelerometer 振动索加速度计, 振弦加速度计
vibrating system 振动系统
vibrating table 振动 [试验] 台
vibrating tray reactor 振动盘反应器
vibrating type automatic power factor regulator 振动式自动功率因数调整装置
vibrating type automatic voltage regulator 振动式自动稳压器
vibrating type horn 振动式喇叭
vibrating type rectifier 振动式整流器
vibrating type regulator 振动式调节器
vibrating V-shaped paper filter 抖动式 V 型纸滤气器
vibrating wire strain gauge 线振应变仪
vibrating wire transducer 振线式换能器
vibratile 能振动的, 颤动性的
vibratility 振动 [性], 颤动 [性]
vibration (=vb) 振动, 震动, 颤动, 摆动, 振荡, 颤振, 摇动, 摇摆
vibration ability 振动能力
vibration absorber 振动吸收器, 减振器, 减震器, 消振器
vibration amplitude 振幅
vibration analyzer 振动分析
vibration and resonance test 振动与共鸣试验
vibration attenuation 振动衰减 [量]
vibration balancing 振动平衡
vibration ball mill 振动球磨机
vibration characteristics 振动特性
vibration-control device 减振器, 缓冲器
vibration damper 振动阻尼器, 减振器, 减震器
vibration damper flywheel 减振飞轮
vibration damper pilot 减振器导杆
vibration damping 振动阻尼, 振动衰减, 减振阻尼, 减振
vibration design chart 颤振计算表
vibration detecting apparatus 颤振发现仪
vibration detecting laser apparatus 激光振动探测仪
vibration detector 振动检测器
vibration drill 震动钻进
vibration energy 振动能量
vibration exciter 激振器, 振动激励器, 振子
vibration fatigue machine 振动疲劳试验机
vibration force 振动力, 振动负荷
vibration-free 无振动, 防振
vibration-free running 无振运转
vibration frequency 振动频率
vibration ga(u)ge 振动仪, 振动计, 振动规
vibration galvanometer 振动电流计, 振动检流计
vibration generator 振动发生器, 振子
vibration in gear train 齿轮系的振动
vibration indicator 振动指示器
vibration isolation 振动隔离, 隔振
vibration isolation system (=VIS) 振动隔离系统
vibration isolator 隔振器, 隔振板
vibration laboratory 振动实验室
vibration-less construction 无振动结构
vibration level 振动级
vibration load 振动载荷, 振动负荷
vibration measurer 振动计, 测动计, 测振仪
vibration measuring apparatus 颤振测定仪
vibration-measuring device 振动测量器
vibration meter 振动计, 振动仪, 测振计, 测振仪
vibratile mill 振动磨碎机
vibration mode 振动模式, 振动类型
vibration movement 振动
vibration multiplier 振动乘法器
vibration node 振动节点, 振动波节
vibration noise voltage 振动噪声电压
vibration pad 防振垫
vibration performance 振动特性
vibration period 振动周期
vibration pick-up 振动传感器
vibration pickup 振动传感器, 振动拾音器
vibration pickup point 振动测量点
vibration power meter 振动式功率计
vibration-proof 耐振的, 防振的, 抗振的, 耐震的, 抗震的, 防震的
vibration proof structure 防振结构
vibration-proof switch 耐振开关

1532

vibration quantum 振动量子
vibration recorder 振动记录仪
vibration relay 振动继电器
vibration-rotation 振动旋转的
vibration simulator 振动模拟器
vibration spectrum 振动光谱
vibration strength 抗振强度, 抗震强度, 振动强度, 耐振性
vibration stress 振动应力
vibration system 振动系统
vibration tachometer 振动式转速计
vibration tempering 振动回火
vibration TMT 振动变形热处理 (TMT =thermomechanical treatment 热机械处理, 形变热处理)
vibration test 振动试验
vibration test of component 组件耐振性试验
vibration test stand 振动试验台
vibration testing device 振动试验装置
vibration testing machine 振动试验机
vibration tolerance 振动容限
vibration transducer 振动传感器
vibration-type frequency meter 振动式频率计
vibration wave 振动波
vibrational (1) 振动的, 振动的, 颤动的; (2) 摆动的, 摇摆的
vibrational degree of freedom 振动自由度
vibrational energy 振动能, 振荡能
vibrational energy level 振动能级, 振荡能级
vibrational force 振动力
vibrational-level 振动能级
vibrational line 振动 [谱] 线
vibrational load 振动载荷, 振动负荷
vibrational power 振动功率
vibrational quantum number 振动量子数
vibrational state 振动状态
vibrational transition 振动跃迁
vibrationcle 轻微的振动
vibrationless 无振动的, 无震动的
vibrations per minute (=VPM) 每分钟振动次数
vibrations per second (=VPS) 每秒振动次数
vibrative 产生振动的, 引起振动的, 振动性的, 摆动的
vibratode 振动器极
vibratom 振动 [球] 磨机
vibrator (=vb) (1) 振动器, 震动器, 摆动器, 抖动器, 振捣器, 振荡器, 振动筛; (2) 振动子, 振子; (3) 振动换流器, 振动变流器; (4) 断续器; (5) 振动式铆钉枪; (6) 活套成形器
vibrator coil 振动 [火花断续] 线圈
vibrator contact 振动器接触头
vibrator conveyer 振动输送器
vibrator converter 振动子换流器
vibrator cultivator 振动式中耕机
vibrator feeder 振动给料器
vibrator horn 振动式喇叭, 振动式号筒
vibrator ignition system 振动发火法
vibrator inverter 振动变流器
vibrator power supply 振动换流器电源
vibrator type inverter 振动器型反向变流器
vibrator type rectifier 振动式整流器
vibratormeter 振动式计量器, 振动计
vibratory 震动性的, 振动的, 摆动的, 振荡的
vibratory bowl feeder 振动杯给料器
vibratory converter 振动变换器
vibratory earth borer 振动式土钻
vibratory fatigue 振动疲劳
vibratory gyroscope 振动陀螺仪
vibratory impulse 振动脉冲, 振动冲击
vibratory motion 振动
vibratory rate gyroscope 振动角速度传感器, 振动角速度陀螺仪
vibratory roller 振动压路机
vibratory shakeout machine 振动落砂机
vibratory strength 抗振强度, 振动强度
vibratory stress 振动应力
vibratron 电磁谐振器, 振敏管
vibrin 聚酯树脂
vibro-bench 振动试验台, 振动台
vibro-driver extractor 震动打拔桩机

vibro-pile driver 震动打桩机
vibro-rammer 振捣板
vibro-recorder 振动自记器
vibro-roller 振动压路机, 振动式路碾
vibrobench 振动试验台, 振动台
vibrocast 振动压 [力] 铸 [造]
vibrocast process 振动压铸法
vibrocs 铁氧体磁致伸缩振动子
vibrodrill 振动钻机
vibrodrilling 振动钻孔
vibrofeeder 振动进给器
vibrofinisher 振动轧平机, 振动平整机
vibroflot 振动压实器
vibroflotation 振浮压实法
vibrogel 振动凝胶
vibrogam 振动记录图
vibrograph 振动显示器, 振动记录仪, 自记示振仪, 振动计, 振动仪, 示振仪, 示振器
vibroll 振动压路机
vibrolode 振动器极
vibromasseur 振颤按摩器
vibrometer 观测计量震动仪, 振动计, 振荡计, 测振计, 示振仪, 示振器
vibromotive force 起动力, 振动势
Vibron 维布隆振动电容器
vibronic (1) 电子振动的; (2) 振动跃迁的
vibronic spectra 电子振动频谱
vibropack 振动子整流器, 振动子换流器, 振动变流器
vibropendulous error 振摆误差
vibroplex 振动电键
vibrorammer 振捣板
vibrorecord 振动 [记录] 图
vibrorecorder (1) 振动记录曲线; (2) 振动自记计
vibroroller 振动压路机, 振动式路碾
vibros 铁氧体磁致伸缩振动子
vibroscope 振动式纤度计, 振动计, 振动仪, 示振仪
vibroseis (1) 震动系统, 震动源; (2) 连续震动法
vibroseis analysis 连续振动分析
vibroshear 高速振动剪床
vibroshock 减振器, 减震器, 阻尼器, 缓冲器
vibrosieve 振动筛
vibrospade 振动铲
vibrostand 振动 [试验] 台
vibrotaxis 振动趋势
vibrotron (1) 电磁共振器, 压敏换能器; (2) 振敏管
Vicalloy 维卡钒钴铁永磁合金, "维卡劳伊" (一种钴铁钒磁性合金)
vicarious 代替的, 代理的, 替代的, 错位的
Vicat apparatus (水泥稠度试验用) 维卡仪
vice(=vise) (1) 虎钳, 台钳, 钳砧; (2) 螺旋塞; (3) 制铅条装置; (4) 疵病, 缺陷, 缺点, 毛病, 瑕疵, 错误
vice bench 钳式台, 钳工台, 虎钳台, 锉工台
vice body [虎] 钳身
vice chuck 机 [床] 用虎钳
vice clamp 虎钳夹
vice for grinding machine 磨床用虎钳
vice grip 虎钳夹口
vice jaw 虎钳口, 虎钳爪
vice screw 虎钳螺杆
vice- (词头) 代理, 副, 次
vicenary 二十进制的
vicinage (1) 附近的, 邻近的; (2) 近邻, 邻居
vicinal (=vic) (1) 附近的, 邻近的, 邻接的; (2) 地方的, 本地的; (3) 邻位的, 连位的, 邻晶的
vicinal face 邻晶面, 近真面
vicinal position 连位
vicinity (1) 附近, 邻近, 近处, 周围; (2) 密切的关系, 接近
vicinity of a point 点的邻近, 点的附近
vicissitude 变化, 变迁, 盛衰, 沉浮, 交替
Vickers 维氏硬度计
Vickers diamond hardness 维氏金刚石硬度
Vickers-hardness 维氏硬度
Vickers hardness (=VH) 维氏硬度
Vickers hardness number (=VHN) 维氏硬度 [数] 值
Vickers hardness tester 维氏硬度试验机
Vickers pyramid hardness (=VPH) 维氏角锥硬度

Vickers pyramid-hardness number (=VPN) 维氏 [钻石] 角锥 [体] 硬度值
Vickers pyramid number 维氏棱锥数 (一种硬度单位)
Victor 通讯中代替字母 V 的词
Victor metal 维克多铜锌镍合金 (铜 50%, 锌 35%, 镍 15%)
victual (1) (复) 食物, 食品, 粮食; (2) 装载食物, 供应食物, 储备食物
victualling bill 装载船上用品的 [海] 关单
victualler (1) 食物供应商; (2) 补给船, 粮食船
vid (=vide) (拉) 参看, 参阅, 见
vide ante (拉) 见前
vide infra (拉) 参看下文, 见后, 见下
vide post (拉) 参看下文, 见后, 见下
vide supra (拉) 参看上文, 见上, 见前
videlicet (拉) 换言之, 就是说, 即
video (=VID 或 vid) (1) 电视 [信号], 视频 [信号], 影像; (2) 电视的, 视频的, 影像的, 图像的
video amplifier 视频放大器
video and blanking signal 复合消隐视频信号, 复合消隐图像信号
video attenuation 视频衰减器
video band 视频波段, 视频频段, 视频频带
video bandwidth 视频信号带宽
video beam 像束
video bits 图像比特
video cable 电视电缆
video camera 电视摄影机
video cartridge 盒式录像带
video cassette 盒式录像带
video cassette recorder 盒式磁带录像机
video cast 电视广播
video channel 视频信道, 图像信道
video characteristic 电视设备在视频带内的特性
video circuit 视频 [信号] 电路
video clipper 视频信号限制器, 视频信号削波器
video control console 图像控制台
video control room 摄像机控制室
video converter 视频变频器, 视频变换器
video current 视频电流
video-data interrogator 显示数据询问器
video data interrogator 显示数据询问器
video detector 视频信号检波器, 视频检波器
video disc (电视) 录像圆盘, 电视唱片
video disk recorder 盘式录像机
video distributing amplifier (=VDA) 视频分布放大器
video distribution amplifier 视频信号分配放大器
video distribution circuit 视频信号分配电路
video distributor 视频分配器
video DPCM (DPCM =difference pulse code modulation)
video engineer 电视工程师, 视频工程师
video file (1) 可见文件; (2) 视频外存储器
video film 电视影片
video filter 视频滤波器
video frequency (=VDF 或 VF) 视频 [率]
video-frequency amplifier 视频放大器
video-frequency band 视频频段
video-frequency oscillator (=VFO) 视频振荡器
video gain 视频 [信号] 增益
video-gain control 雷达回波强度控制, 视频增益控制
video head 电视发射机预放大器摄影机前置放大器(录像机)录像磁头, 录像机顶放器, 磁性阅读器, 视频磁头, 显像头
video head drum 录像头磁鼓
video-IF amplifier 图像信号中频放大器, 视频信道中频放大器 (IF=intermediate frequency 中频)
video IF amplifier 图像信号中频放大器, 视频信道中频放大器 (IF=intermediate frequency 中频)
video IFT 图像中频变压器 (IFT=intermediate frequency transformer 中频变压器)
video information 视频信息, 图像信息
video input 视频输入
video integration 视频积累, 视频积分
video intercarrier 电视载波差拍, 视频内载波
video interval 视频信号周期, 电视正描时间
video limiter 视频限制放大器
video line booster 视频线路辅助放大器, 视频放大器
video link transmitter 电视接力发射机, 电视中继发射机

video long-play　密纹电视唱片
video magnetic tape recorder　磁带录像机
video-map transmitter　传送地图的电视发射机
video mapping　频谱扫描指示,视频扫描指示,光电法摄影,全景显示
video-mapping transmitter　光电图发送器
video mixing amplifier　视频混合放大器
video mixing unit　视频信号混合器
video modulation　视频调制
video noise　视频噪声
video noise measuring set　视频杂波测试仪
video operator　电视摄像师
video output　视频输出
video output tube　视频放大器输出管
video pair　传输视频信号的线对
video pair cable　视频双芯平行电缆,平行线电视电缆
video pair system　平行双线视频传输制
video-peaking circuitry　视频 [信号] 峰化电路
video phase setter (=VPS)　视频相位给定器,视频相位固定器,视频相位调节器
video phase stabilizer　图像相位稳定器
video-phone　电视电话
video picture　视频图像,显像,显示
video preamplifier　视频率预放器
video pulse　视频脉冲
video pulse delay circuit　视频脉冲延迟电路
video reception　视频接收
video recorder　视频 [信号] 记录器
video response　视频信号频率响应,视频响应
Video Scene　一种可以进行合成摄像的电子摄像机
video second detector　视频信号第二检波器
video separator unit　视频信号分离装置,视频电路分隔装置
video sheet　录像磁板
video sign　荧光灯广告牌
video signal　视频信号,视觉信号,图像信号
video-signal doubling circuit　视频信号加倍电路
video-signal processing circuit　视频信号形成电路
video signal with blanking　复合消隐图像信号
video-speed A / D converter　视频模拟 - 数字转换器 (A/D =analog to digital 模拟 - 数字)
video-sweep detector probes　视频扫描仪检波头
video-switcher　视频通道转换开关,视频切换器
video tape　录像磁带
video tape recorder (=VTR)　视频信号磁带记录器,磁带录像机
video tape recording　电视录像
video tape splicer (=VTS)　录像磁带剪接机,视频带接合器
video telephone　电视电话,可视电话
video telephone set　电视电话机
video telemetering camera system (=VTCS)　视频遥测照相系统
video test signal generator　视频测试信号发生器
video transformer　视频变压器
video transmitter　图像信号发射机,视频发射机
video tube　电视接收管,电视显像管,视频管,图像管,显示管
video-unit　(1) 电视摄像机;(2) 视频装置,视频机件,视频单元
video unit　(1) 电视摄像机;(2) 视频装置
video voltage　视频 [信号] 电压
video voltage amplifier　视频电压放大器
videocassette recorder　盒式录像机
videocast　电视广播
videocomp　维迪奥康普电子照相排字机
videocorder　录像机
videodensitometer　图像测密计
videodisc　开卷式录像带
videodisplay　(1) 图像显示器;(2) 视频显示,视觉显示,电视显示
videogenic　适于拍摄电视的
videognosis　电视 X 射线诊断术,电视 X 射线照相术
videograph　高速阴极射线印刷机,视频信号印刷机,静电印刷法
videograph display control　视频字母数字显示控制系统
videoize　发作电视播像用
videometer　测试用电视接收机,视频表
vdieophone　电视电话
videoplayer　电视录放机
videoscan optical character reader　视频扫描光字符阅读器
videoscanning　视频扫描
videoscope　视频示波器,电视示波器

videosignal　视频信号
videotape　(1) 未经录像的磁带材料,录像磁带;(2) 用像录磁带录像
videotape recorder　视频信号磁带记录器,磁带录像机
videotape-to-film converter chart　(录像)磁 [带] 转胶 [片]
videotelephone　电视电话,可视电话
videotheque　录影带资料室
videotransmitter　视频发射机
videotron　单像管
vidfilm　屏幕录像用胶片
Vidiac　视频信息显示和控制
vidicon　光导摄像管,视像管
vidicon camera　光导摄像管摄像机,光导视像管摄像机
vidicon readout　摄像管读出
Vidikey (=visual display keyboard)　影视键,视觉显示键盘(把正在处理的数据或文字变成视觉显示的键盘装置)
vidimus　(拉)(1) 检查;(2) 梗概,概要
vidipic　电视图像
vierbein　四对称圆锥体钢筋混凝土管
Vierendeel pole　空腹杆
Vierendeel truss　佛伦弟尔桁架,空腹大梁,空腹桁架
Vierergrupe antenne　(德)四面辐射式天线
Vieth scale　维斯度标(测量乳汁密度用)
view　(1) 视图,视形,图;(2) 观察,视察,考察,检查,检验,观测;(3) 参观,展望,看,望;(4) 目的,意图,企图,观点,观念,见解,意见;(5) 形式,样式,外形,种类;(6) 梗概,概观
view aperture　取景孔
view camera　电视摄像机
view-cell　观察室
view-factor　视角因数
view-finder　(1) 录像器,寻像器,探视器,取景器,检景器;(2)(像机)反光镜
view finder　探视器,寻像器,取景器
view-finder tube　寻像器的管子,寻像管
view integration　意图综合
view point　视点
view room　技术检验室
viewdata　图像数据
viewer　(1) 观测仪器,观察器,取景器,指示器,显示器,潜望镜,窥视窗;(2) 电视接收机;(3) 观察者,观看者,检查者
viewfinder　(1) 录像器,寻像器,探视器,取景器,检景器;(2)(像机)反光镜
viewfinder tube　寻像管
viewfinder with illuminated field frame　带有照明像场的寻像器
viewing　检视,观察
viewing angle　视野角度,视角
viewing aperture　取景孔
viewing box　(1) 束流观察装置;(2) 看片灯
viewing distance　观察距离,视距
viewing field　视场,视野
viewing gun cathode　显示电子枪阴极
viewing hood　取录器遮光罩
viewing indicator　目测指示器
viewing lens　观测物镜
viewing line　观测线
viewing magnifier　观察放大镜
viewing mirror　监视反射镜,观测镜
viewing monitor　监视器
viewing oscilloscope　示波器
viewing port　观察孔
viewing position　观察位置
viewing prism　观察棱镜
viewing ratio　最佳观看距离,视距比
viewing room　(1) 投影室;(2) 预看室,预观室,审片室
viewing screen　电视机荧光屏,显像管荧光屏,观看屏,电视屏,银屏
viewing test　(图像)观察试验
viewing tube　显像管
viewing window　观察窗,取景窗
viewless　(1) 不可见的,看不见的;(2) 无意见的,无见解的
viewphone　电视电话
viewpoint　(1) 观察点,着眼点,视点;(2) 观点,见解,看法
viewport　视见区
views and sizes　外表和尺寸
viewy　反复无常的,空想的
vigil　警戒,监视,值夜

vigilance 警戒, 警惕, 留心
vigilant 警惕的, 警备的, 警戒的
Vigilant （野外地震队用的）个人处理机
vignole's rail 丁字型钢轨, 丁字钢轨, 阔脚轨
vigorous agitation 剧烈搅动
vigour (1)精力, 活力, 效力; (2)精力充沛的, 强有力的, 强健的, 用力的, 活泼的
vigourless 没有精力的, 软弱的
vikro 维克劳镍铬耐热合金 (64%Ni, 15-20%Cr, 1%C, 1%Mn, 0.5-1%Si)
village exchange 农村 [自动] 交换局, 小型自动交换机
village industry 农村工业
villamaninite 一种铜镍硫化物, 含少量钴和铁
Villard circuit 维拉德 [倍压整流] 电路
Villari effect 磁致伸缩逆效应, 维拉利效应
Vinayil 聚乙酸乙烯酯乳液共聚体粘合剂
Vincent press 模锻摩擦压力机
vincible 可克服的
vinculum (复 vincula 或 vinculums) (1) 联系, 纽带, 结合 [物]; (2) 线括号, 大括号
vindicability 可证明性, 可辩护性
vindicable 可证明的, 可辩护的
vindicate 证明, 证实, 辩护, 维护
vindicative 起辩护作用的, 起维护作用的
vindicator 维护者, 辩护者, 证明人
vindicatory 维护的, 辩护的, 证明的
vinificator 酒精凝结装置
vinometer 酒精比重计
Vinrez 乙酸乙烯酯共聚体乳液粘合剂
vinyl 乙烯树脂, 乙烯基
vinyl acetate resin 乙酸乙烯树脂
vinyl alcohol 乙烯醇
vinyl cab-type cable 乙烯绝缘软性电缆
vinyl chloride (=VC) 氯乙烯
vinyl chloride rubber 聚氯乙烯合成橡胶
vinyl-coated sheet 乙烯基塑料覆面薄钢板
vinyl covered steel plate 涂乙烯钢板
vinyl disc 乙烯塑料盘, 维涅莱胶盘
vinyl-formal resin 聚乙烯醇缩甲醛树脂
vinyl leather 乙烯皮革
vinyl pipe 乙烯塑料管
vinyl plastic 乙烯基塑料
vinyl polymer 乙烯基聚合物
vinyl resin 乙烯基树脂
vinyl tape 聚氯乙烯绝缘带
vinylation 乙烯化作用
vinylcyanide 丙烯腈
vinylene 亚乙烯基, 乙烯叉
vinylidene 亚乙烯树脂, 偏二氯乙烯树脂
vinylidene chloride plastic 偏二氯乙烯塑料
vinylidene fluoride 乙烯叉氟, 亚乙烯氟
vinylite 聚乙酸乙烯酯树脂, 乙烯基树脂
vinylon 聚乙烯醇缩醛纤维, 维尼纶
vinyon 维尼昂(商名), 聚乙烯塑料
violable 易受侵犯的, 可侵犯的, 易违反的, 可违反的, 可破坏的
violate (1)违犯, 违反, 违背, 违章; (2)妨碍, 侵犯, 破坏, 扰乱, 犯法
violation of contract 违反合同
violation of laws 违法行为
violent oscillatory motion 大幅度振动
violet cell 紫光电池
violet ray 紫色光线
violet-sensitive 对紫光谱敏感的
vipac fuel 振动密实燃料
vir wire 硫化橡胶绝缘导线
virefringence 双折射性
virgin (1) 无污点的, 纯洁的, 纯粹的; (2) 未动用过的, 未掺杂的, 未开发的, 未用的, 原始的, 初始的, 新的; (3) 由矿石直接提炼的, 初榨的, 直馏的
virgin alloy 原始合金
virgin aluminium ingots 原铝锭
virgin coil 空白纸带卷
virgin curve 原始曲线, 初始曲线
virgin gas 新鲜气
virgin gas oil 直馏粗柴油

virgin gold 纯金
virgin kerosene 直馏煤油
virgin lead ingots 原铅锭
virgin material 纯净物料
virgin medium 未用介质
virgin metal 原 [生] 金属, 自然金属
virgin neutron 原中子
virgin oil 直馏油品
virgin paper 白纸
virgin paper tape coil 无孔纸带卷
virgin rubber (1) 新鲜橡胶, 新胶; (2) 未干透的橡胶, 原胶
virgin state （铁磁材料）完全退磁态
virginium 音否, 87 号元素钫的旧名
Virgo 维尔格铬镍钨 [钼] 系合金钢(碳 0.24%, 铬 18%, 镍 8%, 钨 4.4%, 其余铁, 或碳 0.48%, 铬 13%, 镍 14%, 钨 2.2%, 钼 0.7%, 其余铁)
virgule 斜 [线] 号 "/"
virtual (1)虚的, 假想的, 当量的; (2) 有效的; (3) 实际上的, 实质上的, 事实上的, 现实的; (4) 可能的, 可扩的, 潜伏的
virtual address 虚拟地址, 零级地址, 立即地址, 虚地址
virtual addressing 虚地址
virtual ampere 有效安培
virtual ampere turn 有效安匝
virtual argument 虚变量
virtual asymptotic line 虚渐近线
virtual call 虚拟呼叫, 虚调用
virtual cathode (1) 虚阴极; (2) 作用阴极
virtual circle 虚圆, 假圆
virtual computer 虚拟计算机
virtual current 有效电流
virtual cycle 虚循环
virtual cylindrical gear (1) 假想圆柱齿轮; (2) (锥齿轮) 当量圆柱齿轮
virtual cylindrical gear of a bevel gear 锥齿轮的当量圆柱齿轮(一般用大端表示)
virtual cylindrical gear of bevel gears 锥齿轮的当量圆柱齿轮副
virtual cylindrical gear pair 当量圆柱齿轮副
virtual deformation (1) 潜变形; (2) 假变形; (3) 虚变位
virtual degree 假次数
virtual displacement 虚位移
virtual earth 虚接地, 假接地
virtual effect of electric field 电场的有效作用
virtual focus 虚焦点
virtual gear 当量齿轮
virtual gravity 假重力
virtual ground [虚]假接地
virtual height 有效高度
virtual image 虚像
virtual impedance 有效阻抗
virtual inertia 虚拟惯性
virtual leak 虚漏, 假漏
virtual level 虚能级
virtual load 虚载荷
virtual location 目视位置
virtual long-range coupling 虚假远程耦合
virtual machine 虚拟计算机
virtual memory 虚 [拟] 存储器
virtual moment 虚力矩
virtual number of teeth 当量齿数, 虚齿数
virtual pair 潜在偶, 虚偶
virtual phonon 虚声子
virtual photon 假想光子, 虚光子
virtual pitch 虚螺距, 虚节距
virtual pitch diameter 当量齿节径
virtual plan-position indicator 消视差平面位置指示仪, 圆形扫描指示仪
virtual plan-position reflectoscope (=VPR) 消视差平面位置显示器
virtual processor 虚拟处理机
virtual quantum (=VQ) 潜在量子, 虚量子
virtual radius of curvature at pitch point 节点当量曲率半径
virtual reactor 虚拟反应堆
virtual reconstructed image [可] 重显 [的] 虚像
virtual resistance 有效电阻
virtual state 潜在状态, 虚态
virtual storage 虚拟存储器

virtual value 有效值
virtual velocity 虚速度
virtual viscosity 有效粘性
virtual voltage 有效电压
virtual work 虚功
virtualization 虚拟化
virtualized 虚拟化的
virtually 实际上,实质上,事实上
virtue (1) 优点,长处,美德,德性; (2) 效力,效能,性能,功效
virtueless (1) 没有长处的,没有道德的; (2) 没有效力的,无效的
virtuous 有效力的,有效验的,正直的,公正的
vis (复 vires) (拉) 力
vis a fronte 前面来的力,阻力
vis a tergo 后面来的力,推力
vis elastica 弹力
vis inertiae 惰性力,惰性
vis major 不可抗力
vis motiva 原动力
vis viva (1) 运动力(物体质量和速度的乘积); (2) 活劲,活势; (3) 工作能力
visa 在……背签,签证,签准
visa office (=VO) 签证局
visbreaker 减粘裂化炉
visbreaker heater 减粘裂化炉
visbreaking 减粘裂化,减低粘度
visc- (词头) 粘
viscid 半流体的,粘性的,粘滞的,粘质的,胶粘的,稠液的,浓厚的
viscidity 粘滞性,粘着性,粘度,稠度,粘性,粘质
visco- (词头) 粘
Visco-Amylo-Graph 淀粉粘性测定仪
Visco-Gorder 粘性流变仪
visco-plastic 粘塑性 [体] 的
visco-plasticity 粘塑性
visco-plasto-elastometer 粘塑弹性体
viscoce (1) 粘胶; (2) 粘滞的
viscode [遥控用] 可见符号
viscoelastic 粘弹性的
viscoelastic approach 粘性弹性法,粘弹性
viscoelastic property 粘弹性能
viscoelastic stress analysis (=VSA) 粘弹性应力分析
viscoelasticity 粘弹性力学,粘弹性
viscogel 粘性凝胶
viscogram 粘度图
viscoid 粘丝体
viscolizer 均质机,匀化器
viscol(l)oid 粘性胶体
viscometer 粘度指示器,粘度计,粘滞计
viscometric 测定粘度的,粘滞的
viscometry 粘度测定法,粘度测定术
viscoplasticity 粘塑性
viscoplastoelastic 粘塑弹性 [的]
viscorator 连续记录粘度计,连续作用粘度计
viscoscope 粘度指示器,粘度粗估仪
viscose (1) 粘胶纤维,粘胶液,粘胶丝,粘液丝,纤维胶,粘胶; (2) 粘胶制的,粘滞 [性] 的,粘胶的
viscose filament yarn 粘胶长丝
viscose glue 粘胶,胶水
viscose paper 粘胶纸
viscose process 粘胶法
viscose rayon 粘胶丝,人造丝
viscose staple fibre 粘胶短纤维
viscosimeter 粘度测定计,粘度计,粘滞计,测粘计,粘度表
viscosimetric 测粘度的
viscosimetry 粘度测定法,测粘术,测粘法
viscosine 粘渣油,暗色 油,精制 油
viscosity (=VISC 或 visc) (1)粘滞性,粘滞度,粘度,滞度; (2)内摩擦; (3) 韧性,韧度
viscosity analyzer 粘度分析器
viscosity breaking 减粘裂化,减低粘度
viscosity breaking furnace 减粘裂化炉
viscosity coefficient 粘度系数
viscosity control 粘度控制,粘度调节
viscosity controller 粘度控制器
viscosity density ratio 比密粘度

viscosity exponent 粘度指数
viscosity factor (=VF) (1) 粘度系数; (2) 粘滞因素,粘滞系数
viscosity gravity constant (=vgc) 粘度 - 比重常数
viscosity-gravity number 粘度重力数
viscosity index (=VI) 粘度指数
viscosity index improver 粘度指数改进剂,增稠剂
viscosity indicator (=VI) 粘度指示器
viscosity manometer 粘度压强计,粘度压力计
viscosity meter 粘度计
viscosity number 粘 [滞] 度数,滞度值
viscosity of blends 掺合油之粘度
viscosity pole 粘度极
viscosity pour point 粘度倾点
viscosity pyrometer 粘性高温计
viscosity ratio 粘性比
viscosity resistance 粘性阻力,粘滞阻力
viscosity stability 粘度稳定性
viscosity tachometer 粘性转速计,粘性转数计
viscosity temperature characteristics 粘度温度关系特性
viscosity test 粘滞性试验,粘滞度试验
Viscotron 通用粘度计(商品名)
viscount 子爵式飞机
viscous (=VISC 或 visc) 粘性的,粘滞的,粘稠的
viscous air filter (1) 粘滞滤气器,粘液滤气器; (2) 油滤气器
viscous body 粘性体
viscous creep 粘度蠕变
viscous damper 粘滞减振器,粘性阻尼器
viscous-damping 粘滞阻尼,粘性阻尼
viscous damping 粘滞阻尼,粘性阻尼
viscous drag 粘性阻力
viscous effect 粘性效应
viscous equation of motion 粘性流体运动方程
viscous filter 粘液过滤器
viscous flow 粘性流,粘滞流,滞流
viscous fluid 粘性流体
viscous friction 粘性摩擦,粘滞摩擦,液体摩擦
viscous friction torque 粘性摩擦转矩
viscous grease lubrication 稠脂润滑
viscous heat 粘滞流体内摩擦热,粘滞热
viscous loss 粘滞损失
viscous lubrication 稠油润滑,粘滞润滑
viscous oil 粘性油
viscous pour point 粘滞倾点
viscous pressure 粘滞压力
viscous resistance 粘滞阻力,粘滞力
viscous shear 粘性剪力
viscous stress 粘性应力,粘滞应力
viscous yielding 粘性变形,粘性屈服
viscousbody 粘滞体
viscurometer 粘度硫化计,硫化计
vise (=vice) 老虎钳,台钳
vise bolt 虎钳螺栓
vise cap 虎钳衬片
vise-grip 长虎钳,夹口虎钳
vise jaw 钳口
vise screw 虎钳螺旋
vise tool 虎钳抓手
visé (=visa) 在……背签,签证,签准
visé a passport 签证护照
visibility (=VIS) (1)可见度,能见度,清晰度,明视度;(2)视界,视野; (3)能见距离,可见距离,视程;(4)显著,明显;(5)可见物
visibility curve 可见度曲线,明视度曲线
visibility distance 能见距离,视距
visibility factor 可见度因数,能见度因数
visibility function 可见度函数
visibility good 能见度良好
visibility meter 能见度测定计,视度计
visibility range 能见距离,能见度,视距
visibility scale 能见度等级
visible (1) 看得见的,能见的,可见的,有形的;(2) 显著的,显然的, 明显的;(3) 暴露式的;(4) 直观教具,可见物
visible beam laser 可见光束激光器
visible contour line 可见轮廓线
visible crack 可见裂缝

1536

visible dye penetrant 染色浸透液

visible error 可见误差

visible file 可见数据资料,可视存储档案,显露式档案夹子,可见文件,直观文件

visible horizon 可见水平线,可见地平线,视地平线

visible image 可见像,视像

visible laser transition 可见激光跃迁

visible light 可见光

visible line 外形线,轮廓线

visible noise 可见噪扰

visible oil flow gage 可见油流量计,目测滑油流量计,示滑油流量计

visible output 可见光输出信号

visible radiation 可见辐射光,可见射线

visible ray 可见光线

visible sensation 视觉

visible signal 可见信号,视觉信号

visible size 可见尺寸

visible spectrum 可见光谱 (38-76nm)

visible speech 可见语言

visible speech sound spectrograph 语图仪

visible to the naked eye(s) 肉眼所看得见的

visible uv laser 可见紫外激光 (uv=ultraviolet 紫外线 [的])

visible window 能透过大气层的光波段,可见 [光波] 窗

visible with a microscope 可用显微镜窥见

visibly 显而易见地,看得见地,明显地

visicode (遥控用) 可见符号

visilog 仿视机,人造眼

visiogenic 适于拍摄电视的

vision (1)视力,视觉,观测,观察,目击,目睹;(2)视线;(3)幻象,幻想,幻觉,影像,景象;(4)观察力,洞察力,想象力,眼光,眼力;(5)显示,看见,想象

vision amplifier 图像 [信号] 放大器

vision band 视频频带,视频带

vision cable 电视电缆

vision carrier 图像载波

vision channel 图像信号通道,视频通道

vision control supervisor 图像监视员

vision crosstalk 图像通道串扰,串像

vision distance 明视距离

vision electronic recording apparatus (=VERA 或 Vera) (录放电视图像和声音的) 电子录像机,视频电子记录装置

vision fading 图像消失

vision interference limiter 视频信道中的干扰限制器

vision modulation 视频调制

vision on sound 图像信号对伴音的干扰

vision pickup tube 摄像管

vision receiver 电视 [接收] 机

vision signal 视频信号,视觉信号,电视信号

vision studio (电视)演播室

vision transmitter 电视发射机

visional 非实有的,梦幻的

visionary 非实有的,不实际的,空想的,想象的,幻觉的,幻想的,幻影的

visit (1)访问,拜访,看望,探望;(2)参观,游览,逗留;(3)视察,巡视,调查;(4)侵袭,降临;(5)叙谈

visitant 访问者,来宾

visitation (1)访问;(2)巡视,视察,检查;(3)灾祸

visitation of Providence 天灾

visitatorial (1)访问的,探望的,巡视的,视察的;(2)[有权] 检查的

visiting (1)访问,探望,临检;(2)访问的,探望的,巡视的

visitor (1)访问者,参观者,来宾;(2)检查员,视察员

visitorial (1)访问的,探望的,巡视的,视察的;(2)[有权] 检查的

viso-monitor 生理监察器

viso-scope 长余辉示波器,生理示波器

visor (1)透明护目板,护目镜;(2)遮光板,遮阳板,风挡,挡板;(3)保护盖,面盔,面具;(4)观察孔,观察窗;(5)(用护目镜)遮护

visor crane 帽形起重机

vista (1)透视图;(2)展望,回忆

vistac 聚异丁烷

Vistacon (1)氧化铅视像管,铅靶管;(2)聚烯烃树脂 (商品名)

vistanex (1)维斯坦呢克丝(聚丁烯合成纤维商名);(2)聚丁烯合成橡胶;(3)聚异丁烯

vistascope 合成图像 [电视] 摄像装置

vistavision 一种全宽银幕电影,深景电影

visual (1)视力的,视觉的,目视的;(2)肉眼可见的,形象化的,看得见的,直观的,真实的;(3) 光学的

visual-acoustic-magnetic pressure (=vamp) 可见光 - 声 - 磁压强,视听磁压

visual acuity 视觉敏锐度

visual aids 直观教具

visual alarm 可见警报信号

visual alignment generator 测试图发生器

visual angle 视角

visual-aural (radio) range 可见可听式无线电航向信标,声影显示无线电航向信标,视听显示无线电信标

visual aural (radio) range (=VAR) 可见可听式无线电航向信标,视听式 [无线电] 指向信标

visual axis 视轴线,视轴

visual brightness 视觉亮度

visual broadcast 电视广播

visual busy lamp (=visual engaged lamp) 占线信号灯

visual carrier 图像载波

visual check 目视检查,肉眼检查

visual colorimeter 目测比色计

visual communication 可视通信

visual control 目视检查,肉眼检查,外观检查,外观检验

visual control instrument 目视控制仪,目视控制装置

visual course indicator 目测航向指示器

visual critical voltage 可见电晕电压

visual cut-off 图像截止

visual degree 视度

visual demodulator 图像解调器

visual detector 视觉式指示器,可视指示器

visual diameter 视直径

visual display (1)可见显示,视觉显示,可视显示,视觉显示,直观显示(2)可见显示器,直觉显示器,目测指示器,视觉指示器;(3)目视读出

visual display console 可见显示控制台

visual display unit 可见显示装置,可见显示器

visual distance 能见距离,视度

visual distance reception 视距信号接收

visual Doppler indicator 多普勒雷达指示器

visual evoked potential (=VEP) 视诱发电位

visual examination 表观检验,目视检验,外部检查,外表检查,外观检验,肉眼检验,肉眼观测,目测

visual exposure meter 视像曝光计

visual field (=VF) 可见区,视野,视界,视场

visual flight rule(s) (=VFR) 目视飞行规则

visual frequency 图像 [载波] 频率,视频

visual fusion (1) 视熔;(2) 目力配合

visual-fusion frequency 视觉停闪频率,视熔频率,熔接频率

visual gauge 影标式测微仪,视规

visual ground sign 地面定向标

visual horizon 可见地平线

visual idle indication lamp 空线信号灯

visual image (1) 可见图像;(2) 目视图像

visual impedance meter 阻抗显示装置,视觉阻抗计

visual-indicating gauge 刻度量规

visual indication (1) 可见指示;(2) 可见信号

visual indicator (=VI) 目视指示器,视觉指示器

visual inspection 肉眼检查,视觉检查,直观检查,外观检查,外部检查,目检,目测

visual instrument 目视仪器

visual intensity 可见 [光] 强度

visual laser beam (=VLB) 可见激光束,目视激光束

visual line 视线

visual measurement 目测

visual modulator 视频信号调制器

visual monitor 视觉监视器

visual observation (1) 外部观察,目视观察,目视观测,目测;(2) 直观研究法

visual observation instrument subsystem (=VOIS) 视观仪表子系统,目测仪表子系统

visual observation integration subsystem (=VOIS) 视观综合子系统,目测综合子系统

visual omnirange (=VOR) 光学显示全向无线电信标,目视全向无线电信标

visual photometer 目视光度计,目测光度计

visual photometry 直观光度学,主观计光术

visual picture 可见图像,直观图像,直观图形,直观曲线
visual point 视点
visual radio 光学显示无线电航向信标
visual radio range 光学显示无线电测向器
visual range 可视距离,视距,视度
visual ray 可见射线
visual readout 目视读出,可见读出
visual reception 记录接收
visual-reed indicator 目视振簧指示器
visual refractor 目视折射望远镜
visual resolution 目力分辨率,视觉分辨率
visual rule instrument landing (=VRI) 目视[飞行]条例仪表着陆,目视[飞行]规则仪表着陆
visual scanner 可见扫描器,视像扫描器,光学扫描器
visual signal 视频信号,视觉信号,图像信号
visual-signal transmitter 图像信号发射机,视频信号发射机
visual system 目视[光学]系统
visual telephone 视频电话
visual telescope 目视望远镜
visual tracking 目视跟踪
visual transmitter 电视发射机,图像发射机
visual tuning (=VT) 视频调谐,目视调谐,图像调谐
visual-tuning indicator 目视调谐指示器
visual tuning indicator 目视调谐指示器
visualisation (=visualization) (1)[用肉眼]检验,目测[方法],目视[观察];(2)使看得见,显像,显影,显形;(3)形象化,直观化,具体化;(4)(超声场的)显示
visualise (=visualize) (1)[用肉眼]检验,目测,目视,观测,观察;(2)使看得见,使具体化,使形象化,使直观化;(3)显像,显影,显形
visualization (1)[用肉眼]检验,目测[方法],目视[观察];(2)使看得见,显像,显影,显形;(3)形象化,直观化,具体化;(4)(超声场的)显示
visualize (1)[用肉眼]检验,目测,目视,观测,观察;(2)使看得见,使具体化,使形象化,使直观化;(3)显像,显影,显形
visualized 形象化的,具体的,直观的
visualizer (1)观测仪,观察仪;(2)显影仪;(3)想象者
visually 用肉眼看,看得见地,在视觉上
visually inspect for 用肉眼检查……
visually inspect for sign of damage 目视探伤
visuometer 视力计
1538
visus 视觉,视力,幻视
vita ray 维他射线
vitaglass (=vita glass) 透紫[外线]玻璃,维他玻璃
vital 维特精炼铝系合金 (1.15%Zn, 0.9%Si, 1%Cu, 余量 Al)
vital (1)生命的,生机的,生活的;(2)不可缺少的,极其重要的,必需的;(3)极度的,非常的,致命的;(4)主要部件,核心,要害,命脉
vital circuit 影响安全的电路
vital part (1)要害部位;(2)关键部件
vital ray 维他射线
vitalight 紫外光 (0.32-0.29μm)
vitalight lamp 紫外线灯[泡]
vitalight light 紫外线灯[泡]
vitality (1)生命力,活力,生机;(2)持续力,持久性,寿命;(3)生动性
vitallium 维塔利姆高估铬钼耐蚀耐热合金,维太利钴基耐热合金
vitameter 维生素分析器
vitals of a motor 电动机的主要部件
vitaphone 利用唱片录放音的有声电影系统,维他风
vitascan 简易飞点式彩色电视系统
vitascope (早期的)电影放映机
vitiate (1)损坏,损害,弄脏,弄污;(2)使腐败,使污浊,污染;(3)使失效,使无效,作废
vitiated judgement 错误的判断
vitium 缺陷,缺损
vitochemical 有机化学的
Viton 维东合成橡胶(乙烯叉二氟同六氟丙烯共聚物),氟化橡胶
Viton gasket 氟化橡胶衬垫
Vitreosil 石英玻璃商名,熔凝石英,真空石英,透明石英
vitreosol 透明熔胶
vitreous (1)玻璃质的,玻璃状的,玻璃体的,硫态的;(2)透明的,上釉的,陶化的
vitreous electricity "玻璃"电,阳电
vitreous enamel 搪瓷,釉瓷,珐琅
vitreous enamelling sheet 玻璃搪瓷用薄板
vitreous fracture 玻璃断裂面

vitreous luster 玻璃光泽
vitreous silica 硫态硅土,透明石英
vitreous slag 玻璃状的炉渣
vitreous solder glass 透明焊料玻璃
vitreous state 玻璃态,硫态
vitreousness 玻璃状态,透明状态,透明性
vitrescence 玻璃质化,玻璃态,玻璃状
vitrescent 能成玻璃质的,玻璃状的,玻璃态的
vitresosil 熔融石英
vitreum 玻璃体
vitri- (词头)玻璃
vitric (1)玻璃状的;(2)玻璃状物质,富玻璃质,玻璃制品,玻璃器类;(3)玻璃制造法
vitrics (1)玻璃器类;(2)玻璃状物质;(3)玻璃制造法
vitrifaction (=vitrification) (1)玻璃化作用,透明化;(2)变成玻璃,熔浆化,上釉,陶化
vitrifiable 能玻璃化的
vitrification (1)玻璃化作用,透明;(2)变成玻璃,熔浆化,上釉,陶化
vitrification point 玻璃化温度
vitrified 成玻璃质的,玻璃化的,陶瓷的,上釉的,陶化的
vitrified abrasive 陶瓷[结合剂]砂轮
vitrified bond 陶瓷结合剂
vitrified bond wheel 粘土烧结磨轮
vitrified brick 玻璃砖,瓷砖
vitrified clay tile (=VCT) 陶瓷瓦,瓷砖
vitrified enamel 搪瓷
vitrified grinding wheel 粘土烧结磨轮,粘土烧结砂轮
vitrified pipe 陶制管,陶土管
vitrified resistor 涂釉电阻器
vitrified tile 上釉瓦管,上釉瓦管
vitrified wheel 陶瓷结合剂砂轮
vitriform 玻璃状的
vitrify 使成玻璃,玻璃化,透明化,硫化
vitrifying of wastes 用粘土、玻璃或烧结材料来吸附放射性废物
vitrina 半透明物质,玻璃样物质
vitrine 玻璃柜
vitriol (1)硫酸盐,矾硫酸,矾[类];(2)硫酸;(3)用硫酸处理,浸于硫酸中
vitriol oil [浓]硫酸
vitriolic (1)由硫酸得来的,硫酸的;(2)矾的
vitriolic acid 硫酸
vitriolization (1)硫酸处理;(2)溶于硫酸
vitriolize 使溶于硫酸,用硫酸处理,硫酸盐化
vitriolum 矾
vitriosil 熔凝石英
vitroclastic 玻璃状[结构]
vitrolite 一种不透明的玻璃(商名),瓷板,瓷砖
Vival 维瓦铝基合金(铝98-98.6%,镁0.6-1%,硅0.5-0.8%)
vixen file 弧状纹锉,弓形纹锉
vobanc 音频带压缩器
vocabulary (1)词汇表,符号集,词汇,密码;(2)指令表,字符表;(3)词典,汇编;(4)用语范围,词汇量
vocabulary of technical term 专业词汇
vocal level 语音声级
vocal print 声纹
vocational work 业务工作
vocoder (=voice coder) 自动语音合成仪,声码器,音码器
VODAS 或 vodas (=voice operated device antisinging) 声控防鸣器,语控防鸣器
voder (=voice operation demonstrator) 合成语音放声系统,语音合成器
VOGAD 或 vogad (=voice operated gain adjusting device) (1)音控增益调节设备,声控增益调整器,语音增益调整器,响度级调整装置;(2)长途无线电话声音保持法,语音保持
voice (=V) (1)声音,话音,语音,口声;(2)发言权,代言人,意见,愿望,表达,表露;(3)语态;(4)无线电通讯,无线电联系;(5)话频的,音频的;(6)发音,发声,表达
voice activity factor 话路利用系数
voice amplifier 口声频率放大器,话频放大器
voice answer back 声音应答装置
voice band compressor (=VOBANC 或 vobanc) 音频带压缩器
voice band line 音频线路,话路
voice carrier 音频载波,话频载波,口声载波
voice channel 电话声道,音频信道,话音信道,话路

voice coder　语言信号编码器, 声码器, 音码器
voice coil　音圈
voice coil motor　音圈电机
voice communication　电话通信
voice control technique　声控技术
voice current　话音电流
voice distribution frame (=VDF)　话音配线盘
voice-frequency (=VF)　口声频率, 音频, 声频, 话频
voice frequency　音频 [率]
voice-frequency carrier telegraph　音频载波电报
voice-frequency DC converter　音频直流转换器
voice-frequency dialling (=VF Dial)　音频拨号
voice-frequency dialling equipment (=VFD Eq't)　音频拨号设备
voice-frequency patching bay (=VFP bay)　音频转接架
voice frequency programme　语音广播节目
voice-frequency recorder　音频记录器
voice-frequency relay　音频继电器
voice-frequency repeater (=VF Rep)　音频增音机
voice-frequency ringing　音频振铃
voice-frequency telegraph system　音频电报系统
voice-frequency telephone repeater　音频电话增音机
voice-frequency terminating equipment (=VFT Eq't)　音频终端设备
voice grade　音阶, 音频
voice-grade channel　音频级通道, 音频级信道
voice modulation　音调制
voice-operated　音频控制的, 语控的
voice-operated coder　[自动] 语音合成编码器, 语控编码器
voice operated gain adjusting device　声控增益调节器
voice-operated relay (=VOPR 或 VOR)　音频控制继电器, 语控继电器
voice-operated switch (=vos)　语控开关, 音控开关
voice-operated transmission　[话] 音控 [制的] 传输, [话] 音控 [制的] 发送
voice operation demonstrator　语音合成[示教]器
voice pipe　传话管
voice print　声波纹
voice radio　无线电话
voice-recording tape machine　磁带录音机
voice rotating beacon (=VRB 或 VR/BCN)　音频旋转定向无线电信标, 话音旋转信标, 音响旋转信标
voice transmitter　语音发射机, 发话机
voice transmitter-receiver　收发话机
voice tube (=VT)　音频管, 传话管, 话筒
voicegram　录音电极
voiceless　无发言权的, 无声的, 沉寂的
voiceprint　(1) 语言声谱仪;(2)(仪器记录的) 声波纹
voicing　调声
void　(1) 空, 空白, 空白点, 没有, 缺乏, 真空, 太空, (2) 空位, 空隙, 空隙率,(3) 孔洞, 砂眼,(4) 无人占用的, 无用的, 无效的, 无益的, 作废的, 空虚的, 空白的, 空闲的, 缺乏的, 没有的, 真空的,(5) 使无效, 作废, 废除, 取消,(6) [符号识别用] 脱墨
void between the teeth　齿沟, 齿槽, 齿谷
void-cement ratio　水泥孔隙比
void character　空白文字, 空字符
void class　空类, 空集
void coefficient　空位系数
void content　孔隙含量
void determination　空隙测定
void effect　空隙效应, 空穴效应
void-filling capacity　填隙能力, 填隙量
void factor　空隙因素
void-free　无孔隙的, 无空隙的, 无气孔的, 密实的, 紧密的
void generator　空段发生器
void ratio　空隙比
void space　空隙空间
void-strength curve　孔隙强度曲线
void test　空隙测定
void volume　空隙容积
voidable　可以使无效的, 可以作废的, 可以取消的
voidage　(1) 空隙容积, 空隙量, 空隙度, 空隙率, 汽泡量,(2) 空穴 [现象], 空位 [现象]
voidance　(1) 排泄, 放出, 放弃, 出清, 撤出, 摈弃;(2) 宣告无效, 取消, 废除;(3) 空位
voided slab　空心板
voiding　空白, 无值

voidless　无空隙的, 无气孔的, 密实的, 紧密的
voids　[铸件] 砂眼, 空隙
voids ratio　空隙系数, 空隙比
voigt loudspeaker　沃伊特 [动圈] 扬声器
volant　(1) 飞行的, 能飞的;(2) 快速的, 敏捷的
volatibility　可挥发性
volatile　(1) 易挥发的, 易发散的, 挥发性的;(2) 非持久的;(3) 无电源消灭型的,(切断电源后信息)易失的;(4) 易变的, 短暂的, 轻快的;(5) 能飞的, 飞行的;(6) 挥发性物质
volatile basic nitrogen (=VBN)　挥发碱性氮
volatile corrosion inhibitor (=vci)　挥发性防锈剂
volatile covering　(1) 挥发性覆盖层;(2) {焊} 造气的药皮
volatile evaporation　挥发性蒸发
volatile file　(1) 暂用外存储器;(2) 非持久文件, 易变文件, 临时文件
volatile flux　挥发性助熔剂
volatile matter (=VM 或 vm)　(1) 挥发性物质;(2) 挥发成分
volatile memory　非永久性存储器, 易失 [性] 存储器
volatile oil (=VO)　挥发油, 精油
volatile products　挥发性产物
volatile spacing agent　挥发增孔剂
volatile storage　非永久性存储器, 非持久存储器, 易失 [性] 存储器
volatile store　非永久性存储器, 易失 [性] 存储器
volatile with steam　随水蒸气挥发的
volatiles　挥发物
volatilisable (=volatilizable)　可挥发的, 易挥发的, 可发散的
volatilisation (=volatilization)　挥发 [作用], 发散, 蒸馏, 汽化
volatilise (=volatilize)　使成为挥发性的, 使挥发, 易失
volatility　(1) 挥发性, 挥发度;(2) 易失性, 非持久性
volatility of storage　存储器的易失性
volatilizable　可挥发的, 易挥发的, 可发散的
volatilization　挥发 [作用], 发散, 蒸馏, 汽化
volatilization loss　挥发损失
volatilization temperature　挥发温度, 汽化温度
volatilize (=volt)　使成为挥发性的, 使挥发, 易失
volatilizer　(炼镍用) 蒸发器
volatilizing lubricant　挥发性润滑剂
volatimatter　挥发 [性] 物 [质]
volley　排枪射击, 齐发爆破, 齐射, 齐发, 群射
volley fire　群射
volometer　(1) 伏特安培计, 电压电流表, 伏安计, 伏安表;(2) 万能 [电] 表;(3) 视在功率表
Volomit　佛罗密特超硬质碳化钨合金(93.5%W, 4.5%C, 2%Fe)
volplane　空中滑行, 滑翔
volscan　立体扫描器
volsella　双爪钳
volt (=V)　伏 [特] (电压单位)
volt ammeter　电压电流表
volt-ampere (=VA)　伏 [特]- 安 [培]
volt-ampere characteristic　伏安特性
volt-ampere-hour　伏安小时
volt-ampere-hour meter　伏安小时计
volt-ampere meter　伏安表
volt-amperes reactive (=VAR)　无功伏安, 泛
volt-and-ammeter　电流电压两用表, 伏特安培计, 伏安表
volt box　自耦变压器, 分压器, 分压箱, 电阻箱
volt circuit　电压电路
volt-coulomb (=VC)　伏特 - 库仑
volt DC (=VDC)　直流电压
volt efficiency　伏特效率
volt gauge　电压表
volt-line　伏特线, 伏 - 线, 伏秒 (磁通单位, 等于 10^8 麦克斯韦)
volt-milliampere-meter　伏特毫安计
volt-ohm-ammeter　电压电流电阻三用表, 伏欧安计
volt-ohm meter (=VOM)　电压 - 电阻计, 伏欧计
volt-ohm-milliamperemeter (=VOM)　伏欧毫安计
volt-ohmmeter (=VOM)　电压 - 电阻计, 电压 - 电阻表, 伏 [特]- 欧 [姆] 计
volt-ohmmeter voltmeter　伏欧表
volt meter　伏特计, 电压表
volt per mil (=V/MIL)　伏特 / 密耳
volt-ratio divider　分压器
volt-second　伏秒
volta cell　伏打电池
Volta furnace　伏特电炉

volta meter 伏打表

voltage (=v) (1) 电压 [量]，伏 [特] 数；(2) 电位差，电势差

voltage across earphone 耳机两端电压，跨耳机电压

voltage adjuster 电压调整器

voltage alarm 过压 [信号] 报警，电压报警

voltage amplification 电压放大

voltage amplification coefficient 电压放大系数

voltage amplifier 电压放大器

voltage balancer 均压器

voltage barrier 势垒

voltage behind transient reactance 瞬态电抗内部电压

voltage between layers 层间电压

voltage between lines 线间电压，线电压

voltage between phases 相间电压，线电压

voltage bias 偏压

voltage booster 升压器，增压器

voltage build-up rate 电压上升率，电压增长率

voltage changer 电压换接器，电压变换器，变压器

voltage class 电压等级

voltage coefficient 电压系数，传输常数

voltage coil 电压线圈

voltage compensation method 电压补偿法

voltage control 电压调整，电压控制

voltage control multichrome screen 电压控制多色穿透屏

voltage-control system (1) 电压 [控制] 系统；(2) 电动发电机组

voltage control transfer (=VCT) 电压调整变换，电压控制转移

voltage-control X-tal oscillator (=VCXO) [电] 压控 [制] 晶体振荡器 (X-tal 或 XTAL=crystal 晶体)

voltage control X-tal oscillator (=VCXO) 电压控制晶体振荡器 (X-tal 或 XTAL=crystal 晶体)

voltage controlled avalanche oscillator 电压控制雪崩管振荡器

voltage-controlled crystal oscillator (=VCCO) 电压控制晶体振荡器

voltage controlled oscillator (=VCO) 电压控制振荡器，压控振荡器

voltage-controlled resistance 电压可控电阻

voltage controlled variable delay line 压控可变延迟线

voltage controlled voltage source (=VCVS) 电压控制电压源

voltage-current characteristic 伏 - 安特性 [曲线]

voltage current characteristic 伏 - 安特性 [曲线]

voltage cutoff regulator 截止稳压器

voltage-dependent capacitance 电压可控电容

voltage dependent current gain 随电压变化的电流增益

voltage-dependent resistor 随电压变化的电阻器

voltage dependent resistor (=VDR) 压敏电阻

voltage derating 降低电压额定值

voltage distribution 电压分布

voltage-divider 分压器

voltage divider 分压器

voltage-divider current 分压器电流

voltage dividing capacitor 分压电容器

voltage doubler 倍压器

voltage doubler rectifier 二倍压整流器，倍压整流器

voltage doubler tube 倍压整流器

voltage-doubling circuit 二倍增压电路

voltage doubling rectifying circuit 倍压整流电路

voltage drift 电压飘移

voltage drive (1) 电压激励，激励电压，控制电压；(2) 电压驱动

voltage-drop [电] 压降

voltage drop [电] 压降

voltage dropping resistor 降压电阻器

voltage encoder 电压数字编码器

voltage excursion 电压偏移

voltage feed 电压馈电

voltage feedback 电压反馈，电压回输

voltage feedback amplifier 电压回授放大器

voltage feedback ratio 电压反馈比

voltage follower 电压输出器，电压跟随器

voltage gain 电压增益，电压放大

voltage generator 测速发电机

voltage gradient 电压梯度

voltage harmonics 电压谐波

voltage impulse 电压脉冲

voltage indicator 电压指示器

voltage jump 电压突变

voltage level gain 电压电平增益

1540

voltage limiter 电压限制器

voltage loop 电压环路，电压波腹

voltage magnification (1) 电压放大；(2) 电压放大率

voltage-mode circuit 电压模电路

voltage modulator 电压调制器

voltage multiplier （电表的）倍压器

voltage node 电压波节

voltage of microphone effect 颤噪效应电压

voltage-operated 电压运行的，压控的

voltage oscillogram 电压波形图

voltage output 输出瓦特数

voltage pattern 图像电荷分布图，电压起伏图

voltage pen pointer 电压式指示笔

voltage penetration cathoderay tube 电压穿透式 [多色显示] 电子束管

voltage per stage 级间电压

voltage per unit band 单位频带电压

voltage pick-up 电压传感器

voltage-proof 耐压的

voltage pulsating factor 电压脉动因素

voltage ramp generator 锯齿电压发生器

voltage range 电压范围

voltage rating 额定电压

voltage ratio 电压比

voltage recovery rate 电压恢复速度

voltage reducing device 电击防止装置

voltage reference 参考电压，基准电压

voltage reference diode 电压参考二极管

voltage reference tube 电压基准管

voltage reflection coefficient 电压反射系数

voltage-regulated inverter 可调电压的反向换流器

voltage-regulated power supply (=VRPS) 稳压电源

voltage-regulated tube (=VR tube) 稳压管

voltage regulating diode (=VRD) 调压二极管

voltage regulating system 调压系统

voltage regulation 电压变动率，电压调节

voltage-regulation coefficient 电压稳定系数

voltage regulation factor 电压调整率，电压调整系数

voltage regulator 电压调节器，调压器，稳压器

voltage-regulator circuit 电压调节电路，稳压电路

voltage regulator panel 电压调整器面板

voltage regulator tube 调压管，稳压放电管，稳压管

voltage relay 电压继电器

voltage resonance 电压谐振，串联谐振

voltage responsive relay 电压继电器

voltage restoration time 电压恢复时间

voltage ripple 电压脉动

voltage rise 电压上升

voltage root mean square (=VRMS) 电压均方根

voltage saturation effect 电压饱和效应

voltage-sawtooth time modulator 锯齿形电压时间调制器

voltage-sensitive 对电压变化灵敏的，电压灵敏的，电压敏感的

voltage sensitivity 电压灵敏度

voltage-sharing 均压

voltage-sharing capacitor 电压均分电容器

voltage sharing resistors 电压均分电阻器，电压分配电阻器

voltage source 电压源

voltage specification 电压规格

voltage-spike triggering 电压尖峰信号触发

voltage spread 电压分布，电压变化范围

voltage stabilization 电压稳定

voltage-stabilized source 稳压电源

voltage stabilizer 电压稳定器，稳压装置，稳压器

voltage-stabilizing 稳压

voltage stabilizing diode 稳压二极管

voltage stabilizing transformer 稳压变压器

voltage stabilizing tube 稳压老家

voltage stable negative resistance 电压稳定的负阻

voltage standard 电压标准

voltage standing-wave ratio 电压驻波比，驻波电压比

voltage standingwave ratio (=VSWR) 电压驻波比

voltage strength 电压强度

voltage stress 电压梯度

voltage supply line 电源电压输送线

voltage surge　电压浪涌,电压冲击,冲击性过电压
voltage survey　电压分布图的测绘
voltage swing　电压摆动
voltage table　电压表
voltage take-off　移去电压,断掉电压
voltage-time-to-break-down curve (=VTB curve)　击穿电压对击穿时间的关系曲线
voltage-to-digit converter　电压 [模拟] 数字转换器,电压代码变换器
voltage to ground　对地电压
voltage to neutral　对中点的电压
voltage tracking　电压跟踪
voltage-transfer characteristic　电压传输特性曲线
voltage transformer (=VT)　变压器
voltage triggering　电压触发
voltage trimmer　电压微调器
voltage tripler　三倍倍压器,电压三倍器
voltage tripler circuit　三倍增压电路
voltage tripler rectifier　三倍压整流
voltage-tripling rectifier　三倍 [电] 压整流电路
voltage-tunable magnetron　电压调谐磁控管
voltage-tunable oscillator　电压调谐振荡器
voltage-tuned crystal oscillator　电压调谐晶体振荡器
voltage tuning　电压调谐
voltage tuning oscillator　调压式振荡器
voltage turns ratio　伏匝比
voltage-type telemeter　电压式遥测计
voltage-variable-brightness diode　随电压变化亮度的二极管
voltage variable brightness diode　随电压变化亮度的二极管
voltage-variable-capacitance diode　电容随电压变化的二极管
voltage-variable capacitor　可变电压电容器
voltage-variable resistor　电压可变电阻器
voltage-withstand test　耐压试验
voltaic　(1) 动电的,电流的,电压的,流电的;(2) 伏打 [式] 的
voltaic arc　[伏打] 电弧
voltaic battery　伏打电池,原电池
voltaic cell　伏打电池,动电电池
voltaic current　伏打电流
voltaic couple　伏特电耦
voltaic effect　伏打效应
voltaic electricity　伏打电,动电
voltaic pile　伏打电堆
voltaic wire　导线
voltaism　伏打电 [学],[直] 流电
voltalet　聚三氟氯乙烯
voltameter　[电解式] 电量计,伏特计,电压计,伏打表
voltametric　电量测量
voltammeter (=vam)　(1) 电压电流 [两用] 表,伏 [特] 安 [培] 计,电压电量计,伏安表;(2) 视在功率计
voltammetric　伏安测量的
voltammetry　伏安 [测量] 法,电量法
voltamoscope　伏安器
voltampere　伏 [特] 安 [培](电量单位)
voltampere-hour (=Vah)　伏安小时
voltampere-hour meter　伏安小时计
voltamperemeter　伏安计,伏安表
voltascope　伏安计 - 示波器组件,伏特示波器,千分伏特计
Volterra dislocation　沃特拉位错
Voltex　伏尔特克斯缝编机
volticap　变容二极管
voltite　电线被覆绝缘物
voltmeter (=V 或 VM)　伏特计,伏特表,电压表
voltmeter commutator　伏特计换挡器,伏特计量程开关
voltmeter electrodynamometer　力测伏特计
voltmeter ground (=VMGRD)　电压表接地
voltmeter reverse (=VMREV)　电压表反接
voltohmyst　伏特 - 欧姆表,电压电阻表,伏欧计
voltol (=voltolized oil)　高压放电合成油
voltol oil　电聚合油,高压油
voltol process　高压电处理过程,电聚过程
voltolization　高压电处理法,无声放电处理法,电聚
voltolization process　高压电处理过程,电聚过程
voltolize (=volt)　对……作无声放电处理,对……作高电压处理,电聚合
voltolized oil　高电压油,电聚油
voltolizing　无声放电处理 [法],高压放电合成

volts, direct current, test (=vdct)　直流测试电压
volts, direct current, working (=VDCW 或 vdcw)　直流工作电压
volts per meter (=VPM)　每米伏特数,伏特 / 米
volts per metre (=V/M 或 v/m)　每米伏特数,伏特 / 米
volts per mil (=VPM)　每分钟的密耳数
volts-to-digit converter　电压 - 数字信息变换仪,电压 - 数字 [信息] 变换器
volubility　流畅,流利
voluble　(1) 流畅的,流利的;(2) 旋转性的,易旋转的,会旋转的;(3) 缠绕的
volumatic graph　体积符号图解
volume (=V)　(1) 容积,容量;(2) 体积;(3) 音响强度;(4) 声量,音量,响度;(5) 材积;(6) 合订本,卷,册,部,盘,叠;(7) 大量的,许多的;(8) 装订成册,收集成卷
volume adjuster　音量调整器,音量调节器
volume-averaged flux　体积平均 [磁] 通量
volume basis　容积基位
volume box　套筒扳手
volume-centered　体心的
volume change　体积变化
volume charge　体 [积] 电荷,体磁荷
volume compressibility　体积压缩系数
volume compression　音量压缩
volume compressor　音量压缩器
volume concentration　体积浓度
volume conductor　容积导体
volume control　(1) 音量控制,振幅控制;(2) 体积调节,容量调节,容积调节,容积控制
volume control circuit　音量控制电路,音量调节电路
volume count　交通量计数
volume density　体 [积] 密度,容量
volume displacement　容积流量计
volume distortion　声音失真,音量失真,振幅失真,音量畸变,振幅畸变
volume efficiency　强度比率,容积效率
volume elasticity　容积弹性
volume element　体积单元,体积元 [素]
volume energy　体积能
volume expansion　(1) 体积膨胀,体胀;(2) 响度扩大,音量扩大
volume expansion coefficient　体积膨胀系数
volume flow　(1) 容积流量;(2) 容积消耗量
volume force　体积力
volume gain　容积增加,体积增加
volume-heated　通体加热的
volume hologram　体积全息照片,立体全息照片
volume hologram memory　体全息存储器
volume indicator (=VI)　(1) 音量表,音量指示器;(2) 容积指示器
volume integral　体积积分
volume leakage　绝缘漏泄
volume level　(1) 强度级;(2) 响度级,声量级;(3) 体积级,体级
volume life　(半导体) 体内寿命,体积寿命
volume limiter　音量限制器,信号强度限制器
volume-limiting amplifier　音量 [自动] 限制放大器,音量限幅放大器,动态限幅放大器
volume meter　响度计
volume modulus　体积弹性模数,体积弹性模量
volume modulus of elasticity　弹性容积模数
volume molded per shot　一次压注模制的体积量,一次压注容量
volume of blast　鼓风量
volume of boiler　锅炉容积
volume of business　营业额,交易量
volume of compartment (=VC)　舱室容积
volume of coolant　冷却液容积
volume of current　电流容量 (电枢总导线数与导线中电流强度乘积)
volume of production　产量
volume of shell　锅身容量
volume of steam　蒸气容积
volume of wood　木材材积
volume percentage　容积百分数,体积百分数
volume photoeffect　体积光电效应
volume photoelectric effect　体光电效应
volume pipet(te)　刻度吸移管
volume preparation　成卷配备,成卷准备
volume-produce　大量生产,批量生产,成批生产
volume production　批量生产,成批生产

volume quenching effect 体猝灭效应
volume range 响度范围
volume resistance 体电阻
volume resistivity 体积电阻系数, 体积电阻率
volume scattering function 体积散射函数
volume search 立体搜索
volume-search coverage 空域搜索
volume shrinkage 体积收缩
volume specific heat 容积比热
volume specific thrust 容积比推力
volume specific weight 容积比重
volume test (1) 容量测试; (2) {计} 大量数据检验, 大量数据试验
volume-type detector 体灵敏探测器
volume unit(s) (=VU) (1) 体积单位, 容积单位; (2) 响度单位, 音度单位
volume-unit meter 响度单位计
volume units meter (=VU meter) 音量单位计, 响度单位计
volume velocity 体积速度 (米 3/ 秒)
volume viscosity 体积粘度
volume voltameter 容积电量计
volume-weight 单位体积重量, 容量
volume weight 容积重量, 容量
volumed (1) 成卷的, 成团的; (2) 大量的
volumenometer 排水容积计, 表观密度计, 视密度计, 体积计, 比重计
volumescope (气体) 体积计
volumeter (1) 体积计; (2) 容积计, 容量计, 容量表
volumetric (1) 体积的; (2) 容积的; (3) 测量容积的, 测量体积的; (4) 容量分析的, 滴定分析的
volumetric analysis 容量分析 [法], 体积分析 [法], 滴定分析 [法]
volumetric batch box 按体积配料斗, 体积分批箱
volumetric batcher 按体积配料斗, 体积分批箱
volumetric coefficient 容积系数
volumetric composition 容积组成
volumetric correction factor 容量校准因素
volumetric cylinder 量筒
volumetric deformation 体积变形
volumetric displacement 容积排量, 工作容积
volumetric efficiency (1) 容积效率; (2) 组装效率, 组装系数
volumetric expansion 体积膨胀
volumetric factor 容量 [分析计算用] 因素
volumetric gain 体积增加
volumetric glass [玻璃] 量器
volumetric heat capacity 体积热容量
volumetric measurement 容积测量
volumetric meter 容积式流量计, 容积式流量表
volumetric pipette 容量吸移管
volumetric precipitation 沉淀滴定法
volumetric radar 空间显示多目标雷达, 三度空间雷达, 三坐标雷达, 立体 [显示] 雷达
volumetric solution (=VS) 滴定液
volumetric strain 体积应变, 容积应变
volumetric stress 容积应力
volumetry 容积分析 [法], 容量测定
voluminal (1) 体积的, 容积的; (2) 容积测定的
voluminosity (1) 容积度; (2) 庞大, 繁多, 冗长, 丰满; (3) 盘绕
voluminous (1) 体积的, 容积的; (2) 体积大的, 容积大的, 庞大的, 很多的, 大量的; (3) 卷数多的, 多卷的; (4) 盘绕的
volumometer 体积计, 容积计, 容量计
voluntary (1) 自愿的, 志愿的, 自动的, 自发的, 义务的, 无偿的; (2) 有意的, 故意的; (3) 任意的, 随意的
voluntary assistance programme (=VAP) 志愿援助方案
voluntary movement 随意运动
voluntomotory 随意运动的
volute (1) 蜗壳, 壳体; (2) 螺旋形的, 涡旋形的, 锥形的, 盘旋的, 旋卷的; (3) 集气环;
volute casing 蜗壳
volute chamber 涡旋室
volute housing 蜗壳
volute losses 蜗壳损失
volute pump 螺旋泵
volute spring 锥形螺旋板弹簧, 锥形弹簧, 涡形弹簧
voluted 螺旋形的, 涡旋形的, 涡形的, 涡卷的
volution 螺旋形, 涡旋形, 旋圈, 螺环
Volvit 佛尔维特合金 (一种青铜轴承合金 91%Cu, 9%Sn)

vomax 电子管伏特计, 电子管电压表
vomit pipe 放 [纸] 浆管
Von karman (Gas Dynamics) Facility (=VKF) 门卡 [气体动力学] 设备
vor (=very-high-frequency omnidirectional radio-range) 甚高频全向无线电测距系统
voratile 无电源消失型
VORDME and TACAN system 甚高频全向无线电信标与战术航空导航系统的军民两用联合导航制, 伏尔塔康导航制, 短程导航系统
Vorject [弗吉特] 涡流除渣器
Vortac 短程导航系统
vortex (复 vortices) (1) 旋流, 涡流, 涡旋, 涡动, 旋涡; (2) 旋转
vortex agitator 涡动搅动器
vortex band 涡带
vortex cell 涡流元件
vortex cleaner [弗特斯] 锥形除渣器
vortex cone 涡流锥, 旋锥体
vortex doublet 涡流偶极子
vortex drag 涡阻
vortex equation 涡流方程
vortex field 旋场
vortex filament 涡流线, 涡 [旋] 丝
vortex flow 旋流, 涡流
vortex fluid amplifier 涡流型放大元件
vortex-free 无旋 [涡] 的
vortex-free motion 无旋运动
vortex gate 整流栅
vortex generator 旋涡发生器, 涡流发生器, 扰流器
vortex-induced 涡流引起的, 涡流诱导的
vortex intensity 涡流强度
vortex lattice 涡旋点阵, 涡旋格子
vortex line 涡 [旋] 线
vortex motion (1) 涡流运动; (2) 旋 [转运] 动
vortex pair 涡动副, 漩涡偶, 涡偶对, 双旋涡
vortex path 涡迹
vortex pattern 涡流分布, 涡流图
vortex rate sensor (=VRS) 涡流速率传感器
vortex-ring 涡 [旋] 环, 涡轮
vortex separator 涡旋分离器
vortex-stabilized arc 涡流稳定弧
vortex thermometer 涡流温度计
vortex trail 涡 [旋] 尾迹
vortex tube 涡 [旋] 管
vortex-type seal 涡旋式密封垫
vortexes 涡旋漏斗
vortexing 涡流
vortical 漩涡的, 旋风的, 旋转的
vortical activator of cement 旋涡式水泥活化器
vortices (单 vortex) (1) 旋流, 涡流, 涡旋, 涡动, 旋涡; (2) 旋转
vorticit (1) 涡旋状态, 旋涡; (2) 涡度, 涡量
vorticity (1) 涡 [流强] 度, [涡] 旋 [强] 度, 涡旋, 旋涡; (2) 涡动性; (3) 涡量, 环量
vortrap 旋流分级器
Vorvac [弗瓦克] 涡流除渣器
Votator 螺旋式热交换器, 螺旋式换热器 (商名)
vote (1) 投票, 表决, 选举; (2) 发表意见, 建议; (3) 决议金额, 决议事项; (4) (卫星定位的) 优先系统
voter-comparator switch 表决比较器开关
voting circuit 表决电路
voting element {计} 表决元件
voting logic (=threshold logic) 阈值逻辑
voting machine 投票计算机
vouch (1) 担保, 保证, 证明, 作证; (2) 确定, 断定
voucher (=vou) (1) [保] 证人, 证明人; (2) 证明, 证件, 证书, 凭单, 凭证, 收据, 收条, 传票; (3) 证实……可靠性, 准备凭证
voyage (1) 航海, 航空, 航行, 航程, 水程; (2) 运行, 旅行; (3) 渡过, 飞过
voyage policy 航次保险 [单]
voyageable 能航行的, 能航海的
voyager 航行员, 航海员, 旅行者
Vp-meter 传播速度计 (Vp=velocity of propagation 传播速度)
vrille 螺旋飞行, 螺旋下降, 旋转
vroom (机动车) 加速时发出的声音, 轰鸣声
VTB curve (=voltage-time-to-break-down curve) 击穿电压和击

穿时间的关系曲线

VU meter (=volume units meter) 音量单位计

vuerometer 眼距测量器

vug (1) 晶簇；(2) 小空窝,小洞；(3) 缩孔

vugh 晶簇

Vulcacite 硫化促进剂,乌卡西特

Vulcafor 硫化促进剂,乌卡

vulcalose 同硬橡皮一样的绝缘材料

vulcameter 硫化仪

Vulcan clutch 液力式离合器,富尔康型离合器

Vulcan coupling 富尔康联轴节(联结船用柴油机和螺旋桨轴的液力联轴节)

Vulcan metal 一种耐蚀铜合金(铜 81%,铝 11%,铬 0.7%,镍 1.5%,铁 4.4%,硅 1%,锡 0.4%)

vulcan oil 加硫动植物油,硫化油

vulcanic 铁匠的

vulcanisate (=vulcanizate) 硫化产品,硫化橡胶,橡胶,橡皮,生胶

vulcanise (=vulcanize) (1) (高温加热)硫化,硬化；(2) (轮胎)热补

vulcanite 硫化橡胶,硬橡胶,硬橡皮,硬胶木

vulcanizate 硫化产品,硫化橡胶,橡胶,橡皮,生胶

vulcanization (1) 硫化；(2) 硬化；(3) 加硫；(4) 热补

vulcanization accelerator 硫化促进剂

vulcanizator 硫化剂

vulcanize (=vul) (1) (高温加热)硫化,硬化；(2) (轮胎)热补

vulcanized fiber 硬化纸板,纤维板,刚纸

vulcanized India rubber wire (=vir wire) 硫化橡胶绝缘导线

vulcanized latex 硫化橡浆

vulcanized oil 硫化油

vulcanized paper 硬化纸板,纤维板,刚纸

vulcanized rubber 硫化橡胶,硬橡胶,硬橡皮

vulcanized rubber insulated (=VRI) 橡胶绝缘的

vulcanizer (1) 硫化工人；(2) 橡胶硬化器,硫化罐,硫化器,硫化机；(3) 热补机；(4) 硫化剂,硬化剂

vulcanizer door 硫化罐盖

vulcanizing agent 硫化剂

vulcanizing boiler 硫化罐

vulcanizing heater 硫化加热器

vulcanizing machine (1) 补胎机；(2) (橡胶)硫化机

vulcanizing pan 硫化锅

vulcanizing press 加压硫化机,平板硫化机

vulcanizing oven 硫化炉

Vulcaplas (英)聚硫橡胶

vulgar (1) 普通的,一般的,大众的,通用的,通俗的；(2) 粗陋的,庸俗的

vulgar error 一般错误

vulgar fraction 普通分数

vulkacit 硫化促进剂,乌卡西特

vulkafor 硫化促进剂,乌卡

vulkameter 硫化仪

vulkollan (原西德)氨基甲酸乙酯橡胶

vulnerability (1) 易损 [坏] 性,脆弱性,薄弱性；(2) 弱点,要害；(3) 致命性

vulnerability to jamming 干扰损害性,易干扰性

vulnerable (1) 易受攻击的,易受伤的,易损坏的,薄弱的,脆弱的,易毁的；(2) 有缺点的,有弱点的

vulnerable point (=VP) 易损坏点, [脆] 弱点

vulnerable products "敏感" 产品

vulnerable range 有效杀伤距离

vulnerable spot 弱点

vulsellum 双爪钳

vultex 硫化胶乳,硫化橡浆

vultite 一种由沥青乳液、水泥、砂和水组成的混合防滑罩面材料

VUV spectra (=vast ultraviolet spectra) 远紫外谱线

vycol 硼硅酸耐热玻璃

vycol glass 硼硅酸耐热玻璃

vycor [高硼硅酸] 耐热玻璃,耐火玻璃,高硅氧玻璃,石英玻璃

vycor cell 耐火电解槽

vycor glass 高硼硅酸盐耐热玻璃,耐火玻璃,高硅氧玻璃,石英玻璃

Vynitop 涂聚氯乙烯钢板,聚氯乙烯涂层钢板

W

W-boson　中间矢量玻色子，W 玻色子

W-bridge　W 型电桥

W-cut　双楔形掏槽，W 形掏槽

W-particle　中间玻色子

W-ring　W 形 [截面] 环

W-shape cage　W 形保持架

W 306 alloy　铜锡锰标准电阻丝合金

Wabble 或 wobble　(1)使摇摆，摆动，震颤，振动，颤动，跳动，摇动，晃动，摇晃，震颤，(2) 不等速运动，不稳定摇摆，不稳定运动，不稳定运转，行程不均；(3) 频率摆动，摆动调频；(4)摆动角；(5) (声音)变量，变度；(6) 动摇不定，波动，(7) 摆频信号发生器，扫描信号发生器

Wabbler 或 Wobbler　(1)摇环机构，摆动机，摆动板，摇动器，(2) (轧制)梅花头；(3) 偏心轮，摆 [动] 轮，凸轮

wabbler machine　摇摆机构

wabbler mechanism　摇摆机构

wabbling 或 wobbling　(1) 不等速运转，不等速运动；(2) 摆动，振动，摇动，颤动，摇摆

wabbly wheel　摆动车轮

wad　(1) 装填器；(2) 软的填塞材料，[软] 填块，填料，(3) 心棒；(4) 炮塞，弹塞；(5) 锰土，石墨；(6) (复) 很可观的数目，大量

wad cutter　(1) 冲孔型弹丸；(2) 靶孔

wadcutter　冲孔型弹丸

wadding　(1) 填塞 [物]；(2) 填料，衬料

wadding filter　填塞过滤器，填絮过滤器

wade　(1) 跋涉，涉水；(2) 费力地前进，困难地通过

wade through thick and thin　克服一切困难

wading rod　测深杆，测流杆

wading trough　(检验密封性用)涉过水槽

Waelz method　华尔滋回转窑烟化法

wafer (=WAF)　(1) 干胶片，封缄纸；(2) 板片，刮板，平板；(3) 薄片，圆片，膜片，晶片，垫片；(4)压块；(5) 饼式试样；(6)薄膜，(7)成层的；(8) 切成薄片，压片

wafer bonder　片接合器

wafer channeltron image intensifier　薄片渠道倍增器像增强器

wafer-contact printing　干胶片接触印刷

wafer core　(铸造)易割冒口芯片，颈缩芯片，隔片

wafer level switch　金属箔拉杆开关

wafer matrix　晶片矩阵，圆片矩阵

wafer prober　晶片检测器

wafer process　晶片加工，圆片加工，薄片加工

wafer scriber　圆片划线器，划片

wafer socket　饼形管座，冲压管座

wafer switch　晶片开关

waferer　压片机，压块机，切片机

wafering　切片

waffle　(1) 对开式铁心；(2) 格栅结构形的；(3) 不稳定状态飞行

waffle ingot　约法 3 英寸见方面 1/4 英寸厚的铝锭

waffle iron memory　华夫饼烙烘模式存储器，华夫铁片存储器

waffle slab　格子板

waft　(1) [使] 浮动，波动，飘送，飘浮，飘荡，(2) (海上) 遇险信号，求救信号

wafter　转盘风扇

wag　(1) 上下移动，摇摆，摇动，摆动，颤动；(2) 变迁，推移

wag-on-the-wall　挂钟，壁钟

wage　(1) 工资，报酬，薪金，代价；(2) 实行，从事，作 [战]

wage earner　雇佣劳动者

wage labour　雇佣劳动者

wage rate　工资标准，工资率

wage scale　工资标准，工资等级

wage worker　雇佣劳动者

wages in kind　实物工资

wagger　保证，担保

wagging　左右摇摆运动，摆动，振动

waggle　摆动，摇动，振动

waggon 或 wagon　(1)四轮运货车，四轮拖车，牵引小车；(2) 运输车，搬运车，手推车，矿车；(3) 铁路货车

waggon-box rivet head　扁头形大直径铆钉头

waggon drill　汽车式钻机，钻机车

Wagner alloy　华格纳锡基合金 (锑 10%，铜 0.8%，铋 0.8%，锌 3%，其余锡)

Wagner code　单差修正码

Wagner earth connection　华格纳接地法

Wagner ground　华格纳接地

Wagner turbidimeter　华格纳浑浊度仪

wagon 或 waggon　(1)四轮运货车，四轮拖车，牵引小车；(2) 运输车，搬运车，手推车，矿车；(3) 铁路货车

wagon axle　车辆轴

wagon balance　车辆秤，过车秤，地磅

wagon body　货车体

wagon box (=WB)　[货] 车箱

wagon brake　货车制动器

wagon drill　汽车式钻机，移动式钻机，钻机车，车钻

wagon for spraying salt　撒盐车

wagon head boiler (=wagon top boiler)　车式锅炉

wagon jack　车辆起重器

wagon load　货车荷载

wagon-mounted drill　钻车

wagon number　[货] 车号

wagon retarder　货车制动器

wagon tipper　翻车机

wagon tippler　翻车机

wagon top　(1) 斜顶，圆形顶；(2) 机车炉顶，车顶

wagon train　(1) 货运列车；(2) 运输车队，辎重车队

wagon traverser　货车转车台

wagon truck　有蓬载重汽车，有蓬运货车，货车

wagon weighing machine　称车机，地磅

wagon works　车辆厂

wagonage　(1) 货车运输，运货车；(2) 货车运输费

wagoner　(1) 货车搬运工；(2) 运货车司机

wagonload　整车的数量

wagonyard　货车停车场

waif　(1) 漂流物，无主材；(2) 信号 [旗]，旗标

wain　大型农用车，[运货] 马车，货车

wain house　(货车)仓库

waist　(1) 收敛 [部分]；(2) 船上甲板中部，飞机机身中部，中间细部；(3) 减小直径

waist board　(船上)临时铺板

waist boat　捕鲸船小艇

waist deck　中部上甲板

waist plate　腰部托板

waist sheet　锅腰托板，锅 [炉] 腰板

waist sheet angle　锅炉托板角铁

waist sheet angle liner　锅炉托板角铁垫

waisting　收敛, 腰裂 (初轧坯缺陷)

waisting crack　拦腰裂开

wait　(1) 等候, 等待; (2) 期待, 暂缓

wait condition　等待条件

waiter　托盘

water's-on　井口罐笼装卸工, 井口把钩工

waiting　(1) 等候, 等待; (2) {计} 等数; (3) 短时停车; (4) 待机; (5) 服侍

waiting charges　待时费

waiting ellipse　驻留椭圆

waiting message indicator　待发信息数指示器

waiting meter　[短时] 停车收费计

waiting state　等待状态

waiting time　(1) 等待时间, 存贮时间, (2) (放射性) 冷却时间

waiting vehicle　等候 [信号] 车辆, [短时] 停留车辆

waive　(1) 不坚持, 放弃; (2) 推迟考虑, 延期举行; (3) 弃权, 停止; 撤开

waive exchange, if necessary (=W.E.N.)　必要时可免于交换

waived (=wvd)　(1) 延期进行的; (2) 放弃的

waiver　自动放弃, 弃权 [声明书]

waiver clause　放弃条款

wake　(1) 痕迹, 尾迹, 航迹, 船迹, 尾波, (2) [气流中的] 涡区, 尾流, 伴流; (3) 唤醒, 醒

wake boundary　尾流边界

wake energy　尾流能量

wake front　尾流前缘

wake gain　伴流增益

wake light (=WA Lt)　尾迹灯

wake resistance　尾流阻力

wake strength　尾流强度

wake-survey method　尾迹测量法, 尾迹移测法

wake-up switch　{计} 唤醒开关

wake traverse method　尾迹测量法, 尾迹移测法

wakelight　航迹灯

walchowite　褐煤树脂

wale　(1) 横撑, 横挡, 护板, 腰板; (2) 条状隆起部, [凸起的] 条纹; (3) 船舷的上缘, 舷; (4) 选择, 精选; (5) 最好的部分, 精华; (6) 撑住, 箍住; (7) 挑选

walepiece　横挡

waler　模板横档, 横撑, 横挡

wales　腰外板, 舷板

waling　横夹木, 水平木, 支腰梁, 支横挡, 横撑

waling stripe　水平连杆, 横撑

walk　(1) 随机游动, 无规行走, 散步; (2) 太空间行走

walk down　信息丧失

walk-in　人能走得进去的冷藏室

walk-off angle　离散角

walk-up　无电梯公寓大楼

walkaway　噪声检测

walker　步行式挖掘机

Walker Bulldog　(英) "漫步的斗犬" 坦克

Walker casting wheel　沃尔克型圆盘铸锭机

walker excavator　步行式挖土机, 行动挖掘机

Walker phase advancer　沃尔克相位超前补偿器

walkie-hearie　携带式译音风, 步听机

walkie-lookie　便携式像管摄影机, 便携式光导摄像管摄像机, 携带式电视摄影机, 携带式电视发射机, 便携式电视接收机

walkie-talkie　(1) 步话机, 步谈机; (2) 携带式无线电话机, 便携式电视发射机

walkie truck　足踏叉式装卸车

walking　(1) 步行, 步态, 行走; (2) 移动式的, 可移动的, 步行式的; (3) 摆动的,

walking beam　摆动梁, 平衡梁, 摇摆梁, 步进梁, 摇梁, 动梁

walking beam furnace　步进式炉

walking boat　行动式驳船

walking crane　活动吊车

walking dragline　行动式拉铲挖掘机

walking excavator　行动式挖土机

walking "1" and "0"　走步 "1" 和 "0"

walking "1" s and "0" s　走步 "1" 和 "0"

walking machine　步行机

walking orbit　漂移轨道

walking-out of mesh　(1) 任意脱离啮合; (2) 自行脱档

walking out of mesh　(1) 脱离啮合; (2) (变速器) 跳档

walking props　自移式支柱

walking rate　步速

walking scoop dredge　行动斗式挖泥机, 行动式挖土机

walking spring-tooth cultivator　手扶式弹齿中耕机

walking strobe　移动脉冲闸门

walking stroke pulse　位移频闪脉冲, 位移选择脉冲

walking thread　运行路线

walking tractor　手扶拖拉机

walkout　蠕变

walksman　供水检查员

walkway　人行道, 走道, 通道, 过道

wall　(1) 炉墙, 围墙, 墙壁; (2) 水冷壁, 间隔层, 分界物, 器壁, 内壁, 薄壁, 内侧; (3) 工作面; (4) 索端之结节; (5) 盘

wall-accommodation coefficient　壁供应系统, 壁调节系统

wall action　壁面作用

wall anode　管壁涂覆阳极, [内] 壁阳极

wall-attachment amplifier　附壁型放大元件, 附壁型放大器

wall beam　墙梁

wall-board switch　墙上开关

wall box　(1) 穿墙管框套; (2) 暗线箱

wall bracket　装墙托架, 墙上托架, 墙支架

wall built-up　炉壁结块

wall bushing　穿墙套管

wall covering　墙面涂料

wall crab　墙上卷扬机, 墙上绞车

wall crane　壁装 [式] 起重机, 墙上起重机, 墙装起重机, 沿墙起重机

wall drilling machine　墙装钻床

wall effect　器壁效应

wall fan　壁上风扇

wall frame　承托梁的框架

wall hanger　墙上梁托

wall heat flux　壁面热通量

wall hoist　固定在墙上的卷扬机

wall-hood　水冷壁悬挂装置, 壁钩

wall impedance　墙壁声阻抗

wall instrument box　墙装仪器箱

wall insulator　穿墙绝缘子

wall lining　炉壁内衬, 器壁衬里

wall mounting　壁上安装, 墙上安装

wall of computer case　计算机箱板

wall of container　容器壁

wall of hole　孔壁

wall outlet　壁装电源插座, 墙壁插座

wall panel　壁板

wall partition　(1) 隔墙; (2) 分界线; (3) 鸿沟

wall-piece　舷炮

wall-plate　低压电流机

wall plate　(1) 承梁板; (2) 矩形井框长横梁

wall plug　墙上插头, 墙上灯座, 墙上插座, 插塞

wall post　壁柱

wall pressure　侧压力

wall pressure hole　壁面侧压孔

wall radial drilling machine　墙装摇臂钻床

wall radiator　墙装散热器

wall ratio　壁厚比

wall screw　墙螺栓, 墙螺丝, 墙锚栓

wall set　墙装电话机

wall shearing stress　壁剪应力

wall socket　墙装插座, 壁上插座, 壁式插座, 墙上灯座

wall state　{计} 磁壁状态

wall-washer　撑墙支架板

wall telephone set　墙 [式电话] 机

wall thickness　壁厚

wall tile press　瓷砖机

wall-to-wall　从此端彼端, 从这头到那头

wall tube　墙上进线导管

wall type switchboard　墙挂式交换机

wall unevenness　壁厚不均 [匀]

wall washer　撑墙支架板

wall-winch　壁装绞车

wallboard　壁板

walling board　坑壁横撑板

walling-up　(1) 砌墙, 封墙; (2) 炉衬

1545

Wallman circuit　渥尔曼电路

wallplate　承梁板

walnut capacitor　微型电容器

walt　无足够压舱物的, 不坚固的, 空心的

walter　飞机应急雷达发射机

wamoscope (=wave modulated oscilloscope)　行波示波器, 调波示波器

wan　(1) 苍白的, 阴暗的; (2) 微弱的, 淡弱的, 暗淡的, 青的

wand　棍, 棒, 杆

wander　(1) 徘徊; (2) 漂移, 偏移, 迁移, 漂动, 移动, 游动, 游离; (3) (钻孔) 偏斜; (4) 来波视在方向漂动

wander front the subject　离开正题

wander plug　选择性塞子

wander up and down　上下游动

wandering　偏移 [的], 漂移 [的], 移动 [的], 迁移 [的], 游荡 [的]

wandering block method　连续块焊法

wandering block welding　游移块焊接

wandering of an arc　电弧漂移

wandering point　游荡点

wane　(1) 减少, 减弱, 变小, 衰减, 衰落, 衰退, 消逝, 缺损; (2) 翘板

wane to the close　即将完结, 接近尾声

waney (=wany)　(1) 不等径的; (2) 缺损一部分的, 不完整的, 缺棱的, 缺角的; (3) 宽窄不齐的, 高低不平的

Wang machine　虚拟存储程序式计算机, 王氏机

wangle　用不正手段当处理, 用不正当手段获得, 哄骗, 虚饰, 造假

wangian　(1) 贮藏柜, 贮藏箱; (2) 小厨房, 小寝室

Wankel　温克尔发动机, 转子发动机

Wankel engine　温克尔引擎

wanly　苍白地, 阴暗地, 淡弱地

Wanner optical pyrometer　汪纳光测高温计

want　(1) 想要, 需要, 必要, 应该, 必须; (2) 缺乏, 缺少, 缺陷, 欠缺, 不足, 缺点, 没有, 贫困; (3) (复) 必需品, 需求 [量]

wantable　有吸引力的, 称心的

wantage　(1) 所缺之物, 必要物; (2) 所缺数量, 短缺额, 缺少 [量], 欠缺, 缺乏

wantage rod　短缺量杆

wanting　(1) 缺少的, 没有的; (2) 缺乏, 欠缺, 短少; (3) 不够标准的, 不够格的

wanton　(1) 不负责任的, 变化无常的, 恣意的; (2) 挥霍, 乱花; (3) (口) 损坏的导弹

wanton bombing　狂轰滥炸

wanton damage　恣意损坏

wanton destruction　恣意破坏

wanton profusion　浪费

wany (=waney)　(1) 不等径的; (2) 缺损一部分的, 不完整的, 缺棱的, 缺角的; (3) 宽窄不齐的, 高低不平的

wany log　不等径圆木

wap　(1) 打, 击; (2) 桅索制动器

war　(1) 战争, 战斗, 战役, 军事, 斗争; (2) 作战, 打仗

war craft　军用飞机, 战斗机

war department (=WD)　陆军部

war game　军事演习, 作战演习

war gas　毒气

war industry　军事工业

war material　军事物资

war plane　战斗机

war production　军工生产

war production board (=WPB)　军工生产局

war reserves (=WR)　军需储备品

war rocket　作战用火箭

war ship　军舰

war-surplus　战后剩余的 [物资]

war-weary　破损不堪的

war-worn　被战火破坏的

warbird　(1) 军用飞机; (2) 军用飞机机组人员; (3) 军用火箭

warble　频率摆动

warble rate　调频度

warbled　经过调频的, 频率调制的

warbled sine wave signal　颤动正弦波信号

warbler　电抗管调制器, 颤音器

warblex　电抗管调制器

warcraft　(1) 军用飞机, 战斗机, 军舰; (2) 战略和战术, 兵法

ward　(1) 监视, 监督, 保护, 守卫; (2) 挡住, 防止, 避免; (3) 防卫设施; (4) 锁内圆形凸挡, 钥匙的榫槽, 锁中凸出部, 锁孔

Ward-Leonard drive　发电机 - 电动机传动装置

1546

Ward-Leonard system　发电机 (电动机) 组控制方式

warden　看守人, 保管员, 管理员

warding file　锁孔锉

ware　(1) 加工品, 货品, 货物, 货色, 物品; (2) 制品; (3) 商品; (4) 器具, 器皿, 仪器, 瓷器, 陶器; (5) 当心, 留心, 小心, 注意; (6) 意识到的, 留心的, 注意的, 知道的

warehouse (=whse)　(1) 储存室, 仓库, 货栈; (2) 把物品存入仓库

warehouse book (=wb)　仓库账簿

warehouse crane　仓库起重机

warehouse-in inspection　入库检验

warehouse material stores (=WMS)　仓库贮存物质, 仓库贮存材料

warehouse receipt (=W/R)　仓库收据, 仓单

warehouse-to-ware clause　仓库至仓库条款

warehousing　仓库, 货栈, 仓储

wareroom　展销室

warfare　(1) 战争, 交战; (2) 冲突, 斗争, 竞争

wargame　模拟实际战争的教练演习, 军事演习

warhawk　战鹰式战斗机

warhead (=W/H)　(1) 弹头; (2) 战斗部

warhead booster　弹头传爆药

warhead detection indicator (=WDI)　弹头检验指示器

warhead trailer　弹头运输拖车

warily　警惕地, 谨慎地, 小心地

wariness　警惕, 小心

warlike　(1) 战争的, 军事的; (2) 有战争危险的, 备战的; (3) 好战的

warlike preparations　军备, 战备

warm　(1) 温暖, 取暖; (2) 使变热, 使发热, 使加热, 升温; (3) 暖机, 预热; (4) 温暖的, 保暖的, 温和的, 暖和的, 热的; (5) (橡胶) 热炼

warm-air drier　暖风式干燥机

warm air fan system　扇暖风系统, 吹送暖风系统

warm-air furnish heating　高炉暖气设备

warm-air heating　暖气设备

warm-air heating system　暖气加热系统, 热风供暖系统

warm-air pipe　热风管道, 热空气管, 暖气管

warm-air pipeless heating　无管暖气设备

warm electron　温电子

warm flow　热流, 暖流

warm forming　温成形

warm hardening　热沉淀硬化, 人工硬化

warm laboratory　"温" 实验室 (弱放射性物质研究实验室)

warm saw　热锯

warm-setting adhesive　中温硬化粘合剂

warm sweat system　热发汗法

warm-up　加热 [的], 预热 [的], 升温 [的], 温升 [的]

warm-up apron　(飞机的) 发动机加温场

warm-up drift　准备时频率漂移, 温升频率漂移, 加热频率漂移

warm-up mill　加热辊

warm-up period　发射前的准备阶段

warm-up time　加热时间

warm work　有危险的工作, 辛苦的工作

warm working　半热加工, 温加工, 热作

warmer　(1) 加热装置, 加热器, 加温辊; (2) 取暖器, 保暖器; (3) (橡胶) 热炼机

warmhouse　温室, 暖室, 暖房

warming　加热, 加温, 暖机, 预热, 烘炉

warming machine　暖气机

warming-up　升温

warming up time (=WUT)　加热时间, 暖机时间

warn　(1) 警报, 报警, 警告, 告警; (2) 预先通知, 预报, 预告

warner　(1) 报警器; (2) 警告者

Warne's metal　白色装饰用合金 (锡 37%, 镍 26%, 铋 26%, 钴 11%)

warning　警告 [的], 警报 [的], 警戒 [的], 报警 [的], 预报 [的], 预告 [的]

warning board　警告牌, 危险标示牌

warning buzzer　警铃

warning circuit　告警电路, 报警电路

warning color　警告 [颜] 色

warning device　警告装置, 报警装置, 报警器

warning horn　警号喇叭

warning light　报警 [信号] 灯

warning net　警报网

warning piece　闹杆

warning pipe　溢流管, 溢水管

warning receiver　监视接收机, 报警接收机

warning sign 警告信号, 报警信号, 警告标志
warning signal 警告信号, 警告标志
warning stage 警戒水位
warning station 警报台
warning system 告警系统
warning tag (=WT) 警告标志
warning valve 报警阀
warning wheel （钟表）警时轮, 闹时轮
warp (1)［使］翘曲, 挠曲, 扭曲, 卷曲, 卷挠, 弯曲, 弯翘, 歪扭, 变形; (2) 歪曲, 歪斜, 弄弯, 变弯, 弄歪, 变歪, 反卷; (3) 用绳索拉, 拖船索, 绞船索, 拖索, 牵引; (4)｛纺｝经线, 经纱; (5) 基础; (6) 偏差, 偏见
warp dyeing machine 经纱染色机
warp line 翘曲线
warp of economic structure 经济结构的基础
warp run-in 送经量
warp streak 反卷条花, 经向条花
warp stress 翘曲应力
warp surface 扭曲面
warpage (1)翘曲, 挠曲, 扭曲, 卷曲, 折曲, 弯曲, 弯翘, 歪扭, 变形; (2) 扭曲量
warpage test 翘曲试验
warped (1)翘曲的; (2) 反卷的
warped account 歪曲真相的叙述
warped co-ordinates 歪斜坐标
warped judgement 不公正的判断
warped surface 翘曲面
warping 翘曲, 挠曲, 扭曲, 卷曲, 折曲, 弯曲, 弯翘, 歪扭, 变形
warping constraint 翘曲约束
warping effect 翘曲作用, 弯翘作用
warping machine 整经机
warping of grate 炉栅翘弯
warping stress 扭曲应力, 翘曲应力
warping winch 卷绕式绞车
warplane 军用飞机, 战斗机
warrant (1)保证, 担保, 保险; (2) 根据, 理由; (3) 保险期; (4) 付款凭证, 收款凭证, 许可证, 委托书, 证明, 执照, 栈单; (5) 授权, 批准, 承认; (6) 耐火粘土
warrant fuel consumption 保证燃料耗量
warrant it (to be)pure 保证它是纯净的
warrant one's attention 值得注意
warrantable 可认为是正当的, 可批准的, 可保证的
warrantee 被保证人
warranter 保证人
warranty (1)合法的保障, 保证［书］, 担保［书］, 保单, 证书; (2)根据, 理由; (3) 授权, 批准
warranty period 使用期
warranty period repair 使用期内修理
Warren girder 瓦伦氏桁架
Warren truss 瓦伦氏桁架, 斜腹杆桁架
warring 交战的, 敌对的
warship 军舰
wart 瑕疵, 缺陷
wartime 战［争］时［期］
warwick 跑车挡杆
wary 考虑周密的, 警惕的, 谨慎的, 小心的
wash (1)洗涤, 洗净, 冲洗, 冲刷, 冲掉, 侵蚀; (2)薄镀, 涂浆, 涂层, 涂料; (3)气流扰动, 船尾流, 涡流, 伴流, 尾流, 洗流; (4)经得住考验, 经洗, 耐洗; (5) 洗涤剂; (6)（复）洗涤废水
wash against 洗刷, 冲洗, 冲击, 拍打
wash away 洗去, 洗掉, 洗走, 冲掉, 冲毁, 冲蚀
wash boring (1)冲洗钻孔; (2) 水冲式钻探
wash bottle （气体）洗涤瓶
wash down 冲洗, 冲刷, 冲掉, 冲净, 洗清
wash drilling (1) 水冲式钻探; (2) 冲洗钻孔
wash drum 洗鼓
wash-fast 洗不褪色的, 耐洗的
wash-fastness 耐洗性, 耐洗度
wash filtrate vacuum receiver 洗涤滤液真空接受器
wash-gas method 气体吹洗法
wash gravel 金砂
wash header 洗涤集管
wash-in 机翼正扭转, ［机翼］加梢角, 内洗, 塌陷
wash in （机翼）内洗
wash mill (1)洗涤装置; (2) 淘泥机

wash oil 洗涤油, 吸收油
wash out (1)洗掉, 冲洗, 冲掉, 冲刷, 淘汰; (2)（机翼）外洗; (3)（因故障）降落
wash out pump 冲洗泵
wash pipe 冲洗管
wash plate 挡水板, 槽内挡板
wash port 排水口
wash primer （金属表面）蚀洗用涂料, 洗涤底漆, 侵蚀底漆
wash primer process 涂料蚀洗处理
wash stuff 含金泥土
wash water （钻探用）冲水, 洗水, 洗液
wash up 刷洗
wash water pipe (1)冲洗水管; (2) 洗砂水管
wash-wear 耐洗的
washability 洗涤能力, 可洗性, 耐洗性
washable 可洗的, 耐洗的
washable water paint (1)水浸涂料; (2) 可洗的涂料
washbasin (=washbowl) 脸盆
washboard (1)洗衣板, 搓板; (2) 踢脚板; (3) （船）防浪板, 制荡板
washboard erosion 搓板形腐蚀, 梯形腐蚀
washburn core 隔片泥芯
washburn riser ｛铸｝易割冒口
washed-out 洗旧了的, 褪了色的, 模糊的
washed-out picture 淡白图像(明暗对比不清的图像)
washed-sieve analysis 水冲筛分析
washed-up 洗净的
washer (1)垫圈, 衬垫; (2)清洗机, 冲洗机, 洗净机, 洗涤机, 洗涤器, 涤气器; (3)洗矿机, 洗煤机, 清洗机, 洗选机; (4)洗涤设备, 洗衣机; (5)洗槽; (6) 洗涤者, 洗涤工
washer die 垫圈冲模
washer-drier 附有脱水机的洗衣机, 清洗干燥机
washer element 垫圈式滤清元件
washer-grader 清洗分级机
washer punch 垫圈冲床
washer-type leather seal 垫圈型皮革密封圈
washery 洗煤厂, 洗矿厂, 洗选厂, 洗涤厂, 洗涤间
washes 洗涤剂, 洗涤液, 洗涤废液
washhouse 洗涤间, 洗衣房
washin 内洗
washiness (1)水分多, 稀薄, 淡, 弱; (2) 贫乏, 空洞
washing (1)洗涤, 洗净, 洗去, 冲洗, 清洗, 水洗, 洗选; (2)冲刷; (3)金属涂覆; (4)（复）洗［涤］液, 洗涤剂, 洗涤物, 薄涂层, 涂料
washing apparatus 洗选设备, 洗涤器
washing away 冲刷
washing bottle 气体洗涤瓶, 洗瓶
washing classifier 洗涤式分级机
washing cylinder 洗筒
washing engine 洗浆机
washing jar 冲洗瓶, 冲洗槽
washing liquid 洗液
washing liquor 洗液
washing loss 洗涤损失
washing-machine 洗涤机, 洗衣机
washing machine 洗涤机, 洗衣机
washing machinery 洗选设备
washing mill 洗涤碾磨机
washing oil 洗涤油, 吸收油
washing-out 洗涤, 洗净, 洗去
washing out 洗去
washing out plug and drain cock 洗孔堵及放水旋塞, 洗净放水开关
washing plug 清洗塞
washing power 洗涤本领
washing press 洗涤式压滤器
washing-round 环绕冲洗, 冲刷四周, 环洗
washing stuff 可洗选的土状金矿
washing unit 清洗装置
washing vessel 洗涤器
washings 洗涤水, 冲洗水, 漂洗水, 洗液
washout (1)冲洗, 冲刷, 冲去, 冲溃; (2)洗净, 清除, 淘汰; (3) 机翼副扭转, 机翼翘曲, （飞机的）减梢角, 外洗; (4)紧急停止信号
washout plug (1)清炉塞; (2) 清洗塞
washout thread 不完整螺纹
washpot (1)洗衣锅; (2) 镀锡罐
washroom 洗涤间, 厕所

washstand　　(1) 洗盆架；(2) 洗涤盆；(3) 洗车处
washtrough　洗槽
washtub　洗涤桶，洗涤缸
washup　　(1) 洗净，洗涤；(2) 洗矿；(3) 洗涤处
washwater　洗涤水，洗矿水
waspaloy　沃斯帕洛依镍基高温耐蚀合金，一种耐高热镍基合金
WASSP　一种爆炸导线 (商品名)
wastage　　(1) 损耗，损失；(2) 损耗量；(3) 废物，废品
waste　　(1) 浪费；(2) 残渣；(3) 废水，废液，废气，废布，废物；(4) 消耗，损失
waste acid treatment　废酸处理
waste can　废油罐
waste cloth　废布
waste cock　排泄旋塞，排出开关
waste cock stem　排泄旋塞杆
waste cock tail piece　排泄旋塞尾管
waste component　废物成分
waste disposal　废物处理
waste-disposer　废物清除器
waste energy　废能
waste fluid　废液
waste gas　废气
waste-gas heat　废气热
waste-gas heater　废煤气加热
waste gas superheater　废气过热器
waste gas treatment　废气处理
waste gate　　(1) 泄水闸；(2) 排气阀
waste grinder　废胶磨
waste grinding　碾磨废胶
waste heat　废热，余热
waste heat boiler　废热锅炉
waste-heat flue　废气管道
waste heat recovery　废热回收
waste heat superheater　废热式过热器
waste-heating　废气加热
waste heating　废煤气加热法
waste instruction (=dummy instruction)　{计}空指令，伪指令
waste iron　废铁
waste liquor　废液
waste lye　废碱液
waste materials　废物
waste matter　废物
waste metal　废金属
waste nut　内螺纹地板法兰
waste of energy　能量损失
waste of power　功率损失
waste oil　废油，用过的油
waste oil treatment　废油处理
waste pad　线垫
waste pad lubrication　线垫润滑
waste paper　废纸
waste-pipe　废水管
waste pipe　废水管，污水管，排泄管
waste products　[工业] 废品，次品，废物
waste-stack　水管
waste steam　废蒸气
waste steam treatment　废蒸气处理
waste stock　废料
waste treatment　废料处理
waste valve　　(1) 放泄阀；(2) 溢流阀，安全阀
waste water　废水，污水
waste water drain pipe　污水排放管
waste water pipe　污水管
waste work　消耗功
wastebin　废物箱，垃圾箱
wasted efforts　徒劳
wasted energy　废能
wasted neutron　未利用的中子，损失的中子
wasted power　耗散功率，消耗功率，损耗功率，损失功率
wasted water　用过的水，污水，废水
wasted work　消耗功，废功
wastefull　　(1) 无用的；(2) 不经济的，耗费的，浪费的，挥霍的
wastepipe　废水管，污水管，排泄管
waster　　(1) 二级品，等外品，废物，废品，废件，次品；(2) 镀锡薄钢板；

1548

(3) 泥瓦工用凿；(4) 浪费者
wastewater　废水，污水
wasteway　溢流道
wasteyard　废物场，垃圾场
wasting　　(1) 浪费，损耗，消耗，滥用；(2) 造成浪费的，消耗性的
wastometer　便器抽水装置
wastrel　　(1) 废品；(2) 浪费者，挥霍者
wasty　废物多的，废料多的，浪费的
watch　　(1) [船上] 天文钟，精确计时，挂表，手表，钟；(2) 注视，注意，观看；(3) 监视，观测，侦察，警戒，照管，看守，值班；(4) 等待，期待；(5) 看守人，值班员
watch box　岗亭
watch cap　烟囱帽
watch compass　罗盘表
watch crystal　手表水晶玻璃
watch-dog　　(1) 监控设备，监视器；(2) 监察人；(3) 监督
watch dog　监控设备，监视器
watch face　表盘面
watch-glass　表 [面] 玻璃，表面皿
watch glass　表 [面] 玻璃，表面皿
watch glass test　　(测定油的干性或汽油中的胶质的) 表面玻璃试验
watch-guard　表链，表带
watch hand　[手] 表 [指] 针
watch key　监视孔
watch maker's lathe　钟表车床
watch maker's oil　钟表油
watch making thread　钟表螺纹
watch master　　(1) 监工员；(2) 监视录音
watch oil　钟表油，机器油
watch paper　手表记录
watch rate recorder　校表仪
watch receiver　受话器，听筒，耳机
watch room　警卫室
watch seal　表链上印章
watch spring　表的发条
watch tackle　三角帆轻型滑车组
watch-tower　瞭望塔
watchable　值得注意的，值得注视的
watchband　手表带
watchboat　巡逻艇
watchcase　表壳，表盘，表盒
watchcase receiver　表匣式受话器
watchdog (=invigilator)　　(1) 监控设备，监视器；(2) 监察人
watchdog timer　程序控制定时器，监视计时器，监视时钟
watcher　　(1) 监视器，观察器，指示器；(2) 观察者，值班员
watchet blue　浅蓝色
watchful　　(1) 警戒的，警惕的，戒备的，提防的；(2) 注意的，留心的
watchhouse　哨所，岗亭
watchkeeper　瞭望哨
watchmaker　钟表制造者，钟表修理工，钟表匠
watchmaking　钟表工作，钟表活
watchman　看守员
watchword　　(1) 暗语，暗号；(2) 口号，标语
watchwork　手表机构
water　　(1) 水；(2) 水体，水面，水域；(3) 水深，水位；(4) (宝石) 光泽度，透明度，优质度，水色；(5) 加水，给水，掺水，冲淡，浇水，浸水，喷水；(6) 含液体的，含水的，用水的，水的
water absorber　吸湿剂，干燥器
water-absorbing　吸水的
water absorbing capacity　吸水能力，吸水度
water-absorbing quality　吸水性
water absorption　吸水 [率]
water-air-cooled machine　水外冷空气循环式电机
water anchor　浮锚
water and oil separator　水油分离器
water annealing　水韧 [退火处理]
water ash　重苏打
water back　　(1) 贮水器；(2) 加热水池；(3) 加热水管
water-bag　水囊
water bag　　(1) 水袋；(2) 硫化室，煮沸室
water-bailiff　船检人员
water-ballast　水压载，水衡重，压舱水，水载
water ballast (=wb)　水压载，水衡重，压舱水，水载
water-ballast roller　水镇重压路机，水镇重路碾

water bar　(1) 挡水条, 止水条；(2) 热水管
water-bark　供水船
water barrier　防水层
water barrow　洒水车
water bars　阻水栅栏
water base lubricant　水基润滑剂
water-based　水基的
water basin　水池
water-bath　热水锅, 水浴锅, 水浴器, 恒温槽
water bath　(1) 热水锅, 恒温槽；(2) 水浴
water-bearing　含水的
water-bed　水垫, 水褥
water bed　(1) 含水层；(2) 水垫
water-blast　水力鼓风机
water-blasting　水力清砂
water-board　水利管理机构
water-boat　给水艇, 供水船
water boat　供水船
water body　水体
water boiler neutron source (=WBNS)　沸腾式中子源反应堆
water bosh　水封
water bosh generator　水封 [气体] 发生器
water bosh producer　水封气体发生器, 水封煤气发生炉
water-bottle　(1) 水瓶, 水袋；(2) 采水样器
water bottom　(1) (油罐, 油船) 水垫；(2) 压载水底舱；(3) 油柜底舱；(4) 水底
water-bottom gas producer　水封煤气发生炉
water-bound　水结的
water box　水箱
water brake　(1) 水力测功机；(2) 机车制动器；(3) 水制动器
water brake dynamometer　水力制动测功机, 水力闸式测功机
water-break　水断信号, 断水
water break-free surface　水膜不破表面
water breaker　水桶
water-brush　造型用刷子
water-bus　交通艇
water butt　(1) 贮水桶；(2) 接水器
water calorimeter　水量热器
water-can　浇水壶
water capacity　含水容量, 保水容量, 持水量, 水容量, 水容积
water-carriage　(1) 送水, 运水, 水运, (2) 水运工具, (3) 排水沟渠
water-carriage system　输水系统
water-carrier　含水层, 蓄水层
water carrier　(1) 含水层, 蓄水层, (2) 水运工具, 运水船, (3) 输送水箱, 输送水管
water-carrying　含水的, 蓄水的
water carrying truck　运水车
water cart　洒水车
water cell　滤水器
water cement　水凝水泥, 水硬水泥
water cement ratio (=W/C)　(混凝土) 水灰比
water channel　水道, 水槽, 水渠
water check　阻水活栓, 逆流闸门
water check valve (=WCV)　水止回阀
water chlorination　水的氯处理
water chute　溜船槽
water circuit breaker　水路开关
water circulating pump　水循环泵
water circulating system　水循环系统
water circulation　水的循环
water clarity meter　水明晰度计
water-cleaner　净水器
water-clock　水钟
water-clogged　水附着的, 水阻塞的, 水粘的
water closet (=wc)　冲水厕所, 抽水马桶, 厕所
water-cock　水龙头, 水旋塞
water-column　水柱
water column　(1) 水柱；(2) (煤水车) 加水管；(3) 水位计, 水面计
water-column arrester　水柱避雷器
water condenser　水冷凝器
water conduit bridge　水管桥, 渡槽
water connection　水管结合配件
water conservancy works　水利工程
water constructional works　水工构造物

water consumption　耗水量, 水耗量
water contamination　水质污染
water content　水含量, 含水量, 含水率, 水分
water-cool　用水冷却
water-cooled (=WC)　水冷 [式] 的, 水冷却的, 水散热的
water-cooled all quartz reaction chamber　水冷全石英反应室
water cooled automatic electrode holder　水冷式自动焊枪
water-cooled bearing　水冷轴承
water-cooled capstan　水冷拉丝卷筒
water-cooled cylinder　水冷气缸
water-cooled engine　水冷 [式] 发动机
water cooled exhaust manifold　水冷排气歧管
water-cooled force-oil transformer　水冷强制油循环变压器
water-cooled furnace　冷却式燃烧室, 水冷式燃烧室
water-cooled furnace wall　水冷炉墙
water-cooled machine　水冷式电机
water-cooled rolls　水冷辊
water-cooled transformer　水冷变压器
water-cooled tube　水冷管
water-cooled turbine　水冷式透平
water-cooled valve　(1) 水冷阀；(2) 水冷电子管
water cooler　(1) 水冷却器, 水冷器；(2) 冷饮水箱, 冷饮水罐
water-cooling　水冷法
water cooling　水冷却
water cooling system　水冷系统, 水冷却系
water coulometer　水解电量计
water course　航道, 航线, 水道
water crack　水淬裂纹, 水淬裂缝
water crane　(1) 水力起重机；(2) 水鹤 (从高位水箱供水的鹅颈式装置)
water croop　吸水管
water cure　(1) [热] 水处理；(2) [热] 水硫化
water curing　(1) 水处理；(2) [热] 水硫化
water-cushion　水垫
water cut　(1) 水切削；(2) 水浸
water cut oil (=watered oil)　含水石油, 含水原油
water cycle　(1) 水循环；(2) 水上自行车, 脚踏船
water delivery　供水, 输水
water demand　需水量
water deprivation　缺水
water detection apparatus　探水设备, 探水器
water digestion reclaim　水煮回收胶
water-dipper　船舶
water discharge　排水量, 流量
water discharge pipe　泄水管
water displacement　排水量
water displacing liquid　去湿液
water distribution system　配水系统
water divining　用探杆测水
water drain pipe　排水管
water draught gauge　水柱压力计
water drill　湿式风钻, 湿式凿岩机
water driven centrifuge　水动离心机
water-drop　水滴
water-dropper　(测空中电位陡度用) 水滴集电器, 滴水器
water dropper　(测空中电位陡度用) 水滴集电器, 滴水器
water-drying　用水排代有机溶剂, 水干
water electrode　水 [成电] 极
water emulsion inhibitor　水乳化抑制剂
water engine　(1) 水力发电机, 水力发动机；(2) 水压机, 水力机；(3) 抽水机
water engineering　给水工程
water-entry　入水 [导弹]
water equivalent (=we)　水当量
water escape valve　泄水阀, 跑水阀
water-exit　出水 [导弹]
water-extracted　水萃取的
water factor　含水系数, 油水比
water fading　(制动器性能) 浸水
water-fast　不溶于水的
water-feeder　供水器
water feeder　(1) 给水器；(2) 给水管
water filling plug　注水塞
water-finder　(1) (在油罐中) 取水样器, 底部取样器；(2) 试水器
water-finding paper　试水纸

water finish　水研光洁度
water float cock　浮球旋塞
water flow　(1) 水流；(2) 水流量
water flush boring　水冲钻探
water flushing　用水冲洗
water frame　水力纺纱机
water-free　无水的
water gage　(1) 水位标尺，水位尺，水位计，水深计，量水表；(2) 气压水位表；(3) 水压
water-gas　水煤气
water gas　水煤气
water gas condenser　水煤气冷凝器
water-gas generator　水煤气发生器，水煤气发生炉
water-gas machine　水煤气发生器
water-gas set　水煤气成套设备
water gas welding　水煤气焊接，液压焊
water-gate　水闸，水门，闸门
water gate　闸门，水闸，水门
water-gate valve　自来水闸阀
water-gauge　(1) 水位标尺，水位指示器，水位表；(2) 量水器
water gauge (=WG)　水位尺，水深计，水位表
water-gauge cock　水量表旋塞，示水位旋塞
water gauge lamp　水表灯
water-glass　(1) 盛水的玻璃容器，水位玻璃管，玻璃水表尺，水平表；(2) 可溶性玻璃，水玻璃，硅酸钠
water glass　(1) 水平表；(2) 盛水的玻璃器皿；(3) 水玻璃，硅酸钠
water-glass enamel　水玻璃搪瓷
water-glass paint　硅酸盐涂料，硅酸盐颜料
water glaze　水面般的光泽，水光
water gold　水金
water grate　水冷炉箅
water-hammer　(1) 水锤；(2) 水击现象
water hammer　(1) 水锤，水冲，水击；(2) 水锤器；(3) 水锤现象，水击作用
water hammer eliminator (=WHE)　水锤作用消除器，水击作用消除器
water-hammer pressure　水锤压力
water-hardening　水淬硬化
water hardening　水淬硬化，水冷淬火，水淬
water-hating　疏水的
water-head　(1) 水位差，水头；(2) 水源
water head　水头
water-head accumulator　液压蓄力器
water-heater　水加热器，热水器
water heater　(1) 热水器，温水器；(2) 热水加热系统
water-holding　含水的，蓄水的
water hole　有水钻孔
water horning　喷水清理
water horse-power (=WHP)　水马力
water horsepower　水马力
water-immiscible　与水不混溶的
water impact　(飞行器回收时) 堕入水中
water impeller　排水叶轮
water-in-oil　油包水的
water in oil test　水中含水量测试
water in sand estimator　砂内含水量测定仪
water-inch　在最小压力下直径一英寸的管子24小时所放出的水量 (约500立方英尺)
water-indicating paper　试水纸
water inflow　进水口
water injection (=WI)　(1) 注水钻井；(2) (内燃机) 注水减少污染；(3) 注水
water injection drill　(1) 湿式风钻，湿式凿岩机；(2) 注水式钻机，注水式凿岩机
water injection valve　喷水阀
water inlet　进水口
water inlet pipe　进水管
water insoluble　不溶于水的
water intake　进水口
water interception cover　隔水盖
water-jacket　水冷套，水套
water jacket　水冷套，水套
water-jacket furnace　水套冷却炉
water jacket plug　水套塞
water jacket safety valve　水套安全阀

water jacketed producer　水套气体发生器，水套煤气发生炉
water-jet　(1) 喷射器；(2) 水力喷射，喷射水，水注，水射，水冲
water jet　(1) 水力喷射，水冲，水注，注水；(2) 喷水式推进器，喷水器，喷水口
water-jet arrester　水柱避雷器
water jet driver　水射打桩机
water jet dust absorber　水射吸尘器
water jet injector　水射流喷射器，水柱喷射器
water jet pump　水喷射泵，喷水泵
water jet suction apparatus　水流射吸器
water jet ventilator　水射通风器
water jetting　水冲法，射水法
water-joint　水密接头，防水接头
water joint　防水接头
water-leach　水浸出
water leg　(1) 水夹套；(2) 水涨落速度装置；(3) 集水槽
water-level　(1) 水位；(2) 水平面；(3) 水准器；(4) (船) 吃水线，潜水面
water level　(1) 水位，水平；(2) 水平面；(3) 水准器
water level gage　(1) 水位表；(2) 水准仪
water level gauge　观读式水尺，水位计
water level indicator　水位指示器，水位计，水位标
water level regulator　水位调节器
water-level scale　水位尺
water lifts　抽水工具
water lime　水硬石灰
water-line　(1) 水管线路，输水管；(2) (船) 吃水线，上水道
water line (=WL)　(1) 水管线路；(2) (船) 吃水线，水线
water-line attack　吃水线处的浸蚀
water-line paint　水线涂料，水线漆
water-line target　水位标志
water line zero (=WLO)　水线零点
water lock　(1) 存水弯；(2) 水闸
water-log　积水
water-logging　浸透水的，浸满水的
water logging　水浸效应
water-loving　亲水的，喜水的
water loving　亲水
water-lubricated fluid-film bearing　水润滑液膜轴承
water lubrication　水润滑
water lute　水封，液封
water luted producer　水封气体发生器，水封煤气发生炉
water-main　自来水总管，输出总管，给水总管，给水干管，总水管
water main　给水总管，给水干管，总水管
water-man　船员，水手
water mangle　压力脱水机
water-mark　透明水印，水纹压印
water mark　(1) 水位标志；(2) 透明水印，水纹压印
water measurer　水绳
water-meter　水量计，量水器，水表
water meter (=WM)　水量计，量水器，水表
water /methanol injection　(防冻用) 注入水和甲醇
water-mill　(1) 水车；(2) 水磨
water mill　水磨
water miscibility　水混溶性
water-mixing nozzles　水混合喷嘴
water model　型线模型
water monitor　水监视器
water monkey　致冷水壶
water-motor　水 [力发] 动机
water motor　(1) 水动机；(2) 小水轮；(3) 小水车
water noise　水噪声
water nozzle　喷 [水] 嘴
water number　(粘度计) 水值
water of condensation　冷凝水
water of constitution　代合水，结构水
water of crystallization　结晶水
water of decomposition　分解水
water of hydration　(1) 结合水，水化水；(2) 结晶水
water of plasticity　塑性水，调塑水
water oil contact　油水接触面
water-oil displacement　用水驱油，用水排油
water-oil ratio (=WOR)　油水比
water outlet　(1) 出水口；(2) 泄水结构

water outlet hose of cylinder head　气缸盖出水弯管
water-oven　热水式［谷物］干燥炉
water paint　水性漆
water parting　分水岭，分水线
water-penetrating laser system　透水光激射器组
water permeability　透水性
water-pipe　水管
water pipe　(1) 水管；(2) 水烟囱
water pistol　(玩具) 水枪
water piston　水泵活塞
water-plane　(1) 水平面，［地下］水面，水位；(2) 水上飞机
water plane　(1) 油水接触面，水平面，水线面，水位，水面；(2) 水上飞机
water plug　(1) 消防栓；(2) 止水塞
water pocket　水囊
water pollution　水污染
Water Pollution Control Federation (=WPCF)　水污染控制联合会
water-polo　水球
water-pot　水桶，水池
water pot　水罐
water-power　(1) 水力，水能；(2) 水力发电
water power　水电力，水动力，水力，水能
water power plant　水力发电厂，水电站
water power station　水力发电站，水电站
water-press　水压机
water press　水压机
water pressure　水压［力］，水压强
water pressure gauge　水柱压力计
water-pressure regulation　(1) 水压调节；(2) 水压变动率
water pressure test for strength and tightness (=WS&T)　水压强度和紧密性试验
water-proof (=WP)　不透水的，防水的
water proof　(1) 防水，耐水；(2) 使不透水
water-proof fabric　防水布，防雨布
water-proof grease　防水脂
water-proof ink　耐水墨
water proof machine　防水式电机
water-proof membrane　防水膜
water-proof packing (=WPP)　防水填料
water-proof paper packing (=WPP)　防水纸包装
water proof type　防水型，防水式
water proof type induction motor　防水式感应电动机
water proof wire　防水线
water proofing agent　耐水剂
water proofing protection　防水层
water propeller (=WP)　水推进器
water pump　水泵
water pump body　水泵体
water pump cover plate　水泵盖板
water pump felt　水泵衬毡
water pump impeller　水泵叶轮
water-pumping set　抽水机组
water purification　水的净化
water purification station　水质净化厂，净水厂
water purification truck　滤水车
water purification vehicle　净化水汽车，流动净化水站
water purifier　净水器
water purifying plant　净水装置
water quench　水淬［火］
water quenched (=Wq)　水淬的
water-quenching　水淬［火］
water quenching　水淬［火］
water raising engine　抽水机
water-race　水道
water radiator　水散热器
water-ram　(1) 水力夯锤；(2) 水锤扬水机
water ram　(1) 水锤扬水机，水击扬水机；(2) 水力夯锤，水锤
water-rate　(1) 水费；(2) 耗水率，耗汽率
water rate　(1) 水费，水价；(2) 用水率
water ratio　冷却水与排气量之比，水汽比，含水率
water recovery　(制动器) 浸水的效能恢复试验
water-recovery apparatus　水回收设备
water-reflected　由水反射回来的
water relief valve (=WRV)　水泄放阀

water-repellent　(1) 抗水的，防水的，拒水的，憎水的；(2) 防水剂
water repellent compound　防水剂
water-repellent grease　防水脂
water reserve　蓄水区
water resistance　耐水性，抗水性，防水性，抗水度
water-resistant　抗水的，防水的，隔水的
water resistant grease　防水脂
water resistant paint　防水漆，防水涂料，抗水涂料
water-resisting　隔水的，耐水的
water resisting moulding powder　抗水性塑料模压粉
water-resisting property　抗水性
water-resources　水利资源
water resources　水利资源，水力资源
water-retaining　挡水的，保水的，吸水的
water rheostat　水变阻器
water ring　井筒饮水杯
water sail　底翼帆
water sampling condenser　锅炉取水样器
water sapphire　水蓝宝石
water saturation　含水饱和度
water scooping machine　暖水机
water scouring　冲刷
water-seal　水封，止水
water seal　水封，水密，止水
water seal packing　水压防漏装置，水封
water-sealed　水封的
water sealed bearing　防水轴承
water-sealed joint　存水接头，存水弯
water-sealed packing　水封装置
water sealed producer　水封气体发生器，水封煤气发生炉
water sealed valve　水封式阀
water segregator　分水器
water-separator　(1) 水分离器；(2) 干燥剂
water service　供水
water service pipe　供水管
water shed　(1) 集水区；(2) 分水岭，分水界
water-shoot　排水管
water shoot　水槽
water shooting　水中爆炸
water-short　缺水
water-soak　用水浸湿
water-soaked　水浸透的，饱水的
water soaking process　水浸法
water-softener　软水剂，软水器
water softener　水质软化剂，水质软化器，软水剂
water-softening　硬水软化法
water softening　水的软化
water softening by heating　加热软水法
water-solubility　水溶性
water-soluble (=ws)　可溶于水的，水溶［性］的
water-soluble grease　水溶性脂
water-soluble oil　水溶性油，乳化液
water-soluble resin　水溶［性］树脂
water solution (=ws)　水溶液
water-source　水源
water source　水源
water spout　喷水嘴
water spray nozzle　水喷嘴，喷水嘴
water sprayer　洒水器
water stage register　水位［记录］表
water stage transmitter　水位自动记录仪
water stain　水溶染料
water standard　水质标准
water still　蒸水器
water stop　(1) 止水剂，止水器；(2) 供水站
water-strainer　滤水器
water string　防水套管，防水管柱
water stripping　遇水剥落
water-supply　(1) 蓄水与供水系统，蓄水池；(2) 给水［量］；(3) 自来水，水源
water supply (=ws)　(1) 供水，给水；(2) 给水工程
water supply and sewerage work　给水排水工程，上下水道工程
water supply for diamond truer　金刚钻修正器供水
water supply line　给水管线，上水管道

water supply pipe　供水管
water supply point (=WSP)　供水点,供水站
water supply system　供水系统
water surface (=ws)　水面
water survey　水文测量,水文调查,水利勘测
water switch　水压开关
water swivel　水旋转接头
water-system　(1)水系;(2)供水,给水;(3)给水工程
water-table　水平面,水面,水位
water table　地下水面,潜水面,水面,水位
water table level　地下水位
water tail piece　进水部尾管
water tank　水箱
water taxi　出租船
water telescope　水下望远镜
water tempering　水中回火
water tender　(1)看水工;(2)(海军)管水员;(3)消防水车
water test　水压试验
water-thermometer　水温表
water thermometer　水温表
water thief　多接头泄水阀
water-tight　不透水
water tight　水密
water-tight joint　不透水缝,水密结合
water-tight packing　不漏填密
water tight shore supply box　水密岸上供电箱
water-tight vessel　不漏水容器
water to carbide acetylene generator　电石加水式乙炔发生器
water to carbide generator　注水式乙炔发生器
water to oil area　水油过渡地带
water tolerance　耐水性,耐水度
water-top tank　顶部盖水油罐
water toughening　水韧处理
water torch　水炬,高压水枪(20,000磅/平方吋,用于切割)
water-tower　(1)[自来]水塔;(2)(救火用)高喷水塔
water tower　水塔
water track　水下跟踪
water transport　水上运输,水运
water trap　(1)聚水器;(2)蒸气干燥器,脱水器
water treatment　水的处理,软水处理,软水法
water treatment plant　净水厂,水处理厂
water truck　水槽车
water-tube　水管
water tube boiler　水管锅炉
water-tunnel　输水隧洞,水洞
water tunnel　试验水洞
water turbine　水轮机
water uptake　水的吸收
water-uranium ratio (=w/u)　水铀质量比,水铀体积比
water-use　用水[方面]的
water-use ratio　蒸腾率
water value　水值
water value of a calorimeter　量热器的水当量
water vapor absorption　水汽吸收
water vapor permeability　透湿性
water vaporizer　水蒸发器
water varnish　水性清漆
water voltameter　水解电量计
water-wag(g)on　运水车,洒水车
water-wall　水冷壁,水墙
water wall peripheral jet (=WWP)　环形射流式水槽
water wave　唱片表面的光学效应
water way lock　船闸
water-wet　水润湿的
water-wheel　水轮,水车
water wheel　水轮,水车
water-wheel generator　水轮发电机
water-wheel type alternator　水轮发电机
water-wheel type generator　水轮发电机
water whip　舷外吊杆滑车
water-white　无色透明的,水白色的
water white oil　水白油,无色油
water works　(1)自来水厂,水厂;(2)给水设备
waterage　水运[费]

waterborne　(1)水生成的,水运的,水源的,带水的;(2)水力输送的,水传播的;(3)位于水中的,浮于水上的,漂流的,水上的
waterbowl　饮水器
Waterbury axial rotary plunger motor　沃特伯里轴向回转柱塞式马达
Waterbury pump　沃特伯里轴向柱塞泵
watercart　运水车,洒水车
watercooled (=WCLD)　水冷却的
watercooler　[水]冷却器
watercourse　(1)水道,水路;(2)水流;(3)流水孔(船舶肋板上)
watercraft　(1)水运技术;(2)水运工具,舰,艇,船
watered　(1)加水的,用水的,浇水的,有水的;(2)有波纹的,有光泽的
watered column　充水塔
watered-down　冲淡了的
watered oil　含水石油
watered-silk effect　网纹干扰
waterer　饮水器
waterflood　注水
wateriness　稀薄,多水,淡
watering　(1)浸水;(2)润湿
watering-can　洒水罐,喷壶
watering can　洒水壶,喷壶,水壶
watering car　洒水车
watering cart　洒水车
watering pot　洒水壶,喷[水]壶,漏斗
waterlaid　(右捻)三股绞成的
waterless　无水的
waterless holder　无水贮气器,无水储气器,无水气罐
waterline　(1)吃水线;(2)船舶水平线;(3)水位线;(4)水迹线;(5)输水管线
waterlock　(1)存水弯;(2)水封;(3)(复)水闸
waterlocked　环水的
waterlogged　(1)浸水的,吸水的,浸透的;(2)(船舶)进水的,漏水的
watermark　(1)水位标记,水位标,水量标;(2)透明水印,透明花纹,水纹压印,水印
watermark detector　水印检验器
watermill　水车,水磨
waterproof　(1)不透水的,防水的,耐水的,水密的,绝湿的,防湿的;(2)使不透水,涂防水胶,使防水;(3)防水织物,雨衣
waterproof abrasive paper　防水砂纸
waterproof belt　防水皮带,耐水皮带
waterproof canvas　防水帆布
waterproof cloth　防水布
waterproof jacket　防水套
waterproof paper　防水纸,防潮纸
waterproofer　(1)防水材料,防水布,防水层,隔水层;(2)防水工
waterproofing (=WPG)　(1)防水[性];(2)不透水的,防水的,水密的
watershed　(1)集水区,汇水区;(2)分水岭,分水线;(3)甩水器
watershed divide　分水线
waterspout　水落管,排水口,水口,槽口,水柱
watertight (=WT)　(1)不漏水的,不透水的,止水的,防水的,耐水的,水密的,密封的;(2)无懈可击的,无隙可乘的
watertight compartment　水密舱
watertight fitting　防水[电灯]配件
watertight flat　水密甲板,水密平台
watertight joint　水密接缝
watertight pitch　铆接的水密间距,水密铆距
watertight rivet　水密铆接
watertight work　水密工程
watertightness　不透水性,水密[封]性,闭水性
watertube boiler　水管式锅炉
waterwall　(锅炉)炉壁水管排
waterway　(1)水道,水路,航道;(2)甲板舷侧排水沟,排水沟;(3)型材水道
waterway opening　(桥)出水孔径
waterwork　(1)自来水工程;(2)自来水厂;(3)给水设备;(4)装饰喷泉,喷泉装置
waterworks　(1)自来水工程,自来水设备,供水系统,供水设备;(2)喷水装置
waterworn　水蚀的
watery　(1)由水组成的,与水有关的,多水分的,有水的,似水的,水的;(2)潮湿的;(3)稀薄的,浅色的,淡的;(4)流动性的
watery fusion　结晶熔化
watery stratum　含水层
watt (=W)　(1)瓦特(电功率单位);(2)以瓦特计算的功率

watt-component　有功分量
watt component　有功部分
watt consumption　功率消耗
watt current　有功电流, 有效电流
watt-dissipating capacity　[变阻器的] 散热能力, 额定功率
watt governor　机械弹簧和飞锤调速器
watt-hour (=WH 或 whr)　瓦特小时, 瓦时
watt-hour capacity　瓦 [特小] 时容量
watt-hour demand meter　最大需用瓦时计
watt-hour efficiency　瓦时效率
watt-hour meter (=WHM)　瓦 [特小] 时计, 电度表, 电表
watt loss　功率损失, 功率损耗, 电阻损失
watt-meter (=WM)　瓦特计
watt per candle (=WPC 或 w/c)　瓦 / 烛光
watt per kilogram　瓦特 / 公斤 (铁损单位)
watt plug (=WP)　插头
watt-second (=WSEC)　瓦 [特] 秒
wattage　(1) 瓦 [特] 数; (2) 有效功率, 有功功率
wattage dissipation　损耗瓦 [特] 数, 功率耗散
wattage output　输出瓦 [特] 数
wattage rating　额定瓦 [特] 数
wattage transformer　小功率变压器, 小型变压器
watter　(1) 瓦消耗量; (2) 瓦消耗者
wattful　与电压相同的, 有功的
wattful current　有功电流
wattful loss　欧姆损耗, 电阻损耗
wattful power　有功功率
watthour　瓦特小时, 瓦时
watthour meter　瓦 [特小] 时计, 电度表, 火表
wattless　无功的
wattless component　无功分量, 无功部分, 电抗部分, 虚数部分
wattless component meter　无功电度表
wattless component watt-hour meter　无功电度表
wattless current　无功电源
wattless power　无功功率
wattless power meter　无功功率计
wattless volt-amperes　无功伏安数
wattmeter (=W)　瓦特计, 功率计, 电力表, 功率表
wattmeter current coil　瓦特计电流线圈
wattmeter method　功率表法
watts-in　所需瓦数
watts-out　发出瓦数
watts per candle power (=WPCP)　瓦 / 烛光
watt's governor　飞球调速器, 瓦特调速器,
watt's horse power　英制马力
watt's kinematic chain　瓦特运动链
Wattson Zoom lens　瓦特逊可变焦距镜头
waugh hammer　架式凿岩机
waughammer　架柱式凿岩机
waughammer drill　架式风钻, 架凿岩机
waughoist　柱装绞车, 带架绞车
wave　(1) 电波, 声波, 光波, 波; (2) 波动, 起伏, 摇摆; (3) 波浪形, 波形, 波纹; (4) 信号; (5) 波纹图案, 波形曲线, 示波图; (6) 气流, 射流
wave absorber　消波器
wave action　(1) 波动作用; (2) 波现象
wave aerial　行波天线
wave angle　波传播角, 波程角
wave analysis　波形分析, 谐波分析
wave analyzer　波形分析器
wave antenna　行波天线
wave band　波段, 波带, 频带
wave-band switch　波段开关
wave changer　波段变换器, 波段转换开关, 波段选择形状, 波段开关
wave-changing switch　波段转换开关, 波长转换开关
wave changing switch　波段转换开关
wave clipper　削波器
wave clutter　海浪回波干扰, 海面杂乱回波
wave crest　波峰
wave detector　检波器
wave director　导波体, 波导
wave distortion　波形畸变, 波形失真
wave distribution　波 [动] 分布
wave-drag　波阻
wave drag　(1) 波阻力; (2) 波导向器

wave drag coefficient　波阻系数
wave-echo　回波
wave efficiency　激波效率, 波的效率
wave equation　波动方程 [式]
wave excitor　波激励器
wave filter　波形滤波器, 滤波器
wave form　波形
wave-form-amplitude distortion　波形和振幅的畸变
wave-form monitor　波形监视器, 监视示波器
wave frequency　(1) 电波频率; (2) 振荡频率
wave front　波面, 波前
wave function modulation　波函数调制
wave ga(u)ge　测波计
wave generator　谐波发生器
wave guide　(1) 波导管, 波导器, 波导; (2) 光导管
wave-guide arc detector　波导弧形检测器
wave guide lens　波导透镜, 导波镜
wave-guide twist　弯形波导接头, 扭波导
wave heating　电波加热 (物体吸收电磁波能量后发热)
wave height　波高
wave hollow　波谷
wave-hopping　贴近地面飞行, 贴近水面飞行
wave horse-power　兴波有效马力
wave impedance　波 [动] 阻抗
wave-interference error　干扰波误差
wave launcher　电波发射器, 射波器
wave length (=WL 或 W/L 或 W.L.)　波长
wave-like behaviour　(粒子的) 波动性
wave line　电波传播方向, 传波方向
Wave Lock　尼龙网增强聚氯乙烯压延薄膜
wave loop　波腹
wave making resistance　波动阻力
wave mass　波质量
wave-mechanical　波动力学的
wave-mechanics　波动力学
wave mechanics　波动力学
wave meter　(1) 波长计, 波频计; (2) 示波器, 示波仪; (3) 波浪仪
wave mode selector　振荡型选择器, 波型选择器
wave modes　波形
wave molding　波模 [式]
wave-motion　波动
wave motion　波状运动, 波动
wave motor　波浪发电机
wave node　波节
wave normal　波面法线
wave notation　(天然地震波) 震波符号
wave number (=WN)　波数 (导体中驻波数)
wave of translation　平移波
wave-off　不接受信号
wave optics　波动光学
wave-packet　波包, 波束, 波群
wave packet　射频脉冲, 波束, 波群
wave-packet portion　正弦信号群, 波束部分
wave-path　电波传播路径
wave pattern　波形花纹, 波形图, 激波图, 波谱, 波型
wave peak　波峰
wave phase　波动相位
wave point　波点
wave polarization　电波偏振, 电波极化
wave power generation　海浪发电
wave power station　波力发电站
wave-propagation　波的传播
wave property　波性
wage-range　波段
wave range　波段
wave-range switch　波段开关
wave resistance　波阻
wave-resistant structure　稳波构造
wave selector　波选择器
wave separator　分波器
wave shape　波形
wave-shaping circuit　信号形成电路
wave shaping circuit　整形电路
wave soldering　波焊

wave spread(ing)　波长分布范围
wave surface　波动曲面,波面
wave system　波状调节系统
wave theory　波动理论
wave tilt　波前倾斜
wave train　波列,波串
wave trap　(1) 陷波器,防波阱;(2) 陷波电路
wave trough　波谷
wave variable　波动变量
wave vector　波矢
wave-velocity　波速
wave washer　波形垫圈
wave wheel　(1) 波状索轮;(2) 波状凸轮
wave winding　(1) 波形绕组,串联绕组;(2) 波状绕法
wave-winding machine　波形绕法绕线机,波状绕线机,波状绕组电机
wave-wound coil　波形绕法线圈,波形绕组线圈
waveband　波段,频带
wavecrest　波峰
waved　有波纹的,波浪形的,起伏的
waveform　(1) 波形;(2) 信号波形,振荡波形
waveform distortion　波形失真
waveform factor　波形因数
waveform generator　定波形发生器,定形信号发生器
waveform monitor　波形监视器
waveform recording　波形记录
wavefront　波阵面,波前
wavefront advance　波前行进
wavefront angle　波前倾角
wavefront plotter　波前描绘器
wavefront travel　波前行程
waveguide (=WG)　(1) 射频波导,波导;(2) 波导管,波导器
waveguide analysis　波导分析
waveguide antenna　波导式天线
waveguide arm　波导支路
waveguide attenuator　波导衰减器
waveguide branching filter　波导管分波器
waveguide canal　波道
waveguide choke flange　波导管阻波凸缘
waveguide component　波导元件,波导管组合件,波导节
waveguide corner　折波导
waveguide coupler　波导管激励装置
waveguide coupling　波导耦合
waveguide duplexer　波导管转换开关
waveguide elbow　波导弯管
waveguide feed　(1) 波导管馈电;(2) 抛物镜面天线
waveguide feeder　波导管馈电线
waveguide filter　波导滤波器
waveguide hybrid junction　混合波导管连接
waveguide impedance　波导阻抗
waveguide iris　(1) 波导可变光阑;(2) 波导隔膜
waveguide joint　波导管连接
waveguide junction　波导管接头
waveguide klystron　波导管型速调管
waveguide lens　波导管透镜
waveguide load　波导管负载
waveguide-magnetron　波导磁控管
waveguide mode　波导振荡模,波导管内振荡模
waveguide modulator　波导调制器
waveguide mount　波导管支架
waveguide network　波导四端网络
waveguide output　波导输出
waveguide output circuit　波导型输出器
waveguide plug　波导管短路器,波导管活塞
waveguide power divider　波导管功率分配器
waveguide pump　波导管增压器
waveguide radiator　波导管辐射器,波导辐射器
waveguide reactance attenuator　波导管电抗衰减器
waveguide receiver　波导管接收机
waveguide rectangular (=WR)　矩形波导
waveguide resonator　波导共振器,波导管谐振器
waveguide stub tuner　波导短线调谐装置
waveguide switch　波导[管]转换开关,波导管开关
waveguide-to-coaxial adapter　波导-同轴转接头
waveguide transformer　波导变压器

waveguide transmission line　波导传输线
waveguide tuner　波导式调谐设备
wavelength　波长
wavelength constant　波长常数
wavelength coverage　波长覆盖面,波长范围,频谱段
wavelength of light　光波长
wavelength of undulation　波浪形波长,波纹波长
wavelength scan mid-point　扫描光谱区中心点
wavelength separation　频率区分
wavelength spectrum　波长谱
wavelength switch　波段开关
waveless　无波浪的,平静的
wavelet　(1) 小波,子波,弱波;(2) 弱激波,扰动线
wavelike　波浪般的,波状的
wavelike motion　波状运动
wavemark　波痕
wavemeter　波长计,波频计
wavemeter using Lecher wire　勒谢尔线频率计,勒谢尔线波长计
wavemodulated oscilloscope tube　波调示波管
wavenumber　波数
waver　(1) 波段转换器,波形转换器,段段开关;(2) (印刷机) 匀墨辊;(3) 摇摆,摇晃,摇曳,颤动,闪烁;(4) 动摇,犹豫,踌躇
waveshape　波形
waveshape kit　简化波形式空气枪
waveshaping　波形形成,波形整形
wavestrip　波带
wavetrap　陷波电路,陷波器
wavevector　波矢
wavicle　(1) 波和粒子二重性;(2) 波粒子
waviness　(1) 波动,波形,波度;(2) 波动性,波动度,波纹度;(3) 成波浪形,弯曲;(4) 次表面结构
waviness-height rating　表面波纹值高度
waviness of surface　表面波形
waviness width　(加工表面) 波峰节距,波纹宽度
waviness-width rating　表面波纹宽度值
waving　波状的
wavy　(1) 不稳定的,波动的,动摇的,摇摆的;(2) 有波纹的,波状的,起伏的
wavy edge　(带材的) 波浪边
wavy distribution　波状分布
wavy fracture　波纹状断裂面
wavy line　波形线
wax　(1) 蜡;(2) 石蜡;(3) 上蜡,涂蜡,打蜡,封蜡;(4) 蜡制的;(5) 塑性材料;(6) [把……录成] 唱片;(7) 增加,增长
wax-bearing　含蜡的
wax block photometer　蜡块光度计
wax cloth　蜡布,油布
wax-coated paper　蜡[质记录]纸
wax collar　蜡垫焊瘤
wax engraving　蜡刻电铸版
wax extractor　提蜡器
wax filter　蜡过滤器
wax filter drum　蜡过滤器转鼓
wax-free　无蜡的
wax insulating compound (=WIC)　蜡绝缘物
wax jack　蜡条插座
wax-like　似蜡的
wax-lined　蜡衬里的,衬蜡的
wax master　(录音) 蜡主盘
wax moulding　(铸造) 蜡型,蜡铸模
wax oil　蜡油
wax original　蜡盘[录音]原版
wax pattern　蜡模
wax polish　蜡光剂
wax process　蜡铸模法
wax-sealed　[用]蜡[密]封的
wax vent　蜡线出气孔
waxed　上过蜡的
waxed paper　(包装用) 蜡纸
waxen　蜡制的,蜡质的,蜡似的,上蜡的,涂蜡的,柔软的
waxer　(1) 上蜡工,打蜡工;(2) 上蜡机操作工
waxerman　打蜡机操作工
waxiness　蜡质,柔软
waxing　(1) 涂蜡,上蜡,打蜡;(2) (电流) 增长;(3) 唱片录制;

(4) 唱片

waxing-paper 蜡纸

waxman 除蜡工

waxwork 蜡制品

waxy (1) 蜡制的, 蜡质的, 蜡状的, 涂蜡的, 蜡似的, 柔软的；(2) 可塑的

waxy flexibility 蜡样屈曲

waxy luster 蜡光泽

way (1) 路线, 路径, 路途, 路程, 通路, 道路, 航路, 航线；(2) 导向机构, 导轨, 轨道, 轨迹；(3) 行动方针, 方式, 方法, 方向, 方面, 途径, 手段, 办法；(4) 型, 式 [样], 样子, 情形, 状态, 状况, 程度, 规模, 习俗, 习惯, 作风；(5) 细节, 细点, 范围, 行业；(6)(复)下水台架, 船台, 滑道, 导轨；(7) 电缆管道的管孔, 槽

way and structures 铁路工务设备

way beam (桥梁) 纵梁

way-board (两厚层中的) 薄隔板

way car 沿途零担车

way chain 车闸

way cover 导轨罩

way freight (1) 在中间站停车卸货的一种货物列车；(2) 中间站货运

way in 入口, 进路

way of bed 导轨

way-operated circuit 方向转接电路, 分路工作线路

way out 出路, 出口

way point 航向点

way-ready 准备发送的

way station 中间站

way-stop 中间停车处

way-train 普通客车, 慢车

waybeam (桥的) 纵梁

waybill (=WB 或 W/B) 运货单

wayman (1)(铁路) 线路工；(2) 准备和铺设下水滑道的造船工人

wayout 试验性的, 非寻常的, 遥远的

wayrod (打字机) 滑架杆

ways (1) 方向；(2) 距离；(3) 滑道, 滑路；(4) 导轨；(5) 电缆管道的管孔

ways and means (1) 方式方法, 手段, 方法；(2) 筹款

ways-end 滑道的末端

wayshaft 摇臂轴

waywarden (1) 公路管理人；(2)(英) 污水处理厂排水沟维修工

waywiser 示程计

wea T (=weather tight) 不透风雨的, 防风雨的, 风雨密的

weak (=W) (1) 微弱的, 软弱的, 衰弱的, 薄弱的, 弱的；(2) 不耐用的, 不充分的；(3) 稀薄的, 淡薄的

weak acid 弱酸

weak base 弱碱

weak battery 电压不足的电池

weak-bonded molecule 弱结合的分子

weak coupling 弱耦合, 疏耦合, 欠耦合

weak current 弱电流

weak current engineering 弱电工程

weak-current insulator 弱电绝缘子

weak echo region (=WER) 弱回波区

weak electrolyte 弱电解质

weak link 弱键, 弱环

weak links 薄弱环节

weak liquor 淡碱液

weak lye 稀碱液

weak machine 功率小的机器

weak magnetic substance 弱磁性体

weak mixture 贫 [燃料] 混合气

weak picture "软" 图像

weak point 弱点, 短处

weak sand 瘦 [型] 砂

weak section 危险断面

weak signal detection 弱信号探测

weak singularity 弱奇性

weak spark plug 弱火花塞

weak solution (1) 稀溶液；(2) 弱解

weak variation 弱变分

weaken (1) 削弱, 变弱, 减弱；(2) 弄稀薄, 变稀, 降低, 减轻；(3) 衰减, 衰耗, 阻尼, 消震, 减振, 减幅

weakened plane joint (=WPJ) 墙面缝, 槽缝, 假缝, 半缝

weakener (1) 削弱器；(2) 减光板

weakening (1) 削弱；(2) 衰减, 阻尼；(3) 消震

weakening effect of surface crack 危险表面裂纹减弱效应

weakening of metal 金属强度降低

weakening of moulding sand 型砂减泥

weakly 弱 [的]

weakly absorbing material 弱吸收物质, 弱吸收剂

weakly burned 略微焙烧过的

weakly-cemented 弱粘合的, 弱胶合的

weakly cemented 弱结合

weakly compact 弱紧

weakly damped 有轻微阻尼的

weakly damping 弱阻尼

weakly measurable 弱可测的

wealthy (1) 丰富的, 充分的, 许多的；(2) 富裕的

wealthy in resources 资源丰富的

weapon (=WPN) (1) 武器, 兵器, 军械；(2) 斗争手段, 斗争工具；(3) 武装

weapon carrier (1) 战车, 武器车；(2) 中型吉普

weapon defense facility (=WDF) 武器防御设施

weapon delivery 武器投放

weapon direction laser equipment 激光武器引导设备

weapon-grade 用于军事目的的, 武器级的, 军用的

weapon guidance and tracking (=WGT) 武器制导及跟踪

weapon guidance laboratory (=WGL) 武器制导实验室

weapon laser system 激光武器系统

weapon of mass destruction 大规模破坏性武器

weapon system (=ws) 武器系统

weapon system acceptance test (=WSAT) 武器系统接收试验

weapon system contractor (=WSC) 武器系统承包商

weapon system configuration control (=WSCC) 武器系统外形调整

weapon system communication system (=WSCS) 武器系统通信系统

weapon system design criteria (=WSDC) 武器系统设计准则

weapon system development plan (=WSDP) 武器系统研制计划, 武器系统发展计划

weapon system equipment component list (=WSECL) 武器系统设备部件一览表

weapon system evaluation group (=WSEG) 武器系统鉴定 [小] 组

weapon system plan (=WSP) 武器系统计划

weapon system planning and control system (=WSPACS) 武器系统计划和控制系统

weapon system program (=WSP) 武器系统计划

weapon system program and control system (=WSPACS) 武器系统规划和控制系统

Weapon System Project Office (=WSPO) 武器系统设计规划局

weapon system review (=WSR) 武器系统审查

weapon system specification (=WSS) 武器系统规范

weapon system stock control list (=WSSCL) 武器系统库存控制表

weapon system support center (=WSSC) 武器系统器材技术保证中心, 武器系统支援中心

weaponeer [核] 武器专家, 投原子弹人员

weaponless 没有武装的, 无武器的

weaponry (1) 武器 [系统]；(2) 武器设计制造学

weapons carrier 兵器载运车

Weapons Research Establishment (=WRE) (英) 武器研究所

weapons system (=WPN SYS) 武器系统

Weapons System Integration Laboratory (=WSIL) (美国波音公司) 武器系统综合实验室

weapons testing program (=WTP) 武器试验规划

weaponsmith 武器制造者

wear (1) 磨损, 磨耗, 磨坏, 磨蚀, 磨破, 用旧, 变旧, 用坏, 穿破；(2) 消耗, 耗损, 损耗 [量], 损坏；(3) 经用, 耐用；(4) 耐磨性, 耐久性；(5) 逐渐变得, 呈现着, 显出

wear allowance 磨损留量, 容许磨耗, 磨损公差

wear allowance zone 磨损公差带

wear and tear 损耗和折旧, 磨耗及损伤, 磨损, 损耗

wear-and-tear 磨损, 损耗, 磨耗, 消耗, 消磨

wear and tear ga(u)ge 磨损规, 磨耗规

wear-and-tear part 磨损零件

wear away 磨损, 磨薄, 磨灭, 消耗, 消磨, 耗尽, 消逝

wear badly 不耐用, 不经用

wear behavior 磨损情况, 磨损特性

wear block 磨损量块

wear by foreign matter 异物磨损

wear compensation 磨损补偿

wear curve　磨损曲线
wear data　磨损数据
wear debris　磨损碎屑
wear-down　磨损，损耗
wear down　磨低，磨薄，磨平，磨损，消蚀，磨到
wear endurance　抗磨损
wear extent　磨损量
wear hardness　抗磨硬度，抗磨强度，抗弯力
wear-in　磨合，走合，跑合
wear in　磨合
wear inhibitor　抗磨添加剂
wear intensity　磨损度
wear into　磨成，擦成
wear iron plate　磨耗铁板
wear laboratory　磨损试验室
wear-life　磨损期限，抗磨寿命
wear life　磨损期限
wear limit　磨损极限
wear load capacity　抗磨损负载能力
wear loose　磨松
wear lug　防磨凸耳
wear of work　工件磨损
wear off　(1) 磨损，磨耗，耗损，磨去，磨掉，擦去，消逝；(2) 逐渐变小，逐渐减弱
wear on　(时间) 消逝
wear-out　磨损，消耗，用坏，用旧，用完
wear out　磨损，磨耗，消耗，消磨，耗尽，磨掉，用旧，用坏，用完
wear-out failure　磨损故障，消耗故障
wear-out period　(1) 磨损周期；(2) 终结期
wear oxidation　磨损氧化
wear particle　致磨颗粒
wear phenomenon　磨损现象
wear plate　防磨损板，防磨耗板，抗磨板
wear print　磨损痕迹
wear process　磨损过程
wear-proof　耐磨损的，耐磨的，抗磨的
wear pump　耐磨泵
wear rate　磨损率
wear-resistance　耐磨性，抗磨力
wear resistance　耐磨性，耐磨度
wear-resistant　抗磨损的，耐磨的

wear-resistant case-hardened steel　表面渗碳耐磨钢
wear-resistant chromium　耐磨铬层
wear-resistant material　耐磨材料
wear-resistant steel　耐磨钢
wear-resisting　耐磨的，抗磨的
wear-resisting alloy steel　耐磨合金钢
wear-resisting properties　耐磨性，抗磨性
wear-resisting steel　耐磨钢
wear ring　防磨损圈，耐磨环，耐磨圈
wear scar diameter (=WSD)　损坏伤痕直径
wear sleeve　承磨衬套
wear strip　防磨条，防磨损板
wear surface　磨损表面
wear test　耐磨试验，磨损试验
wear tester　磨损试验机，磨损试验台
wear testing machine　磨损试验机
wear thin　逐渐消失，逐渐无效
wear through　逐渐消耗，逐渐减少
wear track　磨损痕迹
wear value　磨耗值
wear washer　耐磨垫圈
wear well　耐用，经用
wearability　耐磨性，抗磨性，可磨性，磨损性，磨损度
wearable　耐磨的，经磨的，可穿的
wearer　磨损物
wearing　磨损，磨耗
wearing-away　冲蚀
wearing behavior　磨损特性
wearing capacity　(1) 抗磨能力，耐磨性；(2) 磨损量
wearing carpet　磨损层
wearing character　磨损特性
wearing course　磨损层，磨耗层
wearing depth　磨损深度

wearing face　承磨表面
wearing iron plate　耐磨铁板
wearing layer　耐磨层
wearing parts　磨损部分
wearing piece　摩擦片
wearing powder　磨耗粉
wearing property　耐用性
wearing quality　耐磨性
wearing quality of gear　齿轮的耐磨性
wearing resistance　抗磨阻力，磨损阻力，耐磨性，抗磨力
wearing ring　耐磨环，耐磨圈
wearing strength　耐磨强度
wearing strip　调整板，调整楔子
wearing surface　磨损面，磨耗面
wearing terrain　磨损部位
wearing test　磨损试验，磨耗试验，耐磨试验
wearing value　磨损值，磨耗值
wearing velocity　磨损速度
wearlessness　耐磨性，抗磨性
wearometer　磨耗计
wearproof　耐磨的，抗磨的
weasel　水陆两用自动车，小型登陆车辆，雪车
weather (=wea)　(1) 大气条件，气象条件，天气，气候，气象；(2) 天气的影响，风化，风蚀，侵蚀；(3) 通风，吹干，凉干
weather aging　自然老化，气温老化
weather anchor　抗风锚
weather-avoidance radar　(1) 气象雷达；(2) 导航雷达
weather-beaten　风雨磨损
weather-board　挡风板
weather board　风雨板
weather-bound　因天气不能起飞的，因天气不能起航的，被风雨所阻的
weather bureau　气象局
weather cast　天气预报
weather cloth　防雨布
weather cock　(1) 风向定位；(2) 风向标，定风针
weather computer　气象计算机
weather contact　受潮接点
weather control　天气控制
weather deck　露天甲板，干舷甲板
weather detector　天气预报器
weather door　风雨门
weather effect　气候影响
weather exposure　暴露于大气中，风化
weather eye　气象卫星
weather flag　天气信号旗
weather forecast　天气预报
weather gauge　气压计
weather glass　晴雨计
weather-helm　(1) 上风舵；(2) 船首迎风倾向
weather instrument　气象仪
weather minimum　最低气象条件，最低安全气象，最劣天气
weather orbiter　气象卫星
weather plane　天候侦察飞机
weather-proof　防风雨的，抗天气影响的
weather-protected　不受天气影响的，抗大气影响的
weather protected machine　防风雨机器
weather-resistant　耐风化的，抗天气腐蚀的
weather rope　防水索
weather satellite　气象卫星
weather seal　不受天气影响的密封
Weather Service Forecast Office (=WSFO)　天气预报局
weather ship　海洋气象船
weather side　(1) 受风舷；(2) 受风方向
weather station (=Wt Stn)　气象站，气象台
weather strip　挡风条
weather-stripping (=ws)　挡风 [雨] 条
weather-tight　风雨不透的
weather tight　风雨密的
weather vane　风向标
weather wheel　上风舵
weather working day(s) (=W.W.D.)　晴天工作日
weather-works　(1) 船体的水上部分；(2) 甲板上的上层建筑
weather-worn　风雨磨耗的
weatherability　经得住风吹雨打，耐气候性

weatherboard (1) 挡风板；(2) 上风舷

weathercock 风向标

weatherdeck 露天甲板，干舷甲板

weathered 风化的，大气腐蚀的

weathergauge (1) 气压计，气压表；(2) 有利的地位，上风的位置

weatherglass 晴雨计，气压表

weatherguard 抗天气保护 [装置]

weathering (1) 气候老化，风化；(2) 自然时效，自然老化

weathering quality 耐老化性

weathering test 老化试验

weatherize 使机器适应气候条件，使设备适应气候条件

weatherman 天气预报员，气象员

weathermometer (油漆涂层的) 耐风蚀测试仪，老化试验机，风蚀计

weatherometer (1) 人工老化试验仪，耐风蚀测试机，耐候试验仪，老化试验机，老化测试机，风蚀计；(3) 人工曝晒机，气象计

weatherproof (=WP) 不受气候影响的，抗天气影响的，经得起风雨的，抗风化的，耐风蚀的，耐风雨的，防风雨的，全天候的

weatherproof cabinet 防风雨箱

weatherproof double braid (=wpdb) 防风雨双层编包 [线]

weatherproof wire 耐风雨线

weatherprophet 天气预报器

weatherstrip 挡风条

weathertight 不透风雨的，防风雨的，风雨密的

weathervane 风向标

weatherworn 风雨剥蚀的，风雨损耗的

weave (1) 编织；(2) 构成，设计；(3) {焊} 横摆运动，运条；(4) 摆动，摇晃；(5) 迂回，盘旋，曲折；(6) (光栅的) 波状失真，波形失真，波形畸变

weave shed 织机房

weaving (1) 编织，纺织，交织；(2) {焊} 横摆运动，横向摆动，运条；(3) (光栅的) 波状失真

weaving movement 摇摆运动

weaving wire 纺织用钢丝

web (1) 金属薄条片 (如刀叶，锯片等)，T 形材的立股，薄板条，连接板，散热片，腹板，梁腹，轨腰；(2) (钻头) 钻心；(3) 垂直板，垂直臂，曲柄臂，曲拐臂；(4) 缩颈；(5) 幅板，轮辐；(6) 输送带；(7) (箔材) 坯料，卷材

web beam 特设横梁

web-break detector 卷筒纸断纸检验装置

web buckling 腹板卷曲

web clearance 曲柄臂间隙

web crippling 腹板断裂

web-fed 卷筒印刷的

web-fed printing press 卷筒纸印刷机

web frame (船) 加强肋骨

web glazing 卷筒纸上光

web lead 卷筒纸印刷机引纸

web-member 腹杆

web member 腹杆

web of the rail 轨腰，轨腹

web of (hollow) tile 空心砖腹隔

web offset 卷筒纸胶印

web plate 组合型材腹板，连接板，腹板

web plate joint 腹板接

web press 卷筒纸轮转印刷机，卷筒纸印刷机

web printing 卷筒纸印刷

web reinforcement 抗剪钢筋，横向钢筋，箍筋，腹筋

web saw 框锯

web splice 梁腹镶板，梁腹拼接，梁腹搭接

web stiffener 梁腹加筋件，梁腹加劲件，梁腹加劲角铁

web system 腹杆系

web thinning (1) 将钻心厚度磨薄，修磨横刃；(2) (麻花钻的) 薄钻心

web-type flywheel 带幅板的飞轮，盘式飞轮

web-type ring gear 腹板式齿圈

web-wheel (钟表) 盘式轮，板轮

webbed 有腹板的

webbing (=WEB) (1) 带状织物，织物带，带子；(2) 桁架腹杆构件

webbite 炼钢合金剂 (钛 5-7%，其余铝)

weber 韦 [伯]Wb (磁通单位，等于 10^8 麦克斯韦)

weber number (=We) 韦伯数

weber per square meter 韦伯 / 米^2

wed 使结合

wedding agent 乳化剂，结合剂

wedge (1)楔子，刀楔，尖劈，楔；(2)垫箱楔铁，楔形物，楔形体，楔形块，斜铁，楔块；(3)楔入，楔紧，楔牢，插入，嵌入，推开，推进，劈开，挤进；(4) 楔形图；(5) 光劈，光楔；(6) 楔形浇口，顶注浇口；(7) 楔形线束；(8) 高压楔

wedge action 楔紧作用

wedge adjustment (导轮用)楔块调整

wedge angle(s) (1) 楔角；(2) [刀具] 尖角

wedge belt 三角皮带

wedge bit 校偏楔形钻头

wedge block (1) 楔形 [角度] 块规；(2) 楔块，楔座

wedge bolt 楔形螺栓

wedge bonding (1) 楔形接合，楔形接点；(2) 楔形焊点，楔焊

wedge breech mechanism 楔式闭锁机

wedge brake 楔致动制动器，楔式制动器，楔形制动器

wedge buckle 楔形手杆，楔形拉杆

wedge-catch system 楔心套

wedge clamp 楔形压板

wedge constant 光劈常数

wedge contact 楔形接点

wedge cotter 楔形扁销

wedge coupling 楔形联轴器

wedge cut 楔形掏槽，楔式切削

wedge design (消声室) 尖劈设计，楔设计

wedge effect 楔效应

wedge film 楔形膜，劈形膜

wedge filter 楔形过滤器

wedge friction gear 楔形槽摩擦轮，V 形槽摩擦轮

wedge friction gearing 楔形轮摩擦传动

wedge friction wheel 楔形槽摩擦轮，V 形槽摩擦轮

wedge furnace 多膛焙烧炉

wedge ga(u)ge 楔规

wedge gate 楔形浇口

wedge gate valve 楔形闸门阀，楔形示水阀

wedge gear 楔形摩擦轮

wedge gib 楔形镶条

wedge grip 楔形夹

wedge grip gear 楔形安全装置

wedge hammer 楔锤

wedge joint 楔接

wedge key 楔形键

wedge lens condenser 楔形透镜聚光器

wedge-like 楔形的

wedge lines 楔形高压线

wedge micrometer 楔形千分尺，测微楔规

wedge nozzle 直壁喷嘴

wedge-operated brake 楔致动制动器，楔式制动器

wedge photometer 劈片光度计，尖劈光度计，光劈光度计

wedge piece 楔形零件

wedge pin 斜面销

wedge-pointed hammer 尖锤，鹤嘴锤

wedge reaming bit 校偏楔形钻心

wedge ring 楔形圈

wedge-shaped 半面晶形的，楔形的，劈形的

wedge shaped belt (1) 三角带；(2) V 形带

wedge-shaped groove 楔形槽

wedge slide 楔形导板

wedge slot 楔形槽，尾栓孔，楔槽

wedge spectrogram 光劈光谱图

wedge spectrograph (1) 光劈摄谱仪；(2) 楔形摄像机

wedge spring 楔弹簧

wedge type brake 楔式制动器

wedge-type seal 楔形密封

wedge type transistor 楔形晶体管

wedged 楔形的

wedged shaped belt 楔形带，V 形带，三角带

wedged ended hammer 楔锤

wedged tenon 楔榫

wedgewise 成楔形

wedging (1) 切楔形；(2) 尖劈楔紧，加楔，楔固，楔住

wedging block 楔形块，楔合块

wedgy 楔形的

weed and loose soil machine 除草松土机

weed remover 杂草清除器

weeder (1) 除草工具，除草机，除草器；(2) 除草人

weeding machine 除草机

weekly summary report (=WSR)　每周的总结报告, 每周的综合报告
weep　(1)小排水管;(2)滴水,漏水,泄水,渗水,渗漏,渗出,渗透;(3)渗水孔,泛油
weep hole　泄水孔,泄水洞,排水孔,排气孔,滴水孔,渗水孔
weep pipe　滴水管,泄水管
weepage　水的渗漏,渗出,滴下,泄水
weeper　(1)小排水管;(2)滴水器;(3)渗水孔,滴水孔
weeper drain　集水盲沟,泄水沟
weeping pipe　排水孔管,滴水管
weft　(1)纬线,纬纱;(2)织物,织品;(3)信号旗;(4)(求救)信号
weft board　插纤板,纤子板
wehnelt (=W)　韦内(X线硬度单位, X线穿透力单位)
Wehnelt cylinder　文纳尔圆柱电极,(圆嘴形)调制极,控制极
Wehnelt electrode　文纳尔控制极,文纳尔调制极,文纳尔聚焦极
Weibull distribution　韦布尔[概率]分布
Weibull equation　韦布尔方程
Weibull mean　韦布尔平均值
Weibull plot　韦布尔图表
Weibull scale　韦布尔概率数值表
Weicap　印刷电路用陶瓷电容器
weigh　(1)过秤,估量,称量,称重,秤;(2)重;(3)对比,衡量,加权,权衡,考虑;(4)悬浮,启航,起锚,拔锚;(5)使不平衡,重压;(6)有重要意义,发生影响,有分量,重视
weigh-a-day-a-month (=WADAM)　每月测一天
weigh against　与……比较,对比,权衡,考虑
weigh anchor　起锚
weigh bar shaft　(1)枢轴,换向轴;(2)(机车)回动轴
weigh batcher　分批称量机,按重量配料斗
weigh-beam　(1)大型提称,秤杆,秤;(2)平衡梁,天平杆
weigh belt　称量带,运输器
weigh-bridge　称量机,计量台,过秤台,地秤,地磅,秤桥,磅桥
weigh down　使低垂,使压下
weigh heavy　分量重
weigh hopper　秤料斗,称量计
weigh light　分量轻
weigh-machine　秤机,地秤
weigh nothing　不重要,没什么
weigh on　压在……上面,重压
weigh one plan against another　权衡不同计划的优劣
weigh shaft　秤轴
weigh the advantages and disadvantages　权衡利弊
weigh up　称出,权衡,估量
weigh upon　压在……上面,重压
weigh with　对……关系重大,对……有影响,被重视
weighable　有重量的,可称的
weighbridge　计量台,桥衡,桥秤,地秤
weigher　(1)自动[记录]秤,称量器,计量机,称物机,磅秤,衡器;(2)过磅员
weighhouse　过磅房,过磅处,计量所
weighing　(1)秤量,过秤,称;(2)加权;(3)悬浮
weighing bottle　比重瓶,秤瓶
weighing bridge　台秤,桥秤
weighing bucket　称料斗,称桶
weighing burette　称量滴定管
weighing controller　[自动]重量定量机
weighing-down　压下
weighing machine　(1)称量机,计量机,秤物机,称量机,磅秤,磅桥,秤桥,衡器,台秤;(2)轨道衡,称重机
weighing network　计权网络
weighing pipette　称量吸移管
weighing platform　秤台
weighing room　称量室,称料间
weighing scale　秤
weighing station　秤站,磅站
weighing unit　秤
weighlock　船舶称量闸,衡闸
weighman　过磅员,称货员
weighmaster　验重员
weighment　称量
weighshaft　(1)摇臂轴;(2)秤轴
weight (=W 或 Wt)　(1)重量,重体,重力,重物,重块,重锤,;(2)载荷,载重,负荷,负载,荷重;(3)平衡锤,平衡块,平衡重;(4)趋向吸引中心的力,地心引力;(5)加权函数,加重值,加权值,加权,权[重];(6)重量单位[制],镇压物,镇重,压铁,法码,秤砣,秤锤,衡制,衡量;(7)

移动重物(达到平衡);(8)重要程序,重要性,重大,分量,势力,负担,重担,重压,责任;(9)使负重担,装载过重,加负荷,加法码,加重量,加重锤,加载,装载;(10)加权的
weight analysis　重量分析
weight basis　重量基ించ
weight-barograph　动气压计
weight batching　按重量分批配合
weight brake　平衡重制动器
weight capacity　抓取重物
weight carrier　(1)载重机;(2)轰炸机
weight case　液压箱
weight coefficient　权系数
weight component　分重量,重力分量
weight distribution　权分布
weight-drop　落重法
weight drop sources　落锤震源
weight empty (=We)　空机重量,净重,空重,皮重,空载
weight enumerator　权重计数子
weight equalizer　(1)配重,平衡重;(2)平衡器;(3)平衡磁
weight equation　权方程
weight factor　权重因数
weight flow　重量流量
weight for counterbalance　平衡重
weight-formal　重量克式量[浓度]的
weight-formality　重量克式浓度
weight function　加权函数,权函数
weight governor　荷重调节器
weight horsepower (=wt hp)　以重力为单位的马力数,单位重量马力
weight in least square　最小二乘方的权
weight in running order　运转重
weight in volume (=W/V)　表示组份在100ml溶液中的克数,单位容积中重量百分比,重/容
weight in working order　投入运行时重量,整备量
weight index of gear box　齿轮箱重量指标
weight-lever regulator　权杆调节器
weight-lifting　提重,举重
weight list　重量单
weight-loaded governor　载重调节器
weight memo　重量单
weight method　称重法,秤量法
weight-molal　重量克分子[浓度]的,重量摩尔的,重模的
weight-molality　重量克分子浓度,重量摩尔浓度
weight molar concentration (=WMC)　重量克分子浓度
weight moment　重力力矩
weight-normal　重量当量浓度的,重规的
weight normal　重量当量浓度的,重规的
weight-normality　重量当量浓度,重[量]规[度]
weight normality　重量当量浓度,重量规度
weight number　重量系数,加权系数
weight of attachment　附件重量
weight of lathe　车床重量
weight of metal　射弹重量
weight of tensor　张量的权
weight of wind　风压
weight on drivers　主动轮重量
weight or measurement (=W/M)　按重量或体积计收
weight per cent　重量百分比
weight percent (=wt%)　重量百分率
weight-power ratio　重量马力比,重量功率比
weight ratio　体重比
weight reciprocal　权倒数
weight reduction　减轻重量
weight-strength ratio　重量强度比
weight thermometer　重量温度计
weight threshold element　权阈元件
weight transfer device　(拖拉机驱动轮)重量转移装置
weight-transfer system　(拖拉机)重量转移系统,驱动轮加载系统
weight tray　配重箱
weight type pressure retaining valve　重量式保压阀
weighted　(1)处于重力作用下的,已加载的,已加重的,负荷的,负载的,载重的,受力的;(2)加权的,权[重]的,计权的;(3)已称重量的
weighted approximation　加权近似值,加权逼近
weighted armature relay　重衔铁继电器
weighted average (=wtd av)　加权平均[值],加权平均[数]

weighted average efficiency　平均运行效率
weighted beaker　已称重的烧杯
weighted code　加权码
weighted equation　加权方程
weighted error　加权误差,计权误差,权重误差
weighted 4 (或 four) bit code　{计}加权的四位代码
weighted integral　加权积分
weighted lever　均重杆
weighted mean　加权平均值,加权平均数,计权平均数
weighted mean temperature (=WMT)　加权平均温度
weighted mean value　加权平均值,计权平均值
weighted method　加权法
weighted observation　加权观察
weighted residual method　加权余量法
weighted safety valve　重量安全阀
weighted sum　加权和
weighted value　加权值
weighted valve　重量阀,荷重阀
weighter　称量员
weightiness　(1)重量;(2)势力影响,重要性,严重性,重要,重大
weighting　(1)加权;(2)权重;(3)充填
weighting factor　权重因数,压缩因数
weighting filter　(1)加权滤波器;(2)加权滤光片
weighting function　[加]权函数
weighting material　填充物,填料
weighting network　计权网络,衡重网络,权重网络
weighting observation　观测记权
weighting of a mould　加压重,加压铁
weighting platform　秤台
weightless　(1)失重的;(2)无重力的;(3)没有重量的,无足轻重的,不可称量的,无重量的,轻的
weightlessness　(1)不可称量性;(2)失重状态,失重现象,失重性
weightness　可称量性,重量性
weightograph　自动记录式称重仪,自动[记录]衡量器,自记称重仪
weightometer　自动称量记录装置,自动称重仪,自动称量计,称量计,自动秤,重量计
weights　法码
weights and measurement　度量衡,权度
weights and measures　计量制,度量衡,权度
weights and measures act　重量及计量条例
weighty　(1)负担重的,沉重的,繁重的,严重的;(2)有分量的,有影响的,重要的,重大的,有力的
Weiler mirror screw　韦勒镜轮
Weimer triode　薄膜三极管
Weir stabilizer　威尔稳频器 (一种石英稳频器)
weir　拦河坝,溢流堰
weir flow　溢流量
weir gauge　堰顶水位计,流量计
weir method　溢流测量法
weir tank　溢流罐
weir waste　溢弃水量
Weirzin　[外尔]镀锌钢
Weiss constant velocity universal joint　韦斯式球叉等速万向节
Welch's alloy　锡银牙齿合金 (锡 52%,银 48%)
Welcon　威尔康高强度钢
weld　(1)焊接;(2)焊缝;(3)熔焊;(4)焊接接头;(5)(橡胶的)胶接处,(塑料的)熔接处;(6)可焊的
weld bead　焊敷的焊道,[焊接的]焊道,焊缝
weld bond　熔合线
weld buildup　堆焊
weld collar　加强焊缝焊瘤
weld cracking　焊裂
weld crosswise　横向焊接,交叉焊接
weld decay　焊接接头晶间腐蚀,焊接区晶间腐蚀,焊接侵蚀
weld defect　焊接缺陷
weld edgewise　侧面焊接,沿边焊接
weld ga(u)ge　焊缝量规
weld joint　焊缝
weld junction　熔合线
weld length　(1)焊接长度;(2)焊缝长度
weld line　焊接线,焊缝
weld machined flush　削平补强的焊缝
weld metal　焊接金属,焊缝金属
weld pass　焊接通道

weld penetration　焊透深度
weld steel　焊接钢,焊钢
weld swell　焊缝隆起
weld time　(接触焊的)通电时间
weldability　可焊性,焊接性
weldability of metal　金属可焊性
weldable　可焊接的
weldable steel　焊接钢,焊钢
welded　焊[接]的
welded aluminum alloy (=WAA)　焊接铝合金
welded body　焊接车身
welded cage　[点]焊接保持架
welded construction　焊接结构
welded contact rectifier　熔接整流器
welded corner joint　角焊接
welded eye　焊眼
welded flange　焊接翼缘
welded flange connection (=WFC)　焊接凸缘连接
welded joint　焊接缝,焊接合,焊接点,焊接头,焊接
welded pipe　焊接管
welded plate　焊合板
welded seam　焊缝
welded shell ring　焊接锅炉筒
welded steel　焊钢
welded steel fabric　焊接钢筋网
welded steel forging　熔焊钢锻件
welded steel structure　焊接钢结构
welded tube　焊接管,焊缝管
welded turret　焊合转塔
welded-wire-fabric reinforcement　焊接钢丝网
welder　(1)焊接设备,焊机;(2)焊工
welder's helmet　焊工帽罩
welding　(1)定位焊接,焊接,熔焊,粘结,接合;(2)焊法;(3)焊缝
welding alloy　焊接合金
welding arc　焊弧
welding base metal　焊条金属
welding bead　焊球
welding bell　(焊管用的)拔管模,喇叭模,碗模
welding blow pipe　气焊吹管
welding blowpipe　喷焊管,焊枪,焊炬
welding burner　焊接燃烧器,焊缝喷嘴
welding compound　焊[接]剂
welding connector　电缆夹头
welding crack　焊接裂纹
welding deformation　焊接变形
welding electrode(s)　(1)电焊条;(2)焊接电极
welding engineering standard　焊接工程标准
welding equipment　焊接设备
welding factor　焊合系数
welding fixture　焊接夹具
welding flame　焊接火焰
welding fluid　[熔]焊剂
welding flux　焊接熔剂,焊剂,焊料
welding force　电极压力
welding furnace　焊接熔焊炉,熔焊炉,烧结炉
welding gauge　确定焊缝尺寸用样板
welding generator　焊接用发电机
welding glass　黑玻璃
welding ground　电焊地线
welding gun　焊枪
welding handle　焊条夹子,电极夹钳
welding head　焊接机头,焊机头,烙铁头,焊头,焊枪
welding heat　焊接温度,焊热
welding helmet　焊工帽罩
welding jig　焊接夹具
welding leads　焊接引线
welding machine　电焊机,焊机
welding manipulator　焊件支架
welding method　焊接方法
welding motor generator　电动旋转式电焊机
welding-on　焊上,焊合,焊接,镶焊
welding operation　焊接操作
welding operator　自动焊工
welding outfit　焊接设备

welding plant 焊接车间
welding powder 粉状焊剂, 焊粉
welding pressure 焊接压力
welding procedure 焊接程序
welding process 焊接法
welding regulator 焊接 [电流] 调节器
welding rod 焊条
welding screen 电焊遮光罩
welding seam 焊缝
welding sequence 焊接程序
welding set [电弧] 焊接装置
welding shop 焊接车间
welding sleeves 焊接用套袖
welding socket 电焊插座
welding source 焊接电源
welding spats [焊接用] 护脚
welding stick 焊丝, 焊条
welding symbol 焊接符号
welding table 焊接工作台
welding thermit [焊接用] 铝热剂
welding timer 焊接定时器
welding tip 焊接喷嘴, 吹管嘴
welding tool 焊接工具
welding torch 焊接喷灯, 焊接吹管, 熔接炬, 焊接炬, 焊炬, 焊枪
welding transformer 电焊变压器
welding wheel 盘状电极
welding wire 焊条钢丝, 焊丝, 焊条
welding work 焊工工作
weldless 无焊缝的, 无缝的
weldless drawn pipe 拉制无缝管
weldless tube 无缝钢管, 无焊钢管, 无缝管
weldment (1) 焊接件, 焊件; (2) 焊接装配
weldor (=wlder) (1) 焊接设备, 焊机; (2) 焊工
weldwood 特制胶合板, 胶板
well (1) 竖井, 测井, 钻井, 油井, 矿井, 水井; (2) 升降机井道, 甲板阱, 泄水阱, 活鱼阱, 锚阱, 泵阱, 井坑, 井孔, 竖坑; (3) (有色冶金) 出铅口; (4) 炉缸, (高炉) 炉底; (5) 电位阱, 势阱, 陷阱; (6) 凹下部分, 凹处, 孔, 穴, 槽, 腔; (7) 浇口杯, 放出口, 炉底, 炉缸; (8) 温度计套管, 套管, 探管; (9) { 计 } (信息) 源; (10) 良好 [的], 合适 [的], 适当 [的], 恰当 [的]; (11) 完全, 充分, 彻底, 十分, 大概
1560
well-advised 经周密思考的, 深思熟虑的, 谨慎的, 明智的
well-appointed 配备齐全的, 设备完好的, 装备好了的, 全备的
well arranged { 数 } 良序的
well arrangement 油井配置, 油井布置
well-atomized 雾化良好的
well-balanced 各方面协调的, 匀称的, 平衡的
well base rim 凹形轮缘, 深陷轮缘, 深陷轮辋
well base type 凹缘轮缘
well-behaved 性能良好的
well-being (机器) 保持良好状态的
well-bonded 充分粘结的
well bore (1) 钻井, (2) 钻孔径, (3) 井筒, 井身
well borer (1) 钻井机, 凿井机, 油井钻机; (2) 穿孔机, 深眼钻机; (3) 钻井工
well car 凹底平车
well casing 钻井套管, 井筒, 套管
well chamber 检查井
well-chosen (1) 精选的; (2) 恰当的
well-cleaned 擦洗得很干净的
well-collimated beam 准直良好的光束, 直线性注流
well-conditioned 良态的
well-content(ed) 十分满意的
well counter 检测放射性流体的计数器
well-coupled dynamite shot 与炮井耦合的炸药爆炸
well deck 围井甲板
well deck vessel 井形甲板船
well decker 井形甲板船
well-defined (1) 轮廓分明的, 清晰的, 清楚的; (2) 意义明确的, 严格定义的
well-designed 设计得很好的, 设计周到的, 精心设计的
well-done 完成得好的, 做得好的, 干得好的
well drain 排水井, 排水坑
well-drained 排水良好的

well drill 钢丝绳冲击式钻机, 油井钻机, 钻机
well-drilling 大直径深孔凿岩, 钻井, 凿井
well drilling 钻井, 凿井
well-earned 劳动所得的, 应得的, 正当的
well-established 非常确实的
well-favoured 漂亮的, 好看的
well-fitting 正合适的
well-focused beam 强聚焦电子束, 良聚焦注流
well-formed (1) { 数 } 合式的; (2) 良好成形的, 形状良好的, 结构良好的, 构造良好的
well formed { 数 } 合式的
well-found 设备完全的, 装备完全的, 全备的
well-founded (1) 有充分根据的, 理由充足的; (2) 基础牢固的
well gate 浇口杯
well-graded 良分选的, 良分级的
well-graded sand 良好级配砂
well-grate 炉格
well-grounded (1) 有充分根据的, 理由充足的; (2) 基础牢固的
well head 井口
well head equipment 井口装置
well hole 升降机井道, 楼梯井
well house 井房
well in advance 适当提前, 大大提前
well-informed 消息灵通的, 见识广的, 深知, 确知的
well-judged 判断正确的, 中肯的, 适宜的
well-knit 组织严密的, 构思严密的, 结实的, 密实的
well-known 众所周知的, 公认的, 著名的, 熟知的
well log 钻井剖面, 钻井记录, 测井
well logging 测井
well-made 做得好的, 匀称的
well-marked 明确的, 明显的
well-moderated 充分慢化的
well-nigh 几乎
well-off 处于有利地位的, 供应充裕的
well-ordered (1) 安排得很好的; (2) { 数 } 良序的
well ordered (1) 安排得很好的; (2) { 数 } 良序的
well-ordered set 正序集, 良序集
well-ordering 良序
well-paid 高报酬的, 高工资的
well-planned 详尽计划的, 适当计划的
well-point (降低地下水位的) 井点
well point (降低地下水位的) 井点
well-posed (1) 提法适当的; (2) { 数 } 适定的
well posed (1) 提法适当的; (2) { 数 } 适定的
well potential 电位阱, 势阱
well-preserved 保存得很好的, 保养得很好的
well-proportioned 很均匀的, 很匀称的
well pulling machine 通井机
well pump 井泵
well-read 博学的
well-recrystallized 再结晶良好的
well-refined 精炼良好的
well-regulated 管理良好的
well-remembered 被牢记的
well-rig (1) 打井机具; (2) 钻井机, 凿井机
well rig (1) 打井机具, 凿井设备; (2) 钻井机, 凿井机
well-room 鱼舱
well-rounded (1) 经过周密考虑的, 各方面安排得很好的; (2) 流线型的, 圆角的
well-sampling 钻井取 [土] 样
well-seaming 看上去令人满意的
well-seen 精通的, 熟练的, 明显的
well-separated resonance 清楚分离的共振
well-set 安装牢固的, 安放恰当的
well-shaped 正确整型的, 外形精美的, 很好修整的
well shooting 地震测井, 井下爆炸
well-shot (爆破) 破碎得好的
well sinker 油井钻工, 凿井工
well-sinkin 井筒下沉, 沉井
well spacing (1) 井的布置, (2) 井距
well-spent 充分利用了的, 使用得当的
well-stocked 存货丰富的
well strainer 网式过滤器
well-sump type pumping plant 深井式抽水站

well-timbered　用木材撑牢的,用木材加固的

well trap　存水弯

well-tried　经过多次试验证明的,经试验证明有用的

well-trod(den)　用旧了的,陈旧的

well tube　(钻井)套管

well-turned　车削得很好的

well-type　井型的,井式的

well-type manometer　杯式压力表

well-ventilated　通风良好的

well-verified　充分证实的

well-weighed　经慎重考虑的

well winch　矿井绞车

well-worn　用旧了的,陈腐的

welsh mortgage　抵押品

welshing　赖账

welt　(1)平铁皮的折边,贴边,贴缝;(2)盖缝条,衬板;(3)装上贴边

welted edge　搭接缝,搭接边,折边,贴边

welter　(1)镶边机;(2)翻滚,翻腾,颠簸,起落,起伏;(3)杂乱无章,混乱,扰乱;(4)浸湿,染污

wemco　威姆可(一种变压器油)

Wenner method　温纳(由频率互感精确测定电阻)法

Wenstrom separator　大块矿石圆筒磁选机

Wesco pump　摩擦泵,粘性泵

Wessel alloy (=Wessel silver)　铜镍锌合金(镍19-32%,锌12-17%,银0-2%,其余铜)

West Coat Electronic Manufacturers Association (=WCEMA)　(美)西海岸电子仪器制造商协会

West type motor　韦斯特液压马达

Westeht　韦斯特氧化铜整流倍压器(商名)

Western Electric Co. (=WEC)　(美)西部电气公司

Western Electric Manufacturers Association (=WEMA)　(美)西部电子设备制造商协会

Western Gear Corp. (=WGC)　(美)西部齿轮公司

Western Ground Electronics Engineering Installation Agency (=WGEEIA)　(美)西部地面电子仪器工程安装公司

Western panel type automatic telephone switch board　西部板式自动电话交换机

Western Technical Development Center (=WTDC)　(美)西部技术发展中心

Westing-arc welding　惰性气体保护金属极弧焊,西屋电弧焊

Westinghouse Electric Corp. (=WEC)　(美)威斯汀豪斯电气公司,西屋电气公司

Westoflex　威斯托弗赖克斯合成橡胶

Weston　韦斯顿(胶片感光度)

Weston photronic cell　韦斯顿光电管(属阻挡层管的一种)

Westphal balance　韦氏比重天平

Westphalt　一种用沥青粉拌和的冷铺沥青混合料

Westrumite　可溶油

wet　(1)湿气,水分,液体;(2)用液体处理的,用水处理的,潮湿的,湿式的;(3)浸渍的;(4)用水处理,湿透,湿润,浸湿,打湿;(5)无价值的,无经验的,未成熟的,弄错了的

wet abrasive blasting　湿喷砂

wet abrasive blasting machine　(1)湿喷砂机;(2)液体研磨机

wet air　湿气

wet air pump　湿气泵

wet analysis　湿分析

wet-and-dry bulb thermometer　干湿球温度计

wet and dry bulb thermometer　干湿球温度计

wet-autoclaved　湿法热压处理的

wet battery　湿电池

wet blacking　碳素涂料,黑涂料

wet blast　蒸气空气鼓风,含有磨料的水流喷净[处理]

wet bulb (=WB)　(温度计的)湿球

wet-bulb temperature　湿球温度

wet-bulb thermometer　湿球温度计

wet bulb thermometer (=wb)　湿球温度计

wet calorific value　湿热值

wet cap collector　湿法集尘器

wet cell　湿电池

wet chemical method　化学湿选法

wet-chemical technique　湿化学技术

wet cleaner　(1)湿式除尘器;(2)煤气洗涤器,湿法洗涤器;(3)湿式滤清器

wet clutch　浸油离合器,油浴离合器,湿式离合器

wet combustion chamber　液态排渣式燃烧室

wet combustion process　湿法氧化[燃烧]法

wet compression　湿压缩

wet condensate return main　湿式[冷]凝[回]水干管

wet condenser　湿式冷凝器

wet consistancy　塑性稠度

wet corrosion　液体腐蚀,潮湿腐蚀,湿蚀

wet-crushed　湿法破碎的

wet cyclone　湿式旋风除尘器

wet density　湿密度

wet disk type brake　湿盘式制动器

wet dock　系船船坞,泊船坞,湿船坞

wet drawing　湿法拉丝

wet drifter　湿式风钻,湿式凿岩机

wet-electrolytic capacitor　电解液电容器

wet electrolytic capacitor　液体电解质电容器

wet-electrolytic condenser　电解液电容器

wet emery mill　金刚砂湿磨机

wet extrusion molding　湿挤压成形

wet extrusion moulding (moulding=molding)　湿压模塑[法]

wet fastness　耐湿性

wet-filling　湿法填装

wet finishing　湿磨精加工

wet flash-over potential　湿闪络电压

wet flashover voltage　湿飞弧电压,湿跳火电压

wet-fuel　液体推进剂,液体燃料

wet fuel　液体燃料

wet gas　含石油天然气,湿天然气

wet gas meter　湿式气体流量计

wet gas purification　湿煤气净化法

wet gas purifier　(1)湿法煤气净化器;(2)湿法气体净化器

wet grinder　湿磨机

wet grinding　湿磨削,湿磨法,湿法研磨,湿磨

wet grinding attachment　湿磨削装置

wet grinding operation　湿磨操作

wet lab　(海底实验室的)增压舱,降压舱

wet lapping　湿式研磨

wet-lay-up　湿法敷涂层

wet lay-up lamination　湿法层压

wet lead　粗铅

wet machine　纸浆机,浆纸机

wet mechanical method　机械湿选法

wet method　湿磨法

wet mill　(1)湿磨机;(2)(橡胶)洗涤机

wet-milling　湿磨

wet milling　湿磨

wet-mixing　湿式混合,湿拌

wet mixing　湿式混合

wet oil　含水石油,含水原油,湿油

wet-on-wet　湿压湿印机

wet out　浸湿

Wet Paint!　油漆未干!

wet pan　(1)湿辊磨机,湿磨碎机;(2)碾砂机,轮碾机

wet pan grinding　湿法盘磨

wet pan mill　碾砂机,湿碾碎机,湿研盘

wet-pit pump　排水泵

wet pit pump　排水泵

wet plate　(照相)湿板

wet powder grinder　湿粉研磨机

wet press　(1)湿压机;(2)纸板机;(3)液压榨取

wet printing　湿式印刷

wet process　湿法

wet process rotary kiln　湿法烧制窑

wet-processing　湿处理

wet-proof　防潮的

wet return　回水管

wet return line　有水回管

wet return main　有水回水干管

wet rotary drilling　泥浆旋转钻进

wet sawing　湿锯削

wet-scale disposal　湿法排除氧化皮,湿法去鳞

wet-screened　湿[法过]筛的

wet scrubber　湿式除尘器

wet separator　湿法磁选机

wet ship 已装载油的运油船
wet sinker drill 湿式下向凿岩机, 湿式向下式凿岩机
wet-skid resistance 湿滑阻抗, 湿滑阻力
wet-stable 湿稳定的
wet stamp mill 湿式捣矿机
wet steam 湿蒸气
wet steam cure 直接湿蒸气硫化
wet-strength 湿强度
wet strength 湿强度
wet-strength paper 防潮保强度纸
wet system of evacuating 湿体系抽空
wet thermometer 湿球温度计
wet treatment 湿处理
wet-tube mill 湿管磨机
wet tumbling 湿法抛光
wet-type fettling plant 湿式修补炉床材料的准备装置
wet-type machine 湿式凿岩机
wet-type meter 湿式水表
wet-type roof bolting machine 湿式杆柱安装机, 湿式锚杆安装机
wet type servo-valve 湿式伺服阀
wet vacuum distillation 真空蒸汽蒸馏
wet-washer 洗选机
wet weight (=WW) (1) 湿重; (2) 动力装置总重
wet-wick static dissipator 湿芯天电耗散器
Wetherill separator 弱磁性矿石带式磁选机
wetness 湿度, 潮湿
wetproof (1) 防潮的; (2) (纸浆的) 湿浆
wettability 湿润性, 可湿性, 吸湿性, 湿润度, 吸湿度
wettable 可湿润的
wettable powder (=WP) 可湿性粉剂
wetted area 受潮面积
wetted surface (=ws) [潮] 湿 [表] 面
wetter 润湿剂, 增湿剂
Wetter-carbonite 威特 - 卡朋尼特炸药
Wetter-detonit 威特 - 第托尼特炸药
Wetter-nobelit 威特 - 努勃力特炸药
Wetter-sekurit 威特 - 赛库瑞特炸药
Wetter-wasagit 威特 - 瓦沙基特炸药
Wetter-westfalit 威特 - 威斯特法力特炸药
wetting 使湿, 潮湿
wetting agent 润湿剂
wetting apparatus 给湿装置
wetting-out 增湿, 润湿
wetting power 润湿能力
wetwood 高含水材, 湿心材
whack (1) 重击, 重打; (2) 削减; (3) 砍, 劈; (4) 匆忙做好, 赶紧凑成; (5) 正常工作情况; (6) 尝试, 机会; (7) 一份, 一次, 份儿
whacking (1) 重击; (2) 巨大的, 极大的; (3) 非常, 极
whale-towing craft 拖鲸艇
whaleman (1) 捕鲸船; (2) 捕鲸者
wham (1) 重击, 碰撞; (2) 重击声, 碰撞声
whang (1) 用力撞, 重击; (2) 使劲工作; (3) 一大片, 大块
whap (=whop) (1) 重击, 撞击; (2) 打倒, 征服
wharf crane 码头起重机
wharfage (1) 码头设备; (2) 码头费
wharfboat 趸船
wharfie 码头工人
wharfinger (=wharfman) (1) 码头管理员, 码头主任; (2) 码头老板, 码头主人
what 什么
What happened? 发生了什么事?
What kind of steel is this? 这是什么钢?
What machine has gone wrong? 哪台机器出毛病了?
What nuts are those in that bin? 那个料箱是些什么螺母?
what is known as 大家所熟悉的, 所谓的, 称为……的
what is more (插入语) 更有甚者, 而且
what is referred to 大家所熟悉的, 所谓的, 称为……的
What is this tool used for? 这工具是做什么用的?
what is the same thing (插入语) 同样的是, 换个说法 [也一样]
whatever (1) 无论什么, 无论如何, 任何一种的; (2) (否定) 什么都不, 一点也不, 究竟什么; (3) 诸如此类
Whatman 一种高级绘图纸, 华特曼纸
Whatman paper 瓦特曼纸, 绘图纸
Wheatstone automatic telegraph 惠斯登自动电报

Wheatstone bridge 惠斯登电桥, 单臂电桥
Wheatstone perforator 惠斯登凿岩机
wheel (1) 大齿轮; (2) 轮子, 车轮, 飞轮, 手轮, 滚轮, 滑轮; (3) 砂轮; (4) 操纵盘, 转向轮, 驾驶盘, 舵轮; (5) 滑车; (6) 叶轮, 叶片; (7) 旋转, 回旋; (8) (复) 自行车, 汽车, (9) 机构, 机关; (10) 用车子运, 高速驾驶, 使滚动, 使转动, 使旋转
wheel addendum 齿轮齿项高
wheel addendum angle 锥齿轮齿项角
wheel aligner 车轮对准器
wheel aligning indicator 车轮校准指示器
wheel alignment 轮位对准
wheel alignment gauge 车轮对准规
wheel-and-axle (1) 轮轴的; (2) 差动滑轮的
wheel and axle (1) 轮轴; (2) 差动滑轮
wheel and disc integrator 轮盘积分器
wheel and rack 齿轮齿条副, 齿轮与齿条
wheel arm 轮幅 [条]
wheel axis 轮轴 [线]
wheel axle 轮轴
wheel band (1) 轮胎; (2) 轮箍
wheel-barometer 轮形气压表
wheel-barrow 手推车
wheel barrow 手推车, 独轮车
wheel-base 轮距, 轴距
wheel base (=WB) (1) 前后轮距, [轮] 轴距, 轮距; (2) (机车) 轮组定距
wheel base circle 齿轮基圆
wheel base diameter 齿轮基圆直径
wheel bearing 轮轴轴承
wheel-bearing lubricant 轮轴承润滑剂
wheel bearing retaining ring 轮轴承扣环
wheel blade 轮叶
wheel blank 齿轮毛坯, 轮坯
wheel block 轮坯
wheel body 轮体
wheel bore 轮毂孔
wheel boss 轮毂, 轮心
wheel box 齿轮箱, 变速箱
wheel brake 轮式制动器
wheel brake cylinder 轮闸储气筒
wheel brake drum 轮闸鼓
wheel-brake lever 轮制动杆
wheel braking cylinder 制动分泵, 制动器储气筒
wheel cap 轮盖
wheel carriage (1) 车辆; (2) 磨床床头, 砂轮座; (3) 装轮炮架, 有轮炮架
wheel carrier 轮架
wheel carrier flange 轮架凸缘
wheel carrier support brace 轮架支座拉条
wheel center 轮心
wheel chain 齿轮 [传动] 链, 齿轮链条, 齿轮链系, 操轮链
wheel-chair (1) 轮椅; (2) 椅车
wheel chair 轮椅
wheel chock 止轮块
wheel chuck 阶梯弹簧夹头
wheel column control 轮杆控制
wheel content 砂轮成分
wheel control 轮式控制
wheel conveyor 轮式输送机
wheel coupler mechanism 齿盘联轴节机构
wheel cover (1) 轮罩; (2) 轮胎
wheel crank 盘形曲柄, 轮曲柄
wheel cutter 齿轮刀具
wheel cutting machine 齿轮切削机床, 切齿机
wheel cylinder 车轮 [液压] 制动分泵缸, 轮闸储气筒
wheel cylinder bleeder valve 轮闸储气筒放气阀
wheel cylinder inlet fitting 轮闸储气筒进气接头
wheel cylinder piston 轮闸储气缸活塞
wheel cylinder piston cup expander 轮缸活塞皮碗扩张器
wheel dedendum 齿轮齿根高
wheel detachable side ring 轮胎压圈
wheel diameter 大 [齿] 轮直径
wheel disk 轮盘
wheel dozer 轮式推土机

wheel drag　(1) 车轮制动块；(2) 车轮制动阻力, 轮阻力
wheel dresser　砂轮修整器, 磨轮整形器
wheel dressing　砂轮修整
wheel-driven　[行走] 轮驱动的
wheel excavator　斗轮挖掘机, 轮式挖沟机
wheel face　(1) 轮面；(2) 砂轮表面
wheel facewidth (= wheel FW)　齿轮齿宽, 齿轮宽度
wheel feed index hand wheel　砂轮进给分度手轮
wheel felloe　轮辋
wheel finder　仿形轮
wheel fit　轮座配合
wheel flange　(1) 轮缘；(2) 砂轮夹盘
wheel follower　仿形跟踪轮
wheel form　轮状
wheel gauge　[左右] 轮距
wheel gear　齿轮
wheel governor　轮式调节器
wheel grease retainer　轮护脂圈
wheel guard　(1) 砂轮防护罩, 护轮罩, 轮罩, (2) 汽车挡泥板, 护轮板
wheel head　砂轮座, 磨头
wheel hook　制动钩
wheel house　驾驶室
wheel hub　轮毂
wheel hub bearing adjusting nut　车轮毂轴承调整螺母
wheel hub cover　轮毂盖
wheel hub drive flange　轮毂传动凸缘
wheel key way　轮键槽
wheel lathe　车轮车床
wheel lean crank　前轮倾斜曲柄
wheel lean tie bar　前轮倾斜连接杆
wheel link mechanism　齿轮传动机构
wheel linkage　齿轮运动链
wheel linkwork　齿轮 [传动] 装置
wheel load　轮荷载
wheel lock　燧发机
wheel magnetron　多轮磁控管
wheel mechanism　齿轮机构
wheel mill　(1) 轮碾机, 碾磨机, 碾碎机；(2) 车轮轧机
wheel metre　等径伞齿轮
wheel molding machine　齿轮造型机
wheel moulding machine　齿轮造型机
wheel-mounted　装有车轮的
wheel mounting press　装轮机 (压装车轮的设备)
wheel nut wrench　轮螺母扳手
wheel oil deflector　轮导油器
wheel pit　轮坑
wheel pitch diameter　齿轮节径
wheel power unit　(1) 轮动力头；(2) 砂轮动力头
wheel press　车轮装配压力机, 轮压机
wheel-pressure　轮压
wheel pressure　轮压
wheel printer　(1) 字轮式打印机, 轮式打印机, 轮形打印机；(2) 字轮印刷机
wheel puller　卸轮器, 拆轮器
wheel-quartering machine　卧式双轴对钻钻床
wheel report　汽车运输报表
wheel retaining nut　轮体扣紧螺母
wheel-retracting gear　起落架收放装置
wheel reversing gear　齿轮反转装置, 齿轮转向装置, 齿轮回动装置
wheel revolution per minute　齿轮转数 (每分钟回转次数)
wheel rib　车轮辐条, 轮辐
wheel rim　轮辋
wheel rim clamp　轮环夹
wheel rim flange　轮辋凸缘
wheel rod　转舵杆
wheel rolling mill　车轮轧机
wheel root diameter　齿轮齿根圆直径
wheel rope　操舵索
wheel rotor　(1) 转子；(2) 转动叶轮
wheel rpm = wheel revolution per minute　齿轮转数
wheel scraper　(1) 碾轮刮板；(2) 轮式铲运机, 轮式铲土机
wheel screw　手轮锁紧螺钉
wheel set　轮副
wheel setting gauge　轮位规

wheel shaft　轮轴, 半轴
wheel shape　(1) 轮形；(2) 砂轮形状
wheel shoulder　轮肩
wheel single tooth contact factor　齿轮单齿啮合系数
wheel-ski　(起落架的) 轮橇
wheel sleeve　(1) 轮套筒；(2) 砂轮套筒
wheel slide　(1) 磨床床头, 磨床刀架；(2) 砂轮架, 砂轮座
wheel-slip　车轮打滑, 车轮滑转
wheel spacer　轮隔片
wheel spat　轮罩
wheel speed　(1) 轮转速；(2) 砂轮转速
wheel spindle　(1) 砂轮主轴, 轮轴；(2) 车轮转向节指轴
wheel spindle cross-feed　砂轮主轴横向进给
wheel spoke　轮辐
wheel stand　磨轮架, 砂轮架, 导轮座
wheel stand slide　砂轮架, 砂轮座
wheel stand slide bed　砂轮下滑座
wheel stretcher　齿轮扩展器 (可使齿轮直径稍增, 厚度变薄)
wheel tooth　[齿] 轮齿
wheel tracer　轮式定向器
wheel track　(1) 轮距, 轮轨；(2) 轮辙, 车辙；(3) 链轮
wheel tractor　轮式拖拉机
wheel train　齿轮 [传动] 系统, 轮系
wheel traverse　砂轮横向进给, 横向进磨, 砂轮横动
wheel-tread　(1) 轮胎花纹；(2) 轮距, 辙距
wheel tread　(1) 轮踏面；(2) 轮辙距；(3) 轮距
wheel trolley　触轮
wheel truing　砂轮修正
wheel type tractor　轮式牵引车, 轮式拖拉机
wheel tyre　内胎
wheel undercarriage　轮式起落架
wheel weight　轮上配重
wheel wobble　车轮摆动
wheel work(piece)　齿轮工件
wheel wrench　轮扳手
wheelabrating　喷丸清理
wheelabrator　(1) 带式喷丸清理机, 链式喷丸清理机, 抛丸清理机；(2) 打毛刺机；(3) 抛丸叶轮
wheelabrator-type machine　砂轮式清理机
wheelbarrow　独轮 [小] 车, 手推车
wheelbase　(1) 轴距, 轮距；(2) (机车) 轮组定距
wheelboss　轮心, 轮毂
wheelbox　齿轮箱
wheelbrake　轮闸
wheelcover　轮罩, 轮箱
wheeled　带行走轮的, 有轮的, 装轮的, 轮式的
wheeled cable drum carriage　[电缆] 放线车
wheeled crane　轮式起重机
wheeled dozer　轮胎式推土机
wheeled scraper　轮式铲运机, 轮式刮土机
wheeled tractor　轮式牵引车, 轮式拖拉机
wheeler　(1) 手工车；(2) 轮车；(3) 明轮船；(4) 车轮制造商, 制造者
wheelerite　淡黄树脂
wheelhead　砂轮头, 砂轮架, 磨头
wheelhead set　砂轮座
wheelhouse　(1) [操] 舵室；(2) 驾驶室；(3) 外轮罩, 轮箱
wheeling　(1) 旋转, 转转, 回转, 转动；(2) 运行, 运转；(3) 车辆搬运；(4) 薄板滚压法
wheeling machine　薄板压延机, 滚压机
wheelless　无车辆的, 无轮的
wheelman　(1) 舵手, 舵工；(2) 汽车驾驶员, 骑自行车的人
wheelmark　轮迹
wheelpath　行车轨迹, 轮迹带
wheels-down　起落架放下
wheels-lock testing　车轮刹住试验, 车轮滑行试验
wheels-up　起落架收起
wheelseat　轮座
wheelshaft　轮轴
wheelsman　舵手
wheelspan　轮距
wheelspin　滑转, 打滑
wheelwork　齿轮装置, 传动装置, 转动装置
wheelwright　修造轮子的人, 修造车辆的人
wheen　相当的数量

whelm 用……覆盖,淹没,压倒,驳倒

whelp (1)(链轮)扣链齿;(2)起锚绞盘凸筋

when (1)什么时候,几时,何时;(2)当……的时候;(3)到时候,那时,这时,届时;(4)尽管,虽然,然而,可是;(5)如果;(6)考虑到,既然

whence (1)出于什么原因,由何[而来],从哪里,为什么,何以;(2)从那里,自该处,由此;(3)[到]……地方,何处,那里

whencesoever 无论来自什么地方,无论由于什么原因

whenever (1)无论什么时候,每次……总是,每当……总是,随时;(2)究竟什么时候

where (1)在哪方面,在哪点上,哪里;(2)在这方面,在那方面,在这场合,[公]式中,此处,这里,那里,……之处,的所在;(3)地点,场所

whereabout(s) (1)在何处,在近处,在哪里,……之处;(2)关于那个,关于什么;(3)踪迹所在,行踪,下落

whereafter 在……之后,此后

whereas (1)[同时在另一方面]却,尽管……[但却],其实,反之,而;(2)就……而论,鉴于,既然

whereat (1)为何;(2)对那个,在那里,对此,于是

whereby (1)根据这一点,利用它,借此,由此,因此,从而;(2)在……旁,附近;(3)凭什么,为什么,靠什么

where'er (=wherever) (1)究竟在哪里,究竟到哪里;(2)在任何地方,到任何地方,无论在哪里,无论到哪里,任何……之处,凡是……之处

wherefore (1)为什么,何以;(2)因此,为此,所以;(3)理由,原因

wherein (1)在什么地方,在哪一方面,在哪一点;(2)在那点上,在那里,其中,其时

whereof (1)什么的,哪个的,谁的;(2)[关于]那个的,关于该人的

whereon (1)在什么[上面],在谁身上;(2)在那上面,于其上;(3)于是,因此

wheresoever (1)究竟在哪里,究竟到哪里;(2)在任何地方,到任何地方,无论在哪里,无论到哪里,任何……之处,凡是……之处

whereto (1)为何目的,向哪里;(2)向那里,向该处,对此

whereupon (1)在哪上面,在那上面;(2)因此,于是,随后

wherever (1)究竟在哪里,究竟到哪里;(2)在任何地方,到任何地方,无论在哪里,无论到哪里,任何……之处,凡是……之处

wherewith (1)用什么,用以,何以;(2)用那个,以此

wherewithal (1)用什么,用以,何以;(2)用那个,以此;(3)[所需的]财力

wherry (1)方船尾单桨小划艇,轻型船,轻舟,赛船;(2)载客舢板

whet (1)研磨,磨[快],砥砺;(2)刺激[物],促进,激励

whether (1)是不是,是否;(2)不管,无论

whetstone (1)磨刀石,砥石,油石;(2)砂轮;(3)激励物,刺激品;(4)激励者

1564

which (1)哪个,哪些;(2)随便哪儿,无论哪儿

whichever 无论哪个,随便哪个,无论哪些

whichsoever 无论哪个,随便哪个,无论哪些

whiff (1)喷出,吹送,喷,吹;(2)一点点

whiffet 轻吹,轻喷

whiffle (1)轻吹,吹散;(2)动摇不定,闪动,晃动,摆动,颤动

whiffle tree structural test 车前横木结构试验

whiffletree 横杠

whiffletree multiplier 叉分式倍增器

while (1)当……时候,在……同时;(2)但另一方面,然而,可是,却;(3)虽然,尽管;(4)只要;(5)[一段]时间,一会儿

whilst (=while) (1)当……时候,在……同时;(2)但另一方面,然而,可是,却;(3)虽然,尽管;(4)只要;(5)[一段]时间,一会儿

whim (1)绕绳滚筒,绞车,绞盘;(2)起重装置,卷扬机,辘轳

whine (1)(录音机或放音机转速抖动引起的)变调,变声;(2)晃动

whinger (苏格兰)短剑,匕首

whip (1)小滑轮吊车;(2)(传动轴)横向颤振,机器动摆,抖动,摆动;(3)急速动作的机件,迅速转动的机件;(4)搅拌器;(5)搅拌;(6)绕,绞;(7)垂曲

whip-and-derry [滑轮]简易起重机

whip and spur 以最快速度,快马加鞭地

whip antenna 鞭状天线

whip-crane 动臂起重机

whip crane 动臂起重机

whip guide 防振控制,防振导向

whip hand 主动地位,优势

whip hoist 动臂起重机

whip off 突然脱下,突然拿去

whip out 猛然抽出

whip pan 快速遥摄

whip roll 织机的后梁

whip round 猛然回头

whip saw 狭边粗木锯,钩齿粗木锯

whip stall 机头急坠失速

whip up 激起

whipper (1)(在废纸碎解打浆机中的)锤辊;(2)槌棒混合机;(3)搅打器;(4)净毛机

whipping (1)(传动带)颤抖;(2)(传动轴)横向振动,[焊枪]抖动;(3)捆扎件,绕捆;(4)拍打

whipping crane 动臂起重机,摇臂起重机

whipping method {焊}拌焊运条法

whipping of crank shaft 曲轴抖动

whipple hammer 摆动锤

whipple truss 惠伯桁架,多腹杆桁

whippletree 横杠

whippy 易弯曲的,有弹性的,像鞭子的

whipsaw 双人横切锯,狭边粗木锯,钩齿[粗木]锯(长约5至7.5呎)

whipstall 跃升后机头急坠失速,尾冲失速

whipstock 楔尖式钻孔定向器,造斜器,斜向器

whipstocking 用楔转变钻孔偏向(金刚石钻进)

whir (1)使飞快地旋转,呼呼地转;(2)飞快旋转的呼呼声,沙沙声

whirl (1)旋转前进,急速旋转,[使]旋转,回旋,回转;(2)旋转物,转角度;(3)急行,飞驰;(4)卷成旋涡,涡流,涡动,旋涡,旋流,旋风

whirl coating 旋转涂覆法

whirl drill 手旋钻

whirl-gate 离心式集碴浇口

whirl gate (集渣包)离心式浇口,旋涡侧浇口,旋涡滤渣浇口,急旋口

whirl mixer 摆轮式混砂机

whirl tube 风洞,风道

whirl velocity 涡流速度

whirlabout 旋转,盘旋

whirler (1)旋转器,旋转机;(2)离心式滤气器,离心式净气器;(3)旋转起重机;(4)转筒式涂版机,涂布机

whirler crane 回转式起重机

whirler-type dust catcher 离心式集尘器

whirlibird (口)直升飞机

whirligig (1)陀螺,旋转[运动];(2)旋转装置;(3)变迁,循环

whirling (1)旋转,急转;(2)涡流,涡动,湍流;(3)涡流的,涡状的,涡的

whirling arm 旋转臂,旋转杆

whirling current 涡流

whirling elbow 旋转弯头

whirling of shaft 轴的危险旋转,轴的旋动(因加工不直,旋转时产生离心力而引起)

whirling psychrometer 旋转式干湿表

whirling speed (1)危险旋转速度,临界速度,临界转速;(2)共振回转速度;(3)旋涡速度

whirling table 旋动台

whirling test 旋涡离心力试验

whirling thermometer 旋转式温度表

whirlpool (1)旋涡,旋流,涡流,涡流;(2)涡流器

whirlwind 旋风,旋流,涡流

whirlwind computer 旋风型计算机

whirly (1)回旋的,旋转的,急转的;(2)小旋风

whirly-bird 直升机

whirlybird 直升飞机

whirr (=whir) (1)使飞快地旋转,呼呼地转;(2)飞快旋转的呼呼声,沙沙声

whirtle 拉丝[管]钢模

whish (1)飕飕地迅速移动;(2)飕飕声

whisk (1)小扫帚,掸子;(2)掸,扫;(3)搅拌[器];(4)突然移动,急速跑走,突然带走,飞跑

whisker (1)(点接触型晶体管)须触线,点触线,触须;(2)(仪表的)螺旋触簧,螺旋须簧,螺旋弹簧,螺状触簧;(3)金属须,金属晶,晶须,晶针;(4)(复)(振荡管的)寄生振荡

whisker contact 点接触

whisker jumper 船首斜桁撑杆跨索

whisker-like crystal 须状晶体

whisker pole 支索撑杆

whisker technology 晶须工艺学

whiskered 针须的

whiskers (口)寄生振荡

whisper (1)耳语声,沙沙声;(2)密谈,谣传,暗示

whistle (1)汽笛,警笛,号笛,哨子;(2)汽笛声,振鸣声,哨声,啸声

whistle box 消音箱

whistle interference 啸声干扰

whistle lever 汽笛杆

whistle lever shaft arm 汽笛杆柄臂

whistle modulation 干扰信号调制, 啸声调制

whistle post 鸣笛标

whistle valve 笛阀

whistler (1) 汽笛, 笛; (2) 啸声信号, 啸声干扰; (3) 排气道, 通气孔, 出气孔, 冒口

whistler-type noise 啸声

whistling buoy 发声浮标, 鸣笛浮标

whistling note disturbance 啸声干扰

whistling sound 啸声

whit 一点点, 丝毫

white (=WH 或 WHT) (1) 白色; (2) 白色颜料; (3) 白色的, 空白的, 无色的, 白的; (4) 白噪声; (5) White "怀特" 轻型装甲侦察车

white alert (空袭) 解除警报

white alloy 白色合金, 假银

white alum 明矾, 白矾

white annealing 光亮退火, 白亮退火

white arsenic 三氧化二砷, 砒霜

white balance 白色平衡

white brass 高锌黄铜, 白铜

white bronze 浅色青铜

white cable 白色浸渍电缆

white cast iron (=WCI) 白口铸铁, 白铸铁, 白口铁

white clip circuit 白色电平限制电路, 白电平削波电路

white cold-blast pig iron 冷风白口铁

white colour temperature 白场温度

white compression 白色区域压缩, 白信号压缩

white copper 德银, 锌白铜 (含铜 65%, 镍 14-15%, 锌 20-21%)

white earth (1) 白土; (2) 一种不纯的二氧化硅

white edge 白色边缘, 白框

white field balance 白色场平衡

white field balance current ratio (彩色管的) 白色场平衡电流比

white field equipollence 白色场均匀性

white finished sheet 酸洗薄 [钢] 板

white flake 白点, 雪点

white fuming nitric acid (=WFNA) 白色发烟硝酸

white gold 白金

white goods 家用电器

white-heart iron 白心可锻生铁

white heat 白热

white-hot 白热的

white indicating light (=WIL) 白光指示灯

white iron 白口铸铁

white layer (渗氮) 白层, 亮层

white lead 碱式碳酸铅, 白铅粉, 白铅

white-lead paint 白铅涂料

white-lead putty 白铅油灰

white level 白色电平

white light (1) 白光; (2) 公正的裁判

white limitation 白电平限制

white liquor 烧碱液

white manifold paper 复印纸

white metal (=WM) (1) 巴氏 [轴承] 合金, 轴承合金, 白色金属, 白 [色] 合金; (2) 印刷合金

white metal bearing 巴氏合金轴承

white mineral oil 石蜡油

white modifying relay 变更白色电平的中继方式

white noise 白噪声

white-noise generator 白噪声发生器

white-on-black writing 黑底白色记录

white-out 疏排

white-out lettering 转印阴文字体

white paper 白皮书

white peak [电视图像] 最亮点的信号电平, 白峰

white peak clipping 白峰削波

white pickling 二次酸洗, 浸白

white-phosphor screen [黑] 白荧光屏

white-phosphor tube 白色荧光屏电子射线管, 白色荧光质电子束管

white phosphorus (=WP) 白磷

white pig iron 白口 [生] 铁, 白铸铁

white point 消色差点, 白点

white radiation 白光

white reference 基准白 [色]

white resin 白树脂, 松香

white sapphire 刚玉

white-screen tube 白色荧光屏电子射线管

white spirit 石油溶剂

white spot 白点

white stretch circuit 白色电平扩展电路, 白色信号扩展电路

white tin 白锡

white-to-black-amplitude range 黑白 [信号] 振幅范围

white transmission 白信号传输

white water 回水, 白水

white X-radiation 连续 X 辐射

white X-rays 连续 X 射线, 白色 X 射线

white zinc 氧化锌, 白锌, 锌白

whitedamp 一氧化碳

whiteglow 白热温度, 白炽, 白热

whitehot 白热的, 炽热的

whiten (1) 使白, 变白, 涂白, 漂白, 刷白, 加白; (2) 镀锡; (3) 白噪声化

whiteness 白 [色] 度, 白

whitening (1) 加白, 变白; (2) 造型用涂料, 非碳素涂料, 白涂料

whitening filter "白化" 滤波器

whiteroom (制造精密机械用) 绝尘室

whitesmith [镀] 银匠, 锡匠

whiteware 白色陶瓷, 卫生陶瓷

whitewash (1) 刷白灰水, 粉刷, 涂白; (2) 白涂料, 白灰水

whither (1) 无论到哪里, 到哪里, 在哪里, 往何处; (2) 所到的任何地方; (3) 去处

whithersoever 无论到何处, 到任何地方

whiting 白涂料, 铅粉

Whiting cupola 燃煤预热送风冲天炉

whitish 稍白的, 带白的

whitney key 半月销, 半圆键, 月牙键

whittle (1) 切, 削, 斩; (2) 削成; (3) 逐渐减少, 削减; (4) 耗费

Whitworth (=W) 惠氏螺纹

Whitworth die 惠氏螺纹板牙, 惠氏螺纹钢板

Whitworth form 惠氏螺纹牙样

Whitworth form of thread 惠氏螺纹牙样

Whitworth gauge 惠氏螺纹规

Whitworth quick return 惠氏速回装置

Whitworth quick return motion 惠氏急回运动

Whitworth screw pitch 惠氏螺距

Whitworth screw pitch gauge 惠氏螺距规

Whitworth screw thread 惠氏标准螺纹, 惠氏螺纹

Whitworth standard screw thread 惠氏标准螺纹

Whitworth standard thread (=WST) 惠氏标准螺纹

Whitworth thread 惠氏螺纹, 英国标准螺纹

whity (=whitish) 稍白的, 带白的

whiz (1) 离心干燥, 离心分离, 水分提取, 旋离; (2) [使] 发飕飕声; (3) 极出色的东西; (4) 合同, 契约

whiz-pan (电影) 快速遥摄

whizbang (1) 小口径高速度炮的炮弹; (2) 自动操纵的飞弹; (3) 出色的东西; (4) 杰出的, 出色的

whizzer (1) 离心分离机, 离心分离器; (2) 离心干燥机

who (1) (主格) 谁, 哪些人, 哪个人; (2) (关连) 他 [们], 她 [们]

whoever (1) 无论谁, 任何人; (2) 究竟是谁, 到底是谁

whole (1) 全部的, 全体的, 整个的, 整体的, 整数的, 完整的, 齐全的, 所有的; (2) 无损的, 无缺的; (3) 未经缩减的, 未经冲淡的, 纯粹的; (4) 统一体, 整体, 整个, 全部, 全体, 总数

whole-body counter 测量人体全身放射性的计数管, 全身计数管

whole-circle bearing 全圆周方位角

whole circle protractor 整圆分度器, 全圆分度器

whole coil 全节线圈

whole-coiled winding 全线圈绕组

whole-colo(u)red 纯色的, 原色的, 单色的, 一色的, 全色的

whole cover neutral reclaim 中性法全胎再生胶

whole-current classifier 全流分级机

whole depth (=WD) 全齿高, 全齿深, 齿全深

whole depth coefficient 全齿高系数

whole depth of tooth 全齿高, 全齿深

whole latex 全胶乳 (天然胶乳)

whole latex rubber 全胶橡胶

whole-length 全长的

whole number 整数, 全数

whole pipette 无刻度吸量管, 全节吸量管

whole plate 标准型干板, 标准型胶片

whole-type reclaim 全 [轮] 胎再生胶
wholeness (1) 完整性；(2) 全体，完全，一切
wholesale (1) 成批出售的，批发的；(2) 大规模 [的]，大批 [的]，全部 [的]
wholesale cut-off 连续截弯，全面截弯
wholesale delivery 整批交货，批发交货
wholesale manufacture 大量生产
wholesale market price 市场批发价格
wholesale price 批发价 [格]
wholesaler 批发商
wholesome 安全的，有益的，健全的
wholly 完整地，整个地，完全，全部，一概，统统
wholly crystalline texture 全晶体结构
whom (1) 谁 (2)……的那个人，……的那些人
whomever (1) 无论谁，任何人；(2) 究竟是谁，到底是谁
whomp (1) 撞击，碾压；(2) 撞击声，碾压声
whoosh [使] 飞快地移动，猛冲
whop (1) 重击，撞击；(2) 征服，打倒；(3) 撞击声
whose (1) 谁的；(2) 他 [们] 的，她 [们] 的，它 [们] 的
whosesoever (1) 无论谁，任何人；(2) 究竟是谁，到底是谁
whosoever 任何人，无论谁
why (1) 为什么；(2) 理由，原因；(3) 甚么，那末
Wichart truss 菱铰桁架
wick (1) 灯芯，烛芯，芯子，[吸] 油绳；(2) 导火索；(3) "灯芯" 效应
wick feed 油绳注油
wick-feed lubricator 油绳润滑器
wick-feed oil cup 虹吸油芯注油杯
wick-feed oiler 虹吸油芯注油器
wick for oil-syphon 润油芯
wick lubrication 油绳润滑，油线注油
wick lubricator 油绳润滑器
wick oiler 灯芯式润滑器，油绳润滑器
wick oiling 油绳供油，油绳润滑，油绳加油法
wick screw 灯芯螺旋
wicked (1) 恶劣的，坏的；(2) 显示高超技艺的
wicker 柳条制品
wicket (1) 旋转栅门，小门，角门，边门；(2) 放水门，放水闸门；(3) 售票窗，小窗口
wicket gate (1) 导叶；(2) 旋闸；(3) 小门，边门，腰门
wicking property 毛细管特性
Wickman gauge 惠克门氏规，凹切螺纹量规
widdershins 与太阳运行时间相反地，逆时针地
wide (=W) (1) 宽阔的，广大的，广阔的，广泛的，宽的；(2) 开得很大的，张开的；(3) 非专门化的，差极远的，一般的，偏斜的；(4) 全部地，充分地
wide-angle 大角度的，广角的
wide-angle deflection 大角度偏转，广角偏转
wide angle diffuser 大扩张角扩压段，大扩散角扩散段
wide-angle joint 大偏角万向节
wide-angle lens (=WAL) (1) 广角物镜，广角透镜，广角镜头；(2) 大视角物镜
wide-angle long-shot 全景镜头
wide-angle objective 宽角物镜
wide-angle radiometer 宽角辐射计，宽视场辐射计
wide-angle scanner 宽角扫掠设备
wide-angle scanning 广角扫描
wide-angle shot 广角镜头摄像
wide-angle system 广视角系统
wide apart 相距很远
wide-aperture 宽散射角的，大孔径的
wide-aperture gun 宽散射角电子枪，宽孔蓝枪
wide-aperture lens 大孔径物镜，大孔径透镜
wide-aperture optical magnifier 大孔径放大镜
wide-awake 警惕性高的，机警的，清醒的
wide-band 宽频带的，宽波段的
wide-band amplifier 宽 [频] 带放大器
wide-band communication system 宽带通讯系统
wide-band cophased antenna array 宽带同相天线阵
wide-band data set 宽带数据传输机
wide-band discriminator 宽频带鉴频器
wide-band filter 宽带滤波器
wide-band frequency modulation 宽带频率调制
wide-band instrument 宽频带仪器
wide-band line 宽频带通信线路

wide-band mixer diode 宽频带混频二极管
wide-band optical frequency translation 宽带光频变换
wide-band oscillator 宽带振荡器
wide-band power amplifier 宽带功率放大器
wide-band repeater 宽带转发器
wide-band scope 宽频带示波器
wide-band switching 宽频开关
wide-band transformer 宽带变压器
wide base rim 阔口轮辋
wide bearing 过宽接触区
wide-bore 大口径的，开大孔的，有阔孔的
wide-bottom flange rail 宽底钢轨
wide cam roller 宽型厚壁外圈向心球轴承
wide contact (锥齿轮) 过宽接触 [区]
wide-coverage 宽幅的
wide-cut gasoline 广馏分汽油
wide difference 巨大的差距，天壤之别
wide-field-of-view telescope 宽视场望远镜
wide film 宽 [胶] 片
wide-flange 宽缘的
wide-flange beam 宽缘梁
wide flange beam 宽缘工字钢
wide-flanged 宽缘的
wide-gap junction 宽禁带结
wide-gap spark chamber 宽隙火花室
wide gate (1) (电路) 宽门；(2) 宽选择脉冲；(3) 宽选通脉冲闸门
wide gate generator 宽闸门脉冲发生器
wide gauge 宽轨距
wide inner ring (轴承) 宽内圈
wide inner ring bearing 宽内圈滚动轴承
wide-lead transistor 宽引线晶体管
wide line printer 宽行印字机
wide-long shot 远距离拍摄
wide-meshed 粗筛孔的
wide-meshed screen 粗筛网
wide meter 宽刻度仪表
wide-mouth 广口的
wide-necked bottle 广口瓶
wide-open (1) 易受攻击的，没有保护的；(2) 张开的，全开的
wide open throttle (=WOT) 节流阀全开
wide-passband infrared system 宽带红外系统
wide pattern return bend 宽径不闭合 180° 弯头
wide-range (1) 宽调节范围的，宽量程的；(2) 宽波段的，宽频带的；(3) 高射程的
wide range (1) 大量程，宽量程；(2) 宽波段，宽频带；(3) 高射程
wide-range meter 宽量程仪表
wide-range monitor 宽频带监视器
wide-range oscillator 宽频带振荡器，宽波段振荡器
wide-range regulation 宽范围调整
wide-range temperature controller 宽幅度调温器
wide-range tunable resonator 宽带可调谐振器
wide return bend 宽径弯头
wide scope 宽频示波器
wide-screen 宽银幕，宽屏幕
wide screen 宽屏幕
wide-sense stationarity 广义平稳性
wide series (轴承) 宽系列
wide-spaced tube 宽极距电子管，宽间距电子管
wide spread grab 大开度抓斗
wide strip 宽带材，宽带钢
wide strip mill 宽带轧钢机
wide-temperature core 宽温 [度] 磁芯
wide tooth bearing 轮齿过宽接触区
wide wheel grinding 宽砂轮磨削
wideband (=WB) 宽带，频带
wideband coherent light modulator 宽带相干光调制器
wideband dipole 宽频带偶极子
wideband integrated amplifier 宽频带积分放大器
wideband oscilloscope 宽频带示波器
widely 广泛，大大，很远
widely-pitched (1) 宽节距的；(2) 疏管距的
widen 加宽，展宽
widened planer 宽式刨床
widened planing machine 宽式刨床

1566

widening 展宽,扩大,加宽

widening circuit 加宽电路,展宽电路

widening of curve 曲线加宽

widening on curve 曲线加宽

widespread 分布广的,广泛的,广布的,蔓延的,普遍的,普及的

widget (1)小机械,小器具;(2)未定名的主要新产品

Widia 碳化钨硬质合金(用钴作粘结剂)

widish 有点宽的,稍宽的

Widmanstatten pattern (=Widmanstatten structure) (钢中)魏氏组织

widowmaker (1)射孔枪,射孔器;(2)凿岩机

width (=W) (1)宽度,阔度,广度,广阔,幅[宽];(2)(脉冲)持续时间;(3)一块材料

width angle (蜗轮)齿宽角

width between centers 中心距

width coding [按]宽度编码

width coil (电视的)调宽线圈

width control (1)(选通脉冲)宽度调整,宽度控制;(2)图像宽度调整;(3)行幅度宽度调整;(4)水平偏转宽度调整

width-diameter ratio 宽径比

width modulation 脉[冲]宽[度]调制

width multivibratorr 脉冲宽度可控多谐振荡器,脉宽多谐振荡器

width of cut 切削宽度

width of face 齿宽

width of groove 轧槽宽度

width of interrow 行距

width of jaws 钳爪宽度

width of planed surface 刨面宽度

width of reduced face (刀具)削窄前面宽度

width of root face 钝边高度

width of row 行距

width of thread 螺纹宽度

width of tooth 齿宽

width of transition steepness 前沿陡度

width-pulse modulation 脉[冲]宽[度]调制

width regulation 宽度调整

width-tapered pulse burst 宽度渐变脉冲串

width working surface of table 工作台面宽度

widthwise 纬向地,横着

Wieberg method 竖炉海绵铁炼制法

Wiechert method 接地电阻测定法,维谢尔法

Wien-bridge 文氏电桥

Wien-bridge oscillator 文氏电桥振荡器,维恩桥式振荡器

Wiegold 牙齿黄铜(铜比锌=2∶1)

wield 使用,行使,掌握,管理,运用,支配,指挥

wield authority 行使职权

wield influence 施加影响,影响到

wield the pen 执笔

wig-wag (钟表制造)[枢轴]摆动抛光机

wiggle (1)摆动,抖动,扭动;(2)蠕动;(3)波形

wiggle magnet 扭轨磁铁

wiggler magnet 摆束磁体

Wigner effect 维格纳效应

wigwag (1)摇动,摇摆;(2)发灯光信号,打[话语]信号;(3)信号通信,信号器,信号旗

wilco [来电收到即将]照办

wild (1)无人烟的,荒芜的,野生的,野蛮的;(2)未击中目标的,无秩序的,杂乱的;(3)强烈沸腾的,猛烈的,狂暴的,乱跳的;(4)不切实际的,轻率的;(5)猛烈地,粗暴地,野蛮地,乱

wild-card 通配符

wild goose 增益曲线

wild scheme 轻率的计划

wild steel 强烈沸腾钢

wild track (1)独立声带;(2)非同步声迹

wild trajectory "野"轨道

wildcat (1)投机性的,空头的;(2)非法经营的,靠不住的,不可信的;(3)不按规定时间行驶的;(4)无计划勘探;(5)(锚机)持链轮,锚链轮;(6)(铁路)特勤机车,急救机车

wildcat schemes 空头计划

wildcat sprocket 绞盘链轮

wildcatting 野锚钻井,预探钻井

wildfire (1)闪电,磷火,大火;(2)极易燃物

Wildhaber-Novikov circular arc tooth 韦尔哈巴－诺维科夫圆弧齿

Wildhaber-Novikov tooth gearing 韦尔哈巴－诺维科夫齿轮传动

Wildhaber system 韦尔哈巴(圆弧)齿轮装置

Wildhaber worm 韦尔哈巴圆弧面蜗杆

Wildhaber wormwheel 平面蜗轮

wildness 表面起毛

William's gas apparatus 威廉气体分析器

William's plastometer 威廉氏塑度计

William's tube 静电存储管,威廉氏管

Williams core 大气压冒口泥芯

Williams riser 气压冒口

Williams tube 静电存储管,威廉氏管

Williamson amplifier 高保真度放大器,威廉逊放大器

willowing machine (造纸用)脱尘碎纤机

Wilson electroscope 威尔逊验电器

Wilson gear 威尔逊齿轮

Wilson seal 威尔逊密封

wimble (1)匙形钻,螺旋钻,手摇钻,锥;(2)钻孔清除器,钻孔清孔器;(3)捻绳器

Wimshurst (influence) machine 维姆胡斯起电机,静电感应式起电机

winch (=WN)(1)卷扬机,起货机,绞车,绞盘;(2)有柄曲拐,曲轴,曲柄;(3)用起货机吊起,用绞车提升,用绞车举起,用绞车拉动

winch barrel 绞车卷筒

winch brake 绞车制动器

winch brake band 绞盘制动带

winch brake case 绞车制动器箱

winch cable 绞车钢索,绞车缆

winch capacity 绞车提升能力

winch clamp 绞车缆夹

winch clutch 绞车离合器

winch drag brake 绞车制动器

winch drive sprocket 绞车驱动链轮

winch drum 绞车卷筒,绞车转筒,绞盘

winch lever 绞车杆

winch lift 起重绞车

winch pawl 绞车棘爪,绞车爪

winch pawl wheel 绞车棘轮

winch pinion 绞车小齿轮

winch ratchet wheel 绞车棘轮

winch reduction worm 绞车减速器蜗杆

winch rope 绞盘用钢索,绞车缆

winch shift lever 绞车变速杆

winch sliding clutch 绞车滑动离合器

winch spool 铰筒

winch transmission 绞车传动装置

winch truck 绞车

winch worm 绞车蜗杆

winch worm brake drum 绞车蜗杆制动鼓,绞车蜗杆闸轮

winchester 标准细长玻璃,广口瓶

winchman 绞车手

wind (1)风;(2)卷绕,盘绕,曲绕,包紧,卷绕,围紧,卷,裹;(3)缠绕,绕线;(4)手动卷扬机,缠绕机构,缠绕装置,绞车;(5)(用绞车)绞起,吊起,举起,提升;(6)用曲柄摇动,摇手柄,上发条;(7)绕线法,缠绕,绕组

wind action 风力作用

wind axis (1)风轴;(2)流动轴

wind beam 抗风系杆

wind bent 抗风排架

wind bore [泵]进气管

wind-borne 气垫航行状态,腾升状态的,风引起的,风输送的,风生的

wind-bound 因逆风不能航行的

wind-box 风箱

wind box 风箱

wind-brace 抗风支撑

wind-break 防风设备

wind cap 防风罩

wind channel 风洞,风道

wind charger 风力充电器

wind-chill 用风冷却,风力降温

wind clamp 风挡夹

wind computer 风洞计算机

wind-cock 风向标

wind-cone 圆锥风标,风袋

wind cone 圆锥风标,风袋

wind-cooled 风冷的

wind corrector 风力修正器

wind-cracked 风吹裂的

wind cross 抗风剪刀撑
wind current 气流
wind direction 风向
wind-divide 风向分界
wind-down (1)逐步缩小,逐步收缩,逐步结束,逐步减少;(2)降级
wind down (1)逐步收缩,逐步结束;(2)降级
wind drift 吹流
wind-driven 风驱动的
wind-driven generator 风力发电机
wind-driven turn indicator 风动转弯指示器
wind-driven water pump 风动水泵
wind-electric 风生电的
wind factor 风力系数
wind force 风力
wind force scale 风[力]级
wind frame 抗风构架
wind furnace 通风炉
wind-ga(u)ge 测风速器,风速计,风力计,风压计,风速表
wind ga(u)ge (1)风速计,风力计,风压计,风速表,风速器;(2)枪的刻度标尺
wind guard 挡风板,挡风罩
wind indicator 风向标,风向
wind-instrument 管乐器
wind instrument (1)风速计;(2)风力表;(3)气流计;(4)管乐器
wind into 绕成卷,绕成团
wind load (=WL) 风荷载
wind meter 风速计,风力表
wind mill 风车
wind moment 风力矩
wind of Beaufort force 7 (蒲福风级)7级风
wind off 绕开,放开,松开,卷开,缠开
wind on 卷上
wind power 风力
wind power generation 风力发电
wind power plant 风力发电站
wind-powered 风力的,风动的
wind pressure 风压
wind-proof 防风的
wind pump 风车泵
wind-rode 顶风锚泊
wind rose 风向图,风力图,风图
wind round 绕在……上
wind-scale 风级
wind scale 风级
wind scoop 通风口,风穴
wind-screen 挡风玻璃,挡风板,风挡
wind screen 挡风玻璃,挡风板,风挡
wind screen wiper 风挡刮水器
wind shield 挡风玻璃,风挡板,风挡
wind shield adjusting arm 风挡调整臂
wind shield apron (汽车)玻璃风挡
wind-shield wiper 风挡刮水器
wind shield wiper 风挡刮水器
wind shield wiper arm 风挡刮水臂
wind shield wiper vacuum governor 风挡水刮真空调节器
wind-shaken 风裂的
wind signal generator 曲线信号发生器,曲绕信号发生器(测定彩色电视机相位失真的仪器)
wind-sleeve 套筒风标,袋形风标,风向袋,风向锥
wind-speed 风速
wind speed (=ws) 风速
wind speed and direction (=WS and D) 风速与风向
wind-speed indicator 风速计
wind spring 风簧,发条
wind stacker 风力堆积器
wind star 等边三角形测风法
wind-stream 风洞气流,定向气流
wind the altimeter down 使高度计的指针[读数]下降
wind-tight 不透风的,不通风的
wind-tone horn 风啸喇叭
wind transducer 风向传感器,气流方向传感器
wind truss 抗风桁架
wind-tunnel 风洞,风道
wind tunnel 风洞,风道

wind tunnel balance 风洞天平
wind tunnel correction 风洞修正
wind tunnel experiment 风洞实验
wind tunnel installation 风洞装置
wind tunnel instrumentation 风洞测量设备
wind tunnel investigation 风洞试验,风洞中的研究
wind tunnel laboratory 风洞实验室,空气动力学实验室
wind tunnel model (=wtm) 风洞模型
wind-tunnel nozzle 风洞喷管
wind tunnel propeller 风洞螺旋桨
wind tunnel study 风洞试验
wind tunnel technique 真空实验技术
wind-tunnelless model 非风洞用模型
wind turbine 风力涡轮机,空气涡轮机
wind-up (1)完结,终结,结局,结束;(2)靠发条发动的
wind up (1)上紧发条,上弦;(2)吊起,卷起,绞起;(3)缠绕,卷紧,卷拢,(4)使振作,使紧张;(5)完结,结束,清理,解散
wind-up key 发条钥匙
wind-up roll 收卷辊
wind-vane 风向标
wind vane 风向标
wind velocity 风速
wind velocity indicator 风速仪
windage (1)风力修正[量],风致偏差,风力影响;(2)游隙,余隙,间隙;(3)空气阻力,空气摩擦,风阻
windage deflection
windage loss (运转时)风阻损失,通风损耗
windage losses (1)通风损耗,风阻损失,气流损失;(2)风偏差;(3)风差修正量
windbreak 防风设备
winder (1)绕线机,卷绕机,卷取机,绕线器,卷线器;(2)提升机,高升机,卷扬机,绞车;(3)卷簧器,卷片器,卷纸器,卷纸机;(4)络筒机,络纱机(5)(楼梯的)斜踏步,盘梯,曲梯;(6)上发条钥匙;(7)拔禾轮;(8)缠绕者
winder motor 提升机电动机
winder of inclined shaft 斜井提升机
winder of vertical shaft 竖井提升机
windhead 风力发动机顶部
winding (=wdg) (1)绕组,线卷,线圈;(2)绕线,绕法;(3)上发条,提升,卷扬,卷起,弯曲,卷曲,绞;(4)缠绕的,卷绕的,曲折的,迂回的
winding barrel 提升绞筒
winding by hand 手绕
winding click motion 卷绕离合器,扇形离合器
winding coefficient 绕组系数
winding construction 绕组结构
winding cycle 提升循环
winding data 绕组数据
winding department 绕线车间
winding depth 提升深度
winding diagram 绕组图
winding displacement (1)绕组位移,绕线位移;(2)排线
winding drum 缠索轮,提升绞筒
winding engine 卷扬机,提升机
winding engine driver 绞车司机
winding engine indicator 提升机深度指示器
winding face 提升绞筒宽度,提升机的滚筒面
winding factor 绕组因数,绕组系数
winding gear (1)提升机构;(2)缠绕机构;(3)提升机,提升设备
winding governor 卷绕调速器
winding installation 提升设备
winding interval 提升间歇时间,装卸时间
winding length 绕组长度,线圈长度
winding level 提升水平
winding machine 绕线机
winding motor 提升[用]电动机
winding number 分枝数
winding path 绕组分支
winding pendant 帆桁起重索
winding pinion 上离合轮,立轮
winding pipe 弯管,风管
winding pitch 线圈节距,绕[组节]距
winding pulley 绕线滑轮
winding rack 上条齿板
winding reel 辊式卷线机,电缆卷筒,卷线筒,绕线筒

1568

winding resistance　提升阻力
winding roll　卷线盒,绕线盒
winding rope　提升钢丝绳,起重索
winding shaft　卷轴
winding shield　绕组护罩
winding shop　绕线[圈]车间
winding space　绕组空间,绕组位置
winding speed　提升速度
winding staircase　盘旋式楼梯
winding sticks　曲面量尺
winding strips　曲面量尺
winding system　提升系统
winding table　绕组表
winding tackle　三饼滑车组,卷扬滑车
winding-up　(1)关闭,清理,结业,了结,解散;(2)卷裹,绕紧
winding volume　绕组体积
winding wire　绕组线,线圈线
windlass　(1)链式卷扬机,链式绞盘,链式绞车,小绞车,卷扬机,提升机,绞盘,辘轳;(2)起锚机;(3)提升,绞起,吊起
windless　无风的,平静的
windmill　(1)风力发动机,风力发电机,风车;(2)直升飞机,旋翼机;(3)通融票据,(4)螺旋桨自转,风车自转
windmill anemometer　风车式风速表
windmill curve　风车线
windmill generator　风力发动机,风力发电机
windmill pump　风车泵,风力泵
windmilling　螺旋桨自转,风车旋转,风车自转,螺旋桨自转,自由旋转
Windom antenna　单线馈电水平天线
window　(1)陈列窗,橱窗,车窗,窗户,窗口,窗孔,窗隙;(2)玻璃窗,观察窗,观察孔;(3)窗状开口;(4)雷达干扰带,偶极子干扰,金属干扰带,金属带;(5)双重限制器,上下限幅器;(6)触发脉冲;(7)(宇宙飞船,火箭)发射时限,最佳时间;(8)(重返大气层的)大气层边缘通过区
window air conditioner　窗置式空气调节器
window amplifier　上下限幅放大器,"窗"放大器
window attitude check　(航天飞行器再入大气层时的)窗向检查
window band　最佳频段
window-blind　遮光帘
window cleaner　刮水器,玻璃刷
window cloud　涂覆金属的纸带,金属屑群
window-curtain　窗帘
window defroster　(汽车玻璃窗的)防霜装置,风挡去霜器
window-dressing　橱窗装饰
window dropping　散布[雷达干扰的]金属带
window frame aerial　车窗天线
window in guide　波导窗[孔]
window-loaded rocket　装有金属反射体的火箭
window machine controller　中继控制器,窗口[机]控制器,部分放大样控制器
window nozzle　有观察孔的喷管
window of the slope　斜率窗口
window of tube　荧光屏,管窗,管屏
window of water vapour　水蒸气窗
window opening　窗口
window pair　窗口[函数]对
window-pane　窗玻璃
window position　窗口[脉冲]位置,波门位置
window-range　窗频范围
window regulator　车窗开闭调节器
window rocket　撒布金属反射体的火箭
window sash　上下开关的窗扇,钢窗框,窗框
window screen　纱窗
window-shade　窗口遮阳篷,遮光帘
window signal　触发脉冲信号,窗孔信号
window-type cage　框形保持架,窗形保持架
window type current transformer　穿圈式电流互感器,贯通式变流器
window type restraint weld cracking test　窗形约束焊缝抗裂试验
window wiper　刮水器,玻璃刷
windowing　(1)开窗口;(2)成行堆料
windowless　无窗的
windowless electron multiplier　无窗电子倍增器
windowless photomultiplier　无窗光电倍增器
windowpane　窗[格]玻璃
windows　镀金属的箔条

windowsill　窗槛,窗盘
windowtron　高功率微波窗测试装置
windrow　(1)条形长堆,[长形]料堆;(2)按长堆堆料,堆成长条
windrow equalizer　分[料]堆器
windrow evener　料堆摊平机,平堆机
windrow loader　料堆装卸机
windrow sizer　料堆断面整理机
windrow-type　堆料式[的]
windrower　(1)料堆整形机,堆料整形机,堆行机,铺条机;(2)(甘蔗)切割堆料机,割晒机
windrowing　成行堆料
windsail　(1){船}帆布通风筒;(2)风车的翼板;(3)通风管,通风斗
windscooper　招风斗
windscreen　挡风玻璃,挡风板,风挡
windscreen wiper switch　风挡刮水器开关
windshield　(1)挡风玻璃,挡风罩,风挡;(2)防弹头盔
windshield heater　前玻璃挡板加热器
windshield wiper　风挡刮水器,雨刷
windshield wiper blade　刮水片
windshield wiper switch　风挡刮水器开关
windsock　袋形风标,风向锥,风袋
windstream　(1)迎面气流;(2)定向气流;(3)风洞气流
windthroat　鼓风机排气口,风扇排气口
windup　(1)(四轮驱动车辆传动系中)寄生功率现象;(2)上紧(发条);(3)完结,结束
windup-degrees　扭转角度
windup motion of rear axle　后桥(绕自身轴线的)角振动
windward　(1)向风的,迎风的,逆风的;(2)迎风面,迎风侧;(3)向风,上风,迎风
windward truss　上风桁架
windy　(1)多风的,风大的,猛烈的;(2)由风产生的;(3)空谈的,吹牛的;(4)无形的
winepress　葡萄汁压榨机,榨汁机
wing (=wg)　(1)机翼,弹翼,翼板,翼;(2)装翅膀,装机翼;(3)翼状物,翼形物;(4)(汽车的)挡泥板;(5)叶片,叶轮,盘;(6)侧面[布置],上甲板外侧,舷窗;(7)(角钢的)股,边;(8)电子管阳极;(9)(空军)联队;(10)(铁路)翼轨;(11)飞翔,飞行,飞跑,加快,加速;(12)装翼
wing abutment　翼式桥台,翼座,翼墩,翼墙
wing axis　翼轴线
wing base　侧底座
wing beam　翼梁
wing bolt　翼形螺栓,蝶形螺栓
wing bracing　翼拉条
wing brake　叶轮制动器
wing camber　机翼弯度
wing cascade　翼[形叶]栅
wing chair　靠头的高背椅,可挡风靠背椅
wing chord plane (=WCP)　翼弦平面
wing contour　翼轮廓
wing core　{铸}下落式顶填泥芯,楔形芯头泥芯
wing cover　翼罩
wing-duct outlet　机翼中导管的出口截面
wing fence　翼刀
wing fillet　机翼整流物
wing flap　襟翼
wing flap control valve　翼瓣控制阀
wing flap relief valve　翼瓣安全阀
wing flats　背景屏,侧幕
wing-fold　翼折叠
wing gun　机翼固定机枪
wing jack　机翼起重器
wing lift　机翼升力
wing light　侧投灯光
wing member　翼构件
wing-mounted　装于翼上的
wing nut　翼形螺母,蝶形螺母,蝶形螺帽,元宝螺母
wing of infinite span　无限翼展机翼
wing of the curve　曲线翼
wing pallet　翼式托盘
wing panel　附加在旁边的面板,翼板,翼片
wing passage　船侧通道
wing plane　像机
wing pressure coefficient　机翼压力系数

wing pump　　(1) 叶轮泵, 叶片泵, 叶子泵; (2) 手摇泵

wing screw　　翼形螺丝, 翼形螺钉, 蝶形螺钉, 元宝螺钉

wing section lift coefficient　　机翼升力系数

wing shaft　　侧轴

wing-ship　　侧翼舰

wing-sidecar　　边车

wing skid　　翼梢 [滑] 撬

wing slot　　机翼开缝

wing span　　(飞机) 翼展, 翼长

wing spot　　(电视的) 侧投点照灯光

wing tank　　机翼油箱

wing taper　　翼斜削度

wing tie　　外飘型船首

wing-tip battery　　翼梢发射架

wing-tip float　　翼尖浮筒

wing-transom　　船尾柱顶横材

wing truss　　机翼桁架

wing-type pallet　　翼形集装架

wing undersurface　　机翼下表面

wing unit　　机翼

wing valve　　圆盘导翼阀

wing wheel　　(飞机) 翼轮

wingduct outlet　　机翼中导管的出口截面

winged　　有翼的

winged cutter　　装翼铣刀

winged mouldboard　　装翼模板

winged nut　　翼形螺母, 蝶形螺母

winged rocket　　带翼火箭, 飞行式火箭

winged screw　　翼形螺钉, 蝶形螺钉, 翼状螺帽

wingfold　　翼折叠

wingheaded bolt　　翼形螺栓, 双叶螺栓

wingheaviness　　一翼较重, 翼重

winging　　沿舷布置重量

wingless　　无翼飞机, 无翼飞行器

winglet　　小翼

wingman　　(1) 僚机; (2) 僚机飞行员

wingmanship　　飞行技术

wingover　　半滚

wingrail　　翼轨

wingshelter　　桥楼两翼

wingspan (=wingspread)　　翼展

wingstub　　水上稳定翼, 短翼

wingtip　　(1) 翼夹, 翼梢, 翼尖; (2) 机翼端

wingwall　　(1) 屏式凝渣管; (2) 翼墙

wink　　(1) 瞬动, 瞬时; (2) 闪烁, 闪亮; (3) 一瞬 (时间单位, 等于 1/2000 分钟); (4) 完结, 熄灭; (5) 打信号, 信号

winker　　(1) 信号灯; (2) 汽车用闪光灯, 方向指示灯

winking　　局部闪烁

winkle　　(1) 抽出, 砍掉; (2) 闪烁, 闪耀

Winkler　　温克勒 [溶解氧] 测定法

Winkler's hypothesis　　文克勒假设 (弹性地基计算的一种假设)

Winn bronze　　一种含铅黄铜 (铜 62-68%, 锌 28-35%, 镍 2-2.3%, 铅 0.5-1%, 铁 0-0.5%)

Winner winding　　温纳 [标准] 线圈

winning　　(1) 获得, 获胜, 胜利; (2) 获胜的, 胜利的; (3) 提炼, 提取; (4) (复) 奖金

winning cell　　电积槽

winning of nickel　　镍的提取

winnow　　(1) 气流分送, 使分离, 风选, 簸选, 漂选, 流选, 簸, 扬; (2) 辨别, 鉴别; (3) 扬谷器

winnow the false from the true　　鉴别真伪, 辨别真伪, 去伪存真

winnowing　　风 [力] 选

winter axle oil　　低凝点润滑油, 耐冻润滑油, 冬季 [润滑] 油, 冬季轴油

winter black oil　　低凝固点油, 冬用黑油

Winter-Eichberg-Latour motor　　温特 - 艾希伯格 - 拉图尔电动机

winter grade　　冬用 [润滑油] 品质

winter jet　　冬季飞行用喷嘴

winter oil　　冬用机油, 冬期用油, 耐冻润滑油

winter-proofing　　(1) 防寒, 防冻; (2) 防冻装置

winter protection　　防寒

winterization　　(1) 耐寒处理, 防冻处理; (2) 安装防寒装置, 提供防寒设备; (3) 冬季运行的准备, 冬季运行条件试验

winterization test (=WT)　　防冻试验

winterize　　(1) 冬季使用, 冬季运转; (2) 给……提供防寒设备, 给定

安装防寒设备

wipe　　(1) 撞击, 冲击; (2) 擦, 抹, 拭, 揩; (3) 消除, 消灭, 消磁; (4) 抹上, 涂上; (5) 拭接 [铅管的接头]; (6) 摩擦闭合, 摩擦接触; (7) 辊式挤锌装置

wipe away　　擦干净, 擦掉, 抹掉

wipe breaker　　接帚断路器

wipe circuit　　扫描电路, 消除电路

wipe grease over the surface of a machine　　在机器表面涂上一层油

wipe-in　　(电影、电视) 划入

wipe in　　(电影、电视) 划入

wipe joint　　铅锡合金嵌口接头

wipe-out (=WO)　　(1) 拭去, 洗掉, 擦去, 抹去, 歼灭; (2) (电子管) 封闭; (3) (电影、电视) 划出

wipe out　　(1) 擦净, 擦洗, 擦掉, 除去, 消除, 消灭, 毁掉, 封闭; (2) (电影、电视) 划出

wipe pulse　　短促脉冲

wipe up　　(1) 擦干净; (2) 消灭, 歼灭

wiped contact (=wiping contact)　　摩擦接触

wiped galvanizing　　(钢丝的) 石棉抹镀锌

wiped joint　　(1) 拭接, 裹接; (2) 热 [焊] 接; (3) 焊接点

wiper　　(1) 刮油器, 刮油环; (2) (汽车风挡的) 刮水器, 擦净器, 清除器, 雨刷; (3) (自动电话交换机上的) 回转接触子, 滑动片, 滑臂, 滑针; (4) 擦器; (5) 滑线电阻触头, 接触 [电] 刷, 弧刷, 接帚; (6) 电位计游标; (7) 涂覆工具; (8) 擦拭者, 擦拭物

wiper arm　　弧刷臂, 接帚臂

wiper blade　　(汽车风挡的) 刮水片

wiper chatter　　弧刷振动

wiper-closing relay　　接帚闭合继电器

wiper hammer　　杵锤

wiper handle　　刮水器柄

wiper rod　　刮水器杆

wiper seal　　压力密封, 弹性密封, 接触密封

wiper shaft　　(1) 弧刷轴, 接帚轴; (2) 擦拭器轴

wiper spark igniter　　拂式火花点火器

wiper-type contacts　　瞬动接点, 滑动接点

wiper vacuum booster　　刮水器真空助力器

wiper vacuum governor　　水刮真空调节器

wiping　　(1) 挤干, 擦, 拭, 抹; (2) 涂上 (油等); (3) (接触器的) 摩擦闭合, 摩擦接触, 接帚作用, 滑触作用; (4) 消除, 消磁; (5) 微磨损, 磨耗; (6) 粘合剂移位

wiping action　　(电接触面的) 接帚作用, 擦拭作用, 滑触作用

wiping contact　　摩擦触点, 自净触点, 滑动触点

wiping effect　　对润滑油膜的擦除作用

wiping method　　抖焊运条法

wiping rag　　擦布

wipla　　铬镍钢

wipple hammer　　摆动锤

wirable　　(1) 可装电线的; (2) 可用金属丝连接的, 可用金属丝加固的, 可用金属丝捆扎的

wire (=W)　　(1) 电缆, 电线, 导线, 线路; (2) 用电线连接, 用导线连接, 铺设导线, 装电线, 接线, 布线, 配线, 架线; (3) 钢丝绳, 钢丝索, 金属线, 金属丝; (4) 铁丝, 钢丝, 铜丝, 焊丝, 线材; (5) (原子能) 细圆棒, 棒形释热元件; (6) 金属线制品, 金属丝网; (7) 电信, 电报, 电话; (8) 用金属丝捆, 扎, 系; (9) 打电报, 通报, 电告

wire-and-plate counter　　线绕和板极计数管

wire-ANDing　　线 "与" (连接)

wire antenna　　金属线天线, 线状天线, 导线天线

wire-armoured (=WA)　　铠装线

wire-around rheostat　　线绕变阻器

wire barrow　　放线车

wire bars　　线材坯, 丝锭

wire bead　　钢丝 [橡皮] 撑轮圈

wire belt　　钢丝绳带

wire belt conveyor　　钢丝绳带输送器

wire bending and forming machines　　线材弯曲成形机

wire binder　　钢丝扎捆机

wire bonder　　引线接合器, 丝焊器

wire-break relay　　断线继电器

wire breakage detector　　断线指示器

wire broadcasting　　有线广播

wire-brush　　钢丝刷

wire brush　　钢丝刷

wire brush cleaner　　线刷清洁器

wire buff　　金属丝刷抛光轮

wire cable　(1) 钢缆, 钢丝绳；(2) 多股缆

wire capacitor　线绕电容器

wire casing　线槽

wire chief's desk　测量长台

wire circuit　有线线路

wire clamp　(1) 线夹；(2) 钢丝钳；(3) 引线接头

wire cloth　金属丝布, 钢丝布, 铜丝布

wire-coil packing　线圈填充料

wire coiling machine　绕丝机, 绕线机

wire comb　钢丝梳

wire configuration　杆面 [布线] 形式

wire constant　金属丝常数

wire-control　导线操纵

wire control　导线遥控

wire counter　线绕计数器

wire cut electric discharge machine　电火花线切割机床

wire-cutter　钢丝钳, 铁丝剪

wire cutter　钢丝钳, 铁丝剪, 线剪

wire drag　钢丝扫海器

wire-drag method　热线测阻法

wire-draw　拉丝, 拔丝, 拉长

wire draw bench　拔丝机, 拉丝机

wire draw tongs　拉丝钳, 紧线钳

wire-drawer　拉丝工

wire-drawing　拔丝

wire drawing　拉拔 [钢丝], 拉制电线

wire-drawing bench　拉丝机, 拔丝机

wire-drawing block　拉模板

wire-drawing die　拔丝模, 拉丝模

wire drawing machine　拔丝机, 拉丝机

wire-drawing plant　拉丝车间

wire drift chamber　丝漂移室

wire drive device　(线切削机) 走丝装置

wire drive unit　(线切削机) 送丝装置

wire drum　卷丝筒

wire edge　(刃口磨得过薄的) 卷口, 卷刃

wire electrode　丝状电极

wire fabric　(过滤用) 金属丝布, 钢丝布, 铜丝布

wire fence　钢丝栅栏

wire file　成串文件

wire filter　缠丝过滤器

wire finder　电缆芯线识别器

wire flattening mill　线材压扁机

wire-frame viewfinder　光电像测定器

wire fuse　线状保险丝

wire gauge (=WG)　金属丝规, 线径规, 线规

wire gauge plate　线规板

wire gauze　金属丝网, 铁丝网

wire gauze filter　金属线网过滤器

wire gauze packing　线网填充料

wire glass (=WGL)　铁丝网玻璃, 嵌丝玻璃, 络网玻璃, 夹丝玻璃

wire grip　拉线器

wire-guidance　有线制导

wire guide　(1)电焊丝导向,电焊丝导轨,线 [材] 导板；(2) 钢丝绳道；(3) 针导管, 导线孔, (4) 有线制导

wire guy　钢丝牵索, 缆索

wire jumper　跳线

wire lapping　导线重叠 [法] 装配

wire laying vehicle　布线车, 敷线车

wire line　钢丝绳

wire-line bit　绳索式钻头, 投掷式钻头

wire line core barrel　绳索式取岩心器, 绳索式岩心筒

wire-link telemetering　有线遥测

wire lock by satellite　卫星线锁

wire loop　钢丝套眼, 钢丝圈, 线环

wire man　线路工, 电工

wire mark　网印

wire matrix printer　针极印刷机, 针极打印机

wire memory　磁线存储器

wire memory matrix　磁线存储器矩阵

wire-mesh　金属丝网, 铁丝网, 钢丝网

wire mesh (=WM)　金属丝网, 钢丝网, 铁丝网, 线网

wire mesh belt　钢丝网制作的输送带, 金属丝网带

wire-mesh pallet　网眼集装箱

wire-mesh reinforcement　钢丝网配筋, 网状钢筋

wire-meshed screen　(1) 金属丝网, 粗筛网；(2) 金属丝网筛, 金属线方孔筛

wire mill　活套轧机

wire milling　线材轧制

wire nail　圆头钉, 圆铁钉

wire name plate　导线型号牌

wire net　导线网, 铁丝网

wire netting　(1) 金属丝网；(2) 金属栅栏

wire netting protector　线网护罩

wire nippers　克丝钳

wire part　铜网部 [分]

wire peg　导线桩

wire-penetrameter　线型透度计

wire photo　传真照片

wire pistol　喷丝枪, 金属粉末喷雾枪

wire pitch　(钢丝绳的) 钢丝捻距

wire pliers　剪丝钳

wire printer　针极打印机, 针式打印机, 线式打印机, 格线打印机, 针示印刷机, 针极印刷机, 线状印刷机

wire race ball bearing　钢丝滚道球轴承

wire-race bearing　钢丝滚道轴承

wire raceway　(轴承) 钢丝滚道

wire radio　有线载波通信

wire recorder　钢丝录音机, 磁线录音机

wire reel　(1) 卷丝架；(2) 绕线盘；(3) 焊丝盘

wire relay broadcasting　有线转播

wire-resistance gauge　电阻丝应变仪

wire-resistance strain gauge　电阻丝应变仪, 线阻应变仪

wire rheostat　线绕变阻器

wire rod　钢丝棒, 盘条, 线材

wire-rod guide　线材导板

wire-rod mill　线条轧机, 线材轧机

wire-rod milling　线材轧制

wire-rod pass　线材孔型

wire-rod reel　线材卷架

wire roll　线材轧辊

wire rope (=WR)　钢丝绳, 钢绞线, 钢索, 钢缆

wire rope conveyor　钢丝绳输送机

wire rope gearing　(1) 钢丝绳传动装置；(2) 钢丝绳传动

wire-rope-operation scraper　绳拉式矿耙

wire rope pulley　钢丝索轮, 钢索滑轮

wire rope tester　电感式钢丝绳检测器 (检查钢丝绳是否断线、腐蚀、磨损等情况的仪器)

wire ropeway　钢丝索道

wire routing　互连电极的布线

wire screen　[金属丝] 网筛, 金属丝方孔筛, 钢丝网筛

wire-screen flexible waveguide　金属网屏蔽可弯波导管

wire-screen ladle　(金属丝) 筛网漏勺, 网勺

wire separator　钢丝分格板

wire shears　线材剪切机

wire side　网面

wire sieve　金属 [丝] 细筛

wire silver　线状自然银

wire solder　焊线, 焊丝, 焊条

wire splice　接线

wire spoke　钢丝辐条, 线幅

wire spoke wheel　钢丝辐轮

wire spool　绕线盘

wire stabbing　铁丝 [钉] 订

wire stay　拉线

wire stirrer　线网搅拌器

wire-stitching　铁丝 [钉] 订

wire storage　磁线存储器

wire straightener　线材矫直机

wire-strain gauge　电阻丝应变仪

wire strain gauge　线式变形测定仪

wire stranding machine　绞绳机

wire stretcher　钢丝拉伸机, 拉线机

wire stripper　导线绝缘剥除机, 剥皮钳

wire-supported　金属线悬挂的, 张线式悬挂的

wire surface　[打印] 针表面

wire suspension　悬frame, 吊索

wire symbol　线号

wire table 导线表

wire tack 金属丝钉

wire telegraphy 有线电报

wire telephone 有线电话, 有线电话学

wire tension table 紧线台

wire-tie 扎钢筋, 轧铁丝

wire tip (针式打印机的)针头

wire-to-wire capacity 线间电容

wire torque tester 线材扭转试验机

wire train 涂线序列

wire tram-way 轻便铁索路

wire travelling speed (线切割机床)走丝速度

wire tube 电线导管

wire twisting machine 绞线机

wire type recorder 钢丝录音机

wire under voltage 火线

wire way (=WW) (1)电缆槽, 布线槽; (2)导线; (3)钢丝绳道, 提升绳道; (4)金属线导管

wire-weight gauge 悬锤水标尺

wire weight gauge 悬锤水标尺

wire wheel 钢丝辐轮

wire wheel brush 圆盘钢丝刷

wire working 金属丝加工, 金属线加工

wire works 金属线厂, 制线厂, 钢丝厂

wire-wound (=WW 或 ww) 线绕的

wire-wound potentiometer 线绕电位计

wire-wound resistor 线绕电阻器, 绕组电阻

wire wrap 绕[线连]接

wire-wrap connection 绕接

wire-wrap socket 绕线插座

wire-wrap tool 绕接工具, 绕枪

wire-wrapped panel 绕焊底板

wire wrapping 绕线

wire wrapping connection 绕接

wire-wrapping machine 绕接机

wirebar 线材坯, 线锭

wired (1)绕以金属线的; (2)用金属线加固的

wired broadcast station 有线广播站

wired broadcast system 有线广播系统

wired glass 嵌丝玻璃

wired-in 编排好的, 固定的

wired-in memory 绕定存储器

wired-in program 内装组件程序

wired-in valve (直接焊入线路的)无座管

wired photo transmitter 有线传真发送机

wired program computer (=plugboard computer) 插接程序计算机

wired radio 有线广播

wired remote control 有线遥控

wired telecommunication 有线通信

wired telegraph system 有线电报系统

wired television community 有线电视

wired television system 有线传输的电视系统

wired tyre 直边轮胎

wiredrawing 拉丝

wiregauge [量]线规

wiregrating 线栅

wireless (1)无线电; (2)不用电线的, 不用金属线的, 无线电报的, 无线电话的, 无线电的, 无线的; (3)无线电收音机

wireless apparatus 无线电设备

wireless bonding 无引线接合法

wireless communication 无线电通讯

wireless communication line 无线通讯电路

wireless control 无线电控制

wireless-controlled 无线电控制的

wireless device 无线电装置, 无线电设备

wireless direction 无线电测向仪

wireless direction finder 无线电定向器

wireless directional bearing 无线电定向

wireless engineer 无线电工程师

wireless engineering 无线电工程

wireless fix (1)无线电定位的; (2)无线电测位

wireless link 无线电线路

wireless message 无线电讯, 无线电报

wireless microphone receiver 无线传声器收音机

wireless netsonde 无线电网位仪

wireless order (=WO) 无线电指令

wireless pulse 无线电脉冲

wireless record player 无线电唱机

wireless remote control 无线电遥控

wireless set 无线电收音机, 无线电设备

wireless spreader 无线横柱

wireless station (=ws) 无线电台

wireless telegraphy (=WT 或 W/T) 无线电报

wireless telegraphy direction finder (=WTDF 或 W/TDF) 无线电报测向器

wireless telephonic communication (=wtc) 无线电话通信

wireless telephony (=WT 或 WT) 无线电话

wireline log 电缆测井

wireman (1)电气装配工, 装线工, 架线工, 线路工, 线务员; (2)电路检修工

wirephoto (1)有线传真; (2)传真电报; (3)用有线传真发送

wirephoto system 传真电报系统

wirerope 钢[丝]绳, 钢缆

wiresonde (1)有线探空仪; (2)有线探测气球

wiresplint 线夹板

wiretap (1)窃听装置, 窃听器; (2)装窃听装置, 装窃听器; (3)用窃听器监视, 监视, 窃听

wiretapper 从电话上窃取情报者, 从电报上窃取情报者

wiretron 线型变感元件

wireway (1)电线管道, 电缆槽, 布线槽; (2)导线; (3)钢丝绳道, 提升绳道; (4)金属线导管

wirework (1)金属丝制品, 金属丝网, 导线, 电线, (2)(复)金属制品厂, 金属丝厂

wirewound 绕有电阻丝的, 线绕的

wirewound resistance 线绕电阻

wirewound resistor 线绕电阻器

wiring (1)线路, 电路, 导线; (2)装设金属线, 布线, 接线, 配线, 架线, 装线; (3)钢丝连接, 钢丝捆绑; (4)用轴线卷边, 加网状钢筋, 线网

wiring board (=plug board) 布线底板, 装配底板, 接线板, 插接板, 配线盘

wiring capacitance 分布电容, 接线电容, 引线电容, 布线电容

wiring capacity 接线电容

wiring clip 钢丝剪, 线夹

wiring code 布线规程

wiring conduit 布线管

wiring delay 布线延迟

wiring design 电路设计

wiring die 卷边模

wiring diagram (=WD 或 wd) 电线线路图, 电路装配图, 接线图, 布线图, 配线图, 电路图

wiring errors 布线错误

wiring grommet 电线环状接头

wiring layout 线图配置图, 接线图, 布线图, 装配图, 安装图

wiring list 布线表

wiring material 布线材料

wiring pattern (印刷电路的)布线图[案]

wiring plan 线路敷设图

wiring point 联结点, 接线点

wiring scheme 接线图

wiring symbol 接线符号

wiring system (1)接线系统; 布线系统, 布线制

wiring terminal 接线柱

wiring topology 接线布局

wiring tube 引线管

wiring work 配线工工作

wiry (1)金属丝般的, 铁丝似的, 坚硬的, 结实的, 韧的; (2)金属线制的, 金属丝制的; (3)金属弦发出的

wisdom (1)聪明, 才智, 智慧, 明智, 英明; (2)知识, 学识, 常识, 学问; (3)名言, 格言

wise (1)有智慧的, 聪明的, 英明的; (2)考虑周到的, 有见识的, 博学的, 明智的; (3)领会了的, 明白的, 觉悟的; (4)方式, 方法, 样子; (5){数}法则; (6)知道, 了解, 告诉, 教会, 学习

wise precaution 巧妙的预防措施

wish (1)祝福, 祝愿; (2)想要, 需要, 希望, 愿望; (3)但愿; (4)命令, 请求

wishbone (1)[独立悬挂的]V形架; (2)叉形拉杆, 叉形杠杆, 叉形杆

wisp (1)小束, 小捆, 小把, 小缕, 一条, 一片; (2)卷成一捆, 卷成一束, 捻成一条; (3)小扫帚

wispy 轻微的, 稀疏的, 模糊的

wistful 渴望的, 希望的, 沉思的

wit (1) 智力, 智慧, 理智, 机智, 才智; (2) 智者; (3) 知道

with (1) 同, 与, 和, 跟……; (2) 借助, 用, 以; (3) 和……同时, 跟随; (4) 包括……在内, 具有……的; (5) 在……方面, 就……来说, 对于, 关于; (6) 在……的情况下, 如果, 虽然, 由于, 当; (7) 当……时, 由于, 以及, 同时, 随着, 即使, 使, 而;

with- (词头) [相] 对, 向 [后], 反对, 分 [离], 背离, 逆

with average (=WA) 海损险, 水渍险

with care (=WC) 小心

with equipment and spare parts (=W/E & SP) 带设备和备件的

with particular average (=WPA) 单独海损赔偿, 担保单独海损, 单独海损险, 基本险, 水渍险

"with" movement "同向" 运动

with recourse 有追索权

with respect to (=wrt) 相对于, 关于

withal (1) 同时, 同样, 此外, 而且, 加之, 又; (2) 尽管如此, 然而; 用, 以

withdraw (1) 取出, 抽出, 拔出, 排出, 推出, 退出, 提取, 提炼, 抽水, 分离, 回收; (2) 取回, 收回, 撤回, 缩回, 退回, 拉动, 拉开, 拉下; (3) 去除, 移开, 取消, 脱离, 拆卸; (4) 拉晶

withdraw a demand 撤销要求

withdraw from a meeting 离会, 退席

withdrawable on demand 即可付款

withdrawal (1) 后退, 退出; (2) 取出, 拔出, 拆卸; (3) 放出, 引出; (4) 缩回; (5) 排出量, 排水量

withdrawal device 顶出器, 抽出器, 拆卸工具

withdrawal lever 分绽操纵杆

withdrawal mechanism 取绽机构

withdrawal nut 拆卸螺母

withdrawal resistance 拔出阻力, 抗拔力

withdrawal roll 拉辊

withdrawal sleeve (轴承) 退卸套

withdrawal space 拆卸空间

withdrawer (1) 拉轮器, 拉拔器, 拆卸工具; (2) 回收器; (3) 回收者

withdrawing device 顶出器

withdrawing the pattern 拔模, 取模

wither [使] 衰弱, 减少

withering (1) 毁灭性的, 摧毁的; (2) 用于进行干燥处理的

withhold (1) 抑制, 制止, 阻止; (2) 拒绝给予, 扣留, 不给

withhold information 不发表消息, 隐瞒消息

withhold one's consent 不同意, 不许可

withhold one's support 不支持, 不援助

withhold payment 不予支付

withholding (=wh) 抑制, 制止, 阻止

within (1) 在……里面, 在……之内, 在……内部; (2) 在……范围内, 不超出; (3) 在内部, 在里面, 户内; (4) 在内心; (5) 内部, 里面

within and without 里面和外面, 里里外外

within normal limits (=WNL) 正常限度内

within one's reach 力所能及

within reach 可以达到

within the bounds of possibility 在可能范围内

within the limits of 在……范围内

within the range of 在……范围内

without (=W/O 或 wo) (1) 如果没有 [就], 没有, 无, 不; (2) 在……外部, 在……外面, 在……以外, 超过; (3) 未经, 不经, 没经; (4) [而] 不致; (5) 户外; (6) 在外部, 在外面, 外表上; (7) 在没有……情况下; (8) 如果不, 除非

without (a) parallel 无比, 无双

without bias 无偏性

without charge (=wc) 免费

without compare 无比的

without consideration (of) 不予考虑

without day 没有日期, 无限期

without delay 立刻

without dispute 无可争论, 无疑, 的确

without distinction 毫无差别

without doubt 无疑 [地]

without equipment and spare parts (=W/OE & SP) 不带设备和备件的

without extra cost 没有额外费用, 免费

without measure 非常, 过度

without margin (=W/M) (1) 不留余量; (2) 无边缘

without number 无数, 极多

without one's reach 在……所能及的范围内

without price 极贵重的, 无价的

without question 毫无疑问, 无疑

without recourse 不受追索, 无追索权

without reference to 不管, 不论

without regard for 不顾

without so much as 甚至不

withstand (1) 抗拒, 抵抗, 反抗; (2) 经得起, 经得住, 顶得住, 经受, 耐

withstand test 耐压试验

withstand voltage 耐 [受电] 压 [的]

withstanding fire 耐火的

witless 没有才智的, 愚笨的, 糊涂的

witness (1) 亲眼看到, 证明, 证实, 证据, 作证, 目击; (2) 目击者, 证人; (3) 表明, 表示, 说明

witness line 指示线

witness mark (1) 装配标记; (2) (测量) 参考点, 联系点

witness point (=WP) (测量) 参考点, 检验点

witness corner (测量) 参考角, 联系角

witnessed corner (测量) 参考角, 联系角

Witten process 威顿法 (不锈钢熔炼系与电炉双联的精炼方法之一)

witting 有意的, 故意的

wittingly 有意地, 故意地

wittingly or unwittingly 无论有意无意, 无论故意或偶然

wobble (1) 轴线偏差; (2) [使] 摆动, 振动, 跳动, 摇动, 晃动, 摇摆, 摇晃; (3) 震颤, 颤动, 串动; (4) 运动不稳定, 不稳定运动, 不稳定运转, 不等速运动, 行程不均; (5) 摆动角; (6) (声音) 变量, 变度; (7) 动摇不定, 波动; (8) 频率摆动, 摆动调频

wobble bond 振动焊接

wobble crank 摇动曲柄, 摆动曲柄

wobble factor 颤动系数, 不稳定系数

wobble frequency 摇摆频率, 扫描频率

wobble frequency oscillator 扫 [描] 频 [率] 振荡器

wobble gear 摆动齿轮, 章动齿轮

wobble input 扫描输入

wobble joint 振动连接

wobble plate 摇摆板

wobble-plate engine 摆动板汽缸发动机

wobble plate feeder 摇板式进料器

wobble pump 手摆泵

wobble saw 摇摆锯

wobble shaft 斜盘轴, 滚转轴, 凸轮轴, 偏心轴

wobble wheel 摆 [动] 轮

wobbled wheel roller 摆摆式轮胎压路机, 摆轮式压路机

wobbler (1) 摇摆试验台, 旋转斜盘, 摆摆机, 摆摆板, 摇动器; (2) 偏心装置, 偏心轮, 摆 [动] 轮, 齿轮; (3) 摇环机构; (4) (轧制) 梅花头; (5) 摇频信号发生器, 摆频信号发生器, 扫描信号发生器

wobbler action (1) 偏心作用; (2) 摇动, 摆动, 振动

wobbler machine 摇摆机

wobbler mechanism 摇摆机构

wobbler screen 振动筛

wobbling 不稳定运转, 不等速运动, 摆动, 振动, 摇动, 颤动, 摇摆

wobbling action (驱动斜盘) 摆动动作

wobbling drum 回转摇摆卷筒

wobbling effect 颤动效应

wobbling lines 微摆线

wobbling system 摇频制

wobbly 不稳定的, 会摆动的, 摆动的, 颤动的

wobbly wheel 摆 [动] 轮

wobbulate (1) 射线偏斜, 射束微摆; (2) 频率摆动, 频率跳动, 频率振荡

wobbulated echo-box 颤动回波谐振腔

wobbulation (1) 频率振荡, 频率摆动; (2) 射束微摆

wobbulator 摆频信号发生器, 摇频信号发生器, 扫频信号发生器, 摆频振荡器, 扫频仪

wobbuloscope 摆动示波器

Wofatit 离子交换树脂

Wofatit C 羧酸阳离子交换树脂

Wofatit M 弱碱性阴离子交换树脂

Wofatit P 磺酚阳离子交换树脂

woggle joint (1) 挠性连接, 活动连接; (2) 挠性接头, 活接头

Wohlwill method 沃威尔电解精炼法

wolf trap 行星上取样装置

wolfram (=tungsten) {化} 钨 W

wolfram brass 钨黄铜 (铜 60%, 锌 22%, 镍 14%, 钨 4%)

wolfram bronze　钨青铜 (铜 90-95%, 锡 0-3%, 钨 2-10%)

wolframinium　锑钨耐蚀铝合金

wolframium　(1){化}钨 **W**; (2) 锑钨耐蚀铝合金 (铝 97.6%, 锑 1.4%, 铜 0.3%, 铁 0.2%, 锡 0.1%, 钨 0.4%)

Wollaston wire　测量仪表中用的极细的丝, 渥拉斯顿线, 粉冶铂丝

Wolman salt　防腐盐

Wolmanizing　铜铬砷酸盐液处理木材

Wolverene　(美)"黑貛"反坦克自行火炮

womp　(1) 由光学系统内部反射产生的图像亮区, 寄生光斑; (2) (电视荧光屏) 亮度突然增强

Wondergun　混凝土喷射器, 水泥喷射器

wonky　(1) 不可靠的, 不稳的, 摇晃的; (2) 出错的

wont　(1) 惯常做法, 习惯; (2) 有习惯的; (3) 惯 [常] 于; (4) 倾向于, 易于; (5) 使习惯, 使惯常

wonted　惯例的, 习惯的, 惯常的, 通常的

wood (=WD 或 Wd)　(1) 木材, 木头, 木料, 木质, 木; (2) 木制品; (3) 木制的; (4) 供木材给

wood ball turning lathe　木球车床

wood base (=WB)　木底座

wood block　(1) 木版; (2) 木块

wood block filler　木垫块

wood block floor (=WBF)　镶木地板

wood blocking (=WBL)　木枕, 木块

wood borer　木钻床

wood boring machine　木 [工] 钻床

wood break pin　木制安全销

wood coal　木炭

wood construction　木结构

wood-craft　木材加工

wood-creosote oil　木焦油, 木杂酚油

wood door (=WD)　木板门, 木质门

wood drill(er)　木钻床

wood drilling machine　木钻床

wood fibre board　木纤维板

wood file　木锉刀, 木锉

wood filler　木质填充料

wood filling　油灰

wood flask　木砂箱

wood flour　木屑, 木粉

wood former　木模

wood-free　无纤维纸 (不含木浆成分的纸张)

wood free　无 [原料] 木的, 无木质的

wood grinder　磨木机, 碎木机

wood-gum　树胶, 树脂

wood gum　树胶, 树脂

wood key　木键

wood lathe　木工车床, 木车床

wood meal　木粉填料

wood miller　木铣床

wood milling machine　木 [工] 铣床

wood moulding machine　木饰线条机

wood nail　木钉

wood nog　木栓, 木榫, 木钉

wood-oil　(1) 桐油; (2) 木油

wood packing　木填块

wood paper　木制纸

wood planer　木刨床

wood planing machine　木 [工] 刨床

wood plank　木板

wood planking　模板, 木板

wood plastics composite (=WPC)　木材复合塑料板

wood plug　木榫

wood-preserving　木材保存, 木材防腐

wood pulp　绝缘用木材浆料, 木浆

wood rasp　木锉

wood saw　木锯

wood screw　木螺钉, 木螺丝

wood screw lathe　木螺丝车床

wood separator　木隔板

wood shaper　木牛头刨

wood shaping machine　木牛头刨

wood shaving　刨花

wood shaving filter　木材刨花过滤器

wood shear testing machine　木材剪切试验机

wood stick break　木制绝缘子

wood tar　木焦油沥青, 木柏油

wood tar oil　木焦油

wood trimmer　修木机, 切木机

wood turning lathe　木工车床

wood turning tool　木工车刀

wood volume　木材材积

wood washer　木垫圈

wood waste　木材"废料"制品, 废木

wood wool　木刨花, 木丝

wood wool slab　木丝板

wood work　木工工作

wood working lathe　木工车床

wood working machine　木工机

wood working machine tool　木工机床

wood working machinery　木工机械

wood-working shaper　木工成形机

wood working shop　木工车间

wood working tool　(1) 木工刀具; (2) 木工工具

wood working vice　木工虎钳

woodblock　(1) 木版; (2) 木块, 木砖

woodbridge connection　木桥形 (由三相功率改为二组单相变压器) 变相接线法, 伍氏桥接

woodburning　热压法

woodcoal　(1) 木炭; (2) 褐煤

woodcraft　木材加工术, 木工技术

woodcut　木刻, 版画

woodcutter　(1) 伐木工; (2) 木刻家, 版画家

wooden　(1) 木质的, 木制的; (2) 笨拙的

wooden bearing　木制轴承

wooden brake block　木闸瓦

wooden brake shoe　木闸瓦

wooden dowel　木销钉

wooden former　木模

wooden gear　木制齿轮

wooden hammer　木槌

wooden key　木键, 木楔

wooden pin　木枢

wooden plug　木楔

wooden propeller　木螺旋桨

wooden raceway　木制槽板, 木制穿线板

wooden screw　木螺钉

wooden separator　木隔板, 木刮板

wooden sleeper　枕木, 木枕

wooden spoke　木辐

wooden support　木 [支] 架

wooden tie　枕木, 木枕

wooden tooth　木制齿轮

woodengraving　木刻 [术], 版画

woodenware　木器

woodflour　木屑, 木粉

woodiness　木质

Woodland's polyphase discharger　多相同步放电器

woodpeck feed　分级进给

woodpile　木桩

woodprint　木版 [画]

woodruff drill　半圆钻, 枪孔钻

woodruff key　半月键, 半圆键, 月牙键

woodruff key seat　半圆键槽

woodruff key seat cutter　半圆键槽铣刀

woodruff keyseat cutter　半圆键槽铣刀, 月牙键槽铣刀

Wood's alloy　铋基低熔点合金, 伍德合金 (铋 50%, 铅 25%, 镉 12.5%, 锡 12.5%)

Wood's metal　铋基低熔点合金, 伍德合金 (铋 50%, 铅 25%, 镉 12.5%, 锡 12.5%)

Woods metal　伍德合金 (一种低熔合金)

woodwool　木丝纤维, 木刨花, 木屑

woodwork　(1) 细木工作, 木工活; (2) 木制品

woodwork construction　细木工程, 木结构

woodworking　(1) 木材加工, 木工工作, 木器加工; (2) 制造木制品的, 木工的

woodworking band sawing machine　木工带锯机

woodworking blade　木工锯条

woodworking circular saw　木工圆锯

woodworking cutting head　木工刀头
woodworking instrument　木工工具
woodworking lathe　木工车床
woodworking machine　木工机械
woodworking machinery　木工机械
woodworking planer　木材加工刨机
woodworking rip saw　木工直锯,解木直锯
woodworking shaper　木工成形机
woodworking tool　木工工具
woodworking tool machine　木工机床
woodworking vice　木工虎钳
woody　木质的,木制的
woody fracture　木纹状断口
woodyard　堆木场,贮木场
woof　(1) {纺} 纬 [线];(2) 织物,织品,布;(3) 基本元素,基本材料
woofer　低音扬声器,低音喇叭
woofer-and-tweeter　高低音两用喇叭
woof's engine　乌尔夫发动机
wool　绒,(2) 羊毛;(3) 毛制品
wool card　梳毛机
wool oil　羊毛油
wool tuft technique　丝线技术 (以目测气流的流向)
wool washing machine　洗毛机
wool waste　(1) 机械杂质,夹杂物;(2) 羊毛废料
woolen (=woollen)　(1) 毛织品;(2) 羊毛 [制] 的,毛织的
woolen wheel　羊毛刷轮
wooliness　(1) 绒毛性,棉性;(2) 混响过度,鸣声
woollen　(1) 毛织品;(2) 羊毛 [制] 的,毛织的
woolly-type engine　[重型] 低 [转] 速发动机
word　(1) 电报用语,单词,言词,言语,话,字;(2) 代码,字码,记号,码;(3) 消息,音讯,传说;(4) 诺言,保证;(5) 命令,口令;(6) 用言词表达,措辞
word address　字 [码] 地址
word book　词汇 [表],词典
word capacity　{计} 字长
word code　字 [代] 码
word computer　字计算机
word count　字 [记录] 计数,词汇统计
word delimiter　字定义符,字定界符
word finder　词汇集,词典
word-for-word　逐字的
word-for-word translation　逐字翻译,直译
word for word translation　逐字翻译,直译
word frequency　字 [出现] 频率
word length　字码长度,出字长度,字长
word line　字线
word list　词 [汇] 表
word mark　字标
word marking　文字标记
word memory　字 [符] 存储器
word memory module　字存储微型组件,字存储模块
word noise　字噪声
word-of-mouth　口头表达的
word-order　词序
word order　词序
word-organized memory　字选存储器
word organized memory　字选存储器
word-oriented computer　面向字计算机
word per frame counter　每帧字数计数器
word-perfect　一字不错地熟记
word-select memory　选字存储器
word select memory　选字存储器
word select register　字选样寄存器
word separator　字分隔符
word-serial　字串行
word size　字的大小,字的尺寸,字号,字长
word space　字间间隔,字空间
word-time　取字时间,出字时间,字时
word time　{计} 电码输出时间,取字时间,出字时间
wordage　(1) 词汇量,字 [数];(2) 文字;(3) 用词,措词;(4) 冗长
wordbook　词汇表,单词表,词典
Worden　渥尔登重力仪
wording　措辞,用词,字句
wordless　无言的,沉默的

words per minute (=WPM 或 wpm)　字 / 分钟
words per second (=WPS)　字 / 秒
wordselect memory　字选存储器
wordy　(1) 言词的,文字的,口头的;(2) 冗长的
work (=W)　(1) 工作,劳动,操作,行为,作业,事业,职业,业务;(2) 使成形,加工,制造,切削,铸造,处理,研究,计算,运算;(3) 机件,工件,配件;(4) 运转,运行;(5) 工程;(6) (复) 工艺品,工厂,车间,工程,装置,著作,作品,成品;(7) 结构,机构;(8) {物} 功;(9) 起作用;(10) 工作质量,工艺
work against　反对
work against time　抢时间完成工作
work-and-back　全张套版印
work-and-tumble　全张翻转印
work-and-turn　全张翻版印
work-and-twist　转翻连印
work arbor　工件心轴,工件固定轴
work assignment plan (=wap)　工作分配计划
work at　从事,钻研,研究
work away　(1) 继续工作,不断工作;(2) [使] 逐渐离开
work away at　继续地从事,不断地从事
work beam　卷取辊,卷布辊
work-bench　工作台,工作架
work bench (=WB)　工作台,工作架
work-box　用具箱
work breakdown structure　任务分解结构
work capacity　切削容量,加工容量
work carrier　(1) (车床) 鸡心卡头;(2) 卡箍
work center line　工件中心线
work clearance　(1) 工作间隙;(2) 加工余隙
work control plan (=WCP)　工作控制计划
work cycle　工作循环,工作周期
work-distribution chart　工作关系分布图
work done　工作量
work done factor　作功系数,耗功系数
work drive motor　工作电机
work driver　自动偏心夹紧卡盘
work driving arm　传动杆,拨杆
work drum　针筒
work due to friction　摩擦功
work efficiency　工作效率
work electrode　工作电极
work factor　工作系数,工作因数,功系数,功因数
work feed　工件进给
work feeder　进给装置,进刀装置
work file　工作文件
work fixture　工件夹具,夹紧装置
work for　为……尽力,争取
work function　(1) 功函数;(2) 逸出功
work harden　加工硬化
work-hardened steel　加工硬化钢
work-hardened surface　加工硬化表面,工作硬化表面
work-hardening　加工硬化,冷作加工
work hardening　加工硬化,工作硬化,冷作硬化
work hardening capacity　加工硬化程度,工作硬化程度
work hardening index　加工硬化指数,加工硬化系数,工作硬化指数
work-hardness　加工硬度
work hardness　加工硬度
work head　(锥齿轮机床) 工件座,工作台,工作头,摇盘,转盘
work head travel　工作头行程
work heat transformer　感应加热变压器
work holder　工件夹具,工件夹持装置
work holding　工件夹紧
work holding attachment　工件夹具,工件夹持附件
work-holding device　工件夹具,工件夹紧装置
work-holding equipment　工件夹具,工件夹紧装置
work holding fixture　工件夹具,工件夹紧装置
work holding jaw　工件夹爪
work horn　工件套筒
work hours　工时
work-house　工 [作] 场 [所]
work-in　不按章工作
work in　(1) 进入,混入,插入,加入,掺入;(2) 混合,配合,综合,调和;(3) 抽出时间来做,从事……方面工作
work in progress (=WIP)　工作在进行中

work input (1)机器的总功，(2)消耗功；(3)指示功
work into 插入
work lead 粗铅
work loading height 装料高度
work locating fixture 工件夹具，工件夹紧装置
work material 加工材料
work method 操作法
work motor push button 工作电机按钮
work notice (=WN) 工作通知
work of deformation 变形功
work of resistance 阻力功，电阻功，有效功，实功
work of output 输出功
work off 清除，清理，排除，处理，处置，印刷，制造，改进，补做，清偿
work on (1)继续工作，分析研究，加工，处理，研制，参与，从事；(2)影响，感动
work order (=WO) 工作指令，作业指令，工作单
work-order system 任务下达制度
work out (1)通过努力而达到，研究出，检查出，设计出，估计出，算出，测出，求出，作成，制订；(2)消耗完，除去；(3)证明是有效的，证明是适用的
work over (1)彻底检查，彻底改变；(2)整理，复制，重做，翻新，加工
work piece (1)工件；(2)分部工程
work piece support 工件支承
work positioning gauge 工件定位尺
work print 工作样片
work process 工艺过程，加工过程
work programme 加工程序
work programme specification 工艺规程说明书
work range 加工范围
work ratio 有效功率比，工作效率，功比，效率
work request (=WR) 加工申请［书］
work rest 工件架
work rest blade (1)托板；(2)导板，导向尺；(3)刀形支架
work rest support 托架
work retainer (1)工件定位器；(2)操作挡板
work-room 工作室
work rotating internal grinder 工件旋动内圆磨床
work saddle 工作台滑鞍
work-scene protection 工作场所的保护
work-schedule 工作进度表，施工进度表
work schedule 工作进度表
work sheet (1)工作记录表，工图图；(2)加工单，工作单
work shop (1)工厂，车间，工场；(2)专题讨论会，学术会议
work shop gauge 工作量规，工作测规
work-soiled 由于工作而弄脏
work speed 工件转速，工件速度
work spindle 工作主轴，工件主轴
work spreading 工作分散法
work statement (=ws) 工作报告
work steady 工件架
work stoppage (=ws) (工人的)停工斗争
work support 工件支架
work supporting device 工件支架
work surface 待加工［表］面
work table 工作台
work table rotation 工作台回转，工作台旋转
work tank 工作液槽，电解工作箱
work tank dimension 工作液槽尺寸，电解工作箱尺寸
work test roll (锥齿轮加工机床)工件检查角
work testing gauge 检查成品样板
work through 逐渐地进行，看一遍
work-to-rule 按章工作
work trestle 工件支架
work-up 印刷物表面污迹，印件表面污迹
work up (1)逐渐建立，逐渐达到，逐步发展，(2)混合聚焦，综合加工；(3)完成，引起，搜集，整理，建立，升级；(4)激励
work-up period 工作周期
work upon (1)继续工作，分析研究，加工，处理，研制，参与，从事；(2)影响，感动
work with (1)同……一道工作，以……为工作对象，对……打交道，对……起作用；(2)使用，利用，对付，处理，研究，操作，加工
work-yard (1)施工场地；(2)造船厂
workability (1)可加工性;(2)可使用性,可操作性,可成形性,可工作性；(3)施工性能,可塑性,和易性,工作度,实用性；(4)工作能力

workability agent 增塑剂，塑化剂
workability test 加工性试验
workable (1)可加工的，易加工的，可塑的，和易的；(2)可使用的，可工作的，可操作的，可运转的；(3)可经营的；(4)［切实］可行的
workable moisture (型砂的)适合湿度
workable reflections 有意义的反射波
workaday (1)工作日的，平日的，日常的；(2)普通的，平凡的；(3)乏味的
workbag 工具袋
workbin 零件盒，组件盒，料箱，料斗
workblank 毛坯
workboat 工作船
workbook (1)笔记本；(2)工作记录簿，工作手册，规则手册，工作规程；(3)工程账簿
workbox 工具箱
workday 工作日
worked penetration (滑脂)工作［后］针入度
worked rubber 反复处理过的橡胶
worker (1)工作人员，工作者，劳动者，工人，职工，职员；(2)线辊；(3)打浆机；(4)电铸版
worker-consistometer 打浆机型稠度计
worker-engineer 工人工程师
worker technician 工人技术员
worker's dormitory 工人宿舍
workg pr (=working pressure) 工作压力
workhand 人手
workhead (机床)工件座，摇盘，转盘，工作台，头架，床头
workhead offset 垂直轮位
workhead setting 轴向轮位
workhead transformer 工件［感应加热用］变流器
workholder 工件夹具
workholding fixture 工件夹具，工件卡具
workholding pallet (组合机床的)随行夹具
working (1)工作，操作，传动，运转，转动，(2)加工，处理，(3)维护；(4)作用；(5)(齿轮)节圆的，(6)操作的，工作的，运转的，转动的，使用的，资用的；(7)营业的；(8)施工用的，实行的，实际的
working ability 加工能力，工作能力
working accuracy 加工精度
working addendum 节圆齿顶高
working age 工龄
working angle convention (刀具)确定工作角度正负的约定
working angles (刀具)切削过程诸角，工作角度
working approach angle (刀具)工作余偏角 (UK)
working area (1)加工面积；(2){计}中间结果存储区，暂［时］存［储］区，工作区
working attenuation 工作衰减
working back clearance (刀具)工作背后角
working back plane (刀具)工作背平面
working back rake (刀具)工作背前角
working back wedge angle (刀具)工作背楔角
working backlash (齿轮)工作侧隙
working barrel 泵缸，泵桶
working beam 工作杆，平衡杆
working cam curve 工作凸轮曲线
working capacity (1)加工能力，生产能力；(2)工作量；(3)工作能力
working capital 运转资本，周转资本，流动资金
working cell 工作单元
working center distance (齿轮)实际中心距，节圆啮合中心距
working chamber 工作室
working circle (=WC) (1)(齿轮)节圆；(2)工作轨道，工作范围
working clearance (1)工作间隙；(2)工作面积，操纵机器的自由空间
working clothes 工作服
working coil (=heating inductor) 工作线圈，热感应线圈
working conditions 工作情况,运转情况,生产条件,工作条件,使用条件,运转条件,加工条件
working cost 工作费用，经营费用，使用费，加工费
working current 工作电流
working cutting edge (刀具)工作切削刃
working cutting edge angle (刀具)工作切削刃角
working cutting edge inclination (刀具)工作切削刃倾角
working cutting edge normal plane (刀具)工作［切削刃］法平面
working cutting edge plane (刀具)工作切削［刃］平面
working cycle 加工循环，工作循环
working days 工作日

working dedendum　节圆齿根高
working depth (=WD)　(1) 加工深度, 铣切深度, 铣削深度; (2) 工作齿高, 有效齿高
working depth of basic rack　基本齿条工作齿高
working depth of tooth　(1) 工作齿高, 齿工作高度; (2) 有效齿高, 啮合深度
working diagram　工作图, 加工图
working diametral pitch　工作径节, 节圆径节
working district　作业区
working drawing　施工 [详] 图, 生产图, 工程图, 工作图, 加工图
working efficiency　工作效率, 加工效率, 负荷率
working energy　工作能
working engagement of the cutting edge　(刀具) 侧吃刀量
working equations　运算方程式
working face　工作面
working file　工作文件
working flank　(1) 工作齿面; (2) 作用侧面
working fluid　工作流体
working flux　工作 [磁] 通量, 有效 [磁] 通量
working funds　流动资金
working force　(刀具的) 工作力
working ga(u)ge　工作量规, 工作测规
working height　加工高度
working holding fixture　工件夹具
working hourmeter　运行小时计, 工时计
working hours　工作时间, 工时
working instructions　操作规程, 操纵规程, 操作说明书
working laser material　(1) 激光激活材料; (2) 激光工作物质
working lead angle　(刀具) 工作余偏角
working length　工作长度, 资用长度, 有效长度
working lever　操纵杆, 移动杆
working life　工作寿命, 工作年限, 使用寿命, 使用期限, 工作期限
working limit　工作极限, 加工极限
working load　(1) 工作载荷, 作用载荷, 使用载荷, 工作荷载, 资用荷载; (2) 工作量
working machine　工作机
working major cutting edge　(刀具) 工作主切削刃
working major cutting edge angle　(刀具) 工作主偏角
working man　工人
working medium　工作媒质
working memory　工作存储器, 内存储器
working method　操作方法, 工作方法
working minor cutting edge　(刀具) 工作副切削刃
working minor cutting edge angle　(刀具) 工作副偏角
working model　工作模型, 实用模型
working modulus　加工率
working motion　加工运动, 工作运动
working movement　加工运动, 工作运动
working normal clearance　(刀具) 工作法后角
working normal rake　(刀具) 工作法前角
working of a furnace　炉内冶炼过程, 炉况
working of metals　金属加工
working operation　(1) 加工工序, 工序; (2) 工作行程, 工作冲程
working order　(1) 正常运转状态, 可使用状态, 工作状态; (2) 工作情况, 运转情况
working orthogonal clearance　(刀具) 工作后角
working orthogonal plane　(刀具) 工作正交平面
working orthogonal rake　(刀具) 工作前角
working orthogonal wedge angle　(刀具) 工作楔角
working-out　规划, 制订, 作成, 计算, 算出
working paper　结算计算表
working part　工作部件
working path　工作冲程
working p.d.(=working pitch diameter)　工作节径
working perpendicular force　(刀具) 垂直工作力
working personnel　工作人员
working pit　(1) 提升井; (2) 工作坑
working pitch　节圆齿距
working pitch angle　工作节锥角
working pitch circle　工作节圆
working pitch cylinder　工作节圆柱
working pitch diameter　工作节径
working pitch point　工作节点
working plan　(1) 工作计划, 工作规划; (2) 施工图

working plane　(刀具) 工作平面
working point (=WP)　(1) 工作点, 着力点, 作用点, 施力点; (2) 加工点
working portion　工作部分
working position　工作位置
working power　(1) 工作动力, 使用动力; (2) 工作功率
working pressure (=WP)　(1) 工作压力; (2) 使用压力, 资用压力
working pressure angle　啮合角
working pressure of honing stone　珩磨油石工作压力
working properties　(1) 加工性质; (2) 工作性能
working radius　工作半径, 作用半径
working range　工作范围, 加工范围, 工区区域
working reduction ratio　工作破碎比
working reference plane　(刀具) 工作基面
working register　工作寄存器
working resistance　工作阻力
working room　工作室
working rope　传动索
working section　工作剖面
working-set　{计} 工作组, 工作区
working shaft　工作轴
working side clearance　(刀具) 工作侧后角
working side rake　(刀具) 工作侧前角
working side wedge angle　(刀具) 工作侧楔角
working slag　初渣
working space　(1) 工作空间; (2) 工作区; (3) {计} 暂 [时] 存 [储] 器, 工作单元
working specification　操作规程
working speed　工作速度, 运转速度
working standard　(1) 通用标准, 工作标准, 现行标准; (2) 工程单位, 技术单位
working standard lamp　样品灯
working station　加工工位
working steam　工作蒸汽
working steam pressure (=WSP)　工作汽压
working storage　暂 [时] 存 [储] 器
working strength　工作强度, 许用强度, 资用强度
working stress　工作应力, 许用应力, 资用应力
working stroke　工作行程, 工作冲程, 作功冲程
working substance　工作介质, 作用物质, 资用物质
working surface　工作面, 加工面
working surface of table　工作台台面
working system　作业法
working table　工作台
working temperature　工作温度
working tension　工作张力, 作用张力
working to rule　怠工
working tooth flank　工作齿面
working transmission　工作传输量, 信号传输量
working transverse pressure angle　端面工作啮合角
working travel　工作行程
working under capacity　开工不足
working value　工作值
working voltage (=WV)　工作电压, 运行电压
working voltage, direct current (=WVDC)　直流工作电压
working volume　工作容积
working water pressure (=WWP)　工作水压
working wave　工作波, 符号波
working weight　工作重量, 资用重量
workingman　工人
workingwoman　女工
workload　(1) 工作负荷, 资用荷载, 作用荷载, 活荷载; (2) 工作量; (3) 射线源能量
workman　工作人员, 劳动者, 工人, 职工
workmanlike　有技巧的, 熟练的, 精巧的
workmanship　(1) 工艺技巧, 技艺, 手艺, 工艺; (2) 工作质量; (3) 工作产品, 工艺品
workmaster　监督者, 监工, 工长
workmate　共同工作者, 同事
workout　(工作) 能力测验
workpeople　体力劳动者, 劳动人民
workpiece　(1) 工作部件, 工件; (2) 中间坯件, 轧件; (3) 分部工程
workpiece center　工件中心
workpiece magazine　工件库
workpiece revolution　工件旋转

1577

workpiece transfer device　工件输送带
workplace　(1) 工作位置, 工作场所, 工作面；(2) 工厂, 车间
workroom　(1) 工作室；(2) 车间
works　(1) 工厂；(2) 著作
works inspection certificate　工厂检查证明书
works load　(发电厂) 厂用电, 自用负载
works organization　工厂组织
works pulley block　增力滑车组
workseat　工件座
workshop　(1) 工厂, 工场, 车间, 现场；(2) 创作室；(3) 修配车；(4) 专题研究组, 专门小组；(5) 工艺
workshop appliance　车间设备
workshop assembly (=WA)　工厂装配
workshop crane　车间起重机
workshop drawing　车间用加工图
workshop microscope　车间用显微镜
workshop practice　现场实习
worksite　工地
workspace　工作空间
workstone　(炼铅膛式炉) 工作板
workstudy　工效研究
worktable　工作台
worktable traverse　工作台横动
workweek　一周的总工时, 工作周
workwoman　女工作者, 女工
world　(1) 世界, 万物；(2) 天体星球, 宇宙, 地球；(3) 众人, 世人；(4) 领域；(5) 大量, 许多
world-beater　举世无双的事物
world-class　具有国际名望的, 具有国际质量的, 世界第一流水平的, 国际水平的, 世界级的
world-famous　世界闻名的
World Federation of Scientific Workers (=WFSW)　世界科学工作者联合会
world-invariant　世界不变量的
World Patents Index (=WPI)　世界专利索引
world-power　世界强国
World Power Conference (=WPC)　世界动力会议
World Weather Watch (=WWW)　世界天气监视网
world-wide standardized seismograph network (=WWSSN)　全球标准化地震测量网, 全球标准化地震仪网
worldshaking　震撼世界的
worldwide (=ww)　(1) 遍及全世界的, 世界范围的, 全球的；(2) 在世界范围内
worm　(1) 蜗杆, 螺杆；(2) 螺纹, 螺旋；(3) 螺旋输送机, 螺旋推进器, 螺旋升降器；(4) 蛇 [形] 管, 旋管, 盘管；(5) (复) 滑移线, (线圈的) 匝, 圈；(6) 缓慢前进, 蠕动, 爬行；(7) (电缆的) 外面绕线；(8) 蛇形的
worm addendum　蜗杆齿顶高
worm-and-double-roller steering gear　球面蜗杆双滚轮式转向器
worm and gear　蜗杆蜗轮副, 蜗杆与蜗轮
worm-and-nut steering gear　蜗杆螺母式转向器
worm-and-roller steering gear　球面蜗杆滚轮式转向器, 凸轮滚柱式转向器
worm-and-sector steering gear　球面蜗杆齿扇式转向器
worm-and-twin-roller steering gear　球面蜗杆双滚轮式转向器
worm-and-wheel steering gear　蜗杆蜗轮式转向器, 蜗杆蜗轮转向机构
worm and worm gear　蜗杆蜗轮副, 蜗杆与蜗轮
worm-and-worm wheel pulley block　螺旋滑车组, 蜗杆蜗轮滑车组
worm and wormwheel　蜗杆蜗轮副, 蜗杆 - 蜗轮
worm auger　螺旋钻
worm axis　蜗杆轴线
worm ball　球状蜗杆, 蜗杆球
worm ball return guide clamp　蜗杆球导管夹
worm barring gear　蜗轮传动装置
worm bearing　蜗杆轴承
worm bearing adjuster　蜗杆轴承调整器
worm bit　螺旋钻头
worm blank　蜗杆毛坯
worm brake　蜗杆制动器
worm case　蜗杆罩
worm channel　蛀眼, 蛀孔
worm compressor　蜗杆式压缩机
worm condenser　旋管冷凝器
worm contact　蜗杆接触
worm conveyer　螺旋 [式] 输送机, 蜗杆输送机

worm conveyor　蜗旋式输送器, 螺旋式运输机
worm couple　蜗杆 [蜗轮] 组合
worm cutter　蜗杆刀具
worm deviation　蜗杆偏差
worm differential　蜗杆差动装置
worm-drive　蜗杆传动
worm drive　蜗杆传动
worm driven　蜗杆传动的
worm driven rear axle　蜗杆传动后 [轮] 轴
worm epicyclic gearing　蜗杆式行星齿轮传动
worm extruder　蜗杆挤压机
worm facewidth　蜗杆齿宽
worm feeder　螺旋送料装置, 螺旋供料装置, 螺旋供料器, 蜗轮输送机, 蜗轮给料机
worm flank　蜗杆齿面
worm form cutter　蜗杆成形铣刀
worm form cutting machine　蜗杆成形切齿机床
worm-gear　蜗轮
worm gear (=wg)　(1) 蜗轮 [蜗杆] 副；(2) 蜗轮装置
worm gear cam drive　蜗轮凸轮传动
worm gear case　蜗轮箱
worm gear conjugation tester　蜗轮副检查仪
worm gear control　蜗轮驱动机构
worm gear drive　蜗轮传动
worm gear drive ratio　蜗轮传动 [速] 比
worm gear feed　(1) 蜗轮进给；(2) 蜗轮推进
worm gear hob　蜗轮滚齿刀, 蜗轮滚铣刀, 蜗轮滚刀
worm gear hobbing　蜗轮滚削
worm gear mechanism　蜗轮机构
worm gear milling machine　蜗轮铣床
worm gear pair　蜗杆副
worm gear ratio　蜗轮传动 [速] 比
worm gear screw jack　蜗轮螺旋起重机
worm-gear speed reducer　蜗轮减速器
worm-gear torque　蜗轮传动转矩
worm gear unit　蜗轮装置
worm-geared hand counter　手摇蜗轮传动计数器
worm-gearing　蜗轮传动 [装置], 蜗杆传动 [装置]
worm gearing　蜗轮传动 [装置], 蜗杆传动 [装置]
worm gearing milling machine　蜗轮铣床
worm grinder　蜗杆磨床
worm grinding　蜗杆磨削
worm grinding machine　蜗杆磨床
worm hob　蜗杆滚刀, 蜗轮滚铣刀
worm hobbing machine　蜗杆滚切机, 蜗杆滚齿机
worm hole　蛀孔, 蛀洞
worm lead angle　蜗杆导程角
worm length　蜗杆长度
worm mesh　蜗杆 [副] 啮合
worm milling　蜗杆铣削
worm milling cutter　蜗杆铣刀, 蜗杆刀盘
worm milling machine　蜗杆铣床
worm of Archimedes　阿基米德蜗杆
worm-pipe　蜗形管
worm pipe　蜗形管
worm pitch circle　蜗杆节圆
worm pitch diameter　蜗杆节圆直径
worm planet(ary) gear mechanism　蜗杆式行星齿轮传动机构
worm planet(ary) gear unit　蜗杆式行星齿轮传动装置
worm planet(ary) gearing　蜗杆式行星齿轮传动
worm press　蜗杆压榨机, 螺旋压力机
worm profile　蜗杆齿廓
worm profile tolerance　蜗杆齿廓公差
worm pulley block　蜗旋滑车, 蜗杆滑车
worm rack　蜗杆传动齿条
worm recirculating ball nut　蜗杆往复球螺母
worm reducer　蜗杆减速器, 蜗轮减速器
worm reduction unit　蜗轮减速装置
worm rolling　蜗轮轧制
worm screw　(1) 螺杆；(2) 蜗杆螺钉；(3) 蜗杆
worm set　蜗杆蜗轮副
worm sector　扇形蜗轮
worm shaft　蜗杆轴
worm shaft and gear　蜗轴齿轮式

worm shaft and nut 蜗轴螺母式
worm shaft and sector 蜗轴扇轮式
worm shaft bearing 蜗杆轴轴承
worm shaft change gear 蜗杆轴变速装置
worm speed 蜗杆转速
worm steering gear 蜗杆转向装置
worm tester 蜗杆检查仪
worm thread 蜗杆螺纹,蜗杆螺旋,蜗杆头数
worm thread flank 蜗杆螺纹侧面
worm thread profile 蜗杆螺纹齿廓
worm thread rolling 蜗杆螺纹轧制
worm-thread tool ga(u)ge 蜗杆螺纹刀具量规,齿轮滚刀用样板
worm thrust bearing 蜗杆止推轴承
worm tooth 蜗杆齿
worm tooth gearing 蜗杆啮合传动
worm toothing 蜗杆啮合
worm-type grinding wheel 蜗杆式砂轮
worm unit 蜗杆装置
worm wheel 蜗轮
worm wheel dial 蜗轮标度盘
worm wheel facewidth 蜗轮齿宽
worm wheel friction brake 蜗轮摩擦制动器
worm wheel hob thread 蜗轮滚刀螺纹
worm wheel hobbing machine 蜗轮滚齿机
worm with disengaging motion 带脱落运动的蜗杆,分离蜗杆
worm workpiece 蜗杆工件
wormer 退弹螺旋
wormgear 蜗轮
wormgear bearing (1)蜗轮轴承;(2)蜗轮接触[印迹]
wormgear cutting hob 蜗轮滚刀
wormgear flank 蜗轮齿侧面
wormgear shaft 蜗轮轴
wormgear tooth 蜗轮齿
wormgears 蜗杆[蜗轮]副
wormhole 条状虫气孔,虫孔,蛀孔
wormholed 多蛀孔的
worming (1)龟裂;(2)敷设电缆用的小填料
wormwheel 蜗轮
wormwheel bearing (1)蜗轮轴承;(2)蜗轮接触[印迹]
wormwheel cutting hob 蜗轮滚刀
wormwheel flank 蜗轮齿侧面
wormwheel gearing 蜗轮传动[装置]
wormwheel pair 蜗轮副
wormwheel shaft 蜗轮轴
wormwheel tooth 蜗轮轮齿
wormwheel torque 蜗轮[传递]转矩
worn (1)磨损的,用旧的;(2)耗尽的
worn condition 磨损状况
worn flange 磨损凸缘
worn flat 磨平
worn-in 已磨合的
worn-in journal 磨合轴颈
worn-out (1)磨损;(2)磨损的
worn out 磨损
worn-out cutting edge 钝切削刃
worn-out surface 磨损表面
worn spot 破损点
wornout (1)不能再用的,旧的,用坏的,磨损的;(2)筋疲力尽的,耗尽的
woried 烦恼的,焦虑的
woriment 烦恼,焦虑
worisome 令人忧虑的,为难的
worry (1)烦恼,担心,焦虑;(2)使改变位置,反复推,塞住
worrying 使人担心的,着急的,麻烦的
worse (1)更恶劣的,更厉害的,更坏的,更差的;(2)更坏的事情,不利,损失,失败
worsement 损坏,破坏
worsen 使更加严重,使变坏,使恶化
worst (1)最恶劣[的],最坏[的],最差[的];(2)错误最多[的],效能最差[的],最不适合[的],最不利[的];(3)最坏的结果,最坏的情况
worst-case 最坏情况,最坏条件
worst case 最坏情况,最坏条件
worst-case analysis 最坏情况分析

worst-case condition 最坏条件
worst case design 按最坏条件设计
worst-case device 最坏情况下应用的器件
worst-case noise 最坏情况噪声
worst case noise 最坏情况噪声
worst dynamic load 最坏的动荷载
worth (1)货币价值,价值,值;(2)有用成分,效用,性能;(3)有……价值的,值得……的
worthful 有价值的
worthily 值得地
worthiness 有价值,值得
worthite 沃赛特镍铬耐蚀合金,镍铬钼耐热不锈钢(铬20%,镍24%,碳<0.07%,硅3.25%,钼3%,铜1.75%,锰0.5%,其余铁)
worthless 没有价值的,不足取的,无价值的
worthless check 空头支票
worthwhile 值得花时间的,值得做的,相当的,很好的
worthy (1)有价值的,配得上的,相称的,值得的;(2)知名人士
wortle 拉丝模[板]
wound (1)伤害,损伤;(2)已绕上了的,绕制的,缠绕的;(3)绕法
wound roller (轴承)螺旋滚子
wound roller bearing 螺旋滚子轴承
wound roller-type bearing 螺旋滚子轴承,螺旋滚柱轴承
wound rotor 绕线转子,线绕转子
wound-rotor induction motor 绕线式转子感应电动机,转子绕组式感应电动机
wound-rotor type motor 线绕转子式电动机
wound spring 盘簧
wound type induction motor 线绕式感应电动机
wound type paper condenser 卷绕纸介质电容器
woven 织成的,纺织的
woven brake lining 织物制动摩擦片
woven canvas tyre 帆布轮胎
woven fabrics 纺织品
woven facing 织物摩擦衬面,织物衬片
woven lining 织物衬片,织物衬里
woven membrance 织物滤层
woven memory 编织存储器
woven type 织网式
woven wire 钢丝网,铁丝网
woven wire screen 金属丝网筛
wow (1)[频率]颤动,摇晃;(2)计时变异,抖动变调,失真,变音,变声
wow and flutter 速度不均匀性,抖晃度
wow flutter (录音)频率颤动,声波动,抖晃度
wow flutter meter 失调测定器,频率颤动计,抖晃仪
wrack (1)毁坏,破坏,失事;(2)失事船的剩余物,失事船,残骸,残体;(3)箱板材,劣等材
wrack and ruin 毁灭
wracking 菱形畸变,彻底毁坏
wrap (1)包封,包裹,包装,包扎,打包,缠绕,环绕,盘绕;(2)覆盖,遮蔽;(3)包围,隐藏,隐蔽,掩饰,伪装;(4)叠起,重叠;(5)包装带,包装纸;(6)钢圈外包布;(7)外壳,外罩,[线]匣,[线]匝;(8)(复)限制,约束,秘密
wrap angle 包角
wrap-around counter 试样旋转计数管
wrap design 吊线花纹
wrap forming 张拉成型法
wrap-round boost 侧置助推器
wrap-round boost motor 侧置助推器电动机
wrap-up 收卷装置
wraparound 绕绕的,缠绕的
wraparound bend 卷缠弯曲
wraparound error 回卷误差
wraparound windscreen 曲面挡风玻璃
wraparound windshield 曲面挡风玻璃
wrappage (1)外壳,外皮,封套;(2)包装[材料],包裹[物],包[卷]
wrapped booster 侧置助推器
wrapped (bearing) bush 卷制轴套
wrapped cable 绕扎电缆
wrapped cathode 卷状阴极
wrapped electrode 绕丝焊条
wrapped hose 布卷软管
wrapped joint 缠绕接线头
wrapper (1)包装材料,包装纸,包裹料,包装物,覆盖物;(2)包装机,

助卷机;(3) 垫布;(4) 包装板;(5) 外套,封套,壳;(6) 包装者

wrapper plate 包装板

wrapper roll 外卷辊

wrapper sheet 包板

wrapper tube 外套管

wrapping (1)包装,包封,包裹,包扎,卷缠,缠绕;(2)包装材料,包装纸,垫料;(3) 封套,包皮,包层,护层,涂层;(4) 压花,压纹,收口,卷

wrapping angle 接触角,包容角

wrapping connection 缠绕接 [线] 法

wrapping paper 包装纸

wrapping plate 包装板

wrapping test 往复曲折试验,卷解试验

Wratten filter 喇滕滤光器

wreak 施加

wreath 螺旋形物,环状物,圈状物,烟圈,涡卷

wreathe (1)作成圈,编环;(2)环绕,盘绕,缠绕,卷绕,旋卷,扭,拧;(3) 覆盖,包围

wreck (1)失事,遇险,遇难,故障,事故;(2)破坏,拆毁,毁灭;(3)失事飞机,失事船只,残骸

wreck crane 救险起重机,救援吊车

wreck on a rock 触礁失事

wreckage (1)失事,遇难;(2)折断,破碎;(3)残骸,残余,碎片;(4)破损船;(5)船碎片

wrecker (=wkr) (1)救险车;(2)打捞船,救险船,营救船;(3)寻找失事船只者,救险车司机,打捞者;(4)为抢劫而使船只失事者,破坏分子

wrecker truck 事故车,救急车

wrecking (1)失事,遇难,破坏,故障,毁灭;(2)营救作业,营救业,打捞业;(3)起破坏作用的,破坏性的,使失事的,使毁灭的;(4)救险的,营救的,打捞的

wrecking bar 拔钉撬棍

wrecking car 救险车

wrecking company 打捞公司,拆除公司

wrecking crane (1) 救险起重机;(2) 救险起重车,救险吊车

wrecking crew 打捞队,营救队

wrench (1)扳手,扳子,扳头,扳钳;(2)偶单力组;(3)扭转,拧去,拧下,扳紧,扭,拧;(4)歪曲,曲解;(5) 矢量螺旋

wrench for small taps 小丝锥扳手

wrench hammer 锤柄开口扳子

wrench jaw 扳子开口

wrench into 阻碍,破坏

wrench opening 扳手开度,扳子开度

wrench socket 扳手套筒

wrench torque 扳手力矩

wrenching 扳紧

wrenching bar (1)扳手杆;(2)起钉杆

wrest (1)绞具;(2)强扭,扭曲,拧,拔,拉;(3)歪曲,曲解

wrest fact 歪曲事实

wrest of saw 锯凿修整

wrestle (1)全力对付;(2)仔细考虑,深思,斟酌

wretched (1)劣质的,恶劣的,肮脏的,坏的;(2)极大的,严重的

wriggle (1)蠕动,扭动;(2)(放电的)弯曲;(3)摆脱,混入

wright 制造者,安装工,工人,木工

wring (=W) (1)绞,拧,扭,榨,挤;(2)(块规)粘合,研合;(3)过盈量,收缩量;(4)歪曲,曲解,折磨

wring fit 紧配合

wring off 扭断,扭掉

wringer (1)榨水机,榨干机;(2)压汁器;(3)绞拧机,绞拧器,绞衣机;(4)绞拧者

wringing (1)绞,拧,扭;(2)绞接;(3)粘合

wringing fit 轻打配合,轻迫配合,紧配合

wringing machine 挤水机

wrinkle (1)皱纹,褶皱;(2)起趋,折叠;(3)缺点,错误;(4)好建议,妙计,消息;(5)方法,技巧,创新,革新

wrinkle resistance 抗皱能力

wrinkle varnish 皱纹清漆

wrinkling (1)成深槽,切口;(2)[表面] 起皱纹

wrist (1)肘节,肘杆;(2)销轴,耳轴,枢轴;(3)用腕力移动,用腕力送出

wrist pin (1)活塞销;(2)十字头销,偏心轮销,曲柄销;(3)肘节销

wrist pin bearing 连杆小头轴套

wrist pin brass wedge 肘节销铜楔

wrist pin collar 十字头销

wrist pin hole 活塞销孔

wrist pin nut 肘节销螺母

wrist pins 曲柄销

wrist plate 肘板

wrist watch 手表

wrist-work 腕部动作

wristlet watch 手表

wristwatch 手表

writ (1)写作,作品;(2) 命令,令状

writable 可写的

writable control storage (=WCS) 可写 [入的] 控制存储器

write (1)书写,抄写,编写,写下,写入,写信,通信,记录,记载,记入,填写,登记;(3){计}写数,写入,存入,存储;(4)写作,著作;(5) 签署契约承担,签署订货单订购

write a cheque 开支票

write a program 编写程序

write addressing 写寻址,写访问

write an application for 填写……申请书

write circuit 写入电路

write current 写入电流

write driver 写数策动器

write drum statement 写 [入] 鼓语句

write-enable {计}写入启动,允许写入,写信号

write-enable-ring {计}允许写入环

write gun 书写 [电子] 枪

write half pulse 半写脉冲

write head 写入磁头,记录磁头,写头

write-in 写入,记录

write in 存入

write-inhibit ring {计}禁止写入环

write input 记录输入信号

write key (1)写键;(2) 写关键字

write-lock memory 写保护存储器,锁定写存储器

write magnetic tape (=WMT) 写入磁带

write-off 完全无用,报废,摊提,取消,注销,勾销,销账,削减,跌价

write on alternative lines 隔行写

write one's name 写上姓名

write only 只写(操作)

write only memory (=WOM) 唯写存储器

write operation 写入操作

write permit ring 允写环

write-read gun 记录 - 读数电子枪,写入 - 读出枪,记录阅读枪

write-read head 写读头

write-recovery time {计}写入恢复时间

write signal 写入信号,记录信号

write storage 写入存储器

write-up 书面记录

write-while-read 同时读写

writer (1)打字机,记录器;(2)写作手册;(3)抄写员,文书,作者,作家,记者

writhe (1)扭动;(2) 翻滚

writing (1)写书面形式,写入,写作,记录,登记;(3)书法,手迹,文字,文件,信件;(4)(复)著作,作品

writing beam 记录电子束,写入电子束,书写电子束,记录射束,描绘射束

writing beam current 写入电子束电流

writing-case 文具盒

writing-chair 扶手椅,写字椅

writing-desk 写字台,办公桌,书桌

writing gun 写入电子枪,记入电子枪,书写电子枪,记录电子枪,录贮电子枪

writing gun cathode 写入电子枪的阴极

writing head 写头

writing-ink 墨水

writing-machine 打字机

writing method (1)记录法;(2) 写入法

writing-paper 写字纸

writing plate 记录板

writing pointer 自动记录器

writing speed 记录速度

writing-telegraph 传真电报

writing telegraph 传真电报

writing telegraph system 传真电报系统,书写电报制

writing time 记录时间

written 写成的,书写的,书面的,文字的

written application 书面申请

written approval 书面批准
written circuit 线路图
written form of order 指令的书面形式
written off (=WO) 注销
written-out program 输出程序
written PROM 已写的可编程序只读存储器 (PROM=programmable read-only memory 可编程序只读存储器, 程序可控只读存储器)
wrong (1) 不正确 [的], 不正常 [的], 有毛病 [的], 错误 [的]; (2) [相] 反的
wrong channel 虚假信道, 假通道
wrong jack 有故障的塞孔
wrong number 错号
wrong side out 里面朝外, 翻转
wrongful (1) 不正当的, 恶劣的; (2) 非法的, 违法的
wrongly (1) 不正确地, 不恰当地; (2) 不公正地, 错误地
wronskian 乌龙斯基行列式
wrought (1) 锻造的, 可锻的, 制造的, 精炼的, 精制的; (2) 轧材和冷拔产品的总称, 锻件, 型材; (3) 精制, 精炼
wrought alloy 可锻合金, 锻造合金, 轧制合金
wrought aluminium 锻压铝, 轧制铝
wrought aluminium alloy 锻铝合金, 熟铝合金
wrought brass 锻 [黄] 铜

wrought iron (=WI) 锻铁, 熟铁
wrought iron pipe 熟铁管
wrought-iron plate 熟铁板
wrought nail 锻钉
wrought steel (=ws) 锻钢, 熟钢
wroughtiron finishing turning tool 熟铁光车刀
wry (1) 扭曲, 扭歪; (2) 扭歪的, 歪斜的; (3) 坚持错误的, 曲解的, 荒谬的
Wulf electrometer 乌尔夫静电计
Wulf string electrometer 乌尔夫弦线静电计
wurtzilite 韧沥青
wustite (1) 方铁矿; (2) 方铁体, 魏氏体, 维氏体
wustite-iron 方铁体铁, 魏氏体铁
wye (1) 三通; (2) Y 形支架; (3) Y 形连接, 星形连接; (4) Y 形
wye connector Y 形连接, 星形连接
wye-delta 星 - 角接线
wye-delta connector Y-△ 连接
wye level 华氏水准仪, 回转水准仪, Y 形水准仪
wye rectifier Y 形全波整流器
wye track 三角形轨道, Y 形轨道
wyndaloy 文达劳铜镍锰合金, 锰镍青铜
WZ alloy WZ 碳化钛烧结合金

X

X (1) 数域中的任选值, 未知数; (2) 用……乘, 倍; (3) 放大能力; (4) 电抗

X alloy 铝基轴承合金, 铜铝合金, X 合金 (钢 3.5%, 铁 1.25%, 镁 0.6%, 镍 0.6%, 硅 0.6%, 其余铝)

X-amplitude X 轴幅度, X- 幅度

X-antenna 双 V 形天线, X 形天线

X-axis (1) 横坐标轴, OX 轴, X 轴, 横轴; (2) X 轴线

X-axle 横坐标轴, OX 轴, X 轴

X-back 电影负片背部的导电表层, 防静电背面层

X-band (=X-band frequency) X[频] 带 (雷达用, 从 5200 到 1100 兆赫), X 波段

X-beam radar X 型波束雷达

X-brace (1) 交叉支撑, 剪刀撑; (2) X 形柱条

X-bracing (1) 十字撑架, X 形拉条, X 形柱条; (2) 十字头; (3) 交叉支撑, X 形支撑, 剪刀撑; (4) 交叉联接, X 形联接, X 形联结

X-bridge 电抗电桥, X 形电桥

X-burn (荧光屏) 对角线烧毁, X 形烧伤

X-butt weld X 形对接焊

X-chair 交叉折椅

X-component 沿 X 轴的分量, X[轴向] 分量

X-coordinate 横坐标, X 坐标

X-crepe 酚醛树脂浸渍皱纹纸

X-cross member X 形横梁

X-cut 或 cross-cut (1) 横切 [削]; (2) 垂直于 X 轴的石英晶体截割 [法], X 截割, X 切割

X-cut crystal X 截晶体, X 切割晶片

X-cut quartz transducer X 切割石英换能器

X-deflection 水平偏转, X 偏转

X-direction 沿横坐标, 横轴方向, OX 轴方向, X 轴方向

X-direction force 沿 X 轴方向分力, X[轴] 向分力

X eliminator 静电消除器

X-fracture (轮胎的) 十字形裂口

X-frame 交叉形架, X 形构架

X-gear 变位齿轮, 径向变位齿轮

X-gear pair 变位齿轮副, 径向变位齿轮副

X-gear pair with reference center distance 高度变位齿轮

X-gear pair with invariable center distance 高度变位齿轮

X-gear pair with working center distance 角度变位齿轮

X-gear pair with variable center distance 角度变位齿轮

X-guide X 形波导

X-intercept X 截距

X-irradiated 伦琴射线照射的, X 射线照射的

X-irradiation X 射线辐照

X-joint X 形接合

X-line (1) X 轴; (2) X 轴线, 横轴线, X 线

X line X 高度字体的顶线

X-member (=cross member) 交叉形构件, 叉形杆件, X 形梁

X-mitter (=transmitter) 无线电发射机

X-moment 绕 X 轴的力矩, X[力] 矩

X-motion 在 X 轴方向运动

X-motor (1) 沿 X 轴驱动的电动机; (2) 沿 X 轴移动的发动机

X network 桥形四端网络, X 形网络

"X" non-skid type chain (汽车用) X 形防滑链

X-pandix 蝶形弹簧齿圈用心轴

X-parallax X 视差

X-particle X 粒子, 介子

X particle X 粒子, 介子

X-plate 水平偏转板, X 板

X plate 水平偏转板, X 板

X-plates X 方向薄片

X punch (卡片) 11 行穿孔, 负数穿孔, X 穿孔

X-quadripole 斜格形四端网络, X 形四端网络

X-radiation 伦琴射线辐射, X 射线辐射, X 辐射, X 光

X-radiography 伦琴射线照相术, X 射线照相术, X 光照相术

X-ray (1) 伦琴射线的, X 射线的, X 光的; (2) X 光机; (3) X 光照片; (4) 用 X 光检查, 用 X 光照相, 用 X 光照射, 伦琴射线照射

X ray X 射线, X 光

X-ray absorption method X 射线求密度法

X-ray analysis X 射线分析, X 光分析

X-ray apparatus X 射线装置

X-ray atomic form factor X 射线原子波形因数

X-ray cassette X 光底片托架

X-ray counter X 射线计数管, 伦琴射线计数管

X-ray crack detection X 射线裂纹探测

X-ray crystallography (1) X 射线晶体分析法; (2) X 射线晶体学

X-ray defectoscopy X 射线探伤法

X-ray diascope X 射线透射映画器

X-ray diffraction X 射线衍射, X 射线绕射

X-ray diffraction analysis X 射线衍射分析, 伦琴射线衍射分析

X-ray diffraction camera X 射线衍射照相机

X-ray diffraction instrument X 射线衍射仪

X-ray diffractometer X 射线衍射仪

X-ray drill 轻型钻探机, X 射线钻机

X-ray energy monitor X 光能量监视器

X-ray energy spectrometer X 射线能谱仪

X-ray examination X 射线检查, X 射线检验, X 射线探伤

X-ray flaw detection X 光探伤, X 射线探伤

X-ray flaw detector X 射线探伤器, X 射线探伤仪

X-ray gauging X 射线测厚

X-ray generator X 射线发生器

X-ray goniometer X 射线测角仪

X-ray holography X 射线全息术

X-ray image X 射线照片, X 射线像

X-ray injury X 射线损伤

X-ray inspection X 光检查, X 光探伤, X 射线检查, X 射线探伤

X-ray intensity meter X 光强度测定计

X-ray intensity monitor X 光强度监视器

X-ray irradiation X 射线照射, 伦琴射线照射

X-ray laboratory X 射线实验室, 伦琴射线实验室

X-ray laser X 射线激光器

X-ray lattice parameter X 射线 [确定的] 晶格参数

X-ray machine X 射线机

X-ray microscope X 射线显微镜

X-ray nondestructive testing X 射线无损检验

X-ray pattern X 射线图 [案]

X-ray photoelectron spectroscopy X 射线光电子能谱仪

X-ray photograph X 光照片

X-ray physics X 射线物理学

X-ray pick-up tube X 射线摄像管

X-ray rubber 防 X 射线橡胶

X-ray spectral line X 谱线, 伦琴谱线

X-ray spectrograph X 射线摄谱仪, 伦琴射线摄谱仪

X-ray spectrometer　(1) 伦琴射线谱仪, X 射线谱仪；(2) X 射线分光计

X-ray stress measuring method　X 射线应力测定法

X-ray television　X 射线电视

X-ray thickness gauge　X 射线厚度计, 伦琴射线厚度计

X-ray transformer　X 射线变压器

X-ray tube　X 射线管

X-ray width gage　X 射线带材测宽仪

X-raying　(1) 伦琴射线照射, X 射线照射, X 射线透视；(2) X 射线分析；(3) X 射线检查

X-rayogram　X 射线图式, X 射线照片

X-ring　X 形密封环

X-rotation　绕 X 轴的转动, 绕 X 轴旋转

X-sect (=cross section)　横断面, 横截面

X-section　交叉截面, 横截面

X-shape　交叉形, X 形

X-shift　沿 X 方向的偏移, 沿 X 方向的位移, 沿 X 方向的移动

X-spread　十字排列

X-spring　X 形弹簧

X-stopper　(收音时) 消除大气干扰的设备, 限制大气干扰的设备

X-tal detector　硅铜矿石检波器, 晶体检波器

X-tilt　X 倾角

X-time　火箭发射的准确时间, 发射瞬间

X-type　交叉形的, X 形的

X-type bracing　X 形拉条

X-type frame　交叉型架, X 形车架

X-type groove　双面 V 形坡口, X 形坡口

X-type roller bearing　X 型滚子轴承

X-type side bracing　X 形侧拉条

X-type V block　双面 V 形铁, X 形 V 形铁

X-unit　X[射线光波] 单位 (波长单位, 约等于 10^{-11} 厘米, 10^{-3} 埃)

X unit　X[射线光波] 单位 (波长单位, 约等于 10^{-11} 厘米, 10^{-3} 埃)

X-velocity component　X 方向流速分量

X-wave　X[轴向] 波

X-weather　不适于飞行的天气

X-X (=pitch axis)　俯仰轴线, 飞机横轴

x+x time　发射后时间

x- x time　到发射时间

X-Y diagram　液相组成 X 与气相组成 Y 所构成的气液平衡线图

X-Y plotter　X-Y 记录仪, X-Y 绘线仪, X-Y 绘图器

X-Y recorder　X-Y 坐标上的曲线计算装置, X-Y 轴记录器

X-zero gear　(1) 非变位齿轮；(2) 零变位齿轮

X-zero gear mechanism　非变位齿轮机构, 零变位齿轮机构

X-zero gear pair　(1) 非变位齿轮副 (X1=X2=0)；(2) 零变位齿轮副 (X1+X2=0)

X-zero gearing　非变位齿轮传动 [装置], 零变位齿轮传动 [装置]

X-zero tooth(ed) wheel　非变位齿轮, 零变位齿轮

XA (=auxiliary amplifier)　辅助放大器

XA (=transmission adapter)　传输衔接器

xa (=experimental)　(美国海军) 实验性的

Xalloy　铝铜合金

Xantal　铝青铜 (铜 81-90%, 铝 8-11%, 铁 0-4%, 镍 0-4%, 锌 0-1%)

xanthometer　水色计

xaser　(1)X 射线激光器, X 射线激射器；(2) X 射线激射

xbar (=XBAR=crossbar)　横臂, 十字头

XBSW (=crossbar switch)　横杆开关

Xc (=capacitive reactance)　[电] 容 [电] 抗

Xc (=inductive reactance)　[电] 感 [电] 抗

xco (=XCO=cross-connection)　十字接头, 交叉连接, 交叉接合, 线条交叉

Xconn (=cross connction)　十字接头, 交叉连接, 交叉接合, 线条交叉

XCONN (=cross connection)　十字接头, 交叉连接, 交叉接合, 线条交叉

XCVR (=transceiver)　(无线电) 收发 [两用] 机

X&D (=experiment and development)　实验与发展

XDCR (=transducer)　变送器, 变换器, 换能器, 传感器, 变频器

XDCR SUP (=transducer supply)　变送器电源, 换能器电源, 传感器电源

XDP (=X-ray density probe)　X 射线密度探测器, X 射线探头

xdw (=development warhead)　研制性弹头

Xe (=xenon)　氙 Xe

xenon　{化}氙 Xe

xenon flash lamp　氙闪光灯

xenon-krypton laser　氙 - 氪激光器

xenon lamp　氙 [气] 灯, 氙 [气] 管

xenon tube　氙管

Xer (=xerox reproduction)　静电印刷复制品

Xerantic　致干燥的, 除湿的

xeraphium　干燥粉, 除湿粉

xer(o)-　(词头) 干 [燥]

xerogel　干凝胶

xerogram　静电复印副本

xerograph (=xerography)　静电印刷术, 干印图, 干印术

xerographic　(1) 静电印刷的, 干印的；(2) 硒板摄影的, 硒鼓复印的

xerographic printer　静电复印机, 干印术印刷机, 干印术打印机

xerography　静电印刷术

xeroprinting　静电印刷 [的], 静电复印

xeroradiography　静电电子放射线照相术, 干放射性照相术, 干式射线照相术, 干法射线照相, X 光干法照相

xerox　(1) 硒静电复印, 硒鼓复印, 静电印刷, 干印；(2) 静电复印机；(3) 静电复印件

XF (=extra fine)　特细的

XFA (=crossed-field acceleration)　交叉场加速度

XFER (=transfer)　{ 计 } 转移

XFMR (=transformer)　变压器

XGAM (=experimental guided air missile)　实验航空导弹

XH (=extra hard)　特硬的

XH (=extra heavy)　特重的

XH (=extra high)　特高的

XHAIR (=cross hair)　十字准线

XHV (=extreme high vacuum)　极高 [度] 真空

XIC (=transmission interface converter)　{ 计 } 传输接口转换器

Xing (=crossing)　交叉 [点]

XIR (=extreme infrared)　超红外

Xite　耐热镍铬铁合金 (铬 17-21%, 镍 37-40%, 其余铁)

xl (=crystal)　晶体

XL (=extra large)　特大号

XL (=inductive reactance)　[电] 感 [电] 抗

XLWB (=extra-long wheelbase)　超长轴距, 超长轮距

XM 或 xm (=research missile)　(科学) 研究用导弹

XMER (=transformer)　变压器

XMIT (=transmit)　发射, 发送, 传输

XMSN (=transmission)　(1) 传送, 传输；(2) 传动装置, 变速器

XMTR (=transmitter)　(无线电) 发射机, 发报机

xn (=experimental)　(美国海军) 实验性的

XOUT (=cross out)　删除

XPD (=cross polarization discrimination)　(天线的) 横极化鉴别 [能力]

XPL (=explosive)　(1) 爆炸的；(2) 炸药

XPL　语言

xpln (=explanation)　解释, 说明

XPN (=expansion)　(1) 扩张, 膨胀；(2) 展开 [式]

XPNDR (=transponder)　转发器, 应答器

XPS (=expanded polystyrene)　多孔聚苯乙烯

Xr (=examiner)　检查人

Xray　通信中用以代表字母 X 的词

xref (=cross reference)　相互参照条目

XREP (=auxiliary report)　辅助报告

XSM (=experimental strategic missile)　实验性战略导弹

XSM (=experimental surface missile)　实验性地面发射的导弹, 实验性水面发射的导弹

XSSM (=experimental surface-to-surface missile)　地面对地面实验导弹, 水面对水面实验导弹

XSTR (=transistor)　晶体管

XTAL 或 X-tal (=crystal)　晶体

XTAL OSC (=crystal oscillator)　晶体振荡器

XTLO (=crystal oscillator)　晶体振荡器

xtrm (=extreme)　极端

XU (=X-unit)　X[射线光波] 单位 (波长单位, 约等于 10^{-11} 厘米, 10^{-3} 埃)

XUV (=extreme ultra-violet)　超紫外

XVTR (=transverter)　变换器, 变流器, 变频器, 换能器

XWL (=expendable wire link)　消耗性通讯线路

XWt (=experiment weight)　实验重量

xxh (=double extra heavy)　非常非常重, 超特重

xxs (=double extra strong)　非常非常坚实, 超特强

XXX (=international urgency signal)　国际紧急信号

xylan　(1) 木聚糖；(2) 树脂

xylanthrax 木炭,炭
xylene 二甲苯
xylenol 二甲苯酚
xylenol-formaldehyde resin 二甲苯酚甲醛树脂
xylenol resins 二甲酚醛树脂
xylogen 木纤维,木质
xyloid 木制的,木质的

xylometer (1) 木材比重计; (2) 测木仪
xylometry 木材测容术
xylon 木纤维,木质
Xylonite (1) 硝酸纤维素塑料; (2) 赛罗耐特
xylophone 八管发射机
xyster 刮刀

1584

Y

Y (1) Y 形；(2)｛数｝第二未知数；(3)｛数｝纵坐标；(4) 亮度；(5) 导纳；(6) 样机模型, 原型

Y-alloy 铝合金, Y 合金 (铝 91.3%, 铜 4%, 镁 1.5%, 镍 2%, 铁、硅各 0.6%)

Y-antenna 有对称馈电的偶极天线, Y 形天线

Y antenna 对称馈电偶极子天线, 对称馈电半波天线

Y-axis (1) 纵坐标 [轴], OY 轴, Y 轴, 纵轴；(2) Y 轴线；(3) (晶体的) 机械轴

Y-axis amplifier 垂直信号放大器, Y 轴放大器

Y-azimuth 基准方向角

Y-bend (1) 分叉弯头, Y 形弯头, Y 形接头, Y 形管, 三通管；(2) Y 形接合, 二叉

Y box 星形电阻启动器, 星形联接电阻箱

Y-branch 分叉支管, Y 形支管, 分叉管

Y-branch fitting 分叉支管, Y 形支管

Y-channel (1) 亮度通道调整；(2) Y 信道, Y 通道

Y-class insulation Y 级绝缘材料 (耐温 90℃)

Y-connection (1) 星形连接, 星形接法, 分叉管接, Y 形连接；(2) 三通管接头, Y 形接头

Y connection 星形连接, Y 形接线

Y-coordinate 平面直角坐标的纵坐标, Y 坐标, 纵坐标

Y-crystal Y 晶体

Y-current Y 电流

Y-curve 叉形曲线, Y 形曲线

Y-cut (1) Y 形切削, Y 形割法, Y 形截割, Y 形切割；(2) 垂直于 Y 轴的石英晶体载割法

Y-cut crystal Y 切割晶片, Y 截晶体

Y-cylinder gear Y 圆柱齿轮, (原联邦德国) 变位圆柱齿轮

Y-△starter (=Y-delta starter) 星形 - 三角形起动器, Y-△ 形连接起动器

Y-direction 纵轴方向, Y 轴方向, 沿纵轴

Y direction 纵轴方向, Y 轴方向

Y-engine 三缸星形发动机

Y-grade separation Y 形立体交叉

Y-gun (美军) Y 字形反潜深水炸弹发射器

Y-intercept (1) Y 形交叉口；(2) 截距

Y-intersection Y 形交叉

Y-joint (1) 叉形接头, Y 形接头；(2) 分叉管接, Y 形接合

Y-junction (1) Y 形枢纽, Y 形交叉；(2) [波导管的]Y 形接头, Y 形连接；(3) 三通管接头；(4) 三角分线杆

Y-level 华氏水准仪, Y 型水准仪, 回转水准仪, 活镜水准仪

Y level (1) Y 型水准仪；(2) 亮度信号电平

Y-line (1) 纵轴线, Y 轴线；(2) Y 轴

Y-matching Y 形匹配

Y-matrix Y 矩阵

Y-mill Y 形轧机

Y-model carburetor Y 型汽化器

Y-motion 在 Y 轴方向运动

Y-motor (使模拟机) 沿 Y 轴移动的发动机

Y-parameter (晶体管) 短路导纳参数, Y 参数

Y-piece (1) 叉形肘管, Y 形肘管；(2) 叉形件

Y-pipe 斜角支管, 分叉管, 三叉管, 叉形管, Y 形管

Y plate 垂直偏转板, Y 轴偏转板

Y-plates Y 轴薄板

Y punch (卡片) 12 行穿孔, Y 穿孔

Y-section (1) 三通管接头；(2) (波导管的) Y 形接头；(3) 三角分线杆；(4) 三岔形截面

Y-shaped 分叉形的, Y 形的

Y-shaped network 星形电路, T 型 [四端] 网络

Y signal 亮度信号, Y 信号

Y splice 分叉接头

Y-stay Y 形拉线

Y-stud Y 形支柱

Y-system (三相系统) 星形接法

Y-terminal Y 信号端钮

Y-terminals Y 信号输出端

Y theodolite Y 形经纬仪

Y-tilt Y 倾角

Y-track 三叉形轨道, Y 形轨道

Y-tube 叉形管, Y 形管

Y-type 叉形, Y 形

Y-type engine 星形发动机

Y-voltage [在星形连接中的] 相电压, Y 电压

Y-wing Y 形翼

yacht 快艇, 游艇, 赛艇

yacht rope 优质麻绳

Yado 轰炸引导系统

YAG (=yttrium aluminum garnet) 钇铝柘榴石

YAG laser 钇铝柘榴石激光器

Yagi 八木天线

Yagi antenna 引向反射天线, 波道式天线, 八木天线

Yak (原苏联) 雅克式战斗机, 雅克式飞机

YAl garnet (=yttrium aluminum garnet) 钇铝柘榴石

yale brass 低锡黄铜 (锌 7.5-8%, 锡 0.5-1.5%, 其余铜)

yale bronze 低锡青铜 (锌 7.5-8%, 锡 0.5-1.5%, 铅 1%, 其余铜)

yale lock 弹簧锁 (一种圆筒锁)

Yamato metal 亚马托铅锡锑轴承合金 (锑 10-20%, 锡 5-20%, 其余铅)

Yankee machine 杨琪造纸机, 单烘缸纸机

yard (1) 码 (等于 0.9144 米)；(2) 工作场, 制造场, 工场, 工地, 场地；(3) 造船厂, 工厂；(4) 帆桁；(5) 把材料保存在仓库, 把木材集中堆放

yard-crane 场内 [移动] 起重机, 移动吊车

yard crane 场内移动起重机

yard engine 调车机车

yard-dried lumber 场干木材

yard locomotive 调车机车, 场用机车

yard lumber 风干木材

yard measure 码尺

yard rope 帆桁索

yard tackle 底轮滑车组

yard trap 聚污气弯管

yardage (1) 尺码；(2) 以平方码计的面积；(3) 按立方码计算的材料体积, 方码数 (以立方码计)；(4) 合计码数, 码数

yardarm 横杆端, 帆桁端, 桁端

yarder 集材机

yardman 车场工作人员, 调度员

yardmaster 车场场长, 调度长

yardmeasure 码尺 (直尺或卷尺)

yardstick (1) 尺度, 码尺, 杖尺；(2) 计算的标准, 衡量的标准；(3) 用作判断依据的检验或标准

yardwand 码尺 (指直尺)

yare 操纵灵敏的, 容易操纵的, 轻便的

yarn (1) 纱, 线；(2) 细股 [绳]

yarn bundling machine 纱线打包机

1585

yarn conditioning machine　纱线给湿机
yarn gripper　夹纱器
yarn package dyeing machine　筒子纱染色机
yarn packing　棉纱填料
yarn trapper　夹线器
Yarrow boiler　船用水管锅炉
yaw　(1) 航向不稳定,左右摇摆,越出航线,偏航,摆头,首摆;(2) 偏航运动,偏航角;(3) 侧滑 [角];(4) [垂直机翼的] 迎角;(5) 弹道偏向;(6) 偏转
yaw control　偏航控制,航向控制
yaw damper　偏航阻尼器
yaw damping　偏航 [运动] 阻尼
yaw error　偏航误差
yaw guy　正向系索
yaw gyroscope　航向陀螺仪,偏航陀螺仪
yaw-heel　偏航横倾
yaw meter　偏航仪
yaw motion　偏转运动
yaw motivator　偏航操纵机构
yaw pickoff　(自动驾驶的) 航向电位计
yaw probe　偏航传感器
yaw rate control　(自动操舵装置) 首摇率控制
yaw rate gyro pick-up　偏航角速度陀螺仪
yaw rate gyroscope　偏航率陀螺仪,偏航角速度陀螺仪
yaw response　对侧滑的反应
yaw sensing accelerometer　偏航 [运动] 加速表,偏航 [运动] 过荷自记器
yawable Pitot tube　可偏转的"皮托"流速测定管
yawed　偏航的
yawer　(1) 偏航操纵装置,偏航控制器;(2) 方向舵
yawhead　偏航传感器
yawing　(1) 左右摇摆,偏航 [运动],摇船首,摆头,偏摇,偏转;(2) 偏航力矩
yawing axis　偏转轴线
yawing couple　偏航力矩
yawing derivative　偏航导数
yawing force　侧力,侧向力
yawing moment　偏航力矩,方向力矩,盘旋力矩
yawing moment coefficient　偏航力矩系数
yawl　(1) 双桅帆艇,小帆船;(2) 舰载小艇,船载小艇,水雷艇,杂用艇;(3) 方帆小渔船;(4) 三角帆纵帆帆船

1586

yawmeter　(1) 偏航指示器,偏航仪,偏航计;(2) 偏流计
yawn　(1) 间隙,缝隙,空隙;(2) 未填补的裂缝;(3) 开口,裂开
YB (=year book)　年鉴
Yb (=ytterbium)　镱
Yd (=yard)　(1) 码;(2) 工场;(3) 堆置场
yd (=yard)　码 (=3 英尺 =91.44cm)
YDL (=Young Development Laboratory)　杨格研制实验室
YDS (=Y-delta starter)　星形 - 三角形起动器,Y-Δ 连接起动器
yds (=yards)　码数
yea　(1) 是;(2) 甚至可说,而且;(3) 肯定,赞成
yea and nay　犹豫不决,优柔寡断
year　(1) 年度,年;(2) (复) 年龄,时代,数年,多年,长久
year-book　年鉴
year clock　年钟
year-end　年终
year of birth (=YOB)　出生年
year of death (=YOD)　死亡年份
year-round　一年到头的,全年的,整年的
year under review　本年
yearbook　年鉴
yearling　军事院校
yearlong　持续一年的,整整一年的,常年的
yearly　一年一次的,一年一度的,一年间的,每年的,年年的
yearly load curve　年负荷曲线,年负载曲线
yearly load variation　年负荷变化,年负载变化
yearly maintenance　全年维修,年度养护
yearly maximum load　年最高负荷,年最高负载
yearly output　年产量
Yehudi　指向标触发发射机
YEL (=yellow)　黄色
yellow　(1) 黄色 [的];(2) 黄色物体;(3) 变黄,发黄
yellow alert　[空袭] 预备警报
yellow arsenic　硫化砷

yellow brass　黄铜 (铜 65%,锌 35%)
yellow dip　黄油质树脂
yellow gold　金银铜合金
yellow heat　黄热
yellow lead　氯化铅,黄丹
yellow lead paint　黄铅油漆
yellow light　黄色灯光
yellow metal　(1) 黄铜 (铜 60%,锌 40%)
yellow oil　黄油
yellow pewter　低锌黄铜,顿巴合金
yellowish　带黄色的,淡黄色的
yellowly　成黄色,带黄色
yellowness　黄 [色]
yellowy　黄色的,淡黄的,带黄的
Yerkes objective　耶克物镜
"yes-no" type of operation　"是否" 式工作制
yes-or-no-mark　是或否符号
yesterday　(1) 昨天,昨日;(2) 最近,近来;(3) (复) 过去 [的日子],往昔
yet　(1) 至当时,至今,迟早,仍然,还,尚;(2) 已经;(3) 比……还要,益发,更,再;(4) 到目前为止;(5) 此外还,又;(6) 也;(7) 然而,而
yet once more　再一次
YGa garnet (=yttrium gallium garnet)　钇镓柘榴石
YGL (=yttrium-garnet laser)　钇柘榴石激光
yield　(1) 屈服 [极限],屈服点,极限;(2) 流 [动] 性,塑流;(3) 熔化生产率,熔化量,回收量,发电量,流量,产品,产额,产量;(4) 产生,产出,发出,输出,给出,引出,得出;(5) 提供,供给;(6) 让步,让与,给与,同意;(7) 击穿;(8) 生产能力,回收率,生产率,产品率,成品率,合格率,效率;(9) 当量,容量;(10) 二次放射系数;(11) 弯曲,沉陷,凹进
yield condition　屈服条件
yield curve　产额曲线
yield electricity　发电
yield factor　屈服点储备系数
yield factor of safety　屈服安全系数
yield failure　屈服失效,屈服损坏
yield flow stress　屈服 [流动] 应力
yield function　屈服函数
yield-limit　屈服极限
yield limit　(1) 屈服极限;(2) 屈服点;(3) 流限
yield line　屈服线
yield load　屈服载荷,引起永久变形的载荷
yield moment　屈服力矩
yield net　纯收益
yield of counter　计数器效率
yield of radiation　辐射强度
yield point　(1) 屈服点;(2) 流动点;(3) 软化点;(4) 击穿点
yield point in shear　剪切屈服点
yield point load　屈服点载荷
yield point strain　屈服点变形,屈服点应变
yield point strength　屈服点强度
yield point value　屈服值,塑变值,流动值
yield-power　生产力
yield ratio　屈服比,屈强比
yield region　屈服区
yield strength　屈服强度,抗屈强度,软化强度
yield stress　屈服应力
yield surface　屈服面
yield table　材积表
yield temperature　屈服温度,流动温度 (塑料)
yield to yield stressing in low-cycle fatigue　低周疲劳屈服 - 屈服加载
yield value　(1) 屈服值;(2) 起始切变,起始值;(3) 塑变值
yield-weighted　按产额量度的
yielding　(1) 屈服;(2) 屈服点;(3) 易受影响的,易弯曲的,柔顺的;(4) 塑性变形的,可压缩性的,可变形的,易变形的,流动性的,屈服 [性] 的,沉陷性的;(5) 击穿的;(6) 产生,形成,生成
yielding around crack tip　裂纹顶端周围屈服,裂纹端周围变形
yielding at stress concentration　应力集中屈服,应力集中变形
yielding effect of grain size　晶粒度变形效应
yielding flow　塑流
yielding of crystals　晶体形成
yielding of support　支座沉陷,基础沉陷
yielding prop　让压性支柱

yielding rubber　缓冲橡胶,减振橡胶,缓冲橡皮,减振橡皮

yielding stress　屈服应力

YIG (=yttrium iron garnet)　钇铁柘榴石

YM (=prototype missile)　原型导弹

yodowall　搪瓷面冷轧钢板

yo-yo　(1)起伏不定的;(2)动摇,起伏;(3)一对有深沟的厚圆盘;(4)运输机装车溜槽

yo-yo technique　电缆收放技术

yoke　(1)叉形件,拨叉,叉臂,叉架,夹板,轮,叉,(2)轭状物,轭铁,铁轭,轭架;(3)横木,架,座;(4)刀杆吊架,刀杆支架;(5)定位架,定心架;(6)偏转系统;(7)偏转线圈;(8)一组磁头,磁头组,磁轭;(9)箍圈,卡箍,套箍;(10)飞机操纵杆,横舵柄;(11)束缚,支配,结合,配合,匹配,连接,管辖,压力;(12)加轭,上轭

yoke ampere-turns　轭安匝

yoke-and-eye rod end　球铰连接端

yoke assembly　(1)偏转线圈组件,偏转线圈部件;(2)致偏系统组合件;(3)致偏线圈组

yoke axle　轭轴

yoke bolt　离合器分离叉调整螺栓,系铁螺钉,铗子螺钉

yoke cam　(1)框形定幅凸轮机构(从动件呈框形的),(2)等直径径向凸轮,定幅凸轮

yoke cap　托架上盖

yoke connection　轭连接

yoke core　[偏转]轭

yoke current　(1)偏转线圈电流,致偏线圈电流;(2)偏转系统电流

yoke deflection coil　轭形偏转线圈

yoke end　(杆件的)叉形端,轭端

yoke joint　(1)叉式铰接;(2)万向节

yoke lever　叉形杠杆,叉杆

yoke magnetizing method　(磁粉探伤的)极间法,磁轭法

yoke method　磁轭法

yoke of the magnet　磁轭,轭铁

yoke piece　轭架

yoke pin　(1)[万向节]十字轴;(2)连接杆叉头销,轮销,轭销

yoke ring　轭环,带耳轴的环

yoke riveter　叉架铆钉机

yoke rubber　缓冲垫

yoke shifter　齿轮拨叉

yoke slider　拨叉滑移装置

yoke suspension　轭悬置法

yoke swing　万向节叉旋转直径

yoke trunnion　叉形十字头

yoke type track roller bearings　平挡圈型滚轮滚针轴承

yoked connecting rod　叉头连杆

yokelines 或 yokeropes　舵柄操舵索,横舵柄索

Yoloy　铜镍低合金高强度钢(碳0.08%,铜0.9%,镍2%)

yon 或 yonder　(1)在那里的,在那边的,在远处的;(2)那边,远处

Yorcalbro　尤凯尔布柔铝黄铜(铜76%,锌22%,铝2%,砷0.04%)

yorcalnic　尤凯尔布尼克铝镍青铜(铜91%,铝7%,镍2%)

Young's modulus　杨氏弹性模数,杨氏模量,杨氏系数,弹性模量

Young's modulus of elasticity　杨氏弹性模量

YP (=yield point)　(1)屈服点;(2)流动点;(3)软化点;(4)击穿点

yperite　双氯乙基硫,芥子气

ypsiliform　倒人字形的,V字形的

ypsiloid　倒人字形的,V字形的

YRGB waveforms　亮度、红、绿、蓝[信号]波形

YS (=yield strength)　屈服强度,抗屈强度

YSM (=prototype strategic missile)　原型战略导弹

Ytterbia　氧化镱

Ytterbic　含镱的

ytterbium　镱Yb

ytterbium gallium garnet　镱镓柘榴石

yttria　氧化钇

yttric　三价钇的

yttriferous　含钇的

yttrious　[含]钇的

yttrium　{化}钇Y,Yt

yttrium aluminum garnet　钇铝柘榴石

yttrium iron garnet　钇铁柘榴石

yttrium vanadate crystal　矾酸钇晶体

Yukalac　聚酯

Yukalon　乙烯均聚物

Y-Y connection　(1)双星形接法;(2)双星形接线,Y-Y形接线

1587

Z

Z (1) Z 形；(2){数}第三未知数；(3) 原子[序]数；(4) 方位角；(5) 阻抗；(6) 相对粘度；(7) 断面模量，截面模量

Z-alloy Z 铝基轴承合金，Z 合金 (铝 93%，镍 6.5%，钛 0.5%)

Z-angle Z 形角铁

Z-armature (继电器等的) Z 形衔铁

Z-axis (1) Z 坐标轴，OZ 轴，Z 轴；(2) OZ 轴线，Z 轴线；(3) 垂直轴；(4) (晶体) 光轴

Z-axis amplifier 解调放大器，调辉放大器，Z 轴放大器

Z-axis modulation 亮度调制，Z 轴调制

Z-bar (1) Z 型钢，Z 字钢，Z 形铁，Z 形杆；(2) Z[字] 条

Z-bar column Z 形钢柱

Z-beam Z 形梁，Z 字钢

Z-beam torsion balance Z 形扭秤

Z-calender Z 型压延机

Z chart Z 形算图，Z 字图

Z-code Z 电码

Z-connection (1) Z 形连接；(2) Z 形接法，曲折接法

Z-coordinate Z 坐标

Z-crank Z 形曲轴，Z 形曲柄

Z-cut (1) Z 切削；(2) 垂直于 Z 轴的石英晶体切割法，Z 截割，Z 切割

Z-cut crystal Z 轴切割晶体，Z 切割晶片

Z-direction 沿 Z 坐标，Z 轴方向，Z 方向

Z-even Z 为偶数的，带偶 Z 的

Z-F lamelar self-locking differential Z-F 摩擦片自锁差速器

Z-F self-locking differential with slide ring and radial cam plate 滑环 - 径向凸轮式自锁差速器

Z-gun 防空导弹发射架

Z-intercept Z 截距

Z-iron 工字钢，Z 字钢，Z 形铁，Z 字铁

Z-lay (钢丝绳) 右捻

Z-magnetometer 竖直分量磁强计，Z 磁强计

Z marker (=zone marker) 区域指点标

Z-marker beacon 锥形静区无线电指示标

Z-matrix Z 矩阵

Z-motion 在 Z 轴方向的运动

Z-motor (1) 沿 Z 轴驱动的电动机；(2) (使模拟机) 沿 Z 轴方向移动的发动机

Z-mounted chisel Z 形冲钻

Z-mounted drill Z 字撞钻

"Z" number (元素) 原子序数

Z-odd Z 为奇数的，奇 Z 的

Z-parameter

Z-piling bar Z 字钢板桩

Z-pinch Z 向箍缩效应，Z- 箍缩，Z- 收缩

Z-plane (1) Z 平面；(2) (日本在第二次世界大战时使用的) 零式战斗机

Z-profile wire Z 形剖面钢丝

Z-rib metal lath Z 形钢丝网

Z-section 乙字形剖面，Z 形剖面，Z 形截面

Z-shaped cage Z 形保持架

Z-shaped engraving cutter Z 字旋刻刀

Z-steel 工字钢，Z 形钢，Z 字钢

Z-SUB 零减法指令

Z-Time (=Zebra time) 格林尼治平均时，世界时

Z-truss Z 形桁架

Z-twist (钢丝绳) Z 捻度，右捻

Z-type piling bar Z 字板桩

z-variometer 竖直强度磁变计，垂直磁变记录仪，Z 分量磁变计

Z winding 顺时针方向绕法

zaffer 或 zaffre (1) 砷酸钴和氧化钴混合物，钴焙砂，氧化钴；(2) 钴蓝釉

zag (=zig) (1) 之字形路线的转折，锯齿形转角；(2) 改变方向，急转

Zahn viscosimeter 锥盘粘度计

ZAM (=zinc alloy for antifriction metal) 电动机电枢合金，锌基轴承合金，抗摩锌合金 (锌 95%，铝 4%，铜 1%)

Zam metal (=ZAM) 电动机电枢合金，锌基轴承合金，抗摩锌合金 (锌 95%，铝 4%，铜 1%)

zamak 扎马克锌基合金 (锌的纯度为 99.99%)，锌基铸合金，锌基压锻合金

zamium 扎密阿姆镍铬合金 (镍 60%，铬 40%，少量锰、钨)

zamplate pipe 特形管

zap (1) 迅速制造，迅速移动，迅速离去；(2) 击溃，对抗；(3) 活力；(4) 攻击

zapon 硝化纤维清漆，硝基清漆

zapon lacquer 透明漆，火胶棉漆

zatacode indexing (=coordinate indexing) 同类编码检索，坐标检索

zebra (1) 单枪彩色电视显像管；(2) 小型电子计算机

zebra colour tube 斑纹彩色显像管

Zebra time 格林尼治平均时，世界时

zed (1) (英语字母) Z，z；(2) Z 形铁，Z 形钢

zedeflon 四氟乙烯均聚物

zee (1) Z 字；(2) Z 字形的，Z 形的；(3) 乙形的；(4) (复) Z 形钢

zee-bar Z 字钢

zee-bar pass Z 字钢孔型

zee-type piling Z 形板桩

Zeeman effect 塞曼效应 (在磁场作用下气体光谱线分散效应)

Zeeman laser 塞曼效应激光器

Zeeman method 塞曼 X 线结晶分析法

Zeeman modulation 塞曼效应调制

Zeeman-splitted level 塞曼效应分裂能级 (向激光材料加磁场)

zees (=Z-bar) Z 形钢，乙形钢

Zeiss (德) 蔡司厂，蔡司透镜

Zeiss aspheric grinding machine 蔡司非球面磨床

Zeiss gauge block interferometer 蔡司块规干涉仪

Zeiss indicator 蔡司杠杆式测微头

Zeiss lead tester 蔡司螺距检查仪，蔡司导程检查仪

Zeiss optimeter 蔡司光学比较仪

zeitgeber 同步因素，定时因素

zeitter-ion 两性离子

Zelco 泽尔科锌铝合金，铝焊料 (锌 83%，铝 15%，铜 2%)

zelling 零长导轨发射

zellon 四氯乙烯，泽隆塑料

Zellwolle 螺萦短纤维，粘胶短纤维

Zener 或 zener 齐纳

Zener breakdown 齐纳击穿

Zener current 齐纳电流

Zener diode (=ZD) 齐纳二极管，稳压二极管，雪崩二极管

Zener effect 齐纳效应

Zener level detector 齐纳电平检测器

Zener noise 齐纳噪声

Zener region 雪崩区

Zener voltage 齐纳电压

zenith (1) 天顶, 绝顶, 上空; (2) 最高点, 顶点, 极点; (3) 顶峰

zenith angle 天顶角

zenith distance (=ZD) 天顶距

zenith instrument 天顶仪

zenith-oriented detector 面向天顶检测器

zenith telescope 天顶仪

zenithal (1) 天顶的; (2) 顶点 [上] 的; (3) 高射的

zenithal projection 方位投影

Zeo-Dur n. 硅酸盐阳离子交换树脂

Zeo-karb n. 阳离子交换树脂

Zeo-karb 215 [215] 磺酚阳离子交换树脂

Zeo-karb 216 [216] 羧酸阳离子交换树脂

Zeo-karb 225 [225] 磺化聚苯乙烯阳离子交换树脂

Zeo-karb H [磺化碳] 阳离子交换树脂

Zeo-karb HI [Na] 磺化煤阳离子交换树脂

Zeo-Sorb 工业纯级分子筛

zeolite 沸石

zeolite sorption pump 分子筛吸附泵

zeolite water softener 沸石软水剂

zeolitic 沸石催化剂

zeolitization 沸石化

Zeolon H 分子筛 (含有 H 离子)

Zeolox 分析纯级分子筛

Zephyr (=Zero Energy Fast Reactor) 零功率快中子反应堆

Zeppelin antenna 齐柏林天线 (一端馈电的双馈线水平半波天线)

Zerfil 玻璃纤维增强芳族乙烯基聚合物

zergal 铝基合金

zerk 加油嘴

zerk fitting 油枪塞头

zerlina (=Zero Energy Reactor with Natural Uranium Fuel) 零功率天然铀反应堆

zero (1) 零; (2) 零高度, 零度, 零位, 零号, 零值, 零点, 冰点; (3) 条件起始点, 坐标原点, 坐标起点, 坐标零点, 计算起点; (4) 零元 [素]; (5) 没价值的东西, 无; (6) 零形态的, 零的; (7) 调 [整] 零 [位], 对准零点, 定零点; (8) 把手头集中指向, 把调节器调整归零

zero acceleration 零加速 [度]

zero access 立即存取, 立即访问

zero-access addition 立即存取加法, 立即取数加

zero access addition 立即存取加法, 立即取数加

zero access memory 超高速存取存储器, 立即存取存储器, 立即访问存储器

zero access storage 超高速存取存储器, 立即存取存储器, 立即访问存储器

zero access store 超高速存取存储器, 立即存取存储器, 立即访问存储器

zero address code 零地址码, 无地址码

zero address computer 零地址计算机

zero-address instruction 零地址指令, 无地址指令

zero address instruction 零地址指令

zero adjuster (=ZA) 零点调准装置, 零点校正器, 零点调整器, 零位调整器

zero adjusting capacitor 零调电容器, 调零电容器

zero adjusting lever 零度调整杆

zero adjusting offset pin 零点调整偏置销

zero adjusting screw (仪表的) 调零螺丝

zero adjustment 零位调整, 零点调整, 调零

zero-adjustment potentiometer 调零电位计

zero air void 零空隙

zero allowance 无容差

zero-and-positive 零 - 正

zero-angle cut 零 [角] 度切割, X 切削

zero axial (1) 通过坐标原点的, 通过零的; (2) 零轴

zero backlash [齿轮] 零侧隙

zero backlash gearing 零侧隙齿轮啮合

zero balance (1) 零点平衡, 零位调整; (2) 平衡

zero-balance bridge 零示式平衡电桥, 零点平衡电桥

zero balance bridge 零示式平衡电桥, 零点平衡电桥

zero balancing 零比较, 零差法

zero bearing (1) 零方位; (2) 零位前置

zero-beat 零差, 零拍

zero beat 零差, 零拍

zero beat method 零拍法, 零差频法

zero-beat reception 零拍接收法

zero Bessel function 零次贝塞尔函数

zero bevel gear 零度弧齿锥齿轮

zero-bias 零偏压

zero bias 零偏压

zero-bias drain current 零偏置漏极电流

zero branch (=ZBR) 零转移

zero capacity 零点电容, 起点电容

zero carrier 零 [振幅] 载波

zero-center instrument 中心零位式仪表

zero center instrument 双向读数仪表, 正中零位仪表

zero-center meter 中心零位电表

zero centre meter 中心指零式仪表

zero checker 零位校验器

zero circle 零周

zero circuit 零电路

zero clearance 无间隙, 零隙

zero comparator 零位比较仪

zero complement 补码

zero component 直流分量

zero correction (1) 零位修整; (2) 零位校正, 零位修正

zero count (导弹等) 发射计算时间的最后时间

zero-cross-level 零交叉电平

zero cross switch circuit 过零 [检查] 翻转电路

zero-crossing 零十字, 变号点

zero crossing 零 [点] 交叉, 零交点

zero-crossing detector 零交叉探测器, 过零检测器

zero-current 零 [值] 电流

zero current electron gun 零电流电子枪

zero curve 零线

zero cutout 无电自动断路器

zero date 起算日

zero-decrement (1) 无衰减的; (2) 零衰减量

zero decrement (1) 无衰减; (2) 零衰减量

zero defect (=ZD) 无缺陷

zero deflection 零偏转

zero-deflection method 零偏移法, 零偏转法, 零偏法, 指零法

zero degree (1) 零度; (2) 零次

zero-detection circuit 检 "零" 电路

zero dimension 无量纲

zero dimensional 零维的

zero discharge 无出料, 空转

zero-displacement (-error) system 控制速度的调节系统

zero divisor 零因子

zero drift 零点位移, 零点漂移, 零位漂移, 零位偏移

zero drift error 零漂移误差

zero dynamometer 零式电测功率计

zero elimination 消零法

zero energy (1) 初始能量, 零级能量; (2) 零功率

zero energy assembly (=ZEA) 零功率装置

zero energy breeder reactor assembly (=ZEBRA) 零功率增殖反应堆装置

zero energy coefficient (=ZEC) 零功率系数

zero-energy density effect 极低能密度效应

zero-energy thermonuclear assembly 零功率热核装置

zero energy experiment pile (=ZEEP) 零功率实验性反应堆

zero-energy level 零能级

zero energy level 零能级

zero-energy state 零能量状态, 零能态

zero energy thermal reactor (=ZETR) 零功率热中子反应堆

zero error 零位误差, 零点误差, 零误差

zero-error capacity 零误差容量

zero-extraction (汽轮机) 不抽气, 无抽气

zero-field 零场的, 无场的

zero field electronic splitting 零场电子性劈裂

zero-field laser bandwidth 零场激光辐射线宽

zero-field operation 零场工作 (脉塞)

zero fill 填零

zero first-anode current electron gun 第一阳极零电流电子枪

zero flux 零 [磁] 通量

zero-focus-current-gun 聚焦极零电流电子枪

zero-force connector 无插拔力接插件, 无插拔力插头座

zero-forcing equalization 迫零均衡

zero-free 无零点的

zero frequency (=ZF 或 z-f) 零位 [偏移] 频率, 零频率

1589

zero-frequency component　(1) 直流分量；(2) 零频率分量
zero-frequency current　零频率电流，直流电流
zero-g　失重状态，零重力
zero G　零重量，无重量，失重
zero game　零博弈
zero gate　(1) 置零门；(2) 置零开关
zero-gravity　零重量，无重量，失重
zero gravity　零重量，无重量，失重
zero-gravity period　失重阶段
zero group　零族
zero growth　零增长
zero heat current　无热交换流动
zero heat transfer　无换热效应
zero-hour　行动开始时刻，零时
zero hour　(1) 行动开始时刻，进攻发起时刻，决定性时刻，开始时刻，关键时刻，紧急关头；(2) 零时
zero-hour mixing　无间歇拌和 [法]
zero-impedance　零阻抗
zero impedance　零阻抗
zero-impedance filter　吸收滤波器，陷波器
zero indicator　零点指示器，零位指示器
zero-initial bias　零起点偏压，零始 [点] 偏压
zero instrument　零指示器，零位仪表
zero intensity　零位强度，零强度
zero kill　零消失，消零
zero lag　零位延迟
zero-lag filter　无滞后过滤器
zero-lash valve tappet　无间隙气门挺杆
zero leakage　零漏泄
zero-length launcher
　零长发射架，无导轨发射装置 (点式悬挂弹架)，无定向发射架
zero-length rail　超短型导轨，零长导轨
zero-length shoe　零长起动架，支撑式发射架，点挂式发射架
zero-length spring gravimeter　零 - 长弹簧重力仪
zero-level　(1) 零级；(2) 零电平；(3) 零点
zero level　(1) 起点电平，零电平；(2) 零起点；(3) 零标高；(4) 零能级，起点级
zero-level address　零级地址，立即地址
zero-level addressing　零级地址，直接地址
zero-level drift　零点漂移
zero lift　零升力
zero lift angle　零升角
zero lift chord (=ZLC)　零升力弦，零举力弦
zero-lift drag　零升力时阻力
zero-lift drag coefficient　零升力时阻力系数
zero-lift line　零升力线，无升力丝
zero line (=ZL)　零位线，基准线，基线
zero load　零载荷，零负荷，无载，空载
zero-load test　无载试验
zero-loss circuit　(1) 无 [损] 耗电路；(2) 无耗线
zero mark　零点刻度，零位刻度，零位标记
zero-match gate　"或非"门
zero matrice　零矩阵
zero matrix　零矩阵
zero mean　零平均值
zero measure　零测度
zero-memory channel　零记忆信道
zero-memory source　零记忆信源
zero method　零点法，指零法，平衡法，衡消法
zero-miss guidance　命中制导，理想制导
zero moment　零力矩，零矩
zero motor　(1) 低速马达 (转数 0-300 转 / 分)；(2) 带减速器电动机
zero norm　最低限额
zero of order 1　一阶零点，单零点
zero of order n　N 阶零点
zero offset　(1) 零点偏移，零位偏移，零偏量，零偏移；(2) 零炮检距
zero offset optical square　零偏矩直角头
zero offset reflection time　回声反射时间
zero offset voltage　零补偿电压
zero oils　零度油
zero-one distribution　零一分布
zero-one law　零一律
zero-order　零级，零次，零阶
zero-order approximation　零价近似，零次近似，零次近似值

1590

zero-order mode　零位 [振荡] 模式
zero order wave　零级波
zero output　零输出
zero-output position　无输出位置
zero-over discriminator　过零甄别器
zero page address　零页地址
zero pause　零值中止
zero-permeability isolator　零导磁率隔离器
zero phase　零相位
zero-phase PT　零相变压器 (PT=potential transformer 变压器)
zero phase relay　零序继电器
zero phase-sequence　零相序
zero phase-sequence component　零相序分量
zero phase shift　零相移
zero-phase-shift amplifier　零相移相放大器
zero phased-sequence component　零相序分量
zero phased-sequence current　零相序电流
zero phased-sequence impedance　零相序阻抗
zero phased-sequence reactance　零相序电抗
zero phased-sequence relay　零相序继电器
zero pinch-off voltage　夹断零电压
zero point　(1) 坐标起始点，零点，原点，起点，(2) 致死临界温度，零度
zero point energy　零点能 [量]，绝对零度能量
zero point position　零点位置
zero-point stability　零点稳定性
zero point vibration　零点振动
zero position　零位
zero position line　零位线
zero potential　零电位，零电势，零电压
zero potential surface　(1) 零位面；(2) 零电位面
zero potentiometer　零位校准电位计，调零电位器
zero power (=ZP)　零功率
zero-power factor　零功率因数
zero power factor　零功率因数
zero power-factor characteristic　零功率因数特性曲线
zero power factor method　零功率因数法
zero power level　零功率电平，零权级
zero power reactor (=ZPR)　零功率反应堆
zero power test (=ZPT)　零功率试验
zero-pressure　零压 [力] 的，无压 [力] 的
zero pressure gradient　零压力梯度
zero radial play (=ZRP)　零径向隙
zero range approximation　零程近似
zero-range selector waveform　零距选择器脉冲波形，零点选择器脉冲波形
zero-range trigger　零距离起动脉冲
zero-range trigger generator　零距离触发脉冲发生器
zero-reactance line　零电抗线，零阻抗线
zero reactance line　零电抗线，零阻抗线
zero reading　零 [点] 读数，起点读数
zero-reading indicator　零值指示器，零位指示器
zero reference level　(1) 零参考电平，零基准电平；(2) 零基准面
zero-resetting device　零位重置装置
zero resistivity　零值电阻率
zero-saturation colour　白色
zero scan speed　零位扫描速度
zero sequence　零序
zero sequence component　零序分量
zero sequence current　零序电流
zero sequence current and voltage　零序电流和电压
zero sequence impedance　零序阻抗
zero sequence inductance　零序电感
zero sequence protection　零序保护
zero sequence reactance　零序电抗
zero sequence symmetrical component　零序对称分量
zero sequence system　零序系统
zero sequence voltage　零序电压
zero set　零集
zero-set calibration　调零校准
zero-set control　调零装置，定零装置
zero setting　零位调整，对准零位，调零，置零
zero-signal　零信号
zero-signal plate current　无信号屏极电流，无信号阳极电流，零信号板流，静态板流

zero-signal screen current 无信号帘栅极电流
zero-signal zone 零信号区域,无信号区
zero slip 无滑移,无滑转
zero solution 零解
zero span 零档
zero-speed switch 零速断路器
zero-speed torque 液力变扭器输出轴完全制动时最大扭矩
zero-spin 零自旋
zero spin 零自旋
zero spiral angle 零度螺旋角
zero stability 零电平稳定性
zero state 零状态
zero-static error loop 零静态误差回路
zero-strangeness 奇异数为零的,非奇异的
zero-sum 零和的
zero sum game 零和对策,零和博弈
zero suppress (=ZS) 消零
zero-suppression {计}去零,消零
zero suppression 删去零,消零
zero synchronization 零点同步
zero-system {数}零配系
zero temperature 零温度,零度
zero temperature coefficient 零温度系数
zero-time reference 零时基准,计时起点
zero thrust 零推力
zero thrust pitch 零推力螺距,无推力螺距
zero time 起始瞬间,零时,时间零点
zero-time reference 计时起点
zero to cut-off 零截止
zero torque pitch 无扭力螺距
zero-type dynamometer 还原到零点的电动测力计
zero value 零值
zero vector 零矢量,零向量
zero-velocity-error servosystem (1)零位速度误差伺服系统;(2)速度[控制]伺服系统
zero-velocity-error system 控制加速度的调节系统
zero-voltage 零[电]压
zero-voltage current 零压电流,超导电流
zero volume 零体积,零容积
zero wander 零点漂移
zero-working 零下加工
zero-zero (1)能见度极差;(2)零视度的
zero-zero fog 能见度等于零的浓雾
zero-zero transition 0-0跃迁
zero zone 零时区
zeroaxial 过坐标原点的,通过零点的
zerodur (原西德)微晶玻璃
zeroed (1)[经过]调[整]零点的,已归零的;(2)试射过的,检查过的
zerofill 填零,补零
zerogel 零凝胶
zerograph 一种打字电报机
zerography (1)静电印刷术,干印术;(2)一种早期电报
zerogravity 失重
zeroing 零位调整,调整零点,对准零点,定零点,调零
zeroish 接近零度的
zeroize (1)全清零,零化;(2)填零,补零
Zerol bevel gear (美国)零度[螺旋]锥齿轮
Zerol bevel pinion 零度[螺旋角]小锥齿轮
zerol gear 弧齿伞齿轮
zerolevel address 立即地址
Zerolite (低温膨胀的)聚苯乙烯管状绝缘体
zerology 零位分析
zeroth [第]零的
zeroth-order 零次的,零级的,零阶的
zeroth order 零次,零级,零阶
zeroth-period [第]零周期
ZETA 或 Zeta (=Zero Energy Thermonuclear Assembly) 零能热核装置,泽塔
zeta machine 实验热核装置
zeta-potential ζ-电势,ζ-电位
Zetabon 离子交换聚合物
Zetafax 乙烯-醋酸乙烯共聚物
Zetafin 乙烯-醋酸乙烯共聚物

zetar 煤焦油
zetmeter 拉丝模圆柱孔长度测量表
zetonia 泽托尼阿铅锑锡轴承合金(德国轴承合金)
Zeus 或 zeus (=Zero Energy Uranium System) 零功率铀装置,零能反应堆
Zeus acquisition radar (=ZAR) 宙斯搜索雷达
Zeus defense center (=ZDC) 宙斯防御中心
Zeus discrimination radar 奈克-宙斯识别雷达
Zeuto 双测量范围的α粒子计数管
Zicral 高强度轴承合金,兹克铝合金(锌7-9%,镁1.5-3%,铜1-2%,铬0.4%,硅0.1-0.7%,余量铝)
ziehen effect (电解液中)离子牵制效应,离子牵引效应
ziehen phenomenon 频率牵制现象
zig (1)之字形路线的转折,锯齿形转角;(2)改变方向,急转
zigzag (1)交错,交错式;(2)锯齿形[的],曲折[的],Z字形[的],之字形[的],屈折形;(3)之字线,折线;(4)蜿蜒曲折,盘旋弯曲,锯齿状;(5)变压器中的一种绕组连接方式
zigzag configuration 曲折构形
zigzag connection 交错连接,曲折连接
zigzag crack(s) 不规则裂纹
zigzag development 之字展线法,盘旋展线法
zigzag filter 曲折频率响应[带通]滤波器,锯齿形滤波器
zigzag girder 三角孔梁
zigzag harrow 之开耙
zigzag leakage 曲折磁漏,畸形磁漏
zigzag line 锯齿形曲线,之字形线,Z形线
zigzag paper filter 齿形纸过滤器
zigzag pattern Z形图案
zigzag reactance 曲折漏抗
zigzag reflection 曲折反射,多次反射
zigzag rivet 交错铆接头
zigzag riveted joint 交错铆接
zigzag riveting 交错铆接
zigzag rule 曲尺
zigzag scanning 折线扫描
zigzag structure 锯齿构造
zigzag teeth 交错齿
zigzag tooth 交错齿
zigzag wave 锯齿波,曲折波
zilch 乌有,无,零
zillion 无限大的数目,无穷量,无穷数
Zilloy 齐洛伊锻造锌基合金(铜1%,锰0-0.25%,镉<0.8%,镁0.1%,铅少量,其余锌)
Zimal 齐马尔锌基轴承合金(铝4-4.3%,铜2.5-3.3%,锰0.15%,镉0.01%,铅≥0.2,其余锌)
Zimalium 齐马尔铝镁锌合金(铝70-93%,锰4-11%,锌3-20%)
zinc (1){化}锌Zn;(2)用锌处理,包锌,加锌,镀锌
zinc alloy 锌合金
zinc anode plate (=ZAR) 锌阳极板
zinc-base bearing metal 锌基轴承合金
zinc based 锌基合金
zinc bath 镀锌槽
zinc battery 锌蓄电池
zinc-bearing 含锌的
zinc cadmium plating 镀锌镉
zinc carbonate 碳酸锌
zinc casting 锌铸件
zinc chloride 氯化锌
zinc coat 镀锌层
zinc-coated 有锌皮的,镀锌的
zinc-coated bolt (=ZCB) 镀锌螺栓
zinc-coated nut (=ZCN) 镀锌螺帽
zinc-coated screw (=ZCS) 镀锌螺钉
zinc-coated washer (=ZCW) 镀锌垫圈
zinc covering 包锌的
zinc crown glass 锌冕玻璃
zinc-crust 锌壳
zinc current 锌电流,负电流
zinc die casting (=ZDC) 锌压铸件
zinc electrochemical cell (=ZEC) 锌[伏打]电池
zinc engraving 锌凸版
zinc gauge 锌板厚度规
zinc impregnation 渗锌,锌化
zinc impurity P-type detector P型掺锌探测器

1591

zinc ingot metal 锌锭
zinc-lead accumulator 锌铅蓄电池
zinc mercury cell 锌汞电池
zinc metal sheet 锌板, 锌片
zinc oxide 氧化锌
zinc pig 锌锭
zinc plate 白铁皮, 锌铁皮, 锌板
zinc plating 镀锌
zinc primary battery (=ZPB) 锌原电池 [组]
zinc protector 防蚀锌版
zinc-rich paint 富锌涂料
zinc rich paint 高锌涂料
zinc sheet 锌片, 锌皮
zinc silicate 硅酸锌
zinc-silicate glass 硅酸锌玻璃, 锌冕玻璃
zinc sulfate 硫酸锌
zinc sulfide 硫化锌
zinc white 氧化锌, 锌白, 锌华
zinc-yellow 锌黄
zincate 锌酸盐
zincative 负电的
zincic [含] 锌的
zincic acid 锌酸
zinciferous 含锌的, 产锌的
zincification (1) 镀锌, 加锌, 包锌, 掺锌; (2) 锌饱和; (3) 锌腐蚀
zincify (1) 镀锌; (2) 加锌, 包锌
zincing 镀锌
zincilate 含锌粉, 锌渣
zincite (1) 氧化锌; (2) 红锌矿, 锌石
zincity 镀锌
zincky (1) 锌的; (2) 含锌的; (3) 似锌的
zinco (=zincograph) (1) 锌印刷品, 锌版; (2) 用锌版复制, 用锌版印, 制锌版, 刻锌版
zincode (电池的) 锌极, 负极
zincograph (1) 锌印刷品, 锌版; (2) 用锌版复制, 用锌版印, 制锌版, 刻锌版
zincographer 制锌版者
zincography 制锌版 [术]
zincoid 象锌版的, 锌的
zincolith 白色颜料, 锌白
zincotype 锌版印刷品

1592

zincous (1) 锌的; (2) 含锌的; (3) 似锌的
zincy (=zincky) (1) 锌的; (2) 含锌的; (3) 似锌的
zinkalium 津卡锌铝合金 (锌 12%, 铜 3%, 铝 85%)
zinkify 镀锌, 包锌
zinking 镀锌, 包锌
zinky (=zincky) (1) 锌的; (2) 含锌的; (3) 似锌的
Zinn 齐恩锡基轴承合金 (锡 99%, 铅 0.7%, 铜 0.3%)
Zinnal 双面包锡双金属轧制耐蚀铝板
zip (1) 发尖啸声, 发嘘嘘声; (2) 给……速度, 给……力量; (3) 拉链
zip-code (1) 以邮区代码划分; (2) 写上邮区代码
zip-fastener 拉链, 拉锁
zip fuel 硼基高能液体燃料
zip-gun 自制小手枪
zip pan 快速遥摄
zipper (1) 拉链, 拉锁; (2) 用拉链扣上
zircaloy (1) 锆锡合金 (含 1.5% 锡); (2) (海绵) 锆合金
zircite 氧化锆
zircon 锆 [英] 石, 锆土
zircon cement 锆 - 镁耐火水泥
zircon sand 锆砂
zirconate 锆酸盐
zirconia [二] 氧化锆, 锆氧砂, 锆氧土
zirconia tube furnace 氧化锆管锅炉
zirconiated tungsten 锆钨电极
zirconic [含] 锆的
zirconic acid 锆酸
zirconium {化} 锆 Zr
zirconium lamp 锆灯
zirconium steel 锆钢
zirconotrast 二氧化锆
zirconyl 氧锆基
Zirkonal 泽康铝合金 (铜 15%, 锰 8%, 硅 < 0.5%, 其余铝)
zirtan 锆钛合金

Zirten 锆碳 [烧结] 合金
Zisium 兹司高强度铝合金 (锌 15%, 铜 1-3%, 锡 1-0%, 铝 82-83%)
Ziskon 兹司康铝合金 (铝 25-33%, 锌 67-75%)
Zobel filter 慧贝尔滤波器 (定 K 式, M 推演式滤波器)
Zodiac 左迪阿克电阻合金, 铜镍锌合金 (铜 64%, 镍 20%,, 锌 16%)
ZOE 或 Zoe (=Zero Oxide Eau) (法) 重水氧化铀零功率反应堆
Zoelly turbine 复式压力冲动式透平, 佐利汽轮机
zoetrope (1) 活动转轮, 生动轮; (2) 活动幻镜; (3) 活动画片玩具
zonal (1) 地区性的, 区域的, 分区的; (2) 地带的, 带状的
zonal aberration 带像差, 域像差
zonal equation 晶带方程
zonal growth (晶) 带状生长
zonal harmonics (1) 带调和; (2) 球带 [调和] 函数, 带谐函数
zonal hyperspherical function 超球带函数
zonal light flux 球面带光通量
zonal melting 区域熔炼, 带熔
zonal schedule 地区价格制
zonal sampling 区域抽样, 球带抽样
zonal spherical harmonics 球带调和
zonal structure 带状组织
zonality (1) 地带性; (2) 区分, 分带; (3) 成带分布
zonary 带状的, 成带的
zonated 有条纹的, 有环纹的, 环带的
zonation (1) 分地带; (2) 分区 [制]; (3) 成带, 环带
Zond (原苏联) 向金星的星际空间发射的探测火箭
zone (1) 区域, 区段, 范围, 区; (2) (卡片顶部的) 三行区, 存储区, 信息段; (3) 阶段; (4) 环带, 层, 圈; (5) 晶带; (6) 区分, 环绕; (7) 区域精炼; (8) 分成区
zone-area method 分区面积法
zone axis [晶] 带轴 [线]
zone bit 标志位, 区域位
zone boundary 区界
zone-bundle 晶带束
zone center (=ZC) (1) 区中心局; (2) 区域电话局中心台, 电话区域交换中心
zone circle (晶) 带圈
zone curve 距限曲线
zone electrophoresis 层电泳法
zone factor for Hertzian stress 赫兹应力计算的区域系数
zone-leveled 区域匀化的
zone-leveler 区熔匀化器
zone-leveling 区熔匀化, 区域致匀
zone leveling 区域平均法, 逐区致匀, 区域致匀
zone mark (=ZM) 区域指点标
zone melt 区域熔融
zone-melting 区域熔炼, 区域熔融, [逐] 区熔化 [的], [逐] 区熔融 [的]
zone melting (=ZM) 区域熔化, 区域熔炼
zone-melting technique 区域熔炼技术
zone metering (=ZM) 分区计量, 分区测量
zone of action (with parallel axes) (平行轴渐开线齿轮的) 啮合区域, 作用区
zone of ambiguity 不定区
zone of contact 接触区
zone of engagement 啮合区
zone of fire (=ZF) 射击区域, 射界
zone of fracture 断050区
zone of heating 加热区, 加热层
zone of influence (1) 影响范围; (2) 势力范围
zone of meshing 啮合区
zone of preference for acceptance 合格域
zone of preference for rejection 不合格域
zone of preparation (高炉的) 预热带
zone of protection 防护区域
zone of reflections 反射带
zone of segregation 偏析带
zone of uncorrected field of lens 未校准的透镜场区
zone of vision 视区
zone of weakness 弱点
zone of welding current 焊接电流调节范围
zone pass 熔化通过
zone-perturbation 区域扰动
zone plane [晶] 带 [平] 面
zone-plate (1) 波带片, 波域片; (2) 同心圆绕射板

zone plate 波带片, 波域片
zone-position indicator (1) 分区位置指示器; (2) 辅助雷达
zone position indicator (=ZPI) (1) 分区位置指示器; (2) 区域位置显示器
zone punch 三行区穿孔, 顶部穿孔, 区段穿孔, 部位穿孔, 分位穿孔
zone purification 区域精制, 区域提纯, 逐区提纯
zone purified metal 区域提纯金属
zone recrystallization 区域再结晶
zone-refine 区域提纯, 区熔提纯, 逐区提纯, 区域精炼, 逐区精炼
zone-refined material 区域提纯材料
zone-refined metal 区域精炼金属
zone-refiner 区熔提纯器
zone refiner 区域精炼炉
zone refining 区域纯化法, 区域熔炼, 区域提纯, 逐区精炼
zone registration (=Zreg) 按区记录
zone sampler 区层取样器
zone-segregation 熔区偏析
zone segregation 熔区偏析
zone sintering 区域烧结
zone-switching center 电话区域交换中心
zone television 图像分段扫描电视, 图像分区电视
zone time (=ZT) 地方时间, 区 [域] 时 [间]
zone-transport (区域熔炼) 熔区传输, 熔区输运
zone transport refiner 熔区传输精炼炉
zone travel mechanism 熔区移动机构
zone-void (区域熔炼) 熔区空段
zone void method 熔区空段法
zone-void process 熔区空段法
zoned 分区的
zoned decimal number format 区域式十进数格式
zoned format (天线) 区位格式
zoned lens (天线) 分区透镜
zoned metal lens (天线) 分区金属透镜
zoner 区域提纯器
zoning (1) 分区规则, 分区制, 区域制, 区域化, 分地带, 地带性; (2) 区域精炼, 分区取样; (3) 透镜天线相位波前修整

zoom (1) 钻天飞机; (2) 图像电子放大; (3) (电视摄像机) 移向或移离目标物, [快速] 移镜头, [快速] 变焦距; (4) (飞机) 陡直上升, 跃升飞行; (5) (连轧钢带时的) 增速, 激增; (6) 编译程序
zoom away 拉变焦距镜头, 移离目标
zoom down 急降
zoom in 电视摄像机移向目标物, 推变焦距镜头拍摄, 移向
zoom lens [可] 变焦距透镜
zoom out 拉变焦距镜头拍摄, 移离
zoom pick-up tube 变倍率摄像管
zoom shot 变焦距拍摄
zoom table 速查表
zoom to 陡然上升到, 陡直地升到
zoom type 可变焦距式, 可调式
zoomar (1) (电视) 可变焦距镜头系统; (2) 可变焦距物镜
zoomer 可变焦距摄影机镜头
zoomfinder 可变焦距寻像器
zooming (1) (飞机) 动能攒升; (2) 电算; (3) 跃升
zoomy 用可变焦距镜头拍摄的
zoop (1) 噪声调整的特种型式; (2) 调制噪声
zores bar 波纹钢板, 瓦垅铁
zores beam 波纹钢板, 瓦垅铁
Zorite 左利特镍铬铁合金 (镍 35%, 铬 15%, 锰 1.75% Mn,, 碳 0.5%, 其余铁)
ZRE alloy ZRE 镁锌锆合金
Zulu 通讯中代表字母 Z 的词
ZULU 格林尼治平均时
Zuni "祖尼人" 式火箭
zwitter-ion 两性离子
zwitterion 两性离子
zyglo 荧光探伤
zyglo inspection 荧光探伤法, 荧光透视法
zygma 吉格玛投映机
zygomorphous 左右对称的
zygomorphy 左右对称
zymometer 发酵检验器, 发酵计
zymoscope 发酵力测定器

附 录：

参考文献

1.《英汉工程技术辞汇》,《英汉工程技术辞汇》编辑组,
国防工业出版社, 1976 年 9 月。

2.《汉英机电工程技术词汇》, 主编: 朱景梓, 科学出版社,
1992 年 8 月。

3.《英汉科技词汇大全》, 主编: 王同忆, 科学普及出版社,
1984 年 4 月。

4.《英汉科学技术词典》, 清华大学外语系《英汉科学技
术词典》编写组, 国防工业出版社, 2007 年 8 月重印本。